CAMPBELL BIOLOGY

キャンベル生物学

Urry・Cain・Wasserman・Minorsky・Reece

原書11版

池内昌彦・伊藤元己・箸本春樹・道上達男　監訳

池内昌彦・石浦章一・伊藤元己・上島　励・大杉美穂・太田邦史・久保田康裕・嶋田正和・坪井貴司
中島春紫・中山　剛・箸本春樹・兵藤　晋・増田　建・道上達男・吉田丈人・吉野正巳・和田　洋

丸善出版

Campbell Biology

11th edition

by

Lisa A. Urry
Michael L. Cain
Steven A. Wasserman
Peter V. Minorsky
Jane B. Reece

Authorized translation from the English language edition, entitled CAMPBELL BIOLOGY, 11th edition, ISBN: 978-0-134-09341-3 by Urry, Lisa A. ; Cain, Michael L. ; Wasserman, Steven A. ; Minorsky, Peter V. ; Reece, Jane B., published by Pearson Education, Inc., Copyright © 2017, 2014, 2011 Pearson Education, Inc.

JAPANESE language edition published by Maruzen Publishing Co., Ltd., Tokyo, Copyright © 2018. Japanese translation rights arranged with Pearson Education, Inc., through Japan UNI Agency, Inc., Tokyo, Japan.

PRINTED IN JAPAN

著者紹介

リサ・A・アーリ Lisa A. Urry は，ミルズカレッジ（Mills College）生物学科の教授・学科長である．タフツ大学（Tufts University）を卒業した後，マサチューセッツ工科大学（MIT）で博士の学位（Ph.D.）を取得した．彼女はウニの胚・幼生の発生における遺伝子発現について研究を行ってきた．女性や過小評価されるマイノリティが科学にかかわる機会の促進に深く携わるとともに，発生生物学の入門から，将来のリーダーのための進化学といった非専門課程にわたる授業を教えてきた．"*Campbell Biology in Focus*"の共著者でもある．

マイケル・L・ケイン Michael L. Cain は，現在フルタイムで執筆活動をしている生態学者であり進化生物学者である．彼はボウディンカレッジ（Bowdoin College）を卒業し，ブラウン大学で修士の学位を取得した後，コーネル大学で博士の学位（Ph.D.）を取得した．ニューメキシコ州立大学の教員として，入門生物学，生態学，進化学，植物学，保全生物学を教えてきた．彼は虫や植物の採食行動，長距離の種子拡散，コオロギの種分化などに関する多くの科学論文の著者である．"*Campbell Biology in Focus*"と生態学の教科書の共著者でもある．

スティーブ・A・ヴァッサーマン Steven A. Wasserman は，カリフォルニア大学サンディエゴ校（UCSD）の教授である．彼はハーバード大学を卒業し，MIT で博士の学位（Ph.D.）を取得した．キイロショウジョウバエを使い，発生生物学，生殖，免疫系の研究を行ってきた．遺伝，発生，生理学を学部生，大学院生，医学部生に教えるとともに，入門生物学にも注目している．それに対して UCSD の特別教育賞を受賞した．"*Campbell Biology in Focus*"の共著者でもある．

ピーター・V・ミノースキー Peter V. Minorsky はニューヨークのマーシーカレッジ（Mercy College）の生物学の教授であり，入門生物学，生態学，植物学を教えている．ヴァッサーカレッジ（Vassar College）を卒業後，コーネル大学で博士の学位（Ph.D.）を取得した．Peter はケニオンカレッジ（Kenyon College），ユニオンカレッジ，ウェスタンコネチカット州立大学，ヴァッサーカレッジでも教鞭をとった．彼はまた，Plant Physiology 誌の科学ライターでもある．研究の関心は，植物がどのようにして環境変化を感じ取るのかに向けられている．彼は 2008 年，マーシーカレッジの優秀教育賞を受賞した．"*Campbell Biology in Focus*"の共著者でもある．

ジェーン・B・リース Jane B. Reece は『キャンベル生物学 原書8〜10版』の代表著者であり，ニール・キャンベル Neil Campbell との長年の共著者でもある．彼女はミドルセックス・カウンティ・カレッジ（Middlesex County College）とクイーンズボロ・コミュニティ・カレッジ（Queensborough Community College）で生物学を教えている．ハーバード大学を卒業後，ラトガース大学（Rutgers University）で修士の学位を，カリフォルニア大学バークレー校（UC バークレー）で博士の学位（Ph.D.）をそれぞれ取得した．UC バークレーでの博士課程時代，スタンフォード大学での博士研究員時代の彼女の研究は，細菌の遺伝的組換えに関するものであった．『キャンベル生物学』以外も，すべての「キャンベル」書籍の共著者である．

ニール・A・キャンベル Neil A. Campbell（1946－2004）は，カリフォルニア大学ロサンゼルス校を卒業後，カリフォルニア大学リバーサイド校で博士の学位（Ph.D.）を取得した．彼の研究はもっぱら砂漠や沿岸の植物に関するものであった．彼は30年にわたり，コーネル大学，ポモナカレッジ（Pomona College），サンバーナーディーノ・バレーカレッジ（San Bernardino Valley College）で入門生物学を教え，1986年にはサンバーナーディーノ・バレーカレッジ初の優秀教授賞を受賞した．長年 UC リバーサイド校の客員研究員でもあった．彼が『キャンベル生物学』をつくった著者である．

訳者まえがき

『キャンベル生物学』原書11版の翻訳をお届けする．本書の原著は長年，世界標準の高校から大学での教科書としての地位にあり，その翻訳出版も日本で広く受け入れられている．原著は改版のたびに，新しい知見を盛り込むとともに，基礎的な内容でも提示の仕方やまとめ方，質問などさまざまな工夫を凝らしており，今回の原書11版も多くの改訂がなされている．したがって，本書を初めて読む高校生や大学生だけでなく，生物学を教えておられる教育者の方々にも興味深いと推察する．本書のもう1つの特徴は，生物学に頻出する無数の遺伝子名などを極力排し，しかも最新の内容を取り入れているところにある．ともすれば，大学の専門教育での生物学ではこのような遺伝子名が羅列されることが多く，関連した他の分野の人々から敬遠されるきらいもないわけではない．以上さまざまな魅力をもつキャンベル生物学を多くの方々にお届けする次第である．

なお，本書の原著 "*Campbell Biology*" はニール・A・キャンベル Neil A. Campbell の構想によって，彼とジェーン・B・リース Jane B. Reece との共著として出版された，生物学のほぼすべての分野をカバーした教科書である．1987年の初版発刊以来，第11版まで版を重ねていることからもわかるように国際的に高い評価を得ており，出版国の米国はもとより世界中の多くの大学で生物学の教科書として使用されている．また，高校生を対象とした国際生物学オリンピックでも国際標準教科書に指定されている．"*Campbell Biology*" を創始したキャンベルは残念なことに，第7版刊行直後の2004年10月21日に亡くなられたが，初版からの共著者であったリースをはじめとする共著者によってますます意欲的に改版が進めてられている．また，日本でも本書は国際生物学オリンピックに挑戦する高校生に広く活用されているが，その当初の翻訳書の刊行はひとえに（故）小林興先生の翻訳への熱意とご尽力の賜であった．われわれは小林先生の遺志を受け継いで，多くの共訳者と査読者の協力を得て，その翻訳と編集を継続することとした．

原書9版の翻訳出版から5年を経た現在，生物学の発展はさらに勢いを増し，新発見や基本概念の修正と発展などがさまざまな分野で行われた．特に，生物の多様性の分子的研究の大きな進歩があり，既存の分類が見直されたことも大きい．また，再生医療と生命倫理の問題，エネルギー問題や食糧問題とのかかわり，温室効果ガス，生物多様性の保全と生物資源の持続的利用など，生物学と社会とのかかわりもいっそう広がり，また深まりつつある．これらの事柄が積極的に取り入れられているのも本書の特徴である．その一方で，わが国では，現在，高等学校の「生物」は必ずしも必修科目になっておらず，大学進学者の多くが生物学の基本概念を十分に学ばないまま大学に入学している．このような状況は，生物学の急速かつ飛躍的な発展と，ますます広がる社会とのかかわりを考えれば，求められる生物学教育の姿とは相反する憂慮すべき状況であろう．学生から見れば，生物学の重要性を理解しつつも，学ぶべき生物学のテーマが膨大であるため，それらに圧しつぶされそうになるかもしれない．学生のみならず，生物学の教師や研究者も，各分野の専門化がますます進む中で，生物学の全体像を把握することが必ずしも容易ではないと感じていることであろう．

わが国で出版されている生物学の教科書で，書き下ろしまたは翻訳書を問わず，生物学のほぼすべての分野をカバーして，最新の知見を盛り込みながら，詳しくかつ平易に述べられたものは数少ない．『キャンベル生物学』はそれらの数少ない書物の1つであるというだけでなく，その構成においてきわめて独創的である．つまり，生物学の膨大で多様なテーマを羅列的，個別的にではなく，本書全体を通したいくつかの統一テーマに基づいて生物学を体系的に理解できるように構想されている．その統一テーマとは，進化，生命世界の各階層における組織化，生命現象における創発特性，重要概念の相互の関連性の理解である．「はじめに」にも述べられているように，「重要概念」という形で，各章の枠組みがはじめに明確に設定され，それぞれの章のエッセンスが何かを理解しやすいように工夫されている．また，今回の改訂では，図やグラフの読み取り方，目的に応じたデータの図示法などに特に力を入れている．巻末にもグラフや科学的探究における重要概念，データの平均と標準偏差のポイントなどもまとめられている．

"*Campbell Biology*" はすでに述べたように，国際生物学オリンピックに挑戦する意欲的な高校生が学ぶ標準図書に指定されているが，決して「高校生レベル」というわけではない．本書の有機的な内容構成と平易な語り口によって高校生にも理解できると同時に，大学生はもちろん，大学院生や生物学の講義を担当する教師にとっても，自分の専門分野に限らず生物学の全体像を理解するためのすぐれた教科書である．生物学はいまや総合科学であり，自然科学，人文科学を問わず，他の分野とのかかわりも広がりつつある．生物学以外の分野を専攻する者にとっても，生物学の基礎概念や研究法を知る必要に迫られることが多いであろう．生物学と社会とのかかわりの広がりには，応用と結びついた生物学上の発見に，より大きな関心が寄せられるという側面がある．しかし，他の自然科学の分野と同様に，生物学の基礎研究は正しい自然観，世界観を築くための普遍的な価値をもつ行為のひとつであり，生物学の成果の応用は基礎生物学全体の健全な発展の上に初めて成り立つものである．これらのことを認識するうえでも，本書が役立つことを願ってやまない．

本書の原著は非常に丁寧に編集されているが，それでも明らかな誤りや不正確な箇所がいくつか認められた．その場合はすべて，監訳者または訳者の責任において，訳者による注釈（訳注）をつけて訂正または補筆した．また，読者の理解をいっそう助けるための説明を訳者の責任において脚注として追加した箇所もいくつかある．また，用語の統一やわかりやすい表現に訳者，監訳者とも非常に留意して翻訳したが，それでも不明瞭になった表現や新たな誤りも多々あるかもしれない．そのような箇所は編集部宛にご教示いただければ幸いである．訂正や追加の説明は丸善出版のホームページで順次公開し，増刷時に取り入れていく予定である．また，本書は広範囲の分野をカバーしているため，統一した用語の中には各専門分野の用例と合わないものもいくつかあるが，ご理解をいただきたい．

本書の出版にあたっては，丸善出版株式会社企画・編集部の安平進，堀内洋平，米田裕美の各氏から多大なご協力を頂いた．特に，米田裕美氏は，訳出の進行や煩雑な編集作業，全体の統一のための査読協議など，多大なお世話を頂いた．この場をお借りして厚くお礼申し上げる．

2018 年 2 月

池内　昌彦
伊藤　元己
箸本　春樹
道上　達男

訳者一覧

■監訳者

池内 昌彦　東京大学大学院総合文化研究科
伊藤 元己　東京大学大学院総合文化研究科
箸本 春樹　神奈川大学理学部
道上 達男　東京大学大学院総合文化研究科

■訳　者

池内 昌彦　東京大学大学院総合文化研究科
石浦 章一　同志社大学生命医科学部
伊藤 元己　東京大学大学院総合文化研究科
上島 励　東京大学大学院理学系研究科
大杉 美穂　東京大学大学院総合文化研究科
太田 邦史　東京大学大学院総合文化研究科
久保田 康裕　琉球大学理学部
嶋田 正和　東京大学大学院総合文化研究科
坪井 貴司　東京大学大学院総合文化研究科
中島 春紫　明治大学農学部
中山 剛　筑波大学生命環境系
箸本 春樹　神奈川大学理学部
兵藤 晋　東京大学大気海洋研究所
増田 建　東京大学大学院総合文化研究科
道上 達男　東京大学大学院総合文化研究科
吉田 丈人　東京大学大学院総合文化研究科
　　　　　総合地球環境学研究所
吉野 正巳　東京学芸大学教育学部
和田 洋　筑波大学生命環境系

（五十音順，2018年2月現在）

さらに充実した「キャンベル生物学」を読者の皆さんへ

21世紀の現在はまさに生命科学の時代であり，生命科学を理解せずして現代社会や科学技術が成り立たないところまできている．それだけ，生命科学と，私たちヒトや社会とのつながりが大きくなっている．それは，ゲノム解読のみならずゲノムの編集まで可能になったことや，インフルエンザを含む感染症の流行，気候変動に伴う生物多様性の減少の問題，病気などの画像診断技術の高度化などからうかがえる．20世紀後半から21世紀の約30年間で生命科学が大きく発展，変容してきた背景には，生命科学の分野に工学や情報学，環境学，社会学などが入ってきたことが関係し，新しい学際分野がつくられつつあり，さらに大きく広がりを見せているのである．

そのような中で『キャンベル生物学 原書11版』が出版されることの意義は非常に大きい．この版では，図表，写真，モデルを多用した解説を展開し，生物システムをより理解しやすくしている．また，図の読み取り問題を新設し，生物学において図を読み解いたり，図として表現したりするための練習問題を提供している．さらに，従来の生物学がともすれば暗記や知識詰め込み型であったが，本書では，今後必要とされる問題解決型演習を多く取り入れている．生物学と関連する実生活の諸問題を想定し，科学的な知識や方法を使ってデータを解釈するこの演習では，説得力のある事例を通してみなさんを引きつけ，データ解析力が身につくよう編集されている．これらのことは，考え，自ら判断し，解決するという国際生物学オリンピックの基本理念とも一致する．

また本書の特徴のひとつに，科学者・研究者へのインタビュー記事がある．さまざまな研究者が自身の研究にどのようにして興味をもったのか，そしてどのようにその研究を始めたのか，何が彼らのモチベーションとなり，問題解決に至ったのかが紹介されている．彼らの言葉からは，次世代の担い手であるみなさんへのメッセージとともに，科学研究者の人間的側面も垣間見える．

今回の改訂は近年の生命科学の著しい進展をふまえて，内容も大幅に充実したものになっている．生物はあらゆる階層において気候変動の影響を受けており，これは全章を通して探究されている．また，ゲノム科学，バイオテクノロジー，進化生物学等のさまざまな分野における技術と知識の急速な変化も反映されている．さらに，生態学分野の大幅な改訂は，生態学の中心的論題である集団の成長，種間相互作用，社会生物のダイナミクスなどについて概念的な枠組みをより適切なものにし，進化の諸原理をより深く統合しているといえる．例として第3部の遺伝学について少し取り上げると，2014年のゲノミクスの研究成果として，ヒトの身長の決定にかかわる遺伝子や遺伝的変異のパターンがどれだけあるかという新たな知見が取り入れられている．またこの第3部では，生きた細胞の遺伝子を編集するために開発されたCRISPR－Cas9システムを解説する項目「遺伝子編集とゲノム」が新設されたことは大きい．ここでは，マウスの遺伝病をこのシステムを用いた遺伝子編集技術で正常に戻した研究が紹介されている．この技術の利点は，早く，安く，正確に，簡単に遺伝子改変できることである．これまではゲノムを「読む」こと，ゲノムのもつ性質を解析することが中心であったが，この技術では読んだゲノムを切り貼りし，新しく「編集」できるのである．この遺伝子編集技術をヒトに応用してよいのかどうかは，世界的に議論されている大きな社会問題である．科学技術の進歩が私たちヒトのあり方をも問うているのである．

地球上には約1000万種の生物がいて，それぞれの生物に紡いできた歴史がある．それを生物のもつナチュラルヒストリーとよぶならば，私たちはまだ，ほとんどの生物のナチュラルヒストリーを知らない．ヒトを知ることはとても大切であるが，生物の多種多様性を知ることもきわめて大切である．ヒトがもっていない能力や性質を他の生物はもっている．生命の普遍性または一般化と同時に，特殊性を知ることも，生命の奥深さと広がりへの入り口である．

生命科学の発展を知ることはたいへん楽しく興味深い．本当にヒトを知りたいと思うなら，他の多くの生物をもっと知ることが必要である．進化のところで学ぶように，ヒトは地球上では他の生物に比べて，あまり歴史をもたない新参者である．生物は限りなく多様性をもち，すばらしいものである．ミクロなレベルからマクロな個体や集団まで，調和し，共存している．本書が，みなさんをさらに豊かにしてくれることを願う．

2018年2月　国際生物学オリンピック日本委員会委員長
東京大学名誉教授

浅島　誠

はじめに

『キャンベル生物学』原書 11 版を出版することはわれわれにとって名誉あることである．この 30 年の間，『キャンベル生物学』は生物科学における最も重要な教科書であった．本書は 19 の言語に翻訳され，何百万もの学生に学部レベルの「生物学」の確固とした基礎を与えてきた．この成功はニール・A・キャンベル Neil A. Campbell の創始した構想のみならず，xxv〜xxxii ページに掲げた数百名の校閲者，そしてこの事業を具体化し，また激励も頂いた編集者，画家，寄稿者のすべての方々の献身的な協力があったことをまさに証明している．

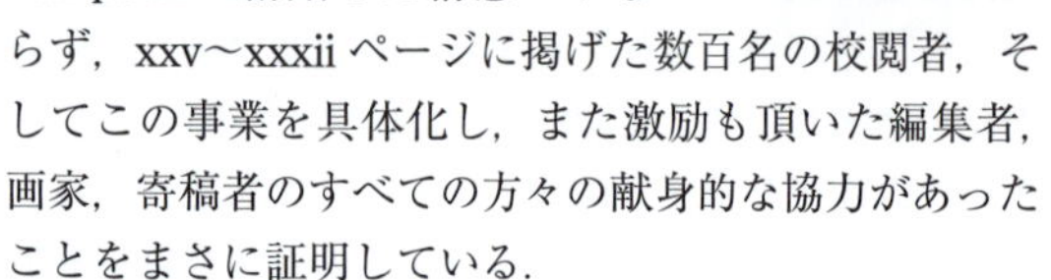

本書の 11 版でわれわれが目指すことは以下の通りである．

- 学生が生物の構造と生命現象の諸過程を画像によって理解し，また画像として表現する能力を養う新しい図や質問，練習問題を通して，**視覚化によって情報を処理し伝達する能力と，視覚化された情報を理解する能力を高める**．
- 現実の世界で起こるさまざまな問題に科学的な知識や方法（科学スキル）を実際に使うことによって，**科学スキルを応用する力を養う**よう，学生に求める．
- 挑戦する意欲をかき立てる重要な論題の導入や指導とその学習評価のための方法と材料が備わった教材を提供することによって，**教師を支援**する．
- 学生の能動的な探究と学習の過程で，彼らを引きつけ，助言し，教えるために**教科書とメディアを統合**する．

この版の新しい点

11 版のために新たに設けた設問の概要をここに示す．その詳細といくつかの例については xiv〜xxi ページをご参照いただきたい．

- **ビジュアル解説**と**図読み取り問題**は，生物学において画像を理解し，また画像として表現する練習問題を学生に提供する．ビジュアル解説には，図表や，写真，モデルが生物学的なシステムや作用をどのように表現し，映し出しているかを学生に探究させるいくつかの質問が組み込まれている．
- **問題解決演習**は，学生に，現実の世界で起こるさまざまな問題を解決する際に，科学的な知識や方法を使ってデータを解釈するように仕向ける．この演習は説得力のある事例研究を通して学生を引きつけ，データ解析力を養う練習問題を提供することを意図してつくられている．
- 『キャンベル生物学』の初版から 11 版を通して**インタビュー**は，それぞれ最も関係のある章に配置されている．それらのインタビューは，多様な科学者が自身の研究にどのようにして興味をもつようになったのか，そしてどのようにしてその研究を始めたのか，そして何が彼らを鼓舞するのかについて話していることを紹介することによって，学生に科学研究の人間的側面を示す．
- 生物の階層性のすべてのレベルでの**気候変動**の影響について，新しい図（図 1.12）と 1 章の考察で始まり，新しい「関連性を考えよう」の図（図 56.30）と，56 章で気候変動の原因と結果についての広範な問題を取り扱うことで締めくくっているように，本文全体を通して探究している．
- この原書 11 版は，以前，新しい版が出たときと同様に，**新しい内容**と**教育方法上の改善**を取り入れている．これらはこの「はじめに」に続く x〜xiii ページに要約されている．内容の改訂は，ゲノム科学，遺伝子編集技術（CRISPR），進化生物学等々の諸分野における技術と知識における急速な変化を反映している．さらに，第 8 部の生態学のかなりの改訂は，生態学の中心的な論題（集団の成長，種間相互作用，社会生物のダイナミクスなど）についての概念的な枠組みをより適切なものにし，進化の諸原理をより深く統合している．

本書の独自の特徴

一般生物学の教師は，増え続ける大量の情報を体系化するための概念的な枠組みを，学生にいかにして獲得させるかという，くじけてしまいそうな難問に直面している．『キャンベル生物学』の独自の特徴は，本書によって生物学とその科学的な探究過程の理解をより深くしていくうちに，このような枠組みが与えられることである．そのようなものとして，「独自の特徴」は2009年の「Vision and Change（ビジョンと変化）」という米国の国民会議によってまとめられた，必要とされる科学的思考などの能力（competency）のうちの核となる項目に準拠している．さらに，「Vision and Change」によって定義された核となる概念は，1章で導入され，本書全体を貫く統一テーマと近い関係にある．「Vision and Change」と『キャンベル生物学』の両方の主要なテーマは**進化**である．本書の各章には少なくとも1つの進化についての項目がある．そこでは，その章の内容の進化的な側面に明確に焦点が当てられ，各章は「進化との関連」と「テーマに関する小論文」で締めくくられる．

学生が「木を見て森を見ず」ということがないように，各章は注意深く選んだ3〜9つの**重要概念**の枠組みを軸として構成してある．本文，概念のチェック，問題，重要概念のまとめはすべて，これらの主要な概念と重要事項の理解をより確かなものにする．

生物学を学ぶうえで，説明文と図は等しく重要なので，**説明文と図の統合**は，初版以来の本書の独自の特徴である．新しい「ビジュアル解説」に加えて，本書で人気のある「探究」の図と「関連性を考えよう」の図には上記の取り組みが現れている．「探究」の図の1つひとつは，関連する図と説明文を伴った核心となる内容の1つの学習単元である．「関連性を考えよう」の図は，生物学全体を貫く基礎概念の関連性を強めている．それによって，学生が情報や知識を細切れな，互いに関連性のないものにしないようにするのに役立つであろう．11版では，2つの新しい「関連性を考えよう」の図を特集した．

本文の**アクティブ・リーディング**を奨励するために，『キャンベル生物学』には，学生が読んでいる事柄について，略図を描いたり，図に説明をつけたり，データをグラフにしたりして，立ち止まって考える多くの機会が用意されている．アクティブ・リーディングにかかわる問題には，「図読み取り問題」「描いてみよう」「関連性を考えよう」「どうなる？」「図の問題」「重要概念のまとめ」「知識の統合」「データの解釈」が含まれる．これらの問題の解答は学生に，考えるだけでなく，記述したり，描画したりすることを求めている．したがって，科学において重要なコミュニケーション能力を養うのに役立つであろう．

最後に，『キャンベル生物学』では，生物学のどの教程においても必須の構成要素である**科学的探究**をどの版においても取り上げている．本文での記述や各部冒頭のインタビューでの科学的な発見の物語を補完するものとして設定した問いかけるタイプの図面は，「私たちが知っていることは，どのようにして知ることができたか」を学生により深く理解させるのに役立つ．また，学生は「問題解決演習」「科学スキル演習」「データの解釈の問題」を通して科学的思考の鍛錬を行うことができる．これらの学習は，全体として，科学の方法を適用し，定量的な議論の方法を用いる練習になる．その能力は，「Vision and Change」で概要がまとめられている，必要とされる核心的な能力に追加されるものである．

教師，学生との連携

われわれの仕事の根底にある最も重要で大切なことは，教師そして学生との連携が重要であるというわれわれの確信である．教師と学生に奉仕する一番の方法は当然，生物学を適切に教授する教科書を提供することである．それに加えて，ピアソン社は多様性に富む教師と学生に，印刷体と電子ファイルの両方の形で教材を提供している．本書と付録をさらによくするためにわれわれは絶えず努力しているが，その間に，数百名の教師による公式の査読のみならず，電子メールや他の方法による非公式な通信などの，教師と学生からのフィードバックによって絶大な恩恵を受けている．

教科書の真の評価は，それが教師の授業と学生の学習にどのように役に立っているかで決まる．それゆえ，学生と教師の方々からのご意見を歓迎する．ご教示は下記の宛先にお願いしたい．

Lisa Urry（1章，1〜3部）
lurry@mills.edu
Micael Cain（4・5・8部）
mcain@bowdoin.edu
Peter Minorsky（6部）
pminorsky@mercy.edu
Steven Wasserman（7部）
stevenw@ucsd.edu

原書 11 版における新しい内容

本項は，『キャンベル生物学』原書 11 版における新しい内容と教育的な手法の変更の重要なものを紹介する．

1 章　進化，生物学のテーマと科学的探究

1 章の冒頭の紹介記事では，新しく，ネズミの体色の進化という事例研究を取り上げた．新たな本文と写真（図 1.12）は，気候変動を種の生存に関連づけている．

第 1 部　生命の化学

第 1 部では，生命の基盤となる内容を学生が学びやすいように，題材を新しくした．3 章の冒頭と図 3.7 は気候変動による**北極海の海氷の減少**によって影響を受ける生物を紹介した．5 章では，ラクトース不耐症，トランス脂肪，血液中のコレステロール値への食事の影響，タンパク質のアミノ酸配列と構造の関係，天然変性タンパク質の記述を更新した．新たなビジュアル解説図 5.16 は，タンパク質の構造のさまざまな図示の仕方の理解の手助けとなるはずである．新たに設けた問題解決演習では，魚の産地偽装を確認するための DNA 配列の比較を行う．

海氷の減少によって利益を受ける生物種：
太陽光の増加と水温の上昇によって，他の生物の餌となる植物プランクトンが増加．
プランクトンをこしとって食べるホッキョククジラはよく成長する．
カラフトシシャモなどいくつかの魚種はより多くのプランクトンを食べられる．
海氷の消失により不利益を被る生物種：
氷上で狩りをするホッキョクグマの採餌の機会が，海氷の消失で減っている．
氷上で休息するセイウチへの影響は不明．
アラスカのハジロウミバトは，陸地にある巣から餌の魚を捕る海氷の縁まで飛んでいかなければならない．海氷の減少によって，若鳥が飛ぶ距離が遠くなりすぎて飢えている．
ロシア
北極海
2014 年 9 月の海氷
1979年9月の海氷
ベーリング海峡
北極点
グリーンランド
アラスカ
カナダ
2014 年 9 月の海氷
1979 年 9 月～2014 年 9 月までに消失した海氷
▼図 3.7　気候変動の北極地方への影響．

第 2 部　細　胞

第 2 部の改訂のねらいは，題材を学生により身近で，魅力的なものにすることである．新たなビジュアル解説図 6.32 は，細胞内のおびただしい数の分子や構造体を，大きさを合わせてわかりやすく示した．7 章では，家族性の高コレステロール血症と健常のヒトにおける LDL の量を，新たな図で示した．8 章では，好熱性細菌を伴う間欠泉の美しい写真とともに酵素機能の最適温度グラフを提示した（図 8.17）．10 章では，C_3 植物のイネの遺伝子組換え技術により，C_4 光合成を実現して収量を上げるという現在進行中の研究を取り上げた．11 章では，新たな問題解決演習として，クォラムセンシングを遮断することで，細菌による感染症のための新たな治療法の研究を取り上げた．12 章では，細菌の細胞分裂における染色体の移動のしくみの内容を更新した．また，細胞周期のチェックポイントの説明を増やし，2014 年に報告された新たなチェックポイントも含めてある．

第 3 部　遺 伝 学

13～17 章では，遺伝学の理論的な考えと染色体や分子のレベルで理解を得やすいように改訂を施した．たとえば，図 13.6 の図読み取り問題は，3 種類の生活環において，一倍体（単相）の細胞はどの段階で有糸分裂するのか，またそのときどんな細胞が生じるのかを問うている．14 章では，2014 年のゲノミクスの研究成果として，ヒトの身長の決定にかかわっている遺伝子や遺伝的変異の数がいくつかという新たな知見を取り入れた．図 14.15 b では，遺伝形質として「耳たぶの形」の代わりに「PTC の味覚の有無」を採用した．14，15 章では概念を拡げて，遺伝学における「正常」という用語の意味をわかりやすく，また性が生物をたんに 2 つのグループに分けるだけとはもはや考えられないことを説明した．15 章では，性決定における新たな研究成果と，またミトコンドリア病の遺伝を避ける技術の説明を取り入れた．新たなビジュアル解説図 16.7 では，DNA の構造をさまざまな図示法で示した．17 章の扉の写真と説明ではアルビノのロバを取り上げ，学生の興味を遺伝子発現に引きつけるようにした．ビードルとテータムの実験を理解を助けるために，栄養要求変異株をどのようにして得たかを説明する新たな図 17.2 を設けた．インスリンの遺伝子の突然変異を探して，インスリンタンパク質への影響を問う新たな問題解決演習を導入した．

18～21 章では，DNA の配列決定と遺伝子編集技術に基づく驚くべき新たな発見を取り入れて，大きな改訂をした．18 章では，ヒストン修飾，核への局在，転写装置の持続性，ncRNA によるクロマチンのリモデリング，長鎖非コード RNA（lncRNA），クロマチン構造を改変する主要制御因子の役割，ゾウに生じる低頻度のがんにおける *p53* 遺伝子の役割を新しく取り上げた．「関連性を考えよう」の図 18.27 では，「ゲ

ノミクス，細胞のシグナル伝達とがん」を拡張して，細胞のシグナル伝達における多くの知見を取り入れた．19章では，バクテリオファージに対する細菌の抵抗性を取り上げ，CRISPR-Cas9システム（図19.7）を説明する新たな項目を設けた．エボラ出血熱，チクングニア熱，ジカ熱をそれぞれ引き起こすウイルス（図19.10）やこれまでで最大のウイルスの発見の項目も取り入れた．蚊による病気の媒介や気候変動の病気の伝播への影響の危惧について説明を加えた．20章では，新たな次世代DNAシーケンサー装置の写真（図20.2）と広く普及しているRNA配列決定法の新たな説明（図20.13）などを取り入れた．生きた細胞の遺伝子を編集するために開発された**CRISPR-Cas9システム**（図20.14）を説明する項目「遺伝子とゲノム編集」を新設した．章の後半にはCRISPR-Cas9システムを利用した事例（マウスでチロシン血症という遺伝病を遺伝子編集技術で正常に戻した研究）の知見を新たに加えた．最後に，CRISPR-Cas9システムを利用してヒトの胚の遺伝子の改変した最近の研究に対する倫理的な議論や蚊が媒介する病気と闘うための遺伝子ドライブ技術を使用してもよいかという倫理的な問題提起を取り入れて改訂した．21章では，遺伝子配列関連の情報（配列決定速度，決定された生物種の数など）の更新とともに，米国で最近立ち上げられたヒトのロードマップ・エピゲノム計画の新たな知見や2015年に発表された酵母の重要な414個の遺伝子に集中した研究の成果などいくつかを取り入れた．

▼図20.14 CRISPR-Cas9システムを用いたゲノム編集．

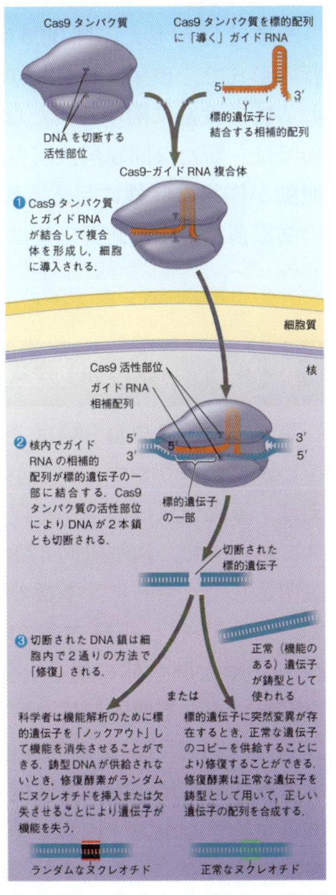
Cas9タンパク質
Cas9タンパク質を標的配列に「導く」ガイドRNA
5′
3′
DNAを切断する活性部位
標的遺伝子に結合する相補的配列
Cas9-ガイドRNA複合体
❶ Cas9タンパク質とガイドRNAが結合して複合体を形成し，細胞に導入される．
細胞質
核
Cas9活性部位
ガイドRNA相補配列
❷ 核内でガイドRNAの相補的配列が標的遺伝子の一部に結合する．Cas9タンパク質の活性部位によりDNAが2本鎖とも切断される．
5′
3′
5′
3′
5′
標的遺伝子の一部
切断された標的遺伝子
❸ 切断されたDNA鎖は細胞内で2通りの方法で「修復」される．
正常（機能のある）遺伝子が鋳型として使われる
または
科学者は機能解析のために標的遺伝子を「ノックアウト」して機能を消失させることができる．鋳型DNAが供給されないとき，修復酵素がランダムにヌクレオチドを挿入または欠失させることにより遺伝子が機能を失う．
標的遺伝子に突然変異が存在するとき，正常な遺伝子のコピーを供給することにより修復することができる．修復酵素は正常な遺伝子を鋳型として用いて，正しい遺伝子の配列を合成する．
ランダムなヌクレオチド
正常なヌクレオチド

第4部　進化のメカニズム

第4部の改訂のねらいは，進化のデータと概念を図解の理解や解釈によってサポートできることを強調することにある．そのために，「地質年代スケール」のビジュアル解説（図25.8）と**遺伝子流動**に関する新たな図23.12を新たに加えた．カダヤシの生殖的隔離を扱った図24.6，異質倍数性による種分化を扱った図24.10，昆虫のボディープランの起源を扱った図25.25などをわかりやすくした．また，進化の概念と社会問題をつなげる新たな題材も取り上げた．その例としては，2015年に発見された治療困難な病原体に効果がある抗生物質テイクソバクチン（22章本文），気候変動が生物の交雑帯に与える影響に関する新たな記述（24章），マラリアを媒介する蚊における殺虫剤耐性遺伝子の伝播に交雑がかかわることを取り上げた新たな問題解決演習（24章）がある．第4部では22章と25章の扉で新たな話題，つまり，22章は共通性と多様性，適応の概念を象徴する特徴をもった枯葉蛾を取り上げ，25章ではサハラ砂漠で発見されたクジラの骨の化石を取り上げた．また，22.3節の本文で短い時間スケールで集団がいかに進化するかを強調したこと，新たな表（表23.1）でハーディ・ワインベルグの平衡が成立する集団に必要な5つの条件を整理したこと，25.1節の新たな題材でRNAの鋳型鎖の複製が起きる「原始細胞」を最近になって初めて研究者が創り出すことに成功したことを解説したことも挙げられる．

▼図23.12 エリー湖のミズヘビ *Nerodia sipedon* における遺伝子の流れと地方の適応．

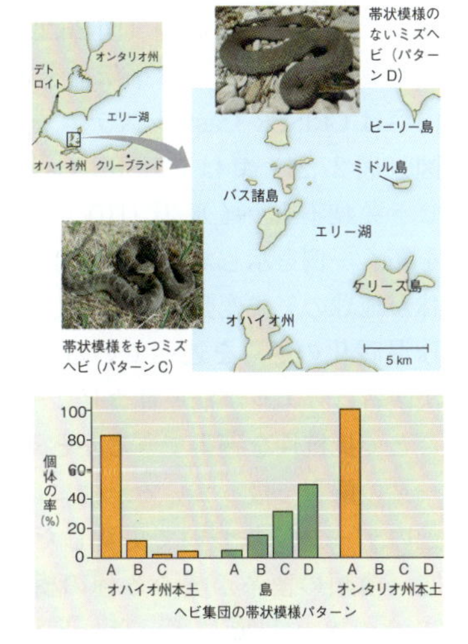
オンタリオ州
デトロイト
エリー湖
オハイオ州
クリーブランド
帯状模様のないミズヘビ（パターンD）
ピーリー島
ミドル島
バス諸島
エリー湖
ケリーズ島
オハイオ州
帯状模様をもつミズヘビ（パターンC）
5 km
100
80
60
40
20
0
個体の率（%）
A B C D
オハイオ州本土
A B C D
島
A B C D
オンタリオ州本土
ヘビ集団の帯状模様パターン

第5部　生物多様性の進化的歴史

本書の目的は，読者（学生）に生物学における視覚的な表現を理解して自作してもらうところにある．このため，新たなビジュアル解説（図26.5系統的関係）によって系統樹作成に使用される複数の図示法を紹介し，これらの系統樹が何を伝え何を伝えないかがわかるようにした．さらに視覚的な理解を練習する機会として，10 以上の「図読み取り問題」を導入した．これは系統樹を解釈するものから，細菌の鞭毛タンパク質から疎水性のものを探すものまで幅広い．系統樹解釈に関する新たな内容を盛り込み，姉妹群が進化の関係について明確に示すこと，系統樹が進化の「方向」を示すものではないことなどを強調した．他にも大きな変更として，2015 年に発見されたロキアーキオータを扱う 26.6 節，27.4 節，28.1 節の内容がある．これは真核生物の姉妹群の可能性がある一群の古細菌である．また，新たな図（図 26.22）は原核生物から真核生物への遺伝子の水平伝播を扱っている．27.6 節の内容は CRISPR-Cas9 システムを扱っており，新たな図（図 27.21）では CRISPR-Cas9 システムの技術がヒト免疫不全ウイルス（HIV）の研究に新たな可能性を拓く一例を示している．29.3 節は初期の原始的な森林が地球の気候変動に及ぼした影響（この場合は，地球温暖化の逆）を述べている．34 章の新たな問題解決演習はカエルが病原性カビに一定条件でばく露することで抵抗性を獲得できるかどうかを研究した事例データの解釈を扱っている．他には，多くの系統樹を最近のデータに基づいて更新したこと，31 章の扉の話題（菌類の菌糸が異なる種の樹木をつないでいる），33 章の扉の話題（「青い竜」ともいう軟体動物のアオミノウミウシが猛毒のカツオノエボシを捕食する），図 34.37 と本文によるカンガルーネズミの乾燥地への適応の話題，34.7 節と図 34.52 では，化石と DNA データが，現生人類とネアンデルタール人が交雑して子孫を残していたことを示唆しているという新たな題材などを取り入れた．**人類進化**の議論では，2015 年に発見されたホモ・ナレディというヒトの進化系統の新たな種を扱った図 34.53 と説明を加えた．

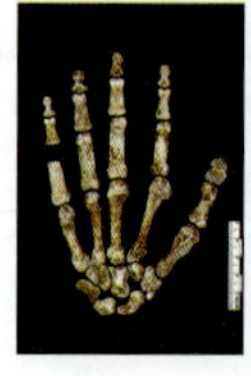
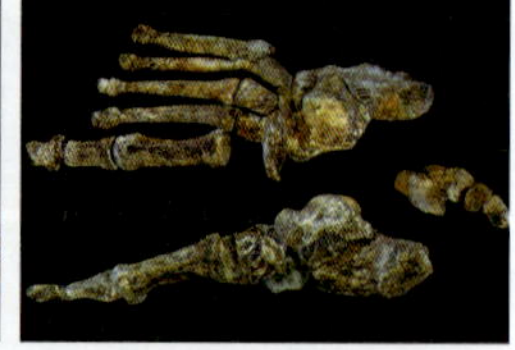

▼図 34.53　ホモ・ナレディの手と足（背面と側面）の化石．

第 6 部　植物の形態と機能

35 章の改訂の狙いは，植物の一次成長と二次成長の関係をよりわかりやすくするためである．新たなビジュアル解説図 35.11 は読者に細胞レベルで植物の成長を描かせようとしている．「前表皮」，「前形成層」，「基本分裂組織」という用語を導入し，分裂組織から成熟組織への移行を強調した．新たなフローチャート（図 35.24）は木質のシュートにおける成長をまとめてある．新たな図（図 35.26）はシロイヌナズナのエコタイプ（生態型ともいう）のゲノム解析を取り上げ，植物の形態を生態学と進化に関連づけている．36 章では，新たな図 36.8 で葉の葉脈の微細な枝分かれを解説し，また師部と木部の間の水の行き来の内容を更新した．新たな「関連性を考えよう」の図 37.10 は生物分類の門や界を横断した共生関係をまとめて取り上げた．図 37.12 と関連した本文は，土壌中の窒素分が岩石の風化から生じるという新たな発見を取り入れた．新たな図 38.3 は「心皮」と「雌ずい」という関連した用語をわかりやすく解説した．被子植物の花の構造と生活環の説明は，心皮が大胞子葉，雄ずいが小胞子葉に由来することを含めて，第 5 部における植物の進化の議論と関連させた．38.3 節では，グリホサートという農薬の耐性作物の当面の問題を詳しく議論した．改訂した図 39.7 は植物の細胞の伸長のしくみをわかりやすく図解した．図 39.8 は，ガイドつきツアー旅行の形式で，頂芽優勢を取り扱った．頂芽優勢にかかわる糖の役割に関する新たな情報を取り入れた．39.4 節では，新たな問題解決演習によって地球規模の気候変動が作物の収穫に与える影響を強調した．図 39.26 の病原菌に対する防御応答は簡潔にしてわかりやすくした．

第 7 部　動物の形態と機能

第 7 部の改訂のねらいは，動物の構造と生理の描写をいかにわかりやすくするかということにある．たとえば，原腸形成は学生が把握しにくい 3 次元のプロセスであるので，図解（図 47.8）によって明快で確実な説明とした．さらに，多数の新たな図と改訂図によって，リンパ系と心臓血管の循環系の相互作用（図 42.15）や大脳全体の構造と辺縁系の関係（図 49.14）などを，その空間的関係を解剖学的にわかりやすく解説した．45 章の新たな問題解決演習は，医学的な謎への興味を利用して，血液検査と病気の診断の背後にある生物学を学ぶ．内容の更新には，喉の渇き（44.4 節）やカンガルーやクラゲの移動など身近な現象の理解にも及ぶようにした．さらに，本文や図を新しくして，最前線のテクノロジーを活用した次のような話題を盛り込んだ．それらは，昆虫の RNA を利用した抗ウイルス防御（図 43.4），個人が遭遇した全ウイルスの迅速で網羅的な解析（図 43.24），成人の褐色脂肪に関する最近の発見（図 40.16），**ヒトの微生物相**（**図 41.17**），単為生殖（46.1 節），地磁気感知（50.1 節）である．いつもながら，教育上の微調整としてわかりやすくしたところも多い．たとえば，神経の興奮における複数のイオンチャネルの不活性化と電圧による活性化による相補的な調節（48.3 節）や鳥の渡りの遺伝的因子の実験的解析（図 51.24）などである．

▼図 41.17　ヒトの成長過程による腸内微生物相の違い．

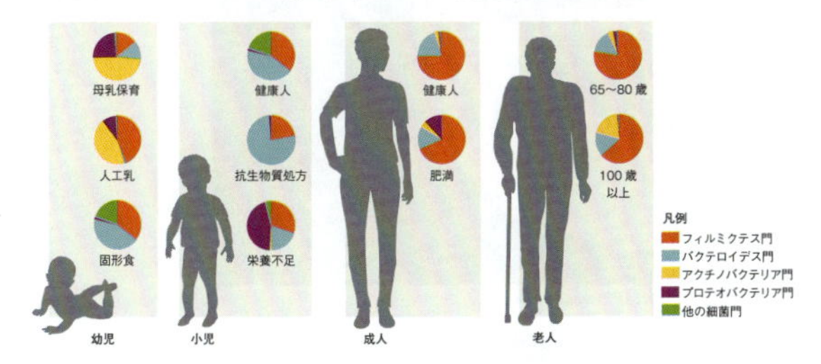
母乳保育
人工乳
固形食
幼児
健康人
抗生物質処方
栄養不足
小児
健康人
肥満
成人
65~80 歳
100 歳
以上
老人
凡例
フィルミクテス門
バクテロイデス門
アクチノバクテリア門
プロテオバクテリア門
他の細菌門

第 8 部　生 態 学

生態学に関するこの部は，原書 11 版において大幅に改訂した．概念の枠組みを組み替えて，次のような生態学の中心的な話題を紹介した．それらは，生命表，個体ベースでみた個体群の増殖，内的自然増加率「*r*」，指数関数的個体群成長，ロジスティック個体群成長，密度依存性，生物種間相互作用（特に寄生，片利共生，相利共生），マッカーサーとウィルソンの島嶼の生物地理モデルである．生態学の原理をより深く統合した改訂を行った．それらは，新たな重要概念（52.5 節），生態学と進化が相互に作用し合うことに関する 2 つの新たな図（図 52.22，図 52.23），生物の地理的分布が進化の歴史と生態学的要因との組み合わせで決まるしくみ（52.4 節），5 つの「関連性を考えよう」の問題（生態学的しくみと進化的なしくみの相互作用を問う）である．**気候変動**の問題を拡張し強調することを心がけ，次のような改訂をした．それらは，キーストーン生物種の生存への気候変動の影響を紹介した新たな議論と図（図 52.20），気候変動が純一次生産（NPP）に及ぼす影響を説明した新たな項目（55.2 節），気候変動が野火と昆虫の大発生をどのように引き起こしたかを説明した新たな図（**図 55.8**），気候変動が引き起こした昆虫の大発生が生態型を炭素のソースからシンクにどのように変えてしまうのかを説明した新たな問題解決演習（55 章），温室効果に関する新たな図（図 56.29），気候変動の生物学的影響を述べた新たな記述（56.4 節），気候変動の生物学的組織化のあらゆる階層で及ぼす影響を扱った新たな「関連性を考えよう」の図（図 56.30）である．他にも更新したものは，以下の通りである．1 人あたりのエコロジカルフットプリントを示す新たな図（図 53.25），巨大な肉食魚と小エビの一見ありそうにない相利共生を扱った 54 章の扉の話題，相利共生のパートナーが利益とともにコストを支払っていることを強調した新たな記述（54.1 節），生態学的な相互作用の有効性は時間とともに変化し得ることを説明した記述（54.1 節），島の平衡モデルに関する新たな図（図 54.29 と図 54.30），2 種のトガリネズミがライム病の予想外の宿主であったことを示す新たな図（図 54.31），今日の生物の絶滅速度を典型的な化石記録からわかるものと比較した新たな記述（56.1 節），悪化した都市の河川の回復を議論した新たな記述と図（図 56.22）がある．

▼図 55.8　気候変動と野火と昆虫の大発生．

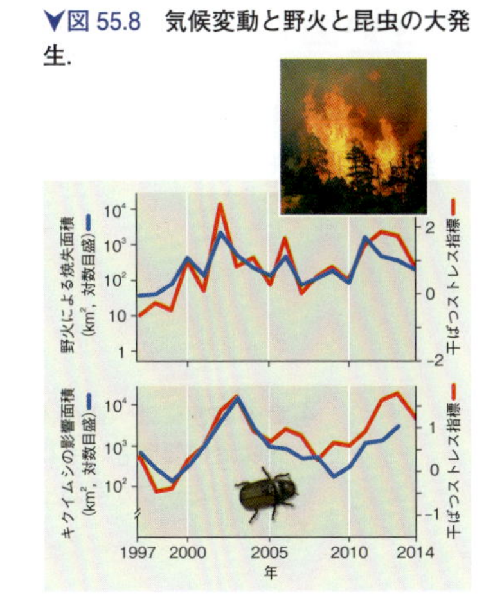
野火による焼失面積（km², 対数目盛）
干ばつストレス指標
10⁴
10³
10²
10
1
2
0
−2
キクイムシの影響面積（km², 対数目盛）
10⁴
10³
10²
1
0
−1
1997
2000
2005
2010
2014
年

大きい図を見る

それぞれの章は 3〜7 個からなる**重要概念**の枠組みで構成されている．重要概念では，大きな図に焦点を当てるとともに，補足的な詳細事項を掲載している．

各章の最初には，章の本文へと誘う**興味深い質問**とともに，視覚的にダイナミックな**写真**を載せている．

重要概念のリストでは，章全体をカバーする大きな考えを紹介している．

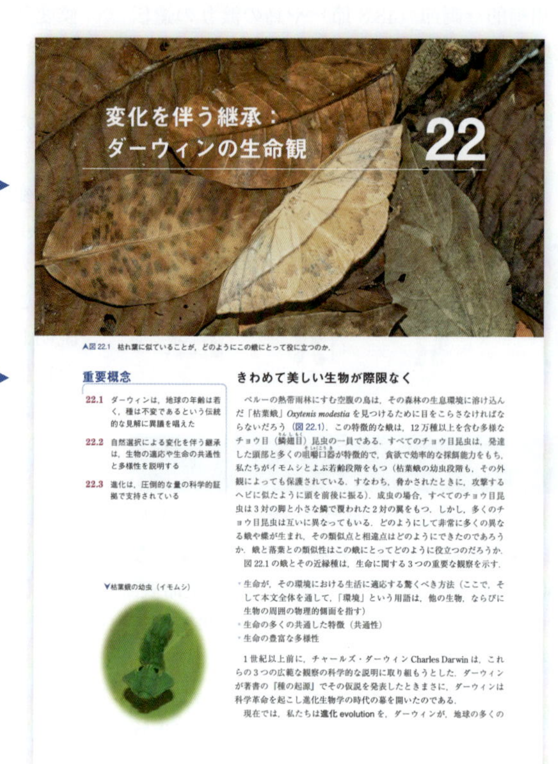

変化を伴う継承：ダーウィンの生命観 22

▲図 22.1　枯れ葉に似ていることが，どのようにこの蛾にとって役に立つのか．

重要概念

22.1　ダーウィンは，地球の年齢は若く，種は不変であるという伝統的な見解に異議を唱えた

22.2　自然選択による変化を伴う継承は，生物の適応や生命の共通性と多様性を説明する

22.3　進化は，圧倒的な量の科学的証拠で支持されている

▼枯葉蛾の幼虫（イモムシ）

きわめて美しい生物が際限なく

ペルーの熱帯雨林にすむ空腹の鳥は，その森林の生息環境に溶け込んだ「枯葉蛾」*Oxytenis modestia* を見つけるために目をこらさなければならないだろう（図 22.1）．この特徴的な蛾は，12 万種以上を含む多様なチョウ目（鱗翅目）昆虫の一員である．すべてのチョウ目昆虫は，発達した頭部と多くの咀嚼口器が特徴的で，貪欲で効率的な採餌能力をもち，私たちがイモムシとよぶ若齢段階をもつ（枯葉蛾の幼虫段階も，その外観によっても保護されている．すなわち，脅かされたときに，攻撃するヘビに似たように頭を前後に振る）．成虫の場合，すべてのチョウ目昆虫は 3 対の脚と小さな鱗で覆われた 2 対の翼をもつ．しかし，多くのチョウ目昆虫は互いに異なってもいる．どのようにして非常に多くの異なる蛾や蝶が生まれ，その類似点と相違点はどのようにできたのであろうか．蛾と落葉との類似性はこの蛾にとってどのように役立つのだろうか．

図 22.1 の蛾とその近縁種は，生命に関する 3 つの重要な観察を示す．

- 生命が，その環境における生活に適応する驚くべき方法（ここで，そして本文全体を通して，「環境」という用語は，他の生物，ならびに生物の周囲の物理的側面を指す）
- 生命の多くの共通した特徴（共通性）
- 生命の豊富な多様性

1 世紀以上前に，チャールズ・ダーウィン Charles Darwin は，これらの 3 つの広範な観察の科学的な説明に取り組もうとした．ダーウィンが著書の『種の起源』でその仮説を発表したときまさに，ダーウィンは科学革命を起こし進化生物学の時代の幕を開いたのである．

現在では，私たちは**進化** evolution を，ダーウィンが，地球の多くの

重要概念を読んだ後，**概念のチェック**によって理解度がチェックできる．

章全体に関する質問によって，**本文をアクティブに読む**励みとなる．

「**どうなる？**」の質問によって，何を学んだかを示すことが求められる．

「**関連性を考えよう**」の質問によって，以前に示された内容とこの章の内容とを関連づけることが求められる．

概念のチェック 22.2

1. 変化を伴う継承の概念は，どのように生命の共通性と多様性の両方を説明するのか．
2. **どうなる？**➤アンデスの高地に生息していた絶滅哺乳類の化石を発見した場合，それは南米のジャングルに生息する現生の哺乳類によりよく似ていると予測するか，あるいはアジアの高山に生きる現生の哺乳類に似ていると予想するか．説明しなさい．
3. **関連性を考えよう**➤遺伝子型と表現型の関係について復習しなさい（図 14.5，図 14.6 を参照）．あるエンドウ集団では，白の表現型をもつ花が，自然選択でより有利であると仮定する．集団中の p 対立遺伝子の頻度は，時間の経過とともにどのようになるかを予測し，あなたの推論を説明しなさい．

（解答例は付録 A）

重要概念のまとめでは，章のおもなポイントに改めて焦点を当てる．

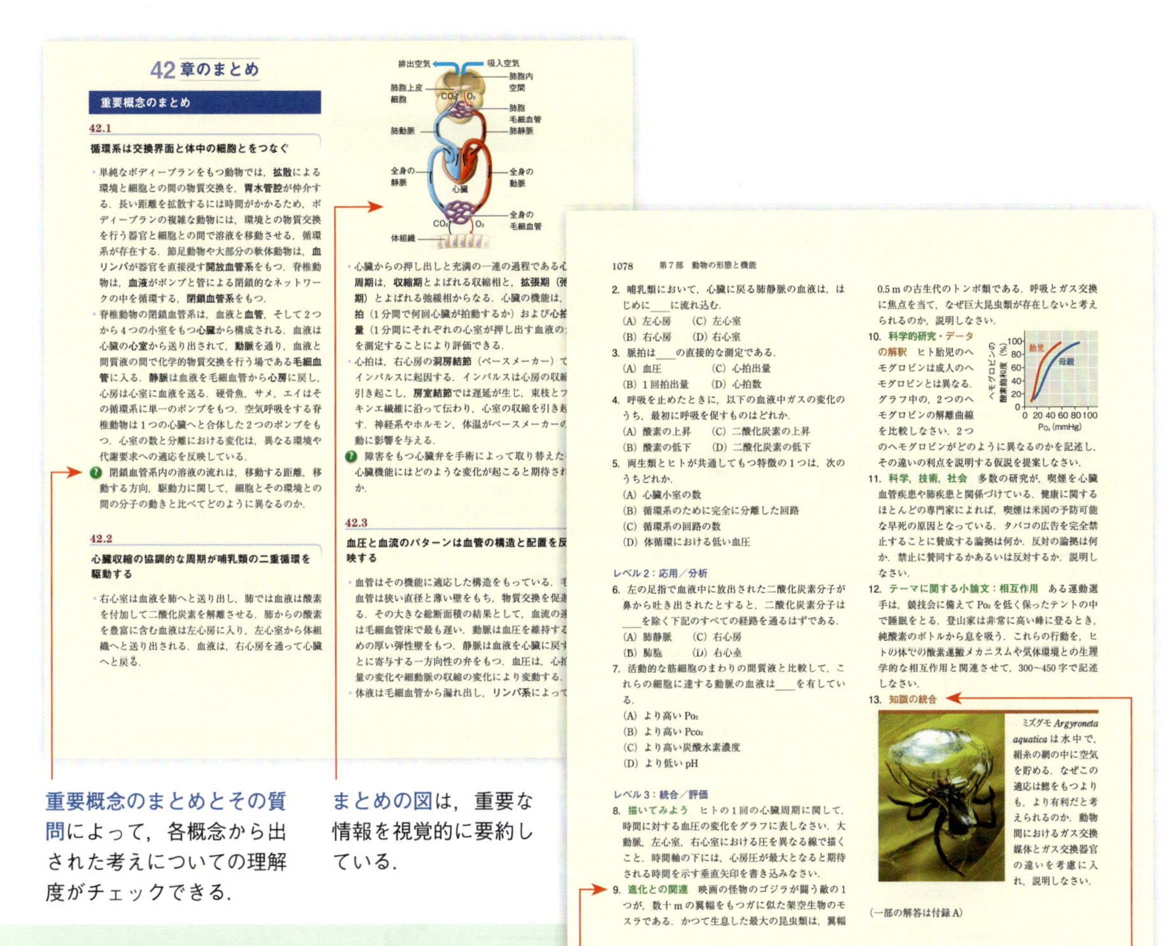

42 章のまとめ

重要概念のまとめ

42.1

循環系は交換界面と体中の細胞とをつなぐ

- 単純なボディープランをもつ動物では，**拡散**による環境と細胞との間の物質交換を，**胃水管腔**が仲介する．長い距離を拡散するには時間がかかるため，ボディープランの複雑な動物には，環境との物質交換を行う器官と細胞との間で溶液を移動させる，循環系が存在する．節足動物や大部分の軟体動物は，**血リンパ**が器官を直接浸す**開放血管系**をもつ．脊椎動物は，**血液**がポンプと管による閉鎖的なネットワークの中を循環する，**閉鎖血管系**をもつ．
- 脊椎動物の閉鎖血管系は，血液と**血管**，そして２つから４つの小室をもつ**心臓**から構成される．血液は心臓の**心室**から送り出されて，**動脈**を通り，血液と間質液の間で化学的物質交換を行う場である**毛細血管**に入る．**静脈**は血液を毛細血管から**心房**に戻し，心房は心室に血液を送る．硬骨魚，サメ，エイはその循環系に単一のポンプをもつ．空気呼吸をする脊椎動物は１つの心臓へと合体した２つのポンプをもつ．心室の数と分離における変化は，異なる環境や代謝要求への適応を反映している．

? 閉鎖血管系内の溶液の流れは，移動する距離，移動する方向，駆動力に関して，細胞とその環境との間の分子の動きと比べてどのように異なるのか．

42.2

心臓収縮の協調的な周期が哺乳類の二重循環を駆動する

- 右心室は血液を肺へと送り出し，肺では血液は酸素を付加して二酸化炭素を解離させる．肺からの酸素を豊富に含む血液は左心房に入り，左心室から体組織へと送り出される．血液は，右心房を通って心臓へと戻る．

排出空気
吸入空気
肺胞上皮細胞
肺胞内空間
CO_2
O_2
肺胞毛細血管
肺動脈
肺静脈
全身の静脈
全身の動脈
心臓
全身の毛細血管
体組織

- 心臓からの押し出しと充満の一連の過程である**心**
周期は，**収縮期**とよばれる収縮相と，**拡張期**（**弛**
期）とよばれる弛緩相からなる．心臓の機能は，
拍（1 分間で何回心臓が拍動するか）および**心拍**
量（1 分間にそれぞれの心室が押し出す血液の
を測定することにより評価できる．
- 心拍は，右心房の**洞房結節**（ペースメーカー）て
インパルスに起因する．インパルスは心房の収縮
引き起こし，**房室結節**では遅延が生じ，束枝とフ
キンエ繊維に沿って伝わり，心室の収縮を引き起
す．神経系やホルモン，体温がペースメーカーの
動に影響を与える．

? 障害をもつ心臓弁を手術によって取り替えた
心臓機能にはどのような変化が起こると期待され
か．

42.3

血圧と血流のパターンは血管の構造と配置を反映する

- 血管はその機能に適応した構造をもっている．毛
血管は狭い直径と薄い壁をもち，物質交換を促進
る．その大きな総断面積の結果として，血流の速
は毛細血管床で最も遅い．動脈は血圧を維持する
めの厚い弾性壁をもつ．静脈は血液を心臓に戻す
とに寄与する一方向性の弁をもつ．血圧は，心拍
量の変化や細動脈の収縮の変化により変動する．
- 体液は毛細血管から漏れ出し，リンパ系によって

1078　第 7 部　動物の形態と機能

2. 哺乳類において，心臓に戻る肺静脈の血液は，はじめに＿＿に流れ込む．
(A) 左心房　(C) 左心室
(B) 右心房　(D) 右心室
3. 脈拍は＿＿の直接的な測定である．
(A) 血圧　(C) 心拍出量
(B) 1 回拍出量　(D) 心拍数
4. 呼吸を止めたときに，以下の血液中ガスの変化のうち，最初に呼吸を促すものはどれか．
(A) 酸素の上昇　(C) 二酸化炭素の上昇
(B) 酸素の低下　(D) 二酸化炭素の低下
5. 両生類とヒトが共通してもつ特徴の 1 つは，次のうちどれか．
(A) 心臓小室の数
(B) 循環系のために完全に分離した回路
(C) 循環系の回路の数
(D) 体循環における低い血圧

レベル 2：応用／分析

6. 左の足指で血液中に放出された二酸化炭素分子が鼻から吐き出されたとすると，二酸化炭素分子は＿＿を除く下記のすべての経路を通るはずである．
(A) 肺静脈　(C) 右心房
(B) 肺胞　(D) 右心室
7. 活動的な筋細胞のまわりの間質液と比較して，これらの細胞に達する動脈の血液は＿＿を有している．
(A) より高い P_{O_2}
(B) より高い P_{CO_2}
(C) より高い炭酸水素濃度
(D) より低い pH

レベル 3：統合／評価

8. **描いてみよう**　ヒトの 1 回の心臓周期に関して，時間に対する血圧の変化をグラフに表しなさい．大動脈，左心室，右心室における圧を異なる線で描くこと．時間軸の下には，心房圧が最大となると期待される時間を示す垂直矢印を書き込みなさい．
9. **進化との関連**　映画の怪物のゴジラが闘う敵の 1 つが，数十 m の翼幅をもつガに似た架空生物のモスラである．かつて生息した最大の昆虫類は，翼幅 0.5 m の古生代のトンボ類である．呼吸とガス交換に焦点を当て，なぜ巨大昆虫類が存在しないと考えられるのか，説明しなさい．
10. **科学的研究・データの解釈**　ヒト胎児のヘモグロビンは成人のヘモグロビンとは異なる．グラフ中の，2 つのヘモグロビンの解離曲線を比較しなさい．2 つのヘモグロビンがどのように異なるのかを記述し，その違いの利点を説明する仮説を提案しなさい．

ヘモグロビンの酸素飽和度（%）
100
80
60
40
20
0
胎児
母親
0 20 40 60 80 100
P_{O_2} (mmHg)

11. **科学，技術，社会**　多数の研究が，喫煙を心臓血管疾患や肺疾患と関係づけている．健康に関するほとんどの専門家によれば，喫煙は米国の予防可能な早死の原因となっている．タバコの広告を完全禁止することに賛成する論拠は何か．反対の論拠は何か．禁止に賛同するかあるいは反対するか．説明しなさい．
12. **テーマに関する小論文：相互作用**　ある運動選手は，競技会に備えて P_{O_2} を低く保ったテントの中で睡眠をとる．登山家は非常に高い峰に登るとき，純酸素のボトルから息を吸う．これらの行動を，ヒトの体での酸素運搬メカニズムや気体環境との生理学的な相互作用と関連させて，300～450 字で記述しなさい．
13. **知識の統合**

ミズグモ *Argyroneta aquatica* は水中で，絹糸の網の中に空気を貯める．なぜこの適応は鰓をもつよりも，より有利だと考えられるのか．動物間におけるガス交換媒体とガス交換器官の違いを考慮に入れ，説明しなさい．

（一部の解答は付録 A）

重要概念のまとめとその質問によって，各概念から出された考えについての理解度がチェックできる．

まとめの図は，重要な情報を視覚的に要約している．

進化は生物学の基本的テーマであり，本書全体を通して強調している．各章に，進化との関連づけを明示的に示した項目を用意している．

「**進化との関連**」の質問は，各章のまとめの中に含まれている．

「**知識の統合**」の質問では，章で理解した内容をもとに，興味深い写真の説明が求められる．

遺伝暗号の進化

進化　遺伝暗号は最も簡単な細菌から最も複雑な植物や動物まで，地球上の生物に広く共有され，ほぼ普遍的である．たとえば RNA コドン CCG は，遺伝
号が調べられたすべての生物の中でアミノ酸のプロ
ﾝ (Pro) に翻訳される．遺伝了をある生物から他
類の生物に移す実験を行うと，新たな宿主の中でそ
遺伝子が転写・翻訳され，図 17.7 に示すような鮮
かな結果がもたらされることもある．ヒトの遺伝子
細菌に導入し，医療用にインスリンなどのヒトのタ
パク質を合成するように細菌をプログラムすること
可能である．こうした応用はバイオテクノロジーの
野で多くのめざましい発展をもたらしている（20.4
参照）．

▼図 17.7　**進化の証拠：異なる生物種の遺伝子の発現．**共通の祖先から進化したため，多様な生物が共通の遺伝暗号を用いている．ある生物に第 2 の生物種の DNA を導入することにより，第 2 の生物に特有のタンパク質を生産するようにプログラムすることが可能である．

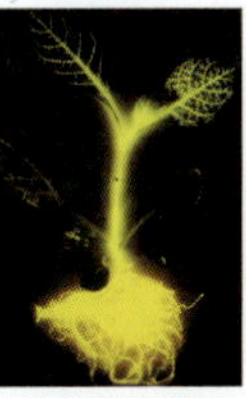

(a) ホタルの遺伝子を発現するタバコ．黄色の光は，ホタルの遺伝子の産物であるタンパク質により触媒される化学反応により発するものである．

(b) クラゲの遺伝子を発現するブタ．科学者はクラゲ由来の蛍光タンパク質の遺伝子をブタの受精卵に導入した．受精卵の 1 つから写真のような蛍光を発するブタが誕生した．

図の読み取り能力を鍛える

NEW! ビジュアル解説は，生物学において図やモデルをどのように解釈するかを教えるものである．図中の質問によって，図の読み取り能力を鍛える．

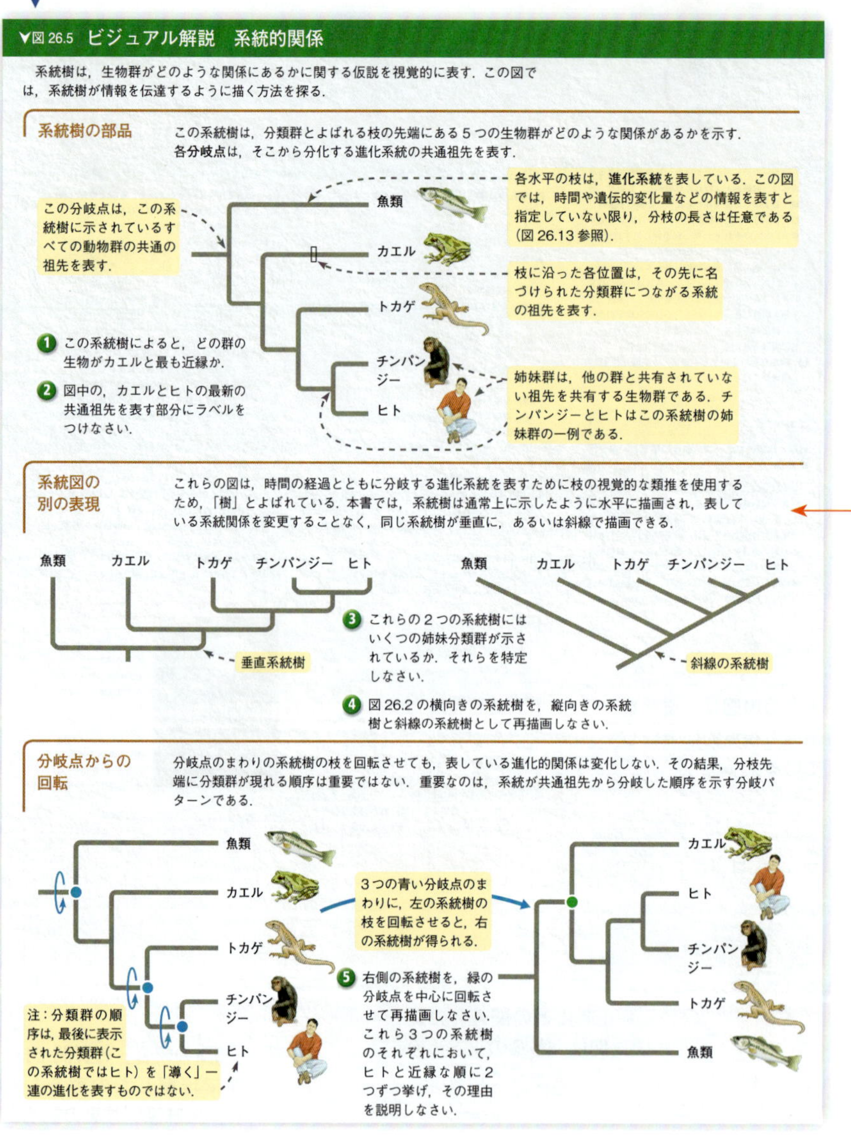

▼図 26.5 ビジュアル解説 系統的関係
系統樹は，生物群がどのような関係にあるかに関する仮説を視覚的に表す．この図では，系統樹が情報を伝達するように描く方法を探る．
系統樹の部品
この系統樹は，分類群とよばれる枝の先端にある 5 つの生物群がどのような関係があるかを示す．各分岐点は，そこから分化する進化系統の共通祖先を表す．
この分岐点は，この系統樹に示されているすべての動物群の共通の祖先を表す．
各水平の枝は，進化系統を表している．この図では，時間や遺伝的変化量などの情報を表すと指定していない限り，分枝の長さは任意である（図 26.13 参照）．
枝に沿った各位置は，その先に名づけられた分類群につながる系統の祖先を表す．
姉妹群は，他の群と共有されていない祖先を共有する生物群である．チンパンジーとヒトはこの系統樹の姉妹群の一例である．
魚類
カエル
トカゲ
チンパンジー
ヒト
1 この系統樹によると，どの群の生物がカエルと最も近縁か．
2 図中の，カエルとヒトの最新の共通祖先を表す部分にラベルをつけなさい．
系統図の別の表現
これらの図は，時間の経過とともに分岐する進化系統を表すために枝の視覚的な類推を使用するため，「樹」とよばれている．本書では，系統樹は通常上に示したように水平に描画され，表している系統関係を変更することなく，同じ系統樹が垂直に，あるいは斜線で描画できる．
魚類 カエル トカゲ チンパンジー ヒト
垂直系統樹
3 これらの 2 つの系統樹にはいくつの姉妹分類群が示されているか．それらを特定しなさい．
4 図 26.2 の横向きの系統樹を，縦向きの系統樹と斜線の系統樹として再描画しなさい．
魚類 カエル トカゲ チンパンジー ヒト
斜線の系統樹
分岐点からの回転
分岐点のまわりの系統樹の枝を回転させても，表している進化的関係は変化しない．その結果，分枝先端に分類群が現れる順序は重要ではない．重要なのは，系統が共通祖先から分岐した順序を示す分岐パターンである．
魚類
カエル
トカゲ
チンパンジー
ヒト
注：分類群の順序は，最後に表示された分類群（この系統樹ではヒト）を「導く」一連の進化を表すものではない．
3 つの青い分岐点のまわりに，左の系統樹の枝を回転させると，右の系統樹が得られる．
5 右側の系統樹を，緑の分岐点を中心に回転させて再描画しなさい．これら 3 つの系統樹のそれぞれにおいて，ヒトと近縁な順に 2 つずつ挙げ，その理由を説明しなさい．
カエル
ヒト
チンパンジー
トカゲ
魚類

ビジュアル解説

NEW! 図読み取り問題で，図や写真の解釈の練習をする．

▼図 41.9　**ヒトの気道と消化管の断面図．** ヒトでは咽頭は気管と食道につながっている．(a) ほとんどの場合，食道括約筋が収縮して食道は閉じられ，気管は開いたままである．(b) 食物塊が咽頭に達すると，嚥下反射が引き起こされる．気管の上部にある喉頭が動いて喉頭蓋とよばれるふたを下げ，食物が気管に入らないようにする．同時に，食道括約筋が弛緩し食物塊を食道に通す．気管が次に再び開いて食道が波状収縮し，食物塊が胃に移動する．

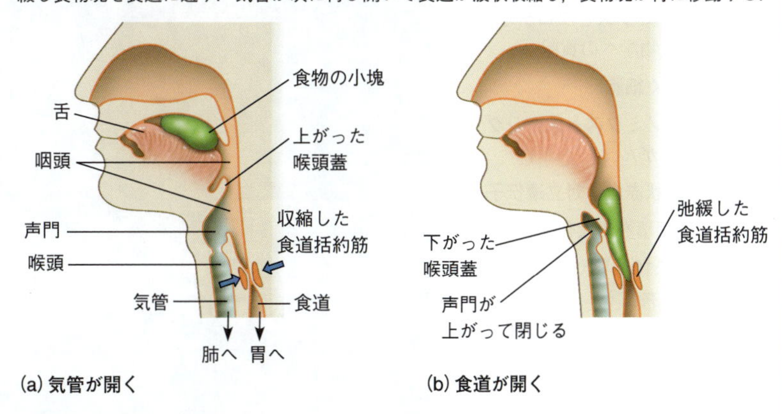
食物の小塊
舌
上がった
喉頭蓋
咽頭
収縮した
食道括約筋
声門
喉頭
気管
食道
肺へ
胃へ
(a) 気管が開く
弛緩した
食道括約筋
下がった
喉頭蓋
声門が
上がって閉じる
(b) 食道が開く

図読み取り問題➤水を飲んでいるときに笑うと，液体は外鼻孔から噴出するだろう．笑いが呼気を含むことを考慮して，この図を使いながら，なぜこれが起こるかを説明しなさい．

➤図 2.17　**光合成：太陽エネルギーによる物質の再配置．** カナダモは淡水の沈水性植物で，太陽光で駆動される光合成という化学反応で，二酸化炭素と水の原子を再配置し，糖を生産する．糖の多くは，さらに別の栄養物質に変換される．酸素ガス (O_2) は光合成の副産物である．写真では水中の葉から酸素の泡が漏れ出ていることに注意しなさい．

葉
酸素の泡

描いてみよう➤葉の中で進行する光合成の反応式と生成物の名前と反応の方向を示す矢印を，この写真に書き込みなさい．

発展！　描いてみようの演習では学生にビジュアル化する練習をさせる．ここでは紙に鉛筆で構造を描き，図に注釈をつけたり，実験データをグラフ化したりすることが求められる．

図解で「関連性を考えよう」

11 の関連性を考えるための図により，さまざまな章の内容をまとめ，「全体像」における各項目の関連性を視覚的に表現している．

関連性を考えるための図

図 5.26　ゲノミクスとプロテオミクスの生物学への貢献

図 10.23　働く細胞

図 18.27　ゲノミクスと細胞シグナル伝達とがん

図 23.18　鎌状赤血球対立遺伝子

図 33.9　表面積を最大化する

NEW!　図 37.10　界やドメインを超えた相利共生

図 39.27　植食者に対する植物の防御のレベル

図 40.23　動物・植物の挑戦と解決法

図 44.17　イオンの移動と勾配

図 55.19　働く生態系

NEW!　図 56.30　気候変動はあらゆる生物学的階層に影響する

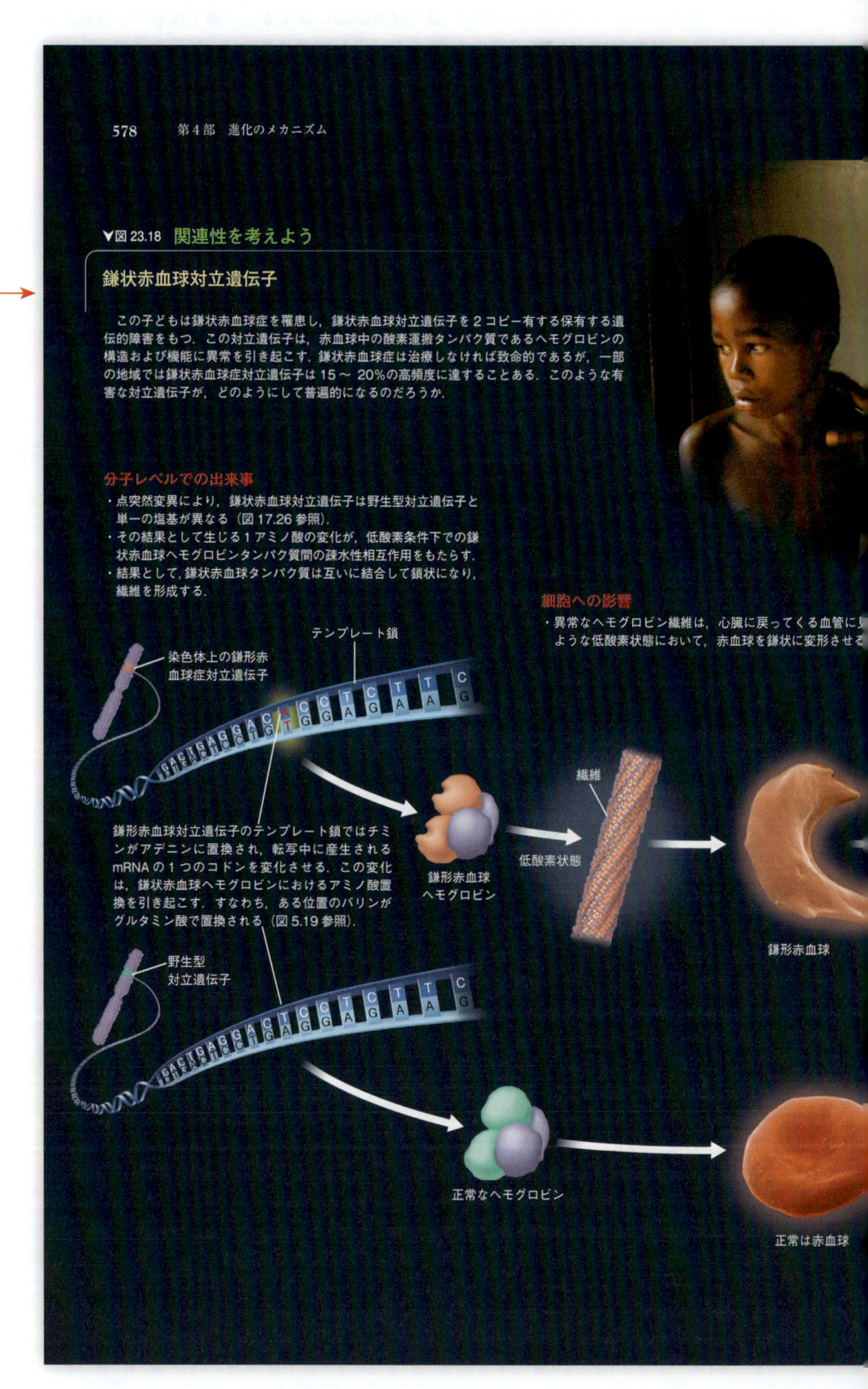
578　第 4 部　進化のメカニズム
▼図 23.18　関連性を考えよう
鎌状赤血球対立遺伝子
この子どもは鎌状赤血球症を罹患し，鎌状赤血球対立遺伝子を 2 コピー有する保有する遺伝的障害をもつ．この対立遺伝子は，赤血球中の酸素運搬タンパク質であるヘモグロビンの構造および機能に異常を引き起こす．鎌状赤血球症は治療しなければ致命的であるが，一部の地域では鎌状赤血球症対立遺伝子は 15 ～ 20%の高頻度に達することある．このような有害な対立遺伝子が，どのようにして普遍的になるのだろうか．
分子レベルでの出来事
・点突然変異により，鎌状赤血球対立遺伝子は野生型対立遺伝子と単一の塩基が異なる（図 17.26 参照）．
・その結果として生じる 1 アミノ酸の変化が，低酸素条件下での鎌状赤血球ヘモグロビンタンパク質間の疎水性相互作用をもたらす．
・結果として，鎌状赤血球タンパク質は互いに結合して鎖状になり，繊維を形成する．
細胞への影響
・異常なヘモグロビン繊維は，心臓に戻ってくる血管に
ような低酸素状態において，赤血球を鎌状に変形させ
テンプレート鎖
染色体上の鎌形赤血球症対立遺伝子
鎌形赤血球対立遺伝子のテンプレート鎖ではチミンがアデニンに置換され，転写中に産生される mRNA の 1 つのコドンを変化させる．この変化は，鎌状赤血球ヘモグロビンにおけるアミノ酸置換を引き起こす．すなわち，ある位置のバリンがグルタミン酸で置換される（図 5.19 参照）．
鎌形赤血球ヘモグロビン
低酸素状態
繊維
鎌形赤血球
野生型対立遺伝子
正常なヘモグロビン
正常は赤血球

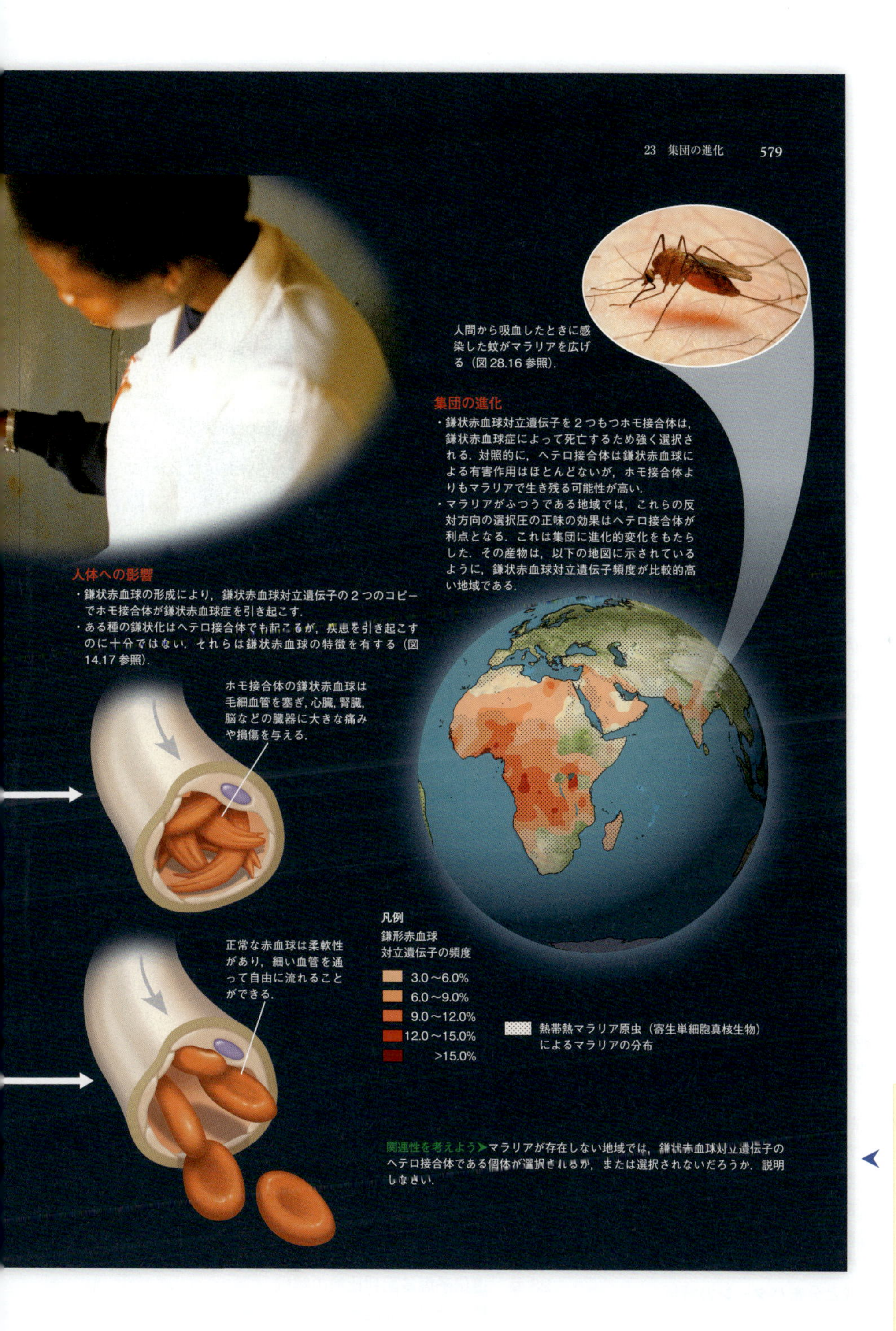
23　集団の進化　579
人間から吸血したときに感
染した蚊がマラリアを広げ
る（図 28.16 参照）.
集団の進化
・鎌状赤血球対立遺伝子を２つもつホモ接合体は，
鎌状赤血球症によって死亡するため強く選択さ
れる．対照的に，ヘテロ接合体は鎌状赤血球に
よる有害作用はほとんどないが，ホモ接合体よ
りもマラリアで生き残る可能性が高い.
・マラリアがふつうである地域では，これらの反
対方向の選択圧の正味の効果はヘテロ接合体が
利点となる．これは集団に進化的変化をもたら
した．その産物は，以下の地図に示されている
ように，鎌状赤血球対立遺伝子頻度が比較的高
い地域である.
人体への影響
・鎌状赤血球の形成により，鎌状赤血球対立遺伝子の２つのコピー
でホモ接合体が鎌状赤血球症を引き起こす.
・ある種の鎌状化はヘテロ接合体でも起こるが，疾患を引き起こす
のに十分ではない．それらは鎌状赤血球の特徴を有する（図
14.17 参照）.
ホモ接合体の鎌状赤血球は
毛細血管を塞ぎ，心臓，腎臓，
脳などの臓器に大きな痛み
や損傷を与える.
正常な赤血球は柔軟性
があり，細い血管を通
って自由に流れること
ができる.
凡例
鎌形赤血球
対立遺伝子の頻度
3.0～6.0%
6.0～9.0%
9.0～12.0%
12.0～15.0%
>15.0%
熱帯熱マラリア原虫（寄生単細胞真核生物）
によるマラリアの分布
関連性を考えよう➤マラリアが存在しない地域では，鎌状赤血球対立遺伝子の
ヘテロ接合体である個体が選択されるか，または選択されないだろうか．説明
しなさい.

各章の関連性を考える質問は，この章の内容を以前の章で提示された資料に関連づけて考えるような内容となっている.

科学スキル演習

科学スキル演習は，データ分析，グラフ化，実験計画や数学的能力など，生物学に必要とされる重要なスキルを会得するために実際のデータを用いている．

それぞれの科学スキル演習は各章の内容に関連した実験に基づいている．

ほとんどの科学スキル演習は，演習内に引用しているように，出版された研究データを用いている．

質問は難しく設定されていて，段階的に新たなスキルを見ていくことにより，より高度なレベルの批判的思考の機会を提供する．

科学スキル演習

2組のデータの散布図の解釈

グルコースの細胞への取り込みは年齢によって影響を受けるか 動物の重要なエネルギー源であるグルコースは運搬タンパク質を使って促進拡散によって細胞内に輸送される．この演習では，齢の異なるモルモットの赤血球細胞へのグルコースの継時的な取り込みを調べた実験のデータの解釈を行い，細胞のグルコースの取り込み速度がモルモットの齢に依存しているかどうかを結論づける．

実験方法 研究者はモルモットの赤血球細胞を放射性同位元素を含む 300 mM のグルコース溶液（pH 7.4）中で，25 ℃の条件下に置いた．10 分または 15 分おきに，試料の細胞をそれから取り出して，細胞内の放射能をもつグルコースの濃度を測定した．使用した細胞は 15 日齢または 1ヵ月齢のモルモットに由来する．

実験データ 複数の組のデータがある場合は，比較のために，それらのデータを同じグラフにプロットするのが便利だろう．このグラフには，各組の点（組ごとに同じ色）からなる「散布図」が描かれている．そこでは，それぞれの点が 2 つの数値（一方が他方の変数）を表している．データの各組について，その動向をわかりやすくするために，それらの点に最も合致した曲線が描かれている（グラフに関する追加情報は付録 F を参照）．

モルモットの赤血球細胞へのグルコースの継時的な取り込み

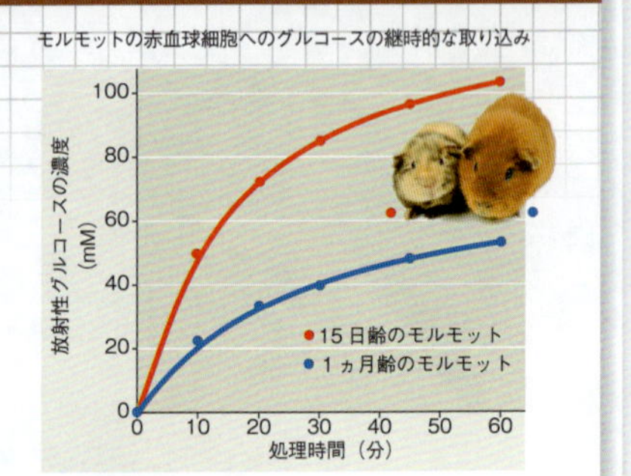
100
80
60
40
20
0
放射性グルコースの濃度 (mM)
0 10 20 30 40 50 60
処理時間（分）
15 日齢のモルモット
1ヵ月齢のモルモット

データの出典 T. Kondo and E. Beutler, Developmental changes in glucose transport of guinea pig erythrocytes, *Journal of Clinical Investigation* 65: 1-4 (1980).

データの解釈

1. 最初にグラフの各部が理解できるか確認しなさい．(a) どの変数が独立変数か．すなわち，研究者によって規定される変数か．(b) どの変数が従属変数か．すなわち，実験処理に依存し，研究者によって測定される変数か．(c) 赤い点は何を表しているか．(d) 青い点は何を表しているか．
2. グラフ上のデータの各点をもとに，データの表を作成しなさい．その表の左の列を「処理時間（分）」としなさい．
3. このグラフは何を示しているか．15 日齢と 1ヵ月齢のモルモットの赤血球細胞でのグルコースの取り込みを比較してその差を述べなさい．
4. 15 日齢と 1ヵ月齢のモルモットの赤血球細胞でのグルコースの取り込みの差を説明する仮説を立てなさい（グルコースがどのようにして細胞内に取り込まれるかについて考えること）．
5. 立てた仮説を検証するための実験を考えなさい．

科学スキル演習は各章にある

問題解決への科学スキルの適用

NEW!　問題解決演習は，学生に対し，科学スキルを適用して，実世界の問題解決を想定した実際のデータの解釈を練習する．

問題解決演習

魚の偽装にだまされるか

魚のサケを購入するとき，養殖されたアトランティックサーモン *Salmo salar* よりも，高価な野生のパシフィックサーモン（*Oncorhynchus* 属）のほうが望ましいと思うだろう．しかし，調査によると約40％の魚は値段に見合わないものであった．

SALMON
8.45
LB
FAKE FISH IN STORES AND RESTAURANTS
GMA

この演習では，サケの切り身のラベルが偽装されているかどうか調べる．

方法　調査の原理は，同一種内の個体もしくは近縁種のもの由来のDNA配列同士は，もっと系統的に離れた種の配列よりもよく似ているということである．

データ　野生のギンザケ *Oncorhynchus kisutch* として販売されているサケの切り身を購入した．このラベルが正しいかどうか調べるため，ある遺伝子の短いDNA配列を，この魚と3種のサケの同じ遺伝子の標準配列と比較する．その配列は：

O. kisutch（ギンザケ）というラベルのサンプル
5′-CGGCACCGCCCTAAGTCTCT-3′

標準配列
- *O. kisutch*（ギンザケ）5′-AGGCACCGCCCTAAGTCTAC-3′
- *O. keta*（シロザケ）　5′-AGGCACCGCCCTGAGCCTAC-3′
- *Salmo salar*（アトランティックサーモン）5′-CGGCACCGCCCTAAGTCTCT-3′

解析
1. 3つの標準配列（*O. kisutch*, *O. keta*, *S. salar*）の一致の有無を1塩基ごとに調べ，購入したサケの配列と一致しない塩基に印をつけなさい．
2. 一致しない塩基数を，(a) *O. kisutch* とサンプルの間，(b) *O. keta* とサンプルの間，(c) *S. salar* とサンプルの間で答えなさい．
3. それぞれの標準配列とサンプルの塩基の一致度を％で答えなさい．
4. これらのデータにのみ基づいて，このサンプルの種名を，その根拠とともに述べなさい．

問題解決演習

謝　辞

われわれ著者は，『キャンベル生物学原書11版』に貢献された多数の教室，研究者，学生そして出版関係者の専門の方々に深く感謝したい．

本書の本文の著者として，われわれは，急速に拡大するすべての領域において最新の内容を取り入れるために，非常に努力した．今回，11版の本文を完成させるにあたり，各研究分野の内容をわれわれと議論し，生物学の教育に関するさまざまな考えを提供して頂いた多くの科学者の方々に謝意を表する．次に挙げる方々に特に感謝する（アルファベット順に名前を挙げる）．ジョン・アーチボルド John Archibald，クリスチャン・アクセルセン Kristian Axelsen，スコット・ボウリング Scott Bowling，バーバラ・ボウマン Barbara Bowman，ジョアンヌ・コーリー Joanne Chory，ロジャー・クレイグ Roger Craig，マイケル・ホーソーン Michael Hothorn，パトリック・キーリング Patrick Keeling，バレット・クライン Barrett Klein，レイチェル・クレイマー・グリーン Rachel Kramer Green，ジェイムズ・ニエ James Nieh，ケルヴィン・ピーターソン Kevin Peterson，T. K. レディー T. K. Reddy，アンドリュー・ロジャー Andrew Roger，アラステア・シンプソン Alastair Simpson，マーティー・テイラー Marty Taylor，エリザベス・ウェイド Elisabeth Wade．さらに，xxv ページから示す生物学者には詳細な査読をして頂き，それゆえ，われわれは本文の科学的な正確さを確信することができ，また，教育的な有効性を増進させることができた．われわれは“*Study Guide for Campbell Biology*”の著者であるマイケル・ポラック Michael Pollock の正確で，明確な，そして一貫性のある本文の著述に対して感謝する．われわれはまた，キャロリン・ウェッツェル Carolyn Wetzel，ルース・バスカーク Ruth Buskirk，ジョウン・シャープ Joan Sharp，ジェニファー・イエー Jennifer Yeh，チャーリーン・ダヴァンゾ Charlene D'Avanzo の「科学スキル演習」と「問題解決演習」に対する貢献に感謝する．

また，著者に直接，有益な示唆を下さった世界中の他の専門家や学生に対しても感謝する．それでも本書にもし間違いがあれば，それはひとえに著者の責任であるが，多くの協力者，査読者，意見を頂いた方々の尽力によって，11版の本文の正確で的確な記述を実現できたと自負している．

著名な科学者へのインタビューは，初版以来，『キャンベル生物学』のシンボルであり，今回もインタビューできたことは，本書を改訂するにあたり著者らの大きな喜びのひとつでもあった．この11版の8つの各部の冒頭において，ローベル・ジョーンズ Lovell Jones，エルバ・セラノ Elba Serrano，シャーリー・ティルマン Shirley Tilghman，ジャック・ショスタク Jack Szostak，ナンシー・モラン Nancy Moran，フィリップ・ベンフェイ Philip Benfey，ハラルド・ツア・ハウゼン Harald zur Hausen，トレーシー・ラングカイルド Tracy Langkilde の各氏とのインタビューを掲載することができて，非常に誇りに思う．

われわれは，レベッカ・オール Rebecca Orr が eText，Study Area，Ready-to-Go Teaching Modules のデジタル教材を作成してくださったお骨折りに感謝する．そして，その他の Ready-to-Go Teaching Modules 作成チームの方々である，モリー・ジェイコブズ Molly Jacobs，カレン・レセンデス Karen Resendes，アイリーン・グレゴリー Eileen Gregory，アンジェラ・ホジソン・Angela Hodgson，モーリーン・リューポルド Maureen Leupold，ジェニファー・メツラー Jennifer Metzler，アリソン・シルヴェウス Allison Silveus，ジェレド・スツジンスキ Jered Studinski，サラ・タラロヴィッチ Sara Tallarovic，ジュデイ・シューンメイカー Judy Schoonmaker，マイケル・ポラック Michael Pollock，チャド・ブラシル Chad Brassil にも感謝する．われわれは，心からの謝意を，Figure Walkthroughs の骨の折れる仕事に貢献したキャロリン・ウェッツェル Carolyn Wetzel，ジェニファー・イエー Jennifer Yeh，マット・リー Matt Lee，シェリー・セストン Sherry Seston に対しても表したい．われわれの感謝の気持ちは，これらのプロジェクトを首尾よく組織してくれたケイティー・クック Katie Cook に対しても捧げたい．Visualizing Figures in MasteringBiology の問題を記述したキャディー・ロレンス Kaddee Lawrence と，「問題解決演習」を MasteringBiology tutorials に書き換えて頂いたミカエラ・シュミット-ハーシュ Mikaela Schmitt-Harsh にも感謝する．

教師や学生のために用意された付録は，『キャンベル生物学』の学習教材としての価値を大いに高めてくれる．このような資料を作成することは，小さな本を執筆することと同等もしくはそれ以上の作業であることを記しておく．われわれはまた，以下の方々にも謝意を表す．キャサリーン・フィッツパトリック Kathleen Fitzpatrick とニコル・ツンブリッジ Nicole

Tunbridge（PowerPoint. Lecture Presentations について），ロバータ・バトルスキー Roberta Batorsky，ダグラス・ダルノフスキ Douglas Darnowski，ジェイムズ・ランジェランド James Langeland，デイヴィッド・ノッチェル David Knochel（Clicker Questions について），ソニッシュ・アザム Sonish Azam，ケルヴィン・フリーセン Kevin Friesen，マーティー・カムバームパティ Murty Kambhampati，ジャネット・ランザ Janet Lanza，フォード・ラックス Ford Lux，クリス・ロメロ Chris Romero，ルース・スポラーズ Ruth Sporers，デイヴィッド・ノッチェル David Knochel（Test Bank について），ナタリー・ブロンシュタイン Natalie Bronstein，リンダ・ログドバーグ Linda Logdberg，マット・マカーディ Matt McArdle，リア・マーフィ Ria Murphy，クリス・ロメロ Chris Romero，アンディ・スタル Andy Stull（Dynamic Study Modules について），アイリーン・グレゴリー Eileen Gregory，レベッカ・オール Rebecca Orr，エレナ・プラヴォスドヴァ Elena Pravosudova（Adaptive Follow-up Assignments について）．

本書の本文のための Mastering Biology™ などの電子付録は教育や学習用の貴重な補助教材である．われわれは，改訂版と新版での勤勉な指導者であるロバータ・バトルスキー Roberta Batorsky，ビヴァリー・ブラウン Beverly Brown，エリカ・クライン Erica Cline，ウィリー・クシュワ Willy Cushwa，トム・ケネディ Tom Kennedy，トム・オーウェン Tom Owens，マイケル・ポロック Michael Pollock，フリーダ・ライクスマン Frieda Reichsman，リック・スピニー Rick Spinney，デニス・ヴェネマ Dennis Venema，キャロリン・ウェッツェル Carolyn Wetzel，ヘザー・ウィルソン-アシュワース Heather Wilson-Ashworth，ジェニファー・イエー Jennifer Yeh に感謝する．われわれは，生物学の教師，編集者，製作のエキスパートの方々といった，本文の付録のさまざまな電子メディアの制作者一覧に掲載された上記以外の多くの諸氏にも感謝する．

『キャンベル生物学』は，科学者と出版の専門家チームとの並々ならぬ強い協力による作業の賜物である

ピアソン・エデュケーション社のわれわれの編集チームは，比類なき才能と献身，そして教育についての洞察力を再び示してくれた．Courseware Portfolio Management Specialist の Josh Frost は出版の手腕と知性と，チーム全体を導くことのできる聡明な頭脳の持ち主である．どのページも明快で効果的なのは，ジョン・バーナー John Burner，メアリー・アンマレー Mary Ann Murray，メアリー・ヒル Mary Hill，ローラ・サウスワース Laura Southworth，ヒレアー・チズム Hilair Chism の一流の Courseware Senior Analysts のチームとともに働いたわれわれの卓越した編集主幹のベス・ウィニコフ Beth Winickoff とパット・バーナー Pat Burner のおかげである．われわれの優れた Courseware Director of Content Development のギニー・シモーネジャツソン Ginnie Simione Jutson と Courseware Portfolio Management Director のベス・ウィルバー Beth Wilbur はこの出版プロジェクトを適切な方向に進めるのになくてはならない方々であった．われわれは，Biology Leadership Conferences の年会の準備，AP Biology Leadership Conferences の人々とのつながりの維持，そして AP Biology の人々とのつながりの維持に貢献したロビン・ヘイドン Robin Heyden にも感謝したい．もしも以下に記す方々のチームの仕事がなければこの美しい本書を手にすることはできなかったであろう――エリン・グレッグ Erin Gregg（Director of Product Management Services），マイケル・アーリー Michael Early（Managing Producer），ローリ・ニューマン Lori Newman（Content Producer），マーリーン・シュプーラー Maureen Spuhler（Photo Researcher），ジョアンナ・ディンスモア Joanna Dinsmore（Copy Editor），ピート・シャンクス Pete Shanks（Proofreader），ベン・フェリーニ Ben Ferrini（Rights & Permissions Manager），エンジェル・チャベス Angel Chavez（Managing Editor），そして Integra Software Services, Inc. の他のスタッフ，そしてレベッカ・マーシャル Rebecca Marshall（Art Production Manager），キティ・オーブル Kitty Auble（Artist），Lachina 社の他のスタッフ，そして，マリリン・ペリー Marilyn Perry（Design Manager），エリーゼ・ランスドン Elise Lansdon（Text and Cover Designer），ステイシー・ワインバーガー Stacey Weinberger（Manufacturing Buyer）．われわれは，本文の付録を製作したジョシー・ギスト Josey Gist，マーガレット・ヤング Margaret Young，クリス・ランガン Kris Langan，ピート・シャンクス Pete Shanks，クリスタル・クリフトン Crystal Clifton，Progressive Publishing Alternatives 社のジェニファー・ハスチングス Jennifer Hastings，Integra 社のマーガレット・マコーネル Margaret McConnell にも感謝する．本書の付録の電子メディアのすばらしいパッケージを制作した以下の方々にも感謝する――ターニャ・ムラワー Tania Mlawer，サラ・ジェンセン Sarah Jensen，チャ

ールズ・ホール Charles Hall，ケイティー・フォレイ Katie Foley，ローラ・トマシ Laura Tommasi，リー・アンドクター Lee Ann Doctor，トッド・レーガン Tod Regan，リビー・レイザー Libby Reiser，ジャッキー・ジャコブ Jackie Jakob，サラ・ヤング-デュアラン Sarah Young-Dualan，キャディ・オーウェンス Cady Owens，キャロライン・エイヤーズ Caroline Ayres，キャティ・クック Katie Cook，ジキ・デケル Ziki Dekel そして Production and Digital Studio Lauren Fogel の副社長で Digital Content Development Portfolio Management のディレクターであるステイシー・トレコ Stacy Treco．本書と電子メディアの販売における重要な役割を果たしたクリスティ・レスコ Christy Lesko，ローレン・ハープ Lauren Harp，ケリー・ガリ Kelly Galli，ジェーン・キャンベル Jane Campbell に感謝する．販売促進を支援したジェシカ・モロ Jessica Moro に感謝する．われわれは，Portfolio Management, Science の副社長である Adam Jaworski と Higher Education Courseware の Managing Director であるポール・コーリー Paul Corey の熱意と励まし，そして援助に対して感謝する．

キャンパスで『キャンベル生物学』を普及させたピアソン社の販売チームは，読者との重要な架け橋である．このチームは本書の良いところと良くないところを教えてくれ，また本書の特徴を広く伝えてくれ，すばやいサービスを提供してくれている．われわれはこのチームのハードな仕事とプロ意識に感謝する．本書を国際的に普及させるため，世界中の販売とマーケティングの協力会社に感謝する．これらはすべて生物学教育において強い協力関係にある．

最後に，本書製作の長期プロジェクトを通して激励と忍耐をもって支えてくれたわれわれの家族と友人に感謝する．なかでも，ロス・リリー Ross, Lily，アレックス・Alex（L.A.U.），デブラとハンナ Debra and Hannah（M.L.C.），アーロン，Aaron，ソフィー Sophie，ノア Noah，ガブリエル Gabriele（S.A.W.），ナタリー，Natalie（P.V.M.），ポール Paul，ダン Dan，マリア Maria，アーメル Armelle，ショーン Sean（J.B.R.）に特別に感謝する．また，いつものようにロッシェル Rochelle，アリソン Allison，ジェイソン Jason，マッケイ McKay，ガス Gus にも感謝する．

リサ・A・アーリ Lisa A. Urry
マイケル・L・ケイン Michael L. Cain
スティーヴン・A・ワッサーマン Steven A. Wasserman
ピーター・V・ミノースキー Peter V. Minorsky
ジェーン・B・リース Jane B. Reece

査読者一覧

11 版の査読者

Steve Abedon, *Ohio State University*
John Alcock, *Arizona State University*
Philip Allman, *Florida Gulf Coast College*
Rodney Allrich, *Purdue University*
Jim Barron, *Montana State University Billings*
Stephen Bauer, *Belmont Abbey College*
Aimee Bernard, *University of Colorado Denver*
Teresa Bilinski, *St. Edward's University*
Sarah Bissonnette, *University of California, Berkeley*
Jeffery Bowen, *Bridgewater State University*
Scott Bowling, *Auburn University*
David Broussard, *Lycoming College*
Tessa Burch, *University of Tennessee*
Warren Burggren, *University of North Texas*
Patrick Cafferty, *Emory University*
Michael Campbell, *Penn State University*
Jeffrey Carmichael, *University of North Dakota*
P. Bryant Chase, *Florida State University*
Steve Christenson, *Brigham Young University*
Curt Coffman, *Vincennes University*
Bill Cohen, *University of Kentucky*
Sean Coleman, *University of the Ozarks*
Erin Connolly, *University of South Carolina*
Ron Cooper, *University of California, Los Angeles*
Curtis Daehler, *University of Hawaii at Manoa*
Deborah Dardis, *Southeastern Louisiana University*
Douglas Darnowski, *Indiana University Southeast*
Jeremiah Davie, *D'Youville College*
Melissa Deadmond, *Truckee Meadows Community College*
Jennifer Derkits, *J. Sergeant Reynolds Community College*
Jean DeSaix, *University of Northern Carolina*
Kevin Dixon, *Florida State University*
David Dunbar, *Cabrini College*
Anna Edlund, *Lafayette College*
Rob Erdman, *Florida Gulf Coast College*
Dale Erskine, *Lebanon Valley College*
Susan Erster, *Stony Brook University*
Linda Fergusson-Kolmes, *Portland Community College, Sylvania Campus*
Danilo Fernando, *SUNY College of Environmental Science and Forestry, Syracuse*
Christina Fieber, *Horry-Georgetown Technical College*
Melissa Fierke, *SUNY College of Environmental Science and Forestry*
Mark Flood, *Fairmont State University*
Robert Fowler, *San Jose State University*
Stewart Frankel, *University of Hartford*
Eileen Gregory, *Rollins College*
Gokhan Hacisalihoglu, *Florida A&M University*
Monica Hall-Woods, *St. Charles Community College*
Jean Hardwick, *Ithaca College*
Deborah Harris, *Case Western Reserve University*
Chris Haynes, *Shelton State Community College*
Albert Herrera, *University of Southern California*
Karen Hicks, *Kenyon College*
Elizabeth Hobson, *New Mexico State University*
Mark Holbrook, *University of Iowa*
Erin Irish, *University of Iowa*
Sally Irwin, *University of Hawaii, Maui College*
Jamie Jensen, *Brigham Young University*
Jerry Johnson, *Corban University*
Ann Jorgensen, *University of Hawaii*
Ari Jumpponen, *Kansas State University*
Doug Kane, *Defiance College*
Kasey Karen, *Georgia College & State University*
Paul Kenrick, *Natural History Museum, London*
Stephen T. Kilpatrick, *University of Pittsburgh at Johnstown*
Shannon King, *North Dakota State University*
Karen M. Klein, *Northampton Community College*
Jacob Krans, *Western New England University*
Dubear Kroening, *University of Wisconsin*
Barbara Kuemerle, *Case Western Reserve University*
Jim Langeland, *Kalamazoo College*
Grace Lasker, *Lake Washington Institute of Technology*
Jani Lewis, *State University of New York at Geneseo*
Eric W. Linton, *Central Michigan University*
Tatyana Lobova, *Old Dominion University*
David Longstreth, *Louisiana State University*
Donald Lovett, *College of New Jersey*
Lisa Lyons, *Florida State University*
Mary Martin, *Northern Michigan University*
Scott Meissner, *Cornell University*
Jenny Metzler, *Ball State University*
Grace Miller, *Indiana Wesleyan University*
Jonathan Miller, *Edmonds Community College*
Mill Miller, *Wright State University*
Barbara Nash, *Mercy College*
Karen Neal, *J. Sargeant Reynolds Community College, Richmond*
Shawn Nordell, *Saint Louis University*
Olabisi Ojo, *Southern University at New Orleans*
Fatimata Pale, *Thiel College*
Susan Parrish, *McDaniel College*
Eric Peters, *Chicago State University*
Jarmila Pittermann, *University of California, Santa Cruz*
Jason Porter, *University of the Sciences in Philadelphia*
Elena Pravosudova, *University of Nevada, Reno*
Steven Price, *Virginia Commonwealth University*
Samiksha Raut, *University of Alabama at Birmingham*
Robert Reavis, *Glendale Community College*
Wayne Rickoll, *University of Puget Sound*
Luis Rodriguez, *San Antonio College*
Kara Rosch, *Blinn College*
Scott Russell, *University of Oklahoma*
Jodi Rymer, *College of the Holy Cross*
Per Salvesen, *University of Bergen*
Davison Sangweme, *University of North Georgia*
Karin Scarpinato, *Georgia Southern University*

Cara Schillington, *Eastern Michigan University*
David Schwartz, *Houston Community College*
Carrie Schwarz, *Western Washington University*
Joan Sharp, *Simon Fraser University*
Alison Sherwood, *University of Hawaii at Manoa*
Eric Shows, *Jones County Junior College*
Brian Shmaefsky, *Lone Star College*
John Skillman, *California State University, San Bernardino*
Rebecca Sperry, *Salt Lake Community College*
Clint Springer, *Saint Joseph's University*
Mark Sturtevant, *Oakland University*
Diane Sweeney, *Punahou School*
Kristen Taylor, *Salt Lake Community College*
Rebecca Thomas, *College of St. Joseph*
Martin Vaughan, *Indiana University-Purdue University Indianapolis*
Meena Vijayaraghavan, *Tulane University*
James T. Warren Jr.., *Pennsylvania State University*
Jim Wee, *Loyola University, New Orleans*
Charles Wellman, *Sheffield University*
Christopher Whipps, *State University of New York College of Environmental Science and Forestry*
Philip White, *James Hutton Institute*
Jessica White-Phillip, *Our Lady of the Lake University*
Robert Yost, *Indiana University-Purdue University Indianapolis*
Tia Young, *Pennsylvania State University*

10版までの査読者

Kenneth Able, *State University of New York, Albany*; Thomas Adams, *Michigan State University*; Martin Adamson, *University of British Columbia*; Dominique Adriaens, *Ghent University*; Ann Aguanno, *Marymount Manhattan College*; Shylaja Akkaraju, *Bronx Community College of CUNY*; Marc Albrecht, *University of Nebraska*; John Alcock, *Arizona State University*; Eric Alcorn, *Acadia University*; George R. Aliaga, *Tarrant County College*; Rodney Allrich, *Purdue University*; Richard Almon, *State University of New York, Buffalo*; Bonnie Amos, *Angelo State University*; Katherine Anderson, *University of California, Berkeley*; Richard J. Andren, *Montgomery County Community College*; Estry Ang, *University of Pittsburgh, Greensburg*; Jeff Appling, *Clemson University*; J. David Archibald, *San Diego State University*; David Armstrong, *University of Colorado, Boulder*; Howard J. Arnott, *University of Texas, Arlington*; Mary Ashley, *University of Illinois, Chicago*; Angela S. Aspbury, *Texas State University*; Robert Atherton, *University of Wyoming*; Karl Aufderheide, *Texas A&M University*; Leigh Auleb, *San Francisco State University*; Terry Austin, *Temple College*; P. Stephen Baenziger, *University of Nebraska*; Brian Bagatto, *University of Akron*; Ellen Baker, *Santa Monica College*; Katherine Baker, *Millersville University*; Virginia Baker, *Chipola College*; Teri Balser, *University of Wisconsin, Madison*; William Barklow, *Framingham State College*; Susan Barman, *Michigan State University*; Steven Barnhart, *Santa Rosa Junior College*; Andrew Barton, *University of Maine Farmington*; Rebecca A. Bartow, *Western Kentucky University*; Ron Basmajian, *Merced College*; David Bass, *University of Central Oklahoma*; Bonnie Baxter, *Westminster College*; Tim Beagley, *Salt Lake Community College*; Margaret E. Beard, *College of the Holy Cross*; Tom Beatty, *University of British Columbia*; Chris Beck, *Emory University*; Wayne Becker, *University of Wisconsin, Madison*; Patricia Bedinger, *Colorado State University*; Jane Beiswenger, *University of Wyoming*; Anne Bekoff, *University of Colorado, Boulder*; Marc Bekoff, *University of Colorado, Boulder*; Tania Beliz, *College of San Mateo*; Adrianne Bendich, *Hoffman-La Roche, Inc.*; Marilee Benore, *University of Michigan, Dearborn*; Barbara Bentley, *State University of New York, Stony Brook*; Darwin Berg, *University of California, San Diego*; Werner Bergen, *Michigan State University*; Gerald Bergstrom, *University of Wisconsin, Milwaukee*; Anna W. Berkovitz, *Purdue University*; Dorothy Berner, *Temple University*; Annalisa Berta, *San Diego State University*; Paulette Bierzychudek, *Pomona College*; Charles Biggers, *Memphis State University*; Kenneth Birnbaum, *New York University*; Catherine Black, *Idaho State University*; Michael W. Black, *California Polytechnic State University, San Luis Obispo*; William Blaker, *Furman University*; Robert Blanchard, *University of New Hampshire*; Andrew R. Blaustein, *Oregon State University*; Judy Bluemer, *Morton College*; Edward Blumenthal, *Marquette University*; Robert Blystone, *Trinity University*; Robert Boley, *University of Texas, Arlington*; Jason E. Bond, *East Carolina University*; Eric Bonde, *University of Colorado, Boulder*; Cornelius Bondzi, *Hampton University*; Richard Boohar, *University of Nebraska, Omaha*; Carey L. Booth, *Reed College*; Allan Bornstein, *Southeast Missouri State University*; David Bos, *Purdue University*; Oliver Bossdorf, *State University of New York, Stony Book*; James L. Botsford, *New Mexico State University*; Lisa Boucher, *University of Nebraska, Omaha*; J. Michael Bowes, *Humboldt State University*; Richard Bowker, *Alma College*; Robert Bowker, *Glendale Community College, Arizona*; Scott Bowling, *Auburn University*; Barbara Bowman, *Mills College*; Barry Bowman, *University of California, Santa Cruz*; Deric Bownds, *University of Wisconsin, Madison*; Robert Boyd, *Auburn University*; Sunny Boyd, *University of Notre Dame*; Jerry Brand, *University of Texas, Austin*; Edward Braun, *Iowa State University*; Theodore A. Bremner, *Howard University*; James Brenneman, *University of Evansville*; Charles H. Brenner, *Berkeley, California*; Lawrence Brewer, *University of Kentucky*; Donald P. Briskin, *University of Illinois, Urbana*; Paul Broady, *University of Canterbury*; Chad Brommer, *Emory University*; Judith L. Bronstein, *University of Arizona*; Danny Brower, *University of Arizona*; Carole Browne, *Wake Forest University*; Beverly Brown, *Nazareth College*; Mark Browning, *Purdue University*; David Bruck, *San Jose State University*; Robb T. Brumfield, *Louisiana State University*; Herbert Bruneau, *Oklahoma State University*; Gary Brusca, *Humboldt State University*; Richard C. Brusca, *University of Arizona, Arizona-Sonora Desert Museum*; Alan H. Brush, *University of Connecticut, Storrs*; Howard Buhse, *University of Illinois, Chicago*; Arthur Buikema, *Virginia Tech*; Beth Burch, *Huntington University*; Al Burchsted, *College of Staten Island*; Warren Burggren, *University of North Texas*; Meg Burke, *University of North Dakota*; Edwin Burling, *De Anza College*; Dale Burnside, *Lenoir-Rhyne University*; William Busa, *Johns Hopkins University*; Jorge Busciglio, *University of California, Irvine*; John Bushnell, *University of Colorado*; Linda Butler, *University of Texas, Austin*; David Byres, *Florida Community College, Jacksonville*; Guy A. Caldwell, *University of Alabama*; Jane Caldwell, *West Virginia University*; Kim A. Caldwell, *University of Alabama*; Ragan Callaway, *The University of Montana*; Kenneth M. Cameron, *University of Wisconsin, Madison*; R. Andrew Cameron, *California Institute of Technology*; Alison Campbell, *University of Waikato*; Iain Campbell, *University of Pittsburgh*; Patrick Canary, *Northland Pioneer College*; W. Zacheus Cande, *University of*

California, Berkeley; Deborah Canington, *University of California, Davis*; Robert E. Cannon, *University of North Carolina, Greensboro*; Frank Cantelmo, *St. John's University*; John Capeheart, *University of Houston, Downtown*; Gregory Capelli, *College of William and Mary*; Cheryl Keller Capone, *Pennsylvania State University*; Richard Cardullo, *University of California, Riverside*; Nina Caris, *Texas A&M University*; Mickael Cariveau, *Mount Olive College*; Jeffrey Carmichael, *University of North Dakota*; Robert Carroll, *East Carolina University*; Laura L. Carruth, *Georgia State University*; J. Aaron Cassill, *University of Texas, San Antonio*; Karen I. Champ, *Central Florida Community College*; David Champlin, *University of Southern Maine*; Brad Chandler, *Palo Alto College*; Wei-Jen Chang, *Hamilton College*; Bruce Chase, *University of Nebraska, Omaha*; P. Bryant Chase, *Florida State University*; Doug Cheeseman, *De Anza College*; Shepley Chen, *University of Illinois, Chicago*; Giovina Chinchar, *Tougaloo College*; Joseph P. Chinnici, *Virginia Commonwealth University*; Jung H. Choi, *Georgia Institute of Technology*; Steve Christensen, *Brigham Young University, Idaho*; Geoffrey Church, *Fairfield University*; Henry Claman, *University of Colorado Health Science Center*; Anne Clark, *Binghamton University*; Greg Clark, *University of Texas*; Patricia J. Clark, *Indiana University-Purdue University, Indianapolis*; Ross C. Clark, *Eastern Kentucky University*; Lynwood Clemens, *Michigan State University*; Janice J. Clymer, *San Diego Mesa College*; Reggie Cobb, *Nashville Community College*; William P. Coffman, *University of Pittsburgh*; Austin Randy Cohen, *California State University, Northridge*; J. John Cohen, *University of Colorado Health Science Center*; James T. Colbert, *Iowa State University*; Sean Coleman, *University of the Ozarks*; Jan Colpaert, *Hasselt University*; Robert Colvin, *Ohio University*; Jay Comeaux, *McNeese State University*; David Cone, *Saint Mary's University*; Elizabeth Connor, *University of Massachusetts*; Joanne Conover, *University of Connecticut*; Gregory Copenhaver, *University of North Carolina, Chapel Hill*; John Corliss, *University of Maryland*; James T. Costa, *Western Carolina University*; Stuart J. Coward, *University of Georgia*; Charles Creutz, *University of Toledo*; Bruce Criley, *Illinois Wesleyan University*; Norma Criley, *Illinois Wesleyan University*; Joe W. Crim, *University of Georgia*; Greg Crowther, *University of Washington*; Karen Curto, *University of Pittsburgh*; William Cushwa, *Clark College*; Anne Cusic, *University of Alabama, Birmingham*; Richard Cyr, *Pennsylvania State University*; Marymegan Daly, *The Ohio State University*; Deborah Dardis, *Southeastern Louisiana University*; W. Marshall Darley, *University of Georgia*; Cynthia Dassler, *The Ohio State University*; Shannon Datwyler, *California State University, Sacramento*; Marianne Dauwalder, *University of Texas, Austin*; Larry Davenport, *Samford University*; Bonnie J. Davis, *San Francisco State University*; Jerry Davis, *University of Wisconsin, La Crosse*; Michael A. Davis, *Central Connecticut State University*; Thomas Davis, *University of New Hampshire*; Melissa Deadmond, *Truckee Meadows Community College*; John Dearn, *University of Canberra*; Maria E. de Bellard, *California State University, Northridge*; Teresa DeGolier, *Bethel College*; James Dekloe, *University of California, Santa Cruz*; Eugene Delay, *University of Vermont*; Patricia A. DeLeon, *University of Delaware*; Veronique Delesalle, *Gettysburg College*; T. Delevoryas, *University of Texas, Austin*; Roger Del Moral, *University of Washington*; Charles F. Delwiche, *University of Maryland*; Diane C. DeNagel, *Northwestern University*; William L. Dentler, *University of Kansas*; Daniel DerVartanian, *University of Georgia*; Jean DeSaix, *University of North Carolina, Chapel Hill*; Janet De Souza-Hart, *Massachusetts College of Pharmacy & Health Sciences*; Biao Ding, *Ohio State University*; Michael Dini, *Texas Tech University*; Andrew Dobson, *Princeton University*; Stanley Dodson, *University of Wisconsin, Madison*; Jason Douglas, *Angelina College*; Mark Drapeau, *University of California, Irvine*; John Drees, *Temple University School of Medicine*; Charles Drewes, *Iowa State University*; Marvin Druger, *Syracuse University*; Gary Dudley, *University of Georgia*; Susan Dunford, *University of Cincinnati*; Kathryn A. Durham, *Lorain Community College*; Betsey Dyer, *Wheaton College*; Robert Eaton, *University of Colorado*; Robert S. Edgar, *University of California, Santa Cruz*; Anna Edlund, *Lafayette College*; Douglas J. Eernisse, *California State University, Fullerton*; Betty J. Eidemiller, *Lamar University*; Brad Elder, *Doane College*; Curt Elderkin, *College of New Jersey*; William D. Eldred, *Boston University*; Michelle Elekonich, *University of Nevada, Las Vegas*; George Ellmore, *Tufts University*; Mary Ellard-Ivey, *Pacific Lutheran University*; Kurt Elliott, *North West Vista College*; Norman Ellstrand, *University of California, Riverside*; Johnny El-Rady, *University of South Florida*; Dennis Emery, *Iowa State University*; John Endler, *University of California, Santa Barbara*; Rob Erdman, *Florida Gulf Coast College*; Dale Erskine, *Lebanon Valley College*; Margaret T. Erskine, *Lansing Community College*; Gerald Esch, *Wake Forest University*; Frederick B. Essig, *University of South Florida*; Mary Eubanks, *Duke University*; David Evans, *University of Florida*; Robert C. Evans, *Rutgers University, Camden*; Sharon Eversman, *Montana State University*; Olukemi Fadayomi, *Ferris State University*; Lincoln Fairchild, *Ohio State University*; Peter Fajer, *Florida State University*; Bruce Fall, *University of Minnesota*; Sam Fan, *Bradley University*; Lynn Fancher, *College of DuPage*; Ellen H. Fanning, *Vanderbilt University*; Paul Farnsworth, *University of New Mexico*; Larry Farrell, *Idaho State University*; Jerry F. Feldman, *University of California, Santa Cruz*; Lewis Feldman, *University of California, Berkeley*; Myriam Alhadeff Feldman, *Cascadia Community College*; Eugene Fenster, *Longview Community College*; Russell Fernald, *University of Oregon*; Rebecca Ferrell, *Metropolitan State College of Denver*; Kim Finer, *Kent State University*; Milton Fingerman, *Tulane University*; Barbara Finney, *Regis College*; Teresa Fischer, *Indian River Community College*; Frank Fish, *West Chester University*; David Fisher, *University of Hawaii, Manoa*; Jonathan S. Fisher, *St. Louis University*; Steven Fisher, *University of California, Santa Barbara*; David Fitch, *New York University*; Kirk Fitzhugh, *Natural History Museum of Los Angeles County*; Lloyd Fitzpatrick, *University of North Texas*; William Fixsen, *Harvard University*; T. Fleming, *Bradley University*; Abraham Flexer, *Manuscript Consultant, Boulder, Colorado*; Margaret Folsom, *Methodist College*; Kerry Foresman, *University of Montana*; Norma Fowler, *University of Texas, Austin*; Robert G. Fowler, *San Jose State University*; David Fox, *University of Tennessee, Knoxville*; Carl Frankel, *Pennsylvania State University, Hazleton*; Robert Franklin, *College of Charleston*; James Franzen, *University of Pittsburgh*; Art Fredeen, *University of Northern British Columbia*; Kim Fredericks, *Viterbo University*; Bill Freedman, *Dalhousie University*; Matt Friedman, *University of Chicago*; Otto Friesen, *University of Virginia*; Frank Frisch, *Chapman University*; Virginia Fry, *Monterey Peninsula College*; Bernard Frye, *University of Texas, Arlington*; Jed Fuhrman, *University of Southern California*; Alice Fulton, *University of Iowa*; Chandler Fulton, *Brandeis*

University; Sara Fultz, *Stanford University*; Berdell Funke, *North Dakota State University*; Anne Funkhouser, *University of the Pacific*; Zofia E. Gagnon, *Marist College*; Michael Gaines, *University of Miami*; Cynthia M. Galloway, *Texas A&M University, Kingsville*; Arthur W. Galston, *Yale University*; Stephen Gammie, *University of Wisconsin, Madison*; Carl Gans, *University of Michigan*; John Gapter, *University of Northern Colorado*; Andrea Gargas, *University of Wisconsin, Madison*; Lauren Garner, *California Polytechnic State University, San Luis Obispo*; Reginald Garrett, *University of Virginia*; Craig Gatto, *Illinois State University*; Kristen Genet, *Anoka Ramsey Community College*; Patricia Gensel, *University of North Carolina*; Chris George, *California Polytechnic State University, San Luis Obispo*; Robert George, *University of Wyoming*; J. Whitfield Gibbons, *University of Georgia*; J. Phil Gibson, *University of Oklahoma*; Frank Gilliam, *Marshall University*; Eric Gillock, *Fort Hayes State University*; Simon Gilroy, *University of Wisconsin, Madison*; Edwin Gines-Candelaria, *Miami Dade College*; Alan D. Gishlick, *Gustavus Adolphus College*; Todd Gleeson, *University of Colorado*; Jessica Gleffe, *University of California, Irvine*; John Glendinning, *Barnard College*; David Glenn-Lewin, *Wichita State University*; William Glider, *University of Nebraska*; Tricia Glidewell, *Marist School*; Elizabeth A. Godrick, *Boston University*; Jim Goetze, *Laredo Community College*; Lynda Goff, *University of California, Santa Cruz*; Elliott Goldstein, *Arizona State University*; Paul Goldstein, *University of Texas, El Paso*; Sandra Gollnick, *State University of New York, Buffalo*; Roy Golsteyn, *University of Lethbridge*; Anne Good, *University of California, Berkeley*; Judith Goodenough, *University of Massachusetts, Amherst*; Wayne Goodey, *University of British Columbia*; Barbara E. Goodman, *University of South Dakota*; Robert Goodman, *University of Wisconsin, Madison*; Ester Goudsmit, *Oakland University*; Linda Graham, *University of Wisconsin, Madison*; Robert Grammer, *Belmont University*; Joseph Graves, *Arizona State University*; Eileen Gregory, *Rollins College*; Phyllis Griffard, *University of Houston, Downtown*; A. J. F. Griffiths, *University of British Columbia*; Bradley Griggs, *Piedmont Technical College*; William Grimes, *University of Arizona*; David Grise, *Texas A&M University, Corpus Christi*; Mark Gromko, *Bowling Green State University*; Serine Gropper, *Auburn University*; Katherine L. Gross, *Ohio State University*; Gary Gussin, *University of Iowa*; Edward Gruberg, *Temple University*; Carla Guthridge, *Cameron University*; Mark Guyer, *National Human Genome Research Institute*; Ruth Levy Guyer, *Bethesda, Maryland*; Carla Haas, *Pennsylvania State University*; R. Wayne Habermehl, *Montgomery County Community College*; Pryce Pete Haddix, *Auburn University*; Mac Hadley, *University of Arizona*; Joel Hagen, *Radford University*; Jack P. Hailman, *University of Wisconsin*; Leah Haimo, *University of California, Riverside*; Ken Halanych, *Auburn University*; Jody Hall, *Brown University*; Monica Hall-Woods, *St. Charles Community College*; Heather Hallen-Adams, *University of Nebraska, Lincoln*; Douglas Hallett, *Northern Arizona University*; Rebecca Halyard, *Clayton State College*; Devney Hamilton, *Stanford University* (student); E. William Hamilton, *Washington and Lee University*; Matthew B. Hamilton, *Georgetown University*; Sam Hammer, *Boston University*; Penny Hanchey-Bauer, *Colorado State University*; William F. Hanna, *Massasoit Community College*; Dennis Haney, *Furman University*; Laszlo Hanzely, *Northern Illinois University*; Jeff Hardin, *University of Wisconsin, Madison*; Jean Hardwick, *Ithaca College*; Luke Harmon, *University of Idaho*; Lisa Harper, *University of California, Berkeley*; Jeanne M. Harris, *University of Vermont*; Richard Harrison, *Cornell University*; Stephanie Harvey, *Georgia Southwestern State University*; Carla Hass, *Pennsylvania State University*; Chris Haufler, *University of Kansas*; Bernard A. Hauser, *University of Florida*; Chris Haynes, *Shelton State Community College*; Evan B. Hazard, *Bemidji State University* (emeritus); H. D. Heath, *California State University, East Bay*; George Hechtel, *State University of New York, Stony Brook*; S. Blair Hedges, *Pennsylvania State University*; Brian Hedlund, *University of Nevada, Las Vegas*; David Heins, *Tulane University*; Jean Heitz, *University of Wisconsin, Madison*; Andreas Hejnol, *Sars International Centre for Marine Molecular Biology*; John D. Helmann, *Cornell University*; Colin Henderson, *University of Montana*; Susan Hengeveld, *Indiana University*; Michelle Henricks, *University of California, Los Angeles*; Caroll Henry, *Chicago State University*; Frank Heppner, *University of Rhode Island*; Albert Herrera, *University of Southern California*; Scott Herrick, *Missouri Western State College*; Ira Herskowitz, *University of California, San Francisco*; Paul E. Hertz, *Barnard College*; Chris Hess, *Butler University*; David Hibbett, *Clark University*; R. James Hickey, *Miami University*; Kendra Hill, *San Diego State University*; William Hillenius, *College of Charleston*; Kenneth Hillers, *California Polytechnic State University, San Luis Obispo*; Ralph Hinegardner, *University of California, Santa Cruz*; William Hines, *Foothill College*; Robert Hinrichsen, *Indiana University of Pennsylvania*; Helmut Hirsch, *State University of New York, Albany*; Tuan-hua David Ho, *Washington University*; Carl Hoagstrom, *Ohio Northern University*; Jason Hodin, *Stanford University*; James Hoffman, *University of Vermont*; A. Scott Holaday, *Texas Tech University*; N. Michele Holbrook, *Harvard University*; James Holland, *Indiana State University, Bloomington*; Charles Holliday, *Lafayette College*; Lubbock Karl Holte, *Idaho State University*; Alan R. Holyoak, *Brigham Young University, Idaho*; Laura Hoopes, *Occidental College*; Nancy Hopkins, *Massachusetts Institute of Technology*; Sandra Horikami, *Daytona Beach Community College*; Kathy Hornberger, *Widener University*; Pius F. Horner, *San Bernardino Valley College*; Becky Houck, *University of Portland*; Margaret Houk, *Ripon College*; Laura Houston, *Northeast Lakeview College*; Daniel J. Howard, *New Mexico State University*; Ronald R. Hoy, *Cornell University*; Sandra Hsu, *Skyline College*; Sara Huang, *Los Angeles Valley College*; Cristin Hulslander, *University of Oregon*; Donald Humphrey, *Emory University School of Medicine*; Catherine Hurlbut, *Florida State College, Jacksonville*; Diane Husic, *Moravian College*; Robert J. Huskey, *University of Virginia*; Steven Hutcheson, *University of Maryland, College Park*; Linda L. Hyde, *Gordon College*; Bradley Hyman, *University of California, Riverside*; Jeffrey Ihara, *Mira Costa College*; Mark Iked, *San Bernardino Valley College*; Cheryl Ingram-Smith, *Clemson University*; Harry Itagaki, *Kenyon College*; Alice Jacklet, *State University of New York, Albany*; John Jackson, *North Hennepin Community College*; Thomas Jacobs, *University of Illinois*; Kathy Jacobson, *Grinnell College*; Mark Jaffe, *Nova Southeastern University*; John C. Jahoda, *Bridgewater State College*; Douglas Jensen, *Converse College*; Dan Johnson, *East Tennessee State University*; Lance Johnson, *Midland Lutheran College*; Lee Johnson, *The Ohio State University*; Randall Johnson, *University of California, San Diego*; Roishene Johnson, *Bossier Parish Community College*; Stephen Johnson, *William Penn University*; Wayne Johnson, *Ohio State University*; Kenneth C.

Jones, *California State University, Northridge*; Russell Jones, *University of California, Berkeley*; Cheryl Jorcyk, *Boise State University*; Chad Jordan, *North Carolina State University*; Alan Journet, *Southeast Missouri State University*; Walter Judd, *University of Florida*; Thomas W. Jurik, *Iowa State University*; Caroline M. Kane, *University of California, Berkeley*; Thomas C. Kane, *University of Cincinnati*; The-Hui Kao, *Pennsylvania State University*; Tamos Kapros, *University of Missouri*; E. L. Karlstrom, *University of Puget Sound*; Jennifer Katcher, *Pima Community College*; Laura A. Katz, *Smith College*; Judy Kaufman, *Monroe Community College*; Maureen Kearney, *Field Museum of Natural History*; Eric G. Keeling, *Cary Institute of Ecosystem Studies*; Patrick Keeling, *University of British Columbia*; Thomas Keller, *Florida State University*; Elizabeth A. Kellogg, *University of Missouri, St. Louis*; Norm Kenkel, *University of Manitoba*; Chris Kennedy, *Simon Fraser University*; George Khoury, *National Cancer Institute*; Rebecca T. Kimball, *University of Florida*; Mark Kirk, *University of Missouri, Columbia*; Robert Kitchin, *University of Wyoming*; Hillar Klandorf, *West Virginia University*; Attila O. Klein, *Brandeis University*; Daniel Klionsky, *University of Michigan*; Mark Knauss, *Georgia Highlands College*; Janice Knepper, *Villanova University*; Charles Knight, *California Polytechnic State University*; Jennifer Knight, *University of Colorado*; Ned Knight, *Linfield College*; Roger Koeppe, *University of Arkansas*; David Kohl, *University of California, Santa Barbara*; Greg Kopf, *University of Pennsylvania School of Medicine*; Thomas Koppenheffer, *Trinity University*; Peter Kourtev, *Central Michigan University*; Margareta Krabbe, *Uppsala University*; Jacob Krans, *Western New England University*; Anselm Kratochwil, *Universität Osnabrück*; Eliot Krause, *Seton Hall University*; Deborah M. Kristan, *California State University, San Marcos*; Steven Kristoff, *Ivy Tech Community College*; William Kroll, *Loyola University, Chicago*; Janis Kuby, *San Francisco State University*; Barb Kuemerle, *Case Western Reserve University*; Justin P. Kumar, *Indiana University*; Rukmani Kuppuswami, *Laredo Community College*; David Kurijaka, *Ohio University*; Lee Kurtz, *Georgia Gwinnett College*; Michael P. Labare, *United States Military Academy, West Point*; Marc-Andre Lachance, *University of Western Ontario*; J. A. Lackey, *State University of New York, Oswego*; Elaine Lai, *Brandeis University*; Mohamed Lakrim, *Kingsborough Community College*; Ellen Lamb, *University of North Carolina, Greensboro*; William Lamberts, *College of St Benedict and St John's University*; William L'Amoreaux, *College of Staten Island*; Lynn Lamoreux, *Texas A&M University*; Carmine A. Lanciani, *University of Florida*; Kenneth Lang, *Humboldt State University*; Dominic Lannutti, *El Paso Community College*; Allan Larson, *Washington University*; John Latto, *University of California, Santa Barbara*; Diane K. Lavett, *State University of New York, Cortland, and Emory University*; Charles Leavell, *Fullerton College*; C. S. Lee, *University of Texas*; Daewoo Lee, *Ohio University*; Tali D. Lee, *University of Wisconsin, Eau Claire*; Hugh Lefcort, *Gonzaga University*; Robert Leonard, *University of California, Riverside*; Michael R. Leonardo, *Coe College*; John Lepri, *University of North Carolina, Greensboro*; Donald Levin, *University of Texas, Austin*; Joseph Levine, *Boston College*; Mike Levine, *University of California, Berkeley*; Alcinda Lewis, *University of Colorado, Boulder*; Bill Lewis, *Shoreline Community College*; Jani Lewis, *State University of New York*; John Lewis, *Loma Linda University*; Lorraine Lica, *California State University, East Bay*; Harvey Liftin, *Broward Community College*; Harvey Lillywhite, *University of Florida, Gainesville*; Graeme Lindbeck, *Valencia Community College*; Clark Lindgren, *Grinnell College*; Diana Lipscomb, *George Washington University*; Christopher Little, *The University of Texas, Pan American*; Kevin D. Livingstone, *Trinity University*; Andrea Lloyd, *Middlebury College*; Sam Loker, *University of New Mexico*; Christopher A. Loretz, *State University of New York, Buffalo*; Jane Lubchenco, *Oregon State University*; Douglas B. Luckie, *Michigan State University*; Hannah Lui, *University of California, Irvine*; Margaret A. Lynch, *Tufts University*; Steven Lynch, *Louisiana State University, Shreveport*; Richard Machemer Jr., *St. John Fisher College*; Elizabeth Machunis-Masuoka, *University of Virginia*; James MacMahon, *Utah State University*; Nancy Magill, *Indiana University*; Christine R. Maher, *University of Southern Maine*; Linda Maier, *University of Alabama, Huntsville*; Jose Maldonado, *El Paso Community College*; Richard Malkin, *University of California, Berkeley*; Charles Mallery, *University of Miami*; Keith Malmos, *Valencia Community College, East Campus*; Cindy Malone, *California State University, Northridge*; Mark Maloney, *University of South Mississippi*; Carol Mapes, *Kutztown University of Pennsylvania*; William Margolin, *University of Texas Medical School*; Lynn Margulis, *Boston University*; Julia Marrs, *Barnard College* (student); Kathleen A. Marrs, *Indiana University-Purdue University, Indianapolis*; Edith Marsh, *Angelo State University*; Diane L. Marshall, *University of New Mexico*; Karl Mattox, *Miami University of Ohio*; Joyce Maxwell, *California State University, Northridge*; Jeffrey D. May, *Marshall University*; Mike Mayfield, *Ball State University*; Kamau Mbuthia, *Bowling Green State University*; Lee McClenaghan, *San Diego State University*; Richard McCracken, *Purdue University*; Andrew McCubbin, *Washington State University*; Kerry McDonald, *University of Missouri, Columbia*; Tanya McGhee, *Craven Community College*; Jacqueline McLaughlin, *Pennsylvania State University, Lehigh Valley*; Neal McReynolds, *Texas A&M International*; Darcy Medica, *Pennsylvania State University*; Lisa Marie Meffert, *Rice University*; Susan Meiers, *Western Illinois University*; Michael Meighan, *University of California, Berkeley*; Scott Meissner, *Cornell University*; Paul Melchior, *North Hennepin Community College*; Phillip Meneely, *Haverford College*; John Merrill, *Michigan State University*; Brian Metscher, *University of California, Irvine*; Ralph Meyer, *University of Cincinnati*; James Mickle, *North Carolina State University*; Jan Mikesell, *Gettysburg College*; Roger Milkman, *University of Iowa*; Helen Miller, *Oklahoma State University*; John Miller, *University of California, Berkeley*; Kenneth R. Miller, *Brown University*; Alex Mills, *University of Windsor*; Sarah Milton, *Florida Atlantic University*; Eli Minkoff, *Bates College*; John E. Minnich, *University of Wisconsin, Milwaukee*; Subhash Minocha, *University of New Hampshire*; Michael J. Misamore, *Texas Christian University*; Kenneth Mitchell, *Tulane University School of Medicine*; Ivona Mladenovic, *Simon Fraser University*; Alan Molumby, *University of Illinois, Chicago*; Nicholas Money, *Miami University*; Russell Monson, *University of Colorado, Boulder*; Joseph P. Montoya, *Georgia Institute of Technology*; Frank Moore, *Oregon State University*; Janice Moore, *Colorado State University*; Linda Moore, *Georgia Military College*; Randy Moore, *Wright State University*; William Moore, *Wayne State University*; Carl Moos, *Veterans Administration Hospital, Albany, New York*; Linda Martin Morris, *University of Washington*; Michael Mote, *Temple University*; Alex Motten, *Duke University*; Jeanette Mowery, *Madison Area Technical*

College; Deborah Mowshowitz, *Columbia University*; Rita Moyes, *Texas A&M, College Station*; Darrel L. Murray, *University of Illinois, Chicago*; Courtney Murren, *College of Charleston*; John Mutchmor, *Iowa State University*; Elliot Myerowitz, *California Institute of Technology*; Gavin Naylor, *Iowa State University*; Karen Neal, *Reynolds University*; John Neess, *University of Wisconsin, Madison*; Ross Nehm, *Ohio State University*; Tom Neils, *Grand Rapids Community College*; Kimberlyn Nelson, *Pennsylvania State University*; Raymond Neubauer, *University of Texas, Austin*; Todd Newbury, *University of California, Santa Cruz*; James Newcomb, *New England College*; Jacalyn Newman, *University of Pittsburgh*; Harvey Nichols, *University of Colorado, Boulder*; Deborah Nickerson, *University of South Florida*; Bette Nicotri, *University of Washington*; Caroline Niederman, *Tomball College*; Eric Nielsen, *University of Michigan*; Maria Nieto, *California State University, East Bay*; Anders Nilsson, *University of Umeå*; Greg Nishiyama, *College of the Canyons*; Charles R. Noback, *College of Physicians and Surgeons, Columbia University*; Jane Noble-Harvey, *Delaware University*; Mary C. Nolan, *Irvine Valley College*; Kathleen Nolta, *University of Michigan*; Peter Nonacs, *University of California, Los Angeles*; Mohamed A. F. Noor, *Duke University*; Shawn Nordell, *St. Louis University*; Richard S. Norman, *University of Michigan, Dearborn* (emeritus); David O. Norris, *University of Colorado, Boulder*; Steven Norris, *California State University, Channel Islands*; Gretchen North, *Occidental College*; Cynthia Norton, *University of Maine, Augusta*; Steve Norton, *East Carolina University*; Steve Nowicki, *Duke University*; Bette H. Nybakken, *Hartnell College*; Brian O'Conner, *University of Massachusetts, Amherst*; Gerard O'Donovan, *University of North Texas*; Eugene Odum, *University of Georgia*; Mark P. Oemke, *Alma College*; Linda Ogren, *University of California, Santa Cruz*; Patricia O'Hern, *Emory University*; Nathan O. Okia, *Auburn University, Montgomery*; Jeanette Oliver, *St. Louis Community College, Florissant Valley*; Gary P. Olivetti, *University of Vermont*; Margaret Olney, *St. Martin's College*; John Olsen, *Rhodes College*; Laura J. Olsen, *University of Michigan*; Sharman O'Neill, *University of California, Davis*; Wan Ooi, *Houston Community College*; Aharon Oren, *The Hebrew University*; John Oross, *University of California, Riverside*; Rebecca Orr, *Collin College*; Catherine Ortega, *Fort Lewis College*; Charissa Osborne, *Butler University*; Gay Ostarello, *Diablo Valley College*; Henry R. Owen, *Eastern Illinois University*; Thomas G. Owens, *Cornell University*; Penny Padgett, *University of North Carolina, Chapel Hill*; Kevin Padian, *University of California, Berkeley*; Dianna Padilla, *State University of New York, Stony Brook*; Anthony T. Paganini, *Michigan State University*; Barry Palevitz, *University of Georgia*; Michael A. Palladino, *Monmouth University*; Matt Palmtag, *Florida Gulf Coast University*; Stephanie Pandolfi, *Michigan State University*; Daniel Papaj, *University of Arizona*; Peter Pappas, *County College of Morris*; Nathalie Pardigon, *Institut Pasteur*; Bulah Parker, *North Carolina State University*; Stanton Parmeter, *Chemeketa Community College*; Cindy Paszkowski, *University of Alberta*; Robert Patterson, *San Francisco State University*; Ronald Patterson, *Michigan State University*; Crellin Pauling, *San Francisco State University*; Kay Pauling, *Foothill Community College*; Daniel Pavuk, *Bowling Green State University*; Debra Pearce, *Northern Kentucky University*; Patricia Pearson, *Western Kentucky University*; Andrew Pease, *Stevenson University*; Nancy Pelaez, *Purdue University*; Shelley Penrod, *North Harris College*; Imara Y. Perera, *North Carolina State University*; Beverly Perry, *Houston Community College*; Irene Perry, *University of Texas of the Permian Basin*; Roger Persell, *Hunter College*; Eric Peters, *Chicago State University*; Larry Peterson, *University of Guelph*; David Pfennig, *University of North Carolina, Chapel Hill*; Mark Pilgrim, *College of Coastal Georgia*; David S. Pilliod, *California Polytechnic State University, San Luis Obispo*; Vera M. Piper, *Shenandoah University*; Deb Pires, *University of California, Los Angeles*; J. Chris Pires, *University of Missouri, Columbia*; Bob Pittman, *Michigan State University*; James Platt, *University of Denver*; Martin Poenie, *University of Texas, Austin*; Scott Poethig, *University of Pennsylvania*; Crima Pogge, *San Francisco Community College*; Michael Pollock, *Mount Royal University*; Roberta Pollock, *Occidental College*; Jeffrey Pommerville, *Texas A&M University*; Therese M. Poole, *Georgia State University*; Angela R. Porta, *Kean University*; Jason Porter, *University of the Sciences, Philadelphia*; Warren Porter, *University of Wisconsin*; Daniel Potter, *University of California, Davis*; Donald Potts, *University of California, Santa Cruz*; Robert Powell, *Avila University*; Andy Pratt, *University of Canterbury*; David Pratt, *University of California, Davis*; Elena Pravosudova, *University of Nevada, Reno*; Halina Presley, *University of Illinois, Chicago*; Eileen Preston, *Tarrant Community College Northwest*; Mary V. Price, *University of California, Riverside*; Mitch Price, *Pennsylvania State University*; Terrell Pritts, *University of Arkansas, Little Rock*; Rong Sun Pu, *Kean University*; Rebecca Pyles, *East Tennessee State University*; Scott Quackenbush, *Florida International University*; Ralph Quatrano, *Oregon State University*; Peter Quinby, *University of Pittsburgh*; Val Raghavan, *Ohio State University*; Deanna Raineri, *University of Illinois, Champaign-Urbana*; David Randall, *City University Hong Kong*; Talitha Rajah, *Indiana University Southeast*; Charles Ralph, *Colorado State University*; Pushpa Ramakrishna, *Chandler-Gilbert Community College*; Thomas Rand, *Saint Mary's University*; Monica Ranes-Goldberg, *University of California, Berkeley*; Robert S. Rawding, *Gannon University*; Robert H. Reavis, *Glendale Community College*; Kurt Redborg, *Coe College*; Ahnya Redman, *Pennsylvania State University*; Brian Reeder, *Morehead State University*; Bruce Reid, *Kean University*; David Reid, *Blackburn College*; C. Gary Reiness, *Lewis & Clark College*; Charles Remington, *Yale University*; Erin Rempala, *San Diego Mesa College*; David Reznick, *University of California, Riverside*; Fred Rhoades, *Western Washington State University*; Douglas Rhoads, *University of Arkansas*; Eric Ribbens, *Western Illinois University*; Christina Richards, *New York University*; Sarah Richart, *Azusa Pacific University*; Christopher Riegle, *Irvine Valley College*; Loren Rieseberg, *University of British Columbia*; Bruce B. Riley, *Texas A&M University*; Todd Rimkus, *Marymount University*; John Rinehart, *Eastern Oregon University*; Donna Ritch, *Pennsylvania State University*; Carol Rivin, *Oregon State University East*; Laurel Roberts, *University of Pittsburgh*; Diane Robins, *University of Michigan*; Kenneth Robinson, *Purdue University*; Thomas Rodella, *Merced College*; Deb Roess, *Colorado State University*; Heather Roffey, *Marianopolis College*; Rodney Rogers, *Drake University*; Suzanne Rogers, *Seton Hill University*; William Roosenburg, *Ohio University*; Mike Rosenzweig, *Virginia Polytechnic Institute and State University*; Wayne Rosing, *Middle Tennessee State University*; Thomas Rost, *University of California, Davis*; Stephen I. Rothstein, *University of California, Santa Barbara*; John Ruben, *Oregon State University*; Albert Ruesink, *Indiana University*; Patricia Rugaber,

College of Coastal Georgia; Scott Russell, *University of Oklahoma*; Neil Sabine, *Indiana University*; Tyson Sacco, *Cornell University*; Glenn-Peter Saetre, *University of Oslo*; Rowan F. Sage, *University of Toronto*; Tammy Lynn Sage, *University of Toronto*; Sanga Saha, *Harold Washington College*; Don Sakaguchi, *Iowa State University*; Walter Sakai, *Santa Monica College*; Mark F. Sanders, *University of California, Davis*; Kathleen Sandman, *Ohio State University*; Louis Santiago, *University of California, Riverside*; Ted Sargent, *University of Massachusetts, Amherst*; K. Sathasivan, *University of Texas, Austin*; Gary Saunders, *University of New Brunswick*; Thomas R. Sawicki, *Spartanburg Community College*; Inder Saxena, *University of Texas, Austin*; Carl Schaefer, *University of Connecticut*; Andrew Schaffner, *Cal Poly San Luis Obispo*; Maynard H. Schaus, *Virginia Wesleyan College*; Renate Scheibe, *University of Osnabrück*; David Schimpf, *University of Minnesota, Duluth*; William H. Schlesinger, *Duke University*; Mark Schlissel, *University of California, Berkeley*; Christopher J. Schneider, *Boston University*; Thomas W. Schoener, *University of California, Davis*; Robert Schorr, *Colorado State University*; Patricia M. Schulte, *University of British Columbia*; Karen S. Schumaker, *University of Arizona*; Brenda Schumpert, *Valencia Community College*; David J. Schwartz, *Houston Community College*; Christa Schwintzer, *University of Maine*; Erik P. Scully, *Towson State University*; Robert W. Seagull, *Hofstra University*; Edna Seaman, *Northeastern University*; Duane Sears, *University of California, Santa Barbara*; Brent Selinger, *University of Lethbridge*; Orono Shukdeb Sen, *Bethune-Cookman College*; Wendy Sera, *Seton Hill University*; Alison M. Shakarian, *Salve Regina University*; Timothy E. Shannon, *Francis Marion University*; Joan Sharp, *Simon Fraser University*; Victoria C. Sharpe, *Blinn College*; Elaine Shea, *Loyola College, Maryland*; Stephen Sheckler, *Virginia Polytechnic Institute and State University*; Robin L. Sherman, *Nova Southeastern University*; Richard Sherwin, *University of Pittsburgh*; Lisa Shimeld, *Crafton Hills College*; James Shinkle, *Trinity University*; Barbara Shipes, *Hampton University*; Richard M. Showman, *University of South Carolina*; Eric Shows, *Jones County Junior College*; Peter Shugarman, *University of Southern California*; Alice Shuttey, *DeKalb Community College*; James Sidie, *Ursinus College*; Daniel Simberloff, *Florida State University*; Rebecca Simmons, *University of North Dakota*; Anne Simon, *University of Maryland, College Park*; Robert Simons, *University of California, Los Angeles*; Alastair Simpson, *Dalhousie University*; Susan Singer, *Carleton College*; Sedonia Sipes, *Southern Illinois University, Carbondale*; John Skillman, *California State University, San Bernardino*; Roger Sloboda, *Dartmouth University*; John Smarrelli, *Le Moyne College*; Andrew T. Smith, *Arizona State University*; Kelly Smith, *University of North Florida*; Nancy Smith-Huerta, *Miami Ohio University*; John Smol, *Queen's University*; Andrew J. Snope, *Essex Community College*; Mitchell Sogin, *Woods Hole Marine Biological Laboratory*; Doug Soltis, *University of Florida, Gainesville*; Julio G. Soto, *San Jose State University*; Susan Sovonick-Dunford, *University of Cincinnati*; Frederick W. Spiegel, *University of Arkansas*; John Stachowicz, *University of California, Davis*; Joel Stafstrom, *Northern Illinois University*; Alam Stam, *Capital University*; Amanda Starnes, *Emory University*; Karen Steudel, *University of Wisconsin*; Barbara Stewart, *Swarthmore College*; Gail A. Stewart, *Camden County College*; Cecil Still, *Rutgers University, New Brunswick*; Margery Stinson, *Southwestern College*; James Stockand, *University of Texas Health Science Center, San Antonio*; John Stolz, *California Institute of Technology*; Judy Stone, *Colby College*; Richard D. Storey, *Colorado College*; Stephen Strand, *University of California, Los Angeles*; Eric Strauss, *University of Massachusetts, Boston*; Antony Stretton, *University of Wisconsin, Madison*; Russell Stullken, *Augusta College*; Mark Sturtevant, *University of Michigan, Flint*; John Sullivan, *Southern Oregon State University*; Gerald Summers, *University of Missouri*; Judith Sumner, *Assumption College*; Marshall D. Sundberg, *Emporia State University*; Cynthia Surmacz, *Bloomsburg University*; Lucinda Swatzell, *Southeast Missouri State University*; Daryl Sweeney, *University of Illinois, Champaign-Urbana*; Samuel S. Sweet, *University of California, Santa Barbara*; Janice Swenson, *University of North Florida*; Michael A. Sypes, *Pennsylvania State University*; Lincoln Taiz, *University of California, Santa Cruz*; David Tam, *University of North Texas*; Yves Tan, *Cabrillo College*; Samuel Tarsitano, *Southwest Texas State University*; David Tauck, *Santa Clara University*; Emily Taylor, *California Polytechnic State University, San Luis Obispo*; James Taylor, *University of New Hampshire*; John W. Taylor, *University of California, Berkeley*; Martha R. Taylor, *Cornell University*; Franklyn Tan Te, *Miami Dade College*; Thomas Terry, *University of Connecticut*; Roger Thibault, *Bowling Green State University*; Kent Thomas, *Wichita State University*; William Thomas, *Colby-Sawyer College*; Cyril Thong, *Simon Fraser University*; John Thornton, *Oklahoma State University*; Robert Thornton, *University of California, Davis*; William Thwaites, *Tillamook Bay Community College*; Stephen Timme, *Pittsburg State University*; Mike Toliver, *Eureka College*; Eric Toolson, *University of New Mexico*; Leslie Towill, *Arizona State University*; James Traniello, *Boston University*; Paul Q. Trombley, *Florida State University*; Nancy J. Trun, *Duquesne University*; Constantine Tsoukas, *San Diego State University*; Marsha Turell, *Houston Community College*; Victoria Turgeon, *Furman University*; Robert Tuveson, *University of Illinois, Urbana*; Maura G. Tyrrell, *Stonehill College*; Catherine Uekert, *Northern Arizona University*; Claudia Uhde-Stone, *California State University, East Bay*; Gordon Uno, *University of Oklahoma*; Lisa A. Urry, *Mills College*; Saba Valadkhan, *Center for RNA Molecular Biology*; James W. Valentine, *University of California, Santa Barbara*; Joseph Vanable, *Purdue University*; Theodore Van Bruggen, *University of South Dakota*; Kathryn VandenBosch, *Texas A&M University*; Gerald Van Dyke, *North Carolina State University*; Brandi Van Roo, *Framingham State College*; Moira Van Staaden, *Bowling Green State University*; Sarah VanVickle-Chavez, *Washington University, St. Louis*; William Velhagen, *New York University*; Steven D. Verhey, *Central Washington University*; Kathleen Verville, *Washington College*; Sara Via, *University of Maryland*; Frank Visco, *Orange Coast College*; Laurie Vitt, *University of California, Los Angeles*; Neal Voelz, *St. Cloud State University*; Thomas J. Volk, *University of Wisconsin, La Crosse*; Leif Asbjorn Vollestad, *University of Oslo*; Amy Volmer, *Swarthmore College*; Janice Voltzow, *University of Scranton*; Margaret Voss, *Penn State Erie*; Susan D. Waaland, *University of Washington*; Charles Wade, *C.S. Mott Community College*; William Wade, *Dartmouth Medical College*; John Waggoner, *Loyola Marymount University*; Jyoti Wagle, *Houston Community College*; Edward Wagner, *University of California, Irvine*; D. Alexander Wait, *Southwest Missouri State University*; Claire Walczak, *Indiana University*; Jerry Waldvogel, *Clemson University*; Dan Walker, *San Jose State University*; Robert Lee Wallace, *Ripon College*; Jeffrey

Walters, *North Carolina State University*; Linda Walters, *University of Central Florida*; James Wandersee, *Louisiana State University*; Nickolas M. Waser, *University of California, Riverside*; Fred Wasserman, *Boston University*; Margaret Waterman, *University of Pittsburgh*; Charles Webber, *Loyola University of Chicago*; Peter Webster, *University of Massachusetts, Amherst*; Terry Webster, *University of Connecticut, Storrs*; Beth Wee, *Tulane University*; James Wee, *Loyola University*; Andrea Weeks, *George Mason University*; John Weishampel, *University of Central Florida*; Peter Wejksnora, *University of Wisconsin, Milwaukee*; Kentwood Wells, *University of Connecticut*; David J. Westenberg, *University of Missouri, Rolla*; Richard Wetts, *University of California, Irvine*; Matt White, *Ohio University*; Susan Whittemore, *Keene State College*; Murray Wiegand, *University of Winnipeg*; Ernest H. Williams, *Hamilton College*; Kathy Williams, *San Diego State University*; Kimberly Williams, *Kansas State University*; Stephen Williams, *Glendale Community College*; Elizabeth Willott, *University of Arizona*; Christopher Wills, *University of California, San Diego*; Paul Wilson, *California State University, Northridge*; Fred Wilt, *University of California, Berkeley*; Peter Wimberger, *University of Puget Sound*; Robert Winning, *Eastern Michigan University*; E. William Wischusen, *Louisiana State University*; Clarence Wolfe, *Northern Virginia Community College*; Vickie L. Wolfe, *Marshall University*; Janet Wolkenstein, *Hudson Valley Community College*; Robert T. Woodland, *University of Massachusetts Medical School*; Joseph Woodring, *Louisiana State University*; Denise Woodward, *Pennsylvania State University*; Patrick Woolley, *East Central College*; Sarah E. Wyatt, *Ohio University*; Grace Wyngaard, *James Madison University*; Shuhai Xiao, *Virginia Polytechnic Institute,* Ramin Yadegari, *University of Arizona*; Paul Yancey, *Whitman College*; Philip Yant, *University of Michigan*; Linda Yasui, *Northern Illinois University*; Anne D. Yoder, *Duke University*; Hideo Yonenaka, *San Francisco State University*; Gina M. Zainelli, *Loyola University, Chicago*; Edward Zalisko, *Blackburn College*; Nina Zanetti, *Siena College*; Sam Zeveloff, *Weber State University*; Zai Ming Zhao, *University of Texas, Austin*; John Zimmerman, *Kansas State University*; Miriam Zolan, *Indiana University*; Theresa Zucchero, *Methodist University*; Uko Zylstra, *Calvin College.*

章目次

インタビュー目次

目　次

4　炭素と生命の分子レベルの多様性　63

5　巨大な生体分子の構造と機能　75

第 2 部　細　胞　103

6　細胞の旅　105

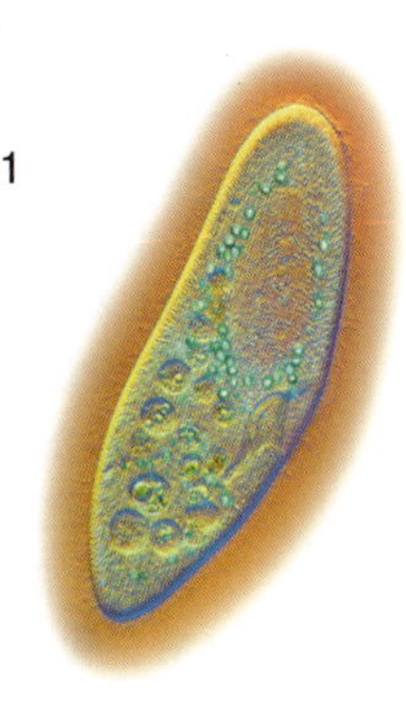

7 膜の構造と機能 141

8 代謝（導入編） 161

9 細胞呼吸と発酵 187

10　光合成　213

11　細胞の情報連絡　241

12　細胞周期　267

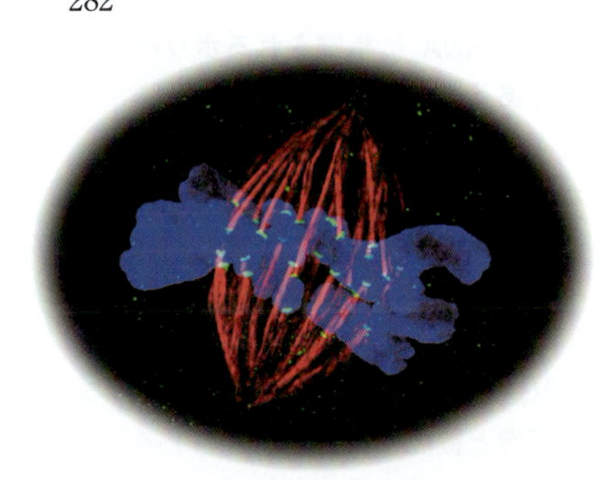

第3部　遺伝学　289

13　減数分裂と有性生活環　291

14　メンデルと遺伝子の概念　309

15 染色体の挙動と遺伝 339

16 遺伝の分子機構 363

17 遺伝子からタンパク質へ 387

18 遺伝子の発現制御 419

19　ウイルス　457

20　DNA を用いた手法とバイオテクノロジー　477

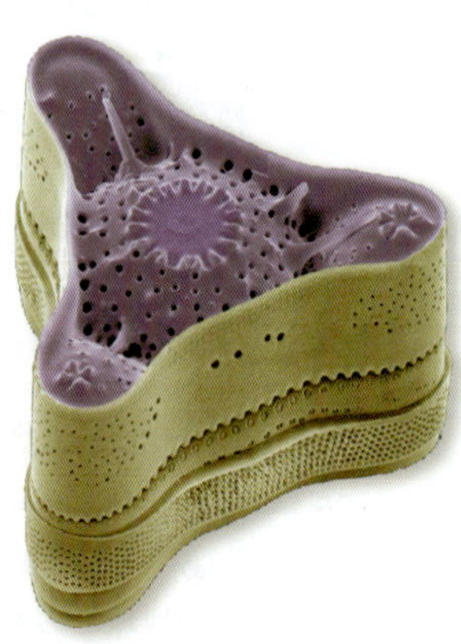

32 動物の多様性 775

33 無脊椎動物 789

34 脊椎動物の起源と進化 825

41　動物の栄養　1023

42　循環とガス交換　1047

43　免疫系　1079

44　浸透圧調節と排出　1107

45　ホルモンと内分泌系　1131

特色ある図

ビジュアル解説

関連性を考えよう

探　究

研　究

研究方法

CAMPBELL BIOLOGY

キャンベル生物学

原書11版

1 進化，生物学のテーマ，科学的探究

▲図 1.1　この海岸に生息するビーチマウス *Peromyscus polionotus* は生物学について何を語ってくれるか．

重要概念

1.1　生命の研究は統一テーマを解明する

1.2　中心テーマ：進化は生命の共通性と多様性を説明する

1.3　自然科学の研究では，科学者は観察し，仮説を立て，検証する

1.4　科学は，協調的な取り組みや多様な視点を必要とする

▲内陸に生息するビーチマウス．砂丘に生息する同種の個体と比べて，背や側面，顔は，より暗い色をしている．

生命の探究

フロリダの海岸に沿ったまぶしく白い砂丘に点在する草本植物のまばらな草むらには，ネズミたちの隠れる場所はほとんどない．しかし，ここに生息するビーチマウス *Peromyscus polionotus* は明るいまだら模様の毛をしており，周囲に溶け込んでいる（図 1.1）．同種のネズミは近くの内陸にも生息している．こちらのネズミは生息地の土壌や植生に合わせてはるかに暗い色をしている（左下の写真）．いつも獲物を求めて見回っているタカ類やサギ類，他の鋭い視覚をもった捕食者がいるので，この海岸のネズミと内陸のネズミの生存にとって，毛の色をまわりの環境に合わせる保護色は重要である．ネズミのそれぞれのグループの毛の色はどのようにして，局所的な背景に「適応」するようになったのだろうか．

このネズミの保護色などの生物の環境への適応は，地球上の驚くほど多様な生物を生み出した「進化」という時間とともに変化するプロセスの結果である．進化は生物学の基本原理であり本書の中心的テーマでもある．

生物学者は地球上の生命について多くのことを知っているが，まだ多くの謎が残っている．生物の世界について疑問を提示し，科学的探究に基づいて答えを探すことは，生命の科学的研究である**生物学 biology** の中心的活動である．生物学者が抱く疑問が野心的なこともある．1つの小さな細胞がどのようにして木や犬になるか，人間の心はどのように働くか，森林の中の異なる生物はどのように相互作用するか，などを尋ねるかもしれない．多くの人は，自然の世界を観察していると多くの疑問が浮かんでくるかもしれない．そのとき，あなたはすでに生物学者と同じである．何よりも，生物学は生命の本質を追い求めること，すなわち

現在進行中の探究である．

最も基本的なレベルの疑問は「生命とは何か」である．たとえ小さな子どもでも犬や植物は生きていて，岩や自動車は生きていないことを理解できる．しかし私たちが生命とよぶ現象は，ひと言で定義することはできない．私たちは生命の働きによって生命を理解する．図 1.2 は，私たちが生命と関連づけている，特性やプロセスに注目したものである．

少数の写真にもかかわらず，図 1.2 は生物の世界が驚くほど多様であることを教えてくれる．生物学者は，どのようにこの多様性と複雑性の意味を理解するのだろうか．この最初の章では，この質問に答えるための枠組みをつくり上げよう．本章の最初の部分では，いくつかの統一的なテーマを中心として整理し生物学的「景観」の全景を提示する．その後に，生物学の中心的テーマである進化に焦点を当てる．進化は生命の共通性と多様性を説明するものである．それから，科学的探究，すなわちどのように科学者が自然界について疑問をもち，その答えを見つけようとするかについて見ていく．最後に，科学的文化とその社会への影響について取り組む．

▼図 1.2　**生命の基本的な特性．**

▼**秩序．** ヒマワリの花の接写写真は生命を特徴づける高度に秩序立った構造を示している．

▲**進化的適応．** ピグミーシーホース（タツノオトシゴ）は，体の外見をその環境に擬態させている．個体が多くの世代を越えて繁殖に成功することで，このような適応が進化する．

▲**制御．** このジャックウサギは，耳の血管を流れる血量を制御することにより周囲の大気との熱交換を調節し，体温を定常状態に維持するのに役立てている．

▲**エネルギー変換．** このチョウは，花から蜜の形で食物を得る．その食物に蓄えられている化学エネルギーを飛翔運動などの仕事に用いる．

▲**成長と発生．** 遺伝子によって引き継がれる遺伝情報が，このオークの芽生えのように生き物の成長と発生のパターンを制御している．

▲**環境応答．** ハエトリソウは，開いたわなにバッタが降り立ったという環境刺激に応答して，わなをすみやかに閉じる．

▼**繁殖．** 生物は自己繁殖をする．

1.1 生命の研究は統一テーマを解明する

生物学には膨大な範囲のテーマがあり，生物学の新しい発見が毎日報告されている．生物学に関する広大な範囲の題材を勉強するとき，学んだすべての情報を1つの包括的な枠組みにどのようにはめ込んでいけばよいだろうか．このとき，いくつかの大きな概念に注目するとよい．それは，これから何十年も変わることのない生命に対する考え方であり，ここでは5つの統一テーマを提示する．

- 組織化
- 情報
- エネルギーと物質
- 相互作用
- 進化

本節と次節では，それぞれのテーマを簡潔にまとめて概観する．

テーマ：生物の組織化の各レベルで新しい特性が現れる

組織化 生命の研究は，生物を形づくる分子や細胞の顕微鏡的スケールから，生きている惑星という地球

▼図 1.3 探究 生物の組織化の階層

◀1 生物圏

宇宙から地球を見ても，生命の手がかり，たとえば緑色のモザイク状の森林などに気づく．外から見える地球はほぼ生物圏全体である．**生物圏 biosphere** は，地球上のすべての生命と，その生育するすべての場所——ほとんどの陸地，ほとんどの水域，高度数キロメートルまでの大気，そして大洋底からはるか下の堆積物をも含む——から構成される．

◀2 生態系

地球をより拡大すると，北米の山地の草原が見える．これは生態系の一例であるが，他にも熱帯雨林，草原，砂漠やサンゴ礁などの生態系がある．**生態系 ecosystem** はある地域のすべての生物とともに，生物が相互作用する土壌，水，大気や光などの非生物的な環境要素から成り立っている．

▶3 群集

ある特定の生態系に生活しているすべての生物の群れは**群集 community** とよばれる．この草原生態系の群集は，たくさんの種類の植物，多様な動物，いろいろなキノコとそれ以外の菌類，そしてあまりに小さくて顕微鏡でなければ見えない膨大な数の多様な微生物を含んでいる．これらの生物の各々はひとつの「種」に属する．種とは，同じグループ内の構成員間でのみ子孫をつくることができる，そのようなグループ．

▶4 集団[*1]

集団 population は，特定の地域内に生活しているある生物種の全個体から成り立っている．たとえば，草原にはこの図に示すルピナスの集団やミュールジカ（北米西部に見られるふつうのシカの1種）の集団がいる．ここで，群集は，特定の地域の一連の集団の集まりと定義することができる．

▲5 個体

個々の生き物は**個体 organism** とよばれる．草原の個々の植物は1つの個体であり，また，個々の動物や菌類，細菌なども個体である．

＊1（訳注）：本書では，population の訳語は，生態学分野でのみ「個体群」を使用し，他の生物分野では「集団」を用いる．

規模まで広がっている（訳注：ここでいう「組織化 organization」は生態系なども含む広い概念である）．この膨大な範囲は，生物の組織化の異なる階層に分けることが可能である．図 1.3 では，宇宙から地球上の生命を徐々に拡大して，山地の草原の生物まで到達している．この一連の段階は，生物の組織化の異なる階層を紹介してくれる生命への旅である．

生物の組織化の階層をより細かく見ていくアプローチは，「還元主義」とよばれる．この手法の名称は，複合システムを研究しやすいより単純な要素に分割する（「還元する」ともいう）ことによる．還元主義は生物学においては非常に強力な研究戦略である．たとえば，細胞から単離されたDNAの分子構造を研究することで，ジェームズ・ワトソン James Watson とフランシス・クリック Francis Crick は生物の遺伝の物質的基礎を明らかにした．還元主義は多くの重要な発見を引き出したが，次に述べるように地球の生命の完全な姿を導き出すものではない．

創発特性

今度は，図 1.3 で，階層を分子レベルから始めて，逆にズームアウトしてみよう．こうすると，それぞれの階層で，その下の階層には存在しなかった新たな特性が出現することがわかる．このような特性を**創発特**

▼6　器　官

生命の階層構造は，より複雑な生物の構造を探究し続けていることで明らかになる．たとえば，植物の葉は，**器官 organ** の 1 つであり，生物個体において複数の組織からなり，特定の機能を行う体の一部である．葉と茎，根は，植物における主要な器官である．器官を構成するそれぞれの組織は，特定の構造をもち，器官の機能に特有の性質をもっている．

▼7　組　織

葉の組織を見るには，顕微鏡が必要である．それぞれの**組織 tissue** は，それぞれの機能を果たすためにともに働く一群の細胞である．ここに示した写真は，ななめに切断された葉である．葉の内部の蜂の巣状の組織（写真の左側）は，光エネルギーを糖などの養分の化学エネルギーへ変換するプロセスである光合成が行われる主要な場所である．葉の表面のジグソーパズルのように見える組織は，「表皮」とよばれる（写真の右側）．表皮を貫通する孔（気孔）は，糖の生産のための原料である二酸化炭素ガスを，葉の内部に取り込むためのものである．

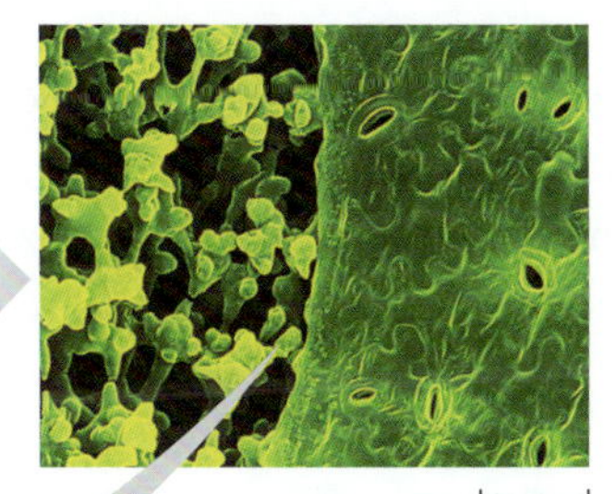

50 μm

▶8　細　胞

細胞　10 μm

細胞 cell は生命の構造と機能の基本単位である．生物のあるものは細胞 1 個ですべての生命活動を行う（単細胞生物）．またあるものは特殊化した細胞による分業を行う（多細胞生物）．ここには，葉の組織の細胞の拡大写真を示す．この細胞の横幅は約 40 マイクロメートル（μm）しかない．小さな硬貨の直径と同じ長さにするには約 500 個の細胞を並べる必要がある．このような小さな細胞でも，内部には光合成を行う葉緑体とよばれる緑色の構造体が多数含まれている．

▼9　細胞小器官

葉緑体は，細胞内の機能要素である**細胞小器官（オルガネラ）organelle** の一例である．この電子顕微鏡の写真は，単一の葉緑体を示している．

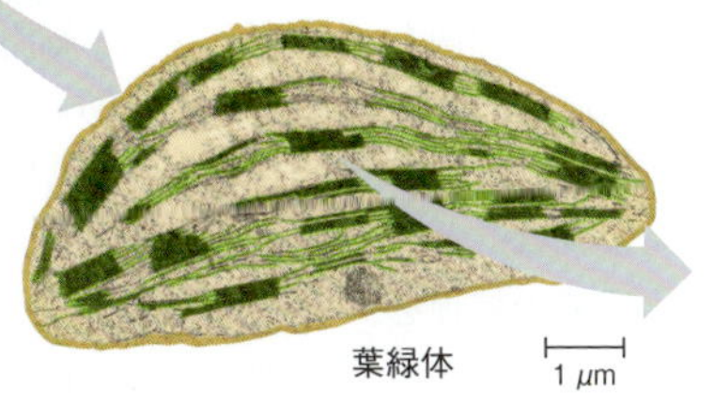

葉緑体　1 μm

▼10　分　子

生命を見る最後の階層として，葉緑体内部に移動する．**分子 molecule** は，原子とよばれる小さな化学単位が 2 個以上集まって構成される化学構造である．ここでコンピュータグラフィックスで描いたクロロフィル分子では，原子は球体で表現されている．クロロフィルは，葉を緑色にしている色素分子で，光合成において太陽光を吸収する．各葉緑体内の，大量のクロロフィル分子は，光エネルギーを食物の化学エネルギーの形へと変換する複雑なシステムに組み込まれている．

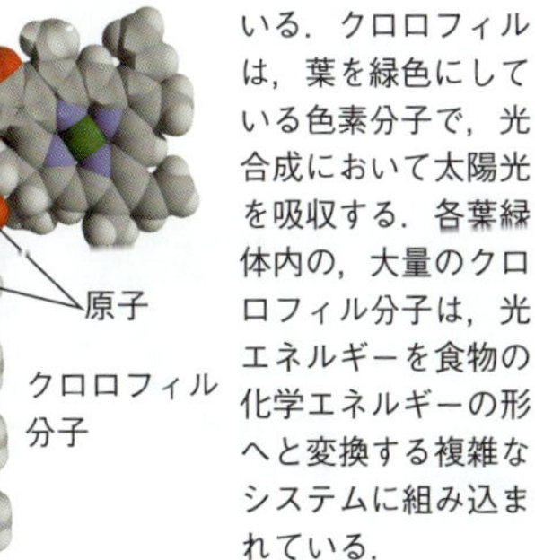
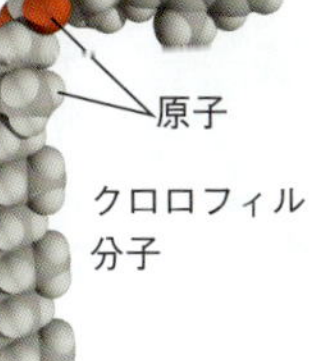
原子
クロロフィル分子

性 emergent property という．これは，複雑性が増したときに，構成する各部品の配置と相互作用によって生まれる．たとえば，無傷の葉緑体で光合成が進行するが，葉緑体を解体して，構成するクロロフィルや他の分子を試験管内で混合しても，光合成は起こらない．光合成の複数の反応が協調して進行するためには，葉緑体内において，これらの分子が特定の構造に組み込まれていることが必要である．生体を構成する要素は還元主義のアプローチにおける研究対象であるが，単離した要素は，生命の組織化の上位の階層で出現する重要な特性を多数失っている．

創発特性は生命に固有のものではない．組み立てる前の自転車の部品ではどこにも行けない．しかしこれを正しく組み立てれば，ペダルをこいで目的地に行くことができる．このような非生物の例と比較して，生物のシステムははるかに複雑で，生命の創発特性を特に挑戦すべき学習課題としている．

生物における創発特性を十分に理解するために，今日では，**システム生物学 systems biology** が還元主義による生物学を補う必要がある．システム生物学は，部品間の相互作用を解析することによって，生命システム全体を研究する学問である．この文脈では，1 個の葉の細胞はシステムと考えられるし，1 匹のカエル，アリの 1 個のコロニー，また砂漠の生態系も同様に 1 つのシステムといえる．システムを構成する要素の統合ネットワークの動的なふるまいを調べたりモデル化による解析によって，新たな疑問を抱くことができるようになる．たとえば，ヒトの 24 時間の覚醒と睡眠の周期は，体内の分子の相互作用のネットワークによってどのように生み出されているのか．もっと大きなところでは，大気中の炭酸ガス濃度が徐々に上昇することは，生態系や地球の生物圏全体にどのような影響を与えるのだろうか．システム生物学は，あらゆる階層で生命の研究に活用することができる．

構造と機能

生物学のどの階層においても，構造と機能の相関を見ることができる．図 1.3 の葉を考えてみれば，その薄くて平らな形は，葉緑体による太陽光の捕捉を最大にしていることがわかる．このような構造と機能の相関は，生命のすべての形態で共通に見られるので，生物の構造を知ることは，その構造が何のために，どのように働くかを知る手がかりとなる．逆に，ある機能がわかれば，その構造と組織化に関する手がかりが得られる．動物界の多数の例はこのような構造と機能の相関を教えてくれる．たとえば，ハチドリの解剖学的構造は，羽を肩のまわりで回転できることを示しており，ハチドリ特有の飛翔，つまり後ろ向きに飛んだり，同じ所で停空飛翔したりできるようになっている．停まったまま飛翔することで，ハチドリは細長いくちばしを花の奥まで伸ばして蜜を吸うことができる．生命のさまざまな面で見られる形と機能の絶妙のマッチングは，次に述べる自然選択によって説明できるものである．

細胞：生物の構造と機能の基本単位

生命の構造的階層において，細胞は生命に必要なすべての活動を実行できる最小単位である．そのような細胞の役割を考慮したいわゆる細胞説は，多くの生物学者の観察に基づいて，1800 年代に提唱された．細胞説は，すべての生物が，生命の基本単位である細胞によってできていると述べている．実際，生物の活動は，すべて細胞の働きに基づいている．たとえば，この文章を読むときの眼の動きは，筋細胞と神経細胞の活動によるものである．炭素循環のような地球規模のプロセスでさえも，葉の細胞に存在する葉緑体で行われる光合成などの細胞活動の結果である．

すべての細胞はいくつかの特徴を共有している．たとえば，すべての細胞は，細胞とその周囲との間で物質の通過を調節する膜で囲まれている．しかし，原核細胞と真核細胞という 2 つの主要な細胞型を区別することができる．細菌（バクテリア，真正細菌ともいう）と古細菌（アーキアともいう）とよばれる 2 つの微生物群の細胞は原核細胞である．植物や動物が含まれる他のすべての生物は，真核細胞で構成されている．

真核細胞 eukaryotic cell には，膜に囲まれたさまざまな細胞小器官（図 1.4）が存在する．DNA を含む核などいくつかの細胞小器官はすべての真核細胞に存在する．細胞小器官には，特定の細胞にだけ存在するものもある．たとえば，図 1.3 に示す葉緑体は，光合成を行う真核細胞だけに見られる細胞小器官である．一方，**原核細胞 prokaryotic cell** は，核や他の膜で囲まれた細胞小器官をもたない．さらに，原核細胞は，図 1.4 に示すように，一般に真核細胞に比べて小さい．

テーマ：生命のプロセスは遺伝情報の発現と伝達による

情報　細胞の中で，染色体という構造は，DNA（デ

▼図 1.4　**真核細胞と原核細胞の大きさと複雑さの対比．**ここでは両者の細胞の拡大率を同じにして示してある．原核細胞の拡大率のさらに高い画像は図 6.5 に示す．

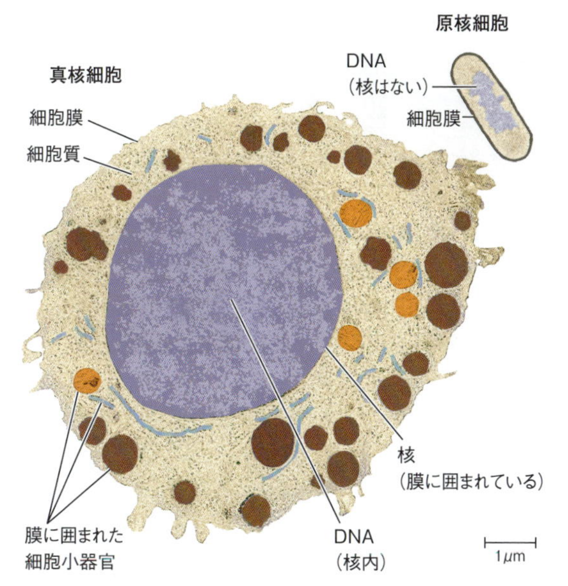
原核細胞
真核細胞
DNA
(核はない)
細胞膜
細胞膜
細胞質
核
(膜に囲まれている)
膜に囲まれた
細胞小器官
DNA
(核内)
1 μm

図読み取り問題➤サイズを示すスケールバーの長さを測定し，原核細胞の長さと真核細胞の長軸方向の長さを求めなさい．

オキシリボ核酸 deoxyribonucleic acid）という物質を遺伝物質として含んでいる．分裂の準備段階にある細胞で，染色体は DNA に結合すると青い蛍光を放つ色素を用いて見ることができる（図 1.5）．

DNA は遺伝物質である

細胞分裂の前に，まず細胞の DNA は複製され，それぞれは親細胞とまったく同じ染色体の完全セットとして，2 つの娘細胞に受け継がれる．それぞれの染色体には，1 本の非常に長い DNA 分子が含まれ，その長軸に沿って数百から数千個の**遺伝子 gene** が並んでいる．遺伝子は両親から子へ受け継がれる遺伝の単位である．遺伝子は，細胞内で合成されるすべてのタンパク質を構築するために必要な情報をコードしており，タンパク質は細胞の分化や機能を決定する．私たちは，両親から受け継いだ DNA をもった単一細胞から始まった．各細胞分裂の前に DNA は複製され，私たちの数十兆個の細胞に DNA のコピーを伝えている．細胞が成長し分裂するとき，DNA によってコードされる遺伝情報が，私たちの発生を指令している（図 1.6）．

DNA の分子構造から，その情報を格納するしくみがわかる．DNA 分子は，二重らせん構造をとる 2 本の長い鎖から構成されている．各鎖は，A，T，C，G と略号で表される 4 種類のヌクレオチドとよばれる物質の構築単位によりつくられている（図 1.7）．これら 4 種類のヌクレオチドの特定の配列が，遺伝子の情報を決めている．この DNA が情報を符号化する方法は，アルファベットの文字を並べて特定の意味をもつ単語や文をつくる方法と似ている．たとえば，単語の「rat」は，齧歯類（ラット）を表しているが，同じ文字を含む単語の「tar」（タール）と「art」（芸術）は，まったく異なるものを意味する．ヌクレオチドは，4 種類の文字からなるアルファベットと考えることができる．

多くの遺伝子では，ヌクレオチドの配列がタンパク質をつくる青写真を提供する．たとえば，細菌のある種の遺伝子はある糖分子を分解する酵素という特別なタンパク質を指定し，ヒトのある遺伝子は感染症と闘う抗体という別のタンパク質を指定する．タンパク質は，細胞を構築し維持するとともに，その活動を実行する重要な役割を担っている．

タンパク質をコードする遺伝子は，RNA とよばれる DNA と似た分子を仲介者として使用し，間接的にタンパク質の産生を制御する（図 1.8）．遺伝子のヌク

▼図 1.5　**イモリの肺細胞が 2 つの小さな細胞に分裂する．分裂した細胞は成長し再び分裂する．**

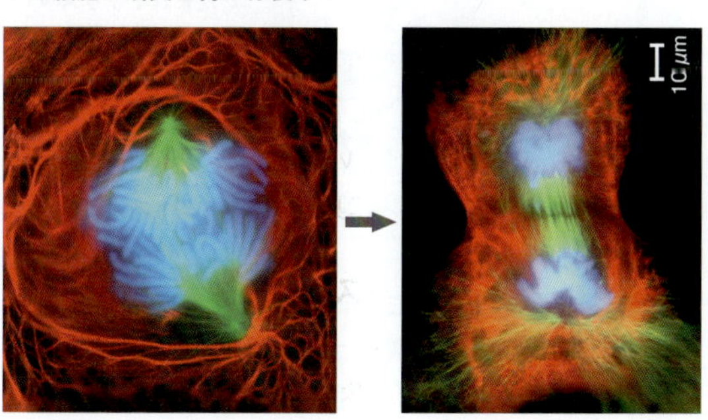
10 μm

▼図 1.6　**親から受け継ぐ DNA は生物の発生を支配する．**

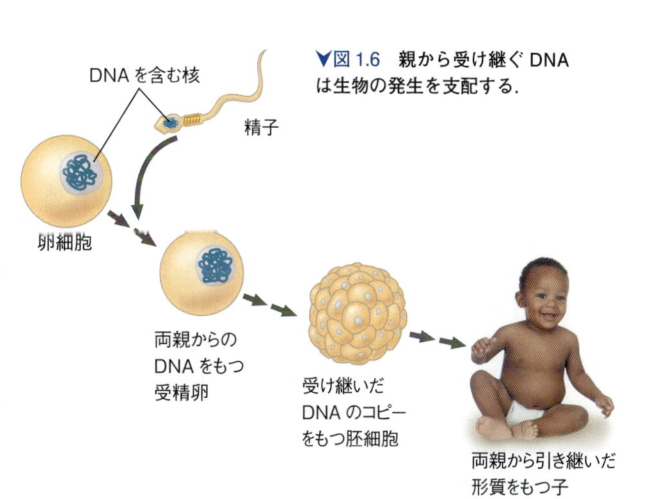
DNA を含む核
精子
卵細胞
両親からの
DNA をもつ
受精卵
受け継いだ
DNA のコピー
をもつ胚細胞
両親から引き継いだ
形質をもつ子

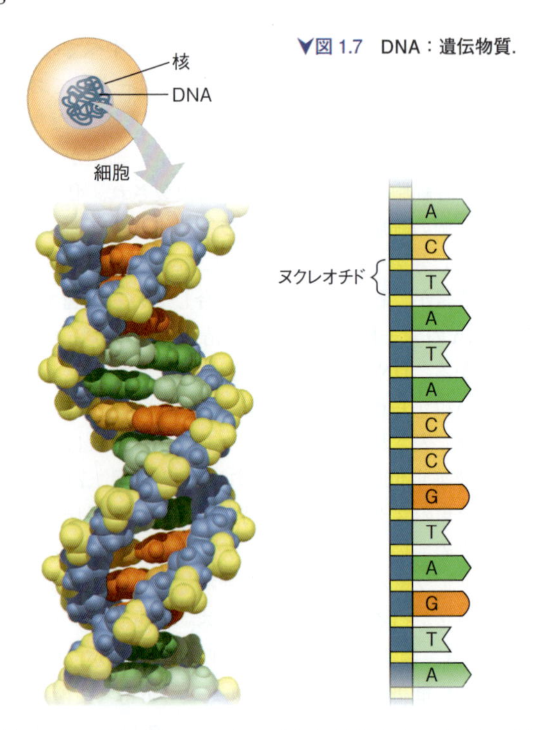
核
DNA
細胞
ヌクレオチド
A
C
T
A
T
A
C
C
G
T
A
G
T
A

▼図 1.7　DNA：遺伝物質．

(a) **DNA 二重らせん．**このモデルは DNA の一部を構成する原子を示す．DNA 分子は，ヌクレオチドとよばれる構成単位がつながった 2 本の長い鎖からできていて，二重らせんという 3 次元構造をとる．

(b) **1 本鎖 DNA．**これらの図形と略号は，DNA 分子の 1 本の鎖のある領域のヌクレオチドを簡単な記号で表している．遺伝情報は，4 種類のヌクレオチド（その名はここでは A,T,C,G と略す）による特定の配列としてコードされている．

▼図 1.8　遺伝子発現：細胞は遺伝子にコードされている情報を用いて機能をもったタンパク質を合成する．

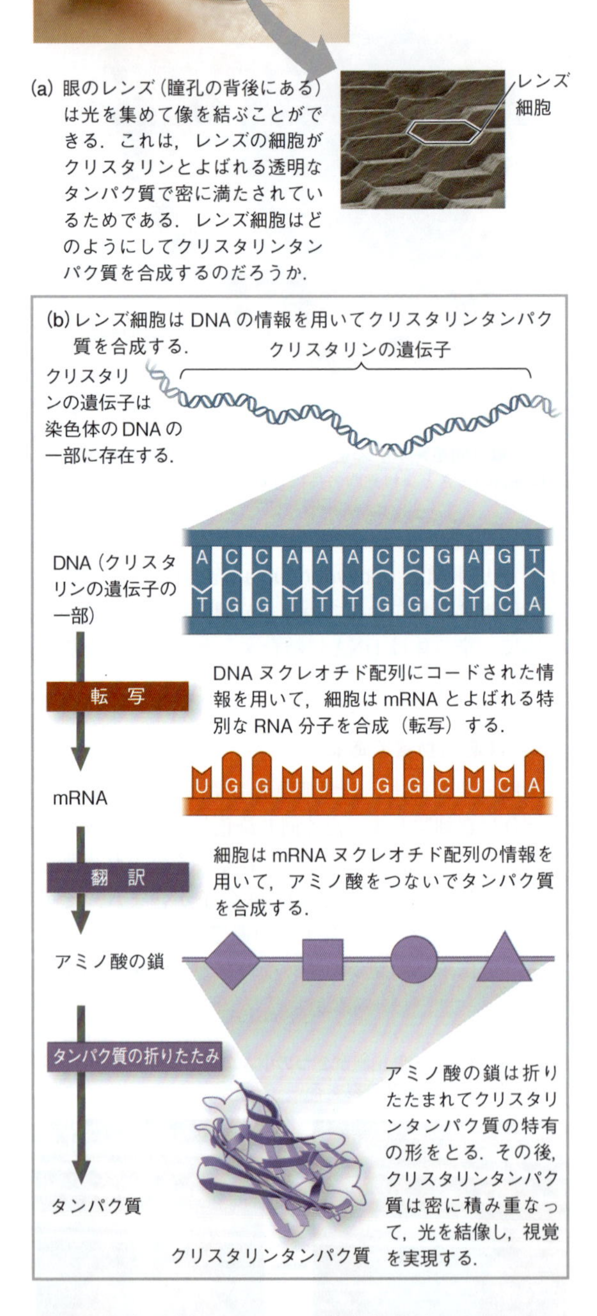
レンズ細胞
(b) レンズ細胞は DNA の情報を用いてクリスタリンタンパク質を合成する．
クリスタリンの遺伝子
クリスタリンの遺伝子は染色体の DNA の一部に存在する．
DNA（クリスタリンの遺伝子の一部）
A C C A A A C C G A G T
T G G T T T G G C T C A
転　写
DNA ヌクレオチド配列にコードされた情報を用いて，細胞は mRNA とよばれる特別な RNA 分子を合成（転写）する．
mRNA
U G G U U U G G C U C A
翻　訳
細胞は mRNA ヌクレオチド配列の情報を用いて，アミノ酸をつないでタンパク質を合成する．
アミノ酸の鎖
タンパク質の折りたたみ
アミノ酸の鎖は折りたたまれてクリスタリンタンパク質の特有の形をとる．その後，クリスタリンタンパク質は密に積み重なって，光を結像し，視覚を実現する．
タンパク質
クリスタリンタンパク質

(a) 眼のレンズ（瞳孔の背後にある）は光を集めて像を結ぶことができる．これは，レンズの細胞がクリスタリンとよばれる透明なタンパク質で密に満たされているためである．レンズ細胞はどのようにしてクリスタリンタンパク質を合成するのだろうか．

レオチドの配列は RNA に転写され，その後，アミノ酸とよばれるタンパク質の構成単位をつないだ配列へと翻訳される．アミノ酸の連結が完了すると，つながれたアミノ酸の鎖は，固有の形と機能をもった特定のタンパク質となる．遺伝子の情報が細胞のタンパク質の合成を指令するプロセス全体は，**遺伝子発現 gene expression** とよばれる．

遺伝子発現において，すべての生命は本質的に同じ遺伝暗号を採用している．ヌクレオチドの特定の配列は，生物が違っても同じ意味をもつ．生物間の違いは，遺伝暗号の違いではなく，遺伝子のヌクレオチド配列の違いを反映している．遺伝暗号の普遍性は，すべての生命が親戚である（共通の祖先から生まれた）ことを示す強力な証拠である．異なる生物種の遺伝子の配列の比較から，タンパク質についての情報とともに，生物種間の関係についても貴重な情報が得られる．

図 1.8 に示す mRNA 分子はタンパク質へ翻訳されるが，他の RNA 分子には別の機能がある．たとえば，ある種の RNA が，じつはタンパク質を合成する細胞装置の構成要素であることは数十年も前から知られている．最近，タンパク質をコードする遺伝子の機能を調節するという役割をもつまったく新しい種類の RNA

が発見された．これらすべてのRNAも，遺伝子によって指定されており，それらの合成も遺伝子発現とよばれる．タンパク質やRNAをつくるための設計図をもつことと，細胞分裂で複製されることで，DNAは世代から世代へ確実に遺伝情報の忠実な継承を行っている．

ゲノミクス：DNA 塩基配列の大規模解析

生物が継承する遺伝的指令の「ライブラリ」全体は，**ゲノム genome** とよばれる．典型的なヒトの細胞は，よく似た染色体セットを2つもち，各セットは合計約30億ヌクレオチド対のDNAをもつ．各ヌクレオチドを1文字で省略して表すと，いま読んでいる文字と同じ大きさで書かれた場合，1人のヒトの遺伝的文章は，生物学の教科書約700冊分となる．

1990年代初頭以降，ゲノム配列を決定する速さは，技術革命により，ほとんど信じられない速さで加速している．ある生物種の代表的な個体の全ヌクレオチド配列，つまりゲノム配列は，いまではヒトや多数の動物，植物，菌類，細菌，古細菌で明らかになっている．ゲノム配列決定プロジェクトから出てくる洪水のように殺到する配列データや既知の遺伝子機能の増大するカタログを解釈するために，科学者は細胞レベルや分子レベルにおいて，システム生物学のアプローチを採用している．一度に1つの遺伝子を研究する代わりに，1種もしくは複数種の生物の遺伝子の全セット（もしくは残りのDNA）をまとめて研究するようになっている．このようなアプローチは，**ゲノミクス genomics**（ゲノム科学ともいう）とよばれる．同様に，**プロテオミクス proteomics** という用語は，多数のタンパク質セットの同定や性質をまとめて研究するアプローチを指す（特定の細胞，組織，もしくは生物で発現しているタンパク質の全セットは**プロテオーム proteome** とよばれる）．

3つの重要な研究の進展により，ゲノミクスやプロテオミクスの研究アプローチが可能になった．1つは，非常に高速に多数の生物学的サンプルを分析できる手法である「ハイスループット（高速処理）」技術である．2番目の重要な発展は，ハイスループット法により得られる膨大な量のデータを，保存，整理，および解析するための計算機ツールを使用する**バイオインフォマティクス bioinformatics**（生命情報科学ともいう）である．3番目の重要なポイントは，コンピュータ科学者，数学者，エンジニア，化学者，物理学者，そしてもちろんさまざまな分野の生物学者を含む多彩な専門家を集めた学際的研究チームの形成である．このようなチームの研究者たちは，DNAによってコードされるすべてのタンパク質とRNAの活性が，細胞や個体全体でどのように協調して制御されているのかを明らかにしようとしている．

テーマ：生命はエネルギーと物質の伝達と変換を必要とする

エネルギーと物質　生物の基本的特性は，生命活動にエネルギーを使用することである．運動，成長，繁殖，そしてさまざまな細胞活動は仕事であり，仕事はエネルギーを必要とする．太陽からのエネルギーの入力と，エネルギーを別の形態へと変換することで，生命活動が可能となる（図1.9）．植物の葉に含まれるクロロフィル分子は，太陽光を吸収し，光合成反応に

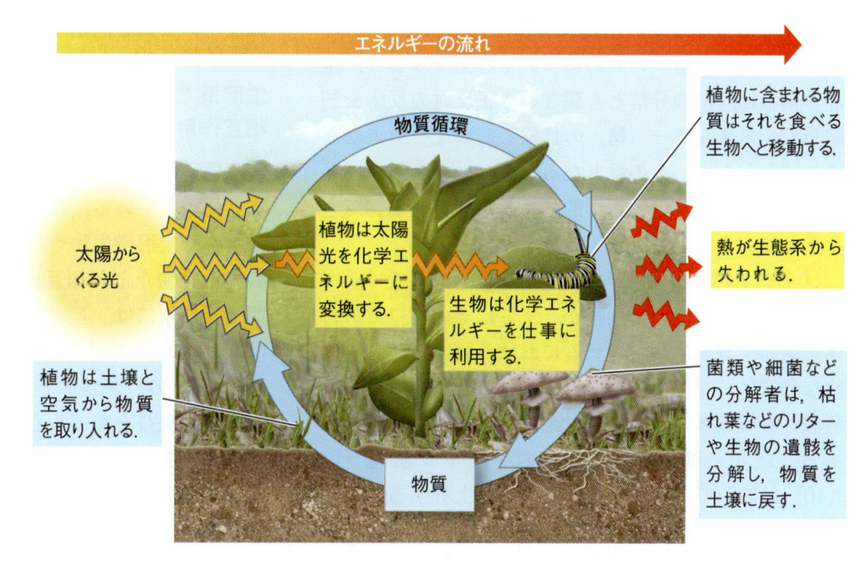
エネルギーの流れ
物質循環
植物に含まれる物質はそれを食べる生物へと移動する.
太陽からくる光
植物は太陽光を化学エネルギーに変換する.
熱が生態系から失われる.
生物は化学エネルギーを仕事に利用する.
植物は土壌と空気から物質を取り入れる.
菌類や細菌などの分解者は，枯れ葉などのリターや生物の遺骸を分解し，物質を土壌に戻す.
物質

➤図1.9　**エネルギーの流れと物質循環．** エネルギーは生態系を一方向に流れる．つまり，光合成によって植物は太陽光のエネルギーを化学エネルギーに変換する（糖などの食物分子に蓄積），この化学エネルギーは植物や他の生物の仕事に利用され，最終的には，生態系から熱として失われる．対照的に，物質は生物と物理環境の間を循環する．

よってそのエネルギーを糖などの食物分子の化学エネルギーに変換する．食物分子の化学エネルギーは，植物などの光合成生物（**生産者 producer**）から消費者に移動する．動物などの**消費者 consumer** は，他の生物や遺骸を餌にする．

筋肉の収縮や細胞分裂など，生物が化学エネルギーを用いて仕事をすると，そのエネルギーの一部は熱として環境に放出される．その結果，生態系を駆動するエネルギーの流れは一方向である．つまり，エネルギーは光として生態系に入り，熱として出ていく．これとは対照的に，物質は再利用されるので，生態系の中で「循環」する（図 1.9 参照）．植物によって空気と土壌から吸収された物質は，植物体に取り込まれ，やがて植物を食べた動物へと移動する．最終的には，これらの物質は，老廃物や枯れ葉などのリター，生物の遺体などを分解する細菌や菌類などの分解者によって環境へ戻ってくる．これらの物質は植物に再び取り込まれ，こうして物質循環が完結する．

テーマ：分子から生態系まで，生物学的システムでは相互作用が重要である

相互作用　生物の組織化のどの階層でも，システムの要素間の相互作用は，すべての構成要素の統合を可能にしている．つまり，部分の集合が1つのシステムとして働くのである．このことは，細胞内の分子の集合においても，生態系の構成要素においても等しく通用する．次に，それぞれを例として説明しよう．

分子：生物の内部での相互作用

生物学的階層の下方のレベルでは，器官，組織，細胞，分子という生物体を構成している要素間の相互作用は，なめらかな生命活動に必須である．たとえば，血液中の糖（血糖）の制御について考えてみよう．全身の細胞は，糖の分解と貯蔵という正反対の反応を制御して，エネルギー（糖）の供給と需要を一致させなければならない．その鍵となるしくみはフィードバックとよばれ，多くの生物学的プロセスを自己制御できることにある．

フィードバック制御 feedback regulation では，プロセスの出力あるいは産物が，まさにそのプロセス自体を調節する．生命システムにおける制御の最も一般的な形式は，プロセスの出力（応答）が入力（最初の刺激）を軽減するという，「負のフィードバック」である．たとえば，インスリンのシグナル伝達（図 1.10）において，食事の後，血糖値は上昇すると，インスリンが体の細胞に働きかけてグルコースを取り込

▼図 1.10　フィードバック機構による制御． ヒトの体は，主要な細胞のエネルギー源となるグルコースの利用と貯蔵を制御している．この図はその負のフィードバック制御を示す．

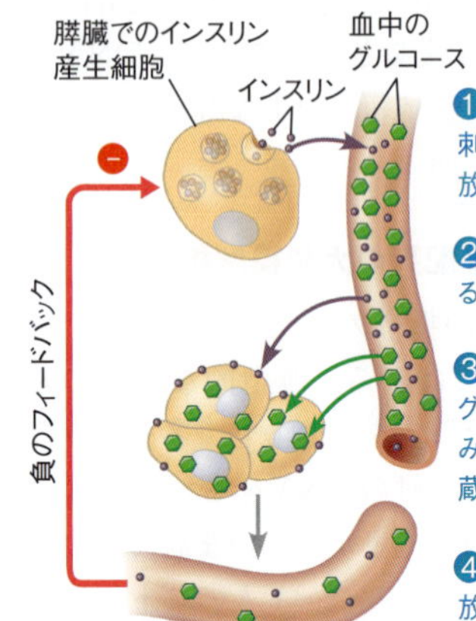
膵臓でのインスリン
産生細胞
血中の
グルコース
インスリン
−
負のフィードバック
❶高い血糖値は膵臓(すいぞう)の細胞を刺激して，インスリンの血中への放出を引き起こす．
❷血中のインスリンは全身をめぐる．
❸インスリンは体細胞に結合し，グルコースの細胞内への取り込みと肝細胞でのグルコースの貯蔵を促進する．
❹血糖値の低下はインスリンの放出刺激とならない．

図読み取り問題▶ この例では，インスリンへの応答は何か．フィードバック制御で減少した初期の刺激は何か．

ませ，肝細胞にグルコースを貯蔵させる．こうして，血糖値は低下すると，インスリン分泌の刺激がなくなり，シグナル伝達経路はオフとなる．つまり，プロセスの出力がそのプロセスを負に制御している．

負のフィードバックによって制御されるプロセスに比べ一般的ではないが，多くの生物学的プロセスが，最終産物が自身の生産速度を加速する「正のフィードバック」により制御されている．傷に応答した血液の凝固は，この一例である．血管が損傷を受けると，血小板とよばれる血液中の成分は，その場所で凝集し始める．血小板によって放出された化学物質が，さらに血小板を誘引することにより正のフィードバックが起こる．その後，血小板の蓄積は，傷を血餅(けっぺい)でふさぐ複雑なプロセスを開始する．

生態系：生物は，他の生物や物理的環境と相互作用する

生態系のレベルでは，すべての生物は，他の生物と相互作用している．たとえば，アカシアの木は，根に付着した土壌微生物や木に生息する昆虫，葉や果実を食べる動物などと相互作用している（図 1.11）．生物間相互作用には，互いに利益を受けるものや（たとえば，ウミガメの体についている小型の寄生生物を，「掃除屋」の魚が食べてくれる），一方が利益を受けて他方が不利益を受けるもの（たとえば，ライオンがシマウマを殺して食べる）もある．生物間相互作用には，双方が不利益を受けるものある．たとえば，供給が制限されている土壌資源をめぐって，2種類の植物が競

▼図 1.11 アフリカにおけるアカシアの木と，他の生物や物理環境との相互作用．

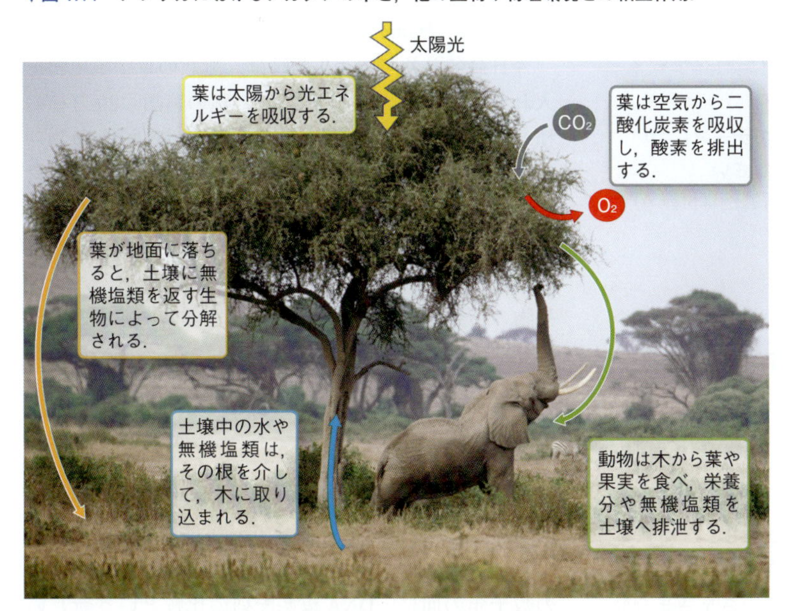
太陽光
葉は太陽から光エネルギーを吸収する．
CO_2
葉は空気から二酸化炭素を吸収し，酸素を排出する．
O_2
葉が地面に落ちると，土壌に無機塩類を返す生物によって分解される．
土壌中の水や無機塩類は，その根を介して，木に取り込まれる．
動物は木から葉や果実を食べ，栄養分や無機塩類を土壌へ排泄する．

合することがある．生物間相互作用は，1 つの生態系全体の働きを制御することを助けている．

すべての生物はその物理的環境とも相互作用している．たとえば，樹木の葉は，太陽からの光を吸収し，空気から二酸化炭素を取り込み，そして酸素を放出する（図 1.11 参照）．環境もまた，生物との相互作用によって影響を受ける．たとえば，植物はその根を通じて土壌から水分と無機塩類を吸収し，その根の成長は岩を壊すことで，土壌形成を助ける．地球規模で見ると，植物などの光合成生物は，大気中のすべての酸素を生成している．

すべての生物と同様に，私たち人間もまわりの環境と相互作用する．残念ながら，私たちの環境との相互作用は，しばしば悲惨な結果をもたらす．たとえば，過去 150 年の間，化石燃料（石炭，石油，および天然ガス）の燃焼は，加速度的に増加している．その結果，大量の二酸化炭素（CO_2）や他の気体が大気中へ放出され，これが地表近くに熱を留めることになっている（図 56.29 参照）．科学者は，人間活動によって大気に放出された CO_2 のために，地球の平均気温は 1900 年以降約 1 ℃上昇したと推定している．CO_2 や他の気体がこれまでのように放出され続ければ，地球モデルの計算は今世紀中に平均気温が少なくとも 3 ℃さらに上昇すると予測している．

現在進行中の地球温暖化は，**気候変動 climate change** という 30 年以上は続く地球規模の気候の一方向的な変化（これは気象が短期的に変化することとは別である）の主要な側面である．しかし，地球温暖化は，気候変動のすべてではない．風や降水パターンもまた変化しており，嵐や干ばつなど極端な気象現象も頻発するようになっている．気候変動は地球上のほぼすべてで，生物とその生育地にすでに大きな影響を与え始めている．たとえば，ホッキョクグマの狩りの場となる海氷の多くが失われており，これによってホッキョクグマの飢餓と死亡率の増加につながっている．生育環境が悪化すると，植物や動物の何百という種がより適した生育地を求めて移動しているが，種によっては生育地が十分でない場合や環境変化に移動が追いつかない場合もある．結果として，多くの生物種の集団サイズが縮小したり，消滅したりしている（図 1.12）．このような傾向は絶滅，つまり特定の種が永久に失われることを引き起こしかねない．56.4 節で詳しく議論するが，人類や他の生物にとってこのような変化はさまざまな影響を与える可能性がある．

これまで統一テーマのうちの 4 つ（組織化，情報，エネルギーと物質，相互作用）について議論してきたので，次は進化を取り上げよう．生物学者にとって，進化は中心的なテーマであり，次節で詳しく議論する．

概念のチェック 1.1

1. 図 1.3 の分子のレベルから始めて，生物の世界の成り立ちの「下位」レベルの要素を含んだ文を書きなさい．例：「分子は原子が集合してできている．」生物学的階層を上位に向かって，細胞小器官から，各レベルを説明する文を書きなさい．

➤図 1.12 **地球温暖化によって絶滅に瀕する．** 温暖化によって，ハリトカゲ属のこのトカゲ類が体温を冷ますために休憩する時間が増え，餌を探して活動する時間が減少しており，結果として繁殖成功度が低下している．研究によれば，1975 年に存在したメキシコのある 200 の集団の 12% が消滅した．気候変動が生命に与える影響の他の例については，図 56.30（関連性を考えよう）を参照しなさい．

2. どのようなテーマが以下の例で示されているか．(a) ヤマアラシの鋭いとげ，(b) 単一の受精卵から多細胞生物が発生すること，(c) 糖を飛行の動力源として使用するハチドリ．

3. どうなる？➤本節で説明したそれぞれのテーマについて，本書に記述されていない例を挙げなさい．

(解答例は付録 A)

1.2

中心テーマ：進化は生命の共通性と多様性を説明する

進化 進化は，生物におけるすべての現象を論理的に説明できる重要な概念である．化石の記録から明らかなように，生命は地球で何十億年も進化してきており，過去の生物にも現生の生物にも莫大な多様性が生まれた．しかし，この多様性とともに，さまざまな特徴の共有という点で，生命には共通性がある．たとえば，タツノオトシゴ，ジャックウサギ，ハチドリ，およびキリンは非常に違って見えるが，その骨格は基本的に類似している．

生物の共通性と多様性，また環境への適応の科学的説明，それは**進化 evolution** である．すなわち，今日地球上に見られる生物は共通祖先から変化した子孫であるという考えである．変化を伴う継承の結果として，共通の祖先から生じた2つの生物種は同じ形質をもっている（共通性）．さらに，2種の間の違い（多様性）は，共通の祖先から分岐した後で遺伝的な変化が生じたという考えで説明できる．さまざまな種類の豊富な証拠は，進化が起きたということと，進化がどのように起きるのかを説明する理論を強く支持している．これらの内容は22〜25章で詳しく説明する．現代の進化説の創始者の1人，テオドシウス・ドブジャンスキー Theodosius Dobzhansky の言葉を引用すると，「進化の観点がなければ，どんな生物学も意味をもたない．」ドブジャンスキーの言葉を理解するためには，生物学者がこの地球上の生命の膨大な多様性についていかに考えているかについて議論する必要がある．

生命の多様性の分類

多様性は生物の特徴である．生物学者は，これまでに約180万種の生物を認識し，命名している．そのすべての種は，2つの名前の組み合わせで命名されている（学名という）．最初の単語は属の名前で，それぞれの種が帰属するグループを表している．2つ目の単語は，その帰属する「属」の中で種ごとに固有である（たとえば，*Homo sapiens* はヒトを表す学名である）*2．

今日命名されている生物種は，無数の単細胞生物を入れなくても，少なくとも10万種の菌類，29万種の植物，5万7000種の脊椎動物（背骨をもつ動物），100万種の昆虫類（既知の生物種数の半数以上）が含まれる．研究者らは毎年数千の新たな種を同定している．全生物種数の見積もりの範囲は約1000万種から1億種以上といわれている．実際の種数はともあれ，生物の膨大な種類が生物学の領域を非常に幅広いものにしている．生物学の大きな課題は，この多様性の意味を解明するということである．

生命の3つのドメイン

歴史的に，生物学は生物の構造や機能，その他の特徴を詳しく比較することにより，多様な生物を種およびさらに大きなグループに分類してきた．ところがこの数十年の間に，DNA塩基配列の比較という新しい方法が，種同士の関係を再評価するようになってきた．この再評価はまだ完了していないが，現在のところ生物学者はすべての生物種を3つのドメインとよばれるグループにまとめている．その3つのドメインは，細菌，古細菌，真核生物である（図1.13）．

このうちの2つのドメイン——**細菌（真正細菌，バクテリア）Bacteria** ドメインと**古細菌（アーキア）Archaea** ドメイン——に属する生物は原核細胞の生物である．すべての真核細胞をもつ生物は，**真核生物（ユーカリア）Eukarya** ドメインに分類される．このドメインには，おもに4つの大きなグループ（植物界，菌界，動物界，および原生生物）が含まれている．このうちの3つの界は，栄養獲得様式によって大まかに区別できる．植物は光合成により，必要な糖類などの栄養分子をつくり出す．菌類は，分解された栄養物を環境から吸収する．動物は，他の生物を食べて消化するという摂食によって栄養を得る．動物界は，もちろん，ヒトが属する界である．

4つ目のグループである原生生物は，そのほとんどが単細胞生物であり，最も数が多く最も多様な真核生物である．原生生物は，かつて単一の界とされていたが，いまや複数の界に区別されている．このような改変のおもな理由は，最近のDNAの配列の証拠による．つまり，原生生物の中のグループ間の類縁関係が，原生生物と植物や動物，菌類との関係よりも遠いのであ

*2（訳注）：学名はラテン語の文法に従い，属名は名詞，2つ目は種小名とよばれ形容詞である．この属名と種小名のセットで1つの種の学名となる．

▼図 1.13 生命の 3 ドメイン.

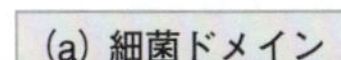

(a) 細菌ドメイン

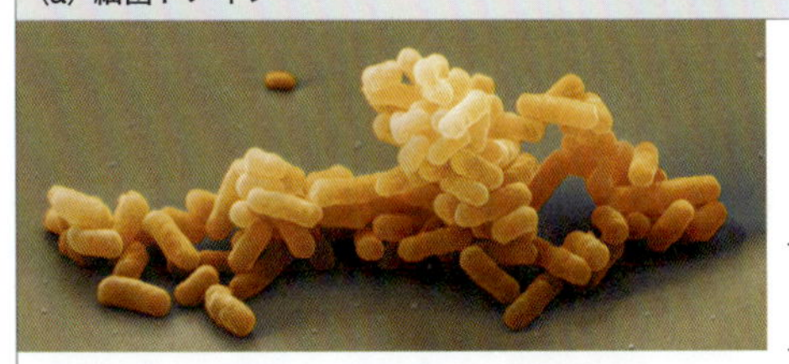
2 μm

細菌は最も多様化し広く分布する原核生物であり，現在，複数の界に分けられている．この写真の棹状構造のそれぞれが細菌の細胞である．

(b) 古細菌ドメイン

2 μm

古細菌も複数の界に分けられている．塩湖や沸騰している熱い温泉のような極限環境に生息しているものがある．この写真の球状構造のそれぞれが古細菌の細胞である．

(c) 真核生物ドメイン

▲ **植物界**（陸上植物）は，光のエネルギーを栄養物の化学エネルギーに変換する光合成を行う陸生の多細胞真核生物から成り立っている．

▶ **菌界**は，有機物質を分解して栄養を吸収するという栄養様式をもつ生物（このキノコのような）として，ある程度は定義される．

◀ **動物界**は他の生物を摂食する多細胞真核生物から成り立っている．

100 μm

▶ **原生生物**は，ほとんどが単細胞の真核生物で，比較的単純な多細胞生物もある．この写真は池に生育しているさまざまな原生生物である．科学者たちは，進化と多様性をよりよく反映した複数の界に，原生生物をどのように分割すべきかを議論中である．

る．

多様な生物の共通性

生物は多様であると同時に，顕著な共通性を示す．たとえば，すでに述べたように，異なる脊椎動物間の骨格の類似性や DNA の普遍的な遺伝言語（遺伝暗号）がある．実際，生物間の類似は，すべての生物学的階層において見られる．生物間の類縁関係が遠く離れていたとしても，細胞構造の多くの特徴を見れば共通性は明らかである（図 1.14）．

共通性と多様性という生物の 2 つの性質をどのように説明できるであろうか．次項で紹介する進化のプロセスは，生命の世界の類似と相違の両方を説明してくれる．進化はまた，時間という重要で新しい次元を生物学に導入してくれる．化石や他の証拠が記録する生命の歴史は，進化する生物という登場人物が活躍する数十億年の地球の変遷を語る壮大な物語である（図 1.15）．

チャールズ・ダーウィンと自然選択説

生命の進化という考え方が注目されるようになったのは，1859 年 11 月にチャールズ・ダーウィン Charles Darwin が著した最も重要かつ影響力のある 1 冊の著作『自然選択による種の起源について』（図 1.16，訳注：『種の起源』として知られている）が出版されたときであった．この著作は 2 つの主要な論点を明らかにしている．最初の点は，現在の種が，それとは異なる祖先種の系列から出現したということである．ダーウィンは，このことを「変化を伴う継承」とよんだ．ダーウィンはこの洞察に満ちた名言によって，生命の共通性と多様性の二元性を表現している．つまり，共通の祖先から受け継ぐ種間の血縁関係による共通性と，共通の祖先から分岐するときそれぞれが異なる変異を蓄積するという変異の多様性である（図 1.17）．第 2 の点は，変化を伴う継承を引き起こすしくみとして，「自然選択」を提案したことである．

▼図 1.14　生物の多様性の基礎となる共通性の例：真核生物の繊毛の構造． 繊毛は運動の機能をする細胞の突起である．繊毛は，ゾウリムシ *Paramecium*（池の淡水に生息）からヒトまで多様な真核生物に存在する．しかし，非常に異なった生物であっても，繊毛は同じ内部構造を共有している．つまり，横断面図に示されるような微小管の精巧な構造をもつ．

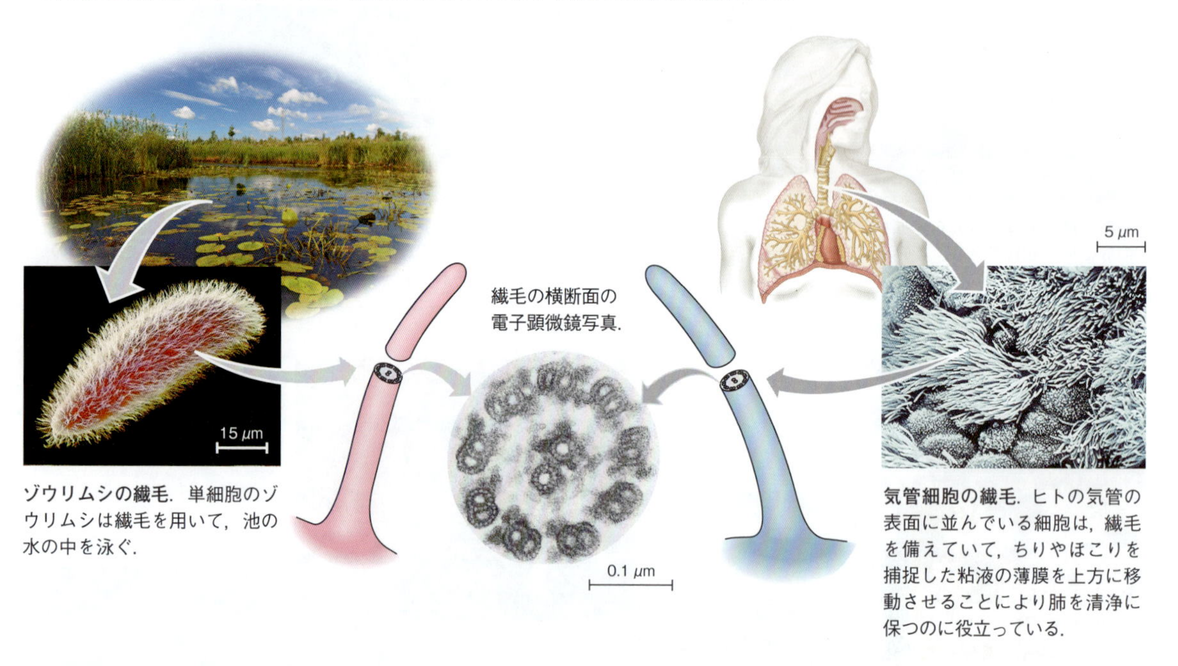

15 μm
繊毛の横断面の電子顕微鏡写真.
0.1 μm
5 μm

ゾウリムシの繊毛． 単細胞のゾウリムシは繊毛を用いて，池の水の中を泳ぐ．

気管細胞の繊毛． ヒトの気管の表面に並んでいる細胞は，繊毛を備えていて，ちりやほこりを捕捉した粘液の薄膜を上方に移動させることにより肺を清浄に保つのに役立っている．

▼図 1.15　過去を掘り起こす． 古生物学者は，マダガスカル島で首長竜 *Rapetosaurus krausei* の化石の後脚骨を岩石から慎重に発掘している．

▼図 1.16　青年時代のチャールズ・ダーウィン． 彼の革命的な著書『種の起源』は 1859 年に出版された．

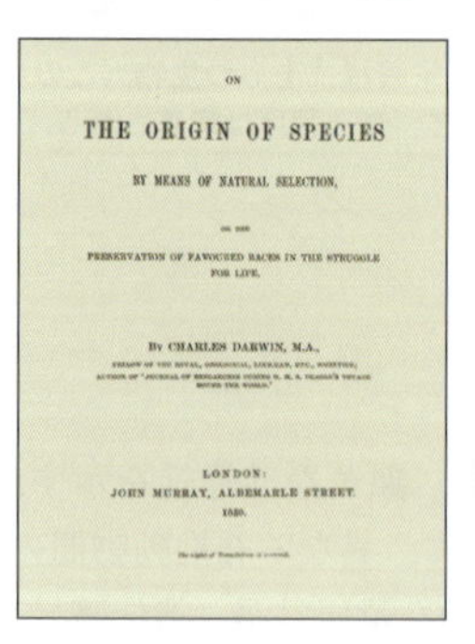

ON

THE ORIGIN OF SPECIES

BY MEANS OF NATURAL SELECTION,

PRESERVATION OF FAVOURED RACES IN THE STRUGGLE FOR LIFE.

By CHARLES DARWIN, M.A.,

LONDON:
JOHN MURRAY, ALBEMARLE STREET.

ダーウィンは，それ自体は新しいものでもないありふれた観察事実に基づいて，自然選択説を創出した．他の人たちはパズルの断片のように各々を見ていたが，ダーウィンはそれらがどのようにして互いに組み合わされるかを理解した．ダーウィンは自然界で観察可能な，以下の3つの観察から始めた．最初に，いかなる種の集団においても個体間では多くの遺伝的形質が異なっている．次に，いかなる種の集団も，生殖可能になるまで生き残る個体数よりはるかに多くの子を産生することができる．そのとき，環境が収容できるよりも多い個体間では，競合は避けられない．第3に，種

▼図 1.17 鳥類における共通性と多様性． ここに示す4種類の鳥は共通の体の構造が変化したものである．たとえば，どれもが羽毛，くちばし，翼をもっている．しかしながら，これらの共通形質はそれぞれの多様な生活スタイルのために高度に特殊化している．

▼ カタアカノスリ
▼ ベニイロフラミンゴ
▲ ヨーロッパコマドリ
▲ ジェンツーペンギン

は一般的にその環境に適合している．言い換えれば，彼らはその環境に適応している．たとえば，鳥類の間で一般的な適応では，硬い種子を主要な食物源とするものは，特に強力なくちばしをもっている．

ダーウィンは，これらの観察から推論を行い，彼の進化論に到達した．彼は，ある地域環境に最も適合している遺伝形質をもつ個体は，あまり適合していない個体よりも，生き残り繁殖する可能性が高いと考えた．多くの世代にわたって，集団中で有利な形質をもつ個体の割合はしだいに高くなっていく．進化は個体の不均一な繁殖成功として起こり，最終的には，環境に変化がない限り，環境への適応に導く進化が生じる．

ダーウィンは，自然環境が，集団中に自然に生じた複数の変異形質の中から，ある特定の形質の増殖を「選択する」ので，この進化的適応のしくみを**自然選択 natural selection** とよんだ．図 1.18 の例は，集団中の色の遺伝変異を「編集する」自然選択の能力を図解で示したものである．そして，さまざまな生物の生活方法や環境に対する絶妙な適応の中に自然選択の結果を見出すことができる．図 1.19 に示すコウモリの翼は適応の好例である．

生命の樹

図 1.19 のコウモリの翼の骨格構造について見てみよう．コウモリは哺乳類であり，その翼は羽毛をもった鳥類の翼とは違っている．コウモリの前肢は，飛行に適応しているが，ヒトの腕やウマの前脚，クジラの前鰭（びれ）など，哺乳類の多様な前肢に認められるのと同じ骨や関節，神経，血管のすべてをもっている．つまり，哺乳類の多様な前肢は，共通の構造が解剖学的に変異したものである．「変化を伴う継承」というダーウィンの概念によれば，哺乳類の前肢の共通の解剖学的特徴は，共通の祖先，つまりすべての哺乳類が進化する

▼図 1.18 自然選択． ある甲虫集団が，最近の小規模な野火によって土壌が黒くなった場所に移住したとする．最初，集団中の個体の遺伝的配色は非常に明るい灰色から炭色まで広範囲にわたって変異している．このような状況の中で，甲虫を捕食する飢えた鳥にとっては，最も明るい色の甲虫を見分けることが最も容易である．

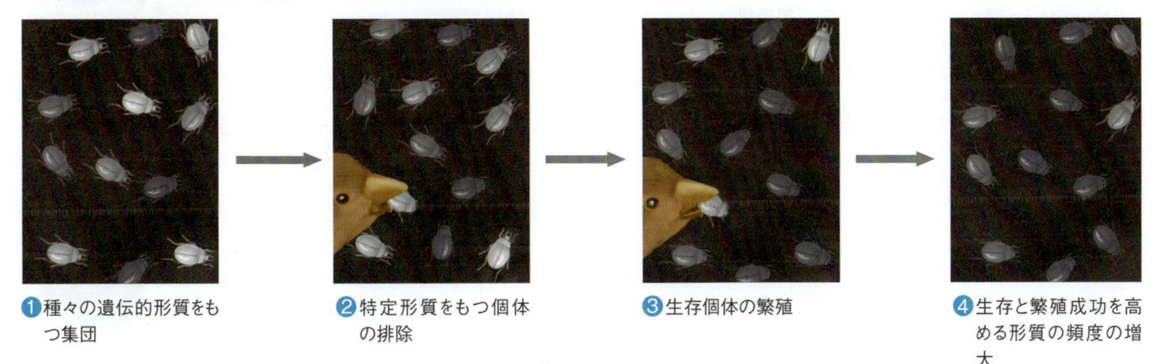
❶種々の遺伝的形質をもつ集団
❷特定形質をもつ個体の排除
❸生存個体の繁殖
❹生存と繁殖成功を高める形質の頻度の増大

描いてみよう➤ この土壌は，時間の経過とともに，徐々にもとの明るい色に戻っていく．もし中間的な明るさに戻ったとき，土壌が自然選択に及ぼす影響を示す次の段階の図を描き，説明文をつけなさい．また，土壌が明るい色に変化したとき，集団は時間の経過とともにどのように変化するかを説明しなさい．

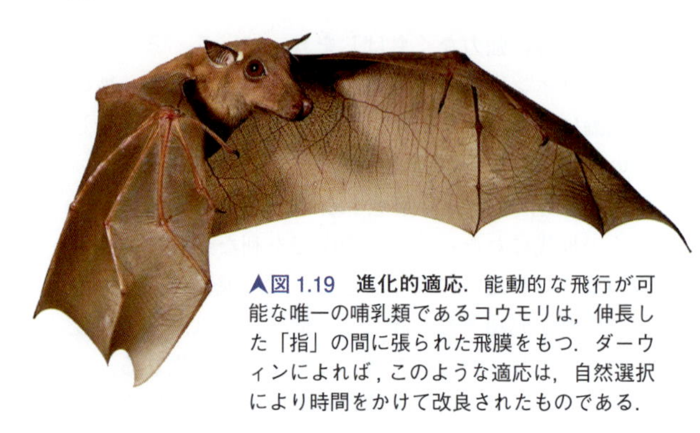

▲図 1.19　**進化的適応．** 能動的な飛行が可能な唯一の哺乳類であるコウモリは，伸長した「指」の間に張られた飛膜をもつ．ダーウィンによれば，このような適応は，自然選択により時間をかけて改良されたものである．

源となった「原型」哺乳類の前肢の構造から受け継がれたものである．そして，多様な哺乳類の前肢は，異なる環境下で何百万年にもわたる自然選択の働きによって変化してきたことを反映したものである．化石などの証拠がこの解剖学的共通性を裏づけており，哺乳類が共通の祖先から進化したという考えを支持している．

ダーウィンは，自然選択が非常に膨大な期間の累積効果によって，1つの祖先種を2つ以上の子孫種に変化させることを提唱した．たとえば，1つの集団が異なる環境のいくつかの小集団に分割された場合に，以下のようなことが起きる可能性がある．すなわち，自然選択が異なる舞台で働くと，地理的に隔離された集団が，それぞれ異なる環境要因の組み合わせに世代を重ねて適応していくことで，1つの種が複数の別種へと徐々に放散していく可能性がある．

ガラパゴスフィンチは，共通の祖先から新たな種への適応放散の有名な例である．ダーウィンは，1835年に南米から900 kmも離れた太平洋のガラパゴス諸島を訪れたとき，これらの鳥類の標本を採集した．この比較的新しい火山活動で生まれた島々では，南米本土の種と明らかな類縁関係はあるが，世界中で他のどこにもいない多数の植物種と動物種が生育していた．ガラパゴスフィンチは，いまでは南米かカリブ海周辺からこの島々にたどり着いた共通の祖先種フィンチから進化したと考えられている．ガラパゴスのフィンチ類は時とともに，それぞれの島の異なる食物源に個別に適応していくことで，共通の祖先から多様化していったのであろう．ダーウィンがガラパゴスフィンチ類を採集してから何年も経過して，別の研究者がはじめは解剖学的資料と地理学的資料により，さらに最近ではDNAの塩基配列の比較により，フィンチ種間の類縁関係を解明し始めている．

生物の進化的類縁関係を図式で表すと，一般的に樹形図のようになる．これは図 1.20のように横向きに示すことが多い．類縁を樹形図で表すには，ふさわしい理由がある．すなわち，個人の家系を家系図として図示するように，それぞれの種は枝分かれする生命の木の1本の小枝として表現され，時間的にさかのぼれば，より遠い祖先へとたどり着くことができる．ガラパゴスフィンチ類のように，互いに非常に類似している種は，比較的新しい共通の祖先を共有する．しかしフィンチ類は，はるか昔に生育していた祖先にまでさかのぼれば，スズメ類やタカ類，ペンギン類など，すべての鳥類と類縁関係にある．さらに，フィンチ類を含めた鳥類は，もっと古い時代には人類とも共通祖先を共有する類縁関係にある．祖先をさらにさかのぼっ

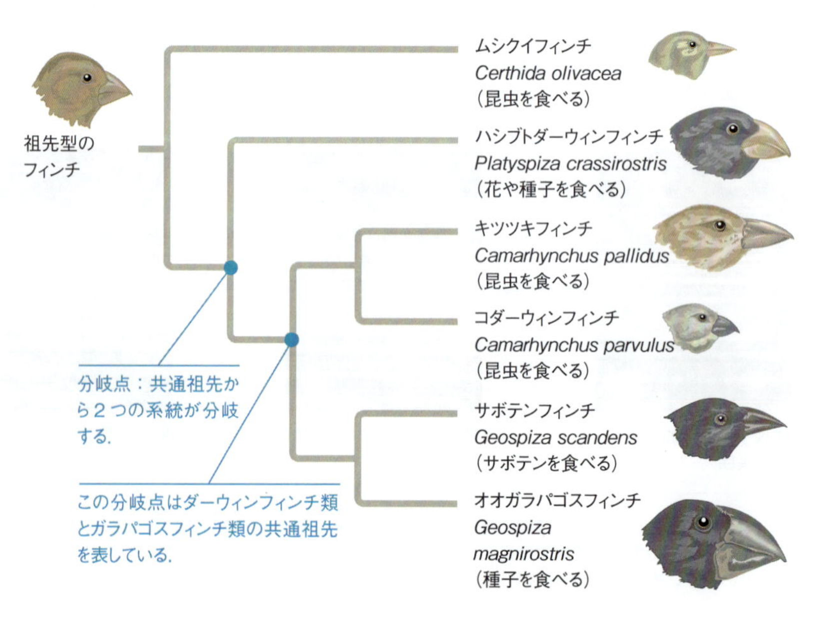
祖先型の
フィンチ
ムシクイフィンチ
Certhida olivacea
（昆虫を食べる）
ハシブトダーウィンフィンチ
Platyspiza crassirostris
（花や種子を食べる）
キツツキフィンチ
Camarhynchus pallidus
（昆虫を食べる）
コダーウィンフィンチ
Camarhynchus parvulus
（昆虫を食べる）
サボテンフィンチ
Geospiza scandens
（サボテンを食べる）
オオガラパゴスフィンチ
Geospiza
magnirostris
（種子を食べる）
分岐点：共通祖先から2つの系統が分岐する．
この分岐点はダーウィンフィンチ類とガラパゴスフィンチ類の共通祖先を表している．

➤図 1.20　**変化を伴う継承：ガラパゴス諸島におけるフィンチ類の適応放散．** この樹形図はガラパゴス諸島でのフィンチ類の進化を表す最近のモデルを描いている．島々で異なる食物源に適応したくちばしの特化に注目しなさい．たとえば，しっかりした太いくちばしは硬い種子を砕くのに適しており，ほっそりとしたくちばしは昆虫を捕らえるのに適している．

ていけば，35 億年以上も前に地球に生育していた原始的な原核生物にまでたどり着く．このような類縁関係の痕跡はヒトの細胞において，たとえば，普遍的な遺伝暗号にも認めることができる．生命のすべてが，その長い進化の歴史を通して結びついているのである．

概念のチェック 1.2

1. なぜ，「編集」は自然選択が集団の遺伝的変異に働きかけることの適切な比喩であるのかを説明しなさい．
2. 図 1.20 を見て，ムシクイフィンチが細長いくちばしをもつようになった理由を説明しなさい．
3. 描いてみよう➤1.2 節で学んだ３つのドメインは，生命の樹の３本の太い枝として表現され，さらに真核生物の枝は植物界，菌界，動物界という３本の枝に分かれている．もし，菌類と動物が，最近の証拠が強く示唆するように，植物に対してよりも，互いにより近縁であった場合は，これら真核生物の３つの界の関係を表す簡単な分岐パターンを描きなさい．

(解答例は付録 A)

1.3

自然科学の研究では，科学者は観察し，仮説を立て，検証する

科学 science は，知の１つの技法，つまり自然の世界を理解する手法である．それは，私たち自身や他の生物，この地球，そして宇宙を知りたいという私たちの好奇心から生まれてきた．「科学」という語は，「知ること」を意味するラテン語に由来する．何としても知りたいということは，私たちの基本的な衝動の１つのようである．

科学の核心は**探究 inquiry**，すなわち，特定の自然現象に対して，その情報と説明を探すことである．科学的探究を成功させるための公式はない．また，研究者が厳格に従わねばならない一定の科学的方法があるわけでもない．すべての探究において，科学は用意周到な計画，推理，創造性，忍耐，そして挫折を克服する持続性に加えて，挑戦，冒険，そして運の要素を含んでいる．探究にはこのように多様な要素があるので，科学には，多くの人々が考えているほどしっかりとした枠組みはない．とはいうものの，科学を，自然を記述し説明する他の方法と区別する特性を指摘することは可能である．

科学の探究のプロセスは，観測の実行，論理的な仮説構築，およびその検証を含んでいる．そのプロセスは，何度でも繰り返せるものでなければならない．仮説を検証するときに，より多くの観察を繰り返すことによりもとの仮説の改訂や新しい仮説の構築につながり，それによってさらなる検証が必要となる場合もある．このようにして，科学者は，しだいに自然を支配する法則の核心に近づいていくことができる．

調査と観察

私たちに本来備わった好奇心は，私たちが観察できる自然の現象の基礎への疑問へと駆り立てる．たとえば，植物の芽ばえの根が下方へ向かって伸長するしくみは何だろうか．疑問をより詳しく絞り込んでいくときは，他の研究者がすでに発表した成果である科学的文献が非常に重要である．過去の研究成果を読み理解することによって，すでに確立している知識の基盤に立脚することができ，自らの研究を独自の観察結果やこれまでの知見と矛盾しない新しい仮説に集中することができる．新しい研究に関連する文献を探し出すことは，膨大な文献が電子化され索引や検索ができるようになったおかげで，いまでは過去のどんなときよりも容易である．

生物学の研究において，生物学者は注意深い観察を行う．彼らは情報を収集するとき，顕微鏡や非常に正確な温度計，高速度カメラなどさまざまなツールを用いて，人間の感覚を拡張し正確な測定を可能にしている．観察は自然の世界についての貴重な情報を引き出してくれる．たとえば，一連の詳しい観察によって細胞構造の理解が確立した．また，別の観察は，多様な生物種のゲノム配列のデータベースや，種々の病気で変化する遺伝子発現のデータベースをいまでも拡張している．

記録された観察は**データ data** とよばれる．言い換えると，データは科学研究の基礎となる情報の項目である．「データ」という用語は，多くの人々に数値データを連想させる．しかし，数値データではなく，言葉として記述された「定性的（質的）」なデータである場合も多い．たとえば，ジェーン・グドール Jane Goodall は数十年を費やして，タンザニアのジャングルでの野外調査で，チンパンジーの行動観察を記録した（図 1.21）．グドールはまた，大量の「定量的」なデータを動物行動学の分野に取り入れた．この場合，それはさまざまな状況におけるチンパンジーの集団内の個々の個体の特定の行動の頻度と継続時間であった．定量的データは一般的に測定数値として表されており，しばしば表や図にまとめられる．科学者は「統計学」という一種の数学を用いて，そのデータが他と有意に

▼図 1.21　チンパンジーの行動について質的データを収集中のジェーン・グドール．グドールは観察を野外ノートに記録し，その行動もスケッチした．

違っているのか，それともたんなるデータのばらつきによるものかを判断している．本書で提示されるすべての結果は，統計的に有意であることが確かめられている．

観察を集積し，分析することにより，**帰納的推論 inductive reasoning** とよばれる論理に基づいて重要な結論を導き出すことが可能である．帰納法によって，多くの個別の観察から一般化した結論を導くことができる．「太陽はつねに東から昇る」というのは一例である．そして，「あらゆる生物は細胞から成り立っている」もその例である．注意深い観察とデータ解析は，帰納法によって導き出される一般化した結論とともに，自然の理解の根本である．

仮説の構築と検証

予備的な観察を行い，データを収集し解析した後に，科学者は元々の疑問に対する仮の答えの提示や，仮定的な説明，すなわち「仮説」の提案と検証を行う．科学においては，**仮説 hypothesis** とは，観察と仮定に基づいた説明であり，検証可能な予測を導く．言い換えれば，仮説は論争中の説明である．仮説は通常，利用可能なデータに基づいて帰納的推論から導き出された一連の観察結果に対する合理的説明である．科学的な仮説は，追加の観測や実験を行うことにより検証可能な予測を導かなければならない．**実験 experiment** とは，対照実験を伴う厳密な条件で実行される科学的検証である．

私たちは，日常の問題を解決するために仮説を使用している．たとえば，あなたの机の照明ランプを電源につなぎスイッチをオンにしたが，ランプは点灯しないとしよう．これは観察である．疑問は明らかである．なぜ照明ランプは点灯しないのか．過去の経験に基づくと，2つの合理的な仮説が考えられる．1つ目は照明ランプが正しくセットされていない，2つ目はランプが切れているということである．これら二者択一の仮説は，実験で検証可能な予測を導く．たとえば，ランプが正しくセットされていないという仮説は，ランプをセットし直すことによって問題を解決できるという予測を導く．図 1.22 はこの私的な探究を図式化したものである．このようにして試行錯誤で問題を解決することは，仮説に基づくアプローチである．

演繹的推論と仮説検定

演繹（えんえき）とよばれる論理は，科学の中で仮説を使用することに組み込まれている．帰納は一連の観察から一般化した結論を導く推論であるのに対し，**演繹的推論 deductive reasoning** は，一般化されたものから個別へという帰納法とは逆の方向の論理である．一般的な前提から，もしその前提が正しければ期待される特定の結果を外挿的に推論する．科学のプロセスにおいて，演繹は，もしある仮説（前提）が正しいとすれば，これから調べる結果を予測できるという形をとる．次に，結果が予測通りになるかを確認する実験や観察を行うことにより，この仮説を検証する．この演繹的な検証

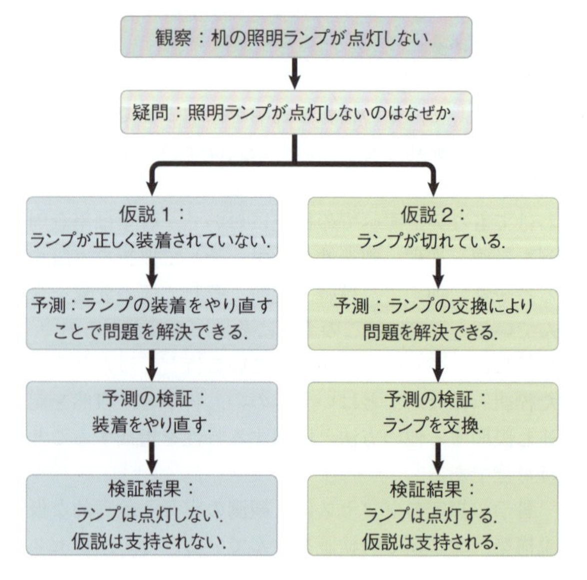
観察：机の照明ランプが点灯しない．
疑問：照明ランプが点灯しないのはなぜか．
仮説 1：
ランプが正しく装着されていない．
仮説 2：
ランプが切れている．
予測：ランプの装着をやり直すことで問題を解決できる．
予測：ランプの交換により問題を解決できる．
予測の検証：
装着をやり直す．
予測の検証：
ランプを交換．
検証結果：
ランプは点灯しない．
仮説は支持されない．
検証結果：
ランプは点灯する．
仮説は支持される．

▼図 1.22　科学の探究の一例．「科学的方法」とよばれる理想的な研究のプロセスは，一般にフローチャートに示すことができる．ここでは，点灯しない照明ランプの仮説を検証する流れを示している．

では，「もし…ならば，そのとき…」という論理の形式をとる．机の照明ランプの例では，「もし」ランプ切れの仮説が正しい「ならば」，新しいランプに交換する「そのとき」ランプは点灯するだろう．

この机の照明ランプの例は，科学における仮説の使用について2つの重要なポイントを示している．1つ目は，一連の観察を説明するために，いつでも追加の仮説を考案できる可能性があることである．たとえば，照明ランプが点灯しないことを説明する別の仮説として，ランプを装着する装置が壊れていることも考えられる．この仮説を検証する実験も設計できるが，すべての可能な仮説を検証することはできない．2つ目は，仮説が真であると「証明する」ことは難しいことである．図1.22に示す実験に基づけば，切れたランプの仮説は最も可能性が高い説明であるが，検証実験はその仮説が正しいと実証しているのではなく，仮説が間違っていることを実証できなかったということで仮説を支持しているのである．たとえば，ランプの交換によって問題が解決したとしても，一時的な停電が当初起きていたが，ランプ交換時に停電が回復していたという可能性もあり得なくはない．

まったくの疑いもなく仮説を証明することはできないとして，種々の検証実験によってその仮説の確からしさに確信をもつことはできる．しばしば仮説の構築と検証の繰り返しが科学的な結論，つまり，ある種の仮説は既知のデータをよく説明でき，実験による検証に耐えるという多くの科学者の共通する結論を導くことがある．

科学で答えることができる質問と，できない質問

科学的探究は，自然について学ぶための強力な方法だが，答えることができる質問の種類には制約がある．仮説は「検証可能」でなければならない，すなわちその考えの真か偽を判別できる観察もしくは実験がなければならない．ランプ切れが点灯しない唯一の原因であるとする仮説は，新しいランプに交換しても問題を解決できなければ，支持されない．

すべての仮説が科学の基準を満たしているわけではない．日に見えない幽霊が机の照明ランプを駄目にしているという仮説を検証することはできない．科学は自然現象のための合理的で検証可能な説明だけを扱うので，目に見えない幽霊仮説や霊が，嵐や虹や病気の原因となるという仮説は，支持することも反証することもできない．このような超自然的な説明は，たんに科学の境界の外側のことで，宗教的な事柄のように個人的な信念の問題である．科学と宗教は互いに相容れないもしくは矛盾するというのではなく，たんに扱う問題が異なるのである．

科学的方法の柔軟性

図1.22の照明ランプの例は，「科学的方法」とよばれる理想化した研究のプロセスをたどっている．しかし，この例のように記述された一連の行程に厳密に沿った科学的探究は非常にまれである．たとえば，科学者は実験の計画を始めた後で，基本的な観察がまだ必要であると認識して，はじめに戻ることがある．他にも，観察結果の解釈が難しすぎて，明確な問題を提起することができないことがある．この場合，その後の研究によってその観察が新しい観点で解釈されるようになってから，問題提起されるようになる．たとえば，遺伝子がタンパク質をコードするしくみは，DNAの構造の解明（これは1953年のこと）の後になって初めて研究できるようになった．

科学の探究プロセスのより現実的なモデルを図1.23に示す．このモデルの核心は，図の中央の円に示す仮説の構築と検証である．この円に示される作業は，科学が自然の世界のさまざまな現象を説明することに非常に優れているということの理由である．しかし，これらの作業は，それまでの調査と発見によって始まり（図1.23の上の円），他の科学者との相互作用によって影響を受け（下の右円），より一般的には社会との相互作用によって影響を受ける（下の左円）．具体的には，科学者の共同体は，どの仮説が検証されるべきか，検証結果はどのように解釈されるべきか，発見にどんな価値があるのかを決めることに大きな影響がある．同様に，社会の要請も重要である．たとえば，がんの治療や気候変動の実態解明などの社会からの要請が，どんな研究プロジェクトに資金をつけるか，どのくらい結果を追求するべきかなどを決めることにかかわっている．

ここまで，科学的探究の重要な特徴，つまり観察し，仮説を提起し，検証するという手順を見てきたので，次は実際の科学研究の事例にこれらの特徴を見てみよう．

科学的探究における事例研究：ネズミの集団における毛の色の研究

観察と帰納的一般化の事例研究から始めよう．動物の体色は非常に多様であり，ときには同種の個体であっても多様性があることがある．このような多様性は何によるのだろうか．本章の冒頭で紹介した2種類のビーチマウスは同一の種（*Peromyscus polionotus*）に属

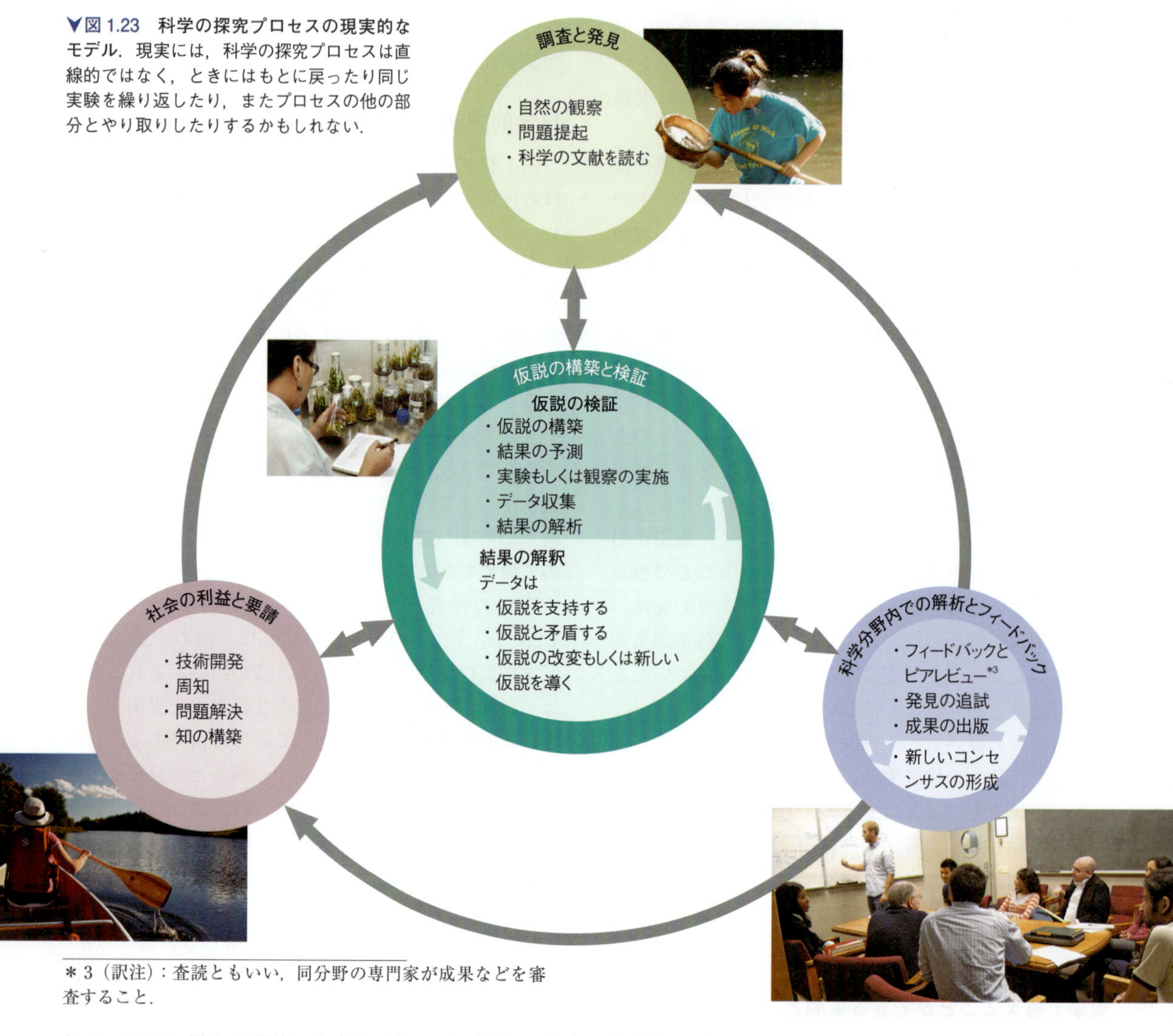
調査と発見
・自然の観察
・問題提起
・科学の文献を読む
仮説の構築と検証
仮説の検証
・仮説の構築
・結果の予測
・実験もしくは観察の実施
・データ収集
・結果の解析
結果の解釈
データは
・仮説を支持する
・仮説と矛盾する
・仮説の改変もしくは新しい仮説を導く
社会の利益と要請
・技術開発
・周知
・問題解決
・知の構築
科学分野内での解析とフィードバック
・フィードバックとピアレビュー*3
・発見の追試
・成果の出版
・新しいコンセンサスの形成

▼図 1.23　**科学の探究プロセスの現実的なモデル．** 現実には，科学の探究プロセスは直線的ではなく，ときにはもとに戻ったり同じ実験を繰り返したり，またプロセスの他の部分とやり取りしたりするかもしれない．

＊3（訳注）：査読ともいい，同分野の専門家が成果などを審査すること．

しているが，異なる環境に生息するものは，異なる体色をもっている．海岸型の個体はフロリダの海岸沿いに生息し，その環境は鮮やかな白い砂丘とまばらなイネ科草本の草むらである．内陸型の個体は，内陸の黒く栄養分の多い土壌環境に生息している（図 1.24）．その写真を見ればすぐに，これらのネズミの体色が，その生息環境によく一致していることがわかる．これらのネズミの捕食者は，タカ類，フクロウ類，キツネ，コヨーテなどどれも視覚で獲物を探すハンターである．1920 年代に博物学者のフランシス・B・サムナー Francis Bertody Sumner が，これらのマウスの集団を調べて，捕食者から身を守るために体色を生息環境に似せた保護色という適応であるという仮説を提唱した．これは論理的な仮説である．

この保護色仮説は正しいように見えるが，それでも検証が必要であった．2010 年にハーバード大学の生物学者ホピ・ヘクストラ Hopi Hoekstra と学生たちは，フロリダにて，体色が環境と合わない個体は捕食されやすいという仮説を検証した．図 1.25 はこの野外調査をまとめたものである．

彼らは海岸型と内陸型を摸して数百の着色したネズミの模型を用意した．これらは体色だけが異なっている．同じ数の模型ネズミをそれぞれの生息環境にランダムに置いてひと晩放置した．この模型ネズミのうち本来の生息地のものに類似するものを「対照」群（たとえば，海岸では薄い茶色のもの）として，本来のものとは異なるものを「実験」群（たとえば，海岸では黒っぽいもの）とした．翌朝，彼らは捕食の痕跡を計測した．つまり，噛み痕やつつき痕のあるものから設置された場所から消えてしまったものを捕食されたと判断した．噛み痕や設置場所のまわりの足跡から，哺乳類（キツネやコヨーテ）から鳥類（フクロウ類，サ

▼図 1.24 ビーチマウスの海岸型と内陸型個体の体色の違い．

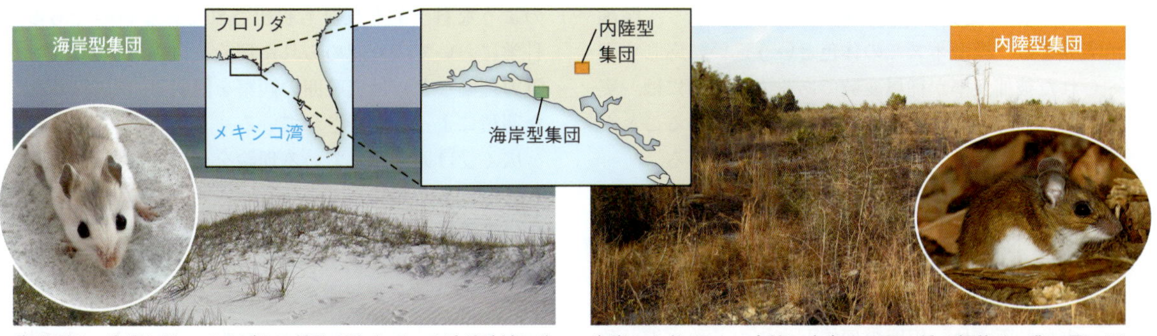
海岸型集団
フロリダ
メキシコ湾
内陸型
集団
海岸型集団
内陸型集団

海岸型は，海岸に沿ってまばらに植物が生えている砂丘地域に生息しており，背にはまだらに薄茶色になった毛をもち，まわりの環境に溶け込む保護色となっている．

海岸から約 30 km 内陸に生息する同一種の個体は，背に黒っぽい毛をもち，生息地の暗い色の環境に対して保護色となっている．

ギ類，タカ類）まで均等に捕食を受けていた．

研究者たちは，それぞれの環境において各模型の被捕食率を計算した．その結果は非常に明瞭で，保護色となっていた模型はそうでない模型よりもはるかに被捕食率が低かった．つまり，海岸の環境でも，内陸の環境でもそれぞれに保護色となっていたものが低かった．このようなデータは保護色仮説の鍵となる予測と一致している．

実験の変数と対照群

科学では，1 つの要因のみを変えて，その影響を調べるという実験がしばしば実施される．この**対照を含む実験 controlled experiment** の実例が，図 1.25 のネズミの保護色検証実験である．ここでは，実験群（この場合は，保護色とならないもの）を対照群（本来の保護色となるもの）と比較するように計画されている．実験において変えた要因とその結果として測定したものはともに，実験における**変数 variable** という．これは実験ごとに変わり得る特徴や定量値である．この実験では，模型ネズミの体色は，研究者によって変えることができる**独立変数 independent**

▼図 1.25

研究　保護色は 2 つの集団の被捕食率に影響するか

実験　ホピ・ヘクストラらはビーチマウス *Peromyscus polionotus* の海岸と内陸に生息する集団において，体色が保護色となっていることがその生息地域での捕食から身を守ることに役立っているという仮説を検証した．彼らは，生息地に合わせて明るい色と暗い色にそれぞれ着色した模型ネズミを用意し，両方ともそれぞれの生息地に置いた．翌朝，攻撃されたものや行方不明になった模型の個体を計測した．

結果　保護色となっていたものとそうでないものそれぞれの捕食を受けた割合を計算した．それぞれの生息地において，生息地と体色が合わない個体の「捕食」された割合はそうでないものよりはるかに高かった．

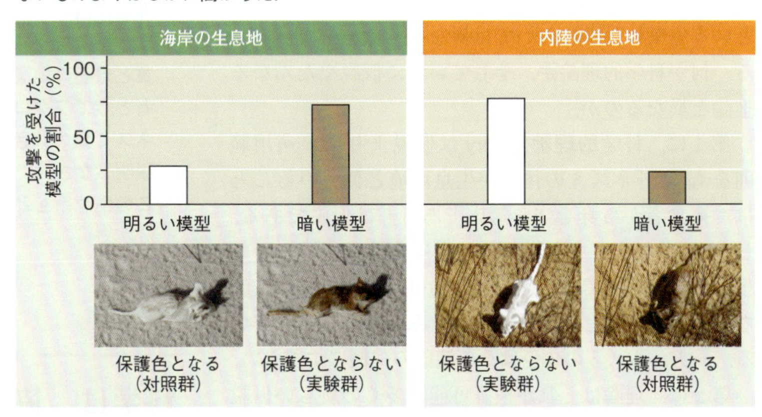
海岸の生息地
内陸の生息地
攻撃を受けた模型の割合（%）
100
50
0
明るい模型
暗い模型
明るい模型
暗い模型
保護色となる（対照群）
保護色とならない（実験群）
保護色とならない（実験群）
保護色となる（対照群）

結論　結果は予測と一致した．つまり，保護色となる体色の模型ネズミはそうでないものより捕食を受けにくかった．こうして，実験は保護色仮説を支持した．

データの出典　S. N. Vignieri, J. G. Larson, and H. E. Hoekstra, The selective advantage of crypsis in mice, *Evolution* 64:2153–2158 (2010).

データの解釈➤棒グラフは攻撃された模型の割合を示している．もし，100 個の模型が攻撃されたとすれば，海岸での明るい模型と暗い模型のそれぞれの攻撃を受けた個数を答えなさい．また，内陸でのそれぞれの個数も答えなさい．

variable である．この独立変数に依存して予測される結果が，**従属変数 dependent variable** である．保護色実験では，模型ネズミの体色という違いに応じて調べられた被捕食率が従属変数である．理想的には，実験群と対照群で独立変数が1つだけ違っていることが望ましく，それはネズミの実験では体色である．

対照群がなければ，保護色となっていない模型ネズミの被捕食率が高くなる要因が体色以外にはないといえなくなる．捕食者の数が場所によって違っていたり，実験によって気温などが違っているかもしれない．優れた実験計画では，周囲の環境と体色の一致・不一致だけが捕食率に影響する要因となっている．

「対照を含む実験」は科学者が実験条件のすべてを制御しているとよく誤解される．しかし，それは野外研究においては不可能であり，条件を高度に制御できる実験室においてさえ現実的ではない．研究者は，実験条件の厳密な制御によって不必要な変数を「排除する」のではなく，対照群を用いてその影響を「打ち消すこと」で，不必要な変数を「制御」することが多い．

科学における理論

「それは理論にすぎない」というように，私たちが日常使う「理論」という言葉は，しばしば実証することができない推論を暗に意味する．しかし，「理論」という言葉は科学においては異なった意味をもっている．何が科学的理論か，そしていかに仮説やたんなる推論と異なるのか．

第1に，科学的**理論 theory** は仮説より広い適用範囲をもつ．「ネズミの体色が生息環境と似ていることは，捕食者から身を守る適応である」は仮説である．しかし，「さまざまな進化的適応は自然選択によって生じる」は理論である．この理論は，自然選択が広範な適応現象を生じる進化的なしくみであると述べている．一方，ネズミの体色はその適応の一例にすぎない．

第2に，理論はそれが検証可能な多くの新しい仮説を生み出すのに十分なほどに普遍的である．たとえば，プリンストン大学の2人の研究者，ピーター・グラント Peter Grant とローズマリー・グラント Rosemary Grant は，この自然選択の理論に啓発されて，ガラパゴスフィンチ類のくちばしが，入手可能な食物のタイプの変化に応答して進化するという特別な仮説を検証した（結果はこの仮説を支持した．23章の冒頭を参照）．

第3に，どんな仮説と比べてみても，理論は一般に大量の証拠によって支持されている．自然選択の理論は，これまでの膨大な証拠によって支持されてきただけでなく，現在も日々新しい証拠が得られ，さらにどのような科学的な反証も提出されていないのである．科学において広く認められた理論（自然選択の理論や重力理論など）は広範囲の観察を説明し，証拠の膨大な蓄積によって支持されている．

広く受け入れられている理論を支持する多数の証拠があるにもかかわらず，新しい研究がその理論に合わない結果をもたらすときは，科学者はその理論をときには修正するか，あるいは破棄しなければならない．たとえば，細菌と古細菌を原核生物界として1つにまとめる生物多様性の理論は，細胞や分子のレベルで比較する新しい方法で，生物間の系統仮説を検証することが可能になったときに，棄却された．科学において「真実」があるとすれば，有力な証拠の量に基づいた，いわば暫定的なものといえる．

概念のチェック 1.3

1. どのような定性的な観察が，図 1.25 の定量的な研究を導いたか．
2. 帰納的推論と演繹的推論を比較しなさい．
3. なぜ自然選択は理論とよばれるのか．
4. どうなる？➤ニューメキシコの砂漠では，土壌のほとんどは白い砂質で，ところどころに約 1000 年前に噴出した溶岩流に由来する黒い岩石が分布している．砂質と岩石の地域の両方でネズミ類が生息し，その捕食者としてフクロウ類がいる．これらの地域に生息するネズミ類の体色にはどのようなことが期待されるか，説明しなさい．また，保護色仮説を検証するとすれば，この生態系をどのように利用すればよいか．

（解答例は付録 A）

1.4 科学は，協調的な取り組みや多様な視点を必要とする

映画や漫画ではときとして，研究者は隔離された実験室で研究する孤独を好む人物として描かれている．しかし現実には，科学の研究は非常に社会的な活動である．多くの研究者は，しばしば学部学生や大学院生を含むチームを組んで研究する．そして科学で成功するためには，よきコミュニケーターであることが役立つ．研究結果は，セミナー，出版物（論文など）やウェブサイトを通して研究仲間の社会に知らされて初めて価値をもつ．また実際には，「ピアレビュー」制度

とよばれる研究者仲間による審査をパスして初めて発表される．たとえば，本書で取り上げる科学的探究の実例は，すべてピアレビュー審査を受けた科学研究雑誌に発表されている．

科学は先人の研究上につくり上げられる

偉大な科学者，アイザック・ニュートン Isaac Newton がかつて語った言葉は，「自然のすべてを説明することは，1人の人間にとっても，また1つの世代にとっても難しすぎる仕事である．確信をもって小さなことを行い，あとは後進の人々に残しておくのがずっとよい」．自然がどのように機能しているかについての好奇心に突き動かされて科学者になろうとする誰もが，前の時代の科学者によって発見された豊かな宝庫から，おおいに恩恵を受けるであろう．実際，ホピ・ヘクストラの研究は40年前の研究者 D・W・カウフマン D. W. Kaufman の研究に基づいている．科学スキル演習で，カウフマンの実験計画を学びその結果を解釈しよう．

科学の研究結果は観察と実験の繰り返しを通してつねに確認されている．同じ研究分野で働く科学者は，しばしば観察の確認や再実験を試みることにより，互いの主張を確かめる．実験結果を再現できない場合には，その結果は，もとの主張に何か基本的な弱点があ

科学スキル演習

対となる棒グラフの解釈

月の光の有無で，フクロウによるネズミの捕食はどの程度影響を受けるか　D・W・カウフマンは，ネズミの体色と背景となる環境の色とのコントラストが夜間のフクロウによる捕食に影響を与えるという仮説を立てた．彼はまた，そのコントラストは月の光に依存すると考えた．本問題では，これらの仮説を検証した彼のフクロウによるネズミの捕食の研究データを扱い，その解析をしてみよう．

実験方法　ビーチマウス *Peromyscus polionotus* の体色の異なる1対の個体（1匹は明るい茶色，他方は暗い茶色の体色）を，腹を空かした1匹のフクロウを入れたカゴに同時に放した．彼は最初に捕食された個体の体色を記録した．もし15分以内にフクロウがネズミを捕獲しなかったときは，結果はゼロとした．ネズミを放す実験は，明るい色の土壌と暗い色の土壌の上で複数回行った．月の光の有無も記録されている．

実験データ

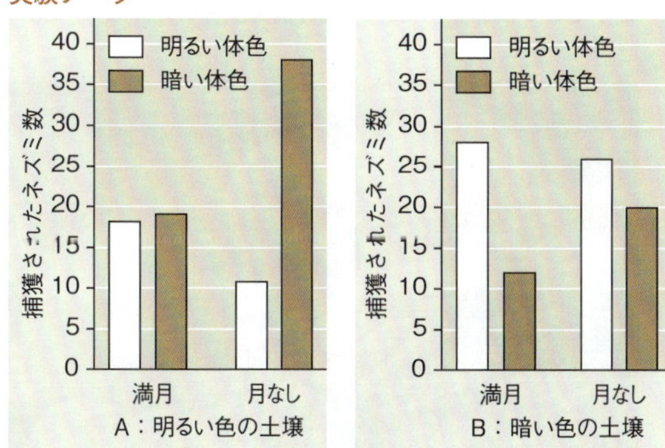

40
35
30
25
20
15
10
5
0
明るい体色
暗い体色
捕獲されたネズミ数
満月
月なし
A：明るい色の土壌
B：暗い色の土壌

データの出典　D. W. Kaufman, Adaptive coloration in *Peromyscus polionotus*: Experimental selection by owls, *Journal of Mammalogy* 55:271–283 (1974).

データの解釈

1. 最初に，グラフの意味を確認する．グラフAは，明るい色の土壌のカゴの結果を，グラフBは，暗い色の土壌のカゴの結果を示すが，土壌以外は両グラフは同じである．(a) これらのグラフには，実験者が設定した複数の独立変数がある．それは何か．グラフのどの軸が独立変数か．(b) 従属変数，つまり変数の違いに応じて得られた結果は何か．グラフのどの軸が従属変数か．
2. (a) 月光の下，明るい土壌のカゴで捕獲された暗い体色のネズミは何匹か．(b) 月光の下，暗い土壌のカゴで捕獲された暗い体色のネズミは何匹か．(c) 月光の下では，暗い体色のネズミがフクロウによる捕獲を免れやすいのは，暗い色の土壌かそれとも明るい色の土壌か．また，その理由を述べなさい．
3. (a) 暗い体色のネズミが暗い色の土壌の上でフクロウによる捕獲を免れやすいのは，満月かそれとも新月か．(b) 明るい体色のネズミが明るい色の土壌の上でフクロウによる捕獲を免れやすいのは，満月かそれとも新月か．また，それぞれ理由を述べなさい．
4. (a) 暗い体色のネズミが夜の捕獲を免れる可能性が最も高いのは，どのような独立変数の組み合わせになるときか．(b) 明るい体色のネズミの場合はどうか．
5. (a) 明るい土壌のカゴで最も高く捕獲される独立変数の組み合わせは何か．(b) 暗い土壌のカゴで最も高く捕獲される独立変数の組み合わせは何か．
6. 問5の答えを考慮して，それぞれの体色のネズミに対して，最も致命的な条件を簡潔に答えなさい．
7. 両方のグラフの結果を組み合わせて，月光の下で捕獲されるネズミ数と月光のない条件で捕獲される数を推定しなさい．フクロウによる捕獲が最適になる条件は何か．

ることを示しているのかもしれない．その場合には，もとの主張を改訂する必要がある．この意味で，科学は自らを律している．誠実さと，高い専門的基準に合致した研究結果を報告することが科学的努力の中心である．結局のところ，実験データの有効性は，さらなる探究の道筋を設計するために重要である．

多くの科学者が，同一の研究課題に収束することは珍しくない．一部の科学者は，重要な発見または鍵となる実験の一番乗りとなる挑戦を楽しむ一方で，他の科学者は，同じ問題に取り組んでいる仲間との連携からより満足感を引き出す．

科学者が同じ生物を扱うと，互いに研究は促進される．その対象の多くは，広く使用されている**モデル生物 model organism**，すなわち，研究室で培養あるいは栽培するのが簡単で，多くの問題を研究するのに特に適している生物である．すべての生物は進化的に関連しているので，これらの生物は，他の生物種の生物学の研究やその病気の理解のためのモデルとして適用可能である．たとえば，キイロショウジョウバエ *Drosophila melanogaster* の遺伝学的研究によって，ヒトを含む他の種で，遺伝子がどのように働くかについて多くのことがわかった．他の有名なモデル生物としては，アブラナ科植物のシロイヌナズナ *Arabidopsis thaliana*，土壌線虫の *Caenorhabditis elegans*，ゼブラフィッシュ *Danio rerio*，ハツカネズミ *Mus musculus*，および細菌である大腸菌 *Escherichia coli* などがある．あなたが本書を読み進めると，これらおよび他のモデル生物が，生命の研究に多くの貢献をしてきたことに気づくだろう．

生物学者は，さまざまな角度から興味深い疑問に行き着くかもしれない．ある生物学者は，生態系に焦点を当てるが，他の者は個体や細胞のレベルで自然現象を研究する．本書は，異なる階層から生物学を見ていくために6つの「部」に分かれている．どのような問題でも，多くの観点から研究することが可能であり，実際に，互いを補完できる．たとえば，ヘクストラの研究は海岸と内陸のネズミの体色の違いに少なくとも1つの遺伝子の変異がかかわっていることを明らかにした．彼女の研究室では，生物学の異なる階層の専門家が集まって，問題となっている進化的な適応における DNA 配列レベルの分子的基盤を明らかにしようとしている．

生物学の初学者として，生物学のさまざまな階層間を結びつけて考えることは有益である．特定の話題が，別の部で何度も繰り返し登場することに気がつけば，階層を超えた思考ができるようになってくるだろう．そのような話題の1つが鎌状赤血球症である．この有名な遺伝性疾患は，アフリカや他の熱帯地域の住民やその子孫でよく見られる．鎌状赤血球症は，本書の複数の部でそれぞれ異なる階層で取り上げる．さらに，異なる章の内容を関連づける多くの図や問題を用意した．これらの取り組みによって，読者が学んだ内容を統合し，「全体像」をしっかり把握できるようにすることで，生物学を学ぶことをより楽しんでもらえるようにと願う．

科学，技術，社会

生物学者のコミュニティといっても，大きく見れば一般社会の一部であり，技術を科学と社会の関係の図（図 1.23 参照）に追加すれば，科学と社会の関係はさらにわかりやすくなる．ときとして科学と技術はよく似た探究のパターンを見せることがあるが，それぞれの目指すところは異なっている．科学のゴールは自然現象の理解にあるが，**技術 technology** のゴールは，何か特定の目的に科学の知識を応用することである．生物学者など科学者はよく「発見」について言及するが，エンジニアなど工学者はそれよりも「発明」について言及する．科学の研究には新しい技術が取り入れられるので，科学と技術は相互依存の関係にある．

科学と技術の強力な組み合わせは，社会に劇的な効果を与えることが可能である．ときには，社会に最も役立つ基礎研究の応用が，まさに青天の霹靂（へきれき）のごとく，科学的探究の過程でまったく予想外の発見から生まれることもある．たとえば，60 年前のワトソンとクリ

▼図 1.26 **DNA 技術および犯罪捜査**．2011 年，犯罪現場から採取された DNA サンプルの法医学分析によって，彼の妻への残忍な殺人罪で刑務所にほぼ 25 年間服役していた，マイケル・モートン Michael Morton の無罪が証明され，彼は釈放された．DNA 分析は，別の殺人罪で罪を問われていたある男の関与を示した．写真は，モートン氏の有罪が覆された後に，両親と抱き合っている様子を示す．DNA の法医学分析の詳細は，20 章で説明する．

ックによるDNAの構造の発見と，その後のDNA科学の成果は，DNA操作の多くの技術開発をもたらし，医学，農業，および犯罪科学などの応用分野を大きく変えてきた（図1.26）．おそらく，ワトソンとクリックは，彼らの発見がいつの日か重要な応用につながると予想していただろうが，現在のような応用が実現しているとはとても予測できなかっただろう．

技術研究の進む方向は，基礎科学を推進する好奇心によるよりも，むしろ人々のそのときの必要性と欲求とその時代の社会的環境に依存している．技術についての議論は，「それができるか」ということよりも，「すべきか」に重点が置かれている．技術が進歩するとともに，難問も生じる．たとえば，ある人が遺伝病をもっているかどうかを調べるのに，どのような状況のときDNA技術を用いることが許されるのか．そのような検査はいつも任意であるべきか，それとも遺伝子に関する検査は義務にすべきか．保険会社と雇用主は個人の他の健康データと同様に，遺伝子の個人情報についても利用する権利をもつべきか．これらの問題は，個人のゲノム配列決定がより迅速かつ安価になると，すぐに差し迫った問題になってくる．

そのような倫理的な問題は，科学や技術と同様に，政治，経済，および文化的価値とも多くのかかわりがある．専門分野の科学者だけでなく，すべての市民が，科学がどのように機能し，技術がどのような潜在的な利点と危険性をもっているかについて知る責任がある．科学，技術，そして社会との関係は，いかなる生物学分野においてもその意義と価値を向上させる重要なものである．

科学の多様な視点の価値

人間社会に最も大きな影響をもつ技術革新の多くは，貿易ルートに沿った入植地が起源であり，そこでは異なる文化の豊かな混合により，新しいアイディアが生み出された．たとえば，すべての社会階級に知識を広げるのを助けた印刷機は，1440年頃にドイツのヨハネス・グーテンベルク Johannes Gutenberg によって発明された．この発明は，紙とインクを含め，中国からのいくつかの技術革新に依存していた．紙は，中国からバグダッドに貿易ルートに沿って移入され，そこで量産のための技術が開発された．この技術は，その後ヨーロッパに伝播した．同様に水性インクが中国から伝播し，グーテンベルクによって油性インクに変更された．私たちは，多様な文化の交流の賜物である印刷機に感謝しなければならない．同様のことが，他の重要な発明にもいえる．

同様に，科学を実践する人たちの背景や視点の多様性を受け入れることから，科学は多くを獲得しようとしている．しかし，その科学者の集団は，性別，人種，民族，および他の属性についてどの程度多様であろうか．

科学界は，一般社会の文化的な基準や行動を反映している．それゆえ，最近まで，女性や特定の少数民族が，世界中の多くの国で専門の科学者に従事するうえで大きな障害に直面していたことは想像に難くない．過去50年間に，職業の選択についての理解が広まり，生物学および他の科学分野における女性の割合が増加し，現在では生物学専攻の学部学生や博士課程学生の約半分を占める．

しかし，さらに上級の職における女性増加のペースはゆっくりであり，女性や多くの人種や民族は，依然として科学の多くの分野で，数において非常に少ない．多様性の欠如は，科学の進歩を阻害する．議論の場でより多くの声が聞けるほど，科学的な交流はより健全で，貴重な，そして生産的なものになるだろう．本書の著者は，この非常に刺激的で満足のいく科学の分野である生物学に対して読者が喜びと満足を得ることを希望して，みなさんを生物学者のコミュニティに歓迎する．

概念のチェック 1.4

1. 科学と技術はどのように異なるか．
2. 関連性を考えよう➤鎌状赤血球症を引き起こす遺伝子は，米国で生活しているアフリカ人の子孫よりも，サハラ以南のアフリカ住民に高い割合で存在している．この遺伝子は鎌状赤血球症を引き起こすが，また，マラリアに対する耐性を与える．マラリアはサハラ以南のアフリカで広がっている深刻な病気であるが，米国には存在しない．両地域の住民間で異なる割合でこの遺伝子をもつことを，進化のプロセスで説明しなさい（1.2節を参照）．

（解答例は付録A）

1 章のまとめ

重要概念のまとめ

1.1

生命の研究は統一テーマを解明する

組織化のテーマ：生物の組織化の各レベルで新しい特性が現れる

- 生命の階層は以下のように展開している：生物圏＞生態系＞群集＞集団＞個体＞器官系＞器官＞組織＞細胞＞細胞小器官＞分子＞原子．原子から上位レベルに上がるそれぞれの段階で，下位レベルの構成要素間の相互作用の結果として新しい**創発特性**が現れる．還元主義とよばれるアプローチでは，複雑なシステムは，研究上扱いやすい単純な要素に分解される．**システム生物学**は，システムの要素間の相互作用に基づいて，生物システム全体の動的挙動をモデル化しようとする．
- 構造と機能は，生物学的構成のすべての階層で相関している．生物の構造と機能の基本単位である細胞は，生命に必要なすべての働きを実行できる最も低いレベルの構造である．細胞には，原核細胞と真核細胞がある．**真核細胞**は，DNA を内包する核などの，膜に囲まれた細胞小器官をもつ．**原核細胞**は，そのような細胞小器官を欠いている．

情報のテーマ：生命のプロセスは遺伝情報の発現と伝達による

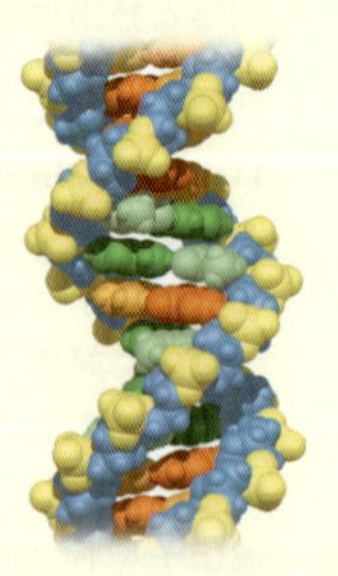

- 遺伝情報は DNA の塩基配列に暗号化されている．親から子に遺伝情報を伝達するのは DNA である．**遺伝子**の DNA 配列は，RNA に転写され，その後，特定のタンパク質に翻訳されることにより，細胞のタンパク質生産を指令する．このプロセスは，**遺伝子発現**とよばれる．遺伝子発現ではまた，タンパク質に翻訳されないが，他の重要な機能を担う RNA も合成される．**ゲノミクス**では，ある特定の種の全 DNA 配列（ゲノム）の大規模分析だけでなく，生物種間のゲノム比較も行う．**バイオインフォマティクス**はコンピュータツールを用いて，巨大な配列データを取り扱う．

エネルギーと物質のテーマ：生命はエネルギーと物質の伝達と変換を必要とする

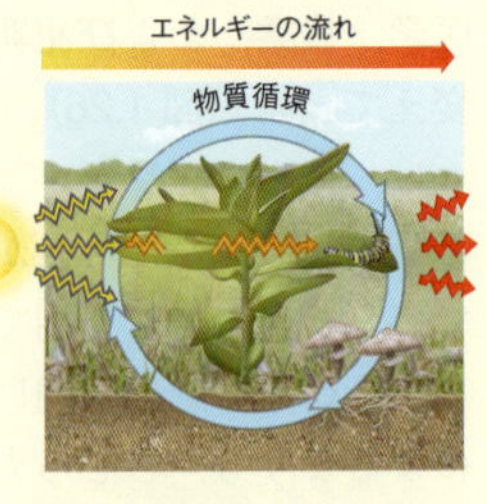
エネルギーの流れ
物質循環

- エネルギーは，生態系を一方向に流れていく．すべての生物はエネルギーを必要とする仕事を行う必要がある．**生産者**は，太陽光のエネルギーを化学エネルギーに変換し，その一部は**消費者**に渡される（残りのエネルギーは熱として生態系の外へ出ていく）．物質は生物と環境の間を循環する．

相互作用のテーマ：分子から生態系まで，生物学的システムでは相互作用は重要である

- **フィードバック制御**では，あるプロセスの進行が，その出力もしくはその最終産物の蓄積によって制御される．負のフィードバックでは，最終産物の蓄積がその生産速度を遅くする．正のフィードバックでは，最終産物は，その生産自身を促進する．
- 生物は物理的要因といつも相互作用している．植物は土壌から栄養素を，空気から物質を吸収し，太陽からのエネルギーを利用する．

? 携帯電話やスマートフォンなどで情報を送るとき，あなたの手の筋肉と神経において，本節で述べた 4 つの生物学のテーマとどのように関係しているか，述べなさい．

1.2

中心テーマ：進化は生命の共通性と多様性を説明する

- **進化**は地球上で生命を変えてきた変化のプロセスであり，生命の共通性と多様性を説明する．進化はまた，生物の環境への適応を説明する．
- 生物学者は，種をグループに分け，さらに大きなグループへと広げていく体系に従って，種を分類する．**細菌**（真正細菌，バクテリア）ドメインおよび**古細菌**（アーキア）ドメインは原核生物である．**真核生物**（ユーカリア）ドメインの生物は，多様な原生生物と植物界，菌界，そして動物界を含む．生命はこのように多様である一方，さまざまな異なる種類の

生物間から見えてくる顕著な共通性の証拠もある．

- ダーウィンは，**自然選択**という，集団が環境に進化的に適応するしくみを提案した．自然選択は，ある集団がある環境に置かれ，その環境で特定の遺伝形質をもつ個体が他の遺伝形質をもつ個体より繁殖成功が高くなるとき，働く進化のプロセスである．

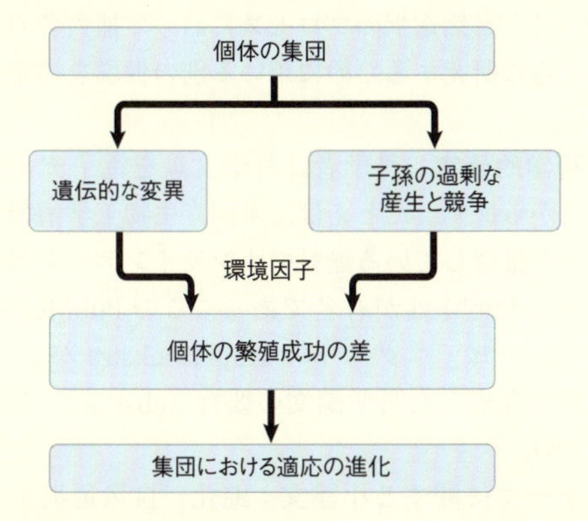
個体の集団
遺伝的な変異
子孫の過剰な
産生と競争
環境因子
個体の繁殖成功の差
集団における適応の進化

- それぞれの種は，生命の樹の１つの小枝であり，枝分かれをたどることでより昔の祖先種へと時代をさかのぼることができる．すべての生命は，その長い進化の歴史を介して，１本の樹としてつながっている．

? 自然選択はどのようにして，海岸に生息するビーチマウスに見られる体色の保護色への適応進化を導くことができたのだろうか．

1.3

自然科学の研究では，科学者は観察し，仮説を立て，検証する

- 科学の**探究**では，科学者が観察を行い記録し（データを収集），**帰納的推論**を駆使して検証可能な**仮説**につながる一般的な結論を導き出す．**演繹**（えんえき）**的推論**は，仮説の検証のために実行可能な予測を導く．仮説は検証可能でなければならない．科学は，超自然現象の可能性や宗教的信念の正当性には対処できない．仮説の検証は，**実験**，もしくは実験が不可能なときは観察によってなされなければならない．科学のプロセスの中心的活動は，仮説の検証である．これは，調査と発見，分野内での解析とフィードバック，さらに社会の要請に影響を受ける．
- **対照を含む実験**は，すでにネズミの集団の体色の研究で述べたように，１つの変数においてのみ異なる実験群と対照群を比較することによって，その１つの**変数**の効果を調べるように設計されたものである．
- 科学の**理論**は対象範囲が広く，新しい仮説を生み出し，大量の証拠で支持されている．

? 科学的探究において，データの収集と解釈の役割は何か．

1.4

科学は，協調的な取り組みや多様な視点を必要とする

- 科学は社会的な活動である．各々の科学者の仕事は，先人の仕事に基づいている．科学者は，互いの結果を再現できる必要があり，整合性が鍵となる．生物学者は，さまざまな階層での問題に取り組み，相互に補完する．
- **技術**は，社会に影響を与えるある特定の目的のために，科学的知識を適用する方法，あるいは道具である．基礎研究の社会への影響は，必ずしもすぐには明らかにならない．
- 科学者間の多様性は，科学の進歩を促進する．

? なぜ，科学者の間で異なったアプローチと多様な背景が重要であるか，理由を説明しなさい．

理解度テスト

レベル１：知識／理解

1. キャンパスのすべての生物は，以下のどれをつくり上げているか．
   (A) 生態系　(B) 群集
   (C) 集団　(D) ドメインという分類群
2. システム生物学は，おもに以下のような試みである．
   (A) 異なる種のゲノム解析
   (B) 複雑な問題を，そのシステムを小さくより複雑性の低い要素に分解して，単純化する
   (C) 生物システム全体のふるまいを，その構成要素間の相互作用の解析により理解する
   (D) 生物学的データを迅速に得るための高性能機器の開発
3. 以下のうち，全生物の共通性を最もよく示すのはどれか．
   (A) 創発特性　(B) 変化を伴う継承
   (C) DNA の構造と機能　(D) 自然選択
4. 対照を含む実験は，次のうちどれか．
   (A) 結果を丁寧に記録することができるようにゆっくりと進める実験
   (B) 実験群と対照群を並行して調べる実験
   (C) 結果が正確であることを確かめるために何度

も繰り返す実験

(D) すべての変数を一定にする実験

5. 科学において，仮説と理論を区別する最もよい文章は，次のうちどれか．

(A) 理論は，証明された仮説である．

(B) 仮説は推測であり，理論は正しい答えである．

(C) 仮説は通常，適用範囲の比較的狭いものであり，理論は広範な説明能力をもつ．

(D) 理論は証明された真実であり，仮説はしばしば反証される．

レベル 2：応用／解析

6. 以下のどれが質的データの例か．

(A) 魚はジグザグな動きで泳ぐ．

(B) 胃の内容物は，20 秒ごとに攪拌される．

(C) 気温が 20 ℃から 15 ℃に下がった．

(D) 6 つがいのコマドリから，平均 3 匹のひなが孵った．

7. 以下のうち科学的探究の論理を最もよく表しているのはどれか．

(A) もし検証可能な仮説がつくられたら，実験と観察はそれを支持するであろう．

(B) もし私の予測が正しければ，検証可能な仮説が導かれる．

(C) 私の観察が正確なら，私の仮説は支持される．

(D) もし私の仮説が正しいなら，ある検証結果を推測できる．

8. **描いてみよう** 図 1.3 に示すような生物学的階層の略図を，生態系としてサンゴ礁，生物として魚，器官として胃，そして分子としての DNA を用いて，階層内のすべてのレベルが含まれるように描きなさい．

レベル 3：統合／評価

9. **進化との関連** 典型的な原核細胞では，その DNA 中に約 3000 個の遺伝子をもつが，ヒトの細胞は，約 2 万 1000 個の遺伝子をもつ．これらの遺伝子の約 1000 個は，両者の細胞に存在する．進化的理解に基づいて，このような異なる生物が一部に同じ遺伝子をもつことがどのようにして起きたかを説明しなさい．また，これらの共有されている遺伝子は，どのような機能をもっているのだろうか．

10. **科学的研究** ネズミの体色の研究例の結果に基づいて，自然選択のプロセスにおいて捕食者の役割をさらに研究するために用いる別の仮説を提案しなさい．

11. **科学的研究** 科学者は科学文献を電子データベースから探す．たとえば，米国立生物工学情報センターが維持している無料のオンラインデータベースである PubMed が有名である．この PubMed を用いて，ホピ・ヘクストラ Hopi Hoekstra が 2015 年以降に発表した科学論文の要旨（abstract）を探しなさい．

12. **テーマに関する小論文：進化** 自然選択がどのように地球上の生命の共通性と多様性の両方をもたらしたかについての，ダーウィンの見解を 300～450 字で記述しなさい．

13. **知識の統合**

この写真で，樹木の幹にはりついている苔（こけ）むしたエダハヘラオヤモリを見つけ出すことができるだろうか．このヤモリの外観はどのように生存に役立つか．本章の進化，自然選択，遺伝情報について学んだことを前提として，ヤモリの体色がどのように進化したかを述べなさい．

（一部の解答は付録 A）

第1部　生命の化学

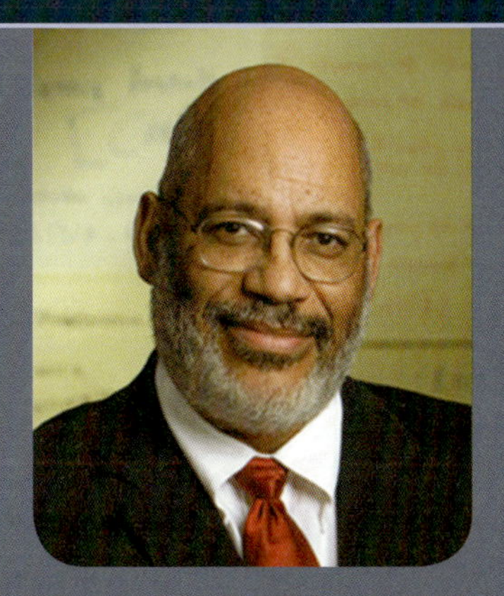

ローベル・ジョーンズ Lovell Jones 博士は米国ルイジアナ州ベイトンルージュ市に生まれ，この市の統合した学校の最初の学生の1人である．彼は，カリフォルニア州立大学ヘイワード校（現在の同大イーストベイ校）に進学し，生物学を専攻した．その後，カリフォルニア大学バークレー校に進み，内分泌学と腫瘍生物学の研究を行い，1977年に博士の学位（Ph.D.）を取得した．彼はカリフォルニア大学サンフランシスコ校で博士研究員（ポスドク）として乳がんにおけるエストロゲン（女性ホルモン）の影響の研究を行った．1980年にアンダーソンがんセンターの婦人科医学と生化学の助教授となり，2013年に定年を迎えている．ジョーンズ博士は，がん細胞の増殖におけるステロイドホルモンの役割の解明に大きく貢献しただけでなく，健康の不公平，社会正義を世に問うパイオニアとされている．彼は定年後も後者の活動を継続している．その長く輝かしい経歴の間に，何度も賞を受け，米国下院において長年の業績の表彰を受けている．

ローベル・ジョーンズ博士へのインタビュー

大学院ではどのような研究をされましたか？

私はカリフォルニア大学バークレー校で，ハワード・バーン Howard Bern とともに子宮頸管と膣の発達におけるホルモンの研究を行い，博士の学位を取得しました．私はジエチルスティルベストロール（DES）という人工の女性ホルモンの効果に興味をもちました．DES は妊娠した女性の自然流産を抑制する治療薬でした．妊娠初期にこの DES の処方を受けた女性から生まれた女の子は，将来，たとえば7歳というごく若い時期に，まれな子宮頸がんを発症する確率が高くなるのです．当時は DES は発がん性化学物質と考えられました．しかし，DES は女性ホルモンと類似作用をもつので，私は女性ホルモンの効果ではないかと考え，マウスを用いて確認しました．子宮頸管と膣が発達中のマウスに天然の女性ホルモンを投与すると，同様の腫瘍を生じることがわかりました．

なぜ生化学研究をされるのですか？　また，生化学研究の最も重要な道筋は何でしょうか？

生化学を全体観的に研究することは，私たちが探していた答えにつながる鍵となります．そのためには，私たちの狭い世界から脱却して，学際研究とよばれる研究をする必要があります．これからは，「個別化医療」*という個人の遺伝子，環境，生活習慣を考慮した医療が，最も重要な分野となります．私たちは，個人を生物学的とはいえない人種などから判断するのはなく，特定の履歴を共有する小集団の1人として見るのです．たとえば，閉経前の乳がんの最も高い発症は，チェサピーク湾エリアの白人と黒人です．なぜでしょう？　植民地時代にメリーランド州に移住してきた多くの白人女性はスコットランドとアイルランド系のカトリック教徒でした．彼女らは債務をもった召使い，つまり一種の高級な奴隷でした．彼女らの約3分の1はアフリカ由来の奴隷と結婚しました．そのため，この地域の多くの人々はアフリカ由来のある遺伝子をもっており，見かけは白人であっても黒人の祖先をもつ人々がいます．腫瘍細胞に3種類の受容体が欠失しているものを三重欠失乳がんともいいますが，これは「黒人のがん」ともいわれます．しかし，本当はアフリカのある地域に由来する一連の遺伝子変異が若年での乳がんを引き起こしているのです．また，三重欠失乳がんは若年性のがんではありますが，黒人一般の女性に特有ではありません．このため，「個別化医療」では患者個人のすべての遺伝子を解析することや進化的な歴史を考慮する必要があり，その患者が特定の人種に属するかどうかということではありません．

＊（訳注）：精密医療ともいう．個人の遺伝子情報に基づいて行う適切な治療を，2015年1月に米国のオバマ大統領（当時）が今後の医療政策として提唱した．

生物学でがんの勉強をしている大学生にアドバイスをお願いします．

よい先生（指導者）を探しなさい．最も優れた指導者は学生を引き立ててくれます．私の博士学位の指導教員であったハワード・バーン先生は，私たちの科学への最大の貢献は論文や研究費ではなく，人を育てることであると仰っていました．

「生化学を全体観的に研究することは，
私たちが探していた答えにつながる
鍵となります．」

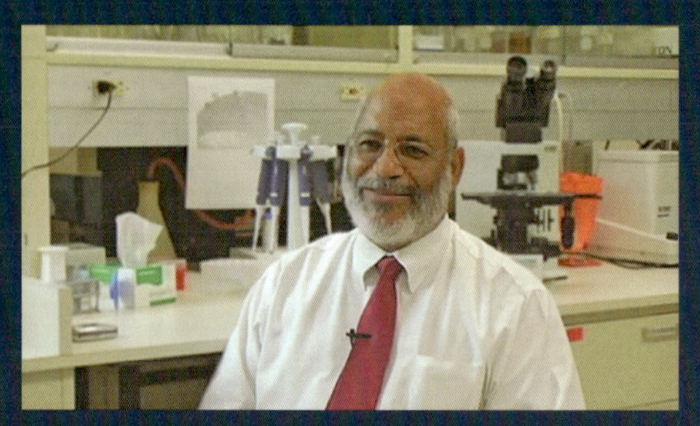

ホルモンとがんの関係を研究してきた研究室でのローベル・ジョーンズ博士．

生命の化学的基礎
2

2 生命の化学的基礎

▲図 2.1　このヤマアリが空中に放出している武器は何だろうか.

重要概念

2.1 物質は単一の元素もしくは化合物とよばれる元素の組み合わせからできている

2.2 元素の性質は，その原子の構造によって決まる

2.3 分子の形成や機能は原子間の化学結合に依存する

2.4 化学反応は，化学結合をつくったり，壊したりする

化学の生命へのつながり

他の動物と同様に，アリも攻撃から身を守る構造やしくみをもっている．ヤマアリは何百，何千という集団で生活し，そのコロニーは全体として敵に対処する特別な手段をもっている．上方から攻撃を受けると，アリたちは腹部のギ酸を空中に向けて一斉発射し，腹を空かせた鳥などの捕食者と思われるものをめがけて攻撃する（図 2.1）．ギ酸は多くの種のアリが分泌するので，じつはその英語名 formic acid（ギ酸）もラテン語のアリ（*formica*）にちなんでいる（日本語も同様で，ギ酸は「蟻酸」からきている）．多くのアリの仲間では，ギ酸は噴射されることはなく，寄生性の微生物から身を守る殺菌剤として働いているらしい．このように，化学物質が昆虫間のコミュニケーションや雌雄の誘引，捕食者からの防御などに利用されていることは広く知られている．

アリや他の昆虫の研究は生命の研究にいかに化学が重要であるかを示してくれる好例である．大学の講義とは異なり，自然では生物学，化学，物理学などの各々の科学分野にきれいに分けられることはない．生物学者は生命の研究に専門化しているが，生物やそれを取りまく環境は自然システムとして，化学や物理学を適用することができる．生物学は多分野横断型の科学といえる．

第 1 部の各章は生命の研究に適用できる化学の基本概念を説明する．分子から細胞へ移行するそのどこかで，非生物と生物のあいまいな境界を横断することになる．本章ではすべての物質をつくっている化学的構成要素に焦点を当てる．

2.1

物質は単一の元素もしくは化合物とよばれる元素の組み合わせからできている

生物は空間を占め，質量*1をもつものと定義される**物質 matter**からできている．そして物質はさまざまな形で存在している．岩や金属，油，気体，そして生物も物質の限りない組み合わせの一例である．

元素と化合物

物質はさまざまな元素からできている．**元素 element**とは，化学反応によってさらに分割することができない物質のことである．現在，化学では自然界に92種の元素を認めており，金や銅，炭素，酸素はその例である．各元素には，その英語名の1文字もしくは2文字をとった元素記号がある．また，あるものはラテン語やドイツ語名に由来する．たとえば，ナトリウム（英名 sodium）の元素記号はNaで，これはラテン語の単語 *natrium* からとられている．

化合物 compoundは，2つ以上の元素が一定の比率で組み合わせてできた物質である．たとえば，食塩は，ナトリウム（Na）と塩素（Cl）という元素が1：1の比率でつくる化合物である塩化ナトリウム（NaCl）のことである．純粋のナトリウムは金属であり，塩素という物質は有毒な気体である．しかし，これらの元素が化学的に結合すれば，食べることができる化合物がつくられる．また，水（H_2O）は，水素（H）と酸素（O）が2：1の比率でつくる化合物である．これらは創発特性をもつ物質の簡単な例である．つまり，化合物は，構成する元素とは異なる性質をもっている（図2.2）．

生命をつくる元素

92種の自然元素の約20～25%は，生物が健康な生活を送り，繁殖するために必要とする**必須元素 essential element**である．必須元素は生物間で似ているが，違いもある．たとえば，ヒトの必須元素は25種であるが，植物はわずか17種である．

たった4つの元素，つまり酸素（O），炭素（C），水素（H）と窒素（N）が生体物質の約96%を占めている．そして，カルシウム（Ca），リン（P），カリウム（K），硫黄（S）といくつか他の元素が生体物質の残りの4%のほとんどを占めている．**微量元素 trace element**とは，生物がほんの少量必要とするものをいう．たとえば，鉄（Fe）のような微量元素はすべての生物が必要とするが，ある特定の生物だけが必要とするものもある．たとえば，背骨をもつ脊椎動物では，ヨウ素（I）という元素は甲状腺でつくられるホルモンの必須成分である．1日あたり0.15ミリグラム（mg）程度の少量のヨウ素の摂取が，ヒトの正常な甲状腺の働きに必要である．食事にヨウ素が欠けていると，甲状腺が異常に大きくなる甲状腺腫を引き起こす．海産物もしくはヨウ素添加食塩を食べることで，甲状腺腫の発症を予防できる．人体に含まれるすべての元素を表2.1に示す．

自然界に存在する元素にも，生物にとって有毒なものがある．たとえば，ヒトにとって，ヒ素という元素は多くの病気を引き起こし，死をもたらすこともある．世界のある地域では，ヒ素が自然界に存在し，地下水に混入している．南アジアでは掘削した井戸から汲み上げた水を利用した結果として，数百万の人々がヒ素を含んだ水に不適切にさらされてきた．この水からヒ素の量を減らす努力が進行中である．

事例研究：有毒元素に対する耐性の進化

進化　生物種のあるものは，通常は有毒とされる元素を含む環境に適応してきた．やむにやまれぬ例は，蛇紋岩（じゃもんがん）植物群落に見ることができる．蛇紋石は翡翠（ひすい）に似た鉱物で，有毒なクロムやニッケル，コバルト*2などの元素を多く含んでいる．そのため，蛇紋岩からつ

▼図2.2　**化合物に見ることができる創発特性．**金属ナトリウムは有毒ガスである塩素と化合して，食塩ともいう塩化ナトリウムをつくる．

Na
ナトリウム
+
Cl
塩素
→
NaCl
塩化ナトリウム

＊1（注）私たちは日常の言葉として，質量の代わりに重量を使うことが多いが，これらは同じではない．質量とは物体を構成する物質の量を表すが，物体の重量は，その質量がどのくらい重力によって引きつけられるかを表している．月面を歩いている宇宙飛行士の重量（体重）は地球上のそれの約6分の1であるが，その質量は同じである．しかし，私たちが地球上にいる限り，物体の重量はその質量を反映している．したがって，日常の言葉で，私たちはこれらの用語を同じものとして使用することが多い．

＊2（訳注）：これらは微量元素として生物に必要だが，過剰にあると有毒である．

表 2.1 人体の元素

元 素	元素記号	人体の質量百分率（水を含む）	
酸 素	O	65.0%	96.3%
炭 素	C	18.5%	
水 素	H	9.5%	
窒 素	N	3.3%	
カルシウム	Ca	1.5%	3.7%
リ ン	P	1.0%	
カリウム	K	0.4%	
硫 黄	S	0.3%	
ナトリウム	Na	0.2%	
塩 素	Cl	0.2%	
マグネシウム	Mg	0.1%	

質量 0.01% 以下の微量元素：ホウ素（B），クロム（Cr），コバルト（Co），銅（Cu），フッ素（F），ヨウ素（I），鉄（Fe），マンガン（Mn），モリブデン（Mo），セレン（Se），ケイ素（Si），スズ（Sn），バナジウム（V），亜鉛（Zn）

データの解釈➤人体の元素組成において，酸素の含量が非常に高いことは，どのような物質が多いことによるか．

くられる土壌では，多くの植物は生存できないが，少数の種は生存できるように適応している（図 2.3）．おそらく，祖先の非蛇紋岩型植物から，蛇紋岩由来の土壌で生き残れる変種が生じ，その後の自然選択によって，今日私たちがこの地域で見るような特徴的な適応種が進化したのであろう．蛇紋岩に適応した植物の

▼図 2.3 **蛇紋岩植物群落．**これらの植物は，通常の植物には有毒な元素を含む蛇紋岩土壌で生育している．挿入写真は，蛇紋岩とここに生える植物の 1 つであるティブロンマリポサリリー *Calochortus tiburonensis*（ユリ科の植物）を拡大したものである．この蛇紋岩に適応した植物は，サンフランシスコ湾に突き出した半島に位置するティブロン地域のただ 1 つの丘に生育する（訳注：日本では，蛇紋岩固有の植物は尾瀬の至仏山（しぶつさん）などでよく知られている）．

金属を取り込む性質を利用して，金属で汚染された地域でその金属を濃縮・廃棄できるかという研究がいま進行している．

概念のチェック 2.1

1. 関連性を考えよう➤食塩がもつ創発特性がどのようなものか，説明しなさい（1.1 節参照）．
2. 微量元素は生命にとって必須であるか．説明しなさい．
3. どうなる？➤鉄は，ヒトの赤血球で酸素を運搬するヘモグロビンという分子が正しく機能するのに必要な微量元素である．もし，鉄が欠乏すると，どのような影響が出るだろうか．
4. 関連性を考えよう➤植物が蛇紋岩土壌に耐性となる進化において，自然選択が果たすと考えられる役割を説明しなさい（1.2 節を復習しなさい）．

（解答例は付録 A）

2.2 元素の性質は，その原子の構造によって決まる

それぞれの元素は，別の元素の原子とは異なる特定の型の原子で構成されている．**原子 atom** とは，元素の性質を保つ物質の最小単位である．原子はとても小さいので，この文の最後のピリオド（読点）の直径をまたぐのに約 100 万個の原子が必要になる．元素を構成する原子も元素と同じ記号で表す．たとえば，元素記号 C は炭素元素とともに 1 個の炭素原子も表す．

原子を構成する微粒子

原子は，その元素の性質を保つ物質の最小単位であるが，この微小物質は「微粒子」とよばれるさらに小さいものからできている．高エネルギーの衝突実験によって，物理学者は原子から 100 種以上の微粒子をつくり出したが，ここではほんの 3 種類の微粒子，つまり**中性子 neutron**，**陽子 proton** と**電子 electron** を述べる．陽子と電子は電荷を帯びている．つまり，陽子は 1 単位の正電荷を帯び，電子は 1 単位の負電荷を帯びる．中性子は，その名が示すように，電気的に中性である．

陽子と中性子は強く結合して，原子の中心部に密なコアとなる**原子核 atomic nucleus** をつくる．つまり，陽子が原子核に正電荷を与える．電子は，原子核のまわりに負電荷の一種の「雲」をつくり，正と負の電荷

▼図 2.4　**ヘリウム（He）原子の２つの簡易モデル．** ヘリウム原子核は２個の中性子（茶色）と２個の陽子（ピンク色）からできている．２個の電子（黄色）は核外にある．なお，これらのモデルは実際の大きさに対応していない．つまり，電子雲と比べて，核の大きさを誇張してある．

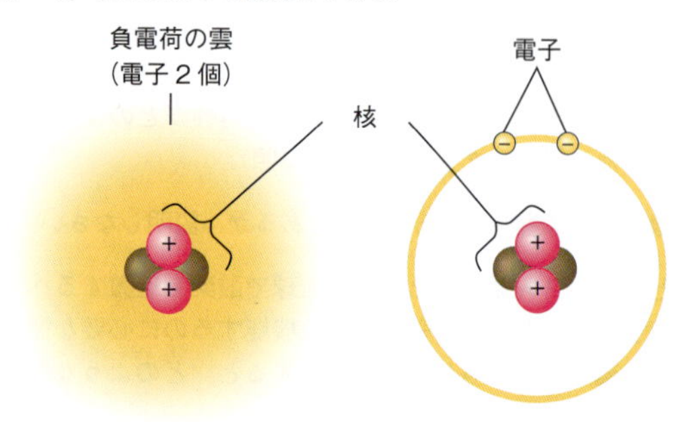
負電荷の雲
（電子２個）
核
電子

(a) 電子は核のまわりを運動しているので，このモデルは２個の電子を負電荷の雲として表す．

(b) もっと単純化されたこのモデルでは，電子を，核のまわりの円周上の２個の黄色い球として表す．

の間の引力が，核の近傍に電子を引きつける．図 2.4 は，ヘリウムを例として，2 つのよく使われる原子構造のモデルを示す．

中性子と陽子はほとんど同じ質量（約 1.7×10^{-24} グラム（g））をもつ．グラムなどの日常的な単位は，非常に小さな質量を表すにはあまり便利ではない．そこで，原子や原子を構成する微粒子（また分子も）のため，私たちは**ドルトン** dalton という単位を用いる．これは 1800 年頃原子説の発展に貢献した英国の科学者ジョン・ドルトン John Dalton にちなんでいる（ドルトンは，生物学以外で使われる「原子質量単位」もしくは amu と同じものである）．中性子と陽子の質量は 1 ドルトンに近い．電子の質量は中性子や陽子のわずか 2000 分の 1 ほどのため，原子の総質量を計算するとき，電子を無視してもよい．

原子番号と原子量

異なる元素の原子では，原子を構成する微粒子の数が異なっている．特定の元素ではそのすべての原子は，核内の陽子数が同じである．この元素に固有の陽子数は**原子番号** atomic number とよばれ，元素記号の左下に小さく示される．たとえば，$_{2}$He はヘリウム元素の原子は核内に 2 個の陽子をもつことを表している．特に断らなければ，原子は電気的に中性であり，これは陽子の数は電子の数と同じであることを意味する．したがって，原子番号は電気的に中性な原子において，陽子数と電子数を教えてくれる．

中性子の数は，2 つ目の尺度である**質量数** mass number から求めることができる．この質量数は原子核内の中性子と陽子の総数であり，元素記号の左上に示される．この略記法では，たとえば，ヘリウム原子は $^{4}_{2}$He と書く．原子番号は陽子数を表すので，質量数から陽子数を差し引くことで，中性子数を求めることができる．$^{4}_{2}$He と表すヘリウム原子は 2 個の中性子をもつ．ナトリウム（Na）に関しては，

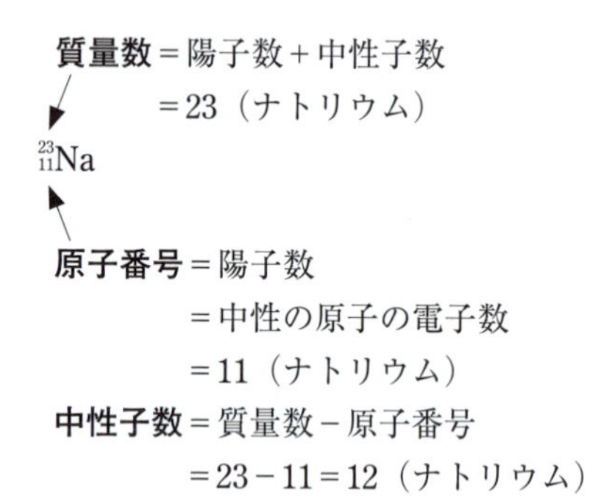
質量数＝陽子数＋中性子数
＝23（ナトリウム）
$^{23}_{11}$Na
原子番号＝陽子数
＝中性の原子の電子数
＝11（ナトリウム）
中性子数＝質量数－原子番号
＝23－11＝12（ナトリウム）

最も単純な原子は水素であり，$^{1}_{1}$H は中性子をもたない．つまり，1 個の陽子と 1 個の電子をもつ．

すでに述べたように，電子の質量への寄与は無視してもよい．したがって，原子の質量のほとんどすべては，核内に濃縮されている．中性子も陽子もそれぞれ 1 ドルトンに非常に近い質量をもっているので，質量数は**原子量** atomic mass（原子質量ともいう）とよばれる原子の総質量の近似値である．たとえば，ナトリウム（$^{23}_{11}$Na）の質量数は 23 であるが，その原子量は 22.9898 ドルトンである．

同 位 体

ある元素のすべての原子は，同じ陽子数であるが，ある原子は同じ元素の別の原子よりも，多くの中性子をもち，質量も大きいことがある．このような同じ元素の異なる質量数の原子は，その元素の**同位体** isotope とよばれる．自然界では，元素は同位体の混合物である．たとえば，原子番号 6 の炭素元素の 3 種の同位体を考えてみよう．最も多い同位体は，炭素 12（$^{12}_{6}$C）で，自然界の炭素の約 99% を占める．炭素同位体の $^{12}_{6}$C は 6 個の中性子をもつ．残り 1% の炭素のほとんどは，7 個の中性子をもつ同位体 $^{13}_{6}$C の原子である．3 番目はさらに微量な $^{14}_{6}$C という同位体で，8 個の中性子をもつ．これらすべての炭素同位体は 6 個の陽子をもっていることに注意しなさい．逆にいうと，6 個でなければ，それはもはや炭素ではない．ある元素の異なる同位体は異なる質量をもつが，化学反応においては同一の挙動をする（自然界で複数の同位体が存在するとき，その原子量は同位体の存在比で補正し

た各同位体の原子量の平均値となる．したがって，炭素の原子量は 12.01 ドルトンである）．

^{12}C と ^{13}C はともに安定同位体であり，これは原子核が崩壊する性質がないことを意味する．しかし，同位体 ^{14}C は不安定であり，放射性である．**放射性同位体 radioactive isotope** は，原子核が自然崩壊し，粒子やエネルギーを放射する．もし，崩壊によって陽子数が変化すれば，その原子は別元素の原子に変化することになる，たとえば，^{14}C が崩壊すると，陽子数が増加し，窒素原子（^{14}N）を生じる．放射性同位体は生物学においてさまざまな役に立つ応用ができる．

放射性トレーサー

放射性トレーサー（訳注：その行方を追跡できる物質という意味）は医学において重要な診断ツールとして利用される．細胞はある元素を利用するとき，非放射性同位体とまったく同じように放射性同位体を取り込むことができる．放射性同位体が生物的に活性のある分子に取り込まれると，代謝という生物の化学反応において，その原子を追跡するトレーサーとして利用できる．たとえば，ある種の腎臓病は，放射性同位体を含む少量の物質を血液に注入し，尿に排出されてくる放射性トレーサー物質を測定することによって診断することができる．また，放射性トレーサー物質は，高度な画像撮影装置と組み合わせて使われる．たとえば，PET 装置（ポジトロン断層撮影装置）は，人体内でがんの増殖と化学反応を検出することができる（図 2.5）．

放射性同位体は生物学や医学において非常に有用であるが，崩壊する同位体から放出される放射線は，細胞のさまざまな分子に傷害を与えることで生命を危険にさらすこともある．この傷害の程度は，生物が吸収する放射線の種類と量に依存する．最も深刻な環境からの脅威は，核施設などの事故による放射性降下物である．一方，医学の診断に用いられる放射性同位体の量は少なく，比較的安全である．

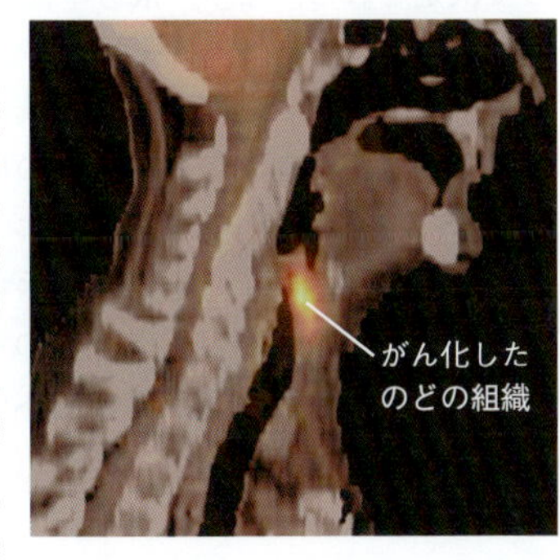
がん化した
のどの組織

➤図 2.5 **PET 装置による放射性同位体の医学利用．** PET（陽電子放射トモグラフィーの略，ポジトロン断層撮影ともいう）は人体内の高い化学反応の場を検出する．明るい黄色のスポットは，放射性標識されたグルコースが高いレベルで存在すること，つまり高い代謝活性をもつがん細胞の特徴を示している．

放射年代測定

進化 研究者は過去の生物の遺物の年代を知るために，化石に含まれる放射性同位体の崩壊を調べる．化石は進化の膨大な証拠を提供してくれる．つまり，過去と現在の生物の違いを記録し，時とともに絶滅した生物への手がかりを与えてくれる．化石を含む地層から，下層の化石は上層の化石より古いということはわかるが，それぞれの化石の正確な年代（絶対年代）は地層の位置だけでは決められない．ここで放射性同位体が登場する．

「親」の同位体が崩壊して「娘」同位体に変換されるのは一定の確率で進行する．その確率を同位体の**半減期 half-life**，つまり親同位体の 50％が崩壊するのに要する時間として表す．放射性同位体はそれぞれ固有の半減期をもっており，それは温度や圧力，その他の環境変化によって影響を受けない．**放射年代測定 radiometric dating** という手法では，生物が化石化または岩石が形成されてから経過した時間を，同位体の比を測定することで，放射性同位体の半減期（年代）で換算する．放射性同位体の半減期は，短いものは秒から日になるものがあり，ウラン 238 は 45 億年という極端に長いものまである．同位体にはそれぞれ「測定」に適した年代がある．ウラン 238 は，地球の年齢にも近い約 45 億年経過した月の岩石の年齢の測定に使われる．**科学スキル演習**では，重要な化石の年代を決定するために，炭素 14 を用いた実験から計算することができる（図 25.6 で化石の放射年代測定についてさらに詳しく説明している）．

電子のエネルギー準位

図 2.4 の原子の単純化モデルは，原子全体の大きさに対して核の大きさを非常に誇張している．ヘリウム原子を一般的なフットボールスタジアムの大きさにたとえると，核はフィールド中央に置いた消しゴムくらいに対応する．さらに，2 個の電子はスタジアムの中を飛び回っている 2 匹の蚊のようなものである．つまり，原子はほとんど空っぽの空間である．化学反応において 2 つの原子が接近するとき，原子核が直接相互作用するほど近寄ることはない．これまで説明してきた 3 種の原子内微粒子のうち，電子だけが原子間の化学反応に直接かかわることになる．

原子がもつ複数の電子は，保持するエネルギー量が異なっている．ここで，**エネルギーenergy**とは，仕事をするなど変化を起こすことができる潜在的な仕事量である．**ポテンシャルエネルギーpotential energy**（位置エネルギーともいう）とは，場所や構造に蓄えられたエネルギーである．たとえば，丘の上の貯水池の水は，その高さに基づくポテンシャルエネルギーをもつ．この貯水池の水門を開けば，水は坂を流れ落ち，そのポテンシャルエネルギーは発電機を動かすなどの仕事に費やされる．エネルギーは消費されるので，丘の上にあったときと比べて，丘の下の水は少ないエネルギーしかもたない．物質はポテンシャルエネルギーが最も低い状態に，自発的に移動する傾向があり，上の例では，水は坂を流れ落ちる．水のポテンシャルエネルギーを回復させるためには，水を重力に反して丘の上に上げる必要がある．

原子がもつ複数の電子は，原子核との距離に基づいたポテンシャルエネルギーをもっている（図 2.6）．電子は負電荷をもち，正電荷をもつ核に引きつけられている．電子を核から遠ざけることは仕事であり，核から遠くなればなるほど電子がもつポテンシャルエネルギーは増大する．水が下り坂を連続的に流れ落ちることとは異なり，電子のポテンシャルエネルギーは一定量ごと不連続に変化する．一定量ごとのエネルギーをもつ電子とは，階段に置かれたボールのようなものである（図 2.6 a）．ボールがどの踏み台にあるかに応じて，異なる量のポテンシャルエネルギーをもつが，段の途中にはボールはほとんど存在しない．同様に，電子のポテンシャルエネルギーは，エネルギー準位によって決まっている．電子は特定のエネルギー準位にのみ存在し，準位の途中には存在することができない．

電子のエネルギー準位は核からの平均距離と相関がある．すべての電子は，固有の平均距離とエネルギー準位をもつ**電子殻 electron shell**のどれかに属する．模式図では，電子殻は複数の同心円で表している（図 2.6 b）．1 番目の殻（K 殻）は核に最も近く，そこに存在する電子のポテンシャルエネルギーは最も低い．2 番目の殻（L 殻）の電子はもっとエネルギーをもち，3 番目の殻（M 殻）の電子はさらに多くのエネルギーをもつ．電子が殻間を移動することは可能であるが，そのためにはもとの電子殻と新しい電子殻の間のポテンシャルエネルギーの差に対応するエネルギーを吸収もしくは放出する必要がある．エネルギーを吸収すると，電子は核からより外側の電子殻に移る．言い換えれば，光エネルギーで励起された電子はより高いエネルギー準位へ移る（まさしく，この反応は植物が太陽光エネルギーを利用して，二酸化炭素と水から食物を生産する光合成プロセスにおける最初のステップである．光合成については 10 章で詳しく学ぶ）．電子がエネルギーを失えば，電子は原子核により近い電子殻へ「落ちてくる」ことになる．また，失われたエネルギーは，ふつう熱として，まわりに放出される．たとえば，日光は自動車の表面の電子を励起して，高いエネルギー準位へ上げる．この電子がもとの準位に落ちるとき，車の表面は熱くなる．この熱エネルギーは空気中に拡散されたり，もし車に触れれば手にも伝えられる．

▼図 2.6　原子中の電子のエネルギー準位． 電子は，電子殻とよばれる特定のポテンシャルエネルギー準位のみに存在する．

(a) 階段を落ちていくボールは，それぞれの踏み台の上でとどまることはできるが，段の途中には存在できない．同様に，電子は特定のエネルギーレベルに存在できるが，その中間レベルには存在できない．

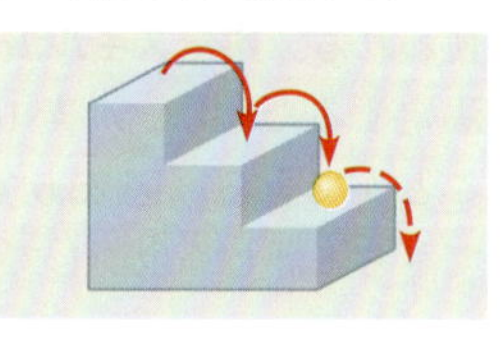

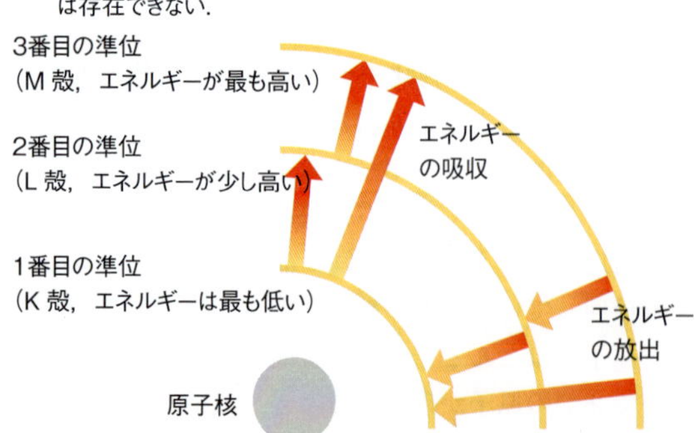
3番目の準位
(M 殻，エネルギーが最も高い)
2番目の準位
(L 殻，エネルギーが少し高い)
1番目の準位
(K 殻，エネルギーは最も低い)
エネルギーの吸収
エネルギーの放出
原子核

(b) 電子は，各エネルギー準位間のエネルギー差にちょうど一致するエネルギーを吸収したり放出したりして，各電子殻の間を移動するが，その中間には存在できない．矢印は，可能なポテンシャルエネルギーの段階的な変化を示す．

電子配置と化学特性

原子の化学的性質は，電子殻における電子配置によって決定される．まず，最も単純な水素原子から始め，これに陽子と電子を 1 個ずつ（と適当な数の中性子を）加えていくことで，他の元素の成り立ちを考えることができる．図 2.7 は「元素の周期表」を改変したもので，水素（$_{1}H$）からアルゴン（$_{18}Ar$）までの最初の 18 種の元素の電子配置図を示す．この図で，元素は 3 列に周期的に並び，各原子の電子殻内の電子数に対応している．各列の左から右へ並んだ原子では，陽子と電子が 1 個ずつ増えている（完全版の周期表は付録 B を参照）．

水素は 1 個の電子，ヘリウムは 2 個の電子を，最も内側の K 殻にもっている．すべての物質と同じよう

▼図 2.7 **周期表の最初の 18 種の元素の電子配置図.** 標準の周期表（付録 B 参照）では，各元素の情報は挿入図のヘリウムのように示す．本表の模式図は，電子は黄色い点，電子殻は同心円で示す．この図は，電子殻の電子の分布を図示する便利なものであるが，この単純化モデルは原子の形や電子の位置を正確に示しているわけではない．各元素を 3 列に並べてあり，左から順に電子殻を電子が満たしていくことがわかる．新たに加えられる電子は，空いている電子殻のうち最もエネルギー準位の最も低いところに入る．

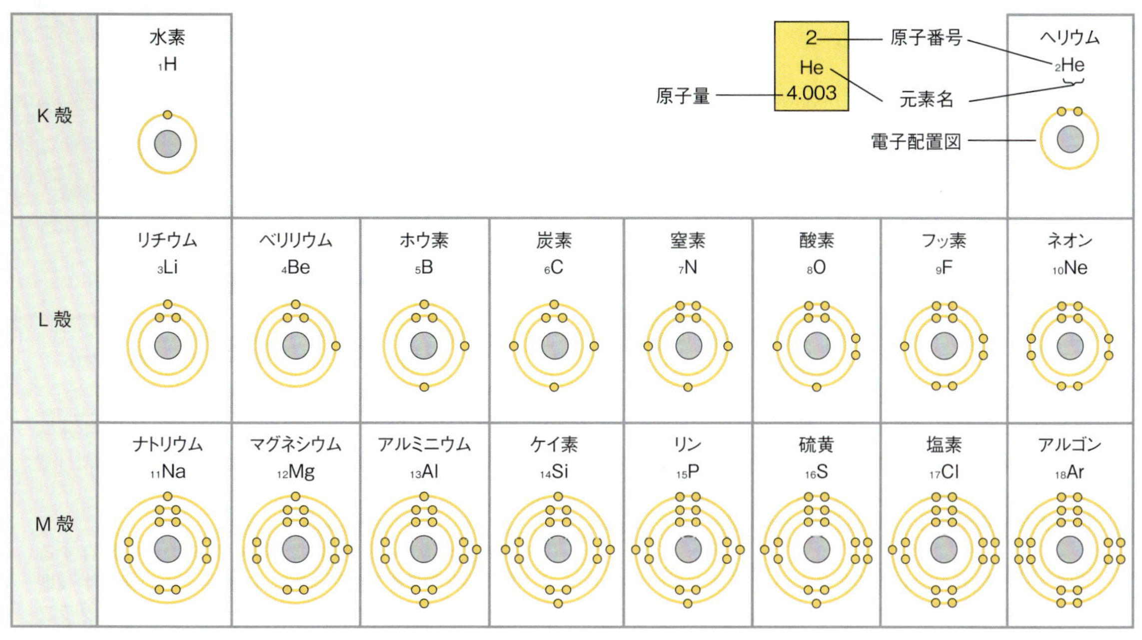

K 殻
L 殻
M 殻
水素 1H
ヘリウム 2He
2
He
4.003
原子番号
原子量
元素名
電子配置図
リチウム 3Li
ベリリウム 4Be
ホウ素 5B
炭素 6C
窒素 7N
酸素 8O
フッ素 9F
ネオン 10Ne
ナトリウム 11Na
マグネシウム 12Mg
アルミニウム 13Al
ケイ素 14Si
リン 15P
硫黄 16S
塩素 17Cl
アルゴン 18Ar

図読み取り問題▶図を見て，マグネシウムの原子番号を答えなさい．マグネシウムの陽子数と電子数は何か．何個の電子殻があるか．価電子の数を答えなさい．

に電子も，最も低いポテンシャルエネルギーの状態をとる傾向がある．しかし，K 殻は 2 個より多くの電子を収容することはできないので，1 列目の元素は水素とヘリウムだけとなる．つまり，K 殻が満たされれば，3 個以上の電子をもつ原子は 2 番目以上の電子殻も使うことになる．次の元素であるリチウムは 3 個の電子をもつ．このうち 2 個は K 殻を満たし，3 個目の電子は L 殻に入る．この L 殻は最大 8 個の電子を格納できる．周期表 2 列目の最後の元素はネオンで，L 殻に 8 個の電子をもち，K 殻を合わせて合計 10 個の電子をもつ．

原子の化学的性質は「最外殻」の電子数にほとんど依存する．これらの外側の電子は**価電子 valence electron** とよばれ，これを格納する殻は**価電子殻 valence shell** とよばれる．リチウムの場合，価電子は 1 個だけで，2 番目の L 殻が価電子殻となる．価電子殻に同じ数の電子をもつ原子は，よく似た化学的性質を示す．たとえば，フッ素（F）と塩素（Cl）はともに 7 個の価電子をもち，どちらもナトリウム元素と反応して化合物をつくる．フッ化ナトリウム（NaF）は虫歯予防のために練り歯磨きによく添加されている．すでに述べたように，塩化ナトリウム（NaCl）は食塩である（図 2.2 参照）．価電子殻にすべての電子が入った原子は反応性がなく，他の原子とほとんど相互作用しない．周期表の最も右側には，図 2.7 では 3 種の元素，つまりヘリウム，ネオン，アルゴンがあり，これらは満たされた価電子殻をもち，「不活性」（訳注：貴ガスともいう）といわれる．図 2.7 の他の原子は，不完全な価電子殻をもち，化学的反応性が高い．

電子軌道

1900 年代初頭，原子の電子殻は，惑星が太陽のまわりを回るように，原子核のまわりの同心円状の軌道で描かれた．図 2.7 の 2 次元の同心円は，3 次元の電子殻を表すには，いまでも便利である．しかし，各同心円は原子核と電子殻中の電子の「平均距離」を表しているだけであり，現実の原子の姿を表すものではない．実際のところ，電子の正確な位置は決して確定できない（訳注：不確定性原理という）．その代わりに，電子が多くの時間存在する空間を示すことはできる．電子が 90% 以上の時間存在する 3 次元空間を**軌道 orbital** という．

それぞれの電子殻の電子は，ほぼ同じエネルギー準位で，しかも異なる形と配向の軌道をもって分布して

科学スキル演習

放射性同位体の標準崩壊曲線の計算とデータ解釈法

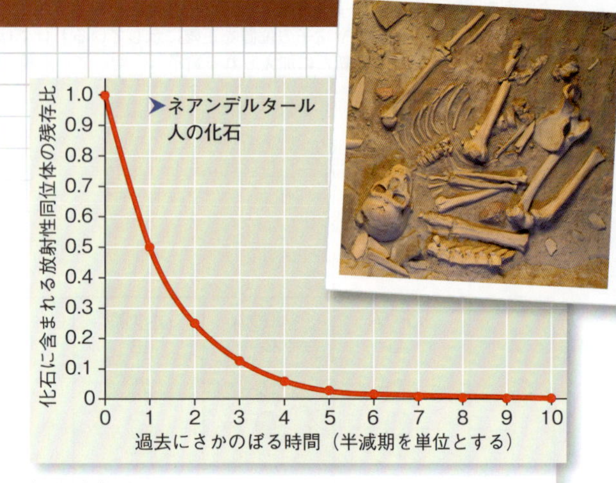
化石に含まれる放射性同位体の残存比
1.0
0.9
0.8
0.7
0.6
0.5
0.4
0.3
0.2
0.1
0
0 1 2 3 4 5 6 7 8 9 10
過去にさかのぼる時間（半減期を単位とする）
ネアンデルタール人の化石

データの出典　R. Pinhasi et al., Revised age of late Neanderthal occupation and the end of the Middle Paleolithic in the northern Caucasus, *Proceedings of the National Academy of Sciences USA* 147:8611-8616（2011）. doi 10.1073/pnas.1018938108

ネアンデルタール人 *Homo neanderthalensis* は現生人類 *Homo sapiens* とどのくらい長く共存していたのだろうか　ネアンデルタール人は35万年前からヨーロッパにすんでおり，絶滅するまでに数百年から数千年の間，ユーラシア大陸の各所で初期の現生人類と共存していたかもしれない．研究者はこの地域でのネアンデルタール人の最も新しい生存時期を特定することによって，より正確に共存していた期間を決めようとした．放射性炭素14を用いてネアンデルタール人の骨を含む地層の最上部，つまり最も新しい部分に存在するネアンデルタール人の化石の年代を測定した．この演習では，炭素14の標準崩壊曲線を作成し，これを用いてネアンデルタール人の化石の年代を決定する．その年代から2種の人類がこの化石が採集された場所で共存していた直近の時期を推定できるだろう．

実験方法　炭素の放射性同位体である炭素14（^{14}C）は一定の割合で崩壊して^{14}Nを生成する．^{14}Cは大気中に少量あり，^{13}Cと^{12}Cとの比率は一定である．大気中の炭素が光合成によって植物体に取り込まれると，^{12}C, ^{13}C, ^{14}Cの同位体は大気中のそれらと同じの比率で取り込まれる．この植物を食べた動物の組織においても，その同位体比は同じになる．この生物が生きている間は，体内の^{14}Cは一定の割合で崩壊するが，環境からつねに新しい炭素が取り込まれ置き換えられる．生物が死ぬと新しい炭素の取り込みは停止し，しかしすでに組織に取り込まれた^{14}Cは崩壊し続け，一方^{12}Cは放射性ではなく崩壊しないのでそのまま組織に残る．こうして，化石炭素の^{14}Cと^{12}Cの比を求め，その比を本来の大気に含まれていた^{14}Cと^{12}Cの比と比較することで，化石に含まれていた本来の^{14}Cのどのくらいの時間崩壊したかを求めることができる．本来の^{14}Cの割合と化石に残っている^{14}Cの割合を比較することから，5730年とわかっている半減期を用いて，経過した時間（年）に変換することができる．言い換えると，化石の中の^{14}Cは崩壊して5730年で2分の1になる．

実験データ　ネアンデルタール人のある化石は，大気中の^{14}Cの約0.0078に相当する量の^{14}Cを含んでいた．以下の問題に答えることで，この残量を化石の年代に変換できる．

データの解釈

1. 放射性同位体の崩壊の標準曲線を右上に示す．図中の線は放射性同位体の残存比を，半減期を単位とした時間（過去にさかのぼる）で示している．半減期とは放射性同位体の半分が崩壊する時間であることを思い出そう．図中のデータの各点にそれぞれの数値（残存比）を表記すればわかりやすくなる．半減期＝1の点に矢印をつけ，半減期1回分の経過後に残存する^{14}Cの割合（残存比）を示しなさい．その後の半減期1回ごとに経過するとき残存する^{14}Cの割合をグラフの各点に示しなさい．また，それぞれの半減期における残存率を小数値に換算し，有効数字3桁（最初の0は除く）で示しなさい．さらに，その値を指数表記でも示しなさい．
2. ^{14}Cの半減期は5730年である．これを考慮してx軸を年代に変換し，現代からさかのぼった年代（年前）として，グラフの各半減期の軸の目盛として示しなさい．
3. ネアンデルタール人の化石の^{14}C量は，当初の^{14}C量の0.0078であることが明らかになった．(a) すでに図に記入した数値を用いて，このネアンデルタール人が死亡してから半減期何回分の時間を経過しているか，答えなさい．(b) 現在より何年前を示したx軸での^{14}C崩壊を考慮して，ネアンデルタール人の化石の年代を求めなさい（1000年単位で四捨五入）．(c) 本研究によれば，ネアンデルタール人が絶滅したのは，いつのことか，1000年単位の年代で答えなさい．(d) 今回の論文は，現生人類（*H. sapiens*）が最後のネアンデルタール人とこの地域で共存したのは約3万9000～4万2000年前というこれまでの研究を引用している．このことから，ネアンデルタール人と現生人類の共存について考えられることを述べなさい．
4. 炭素14による年代測定法は7万4000年前までさかのぼることができるが，それより古い化石では検出できる^{14}Cの量が低くなりすぎる．多くの恐竜は6500万年前に絶滅した．(a) 恐竜の骨の年代測定に，^{14}Cを利用できるか．理由とともに答えなさい．(b) 放射性ウラン235の半減期は7億400万年である．もし，これが恐竜の骨に取り込まれれば，その化石の年代測定に利用することは可能であるか．理由とともに答えなさい．

いる．図 2.8 は，例としてネオンの電子軌道を示す．個々の電子軌道は電子殻の成分と考えてもよい．K殻はただ1つの球状の *s* 軌道（1*s* という）をもち，L殻は4つの軌道，つまり1つの大きな球状 *s* 軌道（2*s*）と3つのアレイ形 *p* 軌道（2*p*）をもつ（3番目以上の電子殻は *s* 軌道や *p* 軌道とともに最も複雑な軌道ももつ）．

1つの軌道には，電子は2個まで入る．K殻は2個まで電子を保持できる．水素原子の1個の電子は，ヘリウムの2個の電子と同じように，1*s* 軌道に存在する．L殻の4つの軌道は，各2個ずつ，合計8個の電子を保持できる．4つの異なる軌道の電子はほぼ同じエネルギーをもつが，異なる空間に存在する．

原子の反応性は，その価電子殻の軌道上の不対電子から生じる．次項で学ぶように，原子はその価電子殻を満たすように他の原子と相互作用する．そのため，「不対」電子が反応にかかわる．

概念のチェック 2.2

1. リチウム原子は，3個の陽子と4個の中性子をもつ．その質量数を答えなさい．
2. 窒素原子は7個の陽子をもち，最も存在比の高い窒素の同位体は7個の中性子をもつ．窒素の放射性同位体は8個の中性子をもつ．この放射性窒素の原子番号と質量数を，元素記号とその左側の添え字として答えなさい．
3. フッ素は何個の電子をもつか．電子殻は何個あるか．電子をもつ電子軌道の名を答えなさい．価電子殻を満たすには，さらに何個の電子が必要か．
4. **図読み取り問題▶** もし，図 2.7 の2個以上の元素が同じ横列にあるとすれば，何が共通か．もし，2個以上の元素が同じ縦列にあるとすれば，何が共通か．

（解答例は付録 A）

2.3

分子の形成や機能は原子間の化学結合に依存する

これまで原子の構造を見てきたので，これから構成の階層を上げて，原子が反応してどのように分子やイオン化合物をつくるのかを見てみよう．不完全な価電子殻をもつ原子は別の原子と反応して，互いに価電子殻を満たそうとする．このとき，原子は電子を共有する場合と電子をやり取りする場合がある．これらの相

▼図 2.8 電子軌道．

ネオン，2つの満たされた電子殻（電子 10 個）

K殻

L殻

(a) **電子配置図**．10 個の電子をもつネオン原子の電子配置図を示す．2つの同心円は各電子殻を表し，これはさらに複数の電子軌道に分割される．

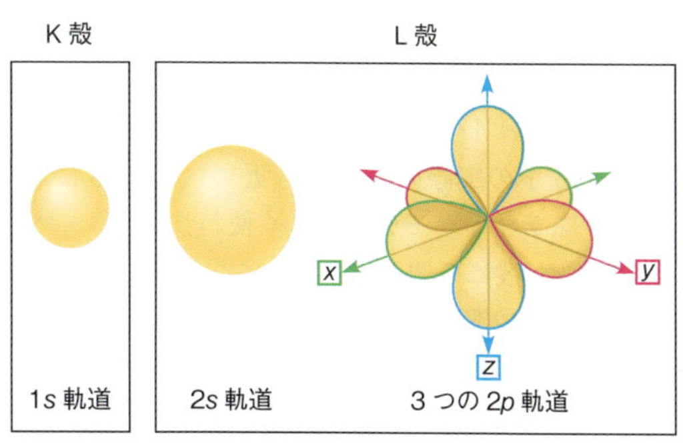
K殻
L殻
x
y
z
1s 軌道
2s 軌道
3 つの 2p 軌道

(b) **異なる電子軌道**．この立体図は，電子が存在する確率が高い空間である電子軌道を示す．各軌道には最大2個の電子が入る．左側のK殻は，1*s* と表記する球状の *s* 軌道をもつ．右側のL殻は，1*s* より大きな球状の *s* 軌道（2*s* と表記）と3つのアレイ状の *p* 軌道（2*p* と表記）をもつ．3つの 2*p* 軌道は，仮想の *x*, *y*, *z* 軸に沿って互いに直交している．図では，3つの異なる 2*p* 軌道は異なる色の線で輪郭を示す．

1s，2s，2p 軌道

(c) **電子軌道の重ね描き**．ネオンの電子軌道の全体を見るため，K殻の 1*s* 軌道とL殻の 2*s* と3つの 2*p* 軌道を重ね描きした．

互作用によって，原子は互いに引き合うので，**化学結合 chemical bond** という．このうち結合が最も強いのは，乾燥した化合物においては共有結合とイオン結合である（イオン結合の力は水溶液では弱くなる）．

共有結合

共有結合 covalent bond では，原子間で対となる価電子を共有する．たとえば，2つの水素原子が互いに接近したとき，何が起こるか考えてみよう．水素原子はK殻に1個の価電子をもつが，K殻は電子を2個入れることができる．もし，2個の水素原子が接近して互いの 1*s* 軌道が重なるようになると，両原子が電子を共有できる（図 2.9）．このとき，各水素原子は，

2個の電子をもち，価電子殻を満たすことができる．2個以上の原子が共有結合で結合すると，**分子 molecule** を形成する．水素原子の場合は，水素分子となる．

図 2.10 a は水素分子を異なる表記で示す．「分子式」の H_2 は，水素分子が2個の水素原子からできていることを示す．電子配置図や「ルイスの構造式」（電子式ともいう）は，電子の共有を図示できる．これは，価電子を元素記号のまわりのドットで示す（H：H）．また，「構造式」では，1対の共有電子による**単結合 single bond** を H—H の線分で示す．「空間充塡モデル」は，分子の実際の形に最も近い（図 2.15 に示すボール・スティックモデルもよく使われる）．

酸素は，L殻に6個の電子をもち，価電子殻を満たすにはさらに2個の電子を必要とする．そのため，2個の酸素原子は，2対の電子を共有して酸素分子をつくる（図 2.10 b）．このとき2つの原子は，**二重結合 double bond** でつながれる（O＝O）．

価電子を共有する各原子は，形成できる共有結合の数に対応する結合能力をもつ．結合が形成されるとき，これによって価電子殻の電子を満たすようになる．たとえば，酸素原子の結合能力は2である．この結合能力は**原子価 valence** とよび，最外殻（価電子殻）を満たすのに必要な不対電子の数に対応する．水素や酸素，窒素，炭素の原子価を知るには，図 2.7 の電子配置図を復習しなさい．つまり，水素の原子価は1，酸素は2，窒素は3，炭素は4である．しかし，周期表の3列目の元素はさらに複雑である．たとえば，リンの原子価は3または5であり，それは形成する単結合と二重結合の組み合わせに依存する．

H_2 や O_2 などの分子は，1種類の元素だけでできているので，化合物とはいわず，単体という．水は，分子式で H_2O と表す化合物である．1個の酸素原子の原子価を満たすには，2個の水素原子が必要である．図 2.10 c は，水分子の構造を示す（水は生命にとってあまりにも重要なので，3章全体を水の構造とふるまいにあてている）．

自然に存在する重要な気体であるメタンは，分子式 CH_4 で表される化合物である．原子価4の炭素に対して，原子価1の水素は4原子必要である（図 2.10 d；4章では，さまざまな炭素化合物を紹介する）．

分子をつくる各原子は，元素の種類に応じて共有電子の引きつけ方が異なる．特定の原子が，共有結合の電子を引きつける力は，**電気陰性度 electronegativity** という．電気陰性度が強い原子は共有電子を強く引きつける．同じ電気陰性度をもつ同種の原子間の共有結

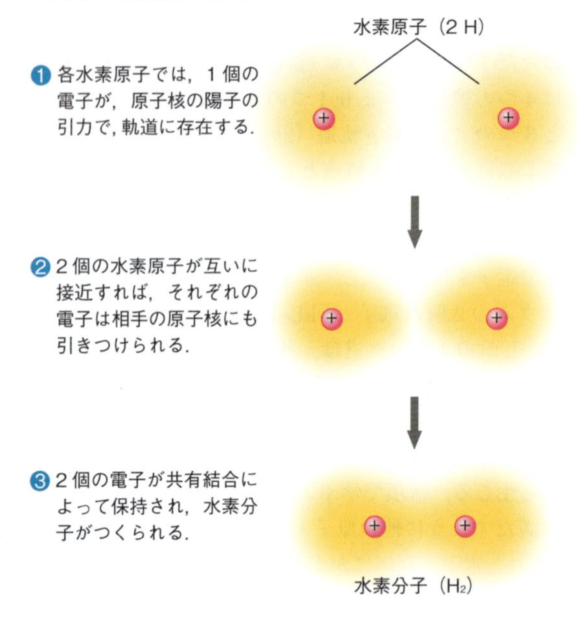
水素原子（2 H）
❶ 各水素原子では，1個の電子が，原子核の陽子の引力で，軌道に存在する．
❷ 2個の水素原子が互いに接近すれば，それぞれの電子は相手の原子核にも引きつけられる．
❸ 2個の電子が共有結合によって保持され，水素分子がつくられる．
水素分子（H_2）

▼図 2.9　**共有結合の形式.**

▼図 2.10　**4種の分子の共有結合の表記.** 原子の価電子殻を満たすのに必要な電子の数は，その原子が一般的に何個の共有結合が必要かを示している．本図は4通りで共有結合を示す．

名前と分子式	電子配置図	電子式と構造式	空間充塡モデル
(a) 水素（H_2）．2個の水素原子は1対の電子を共有して単結合を形成．	 (H)(H)	H:H H—H	
(b) 酸素（O_2）．2個の酸素原子は2対の電子を共有して二重結合を形成．	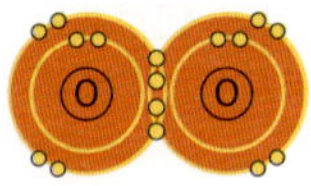 (O)(O)	O::O O＝O	
(c) 水（H_2O）．2個の水素原子と1個の酸素原子は単結合で水分子をつくる．	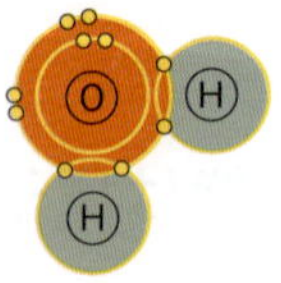 (O)(H)(H)	:O:H H O—H │ H	
(d) メタン（CH_4）．4個の水素原子が1個の炭素原子の価電子殻を満たし，メタンをつくる．	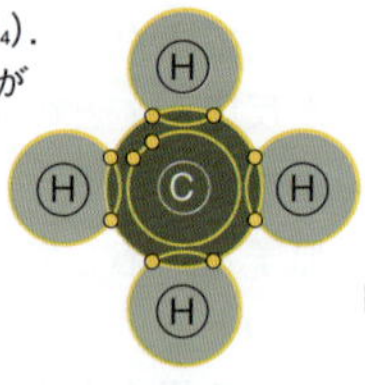 (H)(H)(C)(H)(H)	H H:C:H H H │ H—C—H │ H	

合では，電子は均等に共有される．つまり，綱引きは引き分けである．このような結合は，**非極性共有結合 nonpolar covalent bond** という．たとえば，H_2 の単結合も O_2 の二重結合もともに非極性である．しかし，ある原子が，もっと強い電気陰性度をもつ原子と共有結合すると，その結合にかかわる電子は均等には共有されない．このような結合を，**極性共有結合 polar covalent bond** という．このとき，2つの原子の電気陰性度の違いに応じて，極性は違ってくる．たとえば，水分子の酸素原子と水素原子の結合は，非常に極性が強い（図 2.11）．

酸素はすべての元素の中で最も電気陰性度が強い元素の1つであり，水素原子よりもはるかに強く，共有電子を引きつける．酸素と水素の間の共有結合において，共有電子は水素のまわりよりも，はるかに長い時間を酸素のまわりで過ごす．電子は負電荷をもち，水分子の中で，酸素原子のほうに強く引きつけられているので，酸素原子は部分的な負電荷（ギリシャ文字を用いて，$\delta-$ と表記）を2つの領域でもち，2個の水素原子は部分的な正電荷（$\delta+$）をもつ．一方，炭素と水素の電気陰性度は同程度なので，メタン（CH_4）の結合には極性はほとんどない．

イオン結合

価電子を引きつける力が原子間で大きく違うときは，電気陰性度の強い原子が相手から電子を完全に奪い取ってしまう．この結果生じる正や負の電荷をもった原子（もしくは分子）を，**イオン ion** という．正電荷をもつイオンを特に**カチオン cation**，負電荷をもつイオンを**アニオン anion** という．正反対の電荷をもつカチオンとアニオンは互いに引き合うので，この力を**イオン結合 ionic bond** という．電子の転移は必ずしもイオン結合の形成を意味しない．むしろ正反対の電荷をもつ2つのイオンが形成されることで，イオン結合が可能になるというべきである．正と負の電荷があれば，どのようなイオンの間であっても，イオン結合をつくることができる．言い換えると，イオン結合するイオンは相手の原子と電子を直接やり取りしなくてもよい．

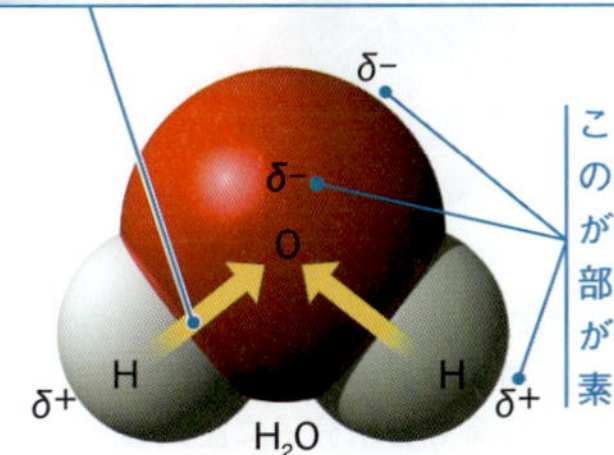

酸素（O）は水素（H）よりも電気陰性度が強いので，共有電子は酸素のほうに引きつけられる．
δ−
δ−
O
H
H
δ+
δ+
H_2O
こうして，2つの部分的負電荷が酸素原子に，部分的な正電荷がそれぞれの水素原子に生じる．

▼図 2.11　**水分子の極性共有結合．**

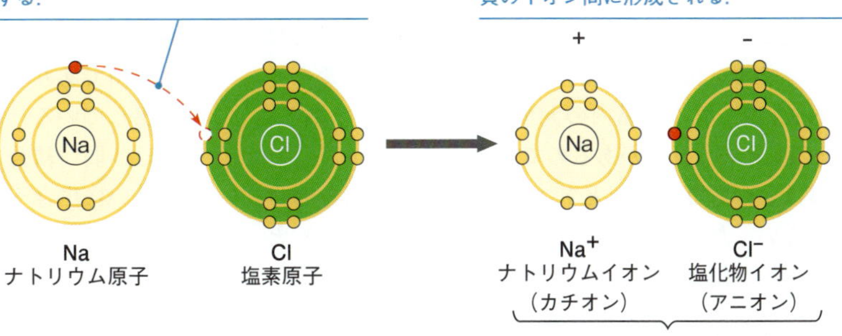

❶ナトリウム原子の1個だけの価電子が，7個の価電子をもつ塩素原子に転移する．
❷結果として，両方のイオンの価電子殻は満たされる．イオン結合は，この正負のイオン間に形成される．
+
−
Na
Cl
Na
Cl
Na
ナトリウム原子
Cl
塩素原子
Na^+
ナトリウムイオン
（カチオン）
Cl^-
塩化物イオン
（アニオン）
塩化ナトリウム（NaCl）

▼図 2.12　**電子の授受とイオン結合．** 反対の電荷をもつ原子（イオン）間の結合をイオン結合という．イオン結合は，反対の電荷をもっていればどのようなイオンの間であっても形成され，電子がイオン間で受け渡しされなくてもよい．

イオン結合は，ナトリウム原子（$_{11}Na$）が塩素原子（$_{17}Cl$）と出合ったときに生じる（図 2.12）．たとえば，ナトリウム原子（$_{11}Na$）と塩素原子（$_{17}Cl$）の間で，このようなことが起こる．ナトリウム原子は11個の電子をもち，そのうち1個が価電子殻（M殻）に存在する．塩素原子は17個の電子をもち，そのうちの7個は価電子殻に存在する．これらの原子が出合うと，ナトリウムに存在する1個だけの価電子が塩素原子に受け渡され，結果としてどちらの原子でも価電子殻が満たされる（なお，ナトリウム原子のM殻から電子がなくなるので，満たされたL殻が価電子殻になる）．この2つの原子間の電子の授受は，ナトリウムから塩素への負電荷1個の転移である．つまり，ナトリウムは11個の陽子と10個の電子をもつことで，正味の正電荷は1をもつカチオンとなる．逆に，塩素は電子1個を獲得して17個の陽子と18個の電子をもつことで，正味の負電荷は1をもつアニオンとなる．

イオン結合で形成される化合物は，**イオン化合物 ionic compound** もしくは**塩**（えん）**salt** という．イオン化合物である塩化ナトリウム（NaCl）は食塩としてよく知られている（図 2.13）．塩は自然界では，さまざまな形や大きさの結晶として，しばしば見つかる．それぞれの塩の結晶は，3次元格子状に配向し電気的に引きつけられたカチオンとアニオンの膨大な集積体である．共有結合の化合物は，分子の大きさと構成原子数が一定であるが，イオン化合物はこのような分子ではない．イオン化合物の式（組成式ともいう），たとえば NaCl は，塩の結晶内の元素比を表すだけである．「NaCl」という分子があるのではない．

塩はいつもカチオンとアニオンを 1：1 で含むわけではない．たとえば，塩化マグネシウム（$MgCl_2$）というイオン化合物は，マグネシウムイオン1個あたり2個の塩化物イオンを含んでいる．マグネシウム（$_{12}Mg$）が価電子殻を満たすために，2個の外側の電子を失い，正味2個の正電荷をもったカチオン（Mg^{2+}）になる傾向が強い．したがって，1個のマグネシウムカチオンは2個の塩化物アニオンとイオン結合をつくる．

「イオン」という用語は，電荷をもった分子全体にも適用できる．たとえば，塩化アンモニウム（NH_4Cl）という塩では，アニオンは単純な塩化物イオン（Cl^-）であるが，カチオンは，1個の窒素原子に4個の水素原子が共有結合したアンモニウム（NH_4^+）である．アンモニウムイオンは全体として，電子が1個不足しているので，正電荷1個をもつ．

イオン結合の強さは環境に依存する．乾燥した塩の結晶では，イオン結合は非常に強いので，結晶を2つに割るためにはハンマーとのみが必要になる．しかし，同じ結晶を水に溶かすと，イオンの電荷は水分子によって部分的に遮蔽されるので，イオン結合はとても弱くなる．多くの医薬品が塩として提供されるのは，乾燥状態ではきわめて安定で，水に溶かすと容易に相手のイオンと分離するからである[*3]（3.2 節では，水が塩をどのように溶かすのかを見てみよう）．

▼図 2.13　**塩化ナトリウム（NaCl）の結晶．** ナトリウムイオン（Na^+）と塩化物イオン（Cl^-）がイオン結合している．NaCl という組成式は Na^+ と Cl^- が 1：1 の比で存在することを示す．

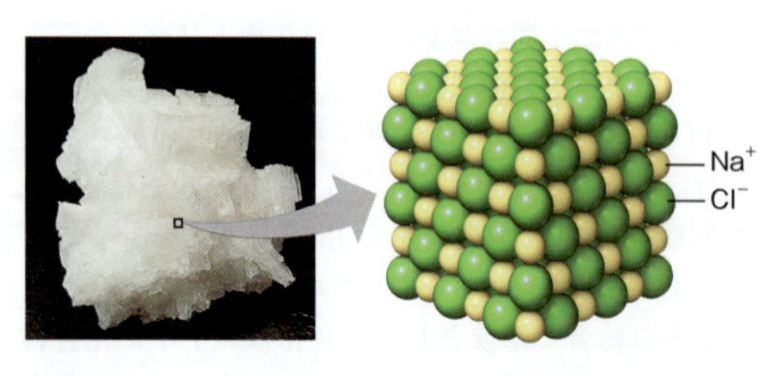
Na^+
Cl^-

＊3（訳注）：イオン性の薬は水に溶けやすく，体内ですぐに効果が出ることを意味する．

弱い化学結合

生物の体の中では，強い化学結合のほとんどは，細胞の分子を構成する原子同士をつなぐ共有結合である．しかし，分子内や分子間のもっと弱い化学結合も細胞には必須であり，特に生命の階層における創発特性を生み出している．多くの巨大な生体分子の機能をもつ構造は，弱い結合でつくられている．また，細胞の分子が互いに出合うと，まず弱い結合で一時的に相互作用する．弱い結合は可逆的であり，そのよいところは，2つの分子が接触して，互いになんらかの応答をした後，分かれることができることにある．

生物において，いくつかの弱い化学結合が重要である．すでに紹介した水の中のイオン結合は，イオン間で作用する．水素結合とファンデルワールス力もまた生命にとって必須である．

水素結合

弱い化学結合の中で，水素結合は生命の化学において非常に重要なので，特記に値する．電気陰性度の強い原子に共有結合している水素原子は部分的な正電荷をもち，近くの電気陰性度の強い別の原子に引きつけられる．水素原子と電気陰性度の強い原子の間に働く力を，**水素結合 hydrogen bond** という．生体内では，この電気陰性度の強い原子は通常，酸素と窒素原子である．図 2.14 を見て，水（H_2O）とアンモニア（NH_3）の間の単純な水素結合を確認しなさい．

▼図 2.14　**水素結合．**

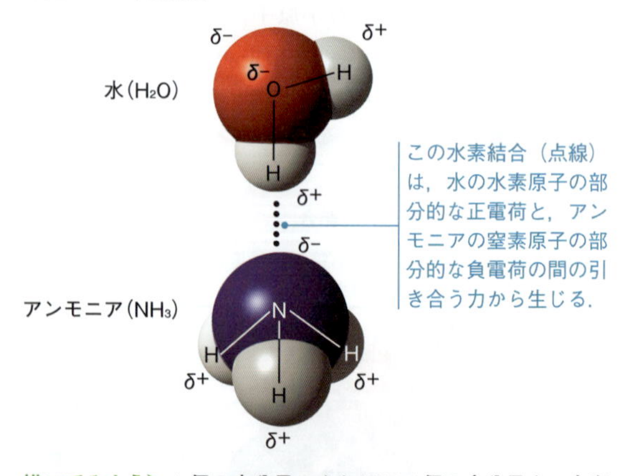
水（H_2O）
δ−
δ+
δ−
O
H
H
δ+
δ−
この水素結合（点線）は，水の水素原子の部分的な正電荷と，アンモニアの窒素原子の部分的な負電荷の間の引き合う力から生じる．
アンモニア（NH_3）
N
H
H
H
δ+
δ+
δ+

描いてみよう➤ 1個の水分子のまわりに4個の水分子を，水素結合できる向きに，描きなさい．水分子は空間充塡モデルの輪郭で描き，部分的な電荷を各水分子に記入し，水素結合を点線で示しなさい．

ファンデルワールス力

非極性共有結合だけの分子においても，分子内に正電荷を帯びたところと負電荷を帯びたところが生じることがある．電子がいつも均等に分布しているのではなく，偶然，ある瞬間に分子の一部に集中することがある．その結果，どこでも正や負の電荷ができたり消えたりすることで，原子や分子が互いに引き合うようになる．これを**ファンデルワールス力 van der Waals interaction** という．この力は個別にはとても弱く，原子や分子が互いに非常に近接したときのみ作用する．しかし，この力が多数集まり，同時に作用すると，強力な力になり得る．たとえば，ファンデルワールス力によって，下に示すヤモリは垂直の壁をよじ登ることができる．ヤモリの指の先端には何十万という細い毛が生えていて，その先端はでこぼこしていて，接触する表面積を増やしている．毛の先端の分子と壁の表面の分子の間に，膨大な数のファンデルワールス力が作用するため，個別の力は弱くても，集合してヤモリの体重を支えることができる．

ファンデルワールス力や水素結合，水の中のイオン結合，他の弱い結合は，分子間だけでなくタンパク質のような大きな分子の異なった部位間でも働く．この弱い結合は集合して，大きな分子の3次元の形を補強する．5章では弱い結合の重要な生物学的役割を学ぶことにする．

分子の形と機能

分子にはそれぞれ固有の大きさと形があり，生命の細胞における機能にとても重要である．

H_2 や O_2 のような2個の原子からできている分子は，すべて直線的な形をしているが，3個以上の原子からなる分子はもっと複雑な形になる．この形は，各原子の電子軌道の位置によって決まる（図 2.15）．原子が共有結合をつくるとき，価電子殻の電子軌道は再編成される．*s* 軌道と *p* 軌道に価電子をもつ原子では（図2.8参照），1つの *s* 軌道と3つの *p* 軌道は混成して，原子核から同じ涙滴形で伸びる新しい混成軌道をつくる（図 2.15 a）．この涙滴形の外側をつなぐと，幾何学の正四面体（全辺の長さが等しい三角錐）になる．

水分子（H_2O）において，酸素原子の価電子殻の4つの混成軌道の

▼図 2.15 混成軌道による分子の形．

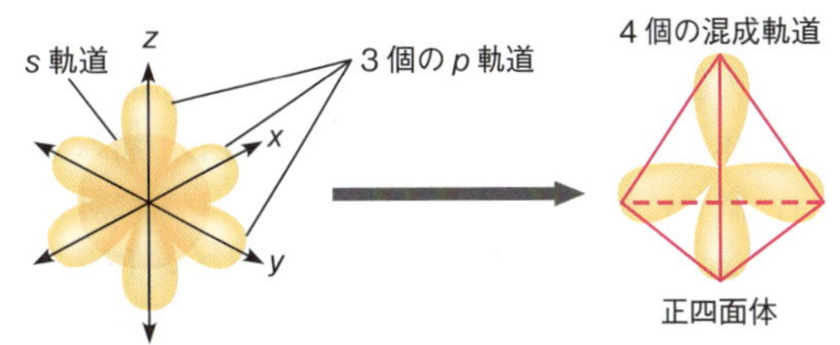

s 軌道
z
3 個の p 軌道
x
y
4 個の混成軌道
正四面体

(a) **軌道の混成．** 共有結合にかかわる価電子殻の1個の *s* 軌道と3個の *p* 軌道が合体して，テトラポッド型の4個の混成軌道をつくる．これらの軌道は，正四面体（ピンク色で輪郭を示す）の4つの頂点に伸びている．

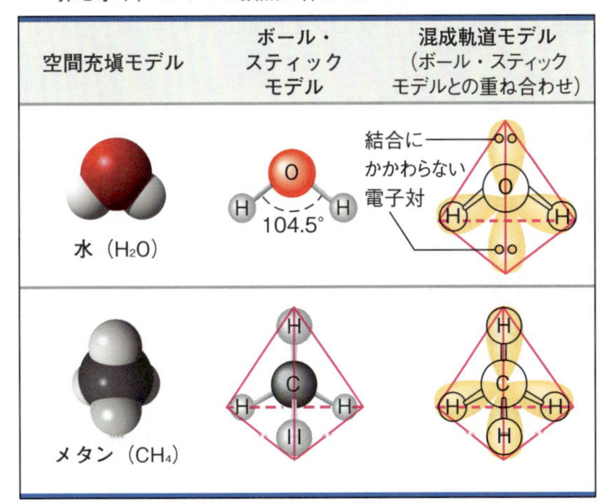

空間充填モデル
ボール・スティックモデル
混成軌道モデル（ボール・スティックモデルとの重ね合わせ）
水（H2O）
104.5°
結合にかかわらない電子対
メタン（CH4）

(b) **分子の形状モデル．** 分子の形状を表す3つのモデルで，水とメタン分子を示す．混成軌道の位置が，分子の形状を決めている．

うちの2つは水素原子と電子を共有する（図 2.15 b）．その結果，分子はV字形で2つの共有結合のなす角度は 104.5° になる．

メタン分子（CH_4）は，炭素の4つの混成軌道を水素原子と共有しているので，正四面体の形をとる（図2.15 b 参照）．炭素原子核が中央にあって，正四面体の4つの頂点に対応する水素原子核につながる4つの共有結合が存在する．多くの生命物質を含むもっと大きな分子は，さらに複雑な構造をとっている．しかし，4つの原子と結合する炭素原子の正四面体構造は，このような生命物質の繰り返しモチーフとなっている．

分子の形は，生体分子が互いに特異性をもって識別し作用する方式を決めており，生物学において重要である．生物分子は，特異的な弱い結合によってしばしば一時的に互いに結合する．しかし，これは分子の形が相補的なときのみ起こる．モルヒネやヘロインなどの麻酔剤（麻薬）を考えてみよう．これは脳細胞表面の特異的神経受容体に弱く結合することによって，痛みを和らげたり，気分を変えたりする．しかし，ヒトの体内でつくられない化合物であるモルヒネに対する

受容体がどうして脳細胞に存在するのだろうか．その答えは，1975年の脳内神経伝達物質であるエンドルフィンの発見によってもたらされた．エンドルフィンは下垂体でつくられ，その受容体に結合し，痛みを和らげ，激しい運動のような継続的なストレスに対して幸福感をつくり出す*4．モルヒネの形はエンドルフィンとよく似ており，脳内のエンドルフィン受容体に結合して，エンドルフィン作用に似た作用を起こすことが判明した（図2.16）．脳化学において，このような分子の形の重要性は，物質の構造と機能の関係という，生物学の統一テーマの1つを例示している．

▼図2.16 **分子レベルの模倣**．モルヒネは，脳内神経伝達物質エンドルフィンを模倣（擬態）することで，痛みの知覚や興奮状態に作用する．

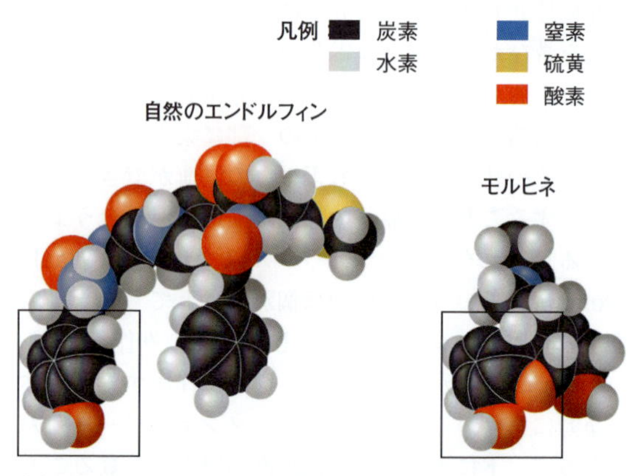
凡例
炭素
水素
窒素
硫黄
酸素
自然のエンドルフィン
モルヒネ

(a) **エンドルフィンとモルヒネの構造**．エンドルフィン分子（左）の四角で囲った部分は，脳内の標的細胞の受容体に結合する．モルヒネ分子（右）の囲った部分はエンドルフィンによく似ている．

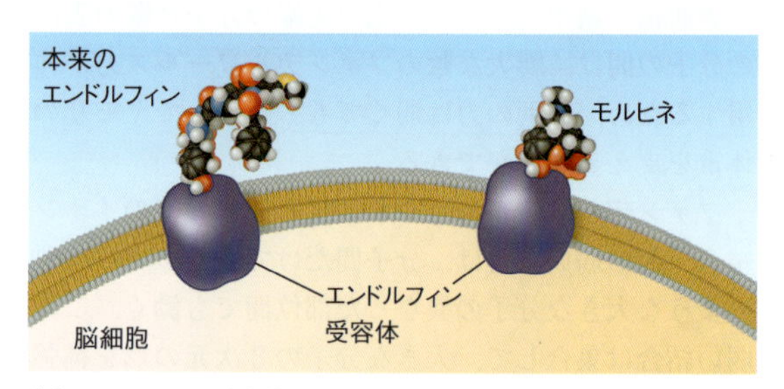
本来の
エンドルフィン
モルヒネ
エンドルフィン
受容体
脳細胞

(b) **エンドルフィン受容体への結合**．エンドルフィンもモルヒネも，脳細胞の表面のエンドルフィン受容体に結合できる．

概念のチェック 2.3

1. H−C=C−H という構造は，化学的に誤っている．その理由は何か．
2. 塩化マグネシウム（$MgCl_2$）の結晶において，原子間をつなぐ結合は何か．
3. **どうなる？➤** もし，あなたが製薬の研究者であるとすれば，自然界に存在するシグナル分子の3次元構造を知りたくなる．それはなぜか．

（解答例は付録A）

2.4

化学反応は，化学結合をつくったり，壊したりする

化学結合の形成や切断は，物質の組成の変化を起こすもので，**化学反応 chemical reaction** とよばれる．そのよい例は，水素分子と酸素分子から水をつくる反応である．

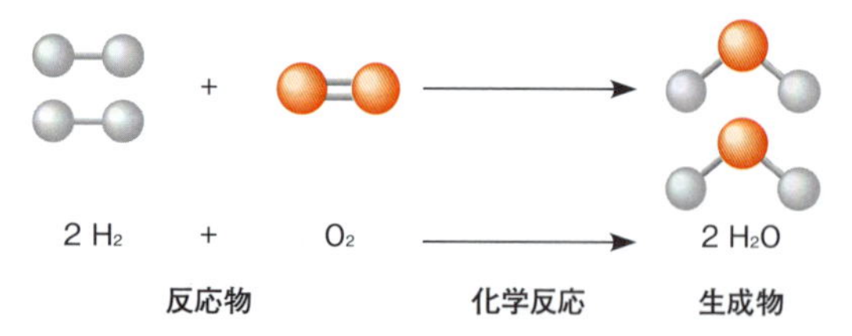
2 H2 + O2 → 2 H2O
反応物
化学反応
生成物

この反応は，H_2 や O_2 の共有結合を切断し，水をつくる新しい結合を形成する．化学反応式を記述するときは，矢印をつけて，出発物質（**反応物 reactant**）から，**生成物 product** への変換を示す．係数は，反応にかかわる分子数を表す．たとえば，H_2 の係数2は，2分子の水素で反応が始まることを意味する．このとき，反応物のすべての原子は，生成物に含まれることに注目しよう．化学反応において，物質（原子）は保存される．つまり，化学反応は原子を創造したり，壊したりするのではなく，たんに原子の組み合わせを変えるだけである．

光合成は，緑色植物の組織の細胞内で進行する反応で，化学反応が原子の組み合わせを変えることを示す重要な例である．ヒトやその他の動物は，究極的には，食物や酸素のために光合成に依存しており，光合成はほとんどすべての生態系の基礎となっている．下の化学反応は，光合成プロセスをまとめたものである．

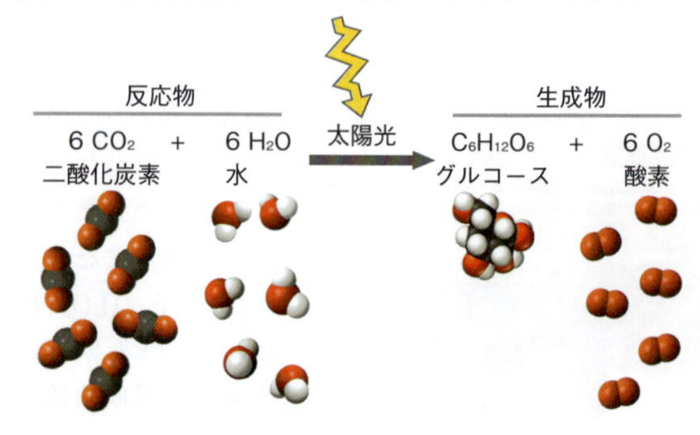
反応物
6 CO2 + 6 H2O
二酸化炭素
水
太陽光
生成物
C6H12O6 + 6 O2
グルコース
酸素

＊4（訳注）：マラソンなどを続けると気分が高揚してくる原因といわれている．

光合成の原材料は，大気から取り込まれる二酸化炭素（CO_2）と，土壌から吸収される水（H_2O）である．植物細胞の中で，太陽光によって，これらの物質がグルコース（$C_6H_{12}O_6$）とよばれる糖と，環境へ排出される副産物の酸素分子（O_2）に変換され，水生植物から出てくる酸素は気泡として見ることができる（図 2.17）．じつは，光合成は連続した多数の化学反応からできているが，反応物の原子種と原子数は生成物と同じである．太陽光から供給されるエネルギーを用いて，原子の組み合わせが変えられるだけである．

すべての化学反応は可逆的であり，ある反応の生成物は，その逆反応の反応物となる．たとえば，水素分子と窒素分子が反応して，アンモニアを生成するが，そのアンモニアが分解すると水素と窒素をつくることになる．

$$3\,H_2 + N_2 \rightleftharpoons 2\,NH_3$$

この両方向の矢印は，反応が可逆的であることを示す．

反応速度を決める要因の１つは，反応物の濃度である．反応物の分子の濃度を高くすると，互いに衝突して反応を起こす頻度が上昇する．同じことは生成物にもいえる．つまり，生成物が増えてくると，逆反応を起こす衝突の頻度が上昇する．最終的には，生成物をつくる正方向の反応と，生成物が反応物に戻る逆方向の反応が同じ速度で進行するようになると，生成物や反応物の濃度は変化しなくなる．正反応と逆反応が正確に相殺される状態を，**化学平衡 chemical equilibrium** とよぶ．このとき，反応はまだ進行しているが，反応物や生成物の正味の濃度変化は起こらない状態で，動的平衡ともいう．化学平衡は反応物と生成物が同じ濃度になることは意味していない．それらの濃度は特定の比率で安定するだけである．アンモニア生成反応はアンモニア分解反応と同じ速度になったところで平衡に達する．化学反応には平衡点が非常に右に偏っているものもあり，この場合はほぼ完全に進行することになる．つまり，実質すべての反応物は生成物に変換されることもある．

葉
酸素の泡

➤図 2.17 **光合成：太陽エネルギーによる物質の再配置．** カナダモは淡水の沈水性植物で，太陽光で駆動される光合成という化学反応で，二酸化炭素と水の原子を再配置し，糖を生産する．糖の多くは，さらに別の栄養物質に変換される．酸素ガス（O_2）は光合成の副産物である．写真では水中の葉から酸素の泡が漏れ出ていることに注意しなさい．

描いてみよう➤葉の中で進行する光合成の反応式と生成物の名前と反応の方向を示す矢印を，この写真に書き込みなさい．

後の章では，生命にとって重要なさまざまな分子についてさらに詳しく解説し，その後で，化学反応の主題に立ち戻る．次章では，生命のすべての化学反応が進行する場である水に焦点を当てる．

概念のチェック 2.4

1. 関連性を考えよう➤2.4 節の冒頭のボール・スティックモデルで，水をつくる水素と酸素の反応を描きなさい．図 2.10 を参考に，ルイスの構造式（電子式）で，水をつくる反応を描きなさい．

2. 化学反応が平衡に達したとき，反応物→生成物と生成物→反応物のどちらの反応が速く進行するか．

3. どうなる？➤光合成の生成物を反応物とし，光合成の反応物を生成物として，反応式を答え，エネルギーを生成物として書き加えなさい．この新しい反応式は，ヒトの細胞内で進行するある反応を表している．この反応を言葉で説明しなさい．この反応式は，息を吸って吐くこととどのように関係しているか．

（解答例は付録 A）

2章のまとめ

重要概念のまとめ

2.1

物質は単一の元素もしくは化合物とよばれる元素の組み合わせからできている

- **元素**は化学反応で別の元素に変わることはない．**化合物**は2種以上の異なる元素を特定の比率で含んでいる．酸素，炭素，水素と窒素は，生体物質の約96%を占めている．

? 元素と化合物の違いを説明しなさい．

2.2

元素の性質は，その原子の構造によって決まる

- **原子**とは元素の最小単位で，次の成分からなる．

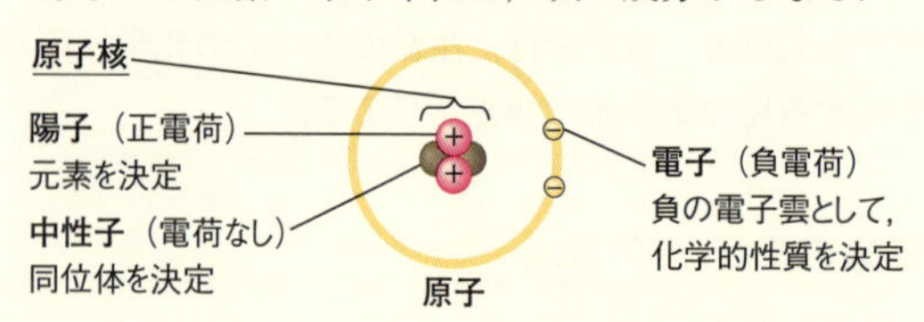
原子核
陽子（正電荷）
元素を決定
中性子（電荷なし）
同位体を決定
原子
電子（負電荷）
負の電子雲として，
化学的性質を決定

- 電気的に中性の原子は，電子と陽子を同数もつ．陽子数は，**原子番号**となる．**原子量**は**ドルトン**で表し，陽子と中性子の合計である**質量数**にほぼ等しい．元素の**同位体**では，中性子数が異なり，そのため原子量も異なる．不安定な同位体は，放射能として，粒子やエネルギーを放出する．
- 原子では，各電子はそれぞれ特定の**電子殻**に存在する．つまり，各電子殻の電子は，決まったエネルギーをもつ．電子殻内の電子の分布は，その原子の化学的性質を決定する．不完全な外殻（**価電子殻**）をもつ原子は，反応性がある．
- 電子は，各電子殻の成分である**電子軌道**に存在する．その軌道は，電子の存在確率が高い空間で，特定の形をもつ．

描いてみよう➤ネオン（$_{10}$Ne）とアルゴン（$_{18}$Ar）の電子配置図を描きなさい．その配置図をもとに，なぜこれらの元素には化学的反応性がないのか説明しなさい．

2.3

分子の形成や機能は原子間の化学結合に依存する

- 原子が相互作用して，その価電子殻を満たすとき，**化学結合**が形成される．**共有結合**は，一部の電子を共有して形成される．

H•＋H• ⟶ H:H　　:Ö•＋•Ö: ⟶ Ö::Ö
単結合　　二重結合

- **分子**は，共有結合でつながった2個以上の原子からなる．共有結合に使われた電子を，原子が引きつける力を**電気陰性度**という．両側の原子が同じ元素のとき，同じ電気陰性度をもつので，**非極性共有結合**となる．**極性共有結合**では，水分子のように，電気陰性度が強いほうの原子に，電子は引き寄せられる．
- 原子や分子が電子を獲得もしくは失うことで，電荷をもつ**イオン**が形成される．**イオン結合**は，反対の電荷をもった2つのイオン間の引き合う力である．

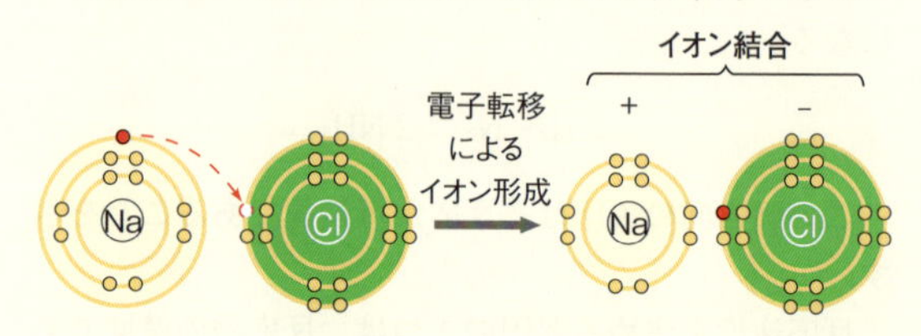
イオン結合
電子転移
による
イオン形成
+
−
Na
Cl
Na
ナトリウム原子
Cl
塩素原子
Na+
ナトリウムイオン
（カチオン）
Cl−
塩化物イオン
（アニオン）

- 弱い結合は大きな分子の形を補強し，分子同士の結合を助ける．**水素結合**は，部分的な正電荷（$\delta+$）をもつ水素原子と，部分的な負電荷（$\delta-$）をもつ原子の間で引き合う力である．**ファンデルワールス力**は，分子内で一時的に生じる正と負の領域の間で働く．
- 分子の形は，その原子の価電子の軌道の位置によって決まる．共有結合は，H_2O，CH_4や多くの複雑な生物分子の形を決める混成軌道をつくる．通常，分子の形は，生物の分子を別の分子が識別するときの基礎となる．

? 原子間の電子の共有に関して，非極性共有結合，極性共有結合とイオンの形成を比較しなさい．

2.4

化学反応は，化学結合をつくったり，壊したりする

- **化学反応**は，物質（原子）を変えることなく，**反応物**を**生成物**に変える．すべての化学反応は，理論的には可逆である．正反応と逆反応の速度が同じになったとき，**化学平衡**に達する．

? 化学平衡に達している反応液に，反応物を追加すると，生成物の濃度はどのようになるか．この追加は，化学平衡にどのように影響するか．

理解度テスト

レベル 1：知識／理解

1.「微量元素」という用語において，「微量」といわれるのは，
 (A) その元素が，非常に少量必要であるため．
 (B) その元素が，生物の代謝を通して，原子を追跡する標識として使用できるため．
 (C) その元素が，地球上で非常に微量であるため．
 (D) その元素が，健康を増進するが，生物の長期の生存には必要でないため．

2. 非放射性の ^{31}P と比べて，放射性同位体 ^{32}P は
 (A) 原子番号が異なる．
 (B) 陽子を 1 個多くもつ．
 (C) 電子を 1 個多くもつ．
 (D) 中性子を 1 個多くもつ．

3. 原子の反応性は，
 (A) 原子核から最外電子殻までの平均距離に依存する．
 (B) 価電子殻にある不対電子に依存する．
 (C) すべての電子殻のポテンシャルエネルギーの総和に依存する．
 (D) 価電子殻のポテンシャルエネルギーに依存する．

4. アニオンとなった原子すべてに当てはまる記述はどれか．
 (A) 陽子よりも電子を多くもつ．
 (B) 電子よりも陽子を多くもつ．
 (C) 同じ元素の中性の原子より，陽子数が少ない．
 (D) 陽子よりも中性子を多くもつ．

5. 平衡に達した化学反応について，次の記述のうち正しいものはどれか．
 (A) 生成物と反応物が同じ濃度である．
 (B) 反応はこのとき不可逆である．
 (C) 正反応も逆反応もともに停止している．
 (D) 正反応と逆反応の速度が同じである．

レベル 2：応用／解析

6. 陽子数，中性子数，電子数で，原子を次のように表す．例：ヘリウム $2p^+$（陽子の場合），$2n^0$（中性子），$2e^-$（電子）．このとき，酸素の同位体 ^{18}O は次のどれか．
 (A) $7p^+$, $2n^0$, $9e^-$ (C) $9p^+$, $9n^0$, $9e^-$
 (B) $8p^+$, $10n^0$, $8e^-$ (D) $10p^+$, $8n^0$, $9e^-$

7. 硫黄の原子番号は 16 である．硫黄は水素と共有結合をつくり，硫化水素という化合物を生成する．硫黄原子の価電子数に基づき，この化合物の分子式は次のどれか．
 (A) HS (C) H_2S
 (B) HS_2 (D) H_4S

8. 次の式の反応で，左辺のすべての原子が生成物に対応するように，下線部に当てはまる係数を選びなさい．

$$C_6H_{12}O_6 \rightarrow \_\_\_\_ C_2H_6O + \_\_\_\_ CO_2$$

 (A) 2；1 (C) 1；3
 (B) 3；1 (D) 2；2

9. **描いてみよう** 価電子の正しい数を用いて，下記の仮の分子のルイスの構造式（電子式）を描きなさい．すべての原子の価電子殻は満たされ，各結合は正しい数の電子をもつとして，正しい分子はどれか．残りの分子はどこが間違っているか，各原子がつくる結合の数を考慮して，説明しなさい．

(a) H—O—C(H)(H)—C(H)=O　(b) H—C(H)(H)—H—C(H)=O

レベル 3：統合／評価

10. **進化との関連** 人体を構成する元素組成（表 2.1 参照）は，他の生物の元素組成と似ている．この生物間の類似性の理由を説明しなさい．

11. **科学的研究** カイコガ *Bombyx mori* の雌は，化学シグナルを空気中に発散することで，雄を誘引する．数百メートルも離れた雄は，このシグナル分子を感知して，雌のところへ飛んでくる．この行動のための感覚器は，この写真で示す櫛（くし）のような形の触角である．触角の各繊維には，数千個の受容体細胞があり，この性フェロモンを感知する．本章で学んだことに基づいて，他にも多くの分子がある空気中で，雄が特異的にその分子を感知できるしくみの仮説を提案しなさい．また，その仮説はどのような予測をもたらすか．予測のうちの 1 つを検証する実験を考案しなさい．

12. **テーマに関する小論文：組織化** ニール・キャンベル（本書の著者のひとり）が空港で待っていた

とき，次のような会話を聞いたことがある．「産業や農業の化学的廃棄物が環境を汚染すると心配するのは，偏執症か無知である．結局，この廃棄物はすでに私たちのまわりの環境にあるものと同じ原子でできているのだから．」電子の分布や結合，創発特性のテーマ（1.1節）をもとにして，この発言を批判する短い論評を300〜450字で記述しなさい．

13. 知識の統合

この写真の甲虫は，敵に対する防御として，不快な物質を含む熱い液体を噴き出している．通常は，この甲虫は化学物質を2組に分けて腺に蓄えている．本章で学んだことを使って，なぜ甲虫自身はその物質によって害を受けないのかを推測しなさい．何が，爆発的な放出を引き起こすのか．

（一部の解答は付録A）

水と生命
3

▲図 3.1　地球の生命はいかに水の化学に依存しているか.

重要概念

3.1 水分子の極性共有結合は水素結合をつくる

3.2 水の 4 つの創発特性は生命に適合した地球環境に貢献する

3.3 酸性，塩基性は生物にとって重要である

▲気候変動によって脅かされているハジロウミバト

すべての生命に必要な分子

地球の生命は，水の中で発生し，陸上に進出するまで約 30 億年間は水の中で進化してきた．この地球では水は生命の存在を可能にする物質であることはよく知られており，おそらく他の惑星でも同じである．私たちが知っているすべての生物は，ほとんど水でできており，水が豊富にある環境で生きている．

地球の表面の 4 分の 3 は水で覆われている．そのほとんどは液体として存在しているが，固体（氷）や気体（水蒸気）としても存在している．水はありふれた物質の中では唯一，地球の自然環境で物質の 3 態（固体，液体，気体）のすべての状態で存在している．さらに，固体が液体の中で浮くのも，水である．これは，水分子の化学から生じるまれな性質である．

地球は気候変動によって温暖化が進んでいるので（1.1 節参照），氷と液体の水の比率は変化している．極地の氷や氷河は融け続けており，氷に依存した生物に大きな影響を与えている．北極では海水の温暖化や氷塊の縮小によって，植物プランクトン（顕微鏡レベルの小型の藻類）の大発生を引き起こし，図 3.1 のように宇宙から海が「雲」のように観察できることがある．他方，北極の氷に依存する生物は危機を迎えている．たとえば，左の写真のアラスカのハジロウミバトの個体数は気候温暖化と氷の減少のため減少し続けている．

本章では水分子の構造が，水を含む他の分子とどのように相互作用するかを学ぶ．この水の能力は，地球を生命に適合する環境としたその独特の創発特性に関連している．

3.1

水分子の極性共有結合は水素結合をつくる

水はあまりにもありふれているので，水が多くの異常な性質をもった例外的な物質であることは見逃しやすい．本書のテーマである創発特性として，水の独特のふるまいを水分子の構造や相互作用に関連づけて考えてみよう．

水分子そのものを見ると，あっけないほど単純である．水分子は，2個の水素原子が酸素原子にそれぞれ単結合の共有結合でつながり，広がったV字形をしている．酸素は水素より電気陰性度が強いので，共有結合の電子は酸素に近いほうに長い時間存在する．言い換えると，これらは**極性共有結合 polar covalent bond**である（図2.11参照）．この不均等な電子の共有とV字形の分子の形のため，水は**極性分子 polar molecule**となる．つまり，全体的に見て電荷の分布は不均一で，酸素の領域に部分的な負電荷（$\delta-$）があり，各水素は部分的な正電荷（$\delta+$）を帯びている．

水の特徴は，異なる水分子の反対に帯電した原子間の引き合いから生じる．つまり，ある分子の少し正に帯電した水素が，隣の分子の少し負に帯電した酸素に引きつけられる．こうして，この2つの分子は水素結合によって結合する（図3.2）．液体では，この水素結合は共有結合の約20分の1という非常に弱い力である．水素結合は頻繁につくられ，壊され，またつくられる．それぞれの結合の寿命は数ピコ秒（1秒の1兆分の1）くらいであるが，次々と相手を替えて形成される．したがって，どの瞬間にも，ほとんどの水分子は水素結合を形成している．水の異常な性質は，このような水分子を高度に組織化する水素結合から生じた創発特性である．

▼図3.2　水分子間の水素結合．

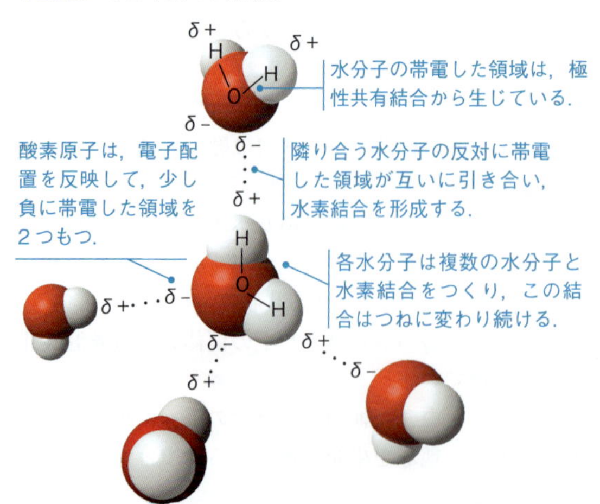
δ+
δ+
H
H
O
水分子の帯電した領域は，極性共有結合から生じている．
δ−
δ−
δ+
酸素原子は，電子配置を反映して，少し負に帯電した領域を2つもつ．
隣り合う水分子の反対に帯電した領域が互いに引き合い，水素結合を形成する．
各水分子は複数の水分子と水素結合をつくり，この結合はつねに変わり続ける．
δ+
δ−
δ−
δ+
δ+
δ−

描いてみよう➤上図の左端の水分子のすべての原子に部分電荷を記しなさい．また，これに水素結合する水分子3個を新たに描き加えなさい．

概念のチェック 3.1

1. **関連性を考えよう➤**電気陰性度とは何か．これが水分子間の相互作用にどのようにかかわるのか（図2.11を復習しなさい）．
2. **図読み取り問題➤**図3.2を見て，中央の水分子が4個の水素結合をとっており，なぜ3個や5個ではないのか，説明しなさい．
3. 隣同士の水分子が下のように配向することはあり得ないのは，なぜか．

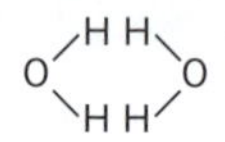
H H
O O
H H

4. **どうなる？➤**もし，酸素と水素が同じ電気陰性度をもつとすれば，水分子の性質はどのようになるか．

（解答例は付録A）

3.2

水の4つの創発特性は生命に適合した地球環境に貢献する

生命をはぐくむ環境としての地球に，水の4つの創発特性がどのように貢献しているかを見てみよう．それは，水分子の凝集力，比熱が大きいこと，凍結して膨張すること，さまざまなものを溶かす溶媒として優れていることである．

水分子の凝集

水分子は水素結合をつくることで，互いに接近できる．液体の水の中では，分子の配置はつねに変化しているが，どのような水分子も複数の水素結合でつながっている．この結合のおかげで，水は他のほとんどの液体よりも組織化されている．水素結合の集合によって水分子はつながっており，この現象を**凝集 cohesion**という．

水素結合による凝集は，植物が水と水に溶けている栄養物質を重力に抗して輸送することを可能にしている（図3.3）．水は根から通道細胞のネットワークを経由して葉まで到達する．水が葉から蒸散するとき，

▼図 3.3　**植物における水の輸送．**凝集と接着という特性のおかげで，最も高い植物は 100 m を超える高さまで水を輸送することができる．この高さは，東京スカイツリーの約 6 分の 1 にもなる．

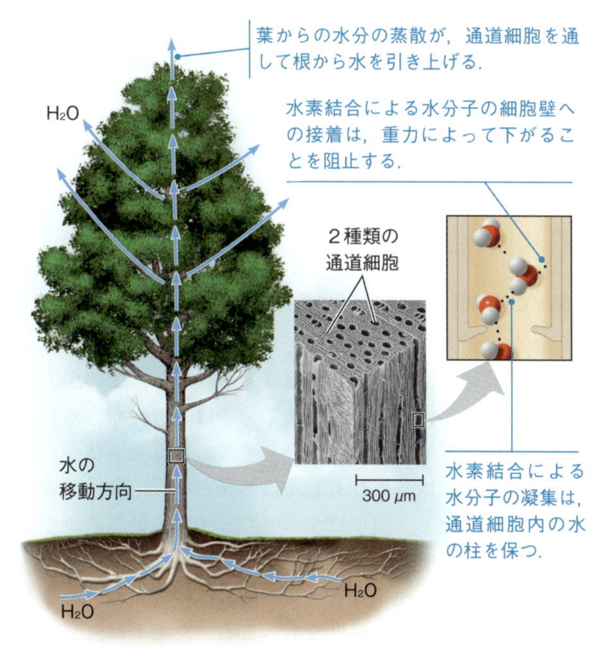

葉からの水分の蒸散が，通道細胞を通して根から水を引き上げる．
H_2O
水素結合による水分子の細胞壁への接着は，重力によって下がることを阻止する．
2 種類の通道細胞
水の移動方向
300 μm
水素結合による水分子の凝集は，通道細胞内の水の柱を保つ．
H_2O
H_2O

葉脈から出ていく水分子は水素結合によってその下の分子を引っぱり，この引き上げる力は通道細胞を通してずっと根まで伝えられる．物質が別の物質に付着する**付着 adhesion** の役割も重要である．水素結合による水分子の細胞壁への付着は，下方へ引く重力への抵抗を助ける（図 3.3 参照）．

凝集に関係するものとして，**表面張力 surface tension** がある．これは液体の表面を伸ばしたり壊したりすることの難度の尺度である．水は，他のほとんどの液体よりも強い表面張力をもつ．水と空気の境界では，水分子は規則的に並んでいる．これらは，水素結合で互いに結合し，またその下の水分子とも水素結合しているが，空気の側には水素結合はない．このような非対称性のため，水はあたかも見えないフィルムで覆われているようにふるまう．水の表面張力は，コップに少し多めに水を注いだとき，縁から盛り上がることで観察できる．図 3.4 のクモは水の表面張力を利用して，

◀図 3.4　**水面を歩く**　水素結合の集合からくる強い水の表面張力によって，このハシリグモの仲間は，池の水面を歩くことができる．

水の表面を壊すことなく，歩きまわることができる．

水による温度変化の緩和

水は，空気が暖かいときは熱を吸収し，空気が寒いときは蓄えた熱を放出することで，空気の温度変化を穏やかにする．水は，わずかな温度変化で比較的大量の熱を吸収したり，放出したりできるので，効果的な熱の緩衝剤である．この水の能力を理解するためには，まず熱と温度の関係について考えてみよう．

熱 と 温 度

運動する物体はすべて**運動エネルギー kinetic energy** をもつ．原子や分子も，方向性はないが，いつも動いているので，運動エネルギーをもつ．速く運動すれば，より大きな運動エネルギーをもつ．原子や分子の無秩序な運動にかかわる運動エネルギーを**熱エネルギー thermal energy** という．熱エネルギーと温度には関係があるが，同じものではない．**温度 temperature** は，物質に含まれる分子の「平均」運動エネルギーを表しており，体積によらない．一方，熱エネルギーは，物質の運動エネルギーの「総量」を表しており，物質の体積に比例する．コーヒーメーカーの水を熱すると，分子の平均運動速度が上がり，温度計は液体の温度が上昇したことを教えてくれる．このとき，全体の熱エネルギーも増加している．しかし，ポットのコーヒーの温度が，たとえばスイミングプールの水より高いといっても，大きな体積をもつプールはコーヒーよりももっと多くの熱エネルギーをもつので，注意が必要である．

異なる温度の物体を一緒にすると，温度の高いほうから低いほうへ熱エネルギーは移動し，やがて同じ温度になる．温度が低いほうの物体は，高いほうの物体から熱ネルギーをもらって，運動速度が上昇する．飲み物に入れた氷は，まわりに低温を与えるのではなく，氷が融けるとき液体から熱エネルギーを奪うのである．物体から物体へ移動する熱エネルギーは，**熱 heat** と定義される．

本書では，熱（熱量）を表す単位として，**カロリー calorie（cal）**を使用する．1 カロリーとは，1 g の水の温度を 1℃上げるのに必要な熱である．逆に，1 カロリーは 1 g の水が温度を 1℃下げるとき放出する熱でもある．**1 キロカロリー kilocalorie（kcal）**は 1000 cal であり，1 kg の水の温度を 1℃上げるのに必要な熱量である（米国では食品のパッケージに記されている「Calorie」は，実際はキロカロリーのことである）．本書で用いるもう 1 つの単位は**ジュール joule（J）**で

ある．1ジュールは0.239 calに等しく，1 calは4.184 Jに等しい．

水の高い比熱

温度を安定させる水の能力は，その比較的高い比熱に由来する．物質の**比熱 specific heat**は，1 gの物質の温度が1℃変化するとき，吸収もしくは放出する熱量と定義される．すでに，1カロリーを1 gの水の温度を1℃変化させる熱と定義したので，水の比熱はgあたり，℃あたりで1カロリーであり，1 cal/g·°Cと略して表記する．他の多くの物質と比べて，水の比熱は異常に高い．たとえば，アルコール飲料に含まれるエタノールの比熱は，0.6 cal/g·°Cである．つまり，1 gのエタノールの温度を1℃上げるのに0.6 calだけあればよい．

他の物質と比べて水が高い比熱をもつため，一定の熱量を吸収や放出したとき，水の温度変化は他の液体よりも小さい．コンロで熱している鉄製のやかんに触ると，中の水はまだ生ぬるいのに，指をやけどする理由は，水の比熱が鉄よりも10倍高いことによる．言い換えると，同じ熱量で1 gの鉄の温度を，同じ重さの水の温度より，ずっと速く上げる．比熱とは，その物質が吸収したり放出したりしたとき，温度変化の起こりにくさの尺度でもある．つまり，水の温度は変化しにくく，また変化するときは比較的多くの熱量を吸収したり放出したりする．

水の高い比熱の原因は，他の特性と同様に，水素結合に求めることができる．水素結合を切るためには，熱を吸収する必要があり，同じしくみで水素結合を形成するときは熱を放出する．一定の熱を与えても，その多くが水素結合の切断に使われるので，水の温度変化は比較的小さい．また，水の温度が少し低下するとき，多くの水素結合が形成され，かなりのエネルギーが熱として放出される．

水の高い比熱は，地球の生命にどのような関係があるだろうか．大量の水は，日中や夏期に太陽からくる膨大な熱を吸収し蓄えるが，水の温度はわずかしか上昇しない．夜間や冬期には，水はゆっくりと冷え，大気を暖めてくれる．このため，海に面した地域は，内陸よりも一般的に穏やかな気候になる（図3.5）．水の高い比熱のために，地球の大半を覆う水は，陸や水圏の温度変化を，生命の生存の範囲に留めてくれる．また，生物自身もおもに水でできているので，もっと低い比熱の液体でできていると想定したときよりも，温度変化を受けにくくなっている．

▼図3.5　8月のある日の南カリフォルニアと太平洋の気温（華氏表記）．

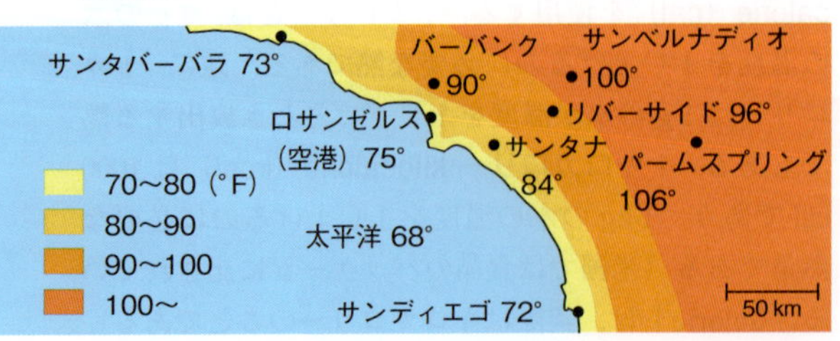
サンタバーバラ 73°
バーバンク
90°
サンベルナディオ
100°
リバーサイド 96°
ロサンゼルス
（空港）75°
サンタナ
84°
パームスプリング
106°
70～80（°F）
80～90
90～100
100～
太平洋 68°
サンディエゴ 72°
50 km

データの解釈➤この図が示す温度分布を説明しなさい．

気化冷却

液体はどんなものであっても，分子同士が引き合うので，液体を構成する分子は凝集している．この引力を断ち切れるほど速く運動する分子は，液体から離れて，気体として空中へ出ていく．このような液体から気体への変換は，気化もしくは蒸発という．分子運動の速度は変化し，温度はすべての分子の運動エネルギーの「平均」であることを思い出そう．低温であったとしても，最も速い分子は空気中に逃げていく．ある程度の蒸発はどんな温度でも起こる．たとえば，グラス1杯の水を室温に放置すると，やがてはすべて蒸発してしまう．もし，液体を温めれば，分子の平均運動エネルギーが増大し，もっと速く蒸発する．

気化熱 heat of vaporizationとは，1 gの液体が熱を吸収して気体になるのに必要な熱量である．水は，高い比熱をもつのと同じ理由で，他の多くの液体と比べて高い気化熱をもつ．25℃で1 gの水を蒸発させるには，約580 calの熱量が必要であり，この値は同じ1 gのアルコールやアンモニアの場合のほぼ2倍である．水素結合は，水分子が液体から気体に移るとき，断ち切られるが，水の高い気化熱は，この水素結合の強さに起因する創発特性である．

水を気化させるには，比較的多くの熱量が必要であることは，さまざまな効果がある．たとえば，地球規模では，地球の気候を穏やかにする．熱帯の海が吸収する太陽エネルギーからの熱の大部分は，表面からの水の蒸発によって消費される．湿気を含んだ熱帯の空気は，極地方へ循環し，熱を放出して凝縮し雨を降らせる．生物体のレベルでは，水の高い気化熱は，蒸気による重篤なやけどに見ることができる．つまり，このやけどは，蒸気が皮膚の表面で凝縮して水に戻るとき，大量の熱エネルギーが放出されて起こる．

液体が蒸発するとき，後に残る液体の表面は，むしろ冷却する．これを**気化冷却 evaporative cooling**という．この現象は，液体の中で運動エネルギーが最も

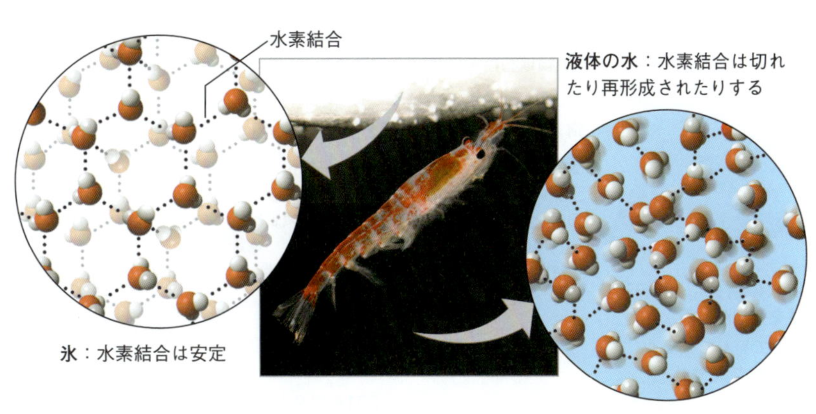
水素結合
液体の水：水素結合は切れたり再形成されたりする
氷：水素結合は安定

➤図 3.6　**氷：結晶構造と浮く断熱体**．氷の結晶では，水分子は 4 個の隣り合う水分子とそれぞれ水素結合を形成している．この結晶には空隙が多いので，同じ体積の液体の水と比べて，氷での分子数は少ない．つまり，氷は液体の水よりも密度が低い．軽くて浮く氷は，その下の水が冷たい空気によって冷やされることを防ぐ断熱体となる．この写真は，オキアミという海洋性エビの 1 種で，南極海の浮いた氷の下で撮影された．

どうなる？➤もし水が水素結合をつくらないとすれば，オキアミの生息環境はどのようになるだろうか．

大きい，「最も熱い」分子が蒸発しやすいためである．これは，あたかも大学内で走るのが速い 100 人の走者を他校へ転校させると，残された学生の平均速度は低下することと同じようなものである．

水による気化冷却は，湖や池の温度を安定させ，陸上生物が過熱しないようにしている．たとえば，植物の葉からの水の蒸発によって，葉内組織が太陽光で過熱しないようにしている．ヒトの皮膚から汗の蒸発は，体の熱を放出し，暑い日や激しい運動の際の過剰な熱による過熱を抑えている．暑い日の高い湿度が不快なのは，高い水蒸気濃度が体から出た汗の蒸発を抑えるからである．

液体の水に氷が浮く

水は，固体のほうが液体より密度が低い，数少ない物質の 1 つである．言い換えると，氷は液体の水に浮く．他の物質は固化するとき収縮して密度が高くなるのに対し，水は膨らむからである．この不思議なふるまいの原因もまた，水素結合である．4℃以上では，水は他の液体と同様に，温まると膨張し，冷えると収縮する．しかし，4℃から 0℃の範囲では，温度が下がれば下がるほど，水分子の動きが遅くなりすぎて，水素結合を減らすことができなくなる．0℃では，水分子は結晶格子に固定され，各分子は 4 分子の相手と水素結合する（図 3.6）．水素結合は水分子を一定の「結合距離」に保つことで，4℃の液体の水より 10% も密度が低い，つまり体積あたりの分子数が 10% 少ない氷が形成される．氷が熱を吸収して 0℃を超えると，水分子間の水素結合が切れる．氷の結晶が壊されると，氷は融け，水分子は自由になり互いにもっと近づく．このため，水の密度は 4℃で最大となり，さらに 4℃を超えると分子運動が速くなることで膨張し始める．液体の水でさえ，多くの水分子は一時的ではあっても水素結合で結合している．つまり，水素結合はつねに壊され，また形成されている．

低密度のため氷が浮くということは，生命のための環境維持に重要な役割を果たしている．もし，氷が水より重くて沈むとすれば，池や湖，そして大洋でさえも，最終的にはすべて凍りつくことになり，私たちが知っている生物は地球上で存在し得ないことになってしまうだろう．夏期には，大洋を覆う氷の表面のごく一部が融けるだけになる．一方，実際は，浮いた氷の断熱効果によって，その下の水が冷やされ凍りつくことを防いでいる．こうして，図 3.6 の写真のように，氷の下でも生命の存在が可能になる．氷には，断熱効果の他に，ホッキョクグマやアザラシなどの動物に，しっかりとした固体の生活基盤を提供している．

多くの科学者は，これらの氷が消滅の危機にあると心配している．地球温暖化は大気中の二酸化炭素や他の温室効果をもつ気体によって引き起こされ（図 56.28 参照），地球の氷環境に大きな影響を与えている．北極では 1961 年以来，平均気温は 2.2℃上昇した．この温度上昇は，北極海の海氷の季節変化に影響を与えている．つまり，周年変化として，氷の形成時期が遅くなり，早く融け，氷が覆う面積が減りつつある．氷河や北極海の海氷の驚くべき減少速度は，この氷に依存した動物たちの生存を脅かしている（図 3.7）．

水：生命の溶媒

角砂糖をグラスの水に入れ，少しかき混ぜると溶ける．こうして，水と砂糖の均一な混合液ができる．つまり，砂糖の濃度は混合液のどこでも同じである．このように 2 つ以上の物質の混合液体が完全に均一であるものを，**溶液 solution** という．このうち，溶かす媒体を**溶媒 solvent** といい，溶かされる物質を**溶質**

▼図 3.7　**気候変動の北極地方への影響**．気温の上昇によって，夏期の海氷の減少が加速している．これによって，ある生物は利益を受け，別の生物は不利益を被っている．

海氷の減少によって利益を受ける生物種：
太陽光の増加と水温の上昇によって，他の生物の餌となる植物プランクトンが増加．
プランクトンをこしとって食べるホッキョククジラはよく成長する．
カラフトシシャモなどいくつかの魚種はより多くのプランクトンを食べられる．
海氷の消失により不利益を被る生物種：
氷上で狩りをするホッキョクグマの採餌の機会が，海氷の消失で減っている．
氷上で休息するセイウチへの影響は不明．
アラスカのハジロウミバトは，陸地にある巣から餌の魚を捕る海氷の縁まで飛んでいかなければならない．海氷の減少によって，若鳥が飛ぶ距離が遠くなりすぎて飢えている．
ロシア
北極海
2014 年 9 月の海氷
1979年9月の海氷
ベーリング海峡
北極点
グリーンランド
アラスカ
カナダ
2014 年 9 月の海氷
1979 年 9 月～2014 年 9 月までに消失した海氷

かしたときのことを考えてみよう（図 3.8）．塩の結晶の表面で，ナトリウムイオンと塩化物イオンは溶媒にさらされる．これらのイオンと水分子の電荷を帯びた領域は反対の電荷によって互いに引き合う．水分子の酸素原子は負電荷を帯び，ナトリウムカチオンに引きつけられる．水分子の水素原子は正電荷を帯び，塩化物アニオンに引きつけられる．結果として，水分子は個々のナトリウムイオンや塩化物イオンのまわりを取り囲み，それらのイオンを互いから引き離して，遮蔽する．各イオンを取り囲む水分子の塊は，**水和殻 hydration shell** という．塩の結晶の表面から中へと溶解が進み，水はついにはすべてのイオンを溶解する．結果として，ナトリウムカチオンと塩化物アニオンという 2 種の溶質が，水という溶媒に均一に混ぜ合わされた水溶液ができ上がる．他のイオン化合物もまた水に溶解する．たとえば，海水は，生きた細胞と同じく，多くの種類のイオンを溶かしている．

solute という．上の例では，水は溶媒，砂糖は溶質である．**水溶液 aqueous solution** とは，水が溶媒となった溶液のことである．

水は非常に優れた溶媒であり，その性質は水分子の極性に基づいている．たとえば，スプーン 1 杯の食塩，つまり塩化ナトリウムという塩化合物を，水に溶

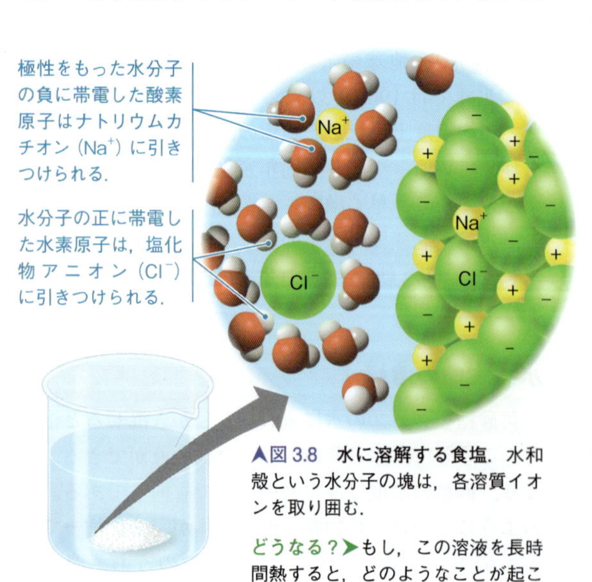

極性をもった水分子の負に帯電した酸素原子はナトリウムカチオン（Na^+）に引きつけられる．
水分子の正に帯電した水素原子は，塩化物アニオン（Cl^-）に引きつけられる．
Na+
Na+
Cl−
Cl−

▲図 3.8　**水に溶解する食塩**．水和殻という水分子の塊は，各溶質イオンを取り囲む．

どうなる？➤もし，この溶液を長時間熱すると，どのようなことが起こるか．

水に溶ける物質は，イオンだけではない．非イオン性の極性分子，たとえば角砂糖の糖などの物質もまた水に溶ける．このような化合物は，水素結合をつくるように，溶質分子のまわりを水分子が取り囲むことで，水に溶解する．タンパク質のような大きな分子でさえも，その表面がイオン性や極性であれば，水に溶けることができる（図 3.9）．さまざまな種類の極性物質やイオンは，血液や植物の樹液，細胞内の液体などの生物的液体の水に溶けている．水は生命の溶媒である．

親水性と疎水性の物質

水と親和性がある物質の性質を，**親水性 hydrophilic**（ギリシャ語で「水」を意味する *hydro*,「好む」を意味する *philos* に由来）．水に溶解しないが，親水性のものもある．たとえば，細胞内には非常に大きな分子で，水に溶解しないものがある．植物がつくる綿も，水に溶けない親水性物質の例である．綿はセルロースの巨大な分子で，正や負の電荷を部分的に帯び，水分

▼図 3.9　**水溶性タンパク質**．ヒトのリゾチームは，涙や唾液に含まれ，抗菌作用をもつタンパク質である（図 5.16 参照）．このモデルは，水溶液中のリゾチーム分子（紫色）を示す．タンパク質の表面のイオン性や極性の領域が，部分的な電荷をもつ水分子を引きつける．

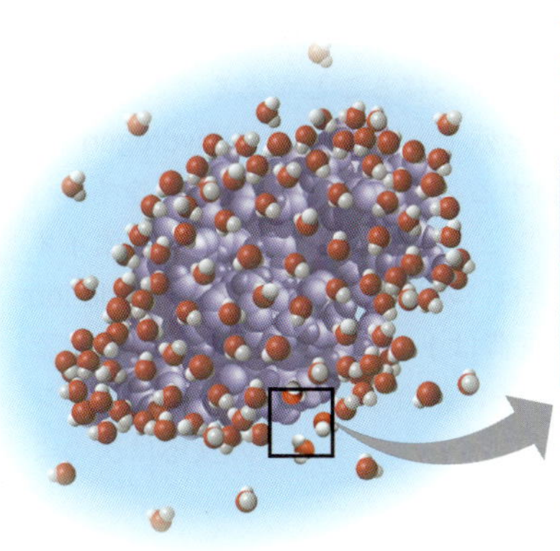

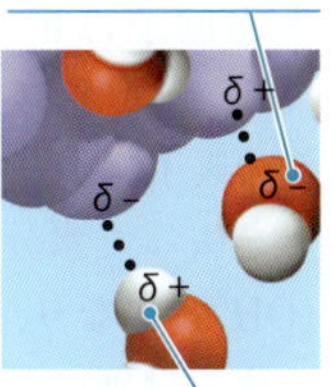
水の酸素原子は，リゾチーム分子の少し正電荷を帯びた領域に引きつけられる．
δ+
δ−
δ−
δ+
水の水素原子は，リゾチーム分子の少し負電荷を帯びた領域に引きつけられる．

子と水素結合をつくることができる領域が無数に存在する．水はセルロース繊維に付着する．こうして，綿製タオルは体の水をふき取るのに優れているが，洗濯機で溶けることはない．また，セルロースは植物の水を通す通道細胞の壁に存在する．すでに述べたように，この親水性の細胞壁への水分子の吸着が，水の輸送を可能にしている．

水に親和性をもたない物質も，もちろん存在する．非イオン性で非極性の（水素結合をつくることができない）物質は，水を疎外するように見える．このような物質の性質を，**疎水性 hydrophobic**（「恐れる」を意味するギリシャ語 *phobos* に由来）という．たとえば，台所にある植物油で，水となじむ酢などの物質とは安定に混じり合わないことはよく知られている*．油分子の疎水性の性質は，電子をほぼ均等に共有する炭素と水素の間の非極性の共有結合が多くあることによる．植物油と関連した疎水性分子は細胞膜の主要成分である（もし，膜が水に溶けるとすれば，細胞がどうなることか！）．

水溶液の溶質濃度

生物体内の化学反応のほとんどは，水に溶けた溶質がかかわっている．このような反応を理解するためには，反応にかかわる原子と分子の数を知る必要があり，水溶液中の溶質濃度（一定体積の溶液あたりの溶質の分子数）を計算できなければならない．

実験を行うときは，分子数を計算するための質量を利用する．まず，特定の分子のそれぞれの原子の質量がわかっているので，その総和である**分子量（分子質量）molecular mass** を計算する．例として，テーブルシュガーの成分である分子式 $C_{12}H_{22}O_{11}$ のスクロース（ショ糖）の分子量を，各元素の原子量（付録 B 参照）と分子中の原子数を掛け合わせて求める．およそのドルトン表示で，炭素原子の質量は 12，水素原子は 1，酸素は 16 である．つまり，スクロースの分子量は，$(12\times12)+(22\times1)+(11\times16)=342$ ドルトンとなる．少量の分子を計量することは現実的ではないため，私たちは通常，分子をモルという単位で測る．ダースが 12 個単位を意味するように，**モル mole**（省略形 mol）は 6.02×10^{23}（アボガドロ定数という）の分子数を表す．アボガドロ定数と「ドルトン」という単位が元来定義されことにより，1 g は 6.02×10^{23} ドルトンとなる．たとえばスクロースの分子量は 342 というように，その分子の分子量がわかれば，その数値（342）に「グラム」（g）をつけて，6.02×10^{23} 分子のスクロース，もしくは 1 mol のスクロース（これを「モル質量」ともいう）を表す．つまり，スクロース 1 mol を計量するには，342 g を測りとればよい．

化学物質をモル量で測りとる実用上の利点は，ある物質の 1 mol が他の物質 1 mol と正確に同じ分子数になるところにある．物質 A の分子量が 342 ドルトン，物質 B は 10 ドルトンとすれば，A 342 g は B 10 g と分子数が同じである．1 mol のエタノール（C_2H_6O）も 6.02×10^{23} 分子であるが，その質量はたった 46 g である．これはエタノールの分子量がスクロースより小さいためである．モルで計量することは，実験室で科学者が，一定の分子数の比で物質を組み合わせるのに便利である．

1 mol のスクロースを含む水溶液を 1 リットル（L）つくるには，どうすればよいか．まず，342 g のスクロースを測りとり，混ぜながら水に少しずつ溶かし，最後に水を加えて全量を 1 L にする．こうして，1 モル濃度（1 M）のスクロース水溶液ができる．**モル濃度 molarity** とは，1 L の溶液中の溶質のモル数のことであり，生物学者が水溶液で最もよく用いる濃度単位である．

水の幅の広い溶媒としての性質は，本章で述べる他の性質とともに非常に重要である．これらの優れた性質によって，水は地球上の生命を支えており，科学者が宇宙の他で生命を探査するとき，生命のいる惑星のしるしとしてまず水を探している．

＊（訳注）：サラダドレッシングの 2 つの液体が分離するのはこのためである（5.3 節を参照）．

別の惑星での生命進化の可能性

進化　宇宙に生命を探す生物学者は「宇宙生物学者」というが，水をもつ可能性がある惑星の探索に集中してきた．私たちの太陽系の外では800個以上の惑星が見つかっており，その中には水蒸気の存在が示されているものもある．私たちの太陽系内では，火星が研究の中心となってきた．地球と同様に，火星にも北極と南極に氷の極冠がある．火星探査機から送られてきた画像によれば，火星の地表のすぐ下に氷が存在し，火星大気には霜をつくるのに十分な水蒸気がある．2015年には，火星の表面の水の流れを示す証拠が見つかった（図3.10）．また，微生物の生存を示唆する状況も推測されている．次の段階では，地表からの掘削によって，火星での生命の痕跡を探索することになるかもしれない．どんな形であれ，生物もしくは化石がもし見つかれば，生命の進化に対してまったく新しい見地からの光が当てられることになるだろう．

概念のチェック 3.2

1. 水が樹木の中で上方へ移動するとき，水の性質がどのように関係するか説明しなさい．
2. 「暑いのではなく，蒸し暑い」という文を説明しなさい．
3. 水が凍結するとどのようにして岩を割るか．
4. どうなる？➤水面を歩くことができる昆虫のアメンボの脚は疎水性物質で覆われている．これに利点があるとすれば，どんなことが期待されるか．その物質が親水的であったら，どうなるか．
5. データの解釈➤食欲増進ホルモンのグレリンの濃度は，絶食している人では 1.3×10^{-10} M である．このとき，血液1L中のグレリンの分子数を答えなさい．

（解答例は付録A）

▼図3.10　**火星表面に液体の水が存在する証拠．** 夏期の火星で形成された斜面を下る黒っぽい筋は，水の流れによって形成されたように見える．NASAの科学者は，水和した塩を示す証拠も見つけている（本写真は，マーズ・リコネッサンス・オービターという探査機によって撮影されたデジタル画像である）．

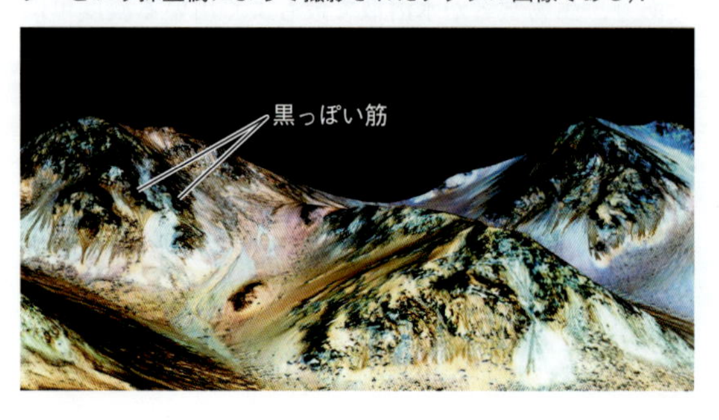
黒っぽい筋

3.3 酸性，塩基性は生物にとって重要である

2つの水分子の間の水素結合にかかわる水素原子は，水分子から隣の水分子へ移ることがある．このとき，水素原子は電子を残し，**水素イオン hydrogen ion**（H^+）として移動する．つまり，1+の電荷をもつ1個の陽子（プロトンともいう）ともいえる．水素イオンを失った水分子は，**水酸化物イオン hydroxide ion**（OH^-）になり，電荷は1−である．このときの水素イオンは別の水分子に結合し，**ヒドロニウムイオン hydronium ion**（H_3O^+）をつくる．この反応は次のように表すことができる．

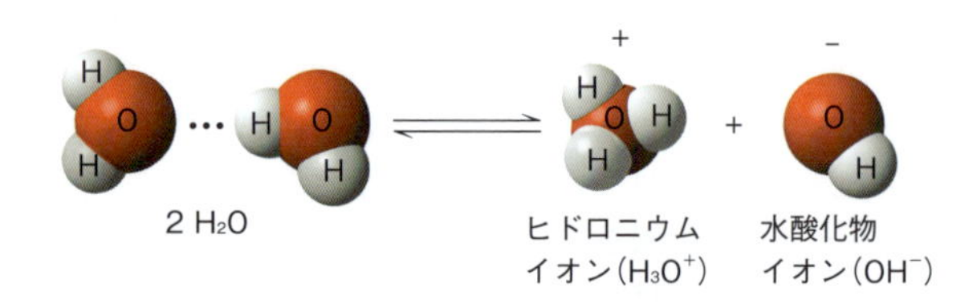
H
O
H
H
O
H
+
H
O
H
H
+
−
O
H
2 H₂O
ヒドロニウム
イオン(H₃O⁺)
水酸化物
イオン(OH⁻)

なお，慣用的に，H^+（水素イオン）を H_3O^+（ヒドロニウムイオン）の代わりに用いることが多いので，本書でもこれを採用する．しかし，H^+は水溶液中では存在しないことに留意してほしい．つねにH^+は水分子と結合してH_3O^+となっている．

図で両方向の矢印が示すように，この反応は可逆的で，水分子が壊れる反応とH^+とOH^-から再びつくられる反応が起きるところで，動的平衡に到達する．この平衡において，水分子の濃度はH^+やOH^-の濃度よりも非常に高い．純水においては，5.54億分の1の水分子が電離し，各イオン濃度は10^{-7} M（25℃）となる．これは純水1L中に水素イオンと水酸化物イオンが1 molのわずか1000万分の1存在することを意味する（とはいえ，純水1L中のそれぞれのイオンの数は6京，つまり6兆の1万倍よりも多いという膨大なものである）．

水分子の電離は可逆的で，統計的には非常にまれな現象であるが，生命の化学においてとても重要である．H^+とOH^-の反応性は非常に高い．その濃度の変化は細胞に含まれるタンパク質や他の複雑な分子に大きな影響を与える．これまで見てきたように，純水中ではH^+とOH^-の濃度は同じであるが，酸や塩基という物質を添加すると，このバランスはくずれる．生物学者は溶液の酸性もしくは塩基性（酸性の反対）の程度を表すために，pHという尺度を用いる．本章の後半では，酸，塩基，pHについて学び，なぜpHの変化が生物に悪い影響をもたらすのかを学ぶ.

酸と塩基

水溶液に何を加えると，H^+やOH^-濃度のバランスがくずれるだろうか．酸を水に溶解すると，H^+を増やす．**酸 acid**とは，水溶液の水素イオン濃度を上げる物質である．たとえば，水に塩酸（HCl）を加えると，水素イオンと塩化物イオンに解離する．

$$HCl \rightarrow H^+ + Cl^-$$

このH^+の供給（水の電離もH^+の供給である）によって，H^+がOH^-よりも多くなった酸性溶液ができる．

水素イオン濃度を下げる物質は，**塩基 base**という．塩基のあるものは，水素イオンと直接結合して，その濃度を下げる．たとえば，アンモニア（NH_3）は，窒素原子の価電子殻の孤立電子対が溶液中のH^+と結合して，アンモニウムイオン（NH_4^+）をつくることで，塩基として作用する．

$$NH_3 + H^+ \rightleftharpoons NH_4^+$$

また，あるものは，電離して水酸化物イオンをつくり，これがH^+と結合して水となるため，間接的にH^+濃度を下げる．例としては，水に溶けると次のようなイオンとなる水酸化ナトリウム（NaOH）がある．

$$NaOH \rightarrow Na^+ + OH^-$$

どちらの場合も，塩基はH^+濃度を下げる．OH^-の濃度がH^+より高い溶液を，塩基性（アルカリ性）という．両方の濃度が同じものを中性という．

HClやNaOHの反応は，一方向の矢印で示されることに留意しなさい．これらの物質が水に溶けると，完全にイオン化する．そのため，塩酸は強酸，水酸化ナトリウムは強塩基という．一方，アンモニアは弱い塩基である．つまり，平衡点ではNH_4^+とNH_3は一定の比率で共存し，アンモニアの反応の両方向の矢印は，水素イオンの結合と解離が可逆的であることを示している．

水素イオンを可逆的に放出または受け取る弱酸も存在する．その一例は，炭酸である．

H_2CO_3	$\rightleftharpoons$	HCO_3^-	+	H^+
炭酸		炭酸水素イオン		水素イオン

この平衡は大きく左に傾いているので，純水に炭酸を溶かすと，わずか1%だけがイオン化する．しかし，これでも，中性のH^+とOH^-のバランスを変えるのに十分である．

pH尺度

25℃ではどんな水溶液でも，H^+とOH^-の濃度の積は10^{-14}で一定である．これは次のように表す．

$$[H^+][OH^-] = 10^{-14}$$

この式において，かぎ括弧はモル濃度を示す．室温（25℃）の中性溶液では，$[H^+] = 10^{-7}$，$[OH^-] = 10^{-7}$であり，$10^{-7} \times 10^{-7}$の積として10^{-14}になる．もし，酸を添加して［H^+］を10^{-5} Mまで上げると，［OH^-］は積が一定に保つように10^{-9} Mまで減少する（つまり，$10^{-5} \times 10^{-9} = 10^{-14}$）．この一定の関係は，水溶液中の酸と塩基のふるまいを説明している．酸は溶液の水素イオンを増やすだけでなく，H^+はOH^-と結合して水をつくるので，水酸化物イオンを取り除く．塩基は逆の作用であり，OH^-の濃度を上げるだけでなく，水をつくってH^+濃度を下げる．もし，塩基を添加して，OH^-の濃度を10^{-4} Mまで上げると，H^+濃度は10^{-10} Mまで低下する．水溶液中のH^+かOH^-のどちらかの濃度がわかれば，他方のイオンの濃度を計算することができる．

H^+やOH^-の濃度は，100兆倍以上も変化するので，モル濃度の代わりにもっと便利な方法が考案されている．pH尺度（図3.11）はH^+やOH^-の濃度範囲を対数で圧縮したものである．溶液の**pH**は，水素イオン濃度を，底を10とした対数の正負を逆にしたものとして定義されている．

$$pH = -\log [H^+]$$

中性の水溶液では，$[H^+] = 10^{-7}$ Mであり，

$$-\log 10^{-7} = -(-7) = 7$$

となる．つまり，pHの低下はH^+濃度の「増加」である（図3.11参照）．また，pH尺度はH^+濃度で決まるが，OH^-濃度も間接的に表している．pH 10の溶液の水素イオン濃度は10^{-10} Mであり，水酸化物イオンの濃度は10^{-4} Mである．

25℃，中性の水溶液のpHは7であり，pH尺度の中間点である．7より低いpHは酸性溶液を表し，数値が低いほど酸性度は強くなる．塩基性水溶液のpHは7より高い．ほとんどの生物の液体はpH 6～8の範囲内にある．しかし，いくつか例外もある．たとえば，ヒトの胃の消化液（胃酸）は強酸性で，そのpHは約2である．

pHの1単位は，H^+やOH^-濃度の10倍の違いに対

応している．pH 尺度が非常にコンパクトにまとまるのは，この数学的特徴（対数目盛）のためである．pH 3 の溶液の酸性度は pH 6 の溶液の 2 倍ではなく，1000 倍（10×10×10）である．溶液の pH が少し変化したとき，溶液の実際の H^+ や OH^- の実際の濃度はかなり変化しているといえる．

緩衝液

多くの生細胞の内部の pH は 7 に近い．細胞の化学反応は水素イオンや水酸化物イオンの濃度によって大きく変わるので，わずかな pH 変化であっても，生物には有害なことがある．ヒトの血液の pH はやや塩基性で 7.4 に非常に近い．この血液の pH が 7 まで低下したり，7.8 まで上昇したとすると，ヒトは数分以内に死ぬ．そして，血液中には pH を安定に保つ化学的なしくみが存在する．もし，1 L の純水に 0.01 mol の強酸を加えると，pH は 7.0 から 2.0 まで下がる．しかし，同じ量の酸を 1 L の血液に加えると，pH は 7.4 から 7.3 に下がるだけである．血液に酸を加えたとき，なぜこのようなわずかな pH の変化しか起きないのだろうか．

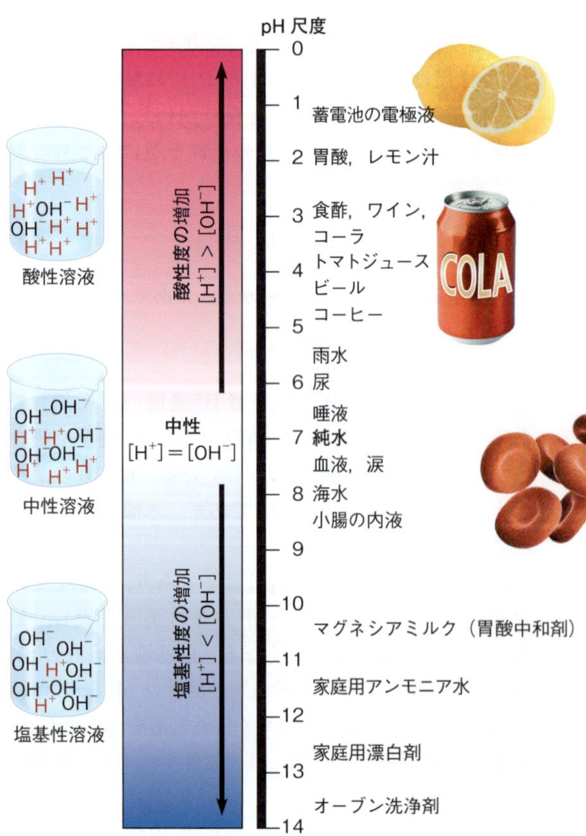
pH 尺度
0
1 蓄電池の電極液
2 胃酸，レモン汁
3 食酢，ワイン，コーラ
4 トマトジュース
ビール
コーヒー
5
雨水
6 尿
唾液
7 純水
血液，涙
8 海水
小腸の内液
9
10
マグネシアミルク（胃酸中和剤）
11
家庭用アンモニア水
12
家庭用漂白剤
13
オーブン洗浄剤
14
酸性度の増加
[H⁺] > [OH⁻]
中性
[H⁺] = [OH⁻]
塩基性度の増加
[H⁺] < [OH⁻]
酸性溶液
中性溶液
塩基性溶液
COLA

▼図 3.11　pH 尺度といくつかの水溶液の pH の例.

生物の液体において，緩衝液というものが，酸や塩基の添加にかかわらず，比較的一定の pH を保っている．**緩衝液 buffer** とは溶液中の H^+ か OH^- の濃度変化を小さくする物質を含む水溶液のことである．その作用としては，水素イオンが過剰なとき受け取り，不足したとき放出する．ほとんどの緩衝液は弱酸とこれに対応する塩基を含んでいて，可逆的に水素イオンを結合する．

ヒトの血液や多くの生物の液体において，pH の安定性にかかわる pH 緩衝剤の 1 つは，炭酸（H_2CO_3）で，CO_2 が血液中の水と反応してつくられる．すでに述べたように，炭酸は解離して，炭酸水素イオン（HCO_3^-）と水素イオン（H^+）をつくる．

$$\underset{\substack{H^+\text{供与体}\\(\text{酸})}}{H_2CO_3} \underset{\text{pH 低下時}}{\overset{\text{pH 上昇時}}{\rightleftharpoons}} \underset{\substack{H^+\text{受容体}\\(\text{塩基})}}{HCO_3^-} + \underset{\text{水素イオン}}{H^+}$$

炭酸と炭酸水素イオンの化学平衡は，pH 緩衝剤として働く．つまり，別の反応で溶液に水素イオンが増えるとこの反応は左に傾き，水素イオンが減少すると右へ傾くのである．もし血液の H^+ 濃度が下降し始めると（pH の上昇），反応は右へ進み，多くの炭酸が解離し，水素イオンを供給する．しかし，血液の H^+ 濃度が上昇し始めると（pH の低下），反応は左へ進み，塩基である HCO_3^- が水素イオンを結合し，H_2CO_3 をつくる．このように炭酸–炭酸水素緩衝液は互いに平衡になる酸と塩基の組み合わせである．他のほとんどの緩衝液も同様に酸–塩基の対である．

酸性化：地球の海洋への脅威

人間活動が引き起こす水質への脅威の 1 つは，化石燃料の燃焼で，大気中に CO_2 を放出する．その結果，大気中の CO_2 濃度の増加は地球温暖化を含むさまざまな気候変動を引き起こしている（56.4 節参照）．さらに，人類が放出する CO_2 の約 25% は海洋に吸収される．海洋にはばく大な水があるが，これほど大量の CO_2 の吸収は，海洋の生態系に悪影響があるかもしれないと，科学者は心配している．

最近のデータは，このような心配が確かなものであることを示している．CO_2 は海水に溶けると，水と反応して炭酸をつくり，海洋の pH を下げる．このプロセスは**海洋の酸性化 ocean acidification** とよばれ，海洋生物の生存にかかわる微妙なバランスを変える（図 3.12）．数千年以上も氷に閉じ込められた気泡中

の CO_2 量の測定から，過去 42 万年前のどのときと比べても，現在の pH は 0.1 単位低いと推定されている．また，最近の研究は，今世紀末までに pH がさらに 0.3～0.5 単位ほど低下すると予想している．

海洋が酸性化すると，過剰な水素イオンは炭酸イオン（CO_3^-）と反応して炭酸水素イオン（HCO_3^-）をつくり，炭酸イオン濃度を下げる（図 3.12 参照）．海洋の酸性化によって，2100 年までに炭酸イオン濃度の 40% が消失すると，科学者たちは予測している．造礁サンゴや貝類を含む多くの海洋生物がつくる炭酸カルシウム（$CaCO_3$），つまり石灰化に炭酸イオンは必要であるので，これは深刻な問題である．**科学スキル演習**は，炭酸イオンのサンゴ礁への影響を検討する実験データを扱ってみよう．サンゴ礁は膨大な多様性をもつ海洋生物の楽園であるが，壊れやすい生態系である．サンゴ礁生態系の消滅は生物の多様性の悲劇的な損失となるであろう．

もし，未来の地球の水資源の質がよくなるだろうと楽観的に考える理由があるとすれば，私たちはすでに，海洋や湖沼，河川の微妙な化学的バランスについて，多くを学んだことであろう．環境の悪化を心配するみなさんのような知識をもった個々の人が行動することによってのみ，改善されていくだろう．このためには，地球上の生命のための環境保全に果たす水の重要な役

科学スキル演習

実験データの散布図を回帰直線を用いて解釈する

海水の炭酸イオン濃度はサンゴ礁の石灰化速度にどのように影響するか　サンゴ生物が炭酸カルシウムでできたサンゴ礁を形成するとき，水に溶けた炭酸イオンを必要とする．大気中の CO_2 の上昇による海洋の酸性化は，この溶存炭酸イオン濃度を下げることが科学的に予測されている．この演習では，炭酸イオン濃度（$[CO_3^{2-}]$）の石灰化とよばれる炭酸カルシウムの沈着への影響を調べた実験結果を解析する．

実験方法　科学者はアリゾナのバイオスフィア 2（訳注：巨大な密閉空間での人工生態系の装置）のサンゴ礁を含む巨大な水槽を用いて，海洋の酸性化を数年間研究した．彼らは，サンゴ生物による石灰化速度を測定し，海水中の溶存炭酸イオン濃度が変化したとき，石灰化速度がどのように変化するかを調べた．

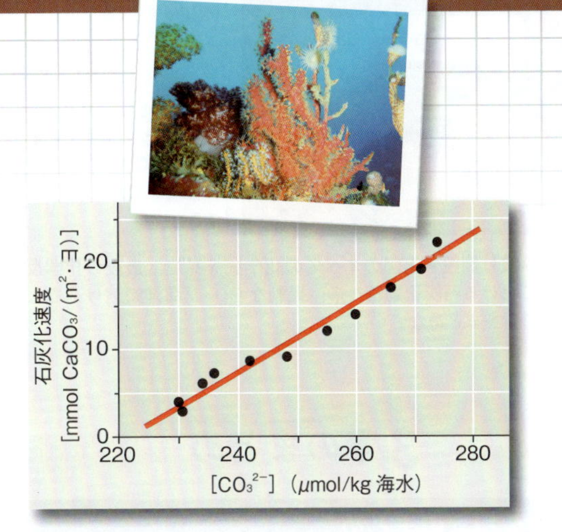
石灰化速度
[mmol CaCO3/(m2・日)]
20
10
0
220
240
260
280
[CO3 2−]（μmol/kg 海水）

データの出典　C. Langdon et al., Effect of calcium carbonate saturation state on the calcification rate of an experimental coral reef, *Global Biogeochemical Cycles* 14:639-654 (2000).

実験データ　図の黒い点は実際のデータの散布図を表す．赤い線は回帰直線とよばれ，そのデータ点に最もよく適合する直線である．

データの解釈

1. 実験データが与えられたとき，解析の最初の段階では，まず各軸の数値が何を表しているかを理解する．(a) x 軸で示されているものを言葉で説明しなさい．(b) y 軸で示されているものとその数値の単位が示しているものを言葉で説明しなさい．(c) どちらの値が，研究者によって「操作」できる変数であるか．(d) どちらの値が，実験の結果もしくは操作に依存したもので，研究者が「測定」することで得られる変数であるか（グラフについての詳細は付録 F を参照）．
2. グラフ中のデータに基づいて，炭酸イオン濃度と石灰化速度の関係を言葉で述べなさい．
3. (a) 海水に含まれる炭酸イオン濃度が 270 μmol/kg と仮定したときの石灰化速度を答えなさい．また，サンゴ礁が 1 m^2 あたり 30 mmol の炭酸カルシウムを沈着するのに要する日数を求めなさい．(b) もし，海水中の炭酸イオン濃度が 250 μmol/kg とすると，石灰化のおよその速度とサンゴ礁が 1 m^2 あたり 30 mmol の炭酸カルシウムを沈着するのに要する日数を求めなさい．(c) もし，炭酸イオン濃度が低下すれば，石灰化速度はどのように変化するか．サンゴ礁の成長速度はどのように変化するかを答えなさい．
4. (a) 図 3.12 の反応式を見て，本実験で測定した反応はどれか，答えなさい．(b) 本実験の結果は，大気中の CO_2 濃度の上昇がサンゴ礁の成長を鈍化させるという仮説と矛盾しないかどうか，答えなさい．また，その理由を述べなさい．

▼図 3.12　人類活動に由来する大気中の CO_2 の海洋での行方．

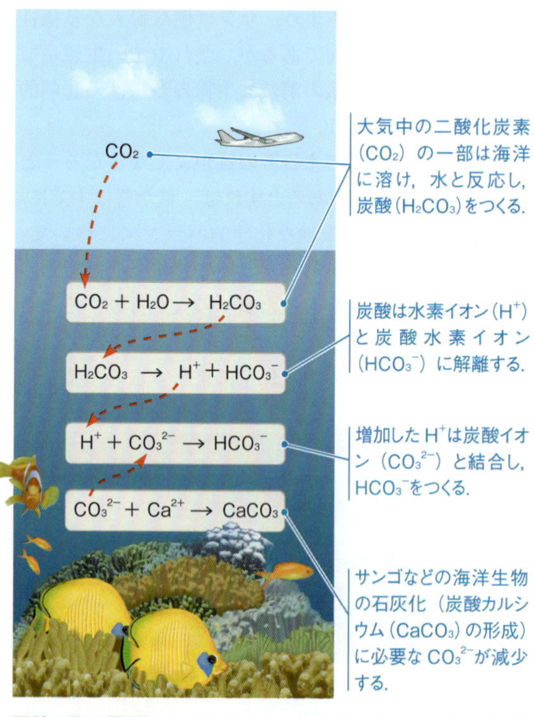
CO_2
大気中の二酸化炭素（CO_2）の一部は海洋に溶け，水と反応し，炭酸（H_2CO_3）をつくる．
$CO_2 + H_2O \rightarrow H_2CO_3$
炭酸は水素イオン（H^+）と炭酸水素イオン（HCO_3^-）に解離する．
$H_2CO_3 \rightarrow H^+ + HCO_3^-$
増加した H^+ は炭酸イオン（CO_3^{2-}）と結合し，HCO_3^- をつくる．
$H^+ + CO_3^{2-} \rightarrow HCO_3^-$
サンゴなどの海洋生物の石灰化（炭酸カルシウム（$CaCO_3$）の形成）に必要な CO_3^{2-} が減少する．
$CO_3^{2-} + Ca^{2+} \rightarrow CaCO_3$

図読み取り問題➤上図のすべての化学式を見て，最後の化学反応式における石灰化過程への，過剰な CO_2 が海洋に溶け込むときの影響をまとめなさい．

割の理解が必要である．

概念のチェック 3.3

1. pH 9 の塩基性溶液と比較して，同じ体積の pH 4 の酸性溶液は何倍の水素イオン（H^+）を含むか．
2. HCl は強酸で，水の中で次のように解離する．$HCl \rightarrow H^+ + Cl^-$ このとき，0.01 M HCl の pH を求めなさい．
3. 酢酸（CH_3COOH）は炭酸と同じように緩衝液となる．酢酸が解離する反応式を書き，酸，塩基，H^+ 受容体，H^+ 供与体を示しなさい．
4. **どうなる？➤**各 1 L の純水と酢酸溶液がある．これらに 0.01 mol の強酸を加えると，pH はどうなるか．問 3 の反応式を用いて，結果を説明しなさい．

（解答例は付録 A）

3 章のまとめ

重要概念のまとめ

3.1
水分子の極性共有結合は水素結合をつくる

- 水は**極性分子**である．水素結合は，ある水分子の部分的に負に帯電した酸素原子が，すぐそばの別の水分子の部分的に正に帯電した水素原子に引きつけられて生じる．水分子間でつくられる水素結合は水の特性の基礎である．

描いてみよう➤この図で水素結合と極性共有結合に印をつけなさい．水素結合は共有結合であるか．理由も述べなさい．

3.2
水の 4 つの創発特性は生命に適合した地球環境に貢献する

- 水素結合により水分子を互いに引きつけることで，水の**凝集**を引き起こす．また，水素結合は水の**表面張力**を生み出している．
- 水は高い**比熱**をもつ．水素結合を壊すとき熱を吸収し，水素結合をつくるとき熱を放出する．この性質は，**温度**を比較的一定にし，生命の許容範囲に保つ．**気化冷却**は水の高い**気化熱**による．エネルギーの高い水分子が蒸発するため，液面は冷やされる．
- 氷は液体の水よりも密度が低いため，水に浮く．こうして，湖や極地の海の凍結した氷の下でも，生命は生き延びることができる．
- 極性分子の水は，水素結合をつくる荷電性や極性の物質に付着するので，非常に幅広い**溶媒**である．**親水性**物質は水に親和性があり，**疎水性**物質は親和性がない．**モル濃度**は，**溶液** 1 L あたりの**溶質**のモル数であり，溶液中の溶質濃度を表す．**モル**は物質の分子数を表す単位である．1 mol の物質の質量をグラム単位で表す数値は，ドルトン表記の分子量と同一になる．

- 水のこれらの創発特性は，地球上の生命を支えており，他の惑星で進化する生命にも貢献するかもしれない．

? 水に溶ける溶質に，どのような種類があるか述べなさい．また，溶液とは何か，説明しなさい．

3.3

酸性，塩基性は生物にとって重要である

- 水分子は H^+ を別の水分子に転移して，H_3O^+（H^+ と表記）と OH^- をつくる．
- H^+ 濃度は pH として表す．$pH = -\log[H^+]$．**緩衝液**は水素イオンを可逆的に結合する 1 対の酸と塩基からなり，pH 変化を緩和する．

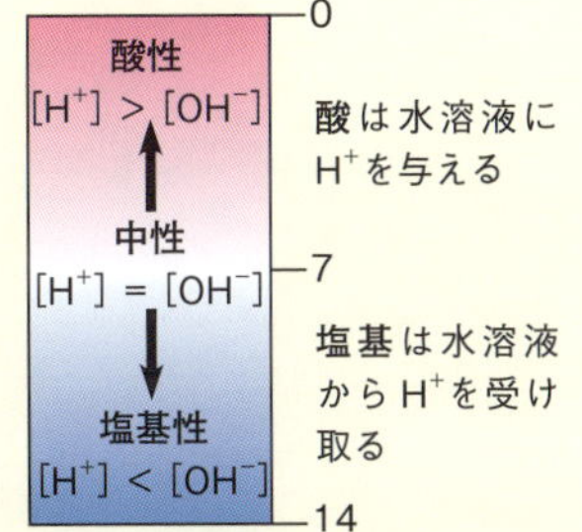

0
酸性
[H+] > [OH−]
酸は水溶液に H+を与える
中性
[H+] = [OH−]
7
塩基は水溶液から H+を受け取る
塩基性
[H+] < [OH−]
14

- 化石燃料の燃焼は大気中の CO_2 量を増加させる．一部の CO_2 は海洋に溶け込み，**海洋の酸性化**を引き起こす．これによって，石灰化を必要とする海洋生物に深刻な問題を生じる可能性がある．

? もし水溶液に塩基を加えて，OH^- 濃度を 10^{-3} とすると，水素イオン濃度はどうなるか，説明しなさい．また，この水溶液の pH を答えなさい．

理解度テスト

レベル 1：知識／理解

1. 次のうちどれが疎水性物質か．
   (A) 紙　(B) 食塩　(C) ワックス　(D) 糖
2. 1 mol のスクロース（ショ糖）と 1 mol のビタミン C で値が同じものは，次のうちどれか．
   (A) 質量　(B) 体積　(C) 原子数　(D) 分子数
3. ある湖の pH を測定したところ，4.0 であった．この湖の水素イオン濃度はいくらか．
   (A) 4.0 M　(B) 10^{-10} M　(C) 10^{-4} M　(D) 10^4 M
4. 問 3 の湖の水酸化物イオン濃度は次のうちどれか．
   (A) 10^{-10} M　(B) 10^{-4} M　(C) 10^{-7} M　(D) 10.0 M

レベル 2：応用／解析

5. ピザ 1 切れは 500 kcal に相当する．もし，このピザを燃やしてそのすべての熱で 50 L の冷水を温めるとすれば，水の温度はおよそ何度上昇するか（1 L の冷水はほぼ 1 kg である）．
   (A) 50 ℃　(B) 5 ℃　(C) 100 ℃　(D) 10 ℃
6. **描いてみよう**　塩化カリウム（KCl）を水に溶かしたとき，カリウムイオンや塩化物イオンのまわりにできる水和殻を描きなさい．また，各原子に正負の電荷および部分的電荷を示しなさい．

レベル 3：統合／評価

7. 農業に携わる人々は天気予報に強い関心を払っている．霜が降りる予報の夜の直前に，植物を保護するために，農民は水を噴霧する．水の特性を使って，この方法が有効である理由を述べなさい．また，この現象が水素結合によることにも言及しなさい．
8. **関連性を考えよう**　気候変動（1.1 節と 3.2 節を参照）と海洋酸性化の共通点は何か．
9. **進化との関連**　本章では，生命に必要な環境の維持に，水の創発特性がどのようにかかわるのかを説明している．ごく最近まで，生命存在の要件として，適切な範囲の温度や，pH，大気圧，塩濃度，また有毒物質が少ないことなどが考えられてきた．この考えは，極限環境生物とよばれる生物の発見によって変わってしまった．これらは，高温酸性の硫黄泉や深海の熱水噴出孔や高濃度の有毒金属を含む土壌などで繁殖する．宇宙生物学者は，なぜ極限環境生物の研究に興味をもつのか．このような極限環境での生物の存在は，他の惑星での生命の可能性について何を語るだろうか．
10. **科学的研究**　酸性雨による水の酸性化が，淡水性植物のカナダモ *Elodea* の成長を阻害するという仮説を検証する実験を，対照実験を含めて計画しなさい（図 2.17 参照）．
11. **テーマに関する小論文：組織化**　水のいくつかの創発特性は，生命のための環境維持に貢献している．水が優れた溶媒であることが水分子の構造からどのように生じるのかを，300～450 字で記述しなさい．
12. **知識の統合**

ネコはどのように飲むか．高速度ビデオ撮影によって，水やミルクのような液体を飲むとき，ネコが興味深い技術を駆使していることが明らかになった．ネコは 1 秒間に 4 回，舌

を伸ばして液面に浸し，口まで水の柱を引き上げ（写真でわかる），重力で再び下に落ちる前に口に入れている．水の分子構造が，このプロセスにどのように関係するかを含めて，どのような水の特性が，このようなネコの飲み方を可能としているか，説明しなさい．

（一部の解答は付録A）

炭素と生命の
分子レベルの多様性
4

▲図 4.1　炭素のどのような性質がすべての生命の基盤となるのか.

重要概念

4.1 有機化学は炭素化合物の学問である

4.2 炭素は 4 つの共有結合で他の原子と結合し，多様な分子をつくる

4.3 数種の官能基は生体分子の機能の鍵となる

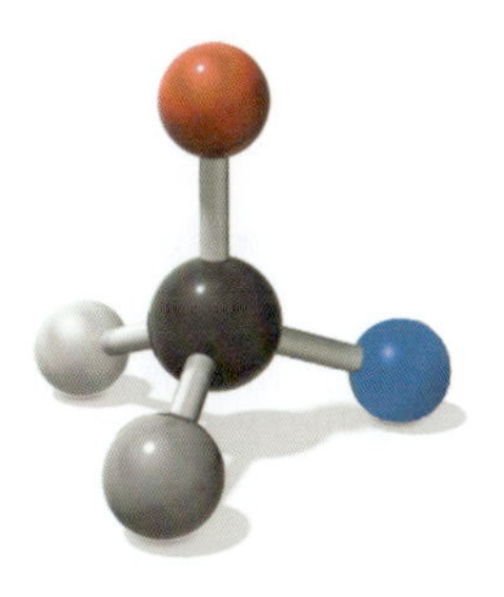

▲炭素は，4 個の原子もしくは官能基を結合することで，非常に多様な分子を可能にする.

炭素は生命の根幹

図 4.1 の植物やゴールデンモンキーなどの生物は，おもに炭素をもとにした化合物でできている．炭素は，生産者の作用で生物圏（バイオスフィア）に入ってくる．つまり，植物や他の光合成生物は太陽エネルギーを利用して大気の二酸化炭素（CO_2）を生命分子に変換する．これらの分子は，次に他の生物を食べる消費者に取り込まれる．

炭素は大きく複雑で多様な分子をつくることでは，元素の中で並ぶものがなく，この分子が地球で進化した生物の多様性を可能にした．タンパク質や DNA，糖質などの生命物質では，炭素が互いに結合したり別の元素に結合したりしており，非生物の物質とはっきり区別される．これらの物質には，炭素の他に，水素（H），酸素（O），窒素（N），硫黄（S），リン（P）も含まれているが，生物分子の膨大な多様性の根源は炭素元素にある．

タンパク質のような大きな生物分子は，5 章の主要なテーマである．一方，本章では，もっと小さい分子の性質を学ぶ．この小さい分子を用いて，分子構築の概念を解説する．これは，炭素が生命にとってなぜそれほど重要なのかを説明するとともに，創発特性が生物における物質の組織化から生じるという本書のテーマを強調してくれる．

4.1

有機化学は炭素化合物の学問である

歴史的理由のため，炭素を含む化合物は有機物といわれ，炭素化合物の研究を専門とした化学の分野を，**有機化学 organic chemistry** という．1800年代初頭までに，化学者たちは，元素を正しい条件で組み合わせることによって，単純な化合物を実験室で合成できるようになっていた．しかしながら，生物体から抽出した複雑な分子を人工的に合成することは不可能だと思われていた．有機化合物は，物理学や化学の世界を越えた生命の神秘の力をもつ生物でのみ，つくられると信じられていた．

実験室で有機化合物を合成できることがわかってきたとき，化学者たちはこの概念から少しずつ脱し始めた．1828年に，ドイツの化学者フリードリヒ・ウェーラー Friedrich Wöhler が，アンモニウムイオン（NH_4^+）とシアン酸イオン（CNO^-）を混合して，「無機」のシアン酸アンモニウムの合成を試みた．しかし，驚いたことに，その代わりに，動物の尿に含まれる有機化合物である尿素が合成された．

これに続く数十年で，ますます複雑な有機化合物が実験室で合成されるようになり，生命のプロセスは物理学や化学の法則に支配されているという考え方が広がった．有機化学は，炭素を含む有機化合物を，その由来を問わず扱う学問であると再定義された．有機化合物には，メタン（CH_4）のような単純なものから数千の原子で構成されるタンパク質など巨大なものまである．

有機分子と地球での生命の起源

進化　1953年，シカゴ大学ハロルド・ユーリー Harold Urey の大学院生スタンリー・ミラー Stanley Miller は，有機化合物の非生物的合成を，進化の研究に導入した．図4.2で，彼の古典的研究を見てみよう．この実験結果から，ミラーは複雑な有機分子も，原始地球に存在したと考えられる条件のもとで，自然につくられると結論づけた．読者は，**科学スキル演習**で，関連した実験データを扱うことができる．これらの実験は，生命の起源の初期に火山などの近くで有機化合物が非生物的につくられたという考えを支持している（図25.2参照）．

生物に含まれる主要な元素（C，H，O，N，S，P）の全体の割合は，生物間で非常によく似ており，すべての生物が共通の祖先から進化したことを反映してい

▼図4.2
研究　原始地球を模した条件で，有機分子はつくられるか

実験　1953年，スタンリー・ミラーは，原始地球に存在したと考えられる状態を再現した密閉系を準備した．1つのフラスコの水は原始の「海」を想定した．水を熱すると，水蒸気は2つ目の高いところにあるフラスコへ移動する．ここには気体の混合物である「大気」が入っている．この合成大気の中で，雷を模した電気火花を飛ばした．

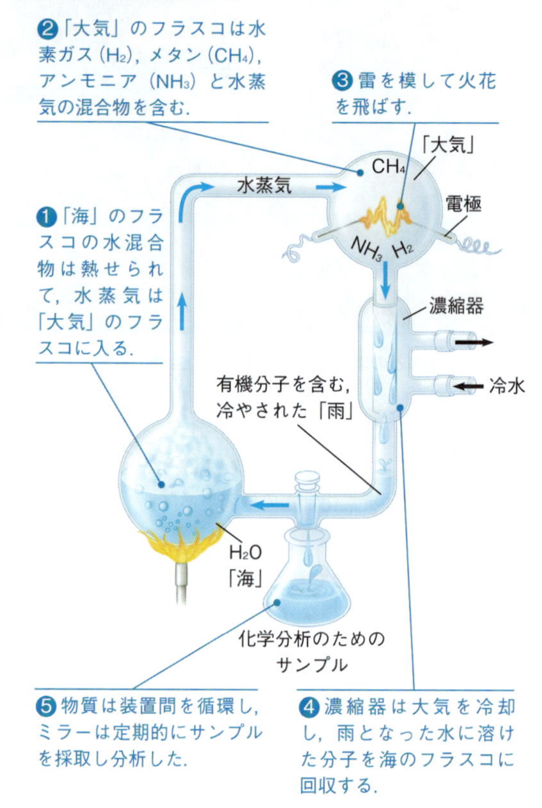

❷「大気」のフラスコは水素ガス（H2），メタン（CH4），アンモニア（NH3）と水蒸気の混合物を含む．
❸雷を模して火花を飛ばす．
「大気」
CH4
水蒸気
電極
NH3
H2
❶「海」のフラスコの水混合物は熱せられて，水蒸気は「大気」のフラスコに入る．
濃縮器
冷水
有機分子を含む，冷やされた「雨」
H2O
「海」
化学分析のためのサンプル
❺物質は装置間を循環し，ミラーは定期的にサンプルを採取し分析した．
❹濃縮器は大気を冷却し，雨となった水に溶けた分子を海のフラスコに回収する．

結果　ミラーは生物に含まれる多様な有機分子を検出した．ホルムアルデヒド（CH_2O）やシアン化水素（HCN）などの単純な化合物からアミノ酸や炭化水素といわれる長鎖の炭素と水素の化合物など複雑なものまであった．

結論　生命の自然発生の最初の段階である有機分子は，原始地球で非生物的に合成されたかもしれない．最近の研究では初期地球の大気は，ミラーが実験に用いた「大気」とは異なっているが，この改訂された条件での実験でも有機分子を生成した（この仮説については25.1節にてさらに詳しく学ぶ）．

データの出典　S. L. Miller, A production of amino acids under possible primitive Earth conditions, *Science* 117: 528–529 (1953).

どうなる？➤もし，ミラーの実験で，NH_3 濃度を増やしていれば，生成物の HCN と CH_2O の相対比はどうなっただろうか．

科学スキル演習

モル数とモル比を扱う

原始地球の火山の近くで初期の生物の分子が形成され得るのだろうか 2007年に，スタンリー・ミラーの大学院生だったジェフリー・バーダ Jeffrey Bada は，ミラーが1958年に行った実験で，まだ分析されていないサンプルを発見した．その実験では，ミラーは反応混合物に硫化水素ガス（H_2S）を使用していた．H_2S は火山から噴出するので，この実験は原始地球の火山の近くの条件を模したものであった．2011年に，バーダらは，この「失われていた」サンプルの分析結果を発表した．本問題では，H_2S 実験の反応物と生成物のモル比を用いて計算してみよう．

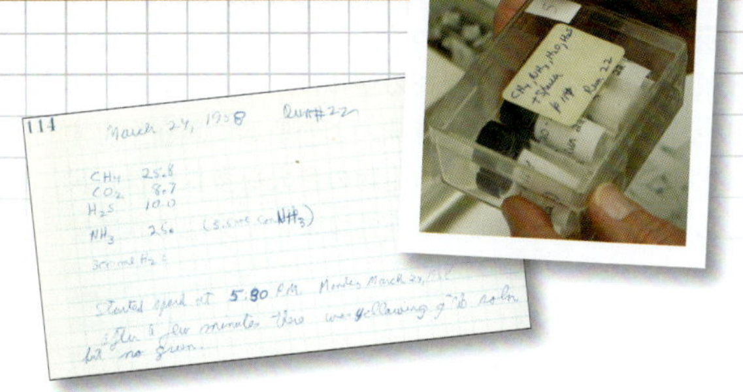

▲1958年の硫化水素（H_2S）を用いた実験のミラーのメモと保存されたサンプル．

実験方法 当時の実験ノートによれば，ミラーは最初の実験（図4.2参照）と同じ装置を用いたが，気体反応混合物として，メタン（CH_4），二酸化炭素（CO_2），硫化水素（H_2S），アンモニア（NH_3）を使用した．3日間の火山活動を模した処理の後，液体のサンプルを回収・濃縮して無菌瓶に封入した．2011年に，バーダの研究チームは最新の分析法によって，これらの封入瓶に含まれる生成物として，タンパク質の構成要素となるアミノ酸を分析した．

実験データ 下の表は，ミラーの1958年の H_2S 実験サンプルから2011年に検出された23種のアミノ酸のうちの4種を示す．

生成物	分子式	モル比（対グリシン）
グリシン	$C_2H_5NO_2$	1.0
セリン	$C_3H_7NO_3$	3.0×10^{-2}
メチオニン	$C_5H_{11}NO_2S$	1.8×10^{-3}
アラニン	$C_3H_7NO_2$	1.1

データの出典 E. T. Parker et al., Primordial synthesis of amines and amino acids in a 1958 Miller H_2S-rich spark discharge experiment, *Proceedings of the National Academy of Sciences USA* 108: 5526-5531 (2011). www.pnas.org/cgi/doi/10.1073/pnas.1019191108.

データの解釈

1. モル数は，物質の分子数（もしくは原子数）を表す単位で，1 mol のときその物質の質量はドルトンで表す分子量（もしくは原子量）と一致する．つまり，1.0 mol は 6.02×10^{23} 分子（または原子）である（アボガドロ数，3.2節参照）．表は，ミラーの H_2S 実験のいくつかの生成物の「モル比」を示している．モル比とは，この実験で標準となる物質のモル数に対する相対値であり，単位のない数値である．ここでは，標準物質はグリシンというアミノ酸であり，そのモル数を1.0としている．たとえば，セリンのモル比は 3.0×10^{-2} である．これは，グリシン1 mol に対してセリンが 3.0×10^{-2} mol 存在することを意味する．(a) メチオニンのモル比を答え，その意味を述べなさい．(b) 1 mol のグリシンに含まれる分子数を答えなさい．(c) 1 mol グリシンを含むサンプル中に存在するメチオニンの分子数を答えなさい（指数表記の2個の数値の掛け算は指数同士を加算し，割り算では分子の指数から分母の指数を引くことを思い出そう）．
2. (a) グリシンより多く存在しているアミノ酸は何か．(b) そのアミノ酸の分子数は，グリシン1 mol 中の分子数よりどれだけ多いか．
3. 生成物の合成は，反応物の量によって制限される．(a) もし，フラスコの1Lの水（=55.5 mol）に，CH_4，NH_3，H_2S，CO_2 を各1 mol 加えるとすれば，フラスコ内の水素，炭素，酸素，窒素，硫黄原子のモル数をそれぞれ答えなさい．(b) 表中の分子式から，1 mol のグリシンを合成するのに必要なそれぞれの原子のモル数を答えなさい．(c) フラスコ内で，他の物質は合成されないとして，グリシンが合成される最大モル数を答えなさい．また，その根拠を説明しなさい．(d) もし，セリンやメチオニンが別々に合成されるとすると，それぞれどの元素が最初に足りなくなるか，答えなさい．そのとき，それぞれの合成量を答えなさい．
4. ミラーが実施した初期の発表された実験は，反応物として H_2S を含めていなかった（図4.2参照）．データの表のうち，どのアミノ酸が，初期の実験では合成されず，今回の H_2S 実験で合成されたと考えられるか．

る．しかし，これらの限られた原子の素材の組み合わせであっても，炭素が4つの結合を形成できるので，無限の種類の有機分子をつくることができる．異なる種類の生物や同一種の異なる個体は，その有機分子の違いで識別できる．ある意味，この地球に現在生育する生物や化石に残る過去の生物の膨大な多様性は，炭素元素の独特の化学的多機能性によって実現されている．

概念のチェック 4.1

1. ウェーラーは尿素が合成されたとき，なぜ驚いたのか．
2. 図読み取り問題▶図4.2を参照しなさい．ミラーが電気放電しないで実験したとき，有機化合物はまったくつくられなかった．その原因を説明しなさい．

(解答例は付録A)

4.2

炭素は4つの共有結合で他の原子と結合し，多様な分子をつくる

原子の化学的性質を決定する鍵は，その電子配置にある．この電子配置は，原子が他の原子と形成する化学結合の種類と数を決定する．他の原子との結合に使われる電子は，最外殻，つまり価電子殻の電子である．

炭素との結合の形成

炭素は6個の電子をもち，2個は最初の価電子殻に，4個は2番目の価電子殻にある．つまり，8個の電子を収容できる電子殻に4個の価電子をもつ．炭素原子は通常，他の原子と4個の電子を共有することによって，合計8個の電子によって価電子殻を満たす．この共有した電子対が共有結合をつくる（図2.10 d参照）．有機分子では，炭素は通常，単結合か二重結合で共有結合をつくっている．つまり，各炭素は最大4つの方向に枝分かれをする分子の交差点となる．この性質のおかげで，炭素が大きく複雑な分子をつくることが可能になる．

炭素が4つの単結合をつくるとき，4つの混成軌道の配置は仮想正四面体の4つの頂点に対応する．メタン（CH_4）の結合角は109.5°であり（図4.3 a），炭素が4つの単結合で結合するとき，相手の原子は水素でなくても基本的に変わらない．たとえば，エタン（C_2H_6）は2個の正四面体が重なった形をしている（図4.3 b）．もっと多くの炭素をもつ分子でも，炭素原子とこれに結合する4つの原子のグループはどれも正四面体の形をしている．しかし，エチレン（C_2H_2）のように炭素原子同士が二重結合しているときは，これらの炭素から出る結合はすべて同じ平面にあり，結果として，結合する相手の原子も2つの炭素と同じ平面となる（図4.3 c）．このような分子を，あたかも2次元に広げたように構造式で描くのは便利であるが，実際の分子は3次元であることや分子の立体的な形状

▼図4.3　3種の単純な有機分子の形．

名前と説明	分子式	構造式	ボール・スティックモデル（分子の形をピンクで表示）	空間充填モデル
(a) メタン．炭素が4つの単結合をもつとき，分子の形は正四面体となる．	CH_4	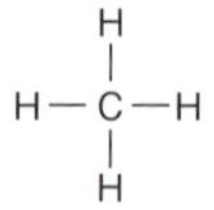 H–C(–H)(–H)–H	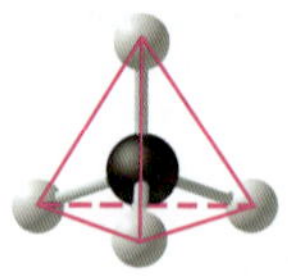	
(b) エタン．分子が2個以上の正四面体からなる（エタンはこれを2個もつ）．	C_2H_6	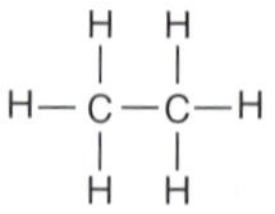 $H_3C–CH_3$	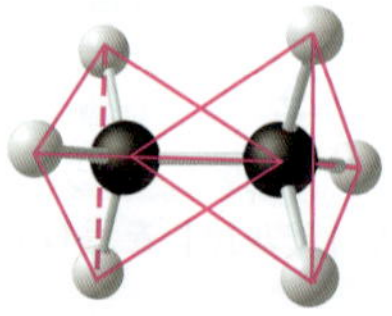	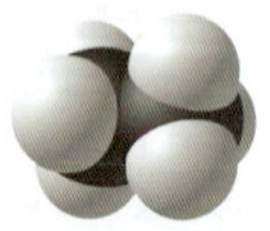
(c) エテン（エチレン）．2個の炭素原子が二重結合で結合すると，これらの炭素に結合するすべての原子は同一平面にあり，分子は平らになる．	C_2H_4	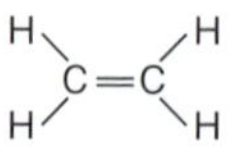 $H_2C=CH_2$	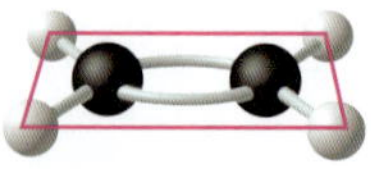	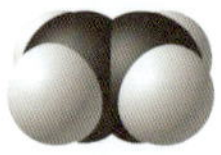

がしばしばその機能を決定することを心に留めておく必要がある．

原子の価電子殻の対を形成していない電子数が，一般にはその原子の**原子価 valence**，つまり原子が形成できる共有結合の数に等しい．図 4.4 は炭素および，炭素と結合することが多い水素，酸素，窒素の価数を示す．これらは有機分子の主要な構成原子である．

炭素の電子配置はさまざまな元素と共有結合をつくりやすい．水素以外の原子と炭素の結合に，共有結合の規則がどのように適用できるか見てみよう．例は，単純な分子の二酸化炭素と尿素である．

二酸化炭素（CO_2）では，1 個の炭素原子が 2 個の酸素原子とそれぞれ二重結合で結合している．CO_2 の構造式は下のようになる．

$$O=C=O$$

式の中の線は 1 対の電子の共有を表す．つまり，CO_2 内の 2 つの二重結合は 4 つの単結合と同数の電子対を共有する．この電子配置は分子内のすべての原子の価電子殻を満たす．

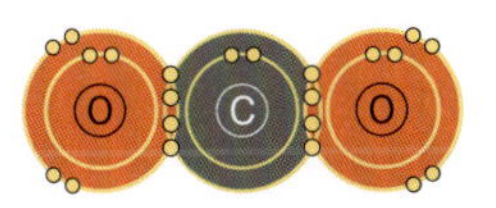
O
C
O

CO_2 は水素を含まず非常に単純な分子であるので，炭素を含むにもかかわらず無機化合物とみなされることも多い．しかし，CO_2 を有機とするか無機とするかに関係なく，光合成生物を介して，生物のすべての有機分子の炭素源として，明らかに重要である（2.4 節参照）．

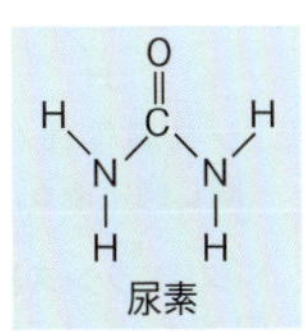
O
C
H
N
H
N
H
H
尿素

尿素 $CO(NH_2)_2$ は尿に含まれる有機化合物で，ウェーラーが 1800 年代初期に合成した物質でもある．この場合も，すべての原子は必要な数の共有結合をもっている．1 個の炭素は単結合と二重結合の両方をもつ．

▼図 4.4　有機分子の主要な元素の原子価． 原子価とは，その原子がつくる共有結合の数である．一般にその原子の価電子殻（最外殻）を満たすのに必要な電子数に等しい．各原子のすべての電子は電子分布図（上）で示し，そのうちの価電子だけをルイスの構造式（電子式，下）で示す．炭素は 4 個の結合を形成できる．

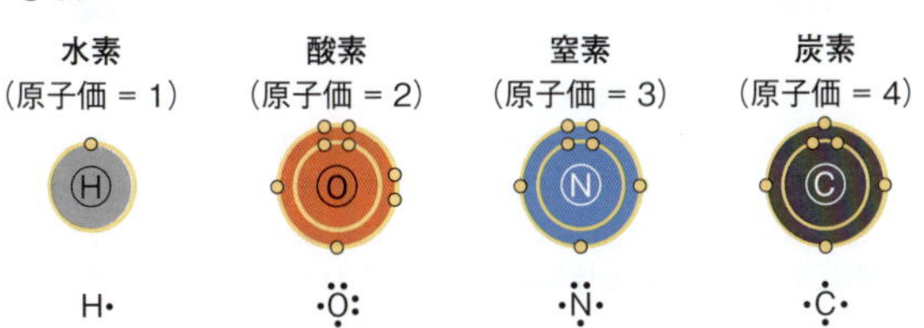
水素
（原子価 = 1）
酸素
（原子価 = 2）
窒素
（原子価 = 3）
炭素
（原子価 = 4）
H
O
N
C
H·
·Ö:
·N̈·
·Ċ·

関連性を考えよう➤ナトリウム，リン，硫黄，塩素のルイスの構造式を描きなさい（図 2.7 参照）．

尿素と二酸化炭素は 1 個の炭素原子からなる分子である．しかし，図 4.3 からわかるように，炭素原子は 1 個以上の価電子を使って別の炭素原子と共有結合し，その炭素もまた 4 つの共有結合をつくることができる．こうして，炭素はほとんど無限の種類の鎖をつくることができる．

分子の多様性は炭素骨格の違いによる

炭素の鎖はほとんどの有機分子の骨格となる．炭素骨格には長いものや短いものがあり，まっすぐなもの，分枝するもの，環状のものもある（図 4.5）．あるものは二重結合をもち，その数や位置にも違いがある．このような炭素骨格の違いは，生体物質の特徴である

▼図 4.5　炭素骨格の 4 種の多様性．

(a) 長さ

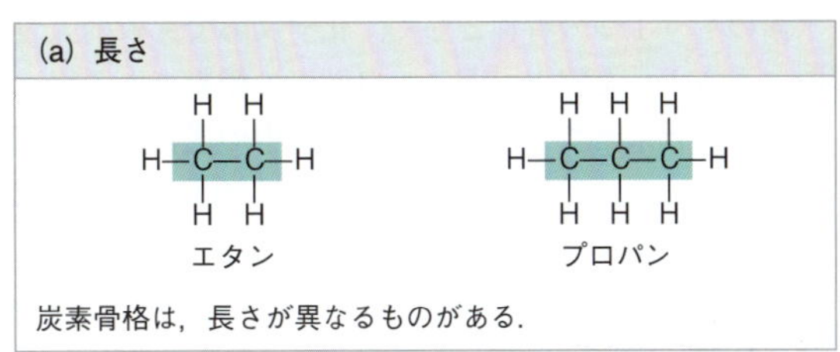
エタン
プロパン

炭素骨格は，長さが異なるものがある．

(b) 分枝

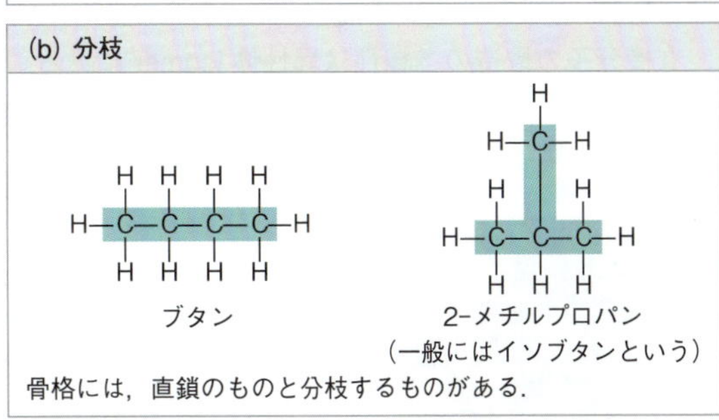
ブタン
2-メチルプロパン
（一般にはイソブタンという）

骨格には，直鎖のものと分枝するものがある．

(c) 二重結合の位置

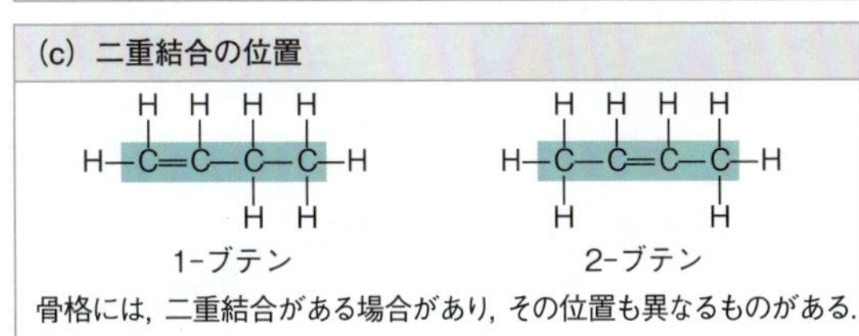
1-ブテン
2-ブテン

骨格には，二重結合がある場合があり，その位置も異なるものがある．

(d) 環構造

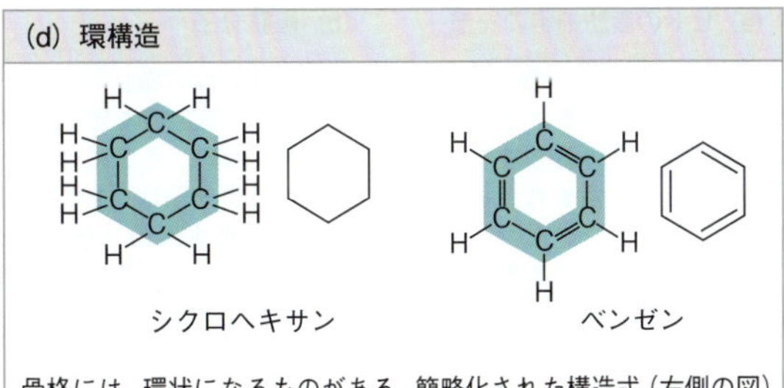
シクロヘキサン
ベンゼン

骨格には，環状になるものがある．簡略化された構造式（右側の図）では，各頂点は炭素とこれに結合する水素を表す．

分子の複雑さと多様性を生じる一因である．さらに他の元素が結合することでも多様性を生み出す．

炭化水素

図4.3と図4.5に示すすべての分子は，炭素と水素だけからなる有機分子で，**炭化水素 hydrocarbon** という．水素原子は共有結合できる電子があれば，炭素骨格のどこにでも結合する．炭化水素は石油の主成分であり，石油は大昔の生物が部分的に分解した遺骸に由来するので，化石燃料といわれる．

炭化水素は多くの生物でありふれたものではないが，細胞の有機分子には炭素と水素だけからなる領域がある．たとえば，脂肪という分子は炭化水素の長い鎖が非炭化水素成分に結合したものである（図4.6）．共有結合のほとんどは非極性の炭素–水素結合であり，石油も脂肪も水には溶けない疎水性物質である．炭化水素のもう1つの特性として，化学反応で比較的大量のエネルギーを放出できる．自動車の燃料であるガソリンは炭化水素でできており，脂肪中の炭化水素の部分は植物の胚（種子）や動物の貯蔵燃料として使われる．

異性体

有機分子の構造の多様性は**異性体 isomer** に見ることができる．これは，同じ元素を同数もち，しかし構造や性質が異なる化合物のことである．以下に3種類の異性体（構造異性体，シス-トランス異性体，鏡像異性体）を見てみよう．

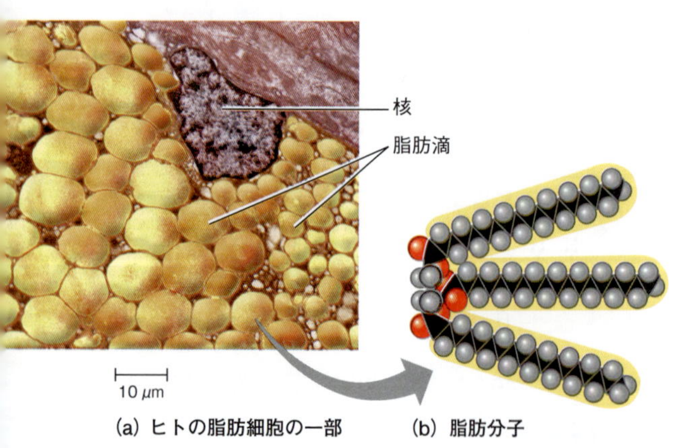

核
脂肪滴
10 μm

(a) ヒトの脂肪細胞の一部　(b) 脂肪分子

▲図4.6　**脂肪中の炭化水素の役割．** (a) 哺乳類の脂肪細胞は貯蔵燃料となる脂肪分子を多量に蓄えている．着色した顕微鏡写真は多数の脂肪滴を含むヒトの脂肪細胞を示す．そこには膨大な脂肪分子が含まれている．(b) 1つの脂肪分子は，1つの非炭化水素成分（グリセロール）に3つの炭化水素鎖（脂肪酸）が結合したものであるので，脂肪は疎水性である．この炭化水素鎖が分解されるとき，エネルギーが放出される（黒＝炭素，灰＝水素，赤＝酸素）．

関連性を考えよう➤ 炭化水素鎖によって脂肪の疎水性を説明しなさい（3.2節参照）．

構造異性体 structural isomer では，原子の共有結合の配置が異なる．たとえば，図4.7a の2つの炭素5個の化合物を見てみよう．どちらの分子式も同じ C_5H_{12} であるが，炭素骨格の共有結合の配置が異なっている．1つは，直鎖の骨格であり，他方は分枝している．可能な構造異性体の数は炭素骨格のサイズが大きくなると莫大なものになる．C_5H_{12} にはわずか3種（そのうちの2種を図4.7a に示す）があるが，C_8H_{18} に18種，$C_{20}H_{42}$ では36万6319種の異性体が可能である．二重結合の位置が異なる構造異性体もある．

シス-トランス異性体 *cis-trans* isomer（以前は幾何異性体）では，二重結合をもつ炭素に同じ原子が結合するが，その空間配置が異なる．単結合の結合軸は自

▼図4.7　**3種の異性体**（同じ分子式で異なる形の化合物）．

(a) 構造異性体

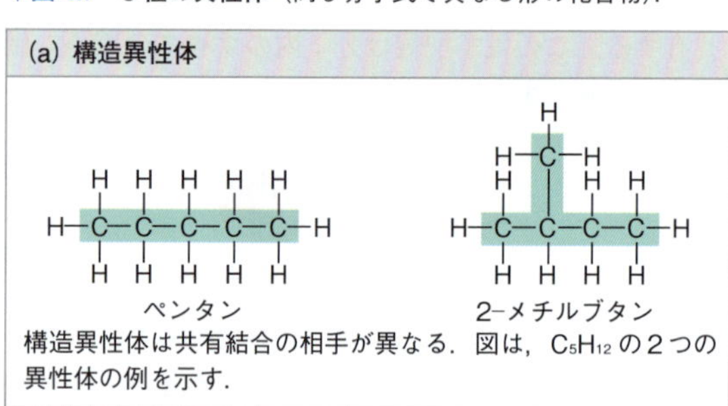

ペンタン
2–メチルブタン

構造異性体は共有結合の相手が異なる．図は，C_5H_{12} の2つの異性体の例を示す．

(b) シス-トランス異性体

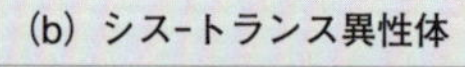

シス異性体：2つのXが同じ側にある．　トランス異性体：2つのXが反対側にある．

シス-トランス異性体は二重結合のまわりの配置が異なる．図では，X は二重結合する炭素に結合する原子（団）を表す．

(c) 鏡像異性体

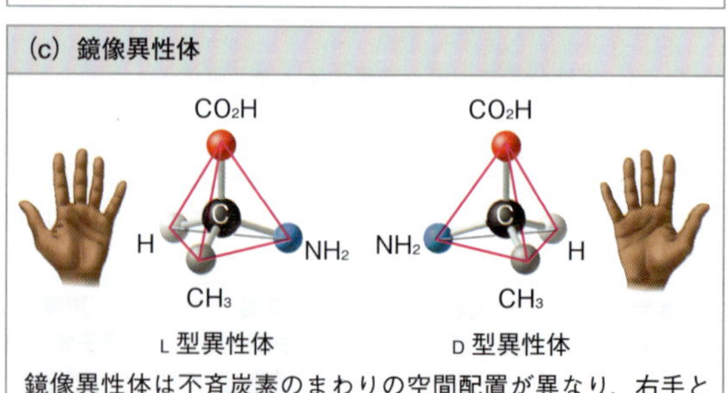

CO2H
NH2
CH3
H

L 型異性体　D 型異性体

鏡像異性体は不斉炭素のまわりの空間配置が異なり，右手と左手のように鏡像分子となる．この2種異性体は「左」と「右」を意味するラテン語 *levo* と *dextro* に由来して，L 型と D 型と表記する．鏡像異性体は互いに重ね合わせることができない．

描いてみよう➤ C_5H_{12} には3種の異性体がある．図(a)で示されていないものを描きなさい．

▼図 4.8 **鏡像異性体の薬学的重要性.** イブプロフェンとアルブテロールは鏡像異性体が異なる機能をもつ医薬品である（*S* と *R* は鏡像異性体を区別する記号である）. イブプロフェンは炎症や痛みを軽減し，一般には 2 種の鏡像異性体の混合物として販売されている. *S* 型鏡像異性体は *R* 型の 100 倍の効果がある. アルブテロールは *R* 型だけが合成され，販売されている. *S* 型は *R* 型の活性に拮抗する作用がある.

薬剤	効果	活性鏡像異性体	不活性鏡像異性体
イブプロフェン	痛み，炎症を軽減	*S* 型イブプロフェン	*R* 型イブプロフェン
アルブテロール	気管支の筋肉の弛緩作用があり，ぜんそくのとき空気の流れを改善する	*R* 型アルブテロール	*S* 型アルブテロール

由に回転できるので，空間配置は変化しても同じ物質である. 一方，二重結合では，このような回転はできない. もし，2 つの炭素原子が二重結合でつながれ，それぞれの炭素には異なる 2 種の原子もしくは原子団が結合すれば，シスとトランスの 2 種の異性体が可能になる. 二重結合をもった 2 つの炭素に H と X がついている場合を考えてみよう（図 4.7 b）. 2 つの X が二重結合の同じ側にある配置は「シス異性体」といい，反対側についているものを「トランス異性体」という. この異性体のわずかな形の違いは有機分子の生物活性に大きな違いを起こす. たとえば，視覚の生化学過程は，レチナールという眼の化学物質の光による「シス」から「トランス」への変化である（図 50.17 参照）. 別の例としては，「トランス」脂肪という食品製造過程で生成する有害な脂肪があり，5.3 節で紹介する.

鏡像異性体 enantiomer（エナンチオマー，対掌体，光学異性体ともいう）は，互いに鏡像体となる異性体で，異なる 4 種の原子もしくは原子団が結合した「不斉炭素」に起因している（図 4.7c のボール・スティックモデルの中央の炭素を参照）. 不斉炭素のまわりの 4 つの原子（団）は鏡像関係になるように配置している. 鏡像異性体はいわば原子の右利きと左利きのようなものである. ちょうど右手に左手用の手袋が合わないように，「右利き」の分子と「左利き」の分子は同じ空間配置をとれない. 通常，一方の異性体だけが生体分子に特異的に結合し，生物活性をもつ.

医薬品の 2 つの鏡像異性体が同等の効能をもたないことがあるため，鏡像異性体の概念は製薬産業においては重要である. その例として，イブプロフェンとぜんそく治療薬アルブテロールがある（図 4.8）. 鏡像異性体の一方は「クランク」として知られる非常に習慣性が高い興奮剤であり，街頭で不法に売られている. 他方ははるかに弱い作用しかなく，鼻詰まり解消のため店頭販売の蒸気吸入薬の成分である. 人体での鏡像異性体の異なる効能は，分子構造の微妙な違いに対して生物は感応できることを示している. 再度，各分子には原子の特定の配置に基づく創発特性があることを確認しよう.

概念のチェック 4.2

1. **描いてみよう➤** (a) C_2H_4 の構造式を描きなさい. (b) $C_2H_2Cl_2$ のトランス型の異性体の構造を描きなさい.
2. **図読み取り問題➤** 図 4.5 のどの分子が異性体か. それぞれについて，異性体の種類を述べなさい.
3. ガソリンと脂肪は化学的に似ているところはどこか.
4. **図読み取り問題➤** 図 4.5 a と図 4.7 を見て，プロパン（C_3H_8）に異性体はあるか. 理由も述べなさい.

（解答例は付録 A）

4.3

数種の官能基は生体分子の機能の鍵となる

有機分子の特徴は炭素骨格の構造だけでなく，骨格についている官能基に依存する. 最も単純な有機分子である炭化水素は，より複雑な分子の基礎となる. 多くの官能基は炭化水素の炭素骨格についた水素を置換したと考えることもできる. これらの官能基は化学反応に関与したり，分子の形状を変えることで間接的に働いたりする. 官能基はそれぞれの分子に固有の特性を与える.

官能基は生命の過程で最も重要である

エストラジオール（エストロゲンの 1 種）とテストステロンの違いを考えてみよう. これらの化合物はヒトや多くの脊椎動物で，それぞれ女性ホルモン，男性ホルモンである. どちらも 4 つの環が融合した形の骨格をもつステロイドという有機分子である. これらは，環構造（図では簡略に示す）についた官能基に違いがあり，その違いは下の図で青く示してある.

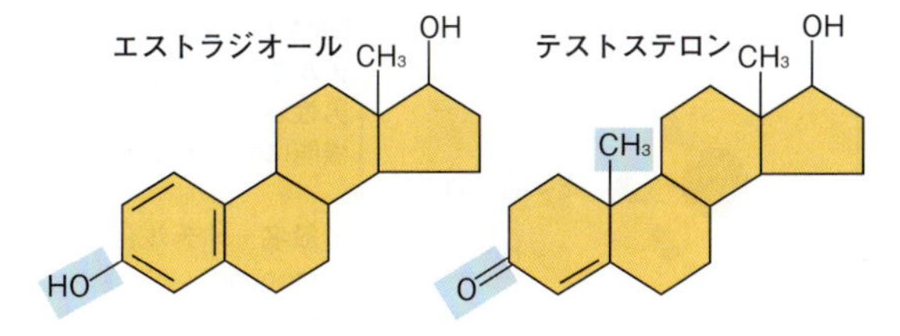
エストラジオール
OH
CH_3
HO
テストステロン
OH
CH_3
CH_3
O

人体のさまざまな場所において，これら2つの分子の異なる作用が，脊椎動物の雄と雌の解剖的特徴や生理的特徴をつくり出す．このように，官能基は分子の形状や機能に影響を与えるので，非常に重要である．

また，官能基は化学反応に直接関与することもある．これらの重要な官能基は**機能性官能基 functional group** という．それぞれの機能性官能基は，形状や電荷などに特徴があり，化学反応に独自にかかわるよう

▼図 4.9　**生物学的に重要ないくつかの官能基.**

官能基	特徴と化合物の一般名	例
ヒドロキシ基 hydroxy group (—OH) —OH (HO—とも記す)	電気陰性度の強い酸素原子のため，極性となる．水分子と水素結合を形成し，糖などの有機化合物の溶解度を上げる． 一般名：**アルコール類 alcohol**（名前の語尾にはよく -ol がつく）	**エタノール ethanol**：アルコール飲料に含まれる
カルボニル基 carbonyl group (>C=O)	ケトン基をもつ糖はケトース，アルデヒド基をもつ糖はアルドースという． 一般名：**ケトン類 ketone**（炭素骨格の内部にカルボニル基があるもの）・**アルデヒド類 aldehyde**（炭素骨格の末端にカルボニル基があるもの）	**アセトン acetone**：最も単純なケトン **プロパナール propanal**：アルデヒドの1種
カルボキシ基 carboxyl group (—COOH)	酸素原子と水素原子の間の共有結合は非常に極性が強く，H^+を与える酸となる． 一般名：**カルボン酸 carboxylate**（有機酸 organic acid ともいう）	**酢酸 acetic acid**：食酢の酸っぱい味のもと ⇌ + H^+ 細胞内では，—COOHのイオン化したもの（カルボン酸イオン）がふつうである
アミノ基 amino group ($—NH_2$)	塩基として働く．（生体内の水）溶液からH^+を奪う． 一般名：**アミン類 amine**	**グリシン Glycine**：アミノ酸（アミノ基とカルボキシ基を両方もつ） + H^+ ⇌ 細胞内では，$—NH_2$のイオン化したものがふつうである
チオール基 thiol group (—SH, スルフヒドリル基ともいう) —SH (HS—とも記す)	2つのチオール基が反応してできる「架橋」はタンパク質の構造を安定化する．毛髪タンパク質の架橋は，ストレートヘアや巻き毛を維持する．ヘアサロンで行うパーマ処理は架橋を壊し，髪型を変えた後，再び架橋をつくる． 一般名：**チオール類 thiol**	**システイン cysteine**：硫黄を含むアミノ酸
リン酸基 phosphate ($—OPO_3^{2-}$)	負電荷を与える（リン酸基が分子内部にあるときは1−，末端にあるときは2−）．分子に結合したものは，水分子と反応（加水分解）してエネルギーを放出する． 一般名：**有機リン酸類 organic phosphate**	**グリセロールリン酸 glycerol phosphate**：細胞の多くの重要な化学反応にかかわる
メチル基 methyl group ($—CH_3$)	DNAやDNA結合タンパク質へのメチル基付加は遺伝子発現を調節する．男性ホルモンや女性ホルモンの形と機能に影響する． 一般名：**メチル化化合物 methylated compound**	**5-メチルシトシン 5-methylcytosine**：DNAの一部で，メチル化されたもの

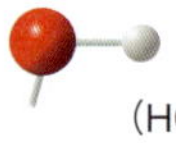

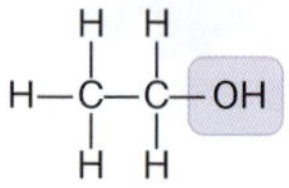

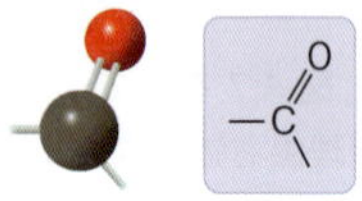

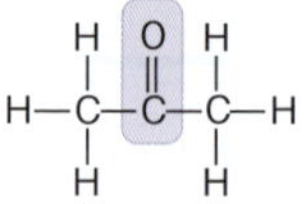

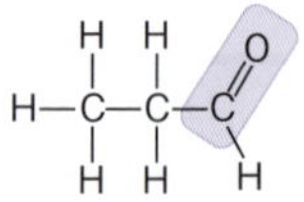

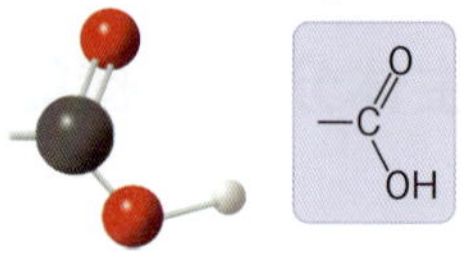

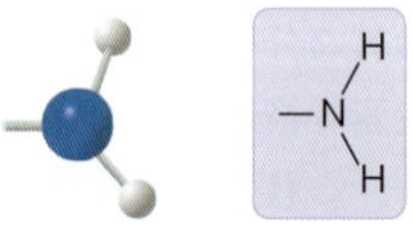

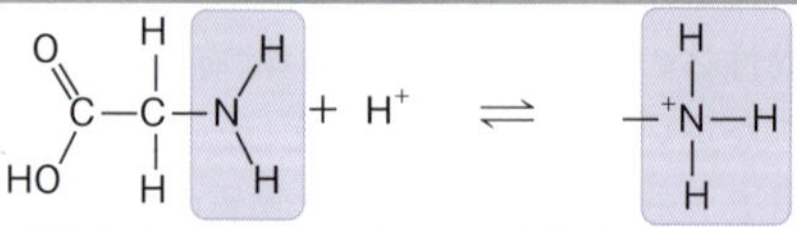

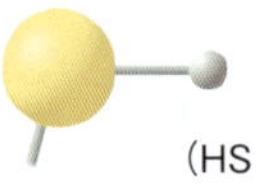

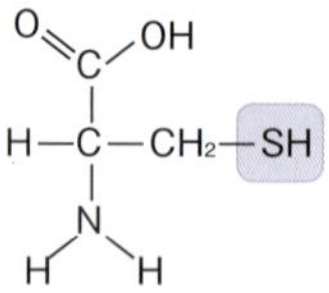

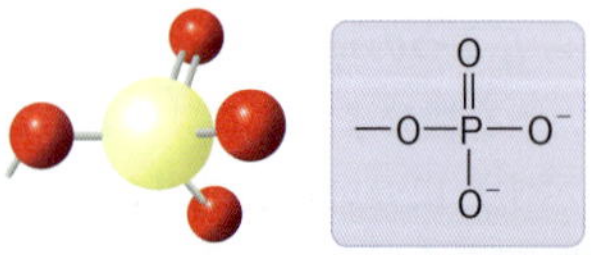

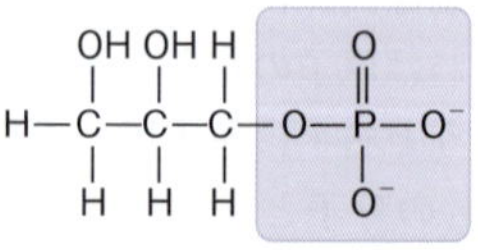

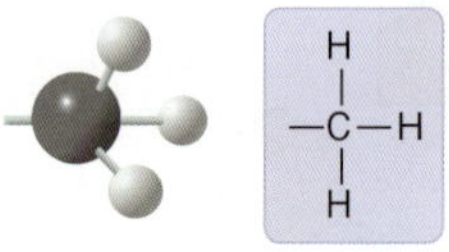

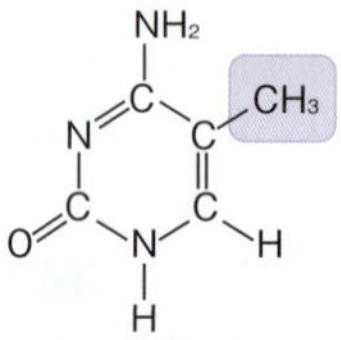

になっている．

生物反応において最も重要な7つの官能基は，ヒドロキシ基，カルボニル基，カルボキシ基，アミノ基，チオール基，リン酸基，メチル基である．はじめの6つは，機能性官能基として作用することがあり，チオール基を除けば親水性で有機分子の水への溶解度を上げる働きもする．メチル基には反応性はないが，代わりに生物分子を識別する標識としてしばしば働く．図4.9を見て，これらの生物的に重要な官能基をよく知ってほしい．

ATP：細胞プロセスのための重要なエネルギー源

図4.9の「リン酸基」の項は有機リン酸分子の単純な例を示す．もっと複雑な有機リン酸である**アデノシン三リン酸 adenosine triphosphate（ATP）**は，細胞において非常に重要であるので，ここで記述する．ATPは，有機分子であるアデノシンにリン酸基3個がつながったものである．

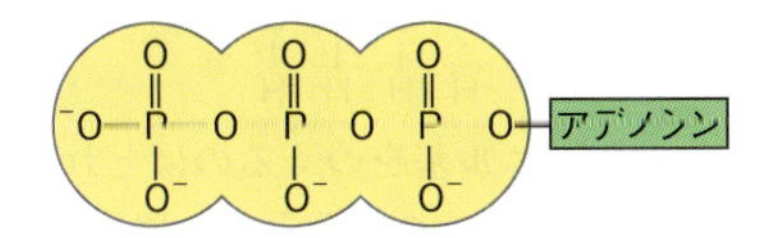
アデノシン

ATPのようにリン酸基が3個つながっているものが，水と反応すると，1個のリン酸が放出される．本書では，この無機のリン酸イオン（$HOPO_3^{2-}$）はⓅi，また，有機分子に含まれるリン酸基をⓅとしばしば表記する．1個のリン酸を失うと，ATPはアデノシン二リン酸（ADP）に変化する．ATPはエネルギーを蓄えるというが，より正確には，水と反応するポテンシャルエネルギーを蓄えると考えるべきである．水との反応がエネルギーを放出し，細胞がこのエネルギーを利用する．これは8.3節で詳しく学ぶ．

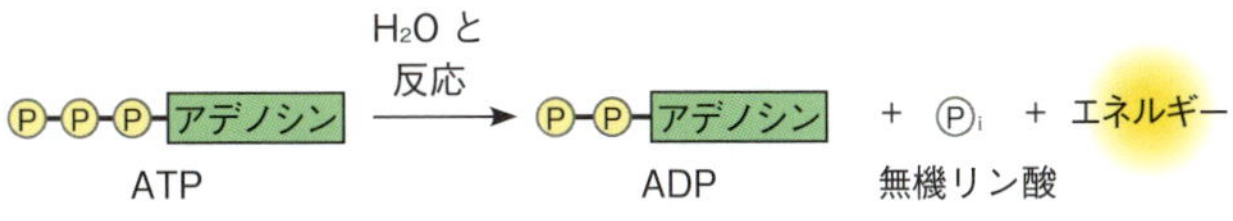
H₂Oと
反応
アデノシン
ATP
アデノシン
ADP
+ Ⓟi + エネルギー
無機リン酸

生命の化学的要因：まとめ

すでに学んだように，生命の物質はおもに，炭素，水素，窒素と少量の硫黄，リンで構成されている．これらの元素はすべて強い共有結合をつくる．これは複雑な有機分子の構築に必須の特性である．なかでも，炭素は共有結合の名人である．炭素原子の多機能性は，炭素骨格の多様な構造とこれに結合する官能基から生じる固有の特性を備えた多様な有機分子を実現する．このような分子レベルの多様性は，私たちの地球に存在する豊富な生物多様性の基礎である．

概念のチェック 4.3

1. **図読み取り問題➤**「アミノ酸」という用語は，この分子の構造のどのような特徴を表しているか．図4.9を参照しなさい．
2. ATPが水と反応してエネルギーを放出するとき，起こる化学反応を述べなさい．
3. **描いてみよう➤**ここに，システイン（図4.9のチオール基の例を参照）があるとして，その$-NH_2$基を$-COOH$基で置換したとする．このときできる分子の構造を描きなさい．この変化によって，分子の特性はどのように変化するか．中央の炭素は不斉かどうか，置換の前後で答えなさい．

（解答は付録A）

4章のまとめ

重要概念のまとめ

4.1

有機化学は炭素化合物の学問である

- 有機化合物はかつて生物体でのみつくられると信じられていたが，最終的には実験室で合成された．
- 生命の物質は，炭素，水素，窒素と少量の硫黄，リンからほとんどできている．生物多様性の分子的基盤は，特殊な形状と化学的特性をもつ膨大な種類の分子を，炭素がつくることができるところにある．

❓ スタンリー・ミラーの実験は，生命の起源においてさえ，物理学や化学の法則が生命反応を支配しているという考え方をどのように支持したか．

4.2

炭素は4つの共有結合で他の原子と結合し，多様な分子をつくる

- 価電子4の炭素は，O，H，Nなどさまざまな原子と共有結合する．また，他の炭素とも結合し，有機化合物の炭素骨格を形成する．その骨格の長さや形状にはさまざまなものがあり，別の元素が結合する部位を提供する．

- **炭化水素**は炭素と水素だけでできている．
- **異性体**は，同じ分子式をもつが，構造や性質が異なる化合物である．これには，**構造異性体**，**シス-トランス異性体**，**鏡像異性体**がある．

図読み取り問題➤図4.9を見て，アセトンとプロパナールがどのような異性体か答えなさい．酢酸，グリシン，グリセロールリン酸にはそれぞれ何個の不斉炭素があるか．これらの分子には，**鏡像異性体**は存在するか．

4.3 数種の官能基は生体分子の機能の鍵となる

- 有機分子の炭素骨格に結合した官能基は化学反応に参加したり（**機能性官能基**），分子の形状を変えることで機能にかかわったりする（図4.9参照）．
- **ATP（アデノシン三リン酸）**は，アデノシンに3個のリン酸基が結合してできている．ATPは水と反応して，ADP（アデノシン二リン酸）と無機リン酸になる．この反応は，細胞が利用できるエネルギーを放出する．

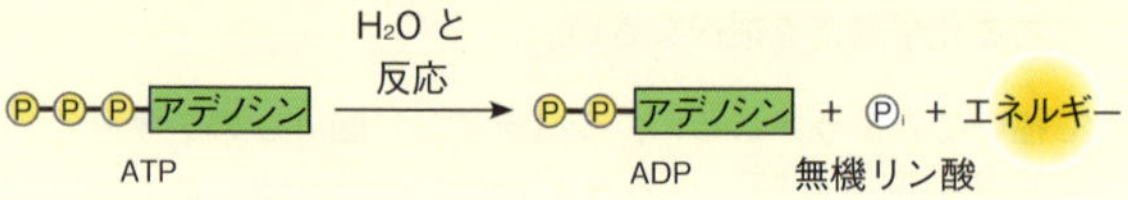

P-P-P-アデノシン（ATP） —H_2Oと反応→ P-P-アデノシン（ADP）＋ P_i（無機リン酸）＋ エネルギー

❓ メチル基は，図4.9に示す6種の重要な官能基と，化学的にどのように異なるか．

理解度テスト

レベル1：知識／理解

1. 現在の有機化学の定義は次のうちどれか．
   (A) 生物だけがつくる化合物の学問
   (B) 炭素化合物の学問
   (C) 人工の化合物ではなく自然界にある化合物の学問
   (D) 炭化水素の学問
2. **図読み取り問題**　図の分子に存在しない官能基は次のうちどれか．
   (A) カルボキシ基
   (B) チオール基
   (C) ヒドロキシ基
   (D) アミノ基 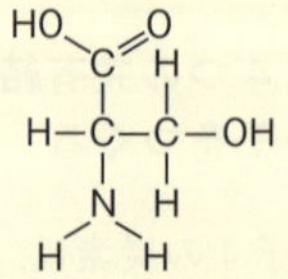
3. **関連性を考えよう**　有機分子が塩基として働くとき，最も重要な官能基はどれか（3.3節参照）．
   (A) ヒドロキシ基　(C) アミノ基
   (B) カルボニル基　(D) リン酸基

レベル2：応用／解析

4. **図読み取り問題**　次の炭化水素の構造式を描きなさい．また，炭素骨格に二重結合をもつのはどれか．
   (A) C_3H_8　(C) C_2H_4
   (B) C_2H_6　(D) C_2H_2
5. **図読み取り問題**　図に示す2つの糖分子の関係を正しく表す用語は，次のうちどれか．
   (A) 構造異性体
   (B) シス-トランス異性体
   (C) 鏡像異性体
   (D) 同位体 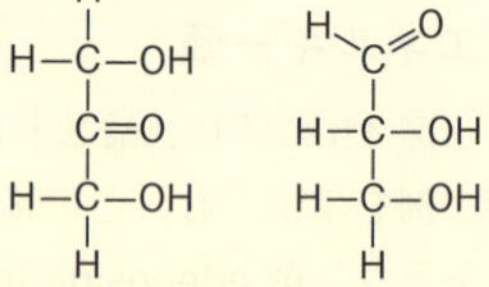
6. **図読み取り問題**　図の分子において，不斉炭素はどれか． 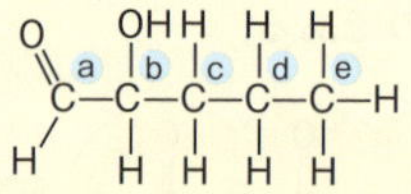
7. 次のうちカルボニル基をつくるのはどれか．
   (A) カルボキシ基の－OHを水素に置換
   (B) ヒドロキシ基へのチオール基の付加
   (C) リン酸基へのヒドロキシ基の付加
   (D) アミンの窒素を酸素に置換
8. **図読み取り問題**　問5のどの分子が不斉炭素をもつか．また，そのとき，どの炭素が不斉か．

レベル3：統合／評価

9. **進化との関連・描いてみよう**　一部の科学者は，地球の生物のように炭素を基本とするのではなく，ケイ素を基本とする生物が別の宇宙のどこかにいるかもしれないと考えている．図2.7のケイ素の電子分布図を見て，ケイ素のルイスの構造式を描きなさい．炭素と共通するケイ素のどのような性質のおかげで，たとえばネオンやアルミニウムを基本とするよりももっとありそうであるといえるのか．
10. **科学的研究**　50年前に，つわりの吐き気防止のために妊娠中の女性に処方されたサリドマイドによって，先天異常の赤ちゃんが生まれた．サリドマイドは2種の鏡像異性体の混合物であり，一方はつわりを軽減し，他方は先天異常を引き起こす．今日では，米国食品医薬品局（FDA）はこの薬を，妊娠していない人を対象とした，ハンセン病（らい病）や血液や骨髄のがんとして新たに認知された多発性骨髄腫の治療薬として認可した．よい薬効のある鏡像異性体が合成され，患者に処方されたが，やがて，よい鏡像異性体と有害な鏡像異性体の両方が患者の体から検出された．有害な鏡像異性体の存在を説明できる可能性を述べなさい．

11. **テーマに関する小論文：組織化**　1918年，伝染性睡眠病の生存者に，進行したパーキンソン病と似た特殊な強い麻痺が起こった．何年も後になって，パーキンソン病の治療薬L-ドーパ（左図）をこれらの患者に投与したところ，一時的ではあったが麻痺を著しく改善した．しかし，その鏡像異性体のD-ドーパ（右図）はパーキンソン病治療と同様にまったく効果がなかった．本章のテーマである構造と機能に関連して，効果のある鏡像異性体と効果のない鏡像異性体がなぜあるのか，300～450字で記述しなさい．

L-ドーパ　D-ドーパ

12. **知識の統合**

写真に示すライオンの雄と雌の違いを引き起こす炭素原子の化学構造の特徴を説明しなさい．

（一部の解答は付録A）

巨大な生体分子の構造と機能

5

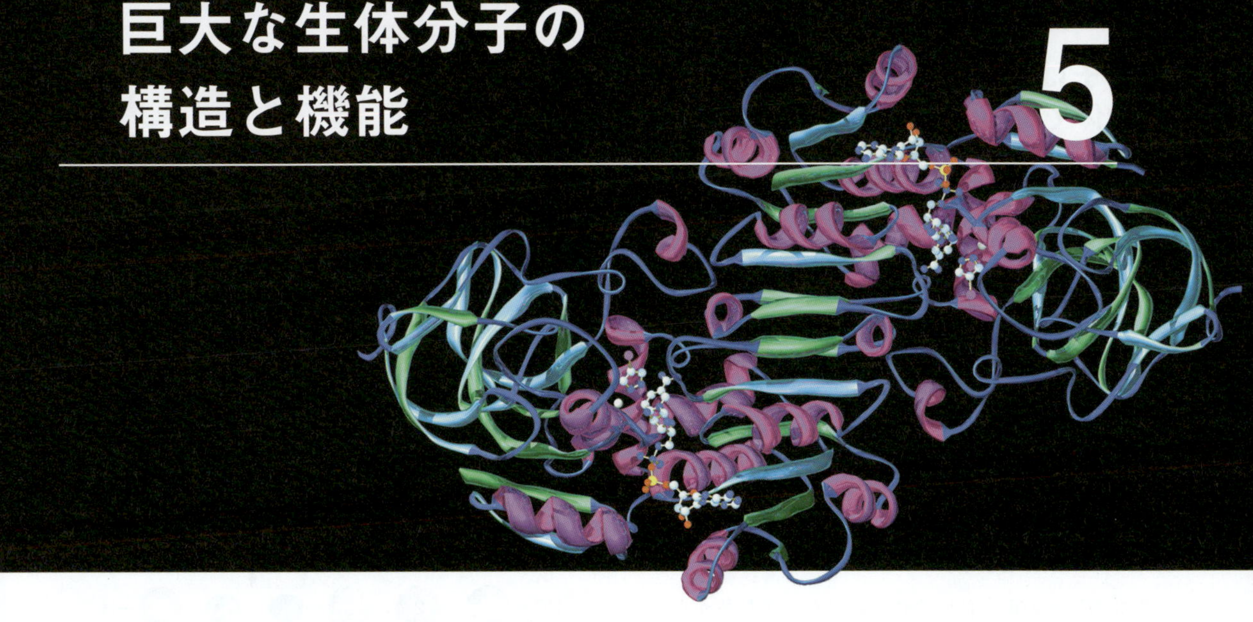

▲図 5.1　なぜタンパク質の構造は，その機能にとって重要なのか．

重要概念

5.1 高分子は，単量体からつくられる重合体である

5.2 炭水化物は，エネルギーや生体構築成分となる

5.3 脂質は，多様な疎水性分子である

5.4 タンパク質は，多様な構造をもち，幅広い機能を果たす

5.5 核酸は，遺伝情報を蓄え，伝え，発現する

5.6 ゲノミクスとプロテオミクスは生物学の研究や応用を変革した

生命の分子

地球上の生命の豊富な多様性を考えると，細菌からゾウ（象）まであらゆる生物に存在する最も重要な大型の分子が，わずか4種類（炭水化物，脂質，タンパク質，核酸）に分類できることは驚きである．分子サイズに基づけば，このうち3つ（炭水化物，タンパク質，核酸）は巨大であり，**高分子 macromolecule** ともいう．たとえば，タンパク質は何千という原子で構成され，質量10万ドルトンを超える巨大な分子をつくるものもある．巨大分子のサイズと複雑さを考えると，その多くの詳細な構造がすでに決定されているのは注目に値する．図 5.1 は，体内のアルコールを分解するアルコール脱水素酵素の分子構造モデルである．

大きな生体分子の構造は，その分子の機能の発揮に重要な役割を果たしている．水や単純な有機分子と同様に，大きな生体分子もその構成原子の特徴的な配置に起因する独自の創発特性（新たにつくり出される特性）を示す．本章では，巨大分子がどのようにつくられているのかをまず見ていく．そのうえで，4つのクラスの大型生体分子（炭水化物，脂質，タンパク質，核酸）の構造と機能を学ぶ．

◀手前の生物学者は立体眼鏡をかけて，コンピュータスクリーンに表示されたタンパク質の立体構造を調べている．

5.1

高分子は，単量体からつくられる重合体である

大型の炭水化物，タンパク質，核酸は重合体とよばれる鎖状分子である．**重合体 polymer**（ギリシャ語で「多い」を意味する *polys*，「部分」を意味する *meros* に由来）とは，多数の類似した単位もしくは同一の構成単位が共有結合で長くつながった分子であり，多数の車両がつながった列車に似ている．重合体を構成する繰り返し単位となる小さい分子は，**単量体 monomer** とよぶ（「1個」を意味するギリシャ語 *monos* に由来）．単量体としての働きをもつ分子には，単独で独自の機能をもつものもある．

重合体の合成と分解

異なる種類の重合体はそれぞれ異なる単量体からできているが，細胞が重合体を合成したり分解したりする化学反応はすべて基本的に同じである．細胞では，これらの化学反応は**酵素 enzyme** とよばれる特殊な高分子によって促進される．単量体をつなぐ反応は，2つの分子が水分子の除去を伴って共有結合でつながる反応で，**脱水反応 dehydration reaction** のわかりやすい例である（図 5.2 a）．2つの単量体が結合するとき，脱水される水分子の一部がそれぞれの単量体に由来する．つまり，一方はヒドロキシ基（－OH），他方は水素（－H）を提供する．鎖に単量体を1個ずつ付加するとき，この反応が繰り返され，重合体がつくられていく（この反応は重合ともいう）．

重合体は脱水反応の逆の**加水分解 hydrolysis** 反応で単量体に分解される（図 5.2 b）．加水分解とは水を用いて分解することで，ギリシャ語で「水」を意味する *hydro*，「分解」を意味する *lysis* に由来する．単量体間の結合は水分子を添加して切断され，水分子（H_2O）の水素原子（－H）は一方の単量体に結合し，残りのヒドロキシ基（－OH）は隣の単量体に結合する．人体で働く加水分解の例としては，食物の消化反応がある．食物中の有機物質の大半は細胞内に取り込むには大きすぎる重合体である．消化管内で多くの酵素がこの重合体に作用し，その加水分解を促進する．この分解された単量体は吸収され，血流に乗って全身の細胞に届けられる．単量体を取り込んだ細胞は，その細胞が必要とする特定の機能をもつ別の重合体を，単量体から新たに脱水反応によってつくる（脱水反応と加水分解は，また，脂質など重合体でない分子の合成と分解でも登場する）．

▼図 5.2　重合体の合成と分解．

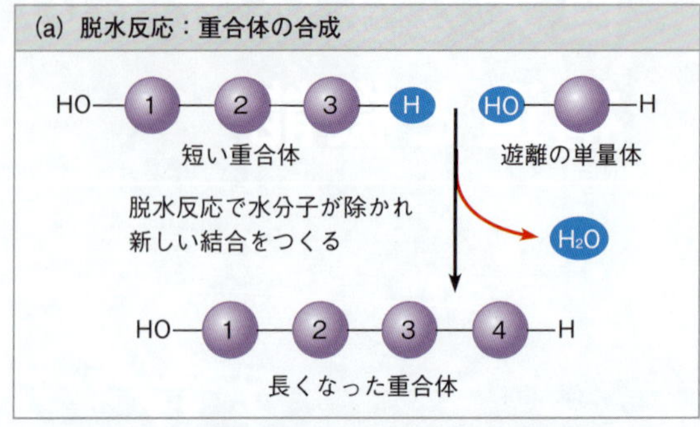
(a) 脱水反応：重合体の合成
HO
1
2
3
H
HO
H
短い重合体
遊離の単量体
脱水反応で水分子が除かれ
新しい結合をつくる
H2O
HO
1
2
3
4
H
長くなった重合体

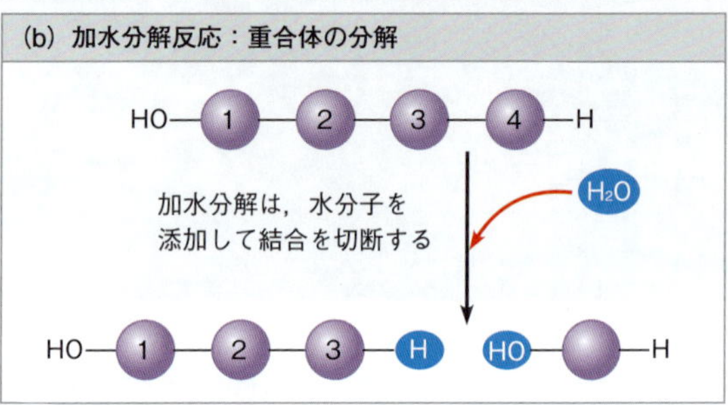
(b) 加水分解反応：重合体の分解
HO
1
2
3
4
H
加水分解は，水分子を
添加して結合を切断する
H2O
HO
1
2
3
H
HO
H

重合体の多様性

個々の細胞は何千種もの異なる巨大分子を含んでおり，その集合は同じ生物であっても細胞の種類によって異なる．ヒトの兄弟の遺伝的な違いは，重合体，特に DNA とタンパク質のわずかな違いを反映している．血縁関係にない個人間の分子レベルの違いはもっと大きく，異なる生物種の間の違いはさらに大きい．生物世界の高分子の多様性は膨大で，可能な種類数は事実上無限である．

生命をつくる重合体のこのような多様性は何によるのだろうか．これらの分子をつくっているのは，わずか 40～50 種のありふれた単量体と少数のまれな単量体である．このような限定された単量体を用いて，重合体の膨大な多様性をつくり出すことは，わずか 26 文字のアルファベットから何十万種もの単語をつくり出すことと似ている．どちらも線状の配列（単量体の並び順と文字列）が鍵である．しかし，この類似性は生体の巨大分子の多様性を説明するにはやや短絡的である．というのは，生体の重合体のほとんどは，言語における最も長い単語の文字列よりも，はるかに多い単量体でできているからである．たとえば，タンパク質は，20 種類のアミノ酸が通常数百個つながってできている．生命における分子の論理は単純でしかもエレガントである．つまり，すべての生物に共通な小さ

い単量体分子が，独自の配列をもった高分子をつくるのである．

このようなはかり知れない多様性にもかかわらず，分子構造や働きはいくつかのクラスに分類できる．次に，大型の生体分子の4つの主要なクラスを順に見ていこう．どのクラスも，大きな生体分子はその構成成分にはない創発特性をもっている．

概念のチェック 5.1

1. 大きな生体分子の4つの主要なクラスは何か．そのうち重合体でないものはどれか．
2. 10個の単量体が鎖状につながった重合体を完全に加水分解するには，何分子の水が必要か．
3. **どうなる？➤**私たちが魚料理を食べると仮定する．そのとき，魚のタンパク質に含まれるアミノ酸の単量体がどのような反応で私たちの体のタンパク質に変換されるか．

（解答例は付録A）

5.2

炭水化物は，エネルギーや生体構築成分となる

炭水化物 carbohydrate は糖と糖重合体（多糖）を含む．単糖は最も単純な炭水化物で，これがより複雑な炭水化物をつくる．二糖は2個の単糖が共有結合でつながったものである．炭水化物には多数の単糖でできた多糖という高分子もある．

糖

単糖 monosaccharide（ギリシャ語で「1個」を意味する *monos*,「糖」を意味する *sacchar* に由来）は CH_2O の整数倍の分子式をもつ．グルコース（$C_6H_{12}O_6$）は最も広く存在する単糖であり，生命の化学において中心的で重要である．グルコースの構造を例として，糖の特徴を見てみよう．糖分子は1個のカルボニル基（$>C=O$）と多数のヒドロキシ基（$-OH$）をもつ（図5.3）．カルボニル基の位置によって，糖はアルドース（アルデヒドをもつ糖）とケトース（ケトンをもつ糖）に分けられる．たとえば，グルコースはアルドースであり，グルコースの構造異性体のフルクトースはケトースである．多くの糖の名称は -ose（オースと発音）を語尾にもつ．糖のもう1つの分類基準は，骨格の炭素数で，炭素数3〜7まで知られている．グルコース，フルクトースなど炭素6個の糖は六炭糖（ヘキソース）という．炭素3個の糖は三炭糖（トリオース），炭素5個の糖は五炭糖（ペントース）といい，

▼図5.3　単糖の構造と分類． 糖の種類によって，カルボニル基（オレンジ色）の位置や炭素骨格の長さ，不斉炭素のまわりの配置などに違いがある（たとえば，紫色で示すグルコースとガラクトースの違いを比較しなさい）．

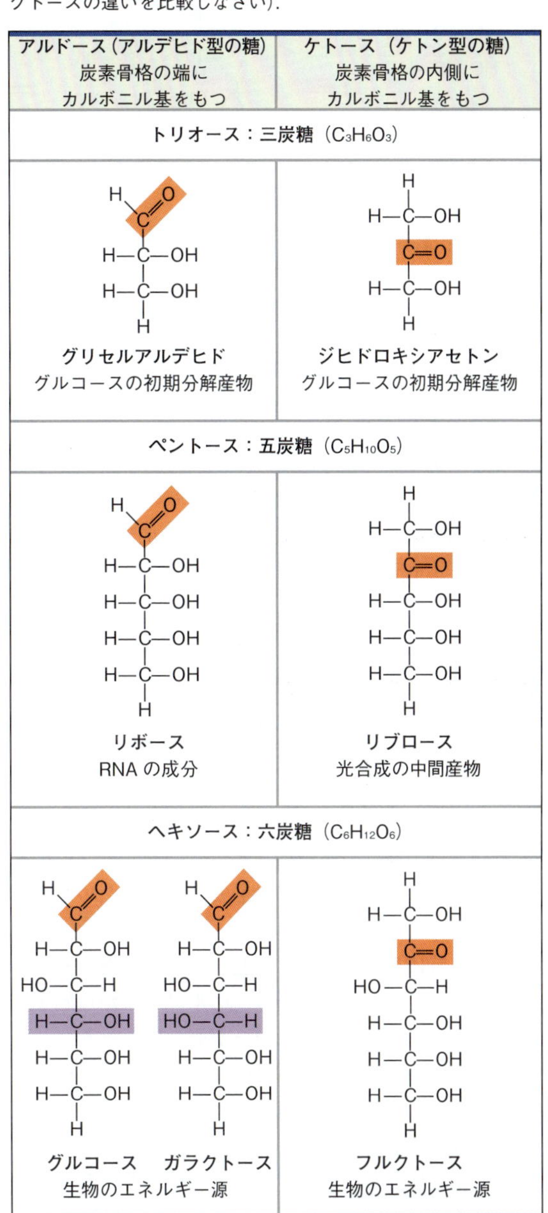
アルドース（アルデヒド型の糖）
炭素骨格の端に
カルボニル基をもつ
ケトース（ケトン型の糖）
炭素骨格の内側に
カルボニル基をもつ
トリオース：三炭糖（C3H6O3）
グリセルアルデヒド
グルコースの初期分解産物
ジヒドロキシアセトン
グルコースの初期分解産物
ペントース：五炭糖（C5H10O5）
リボース
RNAの成分
リブロース
光合成の中間産物
ヘキソース：六炭糖（C6H12O6）
グルコース
ガラクトース
生物のエネルギー源
フルクトース
生物のエネルギー源

関連性を考えよう➤1970年代，コーンシロップに含まれるグルコースをはるかに甘いフルクトースに変換する方法が開発された．こうしてできた高フルクトースコーンシロップはグルコースとフルクトースの混合物であり，ソフトドリンクや加工食品に広く使われている．グルコースとフルクトースは互いにどのような異性体であるか答えなさい（図4.7参照）．

▼図 5.4　線状と環状構造のグルコース.

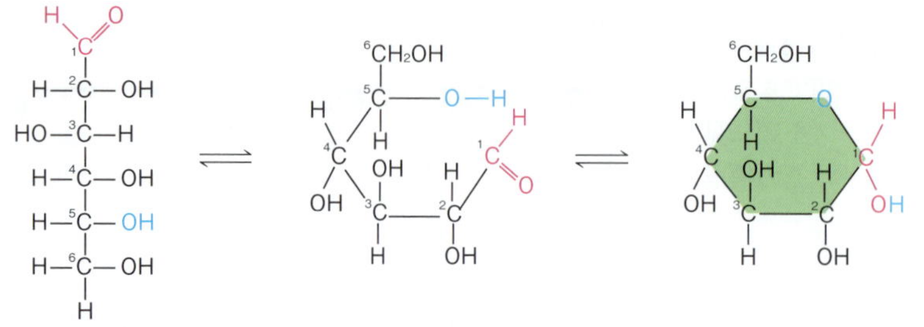

(a) 線状と環状構造. 水溶液では, 化学平衡は環状構造に大きく傾いている. 糖の炭素には図のように 1 から 6 まで番号がつけられている. 環状グルコースを形成するには, 炭素 1（マゼンタ色）が炭素 5（青色）の酸素に結合する.

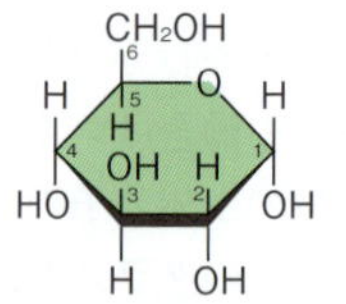

(b) 環状構造の省略形. 六角形の各頂点で原子表記していないものは炭素である. 手前の太い線は, この方向から見ていることを示す. つまり, 各炭素に結合する −H や −OH などは環平面の上もしくは下に向いている.

描いてみよう➤線状構造のフルクトース（図 5.3 参照）から, 上図（a）のように, 形成される環状構造を描きなさい. そのために, まず, 線状構造を描き, 上から順にすべての炭素原子に番号をつけなさい. 次に, 環状構造を描き, 炭素 5 を炭素 2 につなげなさい. このフルクトースの炭素の番号を, 環状のグルコースと比較しなさい.

どちらもよく知られている.

単糖の多様性は, 不斉炭素のまわりの配置によってさらに生み出される（不斉炭素とは, 炭素に異なる 4 種の原子もしくは原子団が結合したもの）. グルコースとガラクトースは, 1 つの不斉炭素のまわりの配置が異なっているだけである（図 5.3, 紫色で示す）. わずかな違いと思うかもしれないが, 2 つの糖の特徴的な形状や結合特性などのふるまいの違いを与える[*1].

グルコースを線状骨格で描くことは便利であるが, この表記はいつも正しいわけではない. 水溶液では, グルコースや他の多くの炭素 5 個や 6 個の糖は環状分子となる. これは, 生理的な水溶液の条件では, 環状構造がこれらの糖において最も安定であるためである（図 5.4）.

単糖, 特にグルコースは細胞の主要な栄養物質である. 細胞呼吸という過程では, グルコースから始まる一連の反応によってエネルギーが取り出される. このような単純な糖は細胞の活動のおもなエネルギー源となるだけでなく, アミノ酸や脂肪酸など別の小型有機分子の合成の原材料ともなる. これらの用途以外にも, 単糖は単量体として以下に述べる二糖や多糖の合成に使われる.

二糖 disaccharide は 2 個の単糖がグリコシド結合で結合したものである. **グリコシド結合 glycosidic linkage** は脱水反応によって 2 個の単糖が共有結合でつながったものである（glyco は「糖」を意味する）. たとえば, マルトースは 2 分子のグルコースが結合した二糖である（図 5.5 a）. マルトースは麦芽糖ともいわれ, ビールの発酵に使用されるモルト（麦芽, 訳注：マルトースは「モルト malt の糖」の意味）に含まれる. 最もよく知られた二糖はスクロースで, 砂糖, ショ糖ともいう. これはグルコースとフルクトースからできている（図 5.5 b）. 植物が葉から根などの非光合成器官に炭水化物を輸送するとき, 一般にスクロースを利用している. ラクトースはミルクに含まれる二糖で, グルコースがガラクトースに結合したものである. 二糖を生物がエネルギーとして利用するためには, 単糖に分解されなければならない. ラクトース不耐症は, ラクトースを分解する酵素であるラクターゼをもたないヒトに見られる症状である. ラクターゼによって分解される代わりに, ラクトースが腸内細菌によって分解され, 気体の発生と腹痛を引き起こす. この症状を避けるには, 乳製品を食べたり飲んだりするとき酵素のラクターゼを服用するか, 前もってラクターゼ処理によってラクトースを分解してある乳製品を摂取するのがよい.

多　糖

多糖 polysaccharide は数百から数千個の単糖がグリコシド結合で重合体となった高分子である. あるものは必要に応じて細胞に糖を供給する貯蔵物質となる. また, あるものは細胞や生物個体全体を保護する構造物をつくる. 多糖の構造や機能は, 単糖の種類とグリコシド結合の位置によって決まる.

貯蔵多糖

植物も動物も貯蔵多糖という形で, 糖を蓄える（図 5.6）. 植物の**デンプン starch** は, グルコースの重合体で, 葉緑体を含めた色素体という細胞小器官（オル

＊1（訳注）：グルコースには 4 個の不斉炭素があり, そのうちの 1 個の不斉炭素のまわりの配置が異なるガラクトースはグルコースの異性体であるが, 鏡像異性体ではない.

▼図 5.5　二糖合成の例.

(a) **脱水反応によるマルトース合成**. 2分子のグルコースからマルトースができる. このグリコシド結合では, 一方のグルコースの炭素1が他方のグルコースの炭素4に結合する. 異なる様式でグルコース単量体が結合すると, 異なる二糖ができる*2.

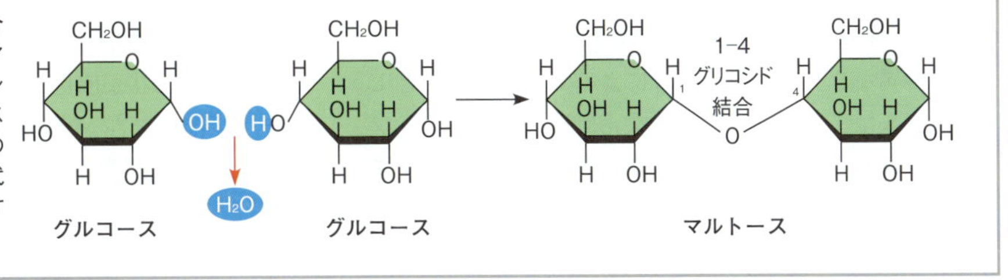
CH₂OH
H
OH
HO
H₂O
1–4
グリコシド
結合
グルコース
グルコース
マルトース

(b) **脱水反応によるスクロースの合成**. スクロースはグルコースとフルクトースからつくられる二糖である. なお, フルクトースはグルコースと同じく六炭糖であるが, 五員環を形成することに注意.

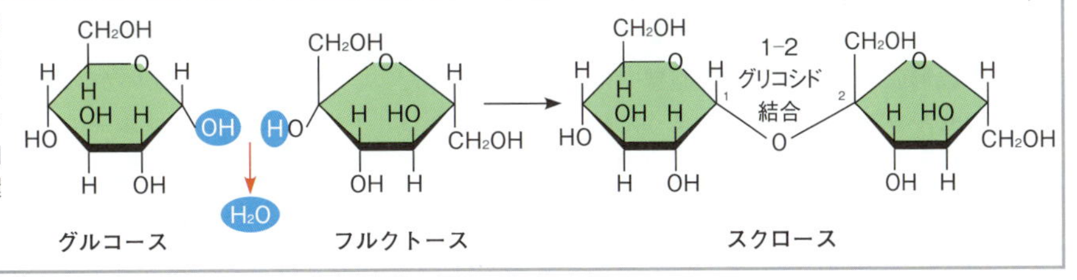
CH₂OH
H
OH
HO
H₂O
1–2
グリコシド
結合
グルコース
フルクトース
スクロース

描いてみよう➤図 5.3 と図 5.4 を参考にして, 図のすべての糖の炭素に番号をつけなさい. また, この番号のつけ方と, 二糖のグリコシド結合の名前との関係を述べなさい.

＊2（訳注）：グルコース同士の炭素 1 から炭素 4 への結合でも，α 結合では図のようにマルトースになるが，β 結合ではセロビオースという別の二糖ができる.

ガネラ）の中で顆粒として蓄えられる. デンプンを合成することで，植物は余剰量のグルコースを貯め込むことができる. グルコースは細胞のおもなエネルギー源であるので，デンプン量は貯蔵エネルギーを表している. この炭水化物の「貯蔵体」であるデンプンから，グルコース単量体間の結合を切断する加水分解によって，糖が取り出される. ヒトを含む多くの動物は植物のデンプンを加水分解する酵素をもっており，そのグルコースを栄養として利用することができる. ジャガイモの塊茎（かいけい）や穀粒（コムギやトウモロコシ，イネなどの穀物植物の実）は，ヒトの食事におけるデンプンのおもな供給源である.

デンプン中のグルコース単量体のほとんどは 1–4 結合（炭素番号 1 から炭素番号 4 へ）であり，マルトース中のグルコース単位間の結合と同じである（図 5.5 a 参照）. 最も単純なデンプンは，分枝していないアミロースである. もっと複雑なデンプンであるアミロペクチンは 1–6 結合によって分枝している. 図 5.6 a にこれら 2 つのデンプンを示す.

動物が蓄える多糖は，**グリコーゲン glycogen** とよぶグルコース重合体で，アミロペクチンに似ているが，もっと著しく分枝している（図 5.6 b）. ヒトを含めた脊椎動物はグリコーゲンをおもに肝臓や筋肉に蓄えている. そして，糖が必要になると，これらの細胞においてグリコーゲンの末端からの加水分解が起こり，グルコースがつくられる（激しく分枝したグリコーゲンの著しい分枝は，その働きに適している. つまり，加水分解できる末端が多くなる）. しかし，この貯蔵燃料は動物を長く維持することはできない. たとえば，ヒトでは食物から供給されなければ，蓄えたグリコーゲンはほぼ 1 日で消費されてしまう. このことが，低炭水化物の食事の危惧される点である.

構 造 多 糖

生物はある種の多糖から強靱な素材をつくる. たとえば，**セルロース cellulose** という多糖は，植物細胞を保護するしっかりした細胞壁の主要成分である（図 5.6 c）. 地球規模では，植物は毎年 10^{14} kg（1000 億トン）のセルロースを生産しており，セルロースは地球上で最も多く存在する有機物質である.

セルロースもデンプンと同様に，1–4 グリコシド結合によるグルコースの重合体であるが，両者のグリコシド結合は異なっている. この違いは，グルコースの環状構造のわずかな違いに基づいている（図 5.7a）. グルコースが環を形成するとき，炭素原子 1 につくヒドロキシ基が環平面の上もしくは下を向く. このうち，ヒドロキシ基が下を向くものをアルファ（α），上を向くものをベータ（β）とよぶ（ギリシャ文字は，異なる生物学的構造に一連の「名称」をつけるとき，よく用いられる）. デンプンではすべてのグルコース単量体は α の配向になっており（図 5.7 b），これは図 5.4 や図 5.5 に見るものと同じである. 一方，セルロースのグルコース単量体はすべてβの配向になっており，グルコース単量体は隣同士でいつも「上下逆」になっている（図 5.7c；図 5.6 c も参照）．

この異なるグリコシド結合によって，デンプンとセルロースはまったく異なる3次元構造をとる．デンプン分子はおもにらせん状となり，グルコースを効率よく蓄えるのに適したものになっている．逆に，セルロース分子はまっすぐになる．セルロースは決して分枝せず，グルコース単量体上のヒドロキシ基は平行に並んでいる隣のセルロース分子のヒドロキシ基と水素結合を多数形成する．植物の細胞壁では，平行に並んだ複数のセルロース分子がこのように結合して，ミクロフィブリルという単位をつくる（図 5.6 c 参照）．このケーブル状のミクロフィブリルは植物の細胞壁の強力な構成成分であり，人間にとっても紙や綿の唯一の成分として重要な物質である．このように，セルロースの枝分かれしない構造はその機能と対応しており，植物の体に強度を与えている．

デンプンのα結合を加水分解する酵素は，セルロースのβ結合を加水分解できない．なぜならこれら2つの分子の形状が明白に違うためである．実際，セルロースを消化できる酵素をもつ生物はほとんどいない．ヒトを含めた動物はセルロースを消化できないため，食物に含まれるセルロースは消化管を通過し，便とともに排泄される．この経路に沿って，セルロースは消化管の内壁を刺激し，食物が消化管を通過しやすくする粘液の分泌を促す．このように，セルロースはヒトの栄養分ではないが，健康な食事にひと役買っている．多くの新鮮なフルーツや野菜，全粒穀物はセルロースに富んでいる．食品の包装によく表示される「不溶性繊維」（訳注：食物繊維）はおもにセルロースを指している．

ある種の微生物はセルロースを消化し，グルコース単量体にすることができる．ウシの胃には，セルロー

▼図 5.6　**植物と動物の貯蔵多糖．**(a) 植物細胞に蓄えられたデンプン，(b) 動物の筋肉細胞に蓄えられたグリコーゲン，(c) 植物細胞の構造を保持するセルロース繊維．これらはすべて，グルコース単量体（緑色の六角形で表す）だけでできている多糖である．デンプンとグリコーゲンの 1–4 結合は少し傾いているため，重合体の分枝していない部分はらせん形になる．デンプンには，アミロースとアミロペクチンの2種類がある．異なるグルコース結合をもったセルロースは，枝分かれしない．

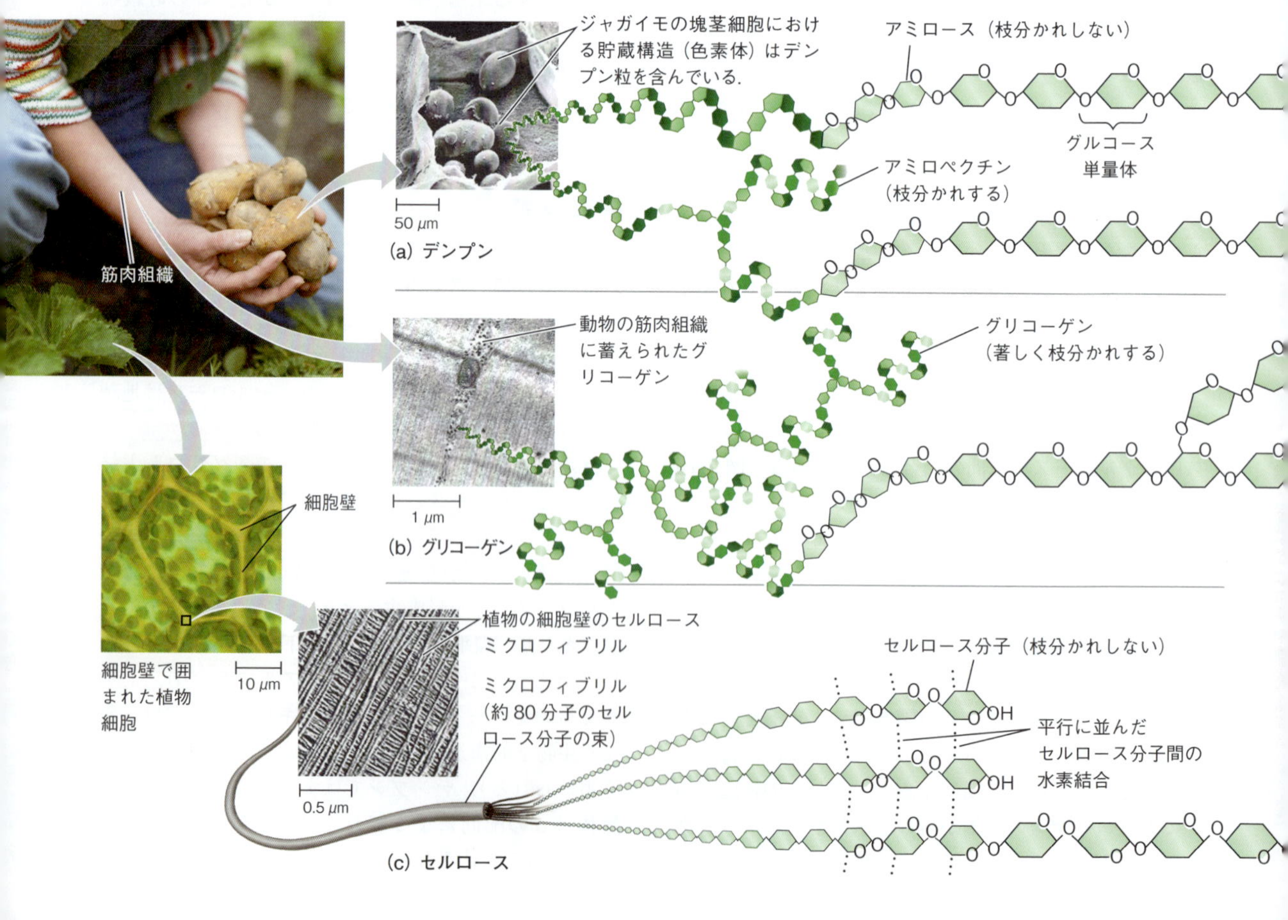
ジャガイモの塊茎細胞における貯蔵構造（色素体）はデンプン粒を含んでいる．
アミロース（枝分かれしない）
グルコース単量体
アミロペクチン（枝分かれする）
50 μm
(a) デンプン
筋肉組織
動物の筋肉組織に蓄えられたグリコーゲン
グリコーゲン（著しく枝分かれする）
1 μm
(b) グリコーゲン
細胞壁
細胞壁で囲まれた植物細胞
10 μm
植物の細胞壁のセルロースミクロフィブリル
ミクロフィブリル（約 80 分子のセルロース分子の束）
0.5 μm
セルロース分子（枝分かれしない）
OH
平行に並んだセルロース分子間の水素結合
(c) セルロース

▼図 5.7　デンプンとセルロースの構造.

(a) **α型とβ型のグルコース環状構造.** これら２つのグルコースの構造は相互変換でき，炭素１のヒドロキシ基（青色で示す）の方向が異なる.

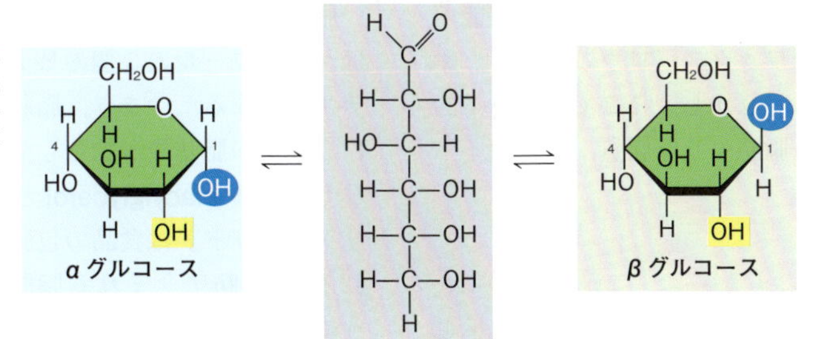
αグルコース
βグルコース

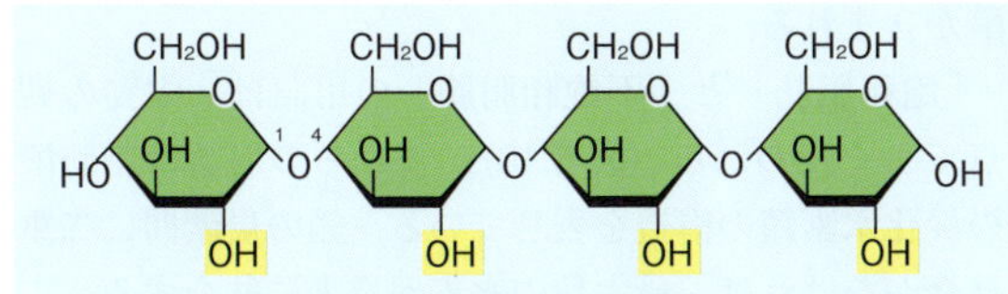

(b) **デンプン：αグルコース単量体の 1-4 結合.** すべての単量体は同じ方向を向いている．黄色で示す−OH 基の向きをセルロース（c）と比較しなさい.

(c) **セルロース：βグルコース単量体の 1-4 結合.** セルロースでは，すべてのβグルコース単量体は隣の単量体と上下逆になっている（黄色で示す−OH 基の向きを確認しなさい）.

スを分解する原核生物や原生生物がいる．これらの微生物は干し草や植物のセルロースを加水分解し，グルコースをウシの栄養となる別の物質に変換してくれる．同様に，シロアリはセルロースを分解できないが，その腸内に木材を食べる原核生物や原生生物をもっている．土壌などにいるある種のカビもまたセルロースを消化でき，それによって地球生態系において元素の循環を助けている．

もう１つの重要な構造多糖は，**キチン chitin** である．キチンは節足動物（昆虫，クモ類，甲殻類など）が外骨格として利用する多糖である（**図 5.8**）．外骨格は，動物の柔らかい部分を包む硬い殻である．タンパク質の層に囲まれたキチンは，最初は革のように伸縮するが，タンパク質が互いに化学的に架橋されたり（昆虫の場合），炭酸カルシウム塩が被う（甲殻類の場合）と硬くなる．キチンは多くのカビにも存在する．つまり，カビは細胞壁の構成成分としてセルロースでなく，キチンを利用している．キチンはβ結合である点でセルロースと似ているが，キチンのグルコース単量体相当部分に窒素を含む官能基が付加している（図 5.8 参照）．

▼図 5.8　キチン：構造多糖.

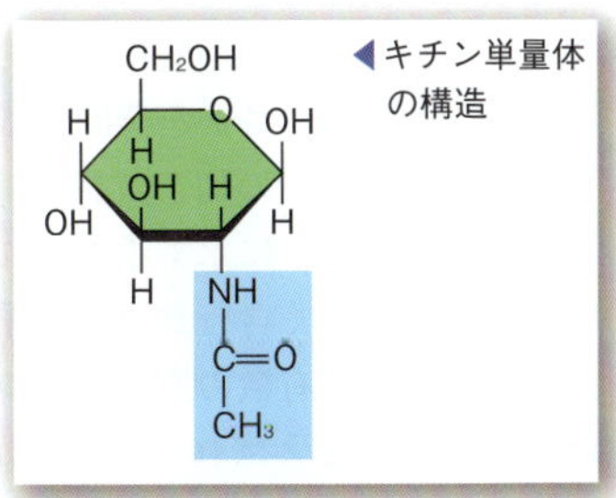
◀キチン単量体の構造

◀ タンパク質に囲まれたキチンは節足動物の外骨格をつくる．この脱皮中のコウテイギンヤンマ *Anax imperator* は，古い外骨格（茶色）を脱いで，成体へと変態している.

概念のチェック 5.2

1. 炭素３個の単糖の化学式を書きなさい.
2. 脱水反応によって，２分子のグルコースからマルトースができる．グルコースの化学式は $C_6H_{12}O_6$ である．マルトースの化学式を答えなさい.
3. **どうなる？**➤獣医は，ウシに感染予防のための抗生物質を投与した後，さまざまな原核生物を含む「腸内培養液」を飲ませる．なぜこの処置が必要なのか，述べなさい.

（解答例は付録 A）

5.3

脂質は，多様な疎水性分子である

脂質は大型の生体分子であるが，真の重合体ではないので，一般的に高分子とはみなされない．**脂質 lipid** は，水とほとんど混じり合わないという重要な性質をもつ一群の化合物である．このような脂質の性質（疎水性という）は，その分子構造に由来する．脂質分子に酸素を含む極性結合があったとしても，分子のほとんどは炭化水素である．脂質には，形や機能の多様性がある．脂質にはワックス（ロウともいう）やある種の色素も含まれる．しかし，ここでは生物学的に最も重要な脂質である脂肪，リン脂質，ステロイドに焦点を当てる．

脂　肪

脂肪は重合体ではないが，図5.2aで紹介した単量体が重合するときと同様に，小さい分子から脱水反応でつくられる大型の分子である．**脂肪 fat** はグリセロールと脂肪酸という2種の小さい分子からできている（図5.9a）．グリセロールは，3個の炭素すべてにヒドロキシ基がついたアルコールである．**脂肪酸 fatty acid** は一般に長さ16か18個の炭素原子からなる長い炭素骨格をもつ．この骨格の一方の端の炭素はカルボキシ基の一部であり，この官能基があるので脂肪「酸」という．骨格の残りは炭化水素である．炭化水素鎖の比較的非極性のC–H結合が，脂肪が疎水性となる理由である．水分子は互いに水素結合し，脂肪を排除するので，脂肪は水と分離する．これが，サラダ油（液体の脂肪）がサラダドレッシングの瓶の中で，

▼図5.9　**脂肪（トリアシルグリセロール）の合成と構造．** 脂肪分子の構成単位は，1分子のグリセロールと3分子の脂肪酸である．(a) 各脂肪酸がグリセロールに結合するとき，1分子の水が除去される．(b) 3つの脂肪酸を結合した脂肪分子では，そのうちの2つは同一である．これらの脂肪酸の炭素はジグザグに並んでいる．これは各炭素から伸びる4本の単結合の実際の方向を示している（図4.3aと図4.6b参照）．

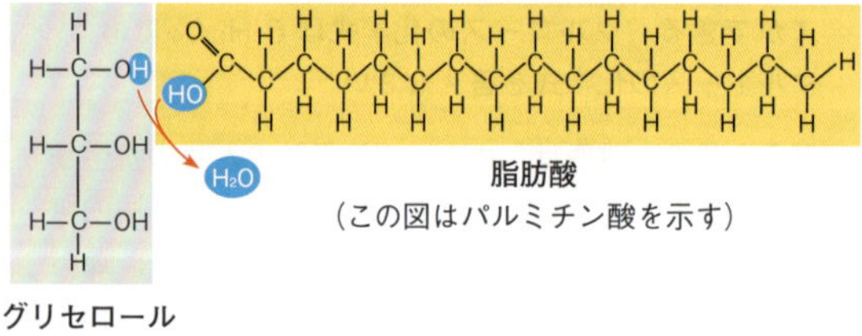

H–C–OH
H–C–OH
H–C–OH
HO
H_2O
脂肪酸
（この図はパルミチン酸を示す）
グリセロール

(a) 脂肪合成における3つの脱水反応の1つ

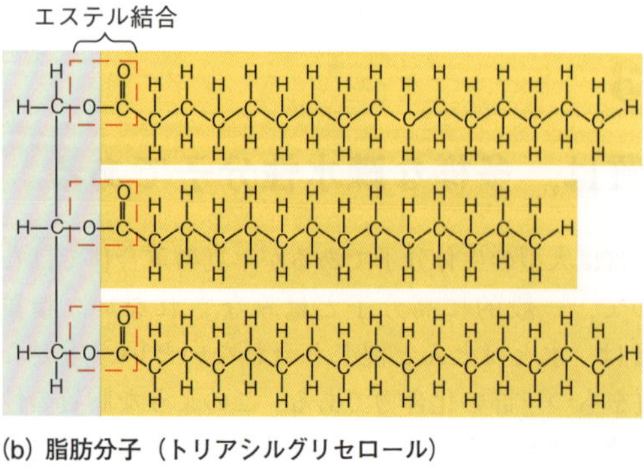

エステル結合

(b) 脂肪分子（トリアシルグリセロール）

酢の水溶液と分離する理由である．

脂肪ができるとき，3分子の脂肪酸のカルボキシ基はグリセロールの3個のヒドロキシ基とそれぞれエステル結合する．つまり，脂肪は1分子のグリセロールに3分子の脂肪酸が結合しているので，**トリアシルグリセロール triacylglycerol** ともいう（脂肪の別名「トリグリセリド」は食品の包装の成分表にしばしば使われる）．脂肪に含まれる脂肪酸は，図5.9bに示すように，同じか，あるいは2種または3種の異なる脂肪酸が含まれる．

「飽和脂肪」と「不飽和脂肪」の用語は，栄養の観点でよく使われる（図5.10）．これらの用語は脂肪酸の炭化水素鎖の構造を表している．鎖の炭素間に二重結合がなければ，最大数の水素が炭素に結合する．このような構造を水素で「飽和」しているといい，その脂肪酸を**飽和脂肪酸 saturated fatty acid** という（図5.10a）．一方，**不飽和脂肪 unsaturated fatty acid** は1つ以上の二重結合をもち，その分だけ炭素に結合する水素の数が少なくなる．天然の脂肪酸のほぼすべての二重結合はシス型で，これは炭化水素鎖のどこにあっても折れ曲がりをつくる（図5.10b；シス型とトランス型の二重結合については図4.7bを復習しなさい）．

飽和脂肪酸でできている脂肪を飽和脂肪といい，ほとんどの動物の脂肪は飽和型である．つまり，その脂肪酸の炭化水素鎖，つまり脂肪分子の「尾部」に二重結合がなく，その柔軟さのために分子を互いに緊密に充塡できる．そのため，動物の飽和脂肪は，ラードやバターのように室温で固体になる．一方，植物や魚の脂肪は一般的に不飽和，つまり1つ以上の不飽和脂肪酸を含む．植物や魚の脂肪はふつう室温で液体であるため，油ともいう．オリーブ油や肝油はその例である．このシス型二重結合の部分の折れ曲がりは，分子を密に詰め込むことを妨げるため，脂肪が室温で固化できなくなる．食品のラベルに使われる「水素添加した植物油」とは，不飽和脂肪に化学的に水素を添加して飽和脂肪に転換したことを意味する．ピーナッツバターやマーガリンなどの加工食品は，液体の油が他の成分と分離しないように水素添加されているのである．

飽和脂肪を多く含む食事は動脈硬化という心臓血管病を引き起こす有数の原因の1つとなる．この病気では，プラークとよばれる沈着物が血管の内壁に生じ，血管内で成長し血流を妨げ，血管の弾力性を低下させる．最近の研究は，植物油の水素添加反応が飽和脂肪をつくるだけでなく，「トランス型」二重結合をもった不飽和脂肪をつくることも示した．この**トランス脂肪 *trans* fat** は冠動脈性心疾患を引き起こすようであ

図 5.10 飽和と不飽和の脂肪酸.

(a) 飽和脂肪

バターのような飽和脂肪の分子は互いにぴったり接するので，室温では固体になる.

飽和脂肪分子の構造式（3本の炭化水素鎖はジグザグの線で表し，その折れ曲がるところは炭素原子を表し，水素原子は示していない）

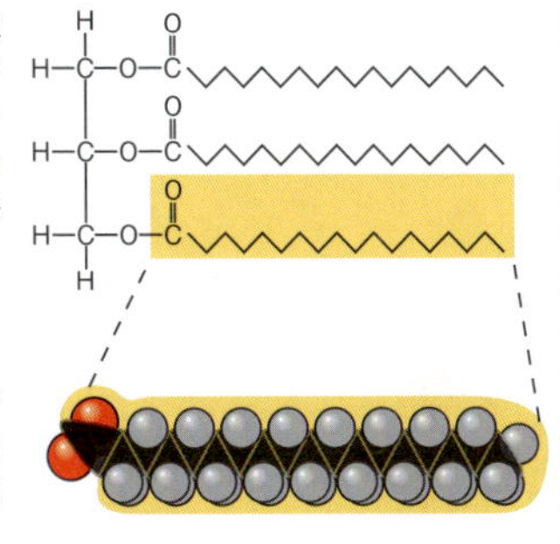

飽和脂肪酸であるステアリン酸の空間充填モデル（赤色：酸素，黒色：炭素，灰色：水素）

(b) 不飽和脂肪

オリーブ油のような不飽和脂肪の分子は，脂肪酸の炭化水素鎖の中の折れ曲がりのために，互いに密に接することができず，室温では固化しない.

不飽和脂肪の分子の構造式

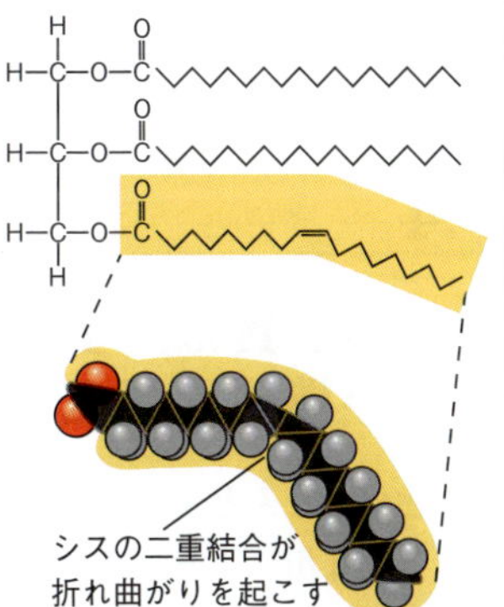
シスの二重結合が
折れ曲がりを起こす

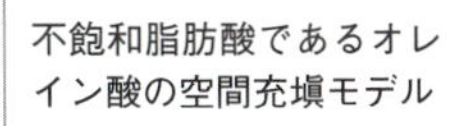

不飽和脂肪酸であるオレイン酸の空間充填モデル

る（42.4 節参照）. トランス脂肪は特に焼いた食品や加工食品に多く使われているので，米国食品医薬品局（FDA）は食品栄養の表示にトランス脂肪の含量を追加した. さらに，FDA は米国の食品供給からトランス脂肪を 2018 年までに排除することにした. デンマークやスイスなどいくつかの国もすでに食品にトランス脂肪の使用を禁止した.

脂肪の重要な役割はエネルギーの貯蔵である. 脂肪の炭化水素鎖はガソリンの分子に似ており，エネルギーを豊富に含んでいる. 1 g の脂肪は同じ重さのデンプンのような多糖類と比べて 2 倍以上のエネルギーを含んでいる. 植物はあまり動かないので，デンプンとして大量のエネルギーを貯蔵することができる（植物でもコンパクトなほうが有利である種子は油を含んでいるので，植物油は通常種子から採取される）. しかし，動物はエネルギー貯蔵物質を持ち運ばなければならないので，よりコンパクトな貯蔵体である脂肪を蓄えることが有利である. ヒトなどの哺乳類では脂肪細胞は長期的な貯蔵物質として，脂肪を蓄えたり消費したりすることで膨らんだり縮小したりする（図 4.6 a 参照）. エネルギー貯蔵の他に，脂肪組織は腎臓のような重要な臓器を守るクッションの役割を果たし，皮下脂肪には体が冷えるのを防ぐ断熱効果がある. この皮下脂肪層はクジラやアザラシなどの海産哺乳類では特に厚く，冷たい海洋の水に熱を奪われないようにしている.

リン脂質

2つ目の脂質は，細胞の生存に欠かせない**リン脂質 phospholipid** である. リン脂質は細胞のさまざまな膜をつくるので，細胞にとって必須である（訳注：植物の葉緑体は例外的に糖脂質が重要である）. これは，いかに分子構造が機能にかかわっているかを示す格好の例である. 図 5.11 に示すように，リン脂質は脂肪に似ているが，グリセロールに結合する脂肪酸が 3 個ではなく，2 個である. グリセロールの 3 番目のヒドロキシ基には細胞内では負電荷となるリン酸基が結合している. 極性もしくは荷電をもった低分子が，さらにリン酸基に結合して，さまざまなリン脂質をつくる. コリンはそのような低分子の 1 つであるが（図 5.11 参照），他にも多数あって，多様なリン脂質をつくり出している.

リン脂質の両端は水の中で異なるふるまいをする. 尾部の炭化水素の鎖は疎水的で，水から排除される. しかし，リン酸基とそれに結合する低分子は親水性の頭部を形成する. リン脂質を水に添加すると，自己集合して「二重膜」を形成し，疎水性の脂肪酸の尾部が水から隔離される（図 5.11d）.

細胞表面でも，リン脂質は同様の二重層を形成している. 脂質分子の親水性頭部は二重層の外部にあり，細胞の内外の水溶液と接している. 疎水性尾部は水から離れて二重層の内部を向く. リン脂質の二重層は細胞と外部環境の境界をつくり，また，真核細胞では区画を仕切る. 実際，細胞はリン脂質なくしては生きられない.

ステロイド

ステロイド steroid 類は 4 個の環が融合した炭素骨

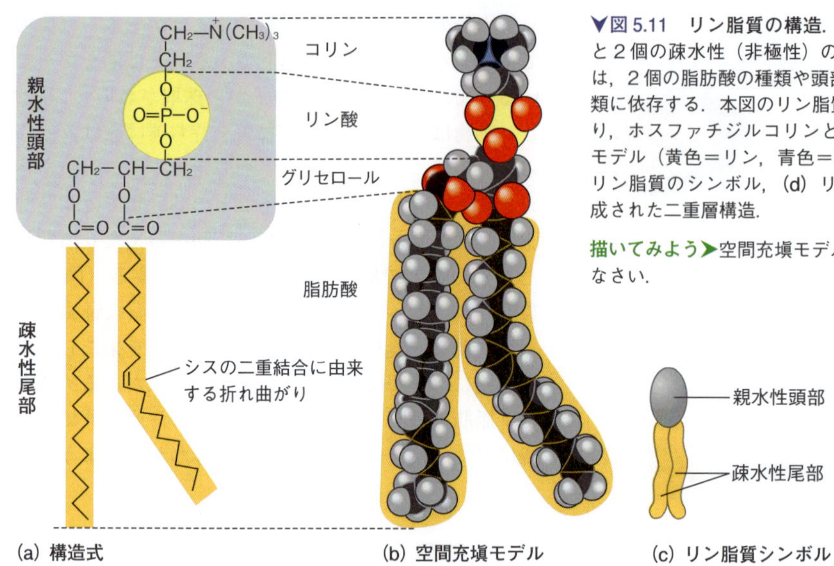
親水性頭部
疎水性尾部
コリン
リン酸
グリセロール
脂肪酸
シスの二重結合に由来する折れ曲がり
(a) 構造式
(b) 空間充填モデル

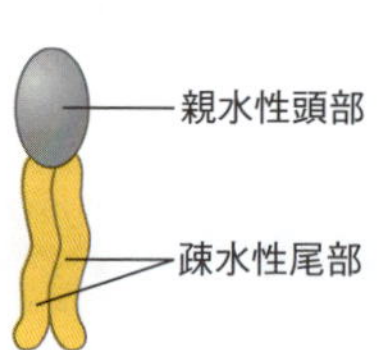
親水性頭部
疎水性尾部
(c) リン脂質シンボル

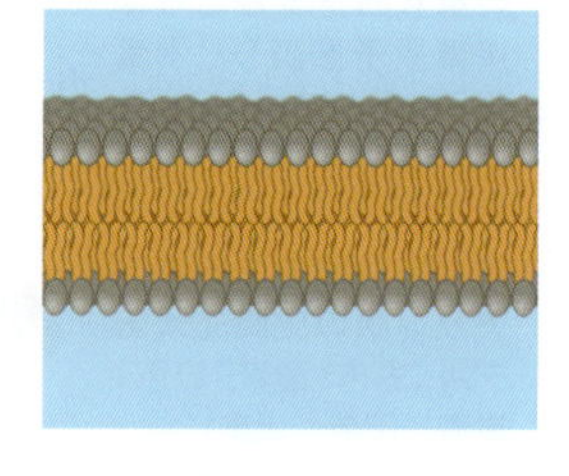
(d) リン脂質二重層

▼図 5.11　**リン脂質の構造．** リン脂質は親水性（極性）の頭部と2個の疎水性（非極性）の尾部からなる．リン脂質の多様性は，2個の脂肪酸の種類や頭部のリン酸基に結合した原子団の種類に依存する．本図のリン脂質はリン酸基にコリンが結合しており，ホスファチジルコリンという．(a) 構造式，(b) 空間充填モデル（黄色＝リン，青色＝窒素），(c) 本書を通して使用するリン脂質のシンボル，(d) リン脂質が水環境で自己集合して形成された二重層構造．

描いてみよう➤空間充填モデルの図で，親水性の頭部を丸で囲みなさい．

▼図 5.12　**ステロイドの1種のコレステロール．** コレステロールは，性ホルモンを含む他のステロイドを合成する材料となる分子である．ステロイドは，黄色で示す4個の環が融合した構造にさまざまな官能基が結合したものである．

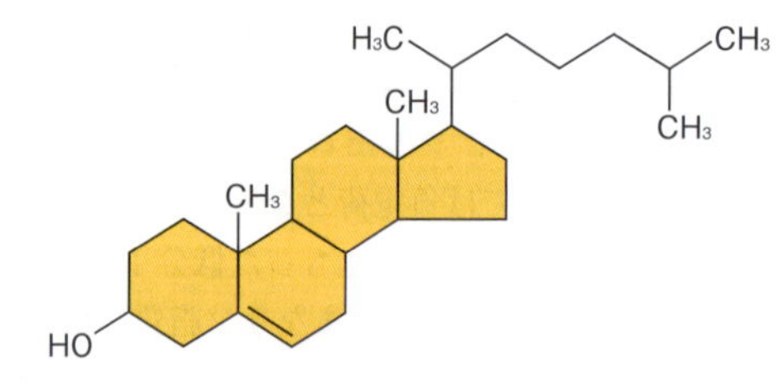

関連性を考えよう➤コレステロールを4.3節の冒頭の図で示す性ホルモンと比較して述べなさい．エストラジオールと共通な官能基を，上の図に丸で示しなさい．また，テストステロンと共通にもつ官能基を四角で示しなさい．

格をもつ脂質である．各種のステロイドはこの環構造に結合する官能基の組み合わせで区別される．**コレステロール cholesterol** は動物では鍵となる分子である（図 5.12）．動物細胞の膜の共通成分であり，脊椎動物の性ホルモンなど他のステロイドを合成するときの前駆体でもある．脊椎動物では，コレステロールは肝臓で合成され，また食事から摂取される．血液中のコレステロール量が高いと，動脈硬化の原因となるかもしれない．なお，コレステロールや飽和脂肪が動脈硬化の原因となることに疑問を呈する研究者もいる．

概念のチェック 5.3

1. 脂肪（トリアシルグリセロール）とリン脂質の構造を比較しなさい．

2. ヒトの性ホルモンはなぜ脂質とみなされるのか．

3. **どうなる？➤**植物の種子の細胞やある種の動物細胞に存在するように，油滴を取り囲む生体膜を考えてみよう．その膜はどのような構造となるか．また，その理由を述べなさい．

（解答例は付録 A）

5.4
タンパク質は，多様な構造をもち，幅広い機能を果たす

生物のほとんどすべてのダイナミックな機能はタンパク質の作用による．じつのところ，タンパク質の重要性は，「第一」または「最初の」を意味するギリシャ語の *proteios* という名前からもよくわかる．タンパク質は多くの細胞の乾燥重量の50%以上を占めており，生物が行うほとんどすべての働きを担う．タンパク質のあるものは化学反応を促進し，またあるものは防御や貯蔵，輸送，情報伝達，運動，構造維持などの働きをもつ．図 5.13 では，タンパク質のこれらの機能の例を示す．また，その詳細は，後の章で学ぶことになる．

酵素のほとんどはタンパク質であるが，この酵素なくしては生命は存在し得ないだろう．酵素タンパク質は触媒として作用し，代謝を調節する．**触媒 catalyst** とは，化学反応を促進するが，自身は反応によって消費されないものを指す．酵素はこの触媒作用を何度も

▼図 5.13　タンパク質の機能の概観.

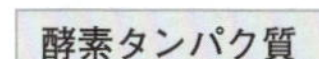

酵素タンパク質

機能：化学反応の選択的促進
例：食物の分子の結合を加水分解する消化酵素

酵素

防御タンパク質

機能：病気に対する防御
例：抗体はウイルスや細菌を不活化したり破壊を手助けする.

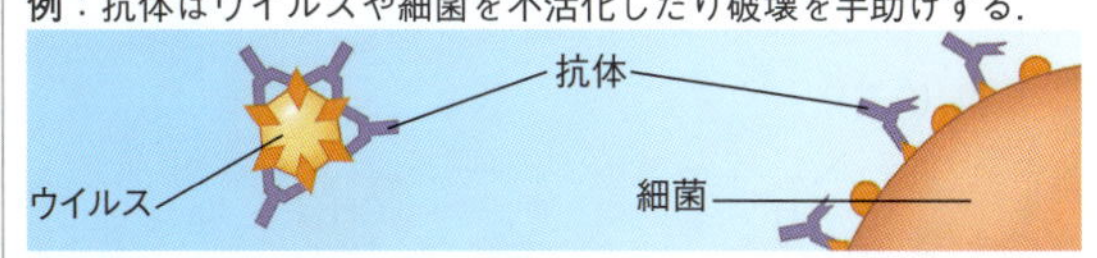
抗体
ウイルス
細菌

貯蔵タンパク質

機能：アミノ酸の貯蔵
例：母乳タンパク質であるカゼインは哺乳類の赤ちゃんの主要なアミノ酸源となる. 植物の種子にも貯蔵タンパク質がある. 卵白のタンパク質であるオボアルブミンはアミノ酸源として胚発生に使われる.

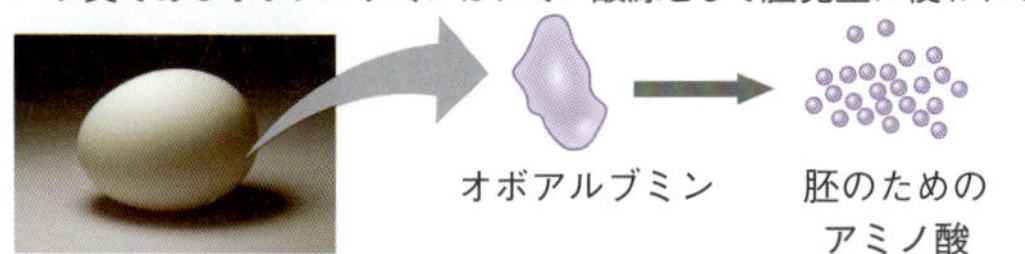
オボアルブミン
胚のための
アミノ酸

輸送タンパク質

機能：物質の輸送
例：脊椎動物の血液中の含鉄タンパク質であるヘモグロビンは肺から体の他の部分へ酸素を輸送する. 細胞膜を横切って物質を輸送するタンパク質もある.

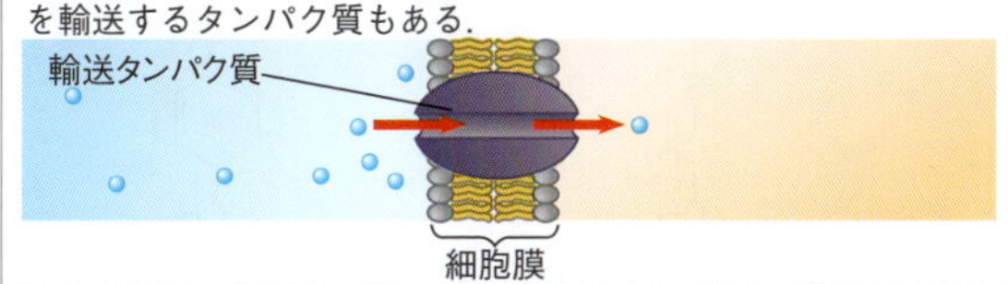
輸送タンパク質
細胞膜

ホルモンタンパク質

機能：生物の機能の協調
例：インスリンは膵臓から分泌され, 他の組織に働きかけて, グルコースを取り込ませ, 血糖の濃度を下げる.

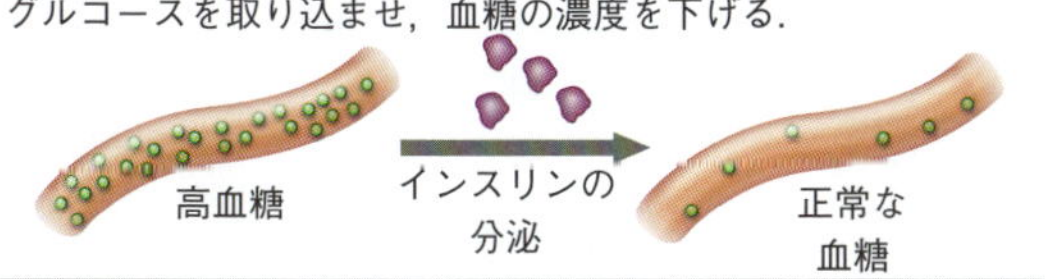
高血糖
インスリンの
分泌
正常な
血糖

受容体タンパク質

機能：細胞の化学刺激に対する応答.
例：神経細胞の細胞膜に埋め込まれた受容体は, 別の神経細胞から放出されたシグナル分子を感知する.

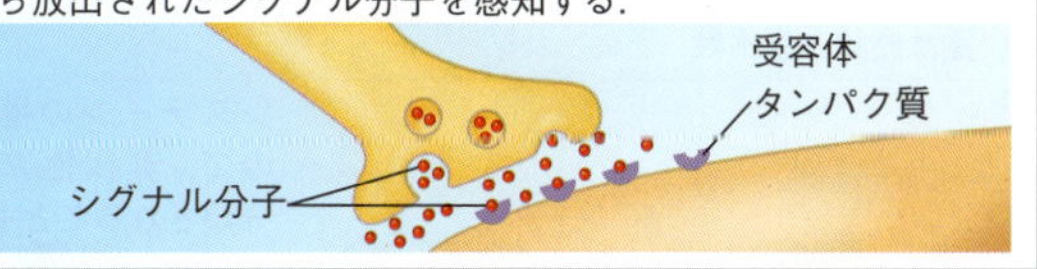
受容体
タンパク質
シグナル分子

収縮・運動タンパク質

機能：運動
例：モータータンパク質は繊毛や鞭毛の波動運動を起こす. アクチンとミオシンは筋肉の収縮を起こす.

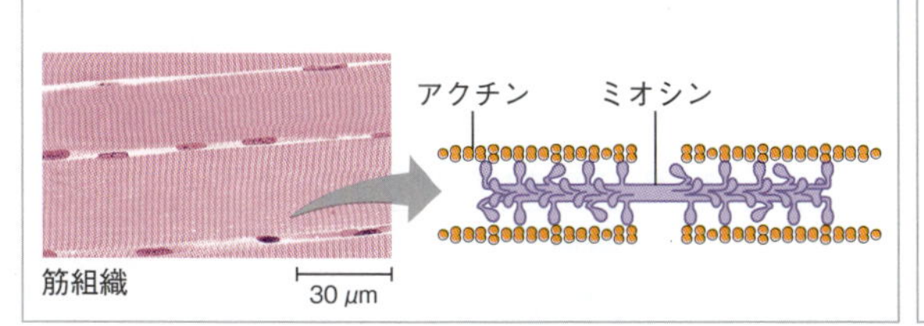
アクチン
ミオシン
筋組織
30 μm

構造タンパク質

機能：構造維持
例：ケラチンは髪の毛や角, 羽毛, その他の皮膚関連の付属物に含まれるタンパク質である. 昆虫やクモ類は絹の繊維によって, 繭やクモの巣をつくる. コラーゲンやエラスチンというタンパク質は動物の結合組織の繊維状網目構造をつくる.

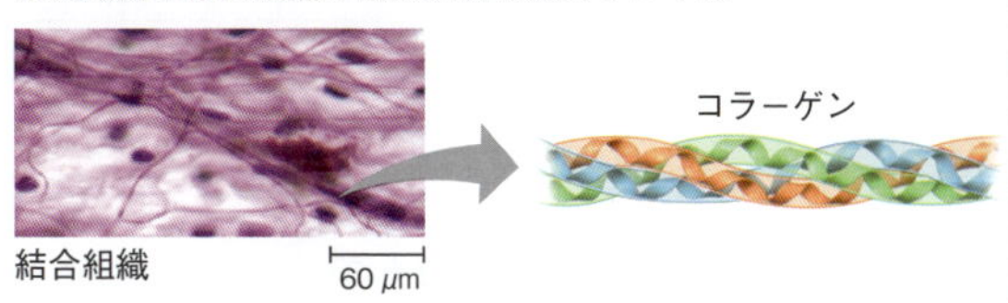
コラーゲン
結合組織
60 μm

繰り返すことができるので, 生命反応を動かすことによって細胞活動を駆動する動力源と考えることができる.

ヒトには数万種の異なるタンパク質があり, それぞれ特異的な構造と機能をもっている. 実際, タンパク質は最も複雑な構造をもった分子である. その多様な機能に対応して, タンパク質の構造は非常に多様性に富んでおり, それぞれのタンパク質は固有の立体構造をもっている.

タンパク質はすべて同じ 20 種のアミノ酸が枝分かれしないでつながった直鎖状の重合体である. アミノ酸をつなぐ結合は「ペプチド結合」とよばれ, アミノ酸の重合体は, **ポリペプチド polypeptide** とよばれる.

タンパク質 protein は生物学的に機能をもった分子で, 1 個もしくはそれ以上のポリペプチドが折りたたまれて特別な立体構造をもっている.

アミノ酸単量体

すべてのアミノ酸は共通の構造をもつ. **アミノ酸 amino acid** とは, アミノ基とカルボキシ基の両方をもつ有機分子である（図 4.9 参照）. 右の図はアミノ酸の一般式を示す. アミノ酸の中央には, 「α 炭素」とよばれる不斉炭素原子がある. その 4 つの異なる結合相手は, アミノ基,

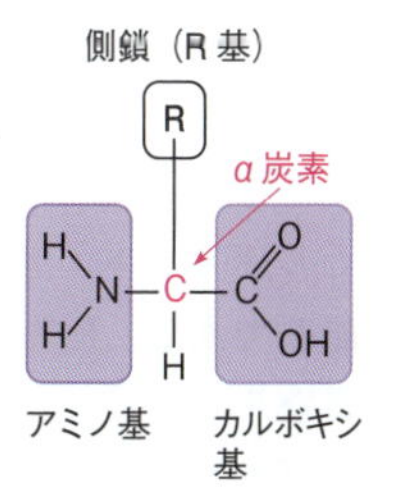
側鎖（R 基）
R
α 炭素
H
N
H
C
H
C
O
OH
アミノ基
カルボキシ
基

▼図 5.14　**タンパク質をつくる 20 種のアミノ酸．** アミノ酸は，側鎖（R 基）の特性によってグループ化され，細胞内と同じ pH 7.2 でおもなイオン化構造として示す．（　）内にアミノ酸の 3 文字表記と 1 文字表記を示す．タンパク質に使われるすべてのアミノ酸は L 型鏡像異性体（エナンチオマー）であり，本図でもこれを示す（図 4.7c 参照）．

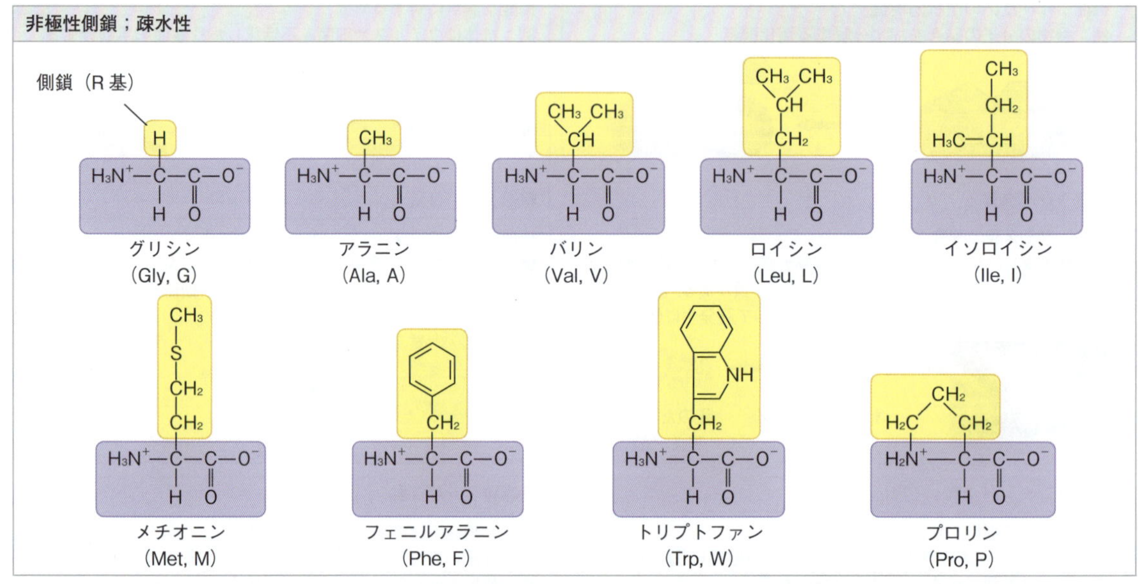
非極性側鎖；疎水性
側鎖（R 基）
グリシン
(Gly, G)
アラニン
(Ala, A)
バリン
(Val, V)
ロイシン
(Leu, L)
イソロイシン
(Ile, I)
メチオニン
(Met, M)
フェニルアラニン
(Phe, F)
トリプトファン
(Trp, W)
プロリン
(Pro, P)

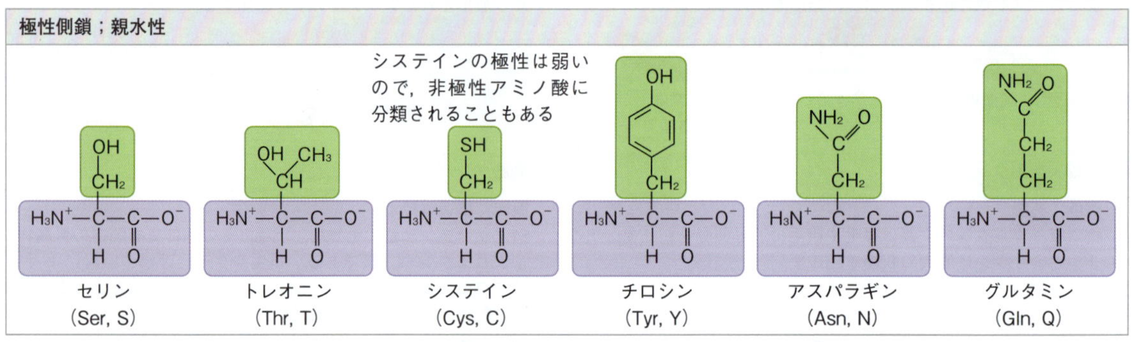
極性側鎖；親水性
システインの極性は弱いので，非極性アミノ酸に分類されることもある
セリン
(Ser, S)
トレオニン
(Thr, T)
システイン
(Cys, C)
チロシン
(Tyr, Y)
アスパラギン
(Asn, N)
グルタミン
(Gln, Q)

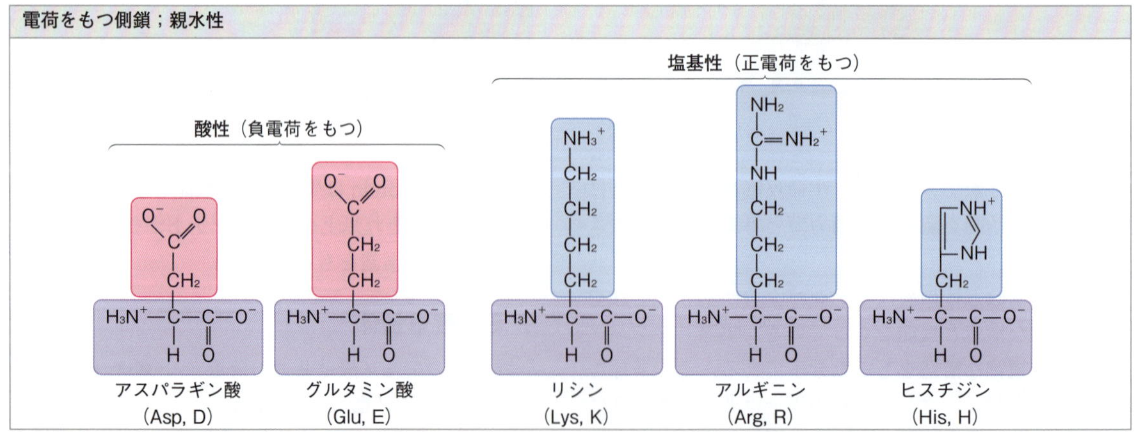
電荷をもつ側鎖；親水性
酸性（負電荷をもつ）
塩基性（正電荷をもつ）
アスパラギン酸
(Asp, D)
グルタミン酸
(Glu, E)
リシン
(Lys, K)
アルギニン
(Arg, R)
ヒスチジン
(His, H)

カルボキシ基，水素原子と R 基と表される可変の官能基である．R 基は側鎖ともよばれ，アミノ酸ごとに異なる．

図 5.14 は細胞が何千というタンパク質を合成するとき利用する 20 種のアミノ酸を示す．この図では，すべてのアミノ基とカルボキシ基はともにイオン化したもので示すが，これは細胞内の pH で通常の状態である．側鎖（R 基）はグリシンの水素原子のように単純なものから，グルタミンのように炭素骨格とさまざまな官能基でできたものもある．

側鎖の物理化学的特性が各アミノ酸の独特の特性を決定し，結果としてポリペプチドにおける機能的役割にかかわっている．図 5.14 ではアミノ酸はその側鎖の特性に基づいて分別されている．あるものは非極性の側鎖つまり疎水性のアミノ酸である．またあるものは極性の側鎖つまり親水性のアミノ酸である．酸性アミノ酸は，細胞内 pH で通常イオン化するカルボキシ基を側鎖にもち，負電荷を帯びる．塩基性アミノ酸は側鎖にアミノ基をもち，通常正電荷を帯びる（すべてのアミノ酸はカルボキシ基とアミノ基をもつので，ここでいう酸性アミノ酸や塩基性アミノ酸とは側鎖の官能基だけを表す）．これらは電荷を帯びるので，酸性の側鎖も塩基性側鎖も親水性である．

ポリペプチド（アミノ酸重合体）

ここまでアミノ酸を見てきたので，次はどのようにアミノ酸が重合体をつくるのかを見よう（図 5.15）．1 つのアミノ酸のカルボキシ基ともう 1 つのアミノ酸のアミノ基を隣に置くと，水を取り去る脱水反応によって，両者を結合できる．こうしてできる共有結合を**ペプチド結合** **peptide bond** とよぶ．この反応を何度も繰り返すことで，多数のアミノ酸がペプチド結合でつながった重合体であるポリペプチドがつくられる．細胞におけるタンパク質の合成は，17.4 節で詳しく学ぶ．

図 5.15 で紫色で示す原子の繰り返し部分は「ポリペプチド骨格」とよぶ．この骨格から伸び出しているのはアミノ酸ごとに異なる側鎖（R 基）である．ポリペプチドの長さはアミノ酸数個から 1000 個以上のものもある．特定のポリペプチドはそれぞれ，アミノ酸が独自の配列で線状につながったものである．このため，ポリペプチド鎖の一端には遊離のアミノ基が，他方の末端には遊離のカルボキシ基がある．つまり，ポリペプチドは長さが違っても，1 個のアミノ基の末端（アミノ末端または N 末端）と 1 個のカルボキシ基の末端（カルボキシ末端または C 末端）をもつ．どんな長さのポリペプチドにおいても，側鎖の数はこの末端の官能基よりもはるかに多いので，分子全体の化学的性質は側鎖の種類と配列にほとんど依存する．自然界のポリペプチドの莫大な多様性は当初に述べた重要な概念を例示してくれる．つまり，細胞は限られた種類の単量体を多様な組み合わせでつなぐことによって，多数の異なる重合体をつくることができるのである．

▼図 5.15　ポリペプチド鎖の合成． 1 つのアミノ酸のカルボキシ基と隣のアミノ酸のアミノ基を脱水反応で結合してペプチド結合がつくられる．ペプチド結合はアミノ末端（N 末端）のアミノ酸から 1 つずつつくられる．こうしてできるポリペプチドはアミノ酸の側鎖（黄色や緑色で示す）がついた繰り返し構造（紫色）の骨格をもつ．

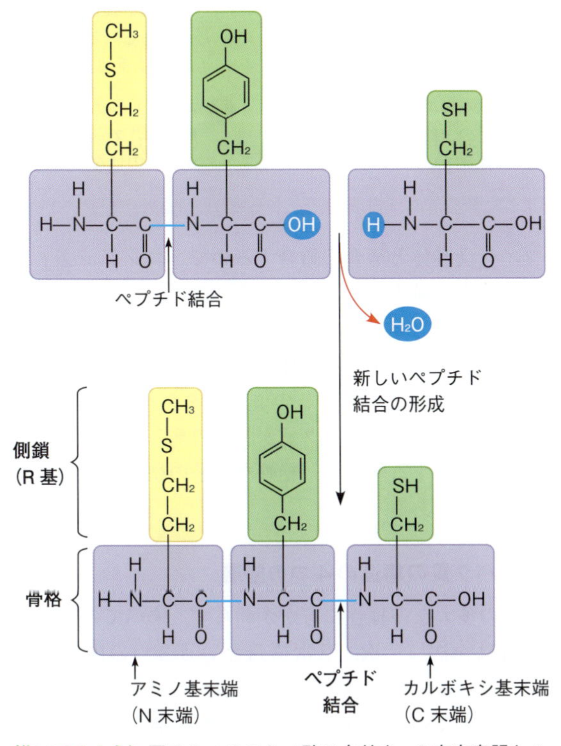

CH3
S
CH2
CH2
OH
CH2
SH
CH2
H
H—N—C—C
H O
N—C—C—OH
H O
H—N—C—C—OH
H O
ペプチド結合
H2O
新しいペプチド
結合の形成
側鎖
(R 基)
骨格
アミノ基末端
(N 末端)
ペプチド
結合
カルボキシ基末端
(C 末端)

描いてみよう➤図の 3 つのアミノ酸の名前を，3 文字表記と 1 文字表記で答えなさい．今後，新しいペプチド結合をつくることになるカルボキシ基とアミノ基を丸で囲み，「カルボキシ基」などと名前を記しなさい．

タンパク質の構造と機能

タンパク質の特異的な活性はその複雑な 3 次元構造に起因する．ポリペプチドのアミノ酸配列がわかれば，そのタンパク質の 3 次元構造（たんに「構造」ということも多い）や機能について，何がわかるだろうか．「ポリペプチド」という用語は「タンパク質」という用語と同義ではない．1 本のポリペプチドでできているタンパク質であっても，長い毛糸と毛糸で編まれた特定のサイズと形をもつセーターの関係に似ている．つまり，機能をもったタンパク質は，たんなるポリペプチド鎖ではなく，1 個以上のポリペプチドが正しくねじれ，折りたたまれ，巻きついて独自の形をもった分子となっている（図 5.16）．そして，正常な細胞内状態においてタンパク質がどのような 3 次元構造をとるかを決めているのは，そのポリペプチドのアミノ酸配列である．

細胞がポリペプチドを合成するとき，その鎖は自発的に折りたたまれ，そのタンパク質の機能的な構造をつくる．この折りたたみは，アミノ酸配列に依存した

▼図 5.16　ビジュアル解説　タンパク質の構造の表示法

タンパク質の構造は，目的によってさまざまな表示法がある．

構造モデル

タンパク質の構造情報に基づいて，コンピュータはいくつか異なる構造モデルを表示してくれる．異なるモデルはそれぞれタンパク質の構造の別の特徴を強調しているが，どれも実際のタンパク質の姿を表しているわけではない．ここでは，3つのモデルで，リゾチームを表示する．リゾチームは，涙や唾液に含まれていて，細菌表面の標的分子に結合することで感染防御の働きをしている．

❶ ポリペプチド鎖の骨格を見やすいのはどのモデルか．

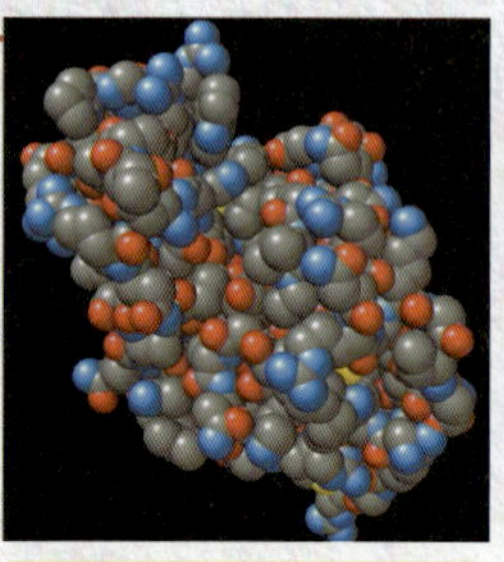

空間充塡モデル：水素以外のすべての原子を表示し，全体の構造をわかりやすくする．原子の色表示：灰色＝炭素，赤色＝酸素，青色＝窒素，黄色＝硫黄

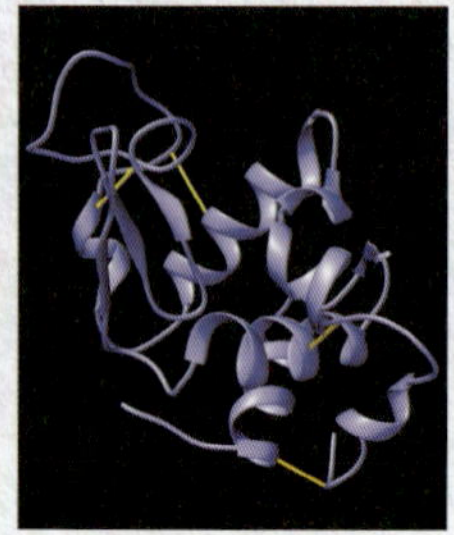

リボンモデル：ポリペプチド鎖の骨格だけを表示し，タンパク質のどのように折りたたまれて立体構造をつくっているかを強調している．この図では，ジスルフィド結合（黄色の線）を強調してある．

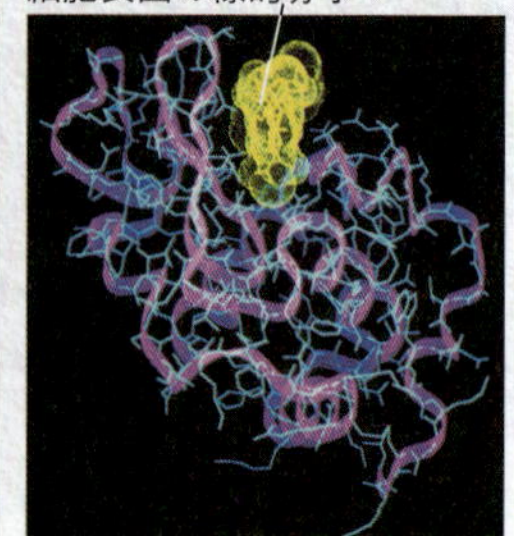
リゾチームに結合した細菌の細胞表面の標的分子

ワイヤーフレームモデル（青色）：ポリペプチド鎖の骨格と結合する側鎖（R基）を表示する（図5.15参照）．比較のため，リボンモデル（紫色）を重ねて示す．

簡略モデル

いつも詳細なコンピュータモデルが必要なわけではない．タンパク質の構造よりも機能を強調したいときは，簡略図がわかりやすい．

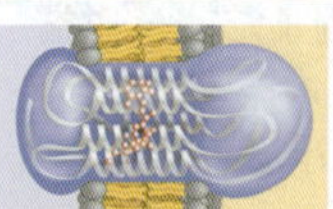

この図は，ロドプシンというタンパク質の半透明の概形とその内部のリボンモデルによるタンパク質全体の形と特定の詳細な構造を重ねて表示している．

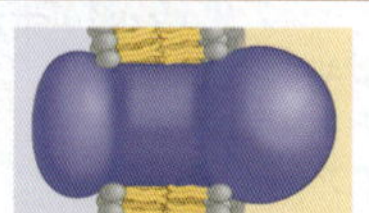

構造の詳細が必要でないときは，タンパク質の外形だけを表示する．

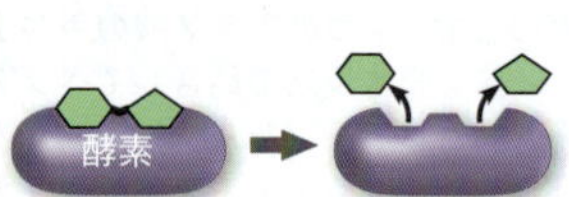
酵素

この簡略図は，酵素の一般的な作用を強調するように表示している．

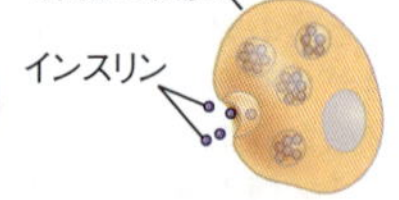
インスリンを産生する膵臓の細胞
インスリン

ときに，タンパク質はたんに点で表示されることもある（ここではインスリンを点で表示）．

❷ リゾチームタンパク質の概形を表す簡略モデルを，図の上段の分子構造に基づいて，描きなさい．

❸ インスリンの実際の形をここで示す必要がないのはなぜか．

鎖の部位間のさまざまな結合の形成によって駆動され強化される．多くのタンパク質はおおむね丸い形（「球状タンパク質」）だが，長い繊維のような形（「繊維状タンパク質」）もある．またこのような幅広い分類の中にも無数の多様性がある．

タンパク質の特定の機能は，それがどのように働くのかを決めている．ほとんどすべてのタンパク質の機能は，何か別の分子を認識し結合することに依存する．形と機能の連携のめざましい例として，インフルエンザウイルスという異物の形と，これに結合し破壊の目印をつける抗体という人体のタンパク質の形は正確に相補的である（図5.17）．また，2.3節で学んだように，エンドルフィン（体内で合成される）とモルヒネ（人工合成された医薬品）はともに，ヒトの脳細胞の表面の特異的受容体と結合して，幸福感や痛みの軽減をもたらしてくれる．モルヒネやヘロインなどの麻薬は，エンドルフィンと似た形をもち，脳内のエンドルフィン受容体と適合し結合するので，エンドルフィンの作用を模倣することができる．この適合は非常に特異的で，鍵と鍵穴の関係に似ている（図2.16参照）．このエンドルフィン受容体などの受容体分子は，タンパク質でできている．このようなタンパク質の機能，たとえば受容体タンパク質が特定の痛みを忘れさせる分子を結合する能力は，絶妙な分子の秩序から生じる創発特性である．

タンパク質の構造の4つの階層

その多大な多様性にもかかわらず，すべてのタンパク質は一次，二次，三次構造という3つの階層をもつ．さらに，タンパク質が2個以上のポリペプチド鎖からできているとき，4つ目の階層である四次構造が生じる．図5.18では，これらタンパク質構造の4つの階層を説明する．次章に進む前に，この図をよく学習しなさい．

➤図 5.17 **2つのタンパク質の表面の相補的な形.** X線結晶構造解析法という手法で決定したインフルエンザウイルスのタンパク質（黄色と緑色，右側）とこれに結合した抗体（青色とオレンジ色，左側）の構造のコンピュータモデルを示す．この図はワイヤーフレームモデルに，2つのタンパク質の境界領域の「電子密度図」を追加したものである．境界面がわかるように，コンピュータソフトウェアを用いて，それぞれの構造を少し離れるように示してある．

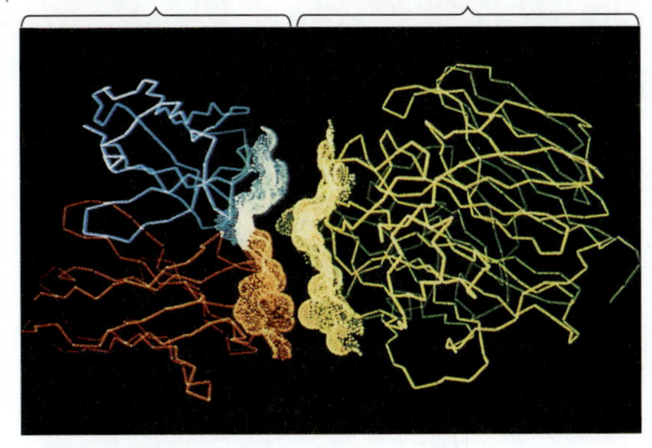
抗体タンパク質
インフルエンザウイルスのタンパク質

図読み取り問題➤ このコンピュータモデルから，2つのタンパク質についてわかることは何か．

鎌状赤血球症：一次構造の変化

一次構造のわずかな違いでさえも，タンパク質の形や機能に影響を与えることがある．たとえば，**鎌状赤血球症 sickle-cell disease** は遺伝性の血液の病気である．これは，赤血球に含まれ，酸素を運ぶヘモグロビンというタンパク質の一次構造の特定の位置のアミノ酸置換（正常型：グルタミン酸→異常型：バリン）によって引き起こされる．正常な赤血球は円盤状であるが，鎌状赤血球症では異常なヘモグロビン分子が繊維状に凝集しやすくなり，細胞を鎌状に変形させる（図 5.19）．この病気の患者は，異常な赤血球が毛細血管に詰まり血流を抑えることで，「鎌状赤血球症」特有の周期的な痛みを発症する．このような患者の症状はタンパク質の構造のわずかな違いがタンパク質の機能を劇的に変質させるよい例である．

何がタンパク質の構造を決定するか

タンパク質ごとの固有の形が特定の機能をもたらすことを，これまで見てきた．しかし，タンパク質の構造を決定する重要な因子は何であろうか．その答えはすでにほとんど出てきた．つまり，特定のアミノ酸配列をもったポリペプチド鎖は，自発的に特定の3次元構造をとるが，その構造はそれを支える二次構造や三次構造をつくる相互作用によって決定される．これは，タンパク質が合成されるとき，細胞内の混み合った環境で，通常他のタンパク質の助けを借りて進行する．しかし，タンパク質の構造はまわりの環境の物理的・化学的状態にも依存する．もし，pH や塩濃度，温度や他の環境因子が変化すれば，タンパク質内部の弱い化学結合や相互作用が破壊され，本来の形が失われることもある（これを**変性 denaturation** という）（図 5.20）．これがもし起こると，変性タンパク質は生物学的に不活性である．

ほとんどのタンパク質は水溶液からエーテルやクロロホルムなどの非極性溶媒に移されると，変性する．つまり，タンパク質の構造の再配置が起こり，疎水性領域が溶媒に向けて外に露出する．他のタンパク質変性剤には，タンパク質の形の維持にかかわる水素結合やイオン結合，ジスルフィド結合を切断する試薬がある．過剰な熱は，ポリペプチド鎖の構造を安定化する弱い相互作用を壊し，タンパク質を変性させる．変性タンパク質は不溶性で固化しやすいので，生卵の透明な卵白は加熱すると白くなる．この事実は，また異常な高熱がなぜヒトにとって重大な障害をもたらすのかを説明している．つまり，血液中のタンパク質が非常に高い体温で変性する．

試験管内のタンパク質水溶液を熱や変性剤で変性させても，その原因を取り除くと，もとの活性をもったタンパク質が再生することがある（再生できないこともときどきある．たとえば，卵の目玉焼きは冷蔵庫に戻してももとの状態には回復しない！）．タンパク質の特定の構造形成の情報は，その一次構造に本来備わっていると結論づけることができる．これは特に小さいタンパク質では真実である．つまり，タンパク質のアミノ酸配列がどこに α ヘリックスをつくり，どこに β シートをつくり，どこにジスルフィド結合をつくり，どこにイオン結合をつくるのか，などを決めているということである．しかし，タンパク質の構造形成は細胞の中でどのように進行するのだろうか．

細胞内でのタンパク質の構造形成

生化学者はいまや6500万以上のタンパク質のアミノ酸配列を知っており，さらに毎月約150万ずつ増加している．また，すでにほぼ3万5000種のタンパク質の立体構造もわかっている．研究者は多くのタンパク質の一次構造をその立体構造と関連づけて，構造形成の規則性を見出そうとしてきた．しかし，残念ながら，タンパク質の構造形成はそれほど単純ではない．多くのタンパク質は安定な構造に到達する途上でいくつかの中間的な構造を経由するらしい．そのため，最

▼図 5.18　探究　タンパク質構造の階層

一次構造

アミノ酸の線状の鎖

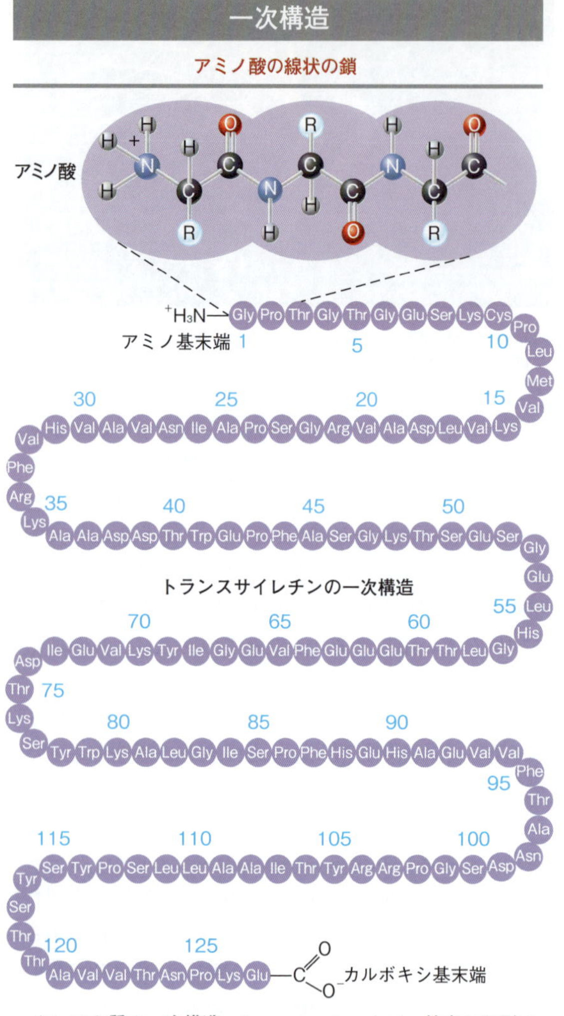
アミノ酸
^+H_3N
アミノ基末端
Gly Pro Thr Gly Thr Gly Glu Ser Lys Cys Pro Leu Met Val
His Val Ala Val Asn Ile Ala Pro Ser Gly Arg Val Ala Asp Leu Val Lys
Val Phe Arg Lys
Ala Ala Asp Asp Thr Trp Glu Pro Phe Ala Ser Gly Lys Thr Ser Glu Ser Gly Glu Leu His
トランスサイレチンの一次構造
Ile Glu Val Lys Tyr Ile Gly Glu Val Phe Glu Glu Glu Thr Thr Leu Gly
Asp Thr Lys Ser
Tyr Trp Lys Ala Leu Gly Ile Ser Pro Phe His Glu His Ala Glu Val Val Phe Thr Ala Asn
Ser Tyr Pro Ser Leu Leu Ala Ala Ile Thr Tyr Arg Arg Pro Gly Ser Asp
Tyr Ser Thr Thr
Ala Val Val Thr Asn Pro Lys Glu
カルボキシ基末端

タンパク質の**一次構造 primary structure** とは，特定の配列でアミノ酸がつながったものである．例として，トランスサイレチンを考えてみよう．これは球状の血液タンパク質で，ビタミンAや甲状腺ホルモンの１つを全身に運ぶ．トランスサイレチンは127アミノ酸からなる４本の同一ポリペプチド鎖からできている．この図で示すのは，そのうちの１本のポリペプチド鎖の一次構造を拡大したものである．鎖を構成する127ヵ所には20種のアミノ酸のうちの１つが入る．この図ではアミノ酸は３文字表記の略号で示す．

一次構造は，非常に長い単語を構成する文字列に似ている．127アミノ酸のポリペプチドとしては，20^{127} 通りの配列があることになる．しかし，タンパク質の正確な一次構造は，アミノ酸のランダムな結合でつくられるのではなく，遺伝情報によって決められている．次に，この一次構造は，骨格（主鎖）や鎖に沿って並ぶ特定の側鎖（R基）の化学的性質に基づき，二次構造や三次構造を決定する．

二次構造

ポリペプチド骨格の原子間の水素結合で安定化される領域の構造

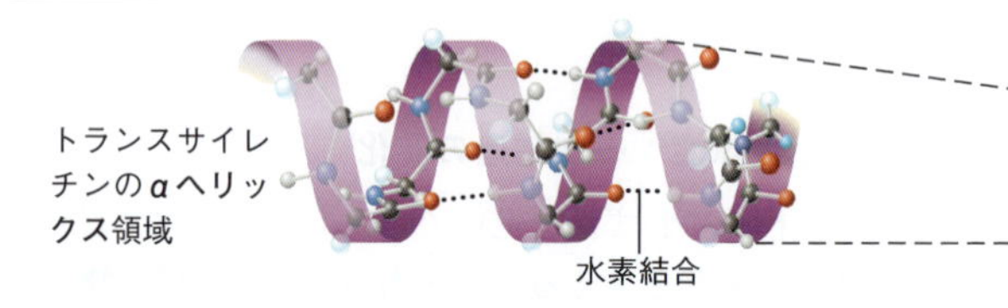
トランスサイレチンのαヘリックス領域
水素結合

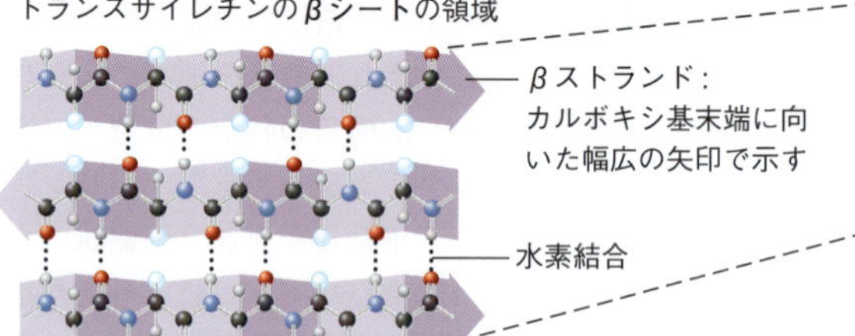
トランスサイレチンのβシートの領域
βストランド：カルボキシ基末端に向いた幅広の矢印で示す
水素結合

多くのタンパク質は，連続したあるパターンに折りたたまれる領域をもち，これがタンパク質全体の構造形成に貢献する．これらはまとめて**二次構造 secondary structure** とよぶが，ポリペプチド鎖の骨格（側鎖ではない）の繰り返し単位の間の水素結合によってつくられる．骨格の中の酸素原子は部分的な負電荷をもち，窒素原子についた水素原子は部分的な正電荷をもつので（図2.14参照）これらの間に水素結合が形成される．個々の水素結合は弱いが，ポリペプチド鎖の比較的長い領域にわたって何ヵ所も繰り返しているので，タンパク質のその領域の構造が先に決定される．

αヘリックス α helix はこの１つの例で，上図に示すような４番目ごとのアミノ酸間につくられるらせん構造である[*3]．トランスサイレチンのポリペプチドには１個だけαヘリックスの領域をもつが（次の三次構造を参照），他の球状タンパク質には複数のαヘリックス領域がそうでない領域で仕切られたものもある（四次構造のヘモグロビンを参照）．繊維状タンパク質のα-ケラチンは毛髪の構造タンパク質で，ほぼ全長がαヘリックスである．

もう１つの代表的な二次構造は**βシート β sheet**（βプリーツシートともいう）である．上に示すように，この構造では，ポリペプチド鎖の２本以上のひも状の領域（βストランドという）が並列しており，平行になった骨格の原子間が連続した水素結合でつながっている．βシートは多くの球状タンパク質の中核を形成し，トランスサイレチン（三次構造を参照）にも見ることができる．またβシートはクモの巣の絹タンパク質を含む繊維状タンパク質にも多く含まれる．非常に多くの水素結合のチームプレーによって，クモがつくる繊維は同じ重さの鋼鉄よりももっと強いものになっている．

▶ クモはβシートを含む構造タンパク質からできた絹のような繊維を分泌し，これがクモの巣の伸縮を可能にしている．

＊3（訳注）：αヘリックスのらせんの１回転は，アミノ酸3.6残基に対応する．

三次構造

3次元の形は側鎖間の相互作用により安定化される

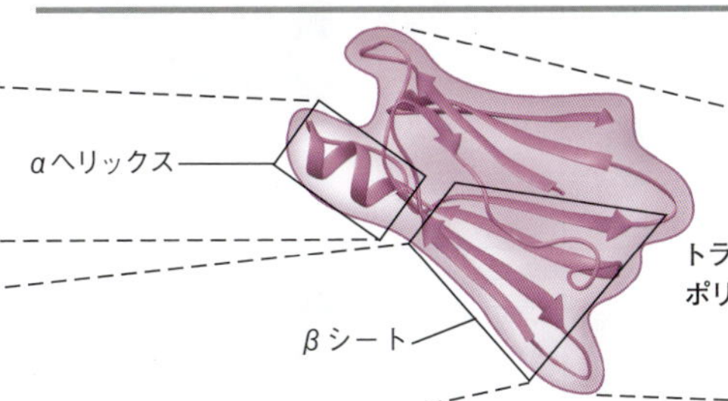
αヘリックス
トランスサイレチンのポリペプチド
βシート

上図にはトランスサイレチンのポリペプチドのリボンモデルで，3次元構造に二次構造図を重ね描きしたものである．二次構造はポリペプチド鎖の骨格成分間の相互作用によるものであり，一方，**三次構造** tertiary structure はアミノ酸の側鎖（R基）間の相互作用による全体の形である．三次構造をつくる相互作用の1つは，誤解されやすいが，**疎水性相互作用** hydrophobic interaction という．ポリペプチドが機能をもつ構造に折りたたまれるとき，疎水性（非極性）の側鎖をもつアミノ酸は，まわりの水から排除されて，タンパク質の中心部分に集まることが多い．このような「疎水性相互作用」とは，非極性領域が水分子によって排除されて生じるものである．ひとたび，非極性アミノ酸の側鎖が互いに接近すると，ファンデルワールス相互作用がそれらを結びつけるように働く．一方，極性側鎖間の水素結合や正と負の電荷をもつ側鎖間のイオン結合もまた，三次構造を安定化する．細胞の水のある環境において，これらはすべて弱い相互作用であるが，それらが集まって，タンパク質の独自の形を決定する．

ジスルフィド結合 disulfide bridge という共有結合が，タンパク質の形をさらに強化することがある．ジスルフィド結合は，タンパク質の折りたたみの結果，互いに近接するようになるシステイン残基の側鎖のチオール基（–SH）（図4.9参照）の間につくられる．一方のシステインの硫黄原子が他方のシステインの硫黄原子に結合することで，ジスルフィド結合（–S–S–）はタンパク質の部分間をつなぎとめる（図5.16の黄色線）．これらの相互作用はすべて，タンパク質の三次構造の決定に貢献している．下図には，仮想タンパク質でのこれらの相互作用を示す．

水素結合
疎水性相互作用とファンデルワールス相互作用
ジスルフィド結合
イオン結合
タンパク質のポリペプチドの骨格の一部

四次構造

複数のポリペプチドの会合による機能タンパク質の形成（会合しないものもある）

1つのポリペプチドサブユニット
トランスサイレチンタンパク質（4本の同一ポリペプチド）

タンパク質には2本以上のポリペプチド鎖が集合して，1つの機能的な巨大分子をつくるものがある．**四次構造** quaternary structure は，これらのポリペプチドのサブユニットの集合によって生じる．たとえば，上に示す球状の完全なトランスサイレチン分子は，4本のポリペプチドでできている．

別の例は，下に示すコラーゲンという繊維状タンパク質である．これは，3本の同一のらせん状ポリペプチドが互いに巻きついて，巨大な三重らせんを形成することで，強靱で長い繊維をつくっている．こうして，コラーゲン繊維は，皮膚や骨，腱，じん帯，他の結合組織を支えている（コラーゲンは人体のタンパク質の40％を占めている）．

コラーゲン

下に示すヘモグロビンは，赤血球に含まれる酸素を結合するタンパク質である．これも四次構造をもった球状タンパク質の例である．これは，αサブユニット2本，βサブユニット2本，合計4本のポリペプチド鎖からできている．αサブユニットもβサブユニットもともに二次構造としてのαヘリックスでおもにできている．各サブユニットは，鉄原子をもつヘムという酸素を結合する非タンパク質性の因子をもつ．

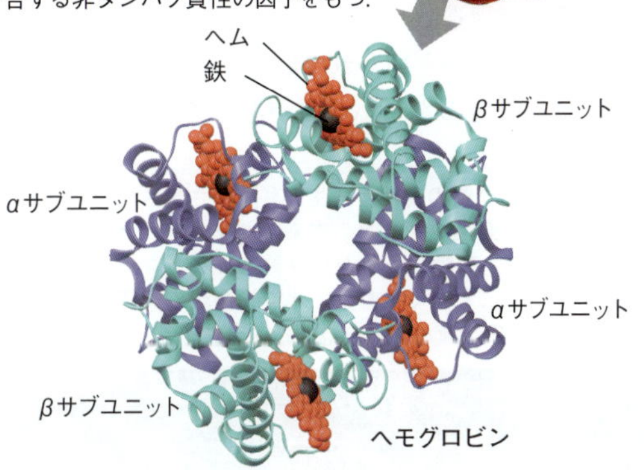
ヘム
鉄
βサブユニット
αサブユニット
αサブユニット
βサブユニット
ヘモグロビン

▼図 5.19 **タンパク質の1個のアミノ酸の変異が鎌状赤血球症を引き起こす.**

	一次構造	二次・三次構造	四次構造	機能	赤血球の形
正常ヘモグロビン	1 Val 2 His 3 Leu 4 Thr 5 Pro 6 Glu 7 Glu	正常 β サブユニット 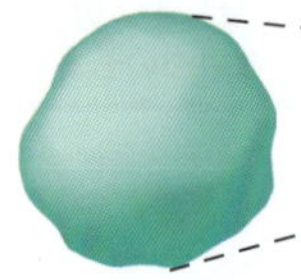	正常ヘモグロビン 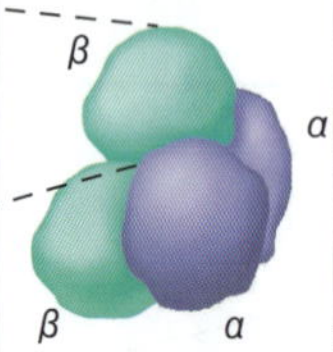 β α β α	分子は会合することなく個別に酸素を運ぶ. 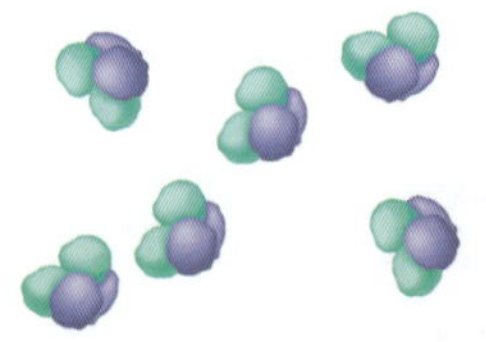	正常な赤血球細胞は個別に酸素を運ぶヘモグロビンで満たされている.  5 μm
鎌状赤血球のヘモグロビン	1 Val 2 His 3 Leu 4 Thr 5 Pro 6 Val 7 Glu	鎌状赤血球の β サブユニット 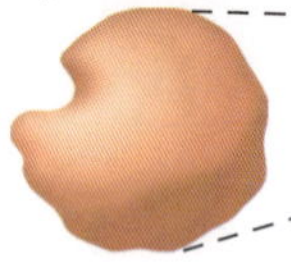	鎌状赤血球のヘモグロビン 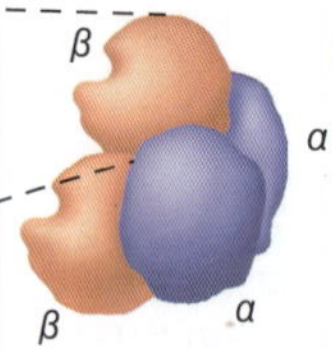 β α β α	分子は疎水性相互作用によって互いに凝集し繊維状となる. このため, 酸素運搬力は大きく減少する. 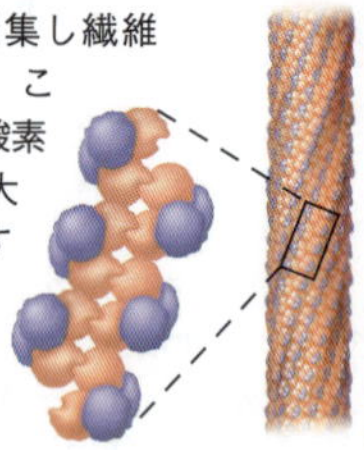	異常ヘモグロビンの繊維のため, 赤血球の形が鎌状に変わる. 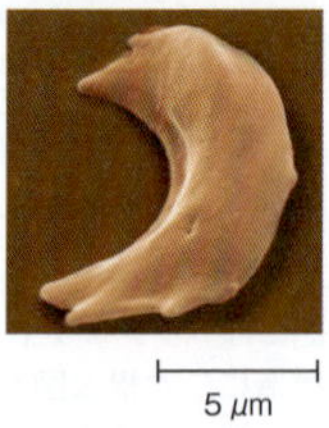 5 μm

関連性を考えよう➤アミノ酸のバリンとグルタミン酸の化学特性を考慮して(図 5.14 参照), グルタミン酸がバリンに置換されたとき, タンパク質の機能に大きな影響が生じる可能性な理由を考えなさい.

終的な構造を見ても, その形をとるのに必要な途中の形成段階がわからない. しかし, 生化学者はこのような段階を経るタンパク質を追跡し, この重要な段階を解明する方法を開発した.

ポリペプチドの間違った構造形成は細胞において重大な問題であり, 特に医学研究者による詳細な研究で明らかになってきた. 嚢胞性線維症(のうほう), アルツハイマー病やパーキンソン病, 狂牛病など多くの病気は, 間違った構造を形成したタンパク質の蓄積と関係がある. 実際, 図 5.18 で紹介したトランスサイレチンタンパク質の間違った構造は, 老年認知症などいくつかの病気の原因ではないかといわれている.

また正しい構造のタンパク質があっても, 1つのタ

▼図 5.20 **タンパク質の変性と再生.** 高温やさまざまな化学処理でタンパク質を変性させると, 本来の形を失い, それに伴い機能を失う. もし, 変性したタンパク質を凝集しないで溶けた状態においておくことができれば, 化学的物理的環境がもとに回復したとき, そのタンパク質もしばしば再生する.

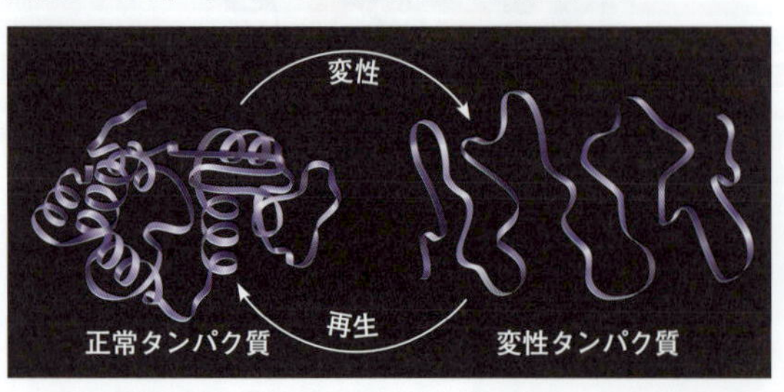
変性
再生
正常タンパク質
変性タンパク質

▼図 5.21

研究方法 X線結晶解析法

適用 X線結晶解析法によって, 核酸やタンパク質などの高分子の3次元構造が決定される.

技術 結晶化したタンパク質や核酸にX線のビームを照射する. 結晶中の各原子はX線を回折する(曲げる). その結果生じるX線回折パターンというスポットパターンをデジタル検出器が記録する. その例を下に示す.

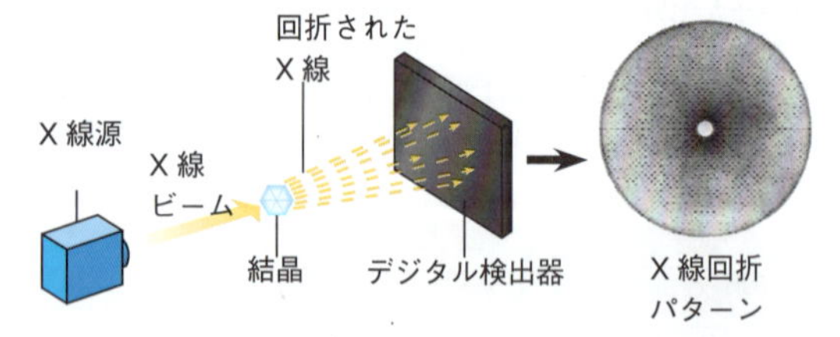
回折された
X線
X線源
X線
ビーム
結晶
デジタル検出器
X線回折
パターン

結果 X線回折パターンのデータと化学的方法で決定されたアミノ酸配列に基づいて, その高分子の3次元コンピュータモデルを構築できる. ここでは4つのサブユニットからなるトランスサイレチン(図 5.18 参照)の構造を示す.

ンパク質が数千の原子で構成されているので，その正確な3次元構造を決定することは簡単ではない．タンパク質の3次元構造を決定する最もよく使われる手法は，**X線結晶解析法 X-ray crystallography**である．これは，結晶化された分子を構成する各原子によるX線の回折を利用している．この手法を用いて，タンパク質分子のすべての原子の正確な位置を示す3次元構造モデルを組み立てることができる（図5.21）．核磁気共鳴法（NMRともいう）とバイオインフォマティクス（5.6節参照）は，相互に補い合う手法として，タンパク質の構造と機能を知ることができる．

いくつかのタンパク質の構造は，別の理由で決定が難しい．つまり，これまで生化学の膨大な研究の結果，かなりの数のタンパク質もしくはタンパク質の一部は，標的タンパク質や別の分子と結合するまでは，特定の立体構造をつくっていないことがわかってきた．その可塑性もしくは定まっていない構造は，異なる時期に異なる標的と結合することで決定されるという意味で，このタンパク質の機能にとって重要であるかもしれない．このようなタンパク質は哺乳類のタンパク質の20～30%を占めており，「天然変性タンパク質」とよばれ，いまや注目を浴びている．

概念のチェック 5.4

1. タンパク質の二次構造を保持する結合において，ポリペプチドのどの部分がかかわるか．また，三次構造ではどの部分か．
2. 本章では，これまでギリシャ文字α（とβ）は，3つの異なる文脈で用いられてきた．それぞれの名称と内容を簡潔に説明しなさい．
3. どうなる？➤折りたたまれたタンパク質があるとして，アミノ酸のバリンやロイシン，イソロイシンが多い領域は折りたたまれたタンパク質のどこにありそうか，説明しなさい．

（解答例は付録A）

5.5

核酸は，遺伝情報を蓄え，伝え，発現する

タンパク質の形を一次構造が決めるとすれば，何がその一次構造を決めるのか．ポリペプチドのアミノ酸配列は**遺伝子 gene**という遺伝の単位によってプログラムされている．遺伝子の実体は，核酸という化合物に属するDNAである．**核酸 nucleic acid**はヌクレオチドという単量体からなる重合体である．

核酸の役割

2種の核酸，つまり，**デオキシリボ核酸 deoxyribonucleic acid（DNA）**と**リボ核酸 ribonucleic acid（RNA）**は生物が世代を越えて複雑な成分を伝えていくことを可能にしている．DNAには他の分子と違って，自分自身を複製するしくみがある．DNAはRNA合成も指令でき，RNAを通してタンパク質合成も支配する．このプロセスを**遺伝子発現 gene expression**という（図5.22）．

DNAは生物が両親から受け継ぐ遺伝物質である．各染色体には1本の長いDNA分子が含まれ，通常数百以上の遺伝子が含まれる．細胞が分裂して増殖するとき，DNA分子は複製され，次の世代に渡される．DNAの構造には，細胞のすべての活動の情報が暗号化されている．しかし，DNAは細胞の運行に直接関与しているのではない．これは，食品の包装のバーコードを読み取るコンピュータソフトウェアのようなものである．バーコードを読み取るにはスキャナーが必要であるように，遺伝プログラムを実行するには，タンパク質が必要である．細胞をつくる分子的なハードウェアは，さまざまな生物機能のツールが詰まったものであり，それらはほとんどタンパク質からできてい

▼図5.22　**遺伝子発現：DNA→RNA→タンパク質．** 真核細胞では，核内のDNAが，メッセンジャーRNA（mRNA）の合成を指令することによって，細胞質のタンパク質合成をプログラムしている．

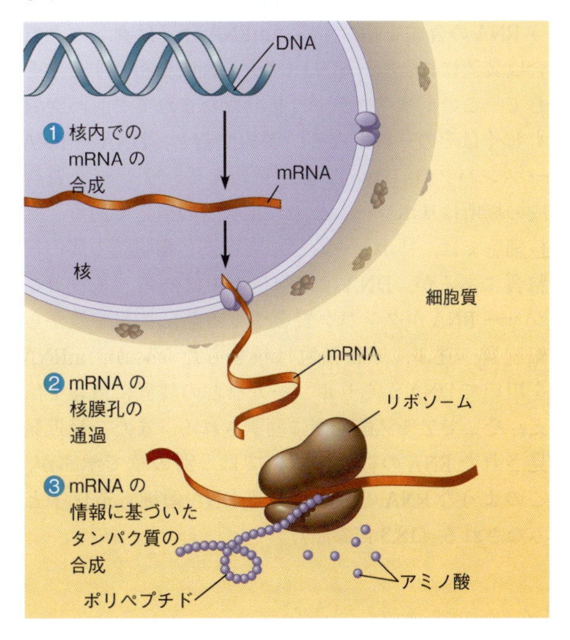
DNA
❶核内での mRNAの合成
mRNA
核
細胞質
mRNA
❷mRNAの核膜孔の通過
リボソーム
❸mRNAの情報に基づいたタンパク質の合成
ポリペプチド
アミノ酸

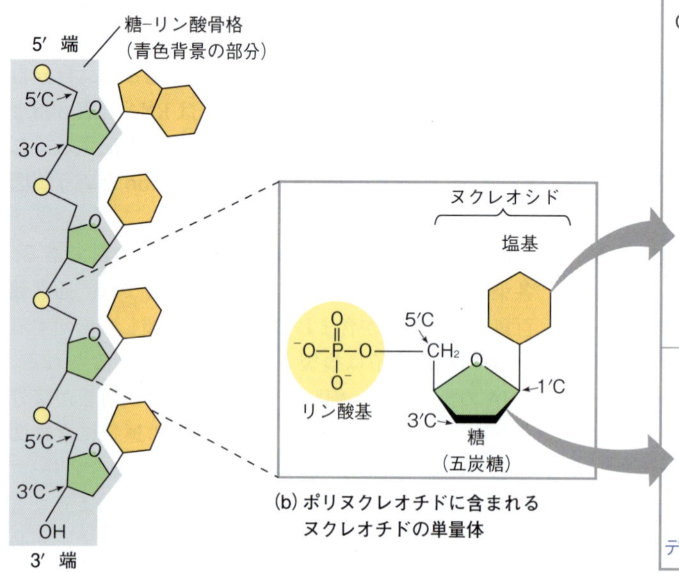
糖−リン酸骨格
(青色背景の部分)
5′ 端
5′C
3′C
OH
3′ 端
ヌクレオシド
塩基
5′C
CH_2
O
1′C
3′C
糖
(五炭糖)
リン酸基
(a) ポリヌクレオチドまたは核酸
(b) ポリヌクレオチドに含まれるヌクレオチドの単量体

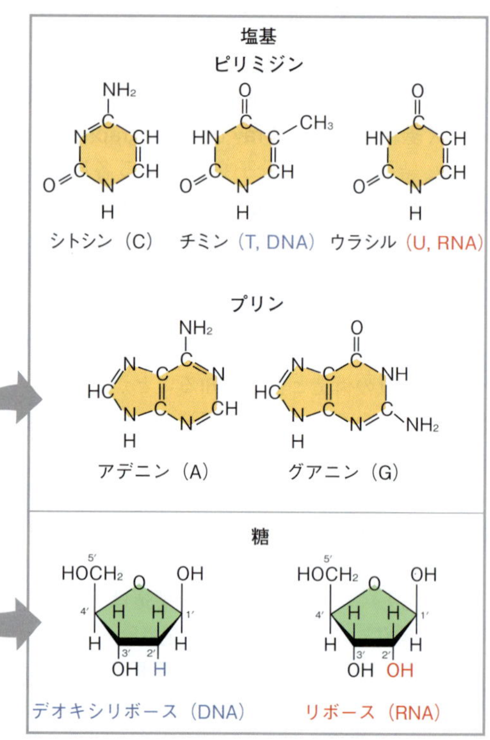
塩基
ピリミジン
シトシン (C)
チミン (T, DNA)
ウラシル (U, RNA)
プリン
アデニン (A)
グアニン (G)
糖
デオキシリボース (DNA)
リボース (RNA)
(c) ヌクレオシド成分

図 5.23　核酸の成分. (a) ポリヌクレオチドには糖とリン酸の骨格に異なる塩基がつく. (b) ヌクレオチドの単量体は塩基と糖, リン酸基からなる. 糖の炭素の位置番号には「′」をつける. (c) ヌクレオシドは塩基 (プリンもしくはピリミジン) と炭素 5 個の糖 (デオキシリボースもしくはリボース) からなる.

る. たとえば, 赤血球細胞の酸素を運ぶキャリアはヘモグロビンというタンパク質であり (図 5.18 参照), その構造を指令する DNA が運ぶわけではない.

もう 1 つの核酸である RNA は, DNA からタンパク質への遺伝情報の流れである遺伝子発現に, どのようにかかわっているだろうか. DNA 分子上の各遺伝子は「メッセンジャー RNA (mRNA, 伝令 RNA)」という RNA の合成を指令する. mRNA 分子はタンパク質合成装置に結合し, ポリペプチド合成を指令する. そして, このポリペプチドは折りたたまれてタンパク質もしくはその一部となる. 要約すると, DNA → RNA → タンパク質 (図 5.22 参照) となる. タンパク質合成の場所はリボソームという細胞内の構造である. 真核細胞では, リボソームは, 細胞核と細胞膜の間の細胞質にあるが, DNA は細胞核の中にある. メッセンジャー RNA がタンパク質をつくる遺伝情報を核から細胞質へ運ぶ. 原核細胞は核をもたないが, mRNA を用いて DNA からリボソームなどの装置に情報を伝え, そこでアミノ酸配列に翻訳される. また, 最近発見された RNA の機能については, 別の章で学ぶが, このような RNA の合成を司る DNA 領域も遺伝子とみなされる (18.3 節参照).

核酸の成分

核酸は**ポリヌクレオチド** polynucleotide という重合体として存在する高分子である (図 5.23 a). 名前の通り, ポリヌクレオチドは**ヌクレオチド** nucleotide という単量体からできている. 一般に, ヌクレオチドは 3 つの部品 [窒素を含む塩基, 炭素 5 個の糖 (五炭糖), 1〜3 個のリン酸基] からなる (図 5.23 b). 3 個のリン酸基をもった単量体がポリヌクレオチド合成に使われるが, そのうちの 2 個は反応過程で失われる. また, ヌクレオチドのうちリン酸基を含まない部分を「ヌクレオシド」という.

ヌクレオチドの構造として, まず窒素を含む塩基から見ていこう (図 5.23 c). 塩基には窒素原子を含む環 (複素環) が 1 個または 2 個存在する (これらの窒素原子は H^+ を取り込む傾向があり, 塩基として作用するので, これらを「窒素を含む塩基」という[*4]). ヌクレオチドの塩基には, ピリミジンとプリンの 2 種類がある. **ピリミジン** pyrimidine は炭素と窒素を含む六員環を 1 個もつ. ピリミジン類には, シトシン (C), チミン (T) とウラシル (U) がある. **プリン** purine は六員環と五員環が融合してもっと大きい. プリン類

＊4 (訳注) : 生物学では, 単に「塩基」というので, 以下「塩基」に統一する.

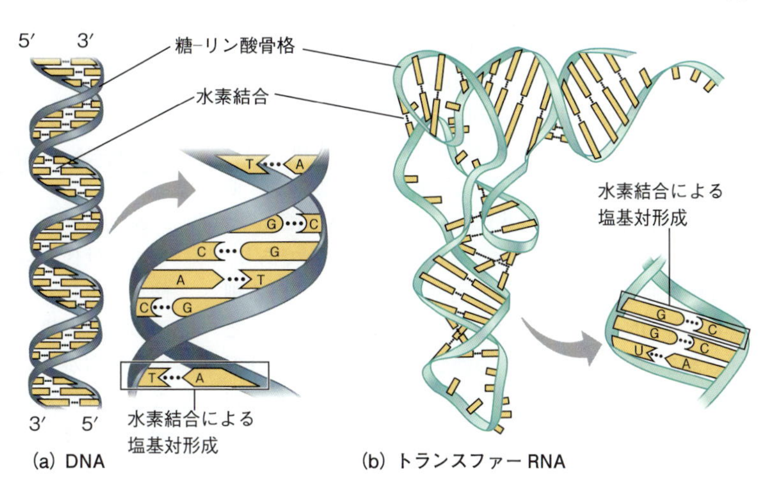
5′
3′
糖–リン酸骨格
水素結合
T
A
G
C
C
G
A
T
C
G
T
A
水素結合による
塩基対形成
3′
5′
(a) DNA
水素結合による
塩基対形成
G
C
G
C
U
A
(b) トランスファー RNA

➤図 5.24　**DNA と tRNA の分子構造.** (a) DNA は通常二重らせんである．2 本のポリヌクレオチド鎖は逆平行で，糖–リン酸骨格（青色のリボンで示す）はらせんの外側に位置する．らせんを保持するのは，多数の塩基が対をなして弱く結合する水素結合による．この図では塩基は模式図で示すが，アデニン（A）はチミン（T）とのみ，グアニン（G）はシトシン（C）とのみ結合する．この図の DNA の 2 本の鎖の構造は，図 5.23 a のポリヌクレオチドと同じものである．(b) tRNA 分子はおおまかに L 字型の構造で，逆平行の相補的な塩基対を部分的に形成している．A は U と対となる．

にはアデニン（A）とグアニン（G）がある．それぞれの塩基は，環に結合する官能基が違っている．アデニンとグアニン，シトシンは RNA と DNA の両方にあるが，チミンは DNA だけに，ウラシルは RNA だけにある．

次は，塩基に糖を追加してみよう．DNA では糖は**デオキシリボース deoxyribose**，RNA では**リボース ribose** である（図 5.23 c 参照）．これらの糖の違いは 1 つだけで，前者では環の 2 番目の炭素に酸素原子が結合していない．そのため，「デオキシ」（酸素 oxygen がないという意味）という．

これがヌクレオシド（塩基＋糖）である．これをヌクレオチドにするには，この糖の 5′ C にリン酸基を付加する［糖の炭素番号には「′」（英語ではプライムと読む）をつける．図 5.23 b 参照］．これは，ヌクレオシド一リン酸，また一般的には，ヌクレオチドである[*5]．

ヌクレオチドの重合体

ヌクレオチドをつないでポリヌクレオチドをつくるのは，脱水反応である（その詳細は 16.2 節で学ぶ）．ポリヌクレオチドにおいて，隣り合うヌクレオチドは，2 つのヌクレオチドの糖の間をリン酸基がつなぐホスホジエステル結合によってつながれる．この結合によって，「糖–リン酸骨格」ができあがる（図 5.23 a 参照；塩基はこの骨格に含まれないことに注意）．こうしてできる重合体の 2 つの末端は異なっている．一方の端には 5′ C にリン酸が結合しており，他方の端では糖の 3′ C はヒドロキシ基のままである．それぞれ「5′ 末端」，「3′ 末端」という．つまり，ポリヌクレオチドには，糖–リン酸骨格に 5′ → 3′ の方向性があり，一方通行の道路に似ている．この糖–リン酸骨格に沿って，すべての単位に塩基が付属している．

DNA もしくは mRNA の重合体に沿った塩基の配列は遺伝子に固有で，細胞に固有の情報を提供する．遺伝子は数百から数千のヌクレオチドでできているので，塩基配列のとり得る種類は事実上無限である．遺伝子の意味は，DNA の 4 種の塩基の特別な配列の中に暗号化されている．たとえば，5′–AGGTAACTT–3′ と 5′–CGCTTTAAC–3′ という配列は異なる意味をもつ（もちろん遺伝子全体はこれよりはるかに長い）．遺伝子中の塩基の線状の並び（配列）はタンパク質のアミノ酸配列，つまり一次構造を指定しており，次にそのアミノ酸配列はタンパク質の 3 次元構造や細胞での機能を指定する．

DNA と RNA 分子の構造

DNA 分子は 2 本のポリヌクレオチド鎖で，仮想的な中心軸のまわりでらせんを巻き，**二重らせん double helix** を形成している（図 5.24 a）．2 本の糖–リン酸骨格の 5′ → 3′ 方向性は互いに逆になっているので，**逆平行 antiparallel** というが，これは一方通行の高速道路が対向して並んでいることに似ている．糖–リン酸骨格はらせんの外側にあり，塩基はらせんの内側で対をなしている．2 本の鎖は対となる塩基間の水素結合によって保持されている（図 5.24 a 参照）．ほとんどの DNA 分子は非常に長く，数千から数百万塩基対のものさえある．真核生物の 1 本の染色体に存在する 1 つの長い DNA の二重らせんは多数の遺伝子を含み，各遺伝子は DNA の特定の領域にある．

二重らせんにおいて，ある塩基だけが互いに対となる．アデニン（A）はつねにチミン（T）と対となり，

＊5（訳注）：漢数字の「一」はリン酸基が 1 個であること，アラビア数字は原子の位置を示す．

グアニン（G）はつねにシトシン（C）と対となる．つまり，二重らせんの一方の鎖の塩基配列を読むことができれば，他方の鎖の塩基配列もわかることになる．もし，一方の鎖のある部分の塩基配列が5′-AGGTCCG-3′とすれば，塩基の対合則に基づき，他方の鎖の同じ部分の塩基配列は3′-TCCAGGC-5′とわかる．二重らせんの2本の鎖は「相補的」であり，一方から他方を予測できる．分裂の準備をしている細胞で，各DNA分子が2つの同一コピーをつくることができるのは，DNAのこの性質による．細胞が分裂するとき，それぞれのコピーは娘細胞に分配され，親細胞と遺伝的に同一となる．このように，細胞増殖において，確実に遺伝情報を伝達するというDNAの機能は，DNA分子の構造から説明できる．

対照的に，RNA分子は1本のポリヌクレオチド鎖として存在する．しかし，相補的な塩基対は，2つのRNA分子間もしくは1分子のRNA内の2つの領域間で形成される．実際，1分子のRNA内部の塩基対形成によって，その機能に必要な特定の3次元構造をとることができるようになる．たとえば，ポリペプチド合成において，リボソームにアミノ酸を運搬してくる「トランスファーRNA（tRNA）」というRNAを考えてみよう．tRNAは約80ヌクレオチドからなり，その機能をもった形は，逆平行に走る分子内の互いに相補的な塩基間で形成される塩基対に起因している（図5.24 b）．

すでに述べたように，RNAではチミン（T）は存在せず，アデニン（A）はウラシル（U）と対をつくる．RNAとDNAのもう1つの違いは，DNAはほとんどいつも二重らせんで存在するのに対し，RNA分子にはもっとさまざまな形がある．RNAは多機能な分子であるので，多くの生物学者は，生命の起源の初期においてRNAはDNAに先行して遺伝情報を担っていたと信じている（25.1節参照）．

概念のチェック 5.5

1. 描いてみよう➤図5.23 aを見て，上から3個のヌクレオチドの糖のすべての炭素に番号をつけ，塩基を丸で囲み，リン酸に★印をつけなさい．

2. 描いてみよう➤DNAの二重らせんにおいて，片方の鎖のある領域の塩基配列が5′-TAGGCCT-3′とする．この配列を書き写し，相補鎖の塩基配列を，5′と3′端を明示して，記しなさい．

（解答例は付録A）

5.6

ゲノミクスとプロテオミクスは生物学の研究や応用を変革した

20世紀の前半の実験生物学は，DNAが遺伝情報をもち，世代を越えて継承され，生きた細胞や生物の機能を決定していることを確立した．1953年にDNA分子の構造が報告されたとき，ヌクレオチド塩基の直線的な配列がタンパク質のアミノ酸配列を特定していることが理解された．生物学者はDNAのヌクレオチド配列（しばしば「塩基配列」ともいう）を決定することで，遺伝子を解読しようとしてきた．

「DNAの配列決定」，つまりDNAの鎖のヌクレオチド配列を1個ずつ決める最初の化学的手法は，1970年代に開発された．その後，次々と遺伝子の配列が決定され，研究が進めば進むほど，さらに疑問が増えてきた．たとえば，遺伝子の発現はどのように制御されているのか，遺伝子とその産物であるタンパク質は明らかに相関があるが，どのような関係なのか，遺伝子以外のDNAの領域には機能があるのか，などの疑問である．生物の遺伝機能の全体を把握するためには，その生物の「ゲノム」というDNAのフルセットの全配列が最も重要である．この考えが一見非現実的であるにもかかわらず，何人かの優れた生物学者が1980年代に，30億塩基対もの巨大なヒトゲノムを完全解読するプロジェクトという大胆な提案をした．この取り組みは1990年に開始され，2000年代初期にほぼ完了した．

この「ヒトゲノム計画」というプロジェクトによって，当初予想されなかったが重要な副産物として，配列決定のための手法の急速な高速化とコストダウンが実現された．この技術革新は現在も進行中である．つまり，100万塩基対の配列決定に必要なコストは2001年には5000ドルを超えていたが2016年には0.02ド

◀図5.25　全自動のDNA配列決定装置と強力な計算能力によって，遺伝子やゲノムの高速の配列決定が可能になった．

ル以下にまで低下した．さらに，ヒトゲノムの決定には，当初の計画では10年以上を要したが，今日ではわずか数日で同じことを完了できるほどである（図5.25）．完全に解読されたゲノムの数は急増しており，膨大なデータが次々と得られている．そのため，この膨大なデータセットを解析するコンピュータソフトウェアや他の計算ツールなどを駆使する**バイオインフォマティクス bioinformatics**という研究分野が発達しつつある．

これらの技術や研究の進歩を反映して，生物や関連分野の研究スタイルが変わってきた．**ゲノミクス genomics**という研究分野は，遺伝子の大量データを解析したり異なる生物種の全ゲノムを比較したりする手法をとり，生物学者が問題に取り組むときにしばしば採用するようになった．また，**プロテオミクス proteomics**という研究分野は，タンパク質のアミノ酸配列も含めた大量のタンパク質の解析を可能にする（タンパク質の配列は，生化学的手法もしくは，タンパク質をコードするDNA配列を翻訳することで決めることができる）．これらの手法は生物学のすべての分野で普及しており，そのいくつかの例は図5.26に見ることができる．

ゲノミクスとプロテオミクスの生物学全体への最も強い影響は，おそらく進化の理解に非常に大きな貢献をしたことである．さらに，化石の研究から得られた進化の証拠と現生の生物種の特徴を確認することに加えて，ゲノミクスは，従来の研究では解決できなかった異なる生物グループ間の進化的関係を探り当て，結果として，進化の歴史の理解を深めてくれる．

進化の尺度となるDNAやタンパク質

進化 哺乳類の体毛や乳分泌のような共通の形質は，一群の生物が共通の祖先に由来することの証拠であると考えられている．DNAは遺伝子という形で次世代に伝える情報をもつので，遺伝子やその最終産物であるタンパク質の配列は生物の遺伝的背景を記録していると見ることができる．DNA分子の直線状のヌクレオチド配列は，親から子孫へ受け渡され，その配列がタンパク質のアミノ酸配列を決める．兄弟姉妹のDNAやタンパク質は，同種でも関係の薄い個体よりよく似ている．

もし，生命の進化の考え方が正しいとすれば，「分子の家系図」という概念を種間の関係に拡張できるはずである．もし，化石や解剖学的な構造が似ている生物がいれば，そのDNAやタンパク質も，もっと離れた種よりもよく似ているはずである．実際，これは正しいのである．例として，ヒトのヘモグロビンのβサブユニットのポリペプチドを他の脊椎動物のそれと比較してみよう．この鎖は146アミノ酸からできており，ヒトとゴリラはアミノ酸1個だけ異なるが，ヒトとカエルでは67個も違っている．**科学スキル演習**では，生物種を追加して，このような比較を練習する．また，このような考え方は，ゲノムを比較するときも同様に適用できる．つまり，ヒトのゲノムはチンパンジーと95〜98%一致しているが，もっと進化的距離の遠いマウスとはわずか約85%の一致となる．分子生物学は，進化的な類縁関係を評価する手がかりとして，新しい尺度を追加したのである[*6]．

ゲノム配列の比較は実用に応用されることもある．「問題解決演習」では，このようなゲノム解析が食品偽装を見抜く助けになる例を見ていく．

概念のチェック 5.6

1. ある生物のゲノムの全配列を決定することは，その生物がどのように生きているかを理解することにどのように役立つか．
2. DNAの役割を前提として，非常によく似た形質を共有する2種の生物が，非常によく似たゲノムをもつと予想される理由を述べなさい．

（解答例は付録A）

＊6（訳注）：DNAやタンパク質の類似度はデジタル情報として客観的な数値にできる点で，形態の類似度よりもむしろ優れている．

▼図 5.26　関連性を考えよう

ゲノミクスとプロテオミクスの生物学への貢献

ヌクレオチド配列の決定と大量の遺伝子やタンパク質の解析は，技術と情報科学の進歩のおかげで，いまや高速でしかも廉価に行うことができる．結果として，ゲノミクスとプロテオミクスは多くの異なる分野を横断して，生物学の知見を大きく前進させてくれた．

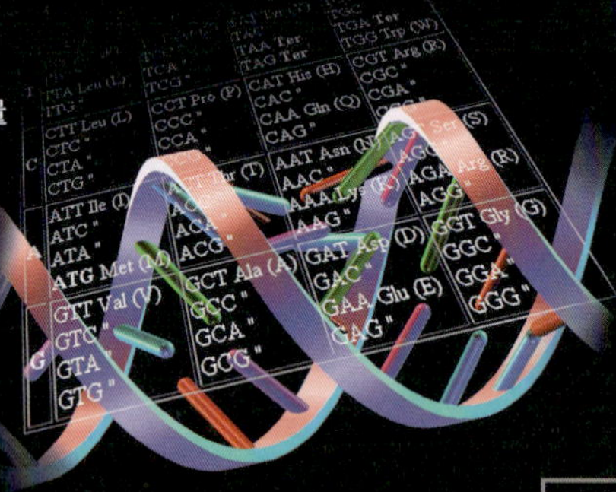

ATG Met (M)
GCT Ala (A)
GAT Asp (D)
GGT Gly (G)
AAT Asn (N)
GAA Glu (E)
CAT His (H)
CCT Pro (P)
CTT Leu (L)
ATT Ile (I)
GTT Val (V)
TAA Ter
TAG Ter

古生物学

最新の DNA 配列決定法のおかげで，ヒトに近縁な絶滅種であるネアンデルタール人 *Homo neanderthalensis* の化石組織から取り出された微量 DNA が解読された．ネアンデルタール人のゲノムの解読によって，彼らの外見（復元図）や現生人類との関係に重要な知見がもたらされた（図 34.51, 図 34.52 を参照）.

医科学

がんなどのヒトの疾患の遺伝的基礎を特定することで，将来の治療の可能性に研究が絞り込まれている．現在，個々の腫瘍で発現している遺伝子セットの決定によって，「個別化医療」という特定の患者の特定のがんだけを標的とする治療の可能性が高まっている（図 12.20, 図 18.27 を参照）.

進　化

進化生物学の主要なテーマは，現生の生物に絶滅した生物も含めてそれらの関係を明らかにすることである．たとえば，ゲノム配列の比較は陸上動物のカバがクジラ類と最も近縁の祖先から分岐したことを明らかにした（図 22.20 参照）.

カバ

ゴンドウクジラ

保全生物学

分子遺伝学とゲノミクスの技術は，動物や植物の違法な密猟の取り締まりにますます利用されるようになっている．ある事件では，違法取引された象牙の DNA のゲノム配列によって，密猟者と密猟場所の特定につながった（図 56.9 参照）.

種間相互作用

ほとんどの植物は，植物の根に付着した菌類（右図）や細菌と相互共生の関係を築いている．つまり，これらの相互作用は植物の成長に貢献している．ゲノムの決定と遺伝子発現の解析から，植物と共生する生物集団の解析が可能になった．このような研究によって，生物間相互作用の知見が深まり，農業技術の改善につながるかもしれない（31 章の科学スキル演習，図 37.11 を参照）.

関連性を考えよう➤ここに挙げた例において，ゲノミクスやプロテオミクスの研究が，生物学のさまざまな問題にどのように役立つかを述べなさい．

科学スキル演習

ポリペプチドの配列データを解析する

アカゲザルとテナガザルのどちらが，ヒトにより近縁か 本問題では，ヘモグロビンのβサブユニットのポリペプチド（βグロビンともいう）のアミノ酸配列のデータを取り扱う．このデータを解析して，どちらのサルがヒトとより近縁かを議論する．

実験方法 研究者は，生物から目的のポリペプチドを単離し，そのアミノ酸配列を決定できる．しかし，もっとよく行われるのは，その遺伝子のDNA配列を決定し，その遺伝子配列からポリペプチドのアミノ酸配列を知ることである．

実験データ 下のデータの各文字は，ヒトとアカゲザル，テナガザルのβグロビンの146個のアミノ酸配列を示している．配列は1行におさまらないので，3行に分割してある．配列を比較しやすいように，3種の生物の配列を並べてある．たとえば，3種の生物とも，最初のアミノ酸はV（バリン），146番目のアミノ酸はH（ヒスチジン）である．

データの解釈

1. アカゲザルとテナガザルの配列を，1文字ごとにチェックして，ヒトの配列と一致しないアミノ酸に印をつけなさい．(a) アカゲザルとヒトでは一致しないアミノ酸は何個あるか．(b) テナガザルとヒトでは何個か．
2. それぞれのサルのβグロビン配列とヒトの配列との一致度を，パーセントで求めなさい．
3. これらのデータだけから，これら2種のどちらがヒトとより近縁かという仮説を述べなさい．またその理由も述べなさい．
4. その仮説を検証するために，別の証拠として利用できそうなものを述べなさい．

種名	βグロビンのアミノ酸配列					
ヒト	1	VHLTPEEKSA	VTALWGKVNV	DEVGGEALGR	LLVVYPWTQR	FFESFGDLST
アカゲザル	1	VHLTPEEKNA	VTTLWGKVNV	DEVGGEALGR	LLLVYPWTQR	FFESFGDLSS
テナガザル	1	VHLTPEEKSA	VTALWGKVNV	DEVGGEALGR	LLVVYPWTQR	FFESFGDLST
ヒト	51	PDAVMGNPKV	KAHGKKVLGA	FSDGLAHLDN	LKGTFATLSE	LHCDKLHVDP
アカゲザル	51	PDAVMGNPKV	KAHGKKVLGA	FSDGLNHLDN	LKGTFAQLSE	LHCDKLHVDP
テナガザル	51	PDAVMGNPKV	KAHGKKVLGA	FSDGLAHLDN	LKGTFAQLSE	LHCDKLHVDP
ヒト	101	ENFRLLGNVL	VCVLAHHFGK	EFTPPVQAAY	QKVVAGVANA	LAHKYH
アカゲザル	101	ENFKLLGNVL	VCVLAHHFGK	EFTPQVQAAY	QKVVAGVANA	LAHKYH
テナガザル	101	ENFRLLGNVL	VCVLAHHFGK	EFTPQVQAAY	QKVVAGVANA	LAHKYH

データの出典 ヒト：http://www.ncbi.nlm.nih.gov/protein/AAA21113.1; アカゲザル：http://www.ncbi.nlm.nih.gov/protein/122634; テナガザル：http://www.ncbi.nlm.nih.gov/protein/122616

問題解決演習

魚の偽装にだまされるか

魚のサケを購入するとき，養殖されたアトランティックサーモン *Salmo salar* よりも，高価な野生のパシフィックサーモン（*Oncorhynchus* 属）のほうが望ましいと思うだろう．しかし，調査によると約40%の魚は値段に見合わないものであった．

SALMON
8.45
LB
NEWS INVESTIGATION
FAKE FISH IN STORES AND RESTAURANTS
HOW TO GET WHAT YOU PAID FOR
GMA

この演習では，サケの切り身のラベルが偽装されているかどうか調べる．

方法 調査の原理は，同一種内の個体もしくは近縁種のもの由来のDNA配列同士は，もっと系統的に離れた種の配列よりもよく似ているということである．

データ 野生のギンザケ *Oncorhynchus kisutch* として販売されているサケの切り身を購入した．このラベルが正しいかどうか調べるため，ある遺伝子の短いDNA配列を，この魚と3種のサケの同じ遺伝子の標準配列と比較する．その配列は：

O. kisutch（ギンザケ）というラベルのサンプル
5′-CGGCACCGCCCTAAGTCTCT-3′

標準配列
- *O. kisutch*（ギンザケ）5′-AGGCACCGCCCTAAGTCTAC-3′
- *O. keta*（シロザケ） 5′-AGGCACCGCCCTGAGCCTAC-3′
- *Salmo salar*（アトランティックサーモン） 5′-CGGCACCGCCCTAAGTCTCT-3′

解析

1. 3つの標準配列（*O. kisutch*, *O. keta*, *S. salar*）の一致の有無を1塩基ごとに調べ，購入したサケの配列と一致しない塩基に印をつけなさい．
2. 一致しない塩基数を，(a) *O. kisutch* とサンプルの間，(b) *O. keta* とサンプルの間，(c) *S. salar* とサンプルの間で答えなさい．
3. それぞれの標準配列とサンプルの塩基の一致度を%で答えなさい．
4. これらのデータにのみ基づいて，このサンプルの種名を，その根拠とともに述べなさい．

5章のまとめ

重要概念のまとめ

5.1 高分子は，単量体からつくられる重合体である

- 大型の炭水化物（多糖），タンパク質，核酸は**単量体**がつながった**重合体**である．脂質の成分は多様である．単量体は水分子を放出する**脱水反応**で重合して，大きな分子をつくる．重合体は逆反応の**加水分解反応**で脱重合する．重合体の膨大な多様性は，少数の単量体からつくられる．

? 大型の炭水化物とタンパク質，核酸の基本的な違いは何か．

大型の生体分子	成　分	例	機　能
5.2 炭水化物は，エネルギーや生体構築成分となる ? デンプンとセルロースの組成と構造と機能を比較しなさい．ヒトの体では，デンプンとセルロースはどのような役割があるか．	単糖の単量体	**単糖**：グルコース，フルクトース **二糖**：ラクトース，スクロース	- エネルギー源と炭素源（他の分子に変換されたり，結合して重合体となる）
		多糖： - セルロース（植物） - デンプン（植物） - グリコーゲン（動物） - キチン（節足動物とカビ）	- 植物の細胞壁の強化 - エネルギーとしてのグルコースの貯蔵 - エネルギーとしてのグルコースの貯蔵 - 外骨格やカビの細胞壁の強化
5.3 脂質は，多様な疎水性分子である ? 脂質が高分子や重合体とみなされないのは，なぜか．	グリセロール，3個の脂肪酸	**トリアシルグリセロール**（脂肪と油）：グリセロール＋3個の脂肪酸	エネルギー源として重要
	Ⓟをもつ頭部，2個の脂肪酸	**リン脂質**：グリセロール＋リン酸基＋2個の脂肪酸	膜の脂質二重層（疎水性の尾部，親水性の頭部）
	ステロイド骨格	**ステロイド**：4個の融合した環と官能基	- 細胞の膜の成分（コレステロール） - 体を循環するシグナル分子（ホルモン）
5.4 タンパク質は，多様な構造をもち，幅広い機能を果たす ? タンパク質の多様性の基礎を説明しなさい．	アミノ酸の単量体（20種）	- 酵素 - 防御タンパク質 - 貯蔵タンパク質 - 輸送タンパク質 - ホルモン - 受容体 - モータータンパク質 - 構造タンパク質	- 化学反応を触媒する - 病気からの防御 - アミノ酸を貯蔵 - 物質を輸送する - 生命の応答を統合する - 細胞外からのシグナルを受容する - 細胞運動における役割 - 構造支持を提供
5.5 核酸は，遺伝情報を蓄え，伝え，発現する ? 核酸の機能として，相補的塩基対の形成はどのような役割をもつか．	ヌクレオチド（ポリヌクレオチドの単量体）：リン酸基，糖，塩基	**DNA**： - 糖＝デオキシリボース - 塩基＝C，G，A，T - 通常，2本鎖	遺伝情報を蓄える
		RNA： - 糖＝リボース - 塩基＝C，G，A，U - 通常，1本鎖	DNAからリボソームへ情報を伝えるなど，遺伝子発現においてさまざまな働きをする

5.6

ゲノミクスとプロテオミクスは生物学の研究や応用を変革した

- 最近のDNAの配列決定の技術進歩によって，大量の遺伝子やゲノム全体を解析する**ゲノミクス**や大量のタンパク質をまとめて解析する**プロテオミクス**が発達した．**バイオインフォマティクス**はコンピュータとソフトウェアを駆使して，これらの大量データを解析する．
- 進化的に2種の生物が近縁であればあるほど，DNA配列もより似ている．DNAの配列データは化石や解剖学的証拠に基づいた進化の概念を支持している．

? ある遺伝子の配列が，ショウジョウバエ，魚，マウス，ヒトでわかっているとして，ヒトの配列との類似性をそれぞれの生物で予測しなさい．

理解度テスト

レベル1：知識／理解

1. 以下の物質の名前のうち，リストの他のものをすべて包含するものはどれか．
(A) 二糖 (C) デンプン
(B) 多糖 (D) 炭水化物

2. アミラーゼという酵素は，グルコース単量体間のグリコシド結合をグルコースがα型のときだけ切断する．次の物質のうち，アミラーゼが分解できるものはどれか．
(A) グリコーゲンとデンプン，アミロペクチン
(B) グリコーゲンとセルロース
(C) セルロースとキチン
(D) デンプンとキチン，セルロース

3. 「不飽和」脂肪に関する次の記述のうち正しいものはどれか．
(A) 植物よりも動物でふつうによく見られる．
(B) その脂肪酸の炭化水素鎖に二重結合がある．
(C) 一般に室温で固化する．
(D) 同じ炭素数の飽和脂肪よりも水素が多い．

4. 水素結合の破壊によって最も影響を受けないタンパク質の構造レベルはどれか．
(A) 一次構造 (C) 三次構造
(B) 二次構造 (D) 四次構造

5. DNAを分解する酵素はヌクレオチドをつないでいる共有結合を加水分解する．この酵素で処理すると，DNAはどうなるか．
(A) 二重らせんの2本の鎖が互いに分離する．
(B) ポリヌクレオチド骨格のホスホジエステル結合が切断される．
(C) デオキシリボース（糖）よりピリミジン塩基が切断される．
(D) デオキシリボース（糖）よりすべての塩基が切断される．

レベル2：応用／解析

6. グルコースの分子式は $C_6H_{12}O_6$ である．グルコース10分子が脱水反応で結合した重合体の分子式は次のうちどれか．
(A) $C_{60}H_{120}O_{60}$ (C) $C_{60}H_{100}O_{50}$
(B) $C_{60}H_{102}O_{51}$ (D) $C_{60}H_{111}O_{51}$

7. 以下の塩基配列の組み合わせのうち，正常なDNAの二重らせんとなるものはどれか．
(A) 5′-AGCT-3′ と 5′-TCGA-3′
(B) 5′-GCGC-3′ と 5′-TATA-3′
(C) 5′-ATGC-3′ と 5′-GCAT-3′
(D) これらすべてが正しい．

8. 以下の用語を並べ替えて，正しい表をつくり，横列と縦列の項目名をつけなさい．
単糖 ポリペプチド ホスホジエステル結合
脂肪酸 トリアシルグリセロール ペプチド結合
アミノ酸 ポリヌクレオチド グリコシド結合
ヌクレオチド 多糖 エステル結合

9. **描いてみよう** 図5.23 aのポリヌクレオチド鎖を書き写し，5′端から塩基としてG, T, C, Tと仮に名前をつけなさい．これがDNAのポリヌクレオチドと仮定して，相補鎖を同じ記号（リン酸＝丸，糖＝五角形，塩基）を用いて描き，各塩基に名前をつけなさい．各鎖に5′→3′の矢印をつけ，2本鎖が逆平行になることを明示しなさい．（ヒント）1本目の鎖を縦に描き，紙を上下逆さにして，2本目の鎖の5′から3′を上から下へ同じように描くとよい．

レベル3：統合／評価

10. **進化との関連** アミノ酸配列の比較は，生物種の進化の多様性を明らかにしてくれる．もし，2種の生物を比較するとき，そのすべてのタンパク質は同程度のアミノ酸の一致度が期待できるか．また，その理由を述べなさい．

11. **科学的研究** DNA結合タンパク質を研究している研究室に，あなたが研究助手をしているとする．ある生物のゲノムにコードされるすべてのタンパク質のアミノ酸配列が与えられ，DNAに結合する候

補タンパク質を探すとする．そのようなタンパク質には，どんな種類のアミノ酸があると期待されるか，また，その理由を述べなさい．

12. **テーマに関する小論文：組織化**　多様な機能をもつタンパク質はすべて，アミノ酸という同じタイプの単量体でできた重合体である．このタンパク質という1種類の重合体が非常に多様な機能をもつことを，アミノ酸の構造から300～450字で記述しなさい．

13. **知識の統合**　卵の黄身はひよこの胚発生に必要な栄養を供給しているとして，なぜ黄身が脂肪，タンパク質，コレステロールを非常に多く含んでいるかを説明しなさい．

(一部の解答は付録A)

第2部　細　胞

エルバ・セラノ Elba Serrano 博士はプエルトリコのサンファン歴史地区（Old San Juan）で生まれた．彼女の父は米軍の軍曹であったため，あちこちを転々とした子ども時代を過ごし，その間，家族がもつ確固たるヒスパニック系の気質に影響を受けながら育っていた．彼女はロチェスター大学で物理学を専攻した．80人の専攻学生のうち女子学生は2人で，その1人が彼女であった．その後，彼女はスタンフォード大学で神経細胞のイオン透過性の研究で博士の学位（Ph.D.）を取得し，そしてカリフォルニア大学ロサンゼルス校（UCLA）の博士研究員（ポスドク）になった．そこで，彼女は，環境変化に対する生物の応答における細胞の機能を理解する1つの方法として，聴覚系の研究を開始した．1992年以降，セラノ博士はニューメキシコ大学の教員であり，そこで聴覚系の発生について多くの発見を行ってきた．セラノ博士はまた，科学の世界において，女性や「少数派」の人たちのために歯に衣着せず主張する擁護者であり，助言者でもある．

エルバ・セラノ博士へのインタビュー

どのようなことから科学，特に生物学に興味をもつようになったのでしょうか？

戦争ごっこが好きな年ごろの子どもが，クリスマスプレゼントに何がほしいかカタログから選びなさいといわれたような場合，私の場合は望遠鏡や化学実験の道具セットに結局落ち着いていたのを覚えています．そのころ，私は数学が好きで，数学の問題を解くのが楽しみでした．大学では医学部の図書館で勉強していました．そして生物学の本を読むことによって物理学の勉強を中断することになりました．私は生化学に非常に興味をもつようになり，そして「生化学には生物物理学とよばれる分野がありそうだ．その勉強のために卒業しよう」というようになっていました．最後はスタンフォード大学でしたが，本当に苦闘していました．最初の1年目が終わるころはほとんど研究を断念しかかっていました．そのとき，私はバーナード・カッツ Bernard Katz から『神経・筋・シナプス』（カッツ著）という教科書を読むという課題を与えられました．私はこの本を朝8時から読み始め，休むことなく，昼食もとらず，日付が替わる前に読み終えました．そして「これこそが自分がしたいことだ」とわかったのです．それは基本的に膜の生物物理学であり，数式が使われています．「これこそが私が認識する科学だ」と考えたのです．

学位論文はどのような研究の論文でしょうか？

私はニューロン（神経細胞）について研究しました．細胞膜を通過するカリウムのようなイオンの流れに焦点を当てた研究です．膜は細胞の輪郭を定めるものであり，障壁でもあるのですが，同時に流路でもあるので興味深いのです．膜は境界のようなもので，多くのことが起きている非常にダイナミックな場です．膜内にはイオンチャネルとよばれる特別なタンパク質があります．それらはイオンの通過を許す門番のようなものです．ニューロンは脳の基礎となる細胞です．脳の機能は多くのニューロンの協調した働きによって行われます．さらに，これらの細胞はある面においては似ていますが，きわめて多様でもあるのです．それで，私は学位論文においてニューロンの細胞膜の多様性についての疑問を探究しました．つまり，異なるニューロンに存在するタンパク質はどのように異なるのかということです．

なぜ聴覚系に興味をもつようになったのですか？　そしてどのようなことに疑問をもっているのですか？

私は生物学的なシステムを理解するためには，いつでも物理学の概念を利用したいと思っています．生物物理学者は内耳が好きです．内耳の表面には感知機能があり，その表面を機械受容性有毛細胞という美しい細胞が占めています．（次ページの写真参照）．これらの有毛細胞は似てはいますが，機能は多様です．内耳がすべての周波数の音を検知できるのは，それらの小さな有毛細胞すべてがそれぞれ少しずつ異なるからなのです．私たちの研究室で研究している機械受容性有毛細胞はすばらしく，美しい特別な細胞なのです．私たちはそれらの細胞の構造と局在部位について研究しています．同時に遺伝学的な問題にも取り組んでいます．それらの細胞の電気的応答において重要なさまざまなイオンチャネルタンパク質の遺伝子を同定することに関心があります．それらの遺伝子がゲノム内でどのように組織化されているのか，またそれらの発現がどのようにオン・オフされているのか知りたいのです．耳というのは多くの類似の細胞からなるという冗長性とそれぞれの細胞が独特であるという多様性の両方をもつ強力なシステムです．

生物学の道に進もうとする学部学生に何かアドバイスはありますか？

第一に，自分の将来の可能性に自分で限界をつけないこと．次に，さまざまな経験を積むこと．人生という旅のある部分は自分に満足を与えるものを見つけることでしょう．もし生物学の道を選んだとしても，生物学者への道はたくさんあります．研究室で研究する場合もあれば，野外での研究や，その他の場での研究もあり得るでしょう．最後に現在の生物学を理解するには数学，物理学，化学を理解する必要があります．したがってこれらの分野の学習に力を注ぐことが大切です．たとえ自分がそれらの分野に秀でることができないだろうと感じても，それらから自分を遠ざけてはいけません．なぜなら，科学では学ぶことが不可能な事柄などないのです．必要なのは専心あるのみです．

「膜は境界のようなものですが，
多くのことが起きている
非常にダイナミックな場です．」

8 μm

内耳の，音波を検知する棒状の突起の束をもつ有毛細胞．➤ 騒音や加齢によるこれらの束の障害は聴覚障害や平衡感覚の障害を引き起こし得る（SEM 像）．

6 細胞の旅

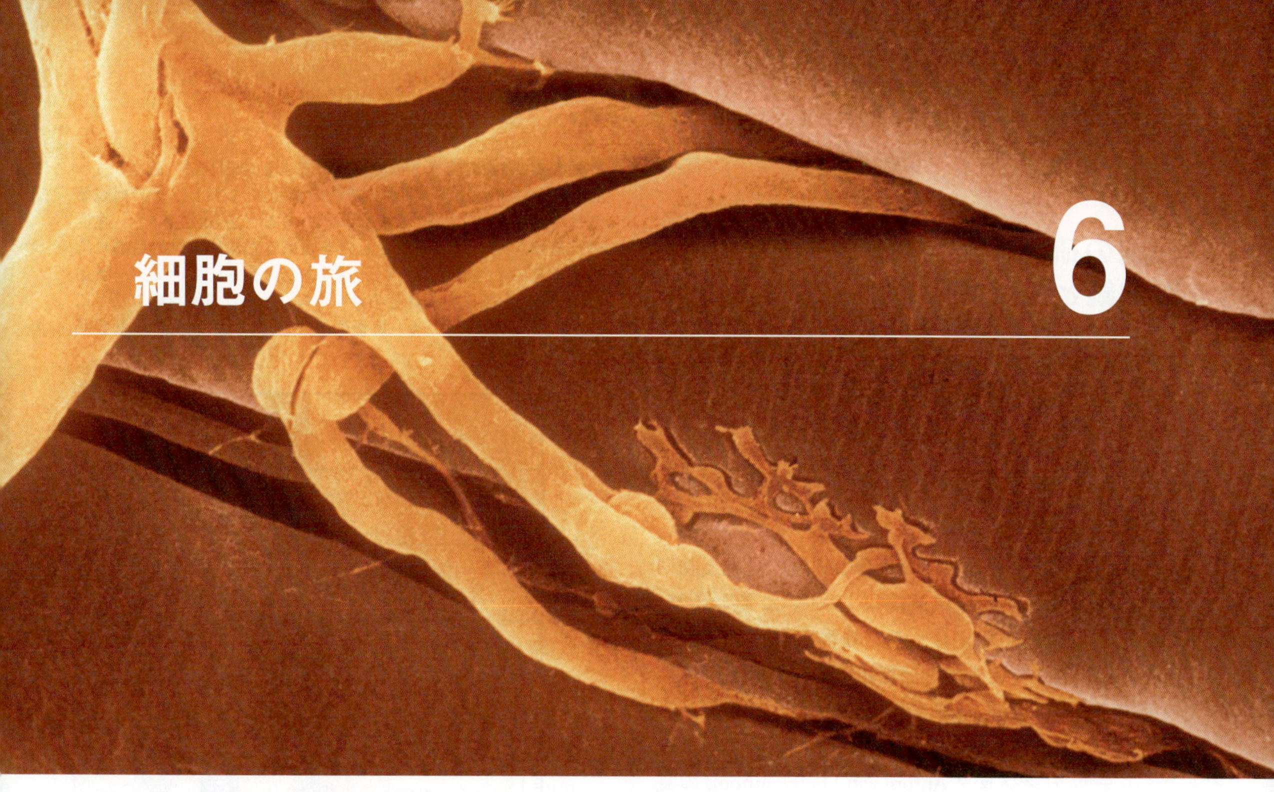

▲図 6.1　あなたの細胞は生物学を学ぶうえでどのように役立っているだろうか.

重要概念

6.1 細胞の研究のために，生物学者は顕微鏡と生化学の方法を使う

6.2 真核細胞の内部はさまざまな膜で区画化され，機能の分業が行われている

6.3 真核細胞の遺伝的指令は核の中にあり，その指令はリボソームによって実行される

6.4 内膜系はタンパク質の輸送を制御し，代謝機能を遂行する

6.5 ミトコンドリアと葉緑体はエネルギーをある形から別の形に変換する

6.6 細胞骨格は細胞内の構造と活動を組織化する繊維のネットワークである

6.7 細胞外成分と細胞間の結合は細胞のさまざまな活動の連係を可能にする

6.8 細胞はそれを構成する各部の総和以上の存在である

生命の基本単位

細胞は生物学の基礎となるものであり，化学における原子のようなものである．あなたがこの文を読んでいるとき，筋細胞の収縮によってあなたの眼は動いている．図 6.1 は筋細胞（赤色）と接している 1 個の神経細胞（オレンジ色）の延長部を示している．このページの語は神経細胞が脳に伝送するためのシグナルに翻訳される．脳ではそれらのシグナルが別のさまざまな神経細胞に伝えられる．学習するとき，さまざまな細胞が神経細胞と接続して，記憶が定着し学習が可能になる．

すべての生物は細胞でできている．生物という有機体の階層において，細胞は生きているとみなせる最も単純な構成物である．事実，多様な形態の生物が単細胞生物として存在する．たとえば，ここに示すゾウリムシ *Paramecium* は池水に生きている 1 個の真核生物である．さらに大きく，より複雑な植物や動物などの多細胞生物では，その体は分化した多数の細胞の共同体であり，それらの細胞は単独では長く生存できない．しかし，それらの細胞が，組織や器官といった高次の階層に組織化されていても，その生物の構造と機能の基本単位となるのは，その 1 つひとつの細胞である．

40 μm

どの細胞も，先代の細胞の子孫なので，すべての細胞は類縁関係にある．地球上の生命の長い進化の歴史の中で，細胞はさまざまな仕方で変化してきた．しかし，細胞は互いに大きく異なっているかもしれないが，それにもかかわらず，それらは共通の特徴をもっている．本章では，まずはじめに，細胞を理解するための道具や技術を見ていき，そして細胞を旅して，細胞のさまざまな構成要素についての知識を得る．

6.1

細胞の研究のために，生物学者は顕微鏡と生化学の方法を使う

生物学者は，このような小さな物体の内部のしくみをどのようにして調べているのだろうか．実際に細胞の中を見ていく前に，細胞の研究方法について学ぶのは有益であろう．

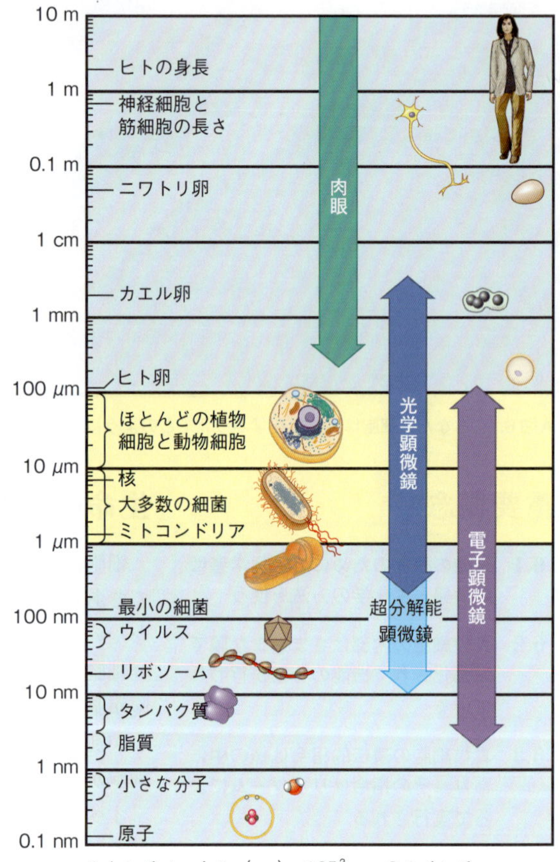
10 m
1 m
0.1 m
1 cm
1 mm
100 μm
10 μm
1 μm
100 nm
10 nm
1 nm
0.1 nm
ヒトの身長
神経細胞と
筋細胞の長さ
ニワトリ卵
カエル卵
ヒト卵
ほとんどの植物
細胞と動物細胞
核
大多数の細菌
ミトコンドリア
最小の細菌
ウイルス
リボソーム
タンパク質
脂質
小さな分子
原子
肉眼
光学顕微鏡
超分解能
顕微鏡
電子顕微鏡

▼図 6.2　**細胞の大きさの範囲．** ほとんどの細胞は，直径が 1～100 μm の間にある（図中，黄色の範囲）．しかし，その構成要素はずっと小さく，ウイルスほどである（図 6.32 参照）．左側の尺度は，大きさの異なるものを収めるために，対数目盛りにしてあるので注意しなさい．直径または長さについて，一番上が 10 m で，下にいくほど小さくなり，大きなひと目盛りごとに 10 分の 1 になっている．度量衡単位の一覧は「付録 C」を参照しなさい．

1 センチメートル（cm）＝10^{-2} m＝0.4 インチ
1 ミリメートル（mm）＝10^{-3} m
1 マイクロメートル（μm）＝10^{-3} mm＝10^{-6} m
1 ナノメートル（nm）＝10^{-3} μm＝10^{-9} m

顕微鏡の使用

ヒトの感覚を広げる道具の開発は細胞の発見と初期の研究を可能にした．顕微鏡は 1590 年に発明され，1600 年代に改良が加えられた．細胞壁は，1665 年にナラの樹皮の死んだ細胞を顕微鏡で見たロバート・フック Robert Hooke によって発見された．しかし，生きた細胞を見えるようにするには，アントニ・ファン・レーウェンフック Antoni van Leeuwenhoek の見事に製作されたレンズが必要だった．フックが 1674 年にレーウェンフックを訪ねて，彼がいうところの「とても小さな動物たち」である微生物の世界を目にしたときのフックの興奮を想像してみてほしい．

ルネサンス期の科学者によって最初に使用された顕微鏡は，おそらく私たちが研究室で使っているような顕微鏡と同じように，どれも光学顕微鏡である．**光学顕微鏡 light microscope（LM）** では，可視光が試料とガラスレンズの順に通過する．レンズによって光は屈折し（曲がり），その結果，眼またはカメラに試料の拡大像が投影される（付録 D 参照）．

顕微鏡で重要な 3 つのパラメータは拡大率，分解能，そしてコントラストである．「拡大率」は物体の実際の大きさに対する像の大きさの比率である．光学顕微鏡は試料の実際の大きさのおよそ 1000 倍に像を拡大できる．それより拡大しても，それ以上精細に見ることはできない．「分解能」は像の鮮明さの尺度で，2 つの点が 2 つの点として識別できる 2 点間の最小距離のことである．たとえていうならば，肉眼では 1 個の星としか見えないものが，肉眼よりも分解能が高い望遠鏡では連星として分離して見えることもあるだろう．同様に，光学顕微鏡は，一般的な方法で使用した場合，拡大率に関係なく，およそ 0.2 マイクロメートル（μm），つまり 200 ナノメートル（nm）以下の細部の解像力はない（図 6.2）．第 3 のパラメータ，「コントラスト」は像の中の明るい領域と暗い領域の明るさの差である．コントラストを増すには細胞の各部を視覚的に際立たせるために染色したり標識したりする方法がある．図 6.3 にいくつかの異なる種類の顕微鏡を示す．本節を読む際にこの図を参考にしよう．

最近まで，分解能の限界のせいで，細胞生物学者が真核細胞内の膜で包まれた構造である**細胞小器官（オルガネラ）organelle** を研究する場合，一般的な光学顕微鏡は役に立たなかった．これらの構造を詳しく見るためには新しい道具の開発が必要であった．1950 年代に，電子顕微鏡が生物学に導入された．光で焦点を結ばせるのではなく，**電子顕微鏡 electron microscope（EM）** は試料を透過または試料表面に照射された電子線を結像させるのである（付録 D 参照）．解像力は，結像のために用いる光（あるいは電子線）の波長と逆

▼図 6.3　探究　さまざまなタイプの顕微鏡

光学顕微鏡（LM）

明視野（非染色試料）．光が試料を直に透過する．細胞がもともと色素をもっていない場合や人工的に染色しない場合は，像のコントラストはほとんどない（最初の４つの光学顕微鏡写真はヒトの頬(ほお)の上皮細胞．スケールバーは４つの写真すべてに共通）．

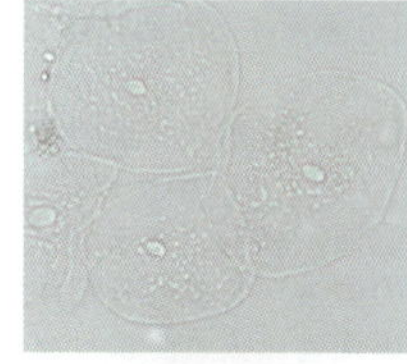
50 µm

明視野（染色試料）．種々の色素で染色してコントラストを増す．多くの場合，染色の際に細胞を固定（形態の維持）する必要がある．そのため細胞は死ぬ．

位相差．試料中の密度の差を増強することによって，染色していない細胞のコントラストを増す．色素をもたない細胞を生きた状態で観察する場合に特に有効．

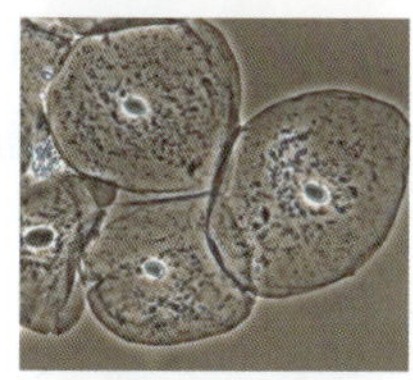

微分干渉（ノマルスキ）．位相差顕微鏡と同様に，光学的な密度の差を増強する．３次元的な像が得られる．

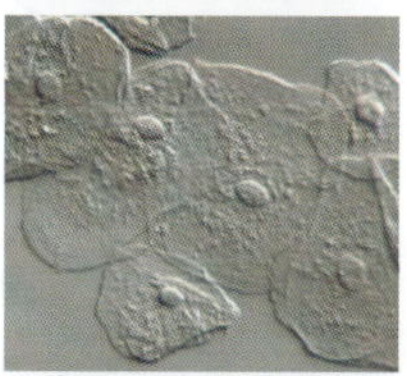

蛍光．細胞内の特定の分子に，蛍光色素を結合した分子や抗体を結合させることによって，その分子の局在部位を可視化する．細胞の中にはそれ自身蛍光を発する分子をもつものがある．蛍光物質は紫外線を吸収して可視光を発する*1．この写真の蛍光標識された子宮の細胞では，青色が核の物質，オレンジ色がミトコンドリアとよばれる細胞小器官，緑色が「細胞骨格」である．

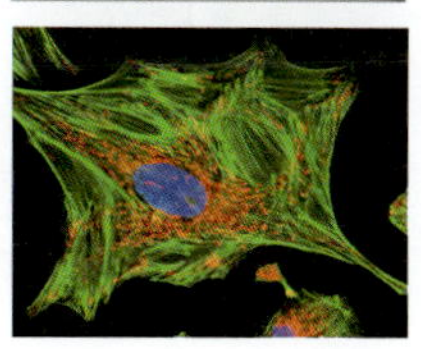
10 µm

共焦点．上の図は，蛍光色素で染色した神経組織の通常の蛍光顕微鏡写真（緑色の部分は神経細胞，オレンジ色は支持細胞，黄色は両者が重なっている部分である）．その下の写真は同じ組織の共焦点顕微鏡像である．レーザーを使用して試料を「光学的に切片にする」ことによって，厚さのある試料から発する焦点から外れた光を除去して焦点面だけの蛍光像をつくり出す．多数の異なる焦点面のぼけのない像を得ることによって，３次元再構成が可能になる．通常の蛍光顕微鏡像では，焦点から外れた光が除去されないのでぼけて見える．

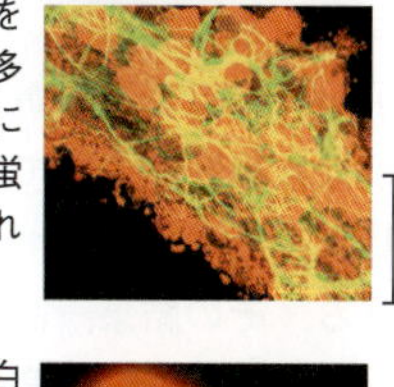
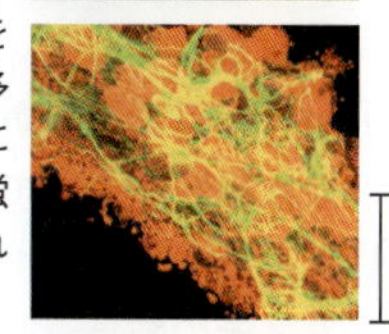
50 µm

デコンボリューション．この写真の上半分は白血球細胞の焦点を変えて撮った通常の蛍光顕微鏡像を積層した像である．下半分は上と同じ細胞の，多数の異なる焦点面で撮られたぼけのある像からデコンボリューション・ソフトウェアによって再構成された像である．この操作でコンピュータの信号処理によって焦点面から外れた光を除去し，その各輝点の情報をある数学的モデルに組み入れ，計算に基づいて，より鮮明な３次元画像をつくり上げる．

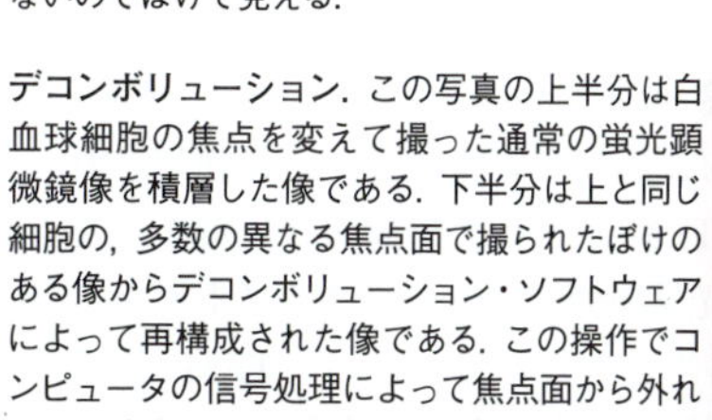
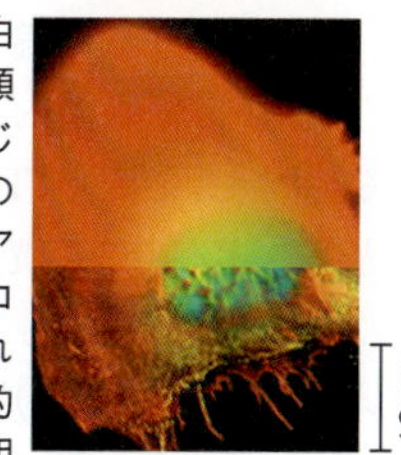
10 µm

超高分解能．上の写真は神経細胞の一部分の共焦点顕微鏡像である．細胞内の直径 40 nm の小胞内の分子の集塊に結合する蛍光分子で標識して得られた像である．緑黄色の点はぼやけているが，それは 40 nm というのが通常の光学顕微鏡の分解能である 200 nm 以下であるからである．下の写真は細胞の同じ部分の像で，新しい超高分解能技術で観察されたものである．精巧な装置で，個々の蛍光分子を光らせ，その位置を記録する．異なる位置にある多数の分子からの情報を組み合わせることによって，分解能の限界を突破した結果，くっきりとした緑黄色の点がこのように見られたのである（各点は直径 40 nm の小胞）．

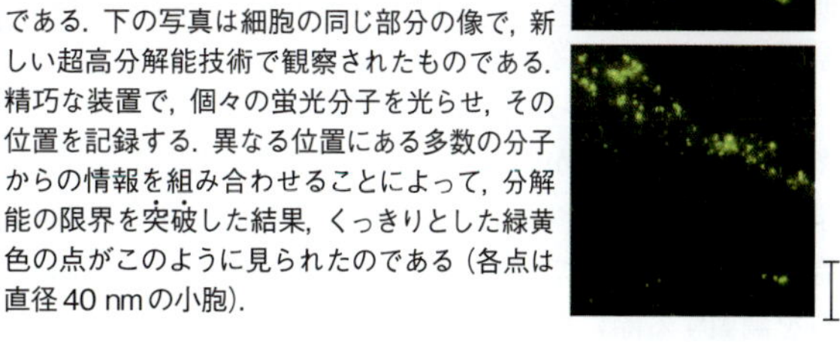
1 µm

電子顕微鏡（EM）

走査型電子顕微鏡（SEM）．走査型電子顕微鏡で撮影した写真は試料表面の３次元像を示す．この SEM 像は，表面が繊毛とよばれる運動小器官で覆われている気管の細胞表面を示している．電子顕微鏡写真は白黒であるが，ここに示す電子顕微鏡写真のように，疑似カラーで特定の構造を強調することがよくある．

> 本書で図の説明の際に使われる略称
> LM　＝光学顕微鏡
> SEM＝走査型電子顕微鏡
> TEM＝透過型電子顕微鏡

図読み取り問題➤透過型電子顕微鏡観察のために組織を切片にしたとき，写真の左上の繊毛はどのような向きにあったか．右の繊毛ではどうか．試料の向きによって，観察する切片のタイプがどのように決まるか説明しなさい．

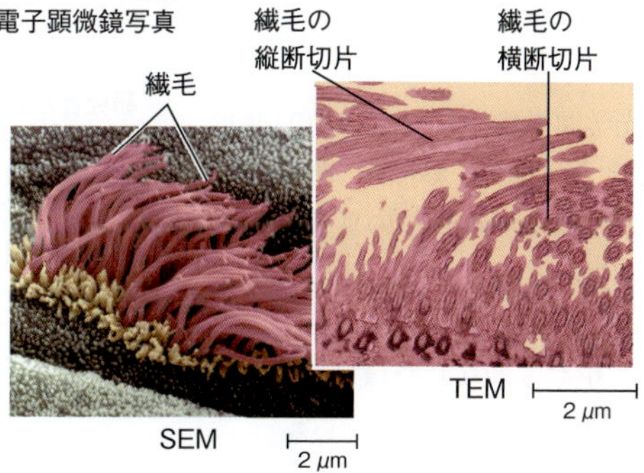
繊毛
繊毛の縦断切片
繊毛の横断切片
SEM
2 µm
TEM
2 µm

透過型電子顕微鏡（TEM）．透過型電子顕微鏡では試料の薄切切片の像が得られる．この TEM 像は気管細胞の切片の写真で，内部の構造を見ることができる．TEM 試料作製時に，繊毛のあるものは長さ方向に切られて縦断切片になっているが，他の繊毛は横方向に切られて，横断切片になっている．

＊1（訳注）：すべての蛍光物質が紫外線を吸収するわけではない．蛍光物質によって吸収する光と蛍光の波長は異なる．

の関係になっており，電子線の波長は可視光のそれよりも格段に短い．現代の電子顕微鏡は，理論的にはおよそ0.002 nmの分解能をもっているが，実際上の限界は，およそ2 nmである*2．それでも一般的な光学顕微鏡の分解能を100倍も超えている．

走査型電子顕微鏡 scanning electron microscope (SEM) は，試料表面を詳細に研究するのに有用である（図6.3参照）．試料の表面は，通常，金の薄膜でコートされており，その表面を電子線で走査する．電子線が試料表面の電子を励起すると，これらの2次電子は検出器によって検出され，その電子のパターンはビデオスクリーンへ送られる電子シグナルへと変換される．その結果，試料表面の3次元像が得られる．

透過型電子顕微鏡 transmission electron microscope (TEM) は細胞の内部構造を研究するために使用される（図6.3参照）．TEMは試料の超薄切片に電子線を透過させるので，光学顕微鏡においてスライドグラスの試料に光を透過させるのと似ている．TEMでは，試料は細胞のある成分に結合する重金属の原子で染色*3してある．こうして，細胞のある部分が他の部分より電子密度が高くなる．電子密度が高い領域ほど，試料に照射された電子はより多く散乱され，したがって，より少数の電子が透過する*4．像は透過した電子のパターンによってつくられる．ガラスレンズを使用する代わりに，SEMとTEMではともに，電子線を曲げるためのレンズとして電磁石を用い，最終的に観察用スクリーンに像を結像させる．

電子顕微鏡によって，光学顕微鏡では識別できない多くの細胞小器官が明らかにされてきた．しかし，光学顕微鏡にはいくつかの利点がある．特に，生きた細胞を研究するうえで有利である．電子顕微鏡には，試料を調製する際に細胞を殺さなければならないという欠点がある．どのタイプの顕微鏡観察においても，試料の調製の際に人工産物，つまり，顕微鏡写真上では見られるが，生きている細胞には存在しない構造を生じる可能性がある．

過去数十年の間に，光学顕微鏡は大きな技術的進歩によって再び力を得てきた（図6.3参照）．細胞の中の個々の分子や構造を蛍光標識することによってそれらの構造をより精細に可視化することが可能になってきた．さらに，共焦点顕微鏡とデコンボリューション顕微鏡は組織や細胞のよりくっきりしたぼけのない3

＊2（訳注）：現在は0.1〜0.2 nmの分解能が得られている．

＊3（訳注）：TEMの観察で特定の成分に重金属を結合させることを染色または電子染色とよぶ．

＊4（訳注）：TEMの観察では，電子をより多く散乱させる成分を慣用的に「電子密度が高い」といわれる．

▼図6.4

研究方法　細胞分画法

適用　細胞分画法は，細胞成分を大きさと密度に基づいて単離（分画）するために用いられる．

技術　最初に，細胞を破砕機に入れて破砕し，ホモジェナイズ（メディウム中に均一に分散化すること）する．その結果できた混液（細胞のホモジェネート；ホモジェナイズされた細胞成分の混液）を遠心分離する．上清（ペレットの上の液体）を別の遠沈管に入れ，より高速でより長い時間遠心分離する．この過程を数回繰り返す．このような「分画遠心分離法」によって一連のペレットが得られ，各ペレットには異なる細胞成分が含まれる．

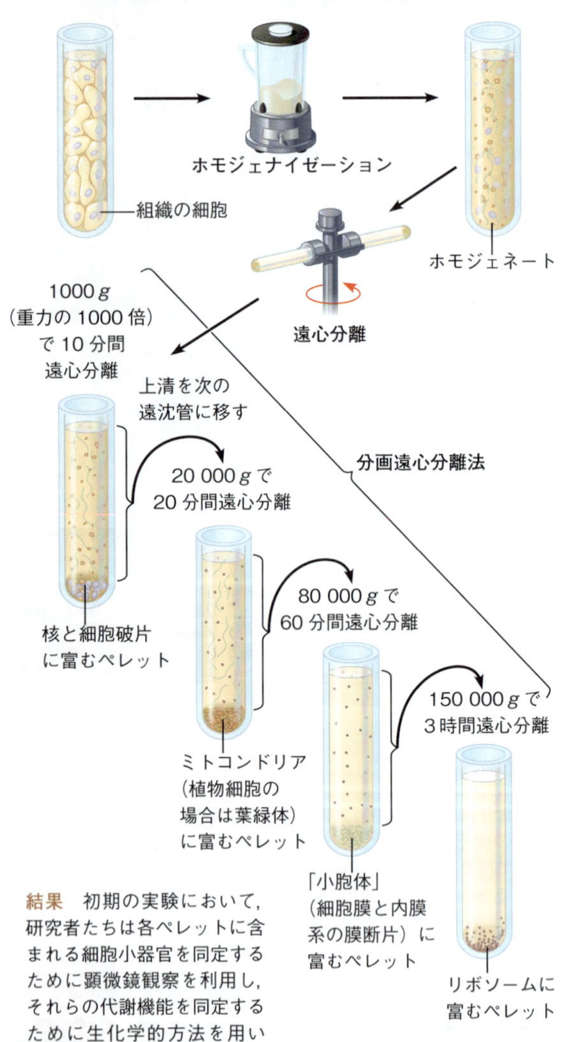
ホモジェナイゼーション
組織の細胞
ホモジェネート
遠心分離
1000 g
（重力の1000倍）
で10分間
遠心分離
上清を次の
遠沈管に移す
分画遠心分離法
20 000 g で
20分間遠心分離
核と細胞破片
に富むペレット
80 000 g で
60分間遠心分離
150 000 g で
3時間遠心分離
ミトコンドリア
（植物細胞の
場合は葉緑体）
に富むペレット
「小胞体」
（細胞膜と内膜
系の膜断片）に
富むペレット
リボソームに
富むペレット

結果　初期の実験において，研究者たちは各ペレットに含まれる細胞小器官を同定するために顕微鏡観察を利用し，それらの代謝機能を同定するために生化学的方法を用いた．これらの同定によって，この研究法の基礎が確立された．そのため，今日の研究者は，特定の細胞小器官を単離してその機能を研究するためには，どの画分を集めればよいかを知ることができる．

関連性を考えよう➤もし，あなたがmRNAからタンパク質へと翻訳される過程を研究したいなら，どの画分を使えばよいか（図5.22参照）．

次元像を得ることができる．ついには，近年のいくつかの新技術と標識分子の開発によって，研究者は分解能の壁を突破し，直径10〜20 nmほどの小さい細胞内の構造を識別することを可能にした．この「超分解能顕微鏡」がさらに広く使われるようになるにつれ，私たちがそこで見る生きた細胞の像は，350年前のレーウェンフックとフックのように私たちを興奮させるに違いない．

顕微鏡は細胞の構造を研究する「細胞学」にとって最も重要な道具である．しかし，それぞれの構造の機能を理解するためには，細胞学と，細胞の化学的な過程（代謝）を研究する「生化学」の統合が必要である．

細胞分画法

細胞の構造と機能を研究するための有用な技術は**細胞分画法 cell fractionation**（図6.4）である．それは細胞を破砕して，おもな細胞小器官と細胞内の他の構造を互いに分別することである．細胞分画に用いられる器械は遠心分離機である．破砕した細胞の混液を入れた試験管を低速度から高速度の異なる速度で回転させることができる．各速度に応じた遠心力によって，細胞成分のある部分は試験管の底にたまり，ペレット（沈渣）になる．低い速度では，ペレットには大きな成分が含まれ，その後，高い速度で回転すれば小さな成分がペレットになる．

細胞分画によって細胞の特定の成分を大量に得ることができるので，研究者はその成分の組成と機能を調べることができる．これは，破砕していない（インタクトな）細胞のままではできないことである．たとえば，分別したある細胞画分について，生化学的な分析によって細胞呼吸に関する酵素の存在が示され，一方，電子顕微鏡観察によって多数のミトコンドリアとよばれる細胞小器官が認められたとする．これらの結果を合わせると，生物学者はミトコンドリアが細胞呼吸の場であると結論づけることができる．生化学と細胞学はそれゆえ，細胞の機能と構造の関連について互いに補完し合っている．

概念のチェック 6.1

1. 光学顕微鏡観察で用いられる染色と電子顕微鏡観察での染色を比較しなさい．
2. どうなる？➤ (a) 生きた白血球細胞の形態変化，(b) 毛の表面構造の詳細をそれぞれ研究する場合，どのタイプの顕微鏡を使うか．

（解答例は付録A）

6.2

真核細胞の内部はさまざまな膜で区画化され，機能の分業が行われている

すべての生物の構造と機能の基本単位である細胞は，2つの異なるタイプの細胞，つまり原核細胞または真核細胞のいずれかである．細菌と古細菌のドメインに属する生物は原核細胞からなり，原生生物，菌類，動物，植物はすべて真核細胞からなる（「原生生物」は，そのほとんどが単細胞真核生物である多様な生物群を表す慣用的な名称である）．

真核細胞と原核細胞の比較

すべての細胞は，いくつかの共通する基本的な特徴をもっている．それらは選択的な障壁である「形質膜 plasma membrane」（細胞膜 cell membrane ともよばれる．本書では plasma membrane に対して，以後「細胞膜」と訳すことにする）とよばれる膜で仕切られている．その膜の内部は，半液体状の濃厚な**サイトゾル cytosol**とよばれる物質で満たされており，その中には細胞内の成分が浮遊している．すべての細胞は，DNAという形で遺伝子を担っている「染色体」をもっている．そして，すべての細胞は「リボソーム」をもっている．これは遺伝子の指令に従ってタンパク質をつくる小さな複合体である．

原核細胞と真核細胞のおもな違いは，DNAの存在部位である．**真核細胞 eukaryotic cell**では，ほとんどのDNAは二重膜で仕切られた「核」とよばれる細胞小器官の中にある（図6.8参照）．**原核細胞 prokaryotic cell**では，DNAは膜に包まれていない領域に集中して存在している．その領域は**核様体 nucleoid**とよばれる（図6.5）．*eukaryotic*は「真の核」（ギリシャ語で「真」を意味する*eu*と「核」を意味する*karyon*に由来），*prokaryotic*は「前核」という意味である（*pro*はギリシャ語で「前」を意味する）．つまり，原核細胞は真核細胞より前に出現したことを意味している．

どちらのタイプの細胞でも，その内部は**細胞質 cytoplasm**とよばれる．真核細胞では，この用語は核と細胞膜の間の領域についてのみ使われる．真核細胞の細胞質には，特化した形と機能をもつさまざまな細胞小器官がサイトゾル中に浮遊している．これらの膜で包まれた細胞小器官はほとんどすべての原核細胞には存在せず，原核細胞と真核細胞のもう1つの違いとなっている*5．しかし，細胞小器官が存在しなくても，

原核細胞の細胞質は形のないスープではない．たとえば，原核生物の中には複数のタンパク質（膜ではなく）で包まれた領域をもつものがあり，そこでは特異的な反応が行われる．

真核細胞は一般に原核細胞よりも少し大きい（図6.2参照）．サイズというのは，どのような細胞構造についてもいえることであるが，機能と関連した細胞構造の一側面である．細胞内の代謝活動を行うための物質供給という要請から，細胞のサイズの限界値が設定される．知られている中で最小の細胞は，直径が0.1～1.0 μmのマイコプラズマとよばれる細菌の仲間である．これらはおそらく，代謝をプログラムするのに十分なだけのDNAと，1個の細胞が自身を維持し，増殖するのに必須の活動を実行するために十分なだけの酵素や他の必要なものを詰め込んだ最小のものであろう．標準的な細菌は直径が1～5 μmで，マイコプラズマの大きさの約10倍である．真核細胞は，典型的なもので，直径がおよそ10～100 μmである．

代謝という点から要求されることとして，実際は単独の細胞に当てはまることではあるが，細胞のサイズには理論的な上限がある．あらゆる細胞の境界には**細胞膜（形質膜）plasma membrane**が，選択性をもつ障壁として機能している．細胞膜は酸素や栄養物質，不要物を十分に通過させることができ，細胞全体のために機能している（図6.6）．膜の平方マイクロメートルあたり，特定の物質が，毎秒ある程度の量だけ通過することができる．そのため体積に対して表面積の比率は重要である．細胞（または他の物体）のサイズが大きくなるとき，表面積の増大する割合は体積の増大する割合よりも小さい（面積は長さの2乗に比例するが，体積は長さの3乗に比例する）．したがって，小さな物体ほど，体積に対する表面積の比が大きい（図6.7）．**科学スキル演習**で，成熟した酵母細胞とその細胞から出芽している細胞という2つの実際の細胞の体積と表面積を計算してみよう．生物が細胞の表面積を最大にしているさまざまな方法を理解するために，図33.9（関連性を考えよう）を参照しなさい．

ある体積を収納するために十分大きな表面積が必要であるということから，ほとんどの細胞が顕微鏡レベルのサイズであり，神経細胞のような他の細胞では形が細く長いことを説明することができる．一般に，大きな生物が小さな生物よりも「大きな」細胞をもつと

▼図6.5　**原核細胞**．真核細胞で見られるような真の核と膜で包まれた細胞小器官がないので，原核細胞は内部構造が非常に単純に見える．原核生物には細菌と古細菌が含まれる．これら2つのドメインの生物の一般的な細胞構造はよく似ている．

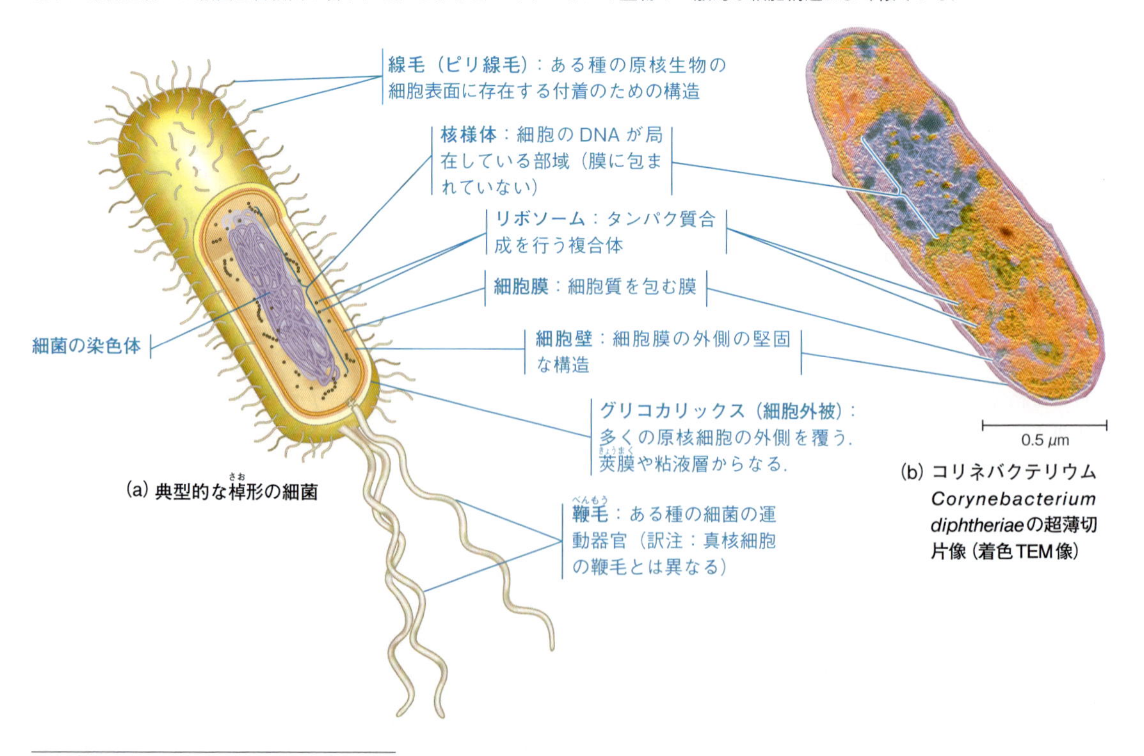
線毛（ピリ線毛）：ある種の原核生物の細胞表面に存在する付着のための構造
核様体：細胞のDNAが局在している部域（膜に包まれていない）
リボソーム：タンパク質合成を行う複合体
細胞膜：細胞質を包む膜
細胞壁：細胞膜の外側の堅固な構造
グリコカリックス（細胞外被）：多くの原核細胞の外側を覆う．莢膜や粘液層からなる．
鞭毛：ある種の細菌の運動器官（訳注：真核細胞の鞭毛とは異なる）
細菌の染色体
0.5 μm

(a) 典型的な桿形の細菌

(b) コリネバクテリウム *Corynebacterium diphtheriae*の超薄切片像（着色TEM像）

＊5（前ページの訳注）：光合成を行うシアノバクテリアなどは細胞質中に多くの膜が存在する．

▼図 6.6　**細胞膜．** 細胞膜と細胞小器官の膜はリン脂質の二重層と，それに結合しているか，または埋め込まれているさまざまなタンパク質から構成されている．リン脂質と膜タンパク質の疎水性部分は膜内部に見られ，一方，親水性部分は両側の水溶液と接している．糖の側鎖は細胞膜の外側表面に結合している．

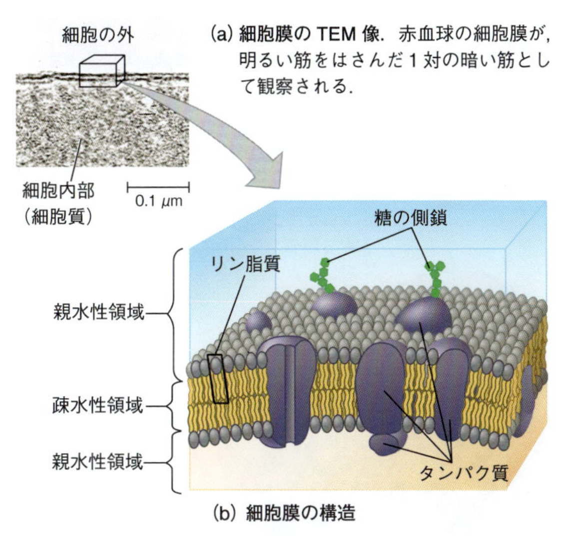
細胞の外
細胞内部
（細胞質）
0.1 μm
糖の側鎖
リン脂質
親水性領域
疎水性領域
親水性領域
タンパク質

(a) **細胞膜の TEM 像．** 赤血球の細胞膜が，明るい筋をはさんだ 1 対の暗い筋として観察される．

(b) **細胞膜の構造**

図読み取り問題➤ (b) の膜の模式図で，(a) の TEM 像の暗い筋と明るい筋にそれぞれ対応するのは，どの部分か（図 5.11 を復習しなさい）.

▼図 6.7　**表面積と体積の幾何学的関係．** この図式では，細胞は箱として表してある．適当な長さの単位を用いて，細胞の表面積（2 乗の単位），体積（3 乗の単位），体積に対する表面積の比を計算することができる．体積に対する表面積の比が大きいほど，細胞と外界との間の物質交換の効率がよくなる．

表面積は増加するが，体積は一定のままである．

1　5　1

全表面積［表面積の総和．箱の全側面の（高さ × 幅）× 箱の数］	6	150	750
全体積（高さ × 幅 × 長さ × 箱の数）	1	125	125
体積に対する表面積の比（表面積 ÷ 体積）	6	1.2	6

いうことはない．それらはたんに「多くの」細胞をもっているにすぎない（図 6.7 参照）．体積に対する表面積の比が十分に高いことは，腸の細胞のような周囲と大量の物質を交換する細胞では，とりわけ重要である．このような細胞は，多数の長く細い突起をその表面から出している．この突起は「微絨毛」とよばれ，体積をほとんど増加させずに表面積を増加させている．

原核細胞と真核細胞の進化系統関係は本章の後半で議論するが，原核細胞については他の章で詳しく述べる（27 章参照）．本章でこの後述べる細胞構造についての議論のほとんどは真核細胞に関することである．

真核細胞の概観

細胞表面の細胞膜に加えて，真核細胞は，大量の精緻に配置された膜を内部にもっている．それらは細胞を区画——すでに述べた膜でできた細胞小器官——に分けている．細胞の各区画は，さまざまな局所的な環境を提供して，そこで特異的な代謝反応が行われるようになる．そうして，互いに相容れない複数の過程が同じ細胞の中で同時に進行できるのである．細胞膜と細胞小器官の膜は細胞の代謝にも直接関与している．というのは，多くの酵素が，それらの膜それぞれに適切に組み込まれているからである．

ほとんどの生体膜の基本構造はリン脂質と他の脂質からなる二重層である．この脂質二重層に埋め込まれていたり，表面に結合したりしているのは多様なタンパク質である（図 6.6 参照）．しかし，膜の種類によって固有の脂質組成と，その膜に特異的な機能に適合したタンパク質をもっている．たとえば，ミトコンドリアという細胞小器官の膜に埋め込まれた酵素群は細胞呼吸において機能している．膜は細胞の組織化の基礎であるので，7 章でその詳細について議論する．

本章を続ける前に，図 6.8 の「真核細胞」を詳しく見よう．これらの動物細胞と植物細胞の一般化された模式図には，さまざまな細胞小器官が描かれ，動物細胞と植物細胞の重要な違いが示されている．図の下の顕微鏡写真はさまざまな真核生物の異なるタイプの細胞の例を示している．

概念のチェック 6.2

1. 核，ミトコンドリア，葉緑体，小胞体の構造と機能について簡潔に述べなさい．

2. **描いてみよう➤** 任意の単位で 125×1×1 のサイズの単純な形の長い細胞を描きなさい．神経細胞はおおよそこのような形である．体積に対する表面積の比は，図 6.7 の細胞と比較してどれくらいになるか予測しなさい．

（解答例は付録 A）

図 6.8　探究　真核細胞

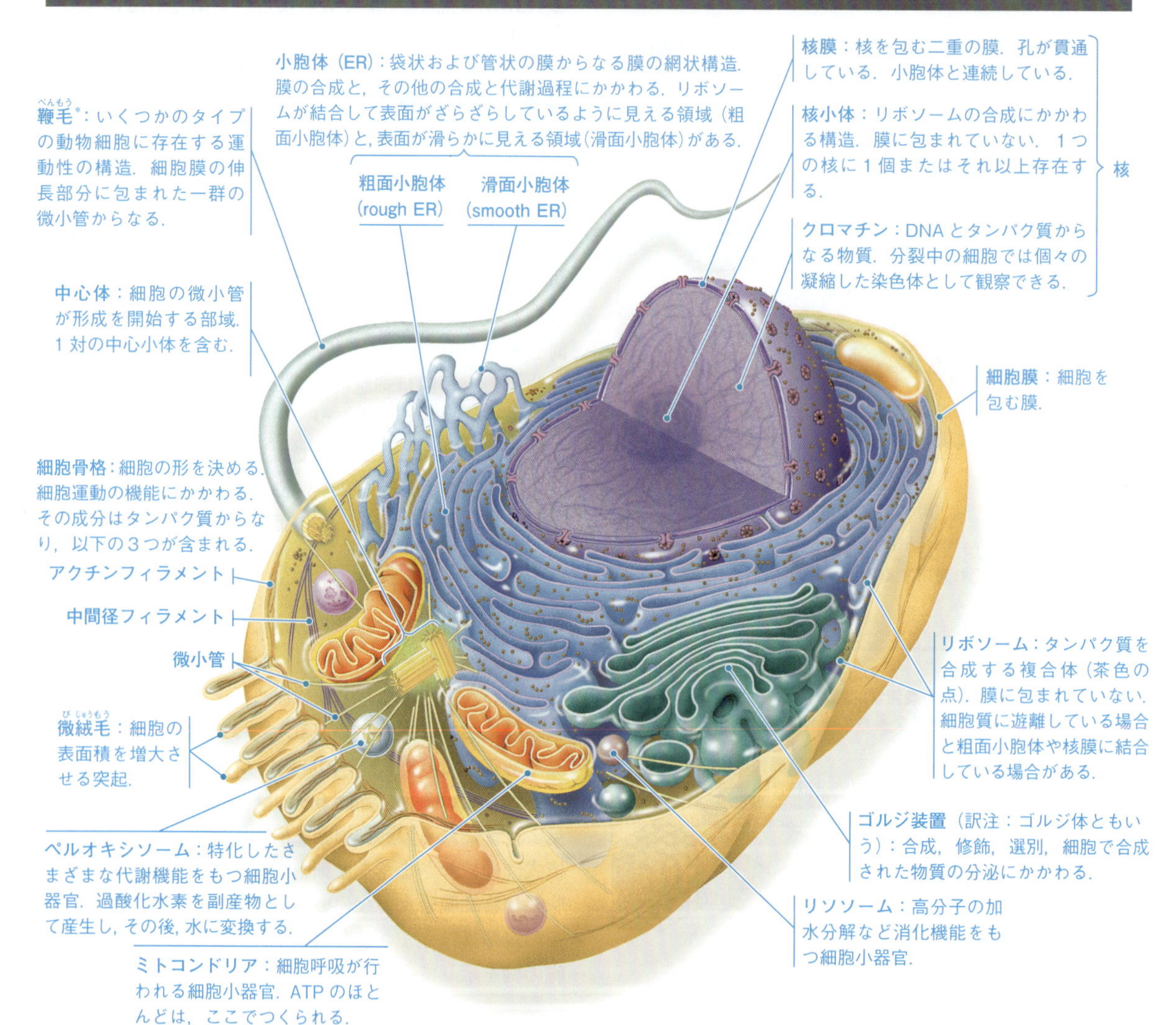
動物細胞（細胞の一部を切り取って内部が見えるように描いた一般化した細胞）
小胞体（ER）：袋状および管状の膜からなる膜の網状構造．膜の合成と，その他の合成と代謝過程にかかわる．リボソームが結合して表面がざらざらしているように見える領域（粗面小胞体）と，表面が滑らかに見える領域（滑面小胞体）がある．
粗面小胞体（rough ER）
滑面小胞体（smooth ER）
鞭毛*：いくつかのタイプの動物細胞に存在する運動性の構造．細胞膜の伸長部分に包まれた一群の微小管からなる．
中心体：細胞の微小管が形成を開始する部域．1対の中心小体を含む．
細胞骨格：細胞の形を決める．細胞運動の機能にかかわる．その成分はタンパク質からなり，以下の3つが含まれる．
アクチンフィラメント
中間径フィラメント
微小管
微絨毛：細胞の表面積を増大させる突起．
ペルオキシソーム：特化したさまざまな代謝機能をもつ細胞小器官．過酸化水素を副産物として産生し，その後，水に変換する．
ミトコンドリア：細胞呼吸が行われる細胞小器官．ATPのほとんどは，ここでつくられる．
核膜：核を包む二重の膜．孔が貫通している．小胞体と連続している．
核小体：リボソームの合成にかかわる構造．膜に包まれていない．1つの核に1個またはそれ以上存在する．
クロマチン：DNAとタンパク質からなる物質．分裂中の細胞では個々の凝縮した染色体として観察できる．
核
細胞膜：細胞を包む膜．
リボソーム：タンパク質を合成する複合体（茶色の点）．膜に包まれていない．細胞質に遊離している場合と粗面小胞体や核膜に結合している場合がある．
ゴルジ装置（訳注：ゴルジ体ともいう）：合成，修飾，選別，細胞で合成された物質の分泌にかかわる．
リソソーム：高分子の加水分解など消化機能をもつ細胞小器官．

動物細胞

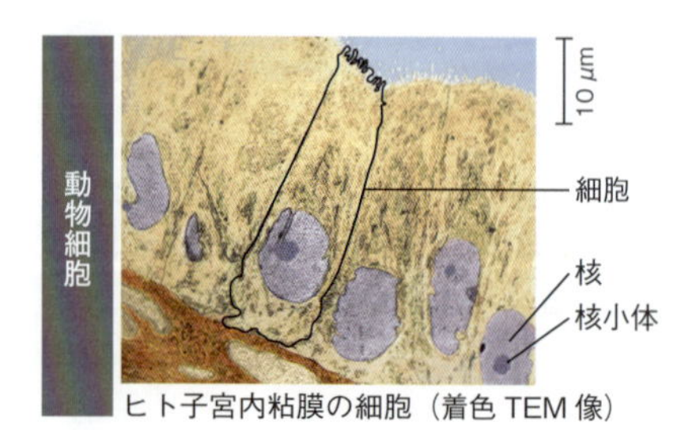
10 μm
細胞
核
核小体

ヒト子宮内粘膜の細胞（着色 TEM 像）

菌類の細胞

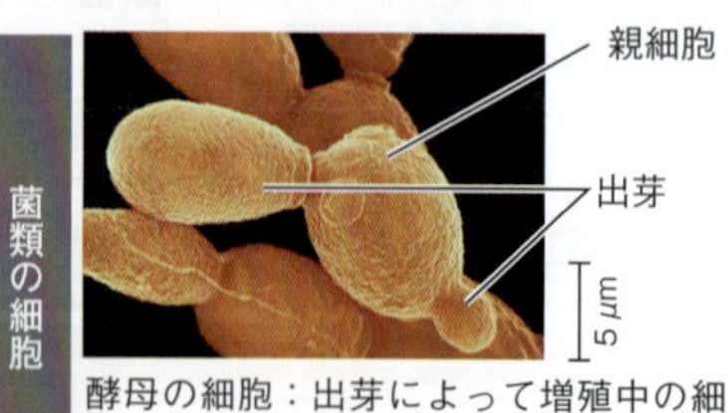
親細胞
出芽
5 μm

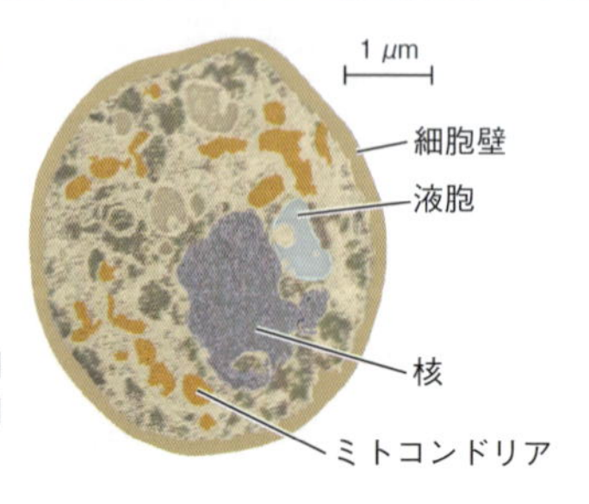
1 μm
細胞壁
液胞
核
ミトコンドリア

酵母の細胞：出芽によって増殖中の細胞（上図，着色 SEM 像）と1個の細胞（右，着色 TEM 像）

＊（訳注）：鞭毛をもつ動物細胞は精子など，ごく限られた種類の細胞に限られる．なお，中心体は核近傍に位置し，精子鞭毛は中心体から生じる．

植物細胞（細胞の一部を切り取って内部が見えるように描いた一般化した細胞）

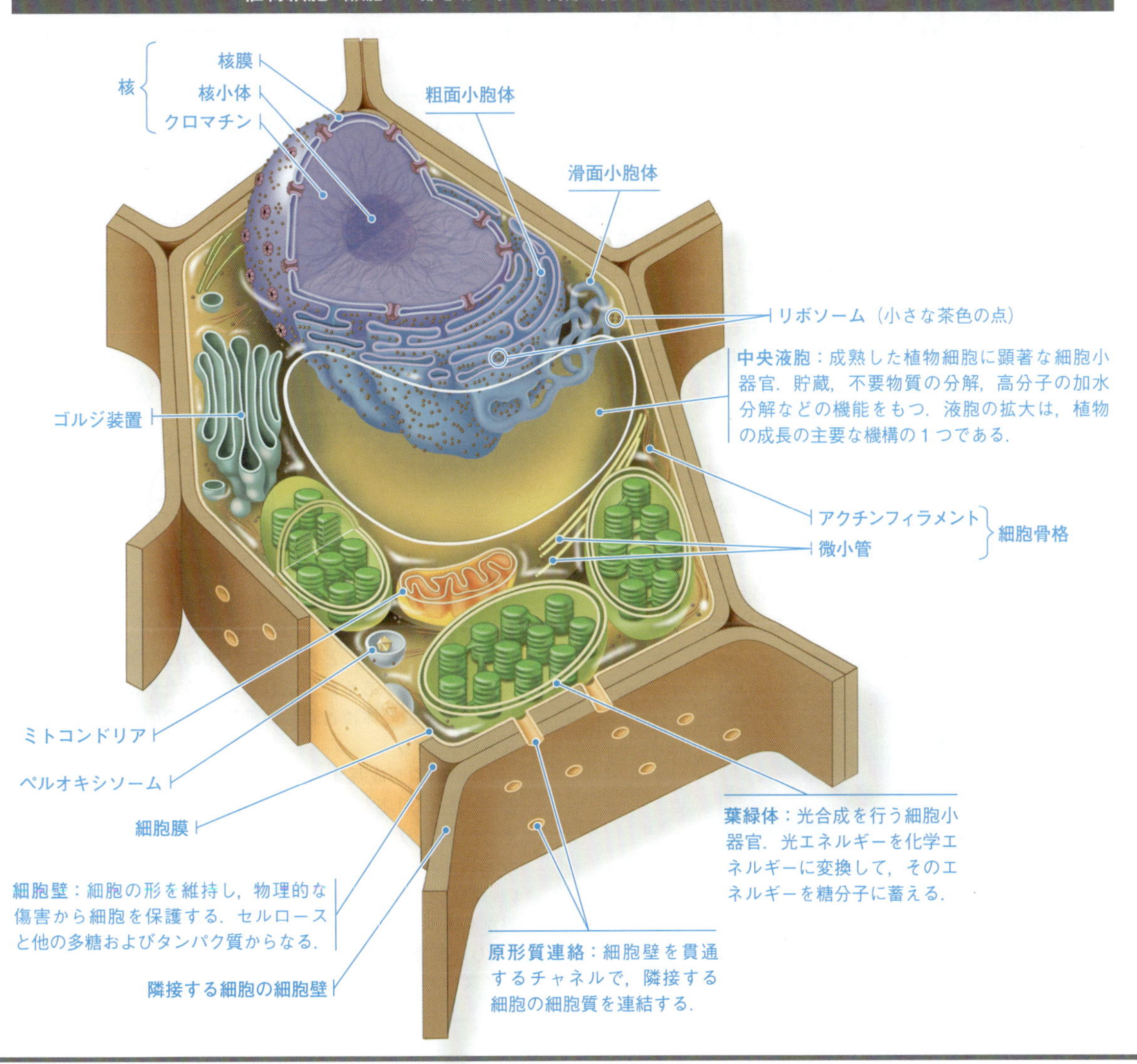
核
核膜
核小体
クロマチン
粗面小胞体
滑面小胞体
リボソーム（小さな茶色の点）
中央液胞：成熟した植物細胞に顕著な細胞小器官．貯蔵，不要物質の分解，高分子の加水分解などの機能をもつ．液胞の拡大は，植物の成長の主要な機構の1つである．
ゴルジ装置
アクチンフィラメント
微小管
細胞骨格
ミトコンドリア
ペルオキシソーム
細胞膜
細胞壁：細胞の形を維持し，物理的な傷害から細胞を保護する．セルロースと他の多糖およびタンパク質からなる．
隣接する細胞の細胞壁
葉緑体：光合成を行う細胞小器官．光エネルギーを化学エネルギーに変換して，そのエネルギーを糖分子に蓄える．
原形質連絡：細胞壁を貫通するチャネルで，隣接する細胞の細胞質を連結する．

植物細胞
5 µm
細胞
細胞壁
葉緑体
ミトコンドリア
核
核小体
単細胞の真核生物
8 µm
1 µm
鞭毛
核
核小体
液胞
葉緑体
細胞壁

ウキクサ *Spirodela oligorrhiza* の細胞（着色 TEM 像）

単細胞の緑藻 *Chlamydomonas*（上：着色 SEM 像，右：着色 TEM 像）

科学スキル演習

スケールバーを使って細胞の体積と表面積を計算する

成長している酵母細胞ではどれくらいの細胞質と細胞膜がつくられるか　単細胞の酵母 *Saccharomyces cerevisiae* の細胞分裂は小さい細胞の出芽によって行われ，その細胞はその後成長してフルサイズになる（図6.8の下の酵母細胞を参照）．成長の間，新しい細胞は新しい細胞質を生成し，体積を増し，そして新しい細胞膜を生成し，表面積を増大する．この演習で，成熟した親細胞と出芽した細胞のサイズをスケールバーを使って定量する．そして，各細胞の体積と表面積を計算する．この計算を使って，新しい細胞がフルサイズに成長するために合成しなければならない細胞質と細胞膜がどのくらいかを定量する．

実験方法　酵母細胞は出芽による分裂を促進する条件下で増殖した．細胞はその後，微分干渉顕微鏡で観察し，写真撮影した．

実験データ　この光学顕微鏡写真は成熟した親細胞から離れようとしている出芽細胞を示している．

成熟した親細胞
出芽細胞
1 μm

写真（Kelly Tatchell 提供）は以下の論文に記載された実験で培養された酵母細胞．L.Kozubowski et al. Role of the septin ring in the asymmetric localization of proteins at the mother-bud neck in *Saccharomyces cerevisiae, Molecular Biology of the Cell* 16:3455-3466 (2005).

データの解釈

1. 酵母細胞の顕微鏡写真をよく見なさい．写真の下方のスケールバーは 1 μm を示す．このスケールバーは地図上の，たとえば，1インチが1マイルに相当するようなスケールと同じ役割をもつ．この例の場合，スケールバーは 1 mm の 1000 分の 1 を表す．このスケールバーを基準として使って，成熟した親細胞と新しい細胞の直径を求めなさい．はじめに，スケールバーとそれぞれの細胞の直径を測りなさい．測定に使う単位は特に意味はないが，ミリメートルで計算を行うと便利であろう．それぞれの細胞の直径をスケールバーの長さで割って，そしてスケールバーの実長を掛けるとそれらの直径が得られる．
2. 酵母細胞の形は球に近似できる．
(a) それぞれの細胞の体積を球の体積（V）を求めるための公式を使って計算しなさい．

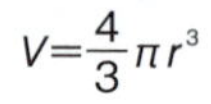

$$V=\frac{4}{3}\pi r^3$$

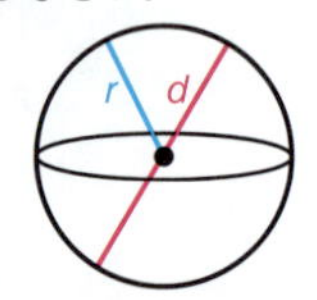
r
d

π がおよそ 3.14 の定数で，d は直径，r は半径（直径の半分）であることに注意しなさい．(b) 新しい細胞は成熟するときにどれだけの体積の細胞質を新たに合成する必要があるか．これを求めるために，最大のサイズの細胞の体積と新しい細胞の体積の差を計算しなさい．
3. 新しい細胞が成長するとき，その細胞膜は細胞体積の増加分に対応して拡張する必要がある．(a) それぞれの細胞の表面積を球の表面積（A）を求めるための公式，$A=4\pi r^2$ を使って計算しなさい．(b) 新しい細胞はどれだけの面積の細胞膜を新たに合成する必要があるか．
4. 新しい細胞が成熟するとき，体積と表面積は現在のサイズのおよそ何倍に増大しているだろうか．

6.3

真核細胞の遺伝的指令は核の中にあり，その指令はリボソームによって実行される

真核細胞を詳しく見ていく私たちの旅で最初に立ち寄る場所で，細胞の遺伝的な制御にかかわっている細胞内の2つの要素を見てみよう．1つは細胞のほとんどの DNA を収めている核で，もう1つは，DNA の情報を使ってタンパク質をつくるリボソームである．

核：情報センター

核 nucleus は真核細胞の遺伝子のほとんどを，その中にもっている（一部の遺伝子は，ミトコンドリアと葉緑体に局在している）．一般に，核は真核細胞の中で最も目につきやすい細胞小器官（右ページ上の蛍光顕微鏡写真の紫色の構造参照）で，その平均的な直径はおよそ 5 μm である．**核膜 nuclear envelope** が核を包み（図 6.9），核の内容を細胞質から隔離している．

核膜は「二重」の膜である．2つの膜は，それぞれタンパク質を結合した脂質二重層で，20～40 nm の間隔で離れている．核膜には直径約 100 nm の（複数の）

孔が貫通している．各孔の縁は，核膜の内膜と外膜が連続している．「核膜孔複合体」とよばれるタンパク質の複雑な構造が各孔を縁取っており，タンパク質やRNA，そして特定の巨大分子や粒子の出入りを制御することにより細胞内で重要な役割を果たしている．核膜の，孔の部分以外の，核側の面は**核ラミナ nuclear lamina** によって裏打ちされている．核ラミナは，動物細胞の中間径フィラメントの1種で，タンパク質繊維からなる網状構造で，核膜を力学的に支えて核の形を維持している．また，「核マトリクス」についても，核の内部全体に延びる繊維からなる骨組みがあるという多くの証拠がある．核ラミナと核マトリクスは遺伝物質の組織化を助け，それによって遺伝物質が効率よく機能できると考えられている．

核の内部では，DNAは1つひとつが別個の**染色体 chromosome** という遺伝情報を担う単位構造の中に組織化されている．それぞれの染色体には多数のタンパク質が結合した長いDNA分子が存在する．それらのタンパク質のいくつかが各染色体のDNA分子がコイル状に巻きつくのを助けている．それによってその長さが減少して核にうまく収められる．DNAとタンパク質の複合体は**クロマチン chromatin** とよばれる．細

▼図 6.9　**核と核膜．**核内には，大量のクロマチン（DNAとDNA結合タンパク質）として見える染色体，そして1個またはそれ以上の数の核小体が存在する．核小体はリボソーム合成にかかわる．核膜は狭い空間で隔てられた2つの膜からなる．核膜には貫通する孔があり，内側は核ラミナで裏打ちされている．

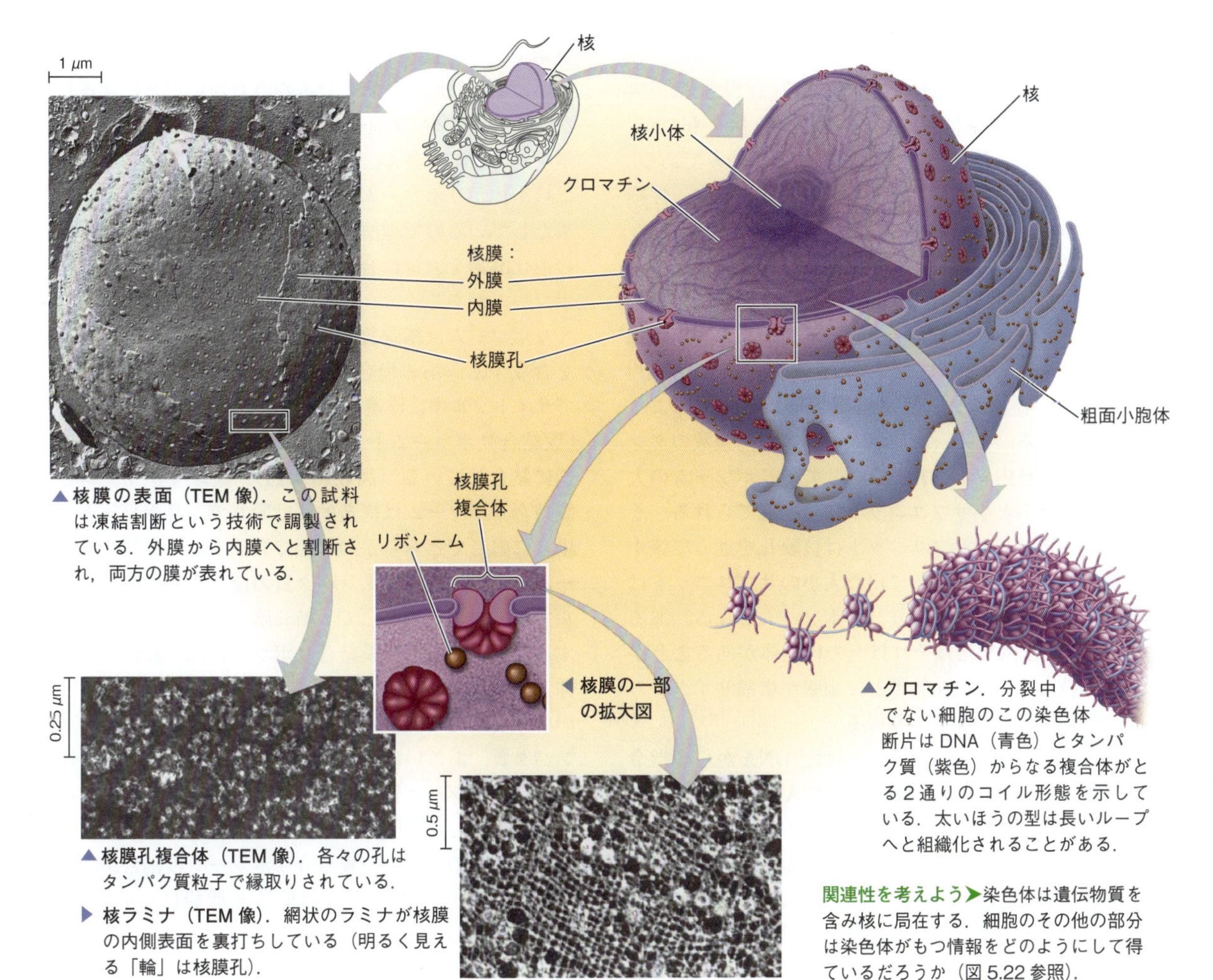
1 μm
核
核
核小体
クロマチン
核膜：
外膜
内膜
核膜孔
粗面小胞体
核膜孔
複合体
リボソーム
0.25 μm
0.5 μm

▲**核膜の表面（TEM像）．**この試料は凍結割断という技術で調製されている．外膜から内膜へと割断され，両方の膜が表れている．

◀**核膜の一部の拡大図**

▲**核膜孔複合体（TEM像）．**各々の孔はタンパク質粒子で縁取りされている．

▶**核ラミナ（TEM像）．**網状のラミナが核膜の内側表面を裏打ちしている（明るく見える「輪」は核膜孔）．

▲**クロマチン．**分裂中でない細胞のこの染色体断片はDNA（青色）とタンパク質（紫色）からなる複合体がとる2通りのコイル形態を示している．太いほうの型は長いループへと組織化されることがある．

関連性を考えよう➤染色体は遺伝物質を含み核に局在する．細胞のその他の部分は染色体がもつ情報をどのようにして得ているだろうか（図5.22参照）．

▼図 6.10　リボソーム．この膵臓の細胞の電子顕微鏡写真は遊離したリボソームと小胞体膜に結合したリボソームを示している．単純化した模式図とコンピュータモデルはリボソームの２つのサブユニットを示す．

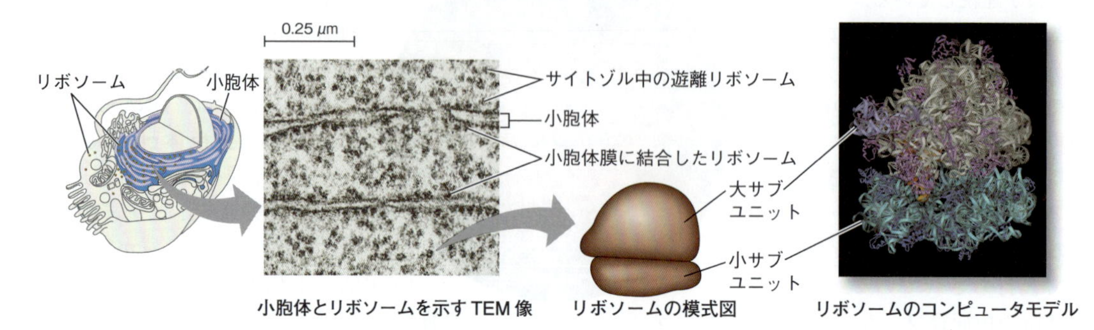
0.25 μm
リボソーム
小胞体
サイトゾル中の遊離リボソーム
小胞体
小胞体膜に結合したリボソーム
大サブユニット
小サブユニット
小胞体とリボソームを示す TEM 像
リボソームの模式図
リボソームのコンピュータモデル

描いてみよう➤リボソームについて述べた節を読んだ後で，この顕微鏡写真で分泌タンパク質を合成しつつあるリボソームを○で囲みなさい．

胞分裂の過程にない細胞では，染色されたクロマチンは顕微鏡写真で輪郭の不明瞭な塊としか見えず，個々の染色体は別個のものであるにもかかわらず，1つひとつが識別できない．しかし，細胞が分裂の準備を始めると，染色体はさらにコイル状に巻いて凝縮し，顕微鏡下で識別できるほどに太くなる．真核生物は，種ごとに固有の数の染色体をもっている．たとえば，典型的なヒトの細胞は核内に 46 本の染色体をもつが，性細胞（卵および精子）は例外で，23 本のみである．ショウジョウバエでは，ほとんどの細胞で 8 本，性細胞で 4 本の染色体をもっている．

分裂していない核の中で目につく構造は，**核小体 nucleolus**（複数形は nucleoli）で，電子顕微鏡では濃く染まった顆粒とクロマチンの一部とつながった繊維の集塊に見える．ここでは，「リボソーム RNA（rRNA）」とよばれる特別のタイプの RNA が，核の指令によって合成される．また，細胞質から運ばれた複数のタンパク質が，核内で rRNA と会合して，リボソームの大サブユニットと小サブユニットに組み立てられる．それから，これらのサブユニットは核膜孔を通って核から細胞質に出る．細胞質に出た大小のサブユニットは会合することが可能になり，リボソームとなる．ある場合には，2 個またはそれ以上の核小体があることがある．核小体の数は生物種と，細胞が増殖サイクルのどの時期にあるかで変わり得る．

図 5.22 からわかるように，核は，DNA からの指令通りにメッセンジャー RNA（mRNA）を合成することによってタンパク質合成を行わせる．その mRNA は，それから核膜孔を通って細胞質に送られる．mRNA が細胞質に出ると，リボソームは mRNA の遺伝的メッセージを，対応した特定のポリペプチドの一次構造へと翻訳する（このような遺伝情報の転写と翻訳の過程については 17 章で詳しく述べる）．

リボソーム：タンパク質の工場

リボソーム ribosome は RNA（rRNA）とタンパク質からなる粒子で，タンパク質合成を行う細胞の構成要素である（図 6.10；リボソームは膜で包まれていないので，細胞小器官とはみなされないことに注意しなさい）．タンパク質合成速度の大きい細胞では，リボソームが特に多く，核小体も顕著である．このことは核小体がリボソームのサブユニットの構築に役割を果たしているので理解できる．たとえば，ヒトの膵臓（すいぞう）の消化酵素を大量に合成する細胞には，数百万個のリボソームがある．

リボソームは細胞質内の 2 種類の部位でタンパク質を合成する．ある場合には，「遊離リボソーム」としてサイトゾル中に浮遊しており，そうでない場合には，「膜結合リボソーム」として小胞体あるいは核膜の外側に結合している（図 6.10 参照）．遊離リボソームと膜結合リボソームは構造的には同じで，リボソームは場合に応じてどちらかの状態で機能する．遊離リボソーム上でつくられるタンパク質のほとんどはサイトゾルで機能する．例として，糖分解の最初の段階を触媒する諸酵素がある．膜結合リボソームは一般に，膜に挿入されるタンパク質や，リソソーム（図 6.8 参照）のような，ある決まった細胞小器官に取り込まれるタンパク質，あるいは，細胞外に輸送（分泌）される運命にあるタンパク質をつくる．タンパク質を分泌するように特化した細胞では――たとえば，消化酵素を分泌する膵臓の細胞――膜結合リボソームの割合が高い場合が多い（リボソームの構造と機能については，17.4 節でさらに学ぶ）．

概念のチェック 6.3

1. リボソームは，遺伝的指令を実行するうえで，どのような役割を果たしているか．
2. 核小体の組成と機能について説明しなさい．
3. どうなる？➤細胞が分裂を開始するとき，染色体は短く，太くなり，1本1本が光学顕微鏡で識別できる．分子レベルではどのようなことが起こったか説明しなさい．

(解答例は付録 A)

6.4

内膜系はタンパク質の輸送を制御し，代謝機能を遂行する

真核細胞の種々さまざまな膜で包まれた細胞小器官の多くは**内膜系 endomembrane system** の一部で，核膜，小胞体，ゴルジ装置，リソソーム，さまざまな小胞や液胞，そして細胞膜が含まれる．内膜系は細胞内のさまざまな機能を担っている．それらの機能には，タンパク質合成，それらの膜や細胞小器官への輸送，細胞外への輸送，脂質の代謝や移送，そして解毒機能が含まれる．内膜系の膜は，内膜系の他の膜に物理的に直接つながっているか，あるいは，膜の一部が分裂してできた**小胞 vesicle**（膜でできた袋）が他の膜に輸送されることから，互いに類縁関係にある．このような関係にもかかわらず，これらのさまざまな膜は構造的にも機能的にも同じではない．さらに，1つの膜をとっても，その膜の厚さ，化学組成，タンパク質によって実行される化学反応の種類は固定されておらず，その膜の一生の間に何度も改変される．核膜についてはすでに議論した．ここでは，小胞体と小胞体から生じる他の内膜系の膜に焦点を当てよう．

小胞体：生合成工場

小胞体（エンドプラズミック レティキュラム）**endoplasmic reticulum (ER)** は，大量の膜でできた網状構造で，多くの真核細胞では，すべての膜の半分以上を占めている（*endoplasmic* と *reticulum* は，それぞれ「細胞質の内部」と「小さな網」を意味するラテン語である）．小胞体は膜の細管でできた網状構造とシステルネ（嚢(のう)）（液体を蓄える槽を意味するラテン語の *cisterna* からとった語）とよばれる袋からなっている．小胞体膜は，「小胞体内腔」（空所）またはシステルネ区画とよばれる小胞体内部の区画をサイトゾルから分け隔てている．そして．小胞体膜は核膜と連続しているので，核膜の，二重膜の間の空間は小胞体内腔とつながっている（図 6.11）．

小胞体には，連続してはいるが，構造と機能が異なる2つの領域，つまり滑面小胞体と粗面小胞体がある．**滑面小胞体 smooth ER** は，外側表面にリボソームがないので，そのように名づけられている．**粗面小胞体 rough ER** には，膜の外側表面にリボソームが点

▼図 6.11　**小胞体**．管状の膜とシステルネとよばれる扁平な膜胞が相互につながった膜系．小胞体は核膜につながっている（図は，細部が見えるように一部を切り取った形に描いてある）．小胞体膜は，小胞体内腔（システルネ区画）とよばれる連続した区画を囲んでいる．電子顕微鏡（TEM）写真で，外側表面にリボソームが結合した粗面小胞体と滑面小胞体を識別できる．輸送小胞が，粗面小胞体の移行型小胞体とよばれる領域から出芽してゴルジ装置やその他の最終部位に運ばれる．

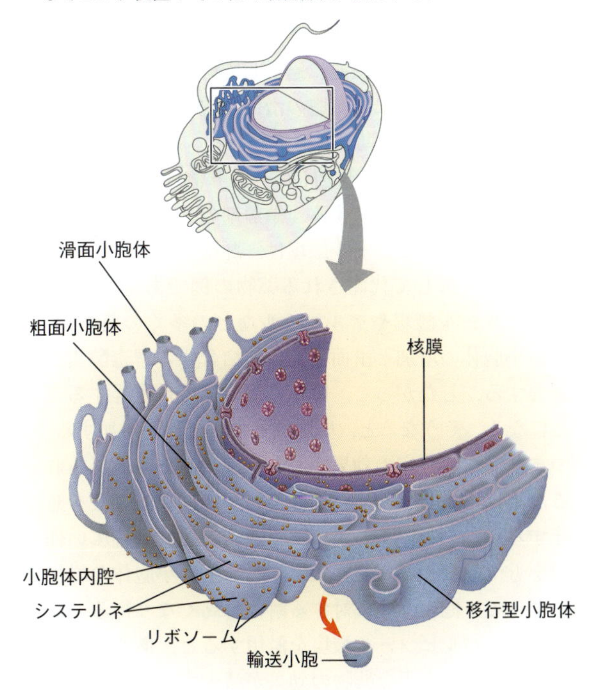

滑面小胞体
粗面小胞体
核膜
小胞体内腔
システルネ
リボソーム
輸送小胞
移行型小胞体

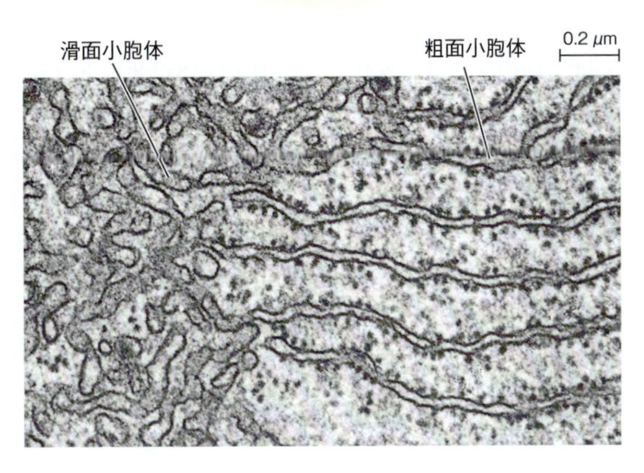

滑面小胞体
粗面小胞体
0.2 μm

在しているので，電子顕微鏡で見ると表面が滑らかでない．すでに述べたように，リボソームは，粗面小胞体と連続している核の外膜の細胞質側にも結合している．

滑面小胞体の機能

細胞のタイプによって，滑面小胞体は多岐にわたる代謝過程で機能している．それらの代謝過程には，脂質合成，炭水化物の代謝，薬物・毒物の解毒，カルシウムイオンの貯蔵が含まれる．

滑面小胞体の酵素群は，脂肪，ステロイド，膜の新生のためのリン脂質などの脂質合成に重要である．動物細胞の滑面小胞体でつくられるステロイド類の中には，脊椎動物の性ホルモンや副腎から分泌される種々のステロイドホルモンがある．これらのホルモンを実際に合成し，分泌する細胞は――たとえば，精巣や卵巣の細胞――滑面小胞体に富んでおり，このような構造的特徴はそれらの機能に適合している．

滑面小胞体，特に肝細胞の滑面小胞体では，他に薬物や毒物質の解毒を助ける酵素がある．解毒はふつう，薬物にヒドロキシ基を付加して，より溶けやすくして，体内から流出しやすくする．鎮静剤のフェノバルビタールや他のバルビツール酸塩は，肝細胞の滑面小胞体でこのようにして代謝される薬物の例である．実際，バルビツール酸塩やアルコールなどの多くの薬物は，滑面小胞体の増加と滑面小胞体に結合する解毒酵素を誘導する．したがって，解毒作用の速度が上昇することになる．そうなると，薬物に対する耐性が増加する．つまり，ある特定の効果，たとえば鎮静作用が得られるためには，より多くの投与量が必要になることを意味する．また，いくつかの解毒酵素は比較的幅広い作用をもつので，ある薬物に応答した滑面小胞体の増加によって，他の薬物に対する耐性も高くなり得る．たとえば，バルビツール酸塩を濫用すると，ある種の抗生物質や他の有用な薬物の効果が減少するであろう．

滑面小胞体はまたカルシウムイオンを蓄える．たとえば，筋細胞では特殊化した滑面小胞体がサイトゾルから小胞体内腔にカルシウムイオンを取り込む．筋細胞が神経刺激（インパルス）によって刺激されると，カルシウムイオンが小胞体膜を通ってサイトゾルに急速に排出され，筋細胞の収縮の引き金が引かれる．他の種類の細胞では，滑面小胞体から放出されたカルシウムイオンは別の反応，たとえば，分泌小胞による新たに合成したタンパク質の輸送を促進する．

粗面小胞体の機能

多くの細胞は粗面小胞体に結合したリボソームでつくられたタンパク質を分泌する．たとえば，膵臓のある細胞はホルモンの1つであるインスリンというタンパク質を小胞体で合成し，血流に分泌する．ポリペプチド鎖は，粗面小胞体に結合したリボソーム上で伸長しつつ，そこから出ながら，小胞体膜のタンパク質複合体からなる孔を通って小胞体内腔へと貫通する．その新しく合成されたタンパク質は小胞体内腔に入ると，機能をもつ形に折りたたまれる．多くの分泌タンパク質は炭水化物が共有結合で結合した**糖タンパク質 glycoprotein** である．その糖鎖は，小胞体膜に組み込まれた酵素によって小胞体内腔でタンパク質に結合する．

分泌タンパク質がつくられると，それらは小胞体膜によって遊離リボソームでつくられたサイトゾルのタンパク質から隔離されることになる．分泌タンパク質は膜小胞に包まれた状態で小胞体から離れていく．その膜小胞というのは，移行型小胞体（図6.11参照）とよばれる特化した領域から泡のように出芽して生じる．細胞のある部位から別の部位に輸送される小胞は**輸送小胞 transport vesicle** とよばれる．輸送小胞がその後どうなるかについては次章で手短に議論する．

分泌タンパク質をつくること以外に，粗面小胞体は，その細胞自身の膜の工場でもあり，膜タンパク質とリン脂質を自身の膜の適当な場所に付加して成長していく．膜タンパク質になるポリペプチドは，リボソーム上で伸長しつつ，そのリボソームが結合している小胞体膜に挿入され，その疎水性部分によって膜に固定される．粗面小胞体は，滑面小胞体と同様に，膜のリン脂質も合成する．つまり，小胞体膜に組み込まれた酵素群が，サイトゾルに存在する前駆体からリン脂質を組み立てるのである．小胞体膜は拡張し，そしてその一部が輸送小胞の形で内膜系の他の膜成分に移される．

ゴルジ装置：発送と受け取りのセンター

小胞体を出た後，多くの輸送小胞は**ゴルジ装置 Golgi apparatus** へ移送される．ゴルジ装置は，受け取り，選別，発送，さらになんらかの製造も行う倉庫と考えることができる．ここで，小胞体でつくられたタンパク質などは，修飾され，保管され，別の目的地へと送られる．ゴルジ装置が，分泌に特化した細胞で特に豊富なのは驚くにあたらない．

ゴルジ装置は扁平な膜の袋（システルネ）の積み重なりからなっていて，積み重ねたピタパン（訳注：中東地域で食される扁平なパン）のように見える（図

6.12)．1個の細胞が多くの，ある場合には数百にも及ぶこれらの膜の積み重なりをもつ．1つの積み重なりの，1つひとつのシステルネの膜はその内部の空間を，サイトゾルから隔てている．ゴルジ装置近傍に集中する小胞はゴルジ装置の各部と他の構造との間の物質輸送にかかわっている．

ゴルジ装置の積層構造には明確な極性があり，積み重なりの両側のシステルネ膜は厚さと分子組成が異なっている．ゴルジ装置の積層構造の両極は「シス面」と「トランス面」とよばれ，それぞれ，ゴルジ装置の受け取り部門と発送部門として機能している．シス面は通常小胞体に近接している．輸送小胞は物質を小胞体からゴルジ装置へ運ぶ．小胞体から出芽した小胞は，その膜と内腔の内容物を，ゴルジ装置のシス面の膜と融合することによって，シス面に付加することができる．トランス面では小胞が出芽し，それらは別の部位に輸送される．

小胞体での産物は通常，ゴルジ装置のシス領域からトランス領域へ転送される際に，修飾を受ける．たとえば，小胞体でつくられた糖タンパク質は，最初に小胞体自身でその糖による修飾を受け，その後ゴルジ装置に移される．ゴルジ装置では，いくつかの糖の単量体が切除されたり，他のものと置き換えられたりして，きわめて多様な炭水化物が生じる．膜のリン脂質もゴルジ装置で変化を受ける．

ゴルジ装置は，これらの仕事を遂行するだけでなく，ある種の巨大分子を生産する．細胞が分泌する多くの多糖類はゴルジ装置の産物である．たとえば，ペクチンや他の非セルロース性多糖類は植物細胞のゴルジ装置でつくられ，その後セルロースとともに細胞壁に取り込まれる（訳注：植物細胞のセルロースは細胞膜に組み込まれたセルロース合成酵素でつくられる）．分泌タンパク質と同様，ゴルジ装置でつくられるタンパク質以外のものでも分泌されるものは，ゴルジ装置の「トランス面」から輸送小胞に入った状態で離れていき，その輸送小胞は最終的に細胞膜と融合する．

ゴルジ装置は，段階を踏みながら産物を生産し，修飾・改変する．それらの段階はシス領域とトランス領域の間の，別々のシステルネで，システルネごとに編成された固有の酵素群によって行われる．最近まで，生物学者はゴルジ装置は静的な構造であると考えていた．そして修飾の各段階の産物は，1つのシステルネから次のシステルネへ小胞によって運ばれると考えられてきた．これも起こり得ることであるが，いくつか

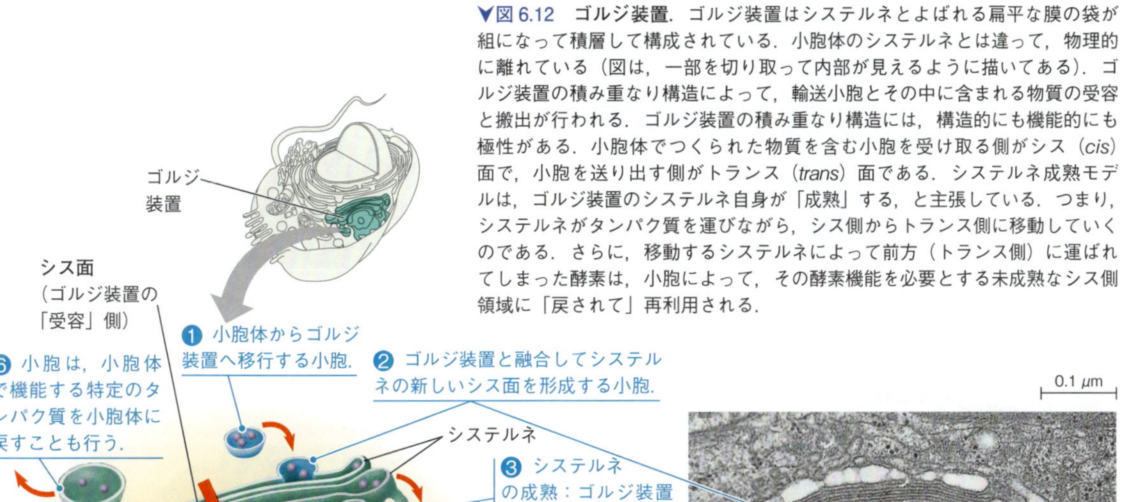
ゴルジ
装置
シス面
（ゴルジ装置の
「受容」側）

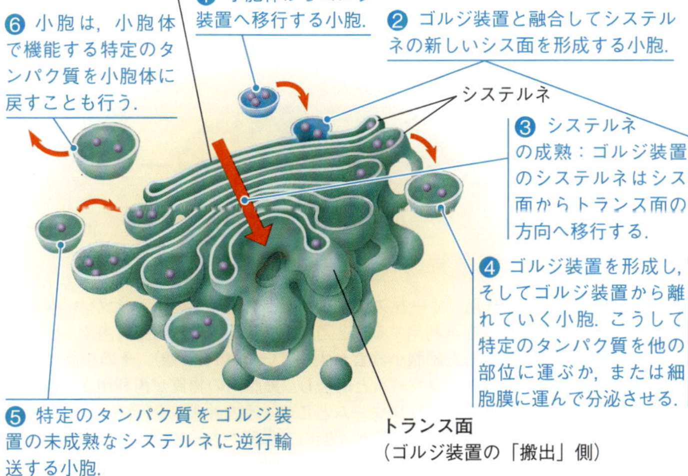
1 小胞体からゴルジ装置へ移行する小胞.
2 ゴルジ装置と融合してシステルネの新しいシス面を形成する小胞.
システルネ
3 システルネの成熟：ゴルジ装置のシステルネはシス面からトランス面の方向へ移行する.
4 ゴルジ装置を形成し，そしてゴルジ装置から離れていく小胞. こうして特定のタンパク質を他の部位に運ぶか，または細胞膜に運んで分泌させる.
5 特定のタンパク質をゴルジ装置の未成熟なシステルネに逆行輸送する小胞.
6 小胞は，小胞体で機能する特定のタンパク質を小胞体に戻すことも行う.
トランス面
（ゴルジ装置の「搬出」側）

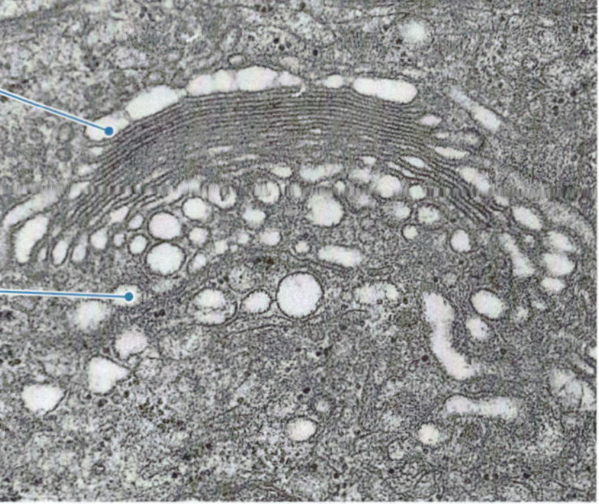
0.1 μm
ゴルジ装置の TEM 像

▼図 6.12　**ゴルジ装置**．ゴルジ装置はシステルネとよばれる扁平な膜の袋が組になって積層して構成されている．小胞体のシステルネとは違って，物理的に離れている（図は，一部を切り取って内部が見えるように描いてある）．ゴルジ装置の積み重なり構造によって，輸送小胞とその中に含まれる物質の受容と搬出が行われる．ゴルジ装置の積み重なり構造には，構造的にも機能的にも極性がある．小胞体でつくられた物質を含む小胞を受け取る側がシス（*cis*）面で，小胞を送り出す側がトランス（*trans*）面である．システルネ成熟モデルは，ゴルジ装置のシステルネ自身が「成熟」する，と主張している．つまり，システルネがタンパク質を運びながら，シス側からトランス側に移動していくのである．さらに，移動するシステルネによって前方（トランス側）に運ばれてしまった酵素は，小胞によって，その酵素機能を必要とする未成熟なシス側領域に「戻されて」再利用される．

の研究グループの研究によってゴルジ装置がもっと動的な構造であるという，新しいモデルが提出された．「システルネ成熟モデル」と名づけられたモデルによると，ゴルジ装置のシステルネはシス側からトランス側に向かって実際に進んでいき，その移動とともに積荷としてのタンパク質を輸送し，修飾するのである．図6.12に，このモデルの詳細を示している．実際はこれら2つのモデルの中間であるかもしれない．最近の研究によってシステルネの中央領域は停留しているが，末端はより動的であることが示唆されている．

ゴルジ装置がトランス面から出芽した小胞によってその産物を発送する前に，産物の選別と細胞内のさまざまな行き先の決定が，ゴルジ装置によって行われる．たとえば，ゴルジ装置の産物に付加されたリン酸基のように，分子を同定するための荷札が，郵便物につける郵便番号のような役割をして，選別を可能にしている．最後に，ゴルジ装置から出芽した輸送小胞は，特定の細胞小器官または細胞膜の表面に存在する「ドッキング部位」を認識する分子を，その膜の外側にもっている．それゆえ，小胞の行き先を正しく決めることができるのである．

リソソーム：消化を行う区画

リソソーム lysosome は，真核細胞が高分子を消化（加水分解）するための加水分解酵素群をもつ膜の袋である．リソソームの酵素はリソソーム内の酸性環境で活性が最も高い．たとえ，リソソームが破れて中身が漏れても，サイトゾルの pH は中性なので，漏れ出た酵素の活性はあまり高くない．しかし，多数のリソソームから過剰に漏れ出ると細胞は自己消化によって破壊されてしまう．

加水分解酵素とリソソーム膜は粗面小胞体でつくられ，次いでゴルジ装置に運ばれて，その後の修飾を受ける．少なくともある種のリソソームは，ゴルジ装置のトランス面から出芽で生じる（図6.12参照）．リソソーム膜の内側表面のタンパク質と加水分解酵素自身はどのようにして分解から免れているのだろうか．おそらく3次元的なコンフォメーションをとることによって，酵素の攻撃を受けやすい結合が保護されているのだろう．

▼図6.13　リソソーム．

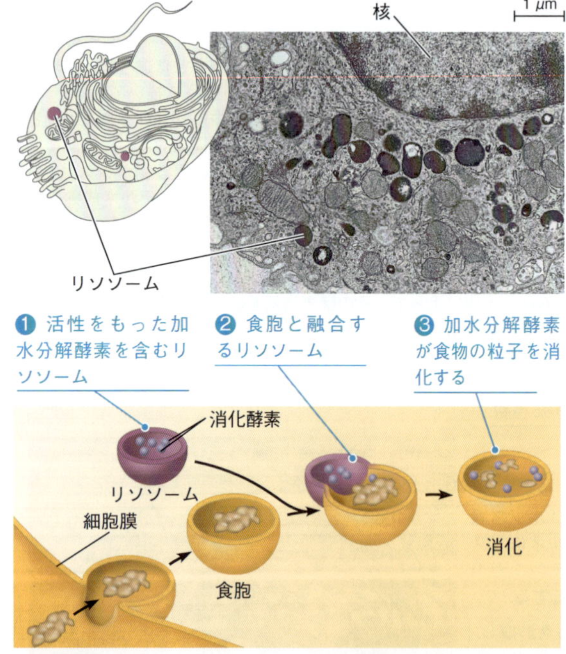
核
1 μm
リソソーム
❶ 活性をもった加水分解酵素を含むリソソーム
❷ 食胞と融合するリソソーム
❸ 加水分解酵素が食物の粒子を消化する
消化酵素
リソソーム
細胞膜
食胞
消化

(a) **食作用．** 食作用において，リソソームは細胞内に取り込んだ物質を消化（加水分解）する．上図：ラットのマクロファージ（白血球の1種）内部に黒くリソソームが見える．リソソームの消化産物の中のある物質と特異的に反応する物質で染色してあるので，リソソームが黒く観察される（TEM）．マクロファージは，細菌やウイルスを取り込み，リソソームを使ってそれらを破壊する．下図：この模式図は，単細胞真核生物による食作用の過程で食胞と融合するリソソームを示す．

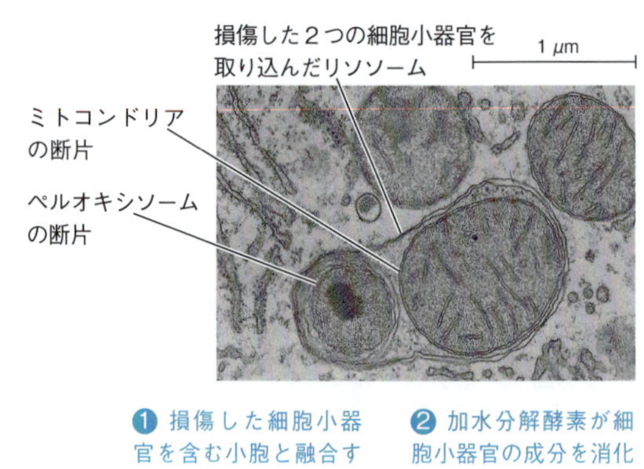
損傷した2つの細胞小器官を取り込んだリソソーム
1 μm
ミトコンドリアの断片
ペルオキシソームの断片

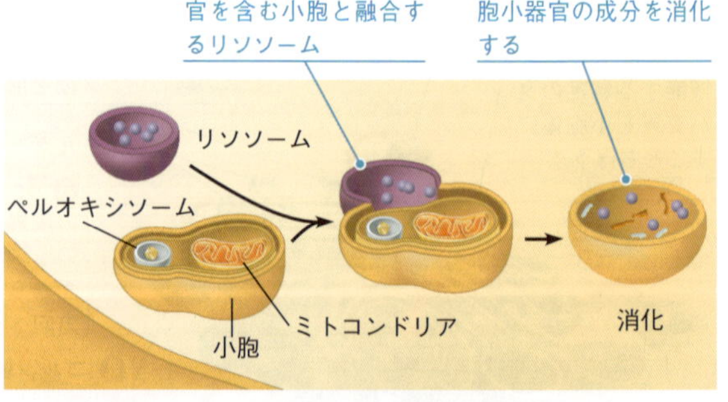
❶ 損傷した細胞小器官を含む小胞と融合するリソソーム
❷ 加水分解酵素が細胞小器官の成分を消化する
リソソーム
ペルオキシソーム
小胞
ミトコンドリア
消化

(b) **自食作用**（オートファジー）．自食作用によって，リソソームが細胞内の物質を再利用する．上図：ラット肝細胞の細胞質内で，小胞に2つの損傷した細胞小器官が入っている（TEM像）．その小胞は自食作用の過程でリソソームと融合し，細胞内の物質が再利用される．下図：この模式図はリソソームとこのような小胞の融合を示している．このタイプの小胞は起源が不明の二重膜をもっている．その外膜はリソソームと融合し，内膜は損傷した細胞小器官とともに分解される．

リソソームはさまざまな状況において細胞内消化を実行する．アメーバや他の多くの単細胞生物は小さな生物や餌となる顆粒を**食作用 phagocytosis**（ギリシャ語で「食べる」を意味する *phagein* と，「器（ここでいう細胞）」を意味する *kytos* に由来する）とよばれる過程によって取り込んで「食べる」．このようにして形成された「食胞」は，その後リソソームと融合し，リソソームの酵素が食べたものを消化する（図 6.13 a 下）．消化による産物，つまり，単糖や，アミノ酸や他の単量体はサイトゾルへ輸送され，細胞の栄養になる．ヒトの細胞の中にも食作用を行うものがある．白血球の1つであるマクロファージもそうであり，細菌や他の侵入者を取り込んで消化することによって，体を守ることに一役買っている（図 6.13 a 上，図 6.31 参照）．

リソソームはまた，その加水分解酵素を，細胞自身の有機物を再利用する「自食作用（オートファジー）」[*5] とよばれる過程を行うために利用している．自食作用の過程では，損傷を受けた細胞小器官あるいは少量のサイトゾルが二重膜（その起源は不明）に包まれるようになり，こうしてできた小胞とリソソームが融合する（図 6.13 b）．リソソームの酵素は包み込んだ物質を分解し，生じた有機物の単量体はサイトゾルに戻り再利用される．リソソームの助けによって細胞はつねに自身を更新しているのである．たとえば，ヒトの肝細胞の高分子の半分は，1週間で再処理される．

遺伝病であるリソソーム蓄積症にかかっているヒトの細胞では，正常な細胞のリソソームに存在する加水分解酵素の機能が失われている．そのようなリソソームは，消化されなかった物質をため込むばかりになり，細胞の他の機能に障害が起こり始める．たとえば，テイ・サックス病では，脂質分解酵素が欠失しているか，または不活性である．そして，細胞内の脂質が蓄積されるために脳に障害が起こるようになる．幸いなことに，リソソーム蓄積症は，一般の社会集団ではまれである．

液胞：多岐にわたる維持機能をもつ区画

液胞 vacuole は小胞体やゴルジ装置に由来する大きな膜胞である．したがって，液胞は細胞の内膜系の一部を構成している．細胞のすべての膜と同様に，液胞膜は溶質の輸送に選択性をもっている．その結果，液胞内の溶質の組成はサイトゾルのそれとは異なる．

液胞は細胞のタイプの違いによって多様な機能を果たす．食作用によって形成され得る**食胞 food vacuole** はすでに述べた（図 6.13 a 参照）．多くの淡水産の単細胞真核生物は，細胞外に余剰の水を排出する**収縮胞 contractile vacuole** をもっており，それによって塩類や他の分子を適切な濃度に保っている（図 7.13 参照）．植物や菌類では，酵素による加水分解を行うので，その機能は動物細胞のリソソームと共通である（実際，生物学者の中にはこれらの加水分解を行う液胞をリソソームの1種と考えている者がいる）．植物では，小さい液胞が，種子の貯蔵細胞に蓄えられたタンパク質のような重要な有機化合物を貯蔵することができる．液胞はまた，動物にとって毒であったり不快であったりする化合物を含むことによって，植物を捕食者から守るのに役立っている．植物の中には，液胞の中に色素を含んでいるものもある．花弁の赤や青の色素がその例で，受粉を媒介する昆虫を花に誘引するのに役立っている．

成熟した植物細胞は一般に，小さな液胞が合体して発達した大きな**中央液胞 central vacuole** をもっている（図 6.14）．細胞液とよばれる中央液胞内の溶液は，カリウムイオンや塩化物イオンなど植物細胞の無機イオンの重要な貯蔵庫である．中央液胞は植物細胞の成長において主要な役割を果たす．すなわち，中央液胞は吸水していくに伴って増大するので，植物細胞は細胞質に対して新たに投資する分を最小にして大きくなっていくことができる．サイトゾルは細胞膜と中央液胞の間の狭い空間を占めるにすぎないことが多い．したがって，大きな植物細胞においてさえ，サイトゾルの体積に対する細胞膜の面積の比が大きくなっている．

▼図 6.14　**植物細胞の液胞．**中央液胞は通常，植物細胞の中で最大の区画である．細胞質の残りの部分は多くの場合，液胞膜と細胞膜の間の狭い領域に限られている（TEM 像）．

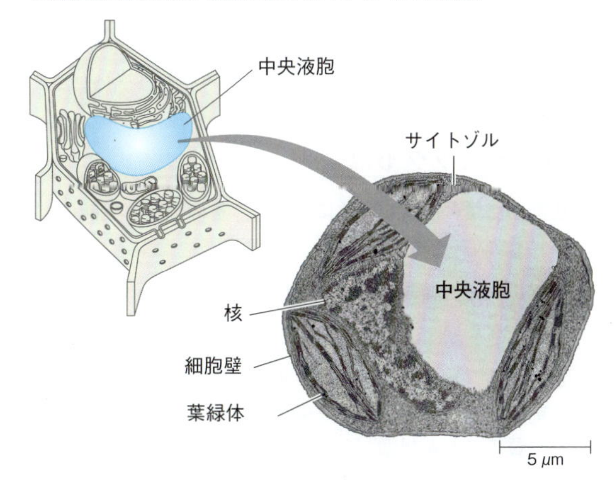
中央液胞
サイトゾル
中央液胞
核
細胞壁
葉緑体
5 μm

＊5（訳注）：自食作用（オートファジー）の研究で，2016 年大隅良典博士はノーベル生理学・医学賞を受賞している．

▼図 6.15　**概観：内膜系の細胞小器官間の関係．**赤矢印は膜とそれに包まれた物質の移動経路を示す．

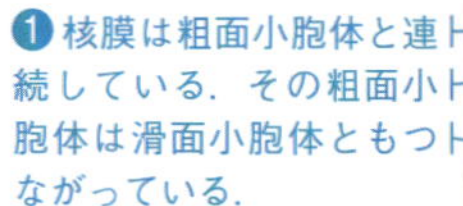
❶ 核膜は粗面小胞体と連続している．その粗面小胞体は滑面小胞体ともつながっている．

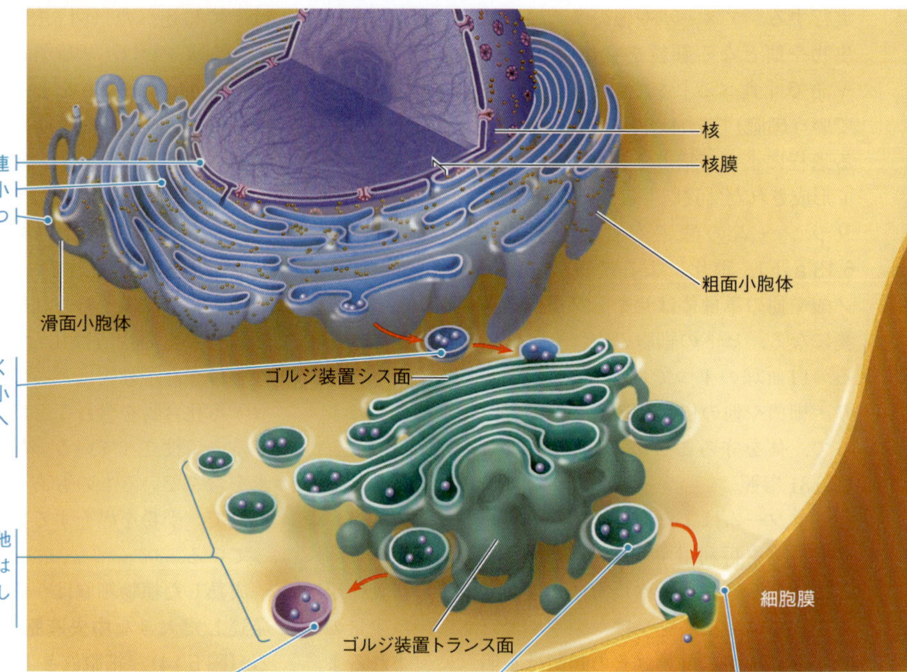
核
核膜
粗面小胞体
滑面小胞体
❷ 膜と小胞体によってつくられたタンパク質は輸送小胞を経由してゴルジ装置へ運ばれる．
ゴルジ装置シス面
❸ ゴルジ装置から輸送小胞その他の小胞がくびれて離れ，それらはリソソームや他のタイプの特化した小胞，そして液胞を生じる．
細胞膜
ゴルジ装置トランス面
❹ 他の小胞と融合して消化を行うリソソーム．
❺ 輸送小胞はタンパク質を細胞膜に運んで分泌する．
❻ 細胞膜は小胞との融合によって拡大する．その際に，タンパク質が分泌される．

内膜系：まとめ

図 6.15 では，内膜系を概観して，膜の脂質とタンパク質が種々の細胞小器官を経由していく道筋を示している．膜が小胞体からゴルジ装置へ，そして他の場所へと移動するとき，その内容物とともに，その膜の分子組成と代謝機能は変化していく．細胞は区画をつくることによって組織化されているが，内膜系はその組織化における複雑で動的な担い手である．

この後，内膜系とは近い関係にはないが，細胞が行うエネルギー変換において重要な役割を果たすいくつかの細胞小器官について，細胞の旅を続けていこう．

概念のチェック 6.4

1. 粗面小胞体と滑面小胞体について，その構造と機能における違いを説明しなさい．
2. 輸送小胞が内膜系をどのようにして統合しているかを説明しなさい．
3. **どうなる？➤**小胞体で機能するが，その機能を獲得する前にゴルジ装置で修飾を受けなければならないタンパク質のことを想像しなさい．そのタンパク質が細胞の中でたどる道筋を，タンパク質を決定する mRNA から始めて，説明しなさい．

（解答例は付録 A）

6.5

ミトコンドリアと葉緑体はエネルギーをある形から別の形に変換する

生物は外界から獲得したエネルギーの形を変える．真核細胞ではミトコンドリアと葉緑体が，エネルギーを細胞が活動のために利用できる形に変換する細胞小器官である．**ミトコンドリア mitochondria**（単数形は mitochondrion）は，細胞呼吸すなわち，糖，脂質，その他燃料になる物質から酸素を使ってエネルギーを取り出して ATP を生成する代謝過程の場である．植物と藻類に見られる**葉緑体 chloroplast** は，光合成の場である．葉緑体で起こるこの過程で太陽エネルギーが化学エネルギーに変換される．すなわち，その化学エネルギーを使って，二酸化炭素と水から糖のような有機化合物の合成を駆動する．

ミトコンドリアと葉緑体は関連した機能をもつ他に，

類似の進化的起源をもっている．それについては，これらの細胞小器官の構造を説明する前に手短に議論する．本節では，酸化にかかわる細胞小器官であるペルオキシソームについても考察しよう．ペルオキシソームについては，他の細胞小器官との関係だけでなく，その進化的起源もいまなお議論がなされている．

ミトコンドリアと葉緑体の進化的起源

進化　ミトコンドリアと葉緑体には細菌との類似性があり，それによって図 6.16 に示した**細胞内共生説 endosymbiont theory** が導入された．この説は，真核細胞の原初の祖先が酸素を利用する非光合成原核細胞を内部に取り込んだと主張している．最終的に，取り込まれた細胞は，宿主細胞に包み込まれて「細胞内共生体」（別の細胞の内部で生存している細胞）になるという関係ができ上がった．実際，進化の道筋において宿主細胞と細胞内共生体は一体となり，1 つの生物，つまりミトコンドリアをもつ真核細胞になった．これらの細胞の中の少なくとも 1 つが，その次に光合成原核細胞を取り込み，葉緑体をもつ真核細胞の祖先になった．

これは広く受け入れられている説で，25.3 節でさらに詳しく議論する．この説はミトコンドリアと葉緑体の多くの構造的特徴と一致する．第 1 に，ミトコンドリアと典型的な葉緑体は，内膜系の一重膜の細胞小器官と違って二重膜で包まれている（葉緑体は内部にも膜胞系をもつ）．それらの祖先となった取り込まれた原核細胞が二重の外膜をもち，それがミトコンドリアと葉緑体の二重膜になったという証拠がある．第 2 に，ミトコンドリアと葉緑体は原核生物のようにリボソームをもち，さらに，内膜に結合した環状 DNA をもっている．これらの細胞小器官の DNA はそれら自身のタンパク質のいくつかの合成を指令する．第 3 に，ミトコンドリアと葉緑体が細胞内で成長と増殖を行う自律的な（ある程度独立性のある）細胞小器官であることも，それらの進化的起源がおそらく細胞であったということと合致する．

次に，ミトコンドリアと葉緑体の構造と機能を概観しつつ，それらの構造に焦点を合わせる（9 章と 10 章で，それらのエネルギー変換体としての役割を探究する）．

ミトコンドリア：化学エネルギーの変換

ミトコンドリアは，植物，動物，菌類，単細胞真核生物を含むほとんどすべての真核生物の細胞に見られる．細胞の中には 1 個の大きなミトコンドリアをもつものもあるが，多くの細胞では，数百あるいは数千にものぼるミトコンドリアをもつ．その数は細胞の代謝活性のレベルと相関がある．たとえば，運動または収縮する細胞では，そうでない細胞に比べて体積あたりのミトコンドリアの数が相対的に多い．

▼図 6.16　真核細胞のミトコンドリアと葉緑体の起源に関する細胞内共生説．この説によると，ミトコンドリアの祖先は酸素を利用する非光合成原核生物で，一方，葉緑体の祖先は光合成を行う原核生物であるとされる．大きな矢印は進化の歴史における変化を表している．細胞内の小さな矢印は細胞内共生体が長い時間をかけて細胞小器官になる過程を示している．

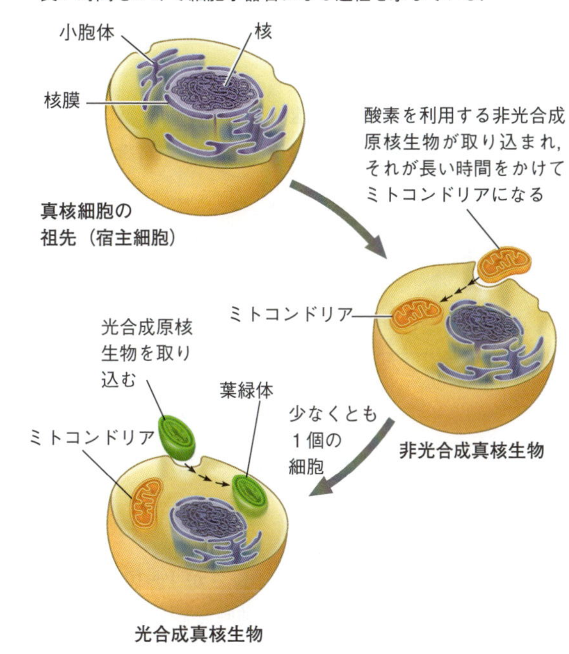
小胞体
核
核膜
真核細胞の祖先（宿主細胞）
酸素を利用する非光合成原核生物が取り込まれ，それが長い時間をかけてミトコンドリアになる
ミトコンドリア
非光合成真核生物
光合成原核生物を取り込む
葉緑体
少なくとも1個の細胞
ミトコンドリア
光合成真核生物

ミトコンドリアを包む二重の膜の各々は独自のタンパク質組成をもつリン脂質二重層である（図 6.17）．外膜は表面が滑らかだが，内膜は**クリステ cristae** とよばれるひだによって入り組んでいる．内膜はミトコンドリアの内部を 2 つの区画に分けている．最初の区画は膜間の区画で内膜と外膜の間の狭い空間である．2 番目は**ミトコンドリアマトリクス mitochondrial matrix** で，内膜に包まれている．マトリクスには多くのさまざまな酵素やミトコンドリア DNA とリボソームが含まれる．細胞呼吸のいくつかの代謝段階はマトリクスの酵素で触媒される．ATP を合成する酵素など，呼吸において機能する他のタンパク質は内膜に組み込まれている．クリステによって膜面に高度にひだがつけられているので，ミトコンドリア内膜は大きな面積をもっている．こうして細胞呼吸の生産性が高められている．これは，機能に適合した構造のもう 1 つの例である．

▼図 6.17　**ミトコンドリア，細胞呼吸の場．** (a) ミトコンドリアの内膜と外膜が図と電子顕微鏡写真（TEM 像）で示されている．クリステは内膜がひだ状になっており，そのため表面積が大きい．内部が見えるように一部を切り取った図に，膜で仕切られた２つの区画，膜間区画とミトコンドリアマトリクスが示されている．多くの呼吸にかかわる酵素が内膜とマトリクスに見出される．遊離のリボソームもマトリクスに存在する．ミトコンドリアの環状 DNA はミトコンドリア内膜に結合している．(b) この光学顕微鏡写真は，単細胞の原生生物（ミドリムシ *Euglena gracilis*）の全体を TEM よりも低倍率で見た像である．ミトコンドリアマトリクスは緑色に染色されている．このミトコンドリアは枝分かれした管の網状構造を形づくっている．核 DNA は赤色に染色され，一方，ミトコンドリア DNA は鮮やかな黄色の像として見える．

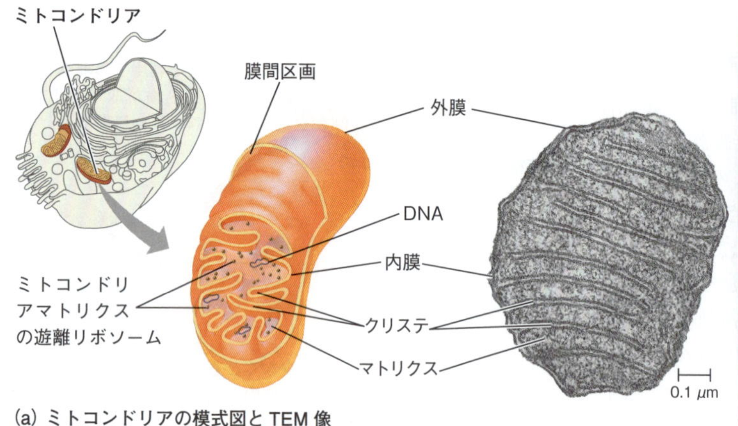
ミトコンドリア
膜間区画
外膜
DNA
内膜
ミトコンドリアマトリクスの遊離リボソーム
クリステ
マトリクス
0.1 μm

(a) ミトコンドリアの模式図と TEM 像

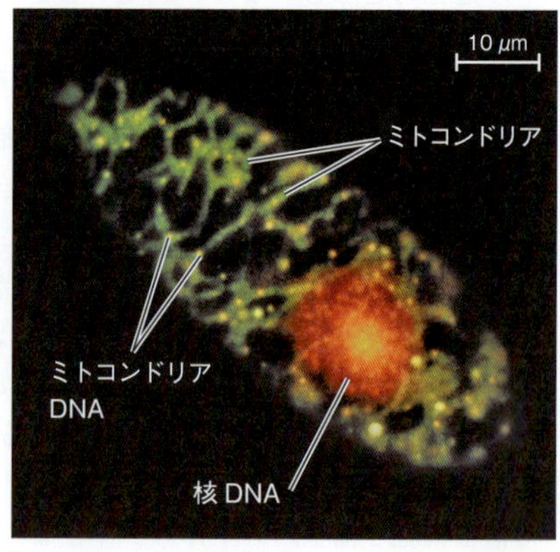
10 μm
ミトコンドリア
ミトコンドリア DNA
核 DNA

(b) ミドリムシの網状のミトコンドリア（LM 像）

ミトコンドリアは，一般に，長さが 1〜10 μm である．生きた細胞を間欠撮影した動画を観ると，ミトコンドリアが，死んだ細胞の電子顕微鏡写真で見られるような動かない構造ではなく，動きまわり，形を変え，２つに分裂し，あるいは融合することがわかる．これらの観察によって細胞生物学者は，生きた細胞の中のミトコンドリアが，図 6.17 b の細胞に見られるように細胞全体に広がる分岐した管の網状構造を形成し，それがダイナミックな流動的状態であると理解することができた．

葉緑体：光エネルギーの捕捉

葉緑体は緑色色素のクロロフィルと，光合成で糖を産生するときに機能する酵素や他の分子をもっている．葉緑体はレンズ形で，長さがおよそ 3〜6 μm の細胞小器官で，植物の葉や他の緑色の器官と藻類に見られる（図 6.18；図 6.26 c も参照）．

葉緑体の内容物は，非常に狭い空間をはさむ２枚の

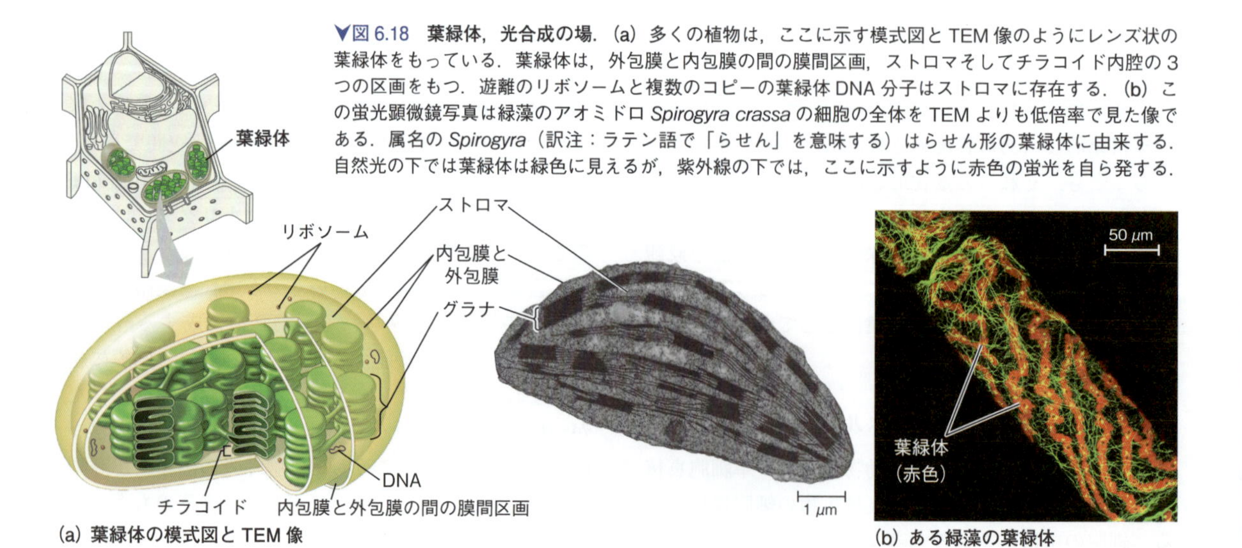
葉緑体
リボソーム
ストロマ
内包膜と外包膜
グラナ
DNA
チラコイド
内包膜と外包膜の間の膜間区画
1 μm
50 μm
葉緑体（赤色）

▼図 6.18　**葉緑体，光合成の場．** (a) 多くの植物は，ここに示す模式図と TEM 像のようにレンズ状の葉緑体をもっている．葉緑体は，外包膜と内包膜の間の膜間区画，ストロマそしてチラコイド内腔の３つの区画をもつ．遊離のリボソームと複数のコピーの葉緑体 DNA 分子はストロマに存在する．(b) この蛍光顕微鏡写真は緑藻のアオミドロ *Spirogyra crassa* の細胞の全体を TEM よりも低倍率で見た像である．属名の *Spirogyra*（訳注：ラテン語で「らせん」を意味する）はらせん形の葉緑体に由来する．自然光の下では葉緑体は緑色に見えるが，紫外線の下では，ここに示すように赤色の蛍光を自ら発する．

(a) 葉緑体の模式図と TEM 像

(b) ある緑藻の葉緑体

膜からなる包膜（訳注：外包膜と内包膜）によってサイトゾルから隔てられている．葉緑体の内部には，**チラコイド thylakoid** とよばれる扁平な袋が互いにつながり合った形状の別の膜系がある．チラコイドのある領域では，ポーカーのチップを積み重ねたように，チラコイドが積み重なっている．積み重なりの1つひとつを**グラナ grana**（複数形は granum）とよんでいる．チラコイドの外側の液体は**ストロマ stroma** で，多くの酵素とともに葉緑体 DNA とリボソームを含んでいる．葉緑体の膜は葉緑体の空間を3つの区画に分けている．すなわち，包膜の膜間の区画，ストロマ，そしてチラコイド内腔である．10章で，このような区画化が，光合成の過程で光エネルギーを化学エネルギーに変換することを可能にする（10章で光合成について詳しく学ぶ）．

ミトコンドリア同様，顕微鏡写真や模式図にあるような，動かず形を変えない葉緑体像は真実ではなく，生きた細胞では動的な挙動を示す．葉緑体は形を変えることができ，成長し，ときには2つにくびれて自己増殖する．葉緑体は位置を変えることができ，ミトコンドリアや他の細胞小器官とともに，細胞骨格というネットワーク構造のレールに沿って細胞の中を動き回る（細胞骨格については，この後，次節で考察する）．

葉緑体は，**色素体 plastid** と総称される，互いに近い関係にある植物の細胞小器官の中の1つで，特定の分化をした色素体である．色素体の1種である「アミロプラスト」は無色の細胞小器官で，特に根や塊茎（かいけい）にあり，デンプン（アミロース）を貯蔵している．別の色素体である「クロモプラスト」は果実や花に橙色や黄色の色調を与える色素をもっている．

ペルオキシソーム：酸化

ペルオキシソーム peroxysome は，固有の代謝を行う区画で，1枚の膜で囲まれている（図 6.19）．ペルオキシソームは，さまざまな基質から水素を外して酸素に転移し，副産物として過酸化水素（hydrogen peroxide, H_2O_2）を生成する反応を触媒する酵素群をもつ．この細胞小器官の名前はこのことに由来している．これらの反応には多様な機能がある．あるペルオキシソームは，脂肪酸をミトコンドリアへの輸送が可能な，より小さな分子に分解するために酸素を用いている．そして，それらの分子がミトコンドリアで細胞呼吸の燃料として用いられるのである．肝細胞のペルオキシソームは，アルコールや他の有害な化合物から水素を酸素に転移することによって，それらを無毒化している．ペルオキシソームによって生成された H_2O_2 はそれ自身有毒であるが，この細胞小器官は H_2O_2 を水に変える酵素（訳注：カタラーゼという）をもっている．このことは，細胞の区画化された構造が，その機能にとっていかに重要かを示す1つのよい例である．なぜなら，過酸化水素を生成する酵素とこの有毒分子を処分する酵素が，細胞内の他の区画から隔離されているのである．そうでなければそれらの区画は傷害を受けるであろう．

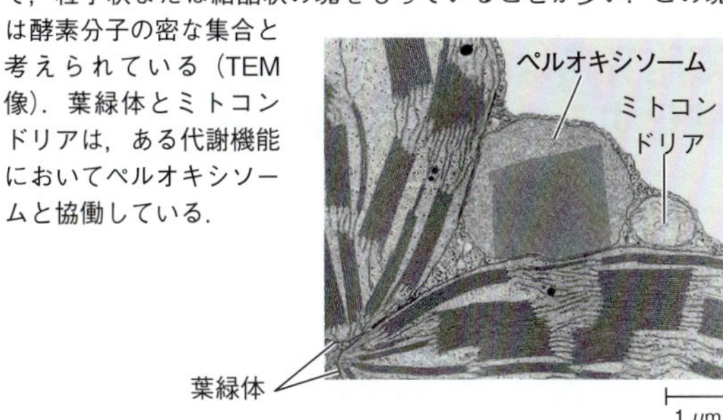
ペルオキシソーム
ミトコンドリア
葉緑体
1 μm

➤図 6.19 **ペルオキシソーム**．ペルオキシソームは，ほぼ球状で，粒子状または結晶状の塊をもっていることが多い．この塊は酵素分子の密な集合と考えられている（TEM 像）．葉緑体とミトコンドリアは，ある代謝機能においてペルオキシソームと協働している．

「グリオキシソーム」とよばれる特化したペルオキシソームは植物の種子の脂肪貯蔵組織に見られる．グリオキシソームは脂肪酸を糖に変える反応を開始させる酵素をもっている．その糖は，芽生えが光合成によって糖を自ら生産することができるようになるまで，エネルギー源と炭素源として利用されるのである．

ペルオキシソームが他の細胞小器官とどのような関係にあるかは未解決である．ペルオキシソームはサイトゾルと小胞体でつくられたタンパク質と，小胞体またはペルオキシソーム自身で合成された脂質を取り込んで成長する．ペルオキシソームは一定のサイズに達すると二分裂によって数を増やす．このことから，その進化的起源が細胞内共生体ではないかという考えを勢いづかせたが，この考えに反対する説もある．議論はまだ続いている．

概念のチェック 6.5

1. 葉緑体とミトコンドリアに共通の特徴を2つ挙げて説明しなさい．機能と膜構造の両方を考慮しなさい．
2. 植物細胞はミトコンドリアをもっているかどうか説明しなさい．
3. どうなる？➤ ある学生が，ミトコンドリアと葉緑体は内膜系に分類されるべきだと主張した．これに対して反対意見を述べなさい．

（解答例は付録 A）

6.6

細胞骨格は細胞内の構造と活動を組織化する繊維のネットワークである

初期の電子顕微鏡観察では，生物学者は真核細胞の細胞小器官はサイトゾルに自由に浮遊していると考えていた．しかし，光学顕微鏡と電子顕微鏡の両方の観察法が改良されたことによって，細胞質全体に広がる繊維のネットワークである**細胞骨格 cytoskeleton** が明らかになった（図 6.20）．細菌の細胞もある種の細胞骨格をつくる繊維をもち，そのタンパク質は真核細胞のそれに似ているが，ここでは真核生物の細胞骨格に議論を集中することにする．細胞の構造と活動の組織化がおもな役割である真核細胞の細胞骨格は，分子構造から見て3つのタイプからなっている．すなわち微小管，アクチンフィラメント（マイクロフィラメントともよばれる），そして中間径フィラメントである．

細胞骨格の役割：支持，運動

細胞骨格の最も顕著な機能は細胞に力学的な支持を与え，形を保つことである．これは細胞壁のない動物細胞では特に重要である．細胞骨格全体としての相当な強度と弾力は，その構造に基づいている．ドーム状テントのように，細胞骨格は，その構成要素がもたらす，互いに向き合う力の均衡によって安定化されている．そして，まさに動物の骨格が体の各部分をそれぞれの位置に固定するように，細胞骨格は多くの細胞小器官の固定や，さらにサイトゾルの酵素の固定にも寄与している．しかし，細胞骨格は動物の骨格よりも動的である．細胞骨格は，細胞の中の，ある場所で急速に解体され，また別の場所で再集合することができ，そうして細胞の形が変えられる．

▼図 6.20　**細胞骨格．** この蛍光顕微鏡写真に示すように，細胞骨格が細胞全体に広がっている．それぞれの細胞骨格に異なる蛍光分子が目印としてつけてある．緑色は微小管，赤色はアクチンフィラメント．3番目の細胞骨格である中間径フィラメントはここでは見えていない（青色は核内の DNA）．

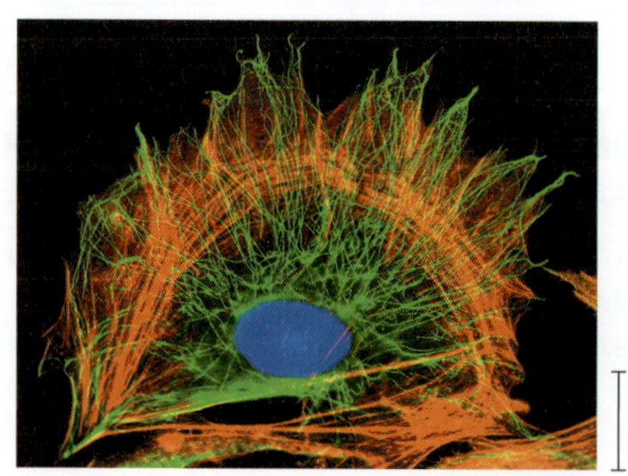
10 μm

▼図 6.21　モータータンパク質と細胞骨格．

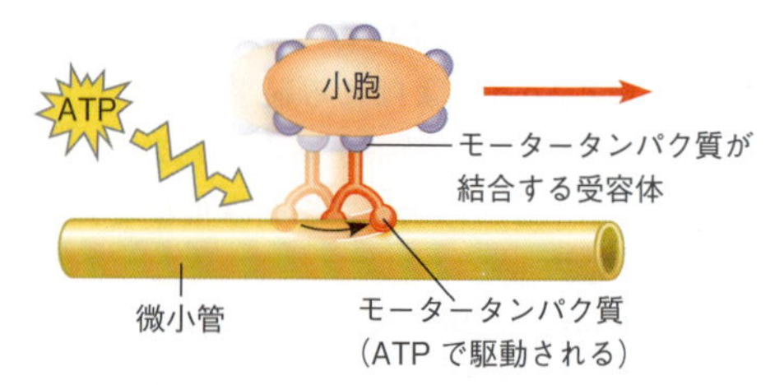
ATP
小胞
モータータンパク質が
結合する受容体
微小管
モータータンパク質
(ATP で駆動される)

(a) 小胞の受容体に結合したモータータンパク質は微小管，またある場合にはアクチンフィラメントに沿ってその小胞を「歩かせる」ことができる．

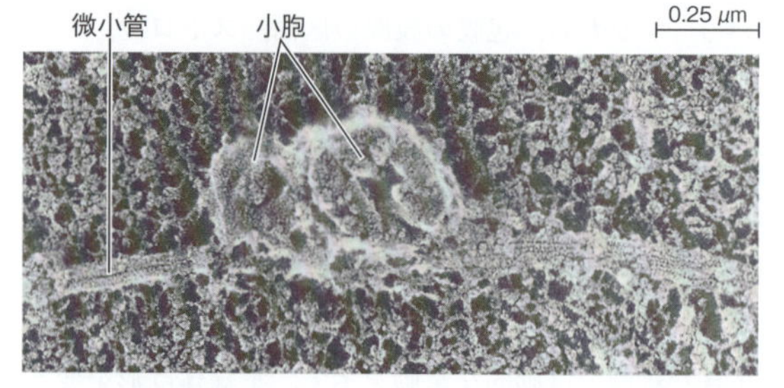
微小管
小胞
0.25 μm

(b) 神経伝達物質を含む2つの小胞が微小管に沿って，神経細胞の延伸部分である軸索の末端に向かって移動している（SEM 像）．

細胞骨格はいくつかのタイプの細胞運動（移動）にもかかわっている．「細胞運動」という用語は，細胞が位置を変えることと，細胞内のある一部分だけの移動の両方の意味を含んでいる．細胞運動は一般に，細胞骨格と**モータータンパク質 motor protein** とよばれるタンパク質との相互作用を必要とする．このような細胞運動の例はたくさんある．細胞骨格の要素とモータータンパク質が細胞膜の分子と一緒に働いて，細胞全体が細胞の外の繊維に沿って移動できるようにしている．細胞内部では，しばしば小胞や他の細胞小器官がモータータンパク質という「脚」を使って細胞骨格でできた軌道に沿ってその標的部位へ「歩いて」いく．たとえば，このようなしくみで，神経伝達物質の分子を含む小胞が，軸索という神経細胞の長く伸びた部分の先端へと向かって移動していく．そして化学的なシグナルとしての神経伝達物質の分子はそこで放出されて，隣の神経細胞に渡される（図 6.21）．細胞骨格は，また細胞膜に作用して，それを内側に湾曲させて，食胞や他の食作用にかかわる小胞の形成をもたらす．

細胞骨格の構成要素

細胞骨格をつくっている3つの主要な繊維をより詳しく見てみよう．「微小管」は3種の中で最も太い．「アクチンフィラメント」は最も細い．「中間径フィラメント」はそれらの中間の径をもつ（**表 6.1**）.

微 小 管

すべての真核生物は**微小管 microtubule** をもつ．その中空の管の壁はチューブリンとよばれる球状タンパク質で構築されている．各々のチューブリンタンパク質は「2 量体」であり，その分子は 2 つのサブユニットからなる．チューブリン 2 量体はわずかに異なる 2 つのポリペプチドサブユニット，つまり α-チューブリンと β-チューブリンからなる．微小管はチューブリン 2 量体を付加して伸長する．微小管は脱重合することも可能で，脱離したチューブリンは細胞の他の場所で微小管を構築するのに使われる．チューブリン 2 量体の方向性によって，微小管の両端はわずかに異なる．一方の端は 2 量体を付加または脱離する速度が他端よりも大きい．それゆえ，細胞のさまざまの働きの際に，顕著に伸びたり，縮んだりする（この「一方の端」は「プラス端」とよばれるが，チューブリンタンパク質を付加するだけという意味からではなく，付加と脱離の速度が他端よりも大きいので，そのようによばれている）.

微小管は細胞の形を決め，維持し，また，モータータンパク質を結合した細胞小器官が移動するためのレールを提供する．図 6.21 の例以外にも，微小管は分泌小胞をゴルジ装置から細胞膜へと導く．微小管はまた，図 12.7 に示すように細胞分裂の際の染色体の分離にかかわっている．

中心体と中心小体　動物細胞では，微小管は，しばしば核の近くにあって「微小管形成中心」と考えられている**中心体 centrosome** から伸びてくる．これらの微小管は，圧縮に抗する細胞骨格製の梁として機能する．中心体の内部には 1 対の**中心小体 centriole** が存在する．中心小体は，各々が，環状に配列した 9 組の三連微小管からなる（**図 6.22**）．動物細胞では中心小体をもつ中心体は微小管の重合を助けるが，他の多くの真核細胞には中心小体をもつ中心体というものがなく，他の方法によって微小管が組織化される．

表 6.1　細胞骨格の構造と機能

特 徴	微小管 （チューブリン重合体）	アクチンフィラメント （マイクロフィラメント）	中間径フィラメント
構 造	中空の管状 チューブリン分子からなる	アクチンの二重らせん	繊維状タンパク質がコイル状の太いケーブルを形成
直 径	25 nm，内径 15 nm	7 nm	8〜12 nm
サブユニットのタンパク質	チューブリン α-チューブリンと β-チューブリンの 2 量体	アクチン	いくつかの異なるタンパク質（たとえばケラチン）の中の 1 つ．細胞のタイプによって異なる
おもな機能	細胞の形の維持（圧縮力に抗する「たが」） 細胞運動（繊毛，鞭毛など） 細胞分裂における染色体運動 細胞小器官の運動	細胞の形の維持（張力に耐える要素） 細胞の形の変化 筋収縮 植物細胞の原形質流動 細胞運動（偽足など） 動物細胞の細胞分裂	細胞の形の維持（張力に耐える要素） 核と他の特定の細胞小器官の固定 核ラミナの形成
繊維芽細胞の顕微鏡写真． 繊維芽細胞は平たく広げることができ，内部構造の観察が容易なので繊維芽細胞は細胞生物学の研究に適した細胞である．それぞれ，注目している構造を蛍光分子で標識してある．左図の顕微鏡写真では核内の DNA は青色，右図ではオレンジ色に蛍光標識されている．	10 μm チューブリン 2 量体による管 25 nm α　β　チューブリン 2 量体	10 μm アクチンサブユニット 7 nm	5 μm ケラチンタンパク質 繊維状のサブユニット（複数のケラチンが互いに巻きついてコイル状になっている） 8〜12 nm

▼図 6.22　**1 対の中心小体をもつ中心体**．ほとんどの動物細胞は中心体をもつ．中心体は核の近くに存在する領域で，そこから細胞内の微小管が発している．中心体の内部には，1 対の中心小体があり，それぞれが直径およそ 250 nm（0.25 μm）である．2 つの中心小体は互いに直角に位置し，それぞれが 9 組の三連微小管からなっている．図の青色の部分は，チューブリン以外のタンパク質で，これらは微小管の 3 つ組を連結している．

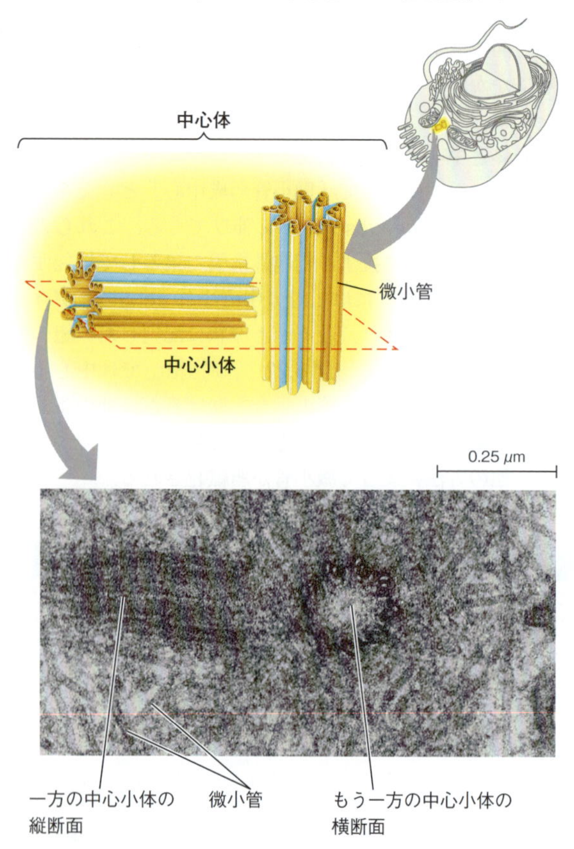
中心体
微小管
中心小体
0.25 μm
一方の中心小体の
縦断面
微小管
もう一方の中心小体の
横断面

図読み取り問題➤中心体には何本の微小管が存在するか．この図で，微小管の 1 つを○で囲み，名称をつけなさい．三連微小管の 1 つを○で囲み，名称をつけなさい．

繊毛と鞭毛　真核生物では，細胞から突き出た微小管を内部にもつ運動器官である**繊毛**（せんもう） **cilia**（単数形は cilium）と**鞭毛**（べんもう） **flagella**（単数形は flagellum）の鞭打ち運動は，それらの微小管の特別の配置がそのしくみのもとになっている（図 6.5 で示した細菌の鞭毛はまったく別の構造である）．多くの単細胞真核生物は，移動のための付属物として動作する繊毛または鞭毛によって水中を推進していく．動物，藻類そして，ある種の植物の精子は鞭毛をもっている．繊毛または鞭毛が，組織の中の 1 つの細胞層として固定されている一群の細胞から伸びている場合は，それらはその組織の表面に液体の流れを起こすことができる．たとえば，気管の表面を覆っている繊毛は，ゴミ（死んだ細胞の断片など）をからめ取った粘液を肺から流し出す（図 6.3 の電子顕微鏡写真参照）．女性の生殖管では，輸卵管を裏打ちする繊毛が，卵を子宮へ運ぶのに役立っている．

運動性（細胞を動かす働きをもつ）の繊毛は通常，細胞表面に多数生じる．鞭毛と繊毛は打ち方のパターンが異なる．鞭毛は魚の尾のように波動運動を行う．対照的に，繊毛ではボート競技の漕ぎ手のオールのような働きをし，有効打と回復打によって交互に力を発生する（図 6.23）．

繊毛はまた細胞のためのシグナルを受容する「アンテナ」としても働く．その機能をもった繊毛は一般に非運動性（細胞の運動にかかわらない）で細胞に 1 本だけ存在する（実際，脊椎動物では，ほとんどすべての細胞がこのような「一次繊毛」とよばれる繊毛をもっているらしい）．このタイプの繊毛の膜タンパク質はその細胞の周囲からの分子によるシグナルを細胞内に伝達して細胞の活動に変化を引き起こすシグナル伝達経路の反応を開始させる．繊毛に依拠したシグナル伝達は脳の機能と胚発生において重要であるらしい．

その長さ，細胞あたりの数，そして打ち方のパターンに違いはあるが，運動性繊毛と鞭毛は共通の構造をもっている．運動性繊毛と鞭毛のそれぞれには，鞘状に突出した細胞膜に包まれた微小管の集まりがある（図 6.24 a）．9 組の二連微小管が環状に配置され，環の中心には，単独の微小管が 2 本ある（図 6.24 b）．この配置は「9＋2 パターン（9＋2 構造）」とよばれ，ほとんどすべての真核生物の鞭毛と運動性繊毛に見られる（非運動性繊毛は 9＋0 パターンをもち，中央の微小管を欠く）．繊毛と鞭毛の微小管の集合構造は，**基底小体 basal body** によって細胞内部に固定されている．基底小体は構造的に中心小体とよく似ており，三連微小管が「9＋0」パターンをとっている（図 6.24 c）．実際，ヒトを含む多くの動物では，受精している精子の鞭毛の基底小体は卵に入った後，中心小体になる．

微小管の集合構造がどのようにして鞭毛と運動性繊毛の屈曲運動を生じさせているのだろうか．屈曲には**ダイニン dynein** とよばれる大きなモータータンパク質（図 6.24 の模式図で赤く着色してある）がかかわっている．ダイニンは外側の二連微小管それぞれに結合している．典型的なダイニンタンパク質は 2 本の「脚」をもっており，ATP をエネルギー源にして，接している二連微小管に沿って「歩行」する．一方の脚が微小管との接触を維持しつつ，他方の脚が微小管か

▼図 6.23　**鞭毛と繊毛の鞭打ち運動の比較.**

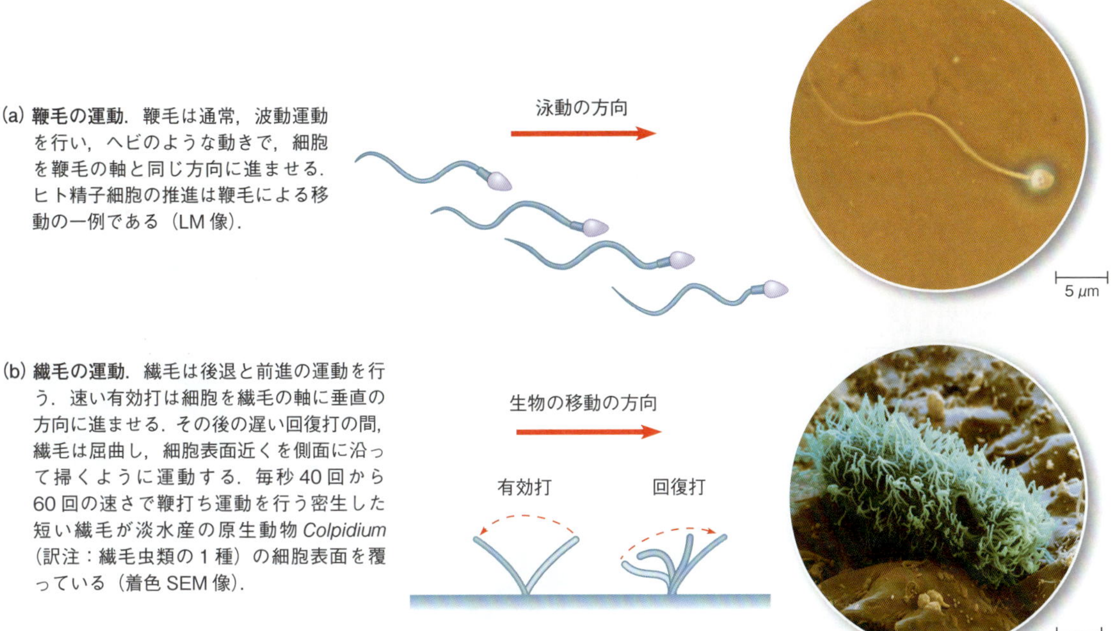
泳動の方向
5 μm
生物の移動の方向
有効打
回復打
15 μm

(a) **鞭毛の運動.** 鞭毛は通常，波動運動を行い，ヘビのような動きで，細胞を鞭毛の軸と同じ方向に進ませる．ヒト精子細胞の推進は鞭毛による移動の一例である（LM 像）.

(b) **繊毛の運動.** 繊毛は後退と前進の運動を行う．速い有効打は細胞を繊毛の軸に垂直の方向に進ませる．その後の遅い回復打の間，繊毛は屈曲し，細胞表面近くを側面に沿って掃くように運動する．毎秒 40 回から 60 回の速さで鞭打ち運動を行う密生した短い繊毛が淡水産の原生動物 *Colpidium*（訳注：繊毛虫類の 1 種）の細胞表面を覆っている（着色 SEM 像）.

ら離れて一歩先の微小管に再結合する（図 6.21 参照）．外側の二連微小管と中央の 2 本の微小管はしなやかな架橋タンパク質（図 6.24 の模式図で青く着色してある）で互いにつながれており，ダイニンの歩行運動は，ある時点では二連微小管の環の一方の側だけで起こるように調整されている．二連微小管が適切な位置に固定されていなければ，歩行運動によって二連微小管は互いに滑りながら離れていくであろう．そうではなく固定されているので，ダイニンの脚の運動は微小管，ひいては繊毛と鞭毛全体の屈曲を引き起こす．

アクチンフィラメント

アクチンフィラメント actin filament は細い，中空ではない繊維である．それは**アクチン actin** という球状タンパク質でできている（マイクロフィラメント microfilament ともよばれる）．1 本のアクチンフィラメントはアクチンサブユニットの二重鎖がより合わさってできている（表 6.1 参照）．直線状の繊維の他，マイクロフィラメントは，特定のタンパク質の存在によって網目構造を形成することができる．そのタンパク質は，アクチンフィラメントの側面に沿って結合し，そこから新しい繊維を分岐させて伸ばせるようにするのである．微小管と同様に，アクチンフィラメントはすべての真核細胞に存在していると考えられている．

微小管の圧縮に抗する働きと対照的に，細胞骨格でのアクチンフィラメントの構造的な役割は張力に耐えることである．細胞膜の直下に形成されたアクチンフィラメントの 3 次元的な網目構造（「表層のアクチンフィラメント」）は細胞の形を保持するのに役立っている（図 6.8 参照）．この網目構造によって，細胞の**皮層 cortex** とよばれるゲルのような準固体状の堅さをもった細胞質の外層が形成される．これと対照的に内部の細胞質は，より流動性の高いゾルの状態になっている．栄養を吸収する小腸の細胞のようないくつかの動物細胞では，アクチンフィラメントの束が，細胞表面積を増大させる繊細な突起である微絨毛の芯となっている（図 6.25）.

アクチンフィラメントは，細胞運動における役割によってよく知られている．数千のアクチンフィラメントと**ミオシン myosin** とよばれるタンパク質からなるアクチンフィラメントよりも太いフィラメントの相互作用が筋細胞の収縮を引き起こす（図 6.26 a）．筋収縮については 50.5 節で詳しく述べる．単細胞真核生物のアメーバ *Amoeba* やヒトの白血球のある種類では，アクチンとミオシンによってもたらされる局所的な収縮がそれらの細胞のアメーバ運動（匍匐（ほふく）運動）にかかわっている．そのような細胞は，**偽足 pseudopodia**（偽という意味のギリシャ語 *pseudes* と足を意味する *pod* に由来する語）とよばれる細胞の延長部分を伸ばすことによって物体の表面を這って偽足の方向に移動

▼図 6.24　鞭毛と運動性繊毛の構造.

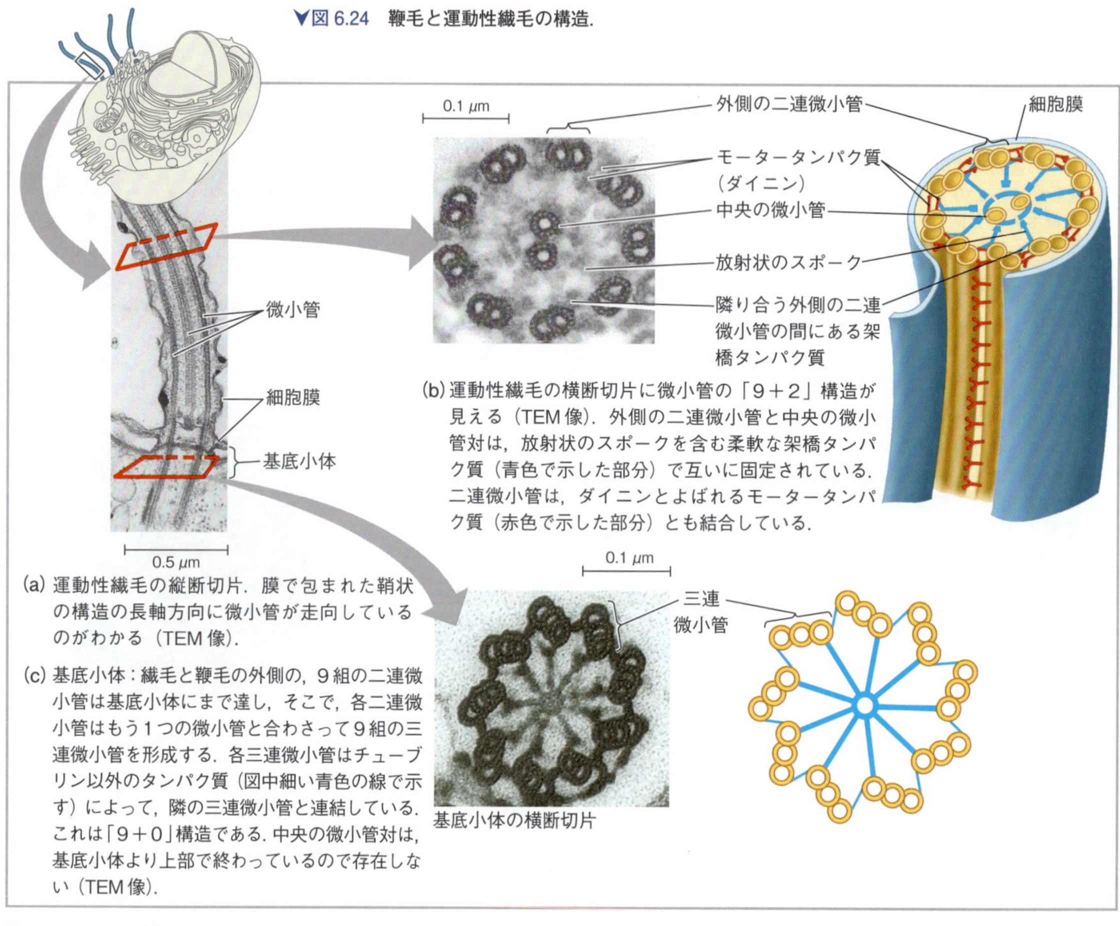
0.1 μm
外側の二連微小管
細胞膜
モータータンパク質
(ダイニン)
中央の微小管
放射状のスポーク
隣り合う外側の二連
微小管の間にある架
橋タンパク質
微小管
細胞膜
基底小体
0.5 μm
0.1 μm
三連
微小管
基底小体の横断切片

(b) 運動性繊毛の横断切片に微小管の「9＋2」構造が見える（TEM 像）. 外側の二連微小管と中央の微小管対は，放射状のスポークを含む柔軟な架橋タンパク質（青色で示した部分）で互いに固定されている. 二連微小管は，ダイニンとよばれるモータータンパク質（赤色で示した部分）とも結合している.

(a) 運動性繊毛の縦断切片. 膜で包まれた鞘状の構造の長軸方向に微小管が走向しているのがわかる（TEM 像）.

(c) 基底小体：繊毛と鞭毛の外側の，9 組の二連微小管は基底小体にまで達し，そこで，各二連微小管はもう 1 つの微小管と合わさって 9 組の三連微小管を形成する. 各三連微小管はチューブリン以外のタンパク質（図中細い青色の線で示す）によって，隣の三連微小管と連結している. これは「9＋0」構造である. 中央の微小管対は，基底小体より上部で終わっているので存在しない（TEM 像）.

描いてみよう➤ (a) と (b) の図の中央の微小管対を○で囲み，名称をつけなさい. (a) で，中央の微小管対がどこで終わっているかを示し，(c) の基底小体の横断切片にそれらが見えない理由を説明しなさい.

する（図 6.26 b）. 植物細胞では，アクチンとタンパク質の相互作用が，細胞内を循環する細胞質の流れである**原形質流動（細胞質流動）cytoplasmic streaming** にかかわっている（図 6.26 c）. この運動は，大きな植物細胞ではごくふつうに見られ，細胞小器官の動きや細胞内での物質の拡散を速める.

中間径フィラメント

中間径フィラメント intermediate filament は，アクチンフィラメントよりは太いが，微小管よりは細いことから，そのように名づけられた（表 6.1 参照）. 微小管とアクチンフィラメントはすべての真核細胞に見られるが，中間径フィラメントは脊椎動物など，ある種類の動物にのみ認められる. アクチンフィラメントと同様，張力に耐えるよう特化した中間径フィラメントは多様なメンバーからなる細胞骨格でなる. 各々

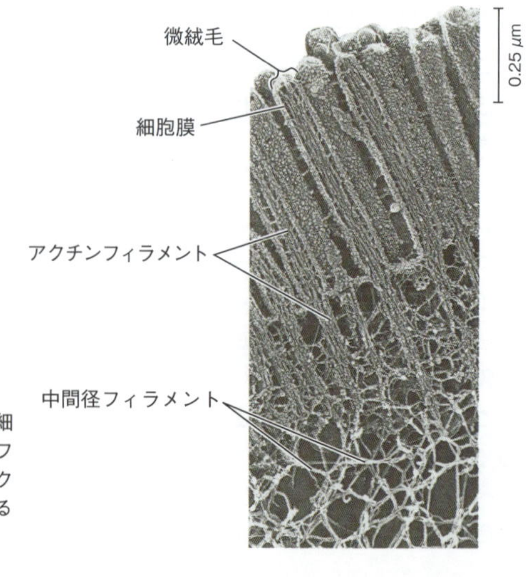
微絨毛
0.25 μm
細胞膜
アクチンフィラメント
中間径フィラメント

➤図 6.25　アクチンフィラメントの構造的役割. 栄養を吸収するこの上皮細胞の表面積は，多数の微絨毛によって拡大されている. 微絨毛は，アクチンフィラメントの束によって細胞を外に突き出す構造になっている. これらのアクチンフィラメントは中間径フィラメントの網目構造につなぎ止められている（TEM 像）.

▼図 6.26　アクチンフィラメントと運動． これら3つの例では，アクチンフィラメントとモータータンパク質の相互作用によって細胞運動が起きている．

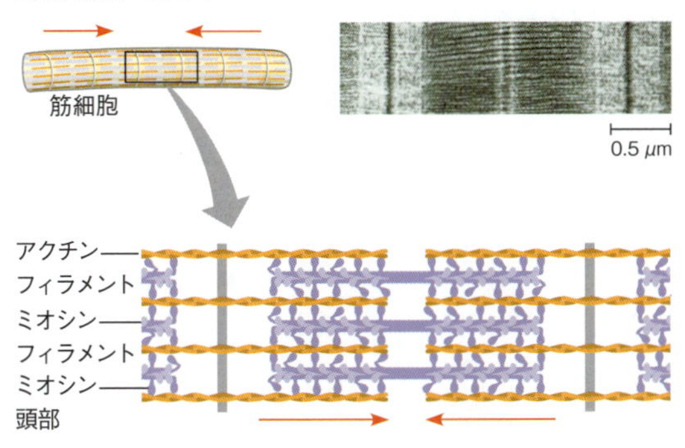
筋細胞
0.5 μm
アクチンフィラメント
ミオシンフィラメント
ミオシン頭部

(a) **筋細胞の収縮におけるミオシンモーター．** ミオシンの突出部（頭部）の「歩行」によって平行に配向したミオシンとアクチンのフィラメントを互いに逆向きに動かす．したがってアクチンフィラメントは互いに中央に接近する（赤色矢印）．これによって，筋細胞は短縮する．筋収縮は多くの筋細胞が同時に収縮することによって起こる（TEM 像）．

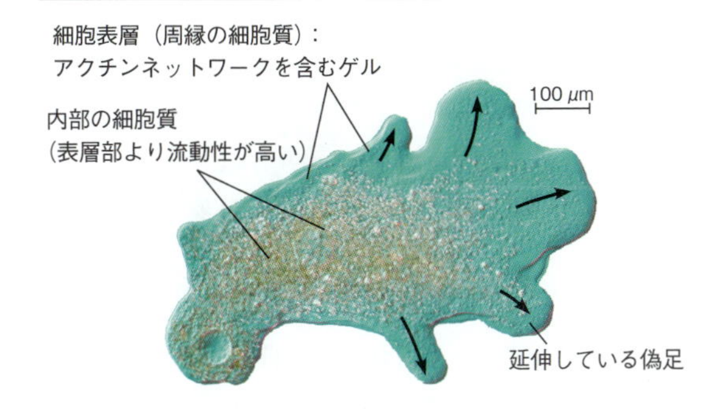
細胞表層（周縁の細胞質）：
アクチンネットワークを含むゲル
内部の細胞質
（表層部より流動性が高い）
100 μm
延伸している偽足

(b) **アメーバ運動．** アクチンフィラメントとミオシンの相互作用によって，細胞の収縮が起こり，細胞の引きずられている側（左）の末端部を先端側（右）に引っ張る（LM 像）．

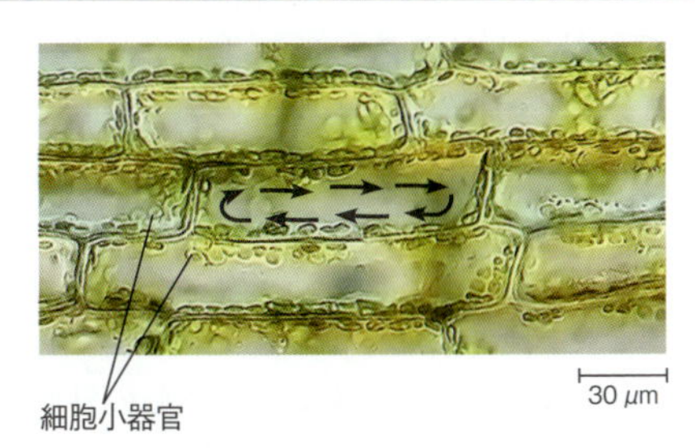
細胞小器官
30 μm

(c) **植物細胞の原形質流動．** 細胞質の層がアクチンフィラメントの軌道上を動きながら，細胞内を周回する．細胞小器官と結合したミオシンモーターは，アクチンと相互作用することによって流動を駆動する．

のタイプの中間径フィラメントはそれぞれ異なるサブユニット分子から構成され，その構成分子はケラチンを含むタンパク質ファミリーに属する．対照的に，微小管とアクチンフィラメントはすべての真核細胞において直径が一定で成分も決まっている．

アクチンフィラメントや微小管が細胞内のさまざまな部位で解離し，再集合するのに対して，中間径フィラメントはより永続的な構造体である．細胞が死んだ後でさえも中間径フィラメントの網目構造は残る．たとえば，私たちの肌の皮膚の外側の層は，ケラチンタンパク質が詰まった死んだ皮膚細胞からなっている．生きた細胞からアクチンフィラメントと微小管を化学的処理で除去すると，中間径フィラメントは，元通りの，クモの巣状の形を保ったまま残る．このような実験は，中間径フィラメントが非常に丈夫で，細胞の形を補強したり，特定の細胞小器官の位置を固定したりするうえで，特に重要であることを示唆している．たとえば，核は通常，中間径フィラメントのいわば籠の中に収められており，枝分かれして細胞質に伸び出た中間径フィラメントによって位置が固定されている．他に，核膜の内側を裏打ちしている核ラミナを形成している中間径フィラメントがある（図 6.9 参照）．中間径フィラメントは，細胞の形を保持することによって，その細胞がその特化した機能を果たすのを助ける．たとえば，中間径フィラメントの網状構造は図 6.25 に示すように，小腸の微絨毛を支持するアクチンフィラメントをつなぎ止めている．したがって，さまざまな種類の中間径フィラメントが相伴って，細胞全体の永続的な骨組みとして機能しているのであろう．

概念のチェック 6.6

1. 繊毛と鞭毛はどのようにして屈曲するか．

2. **どうなる？➤** カルタゲナー症候群（訳注：繊毛の異常により内臓の配置が正常の逆になる疾病）に苦しむ男性は，運動性を欠く精子をもっているために不妊で，さらに肺が感染しやすい傾向にある．この機能障害は遺伝的な原因による．この障害のもとになる欠陥は何か，考えられることを述べなさい．

（解答例は付録 A）

6.7

細胞外成分と細胞間の結合は細胞のさまざまな活動の連係を可能にする

細胞内部を縦横に見て，さまざまな細胞の構成要素を調べてきたが，私たちの細胞の旅はこの顕微鏡下の世界の表面に戻って終えることにしよう．その表面には，さらに構造があって重要な機能を果たしている．細胞膜は通常，生きた細胞の境界とみなされているが，ほとんどの細胞はさまざまな物質を合成し，細胞の外に分泌している．細胞がつくるこれらの物質や構造は細胞の外に存在するが，それらは非常に多くの細胞機能にかかわっているので，それらの研究は細胞生物学上重要である．

植物の細胞壁

細胞壁 cell wall は植物細胞の細胞外構造で（図6.27），植物細胞と動物細胞を区別する特徴になっている．細胞壁は植物細胞を保護し，細胞の形を保持し，過剰な水の吸収を阻止する．植物体全体のレベルでは，特化した細胞の強固な細胞壁が重力に抗して植物体を支持し，植物が立つようにしている．原核生物，菌類，そしてある種の単細胞真核生物もまた，図6.5と図6.8で見たように，細胞壁をもっているが，それらについての議論は第5部まで後回しにしておこう．

植物の細胞壁は細胞膜に比べてかなり厚く，0.1～数 μm に達する．細胞壁の組成は厳密にいうと種によって異なり，また同じ植物でも細胞のタイプによって異なるが，細胞壁の基本的な設計は一定である．多糖のセルロースでできたミクロフィブリル（セルロース微繊維；図5.6参照）がセルロース合成酵素とよばれる酵素によって合成され，そして細胞外に分泌され，他の多糖とタンパク質からなる基質（マトリクス）に埋め込まれる[*7]．「基質（マトリクス）」中に強い繊維がある，このような素材の組み合わせは，鉄筋コンクリートやガラス繊維の構造の基本的なしくみと同じである．

若い植物細胞は最初に比較的薄い柔軟な**一次細胞壁 primary cell wall** を細胞外につくる（図6.27の顕微鏡写真参照）．隣接する細胞の一次細胞壁と一次細胞壁の間は**中葉 middle lamella** で，ペクチンという粘着性の多糖に富む薄い層である．中葉は隣接する細胞を接着する（ペクチンはジャムやゼリーの増粘剤として調理に使用される）．細胞が成熟し，成長を停止すると，その細胞は細胞壁を強固にする．植物細胞のあるものは，単に一次細胞壁に強度を増す物質を分泌して細胞壁を強化する．他の細胞では，細胞膜と一次細胞壁の間に**二次細胞壁 secondary cell wall** を付加する．二次細胞壁はいくつかの薄層が積み重なっていることが多く，細胞を保護し，支持する丈夫で耐久性のある礎質をもっている．たとえば，材（訳注：木本植物の茎の木質部）はおもに二次細胞壁からなっている．植物の細胞壁には通常，隣接する細胞間を結ぶチャネルである原形質連絡とよばれる孔が貫通している．原形質連絡については，後で手短に論じる．

▼図6.27　**植物の細胞壁**．この図には，いくつかの細胞が示されている．各細胞には細胞壁，大きな液胞，核，いくつかの葉緑体とミトコンドリアがある．透過型電子顕微鏡写真は2つの細胞が接する細胞壁を示している．植物の細胞と細胞の間の多層の仕切りは，それぞれの細胞から分泌された互いに接する細胞壁からなっている．

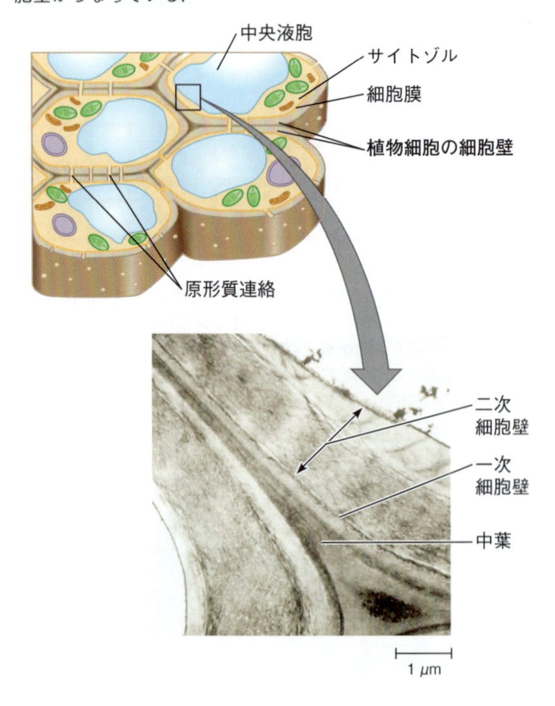
中央液胞
サイトゾル
細胞膜
植物細胞の細胞壁
原形質連絡
二次
細胞壁
一次
細胞壁
中葉
1 μm

動物細胞の細胞外マトリクス

動物細胞は植物細胞のように細胞壁をもたないが，精巧な**細胞外マトリクス extracellular matrix（ECM）** をもっている．細胞外マトリクスのおもな成分は細胞によって分泌される糖タンパク質とその他の炭水化物を含む分子である〔糖タンパク質が炭水化物（通常，短い糖鎖）と共有結合しているタンパク質であることを思い出してほしい〕．動物細胞の細胞外マトリクスで量的に最も多い糖タンパク質は，細胞の外側で強靭な繊維を形成する**コラーゲン collagen** である（図5.18参照）．実際，コラーゲンはヒトの体の全タンパク質のおよそ40%を占めている．コラーゲン繊維は，細胞から分泌される**プロテオグリカン proteoglycan** で編まれた網目構造の中に埋め込まれている（図6.28）．プロテオグリカン分子は，小さなコアタンパク質が多くの糖鎖と共有結合で結合してできているので，その糖鎖含量は95%に達する．数百ものプロテオグリカン分子が1本の長い多糖に非共有結合で結合すると，図6.28に示すような巨大なプロテオグリカ

＊7（訳注）：セルロース合成酵素複合体は細胞膜に組み込まれており，セルロースは合成されつつ細胞外に出るので，小胞輸送によって分泌されるのではない．

▼図 6.28 **動物細胞の細胞外マトリクス（ECM）**. 細胞外マトリクスの分子組成と構造は細胞の種類によって異なる. この例では，コラーゲン，フィブロネクチン，プロテオグリカンという３つの異なるタイプの細胞外マトリクス分子が存在する.

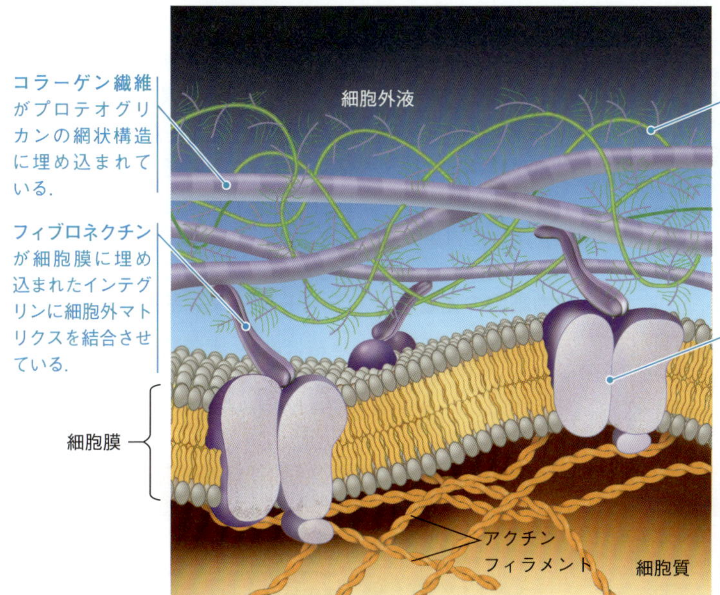
コラーゲン繊維がプロテオグリカンの網状構造に埋め込まれている.
フィブロネクチンが細胞膜に埋め込まれたインテグリンに細胞外マトリクスを結合させている.
細胞膜
細胞外液
アクチンフィラメント
細胞質
プロテオグリカン複合体は，１つの長い多糖分子とそれに非共有結合で結合した数百のプロテオグリカンからなる.
インテグリンは２つのサブユニットからなる膜タンパク質であり，外側で細胞外マトリクスと結合し，内側ではアクチンフィラメントと結合しているタンパク質と結合している. この連結によって，細胞外の環境と細胞内部の間で，シグナルの伝達が可能になり，その結果，細胞のふるまいを変えることが可能になる.

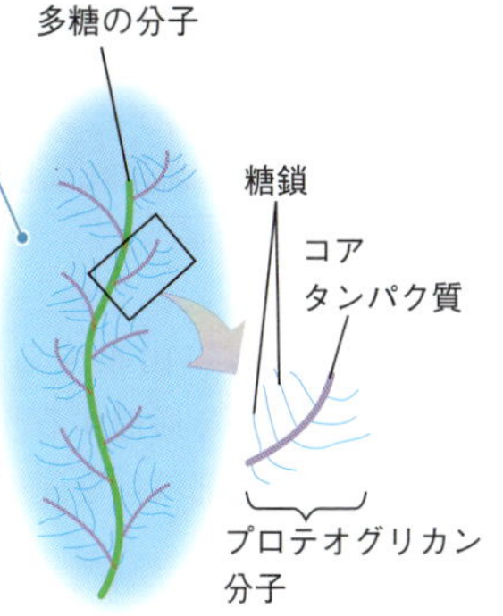
多糖の分子
糖鎖
コア
タンパク質
プロテオグリカン
分子
プロテオグリカン複合体

ン複合体が形成される. 細胞の中には，**フィブロネクチン fibronectin** のような細胞外マトリクス糖タンパク質によって細胞外マトリクスに結合しているものもある. フィブロネクチンや他の細胞外マトリクスのタンパク質は，細胞膜に組み込まれた**インテグリン integrin** という細胞表面の受容体タンパク質と結合している. インテグリンは細胞膜を貫通しており，その細胞質側で，細胞骨格であるアクチンフィラメントと結合しているタンパク質とつながっている.「インテグリン」という名前は，統合する（integrate）という語が元になっている. インテグリンは，細胞外マトリクスと細胞骨格の間で情報を伝え得る位置にあり，したがって，細胞の外と内部で起こる変化を統合するのである.

フィブロネクチンと他の細胞外マトリクス分子，そしてインテグリンについての現在行われている研究によって，細胞外マトリクスが細胞の生存に大きな影響を与えるほどの役割を担っていることが明らかになりつつある. インテグリンを介して，細胞外マトリクスは他の細胞と情報連絡することによって，細胞外マトリクスは細胞のふるまいを制御することができる. たとえば，発生過程の胚のある細胞は，アクチンフィラメントの配向を細胞外マトリクスの繊維の「筋目」に一致させることによって，決まった経路を移動していく. 研究者は，また，細胞のまわりの細胞外マトリクスが核内の遺伝子の活性に影響し得ることを明らかにした. 細胞外マトリクスの情報は，おそらく機械的なシグナル伝達と化学的なシグナル伝達の組み合わせによって核に到達するのであろう. 機械的なシグナル伝達には，フィブロネクチン，インテグリン，そして細胞骨格のアクチンフィラメントがかかわっている. 細胞骨格に変化が起こると，今度は細胞内部でシグナル伝達の過程が引き起こされ，その細胞でつくられたある一群のタンパク質を変化させ，その結果，細胞の機能に変化が起こる. このようにして，ある特定の組織の細胞外マトリクスは，その組織のすべての細胞のふるまいを統合させるのであろう. この統合には，次に論じるように，細胞間の直接的な結合も機能を果たしている.

細胞の結合

動物や植物の細胞は，組織，器官，器官系として組織化される. 多くの場合，隣り合う細胞は接着し，そして相互作用して物理的に直接接する部位を通して情報を交換する.

植物細胞の原形質連絡

植物の，生きているとはいえない細胞壁は細胞を互いに孤立させているように思われるかもしれない. しかし，実際は，図 6.29 に示されるように，細胞壁は細胞を連結する**原形質連絡 plasmodesmata**（単数形は plasmodesma；「結合する」という意味のギリシャ

▼図 6.29　植物細胞間の原形質連絡． 植物細胞の細胞質が隣の細胞の細胞質と，原形質連絡という細胞壁を貫通したチャネルによって連続している（TEM 像）．

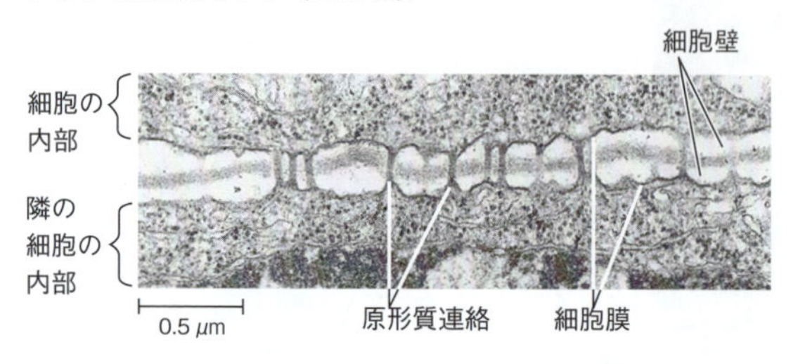

細胞壁
細胞の内部
隣の細胞の内部
0.5 μm
原形質連絡
細胞膜

語の *desma* に由来する）によって孔が開いている．原形質連絡を通過するサイトゾルが，隣接する細胞の化学的な内部環境を連結する．このような連結は，その植物のほとんどの細胞を単一の生きた連続体として統合する．隣り合った細胞の細胞膜は，原形質連絡のチャネルを裏打ちしており，したがって，それらはつながっている．水や小さな分子は自由に通過することができ，また，いくつかの実験で，ある場合には特定のタンパク質や RNA も通過できることが示された（36.6 節参照）．近隣の細胞へ輸送されるそれらの高分子は，細胞骨格の繊維に沿って細胞の中を移動して原形質連絡に到達すると思われる．

動物細胞の密着結合，デスモソーム，ギャップ結合

動物では，細胞間の連結には，「密着結合」，「デスモソーム」，「ギャップ結合」の 3 つの主要なタイプが

▼図 6.30　探究　動物組織の細胞間連絡構造

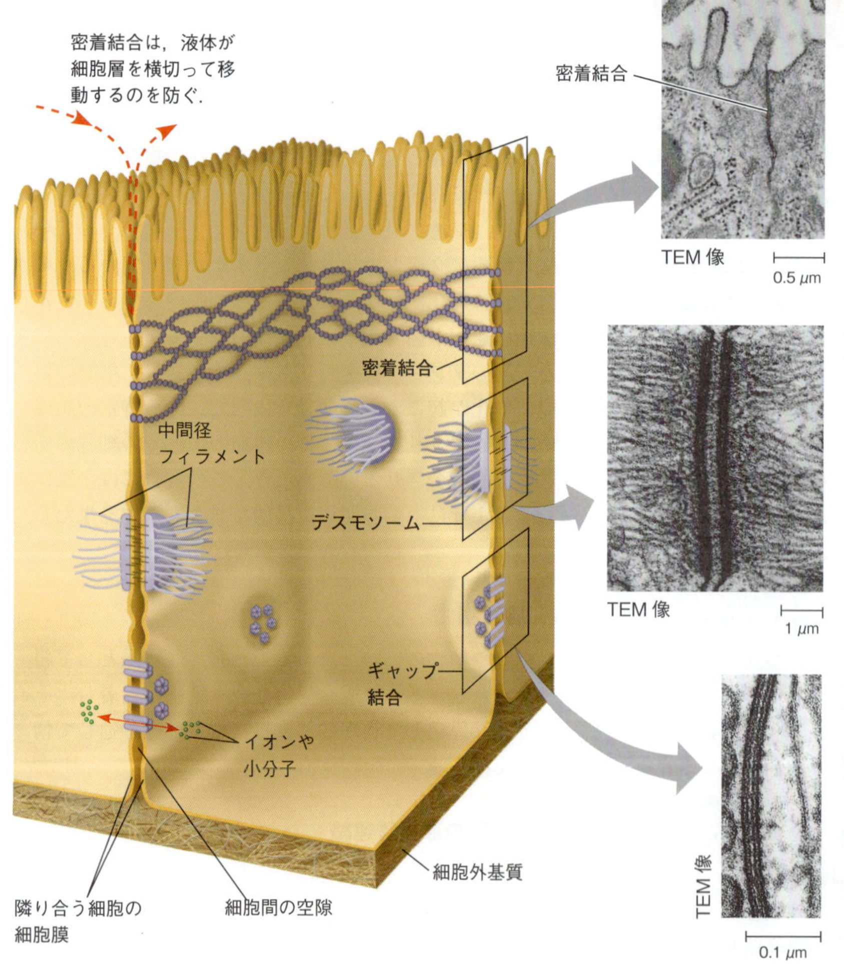

密着結合は，液体が細胞層を横切って移動するのを防ぐ．
密着結合
中間径フィラメント
デスモソーム
ギャップ結合
イオンや小分子
細胞外基質
隣り合う細胞の細胞膜
細胞間の空隙
TEM 像
0.5 μm
1 μm
0.1 μm

密着結合

密着結合 tight junction では，隣接する細胞の細胞膜同士が特異的なタンパク質によって，互いに緊密に接着している．密着結合は，細胞の周囲を途切れなく封じることによって，細胞外液が上皮細胞の層を横切って漏れることがないようにしている（赤破線の矢印）．たとえば，皮膚の細胞間の密着結合は私たちの体を防水性にしている．

デスモソーム

デスモソーム desmosome（「固定結合」の 1 種）は鋲（びょう）のような働きをして，細胞同士をつないで強固な層にする．頑丈なケラチンタンパク質からなる中間径フィラメントによってデスモソームは細胞質に根を下ろしている．デスモソームは筋肉の筋細胞同士を互いに結びつけている．「筋断裂」はデスモソームの破壊によって起こる場合がある．

ギャップ結合

ギャップ結合 gap junction（「連絡結合」ともいう）は，隣接する細胞同士が細胞質によって通じるチャネルを形成する．この点で植物の原形質連絡と機能が類似している．ギャップ結合は特別な膜タンパク質が孔を囲むようにして構成されている．この孔を通って，イオン，糖，アミノ酸や他の小さい分子が通過し得る．ギャップ結合は，心筋や動物の胚など，多くの種類の組織において細胞間の連絡に必須である．

ある（ギャップ結合は植物の原形質連絡に最もよく似ているが，その孔は膜で裏打ちされていない）．細胞間結合の3つのタイプのどれもが，体の外と内の表層を形成している上皮細胞でごくふつうに見られる．図6.30には，小腸内腔の表層を形成している上皮細胞を例にとって，これらの結合が図示されている．

概念のチェック 6.7

1. 植物と動物の細胞は，単細胞の真核生物と構造的にどのように違うのだろうか．
2. どうなる？➤植物の細胞壁と動物の細胞外マトリクスが物質を透過しないとすれば，細胞機能にどのような影響があるであろうか．
3. 関連性を考えよう➤密着結合を形成するポリペプチド鎖は膜を4回出たり入ったりして貫通しており，細胞外に2つのループ，そして細胞質側に1つのループと短いC末端とN末端が出ている．図5.14を見て，密着結合のタンパク質のアミノ酸配列についてどのようなことが予測されるか．

（解答例は付録A）

6.8

細胞はそれを構成する各部の総和以上の存在である

この細胞の旅では，細胞全体の区画化による組織化をパノラマ的に見ることから始め，個々の細胞小器官の構造を詳しく調べるところまで行った．そして，この細胞の旅は，構造と機能が相互に関係していることを教える多くの機会を提供してくれた（ここで，図6.8に戻って細胞構造をもう一度見るとよいだろう）．

細胞の各部を個々に分けて調べる場合でも，細胞のどの構成要素も単独では機能し得ないことを忘れてはならない．細胞における統合の例として，図6.31に示した顕微鏡下の光景について考えてみよう．大きな細胞はマクロファージ（図6.13a参照）である．それは，細菌（小さい細胞）を捕食することによってこの哺乳類の体を感染から守るのに役立っている．マクロファージは周囲の表面を這いまわり，その細い仮足（具体的には，糸状仮足）が細菌に届いている．この運動では，アクチンフィラメントが他の細胞骨格要素と相互作用している．マクロファージが細菌を取り込んだ後，細菌はリソソームによって破壊されるが，そのリソソームは複雑な内膜系によってつくられる．リソソームの消化酵素と細胞骨格のタンパク質はすべてリボソームでつくられる．そして，これらのタンパク質の合成は核のDNAから送られた遺伝学的なメッセージによってプログラムされている．これらの過程はすべてエネルギーを必要とし，そのエネルギーはミトコンドリアがATPの形で供給する．

細胞の機能は細胞の秩序によって生み出される．細胞は生命の単位であるが，それは各部分の総和以上のものである．図6.31の細胞は，細胞で起こるさまざまな過程が統合されていることの，外から見えるよい例である．しかし，細胞内部の組織化についてはどうであろう．細胞のさまざまな過程を考察するために生物学を学んでいく過程で，細胞内の構築とさまざまな装置を可視化する試みは有用である．図6.32は，重要な生体分子と高分子，そして細胞と細胞小器官の構造，これらの間のサイズと組織化における相対的な関係の理解に役立つように意図されている．この図について学びながら，自分がタンパク質のサイズにまで縮むことができたとしたら，自分の周囲はどのくらいになるか考えてみよう．

▼図6.31　**細胞機能の創発．**マクロファージ（茶色）が細菌の *Staphylococcus*（オレンジ色）を認識し，捕捉し，破壊する能力は，細胞全体で連係して行われる活動によってもたらされる．食作用で機能する要素には，細胞骨格，リソソーム，細胞膜などが含まれる（着色SEM像）（訳注：1.1節で述べた「創発特性」も参照）．

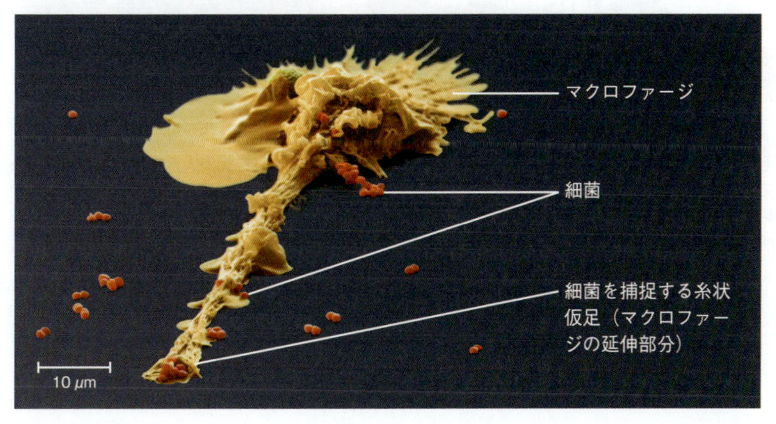
マクロファージ
細菌
細菌を捕捉する糸状仮足（マクロファージの延伸部分）
10 μm

▼図 6.32　ビジュアル解説　細胞の分子機械のスケール

植物細胞の内部の切片を中央のパネルに図示してある．どの構造も分子も実物に対して一定の比率の大きさで描いてある．選択された構造と分子が上と下のパネルに示されている．それらは互いの大きさを比較できるように，同じ比率で拡大されている．タンパク質と DNA の構造はすべて Protein Data Bank（訳注：1971 年に米国ブルックヘブン国立研究所で設立された国際的なタンパク質の構造に関するデータバンク）のデータに基づいている（まだ決定されていない構造領域は灰色で示してある）．

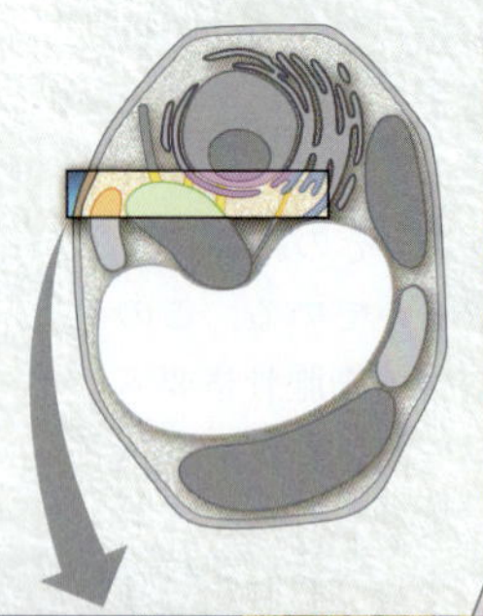

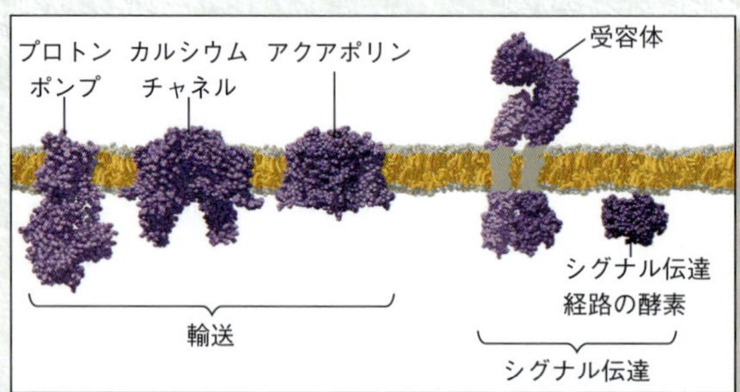
プロトン
ポンプ
カルシウム
チャネル
アクアポリン
受容体
シグナル伝達
経路の酵素
輸送
シグナル伝達

膜タンパク質．細胞膜または他の生体膜に埋まったタンパク質は，物質が膜を通過して輸送されるのを可能にする．また，シグナルを膜の一方から反対側に伝達するのを可能にする．そして，細胞の重要な機能にも役割を果たす．多くのタンパク質が膜内を移動できる．

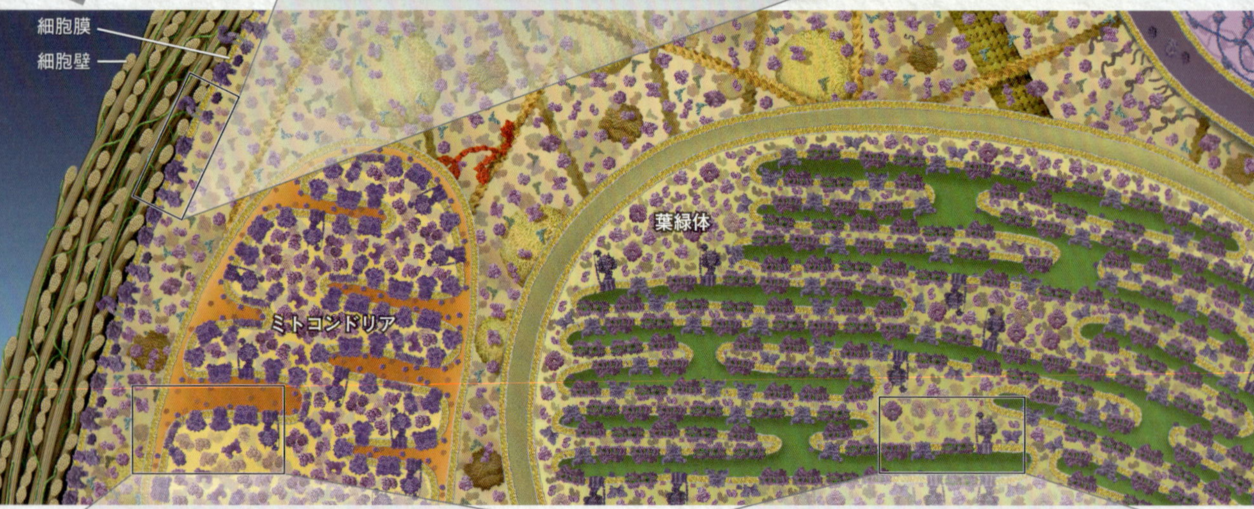
細胞膜
細胞壁
葉緑体
ミトコンドリア

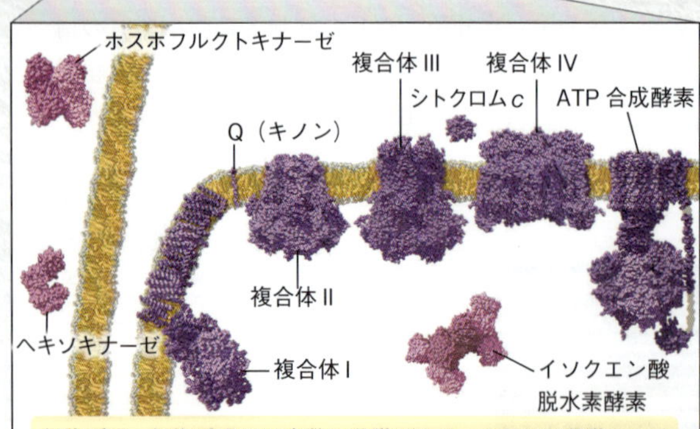
ホスホフルクトキナーゼ
複合体 III
複合体 IV
シトクロム c
ATP 合成酵素
Q（キノン）
複合体 II
ヘキソキナーゼ
複合体 I
イソクエン酸
脱水素酵素

細胞呼吸．細胞呼吸には多数の段階がある．それらの段階のいくつかは細胞質またはミトコンドリアマトリクスの個々のタンパク質やタンパク質の複合体によって行われる．栄養分子から ATP を合成する段階にかかわる他のタンパク質やタンパク質の複合体はミトコンドリア内膜に呼吸鎖を形成する．

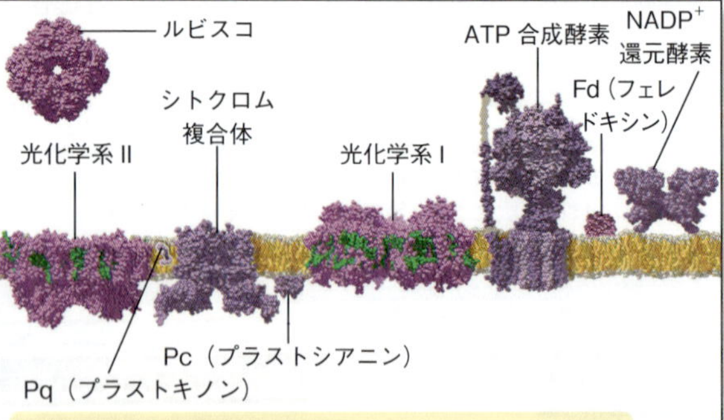
ルビスコ
ATP 合成酵素
NADP⁺
還元酵素
シトクロム
複合体
Fd（フェレドキシン）
光化学系 II
光化学系 I
Pc（プラストシアニン）
Pq（プラストキノン）

光合成．複数のタンパク質と非タンパク質の大きな複合体が葉緑体の膜に埋まっている．それら全体で光エネルギーを捕捉する．そのエネルギーは葉緑体内の他の複数のタンパク質によって糖をつくるために利用される．この過程はこの惑星のすべての生命を支える基礎である．

転写. 核内で，DNAの塩基配列に含まれる情報が，RNAポリメラーゼとよばれる酵素によってメッセンジャー RNA（mRNA）に伝達される．mRNA合成の後，mRNA分子は核膜孔を通って核から出ていく．

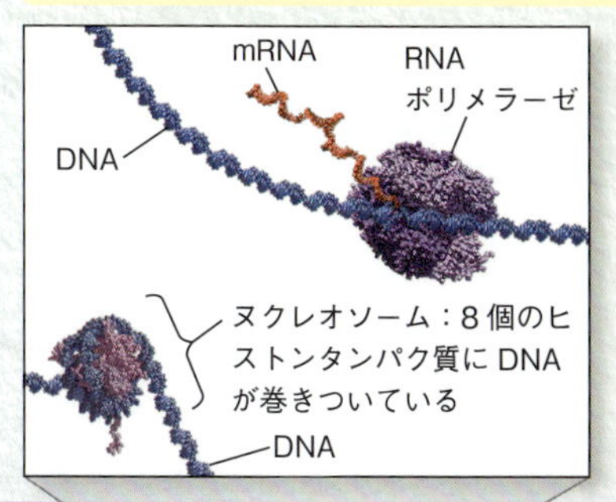

mRNA
RNA
ポリメラーゼ
DNA
ヌクレオソーム：8個のヒストンタンパク質にDNAが巻きついている
DNA

翻訳. 細胞質では，mRNAの情報が特定のアミノ酸配列をもったポリペプチドを合成するために使われる．トランスファー RNA（tRNA）分子とリボソームの両方が役割を果たす．大サブユニットと小サブユニットからなる真核生物リボソームは，4つの大きなリボソームRNA（rRNA）分子と80以上のタンパク質からなる巨大な複合体である．転写と翻訳を通して，DNAのヌクレオチド配列がmRNAを仲介としてポリペプチドのアミノ酸配列を決定する．

核膜孔. 核膜孔複合体は，二重膜で包まれた核を分子が出入りするのを制御する．その孔を通過する構造の中で最も大きいものは，核内でつくられるリボソームのサブユニットである．

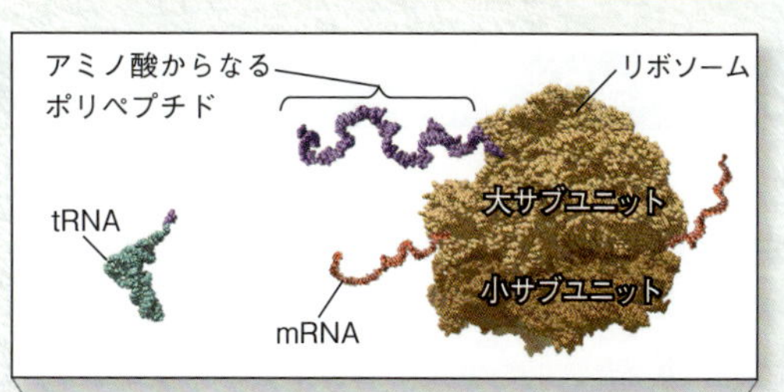

アミノ酸からなるポリペプチド
リボソーム
大サブユニット
tRNA
小サブユニット
mRNA

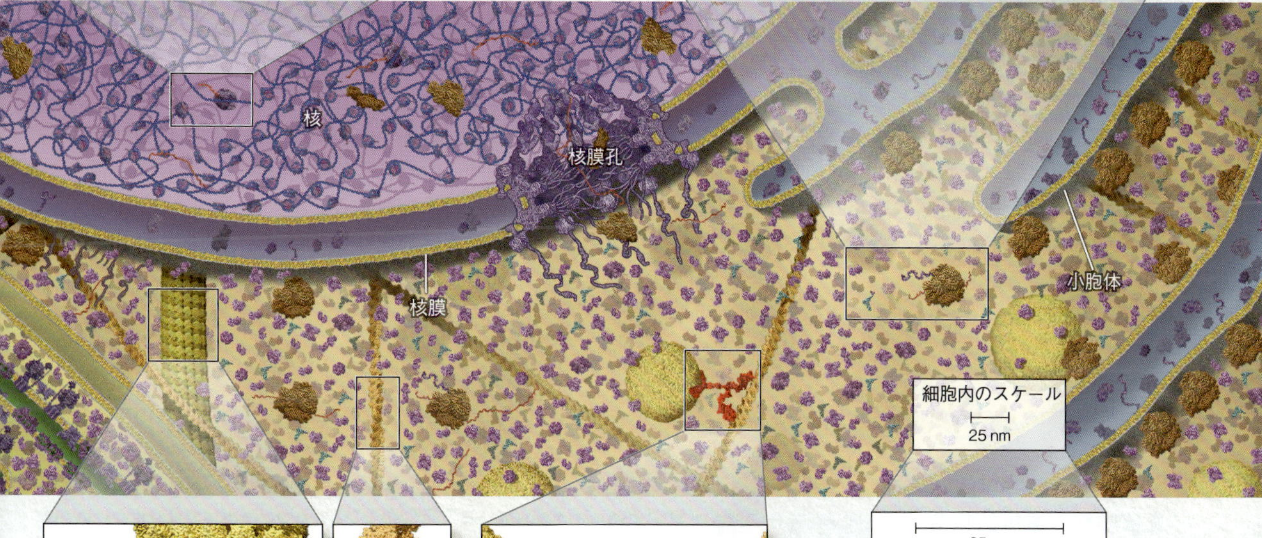

核
核膜孔
核膜
小胞体
細胞内のスケール
25 nm

25 nm
拡大像用のスケールバー

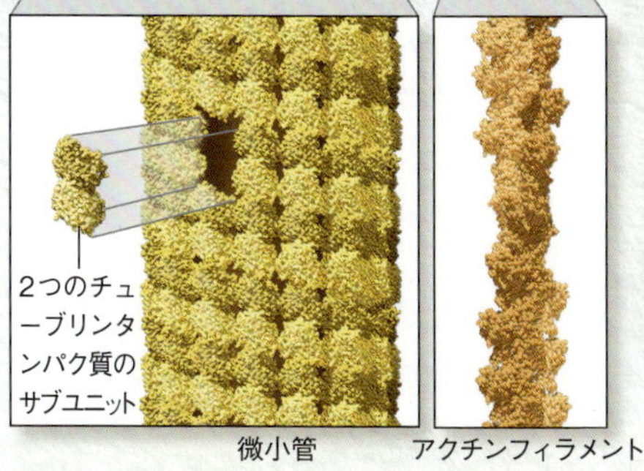

2つのチューブリンタンパク質のサブユニット
微小管
アクチンフィラメント

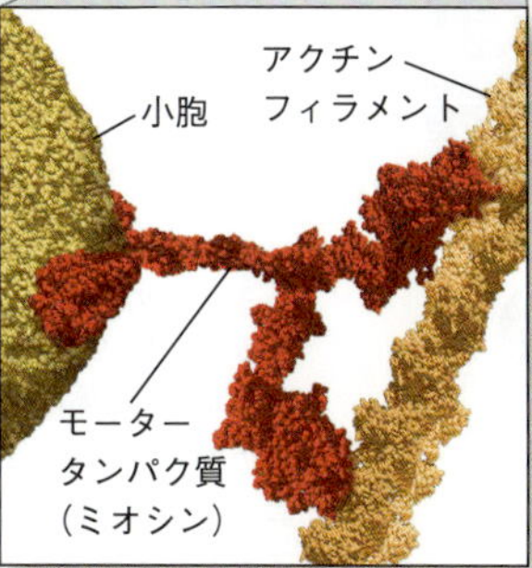

小胞
アクチンフィラメント
モータータンパク質（ミオシン）

細胞骨格. 細胞骨格の構造はタンパク質のサブユニットの重合体である．微小管はチューブリンタンパク質のサブユニットからなる中空の棒状の構造である．一方，アクチンフィラメントは2本のアクチンタンパク質の鎖が互いに巻きついたケーブル状である．

モータータンパク質. 細胞内の小胞輸送や細胞小器官の運動にかかわる．それにはエネルギーが必要であり，ATPの加水分解によって供給されることが多い．

1. 次の構造を大きなものから小さなものへ順に並べなさい．
   プロトンポンプ，核膜孔，シトクロム *c*，リボソーム

2. ヌクレオソームとRNAポリメラーゼの構造を考慮して，RNAポリメラーゼがヌクレオソームのヒストンタンパク質に巻きついているDNAを転写することが可能になる前に何が起こらなければならないかを推察しなさい．

3. この図の中でアクチンフィラメント上を歩行するもう1つのミオシンを見つけなさい．そのミオシンタンパク質によって移動している細胞小器官は何か．

概念のチェック 6.8

1. *Colpidium colpoda* は淡水中に生息し，繊毛で運動する単細胞真核生物である（図 6.23 b 参照）．この細胞のさまざまな部分が，*C. colpoda* の機能においてどのようにして協働しているか，できるだけ多くの細胞小器官や他の細胞構造について説明しなさい．

（解答例は付録 A）

6 章のまとめ

重要概念のまとめ

6.1

細胞の研究のために，生物学者は顕微鏡と生化学の方法を使う

- 拡大率，分解能，コントラストの向上をもたらした顕微鏡観察法の改良は細胞構造の研究の進歩を促した．**光学顕微鏡観察（LM）**と**電子顕微鏡観察（EM）**は，他のタイプの顕微鏡とともに，今も重要な研究手段であることには変わりはない．
- 細胞生物学者は，**細胞分画**として知られる方法，つまり，破砕した細胞を順次異なる速度で遠心分離することによって，特定の細胞成分に富んだ沈渣を得ることができる．

? 顕微鏡観察と生化学は細胞の構造と機能を明らかにするうえで，互いにどのように補完し合うか．

6.2

真核細胞の内部はさまざまな膜で区画化され，機能の分業が行われている

- すべての細胞は**細胞膜**で仕切られている．
- **原核細胞**は核や他の膜で包まれた**細胞小器官**をもたない．一方，**真核細胞**は内部がさまざまな膜で区画化され，機能の分業が行われている．
- 表面積対体積比は細胞の大きさと形に関係する１つの重要なパラメータである．
- 植物と動物の細胞はほとんど同じ細胞小器官をもつ．それらは核，小胞体，ゴルジ装置，ミトコンドリアなどである．いくつかの細胞小器官は植物細胞または動物細胞にのみ見られる．葉緑体は光合成を行う真核細胞にのみ存在する．

? 真核細胞の区画化は，その生化学的機能にどのように寄与しているか．

	細胞構成要素（細胞小器官）	構　造	機　能
6.3 **真核細胞の遺伝的指令は核の中にあり，その指令はリボソームによって実行される** ? 核とリボソームの関係について述べなさい．	核	核膜孔が貫通した核膜（二重膜）で包まれている．核膜は小胞体（ER）と連続している．	クロマチン（DNA とタンパク質）からなる染色体を収納する．核小体をもつ．核小体ではリボソームのサブユニットがつくられる．核膜孔は物質の出入りを制御する．
	リボソーム	リボソーム RNA とタンパク質からなる２つのサブユニットで構成される．サイトゾルに遊離しているか，または，小胞体に結合している．	タンパク質合成
6.4 **内膜系はタンパク質の輸送を制御し，細胞の代謝機能を遂行する** ? 内膜系における小胞輸送が果たす重要な役割について述べなさい．	小胞体（ER）	膜の細管と小胞が結合した長大な膜胞の網状構造．その膜によって内腔とサイトゾルを隔てる．核膜と連続している．	滑面小胞体：脂質合成，糖の代謝，カルシウムイオンの貯蔵，薬物や毒物の解毒． 粗面小胞体：小胞体の膜に結合したリボソームでの分泌タンパク質とその他のタンパク質の合成にかかわる．タンパク質に糖鎖を付加して糖タンパク質をつくる．膜を新生する[*8]．

＊8（訳注）：膜のないところから，膜を新たにつくるのではなく，小胞体膜を成長させる．

	細胞構成要素(細胞小器官)	構 造	機 能
	ゴルジ装置	扁平な膜胞が積み重なっている.極性がある(両端をシス側とトランス側とよぶ).	タンパク質,タンパク質に結合した糖鎖,リン脂質,これらの修飾.多くの多糖の合成.ゴルジ装置でつくられた物質の選別と小胞への送り込み.
	リソソーム	動物細胞に見られる加水分解酵素含む膜胞	摂取した物質,細胞内の巨大分子,損傷した細胞小器官の成分を再利用するために,それらを分解する.
	液胞	大きな膜胞	消化,貯蔵,不要物の廃棄,水分のバランス維持,細胞成長,保護.
6.5 **ミトコンドリアと葉緑体はエネルギーをある形から別の形に変換する** ? 細胞内共生説はミトコンドリアと葉緑体の起源についてどのように主張しているか,説明しなさい.	ミトコンドリア	二重膜で包まれている.内膜にはひだ(クリステ)がある.	細胞呼吸
	葉緑体	通常,液相のストロマを二重膜が包み,その内部に積み重なってグラナを形成するチラコイドがある.	光合成(植物など,光合成を行う真核生物の細胞に存在する)
	ペルオキシソーム	一重膜で包まれた,ある特化した代謝を行う区画	さまざまな基質から水素原子を酸素に転移し,過酸化水素(H_2O_2)を副産物として生じる.H_2O_2は他の酵素によって水に変換される.

6.6

細胞骨格は細胞の構造と活動を組織化する繊維のネットワークである

- **細胞骨格**は細胞構造の支持,運動,シグナル伝達のための機能をもつ.
- **微小管**は細胞の形の決定,細胞小器官の動きの道案内,細胞分裂の際の染色体の分配を行う.**繊毛**と**鞭毛**は微小管をもつ運動器官である.一次繊毛はシグナルの感知と伝達の役割ももつ.**アクチンフィラメント**は細い棒状で筋収縮,アメーバ運動,**原形質流動**,微絨毛の支持の機能をもつ.**中間径フィラメント**は細胞の形の支持や細胞小器官を決まった場所に固定する.

? モータータンパク質の真核細胞内での役割と細胞全体の運動における役割について述べなさい.

6.7

細胞外成分と細胞間の結合は細胞のさまざまな活動の連係を可能にする

- 植物の**細胞壁**は,セルロースの繊維が他の多糖とタンパク質の間に埋め込まれた形でつくられている.
- 動物細胞は,糖タンパク質とプロテオグリカンを分泌して,細胞の支持,接着,運動,制御に働く**細胞外マトリクス**を形成する.
- 細胞結合は隣接する細胞を結合する.植物は接着する細胞壁を貫通する**原形質連絡**をもつ.動物細胞は**密着結合**,**デスモソーム**,**ギャップ結合**をもつ.

? 植物の細胞壁と動物細胞の細胞外マトリックスの構造と機能を比較しなさい.

6.8

細胞はそれを構成する各部の総和以上の存在である

- 多くの要素が協働して1つの細胞機能を果たす.

? ある細胞が細菌を捕食するとき,核はどのような役割を果たすか.

理解度テスト

レベル1:知識/理解

1. 内膜系の1つでないのはどれか.
   (A) 核膜　(C) ゴルジ装置
   (B) 葉緑体　(D) 細胞膜

2. 植物と動物の細胞で共通の構造はどれか.
(A) 葉緑体　(C) ミトコンドリア
(B) 中央液胞　(D) 中心小体

3. 原核細胞に存在するのは次のうちどれか.
(A) ミトコンドリア　(C) 核膜
(B) リボソーム　(D) 葉緑体

レベル2：応用／解析

4. シアン化物はATP合成にかかわる分子の少なくとも1つに結合する. 細胞にシアン化物を与えたとき, シアン化物のほとんどは次のどの内部に見出されるか.
(A) ミトコンドリア　(C) ペルオキシソーム
(B) リボソーム　(D) リソソーム

5. リソソームの研究に最も適した細胞はどれか.
(A) 筋細胞　(C) 細菌細胞
(B) 神経細胞　(D) 食作用を行う白血球

6. **描いてみよう**　2つの真核細胞を思い出しながら, その図を描きなさい. 以下に列挙した構造の名称を図中に記しなさい. また. それぞれの細胞内のそれらの構造の物理的つながりがわかるように描きなさい.

核, 粗面小胞体, 滑面小胞体, ミトコンドリア, 中心体, 葉緑体, 液胞, リソソーム, 微小管, 細胞壁, 細胞外マトリクス, アクチンフィラメント, ゴルジ装置, 中間径フィラメント, 細胞膜, ペルオキシソーム, リボソーム, 核小体, 核膜孔, 小胞, 鞭毛, 微絨毛, 原形質連絡

レベル3：統合／評価

7. **進化との関連**　(a) 進化の観点から見て細胞構造上の統一性を最も表すのは細胞構造のどの点か. (b) 細胞構造が特化したものを, 多様性の例として1つ挙げなさい.

8. **科学的研究**　細胞膜に輸送され, 組み込まれる膜貫通型タンパク質Xを想像しなさい. タンパク質Xの遺伝情報を担うmRNAが培養細胞においてリボソームですでに翻訳されていたとする. 細胞を分画(図6.4参照)したとき, そのタンパク質はどの画分に見出されるか. 細胞内の経路を示して説明しなさい.

9. **テーマに関する小論文：組織化**　生命を定義づけるいくつかの特徴を考察し, また, 細胞の構造と機能についての知識を利用して, 次の一文について300〜450字で考察しなさい.「生命は細胞のレベルで現れる創発特性をもっている.」(1.1節を参照).

10. **知識の統合**

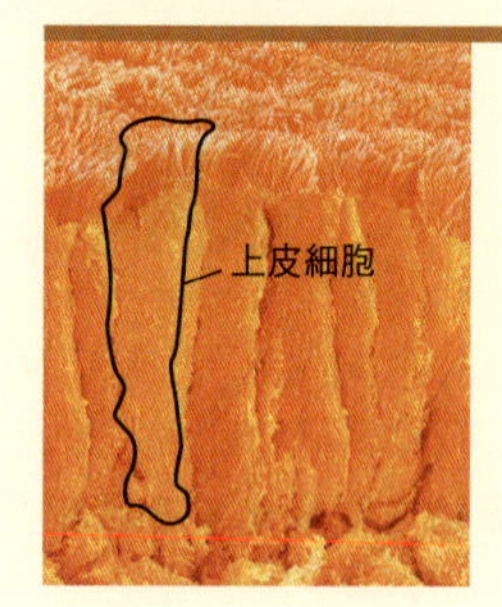
上皮細胞

このSEM像の細胞は小腸の上皮細胞である. 上皮細胞には栄養物の吸収, そして小腸の内容物と上皮細胞のもう一方の側で供給される血液との間の境界としての役割という, 特化した機能がある. これらの機能に対して, 上皮細胞の形態がどのように役立っているか考察しなさい.

(一部の解答は付録A)

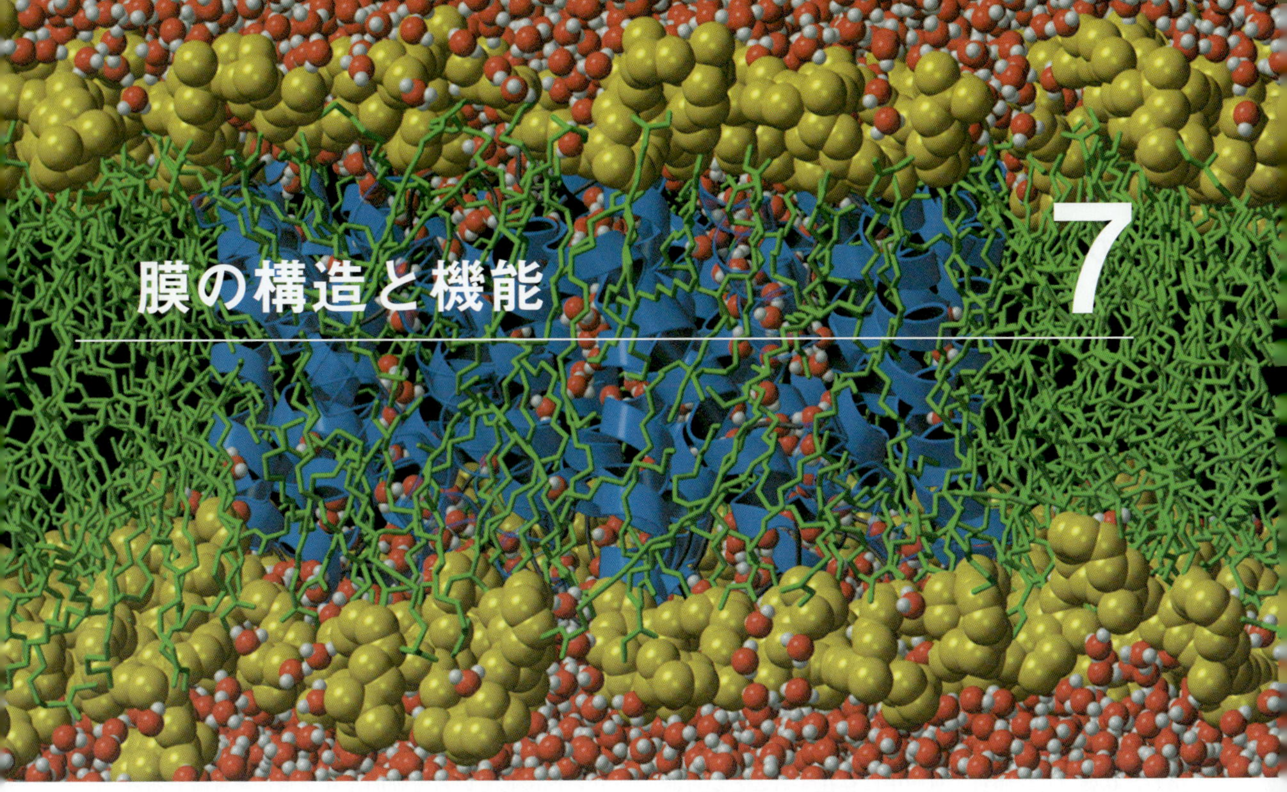

膜の構造と機能 7

▲図 7.1　アクアポリン（青いリボン）のような細胞膜のタンパク質は化学物質の輸送の制御にどのようにかかわっているか．

重要概念

7.1 細胞の膜は脂質とタンパク質の流動モザイクである

7.2 膜の構造は膜の選択的な透過性をもたらす

7.3 受動輸送では，エネルギーを消費することなく物質が拡散によって膜を通過する

7.4 能動輸送はエネルギーを使って溶質を勾配に逆らって輸送する

7.5 細胞膜を通過する一括輸送はエキソサイトーシスとエンドサイトーシスによって行われる

▼カリウムイオンチャネルのタンパク質

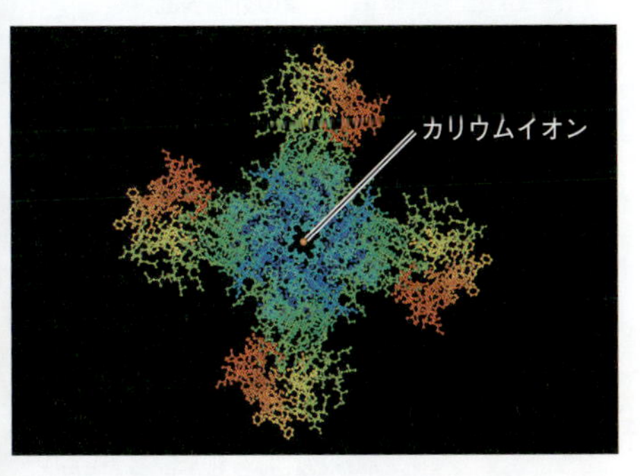
カリウムイオン

境界なくして生命はない

細胞膜は生命体の縁，つまり，生きている細胞を生命のない外囲から隔て，物質の出入りを制御する境界である．すべての生体膜と同じく，細胞膜は，ある物質は他の物質よりも容易に透過させるという**選択的透過性 selective permeability** を示す．細胞が化学的な物質交換を行う際の識別能力は，生命の基本条件である．そして，この選択性を可能にしているのが細胞膜であり，その構成分子である．

本章では，細胞の膜がどのようにして物質透過を制御しているかを学ぶ．そして，多くの場合，輸送タンパク質も制御にかかわっているので，輸送タンパク質についても学ぶ．たとえば，図 7.1 は，膜のリン脂質二重層の一部の断面のコンピュータモデルである（親水性基は黄色，疎水性基は緑色）．脂質二重層の中の青いリボンはアクアポリンとよばれる膜輸送にかかわるチャネルタンパク質を示す．このタンパク質 1 分子で毎秒数十億個の水分子（赤色と灰色）の膜透過を可能にする．この速度は膜だけ（アクアポリンなし）の場合に比べて格段に速い．別のタイプの輸送タンパク質は左下に示すイオンチャネルである．これはカリウムイオンの膜透過を可能にする．細胞膜とそのタンパク質が，どのようにして，細胞が生存し，機能することを可能にしているかを理解するために，膜の構造を調べ，次に細胞膜が細胞を出入りする輸送をどのようにして制御しているかを探究しよう．

7.1

細胞の膜は脂質とタンパク質の流動モザイクである

炭水化物も重要な成分であるが，脂質とタンパク質は膜の主要成分である．多くの膜で最も多い脂質はリン脂質である．リン脂質が膜を形成する能力は，その分子構造に由来する．リン脂質は，親水性領域と疎水性領域の両方をもつ**両親媒性 amphipathic** 分子である（図 5.11 参照）．他の種類の膜脂質もまた両親媒性である．リン脂質二重層は2つの水溶性区画の間の安定な境界として存在し得る．なぜなら，その分子配置が，リン脂質の疎水性の尾部を水から隠し，親水性の頭部を水に向けているからである（図 7.2）．

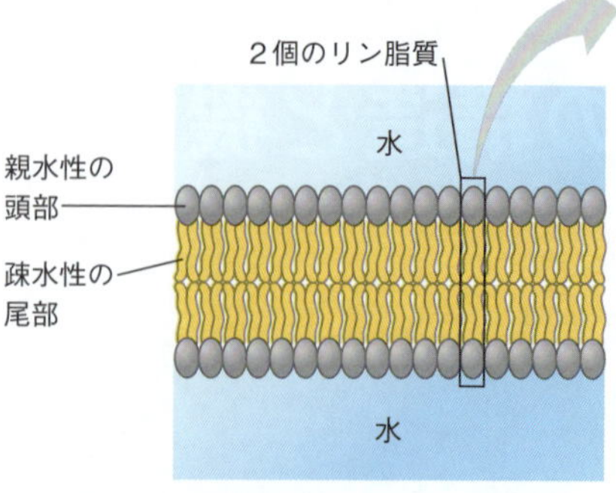
2個のリン脂質
水
親水性の頭部
疎水性の尾部
水

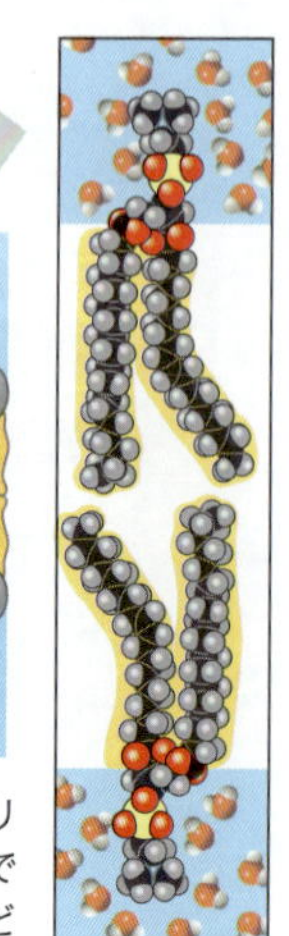

▼図 7.2　リン脂質二重層（断面）．

図読み取り問題➤図 5.11 を参考にして，右のリン脂質の拡大図の親水性部分と疎水性部分を丸で囲みなさい．リン脂質が細胞膜中にあるとき，どの部分がそれぞれ何に接しているか説明しなさい．

膜脂質と同様に，ほとんどの膜タンパク質も両親媒性である．このようなタンパク質は親水性領域を突き出した状態でリン脂質二重層中に存在することが可能である．このような分子の配向はタンパク質の親水性領域をサイトゾルと細胞外液の水と最大限接触させ，他方，疎水性領域を非水溶性環境に向けさせる．図 7.3 は現在受け入れられている細胞膜の分子構築のモデルである．この**流動モザイクモデル fluid mosaic model** では，膜は，さまざまなタンパク質がモザイク状に浮遊している流動的なリン脂質二重層である．

しかし，膜タンパク質は膜の中でランダムに分布しているわけではない．一群のタンパク質が長期間存続する特別な集塊（パッチ）として集まって，同じ機能を果たしていることが多い．研究者はこのような集塊（パッチ）に伴う特異的

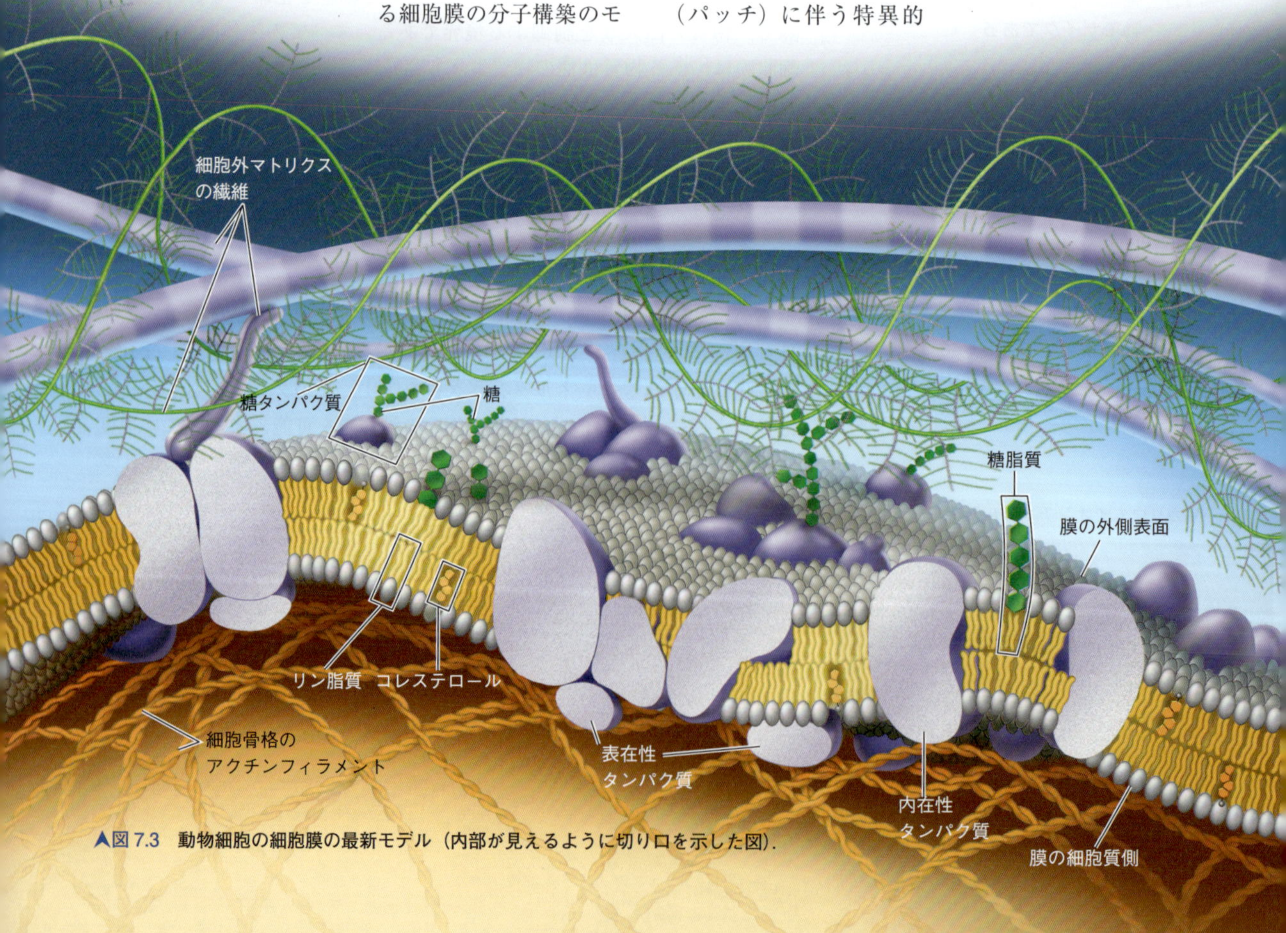
細胞外マトリクスの繊維
糖タンパク質
糖
糖脂質
膜の外側表面
リン脂質
コレステロール
細胞骨格のアクチンフィラメント
表在性タンパク質
内在性タンパク質
膜の細胞質側

▲図 7.3　動物細胞の細胞膜の最新モデル（内部が見えるように切り口を示した図）．

な脂質を見つけ，それらを「脂質ラフト（raft：いかだ)」と名づけた．しかし，そのような構造が生きた細胞に存在するのかどうか，あるいは生化学の技術上の人工産物ではないのかどうかという議論が続いている．どんなモデルでもそうであるが，流動モザイクモデルは，新しい研究が膜の構造についてより多くのことを明らかにするに従って，つねに改訂されている．

膜の流動性

膜は，決まった場所に固定された分子でできた流動性のないシートのようなものではない．膜はおもに，共有結合よりも弱い疎水性相互作用によって保持されている（図 5.18 参照）．脂質のほとんどとタンパク質のあるものは横方向，つまり膜面に沿って動きまわることができる．それは，パーティーに向かう人が人混みをかき分けて進むのと似ている．しかし，1つの分子が，とんぼ返りをするように膜を横切って回転すること，つまり，リン脂質の一方の層からもう一方の層へ移ることはきわめてまれである．

リン脂質の膜内での横方向の運動は速い．隣接するリン脂質同士が毎秒 10^7 回も位置を交代する．このことは，1つのリン脂質が1秒間に 2 μm（典型的な細菌細胞の長さ）移動し得ることを意味する．タンパク質は脂質よりもずっと大きいので動くのが脂質よりも遅いが，膜タンパク質の中には，図 7.4 の古典的な実験で示されるように，漂流するように動いていくものがある．いくつかの膜タンパク質は高度に方向性をもって動くように思われる．おそらく，膜タンパク質の細胞質側の部位に結合したモータータンパク質によって，細胞骨格の繊維に沿って動かされているのだろう．しかし，他の多くの膜タンパク質は，細胞骨格または細胞外マトリクスとの結合によって固定されていると思われる（図 7.3 参照）．

膜は温度が低下していっても，リン脂質が動きを止めて密に詰め込まれた配置をとるまで流動性を保持するが，ベーコンの油が固まるくらいに低温になると膜は固体化する．膜が固体化する温度は，膜を構成する脂質のタイプに依存する．膜は，不飽和炭化水素の尾部をもつリン脂質に富んでいれば，膜はより低い温度になるまで流動性を保持する（図 5.10，図 5.11 参照）．尾部が二重結合の部位で折れ曲がり，そのために不飽和炭化水素の尾部は飽和炭化水素の尾部のように密に詰め込むことができない．そして，そのために膜がより流動性を増すのである（図 7.5 a)．

ステロイドであるコレステロールは，動物細胞の細胞膜のリン脂質分子の間に割り込むようにして存在しているが，膜の流動性に関して，温度によって異なった影響を与える（図 7.5 b)．たとえば，ヒトの体温または 37 ℃のような比較的高い温度では，コレステロ

▼図 7.4
研究　膜タンパク質は移動するだろうか

実験　ジョンズ・ホプキンス大学のラリー・フライ Larry Frye とマイケル・エディディン Michael Edidin は，マウスとヒトの細胞の細胞膜を2つの異なる標識でそれぞれ印をつけてから融合させた．彼らは，顕微鏡で融合細胞の標識を観察した．

結果

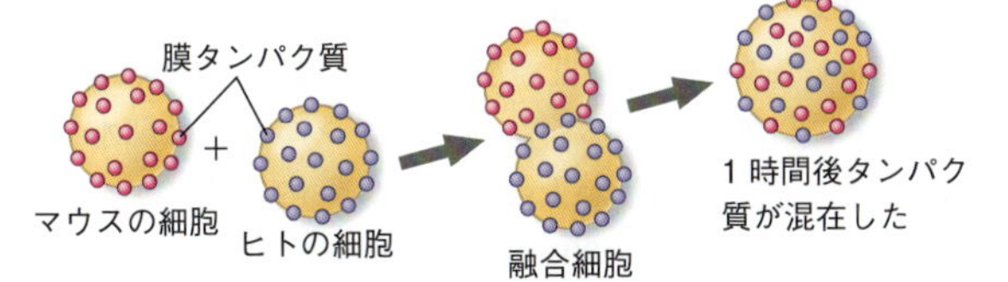
膜タンパク質
マウスの細胞
ヒトの細胞
融合細胞
1時間後タンパク質が混在した

結論　マウスとヒトの膜タンパク質が混合したことは，少なくともいくつかの膜タンパク質が細胞膜の膜面に沿って側方移動することを示している

データの出典　L. D. Frye and M. Edidin, The rapid intermixing of cell surface antigens after formation of mouse-human heterokaryons, *Journal of Cell Science* 7: 319 (1970).

どうなる？➤上の融合細胞で，融合後長時間経っても膜タンパク質が混合しなかったとする．その場合，膜タンパク質は膜内で移動しないと結論づけることができるだろうか．他にどのような説明があり得るだろうか．

▼図 7.5　**膜の流動性に影響する要因．**

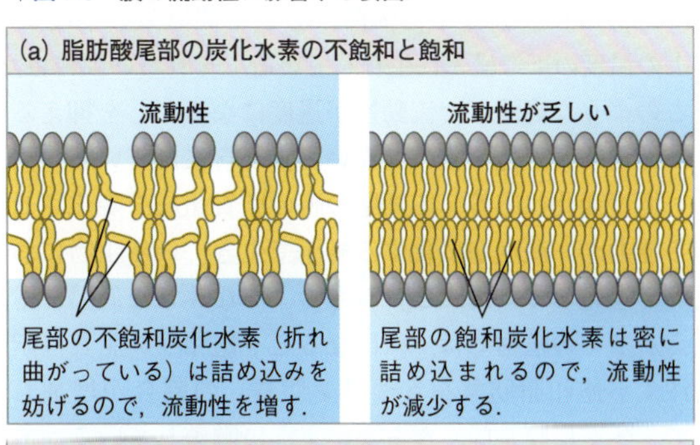
(a) 脂肪酸尾部の炭化水素の不飽和と飽和
流動性
流動性が乏しい
尾部の不飽和炭化水素（折れ曲がっている）は詰め込みを妨げるので，流動性を増す．
尾部の飽和炭化水素は密に詰め込まれるので，流動性が減少する．

(b) 動物細胞の膜内のコレステロール

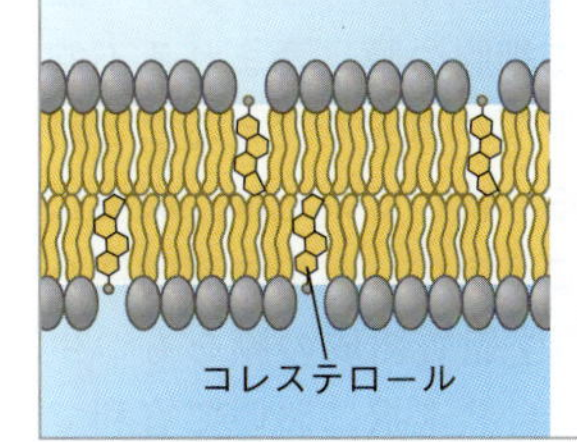
コレステロール

コレステロールは温和な温度では，リン脂質の移動を妨げることによって膜の流動性を減少させる．しかし，低温下ではリン脂質の規則的な詰め込みを妨げることによって膜の固化を防ぐ．

ールはリン脂質の運動を抑制して膜の流動性を低くする．しかし，コレステロールはリン脂質の密な詰め込みを妨げもするので，膜の固化に必要な温度を低くする．したがって，コレステロールは，温度変化によって起因する膜の流動性の変動に抗するので，「温度に対する緩衝剤」と考えることができる．動物に比べて，植物はコレステロール含量がきわめて低い．そのため，コレステロールではなく，類縁のステロイドである脂質が植物細胞の膜の流動性の「温度に対する緩衝剤」になっている．

膜は正常に機能するためには流動体でなければならない．膜の流動性は，透過性と膜タンパク質がその機能を必要とする部位にまで移動する能力に影響する．通常は，膜はサラダ油と同じように流動体である．膜が固体化すると透過性は変化し，膜の酵素タンパク質は，もしその活性が膜内での移動を必要とするものであれば，活性を失う．しかし一方で，膜が過度に流動的であると，タンパク質の機能を支持することができない．したがって，極端な環境は生命にとって厳しい試練となるので，その結果，適応進化として，膜によって脂質組成の違いが見られることになった．

進化によって膜の脂質組成の違いが生じた

進化　多くの種における膜脂質の組成の違いは，特定の環境条件下で良好な流動性を維持するための適応進化であるらしい．たとえば，きわめて低い温度下で生きている魚類の膜の脂質は不飽和炭化水素の尾部を高い割合でもつため，膜の流動性を維持することができる（図7.5a参照）．これとまったく反対の例として，ある種の細菌や古細菌は温泉や間歇泉(かんけつせん)の90℃以上の温度の下で盛んに生育している．それらの膜には，このような高温下で流動性が過度になることを抑えると考えられる他の膜にはない脂質が含まれている．

温度変化に応答して細胞の膜の脂質組成を変化させる能力が，温度が変化する場所で生きている生物において進化してきた．冬コムギのような非常な低温に耐える多くの植物では，秋になると不飽和リン脂質（訳注：不飽和脂肪酸をもつリン脂質）の割合が増加して，冬季に膜が固くならないように調整している．ある種の細菌や古細菌も，生育場所の温度に応じて細胞の膜に含まれる不飽和リン脂質の割合を変えることができる．概していえば，環境に対して適切なレベルの流動性をもたらす脂質組成の膜をもつ生物が，自然選択において有利で

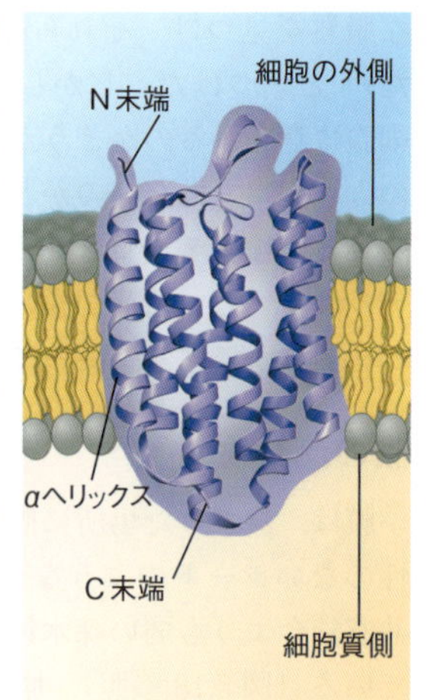
N末端
細胞の外側
αヘリックス
C末端
細胞質側

➤**図7.6　膜貫通型タンパク質の構造．** バクテリオロドプシン（細菌の輸送タンパク質の1つ）は膜の中で，N末端を細胞の外に，そしてC末端を中に向けるという独特な配向をとっている．このリボンモデルで疎水性領域の，7つのαヘリックスを含む二次構造を強調して描いている．その部分はほとんどが疎水性の膜内部に存在している．ヘリックス構造ではない親水性の部分は，細胞の外側と細胞質側の水溶液に接している．

あるといえよう．

膜タンパク質とその機能

それでは，流動モザイクモデルの「モザイク」という側面について見てみよう．膜は，左下に示したタイルのモザイクとある程度似ている．さまざまな膜タンパク質がそれぞれ集まりをつくり，脂質二重層である流動性のマトリクスに埋まったコラージュ（貼付け画）のようなものである（図7.3参照）．たとえば，赤血球の細胞膜では，50種類以上のタンパク質が，これまでに見つかっている．リン脂質は膜の骨組みをつくるが，タンパク質は膜の機能のほとんどを決定する．細胞のタイプが異なれば，膜タンパク質の組成も異なり，1つの細胞でも，さまざまな膜がそれぞれ固有のタンパク質の集まりをもっている．

図7.3の内在性タンパク質と表在性タンパク質の2つの主要な膜タンパク質の集団に注目してほしい．**内在性タンパク質 integral protein** は脂質二重層の内部に貫通している．「膜貫通型タンパク質」の多くは膜を完全に貫通しているが，他の膜タンパク質は疎水性の内部に途中までしか入っていない．内在性タンパク質の疎水性領域は，20〜30個の非極性アミノ酸（図5.14参照）が続く領域を1ヵ所またはそれ以上もつ．その領域は通常αヘリックス構造をとっている（図7.6）．タンパク質分子の親水性部分は膜の両側の水溶液に露出している．それらのタンパク質の中には親水性物質（水自身を透過させるものも含まれる．図7.1参照）が膜を通過することを可能にするチャネルを1個以上もつものもある．**表在性タンパク質 peripheral protein** は脂質二重層に埋もれている部分はまったくない．それらは，膜表面に弱く結合しており，内在性タンパク質の露出している部分と結合する場合が多い

(図 7.3 参照).

細胞膜の細胞質側には，いくつかの膜タンパク質が細胞骨格に結合することによって決まった場所に保持されている．そして外側では，特定の膜タンパク質が細胞外の物質に結合している．たとえば，動物細胞では，膜タンパク質が細胞外マトリクスの繊維に結合しているであろう（図 6.28 参照，「インテグリン」は内在性の膜貫通型タンパク質の1つのタイプである）．これらの結合が組み合わさって，動物細胞に細胞膜単独の場合よりも強い構造を与える．

1個の細胞は，細胞膜を通過する輸送，酵素活性，隣り合った細胞や細胞外マトリクスとの結合のようないくつかの異なる機能をもった複数の細胞膜表面の膜タンパク質をもっていることがある．さらに，1つのタンパク質で複数の機能をもっているものもある．したがって，膜は，膜タンパク質が埋め込まれていることから構造的にモザイクであるが，それだけではなく，多様な機能を担っていることから機能的にもモザイクである．図 7.7 に，細胞膜のタンパク質によって遂行される6つの主要な機能が図示してある．

細胞表面のタンパク質は医学分野で重要である．たとえば，免疫細胞の表面の CD4 とよばれるタンパク質は，ヒト免疫不全ウイルス（HIV）がこれらの免疫細胞に侵入するのを助け，後天性免疫不全症候群（エイズ）を引き起こす．しかし，HIV に何回も接触したにもかかわらず，エイズを発症しない人や HIV に感染したと認められない人が少数存在する．このような人の遺伝子を HIV 感染者の遺伝子と比較することによって，研究者は，HIV に耐性の人が，CCR5 とよばれる免疫細胞表面のタンパク質をコードする遺伝子の変異型をもつことを明らかにした．さらなる研究によって，CD4 は主要な HIV 受容体であるが，ほとんどの細胞の感染において，HIV は「補助受容体」としての CCR5 に結合しなければならないことが明らかにされた（図 7.8 a）．耐性の人の細胞には遺伝子の変異によって CCR5 が欠けているため，HIV ウイルスの細胞への侵入が妨げられる（図 7.8 b）．

この発見は HIV 感染に対する治療法の開発にとっての重要な手がかりとなった．CD4 は細胞内の多くの重要な機能にかかわっているので，CD4 に影響を及ぼすことは危険な副作用を引き起こす．CCR5 という補助受容体の発見によって，このタンパク質を隠して HIV の侵入を阻止する薬剤を開発するための安全な標的が提示された．このような薬剤の1つであるマラビロク（商品名シーエルセントリ）は 2007 年に HIV 治療薬として認可され，現在，この薬が感染はしてい

▼図 7.7　**膜タンパク質の諸機能．** 多くの場合，1つのタンパク質が複数の機能を果たす．

(a) **輸送．**（左）膜貫通型タンパク質が，特定の溶質に対して選択的な，膜を貫通する親水性チャネルをつくる．（右）別の輸送タンパク質は，形を変えることによって，物質を一方の側から他方の側へ輸送する（図 7.14 b 参照）．これらの中にはエネルギー源として ATP を加水分解して，膜を横断して能動輸送する輸送タンパク質もある．

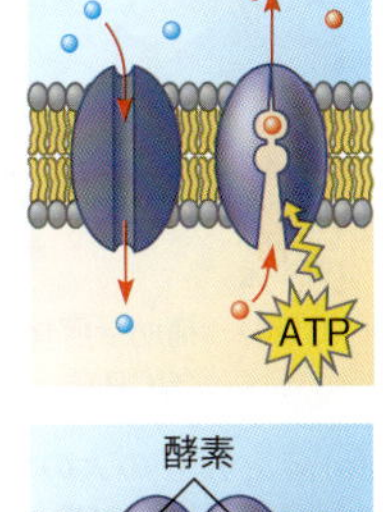
ATP

(b) **酵素活性．** 膜に組み込まれたタンパク質が酵素の場合もある．その活性部位（基質が結合する部位）は，近くの溶液中の基質に対して露出している．ある場合には，膜内にいくつかの酵素が1つのチームとして組織され，ある代謝経路の連続した反応段階を遂行する．

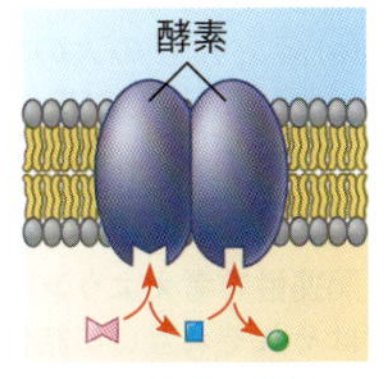
酵素

(c) **シグナル伝達．** 膜タンパク質（受容体）が，ホルモンのような化学的メッセンジャーの形とぴったり合う特異的な形の結合部位をもっている場合がある．外部のメッセンジャー（シグナル分子）は，その膜タンパク質の形の変化を引き起こす．そして，通常，その膜タンパク質が細胞質のあるタンパク質と結合することによって情報が細胞の内部に伝達される（図 11.6 参照）．

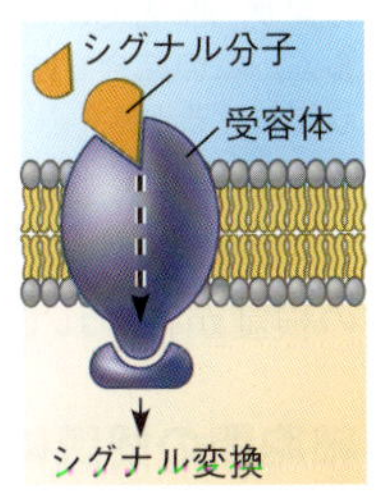
シグナル分子
受容体
シグナル変換

(d) **細胞間の認識．** ある種の糖タンパク質は，その細胞であることを示す名札として機能し，他の細胞によって特異的に認識される．このタイプの細胞間結合は (e) で示した場合と比べて，通常寿命が短い．

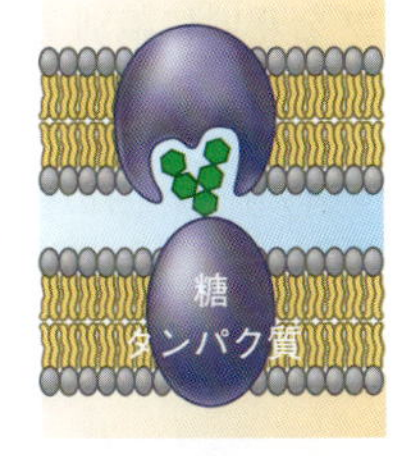
糖
タンパク質

(e) **細胞間結合．** 隣接する細胞の膜タンパク質は，ギャップ結合や密着結合のような（図 6.30 参照）さまざまな種類の結合において，細胞同士をつなぎ止める．このタイプの細胞間結合は (d) で示した場合と比べて，通常寿命が長い．

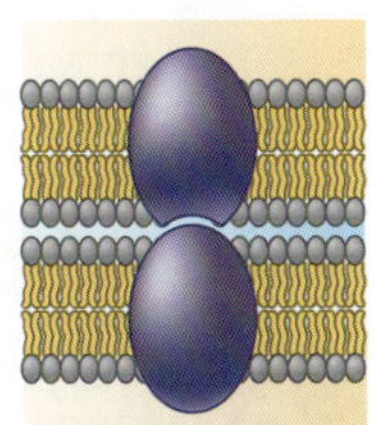

(f) **細胞骨格や細胞外マトリクスとの結合．** アクチンフィラメントや他の細胞骨格成分は，膜タンパク質と非共有結合で結合して，細胞の形を維持し，特定の膜タンパク質の局在を安定化させている．細胞外マトリクス分子に結合するタンパク質は細胞外と細胞内の変化を連絡し調整することが可能である（図 6.28 参照）．

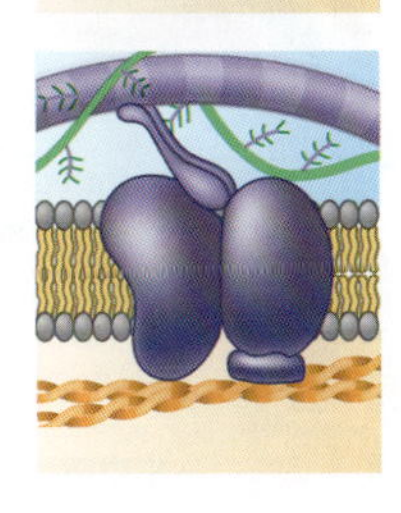

図読み取り問題▶膜貫通型タンパク質のあるものは，特定の細胞外マトリクス分子と結合することができる．そのとき，あるシグナルが細胞内に伝達される．(c) と (f) に示した図を用いて，このことがどのようにして起こるかを説明しなさい．

▼図 7.8　HIV 耐性の遺伝的基礎.

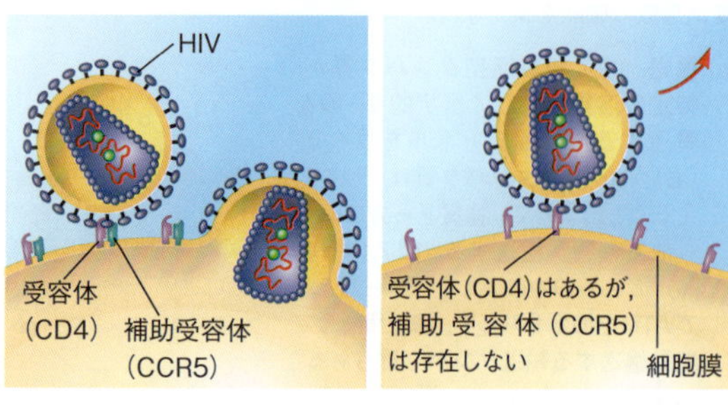
HIV
受容体
(CD4)
補助受容体
(CCR5)
受容体(CD4)はあるが,
補助受容体(CCR5)
は存在しない
細胞膜

(a) ほとんどの人の免疫細胞は表面に CCR5 をもつが，そのような細胞は HIV に感染する.

(b) 感染耐性の人の免疫細胞は表面に CCR5 をもたない．そのような細胞は HIV に感染しない.

関連性を考えよう➤図 2.16 と図 5.17 をよく見なさい．2 つの図はそれぞれ互いに結合している 1 対の分子を示している．CCR5 の何が HIV と CCR5 の結合を可能にしていると考えられるか．また，この結合を妨げる薬物分子があるとすれば，どのようにして妨げるか.

ないが感染のおそれがある患者に対して有効かどうかの検証が行われている.

細胞間の認識における膜の糖の役割

細胞間の認識，つまり，細胞が隣接する細胞のタイプを互いに識別する能力は，生物の機能にとってきわめて重要である．たとえば，それは動物の胚において細胞を選別して組織や器官を形成するうえで重要である．それはまた，外来の細胞を免疫システムによって拒絶するための基礎であり，脊椎動物の生体防御における重要な防衛線である（43.1 節参照）．細胞は，細胞膜の外側表面の分子（多くは糖である）に結合することによって他の細胞を識別している（図 7.7d 参照）.

膜の糖（炭水化物）は通常 15 個以下の糖の単位がつながった，枝分かれした短い鎖状分子である．これらの糖のうちあるものは脂質と共有結合し，**糖脂質 glycolipid** とよばれる分子を形成する（glyco は分子中に糖が存在することを意味する）．しかし，多くはタンパク質と共有結合している．したがってそれらは**糖タンパク質 glycoprotein** とよばれる（図 7.3 参照）.

細胞膜の外側表面にある糖鎖は，種間や種内の個体間，さらに同一個体の異なるタイプの細胞間でさえ異なる．分子としての多様性と細胞表面での局在部位の多様性によって，膜の糖鎖は別の細胞を識別するための標識になり得ている．たとえば，A，B，AB，O という 4 つの型で表されるヒトの血液型は，赤血球細胞表面の糖鎖の違いを反映したものである.

膜の合成と膜の表裏

膜には違いが明確な内と外の面がある．脂質の 2 つ

▼図 7.9　膜成分の合成と膜内での配向. 細胞膜のサイトゾル側の層（オレンジ色）は細胞外側の層（淡青色）と異なる．細胞外側の層は小胞体，ゴルジ装置，そして小胞の膜の内側の層に由来する.

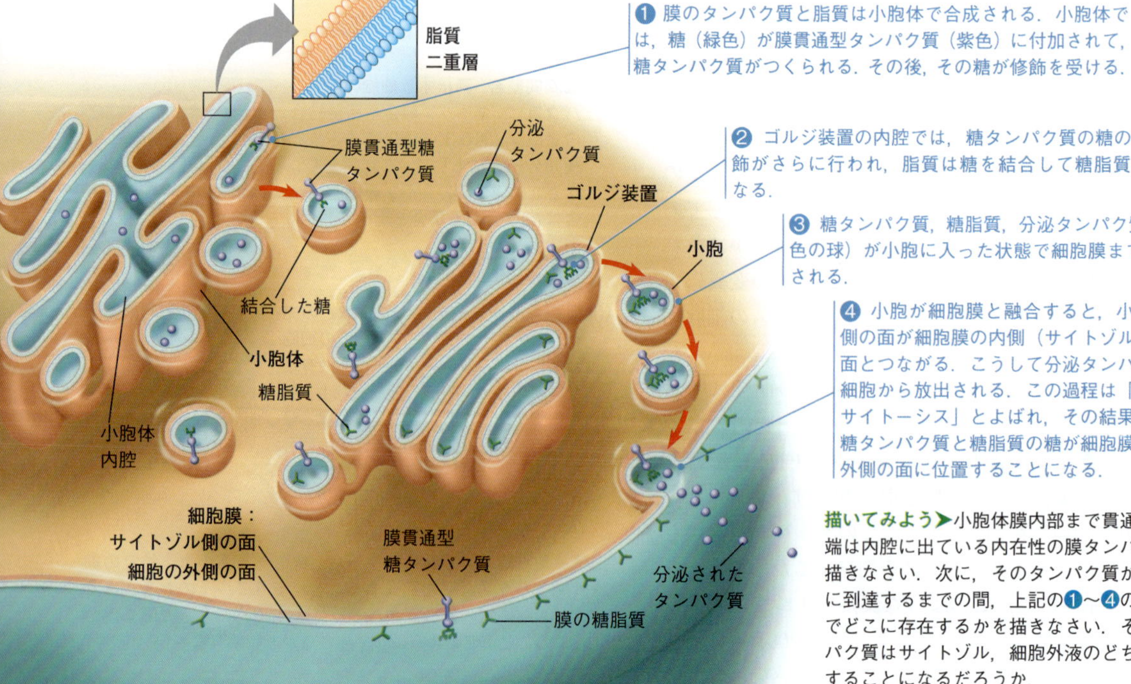
脂質
二重層
❶ 膜のタンパク質と脂質は小胞体で合成される．小胞体では，糖（緑色）が膜貫通型タンパク質（紫色）に付加されて，糖タンパク質がつくられる．その後，その糖が修飾を受ける.
膜貫通型糖
タンパク質
分泌
タンパク質
ゴルジ装置
❷ ゴルジ装置の内腔では，糖タンパク質の糖の修飾がさらに行われ，脂質は糖を結合して糖脂質になる.
❸ 糖タンパク質，糖脂質，分泌タンパク質（紫色の球）が小胞に入った状態で細胞膜まで輸送される.
小胞
結合した糖
小胞体
糖脂質
小胞体
内腔
❹ 小胞が細胞膜と融合すると，小胞の外側の面が細胞膜の内側（サイトゾル側）の面とつながる．こうして分泌タンパク質が細胞から放出される．この過程は「エキソサイトーシス」とよばれ，その結果，膜の糖タンパク質と糖脂質の糖が細胞膜の細胞外側の面に位置することになる.
細胞膜：
サイトゾル側の面
細胞の外側の面
膜貫通型
糖タンパク質
分泌された
タンパク質
膜の糖脂質

描いてみよう➤小胞体膜内部まで貫通し，他端は内腔に出ている内在性の膜タンパク質を描きなさい．次に，そのタンパク質が細胞膜に到達するまでの間，上記の❶〜❹の各段階でどこに存在するかを描きなさい．そのタンパク質はサイトゾル，細胞外液のどちらに接することになるだろうか.

の層は脂質組成が通常異なり，それぞれの層のタンパク質は膜の中で決まった方向に配向している（図 7.6 参照）．図 7.9 に膜の表裏がどのようにして生じるかが示されている．細胞膜のタンパク質，脂質，そしてそれらに結合した糖の非対称的な配置は，膜が小胞体（ER）とゴルジ装置によって構築されていくときに決定される（図 6.15 参照）．

概念のチェック 7.1

1. **図読み取り問題**➤糖は小胞体で細胞膜のタンパク質に結合される（図 7.9 参照）．細胞膜に輸送される過程で，糖は小胞の膜のどちらの面に結合するか．

2. **どうなる？**➤温泉のまわりの熱い土壌で見られる植物と熱くない土壌の植物で，脂質組成はどのように異なるか，説明しなさい．

（解答例は付録 A）

7.2

膜の構造は膜の選択的な透過性をもたらす

生体膜は超分子構造の非常に見事な例の1つである．つまり，多数の分子が秩序をもってより高次に組織化された，個々の分子の性質を超えた創発特性をもった構造である．本章の後の部分で，それらの特性の中の1つに焦点を当てる．それは，細胞の境界を通過する輸送を制御する能力であり，細胞の生存に不可欠な機能の1つである．そこで，構造と機能の適合ということを再び知ることになるだろう．流動モザイクモデルは，細胞内の分子の輸送を膜がどのようにして制御しているかを説明してくれる．

小さな分子やイオンの輸送が定常状態にあるときは，細胞膜を横切って両方向にそれらが移動する．筋細胞とそのまわりの細胞外液の間の化学物質の交換を考えてみよう．糖，アミノ酸，その他の栄養物質が細胞内に入り，代謝で生じた不要物が出ていく．細胞は細胞呼吸のために酸素を取り込み，二酸化炭素を放出する．また，細胞は，Na^+，K^+，Ca^{2+}，Cl^- のような無機イオンを，細胞膜を横切って外へあるいは内へ輸送することによって，それらの濃度を調節する．膜経由の輸送は大量に行われるが，細胞の膜は選択的透過性をもつので，いろいろな物質が無差別に障壁を通るわけではない．細胞は小分子やイオンを，あるものについては取り込み，他のものについては排出する．

脂質二重層の透過性

非極性分子，たとえば炭化水素，二酸化炭素，酸素などは疎水性なので，膜の脂質二重層に溶け込んで，膜タンパク質の助けなしに容易に透過することができる．しかし，膜の中層部は疎水性なので，親水性のイオンや極性分子が膜を直接通過するのは妨げられる．グルコースや他の糖のような極性分子は脂質二重層をゆっくりとしか通過しない．水は非常に小さな極性分子であるが，そのような水でさえも，非極性分子に比べて透過はあまり速くない．電荷をもった原子または分子，そしてそのまわりを囲む水の殻（図 3.8 参照）は，膜の疎水性の内部を非常に通過しにくい．さらにいえば，脂質二重層は細胞の選択的透過性にかかわる門番役の1つにすぎない．膜に組み込まれたタンパク質が，輸送の制御において重要な役割を担っているのである．

輸送タンパク質

特定の複数のイオンや多様な極性分子はそれ自身で細胞の膜を通過できない．しかし，これらの親水性の物質は，膜を貫通している**輸送タンパク質 transport proteins** 経由で通過することによって，脂質二重層と接触しなくてもすむ．

「チャネルタンパク質」とよばれる輸送タンパク質は，親水性のチャネル（通路）として機能するものであり，それらのチャネルは，特定の分子や原子のイオンが膜を貫通するためのトンネルとして使われる（図 7.7a，左側の図参照）．たとえば，ある細胞で，水分子の膜透過が，**アクアポリン aquaporin**（図 7.1 参照）という名で知られているチャネルタンパク質によって著しく促進される．個々のアクアポリンは毎秒 30 億分子の水を通過させることができる．その際に，アクアポリンの中央にあるチャネルには一度に 10 個の水分子が取り込まれていて，それらが一列になって通過していくのである．アクアポリンがなければ，細胞膜の同じ面積あたり毎秒，ほんのわずかな量の水分子しか通過しない．したがって，このチャネルタンパク質によって透過速度を著しく増加させるのである．「運搬体タンパク質」とよばれる別の輸送タンパク質は，その荷物を保持したまま形を変えることによって，荷物を膜の反対側に輸送し，またもとに戻る（図 7.7a，右図参照）．

輸送タンパク質は輸送する物質に特異的で，ある決まった1つまたは少数の類似の物質の膜透過を可能にする．たとえば，赤血球の細胞膜にある特異的な運搬体タンパク質は，グルコースをその運搬体タンパク質がない場合に比べて5万倍速く細胞膜を透過させる．この「グルコース輸送体」は，選択性が非常に高いので，グルコースの構造異性体であるフルクトース（果糖）でさえも受けつけない．したがって，膜の選択的透過性は，脂質二重層という選別的な障壁と，膜に組み込まれた特異的な輸送タンパク質の両方に依存している．

膜を横切る輸送の「方向」は何が決めているのであろうか．そして，どのようなしくみで分子が膜を通過しているのだろうか．これらの疑問については，次節で膜輸送の2つの様式，つまり受動輸送と能動輸送について調べる際に述べることにしよう．

概念のチェック 7.2

1. O_2 と CO_2 の2つの分子が膜タンパク質の助けを借りずに脂質二重層を透過できるのは，どのような性質によるか．
2. **図読み取り問題**➤図7.2をよく見なさい．水分子が膜を横切って迅速かつ大量に移動するために輸送タンパク質を必要とするのはなぜか．
3. **関連性を考えよう**➤アクアポリンはヒドロニウムイオン（H_3O^+）を透過しない．しかし，アクアポリンの中には，水の他に炭素3個を含むアルコールであるグリセロール（図5.9参照）を透過させることのできるものもある．H_3O^+の大きさはグリセロールのそれよりも水に近いが，この場合の選択性は何に基づいているだろうか．

（解答例は付録A）

7.3

受動輸送では，エネルギーを消費することなく物質が拡散によって膜を通過する

分子はそのたえず動き回る運動に起因する熱というタイプのエネルギーをもっている（3.2節参照）．この運動の結果の1つとして**拡散 diffusion**があり，この運動によって，どのような物質の粒子でも，与えられた空間で分散していく．各分子はランダムに運動するが，分子の「集団」の拡散には方向性がある．この過程を理解するために，水と色素水溶液を隔てている人工膜を想像してみよう．図7.10aを注意深く学んで，両方の水溶液の色素の濃度が拡散の結果，どのようにして等しくなるかを理解しよう．いったんそうなると，動的な平衡状態に到達する．すなわち，膜を毎秒横切る分子の数はどちらの方向も同じである．

ここで，拡散の簡単な通則を次のように述べることができる．他から力が加えられなければ，物質は濃度の高いほうから低いほうへ拡散する．別の言い方をすると，どんな物質でも，**濃度勾配 concentration gradient**，つまり，ある化学物質の濃度が増加または減少の方向に変化している領域（この場合は減少の方向）を濃度の低いほうへ拡散する．拡散は自発的な過程なので，これが起こるのに仕事は必要ない．各々の物質はそれ自身の濃度勾配に従って拡散するのであって，他の物質の濃度差には影響されないことに注意しよう（図7.10b）．

細胞のさまざまな膜を横断する多くの輸送が拡散によって行われている．ある物質が膜の一方の側で濃度が高いと，膜を横断して低い側へ拡散しようとする（その膜がその物質に対して透過性であると仮定して）．1つの重要な例は，細胞呼吸をしている細胞による酸素の取り込みである．溶けている酸素は細胞膜を通って細胞内に拡散する．入ってくる分子状酸素を細胞呼吸で消費している限り，細胞への拡散は続く．

▼図7.10　**人工膜を通過する溶質の拡散**．模式図の下の大きな矢印はそれぞれその色と同じ色素分子の正味の拡散を表す．

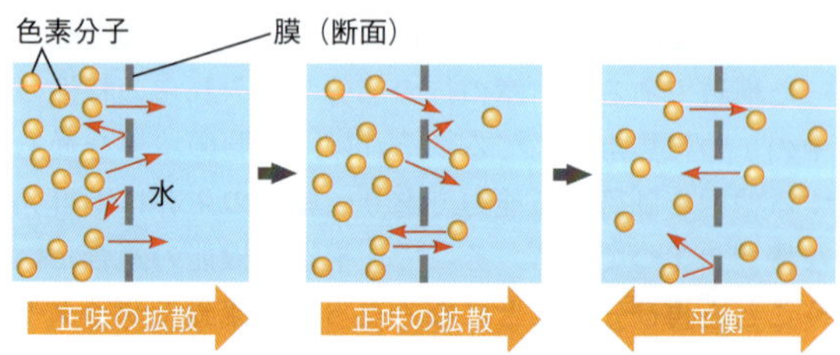
色素分子
膜（断面）
水
正味の拡散
正味の拡散
平衡

(a) **1種類の溶質の拡散**．この膜には色素分子が通過するのに十分な大きさの孔がある．色素分子のランダムな運動によって，色素分子のあるものは通過する．このことは，分子が多い側で，より高い頻度で起こる．色素は濃度が高い側から低い側へ拡散する（「濃度勾配に従って拡散する」という言い方をする）．こうして，動的な平衡に到達する．つまり，溶質分子は依然として膜を横切るが，どちらの方向も同じ速度である．

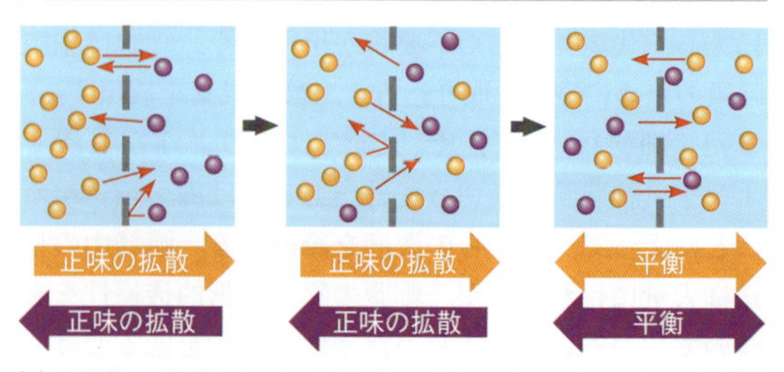
正味の拡散
正味の拡散
平衡
正味の拡散
正味の拡散
平衡

(b) **2種類の溶質の拡散**．2種類の異なる色素が，両方とも通過できる膜で隔てられている．各々の色素はそれぞれの濃度勾配に従って拡散する．紫色の色素の正味の拡散は，溶質全体の濃度が最初左側のほうが高くても，左に向かう．

なぜならば，酸素の濃度勾配は入ってくる方向に合っているからである．

生体膜を横切って起こる物質の拡散は，そのために細胞がエネルギーを必要としないので**受動輸送 passive transport** とよばれる．濃度勾配それ自身がポテンシャルエネルギーであるので（2.2 節，図 8.5 b を参照），拡散を駆動する．しかし，膜は選択的透過性をもっているので，分子が異なれば，その拡散速度に対する膜の作用にも差があることを忘れてはならない．水の場合，細胞膜に存在するアクアポリン（訳注：植物細胞には液胞膜にも存在することが知られている）は，ない場合に比べて，水がその細胞の膜を急速に横切って拡散するのを可能にする．次項で見るように，細胞膜を通る水の移動は，細胞にとって重大な問題である．

水バランスにおける浸透の効果

溶質濃度が異なる 2 つの溶液がどのように相互作用するかを理解するために，2 つの糖溶液が U 字形のガラス管の中で選択的透過性をもつ膜によって仕切られているのを想像してみよう（図 7.11）．この想像上の膜の孔は，糖分子にとっては小さすぎて通ることができないが，水分子には十分大きい．しかし，親水性の溶質分子のまわりを水分子が囲んで，密集した集塊をつくることによって，いくぶんかの水分子が膜を透過できなくなってしまうのである．その結果，高濃度の溶質を含む溶液は「自由水」の濃度が低い．水は膜の両側の溶質濃度がほぼ等しくなるまで，自由水の濃度が高いほう（溶質濃度の低いほう）から低いほう（溶質濃度の高いほう）へ膜を通って拡散するのである．選択的透過性をもつ膜を透過する自由水の拡散は，細胞膜と人工膜のどちらの場合でも，**浸透 osmosis** とよばれる．細胞膜を通る水の移動と細胞と外界の間の水バランスは，生物にとってきわめて重要である．それでは，人工的な系での浸透について学んだことを生きた細胞に適用してみよう．

細胞壁をもたない細胞での水バランス

溶液中の細胞のふるまいを説明するためには，溶質濃度と膜の透過性の両方を考慮しなければならない．両方の要因は**張性 tonicity**，つまり，細胞に水を吸収させたり失わせたりする溶液の能力，という概念の中で考慮されている．溶液の張性は，膜を透過できない溶質（不透過性溶質）の濃度の，細胞内のその溶質濃度に対する相対比にある程度関係する．外液のほうが不透過性溶質の濃度が高いと，水は細胞から出ていく．また，その逆も起こる．

動物細胞のように細胞壁がない細胞が，細胞に対して**等張 isotonic**（iso は「等しい」という意味）の外液に浸されると，細胞膜を通過する水の正味の移動はなくなる．膜を通過する水の拡散はあるが，両方向の拡散速度が同じなのである．等張の環境下では，動物細胞の体積は変化しない（図 7.12 a）．

動物細胞をその細胞に対して**高張 hypertonic**（hyper は「超」の意味，この場合は不透過性溶質の濃度が細胞内での濃度「より高い」という意味）な液に移してみよう．細胞は水を失い，縮み，そしておそらく死ぬだろう．湖の動物が死ぬ一因は湖水の塩分濃度が増加することである．つまり，湖水が動物細胞に対して高張になると，その細胞はしぼみ，そして死んでしまう．しかし，水が入りすぎても，水を失う場合と同様，動物細胞にとって危険である．細胞を，その細胞に対して**低張 hypotonic**（hypo は「より少ない」という意

▼図 7.11 **水バランスにおける浸透の効果．** 糖の濃度が異なる 2 つの溶液が膜で隔てられている．この膜は，溶媒（水）は通過できるが，溶質（糖）は通過できない．水分子はランダムに運動するので，孔を通ってどちらの方向にも透過する．しかし，水全体としては，溶質濃度が低いほうから，高いほうへ拡散する．このような水の受動輸送，つまり，浸透は膜の両側の糖濃度を最終的にほぼ同じにする（濃度が厳密に同じにならないのは，液面が高い側での水圧による．これについては説明を簡略にするため議論しない）．

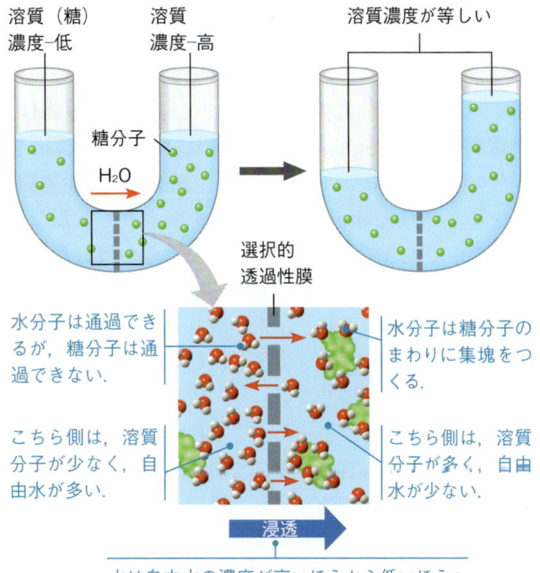
溶質（糖）
濃度-低
溶質
濃度-高
溶質濃度が等しい
糖分子
H_2O
選択的
透過性膜
水分子は通過できるが，糖分子は通過できない．
水分子は糖分子のまわりに集塊をつくる．
こちら側は，溶質分子が少なく，自由水が多い．
こちら側は，溶質分子が多く，自由水が少ない．
浸透
水は自由水の濃度が高いほうから低いほうへ移動する（溶質濃度が低い側から高い側へ）

図読み取り問題▶ この膜を通過できる橙色の色素をこの管の左側に加えたとしたら，この実験で最終的にこの色素はどのような分布をとるだろうか（図 7.10 参照）．管内の溶液の高さに変化は生じるだろうか．

▼図 7.12　**生細胞での水バランス．** 生細胞がその環境の溶質濃度の変化に対する応答の仕方は，細胞壁の有無によって異なる．(a) この赤血球のように，動物細胞は細胞壁をもたない．(b) 植物細胞は細胞壁をもつ（矢印は，細胞をこれらの溶液に浸けた後の正味の水の移動を示す）．

(a) **動物細胞．** 動物細胞は，水の浸透による取り込みや流失を埋め合わせるための適応のしくみを特にもたないので，等張の環境に最も適合している．

(b) **植物細胞．** 植物細胞は一般に，低張の環境下で健全な状態である．そのような条件下では，水の流入は細胞壁が押し返すことによってバランスがとれている．

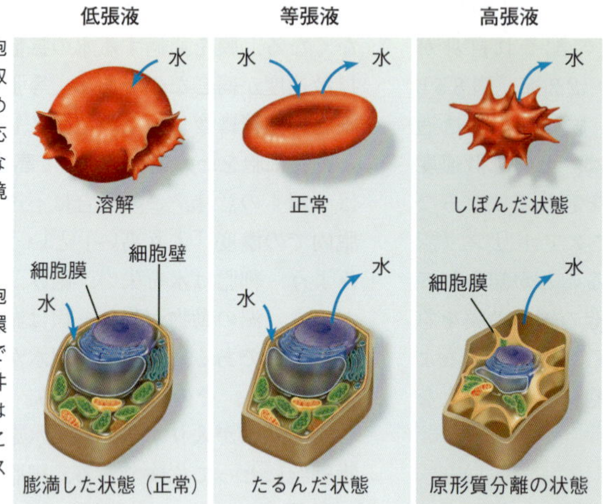
低張液
等張液
高張液
水
水
水
水
溶解
正常
しぼんだ状態
細胞膜
細胞壁
水
水
水
細胞膜
水
膨満した状態（正常）
たるんだ状態
原形質分離の状態

味）な液に移すと，水は出ていくよりも速く入ってくる．そして，細胞は膨潤し，水を詰め込みすぎたゴムまりのように破裂するだろう．

堅固な細胞壁をもたない細胞は水の過度な取り込みにも，過度な流失にも耐えることができない．水バランスのこの問題は，細胞が等張の環境下に生きているときは自動的に解決される．海水は多くの海産無脊椎動物にとって等張である．大部分の陸生（陸地に生息する）動物の細胞はその細胞に対して等張の細胞外液に浸されている．しかし，堅固な細胞壁をもたない生物で，高張または低張の環境下で生きている生物は，**浸透調節** osmoregulation[*1] のために別の適応機構をもたなければならない．たとえば，単細胞の原生生物，ゾウリムシ *Paramecium* は，その細胞よりも低張な池の水の中で生きている．ゾウリムシは他のほとんどの生物の細胞に比べて，水に対する透過性が低い細胞膜をもっているが，これでは水の取り込み速度を遅くするだけで，細胞の中に水は入り続ける．ゾウリムシの細胞がそれでも破裂しないのは，収縮胞という，船体に浸入して船底にたまった水を排出するためのポンプのような細胞小器官をそなえており，浸透によって水が流入するのと同じ速さで水を排出しているからである（図 7.13）．対照的に，高塩環境下に生息している細菌や古細菌（図 27.1 参照）は細胞内外の溶質濃度のバランスを保たせる細胞のしくみをもっているので，水が細胞の外に出ていかないようになっている．動物による浸透調節の適応機構の進化の他の例は 44.1 節で調べることにしよう．

細胞壁をもつ細胞での水バランス

植物や原核生物，菌類，そして原生生物の中のあるものは，その細胞が細胞壁に囲まれている（図 6.27 参照）．このような細胞が，たとえば雨水に浸かるように低張液に浸けられた場合，細胞壁は細胞の水バランスを保つ働きをする．植物細胞を考えよう．動物細胞のように，植物細胞は浸透によって水が流入すると膨らむ（図 7.12 b）．しかし，ある程度弾性をもった細胞壁は少しだけ拡張し，その後は逆に，細胞に対して「膨圧」とよばれる圧力をかけ，水の取り込みに抗するようになる．この時点で，細胞は**膨らんで張り切った** turgid（非常にしっかりした）状態にあり，ほとんどの植物細胞の健全な状態である．木本植物ではなく，ほとんどの園芸植物のような草本植物では，機械的な支持は周囲の低張液によって膨らんで張り切った状態になった細胞に依存している．もし，植物細胞と周囲が等張ならば，水の正味の流入はなく，細胞は**たるんだ** flaccid 軟弱な状態になる．

しかし，細胞が高張な環境に置かれると細胞壁は役に立たない．この場合，植物細胞は，動物細胞と同様，水を周囲に奪われ，しぼむ．植物細胞がしぼむと，細胞膜は細胞壁から離脱する．この現象は，**原形質分離**

＊1（訳注）：本章では，osmoregulation を細胞の水分バランス（浸透 osmosis による水の吸収または失うこと）の調節を意味する用語として「浸透調節」と訳した．浸透調節には，細胞の種類によって異なったしくみがある．動物の場合，水分バランスの調節は，おもに，細胞内外の浸透濃度（浸透圧を決定する全溶質濃度）の調節によって行われるので浸透圧調節とよばれることが多い．したがって，動物における osmoregulation について述べられた 44 章では「浸透圧調節」と訳した．

▼図 7.13　**ゾウリムシ *Paramecium* の収縮胞．** 収縮胞は細胞質の導管系から水を集める．満たされると，収縮胞と導管は収縮して細胞から水を排出する（LM 像）．

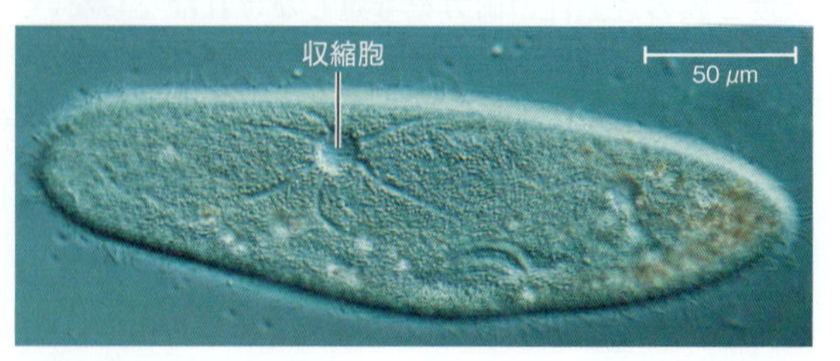
収縮胞
50 μm

plasmolysis とよばれ，植物がしおれる原因になり，致死になり得る．細菌と菌類の細胞壁をもつ細胞もまた，高張の環境下では原形質分離を起こす．

促進拡散：タンパク質によって促進される受動輸送

水と親水性の溶質がどのようにして膜を通過するかについてもっと詳しく見てみよう．すでに述べたように，膜の脂質二重層を通過できない多くの極性分子とイオンは，膜を貫通する輸送タンパク質の助けによって受動的に拡散する．この現象は**促進拡散 facilitated diffusion** とよばれる．細胞生物学者たちはさまざまな輸送タンパク質がいかにして拡散を促進するのかを，いまもなお，より正確に知ろうとしている．ほとんどの輸送タンパク質は非常に特異的である．それらは特定の物質のみを輸送し，他の物質は輸送しない．

すでに述べたとおり，チャネルタンパク質と運搬体タンパク質という2種類の輸送タンパク質がある．チャネルタンパク質は，特定の分子またはイオンが膜を通過できるように，たんに通路を提供するだけである(図 7.14 a)．これらのタンパク質でできた親水性の通路が，水分子や小さなイオンが膜の一方の側から他方の側へ非常にすばやく拡散することを可能にするのである．水のチャネルタンパク質であるアクアポリンは，植物細胞や赤血球のような動物細胞で起こる大量の水の拡散を促進する（図 7.12 参照）．ある腎臓の細胞も多数のアクアポリンをもっており，排出前の尿から水を取り戻している．もしも腎臓がこの機能を実行しなければ，ヒトの腎臓は1日あたりおよそ 180 L の尿を排出することになり，同じ量の水を飲まなければならなくなる！

イオンを輸送するチャネルタンパク質は**イオンチャネル ion channel** とよばれる．多くのイオンチャネルは刺激によって開閉する**ゲートつきチャネル gated channel** として機能する．いくつかのゲートつきチャネルについて，その刺激は電気的な刺激である．たとえば神経細胞では，イオンチャネルが電気刺激に応答してゲートを開き，カリウムイオンは細胞外に出る（本章のはじめに示したカリウムイオンチャネル参照）これによって，その細胞の再び興奮する能力が回復する．他のゲートつきチャネルは，そのチャネルで輸送される物質とは別の特異的な物質がそのチャネルに結合したときに開くかあるいは閉じる．これらのゲートつきチャネルは神経系の機能においても重要である．これについては 48.2 節と 48.3 節で学ぶ．

すでに述べたグルコース輸送体のような運搬体タンパク質は形を微妙に変化させて，溶質の結合部位をなんらかの方法で膜の反対側へ移動させるようである(図 7.14 b)．このような形の変化は輸送される分子の結合と解離によって引き起こされるらしい．イオンチャネルと同様に，促進拡散にかかわる運搬体タンパク質は，ある物質の濃度勾配を下る方向への正味の輸送をもたらす．それゆえ，その輸送にはエネルギーの投入を必要としない．つまりこれは受動輸送である．**科学スキル演習**はグルコースの輸送に関連した実験のデータについて学ぶよい機会を与えてくれるだろう．

▼図 7.14　促進拡散を行う2つのタイプの輸送タンパク質． どちらの場合も，輸送タンパク質は溶質をどちらかの向きに輸送できるが，正味の移動は溶質の濃度勾配に従う．

(a) チャネルタンパク質は水分子または特定の溶質を通すことのできる通路をもっている．

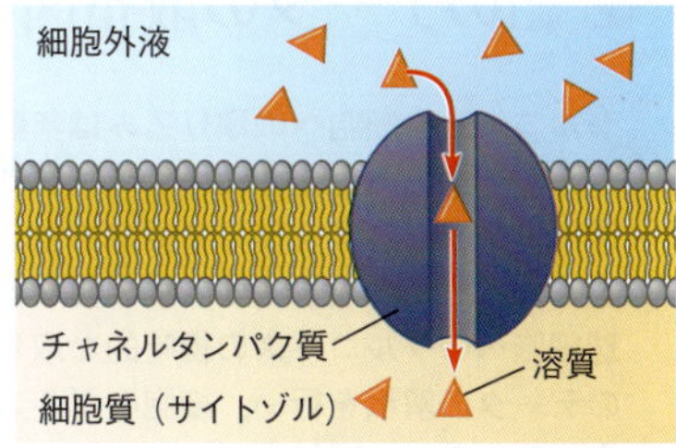
細胞外液
チャネルタンパク質
溶質
細胞質（サイトゾル）

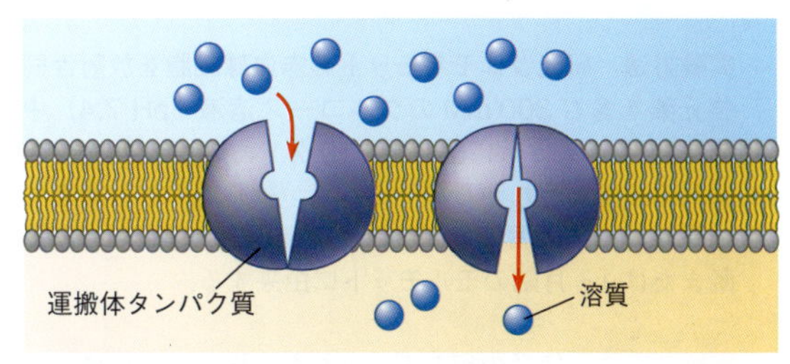
運搬体タンパク質
溶質

(b) 運搬体タンパク質は2通りの立体構造を交互に変え，形を変化させながら溶質を膜の反対側に輸送する．

概念のチェック 7.3

1. 細胞呼吸を行っている細胞が，呼吸で生じる CO_2 をどのようにして自ら除いていると考えられるか．

2. どうなる？➤ ゾウリムシ *Paramecium* が高張液から等張液の環境に泳いで行ったとしたら，その収縮胞の活動はより活発になるか，それとも不活発になるか．そしてその理由は何か．

（解答例は付録 A）

7.4

能動輸送はエネルギーを使って溶質を勾配に逆らって輸送する

促進拡散は輸送タンパク質の助けを借りてはいる

科学スキル演習

2組のデータの散布図の解釈

グルコースの細胞への取り込みは年齢によって影響を受けるか　動物の重要なエネルギー源であるグルコースは運搬体タンパク質を使って促進拡散によって細胞内に輸送される．この演習では，齢の異なるモルモットの赤血球細胞へのグルコースの継時的な取り込みを調べた実験のデータの解釈を行い，細胞のグルコースの取り込み速度がモルモットの齢に依存しているかどうかを結論づける．

実験方法　研究者はモルモットの赤血球細胞を放射性同位元素を含む 300 mM のグルコース溶液（pH 7.4）中で，25 ℃の条件下に置いた．10 分または 15 分おきに，試料の細胞をそれから取り出して，細胞内の放射能をもつグルコースの濃度を測定した．使用した細胞は 15 日齢または 1ヵ月齢のモルモットに由来する．

モルモットの赤血球細胞へのグルコースの継時的な取り込み

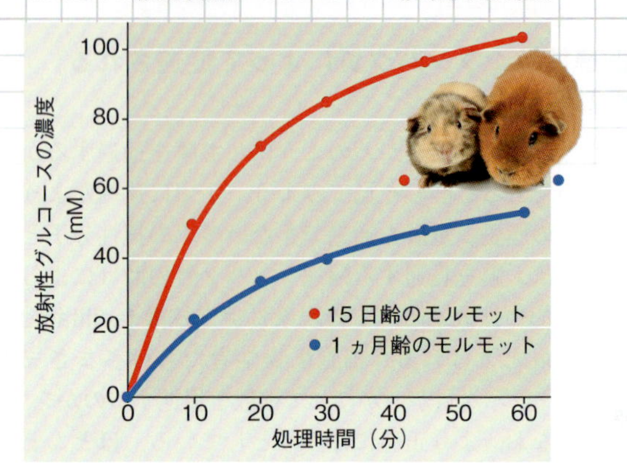
放射性グルコースの濃度 (mM)
100
80
60
40
20
0
0
10
20
30
40
50
60
処理時間（分）
15 日齢のモルモット
1ヵ月齢のモルモット

データの出典　T. Kondo and E. Beutler, Developmental changes in glucose transport of guinea pig erythrocytes, *Journal of Clinical Investigation* 65: 1-4 (1980).

実験データ　複数の組のデータがある場合は，比較のために，それらのデータを同じグラフにプロットするのが便利だろう．このグラフには，各組の点（組ごとに同じ色）からなる「散布図」が描かれている．そこでは，それぞれの点が 2 つの数値（一方が他方の変数）を表している．データの各組について，その動向をわかりやすくするために，それらの点に最も合致した曲線が描かれている（グラフに関する追加情報は付録 F を参照）．

データの解釈

1. 最初にグラフの各部が理解できるか確認しなさい．(a) どの変数が独立変数か．すなわち，研究者によって規定される変数か．(b) どの変数が従属変数か．すなわち，実験処理に依存し，研究者によって測定される変数か．(c) 赤い点は何を表しているか．(d) 青い点は何を表しているか．
2. グラフ上のデータの各点をもとに，データの表を作成しなさい．その表の左の列を「処理時間（分）」としなさい．
3. このグラフは何を示しているか．15 日齢と 1ヵ月齢のモルモットの赤血球細胞でのグルコースの取り込みを比較してその差を述べなさい．
4. 15 日齢と 1ヵ月齢のモルモットの赤血球細胞でのグルコースの取り込みの差を説明する仮説を立てなさい（グルコースがどのようにして細胞内に取り込まれるかについて考えること）．
5. 立てた仮説を検証するための実験を考えなさい．

が，溶質はエネルギーを使わないで濃度勾配を下るように輸送されるので受動輸送とみなされる．促進拡散は，膜内に効率的な通路をつくることによって溶質の輸送を速めるが，輸送の向きを変えることはない．しかし，輸送タンパク質の中には，溶質をその濃度勾配に逆らって，濃度の低い側から高い側へと細胞膜を通過して輸送できるものがある．

能動輸送におけるエネルギーの必要性

ある溶質をその勾配に逆らって膜を横切って汲み上げるには仕事が必要なので，細胞はエネルギーを消費しなければならない．したがって，このタイプの膜輸送は**能動輸送 active transport** とよばれる．溶質をその勾配に逆らって輸送する輸送タンパク質はすべて運搬体タンパク質であり，チャネルタンパク質ではない．これには意味がある．なぜなら，チャネルタンパク質は，それが開の状態のとき，たんに溶質を濃度勾配の低いほうへ流出させるだけで，溶質を載せて勾配に逆らって輸送するわけではないからである．

能動輸送によって，細胞は細胞内での小さな溶質分子の濃度を環境とは異なる濃度に維持することができる．たとえば，動物細胞は，その外囲と比べて，ずっと高い濃度のカリウムイオン（K^+）と，はるかに低い濃度のナトリウムイオン（Na^+）をもっている．動物細胞の細胞膜はこの急な勾配を，ナトリウムイオンを汲み出し，カリウムイオンを汲み入れることによって維持する働きをもっている．

細胞が行う他のタイプの仕事の場合と同様に，ATP の加水分解はほとんどの能動輸送にエネルギーを供給している．ATP が能動輸送に動力を与える 1 つの方

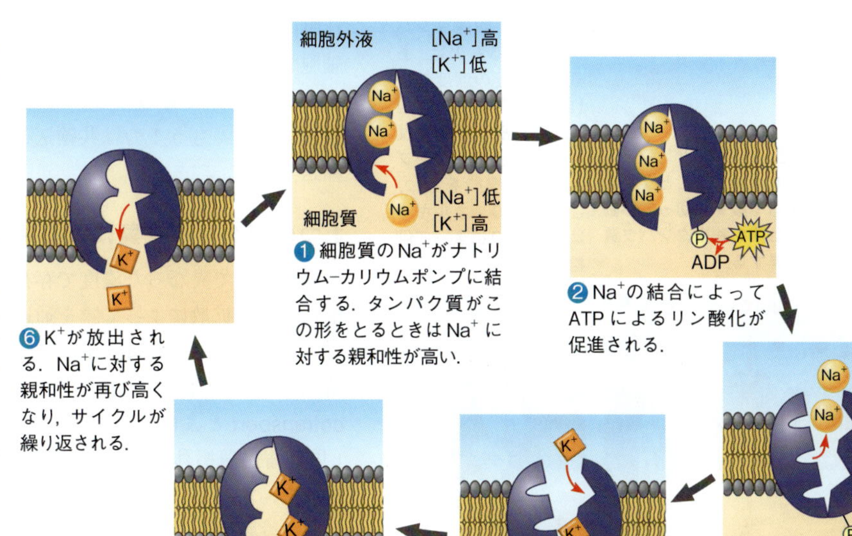
細胞外液
[Na⁺]高
[K⁺]低
[Na⁺]低
[K⁺]高
細胞質
Na⁺
K⁺
ATP
ADP
P
Pi
① 細胞質のNa⁺がナトリウム–カリウムポンプに結合する．タンパク質がこの形をとるときはNa⁺に対する親和性が高い．
② Na⁺の結合によってATPによるリン酸化が促進される．
③ リン酸化はタンパク質の立体構造変化を引き起こし，Na⁺に対する親和性が減少してNa⁺を細胞の外に放出する．
④ 変化した立体構造はK⁺に対する親和性が高く，K⁺が細胞の外側に面した部位に結合し，それによってリン酸基の放出が引き起こされる．
⑤ リン酸基を失って，タンパク質はもとの立体構造に戻る．この構造はK⁺に対する親和性が低い．
⑥ K⁺が放出される．Na⁺に対する親和性が再び高くなり，サイクルが繰り返される．

➤図 7.15　**ナトリウム–カリウムポンプ：能動輸送の具体例．** この輸送システムは急な濃度勾配に逆らってイオンを汲み出す（入れる）．ナトリウムイオンの濃度（$[Na^+]$ のように表す）は細胞外で高く，細胞内で低い．一方，カリウムイオンの濃度（$[K^+]$）は細胞外で低く，細胞内で高い．このポンプは立体構造が異なる2つの状態を，輸送サイクルにおいて交互にとる．1回のサイクルで3個の Na^+ を汲み出し（①〜③），2個の K^+ を汲み入れる（④〜⑥）．2通りの構造は Na^+ と K^+ に対する親和性が互いに異なる．ATPの加水分解による輸送タンパク質へのリン酸基の転移（タンパク質のリン酸化）によって輸送タンパク質の立体構造の変化が引き起こされる．

法はATPの末端のリン酸基を輸送タンパク質に直接転移することである．これによって，輸送タンパク質の構造変化が引き起こされ，輸送タンパク質に結合した溶質が膜を横切って移動できるようになる．このような方法で機能する輸送システムの1つが，動物細胞の細胞膜を通してナトリウムイオン（Na^+）とカリウムイオン（K^+）を交換する**ナトリウム–カリウムポンプ sodium - potassium pump** である（図 7.15）．図 7.16 は受動輸送と能動輸送の違いのまとめである．

イオンポンプはどのようにして膜電位を維持しているか

すべての細胞には細胞膜を介して電位差がある．電位差は電気的なポテンシャルエネルギー（2.2 節参照），つまり反対符合の電荷の分離である．膜の両側の陰イオンと陽イオンの分布が異なるので，細胞質は細胞外液に比べて負に荷電している．膜を介した電位差は**膜電位 membrane potential** とよばれ，−50〜−200 ミリボルト（mV）の範囲にある（負の記号は細胞内部が外に比べて負であることを示す）．

膜電位は電池のような働きをする．つまり，それは電荷をもったすべての物質が膜を通過する輸送に作用するエネルギー源である．細胞の内部は外側に比べて負になっているので，その膜電位は，陽イオンが細胞内に流入し，陰イオンが細胞の外に出る受動輸送が可能な向きになっている．したがって，2つの力が膜を横切るイオンの拡散を駆動するのである．つまり，イオンの濃度勾配という化学的な力（本章では，これまでのところこれだけを考えてきた）と，イオンの移動に及ぼす膜電位の効果という電気的な力である．イオンに作用するこのような力の複合は**電気化学的勾配 electrochemical gradient** とよばれている．

イオンの場合，受動輸送についての私たちの概念をより精密にする必要がある．イオンはたんに濃度勾配に従って拡散するのではなく，電気化学的勾配に従って拡散するのである．たとえば，静止状態にある神経細胞内のナトリウムイオン（Na^+）の濃度は外部に比べて非常に低い．神経細胞が刺激を受けると，Na^+ の拡散を促進するゲートつきチャネルが開く．すると，Na^+ は，自身の濃度勾配と膜の負側（内部側）に陽イオンが引きつけられる作用によって，電気化学的勾配を「下る」のである．この例では，電気化学的勾配に電気的および化学的な寄与の両方が同方向に膜を横断するように作用しているが，このようなことはどの場合にも当てはまるわけではない．膜電位に起因する電気的な力が，濃度勾配を下るイオンの単純拡散に対して逆向きの場合は，能動輸送が必要になる．48.2 節と 48.3 節で，電気化学的勾配と膜電位が神経インパルス

▼図 7.16　まとめ：受動輸送と能動輸送.

受動輸送. 物質がその濃度勾配に従って，細胞がエネルギーを消費することなく自発的に，拡散によって膜を横切って移動する．拡散の速度は膜の輸送タンパク質によって著しく上昇する．

能動輸送. 輸送タンパク質のあるものは，ある物質をその濃度勾配（または電気化学的勾配）に逆らって膜の反対側に輸送するポンプとしての機能をもつ．この仕事のエネルギーは通常 ATP によって供給される．

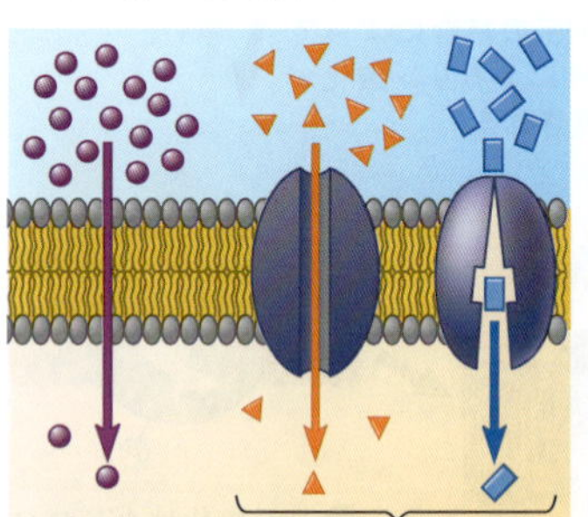

拡散. 疎水性分子と，電荷をもたない非常に小さい分子は拡散によって脂質二重層を拡散して通過できる（ただし，後者の拡散速度は小さい）．

促進拡散. 多くの親水性物質は，チャネルタンパク質（左）または運搬体タンパク質（右）のいずれかの輸送タンパク質の助けを借りて拡散によって膜を通過することができる．

ATP

図読み取り問題▶右図の各溶質の移動方向について述べ，その移動方向が濃度勾配に対して正逆のどちらであるかを述べなさい．

の伝達において重要であることを学ぶ．

能動輸送でイオンを輸送する膜タンパク質の中には，膜電位に寄与するものがある．ナトリウム–カリウムポンプがその一例である．図 7.15 を見ればわかるように，そのポンプは Na^+ と K^+ を 1 対 1 で輸送しているのではなく，実際は，カリウムイオン 2 個を細胞に汲み入れるごとにナトリウムイオンを 3 個汲み出す．ポンプの 1「回転」ごとに，正味 1 個の正電荷が細胞質から外液に輸送されることになり，この過程で電位差の形でエネルギーが蓄えられる．膜を介した電位差を生じさせる輸送タンパク質は**起電性ポンプ（電位差形成性ポンプ）electrogenic pump** とよばれる．ナトリウム–カリウムポンプは動物細胞の主要な起電的ポンプである．植物，菌類そして細菌の主要な起電性ポンプは，プロトン（水素イオン，H^+）を細胞外に能動輸送で排出する**プロトンポンプ proton pump** である．H^+ の汲み出しによって，細胞質から正電荷を細胞外液に輸送するのである（図 7.17）．膜を介した電位差を形成することによって，起電的ポンプは細胞の仕事に使われるエネルギーを蓄えるのに役立っている．細胞でのプロトン勾配が利用されている重要な過程の 1 つは，9.4 節で見ることになる細胞呼吸の際の ATP 合成である．もう 1 つは共輸送とよばれるタイプの膜輸送である．

1 つの膜タンパク質による共役輸送

膜を介して異なった濃度で存在する溶質は，濃度勾配に従って拡散によって膜を通過する際に仕事をすることができる．それは，ポンプで汲み上げた水が流れ落ちるときに仕事をするのと似ている．**共役輸送 cotransport** とよばれる機構では，運搬体タンパク質（共役輸送運搬体）は溶質の濃度勾配を「下降する」拡散を，2 番目の溶質の，その濃度勾配に逆らった輸送に共役させることができる．たとえば，植物細胞は，ATP で駆動されるプロトンポンプによって形成した H^+ 勾配を使ってアミノ酸，糖そして他のいくつかの栄養物質の細胞への能動輸送を駆動している．図 7.18 の例は，共役輸送運搬体が H^+ の戻りをスクロースの細胞内への取り込みに共役させている．このタンパク質はスクロースを濃度勾配に逆らって細胞内に輸送することができるが，それはスクロース分子が H^+ と相伴って移動するときにのみ可能である．H^+ は，プロトンポンプで維持されている電気化学的勾配に従った拡散の通路として，その輸送タンパク質を使う．植物は H^+–スクロース共役輸送の機構を利用して，光合成でつくられたスクロースを葉脈の細胞に輸送している．スクロースはその後，植物の維管束組織によって，自身では栄養物をつくらない根や他の非光合成器官に分配される．

動物細胞の共役輸送運搬体タンパク質についての知識は，開発途上国で深刻な問題になっている下痢に対

▼図 7.17　プロトンポンプ. プロトンポンプは膜の両側に電位差（電荷の分離）を形成することによってエネルギーを蓄える起電性ポンプである．プロトンポンプは水素イオンの形で正電荷を移動させる．電位差と H^+ 濃度の勾配は両方とも，栄養物質などを取り込むためなど他の過程を駆動するためのエネルギー源になる．ほとんどのプロトンポンプは ATP の加水分解によって駆動される．

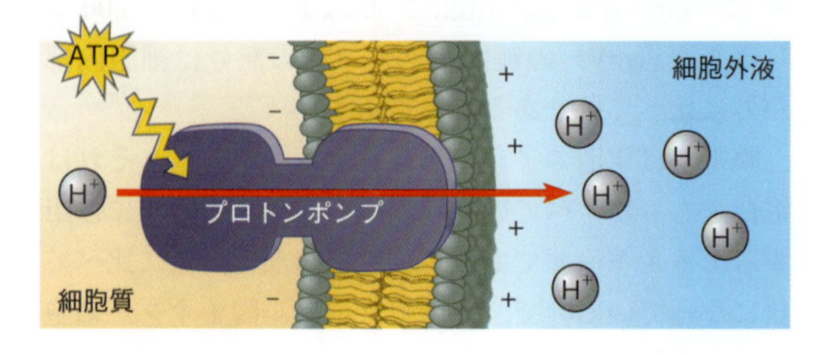
ATP
細胞外液
プロトンポンプ
細胞質
H+

▼図 7.18　**共役輸送：濃度勾配によって駆動される能動輸送.** 植物細胞の H^+–スクロース共役輸送体のような運搬体タンパク質（上）は，H^+がその電気化学的な勾配に従った細胞内への拡散を，スクロースを取り込むためのエネルギー源として利用することができる（細胞壁は図示していない）．共役輸送の過程の一部の厳密ではない図だが，細胞外の H^+の濃度を高めている ATP–駆動性プロトンポンプが下に図示されている．形成された H^+の濃度勾配は能動輸送（この例ではスクロースの能動輸送）に使われるポテンシャルエネルギーになる．したがって，ATP の加水分解は共役輸送に必要なエネルギーを間接的に提供しているのである．

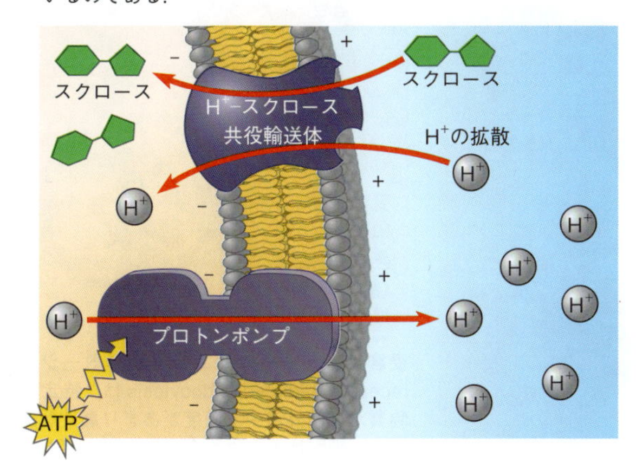

スクロース
スクロース
H⁺–スクロース
共役輸送体
H⁺の拡散
H⁺
プロトンポンプ
ATP

する，より効果的な処置法を見つけるのに役立つ．通常，排泄物中のナトリウムは結腸で回収され，体の中で一定のレベルに保たれるが，下痢のために排泄物が急速に放出されるので回収できず，ナトリウムのレベルが急激に低下する．このような死に至るおそれのある状態を治すために，患者には高濃度の食塩（NaCl）とグルコースが投与される．これらの溶質は腸の細胞表面のナトリウム–グルコース共役輸送運搬体によって取り込まれ，その細胞を経由して血中に送られる．この単純な処置によって世界中の乳児死亡率が下がったのである．

概念のチェック 7.4

1. ナトリウム–カリウムポンプは神経細胞の細胞膜を介した電位差の形成を可能にする．このポンプは ATP を消費するのか，あるいは ATP を産生するか．説明しなさい．

2. **図読み取り問題➤**図 7.15 のナトリウム–カリウムポンプを図 7.18 の共役輸送運搬体と比較しなさい．ナトリウム–カリウムポンプが共役輸送運搬体とみなすことができない理由を説明しなさい．

3. **関連性を考えよう➤**6.4 節のリソソームの特徴を復習しなさい．リソソームの内部環境を想定して，その膜にはどのような輸送タンパク質があると考えられるか説明しなさい．　　　　（解答例は付録 A）

7.5

細胞膜を通過する一括輸送はエキソサイトーシスとエンドサイトーシスによって行われる

水や小さな溶質分子は脂質二重層を拡散によって通過するか，または輸送タンパク質によって膜を横切って能動輸送または受動輸送される．しかし，タンパク質や多糖のような大きな分子，そしてさらに大きな粒子は，一般に，小胞に詰め込んで一括して輸送する機構によって膜を通過する．この過程も能動輸送と同様，エネルギーを必要とする．

エキソサイトーシス

図 6.15 で見たように，細胞は小胞と細胞膜の融合によって特定の分子を分泌する．この過程は**エキソサイトーシス exocytosis** とよばれる．ゴルジ装置から出芽してできた輸送小胞は細胞骨格の微小管に沿って細胞膜へ移動する．小胞膜と細胞膜が接触するようになると，特異的な分子が 2 つの膜の二重層の脂質分子を再配置して，2 つの膜を融合させる．小胞の内容物は細胞の外側にこぼれるように出る．そして小胞膜は細胞膜の一部になる（図 7.9 段階❹参照）．

多くの分泌細胞はエキソサイトーシスを使って，その産物を外に輸送する．たとえば，膵臓（すいぞう）のある細胞はインスリンを産生し，エキソサイトーシスによって細胞外液中に分泌している．別の例では，神経細胞がエキソサイトーシスによって，他のニューロンや筋細胞に刺激を伝達するための神経伝達物質を放出している．植物細胞が細胞壁をつくる場合，エキソサイトーシスによって，必要なタンパク質と多糖[*2]がゴルジ装置から細胞の外へ送り込まれる．

エンドサイトーシス

エンドサイトーシス endocytosis では，細胞は細胞外の生体分子や顆粒を細胞膜から新たに小胞を形成することによって取り込む．この過程にかかわるタンパク質はエキソサイトーシスのものとは異なるが，エンドサイトーシスで起こる過程はエキソサイトーシスの逆行に似ている．最初に，細胞膜の小部分が内側に落ち込んでポケットをつくる．そのポケットが深くなるに従って，口が締められ，細胞の外にあった物質を中

＊2（訳注）：ゴルジ装置から送られるのは細胞壁成分のうちセルロース以外で，セルロースは細胞膜のセルロース合成酵素複合体から細胞外に送られる（29.1 節参照）．

▼図 7.19 探究　動物細胞のエンドサイトーシス

食作用

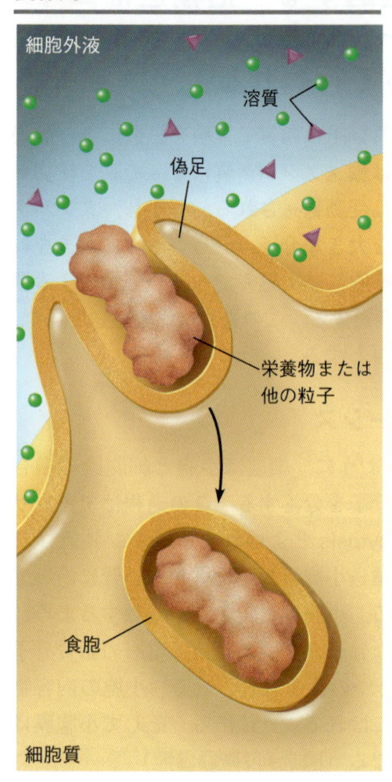
細胞外液
溶質
偽足
栄養物または
他の粒子
食胞
細胞質

食作用 phagocytosis では，偽足が粒子を包み込み，そして食胞とよばれる膜胞に詰め込むことによって，細胞はその粒子を取り込む．その粒子は食胞が加水分解酵素を含むリソソームと融合した後，消化される（図6.13参照）．

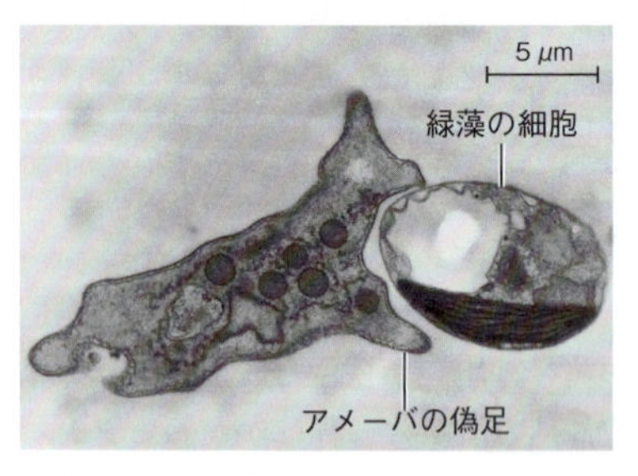
5 μm
緑藻の細胞
アメーバの偽足

食作用によって緑藻の細胞を取り込んでいるアメーバ（TEM 像）．

飲作用

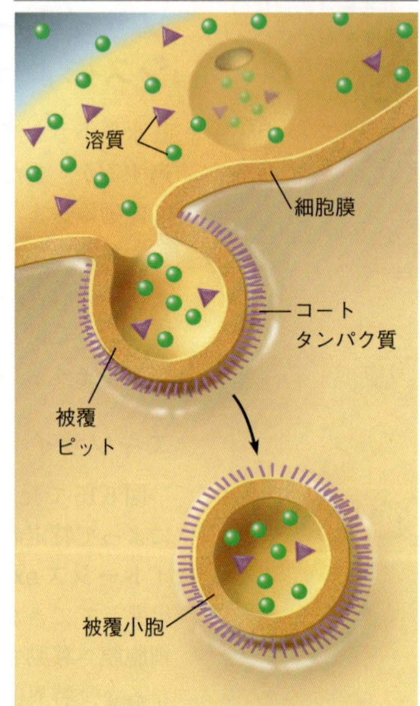
溶質
細胞膜
コート
タンパク質
被覆
ピット
被覆小胞

飲作用 pinocytosis では，細胞が細胞膜の陥入によってできる微細な小胞内に，細胞外の液滴を「飲み込む」．このようにして，細胞は液滴に溶けている分子を得る．液滴に含まれる分子のいくつかまたはすべてが取り込まれるので，飲作用はこの図に示すように，輸送される物質について非特異的である．多くの場合，上図に示すように，細胞膜の小胞を生じる部分の細胞質側はコートタンパク質によって覆われている．そこで，ピット（くぼみ）とその結果生じる小胞は被覆されていると言い表される．

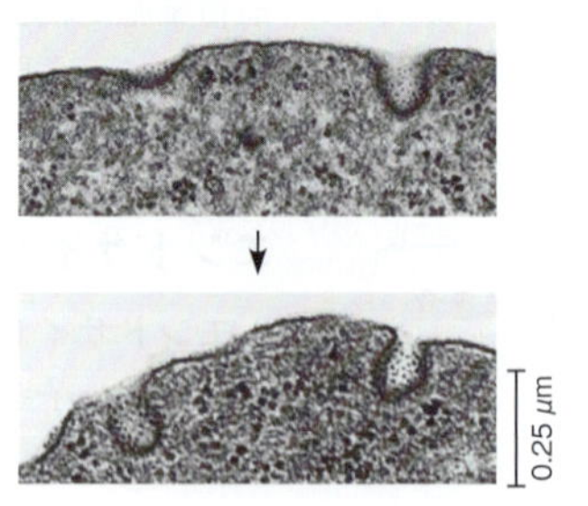
0.25 μm

飲作用による小胞の形成（TEM 像）．

受容体に仲介されるエンドサイトーシス

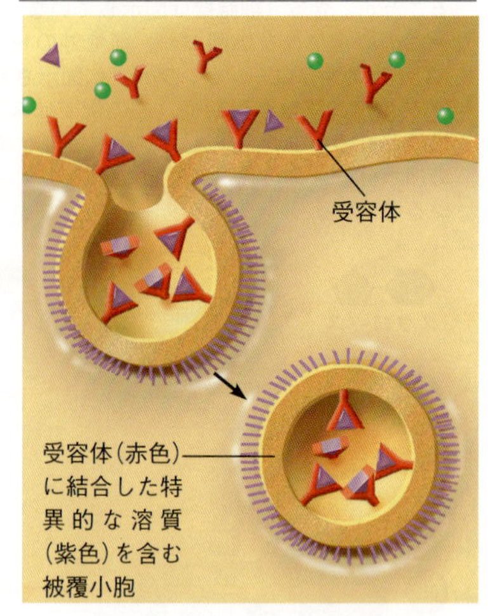
受容体
受容体（赤色）
に結合した特
異的な溶質
（紫色）を含む
被覆小胞

受容体に仲介されるエンドサイトーシス receptor-mediated endocytosis は，特定の物質が細胞外液中で濃度があまり高くなくても，細胞はその物質を大量に得ることができる特殊なタイプの飲作用である．細胞膜の中に埋め込まれているのは，細胞外液側に露出した受容部位をもったタンパク質である．特定の溶質がその受容体に結合する．次に，受容体タンパク質は被覆ピットで集合し，結合した分子を含む小胞を形成する．この模式図では，小胞内の結合した分子（紫色の三角形）のみを示しているが，細胞外から入った液体中の他の分子も存在する．飲み込まれた物質が小胞から解放された後，分子を離した受容体は同じ小胞によって細胞膜に戻されて再利用される（この過程は図示されていない）．

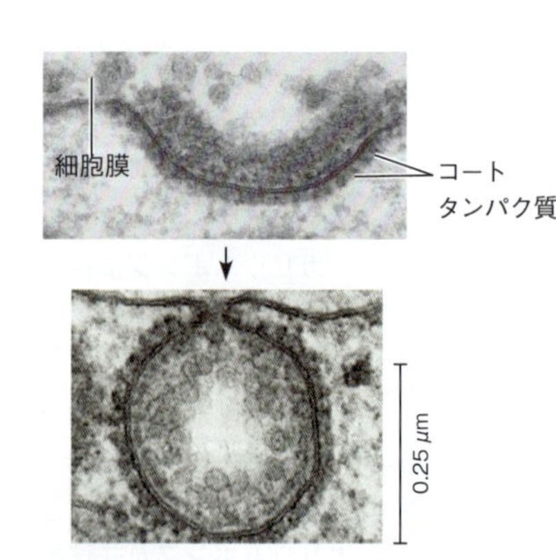
細胞膜
コート
タンパク質
0.25 μm

上図：被覆ピット．下図：受容体に仲介されるエンドサイトーシスにおいて形成されつつある被覆小胞（TEM 像）．

図読み取り問題➤図のスケールバーを使って，(a)緑藻の細胞（左の顕微鏡写真）を取り囲むことになる食胞と，(b)被覆小胞（右下の顕微鏡写真）の直径を推定しなさい．(c)大きいのはどちらで，何倍ほど大きいか．

に含む小胞が形成される．3つのタイプのエンドサイトーシスについて理解するために図7.19を注意深く学んでほしい．その3つのタイプとは，「食作用」（ファゴサイトーシス），「飲作用」（ピノサイトーシス），そして受容体に仲介されるエンドサイトーシスである．

ヒトの細胞は受容体に仲介されるエンドサイトーシスを使って，膜の合成や他のステロイドの合成のためにコレステロールを取り込む．コレステロールは，脂質とタンパク質の複合体である低密度リポタンパク質（low-density lipoprotein：LDL）とよばれる顆粒に含まれた状態で血液中を移動する．LDLは細胞膜上のLDL受容体に結合し，そしてエンドサイトーシスによって細胞の中に入る．血中のコレステロール量が非常に高いという特徴をもつ遺伝病である家族性高コレステロール血症の人は，LDL受容体に欠陥があるか欠失しており，そのためにLDL顆粒が細胞の中に入ることができない．

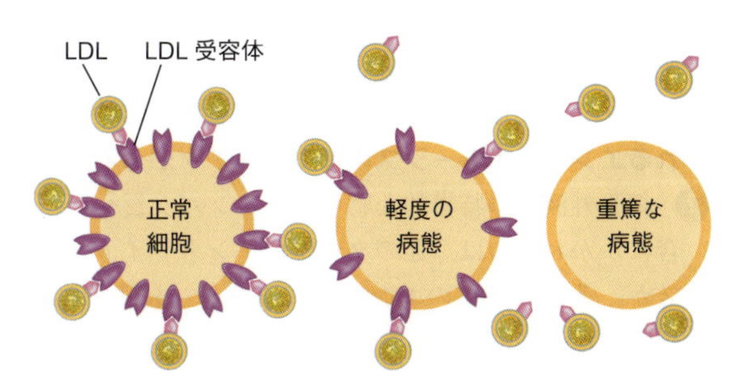
LDL
LDL 受容体
正常
細胞
軽度の
病態
重篤な
病態

その結果，コレステロールは血中に蓄積され，アテローム性動脈硬化症を早期に発症する原因になる．要するに，脂質の塊が血管壁の内側に溜まり，そのために血管の内側に膨らみが生じ，血流が妨げられ，心臓の障害や発作を起こす可能性をもたらす．

エンドサイトーシスとエキソサイトーシスはまた，細胞膜を若返らせ，また再構築する機構にかかわっている．ほとんどの真核細胞で，エンドサイトーシスとエキソサイトーシスは間断なく行われている．それでも，成長していない細胞の細胞膜の量はほぼ一定である．ある過程で膜が付加されると，別の過程で消失によって相殺されるのであろう．

膜について学ぶ中で，エネルギーおよび細胞の仕事が非常に重要であることが見えてきた．次の3つの章では，細胞が生命活動を行うために，いかにして化学エネルギーを獲得しているかを学ぶ．

概念のチェック 7.5

1. 細胞が成長するとき，細胞膜は拡張する．この過程にはエンドサイトーシスまたはエキソサイトーシスが関係するだろうか．これについて説明しなさい．
2. **描いてみよう➤**図7.9に戻って，エキソサイトーシスにかかわる小胞から生じつつある細胞膜の部分を丸で囲みなさい．
3. **関連性を考えよう➤**6.7節で，動物細胞が細胞外マトリクスをつくることを学んだ．細胞外マトリクスの糖タンパク質の合成と細胞外への沈着について細胞で行われる過程を説明しなさい．

（解答例は付録A）

7章のまとめ

重要概念のまとめ

7.1

細胞の膜は脂質とタンパク質の流動モザイクである

- **流動モザイクモデル**では，リン脂質二重層に**両親媒性**タンパク質が埋め込まれている．
- リン脂質とタンパク質の中のあるものは膜内を側方移動する．リン脂質の不飽和炭化水素鎖からなる尾部は低温下で膜の流動性を保持する．一方，コレステロールは温度変化によって流動性が変化するのを抑えるのに役立っている．
- 膜タンパク質の機能には，輸送，酵素活性，シグナル伝達，細胞間の認識，細胞間の結合，そして細胞骨格や細胞外マトリクスとの結合などがある．細胞膜の外側で，タンパク質（**糖タンパク質**）や脂質（**糖脂質**）に結合した糖の短い鎖が別の細胞の表面の分子と相互作用する．
- 膜タンパク質と脂質は小胞体で合成され，小胞体とゴルジ装置で修飾される．膜の内側と外側の層の分子組成は異なる．

? 膜はどのような点で決定的に重要か．

7.2

膜の構造は膜の選択的な透過性をもたらす

- 細胞は分子やイオンを外界とやり取りしなければならない．この過程は細胞膜の**選択的透過性**によって制御される．疎水性物質は脂質に溶けるので膜を迅速に通過するが，極性分子やイオンは一般に，膜を通過するためには特異的な**輸送タンパク質**を必要とする．

? アクアポリンは膜の透過性にどのように作用するか．

7.3

受動輸送では，エネルギーを消費することなく物質が拡散によって膜を通過する

- **拡散**は物質がその**濃度勾配**に従って自発的に移動することである．水は，細胞外部の溶液の溶質濃度がサイトゾルのそれよりも高い（**高張**）ときには細胞の透過性膜を通って拡散によって外に出る．細胞外部の溶液の溶質濃度がサイトゾルのそれよりも低い（**低張**）ときには細胞の透過性膜を通って拡散で中に入る（**浸透**）．溶質濃度が等しい（**等張**）ときは正味の浸透は起こらない．細胞の生存は水の取り込みと流失のバランスに依存する．
- **促進拡散**では，輸送タンパク質が，水または溶質がその濃度勾配に従って移動する速度を高める．**イオンチャネル**はイオンの膜透過を促進する．運搬体タンパク質はその形を変化させることによって，結合した溶質を移動させて膜を通過させる．

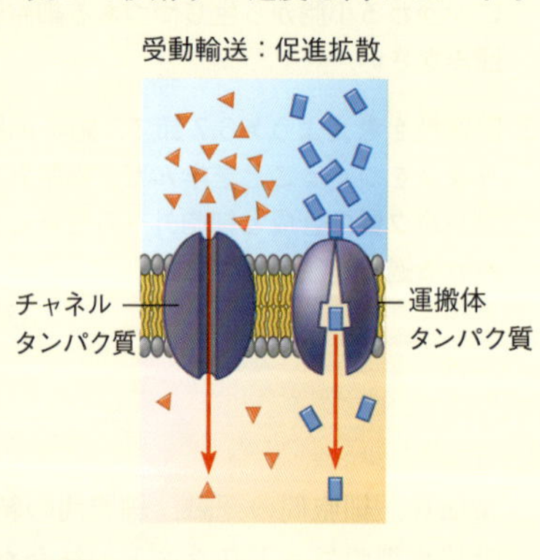
受動輸送：促進拡散
チャネル
タンパク質
運搬体
タンパク質

? 細胞を高張液に入れると何が起こるか．細胞の内と外の自由水の濃度について説明しなさい．

7.4

能動輸送はエネルギーを使って溶質を勾配に逆らって輸送する

- 特異的な膜タンパク質が**能動輸送**の仕事をするために，通常，ATP の形のエネルギーを使う．
- イオンは濃度勾配（化学的勾配）と電気的な勾配（電位差）の両方をもち得る．これらの勾配は合わさって**電気化学的勾配**になり，これがイオンの拡散の正味の方向を決める．
- 2つの溶質の**共役輸送**は，1つの膜タンパク質によって，一方の溶質が「勾配に従って」拡散するときに，その拡散が，もう一方の溶質の「勾配に逆らった」輸送を可能にする場合の輸送である．

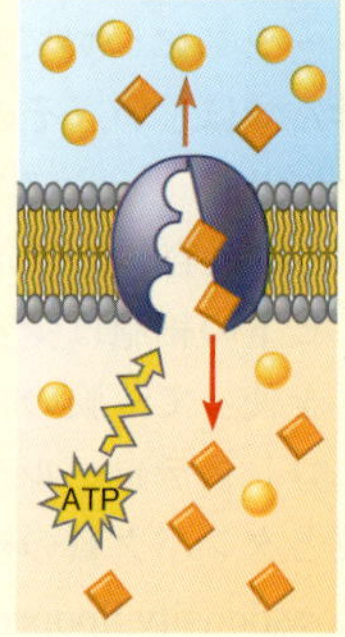
能動輸送
ATP

? 共役輸送が機能するとき，ATP が直接かかわっているのではない．そうであれば，共役輸送を能動輸送というのはなぜか．

7.5

細胞膜を通過する一括輸送はエキソサイトーシスとエンドサイトーシスによって行われる

- **エキソサイトーシス**では，輸送小胞が細胞膜まで移動して，細胞膜と融合してその内容物を放出する．**エンドサイトーシス**では，細胞膜が内側にくびれてできた小胞内に入った分子が細胞に入る．エンドサイトーシスには，**食作用**，**飲作用**，**受容体に仲介されるエンドサイトーシス**の3つのタイプがある．

? 細胞外液中の特異的な物質の膜タンパク質への結合にかかわるのは，どのタイプのエンドサイトーシスか．そのタイプのエンドサイトーシスによって，細胞はどのようなことを行うことができるか．

理解度テスト

レベル1：知識／理解

1. 真核細胞のさまざまな膜はどのような点で異なっているか．
   (A) リン脂質は特定の膜にだけ存在する．
   (B) 膜ごとに特有なタンパク質がある．
   (C) 細胞の特定の膜だけが選択的透過性を示す．
   (D) 特定の膜だけが両親媒性分子からなっている．
2. 膜の構造に関する流動モザイクモデルでは，膜タンパク質はどのように存在しているか．
   (A) 膜の内側と外側の全体を被う連続的な層をなしている．
   (B) その存在は，膜内部の疎水性部分に限定されている．
   (C) 脂質二重層に埋め込まれている．
   (D) 膜内に不規則に配向しており，膜を横断する方向に関して特定の極性はない．
3. 膜の流動性を増加させる要因は次のうちどれか．
   (A) 不飽和リン脂質の割合が大きいこと．

(B) 飽和リン脂質の割合が大きいこと.
(C) 温度が低いこと.
(D) 膜タンパク質の含量比が大きいこと.

レベル 2：応用／解析

4. 次に挙げた過程の中で，他のすべての過程を包含しているものはどれか.
(A) 浸透
(B) 膜を通過する溶質の拡散
(C) 受動輸送
(D) 電気化学的勾配に従ったイオンの輸送

5. 図 7.18 に基づくと，植物細胞内へのスクロースの輸送速度を増加させる実験的な処理は，次のうちどれか.
(A) 細胞外のスクロース濃度を減少させる.
(B) 細胞外の pH を低下させる.
(C) 細胞質の pH を低下させる.
(D) 水素イオンに対する膜の透過性を高める物質を加える.

6. **描いてみよう**　選択的透過性をもつ膜で包まれた水溶液からなる人工的な「細胞」が，異なる溶液が入ったビーカーの中，つまり下に示したような「環境」に浸けた．その膜は水と単純な糖であるグルコースとフルクトースに対しては透過性であるが，二糖のスクロースに対しては不透過性である.
(a) 溶質が細胞の中に入るか，外に出るか，その正味の移動方向を実線で示しなさい.
(b) 細胞外の溶液は，等張，低張，高張のいずれか.
(c) 正味の浸透があるとすれば，その方向を破線で示しなさい.
(d) この人工細胞は，たるんだ状態になるか，より膨満した状態になるか，それとも同じ状態に留まるか.
(e) 2つの溶液の溶質濃度は最終的に同じになるか，あるいは異なるか.

「細胞」
0.03 M スクロース
0.02 M グルコース
「環境」
0.01 M スクロース
0.01 M グルコース
0.01 M フルクトース

レベル 3：統合／評価

7. **進化との関連**　低張の環境に生きているゾウリムシ *Paramecium* や他の単細胞真核生物の細胞は水を吸収しにくい細胞膜をもつが，等張の環境に生きている単細胞真核生物の細胞の膜は水に対する透過性がもっと高い．グレートソルト湖のような高張な生育域や塩濃度が変動する生育域で生きている単細胞真核生物では，水分調節に関してどのような適応が進化してきたか.

8. **科学的研究**　植物細胞がスクロースを取り込む機構を研究するために，ある実験が計画される．細胞をスクロース溶液に浸け，その溶液の pH を引き続き測定していく．その細胞のいくつかを一定の時間間隔で採取し，そのスクロース濃度を測定する．溶液の pH が一定になるまで低下してわずかに酸性になった後，スクロースの取り込みが開始する．(a) これらの結果を評価し，その結果を説明するための仮説を立てなさい．(b) pH が一定のレベルになったそのときに，細胞による ATP 再生に対する阻害剤をビーカーに加えたら何が起こると考えられるか.

9. **科学，技術，社会**　乾燥地域で過度の灌漑(かんがい)を行うと，土壌に塩分が蓄積することになる（水が蒸発するとき，水に溶けていた塩分が土壌に取り残される）．植物細胞の水バランスについて学んだことに基づいて，土壌塩分の濃度が高まることが，なぜ作物の収穫に害をもたらすのか理由を説明しなさい.

10. **テーマに関する小論文：組織化**　ヒトの膵臓の細胞は酸素と，グルコース，アミノ酸，そしてコレステロールのような必要な分子をその細胞環境から取り入れ，そして廃棄物として CO_2 を放出する．ホルモンというシグナルに応答して，膵臓の細胞は消化酵素を分泌する．その細胞はまた，細胞環境との間でイオンの交換によってイオン濃度を調節する．細胞の膜の構造と機能について学んだことに基づいて，このような細胞がその環境との間でこれらの相互作用をどのように遂行しているかについて 300〜450 字で記述しなさい.

11. **知識の統合**

スーパーマーケットでレタスや他の生産物に頻繁に水で噴霧されている．こうすることでパリッとした野菜になる理由を説明しなさい.

（一部の解答は付録 A）

8 代謝（導入編）

▲図 8.1　くだける波を輝かせるのは何か.

重要概念

8.1　生物の代謝によって物質とエネルギーは別の形に変換される．その過程は熱力学の法則に従う

8.2　反応の自由エネルギー変化で，その反応が自発的に起こるかどうかがわかる

8.3　ATP は発エルゴン反応を吸エルゴン反応と共役させることによって細胞の仕事に必要なエネルギーを供給する

8.4　酵素はエネルギーの障壁を下げることによって代謝反応の速度を上げる

8.5　酵素活性の調節は代謝制御を助ける

生命のエネルギー

生きている細胞は化学工場のミニチュアである．そこでは，顕微鏡的な規模で数千もの反応が起こっている．糖はアミノ酸に転換し，必要に応じて，アミノ酸は互いに結合して必要なタンパク質になる．これとは逆に，食物が消化されるとき，タンパク質は分解されてアミノ酸になり，そのアミノ酸は糖に変換可能である．多細胞生物においては，多くの細胞が化学反応の産物を細胞外に輸送し，それらは体の他の部分で使われる．細胞呼吸の過程は，糖や他の燃料分子に蓄えられたエネルギーを取り出すことによって細胞の経済を動かしている．細胞はこのエネルギーを，7.4 節で議論したように，細胞膜を通過する溶質の輸送など，さまざまなタイプの仕事の遂行に活用している．

さらに興味を引く例では，図 8.1 の大海の波が，単細胞の浮遊する海洋生物である渦鞭毛藻（うずべんもうそう）によって明るく光っている．それらの渦鞭毛藻はある有機分子に蓄えられたエネルギーを光に変換している．これは生物発光とよばれる過程である．ほとんどの発光生物は海洋で見られるが，ホタルのように陸生の発光生物もある．細胞が行う生物発光や他の代謝活動は厳密に相互調整され，また制御されている．細胞は，その複雑さ，効率，そして微妙な変化に対する応答性において，比類のない化学工場である．本章で学ぶ代謝の概念は，生命現象の過程で，物質とエネルギーがどのように流れ，そしてその流れがどのように制御されているかを理解するのに役立つであろう．

8.1

生物の代謝によって物質とエネルギーは別の形に変換される．その過程は熱力学の法則に従う

生物の化学反応の総体を**代謝** metabolism（「変化」を意味するギリシャ語 *metabole* に由来）という．代謝は，秩序ある分子間相互作用によって生起する生命の創発特性[*1]の1つである．

生命の化学的性質が組織化されて，さまざまな代謝経路が形成される

細胞の代謝は精密な道路地図のように描くことができる．その地図では，何千もの化学反応が1つの細胞の中で起こり，互いに交差する代謝経路として配置されている．1つの**代謝経路** metabolic pathway は1つの特異的な分子で始まり，その分子はある一定の一連の段階を経ながら変化していき，ある決まった産物を生じる．代謝経路の各段階は1つの特異的な酵素によって触媒される．車の交通を制御する赤，黄，青の信号灯のように，酵素を制御する機構が代謝における需要と供給のバランスを保っている．

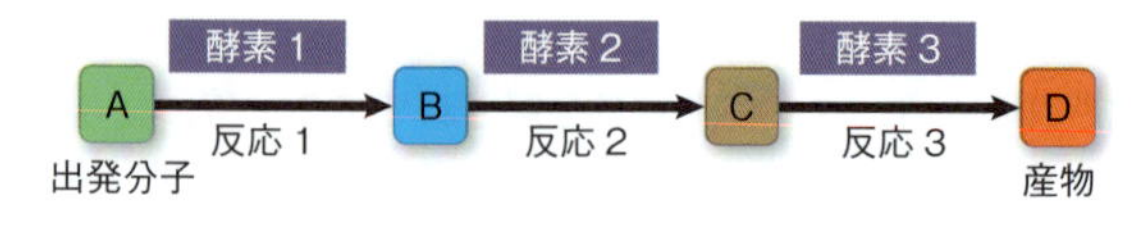
酵素 1
酵素 2
酵素 3
A
B
C
D
反応 1
反応 2
反応 3
出発分子
産物

代謝は，全体として見れば，細胞の素材とエネルギーの資源の管理である．代謝経路のあるものは，複雑な分子を単純な化合物にまで分解することによってエネルギーを遊離させる．このような分解過程を**異化経路** catabolic pathway または分解経路という．異化の主要な経路の1つが細胞呼吸で，糖のグルコースや他の有機燃料が酸素の存在下で二酸化炭素と水にまで分解される（代謝経路によって，複数の出発物質ないしは産物があり得る）．有機分子に蓄えられたエネルギーは，たとえば繊毛の鞭打ち運動や膜輸送のような仕事をするために利用できるようになる．**同化経路** anabolic pathway は，対照的に，単純な分子から複雑な分子をつくり上げるためにエネルギーを消費する過程である．この経路は生合成経路とよばれることもある．同化の例として，アミノ酸をより簡単な分子から合成する過程や，アミノ酸からタンパク質を合成する過程がある．異化と同化の経路は代謝の全景における「下り坂」と「上り坂」の道である．異化経路の下り坂反応で遊離したエネルギーは蓄えることができ，その後で同化経路の上り坂反応を駆動するのに利用することができる．

本章では，代謝経路に共通の機構に焦点を絞る．エネルギーはすべての代謝過程の基礎であるので，生きた細胞がどのようにして仕事をするかを理解するには，エネルギーについての基礎知識が必要である．エネルギーについて学ぶ際に，非生物的な例を使うことがあるが，それらの例で示された概念は，エネルギーが生物の中をどのように流れているかを研究する学問である**生体エネルギー論** bioenergetics においても成り立つ．

エネルギーの形

エネルギー energy というのは変化を起こさせる能力である．日常生活において，エネルギーは重要である．なぜなら，いくつかの形のエネルギーは，重力や摩擦のような反対向きの力に抗して物を動かすための仕事に使われるからである．言い換えると，エネルギーとは物の集まりを再編成する能力である．たとえば，本書のページをめくるときにエネルギーを消費する．そのとき，あなたの細胞はなんらかの物質が膜を通過して輸送するのにエネルギーを使う．エネルギーはさまざまな形で存在し，生物の仕事は，ある形のエネルギーを別の形のエネルギーに変換するという細胞の能力に依存する．

エネルギーは物体の相対的な動きと結びついている場合がある．このエネルギーを**運動エネルギー** kinetic energy という．運動している物体は，他の物体に運動を伝え，与えることによって仕事をなし得る．たとえば，ビリヤードをする人は突き棒（キュー）の動きを使って球を突く．するとその球はまた別の球を移動させる．ダムを越えて流れ落ちる水はタービンを回す．そして，脚の筋肉の収縮は自転車のペダルを押す．**熱エネルギー** thermal energy は原子や分子のランダムな運動に結びついた運動エネルギーである．ある物体から別の物体に伝達されるときの熱エネルギーは**熱** heat とよばれる．光もまたエネルギーの1つの形であり，緑色植物の光合成を駆動するように，仕事に利用される．

現に動いていない物体でもエネルギーをもっている．運動エネルギーでないエネルギーは**ポテンシャルエネルギー** potential energy とよばれる．それは，物体がもっているエネルギーで，その物体の場所や構造に基

＊1（訳注）：多数の要素からなる系において，個々の要素の結合や相互作用によって，個々の要素のたんなる集合には存在しない新たな性質，機能，構造が形成されること．

づくものである．たとえば，ダムの上にある水は，海面からの高さに基づくエネルギーを蓄えている．分子は構成原子間の結合における電子の配置に基づくエネルギーを蓄えている．**化学エネルギー chemical energy** という用語は，生物学者が化学反応に利用され得るポテンシャルエネルギーを指すときに用いられる．異化経路が複雑な分子を分解してエネルギーを放出する過程であることを思い出そう．生物学者は，グルコースのような複雑な分子のことを化学エネルギーに富んでいるという．異化反応の過程でいくつかの結合は切れ，そして他の結合がつくられ，その結果，エネルギーが放出され，低エネルギーの分解産物が生じる．このような変換は，たとえば，ガソリンの炭化水素が酸素と爆発的に反応して遊離したエネルギーでピストンを動かし，排気ガスを出す車のエンジンでも起こる．爆発的というわけではないが，同じような反応が栄養分子と酸素の間で起こり，生物というシステムに化学エネルギーを供給して，二酸化炭素と水を排出物として出している．細胞の構造と関連して実行される生化学的経路が，栄養分子から化学エネルギーを取り出し，そのエネルギーを生命活動に利用することを可能にしているのである．

エネルギーが，どのようにしてある形から別の形に変換されるのだろうか．図 8.2 について考えてみよう．飛び込み台の階段をのぼっている若い女性は，お昼に食べた食物から化学エネルギーを取り出し，階段をのぼるという仕事をするために，そのエネルギーのうちのいくぶんかを利用している．したがって，彼女が水面からの高度を増すにつれて，筋肉運動の運動エネルギーはポテンシャルエネルギーに変換されていく．飛び込んでいる若者は彼のポテンシャルエネルギーを運動エネルギーに変換しているのであり，その運動エネルギーは着水したときには水に渡される．その結果，水がはね，音が出て，水分子の運動が増す．そのうちの少量のエネルギーは摩擦によって熱として失われる．

さてここで，ダイバーが階段をのぼるために必要な化学エネルギーのもととなった食物の有機分子の源について考えてみよう．この場合の化学エネルギーは，植物の光合成によってもたらされた光エネルギーに由来しているのである．生物というのは，どれもエネルギー変換者なのである．

▼図 8.2 **運動エネルギーとポテンシャルエネルギーの変換.**

飛び込み台の上のダイバーは水中にいるときより高いポテンシャルエネルギーをもっている.
飛び込みによってポテンシャルエネルギーが運動エネルギーに変換される.
上にのぼっていくにつれ，筋肉の運動エネルギーはポテンシャルエネルギーに変換される.
水中のダイバーのポテンシャルエネルギーは飛び込み台の上にいるときよりも低い.

エネルギー変換の法則

物質の集団で起こるエネルギー変換についての学問を**熱力学 thermodynamics** とよぶ．科学者は，その研究の中で問題としている事物を指し示すときに「系」という用語を用いる．そして，宇宙の残りの部分，つまり，系の外のあらゆるものを「環境」とよんでいる．「孤立系」は，魔法瓶の中の液体の状態がこれに近いが，環境との間でエネルギーと物質のやり取りがない．「開放系」では，その系と環境の間でエネルギーと物質の移動が起こり得る．生物体は開放系である．生物は，光エネルギーや有機分子がもつ化学エネルギーを吸収し，そして，熱や二酸化炭素のような代謝によって生じる排出物を環境に放出する．熱力学の 2 つの法則が，生物も含めてあらゆる物質の集団におけるエネルギー変換を支配している．

熱力学の第 1 法則

熱力学の第 1 法則 the first law of thermodynamics によれば，宇宙のエネルギーは一定である．「エネルギーは移動することも形を変えることも可能だが，つくり出したり，消滅させることはできない．」第 1 法則は「エネルギー保存則」としても知られている．電力会社はエネルギーをつくっているのではなく，エネルギーをたんに私たちが利用しやすい形に変えているだけである．太陽光を化学エネルギーに変換している緑色植物は，エネルギーの変換者ではあるが，エネルギーの生産者ではない．

図 8.3 a のヒグマは，生物学的なさまざまな過程を行う際に，食物の有機分子がもつ化学エネルギーを運動エネルギーや他の形のエネルギーに変換する．そのヒグマが仕事をした後，このエネルギーに何が起こるだろうか．第 2 法則がこの問いに答えるための助けになる．

熱力学の第2法則

エネルギーは消滅することがないとすれば，生物がエネルギーを単純に何度も繰り返し再利用することができないのはなぜだろう．結局，どのようなエネルギーでも移動したり変換されたりする過程で，そのうちのいくらかのエネルギーが仕事に利用できなくなってしまうのである．ほとんどのエネルギー変換において，利用できる形のエネルギーの少なくともその一部が熱エネルギーに変わってしまい，熱として放出される．図 8.3 a の食物の化学エネルギーのわずかな部分のみが，**図 8.3 b** のヒグマの運動に変換される．エネルギーのほとんどは熱として失われ，すみやかに環境に散逸する．

生きている細胞が，さまざまな仕事を遂行する際に起こる化学反応の過程で，利用できる形のエネルギーを熱に変えてしまうことは避けられないことである．ある系が熱で仕事をすることができるのは，温度差があるとき，つまり高温の場所から低温の場所へ熱の移動が起こる場合のみである．もし，その系が生きている細胞のように温度が均一であれば，化学反応で生じる熱は，その物体，つまり体を暖めることにしか使われない（このことが理由で，人でいっぱいの部屋は，みんなが大量の化学反応を行っているので暑苦しくなるのである！）．

利用できる形のエネルギーが熱として環境に散逸すると，必然的にエネルギーの変換と移動によって宇宙の無秩序さを増大させることになる．「無秩序」という言葉は，乱雑な部屋や荒廃した建物という意味で私たちはよく知っている．しかし，科学者が使う「無秩序」という言葉は，まさに分子レベルで特別に定義されており，それは系のエネルギーがどれくらい分散しているか，あるいはどれくらい異なるエネルギーレベルが存在するかに関係している．簡単にするために，「無秩序」という言葉の私たちの共通した理解（乱雑な部屋のような状態）は，分子の無秩序に対する比喩として悪くないので，今後の議論で無秩序という言葉を使う．

科学者は分子の無秩序さの尺度，あるいはランダムさの尺度として**エントロピー entropy** という量を用いる．物質の集まりがランダムに配置されていればいるほど，そのエントロピーは大きい．ここで，**熱力学の第2法則 the second law of thermodynamics** として次のようにいうことができる．「エネルギーの移動と変換はどのような場合でも宇宙の無秩序さを増大する．」秩序は局所的に増大することはあり得るが，宇宙全体としてはランダムな方向に向かう傾向を止めることができない．

ある系の組織化された構造の物理的な崩壊は，エントロピーの増大のよい例である．たとえば，補修されない建物がだんだん壊れていくのを見ることができる．しかし，宇宙のエントロピーが増加しつつあるのは，多くの場合，目につきにくい．というのは，それは熱や秩序さの程度が低い物質の増加として現れるからである．図 8.3 b のヒグマが化学エネルギーを運動エネルギーに変換する際，同時に熱と食物の分解産物である小分子，つまりヒグマが吐いている CO_2 を生じることによって，環境の無秩序さを増大させている．

エントロピーの概念は，ある過程がエネルギーの投

▼図 8.3　熱力学の 2 つの法則．

食物中の
化学エネ
ルギー

運動
エネルギー
熱
CO_2
+
H_2O

(a) **熱力学の第 1 法則．** エネルギーは伝達したり，変換することはできるが，つくり出したり，消滅させることはできない．たとえば，このヒグマの体中の化学反応で魚の中の化学（ポテンシャル）エネルギーが走るときの運動エネルギーに変換される．

(b) **熱力学の第 2 法則．** エネルギーの伝達と変換はどのような場合でも，宇宙の無秩序さ（エントロピー）を増大させる．たとえば，このヒグマが走るとき熱と代謝の副産物である小さな分子を放出することによって，体の周囲の無秩序さを増大させる．ヒグマは競走馬の速さと同じくらいの時速 56 km の速さで走ることができる．

入なしに，自ら起こるかを理解するのに役立つ．ある過程がそれ自身でエントロピーを増加させるものであるならば，その過程はエネルギーの投入なしで進行することができる．このような過程は**自発的過程 spontaneous process** とよばれる．「自発的」という語はその過程が迅速に起こることを意味しないということを，この語を使う際に注意しておかなくてはならない．そうではなく，この用語はその過程がエネルギーの投入なしで進行し得るという意味である（実際，正式な用語としての「自発的」という用語を読む場合，「エネルギーの投入なしで進行し得る」と解釈するとよい）．自発的過程の中には爆発のように，実際に瞬間的なものがあるが，他は，古い車が時とともにさびていくように，もっと緩慢である．

それ自身でエントロピーを減少させる過程は非自発的とよばれる．その過程が起こり得るのは，エネルギーが系に与えられたときだけである．私たちは，ある事象が自発的かそうでないかは，経験から知っている．例を挙げると，水は下方へ自発的に流れ落ちるが，水が上昇するのは，重力に抗してポンプで汲み上げるときなど，エネルギーを投入したときだけであることを，私たちは知っている．いくぶんかのエネルギーは必然的に熱として失われ，環境のエントロピーを増加させる．したがって，エネルギーの利用は，自発的過程によって宇宙全体のエントロピーの増大を引き起こすことを意味する．

生物学的な秩序と無秩序

生物というシステムは，熱力学の法則から予測できるように，環境のエントロピーを増大させる．細胞があまり組織化されていない出発物質から秩序ある構造をつくるのは事実である．たとえば，単純な分子がアミノ酸というより複雑な構造に組織化される．さらに，アミノ酸はポリペプチド鎖へと組織化される．生物体のレベルの場合でも，複雑でしかも美しい秩序構造が生物学的過程によって単純な出発物質からつくられる（図 8.4）．しかし，生物はまた，環境から組織化された物質やエネルギーを取り入れ，組織化の程度の低いそれらと置き換えることも行う．たとえば，動物はデンプンやタンパク質，そして他の複雑な分子を食物から得る．動物は，異化経路によってこれらの分子を分解し，食物よりも少ない化学エネルギーしかもたない小さな分子である二酸化炭素と水を排出する（図 8.3 b 参照）．化学エネルギーが減少する理由は，代謝の際に熱を発生するからである．より大きな尺度で見ると，エネルギーは光の形で生態系に入り，熱の形で出ていく（図 1.11 参照）．

▼**図 8.4　生命の特徴としての秩序．** ビスケットスター（ヒトデの1種）とリュウゼツランの詳細な構造に見られる秩序がはっきりとわかる．生物は開放系なので，その環境の秩序が減少する限り，その生物は秩序を増大させることができる．

生命の歴史の初期段階において，複雑な生物が単純な祖先から進化した．たとえば，植物界の系譜を，より単純な緑藻からもっと複雑な被子植物へとたどることができる．しかし，この時を経た組織化の増大は，どんな場合でも第2法則に反することはない．生物のような，ある限られた系のエントロピーは，「宇宙」，すなわちその系と環境の全エントロピーが増大する限り，実際に減少し得る．したがって，生物というのは，ランダムさ（無秩序さ）をつねに増している宇宙の中の低エントロピーの島である．生物学的秩序の進化は熱力学の法則に完全に調和する．

概念のチェック 8.1

1. **関連性を考えよう➤**熱力学の第2法則から，膜を通過する物質の拡散はどのように説明できるか（図 7.10 参照）．

2. リンゴが樹の上で育ち，樹から落ち，そしてそれを食べた人によって消化される．これらの過程で現れるエネルギーの形について述べなさい．

3. **どうなる？➤**1さじの砂糖を水が入ったグラスの底に入れれば，時間が経つと完全に溶ける．さらに長く放置すれば，最終的に水はなくなり，砂糖の結晶が再び現れる．これらの観察についてエントロピーの観点から説明しなさい．

（解答例は付録 A）

8.2

反応の自由エネルギー変化で，その反応が自発的に起こるかどうかがわかる

前節で考察した熱力学の法則は宇宙全体に適用できる．生物学者として，私たちは生物体の中の化学反応を理解したい．たとえば，どの反応が自発的で，どの反応が外からのエネルギーの投入が必要かを知りたい．しかし，各反応について宇宙全体でのエネルギーとエントロピーの変化の値を求めることなしに，これを知るにはどうすればよいだろうか．

自由エネルギー変化，ΔG

宇宙というのは「系」と「環境」の和であることを思い出そう．1878年に，エール大学教授のJ・ウィラード・ギブズ J. Willard Gibbs が，系のギブズ（Gibbs）の自由エネルギー（Gの文字で表記される）とよばれる（その環境を考慮しなくてもよい）非常に有用な関数を定義した．本書では，ギブズの自由エネルギーをたんに自由エネルギーとよぶことにする．**自由エネルギー free energy** というのは，生きている細胞のように系全体が定温定圧下で，その系がもつエネルギーのうちの仕事をすることのできる部分のことである．化学反応の場合のように系が変化するときの自由エネルギー変化をどのようにして求めればよいか考えてみよう．

自由エネルギー変化，ΔGは，どのような化学反応の場合でも，次の式を使って計算できる．

$$\Delta G = \Delta H - T\Delta S$$

この式は系（反応）自身の特性のみを用いている．ΔHは系の「エンタルピー」変化（生物学的な系では，全エネルギーに等しい），ΔSは系のエントロピー変化，Tはケルビン Kelvin（K）単位（K＝℃＋273，付録C参照）で表した絶対温度を，それぞれ表す．

化学的な方法を使えば，どのような反応についてもΔGを測定できる（測定値はpH，温度，基質と産物の濃度などの条件に依存する）．ある過程のΔGの値がわかると，その過程が自発的かどうか（エネルギー的に可能かどうか，つまり，外からエネルギーを投入しなくても進行するかどうか）を予測することができる．1世紀以上も前から行われた多くの実験は，ΔGが負の場合にのみ自発的であることを示している．ΔGが負であるためには，ΔHが負（その系がエンタルピーを手放す）か，$T\Delta S$が正（秩序を減らす，つまり，Sが増加する）か，あるいはその両方でなければならない．要するに，ΔHと$T\Delta S$を総計したときに，すべての自発的過程の場合，ΔGは負の値（$\Delta G < 0$）になる．言い換えれば，どんな自発的な過程でも系の自由エネルギーを減少させることを意味している．ΔGが正または0の過程は決して自発的には起こらない．

生物学者にとってこの情報は非常に興味深い．というのは，それによってどんな種類の変化が自発的に起こり得るかを予測することができるからである．その自発的な変化は仕事を遂行するために利用することができるのである．この原理は代謝の研究において非常に重要である．なぜなら，代謝の研究の主要な目的の1つは，生きた細胞での仕事にどの反応がエネルギーを供給しているかを決定することだからである．

自由エネルギー，安定性，平衡

前節で見たように，ある過程が自発的に起こるとき，ΔGが負であることを確かめることができる．ΔGについて考えるもう1つの方法は，ΔGが最後の状態と最初の状態での自由エネルギーの差を表していることを理解することである．

$$\Delta G = G_{\text{最後の状態}} - G_{\text{最初の状態}}$$

したがって，ΔGは，その過程が最初の状態から最後の状態へ変化する間にエネルギーの消失を伴う場合にのみ負になる．最後の状態にある系は自由エネルギーが少なくなっているので変化が起こりにくく，したがって前の状態よりも安定である．

自由エネルギーを系の不安定性の尺度，つまりより安定な状態へ変化しようとする傾向として考えることができる．不安定な系（高いG）はより安定な状態（低いG）になるように変化しようとする．図8.5を見てみよう．たとえば，(a) 飛び込み台上のダイバーは水中にいるときよりも不安定な状態（落下し得る状態）にあり，(b) 濃厚な染料の1滴は，その染料が液体中に不規則に（ランダムに）広がっているときよりも，より拡散し得る状態にあるので不安定である．また，(c) グルコース分子は，それが分解されてより単純な分子になったときよりも不安定である（より小さな分子へと分解され得る；図8.5）．妨げるものがない限り，これらの系はどれもより安定な状態へ移行する．ダイバーは落下し，染料の溶液は色が均一になり，グルコース分子はより小さい分子に分解される．

安定性が最大の状態を表す別の言葉は，2.4節で化学反応との関連で学んだ「平衡」という用語である．

▼図 8.5　安定性，仕事をする能力，および自発的変化と自由エネルギーの関係． 不安定な系（図の上部）は，自由エネルギー（G）に富む．このような系は，自発的により安定な状態（図の下部）へ変化する傾向がある．そしてこの「下り坂」の変化は仕事に利用できる．

・自由エネルギーが多い（高い G）
・安定性が低い
・仕事をする能力が大きい

自発的な過程では
・系の自由エネルギーが減少する（$\Delta G < 0$）
・系は安定さを増す
・遊離した自由エネルギーは仕事に利用できる

・自由エネルギーが少ない（低い G）
・安定性が高い
・仕事をする能力が小さい

(a) **重力に従った動き．** 物体は高い位置から低いほうへ自発的に移動する．

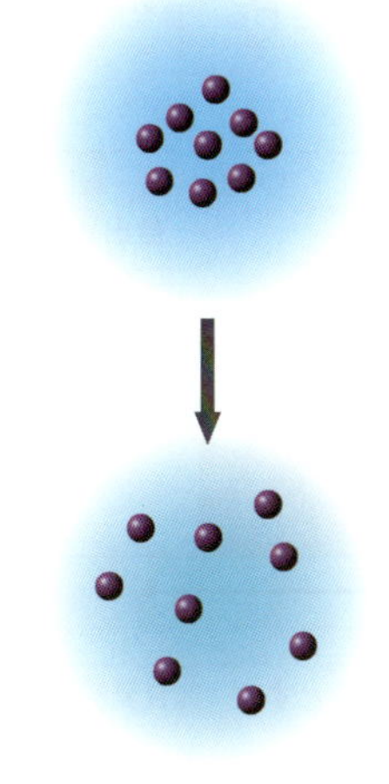

(b) **拡散．** 液滴中の色素分子は拡散によってランダムに分散する．

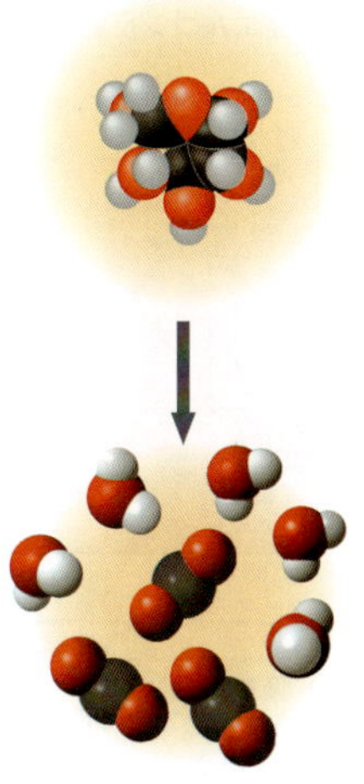

(c) **化学反応．** 細胞の中で，グルコース分子がより単純な分子に分解する．

関連性を考えよう➤ (b) に示した分子の拡散を，図 7.17 に示したように濃度勾配を形成するプロトンポンプによる水素イオン（H^+）の膜輸送と比較しなさい．自由エネルギーをより多く生じるのはどちらの過程か．仕事をすることができるのはどちらの過程か．

自由エネルギーと平衡（化学平衡も含まれる）の間には重要な関係がある．ほとんどの化学反応が可逆的で，正逆の反応速度が等しい状態へと進行することを思い出そう．その反応は，そのとき化学平衡にあるといい，生成物と反応物の相対的な濃度の正味の変化はそれ以上起こらない．

反応が平衡へと進むに従って，反応物と生成物の混合物の自由エネルギーは減少する．自由エネルギーは，反応が平衡から，なんらかの原因で，たとえば，生成物の一部が除かれることによって（したがって，反応物の濃度との比率が変わる）ずらされた場合に増加する．平衡にある系では，G はその系においてとり得る最も低い値になっている．平衡状態はエネルギーの谷間とみなすことができる．平衡点からのどのような小さな変化も正の ΔG をもっているので，自発的には起こらない．このような理由で，系は決して自発的に平衡から逸脱することはない．平衡にある系は自発的に変化しないので，仕事をすることができない．「ある過程が自発的で，そして仕事を実行できるのは，それが平衡へと向かうときだけである．」

自由エネルギーと代謝

ここで，私たちは自由エネルギーの概念を生命現象の化学的な過程に適用することができる．

代謝における発エルゴン反応と吸エルゴン反応

自由エネルギー変化に基づいて，化学反応は発エルゴン反応（「エネルギーが出る」）かまたは吸エルゴン反応（「エネルギーが入る」）のどちらかに分けられる．**発エルゴン反応 exergonic reaction** は自由エネルギーの正味の放出を伴って進行する（図 8.6 a）．化学物質の混合物が自由エネルギーを失う（G の減少）ので，発エルゴン反応での ΔG は負である．ΔG を自発性の規準として使えば，発エルゴン反応は自発的に起こる反応であることがわかる（「自発性」という語は，反応が即座に起こることや，急速に起こることのどちらも意味するのではないことを思い出そう）．発エルゴン反応の ΔG の大きさは，その反応がなし得る仕事の最大値を表す[*2]．自由エネルギーの減少が大きいほど，なし得る仕事の量も大きい．

細胞呼吸の全反応を例として使おう．

$$C_6H_{12}O_6 + 6\,O_2 \rightarrow 6\,CO_2 + 6\,H_2O$$
$$\Delta G = -686\ \mathrm{kcal/mol}\ (-2870\ \mathrm{kJ/mol})$$

グルコース 1 mol（180 g）が，いわゆる「標準状態[*3]」（反応物と生成物がそれぞれ 1 M，25 ℃，pH 7）

＊2「最大値」という語は，ここで述べていることを正確に伝えるために用いられている．なぜなら，自由エネルギーの一部は熱として放出され，仕事には使えないからである．それゆえ，ΔG は利用可能なエネルギーの理論的な上限を表している．
＊3（訳注）：ここでいう標準状態は生化学的標準状態である．本来の標準状態は H^+ も 1 M であるので pH 7 ではない．

図8.6　発エルゴン反応と吸エルゴン反応での自由エネルギー変化（ΔG）.

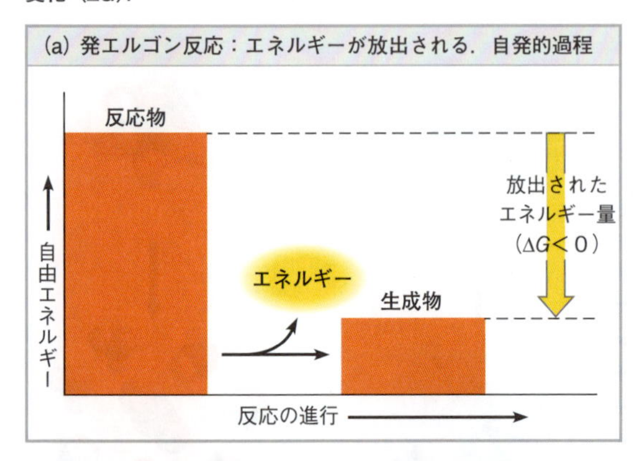
(a) 発エルゴン反応：エネルギーが放出される．自発的過程
反応物
自由エネルギー
エネルギー
生成物
放出された
エネルギー量
（ΔG＜0）
反応の進行

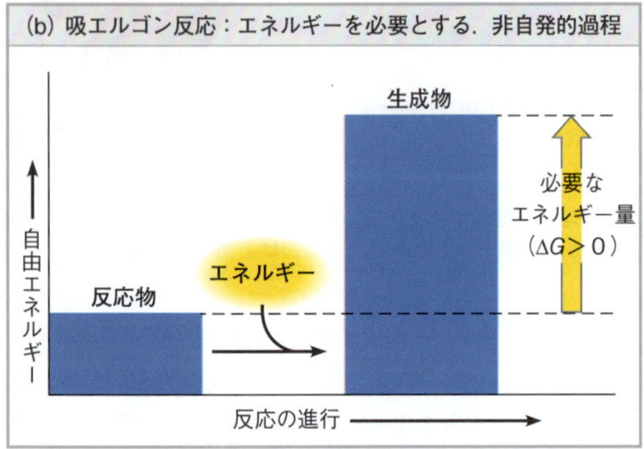
(b) 吸エルゴン反応：エネルギーを必要とする．非自発的過程
生成物
自由エネルギー
反応物
エネルギー
必要な
エネルギー量
（ΔG＞0）
反応の進行

図8.7　孤立系の水力発電での平衡と仕事. 水は流れ落ちてタービンを回転させる．タービンは発電機を駆動させ，電力を供給して電球を点灯させる．しかし，これが可能なのは，系が平衡に達するまでである．

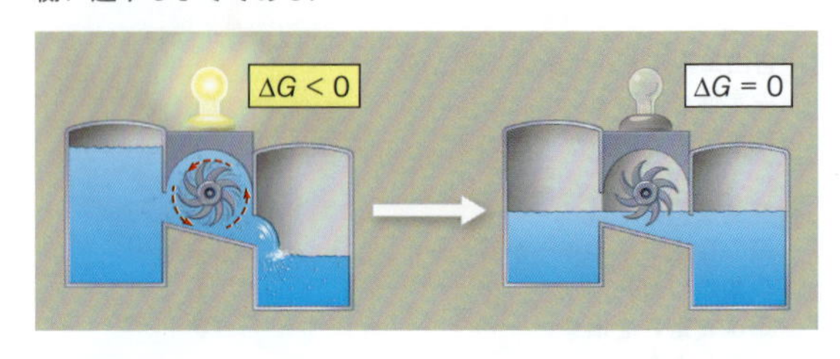
ΔG < 0
ΔG = 0

の下で，呼吸によって分解すると，686 kcal（2870 kJ）のエネルギーが仕事に利用できるようになる．エネルギーは必ず保存されるので，呼吸での化学反応の「産物」が保持している1 molあたり686 kcalの自由エネルギーは，「反応物」のもっていたそれよりも少ない．その産物は，ある意味で，糖分子の化学結合中に蓄えられていた自由エネルギーを取り出す過程で出てきた排出物である．

化学結合を切ることがエネルギーを放出することではないことを理解することは重要である．後に見るように，そうではなく，エネルギーを必要とするのである．「結合中に蓄えられたエネルギー」という語句は，生成物のもつエネルギーが反応物のそれよりも少ないときに，もとの結合の後に新しい結合がつくられるときに放出され得るポテンシャルエネルギーを簡略化した表現である．

吸エルゴン反応 endergonic reaction は，環境からエネルギーを吸収する反応である（図8.6 b）．このタイプの反応は本質的に分子の中に自由エネルギーを「蓄える」（Gの増加）ので，ΔGは正である．このような反応は自発的ではなく，ΔGの大きさは反応を起こさせるのに必要なエネルギーの量を表す．もし，ある化学過程が，一方の反応の方向で発エルゴン反応（下り坂）であれば，逆反応は必ず吸エルゴン反応（上り坂）である．可逆反応は，両方向で下り坂ということはあり得ない．糖が二酸化炭素と水に変化する呼吸に関して，$\Delta G = -686$ kcal/molであるとすれば，逆反応，つまり，二酸化炭素と水が糖に変化する過程は吸エルゴン性が強く，$\Delta G = +686$ kcal/molである．このような反応は決してそれ自身では起こらない．

それでは，植物はどのようにして，生物がエネルギー源とする糖をつくっているのだろうか．植物は1 molのグルコースをつくるのに必要な686 kcalのエネルギーを，環境から光を捕捉し，そのエネルギーを化学エネルギーに変換することによって獲得している．その次に，一連の長い発エルゴン反応で，少しずつその化学エネルギーを使いながらグルコース分子を合成していく．

平衡と代謝

孤立系の反応は最終的には平衡に達する．そうなると，もう仕事はできない．このことは，図8.7で孤立系の水力発電を例にして図示してある．代謝の化学反応は可逆的である．それらの反応もまた，もし，試験管の中で単独で行わせると平衡に達する．平衡にある系はGが最小であり，仕事はできないので，代謝的に平衡になった細胞は死んでいるのである！「代謝が，全体としては決して平衡にならないということは，生命の特性の1つである．」

ほとんどの系と同様に，生きている細胞は平衡にはなっていない．物質が絶えることなく細胞を出入りしているので，代謝経路は決して平衡に到達することはなく，細胞は生きている限り仕事をし続ける．この原理は図8.8 aで，開放系の水力発電（現実の水力発電に近い）を例にして図示してある．しかし，この，水が下り坂を下って1つのタービンを回すという単純な

▼図 8.8 開放系での平衡と仕事.

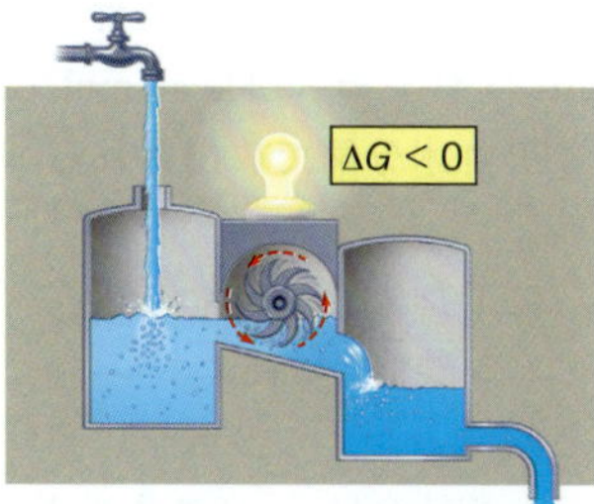
ΔG < 0

(a) **開放系の水力発電.** 流れ落ちる水はタービンを通って発電機を駆動し続ける. なぜなら, 水の流入と流出によって, 系は平衡に到達しないからである.

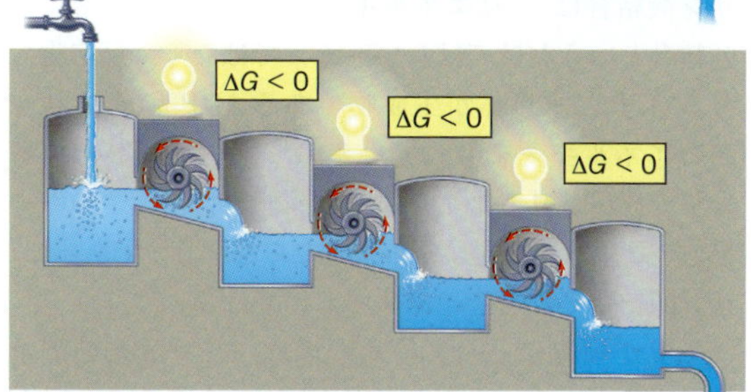
ΔG < 0
ΔG < 0
ΔG < 0

(b) **開放系の多段階の水力発電.** 細胞呼吸はこの系と似ている. グルコースは一連の発エルゴン反応によって分解していき, それらの反応によって細胞の仕事にエネルギーを供給する. 各反応の生成物は, 次の反応の反応物になるので, 反応は平衡に達することはない.

系とは違って, 細胞の異化経路は一連の反応によって自由エネルギーを取り出す. 一例が細胞呼吸で, 図 8.8 b に模式図を示してある. 呼吸における可逆反応のいくつかは, つねに一方向に「引かれて」いる. つまり, 平衡にならないようにされているのである. 平衡にならないようにするための要点は, 反応生成物が蓄積されないで, 次の反応の反応物になることである. そして最後に, 廃棄物は細胞の外に放出されるのである. 反応の連鎖全体は, エネルギーの「山」の頂上のグルコースと酸素, そして「下り坂」の底の二酸化炭素と水の間の大きな自由エネルギーの差によって, 進行し続ける. グルコースや他の燃料, そして酸素が私たちの細胞に供給され続ける限り, そして廃棄物を環境へ排出し続けることができる限り, 代謝経路は決して平衡に達することはなく, 生きるための仕事を続けることができる.

大きな概観図に立ち戻って見れば, 生物が開放系であるとみなせることが, いかに重要であるかが理解できる. 太陽光は生態系の植物や他の光合成生物に自由エネルギーの源を日々供給している. 生態系の動物と他の非光合成生物は自由エネルギーの原資を光合成産物である有機物の形で摂らなければならない. 自由エネルギーの概念を代謝の理解に活用することができたので, 細胞が実際にどのようにして, 生きていくための仕事を遂行しているかを理解する準備が整った.

概念のチェック 8.2

1. 細胞呼吸は高レベルの自由エネルギーをもつグルコースと酸素を使って, 低レベルの自由エネルギーをもつ CO_2 と水を放出する. 細胞呼吸は自発的か, あるいはそうでないか. それは発エルゴン反応か, あるいは吸エルゴン反応か. グルコースから出るエネルギーはその後どうなるか.

2. **図読み取り問題➤** 異化過程と同化過程は図 8.5c とどのように関連しているか.

3. **どうなる？➤** 夜会の参加者の何人かが暗闇で光るタイプのネックレスを着けていた. そのネックレスは「活性化」されるとすぐに光り始める. その活性化というのは, ふつうポキッと折るという仕方で行われ, そうすると 2 種類の化学物質が反応して化学発光の形で光を発するのである. この化学反応は発エルゴン反応, 吸エルゴン反応どちらであるか説明しなさい.

（解答例は付録 A）

8.3

ATP は発エルゴン反応を吸エルゴン反応と共役させることによって細胞の仕事に必要なエネルギーを供給する

細胞が行うおもな仕事は以下の 3 つである.

- 「化学的な仕事」. 自発的には起こり得ない吸エルゴン反応を駆動する. たとえば, 単量体から多量体を合成する反応（本章と 9, 10 章でさらに考察する）.
- 「輸送の仕事」. 物質を自発的な移動方向に逆らって膜を通過して汲み入れる. あるいは汲み出す（7.4 節参照）.
- 「力学的な仕事」. 繊毛の鞭打ち運動（6.6 節参照）, 筋細胞の収縮, 細胞増殖の際の染色体の運動など.

細胞がエネルギー源を仕事に利用する方法の重要な特徴は, 発エルゴン反応を利用して吸エルゴン反応を駆動する**エネルギー共役 energy coupling** である. ATP は細胞内でのほとんどのエネルギー共役を仲介している. そして, ほとんどの場合, ATP は細胞の仕事を駆動するための直接のエネルギー源として機能する.

ATP の構造と加水分解

ATP（**アデノシン三リン酸 adenosine triphosphate**）は, 官能基としてのリン酸基について考察した際に取り上げた（4.3 節参照）. ATP はリボースという糖を含み，そのリボースに窒素を含むアデニンという塩基と3つの連鎖したリン酸基（三リン酸基）が結合している（図8.9 a）．エネルギー共役という役割の他に，ATPはRNAを構成するヌクレオシドリン酸の1つでもある（図5.23参照）．

ATPのリン酸基の間の結合は加水分解によって切ることができる．末端のリン酸の結合が水分子の付加によって切れると，1分子の無機リン酸（$HOPO_3^{2-}$を本書では$Ⓟ_i$を省略形として使用する）がATPから離れ，ATPはアデノシン二リン酸（adenosine diphosphate, ADP）になる（図8.9 b）．この反応は発エルゴン反応で，ATP 1 molの加水分解で7.3 kcalのエネルギーが放出される．

$$\mathrm{ATP} + \mathrm{H_2O} \rightarrow \mathrm{ADP} + Ⓟ_i$$
$$\Delta G = -7.3\ \mathrm{kcal/mol}\ (-30.5\ \mathrm{kJ/mol})$$

上記の自由エネルギー変化の値は標準状態での値である．細胞の中の状態は標準状態に一致することはない．というのは，おもに反応物と生成物の濃度が1 Mからかけ離れているからである．たとえば，ATPの加水分解が細胞内の条件下で起こったとき，実際のΔGはおよそ−13 kcal/molで，これは標準状態でのATP加水分解で放出されるエネルギーよりも78%多い．

ATP加水分解でエネルギーが放出されるので，ATPのリン酸結合は高エネルギーリン酸結合とよばれることがあるが，この用語は誤解を招きやすい．ATPのリン酸結合は，「高エネルギー」というほど非常に強い結合というわけではない．そうではなく，反応物であるATPと水自体が生成物であるADPと$Ⓟ_i$よりも高いエネルギーをもっているのである．ATPの加水分解で放出されるエネルギーは，低い自由エネルギーをもつ状態への変化によってもたらされるのであって，リン酸結合それ自身に由来するのではない．

ATPが細胞にとって有用なのは，リン酸基の加水分解で放出するエネルギーが，他のほとんどの分子が放出するエネルギーより，多少多いからである．それにしても，この加水分解によって多量のエネルギーが放出されるのはなぜだろうか．図8.9aを見直してみると，3つのリン酸基はすべて負に荷電しているのがわかる．このように電荷が込み入っているので，それらが互いに反発し合うために，ATP分子のこの領域が不安定になるのである．ATPの三リン酸の尾部は，圧縮したバネに相当する化学的バネである．

▼図8.9　**アデノシン三リン酸（ATP）の構造と加水分解．** 本書を通して，(a) に見られる「三リン酸基（triphosphate group；3つのリン酸基）」は (b) で示した3つの連結した黄色の丸で表すことにする．

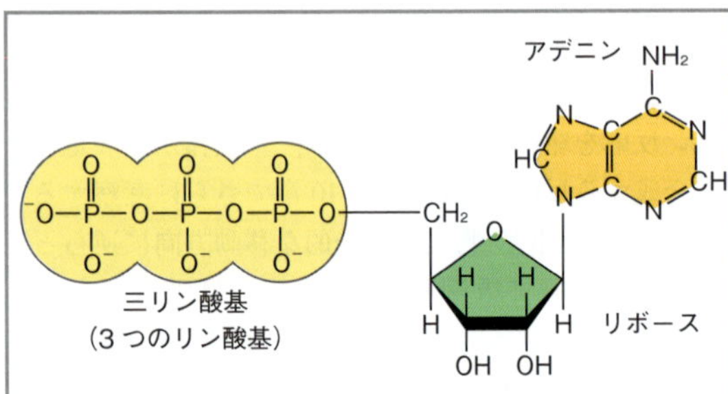
アデニン
NH2
N
C
N
HC
C
CH
N
C
N
O
O
O
-O-P-O-P-O-P-O
O-
O-
O-
CH2
O
H
H
H
H
OH
OH
三リン酸基
(3つのリン酸基)
リボース

(a) **ATPの構造．** 細胞の中では，リン酸のヒドロキシ基のほとんどは電離している（—O⁻）．

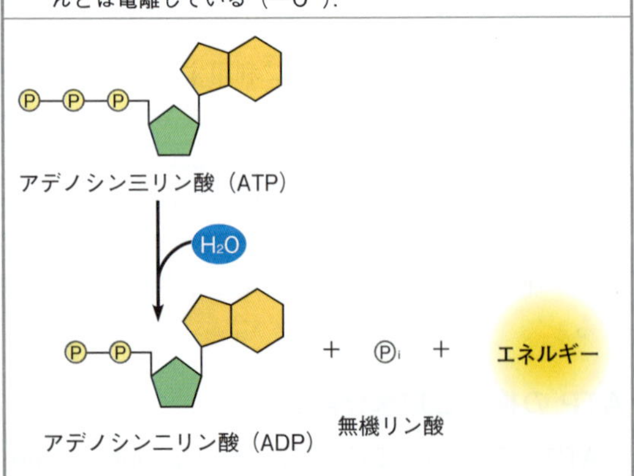
P P P
アデノシン三リン酸（ATP）
H2O
P P
+ Pi +
エネルギー
アデノシン二リン酸（ADP）
無機リン酸

(b) **ATPの加水分解．** ATPと水の反応によってADPと無機リン酸（$Ⓟ_i$）が生じ，エネルギーが放出される．

ATPの加水分解によってどのように仕事が行われるか

ATPを試験管内で加水分解すると，自由エネルギーの放出によって，周囲の水がただ温められるだけである．生物体では，これと同じような熱の発生は，時に有用である．たとえば，寒さで震えているとき，筋肉の収縮の過程でATPを加水分解して発生する熱によって体を暖めている．しかし，細胞内部では，ほとんどの場合，熱を発生するだけでは，貴重なエネルギー資源の無駄遣いである（そして，おそらく危険である）．その代わり，細胞のタンパク質は，ATP加水分解で放出されるエネルギーを，3つのタイプの仕事，つまり，化学的な仕事，輸送の仕事，力学的仕事を遂行するためにさまざまな仕方で利用している．

たとえば，特異的な酵素の働きによって，細胞はATP加水分解によって放出されるエネルギーを，吸エルゴン反応である化学反応を行わせるために直接利用することができる．ある吸エルゴン反応のΔGがATP加水分解で放出されるエネルギー量よりも少なければ，これらの2つの反応は共役することができ，

▼図 8.10 **ATP による化学的な仕事の駆動：ATP 加水分解を利用したエネルギー共役.** この例では，ATP 加水分解という発エルゴン過程が吸エルゴン過程——例えば細胞によってグルタミン酸とアンモニアからグルタミンというアミノ酸がつくられる反応——を駆動するために使われる.

(a) **グルタミン酸のグルタミンへの変換.** グルタミン酸（Glu）からのグルタミン合成は吸エルゴン反応（Δ*G* は正）なので，反応は自発的ではない.

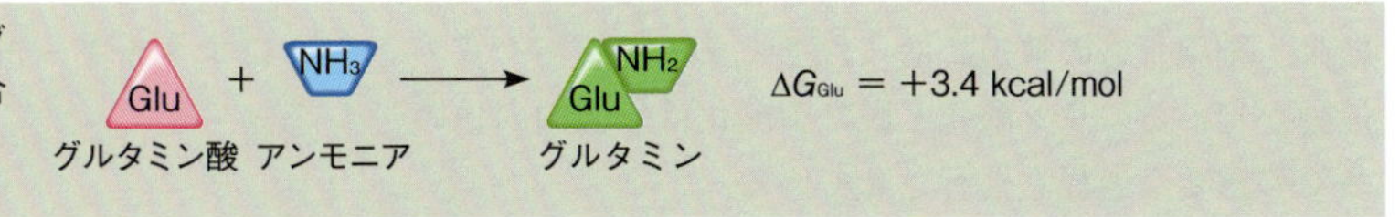

Glu
+
NH3
NH2
Glu
ΔGGlu = +3.4 kcal/mol
グルタミン酸
アンモニア
グルタミン

(b) **ATP 加水分解と共役した変換反応.** 細胞内では，グルタミン合成はリン酸化中間体と共役して 2 段階で起こる. ❶ATP がグルタミン酸をリン酸化し，より多くの自由エネルギーをもつ不安定な状態にする. ❷アンモニアがリン酸基に取って代わってグルタミンが生じる.

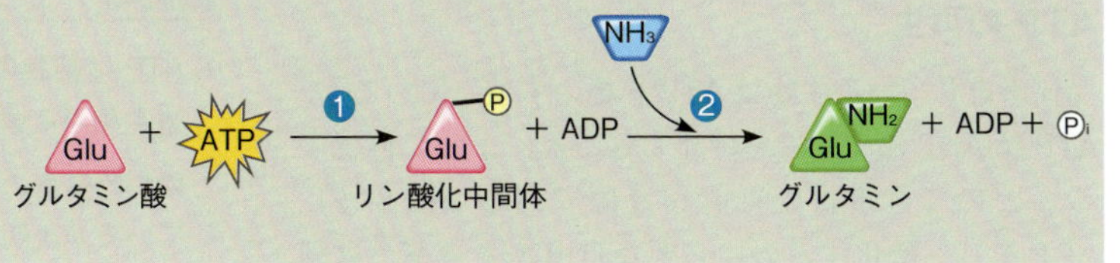

NH3
Glu
+
ATP
1
P
Glu
+ ADP
2
NH2
Glu
+ ADP + Pi
グルタミン酸
リン酸化中間体
グルタミン

(c) **共役反応での自由エネルギー変化.** グルタミン酸のグルタミンへの変換における Δ*G*（+3.4 kcal/mol）と ATP 加水分解における Δ*G*（−7.3 kcal/mol）の合計が反応全体の自由エネルギー変化（−3.9 kcal/mol）である. 全体の反応は発エルゴン反応（正味の Δ*G* は負）なので，自発的に起こる.

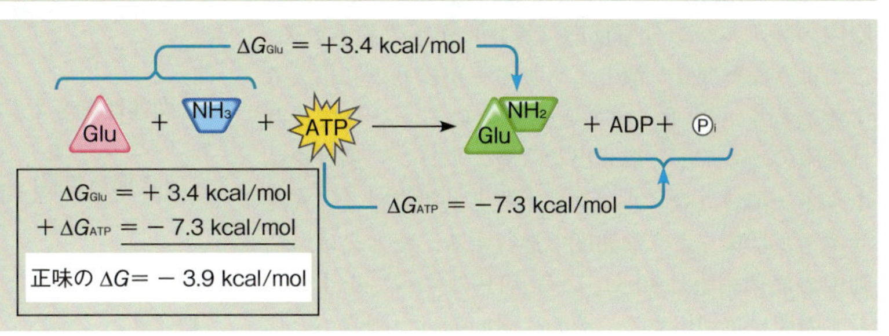

ΔGGlu = +3.4 kcal/mol
Glu
+
NH3
+
ATP
NH2
Glu
+ ADP+ Pi
ΔGGlu = + 3.4 kcal/mol
+ ΔGATP = − 7.3 kcal/mol
正味の ΔG= − 3.9 kcal/mol
ΔGATP = −7.3 kcal/mol

関連性を考えよう➤図 5.14 を参照して，グルタミン（Gln）がアミノ基を結合したグルタミン酸（Glu）として図示されている理由を説明しなさい.

そうして共役した 2 つの反応は全体として発エルゴン反応になる. この場合通常，リン酸基が ATP から他のなんらかの分子，たとえば反応物に転移される. 共有結合でリン酸基を受け取った分子は**リン酸化中間体 phosphorylated intermediate** とよばれる. 発エルゴン反応と吸エルゴン反応の共役で重要なことは，リン酸化されていないもとの分子よりも反応性が高い，つまりより多くの自由エネルギーをもち，不安定な，このリン酸化中間体を形成することである（図 8.10）.

細胞が行う輸送の仕事と力学的な仕事もまた，ほとんどつねに ATP の加水分解によって駆動される. これらの過程において，ATP の加水分解はタンパク質の形の変化をもたらし，さらに他の分子との結合能を変化させる場合が多い. ある場合には，このような変化が，図 8.11a で見た輸送タンパク質のようなリン酸化中間体を経由して起こる. 細胞骨格に沿って「歩行」するモータータンパク質がかかわる力学的な仕事のほとんどは（図 8.11b），周期的な過程として起こるが，その最初は ATP がモータータンパク質に非共有結合で結合することである. その次に，ATP が加水分解

▼図 8.11 **ATP 加水分解による輸送と力学的仕事の駆動.** ATP 加水分解によってタンパク質の形や結合能が変化する. これは次の 2 通りのどちらかの仕方で起こる.（a）リン酸化が直接の起因. たとえば，膜タンパク質が溶質を能動輸送する場合（図 7.15 も参照）.（b）ATP とその加水分解産物が非共有結合で結合することによって間接的に起こる. たとえば，モータータンパク質が細胞内の細胞骨格の「軌道」に沿って小胞や細胞小器官を移動させる場合がそうである（図 6.21 も参照）.

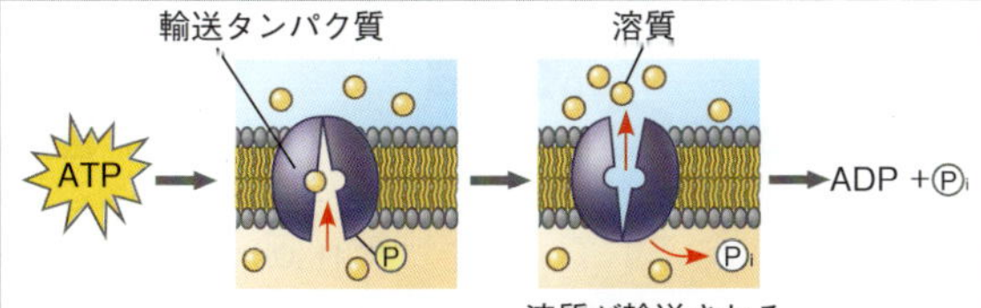

輸送タンパク質
溶質
ATP
P
Pi
ADP +Pi
溶質が輸送される

(a) **輸送の仕事：**ATP は輸送タンパク質をリン酸化して，その形が変化することによって溶質が輸送される.

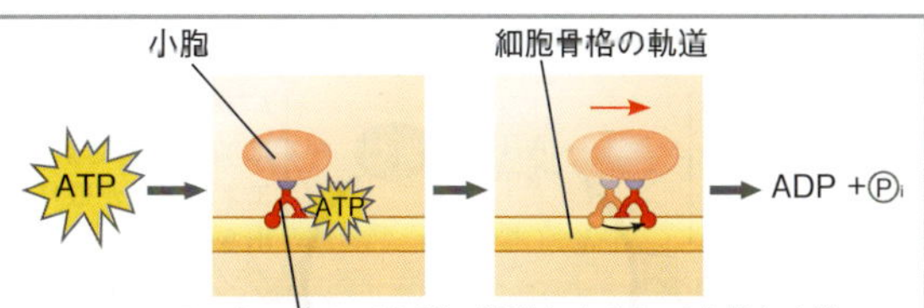

小胞
細胞骨格の軌道
ATP
ATP
ADP +Pi
モータータンパク質
移動したタンパク質と小胞

(b) **力学的な仕事：**ATP はモータータンパク質に非共有結合で結合して，次いで加水分解され，モータータンパク質の形を変化させて前進させる.

され，ADP と Ⓟi を放出する．そして別の ATP 分子が結合し得るようになる．各段階で，モータータンパク質はその形と細胞骨格との結合能を変化させ，その結果，細胞骨格の軌道に沿ったモータータンパク質の運動が起こる．リン酸化と脱リン酸化は細胞内の他の多くの重要な過程も進行させている．

ATP の再生

仕事をしている生物は ATP を絶えず使っているが，ATP は ADP にリン酸を付加することによって再生することのできる再生可能な資源である（図 8.12）．ADP をリン酸化するのに必要な自由エネルギーは細胞内の発エルゴン分解反応（異化）から供給される．このような無機リン酸とエネルギーが繰り返し出入りする過程を ATP サイクルとよんでいる．そしてそれは細胞のエネルギー取り出し（発エルゴン）過程をエネルギー消費（吸エルゴン）過程と共役させる．ATP サイクルは驚くような速度で進行する．たとえば，活動中の筋肉細胞はもっている ATP のすべてを 1 分足らずの間に再利用する．その代謝回転は，細胞ごとに 1 秒間に 1000 万分子の ATP を消費し，そして再生していることに相当する．もし，ATP が ADP のリン酸化によって再生されないとすると，ヒトは自分の体重分の ATP を毎日使い切ることになるだろう．

可逆過程の両方向が下り坂の反応ということはあり得ないので，ATP の ADP と Ⓟi からの再生は必然的に吸エルゴン反応である．

$$\mathrm{ADP} + Ⓟ_i \rightarrow \mathrm{ATP} + H_2O$$
$$\Delta G = +7.3\ \mathrm{kcal/mol}\ (+30.5\ \mathrm{kJ/mol})\ （標準状態）$$

ATP の ADP と Ⓟi からの生成は自発的ではないので，その反応を起こさせるためには自由エネルギーが消費されなければならない．異化（発エルゴン）経路，特に細胞呼吸は ATP を生成する吸エルゴン過程のためのエネルギーを供給する．植物は ATP の合成に光エネルギーも利用する．したがって，ATP サイクルは，異化経路から同化経路へエネルギーが渡されるときにエネルギーが通過する回転ドアのようなものである．

▼図 8.12　**ATP サイクル．** 細胞内の分解反応（異化）によって放出されたエネルギーが ADP のリン酸化に使われて，ATP が再生する．ATP に蓄えられた化学的なポテンシャルエネルギーが，細胞のほとんどの仕事を駆動する．

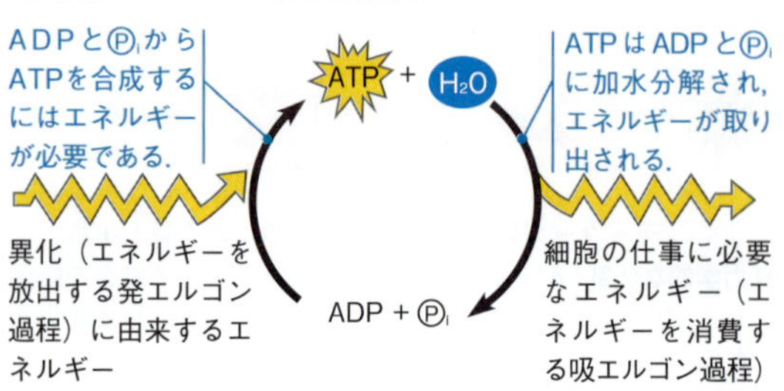

ADP と Ⓟi から ATP を合成するにはエネルギーが必要である．
ATP
+
H2O
ATP は ADP と Ⓟi に加水分解され，エネルギーが取り出される．
異化（エネルギーを放出する発エルゴン過程）に由来するエネルギー
ADP + Ⓟi
細胞の仕事に必要なエネルギー（エネルギーを消費する吸エルゴン過程）

概念のチェック 8.3

1. ATP は細胞の中でエネルギーを発エルゴン過程から吸エルゴン過程へ，通常どのようにして渡すか．
2. 次の物質群のうちどちらが自由エネルギーを多くもっているか説明しなさい．
   グルタミン酸 ＋ アンモニア ＋ ATP
   グルタミン ＋ ADP ＋ Ⓟi
3. **関連性を考えよう➤** 図 8.11a は受動輸送か能動輸送のどちらを示しているか，説明しなさい（7.3 節，7.4 節を参照）．

（解答例は付録 A）

8.4

酵素はエネルギー障壁を下げることによって代謝反応の速度を上げる

熱力学の法則は与えられた条件下で何が起こり得て，何が起こり得ないかを教えてくれるが，それらの過程の速度については何も教えない．自発的な化学反応は外からのエネルギーを必要とせずに起こるが，その反応は非常に遅いので感知できない．たとえば，スクロース（安定な糖）がグルコースとフルクトースになる加水分解は発エルゴン反応で，自由エネルギー（$\Delta G = -7$ kcal/mol）を放出して自発的に起こる反応ではあるが，滅菌した水に溶かしたスクロース溶液を室温で何年置いておいても，ほとんど加水分解は起こらない．しかし，少量の触媒，たとえば，スクラーゼ（スクロース分解酵素）を溶液に添加すると，すべてのスクロースは数秒のうちに，ここに示すように加水分解されるだろう．

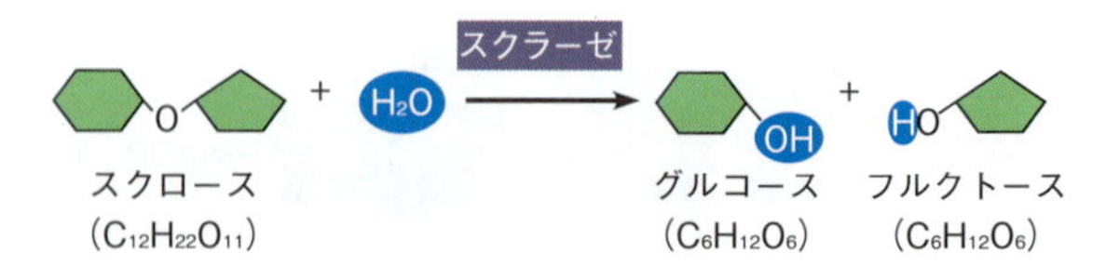

スクラーゼ
O
+
H2O
OH
+
HO
スクロース
(C12H22O11)
グルコース
(C6H12O6)
フルクトース
(C6H12O6)

酵素はどのようにしてこのことを行うのだろうか．

触媒 catalyst は反応速度を上げるという化学的な作用をもつものであるが，自身は反応によって消費されない．**酵素 enzyme** は触媒として機能する巨大分子である．本章ではタンパク質である酵素に焦点を当てる（リボザイムとよばれる RNA 分子は酵素として機能することができる．これについては 17.3 節と 25.1 節で考察する）．酵素による調節がなければ，多くの化学反応は長時間を要するので，代謝経路での化学的な物質のやりとりは，救いようもないほど混乱してしまう．次の 2 つの項では，自発的な反応が遅い理由と，酵素がそのような状況をどのようにして変化させるのかを見ていく．

活性化エネルギーの障壁

複数の分子間のどの化学反応も，結合の切断と形成の両方を伴う．たとえば，スクロースの加水分解では，上図に示すように，グルコースとフルクトースの間の結合と，水分子内の結合のうちの 1 つが切られ，そして 2 つの新しい結合がつくられる．ある分子が別の分子に変化する場合，一般に，反応が進行可能になる前に，出発物質の分子は非常に不安定な，「たわんだ」状態になる．このたわんだ状態は金属製の鍵輪にたとえられる．新しい鍵を鍵輪に通すとき，鍵輪をたわめてこじ開けるであろう．開いた形のときの鍵輪は非常に不安定であるが，鍵を鍵輪に通し終えると安定な状態に戻る．結合の状態が変化可能な，たわんだ状態になるためには，反応分子は環境からエネルギーを吸収しなければならない．生成物分子の新しい結合が形成されるときに，エネルギーは熱として放出され，その分子はたわんだ状態のときよりも低エネルギーの安定な形に戻る．

反応を開始させるために最初に投入されるエネルギー，すなわち反応物の分子をたわめて，結合を切れるようにするのに必要なエネルギーを，「活性化の自由エネルギー」または**活性化エネルギー activation energy** という．本書では E_A という省略形で表記する．活性化エネルギーは，反応物がエネルギーの障壁，あるいは山を越えるために要するエネルギーの量とみなすことができる．そうして，障壁を越えると反応の「下り坂」の部分を開始することができる．活性化エネルギーは反応分子が環境から吸収する熱エネルギの形で供給されることが多い．熱エネルギーの吸収は反応分子の速度を増加させ，したがってそれらはより頻繁に，そしてより強力に衝突する．また，分子内の原子の熱運動によって結合が切断されやすくなる．分子が結合を切るのに十分なエネルギーを吸収すると，反応物は「遷移状態」とよばれる不安定な状態になる．図 8.13 は，2 つの反応分子がそれぞれの一部を交換する仮想的な発エルゴン反応でのエネルギー変化をグラフで示したものである．

$$\underset{\text{反応物}}{AB + CD} \rightarrow \underset{\text{生成物}}{AC + BD}$$

反応物の活性化はグラフの上り坂の部分に相当する．そこでは，反応分子がもつ自由エネルギーの量が増加している．頂上では E_A に等しいエネルギーが吸収されており，反応物は「遷移状態」にある．それらは活性化されており，結合の切断が可能な状態にある．分子を構成する原子が新たな，より安定な結合状態へと落ち着くに従って，エネルギーが環境に散逸していく．これは自由エネルギーが分子から失われる，曲線の下り坂の部分に相当する．反応全体として自由エネルギーが減少しているということは，たとえていうなら，新しい結合の形成の際に，もとの結合を切るために「投資」されたエネルギーよりも多いエネルギーが放出されているということなので，E_A が「配当」とともに払い戻されたことを意味している．

図 8.13 で示した反応は発エルゴン反応で，自発的に起こり得る（$\Delta G < 0$）．しかし，活性化エネルギーは反応速度を決定する障壁をつくっている．反応物が反応を開始できるようになるには，その前に活性化エ

▼**図 8.13 発エルゴン反応のエネルギー変化．** A，B，C，D は仮想的な「分子」の一部分である．この反応は，熱力学的に ΔG が負の発エルゴン反応で，反応は自発的に起こる．しかし，活性化エネルギー（E_A）は反応速度を決める障壁になる．

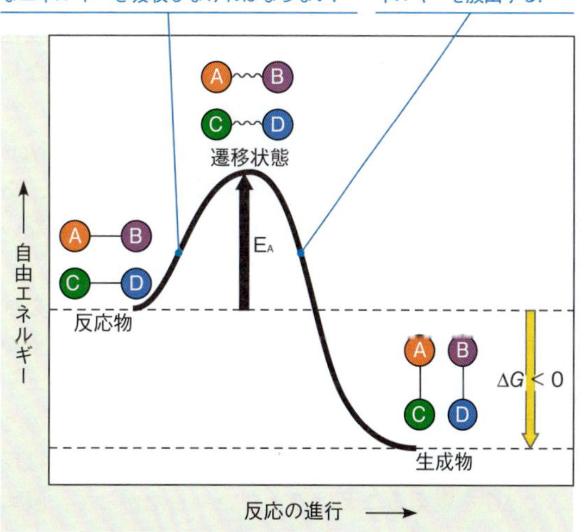
反応物 AB と CD は，結合が切れる不安定な遷移状態に達するためには，外から十分なエネルギーを吸収しなければならない．
結合が切れた後，新しい結合が形成され，外にエネルギーを放出する．
A
B
C
D
遷移状態
自由エネルギー
EA
反応物
ΔG < 0
生成物
反応の進行

描いてみよう➤EF と GH から EG と FH を生成物として生じる吸エルゴン反応の進行過程のグラフを，反応物が遷移状態を経る必要があることを想定して描きなさい．

ネルギーの障壁の頂上に到達するのに十分なエネルギーを吸収する必要がある．反応によっては E_A があまり高くないものがある．そのような反応では室温でも，その熱エネルギーは多くの反応物が短時間で遷移状態に達するのに十分である．しかし，ほとんどの場合，E_A はかなり高く，遷移状態に達するのはまれで，反応はほとんど進行しない．このような場合，反応は反応物にエネルギーを供給した場合，通常熱を与えた場合にのみ高い速度で起こる．ガソリンと酸素の反応は発エルゴン反応なので自発的に起こり得るが，これらの分子が遷移状態に達して反応するにはエネルギーが必要である．点火プラグが自動車のエンジンを点火したときにのみ，ピストンを押すだけのエネルギーの爆発的な放出が起こり得る．点火がなければ，ガソリンの炭化水素と酸素は反応しない．なぜなら，その反応の E_A は非常に高いからである．

酵素はどのようにして反応を速くしているか

細胞がもつタンパク質，DNA，そして他の複雑な分子は自由エネルギーに富むので，自発的に分解される可能性をもっている．要するに，それらの分解は熱力学の法則に合っているのである．これらの分子が壊れないでいるのは，ただ，細胞の標準的な温度という条件の下にあるからである．そのような温度では，活性化エネルギーの山を越えられる分子はほとんどない．しかし，特定の反応については，細胞は生命活動に必要な過程を実行するために，その活性化エネルギーの障壁を乗り越えなければならない．熱は，反応物が遷移状態に到達する頻度を高くすることによって反応を速くするが，このようなことは生物学的な系には適さないであろう．第1に，高い温度はタンパク質を変性させ，細胞を死なせてしまう．第2に，熱は必要な反応だけでなくすべての反応を速める．生物は触媒（たとえば，酵素）によって進行する**触媒作用 catalysis** によって反応速度を高める．その触媒というのは，ある反応を選択的に速めるが，それ自身は消費されない物質である（触媒については5.4節で学ぶ）．

酵素は E_A の障壁を低くすることによって反応を触媒する（図8.14）．つまり，酵素は反応分子が穏やかな温度においても遷移状態に到達するのに十分なエネルギーを吸収するようにさせることができる．次のことを覚えておくことは非常に重要である．「酵素は反応の ΔG を変えることはできない．したがって，吸エルゴン反応を発エルゴン反応に変えることはできない.」酵素は，結局は起こるであろう反応を急がせるだけであるが，この働きは，細胞の中のさまざまな化学反応の円滑な交通整理を行って，細胞が動的な代謝を行うことを可能にさせる．さらに，酵素は触媒する反応に対して非常に選択性が高いので，ある決まった時点でどの化学的過程が進行すべきかを決定する．

酵素の基質特異性

酵素が作用する反応物を酵素の**基質 substrate** という．酵素はその基質（2つ以上の反応物がある場合は，複数の基質）と結合して，**酵素–基質複合体 enzyme-substrate complex** を形成する．酵素と基質が結合すると，酵素の触媒作用によって基質が反応生成物（反応によっては複数）に変換される．その全過程は次のように要約される．

酵素＋基質（1個または複数） ⇌ 酵素–基質複合体 ⇌ 酵素＋生成物（1個または複数）

ほとんどの酵素の英語名は -ase で終わる．たとえば，スクラーゼという酵素は二糖であるスクロースの加水分解を触媒して，グルコースとフルクトースの2つの単糖を生じる（8.4節の最初の図式参照）．

スクラーゼ＋スクロース＋H_2O ⇌ スクラーゼ–スクロース–H_2O 複合体 ⇌ スクラーゼ＋グルコース＋フルクトース

酵素で触媒される反応は非常に特異的で，酵素はその特異的な基質を，類縁の化合物とでさえも識別することができる．たとえば，スクラーゼはスクロースにのみ作用し，マルトース（麦芽糖）のような他の二糖には結合しない．このような分子認識はどのように説明できるだろうか．ほとんどの酵素がタンパク質であり，タンパク質はそれぞれ独自の立体構造をもつ巨大分子であることを思い出そう．酵素の特異性はその形

▼図8.14　活性化エネルギーに対する酵素の効果． 酵素は，反応の自由エネルギー変化（ΔG）は変えないが，活性化エネルギー（E_A）を低くして反応速度を増加させる．

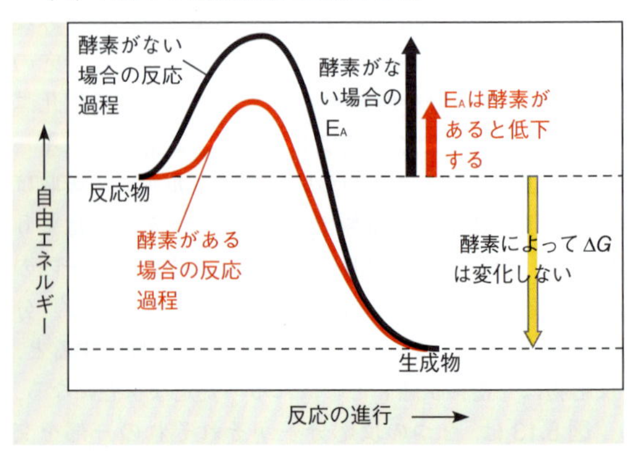
酵素がない場合の反応過程
酵素がない場合の E_A
E_A は酵素があると低下する
自由エネルギー
反応物
酵素がある場合の反応過程
酵素によって ΔG は変化しない
生成物
反応の進行

に由来するのである．そして，その形はそのアミノ酸配列で決まるのである．

酵素分子のある限られた領域のみが，実際に基質と結合する．**活性部位 active site** とよばれるこの領域は，典型的なものとしては，タンパク質表面のくぼみ，または溝になっていて，そこで触媒作用が行われる（図 8.15 a）．通常，活性部位は，その酵素を構成するアミノ酸の中の少数のアミノ酸だけで形成されている．タンパク質分子の残りの部分は，活性部位の形状を決定する枠組みを提供する．酵素の特異性は，その活性部位の形状と基質の形が相補的に適合することから生じる．

酵素はある決まった形に固定された固い構造物ではない．実際，近年の生化学者の研究によって，酵素（他のタンパク質においても）が動的平衡において，「ダンス」のように姿勢（形）を微妙に変えることが示されている．そのダンスの1つひとつの「姿勢」はわずかな自由エネルギーの差と一致しているのである．基質と最も適合した形は，必ずしもエネルギーが最少の形というわけではなく，（基質分子と相互作用することによって）きわめて短時間の間に酵素は基質と最も適合した形をとり，活性部位は基質と結合できるようになる．活性部位そのものも基質に対する固い入れ物ではない．基質が活性部位に入ると，基質の原子団と活性部位を構成するいくつかのアミノ酸の側鎖の原子団との相互作用によって酵素はわずかに形を変える．この形の変化によって，活性部位は基質をもっとぴったりと囲むようになる（図 8.15 b）．最初の接触の後に結合が緊密になることは**誘導適合 induced fit** とよばれる．誘導適合によって活性部位の原子団は化学反応を触媒する能力を強くする位置に配置される．

▼図 8.15　酵素と基質の誘導適合．

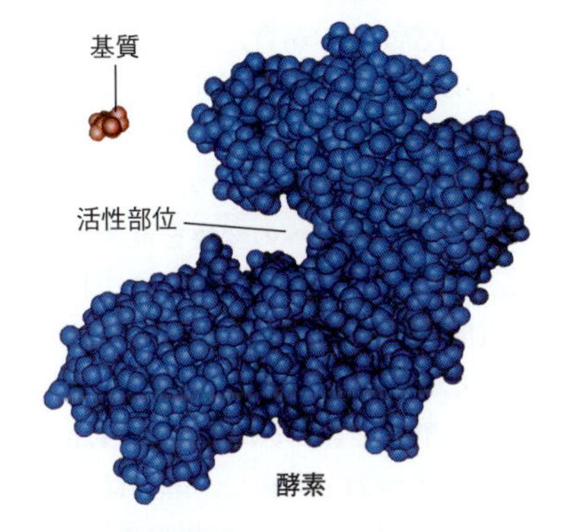
基質
活性部位
酵素

(a) この空間充填モデルで，酵素（ヘキソキナーゼ，青色で示した）の活性部位には表面にくぼみがあることがわかる．基質はグルコース（赤色）である．

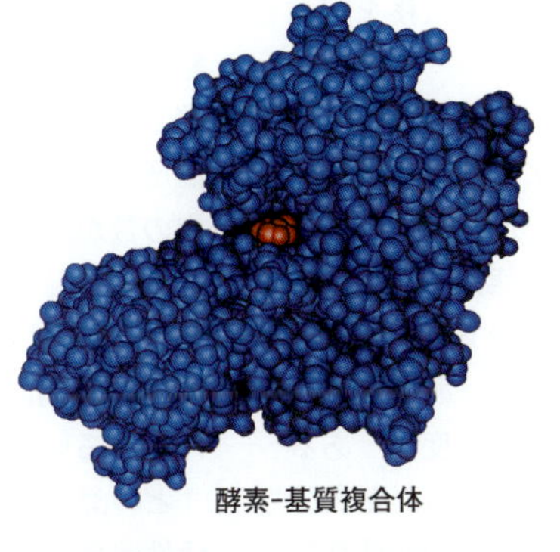
酵素-基質複合体

(b) 基質が活性部位に入ると，基質と酵素は弱い結合を形成し，それによって酵素タンパク質の形の変化が誘導される．この変化によって，別の弱い結合がさらに形成されて，活性部位が基質を抱き込むように適合した部位に保持するようになる．

酵素の活性部位における触媒作用

ほとんどの酵素反応において，基質は水素結合やイオン結合のような，いわゆる弱い相互作用によって活性部位に保持される．活性部位を構成する少数のアミノ酸の側鎖（R 基）が基質の生成物への変換を触媒し，そしてその生成物は活性部位から離脱する．そうなると酵素は自由になって，別の基質分子を活性部位に取り込むことができる．この周期全体は非常に速いので，典型的な反応では，1 個の酵素分子は毎秒およそ 1000 個の基質に作用する．酵素の中にはもっと速いものもある．酵素は，他の触媒と同じく，元通りの形で反応中に存在する．したがって，ごく少量の酵素でも，触媒サイクルを繰り返し機能させることによって，代謝において多大な効果をもつことができる．図 8.16 は 2 つの基質と 2 つの生成物についての触媒サイクルを示している．

ほとんどの代謝反応は可逆的であるので，1 つの酵素で正逆両方の反応を触媒することができる．どちらの反応が進むかは，どちらの反応が負の ΔG をもつかによる．さらにいえば，おもに反応物と生成物の相対的な濃度に依存する．正味の効果は反応がつねに平衡に向かうほうに作用する．

酵素は活性化エネルギーを低くして反応を速くするために，さまざまなしくみを利用する（図 8.16 の段階❸参照）．

- 2 つ以上の反応物が関与する反応では，活性部位は複数の基質が反応を起こすのに適した配向をとって集合するための鋳型を提供する．
- 酵素の活性部位が結合した基質を把握しながら，酵素は，反応によって切断されることになる化学結合を圧縮したり，曲げたりして，基質分子を遷移状態での立体構造へ向かわせるように引き伸ばす．E_A は結合の切断されにくさと比例するので，基質をたわめることは基質を遷移状態に近づけ，遷移状態になるために吸収しなければならない自由エネルギーの量を減少させ

▼図 8.16　**酵素の活性部位と触媒サイクル．** 酵素は1個または複数の反応分子を1個または複数の分子に変換して生成物をつくることができる．ここに示した酵素は2個の基質分子を変換して2個の生成物分子を生じる．

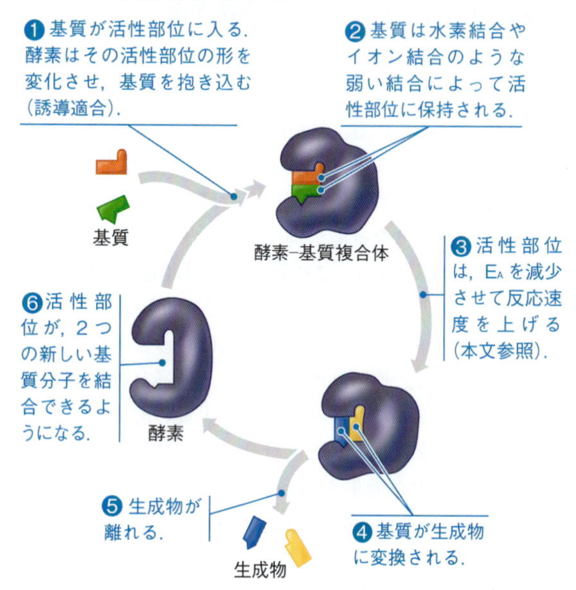
❶基質が活性部位に入る．酵素はその活性部位の形を変化させ，基質を抱き込む（誘導適合）．
❷基質は水素結合やイオン結合のような弱い結合によって活性部位に保持される．
基質
酵素–基質複合体
❸活性部位は，E_A を減少させて反応速度を上げる（本文参照）．
❻活性部位が，2つの新しい基質分子を結合できるようになる．
酵素
❺生成物が離れる．
生成物
❹基質が生成物に変換される．

描いてみよう➤酵素–基質複合体は遷移状態を通過する（図 8.13 参照）．このサイクルの中で遷移状態が生じている箇所を，図の中に記しなさい．

ることになる．

- 活性部位はまた，特定の型の反応において，酵素なしの溶液だけの場合よりも反応をより導きやすい微小環境を提供する．たとえば，活性部位が，酸性の側鎖（R 基）をもつアミノ酸をもっていると，活性部位は，細胞の他の場所が中性 pH であるのに対して，局所的に pH が低下した場所になり得る．このような場合，酸性アミノ酸は，反応を触媒するうえでの重要な段階として，基質への H^+ の転移を促進する可能性がある．
- 活性部位のアミノ酸は化学反応に直接関与する．このような過程では，基質と酵素のアミノ酸側鎖の間での一時的な共有結合が関与する例がいくつかある．反応の次の段階では側鎖はもとの状態に復元するので，活性部位は反応の前と後で同じである．

ある量の酵素が基質を生成物に変える速度は，ある程度は基質の初期濃度の関数であるといえる．基質分子が多ければ多いほど，それらが酵素分子の活性部位に近づく頻度は高くなる．しかし，酵素の濃度を変えないで基質をもっと多く入れていっても，反応を速くできる程度には限界がある．あるところで，基質の濃度は，すべての酵素分子の活性部位が使われるのに十分な程度になるだろう．生成物が活性部位から離れるとすぐさま，また別の基質分子が入ってくる．このような基質濃度では，酵素は基質で「飽和」しているといい，その反応速度は，活性部位が基質を生成物に変換し得る速さで決まる．酵素の集団が基質で飽和しているとき，生成物の生成速度を増加させる唯一の方法は酵素をさらに加えることである．細胞はしばしば，反応速度を高めるためにより多くの酵素分子を合成する．酵素反応の進行過程全体を，**科学スキル演習**でグラフにして表してみよう．

酵素活性に対する局所的な条件の影響

酵素の活性，すなわち酵素がいかに効率的に機能するかは，温度や pH のような一般的な環境要因によって影響を受ける．また，酵素に特異的に影響を及ぼす化学物質によっても影響を受ける．事実，研究者たちはこのような化学物質を用いることによって，酵素の機能について多くのことを学んできた．

温度と pH の影響

図 5.20 を見て，タンパク質の3次元構造が環境に敏感であることを思い出してほしい．どの酵素もある条件下では別の条件下よりもよく機能する．なぜなら酵素分子は「最適条件」においてその活性が最も高い形になるからである．

温度と pH は酵素活性に対する重要な環境要因である．酵素反応の速度は温度上昇とともに，ある点まで増加する．その理由は，分子が急速に運動するとき，基質は活性部位により頻繁に衝突するからである．しかし，その温度以上になると，酵素反応の速度は急激に低下する．酵素分子の熱運動が，活性時の立体構造を安定化させる水素結合やイオン結合，また他の弱い結合を壊してしまい，最終的に酵素は変性する．どの酵素にも反応速度が最大になる最適温度がある．その温度は，酵素の変性が起こらず，なおかつ，分子の衝突の数が最大で，反応物の生成物への変換を最速にするという温度である．ヒトのほとんどの酵素は，およそ 35〜40 ℃の最適温度をもっている（ヒトの体温に近い）．温泉に生息している好熱性細菌は最適温度が 70 ℃あるいはそれ以上の酵素をもっている（図 8.17a）．

どの酵素も最適温度をもつのと同様に，酵素は最も活性が高くなる pH をもつ．ほとんどの酵素の最適 pH の値は，pH 6〜8 の範囲に入るが，例外もある．たとえば，ヒトの胃の消化酵素であるペプシンは，非常に低い pH で最もよく機能する．このような酸性環境ではほとんどの酵素は変性するが，ペプシンは，胃の酸

科学スキル演習

線グラフをつくって傾きを計算する

グルコース6-ホスファターゼの活性による反応速度は単離した肝細胞で経時的に変化するか　哺乳類の肝細胞に存在するグルコース6-ホスファターゼは血液中のグルコース量（血糖量）の調節における鍵酵素である．この酵素はグルコース6-リン酸をグルコースとリン酸（Ⓟi）に分解する反応を触媒する．これらの産物は肝細胞から血中に輸送され，その結果，血液中のグルコース量が増加する．この演習では，単離した肝細胞の外の緩衝液中のⓅi濃度を経時的に測定したデータ，すなわち，細胞内のグルコース6-ホスファターゼ活性を間接的に測定したことになるデータをグラフにする．

実験方法　ラットの単離した肝細胞を，生理的条件（pH 7.4，37℃）下で，緩衝液が入ったシャーレに入れ，グルコース6-リン酸（基質）を加えた．するとグルコース6-リン酸が肝細胞に取り込まれ，グルコース6-ホスファターゼによってグルコース6-リン酸がおそらく分解されるであろう．その緩衝液を試料として5分おきに採取し，細胞外に輸送されたⓅi濃度を定量した．

実験データ

時間（分）	Ⓟi 濃度（μmol/mL）
0	0
5	10
10	90
15	180
20	270
25	330
30	355
35	355
40	355

データの出典　S. R. Commerford et al., Diets enriched in sucrose or fat increase gluconeogenesis and G-6-Pase but not basal glucose production in rats, *American Journal of Physiology - Endocrinology and Metabolism* 283:E545–E555 (2002).

データの解釈

1. このような経時的実験データのパターンを理解するためには，データをグラフにすると便利である．最初に，各座標軸がどのデータセットに対応するかを決める．(a) 研究者は実験において何を意図的に変えたか．これは独立変数なので x 軸上の値に対応させる．(b) 独立変数の単位は何か．その単位が表しているのは何か説明しなさい．(c) 研究者によって何が測定されたか．これは従属変数なので，y 軸上の値に対応させる．(d) その単位が表しているのは何か．各座標軸に，それが何を表しているかを単位とともに記しなさい．
2. 次に，2つの座標軸にデータセットをすべて収まるだけの目盛を等間隔につける必要がある．それぞれの座標軸についてデータの値の範囲を決めなさい．(a) x 軸では最大値はどの値になるか．目盛の間隔はどのくらいが適当か．目盛の最大値はどれくらいか．(b) y 軸では最大値はどのくらいの値になるか．目盛の間隔はどのくらいが適当か．目盛の最大値はどれくらいか．
3. グラフにデータをプロットしなさい．各データの x 変数と対になる y 変数の組をつくり，それに対応するグラフ上の座標に点を配置しなさい（グラフについての詳細は付録Fを参照）．
4. 作成したグラフをよく検討して，データに現れたパターンを見つけなさい．(a) Ⓟi の濃度は実験の過程を通して一定の割合で増加したか．この疑問に答えるために，グラフに見られるパターンを説明しなさい．(b) グラフのどの部分が，酵素活性が最大の反応速度を示しているか．酵素活性の割合は線の傾き，つまり，$\Delta y/\Delta x$（垂直方向の変化／水平方向の変化）で，単位は μmol/(mL・分) に関係があり，最も急な傾きが最大の酵素活性を示していることを考えに入れなさい．グラフで最も急な傾きがどれだけの酵素活性を示しているか計算で求めなさい．(c) グラフに見られたパターンについて生物学的な説明をすることができるか．
5. もし，低血糖の原因がランチ抜きにあるとしたら，肝細胞でどのような反応（この演習で考察した）が起こるだろうか．その反応を書き表して，その酵素の名前を反応の向きを示す矢印の上に書きなさい．その反応は血糖量にどのように影響するか．

▼図 8.17 酵素活性に影響を及ぼす環境要因． 酵素ごとに (a) 最適温度と (b) 最適 pH があり，それらの条件下で酵素タンパク質の分子の形は活性が最も高い状態になる．

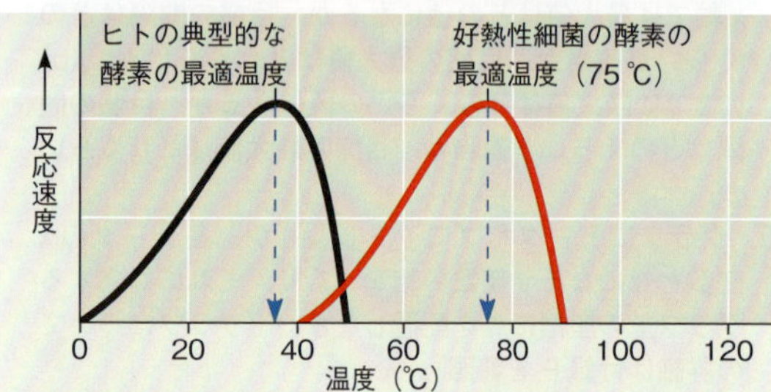
ヒトの典型的な
酵素の最適温度
好熱性細菌の酵素の
最適温度（75 ℃）
↑
反応速度
0
20
40
60
80
100
120
温度（℃）

(a) 上の写真の緑色はネバダ州にある高温の間欠泉に繁殖する好熱性シアノバクテリアを示している．このグラフは好熱性細菌テルムス オシマイ *Thermus oshimai*（訳注：この細菌はシアノバクテリアとは異なる）の酵素の最適温度（75 ℃）を，ヒト（体温 37 ℃）の酵素の最適温度と比較したものである．

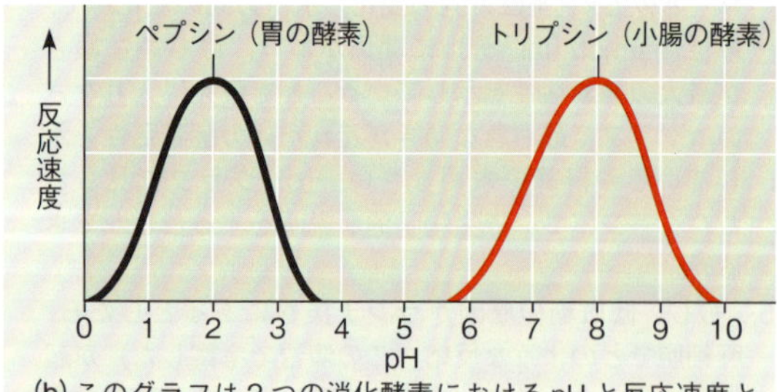
ペプシン（胃の酵素）
トリプシン（小腸の酵素）
↑
反応速度
0
1
2
3
4
5
6
7
8
9
10
pH

(b) このグラフは 2 つの消化酵素における pH と反応速度との関係を示している．

データの解釈➤ (b) のグラフを見て，ペプシンの活性の最適 pH はどれだけか答えなさい．自然選択によって，胃の酵素であるペプシンの最適 pH がそのような値になったと考えられるが，その理由を説明しなさい（図 3.11 参照）．トリプシンの最適 pH についてはどうだろうか．

性環境下で機能を保持した形の 3 次元構造を維持できるよう適応している．対照的に，ヒトの小腸のアルカリ性環境下に存在する消化酵素であるトリプシンは，もし胃の中にあれば変性するであろう（図 8.17 b）．

補因子

多くの酵素は触媒活性に非タンパク質性の補助因子が必要である．タンパク質のアミノ酸によっては容易に遂行できない電子伝達のような多くの化学的過程には，そのような補助因子が必要なことが多い．これらの付属物は**補因子 cofactor** とよばれ，酵素に常在してしっかりと結合しているか，あるいは基質と一緒にゆるく，可逆的に結合する．酵素の中には，その補因子がイオンの形の亜鉛や鉄，銅の金属原子のような無機物であるものがある．補因子が有機分子の場合，特に**補酵素 coenzyme** とよばれる．ほとんどのビタミンは補酵素または補酵素の原材料であるので栄養として重要である．

酵素の阻害剤

化学物質の中には，特定の酵素の作用を選択的に阻害するものがある．阻害剤が酵素に共有結合で結合する場合があるが，その場合，阻害は通常不可逆的である．しかし，多くの酵素阻害剤は弱い相互作用によって酵素に結合する．この場合，阻害は可逆的である．可逆的な阻害剤のあるものは本来の基質分子に似ているので，活性部位への入り込みを基質分子と競合する（図 8.18 a, b）．このような「模倣物」は，**競合阻害剤 competitive inhibitor** とよばれており，基質が活性部位に入るのを妨げることによって，酵素の活性を低下させる．この種の阻害は基質の濃度を増すことによって回復できる．つまり，基質の濃度を増すと，阻害剤分子を上回る基質分子がそこら中に存在して，活性部位を奪うように入り込むことができ，活性部位が機能できるようになるのである．

対照的に，**非競合阻害剤 noncompetitive inhibitor** は基質が活性部位に結合するので，直接競合することはない（図 8.18 c）．競合するのではなく，酵素の別の部分と結合することによって酵素反応を妨げる．この相互作用によって酵素分子の形状が変化し，そのために基質を生成物に変換する活性部位の触媒作用の効力が減少する．

毒素および毒物は多くの場合，不可逆的な阻害剤である．1 つの例はサリンという神経ガスで，これは 1990 年代半ばに東京の地下鉄で，テロリストによって散布され，十数名の死者と多数の負傷者を出した．この小さな分子は，神経系の重要な酵素であるアセチルコリンエステラーゼの活性部位に存在するセリンというアミノ酸の側鎖（R 基）に共有結合で結合する．他の例として，殺虫剤の DDT やパラチオンがある．

図 8.18 酵素活性に対する阻害剤.

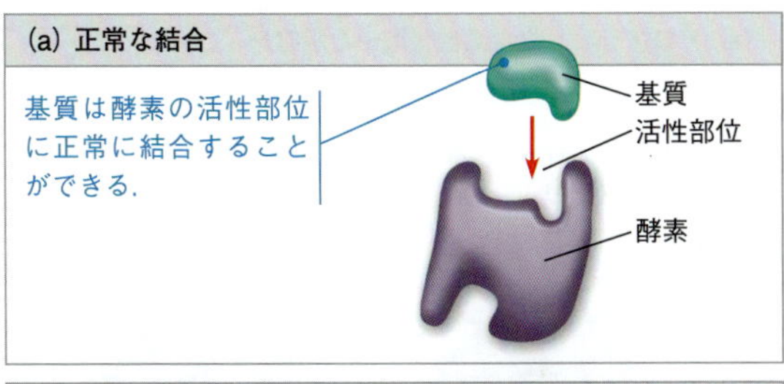
(a) 正常な結合
基質は酵素の活性部位に正常に結合することができる.
基質
活性部位
酵素

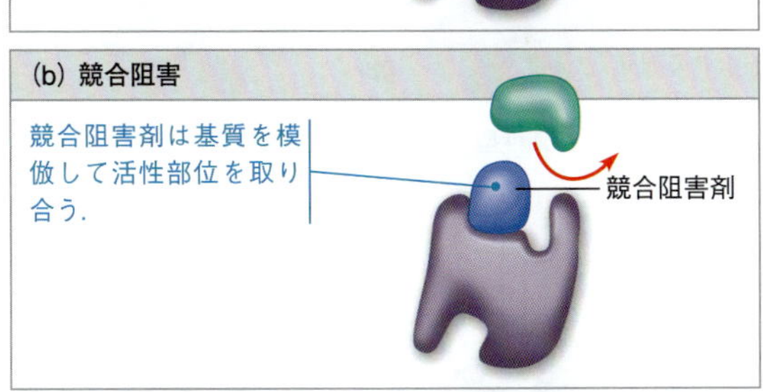
(b) 競合阻害
競合阻害剤は基質を模倣して活性部位を取り合う.
競合阻害剤

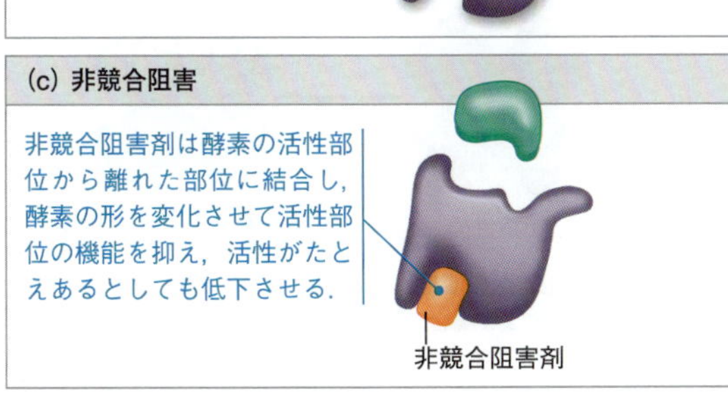
(c) 非競合阻害
非競合阻害剤は酵素の活性部位から離れた部位に結合し，酵素の形を変化させて活性部位の機能を抑え，活性がたとえあるとしても低下させる.
非競合阻害剤

これらは神経系の鍵酵素の阻害剤である．最後に，多くの抗生物質は細菌の特定の酵素に対する阻害剤である．たとえば，ペニシリンは，多くの細菌の細胞壁をつくるのに必要な酵素の活性部位に結合する．

代謝毒である酵素阻害剤を列挙すると，酵素を阻害するということが一般的に異常かつ有害であるという印象を受けるかもしれない．ところが実際は，細胞中に自然に存在する分子が阻害剤として作用することによって，酵素の活性を制御していることが多い．このような制御，すなわち選択的な阻害は，8.5 節で考察するが，細胞の代謝調節に不可欠である．

酵素の進化

進化　いままでのところ，生化学者は 4000 以上のさまざまな酵素を多様な生物種で同定してきたが，これらはすべての酵素のほんの一部だろう．酵素のこのような夥しい数はどのようにして生じたのだろうか．ほとんどの酵素がタンパク質であり，タンパク質は遺伝子によってコードされていることを思い出そう．「突然変異」として知られる遺伝子の永久的な変化によって，あるタンパク質の 1 つまたはそれ以上のアミノ酸が変化することがある．それが酵素の場合，変化したアミノ酸が活性部位のものであったり，他のなんらかの重要な領域のものであったりすると，変化を受けた酵素が新たな活性をもったり，別の基質と結合するようになったりするかもしれない．新たな機能がその生物にとって有利な環境下では，自然選択はその遺伝子の変異型に対してより強く働き得るので，その遺伝子を集団中に存続させることになる．この単純化されたモデルは，数十億年にわたる生命の歴史において，多くの異なる酵素が出現した主要な過程として一般的に受け入れられている．このモデルを支持するデータが，自然集団での進化を模した実験手順を使った研究者たちによって集められた（図 8.19）．

図 8.19 新機能をもった酵素が進化する過程の模倣. 研究者は，ラクトースという糖を分解する β-ガラクトシダーゼという酵素の機能が，大腸菌 *Escherichia coli* の集団で時が経つにつれ変化し得るのかどうかを調べた．実験室で起こさせた 7 回の突然変異と選択の後，β-ガラクトシダーゼという酵素がラクトースではない別の糖を特異的に分解する酵素に進化した．このリボンモデルは変化した酵素の 1 つのサブユニットを示している．6 個のアミノ酸が別のアミノ酸になっている．

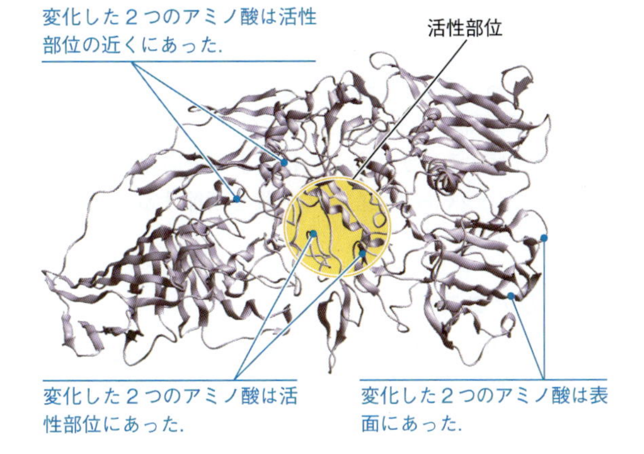
変化した 2 つのアミノ酸は活性部位の近くにあった.
活性部位
変化した 2 つのアミノ酸は活性部位にあった.
変化した 2 つのアミノ酸は表面にあった.

概念のチェック 8.4

1. 多くの自発的な反応は非常に遅い．なぜすべての自発的な反応はすぐに起こらないのだろうか．
2. 酵素が非常に特異的な基質にのみ作用するのはなぜか．
3. どうなる？➤マロン酸はコハク酸脱水素酵素の阻害剤である．マロン酸が競合阻害剤か非競合阻害剤かを明らかにするにはどのようにすればよいか．
4. 描いてみよう➤成熟したリソソームの内部の pH の値は 4.5 付近である．図 8.17 を参考にして，リソソームの酵素反応速度について想定できることを示すグラフを描きなさい．その酵素の最適 pH がリソソームの環境に適合していると仮定して，その最適 pH の値を示しなさい．

（解答例は付録 A）

8.5

酵素活性の調節は代謝制御を助ける

もし，細胞の代謝経路がすべて同時に働き出したら，化学的な大混乱をもたらすだろう．生命現象の過程には，さまざまな酵素が働く時期と場所を制御して代謝経路を緊密に統御できるという細胞機能が本来備わっている．その制御は，特定の酵素をコードしている遺伝子発現のスイッチを入れたり切ったりする（第3部で考察する）か，あるいは，本節で考察するのだが，すでにつくられた酵素の活性を調節することによって行われる．

酵素のアロステリック調節

多くの場合，細胞内で酵素活性を正常に制御する分子は，細胞の中で可逆的な非競合的阻害剤のようにふるまう（図8.18c参照）．このような制御分子は，酵素分子の活性部位以外の場所に非共有結合で結合して，酵素の形と活性部位の機能を変化させる．**アロステリック調節 allosteric regulation** という用語は，タンパク質のある部位の機能が，離れた部位に制御分子が結合することによって影響を受ける場合に使用される．そのような制御には，酵素活性の阻害または促進のどちらの場合もあり得る．

アロステリックな活性化と阻害

アロステリック調節を受ける酵素のほとんどは，2つ以上のサブユニットから構成されている．各サブユニットはそれぞれ固有の活性部位をもつ1本のポリペプチドからなっている．その複合体全体は活性型と不活性型の，2つの立体構造を交互に繰り返す（図8.20a）．アロステリック調節の最も単純な場合には，活性化または阻害の制御分子が制御部位（アロステリック部位とよばれることがある）に結合する．その制御部位はサブユニット同士が結合する部位に局在することが多い．「活性化因子」が制御部位に結合すると，活性部位の立体構造が機能できる状態で安定化される．一方，「阻害剤」は酵素の不活性状態を安定化させる．アロステリック酵素のサブユニットは，1つのサブユニットに立体構造変化が起こると，それが他のすべてのサブユニットに伝えられるという仕方で，互いにぴったりと合わさる．サブユニット間のこのような相互作用を介して，1ヵ所の制御部位に結合する活性化因子または阻害剤の1つの分子がすべてのサブユニットの活性部位に影響を与えることになる．

▼図 8.20　酵素活性のアロステリック調節．

(a) アロステリックな活性化因子と阻害剤

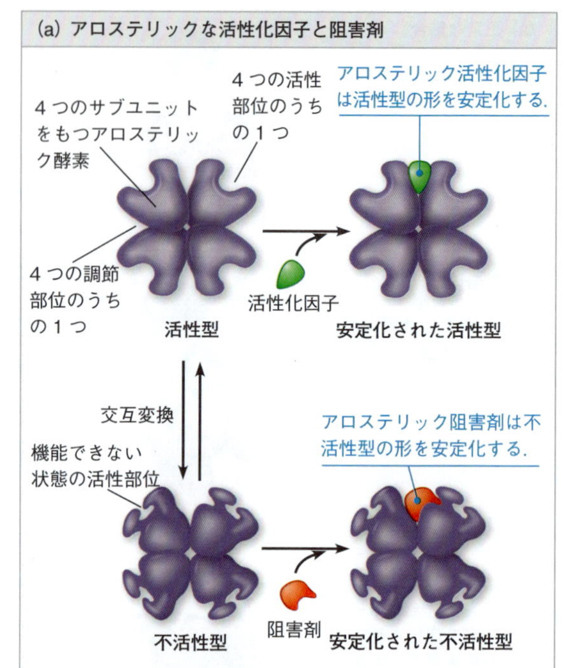
4つのサブユニットをもつアロステリック酵素
4つの活性部位のうちの1つ
アロステリック活性化因子は活性型の形を安定化する．
4つの調節部位のうちの1つ
活性化因子
活性型
安定化された活性型
交互変換
機能できない状態の活性部位
アロステリック阻害剤は不活性型の形を安定化する．
阻害剤
不活性型
安定化された不活性型

活性化因子と阻害剤の濃度が低いときは，それらは酵素から解離している．そのような場合，酵素は活性状態と不活性状態を交互に繰り返すことができる．

(b) 協同性：アロステリックな活性化のもう1つのタイプ

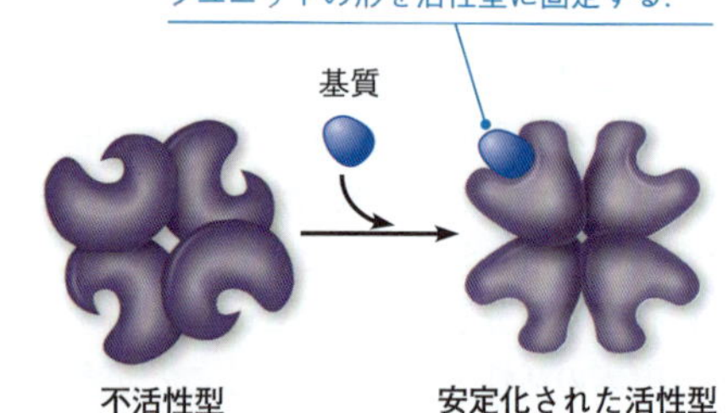
1個の基質分子が1つのサブユニットの活性部位に結合すると，すべてのサブユニットの形を活性型に固定する．
基質
不活性型
安定化された活性型

活性型が基質によって安定化されない場合は，左に示した不活性型が活性型との間で交互に交代し合う．

制御因子の濃度の変動は細胞の酵素活性の精巧な応答パターンを可能にする．例を挙げれば，ATP加水分解の産物（ADPとⓅi）は，同化と異化の経路のさまざまな鍵酵素に効果を及ぼすことによって，両経路間の物質の流れのつり合いをとるという複雑な役割を果たしている．ATPはいくつかの異化酵素にアロステリックに結合し，それらの酵素の基質に対する親和性を減少させて，その酵素の活性を阻害する．一方，ADPはその同じ酵素の活性化因子として機能する．異化作用のおもな機能はATPを再生産することなので，このことは理にかなっている．もし，ATPの生産が消費に追いつかなくなると，ADP が蓄積するので，異化作用を促進する鍵酵素が活性化され，ATP がさらに生産される．ATP の供給が需要を上回った場合は，ATP が蓄積し，上と同じ酵素に結合して阻害するので，異化作用は減速する（このタイプの制御の個別の例は，次章で細胞呼吸について学ぶ際に知ることになる．たとえば，図 9.20 参照）．ATP，ADP および他の関連分子は同化経路のさまざまな鍵酵素にも影響を及ぼす．このようにして，アロステリック酵素は異化と同化の両方の代謝経路の重要な反応の速度を制御する．

別の種類のアロステリックな活性化では，1 つの「基質」分子が，複数のサブユニットからなる酵素の 1 つの活性部位に結合すると，すべてのサブユニットの形の変化を引き起こし，それによって他の活性部位の触媒活性を高める（図 8.20 b）．**協同性 cooperativity** とよばれるこのような機構は基質に対する酵素の応答を増幅させる．すなわち，1 個の基質分子の結合は，酵素がさらに別の基質分子に対して，より容易に作用できるようにするための呼び水になるのである．協同性というのは，たとえ基質が 1 つの活性部位に結合しても，別の活性部位の触媒機能に影響を及ぼすことなので，「アロステリック」制御であるとみなされる．

ヘモグロビンは反応を触媒するのではなく，酸素を運搬するので酵素ではないが，ヘモグロビンについての古典的な研究によって協同性の原理が解明された．ヘモグロビンは 4 つのサブユニットで構成され，それらはそれぞれ 1 つの酸素結合部位をもつ（図 5.18 参照）．1 個の酸素分子が 1 つの結合部位に結合すると，残りの結合部位の酸素に対する親和性が高くなる．したがって，肺や鰓（えら）のような酸素が高レベルである場所では，ヘモグロビンの酸素に対する親和性は増加し，多くの結合部位が酸素で満たされる．しかし，酸素が不足している場所では，どれか 1 つの酸素分子の遊離によって他の結合部位の酸素に対する親和性が減少し，その結果，酸素がより必要な場所で酸素の遊離が起こる．すでに研究された複数のサブユニットからなる酵素についても，協同性という機構は同様に機能する．

フィードバック阻害

ATP 合成経路の酵素の ATP 自身によるアロステリックな阻害についてすでに考察した．これはよく見られる代謝制御の様式で，**フィードバック阻害 feedback inhibition** とよばれる．フィードバック阻害においては，代謝経路の最終産物が，経路の初期段階で機能する酵素に結合することによって，代謝経路が停止する．

図 8.21 は，ある同化経路で作動しているフィードバック阻害の例を示している．ある細胞が 5 段階からなる経路を使って，イソロイシンというアミノ酸を，別のアミノ酸であるトレオニンから合成している．イソロイシンが蓄積してくると，イソロイシンが経路の最初の段階の酵素をアロステリックに阻害して，その合成速度を低下させる．フィードバック阻害は，このようにして，細胞が必要以上にイソロイシンを合成して，化学的資源を無駄遣いするのを防いでいる．

細胞内での酵素の局在

細胞は，何千ものさまざまな種類の酵素や基質の混合物が無秩序に詰まった，たんなる化学物質の袋ではない．細胞は区画化されており，細胞内の構造によって代謝経路の秩序がもたらされている．ある場合には，代謝経路のいくつかの段階の酵素の一団が多酵素複合体となって集合している．そのような酵素の編成によって一連の反応の促進がなされる．すなわち，最初の酵素による生成物が，同じ複合体の中で，近くにある酵素の基質になり，同様の過程が，最終生成物が出てくるまで繰り返される．ある場合には，酵素や酵素複合体が細胞の中の決まった場所に固定され，特定の膜

▼図 8.21　イソロイシン合成におけるフィードバック阻害.

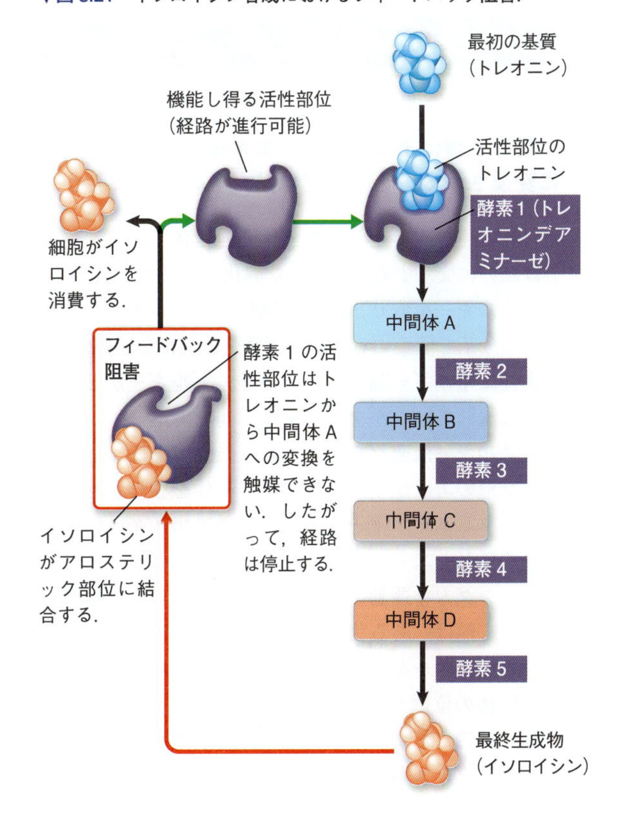
最初の基質
（トレオニン）
機能し得る活性部位
（経路が進行可能）
活性部位の
トレオニン
酵素 1（トレオニンデアミナーゼ）
細胞がイソロイシンを消費する.
中間体 A
酵素 2
フィードバック阻害
酵素 1 の活性部位はトレオニンから中間体 A への変換を触媒できない．したがって，経路は停止する.
中間体 B
酵素 3
中間体 C
酵素 4
イソロイシンがアロステリック部位に結合する.
中間体 D
酵素 5
最終生成物
（イソロイシン）

▼図 8.22　**代謝における細胞小器官と構造的秩序の意義．** ミトコンドリア（TEM 像）などの細胞小器官は特異的な機能を果たす酵素をもっている．この例は，細胞呼吸の第 2 段階と第 3 段階である．

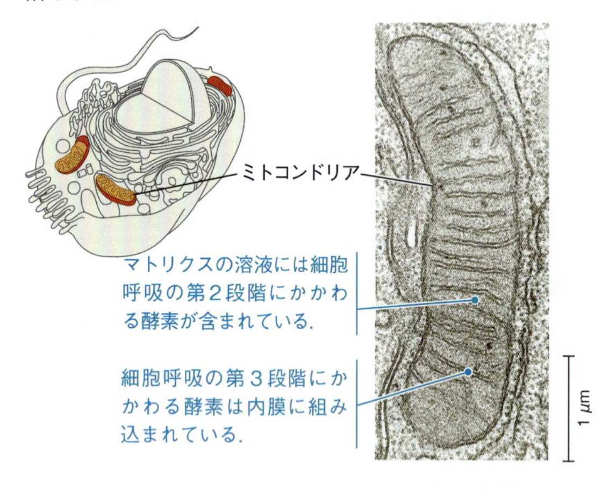
ミトコンドリア
マトリクスの溶液には細胞呼吸の第 2 段階にかかわる酵素が含まれている．
細胞呼吸の第 3 段階にかかわる酵素は内膜に組み込まれている．
1 μm

の構造要素として機能している．別の場合には，特定の膜に包まれた真核細胞の細胞小器官内部（それぞれ独自の化学的な内部環境をもつ）の溶液中に存在する．たとえば，真核細胞では，細胞呼吸の第 2 段階と第 3 段階の酵素はミトコンドリア内部の特定の部位に存在する（図 8.22）．

本章では，生命の特性である，互いに交差する化学的経路の総体である代謝を支配する熱力学の法則について学んだ．生体分子の分解と合成の生体エネルギー論について探究した．生体エネルギー論というテーマの続きとして，次章では，細胞呼吸という主要な異化経路，すなわち有機分子を分解して，生命にとってなくてはならない重要な過程のために利用し得るエネルギーを取り出す過程について，さらに探っていこう．

概念のチェック 8.5

1. 活性化因子と阻害剤はアロステリックに制御される酵素に，それぞれどのようにして影響を及ぼすだろうか．
2. どうなる？➤イソロイシン合成の制御は同化経路のフィードバック阻害の一例である．それをふまえて，ATP が異化経路のフィードバック阻害にどのようにかかわっているか説明しなさい．

（解答例は付録 A）

8 章のまとめ

重要概念のまとめ

8.1

生物の代謝によって物質とエネルギーは別の形に変換される．その過程は熱力学の法則に従う

- **代謝**は生体内で起こる化学反応の総体である．酵素は互いに交差するさまざまな**異化**（分子を分解して，エネルギーを取り出す）や**同化**（エネルギーを消費して分子を構築する）の**代謝経路**の反応を触媒する．**生体エネルギー論**は生物の中をエネルギーがどのように流れているかを研究する学問である．
- **エネルギー**は変化を起こさせる能力である．さまざまな形のエネルギーの中には，物体を移動させて仕事をするエネルギーがある．**運動エネルギー**は運動に関係したエネルギーである．これには原子や分子のランダムな運動に結びついた**熱エネルギー**も含まれる．**熱**は，ある物体から別の物体へ伝達される場合の熱エネルギーである．**ポテンシャルエネルギー**は物体の位置や構造に関連したエネルギーである．分子構造に基づいて蓄えられた**化学エネルギー**もポテンシャルエネルギーである．
- **熱力学の第 1 法則**，つまりエネルギー保存則は，エネルギーがつくられたり消滅したりすることは決してなく，ただ伝達または変換されるだけであると述べている．**熱力学の第 2 法則**は外からのエネルギーの投入を必要としない**自発的な過程**は宇宙の**エントロピー**（無秩序さ）を増加させると述べている．

? 細胞の高度に秩序化された構造が熱力学の第 2 法則に矛盾しない理由を説明しなさい．

8.2

反応の自由エネルギー変化で，その反応が自発的に起こるかどうかがわかる

- 生物というシステムの**自由エネルギー**は，細胞内の条件下で仕事を行うことのできるエネルギーである．生物学的過程での自由エネルギー変化（ΔG）はエンタルピー変化（ΔH）とエントロピー変化（ΔS）に直接関係している．つまり，$\Delta G = \Delta H - T\Delta S$ と表される．生物は自由エネルギーを消費して生きているのである．自発的な過程はエネルギーの投入なしに起こる．つまり，そのような過程では，自由エネルギーは減少し，その系の安定度が増加する．最も安定な状態では，その系は平衡状態にあり，仕事をすることはできない．

- **発エルゴン的**化学反応（自発的反応）では，生成物は反応物よりも自由エネルギーは少ない（$-\Delta G$）．**吸エルゴン的**（非自発的）反応では，エネルギーの投入が必要である（$+\Delta G$）．出発物質の追加と最終産物の除去によって代謝は平衡に到達することはない．

? 自発的な化学反応の自由エネルギー変化を記述した式の中の各成分の意味を説明しなさい．細胞の代謝において自発反応はなぜ重要か．

8.3

ATPは発エルゴン反応を吸エルゴン反応と共役させることによって細胞の仕事に必要なエネルギーを供給する

- ATPは細胞の中のエネルギー交換体である．末端のリン酸基の加水分解によって，ADPとリン酸（Ⓟi）が生じ，そして自由エネルギーが放出される．
- **エネルギー共役**の過程では，発エルゴン過程であるATPの加水分解によって吸エルゴン反応が駆動される．その過程では，特定の反応物にリン酸基が転移され，活性化された**リン酸化中間体**が形成され，その結果，吸エルゴン反応が起こる．ATPの加水分解（タンパク質のリン酸化を伴う場合がある）は，輸送タンパク質やモータータンパク質の形と結合能の変化を起こさせる．
- 異化経路によってADPとリン酸（Ⓟi）からのATPの再生が行われる．

? ATPサイクルについて，細胞の中でATPはどのようにして使われ，そして再生されるか説明しなさい．

8.4

酵素はエネルギーの障壁を下げることによって代謝反応の速度を上げる

- 化学反応において，反応物の結合を切るために必要なエネルギーが**活性化エネルギー** E_A である．
- 酵素は E_A というエネルギー障壁を下げている．

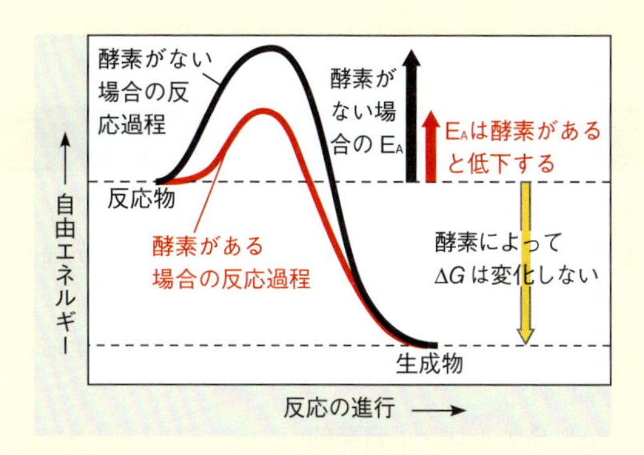

酵素がない場合の反応過程
酵素がない場合の E_A
E_Aは酵素があると低下する
反応物
自由エネルギー
酵素がある場合の反応過程
酵素によって ΔG は変化しない
生成物
反応の進行

- 酵素には，それぞれ固有の**活性部位**がある．その活性部位では反応物として作用する1つまたはそれ以上の**基質**が結合する．そして，酵素は形を変化させ，基質をより緊密に結合する（**誘導適合**）．
- 活性部位は E_A の障壁を下げることができる．それは，基質を適した向きに配置させたり，基質分子の結合に力を加えたり，周囲の微小な環境を適したものにしたり，あるいは基質と共有結合をつくることによって行われる．
- どの酵素にも最適温度と最適pHがある．阻害剤は酵素の機能を抑える．**競合阻害剤**は活性部位に結合する．一方，**非競合阻害剤**は酵素の別の部位に結合する．
- 多様な酵素がさまざまな生物に見られるのは，変異した酵素をもつ個体に対して自然選択が作用したからである．

? 活性化エネルギーの障壁と酵素の両方は，生命の構造と代謝の秩序を維持するのにどのように寄与しているか．

8.5

酵素活性の調節は代謝制御を助ける

- 多くの酵素は，**アロステリック調節**を受けている．活性化因子または阻害剤のいずれかの制御因子が特異的な調節部位に結合すると，酵素の形と機能が影響を受ける．**協同性**では，1つの基質分子が結合すると，他の活性部位での結合や活性が促進される．**フィードバック阻害**においては，代謝経路の最終産物が経路の前の段階の酵素をアロステリックに阻害する．
- 酵素の中には，集合して複合体を形成するものや，膜に組み込まれているもの，またあるものは，細胞小器官の中に存在するものがある．このようにして代謝の効率を高めている，

? アロステリック制御とフィードバック阻害は細胞

の代謝においてどのような役割を果たしているか．

理解度テスト

レベル1：知識／理解

1. 次の文を正しく完結させるために，以下の対になった用語群から正しいものを選びなさい．
「異化が同化に対するのは＿＿が＿＿に対するのに等しい．」
(A) 発エルゴン；自発的
(B) 発エルゴン；吸エルゴン
(C) 自由エネルギー；エントロピー
(D) 仕事；エネルギー

2. ほとんどの細胞は熱を仕事のために利用できない．その理由は，次のうちどれか．
(A) 熱はエネルギーの伝達には関係ない．
(B) 細胞は多くの熱をもっていない．細胞は比較的冷たい．
(C) 通常，温度は細胞全体で均一である．
(D) 熱は仕事には決して使えない．

3. 次の代謝過程のうち，他の代謝過程からエネルギーの正味の投入なしで行われ得るのはどれか．
(A) ADP + Ⓟi → ATP + H_2O
(B) $C_6H_{12}O_6$ + 6 O_2 → 6 CO_2 + 6 H_2O
(C) 6 CO_2 + 6 H_2O → $C_6H_{12}O_6$ + 6 O_2
(D) アミノ酸 → タンパク質

4. 溶液中の酵素が基質で飽和しているときに，産物をより早く得るための最も効果的な方法は次のうちのどれか．
(A) 酵素をさらに追加する．
(B) 溶液を 90 ℃まで熱する．
(C) 基質をさらに追加する．
(D) 非競合阻害剤を加える．

5. ある種の細菌は温泉の中で代謝活性がある．その理由は次のうちのどれか．
(A) それらは内部の温度を低く保つことができる．
(B) 高温では触媒作用は必要ではない．
(C) それらの酵素は最適温度が高い．
(D) それらの酵素は温度に対して完全に非感受性である．

レベル2：応用／解析

6. 基質と生成物が平衡にある溶液に酵素を追加したとき，どのようなことが起こるか．
(A) 生成物がさらにつくられる．
(B) 反応が吸エルゴン反応から発エルゴン反応に変わる．
(C) 系の自由エネルギーが変わる．
(D) 何も起こらない．反応は平衡のままである．

レベル3：統合／評価

7. **描いてみよう**　以下に述べた内容をもつ分岐した代謝の反応経路を矢印でつないで図示し，下の問いに答えなさい．赤の矢印と負記号で阻害箇所を示しなさい．
L は M または N をつくることができる．
M は O をつくることができる．
O は P または R をつくることができる．
P は Q をつくることができる．
R は S をつくることができる．
O は L が M をつくる反応を阻害する．
Q は O が P をつくる反応を阻害する．
S は O が R をつくる反応を阻害する．
Q と S がともに細胞内で高濃度で存在するとき，次のうちどの反応がおもに進むか．
(A) L → M　　(C) L → N
(B) M → O　　(D) O → P

8. **進化との関連**　人々の中には，生化学的経路はあまりに複雑すぎるので，進化してできたものではないと主張する者がいる．ある経路の最終生成物を合成するためには，すべての中間段階が存在している必要があるというのが，その理由である．この議論を批判しなさい．同じか類似の生成物を合成する多様な代謝経路が存在しているということを，あなたの言い分を支持するためにどのように使えばよいだろうか．

9. **科学的研究・描いてみよう**　ある研究者が，膵臓の培養細胞に存在するある重要な酵素の活性を測定するための検定法を開発した．彼女（その研究者）は酵素の基質を細胞の入ったシャーレに加えて，反応生成物を測定した．結果を，縦軸に生成物量をとり，横軸に時間をとってグラフにした．その研究者は，そのグラフ上，4つの期間があることに気づいた．短い期間，生成物は認められなかった（期間 A）．次の期間 B では，反応速度は非常に大きく（線の傾斜が急であった）そして，反応速度は徐々に遅くなった（期間 C）．最終的にグラフは平らになった（期間 D）．グラフを描いて各期間を示し，この反応の各段階で分子の間でどのようなことが起こっていたかを説明するモデルを提案しなさい．

10. **テーマに関する小論文：エネルギーと物質**　生命はエネルギーを必要とする．動物細胞の生体エネルギー変換の基本原理について300〜450字で記述しなさい．エネルギーの流れと変換が光合成をおこなう細胞とどのように異なっているか．ATPと酵素の役割を議論の中に含めなさい．

11. **知識の統合**

この写真で起こっていることが何か，運動エネルギーとポテンシャルエネルギーの観点で説明しなさい．ペンギンが魚を食べ，氷山を上って戻るときに起こるエネルギー変換を説明の中に含めなさい．その分子レベルの過程の基礎となるATPと酵素の役割を説明しなさい．説明には，関係するいくつかの分子の自由エネルギーに何が起こっているかを含めなさい．

（一部の解答例は付録A）

細胞呼吸と発酵
9

▲図 9.1　食物，たとえば，このツノメドリが食べたイカナゴはどのようにして生命活動に活力を与えているのだろうか．

重要概念

9.1 異化経路によって有機燃料を酸化してエネルギーを得る

9.2 解糖では，グルコースをピルビン酸に酸化して化学エネルギーを取り出す

9.3 ピルビン酸を酸化した後，クエン酸回路は有機分子を完全酸化してエネルギーを取り出す

9.4 酸化的リン酸化の過程では，化学浸透と電子伝達が共役して ATP を合成する

9.5 細胞は発酵と嫌気呼吸によって酸素を利用せずに ATP を合成することができる

9.6 解糖とクエン酸回路は他の多くの代謝経路と連結している

生きるということは仕事をすることである

生きている細胞は多くの仕事――たとえば，重合体の組み立て，膜を通過する物質の能動輸送，運動，生殖――をするために外界からエネルギーを取り入れなければならない．図 9.1 のツノメドリは，イカナゴや他の水生生物を食べて細胞が必要とするエネルギーを得ている．他の多くの動物は，光合成生物である植物や藻類を食べてエネルギーを得ている．

食物の有機分子に蓄えられているエネルギーは究極的には太陽が源である．エネルギーは太陽光として生態系に入り，熱として出ていく．対照的に，生命に不可欠な元素は再利用される（図 9.2）．光合成は酸素と有機分子を生産し，その有機分子は真核生物のミトコンドリアによって細胞呼吸の燃料として使われる．呼吸はこの燃料を分解して，酸素を使って ATP を生産する．酸素を使うタイプの呼吸で出る廃棄物，すなわち二酸化炭素と水は光合成の原料である．

本章では，細胞がどのようにして有機分子に蓄えられた化学エネルギーを獲得し，そのエネルギーを使って，細胞が行うほとんどの仕事に必要な ATP をどのようにして合成するのかについて考察する．呼吸についての基礎的な事柄を紹介した後，呼吸の 3 つの主要な経路，すなわち，解糖，ピルビン酸の酸化とクエン酸回路，そして酸化的リン酸化に焦点を合わせていこう．また，進化的に古い起源をもつ解糖と共役した，呼吸よりもやや単純な代謝系である発酵についても考察しよう．

▼図 9.2　**生態系におけるエネルギーの流れと化学物質の再利用．**エネルギーは太陽光として生態系に入り，そして究極的に熱として出ていくが，生命に不可欠な元素は再利用される．

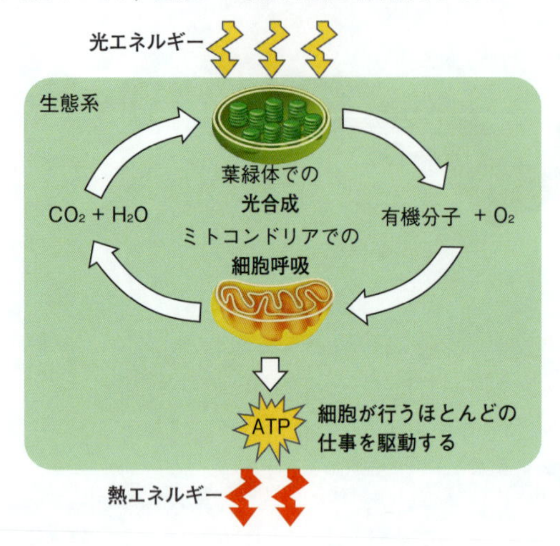
光エネルギー
生態系
葉緑体での
光合成
ミトコンドリアでの
細胞呼吸
CO₂ + H₂O
有機分子 + O₂
ATP
細胞が行うほとんどの
仕事を駆動する
熱エネルギー

9.1

異化経路によって有機燃料を酸化してエネルギーを得る

複雑な分子を分解して蓄えられていたエネルギーを放出する代謝経路は異化経路とよばれる（8.1 節参照）．グルコースのような燃料分子から他の分子への電子伝達は異化経路で主要な役割を果たす．本節では，細胞呼吸の主要な過程である異化過程について考察する．

異化経路と ATP の生産

有機化合物は，構成原子の結合にかかわる電子の配置に起因するポテンシャルエネルギーをもっている．発エルゴン反応にかかわる化合物は燃料になり得る．細胞は酵素の助けを借りて，ポテンシャルエネルギーを豊富にもつ複雑な有機分子を，エネルギーに乏しい単純な廃棄物にまで系統的に分解していく．化合物に蓄えられたエネルギーから取り出されたエネルギーのうちのいくぶんかが仕事に利用できる．残りは熱として散逸する．

異化過程の1つである**発酵 fermentation** は，酸素を利用しないで糖や他の有機燃料を部分分解する過程である．しかし，最も効率的な異化過程は，有機燃料とともに酸素を反応物として消費する**好気呼吸 aerobic respiration** である（aerobic はギリシャ語で「空気」を意味する *aer* と「生命」を意味する *bios* に由来）．ほとんどの真核生物と多くの原核生物は好気呼吸を行うことができる．原核生物の中には，酸素なしで化学エネルギーを獲得する「嫌気呼吸」（訳注：9.5 節参照）と類似の過程で酸素以外の物質を反応物として使うものもある．厳密にいえば，**細胞呼吸 cellular respiration** には好気過程と嫌気過程の両方が含まれる．しかし，細胞呼吸という用語は元来，好気呼吸と同じ意味である．というのは，それは動物が酸素を吸い込む器官呼吸との対比から使われたからである．したがって，「細胞呼吸」という用語は好気過程を指すために使われることが多い．実際，本章のほとんどでそのように使用している．

呼吸は，自動車のエンジンのガソリン燃料（炭化水素）が酸素と混ぜたあと燃焼するのと，機構はかなり異なるが，原理的に似ている．食物は呼吸のための燃料を供給し，その廃棄物は二酸化炭素と水である．その過程の全体は次の式で要約される．

$$\text{有機化合物} + \text{酸素} \rightarrow \text{二酸化炭素} + \text{水} + \text{エネルギー}$$

本章で後に議論するが，炭水化物，脂肪，タンパク質の分子はすべて，加工・分解され，燃料として消費され得る．動物の食餌では，炭水化物のおもな源はデンプンという多糖の貯蔵物質である．それは，分解されてグルコース（$C_6H_{12}O_6$）という単位になる．ここで，グルコース（$C_6H_{12}O_6$）の分解過程を順に見ながら，細胞呼吸の各段階を学んでいこう．

$$C_6H_{12}O_6 + 6\,O_2 \rightarrow 6\,CO_2 + 6\,H_2O + \begin{matrix}\text{エネルギー}\\(\text{ATP} + \text{熱})\end{matrix}$$

グルコースのこのような分解は発エルゴン過程で，グルコース 1 mol の分解（$\Delta G = -686$ kcal/mol）ごとに -686 kcal（-2870 kJ）の自由エネルギーの変化がある．負の ΔG は，反応生成物が反応物よりも少ないエネルギーしかもっておらず，反応が自発的に，言い換えれば，エネルギーの投入なしで起こり得ることを示していることを思い出そう．

異化経路が直接鞭毛（べんもう）を動かすわけでもなく，膜を横切って溶質を汲み上げるわけでもなく，単量体を重合させるわけでも，また細胞の他の仕事をするわけでもない．異化作用は ATP（8.3 節参照）という化学的な駆動軸によって仕事に連結している．仕事をし続けるためには，細胞は ADP と Ⓟi から ATP を再生しなければならない（図 8.12 参照）．細胞呼吸が，いかにしてこれをやり遂げるかを理解するために，酸化と還元という基本的な化学過程について調べよう．

酸化還元反応：酸化と還元

グルコースや他の有機燃料を分解する異化経路か

ら，どのようにしてエネルギーが取り出されるのだろうか．その答えは化学反応の際の電子の授受に基づいている．電子の転移が有機分子に蓄えられていたエネルギーを放出させ，このエネルギーが最終的に ATP 合成に使われるのである．

酸化還元の原理

多くの化学反応では，1 個またはそれ以上の電子（e^-）が，ある反応物から別の反応物に渡される．このような電子の授受を**酸化還元反応**（英語では，oxidation-reduction reaction，あるいは短く，**redox reaction** という）という．酸化還元反応では，ある物質から電子が失われることを**酸化 oxidation** といい，別の物質に電子を与えることを**還元 reduction** という（電子を「付加する」ことが「還元」であることに注意しよう．つまり，負に荷電した電子が原子に与えられると，その原子の正電荷の量が減少するのである）．

簡単で非生物的な例を挙げて，食塩の成分であるナトリウム（Na）と塩素（Cl）の反応について考えよう．

酸化される（電子を失う）: Na → Na^+

$$Na + Cl \longrightarrow Na^+ + Cl^-$$

還元される（電子を獲得する）: Cl → Cl^-

酸化還元反応を下のように一般化することができる．

酸化される: Xe^- → X

$$Xe^- + Y \longrightarrow X + Ye^-$$

還元される: Y → Ye^-

一般化した反応では，物質 Xe^-（電子供与体）は**還元剤 reducing agent** とよばれる．それは電子を受け取る Y を還元する．物質 Y（電子受容体）は**酸化剤 oxidizing agent** とよばれる．それは Xe^- から電子を奪って酸化する．電子伝達は供与体と受容体の両方を必要とするので，酸化と還元は，つねに相伴う．

すべての酸化還元反応において，ある物質から別の物質へ電子の転移が完全に行われるわけではない．たとえば，共有結合において電子の共有の程度がある程度だけ変化するような場合である．図 9.3 に示すようにメタンの燃焼はその一例である．炭素と水素は価電子（訳注：原子の最外殻の電子．化学結合にかかわる電子）に対して同程度の親和性をもつので，つまり電気陰性度がほぼ等しいので，メタンの共有結合に与かる電子は，結合した原子間でほぼ等しく共有される（2.3 節参照）．しかし，メタンが酸素と反応して，二酸化炭素を生じるとき，電子は炭素原子と共有結合の新しい相手である酸素原子の間で均等に配置されない．

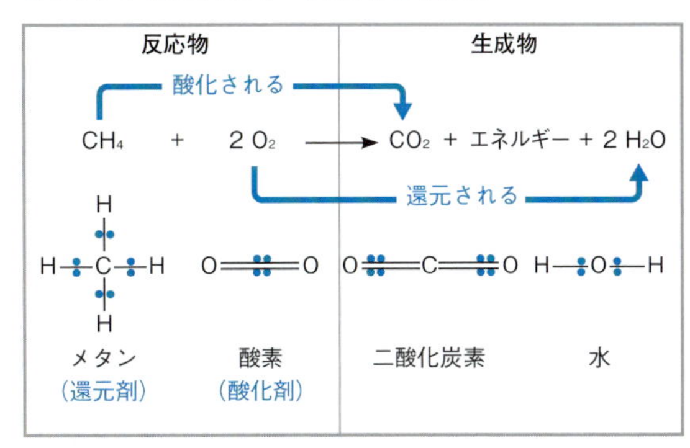

反応物
生成物
酸化される
CH4 + 2 O2 → CO2 + エネルギー + 2 H2O
還元される
メタン
(還元剤)
酸素
(酸化剤)
二酸化炭素
水

▼**図 9.3　エネルギーを生み出す酸化還元反応としてのメタンの燃焼．** その反応は環境にエネルギーを放出する．その理由は，電子が酸素のような電気陰性度の強い原子の近くにより多くの時間留まって，電子の配分が不均等になっていくときに，電子がポテンシャルエネルギーを失うからである．

それは酸素原子の電気陰性度が非常に強いからである．事実上，その炭素原子は共有していた電子を部分的に「失った」ことになる．したがって，メタンは酸化されたのである．

次に，反応物の O_2 がその先どうなるかを見ていこう．酸素分子（O_2）の 2 つの原子は，電子を均等に分担している．しかし，酸素がメタンの水素と反応して水を生じるとき，共有結合の電子が酸素原子の近くでより長い時間存在することになる（図 9.3 参照）．事実上，それぞれの酸素原子は電子を部分的に「獲得した」ことになる．したがって，酸素分子は還元されたのである．酸素は非常に電気陰性度が強いので，すべての酸化剤の中で酸化力が最も強いものの 1 つである．

電子を原子から引き離すためにはエネルギーが必要である．それはちょうどボールを坂の上に押し上げるのにエネルギーが必要であるのと同じである．原子の電気陰性度が強いほど（より強く電子を引きつける），その原子から電子を奪うのにより多くのエネルギーが必要である．電子が電気陰性度の弱い原子から強い原子へ移動するとき，電子はポテンシャルエネルギーを失う．それはちょうどボールが坂を転がり落ちるときにポテンシャルエネルギーを失うのと同じである．したがって，メタンの燃焼（酸化）のような，電子を酸素の近くに移動させる酸化還元反応も仕事に利用できる化学エネルギーを放出する．

細胞呼吸における有機燃料分子の酸化

酸素によるメタンの酸化はガスコンロのバーナーで起こる主たる燃焼反応である．自動車のエンジンでガソリンが燃焼するのも酸化還元反応で，そこで放出されたエネルギーでピストンが押される．しかし，エネルギーを生み出す酸化還元反応のうち，生物学者にとって最も関心があるのは，グルコースや栄養物中の他の分子を酸化する細胞呼吸である．細胞呼吸を要約した式をもう一度見てみよう．ただし，ここでは酸化還元過程として考察する．

$$C_6H_{12}O_6 + 6\,O_2 \longrightarrow 6\,CO_2 + 6\,H_2O + \text{エネルギー}$$

（$C_6H_{12}O_6$ → $6\,CO_2$：酸化される，$6\,O_2$ → $6\,H_2O$：還元される）

メタンやガソリンの燃焼と同じように，呼吸の燃料（グルコース）は酸化され，酸素が還元される．電子はその過程でポテンシャルエネルギーを失い，エネルギーが放出される．

一般に，水素を豊富にもつ有機分子は優れた燃料である．なぜなら，その化学結合は「頂上にある」電子の源であり，それらが酸素に渡されることによってエネルギーの勾配を「下り」落ちる際に，エネルギーが放出されるからである．呼吸を要約した式は水素がグルコースから酸素に渡されることを示している．しかし，式に現れていない重要な点は，水素が電子とともに酸素に渡されるときに電子のエネルギー準位が変化することである．呼吸においては，グルコースの酸化によって電子のエネルギー準位が下がることによって，エネルギーが放出され，そのエネルギーがATP合成に利用される．したがって，一般的にいえば，燃料分子というのは，多数のC—H結合をもち，それらが酸化されて多数のC—O結合がつくられる，そういう分子であることがわかる．

エネルギー源となるおもな栄養物である炭水化物と脂肪は水素と結びついた電子の貯蔵庫である．その電子は多くの場合，C—H結合として蓄えられている．活性化エネルギーの障壁のみが，電子が低エネルギー準位へと洪水のように戻っていくのを止めている（図8.13参照）．この障壁がなければ，グルコースのような栄養物質はほとんど瞬時にO_2と結合するだろう．グルコースを点火することにより活性化エネルギーを供給してやれば，グルコース1 mol（約180 g）あたり686 kcal（2870 kJ）の熱を放出して大気中で燃えるだろう．体温は，もちろん燃焼を開始させるほど高くない．グルコースをある量飲み込むと，燃焼する代わりに，細胞の中の酵素が活性化エネルギーを下げ，飲み込んだグルコースが一連の段階を経て酸化されていく．

NAD$^+$と電子伝達鎖を介した段階的なエネルギーの獲得

エネルギーが燃料から一度に全部放出されると，意味のある仕事に効率よく利用することはできない．たとえば，車のガソリンタンクが爆発的に燃焼すれば，車をあまり遠くへは輸送することはできない．細胞呼吸も，グルコース（他の有機燃料においても）をたった1段階で爆発的に酸化するのではない．そうではなく，グルコースは，一連の段階を経て分解される．その各段階はそれぞれ1つの酵素で触媒される．重要ないくつかの段階で，電子がグルコースから奪われる．酸化反応でよくあるように，各々の電子はプロトンとともに伝達される．つまり水素原子として伝達される．その水素原子は酸素に直接転移するのではなく，ふつうは**NAD$^+$**（ニコチンアミドアデニンジヌクレオチド nicotinamide adenine dinucleotide，ナイアシンというビタミンの誘導体）とよばれる補酵素にまず渡される．この補酵素は酸化型（NAD$^+$）と還元型（**NADH**）の

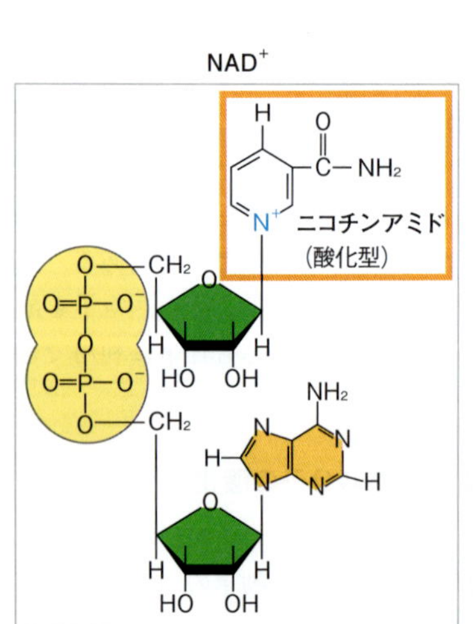

NAD+
H
O
C— NH2
N+
ニコチンアミド
(酸化型)
O—CH2
O=P—O−
O
O=P—O−
O—CH2
O
H
HO
OH
NH2
N
H

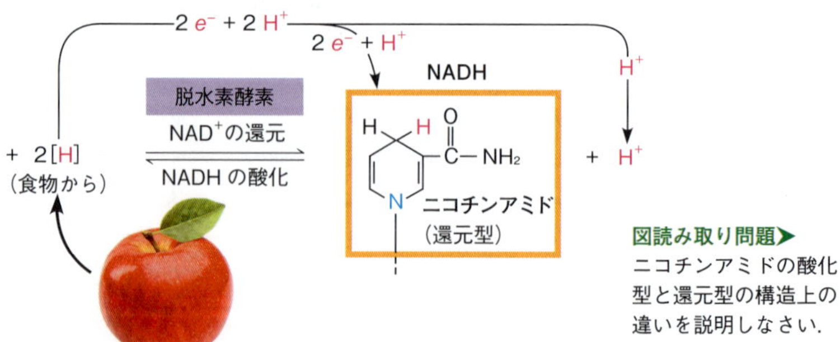

2 e− + 2 H+
2 e− + H+
NADH
H+
脱水素酵素
NAD+の還元
NADH の酸化
+ 2[H]
(食物から)
H
H
O
C— NH2
N
ニコチンアミド
(還元型)
+ H+

図読み取り問題➤ ニコチンアミドの酸化型と還元型の構造上の違いを説明しなさい．

▲**図 9.4　電子の受け渡し手としての NAD$^+$．** NAD$^+$のフルネームはニコチンアミドアデニンジヌクレオチドである．その名前からその構造がわかる．この分子はリン酸基（黄色）で互いに結合した２つのヌクレオチドからなっている（ニコチンアミドは窒素を含む塩基であるが，DNA や RNA には存在しない．図 5.23 参照）．食物中の有機分子から，２個の電子と１個のプロトン（H$^+$）を酵素反応によって NAD$^+$に渡して，NAD$^+$を NADH に還元する．食物分子から奪われたほとんどの電子は最初に NAD$^+$に渡され，NADH を生じる．

状態を容易に交互に変換し得るので，電子伝達体として適している．NAD^+は電子受容体として，呼吸の過程で酸化剤として機能する．

NAD^+は食物中のグルコースや他の有機分子からどのようにして電子を受け取るのだろうか．脱水素酵素（デヒドロゲナーゼ）とよばれる酵素が1対の水素原子（2個の電子と2個のプロトン）を基質（この例ではグルコース）から奪う，つまり基質を酸化する．この酵素は2個の電子を1個のプロトンとともに，その補酵素であるNAD^+に渡して，NADHを生じる（図 9.4）．もう1つのプロトンは水素イオン（H^+）として周囲の溶液中に放出される．

▼図 9.5 電子伝達鎖への導入．

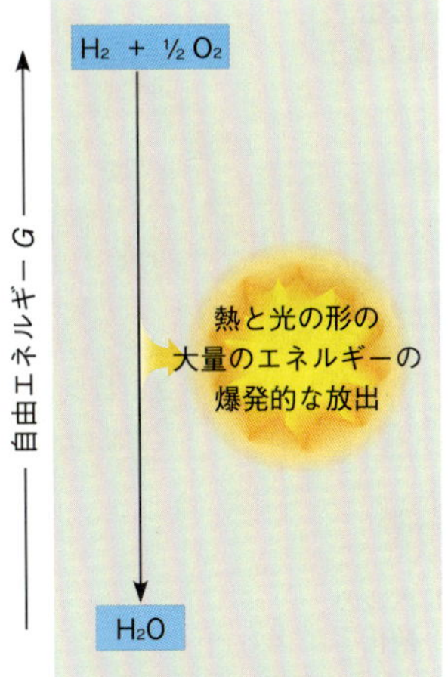
H_2 + ½ O_2
自由エネルギー G
熱と光の形の
大量のエネルギーの
爆発的な放出
H_2O

(a) 制御のない反応．水素と酸素から水を生じる1段階の発エルゴン反応によって熱と光の形の大量のエネルギーが爆発的に放出される．

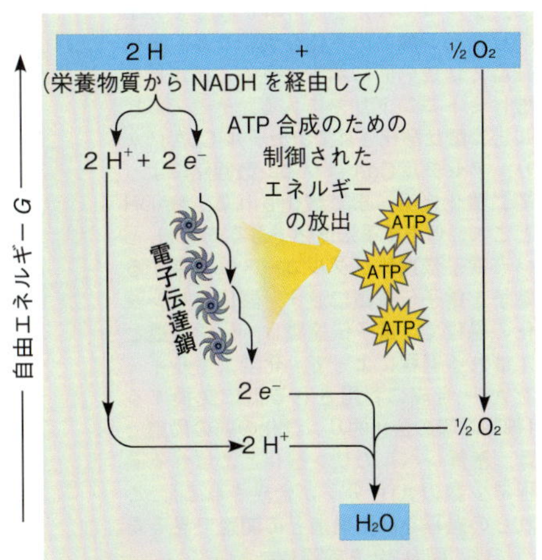
2 H + ½ O_2
（栄養物質から NADH を経由して）
$2\ H^+ + 2\ e^-$
ATP 合成のための
制御された
エネルギー
の放出
ATP
ATP
ATP
電子伝達鎖
自由エネルギー G
$2\ e^-$
½ O_2
$2\ H^+$
H_2O

(b) 細胞呼吸．細胞呼吸では，同様の反応が段階的に起こる．電子伝達鎖はこの反応のいわば電子の「滝」を一連の小さな段階に分け，少しずつ放出したエネルギーをATP合成に利用できる形にして蓄える（残りのエネルギーは熱として放出される）．

$$\text{H-}\overset{|}{\underset{|}{\text{C}}}\text{-OH} + \text{NAD}^+ \xrightarrow{\text{脱水素酵素}} \overset{|}{\underset{|}{\text{C}}}\text{=O} + \text{NADH} + \text{H}^+$$

負に荷電した電子は2個受け取るのに対し，正に荷電したプロトンは1個しか受け取らないので，NAD^+は還元されてNADHになるときに，その電荷が中和される．NADHという名称に，反応で受け取った水素が示されている．NAD^+は，細胞呼吸において最も多用される電子受容体で，グルコースの分解過程でのいくつかの酸化還元段階で機能する．

栄養物からNAD^+に電子が伝達されるとき，電子はそのポテンシャルエネルギーをごくわずかしか失わない．呼吸で生成したNADH分子の1個1個が，蓄積されたエネルギーを表している．そのエネルギーは，NADHの電子がNADHから酸素に至るエネルギー勾配を完全に「下りきった」ときに，ATP合成に利用できる形になるのである．

グルコースから引き抜かれ，NADHの電子としてポテンシャルエネルギーを蓄えた電子はどのようにして酸素に到達するのだろうか．この問いに答えるには，細胞呼吸の酸化還元の化学反応を，たとえば，水を生じる水素と酸素の反応のようなもっと単純な反応と比較すればよい（図 9.5 a）．H_2とO_2を混ぜ，活性化エネルギーを与えるために点火してやると，両方の気体は爆発的に結合する．実際，液体水素（H_2）と液体酸素（O_2）の燃焼は，人工衛星を軌道に乗せたり，宇宙船を打ち上げたりするロケットのエンジンを駆動するために利用されている．爆発は，水素の電子が電気陰性度の強い酸素原子へと「落ち込む」[*1]ときのエネルギーの放出を意味している．細胞呼吸も水素と酸素を結合させて水を生じるが，2つの重要な違いがある．第1に，細胞呼吸では，酸素と反応する水素はH_2ではなく，有機分子に由来する水素である．第2に，呼吸では，酸素に至る電子の「落下」が単一の爆発的な反応ではなく，電子伝達鎖を利用して，いくつかのエネルギー放出段階に分かれている（図 9.5 b）．**電子伝達鎖 electron transport chain** は多くの分子（ほとんどがタンパク質）からなり，真核細胞のミトコンドリア内膜や好気性の原核生物の細胞膜に組み込まれている．グルコースから奪われた電子は，NADHによって伝達鎖の高エネルギー側の「頂上」まで運ばれる．低エネルギー側の「底」では，酸素が水素の原子核（H^+）とともに電子をとらえて，水を生じる（嫌気的に呼吸する原核生物では電子伝達鎖の最後はO_2以外の電子受容体である）．

NADHから酸素への電子伝達は−53 kcal/mol（−222 kJ/mol）の自由エネルギー変化を伴う発エルゴン反応である．このエネルギーを，単一の爆発的な段階で放出して無駄にしてしまうのではなく，電子が一連の酸化還元反応において，複数の電子伝達体に次から次へと渡され，伝達鎖を段々に下りていき，最終的な電子受容体である酸素（電子に対する親和性が非

＊1（訳注）：この比喩は電気陰性度の差というポテンシャルの勾配を急激に下ることを意味している．

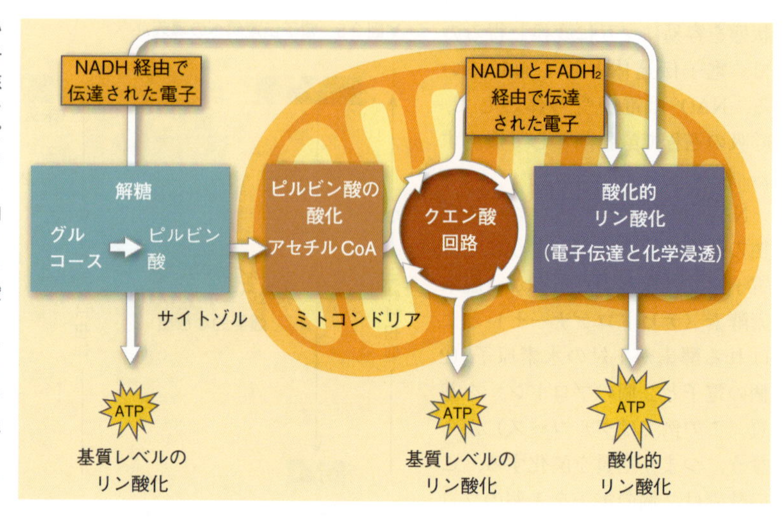
NADH 経由で
伝達された電子
NADH と $FADH_2$
経由で伝達
された電子
解糖
グルコース
ピルビン酸
ピルビン酸の
酸化
アセチル CoA
クエン酸
回路
酸化的
リン酸化
(電子伝達と化学浸透)
サイトゾル
ミトコンドリア
ATP
基質レベルの
リン酸化
ATP
基質レベルの
リン酸化
ATP
酸化的
リン酸化

➤図 9.6　**細胞呼吸の概観**．解糖において，グルコース分子は分解されて２分子のピルビン酸という化合物になる．真核細胞ではこの図に示すように，ピルビン酸はミトコンドリアに入る．そこで，ピルビン酸は酸化されてアセチル CoA になり，アセチル CoA はクエン酸回路によって二酸化炭素にまで酸化される．NADH とこれに似た電子伝達体である $FADH_2$ という電子伝達体がグルコースに由来する電子を電子伝達鎖に渡す．酸化的リン酸化の過程で，電子伝達鎖は，化学浸透とよばれる過程によって，化学エネルギーを ATP 合成に利用される形に変換する（細胞呼吸の酸化的リン酸化の前の段階では，基質レベルのリン酸化とよばれる過程で少数の ATP 分子が合成される）．これらの過程を細胞構造との関連で見るためには，図 6.32 を参照しなさい．

常に強い）にたどり着くまでの間に，段階ごとに少しずつエネルギーを失うのである．エネルギー勾配の「下側の」伝達体はその上側の伝達体より電気陰性度が強いので，「上側の」伝達体を酸化することができる．そして酸素は伝達鎖の「底」に位置するのである．こうして，電子はグルコースから NAD^+ に渡され，NAD^+ は NADH に還元され，そして電子は電子伝達鎖のエネルギー勾配を電気陰性度の強い酸素原子という，はるかに安定な位置にまで下っていく．別の言い方をすれば，物体が重力に引かれて落下するように，電子が酸素に引き下ろされて，エネルギーを放出しながら伝達鎖を転がり落ちるのである．

要約すると，細胞呼吸の過程で，ほとんどの電子は，グルコース→ NADH →電子伝達鎖→酸素という「下り坂」の経路をたどって移動する．本章の後のほうで，このような発エルゴン的な電子の「落下」を，細胞がどのように利用して ATP を再生しているかをさらに学ぶ．細胞呼吸での基礎的な酸化還元の機構についてひと通り見たので，これから有機燃料からエネルギーを獲得する全過程を見ていこう．

細胞呼吸の反応段階：概要

細胞呼吸によるグルコースからのエネルギーの獲得は，次の３つの代謝過程の機能が合わさって行われる．

1. 解糖（本章では青色で区別した）
2. ピルビン酸の酸化とクエン酸回路（明るいオレンジ色と濃いオレンジ色で区別した）
3. 酸化的リン酸化：電子伝達と化学浸透（紫色で区別した）

生化学者は通常，「細胞呼吸」という用語は２と３の過程にあてている．しかし，本書では，解糖もその中に含める．その理由は，グルコースからエネルギーを取り出して呼吸を行うほとんどの細胞は，クエン酸回路の出発物質をつくるために，解糖を利用しているからである．

図 9.6 に模式化したように，解糖とそれに続くピルビン酸の酸化とクエン酸回路はグルコースと他の有機燃料を分解する異化経路である．サイトゾルで行われる**解糖 glycolysis** は，グルコースを２分子のピルビン酸という化合物に分解して，その分解過程を開始させる．真核生物では，ピルビン酸はミトコンドリアに入ってから酸化されて，アセチル CoA とよばれる化合物になる．そしてアセチル CoA は**クエン酸回路 citric acid cycle** に入る．そこで，グルコースの二酸化炭素への分解が完結する（原核生物では，これらの過程はサイトゾルで行われる）．したがって，呼吸によって生じた二酸化炭素は，酸化された有機分子の断片を意味している．

解糖とクエン酸回路の中のいくつかの段階は，脱水素酵素が基質から NAD^+，または類縁の電子伝達体である FAD に電子を渡して NADH または $FADH_2$ を生じる酸化還元反応である（FAD と $FADH_2$ については後でさらに学ぶ）．呼吸の３番目の段階では，電子伝達鎖が最初の２つの過程で NADH または $FADH_2$ から電子を受け取り，これらの電子を電子伝達鎖へ下ろす．電子伝達鎖の最後で，電子は分子状酸素および水素イオン（H^+）と合体して水を生じる（図 9.5 b 参照）．電子伝達鎖の各段階で放出されるエネルギーは，ミトコンドリア（または原核細胞）が ATP をつくるために利用できる形で蓄えられる．この方式の ATP 合成は，

▼図 9.7　**基質レベルのリン酸化.** 一部の ATP は，酵素によって有機物の基質からリン酸基が ADP へ直接転移して合成される（たとえば，解糖で見られる．図 9.9 の段階⑦と⑩を参照）．

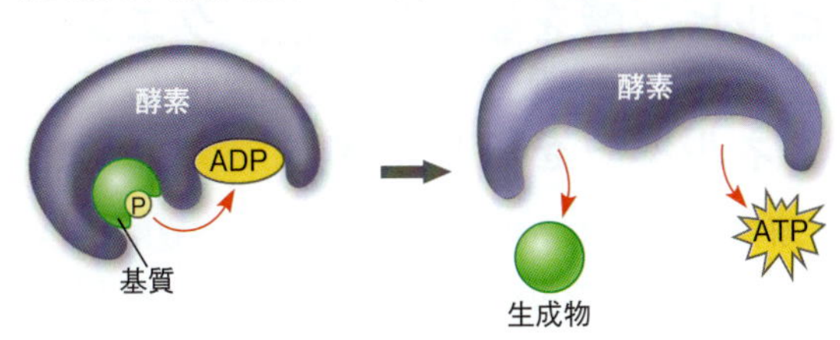
酵素
ADP
P
基質
酵素
ATP
生成物

関連性を考えよう➤図 8.9 を復習しなさい．上図の反応で，ポテンシャルエネルギーは反応物と生成物のどちらが高いと考えられるか．その理由を説明しなさい．

電子伝達鎖の酸化還元反応で駆動されるので，**酸化的リン酸化 oxidative phosphorylation** とよばれる．

真核細胞において，ミトコンドリア内膜は電子伝達ともう 1 つの過程である「化学浸透」の部位であり，これらの過程が相伴って酸化的リン酸化反応を構成する（原核生物においては，これらの過程は細胞膜で行われる）．酸化的リン酸化は呼吸で生成する ATP のほとんど 90％の合成に寄与している．少量の ATP は解糖とクエン酸回路の中のいくつかの反応において，**基質レベルのリン酸化 substrate-level phosphorylation** とよばれる機構によってつくられる（図 9.7）．この方式の ATP 合成は，酸化的リン酸化の場合のように ADP に無機リン酸を付加するのではなく，酵素によってある基質分子からリン酸基が ADP に転移される．ここでいう「基質分子」はグルコースの異化の過程で中間体として生じた有機分子のことである．解糖とクエン酸回路における基質レベルのリン酸化の例は本章の後の箇所で見ることになる．

呼吸の全過程を以下のように考えることができるだろう．銀行の ATM からかなり高額の現金を引き出す場合，高額紙幣 1 枚で出てくることはない．そうではなく，もっと使いやすい小額の紙幣何枚かで出てくるだろう．これは，細胞呼吸での ATP 合成と似ている．呼吸によって，グルコース 1 分子が二酸化炭素と水へ分解すると，細胞は 1 mol あたり 7.3 kcal の自由エネルギーをもつ ATP をおよそ 32 分子合成する．呼吸というのはグルコースという 1 個の分子の形で預金した高額のエネルギー（標準状態の下で 686 kcal/mol）を，細胞が仕事を行う際に使いやすい ATP という多数の小額分子と換金することである．

この「概要」では，解糖，クエン酸回路，そして酸化的リン酸化が細胞呼吸の過程にいかに適合しているかを紹介した．これで，呼吸のこれら 3 つの過程それぞれについて詳しく見ていく準備が整った．

概念のチェック 9.1

1. 好気呼吸と嫌気呼吸を，それぞれにかかわる過程も含めて比較して相違点を挙げなさい．
2. **どうなる？➤**次の酸化還元反応において，どの化合物が酸化され，どの化合物が還元されたか．

$$C_4H_6O_5 + NAD^+ \rightarrow C_4H_4O_5 + NADH + H^+$$

（解答例は付録 A）

9.2

解糖では，グルコースをピルビン酸に酸化して化学エネルギーを取り出す

「解糖」という用語は「糖を分解する」という意味で，まさに，この経路で起こることである．六炭糖のグルコースは 2 個の三炭糖に分解される．これらの小さな糖は，次に酸化され，その三炭糖の原子は再編成されて 2 分子のピルビン酸になる[*2]．

図 9.8 で要約したように，解糖は「エネルギーの投資段階」と「エネルギーの払い戻し段階」の 2 つの段階に分けられる．「エネルギーの投資段階」では細胞は実際に ATP を消費する．この投資は「エネルギーの払い戻し段階」で利息とともに払い戻される．この過程で，ATP が基質レベルのリン酸化によって合成され，グルコースを酸化して奪った電子によって NAD^+ が NADH に還元される．グルコース 1 分子から解糖で得られる正味のエネルギーの収量は，ATP 2 分子と NADH 2 分子である．図 9.9 に解糖系の 10 の段階を示す．

グルコースにもともとあった炭素のすべてが 2 分子のピルビン酸に含まれている．つまり，解糖では CO_2 は放出されない．解糖は O_2 の有無によらず行われる．しかし，もし O_2 が存在すれば，ピルビン酸と NADH に蓄えられた化学エネルギーは，ピルビン酸の酸化，クエン酸回路そして酸化的リン酸化の各過程で取り出すことができる．

概念のチェック 9.2

1. **図読み取り問題➤**解糖の酸化還元反応（図 9.9 の段階⑥）において，どの分子が酸化剤として作用するか．そして還元剤は何か．

（解答例は付録 A）

＊2（訳注）：英語では原著に記されているように，ピルビン酸を pyruvic acid，ピルビン酸イオンを pyruvate のように，非解離型とイオンの形を区別して表記するが，日本語では区別せず，どちらも「ピルビン酸」とよぶ場合が多い．本書でも，特に断らない限り，区別せず「ピルビン酸」とした．

▼図 9.8　解糖におけるエネルギーの収支．

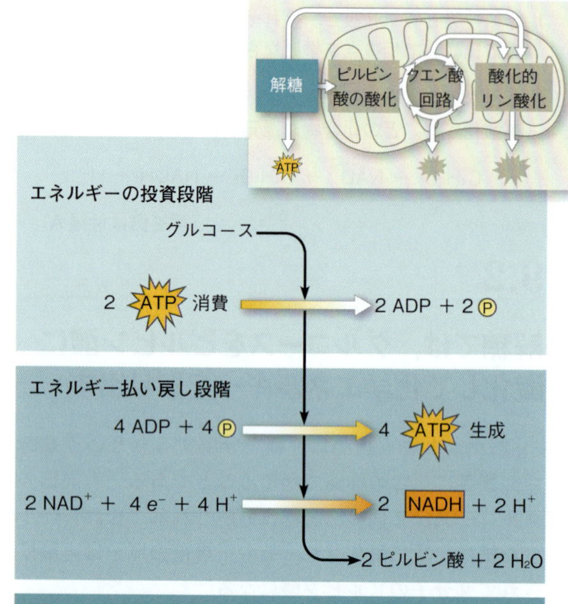
解糖
ピルビン酸の酸化
クエン酸回路
酸化的リン酸化
ATP
エネルギーの投資段階
グルコース
2 ATP 消費
2 ADP + 2 Ⓟ
エネルギー払い戻し段階
4 ADP + 4 Ⓟ
4 ATP 生成
2 NAD⁺ + 4 e⁻ + 4 H⁺
2 NADH + 2 H⁺
2 ピルビン酸 + 2 H₂O

正味

グルコース ⟶ 2 ピルビン酸 + 2 H_2O

4 ATP 生成 − 2 ATP 消費 ⟶ 2 ATP

2 NAD^+ + 4 e^- + 4 H^+ ⟶ 2 NADH + 2 H^+

9.3

ピルビン酸を酸化した後，クエン酸回路は有機分子を完全酸化してエネルギーを取り出す

解糖で放出される化学エネルギーは，細胞によってグルコースから放出され得る化学エネルギーの 4 分の 1 以下である．ほとんどのエネルギーは 2 分子のピルビン酸に貯蔵されたままである．分子状酸素が存在すれば，真核細胞の場合，ピルビン酸はミトコンドリアに入り，そこでグルコースの酸化が完了する．好気性の原核生物ではこの過程はサイトゾルで起こる（本章の後の箇所で，酸素（O_2）が利用できないか，あるいは酸素を利用できない原核生物の場合，ピルビン酸について何が起こるかを議論する）．

ピルビン酸の酸化によりアセチル CoA が生じる

能動輸送によってミトコンドリアに入ると，ピルビン酸はまず，**アセチル CoA　acetyl CoA**（アセチル補酵素 A）とよばれる化合物に変換される（図 9.10）．解糖とクエン酸回路を結ぶこの段階は 3 つの反応を触媒する複数の酵素の複合体によって行われる．その 3 つの反応では，❶ピルビン酸のカルボキシ基（$-COO^-$）が外され，CO_2 分子として放出される．なお，このカ

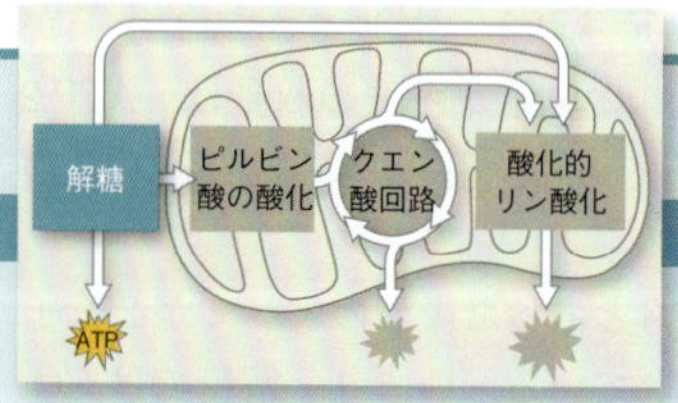
解糖
ピルビン酸の酸化
クエン酸回路
酸化的リン酸化
ATP

▼図 9.9　解糖の詳細図．解糖によって ATP と NADH がつくられることに注意しなさい．

解糖：エネルギーの投資過程

どうなる？➤段階❹でつくられるジヒドロキシアセトンリン酸を，合成されるや否や取り去ると，どのようなことが起こるだろうか．

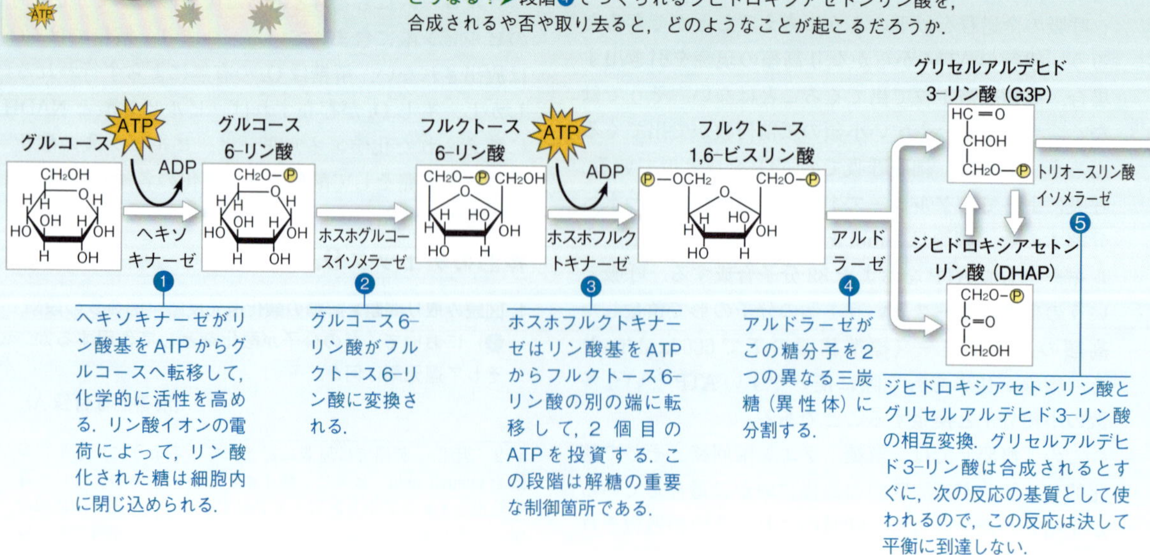
グルコース
ATP
ADP
ヘキソキナーゼ
❶
グルコース 6-リン酸
ホスホグルコースイソメラーゼ
❷
フルクトース 6-リン酸
ATP
ADP
ホスホフルクトキナーゼ
❸
フルクトース 1,6-ビスリン酸
アルドラーゼ
❹
グリセルアルデヒド 3-リン酸 (G3P)
トリオースリン酸イソメラーゼ
❺
ジヒドロキシアセトンリン酸 (DHAP)
ヘキソキナーゼがリン酸基を ATP からグルコースへ転移して，化学的に活性を高める．リン酸イオンの電荷によって，リン酸化された糖は細胞内に閉じ込められる．
グルコース 6-リン酸がフルクトース 6-リン酸に変換される．
ホスホフルクトキナーゼはリン酸基を ATP からフルクトース 6-リン酸の別の端に転移して，2 個目の ATP を投資する．この段階は解糖の重要な制御箇所である．
アルドラーゼがこの糖分子を 2 つの異なる三炭糖（異性体）に分割する．
ジヒドロキシアセトンリン酸とグリセルアルデヒド 3-リン酸の相互変換．グリセルアルデヒド 3-リン酸は合成されるとすぐに，次の反応の基質として使われるので，この反応は決して平衡に到達しない．

ルボキシ基はすでにある程度酸化されていて化学エネルギーをほとんどもたないが，この反応で完全に酸化され CO_2 分子として放出される．これが，呼吸で CO_2 が放出される最初の段階である．❷次に，残りの炭素2個の部分が酸化されて，電子が NAD^+ に渡され，NADH の形でエネルギーが蓄えられる．❸最後に，硫黄を含むビタミンB誘導体の化合物である補酵素A（CoA）が，その硫黄原子を介して炭素2個の中間体に結合して，アセチルCoAを生じる．アセチルCoAは高いポテンシャルエネルギーをもち，そのエネルギーはアセチル基をクエン酸回路のある分子に転移する．したがって，その反応は発エルゴン性が強い．

クエン酸回路

この回路は，ピルビン酸に由来する有機燃料を酸化するための代謝を行う「炉」のような機能を果たす．図9.11に，ピルビン酸が3分子の CO_2 に分解される過程での，収支を，ピルビン酸からアセチルCoAへの変換の際に放出される CO_2 分子も含めて，まとめてある．回路が1回回るごとにATP 1分子が基質レベルのリン酸化によって生成するが，ほとんどの化学エネルギーは酸化還元反応の過程で NAD^+ と FAD に伝達される．還元された補酵素，つまりNADHと $FADH_2$ は高エネルギー電子という荷物を電子伝達鎖に運んでは下ろし，運んでは下ろしを繰り返す．クエ

▼図9.10 ピルビン酸が酸化されてアセチルCoAに変換される：クエン酸回路に入る前の段階． ピルビン酸は電荷をもつ分子なので，真核細胞の場合，ミトコンドリアへは，輸送タンパク質の働きを借りて能動輸送によって入らなければならない．その後，いくつかの酵素からなる複合体（ピルビン酸脱水素酵素複合体）が，番号をつけた3つの反応を触媒する．それらの説明は本文中にある．その後，アセチルCoAのアセチル基がクエン酸回路に入る．CO_2 分子は拡散によって細胞の外に出ていく．習慣上，補酵素Aは，ある分子に付加された場合，硫黄原子（S）を強調した形の省略形としてS-CoAと表される（上記の輸送タンパク質をコードする遺伝子は40年の研究の後，ついに数年前に同定された）．

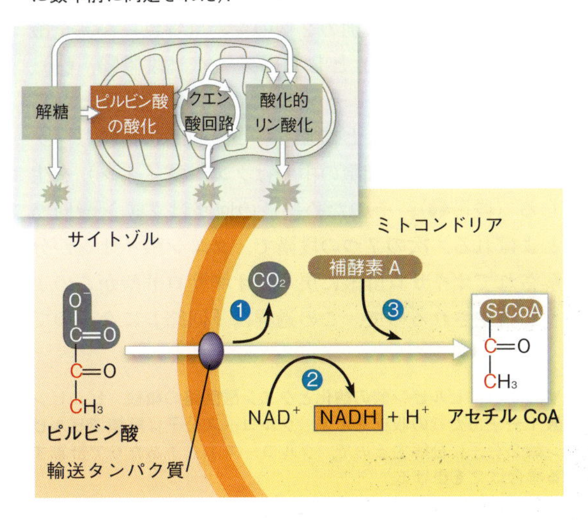

解糖
ピルビン酸の酸化
クエン酸回路
酸化的リン酸化
サイトゾル
ミトコンドリア
CO2
補酵素 A
❶
❷
❸
S-CoA
C=O
CH3
O⁻
C=O
C=O
CH3
ピルビン酸
輸送タンパク質
NAD⁺
NADH + H⁺
アセチル CoA

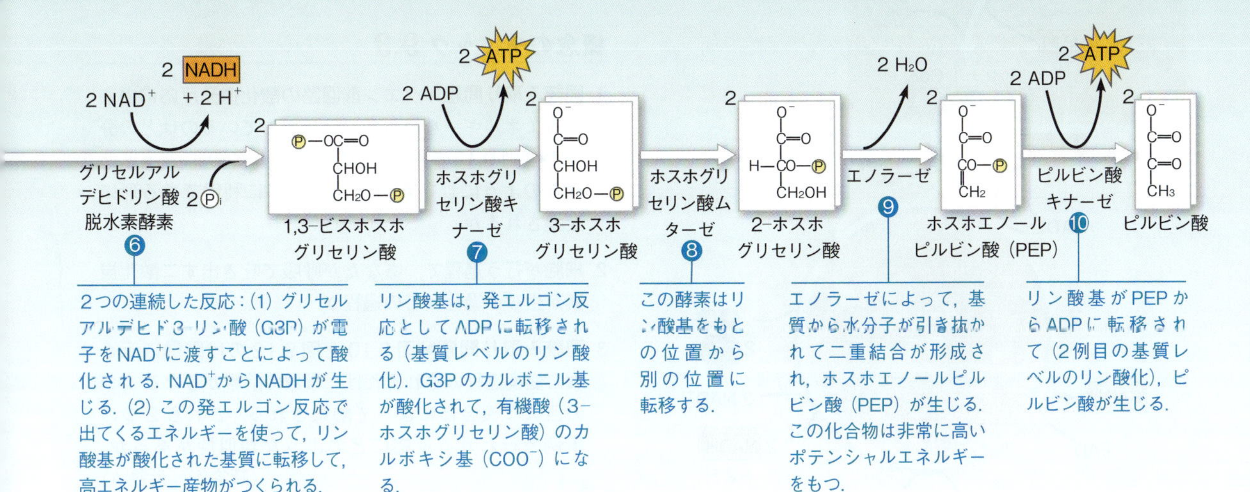

エネルギー払い戻し過程はグルコースが2つの三炭糖に分割された後で起こる．したがって，この過程ではすべての分子の前に係数の2をつけてある．
解糖：エネルギー払い戻し段階
2 NAD⁺
2 NADH
+ 2 H⁺
2 Pi
グリセルアルデヒド3リン酸脱水素酵素 ❻
1,3-ビスホスホグリセリン酸
2 ADP
2 ATP
ホスホグリセリン酸キナーゼ ❼
3-ホスホグリセリン酸
ホスホグリセリン酸ムターゼ ❽
2-ホスホグリセリン酸
2 H2O
エノラーゼ ❾
ホスホエノールピルビン酸（PEP）
2 ADP
2 ATP
ピルビン酸キナーゼ ❿
ピルビン酸
2つの連続した反応：(1) グリセルアルデヒド3リン酸（G3P）が電子をNAD⁺に渡すことによって酸化される．NAD⁺からNADHが生じる．(2) この発エルゴン反応で出てくるエネルギーを使って，リン酸基が酸化された基質に転移して，高エネルギー産物がつくられる．
リン酸基は，発エルゴン反応としてADPに転移される（基質レベルのリン酸化）．G3Pのカルボニル基が酸化されて，有機酸（3-ホスホグリセリン酸）のカルボキシ基（COO⁻）になる．
この酵素はリン酸基をもとの位置から別の位置に転移する．
エノラーゼによって，基質から水分子が引き抜かれて二重結合が形成され，ホスホエノールピルビン酸（PEP）が生じる．この化合物は非常に高いポテンシャルエネルギーをもつ．
リン酸基がPEPからADPに転移されて（2例目の基質レベルのリン酸化），ピルビン酸が生じる．

ン酸回路はトリカルボン酸回路，あるいはクレブス回路ともよばれる．後者は1930年代にこの経路の解明に多大な貢献をしたドイツの科学者ハンス・クレブス Hans Krebs に敬意を表してつけられた名称である．

それでは，クエン酸回路についてもっと詳しく見てみよう．この回路は8つの段階からなり，各段階は特異的な酵素で触媒される．図 9.12 を見ればわかるように，クエン酸回路を回るごとに2個の炭素（赤色）がアセチル基という比較的還元された状態の形で入る（段階❶）．そして，別の2個の炭素（青色）が完全酸化された状態の CO_2 として出ていく（段階❸，❹）．アセチル CoA のアセチル基は，オキサロ酢酸という化合物と結合することによってこの回路に接続し，クエン酸（ただし，細胞の中ではクエン酸イオン）を生じる（段階❶）．そのためにこの回路はクエン酸回路とよばれる．次の7つの段階で，クエン酸イオンが分解されてオキサロ酢酸に戻る．オキサロ酢酸がこのように再生されるので，この過程は「回路」になるのである．

▼図 9.11　**ピルビン酸の酸化とクエン酸回路の概観．** ピルビン酸1分子あたりの収支を示す．グルコース分子は解糖でピルビン酸2分子に分解するので，グルコース1分子あたりで計算する場合は2を掛ける．

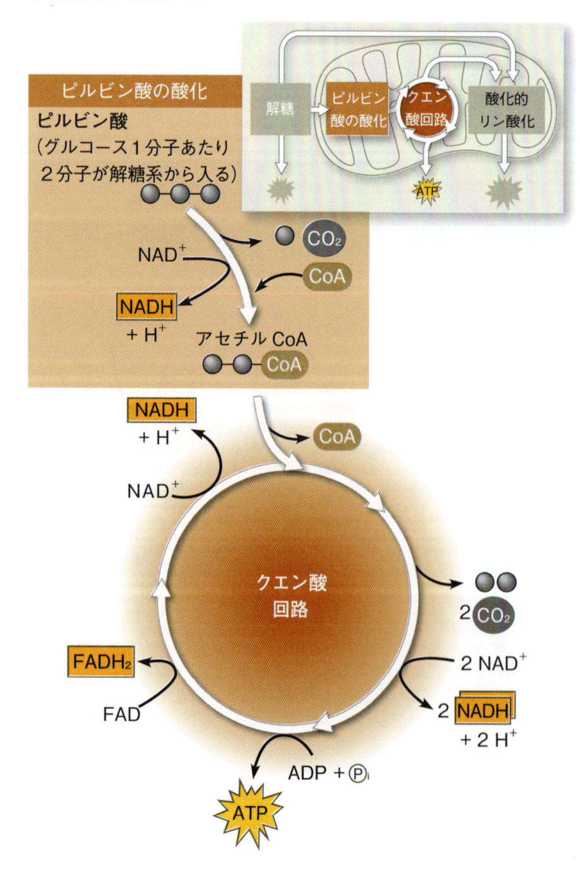

解糖
ピルビン酸の酸化
クエン酸回路
酸化的リン酸化
ATP
ピルビン酸の酸化
ピルビン酸
（グルコース1分子あたり
2分子が解糖系から入る）
NAD⁺
NADH
+ H⁺
CO₂
CoA
アセチル CoA
CoA
NADH
+ H⁺
NAD⁺
CoA
クエン酸
回路
2 CO₂
2 NAD⁺
2 NADH
+ 2 H⁺
FADH₂
FAD
ADP + Ⓟi
ATP

図 9.12 を参照して，クエン酸回路によってエネルギーに富む分子がどれだけつくられるか計算してみよう．回路に入ったアセチル基1個について，NAD^+ 3個が還元されて NADH になる（段階❸，❹，❽）．段階❻では電子は NAD^+ ではなく，FAD に2個渡され，そして2個のプロトンも渡されて，FAD は $FADH_2$ になる．多くの動物組織の細胞では，段階❺によって，1分子のグアノシン三リン酸（GTP）が基質レベルのリン酸化によってつくられる．GTP は構造と細胞内での機能が ATP と似ている．この GTP は ATP 分子（図参照）の合成に使われるか，あるいは細胞の仕事に直接使われる．植物や菌類，そしてある種の動物組織では，段階❺によって ATP が基質レベルのリン酸化によって直接つくられる．段階❺によってつくられる ATP はクエン酸回路で唯一つくられる ATP である．グルコース1分子あたり，クエン酸回路に入るアセチル CoA が2分子つくられることを思い出そう．前述の数は1個のアセチル基が回路に入ったときの数なので，クエン酸回路でのグルコースあたりの合計は，NADH 6分子，$FADH_2$ 2分子，ATP 2分子が生成する．

呼吸によってつくられる ATP のほとんどは，この後の酸化的リン酸化によるものである．酸化的リン酸化では，クエン酸回路とその前の段階でつくられた NADH と $FADH_2$ は栄養物から取り出した電子を電子伝達鎖に渡す中継ぎの役を果たしている．その過程で，NADH と $FADH_2$ は ADP をリン酸化して ATP にするのに必要なエネルギーを供給するのである．次節でこの過程を詳しく調べよう．

概念のチェック 9.3

1. **図読み取り問題➤** クエン酸回路の酸化還元反応に由来するエネルギーを最も多く受け取っているのはどの分子か（図 9.12 参照）．その分子は，このエネルギーはどのようにして ATP 合成のために利用できる形に変換されるか．
2. 細胞が行う過程で，あなたが呼吸で吐き出す二酸化炭素が生じる過程はどの過程か．
3. **図読み取り問題➤** 図 9.10 と図 9.12 の段階❹に示された変換過程のそれぞれは，複数の酵素からなる1つの巨大な複合体によって触媒される．これら2つの事例で行われる反応にどのような類似性があるか．

（解答例は付録 A）

∨図 9.12 クエン酸回路の詳細． 構造式の中で，アセチル CoA を経由して（段階❶）回路に入る２個の炭素原子を赤字で，段階❸と❹で CO_2 として回路から出ていく２個の炭素原子を青字で，それぞれ示してある（コハク酸分子の形は対称形なので，両端は互いに区別できない．そのため赤字で示したのは段階❺までである）．アセチル CoA から回路に入った炭素原子は，その回では回路から出ていかないことに注意しよう．それらの炭素原子は回路に残って，次の回に別のアセチル基が結合した後，分子の別の位置を占めることになる．その結果，段階❽で再生されたオキサロ酢酸は回ごとに異なる炭素原子で構成される．真核細胞では，クエン酸回路の酵素は，段階❻を触媒する酵素を除いて，すべてミトコンドリアマトリクスに局在している．段階❻の酵素はミトコンドリア内膜に存在する．カルボン酸は，ミトコンドリア内部の pH では，イオン化したものが大部分なのでイオン化した形 $-COO^-$ で表してある．

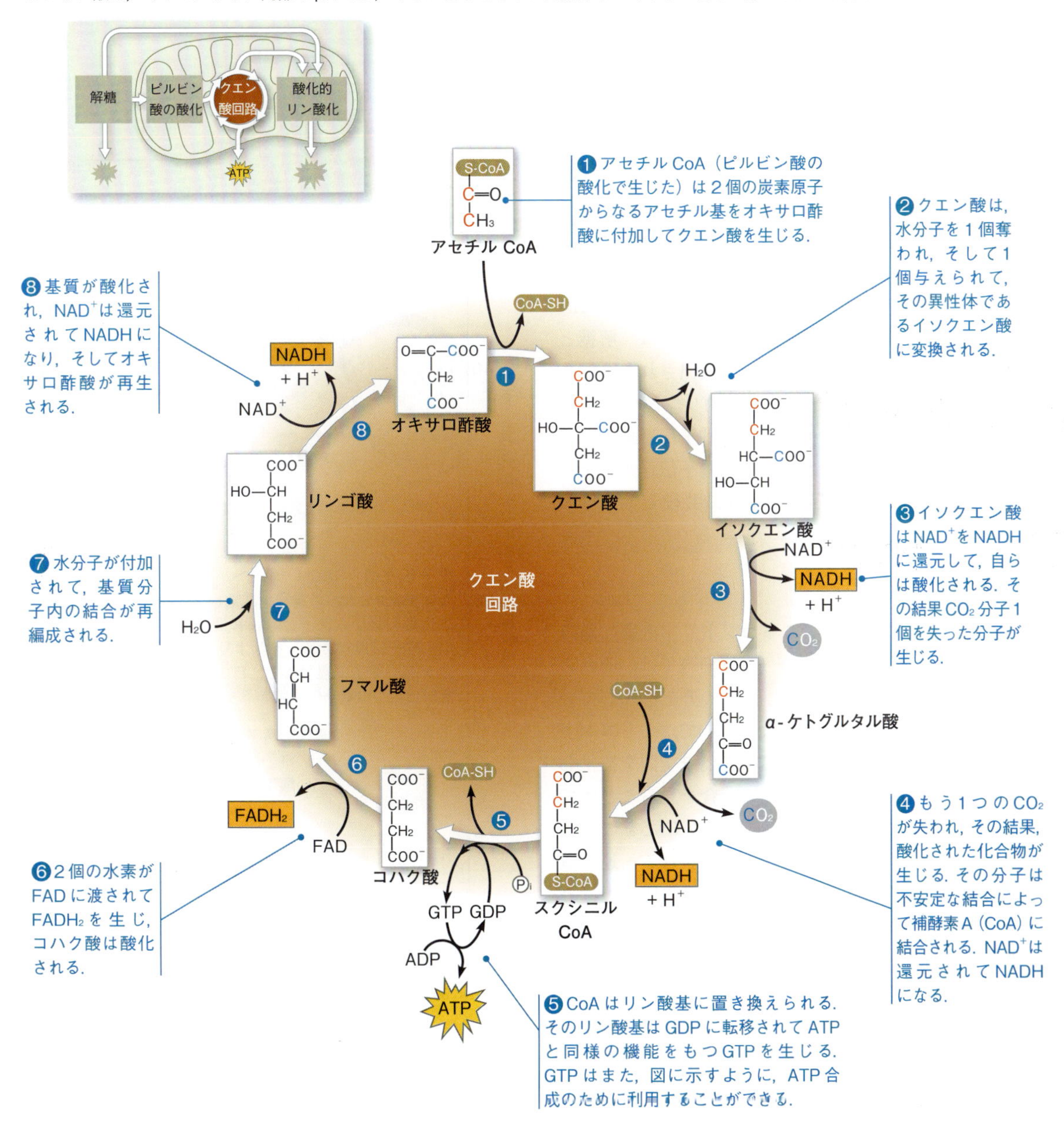
解糖
ピルビン酸の酸化
クエン酸回路
酸化的リン酸化
ATP
❶アセチル CoA（ピルビン酸の酸化で生じた）は２個の炭素原子からなるアセチル基をオキサロ酢酸に付加してクエン酸を生じる．
アセチル CoA
CoA-SH
❷クエン酸は，水分子を１個奪われ，そして１個与えられて，その異性体であるイソクエン酸に変換される．
H2O
❽基質が酸化され，NAD+は還元されてNADHになり，そしてオキサロ酢酸が再生される．
NADH
+ H+
NAD+
オキサロ酢酸
クエン酸
イソクエン酸
リンゴ酸
クエン酸回路
❸イソクエン酸はNAD+をNADHに還元して，自らは酸化される．その結果CO2分子1個を失った分子が生じる．
❼水分子が付加されて，基質分子内の結合が再編成される．
H2O
CO2
フマル酸
CoA-SH
α-ケトグルタル酸
FADH2
FAD
コハク酸
スクシニル CoA
GTP GDP
ADP
ATP
NAD+
NADH
+ H+
❹もう１つの CO2が失われ，その結果，酸化された化合物が生じる．その分子は不安定な結合によって補酵素A（CoA）に結合される．NAD+は還元されてNADHになる．
❻２個の水素がFADに渡されてFADH2を生じ，コハク酸は酸化される．
❺CoA はリン酸基に置き換えられる．そのリン酸基は GDP に転移されて ATP と同様の機能をもつ GTP を生じる．GTP はまた，図に示すように，ATP 合成のために利用することができる．

9.4

酸化的リン酸化の過程では，化学浸透と電子伝達が共役して ATP を合成する

本章のおもな目的は，細胞がどのようにして食物に含まれるグルコースや他の栄養からエネルギーを収穫して ATP をつくるかを学ぶことである．しかし，これまでに呼吸の代謝の各段階を解糖とクエン酸回路に区分して見てきたが，これらの過程では，すべて基質レベルのリン酸化によってグルコース 1 分子あたり 4 分子の ATP しか合成されない．つまり，解糖による正味 2 分子の ATP とクエン酸回路からの 2 分子の ATP である．この段階では，グルコースから取り出されるエネルギーのほとんどは NADH（および $FADH_2$）が占めている．これらの電子の「付添人」は，解糖とクエン酸回路を，電子伝達によって放出されたエネルギーを使って ATP 合成を行う酸化的リン酸化に連結させるのである．本節では，まず，電子伝達鎖がどのように働くかを学び，次に，電子が電子伝達鎖を下っていくことが ATP 合成とどのように共役しているのかを学ぶ．

電子伝達の経路

電子伝達鎖は真核細胞のミトコンドリア内膜に組み込まれた分子の集合体である（原核細胞では，それらの分子は細胞膜に存在する）．クリステを形成している内膜のひだはその表面積を大きくして，ミトコンドリアあたり何千もの電子伝達鎖に必要な空間を提供している（ここでも，構造と機能の適合を見ることができる）．濃密な電子伝達分子をもつ膜がひだをつくっていることは，電子伝達鎖に沿って行われる一連の酸化還元反応に適合している．電子伝達鎖の成分のほとんどはタンパク質で，複数のタンパク質からなる I からIV までの番号がついた複合体の成分として存在する．これらのタンパク質に強固に結合しているのは，補因子や補酵素のような「補欠分子族」という非タンパク質性成分で，特定の酵素の触媒作用に必須である．

図 9.13 は，電子伝達鎖の一連の電子伝達体と，電子が鎖を下っていくときの自由エネルギーの下落を示している．電子伝達鎖に沿った電子伝達の過程で，電子伝達体は電子を受容し，供与することによって，還元と酸化を交互に行う．鎖の各成分は，自分より電子に対する親和性が低い（電気陰性度が低い）「坂の上側」にある隣の電子伝達体から電子を受け取って還元される．そして，自分より電気陰性度が高い「坂の下側」にある隣の電子伝達体に電子を渡して酸化型に戻る．

▼図 9.13　**電子伝達過程での自由エネルギー変化．** 電子が NADH から酸素へ伝わっていくときに低下する自由エネルギー（ΔG）は，全体として 53 kcal/mol であるが，この電子の「滝」は電子伝達鎖によって一連の小さな階段に分かれている（電子伝達鎖が分子状酸素を還元するのであって，個々の酸素原子を還元するのではないことを強調するために，ここでは，酸素原子を 1/2 O_2 と表す）．

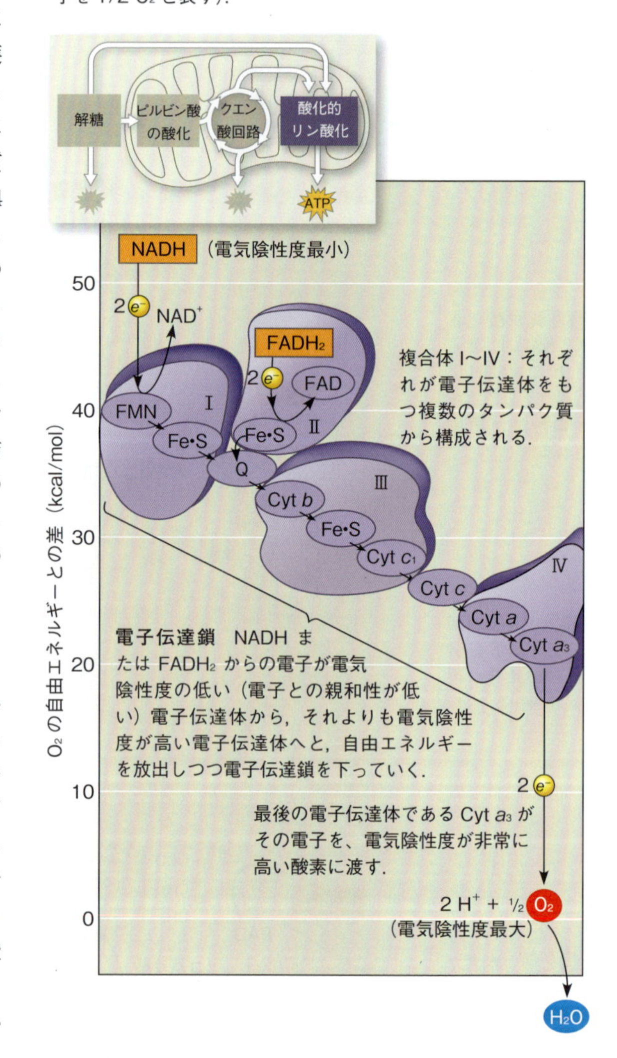

解糖
ピルビン酸の酸化
クエン酸回路
酸化的リン酸化
ATP
NADH（電気陰性度最小）
$2e^-$
NAD^+
$FADH_2$
$2e^-$
FAD
FMN
I
Fe•S
Fe•S
II
Q
III
Cyt b
Fe•S
Cyt c_1
Cyt c
IV
Cyt a
Cyt a_3
複合体 I〜IV：それぞれが電子伝達体をもつ複数のタンパク質から構成される．
電子伝達鎖　NADH または $FADH_2$ からの電子が電気陰性度の低い（電子との親和性が低い）電子伝達体から，それよりも電気陰性度が高い電子伝達体へと，自由エネルギーを放出しつつ電子伝達鎖を下っていく．
$2e^-$
最後の電子伝達体である Cyt a_3 がその電子を、電気陰性度が非常に高い酸素に渡す．
$2H^+ + {}^1/_2\,O_2$
（電気陰性度最大）
H_2O
O_2 の自由エネルギーとの差（kcal/mol）
50
40
30
20
10
0

さて，電子が図 9.13 の電子伝達鎖の成分に受け渡されていきながら，エネルギーレベルを下げていくのをもっと詳しく見てみよう．最初に，複合体 I を経由する電子の授受について，電子伝達に関係した一般的な原理についての模式図で示しながら詳しく述べよう．

解糖とクエン酸回路で NAD^+ がグルコースから得た電子は，NADH から複合体 I の電子伝達鎖の最初の分子に渡される．この分子はフラビンタンパク質で，フラビンモノヌクレオチド（flavin mononucleotide：

FMN）という補欠分子族をもっていることからその名がついている．次の酸化還元反応で，フラビンタンパク質は，鉄と硫黄の両方を強く結合したタンパク質ファミリーの一員である鉄–硫黄タンパク質（複合体Ⅰの成分のFe･S）に電子を渡して酸化型に戻る．その鉄–硫黄タンパク質は次に，ユビキノン（図9.13のQ）という化合物に電子を渡す．この電子伝達体は疎水性の小さな分子で，電子伝達鎖の中で唯一の非タンパク質成分である．ユビキノンは特定の複合体に属するのではなく，膜の中で単独で移動する（ユビキノンの別名は補酵素Q，またはCoQ．この名前で栄養補助食品，サプリメントとして販売されている）．

ユビキノンと酸素の間にある，残りの電子伝達体は，ほとんどが**シトクロム cytochrome**とよばれるタンパク質である．ヘムとよばれるそれらの補欠分子族は，電子の受け渡しをする鉄原子をもっている（それは赤血球のタンパク質であるヘモグロビンのヘムと似ている．ただし，ヘモグロビンのヘムは電子ではなく酸素の伝達体である）．電子伝達鎖にはいくつかの種類のシトクロムがあり，それぞれがCytという文字と番号で名前をつけて区別されており，それらは，それぞれ少しずつ異なる電子伝達体のヘムをもつ異なるタンパク質である．伝達鎖の最後のシトクロムであるCyt a_3は電子を電気陰性度がきわめて高い酸素に渡す．酸素原子の各々はまた，1対の水素イオン（プロトン）を水溶液から得て結合し，水を生じる．

電子伝達鎖に渡される電子のもう1つの源は，クエン酸回路でつくられる別の還元型産物である$FADH_2$である．図9.13を見て，$FADH_2$が電子伝達鎖の複合体Ⅱ（NADHよりもエネルギーレベルが低い）に電子を渡すことに注意してほしい．要するに，NADHと$FADH_2$は酸素の還元のために，どちらも2個の電子を供するが，電子供与体がNADHではなく$FADH_2$の場合は，3分の1だけ少ないエネルギーがATP合成に供せられるのである．その理由は次節で見ていくことにする．

電子伝達鎖が直接ATPをつくるのではない．その機能は，電子が栄養物から酸素に至るエネルギー勾配を落下するのを容易にし，自由エネルギーの大きな落差を一連の小さな段階に分けて，出てくるエネルギーが取り扱える量にすることにある．ミトコンドリア（原核生物の場合は細胞膜）はこのような電子伝達を，ATP合成のためのエネルギー供給のしくみにどのように共役させているのだろうか．その答えは化学浸透とよばれる機構である．

▼図9.14　**ATP合成酵素，分子の水車．** 多数のATP合成酵素が真核細胞のミトコンドリアや葉緑体，そして原核生物の細胞膜に存在する．

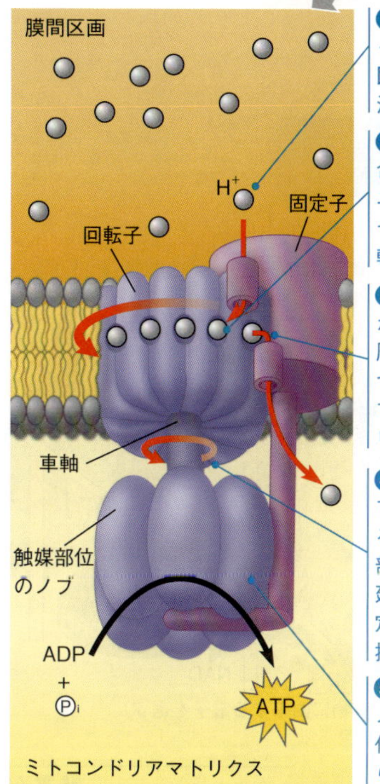
膜間区画
ミトコンドリア内膜
ミトコンドリアマトリクス
膜間区画
H+
固定子
回転子
車軸
触媒部位のノブ
ADP
+
Ⓟi
ATP
ミトコンドリアマトリクス
❶ H+はその勾配に従って，膜に固定された固定子内のチャネルに流入する．
❷ H+は回転子内の結合部位に入り，各サブユニットの形を変化させて回転子を膜内で回転させる．
❸ 個々のH+が回転子から出ていくまでに1周し，固定子にある2つ目のチャネルを通ってミトコンドリアマトリクスへ出ていく．
❹ 回転子の回転によって車軸の回転も起こる．この車軸はその下部にあるノブの内部に延びている．ノブは固定子の一部によって保持されている．
❺ 車軸の回転によってノブの触媒部位が活性化されてADPとⓅiからATPが合成される．

化学浸透：エネルギー共役機構

ミトコンドリア内膜と原核生物の細胞膜には，**ATP合成酵素 ATP synthase**とよばれるタンパク質複合体が多数存在し，この酵素によってADPと無機リン酸からATPが実際につくられる（図9.14）．ATP合成酵素は逆向きに運転するポンプのような働きをする．イオンポンプは濃度勾配に逆らって輸送するために，エネルギー源として通常ATPを使う．酵素というのは，反応のΔGに依存して，1つの反応を両方向に触媒することができる．そしてその反応の向きは反応が行われている部位での反応物と生成物の濃度に影響を受ける（8.2節，8.3節を参照）．プロトンを濃度勾配に逆らって輸送するためにATPを加水分解するのではなく，細胞呼吸が行われている条件下では，ATP合成酵素はすでに存在するイオン勾配のエネルギーをATP合成のために利用するのである．ATP合成酵素の駆動力は，ミトコンドリア内膜の両側のH^+濃度の

▼図 9.15　化学浸透は電子伝達と ATP 合成を共役させる． ❶NADH と $FADH_2$ が，解糖とクエン酸回路の過程で栄養物から取り出された高エネルギー電子を，ミトコンドリア内膜に組み込まれた電子伝達鎖に次から次へと渡していく．黄色の矢印は電子伝達の経路を示す．電子は最終的に，「下り坂」の電子伝達鎖の終点で最後の電子受容体である酸素に渡され，そこで水を生じる．電子伝達鎖のほとんどの電子伝達体は４つの複合体（Ⅰ～Ⅳ）のいずれかを構成している．２つの可動性伝達体である，ユビキノン（Q）とシトクロム *c*（Cyt *c*）はすばやく移動して，大きな複合体の間を行き来して，電子の受け渡しを行う．複合体Ⅰ，Ⅲ，Ⅳは電子を受け渡しする際に，プロトンをミトコンドリアマトリクスから膜間区画へ汲み出す．$FADH_2$ は複合体Ⅱ経由で電子を渡すので，NADH に比べて少ないプロトンを膜間区画へ汲み出す．もともと栄養物から取り出した化学エネルギーは，プロトン駆動力，すなわち膜を横切る H^+ の勾配に変換される．❷化学浸透の過程で，H^+ は勾配に従って，膜に組み込まれた近傍の ATP 合成酵素のチャネルを通って逆流する．ATP 合成酵素はプロトン駆動力を利用することによって，ADP をリン酸化して ATP を合成する．電子伝達と化学浸透が協力して酸化的リン酸化が行われる．

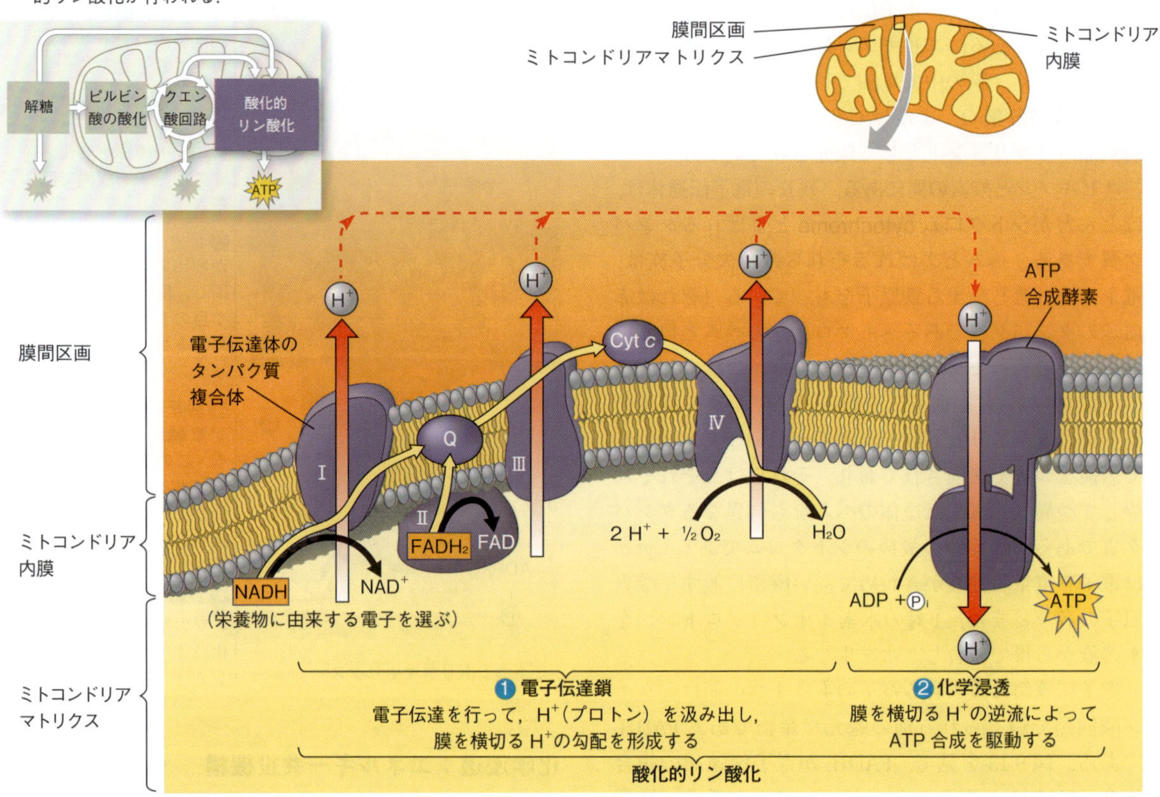

膜間区画
ミトコンドリアマトリクス
ミトコンドリア内膜
解糖
ピルビン酸の酸化
クエン酸回路
酸化的リン酸化
ATP
膜間区画
ミトコンドリア内膜
ミトコンドリアマトリクス
H+
電子伝達体のタンパク質複合体
Ⅰ
Q
Ⅱ
FADH2
FAD
Ⅲ
Cyt c
Ⅳ
2 H+ + ½ O2
H2O
ATP合成酵素
ADP + Pi
ATP
NADH
NAD+
(栄養物に由来する電子を選ぶ)
❶電子伝達鎖
電子伝達を行って，H+(プロトン) を汲み出し，膜を横切る H+の勾配を形成する
❷化学浸透
膜を横切る H+の逆流によって ATP 合成を駆動する
酸化的リン酸化

どうなる？➤もし，複合体Ⅳの機能がなくても，化学浸透によって ATP を合成することができるだろうか．もしそうであれば，合成速度にどのような違いがあるだろうか．

差なのである．膜を横断する水素イオンの勾配の形で蓄えられたエネルギーを，ATP 合成のような細胞の仕事に利用するこのような過程は，**化学浸透 chemiosmosis**（「押す」を意味するギリシャ語 *osmos* に由来）とよばれる．「浸透 osmosis」という用語を水の輸送について考察する際に用いたが，ここでは膜を横切る H^+ の流れのことをいう．

ATP 合成酵素の構造の研究から，この大きな酵素を通る H^+ の流れが，どのようにして ATP 生成を起こさせるのかがわかった．ATP 合成酵素は，複数のサブユニットをもつ複合体で，4 つの主要部分からなっており，それぞれが複数のポリペプチドでできている（図 9.14 参照）．プロトンは 1 つずつ移動しながら，回転子とよばれる部分の結合部位に入っていく．この動きによって起こる回転子の回転によって，ADP と無機リン酸から ATP を合成する反応が触媒される[*3]．したがって，プロトンの流れは勢いのよい水流が水車を回転させるのと似ている．

ミトコンドリア内膜や原核細胞の細胞膜は，ATP 合成酵素のタンパク質複合体に ATP 合成を起こさせるために，どのようにして H^+ 勾配の形成と維持を行っているのだろうか．H^+ 勾配の形成は電子伝達鎖のおもな機能であり，それがミトコンドリアのどの部位で行われるかが**図 9.15** に示されている．電子伝達鎖はエネルギー変換器である．というのは，ミトコンドリアマトリクスから膜間区画へ，膜を横切って H^+ を

＊3（訳注）：活性部位そのものは回転子ではなく，マトリクスに露出したノブとよばれる部分に存在する．

汲み出すために，発エルゴン的な電子の流れを利用しているからである．汲み出したH^+は，膜を横切って逆流しようとする．つまり，勾配に従って拡散しようとするのである．そして，ATP合成酵素が，膜の中でH^+を透過させる唯一の部位である．すでに述べたように，ATP合成酵素を通るH^+の通過はH^+の発エルゴン的な流れによるものであり，それによってADPのリン酸化が駆動される．こうして，膜を横断するH^+勾配として蓄えられたエネルギーが，電子伝達鎖の酸化還元反応とATP合成を共役させるのである．

ここで，読者は電子伝達鎖がどのようにして水素イオンを汲み出すのか疑問に思うかもしれない．研究者たちは，電子伝達鎖のある成分が，電子とともにプロトン（H^+）の受け渡しを行うことを見つけたのである（細胞の内外の水溶液からはH^+を容易に得られる）．電子伝達鎖のある段階で，電子伝達がH^+の取り込みと外液への放出を引き起こすのである．真核細胞では，電子伝達体がH^+をミトコンドリアのマトリクス側から受け取り，膜間区画に放出するように配置されている（図9.15参照）．こうして生じたH^+勾配は，仕事をすることができるので，そのことを強調して，**プロトン駆動力 proton-motive force** とよばれている．その力によって，H^+はATP合成酵素のH^+チャネルを通って膜を横切って逆流する．

一般的な用語として，「化学浸透とは，細胞の仕事を行うために，膜を横断するH^+勾配の形で蓄えられたエネルギーを利用するエネルギー共役機構のことである」．ミトコンドリアでは，勾配形成のためのエネルギーは発エルゴン的な酸化還元反応に由来し，ATP合成がそれによってなされる仕事である．しかし，化学浸透は他の場所で，違った形でも行われる．葉緑体は光合成においてATPを合成するために化学浸透を利用する．この細胞小器官では，化学エネルギーではなく光に駆動されて，電子が電子伝達鎖を下っていき，H^+勾配を形成する．原核生物は，すでに述べたように，細胞膜を横断するH^+勾配を形成する．そのプロトン駆動力は，ATP合成だけでなく，鞭毛を回転させたり，膜を横切って栄養物質を汲み入れたり，廃棄物を汲み出したりするために利用される．化学浸透は，原核生物と真核生物でのエネルギー変換において，その中心をなすほどに重要である．その結果，化学浸透という概念によって生体エネルギー論の研究が統一されるようになった．ピーター・ミッチェル Peter Mitchell は化学浸透説を独自に提唱した功績によって1978年にノーベル賞を受賞した．

細胞呼吸によるATP生産の収支

細胞呼吸の主要な各過程を詳しく見たので，その機能全体，すなわちATP合成のためのエネルギーをグルコースから獲得するという機能に戻ろう．

呼吸では，大部分のエネルギーの流れは次のような連鎖になる．グルコース→NADH→電子伝達鎖→プロトン駆動力→ATP．細胞呼吸でグルコース1分子を酸化して，6分子の二酸化炭素を生じるときのATPの利得を計算するための帳簿のようなものをつけることができる．この，代謝という企業の主要な3部門は，解糖，ピルビン酸の酸化とクエン酸回路，そして酸化的リン酸化を駆動する電子伝達鎖である．図9.16に，グルコース1分子が酸化されたときの，ATP収量の計算の詳細が示されている．その勘定には，解糖とクエン酸回路で基質レベルのリン酸化によって直接つくられるATP 4分子が，酸化的リン酸化で生成するさらに多くのATP分子に加えられている．グルコースから電子伝達鎖へ1対の電子を伝達するNADHの1分子は，最大でATP 3分子の合成が可能なプロトン駆動力の形成に寄与する．

図9.16の数字がおおよそでしかないのは，なぜだろうか．グルコース1分子の分解によって生成するATPの分子数を正確に言い切ることができない理由は3つある．第1に，リン酸化と酸化還元反応が直接共役していないために，NADHの分子数とATPの分子数の比が整数にならないからである．1個のNADHに対して，10個のH^+がミトコンドリア内膜を横切って輸送されることが知られている．しかし，ATP 1分子の合成に対して，何個のH^+がATP合成酵素を通ってミトコンドリアのマトリクスに戻るのかは，ずっと以前から議論されている．しかし，実験データに基づいて，ほとんどの生化学者は4個のH^+が正しい値に最も近いと考えている．したがって，1個のNADHは2.5個のATPの合成に十分なプロトン駆動力を形成し得る．クエン酸回路は，電子を$FADH_2$経由でも電子伝達鎖に供給するが，その電子は伝達鎖の後のほうから入るので，1分子の$FADH_2$が起こすことができるH^+の輸送は，1.5分子のATPの合成に相当する分のみである．これらの数字の計算には，ATPがミトコンドリアでつくられてから，それが使われるサイトゾルへ輸送される際のエネルギーコストを，わずかではあるが考慮しなければならない．

第2に，ATPの収量はサイトゾルからミトコンドリアへの電子の伝達に使われる往復経路（シャトル系）の種類によって，少し異なる．ミトコンドリア内膜は

▼図 9.16　**細胞呼吸の各段階におけるグルコース１分子あたりの ATP 収量.**

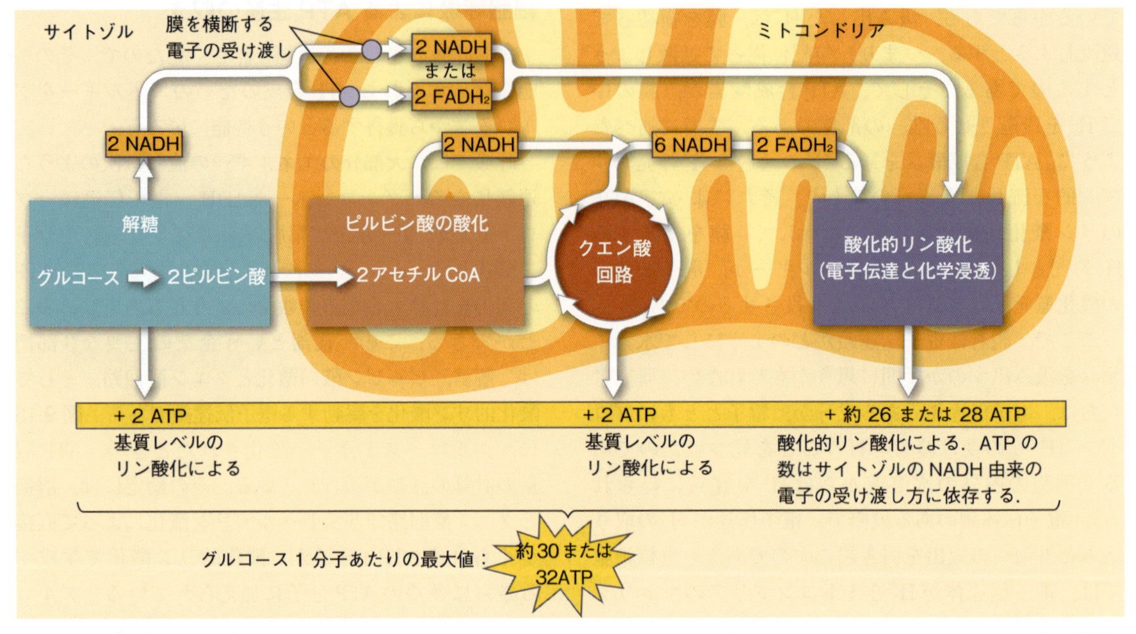
サイトゾル
膜を横断する
電子の受け渡し
2 NADH
または
2 FADH₂
ミトコンドリア
2 NADH
2 NADH
6 NADH
2 FADH₂
解糖
グルコース
2ピルビン酸
ピルビン酸の酸化
2アセチル CoA
クエン酸
回路
酸化的リン酸化
(電子伝達と化学浸透)
＋2 ATP
基質レベルの
リン酸化による
＋2 ATP
基質レベルの
リン酸化による
＋約 26 または 28 ATP
酸化的リン酸化による．ATP の
数はサイトゾルの NADH 由来の
電子の受け渡し方に依存する．
グルコース１分子あたりの最大値：
約 30 または
32ATP

図読み取り問題➤酸化的リン酸化によって合成される ATP の数が，どのような計算で合計 26 または 28 分子になるか，正確に説明しなさい（図の黄色の部分を参照しなさい）.

NADH に対して不透過性なので，サイトゾルの NADH は酸化的リン酸化の機構から隔離されている．解糖で捕捉された NADH の２個の電子は，いくつかある電子の往復輸送系の１つによってミトコンドリアに運搬されなければならない．往復経路の種類は特定の細胞の種類ごとに異なるが，その違いによって電子はミトコンドリアマトリクスの NAD^+ または FAD のいずれかに渡される（図 9.15，図 9.16 を参照）．もし，電子が FAD に渡されれば，脳の細胞ではそうなのだが，もともとサイトゾルでつくられた NADH 1 分子あたり，生じる ATP はおよそ 1.5 分子にしかならない．もし，肝臓や心臓の細胞の場合のように，ミトコンドリアの NAD^+ に渡されれば，約 2.5 分子の ATP が生じる．

ATP の収量を減少させる第３の要因は，呼吸の酸化還元反応で生成したプロトン駆動力が他の種類の仕事に使われることである．たとえば，プロトン駆動力は，ミトコンドリアがサイトゾルからピルビン酸を取り込むのに使われる．しかし，電子伝達鎖によって生成したすべてのプロトン駆動力が ATP 合成の駆動のために利用されたとすれば，グルコース１分子で，酸化的リン酸化によって最大限 28 分子の ATP と，基質レベルのリン酸化による正味 4 分子の ATP，全体で 32 分子の ATP を合成することができる（ただし，効率的な往復経路が機能しない場合はおよそ 30 分子の ATP になる）.

ここで，呼吸効率，すなわち，グルコースに蓄えられていた化学エネルギーのうち，ATP に蓄えられたエネルギーの割合を，大まかに見積もることができる．1 mol のグルコースを標準状態で完全酸化すると 686 kcal（$\Delta G = -686$ kcal/mol）のエネルギーが放出されることを思い出そう．ADP をリン酸化して ATP が生じると，ATP 1 mol につき，少なくとも 7.3 kcal が蓄えられる．したがって，呼吸効率は，7.3 kcal（ATP 1 mol あたり）に ATP 32 mol（グルコース 1 mol あたり）を掛けた値を，686 kcal（グルコース 1 mol あたり）で割れば，0.34 になる．つまり，グルコースがもつ化学的なポテンシャルエネルギーの 34% が ATP に転移されたことになる．ただし，実際の割合は細胞の条件が異なると ΔG も異なるので，それに応じて違ってくる．細胞呼吸はエネルギー変換効率がきわめて高い．それに比べて，最も効率のよい自動車でも，ガソリンに蓄えられていたエネルギーの 25% しか，車を動かすためのエネルギーに変換できない．

グルコースに蓄えられていた残りのエネルギーは熱として失われる．私たち人類はこの熱のいくぶんかを比較的高い体温（37 ℃）を維持するために利用し，そしてその残りの熱は発汗や他の冷却機構を通して失う．

きっと驚くと思うが，ある条件下では，呼吸効率の

科学スキル演習

棒グラフをつくって仮説を検証する

甲状腺ホルモン量は細胞の酸素消費に影響するか　哺乳類や鳥類のような動物は代謝の副産物としての熱を使って，環境の温度以上の比較的一定の体温を維持する．これらの動物では，体温が体内で設定された温度を下回ると，ミトコンドリアの電子伝達による ATP 合成の効率を低下させる制御が細胞で開始される．効率が低下すると，より多くの熱を発生しつつ，同じ数の ATP を合成するためには余分の燃料分子を消費しなければならない．この応答は内分泌系によって調整されるので，研究者たちは甲状腺ホルモンがこの細胞応答の引き金を引いているという仮説を立てた．この演習では，甲状腺ホルモン量の異なる動物細胞のミトコンドリアでの代謝速度（酸素消費で測定した）を比較した実験のデータを可視化した棒グラフを利用する．

実験方法　甲状腺ホルモン量のレベルがそれぞれ低，中，高の同じ親から生まれたラットの肝細胞を単離した．それぞれの細胞のミトコンドリアの電子伝達鎖の活性による酸素消費速度を制御された条件下で測定した．

実験データ

甲状腺ホルモン量のレベル	酸素消費速度（細胞重量 1 mg あたり）[μmol O_2/分]
低	4.3
中	4.8
高	8.7

データの出典　M. E. Harper and M. D. Brand, The quantitative contributions of mitochondrial proton leak and ATP turnover reactions to the changed respiration rates of hepatocytes from rats of different thyroid status, *Journal of Biological Chemistry* 268: 14850–14860 (1993).

データの解釈

1. 細胞のタイプ間での酸素消費の違いを可視化するために，データを棒グラフにすると便利である．最初に，座標軸を決める．(a) *x* 軸にとるべき独立変数（研究者の意図によって値がとられる変数）は何か．*x* 軸に沿って比較項目を並べなさい．それらは連続的ではなく非連続なので，どのような順序に並べてもよい．(b) *y* 軸にとるべき従属変数（研究者によって測定される変数）は何か．(c) *y* 軸にはどのような単位を使うか．*y* 軸にデータの一覧表に規定された単位をつけなさい．*y* 軸にとるべきデータの値の範囲を決めなさい．データの最大値は何か．目盛を等間隔に記し，一番下を 0 で始めて目盛に値を記しなさい．
2. 各サンプルについてデータをグラフ上に記しなさい．各データを *x* 軸と *y* 軸の値が正しく対応させて，その座標上に印をつけて，各サンプルについて *x* 軸から正しい高さまで棒を描きなさい．棒グラフが散布図や折れ線グラフよりも適切なのはなぜか（グラフについての詳細は付録 F を参照）．
3. 作成したグラフをよく見てデータのパターンを調べなさい．(a) 酸素消費速度が最も速いのはどのタイプの細胞か，そして最低の細胞はどれか．(b) この結果は研究者の仮説を支持するかどうか説明しなさい．(c) ミトコンドリアの電子伝達と熱発生についての知識に基づいて，体温が最も高いのはどのラットか，そして体温が最も低いのはどのラットか，予測しなさい．

減少が役に立つことがある．顕著な適応は冬眠する哺乳類に見られる．それらは代謝が不活性または低下した状態で越冬する．それらの体温は通常よりも低いが外気温よりもかなり高く保たれている．褐色脂肪細胞とよばれる組織はミトコンドリアをたくさん詰め込んだ細胞からなっている，そのミトコンドリア内膜には脱共役タンパク質とよばれるチャネルタンパク質が含まれている．そのタンパク質は ATP 合成なしにプロトンを濃度勾配に従って逆流させる．冬眠哺乳類の脱共役タンパク質が活性化されると貯蔵燃料（脂肪）の酸化が進行し，ATP 合成がない状態で熱を発生する．このような適応がないと，ATP 量が上昇して，後述する制御機構のために細胞呼吸が停止してしまう．**科学スキル演習**で細胞内の代謝効率が低下したさまざまな，しかし，互いに関連した事例でのデータで演習することができる．

概念のチェック 9.4

1. O_2 の欠乏は図 9.15 に示す過程にどのような影響を及ぼすか．
2. **どうなる？➤**上のように，O_2 が欠乏した状態で，もしミトコンドリアの膜間区画の pH を下げたとしたら，どのようなことが起こるか，説明しなさい．
3. **関連性を考えよう➤**7.1 節で学んだように，膜が機能するためには膜の流動性が必要である．電子伝達鎖の働きから見てこの主張はどのように支持されるか．
（解答例は付録 A）

9.5

細胞は発酵と嫌気呼吸によって酸素を利用せずに ATP を合成することができる

細胞呼吸で生成する ATP のほとんどは酸化的リン酸化によるものなので，酸素呼吸に由来する ATP の収率について行った計算は，細胞に十分な酸素が供給されていることを条件としている．電気陰性度の高い酸素がなければ，電子は電子伝達鎖を下っていかないので，酸化的リン酸化はついには停止する．しかし，ある種の細胞において一般的見られることだが，酸素を使うことなく有機燃料を酸化して ATP を合成することのできる 2 つの機構がある．すなわち，嫌気呼吸と発酵である．この 2 つの違いは，嫌気呼吸では電子伝達鎖が使われるが，発酵では使われないことである（電子伝達鎖は呼吸鎖ともよばれるが，それは嫌気呼吸と酸素呼吸の両方の細胞呼吸で使われるからである）．

酸素のない環境で生きているある種の原核生物が行う嫌気呼吸についてはすでに述べた．これらの生物は電子伝達鎖をもつが電子伝達鎖の最終的な電子受容体として酸素を使わない．酸素は電気陰性度がきわめて高いので最終的な電子受容体として優れているが，電気陰性度が酸素よりも低い別の物質も最終的な電子受容体として使うことができる．たとえば，いくつかの海生の「硫酸還元」菌は呼吸鎖の最後の物質として硫酸イオン（SO_4^{2-}）を使う．その電子伝達鎖の働きによって ATP 合成のためのプロトン駆動力が発生するが，副産物として水ではなく H_2S（硫化水素）が生成する．塩分に富む沼地や干潟を通り過ぎるときに，たまごが腐ったような臭いがしたら，それは硫酸還元菌がそこに存在するしるしである．

発酵は酸素も電子伝達鎖もともに使わずに，言い換えれば細胞呼吸なしに化学エネルギーを獲得するしくみである．栄養物は酸素なしで，どのようにして酸化され得るだろうか．酸化というのは，電子を失って電子受容体に渡すこと，そして，その受容体は酸素とは限らないことを思い出そう．解糖では，グルコースが酸化されて 2 分子のピルビン酸になる．解糖の酸化剤は NAD^+ であって，酸素も電子伝達鎖も関与しない．全体として，解糖は発エルゴン反応であり，放出されたエネルギーのうちのいくらかが，基質レベルのリン酸化によって，正味 2 分子の ATP を合成するために使われる．もし，酸素が存在すれば，グルコースから奪った電子が NADH から電子伝達鎖に渡されることによって酸化的リン酸化が行われて，ATP がさらにつくられる．しかし，解糖では酸素の有無に関係なく，つまり，条件が好気的であれ，嫌気的であれ，ATP 2 分子が生成する．

有機栄養物質の呼吸による酸化の別の型である発酵は，解糖の拡張版である．その拡張部分によって解糖による基質レベルのリン酸化が継続可能になっているのである．これが可能であるためには，解糖での酸化の段階で電子を受け取る NAD^+ が十分に供給されなければならない．NADH から NAD^+ が再生されなければ，解糖によって NAD^+ がすべて還元されて細胞内の NAD^+ の蓄えはすぐに枯渇し，酸化剤の欠乏によって解糖は自ら停止するだろう．好気的条件下では，NAD^+ は電子伝達鎖に電子を渡すことによって NADH から NAD^+ が再生される．嫌気的条件下では，その代わりに電子を NADH から解糖の最終産物であるピルビン酸に渡す．

さまざまなタイプの発酵

発酵は，解糖に NAD^+ を再生する反応が加わった反応過程である．その NAD^+ の再生は NADH からピルビン酸またはピルビン酸の誘導体に電子を伝達することによって行われる．再生された NAD^+ は解糖で糖を酸化するために再利用され，その解糖の過程では，基質レベルのリン酸化によって ATP が正味 2 分子生じる．発酵には多くのタイプがあり，ピルビン酸からつくられる最終産物がそれぞれ異なっている．そのうちの 2 つのタイプはアルコール発酵と乳酸発酵である．それらはともに食品や工業製品として人間に利用されている．

アルコール発酵 alcohol fermentation（図 9.17a）では，ピルビン酸が 2 段階の反応でエタノール（エチルアルコール）に変換される．最初の段階で，ピルビン酸から二酸化炭素がはずされ，ピルビン酸は炭素 2 個のアセトアルデヒドに変換される．2 番目の段階で，アセトアルデヒドは NADH によって還元されてエタノールになる．この反応によって解糖を継続するのに必要な NAD^+ が再生される．多くの細菌はアルコール発酵を嫌気的条件下で行う．菌類の酵母もまた，アルコール発酵を行う．何千年もの間，ヒトは酵母をビールやワインの醸造，パンの製造に利用してきた．パン酵母のアルコール発酵によって発生する CO_2 の気泡がパン生地を膨らませる．

▼図 9.17 **発酵．**多くの細胞は，無酸素状態で，発酵のしくみを利用して基質レベルのリン酸化によって ATP を合成する．解糖の最終産物であるピルビン酸が NADH を酸化するための電子受容体として働くことによって NAD^+ が再生されて，解糖に利用される．発酵によって生成する最終産物としてよく知られているのは (a) エタノールと (b) 乳酸．

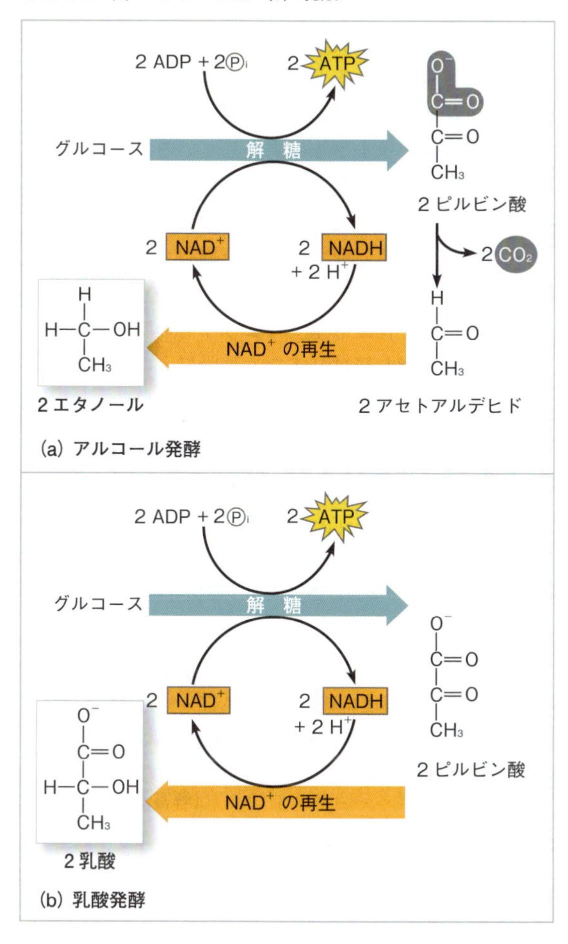
2 ADP + 2Ⓟi
2 ATP
グルコース
解糖
2 NAD⁺
2 NADH + 2 H⁺
NAD⁺ の再生
2 ピルビン酸
2 CO₂
2 エタノール
2 アセトアルデヒド
(a) アルコール発酵
2 ADP + 2Ⓟi
2 ATP
グルコース
解糖
2 NAD⁺
2 NADH + 2 H⁺
NAD⁺ の再生
2 ピルビン酸
2 乳酸
(b) 乳酸発酵

乳酸発酵 lactic acid fermentation（図 9.17 b）の過程では，ピルビン酸は直接 NADH によって還元されて，最終産物として乳酸（ただし，乳酸イオンの形として）を生じるが，CO_2 は発生しない．ある種の菌類や細菌が行う乳酸発酵はチーズやヨーグルトをつくる乳業に利用されている．

ヒトの筋細胞は，酸素が乏しいときには乳酸発酵によって ATP をつくる．これは，ATP 合成に必要な糖の異化が血液から筋肉への酸素の供給を上回るような激しい運動をしているときに起こる．このような条件下では，筋肉の細胞は好気呼吸から発酵に切り替える．その結果蓄積した乳酸は筋肉の疲労と痛みを引き起こすと，以前は考えられてきたが，最近の研究では，カリウムイオン（K^+）の量が上昇することがその原因であり，乳酸は筋肉の働きを促進すると示唆されている．どちらにしても，乳酸は肝細胞によってピルビン酸に戻される．酸素が利用できるので，このピルビン酸は肝細胞のミトコンドリアに入って細胞呼吸を完結させる（翌日の筋肉の痛みは，小さな筋繊維の外傷によって引き起こされるためである可能性がある．それが筋肉のほてりと痛みを起こすのであろう）．

発酵を嫌気呼吸および好気呼吸と比較する

発酵，嫌気呼吸そして好気呼吸は，細胞が栄養物の化学エネルギーを獲得して ATP をつくるための 3 つの異なる機構である．3 つの経路はどれも解糖を使ってグルコースや他の有機燃料を酸化してピルビン酸にして，この過程で基質レベルのリン酸化によって正味 2 分子の ATP を生じる．そして，3 つのすべての過程で，NAD^+ が，解糖の過程で栄養物由来の電子を受け取る酸化剤である．

3 つの過程の重要な違いの 1 つは，解糖を持続させるために必要な，NADH を酸化して NAD^+ に戻す機構が異なっていることである．発酵では，最終的な電子受容体はピルビン酸（乳酸発酵の場合）やアセトアルデヒド（アルコール発酵の場合）のような有機分子である．細胞呼吸では，対照的に，NADH がもつ電子は電子伝達鎖に渡され，そうして解糖に必要な NAD^+ が再生される．

もう 1 つの大きな違いは生産される ATP の量である．発酵での収率は基質レベルのリン酸化による 2 分子の ATP である．電子伝達鎖なしで，ピルビン酸に蓄えられたエネルギーは利用できない．しかし，細胞呼吸では，ピルビン酸がミトコンドリアで完全に酸化される．この過程で放出される化学エネルギーのほとんどは NADH と $FADH_2$ を介して，電子の形で電子伝達鎖に渡される．そこで，電子伝達鎖は一連の酸化還元反応の坂を下って最後の電子受容体に到達する（好気呼吸では，最後の電子受容体は酸素であり，嫌気呼吸では，最後の電子受容体は，酸素ほどではないが，電気陰性度が高い別の分子である）．段階的な電子伝達は酸化的リン酸化を駆動して，ATP をつくる．それゆえ，細胞呼吸は発酵よりも糖分子からより多くのエネルギーを獲得することができる．事実，好気呼吸はグルコース 1 分子あたり 32 分子もの ATP を生み出すが，それは発酵で生じる ATP の 16 倍の量である．

絶対嫌気性生物 obligate anaerobes とよばれる生物の中には，発酵または嫌気呼吸のみを行うものがある．事実，これらの生物は酸素の存在下で生存することができない．酸素はそのいくつかの形（訳注：活性酸素など）において，細胞が防御機構をもたない限り，実

図 9.18　ピルビン酸は異化作用における重要な分岐点である． 解糖は発酵と細胞呼吸の両方に共通の過程である．解糖の最終産物であるピルビン酸はグルコースの酸化という異化経路の分岐点になっている．通性嫌気性生物や筋細胞では，好気的な細胞呼吸と発酵の両方が可能であるが，ピルビン酸はどちらか一方の経路に使われる．どちらで使われるかは，通常，酸素の有無に依存する．

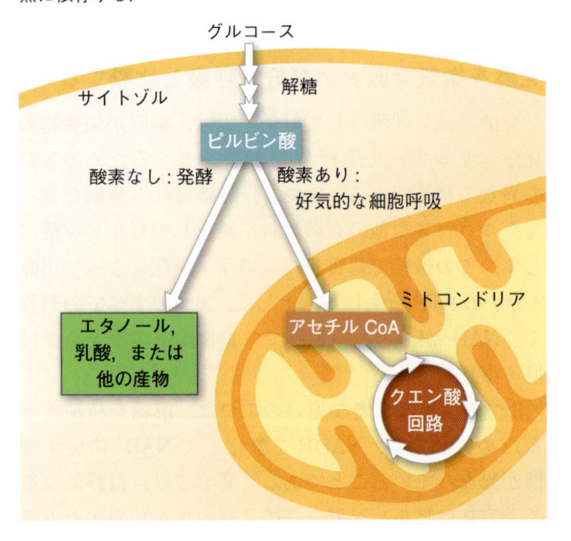
グルコース
サイトゾル
解糖
ピルビン酸
酸素なし：発酵
酸素あり：
好気的な細胞呼吸
ミトコンドリア
エタノール，
乳酸，または
他の産物
アセチル CoA
クエン酸
回路

際に有害になり得るのである．たとえば脊椎動物の脳の細胞のようないくつかのタイプの細胞が行うことができるのは好気的なピルビン酸の酸化のみで，発酵を行うことはできない．これらとは違って，酵母や多くの細菌などの生物は，発酵と呼吸のどちらかを使って，生きていくのに十分なATPをつくることができる．このような種類の生物は**通性嫌気性生物 facultative anaerobes**とよばれる．細胞レベルでは，私たちの筋肉の細胞は通性嫌気性生物のようにふるまう．通性嫌気性生物においては，ピルビン酸は2通りの異なる異化経路に分かれていく代謝経路の分岐点である（図9.18）．好気的条件下では，ピルビン酸はアセチルCoAへの変換が可能で，酸化が好気呼吸によってクエン酸回路で続く．嫌気的条件下では乳酸発酵が起こる．すなわち，ピルビン酸がクエン酸回路から分かれて，その代わりNAD^+の再生のための電子受容体として働く．同じ量のATPを生産するために，通性嫌気性生物は，発酵を行う場合は，呼吸の場合よりも，より速く糖を消費しなければならない．

解糖の進化的な意義

進化　発酵と呼吸の両方における解糖の役割は，進化的な基礎をもっている．原始原核生物はおそらく，酸素が地球大気中に存在するずっと前から，ATP合成のために解糖を利用してきたであろう．知られている最古の細菌の化石は35億年前のものであるが，有意な量のO_2が大気に蓄積し始めたのは，おそらく27億年前以降であろう．シアノバクテリアがこのO_2を光合成の副産物として生産した．したがって，初期の原核生物はATPをもっぱら解糖によって生産していたであろう．解糖が現在の地球上の生物で最も広く見られる代謝経路であるという事実は，解糖が生命の歴史のごく初期に進化によって出現したことを示唆している．解糖がサイトゾルに局在していることも，その歴史が非常に古いことを暗示している．つまり，その経路は，原核細胞よりおよそ10億年の後に進化した真核細胞に存在する膜で囲まれた細胞小器官をまったく必要としない．解糖は，原初の細胞からの，いわば代謝における「世襲財産」のようなもので，それは発酵において機能し続け，また，呼吸による有機分子の分解の最初の段階としても機能し続けている．

概念のチェック 9.5

1. 解糖で生じるNADHについて考えなさい．発酵の過程での電子の最終的な受容体は何か．好気呼吸における電子の最終的な受容体は何か．嫌気呼吸での最終的な電子受容体は何か．

2. どうなる？➤グルコースを与えた酵母細胞が好気的環境から嫌気的環境に移された．ATPが同じ速度でつくられたとすると，グルコースの消費速度はどのように変化するだろうか．

（解答例は付録A）

9.6

解糖とクエン酸回路は他の多くの代謝経路と連結している

これまでのところ，グルコースの酸化的分解を細胞全体の代謝の有機的なつながりから切り離して扱ってきた．本節では，解糖とクエン酸回路が，細胞の異化と同化（生合成）の経路の主要な中継箇所であることを学ぶ．

異化作用の多才さ

本章全体を通して，グルコースを細胞呼吸のための燃料として用いてきた．しかし，単独のグルコースはヒトや他の動物の食物には，あまり認められない．私たちは脂肪やタンパク質，スクロースや他の二糖，多糖のデンプンという形でほとんどのカロリーを得ている．食物中のこれらの有機分子はすべて，ATPをつ

▼図 9.19 **食物に由来するさまざまな分子の異化作用.** 炭水化物，脂肪，そしてタンパク質は細胞呼吸の燃料として利用することができる．これらの分子の単量体は解糖とクエン酸回路のさまざまな段階で，それらの経路に入る．解糖もクエン酸回路も異化を行う炉である．これらの過程によって，どの種類の有機分子の電子も，発エルゴン的に自由エネルギーのレベルを下げながら酸素へと伝えられていく．

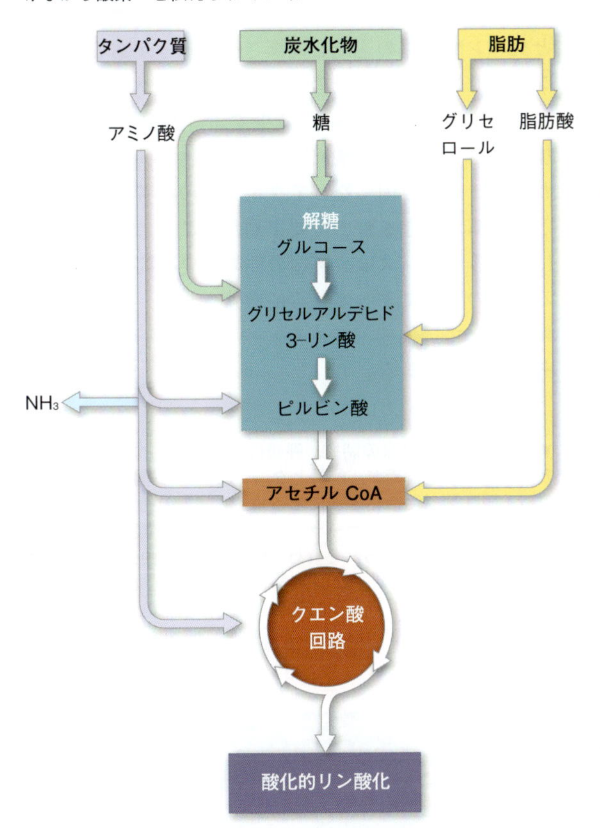
タンパク質
炭水化物
脂肪
アミノ酸
糖
グリセロール
脂肪酸
解糖
グルコース
グリセルアルデヒド3-リン酸
ピルビン酸
NH_3
アセチル CoA
クエン酸回路
酸化的リン酸化

くるための細胞呼吸に利用することができる（図 9.19）．

解糖は多様な炭水化物を異化作用の材料として受け入れることができる．消化管の中でデンプンは加水分解されてグルコースになり，次に，細胞の中で解糖とクエン酸回路で分解される．同様に，ヒトや他の動物の肝臓や筋肉の細胞に蓄えられている多糖のグリコーゲンも，食事と食事の間に加水分解してグルコースにすることができる．スクロースなどの二糖の消化によってグルコースや他の単糖が呼吸の燃料として供給される．

タンパク質も燃料として利用できるが，まず，それを構成するアミノ酸にまで消化されなければならない．多くのアミノ酸は，新たにタンパク質をつくるためにその生物によって使われる．過剰に存在するアミノ酸は酵素によって解糖とクエン酸回路の中間産物に変換される．アミノ酸が解糖あるいはクエン酸回路に供給される前に，そのアミノ基は除かれなければならない．この過程は「脱アミノ反応」とよばれる．窒素を含む廃棄物はアンモニア（NH_3），尿素，または他の廃棄物の形で動物の体から排泄される．

脂肪に蓄えられていたエネルギーも，異化作用によって，食物や体内の貯蔵細胞から得ることができる．脂肪が消化されてグリセロールと脂肪酸になった後，グリセロールは解糖の中間産物であるグリセルアルデヒド 3-リン酸に変換される．脂肪のエネルギーのほとんどは脂肪酸に蓄えられている．**β 酸化 beta oxidation** とよばれる一連の代謝過程によって，脂肪酸は炭素 2 個の断片にまで分解され，それらはアセチル CoA としてクエン酸回路に入る．β 酸化では NADH と $FADH_2$ も生成し，それらは電子伝達鎖に入って ATP 合成をもたらす．脂肪は優れた燃料になる．そのおもな理由は化学構造とその電子の高いエネルギーレベルにあり（多数の C—H 結合で，炭素と水素間で電子が均等に分配されている），これは炭水化物におけるのとは異なる．1 g の脂肪が呼吸によって酸化されると，1 g の炭水化物の場合に比べて 2 倍以上の ATP を生産することができる．残念なことに，このことはまた，やせたいと思っている人が，体内に蓄えられている脂肪を使い切るためにせっせと仕事をしなければならないことをも意味する．というのも，脂肪 1 g に，多くのカロリーが貯蔵されているからである．

生合成（同化経路）

細胞はエネルギーだけでなく物質も必要とする．食物のすべての有機分子が ATP をつくるための燃料として酸化される運命にあるわけではない．カロリーだけでなく，食物は，細胞が自身を構成する分子を合成するのに必要な炭素骨格も供給しなければならない．いくつかの種類の有機分子は，消化されて単量体になると，そのまま利用される．たとえば，すでに述べたように，食物中のタンパク質の加水分解で生じるアミノ酸はその生物自身のタンパク質に取り込むことができる．しかし，生体は食物中の成分として存在しない特定の分子をしばしば必要とする．解糖とクエン酸回路の中間産物として生じる化合物は，さまざまな同化経路に入って変換され，細胞が必要とする分子の前駆体になり得る物質になる．たとえば，ヒトは，タンパク質の 20 のアミノ酸のおよそ半数を，クエン酸回路から流用した化合物を修飾することによって合成することができる．残りのアミノ酸は「必須アミノ酸」として食物から摂取しなければならない．また，グルコースはピルビン酸からつくることができるし，脂肪酸はアセチル CoA から合成することができる．もちろん，これらの同化経路，あるいは生合成経路は ATP をつくるのではなく，消費する．

つけ加えていうと，解糖とクエン酸回路は，ある分子を必要な他の種類の分子に変換することを可能にする「代謝の中継地」として機能している．たとえば，解糖の中間産物であるジヒドロキシアセトンリン酸（図 9.9 の段階❺参照）は，脂肪の主要な前駆体の 1 つに変換されることが可能である．もし，私たちが必要以上に食べると，食べた物がたとえ脂肪を含まないものであっても，脂肪を蓄積することになる．代謝というものは，きわめて多才で，適応性に富んでいる．

フィードバック機構による細胞呼吸の制御

供給と需要という基本原理が代謝の経済を制御している．細胞というものは，ある物質を必要以上につくってエネルギーを無駄にしたりはしない．たとえば，もし，あるアミノ酸が過剰に供給されると，そのアミノ酸をクエン酸回路の中間産物から合成する同化経路は停止する．このような制御の機構として最も共通なものはフィードバック阻害である．すなわち，同化経路の最終産物が経路の初期段階を触媒する酵素を阻害するのである（図 8.21 参照）．この機構は，代謝の重要な中間産物を不必要に変換して，もっと必要で節約しなければならないものを使ってしまうのを防ぐ．

細胞は異化作用も調節する．細胞が盛んに活動して ATP 濃度が低下し始めると，呼吸速度が上昇する．ATP が十分あって需要を満たしているときは，呼吸の速度を低下させて，貴重な有機分子を他の機能のために節約する．繰り返すが，調節は主として異化経路の重要な箇所の酵素活性の制御に基づいている．図 9.20 に示すように，重要な制御箇所の 1 つは，解糖の段階❸を触媒する（図 9.9 参照）ホスホフルクトキナーゼである．その箇所は，基質を解糖の経路に不可逆的に送り込む最初の段階である．この段階の反応速度を制御することによって，その細胞は異化過程全体の速度を上げたり下げたりすることができる．したがって，ホスホフルクトキナーゼは，呼吸のペースメーカーであると考えることができる．

ホスホフルクトキナーゼは，特異的な阻害剤と活性化因子が結合する部位をもったアロステリック酵素である．この酵素は ATP によって阻害され，細胞によって ADP からつくられる AMP（アデノシン一リン酸 adenosine monophosphate）によって活性化される．ATP が蓄積されるに従って，酵素の阻害が解糖の速度を低下させる．細胞が仕事をして ATP が再生されるよりも速く ATP が ADP（そして AMP も）に変換されると，この酵素は再び活性を回復する．ホスホフルクトキナーゼは，クエン酸回路の最初の産物であるクエン酸にも感受性がある．クエン酸がミトコンドリアに蓄積されると，その一部はサイトゾルに送られてホスホフルクトキナーゼを阻害する．この機構は解糖とクエン酸回路の速度を同調させる働きがある．クエン酸が貯まると，解糖の速度は低下し，クエン酸回路へのアセチル基の供給が減少する．ATP の需要の増加，あるいはクエン酸回路の中間産物が同化経路に使われることが原因になってクエン酸の消費が増加すると，解糖が促進されて需要を満たすことになる．代謝におけるバランスは，解糖の他の重要な箇所を触媒する酵素の制御によってさらに増強される．細胞は，代謝に関して，倹約家であり，やりくりが上手であり，そして敏感である．

▼図 9.20　**細胞呼吸の制御**．呼吸の経路のいくつかの段階で，アロステリック酵素が，解糖とクエン酸回路の速度の制御にかかわる阻害剤や活性化因子に応答する．解糖の初期段階を触媒するホスホフルクトキナーゼ（図 9.9 の段階❸参照）はそのような酵素の 1 つである．それは AMP（ADP に由来する）によって促進され，ATP とクエン酸のそれぞれによって阻害される．このようなフィードバック制御によって，細胞の異化と同化のそれぞれの必要性の変化に応じて呼吸速度が調整されている．

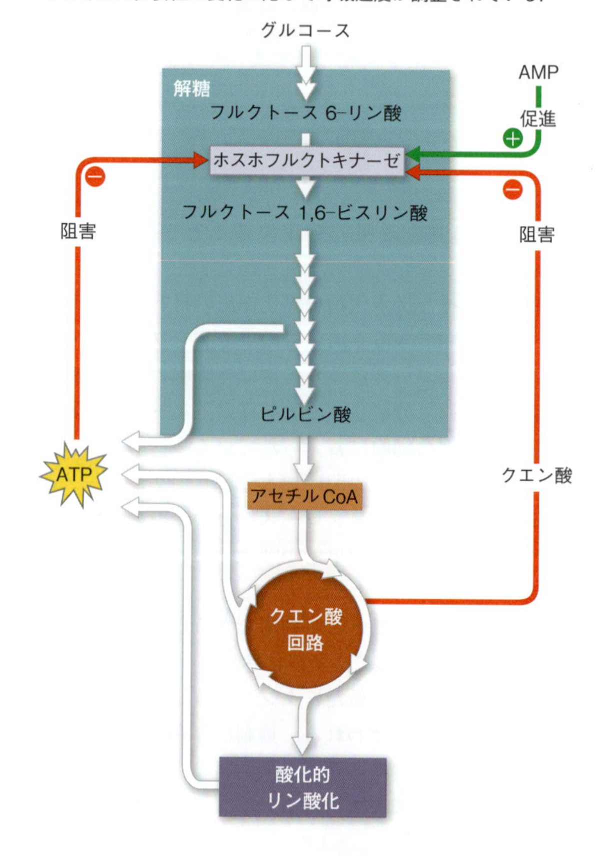
グルコース
解糖
フルクトース 6-リン酸
AMP
促進
ホスホフルクトキナーゼ
阻害
阻害
フルクトース 1,6-ビスリン酸
ピルビン酸
ATP
アセチル CoA
クエン酸
クエン酸回路
酸化的リン酸化

細胞呼吸と代謝系は生物において中心的な役割を果たしている．図 9.2 をもう一度よく見て，細胞呼吸を生態系でのエネルギーの流れと化学物質の循環という大きな文脈の中でとらえよう．私たちの生存を可能にするエネルギーは，細胞呼吸によって「取り出される」のであって，「つくられる」のではない．私たちは，光合成によって栄養物の中に蓄えられたエネルギーを取り出しているのである．次章では，光合成によってどのようにして光が捕捉され，化学エネルギーに変換されているかを学ぶ．

概念のチェック 9.6

1. **関連性を考えよう➤**脂肪の構造（図 5.9 参照）を炭水化物の構造（図 5.3 参照）と比較しなさい．その構造のどのような特徴によって，脂肪が炭水化物よりも非常に優れた燃料になっているか．
2. どのような条件下で，体は脂肪分子を合成するだろうか．
3. **図読み取り問題➤**酸素と ATP を消耗した筋肉の細胞では，どのようなことが起こるだろうか（図 9.18 と図 9.20 を復習しなさい）．
4. **図読み取り問題➤**激しく運動している間，筋細胞は脂肪を化学エネルギーが集中した資源として利用できるかどうか説明しなさい（図 9.18 と図 9.19 を復習しなさい）．

（解答例は付録 A）

9 章のまとめ

重要概念のまとめ

9.1

異化経路によって有機燃料を酸化してエネルギーを得る

- 細胞はグルコースや他の有機燃料を分解して ATP の形の化学エネルギーを得る．**発酵**は酸素を使わないでグルコースを部分分解する．**細胞呼吸**はグルコースをさらに完全分解する過程である．**好気呼吸**では反応物として酸素が使われる．「嫌気呼吸」では，酸素は使わないが，化学エネルギーを取り出す同様の過程で，別の物質が反応物として使われる．
- 細胞は**酸化還元反応**によって栄養分子に蓄えられたエネルギーを取り出す．酸化還元反応では，ある物質の一部またはすべての電子が別の分子に渡される．**酸化**はある分子からその電子のすべて，または一部が失われることであり，**還元**はその電子のすべて，または一部が与えられることである．好気呼吸では，グルコース（$C_6H_{12}O_6$）が CO_2 にまで酸化され，O_2 が還元されて H_2O になる．

（酸化される：$C_6H_{12}O_6$ → $6CO_2$）

$$C_6H_{12}O_6 + 6O_2 \longrightarrow 6CO_2 + 6H_2O + \text{エネルギー}$$

（還元される：$6O_2$ → $6H_2O$）

- 電子がグルコースや他の有機化合物から酸素に伝達される過程で，ポテンシャルエネルギーを失う．電子は通常，最初に NAD^+ に渡され，NAD^+ は還元されて NADH になり，次に NADH から**電子伝達鎖**に渡される．電子伝達鎖はエネルギー放出過程で電子を酸素に伝達する．放出されたエネルギーは ATP 合成に使われる．
- 好気呼吸は 3 段階で行われる．(1) **解糖**，(2) ピルビン酸の酸化と**クエン酸回路**，(3) **酸化的リン酸化**（電子伝達と化学浸透）．

❓ ATP を生成する細胞呼吸の 2 つの過程，すなわち，酸化的リン酸化と基質レベルのリン酸化の違いを説明しなさい．

9.2

解糖では，グルコースをピルビン酸に酸化して化学エネルギーを取り出す

- 解糖はグルコースを分解して 2 分子のピルビン酸を生じる一連の反応過程で，グルコース 1 分子あたり正味 2 分子の ATP と 2 分子の NADH が得られる．ピルビン酸はさらにクエン酸回路に入っていく．

入力		出力
グルコース	解糖 →	2 ピルビン酸 + 2 ATP + 2 NADH

❓ 解糖によって ATP と NADH がつくられるが，そのエネルギーは解糖の中のどの反応から得られるか．

9.3

ピルビン酸を酸化した後，クエン酸回路は有機分子を完全酸化してエネルギーを取り出す

- 真核細胞では，ピルビン酸がミトコンドリアに入り，酸化されて**アセチル CoA** になる．アセチル CoA はクエン酸回路でさらに酸化される．

入力
2ピルビン酸 ➤ 2アセチル CoA
2オキサロ酢酸
クエン酸回路
出力
2 ATP 8 NADH
6 CO_2 2 $FADH_2$

❓ 細胞呼吸においてグルコースが完全酸化されたことを示す産物の分子は何か．

9.4

酸化的リン酸化の過程では，化学浸透と電子伝達が共役して ATP を合成する

- NADH と $FADH_2$ は電子伝達鎖に電子を渡す．電子は電子伝達鎖の坂を下りながら，途中のいくつかのエネルギー放出段階でエネルギーを失う．最終的に，電子は O_2 に渡され，酸素を還元して H_2O を生じる．

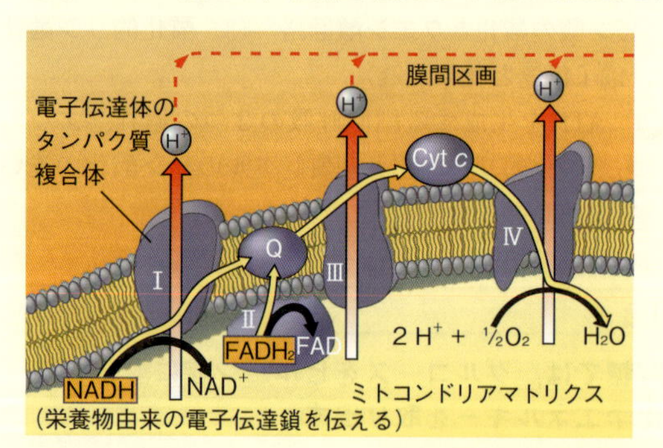

膜間区画
電子伝達体のタンパク質複合体
H^+
Cyt *c*
Q
I
II
III
IV
$FADH_2$
FAD
NADH
NAD^+
2 H^+ + ½O_2
H_2O
ミトコンドリアマトリクス
（栄養物由来の電子伝達鎖を伝える）

- 電子伝達鎖のいくつかの段階で，電子伝達によって，タンパク質複合体による（真核生物の）ミトコンドリアマトリクスから膜間区画への H^+ の輸送が駆動され，**プロトン駆動力**（H^+ 勾配）としてエネルギーが蓄えられる．H^+ は **ATP 合成酵素**を通過してマトリクスへ拡散で逆流すると，この通過によって ADP のリン酸化による ATP 合成を起こさせる．この過程は**化学浸透**とよばれる．

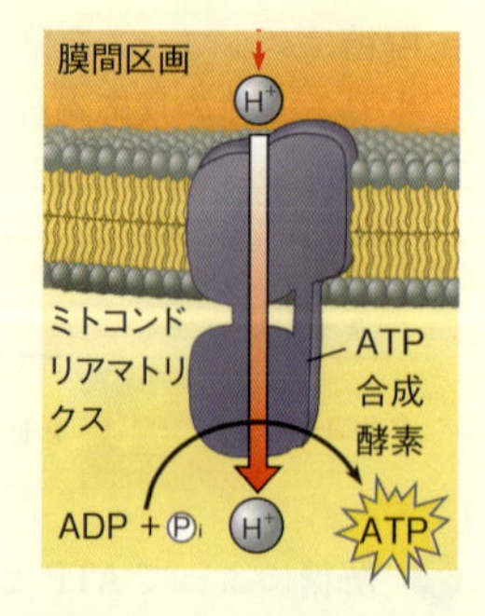

膜間区画
H^+
ミトコンドリアマトリクス
ATP 合成酵素
ADP + Ⓟi
H^+
ATP

- グルコース分子に蓄えられていたエネルギーのおよそ 34%が，細胞呼吸において ATP に転移され，その結果，最大 32 分子の ATP が生産される．

❓ ATP 合成酵素によって ATP が合成される機構を簡潔に説明しなさい．ATP 合成酵素が存在する 3 つの部位を挙げなさい．

9.5

細胞は発酵と嫌気呼吸によって酸素を利用せずに ATP を合成することができる

- 解糖は基質レベルのリン酸化によって，酸素の有無にかかわらず正味 2 分子の ATP を生じる．嫌気条件下では，嫌気呼吸または発酵が行われる．嫌気呼吸では，最終的な電子受容体が酸素以外の物質である電子伝達鎖が存在する．発酵では，NADH 由来の電子はピルビン酸またはピルビン酸類縁の分子に渡されて，グルコースの分解を続けるために必要な NAD^+ を再生する．一般的な発酵の例は**アルコール発酵**と**乳酸発酵**の 2 つである．
- 発酵，嫌気呼吸，好気呼吸，これらはどれも解糖によってグルコースを酸化するが，最終的な電子受容体が互いに異なり，電子伝達鎖を使う（呼吸）か，使わない（発酵）かによっても異なる．呼吸はより多くの ATP をつくることができる．最終的な電子受容体として O_2 を使う好気呼吸は，発酵に比べておよそ 16 倍の ATP を合成できる．
- 解糖はほとんどすべての生物で行われ，したがって，大気に O_2 が存在する以前の太古の原核生物で進化したと考えられている．

❓ 発酵と嫌気呼吸ではどちらが ATP をより多く合成できるか説明しなさい．

9.6

解糖とクエン酸回路は他の多くの代謝経路と連結している

- 異化経路は多様な種類の有機分子のもつ電子を集めて細胞呼吸の過程に投入する．多くの炭水化物が解糖系に入り得るが，多くの場合，それらがグルコースに変換された後である．タンパク質のアミノ酸は酸化される前に脱アミノされなければならない．脂肪の脂肪酸は **β 酸化**によって炭素 2 個の断片になり，その後，アセチル CoA としてクエン酸回路に入る．同化経路は栄養物に由来する小さな分子をそ

のままの形で使うことができ，また，解糖やクエン酸回路の中間産物を使って他の物質を合成することもできる．

- 細胞呼吸は解糖系とクエン酸回路の重要な段階のアロステリック酵素によって制御される．

? 解糖系とクエン酸回路の異化経路は細胞の代謝において同化経路とどのように交わっているか，説明しなさい．

理解度テスト

レベル1：知識／理解

1. 酸化的リン酸化においてATP合成酵素によるATP合成の直接のエネルギー源は次のうちどれか．
   (A) グルコースと他の有機化合物の酸化
   (B) 電子伝達鎖を下る電子の流れ
   (C) ATP合成酵素をもつ膜を介したH^+濃度勾配
   (D) リン酸のADPへの転移
2. グルコース分子について，発酵と細胞呼吸の両方に共通の代謝経路は次のうちどれか．
   (A) クエン酸回路
   (B) 電子伝達鎖
   (C) 解糖
   (D) ピルビン酸の乳酸への還元
3. 好気的な酸化的リン酸化で機能する電子伝達鎖の最終的な電子伝達体は，次のうちどれか．
   (A) 酸素　(C) NAD^+
   (B) 水　(D) ピルビン酸
4. ミトコンドリアでの発エルゴン的酸化還元反応は，
   (A) 原核細胞のATP合成を駆動するエネルギー源である．
   (B) プロトン勾配を形成するエネルギーを供給する．
   (C) 炭素原子を二酸化炭素に還元する．
   (D) リン酸化された中間体を経由して吸エルゴン過程と共役する．

レベル2：応用／解析

5. 次の反応の酸化剤はどれか．
   ピルビン酸 + NADH → 乳酸 + NAD^+
   (A) 酸素　(C) 乳酸
   (B) NADH　(D) ピルビン酸
6. ミトコンドリアの電子伝達鎖に電子が流れるとき，次のどれが起こるか．
   (A) ミトコンドリアマトリクスのpHが上昇する．
   (B) ATP合成酵素が能動輸送によってプロトンを輸送する．
   (C) 電子が自由エネルギーを獲得する．
   (D) NAD^+が酸化される．
7. 異化過程に由来するほとんどのCO_2は次のどの過程で放出されるか．
   (A) 解糖　(C) 乳酸発酵
   (B) クエン酸回路　(D) 電子伝達
8. **関連性を考えよう**　図9.9の段階❸は解糖の主要な制御点の1つである．ホスホフルクトキナーゼという酵素はATPとそれと似た分子（8.5節参照）によってアロステリックに制御される．解糖の全体的な結果を考えて，ATPがこの酵素の活性を阻害するのか，あるいは促進するのかを考えなさい（ヒント：ATPの役割を，この酵素の基質ではなく，アロステリック制御因子として考えなさい）．
9. **関連性を考えよう**　図7.17と図7.18に示したプロトンポンプはATP合成酵素の1種である（図9.14参照）．2つの図に示した過程を比べて，それらが能動輸送と受動輸送のどちらにかかわっているかを述べなさい（7.3節，7.4節参照）．
10. **図読み取り問題**　このコンピュータモデルはATP合成酵素の4つの部分を示している．各部分はポリペプチドからなるいくつかのサブユニットで構成されている（灰色の構造はまだ研究中の部分である）．図9.14を参考にして，この分子モーターの回転子，固定子，車軸，活性部位のノブの名称を図に記しなさい．

レベル3：統合／評価

11. **データの解釈**　ホスホフルクトキナーゼはグルコース分解の初期段階でフルクトース6-リン酸に働く酵素である．この酵素の調節によって，この糖が解糖系を進んでいくかどうかを制御する．このグラフから考えて，どちらの条件下でホスホフルクトキナーゼは活性がより高くなるか．解糖とこの酵素による代謝制御についての知識に基づいて，ホスホフルクトキナーゼの活性がATP濃度に依存して異なるしくみを説明しなさい．

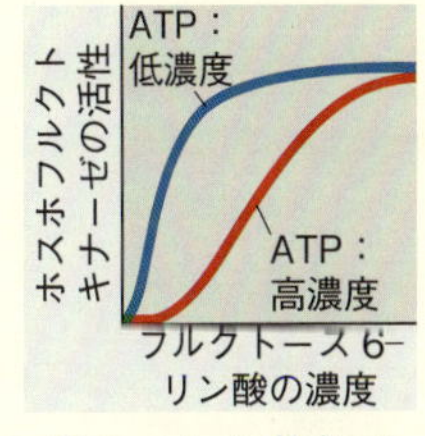
ATP：
低濃度
ATP：
高濃度
ホスホフルクトキナーゼの活性
フルクトース6-リン酸の濃度

12. 描いてみよう　このグラフは活発に呼吸を行っている細胞のミトコンドリア内膜内外のpH差の時間経過を示している．下向きの矢印で示した時点で，ミトコンドリアのATP合成酵素の全機能を特異的に，かつ完全に阻害する代謝毒を加えた．グラフの線がこの後どのように続くかを推測して，グラフに描きなさい．

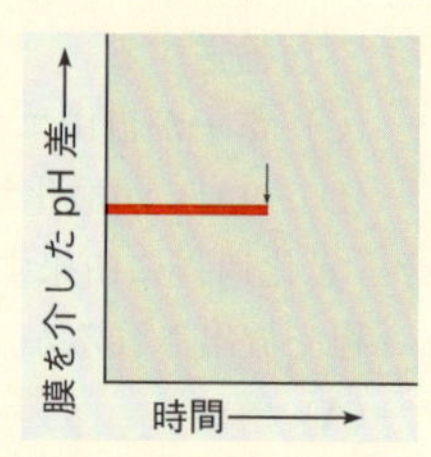
膜を介した pH 差
時間

13. 進化との関連　ATP合成酵素は，原核生物の細胞膜とミトコンドリアおよび葉緑体に認められる．(a) これらの真核生物の細胞小器官と原核生物との進化的な関係について説明する仮説を立てなさい．(b) これらの異なる細胞小器官や原核生物のATP合成酵素のアミノ酸配列は，あなたの仮説を支持するだろうか，あるいは否定するだろうか．その理由を説明しなさい．

14. 科学的研究　1930年代に，ある内科医が，患者の体重を減らすためにジニトロフェノール (dinitrophenol：DNP) という試薬を少量処方した．この危険な方法は数人の患者が死亡した後，廃止された．DNPによってミトコンドリア内膜の脂質二重層がH^+を透過するようになり，そのため化学浸透の機構が脱共役する．このことが，どのようにして体重の減少や死をもたらすか説明しなさい．

15. テーマに関する小論文：組織化　酸化的リン酸化，すなわち，空間的に配置された電子伝達鎖での酸化還元反応とそれに続く化学浸透に由来するエネルギーを使って行われるATP合成は，生物学的階層性の各段階でどのようにして新しい特性が現れるかの1つの例になる．その理由について，300～450字で記述しなさい．

16. 知識の統合　補酵素Q (CoQ) は栄養補助食品（サプリメント）として販売されている．ある企業はCoQの販売促進のために「あなたの心臓に，心臓がいちばん欲しがるエネルギー源を与えよう」という宣伝文句を掲げた．補酵素Qの役割を考えて，この宣伝文句を批評しなさい．あなたはこの商品が心臓のためによい働きをすると思うか．CoQは細胞呼吸の過程で「エネルギー源（燃料）」として使われるだろうか．

（一部の解答は付録A）

光合成
10

▲図 10.1　太陽はどのようにこの広葉樹の幹，枝，葉をつくるのを助けるのだろうか．

重要概念

10.1　光合成は光エネルギーを栄養物の化学エネルギーに変換する

10.2　明反応は太陽エネルギーを ATP と NADPH の化学エネルギーに変換する

10.3　カルビン回路は ATP と NADPH を使って CO_2 を還元して糖を合成する

10.4　高温・乾燥の気候帯で，炭素固定の別の機構が進化した

10.5　生命は光合成に依存している

▼他の生物も光合成から恩恵を受ける．

生物圏の生存を支える過程

地球上の生命は太陽によって駆動されている．植物や他の光合成生物は**葉緑体 chloroplast** とよばれる細胞小器官をもつ．葉緑体の中の特殊な分子複合体は，1 億 5000 万 km の距離にある太陽から届いた光エネルギーを捕捉し，それを化学エネルギーに変換して，糖や他の有機分子として蓄える．この変換過程を**光合成 photosynthesis** という．光合成をまず生態学的な側面から見てみよう．

光合成はほとんどすべての生物界に，直接的または間接的に栄養を与えている．生物はエネルギーと炭素骨格の源として利用する有機化合物を，2 つの主要な方式である独立栄養と従属栄養のいずれかによって獲得する．**独立栄養生物 autotroph** は「自分で養う者」（「自身」を意味する auto,「養う」を意味する troph に由来）であり，他の生物に由来するものを食べることなく自分自身を養う．独立栄養生物は，自身を構成する有機分子を環境から得た二酸化炭素と他の無機原料物質からつくり出す．それらは，すべての非独立栄養生物にとって，有機化合物の究極の資源であり，そしてこの理由によって，生物学者は独立栄養生物を生物圏の「生産者」とよんでいる．

ほとんどすべての植物は独立栄養生物である．すなわち，それらが必要とする栄養は土壌からの水と無機塩類と大気の二酸化炭素のみである．特に植物は，「光合成独立栄養生物」であり，光をエネルギー源として使って有機物質を合成する（図 10.1）．光合成は藻類やその他の単細胞性原生生物，そしてある種の原核生物においても行われる（図 10.2）．本章では，これらの生物についても触れるが，植物に重点をおく．原核生物や藻類で行われる型の独立栄養については 27.3 節で考察する．

従属栄養生物 heterotroph はもう 1 つの主要な栄養利用形式で有機物

を得る．自分自身で食物をつくることができないので，他の生物が生産した化合物に依存して生きている（heteroは「他の」を意味する）．従属栄養生物は生物圏の「消費者」である．「栄養を他者に依存する」生き方の最もわかりやすい形は，動物が植物や他の生物を食べる場合である．しかし，従属栄養はより巧妙かもしれない．従属栄養生物の中には，死骸や糞便，あるいは落ち葉のような有機物を分解，摂取することで，他の生物の遺物を消費するものがいる．それらの従属栄養の種類は「分解者」として知られている．ほとんどの菌類と原核生物の種類の多くは，この方法で栄養物を得る．ヒトを含めて，ほとんどすべての従属栄養生物は，栄養物に関して，そして光合成の副産物である酸素についても，独立栄養生物に直接的または間接的に完全に依存している．

化石燃料という地球の恵みは数億年前の生物の遺物からできたものである．したがって，ある意味で，化石燃料は遠い昔からの太陽エネルギーを蓄えたものといえる．これらの資源が使われるのが，補充されるのに比べて非常に速いことから，研究者たちは代替燃料を供給するために光合成を利用する方法を求めて研究している（図 10.3）．

本章では，光合成がどのように機能しているのかを学ぶ．光合成の一般的な原理について議論した後で，光合成の２つの反応過程について考察する．その２つとは，太陽エネルギーを捕捉して化学エネルギーに変換する明反応と，その化学エネルギーを使って，栄養物である有機分子を合成するカルビン回路である．最

▼図 10.2　**光合成独立栄養生物**．これらの生物は，光エネルギーを利用して二酸化炭素と（ほとんどの場合）水から有機物を合成する．それらは栄養をそのようにして自ら得ているだけでなく，全生物の栄養を供給している．(a) 陸上では，植物が主要な食物生産者である．水圏の環境では，光合成独立栄養生物は単細胞藻類や (b) このコンブのような多細胞藻類や (c) ミドリムシ *Euglena* のような，藻類ではない単細胞の原生生物，(d) シアノバクテリアとよばれる原核生物，そして (e) 硫黄（細胞内の黄色の顆粒）を生じる，これらの紅色硫黄細菌のような他の光合成原核生物が含まれる[*1]（c〜e：LM 像）．

(a) 植物
(b) 多細胞藻類
10 μm
(c) 単細胞原生生物
(d) シアノバクテリア
40 μm
1 μm
(e) 紅色硫黄細菌

＊1（訳注）：図 10.2（e）の写真は，非光合成型の独立栄養・硫黄細菌を示している．

▼図 10.3　**藻類から得る代替燃料**．太陽光のパワーは化石燃料に代わる代替の燃料を生成するためにとらえられる．植物油を多く生産する単細胞藻類の種は，光バイオリアクターとよばれる長く，透明なタンクで培養される．ここではアリゾナ州立大学におけるものを示す．単純な化学的過程によって「バイオディーゼル」をつくることができ，ガソリンと混ぜることで，あるいは，単独で車を走らせることができる．

どうなる？➤化石燃料の燃焼によるおもな生成物は CO_2 であり，このような燃焼は大気中の CO_2 濃度の上昇の原因になる．科学者たちは工場施設の近くや密集した市街地に，上図に示すような藻類の培養器を効果的に設置することを提案した．このような配置が理にかなっている理由は何か．

後に，進化的な視点から光合成のいくつかの側面について考察する．

10.1

光合成は光エネルギーを栄養物の化学エネルギーに変換する

光をエネルギー源として利用して，有機化合物を合成する生物の見事な能力は，その細胞の組織化された構造によって実現する．光合成にかかわる酵素とその他の分子は生体膜中に集合して存在しており，それによって一連の化学反応が効率よく行えるようになっている．光合成の過程は，ある種の細菌に起源すると考えられており，それらの細菌では細胞膜が内側にひだをつくっている領域に光合成にかかわる分子が集まっている．現存の光合成する細菌で，ひだをつくっている光合成膜は，真核生物の葉緑体の内膜と機能が類似している．細胞内共生説によれば，葉緑体の起源は真核細胞の祖先の内部に生きていた光合成を行う原核生物である（この説については 6.5 節で学んだが，25.3 節でさらに詳しく述べる）．葉緑体はさまざまな光合成生物に存在するが（例は図 10.2 を参照），ここでは植物の葉緑体に焦点を当てる．

葉緑体：植物の光合成の場

緑色の茎や未熟な果実も含めて，植物のすべての緑色部分には葉緑体が存在するが，ほとんどの植物では葉が光合成の主要な場である（図 10.4）．葉の表面 1 mm^2 あたり，およそ 50 万個の葉緑体が存在する．葉緑体はおもに，葉の内部にある**葉肉細胞 mesophyll** で見られる．二酸化炭素は，**気孔 stomata**（単数形は stoma；ギリシャ語で「口」を意味する）という微細な孔を通って葉の内部に入り，酸素もそこから出ていく．根で吸収された水は葉脈を通って葉に運ばれる．葉は糖を植物体の根や他の非光合成器官に輸送する際にも葉脈を利用する．

代表的な葉肉細胞は，およそ 30〜40 個の葉緑体をもっており，葉緑体 1 個の大きさは幅と厚さがそれぞれおよそ 2〜4 μm と 4〜7 μm である．葉緑体は 2 枚の膜からなる包膜が，葉緑体内部の濃厚な液体である**ストロマ stroma** を包んでいる．ストロマ内部に存在する 3 つ目の膜系は**チラコイド thylakoid** とよばれる扁平な膜の袋であり，膜によってストロマをチラコイドの内部，すなわち「チラコイド内腔」から隔離している．ところどころで，チラコイドの袋が層状に積み

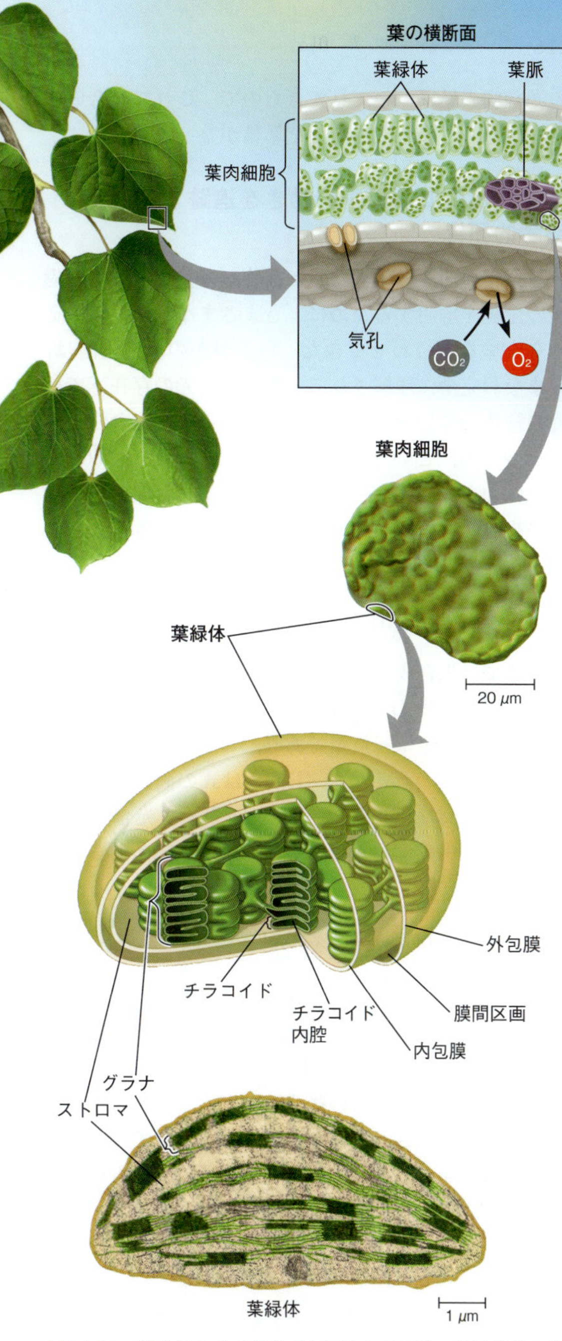

葉の横断面
葉緑体
葉脈
葉肉細胞
気孔
CO_2
O_2
葉肉細胞
葉緑体
20 μm
外包膜
チラコイド
チラコイド内腔
膜間区画
内包膜
グラナ
ストロマ
葉緑体
1 μm

▲図 10.4　**植物体の中で光合成が行われる部位．** 葉は植物の主要な光合成器官である．これらの図は，まず葉を示し，次いで，葉の細胞，そして光合成行う細胞小器官である葉緑体を順にクローズアップで示している（中央の図は LM 像，下図は TEM 像）．

重なって，円柱状になっていて，これは「グラナ」とよばれている．葉の緑色のもとである緑色の色素**クロロフィル chlorophyll** は葉緑体のチラコイド膜に存在する（光合成を行うある種の細菌の細胞内にある光合成膜もチラコイド膜とよばれる；図 27.8 b 参照）．葉緑体内で有機分子の合成を駆動するのが，このクロロフィルによって吸収された光エネルギーである．植物

の光合成の場について見てきたので，これで光合成の過程をもっと詳しく見ていく準備が整った．

光合成反応での原子の動きを追跡する：科学的研究

数百年の間，科学者たちは植物が栄養物をつくる過程の全貌を解明するために，さまざまな証拠を集めそれらをつなぎ合わせてきた．いくつかの反応段階は，いまなお完全に理解されていないが，光の存在下で植物の緑色の部分が二酸化炭素と水から有機化合物と酸素をつくる，という光合成の全体の反応式は1800年代には知られていた．分子式を用いて光合成の化学反応の複雑な連鎖を次式で要約することができる．

$$6\,CO_2 + 12\,H_2O + \text{光エネルギー} \rightarrow C_6H_{12}O_6 + 6\,O_2 + 6\,H_2O$$

この式では光合成と呼吸の関係を簡単に示すためにグルコース（$C_6H_{12}O_6$）を使っているが，光合成の直接の産物は，実際は三炭糖であり，この三炭糖がグルコース合成に使われる．水（H_2O）は式の両辺に出てくるが，それは12分子を消費し，6分子を光合成の過程で新たに生成するからである．水の正味の消費のみを示すことによって式を簡単にすることができる．

$$6\,CO_2 + 6\,H_2O + \text{光エネルギー} \rightarrow C_6H_{12}O_6 + 6\,O_2$$

この形で式を書くと，光合成の化学反応全体が，細胞呼吸で起こっている反応の逆であることがわかる（9.1節参照）．これらの代謝過程の両方ともが植物細胞で行われる．しかし，この後すぐわかるように，植物は単に呼吸を逆行させて糖をつくっているのではない．

ここで，光合成の反応式を6で割って，最も簡単な形にしてみよう．

$$CO_2 + H_2O \rightarrow [CH_2O] + O_2$$

この式でカッコは，CH_2Oが実際の糖ではなく，炭水化物の一般的な式であることを示している（5.2節参照）．言い換えれば，糖分子の合成には反応1回につき1個の炭素がかかわることを想定している（これを理論的に6回繰り返せば，グルコース（$C_6H_{12}O_6$）1分子がつくられることになる）．では，C，H，Oの元素がどのように光合成の反応物質から生成物に入るのかを，研究者がどのように追跡したのかを見てみよう．

水の分解

光合成の機構の研究の中で，その糸口となったことの1つは，植物が放出する酸素が，二酸化炭素ではなく，水に由来するという発見によってもたらされた．葉緑体は水を水素と酸素に分解させる．この発見以前は，光合成によって二酸化炭素が分解して（$CO_2 \rightarrow C + O_2$），その後，炭素を水に付加する（$C + H_2O \rightarrow [CH_2O]$）という仮説が優勢であった．この仮説からは，光合成の過程で放出されるO_2はCO_2に由来する．この考えは，1930年代にスタンフォード大学のC・B・ファン・ニール C. B. van Niel によって異議が唱えられた．ファン・ニールは，酸素を発生しないでCO_2から炭水化物をつくる細菌の光合成を研究していた．彼は少なくともこれらの細菌では，CO_2が分解して炭素と酸素になることはないと結論づけた．あるグループの細菌は，光合成に水ではなく硫化水素（H_2S）を利用して，廃棄物として黄色い硫黄の顆粒を形成した（この顆粒は図10.2 eで見ることができる）．これらの硫黄細菌の光合成の化学式は次のとおりである．

$$CO_2 + 2\,H_2S \rightarrow [CH_2O] + H_2O + 2\,S$$

ファン・ニールは，この細菌がH_2Sを分解してその水素原子を糖の合成に利用したと推論した．彼はその考えを一般化して，すべての光合成生物が水素源を必要とするが，その起源は下記のようにさまざまであるという説を提唱した．

硫黄細菌：$CO_2 + 2\,H_2S \rightarrow [CH_2O] + H_2O + 2\,S$
植　　物：$CO_2 + 2\,H_2O \rightarrow [CH_2O] + H_2O + O_2$
一 般 式：$CO_2 + 2\,H_2X \rightarrow [CH_2O] + H_2O + 2\,X$

このように，ファン・ニールは，植物は電子の源としての水を分解することによって水素原子から電子を得て，副産物として酸素を放出するという仮説を立てたのである．

約20年後に，ファン・ニールの仮説は，酸素の同位体，酸素18〔^{18}O（^{16}Oより重い）〕をトレーサー（追跡子）として用いて，光合成の過程における酸素原子がたどる道筋を追跡するという研究によって確かめられた．その実験で，植物から出るO_2は，トレーサーで標識した水のときに**のみ**，^{18}Oで標識されることが示された（実験1）．^{18}OをCO_2の形で植物に与えた場合は，その標識は発生するO_2には認められなかった（実験2）．実験結果を要約した以下の式で，赤色で記したのは標識された酸素原子（^{18}O）である．

実験1：$CO_2 + 2\,H_2O \rightarrow [CH_2O] + H_2O + O_2$
実験2：$CO_2 + 2\,H_2O \rightarrow [CH_2O] + H_2O + O_2$

光合成の過程で起こる原子の出入りは，水素が水から引き抜かれて糖に取り込まれるという重要な結果を

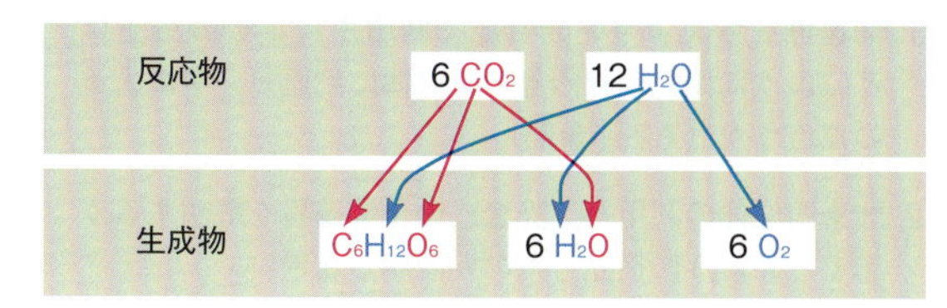
反応物
6 CO2
12 H2O
生成物
C6H12O6
6 H2O
6 O2

▼図 10.5　**光合成の過程で原子がたどる道筋．** CO_2 に由来する原子はピンク色で示し，H_2O に由来する原子は青色で示す．

示している．光合成の廃棄物である O_2 は大気中に放出される．図 10.5 は光合成におけるすべての原子がたどる道筋を示す．

酸化還元反応としての光合成

光合成を細胞呼吸と手短に比較してみよう．両者とも酸化還元反応を伴う．細胞呼吸の過程では，エネルギーは糖から放出され，そのとき，水素についていた電子が電子伝達体によって酸素に渡され，水を副産物として生成する（9.1 節参照）．その電子は電子伝達鎖を電気陰性度の高い酸素に向かって「坂を下り」つつ，ポテンシャルエネルギーを失っていく．そして，ミトコンドリアはそのエネルギーを ATP 合成のために利用する（図 9.15 参照）．光合成では電子の流れが逆である．水が分解し，電子が水素イオン（H^+）とともに水から二酸化炭素に伝達されて，糖にまで還元される．

$$\text{エネルギー} + 6\,CO_2 + 6\,H_2O \longrightarrow C_6H_{12}O_6 + 6\,O_2$$

（CO_2 → $C_6H_{12}O_6$：還元される；H_2O → O_2：酸化される）

電子が水から糖にまで移動する際に，そのポテンシャルエネルギーは増加するので，この過程はエネルギーを必要とする，言い換えれば吸エルゴン反応である．このエネルギーの増加は，光合成の過程で光によって与えられる．

光合成の 2 つの反応過程：概要

光合成は，実際は非常に複雑な過程であるが，その反応式は見かけ上単純な形にまとめられる．実際，光合成は単一の過程ではなく，2 つの過程からなり，その各々が多くの段階からなっている．これら 2 つの光合成の過程は，**明反応 light reaction**（光合成の「光」が関係する過程）と**カルビン回路 Calvin cycle**（光合成の「合成」の過程）である（図 10.6）．

明反応は，光合成において太陽エネルギーを化学エネルギーに変換する反応過程である．水が分解され，電子とプロトン（水素イオン，H^+）を供給し，O_2 を副産物として放出する．クロロフィルに吸収された光は，水から電子と水素が **$NADP^+$**（ニコチンアミドアデニンジヌクレオチドリン酸 nicotinamide adenine dinucleotide phosphate）という受容体に伝達され，一時的に蓄えられる（電子受容体の $NADP^+$ は，細胞呼吸の電子運搬体として機能する NAD^+ と非常に近い類縁物質であり，2 つの分子の違いは，$NADP^+$ の分子にはリン酸基が余分についていることだけである）．明反応は太陽エネルギーを利用して，$NADP^+$ に 1 対の電子を H^+ とともに与えて還元して **NADPH** にする．また，明反応では化学浸透によって，ADP にリン酸基が付加されて ATP が生成し，この過程は**光リン酸化 photophosphorylation** とよばれる．したがって，

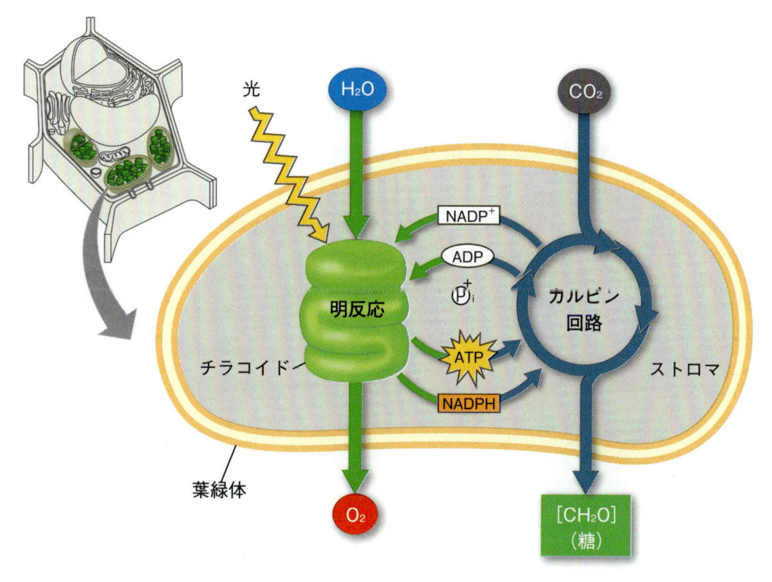
光
H2O
CO2
NADP+
ADP
P i
明反応
カルビン
回路
ATP
NADPH
チラコイド
ストロマ
葉緑体
O2
[CH2O]
（糖）

➤図 10.6　**光合成の概観：明反応とカルビン回路の協働．** 葉緑体において，チラコイド膜（緑色）は明反応の場である．一方，カルビン回路はストロマ（灰色）で行われる．明反応では太陽エネルギーを利用して ATP と NADPH がつくられ，それらはそれぞれ化学エネルギーと還元力をカルビン回路に供給する．カルビン回路では，CO_2 が有機分子に取り込まれ，糖に変換される（最も単純な糖の化学式は [CH_2O] を何倍かしたものであることを思い出そう）．細胞との関係において，これらの過程を可視化したものについては，図 6.32 を参照．

光エネルギーは最初に2つの化合物であるNADPHとATPの形で化学エネルギーに変換される．NADPHは電子の供給源であり，「還元力」として働き，電子受容体に電子を渡して還元する．一方，ATPは細胞の多目的なエネルギー通貨である．明反応では糖の合成を行わず，光合成の次の段階であるカルビン回路で行われることに注意しなければならない．

カルビン回路の名前は，メルビン・カルビン Melvin Calvin にちなんでおり，カルビンは共同研究者であるジェームズ・ベッシャム James Bassham，アンドリュー・ベンソン Andrew Benson とともに，その回路の解明を1940年代後半に開始した．その回路は葉緑体にすでに存在している有機分子に，大気中の二酸化炭素が取り込まれることから始まる．この最初の有機化合物への炭素の取り込みは**炭素固定 carbon fixation** として知られている．次に，カルビン回路は固定した炭素に電子を付加して炭水化物に還元する．この還元力は明反応において高エネルギー電子を獲得したNADPHから供給される．二酸化炭素から炭水化物に変換するために，カルビン回路はこれもまた明反応で生成されたATPという形の化学エネルギーも必要とする．このようにして，カルビン回路は糖を合成するが，それは明反応で生成したNADPHとATPの助けがあってのみできることである．カルビン回路の代謝過程は，どの段階も光を直接必要としないことから，暗反応あるいは光非依存反応とよばれることがある．しかし，ほとんどの植物のカルビン回路は，その回路が必要とするNADPHとATPを明反応が供給できる昼間だけに働く．重要なことは，葉緑体は光合成の2つの反応過程を連携させることによって，光エネルギーを利用して糖を合成するということである．

図10.6に示すように，葉緑体のチラコイドは明反応の場であるが，カルビン回路の過程はストロマで行われる．チラコイドの外側で$NADP^+$とADPの両分子は，それぞれ電子とリン酸を取り込んだ後，NADPHとATPはストロマに放出され，カルビン回路で重要な役割を果たす．この図では，光合成の2つの反応過程を原料を取り込む部分と産物をつくり出す部分の代謝装置に見立てている．次の2つの節では，2つの反応段階がどのように働いているのかをより詳しく見ることにする．まず明反応から始めよう．

概念のチェック 10.1

1. **関連性を考えよう➤**光合成で利用されるCO_2分子はどのように葉の細胞内部の葉緑体に到達し，中に入るのだろうか（7.2節参照）．
2. 酸素同位体の利用が，光合成の化学過程を解明するうえでどのように役立ったのか説明しなさい．
3. **どうなる？➤**カルビン回路は明反応の産物であるATPとNADPHを必要とする．クラスメートが，明反応はカルビン回路に依存せず，連続光の下でATPとNADPHをつくり続けると主張したとしたら，あなたはどう答えるか．

（解答例は付録A）

10.2

明反応は太陽エネルギーをATPとNADPHの化学エネルギーに変換する

葉緑体は太陽の力で働く化学工場である．葉緑体のチラコイドは光エネルギーをATPとNADPHの化学エネルギーに変換し，これらはエネルギー源として利用することのできるグルコースや他の分子の合成に使われる．光から化学エネルギーへの変換についてよく理解するためには，光のいくつかの重要な特性を知る必要がある．

太陽光の性質

光は電磁エネルギーとして知られるエネルギーの形であり，電子放射ともよばれる．電磁エネルギーは小石を池に落としたときにできる波のように，周期的な波として伝わっていく．しかし，電磁放射は電場と磁場の擾乱（じょうらん）であって，水のような物質媒体の擾乱ではない．

電磁波の山と山の間の距離を**波長 wavelength** という．波長はナノメートル（nm）以下（ガンマ線の場合）から，キロメートル（km）以上（ラジオ波の場合）にまで及ぶ．この放射の全範囲は**電磁スペクトル electromagnetic spectrum** として知られている（図10.7）．生命にとって最も重要な範囲は380〜750 nmの波長の狭い帯域である．この放射はヒトの眼でさまざまな色として感知できるので**可視光 visible light** とよばれる．

光が波であるというモデルで，多くの光の特性を説明できるが，異なる観点から見ると，光は**光子 photon** とよばれる，1個1個が分離可能な粒子からなってい

図 10.7　電磁スペクトル． 白色光は可視光に含まれるすべての波長の光が混合されたものである．プリズムは，異なる波長の光をそれぞれ異なる角度で屈折することによって，白色光を成分の光に分けることができる（大気中の水滴はプリズムの働きをして虹をつくる）．可視光によって光合成が駆動される．

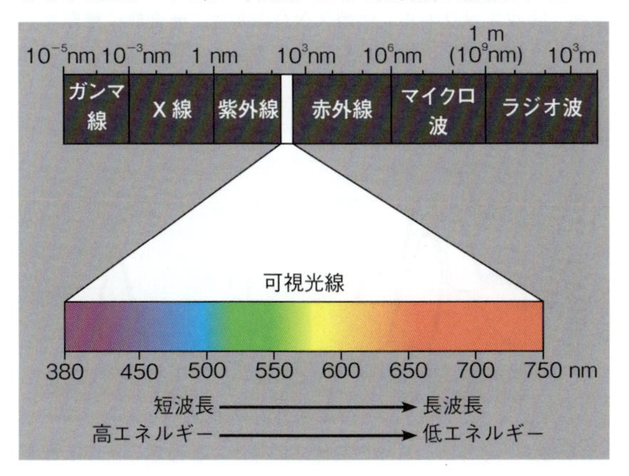
10^{-5}nm
10^{-3}nm
1 nm
10^{3}nm
10^{6}nm
1 m (10^{9}nm)
10^{3}m
ガンマ線
X 線
紫外線
赤外線
マイクロ波
ラジオ波
可視光線
380
450
500
550
600
650
700
750 nm
短波長 → 長波長
高エネルギー → 低エネルギー

図 10.8　葉が緑色である理由：光と葉緑体の相互作用． 葉緑体のクロロフィル分子は紫色から青色にかけての色と赤色の光を吸収し（これらの光が光合成に有効である），緑色光を反射または透過する．これが，葉が緑色に見える理由である．

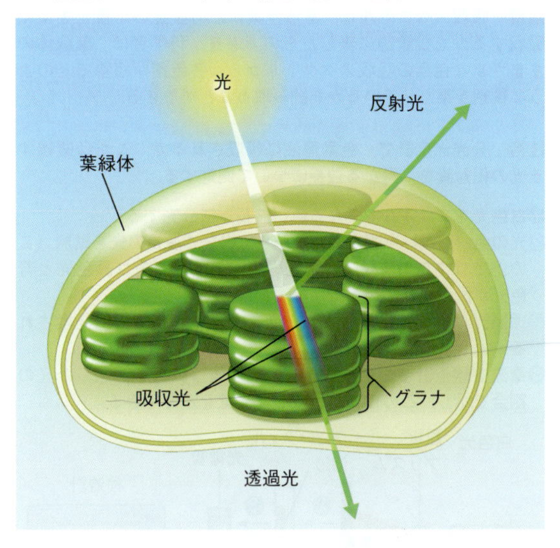
光
反射光
葉緑体
吸収光
グラナ
透過光

るかのようにふるまう．光子は実存する物体ではないが，それぞれが決まった量のエネルギーをもつ物体のようにふるまう．そのエネルギーの総量は光の波長と反比例する．すなわち波長の短い光ほどその光の光子のエネルギーは大きい．したがって，紫色の光の光子は赤色の光のそれに比べて 2 倍近いエネルギーをもっている（図 10.7 参照）．

太陽の放射は電子エネルギーのスペクトル全体にわたるが，大気は選択的な窓のように働き，可視光は通すが他のかなりの範囲の放射を遮蔽する．私たちが見ることができるスペクトルの部分，すなわち可視光は，光合成を駆動する放射でもある．

光合成色素：光受容体

光が物質と出合うと，反射されたり，透過したり，あるいは吸収されたりする．可視光を吸収する物質を「色素」という．異なる色素は異なる波長の光を吸収し，吸収された波長は消滅する．色素が白色光で照射されたとき，見える色は色素によって最も多く反射されたか，色素が最もよく透過した波長の色である（色素がもしすべての波長を吸収したら，黒く見える）．葉を見て緑色に見えるのは，クロロフィルが紫色〜青色と赤色の光を吸収し，緑色の光を透過または反射するからである（図 10.8）．色素がさまざまな波長の光を吸収する能力は，**分光光度計 spectrophotometer** とよばれる装置で測定することができる．この機械は異なる波長の光線を色素溶液に照射して，溶液を透過した光の比率を波長ごとに測定することができる．色素による光の吸収を波長に対してプロットしたグラフは**吸収スペクトル absorption spectrum** とよばれる（図 10.9）．

吸収された光だけが葉緑体で働くことができるため，葉緑体の色素の吸収スペクトルは，光合成を駆動するさまざまな波長の光の相対的な効率について手がかりを与えてくれる．図 10.10 a に葉緑体がもつ 3 種類の色素の吸収スペクトルを示す．**クロロフィル *a* chlorophyll *a*** は明反応に直接かかわる鍵となる光を捕捉する色素であり，補助色素である**クロロフィル *b* chlorophyll *b*** およびカロテノイドとよばれる一群の補助色素が存在する．クロロフィル *a* の吸収スペクトルは，紫色〜青色と赤色の光が吸収されることから，光合成にとって効果的に働くのに対して，緑は最も効率が低い色であることを示している．このことは，光合成の過程を駆動するさまざまな波長の光の相対的な効率をスペクトルとして表したグラフである，光合成の**作用スペクトル action spectrum** を見ることによって確かめることができる（図 10.10 b）．作用スペクトルは葉緑体に異なる色の光を照射して，CO_2 消費や O_2 発生などの光合成活性を測定した値を波長に対してプロットして作成される．光合成の作用スペクトルはドイツの植物学者であるテオドール・W・エンゲルマン Theodor W. Engelmann によって 1883 年に初めて示された．O_2 のレベルを測定する装置が発明される以前に，エンゲルマンは細菌を用いて，糸状藻類における光合成速度を測るという賢い実験を行った（図 10.10 c）．彼の実験結果は，図 10.10 b に示す現在の

▼図 10.9

研究方法　吸収スペクトルの測定

適用　吸収スペクトルは，ある色素がどの波長の可視光をよく吸収するかを視覚的に表したものである．科学者は，葉緑体のさまざまな色素の吸収スペクトルから，各色素が植物でどのような役割を果たしているかを読み取ることができる．

技術　分光光度計で，色素溶液に吸収されるか，または透過する光の相対量を，異なる波長について測定する．

❶白色光をプリズムで異なる色（波長）に分光する．
❷光の色（波長）を順次変えながら，異なる波長の光を試料（この例ではクロロフィル）に透過させる．ここでは緑色光と青色光が図示されている．
❸透過光は光電管に投射され，光エネルギーが電気に変換される．
❹電流を検流計で測定する．その計測値は試料を透過した光の割合を示し，この値から吸収した光量を定量できる．

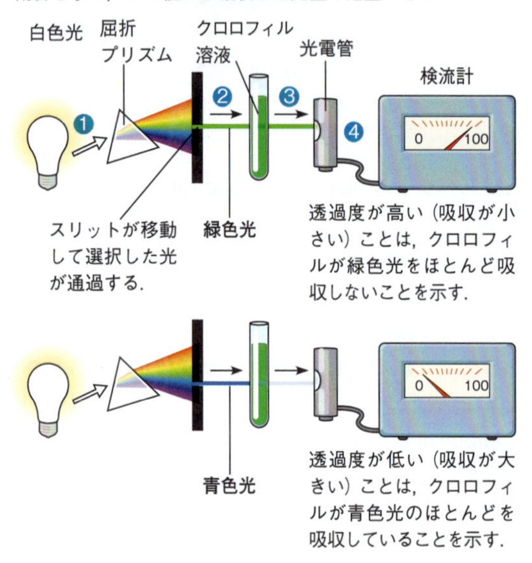
白色光
屈折プリズム
クロロフィル溶液
光電管
検流計
0
100
スリットが移動して選択した光が通過する．
緑色光
透過度が高い（吸収が小さい）ことは，クロロフィルが緑色光をほとんど吸収しないことを示す．
青色光
透過度が低い（吸収が大きい）ことは，クロロフィルが青色光のほとんどを吸収していることを示す．

結果　葉緑体に含まれる３種類の色素の吸収スペクトルは，図10.10 a を参照しなさい．

▼図 10.10

研究　どの波長の光が光合成を行うのに最も有効だろうか

実験　吸収スペクトルと作用スペクトルは，光合成に重要な光の波長を明らかにする．これはテオドール・W・エンゲルマンの古典的な実験の結果と一致する．

結果

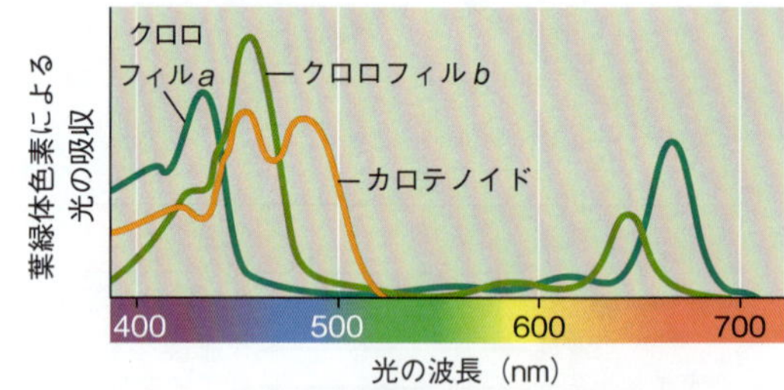
葉緑体色素による光の吸収
クロロフィル a
クロロフィル b
カロテノイド
400
500
600
700
光の波長（nm）

(a) **吸収スペクトル．** ３つの曲線は葉緑体の３種類の色素それぞれが最もよく吸収する光の波長を示している．

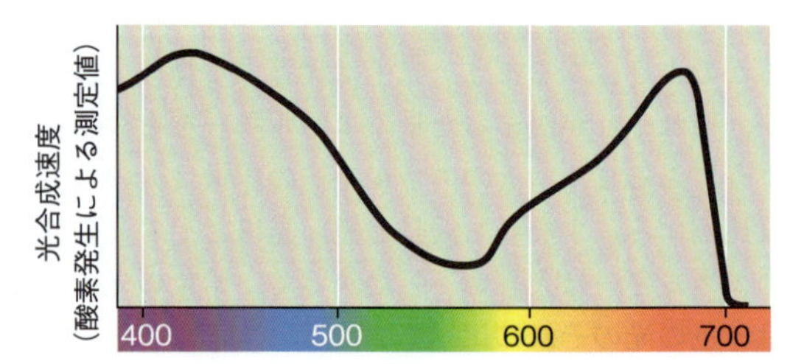
光合成速度（酸素発生による測定値）
400
500
600
700

(b) **作用スペクトル．** このグラフでは光合成速度を波長に対してプロットしてある．こうして作成した作用スペクトルはクロロフィル *a* の吸収スペクトルと似ているが，正確に一致しているわけではない（図 a 参照）．その理由の１つはクロロフィル *b* とカロテノイドなどの補助色素による吸収があるためである．

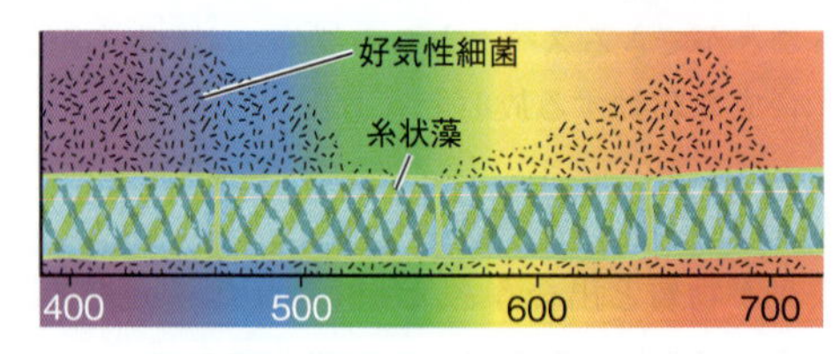
好気性細菌
糸状藻
400
500
600
700

(c) **エンゲルマンの実験．** 1883 年に，エンゲルマンは，プリズムに通した光を糸状藻に照射して藻体の異なる部分にそれぞれ異なる波長の光を照射した．彼は，酸素の発生源に集まる好気性細菌を用いて，藻体のどの部分で O_2 が最も多く発生しているか，つまりどの部分で光合成活性が高いかを調べた．細菌は，紫色～青色と赤色の光が照射された藻体に部分に最も多く集まった．

結論　スペクトルのうち，紫色～青色と赤色の光が光合成を駆動するのに最も有効である．

データの出典　T. W. Engelmann, *Bacterium photometricum*. Ein Beitrag zur vergleichenden Physiologie des Licht-und Farbensinnes, *Archiv. für Physiologie* 30: 95-124 (1883).

データの解釈➤グラフから，どの波長の光が最も高い光合成速度を駆動するだろうか．

作用スペクトルと驚くほど一致している．

図 10.10 a と図 10.10 b を比べると，光合成の作用スペクトルのほうがクロロフィル *a* の吸収スペクトルに比べてより幅広いことに気づくだろう．クロロフィル *a* の吸収スペクトルだけでは，光合成を駆動するのに効率的な波長について過小評価することになる．その理由の一部は，クロロフィル *b* やカロテノイドを含む，葉緑体に存在する，異なる吸収スペクトルをもつ補助色素も光合成に利用されることから，スペクトルの幅が広がるためである．図 10.11 はクロロフィル *a* とクロロフィル *b* の構造を比較したものである．両者の構造の少しの違うことから，吸収スペクトルにおける赤

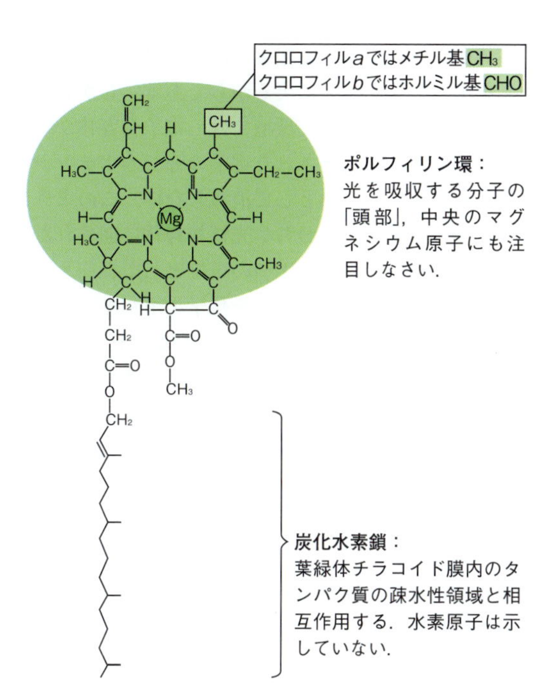
クロロフィルaではメチル基CH3
クロロフィルbではホルミル基CHO
ポルフィリン環：
光を吸収する分子の「頭部」，中央のマグネシウム原子にも注目しなさい．
炭化水素鎖：
葉緑体チラコイド膜内のタンパク質の疎水性領域と相互作用する．水素原子は示していない．

▲図 10.11　**植物の葉緑体に存在するクロロフィル分子の構造．** クロロフィル *a* とクロロフィル *b* はポルフィリン環に結合する官能基が１つだけ異なっている（図 1.3 のクロロフィルの空間充填モデルも参照しなさい）．

色と青色部分の波長は少し違っている（図 10.10 a 参照）．その結果，クロロフィル *a* は青緑色，クロロフィル *b* は黄緑色に見える．

他の補助色素には**カロテノイド carotenoid** が含まれる．この色素は炭化水素であり，紫色から青緑色の光を吸収するため，黄色から橙色にかけてのさまざまな色合いのものがある（図 10.10 a 参照）．カロテノイドは光合成を駆動する色のスペクトルの幅を広げる．しかし，少なくともいくつかのカロテノイドのより重要な役割は「光保護作用」と思われる．これらの化合物は過剰な光エネルギーを吸収し解消する．さもなければ，この過剰な光エネルギーはクロロフィルに損傷を与えたり，酸素と相互作用して細胞にとって有害な反応性の高い酸化的分子（訳注：活性酸素という）を生成したりする．興味深いことに，葉緑体で光保護作用にかかわるカロテノイドと似たカロテノイドがヒトの眼でも光保護の役割をもっている．これらのカロテノイドや他の関連分子は，もちろん天然の多くの野菜や果物に含まれている（夜目によいとされるニンジンはカロテノイドを豊富に含んでいる）．これらは健康食品「ファイトケミカル」として宣伝されており，抗酸化作用をもつものも含まれる．植物は必要な酸化防止剤をすべて合成できるが，ヒトや他の動物はそれらの一部を食物から摂取しなければならない．

光によるクロロフィルの励起

クロロフィルや他の色素が光を吸収したときに，実際に何が起こるのだろうか．吸収された波長に相当する色は透過や反射光のスペクトルから消失するが，エネルギーが消失することはあり得ない．分子が光子を吸収すると，その分子の電子の１つが，より高いポテンシャルエネルギーをもつ軌道に移る（図 2.6 b 参照）．その電子が通常の軌道にあるとき，その色素分子は基底状態にあるという．光子を吸収すると，電子がより高い軌道に押し上げられ，そのような色素分子は励起状態にあるという．基底状態と励起状態のエネルギーの差分と厳密に同じエネルギーをもつ光子のみが吸収され，このエネルギー差は分子の種類によって異なっている．したがって，ある特定の化合物は特定の波長に一致する光子のみを吸収し，これが，各色素が特有の吸収スペクトルをもつ理由である．

光子の吸収によって，電子がいったん励起状態に押し上げられても，電子はその状態に長く留まることはできない．励起状態は，すべての高エネルギー状態がそうであるように，不安定である．一般的に，単離した色素分子が光を吸収すると，その励起された電子は 10 億分の１秒の間に基底状態の軌道に戻り，熱として余分なエネルギーを放出する．この場合の，光エネルギーから熱エネルギーへの変換は，自動車の屋根が，陽の照っている日中に非常に熱くなるのと同じことである（白い車が最も涼しいのは，その塗装がすべての可視光を反射するからである）．単離した状態では，クロロフィルなどの色素は光子を吸収した後，熱とともに光を発する．励起された電子が基底状態に戻るときに，光子が放出され，この「残光」は蛍光とよばれている．葉緑体から単離したクロロフィルの溶液を照射すると，熱とともに赤色の帯域の蛍光を発する（図 10.12）．この蛍光は，クロロフィルが吸収することができる紫外光を照射したときに，最もよく観察することができる（図 10.7，図 10.10 a を参照）．可視光下で見ると，蛍光は緑色の溶液で見えにくくなる．

光化学系：集光性複合体を伴った反応中心

光エネルギーの吸収によって励起したクロロフィル分子は，無傷の葉緑体の中と単離した状態とでは非常に異なった結果をつくり出す（図 10.12 参照）．チラコイド膜という本来の環境では，クロロフィル分子は他の小さな有機分子やタンパク質と一緒に光化学系とよばれる複合体を形成している．

光化学系 photosystem は，いくつかの集光性複合体に囲まれた1個の反応中心複合体で構成されている(図10.13). **反応中心複合体 reaction-center complex**は組織化されたタンパク質の会合体で，その中に1対の特別なクロロフィル*a*と主要な電子受容体が収められている．それぞれの**集光性複合体 light-harvesting complex**は，タンパク質に結合したさまざまな色素分子（クロロフィル*a*，クロロフィル*b*，そしてカロテノイドが含まれる）からなる．光化学系は色素分子の数が多いこととその組成が多様なことから，1つの色素分子だけの場合に比べて，より大きな面積で光を受け，スペクトルの中のより広い領域の光を獲得することができる．こうして，これらの集光性複合体の全体は反応中心のためのアンテナとして機能する．ある色素分子が1個の光子を吸収すると，そのエネルギーは集光性複合体の色素分子から色素分子へと移動する．その伝わり方は，競技場で見られる人間の「ウェーブ」に似ており，エネルギーは最後に反応中心の1対の特別なクロロフィル*a*分子に渡される．反応中心の1対の特別なクロロフィル*a*はその分子環境，つまりその部位とそれらが結合する他の分子により特別であり，吸収した光のエネルギーによって，そのクロロフィル*a*の電子の1個が高エネルギーレベルに押し上げられるだけでなく，電子を受け取り還元されることができる別の分子である**一次電子受容体 primary electron acceptor**にその電子を渡すことができる．

太陽エネルギーによって駆動された，反応中心の特別な1対のクロロフィル*a*分子から一次電子受容体への電子の伝達が明反応の第一歩である．クロロフィルの電子が高エネルギーレベルに励起されるとすぐに，一次電子受容体はその電子を捕捉する．すなわちこれは酸化還元反応である．図10.12bのフラスコの中で単離したクロロフィルが蛍光を発しているのは，電子受容体がないために，励起されたクロロフィルの電子が光を出して基底状態に戻るからである．しかし，葉緑体という構造化された環境では，電子受容体がすでに存在しており，励起された電子の形でのポテンシャルエネルギーは光や熱として消滅しない．このようにして，光化学系，すなわち集光性複合体に囲まれた反応中心は，葉緑体の中で1つの単位として機能している．光化学系は光エネルギーを化学エネルギーに変換し，そのエネルギーが最終的に糖の合成に利用される．

チラコイド膜には，光合成の明反応で連係して機能する2種類の光化学系である，**光化学系Ⅱ photosystem Ⅱ（PSⅡ）**と**光化学系Ⅰ photosystem Ⅰ（PSⅠ）**が分布している（これらの名称は発見された順につけられたが，明反応は光化学系Ⅱが先に起こる）．2つの光化学系はそれぞれ，特徴的な反応中心複合体をもっており，それぞれ固有の一次電子受容体が特異的なタンパク質に結合して，1対の特別なクロロフィル*a*の隣に位置している．光化学系Ⅱの反応中心クロロフィル*a*は，680 nmの波長の光（スペクトルの中の赤色の部分）を最もよく吸収するので，P680とよばれている．光化学系Ⅰの反応中心クロロフィル*a*は，700 nmの波長の光（スペクトルの中の遠赤色光の部分）を最も効率よく吸収するので，P700とよばれている．これら2つの色素，P680とP700はほぼ同じクロロフィル*a*分子である[*2]．しかし，チラコイド膜内で結合しているタンパク質が異なるために，これらの色素分子内での電子分布が影響を受け，そのために，光を吸収する特性にわずかな差を生じる．それでは，2つの光化学系が明反応の2つの主要産物であるATPとNADPHを合成するために，光エネルギーを使っ

＊2（訳注）：P700の2つのクロロフィル*a*分子の1つは，立体構造が一部異なる異性体である．

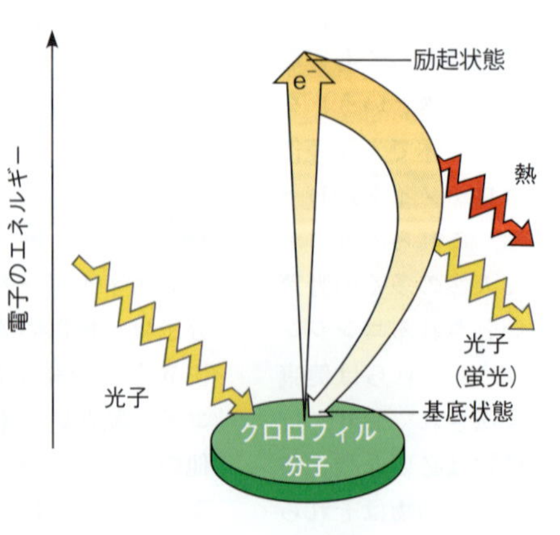

電子のエネルギー
励起状態
e⁻
熱
光子
(蛍光)
光子
基底状態
クロロフィル
分子

(a) 単離したクロロフィル分子の励起

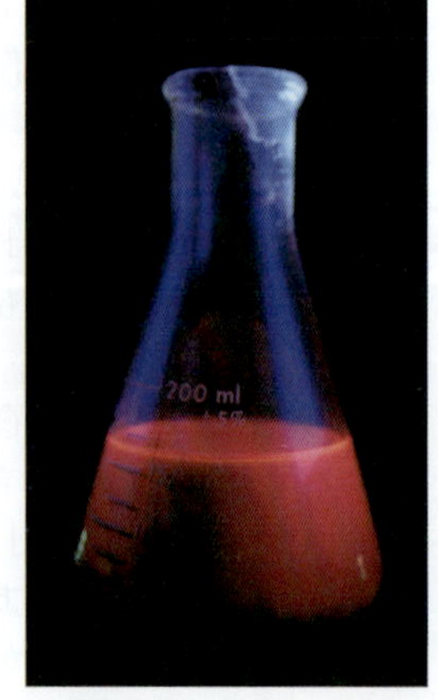

200 ml

(b) 蛍光

➤図10.12　**単離したクロロフィル溶液の光による励起．**(a) 光子の吸収によってクロロフィル分子は基底状態から励起状態に遷移する．光子が，ポテンシャルエネルギーがより高い軌道に電子を押し上げる．照射された分子が遊離状態で存在する場合は，励起された電子はただちに基底状態に戻り，その際に出てくる余分なエネルギーは熱と蛍光（光）として放出される．(b) 紫外線で照射したクロロフィル溶液から赤色～橙色の蛍光が放出される．

どうなる？➤この溶液と同じ濃度のクロロフィルをもっている葉が，同じ紫外線に照射されたが，蛍光は出なかった．蛍光の放出について，この溶液と葉での，この違いを説明しなさい．

▼図 10.13 光化学系の構造と機能.

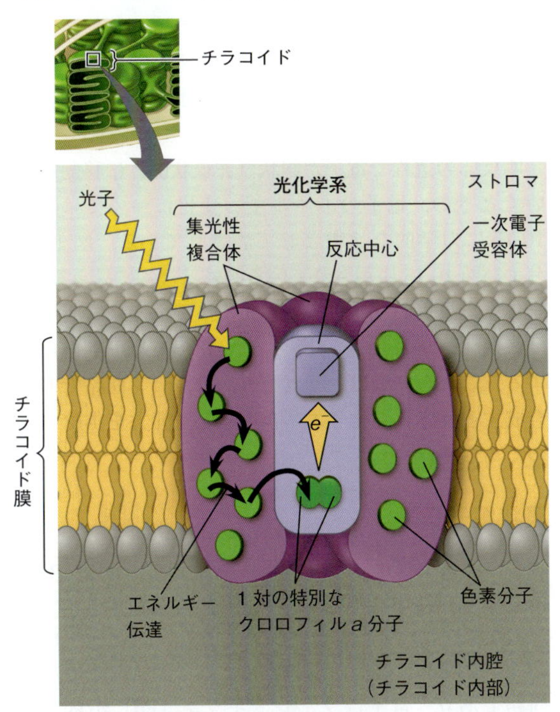
チラコイド
光化学系
ストロマ
光子
集光性
複合体
反応中心
一次電子
受容体
チラコイド膜
エネルギー
伝達
1 対の特別な
クロロフィル a 分子
色素分子
チラコイド内腔
(チラコイド内部)

(a) **光化学系で光エネルギーが獲得されるしくみ.** 光子が集光性複合体の色素を励起すると，そのエネルギーは分子から分子へと伝達されて，最後に反応中心に到達する．反応中心複合体では，1 対の特別なクロロフィル *a* 分子の電子が 1 個励起され，一次電子受容体に渡される.

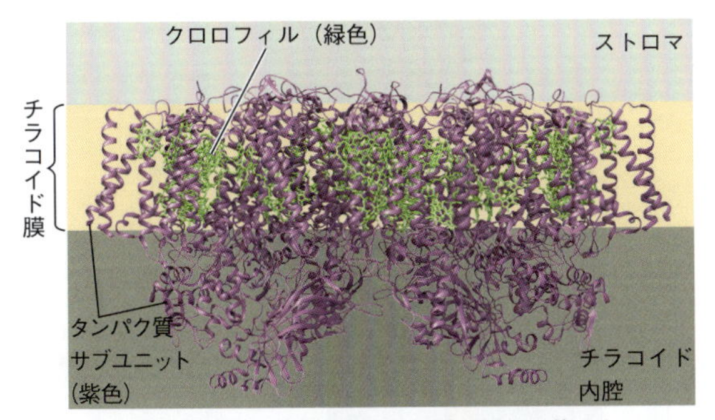
クロロフィル（緑色）
ストロマ
チラコイド膜
タンパク質
サブユニット
(紫色)
チラコイド
内腔

(b) **光化学系Ⅱの構造.** 光化学系ⅡのX線結晶解析に基づくこのコンピュータモデルは，光化学系の2つの複合体が側面で互いに接していることを示している．クロロフィル分子（膜の中にある，小さな緑色のボール・スティックモデル．尾は示していない）はタンパク質サブユニット（紫色のリボン．多くのαヘリックスが膜を貫通していることに注目）と一緒に，間隔をおいて配置されている．単純にするために，光化学系Ⅱは以後，図では単一の複合体として描くこととする.

てどのように協働しているかを見ていこう.

線状（非環状）電子伝達系

光は葉緑体のチラコイド膜に組み込まれた 2 つの光化学系を励起して ATP と NADPH の合成を駆動させる．このエネルギー変換の鍵は，チラコイド膜に組み込まれた 2 つの光化学系と他の成分分子を通る電子の流れである．これは**線状電子伝達 linear electron flow** とよばれ，図 10.14 に示すように光合成の明反応で起こる．以下の本文中の各段階の番号は図の中の各段階につけた番号に対応している.

❶ 1 個の光子が光化学系Ⅱの集光性複合体の 1 つの色素分子を励起し，その 1 つの電子を高エネルギーレベルに押し上げる．この電子が基底状態に戻るのと同時に，近傍の色素分子の電子が励起状態になる．この過程は，光化学系Ⅱの反応中心にある P680 の 1 対のクロロフィル *a* 分子に到達するまで，他の色素分子に次々とリレーされていく．そのエネルギーによって，その 1 対のクロロフィル *a* の中の 1 つの電子を高エネルギー状態に励起する.

❷ この電子は励起された P680 から一次電子受容体に伝達される．この結果，電子の負電荷を失った P680 を $P680^+$ と表すことにする.

❸ ある酵素が 1 分子の水を，2 個の電子と 2 個の水素イオン（H^+），そして 1 個の酸素原子に分解する．その電子は 1 個ずつ，P680 から一次電子受容体に渡された電子に取って代わるように，$P680^+$ に補充される（$P680^+$ は生体内の最も強力な酸化剤であることが知られている．したがって，その電子の「孔」は埋められなければならない．この性質により，分解した水分子からの電子を伝達することをおおいに可能にしている）．H^+ はチラコイド内腔（チラコイド内部）に放出される．酸素原子は，もう 1 分子の水の分解により生成した酸素原子と即座に結合して，O_2 分子となる.

❹ それぞれの光励起された電子は，光化学系Ⅱの一次電子受容体から電子伝達鎖（細胞呼吸で機能している電子伝達鎖と似ている）を経て，光化学系Ⅰへ渡される．光化学系Ⅱと光化学系Ⅰの間の電子伝達鎖には，電子伝達体のプラストキノン（plastoquinone：Pq）とシトクロム複合体，そしてプラストシアニン（plastocyanin：Pc）とよばれるタンパク質がある．それぞれの成分分子は酸化還元反応を行い，電子が電子伝達鎖を流れ落ちる際に，プロトン（H^+）のチラコイド内腔への輸送に使われる自由エネルギー

を放出し，チラコイド膜を隔てたプロトンの濃度勾配を形成することに貢献する．

❺プロトンの濃度勾配に蓄えられたポテンシャルエネルギーはATP合成に使われる．この過程は化学浸透とよばれ，これについてはすぐに議論する．

❻一方，光エネルギーは集光性複合体経由で光化学系Ⅰの反応中心複合体に伝えられ，そこにあるP700の1対のクロロフィル*a*分子の1個の電子を励起する．光で励起された電子は次いで光化学系Ⅰの一次電子受容体に伝達され，P700に電子の「孔」が生じる．この孔が生じたP700，つまり$P700^+$は，光化学系Ⅱから電子伝達鎖で伝えられたエネルギー的に最も低くなった電子を受け取る電子受容体として機能する．

❼光で励起された電子は，光化学系Ⅰの一次電子受容体から2番目の電子伝達鎖を，途中フェレドキシン（ferredoxin：Fd）というタンパク質を経て下っていく（この電子伝達鎖はプロトン勾配を形成しないため，ATPをつくらない）．

❽ $NADP^+$還元酵素という酵素がフェレドキシンから$NADP^+$へ電子を伝達して還元する．その還元には2個の電子が必要である．NADPHの電子は最初の水の電子よりもエネルギーレベルが高いので，カルビン回路の反応に容易に利用できる．この過程によっても，ストロマのH^+の減少が起こる．

明反応の過程で電子が線状（非環状的）に移動していくときの，電子のエネルギー変化については，図10.15に力学的な比喩として表されている．図10.14および図10.15に示されている図式は複雑に見えるが，全体像を見失わないようにしよう．要するに，明反応は太陽エネルギーを利用してATPとNADPHを合成する．これら2つは，それぞれ，カルビン回路で糖を合成する反応に，化学エネルギーと還元力を供給するのである．

環状電子伝達

ある条件下では，光で励起された電子は**環状電子伝達 cyclic electron flow** とよばれる別の経路をとる．この経路は光化学系Ⅰを使うが光化学系Ⅱは使わない．図10.16を見ればわかるように，この環状経路は短絡回路であり，電子はフェレドキシン（Fd）からシト

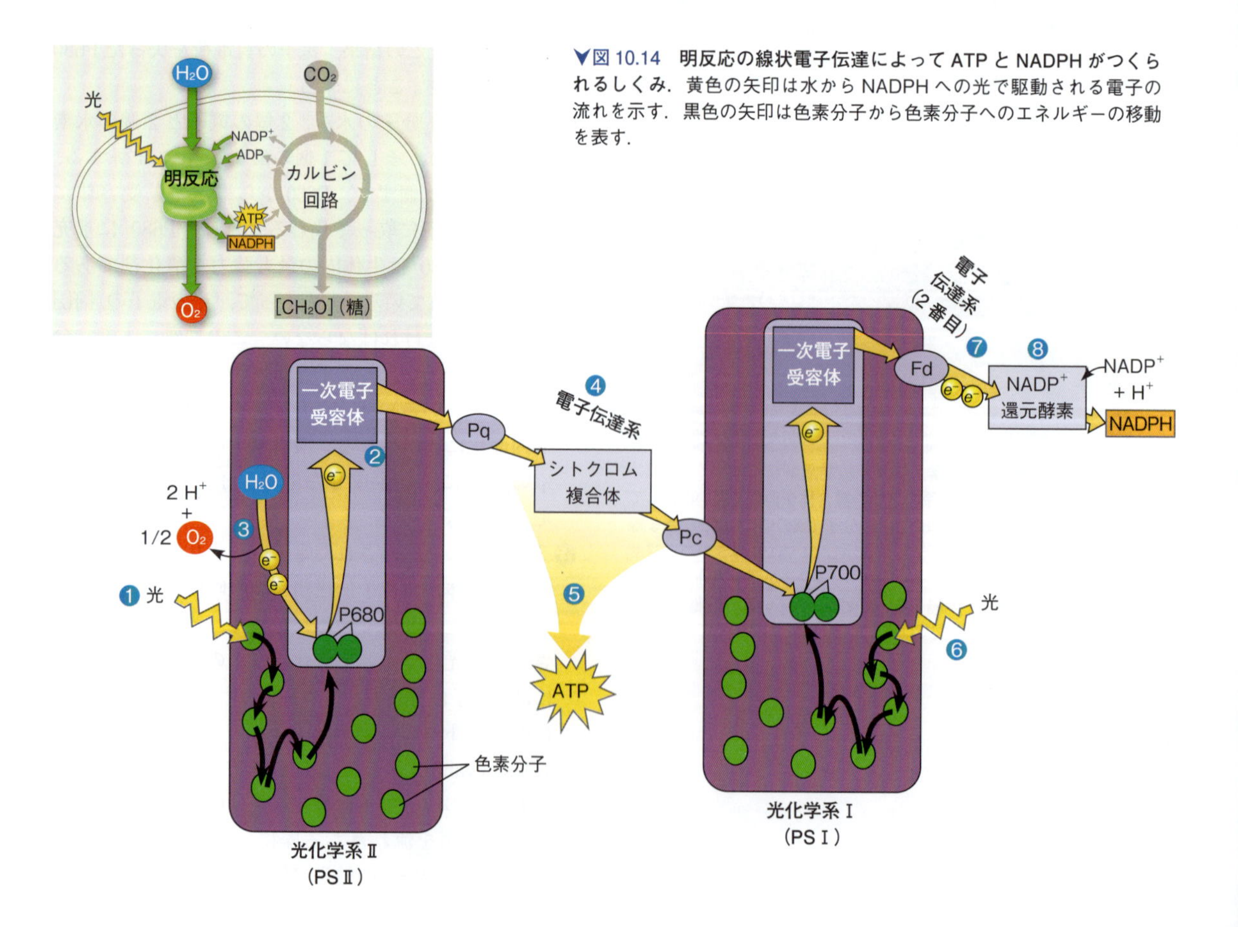

H₂O
CO₂
光
NADP⁺
ADP
明反応
カルビン回路
ATP
NADPH
O₂
[CH₂O]（糖）
電子伝達系（2番目）
一次電子受容体
Pq
❹ 電子伝達系
シトクロム複合体
Pc
P680
P700
2 H⁺ + 1/2 O₂
❶ 光
❷
❸
e⁻
❺
ATP
色素分子
❻ 光
❼ Fd
❽ NADP⁺還元酵素
NADP⁺ + H⁺
NADPH
光化学系Ⅱ（PSⅡ）
光化学系Ⅰ（PSⅠ）

▼図10.14　**明反応の線状電子伝達によってATPとNADPHがつくられるしくみ．** 黄色の矢印は水からNADPHへの光で駆動される電子の流れを示す．黒色の矢印は色素分子から色素分子へのエネルギーの移動を表す．

▼図 10.15 明反応での線状の電子の流れを力学的な過程にたとえた図.

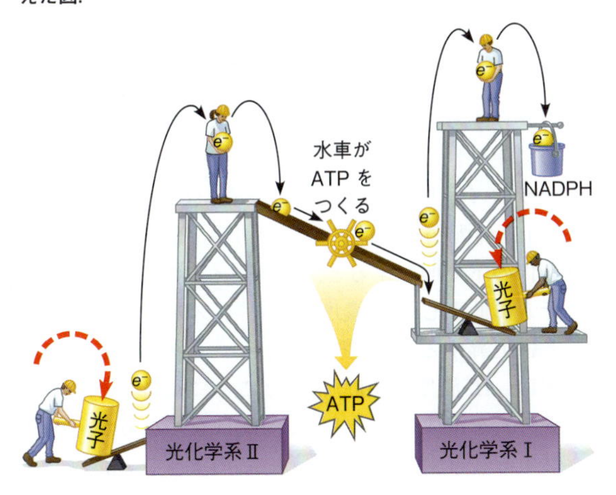
水車が
ATP を
つくる
NADPH
光子
光子
ATP
光化学系 II
光化学系 I

クロム複合体へ，そしてプラストシアニン（Pc）を介して光化学系 I の反応中心の P700 に戻される．この過程では，NADPH はつくられず酸素も発生しない．しかし，環状経路では ATP が合成される．

現生の光合成細菌の中には，光化学系 II と光化学系 I の両方をもつかわりに，光化学系 II あるいは光化学系 I に類縁の単一の光化学系をもつものが知られている．紅色硫黄細菌（図 10.2 e 参照）や緑色硫黄細菌を含むこれらの種では，環状電子伝達のみが，光合成における唯一の ATP 合成の手段である．進化生物学者たちは，これらのグループの細菌が，光合成を環状電子伝達の形で最初に進化させた細菌の子孫であるという仮説を立てている．

環状電子伝達は 2 つの光化学系をもつ光合成生物でも行うことができる．これには，図 10.2 d に見られるシアノバクテリアのような原核生物や，これまで調べられた限りの真核光合成生物が含まれる．環状電子伝達はおそらく，「進化における遺物」の一部といえるかもしれないが，これらの生物にとって明らかに少なくとも 1 つの有利な機能を果たしている．環状電子伝達を行えない変異体植物は弱光下ではよく育つことができるが，強光下ではよく育つことができない．このことは，環状電子伝達は光に対する防御機構かもしれないという考えの証拠となる．環状電子伝達については，光合成の適応と関連して，後にさらに詳しく学ぶ（C_4 植物；10.4 節参照）．

ATP 合成が線状電子伝達で行われても環状電子伝達で行われても，ATP 合成の機構は実際のところ同じである．カルビン回路の考察に入る前に，酸化還元反応を ATP 合成に共役させるために膜を使う化学浸透という過程を復習しよう．

葉緑体とミトコンドリアにおける化学浸透の比較

葉緑体とミトコンドリアは基本的に同じ機構，すなわち化学浸透によって ATP を合成する（図 9.15 参照）．電子が，一連の電子伝達体を電気陰性度の高いほうに向かって順次伝達されていくときに，膜に組み込まれた電子伝達鎖がプロトン（H^+）を，隔てられた膜を横切って汲み出す．このようにして，電子伝達鎖は酸化還元のエネルギーをプロトン駆動力，すなわち膜を隔てた H^+ 勾配の形で蓄えられたポテンシャルエネルギーに変換する．同じ膜に組み込まれている ATP 合成酵素複合体が，勾配に従った水素イオンの拡散と ADP のリン酸化による ATP 合成を共役させる．

鉄を含むシトクロムというタンパク質など，いくつかの電子伝達体は，葉緑体とミトコンドリアで非常に似ている．これら 2 つの細胞小器官の ATP 合成酵素複合体もまた非常によく似ている．しかし，ミトコンドリアの酸化的リン酸化と葉緑体の光リン酸化の間に

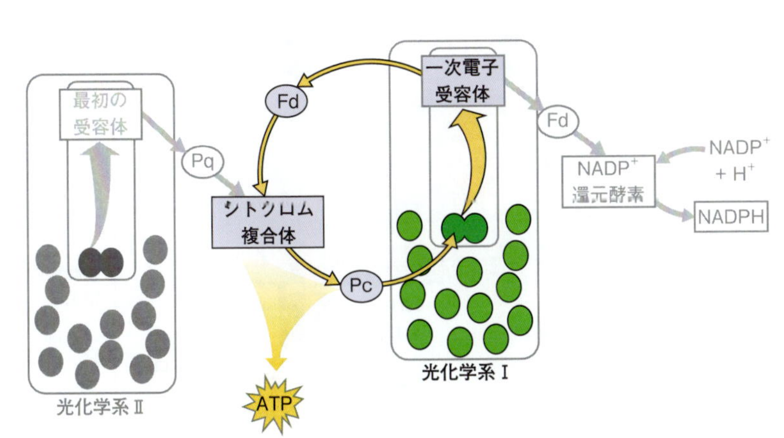
最初の
受容体
Pq
Fd
一次電子
受容体
Fd
シトクロム
複合体
Pc
NADP$^+$
還元酵素
NADP$^+$
+ H$^+$
NADPH
ATP
光化学系 I
光化学系 II

◀図 10.16 環状電子伝達．光化学系 I で光によって励起された電子は，ある場合には，フェレドキシン（Fd）から，シトクロム複合体とプラストシアニン（Pc）経由でクロロフィルへ戻される．このような電子の循環によって ATP の供給が補われるが（化学浸透によって），NADPH はつくられない．線状電子伝達を，環状電子伝達と比較できるように，図の中に「影」で描いてある．図中の光化学系 I の電子伝達鎖の最終電子伝達体である Fd 分子は，実際は同一の 1 個であるが，2 つの役割が明確にわかるように分けて描いてある．

図読み取り問題▶図 10.15 を見て，環状電子伝達を力学的な過程にたとえて示すには，どのように変更すればよいか説明しなさい．

は注目すべき違いがある．双方とも化学浸透に従って働くが，葉緑体では電子伝達を流れ下る高エネルギー電子は水が供給元である．一方ミトコンドリアでは，高エネルギー電子は有機分子から取り出される（したがって，その有機分子は酸化される）．葉緑体はATPをつくるために栄養からの分子を必要とせず，光化学系が光エネルギーを捕捉し，そのエネルギーは電子を水から電子伝達鎖の頂上へ押し上げるために使われる．言い換えると，ミトコンドリアは化学浸透によって栄養分子の化学エネルギーをATPに転移するのに対し，葉緑体は化学浸透によって光エネルギーをATPの化学エネルギーに変換する．

化学浸透に関する空間的な構成は葉緑体とミトコンドリアで多少異なるが，両者の類似性は容易に理解できる（図10.17）．ミトコンドリア内膜はプロトンをミトコンドリアマトリクスから膜間の区画へ汲み出し，膜間の区画はATP合成に使われる水素イオンの貯留槽になる．同様に，葉緑体のチラコイド膜はストロマからチラコイド内腔（チラコイドの内側）へプロトンを汲み入れ，チラコイド内腔もH^+の貯留槽として機能する．ミトコンドリアのクリステが内膜の陥入によるものと考えられれば，チラコイド内腔とミトコンドリアの膜間区画がこれらの細胞小器官で互いに相同な区画であり，一方，ミトコンドリアのマトリクスが葉緑体のストロマに相同であることが理解できる．

ミトコンドリアでは，プロトンが濃度勾配に従って膜間区画から，ATP合成酵素を通過してマトリクスへと拡散することで，ATP合成を駆動する．葉緑体では，プロトンがチラコイド内腔から，ATP合成酵素を通過してストロマへ逆流する．ATP合成酵素の活性部位であるノブ部分はチラコイド膜のストロマ側に面している（図10.18）．したがって，ATPが合成されるのはストロマである．そして，ATPはストロマに存在するカルビン回路による糖の合成を駆動するために使われる．

チラコイド膜を隔てたプロトン（H^+）勾配，あるいはpH勾配が本質的に重要である．葉緑体をある実験条件の下で照射すると，チラコイド内腔のpHはおよそ5に低下し（H^+濃度の上昇），ストロマではおよそ8に上昇する（H^+濃度の低下）．このpH単位3の勾配は，H^+濃度が1000倍違うことに相当する．その実験で光を消すと，そのpH勾配はなくなるが，再び点灯すると，すぐに回復する．このような実験によって化学浸透モデルを支持する強力な証拠が得られた．

チラコイド膜内の明反応「装置」の構成に関する現在のモデルは，いくつかの研究室で行われた研究に基づいたものである．分子や分子複合体は，実際は，チラコイドごとにそれぞれ多数存在している．NADPHはATPと同様，チラコイド膜のストロマ側，つまりカルビン回路の反応が行われる側でつくられることに注意しよう．

明反応をまとめてみよう．電子伝達は，電子のポテンシャルエネルギーが低い水から始まり，電子は最終的にポテンシャルエネルギーの高い状態でNADPHに保持される．また，光によって起こされる電子の流れによってATPの合成も行われる．このようにして，チラコイド膜に存在する装置が，光エネルギーをNADPHとATPに蓄えられる化学エネルギーに変換

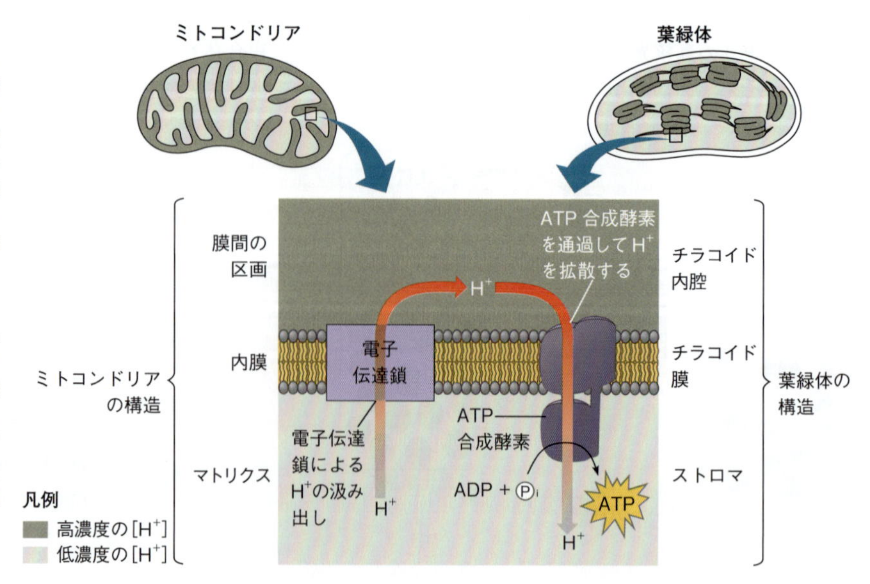
ミトコンドリア
葉緑体
膜間の区画
内膜
マトリクス
ミトコンドリアの構造
ATP合成酵素を通過してH^+を拡散する
チラコイド内腔
チラコイド膜
ストロマ
葉緑体の構造
H^+
電子伝達鎖
電子伝達鎖によるH^+の汲み出し
ATP合成酵素
ADP + Ⓟi
ATP
凡例
高濃度の[H^+]
低濃度の[H^+]

➤図10.17　ミトコンドリアと葉緑体の化学浸透機構の比較． 両方の細胞小器官で，電子伝達鎖によって膜のプロトン（H^+）の濃度が低い側（図中，薄い灰色の部分）から，高い側（濃い灰色の部分）へ，H^+が膜を横切って汲み上げられる．プロトンは拡散によってATP合成酵素を通過しながら，膜を横切って逆流し，ATP合成を駆動する．

関連性を考えよう➤以下について，人工的にATPを合成するためには，pHをどのように変化させればよいか，説明しなさい．(a) 単離したミトコンドリアの外側（H^+は外膜を自由に通過できるものとする．図9.15参照）．(b) 葉緑体のストロマ．

する．酸素は副産物として生成する．それでは，これから，カルビン回路が明反応の産物をどのように利用して，CO_2から糖を合成するのかを見ていこう．

概念のチェック 10.2

1. 光合成を行わせるのに最も効果が乏しいのはどの色の光か．説明しなさい．
2. 明反応において最初の電子供与体は何か．最終的に電子はどこにたどり着くか．
3. どうなる？➤ある実験で，単離した葉緑体を適当な化学物質を含む溶液中で光を照射すると，ATP 合成が起こる．プロトンが自由に膜を透過するようにする化合物をその溶液に加えたら合成速度についてどのようなことが起こると推測されるか．

(解答例は付録 A)

10.3

カルビン回路は ATP と NADPH を使って CO_2 を還元して糖を合成する

カルビン回路は，種々の分子が回路に出たり入ったりした後で，出発物質が再生されるという点でクエン酸回路と似ている．しかし，クエン酸回路が異化的，すなわちアセチル CoA を酸化して，そのエネルギー

▼図 10.18　**明反応と化学浸透：チラコイド膜の構成についての現在のモデル．** 黄色の矢印は，図 10.14 で概略を示したように，線状電子伝達の経路を順に示している．明反応の少なくとも 3 つの過程が水素イオンの勾配の形成に寄与する．❶チラコイド膜の内腔側に面した光化学系Ⅱによって水が分解される．❷可動性の伝達体であるプラストキノン（Pq）が電子をシトクロム複合体に渡すときに，4 個のプロトンがチラコイド膜を横切ってチラコイド内腔に入る．❸水素イオンが $NADP^+$ に取り込まれるときに，ストロマから奪われる．図 10.17 にも示したように，段階 2 で水素イオンがストロマからチラコイド内腔へ汲み入れられることに注意しよう．H^+ がチラコイド内腔からストロマへ（H^+ の濃度勾配に従って）拡散によって戻ることによって，ATP 合成酵素が触媒する反応に必要なエネルギーが供給される．光によって駆動されるこれらの反応によって，NADPH と ATP の形で化学エネルギーが蓄えられ，明反応と糖を合成するカルビン回路の間でそれらのエネルギーの受け渡しが行われる．

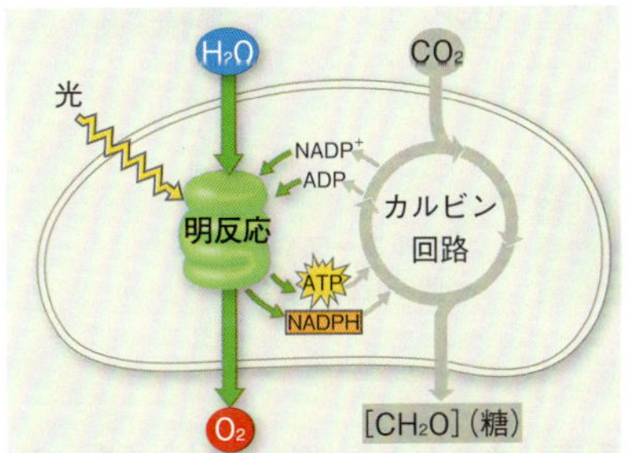

H₂O
CO₂
光
NADP⁺
ADP
明反応
カルビン
回路
ATP
NADPH
O₂
[CH₂O]（糖）

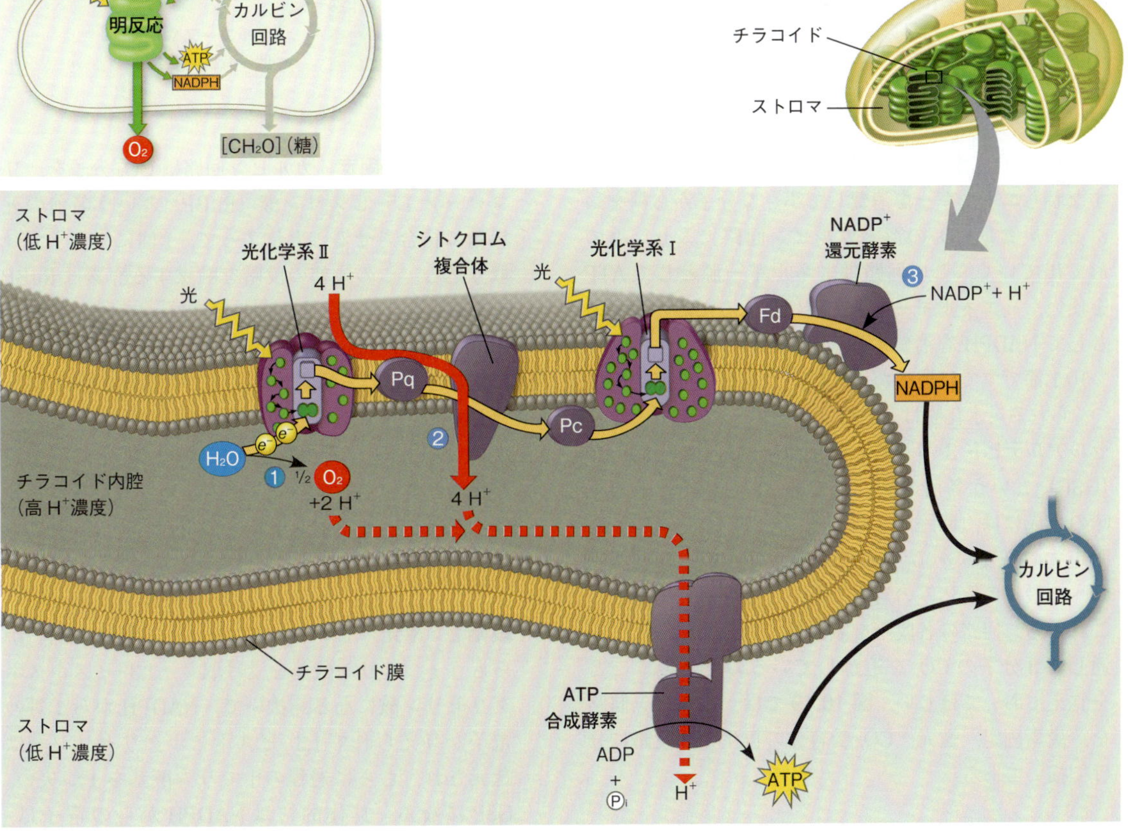

チラコイド
ストロマ
ストロマ
（低 H⁺濃度）
光化学系Ⅱ
シトクロム
複合体
光化学系Ⅰ
NADP⁺
還元酵素
光
4 H⁺
光
Fd
NADP⁺+ H⁺
Pq
Pc
NADPH
H₂O
½ O₂
+2 H⁺
4 H⁺
チラコイド内腔
（高 H⁺濃度）
カルビン
回路
チラコイド膜
ATP
合成酵素
ストロマ
（低 H⁺濃度）
ADP
+
Ⓟi
H⁺
ATP

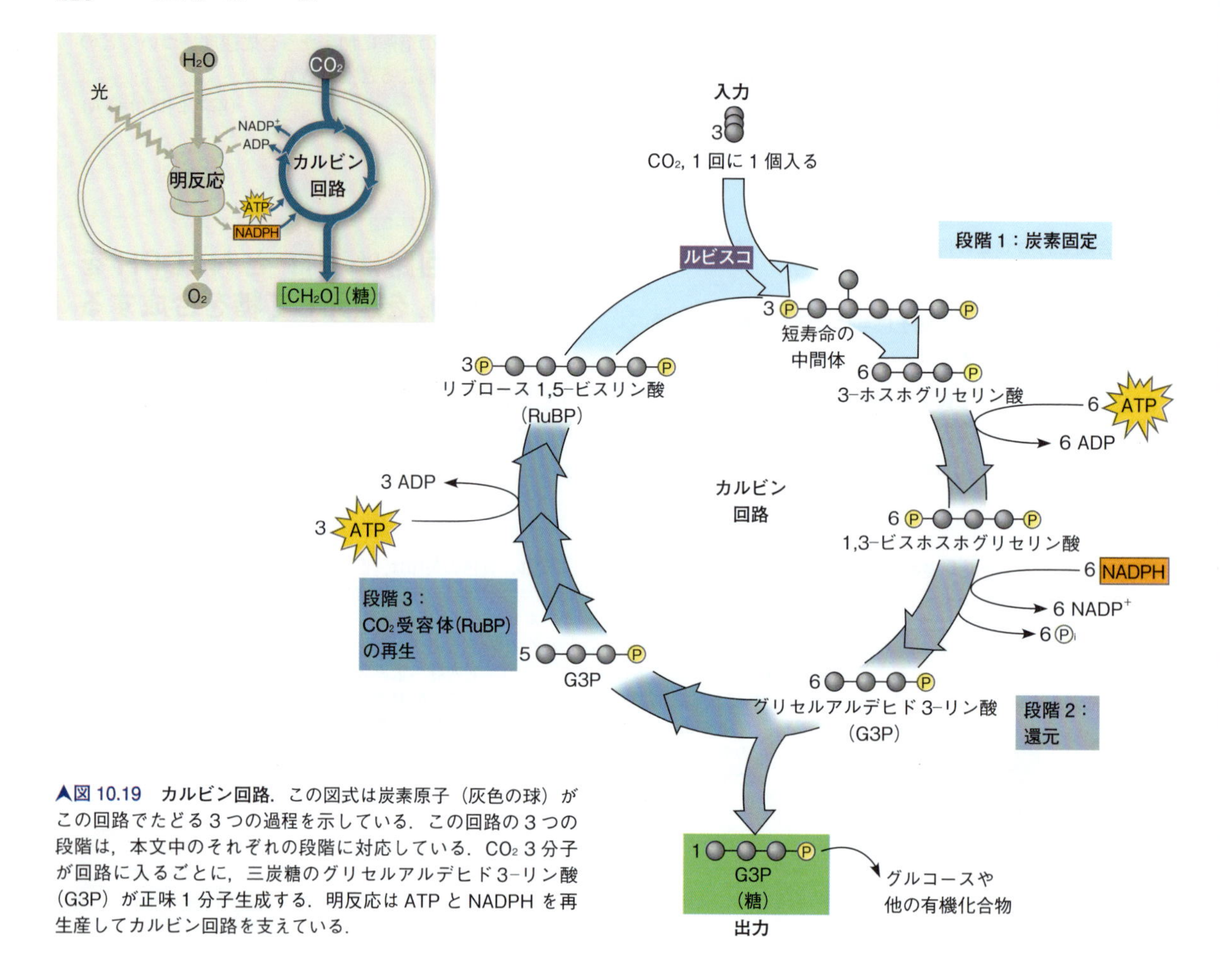
H₂O
CO₂
光
NADP⁺
ADP
明反応
カルビン
回路
ATP
NADPH
O₂
[CH₂O]（糖）
入力
3
CO₂, 1 回に 1 個入る
段階 1：炭素固定
ルビスコ
3
短寿命の
中間体
6
3-ホスホグリセリン酸
6 ATP
6 ADP
3
リブロース 1,5-ビスリン酸
(RuBP)
3 ADP
3 ATP
カルビン
回路
6
1,3-ビスホスホグリセリン酸
6 NADPH
6 NADP⁺
6 Ⓟi
段階 3：
CO₂受容体(RuBP)
の再生
5
G3P
6
グリセルアルデヒド 3-リン酸
(G3P)
段階 2：
還元
1
G3P
(糖)
出力
グルコースや
他の有機化合物

▲図 10.19　**カルビン回路.** この図式は炭素原子（灰色の球）がこの回路でたどる３つの過程を示している．この回路の３つの段階は，本文中のそれぞれの段階に対応している．CO_2 ３分子が回路に入るごとに，三炭糖のグリセルアルデヒド 3-リン酸（G3P）が正味１分子生成する．明反応は ATP と NADPH を再生産してカルビン回路を支えている．

で ATP を合成するのに対し，カルビン回路は同化的，すなわちエネルギーを消費して小さな分子から糖をつくる．炭素は CO_2 の形でカルビン回路に入り，糖の形で出ていく．この回路はエネルギー源として ATP を使い，高エネルギー電子を糖に与えるための還元力として NADPH を消費する．

10.1 節ですでに述べたように，カルビン回路で直接つくられる炭水化物は，実際はグルコースではなく**グリセルアルデヒド 3-リン酸 glyceraldehyde 3-phosphate（G3P）**という名前の三炭糖である．G3P 1 分子の正味の合成には，回路が 3 回まわって，3 分子の CO_2 を固定する必要がある（「炭素固定」は，CO_2 の有機物質への最初の取込みの過程であることを思い出そう）．これから，回路の各段階を順に見ていく際に，反応を通して 3 分子の CO_2 を追跡しているのだということを覚えておいてほしい．図 10.19 では，カルビン回路を，炭素固定，還元，CO_2 受容体の再生の 3 段階に分けて描いてある．

段階 1：炭素固定　カルビン回路は CO_2 分子を，リブロース 1,5-ビスリン酸（RuBP）という名前の五炭糖に結合させることによって，1 回に 1 分子ずつ取り込む．この最初の段階を触媒する酵素は RuBP カルボキシラーゼ，または**ルビスコ rubisco**（訳注：ribulose 1,5-bisphosphatecarboxylase/oxygenase の略）とよばれる酵素である（この酵素は葉緑体で，そしておそらく地球上で，最も多量に存在するタンパク質である）．その反応生成物は，非常に不安定な炭素 6 個の中間産物で，そのため，ただちに半分に開裂して，CO_2 1 分子あたり 2 分子の 3-ホスホグリセリン酸を生じる．

段階 2：還元　3-ホスホグリセリン酸は，ATP からもう 1 つのリン酸基を受け取り，1,3-ビスホスホグリセリン酸になる．次いで，NADPH から 1 対の電子が与えられて 1,3-ビスホスホグリセリン酸は還元され，さらに過程の中でリン酸基を 1 つ失い，G3P になる．具体的には NADPH からの電子は，

3-ホスホグリセリン酸のカルボキシ基を還元し，より多くのポテンシャルエネルギーをもつG3Pのアルデヒド基にする．G3Pは糖の1種で，解糖においてグルコースの分解で生じる三炭糖と同じである（図9.9参照）．図10.19で回路に入ったCO_2「3分子」あたり，G3Pが「6分子」であることに注意しよう．しかし，この三炭糖の1分子のみが正味の炭水化物の増加であり，残りは回路を完成させるのに必要である．回路は，五炭糖のRuBP 3分子の形で，炭素にして15個分の炭水化物で始まり，いまや炭素にして18個分の炭水化物である6分子のG3Pが生じる．1分子は回路から出て，植物細胞によって利用されるが，他の5分子は3分子のRuBPを再生するために再利用されなければならない．

段階3：CO_2受容体（RuBP）の再生　一連の複雑な反応で，G3P 5分子の炭素骨格がカルビン回路の最後の段階で再編成されて，3分子のRuBPになる．これを遂行するために，回路はさらに3分子のATPを消費する．再生されたRuBPはCO_2の受容体として再び供給され，回路は回り続ける．

G3P正味1分子の合成のために，カルビン回路は合計で9分子のATPと6分子のNADPHを消費する．明反応はそのATPとNADPHを再生する．カルビン回路から出たG3Pは，グルコース（G3P 2分子から）や他の炭水化物など，さまざまな有機化合物を合成する代謝経路の出発物質となる．明反応もカルビン回路もどちらも単独ではCO_2から糖をつくることはできない．光合成は，光合成の2つの過程を統合してもっている無傷の葉緑体だけに見られる，創発特性の1つである．

概念のチェック 10.3

1. グルコース1分子を合成するために，カルビン回路は____分子のCO_2，____分子のATP，そして____分子のNADPHを消費する．
2. カルビン回路の過程で多数のATPとNADPH分子が使われるが，そのことがグルコースがエネルギー源として価値が高いことと矛盾しない理由を説明しなさい．
3. **どうなる？➤**カルビン回路の酵素を阻害する毒物が明反応も阻害する理由を説明しなさい．
4. **描いてみよう➤**図10.19の回路を灰色のボールではなく，炭素の数を示す数字で書き直しなさい．各段階で掛け算をして，すべての炭素を計算していることを確かめなさい．どのような形で炭素は回路を出たり入ったりしているか．
5. **関連性を考えよう➤**図9.9と図10.19を復習して，これらの図に示された2つの過程におけるグリセルアルデヒド3-リン酸（G3P）が中間体および産物として果たす役割について考察しなさい．

（解答例は付録A）

10.4

高温・乾燥の気候帯で，炭素固定の別の機構が進化した

進化　植物がおよそ4億7500万年前に初めて陸上に移動して以来，植物は陸上生活での難題，特に乾燥に関する問題に対して適応してきた．36.4節で，植物が水を保持するのに役立っている解剖学的適応について考察するが，本章では，代謝的な適応を見てみよう．その解決法には二律背反を伴うものが多い．その重要な1つの例は，光合成と植物体からの過度な水分の消失を防ぐこととの間の均衡である．光合成に必要なCO_2は，葉の表面にある孔である気孔を通って葉に入る（そして生成した酸素は出ていく；図10.4参照）．しかし，気孔は葉から水が失われる蒸散の主たる経路でもある．暑く，乾燥した日中には，ほとんどの植物は気孔を閉じる．これは水分を保持しようとする1つの応答である．気孔を部分的に閉じると，葉内の空気が存在する空間（訳注：細胞間隙）でのCO_2濃度が低下し始め，明反応で発生するO_2濃度は上昇を始める．このような葉内の条件は，明らかに無駄であると考えられている光呼吸という過程を起こしやすくしてしまう．

光呼吸は進化の名残か

大部分の植物では，最初の炭素の固定は，リブロースビスリン酸にCO_2を付加するカルビン回路の酵素であるルビスコによって起こる．このような植物は，炭素固定の，最初の生成物の有機化合物が炭素3個の化合物である3-ホスホグリセリン酸なので，**C_3植物 C_3 plant**とよばれている（図10.19参照）．イネ，コムギ，ダイズは農業上重要なC_3植物である．それらの気孔が，暑く，乾燥した日中に部分的に閉じると，カルビン回路に供給する葉のCO_2レベルが低下するので，糖の生産が減る．さらに，ルビスコはCO_2の結合部位にO_2と結合することができる．そのため葉の空気が存在する空間のCO_2が乏しくなると，ルビスコ

はCO_2の代わりにO_2をカルビン回路に加えるようになる．その産物は開裂して，生じた炭素2個の分子となり，葉緑体から出ていく．ペルオキシソームとミトコンドリアがこの化合物をつくり変え，分解して，CO_2を発生させる．この過程は，光が当たっているときに起こり，O_2を消費してCO_2を発生するので，**光呼吸 photorespiration**（「光」を意味するphoto，「呼吸」を意味するrespirationに由来）とよばれている．しかし，本来の呼吸と違って，光呼吸ではATPが生成せず消費される．そして，光合成と違って，光呼吸では糖はつくられない．実際，光呼吸によって，有機物がカルビン回路以外で使われ，CO_2を固定するのではなく発生するので，光合成の収量が減少する．このCO_2ももしまだ葉緑体内に存在し，CO_2濃度が十分高いレベルに到達すれば，やがては固定されるだろう．しかしとにかく，輪を走るハムスターのように，この過程はエネルギー的にコストがかかる．

植物にとって非生産的と思われる代謝過程が存在することを，どのように説明することができるだろうか．ある仮説によると，光呼吸は進化における遺物，つまり現在に比べて大気中のO_2濃度が低く，CO_2濃度が高かった太古の時代からの代謝面での名残であるという．ルビスコが最初に出現した時代の原始大気の条件では，酵素の活性部位にO_2が結合しても，機能上，差はほとんどなかったであろう．この仮説では，現在のルビスコはO_2と結合し得る性質をある程度残しており，また現在の大気には高濃度のO_2が存在するために，ある程度の光呼吸が避けられなくなっているのだと推論している．また光呼吸が，カルビン回路が低CO_2条件で生成する，明反応に損傷を与える産物から保護しているという証拠がある．

作物も含めて，多くの植物で，カルビン回路で固定された炭素の50％程度が光呼吸によって浪費されている．実際，ある植物種において，他の光合成能力に影響を与えることなく光呼吸を抑制させることができれば，作物の収量および食料の供給は増加するだろう．

ある種の植物では，高温・乾燥の気候においてさえも，光呼吸を減らし，カルビン回路を最適状態にするように，別の型の炭素固定が進化した．このような光合成の適応の中で，最も重要なのがC_4光合成とベンケイソウ型有機酸代謝（CAM）である．

C_4 植 物

C_4植物 C_4 plantは，カルビン回路に入る前に，炭素4個の化合物を最初の産物として生じる別の型の炭素固定を行うので，このような名前がつけられている．C_4経路は少なくとも45回の異なる時期に独立に進化したと考えられており，少なくとも19科の植物に属する数千種が使っている．C_4植物の中で農業上重要な植物は，イネ科のサトウキビとトウモロコシである．

葉の独特の解剖学的特徴は，C_4光合成の機構に関係している．C_4植物には，光合成を行う細胞として，維管束鞘細胞と葉肉細胞という2つの異なるタイプの細胞がある．**維管束鞘(しょう)細胞 bundle-sheath cell**は葉脈の周囲を密に取り囲んで鞘状構造をつくっている（図10.20）．C_4植物の葉では，維管束鞘と葉表面の間には，「葉肉細胞」が互いにあまり密着せずに配置されているが，維管束鞘細胞とは密にくっついており，そこから2から3細胞以上離れていることはない．カルビン回路は維管束鞘細胞の葉緑体に限られている．しかし，カルビン回路に入る前に，まず葉肉細胞でCO_2の有機化合物への取り込みが起こる．図10.20に各段階に番号をつけて図解してあるが，以下はその説明である．

❶葉肉細胞にのみ存在する**PEPカルボキシラーゼ PEP carboxylase**という酵素によって最初の段階が行われる．この酵素は，CO_2をホスホエノールピルビン酸（phosphoenol pyruvate：PEP）に付加して，炭素4個の産物であるオキサロ酢酸を生じる．PEPカルボキシラーゼはルビスコに比べてCO_2に対する親和性が非常に高く，O_2に対する親和性はない．したがって，PEPカルボキシラーゼはルビスコと違って，高温・乾燥で気孔が部分的に閉じ，葉のCO_2濃度が低下し，O_2濃度が相対的に上昇するようなときでも，炭素を効率的に固定することができる．

❷C_4植物では，CO_2の炭素を固定した後，葉肉細胞は炭素4個の産物（図10.20の例ではリンゴ酸）を，原形質連絡経由で維管束鞘細胞に輸送する（図6.29参照）．

❸維管束鞘細胞の中では，炭素4個の産物からCO_2が離され，このCO_2はルビスコとカルビン回路によって有機化合物に再固定される．ピルビン酸も同時に再生されて，葉肉細胞に輸送される．葉肉細胞で，ATPが使われてピルビン酸はPEPに変換される．これによって反応の回路は継続可能である．こ

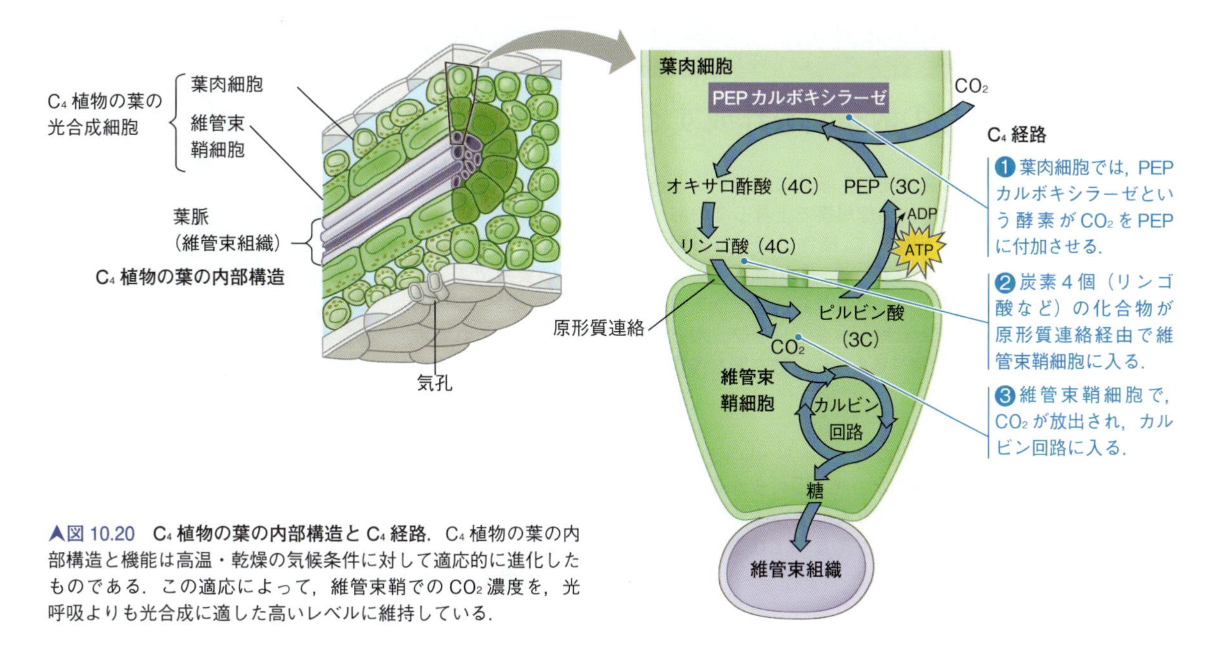
C₄ 植物の葉の光合成細胞
葉肉細胞
維管束鞘細胞
葉脈（維管束組織）
C₄ 植物の葉の内部構造
気孔
葉肉細胞
PEP カルボキシラーゼ
CO₂
オキサロ酢酸（4C）
PEP（3C）
ADP
ATP
リンゴ酸（4C）
原形質連絡
ピルビン酸（3C）
CO₂
維管束鞘細胞
カルビン回路
糖
維管束組織
C₄ 経路
❶葉肉細胞では，PEP カルボキシラーゼという酵素が CO₂ を PEP に付加させる．
❷炭素 4 個（リンゴ酸など）の化合物が原形質連絡経由で維管束鞘細胞に入る．
❸維管束鞘細胞で，CO₂ が放出され，カルビン回路に入る．

▲図 10.20　C₄ 植物の葉の内部構造と C₄ 経路．C₄ 植物の葉の内部構造と機能は高温・乾燥の気候条件に対して適応的に進化したものである．この適応によって，維管束鞘での CO_2 濃度を，光呼吸よりも光合成に適した高いレベルに維持している．

こで使われる ATP は維管束鞘細胞で CO_2 を濃縮するためのいわば「費用」であると考えられる．この追加の ATP を合成するために，維管束鞘細胞は，本章ですでに説明した環状電子伝達（図 10.16 参照）を行う．事実，これらの細胞には光化学系 I はあるが，光化学系 II はないので，環状電子伝達が光合成で ATP を合成する唯一の方式になっている．

C_4 植物の葉肉細胞は，実際ポンプのように CO_2 を維管束鞘細胞に送って，維管束鞘細胞の CO_2 濃度を，ルビスコが O_2 よりも CO_2 と結合するのに十分な濃度に維持する．PEP カルボキシラーゼが関与する反応回路と PEP の再生は，ATP で駆動される CO_2 の濃縮ポンプと考えることができる．このように，C_4 光合成は光呼吸を最小限にして糖の生産を高めている．このような適応は，日射が強く，日中に気孔が部分的に閉じてしまう暑い地域で，特に有利である．そして，そのような環境こそが，C_4 植物が進化し，今日まで栄えてきた環境なのである．

1800 年代に始まった産業革命以来，化石燃料の燃焼など，人間の活動によって，大気中の CO_2 濃度が劇的に増加してきた．その結果起こった，平均気温の上昇を含む全地球的気候変動は，さまざまな植物種に広範囲に影響を及ぼすかもしれない．科学者たちは，CO_2 濃度と気温の上昇が C_3 植物と C_4 植物に異なる影響を与え，それによって，ある植物群落中の両者の種数の相対頻度が変化するかもしれないことを懸念している．

どちらのタイプの植物が CO_2 濃度の上昇によって，より大きな利益を得ることになるだろうか．C_3 植物では，CO_2 ではなく O_2 がルビスコに結合することによって光呼吸が引き起こされ，光合成効率が低下することを思い出してほしい．C_4 植物は，維管束鞘細胞が ATP というコストをかけて CO_2 を濃縮することによって，この問題を克服している．CO_2 濃度の上昇は光呼吸の量を減らすことになるので，C_3 植物に利益をもたらすだろう．同時に，気温上昇は，光呼吸を増加させるので，反対の効果をもつ（水がどれだけ得られるかなど，他の要因も関係してくるだろう）．対照的に，多くの C_4 植物は CO_2 濃度と気温の上昇に対して，概して影響を受けないだろう．科学者たちはこの疑問を解明するためにさまざまな研究を行っている．**科学スキル演習**であなたもこのような実験データの 1 つについて取り組むことができる．異なる地域において，これら 2 つの要因の，地域ごとの特定の組み合わせによって，C_3 植物と C_4 植物の均衡がそれぞれ異なった仕方で変化するだろう．群落構造における，このような広汎かつ多様な変化という影響は予測不可能であり，それゆえ，それはもっともな心配の種である．

C_4 光合成は C_3 光合成より，水や他の資源の利用がより少ないことから，より効率的であると考えられている．今日の地球では，世界の人口そして食料の要求は急速に増加している．同時に，作物の栽培に適した土地の面積は，全地球的気候変動の影響による海水面

科学スキル演習

回帰直線つきの散布図を作成する

大気中の CO_2 濃度は農作物の生産性に影響するだろうか　大気中の CO_2 濃度は地球規模で上昇しており，科学者はこのことが C_3 植物と C_4 植物に異なる影響を与えるのではないかと考えている．この演習では，CO_2 濃度と C_4 作物であるトウモロコシおよびトウモロコシ畑における C_3 雑草であるベルベットリーフ，双方の成長との間の相関関係を調べるために，散布図を作成してみよう．

実験方法　研究者はトウモロコシとベルベットリーフを，すべての植物体が同じ量の水と光を受けられるように調節した条件で 45 日間生育させた．植物は 3 つのグループに分けられ，それぞれは異なる CO_2 濃度（350, 600, 1000 ppm）に曝(さら)された．

実験データ　下の表は 3 つの異なる CO_2 濃度で生育させた，トウモロコシとベルベットリーフの乾燥重量（グラムで表示）である．乾燥重量の値は，8 つの植物体の葉，茎，根の平均値である．

	350 ppm CO_2	600 ppm CO_2	1000 ppm CO_2
1 つのトウモロコシ植物体の平均乾燥重量（g）	91	89	80
1 つのベルベットリーフ植物体の平均乾燥重量（g）	35	48	54

データの出典　D. T. Patterson and E. P. Flint, Potential effects of global atmospheric CO_2 enrichment on the growth and competitiveness of C_3 and C_4 weed and crop plants, *Weed Science* 28(1):71-75 (1980).

データの解釈

1. 2 つの変数間の相関関係を調べるには，データを散布図としてグラフにして，回帰直線を描くのが有効である．(a) まず，適切な軸に，従属変数と独立変数のラベルをつける．あなたの選択を説明しなさい．(b) では，トウモロコシとベルベットリーフのそれぞれのデータセットについて，異なる印を用いて，データ点をプロットしなさい，そして 2 つの印についての凡例をつけなさい（グラフについての追加情報は付録 F を参照）．
2. それぞれの点のセットについて，最良適合する線を描きなさい．最良適合線はすべてあるいはほとんどの点でさえ，通過する必要はない．その代わり，そのセットのすべてのデータ点の可能な限り近くを通る直線である．それぞれのデータについて，最良適合線を描きなさい．この線の配置が判断の要点であるので，2 つの個体は与えられた点について，2 つの少し異なる線を描くことになるだろう．実際に最も適合するこの線は回帰直線であり，あらゆる候補となる直線とすべての点の距離を 2 乗し，その 2 乗値の合計を最小にする線を選ぶことで決めることができる（回帰直線については 3 章の「科学スキル演習」のグラフを参照）．エクセルやグラフ計算機能をもつ他のソフトウェアプログラムは，データ点が入力されれば回帰直線を描くことができる．エクセルあるいはグラフ計算器にそれぞれのデータセットのデータ点を入力して，2 つの回帰直線をプログラムに描かせなさい．あなたが描いた線とそれらを比較しなさい．

トウモロコシ
植物体
ベルベットリーフ
植物体

➤侵略的なベルベットリーフ植物体に囲まれたトウモロコシ植物体

3. 散布図における回帰直線の傾きについて記述しなさい．(a) CO_2 濃度の増加とトウモロコシの乾燥重量の相関関係を，ベルベットリーフのそれと比較しなさい．(b) ベルベットリーフがトウモロコシ畑に侵入する雑草であることを考慮して，CO_2 濃度の増加がこれら 2 つの種の相互作用にどのような影響を与えるか予想しなさい．
4. 散布図のデータに基づいて，もし大気中の CO_2 濃度が 390 ppm（現在のレベル）から 800 ppm に上昇したとき，トウモロコシとベルベットリーフの乾燥重量が何パーセント変化するか予想しなさい．(a) トウモロコシとベルベットリーフの乾燥重量の 390 ppm における推定値はいくらか．800 ppm ではどうか．(b) それぞれの植物の重量のパーセントの変化を計算するには，800 ppm の重量から 390 ppm の重量を引き（重量の変化），390 ppm の重量（最初の重量）で割り算して，100 を掛ける．トウモロコシの乾燥重量の予想値のパーセント変化はいくらか．ベルベットリーフではどうか．(c) これらの結果は，増加した CO_2 濃度では C_3 植物のほうが C_4 植物よりもよく成長するという他の実験の結論を支持するか．あるいはどうして違うのか．

の上昇や，多地域での高温かつ乾燥した気候などにより，減少し続けている．食料供給の問題を解決するために，フィリピンの科学者たちは，C_3 作物で重要な主食であるイネに，代わりに C_4 光合成を行わせるという，遺伝子組換えイネの開発に取り組んでいる．結果は有望そうに見え，科学者たちは同じ水と資源を投入した際に，C_4 イネは C_3 イネの 30～50%高い収量を上げることを予測している．

CAM 植物

乾燥条件に対する光合成の2つ目の適応は，多肉植物[*3]，多くのサボテン類，パイナップル，そして他の科のいくつかの植物で進化した．これらの植物は夜間に気孔を開いて昼間に閉じる．ふつうの植物のまさに逆である．昼間に気孔を閉じることは，砂漠の植物が水分を保持するのに役立つが，CO_2 が葉に入るのを妨げもする．夜間，気孔が開いているときに，これらの植物は CO_2 を吸収して，さまざまな有機酸に取り込む．炭素固定のこのような型は**ベンケイソウ型有機酸代謝 crassulacean acid metabolism（CAM）**とよばれている．この名称は，この代謝過程が最初に発見されたベンケイソウ科 Crassulaceae 植物の科名にちなんでつけられた．**CAM 植物 CAM plant** の葉肉細胞は夜間につくった有機酸を，気孔が閉じる朝まで液胞に蓄える．昼間，明反応によって ATP と NADPH がカルビン回路に供給されると，CO_2 が前夜につくられた有機酸から放出され，葉緑体で糖に取り込まれるようになる．

図 10.21 を見れば気づくように，二酸化炭素がカルビン回路に入る前に，まず有機物の中間体に取り込まれるという点で，CAM 経路は C_4 経路と似ている．C_4 植物との違いは，C_4 植物では，炭素固定の最初の段階がカルビン回路と構造的に分離しているのに対して，CAM 植物では，2つの段階が別の時間に起こり，しかも，同じ細胞で起こるという点にある（CAM 植物，C_4 植物，C_3 植物はすべて，二酸化炭素から糖を合成するために，結局はカルビン回路を使うということを忘れてはならない）．

＊3（訳注）：多肉植物（succulent plant）は「水分が多い植物」を意味する．たとえば，カネノナルキ jadeplant など．

▼図 10.21　**C_4 光合成と CAM 光合成の比較．** C_4 経路も CAM 経路も，ともに日中の高温・乾燥の条件下で気孔を部分的あるいは完全に閉じながら光合成を続けなければならないという問題を解決するように進化した．両者の光合成の適応の仕方は，ともに❶ CO_2 を有機酸としてあらかじめ固定しておき，その後で，❷カルビン回路に CO_2 を渡すことである．

サトウキビ
パイナップル

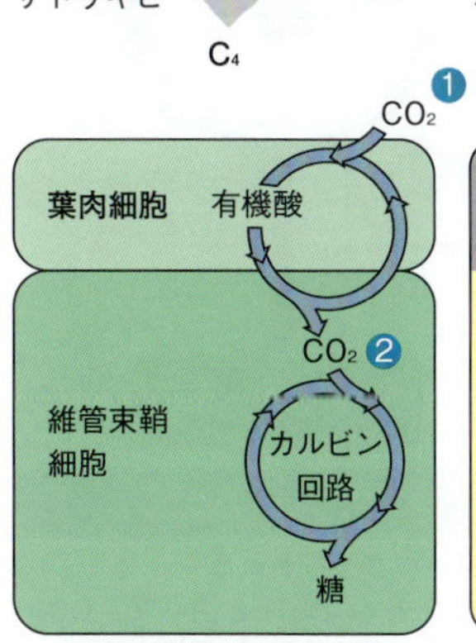
C4
CO2 ❶
葉肉細胞
有機酸
CO2 ❷
維管束鞘細胞
カルビン回路
糖

(a) **反応段階の空間的分離．** C_4 植物では，炭素固定とカルビン回路は別の種類の細胞で行われる．

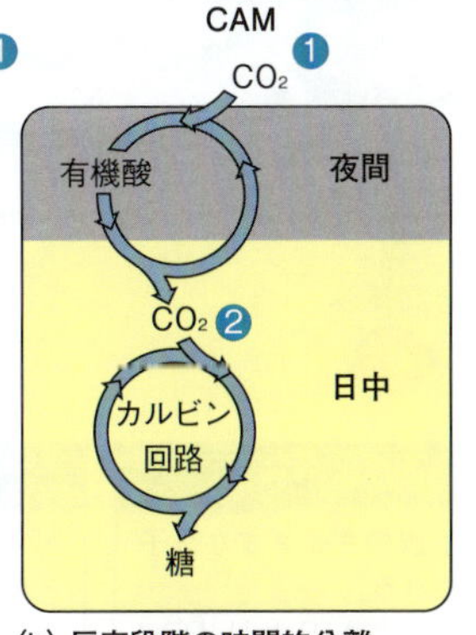
CAM
CO2 ❶
有機酸
夜間
CO2 ❷
日中
カルビン回路
糖

(b) **反応段階の時間的分離．** CAM 植物では，炭素固定とカルビン回路は同じ細胞で，異なる時間帯で行われる．

概念のチェック 10.4

1. 光呼吸が光合成による糖の生産量を減少させる理由を説明しなさい．

2. C_4 植物の維管束鞘細胞には光化学系Ⅰがあるのみで，光化学系Ⅱはない．このことは O_2 濃度に影響を与える．どのような影響で，それはその植物にどのような利益をもたらすか．

3. 関連性を考えよう➤3.3 節の海洋の酸性化についての議論を復習しなさい．海洋の酸性化と，C_3 植物と C_4 植物の分布の変化は2つの非常に異なる問題であると思われるかもしれない．しかし，どんな共通点をもつだろうか．説明しなさい．

4. どうなる？➤ある地理的な地域の気候が，CO_2 濃度は変化しないが，より高温でより乾燥した気候になると，その地域での C_4 植物と CAM 植物に対する C_3 植物の相対数の比はどのようになると推測されるか．

（解答例は付録 A）

10.5

生命は光合成に依存している

光合成の重要性：まとめ

本章では，光合成の過程を光子のレベルから栄養物のレベルまでたどってきた．明反応は太陽エネルギーを捕らえて，それを利用することによって，ATP をつくり，そして電子を水から $NADP^+$ に伝達する．カルビン回路はその ATP と NADPH を使って二酸化炭素から糖を合成する．太陽光として葉緑体に入ったエネルギーは有機化合物の化学エネルギーとして蓄えられる．これらの全過程の概略を見るために図 10.22 を参照しなさい．

光合成産物のその先は，葉緑体とサイトゾルの多数の酵素によって，他の多くの有機化合物に変換される．葉緑体でつくられた糖は，植物細胞のすべての主要な有機分子を合成するための，化学エネルギーと炭素骨格を植物体全体に供給する．光合成でつくられた有機物のおよそ 50% は，植物細胞のミトコンドリアで行われる細胞呼吸で燃料として消費される．

厳密にいえば，植物体の中で緑色細胞だけが独立栄養の部分である．植物体の他の部分は，葉から維管束を経由して送られてくる有機分子に依存している（図 10.22 上参照）．大部分の植物では，炭水化物は二糖のスクロースの形で葉から葉脈の師管を通って輸送される．非光合成細胞に到達後，スクロースは細胞呼吸や，タンパク質，脂質その他の生成物を合成する多数の同化経路の原料として供給される．成長中あるいは成熟しつつある植物細胞では，特に，グルコースという形の大量の糖が互いに結合して，セルロースという多糖がつくられる（図 5.6 c 参照）．細胞壁の主成分

∨図 10.22　光合成のまとめ．この図式には，光合成の主要な反応物と生成物について，木の組織（左）および葉緑体（右）での移動の概略を示してある．

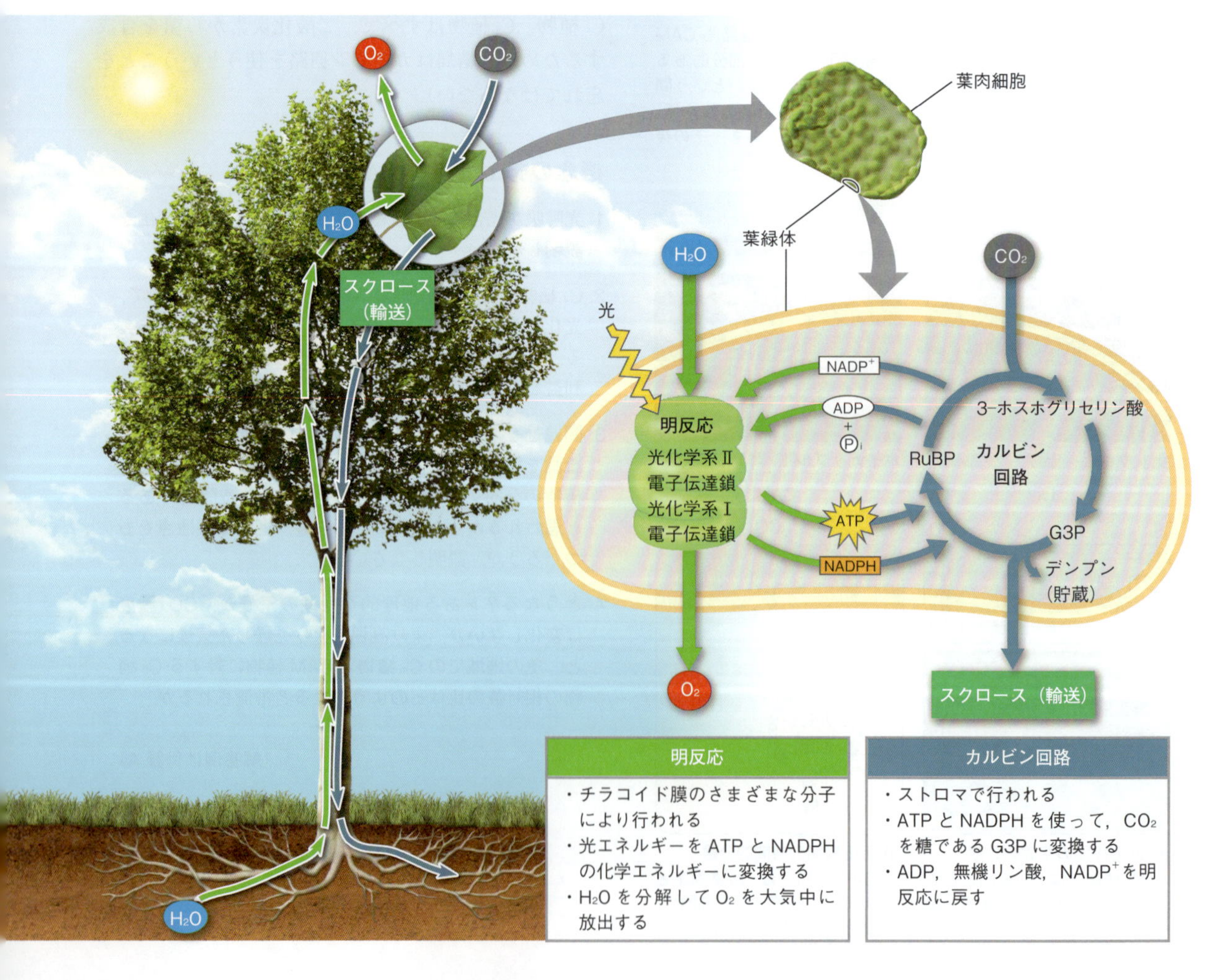
O2
CO2
H2O
スクロース（輸送）
葉肉細胞
葉緑体
H2O
CO2
光
NADP+
ADP
+
Pi
3-ホスホグリセリン酸
明反応
光化学系Ⅱ
電子伝達鎖
光化学系Ⅰ
電子伝達鎖
RuBP
カルビン回路
ATP
G3P
NADPH
デンプン（貯蔵）
O2
スクロース（輸送）
H2O
明反応
・チラコイド膜のさまざまな分子により行われる
・光エネルギーを ATP と NADPH の化学エネルギーに変換する
・H2O を分解して O2 を大気中に放出する
カルビン回路
・ストロマで行われる
・ATP と NADPH を使って，CO2 を糖である G3P に変換する
・ADP，無機リン酸，NADP+ を明反応に戻す

であるセルロースは，植物体（それどころか，おそらくこの地球という惑星の表面）で，最も多量に存在する有機分子である．

ほとんどの植物は，細胞呼吸や生合成の前駆物質として必要な量よりも多い有機物を毎日合成している．余った糖はデンプンにして，葉緑体自身や，あるいは根や塊茎，種子，果実に蓄えている．光合成によってつくられた栄養分子を消費するということは，植物が，葉や，根，茎，果実，そしてある場合には植物体全体を，ヒトを含めた従属栄養生物によって失う，ということを忘れないでおこう．

地球規模で見ると，この大気中に酸素が存在するのは，光合成という過程に基づいている．さらに，食料生産についていえば，微小な葉緑体がもつ生産性を足し合わせてみると，それは莫大なものになる．すなわち，1 年に 1600 億トンの炭水化物が光合成によって生産される．その有機物は本書の 60 兆冊分に相当し，それを 17 組積み重ねると，地球から太陽にまで届いてしまう[*4]！　この地球上の化学的な過程で，光合成の生産量に匹敵し得るものはない．

5〜10 章まで，多くの細胞の活動について学んできた．図 10.23 はこれらの細胞の過程を，植物細胞の中での働きとしてまとめたものである．この図からわかるように，それぞれの過程は大きな全体像を反映している．すなわち生命の最も基本的な単位として，細胞は生命の特徴となるすべての機能を担っている．

概念のチェック 10.5

1. **関連性を考えよう**➤植物は光合成で合成した糖を，直接細胞の活力として使えるだろうか．説明しなさい（図 8.10，図 8.11，図 9.6 を参照しなさい）．

（解答例は付録 A）

＊4（訳注）：これを計算すると約 500 億 km になるが，実際の地球から太陽までの距離は約 1.5 億 km である．

▼図 10.23　関連性を考えよう
働く細胞
この図は，5〜10 章で学んだ細胞の活動を統合して，植物細胞の機能を一般化して表した．
DNA
核
mRNA
核孔
タンパク質
リボソーム
mRNA
小胞の中のタンパク質
粗面小胞体（ER）
ゴルジ体
小胞形成
タンパク質
細胞膜
細胞壁
細胞における遺伝情報の流れ：
DNA → RNA → タンパク質（5〜7 章）
1 核において，DNA は mRNA 合成の鋳型として供され，mRNA は細胞質に移動する（図 5.22，図 6.9 を参照）．
2 mRNA は，細胞質や浮遊している，あるいは粗面小胞体に結合したリボソームに付着する．タンパク質が合成される（図 5.22，図 6.10 を参照）．
3 粗面小胞体で合成されたタンパク質や膜は，ゴルジ体に小胞輸送され，加工される（図 6.15，図 7.9 を参照）．
4 タンパク質を運ぶ輸送小胞は，ゴルジ装置からくびり切れて生じる（図 6.15 参照）．
5 ある小胞は細胞膜と融合して，エキソサイトーシスによりタンパク質を放出する（図 7.9 参照）．
6 浮遊しているリボソームで合成されたタンパク質は細胞にとどまり，特異的な機能を発揮する．細胞呼吸や光合成の反応を触媒する酵素が，その例である（図 9.7，図 9.9，図 10.9 を参照）．

細胞におけるエネルギー変換：光合成と細胞呼吸（8 ～ 10 章）

7 葉緑体では，光合成の過程が光のエネルギーを用いて，CO_2 および H_2O を有機分子に変換し，O_2 を副産物として生成する（図 10.22 参照）．

8 ミトコンドリアでは，有機分子は細胞呼吸により分解され，ATP 分子のエネルギーとして捕捉される．ATP はタンパク質合成や能動輸送などの，細胞の仕事にエネルギーを供給する．CO_2 および H_2O が副産物である（図 8.9 ～ 8.11，図 9.2，図 9.16 を参照）．

細胞膜を越えた移動（7 章）

9 水は，直接細胞膜を通して，そしてアクアポリンを介した促進された拡散により，細胞の内側および外側に拡散する（図 7.1 参照）．

10 受動輸送により，光合成に使われる CO_2 は細胞内に拡散し，副産物として生成した O_2 は細胞外に拡散する．両方の溶質は濃度勾配に従って移動する（図 7.10，図 10.22 を参照）．

11 能動輸送では，エネルギー（通常 ATP から供給される）が濃度勾配に逆らった溶質の移動のために用いられる（図 7.16 参照）．

エキソサイトーシス（段階 5 で示した）およびエンドサイトーシスはより大きな物質を細胞外や細胞内に移動させる（図 7.9，図 7.19 を参照）．

液胞
7 葉緑体での光合成
CO_2
H_2O
有機分子
O_2
8 ミトコンドリアでの細胞呼吸
ATP
ATP
ATP
ATP
輸送ポンプ
11
10
9
O_2
CO_2
H_2O

関連性を考えよう➤解糖系で最初に機能する酵素はヘキソキナーゼである．この植物細胞において，この酵素が何によってつくられ，どこで機能するのかについて，各段階の場所を特定しながら，全体の過程を説明しなさい（図 5.18，図 5.22，図 9.9 を参照）．

10 章のまとめ

重要概念のまとめ

10.1

光合成は光エネルギーを栄養物の化学エネルギーに変換する

- **独立栄養**の真核生物においては，光合成は**チラコイド**をもつ**葉緑体**という細胞小器官で行われる．チラコイドが積み重なってグラナを形成する．**光合成**は次の式で表される．

$$6\,CO_2 + 12\,H_2O + \text{光エネルギー} \rightarrow C_6H_{12}O_6 + 6\,O_2 + 6\,H_2O$$

葉緑体は水を水素原子と酸素原子に分解し，水素原子の電子は糖分子に取り込まれる．光合成は酸化還元反応である．すなわち，H_2O が酸化され，CO_2 が還元される．チラコイド膜の**明反応**によって水が分解し，酸素が発生し，そして ATP と **NADPH** が生成する．**ストロマ**の**カルビン回路**によって CO_2 から糖が合成される．その際，エネルギー源として ATP，還元力として NADPH がそれぞれ使われる．

? 呼吸と光合成における CO_2 と H_2O の役割を比較して説明しなさい．

10.2

明反応は太陽エネルギーを ATP と NADPH の化学エネルギーに変換する

- 光は，電磁エネルギーの 1 種である．私たちの眼に見える**可視光**の中に光合成を起こさせる**波長**がある．**クロロフィル *a*** は植物の主要な光合成色素である．他の補助色素によってさまざまな波長の光が吸収され，そのエネルギーがクロロフィル *a* に伝えられる．
- 1 個の**光子**が色素分子 1 個の電子を高エネルギーの軌道に押し上げげたときに，その色素は基底状態から励起状態に至る．この励起状態は不安定である．単離された色素分子の場合，その電子は基底状態に戻ろうとし，その際に熱または光を放つ．
- **光化学系**は**反応中心複合体**とそれを囲む**集光性複合体**から構成されている．集光性複合体は光子のエネルギーを反応中心複合体に集める．反応中心のクロロフィル *a* 分子の特別な 1 対がエネルギーを吸収すると，その電子の 1 つが高エネルギー状態へと遷移し，**一次電子受容体**に渡される．**光化学系Ⅱ**はその反応中心に P680 というクロロフィル *a* 分子をもち，**光化学系Ⅰ**は P700 というクロロフィル *a* 分子をもつ．
- 明反応において，2 つの光化学系を使う**線状電子伝達**によって NADPH，ATP，そして酸素が生成する．

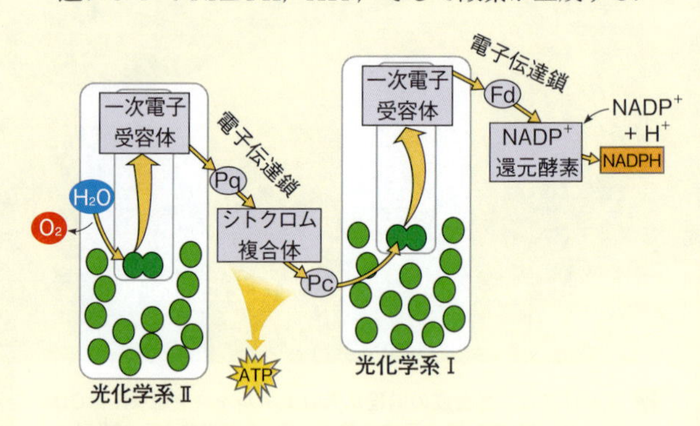

一次電子受容体
電子伝達鎖
Pq
シトクロム複合体
Pc
H2O
O2
ATP
光化学系Ⅱ
一次電子受容体
電子伝達鎖
Fd
NADP+還元酵素
NADP+ + H+
NADPH
光化学系Ⅰ

- **環状電子伝達**は光化学系Ⅰのみで行われ，ATP は合成されるが，NADPH と O_2 は生成しない．
- ミトコンドリアと葉緑体における化学浸透の過程で，電子伝達鎖は膜を横切る H^+ 勾配を形成する．ATP 合成酵素はこのプロトン駆動力を利用して ATP を合成する．

? クロロフィル *a* の吸収スペクトルは光合成の作用スペクトルと一致しない．この理由を説明しなさい．

10.3

カルビン回路は ATP と NADPH を使って CO_2 を還元して糖を合成する

- カルビン回路の反応はストロマで，NADPH の電子と ATP のエネルギーを使って行われる．3 分子の CO_2 の固定に対して 1 分子の割合でグリセルアルデヒド 3-リン酸（G3P）が回路から出て，グルコースや他の有機分子に変換される．

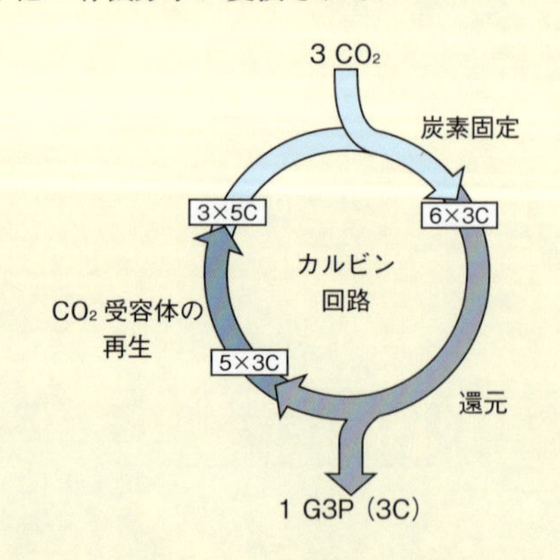

3 CO2
炭素固定
6×3C
3×5C
カルビン回路
CO2 受容体の再生
5×3C
還元
1 G3P（3C）

描いてみよう➤ 左ページ下の模式図に，ATP と NADPH がどの段階で使われ，ルビスコはどの段階で働くか，図示しなさい．また，これらの段階について説明しなさい．

10.4

高温・乾燥の気候帯で，炭素固定の別の機構が進化した

- C_3 **植物**は乾燥した高温の日中に気孔を閉じて水分を保つ．明反応に由来する O_2 が蓄積する．**光呼吸**では，**ルビスコ**の活性部位が，CO_2 でなく O_2 に取って代わられる．光呼吸の過程で有機燃料が消費され，ATP と糖を生産することなく CO_2 を放出する．光呼吸は進化的な名残であり，光防御の役割をもつかもしれない．
- C_4 **植物**は，CO_2 を葉肉細胞の C_4 化合物に取り込むことにより，光呼吸という損失を最小限にしている．C_4 化合物は**維管束鞘細胞**に輸送され，そこで二酸化炭素を脱離し，それがカルビン回路で使われる．
- **CAM 植物**は夜間に気孔を開いて CO_2 を有機酸に取り込み，その有機酸は葉肉細胞に蓄えられる．日中は気孔が閉じられ，CO_2 が有機酸から外されてカルビン回路で使われる．
- 光合成で合成された有機化合物は生態系でエネルギーと生体物質の素材となる．

? C_4 植物と CAM 植物の光合成が，C_3 植物の光合成よりも多くのエネルギーを必要とするのはなぜか．C_4 植物と CAM 植物にとってどのような気候条件が好ましいか．

10.5

生命は光合成に依存している

- 光合成で合成された有機化合物は生態系でエネルギーと生体物質の素材となる．

? どのようにすべての生物は光合成に依存しているのか説明しなさい．

理解度テスト

レベル 1：知識／理解

1. 光合成の明反応で，カルビン回路に供給しているものは次のうちどれか．
   (A) 光エネルギー　(C) H_2O と NADPH
   (B) CO_2 と ATP　(D) ATP と NADPH
2. 光合成における電子の流れを正しく表しているのは次のうちどれか．
   (A) NADPH → O_2 → CO_2
   (B) H_2O → NADPH → カルビン回路
   (C) H_2O → 光化学系 I → 光化学系 II
   (D) NADPH → 電子伝達鎖 → O_2
3. C_4 植物と CAM 植物の光合成において似ている点は何か．
   (A) 両方とも，光化学系 I のみを用いる．
   (B) 両方の植物とも，カルビン回路を用いないで糖をつくる．
   (C) 両方とも，ルビスコは炭素固定の最初の段階では使われない．
   (D) 両方の植物とも，暗期にほとんどの糖を合成する．
4. 独立栄養生物と従属栄養生物の違いを正しく述べた文は次のうちどれか．
   (A) 独立栄養生物は CO_2 と無機栄養物だけで生きていくことができるが，従属栄養生物はそうではない．
   (B) 従属栄養生物のみが環境に由来する化学物質を必要とする．
   (C) 細胞呼吸は従属栄養生物に特有である．
   (D) 従属栄養生物のみがミトコンドリアをもつ．
5. カルビン回路で起こらないのは，次のうちどれか．
   (A) 炭素固定　(C) 酸素発生
   (B) NADPH の酸化　(D) CO_2 受容体の再生

レベル 2：応用／解析

6. 光リン酸化反応と，その「機構」において最も似ているものは次のうちどれか．
   (A) 解糖における基質レベルのリン酸化
   (B) 細胞呼吸における酸化的リン酸化
   (C) 炭素固定
   (D) $NADP^+$ の還元
7. 光エネルギーによって最も直接的に起こされる過程は次のうちどれか．
   (A) チラコイド膜を横切るプロトンの能動輸送による pH 勾配の形成
   (B) $NADP^+$ 分子の還元
   (C) 色素分子から色素分子へのエネルギー伝達
   (D) ATP 合成

レベル 3：統合／評価

8. **科学，技術，社会**　科学的な証拠によって，木材や化石燃料の燃焼によって大気中に増加した CO_2

が，地球全体を暖める，つまり，地球の温度上昇をもたらすことが示されている．熱帯雨林の光合成量は地球全体の光合成のおよそ20%と見積もられている．しかし，熱帯雨林の樹木が大量のCO_2を消費しても，地球温暖化の正味の減少にはほとんどあるいはまったく寄与しないと考えられている．これはなぜだろうか（ヒント：生きた樹木と枯死した樹木の両方において，どのような過程でCO_2が発生するだろうか）．

9. **進化との関連**　光呼吸は，ダイズの光合成による生産を約50%も減少させてしまう．この数字はダイズに近縁の野生種の場合に比べて高いだろうか，あるいは低いだろうか．その理由は何か．

10. **科学的研究・関連性を考えよう**　下図は単離したチラコイドでの実験を示している．チラコイドをまず，pH 4の溶液に浸して，酸性にした．チラコイド内腔がpH 4に達した後で，そのチラコイドをpH 8のアルカリ溶液に移した．そうすると，チラコイドは暗所でATPを合成した（3.3節を参照し，pHを復習しなさい）．

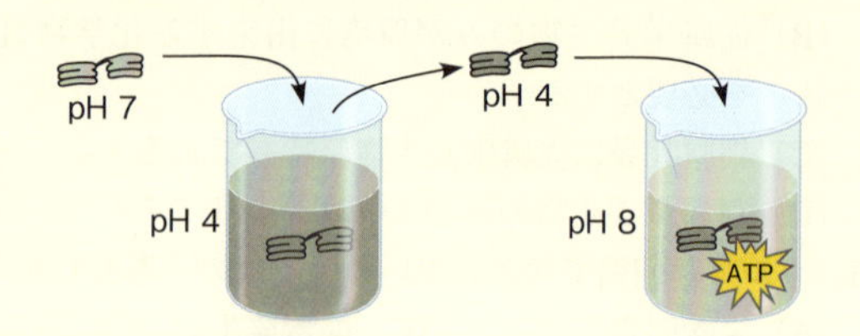
pH 7
pH 4
pH 4
pH 8
ATP

pH 8の溶液が入ったビーカーのチラコイド膜の拡大図を描きなさい．次に，ATP合成酵素を描きなさい．H^+が高濃度の部位と低濃度の部位を図に示しなさい．ATP合成酵素を通るプロトンの流れの方向を示し，ATP合成が行われる反応を示しなさい．ATPはチラコイドの内側でつくられるか，あるいは外側につくられるか．この実験でチラコイドが暗所でATPを合成することができた理由を説明しなさい．

11. **テーマに関する小論文：エネルギーと物質**　生命活動は太陽に依存している．生物圏のほとんどの生産者は，生物に必要なエネルギーと炭素骨格を供給する有機分子を生産するためのエネルギーを太陽に依存している．植物の葉緑体で行われる光合成の過程によって，どのようにして太陽エネルギーを糖分子の化学エネルギーに変換しているかについて，300〜450字で記述しなさい．

12. **知識の統合**

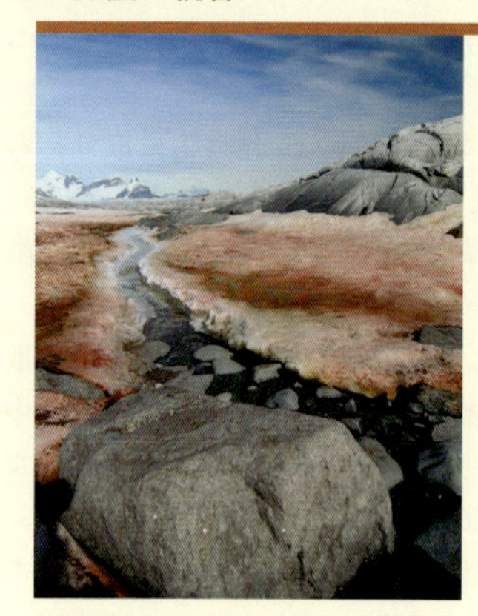

南極の「スイカ雪」は0℃以下の温度で成長する光合成緑藻の1種*Chlamydomonas nivalis*によって引き起こされる．これらの藻類は万年雪の高地でも見つかる．どちらの場所も紫外線のレベルは高い傾向にある．本章で学んだことに基づいて，どうしてこれらの光合成藻類が赤ピンク色を呈しているのかの説明を提案しなさい．

（一部の解答は付録A）

細胞の情報連絡 11

▲図 11.1　細胞のシグナル伝達はどのようにして，このインパラの必死の逃走を開始させるのだろうか．

重要概念

- **11.1**　外部シグナルが細胞内で変換されて応答を導く
- **11.2**　受容：シグナル分子が受容体タンパク質に結合して，そのタンパク質の構造変化を引き起こす
- **11.3**　変換：分子間相互作用のカスケードによりシグナルが受容体から細胞内の標的分子へ伝達される
- **11.4**　応答：細胞のシグナル伝達により転写や細胞質の活動の調節が誘導される
- **11.5**　アポトーシスは多数のシグナル伝達経路の統合によって行われる

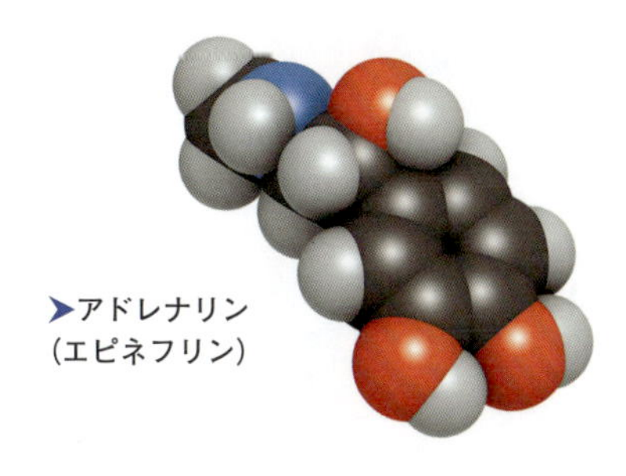

➤アドレナリン（エピネフリン）

細胞間の通信

図 11.1 のインパラは，捕食者チータがその後ろ脚に噛みつこうとするのをなんとか避けようと命がけで逃げている．インパラの呼吸は速まり，心臓は激しく拍動し，両足は猛烈に上下している．これらの生理学的機能のどれもが「闘争–逃走」反応の一部であり，ストレスが生じたときに（この場合はインパラがチータの気配を感じたとき）副腎から放出されるホルモンによって引き起こされる．インパラの数兆もの細胞が互いに「会話」し，それらの活動を相互に調整することができるのは，どのようなシステムによるのだろうか．

細胞は互いにシグナルを発し，他の細胞や環境から受け取ったシグナルを解釈することができる．シグナルには光や接触も含まれるが，最も多いのは化学物質である．ここに示した逃走反応はアドレナリン（エピネフリンともよばれる．左下の空間充填モデル参照）とよばれるシグナル分子によって引き金が引かれる．細胞間の情報連絡の研究の中で，生物学者たちはすべての生物の進化的類縁性に関する多くの証拠を発見してきた．細胞間のシグナル伝達[*1]に関する同様な機構が，細菌のシグナル伝達からがん化を引き起こす胚発生の過程に至るまで，多様な種にお

＊1（訳注）:「シグナル伝達」と「シグナル変換」について，日本では今まで signal transduction を「シグナル伝達」と訳してきた．しかし，最近の研究の方向は signaling と signal transduction を分けている．そこで，signaling を「シグナル伝達」，signal transduction を「シグナル変換」とした．シグナルが受容体に受容され，シグナルをカスケードのように伝達していくのであるが，これは 1 段階ずつリン酸化によりシグナルを伝達するタンパク質キナーゼが構造変化を起こし，情報を増幅していくので，「シグナルが変換される」と見るのが科学的には正しいであろう．また，物理学，化学，生化学，情報学，電子工学などでは transduction を「変換」として用いているので，生物学においても，自然科学の共通用語として用いるべきであると思う．従来の日本で使われてきたカスケードによる「シグナル伝達」という発想もそれなりに捨てがたいが，ここでは科学的に正確な表現を採用した．

いて存在することが繰り返し明らかにされてきた．本章では，他の細胞から送られた化学シグナルを受容し，変換し，そして応答する主要な機構に焦点を当てる．本章ではまた，複数のシグナル伝達経路からの入力を統合する過程であるプログラム細胞死の１つの型である「アポトーシス」についても取り上げる．

11.1

外部シグナルが細胞内で変換されて応答を導く

「話し手」の細胞は「聴き手」の細胞に何を話して，「聴き手」のほうはそのメッセージにどのように応答しているのであろうか．それはすなわち，細胞の情報連絡である．これらの問題に取りかかるために，まず微生物の情報連絡を見ていこう．

細胞間シグナル伝達の進化

進化　細胞の「会話」に関する主題の１つは性である．パンやワインやビールを製造するのに利用される単細胞の酵母 *Saccharomyces cerevisiae* は，化学的なシグナル伝達によって配偶者を識別する．酵母には a と α とよばれる２つの性，つまり接合型がある（図 11.2）．それぞれの接合型の細胞はもう一方の接合型の受容体のみに結合する特異的な因子を分泌する．互いに他方の因子に接すると，１対の細胞は形を変化させ，他方に向かって成長し，そして融合（接合）する．新しい a／α 細胞は両方のもとの細胞がもつ遺伝子をすべてもつ．遺伝的資源の合体は，次の細胞分裂で生まれる子孫の細胞にとって有利となる．

接合因子と受容体の間の固有の組み合わせは，酵母という同じ種の細胞同士のみの接合を保証する*2．最近，研究者たちは酵母細胞を遺伝的に改変させて，変異した受容体と接合因子をもつ細胞をつくることができた．変化した受容体と接合因子のタンパク質は互いに結合するが，親細胞のもともとのタンパク質とは結合しない．遺伝的に改変された細胞は，したがって互いに接合できるが親の集団とは接合しない．この事実は受容体と接合因子をコードする遺伝子の変異は新種の成立をもたらし得るという仮説を支持する．

酵母細胞表面の受容体で接合因子に結合することによって，どのようにして接合という細胞応答を起こさせるシグナルを発するのだろうか．これは，「シグナル変換経路」とよばれる一連の段階によって行われる．このような多くの経路が酵母と動物細胞に存在する．実際，酵母と哺乳類でのシグナル変換の分子機構の詳細は，両者の共通祖先が生きていたのが 10 億年以上も前であるにもかかわらず，驚くほどよく似ている．細胞のシグナル伝達機構の原始的な形が，地球上に最初の多細胞生物が出現する 10 億年以上も前に，進化したことを示唆している．

科学者たちは，シグナル伝達機構が太古の原核生物と酵母のような単細胞の真核生物で最初に進化し，その後，子孫の多細胞生物に受け継がれて，新しい使われ方がされるようになったと考えている．細胞のシグナル伝達は原核生物の間でも決定的に重要である．たとえば，細菌細胞は他の細菌細胞が認識することができる分子を分泌する（図 11.3）．このような分子の濃度を感知して，細菌は自分たちの局所的な細胞密度を監視することができる．この現象は「クォラムセンシング quorum sensing」とよばれている．

集団として同調的に活動するために一定の細胞数が必要な場合，細菌はクォラムセンシングによって行動を互いに調整することができるのである．１つの例は「バイオフィルム」，つまり，細菌が物の表面に付着してできる細胞集塊の形成である．バイオフィルムの

▼図 11.2　**接合する酵母細胞間の情報連絡．** 酵母 *Saccharomyces cerevisiae* の細胞は，化学的なシグナル伝達によって他方の接合型の細胞を識別して，接合の過程に入る．２つの接合型と，それに対応する化学シグナル，つまり接合因子は，それぞれ a および α とよばれる．

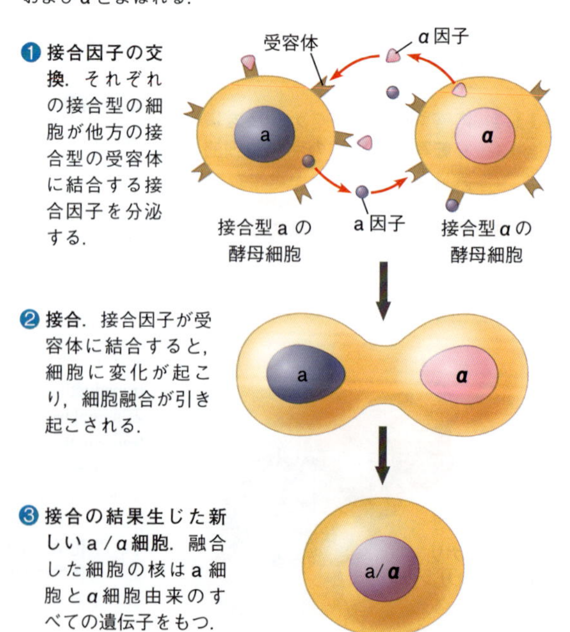
❶ 接合因子の交換．それぞれの接合型の細胞が他方の接合型の受容体に結合する接合因子を分泌する．
受容体
α因子
a
α
a因子
接合型 a の酵母細胞
接合型 α の酵母細胞
❷ 接合．接合因子が受容体に結合すると，細胞に変化が起こり，細胞融合が引き起こされる．
a
α
❸ 接合の結果生じた新しい a／α 細胞．融合した細胞の核は a 細胞と α 細胞由来のすべての遺伝子をもつ．
a/α

＊2（訳注）：酵母という名称は単細胞の菌類の総称である．*Saccharomyces cerevisiae* は酵母の中の１種である．

細胞は存在場所の表面から栄養を得ていることが多い．読者は，たぶん気づかずに，何度もバイオフィルムに出会っていたことだろう．森の小道に横たわる倒木や落ち葉のネバネバした被膜や，朝起きたときの歯の表面は細菌のバイオフィルムの例である．歯磨きやデンタルフロスを使ってバイオフィルムを除去しないと，虫歯や歯周病の原因になる．

クォラムセンシングによる細菌の行動の調整の別の例は，医学的に重篤な結果をもたらす例の1つである．それは，感染した細菌が分泌する毒素である．抗生物質による治療は，細菌のある特定の株で進化した抗生物質耐性菌による感染では，効果がないことがある．クォラムセンシングで使われているシグナル伝達経路を阻害する方法は，代わりとなる見込みのある治療法の一例である．次ページの**問題解決演習**で，この新しい方法についての科学的思考の過程にあなたも参加することができる．

局所的および長距離のシグナル伝達

細菌や酵母の細胞と同様，多細胞生物の細胞は，通常，すぐ隣あるいは離れた細胞を標的にした化学的なメッセンジャー（シグナル分子）を介して情報の連絡を行っている．6.7節と7.1節で見たように，真核細胞は直接の接触によっても情報連絡が可能である．これは局所的シグナル伝達の1つの型である（図11.4）．動物と植物はともに，隣接する細胞の細胞質を直接つなぐ細胞間連絡構造を，すべての細胞というわけではないが，もっている（図11.4 a）．この場合，サイトゾルに溶けているシグナル物質が隣接する細胞間を自由に通ることができる．さらに，動物細胞は膜に結合した細胞表面にある分子間の直接的な接触を介して，細胞間認識とよばれる過程で情報の連絡を行うことができる（図11.4 b）．この型の局所的シグナル伝達は，胚発生や免疫応答のような過程において重要である．

他の多くの局所的シグナル伝達の場合，シグナル伝達分子はシグナル伝達を行う細胞が分泌する．シグナル伝達分子の中には，短距離のみを移動するものがある．これら局所調節因子は，その近傍の細胞に影響を与える．動物におけるこのタイプの局所的シグナル伝達は「パラクリン型シグナル伝達」とよばれている（図11.5 a）．動物での局所調節因子の部類の1つである「成長因子」は，近くの標的細胞の成長と増殖を促進する．多数の細胞が，近傍の1個の細胞によってつくられた成長因子の分子を受容し，そして応答することが可能である．

さらに特殊化した，「シナプス型シグナル伝達」とよばれている局所的シグナル伝達が動物の神経系で行われている（図11.5 b）．神経細胞を伝っていく電気

▼図11.3 **細菌間の情報連絡．** 土壌に生息するミクソバクテリア myxobacteria（「粘液細菌」）とよばれる細菌は，化学シグナルを使って栄養物があるかどうかを互いに情報連絡し合っている．食物が欠乏すると，飢えた細菌細胞は，近くの細胞に凝集するように刺激する分子を分泌する．細胞たちは子実体とよばれる構造物を形成し，その子実体で，環境がよくなるまで生存できる厚い殻をもった胞子をつくる．ここに示したミクソバクテリアはミクソコッカス *Myxococcus xanthus* である（段階1〜3はSEM像，下の写真はLM像）．

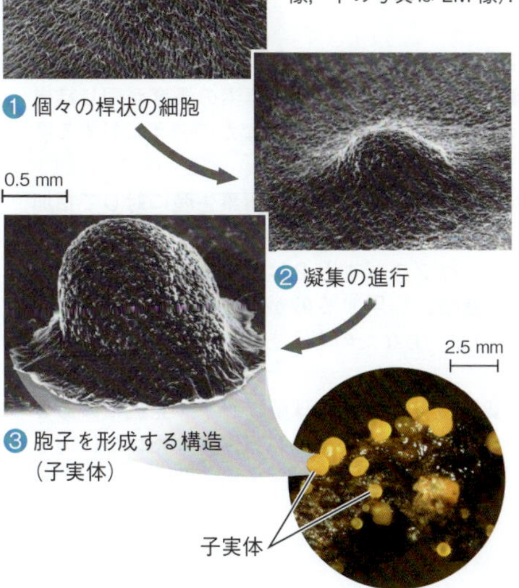

❶ 個々の桿状の細胞
0.5 mm
❷ 凝集の進行
2.5 mm
❸ 胞子を形成する構造（子実体）
子実体

▼図11.4 **細胞間の直接的な接触による情報連絡．**

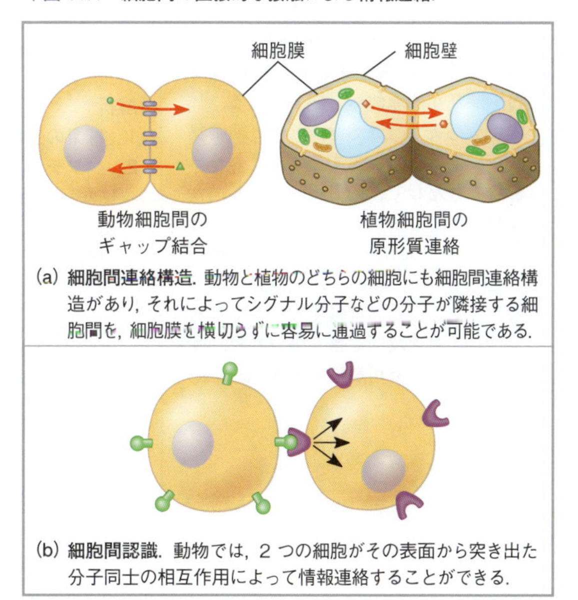

細胞膜
細胞壁
動物細胞間の
ギャップ結合
植物細胞間の
原形質連絡

(a) **細胞間連絡構造．** 動物と植物のどちらの細胞にも細胞間連絡構造があり，それによってシグナル分子などの分子が隣接する細胞間を，細胞膜を横切らずに容易に通過することが可能である．

(b) **細胞間認識．** 動物では，2つの細胞がその表面から突き出た分子同士の相互作用によって情報連絡することができる．

問題解決演習

皮膚の傷は致死的になり得るか

「先週の試合で受けたそのすり傷が感染した．医者に行ったほうがいいかな．」コンタクトスポーツは，最高の体調のときでも身体上の危険が伴う．多くの場合，「コンタクト（身体の接触）」によって皮膚の傷を起こすことが多い．その傷は感染したり，もし抗生物質耐性菌による感染であれば死に至ることさえある．

MRSAとよばれる抗生物質耐性菌の中のある株が少なくとも1人の高校生に感染したとき，何が起こるかを考えてみなさい．MRSAはメチシリン耐性黄色ブドウ球菌 *Staphylococcus aureus* のことで，メチシリンだけでなくさまざまな抗生物質に対して耐性をもつ細菌の中の1つである．ほとんどの黄色「ブドウ球菌」による感染は抗生物質耐性ではないので抗生物質による治療が可能である．

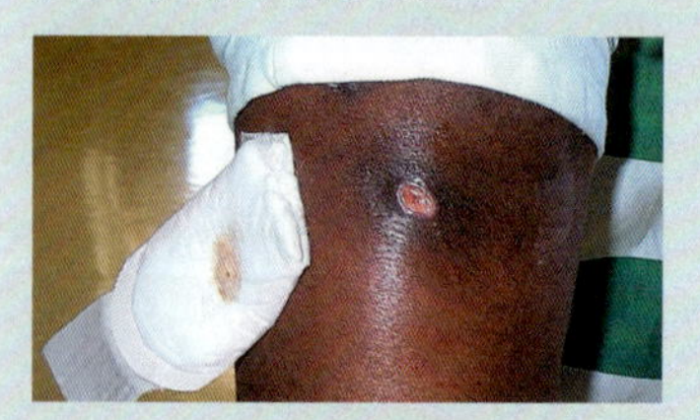

メチシリン耐性黄色ブドウ球菌 *Staphylococcus aureus* は健康な皮膚に存在するふつうの細菌の1種だが，切り傷やすり傷を通して組織に入ると，深刻な病原体へと変わり得る．体内に入った場合，*S. aureus* の細胞集団が一定の密度に達すると，それらは毒素を分泌して体内の細胞を殺し，かなりの炎症と傷害をもたらす．およそ100人に1人が一般的な抗生物質に耐性をもつ *S. aureus* の保菌者であるため，その人たちは軽度の感染であったとしても永続的な害を受けたり，死に至ったりする可能性さえある．

この演習では，細胞が自身の細胞集団の密度を感知する機構（いわゆる「クォラムセンシング」）を研究する．その目的はクォラムセンシングを阻止すると黄色ブドウ球菌の毒素生産を停止させることができるかどうかを解析することである．

方法

研究の前提になる事実は，黄色ブドウ球菌のクォラムセンシングには毒素の生産を可能にする2つの異なるシグナル変換経路がかかわっているという事実である．阻害剤の候補である2つの人工的に合成したペプチド（ペプチド1とペプチド2）は，黄色ブドウ球菌のクォラムセンシングを妨害するとされてきた．課題は，クォラムセンシングに対するこれら2つの見込みのある阻害剤が毒素の生産を可能にする2つの異なるシグナル変換経路のどちらか，あるいは両方を阻害するかどうかを調べるための試験を行うことである．

実験のために，黄色ブドウ球菌の4つの培養を細胞密度が高くなるまで培養した．ただし，すべて同じ細胞密度に成長させた．そして培養中の毒素の濃度を測定した．対照の培養にはペプチドを添加していない．他の培養では，培養開始前に候補となる阻害ペプチドの片方または両方を培地に混ぜておいた．

データ

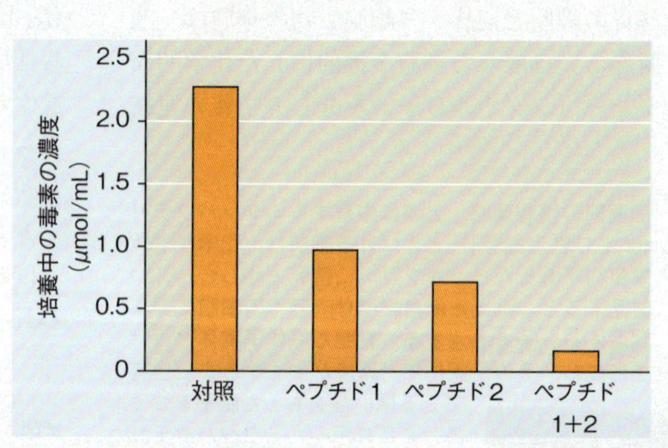
2.5
2.0
1.5
1.0
0.5
0
培養中の毒素の濃度
(μmol/mL)
対照
ペプチド1
ペプチド2
ペプチド
1+2

データの出典　N. Balaban et al., Treatment of *Staphylococcus aureus* biofilm infection by the quorum-sensing inhibitor RIP, *Antimicrobial Agents and Chemotherapy* 51 (6): 2226-2229 (2007).

解析

1. 毒素の生産について，最大から最小へ順位をつけなさい．
2. ペプチドを添加した培養のうち，対照の培養と毒素の濃度が同じ結果になったものがあるとすれば，それはどれか．あなたの考えに対する証拠は何か．
3. 培地にペプチド1と2の両方が存在する場合，毒素生産に対して相加的な効果はあったか．あなたの考えに対する証拠は何か．
4. これらのデータに基づいて，ペプチド1と2は毒素生産を引き起こす同一のクォラムセンシング経路に作用するのか，あるいはそれぞれ2つの異なる経路に作用するのか．あなたの考えを理由とともに述べなさい．
5. これらのデータは抗生物質耐性黄色ブドウ球菌に対する見込みのある治療法を示唆しているか．さらに研究するためには，あなたは他に何を知りたいか．

シグナルが，神経伝達分子という化学シグナルを分泌させる引き金になる．これらの分子は化学シグナルとして作用し，神経細胞とその標的細胞の間のせまい空間であるシナプスを横切って拡散し，標的細胞にある応答を引き起こす．

動物と植物はともに**ホルモン hormone** とよばれる化学物質を長距離のシグナル伝達に使っている．動物でのホルモンによるシグナル伝達，または「内分泌型シグナル伝達」ともよばれているシグナル伝達においては，特化した細胞がホルモン分子を放出する．そのホルモン分子は循環系を経由して体の他の部位にある標的細胞までたどり着き，標的細胞はそのホルモンを認識し，応答する（図 11.5 c）．植物ホルモン（しばしば，「成長調節物質」とよばれる）は，道管を通って移動することもあるが，多くの場合，細胞の中を通って移動するか，気体として空気中を通って標的に到達する（39.2 節参照）．ホルモンは，局所調節因子と同様，分子の大きさや種類は非常に多様である．たとえば，植物ホルモンの 1 つ，エチレンは果実の成熟の促進や成長を制御する気体であるが，細胞壁を容易に通ることができるたった 6 個の原子からなる炭化水素（C_2H_4）である．対照的に，哺乳類のホルモンで，血糖量を調節するインスリンは，数千の原子からなるタンパク質である．

潜在的な標的細胞が，分泌されたシグナル分子に接触したとき，どのようなことが起こるだろうか．細胞が応答する能力は，その細胞がそのシグナルに結合する特異的な受容体をもっているかどうかで決まる．このような結合によって伝えられた情報，つまり，シグナルは細胞がなんらかの応答をする前に細胞の中で別の形に「変換」される必要がある．これ以後，本章ではおもに動物細胞で起こる「変換」の過程について考察する．

細胞のシグナル伝達における 3 つの反応段階：概要

シグナル分子がシグナル変換経路を介して，どのように作用するかについての，現在の私たちの理解は，エール・W・サザランド Earl W. Sutherland のパイオニア的研究に源を発している．彼はその研究によって，1971 年にノーベル賞を受賞した．サザランドと共同研究者は，ヴァンダビルト大学（米国テネシー州）で，肝細胞や骨格筋細胞内に貯蔵された多糖のグリコーゲンの分解促進によって起こる動物の「闘争–逃走」反応が，ホルモンのアドレナリンによってどのようにしてその引き金が引かれるかを研究していた．グリコーゲンの分解によってグルコース 1–リン酸という糖が生じ，細胞はそれをグルコース 6–リン酸に変換する．肝細胞と筋細胞は次に，解糖の初期段階の中間産物であるこの化合物を，エネルギーを取り出すために利用する（図 9.9 参照）．これとは別に，この化合物はリン酸基を外されて，グルコースとして肝細胞から血液中に放出され，体中の細胞にエネルギー源として供給される．したがって，アドレナリンの作用の 1 つは身を守ったり（闘争），図 11.1 のインパラがしているように恐いものから逃走したりする際に貯蔵燃料物質を

▼図 11.5 **動物における局所的および長距離のシグナル分子の分泌による細胞間情報連絡．** 局所的および長距離の細胞間情報連絡の両方において，特定の化学シグナルを認識できる特異的な標的細胞のみがそのシグナルに対して応答する．

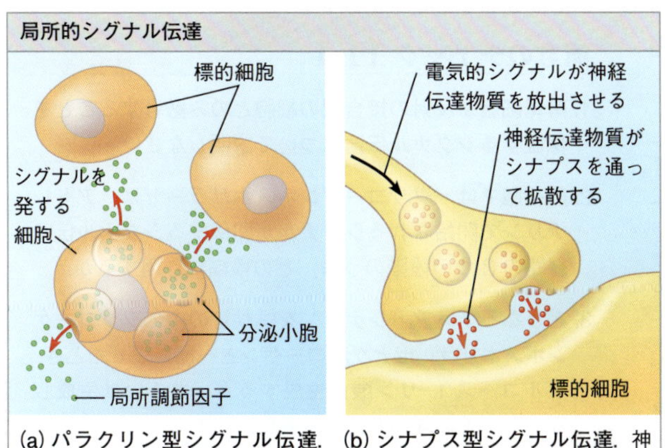

局所的シグナル伝達
標的細胞
シグナルを発する細胞
分泌小胞
局所調節因子
電気的シグナルが神経伝達物質を放出させる
神経伝達物質がシナプスを通って拡散する
標的細胞

(a) **パラクリン型シグナル伝達．** シグナルを発する細胞は局所調節因子（例：成長因子）を分泌して近くの標的細胞に作用する．

(b) **シナプス型シグナル伝達．** 神経細胞は神経伝達物質の分子をシナプスに放出して，筋細胞や他の神経細胞などの標的細胞を刺激する．

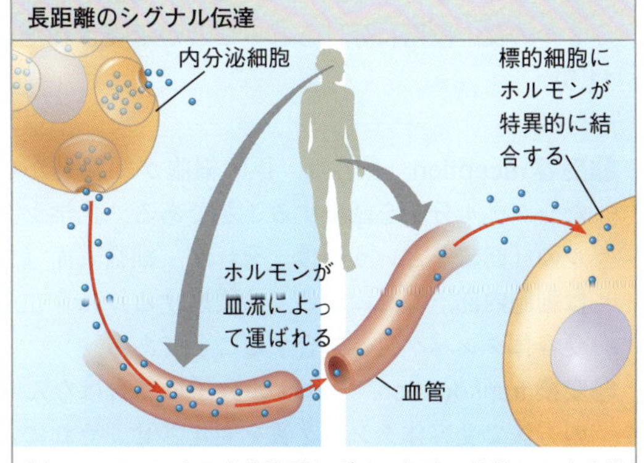

長距離のシグナル伝達
内分泌細胞
標的細胞にホルモンが特異的に結合する
ホルモンが血流によって運ばれる
血管

(c) **ホルモンによる内分泌型シグナル伝達．** 特化した内分泌細胞が体液中（多くの場合，血液）にホルモンを放出する．ホルモンは体中のほとんどすべての細胞に到達するが，特定の細胞にのみ結合して作用する．

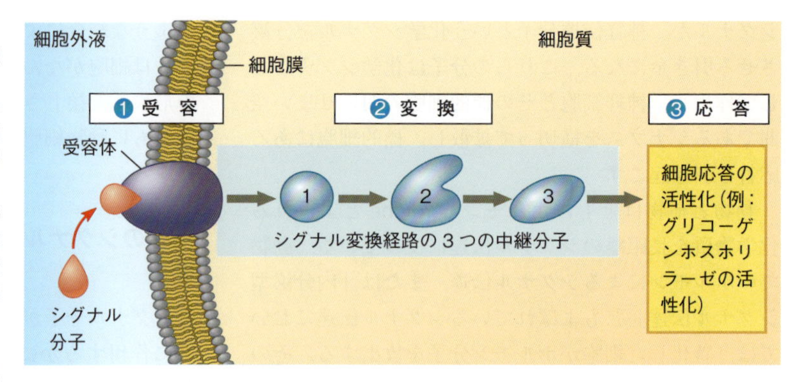
細胞外液
細胞質
細胞膜
❶受 容
❷変 換
❸応 答
受容体
1
2
3
シグナル変換経路の3つの中継分子
細胞応答の活性化(例:グリコーゲンホスホリラーゼの活性化)
シグナル分子

➤図 11.6　**細胞のシグナル伝達の概観．** 細胞による情報の受容を概観すると，細胞のシグナル伝達は，シグナルの受容，シグナルの変換，細胞の応答の，3つの段階に分けることができる．この図の例のように，シグナルの受容が細胞膜で行われる場合は，その変換の過程は通常，いくつかの段階からなり（この図では3つの場合を示す），経路の特異的な各中継分子は次の段階の分子になんらかの変化を起こさせる．経路の最後の分子は細胞応答の引き金を引く．

図読み取り問題➤サザランドの実験で，アドレナリンはこの模式図のどこに該当するか．

利用可能な形に動員することである．

サザランドの研究チームは，アドレナリンによって，サイトゾルにあるグリコーゲンホスホリラーゼという酵素がなんらかの機構で活性化され，その活性型酵素がグリコーゲンの分解を促進することを発見したのである．しかし，その酵素と基質であるグリコーゲンの混液が入った試験管にアドレナリンを添加しても，グリコーゲンの分解は起こらなかった．アドレナリンは無傷の（インタクトな）細胞を含む溶液に加えたときにのみ，グリコーゲンホスホリラーゼを活性化することができた．この結果はサザランドに2つのことを教えた．1つは，アドレナリンが，グリコーゲンの分解にかかわる酵素に直接作用するのではないこと．要するに，中間段階または一連の反応段階が細胞内部で起こらなければならないこと．2つ目は，膜で包まれた無傷の（インタクトな）細胞の存在が，アドレナリンというシグナルの伝達に必須ということである．

サザランドの研究によって，細胞間の情報連絡の受け取り手側で進行する過程が，受容，変換，応答という3つの反応段階に分けられることが示唆された（図11.6）．

❶**受容 reception.** 受容は，標的細胞が細胞外からきたシグナル分子を認識することである．化学シグナルの「認識」というのは，それが，細胞表面（または細胞内部，これについては後述する）に存在する受容体タンパク質と結合することである．

❷**変換 transduction.** シグナル分子の結合はなんらかの方法で受容体タンパク質を変化させ，それによって変換の過程が開始する．変換の段階で，シグナルは特異的な細胞応答を引き起こし得る形に変換される．サザランドの実験系では，アドレナリンが肝細胞の細胞膜にある受容体タンパク質に結合すると，グリコーゲンホスホリラーゼが活性化された．変換は1段階で起こる場合があるが，多くの場合は，**シグナル変換経路 signal transduction pathway** とよばれる一連の異なる分子による反応鎖を必要とする．その経路の分子は中継（リレー）分子とよばれることが多い．

❸**応答 response.** 細胞のシグナル伝達の，3番目の段階で，変換されたシグナルが最終的に，特異的な細胞応答の引き金を引く．その応答は，酵素（たとえばグリコーゲンホスホリラーゼ）による触媒作用や，細胞骨格の再編成，核内の特異的な遺伝子の活性化など，ほとんど思いつく限りのあらゆる細胞の活動である．細胞のシグナル伝達は，これらの重要な過程が，しかるべき細胞で，しかるべきときに，そしてその生物の他の細胞と正しく調和して起こることを保証するために機能している．それでは，細胞のシグナル伝達の機構の詳細を，その過程の制御や終結についての考察も含めて見ていこう．

概念のチェック 11.1

1. 酵母細胞が反対の接合型の細胞とのみ融合することを保証するシグナル伝達について説明しなさい．
2. 肝細胞では，グリコーゲンホスホリラーゼは，アドレナリンで開始されるシグナルが関係するシグナル伝達経路の3つの段階のうち，どの段階に作用するか．
3. **どうなる？➤**アドレナリンを試験管の中でグリコーゲンホスホリラーゼとグリコーゲンと一緒に混ぜたとき，グルコース 1-リン酸は生成するか，あるいは生成しないか．その理由も述べなさい．

（解答例は付録 A）

11.2

受容：シグナル分子が受容体タンパク質に結合して，そのタンパク質の構造変化を引き起こす

無線ルーターはそのシグナルを無差別に送信するが，正しいパスワードをもったコンピュータにのみ接続されることが多い．要するに，シグナルの受信は受信機に依存するのである．同様に，a 型の酵母細胞から発せられたシグナルは，期待される相手である α 細胞によってのみ「聴かれる」．図 11.1 のインパラの血流全体を循環しているアドレナリンの場合，そのホルモンは多くの種類の細胞にめぐり合うが，ある決まった標的細胞のみがアドレナリンを認識し，反応する．標的細胞の表面または内部の受容体タンパク質はその細胞に，そのシグナルを「聴かせ」，それに応答させることができる．シグナル分子は，受容体のある特異的な部位の形と相補的な形をしており，そこで結合する．それは，手袋をはめた手に似ている．シグナル分子は**リガンド ligand** としてふるまう．リガンドという術語は，別の分子（多くの場合，リガンド分子より大きい）に特異的に結合する分子を意味する．リガンドが結合すると，一般に，受容体タンパク質の形の変化を引き起こす．多くの受容体は，このような形の変化によって直接活性化され，他の細胞成分の分子との相互作用が可能になる．別の種類の受容体では，リガンド結合の直接の効果として，2 個あるいはそれ以上の受容体分子の会合が起こり，細胞内部で分子レベルの作用がさらに引き起こされる．大部分のシグナル受容体は細胞膜のタンパク質であるが，それら以外は細胞内に局在する．次に，これら両方のタイプの受容体について考察する．

細胞膜の受容体

細胞表面の受容体は動物のさまざまな生物学的システムにおいて，きわめて重要な役割を果たしている．ヒトの細胞表面の受容体の大きなタンパク質ファミリーは G タンパク質共役型受容体（G protein-coupled receptor：GPCR）である．800 種類以上の GPCR が存在している．図 11.7 に一例を示す．もう 1 つの例は，HIV が免疫細胞に侵入するために乗っ取る補助受容体である（図 7.8 参照）．この GPCR は，エイズの治療である程度成功を収めたマラビロクという薬剤の標的である．

ほとんどの水溶性シグナル分子は膜貫通型受容体タンパク質の特異的な部位に結合する．その受容体タンパク質は細胞外の環境からの情報を細胞内に伝達する．細胞表面の膜貫通型受容体タンパク質がどのように機能するかは，GPCR，受容体チロシンキナーゼ，そしてイオンチャネル受容体という，主要な 3 つのタイプの受容体に注目することによって理解できる．これらの受容体は図 11.8 で論じられ，図解されているので，先に進む前に，この図について学んでおいてほしい．

細胞表面の受容体が多くの重要な機能を果たしているとすれば，それらの受容体の機能不全がヒトのがんや心臓病や喘息（ぜんそく）などを引き起こすことは意外なことではない．その機能不全についてのよりよい理解と治療のために，大学の研究チームと製薬業界のおもな狙いはこれらの受容体の構造を解明することであった．

細胞表面の受容体はヒトの全タンパク質の 30% を占めているにもかかわらず，それらの構造を決定するのは困難なことであった．構造が決定された細胞表面の受容体は，X 線結晶解析（図 5.21 参照）によって構造が決定されたタンパク質の 1% にすぎない．その理由の 1 つは，細胞表面の受容体が柔軟な傾向にあり，元来不安定で，そのため結晶化が困難なことである．研究者たちの忍耐強い努力によって，図 11.7 に示す GPCR など少数の受容体の構造が初めて決定されるまでに何年も要したのである．この決定の場合，β-アドレナリン受容体は，膜の分子とともに存在し，なおかつ，そのリガンドと似た分子と結合したときのみ十分安定であったので，結晶化できたのであった．

▼図 11.7 G タンパク質共役型受容体（GPCR）の構造． この図はヒトの β_2-アドレナリン受容体のモデルである．この図の β_2-アドレナリン受容体はアドレナリンを結合しており，アドレナリンに類似した分子（緑色）と膜のコレステロール（オレンジ色）の存在下で結晶化することができた状態のものである．2 つの受容体分子（青色）が側面から見たリボンモデルで示されている．カフェインもこの受容体に結合することが可能である（章末「理解度テスト」の問 10 を参照）．

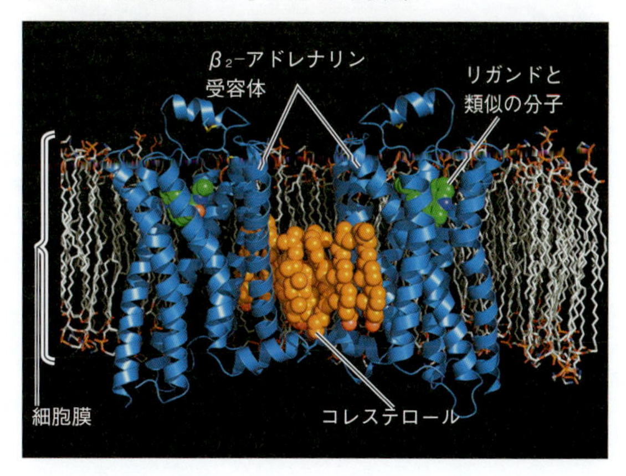
β2-アドレナリン
受容体
リガンドと
類似の分子
細胞膜
コレステロール

▼図 11.8　探究　細胞表面の膜貫通型受容体

G タンパク質共役型受容体

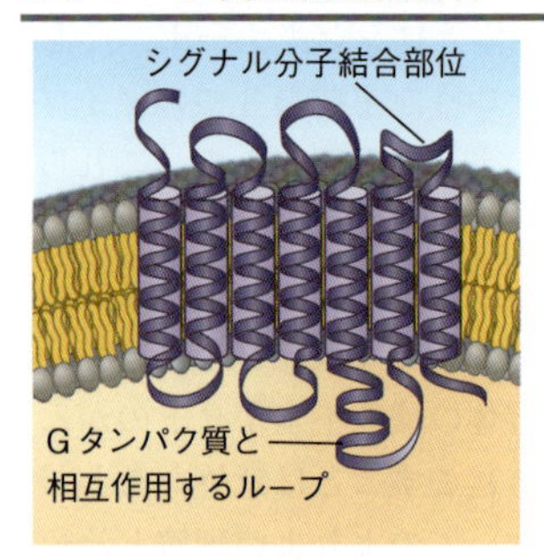
シグナル分子結合部位
G タンパク質と
相互作用するループ

G タンパク質共役型受容体

G タンパク質共役型受容体 G protein-coupled receptor (GPCR) は細胞表面の膜貫通型受容体の1つで，エネルギーに富む分子である GTP を結合した **G タンパク質 G protein** とよばれるタンパク質の助けを借りて機能する．GPCR を使っているシグナル分子は多く，しかもさまざまで，酵母の接合因子や，アドレナリンなどの多くのホルモン，神経伝達分子などが含まれる．

複数ある GPCR は，リガンドと細胞内の異なる G タンパク質を認識するためのさまざまな結合部位において違いがある．にもかかわらず，すべての GPCR のタンパク質は構造が非常によく似ている．事実，それらは真核生物の受容体タンパク質の大きなファミリーをなしており，リボンのように描いた 1 本のポリペプチドが膜を貫通する 7 つの α らせんからなる二次構造をもっている（わかりやすくするために，α らせんを筒の形で列に並べて描いてある）．らせんとらせんの間の特異的なループがシグナル分子（細胞の外）と G タンパク質分子（細胞質側）の結合部位を形成している．

GPCR のシステムはきわめて広汎で，胚発生や知覚における役割などさまざまな機能を担っている．たとえば，ヒトでは視覚も嗅覚も，また味覚も GPCR に依存している（50.4 節参照）．多様な生物がもつ G タンパク質と GPCR の構造が生物間で似ていることは，G タンパク質とそれが結合する受容体が真核生物の進化の非常に早い時期に出現したことを示唆している．

G タンパク質の機能欠損は細菌による感染などヒトの多くの病気にもかかわっている．コレラ，百日咳，ボツリヌス中毒などを起こす細菌に感染すると，患者はそれらの細菌がつくる毒素によって G タンパク質の機能が阻害されて病気になる．現在使われているすべての薬の 60% までが G タンパク質経路に作用するものである．

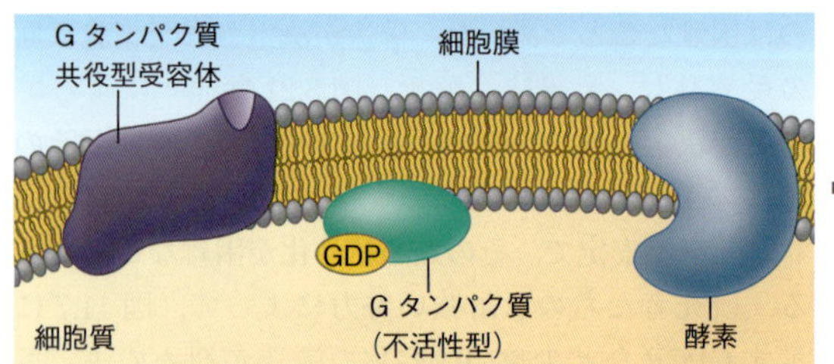
G タンパク質
共役型受容体
細胞膜
GDP
G タンパク質
(不活性型)
酵素
細胞質

❶ 細胞膜の細胞質側にゆるく結合した G タンパク質は，分子スイッチとして機能する．GDP または GTP の，2 つのグアニンヌクレオチドのどちらが結合するかによって，オンまたはオフのスイッチになる．そのため「G タンパク質」とよばれている（GTP，グアノシン三リン酸は ATP と似た分子である）．GDP が G タンパク質に結合すると，上に示すように，G タンパク質は不活性型になる．受容体と G タンパク質は別のタンパク質（通常は酵素）と相伴って機能を果たす．

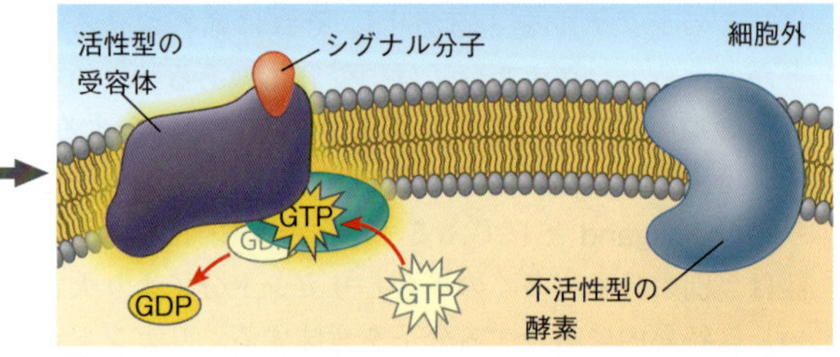
活性型の
受容体
シグナル分子
細胞外
GTP
GDP
GTP
不活性型の
酵素

❷ 受容体に特異的なシグナル分子が，その受容体の，細胞の外側の部位に結合すると，受容体は活性化されて形を変える．そのとき，受容体の細胞質側は不活性型の G タンパク質と結合して，GDP が GTP に置き換えられる．これによって G タンパク質は活性化される．

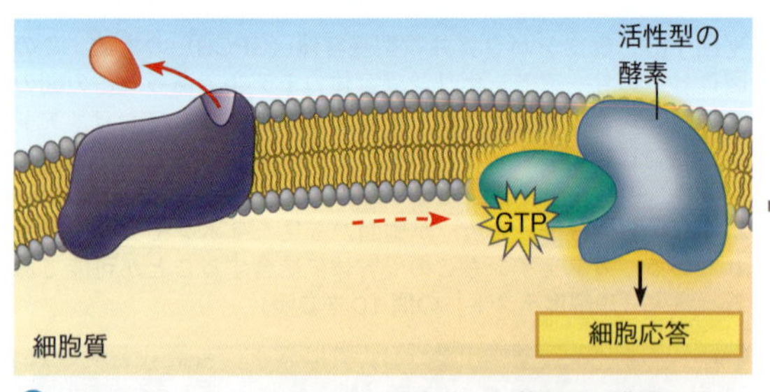
活性型の
酵素
GTP
細胞応答
細胞質

❸ 活性化された G タンパク質は受容体から離れて，膜面に沿って拡散し，ある酵素と結合してその酵素の形と活性を変化させる．その酵素が活性化されると，経路の次の段階の引き金が引かれ，細胞応答を導く．シグナル分子の結合は可逆的である．他のリガンドと同様に，何回も結合と解離を繰り返す．細胞外のリガンド濃度によって，リガンドの結合とシグナル伝達の開始の頻度が決まる．

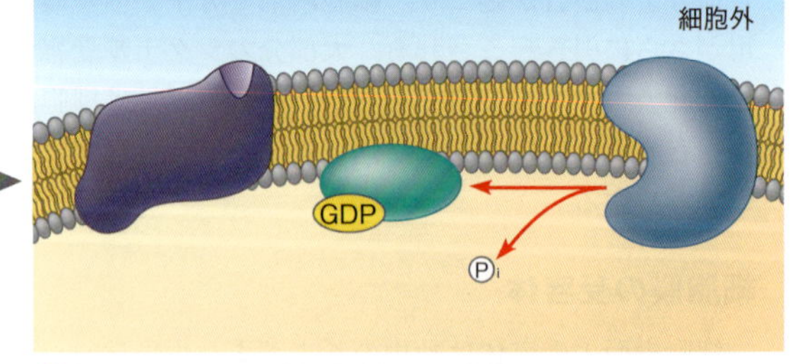
細胞外
GDP
Pi

❹ 酵素と G タンパク質の変化は，一過的なものである．なぜなら，G タンパク質は GTP アーゼという酵素機能ももっており，結合していた GTP を加水分解して GDP とリン酸を生じるからである．再び不活性型に戻った G タンパク質は酵素から離れ，もとの状態に戻る．こうして，G タンパク質は再利用が可能になる．G タンパク質の GTP アーゼ機能によって，シグナル分子がなくなったときに，反応経路を急速に停止させることができる．

受容体チロシンキナーゼ

受容体チロシンキナーゼ receptor tyrosine kinase（RTK） は細胞膜受容体の主要な部類（クラス）の1つに属し，酵素活性を有するという特徴をもつ．RTKは「タンパク質キナーゼ」，つまり，リン酸基をATPから別のタンパク質に転移する反応を触媒する酵素である．受容体タンパク質の細胞質に延びた部分が，基質タンパク質のアミノ酸のチロシンにATPのリン酸基を転移する反応を触媒するチロシンキナーゼとして特異的な酵素機能をもっている．つまり，ATPからリン酸基をアミノ酸であるチロシンに転移する反応を触媒する．したがって，RTKはリン酸基をチロシンに結合させる膜の受容体である．

成長因子のようなリガンドが結合すると，あるRTKが10またはそれ以上の異なるシグナル変換経路と細胞応答を活性化することができる．複数のシグナル変換経路を同時に開始させることが可能で，それによって細胞は細胞の成長や増殖の多くの局面で制御し，相互調整することができる．1つのリガンドの結合だけで多くの過程の引き金を引くことができるという能力は，RTKと，一般に単一のシグナル変換経路を活性化するGPCRとの重要な違いである．シグナル分子がなくても機能する異常なRTKは，多くのタイプのがんの発生と関係がある．

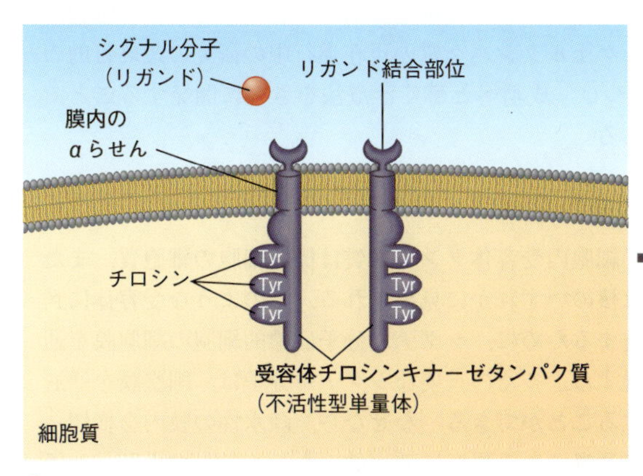
シグナル分子
（リガンド）
リガンド結合部位
膜内の
αらせん
チロシン
Tyr
受容体チロシンキナーゼタンパク質
（不活性型単量体）
細胞質

❶ 多くの受容体チロシンキナーゼはこの図で描いたような構造をもつ．シグナル分子が結合する前は，この受容体は個々の単位，つまり，単量体として存在する．各単量体が細胞外のリガンド結合部位と，膜を貫通するαらせん，そして，細胞内の，複数のチロシンをもつ尾部があることに注意しよう．

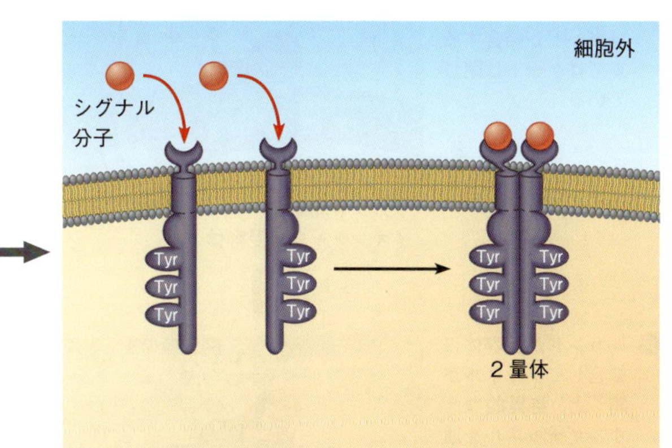
細胞外
シグナル
分子
Tyr
2量体

❷ 成長因子のようなシグナル分子が結合すると，2量体化とよばれる過程で，受容体の2つの単量体は互いに密着して2量体をつくる．大きな集合体をつくる場合もある．現在，単量体の会合の詳細の解明に研究の焦点が当てられている．

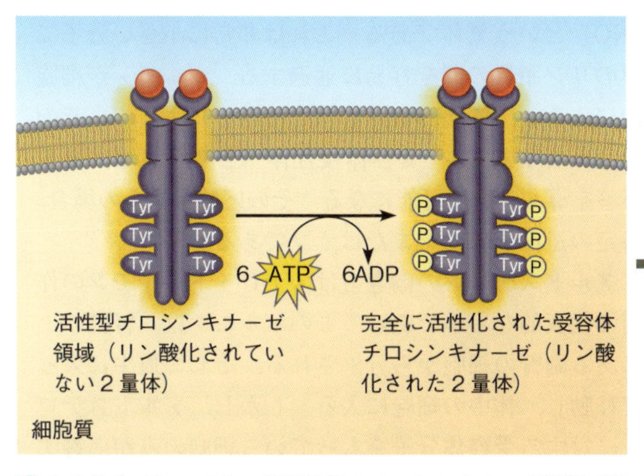
Tyr
P
6 ATP
6ADP
活性型チロシンキナーゼ
領域（リン酸化されていない2量体）
完全に活性化された受容体
チロシンキナーゼ（リン酸化された2量体）
細胞質

❸ 2量体化が起こると，各単量体のチロシンキナーゼ領域が活性化する．それぞれのチロシンキナーゼによって，互いに他方の単量体の尾部のチロシンにATPからリン酸を付加する．

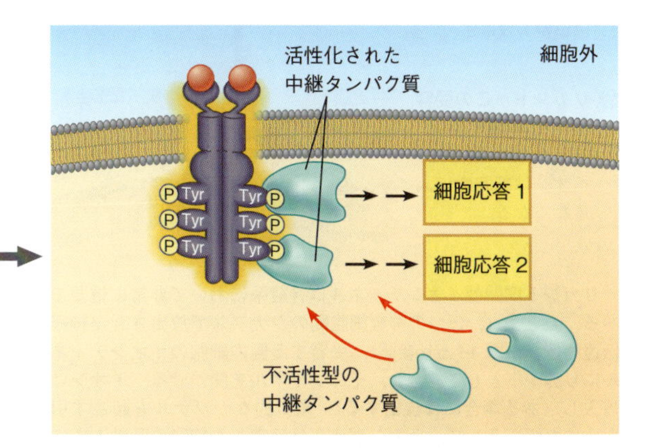
活性化された
中継タンパク質
細胞外
P
Tyr
細胞応答1
細胞応答2
不活性型の
中継タンパク質

❹ この段階で受容体タンパク質は完全に活性化され，細胞内の特異的な中継タンパク質によって認識される．中継タンパク質はそれぞれ，リン酸化された特異的なチロシンに結合する．その結果，構造変化が起こり，結合した中継タンパク質が活性化される．活性化されたタンパク質はそれぞれ個々の変換経路の引き金を引き，細胞応答を誘導する．

次ページへ続く

▼図 11.8（続き）

イオンチャネル受容体

リガンド開閉型イオンチャネル ligand-gated ion channel は，受容体の形が変化したときに，チャネルを開閉するゲート（「門」）としての領域をもつ膜チャネル受容体の1種である．シグナル分子がチャネル受容体にリガンドとして結合すると，ゲートが開閉して，Na^+ や Ca^{2+} のような特異的なイオンが受容体のチャネルを通過するのを許したり，阻止したりすることができる．これまで考察してきた他の受容体と同様に，これらのタンパク質は細胞の外側にある特異的な部位でリガンドと結合する．

❶ リガンド開閉型イオンチャネル受容体．リガンドが結合するまではゲートは閉じている．

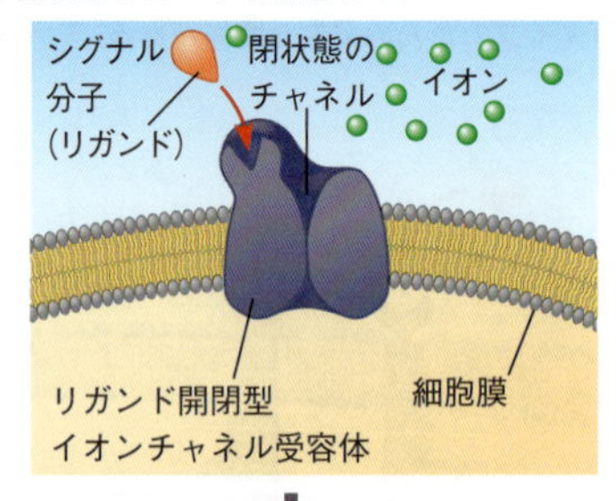
シグナル分子（リガンド）
閉状態のチャネル
イオン
リガンド開閉型イオンチャネル受容体
細胞膜

❷ リガンドが受容体に結合してチャネルが開くと，特異的なイオンがチャネルを通過できるようになり，細胞内部で，特定のイオンの濃度が迅速に変化する．この変化が，細胞の活動になんらかの方法で直接影響を及ぼす．

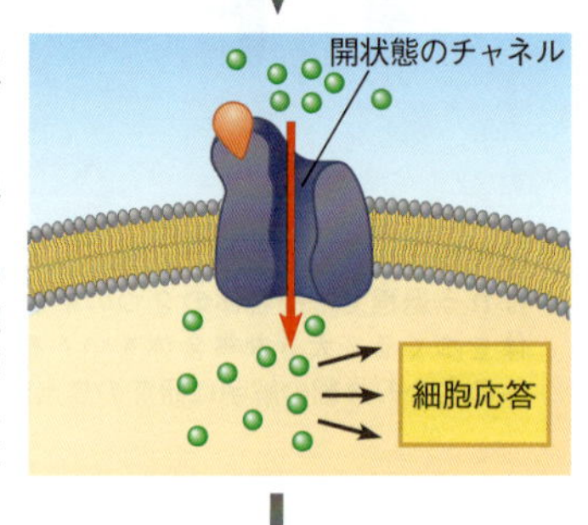
開状態のチャネル
細胞応答

❸ リガンドがこの受容体から解離すると，チャネルは閉じて，イオンは細胞内に入らなくなる．

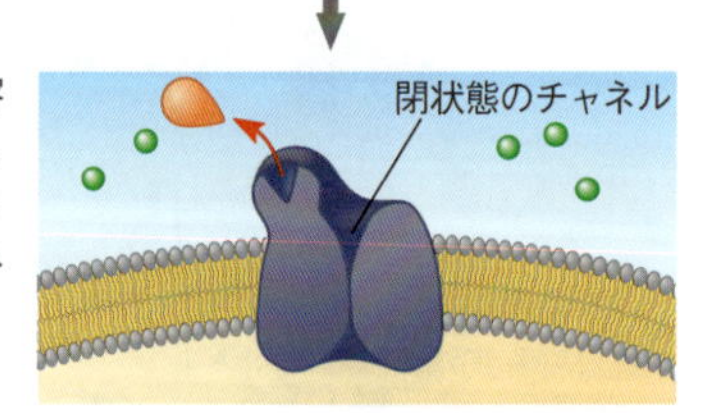
閉状態のチャネル

リガンド開閉型イオンチャネルは神経系において非常に重要である．たとえば，2つの神経細胞間のシナプスで放出された神経伝達物質は（図 11.5 b 参照），受容する側の細胞のイオンチャネルにリガンドとして結合し，そのチャネルを開かせる．イオンは流入し（ある場合には流出する），電気的なシグナルを起こす引き金になる．そして，そのシグナルは受容した細胞の長軸方向に向かって伝わっていく．ゲートつきのイオンチャネルの中には，リガンドではなく，電気的なシグナルによって制御されているものがある．これらの電位差開閉型イオンチャネルも神経系の機能にとってきわめて重要である．これについては，48 章で考察する．イオンチャネルの中には小胞体のような細胞小器官の膜に存在するものもある．

関連性を考えよう➤リガンド開閉型イオンチャネルタンパク質を通るイオンの流れは，能動輸送と受動輸送のどちらに該当するか（7.3 節と 7.4 節を復習しなさい）．

受容体チロシンキナーゼ（RTK）の機能が異常になると，多くのタイプのがんを伴う．たとえば，HER2 という受容体チロシンキナーゼ（12.3 節末と図 18.27 参照）が過剰な，乳がん細胞をもつ患者は，病後の経過が思わしくない．分子生物学的技術を使って，研究者たちはハーセプチン Herceptin というタンパク質を開発した．ハーセプチンは細胞の HER2 に結合し，その細胞の増殖を阻止するので，腫瘍のそれ以上の発達を抑える．いくつかの臨床研究で，ハーセプチンを用いた治療によって患者の3分の1以上の生存率が改善された．これらの細胞表面の受容体やその他の細胞間シグナルタンパク質の現在進行中の研究の最終目的の1つは，成功へと導く治療法をさらに開発することである．

細胞内受容体

細胞内受容体タンパク質は標的細胞の細胞質，または核のいずれかに見出される．このような受容体に到達するために，シグナル分子は標的細胞の細胞膜を通過する．多くの重要なシグナル分子は，細胞膜を通過することができる．なぜなら，疎水性の膜内を横切って通過できる程度に疎水的，もしくは十分小さい分子であるからである（7.1 節参照）．このような疎水性のシグナル分子には，動物のステロイドホルモンや甲状腺ホルモンなどがある．細胞内の受容体タンパク質と結合するもう1つの化学シグナルは，一酸化窒素（NO）という気体である．これは非常に小さい分子で膜のリン脂質の間を容易に通過する．ホルモンが細胞内に入ると，細胞内の受容体との結合によって，その受容体をホルモン–受容体複合体へと変化させ，ある応答を導くことが可能になる．その応答は多くの場合，特定の遺伝子のオンまたはオフである．

アルドステロンの働き方はステロイドホルモンの作用の代表的なものである．このホルモンは，腎臓の上にある副腎の細胞から分泌される．そして血中に入って移動し，体中の細胞に入る．しかし，アルドステロンに対する受容体分子をもっている細胞のみが応答する．これらの細胞では，アルドステロンが受容体タンパク質に結合し，活性化させる．このホルモンが結合して活性型になった受容体タンパク質は，核内に入って，腎臓細胞への水とナトリウムの流入を制御する特異的な遺伝子の発現を開始させ，最終的に血液量に影響を与える（図 11.9）．

活性化されたホルモンと受容体の複合体は，どのようにして遺伝子の発現を開始させるのだろうか．細胞の DNA に担われている遺伝子は以下のような過程によって機能していることを思い出そう．すなわち，それらの遺伝子は転写され，そして転写産物はプロセシングされてメッセンジャー RNA（mRNA）になり，その mRNA は核外に出て，サイトゾルのリボソームによって特定のタンパク質に翻訳されるのである（図 5.22 参照）．「転写因子」とよばれる特別のタンパク質が，どの遺伝子の発現を開始させるかを調節している．つまり，特定の細胞で，特定の時期に，どの遺伝子を発現させるか，つまり，どの遺伝子を mRNA に転写するかを調節している．アルドステロン受容体は，活性化されると特定の遺伝子の発現を開始させる転写因子として機能する（転写因子については 17 章と 18 章でさらに学ぶ）．

アルドステロン受容体は転写因子として機能することによって，それ自身でシグナル伝達経路の変換の過程を遂行する．他の大部分の細胞内受容体も同じような方法で機能する．ただし，甲状腺ホルモンの受容体など，多くの細胞内受容体はシグナル分子がそれらに到達する前から，すでに核内に存在している．興味深いことに，これらの細胞内受容体タンパク質の多くは構造的に類似しており，進化的に同族関係にあること

▼図 11.9　細胞内受容体と相互作用するステロイドホルモン．

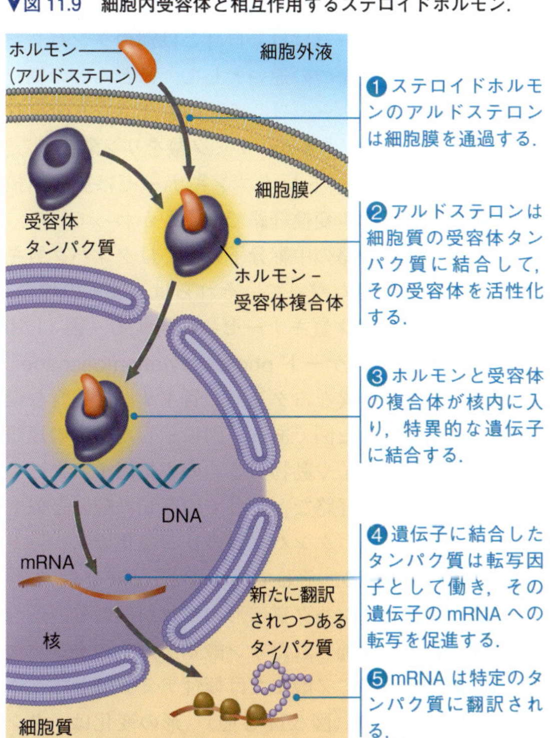
ホルモン
(アルドステロン)
細胞外液
❶ステロイドホルモンのアルドステロンは細胞膜を通過する．
細胞膜
受容体
タンパク質
❷アルドステロンは細胞質の受容体タンパク質に結合して，その受容体を活性化する．
ホルモン－
受容体複合体
❸ホルモンと受容体の複合体が核内に入り，特異的な遺伝子に結合する．
DNA
mRNA
❹遺伝子に結合したタンパク質は転写因子として働き，その遺伝子の mRNA への転写を促進する．
新たに翻訳
されつつある
タンパク質
核
❺mRNA は特定のタンパク質に翻訳される．
細胞質

関連性を考えよう➤このステロイドホルモンが細胞の中に入るために，細胞表面の受容体タンパク質を必要としないのはなぜか（7.2 節参照）．

をうかがわせる．

概念のチェック 11.2

1. 神経成長因子（NGF）は水溶性のシグナル分子である．NGF の受容体は細胞内，あるいは細胞膜のどちらに存在するだろうか．
2. **どうなる？➤**ある細胞が，2 量体をつくれないという欠陥のある受容体チロシンキナーゼをつくったとしたら，どのような影響があるだろうか．
3. **関連性を考えよう➤**リガンドの結合と酵素のアロステリック制御の類似点は何か（図 8.20 参照）．

（解答例は付録 A）

11.3

変換：分子間相互作用のカスケードによりシグナルが受容体から細胞内の標的分子へ伝達される

シグナル分子の受容体が細胞膜のタンパク質である場合は，細胞のシグナル伝達における変換の過程は，いままで議論してきたほとんどの受容体の場合のように，通常多数の分子がかかわる複数の段階からなる．これらの段階は，リン酸基の付加または脱離，あるいは，シグナル分子として働く他のさまざまな小分子やイオンの放出によるタンパク質の活性化を伴う場合が多い．多段階の経路の利点の 1 つは，シグナルを大幅に増幅できる可能性があることである．それぞれの分子が，次の反応段階で多数の分子にシグナルを伝達すると，その結果，活性化された分子の数は経路の終わりには等比級数的に増加している（図 11.16 参照）．さらに，多段階からなる経路は，単純なシステムよりも調整や制御の機会を与える．これによって，応答の制御が可能になる．これについては後で考察しよう．

シグナル変換経路

特異的なシグナル分子が細胞膜の受容体に結合すると，細胞内で特定の応答を導くシグナル変換経路という一連の分子間相互作用の，最初の段階の引き金が引かれる．ドミノ倒しのように，シグナルによって活性化された受容体は別の分子を活性化し，それがまた別の分子を活性化し，また次の分子を，というように，最終的な細胞応答を生み出すタンパク質が活性化されるまで，この連鎖が続いていく．受容体から応答へとシグナルを中継する中継分子は多くの場合タンパク質

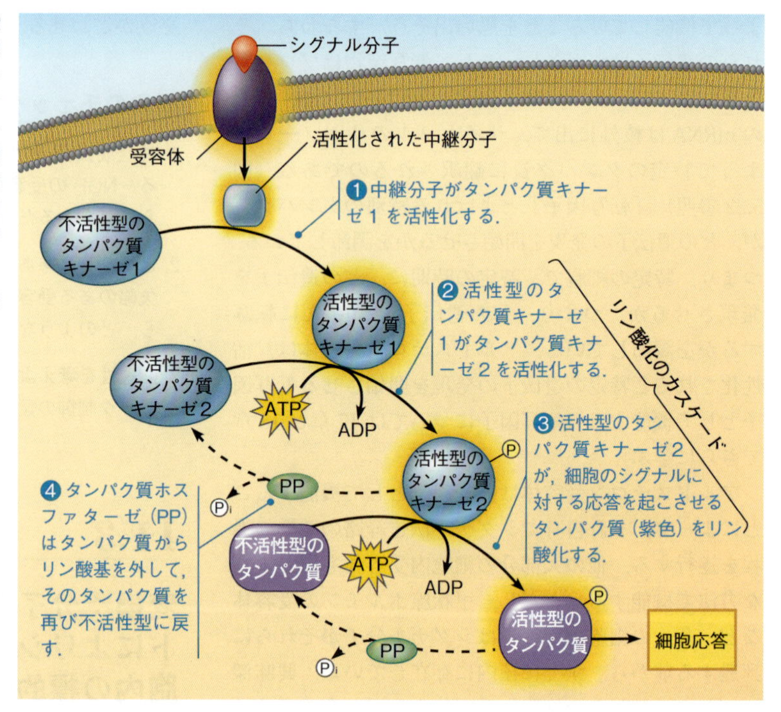
シグナル分子
受容体
活性化された中継分子
❶中継分子がタンパク質キナーゼ1を活性化する.
不活性型のタンパク質キナーゼ1
活性型のタンパク質キナーゼ1
❷活性型のタンパク質キナーゼ1がタンパク質キナーゼ2を活性化する.
リン酸化のカスケード
不活性型のタンパク質キナーゼ2
ATP
ADP
活性型のタンパク質キナーゼ2
P
❸活性型のタンパク質キナーゼ2が，細胞のシグナルに対する応答を起こさせるタンパク質（紫色）をリン酸化する.
❹タンパク質ホスファターゼ（PP）はタンパク質からリン酸基を外して，そのタンパク質を再び不活性型に戻す.
PP
Pi
不活性型のタンパク質
ATP
ADP
活性型のタンパク質
細胞応答

➤図 11.10　**リン酸化カスケード**．リン酸化カスケードでは，反応経路の一連の異なる分子が順番にリン酸化される．各分子は次の分子に1個のリン酸基を順次付加していく．この例では，リン酸化は各分子を活性化し，脱リン酸化は不活性型に戻す．活性化は，通常，分子の構造変化を伴うので，そのことを示すために図では各タンパク質の活性型と不活性型の形を変えてある．

どうなる？➤タンパク質キナーゼ2が変異を起こしてリン酸化されなくなったら，何が起こるだろうか．

である．タンパク質同士の相互作用は，細胞のシグナル伝達における主要なテーマである．実際，タンパク質間相互作用は細胞レベルのすべての調節における統一的なテーマである．

忘れてはならないのは，最初のシグナル分子がシグナル伝達経路を実体として通過していくのではないということである．ほとんどの場合，それは細胞の中に入りさえしない．シグナルが経路に沿って中継されるというとき，その意味は，なんらかの情報が渡されていくという意味である．各段階で，シグナルは別の形に変換される．その変換は，ふつうは次の段階のタンパク質の形の変化である．ほとんどの場合，その形の変化はリン酸化によるものである．

タンパク質のリン酸化と脱リン酸化

前章で，タンパク質にリン酸基を1個またはそれ以上付加することによってタンパク質を活性化するという概念を導入した（図 8.11a 参照）．図 11.8 で，リン酸化が受容体チロシンキナーゼの活性化にどのようにかかわっているかをすでに見た．事実，タンパク質のリン酸化と脱リン酸化は，タンパク質の活性を調節するための機構として，広範な細胞機能にかかわっている．ATP からタンパク質にリン酸基を転移する酵素は一般的に**タンパク質キナーゼ protein kinase** とよばれる．ここで受容体チロシンキナーゼが，2量体のもう一方の受容体チロシンキナーゼのチロシンをリン酸化することを思い出そう．しかし，ほとんどの細胞質のタンパク質キナーゼは自分自身とは別のタンパク質に作用する．もう1つの違いとして，ほとんどの細胞質のタンパク質キナーゼは，チロシンではなく，セリンかトレオニンのどちらかのアミノ酸をリン酸化する．このようなセリン/トレオニンキナーゼは動物，植物，菌類のシグナル変換経路で広くかかわっている．

シグナル変換経路の中継分子の多くはタンパク質キナーゼである．したがって，それらは，多くの場合，経路の他のタンパク質キナーゼに作用する．図 11.10 は，**リン酸化カスケード phosphorylation cascade**[*3] を構成する2つの異なるタンパク質キナーゼを含む仮想的な経路を描いた図である．図に示した反応の連鎖は，酵母の接合因子や動物の多くの成長因子によって引き金が引かれる経路など，多くの既知の経路と似ている．シグナルは，タンパク質のリン酸化カスケードによって伝達される．そして，カスケードの各段階で，リン酸化されたタンパク質に形の変化が起こる．形の変化は，新たに付加されたリン酸基が，そのタンパク質の電荷をもつアミノ酸または極性アミノ酸と相互作用した結果である（図 5.14 参照）．形の変化は，タンパク質の機能を変化させる．ほとんどの場合，そのタ

＊3（訳注）：カスケードは数段からなる小さな滝の意味で，シグナルが次から次へと伝達される様子を表す．

ンパク質を活性化させる．しかし，リン酸化がタンパク質の活性を低下させる場合もある．

ヒトの遺伝子のおよそ2%はタンパク質キナーゼをコードしていると考えられている．これはかなりの割合である．1個の細胞にはおそらく数百種類のタンパク質キナーゼがあり，それぞれが異なる基質タンパク質に対して特異的である．合計すると，細胞に存在する数千のタンパク質の，おそらく大部分を調節している．ということは，これらの中には，細胞増殖を調節するタンパク質の大部分が含まれることになる．このようなキナーゼの活性が異常になると，細胞の成長異常が起こり，がんの増殖の一因になる．

リン酸化カスケードで同様に重要なのは**タンパク質ホスファターゼ protein phosphatase** である．これはタンパク質からリン酸基をすばやく除くことのできる酵素で，その作用を脱リン酸化とよんでいる．ホスファターゼはタンパク質キナーゼを脱リン酸化して不活性化することによって，最初のシグナルが存在しなくなったときに，シグナル変換経路のスイッチをオフにするという機能をもっている．ホスファターゼは，また，タンパク質キナーゼを再利用できるようにする．こうして，細胞は細胞外のシグナルに対して再び応答できるようになる．リン酸化/脱リン酸化系は，細胞の中の分子スイッチとして機能しており，さまざまな生命活動のスイッチを必要なときにオン・オフしたり，活性を上げたり，下げたりする．いかなる場合でも，リン酸化によって調節されるタンパク質の活性は，細胞の中の活性型キナーゼ分子と活性型ホスファターゼ分子のバランスに依存している．

二次メッセンジャーとしての小さな分子とイオン

シグナル変換経路の成分のすべてがタンパク質というわけではない．多くのシグナル伝達経路には，**二次メッセンジャー second messenger** とよばれるタンパク質ではない小さな水溶性分子やイオンがかかわっている（経路の「一次メッセンジャー」は，膜の受容体に結合する細胞外のシグナル分子，つまりリガンドであるとみなしている）．二次メッセンジャーは小さく，なおかつ水溶性なので，拡散によって細胞全体にすばやく広がることができる．たとえば，この後すぐに見ていくが，サイクリック AMP（cAMP）という二次メッセンジャーは，アドレナリンによって肝細胞や筋細胞の細胞膜から発信されたシグナルを細胞内部に伝え，その結果その細胞はグリコーゲンを分解することになる．二次メッセンジャーは，G タンパク質結合型受容体または受容体チロシンキナーゼによって開始される経路に関与する．二次メッセンジャーとして最も広く使われているのは，cAMP とカルシウムイオン（Ca^{2+}）の2つである．中継タンパク質は非常に多様であるが，それらは，二次メッセンジャーのどちらか一方のサイトゾル中での濃度に敏感に反応する．

サイクリック AMP

すでに考察したように，エール・サザランドは，アドレナリンが細胞膜を透過せずに，なんらかのしくみで細胞内でのグリコーゲン分解を引き起こすということを確かなものにした．この発見がきっかけになって，アドレナリンのシグナルを細胞膜から細胞質の代謝装置に伝達する二次メッセンジャーに関する彼の研究が開始された．

サザランドは，アドレナリンが肝細胞の細胞膜に結合すると，**サイクリック AMP cyclic AMP**（cAMP：サイクリックアデノシン一リン酸）という化合物のサイトゾル中の濃度が上昇することを見つけた．図11.11に示すように，細胞膜に埋め込まれた**アデニル酸シクラーゼ adenylyl cyclase**（adenylate cyclase ともよばれる）という酵素が細胞外のシグナル（この場合はアドレナリン）に応答して ATP を cAMP に変換する．しかし，アドレナリンはアデニル酸シクラーゼ活性を直接増大させるのではない．細胞の外にあるアドレナリンが G タンパク質共役型受容体に結合する

▼図 11.11 サイクリック AMP．二次メッセンジャーのサイクリック AMP（cAMP）は，細胞膜に埋め込まれたアデニル酸シクラーゼによって ATP からつくられる．cAMP のリン酸基は 5′ と 3′ の両方の炭素と結合している．この環状の配置によってその名前がつけられた．cAMP は，cAMP を AMP に変換するホスホジエステラーゼという酵素によって不活性化される．

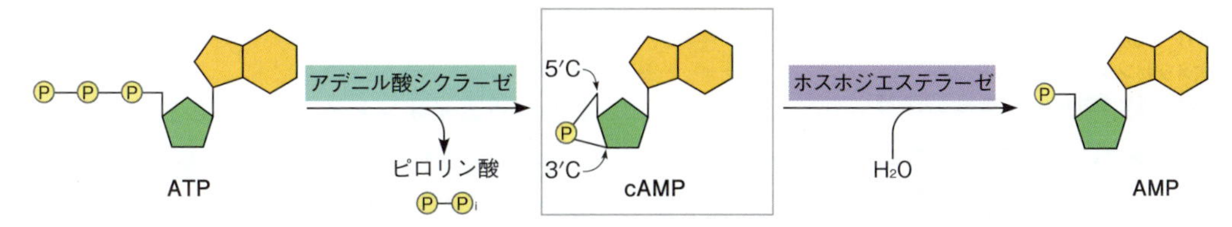
P—P—P
ATP
アデニル酸シクラーゼ
ピロリン酸
P—Pi
5′C
3′C
P
cAMP
ホスホジエステラーゼ
H2O
P
AMP

どうなる？➤ホスホジエステラーゼを不活性化する分子を細胞内に導入したとしたらどのようなことが起こるだろうか．

と，そのタンパク質がアデニル酸シクラーゼを活性化する．そして，活性化されたアデニル酸シクラーゼがたくさんのcAMP分子の合成を触媒できるようになる．このようにして，細胞内のcAMP濃度は数秒のうちに通常の20倍に増加する．増加したcAMPによって，シグナルが細胞質に放散される．これは，もしアドレナリンがなければ長くは続かない．というのは，ホスホジエステラーゼという別の酵素がcAMPをAMPに変換するからである．cAMPのサイトゾルでの濃度を再び上昇させるには，アドレナリンがもう一度やってこなければならない．

引き続き行われた研究によって，アドレナリンや他の多くのシグナル分子がGタンパク質によるアデニル酸シクラーゼの活性化とcAMP生成を導くことが明らかにされた（図11.12）．cAMPの直接の効果は，通常，「タンパク質キナーゼA」とよばれるセリン/トレオニンキナーゼの活性化である．活性化されたタンパク質キナーゼAは，細胞の種類に応じて，他のさまざまなタンパク質をリン酸化する（アドレナリンによるグリコーゲン分解の促進の経路の全容は，この後図11.16で示す）．

これ以外の細胞の代謝調節として，アデニル酸シクラーゼを阻害する他のいくつかのGタンパク質系による調節もある．これらの系では，さまざまあるシグナル分子の1つが，さまざまある受容体の1つを活性化すると，活性化された受容体が阻害的なGタンパク質を活性化する．

▼図11.12　Gタンパク質シグナル伝達経路の二次メッセンジャーとしてのサイクリックAMP（cAMP）．

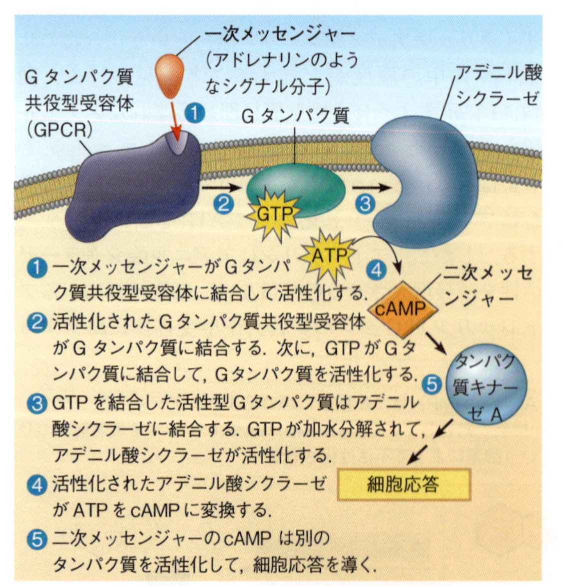
一次メッセンジャー
（アドレナリンのようなシグナル分子）
Gタンパク質
共役型受容体
（GPCR）
Gタンパク質
アデニル酸
シクラーゼ
GTP
ATP
二次メッセンジャー
cAMP
タンパク質キナーゼA
細胞応答
❶一次メッセンジャーがGタンパク質共役型受容体に結合して活性化する．
❷活性化されたGタンパク質共役型受容体がGタンパク質に結合する．次に，GTPがGタンパク質に結合して，Gタンパク質を活性化する．
❸GTPを結合した活性型Gタンパク質はアデニル酸シクラーゼに結合する．GTPが加水分解されて，アデニル酸シクラーゼが活性化する．
❹活性化されたアデニル酸シクラーゼがATPをcAMPに変換する．
❺二次メッセンジャーのcAMPは別のタンパク質を活性化して，細胞応答を導く．

描いてみよう➤コレラという病気を起こす細菌はGタンパク質を活性型の状態に固定してしまう毒素を生産する．図11.8を復習して，コレラ毒素が存在するとしたら，この図をどのように描けばよいだろうか（ただし，コレラ毒素を書き込む必要はない）．

Gタンパク質シグナル伝達経路でのcAMPの役割について学んだので，いくつかの微生物が引き起こす病気の原因について，分子レベルで詳しく説明することができる．ではコレラについて考えてみよう．この病気は，水がヒトの糞便で汚染されているようなところで，しばしば流行する病気である．人々は汚染された水を飲んでコレラ菌 *Vibrio cholerae* を取り込むことになる．コレラ菌は小腸の内面にバイオフィルムを形成し，毒素を産生する．コレラ毒素は，塩分と水の分泌の調節に関与するGタンパク質を化学修飾する酵素である．修飾を受けたGタンパク質は，GTPを加水分解してGDPにすることができない．そのため，そのまま活性型に留まってしまい，cAMPを合成するアデニル酸シクラーゼを活性化し続ける（図11.12の問を参照）．その結果，cAMPが高濃度になり，そのために小腸の細胞は大量の塩分を小腸に分泌するので，浸透によって水も流出する．感染した人は，たちまちひどい下痢を発症して，治療を受けられずに放置されると，水と塩分の欠乏から，時を経ずして死ぬことになる．

cAMPとそれに関連するメッセンジャーがかかわるシグナル伝達経路の解明によって，ヒトのいくつかの病気について，その治療法が開発できるようになった．そのような経路の1つに，cAMPに似た「サイクリックGMP（cGMP）」という分子を使っているものがある．cGMPは，近傍の細胞から放出された気体の一酸化窒素（NO）に反応して筋細胞によって生産される．そして，cGMPは動脈壁などの筋肉の弛緩を引き起こす二次メッセンジャーとして作用する．cGMPからGMPへの加水分解を阻害する化合物，つまり，cGMPのシグナルを長引かせる化合物は，心筋への血流を増加させるので，元来，胸痛の治療のために処方された．いまではバイアグラという商品名で，この化合物は男性の勃起不全の治療に広く使用されている．バイアグラは血管を拡張させるので，それによってペニスへの血流を増加させ，ペニスの勃起を生理的に最適な状態にする．

カルシウムイオンとイノシトール三リン酸（IP_3）

神経伝達物質や成長因子，ある種のホルモンなど動物で機能するシグナル分子の多くは，サイトゾルのカルシウムイオン（Ca^{2+}）濃度を増加させるシグナル伝

▼図 11.13 **動物細胞におけるカルシウムイオン濃度の維持.** サイトゾル中の Ca^{2+} 濃度（ベージュ色）は通常，細胞外液や小胞体（緑色）での濃度に比べて非常に低い．細胞膜と小胞体膜の，タンパク質でできたポンプが ATP によって駆動されて，サイトゾルから細胞外液へ，そして小胞体内腔へ Ca^{2+} を汲み出す．化学浸透（9.4 節参照）で駆動されるミトコンドリアのポンプは，サイトゾルのカルシウム濃度がある濃度を超えて上昇した場合，Ca^{2+} をミトコンドリアに汲み入れる．

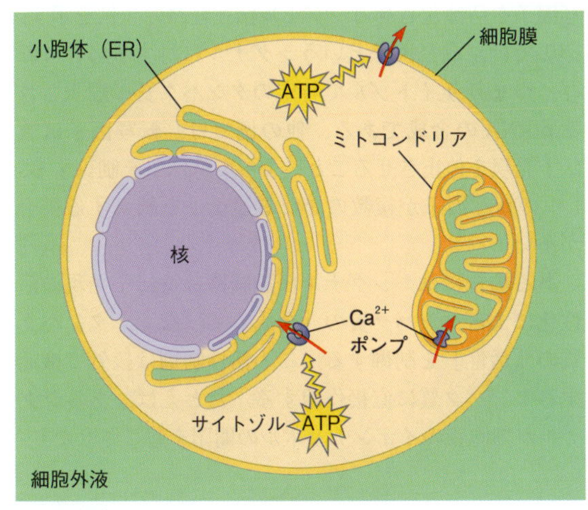
小胞体（ER）
細胞膜
ATP
ミトコンドリア
核
Ca^{2+}
ポンプ
サイトゾル
ATP
細胞外液
凡例 Ca^{2+} 高濃度 Ca^{2+} 低濃度

達経路を介して標的細胞の応答を誘導する．カルシウムは二次メッセンジャーとして，cAMP よりも広く使われている．サイトゾルの Ca^{2+} 濃度の増加は，筋細胞の収縮，分子のエキソサイトーシス（分泌），細胞分裂など動物細胞で多くの応答を引き起こす．植物細胞では，ホルモンや環境の多様な刺激によって，短時間のうちにサイトゾルの Ca^{2+} 濃度が増加し，さまざまなシグナル伝達経路の引き金を引く．そのような経路には，光に応答して緑化[*4]が起こるときの経路などがある（図 39.4 参照）．細胞は，G タンパク質経路と受容体チロシンキナーゼ経路の両方で，Ca^{2+} を二次メッセンジャーとして使う．

細胞はつねに，いくらかの Ca^{2+} を含んでいるが，このイオンが二次メッセンジャーとして機能できるのは，サイトゾルでの通常の濃度が，細胞外の濃度に比べて非常に低いからである（図 11.13）．事実，動物の血液や細胞外液の Ca^{2+} の濃度はサイトゾルでの濃度の 1 万倍以上である．Ca^{2+} は，タンパク質からなる種々のポンプによる能動輸送によって，細胞の外に排出され，そしてまた，サイトゾルから小胞体（ある条件下ではミトコンドリアや葉緑体）に取り込まれる．結果として，小胞体の Ca^{2+} 濃度は，通常，サイトゾルよりもずっと高い．サイトゾルの Ca^{2+} 濃度が低いので，イオンの絶対数の小さな変化でも，Ca^{2+} 濃度において相対的に大きな変化として現れる．

シグナル変換経路によって中継されたシグナルに対

＊4（訳注）：暗所で育った「モヤシ」のような黄化植物が光を照射されることにより，クロロフィルを合成して緑色の植物体になること．

➤図 11.14 **シグナル伝達経路におけるカルシウムと IP_3.** カルシウムイオン（Ca^{2+}）とイノシトール三リン酸（IP_3）は多くのシグナル変換経路における二次メッセンジャーとして機能している．この図では，反応過程は，シグナル分子が G タンパク質共役型受容体に結合することによって開始している．受容体チロシンキナーゼも，ホスホリパーゼ C を活性化することによってこの経路を開始させることができる（訳注：PIP_2 はホスファチジルイノシトールビスリン酸 phosphatidylinositol bisphosphate の略号）．

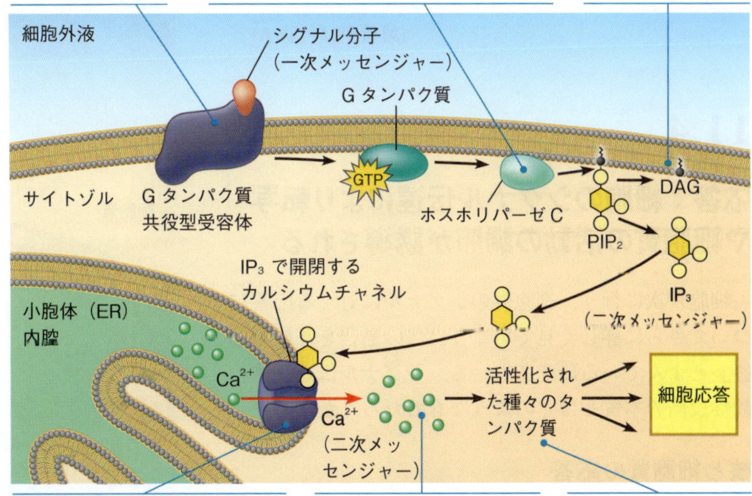
❶ シグナル分子が受容体に結合すると，ホスホリパーゼ C が活性化する．
❷ ホスホリパーゼ C はホスファチジルイノシトールビスリン酸（PIP_2）という細胞膜の脂質をジアシルグリセロール（DAG）とイノシトール三リン酸（IP_3）に分解する．
❸ ジアシルグリセロールは他の経路の二次メッセンジャーとして機能する．
細胞外液
シグナル分子
（一次メッセンジャー）
G タンパク質
GTP
DAG
サイトゾル
G タンパク質
共役型受容体
ホスホリパーゼ C
PIP_2
IP_3 で開閉する
カルシウムチャネル
IP_3
（二次メッセンジャー）
小胞体（ER）
内腔
Ca^{2+}
Ca^{2+}
（二次メッセンジャー）
活性化された種々のタンパク質
細胞応答
❹ IP_3 は，サイトゾルにすばやく拡散して，小胞体膜にある IP_3 で開閉するカルシウムチャネルに結合する．その結果チャネルが開く．
❺ Ca^{2+} が濃度勾配に従って小胞体の外に流出して，サイトゾルの Ca^{2+} 濃度を上昇させる．
❻ カルシウムイオンは 1 つまたは複数のシグナル伝達経路の次のタンパク質を活性化する．

して応答する過程で，サイトゾルの Ca^{2+} 濃度レベルは，通常，小胞体から Ca^{2+} が放出される機構によって上昇する．Ca^{2+} の放出を誘導する経路は，さらに**イノシトール三リン酸 inositol trisphosphate**（IP_3）と**ジアシルグリセロール diacylglycerol**（DAG）という2つの別の二次メッセンジャーを伴っている．これら2つのメッセンジャーは細胞膜に存在する，ある種のリン脂質の分解によってつくられる．図 11.14 は，あるシグナルによって，IP_3 が小胞体からのカルシウムの放出を引き起こす過程の全体図を示している．IP_3 は，Ca^{2+} がこれらの経路に入る前に作用するので，Ca^{2+} は「三次メッセンジャー」とみなすことができる．しかし，科学者の間では，シグナル変換経路のすべての小さな非タンパク質成分は，「二次メッセンジャー」とよばれている．

概念のチェック 11.3

1. タンパク質キナーゼとは何か．そしてシグナル変換経路におけるその役割は何か．
2. シグナル変換経路にリン酸化カスケードが関与する場合，細胞の応答はどのようにして停止するか．
3. 図 11.6 と図 11.10 で図示されているようなシグナル変換経路で変換される実際の「シグナル」とは何か．この情報はどのようなしくみで細胞外から細胞内へ伝達されるか．
4. どうなる？➤受容体に結合してホスホリパーゼ C を活性化するリガンドを細胞に与えたとき，IP_3 依存性ゲート開閉型カルシウムチャネルはサイトゾルの Ca^{2+} 濃度にどのような影響を与えるか．

（解答例は付録 A）

11.4

応答：細胞のシグナル伝達により転写や細胞質の活動の調節が誘導される

細胞が次に行う，細胞外のシグナルに対する応答についてさらに詳しく見ていこう．この過程を「出力応答」とよんでいる研究者もいる．シグナル伝達経路の最終段階の本質とはどのようなものだろうか．

核と細胞質の応答

シグナル変換経路によって，最終的に1つあるいはそれ以上の細胞の活動が調節される．その経路の最終的な応答は，その細胞の核内または細胞質で起こる．

多くのシグナル伝達経路は最終的には，核の特定の遺伝子の発現を開始させたり，停止させたりすることによってタンパク質の合成を制御する．活性化されたステロイド受容体のように（図 11.9 参照），シグナル伝達経路の最終段階で活性化された分子は転写因子として働く．図 11.15 に，遺伝子の発現を開始させる転写因子を活性化させるシグナル伝達経路の一例を示す．そこでは，成長因子というシグナルに対する応答は転写，つまりサイトゾルで特定のタンパク質に翻訳される mRNA の合成である．他の例では，転写因子は遺伝子発現を停止させることによって遺伝子を制御する．1つの転写因子が複数の異なる遺伝子を制御する場合が多い．

ある場合には，シグナル伝達経路は遺伝子発現の活性化によるタンパク質の「合成」ではなく，タンパク質の「活性」を制御する．この活性制御は核外で機能するタンパク質に直接作用する．たとえば，あるシグナルが細胞膜のイオンチャネルの開閉を起こさせたり，

▼図 11.15 **シグナルに対する核の応答：成長因子による特異的な遺伝子の活性化．** この図式は細胞核の遺伝子の活性を調節する典型的なシグナル伝達経路を表している．最初のシグナル分子，この場合は成長因子が，図 11.10 に示したようなリン酸化カスケードの引き金を引く（ATP 分子とリン酸基は示していない）．反応鎖の最後のキナーゼがひとたびリン酸化されると，それは核内に入り，特異的な 1 つまたは複数の遺伝子の転写を促進する転写因子を活性化する．転写された mRNA は特定のタンパク質の合成を指令する．

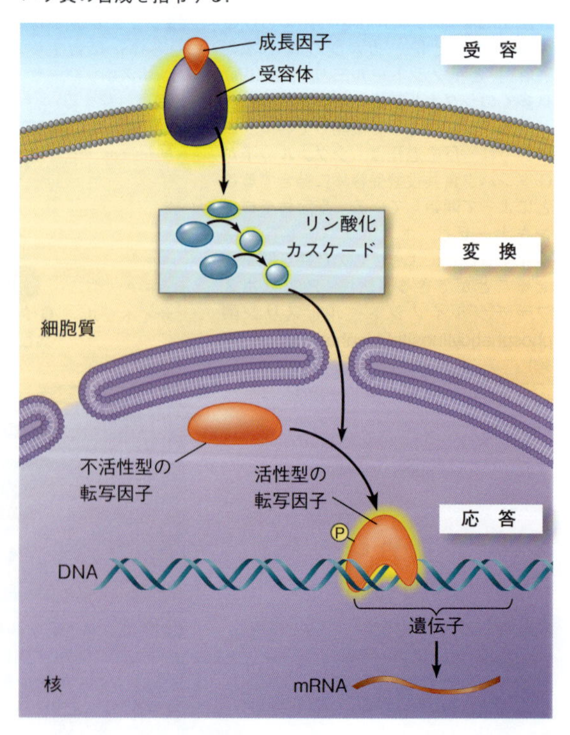
成長因子
受容体
受 容
リン酸化
カスケード
変 換
細胞質
不活性型の
転写因子
活性型の
転写因子
応 答
P
DNA
遺伝子
核
mRNA

代謝にかかわる酵素の活性を変化させたりする例がある．すでに考察したように，アドレナリンというホルモンに対する肝細胞の応答は，酵素の活性に作用することによって細胞のエネルギー代謝の調節を助けている．アドレナリンの結合で始まるシグナル伝達経路の最終段階で，グリコーゲンの分解を触媒する酵素が活性化される．図 11.16 は，グリコーゲンからグルコース 1−リン酸が外されるまでの過程全体を示している．すぐ後でまた議論するが，各分子が活性化されるたびに，それぞれの応答が増幅されていることに注意してほしい．

シグナル受容体，中継分子そして二次メッセンジャーがさまざまな反応系にかかわって，核と細胞質での応答を導く．その応答には細胞分裂も含まれる．図 11.15 にあるような成長因子が関与する反応系が機能不全になると，異常な細胞分裂とがんの発生の原因になり得る．これについては 18.5 節で見ていく．

応答の制御

応答は，核で起こるか細胞質で起こるかにかかわらず，単純なスイッチの「オン・オフ」ではない．むしろ，その応答の程度や特異性が複数の段階で調整される．ここでは，このような制御の 4 つの側面について考えよう．1 つ目として，すでに述べたように，単一のシグナル伝達系は一般に単一のシグナル伝達過程に対する細胞の応答を増幅する．増幅の程度はその系の特異的分子の機能に依存する．2 つ目に，多数の段階からなるシグナル伝達経路は，細胞応答を制御し得る多くの異なる段階をもつことができる．そして，応答の特異性をもたらし，他のシグナル伝達系との調整を可能にする．3 つ目として，応答の全体的な効率は足場タンパク質として知られるタンパク質の存在によって高められる．最後に，応答の制御において必須の段階はシグナルの終結である．

シグナルの増幅

酵素の精巧なカスケードによって，シグナルに対する細胞の応答が増幅される．カスケードの各触媒段階で，活性化された産物の数は前の段階のそれよりも格段に多くなる．たとえば，図 11.16 のアドレナリンで誘導される経路では，1 つひとつのアデニル酸シクラーゼ分子が 100 またはそれ以上の cAMP 分子の合成を触媒し，タンパク質キナーゼ A 分子の 1 つひとつが経路の次に位置するキナーゼ分子を 10 分子リン酸化する．このような反応が繰り返し続いていくのである．増幅効果は，これらのタンパク質が不活性型に戻

▼図 11.16 シグナルに対する細胞質の応答：アドレナリンによるグリコーゲン分解の促進． このシグナル伝達経路では，ホルモンのアドレナリンは，G タンパク質共役型受容体を介して，cAMP や 2 種のタンパク質キナーゼを含む中継分子の順次連続した活性化を起こさせる（図 11.12 も参照しなさい）．最後に活性化されるタンパク質はグリコーゲンホスホリラーゼで，この酵素は無機リン酸を使ってグリコーゲンからグルコース 1−リン酸の形で単量体であるグルコースを放出する．この経路ではホルモンによるシグナルが増幅される．というのは，1 分子の受容体タンパク質がおよそ 100 分子の G タンパク質を活性化し，さらに，この経路のそれぞれの酵素は，いったん活性化されると多数の基質分子，すなわちカスケードの次の分子に作用することができるからである．図中の各段階で活性化された分子の数は，およその数である．

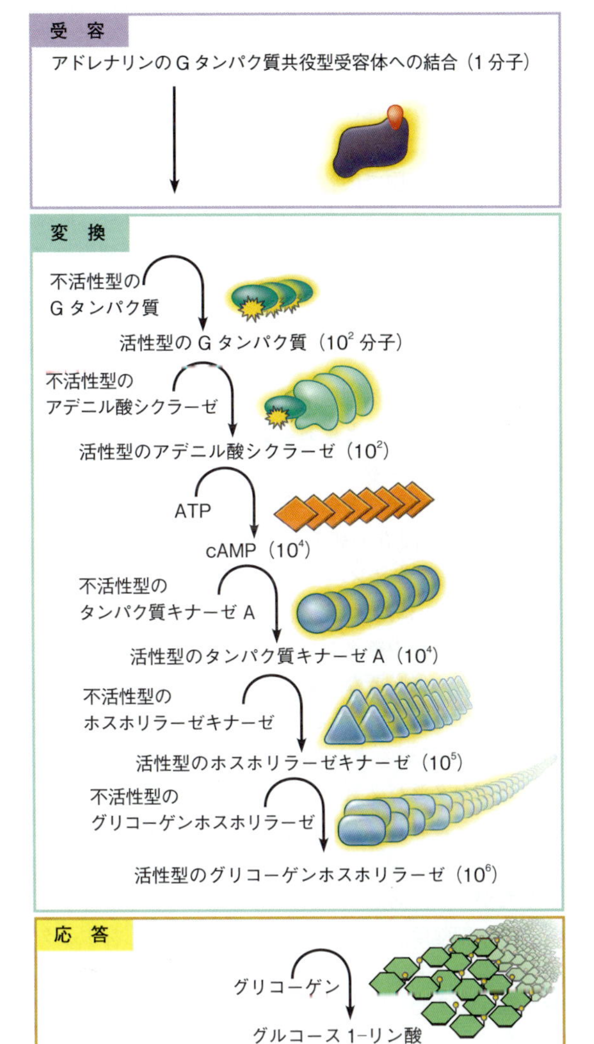

受容
アドレナリンの G タンパク質共役型受容体への結合（1 分子）
変換
不活性型の G タンパク質
活性型の G タンパク質（10^2 分子）
不活性型のアデニル酸シクラーゼ
活性型のアデニル酸シクラーゼ（10^2）
ATP
cAMP（10^4）
不活性型のタンパク質キナーゼ A
活性型のタンパク質キナーゼ A（10^4）
不活性型のホスホリラーゼキナーゼ
活性型のホスホリラーゼキナーゼ（10^5）
不活性型のグリコーゲンホスホリラーゼ
活性型のグリコーゲンホスホリラーゼ（10^6）
応答
グリコーゲン
グルコース 1−リン酸（10^8 分子）

図読み取り問題▶ この図では，1 つのシグナル分子に対する応答で何分子のグルコース 1−リン酸が放出されるか．各段階から次の段階に進むときに，どれだけの増加率で応答が増幅されるか．計算しなさい．

る前に，多数の基質分子を反応させるのに十分な時間，活性型を維持することによって生じることである．シグナルの増幅の結果，肝細胞や筋細胞の表面の受容体に結合した少数のアドレナリン分子によって，グリコーゲンから何億ものグルコース分子を生み出すことが可能になる．

細胞のシグナル伝達の特異性とその応答の調整

自分の体にある2種類の細胞，たとえば肝細胞と心筋の細胞について考えてみよう．両方とも血液の流れに接しているので，近くの細胞から分泌された局所調節因子とともに，つねに多くのさまざまなホルモン分子にさらされている．しかし，肝細胞はあるシグナルには応答するが，他のシグナルは無視する．同じことは心臓の細胞にも当てはまる．そして，ある種のシグナルは両方の細胞で応答を引き起こす．ただし，その応答は異なっている．たとえば，アドレナリンは肝細胞のグリコーゲン分解を促進するが，心臓の細胞のアドレナリンに対するおもな応答は収縮であり，そのために心臓の拍動が速くなる．この違いはどのように説明できるであろうか．

シグナルに対する細胞応答に見られる特異性を説明することは，細胞ごとにあるさまざまな違いを，事実上そのすべてについて根本から説明することと同じである．細胞は種類ごとに，発現のスイッチがオンになった遺伝子の固有の組み合わせをもっているので，「それぞれ異なるタンパク質の組み合わせをもっている」．シグナルに対する細胞の応答は，シグナル受容体タンパク質や中継タンパク質，そして応答が実際に行われるために必要なタンパク質の，その細胞に特有の組み合わせに依存する．たとえば，肝細胞は，図11.16に載っているタンパク質を，グリコーゲンの加工に必要なタンパク質とともにもつことによって，アドレナリンに対して適切に応答できるように用意ができている．

したがって，同じシグナルに対して異なる応答をする2つの細胞は，そのシグナルを処理し，応答するタンパク質のうち，1つあるいはそれ以上が異なっている．図11.17で，別の経路に同じ分子が共通して存在していることに注意しよう．たとえば，細胞A，B，Cはすべて赤色のシグナル分子に対して同じ受容体タンパク質を使っている．それらの応答が異なっているのは，それ以外のタンパク質が異なっているからである．細胞Dでは，同じシグナル分子に対して異なる受容体タンパク質が使われており，そのために，また別の応答が導かれる．細胞Bでは，1種類のシグナル

▼図 11.17　細胞のシグナル伝達の特異性． 細胞がもっている特定のタンパク質が，応答するシグナル分子と応答の性質を決める．図式の4つの細胞は，それぞれ異なったタンパク質の1組（紫色と青緑色）をもっているので，同じシグナル分子（赤色）に対して異なった仕方で応答している．しかし，それぞれ同じ種類の分子が複数の経路にかかわり得ることに注意しよう．

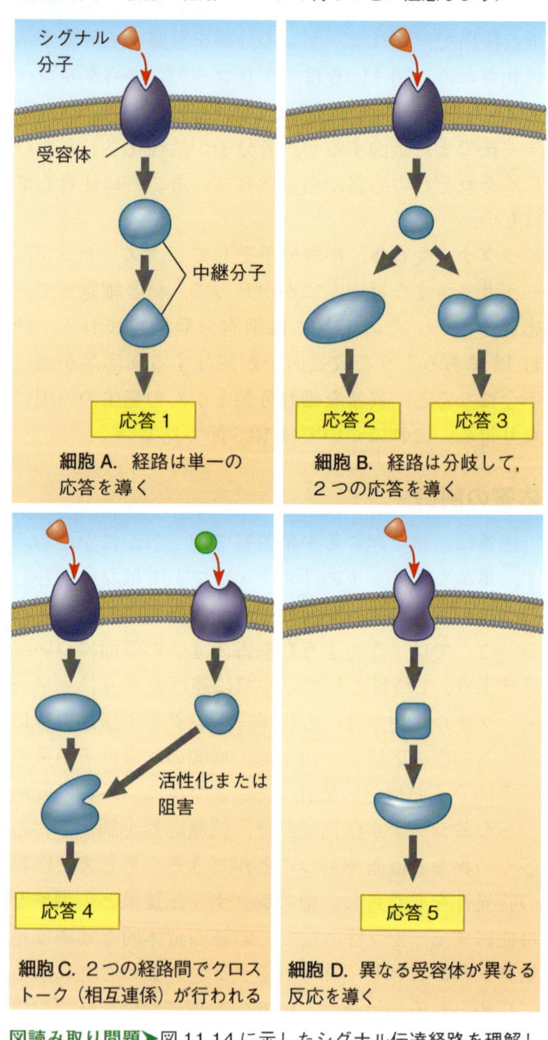
シグナル分子
受容体
中継分子
応答 1
細胞 A. 経路は単一の応答を導く
応答 2
応答 3
細胞 B. 経路は分岐して，2つの応答を導く
活性化または阻害
応答 4
細胞 C. 2つの経路間でクロストーク（相互連係）が行われる
応答 5
細胞 D. 異なる受容体が異なる反応を導く

図読み取り問題➤図11.14に示したシグナル伝達経路を理解して，図11.17の細胞Bについて描かれた伝達経路が，図11.14のシグナル伝達経路に当てはまるとすれば，どのように当てはまるかを説明しなさい．

によって引き起こされる1つの経路が2つの応答を生み出すように分岐している．このような枝分かれした経路には，受容体チロシンキナーゼ（多数の中継タンパク質を活性化することができる）や二次メッセンジャー（たくさんのタンパク質を調節することができる）がかかわっていることが多い．細胞Cでは，別々のシグナルによって引き起こされた2つの経路が合流することによって，1つの応答を調整している．経路の分岐と経路間の「クロストーク」（相互連係）は，細

胞の応答を，体内の異なった情報源に由来する情報に対して調節し，調和させるうえで重要である（この調節については 11.5 節でさらに学ぶ）．さらに，複数の経路にいくつかの同じタンパク質を使うことによって，その細胞は，つくらなければならないタンパク質の種類を節約することができる．

シグナル伝達の効率：足場タンパク質とシグナル伝達複合体

図 11.17 のシグナル伝達経路の模式図は（本章で述べた他の経路の模式図もそうであるが）非常に単純化してある．その図式は見やすくするために，少数の中継分子しか示しておらず，また，サイトゾルに散らばっているように描かれている．もし，細胞の中でこれが本当なら，シグナル伝達経路の働きは非常に非効率的であろう．なぜなら，ほとんどの中継分子はタンパク質で，タンパク質は粘稠なサイトゾル内をすばやく拡散するには大きすぎるからである．それならば，たとえば，個々のタンパク質キナーゼは，その基質をどのようにして見つけるのだろうか．

多くの場合，シグナル変換の効率は**足場タンパク質 scaffolding protein** が存在すると明らかに高くなる．足場タンパク質というのは，大きな中継タンパク質で，そこに他のいくつかの中継タンパク質が同時に結合する（図 11.18）．研究者たちによって，脳の細胞の足場タンパク質が見つかっている．その見つかった足場タンパク質は，シナプスにあるシグナル伝達経路のタンパク質のネットワーク構造を永久的に保持したままのものである．このようなしっかりした「配線」は細胞間のシグナルの転送速度と正確さを高める．なぜなら，タンパク質同士の相互作用が拡散に依存しないからである．さらに，足場タンパク質自身が，他のいくつかの中継タンパク質をより直接的に活性化する場合もある．

▼図 11.18　**足場タンパク質**．ここに示した足場タンパク質は，活性化された特異的な膜受容体と３つの異なるタンパク質キナーゼに同時に結合する．このような物理的な配置によって，これらの分子によるシグナル変換が促進される．

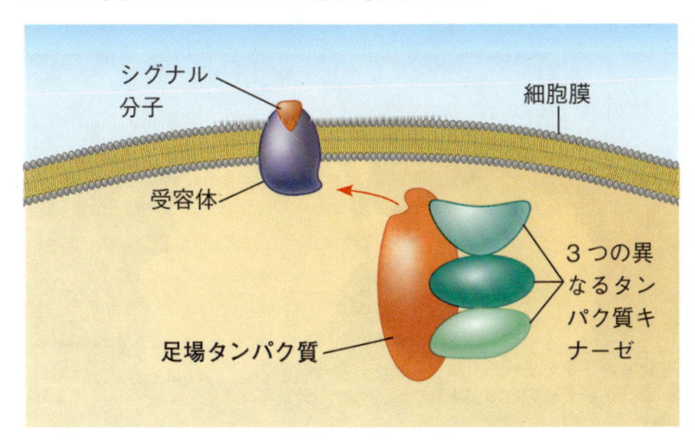
シグナル
分子
細胞膜
受容体
3つの異
なるタン
パク質キ
ナーゼ
足場タンパク質

経路の分岐点や交差点として働く中継タンパク質の重要性は，これらのタンパク質の欠陥や欠失によって生じる問題によって，さらに明確になる．たとえば，ウィスコット−オールドリッチ症候群 Wiskott-Aldrich syndrome（WAS）とよばれる遺伝病の場合，1 個の中継タンパク質の欠失が，異常な出血や湿疹，感染や白血病にかかりやすいことなど，多岐にわたる影響の原因になる．これらの症状は，おもに免疫系の細胞にそのタンパク質が欠如していることから起こると考えられている．正常細胞の研究によって，WAS タンパク質が細胞表面直下に局在していることがわかった．WAS タンパク質は細胞骨格のアクチンフィラメントと，細胞表面から情報を中継するシグナル伝達経路の，いくつかの異なる成分の両方と相互作用する．そして，そのシグナル伝達経路には，免疫細胞の増殖を制御する経路が含まれているのである．この多機能の中継タンパク質は，免疫細胞のふるまいを調節する複雑なシグナル変換ネットワークの中の分岐点であると同時に，重要な交差点の１つである．WAS タンパク質がないと，アクチンフィラメントは正しく組織化されないので，シグナル伝達経路は破壊され，そのために WAS 症候群が発症する．

シグナルの終止

図 11.17 では図を簡潔にするために，細胞のシグナル伝達の不可欠な局面の１つである不活性化機構を示さなかった．多細胞生物の細胞が，入ってくるシグナルに対して応答できる状態を保つためには，シグナル伝達経路での分子の変化の１つひとつが，短時間だけ持続する必要がある．コレラの例で見たように，シグナル伝達経路の１つの成分が１つの状態に固定されれば，活性型であれ不活性型であれ，その生物にとって深刻な結果が起こり得る．

細胞が新しいシグナルを受容する能力は，前のシグナルによって生じた変化が可逆的であることを必要とする．シグナル分子の受容体への結合は可逆的である．シグナル分子の細胞外の濃度が低下すると，シグナル分子が結合した受容体の数は少なくなり，シグナル分子が受容体から離れると，その受容体は不活性型に戻る．細胞の応答は，シグナル分子が結合した受容体の濃度が一定の閾値以上のときにのみ起こる．活性型の受容体の数がその閾値以下にまで下がると，細胞の応答は停止する．次に，その中継分子がさまざまな方法で不活性型に戻る．たとえば，G タンパク質にもともと備わっているGTPアーゼ活性によって，結合しているGTPを加水分解する．ホスホジエステラーゼはcAMPをAMPに変換する．また，タンパク質ホスファターゼはリン酸化されたキナーゼや他のタンパク質を不活性化する．他にもまだ例がある．結果として，その細胞は，新しいシグナルに対して応答できる状態にすぐになれるのである．

本節で，単一の経路における複雑なシグナル伝達の開始と終止について調べてきた．そして，複数の経路が交差し得ることも見てきた．次節では，細胞内で互いに相互作用する経路のネットワークの中の，特に重要な例について議論する．

概念のチェック 11.4

1. 1つのホルモン分子に対して応答した標的細胞は，応答の結果，どのようにして100万個以上の分子に作用することができるのだろうか．
2. どうなる？➤2つの細胞がそれぞれ異なる足場タンパク質をもっているとして，同じシグナル分子に対してどのようにして異なる応答を行い得るのか，説明しなさい．
3. どうなる？➤ヒトの病気の中にはタンパク質ホスファターゼの機能不全を伴うものがある．このようなタンパク質はシグナル伝達経路にどのような影響を与えるだろうか（11.3節のタンパク質ホスファターゼについての議論を復習し，図11.10を参照しなさい）．

（解答例は付録A）

11.5

アポトーシスは多数のシグナル伝達経路の統合によって行われる

シグナル伝達経路が最初に発見されたとき，それらは互いに分岐や交叉がない，独立した経路と考えられていた．細胞間の情報連絡についての私たちの理解には，シグナル伝達経路の構成要素がさまざまな方法で互いに相互作用しているという認識が役立ってきた．細胞が適切な応答を行うためには，細胞のタンパク質が複数のシグナルを統合しなければならないことが多い．その例として，細胞で行われる重要な過程の1つである細胞死について考察しよう．

感染したり，損傷を受けたり，機能的に寿命に達したりした細胞は多くの場合，「プログラム細胞死」の過程に入る（図11.19）．細胞のこのような制御された自殺の中で，最も理解が進んでいるのは**アポトーシス apoptosis**（ギリシャ語で「離脱」という意味の語に由来する．ギリシャの古典詩で落葉を指す言葉として使われている）である．この過程で，細胞内のさまざまな実行役がDNAを切り刻んだり，細胞小器官や他の細胞質成分を断片化したりする．その細胞は収縮して多数の丸い小さな突出部をもった状態になり（このような変化は，「泡状化」とよばれている），細胞のさまざまな部分が小胞に詰め込まれ，それらが，特化した清掃細胞（訳注：細胞内の不要物，異物を食作用によって取り込み，分解する細胞）によって取り込まれ，そして跡形もなく消化される．アポトーシスは近隣の細胞を傷害から守る働きがある．というのは，死んだ細胞から，多くの消化酵素などの内容物が漏れ出てしまうので，アポトーシスが行われないと近くの細胞は傷害を受けることになるからである．

アポトーシスを引き起こすシグナルは細胞外から到来するものもあれば，内部に生じるものもあり得る．細胞外の場合，他の細胞から放出されたシグナル分子は，細胞死の原因となる遺伝子やタンパク質を活性化するシグナル変換経路を開始させる．また，DNAが回復不可能なほど損傷を受けている細胞の内部では，一連のタンパク質間相互作用によって，同様に細胞死を引き起こすシグナルを次々と伝えていくであろう．アポトーシスのいくつかの例を考察することは，シグナル伝達経路が細胞内でどのように統合されているかを理解する助けになるであろう．

土壌線虫 *Caenorhabditis elegans* におけるアポトーシス

アポトーシスの分子機構は，*Caenorhabditis elegans* とよばれる小さな土壌線虫の胚発生の研究者によって

▼図11.19　ヒト白血球細胞のアポトーシス．正常な白血球（左）とアポトーシスを起こしている白血球（右）．アポトーシスを起こしている細胞は収縮して，小さな泡状の突出部を生じている．それらは最終的に膜で包まれた細胞の断片となって放出される（着色SEM像）．

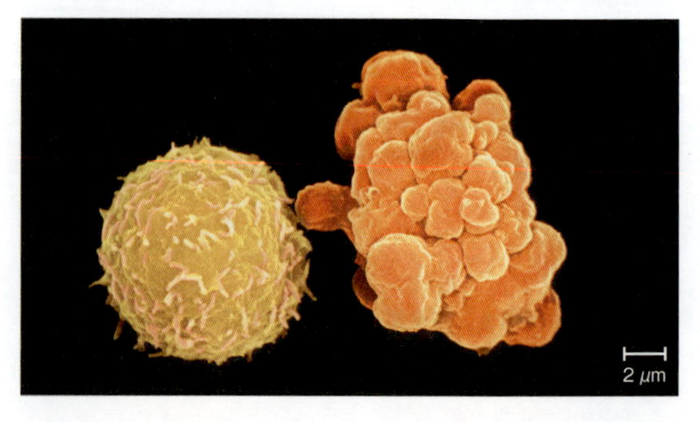
2 μm

詳細にわたって明らかにされた．この成虫はおよそ1000個の細胞しかもっていないため，研究者は各細胞について系譜をすべて明らかにすることができる．決められた時期に行われる細胞の自殺は *C. elegans* の正常な発生過程において正確に131回行われる．しかも，どの個体でも細胞系譜上の正に同じ細胞で行われる．線虫や他の種において，アポトーシスは，死を運命づけられた細胞の自殺タンパク質のカスケードを活性化するシグナルによって開始される．

C. elegans の遺伝学的研究によって，アポトーシスにかかわる2つの重要な遺伝子，*ced-3* と *ced-4*（ced は「細胞死 cell death」から採られた）が最初に明らかになった．これらの遺伝子はアポトーシスに必須のタンパク質をコードしている．それらのタンパク質はそれぞれ Ced-3，Ced-4 とよばれている．アポトーシスにかかわるこれらのタンパク質と他のほとんどのタンパク質は細胞内につねに存在しているが，不活性型として存在している．したがって，制御は遺伝子活性やタンパク質合成を通してではなく，タンパク質の活性のレベルで行われる．*C. elegans* では，ミトコンドリア外膜の Ced-9（*ced-9* 遺伝子の産物）というタンパク質がアポトーシスの制御の主要制御因子（マスターレギュレーターともいう）として機能し，アポトーシスを進行させるシグナルがないときにアポトーシスが開始しないようブレーキをかけている（図 11.20）．細胞死のシグナルを受け取ると，シグナル変換経路によって Ced-9 はブレーキが効かなくなるように変化し，アポトーシス経路によってその細胞のタンパク質と DNA を切断するタンパク質分解酵素や核酸分解酵素が活性化される．アポトーシスのおもなタンパク質分解酵素は「カスパーゼ」とよばれる酵素で，線虫での主要なカスパーゼは Ced-3 タンパク質である．

▼図 11.20 線虫 *C. elegans* におけるアポトーシスの分子的基礎． Ced-3，Ced-4，Ced-9 の3つのタンパク質が線虫のアポトーシスとその制御に不可欠である．哺乳類のアポトーシスはもっと複雑であるが，かかわっているタンパク質は線虫のものと似ている．

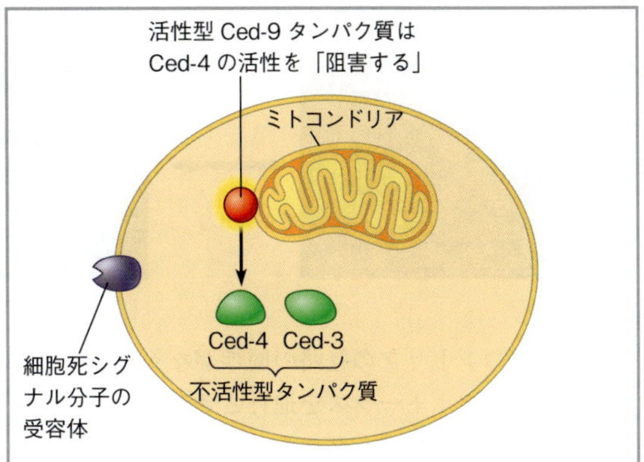
活性型 Ced-9 タンパク質は
Ced-4 の活性を「阻害する」
ミトコンドリア
Ced-4 Ced-3
不活性型タンパク質
細胞死シグナル分子の受容体

(a) **生存シグナル．** ミトコンドリア外膜に局在する Ced-9 が活性化している限り，アポトーシスは阻害され，細胞は生き続ける．

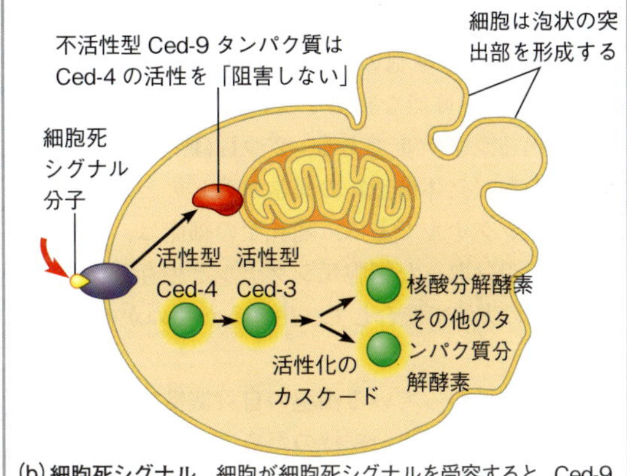
不活性型 Ced-9 タンパク質は
Ced-4 の活性を「阻害しない」
細胞は泡状の突出部を形成する
細胞死シグナル分子
活性型 Ced-4
活性型 Ced-3
核酸分解酵素
その他のタンパク質分解酵素
活性化のカスケード

(b) **細胞死シグナル．** 細胞が細胞死シグナルを受容すると，Ced-9 が不活性化し，Ced-4 の阻害はなくなる．活性型の Ced-4 は Ced-3 を活性化する．Ced-3 はタンパク質分解酵素であるが，活性化されると核酸分解酵素と他のタンパク質分解酵素の活性化を誘導する反応のカスケードの引き金を引く．これらの酵素の活動によって，アポトーシスを起こしている細胞で見られる変化を引き起こし，最終的に細胞を死に至らしめる．

アポトーシス経路とそれを開始させるシグナル

ヒトや他の哺乳類では，およそ15の異なるカスパーゼが関与するいくつかの異なる経路がアポトーシスを行う．どの経路が使われるかどうかは細胞の種類やアポトーシスを開始させるシグナルの違いに依存する．ある主要な経路はミトコンドリアのあるタンパク質が関与する．そのタンパク質によってミトコンドリア外膜に孔が開き，ミトコンドリア外膜からアポトーシスを進行させる他のタンパク質が漏れ出る．驚くべきことに，漏れ出るタンパク質の中には，正常な細胞でミトコンドリアの電子伝達の機能を果たすシトクロム *c* が含まれるが（図 9.15 参照），ミトコンドリアから出ると細胞死の因子として作用する．哺乳類でのミトコンドリアのアポトーシスの過程には，線虫のタンパク質である Ced-3，Ced-4，Ced-9 と似たタンパク質が使われている．これらはアポトーシスのシグナルを変換し得る中継タンパク質であると考えられる．

アポトーシスの過程への重要な関門において，中継タンパク質は起源の異なるいくつかのシグナルを統合し，細胞をアポトーシス経路へ送り込む．多くの場合，シグナルは細胞の外からくる．たとえば，図 11.20 b に描かれた，おそらく近隣の細胞から放出された細胞死シグナル分子のようなシグナルである．細胞死シグナル分子であるリガンドが細胞表面の受容体に結合す

図 11.21 マウスの足指の発生過程でのアポトーシスの効果. マウス，ヒトその他の哺乳類，そして陸生の鳥類では，胚の脚や手が発生する領域は最初，切れ目のない盤状の構造をとる．アポトーシスによって指と指の間の領域が消失して指が形成される．これらの蛍光顕微鏡写真は，マウス胚の足の写真である．アポトーシスが起こっている細胞は染色されて明るい黄緑色に見える．細胞のアポトーシスは，それぞれの指と指の間の縁から始まり（左），それらの領域の組織が消失していくときに最大になる（中）．そして，指と指の間の組織が消失し終わると，もはや検出されなくなる（右）．

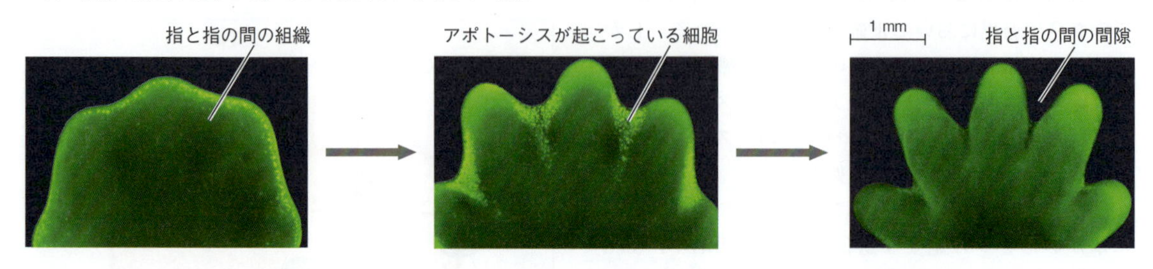
指と指の間の組織
アポトーシスが起こっている細胞
1 mm
指と指の間の間隙

ると，ミトコンドリアの経路の関与がなくても，カスパーゼや他のアポトーシスを進行させる酵素の活性化が起こる．この場合のシグナルの受容，変換，応答の過程は本章ですでに議論した過程と類似である．典型的な道筋とは少し違うが，アポトーシスを誘導する警告シグナルという2つの異なるシグナルが細胞表面の受容体ではなく細胞の「内部」から発する．1つは，DNAが修復不可能な損傷を受けたときにつくられて核から出るシグナルである．2つ目は，タンパク質の折りたたみ（立体構造）の異常が著しいときに小胞体から出るシグナルである．哺乳類の細胞は，内外の発信源から受け取った細胞死シグナルと生存シグナルをなんらかの方法で統合して，生きるか死ぬかの「決定」を行う．

もともと備わっている細胞の自殺機構はすべての動物において発生と生命維持のために不可欠である．線虫と哺乳類の間のアポトーシス遺伝子の類似性は，多細胞の菌類のみならず単細胞の酵母でもアポトーシスが起こるという観察とともに，真核生物の進化の初期に出現した基本的な機構であることを示している．脊椎動物では，アポトーシスは神経系の正常な発生や，免疫系の正常な機能，ヒトの手足や他の哺乳類の足の正常な形態形成に不可欠である（図 11.21）．アヒルや他の水鳥の水かきをもつ足の場合，指の発生の際のアポトーシスの程度は，ニワトリなど陸上の鳥の水かきのない足の場合よりも低い．ヒトの場合，適切なアポトーシスが行われなければ水かきがついたような手の指やつま先になる可能性がある．

パーキンソン病やアルツハイマー病のような神経系の退行性のいくつかの疾病にアポトーシスがかかわっていることを示す確かな証拠がある．また，がんも細胞死の不全の結果起こる．たとえば，ヒトのメラノーマの場合は，*C. elegans* の Ced-4 タンパク質に相当するヒトのタンパク質の異常と関係がある．それゆえ，アポトーシスに影響を与えるシグナル伝達経路がきわめて精密であるのは驚くに値しない．結局，生きるか死ぬかの問題は，細胞にとって考えられる限りの最も根本的な問いなのである．

本章では，リガンドの結合，タンパク質間の相互作用と立体構造変化，相互作用のカスケード，タンパク質のリン酸化といった細胞の情報連絡の多くの一般的な機構について紹介してきた．生物学を広く学んでいく中で，細胞の情報連絡の多くの例に出合うことだろう．

概念のチェック 11.5

1. 胚発生におけるアポトーシスの例を挙げ，それが胚発生の過程で果たす機能を説明しなさい．
2. どうなる？➤アポトーシスが起こるべきでないときに起こったとしたら，タンパク質のどのようなタイプの欠陥がその原因となり得るか．アポトーシスが起こるべきときに起こらなかったとしたら，アポトーシスタンパク質のどのようなタイプの欠陥が起こり得るか．

（解答例は付録 A）

11 章のまとめ

重要概念のまとめ

11.1

外部シグナルが細胞内で変換されて応答を導く

- **シグナル変換経路**は多くの過程に不可欠である．酵母細胞の接合でのシグナル伝達は多細胞生物のそれと共通点が多い．このことは，シグナル伝達機構の起源が生命進化の初期にあったことを示唆している．細菌細胞はその局所的な細胞密度を感知することができる（クォラムセンシング）．
- 動物細胞の局所的なシグナル伝達には，直接の接触や局所調節因子の分泌がかかわっている．長距離のシグナル伝達では，動物と植物はともに**ホルモン**を使っている．動物はシグナルの電気的な伝達も行う．
- アドレナリンなどの膜の受容体に結合するホルモンは細胞レベルで3段階からなるシグナル伝達経路を引き起こす．

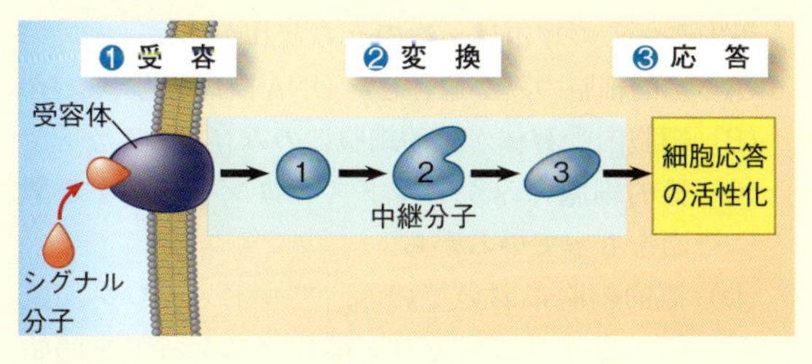

❶受 容
❷変 換
❸応 答
受容体
1
2
3
中継分子
細胞応答の活性化
シグナル分子

❓ アドレナリンのような，あるホルモンに対して細胞が応答するかどうかは何が決めるのか．そのようなホルモンに対して細胞がどのようにして応答するかは何が決めるのか．

11.2

受容：シグナル分子が受容体タンパク質に結合して，そのタンパク質の構造変化を引き起こす

- シグナル分子（**リガンド**）と受容体の結合は高度に特異的である．受容体の特異的な構造変化がシグナル伝達における変換過程を開始させる場合が多い．
- 細胞表面の膜貫通型受容体には3つの主要なタイプがある．(1) **G タンパク質共役型受容体（GPCR）**は，細胞質の**G タンパク質**とともに機能する．リガンドの結合によって受容体は活性化し，それが次に特異的なGタンパク質を活性化し，活性化されたGタンパク質がさらに他のタンパク質を活性化する．このようにしてシグナルが伝播する．(2) **受容体チロシンキナーゼ（RTK）**は，シグナル分子が結合すると2量体を形成して，その受容体の，他方のサブユニット単量体の細胞質側にある複数のチロシンにリン酸基を付加する．次いで，細胞内の種々の中継タンパク質は，それぞれ別のリン酸化されたチロシンに結合することによって活性化され，この受容体がいくつかの経路の引き金を同時に引くことを可能にする．(3) **リガンド開閉型イオンチャネル**は，特異的なシグナル分子の結合に応答して開閉し，特定のイオンの膜通過を調節する．
- 3つのタイプの受容体のどれも，その活性は不可欠であり，GPCRとRTKの異常はヒトの多くの疾病と関係している．
- 細胞内受容体は細胞質または核内のタンパク質である．細胞膜を通過できる疎水性または小さいシグナル分子は，細胞内でこれらの受容体に結合する．

❓ GPCRとRTKの構造はどのような点で似ているか．これら2つの受容体について，そのシグナル変換経路を開始させるしくみの異なる点は何か．

11.3

変換：分子間相互作用のカスケードによりシグナルが受容体から細胞内の標的分子へ伝達される

- シグナル変換経路の各段階において，シグナルはさまざまな形（一般に，タンパク質の構造変化）に変換される．多くのシグナル変換経路は**リン酸化カスケード**を含む．そのカスケードでは，一連の**タンパク質キナーゼ**が，それぞれ次のタンパク質キナーゼにリン酸基を付加して活性化していく．**タンパク質ホスファターゼ**とよばれる酵素が，そのリン酸基をすぐに除去する．リン酸化と脱リン酸化のバランスがシグナル変換経路の連続した各段階にかかわるタンパク質の活性を調節する．
- **サイクリック AMP（cAMP）**や Ca^{2+} のような**二次メッセンジャー**はサイトゾル全体に容易に拡散し，シグナルをすばやく広めることができる．多くのGタンパク質が，ATPからcAMPをつくる**アデニル酸シクラーゼ**を活性化する．細胞はGPCR経路とRTK経路の両方で Ca^{2+} を二次メッセンジャーとして使う．チロシンキナーゼ経路では，別の2つの二次メッセンジャーである**ジアシルグリセロール（DAG）**と**イノシトール三リン酸（IP_3）**も関与している．IP_3 は続いて起こる Ca^{2+} 濃度の上昇を導く引き金になる．

? タンパク質キナーゼと二次メッセンジャーの違いは何か．両者は同じシグナル変換経路で機能することができるか．

11.4

応答：細胞のシグナル伝達により転写や細胞質の活動の調節が誘導される

- ある経路では核での応答を導く．つまり，特異的な遺伝子の発現の開始や停止が転写因子の活性化によって行われる．他の経路では，応答は細胞質での制御によって行われる．
- 細胞の応答はスイッチのたんなるオン・オフではなく，反応過程の中の多くの段階で調節される．シグナル伝達経路の各タンパク質は，経路の中の次に位置する成分分子を多数活性化することによってシグナルを増幅する．長い経路では，シグナルの増幅は全体で100万倍以上になるであろう．細胞内のタンパク質の組み合わせによって，感知するシグナルと実際に行う応答の両方において高い特異性がもたらされる．**足場タンパク質**はシグナル変換の効率を高める．経路の分岐は，細胞がシグナルと応答を適合させるのを助ける．シグナルに対する応答は，リガンドの結合が可逆的なので迅速に終結することができる．

? 細胞のどのような機構によって，シグナルに対する応答を終止させ，新しいシグナルに応答する能力が維持されているか．

11.5

アポトーシスは多数のシグナル伝達経路の統合によって行われる

- **アポトーシス**はプログラム細胞死の1つのタイプであり，細胞成分が秩序立った方式で分解される過程である．土壌線虫 *Caenorhabditis elegans* の研究によって，アポトーシスに関連する分子機構の詳細が明らかになった．細胞死シグナルはアポトーシスにかかわる主要な酵素であるカスパーゼと核酸分解酵素の活性化を誘導する．
- ヒトや他の哺乳類の細胞にはいくつかのアポトーシスを導くシグナル伝達経路がある．これらの経路はさまざまなしくみで開始される．アポトーシスの引き金を引くシグナルは細胞の外からくるものもあれば，中からのものもある．

? アポトーシスを制御する遺伝子が酵母や線虫，哺乳類で類似しているが，これについてどのように説明すればよいか．

理解度テスト

レベル1：知識／理解

1. シグナル分子がどのタイプの受容体に結合すると，膜の両側のイオンの分布の変化が直接起こるか．
   (A) 細胞内受容体
   (B) Gタンパク質共役型受容体
   (C) リン酸化された受容体チロシンキナーゼの2量体
   (D) リガンド開閉型イオンチャネル
2. 受容体チロシンキナーゼの活性化の特徴は，次のうちどれか．
   (A) 2量体化とリン酸化
   (B) 2量体化とイノシトール三リン酸（IP_3）の結合
   (C) リン酸化カスケード
   (D) GTP加水分解
3. アルドステロンのような脂溶性のシグナル分子はすべての細胞の膜を通過するが，標的細胞にのみ作用する．その理由は，次のうちどれか．
   (A) 標的細胞のみが適合したDNA断片をもつから．
   (B) 細胞内受容体が標的細胞にのみ存在するから．
   (C) 標的細胞のみがアルドステロンを分解する酵素をもっているから．
   (D) 標的細胞においてのみ，アルドステロンが遺伝子をオンにするリン酸化カスケードを開始できるから．
4. 下記の経路で，二次メッセンジャーはどれか．
   アドレナリン → Gタンパク質共役型受容体 → Gタンパク質 → アデニル酸シクラーゼ → cAMP
   (A) cAMP
   (B) Gタンパク質
   (C) GTP
   (D) アデニル酸シクラーゼ
5. アポトーシスがかかわっていないのは，次のうちどれか．
   (A) DNAの断片化
   (B) 細胞のシグナル伝達経路
   (C) 細胞の溶解
   (D) 清掃細胞による細胞の内容物の消化

レベル2：応用／解析

6. サザランドはどのような観察に基づいて，肝細胞に対するアドレナリンの作用に二次メッセンジャーが関与していると考えたのだろうか．(A) ～ (D) から選びなさい．

(A) 酵素活性が，細胞抽出物に加えたカルシウムの量に比例していた．
(B) 受容体の研究から，アドレナリンがリガンドであることが示された．
(C) グリコーゲンの分解は，アドレナリンを無傷の細胞に投与したときにのみ観察された．
(D) グリコーゲンの分解は，アドレナリンとグリコーゲンホスホリラーゼを一緒に混ぜたときにのみ観察された．

7. タンパク質のリン酸化は，通常，次のうち1つを除いて，すべてに関与している．除外される事柄はどれか．
(A) 受容体チロシンキナーゼの活性化
(B) タンパク質キナーゼ分子の活性化
(C) G タンパク質共役型受容体の活性化
(D) シグナル分子による転写調節

レベル3：統合／評価

8. **描いてみよう** ヒトの免疫細胞で機能する，以下のアポトーシス経路を図示しなさい．Fas とよばれる分子が細胞表面の受容体に結合すると，細胞死シグナルが受容される．多数の Fas 分子が受容体に結合すると受容体の集合が起こる．集合したときの受容体の細胞内部側の領域はアダプタータンパク質（仲介タンパク質）とよばれるタンパク質に結合する．次に，これらがカスパーゼ-8 の不活性型に結合する．その結果，カスパーゼ-8 は活性化され，次にカスパーゼ-3 を活性化する．カスパーゼ-3 が活性化するとアポトーシスが開始する．

9. **進化との関連** 原核生物における細胞間シグナル伝達システムの起源と，現在まで存続していることをどのような進化の機構で説明できるだろうか．

10. **科学的研究** アドレナリンは cAMP を合成するシグナル変換経路を開始させて，グリコーゲンの分解を導き，細胞の主要なエネルギー源であるグルコースが生成する．しかし，グリコーゲンの分解は，実際のところ，アドレナリンがもたらす闘争–逃走反応の一部にすぎない．体に対する効果の全体は，大量のエネルギーの発生に加えて，心拍数の増加と警戒感の増強を導くことである．カフェインが cAMP ホスホジエステラーゼ活性を抑えると仮定して，カフェインの摂取が警戒感の増強と眠気を減らす効果を高めるのはどのような機構か，考えなさい．

11. **科学，技術，社会** 加齢の過程は細胞レベルで開始すると考えられている．ある回数の細胞分裂の後で起こる変化の1つは，細胞が成長因子や他の化学シグナルに対して応答する能力を失うことである．加齢の研究の多くは，このような能力の消失を解明することを目指しており，究極の目標はヒトの寿命を大きく延ばすことにある．しかしながら，すべての人がこの目標が望ましいものであると思っているわけではない．もし，平均余命が大幅に延びたとしたら，社会的そして生態学的にどのような結果が生じるだろうか．

12. **テーマに関する小論文：組織化** 生命の特質は細胞という生物学的レベルで現れる．きわめて制御されたアポトーシスという過程は細胞の単純な破壊過程ではない．アポトーシスも創発特性の1つである．動物の発生と正常な機能におけるアポトーシスの役割についての簡潔な説明と，アポトーシスというタイプのプログラム細胞死がどのようにして複数のシグナル伝達経路の秩序立った統合によって発現する過程になっているかという説明を，300～450字で記述しなさい．

13. **知識の統合**

酸味，塩味，甘味，苦味，「うま味」の5つの基本的な味がある．塩味は味蕾（みらい）細胞の外の塩分濃度が内部よりも高く，イオンチャネルによって Na^+ の味蕾細胞内への受動的な流入が起こるときに感知される．その結果生じる膜ポテンシャル（7.4 節参照）の変化が脳に「しょっぱい」というシグナルを送る．うま味は食欲をそそる味で，グルタミン酸（グルタミン酸ナトリウム塩）によって現れる．それはタコス味のトルティーヤチップなどの食べ物の味つけに使われる．グルタミン酸受容体は GPCR である．グルタミン酸が GPCR に結合すると，「うまい」と感じる細胞応答に至るシグナル伝達経路が作動する．ふつうのポテトチップを食べて，そして口をゆすいだとしたら，もはや塩味は感じないであろう．しかし，味つけしたトルティーヤチップを食べて，その後口をゆすいでも，その味は残っているだろう（試してみよう）．この違いについてどのような説明が可能か述べなさい．

（一部の解答は付録 A）

12 細胞周期

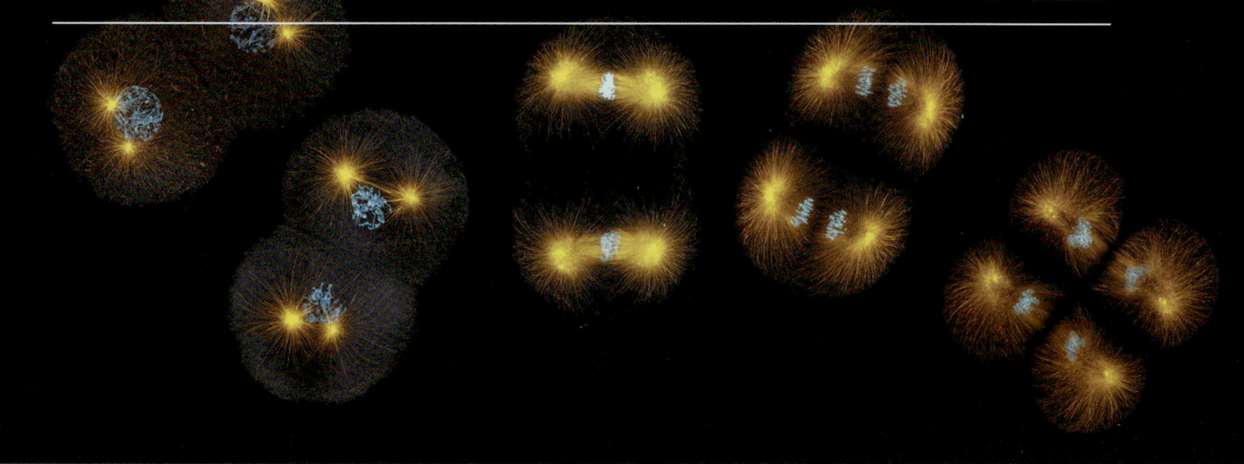

▲図 12.1　細胞は分裂するとき，染色体をどのようにして娘細胞に分配するだろうか．

重要概念

12.1　ほとんどの細胞分裂では遺伝的に同一の娘細胞が生じる

12.2　細胞周期では分裂期と間期が交互に進行する

12.3　真核細胞の細胞周期は分子制御システムによって調節される

▼ネズミカンガルーの細胞の染色体（青色）は特異的なタンパク質（緑色）によって細胞の装置（赤色）に結合して，細胞分裂の際に運ばれる．

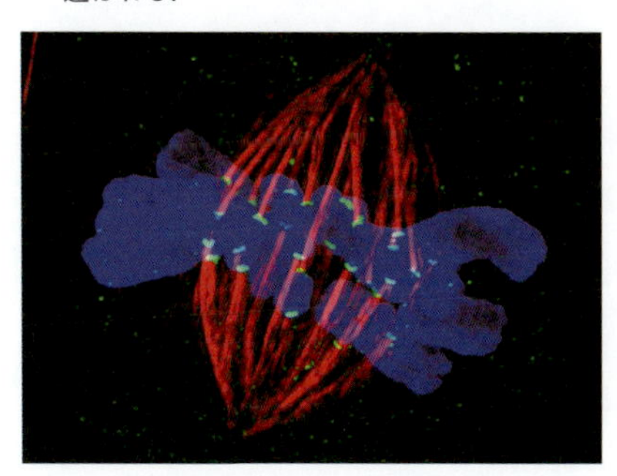

細胞分裂の主要な役割

生物が自分自身と同じ種を複製する能力は，生物と非生物を区別する最も明確な特徴である．子を産むという能力は，すべての生物学的機能と同様に，細胞を基礎にしている．ドイツの物理学者，ルドルフ・フィルヒョウ Rudolf Virchow は，1855 年にこのように表現した．「細胞があるところ，必ず，その前に生存していた細胞がなければならない．ちょうど，動物が動物からしか生まれず，植物が植物からしか生じないように」．彼はこの概念を「すべての細胞は細胞から」という意味の，「*Omnis cellula e cellula*」というラテン語の格言の形でまとめた．生命の連続性は細胞の複製，すなわち**細胞分裂** cell division に基づいている．図 12.1 の一連の共焦点蛍光顕微鏡写真は，ある海洋生物の 2 細胞の胚が分裂して 4 細胞になる過程を追跡したもので，左上から右下の順に並べてある．

細胞分裂は，生物が生きていくうえでの，いくつかの重要な役割をもっている．1 個の原核細胞の分裂は，すなわち新個体（もう 1 つの細胞）を生じることなので，事実上の生殖である．同じことは，図 12.2 a のアメーバのような単細胞の真核生物についてもいえる．多細胞の真核生物については，細胞分裂は 1 個の細胞，つまり受精卵から発生することを可能にする．その最初の段階である 2 細胞胚が図 12.2 b に示されている．また，生物が完全に成長した後も，細胞分裂は更新と修復の機能を維持して，偶発的な出来事や自然に起こる損傷で死んだ細胞を新しい細胞に置き換える．たとえば，骨髄の分裂細胞は継続的に新しい血球細胞をつくっている（図 12.2 c）．

細胞分裂は**細胞周期** cell cycle の一部をなす過程である．ここでいう細胞周期とは，細胞が最初に親細胞の分裂で生まれてから，分裂して 2 つの娘細胞になるまでの，細胞の一生のことである（生物学者は細胞間

▼図 12.2 細胞分裂の機能.

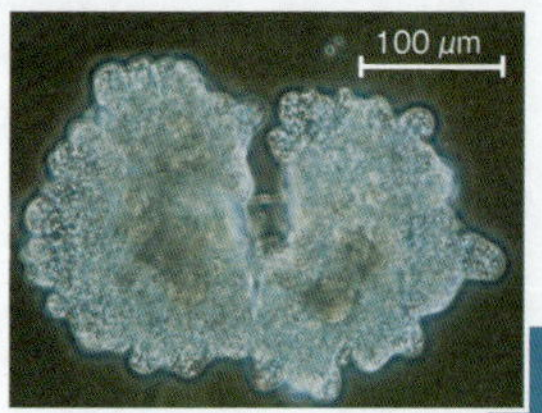
100 μm

◀(a) **無性生殖.** 単細胞の真核生物であるアメーバが2つの細胞に分裂している. どちらの新しい細胞も1個の個体である（LM像）.

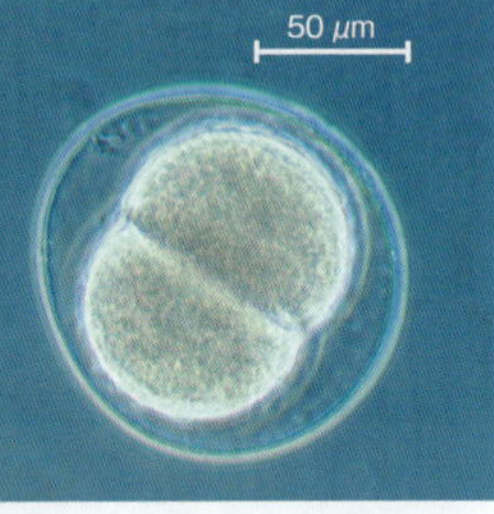
50 μm

▶(b) **成長と発生.** この顕微鏡写真は，受精卵が分裂した直後の，2細胞になったヒトデの胚である（LM像）.

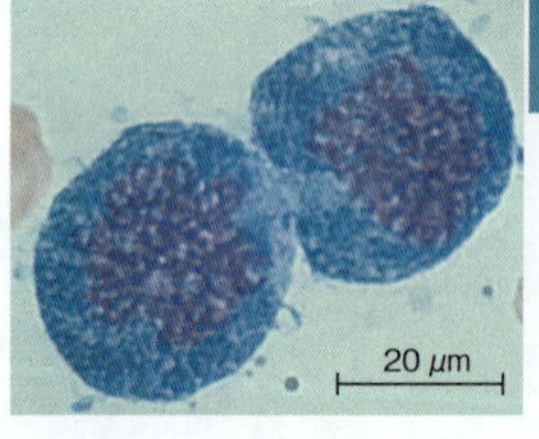
20 μm

◀(c) **組織の更新.** これらの分裂中の骨髄細胞から新しい血球細胞が生じている（LM像）.

の関係として，「娘」や「姉妹」という用語を用いるが，性とは無関係である）. 子孫細胞に同一の遺伝物質を伝達することは，細胞分裂のきわめて重要な機能である. 本章では，この過程が細胞周期との関連でどのようにして起こるかを学ぶ. 真核生物と細菌の細胞分裂の機構について調べた後，真核細胞の細胞周期の進行を制御する分子制御システムと，その制御システムが機能しなくなると何が起こるかについて学ぶ. 細胞周期の調節の欠陥はがんの発生の主要な要因なので，細胞生物学のこの領域は活発に研究されている分野である.

12.1

ほとんどの細胞分裂では遺伝的に同一の娘細胞が生じる

複雑さそのものである細胞の分裂は，たんに挟んで半分にするという仕方では不可能である. 細胞は，単純にふくらんで，2つに割れる石けんの泡のようなものではない. 原核生物においても真核生物においても，細胞分裂は，同一の遺伝物質── DNA ──を娘細胞に分配する過程を伴う（その例外は，真核生物の特殊な細胞分裂である減数分裂で，精子や卵を生じる[*1]）. 細胞分裂で最も注目すべきことは，DNAが1つの世代から次の世代に伝えられるときの正確さである. 分裂する細胞はそのDNAを複製し，その2つのコピーを細胞の両端に配置し，その後に分裂して，2つの娘細胞になる.

細胞内での遺伝物質の組織化

細胞のDNA，すなわち細胞の遺伝情報は**ゲノム genome**とよばれている. 原核生物のゲノムは多くの場合，1つのDNA分子であるが，真核生物のゲノムは通常，何本かのDNA分子からなる. 真核細胞に含まれるDNA全体の長さは莫大である. たとえば，ヒトの細胞はおよそ2mのDNAをもっている. この長さはヒトの典型的な細胞の直径の約25万倍である. 遺伝的に同一の娘細胞を生じるための分裂の準備がまだできていない細胞は，このDNAの全部を複製し，2つのコピーを分離して，娘細胞がそれぞれ完全なゲノム1組をもつようにしなければならない.

これほど大量のDNAの複製と分配をなんとかやってのけられるのは，DNA分子が**染色体 chromosome**（ギリシャ語で「色」を意味する *chroma*，「物体」を意味する *soma* に由来）に詰め込まれているからである. 染色体という名称がつけられたのは顕微鏡観察で使用される，ある色素に染まるからである（図12.3）. 真核生物の染色体はそれぞれが1本の長い線状のDNA分子とこれに結合した多数のタンパク質からなっている（図6.9参照）. そのDNAは生物の遺伝形質を特徴づける単位である数百から数千の遺伝子を担っている. DNAに結合しているタンパク質は染色体の構造を保ち，遺伝子の活性調節に寄与している. DNAとタンパク質分子からなる複合体全体が染色体の構成

▼図 12.3 **真核細胞の染色体.** アカバナマユハケオモトの細胞の核内に染色体（紫色に染色されている）が見える. その周囲の細胞質中の細く赤い糸は細胞骨格である. この細胞は分裂を準備している（LM像）.

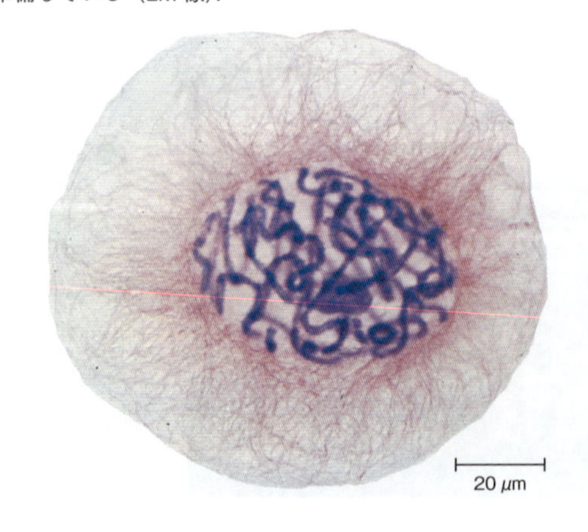
20 μm

＊1（訳注）：植物や他の多くの真核生物では減数分裂の結果生じた細胞が精子や卵になるわけではない.

素材になるが，それを**クロマチン chromatin** とよんでいる．この後見ることになるが，染色体のクロマチンは細胞分裂の過程で凝縮の程度が変化する．

真核生物のどの種も，その細胞核ごとに固有の数の染色体をもっている．たとえば，ヒトの**体細胞 somatic cell**（生殖細胞以外の，体のすべての細胞）は，23 本ずつの 2 組からなる 46 本の染色体をもつ．1 組は一方の親から受け継いだものである．生殖細胞，あるいは**配偶子 gamete**，すなわち，精子と卵細胞（訳注：未受精卵）がもつ染色体の数は体細胞の半分である．ヒトの場合は，23 本の染色体 1 組である．体細胞の染色体数は種によってかなり異なる．キャベツでは 18 だが，チンパンジーでは 48，ゾウでは 56，ハリネズミでは 90，ある種の藻類では 148 である．それでは，これらの染色体が細胞分裂の過程でどのような挙動をとるか考えよう．

真核生物の細胞分裂における染色体の分配

細胞が分裂していないとき，また，細胞分裂に備えて DNA を複製しているときでも，各々の染色体は長く細いクロマチン繊維の形で存在している．しかし，DNA 複製の後，染色体は細胞分裂の一過程として凝縮する．各々のクロマチン繊維が密にらせんを巻き，折りたたまれ，染色体は非常に短く，そして光学顕微鏡で見える程度にまで太くなる．

複製された染色体は 2 本の**姉妹染色分体 sister chromatid** からなる．それらは，もとの染色体のコピーが結合したものである（図 12.4）．2 本の染色分体は，各々同一の DNA 分子をもつが，「コヒーシン」とよばれるタンパク質複合体によって長軸方向に沿って接着している．これは「姉妹染色分体の接着」とよばれている．各々の染色分体には**セントロメア centromere** とよばれる特異的な DNA 塩基配列を含む領域がある．この領域は染色体 DNA の反復配列からなり，染色分体はこの領域でその姉妹の染色分体と最も密接に接着している．この接着は，セントロメア領域の DNA 塩基配列を認識して結合する複数のタンパク質によって仲介される．他の結合タンパク質は染色体 DNA を凝縮させ，そしてこの領域で，染色体は幅が狭くなり，くびれている．セントロメアの両側の部分は，それぞれ染色分体の「腕」とよばれている（倍加していない染色体は，1 個のセントロメア——そこに結合しているタンパク質によって識別できる——と 2 本の腕をもつ）．

細胞分裂過程の後期で，倍加した各染色体の 2 つの姉妹染色分体は分離し，細胞の両端にそれぞれ移動して[*2]，細胞両端の 2 つの新しい核内に収まる．姉妹染色分体がいったん分離すると，それらはもはや染色分体とよばれず，個々の染色体とみなされる．つまり，これが，細胞分裂の過程で染色体数がまさに 2 倍になる段階である．このようにして，新しい核はそれぞれ，親細胞の染色体の組と同じ染色体の組を受け取ることになる（図 12.5）．核の遺伝物質の分割である**有糸分裂 mitosis** の後，細胞質の分割である**細胞質分裂 cytokinesis** が続くが，通常は，時を経ずに始まる．1 個の細胞が 2 個の細胞になり，それぞれは親の細胞と遺伝的に等しい．

▼図 12.4 **複製後の高度に凝縮したヒトの染色体（SEM 像）．**

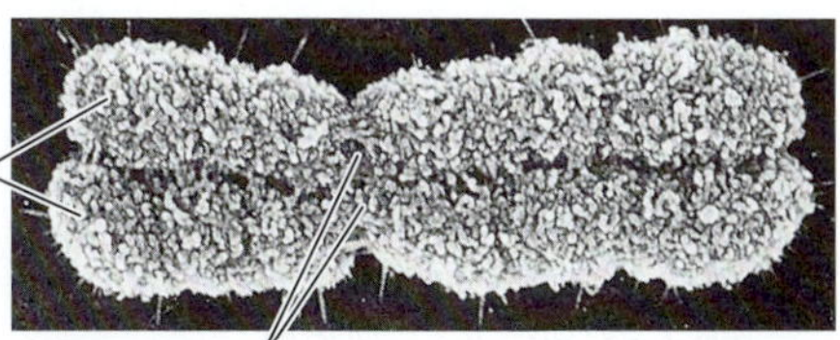
姉妹
染色分体
それぞれの姉妹染色分体に
1つずつ存在するセントロメア
0.5 μm

描いてみよう➤この顕微鏡写真の染色体の姉妹染色分体の 1 つを丸で囲みなさい．

受精卵から有糸分裂と細胞質分裂によって，体を構成する 200 兆個の体細胞が生み出されて体を形成し，そして同じ過程が繰り返されて新しい細胞がつくられ，死んだ細胞や損傷を受けた細胞に取って代わる．対照的に，配偶子，すなわち卵または精子は，「減数分裂」とよばれる別の型の細胞分裂によってつくられる（前頁の訳注 1 参照）．減数分裂でつくられた細胞は 1 組の染色体のみ，つまり，親細胞の染色体数の半分の染色体をもつ．ヒトの減数分裂は卵巣または精巣の特別な細胞でのみ行われる．配偶子をつくるときに，減数分裂によって染色体数は 46（2 組の染色体）から 23 に減少する．受精によって 2 つの配偶子は融合し，染色体数は 46（2 組の染色体）に戻る．そして，体細胞分裂によって生じた，新しい個体のどの体細胞でも 46 という数は維持される．13 章で，生殖と遺伝における減数分裂の役割をさらに詳しく調べる．本章の後の部分では，真核生物の有糸分裂と細胞周期のこれ以外の過程に焦点を当てる．

概念のチェック 12.1

1. 図 12.5 の各部分に描かれた染色体は何本か（段階❷の顕微鏡写真は無視しなさい）．

＊2（訳注）：正しくは，紡錘体の両極に移動する（図 12.7 参照．必ずしも細胞の両端とは限らない）．

▼図 12.5　染色体の複製と細胞分裂における分配.

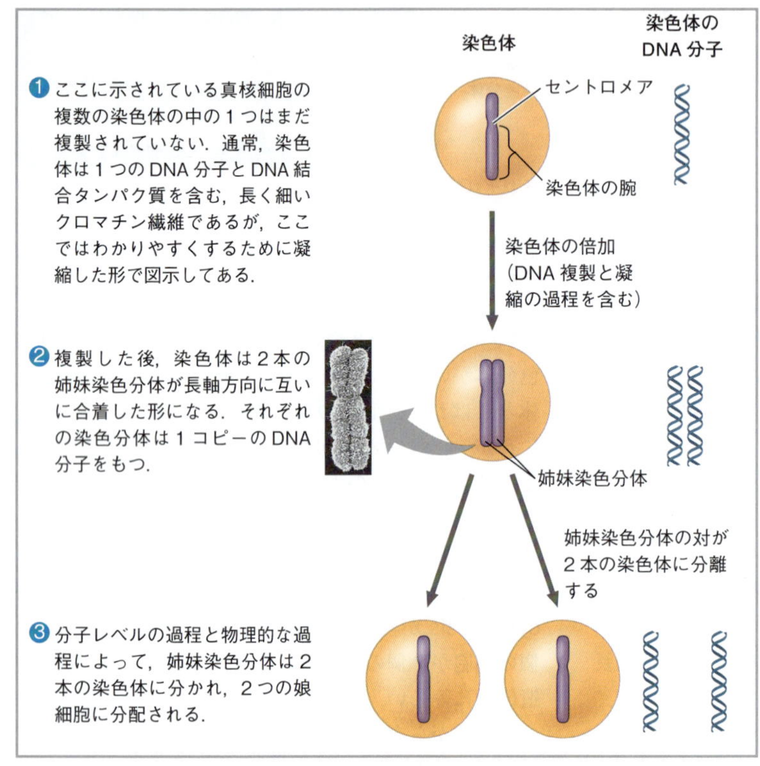
染色体
染色体の DNA 分子
❶ ここに示されている真核細胞の複数の染色体の中の1つはまだ複製されていない. 通常, 染色体は1つのDNA分子とDNA結合タンパク質を含む, 長く細いクロマチン繊維であるが, ここではわかりやすくするために凝縮した形で図示してある.
セントロメア
染色体の腕
染色体の倍加（DNA 複製と凝縮の過程を含む）
❷ 複製した後, 染色体は2本の姉妹染色分体が長軸方向に互いに合着した形になる. それぞれの染色分体は1コピーのDNA分子をもつ.
姉妹染色分体
姉妹染色分体の対が2本の染色体に分離する
❸ 分子レベルの過程と物理的な過程によって, 姉妹染色分体は2本の染色体に分かれ, 2つの娘細胞に分配される.

❓ ❷の染色体は何本の染色分体の腕をもっているか. 1本の染色体が2本になるのは, この図のどの段階か.

2. **どうなる？➤**ニワトリは体細胞に78本の染色体をもつ. ニワトリは双方の親からそれぞれ何本の染色体を受け継ぐか. ニワトリの配偶子にはそれぞれ何本の染色体があるか. ニワトリの子孫の体細胞はそれぞれ何本の染色体をもつことになるか.

（解答例は付録 A）

12.2

細胞周期では分裂期と間期が交互に進行する

1882年に, ヴァルター・フレミング Walther Flemming というドイツの解剖学者が, 有糸分裂と細胞質分裂での染色体の挙動を観察することを可能にする色素を, 初めて開発した（事実, フレミングは「有糸分裂 mitosis」と「クロマチン chromatin」の術語をつくった）. 1回の細胞分裂と次の細胞分裂の間は, フレミングには, 細胞はたんに大きく成長するだけに見えた. しかし, いまでは, 細胞の一生のこの時期に, 多くの重要な出来事が起こることがわかっている.

細胞周期の各時期

有糸分裂は細胞周期の一部にすぎない（図 12.6）. 実際, **分裂期 mitotic phase**（**M 期 M phase**）は有糸分裂と細胞質分裂の両方を含むが, 通常, 細胞周期の中で最も短い時期である. 有糸分裂は, もっとずっと長い**間期 interphase** とよばれる時期と交互に進行する. 間期はしばしば, 周期の約90％を占める. 細胞分裂に向かっている細胞は間期の間に, 成長し, 細胞分裂の準備のために染色体を複製する. 間期はさらにいくつかの時期に分けることができる. すなわち, **G_1 期 G_1 phase**（「第1のギャップ」）, **S 期 S phase**（「合成 synthesis」）, **G_2 期 G_2 phase**（「第2のギャップ」）である. これらのG期は最初, 細胞が活動を停止しているように見えたので, 「ギャップ」という誤った名前がつけられた. しかし, 間期を通して盛んな代謝活動と成長が起こることがいまではわかっている. 間期のこれら3つのすべての時期に, 細胞は実際にタンパク質を合成し, ミトコンドリアや小胞体などの細胞小器官を増加させて成長する. 細胞が分裂を完了させるために必須の染色

▼図 12.6　**細胞周期.** 分裂している細胞では, 分裂期（M期）と成長の時期である間期が交互に進行する. 間期の最初の時期（G_1 期）に続くのが, 染色体が複製されるS期, そして間期の最後が G_2 期である. M期では, 有糸分裂によって娘染色体が娘核に分配される. そして細胞質分裂によって細胞質が分けられて2つの娘細胞を生じる.

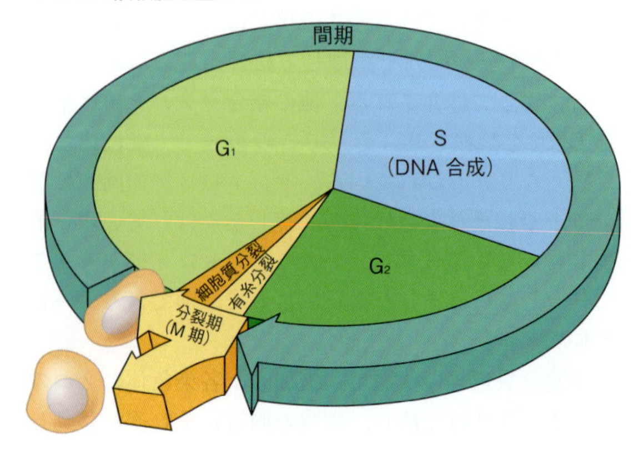
間期
G1
S
（DNA 合成）
G2
細胞質分裂
有糸分裂
分裂期
（M 期）

体の倍加はS期でのみ起こる（DNAの複製は16.2節で考察する）．したがって，細胞は成長し（G_1期），染色体を複製しつつ成長し（S期），さらに成長して細胞分裂の準備を完了し（G_2期），そして分裂する（M期）．娘細胞は，さらにこの周期を繰り返す．

ヒトのある細胞は1回の分裂を24時間で行う．この時間のうち，M期が占めているのは，おそらく1時間以下であるが，S期はおよそ10〜12時間，または周期のおよそ半分を占めているようである．残りの時間はG_1期とG_2期の間で配分される．G_2期は通常4〜6時間を占める．この例では，G_1は5〜6時間くらいであろう．G_1期の長さは，細胞の種類による違いが最も大きい．多細胞生物の細胞の中には非常にまれにしか分裂しないか，まったく分裂しない細胞がある．これらの細胞はG_1期（G_1期に関連する時期でG_0期ともよばれる．G_0期については後述する）のまま長い時間を経過し，その間，固有の機能を果たす．消化酵素を分泌する膵臓の細胞はその一例である．

有糸分裂は慣例として以下の5つの時期に分けられる．**前期** prophase，**前中期** prometaphase，**中期** metaphase，**後期** anaphase，そして**終期** telophase である．有糸分裂の後半の時期と重なりながら，細胞質分裂がM期を完了させる．図12.7に，動物細胞でのこれらの時期について説明してある．次の2つの項で有糸分裂と細胞質分裂について，さらに詳しく見ていくが，これらの節に進む前に，この図を十分頭に入れておこう．

紡錘体：その詳細な観察

有糸分裂の過程の多くは，前期に細胞質でその形成が始まる**紡錘体** mitotic spindle に依存している．この構造は微小管の繊維と，それに結合するタンパク質で構成されている．紡錘体が組み立てられていく際に，細胞骨格を形成する他の微小管はその一部が解離し，紡錘体を構築するための材料として提供される．紡錘体の微小管はチューブリンタンパク質のサブユニット（表6.1参照）をさらに取り込んで伸びていく（重合する），そしてまた，サブユニットを失って（脱重合して）短縮する．

動物細胞では，紡錘体の微小管の集合は**中心体** centrosome から始まる．中心体は細胞小器官で，細胞周期を通して細胞の微小管の組織化という機能を担う物質を含む細胞内の領域である（中心体は1種の「微小管形成中心」でもある）．1対の中心小体が中心体の中央に位置しているが，中心小体は細胞分裂に必須ではない．中心小体をレーザーのマイクロビームで壊しても，有糸分裂の過程で紡錘体は形成される．事実，ほとんどの植物の中心体は中心小体を欠いているが，紡錘体を形成する[*3]．

動物細胞では，間期の間に1個の中心体が複製して2つの中心体になり，この2つは，離れないで核の近くに存在する．有糸分裂前期と前中期の間，2つの中心体から紡錘体の微小管が伸長するにつれて，2つの中心体は互いに離れるように移動していく．前中期の終わりには，2つの中心体は，それぞれ紡錘体の極に位置し，細胞の両端にきている．各々の中心体からは，多数の短い微小管が突き出て「星状体」を形成している．紡錘体には，中心体と紡錘体の微小管，星状体が含まれる．

倍加した染色体の2つの姉妹染色分体には，それぞれ**動原体** kinetochore という構造がある．この構造は，染色体DNAのセントロメアという特異的な塩基配列部分に結合するタンパク質からなる構造である．その染色体の2つの動原体は互いに反対方向を向いている．前中期の間，紡錘体の微小管の中のいくつかの微小管がその動原体に結合する．これらの微小管は「動原体微小管」とよばれる（動原体に結合する微小管の数は，酵母細胞では1本だが，哺乳類細胞では40本またはそれ以上あり，種によって異なる）．染色体の動原体の1つが微小管に「捕捉される」と，その染色体は，微小管が伸び出ている極に向かって移動し始める．しかし，この動きは，反対側の極から発する微小管が，他方の動原体に結合するや否や，阻止される．次に起こることは，引き分けに終わる綱引きと似ている．染色体は最初にある方向に移動すると，次は反対方向へと，行きつ戻りつして，最後は細胞の中央で止まる．中期では，すべての倍加した染色体のセントロメアが，紡錘体の2つの極と極の中間の平面に並ぶ．この平面は細胞の**中期赤道面** metaphase plate とよばれているが，この平面は実在の細胞構造ではなく仮想的なものである（図12.8）．一方，その間に，動原体に結合しない微小管は伸長を続けており，中期に入る頃には，反対側の極から伸びてきた他の「非動原体微小管」と重なり合って相互作用する．中期になるまでに，星状体の微小管も伸長して，細胞膜と接触する．これで，紡錘体は完成である．

紡錘体の構造は後期での機能と見事に関連している．後期は，それぞれの染色体の姉妹染色分体を結合させているコヒーシンが「セパラーゼ」という酵素によっ

＊3（訳注）：裸子植物のイチョウ，ソテツ以外の種子植物の細胞には中心体も中心小体も存在しない．イチョウ，ソテツ，シダ植物，コケ植物の精子には中心体が存在する．

▼図 12.7　探究　動物細胞の有糸分裂

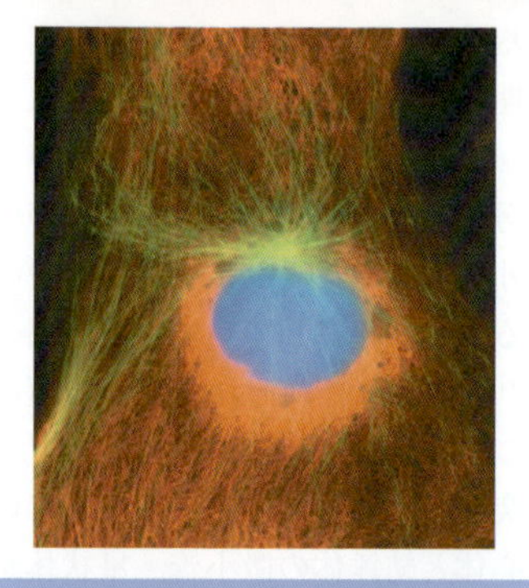

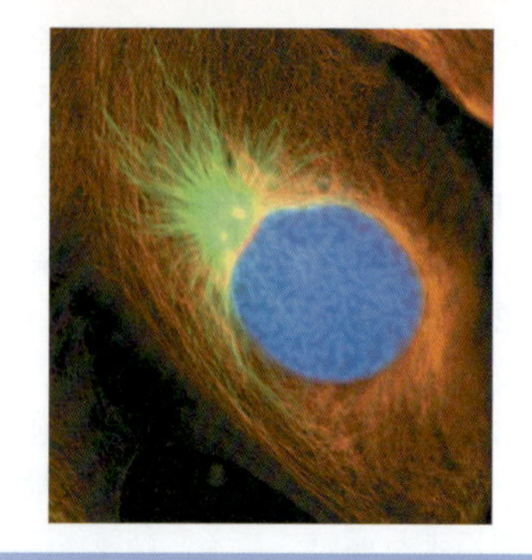

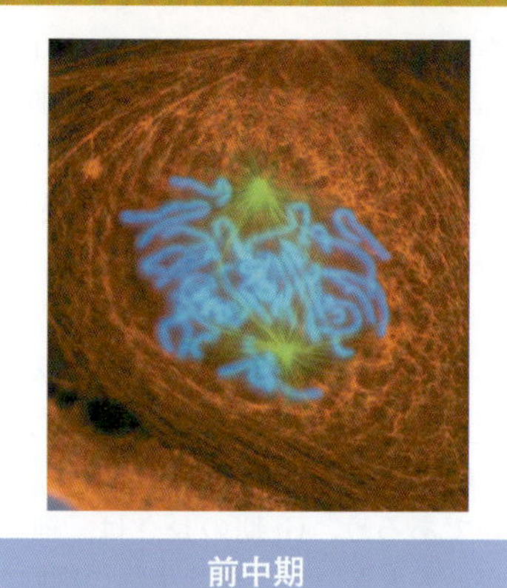

間期の G₂ 期　　前　期　　前中期

中心体
(2 対の中心小体を含む)
染色体
(複製した後まだ凝縮していない)
核小体
核膜
細胞膜

初期の紡錘体
星状体
セントロメア
2 本の姉妹染色分体からなる染色体

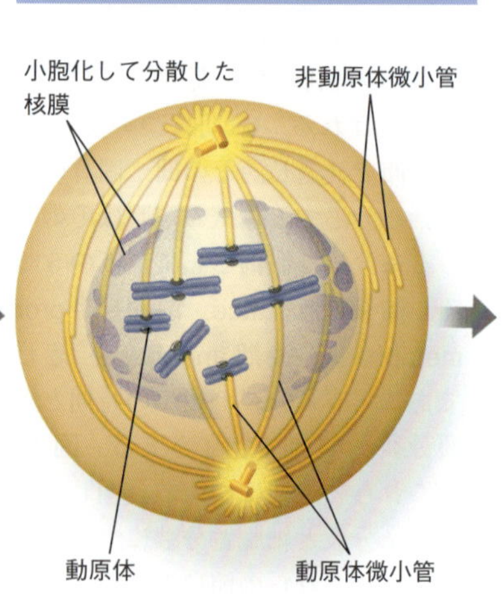

小胞化して分散した核膜
非動原体微小管
動原体
動原体微小管

間期の G₂ 期

- 核は核膜に包まれている.
- 核は 1 個またはそれ以上の核小体をもつ.
- 2 個の中心体は 1 個の中心体の複製によって形成されたものである. 中心体は動物細胞の紡錘体微小管が形成される領域である. それぞれの中心体は 2 つの中心小体をもつ.
- S 期に複製された染色体は, まだ凝縮していないので 1 つひとつ識別できない.

蛍光顕微鏡写真は, 分裂中のイモリの肺細胞を示す. その体細胞は 22 本の染色体をもつ. 青色は染色体, 緑色は微小管, 赤色は中間径フィラメント. 図では簡単のために, 6 本の染色体のみを描いてある.

前　期

- クロマチン繊維がしだいにきつくらせん状に巻かれていき, 光学顕微鏡で観察できる程度まで輪郭がはっきりした染色体へと凝縮していく.
- 核小体が消失する.
- 複製されたそれぞれの染色体では, 2 つの同一の姉妹染色分体同士がセントロメアで結合しているが, 種によっては, コヒーシンによって腕の全長にわたって結合している (姉妹染色分体の合着).
- 紡錘体 (形が紡錘に似ているのでこのようによばれる) の形成が始まる. 紡錘体は中心体と, そこから伸びる微小管で構成されている. 中心体から放射状に伸び出ている短い微小管の一群は星状体とよばれている.
- 2 つの中心体は互いに遠ざかるように移動する. その移動を起こさせるのは, すべてではないが, それらの間の微小管の伸長である.

前中期

- 核膜が小胞化して分散する.
- 微小管が, 2 つの中心体の双方から細胞の中央に向かって伸び, 核域に侵入する.
- 染色体はさらに凝縮度が進んでいる.
- この時期になると, 各染色体の 2 つの染色分体のそれぞれには, タンパク質からなる特化した構造である動原体がセントロメアに存在する.
- 微小管の中のあるものは動原体に結合して, 「動原体微小管」になる. 動原体微小管は染色体を押したり, 引いたりする.
- 非動原体微小管は, 紡錘体の反対側の極から伸びてきた非動原体微小管と相互作用する.

? 前中期の図には何分子の DNA が存在しているか. 染色体あたりでは何分子か. 染色体あたりいくつの二重らせんがあるか. 染色分体あたりではいくつか.

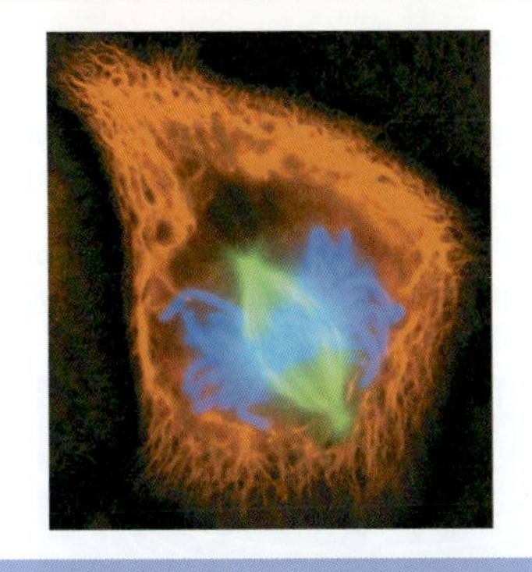

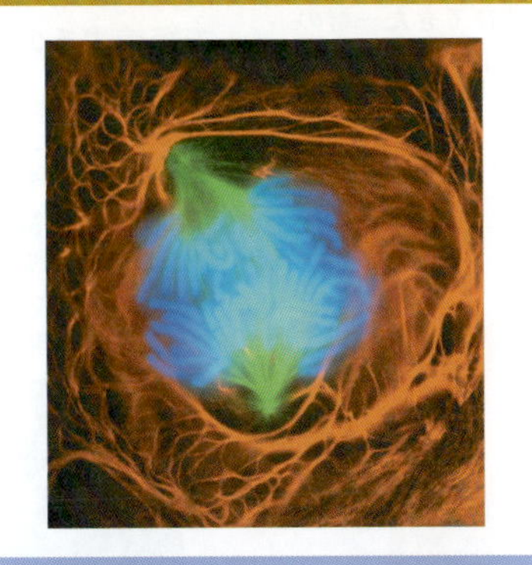

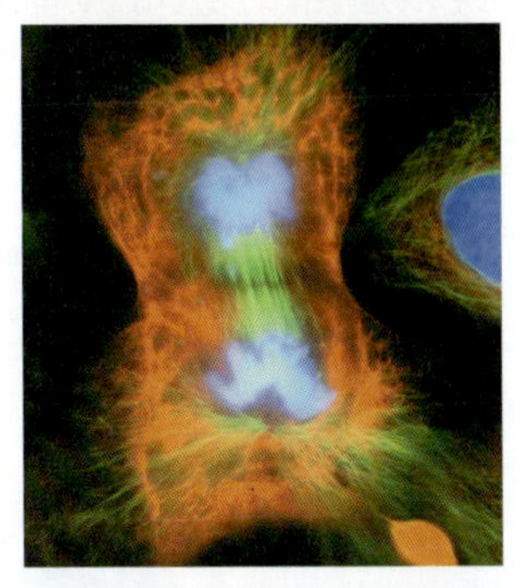
10 μm

中　期

後　期

終期と細胞質分裂

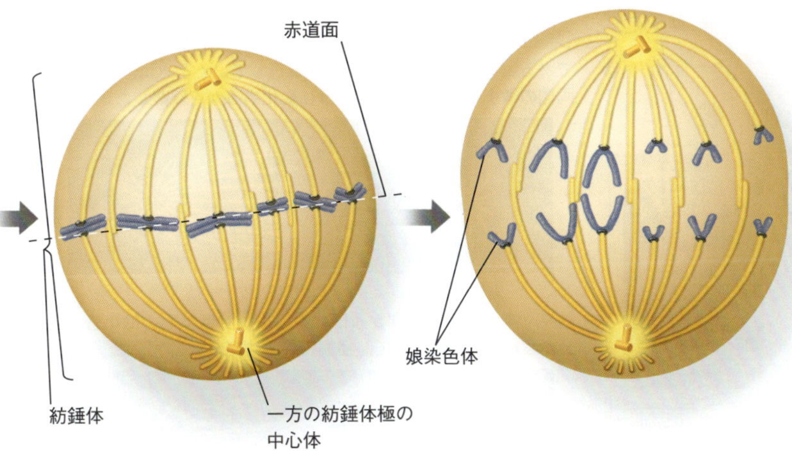
赤道面
紡錘体
一方の紡錘体極の
中心体
娘染色体

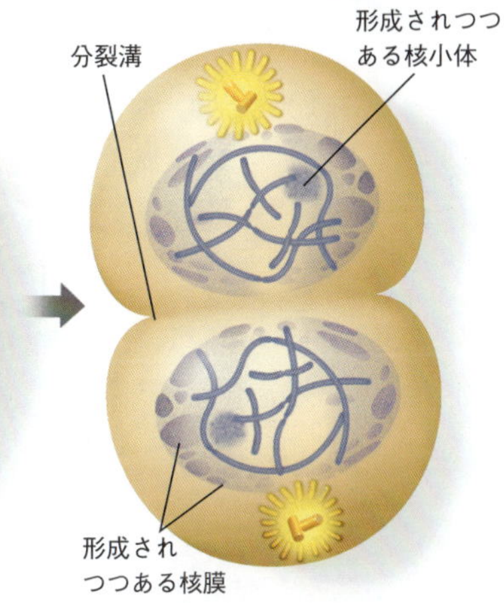
分裂溝
形成されつつ
ある核小体
形成され
つつある核膜

中　期

- 中心体は，この時期には細胞の両極に位置している．
- 染色体は「赤道面」に集合する．赤道面は，両極から等距離の仮想的な平面である．染色体のセントロメアが赤道面上に配置される．
- 各染色体の姉妹染色分体の動原体に両極からの動原体微小管が結合する．

後　期

- 後期はM期の中で最も短い時期で，多くの場合，数分間しか続かない．
- 後期は，コヒーシンタンパク質が分割されると開始する．これによって，姉妹染色分体の各対が突然分離する．各染色分体は，このようにして，完全に独立した染色体になる．
- 分離した2つの娘染色体はそれぞれ細胞の両端に向かって移動を始める．これは動原体微小管の短縮と相伴って行われる．これらの微小管はセントロメア領域に結合しているので，染色体はセントロメアを先頭にして毎秒およそ1 μmの速度で移動する．
- 細胞は非動原体微小管の延伸とともに伸長する．
- 後期の終了までに，染色体の完全かつ同一な1組が，細胞の両端にそれぞれ配置される．

終　期

- 2つの娘核が形成される．核膜が，親細胞の核膜に由来する小胞と他の内膜系由来の膜から形成される．
- 核小体が再び現れる．
- 染色体の凝縮度がしだいに減少していく．
- 残存する紡錘体微小管が脱重合する．
- 核が遺伝的に同一の2つの核に分裂する有糸分裂はこれで完了する．

細胞質分裂

- 細胞質の分裂は，通常終期後半に進行する．したがって，有糸分裂の終了後まもなく，2つの娘細胞が生じる．
- 動物細胞の細胞質分裂では，分裂溝が形成されて細胞が2つにくびられる．

▼図 12.8　**中期の紡錘体**．各染色体の2本の姉妹染色分体の動原体は互いに反対方向に向いている．この図に見られるように，それぞれの動原体は，近いほうの中心体から伸びてきた一群の動原体微小管に結合する．非動原体微小管は赤道面で互いに重なり合う（TEM像）．

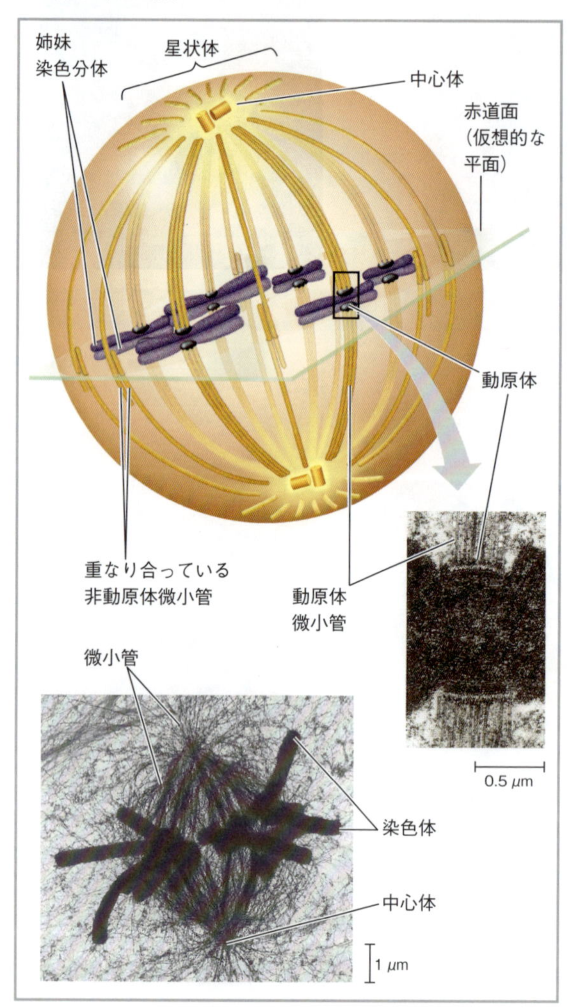
姉妹
染色分体
星状体
中心体
赤道面
（仮想的な
平面）
動原体
重なり合っている
非動原体微小管
動原体
微小管
0.5 μm
微小管
染色体
中心体
1 μm

描いてみよう➤下の顕微鏡写真に，赤道面の位置を示す線を描き入れ，星状体を丸で囲みなさい．また，後期開始時の染色体の移動方向を示す矢印を描き入れなさい．

て分割されると，突然開始する．いったん染色分体が分離すると，それぞれが一人前の染色体となり，それぞれが細胞の両端に向かって移動する．

染色体のこのような極への移動に，動原体微小管はどのように機能しているのだろうか．2つの機構が考えられるが，両方ともモータータンパク質が関係している（図6.21を参照して，モータータンパク質が物体を細胞骨格に沿って運ぶしくみについて復習しなさい）．ある賢明な実験によって，動原体上のモータータンパク質が染色体を微小管に沿って「連れて歩く」

▼図 12.9

研究　後期の過程で，動原体微小管はどちら側の末端で短縮するのだろうか

実験　ウィスコンシン大学のゲイリー・ボリシー Gary Borisy とその共同研究者たちは，有糸分裂の過程で染色体が極に向かう際に，動原体微小管が脱重合するのは動原体側の端なのか，極側の端なのかを結論づけたいと考えた．最初に，彼らはブタの腎臓の，後期の初期の細胞の微小管を黄色の蛍光を発する色素で標識した（非動原体微小管は図示していない）．

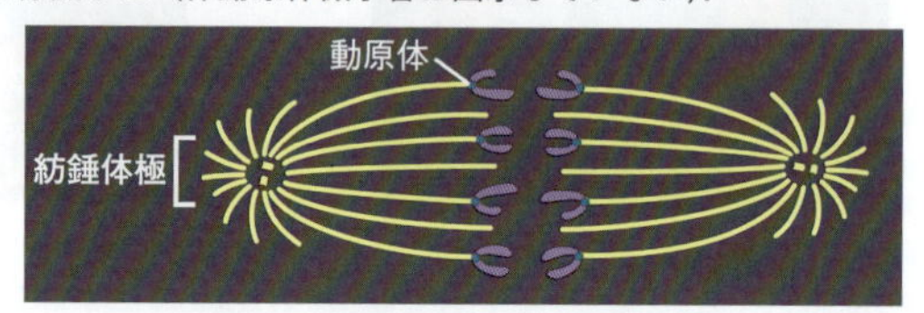
動原体
紡錘体極

次に，彼らは，紡錘体極と染色体の間の動原体微小管のある領域に印をつけた．つまり，微小管を無傷の状態に保ちながら，レーザー光線を用いてその領域から蛍光が出ないようにしたのである（下図）．彼らは，後期が進行していくときに，その印の両側の微小管の長さがどのように変化するかを観察した．

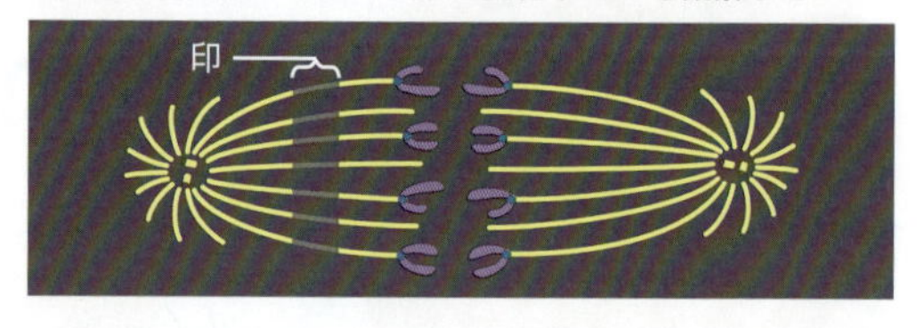
印

結果　染色体が極に向かう際に，印より動原体側の微小管の部分が短縮したのに対して，極側の長さは変わらなかった．

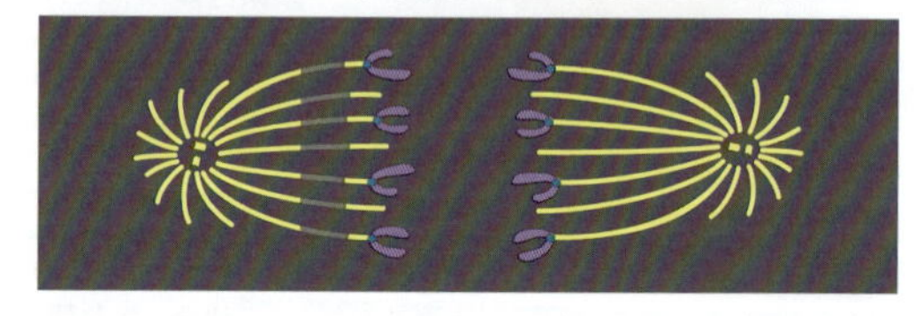

結論　このタイプの細胞の後期では，染色体の移動は，極側の端ではなく，動原体側の端で起こる動原体微小管の短縮と関係がある．この実験結果は，後期の過程で，動原体微小管が動原体側で脱重合してチューブリンが解離されるのに伴って，染色体が微小管に沿って進んでいくという仮説を支持する．

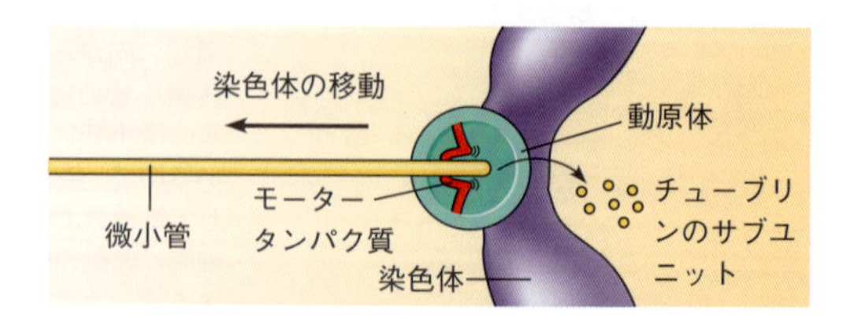
染色体の移動
動原体
微小管
モーター
タンパク質
チューブリ
ンのサブユ
ニット
染色体

データの出典　G. J. Gorbsky, P. J. Sammak, and G. G. Borisy, Chromosomes move poleward in anaphase along stationary microtubules that coordinately disassemble from their kinetochore ends, *Journal of Cell Biology* 104: 9–18 (1987).

どうなる？➤もし，この実験を，染色体移動の要因が極で微小管を「巻き取る」ことであるというタイプの細胞で行ったとしたら，「印」は極に対してどちらに向かって移動することになるだろうか．微小管の長さはどのように変化するだろうか．

こと，そしてその微小管がモータータンパク質が通過した後，動原体側の末端で脱重合して短縮することを示唆したのである（図 12.9；この機構は「パックマン機構」とよばれている．その理由は，ゲームセンターにあるゲームのキャラクターで，先にある「点」を食べて進んでいくパックマンに似ているからである）．しかし，別のタイプの細胞や他の生物で研究した他の研究者は，染色体が紡錘体極のモータータンパク質によって「巻き上げられ」，微小管はモータータンパク質を通りすぎた後脱重合することを示した．現在一般的に認められているのは，両方の機構が使われているが，どちらが主要な機構であるかは細胞の種類によって異なるという考えである．

分裂中の動物細胞では，非動原体微小管は後期における細胞全体の伸長にかかわっている．中期に，多数の非動原体微小管が，反対の極から伸びてきた非動原体微小管と互いに重なり合う（図 12.8 参照）．後期の間，微小管に結合したモータータンパク質が ATP のエネルギーを使って，結合した微小管を互いに反対方向へ運ぶので，微小管が重なり合う範囲が減少する．微小管が互いに押し合って離れていくので，紡錘体の極は押されて離れていくことになり，その結果，細胞が伸長する．同時に，それらの微小管は，重なり合っているほうの末端にチューブリンサブユニットが加わることによって，いくらか伸長する．その結果，それらの微小管の重なり合いは保たれる．

後期の最後に，染色体の 2 つの集団は伸長した親細胞の両端にそれぞれ到達する．終期の間に核が再形成される．細胞質分裂は一般的には，後期または終期に始まり，そして紡錘体は，最終的に微小管の脱重合によって解体される．

細胞質分裂：詳細な観察

動物細胞では，細胞質分裂はいわゆる**くびれ込み cleavage** の過程によって起こる．分裂の最初の兆候は，**分裂溝 cleavage furrow** が現れることである．分裂溝とは，中期赤道面があった場所の近くの細胞表面にできる浅い溝のことである（図 12.10 a）．その溝の細胞質側表面に，アクチンフィラメントにミオシンというタンパク質分子が結合した収縮環が存在する．アクチンフィラメントはミオシン分子と相互作用して，収縮環の収縮を起こさせる．細胞が分裂しているときのアクチンフィラメントの環は，袋の口を閉めるひものように収縮する．分裂溝は，親細胞が 2 つにくびれるまで，深くなっていき，2 つの完全に分離した細胞を生じる．そしてそれぞれの細胞は自分の核をもち，サイトゾルと細胞小器官，そして他の細胞内の構造を分け合う．

細胞壁をもつ植物細胞の細胞質分裂は著しく異なる．分裂溝はない．その代わり，終期の間に，ゴルジ装置

▼図 12.10　動物細胞と植物細胞の細胞質分裂．

(a) 動物細胞のくびれ込みによる分裂（SEM 像）

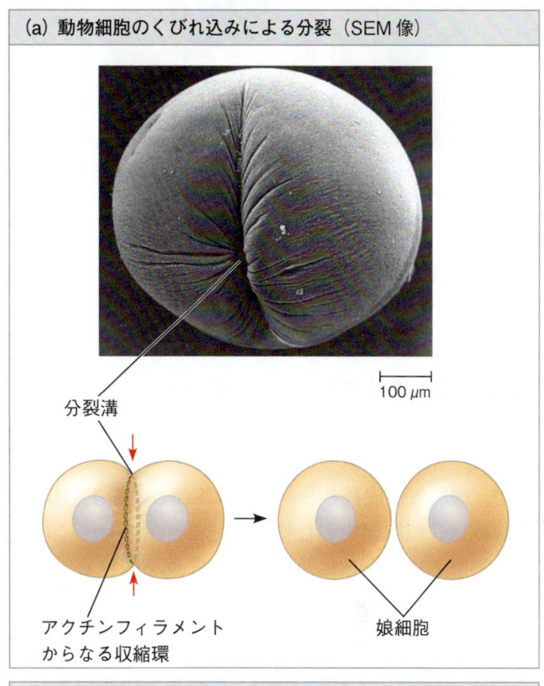
100 μm
分裂溝
アクチンフィラメント
からなる収縮環
娘細胞

(b) 植物細胞の細胞板形成（TEM 像）

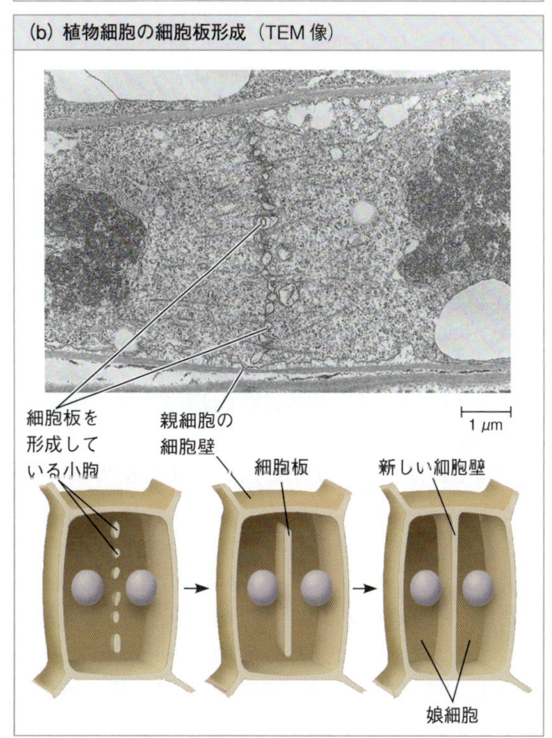
1 μm
細胞板を
形成している小胞
親細胞の
細胞壁
細胞板
新しい細胞壁
娘細胞

▼図 12.11　植物細胞の有糸分裂. これらの光学顕微鏡写真はタマネギの根の細胞の有糸分裂を示す.

核
核小体
凝縮しつつある
クロマチン

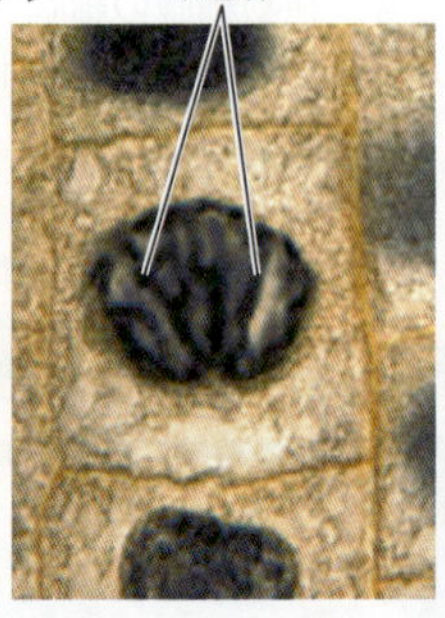
染色体

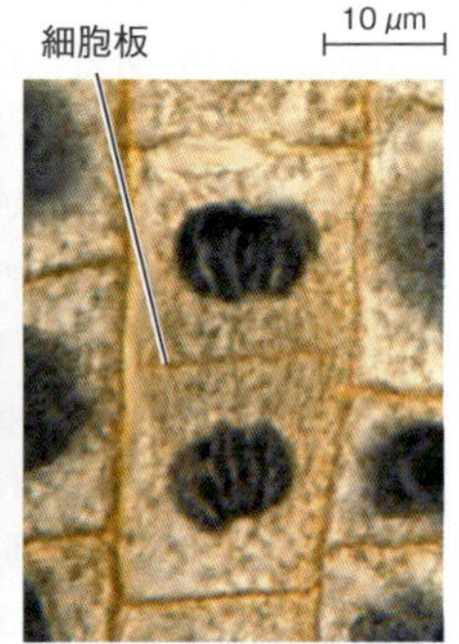
細胞板
10 μm

❶ **前期.** 染色体は凝縮しはじめ，核小体は消失しつつある．顕微鏡写真ではまだ見えないが，紡錘体の形成は始まっている.

❷ **前中期.** この時期には染色体が識別できる．各染色体では，同一の姉妹染色分体が2本並んでいる．前中期の末期では核膜が小胞化する.

❸ **中期.** 紡錘体が完成し，動原体に微小管が結合した染色体はすべて赤道面に位置する.

❹ **後期.** 各染色体の染色分体が分離し，動原体微小管の短縮とともに，娘染色体が細胞の両端に移動する.

❺ **終期.** 娘核が形成される．その間に，細胞質分裂が開始する．細胞質を二分する細胞板が親細胞の周縁（細胞膜）に向かって成長する.

由来の小胞が微小管に沿って細胞の中央に移動し，そこで，それらの小胞が融合して**細胞板 cell plate** を形成する．小胞内に入った状態で運ばれてきた細胞壁成分が，細胞板の成長とともに蓄積される（図 12.10 b)．細胞板は，細胞板を包む膜が細胞膜と融合し，その融合が細胞の周縁全体に及ぶまで，成長を続ける．その結果，それぞれ細胞膜で包まれた2つの細胞が生じる．その過程で，細胞板の内部に蓄えられている物質によって新しい細胞壁が娘細胞の間に形成される.

図 12.11 は植物細胞の分裂過程の顕微鏡写真を順に並べたものである．この図をよく見て，有糸分裂と細胞質分裂の復習に役立てよう.

細菌細胞の二分裂

原核生物（細菌と古細菌）は，細胞がおよそ2倍の大きさに成長し，次に2つに分かれるというタイプの増殖をする．「半分に分かれる」という意味の**二分裂 binary fission** という用語はこの過程と，図 12.2 a のアメーバのような単細胞真核生物の無性生殖に対して用いられる．しかし，真核細胞では有糸分裂を伴うが，原核細胞ではそうではない.

細菌ではほとんどの遺伝子は，1本の環状 DNA 分子と DNA 結合タンパク質からなる1本の「細菌染色体」に担われている．細菌は真核細胞よりも小さく，単純であるが，それでも，ゲノムの秩序正しい複製や，そのコピーを娘細胞に等しく分配するということは難問である．たとえば，大腸菌 *Escherichia coli* の染色体はまっすぐに伸ばすと，その細胞のおよそ 500 倍の長さになる．そのような長い染色体を細胞の中に収めるには，高度にらせん状に巻いて，折りたたまなければならない.

大腸菌では，細胞分裂の過程は，細菌の染色体が，**複製起点 origin of replication** とよばれる染色体上の特異的な部位で複製を開始したとき（このとき2つの複製起点ができる）に始まる．染色体が複製を続ける間に，各々の起点は細胞の反対側の端に向かって急速に移動する（図 12.12)．染色体が複製している間，細胞は伸長する．複製が完了し，細菌がもとの大きさのおよそ2倍になると，複数のタンパク質によって細胞膜が内側に絞り込まれて，親の大腸菌細胞が2つの娘細胞に分裂する．このようにして各々の細胞は完全なゲノムを受け継ぐ.

最近の DNA 技術によって，蛍光顕微鏡下で緑色に光る分子を複製起点に目印としてつけることが可能である（図 6.3 参照)．この技術を用いることによって，細菌の染色体の動きを直接観察することが行われている．この動きは，真核細胞の染色体のセントロメア領域が有糸分裂後期に極に向かって移動する動きを思い出させる．しかし，細菌は目で見えるような紡錘体も微小管ももたない．これまで研究されたほとんどの細菌では，2つの複製起点が，最終的に細胞の両端，あるいは他の非常に特異的な場所に行き着き，そこでおそらく1つまたはそれ以上のタンパク質によって膜につなぎ止められるのであろう．細菌の染色体の移動，そして特異的な到達部位の確定と維持の機構について，現在さかんに研究されている．重要な役割を担っているいくつかのタンパク質がすでに同定されている．1つは，真核生物のアクチンと似たあるタンパク質の重

▼図 12.12　細菌細胞の二分裂による細胞分裂． ここに示した細菌は単一の環状染色体をもつ．

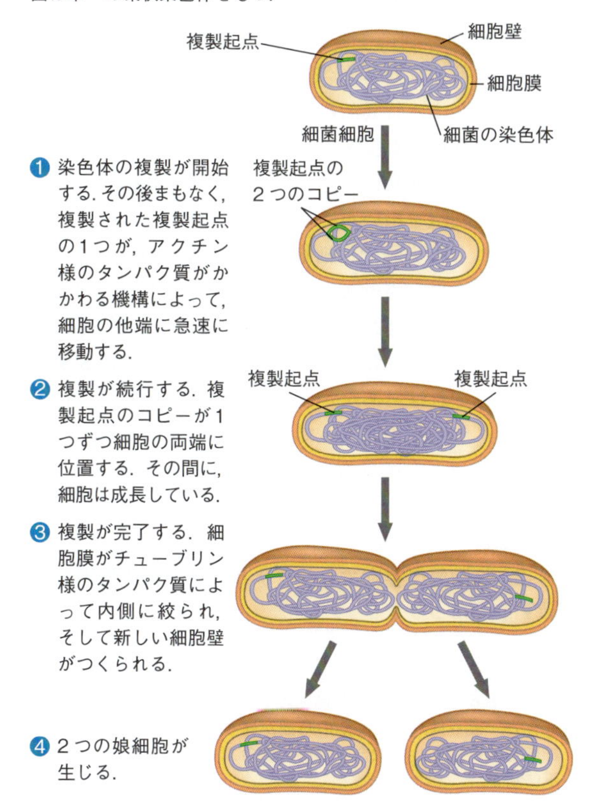
複製起点
細胞壁
細胞膜
細菌細胞
細菌の染色体
❶ 染色体の複製が開始する．その後まもなく，複製された複製起点の1つが，アクチン様のタンパク質がかかわる機構によって，細胞の他端に急速に移動する．
複製起点の
2つのコピー
❷ 複製が続行する．複製起点のコピーが1つずつ細胞の両端に位置する．その間に，細胞は成長している．
複製起点
複製起点
❸ 複製が完了する．細胞膜がチューブリン様のタンパク質によって内側に絞られ，そして新しい細胞壁がつくられる．
❹ 2つの娘細胞が生じる．

合が，細胞分裂での細菌の染色体の移動において機能しているらしい．チューブリンと類縁の別のタンパク質の重合が，細菌の細胞膜を内側に絞り込んで，2つの娘細胞に分離する働きをすると考えられている．

有糸分裂の進化

進化　原核生物が真核生物より10億年以上も前に地球上に現れたとすると，有糸分裂が細菌の単純な細胞増殖機構に起源をもつ，という仮説を立てることができるだろう．事実，細菌の二分裂にかかわるタンパク質のうちのいくつかは，真核細胞のタンパク質と類縁性があり，細菌の細胞分裂から有糸分裂が進化したという主張を強く支持している．

真核生物の進化において，大きなゲノムと核膜をもつようになり，現在の細菌に見られる二分裂という祖先型の過程がもとになって，なんらかの方法で有糸分裂が出現した．さまざまな生物群で細胞分裂における違いが見られる．これらの有糸分裂の過程は祖先種によって使われた機構と似ているのかもしれない．したがって，それらはごく初期の細菌が行っていた二分裂のような過程から有糸分裂が進化した段階に似ているのかもしれない．進化の中間段階と考えられる例がある．それは，渦鞭毛藻（うずべんもうそう）や珪藻（けいそう）そして数種の酵母などの現生の単細胞原生生物で見出された，2つの例外的な型の核分裂である（図 12.13）．これら2つの核分裂の様式は，祖先型の機構が進化に要するような長い年

▼図 12.13　いくつかの生物群の細胞分裂の機構． 現生の単細胞真核生物の中には，有糸分裂の機構が進化の中間段階に似ていると考えられる生物がある．これらの図式では (a) を除いて，細胞壁は示されていない．

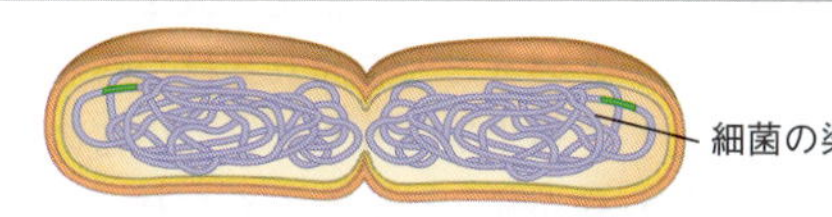
細菌の染色体

(a) **細菌．** 細菌の二分裂では，娘細胞の複製起点は細胞の両端に移動する．その機構には，アクチン様の分子の重合がかかわっており，娘染色体を細胞膜の特異的な部位につなぎ止めるタンパク質もかかわっているらしい．

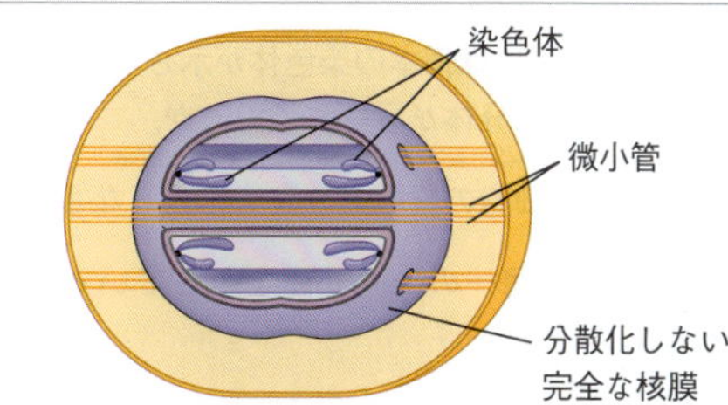
染色体
微小管
分散化しない
完全な核膜

(b) **渦鞭毛藻（うずべんもうそう）．** 渦鞭毛藻とよばれる単細胞の原生生物では，染色体は核膜に結合し，細胞分裂の間も結合は保持される．微小管は核内を通る細胞質のトンネルを貫通しており，これによって核の空間配置が補強されている．核はこの状態から，細菌の二分裂を思わせるような仕方で分裂する．

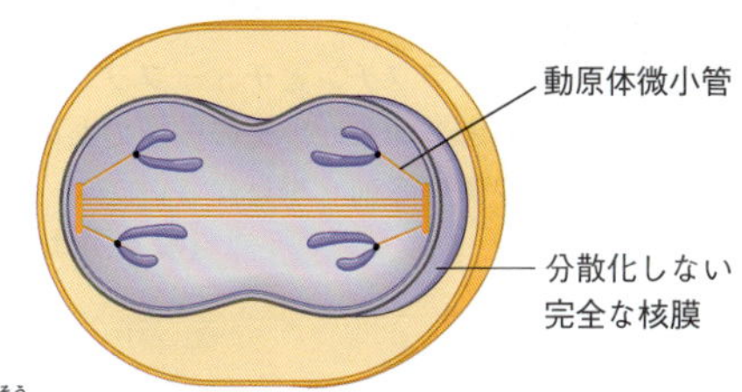
動原体微小管
分散化しない
完全な核膜

(c) **珪藻（けいそう）といくつかの酵母．** これら2つの別の単細胞原生生物では，核膜が細胞分裂の過程で，壊れずに存続する．これらの生物では，微小管は核の「内部」に紡錘体を形成する．微小管によって染色体が分配され，核は2つの娘核に分裂する．

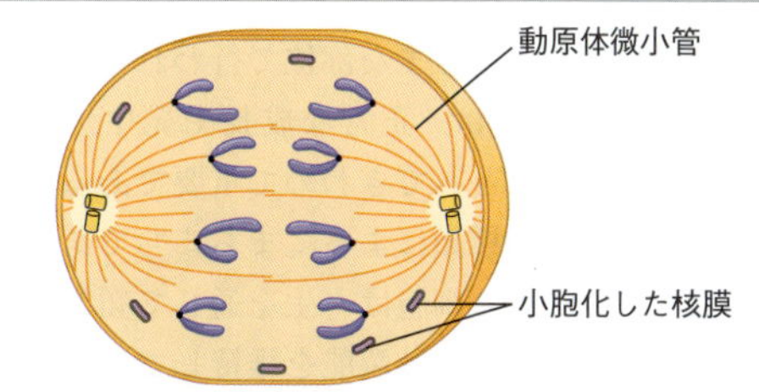
動原体微小管
小胞化した核膜

(d) **大部分の真核生物．** 植物と動物を含む他の大部分の真核生物では，紡錘体は核の外に形成され，核膜は有糸分裂の過程で崩壊する．微小管によって染色体が分配され，その後，2つの核の核膜が形成される．

代を経た後も，比較的変わらずに残ったものと考えられている．ほとんどの真核細胞では分裂中期に核膜は消失するが，これらの型の両方とも，核膜は消失せずに存続する．しかし，絶滅種の細胞分裂を私たちは見ることができないということを忘れてはならない．この仮説は実例として現生種のみを使っているので，遠い過去に消滅した種が使っていたかもしれない中間的な機構を無視しているに違いない．

概念のチェック 12.2

1. 図 12.8 の模式図には何本の染色体が示されているか．また，何本の染色分体が示されているか．
2. 動物細胞と植物細胞の細胞質分裂を比較しなさい．
3. 染色体が2つの同一の染色分体をもっているのは細胞周期のどの時期か．
4. 真核細胞の細胞分裂におけるチューブリンとアクチンの役割を，細菌の二分裂におけるチューブリン様タンパク質とアクチン様タンパク質の役割と比較しなさい．
5. 動原体は荷物をモーターに結合する結合装置と対比されてきた．その理由を説明しなさい．
6. 関連性を考えよう➤アクチンとチューブリンは他にどのような機能をもっているか．その機能のために相互作用するタンパク質の名前を挙げなさい．

（解答例は付録 A）

12.3

真核細胞の細胞周期は分子制御システムによって調節される

植物や動物のさまざまな部位で行われる細胞分裂のタイミングと速度は，正常な成長や発生，そして組織・器官の保守にとってきわめて重要である．細胞分裂の頻度は細胞の種類によってまちまちである．たとえば，ヒトの皮膚の細胞は一生を通じて頻繁に分裂する．一方，肝細胞は，分裂能を維持してはいるが，たとえば傷を治癒するときなど，実際に必要が生じたときまで，その能力を使わないでとっておく．たとえば，ヒトの成人の，成熟し，完全に分化した神経細胞や筋細胞など，非常に特殊化した細胞の中には，まったく分裂しないものがある．このような細胞周期の違いは，分子レベルの調節の結果として生じるのである．この調節機構は，正常な細胞の生活環を理解するためだけでなく，がん細胞がいかにして正常な制御からすり抜けるかを理解するうえでも，非常に興味深い．

細胞周期の制御系

細胞周期を制御するのは何だろうか．1970 年代のはじめに行われたさまざまな実験から，細胞周期は細胞質に存在する特異的なシグナル分子によって駆動されるという仮説が提案された．この仮説を強く支持する証拠として最初に出されたいくつかの証拠は，哺乳類の培養細胞を用いたいくつかの実験からもたらされた．これらの実験で，細胞周期の異なる時期にある2つの細胞を融合させて，2個の核をもつ1個の細胞がつくられた（図 12.14）．もとの細胞の一方がS期で，他方が G_1 期ならば，その G_1 期の核はただちにS期に入った．それは，あたかも前者の細胞の細胞質に存在するシグナル分子によって促進されたかのようであった．同様に，有糸分裂が進行中のM期の細胞を，細

▼図 12.14

研究　細胞質に存在するシグナル分子が細胞周期を調節するのだろうか

実験　コロラド大学の研究者たちは細胞周期の進行は，細胞質に存在する分子によって制御されているのではないだろうかと考えた．彼らは，細胞周期の時期が異なる2つの哺乳類の培養細胞を選び，そして融合させた．このようにした2つの実験を下に示す．

実験 1

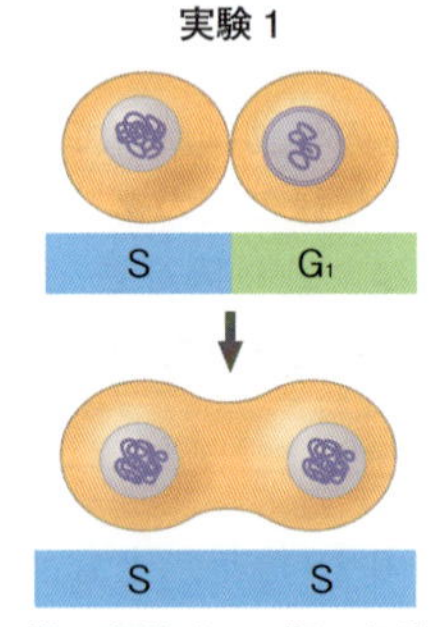

S
G1
S
S

S期の細胞を G_1 期の細胞と融合させると，G_1 期の核がただちにS期に進入し，DNA が合成された．

実験 2

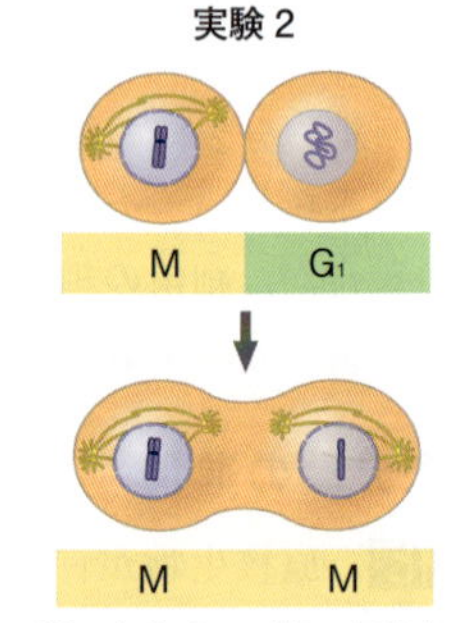

M
G1
M
M

M期の細胞を G_1 期の細胞と融合させると，G_1 期の核は，染色体の複製が行われていないにもかかわらず，ただちに有糸分裂を開始し，紡錘体が形成され，染色体は凝縮した．

結論　細胞周期の G_1 期の細胞をS期またはM期の細胞と融合させた結果は，S期またはM期の細胞質に存在する分子がS期あるいはM期の進行を制御することを示唆する．

データの出典　R. T. Johnson and P. N. Rao, Mammalian cell fusion: Induction of premature chromosome condensation in interphase nuclei, *Nature* 226: 717-722 (1970).

どうなる？➤もし，細胞周期の時期の進行が細胞質に存在する分子に依存せず，各時期は前の時期が完了したときに自動的に開始するとしたら，上の実験結果はどのように異なっただろうか．

胞周期の他の時期にある別の細胞と融合させると，その相手がたとえ G_1 期の細胞であっても，その相手の核は，すぐに染色体の凝縮と紡錘体の形成を行って，有糸分裂を開始する．

動物や酵母を用いた，図 12.14 の実験や他の実験で，細胞周期において順番に連続的に起こる事象は，確固とした**細胞周期制御系 cell cycle control system** によって制御されていることが示された．その制御系というのは細胞の中で周期的に作動する一群の分子からなり，細胞周期の鍵となる重要な過程の開始と過程間の調整を行う（図 12.15）．細胞周期制御系は自動洗濯機の制御装置に似ていると考えられている．洗濯機のタイマーのように，細胞周期制御系は内蔵された時計によって自分で進行していく．しかし，ちょうど洗濯機の周期が，内的制御（水槽に水が満たされるのを検知するセンサーのような）と外的制御（開始機構を作動させること）の両方に依存しているのと同じように，細胞周期は特定のチェックポイントで内的制御と外的制御の両方によって調節されている．細胞周期の**チェックポイント checkpoint** は，停止と進行のシグナルによって周期を調節することのできる制御点である．3 つの主要なチェックポイントが，G_1 期，G_2 期，M 期で見つかっている（図 12.15 の赤色のゲート）．これらについて手短に述べよう．

細胞周期のチェックポイントがどのように機能しているかを理解するためには，まず，どのような分子が細胞周期制御系（細胞周期の時計の分子的基礎）を構成しているか，そして，細胞がどのようにして細胞周期を進めていくのかを調べなければならない．次に，その時計を止めたり，続行させたりする内部と外部のチェックポイントシグナルについて考えよう．

▼図 12.15　**細胞周期制御系と機械の比較．** この模式図の周縁にある平らな「踏み石」は，順番に起こる事象を表している．細胞周期の制御系は，自動洗濯機の制御装置に似て，内蔵された時計によって自ら動作する．しかし，その制御系は，さまざまなチェックポイント（そのうちの重要な 3 つのチェックポイントが赤色で示してある）で，内部からまたは外部からの調節を受ける．

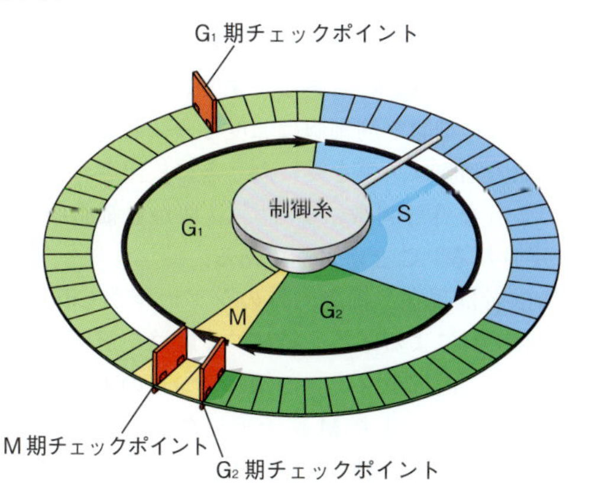
G₁ 期チェックポイント
制御系
G₁
S
G₂
M
M 期チェックポイント
G₂ 期チェックポイント

細胞周期の時計：サイクリンとサイクリン依存性キナーゼ

細胞周期制御分子の量と活性の周期的変動が，細胞周期における連続した複数の過程の歩調を決める．これらの制御分子は 2 つの種類のタンパク質，すなわちタンパク質キナーゼとサイクリンである．タンパク質キナーゼは他のタンパク質をリン酸化することによって，そのタンパク質を活性化または不活性化する酵素である（11.3 節参照）．

細胞周期を駆動するキナーゼの多くは，事実上，一定の濃度で増殖中の細胞内に存在するが，ほとんどの時間それらは不活性型である．活性化されるためには，これらのキナーゼに**サイクリン cyclin** というタンパク質が結合しなければならない．このタンパク質は，細胞内の濃度が周期的に変動するところから，その名がつけられた．このような必要条件によって，これらのキナーゼは**サイクリン依存性キナーゼ cyclin-dependent kinase** あるいは **Cdk** とよばれている．Cdk の活性は，複合体をつくる相手であるサイクリンの濃度変化に伴って，上昇または低下する．図 12.16 a は，カエル卵で最初に発見され，**MPF** とよばれているサイクリン–Cdk 複合体の活性の変動を示している．MPF 活性のピークがサイクリン濃度のピークと一致していることに注意してほしい．サイクリン濃度は S 期から G_2 期にかけて上昇し，その後 M 期で急激に低下する．

MPF は「成熟促進因子 maturation-promoting factor」の頭文字であるが，MPF が引き金になって，細胞が G_2 チェックポイントを通過して M 期に進入するので，MPF を「M 期促進因子 M-phase-promoting factor」とみなすことができる[*4]．G_2 期に蓄積したサイクリンが Cdk 分子に結合すると，その結果生じた MPF 複合体はさまざまなタンパク質をリン酸化する活性をもち，有糸分裂を開始させる（図 12.16 b）．MPF はキナーゼとして直接作用するとともに，他のキナーゼを活性化するという間接的な働きもする．たとえば，MPF は核ラミナ（図 6.9 参照）のさまざまなタンパク質のリン酸化を起こさせる．そして，そのリン酸化によって有糸分裂前中期での核膜の断片化[*5]が促進される．

＊4（訳注）：カエル卵の「成熟」過程での M 期への進入を促進する因子として発見されたので，卵の成熟促進因子と命名された．

＊5（訳注）：実際は，核膜が「小胞」に分散すると考えられている．「断片」というのはこの小胞のことである．

▼図 12.16　G_2 期チェックポイントでの分子レベルの細胞周期の制御. 細胞周期の各時期は，いくつかのサイクリン依存性キナーゼ（Cdk）活性の規則的な変動によって時間が設定されている．この図では，MPF とよばれている動物細胞のサイクリン–Cdk 複合体に焦点を当てている．MPF は G_2 期チェックポイントで，進行シグナルとして機能して，有糸分裂の過程を開始させる．

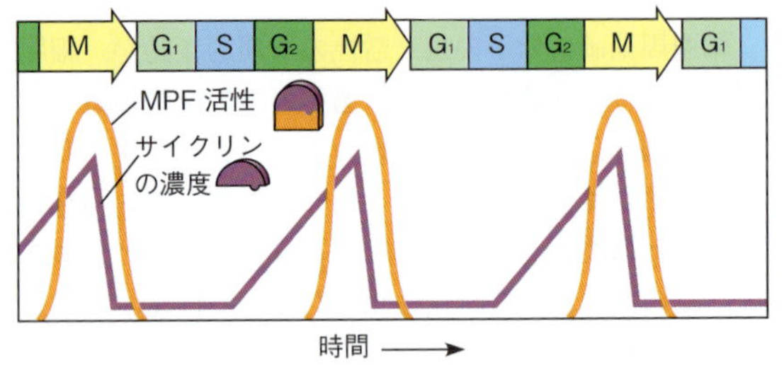
M
G1
S
G2
MPF 活性
サイクリンの濃度
時間

(a) 細胞周期での MPF 活性とサイクリン濃度の変動

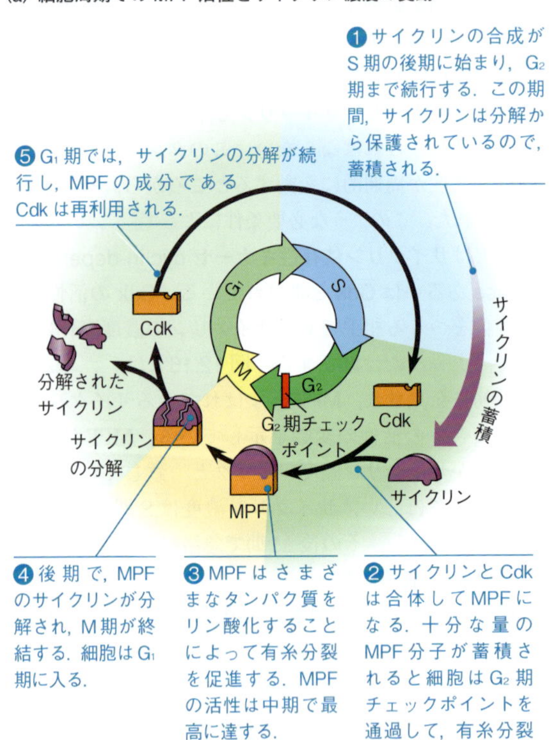
❶ サイクリンの合成がS期の後期に始まり，G2期まで続行する．この期間，サイクリンは分解から保護されているので，蓄積される．
❺ G1 期では，サイクリンの分解が続行し，MPF の成分である Cdk は再利用される．
サイクリンの蓄積
Cdk
分解されたサイクリン
サイクリンの分解
G2 期チェックポイント
MPF
サイクリン
❹ 後期で，MPF のサイクリンが分解され，M期が終結する．細胞は G1 期に入る．
❸ MPF はさまざまなタンパク質をリン酸化することによって有糸分裂を促進する．MPF の活性は中期で最高に達する．
❷ サイクリンと Cdk は合体して MPF になる．十分な量の MPF 分子が蓄積されると細胞は G2 期チェックポイントを通過して，有糸分裂を開始する．

(b) 細胞周期の制御にかかわる分子機構

図読み取り問題➤ (b) の模式図中での出来事はそれぞれ (a) のグラフの横軸「時間」とどのように対応しているか説明しなさい．

また，MPF が，前期における染色体凝縮や紡錘体形成に必要な分子レベルの諸過程にかかわっているという証拠もある．

後期では，MPF は，自身のサイクリンを分解する過程を開始することによって自ら活性を停止する．MPF のサイクリン以外の部分，つまり，Cdk は，次の細胞周期の S 期と G_2 期で合成された新しいサイクリン分子と結合するまで，細胞の中で不活性型に留まっている．

さまざまなサイクリン–Cdk 複合体の活性変動は細胞周期のすべての段階の制御において最も重要である．それらもまた，いくつかのチェックポイントで進行シグナルを発する．上で述べたように，MPF は細胞が G_2 期チェックポイントを通過するのを制御する．G_1 期チェックポイントでの細胞のふるまいもまたサイクリン–Cdk タンパク質の活性によって制御されている．動物細胞では，少なくとも 3 つの Cdk タンパク質といくつかの異なるサイクリンが，このチェックポイントで機能しているらしい．次に，チェックポイントについてさらに詳しく見ていこう．

停止と進行のシグナル：チェックポイントにおける内部と外部のシグナル

動物細胞は一般的に，あらかじめ備わった停止シグナルをもっている．それは進行シグナルによって上書きされるまでチェックポイントで細胞周期を停止させる（それらのシグナルは，11 章で議論したいくつかの種類のシグナル変換経路によって細胞内を伝わる）．それぞれのチェックポイントで働く多くのシグナルは細胞内の監視機構に由来する．これらのシグナルは，そのチェックポイントの前で起こるべき重要で不可欠な過程が，細胞内で実際に正しく完了しているかどうか，そして細胞周期が進行すべきかどうかを伝達する．チェックポイントは細胞外からくるシグナルに対してもあらかじめ応答するように決められている．

重要なチェックポイントが 3 つ，G_1 期，G_2 期そして M 期に存在する（図 12.15 参照）．多くの細胞にとっては，G_1 期チェックポイントが最も重要であると思われる．細胞が G_1 期チェックポイントで進行シグナルを受け取ると，通常，G_1 期，S 期，G_2 期そして M 期を完了し，そして分裂する．G_1 期チェックポイントで進行シグナルを受け取らなければ，細胞は細胞周期から出て，**G_0 期 G_0 phase**（図 12.17a）とよばれる分裂しない状態に切り替わる．ヒトの体のほとんどの細胞は事実上 G_0 期にある．すでに述べたように，成熟した神経細胞と筋細胞は二度と分裂しない．肝細胞など他の細胞は，傷を受けたときに放出される成長因子のような外部刺激によって G_0 期から細胞周期に「よび戻される」ことが可能である．

生物学者は現在，細胞内外のシグナルが Cdk や他のタンパク質による応答に結びつく経路を解明しようとしている．内部シグナルの例は 3 つ目の重要なチェックポイント，つまり M 期チェックポイントで見られる（図 12.17 b）．姉妹染色分体が分離する後期は，

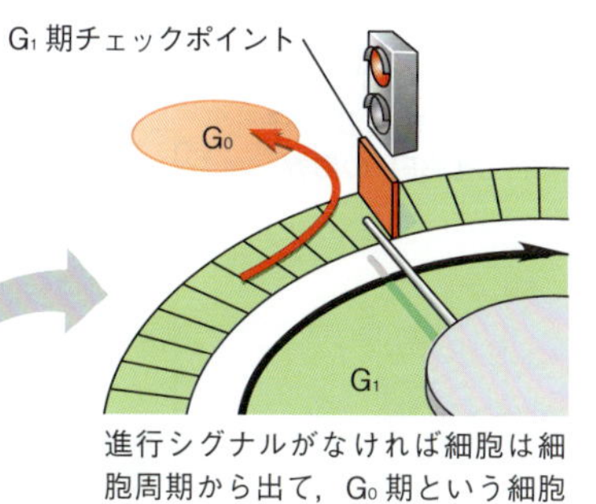
G₁ 期チェックポイント
G₀
G₁

進行シグナルがなければ細胞は細胞周期から出て，G₀ 期という細胞分裂を行わない時期に入る．

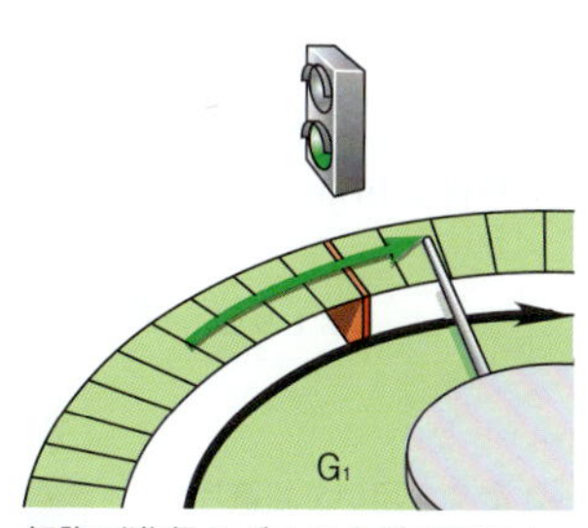
G₁

細胞が進行シグナルを受け取ると，その細胞は細胞周期を続行する．

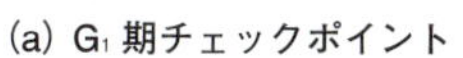

(a) G₁ 期チェックポイント

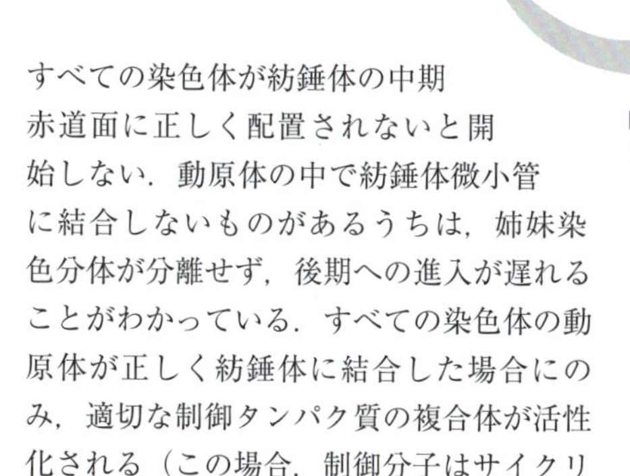
G₁
S
M
G₂

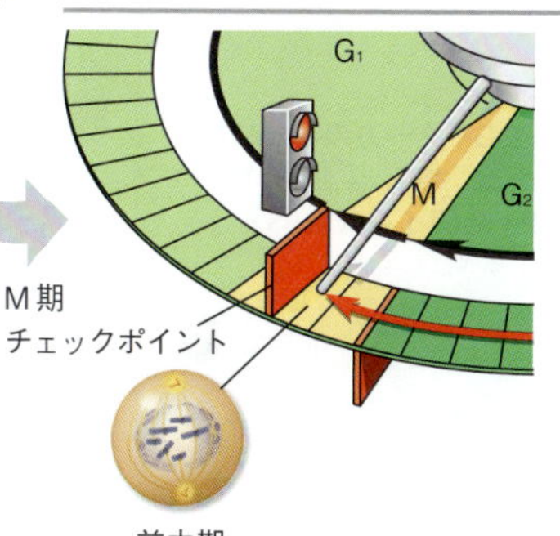
G₁
M
G₂
M 期
チェックポイント
前中期

染色体のどれかが紡錘糸に結合していなければ，有糸分裂中の細胞は停止シグナルを受け取る．

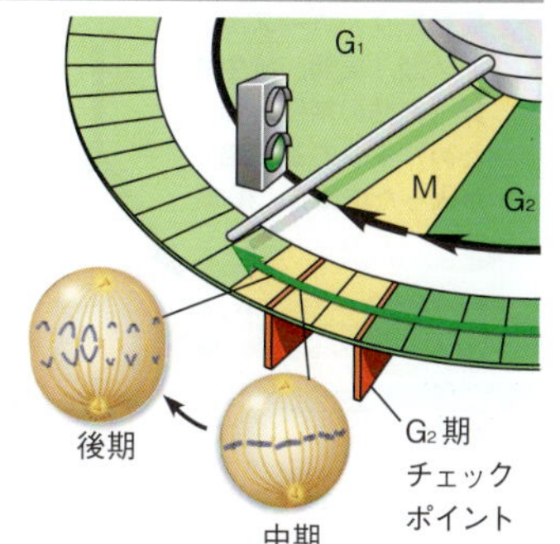
G₁
M
G₂
後期
中期
G₂ 期
チェック
ポイント

すべての染色体が両極からの紡錘糸に結合すると，進行シグナルによって細胞は後期に進入する．

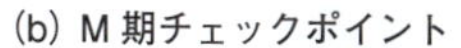

(b) M 期チェックポイント

➤図 12.17　2つの重要なチェックポイント． 細胞周期のあるチェックポイントで（赤いゲート），細胞は受け取ったシグナルに依存して異なることを行う．(a) は G₁ 期チェックポイント，(b) は M 期チェックポイントの過程を示す．(b) では細胞は G₂ 期チェックポイントをすでに通過している．

どうなる？➤ 細胞がどちらのチェックポイントも無視して細胞周期を進行したとしたら，どのような結果になるだろうか．

すべての染色体が紡錘体の中期赤道面に正しく配置されないと開始しない．動原体の中で紡錘体微小管に結合しないものがあるうちは，姉妹染色分体が分離せず，後期への進入が遅れることがわかっている．すべての染色体の動原体が正しく紡錘体に結合した場合にのみ，適切な制御タンパク質の複合体が活性化される（この場合，制御分子はサイクリン–Cdk 複合体ではなく，いくつかのタンパク質からなる別の複合体である）．その複合体が活性化されると，コヒーシンを切断するセパラーゼという酵素が活性化され，姉妹染色分体の分離が可能になる．この機構は娘細胞が染色体を失ったり，余分に受け継いだりしないようにすることを保証する．

チェックポイントは G₁ 期，G₂ 期そして M 期の他にもある．たとえば，S 期のチェックポイントは DNA に損傷がある細胞が細胞周期を進行させるのを止める．さらに，2014 年に研究者らは後期と終期の間にもう 1 つのチェックポイントがあるという証拠を示した．そのチェックポイントは後期が完了し，細胞質分裂の開始前に染色体の損傷が避けられるように正しく分離することを保証する．

停止シグナルと進行シグナルそれら自身がどういうものか，そしてシグナル分子とは何だろうか．動物の培養細胞を用いた研究によって，多くの外的因子が同定された．それらは細胞分裂に影響を及ぼす化学的もしくは物理的因子である．たとえば，培養液に必須栄養素が欠けていると細胞は分裂できない（これは水の供給がない洗濯機を運転しようとするのと似ている．つまり，内部のセンサーが水を必要とする段階を通過して運転を続けさせないのと同じである）．ほとんどのタイプの動物細胞は培養液に特異的な成長因子が含まれていなければ，たとえ，他のすべての条件が満たされていても増殖しない．11.1 節で述べたように，**成長因子 growth factor**（訳注：増殖因子ともよばれる）は特定の細胞から分泌されるタンパク質で，他の細胞の分裂を促進する．異なるタイプの細胞が異なる成長因子または複数の成長因子の組み合わせに対して特異的に応答する．

例として，「血小板由来成長因子（platelet-derived growth factor：PDGF）」について考えてみよう．これは血小板とよばれる赤血球の断片によって分泌される．図 12.18 に図示された実験は PDGF が，結合組織の細胞の 1 種である培養繊維芽細胞の分裂に必要であることを示している．繊維芽細胞は細胞膜に PDGF 受容体をもっている．PDGF がその受容体（受容体チロシンキナーゼ；図 11.8 参照）に結合すると，その細胞は G₁ 期チェックポイントを通過して分裂することができる．PDGF は繊維芽細胞に対して，細胞培養という人工的な条件下だけでなく，動物の体内においても分裂を促進する．傷を生じた場合，血小板がその近傍に PDGF を放出する．その結果，繊維芽細胞の増殖によって傷が治癒する．

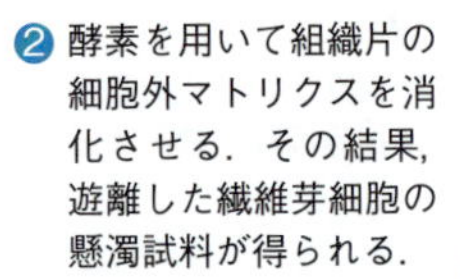
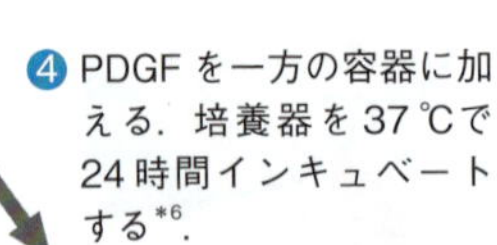
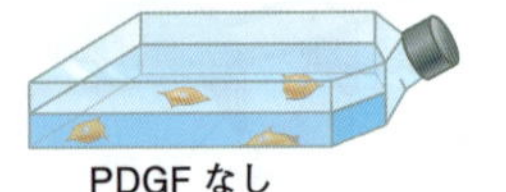
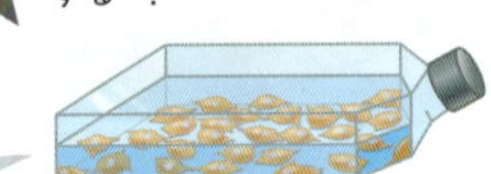
メス
❶ ヒトの結合組織の試料を小片に切り分ける.
ペトリ皿
❷ 酵素を用いて組織片の細胞外マトリクスを消化させる. その結果, 遊離した繊維芽細胞の懸濁試料が得られる.
❸ 細胞をグルコース, アミノ酸, 塩類, 抗生物質（細菌の増殖を防ぐため）を含む基本培地が入った培養器に移す.
❹ PDGF を一方の容器に加える. 培養器を 37 ℃で 24 時間インキュベートする[*6].
PDGF なし
PDGF あり
PDGF を含まない基本培地では（対照), 細胞は分裂できない.
PDGF を添加した基本培地では, 細胞は増殖する. SEM 像は培養した繊維芽細胞を示す.

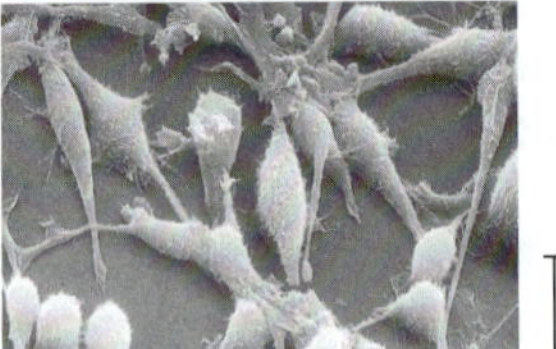
10 μm

◀図 12.18　**細胞分裂に対する血小板由来成長因子（PDGF）の影響.**

関連性を考えよう➤PDGF は細胞表面の受容体チロシンキナーゼの 1 つと結合することによって, 細胞に情報を伝える. もし, リン酸化を阻害する化学物質を加えたら, 結果はどのように異なるだろうか（図 11.8 参照).

▼図 12.19　**細胞分裂の密度依存性阻害と足場依存性.** 個々の細胞の大きさは実際よりも大きな比率で描いてある.

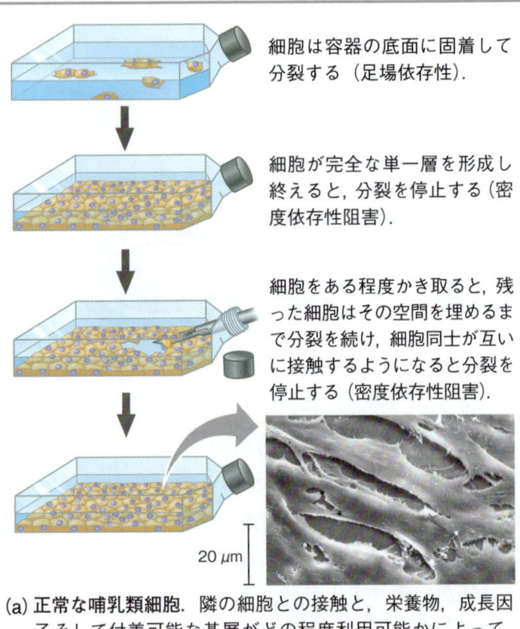
細胞は容器の底面に固着して分裂する（足場依存性).
細胞が完全な単一層を形成し終えると, 分裂を停止する（密度依存性阻害).
細胞をある程度かき取ると, 残った細胞はその空間を埋めるまで分裂を続け, 細胞同士が互いに接触するようになると分裂を停止する（密度依存性阻害).
20 μm

(a) **正常な哺乳類細胞.** 隣の細胞との接触と, 栄養物, 成長因子そして付着可能な基層がどの程度利用可能かによって, 細胞の密度は 1 層に制限される.

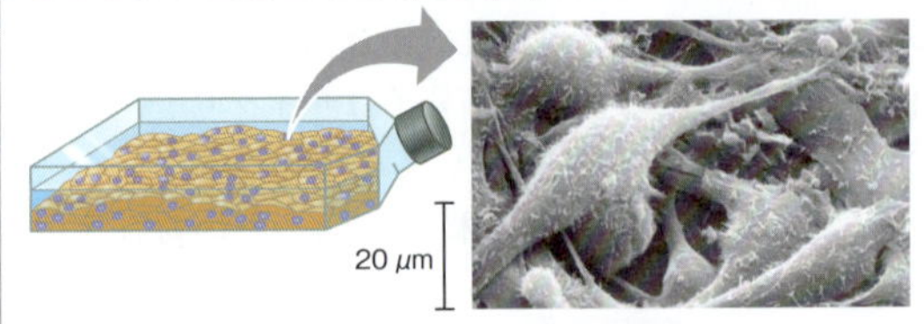
20 μm

(b) **がん細胞.** がん細胞は通常, 1 層の細胞層の上に, さらに細胞が分裂し続ける. そのため, 細胞が重なった塊を生じる. がん細胞は足場依存性も密度依存性阻害も示さない.

＊6（訳注）：インキュベートとは, 培養や反応を行わせるために, 培養器や反応容器を指定した条件下で, 指定した時間置くこと.

細胞分裂に対する物理的な外部因子の影響は, **密度依存性阻害 density-dependent inhibition** において明瞭に見ることができる. これは細胞が混み合ってくると分裂を停止するという現象である（図 12.19 a). 最初に見つかったのはずいぶん前であるが, 通常, 培養細胞は, その細胞が培養器の内側表面に 1 層の細胞層を形成するまで分裂し, その時点で分裂を停止する. 細胞をいくらか除去すると, その空所の境界で細胞分裂が再開し, その空所が埋まるまで続く. その後の研究によって, 細胞表面のあるタンパク質が隣の細胞のそれと結合すると, 両方の細胞から分裂を阻害するシグナルが出され, その結果, たとえ成長因子が存在しても細胞周期の進行を停止させることがわかった.

ほとんどの動物細胞は**足場依存性 anchorage dependence** を示す（図 12.19 a 参照). 分裂するためには, 動物細胞は, 培養器の内面や組織の細胞外マトリクスなどの土台に接着していなければならない. いくつかの実験によって, 細胞密度と同様に, 足場があるという情報が, 細胞膜のいくつかのタンパク質とそれらに連結した細胞骨格が関与する経路を介して, 細胞周期制御系に伝えられることが示唆されている.

密度依存性阻害と足場依存性は, 胚発生の過程と個体の一生を通して, 細胞が密度と場所に関して最適な状態で増殖しているかどうかをチェックするという機能を果たしているらしい. 次に考察するがん細胞は密度依存性阻害と足場依存性のどちらも示さない（図 12.19 b).

がん細胞では細胞周期の制御が失われている

がん細胞は通常, 細胞周期を制御する正常なシグナ

▼図 12.20 **悪性乳腺腫瘍の成長と転移．** 一連の遺伝的および細胞レベルの変異が腫瘍を悪性腫瘍（がん）にする原因になる．悪性腫瘍の細胞は制御されない仕方で増殖して近隣の組織に広がり，また，リンパ管や血管を経由して体の他の部分にも広がっていくことが可能である．がん細胞がもとの場所から広がっていくことを転移という．

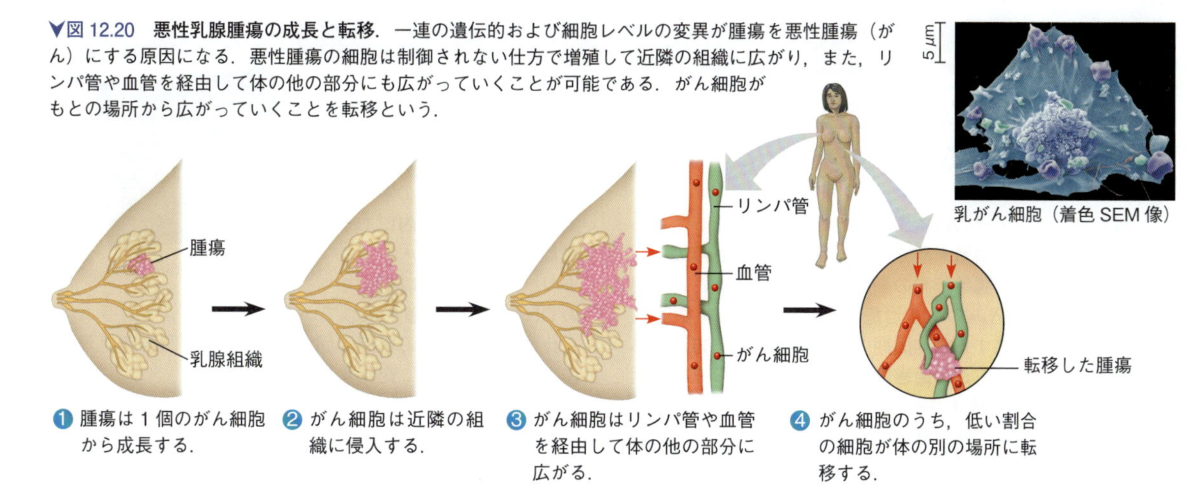
5 µm
乳がん細胞（着色 SEM 像）
腫瘍
乳腺組織
リンパ管
血管
がん細胞
転移した腫瘍
❶ 腫瘍は 1 個のがん細胞から成長する．
❷ がん細胞は近隣の組織に侵入する．
❸ がん細胞はリンパ管や血管を経由して体の他の部分に広がる．
❹ がん細胞のうち，低い割合の細胞が体の別の場所に転移する．

ルに応答しない．培養中のがん細胞は成長因子が枯渇しても分裂を止めない．論理的に導かれる 1 つの仮説は，がん細胞は，成長し分裂するために培地中の成長因子を必要としないという考えである．がん細胞は必要な成長因子を自らつくるのかもしれないし，あるいは，成長因子がなくても，成長因子のシグナルを細胞周期制御系に伝えるような，異常なシグナル伝達経路をもっているのかもしれない．もう 1 つの可能性は，細胞周期制御系の異常である．これらの可能性において，異常の根底にあるのは，ほとんどの場合，1 つあるいは複数の遺伝子の変異である．その変異によってそれらの産物であるタンパク質の機能が変化し，そのために細胞周期の制御に欠陥が生じるのである．

正常細胞とがん細胞の相違点で，細胞周期の混乱をもたらす重要なものは他にもいくつかある．がん細胞は分裂を停止したとしても，そのがん細胞は細胞周期の正常なチェックポイントでではなく，でたらめにいろいろな時期で停止する．さらに培養細胞では，がん細胞は栄養が供給され続ける限り，無限に分裂を続けることができる．本質的に，がん細胞は「不死」である．1 つの顕著な例は，1951 年以来，培養細胞として増え続けている細胞株である．その細胞株は，HeLa 細胞とよばれている株で，その名前がつけられた理由は，そのもとが，ヘンリエッタ・ラックス Henrietta Lacks という婦人の体から摘出したがん細胞であったからである．無限に分裂する能力を獲得した細胞は，がん細胞のようなふるまいを引き起こす過程である**形質転換 transformation** を経たといわれる[*7]．対照的に，培養によって増殖している，ほとんどすべての正常な，形質転換を経験していない哺乳類の細胞は，およそ 20〜50 回分裂して，その後，加齢し，そして死ぬ．最終的に，がん細胞は，有糸分裂に先立つ DNA 複製で修復できない誤りが起こったときなど，何か不都合なことが起こったときにアポトーシスの引き金を引く正常な制御をくぐり抜ける．

体の中での細胞の異常なふるまいは破滅的な結果を招き得る．その問題は，ある組織の 1 個の細胞が正常細胞からがん細胞に変化する多数の段階の中の最初の段階を経過したときに始まる．そのような細胞はその表面に変異したタンパク質をもつことが多く，体の免疫系は，通常は，その細胞を「非自己」，いわば反乱者として認識して破壊する．しかし，その細胞が破壊を免れたならば，増殖して腫瘍，つまり正常な組織の中にできた異常な細胞の塊を形成する．異常細胞は，別の部位で生存できるほどに遺伝的変化や細胞レベルでの変化を起こしていなければ，もとの場所に留まる．その場合，その細胞塊を**良性腫瘍 benign tumor** とよぶ．ほとんどの良性腫瘍は深刻な問題を起こすことはなく（ただし，生じた場所によるが），手術によって完全に除去することができる．対照的に，**悪性腫瘍 malignant tumor** に含まれる細胞は，遺伝的変化や細胞レベルでの変化を起こした結果，別の組織に広まることができ，1 つあるいはそれ以上の器官の機能を破壊してしまう．これらの細胞は「形質転換」細胞とよばれることがある（ただし，この用語は，通常，培養細胞にのみ使われる）．悪性腫瘍をもっている人が，すなわちがんにかかった人である（図 12.20）．

悪性腫瘍の細胞は過剰な増殖以外にも多くの点で異常である．それらの細胞では染色体数が異常である．しかし，これが形質転換の原因なのか結果なのかは，現在議論になっている問題である．それらの代謝には

＊7（訳注）：ここでの「形質転換」は，他の生物などの遺伝子 DNA を細胞に導入して遺伝的性質を変えるという意味の「形質転換」ではない．

科学スキル演習

ヒストグラムは何を意味しているか

阻害剤によってその細胞周期はどの時期で停止しているか　がん細胞の増殖を防ぐことを目的とする医療の多くは，がん化した腫瘍細胞の細胞周期を阻止することを狙っている．見込みのある治療法の1つは，ヒト臍帯由来幹細胞に由来する細胞周期の阻害剤を用いる方法である．この演習で，この阻害剤ががん細胞の分裂を細胞周期のどの時期で停止させるのかを確かめるために2つのヒストグラムを比較検討する．

実験方法　治療が行われた試料では，ヒト膠芽腫（脳がん）の細胞を阻害剤存在下の組織培養で成長させた．一方，膠芽腫の対照としての試料は阻害剤がない条件下で成長させた．72時間の培養後，2つの細胞の試料を回収した．細胞周期の特定の時点のデータを取るために，試料をDNAに結合する蛍光化学物質で処理し，次に，個々の細胞の蛍光強度を記録する機器であるフローサイトメーターに通した．コンピュータのソフトウェアによって，それぞれの試料中の，ある蛍光強度をもつ細胞の数が下図のようにグラフで示される．

実験データ

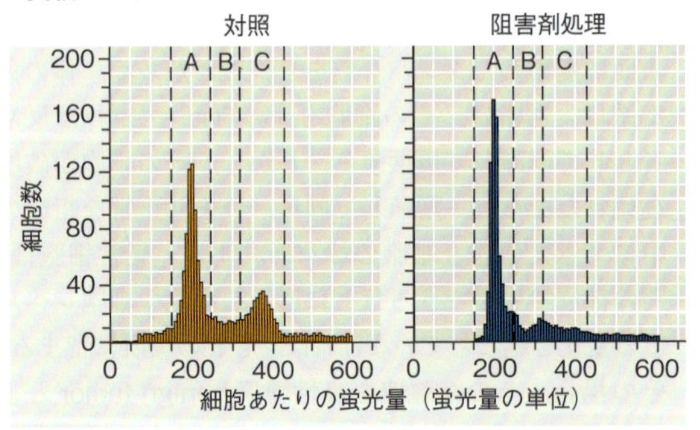

対照
阻害剤処理
A
B
C
200
160
120
80
40
0
細胞数
0
200
400
600
細胞あたりの蛍光量（蛍光量の単位）

データはヒストグラム（上図）というタイプのグラフにプロットされる．ヒストグラムでは，x軸上の変数の区間ごとに，対応するデータの値がまとめられている．ヒストグラムによって，すべての実験対象（この場合は細胞）が連続的な変数（蛍光量）に沿って分布する．これらのヒストグラムでは，「棒」は非常に細いので，データがピークや谷がある曲線に従っているように見える．各々の細い「棒」の高さは蛍光量がある範囲内にある細胞数を表している．つまり，この高さは細胞内のDNA量の相対値を示している．2つのヒストグラムを比較すると，この細胞集団のDNA含量が阻害剤処理によってどのように変化するかがわかる．

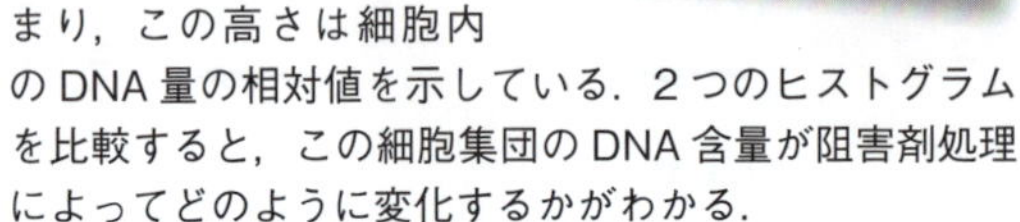

データの解釈

1. ヒストグラムのデータを調べなさい．(a) どちらの座標軸が細胞あたりのDNAの相対量を間接的に示しているか説明しなさい．(b) 対照の試料について，ヒストグラムの最初のピーク（領域A）を2つ目のピーク（領域C）と比べなさい．どちらのピークが細胞あたりのDNA量が高い細胞集団を示しているか説明しなさい（グラフについての追加情報は，付録Fを参照）．
2. (a) 対照試料のヒストグラムで，縦線で区切った各領域に含まれる細胞集団は細胞周期のどの時期（G_1，S，G_2）にあるか．ヒストグラムにこれらの時期の名称を示して，その理由を述べなさい．(b) S期の細胞集団はヒストグラムで明確なピークを示すだろうか．あるいはそうではないか説明しなさい．
3. 阻害剤処理した試料のヒストグラムは，がん細胞が阻害剤となり得る物質を生産するヒト臍帯由来幹細胞と共存して培養されているのでそのような結果になったことを示している．(a) ヒストグラムに細胞周期の各時期を記しなさい．処理試料では細胞周期のどの時期の細胞が最も多かったか説明しなさい．(b) G_1，S，G_2の各時期に細胞がどのように分布しているかを対照試料と処理試料で比較しなさい．その結果から，処理試料の細胞について何がわかるか．(c) 幹細胞由来の阻害剤ががん細胞の細胞周期をこの時期に停止させたかもしれない．12.3節で学んだことに基づいて，その機構について考えなさい（可能性として複数の答えがあり得る）．

データの出典　K. K. Velpula et al., Regulation of glioblastoma progression by cord blood stem cells is mediated by downregulation of cyclin D1, *PLoS ONE* 6 (3): e18017 (2011).

障害があるであろうし，そのために構造や機能を形成する働きが停止しているであろう．また，細胞表面の異常な変化のために，隣接する細胞や細胞外マトリクスとの接着が失われている．その結果，近傍の組織に広がることになる．がん細胞はまた，血管を腫瘍のほうに向けて成長させるシグナル分子を分泌するらしい．少数の腫瘍細胞がもとの腫瘍から分離して，血管やリンパ管の中に入って体の他の部分へ運ばれることもある．そこで，それらは増殖して新しい腫瘍を形成するであろう．がん細胞がもとの場所から遠く離れた場所に広がっていくことは**転移 metastasis**とよばれる（図12.20参照）．

局所的と思われる腫瘍は，高エネルギー放射線で治療できる可能性がある．この高エネルギー放射線によって，がん細胞のDNAに正常細胞のDNAよりも強く損傷を与えるのである．というのは，大部分のがん細胞はこのようなDNAの損傷を修復する機構を失っていると考えられるからである．転移したことがわかっている腫瘍やその疑いのある腫瘍を治療するためには，化学療法が用いられる．これは，活発に分裂している細胞に対して毒性のある薬物を循環系に投与する治療法である．予想されるように，化学療法で用いられる薬物は細胞周期の特異的な時期を阻害する．たとえば，タキソール Taxol という薬剤は微小管の脱重合を妨げて紡錘体を固定してしまう．そのために，それまで活発に分裂を行っていた細胞が，中期を通過できなくなり，細胞の破壊に至る．化学療法の副作用は盛んに分裂している正常細胞に対する薬剤の影響と，その細胞の機能に対する影響が原因である．たとえば，吐き気は腸の細胞に対する化学療法の影響であり，毛髪が失われるのは毛胞細胞に対する影響である．そして感染しやすくなるのは免疫系の細胞に対する影響である．**科学スキル演習**で化学療法として見込みのある薬剤に関係した実験データについて演習を行ってみよう．

過去数十年にわたって，研究者たちはさまざまな細胞のシグナル伝達経路と，それらの機能不全が細胞周期に対する影響によってがんを発生させるしくみについての貴重な情報を大量に生み出してきた．それらを，特定の腫瘍細胞のDNA塩基配列を急速に決定できる技術などの新しい分子生物学的技術と組み合わせることによって，がんの医療は特定の患者個人の腫瘍に対する，より特化したものとなり始めている（図18.27の「関連性を考えよう」を参照）．

たとえば，乳がんの腫瘍の細胞のおよそ20%はHER2とよばれる細胞表面の受容体チロシンキナーゼが異常に多く，その細胞の多くは，細胞分裂の引き金になり得る細胞内受容体であるエストロゲン受容体分子の数が増加している．研究室での発見を基礎にして，医師は特異的なタンパク質の機能を阻止する分子を用いた化学療法を処方することができる（HER2についてはハーセプチン Herceptin，エストロゲン受容体についてはタモキシフェン Tamoxifen）．これらの薬剤を用いた治療が，適切な場合，生存率の増加とがんの再発の減少をもたらした．

概念のチェック 12.3

1. 図12.14で，実験2の結果，核に含まれるDNA量が異なっているのはなぜか．
2. MPFはどのようにして，細胞が G_2 期チェックポイントを通過して，有糸分裂の過程に入ることを可能にするか（図12.16参照）．
3. **関連性を考えよう**➤受容体チロシンキナーゼと細胞内受容体がどのようにして細胞分裂を引き起こすか説明しなさい（図11.8，図11.9，11.2節を復習しなさい）．

（解答例は付録A）

12 章のまとめ

重要概念のまとめ

- 単細胞生物は**細胞分裂**によって増殖する．多細胞生物では，受精卵からの発生，成長，修復が細胞分裂に依存する．細胞分裂は**細胞周期**の過程の一部である．細胞周期とは，細胞がもとの細胞から生まれてから娘細胞に分裂するまでの，細胞の一生の間に起こる順序立った一連の過程である．

12.1
ほとんどの細胞分裂では遺伝的に同一の娘細胞が生じる

- 細胞の遺伝物質（DNA），つまり**ゲノム**は複数の**染色体**に分かれて担われている．真核生物の染色体は1つのDNA分子と，それに結合した染色体構造を維持し，遺伝子の活性制御にかかわる多数のタンパク質からなる．DNAとDNA結合タンパク質の複合体は**クロマチン**とよばれる．染色体のクロマチンは時期の違いによって，異なった程度の凝縮の仕方で存在する．**配偶子**は1組の染色体をもち，**体細胞**は2組の染色体をもつ．
- 細胞は分裂に先立って遺伝物質を複製し，その結果，娘細胞はそれぞれ，そのDNAの1つのコピーを受け取る．細胞分裂に先立って，染色体は倍加する．その各々は同一の**姉妹染色分体**からなり，姉妹染色分体は姉妹染色分体のコヒーシンによって長軸方向に沿って接着しているが，染色分体がくびれた**セントロメア**領域で最も強く結合している．コヒーシンが分解されると，細胞分裂の過程で姉妹染色分体は分離し，生じた娘細胞の染色体になる．真核細胞の細胞分裂は**有糸分裂**（核分裂）と**細胞質分裂**からな

る．

？ 以下の用語の違いを説明しなさい．染色体，クロマチン，染色分体

12.2

細胞周期では分裂期と間期が交互に進行する

- 分裂と分裂の間，細胞は**間期**，すなわち G_1 期，S期，G_2 期にある．細胞は間期を通して成長するが，DNAはDNA合成期（S期）においてのみ合成される．有糸分裂と細胞質分裂は細胞周期の中の**分裂期**（M期）に行われる．

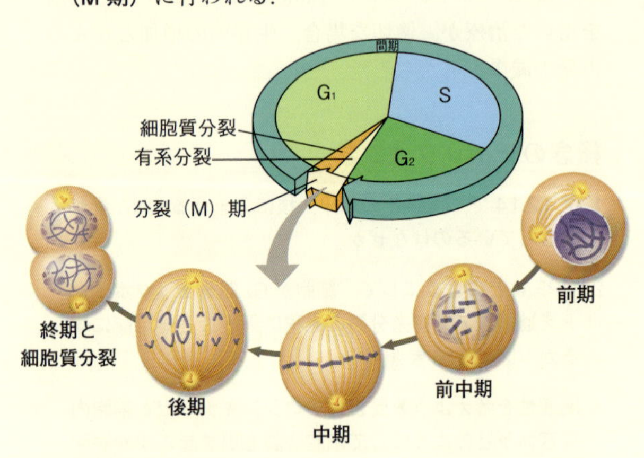
間期
G1
S
G2
細胞質分裂
有系分裂
分裂（M）期
前期
前中期
中期
後期
終期と
細胞質分裂

- **紡錘体**は，有糸分裂において染色体の移動を制御する装置で，微小管で構成されている．動物細胞では，紡錘体は**中心体**から生じ，紡錘体微小管と星状体を含む．紡錘体微小管のいくつかは染色体の**動原体**に結合して，染色体を**赤道面**に移動させる．姉妹染色分体が分離した後，モータータンパク質がそれらを動原体微小管に沿って細胞の両端にそれぞれ運ぶ．モータータンパク質は，両極から発した非動原体微小管を互いに遠ざけるように押し戻す．その結果，細胞を長く伸ばすことになる．
- 通常，有糸分裂の後に細胞質分裂が続く．動物細胞では細胞質分裂は**くびれ込み**によって行われ，植物細胞では**細胞板**が形成される．
- 細菌の**二分裂**の際に，染色体は複製され，複製された2つの染色体は，能動的に分かれていく．細菌の二分裂にかかわるいくつかのタンパク質は，真核生物のアクチンとチューブリンに類縁である．
- 原核生物は真核生物よりも10億年以上も前に出現したので，有糸分裂は細菌の細胞分裂から進化したらしい．ある種の単細胞真核生物の細胞分裂は，現生の真核生物の祖先の細胞分裂と似ているかもしれない．このような機構は有糸分裂の進化の中間段階であるかもしれない．

？ 間期の中の3つの時期と有糸分裂の時期の中で，染色体が単一のDNA分子として存在するのはどの時期か．

12.3

真核細胞の細胞周期は分子制御システムによって調節される

- 細胞質に存在するシグナルが細胞周期の進行を調節する．
- **細胞周期制御系**は分子レベルで機能している．調節タンパク質の周期的な変化が細胞周期の時計として機能する．鍵となる重要な分子は，いくつかの**サイクリン**といくつかの**サイクリン依存性キナーゼ**（**Cdk**）である．その時計には特異的な**チェックポイント**があり，そこでは，進行シグナルを受け取るまで，細胞周期は停止する．重要なチェックポイントは G_1，G_2，M期に存在する．細胞培養によって，研究者は細胞分裂の分子機構の詳細な研究を行うことができる．内部シグナルと外部シグナルの両方が，シグナル変換経路を経由して細胞周期を制御する．ほとんどの細胞は細胞分裂において**密度依存性阻害**と**足場依存性**を示す．
- がん細胞は正常な調節から逃れて，コントロールの効かない状態で分裂し，その結果腫瘍を形成する．**悪性腫瘍**は近傍の組織に侵入して，**転移**する可能性がある．つまり，がん細胞を体の他の部分に移出させる可能性がある．そうなれば，その場所で二次的な腫瘍の形成が起こり得る．近年の細胞周期と細胞のシグナル伝達の研究と，DNA塩基配列解読の新技術が，がんの治療を進歩させた．

？ 細胞周期制御系にかかわる G_1，G_2，M期の各チェックポイントと進行シグナルの重要性について説明しなさい．

理解度テスト

レベル1：知識／理解

1. ある細胞を顕微鏡で観察すると，細胞の中央を横断して細胞板が成長し，核が細胞板の両側で形成されるのが見えた．この細胞は，以下のどれに当てはまるか．

(A) 細胞質分裂の過程にある動物細胞

(B) 細胞質分裂の過程にある植物細胞

(C) 分裂中の細菌細胞

(D) 中期の植物細胞

2. ビンブラスチンはがんの化学療法で用いられる標準的な薬剤である．それは微小管の重合を阻害するので，その効果は，以下のどの事柄と関係があると考えられるか．
(A) 紡錘体の形成阻害
(B) サイクリン合成の抑制
(C) ミオシンの変性と分裂溝の形成阻害
(D) DNA 合成の阻害

3. がん細胞と正常細胞の違いの１つとして，正しく述べているのは次のうちのどれか．
(A) がん細胞は DNA を合成できない．
(B) がん細胞の細胞周期は S 期で停止している．
(C) がん細胞は密に詰め込まれた状態になっても分裂を続ける．
(D) がん細胞は密度依存性阻害を受けているために，正常に機能できない．

4. 有糸分裂の最後に MPF 活性が低下する理由は，次のうちのどれか．
(A) タンパク質キナーゼである Cdk の分解
(B) Cdk 合成の減少
(C) サイクリンの分解
(D) サイクリンの蓄積

5. 生物の中には，細胞質分裂を行わないで有糸分裂を行うものがある．その結果，次のうちのどれが起こるであろうか．
(A) 核を１つ以上もつ細胞を生じる．
(B) 異常に小さな細胞を生じる．
(C) 無核の細胞を生じる．
(D) 細胞周期に S 期がない．

6. 有糸分裂の過程で起こらないのは，次のうちのどれか．
(A) 染色体の凝縮
(B) DNA の複製
(C) 姉妹染色分体の分離
(D) 紡錘体形成

レベル 2：応用／解析

7. 細胞 A は，有糸分裂が盛んに行われている組織の細胞 B，C，D がもっている DNA の半分の DNA をもっている．細胞 A は，次のうちのどの時期にあると考えられるか．
(A) G_1 期　(C) 前期
(B) G_2 期　(D) 中期

8. サイトカラシン B という薬剤はアクチンの機能を停止させる．動物細胞の細胞周期に関する事柄で，サイトカラシン B によって阻害されるのは，次のうちのどれか．
(A) 紡錘体形成
(B) 紡錘体の動原体への結合
(C) 後期における細胞の伸長
(D) 分裂溝の形成と細胞質分裂

9. **図読み取り問題**　この光学顕微鏡写真はタマネギ根端付近の分裂中の細胞を示している．この写真の中の細胞で，次の各時期にある細胞はどれか．前期，前中期，中期，後期，終期．また，各時期で起こる主要な過程を説明せよ．

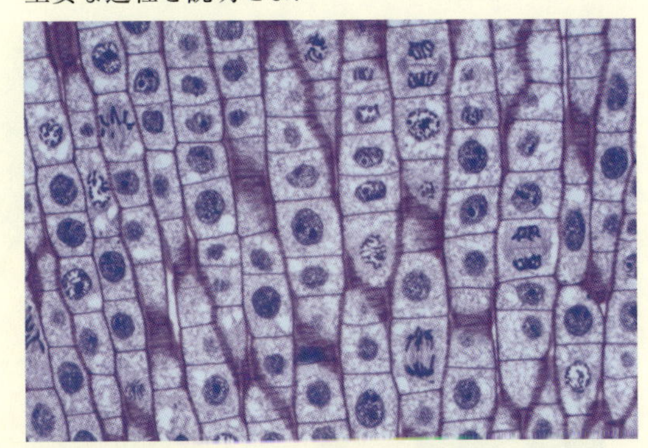

10. **描いてみよう**　真核生物の染色体が，間期，有糸分裂の各時期，細胞質分裂の各時期にどのように見えるかを描きなさい．核膜と染色体に結合した微小管も合わせて描き，それらの名称も図に書き入れなさい．

レベル 3：統合／評価

11. **進化との関連**　有糸分裂の結果，娘細胞は親細胞がもっていたのと同じ数の染色体をもつことになる．染色体数を維持する別の方法は，最初に細胞分裂を行って，次に，各娘細胞で染色体を倍加させることであろう．この方式は，細胞周期を秩序立てて進行させるうえで，実際の細胞周期と同じようにうまくいくかどうか判定しなさい．この方式が進化の過程でなぜ出現しなかったか説明しなさい．

12. **科学的研究**　微小管の両端ではサブユニットの脱離または付加が起こり得るが，プラス端とよばれる端は，重合と脱重合の速度が他端（マイナス端）よりも大きい．紡錘体の微小管では，プラス端は紡錘体の中央にあり，マイナス端は極にある．微小管に沿って移動するモータータンパク質はその移動について，それぞれプラス端に向かうか，マイナス端に向かうかが決まっている．つまり，プラス端に向かうモータータンパク質とマイナス端に向かうモータータンパク質の２つのタイプがある．後期における染色体の運動と紡錘体の変化について知っていることに基づいて，(a) 動原体微小管と (b) 非動原体微小管に存在するモータータンパク質はそれぞれどのタイプか，考えなさい．

13. **テーマに関する小論文：情報**　生命の連続性はDNAという形の遺伝情報に基づいている．遺伝的に同一の娘細胞を生じる際に，有糸分裂のどのような過程によって，この遺伝情報の正確なコピーが間違いなく配分されるかについて，300〜450字で記述しなさい．

14. **知識の統合**

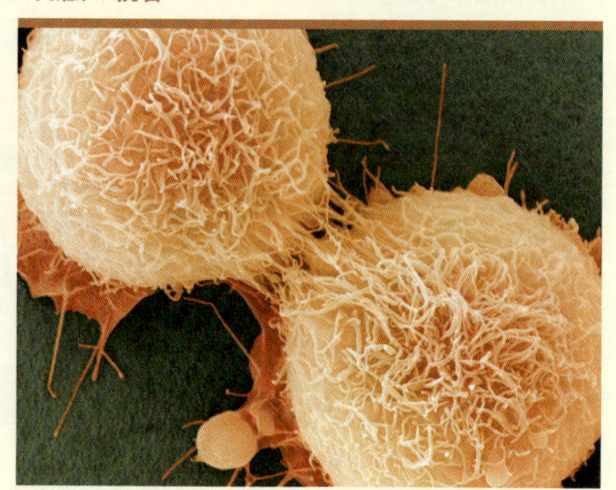

ここに示したのは，HeLa細胞という2つのがん細胞で，細胞質分裂がまさに完了しようとしているところである．これらのようながん細胞の細胞分裂の制御がどのようにして異常になるか，説明しなさい．また，これらの細胞が細胞周期の正常な制御を逸脱する原因となる遺伝的変化および他の変化を特定しなさい．

(一部の解答は付録A)

第3部 遺伝学

シャーリー・ティルマン博士へのインタビュー

シャーリー・ティルマン Shirley Tilghman 博士は，カナダ，トロントに生まれた．米国オンタリオ州キングストンのクイーンズ大学で化学と生化学を専攻し，1975年にテンプル大学で生化学の分野で博士の学位（Ph.D.）を取得した．米国国立衛生研究所（NIH）で博士研究員（ポスドク）としてヒト遺伝子（βグロビン遺伝子）の初のクローニングに参画し，胚発生の分子基盤に興味をもつようになる．ポスドク期間を終えたのち，1975年に現在のフィラデルフィアのフォックス・チェイスがんセンターの研究者となる．1986年にプリンストン大学へ移り，そこで彼女の独創的研究成果である「刷り込み」遺伝子を発見した．刷り込み遺伝子は，遺伝子が存在する染色体が両親のどちら由来であるかに依存した発現を示す．ルイス・シグラー統合ゲノム研究所の創立時の所長．2001年から2013年までプリンストン大学の総長．全米科学アカデミーの会員であり，多くの研究所の理事を務める．

科学，特に生物学に興味をもつようになったきっかけは何ですか？

最初は数学が大好きでした．父は，私は5歳のころ，お話を読んでもらうよりも思考系の数字パズルをやりたがったと言っていました．高校時代には，化学の論理的な部分，法則が気に入り，化学への興味が強くなりました．しかし大学に入ると化学は私にとって簡単ではなくなり，よい化学者にはなれそうにないと思うようになりました．何か他に，より私の考え方に合う学問はないかと探していたところ，幸運にもメセルソン－スタールの実験（図16.11参照）を知りました．それまで私が知っていたどの実験よりもクールな実験だと思いました．私は当時DNAについてはほとんど知りませんでしたが，これについて勉強したい！と思いました．分子生物学者になりたいと思ったのです．

ご自分の分子生物学の研究室を立ち上げたとき，研究テーマをどのように決めましたか？

私は哺乳類の初期発生において，どのようにして遺伝子発現のオン・オフが行われているかということに興味をもっていたので，文献を読みあさり，発現が制御されていて，発生のごく初期に非常に高発現しているメッセンジャーRNAを探しました．そしてαフェトプロテイン遺伝子（*Afp*遺伝子）にめぐり合いました．その遺伝子発現は胎児発生の初期にオンになり，その時期に発現するmRNAの中で最も量の多いものの1つとなりますが，出生後は完全にオフになります．私たちはこの遺伝子には，転写因子が結合するDNA配列であるエンハンサーがあり，その働きによって，発生中のある特定の時期にのみ高発現することが可能になっていることを見出しました．

***Afp*遺伝子の発現制御についての研究がどのようにして*H19*遺伝子の研究へつながったのですか？**

これは，典型的なセレンディピティ（幸運な偶然の発見）でした．もし子ども用絵本の"Little bunny Follows His Nose"（子ウサギが匂いをたどって色々ないいものを見つける話）を読んだことがありますか？ それがまさに，私が*H19*遺伝子について考えていたことです．私たちが*Afp*について研究をしているとき，同じように発現が制御されている他の遺伝子を見つけたいと考えました．*H19*はそうした遺伝子の最たるものだったのです．何か新しい遺伝子を見つけたとき，最初にやるべきことは遺伝子の配列を決めることで，私の研究室の大学院生だったヴァシリス・パクニス Vassilis Pachnis もそうしました．彼がDNA配列を私に見せたとき，配列中のどこにもタンパク質をコードする領域がなかったので，配列決定をやり直すように言いました．かわいそうに，彼は*H19*の配列解析をたぶん10回も行ったと思います！ 最終的に私たちがその遺伝子産物はノンコーディングRNA，つまりタンパク質をコードしていないRNAであると確信したのは，複数の哺乳類の同じ遺伝子の配列解析を行った結果を得てからでした．すべての哺乳類で配列は非常に似ており，どれひとつとしてタンパク質をコードしていませんでした．*H19* 遺伝子は，最初のノンコーディング RNA 遺伝子だったのです．

H19 遺伝子について，他に何を見つけましたか？

H19 遺伝子について研究していたとき，典型的な「科学的経験」をしました．ある学会に参加した際に，*H19* 遺伝子の近くにある *Igf2* 遺伝子の「遺伝的刷り込み（インプリンティング）」について報告した研究者と出会いました．遺伝的刷り込みとは，両親のうち特定の一方から受け継いだ遺伝子コピーのみが発現することを意味しています．*Igf2* と *H19* には似ている点がいくつもありました．私は急いで研究室に戻り，ポスドクのマリア・バルトロメイ Maria Bartolomei に，*H19* が遺伝的刷り込みを受けているかどうか決める実験をするように伝えました．私たちは *H19* 遺伝子は母親由来であるときにだけ発現する，つまり *H19* 遺伝子もまた，遺伝的刷り込みを受けていることを発見しました．その後 10 年間，私たちは詳細について研究を続け，*H19* 遺伝子は，その機構が明らかになった最初の遺伝的刷り込み遺伝子となりました．DNA にメチル基が付加されることによる遺伝子発現への影響が遺伝的刷り込みとなっていることがわかったのです．メチル基の付加は，両親のどちらか一方（父の場合も母の場合もある）の配偶子でのみ起こっていました．いまでは少なくとも 100 の遺伝子が遺伝的刷り込みを受けていることがわかっており，さらに多くの候補遺伝子が解析を待っています．

「絵本の“Little Bunny Follows His Nose”を読んだことがありますか？　それがまさに，私が *H19* 遺伝子について考えたことです．」

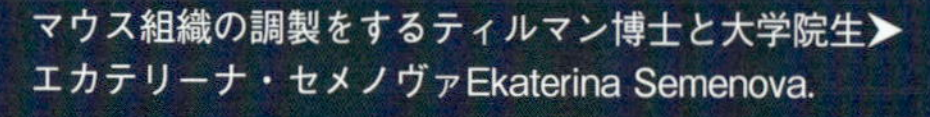

マウス組織の調製をするティルマン博士と大学院生➤
エカテリーナ・セメノヴァEkaterina Semenova.

13 減数分裂と有性生活環

▲図 13.1　家族が似ているのはなぜだろうか．

重要概念

13.1　子どもは両親から染色体を引き継ぐことにより遺伝子を受け継ぐ

13.2　有性生殖の生活環での受精と減数分裂

13.3　減数分裂により染色体が二倍体から一倍体に減少する

13.4　有性生殖の生活環で生じる遺伝的な多様性は進化に貢献する

▼受精する卵．

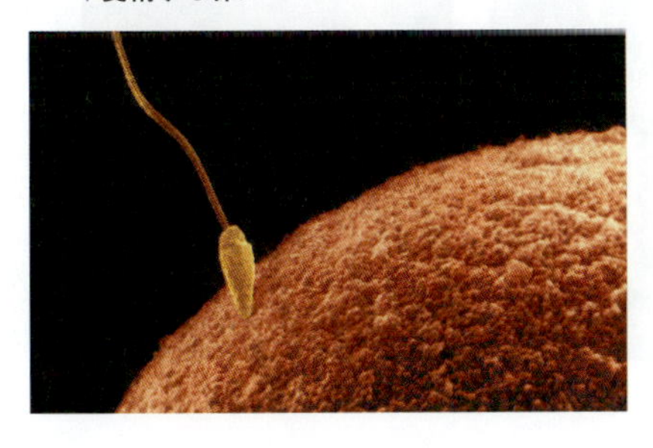

多様性の話

子どもは，赤の他人より両親に似ることはみなよく知っている．図 13.1 の家族写真を見ると，共通する特徴をいくつも見つけ出すことができる．ある世代から次の世代へ形質が伝わることを**遺伝 heredity** という（「相続人」を意味するラテン語 *heres* に由来）．しかし，息子や娘は両親や兄弟姉妹とまったく同一のコピーではない．遺伝する類似性に加えて，**変異 variation**（多様性）も生じる．家族写真に写る人々を見れば明らかな「家族の類似点」を生み出す生物学的な機構は何であろうか．20 世紀に遺伝学が発達するまで，生物学者はこの問いに対する詳細な答えを得ることができなかった．

遺伝学 genetics は遺伝および遺伝的変異（遺伝的多様性）についての学問分野である．本章では，生物個体・細胞・分子のそれぞれのレベルで遺伝学を学習する．まず，有性生殖を行う生物の中で両親から子孫へ染色体がどのように伝達されるかを調べることから始める．有性生殖の生活環の中である生物種がもつ染色体数は，減数分裂（細胞分裂の特殊な様式）と受精（精子と卵との融合．左の写真を参照）という過程によって保たれている．この減数分裂の細胞レベルの機構について記述し，減数分裂が有糸分裂と異なる点について説明する．最後に図 13.1 の家族に認められるような遺伝的な多様性について，減数分裂と受精がどのように関与しているかを考えていく．

13.1

子どもは両親から染色体を引き継ぐことにより遺伝子を受け継ぐ

家族ぐるみでつき合う友人から，あなたの鼻は母親譲りで目は父親譲りだといわれることがあるだろう．もちろん，両親は文字通りの意味で鼻や目や髪などの形質を譲り渡すわけではない．では，実際には何が引き継がれているのだろうか．

遺伝子の引き継ぎ

両親は**遺伝子 gene** とよばれる遺伝的単位の形で暗号化された情報を子どもに伝える．母と父から受け継いだ遺伝子こそが両親との遺伝的なつながりであり，目の色やそばかすなどの家族の類似は遺伝子の伝達により説明できる．私たちの遺伝子は，私たちが受精卵から成人へと成長するのに伴って出現する，さまざまな形質をプログラムしている．

遺伝的プログラムはDNAという言語で記述されている．DNAは1.1節と5.5節で学んだ通り，4種類のヌクレオチドが連結した重合体である．文章の情報がアルファベットの意味のある配列として伝達されるのと同じように，遺伝情報はそれぞれの遺伝子がもつヌクレオチドの特定の配列として伝達される．言語は象徴的なものであり，あなたの脳が「リンゴ」という言葉を特定の果物のイメージに翻訳するのと同様に，細胞は特定の遺伝子を「そばかす」などの形質に翻訳する．大部分の遺伝子は特定の酵素などのタンパク質を合成するように細胞をプログラムし，そのタンパク質の働きの積み重ねにより個体の遺伝的な形質がつくられる．こうした形質に結びつくDNAプログラムの解析は，生物学の中心的な課題の1つである．

遺伝的形質の伝達の基盤には，両親から子孫へと伝えるための遺伝子のコピーの作成である，DNAの複製という分子機構が存在する．動物と植物では，**配偶子 gamete** とよばれる生殖細胞が，ある世代から次の世代へと遺伝子を伝える媒体となっている．受精の過程で，雄性の配偶子と雌性の配偶子（精子と卵）が融合し，その結果，両親の遺伝子が子へと伝達される．

ミトコンドリアと葉緑体に含まれる少量のDNAを別にすると，真核細胞のDNAは染色体として核の中に収まっている．あらゆる生物種は固有の数の染色体をもっている．たとえば，ヒトの**体細胞 somatic cell** には46本の染色体が含まれている．体細胞とは，身体を構成する細胞のうち，配偶子とその前駆体の細胞を除くすべての細胞である．各々の染色体は，数種類のタンパク質に精巧に巻きついた長大な1本のDNA分子である（訳注：正しくは，2本のDNA分子からなる1本のDNA二重らせん）．遺伝子はDNA分子中の特定のヌクレオチド配列であり，1本の染色体には遺伝子が数百個から数千個含まれている．ある遺伝子が染色体上に占める位置を**遺伝子座 locus**（複数形は loci；ラテン語で「特異的な場所」を意味する）という．私たちの遺伝的情報という財産（つまり私たちのゲノム）は，遺伝子と遺伝子以外のDNAからできている染色体であり，これを両親から受け継いでいる．

無性生殖と有性生殖の比較

無性的に生殖する生物のみが，自分自身の完全な遺伝的コピーである子孫を産む．**無性生殖 asexual reproduction** では単一の個体が唯一の親であり，配偶子の融合を行うことなく自分のすべての遺伝子のコピーをそのまま子に伝達する（酵母やアメーバがその例である．図12.2 a参照）．たとえば単細胞の真核生物はDNAを複製し，それを2つの娘細胞に等しく配分する有糸分裂により無性的に生殖する．子孫の細胞のゲノムは，親細胞のゲノムの正確なコピーである．無性生殖を行うことができる多細胞生物もいる（図13.2）．子の細胞は親の体内で有糸分裂によって生じたものであるため，子と親は遺伝的に同一となる．無性的に生殖する個体は，遺伝的に同一な個体群である**クローン clone** を産生している．無性生殖する生物に

▼図13.2　**多細胞生物の無性生殖．**(a) 比較的単純な多細胞生物であるヒドラは，出芽により増殖する．有糸分裂を行う細胞の塊が親の体から出芽し，やがて小さなヒドラに成長して親から分離する（LM像）．(b) 環状に並ぶセコイアの木々は，すべて中央の1本の切り株から無性的に生育したものである．

0.5 mm
親
出芽
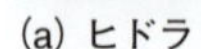

(a) ヒドラ

(b) セコイア

時として発生する遺伝的な差違は，突然変異とよばれるDNAの変化の結果として起こるものであり，この現象については17.5節で議論する．

有性生殖 sexual reproduction では，2人の親から独自の組み合わせで遺伝子を受け継いだ子が産まれる．クローンとは対照的に，有性生殖で生まれた子は兄弟姉妹や両親とは遺伝的に異なる．彼らは寸分違わぬ複製ではなく，家族としての類似性という基盤を共有しつつ多様性をもつ．図13.1の写真に示されるような遺伝的な多様性は有性生殖の重要な帰結である．この遺伝的な多様性はどのような機構によって生じるのであろうか．その鍵は有性生殖の生活環における染色体の挙動にある．

概念のチェック 13.1

1. 関連性を考えよう➤親の形質（たとえば髪の色）を子孫に伝えるものは何か，細胞における遺伝子発現についての知識をもとに説明しなさい（5.5節参照）．
2. 無性的に増殖する真核生物は，どのようにして両親や兄弟姉妹と遺伝的に同一な子孫を生み出しているか．
3. どうなる？➤ランを栽培するある園芸家が望ましい形質を独特の組み合わせでもつ株の育種に取り組み，長年の努力の末にようやく得ることに成功した．この株をもっと増やしたいのだが，この園芸家は得られた株をもとに交配を行うべきだろうか，それともこの株のクローンを作製するべきだろうか．また，その理由は何か．

（解答例は付録A）

13.2

有性生殖の生活環での受精と減数分裂

生活環 life cycle とは，ある生物の受精から次の子孫の産生に至る，世代から世代へと続く生殖の全過程である．本節では，ヒトを例にとり有性生活環を通した染色体の挙動を追う．まずヒトの体細胞と配偶子の染色体数を検討し，染色体の挙動とヒトの生活環およびヒトとは異なるパターンの有性生活環との関連について検討する．

ヒト細胞の染色体

ヒトの体細胞はそれぞれ46本の染色体をもつ．有糸分裂の時期には染色体は凝縮して光学顕微鏡で見ることができるようになる．この時期には，大きさ，セントロメアの位置，および特定の染色法によって生じる着色バンドのパターンによって個々の染色体を識別することができる．

ヒトの有糸分裂期の1個の細胞に由来する46本の染色体の顕微鏡写真を注意深く観察すると，同型の染色体が2本ずつ23組存在することに気がつく．このことは，各々の染色体の写真像を長いものから順に2本ずつ並べていくとはっきりする．このように染色体を整列させたものを**核型 karyotype** という（図13.3）．対をなす2本の染色体は，長さ，セントロメアの位置，染色パターンが一致しており，**相同染色体 homologous chromosome**（または homolog）とよばれる．2本の相同染色体には，同じ遺伝形質をつかさどる遺伝子が存在する．たとえば，ある染色体の特定の位置に目の色をつかさどる特定の遺伝子があれば，その相同染色体の対応する位置にも目の色を決定している同一の遺伝子が存在する．

ヒトの体細胞には一般的な相同染色体のパターンとは異なる，XとYとよばれる2つの染色体が存在する．通常，女性はX染色体の相同な対（XX）をもっているが，男性は1本のX染色体と1本のY染色体をもっている（XY；図13.3参照）．X染色体とY染色体はごく一部だけが相同である．X染色体上にある遺伝子の大部分は，小さなY染色体上には対応する遺伝子がなく，Y染色体にはX染色体にはない遺伝子が含まれている．X染色体とY染色体が個人の性別を決定していることから，これらは**性染色体 sex chromosome** とよばれ，これ以外の染色体は**常染色体 autosome** とよばれている．

ヒトの体細胞に相同な染色体の対が存在するのは，有性生殖を行うことに起因する．私たちは両親から相同染色体対のうち1本ずつの染色体を受け継ぐ．つまり，体細胞中の46本の染色体は，23本ずつの母系（母親由来）染色体組と父系（父親由来）染色体組の2組から構成されている．1組の染色体の数は n で表される．2組の染色体をもつ細胞は**二倍体細胞 diploid cell** とよばれ，1組の2倍の数の染色体を有することから $2n$ と略記される．ヒトでは二倍体の数は46（$2n=46$）であり，これが体細胞に含まれる染色体の数となる．DNA合成が完了した細胞では，すべての染色体が複製されて2本の同一の姉妹染色分体がセントロメア領域と腕部で接着した状態になっている（染色体が複製された後の細胞も二倍体とよび，$2n$ と表記する．それは，姉妹染色分体は互いに完全なコピーであるため，複製されていても細胞がもつ遺伝情報の量としては2組分であるためである）．染色体複製後の染

▼図 13.3

研究方法　核型の作成

適用　核型とは凝縮した染色体を1対ずつ並べて示したものである．核型の分析は，ダウン症のような先天性疾患の原因となる染色体の数の異常や，染色体の欠失を見つけ出すのに用いられる．

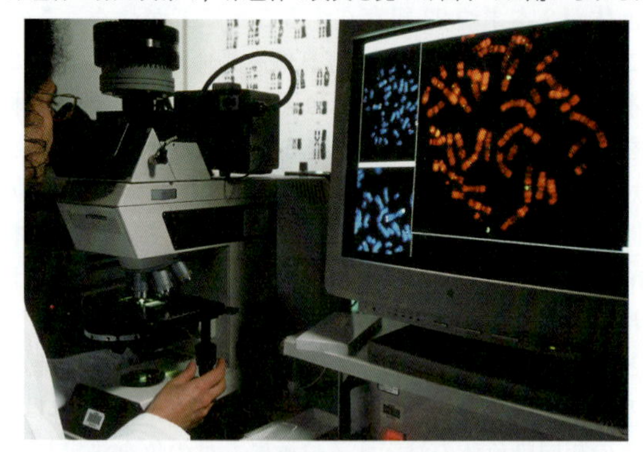

技術　核型を決定するため，有糸分裂を促進する薬剤により処理し，数日間培地の中で培養された体細胞を準備する．染色体が最も凝縮した細胞分裂中期で停止した細胞を染色し，デジタルカメラを装備した顕微鏡により観察する．コンピュータのモニターに表示された染色体の画像を形態に基づいて並べ替え，2本ずつ対にする．

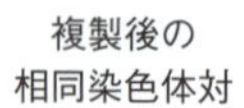
複製後の
相同染色体対

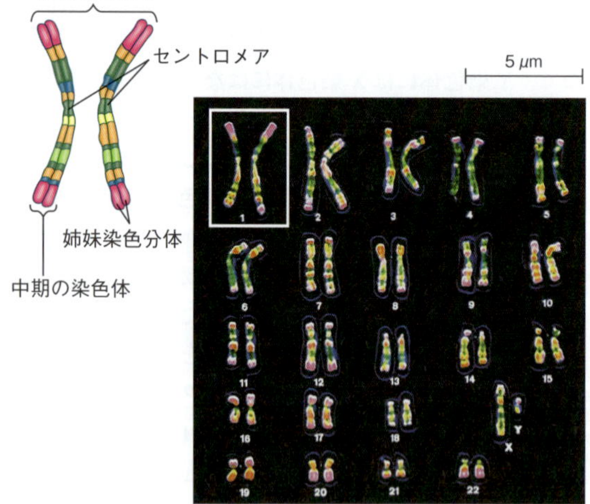
セントロメア
5 μm
姉妹染色分体
中期の染色体
1
2
3
4
5
6
7
8
9
10
11
12
13
14
15
16
17
18
X
Y
19
20
21
22

結果　この核型は正常な男性の染色体を示すものである（X，Y染色体が並んでいることからわかる）．バンドパターンが識別しやすいように着色している．染色体の大きさ，セントロメアの位置，染色されたバンドのパターンは各々の染色体の識別の手がかりとなる．核型写真の中では識別が難しいが，それぞれの中期染色体は密接に接着した2本の姉妹染色分体により構成される（第1染色体の様子を描いた模式図中の説明を参照）．

▼図 13.4　**染色体各部の名称**．6本の染色体をもつ二倍体細胞（$2n=6$）の，染色体複製と凝縮後の様子を図に示す．複製された6本の染色体は，ほぼ全長にわたって接着した2本の姉妹染色分体から構成されている．相同染色体の対は，それぞれ一方が母系の組（赤色）に由来し，他方は父系の組（青色）に由来する．この例では，各々由来の染色体組は3本の染色体（長，中，短）で構成されている．相同染色体の対をつくる染色分体のうち，母系の染色分体と父系の染色分体の関係を非姉妹染色分体とよぶ．

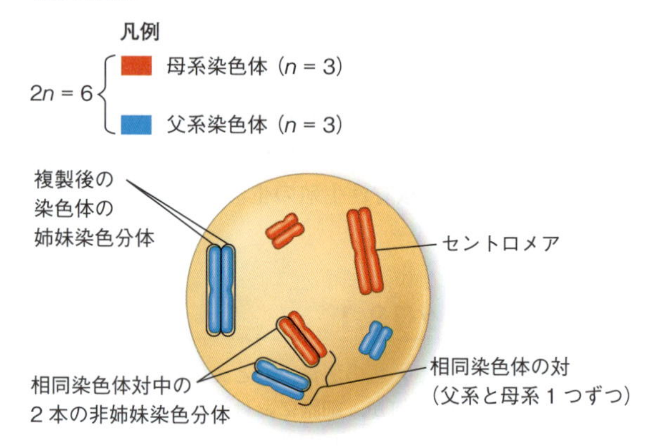
凡例
2n = 6
母系染色体（n = 3）
父系染色体（n = 3）
複製後の
染色体の
姉妹染色分体
セントロメア
相同染色体対中の
2本の非姉妹染色分体
相同染色体の対
（父系と母系1つずつ）

図読み取り問題▶ここに描かれている染色体組の数はいくつか．何対の相同染色体があるか．

色体をもつ二倍体細胞を記述するときに用いられる用語の定義を図 13.4 に示している．

体細胞と異なり，配偶子は1組しか染色体をもたない．このような細胞を**一倍体細胞 haploid cell** といい，それぞれ一倍体の数の染色体（n）をもっている．ヒトでは一倍体数は 23（$n=23$）である．1組の染色体には 22 本の常染色体と1本の性染色体が含まれている．未受精卵は X 染色体をもち，精子は X 染色体または Y 染色体のいずれかをもっている．

有性生殖を行う生物種はそれぞれ固有の一倍体数と二倍体数をもつ．たとえば，ショウジョウバエ *Drosophila melanogaster* の二倍体数（$2n$）は 8 であり，一倍体数（n）は 4 である．一方，イヌの二倍体数は 78 であり，一倍体数は 39 である．一般的に，染色体の数はその生物種のゲノムサイズやゲノムの複雑さとは相関しない．染色体の数はたんにゲノムが何本の DNA によって構成されているか，ということを意味しており，その生物種の進化の歴史の結果を反映しているにすぎない（21.5 節参照）．では次にヒトの生活環を例に，有性生活環における染色体の挙動について検討しよう．

ヒトの生活環における染色体の挙動

ヒトの生活環は父親由来の一倍体の精子が，母親由来の一倍体の卵と融合するときから始まる（図 13.5）．配偶子の融合から配偶子がもつ核の融合に至る過程を**受精** fertilization とよぶ．こうして生じた受精卵または**接合子** zygote は，一倍体細胞由来の染色体組を 2 組もっているため二倍体であり，それぞれの染色体組は，母系の家系と父系の家系に由来する遺伝子をもっている．ヒトが受精卵から性的に成熟した成人に成長する過程で，全身のすべての細胞は受精卵およびその子孫の細胞の有糸分裂により生産される．受精卵に含まれる 2 組の染色体および染色体に含まれているすべての遺伝子は，正確に私たちの体細胞に伝えられる．

有糸分裂では生じない唯一の細胞が配偶子であり，女性の生殖腺である卵巣または男性の生殖腺である精巣の中で，「生殖細胞」とよばれる特殊な細胞から発生する（図 13.5 参照）．ヒトの配偶子が有糸分裂により生じ，体細胞同様に二倍体だとすると，何が起こるだろうか．次の受精時に 2 つの配偶子が融合すると，

▼図 13.5　ヒトの生活環．1 世代の中で，減数分裂により染色体数は半減し，受精により倍増する．ヒトは一倍体細胞の染色体数は 1 組分の 23 本（$n = 23$）であり，二倍体の接合子およびすべての体細胞は 2 組の 46 本（$2n = 46$）である．

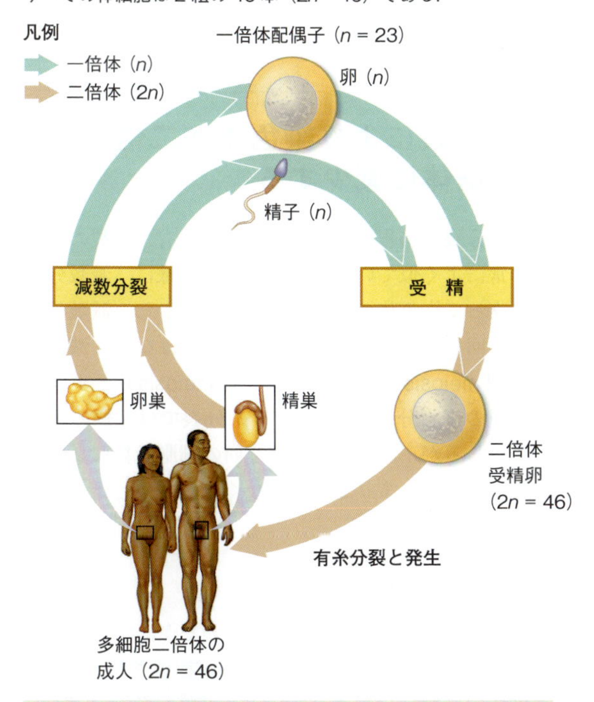
凡例
一倍体（n）
二倍体（2n）
一倍体配偶子（n = 23）
卵（n）
精子（n）
減数分裂
受　精
卵巣
精巣
二倍体
受精卵
（2n = 46）
有糸分裂と発生
多細胞二倍体の
成人（2n = 46）

この図では本書で生活環の説明に用いられるカラー・コードを説明している．青緑色の矢印は生活環の中の一倍体の状態を示し，茶色の矢印は二倍体の状態を示す．

正常ならば 46 本の染色体が 2 倍の 92 本となり，世代を重ねるごとに染色体の数が 2 倍になってしまう．しかし，実際にはそのようなことが起こらないのは，有性生殖する生物は**減数分裂** meiosis とよばれる特殊な細胞分裂により配偶子を形成するためである（訳注：植物や多くの菌類ではこのことは当てはまらない．図 13.6 を参照）．減数分裂によって染色体が 2 組から 1 組に減少しつつ配偶子が形成されるので，受精による染色体数の倍増が補正される．減数分裂が起こるためヒトの精子と卵は一倍体（$n = 23$）となる．受精により 2 組の染色体が合わさって二倍体の状態が回復する．ヒトの生活環はこうして世代から世代へと繰り返される（図 13.5 参照）．

ヒトの生活環の中で生じる現象は，有性生殖を行う多くの動物にとって普遍的なものである．また，受精と減数分裂の過程は，植物や菌類や原生生物の有性生殖にも特徴的な現象である．有性生殖の生活環の中で受精と減数分裂が交互に起こることにより，生物種固有の染色体数が維持されている．

有性生殖のさまざまな生活環

すべての有性生殖生物では，受精と減数分裂が交互に起こることは共通しているが，この 2 つの現象が生活環のどの時点で起こるかは生物種によってさまざまである．こうした多様なパターンは大きく 3 つの生活環型に分けることができる．ヒトや大部分の動物の生活環型では，一倍体細胞は配偶子（卵と精子）だけである（図 13.6 a）．生殖細胞の減数分裂は配偶子の形成過程で起こり，配偶子は受精までの間にそれ以上細胞分裂することはない．二倍体の接合子は有糸分裂によって分裂し，二倍体の多細胞生物体を形成する．

植物と一部の藻類は**世代交代** alternation of generations とよばれる第 2 の生活環型を示す（図 13.6 b）．この生活環型では，一倍体と二倍体の両方の多細胞体の段階が存在する．二倍体の多細胞体は「胞子体」とよばれる．胞子体の一部の細胞の減数分裂により「胞子」とよばれる一倍体細胞が生じる．配偶子とは違って，胞子は他の細胞と融合せずに有糸分裂を行い，「配偶体」とよばれる一倍体の多細胞体を形成する．配偶体の一部の細胞では有糸分裂により配偶子を生じる．一倍体の配偶子同士の受精により，二倍体の接合子が形成され，次の胞子体世代へと移行する．この生活環型では，胞子体世代は子孫として配偶体を形成し，生じた配偶体世代が次の世代の胞子体を産生する（図 13.6 b 参照）．まさに，「世代交代」という用語が当てはまる生活環である．

図 13.6　**有性生活環の3つの型．** 3通りある生活環の型の共通の特徴は，子孫の遺伝的多様性の鍵となる受精と減数分裂が交互に起こることである．この2つが起こる時期は，有性生活環の型ごとに異なる（小さい円は細胞を，大きい円は個体を示す）．

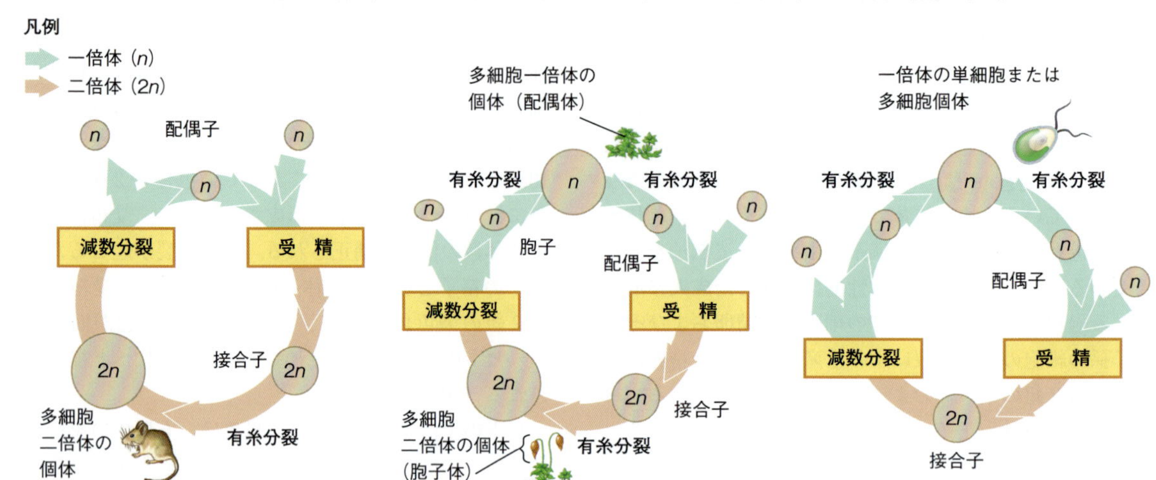

凡例
一倍体（n）
二倍体（2n）
配偶子
n
減数分裂
受　精
2n
接合子
多細胞
二倍体の
個体
有糸分裂
(a) 動物
多細胞一倍体の
個体（配偶体）
有糸分裂
胞子
配偶子
多細胞
二倍体の個体
（胞子体）
(b) 植物と一部の藻類
一倍体の単細胞または
多細胞個体
(c) 大部分の真菌類と一部の原生生物

図読み取り問題➤生活環の型ごとに，一倍体細胞が有糸分裂を行うか，行う場合それによりつくられる細胞の名称を答えなさい．

大部分の真菌類および一部の藻類を含む原生生物は第3の生活環型を示す（図 13.6 c）．配偶子が融合して二倍体の接合子を形成した後，多細胞の二倍体の子孫を発生することなくすみやかに減数分裂が起こる．減数分裂により配偶子が生じるのではなく，生じた一倍体細胞が有糸分裂を行って，単細胞の子孫または多細胞の成体を生じる．一倍体の個体は引き続き有糸分裂を行い，やがて配偶子となる細胞を生じる．この生活環型をもつ生物にとって，二倍体の世代は単細胞の接合子だけである．

一倍体細胞と二倍体細胞のどちらが有糸分裂を行うかは，生活環型ごとに決まっている．しかし，減数分裂できるのは二倍体細胞だけである．一倍体細胞は染色体が1組しかないので，それ以上染色体の数を減らすことができない．3つの有性生活環型は，それぞれ受精と減数分裂のタイミングが異なるが，子孫が遺伝的な多様性をもつようになるという基本的な点については一致している．

概念のチェック 13.2

1. **関連性を考えよう**➤図 13.4 に描かれている DNA（二重鎖）は何分子か（図 12.5 参照）．この細胞の一倍体染色体数はいくつか．描かれているのは一倍体か二倍体か．

2. **図読み取り問題**➤図 13.3 の核型は，何対の染色体をもつか．何組の染色体をもつか．

3. **どうなる？**➤ある単細胞の真核生物は，環境ストレスに応答して配偶子を形成する．配偶子が融合して形成された接合子が減数分裂を行い，新たな単細胞を生成する．このような生活環をもつ生物にはどのようなものがあるか．

（解答例は付録 A）

13.3

減数分裂により染色体が二倍体から一倍体に減少する

減数分裂の過程の多くは，対応する有糸分裂の過程に非常によく似ている．有糸分裂と同様に，減数分裂に先立って染色体の複製が起こる．しかし，減数分裂では1回の染色体複製の後に，1回ではなく，**減数第一分裂 meiosis I** と**減数第二分裂 meiosis II** とよばれる2回の細胞分裂が続く．（有糸分裂では2個の娘細胞が生じるが）減数分裂では2回の細胞分裂により親細胞の半数，つまり2組ではなく1組の染色体をもつ4個の娘細胞が生じる．

減数分裂の過程

減数分裂の概要は図 13.7 に示すように，二倍体細胞の中の1対の相同染色体の両方が複製され，4個の一倍体娘細胞に分配されていく．姉妹染色分体とは1本の染色体が2本に複製されたものである．2本の姉妹染色分体は全長にわたって密着した状態にあり，こ

▼図 13.7 **減数分裂の概要：減数分裂で染色体数が半減する機構.** 間期に染色体が複製した後，二倍体細胞が2回分裂して4個の一倍体娘細胞を生じる．この概念図では，簡略化のため一貫して染色体を凝縮した形に描き，1対の相同染色体を追跡している．

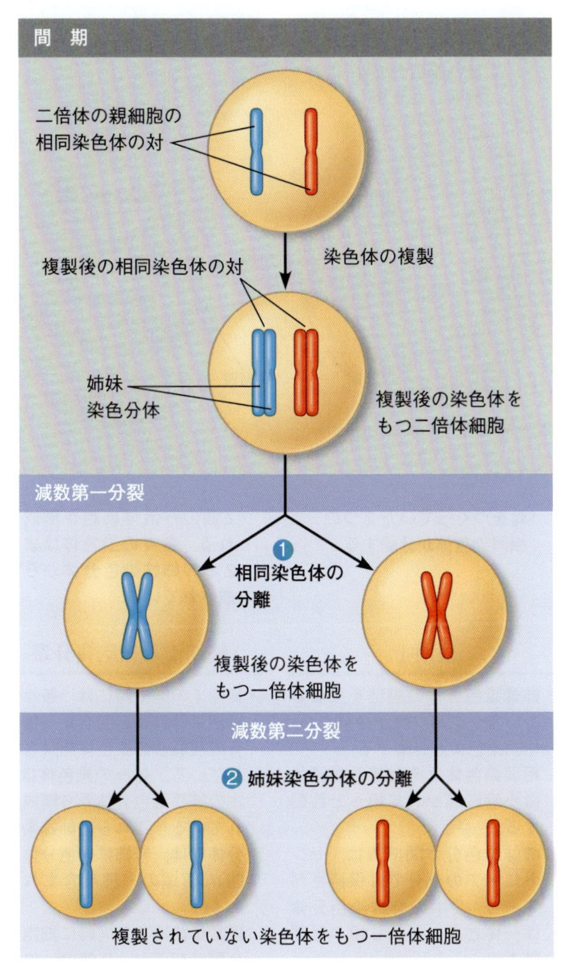
間 期
二倍体の親細胞の
相同染色体の対
染色体の複製
複製後の相同染色体の対
姉妹
染色分体
複製後の染色体を
もつ二倍体細胞
減数第一分裂
1
相同染色体の
分離
複製後の染色体を
もつ一倍体細胞
減数第二分裂
2 姉妹染色分体の分離
複製されていない染色体をもつ一倍体細胞

描いてみよう➤各々のDNA分子を単純な二重らせんで表現し，この図の細胞を描き直しなさい．

れを「姉妹染色分体接着」という．つまり，姉妹染色分体は，1組の複製された染色体を取りまとめたものである（図13.4参照）．これに対し，相同染色体対の2本の染色体はそれぞれ，両親のどちらかに由来するものである．相同染色体は顕微鏡下では同じように見えるが，対応する遺伝子座に存在する遺伝子の型が異なることがある．この型違いの遺伝子を「対立遺伝子（アレル）」とよぶ（図14.4参照）．相同染色体は減数分裂の時期以外は，通常は寄り添って存在していない．

図13.8に，二倍体染色数が6である二倍体動物細胞の減数分裂における2回の分裂の各過程を詳述している．次項に進む前に図13.8をしっかり学ぼう．

減数第一分裂前期での交差と対合

減数第一分裂の前期，つまり前期Ⅰは非常に忙しい時期である．図13.8にはかなり終盤の前期Ⅰが示されており，相同染色体の対合や交差，染色体の凝縮がすでに起こっている．この段階に至るまでの詳細については，図13.9に示されている．

間期が終了する時点では，染色体は複製され，姉妹染色分体は「コヒーシン」とよばれるタンパク質によって接着している．❶前期Ⅰの早い段階で，相同染色体同士が全長にわたってゆるく接着する．つまり，染色体上のある遺伝子は，相同染色体上の対応する対立遺伝子とちょうど隣り合うように並ぶ．非姉妹染色分体，つまり母由来，父由来，それぞれの染色分体をつくるDNAのちょうど同じ場所が特別なタンパク質によって切断される．❷次に，**シナプトネマ複合体 synaptonemal complex** とよばれるジッパー様の構造がつくられ，相同染色体を互いに密着させる．❸この密着した状態を**対合 synapsis** とよび，この時期にDNAの切断部位が「非姉妹」染色分体の切断箇所と入れ違うように結合する．こうして，父由来染色分体は交差した部分から母由来の染色分体につながり，母由来の染色分体は父由来の染色分体とつながる．

❹この交差が起こった部位は，シナプトネマ複合体が解消され，相同染色体間が少し離れた後にはキアズマという構造として見えるようになる．一部のDNAはもともとは違う染色分体のDNAと結合していることになるが，この状態でも姉妹染色分体間接着が保持されているため，相同染色体は結合している．中期Ⅰの赤道面（中期板）に整列する際に相同染色体が対を成した状態を保つためには，染色体ごとに少なくとも1ヵ所の交差が起こる必要がある．その理由については少し後で説明する．

有糸分裂と減数分裂の比較

図13.10には二倍体細胞の有糸分裂と減数分裂の主要な違いがまとめられている．減数分裂では染色体が2組（二倍体）から1組（一倍体）に減少するが，有糸分裂では染色体の数が保持されるのが基本原則である．このため，減数分裂では娘細胞同士および親細胞と娘細胞は遺伝的に異なるが，有糸分裂では娘細胞同士および親細胞と娘細胞は遺伝的に同一である．以下の3つの現象は減数分裂に特有であり，すべて減数第一分裂期に起こる．

▼図 13.8 探究 動物細胞の減数分裂

減数第一分裂：相同染色体の分離

前期 I

中心体
(中心小体対をもつ)
姉妹
染色分体
キアズマ
紡錘体微小管
断片化
した核膜
相同
染色体の対
セントロメア

複製後の相同染色体(赤色と青色)が対をつくり，その一部を交換する．本図では $2n = 6$.

中期 I

動原体
(セントロメア部位)
動原体微小管
中期板

相同染色体が対をつくって整列する.

後期 I

姉妹染色分体は
接着したまま
相同染色体の分離

対をつくっていた２つの相同染色体が分離する.

終期 I と細胞質分裂

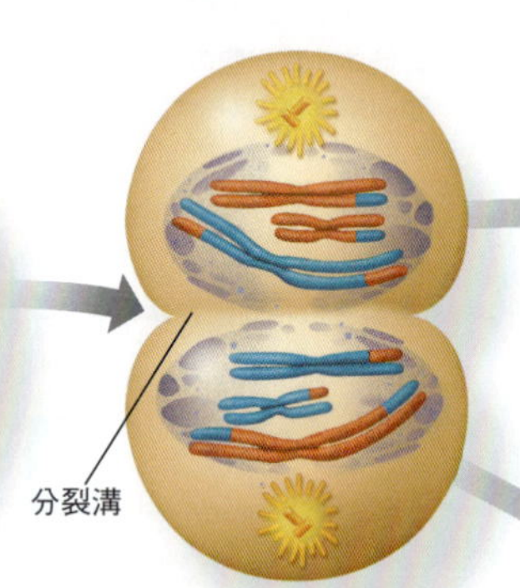
分裂溝

２個の一倍体細胞が形成される．各々の染色体はまだ２本の姉妹染色分体から構成されている.

前期 I

- 中心体の移動，紡錘体形成，核膜崩壊が有糸分裂と同様に起こる．染色体は前期 I を通して徐々に凝縮する.
- 図に描かれている時期より以前の前期 I の早期に，相同染色体が全長にわたって対応する遺伝子同士が向き合うように並んで対をなし，**交差**(**乗換え crossing over**) が起こる．つまり，非姉妹染色分体の同じ位置で DNA が (タンパク質によって) 切断され，互いに入れ違って再結合する.
- 図に描かれている時期には，それぞれの相同染色体対は１つ以上の X 字型の**キアズマ chiasmata** とよばれる構造をもつ．キアズマは交差が生じた場所にできる.
- 前期 I の終盤では紡錘体の一方の極から伸びる微小管が，対をつくる各相同染色体の一方の相同染色体対の動原体 (セントロメア上に形成される) に，他方の極から伸びる微小管が他方の動原体に付着する (姉妹染色分体の２つの動原体はタンパク質によって結合しており，１つの動原体のようにふるまう)．微小管により相同染色体の対が中期板へと動かされる (中期 I の図を参照).

中期 I

- すべての相同染色体の対が中期板に整列し，各相同染色体対の一方の染色体は一方の極に，もう一方の染色体は他方の極に面している.
- １つの相同染色体に含まれる２本の染色分体の動原体には，どちらにも一方の極から伸びる微小管が付着している．対をなすもう１つの相同染色体に含まれる２本の染色分体の動原体には，もう一方の極から伸びる微小管が付着している.

後期 I

- 姉妹染色分体の腕部を接着していたタンパク質が分解され，相同染色体が分離する.
- 相同染色体はそれぞれ紡錘体微小管に導かれて極へと移動する.
- 姉妹染色分体間接着は，セントロメアの部分では保持されており，２本の姉妹染色分体は一体となって同じ極へと移動する.

終期 I と細胞質分裂

- 終期 I の開始時には，各々の細胞半球には，完全な一倍体分の複製後の染色体組が含まれている．各々の染色体は２本の姉妹染色分体から構成されている．これらの姉妹染色分体には，非姉妹染色分体の DNA 領域の一部が含まれている.
- 通常は終期 I と同時に細胞質分裂が起こり，２個の一倍体娘細胞が生じる.
- 動物細胞では，図に示すような分裂溝が形成される (植物細胞では細胞板が形成される).
- 生物種によっては，核膜が形成され染色体が脱凝縮する.
- 減数第一分裂と減数第二分裂の間には，染色体の複製が起こらない.

減数第二分裂：姉妹染色分体の分離

前期Ⅱ　　中期Ⅱ　　後期Ⅱ　　終期Ⅱと細胞質分裂

2回目の分裂により姉妹染色分体が分離し，複製されていない染色体をもつ4個の一倍体娘細胞が生じる．

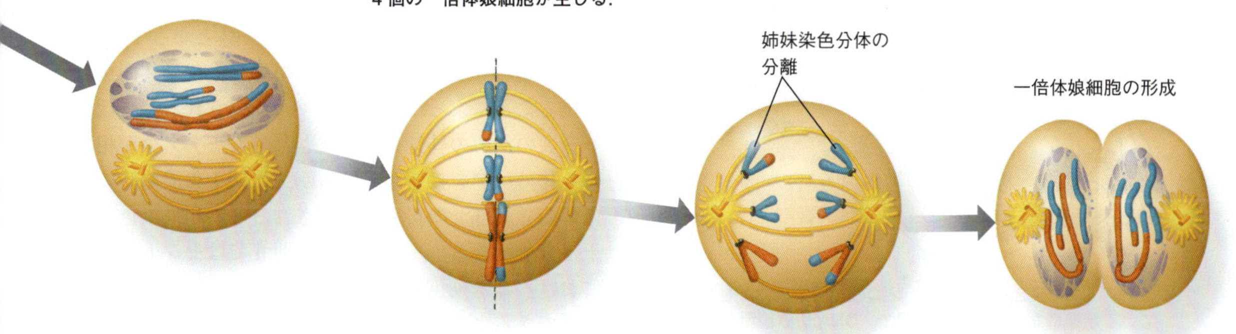

姉妹染色分体の分離
一倍体娘細胞の形成

前期Ⅱ

- 紡錘体が形成される．
- 前期Ⅱの後半（この図には示されていない）に，2つの染色分体が接着したままの状態の染色体が，微小管の働きによって中期Ⅱの中期板へと移動する．

中期Ⅱ

- 有糸分裂と同様に，染色体が中期板に整列する．
- 減数第一分裂に起こった交差のため，各々の染色体をつくる姉妹染色分体は遺伝的に同一ではない．
- それぞれの姉妹染色分体の動原体に，各々の極から伸びる微小管が付着する．

後期Ⅱ

- セントロメア領域で姉妹染色分体を接着していたタンパク質が分解され，染色分体が分離する．染色分体は個々の染色体として両極へと移動する．

終期Ⅱと細胞質分裂

- 核が形成され，染色体の脱凝縮が始まり，細胞質分裂が起こる．
- 1個の親細胞の減数分裂により，一倍体の（未複製の）染色体組をもつ娘細胞が4個形成される．
- 4個の娘細胞は互いに，また親細胞とも遺伝的に異なっている．

関連性を考えよう➤図12.7を見ながら，2個の娘細胞がもう一度有糸分裂して4個の細胞を形成する過程を考えてみる．分裂終了後の4個の細胞に含まれる染色体の数を，図13.8の減数分裂終了後の4個の細胞の染色体の数と比較しなさい．減数分裂も2回の細胞分裂が起こる点には変わりないのにもかかわらず，この差異が生じた原因を説明できる減数分裂の過程は何か．

図 13.9　前期Ⅰにおける対合と交差：詳細な説明.

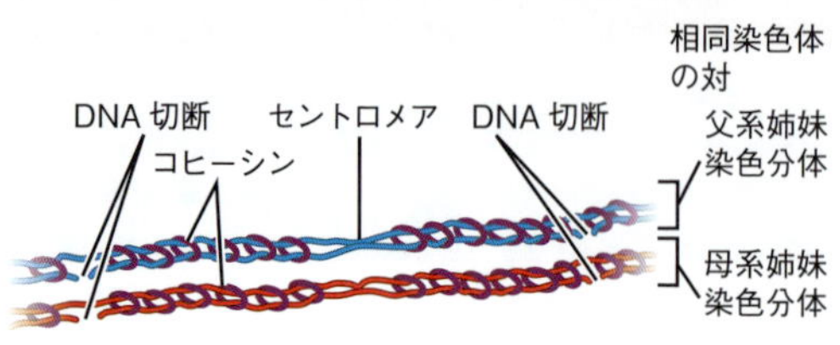
相同染色体
の対
DNA 切断
セントロメア
DNA 切断
父系姉妹
染色分体
コヒーシン
母系姉妹
染色分体

❶ 間期が終わり染色体は複製されており，姉妹染色分体はコヒーシン（紫色）とよばれるタンパク質によってつなぎ止められている．それぞれの相同染色体対は全長にわたり寄り添う．非姉妹染色分体の DNA がちょうど対応する位置で切断される．染色体凝縮が始まる．

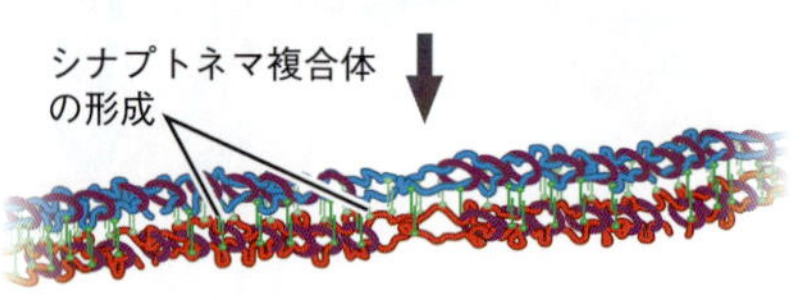
シナプトネマ複合体
の形成

❷ ジッパー様のタンパク質複合体であるシナプトネマ複合体（緑色）の形成が始まり，相同染色体同士を結合する．染色体は凝縮し続ける．

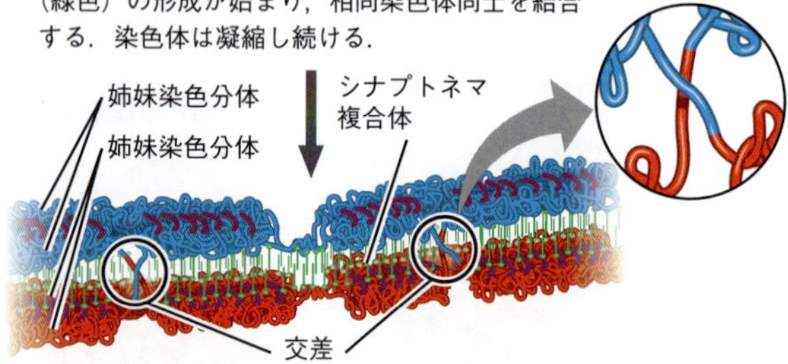
姉妹染色分体
姉妹染色分体
シナプトネマ
複合体
交差

❸ シナプトネマ複合体が完成し，2 つの相同染色体が対合している状態になる．対合の過程で，DNA 切断箇所は非姉妹相同染色体の対応する断片と結合し，交差が生じる．

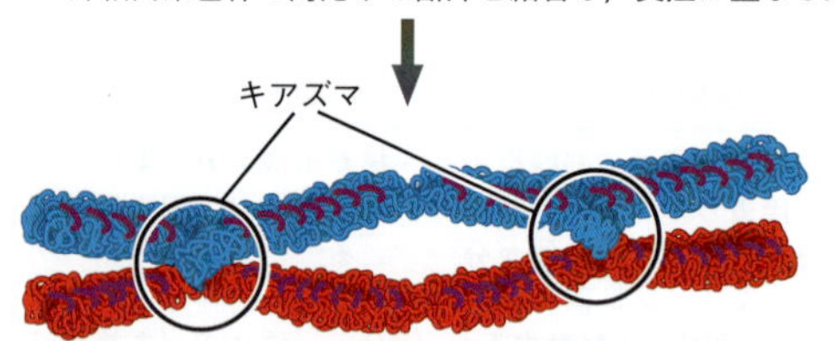
キアズマ

❹ シナプトネマ複合体が解体したあと相同染色体は少し離れるが，姉妹染色分体間には交差が起こり DNA のつながりがもとと異なった状態となるが接着は保たれているため，完全に離れることはない．交差が起こった箇所で相同染色体同士が連結している状態がキアズマとなる．染色体は中期板へと整列しつつさらに凝縮する．

1. **対合と交差.** 図 13.9 に示し，すでに説明したように，前期Ⅰでは複製された相同染色体同士がペアを組み，交差が起こる．対合と交差は，有糸分裂の前期には起こらない．
2. **赤道面上の相同染色体対.** 減数第一分裂中期（中期Ⅰ）では，対合した相同染色体の対が中期板に整列する．この点は有糸分裂時には個々の染色体が中期板に整列することとは違っている．
3. **相同染色体の分離.** 減数第一分裂後期（後期Ⅰ）では，相同染色体対をつくっていた染色体がそれぞれ紡錘体の異なる極に向かって移動するが，このとき，それぞれの染色体の姉妹染色分体は結合したまま保持される．有糸分裂では，後期の時点で姉妹染色分体が分離する．

姉妹染色分体はコヒーシンタンパク質複合体による姉妹染色分体間接着により接着している．有糸分裂では，この接着が中期の終わりまで続き，コヒーシンが酵素により切断されると姉妹染色分体は分離して細胞の両極に移動できるようになる．一方，減数分裂では姉妹染色分体間接着は，後期Ⅰの開始時と後期Ⅱの 2 段階で解消する．中期Ⅰでは，相同染色体の対の間で交差が起こった場所から先の領域の姉妹染色分体の腕部同士，つまり，互いに別の染色体の一部になった姉妹染色分体の腕部同士の間にも接着がまだ保持されているため，2 つの相同染色体はまだ一体となっている．交差が起こり，かつ染色体腕部の姉妹染色分体間接着が残ることによって，キアズマが形成される．減数第一分裂のための紡錘体が形成されてもキアズマが相同染色体のペアを接着し続けるが，後期Ⅰの開始時に染色体の「腕部」の接着が解消されると，相同染色体同士は分離できるようになる．後期Ⅱではセントロメアにおける姉妹染色分体接着が解消し，姉妹染色分体が分離できるようになる．このように，姉妹染色分体の接着と交差が協調することが，中期Ⅰにおける相同染色体対の中期板への整列に重要な役割を果たしている．

減数第一分裂は，細胞あたりの染色体の数が半減して 2 組（二倍体）から 1 組（一倍体）になる．減数第二分裂では，姉妹染色分体が分離して一倍体の娘細胞が形成される．減数第二分裂と有糸分裂で起こる姉妹染色分体の分離の機構は，実質的に同じものである．減数分裂の間の染色体の挙動の分子機構は，いまでも活発な研究の対象となっている．**科学スキル演習**では，減数分裂の過程での細胞内 DNA 量の変化を追ったデータの解析に取り組んでみよう．

概念のチェック 13.3

1. **関連性を考えよう**➤有糸分裂中期の染色体と，中期Ⅱの染色体との類似点と相違点はそれぞれ何か（図 12.7，図 13.8 を参照しなさい）．
2. **どうなる？**➤もし交差が起こらなかった場合，シナプトネマ複合体が前期の終わりに消失したあと相同染色体の対の接着はどうなるか．また，このことは最終的に配偶子形成にどのような影響を及ぼすか．

（解答例は付録 A）

▼図 13.10　有糸分裂と減数分裂の比較.

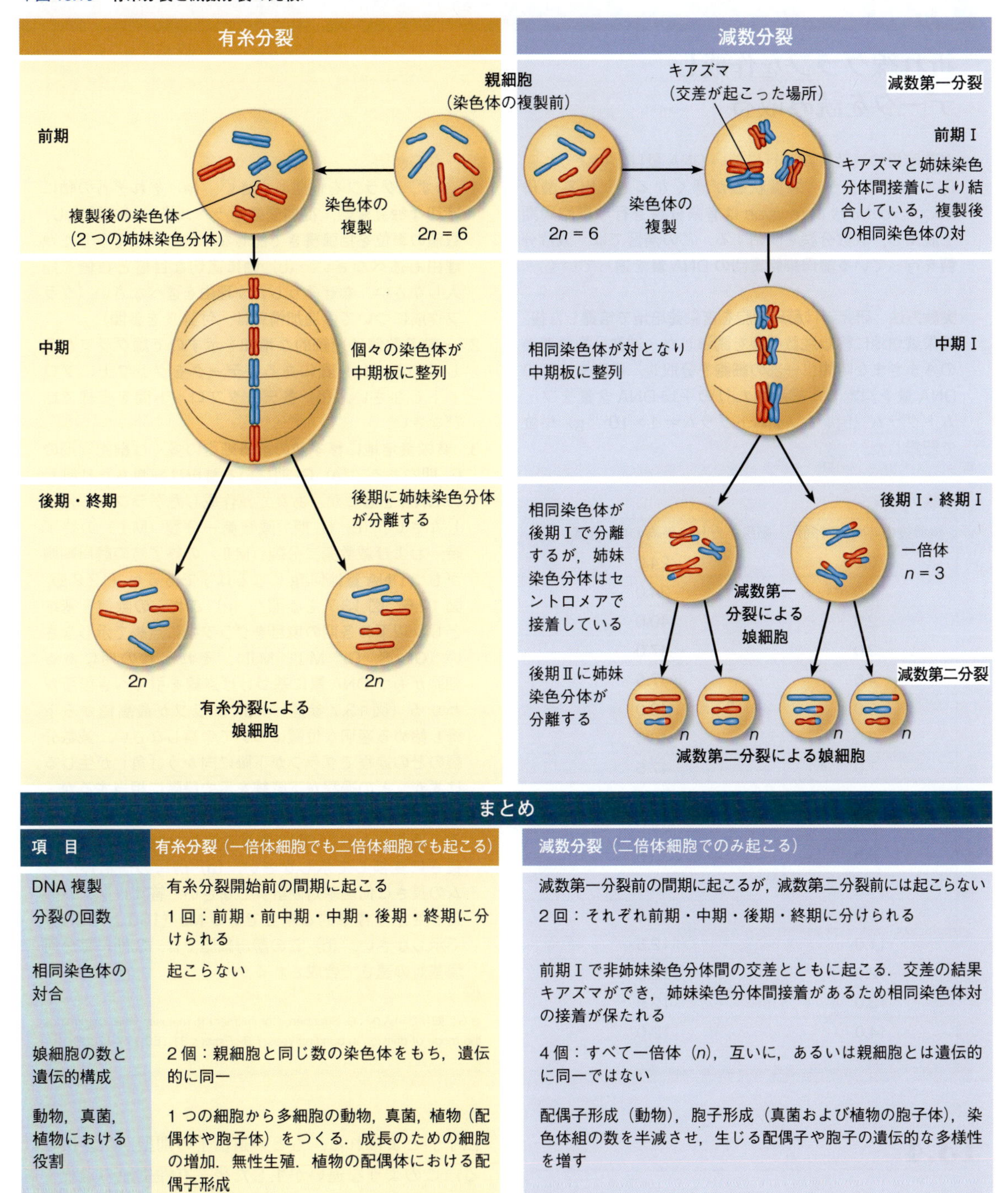
有糸分裂
減数分裂
親細胞
（染色体の複製前）
キアズマ
（交差が起こった場所）
減数第一分裂
前期
前期Ⅰ
複製後の染色体
（2 つの姉妹染色分体）
染色体の
複製
2n = 6
染色体の
複製
2n = 6
キアズマと姉妹染色
分体間接着により結
合している，複製後
の相同染色体の対
中期
個々の染色体が
中期板に整列
相同染色体が対となり
中期板に整列
中期Ⅰ
後期・終期
後期に姉妹染色分体
が分離する
相同染色体が
後期Ⅰで分離
するが，姉妹
染色分体はセ
ントロメアで
接着している
後期Ⅰ・終期Ⅰ
一倍体
n = 3
減数第一
分裂による
娘細胞
2n
2n
有糸分裂による
娘細胞
後期Ⅱに姉妹
染色分体が
分離する
減数第二分裂
n
n
n
n
減数第二分裂による娘細胞

まとめ

項　目	有糸分裂（一倍体細胞でも二倍体細胞でも起こる）	減数分裂（二倍体細胞でのみ起こる）
DNA 複製	有糸分裂開始前の間期に起こる	減数第一分裂前の間期に起こるが，減数第二分裂前には起こらない
分裂の回数	1 回：前期・前中期・中期・後期・終期に分けられる	2 回：それぞれ前期・中期・後期・終期に分けられる
相同染色体の対合	起こらない	前期Ⅰで非姉妹染色分体間の交差とともに起こる．交差の結果キアズマができ，姉妹染色分体間接着があるため相同染色体対の接着が保たれる
娘細胞の数と遺伝的構成	2 個：親細胞と同じ数の染色体をもち，遺伝的に同一	4 個：すべて一倍体（*n*），互いに，あるいは親細胞とは遺伝的に同一ではない
動物，真菌，植物における役割	1 つの細胞から多細胞の動物，真菌，植物（配偶体や胞子体）をつくる．成長のための細胞の増加．無性生殖．植物の配偶体における配偶子形成	配偶子形成（動物），胞子形成（真菌および植物の胞子体），染色体組の数を半減させ，生じる配偶子や胞子の遺伝的な多様性を増す

描いてみよう➤終期Ⅰとして描かれているこの特定の細胞から減数第二分裂により生成する染色体として，図に描かれている以外の組み合わせは考えられるか（ヒント：出現する可能性のある中期Ⅱの細胞を描いてみること）．

科学スキル演習

折れ線グラフを作成し データを読み取る

出芽酵母の減数分裂進行に伴い DNA 量はどのように変化するだろうか　栄養状態が悪くなると，出芽酵母 *Saccharomyces cerevisiae* は有糸分裂を行う細胞周期を脱出し，減数分裂を開始する．この演習では，減数分裂を行っている酵母細胞集団の DNA 量を追っていく．

実験方法　研究者は酵母細胞を富栄養培地で培養した後，貧栄養培地に移し減数分裂を誘導した．減数分裂誘導後のさまざまな時間に一部の細胞を分取し，細胞あたりの DNA 量を測定し，細胞あたりの平均 DNA 含量をフェムトグラム（fg；1 フェムトグラム＝1×10^{-15} g）単位で記録した．

実験データ

誘導後の時間（時間）	細胞あたりの平均 DNA 含量（fg）
0.0	24.0
1.0	24.0
2.0	40.0
3.0	47.0
4.0	47.5
5.0	48.0
6.0	48.0
7.0	47.5
7.5	25.0
8.0	24.0
9.0	23.5
9.5	14.0
10.0	13.0
11.0	12.5
12.0	12.0
13.0	12.5
14.0	12.0

データの解釈

1. まず，グラフを作成しなさい．(a) それぞれの軸に適切な独立変数，従属変数をラベルをつけて設定し，数値の単位を括弧書きで記しなさい．なぜそうしたか理由も述べなさい．(b) 軸に適切な目盛と数値を記入しなさい．なぜそうしたか理由を述べなさい（グラフ作成についての追加情報は，付録 F を参照）．
2. x 軸の数値は連続的な増加を示すので線グラフが適している．(a) 表にある各データをグラフ上にプロットしなさい．(b) 各データプロット間を直線で結びなさい．
3. 貧栄養培地に移す前の酵母細胞の多くは細胞周期の G_1 期にある．(a) G_1 期にいる酵母は細胞あたり何 fg の DNA をもつか．あなたが作成したグラフから推定しなさい．(b) G_2 期，減数第一分裂（MⅠ）の終了時，および減数第二分裂（MⅡ）の終了時の酵母細胞がもつ DNA 量は何 fg になるはずであるか（12.2 節，図 12.6，図 13.7 を参照）．(c) これらの数値を基準とし，以下の各期の境目をグラフ中に点線で示しなさい（G_1，S，G_2，MⅠ，MⅡ）．それぞれの期にある細胞がもつ DNA 量に基づけば点線を引くべき箇所がわかる（図 13.7 参照）．(d) グラフが最高値から下降し始める適切な位置について考察しなさい．減数分裂のどの過程でグラフが下降に向かう「角」が生じるはずか．どの過程が下降線を示す段階に相当するか．
4. 1 fg の DNA は 9.78×10^5 塩基対（平均）に相当する．細胞あたりの DNA 重量を塩基対数を単位とする長さに変換して示しなさい．(a) 酵母の一倍体ゲノムの長さは何塩基対か計算しなさい．答えはゲノムの長さを示す標準的な単位である Mb（100 万塩基対）で示しなさい．(b) この酵母細胞では，S 期に毎分何塩基対の速さで合成されるか．

さらに知りたい人へ　G. Simchen, Commitment to meiosis: what determines the mode of division in budding yeast? *BioEssays* 31:169-177 (2009).

13.4

有性生殖の生活環で生じる遺伝的な多様性は進化に貢献する

図 13.1 に示される家族間の遺伝的な多様性はどのように説明できるだろうか．後の章で詳しく学ぶように，突然変異が遺伝的な多様性の源泉である．突然変異によって生じた生物の DNA の変化により「対立遺伝子」とよばれる，もとの遺伝子の別型が生み出される．このような違いが生じた後，有性生殖の過程で対立遺伝子の組み合わせが再編成され，集団の中で各々の個体がそれぞれ固有の形質を示すことになる．

子孫間の遺伝的な多様性の起源

有性生殖を行う生物種では，受精時と減数分裂時の染色体の挙動が，世代の変遷に伴って起こる遺伝的な多様性を生み出す．独立した染色体分配，交差，ランダムな受精という3つの機構が，有性生殖に際して遺伝的な多様性を引き起こす．

染色体の独立分配

遺伝的な多様性を生み出す有性生殖の過程の1つは，中期Ⅰに相同染色体対がそれぞれランダムな向きに整列することである．中期Ⅰでは，母系と父系の染色体からなる相同染色体の対が中期板に整列する（ここでの「母系」および「父系」は，減数分裂中の細胞にとっての母親由来および父親由来を意味する）．母系染色体と父系染色体がそれぞれ近いほうの紡錘体極へ向かって移動するが，どちらの染色体がどちらの紡錘体極に向かうのかは，投げられたコインの裏表のようにランダムなものである．減数第一分裂で生じる娘細胞が特定の染色体対をつくる染色体のうち母系の染色体を得る確率は50%であり，父系の染色体を得る確率も50%である．

中期Ⅰには各々の相同染色体が，他の相同染色体対がどう配置するかとは無関係に中期板に配置するため，減数第一分裂では各々の相同染色体対の母系染色体と父系染色体はそれぞれ独立して娘細胞に分配されていく．この現象は「独立分配」とよばれる．これにより個々の娘細胞は，母系染色体と父系染色体を，すべての可能な組み合わせの中のうちのただ1つのパターンで得ることになる．図13.11に示すように，$n=2$（相同染色体を2対もつ）の二倍体細胞の減数分裂により生じる娘細胞に対する可能な分配の組み合わせは，第1の染色体対の配置2通りと第2の染色体対の配置2通りを掛け合わせた4通りである．1個の親細胞の中期Ⅰの染色体の配置は「可能性1」か「可能性2」のどちらか一方であるため，1個の二倍体細胞の減数分裂の結果，図に示す娘細胞の4通りの組み合わせのうち，組み合わせ1または組み合わせ2，あるいは組み合わせ3または組み合わせ4の2通りだけが実現する．しかし，多数の二倍体細胞が減数分裂した結果得られる娘細胞の集団には，4通りすべてがほぼ同数含まれると考えられる．$n=3$のときは，娘細胞のもつ染色体の可能な組み合わせは（$2\times2\times2=2^3$の）8通りとなる．一般に，減数分裂期に染色体が独立分配されるときの可能な組み合わせは，その生物の一倍体の染色体数をnとしたとき，2^n通りとなる．

ヒト（$n=23$）の場合，減数分裂の結果生じる配偶子が有する母系および父系染色体の可能な組み合わせは2^{23}通り，すなわち約840万通りである．あなたが一生の間に生産する配偶子は，1個1個が約840万通りの可能な染色体の組み合わせのうちの1通りの組み合わせを有していることになる．しかし，これもまだ交差を考慮していないため，過少推定であるといえる．次に交差について見ていこう．

交　差

減数分裂期の染色体の独立分配の結果，ヒトが生産する配偶子がもつ染色体の組み合わせは，自分が生まれたときに両親から受け継いだ染色体の組み合わせとは大きく異なるものとなる．図13.11では，配偶子に含まれる個々の染色体が完全に母親のみ，または父親のみに由来するものとして描かれている．しかし実際には，交差によって**組換え染色体 recombinant chromosome**が形成されるため，個々の染色体がモザイク状に両親由来の遺伝子をもっている（図13.12）．ヒトの減数分裂では，相同染色体1対あたり平均して1ヵ所から3ヵ所で交差が起こり，この頻度は染色体の長さやセントロメアの位置によって異なる．

図13.9で学んだように，交差によって母系の対立遺伝子と父系の対立遺伝子を新たな組み合わせでもつ染色体が形成される．中期Ⅱにおいて，1ヵ所以上の組換え染色分体をもつ染色体は，他の染色体との組み合わせを考えると2通りの異なる配向をとり得る．なぜなら，姉妹染色分体はもはや等価ではないからである（図13.12参照）．減数第二分裂において，等価でない姉妹染色分体が多数の可能な組み合わせによって

▼図13.11　減数分裂における相同染色体の独立分配．

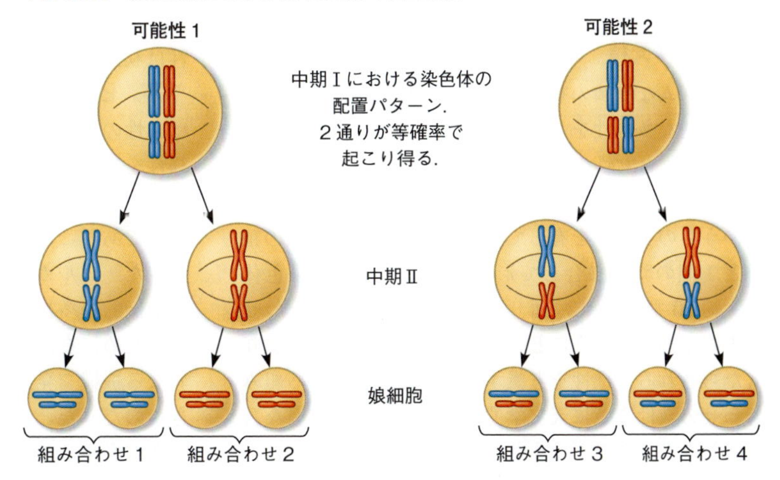
可能性1
可能性2
中期Ⅰにおける染色体の
配置パターン．
2通りが等確率で
起こり得る．
中期Ⅱ
娘細胞
組み合わせ1
組み合わせ2
組み合わせ3
組み合わせ4

▼図 13.12　減数分裂中の交差の結果.

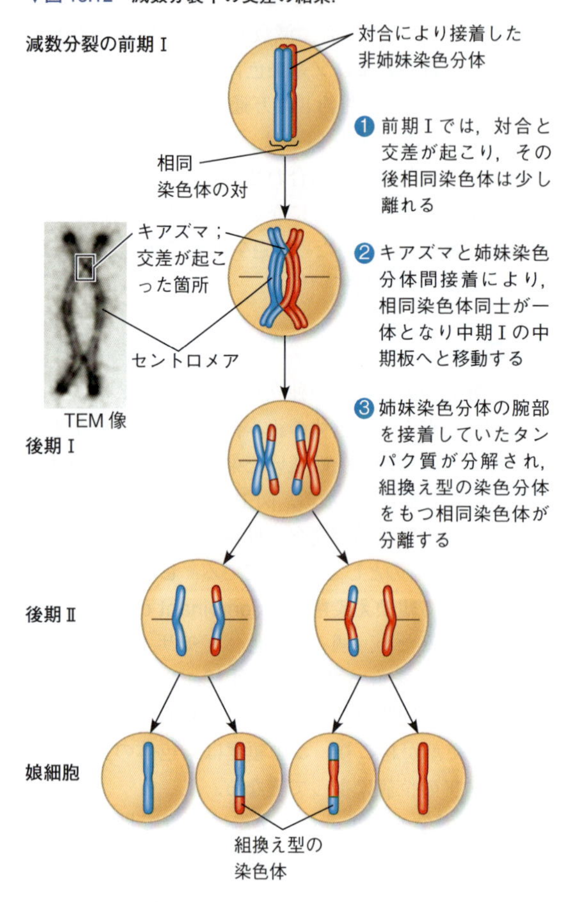
減数分裂の前期Ⅰ
対合により接着した非姉妹染色分体
❶ 前期Ⅰでは，対合と交差が起こり，その後相同染色体は少し離れる
相同染色体の対
キアズマ；交差が起こった箇所
❷ キアズマと姉妹染色分体間接着により，相同染色体同士が一体となり中期Ⅰの中期板へと移動する
セントロメア
TEM 像
❸ 姉妹染色分体の腕部を接着していたタンパク質が分解され，組換え型の染色分体をもつ相同染色体が分離する
後期Ⅰ
後期Ⅱ
娘細胞
組換え型の染色体

整列，分配されることにより，減数分裂で生じ得る娘細胞の遺伝子型の数をさらに増やすことになる.

15 章では交差についてさらに学ぶ．現時点で重要な点は，両親から受け継いだ DNA が組換えにより 1 本の染色体に配置される交差が，有性生殖の生活環における遺伝的な多様性の源となっていることである.

ランダムな受精

ランダムな受精の重要な点は，減数分裂により生じる遺伝的な多様性をさらに増加することである．ヒトでは，男性と女性の個々の配偶子は，独立分配の法則により染色体の約 840 万通り（2^{23} 通り）の組み合わせのうちの 1 通りを有している．受精により 1 個の精子と 1 個の卵が融合して形成される受精卵の染色体は，約 70 兆通り（2^{23} 通り × 2^{23} 通り）の組み合わせの中の 1 通りということになる．さらに，交差によりもたらされる多様性を考慮すると，可能性のある組み合わせの数はまさに天文学的な数値となる．陳腐な言い回しだが，あなたはまさしく唯一無二の存在なのである.

集団中の遺伝的多様性の進化における重要性

進化　有性生殖を行う集団の子孫に新たな遺伝子の組み合わせがどのように生じるか学んできたところで，次は集団の中の遺伝的な多様性と進化との関連を考えてみよう．ダーウィンは，さまざまな形質をもつ個体が生殖により親と異なる形質をもつ個体を生じることによって集団が進化することを認識していた．生息環境に最も適した個体が平均して最も多くの子孫を残し，結果として自分自身の遺伝子が後代に伝わる．こうした自然選択の結果，環境により適応した型の遺伝子が集団中に蓄積する．環境が変化したとき，一部の個体が新たな環境にうまく対処できれば，集団は生き残ることができるだろう．突然変異は新たな対立遺伝子の源泉であり，減数分裂により混合されて他の遺伝子群と組み合わされる．新たな対立遺伝子の組み合わせの中には，これまでのものよりもうまく適応できるものがあるかもしれない.

一方で，安定した環境では有性生殖よりも，環境に適している対立遺伝子の組み合わせを永続的に保持できる無性生殖のほうが有利であると思われる．さらに，有性生殖は無性生殖に比べて，行うのに必要なエネルギー量が多い．このような明らかに不利な点があるにもかかわらず，有性生殖が動物に広く普及しているのはなぜだろうか.

有性生殖のもつ遺伝的な多様性を生み出す能力こそが，有性生殖という過程が進化的に存続し続けてきたことに対する最も一般的な説明である．しかし，ヒルガタワムシの例外的な例を考えてみよう（図 13.13）．近年のゲノム配列の遺伝学的解析により，この種は 5000 万年以上もの進化の過程を通して有性生殖を行うことなく生きながらえてきたとする仮説が提唱された．このことは，この生物種にとっては遺伝的な多様性は利点ではない，ということを意味しているのだろうか．ヒルガタワムシは，性のみが遺伝的な多様性を生み出すことができる，という「法則」の例外であることがわかってきた．ヒルガタワムシは遺伝的な多様性を生み出すために有性生殖とは異なる機構を発達させてきたのだ．たとえば，長期間乾燥することがある

▼図 13.13　ヒルガタワムシ：無性生殖でのみ増殖する動物.

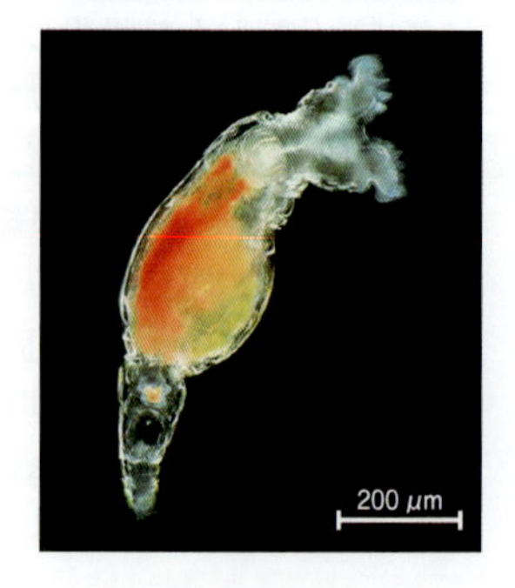
200 μm

環境に生息するヒルガタワムシは，乾期には仮死状態になる．この状態では細胞膜に割れ目が生じて，別の個体の，あるいは近種の個体のDNAさえも取り込むことができる．取り込まれたDNAは染色体に組み込まれて遺伝的な多様性を増加させることを示唆する証拠が得られている．実際，ゲノム解析により，ヒルガタワムシがワムシ以外のDNAを取り込む速度は，他の一般的な生物種が外来DNAを取り込む速度よりも早いことが示された．ヒルガタワムシが遺伝的な多様性を生み出すために有性生殖とは異なる機構を発達させてきたという結論は，遺伝的な多様性は進化的に有利であるが，有性生殖は遺伝的な多様性を増すための唯一の方法ではない，という仮説を支持している．

本章では，集団の中に存在する多様性が，有性生殖により劇的に増加する機構について述べてきた．ダーウィンは遺伝的な多様性が進化を可能とすることには気がついていたが，子孫が両親と同一ではないが類似している理由を説明することはできなかった．ダーウィンと同じ時代に活動したグレゴール・メンデル Gregor Mendel は，遺伝的な多様性を説明できる遺伝の理論を発表したが，皮肉なことにダーウィン（1809〜1882）とメンデル（1822〜1884）が亡くなってから15年以上経過した1900年まで，メンデルの発見の意義が生物学者に注目されることはなかった．次章では，メンデルがどのようにして特定の形質の遺伝を支配する基本法則を発見したのかを学んでいく．

概念のチェック 13.4

1. ある遺伝子について異なる型の対立遺伝子は，何が原因で生じるか．
2. ショウジョウバエの二倍体数は8であり，バッタの二倍体数は46である．交差が起こらないものとして，特定の2匹の親から生じる子孫の遺伝的な多様性はショウジョウバエとバッタではどちらが大きいか，説明しなさい．
3. どうなる？➤もし母型と父型の染色分体がもつすべての遺伝子の対立遺伝子が同一である場合，交差によって遺伝的な多様性は生じるか．

（解答例は付録A）

13 章のまとめ

重要概念のまとめ

13.1

子どもは両親から染色体を引き継ぐことにより遺伝子を受け継ぐ

- 生物のDNA上にある個々の**遺伝子**は，特定の染色体上の特定の**遺伝子座**に位置する．
- **無性生殖**では，単一の親が有糸分裂により遺伝的に同一な子孫を産生する．**有性生殖**では両方の親に由来する遺伝子を1組ずつ組み合わせることにより，遺伝的に多様な子孫を産生する．

? ヒトの子どもは両親に似ているが，まったく同じではないのはなぜか．

13.2

有性生殖の生活環での受精と減数分裂

- ヒトの正常な**体細胞**は**二倍体**である．細胞は両親に由来する1組23本から構成される，2組46本の染色体をもつ．ヒトの二倍体細胞は22組の**相同な常染色体**の対と，1組の**性染色体**をもつ．性染色体は通常，個人の性別が女性（XX）であるか男性（XY）であるかを決定している．
- ヒトでは卵巣と精巣が**減数分裂**により**一倍体の配偶子**をつくり，それぞれの配偶子は1組23本の染色体（$n=23$）をもつ．卵子と精子の融合である**受精**により，二倍体（$2n=46$）の単細胞の**接合子**（受精卵）が形成され，やがて有糸分裂によって多細胞の生物体へと成長する．
- 有性生殖の生活環の中で，減数分裂と受精が起こる相対的なタイミングや，どの時期に有糸分裂により多細胞体が生じるかはそれぞれ異なる．

? 動物と植物の生活環を比較し，その類似点と相違点について記述しなさい．

13.3

減数分裂により染色体が二倍体から一倍体に減少する

- 減数分裂では**減数第一分裂**と**減数第二分裂**の2回の細胞分裂により，4個の一倍体娘細胞が生じる．還元分裂である減数第一分裂期に染色体が2組（二倍体）から1組（一倍体）に減少する．
- 減数分裂は減数第一分裂期に特有の3つの過程により，有糸分裂と区別される．

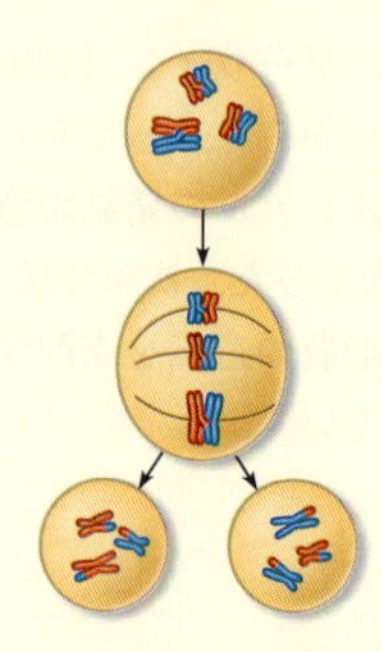
前期Ⅰ：各々の相同染色体が対合し，非姉妹染色分体の間で交差が起こり，キアズマが出現する．
中期Ⅰ：相同染色体の対が中期板に整列する．
後期Ⅰ：各々の相同染色体が分離するが，姉妹染色分体はセントロメアで接着したまま保持される．

減数第二分裂期に姉妹染色分体が分離する．

- 姉妹染色分体の接着と交差によりキアズマが形成され，減数第一分裂後期まで相同遺伝子の対が維持される．染色分体腕部のコヒーシンは後期Ⅰで切断され相同染色体の対が分離できるようになり，後期Ⅱではセントロメアのコヒーシンも切断されて，姉妹染色分体が分離可能になる．

? 減数第一分裂前期に相同染色体の間で対合と交差が起こる．この過程が減数第二分裂前期では起こらないのはなぜか．

13.4

有性生殖の生活環で生じる遺伝的な多様性は進化に貢献する

- 有性生殖中の次の3つの過程が生物集団の遺伝的な多様性に貢献する．減数分裂中の染色体の独立分配，前期Ⅰでの交差，および精子と卵のランダムな受精である．交差の過程で，相同染色体対中の非姉妹染色分体間でのDNA鎖の切断と再結合が起こり，組換え型の染色分体，**組換え型染色体**が形成される．
- 自然選択による進化の糧となるのは遺伝的な多様性である．突然変異はこの遺伝的な多様性の源泉であり，有性生殖中にさまざまな遺伝子型の新たな組み合わせをつくり出していくことにより，さらに遺伝的な多様性を増加させている．

? 減数分裂に特有の3つの過程により，多大な遺伝的多様性が生み出される機構について説明しなさい．

理解度テスト

レベル1：知識／理解

1. ヒトの細胞で22本の常染色体と1本のY染色体をもつものは何か．
(A) 精子　(C) 受精卵
(B) 卵　(D) 男性の体細胞

2. 相同染色体が細胞の両極に移動するのは，どの時期か．
(A) 有糸分裂　(C) 減数第二分裂
(B) 減数第一分裂　(D) 受精

レベル2：応用／解析

3. 減数第二分裂はどのような点が有糸分裂と類似しているか．
(A) 後期に姉妹染色分体が分離する．
(B) 分裂の前にDNAが複製する．
(C) 娘細胞が二倍体である．
(D) 相同染色体が対合する．

4. 細胞周期のG_1期の二倍体細胞のDNA含量をxとしたとき，同じ細胞の減数第一分裂中期のDNA含量はどれか．
(A) $0.25x$　(B) $0.5x$　(C) x　(D) $2x$

5. 問4の細胞の系譜を追跡したとき，減数第二分裂中期の1個の細胞のDNA含量はどれか．
(A) $0.25x$　(B) $0.5x$　(C) x　(D) $2x$

6. **描いてみよう**　図は減数分裂中の細胞を示している．

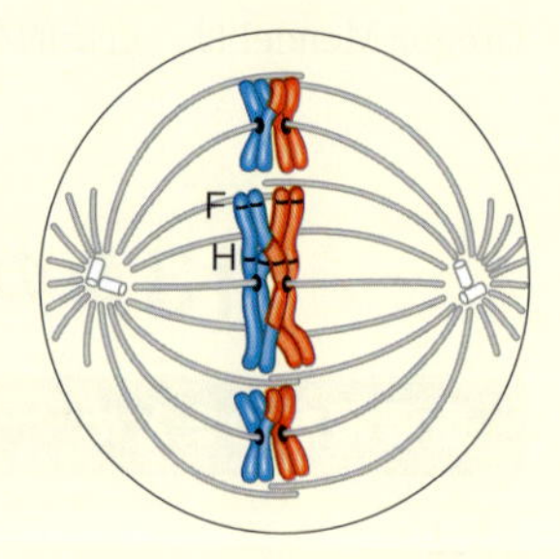
F
H

(a) 以下の用語を適切な構造の部位に記入しなさい．
染色体（複製されているか，未複製かも記入すること），セントロメア，動原体，姉妹染色分体，非姉妹染色分体，相同染色体対（[　]で示すこと），相同染色体（それぞれ記入すること），キアズマ，姉妹染色分体間接着，遺伝子座（FとHの対立遺伝子がわかるように）
(b) 染色体の一倍体および二倍体の構成を記述しなさい．
(c) 減数分裂中のどの期か判定しなさい．

レベル3：統合／評価

7. 問6の細胞が行っているのが有糸分裂ではなく減数分裂であることは，どの点からいえるか．

8. **進化との関連**　多くの生物種は有性生殖または無性生殖のどちらかを行う．ある生物種は，生活環境が好ましくなくなったときに無性生殖から有性生殖へ転換することができるが，その進化的な重要性について考察しなさい．

9. **科学的研究**　問6の図はある人の減数分裂中の細胞を示したものである．これまでの研究により，そばかすの遺伝子は染色体長腕上のF印の遺伝子座に，髪の色の遺伝子はH印の遺伝子座にあることが明らかとなっている．この細胞を提供した人は，各々の遺伝子の異なる対立遺伝子を遺伝により受け継いでいる（「そばかす」と「黒髪」の対立遺伝子を一方の親から受け継ぎ，もう一方の親から「そばかすなし」と「金髪」の対立遺伝子を受け継いでいる）．この図の減数分裂の結果生じる配偶子の対立遺伝子の組み合わせを予測しなさい（後の減数分裂の図を描いて対立遺伝子の名称を記入すると考えやすくなるだろう）．また，この人のつくる他の配偶子について，これらの対立遺伝子の組み合わせとして可能なものをリストにして示しなさい．

10. **テーマに関する小論文：情報**　生命の連続性はDNAに刻まれた遺伝情報に基づいている．動物の有性生殖の過程の染色体の挙動が，どのようにして親の形質を子孫に永続的に伝達し，同時に子孫の間に遺伝的な多様性を確保しているかを300〜450字で記述しなさい．

11. **知識の統合**

キャベンディッシュというバナナは世界で最も人気のある果物の1つであるが，真菌が原因で絶滅の危機に瀕している．このバナナは「三倍体」（$3n$，染色体を3組もつ）であり，耕作者によるクローニングによってのみ増やすことができる．減数分裂についての知識を用い，このバナナが通常の配偶子をつくることができない理由を説明しなさい．また，遺伝的な多様性について考慮し，有性生殖ができないことが，この栽培植物を感染性の病原体に対して脆弱にしていると考えられる理由を議論しなさい．

（一部の解答は付録A）

メンデルと遺伝子の概念　14

▲図 14.1　エンドウの育種を通じてグレゴール・メンデルが発見した遺伝の原理とはどのようなものか．

重要概念

14.1　メンデルは科学的な手法により2つの遺伝の法則を見出した

14.2　メンデル遺伝は確率の法則に支配される

14.3　実際の遺伝様式は単純なメンデル遺伝学による予想よりも複雑なことが多い

14.4　ヒトの形質の多くはメンデル遺伝の様式に従う

▼メンデル（右から3番目の，フクシアの小枝をもっている人物）と修道僧仲間．

遺伝子から描く遺伝

サッカーの試合を観戦する群衆を見ると，ヒトという種の多様性がいかに幅広いかわかるだろう．茶色，青色，あるいは灰色の瞳，黒色，茶色，あるいは金色の髪，これらは私たちが目にする遺伝的多様性のごく一部の例である．このような形質が両親から子孫へ伝達されていくことは，どのような原理により説明できるだろうか．

遺伝に関する説明として1800年代に最も広く支持されていたのは「混合」仮説である．青色と黄色のペンキを混ぜると緑色になるように，両親のもつ遺伝的素材が混合されて現れるという考え方である．この仮説によると，自由に交配できる生物集団では長い世代が経過するうちに，均一な個体の集団となっていくことが予想される．しかし現実は異なる．さらに，混合仮説では特定の形質が世代を隔てて再び現れる隔世遺伝などの現象を説明することもできない．

混合仮説に代わるモデルは，遺伝子という概念を提唱する「粒子」仮説である．このモデルでは，両親は各々子孫に個性を保持する遺伝性の粒子単位，すなわち遺伝子を伝達する．ある生物の遺伝子のコレクションは，バケツに入れたペンキではなく，1組のトランプのようなものである．トランプのカードのように，遺伝子をある世代から次の世代へと，混ぜながらも薄まることなく受け渡すことができる．

現代遺伝学は，グレゴール・メンデル Gregor Mendel という名の修道僧がエンドウ（図 14.1）を使って粒子的な遺伝の機構について著した修道院の庭に始まる．メンデルは，染色体が顕微鏡により観察され，有糸分裂や減数分裂時のその挙動の重要性が理解されるよりも数十年も前に，遺伝に関する理論を構築していたのである．本章では，メンデルの庭に踏み入って彼の実験を再現し，メンデルがどのようにして遺伝の理論に到達したのかを説明する．さらに，メンデルが観察したエンドウの遺伝様式よりも複雑なものについて検討していく．最後には，鎌状赤血球症のような遺伝性疾患を含むヒトの変異の遺伝様式に，メンデル遺伝のモデルをどのように適用できるか調べていく．

14.1

メンデルは科学的な手法により2つの遺伝の法則を見出した

メンデルは慎重に計画されたエンドウの育種実験により，遺伝に関する基本原理を発見した．メンデルの実験を追っていくと，1章で紹介した科学的な研究のプロセスにおいて重要な点を認識できるだろう．

定量的解析によるメンデルの実験

メンデルは，現在はチェコ共和国の一部となっている，旧オーストリアの片田舎にあった両親の経営する小さな農園で育った．田園地帯の学校でメンデルは他の子どもたちと一緒に，基礎教育とともに農業の訓練を受けた．青年時代には，メンデルは経済的困難と病気を克服して，高等学校とオルミュッツ哲学学校を優秀な成績で卒業した．

1843年に21歳のメンデルはアウグスティノ修道会に入った．これは，当時の知識階級を志す人にとっては妥当な選択であった．メンデルは教師になることを考えたが，必要な試験に合格することができなかった．1851年に修道会を離れ，ウィーン大学で2年間，物理学と化学の課程を修めた．この時期はメンデルが科学者として成長するためにきわめて重要であり，なかでも2人の教授が特に大きな影響を与えた．1人は物理学者のクリスティアン・ドップラー Christian Doppler であり，学生に対して実験を通じて科学を修得することを奨励し，メンデルに自然現象を説明するために数学を用いることを教えた．もう1人は植物学者のフランツ・ウンガー Franz Unger であり，彼の影響でメンデルは植物の変異の原因に興味をもつようになった．

大学を卒業したメンデルは修道会に戻って学校の教師に任命されたが，そこには科学研究に対する熱意をもつ数名の同僚がいた．さらに，同僚の修道僧には，古くから植物の育種に強い関心をもっている者もいた．1857年頃にメンデルは修道院の庭で遺伝の研究を行うためにエンドウの育種を始めた．遺伝に関する問題は修道院でも長い間興味の対象であったが，メンデルは新しい研究手法で遺伝の問題に取り組んだことから，他の人々が到達できなかった遺伝の法則を提唱することができた．

メンデルが研究材料にエンドウを選んだ理由の1つは，多数の変種が存在したことと考えられている．たとえば，ある変種には紫色の花が咲き，他の変種には白色の花が咲く．花の色のように個体ごとに異なる遺伝性の特徴を**形質 character** という．さらに，花の色が紫か白かのように，ある形質についての異なる特徴の1つひとつを（も）**形質 trait** という[*1]．

エンドウを用いることの他の利点は，エンドウは世代時間が短く，一度の交配により多数の子孫を形成することである．さらにメンデルは，どの個体とどの個体を交配するかを厳密に制御することが可能であった（図 14.2）．エンドウの花には花粉を生産する器官（雄ずい）と卵細胞をもつ器官（雌ずい）の両方がある．自然状態ではエンドウは自家受粉し，雄ずいから放出された花粉が同じ花の雌ずいの表面に付着する．花粉から伸びた花粉管の精細胞が雌ずいの中にある卵細胞を受精させる[*2]．異なる植物体の間で受精させる他家受粉を行うために，メンデルはエンドウの花から未熟な雄ずいを花粉をつくり出す前に取り除き，他の株の花粉を振りかけた（図 14.2 参照）．形成された接合子は種子（豆）に封入された胚へと生育する．このようにしてメンデルは，つねに新しくできた種子の親株を確実に記録することができた．

メンデルは紫色か白色かという花の色のように「二者択一」で区別できる形質だけを選んで追跡した．さらにメンデルは必ず何世代も自家受粉を繰り返して，親株と同じ形質しか生じなくなった株を用いて実験を始めた．このような株は，**純系 true-breeding** とよばれる．たとえば，紫花をつける株が純系であれば，その株の自家受粉でできるすべての種子から紫花をつける株が生育する．

典型的な育種の実験では，メンデルは紫花をつける株と白花をつける株のように，2つの対照的な形質を示す純系の株同士で人工受粉を行った（図 14.2 参照）．このような純系の株同士の交配または掛け合わせを**交雑 hybridization** という．このとき純系の親株を **P 世**

＊1（訳注）：日本語では character も trait も形質という訳語をあてる．

＊2：図 13.6 b で学んだように，植物の減数分裂では配偶子ではなく胞子が形成される．エンドウのように花が咲く植物では，各々の胞子から発生が起こって顕微鏡レベルの配偶体となる．配偶体は少数の細胞を含み親の植物の内部に存在している．雄性配偶体である花粉の中に精細胞を生産し，雌性配偶体である胚のうの中に卵細胞を形成する．説明を単純にするため，ここで植物の受精に関して議論するときには配偶体については触れていない．

代 **P generation**（P は「親の」を意味する parental に由来）と表記し，交雑した第 1 世代の子孫を **F_1 世代 F_1 generation**（F は「息子」を意味するラテン語 *filial* に由来）と表記する．さらに，この F_1 交雑株を自家受粉（または F_1 株同士の受粉）して得られた第 2 世代の子孫が **F_2 世代 F_2 generation** である．メンデルはつねに少なくとも P，F_1，F_2 世代まで形質を追跡した．もしメンデルが F_1 世代までで実験を中止していたら，遺伝の基本原理を見出すことはなかっただろう．メンデルによる，こうした何千もの交雑から得られた F_2 世代の株の定量的な分析こそが，今日では分離の法則と独立の法則とよばれる遺伝の基本原理を導いたのである．

▼図 14.2

研究方法　エンドウの交雑

適用　ある生物について，異なる形質を示す 2 つの純系を交雑（交配）させることにより，遺伝様式の研究を行うことができる．ここではメンデルは花の色が異なるエンドウの株を交雑させている．

技術

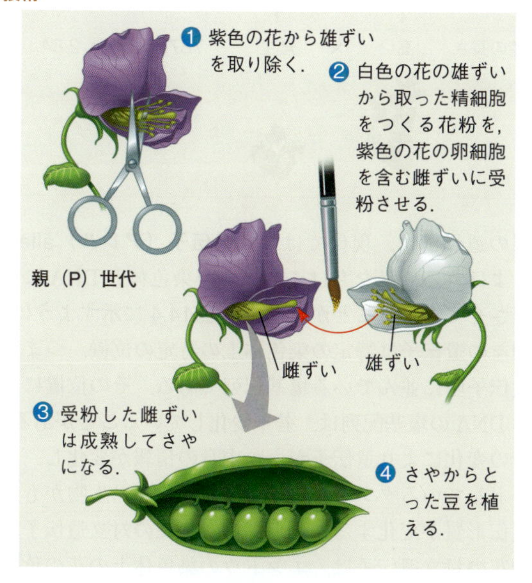

❶ 紫色の花から雄ずいを取り除く．
❷ 白色の花の雄ずいから取った精細胞をつくる花粉を，紫色の花の卵細胞を含む雌ずいに受粉させる．
親（P）世代
雌ずい
雄ずい
❸ 受粉した雌ずいは成熟してさやになる．
❹ さやからとった豆を植える．

結果　白花の花粉を紫花の雌ずいに受粉させると，第 1 世代の雑種はすべて紫花をつける．親株を入れ替えて，紫花の花粉を白花の雌ずいに受粉させたときも，同じ結果が得られる．

第 1（F_1）世代雑種
❺ 第 1 世代の雑種を調べると，すべて紫花をつける．

分離の法則

もし遺伝に関する「混合仮説」が正しければ，紫花のエンドウと白花のエンドウを交雑させた F_1 雑種は P 世代の 2 つの形質の中間型である薄紫色の花をつけるだろう．図 14.2 を見ると，この実験からはまったく違う結果が得られており，F_1 雑種のすべての株が紫花の親株と同じ濃さの紫色の花をつけている．この F_1 雑種に対して，白花の親株の遺伝的な寄与はどうなっているのだろうか．もし，白花の遺伝性因子が失われてしまったのであれば，F_2 世代の子孫もすべて紫色の花が咲くはずである．しかし，メンデルが F_1 世代の株に自家受粉させ，その種を植えたところ F_2 世代に白花の形質が再び出現した．

メンデルは非常に多数の株を用いて実験を行い，その結果を正確に記録した．F_2 世代株の中で 705 株が紫花を咲かせ，白花を咲かせたのは 224 株であった．この結果は紫花と白花の割合がほぼ 3：1 であることを示唆している（図 14.3）．メンデルは白色の花の遺伝性因子は F_1 株の中で消失したわけではなく，紫花の因子が存在するときにはなんらかの形で隠れている，または覆い隠されていると推論した．メンデルの用語では，花の色は紫色が「優性」の形質であり，白色が「劣性」の形質である[*3]．F_2 世代に白花をつける株が再び出現したことは，白花を咲かせる遺伝性因子が F_1 雑種株の中で紫花の遺伝性因子と共存していても，希釈も破壊もされずに保存されたことの証拠となる．白花の遺伝性因子は，紫花の遺伝性因子が存在するときには隠れているだけなのだ．

メンデルは 2 通りの形質を示す 6 つの形質も同様の遺伝様式を示すことを観察した（表 14.1）．たとえば，メンデルが滑らかな丸型の種子をつくる純系の株に，シワ型の種子をつける株を交雑させたとき，すべての F_1 雑種株が丸型の種子を形成したことから，種子の形については丸型が優性の形質である．F_2 世代では，75% の種子が丸型，25% がシワ型となり，図 14.3 に示すようにその比率は 3：1 となる．それでは，メンデルが実験結果からどのようにして分離の法則を導き出したのか検証してみよう．以降では「遺伝性因子」の代わりに「遺伝子」という用語を用いるように，メンデルが用いた用語のうちいくつかを現在の用語に置き換えて議論していく．

＊3（訳注）：「優性」「劣性」という表記については，対立遺伝子やその表現型に優劣があるとの誤解を生じることを避けるため，それぞれ「顕性」「潜性」という用語を使用することも提案されている．

▼図 14.3

研究　エンドウの F_1 株に自家受粉または他家受粉させたとき，F_2 株の形質はどうなるか

実験　メンデルは紫花が咲く純系のエンドウと白花が咲くエンドウを交雑させた（交雑は，記号「×」で示す）．生じた F_1 雑種株について，自家受粉または他の F_1 株との他家受粉を行い，生じた F_2 世代の株がつける花の色を観察した．

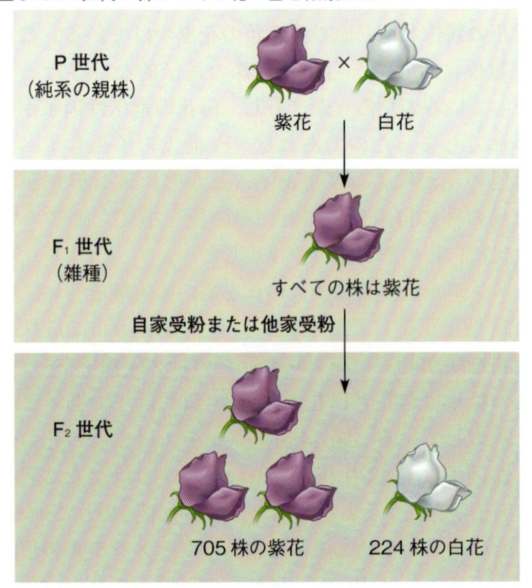
P 世代
（純系の親株）
×
紫花
白花
F_1 世代
（雑種）
すべての株は紫花
自家受粉または他家受粉
F_2 世代
705 株の紫花
224 株の白花

結果　F_2 世代には紫花の株と白花の株がおよそ 3：1 の割合で出現した．

結論　劣性の形質（白花）の「遺伝性因子」は，F_1 世代株の中で破壊されたのでも，失われたのでも，「混合」したのでもなく，優性の形質（紫花）の遺伝性因子により覆い隠されていた．

データの出典　G. Mendel, Experiments in plant hybridization, *Proceedings of the Natural History Society of Brünn* 4:3-47 (1866).

どうなる？➤P 世代の紫花の 2 株を交雑させた場合，どのような割合で子孫の株が生じると考えられるか，説明しなさい．また，もしメンデルが交雑実験を F_1 世代でやめていたとすると，どのような結論に至った可能性があるか．

メンデルのモデル

メンデルはエンドウの実験の中で，F_2 世代につねに観察された 3：1 の遺伝パターンを説明することのできるモデルを考案した．ここに説明するメンデルのモデルを構成する 4 つの概念のうち，4 番目が分離の法則である．

第 1 の概念は「遺伝子の型の相違が遺伝性の形質の相違を引き起こす」である．たとえば，エンドウの花の色の遺伝子には 2 つの型が存在し，一方は紫花を咲かせ，もう一方が白花を咲かせる．このような異なる

表 14.1　エンドウの 7 つの形質に関するメンデルの F_1 雑種交雑

形質	優性形質	×	劣性形質	F_2 世代の 優性：劣性	出現比率
花の色	紫色	×	白色	705：224	3.15：1
種子の色	黄色	×	緑色	6022：2001	3.01：1
種子の形	丸型	×	シワ型	5474：1850	2.96：1
さやの色	緑色	×	黄色	428：152	2.82：1
さやの形	膨張型	×	収縮型	882：299	2.95：1
花の位置	腋生	×	頂生	651：207	3.14：1
茎の長さ	高い	×	矮生	787：277	2.84：1

型の遺伝子は，現代では**対立遺伝子（アレル）allele** とよばれる．私たちはこの概念を染色体と DNA に関連させて考えることができる．図 14.4 に示すように，個々の遺伝子は特定の染色体上の特定の位置，つまり遺伝子座に並んでいる塩基配列である．その位置にある DNA の塩基配列は，若干変化していることがある．その変化により遺伝子がもつ中身の情報が変化し，コードしているタンパク質の機能が変化し，生物がもつ遺伝形質が変化することがある．紫花の対立遺伝子と白花の対立遺伝子は，エンドウの染色体上の花の色の遺伝子座に存在する 2 種類の DNA 配列である．紫花の対立遺伝子があると紫色の色素が合成されるが，白花の対立遺伝子があっても色素は合成されない．

第 2 の概念は「各々の形質について，生物は両方の親から 1 コピーずつ合計 2 コピーの遺伝子（つまり対立遺伝子）を受け継ぐ」ことである．メンデルが染色体の役割はおろか存在すら知ることなく，この推論に到達していたことは注目に値する．二倍体生物の体細胞はそれぞれ両親から 1 組ずつ染色体を受け継いでお

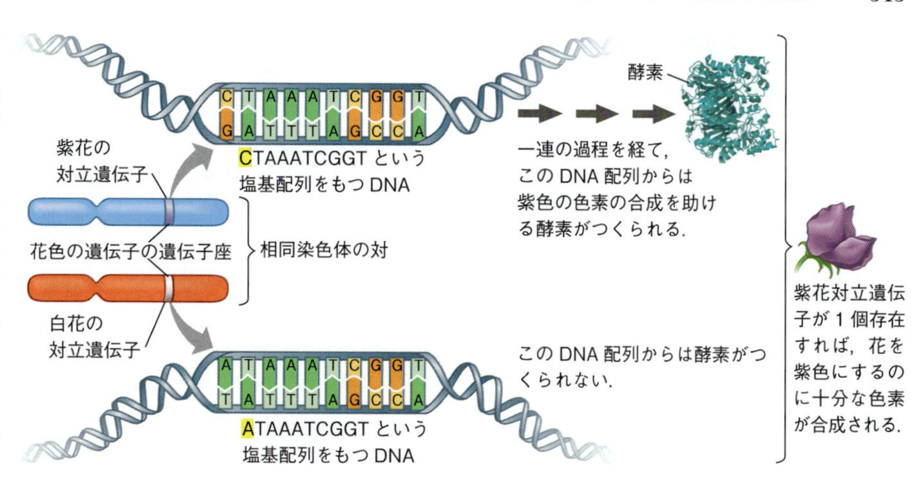
C T A A A T C G G T
G A T T T A G C C A
CTAAATCGGT という
塩基配列をもつ DNA
紫花の
対立遺伝子
花色の遺伝子の遺伝子座
相同染色体の対
白花の
対立遺伝子
A T A A A T C G G T
T A T T T A G C C A
ATAAATCGGT という
塩基配列をもつ DNA
酵素
一連の過程を経て，
この DNA 配列からは
紫色の色素の合成を助ける酵素がつくられる．
この DNA 配列からは酵素がつくられない．
紫花対立遺伝子が 1 個存在すれば，花を紫色にするのに十分な色素が合成される．

▶図 14.4 対立遺伝子は型が異なる遺伝子である． この図では，F_1 雑種のエンドウがもつ 1 対の相同染色体とその上にある花色の対立遺伝子について，実際の DNA 配列の一部とともに示している．父由来の染色体（青色）は，紫色の色素の合成を間接的に制御するタンパク質をコードする紫花の対立遺伝子をもつ．母由来の染色体（赤色）は機能的なタンパク質をつくらない白花の対立遺伝子をもつ．

り，2 組の染色体をもつ（図 13.4 参照）．そのため，二倍体細胞では，ある遺伝子座は特定の対の相同染色体に 1 つずつ，あわせて 2 組存在する．メンデルの実験で P 世代として用いられた純系の親株のように，特定の遺伝子座の 2 つの対立遺伝子が同一のこともあれば，F_1 交雑体のように 2 つの対立遺伝子の型が異なることもある（図 14.4 参照）．

第 3 の概念は「ある遺伝子座の 2 つの対立遺伝子の型が異なる場合，その個体に現れる形質を決定しているほうが**優性対立遺伝子 dominant allele** であり，個体の形質に検出できる影響を与えないほうを**劣性対立遺伝子 recessive allele** という」である．すなわち，メンデルの F_1 交雑株が紫花をつけるのは，紫花の対立遺伝子が優性対立遺伝子であり，白花をつける対立遺伝子が劣性対立遺伝子であるためである．

メンデルの第 4 の概念は，現在では**分離の法則 law of segregation** として知られているものであり，「遺伝性の形質を示す 2 つの対立遺伝子は，配偶子の形成過程で分離し，別々の配偶子に配分される」と述べている．このため，卵と精細胞は，配偶子を形成する生物の体細胞が 2 つずつもつ対立遺伝子のうち，どちらか 1 つだけをもつことになる．染色体に関していえば，相同染色体である 2 本の染色体が減数分裂時に別々の配偶子に分配されることが，この分離の法則に対応する（図 13.7 参照）．ある生物が特定の形質について同一の対立遺伝子をもつならば，すべての配偶子に同じ対立遺伝子が含まれることになる．そして，その対立遺伝子のみが子孫へと受け継がれていくため子はつねに親とそっくりとなる，すなわち純系である，ということになる．しかし，F_1 交雑株のように異なる対立遺伝子が存在する場合は，50% の配偶子が優性の対立遺伝子を受け継ぎ，残りの 50% が劣性の対立遺伝子を受け継ぐことになる．

メンデルの交雑実験によって生じた多数の F_2 世代株に 3：1 の分離比が観察されたことを，分離モデルで説明できるだろうか．分離モデルによると，花の色という形質については，F_1 世代の株がもつ 2 つの対立遺伝子は分離され，半数の配偶子が紫花の対立遺伝子をもち，残りの半数は白花の対立遺伝子をもつことが予想される．自家受粉では，どちらの配偶子も無作為に融合する．紫花の対立遺伝子をもつ卵は，紫花の対立遺伝子をもつ精細胞も白花の対立遺伝子をもつ精細胞も，どちらも同じ確率で受精することができる．白花の対立遺伝子をもつ卵についても同じことがいえることから，紫花と白花の卵と精細胞については同じ確率の組み合わせが 4 通り存在することになる．図 14.5 では，この組み合わせを**パネットスクエア Punnett square** を用いて描いている．パネットスクエアは，既知の遺伝的構成をもつ個体間の掛け合わせの結果，子孫のもつ対立遺伝子を予想するための便利な図式である．優性の対立遺伝子を表すのには大文字を用い，劣性の対立遺伝子は小文字で表記される．図の例では，P が紫花の対立遺伝子であり，p は白花の対立遺伝子である．花の色の遺伝子自身は P/p 遺伝子とよばれることもある．

この F_2 世代株の花の色はどうなるだろうか．1/4 の株は 2 つの紫花の対立遺伝子をもつことから，紫花を咲かせることは明らかである．F_2 株の半分は，紫花の対立遺伝子と白花の対立遺伝子を 1 本ずつもつことから，これらも優性の形質である紫花を咲かせるだろう．残りの 1/4 の F_2 株は 2 つとも白花の対立遺伝子なので，この劣性の形質が現れるだろう．このように，メンデルのモデルにより F_2 株に観察された 3：1 の形質の比率が説明できる．

▼図 14.5　**メンデルの分離の法則**．この図は，図 14.3 の各世代の株の遺伝的構成を示したものである．1 個の遺伝子の対立遺伝子の遺伝に関するメンデルのモデルが描かれている．個々の株は花の色を制御する対立遺伝子を，両親から 1 個ずつ受け継ぎ合わせて 2 個もつ．F_2 世代株の遺伝子型を予測するパネットスクエアを描くために，一方の親（この図では F_1 世代の雌株）の可能性のあるすべての配偶子をパネットスクエアの左辺に記入し，もう一方の親（この図では F_1 世代の雄株）の可能性のあるすべての配偶子を上辺に記入する．パネットスクエアのそれぞれのマスには，可能性のあるすべての組み合わせの雄性配偶子と雌性配偶子の融合の結果生じる，子孫の遺伝子型と表現型が表される．

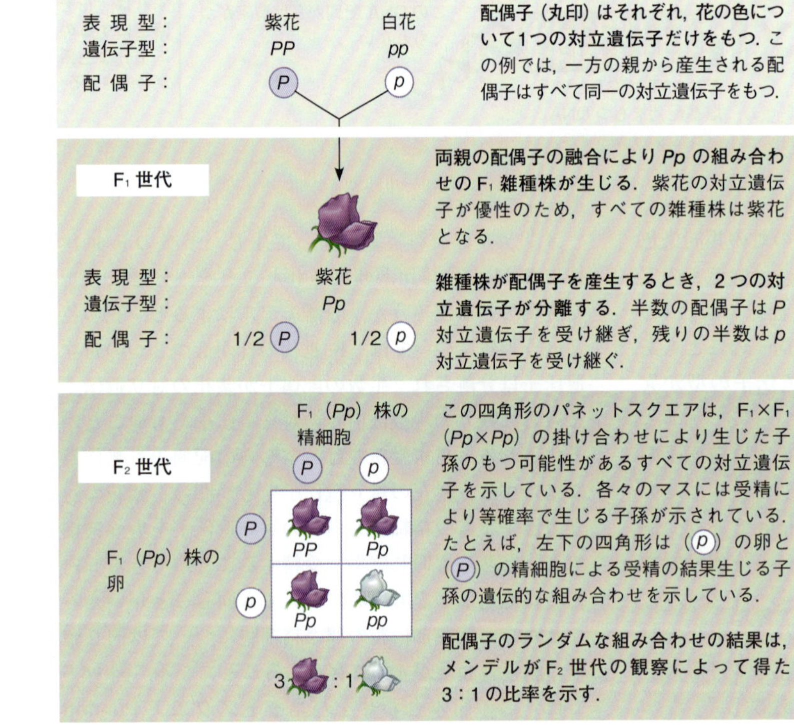
P 世代
表 現 型：
遺伝子型：
配 偶 子：
紫花
PP
白花
pp
P
p
純系の P 世代株はそれぞれ同一の対立遺伝子 PP または pp をもつ．
配偶子（丸印）はそれぞれ，花の色について1つの対立遺伝子だけをもつ．この例では，一方の親から産生される配偶子はすべて同一の対立遺伝子をもつ．
F1 世代
紫花
Pp
1/2 P
1/2 p
両親の配偶子の融合により Pp の組み合わせの F1 雑種株が生じる．紫花の対立遺伝子が優性のため，すべての雑種株は紫花となる．
雑種株が配偶子を産生するとき，2つの対立遺伝子が分離する．半数の配偶子は P 対立遺伝子を受け継ぎ，残りの半数は p 対立遺伝子を受け継ぐ．
F2 世代
F1（Pp）株の精細胞
F1（Pp）株の卵
PP
Pp
Pp
pp
3 : 1
この四角形のパネットスクエアは，F1×F1（Pp×Pp）の掛け合わせにより生じた子孫のもつ可能性があるすべての対立遺伝子を示している．各々のマスには受精により等確率で生じる子孫が示されている．たとえば，左下の四角形は（p）の卵と（P）の精細胞による受精の結果生じる子孫の遺伝的な組み合わせを示している．
配偶子のランダムな組み合わせの結果は，メンデルが F2 世代の観察によって得た 3：1 の比率を示す．

実用的遺伝学用語

ある形質について同一の対立遺伝子を 1 対もつ個体を**ホモ接合体** homozygote といい，その形質を支配する遺伝子について**ホモ接合** homozygous であるという．図 14.5 の親世代のエンドウでは紫花の株は優性の対立遺伝子がホモ接合（*PP*）であり，白花の株は劣性の対立遺伝子がホモ接合（*pp*）である．ホモ接合の株はすべての配偶子が同じ対立遺伝子をもつことから（この場合は，*P* か *p* のどちらか一方）「純系」であるという．優性のホモ接合体の株を劣性のホモ接合体の株と交雑すると，すべての子孫は 2 つの異なる対立遺伝子をもつことになり，花の色に関する交雑実験ではすべての F_1 交雑体の対立遺伝子は（*Pp*）となる（図 14.5 参照）．ある生物個体が 2 つの型が異なる対立遺伝子をもつとき，その個体は**ヘテロ接合体** heterozygote であるといい，その遺伝子について**ヘテロ接合** heterozygous であるという．ホモ接合体とは違って，ヘテロ接合体は異なる対立遺伝子をもつ配偶子を産生することから，純系ではない．たとえば，F_1 交雑株では *P* 対立遺伝子をもつ配偶子と *p* 対立遺伝子をもつ配偶子の両方が生産される．そのため，F_1 交雑体は自家受粉により，紫花と白花の両方の子孫を形成する．

優性の対立遺伝子と劣性の対立遺伝子は形質に対する影響力が異なるため，生物の形態的特徴がつねに遺伝子の組成を忠実に表現しているとは限らない．そこで，私たちは生物の形態的特徴や観察や検出が可能な形質を**表現型** phenotype，遺伝的な構成を**遺伝子型** genotype とよんで区別する[*4]．図 14.5 に示すように，エンドウの花の色の場合，*PP* と *Pp* という異なる遺伝子型をもつ株の表現型は同一の紫花である．以上の用語について図 14.6 にまとめている．「表現型」には外見に直接現れる形質と同様に，生理的な性質も含まれることに注意する必要がある．たとえば，エンドウには正常な自家受粉ができない変種もある．このような生理学的な変化（非自家受粉性ともよばれる）も表現型の 1 つである．

検 定 交 雑

紫色の花をつける「（ホモ接合かヘテロ接合か）未知の」エンドウの株があるとする．ホモ接合体（*PP*）もヘテロ接合体（*Pp*）もどちらも同じ，紫色の花という表現型を示すため，この株がどちらなのかを花の色から区別することはできない．そこで，この株を劣性の対立遺伝子（*p*）を含む配偶子しか形成しない白花の株（*pp*）と交雑させて，遺伝子型を決定することができる．これにより，「遺伝子型未知の」エンドウ

＊4（訳注）：表現型（phenotype）には形態的特徴だけではなく，生理的特徴や行動における特徴などの遺伝形質も含まれる．

▼図 14.6　**表現型と遺伝子型．** 交雑実験の F_2 世代について花の色という表現型に従って分類すると，典型的な３：１の分離比が得られる．しかし，遺伝子型の観点からは紫花の株はホモ接合（*PP*）とヘテロ接合（*Pp*）の２通りが存在するため，１：２：１の分離比となる．

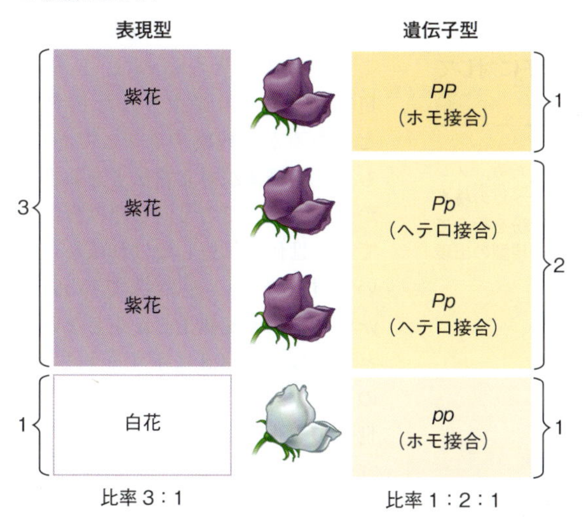
表現型
遺伝子型
紫花
紫花
紫花
白花
PP
（ホモ接合）
Pp
（ヘテロ接合）
Pp
（ヘテロ接合）
pp
（ホモ接合）
3
1
1
2
1
比率３：１
比率１：２：１

の配偶子に含まれる対立遺伝子が子孫の表現型を決定することになる（図 14.7）．交雑により生じた株がすべて紫花をつけたとすると，*PP* 株×*pp* 株の子孫はすべて *Pp* 株となることから，この「遺伝子型未知の」紫花の株は優性対立遺伝子のホモ接合体であると考えられる．しかし，もし子孫に紫花と白花の両方が現れた場合，「遺伝子型未知の」紫花のエンドウの株はヘテロ接合体のはずである．*Pp* 株×*pp* 株の交雑では紫花と白花の子孫が１：１の出現比となることが期待される．遺伝子型が不明な個体を劣性ホモ接合体の個体と交雑させることを，不明だった個体の遺伝子型が明らかとなることから，**検定交雑 testcross** という．この検定法はメンデルにより考案されたものであり，現在もなお遺伝学者に利用されている．

独立の法則

メンデルは花の色などの１つの形質を追跡する実験から分離の法則を導き出した．メンデルが純系の親株の交雑によりつくり出した F_1 世代株のすべては，１つの特定の形質についてのヘテロ接合体である．このようなヘテロ接合体を **１遺伝子雑種 monohybrid** とよび，さらに１遺伝子雑種同士の交雑を **１遺伝子雑種交雑 monohybrid cross** という．

メンデルは種子の色と種子の形といった２つの形質について同時に追跡することにより，第２の遺伝の法則を導き出した．種子の色は黄色か緑色であり，さらにその形は丸型（平滑）かシワ型のいずれかである．

▼図 14.7

研究方法　検定交雑

適用　エンドウの紫花のような優性形質を示す個体は，優性の対立遺伝子のホモ接合体かヘテロ接合体のいずれかである．この個体の遺伝子型を決定するために，検定交雑が行われる．

技術　検定交雑では，遺伝子型不明の個体を（この例の白花のような）劣性形質を示すホモ接合体の個体と交雑させる．さらにパネットスクエアを用いることにより，紫花の親株の遺伝子型を推定することができる．

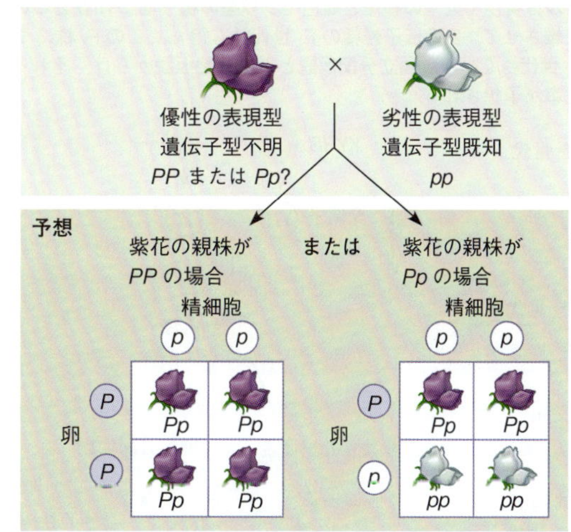
×
優性の表現型
遺伝子型不明
PP または Pp?
劣性の表現型
遺伝子型既知
pp
予想
紫花の親株が
PP の場合
または
紫花の親株が
Pp の場合
精細胞
p
p
卵
P
P
Pp
Pp
Pp
Pp
精細胞
p
p
卵
P
p
Pp
Pp
pp
pp

結果　子孫の株の観察結果２通りの予測を照合することにより，未知の親株の遺伝子型（この例では *PP* または *Pp*）を決定することができる．この検定交雑では，白花の株の花粉を紫花の株の雌ずいにつけているが，雄株と雌株を入れ換えた検定交雑でも同じ結果が導かれる．

または
子孫はすべて紫花
子孫の 1/2 が紫花で
1/2 が白花

個々の形質に関する交雑実験から，メンデルは黄色の種子の対立遺伝子が優性（*Y*）で緑色の種子の対立遺伝子が劣性（*y*）であることを見出した．種子の形という形質については，丸型の対立遺伝子が優性（*R*）でシワ型の対立遺伝子が劣性（*r*）であることも明らかにしていた．

この２つの形質が両方とも異なる純系のエンドウの交雑について考えてみよう．すなわち，黄色で丸型の種子（*YYRR*）をつくる株と緑色でシワ型の種子（*yyrr*）をつくる株の交雑である．この F_1 株は２つの形質についてヘテロ接合体（*YyRr*）である **２遺伝子雑種 dihybrid** である．この２つの形質は，親株から子へ一括して伝達されるのだろうか．すなわち，対立遺伝子 *Y* と対立遺伝子 *R* は次世代への伝達のとき，つねに行動をともにするのだろうか．それとも，種子の色と種子の形はそれぞれ別個に独立して遺伝するのだろうか．図 14.8 では，2 遺伝子雑種である F_1 世代株の自家受粉による **2 遺伝子雑種交雑 dihybrid cross** により，いずれの仮説が正しいかについての判定法を示している．

▼図 14.8

研究　1 つの形質に関する対立遺伝子は，別の形質の対立遺伝子に対して配偶子に独立して分配されるか，従属して分配されるか

実験　エンドウの種子の色と形状の形質について 2 世代にわたり追跡するため，メンデルは黄色で丸型の種子と緑色でシワ型の種子をつける 2 つの純系のエンドウの株を交雑させて，2 遺伝子雑種の F_1 世代株を得た．この F_1 株について自家受粉を行って F_2 世代株を得た．独立分配仮説と従属分配仮説からは，それぞれ異なる表現型の出現比率が予想される．

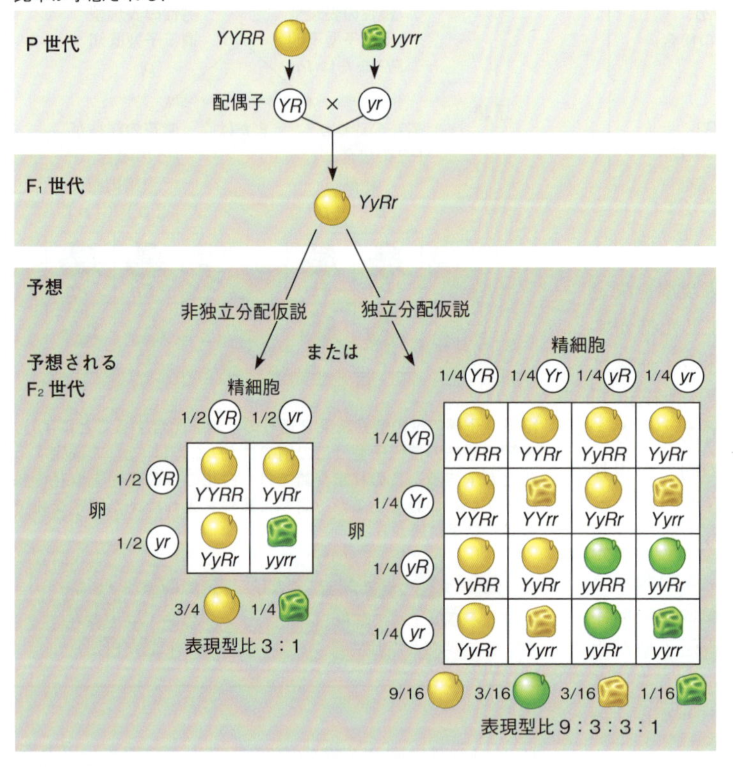
P 世代
YYRR
yyrr
配偶子
YR
×
yr
F1 世代
YyRr
予想
非独立分配仮説
独立分配仮説
または
予想される
F2 世代
精細胞
1/2 YR
1/2 yr
卵
YYRR
YyRr
YyRr
yyrr
3/4
1/4
表現型比 3 : 1
精細胞
1/4 YR
1/4 Yr
1/4 yR
1/4 yr
卵
YYRR
YYRr
YyRR
YyRr
YYRr
YYrr
YyRr
Yyrr
YyRR
YyRr
yyRR
yyRr
YyRr
Yyrr
yyRr
yyrr
9/16
3/16
3/16
1/16
表現型比 9 : 3 : 3 : 1

結果

315　108　101　32　　表現型比　およそ 9 : 3 : 3 : 1

結論　「緑色で丸型」と「黄色でシワ型」という新たな 2 つの表現型の出現は，独立分配仮説だけが予測したものであり（右のパネットスクエアを参照），実験結果により独立分配仮説が支持された．これらの遺伝子の対立遺伝子たちは互いに相手とは無関係に分配されており，このような 2 つの遺伝子は独立分配される，という．

データの出典　G. Mendel, Experiments in plant hybridization, *Proceedings of the Natural History Society of Brünn* 4:3-47 (1866).

どうなる？➤メンデルが F_1 株の花粉を 2 つの遺伝子がともに劣性ホモ接合体株の雌ずいにつけた場合を考えよう．この交雑について 2 つの仮説に基づく子孫の表現型を予測するパネットスクエアを描きなさい．この交雑法でも同様に独立分配の法則が支持されるだろうか．

どちらの仮説が正しい場合でも，遺伝子型 *YyRr* をもつ F_1 株は両方の優性の形質を示し，丸型の黄色い種子を形成する．この実験の鍵となるのは，F_1 株の自家受粉により産生された F_2 株がどうなるかを観察することである．もし，交雑体が対立遺伝子を親世代から受け継いだのと同じ組み合わせで次の世代に伝達しなければならないとすると，この F_1 株では *YR* と *yr* の 2 種類の配偶子しか生じないことになる．図 14.8 に示すように，この「非独立分配仮説」からは，F_2 世代の表現型は，1 遺伝子雑種の自家受粉の場合とまったく同様に 3 : 1 の比率となることが予想される．

3/4
1/4

もう 1 つの仮説は，2 組の対立遺伝子が互いに独立して分離するというものである（「独立分配仮説」）．すなわち，1 つの配偶子は各々の遺伝子について 1 つの対立遺伝子をもつ場合には，すべての組み合わせパターンで対立遺伝子が配偶子に分配され得る（図 13.11 参照）．この実験例では，F_1 株は 4 通りの配偶子 *YR*, *Yr*, *yR*, *yr* を同じ割合で生産することになる．4 種類の精細胞が 4 種類の卵を受精させると，F_2 世代では，可能な 16 通り（4×4 通り）の対立遺伝子の組み合わせが同じ割合で生じることになる．この結果は図 14.8 の右列に示す通りである．これらの対立遺伝子の組み合わせから，4 通りの表現型が 9 : 3 : 3 : 1（9 黄色丸型 : 3 緑色丸型 : 3 黄色シワ型 : 1 緑色シワ型）の割合で出現することになる．

9/16
3/16
3/16
1/16

メンデルがこの実験を実行したところ，F_2 世代の株を分類した結果は，予想された表現型の出現比率

9：3：3：1に近似していた．この結果は，種子の色または種子の形を決める対立遺伝子が，他の遺伝子の対立遺伝子とは独立して配偶子に分配されるという仮説を支持するものであった．

メンデルはエンドウの7つの形質のうちさまざまな組み合わせの2遺伝子雑種について検証し，F_2 世代では表現型の出現比がつねに9：3：3：1となることを観察した．このことは，図14.5に示した1遺伝子交雑では表現型の比が3：1となることと一致するものだろうか．この疑問に答えるためには，形は無視して黄色か緑色かだけを数えてみよう．メンデルの2遺伝子雑種についての実験の結果は，現在では**独立の法則 law of independent assortment** とよばれている遺伝学の基礎原理となった．独立の法則は，「2つ以上の遺伝子は互いに独立して分配される，すなわち，配偶子形成過程で個々の対立遺伝子の対は，他の対立遺伝子の対とは独立に配偶子に分配されていく」ことを表明している．

この法則は対象となる遺伝子（対立遺伝子）が相同染色体以外の別々の染色体に位置しているとき，または同じ染色体でも遠く離れているときだけに適応される（後者の場合は15.3節で説明する．同一の染色体の近傍に位置している対立遺伝子は一緒に子孫に伝達される傾向があり，独立の法則から予想される分離パターンよりも複雑な遺伝パターンを示す）．メンデルが分析したエンドウの形質は，すべて異なる染色体上の遺伝子により支配されていた（または1本の染色体上で遠く離れていた）．この幸運な事情のため，メンデルはエンドウの多種類の形質について行った交雑実験の結果を非常にシンプルに解釈することができた．本章の後半で述べるさまざまな遺伝の例は，すべて別々の染色体上に位置する遺伝子が関与しているものである．

概念のチェック 14.1

1. **描いてみよう➤**花の位置と茎の長さの双方についてヘテロ接合体（*AaTt*）であるエンドウを自家受粉させ，得られた400個の種子を植えつけた．この交雑についてパネットスクエアを描きなさい．頂生花で矮生となる株は何株か予想しなさい（表14.1参照）．
2. **どうなる？➤**種子の色，種子の形，さやの形の3つの形質について，ヘテロ接合体であるエンドウの株が生産する配偶子をすべてリストアップしなさい（*YyRrIi*；表14.1参照）．この「3遺伝子雑種」の自家受粉により生成する子孫を予測するためには，どれだけ大きなパネットスクエアを描く必要があるか．
3. **関連性を考えよう➤**エンドウの交雑は自家受粉の場合もある自家受粉は，有性生殖と無性生殖のどちらと考えられるか説明しなさい（13.1節参照）．

（解答例は付録A）

14.2 メンデル遺伝は確率の法則に支配される

メンデルの分離の法則と独立の法則は，コイン投げ，サイコロ振り，トランプの山からカードを引くときなどに適用されるのと同じ確率の法則を反映している．確率は0から1の範囲の数値をとる．必ず起こる事象の確率は1であり，決して起こらない事象の確率は0である．両面が表のコインを投げれば，表の出る確率は1となり，裏の出る確率は0である．ふつうのコインを使った場合，表が出る確率は1/2であり，裏の出る確率は1/2である．また，1組52枚のトランプからスペードのエースを引く確率は1/52である．可能なすべての事象の確率の合計は必ず1となる．したがって，1組のトランプから，スペードのエース以外のカードを引く確率は51/52である．

コイン投げは確率に関する重要な教訓を与えてくれる．コインはいつ投げても表の出る確率は1/2である．どの回のコイン投げの結果も，前回投げたときの結果に影響されない．このコイン投げのような事象を，独立事象という．1個のコインを連続して投げても，多数のコインを同時に投げても，1個のコインについての投げは他のどのコイン投げとも独立している．2回のコイン投げと同様に，ある遺伝子の対立遺伝子は，他の遺伝子の対立遺伝子とは独立して配偶子に分配される（独立の法則）．確率に関する2つの基本的な法則は，単純な1遺伝子雑種の交雑および，もっと複雑な交雑により生じた配偶子が融合した結果を予測するのに役立つ．

1遺伝子雑種の交雑には乗法法則と加法法則が適用される

2つ以上の事象が特定の組み合わせで一緒に起こる確率はどうすれば計算できるだろうか．たとえば，2枚のコインを同時に投げたとき，両方とも表が出る確率はどうであろうか．**乗法法則 multiplication rule** によると，1つの事象（1枚のコインが表となる）が起こる確率ともう1つの事象（もう1枚のコインが表となる）が起こる確率を掛け算することにより，両方が同時に起こる確率が決定される．乗法法則を適用すると，両方のコインが表となる確率は 1/2×1/2＝1/4 と計算できる．

F_1 世代の1遺伝子交雑にも同じ論法を適用することができる．遺伝子型 *Rr* のエンドウの F_1 株について，遺伝形質としての種子の形を考える．ヘテロ接合株の分離は，コイン投げのように各々の事象が起こる確率から計算することができる．形成される卵が優性の対立遺伝子（*R*）をもつ確率は 1/2，劣性対立遺伝子（*r*）をもつ確率は 1/2 である．精細胞についても同じ確率となる．ある F_2 株が劣性の形質であるシワ型の種子をつくるには，受精した卵と精細胞は両方とも *r* 対立遺伝子をもたなくてはならない．受精した2つの配偶子が両方とも *r* 対立遺伝子をもつ確率は，1/2（卵が *r* 対立遺伝子をもつ確率）×1/2（精細胞が *r* 対立遺伝子をもつ確率）という掛け算の結果となる．以上の乗法法則により，F_2 株がシワ型の種子（*rr*）をつくる確率は 1/4 となる（**図 14.9**）．同様に，F_2 株が種子の形について2つとも優性対立遺伝子（*RR*）をもつ確率も 1/4 である．

1遺伝子雑種交雑による F_2 株の中で，ホモ接合体でなくヘテロ接合体の出現確率を算出するためには，第2の法則が必要である．図 14.9 を見ると，ヘテロ接合体の中の優性対立遺伝子（*R*）が卵に由来し，劣性対立遺伝子（*r*）が精細胞に由来する場合もあり，その逆もあり得る．すなわち，F_1 配偶子が融合して *Rr* の子孫を生産する場合，同時には起こらない独立した2通りの方法があることになる．ヘテロ接合体である F_2 株のもつ優性対立遺伝子（*R*）は，卵または精細胞から受け継がれるが，両方からということはない．**加法法則 addition rule** によると，同時に起こらない2つ以上の事象のうちどれか1つが起こる確率は，それぞれの事象が起こる確率を合計することにより算出される．合計するべき各々の事象の確率は，これまでに行ってきたように乗法法則により求めることができる．F_2 ヘテロ接合体が得られる1つの方法は，優性対立遺伝子（*R*）が卵に由来し，劣性対立遺伝子（*r*）が精細胞に由来する場合であり，その確率は 1/4 である．ヘテロ接合体が形成されるもう1つの方法は，優性対立遺伝子（*R*）が精細胞に由来し，劣性対立遺伝子（*r*）が卵に由来する場合であり，この確率も 1/4 である（図 14.9 参照）．加法法則により，F_2 ヘテロ接合体が得られる確率は，1/4＋1/4＝1/2 と計算される．

▼図 14.9　対立遺伝子の分離と受精は偶発的に起こる． ヘテロ接合体（*Rr*）が配偶子を形成するときに，特定の配偶子に *R* または *r* のどちらの対立遺伝子が含まれるかは，コイン投げのように偶然に左右される．2つのヘテロ接合体の子孫に，それぞれの遺伝子型が出現する確率は，受精した卵と精細胞が特定の対立遺伝子（この例では *R* または *r*）をもつ確率を乗算することによって計算できる．

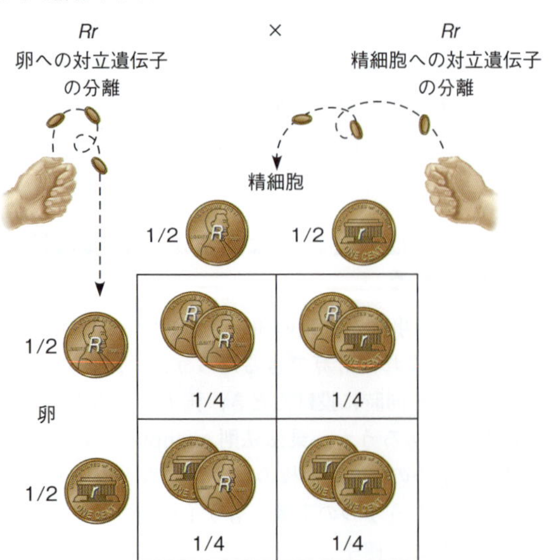
Rr
卵への対立遺伝子の分離
×
Rr
精細胞への対立遺伝子の分離
精細胞
1/2
1/2
1/2
卵
1/2
1/4
1/4
1/4
1/4

確率の法則により複雑な遺伝学の問題を解決する

複数の形質についての交雑の結果の予測にも，確率の法則を適用することができる．分離の法則により，配偶子の形成過程で各々の対立遺伝子の分離が独立に起こることを思い出そう（独立の法則）．したがって，2つ以上の形質（遺伝子）についての交雑は，それらの形質1つひとつについての交雑（1遺伝子雑種交雑）を別個に，そして同時に行うのと同じことになる．私たちが1遺伝子雑種交雑について学んだことを応用することにより，面倒なパネットスクエアをつくることなしに，ある F_2 世代株に特定の遺伝子型が出現する確率を計算することができる．

図 14.8 に示したヘテロ接合体 *YyRr* の2遺伝子雑種交雑について考えてみよう．まず，種子の色という形質について考えてみる．*Yy* 株の1遺伝子雑種交雑では，単純なパネットスクエアを用いて，子孫の遺伝子型が *YY* となる確率は 1/4，*Yy* は 1/2，*yy* は 1/4 と求めることができる．第2のパネットスクエアを描いて，子孫のもつ種子の形に関する遺伝子型にも同じ確率の法則を適用することにより，*RR* が 1/4，*Rr* が 1/2，*rr* が 1/4 と求められる．これらの確率が求められたことから，F_2 世代株の中の各々の遺伝子型が出現する確率は，単純に乗法法則を用いることにより算出できる．F_2 株の遺伝子型として次の2通り（*YYRR* と *YyRR*）が起こる確率の算出法は以下の通りである．

YYRR の確率＝1/4(*YY* の確率)×1/4(*RR* の確率)＝1/16

YyRR の確率＝1/2(*Yy* の確率)×1/4(*RR* の確率)＝1/8

遺伝子型 *YYRR* は，図 14.8 の大きなパネットスクエアの左上のマスに相当する（1 マス＝1/16）．図 14.8 の大きなパネットスクエアをよく見れば，16 のマスのうち遺伝子型 *YyRR* のマスが 2 つ（確率 1/8）あることに気がつくだろう．

さらに複雑なメンデル遺伝学の問題を解決するために，乗法法則と加法法則をどのように組み合わせることができるのか調べてみよう．2 つのエンドウの株を交雑し，3 つの形質の遺伝について追跡する．一方の株は紫花に黄色で丸型の種子をつける 3 遺伝子雑種株（3 つの遺伝子すべてがヘテロ接合）であり，もう一方は紫花に，緑色でシワ型の種子をつける株（花の色はヘテロ接合だが他の 2 つの形質については劣性のホモ接合）であるとする．メンデル遺伝学の記号を用いると，この交雑実験は *PpYyRr*×*Ppyyrr* 株と表記される．この交雑より生じる子孫の中で，3 つの形質のうち少なくとも 2 つが劣性の表現型を示すものがどれだけあると予測されるだろうか．

この問題に解答するために，少なくとも 2 つの劣性の表現型が現れる条件を満たすすべての遺伝形質のリストアップから始めると，*ppyyRr*，*ppYyrr*，*Ppyyrr*，*PPyyrr*，*ppyyrr* となる（条件は少なくとも 2 つの劣性の形質を示すことなので，3 つとも劣性の形質が現れる最後の遺伝子型も含まれる）．次に，それぞれの遺伝子型が *PpYyRr*×*Ppyyrr* の交雑から現れる確率を，2 遺伝子雑種交雑の例で行ったのと同様にそれぞれの対立遺伝子の対の出現確率を掛け算することによって計算する．ただし，*Yy*×*yy* のようなある対立遺伝子対についてのヘテロ接合体とホモ接合体の交雑では，ヘテロ接合体の子孫の出現確率は 1/2 であり，ホモ接合体の子孫の確率も 1/2 であることに注意しよう．最後に，加法法則により，少なくとも 2 つの劣性の形質を示す条件を満たす，すべての遺伝子型の出現確率を合計する．結果は以下に示す通りである．

ppyyRr	1/4（*pp* の確率）× 1/2(*yy*) × 1/2(*Rr*)	＝1/16
ppYyrr	1/4×1/2×1/2	＝1/16
Ppyyrr	1/2×1/2×1/2	＝2/16
PPyyrr	1/4×1/2×1/2	＝1/16
ppyyrr	1/4×1/2×1/2	＝1/16

2 つ以上の劣性の形質を示す確率＝6/16 または 3/8

実際に行ってみると，パネットスクエアに書き込んでいくよりも，確率の法則を適用するほうが遺伝学の問題を速く解くことができるだろう．

私たちには，異なる遺伝子型の親の遺伝的交雑により得られる子孫の正確な数を予測することはできない．しかし，確率の法則を用いることにより，さまざまな結果が起こる「期待値」を算出することができる．通常は，サンプルサイズが大きくなると，得られる結果は予測値に近づく．メンデルは遺伝現象の有する統計的な特色を理解しており，確率の法則について鋭い感覚を有していた．そのため，メンデルは非常に多くの子孫の株を数えられるような交雑実験計画を立てたのだ．

概念のチェック 14.2

1. 優性の対立遺伝子 *A* と劣性の対立遺伝子 *a* が存在する遺伝子について，*AA* × *Aa* の交雑による子孫の中に，優性のホモ接合体，劣性のホモ接合体，ヘテロ接合体はそれぞれどのような比率で出現するか．
2. 遺伝子型 *BbDD* の個体を遺伝子型 *BBDd* の個体と交雑させた．*B*/*b* 遺伝子と *D*/*d* 遺伝子が独立して分配されるとしたとき，この交雑により生じる可能性のあるすべての子孫の遺伝子型を記し，各々の遺伝子型が出現する確率を確率の法則を用いて計算しなさい．
3. どうなる？➤ 2 つのエンドウの株を交雑させたとき（*PpYyIi* × *ppYyii*），花の色，種子の色，さやの形の 3 つの形質について検討する．3 つの形質のうち，少なくとも 2 つが劣性ホモ接合となる子孫が出現する確率を計算しなさい．

（解答例は付録 A）

14.3

実際の遺伝様式は単純なメンデル遺伝学による予想よりも複雑なことが多い

20 世紀には，遺伝学者はメンデルの遺伝の法則をさまざまな生物に適用しただけでなく，メンデルが報告したものより複雑な遺伝様式へと拡張した．2 つの遺伝の法則に結びついた研究にメンデルが用いたエンドウの形質は，比較的単純な遺伝学的基盤をもつことが判明している．各々の形質は 1 個の遺伝子により決定され，しかも，その一方が他方に対して完全に優性な 2 つの対立遺伝子だけをもつ形質であった（正確には 1 つの例外がある．メンデルが研究したさやの形の形質は実際には 2 つの遺伝子により決定される）．遺伝性の形質のすべてがこのように単純に決定されるわけではなく，遺伝子型と表現型の関係がこのように直接的な例は比較的少ない．メンデル自身も，エンドウの他の形質や他の植物の形質に関する交雑実験で観察された複雑な遺伝様式がメンデルの法則では説明できないことに気がついていた．しかし，分離の法則と独立の法則の基本原理は，より複雑な遺伝パターンにも適応できるので，メンデル遺伝学の有用性が損なわれるわけではない．本節では，メンデルの報告にはない遺伝様式について，メンデルの遺伝学を拡張する．

単一遺伝子に関するメンデル遺伝学の拡張

ある形質が1つの遺伝子によって規定されている場合でも，対立遺伝子が完全な優性または劣性でない場合，特定の遺伝子が3つ以上の対立遺伝子をもつ場合，および単一の遺伝子が複数の表現型を示す場合など，単純なメンデル遺伝学に収まらない例がある．本項では，このような例について1つずつ記述する．

優性の程度

ある対立遺伝子がもう一方の対立遺伝子に対して示す優性または劣性の程度はさまざまである．古典的なメンデルのエンドウの実験では，F_1 世代の子孫がつねに一方の親株とまったく同じに見えたのは，この対立遺伝子がもう一方の対立遺伝子に対して**完全優性 complete dominance** だからである．この場合，ヘテロ接合体と優性のホモ接合体の表現型は見分けがつかない（図 14.6 参照）．

一方，遺伝子によっては，どちらの対立遺伝子も完全優性ではなく，F_1 世代の交雑体が両親の形質の中間的な表現型を示す場合がある．この現象は**不完全優性 incomplete dominance** とよばれる．赤色の花のキンギョソウを白色の花の株と交雑したとき，すべての F_1 交雑体がピンク色の花をつける（図 14.10）．この第3の表現型は，ヘテロ接合体の花はホモ接合体に比べて赤色の色素が少ないことにより生じる（メンデルのエンドウでは，ヘテロ接合体 *Pp* 株の花には優性ホモ接合体 *PP* 株の花と区別がつかないくらい十分な色素が含まれていた点が異なる）．

一見すると，いずれかの対立遺伝子が不完全優性のときには，遺伝に関する混合仮説が正しいようにも見えるが，その場合はピンク花の交雑株から赤花や白花の形質が現れることは決してないと予想される．実際は，F_1 交雑株同士の交配によって生じる F_2 世代には，赤花1：ピンク花2：白花1という割合で表現型が現れる（ヘテロ接合体の表現型は親の表現型の混合では

▼図 14.10　**キンギョソウの花の色の不完全優性．** 赤色の花のキンギョソウを白色の花の株と交雑させたとき，F_1 交雑株はピンク色の花をつける．2種類の対立遺伝子が F_1 株の配偶子へ分配されることにより，F_2 世代では遺伝子型および表現型ともに1：2：1の割合で出現する．どちらの対立遺伝子も優性ではないため，対立遺伝子を表すのに大文字と小文字を使う代わりに，上つき文字のついた「*C*」を用いる．C^R は赤花の対立遺伝子，C^W は白花の対立遺伝子を示す．

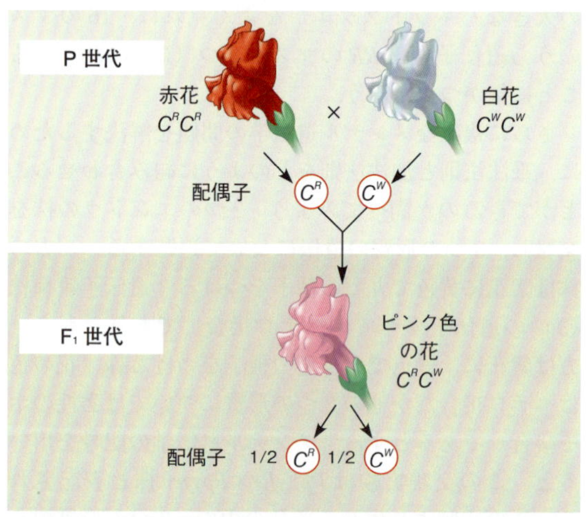
P 世代
赤花
C^RC^R
×
白花
C^WC^W
配偶子
C^R
C^W
F_1 世代
ピンク色の花
C^RC^W
配偶子　1/2 C^R　1/2 C^W

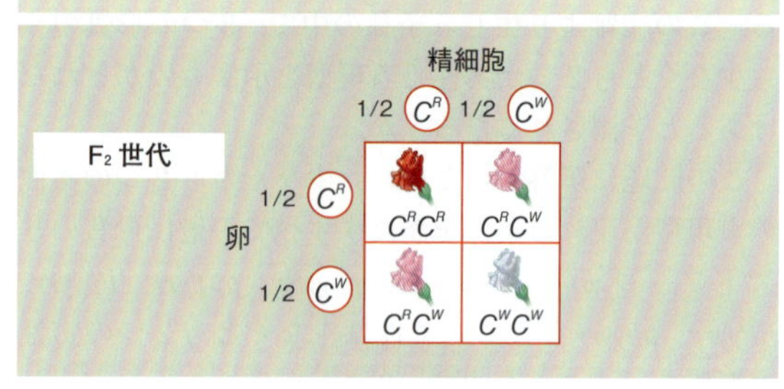
F_2 世代
精細胞
1/2 C^R　1/2 C^W
卵
1/2 C^R
1/2 C^W
C^RC^R
C^RC^W
C^RC^W
C^WC^W

? あなたのクラスメイトがこの図は遺伝の混合仮説を支持していると主張している．クラスメイトは何を根拠にそのような主張をしているのか．また，あなたはどのように反論すればよいだろうか．

なく別のものであり，F_2 世代の遺伝子型と表現型は同一の1：2：1の比率を示す）．ピンク花の株から生産される配偶子に，赤花の対立遺伝子と白花の対立遺伝子が分配されていくことは，花の色の対立遺伝子が交雑体の中でも独自性を維持している遺伝因子であることを支持するものであり，すなわち遺伝の粒子仮説を支持している．

対立遺伝子間の優性劣性の関係として，**共優性 codominance** とよばれるものも存在する．この遺伝様式では，両方の対立遺伝子が表現型に別個に識別可能な影響を与える．たとえば，ヒトの MN 式血液型は，赤血球表層にある特定の M 分子と N 分子という2つの分子についての，共優性の対立遺伝子により決定される．ある1つの遺伝子座を占める2つの対立遺伝子の型により血液型という表現型が決定される例で

ある．対立遺伝子 *M* のホモ接合体（*MM*）の人は M 分子だけを発現する赤血球をもち，対立遺伝子 *N* のホモ接合体（*NN*）の人は N 分子だけを発現する赤血球をもつ．しかし，対立遺伝子 *M* と *N* をもつヘテロ接合体の人（*MN*）は，赤血球の表層に M 分子と N 分子の両方を発現して MN 型となる．このとき注意すべきことは，MN 型は M 型と N 型の中間の表現型ではなく，この点が，共優性と不完全優性の違いである．ヘテロ接合体には M 分子と N 分子の両方が存在するため，M 表現型と N 表現型の両方が発現する．

優性と表現型の関連　これまでに 2 つの対立遺伝子の相対的な効果について，一方の対立遺伝子の完全な優性から，いずれかの対立遺伝子の不完全優性，および両方の対立遺伝子の共優性の関係まで見てきた．ある対立遺伝子が「優性」とよばれるのは，その対立遺伝子の効果が表現型に現れるためであり，劣性の対立遺伝子を抑制するためではないことを理解することが重要である．対立遺伝子とは，遺伝子の塩基配列に違いがある，型違いにすぎない（図 14.4 参照）．ヘテロ接合体の中では優性の対立遺伝子が劣性の対立遺伝子と共存しているが，直接相互作用することはない．遺伝子型から表現型に至る過程の中で，優性や劣性といった効果の違いが生じる．

優性と表現型との関連を明らかにするために，メンデルが研究した形質の 1 つであるエンドウの丸型とシワ型の種子の形を例に考えよう．優性の対立遺伝子（丸型の種子）がコードしている酵素は，種子の中で直鎖状のデンプンを，分岐鎖を含むデンプンに変換する反応を触媒する．劣性の対立遺伝子（シワ型の種子）がコードする酵素は活性を失った変異型であるため，直鎖状のデンプンが蓄積し，浸透圧により過剰の水が種子に取り込まれるが，成熟して種子が乾燥するとシワが寄る*5．優性の対立遺伝子があれば，余分な水が種子に侵入することはなく，種子が乾燥したときにシワが寄ることもない．優性の対立遺伝子が 1 つあれば分岐鎖をもつデンプンを適切な量合成するための酵素が十分量生産できる．そのため，優性のホモ接合体とヘテロ接合体は，どちらも丸型の種子をつくるという同一の表現型を示す．

優性と表現型との関連を詳細に調べることにより，興味深い事実が明らかとなる．どのような形質についても，観察される対立遺伝子の優性／劣性の関係は，私たちがどのレベルで表現型を調査するかによって変わる．**テイ・サックス病 Tay-Sachs disease** とよばれる遺伝性の疾患を例にとってみよう．テイ・サックス病の子どもの脳細胞は，重要な酵素が適切に働かないため特定の脂質を代謝することができない．この脂質が脳細胞に蓄積すると，子どもには発作，失明，運動能力と精神的な能力の退化などの症状が現れ，数年以内に死亡する．

テイ・サックス病の対立遺伝子を 2 つとも受け継いだホモ接合体の子どもだけがこの病気を発病する．したがって，「個体」レベルでは，テイ・サックス病の対立遺伝子は劣性と認定される．しかし，ヘテロ接合体の人の脂質代謝酵素の活性は，正常な対立遺伝子のホモ接合体の人と，テイ・サックス病の人との中間の値を示す（なお，ここでは遺伝学的な意味で，正しく機能する酵素をコードする対立遺伝子を「正常」と表現している）．「生化学」レベルで観察される中間的な表現型は，これらの対立遺伝子が不完全優性であることを示している．幸いなことに，酵素活性が正常値の半分でも脳内に脂質が蓄積するのを防ぐには十分であるため，ヘテロ接合体の人がこの病気を発症することはない．この分析をさらに「分子」レベルまで掘り下げると，ヘテロ接合体の人は正常な酵素分子と活性をもたない酵素分子を同数生産していることが判明する．すなわち分子レベルでは，正常な対立遺伝子とテイ・サックス病の対立遺伝子とは共優性の関係にある．これまで見てきたように，対立遺伝子の関係が完全優性のように見えるか，または不完全優性もしくは共優性に見えるかは，対象となる表現型を分析するレベルに依存している．

優性対立遺伝子の頻度　特定の形質に対して，優性の対立遺伝子は劣性の対立遺伝子よりも多数を占めていると思うかもしれないが，必ずしもそうではない．たとえば，米国では出生する乳児の 400 人に 1 人は，多指症として知られる余分な手や足の指をもっている．多指症を引き起こす対立遺伝子は優性である．それでも多指症は珍しい症例であることから，手足に 5 本の指を発生させる対立遺伝子は劣性であるが，ヒトの集団の中では多指症の優性対立遺伝子よりもはるかに広く存在していることがわかる．23.3 節では，集団の中の対立遺伝子の相対的な頻度が自然選択にどう影響されるのか学ぶ．

＊5（訳注）：デンプンの分岐鎖を形成する酵素が欠失すると，デンプンに糖を付加する部位が直鎖の末端に限られるためデンプンの形成効率が低下し，デンプンに付加されなかった糖分が種子に蓄積する．その結果，浸透圧が高まり，多量の水分が種子に侵入する．

複対立遺伝子

メンデルが研究したエンドウの形質には対立遺伝子が2つだけ存在していたが，多くの遺伝子には，集団の中に3つ以上の対立遺伝子が存在する．ヒトのABO式血液型は，単一の遺伝子に関する3つの対立遺伝子 I^A，I^B，i のうち，どの組み合わせの2つをもつかにより決定される．ヒトの血液型（表現型）はA型，B型，AB型，O型の4種類のいずれかである．血液型を示す文字は，赤血球細胞表面に存在する特定のタンパク質に付加され得る2種類の糖鎖，糖鎖Aと糖鎖Bに由来している．図14.11に示すように，ヒトの血球細胞は，糖鎖Aをもつ（A型），糖鎖Bをもつ（B型），両方とももつ（AB型），両方とももたない（O型）のいずれかである．安全な輸血を行ううえで，相性のよい血液型を用いることは命にかかわる重要な問題である（43.3節参照）．

遺伝子の多面発現性

これまでのメンデル遺伝学では1個の遺伝子が1つの形質にのみ影響を及ぼすものとして扱ってきた．しかし，複数の表現型に影響を与える**多面発現性 pleiotropy**（「より多く」を意味するギリシャ語 *pleion* に由来）を示す遺伝子も数多い．嚢胞（のうほう）性線維症や鎌状赤血球症などのヒトの特定の遺伝性疾患に伴うさまざまな症状は，多面発現性の対立遺伝子が引き起こす結果である．このことについて本章の後半で議論する．庭のエンドウの花の色を決定している遺伝子は，種子の皮膜の色が灰色と白色のどちらになるかの決定にも影響を与えている．生物体の中では，分子や細胞の精巧で複雑な相互作用が個体の発生や生理機能をつかさどっていることを考えれば，1つの遺伝子が生物体の多数の形質に影響を与えることも不思議ではない．

▼図14.11　**ABO式血液型を支配する複数の対立遺伝子．** 3つの対立遺伝子の組み合わせにより，4通りの血液型が生じる．

(a) ABO式血液型の3つの対立遺伝子とそれぞれの糖鎖．各々の対立遺伝子は特定の糖鎖（対立遺伝子は上つき文字により表され，糖鎖は▲印または●印で表される）を赤血球の表層に付加する酵素をコードしている．

対立遺伝子	I^A	I^B	i
糖鎖	A ▲	B ●	なし

(b) ABO式血液型の遺伝子型と表現型．6通りの遺伝子型が存在し，4通りの血液型を生じている．

遺伝子型	I^AI^A または I^Ai	I^BI^B または I^Bi	I^AI^B	ii
赤血球表面の糖鎖		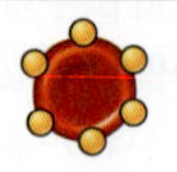	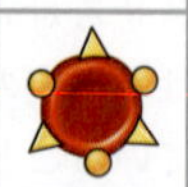	
表現型（血液型）	A	B	AB	O

図読み取り問題➤表（b）に示される赤血球表面の糖鎖の表現型から，3つの対立遺伝子の間の優性・劣性の関係を考察しなさい．

2つ以上の遺伝子に対するメンデル遺伝学の拡張

優劣関係，複対立遺伝子，多面発現性などは，すべて1つの遺伝子の対立遺伝子の効果に関連するものである．ここでは2つ以上の遺伝子が特定の表現型の決定に関与する2つの場合について考察する．1つ目のケースは上位性とよばれるもので，2つの遺伝子産物が相互作用するため，一方の遺伝子が他の遺伝子の引き起こす表現型に影響を与える．2つ目は多遺伝子遺伝とよばれるもので，複数の遺伝子が独立して1つの形質に影響するケースである．

上位性

上位性 epistasis（「上に立つ」を意味するギリシャ語に由来）とは，ある遺伝子座の遺伝子の表現型の発現が，別の遺伝子座の遺伝子の表現型を変化させることである．例を挙げてこの概念を明らかにしよう．ラブラドール・レトリーバーとよばれる大型犬（一般に「ラブ」とよばれる）では，黒色の毛が茶色の毛に対して優性である．この形質に関する2つの対立遺伝子を B および b と表すことにする．茶色の毛をもつラブの遺伝子型は必ず bb であり，このような犬はチョコラブ（チョコレート色ラブ）とよばれる．しかし，話はこれだけでは終わらない．第2の遺伝子が存在し，毛に色素を沈着させるかどうかを決定している．この遺伝子の E と表す優性対立遺伝子が1つでも存在すると，第1の遺伝子によって決まる黒色の色素か茶色の色素が毛に沈着する．しかし，第2の遺伝子について劣性のホモ接合体（ee）のラブは，黒色／茶色遺伝子座の遺伝子型に関係なく黄色の毛となる（黄ラブ）．このような場合，この色素沈着遺伝子（E/e）は，黒色／茶色色素遺伝子（B/b）に対して「上位」であるという．

両方の遺伝子がヘテロ接合体である黒ラブ（$BbEe$）同士を交配させた場合はどのようなことが起こるだろうか．2つの遺伝子が毛の色という同一の表現型に影響を与える場合でも，これらの遺伝子の分離は独立の法則に従う．したがってこの交配も，メンデルの実験

▼図 14.12　**上位性**．このパネットスクエアは，遺伝子型 *BbEe* の黒毛のラブラドール・レトリーバー２頭の交配により生まれる子犬について，予想される遺伝子型と表現型を示している．*E*/*e* 遺伝子は *B*/*b* 遺伝子に対して上位にあり，色素が毛皮に沈着するかどうかを決定している．

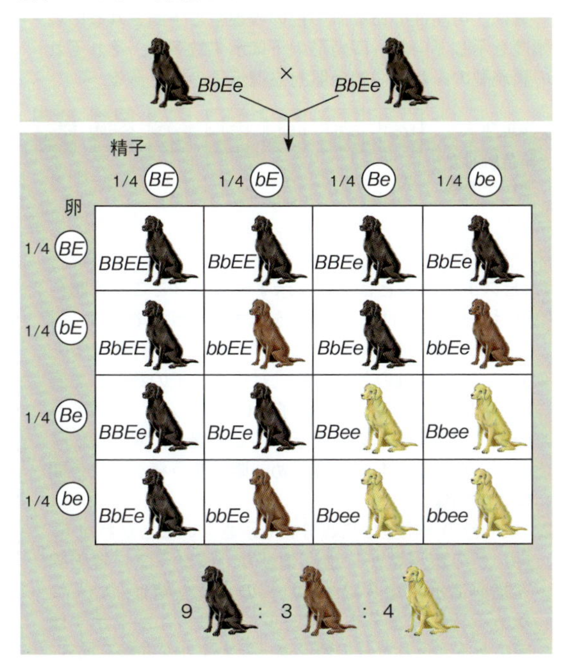

BbEe
×
BbEe
精子
1/4 BE
1/4 bE
1/4 Be
1/4 be
卵
1/4 BE
1/4 bE
1/4 Be
1/4 be
BBEE
BbEE
BBEe
BbEe
BbEE
bbEE
BbEe
bbEe
BBEe
BbEe
BBee
Bbee
BbEe
bbEe
Bbee
bbee
9 : 3 : 4

図読み取り問題➤このパネットスクエアの右下４マスと図 14.8 の大きいほうのパネットスクエアの右下４マスと比較しなさい．この交配での表現型の出現比率（9：3：4）と図 14.8 の比率 9：3：3：1 に違いが生じている理由を遺伝学的に説明しなさい．

9：3：3：1 の出現比率となった例と同様の２遺伝子雑種交雑となる．F_2 世代の子孫の遺伝子型は，パネットスクエアを用いて表すことができる（**図 14.12**）．上位性のため，F_2 世代の表現型は，黒ラブ 9，チョコラブ 3，黄ラブ 4 の出現比率となる．他のタイプの上位性相互作用の場合は異なる比率を示すこともあるが，すべて 9：3：3：1 をもとにした発展型となる．

多遺伝子遺伝

メンデルは紫花と白花といった二者択一に分類できる形質について研究を行った．しかし，ヒトの肌の色，背の高さなど二者択一形式ではなく，連続的な変化を示す形質も多数存在する．このような形質は**量的形質 quantitative character** とよばれる．定量的な形質には，２個以上の遺伝子の相加効果として１つの表現型が現れる**多遺伝子遺伝 polygenic inheritance** が関与しているのがふつうである（ある意味，１個の遺伝子が多数の形質に影響する多面発現性とは逆の概念である）．身長は多遺伝子遺伝の好例である．2014 年に，

▼図 14.13　**肌の色に関する多遺伝子遺伝のモデル**．このモデルでは独立に遺伝する３つの遺伝子が肌の色の濃さに関与している．この図の上部の２つの四角形で表されるヘテロ接合体の人（*AaBbCc*）は，それぞれ３つの黒色肌の対立遺伝子（●；*A*, *B*, *C* で表される）と３つの明色肌の対立遺伝子（○；*a*, *b*, *c* で表される）をもっている．パネットスクエアは，このヘテロ接合体間の仮想的な多数の婚姻の結果生じる配偶子と子どもについて可能なすべての遺伝的組み合わせを示している．この結果はパネットスクエアの下に表現型の出現比率としてまとめられている（四角で示す肌の色の表現型の出現比率は 1：6：15：20：15：6：1）．

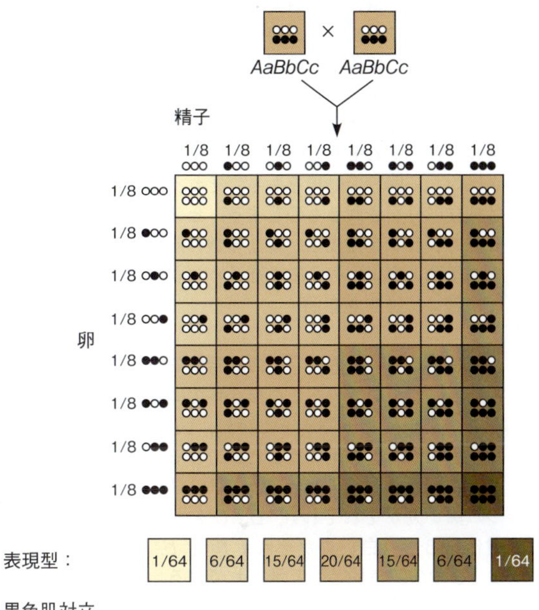

AaBbCc
×
AaBbCc
精子
卵
1/8
表現型：
1/64
6/64
15/64
20/64
15/64
6/64
1/64
黒色肌対立遺伝子の数：
0
1
2
3
4
5
6

25 万人以上を対象としたゲノム解析の結果，身長に影響を与える 180 以上の遺伝子について，およそ 700 もの遺伝子型のパターンが存在することがわかった．そのうち多くは，骨格の成長に影響を与える生化学反応にかかわる遺伝子やその関連遺伝子であったが，残りは成長とは関係のない役割をもつ遺伝子であった．

ヒトの肌の色も複数の別個の遺伝子によって支配されている．ここでは多遺伝子遺伝の概念を理解するために簡略化したモデルを考えることにする．３個の遺伝子があり，それぞれに黒色肌の対立遺伝子（*A*, *B*, *C*）があるとしよう．*A*, *B*, *C* はそれぞれが「１単位」の肌色の濃さを生み出すとし（これも簡略化である），他の対立遺伝子（*a*, *b*, *c*）に対して不完全優性を示すとする．このモデルでは，遺伝子型 *AABBCC* の人は非常に濃い色の肌となり，遺伝子型 *aabbcc* の人の肌は非常に薄い色となる．遺伝子型 *AaBbCc* の人は中間色の肌をもつことになる．これらの対立遺伝子は累積効果をもつため，遺伝子型 *AaBbCc* と遺伝子型 *AABbcc*

科学スキル演習

ヒストグラムの作成と分布パターンの解析

両親がどちらも3つの相加効果をもつ遺伝子についてヘテロ接合体であるとき，その子どもたちの間での表現型の出現分布はどのようになるだろうか　ヒトの皮膚の色は多遺伝子遺伝の形質であり，多くの遺伝子の相加的な効果により決まる．この演習では，簡易化して3つの遺伝子のみが皮膚の色の濃さを決めており，それぞれの遺伝子が暗色肌と明色肌の2つの対立遺伝子をもつというモデルを用いることにする（図14.13参照）．このモデルでは，それぞれの暗色肌対立遺伝子は，肌の色の濃さに対して同等の効果をもち，それぞれの対立遺伝子対は独立に分配されるものとする．ヒストグラムとよばれる型のグラフを作成し，異なる数の暗色肌対立遺伝子をもつ子孫の表現型の分布を知ろう（グラフについての追加情報は付録Fを参照）．

このモデルの解析方法　この簡易化モデルにおいて3つの遺伝子についてのヘテロ接合体の両親から生まれた子がもつ表現型を予測するために，図14.13に示したパネットスクエアを用いることができる．この図の上端にヘテロ接合体（*AaBbCc*）の人は「濃い」対立遺伝子3つ（黒い丸がそれぞれ*A*，*B*，*C*を示す）と明色肌対立遺伝子3つ（白い丸がそれぞれ*a*，*b*，*c*を示す）をもつ，2つの四角形として示されている．パネットスクエアはすべての可能性のある配偶子のもつ遺伝的組み合わせと，このヘテロ接合体同士の仮想的な婚姻の結果生まれる多数の子どものもつ遺伝的組み合わせを示している．

パネットスクエアからの予測　パネットスクエア中の1つのマスが，ヘテロ接合体*AaBbCc*の両親から生まれた子1人を表しているとすると，右上に示す四角形の一覧は，可能性のある肌の色の表現型と予測される出現頻度を示している．四角形の下に示す数字は，それぞれの表現型の人がもつ暗色肌対立遺伝子の数である．

表現型：	1/64	6/64	15/64	20/64	15/64	6/64	1/64
暗色肌対立遺伝子の数：	0	1	2	3	4	5	6

データの解釈

1. ヒストグラムとは，数を示すデータ（ここでは暗色肌対立遺伝子の数）の分布を示す棒グラフである．対立遺伝子の分布についてのヒストグラムを作成するために，*x*軸に肌の色を暗色肌対立遺伝子の数として表記し，*y*軸に全部で64の子がいるとして，それぞれの表現型を示す子の数を示す．この場合，対立遺伝子のデータは連続しているため，隣り合う棒グラフの間には隙間はない．
2. 肌の色の表現型は均等分布を示さないことがわかる．(a) どの表現型が一番高頻度か．棒グラフに縦破線を描いて示しなさい．(b) このような値は，いくつかある一般的な分布パターンのうちの1つを示す傾向がある．それぞれの値を追った大まかな曲線を描き，その形を見てみよう．中央にピーク値をもつ対称的な形をしているか（これが「正規分布」であり，ベルカーブとよばれることもある），あるいは*x*軸のどちらかの端に偏った形状をしているか（「傾斜分布」），あるいは明らかに2つのグループを示す分布をしているか（「二峰性分布」）．その形状をとる理由を説明しなさい（図14.13の説明文を読むと参考になる）．

さらに知りたい人へ　R. A. Sturm, A golden age of human pigmentation genetics, *Trends in Genetics* 22:464-468 (2006).

とは肌の色の濃さに対しては，同等に3単位の遺伝的効果をもつ．図14.13に示される通り，ヘテロ接合体*AaBbCc*の人同士の婚姻により，7通りの肌の色の表現型が生じる可能性がある．このような婚姻が非常に多数行われた場合，中間型の表現型（中間色の肌をもつ）を示す子どもが多数派となることが予想される．**科学スキル演習**のパネットスクエアにその予測結果を見ることができる．また，日焼けなどの環境要因も肌の色の表現型に影響する．

生まれと育ち：表現型に対する環境要因の影響

表現型が遺伝子型だけでなく環境にも影響されるとき，単純なメンデル遺伝学からまた別の広がりが生じる．1本の木の遺伝子型は固定されているが，1枚1枚の葉については，太陽と風にさらされる度合いにより，大きさ，形，緑色の濃さなどはそれぞれ異なったものとなる．ヒトでは，栄養状況が背の高さに影響し，運動は体格を変化させ，日焼けにより皮膚の色は濃くなり，学習により知能テストの成績が向上する．遺伝的には同一である一卵性双生児でさえ，個人としての経験の違いにより表現型の差異が蓄積していく．

個人の特徴が遺伝子と環境のどちらにより多く影響されるか，すなわち「生まれか育ちか」の議論にここで終止符を打つつもりはない．一般に，遺伝子型は表現型を厳格に規定するものではなく，環境の影響に起因する表現型の幅を規定するものだということができ

▼図 14.14　表現型に対する環境の影響．遺伝子型が発現した結果は，その遺伝子型が発現する環境に依存した表現型の幅をもつ．たとえば，土壌の酸性度およびアルミニウムの含有量がアジサイの花の色に影響し，ピンク色（塩基性土壌）から青紫色（酸性土壌）までの範囲で変動する．青い花をつけるにはアルミニウムを含まない土壌である必要がある．

(a) 塩基性土壌に育つアジサイ

(b) 酸性のアルミニウムを含まない土壌に育っている (a) と同じ品種のアジサイ

る（図 14.14）．ABO 式血液型のように，ある遺伝子型が表現型を厳密に指定し，取り得る幅に許容範囲がまったくない形質もある．一方，個人の血液に含まれる赤血球と白血球の数などの形質は，居住地の高度，習慣的な運動量，感染性の病原菌の有無などによって非常に大きく変動する．

一般に，多数の遺伝子が関与する形質の幅は広くなる．皮膚の色の連続的な変化に見られる通り，このような表現型の量的な性質には環境が大きく影響する．遺伝学者はこのような形質を**多因子形質 multifactorial** とよんでおり，これは遺伝的および環境的な多くの因子が共同して表現型に影響することを意味している．

遺伝と表現型の多様性に関するメンデル遺伝学の考え方

ここまでは，優性の程度，複対立遺伝子，多面発現性，上位性，多遺伝子遺伝，および環境要因を考慮することにより，メンデル遺伝学の考え方を拡張してきた．このような視点を，どのようにしたらメンデル遺伝学の包括的な理論へと統合できるだろうか．鍵となるのは，単一の遺伝子とその表現型という還元主義的な考え方の重視から，本書のテーマの１つである生物の個体全体としての創発特性の考え方への移行である．

「表現型」という用語は，花の色や血液型などの特定の形質を指すだけでなく，生物個体全体についての外観，体内の構造，生理機能，行動様式などすべての特徴・性質も意味している．同様に，「遺伝子型」という用語は，単一の遺伝子座の対立遺伝子の構成だけでなく，個体の遺伝的構成全体も示している．ある遺伝子の表現型に対する影響は，他の遺伝子および環境に左右されることが多い．この遺伝と多様性を統合した考え方でとらえる場合，生物の表現型はその個体の全遺伝子型および個体の環境履歴を反映しているものとなる．

遺伝子型が表現型に反映される過程でどれだけの事象が起こるかを考えると，両親から子孫への個々の遺伝子の伝達を支配する基本的な原理をメンデルが発見できたことは，まさに驚くべきことである．分離の法則と独立の法則というメンデルの２つの法則により，遺伝性のさまざまな形質について，型違いの遺伝子（メンデルの遺伝性「粒子」の概念は現在の用語では対立遺伝子に相当する）が単純な確率の法則に従って代々受け継がれる，ということで説明できる．エンドウ，ハエ，魚，鳥，およびヒトも含む有性生活環をもつすべての生物について，メンデルの遺伝学の理論は等しく有効である．さらに分離の法則と独立の法則の拡張により，上位性および量的形質などの遺伝様式を説明することが可能であり，メンデル遺伝学の適用範囲の広さを知ることができる．メンデルの修道院の庭から，現代遺伝学を支える粒子的な遺伝の理論が生み出されたのである．本章の最後の節では，遺伝性疾患の伝達に重点を置いて，メンデル遺伝学をヒトの遺伝学に応用していく．

概念のチェック 14.3

1. 「不完全優性」と「上位性」はどちらも遺伝的な関連性を定義する用語である．この２つの最も基本的な違いは何か．
2. 血液型 AB 型の男性が O 型の女性と結婚したとき，子どもの血液型として何型が予想されるか．また，各々の血液型が生じる比率はいくらか．
3. どうなる？➤灰色の羽の雄のニワトリを，同じ表現型の雌のニワトリと交配させたとき，生まれたヒナ鳥の羽は，15 羽が灰色羽，6 羽が黒羽，8 羽が白羽となった．このヒナ鳥の羽の色の遺伝様式に関して最も簡明な説明は何か．また，灰色羽の雄のニワトリと黒羽の雌のニワトリとの交配によるヒナ鳥には，どのような表現型が予想されるか．

（解答例は付録 A）

14.4
ヒトの形質の多くはメンデル遺伝の様式に従う

エンドウは遺伝学の研究に便利な材料だが，ヒトはそうではない．ヒトの世代時間は長くおよそ 20 年であり，ヒトの両親はエンドウや他の多くの生物に比較して非常にわずかしか子孫を残さない．さらに重要なことに，表現型を分析する目的で子どもをもうけてくれるように男女に依頼することは倫理的に不可能である．こうした制約があるにもかかわらず，自分自身の遺伝について理解し，遺伝的な疾患に対する治療方法を見つけ出したいという願望により，ヒトの遺伝学の研究は進歩し続けている．20.4 節で学ぶように，分子生物学の新しい技術は多くの画期的な発見をもたらしてきたが，いまなお基本的なメンデル遺伝学がヒトの遺伝学の基礎である．

家系分析

ヒトの交配を操作することはできないので，遺伝学者はすでに行われた婚姻の結果を分析する．特定の形質をもつ家族の歴史について情報を収集し，この情報を編集して**家系図 pedigree** とよばれる数世代にわたる両親と子どもの形質を示す系図を作成する．

図 14.15 a では，額の髪の生え際が三角形のラインを描く，いわゆる富士額（ふじびたい）の形質に関する 3 世代にわたる家系図を示す．富士額（英語では「未亡人の額 widow's-peak」という）の表現型は，優性の対立遺伝子 W に起因する．富士額の対立遺伝子は優性であるから，富士額でない人はすべて劣性のホモ接合体（ww）である．劣性ホモ接合体の子どもが生まれていることから，祖父母の中での富士額をもつ 2 人の遺伝子型は Ww である．また，$Ww \times ww$ の婚姻の結果生まれた第 2 世代の富士額の子どもも必然的にヘテロ接合体となる．この家系図の第 3 世代には 2 人の姉妹がいる．このうち富士額の人は，両親の遺伝子型がともに Ww であることから，優性ホモ接合体（WW）とヘテロ接合体（Ww）の両方の可能性がある．

図 14.15 b は同じ家族の家系図について，劣性の形質である PTC（フェニルチオカルバミド）という化合物の味を感じないという表現型に注目したものである．PTC に似た化合物は，ブロッコリーやメキャベツやその類似の野菜に含まれており，一部の人がこうした野菜を口にしたとき苦いと感じる要因になっている．劣性の対立遺伝子を t とし，PTC の味を感じる優性の対立遺伝子を T とする．自分でこの家系図を理解しようと検討するとき，これまでにメンデル遺伝学について学んだことを適用すれば，遺伝子型について理解することができるはずである．

家系図の重要な応用法の 1 つが，将来生まれてくる子どもが特定の遺伝子型と表現型を有する確率を計算するのに役立つことである．図 14.15 の第 2 世代の夫婦がもう 1 人子どもをもつことにしたとき，その子が

▼**図 14.15　家系分析．**（a）と（b）の家系図では，同一の家族について 3 世代にわたり形質を追跡している．2 つの形質は家系図に示される通り，異なる遺伝様式を有している（注：多くの形質は単一の遺伝子によって決まるものではないが，一般的にここに示す 2 つの形質の場合と同様だと考えてよい）．

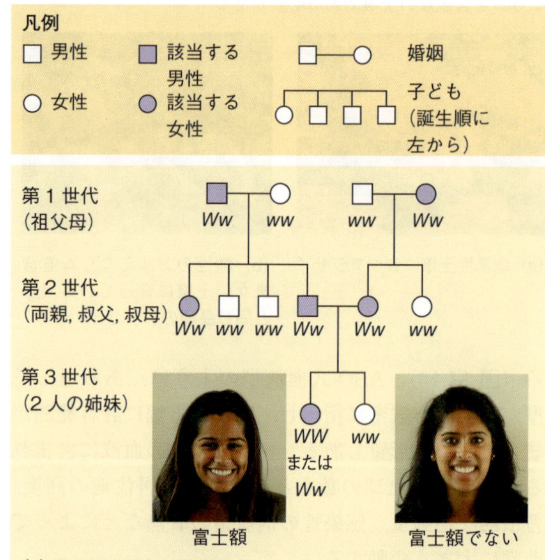
凡例
男性
該当する男性
婚姻
女性
該当する女性
子ども（誕生順に左から）
第 1 世代（祖父母）
Ww　ww　ww　Ww
第 2 世代（両親，叔父，叔母）
Ww　ww　ww　Ww　Ww　ww
第 3 世代（2 人の姉妹）
WW または Ww　ww
富士額
富士額でない

(a) 富士額は優性か劣性か．
家系分析の要点：第 3 世代の 2 番目に生まれた女の子は，両親が富士額であるにもかかわらず，富士額ではないことに注目しよう．このような遺伝様式は，この形質が優性の対立遺伝子によるものであるという仮説を支持している．もし，この形質が劣性の対立遺伝子によるものであり，両親がともに劣性の表現型（まっすぐな生え際）を示しているのであれば，その子どものすべてが劣性の表現型を示すことになる．

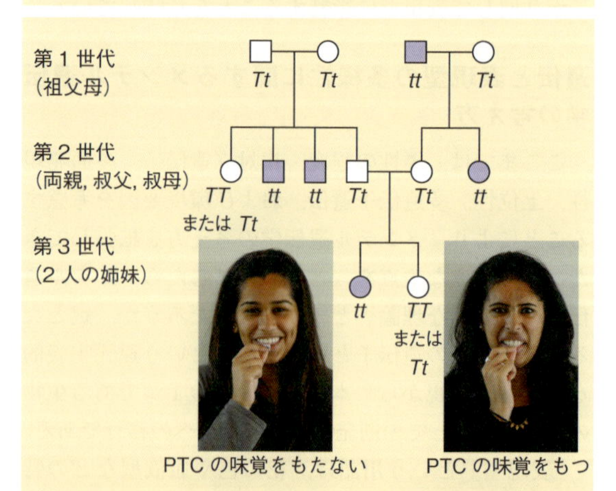
第 1 世代（祖父母）
Tt　Tt　tt　Tt
第 2 世代（両親，叔父，叔母）
TT または Tt　tt　tt　Tt　Tt　tt
第 3 世代（2 人の姉妹）
tt　TT または Tt
PTC の味覚をもたない
PTC の味覚をもつ

(b) PTC という化合物の味を感じないことは優性か劣性か．
家系分析の要点：第 3 世代の長女は，両親のどちらにもない（両親は PTC の味覚をもつ）形質（PTC の味覚をもたない）をもっていることに注目しよう．このような遺伝様式は，味覚をもたないという形質が劣性の対立遺伝子によるものであると考えると説明できる（もし，味覚をもたないことが優性の対立遺伝子によるものであるならば，両親のうち少なくともどちらか 1 人が味覚をもたない形質をもつはずである）．

富士額となる確率はどのくらいか．この問題は，メンデル遺伝学の1遺伝子雑種の交配（*Ww*×*Ww*）の問題であり，もう1人の子どもが優性の対立遺伝子を引き継いで富士額となる確率は，3/4（1/4 *WW*+1/2 *Ww*）と計算できる．それではその次に生まれる子どもがPTCの味覚をもたない確率はどのくらいだろうか．この問題も1遺伝子雑種の交配（*Tt*×*Tt*）として扱うことができるが，今回は子どもが劣性のホモ接合体（*tt*）となる確率を計算すればよいので，その確率は1/4となる．では最後に，その子どもが富士額であり，かつPTCの味覚をもたない確率はどのくらいだろうか．この2つの形質に対応する遺伝子が別々の染色体上にあると仮定すると，この2組の対立遺伝子は2遺伝子雑種の交配（*WwTt*×*WwTt*）として独立に分配されることになる．したがって，乗算法則を適用して3/4（富士額）×1/4（PTCの味覚をもたない）=3/16（富士額でPTCの味覚をもたない）と計算することができる．

対象となる対立遺伝子が，髪の生え際や無害な化合物の味覚をもたないなどのヒトにとって実害のない形質のものではなく，身体の障害や致死的な遺伝病を引き起こす対立遺伝子であると，家系図はより深刻なものとなる．しかし，単純なメンデル遺伝に従って遺伝する遺伝性疾患であれば，同様の手法により家系分析することができる．

劣性の遺伝性疾患

数千もの遺伝性疾患が単純な劣性の形質として遺伝することが知られている．この中には，先天性色素欠乏症（色素の欠失のため皮膚がんや視力障害に冒されやすい）などのように比較的穏和なものから，嚢胞（のうほう）性線維症などのように生命を脅かすものなどさまざまなものがある．

劣性対立遺伝子の挙動

劣性の遺伝性疾患を引き起こす対立遺伝子の挙動はどのように説明できるだろうか．遺伝子には特定の機能をもつタンパク質がコードされていることを思い出そう．遺伝性疾患の原因となる対立遺伝子（対立遺伝子*a*とよぶことにする）は，異常なタンパク質をコードしているか，まったくタンパク質をコードしていないかどちらかである．劣性の遺伝性疾患の場合，ヘテロ接合体（*Aa*）ではもう一方の正常な対立遺伝子（*A*）からタンパク質が十分量生産されるため，表現型は正常となる．このため，両親からそれぞれ劣性の対立遺伝子を受け継いだホモ接合体（*aa*）の人に劣性の遺伝性疾患が生じる．ヘテロ接合体（*Aa*）の人は表現型のうえではこの疾患について正常であるが，子孫にこの劣性対立遺伝子を伝達する可能性があることから，**キャリアー**（保因者）**carrier** とよばれる．図14.16では，先天性色素欠乏症（アルビノ）を例にとって，この考え方を説明している．

劣性の遺伝性疾患をもつ人々の大多数は，図14.16のパネットスクエアに示される例のように，キャリアーであるが自分自身は正常な表現型を示す両親から生まれる．キャリアー同士の婚姻は，メンデル遺伝学の1遺伝子雑種のF_1世代間の交雑に相当し，子どもの遺伝子型の出現比率は1 *AA*：2 *Aa*：1 *aa*となると予測される．したがって，それぞれの子どもが両方とも劣性の対立遺伝子を受け継ぐことにより遺伝性疾患を発症する確率は1/4である．色素欠乏症の場合，このような子どもは先天性色素欠乏症を発症する．さらに，遺伝子型の比率から，正常な表現型の3人の子ども（1 *AA*および2 *Aa*）のうち2人はヘテロ接合体のキャリアーであることが予想でき，その確率は2/3である．劣性のホモ接合体は*Aa*×*aa*および*aa*×*aa*の交配からも生じるが，この遺伝性疾患が生殖年齢に達するより前に死亡する場合や不妊を伴う場合（どちらも先天性色素欠乏症には当てはまらない）は，遺伝子型*aa*の人は生殖することはできない．劣性のホモ接合体の人が生殖可能な場合も，このような人は集団の中ではヘテロ接合体のキャリアーに比べて，非常に数が少ないと考えられる（この理由は23.2節で説明する）．

一般に，遺伝性疾患はヒトの全集団に均等に分布す

▼図14.16　**先天性色素欠乏症（アルビノ）：劣性の形質．** この姉妹の1人の呈色は正常だがもう1人は先天性色素欠乏症である．劣性ホモ接合の遺伝性疾患を発症する人のほとんどは，この疾患について正常な表現型を示すキャリアーの両親から誕生する．この状況がパネットスクエアに示されている．

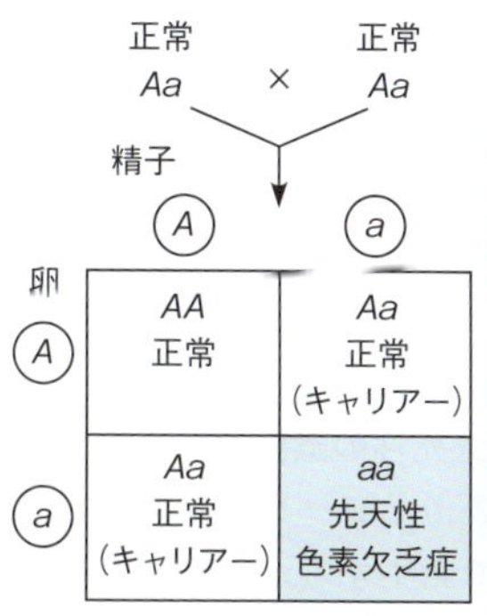
両親
正常
Aa
×
正常
Aa
精子
A
a
卵
A
a
AA
正常
Aa
正常
(キャリアー)
Aa
正常
(キャリアー)
aa
先天性
色素欠乏症

? この写真で呈色が正常な娘が先天性色素欠乏症の対立遺伝子のキャリアーである確率はどのくらいか．

るわけではない．たとえば，本章ですでに紹介したテイ・サックス病の発生率は，祖先が中央ヨーロッパに居住していたアシュケナージ系ユダヤ人の間では非常に高い．この人たちの間ではテイ・サックス病が新生児3600人に1人の割合で発生し，その比率はユダヤ人でない人々や，地中海系のユダヤ人（Sephardic Jew）よりも，約100倍高率である．このような偏った分布は，技術文明が未発達で人々が現代よりも地理的に（すなわち遺伝的にも）孤立していた時代に，世界各地の人々が遺伝的に異なる歴史をもってきた結果である．

遺伝性疾患の原因となる劣性の対立遺伝子が希少なものであるとき，同一の有害な対立遺伝子をもつ2人のキャリアーが出会って婚姻する確率は非常に低い．しかし，男女が近縁の親類（兄弟姉妹や従兄弟同士など）である場合，劣性の形質が受け継がれていく確率は飛躍的に増大する．なぜなら，共通の祖先をもつ近親者は赤の他人よりも高い確率で同一の劣性対立遺伝子を保持しているためである．家系図の中でも二重線によって示されるこうした近親結婚によって，有害な表現型を引き起こす劣性対立遺伝子がホモ接合となる子どもが生まれる確率が大幅に高まる．こうした現象は，近親交配が行われるさまざまな家畜や動物園の動物に観察される．

近親交配は血縁関係のない個体間の交配に比べてはるかに高い確率で常染色体上に劣性変異がそろう状態を引き起こすことは，一般に受け入れられた考え方である．しかし，ヒトの近親結婚により遺伝性疾患の発症の危険性がどの程度高まるのかについては，遺伝学者の間でまだ議論がある．理由の1つとして，有害な対立遺伝子の多くは強い障害のため，ホモ接合体の胎児は出生のずっと以前に自然に流産する．現代でも，ほとんどの社会や文化の中には近親者の間の結婚を禁じる法律または禁忌が存在する．多くの社会の歴史の中で，近親結婚の両親から死産や先天性疾患がしばしば生じたという経験的な観察に端を発してこのようなルールが定められたと思われる．さらに，社会的および経済的な要因が，近親結婚を禁じる習慣や法律の制定の経緯に影響を及ぼしてきたと考えられる．

嚢胞性線維症

米国で最も発生率の高い致死性の遺伝性疾患は**嚢胞性線維症**（のうほう）**cystic fibrosis** であり，ヨーロッパ系の家系では2500人に1人の割合で発生するが，他の家系でははるかに少ない．ヨーロッパ系の人々は25人に1人（4%）が嚢胞性線維症のキャリアーである．この遺伝子の正常な対立遺伝子にコードされる膜タンパク質は，細胞内と細胞外液との間で塩化物イオン（Cl^-）を輸送する機能をもっている．嚢胞性線維症の劣性対立遺伝子を2つ受け継いだ子どもは，細胞膜上のCl^-輸送チャネルが欠失している．その結果，細胞内に異常に高濃度のCl^-が蓄積するため，浸透圧により細胞内へ水が取り込まれる．そしてある細胞を包む粘液が正常よりはるかに高濃度で分厚いものとなる．膵臓（すいぞう），肺，消化管などの諸器官の粘液の肥厚は，消化管からの栄養吸収不全，慢性気管支炎，細菌感染の頻発などの多様な症状をもたらす．

嚢胞性線維症の子どもは，治療しなければ5歳前にほとんどが死亡する．しかし，感染症を防ぐために抗生物質を毎日投与し，穏やかに胸をたたいて詰まった気道から粘液を除くなどの各種の治療措置により延命が可能である．現在は，米国では嚢胞性線維症の人々の半数以上が30歳を超えて生存できる．

鎌状赤血球症：進化的影響のある遺伝性疾患

進化　アフリカ系の人々の間で最も発生率の高い遺伝性疾患は**鎌状赤血球症** **sickle-cell disease** であり，アフリカ系アメリカ人の400人に1人がこの病気を患っている．鎌状赤血球症は，赤血球のヘモグロビンタンパク質の中の1アミノ酸の置換が原因であり，劣性ホモ接合体の人はすべてのヘモグロビン分子が鎌状赤血球症型（異常）となる．（高い標高や肉体的な緊張などのために）鎌状赤血球症の人の血中酸素濃度が低下すると，ヘモグロビン分子が長い棒状に凝集し，赤血球が鎌状に変形する（図5.19参照）．鎌状に変形した赤血球は凝集して微細血管をふさぎ，虚弱体質と疼痛（とうつう），臓器障害や，脳卒中，麻痺などにまで至る全身性の症状を引き起こす．鎌状赤血球症の子どもに対する定期的な輸血により脳障害を回避することが可能であり，他の症状を軽減する薬も開発されている．根治療法はまだないが，この疾患に対する遺伝子治療研究が進行中である．

本格的な鎌状赤血球症には鎌状赤血球症対立遺伝子が2つ必要だが，対立遺伝子が1つだけのヘテロ接合体の人にもある程度の症状が現れる．このように個体レベルでは，正常な対立遺伝子は鎌状赤血球症対立遺伝子に対して不完全優性である（図14.17）．分子レベルでは，2つの対立遺伝子は共優性である．「鎌状赤血球症形質」をもつといわれるヘテロ接合体（キャリアー）の人は，通常は健康であるが，長期間血液中の酸素濃度が低下すると鎌状赤血球症の症状に悩まされることがある．分子レベルでは2つの対立遺伝子は共優性であり，ヘテロ接合体（キャリアー）の体内では正常型と異常な鎌状赤血球症型の両方のヘモグロビン分子が生産され，鎌状赤血球症を呈する．ヘテロ接合体の人は通常は健康だが，血中酸素濃度が低い状態が長期に続くと，いくつかの症状を示すこともある．

アフリカ系アメリカ人のほぼ 10 人に 1 人が鎌状赤血球症形質を有している．これは，ホモ接合体の人に深刻な悪影響を及ぼす対立遺伝子にしては，異常に高い頻度である．進化の過程でこの対立遺伝子が集団から消失しなかったのはなぜだろうか．鎌状赤血球症の対立遺伝子が 1 コピー存在すると，特に幼い子どものマラリア発病の頻度と症状が軽減されることが説明の 1 つである．マラリア原虫は生活環の一部を赤血球の中で過ごす（図 28.16 参照）．ヘテロ接合体の中で発現している程度の量の鎌状赤血球型ヘモグロビンが存在すると，マラリア原虫の密度が低下するためにマラリアの症状が軽減される．このため，マラリア原虫による感染症が流行している熱帯アフリカでは，鎌状赤血球症の対立遺伝子がホモ接合体の人には有害である一方で，ヘテロ接合体の人には恩恵をもたらす（2 つの効果のバランスについては 23.4 節で議論する図 23.18 の「関連性を考えよう」を参照のこと）．アフリカ系アメリカ人に鎌状赤血球症が比較的高い頻度で見られるのは，彼らの祖先がアフリカに居住していたことの名残と考えられる．

▼図 14.17　**鎌状赤血球症と鎌状赤血球形質．**

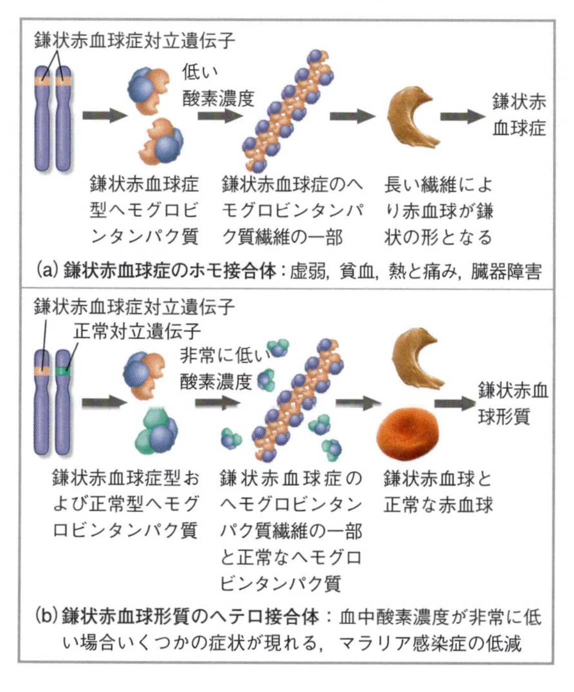
鎌状赤血球症対立遺伝子
低い
酸素濃度
鎌状赤血球症
鎌状赤血球症型ヘモグロビンタンパク質
鎌状赤血球症のヘモグロビンタンパク質繊維の一部
長い繊維により赤血球が鎌状の形となる
鎌状赤血球症対立遺伝子
正常対立遺伝子
非常に低い
酸素濃度
鎌状赤血球形質
鎌状赤血球症型および正常型ヘモグロビンタンパク質
鎌状赤血球症のヘモグロビンタンパク質繊維の一部と正常なヘモグロビンタンパク質
鎌状赤血球と正常な赤血球

(a) **鎌状赤血球症のホモ接合体：**虚弱，貧血，熱と痛み，臓器障害

(b) **鎌状赤血球形質のヘテロ接合体：**血中酸素濃度が非常に低い場合いくつかの症状が現れる，マラリア感染症の低減

優性の遺伝性疾患

有害な対立遺伝子の多くは劣性だが，優性の対立遺伝子に起因する遺伝性疾患も数多い．その一例が「軟骨形成不全症」であり，2 万 5000 人に 1 人の割合で発症する低身長症である．この対立遺伝子がヘテロ接合体の人は低身長症の表現型を示す（図 14.18）．したがって，軟骨形成不全症による低身長症ではない，人口の 99.99％を占める人々はすべて劣性の対立遺伝子のホモ接合体である．前項で説明した手や足に余分な指がつくられる例と同様に，軟骨形成不全症も劣性の形質の対立遺伝子のほうが優性の対立遺伝子よりもはるかに存在頻度が高い．

軟骨形成不全症のような比較的無害な優性対立遺伝子とは異なり，致死性の疾患を引き起こす優性の対立遺伝子もある．そのような優性の対立遺伝子は，致死性の影響を示す劣性対立遺伝子よりもまれにしか存在しない．劣性の致死性対立遺伝子は，ホモ接合体であるときのみ致死性である．そのためキャリアーは自分自身の表現型は正常であり，対立遺伝子を次世代に伝えられる．一方，優性の致死性対立遺伝子を受け継いだ個体は，ほとんどの場合成熟して子孫を残す前に死亡してしまうため，次世代に致死性対立遺伝子を伝えることができない．

しかし，致死性の優性対立遺伝子であっても，致死性の症状が生殖可能な年齢に達した以降に現れる場合には，対立遺伝子は次世代に伝わることがある．このような場合，症状が現れた時点ではもう子どもに対立

▼図 14.18　**軟骨形成不全症：優性の形質．**マイケル・C・エイン Michael C. Ain 博士は優性の対立遺伝子により発症する低身長症である．このことが，エイン博士が仕事に打ち込む原動力となり，現在彼は軟骨形成不全症などの障害による骨の異常の治療の専門家である．優性の対立遺伝子（*D*）は両親の卵または精子に起こった突然変異により発生するか，この疾患を発症している両親から受け継ぐ．パネットスクエアでは低身長症の父親から受け継いでいることが示されている．

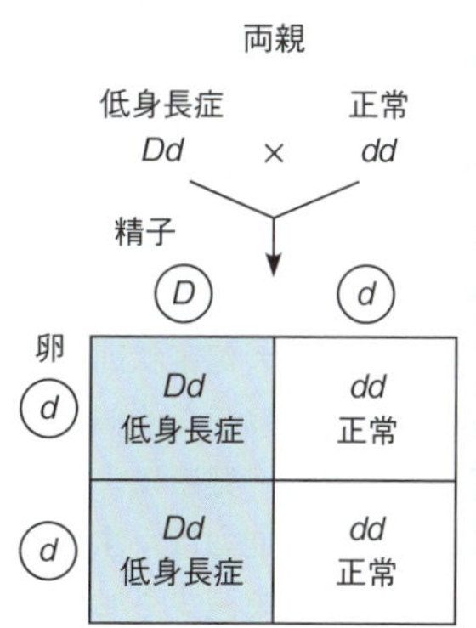
両親
低身長症
Dd
×
正常
dd
精子
D
d
卵
d
Dd
低身長症
dd
正常
d
Dd
低身長症
dd
正常

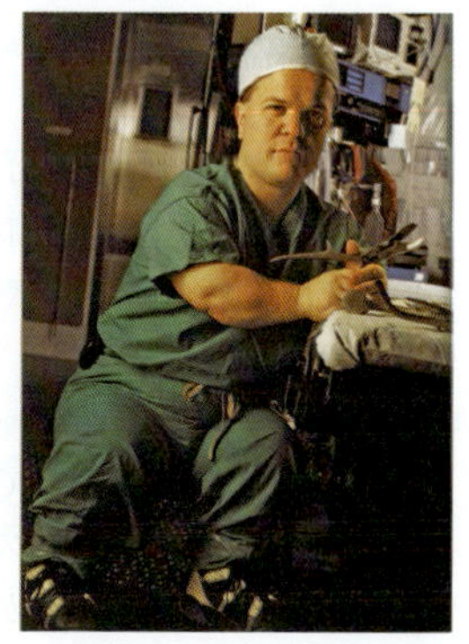

遺伝子を伝えてしまっている．たとえば，**ハンチントン病 Huntington's disease** とよばれる神経組織が変性する疾患は致死性の優性対立遺伝子によって引き起こされるが，患者が35歳から45歳になるまでは明白な症状が現れない．ひとたび神経系の変性が始まると不可逆的に進行し，死を免れることはできない．他の優性の形質と同様に，ハンチントン病の対立遺伝子をもつ親から生まれた子どもは50%の確率でこの対立遺伝子と疾患を受け継いでいる（図14.18のパネットスクエア参照）．米国では，約1万人に1人がこの疾患に冒されている．

かつては，特有の症状が出現することがハンチントン病の対立遺伝子を受け継いでいるかどうかを知る唯一の方法であった．しかしそれは過去の話となった．この疾患が多発する大家族のDNA試料の分析により，ハンチントン病の対立遺伝子が4番染色体の末端近くに存在することが遺伝学者によって突き止められ，塩基配列が1993年に決定されている．この情報をもとに，個人のゲノム中のハンチントン病の対立遺伝子を検出する試験法が開発されている（このような試験を可能にする方法については20.1節と20.4節で議論する）．ハンチントン病の家族歴をもつ人々にとって，この検査を利用できるようになったことは苦渋に満ちたジレンマをもたらす．この疾患に関する検査を受けることを望む人もいれば，自分が病気を受け継いでいるかどうか知ることには耐えられないと案じる人もいるだろう．

多因子疾患

これまで議論してきた遺伝性疾患が単純なメンデル遺伝学的な疾患として記述できたのは，単一の遺伝子座に存在する対立遺伝子の一方または両方により生じる疾患だからである．しかし，それよりもはるかに多くの人々が，遺伝的な要因に加えて環境の影響を大きく受けるなど，多くの因子が関与する病気にかかる．心臓病，糖尿病，がん，アルコール中毒，統合失調症や双極性障害などのある種の精神性疾患など，多くの病気は多因子疾患である．このようなケースでは，遺伝性の要因は多数の遺伝子が関与することが多い．たとえば，心臓血管系の健康状態に影響を与える遺伝子は多数存在し，心臓発作や脳梗塞（こうそく）に襲われる可能性が高い人々がいる．しかし，心臓血管系の健康状態などの多因子性の表現型には，遺伝子型だけでなく個人の生活習慣が大きく関係している．運動，健康によい食事，禁煙，およびストレスに対処する能力は，すべて心臓病やある種のがんにかかる危険性を減少させる．

遺伝子検査とカウンセリング

妊娠する前，または妊娠のごく初期段階に，特定の遺伝性疾患を発症する危険性を評価することが可能な場合，単純なメンデル遺伝学的疾患に対する予防的な措置が可能となる．遺伝性疾患の家族歴があることを心配する夫婦に，適切な情報を提供することができる遺伝学カウンセラーを置いている病院が増えてきている．胎児や新生児に対する試験により遺伝性疾患を調べることもできる．

メンデル遺伝学と確率の法則に基づくカウンセリング

仮想の夫妻ジョンとキャロルのケースを考えてみよう．2人とも同じ劣性の遺伝性疾患で兄弟が死亡している．最初の子どもを授かる前に，ジョンとキャロルは，自分たちの子どもがこの病気を発症する危険性を判定するためにカウンセリングを希望した．彼らの兄弟に関する情報から，ジョンの両親とキャロルの両親は双方とも間違いなく劣性対立遺伝子のキャリアーであることがわかった．この遺伝性疾患を引き起こす対立遺伝子を a と表記すると，ジョンとキャロルは2人とも $Aa \times Aa$ の婚姻の結果誕生したことになる．さらに，ジョンもキャロルもこの疾患を発症していないことから，劣性のホモ接合体（aa）ではないことも確実である．したがって，彼らの遺伝子型は AA または Aa である．

$Aa \times Aa$ の交配による子孫の遺伝子型の出現比率は $1\,AA : 2\,Aa : 1\,aa$ となるので，ジョンとキャロルがキャリアー（Aa）である確率はそれぞれ2/3である．乗法法則により，彼らの最初の子どもがこの疾患を発症する確率は，2/3（ジョンがキャリアーである確率）×2/3（キャロルがキャリアーである確率）×1/4（2人のキャリアーの子どもがこの疾患を発症する確率）＝1/9となる．ジョンとキャロルが子どもをもつことに決めたとすると，彼らの子どもがこの疾患を発症しない確率が8/9あることになる．これだけの確率であったにもかかわらず，彼らの子どもがこの病気を発症したとすると，そのときにジョンとキャロルが**2人とも**実際にキャリアー（Aa）であったことが判明する．ジョンとキャロルが2人ともキャリアーだとすると，この夫妻から生まれる次の子どもは1/4の確率でこの病気を発症することになる．次の子どもが発症する確率が1/4に上がっている理由は，最初の子どもにこの疾患が診断されたことからジョンとキャロルは2人ともキャリアーであることが判明したためであり，最初の子どもの遺伝子型が次の子どもの遺伝子型に影響するからではない．

メンデルの法則を用いて生まれてくる子どもの表現型を予測するときには，各々の子どもの遺伝子型は兄や姉の遺伝子型に影響されないという意味で，独立の事象であることに留意することが重要である．ジョンとキャロルが3人の子どもをもつとして，3人ともこの遺伝性疾患を発症する可能性について考えてみる．このようなことが起こる確率は，わずか64分の1（1/4×1/4×1/4）である．このような不運の連続の末であっても，この夫婦の4番目の子どもがこの病気を発症する確率は依然として1/4である．

キャリアーを識別する検査

劣性の遺伝性疾患をもつ子どもの大部分は正常な表現型の両親から生まれることから，特定の疾患に関する遺伝的な危険性をより正確に評価するための鍵となるのは，両親が劣性の対立遺伝子のヘテロ接合体キャリアーであるかどうか判定することである．正常な表現型を示す人が優性のホモ接合体であるかヘテロ接合体のキャリアーであるかを識別するさまざまな検査が可能な遺伝性疾患の数は年々増えている．現在では，テイ・サックス病，鎌状赤血球症および最も一般的な型の嚢胞性線維症を引き起こす対立遺伝子のキャリアーを識別できる検査法が確立されている．1980年代にテイ・サックス病のキャリアー識別試験が始まって以来，この病気を発症する赤ちゃんの誕生数は減っている．

このようなキャリアーを識別する検査は，遺伝性疾患の家族歴をもつ人々が，詳細な情報を得たうえで子どもをもつことや胎児の検査を行うかどうかについて決断を下すことを可能にする．一方，別の社会的な問題が提起される．遺伝性疾患のキャリアーが，自分自身が健康であるにもかかわらず，健康保険や生命保険への加入を拒否されたり，仕事を失ったりすることはないだろうか．2008年に米国で遺伝情報差別禁止法が成立し，遺伝子検査の結果に基づく雇用および保険の保証内容に関する差別を禁止することにより，こうした懸念が緩和された．残る問題は，多くの人々が自分の遺伝子検査の結果を理解することを支援するのに十分な遺伝学カウンセリングが利用できるかどうかである．遺伝子検査の結果が明確に理解できても，遺伝性疾患のキャリアーと判定された人は，困難な決断に直面することになる．新しいバイオテクノロジーはヒトの疾患を減少させる可能性を提供するが，慎重な検討を要する倫理的問題を発生させてもいる．

胎児の検査

2人ともテイ・サックス病のキャリアーであることを知った夫婦が，それでも子どもをもつと決心したとする．胎児がテイ・サックス病を発症するかどうか判定することができる検査の1つが，妊娠15週以降に可能となる**羊水穿刺**（せんし） **amniocentesis** である（図14.19 a）．この検査では，医師が子宮に針を刺し，胎児が浮遊している羊水を約10 mL採取する．羊水に含まれる特定の分子の存在によって検出される遺伝性疾患もある．テイ・サックス病などの遺伝性疾患は，羊水中に脱落した胎児の細胞を実験室で培養し，そこから調製したDNAを用いて検査を行う．さらに，培養された細胞の核型から特定の染色体の異常を検出することもできる（図13.3参照）．

羊水穿刺に代わる**絨毛膜採取**（じゅうもう） **chorionic villus sampling**（**CVS**）とよばれる技術では，医師が細いチューブを子宮頸管から子宮に挿入し，母胎と胎児の間で栄養物と胎児の老廃物を輸送する器官である胎盤の組織の小片を吸引して採取する（図14.19 b）．採取された胎盤の絨毛膜細胞は胎児に由来するので，胎児と同一の遺伝子型とDNA塩基配列を有している．この細胞は急速に増殖するので，すぐに核型分析を行うことが可能である．CVS法は迅速である点で，核型分析を行うために数週間細胞を培養しなければならない羊水穿刺法よりも有利である．CVS法のもう1つの利点は，妊娠初期の10週目には実施できることである．

母胎の血液中に遊離した胎児の細胞または胎児のDNAを単離する方法が医学者により開発された．単離される細胞は非常に少ないが，培養して増殖させた後に検査に用いることが可能であり，胎児のDNAを分析することができる．2012年には，研究者は両親のサンプルと，母親の血液中に含まれていた胎児DNAサンプルから全ゲノムを解析し，比較することができるようになった．血中に含まれる胎児のDNAを用いた検査や母体の血液検査は，一部の疾患についての非侵襲的な出生前診断の手法として広まりつつある．検査の結果が陽性となった場合，両親はさらに羊水穿刺やCVSなどの検査により診断をつけることを考えるべき，ということになる．

医師が映像技術を駆使して，遺伝子検査では現れない解剖学的な異常の有無を直接検査することも可能になっている．たとえば「超音波診断」では，超音波の反射を用いて簡便で非侵襲的な手法により胎児の画像が得られる．

▼図 14.19　遺伝性疾患に関する胎児の遺伝子検査． 生化学的検査は特定の疾患に関連する物質を検出するものであり，遺伝子検査は多数の遺伝性の異常を検出することが可能である．核型分析では胎児の染色体の数と形状が正常かどうか検査する．

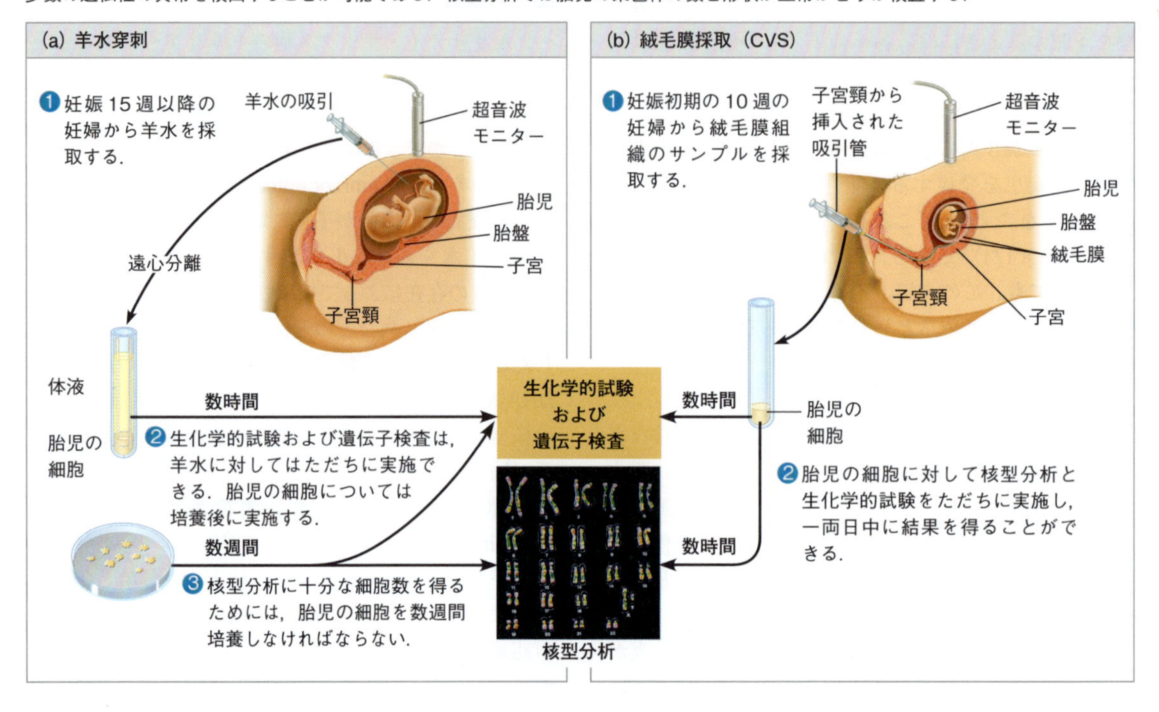
(a) 羊水穿刺
1 妊娠15週以降の妊婦から羊水を採取する．
羊水の吸引
超音波モニター
胎児
胎盤
子宮
子宮頸
遠心分離
体液
胎児の細胞
数時間
2 生化学的試験および遺伝子検査は，羊水に対してはただちに実施できる．胎児の細胞については培養後に実施する．
数週間
3 核型分析に十分な細胞数を得るためには，胎児の細胞を数週間培養しなければならない．
生化学的試験および遺伝子検査
核型分析
(b) 絨毛膜採取（CVS）
1 妊娠初期の10週の妊婦から絨毛膜組織のサンプルを採取する．
子宮頸から挿入された吸引管
超音波モニター
胎児
胎盤
絨毛膜
子宮頸
子宮
数時間
胎児の細胞
2 胎児の細胞に対して核型分析と生化学的試験をただちに実施し，一両日中に結果を得ることができる．
数時間

超音波検査や，母親の血液から胎児の細胞やDNAを単離する技術には母胎および胎児に対する危険は知られていないが，他の検査法には低い確率で合併症が発生する危険性がある．羊水穿刺やCVSを用いた検査は，通常はダウン症の子どもが誕生する確率が高い35歳以上の女性に提案される．また若い女性でも特定の遺伝性疾患が懸念される場合には遺伝子検査が推奨される．胎児の検査によってテイ・サックス病のような深刻な異常が発見された場合，両親は妊娠を中絶するか，あるいは遺伝性疾患をもって生まれてくる余命短いであろう子どもの介護の準備をするかの難しい選択を迫られることになる．テイ・サックス病の対立遺伝子についての両親および胎児に対しての診断は1980年に始まり，この病気をもって生まれてくる子どもの数は90%も減少した．2008年には，中国政府はβサラセミア（地中海性貧血）という深刻な遺伝性血液疾患について，胎児検査を行うことを決めた．この取り組みにより，2008年には1000人に21人の割合で生まれていたこの病気をもつ子の割合は，2011年には1000人に13人以下にまで減少した．

新生児検査

米国のほとんどの病院で日常的に行われている簡単な生化学検査により，出生時に検出できる遺伝性疾患もある．一般的な検査プログラムの1つが，劣性の遺伝性疾患フェニルケトン尿症検査であり，米国では新生児1万人から1万5000人に1人の割合で発生する．この疾患をもつ子どもは，フェニルアラニンというアミノ酸を適切に分解することができない．そのためフェニルアラニンとその副生成物であるフェニルピルビン酸が血液中に毒性を発揮するレベルまで蓄積し，深刻な知的障害（精神遅滞ともいう）を引き起こす．しかし，この疾患を新生児のうちに検出することができれば，フェニルアラニンの含有量の少ない特殊な食事を与えることにより，正常な発育が可能である（特殊な食事からは，フェニルアラニンを含む人工甘味料のアスパルテームも除かれている）．残念ながら，現在ではこのような治療方法が開発されている遺伝性疾患は非常にわずかである．

深刻な遺伝性疾患に対する新生児と胎児の検査，キャリアーを検出する遺伝子検査，および遺伝に関するカウンセリングなどの手段はすべてメンデル遺伝学をもとにしている．私たちは，グレゴール・メンデルの洗練された定量的実験により見出された，単純な確率の法則に従って子孫に伝達される遺伝性因子としての「遺伝子」の概念の恩恵を受けている．しかし，メンデルの発見の重要性は，発見が報告されてから数十年後の20世紀初頭まで，ほとんどの生物学者に見過ごされていた．次章では，メンデルの法則が有性生殖の生活環の中の染色体の挙動に物理的にどう結びつき，メンデル遺伝学の構築と遺伝における染色体仮説が遺伝学の進歩をどのように促進したかについて学ぶ．

概念のチェック 14.4

1. ベスとトムにはそれぞれ嚢胞性線維症の兄弟がいるが，ベスとトムおよび２人の両親は誰もこの疾患を発症していない．ベスとトムの夫婦が子どもをもつとき，その子どもが嚢胞性線維症を発症する確率を計算しなさい．また，検査によりトムはキャリアーだがベスはキャリアーではないという結果が得られた場合の確率はどうなるか説明しなさい．
2. **関連性を考えよう➤**ヘモグロビンの１アミノ酸の変化により，どのようにしてヘモグロビン分子が長い棒状に凝集するのか説明しなさい（図 5.14，図 5.18，図 5.19 を参照）．
3. ジョアンは生まれたときに足に指が６本ある，多指症とよばれる優性の形質を示していた．ジョアンの５人の兄弟のうち２人と，ジョアンの母親も指の数が多かったが，父親はそうではなかった．指の数に関するジョアンの遺伝子型について説明しなさい．ただし，この形質の対立遺伝子を *D* と *d* で表すこと．
4. **関連性を考えよう➤**表 14.1 に，花の色に関する１遺伝子雑種の交雑による F_2 世代株について，優性の形質と劣性の形質との出現比率を記録しなさい．次に，図 14.15 b の第２世代のカップルの子孫についての，表現型の出現比率を計算しなさい．そして，これらの比率の差異について説明しなさい．

（解答例は付録 A）

14 章のまとめ

重要概念のまとめ

14.1

メンデルは科学的な手法により２つの遺伝の法則を見出した

- グレゴール・メンデルはエンドウを用いた実験に基づいて，遺伝に関する理論を確立し，親は子孫に，世代を越えて個性を保持する粒子的な遺伝子を伝えることを示した．この理論には２つの「法則」が含まれている．
- **分離の法則**は，遺伝子には**対立遺伝子**とよばれる異なる型が存在し，二倍体の生物では配偶子形成時に減数分裂に伴って特定の遺伝子に関する２つの対立遺伝子が分離し，精細胞と卵が１対の対立遺伝子のうち１つだけをもつことを述べている．**１遺伝子雑種**の F_1 世代の株を自家受粉させたときに F_2 世代の株の表現型が３：１の比率で出現するという観察結果は，この法則により説明できる．生物の個体は各々の遺伝子について両親からそれぞれ１つずつ対立遺伝子を受け継ぐ．２つの対立遺伝子の型が異なる**ヘテロ接合体**の個体について，表現型を発現するほうの対立遺伝子（**優性対立遺伝子**）は，もう一方の対立遺伝子（**劣性対立遺伝子**）の表現型への影響を覆い隠す．**ホモ接合体**の個体は，特定の遺伝子について同一の対立遺伝子をもつ**純系**である．
- **独立の法則**は，特定の遺伝子の対立遺伝子の対は，他の遺伝子の対立遺伝とは独立して配偶子に分配されることを述べている．**２遺伝子雑種**（２つの遺伝子についてヘテロ接合体の個体）の F_1 世代株同士を交雑させたとき，F_2 世代の株には４種類の表現型が９：３：３：１の比率で出現する．

? メンデルが純系のエンドウの紫花の株と白花の株を交雑させたとき，F_1 世代では白花の形質が消失したのに，F_2 世代で再び白花の株が出現している．遺伝学の用語を使用して，何が起こっているのか説明しなさい．

14.2

メンデル遺伝は確率の法則に支配される

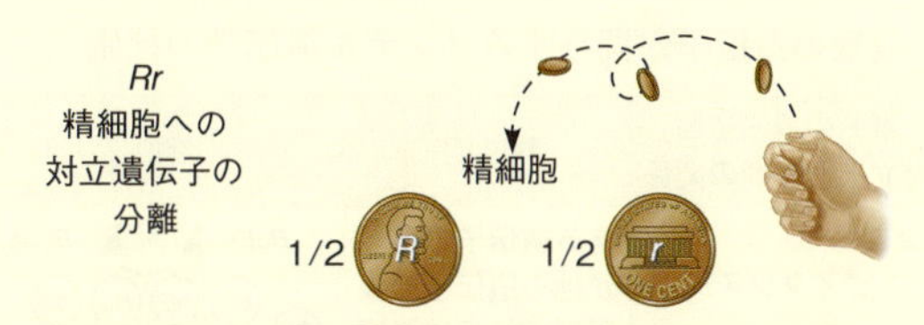
Rr
精細胞への
対立遺伝子の
分離
精細胞
1/2
R
1/2
r

- **乗法法則**は，複数の事象が同時に起こる確率は，独立した各々事象が起こる確率の積に等しいことを示す．**加法法則**は，複数の互いに独立しているが，両立しない事象が起こる確率は，各々の事象が起こる確率の和に等しいことを示す．
- 確率の法則は，遺伝学の複雑な問題を解くのに役立つ．２遺伝子以上の雑種の交雑は，２つ以上の独立した１遺伝子雑種の交雑が同時に起こることと等価である．このような交雑により複数の形質を同時に発現する子孫が出現する確率は，まずそれぞれの形質について独立に出現確率を計算し，次に各々の出現確率を掛け合わせることにより算出できる．

描いてみよう➤ 2遺伝子雑種の交雑について描いた図14.8右のパネットスクエアを，2つの1遺伝子雑種のパネットスクエアに書き直しなさい．それぞれのパネットスクエアの下に出現する表現型のリストを示しなさい．出現する2遺伝子雑種の表現型のすべての場合について，乗法法則を用いることにより出現確率を算出しなさい．各々の表現型の出現比率はどのようになるか．

14.3 実際の遺伝様式は単純なメンデル遺伝学による予想よりも複雑なことが多い

- 単一の遺伝子が関与するメンデルの遺伝学の拡張

単一の遺伝子の対立遺伝子間の関係	説 明	例
一方の対立遺伝子が完全優性	ヘテロ接合体の表現型が優性ホモ接合体と同一	PP　Pp
双方の対立遺伝子が不完全優性	ヘテロ接合体は2つのホモ接合体の中間の表現型を示す	C^RC^R　C^RC^W　C^WC^W
共優性	ヘテロ接合体では両方の表現型が現れる	I^AI^B
多数の対立遺伝子	対立遺伝子が集団中に3つ以上存在する遺伝子もある	ABO式血液型の対立遺伝子 I^A, I^B, i
多面発現性	1つの遺伝子が多数の形質に影響を与える	鎌状赤血球症

- 複数の遺伝子が関与するメンデル遺伝学の拡張

単一の遺伝子の対立遺伝子間の関係	説 明	例
上位性（エピスタシス）	ある遺伝子の発現が他の遺伝子の表現型の発現に影響を与える	BbEe × BbEe; BE bE Be be; 9 : 3 : 4
多遺伝子遺伝	多数の遺伝子が1つの形質の発現に影響を与える	AaBbCc × AaBbCc

- 遺伝子型の発現は環境要因にも影響され，表現型に幅が生じる．多数の遺伝子により影響を受け，さらに環境にも影響される形質を**多因子形質**という．
- ある生物の外見，体内の構造，生理機能，行動様式などを含めた全体としての表現型は，遺伝子型の全体と各々の個体の環境履歴を反映したものとなる．より複雑な遺伝様式であっても，メンデルの基礎的な分離の法則と独立の法則を適用することができる．

? 左と上の2つの表の第1列目に示した対立遺伝子間の関係のうち，ABO式血液型の対立遺伝子の遺伝様式を説明できるものはどれか．それぞれの対立遺伝子間の関係について，ABO式血液型を説明できる理由，できない理由も述べなさい．

14.4 ヒトの形質の多くはメンデル遺伝の様式に従う

- **家系**の分析は，ある個人の遺伝子型としてどのような型があり得るかを推定し，これから生まれる子孫の形質を予測するのに用いることができる．予測は確実なものではなく，統計的な確率となる．

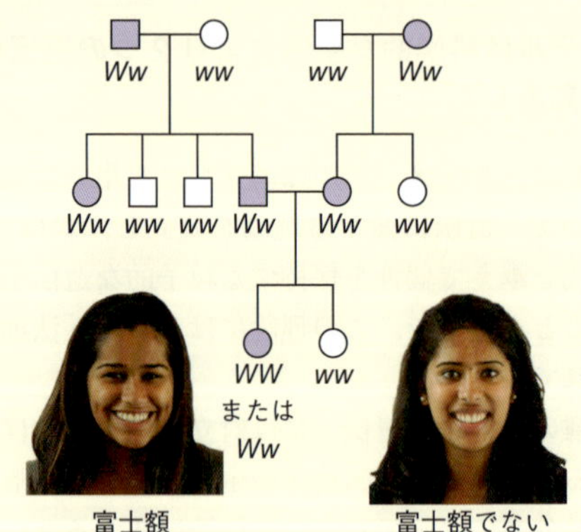
Ww
ww
ww
Ww
Ww
ww
ww
Ww
Ww
ww
WW
または
Ww
ww
富士額
富士額でない

- 多くの遺伝性疾患は単純な劣性の形質として遺伝する．遺伝性疾患を発症する人（劣性のホモ接合体）の大部分は，正常な表現型をもつヘテロ接合体の**キャリアー**から誕生する．
- 鎌状赤血球症の対立遺伝子は，進化的な理由により現代まで残存したと思われる．ホモ接合型の人は鎌状赤血球症となるが，1つだけ対立遺伝子をもつ場合にはマラリア感染の確率や症状を軽減させるため，ヘテロ接合体の人には利点もある．

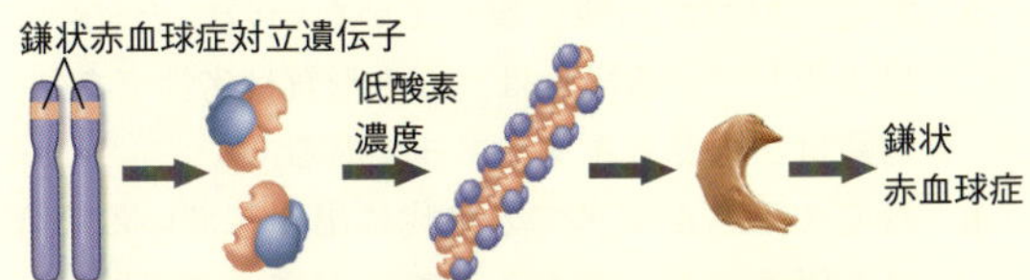
鎌状赤血球症対立遺伝子
低酸素
濃度
鎌状
赤血球症
鎌状赤血球症
のヘモグロビ
ンタンパク質
鎌状赤血球症のヘ
モグロビンタンパ
ク質繊維の一部
長い繊維により
赤血球が鎌状の
形となる

- 発症した人が生殖年齢に達する前に死亡する場合は，致死性の優性対立遺伝子は集団から排除される．非致死性の優性対立遺伝子および比較的高齢になってから発症する致死性の優性対立遺伝子は，メンデル遺伝学に従って遺伝する．
- ヒトの病気の多くは多因子性であり，遺伝的要因と環境要因の両方の影響を受けるため，単純なメンデル遺伝学の様式に従って遺伝するとは限らない．
- 家族歴の情報に基づき，遺伝学カウンセラーは，夫婦の子どもが遺伝性疾患を発症する確率を知るための助言をする．親になる予定の人々に対して，特定の遺伝性疾患を引き起こす劣性対立遺伝子のキャリアーであるかどうかを判定する遺伝子検査が幅広く利用できるようになっている．**羊水穿刺**（せんし）や**絨毛膜採取**（じゅうもう）を行うことにより，疑われる遺伝性疾患の有無を胎児のうちに判定することができる．出生後はその他のさまざまな遺伝子検査を行うことが可能である．

? 夫婦が2人とも嚢胞性線維症を引き起こす対立遺伝子をもつキャリアーであることがわかっている．この夫婦の子どもは3人とも嚢胞性線維症を発症していないが，キャリアーである可能性はある．実は4人目の子どももほしいのだが，前の3人が発症していなかったので，今度こそ嚢胞性線維症の子どもが生まれてくるのではないかと心配している．あなたはこの夫婦になんと説明したらよいだろうか．また，3人の子どもの遺伝子検査を行ってキャリアーであるかどうかを調べることにより，4人目の子どもが嚢胞性線維症を発症する可能性についての予測をより正確にすることはできるだろうか．

遺伝学の問題の解法の要点

1. 対立遺伝子の記号を書くこと（問題中に示されていることが多い）．アルファベット1文字で表記するときは，優性の対立遺伝子を大文字で，劣性の対立遺伝子を小文字で表すこと．
2. 表現型から決定される遺伝子型として可能なものを書き出すこと．
   a. 表現型がエンドウの紫花のような優性であれば，遺伝子型は優性のホモ接合かヘテロ接合である（*PP*, *Pp*）．
   b. 表現型がエンドウの白花のような劣性であれば，遺伝子型は劣性のホモ接合と決定できる（*pp*）．
   c. 問題文に「純系」とあれば，遺伝子型はホモ接合である．
3. 問題の中で問われている内容を見きわめること．交雑が問われているならば，対立遺伝子を適宜定め，それを用いて，[遺伝子型]×[遺伝子型] の形で書き表すこと．
4. パネットスクエアを用意して交雑の結果を描くこと．
   a. 一方の親の配偶子をパネットスクエアの上辺に，もう一方の親の配偶子を左辺に記入する．特定の遺伝子型の各々の配偶子がもち得る対立遺伝子について，すべての可能性を系統的に書き出すこと（個々の配偶子には，各々の遺伝子の対立遺伝子が1つだけ含まれている）．ヘテロ接合体の遺伝子座の数を n とすると，2^n 通りの配偶子が存在する．たとえば，遺伝子型 *AaBbCc* の個体からは $2^3 = 8$ 通りの配偶子が生じる．配偶子の遺伝子型を，パネットスクエアの上辺の上および左辺の左に描いた円内に記入する．
   b. それぞれの精子がそれぞれの卵と受精したときに生じるすべての子孫について，パネットスクエアのマス目を埋めなさい．たとえば，*AaBbCc* ×*AaBbCc* の交雑では，パネットスクエアは8行×8列となり，64通りの子孫が生じる．これより，すべての子孫について各々の遺伝子型がわかり，それに対応する表現型を知ることができる．それぞれの遺伝子型と表現型を数えて，各々の遺伝子型および表現型の出現比を算出する．パネットスクエアが非常に大きいため，この方法はあまり効率がよくない．他の方法を要点5に示す．
5. パネットスクエアが大きすぎるときは確率の法則を用いることができる（例：14.2節の最後の問題や下に示す問7）．各々の遺伝子について独立に考えることができる（14.2節の「確率の法則により複雑な遺伝学の問題を解決する」の項を参照）．
6. 問題文に子孫の表現型の出現比率が示されている

が，交配に用いた両親の遺伝子型が示されていない場合は，その子孫の表現型から両親の遺伝子型を推定することができる．
a. 子孫の1/2が劣性の表現型で1/2が優性の表現型ならば，この交配はヘテロ接合体と劣性のホモ接合体によるものと考えられる．
b. 子孫の表現型の出現比が3：1であれば，ヘテロ接合体同士の交配と考えられる．
c. 2つの遺伝子が関与する問題で，子孫の表現型の出現比9：3：3：1であれば，両親ともに両方の遺伝子についてヘテロ接合であると考えられる．注意：報告されている数が予想される出現比と完全に等しいとは限らない．たとえば，13匹の子孫が優性の形質で11匹が劣性の形質を示した場合，出現比は優性1：劣性1と考えられる．

7. 家系図の問題では，図14.15の解法と以下の要点を用いてどのようなタイプの形質が関与しているか見きわめること．
a. 特定の形質が両親に現れていないのに子どもには出現している場合は，この形質は劣性であり，両親は2人ともキャリアーである．
b. 特定の形質がすべての世代に出現している場合は，優性の形質である可能性が高い（例外の可能性あり）．
c. 両親が2人とも同じ形質を示すとき，この形質が劣性ならばすべての子孫はこの形質を示す．
d. 家系図の中の特定の個人の遺伝子型を決定するためには，まず判明する限りの家系図のメンバーの遺伝子型を記入する．何人かの遺伝子型が判明しないときは，判明している情報を記入する．たとえば，優性の形質を示す人の遺伝子型は*AA*または*Aa*であるから，この人の遺伝子型は*A-*と記入することができる．結果に適合するかどうか知るために，すべての可能性を検討すること．確率の法則を用いて，可能性のある遺伝子型それぞれについて正しい遺伝子型である確率を計算することができる．

理解度テスト

レベル1：知識／理解

1. **描いてみよう**　エンドウのさやの色とさやの形態の形質についてヘテロ接合体の2株を交雑させた．パネットスクエアを描き，次世代の株の表現型の出現比率を算出しなさい．
2. 血液型がA型の男性が血液型がB型の女性と結婚し，生まれた子どもの血液型がO型であった．この親子の遺伝子型を判定しなさい．また，この2人の結婚より誕生する子どもの血液型と遺伝子型およびその頻度について記しなさい．
3. ある男性は手の指と足の指が6本ずつあるが，彼の妻と娘の指の数は正常である．余分の指は優性の形質である．この夫婦の子どもが余分の指をもつ可能性について予測しなさい．
4. **描いてみよう**　エンドウの膨張型さやのヘテロ接合株（*Ii*）と，収縮型さやのホモ接合株（*ii*）とを交雑させた．この交雑に関するパネットスクエアを描きなさい．ただし，ホモ接合株（*ii*）が花粉を産生すると仮定すること．

レベル2：応用／解析

5. 花の位置，茎の長さ，種子の形態の3つの形質はメンデルが研究したものである．それぞれの形質は独立に分配される遺伝子によって支配され，優性と劣性の表現型は表14.1に示す通りである．3つの形質すべてについてヘテロ接合体の株に自家受粉を行った場合，次世代の株に以下の形質はどのような比率で出現するか（注：大きなパネットスクエアを用いるのではなく，確率の法則を利用すること）．
(a) 3つとも優性の形質のホモ接合体
(b) 3つとも劣性の形質のホモ接合体
(c) 3つの形質すべてについてヘテロ接合体
(d) 花の位置の中軸と茎の長生についてホモ接合体で，種子の形態についてヘテロ接合体
6. ヘモクロマトーシス（血色素症）は劣性の対立遺伝子により引き起こされる遺伝性疾患である．双方ともキャリアーの夫婦が3人の子どもをもうけたとき，以下のそれぞれの事象が起こる確率を計算しなさい．
(a) 3人の子どもがすべて正常な表現型
(b) 子どもの1人以上がフェニルケトン尿症
(c) 子ども3人ともフェニルケトン尿症
(d) 子どものうち少なくとも1人の表現型が正常（注：すべての可能性のある結果の確率の合計はつねに1となる）
7. 4遺伝子雑種交雑によるF_1世代の遺伝子型は*AaBbCcDd*である．4つの遺伝子は独立して分配されると仮定したとき，以下の遺伝子型のF_2世代が

出現する確率を計算しなさい．

(a) $aabbccdd$
(b) $AaBbCcDd$
(c) $AABBCCDD$
(d) $AaBBccDd$
(e) $AaBBCCdd$

8. 以下のそれぞれの両親の組み合わせから，以下に示される子どもが生まれる確率を計算しなさい（すべての遺伝子は独立して分配されると仮定しなさい）．

(a) $AABBCC \times aabbcc \rightarrow AaBbCc$
(b) $AABbCc \times AaBbCc \rightarrow AAbbCC$
(c) $AaBbCc \times AaBbCc \rightarrow AaBbCc$
(d) $aaBbCC \times AABbcc \rightarrow AaBbCc$

9. カレンとスティーブにはそれぞれ鎌状赤血球症の兄弟がいるが，カレンもスティーブも2人の両親も鎌状赤血球症の症状はないが，キャリアーかどうかの検査は誰も受けていない．この完全とはいえない情報から，この2人が子どもをもったときにその子どもが鎌状赤血球症を発症する確率を計算しなさい．

10. 1981年に後方に湾曲した珍しい形の耳をもつ黒ネコがカリフォルニアの家族に拾われた．その後このネコの子孫が数百匹にまで増え，品評会への出場をめざすネコ愛好家の間で巻き耳のネコの育種が目論まれている．あなたは最初の巻き耳のネコを所有しており，純血の巻き耳ネコの育種をめざしている．巻き耳ネコの対立遺伝子が優性か劣性かをどのようにして決定するか．また，どのようにして純血の巻き耳ネコを得るか．さらに，そのネコが純血であることをどのようにして確認するか．

11. トラはある1つの劣性の対立遺伝子により毛が着色しない現象（白虎）と斜視の両方が起こる．表現型は正常で，この遺伝子座についてヘテロ接合体である2頭のトラが交配したとき，その子どものトラが斜視となる確率は何％か計算しなさい．また，斜視のトラの中で白虎の出現確率は何％か．

12. トウモロコシでは，優性の対立遺伝子 I が穀粒の着色を妨げるので，劣性の対立遺伝子 i がホモ接合体となったとき穀粒が着色する．別の遺伝子座の，優性の対立遺伝子 P は穀粒を紫色にし，劣性のホモ接合体の遺伝子型 pp は赤色の穀粒をつける．両方の遺伝子座についてヘテロ接合体である株を交雑させたとき，子孫のトウモロコシの穀粒の色の表現型について出現比率を計算しなさい．

13. 以下の家系図は代謝異常であるアルカプトン尿症の遺伝について調査したものである．図の中で着色された丸と四角で表されているのはアルカプトン尿症を発症した人であり，アルカプトンとよばれる物質を分解できないため，尿や体組織が着色する．アルカプトン尿症を引き起こす対立遺伝子（A または a とする）は，優性か劣性か記しなさい．遺伝子型が推定できる人の遺伝子型を記入しなさい．また，その他の遺伝子型が決められない人には，どのような可能性があるか記述しなさい．

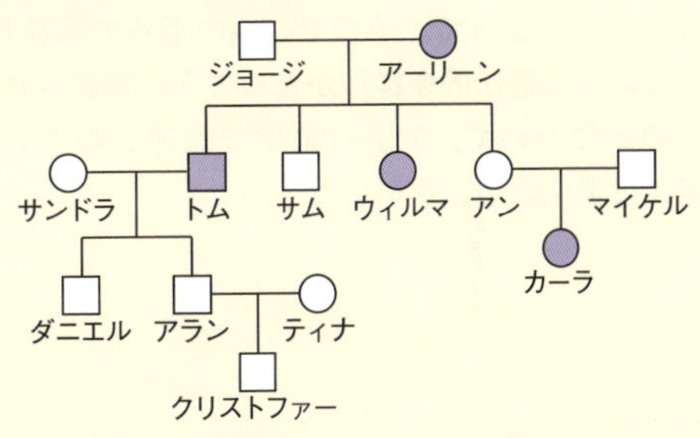
ジョージ
アーリーン
サンドラ
トム
サム
ウィルマ
アン
マイケル
カーラ
ダニエル
アラン
ティナ
クリストファー

14. あなたは遺伝学カウンセラーであり，子どもをつくることを計画している夫婦が情報を求めてあなたを訪れてきた．チャールズは以前結婚していて，前妻との間に嚢胞性線維症の子どもが生まれた．現在の妻イレーヌの兄弟は，嚢胞性線維症のため死亡している．チャールズとイレーヌの子どもが嚢胞性線維症を発症する確率を計算しなさい．ただし，チャールズもイレーヌも嚢胞性線維症ではないものとする．

レベル3：統合／評価

15. **進化との関連**　米国などの先進国では，過去半世紀にわたって人々が結婚し子どもをつくる年齢が，父母や祖父母の世代に比較して遅くなっていく傾向がある．この傾向が，比較的高齢になって発病する優性の致死性疾患の対立遺伝子の集団の中での存在比率に対して与える影響について考察しなさい．

16. **科学的研究**　あなたは長い茎と腋生花をもつ謎の豆の株を渡されて，できる限り迅速に遺伝子型を決定するように依頼された．長い茎の対立遺伝子（T）が短い茎の対立遺伝子（t）に対して優性であり，腋生花の対立遺伝子（A）は頂生花の対立遺伝子（a）に対して優性であることがわかっている．

(a) 遺伝子型未知の豆がもつ遺伝子型につて，可能性のある型をすべて挙げなさい．
(b) 謎の豆の正確な遺伝子型を決定するために，あなたが庭で行うべき1種類の交雑実験について記述しなさい．

(c) 交雑実験の結果を待つ間に，問 (a) でリストアップした遺伝子型それぞれについて結果を予測した．なぜそのような予測ができるか，また実際の交雑実験との違いを説明しなさい．

(d) あなたの交雑実験の結果と予測が，あなたの謎の豆の遺伝子型を知るためにどのように役立つか説明しなさい．

17. **テーマに関する小論文：情報**　生命の連続性はDNAに刻まれた遺伝性の情報に基づいている．特定の対立遺伝子の形で，親から子へ遺伝子が伝えられることによって，子孫での親の形質の永続性と，また同時に遺伝的多様性がどのように保証されているのかについて，300～450字で記述しなさい．説明には遺伝学用語を用いなさい．

18. **知識の統合**

仮の話として，シャツの縞模様がある1つの遺伝子によって決まる形質であるとしよう．この写真の家族の「シャツの表現型」を説明し得る遺伝的な説明を考えてみなさい．解答には，家族1人ひとりについて，シャツの縞模様の仮定の対立遺伝子の組み合わせを記すこと．子に現れた模様を説明できる遺伝様式はどのようなものか答えなさい．

(一部の解答は付録A)

15 染色体の挙動と遺伝

▲図 15.1　メンデルが予測した遺伝性因子は細胞のどこにあるのだろうか．

重要概念

15.1　モルガンはメンデル遺伝の物質的な基盤は染色体の挙動であることを示した：科学的研究

15.2　伴性遺伝は独特の遺伝様式を示す

15.3　連鎖した遺伝子は同一の染色体上に近接して存在するため一緒に伝達される傾向がある

15.4　染色体の数や構造の変化は遺伝性の疾患を引き起こす

15.5　標準的なメンデル遺伝の例外となる遺伝様式

▼有糸分裂のスケッチ（フレミング，1882）

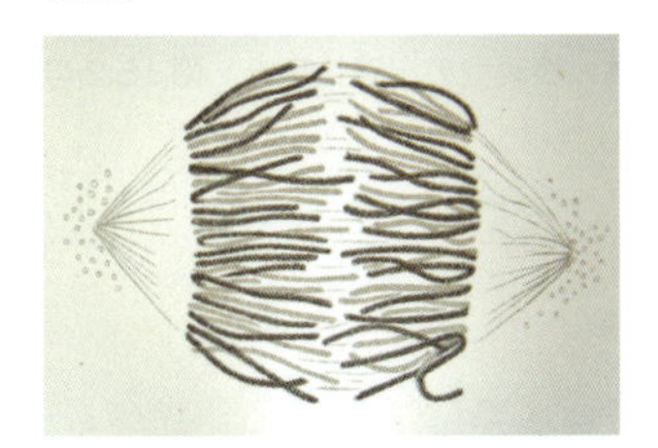

遺伝子は染色体上に存在する

現在では，メンデルの提唱した「遺伝性因子」は染色体上にあるDNAの一領域であることがわかっている．さらに特定の遺伝子を蛍光色素で標識することにより，その遺伝子が染色体上のどこに位置しているかを観察することも可能である．図 15.1 の写真に見られる 4 つの黄色の点は，ヒトのある相同染色体の対に存在する特定の遺伝子を標識している（染色体は複製後であるため，各染色体には姉妹染色分体に 1 つずつ，2 コピーの対立遺伝子が存在している）．しかし，グレゴール・メンデル Gregor Mendel が 1860 年に存在を提唱した「遺伝性因子」は，提唱した当時は純粋な抽象的概念であった．当時，このような想像上の粒子を収納できる細胞内の構造物は知られておらず，ほとんどの生物学者はメンデルが提唱した遺伝の法則について懐疑的であった．

さまざまな改良された顕微鏡技術を駆使して，細胞学者は 1875 年に有糸分裂の過程を，1890 年代には減数分裂の過程を観察した（ドイツの生物学者，ヴァルター・フレミング Walther Flemming が出版した有糸分裂のスケッチを参照）．生物学者が，有性生殖の生活環におけるメンデルが提案した「遺伝性因子」の挙動と染色体の挙動との共通点を見出していくにつれ，細胞学と遺伝学が統合された．図 15.2 に示すように，二倍体細胞には染色体と遺伝子は両方とも 1 対存在し，減数分裂の過程で対をなす相同染色体が分離し，その上の対立遺伝子が分配される．減数分裂の後，受精により染色体と遺伝子は両方とも対の状態を回復する．1902 年頃，ウォルター・S・サットン Walter S. Sutton と，テオドール・ボヴェリ Theodor Boveri のグループなどがこのような共通点に同時期に気づき，**遺伝の染色体説 chromosome theory of inheritance** の構築が始まった．染色体説によると，メンデルの遺伝子は染色体上の特

▼図 15.2　染色体の挙動に基づくメンデルの法則． メンデルの交雑の結果の一例（図 14.8 参照）と減数分裂中の染色体の挙動（図 13.8 参照）との関連を示す．減数分裂の中期Ⅰにおける染色体の中期板整列時の配置と，後期Ⅰの染色体の移動により，種子の色と形状に関する対立遺伝子の独立分配と分離を説明することができる．F_1 世代の株の中で減数分裂を行う細胞はそれぞれ２種類の配偶子を形成する．すべての細胞の減数分裂の結果を考慮すると，中期Ⅰにおける各々の染色体の整列配置の仕方が等しい確率で起こるため，全体として F_1 世代の株からは４種類の配偶子が同数生産される．

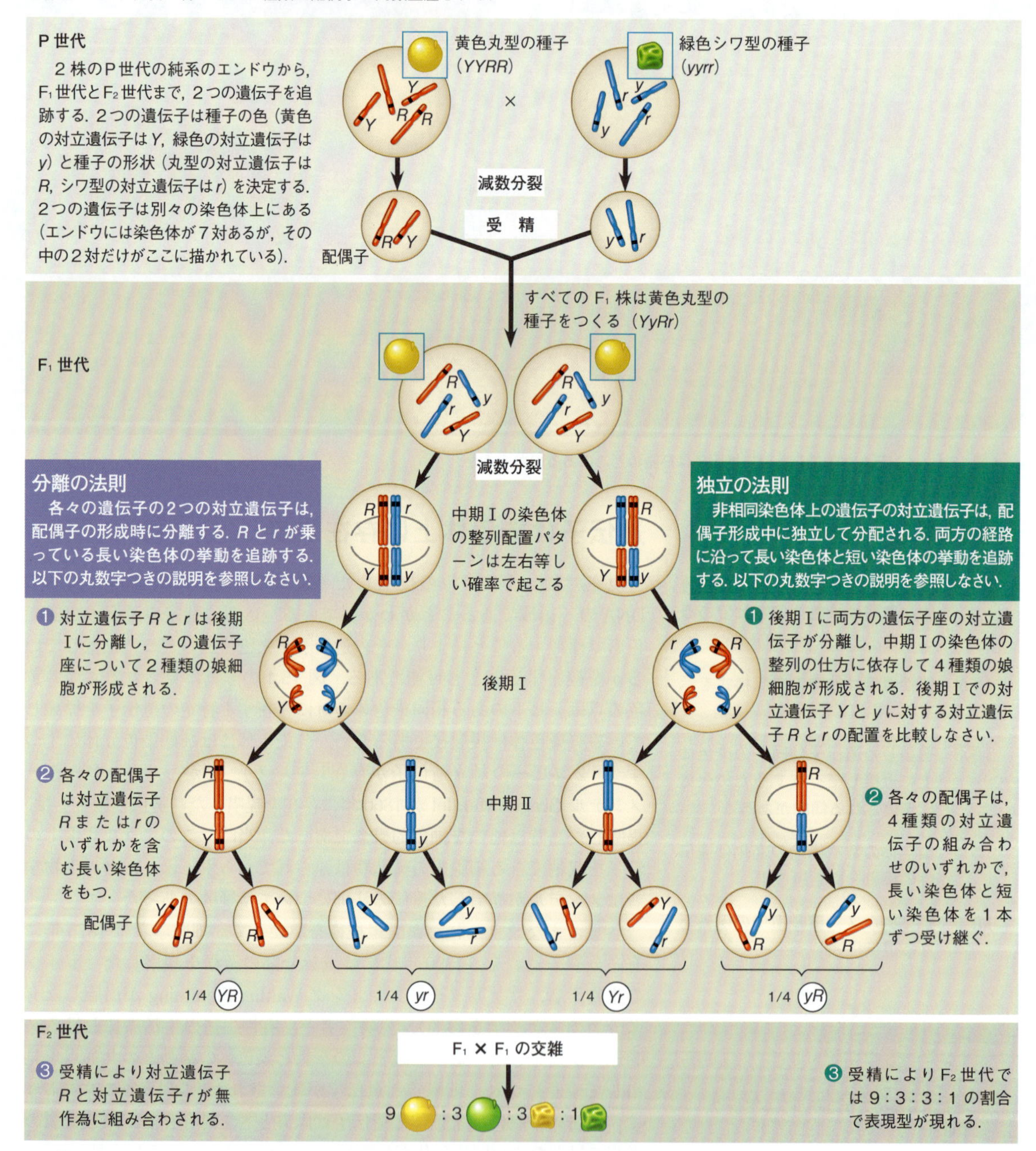
P 世代
２株のP世代の純系のエンドウから，F_1 世代と F_2 世代まで，２つの遺伝子を追跡する．２つの遺伝子は種子の色（黄色の対立遺伝子は *Y*，緑色の対立遺伝子は *y*）と種子の形状（丸型の対立遺伝子は *R*，シワ型の対立遺伝子は *r*）を決定する．２つの遺伝子は別々の染色体上にある（エンドウには染色体が７対あるが，その中の２対だけがここに描かれている）．
黄色丸型の種子（*YYRR*）
×
緑色シワ型の種子（*yyrr*）
減数分裂
受　精
配偶子
すべての F_1 株は黄色丸型の種子をつくる（*YyRr*）
F_1 世代
減数分裂
分離の法則
各々の遺伝子の2つの対立遺伝子は，配偶子の形成時に分離する．*R* と *r* が乗っている長い染色体の挙動を追跡する．以下の丸数字つきの説明を参照しなさい．
中期Ⅰの染色体の整列配置パターンは左右等しい確率で起こる
独立の法則
非相同染色体上の遺伝子の対立遺伝子は，配偶子形成中に独立して分配される．両方の経路に沿って長い染色体と短い染色体の挙動を追跡する．以下の丸数字つきの説明を参照しなさい．
❶ 対立遺伝子 *R* と *r* は後期Ⅰに分離し，この遺伝子座について２種類の娘細胞が形成される．
後期Ⅰ
❶ 後期Ⅰに両方の遺伝子座の対立遺伝子が分離し，中期Ⅰの染色体の整列の仕方に依存して４種類の娘細胞が形成される．後期Ⅰでの対立遺伝子 *Y* と *y* に対する対立遺伝子 *R* と *r* の配置を比較しなさい．
❷ 各々の配偶子は対立遺伝子 *R* または *r* のいずれかを含む長い染色体をもつ．
中期Ⅱ
❷ 各々の配偶子は，４種類の対立遺伝子の組み合わせのいずれかで，長い染色体と短い染色体を１本ずつ受け継ぐ．
配偶子
1/4 *YR*
1/4 *yr*
1/4 *Yr*
1/4 *yR*
F_2 世代
F_1 × F_1 の交雑
❸ 受精により対立遺伝子 *R* と対立遺伝子 *r* が無作為に組み合わされる．
9 : 3 : 3 : 1
❸ 受精により F_2 世代では 9：3：3：1 の割合で表現型が現れる．

? F_1 雑種株２つの遺伝子がともに劣性のホモ接合体（*yyrr*）である株と交雑した場合の子孫の表現型の出現比率を，図 15.2 の実験で現れた 9：3：3：1 と比較しなさい．

定の位置に存在し，染色体が遺伝子の分離と独立分配を実行するとしている．

図 15.2 に示されているように，減数分裂の後期 I に起こる相同染色体の分離により，ある遺伝子の 2 個の対立遺伝子が別々の配偶子へと分配されていく過程を説明できる．さらに中期 I においてそれぞれの相同染色体対がランダムな向きで整列することが，それぞれ別の染色体に存在する複数の遺伝子の対立遺伝子が独立に分配されることを説明できる．この図は，図 14.8 で学んだものと同じエンドウの 2 遺伝子雑種交雑について示している．図 15.2 を注意深く学ぶことにより，F_1 世代の減数分裂と，それに続く F_2 世代を生み出す無作為な受精における中の染色体の挙動が，どのようにしてメンデルが観察した比率で表現型の出現につながるか理解できるだろう．

本章では，染色体の挙動と遺伝子の挙動との間に関連をつけることにより，前の 2 つの章で学んできたことを統合して発展させる．まず，ショウジョウバエの実験によって示された染色体説を強く支持する証拠について説明する（この染色体説は非常に合理的なものであるが，それでも実験的な証拠が必要であった）．次に，親から子へと遺伝子が伝達されることと染色体の挙動の関係について，2 つの遺伝子が同じ染色体上で連鎖している場合にはどうなるかも含めて見ていく．最後に，典型的な遺伝様式の重要な例外について議論する．

15.1

モルガンはメンデル遺伝の物質的な基盤は染色体の挙動であることを示した：科学的研究

特定の遺伝子が特定の染色体に関連していることを示す最初の確固たる証拠は，20 世紀初頭のコロンビア大学の実験発生学者であるトーマス・ハント・モルガン Thomas Hunt Morgan の研究から提示された．モルガンは当初メンデル学説と染色体説について懐疑的であったが，彼の初期の実験により，メンデルの遺伝性因子が実際に染色体上に存在することに関する説得力のある証拠が提示された．

実験材料に関するモルガンの選択

生物学の歴史では，重要な発見が優れた洞察または幸運により，研究課題に適した実験材料を選択したことで達成された例が数多い．メンデルは多数の識別可能な変種を利用できたことからエンドウを選択した．モルガンは，カビの生えた果物につく無害なコバエであるキイロショウジョウバエ *Drosophila melanogaster* を実験材料として選択した．ショウジョウバエは多産であり，1 つがいの成虫から数百匹の子孫のハエが誕生し，2 週間ごとに次の世代を得ることができる．モルガンの研究室では 1907 年にこの便利な生物を遺伝学の研究に使い始め，まもなく「ハエの部屋」として知られるようになった．

ショウジョウバエは 3 対の常染色体と 1 対の性染色体の 4 対しか染色体をもたず，光学顕微鏡により容易に染色体を識別できる点も実験材料として有利な点である．雌のショウジョウバエは 2 本の相同な X 染色体をもち，雄のショウジョウバエは X 染色体と Y 染色体をもっている．

メンデルがエンドウを扱う業者から容易にエンドウの変種を得ることができたのに対し，モルガンはショウジョウバエという昆虫の変種を必要とした最初の研究者だったであろう．モルガンは，多数のショウジョウバエの交配を実行し，膨大な数の子孫のハエを顕微鏡で観察して自然に発生した変種の個体を求めるという気の遠くなるような仕事に没頭した．何ヵ月もこの作業を繰り返した末に，「2 年間の苦労は無駄だった．この間ずっとショウジョウバエの育種に尽力してきたが，何ひとつ得られていない」と嘆いた．それでもモルガンはショウジョウバエの育種を継続し，ついに通常の赤眼の代わりに白眼をもつ 1 匹の雄のハエの発見によりその努力が報われる日がきた．ショウジョウバエの赤眼のように，自然の生物集団の中で最も一般的に観察される表現型は**野生型 wild type** とよばれる（図 15.3）．これに対し，ショウジョウバエの白眼の

▼図 15.3 モルガンの最初の突然変異体． 野生型のショウジョウバエは赤眼（左）である．モルガンはその中から白眼（右）の雄の突然変異体を発見した．この変異体の追跡により，モルガンは眼の色の遺伝子が特定の染色体に由来することを明らかにすることができた．

野性型
突然変異体

ように，野生型に代わる形質は，野生型の対立遺伝子に起こった突然変異により生じたと考えられる新型の対立遺伝子に由来することから，「変異型」とよばれる．

モルガンと彼の研究室の学生が編み出した，ショウジョウバエの対立遺伝子に関する表記法は現在でも広く用いられている．ショウジョウバエの特定の形質に関する遺伝子は，最初の変異体（野生型ではないもの）が発見されたときに命名した記号により表記する．これより，ショウジョウバエの白眼（white eyes）の対立遺伝子は斜体の w と表記される．上付き文字の記号「＋」は野生型の形質を示す対立遺伝子を表すので，赤眼の対立遺伝子は w^+ と表記される．長年の間に，他の生物に関しては異なる遺伝子の命名と表記のシステムが採用されるようになっていった．ヒトの遺伝子は，たとえばハンチントン病を引き起こす対立遺伝子が *HTT* と表記されるように，通常はすべて大文字で表記される（この例のように対立遺伝子は2文字以上の字数で表記されることもある）．

対立遺伝子の挙動と染色体の挙動との関連

モルガンは得られた白眼の雄ハエを赤眼の雌ハエと交配させた．F_1 世代のハエがすべて赤眼であったことから，野生型の対立遺伝子が優性であることが示唆された．次に F_1 世代のハエ同士を交配させて得られた F_2 世代には，古典的な3：1の比率で2つの表現型が出現した．しかし，驚いたことに，白眼の形質は雄ハエだけにしか現れなかった．F_2 世代の雌ハエはすべて赤眼であるのに対し，雄ハエは半数が赤眼で半数が白眼であった．これにより，モルガンはショウジョウバエの眼の色の遺伝は性別となんらかの関連があると結論づけた（もし，眼の色の遺伝子が性別に無関係であるならば，白眼のハエの半数は雄であり，半数は雌となるはずである）．

雌のハエは2本のX染色体をもち（*XX*），雄のハエはX染色体とY染色体を1本ずつもつ（*XY*）ことを思い出そう．白眼の形質と雄性との関連が F_2 世代のハエに影響を及ぼすことから，モルガンは白眼の突然変異に関連する遺伝子染色体上に位置しており，Y染色体には対応する対立遺伝子が存在しないと考えた．モルガンの推論は，図15.4により理解することができる．雄のハエはX染色体が1本しかないため，そこに1コピーの変異型対立遺伝子が存在すると，劣性の対立遺伝子の効果を覆い隠す野生型の対立遺伝子（w^+）が存在しないことから白眼となる．一方，雌のハエは2本のX染色体の両方が劣性の変異型対立遺

▼図15.4

研究　野生型の雌のショウジョウバエと変異型の白眼の雄を交配させたとき，F_1 世代と F_2 世代のハエの眼の色はどうなるか

実験　トーマス・ハント・モルガンは，ショウジョウバエの眼の色の遺伝子について2種類の対立遺伝子の挙動の研究を計画した．メンデルがエンドウを用いて行った交雑実験と同様に，モルガンのグループは野生型（赤眼）の雌と変異型の白眼の雄を交配させた．

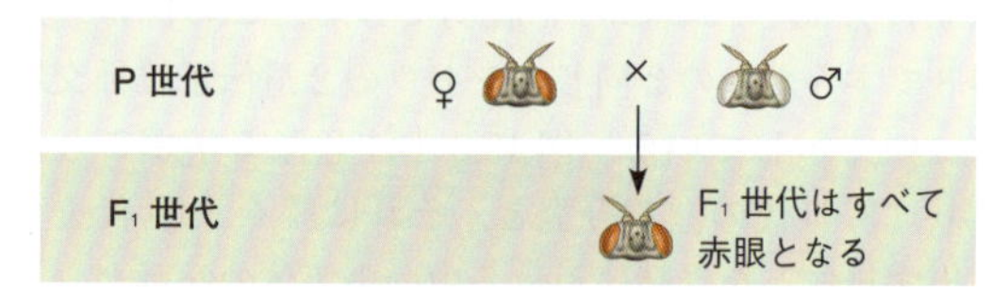
P世代
♀
×
♂
F_1 世代
F_1 世代はすべて赤眼となる

次にモルガンは F_1 世代の赤眼の雌と F_1 世代の赤眼の雄を交配させ，F_2 世代を得た．

結果　F_2 世代は典型的なメンデル遺伝の表現型の出現比率である赤眼3：白眼1を示した．しかし，雌のハエに白眼は出現せず，白眼のハエはすべて雄であった．

F_2 世代
♀
♀
♂
♂

結論　すべての F_1 世代が赤眼であったことから，変異型の白眼の形質（w）は野生型の赤眼の形質（w^+）に対して劣性である．また，劣性の形質の白眼が F_2 世代の雄にしか出現しなかったことから，モルガンは眼の色の遺伝子はX染色体上に存在し，Y染色体には対応する遺伝子座がないと推測した．

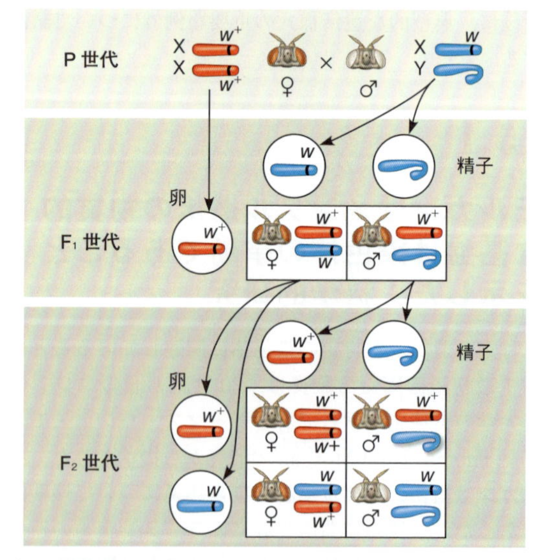
P世代
X
X
w^+
♀
×
♂
X
Y
w
精子
卵
F_1 世代
F_2 世代

データの出典　T. H. Morgan, Sex-limited inheritance in *Drosophila*, *Science* 32:120–122 (1910).

どうなる？➤この眼の色の遺伝子が常染色体にあった場合，同様の交配を行ったとき F_2 世代のハエの表現型を性別とともに予測しなさい（ヒント：パネットスクエアを描く）．

伝子（*w*）となったときだけ白眼となる．モルガンの実験ではすべてのF_1世代の雄が赤眼であったため，F_2世代の雌は父由来のX染色体上の野生型対立遺伝子（w^+）を受け継ぐことになり白眼が生じることはなかった．

モルガンが見出した特定の形質と個体の性別との関連，特に，特定の遺伝子が特定の染色体によって運ばれるということ（この場合は赤眼の遺伝子がX染色体上にある）は，遺伝の染色体説を支持するものであった．さらに，モルガンの研究により，性染色体上に位置する遺伝子は，独特の遺伝様式をもつ（次節で議論する）ことを示した．モルガンの初期の研究の重要性を認識した多くの優秀な学生が，モルガンの「ハエの部屋」に魅了されていった．

概念のチェック 15.1

1. メンデルの分離の法則と独立の法則のどちらが，ある1つの形質に関する対立遺伝子の伝達に関係しているか．また，どちらの法則が2遺伝子雑種の交配における2つの形質に関する対立遺伝子の遺伝に関係しているか．
2. **関連性を考えよう➤**図13.8の減数分裂に関する記述と，14.1節のメンデルの分離の法則と独立分配の法則について解説しなさい．各々のメンデルの法則の物理的基盤は何か．
3. **どうなる？➤**モルガンが発見した最初の自然発生した突然変異体のハエが，性染色体上にある遺伝子がかかわるものであり，しかも雄であった理由を推察しなさい．

（解答例は付録A）

15.2

伴性遺伝は独特の遺伝様式を示す

前節で学んだ通り，モルガンが発見した白眼という形質がハエの性別に関連していたことは，遺伝に関する染色体説の進展の鍵となった．ハエの個体がもつ性染色体は，その個体の性別を観察することにより判断できることから，1対の性染色体の挙動は眼色の遺伝子の2つの対立遺伝子の挙動と連動していると考えられる．本節では，遺伝の過程で性染色体が果たす役割について詳細に検討していく．

性別と染色体

性別は伝統的に2種類1対のカテゴリー分けであったが，いまでは性の区別はあいまいなところがあることがわかりつつある．ここでは性（sex）という語を，解剖学的および生理学的な形質を同一にする集団に対しての分類として扱う（「ジェンダー gender」という語は，かつては性別の同義語として使われていたが，いまでは文化的経験に基づき個人を男性，女性，または他の性だと認識することを指す語として使われることが多い）．この意味において，性別はおもに染色体によって決まる．

▼図15.5 ヒトの性染色体．

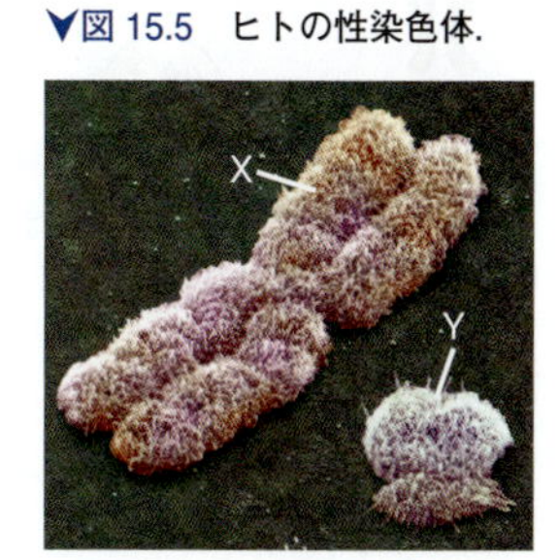
X
Y

ヒトのなどの哺乳類にはXとYの2種類の性染色体が存在する．Y染色体はX染色体よりもずっと小さい（図15.5）．両親から1本ずつ受け継いだ2本のX染色体をもつ人は，通常は「女性」になる．一方，「男性」という特徴はX染色体1本とY染色体1本をもつことで生じる（図15.6 a）．Y染色体の両端の比較的短い領域だけがX染色体の対応する領域と相同性を示す．男性の精巣の中の減数分裂の過程では，この相同な領域によりX染色体とY染色体が対合して，相同染色体のようにふるまう．

哺乳類の精巣と卵巣では，減数分裂の過程で2本の性染色体が分離し，各々の配偶子がそのうちの1本を受け取る．卵には1本のX染色体が含まれる．これに対して，男性が産生する精子は2種類あり，精子の半数にはX染色体が含まれ，残りの半数はY染色体を含む．X染色体をもつ精子が卵を受精させた場合は，受精卵はXXの女性となる．Y染色体をもつ精子が卵を受精させた場合は，受精卵はXYの男性となる（図15.6 a参照）．したがって，一般的に性別決定の確率は五分五分である．哺乳類のX-Yシステムは，性別を決定する染色体のシステムとして唯一のものではない．性別決定に関してX-Yシステム以外の3通りの染色体システムが図15.6 b～dに示されている．

ヒトでは妊娠2ヵ月の胎児には早くも解剖学的な性別の兆候が出現する．それ以前の生殖腺の原基は，Y染色体の有無によらず，どのような遺伝子が働いているかによって，精巣にも卵巣にも発生することができる．Y染色体上にある*SRY*（Y染色体上の性決定領域：sex determining region of Y という語から命名）という遺伝子が，精巣の発達に必要である．*SRY*遺伝子が存在しない場合，XYの胎児であっても生殖腺原基から卵巣が発生する．

▼図 15.6　性決定の染色体システム． 数字は図の生物種が保有する常染色体の数を示す．ショウジョウバエの雄は XY 型だが，性は X 染色体の数と常染色体の比率に依存しており，たんに Y 染色体の存在だけで決定されるわけではない．

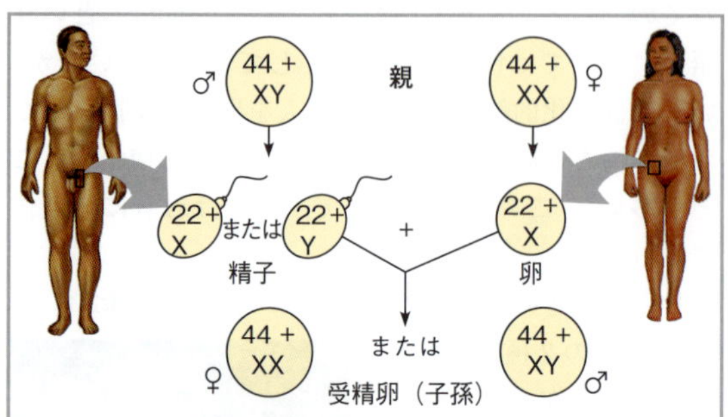
♂
44 +
XY
親
44 +
XX
♀
22+
X
または
22+
Y
+
22 +
X
精子
卵
44 +
XX
♀
または
44 +
XY
♂
受精卵（子孫）

(a) X-Y システム．哺乳類では，子どもの性別は精子がもつ染色体が X か Y かにより決定される．

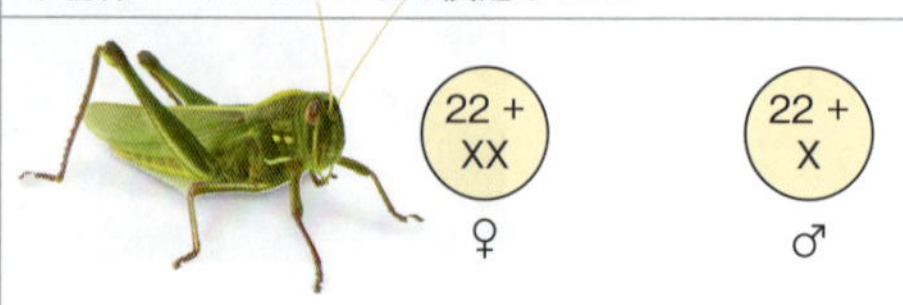
22 +
XX
♀
22 +
X
♂

(b) X-O システム．バッタやゴキブリなどの昆虫には性染色体として X だけが存在する．雌は XX 型であり，雄は性染色体を 1 本だけ有する XO 型である．子孫の性別は，精子が X 染色体を 1 本もつか，1 本ももたないかにより決定される．

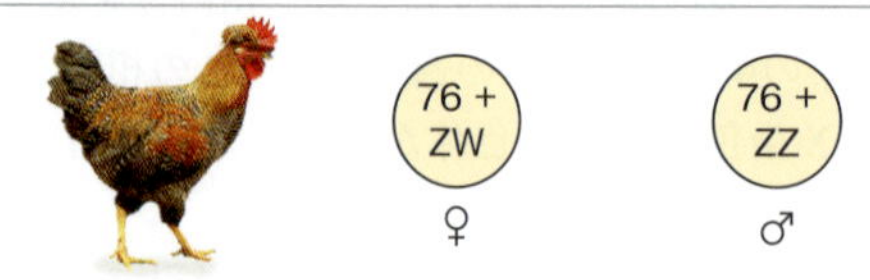
76 +
ZW
♀
76 +
ZZ
♂

(c) Z-W システム．鳥類・魚類および一部の昆虫では，精子ではなく卵に含まれる性染色体により子孫の性別が決定される．性染色体は Z および W と命名されており，雌は ZW 型，雄は ZZ 型である．

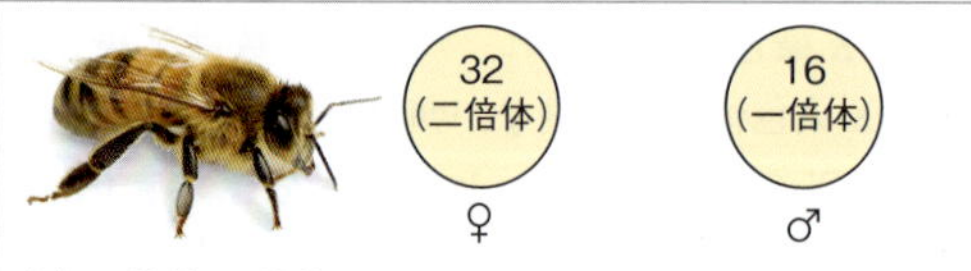
32
(二倍体)
♀
16
(一倍体)
♂

(d) 一倍体-二倍体システム．ハチやアリの大部分には性染色体が存在しない．雌は受精した卵細胞から発生するので二倍体である．雄は未受精卵から発生するため一倍体であり，父親をもたない．

どちらかの性染色体上に位置する遺伝子を**伴性遺伝子 sex-linked gene** という．ヒトの X 染色体には約 1100 個の遺伝子が存在し，**X 連鎖遺伝子 X-linked gene** とよばれ，Y 染色体上の遺伝子は「Y 連鎖遺伝子」とよばれる．研究者は，ヒトの Y 染色体には 78 個の遺伝子があり，これらが約 25 種類のタンパク質をコードしていることを見出した（重複している遺伝子がある）．これらの遺伝子の約半数は精巣の中でのみ発現し，精巣の正常な機能と正常な精子の生産に必要とされる．実質的に Y 染色体は父からすべての息子にそのまま伝わる．Y 染色体上の遺伝子は少ないため，父から息子へと Y 染色体に乗って伝わる遺伝疾患はごく少ない．

女性の卵巣の発生には *WNT4*（常染色体である 1 番染色体上に存在する）という，卵巣の発達を促進させるタンパク質をコードする遺伝子が必要である．過剰なコピー数の *WNT4* 遺伝子をもつと，XY の胎児にも未発達の雌生殖腺ができる．全体として，性別はこのような複数の遺伝子産物の相互作用ネットワークによって決められていく．

「男性」または「女性」に付随する生化学的，生理学的，解剖学的な特徴には，それぞれ複数の遺伝子がその発達に関与しており，これまで考えられていたよりもずっと複雑であることがわかりつつある．この複雑さゆえに，多くの多様性が存在する．中間的な性的特徴をもって生まれる人（「インターセックス」）もいるし，個人のジェンダーの認識とは一致しない解剖学的な特徴をもって生まれる人（「トランスジェンダー」）もいる．性決定は研究が盛んな分野であり，数年もすればさらに洗練された理解が進むであろう．

X 連鎖遺伝子の遺伝

男性と女性は受け継ぐ X 染色体の数が異なるため，常染色体に存在する遺伝子によるものとは別の遺伝様式を示す．Y 連鎖遺伝子の数は少なく，そのほとんどは性別決定に関与するものであるが，X 染色体には性別に関連しない多くの形質に関する遺伝子が存在している．ヒトの X 連鎖遺伝子は，モルガンがショウジョウバエの研究で観察した眼の色の遺伝子と同様の遺伝様式を示す（図 15.4 参照）．父親は，X 連鎖遺伝子の対立遺伝子をすべて娘に伝えるが，息子にはまったく伝えない．これに対し，図 15.7 に示されている穏和な X 連鎖疾患である赤緑色覚異常の例で明らかなように母親は X 連鎖遺伝子の対立遺伝子を息子にも娘にも伝える．

X 連鎖遺伝子の形質が劣性の対立遺伝子によるものである場合，女性はこの対立遺伝子についてホモ接合のときだけこの表現型を発現する．一方，男性には 1 つだけしか遺伝子座がないため，X 連鎖遺伝子を記述するためには「ホモ接合」および「ヘテロ接合」という用語は無意味であり，この場合は「ヘミ接合」という用語を用いる．母親から劣性の X 連鎖遺伝子の対立遺伝子を受け継いだ男性は，その形質を必ず発現する．このため，女性よりも男性のほうが X 連鎖の遺伝性疾患をはるかに多く発症する．女性が変異型の対立遺伝子を 2 本受け継ぐ可能性は，男性が 1 本だけ変異型の対立遺伝子を受け継ぐ可能性よりもはるかに少ないが，X連鎖遺伝子の遺伝性疾患を発症する女性も存在する．たとえば，色覚異常はほぼすべてがX連鎖遺伝子により伴性遺伝する穏和な疾患である．色覚異常の父親とキャリアーの母親との婚姻により色覚異常の女の子が誕生する可能性がある（図15.7c参照）．しかし，色覚異常を引き起こすX連鎖遺伝子の対立遺伝子は比較的珍しいため，このような男性と女性が婚姻する可能性は高くはない．

色覚異常よりもはるかに深刻なヒトのX連鎖遺伝性疾患が多数存在する．**デュシェンヌ型筋ジストロフィー Duchenne muscular dystrophy** は，米国では男子のほぼ3500人に1人の割合で発症する．この疾患は進行性の筋肉の衰弱と運動制御の失調が特徴であり，患者が20代半ばまで生存することはほとんどない．この疾患がジストロフィンとよばれる，筋肉の機能の鍵となるタンパク質の欠損によるものであることが研究者により突き止められ，このタンパク質をコードする遺伝子が存在するX染色体上の特定の遺伝子座がわかっている．

血友病 hemophilia は血液凝固に必要なタンパク質が1つ以上欠損していることにより定義される劣性のX連鎖遺伝性疾患である．血友病の人が負傷すると，血栓の形成が遅いため出血が長く続く．皮膚の小さな切り傷くらいならば大きな問題にならないが，筋肉や関節内の出血は苦痛が激しく重大な組織の損傷を招くことがある．1800年代に血友病がヨーロッパの王室の間で広がった．イングランドのビクトリア女王が血友病の対立遺伝子を何人もの子孫に伝えたことが知られている．イングランドの王族とスペインやロシアなどの他国の王族との国際結婚により，さらに血友病対立遺伝子が拡散していったことが各国の王族の家系図によく記録されている．数年前に，新たなゲノム解析技術が開発され，埋葬された王族の遺体のごく一部から，DNA配列を読むことができるようになった．遺伝子レベルでの変異の実態や，変異によりどのようにして血栓形成因子が機能不全となるかがわかってきた．現在では，血友病の人は必要に応じて欠損したタンパク質の静脈内注射による治療を受けることができる．

哺乳類の雌のX染色体不活性化

ヒトなどの哺乳類の雌は2本のX染色体を受け継いでおり，雄の2倍のX染色体が存在することから，雌の体内ではX連鎖遺伝子にコードされるタンパク質が雄の2倍量存在するのではないかと疑問に思うこともあるだろう．実際は，哺乳類の雌の各々の細胞の中では，X染色体の一方が初期胚発生の段階で不活性化されている．その結果，雄の細胞でも雌の細胞でも大部分のX連鎖遺伝子の有効強度が等しい（1コピー分）．雌の細胞中の不活性なX染色体は凝縮して**バー小体 Barr body** とよばれる（カナダの解剖学者マレー・バー Murray Barr により発見された），核膜の内側に沿った小型の構造体となる．バー小体となったX染色体の遺伝子はほとんど発現しない．卵巣では卵を生み出す細胞の中でバー小体の染色体が再活性化されるため，すべての雌性配偶子（卵）が活性のあるX染色体をもつことになる．

英国の遺伝学者メアリ・リオン Mary Lyon は，X染色体の不活性化が行われる時期に初期胚に存在する各々の細胞では，2つのX染色体のうちバー小体とな

▼図15.7　劣性の伴性形質の伝達． この図では色覚異常を例とする．上付き大文字 N は正常色覚であるX染色体上の優性の対立遺伝子を示し，上付き小文字 n は突然変異のため色覚異常を引き起こす劣性の対立遺伝子を示している．白の四角形は正常色覚の人を示す．薄いオレンジ色の四角形はキャリアー，濃いオレンジ色の四角形は色覚異常を発症している人をそれぞれ示している．

❓ 色覚異常の女性が正常色覚の男性と婚姻したとき，生まれる子どもの表現型はどのようになるか．

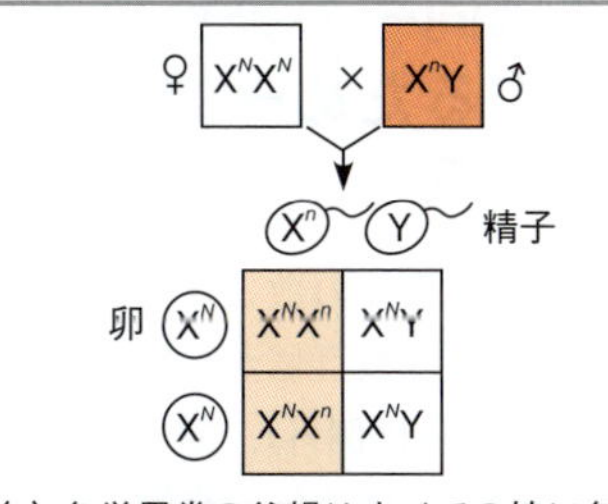
♀ X^NX^N × X^nY ♂
X^n
Y
精子
卵
X^N
X^N
X^NX^n
X^NY
X^NX^n
X^NY

(a) 色覚異常の父親はすべての娘に色覚異常の対立遺伝子を伝えるが，息子には伝えない．母親が優性のホモ接合の場合，娘たちの色覚は正常だが色覚異常の対立遺伝子のキャリアーとなる．

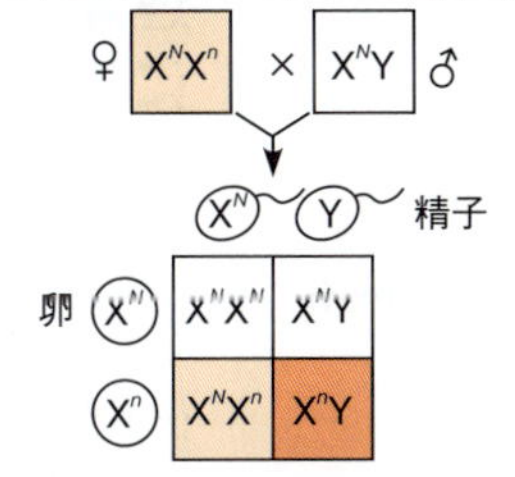
♀ X^NX^n × X^NY ♂
X^N
Y
精子
卵
X^N
X^n
X^NX^N
X^NY
X^NX^n
X^nY

(b) 色覚異常の対立遺伝子のキャリアーの女性が正常な表現型の男性と婚姻すると，各々の娘は母親と同様にキャリアーとなる可能性が50%あり，各々の息子は色覚異常となる確率が50%ある．

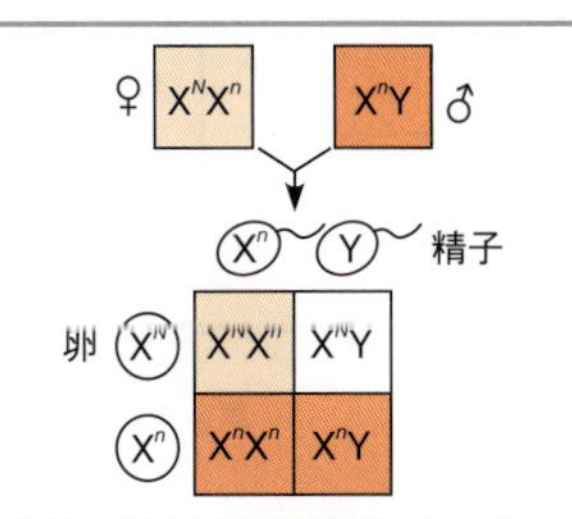
♀ X^NX^n X^nY ♂
X^n
Y
精子
卵
X^N
X^n
X^NX^n
X^NY
X^nX^n
X^nY

(c) 色覚異常の対立遺伝子のキャリアーの女性が色覚異常の男性と婚姻した場合は，生まれる子どもは性別にかかわりなく色覚異常となる確率が50%である．正常色覚の娘は必ずキャリアーとなるが，正常色覚の息子は劣性の対立遺伝子を受け継ぐことはない．

るX染色体がランダムに，独立に選択されることを示した．そのため雌の体は，父親由来のX染色体が活性化した細胞と，母親由来のX染色体が活性化した細胞の2種類が入り混じった「モザイク」となっている．特定の細胞でX染色体が不活性化された後は，その細胞が有糸分裂して生じる細胞はすべて同じX染色体が不活性化している．したがって，もしある雌の個体が伴性の形質についてヘテロ接合である場合，半数の細胞は一方の対立遺伝子を発現し，残りの細胞はもう一方の対立遺伝子を発現していることになる．図 15.8 は，このモザイク現象の結果として生じたさびネコの斑(まだら)模様の毛並みを示している．ヒトでは，X連鎖遺伝子の劣性の突然変異により汗腺の発生が妨げられる疾患について，モザイク現象が観察されている．この形質についてヘテロ接合体の女性は，正常な皮膚と汗腺が欠損した皮膚が斑になっている．

X染色体の不活性化には，DNAおよびDNAに結合しているヒストンタンパク質の修飾が伴っており，DNAの塩基にメチル基（$-CH_3$）の結合などが起こる（DNAメチル化の制御的な役割については18.2節で詳しく検討する）．各々のX染色体の特定の領域に含まれる複数の遺伝子が，X染色体不活性化の過程に関与する．それぞれのX染色体に1ヵ所ずつ，計2ヵ所存在するこの領域同士が胚発生の初期段階に各々の細胞中で一時的に結合する．このとき，*XIST*（不活性化X染色体特異的転写産物 X-inactive specific transcript）とよばれる遺伝子が，バー小体となる予定のX染色体上でだけ活性化する．この遺伝子から転写される多量のRNA分子が，X染色体に接着し，ほとんど覆い尽くすようになる．このRNAとX染色体の相互作用がX染色体の不活性化の開始に関与し，さらにこのX染色体の近隣の遺伝子のRNA転写産物がX染色体不活性化の過程を制御していると考えられている．

▼図 15.8　**X染色体不活性化とさびネコ**．ネコのさび色毛の遺伝子はX染色体上にあり，さびネコの表現型にはオレンジ色の毛と黒色の毛に対応する2つの異なる対立遺伝子が必要である．通常は2本のX染色体をもつ雌ネコだけが両方の対立遺伝子をもつので，さび毛色の遺伝子についてヘテロ接合体の雌ネコはさびネコとなる．オレンジ色の斑は，オレンジ色の対立遺伝子が乗っているX染色体が活性化している細胞の集団により形成され，黒色の斑は黒色の対立遺伝子があるX染色体が活性化している細胞から形成される（三毛ネコには白斑もあり，その部分は他の遺伝子により決定される）．

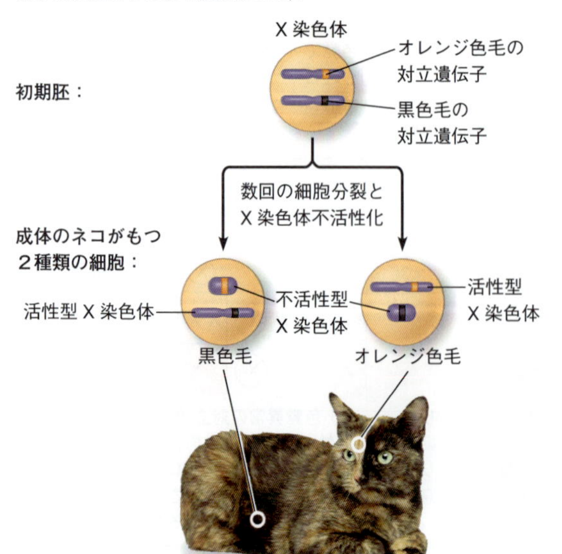
X染色体
オレンジ色毛の
対立遺伝子
初期胚：
黒色毛の
対立遺伝子
数回の細胞分裂と
X染色体不活性化
成体のネコがもつ
2種類の細胞：
活性型X染色体
不活性型
X染色体
活性型
X染色体
黒色毛
オレンジ色毛

概念のチェック 15.2

1. 白眼の雌のショウジョウバエを赤眼（野生型）の雄と交配させた．相互の交配は図 15.4 に示される通りである．子孫のハエの表現型と遺伝子型を予想しなさい．

2. ティムとローダはどちらもデュシェンヌ型筋ジストロフィーではないが，彼らの最初の子どもはこの疾患を発症した．この夫婦の次の子どもがこの病気を発症する確率はいくらか．次の子どもが男の子の場合，この確率はいくらか．また，女の子の場合の確率はいくらか．

3. **関連性を考えよう**➤14.1 節で学んだ優性と劣性の対立遺伝子について考慮しながら，X連鎖遺伝子の優性の対立遺伝子により引き起こされる疾患の遺伝様式は，X連鎖遺伝子の劣性対立遺伝子によって引き起こされる疾患に見られる遺伝様式とどのように異なるか，説明しなさい．

（解答例は付録 A）

15.3

連鎖した遺伝子は同一の染色体上に近接して存在するため一緒に伝達される傾向がある

細胞の中の遺伝子の数は染色体の数よりもはるかに多く，実際に各々の染色体には数百個から数千個の遺伝子が含まれている（Y染色体は例外）．同一の染色体の近傍に位置する2つの遺伝子は遺伝的交雑の際に一緒に子孫に受け継がれやすく，このような遺伝子は遺伝的に連鎖しているといい，**連鎖遺伝子 linked genes** とよばれる．遺伝学者が連鎖遺伝子について交雑実験を実施すると，メンデルの独立の法則の予想から大きく外れる結果となる．

連鎖は遺伝にどのように影響するか

遺伝子の連鎖が2つの形質の遺伝にどのように影響するか，別のモルガンのショウジョウバエの実験を検証してみよう．この実験では，体色と翅(はね)の長さという，どちらも2つの表現型をもつ形質に注目した．野生型のハエは灰色の体と標準の長さの翅をもっている．さらにモルガンは，交雑育種により黒色の体と標準よりずっと短い退化した翅（短翅）をもつ二重変異体のハエを取得した．野生型の対立遺伝子に対して変異体の対立遺伝子はどちらも劣性であり，どちらも性染色体上の遺伝子ではない．この2つの遺伝子の挙動について解析するためモルガンは図15.9に示される交雑実験を行った．第1段階はP世代の交雑によりF_1世代の2遺伝子雑種のハエを得ることであり，第2段階は検定交雑である．

検定交雑により生じた子孫のハエには，P世代のハエの2つの形質の組み合わせ（親型の表現型）を示すハエが，2つの遺伝子が独立に分配されたときに予想される出現比率よりもはるかに多く出現した．これより，モルガンは体色の形質と翅の長さの形質が特定の組み合わせ（親型の表現型）で子孫に伝達されることが多いのは，これらの形質を支配する2つの遺伝子が

▼図 15.9

研究　2つの遺伝子の連鎖は形質の遺伝にどのように影響するか

実験　モルガンは体色の遺伝子と翅の長さの遺伝子が遺伝的に連鎖しているかどうか，もし連鎖しているならば遺伝にどのような影響を与えているかを調べる実験を計画した．体色遺伝子の対立遺伝子は，b^+（灰色）とb（黒色）であり，翅の大きさの対立遺伝子はvg^+（正常翅）とvg（短翅）である．

モルガンは純系のP世代として，野生型のハエと黒色体・短翅のハエを交配させた．生じたヘテロ接合体のF_1雑種（$b^+ b\ vg^+ vg$）はすべて野生型の表現型を示した．

次にモルガンは，野生型のF_1世代2遺伝子雑種の雌を，黒色体・短翅の雄と交配させた．この検定交雑により，2遺伝子雑種の雌の卵の遺伝子型が推定できる．

雄の精子は劣性の対立遺伝子しかもたないため，子孫の表現型は雌の卵の遺伝子型を反映したものとなる．

注意：図には雌（腹部の先端がとがっている）だけを示しているが，実際には子孫の半数は雄（腹部の先端が丸い）となる．

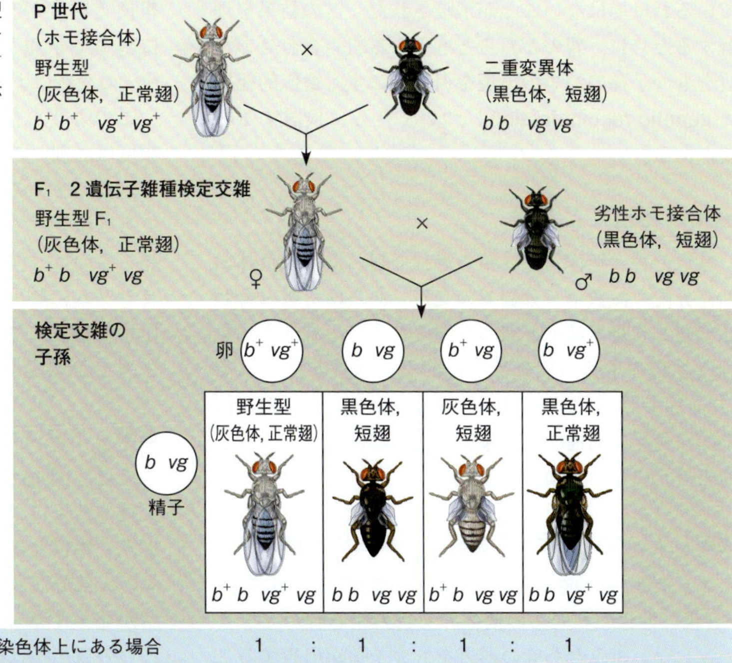

P世代
（ホモ接合体）
野生型
（灰色体，正常翅）
$b^+ b^+\ vg^+ vg^+$
×
二重変異体
（黒色体，短翅）
$b\,b\ vg\,vg$
F_1　2遺伝子雑種検定交雑
野生型F_1
（灰色体，正常翅）
$b^+ b\ vg^+ vg$
♀
×
劣性ホモ接合体
（黒色体，短翅）
♂ $b\,b\ vg\,vg$
検定交雑の
子孫
卵
$b^+\ vg^+$
$b\ vg$
$b^+\ vg$
$b\ vg^+$
$b\ vg$
精子
野生型
（灰色体，正常翅）
黒色体，
短翅
灰色体，
短翅
黒色体，
正常翅
$b^+ b\ vg^+ vg$
$b\,b\ vg\,vg$
$b^+ b\ vg\,vg$
$b\,b\ vg^+ vg$

予想される出現比率					
	2つの遺伝子が異なる染色体上にある場合	1	1	1	1
	2つの遺伝子が同一の染色体上にあり，親型の対立遺伝子がつねに一緒に遺伝する場合	1	1	0	0
結果	モルガンの実験結果	965	944	206	185

結論　得られた子孫のハエの大部分が親型の表現型を示したことから，モルガンは体色と翅の大きさに関する遺伝子は，同一の染色体上で連鎖していると結論づけた．しかし，親型ではない表現型を示す子孫のハエが少数得られたことから，同一染色体上の遺伝子間の連鎖をときどき断ち切るなんらかの機構が存在することが示唆された．

データの出典　T. H. Morgan and C. J. Lynch, The linkage of two factors in *Drosophila* that are not sex-linked, *Biological Bulletin* 23:174-182 (1912).

どうなる？➤P（親）世代のハエが灰色の体と短翅，および黒色の体と正常翅についてそれぞれ純系である場合，F_1世代の検定交雑で生じる子孫の中で最も数が多くなるのはどのような表現型か．

同一染色体の近傍に位置し連鎖しているためであると結論づけた.

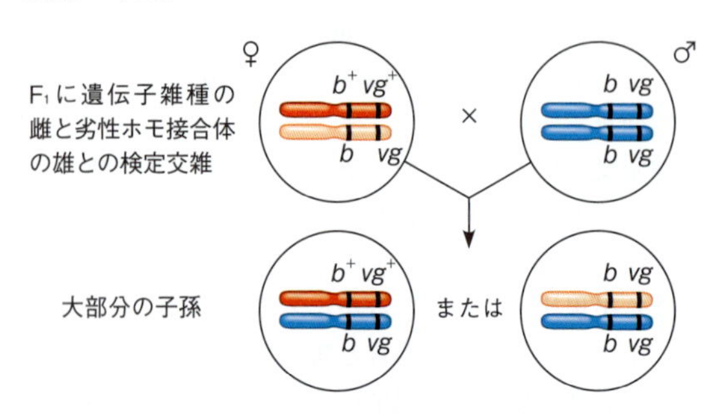
♀
♂
F_1に遺伝子雑種の雌と劣性ホモ接合体の雄との検定交雑
b^+ vg^+
b vg
×
b vg
b vg
大部分の子孫
b^+ vg^+
b vg
または
b vg
b vg

検討を進めるうえで,「連鎖遺伝子」(同一の染色体上にあって一緒に遺伝する傾向のある複数の遺伝子を示す用語) と「伴性遺伝子」(性染色体上にある1個の遺伝子を示す用語) の違いに留意してほしい.

図15.9に示される通り, モルガンの実験からP世代には見られない形質の組み合わせ (非親型の表現型) を示すハエも出現していたことから, 体色の対立遺伝子と翅の長さの対立遺伝子は, 遺伝的につねに連鎖しているわけではないことが示唆された. この結果を理解するために, 親のどちらとも異なる組み合わせの形質をもつ子孫のハエの出現を引き起こす, **遺伝的組換え genetic recombination** についてさらに検討する必要がある.

遺伝的組換えと連鎖

減数分裂と無作為な受精の過程で起こる, 染色体の独立分配, 減数第一分裂での交差, あらゆる組み合わせで起こり得る精子と卵の受精のために, 有性生殖を行う生物の子孫の間には遺伝的な多様性が生まれる (13.4節参照). ここでは, メンデルとモルガンの遺伝学的な発見に関連する, 染色体の挙動に基づいた遺伝的組換えについて検討する.

連鎖していない遺伝子の組換え：染色体の独立分配

メンデルは交雑実験によって2つの形質を追跡し, P (親) 世代のどちらの個体の形質の組み合わせとも一致しない組み合わせの形質をもつ子孫が出現することを観察した. たとえば, エンドウの種子の色と形の双方についてヘテロ接合体 (*YyRr*) で丸型で黄色の種子をつける2遺伝子雑種株と, シワ型で緑色の種子をつける劣性対立遺伝子のホモ接合体 (*yyrr*) の株との交雑を考えてみよう (この交雑は, 結果を見ると2遺伝子雑種株 *YyRr* でつくられた配偶子の遺伝子型がわかることから, 検定交雑となっている). 交雑の結果をパネットスクエアで示してみよう.

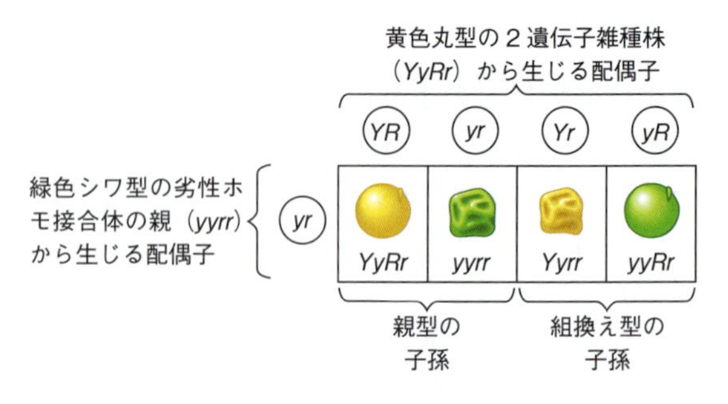
黄色丸型の2遺伝子雑種株 (YyRr) から生じる配偶子
YR
yr
Yr
yR
緑色シワ型の劣性ホモ接合体の親 (yyrr) から生じる配偶子
yr
YyRr
yyrr
Yyrr
yyRr
親型の子孫
組換え型の子孫

このパネットスクエアからは, 子孫の株の半数は, どちらか一方のP (親) 世代の表現型と合致する組み合わせの表現型を受け継ぐことが予想される (図15.2参照). このような子孫の株を**親型 parental type** という. さらに子孫の株の中には親型でない2種類の形質の組み合わせも見出される. この型の子孫の株は種子の色と形について新しい組み合わせをもつことから, **組換え型 recombinant type**, または**組換え体 recombinant** とよばれる. この例のように, すべての子孫の株のうち50%が組換え型のとき, 遺伝学者は組換え頻度が50%であるという. 子孫の株の表現型について予想された出現比率は, メンデルが *YyRr*×*yyrr* の交雑により実際に観察した数値に近似している.

このような検定交雑の結果としての50%の組換え頻度は, 別々の染色体上に存在するために連鎖することがない2つの遺伝子ならばどのような遺伝子についても観察される. 連鎖していない遺伝子間に組換えが起こるのは, 減数第一分裂中期に各々の相同染色体がランダムに整列するために, 2つの連鎖していない遺伝子が独立して分配されていくためである (図13.11と図15.2の説明文中の質問 ? を参照).

連鎖した遺伝子の組換え：交差 (乗換え)

では, 図15.9に描かれるショウジョウバエの検定交雑の結果についてどのような説明が可能か考えてみよう. 体色と翅の長さに関する検定交雑では子孫のハエの大部分が親型の表現型を示している. 親型の表現型が発生する頻度が50%よりも大きいことから, これらの遺伝子は連鎖していることがわかり, 同一染色体上にあることが示唆される. このとき, 子孫のハエの約17%が組換え体であった.

以上の結果を得て, モルガンは同一染色体上の遺伝子の対立遺伝子の間の物理的結合が時としてなんらかのプロセスにより断ち切られているに違いないと考えた. その後の実験により示された連鎖の切断の過程は連鎖遺伝子の組換えを説明するものであり, 現在では**交差 (乗換え) crossing over** とよばれている. 複製

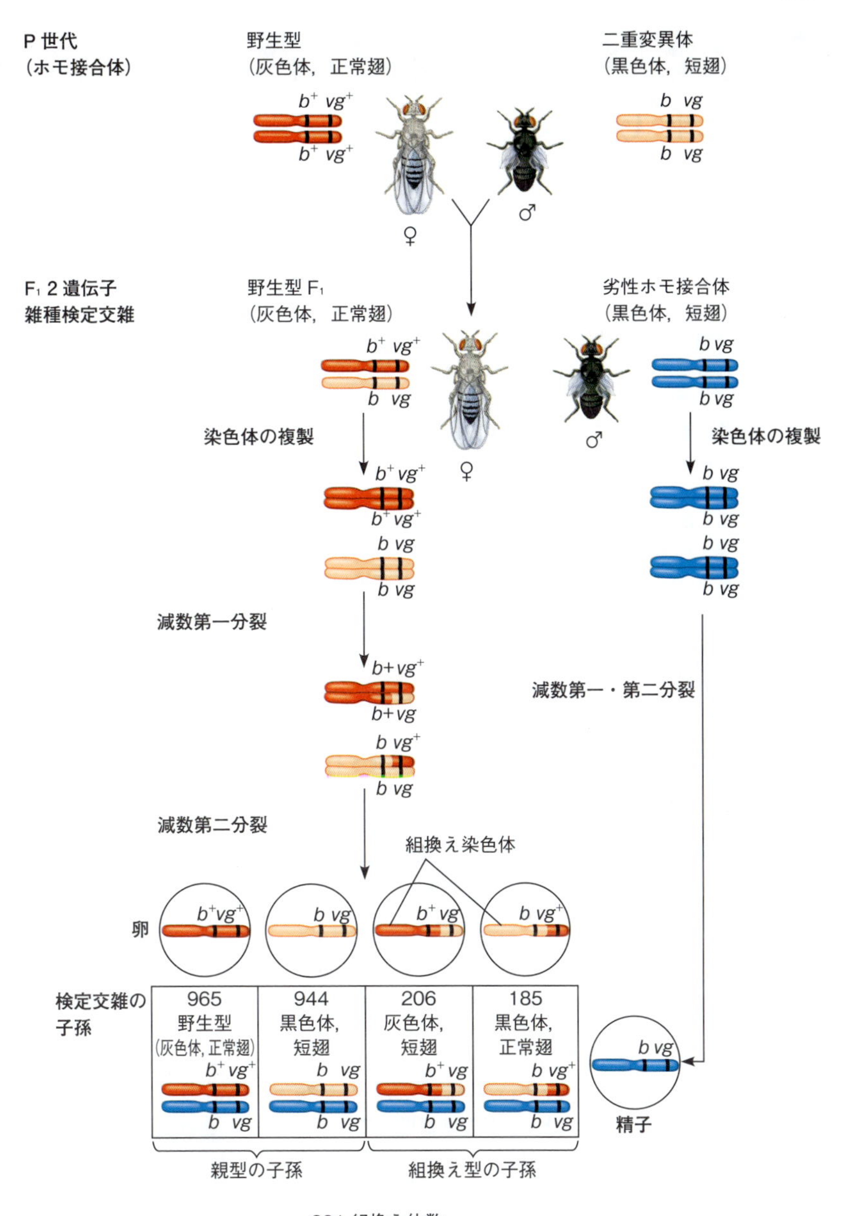

P 世代
(ホモ接合体)
野生型
(灰色体，正常翅)
二重変異体
(黒色体，短翅)
b+ vg+
b+ vg+
b vg
b vg
♀
♂
F1 2 遺伝子
雑種検定交雑
野生型 F1
(灰色体，正常翅)
劣性ホモ接合体
(黒色体，短翅)
b+ vg+
b vg
b vg
b vg
♀
♂
染色体の複製
染色体の複製
b+ vg+
b+ vg+
b vg
b vg
b vg
b vg
b vg
b vg
減数第一分裂
b+vg+
b+vg
b vg+
b vg
減数第一・第二分裂
減数第二分裂
組換え染色体
卵
b+vg+
b vg
b+ vg
b vg+
検定交雑の
子孫
965
野生型
(灰色体，正常翅)
944
黒色体，
短翅
206
灰色体，
短翅
185
黒色体，
正常翅
b+ vg+
b vg
b vg
b vg
b+ vg
b vg
b vg+
b vg
b vg
精子
親型の子孫
組換え型の子孫
組換え頻度 = 391 組換え体数 / 2300 全子孫数 × 100 = 17%

➤図 15.10　染色体の挙動に基づく連鎖した遺伝子の組換え． 図 15.9 の検定交雑を再現した本図では，遺伝子および染色体の挙動を追跡する．雌親由来の染色体は，減数分裂時の交差が起こったときに 2 本の相同染色体の区別がつくように赤色とピンク色に着色されている．卵形成細胞の中で，遺伝子座 b^+/b と遺伝子座 vg^+/vg の間で交差が起こる頻度は低いので，雌の体内で産生される卵には，親型の染色体をもつもののほうが組換え型の染色体をもつものよりも多い．これらの卵と遺伝形質（*b vg*）の精子との受精により生じる子孫のハエは，一部が組換え型となる．組換えの頻度は，生じた子孫全体の中の組換え型のハエの割合に等しい．

描いてみよう➤図 15.9 と同様の問題で，親のハエ（P 世代）が純系の灰色体-短翅と黒色体-正常翅の組み合わせであったとき，F_1 世代の雌が産生する卵として可能性のある 4 通りの染色体を描き，それぞれの染色体を「親型」と「組換え型」に分類しなさい．

された相同染色体が減数第一分裂前期に対合している間に，一群のタンパク質が協調して，母方の染色分体と父方の染色分体の対応する一部分を交換する（図 13.9 参照）．1 ヵ所で交差が起こった結果，2 つの非姉妹染色分体の末端部分が，交差が起こった位置から入れ替わることになる．

図 15.10 が示しているのは，モルガンの検定交雑実験において，2 遺伝子雑種の雌ハエの交差により，組換え型の卵が生じ，最終的に組換え型の子孫のハエが生じる過程である．検定交雑で形成される卵の大部分は，体色と翅の長さに関して親型である $b^+\ vg^+$ または *b vg* のいずれかの遺伝子型を有する染色体を含んでいるが，中には組換え型の染色体（$b^+\ vg$ または $b\ vg^+$）を含む卵も存在する．このようなさまざまな型の卵と，劣性のホモ接合体の精子（*b vg*）との受精により生じた子孫のハエの 17%が非親型である組換え型の表現型を示した．この表現型は，P 世代の親には見られない対立遺伝子の組み合わせを反映したものである．**科学スキル演習**では，統計学的検定を用いての 2 遺伝子雑種である F_1 の検定交雑の結果を解析し，この 2 つ

科学スキル演習

カイ二乗 (χ^2) 検定を使う

➤コスモス

2つの遺伝子は連鎖しているかしていないか　同じ染色体上に，非常に近接して位置する複数の染色体は連鎖対立遺伝子を生じ，連鎖していない対立遺伝子に比べて一緒に遺伝する頻度が高くなる．では，ある対立遺伝子同士が連鎖しているために一緒に遺伝したのか，連鎖していないが偶然一緒に遺伝したのかをどのようにしたら見分けられるだろうか．この演習では，簡単な統計検定であるカイ二乗 (χ^2) 検定を使って，F_1 検定交雑で得られた子孫の表現系を解析し，2つの遺伝子が連鎖しているかしていないかを明らかにしてみよう．

実験方法　2つの遺伝子が連鎖しておらず独立に分配される場合，F_1 検定交雑の結果は 1：1：1：1 になると予想される（図 15.9 参照）．2つの遺伝子が連鎖している場合には，この比率にはならないはずである．実験データには必ず統計的ゆらぎが含まれることを考えると，実際の観察数がどの程度予想値からずれた場合に，遺伝子は独立分配されておらず，連鎖している可能性があると結論づけることができるのだろうか．

この問いに答えるために，科学者は統計検定を行う．このカイ二乗 (χ^2) 検定とよばれる検定方法は，観察されたデータと，仮説（この場合は，遺伝子が連鎖していない）から導かれた予測値を比較し，両者がどのくらい差があるかを測定することで，「適合度」を決定する．実測値と予測値に統計的ゆらぎでは説明できないほど大きな差がある場合，仮説（より正確には，遺伝子が連鎖しているという証拠）を否定するための統計的に有意な証拠がある，といえる．差が小さい場合には，実験結果は独立分配のみによっても十分説明可能だということになる．その場合，観察データは仮説に合致している，あるいは，差は統計的に有意でない，という．ただし，仮説に合致しているということは，仮説を証明していることにはならない点に留意してほしい．また，実験データのサンプルサイズも重要である．この演習の例のようにサンプルサイズが小さい場合，もし遺伝子が連鎖していたとしても，連鎖が弱い場合には差がたまたま小さくなってしまうこともある．単純化のために，ここではサンプルサイズについては見過ごすこととする．

シミュレーション実験のデータ　コスモスでは，紫色の茎 (*A*) は緑色の茎 (*a*) に対して優性であり，短い花弁 (*B*) は長い花弁 (*b*) に対して優性である．交雑シミュレーションによって *AABB* の株と *aabb* の株を交雑し，F_1 2遺伝子雑種 (*AaBb*) を得た後，それを検定交雑 (*Aabb*×*aabb*) した．合計 900 の子孫が得られ，茎の色と花弁の長さについてデータを得た．

検定交雑 *AaBb* (F_1)×*aabb* により得られた子孫	紫色茎–短花弁 (*A–B–*)	緑色茎–短花弁 (*aaB–*)	紫色茎–長花弁 (*A–bb*)	緑色茎–長花弁 (*aabb*)
遺伝子が連鎖していない場合の予測値	1	1	1	1
予測値に基づく子孫株の数（合計 900）				
観察された子孫株の数（合計 900）	220	210	231	239

データの解釈

1. 表に示した結果は F_1 2遺伝子雑種の検定交雑シミュレーションによって得たものである．2つの遺伝子が連鎖していないとする仮説から予想される，子孫株の表現型出現比は 1：1：1：1 となる．この比を使って，全部で 900 ある株のいくつずつがそれぞれの表現型となるかを計算し，表に記入しなさい．
2. 適合度は χ^2 として求められる．この統計量は，観察結果が予測結果とどの程度異なるかを測定し，実測値と予測値がどの程度近いのかを決定する．この値の計算式は以下の通りである．

$$\chi^2 = \sum \frac{(o-e)^2}{e}$$

ここで *o* は観察値，*e* は予測値である．下の表の値を使い，以下の手順で χ^2 の値を計算しなさい．表の一番上の行に指示されている計算を行って空欄を埋めなさい．一番右の列の数値を加算し，χ^2 の値を求めなさい．

検定交雑の子孫	予測値 (*e*)	観察値 (*o*)	差 $(o-e)$	$(o-e)^2$	$(o-e)^2/e$
(*A–B–*)		220			
(*aaB–*)		210			
(*A–bb*)		231			
(*aabb*)		239			
					χ^2＝合計

3. χ^2 の値そのものには意味はなく，この数値は，仮説が正しいとした場合に観察値が統計的ゆらぎの範疇にある可能性（確率）を求めるために使う．可能性が低い場合，観察結果は仮説に合致せず，したがって仮説を棄却すべきだということになる．生物学者が用いる一般的な判断の閾値は 0.05（5%）である．χ^2 の値をもとにした確率が 0.05 以下である場合，観察値と予測値の差は統計的に有意に大きく，仮説（2つの遺伝子が連鎖していないというもの）は棄却されるべきだ，と考える．0.05 より大きい場合には，差は統

計的に有意ではなく，したがって観察結果は仮説と合致すると考える．

確率を求めるために，あなたの計算したχ^2の値を，付録Fのχ^2分布表に照らし合わせてみよう．「自由度」(df) は，観察カテゴリーの数（今回は4パターンの表現型）−1なので，df＝3である．(a) df＝3の行の中で，あなたの計算したχ^2の値はどことどこの間になるか．(b) 各行の一番上を見れば，χ^2の値から求められる確率の範囲がわかる．観察値と予測値の差が有意である（$p \leq 0.05$）か，ない（$p > 0.05$）かの基準に基づくと，データは2つの遺伝子が連鎖しておらず独立分配されるという仮説に合致するか，それともこの仮説を棄却するのに十分な証拠があるといえるか．

の遺伝子が独立分配されているのか連鎖しているのかについて検討する．

対立遺伝子の新たな組み合わせ：自然選択のための多様性

進化　減数分裂中の染色体の物理的な挙動が，子孫の遺伝的多様性の創出に貢献している（13.4節参照）．中期Ⅰでは各々の相同染色体の対が他の染色体の対とは独立して細胞の赤道面に整列し，その前の前期Ⅰの時期に父系と母系の相同染色体の一部を交換する交差が起こっている．メンデルの洗練された実験により，遺伝子（正確には，ある遺伝子の対立遺伝子）として知られる理論的な遺伝性因子の挙動が子孫の多様性をもたらしていることを明らかにした（14.1節参照）．ここでは，これまでの知識を統合して，交差により生じた組換え染色体が対立遺伝子の新たな組み合わせを発生させることを学ぶ．さらに，その後の減数分裂の過程により組換え染色体が膨大な組み合わせで配偶子に分配され，図15.9および図15.10に示すように多様性を生み出している．最後に，ランダムな受精によりさらに膨大な数の対立遺伝子の組み合わせが発生する．

こうして生じた遺伝的多様性は，自然選択が機能するための素材となる．もし，対立遺伝子の特定の組み合わせにより付与される形質が，ある環境によりよく適合したものであった場合，この遺伝子型を保有する個体は旺盛に生育して多くの子孫を残すことが期待でき，結果としてその遺伝的な組み合わせの存続が確実となる．もちろん次世代では，対立遺伝子が再び混ぜ合わされて，その組み合わせが更新される．最終的には，環境と表現型（つまりは遺伝子型）との相互作用により，時を越えて存続する遺伝的な組み合わせが決定される．

組換え情報に基づく遺伝子間の距離の解析：科学的研究

連鎖した遺伝子と交差による組換えの発見に刺激を受けたモルガンの学生のアルフレッド・H・スタートバント Alfled H. Sturtevant は，特定の染色体上に遺伝子座がどのように並んでいるかを示す**遺伝学的地図 genetic map**を作成する方法を考案した．

スタートバントは，図15.9および図15.10に示されるような交配実験によって計算される，子孫に含まれる組換え体の比率，つまり「組換え頻度」は，染色体上の遺伝子間の距離に依存すると仮定した．スタートバントは，交差はランダムに起こる現象であり，染色体上のすべての点についてほぼ同じ確率で交差が起こると考えた．以上の仮定に基づいて，スタートバントは「2つの遺伝子の間の距離が遠く離れるほど，その間で交差が起こる確率が高くなり，組換えの頻度が高くなる」と予測した．彼の論法は単純であり，2つの遺伝子の間に距離があれば，その間に交差が起こるポイントがより多く存在するというものである．ショウジョウバエのさまざまな交配実験による組換えの情報を用いて，スタートバントは同一染色体上の遺伝子の相対的な位置の割り付け作業を続け，いわゆる遺伝子「地図」を作成した．

組換えの頻度に基づく遺伝子地図は**連鎖地図 linkage map**とよばれる．図15.10に示した体色（*b*）と翅の長さ（*vg*）に関する遺伝子と，朱眼（*cn*）とよばれる第3の遺伝子に関するスタートバントの連鎖地図を図15.11に示す．朱眼はショウジョウバエの眼の色に影響する多数の遺伝子の1つである．朱眼は変異型の表現型であり，眼の色が野生型よりも明るい朱色となる．組換え頻度は，*cn*と*b*の間が9%，*cn*と*vg*の間が9.5%，*b*と*vg*の間では17%である．すなわち，*cn*と*b*の間の交差と*cn*と*vg*の間の交差は，*b*と*vg*の間の交差のほぼ半分の頻度である．これらの実験データと合致する地図は，*cn*が*b*と*vg*の中間に位置するもの以外にないことは，それ以外の地図を描くことによって証明できるだろう．スタートバントは地図上の遺伝子間の距離の単位として，1%の組換え頻度となる距離を**1単位（地図単位）map unit**と定義した［訳注：1（地図）単位は1cM（センチモルガン）ともいう］．

現実には，組換えのデータの解釈はこの例に示されるより複雑である．たとえば，染色体上の遺伝子間の距離が非常に離れている場合，その間でほぼ確実に交

▼図 15.11

研究方法　連鎖地図の作製

適用　連鎖地図は染色体に沿った遺伝子の相対的な位置を示す．

技術　連鎖地図の作成は，2つの遺伝子座の間で交差が起こる確率が遺伝子座の間の距離に比例するという仮定に基づいている．連鎖地図作成に用いられる特定の染色体の組換えの頻度は，図 15.9 と図 15.10 に描かれるような交配実験により得られる．遺伝子間の距離を表現する1単位（地図単位）は，1％の頻度で組換えが起こる距離に相当する．得られた情報に最もよく合致するように，染色体上に配置される遺伝子の順序を定める．

結果　この例では，ショウジョウバエの3つの遺伝子のうちの2つずつの間に観察された組換えの頻度（*b*–*cn* 9%，*cn*–*vg* 9.5%，*b*–*vg* 17%）と合致する配置は，*cn* 遺伝子が *b* 遺伝子と *vg* 遺伝子の中間に位置するものである．

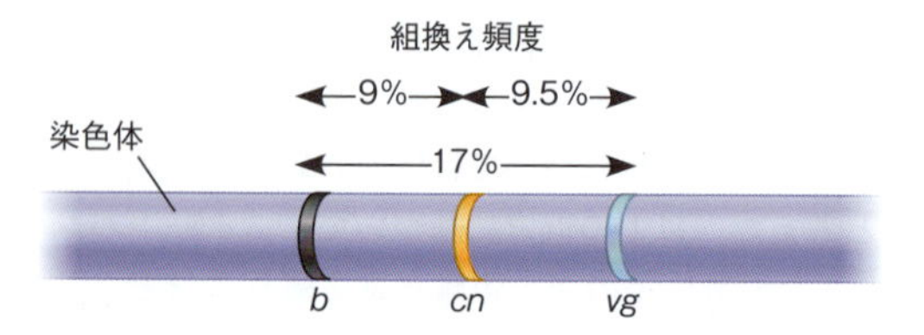
組換え頻度
9%
9.5%
17%
染色体
b
cn
vg

b–*vg* 間の組換え頻度（17%）が *b*–*cn* 間および *cn*–*vg* 間の組換え頻度の合計（9+9.5=18.5%）よりも若干少ないのは，*b*–*cn* 間で交差が起こるときに同時 *cn*–*vg* 間でも交差が起こることがあるためである．第2の交差は第1の交差の効果を「無効」にするが，最も近い2遺伝子間の組換え頻度には寄与するため，*b*–*vg* 間で観察される組換え頻度は，*b*–*cn* 間と *cn*–*vg* 間の組換え頻度を合計して算出した組換え頻度よりも低くなる．*b*–*cn* 間と *cn*–*vg* 間の頻度を合計した 18.5%（18.5 単位）という数値のほうが実際の距離に近い．実際，遺伝学者は近距離の測定値を合計することにより連鎖地図を作成する．

差が起こることになる．このような2つの遺伝子の組換え頻度の最大値は50%であり，この値では別の染色体上の遺伝子の組換え頻度と区別がつかなくなる．このような場合，同一染色体上の遺伝子間の物理的な距離は遺伝的な交差の結果を反映していない．同一染色体上に位置し物理的には連鎖しているにもかかわらず，このような遺伝子の対立遺伝子は別々の染色体上に2つの遺伝子が存在する場合と同様に独立して分配されるため，遺伝的には連鎖していないことになる．実際，メンデルが研究したエンドウの形質の中で，少なくとも2つの形質の遺伝子が同一染色体上にあることが判明しているが，その距離が非常に大きいため，遺伝的交雑実験からは連鎖が観察できない．その結果，この2つの遺伝子はメンデルの実験では別々の染色体上に位置するような挙動をとる．ある染色体上で遠く離れて存在する2つの遺伝子については，その2つの遺伝子の間に位置する，もっと接近した遺伝子を用いた交雑実験による組換えの頻度を合計することにより

▼図 15.12　**ショウジョウバエの染色体の部分的な遺伝（連鎖）地図．** この連鎖地図はショウジョウバエの第Ⅱ染色体上の遺伝子のうち7個の遺伝子を示している（DNA 配列解析により，この染色体上には 9000 以上もの遺伝子があることがわかっている）．各々の遺伝子座位の数字は，触角の長さの遺伝子（左端）からの距離単位を示す．2つ以上の遺伝子が眼の色などの特定の形質に影響を与えている．

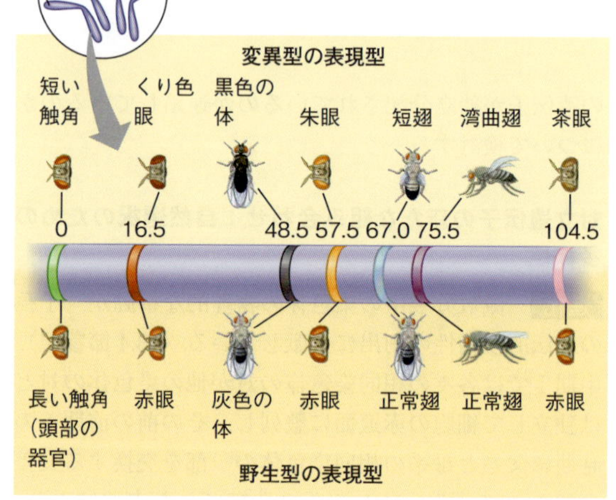
I
Y
X
Ⅳ
Ⅱ
Ⅲ
変異型の表現型
短い触角
くり色眼
黒色の体
朱眼
短翅
湾曲翅
茶眼
0
16.5
48.5
57.5
67.0
75.5
104.5
長い触角（頭部の器官）
赤眼
灰色の体
赤眼
正常翅
正常翅
赤眼
野生型の表現型

距離を算出することができる．

組換えのデータを用いて，スタートバントらは多数のショウジョウバエの遺伝子を直線状に配置して地図を作成することができた．彼らは，ショウジョウバエの多数の遺伝子が4つの連鎖した遺伝子群（「連鎖群」）に分類できることを見出した．顕微鏡観察によりショウジョウバエの細胞には4対の染色体が見出されていたことから，製作された連鎖地図は遺伝子が染色体上に位置していることに対する新たな証明となった．個々の染色体には決まった遺伝子が直線状に配置されており，各々の遺伝子は固有の遺伝子座を占めている（図 15.12）．

連鎖地図は組換え頻度のみを基礎にしているため，染色体のおおまかな見取り図を得ることしかできない．交差が起こる頻度は，実際にはスタートバントが仮定したように染色体全長について均一というわけではないため，連鎖地図上の1単位は実際の物理的な距離（nm など）とは厳密には対応しない．

連鎖地図は染色体上の遺伝子の配置の順序を示すものであり，遺伝子の正確な位置を記述するものではない．別の実験手法を用いることで，遺伝学者はある遺伝子の場所を顕微鏡下で観察することのできる染色バンドなどの染色体の目印との相対関係として示し，染色体の「細胞遺伝学的地図」を作成することができる．ここ20年の間にDNA配列を解読する手法が格段に進歩し，大量の配列をすばやく解析することが可能に

なった．そのため，現在は多くの研究者がある生物種の遺伝子の位置を決めるために，全ゲノム配列を解析している．ゲノム全長の塩基配列は究極の染色体の物理的地図であり，遺伝子座位間の物理的距離を DNA 塩基対の数で表す（21.1 節参照）．同一の染色体について，連鎖地図と物理的地図や細胞遺伝学的地図と比較すると，遺伝子の直線的配置の順序はすべての地図で一致しているが，遺伝子の間隔は必ずしも一致しないことがわかる．

概念のチェック 15.3

1. 2 つの遺伝子が同一染色体上にあるとする．2 遺伝子雑種の親と二重変異体（劣性）の親との間で検定交雑を行ったとき，組換え型の子孫が生じる機構について説明しなさい．

2. **図読み取り問題➤**図 15.9 の検定交雑により生じる，それぞれの型の子孫のハエについて，その表現型と雌親由来の対立遺伝子の寄与との関連について説明しなさい（それぞれのハエのもつ染色体を描き，交配を通しての対立遺伝子の動きを追うとわかりやすい）．

3. **どうなる？➤**同一染色体上に遺伝子 *A*，*B*，*C* がある．交雑検定により示される組換え頻度は，*A* と *B* の間が 28% であり，*A* と *C* の間は 12% である．この情報からこれらの遺伝子の直線的な配列順序を決定できるだろうか．

（解答例は付録 A）

15.4

染色体の数や構造の変化は遺伝性の疾患を引き起こす

本章で学んできた通り，単一の遺伝子が関与する小規模な変異により生物個体の表現型が影響を受けることがある．ランダムな突然変異こそが新たな対立遺伝子の源泉であり，新たな形質を発生させることになる．

大規模な染色体の変化も生物個体の表現型に影響を及ぼす．物理的および化学的な傷害や減数分裂中に発生する誤りが，染色体に大きな損傷を与え，ときには細胞内の染色体の数を変化させる．ヒトなどの哺乳類では，染色体の大規模な変化はほとんどの場合，自然流産を引き起こす．また，このようなタイプの遺伝的欠陥を伴って誕生した人は，さまざまな発達障害を起こすことが多い．一般に，植物はこうした遺伝的欠陥が生じても動物に比べると大きな障害が生じにくい．

染色体数の異常

減数分裂時の紡錘体により各々の染色体が間違いなく娘細胞に分配されることが理想的である．しかし，減数第一分裂中に相同染色体の対が適切に分離しない，あるいは減数第二分裂中に姉妹染色分体が分離しないという，**染色体不分離 nondisjunction** とよばれる不運なアクシデントがときどき発生する（図 15.13）．その結果，一方の配偶子は同型の染色体を 2 本受け継ぎ，他方の配偶子はその染色体を受け取らないことになる．このような場合でも，他の染色体は正常に分配されるのがふつうである．

異常な配偶子が正常な配偶子と受精により融合すると，接合子（受精卵）は特定の染色体の数が異常となり，**異数性 aneuploidy** とよばれる状態になる．もし，特定の染色体を 1 本ももたない配偶子が受精すると，受精卵も特定の染色体が不足することになる（細胞は $2n-1$ の染色体をもつ）．このような染色体異数性の受精卵は，その染色体について**モノソミー monosomy** であるという．一方，ある染色体が受精卵に 3 コピー

▼図 15.13　減数分裂期の染色体不分離．減数第一分裂期または減数第二分裂期の染色体不分離により，染色体の数が異常な配偶子が形成される．単純化のため，この図では植物の減数分裂で形成される胞子は示していない．最終的には，胞子は，染色体の数がこの図のように異常な配偶子を形成する[*1]（図 13.6 参照）．

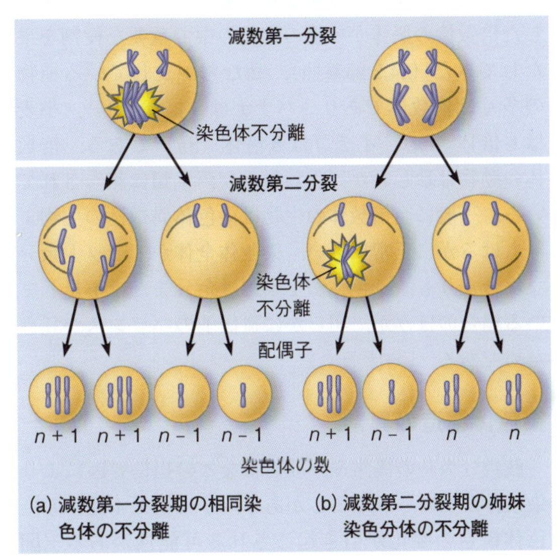

減数第一分裂
染色体不分離
減数第二分裂
染色体
不分離
配偶子
n+1　n+1　n−1　n−1
n+1　n−1　n　n
染色体の数
(a) 減数第一分裂期の相同染色体の不分離
(b) 減数第二分裂期の姉妹染色分体の不分離

＊1（訳注）植物では，胞子が直接配偶子になるのではなく，胞子の体細胞分裂により，多細胞体の配偶体を形成し，その中のある細胞が配偶子になる．したがってこの場合，染色体不分離を起こした胞子が配偶体を形成しない限り，異常な配偶子が形成されることにはならない．

存在し，その細胞が合計して $2n+1$ 本の染色体を有するとき，この染色体異数性の受精卵はこの染色体についてトリソミー **trisomy** とよばれる．その後の有糸分裂により，この染色体異数性が胎児のすべての細胞へと伝えられる．モノソミーやトリソミーは，ヒトでは妊娠の10〜25%に発生し，流産のおもな原因になっていると推定されている．個体が生存した場合，通常は余分のまたは不足した染色体に存在する遺伝子の数の異常に起因する一連の形質が現れる．後で議論するダウン症は，ヒトのトリソミーの例である．染色体不分離は有糸分裂のときにも起こる．染色体不分離が胚発生の初期に起こり，染色体異数性の状態が有糸分裂に伴って多数の細胞に伝播すると，個体に重大な影響を及ぼすことがある．

すべての体細胞に，3セット以上の完全な染色体組を保持する生物がある．このタイプの染色体数の変化を表す一般的な用語は**倍数性 polyploidy** であり，「3倍体」($3n$) および「4倍体」($4n$) という用語はそれぞれ染色体を3セットまたは4セット保持していることを示す．3倍体細胞が発生する原因の1つは，すべての染色体が不分離のため生じた異常な二倍体の卵が正常な精子と受精することである．4倍体は，$2n$ の受精卵が染色体を複製した後に，細胞分裂に失敗することにより発生する．その後の正常な有糸分裂により，4倍体の胚が発生する．

倍数性は植物界ではかなり一般的である．自然発生した倍数性の個体が植物の進化の中で重要な役割を果たしてきた（24.2節参照）．私たちが食している植物の多くは倍数体であり，バナナは3倍体 ($3n$)，小麦は6倍体 ($6n$)，イチゴは8倍体 ($8n$) である．倍数体の動物は珍しいが，魚類および両生類に報告されている．一般に，倍数体の生物は染色体異数性の生物よりもはるかに正常に近い．染色体全体が1セット余分な場合よりも，染色体が1本だけ余分または不足している場合のほうが，明らかに遺伝子のバランスが狂うためである．

▼図 15.14　**染色体構造の変化．**赤矢印は染色体の切断点を示す．染色体中の紫色で示した部分は染色体の構造変化により影響を受ける領域を示している．

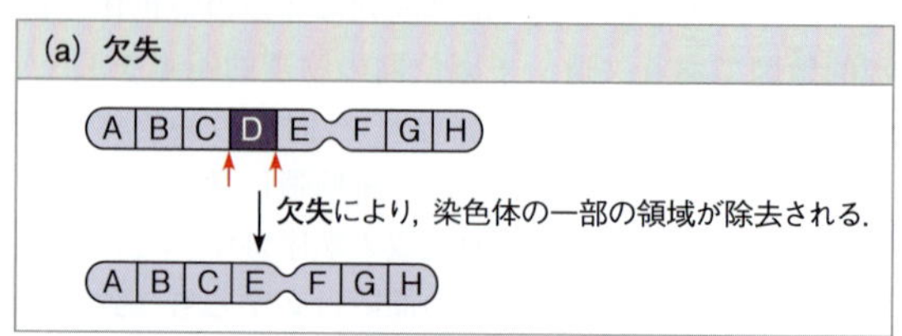
(a) 欠失
A B C D E F G H
欠失により，染色体の一部の領域が除去される．
A B C E F G H

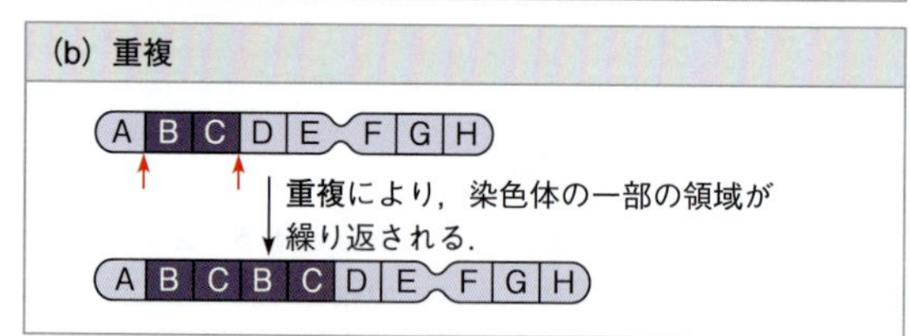
(b) 重複
A B C D E F G H
重複により，染色体の一部の領域が繰り返される．
A B C B C D E F G H

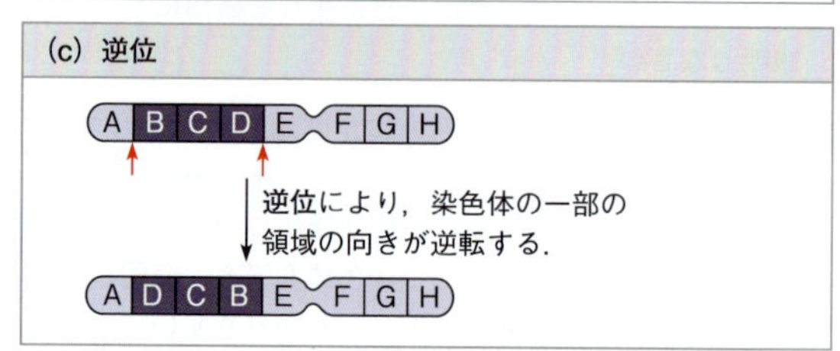
(c) 逆位
A B C D E F G H
逆位により，染色体の一部の領域の向きが逆転する．
A D C B E F G H

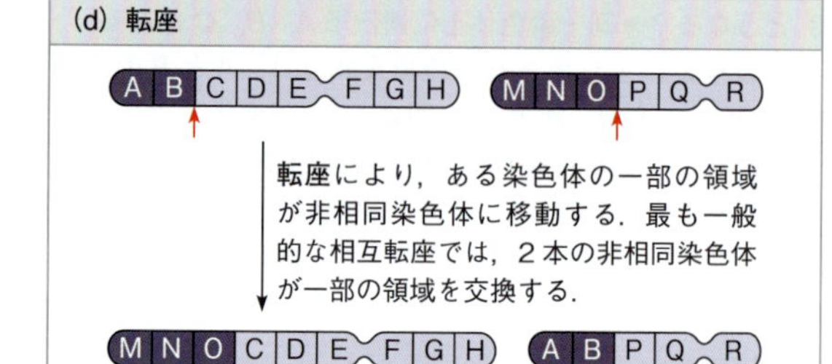
(d) 転座
A B C D E F G H
M N O P Q R
転座により，ある染色体の一部の領域が非相同染色体に移動する．最も一般的な相互転座では，2本の非相同染色体が一部の領域を交換する．
M N O C D E F G H
A B P Q R

頻度は低いが，一部の領域を他の染色体に移した染色体が代替の領域を受け取らない非相互転座も発生することがある（図には示していない）．

染色体構造の異常

減数分裂時の異常や，放射線などの損傷要因により染色体が切断されることがあり，その結果4通りの染色体構造の変化が引き起こされる可能性がある（図15.14）．染色体の一部の領域が失われるのが**欠失 deletion** である．「欠失が起こった」染色体ではその領域に含まれる遺伝子も失われる．このような欠失により遊離した断片が，余分な断片としてもう一方の姉妹染色分体あるいは相同染色体の非姉妹染色分体に結合することにより**重複 duplication** が生じることもある．遊離した染色体の断片がもとの染色体に対して逆向きに再結合した場合には，**逆位 inversion** が発生する．染色体の切断によって起こる4番目の可能性は，遊離した断片が非相同染色体に結合する場合であり，このような染色体の再編成を**転座 translocation** という．

欠失と重複は特に減数分裂時に発生しやすい．交差の過程で非姉妹染色分体の間で不均等なDNA領域の交換が起こり，染色分体間で遺伝子の数が異なってくる場合がある（図21.13参照）．このような非相互的交差では，一方の染色体には欠失が，他方の染色体には重複が発生することになる．

二倍体の胎児で大きな欠失のある染色体のホモ接合体（または男性がもつ1本のX染色体に大きな欠失

が起こった場合）は，生存に不可欠な遺伝子が多数失われるため，通常は致死的である．重複と転座も有害な影響を及ぼすことが多い．非相同染色体の間でDNA領域が交換される相互転座や逆位の場合は，遺伝子のバランスが崩れることはなく，すべての遺伝子が正常な数量存在することになる．それにもかかわらず，転座や逆位のため表現型が変化することがあるのは，遺伝子の発現が隣接する遺伝子との位置関係に影響されるためであり，時として破滅的な影響を及ぼす．

染色体の異常に起因するヒトの疾患

染色体の数と構造の異常はヒトに多数の重大な障害を引き起こす．前述のように，減数分裂時の染色体不分離により異数性の配偶子が形成され，受精により異数性の受精卵が生成する．ヒトでは比較的高い頻度で異数性の受精卵が形成されるが，染色体数の変化はほとんどの場合，発生過程に破滅的な影響をもたらすため，胎児は誕生のずっと以前に自然流産する．しかし，染色体異数性の中には遺伝的バランスの混乱の影響が比較的軽微で，異数体のまま誕生し，その後も生存できる場合がある．このような人は異数性の染色体ごとに特徴的な，「染色体異数性症候群」とよばれる一群の形質が出現する．染色体異数性により引き起こされる遺伝性疾患は，誕生前に胎児の核型検査により診断することが可能である（図 14.19 参照）．

ダウン症候群（21 トリソミー）

染色体異数性の 1 つである**ダウン症候群（ダウン症）Down syndrome** は，米国では新生児約 830 人に 1 人の割合で発生する（**図 15.15**）．ダウン症の多くは余分の 21 番染色体により発症し，すべての体細胞に合計 47 本の染色体が含まれている．体細胞が 21 番染色体について 3 倍体であることから，ダウン症は「21 トリソミー」とよばれることが多い．ダウン症には，特徴的な顔つき，低身長，治療可能な心臓疾患，発達障害などの症状が含まれる．さらにダウン症の人は白血病とアルツハイマー病を発症する可能性が高いが，高血圧，アテローム性動脈硬化，脳卒中，およびさまざまな固形腫瘍を発症する割合は低い．ダウン症の人は正常な人よりも平均寿命が短いが，適切な医療措置により中年まで生存する人がほとんどである．ダウン症の人の多くは家族とともに，あるいは独立して生活し，仕事をもって地域社会に貢献をしている．また，ほとんどは性的に未熟で不妊である．

▼**図 15.15　ダウン症候群．** 21 番染色体トリソミーの核型は，染色体異数性症候群の中で最も一般的である．この子どもはダウン症候群に特徴的な顔立ちを示している．

1
2
3
4
5
6
7
8
9
10
11
12
13
14
15
16
17
18
X
19
20
21
22

ダウン症の発生率は出産時の母親の年齢に従って上昇する．30 歳以下の女性から生まれた子どものダウン症発生率は 0.04%（1 万人に 4 人の割合）だが，母親が 40 歳になると危険性が 0.92%（1 万人に 92 人の割合）に上昇し，さらに年長の母親では発生率も上昇する．ダウン症と母親の年齢が関連する理由については，現在でも十分な説明は得られていない．染色体異数性はほとんどの場合，減数第一分裂時の染色体不分離により発生しており，母体年齢依存的な減数分裂の異常の増加を指摘する研究もある．21 番以外の常染色体のトリソミーも母親の年齢とともに発生率が増加するが，こうしたトリソミーをもつ乳児は長く生存することはまれである．危険性が少なく役に立つ情報が得られることが期待されることから，医学専門家はすべての妊婦に対して胎児胚がトリソミーをもっているかどうかを調べる出産前の検査を勧めている．米国では 2008 年に，両親が出生前または出生後に受けることのできる診断について開業医が正確で最新の情報を伝え，適切な支援サービスを紹介することが規定された法案が成立した．

性染色体の異数性

性染色体の異数体が引き起こす遺伝子バランスの混乱は，常染色体が関与する異数性ほど顕著なものではないのがふつうである．これは，Y 染色体に含まれる遺伝子は比較的数が少ないためであり，余分の X 染色体は体細胞の中ではバー小体となって不活性化するためである．

余分な X 染色体を有する XXY 型の男性は，男児 500 人から 1000 人に 1 人の割合で誕生する．この障害は「クラインフェルター症候群」とよばれ，男性生殖器を有するが睾丸が異常に小さく，不妊である．余分なX染色体が不活性化されているにもかかわらず，胸が膨らみ，多少なりと女性の体の特徴を示すことが多い．また，この障害をもつ人は，やや知性が劣ることが多い．一方，余分なY染色体を有するXYY型の男性は，およそ1000人の男児に1人の割合で誕生する．このような男性は，性的には正常に成熟し，はっきりとした症状を示さないが，平均より長身となる傾向がある．

X染色体を3本もつXXX型の女性は，女児約1000人に1人の割合で誕生するが，このような女性は健康であり平均よりやや長身であることを除けばほとんど身体的な特徴を示さない．XXX型の女性は学習障害を伴うことがあるが，不妊ではない．X染色体のモノソミーは「ターナー症候群」とよばれ，約2500人の女児に1人の割合で誕生し，ヒトに知られている限り唯一の生存可能なモノソミーである．このようなXO型の人は表現型としては女性であるが，生殖器官が成熟しないため不妊である．しかしエストロゲン代償療法を施すことにより，ターナー症候群の少女も第二次性徴を迎えることができる．ほとんどのターナー症候群の人は正常な知性を有している．

構造変化した染色体による障害

ヒトの染色体に起こる欠失は，ヘテロ接合体であっても深刻な問題を引き起こす．「猫鳴き症」とよばれる症候群は，5番染色体の特定の領域の欠失により発生する．この欠失をもつ子どもは強い知的障害をもち，小さな頭と独特の顔つきが特徴的で，悲しげに鳴く猫のような声で叫ぶようになる．猫鳴き症の子どもは，幼児期または小児期の初期に死亡する．

染色体の転座は有糸分裂の過程でも生じることがあり，「慢性骨髄性白血病」などの特定のがんに関連する場合がある．この病気は，白血球に分化する細胞の有糸分裂中に染色体の相互転座が起こることにより発症する．このような細胞では，22番染色体の大部分と9番染色体の頂端の小断片との交換により，極端に短くなったため容易に識別できる「フィラデルフィア染色体」とよばれる22番染色体が形成されている（図15.16）．このような染色体断片の交換により「融合した」遺伝子が新たに生じてしまい，それが細胞周期の進行を制御不能にすることにより，がんが発生すると考えられる（遺伝子の活性化の機構については18章で議論する）．

▼図15.16　**慢性骨髄性白血病に伴う染色体転座．** 慢性骨髄性白血病患者のほぼ全員のがん性細胞には，フィラデルフィア染色体とよばれる極端に短い22番染色体と異常に長い9番染色体が含まれている．このような染色体の構造変化は図に示す相互転座の結果生じたものであり，転座が起こった1個の白血球前駆体細胞が有糸分裂することにより子孫の白血球細胞すべてに受け継がれたと考えられる．

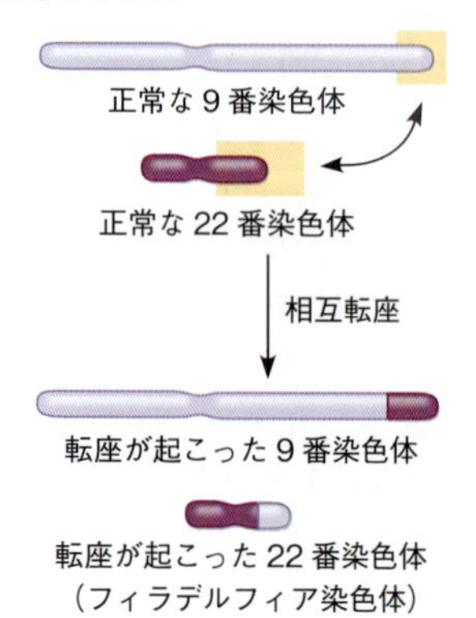
正常な9番染色体
正常な22番染色体
相互転座
転座が起こった9番染色体
転座が起こった22番染色体
（フィラデルフィア染色体）

概念のチェック 15.4

1. ダウン症の人の約5%は，3本目の21番染色体が14番染色体に結合する染色体転座を有している．この転座が親の生殖腺の中で起こった場合，どのようにして子どものダウン症を引き起こしたのだろうか．

2. **関連性を考えよう➤** ABO式血液型の遺伝子は9番染色体にある．AB型の父親とO型の母親の間に生まれた子どもは9番染色体トリソミーをもち，血液型はA型であった．この情報から，父親と母親のどちらに染色体不分離が起こったかが推定できるだろうか．推定の根拠について説明しなさい（図14.11，図15.13を参照）．

3. **関連性を考えよう➤** フィラデルフィア染色体上で活性化される遺伝子は細胞内チロシンキナーゼをコードしている．12.3節の細胞周期制御とがんに関する考察について復習し，この遺伝子の活性化がんの発生にどのように結びつくか説明しなさい．

（解答例は付録A）

15.5

標準的なメンデル遺伝の例外となる遺伝様式

前節では，減数分裂または有糸分裂中に発生した異常のために，通常の染色体遺伝の様式から逸脱した例について学んだ．本章のしめくくりとして，メンデル遺伝の「正常」な例外の中で，核内に存在する遺伝子が関与する例と，核外に局在する遺伝子が関与する例について説明する．どちらの場合も，対立遺伝子を供与する親の性別が遺伝様式を決める要因となる.

遺伝的刷り込み

メンデル遺伝と染色体による遺伝に関する議論を通じて，特定の対立遺伝子を父親と母親のいずれから受け継いでも同じ効果を示すと考えてきた．この仮定はほとんどの場合正しいと考えられる．たとえば，メンデルが紫花のエンドウを白花のエンドウと交雑させたとき，紫花の親株が精細胞と卵のいずれを提供した場合も同じ結果が観察されている．しかし近年では遺伝学者は，哺乳類において対立遺伝子がどちらの親から受け継がれたものかに依存する形質をいくつも同定している．このように，ある対立遺伝子を雄親または雌親のいずれから受け継ぐかに依存して表現型が変わることを**遺伝的刷り込み genomic imprinting** という（伴性遺伝とは違って，遺伝的刷り込みに関係する遺伝子の大部分は常染色体に存在している）．新しいDNAシークエンス技術により，これまでにヒトでおよそ100，マウスでおよそ125の遺伝的刷り込み遺伝子が同定されている．

遺伝的刷り込みは配偶子形成過程で発生し，ある遺伝子の特定の対立遺伝子の発現を抑える．このような遺伝子に対する遺伝的刷り込みのパターンが精子と卵で異なるため，遺伝的刷り込み遺伝子は子の中では母親に由来する対立遺伝子か父親に由来する対立遺伝子のいずれか一方しか発現しない．遺伝的刷り込みは発生の過程ですべての体細胞に伝えられる．世代が移り変わるとき，配偶子形成細胞の中で古い遺伝的刷り込みが「消去され」，発生中の配偶子の染色体に対して，配偶子をつくる個体の性別に従って新たに遺伝的刷り込みが行われる．生物によっては，遺伝的刷り込みが起こる遺伝子にはつねに同じ遺伝的刷り込みが行われる．たとえば，母親由来の対立遺伝子のみが発現するような刷り込みが起こる遺伝子では，代々母親由来の対立遺伝子が発現するような刷り込みが起こる．

最初に遺伝的刷り込みが確認されたマウスのインスリン様成長因子2（*Igf2*）遺伝子について考える．この成長因子は出生前の正常な発生過程に必要であり，父親由来の対立遺伝子だけが発現する（図 15.17 a）．*Igf2* 遺伝子に刷り込みが起きている証拠が，正常な大きさの（野生型）マウスと *Igf2* 遺伝子の劣性変異のホモ接合体である矮性（わいせい）の（変異型）マウスとの交配実験から得られている．ヘテロ接合体（対立遺伝子と変異型の対立遺伝子を1つずつもつ）の子孫のマウスの表現型は，変異型の対立遺伝子が母親由来か父親由来かにより異なる（図 15.17 b）．

▼図 15.17 マウス *Igf 2* 遺伝子の遺伝的刷り込み.

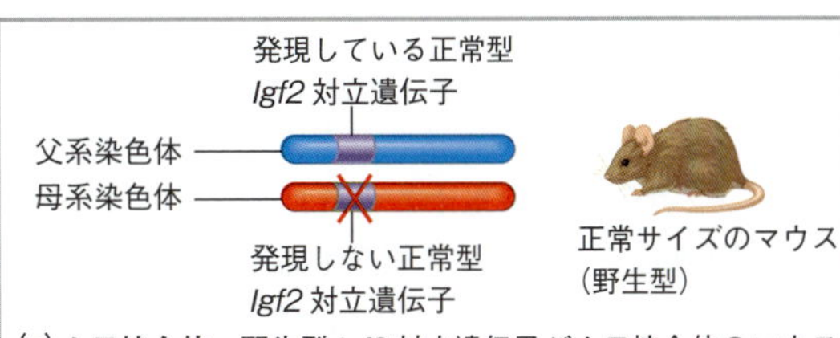
発現している正常型
Igf2 対立遺伝子
父系染色体
母系染色体
発現しない正常型
Igf2 対立遺伝子
正常サイズのマウス
(野生型)

(a) **ホモ接合体**．野生型 *Igf2* 対立遺伝子がホモ接合体のマウスは正常な大きさとなる．この遺伝子は父系の対立遺伝子だけが発現する．

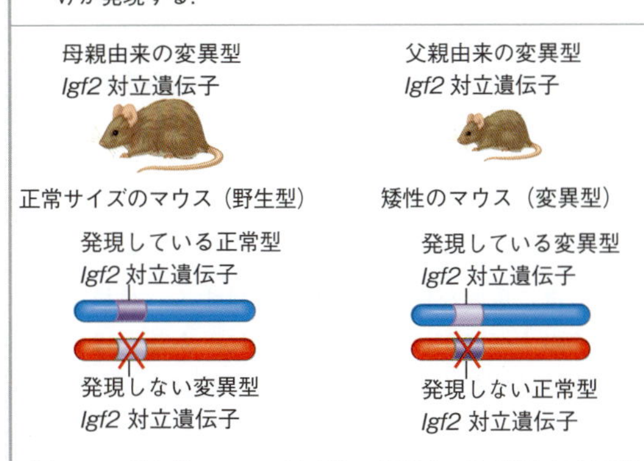
母親由来の変異型
Igf2 対立遺伝子
父親由来の変異型
Igf2 対立遺伝子
正常サイズのマウス（野生型）
矮性のマウス（変異型）
発現している正常型
Igf2 対立遺伝子
発現している変異型
Igf2 対立遺伝子
発現しない変異型
Igf2 対立遺伝子
発現しない正常型
Igf2 対立遺伝子

(b) **ヘテロ接合体**．ヘテロ接合体の表現型は対立遺伝子が両親のどちら由来かによって異なる．野生型のマウスと劣性の変異型 *Igf2* 対立遺伝子がホモ接合体のマウスとの交配により，ヘテロ接合体のマウスが生まれる．この遺伝子は母親由来の対立遺伝子が発現しないため，父親が変異型の対立遺伝子を伝えた場合にのみ矮性（変異体）の表現型が出現する．

遺伝的刷り込みとはいったい何であろうか．遺伝的刷り込みは，片方の配偶子（卵または精子）でのみ，対立遺伝子の不活性化または活性化が起こることで生じることがわかってきた．多くの場合，刷り込みは一方の対立遺伝子のDNAのシトシン塩基へのメチル基（$-CH_3$）の付加反応である．多くメチル化された遺伝子は通常，不活性であることから（18.2 節参照），このようなメチル化はその対立遺伝子の発現を直接抑制すると考えられる．しかし，少数の遺伝子については活性のある対立遺伝子にメチル化が認められることもある．*Igf 2* 遺伝子の場合はこのケースである．父親由来の染色体の特定のシトシン塩基へのメチル化が，クロマチンの構造やDNAとタンパク質との相互作用を介した間接的な機構により，父親由来の *Igf 2* 対立遺伝子の発現を誘導している．

遺伝的刷り込みは哺乳類のゲノム中のごく一部の遺伝子だけに影響すると考えられているが，これまでに知られている遺伝的刷り込み遺伝子の大部分は胎児の発生に重要な役割を果たす．たとえばマウスを用いた実験では，特定の染色体の両方のコピーを一方の親から受け継ぐように操作された胎児は，その親が雄の場合も雌の場合も誕生前に死亡する．しかし，数年前に日本の研究者が行った実験では，1個の卵の中に2個分の卵の遺伝物質を組み込むときに，1個の卵の核だけが *Igf 2* 遺伝子を発現するように加工したところ，この受精卵は正常なマウスに発生した*2．正常な発生には，胚の細胞中で特定の遺伝子の活性のあるコピーが，0コピーでも2コピーでもなく，正確に1コピーだけ必要であると考えられる．異常な遺伝的刷り込みと異常な発生および特定のがんとの間に関連性が認められることから，異なる遺伝子に刷り込みを行う機構について研究が推し進められている．

細胞小器官の遺伝子の伝達

本章では染色体に基づく遺伝に焦点を合わせてきたが，最後に重要な例外について補足する．真核生物の遺伝子のすべてが核内の染色体上に，あるいは核内にあるわけではなく，細胞質の細胞小器官に局在する遺伝子もある．このような遺伝子は核の外に存在することから「核外遺伝子」または「細胞質遺伝子」とよばれることもある．ミトコンドリアおよび葉緑体などの植物の色素体にはサイズの小さな環状DNA分子が含まれ，多数の遺伝子が含まれている．このような細胞小器官は分裂により増殖し，自らの遺伝子を娘細胞小器官に伝達する．細胞小器官の遺伝子は，減数分裂の過程で核の染色体の分配のルールに従って分配されるわけではないため，メンデル遺伝の法則に従わない．

核外遺伝子の存在に関する最初の手がかりは，ドイツの科学者カール・コレンス Carl Correns による通常は緑色の葉にできる，黄色と白色の斑の遺伝についての植物の研究から得られている．1909年にコレンスは子孫の植物の配色が，雄株（精細胞をつくる）には関係なく，雌株（卵をつくる）により決定されることを観察した．後の研究により，この斑入りとよばれる配色パターンは，色素沈着を制御する色素体の遺伝子の変異によるものであることが示された（図15.18）．ほとんどの植物では，受精卵の色素体はすべて卵細胞の細胞質より受け継いだものであり，精細胞からは一倍体の染色体セット以外に受け継ぐものはほとんどない*3．卵には色素合成に関して異なる対立遺伝子をもつ色素体が含まれている．受精卵の成長に従って，野生型または変異型の色素遺伝子を含む色素体がランダムに娘細胞に分配されていく．斑入りの葉に現れる配色パターンは，組織に含まれる野生型と変異型の色素体の比によって決まる．

受精卵に伝達されるミトコンドリアのほぼすべては卵の細胞質に由来するため，大部分の動植物のミトコンドリア遺伝子も，母性遺伝に従って伝達される（精子由来のわずかなミトコンドリアは，オートファジーによって分解されるようだ；図6.13参照）．ミトコンドリア遺伝子の産物の大部分は，電子伝達系とATP合成のタンパク質複合体の形成に関与している（図9.15参照）．このようなミトコンドリアタンパク質の1つまたはそれ以上が欠失すると，細胞が合成することができるATP量が減少し，新生児5000人に1人という高い割合でさまざまなヒトの疾患が引き起こされることが報告されている．エネルギー欠乏に最も敏感な器官は神経系と筋肉であることから，ミトコンドリア性の疾患の多くは主として神経系と筋肉に傷害をもたらす．たとえば，「ミトコンドリア性筋疾患」とよばれる疾患に冒された人は，脱力，運動失調，および筋肉の退化に悩まされる．また，「レーバー遺伝性視神経萎縮症」とよばれるミトコンドリア性の疾患に冒されると，20代から30代の若さで突然失明することがある．ミトコンドリア遺伝子中の4ヵ所の突然変異がこの疾患を引き起こし，細胞にとってきわめて重要な細胞呼吸の酸化的リン酸化の過程に影響を与えることが判明している（9.4節参照）．

ミトコンドリア性の疾患は母親からしか遺伝しないという事実は，こういった疾患が伝わるのを防ぐ手立てがあることを示唆している．疾患のある母親の卵から染色体を抜き取り，健康な提供者の除核した卵に移植することが可能である．この「二母性」の卵に父親となる人の精子を受精させ，母親となる人の子宮に戻すことで，3人の親をもつ子が誕生する．研究者はこの手法をサルを用いて適切化した後に，2013年にはヒトの卵にも適用し，成功を収めたことを報告している．胎児の健康状態のための手法のさらなる最適化に

＊2（訳注）：東京農業大学の河野友宏博士は2004年に，雄を介さず，卵の遺伝子のみから単為生殖により二母性マウス「かぐや」の作出に成功した．
＊3（訳注）：色素体，そしてミトコンドリアも，卵と精細胞の両方から受け継ぐ植物もまれではない．

◀図15.18　コリウス（錦紫蘇）の葉．このコリウス *Plectranthus scutellarioides* の斑入りの葉は，通常雌株から遺伝する色素体がもつ色素遺伝子の発現に影響を与える変異により生じている．

はまだ多くの研究は必要であり，適切な政府機関によるこの手法の承認が必要となるだろう．

さらに，明らかにミトコンドリアDNAの欠損により引き起こされる珍しい病気に加えて，母親から伝達されたミトコンドリアの変異はある種の糖尿病や心臓病に関与するとともに，アルツハイマー病などの高齢者を襲う疾患にも関連していると考えられる．一生の間にミトコンドリアDNAに徐々に新たな変異が蓄積されていき，こうした変異が正常な老化の過程でなんらかの役割を果たしていると考える研究者もいる．

概念のチェック 15.5

1. 活性をもつ遺伝子のコピー数により示される遺伝子量は，適切な発生過程に重要である．特定の遺伝子の適切な遺伝子量の規定に関与する生命現象を２つ挙げ，その過程について説明しなさい．
2. サクラソウの２つの変種Ａ株とＢ株との交雑により生じる子孫の株は以下の表現型を示した．
   - 雌株Ａ×雄株Ｂ→斑のない緑色の葉を形成する
   - 雌株Ｂ×雄株Ａ→斑入りの葉を形成する

   以上の結果が生じる機構について説明しなさい．
3. どうなる？➤ミトコンドリア遺伝子は細胞のエネルギー代謝に必須であるが，これらの遺伝子の突然変異によるミトコンドリアの異常は，通常は致死的ではない．この理由について説明しなさい．

（解答例は付録Ａ）

15 章のまとめ

重要概念のまとめ

15.1

モルガンはメンデル遺伝学の物質的な基盤が染色体の挙動であることを示した：科学的研究

- ショウジョウバエの眼の色の遺伝に関するモルガンの発見が，遺伝子は染色体上に存在し減数分裂における染色体の挙動がメンデルの遺伝の法則を説明できる，という**遺伝の染色体説**に至った．

? モルガンがショウジョウバエの眼の色に関する対立遺伝子の挙動と性染色体の挙動を関連づけられたのは，性染色体のどのような特徴のおかげか．

15.2

伴性遺伝子は独特の遺伝様式を示す

- 性別は，通常は性染色体の存在により決定される．ヒトなどの哺乳類は，おもにＹ染色体の有無により性が決定されるX-Yシステムである．鳥類，魚類，昆虫などには別の性決定システムが見られる．
- 性染色体には**伴性遺伝子**が含まれているが，実質上そのすべてはＸ染色体上にある（**Ｘ連鎖遺伝子**）．母親から伴性の劣性対立遺伝子を受け継いだ男子は，ただちにその形質（たとえば色覚異常など）を発現する．
- 哺乳類の雌では，胚発生の初期に各々の細胞の中の２本のＸ染色体のうち一方が無作為に不活性化され，高度に圧縮された**バー小体**となる．

? 男性は女性よりもＸ染色体性の遺伝性疾患が発病しやすいのはなぜか．

15.3

連鎖した遺伝子は同一の染色体上に近接して存在するため一緒に伝達される傾向がある

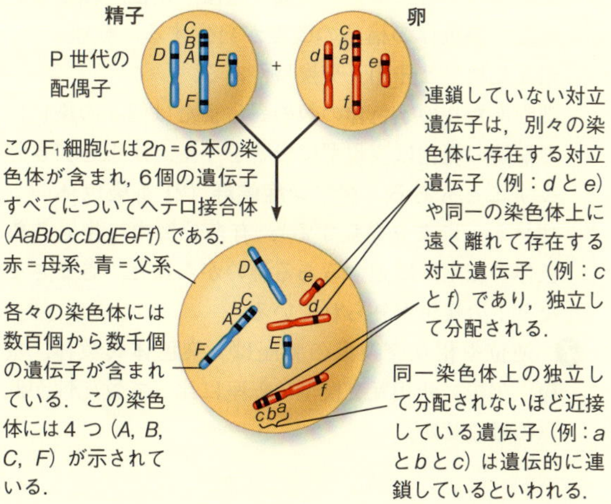

精子
卵
P世代の配偶子
このF₁細胞には$2n = 6$本の染色体が含まれ，6個の遺伝子すべてについてヘテロ接合体（*AaBbCcDdEeFf*）である．赤＝母系，青＝父系
各々の染色体には数百個から数千個の遺伝子が含まれている．この染色体には４つ（*A*, *B*, *C*, *F*）が示されている．
連鎖していない対立遺伝子は，別々の染色体に存在する対立遺伝子（例：*d*と*e*）や同一の染色体上に遠く離れて存在する対立遺伝子（例：*c*と*f*）であり，独立して分配される．
同一染色体上の独立して分配されないほど近接している遺伝子（例：*a*と*b*と*c*）は遺伝的に連鎖しているといわれる．

- F_1世代の検定交雑の子孫で，**親型**はＰ世代の親と同じ組み合わせの形質を示す．**組換え型（組換え体）**はＰ世代の親のどちらにも見られない新たな組み合わせの形質を示す．染色体の独立分配により，非連鎖遺伝子は配偶子の中で50％の確率で組換えを起こす．遺伝的な**連鎖遺伝子**についてはつねに50％より低い確率で組換えが観察されるが，その理由は減数第一分裂時の非姉妹染色分体間の**交差**により説明できる．

- 染色体上の遺伝子の並び順と相対的な距離は，遺伝的な交雑により観察される組換え頻度から推定できる．この情報から，**連鎖地図（遺伝学的地図）**を描くことができる．遺伝子間の距離が離れているほど，その対立遺伝子の間で起こる交差により組換えが起こる確率が高くなる．

? 同一染色体上で遠く離れている2つの遺伝子の対立遺伝子がほうが，近接している遺伝子の場合よりも組換えが起こる確率が高くなるのはなぜか

15.4

染色体の数や構造の変化は遺伝性の疾患を引き起こす

- 減数分裂の際の**染色体不分離**により，染色体の数が異常となる**染色体異数体**が発生する．特定の染色体を2コピー含むか1コピーも含まない配偶子が正常な配偶子と融合すると，形成された接合子と接合子が分裂して生じた細胞は，特定の染色体が1コピー余分（**トリソミー**，$2n+1$）または1コピー不足（**モノソミー**，$2n-1$）となる．**倍数体**（余分な染色体セットをもつ）は配偶子形成時の完全な染色体不分離により発生する．
- 染色体の切断により，**欠失**，**重複**，**逆位**，**転座**といった，染色体の構造の改変が発生する．転座には，相互交換型と非相互交換型がある．
- 細胞あたりの染色体の数の異常または個々の染色体の構造の変化は表現型に影響を与え，疾患を引き起こすこともある．**ダウン症候群**（21番染色体のトリソミーにより発症する），有糸分裂中に生じる染色体の転座に関連するある種のがんなど，さまざまなヒトの疾患が知られている．

? 逆位や相互交換型の転座は，染色体異数体，重複，欠失，非相互交換型の転座に比べて致死性が低いのはなぜか．

15.5

標準的なメンデル遺伝の例外となる遺伝様式

- 哺乳類の遺伝子の中には，その対立遺伝子が父親由来か母親由来かによって表現型への影響が異なるものがあり，このような現象は**遺伝的刷り込み**とよばれる．配偶子の発生中に形成される遺伝的刷り込みにより，父親または母親のどちらかに由来する対立遺伝子が子どもの細胞内で発現しなくなる．
- ミトコンドリアや葉緑体（色素体）に存在する遺伝子に支配される形質の遺伝は，このような細胞小器官を含む接合子の細胞質が卵に由来するため，母親だけに依存する．神経系および筋肉に障害を与える疾患の中には，ミトコンドリア遺伝子の欠陥により細胞が十分量のATPを生産できなくなることに起因するものがある．

? 遺伝的刷り込みとミトコンドリアおよび葉緑体DNAの遺伝様式が，標準的なメンデル遺伝の例外となる理由を説明しなさい．

理解度テスト

レベル1：知識／理解

1. 血友病（劣性の，伴性の遺伝性疾患）のある男性には，血友病ではない娘がいる．彼女が血友病ではない男性と結婚した．この婚姻より血友病の女児が誕生する確率を計算しなさい．また，血友病の男児が誕生する確率を計算しなさい．さらに，この夫婦に4人の男児が生まれたとき，4人とも血友病を発症する確率はどのくらいか．
2. 擬似肥大性筋ジストロフィーは徐々に筋肉が無力化していく遺伝性疾患である．この疾患は，見かけ上正常な両親から誕生した男児だけが発症し，10代前半で死亡する．以下の問いに答えなさい．
   - この疾患を引き起こす対立遺伝子は優性または劣性のいずれか．
   - この疾患は伴性遺伝するのか，それとも常染色体により遺伝するか．また，このことは何を根拠に判断されるか．
   - この疾患はなぜ女児にはまったくといってよいほど見られないのか．
3. 野生型のショウジョウバエ（灰色体と正常翅についてヘテロ接合体）と黒色体と短翅をもつハエとを交配させた．各々の表現型を示す子孫のハエの出現数は以下の通りである．野生型778，黒色体で短翅785，黒色体で正常翅158，灰色体で短翅162．体色と翅の長さの遺伝子の間の組換え頻度を計算しなさい．また，その結果が図15.9と一致するか確認しなさい．
4. 宇宙探査機が発見した惑星に生息するある生物は，ヒトと同じ遺伝パターンにより子孫を産生している．表現型の上では以下の3つの特徴が認められる．背の高さ（T=長身，t=短身），頭部（A=触角あり，a=触角なし），鼻の形（S=上向き，s=下向き）．この生物は「知性」をもたないので，地球の科学者

は，さまざまなヘテロ接合体を用いた検定交雑を含む繁殖実験を実施することができた．長身で触角をもつヘテロ接合体の検定交雑により得られた子の数は，長身で触角あり 46，短身で触角あり 7，短身で触角なし 42，長身で触角なし 5 であった．触角と上向きの鼻をもつヘテロ接合体の検定交雑により得られた子どもの数は，触角ありで上向きの鼻 47，触角ありで下向きの鼻 2，触角なしで下向きの鼻 48，触角なしで上向きの鼻 3 であった．それぞれの実験の結果から，組換え頻度を計算しなさい．

レベル 2：応用／解析

5. 問 4 の情報を利用し，背の高さと鼻の形のヘテロ接合体を用いてさらに検定交雑を行った．得られた子は，長身で上向きの鼻 40，短身で上向きの鼻 9，短身で下向きの鼻 42，長身で下向きの鼻 9 であった．以上の情報より組換え頻度を計算しなさい．また，問 4 のあなたの結果を用いて，3 つの連鎖した遺伝子の染色体上の正しい配置順序を決定しなさい．
6. 野生型のショウジョウバエ（灰色の体色と赤眼についてヘテロ接合体）と黒色体で紫眼のショウジョウバエと交雑させた．得られた子孫のハエの出現数は以下の通りであった．野生型 721，黒色体で紫眼 751，灰色体で紫眼 49，黒色体で赤眼 45．体色と眼の色の遺伝子の間の組換え頻度を計算しなさい．また，問 3 の情報も利用したとき，ショウジョウバエの体色，翅の長さ，眼の色の遺伝子の染色体上の配列順序を決定するためには，どのような遺伝子型と表現型のハエの交雑実験を行えばよいか，説明しなさい．
7. *A* 遺伝子と *B* 遺伝子は染色体上に 50 単位の距離で存在しているとする．双方の遺伝子座についてヘテロ接合体の動物が，両方とも劣性のホモ接合体の個体と交配した．交差の結果として生じる組換え型の表現形質を示す子孫は何％出現するか．また，*A* 遺伝子と *B* 遺伝子が同じ染色体にあることを知らない場合，あなたはこの交配の結果をどのように解釈するだろうか．
8. ある植物では，花弁の色を青色（*B*）か白色（*b*）に決定する遺伝子と，雄ずいの形を円形（*R*）か楕円形（*r*）に決定する遺伝子は染色体上で 10 単位離れて連鎖している．青色花弁と楕円形雄ずいをもつホモ接合体の株と，白色花弁と円形雄ずいをもつホモ接合体の株を交雑した．得られた F_1 世代株を白色花弁と楕円形雄ずいをもつ株と交雑したところ，1000 株の F_2 世代株が得られた．この中に 4 種類の表現型を示す F_2 世代株がそれぞれ何株含まれると予測されるか．
9. 図 15.12 に示されるショウジョウバエの染色体上に存在する遺伝子 *a* についての組換え頻度に関する情報を得るための交配実験を企画する．遺伝子 *a* は短翅の遺伝子座とは 14%，茶色の眼の遺伝子座とは 26％の組換え頻度を示す．遺伝子 *a* の染色体上のおおまかな位置を決定しなさい．

レベル 3：統合／評価

10. 三倍体のバナナの株には種ができないのはなぜだと考えられるか，説明しなさい．
11. **進化との関連**　交差は，つねに遺伝子を混合して対立遺伝子の新たな組み合わせを発生させることができるので，進化的に有利であると考えられる．最近まで，Y 染色体上の遺伝子が失われていったのは対合し，組換えの相方となる X 染色体上に相同遺伝子がないためであると考えられていた．しかし Y 染色体の塩基配列が決定されると，Y 染色体上には互いに相同性の高い 8 つの大きな領域が見出され，78 個の遺伝子のうちの多くが重複していることが明らかとなった（Y 染色体の研究者であるディヴィッド・ページ David Page は「鏡の間」とよんだ）．このような領域が存在することの利点は何か．
12. **科学的研究・描いてみよう**　あなたはショウジョウバエの遺伝子 *A*，*B*，*C* および *D* の遺伝的地図を作成しようとしている．これらの遺伝子は同じ染色体上に存在して連鎖していることがわかっている．このうち 2 つずつの遺伝子間の組換え頻度を調べると，以下のようであった．*A*－*B* 8%；*A*－*C* 28%；*A*－*D* 25%；*B*－*C* 20%；*B*－*D* 33%
    (a) あなたはどのようにしてそれぞれの遺伝子間の組換え頻度を調べたか，説明しなさい．
    (b) あなたの得たデータに基づき，染色体地図を描きなさい．
13. **テーマに関する小論文：情報**　生命の連続性は DNA に刻まれた遺伝性の情報に基づいている．無性生殖を行う生物と有性生殖を行う生物の双方について，染色体の構造と挙動と，遺伝との関連について 300～450 字で記述しなさい．

14. 知識の統合

チョウはショウジョウバエやヒトとは異なる形式のX–Y性染色体による性別決定システムを有している．雄のチョウが2本以上のX染色体をもつのに対し，雌のチョウはXYまたはXO染色体をもつ．写真は雌雄モザイクのトラフアゲハの個体であり，左半身が雄で右半身が雌である．このチョウは受精卵の1回目の細胞分裂時に将来左半身になる部分と右半身になる部分が分かれると仮定したとき，このような異常なチョウが生まれるためには，1回目の細胞分裂時にどのような染色体不分離が起こる必要があるのか仮説を立てなさい．

（一部の解答は付録A）

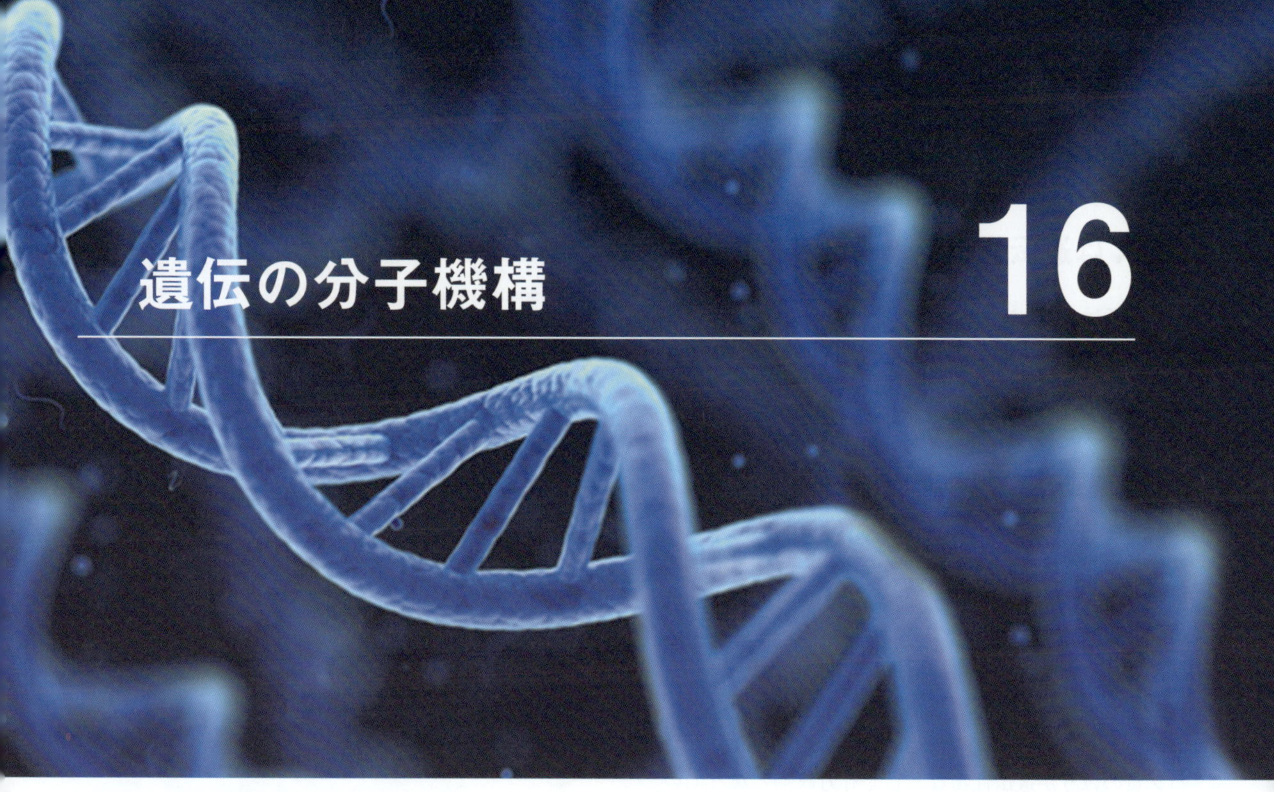

16 遺伝の分子機構

▲図 16.1　DNA の構造とはどのようなものか.

重要概念

16.1　DNA は遺伝物質である

16.2　DNA の複製と修復は多数のタンパク質の共同作業である

16.3　染色体はタンパク質とともに密に詰まった DNA 分子により構成される

生命の設計図

デオキシリボ核酸（DNA）の洗練された二重らせん状構造は，現代生物学の象徴となっている（図 16.1）．1953 年 4 月にジェームズ・ワトソン James Watson とフランシス・クリック Francis Crick は，左下の写真に示されているブリキ板と針金を用いて作製した DNA 模型を示し科学界に衝撃を与えた．グレゴール・メンデル Gregor Mendel の遺伝性因子も，染色体上のトーマス・ハント・モルガン Thomas Hunt Morgan の遺伝子も，実際は DNA でできている．化学的には，あなたの遺伝的な相続財産は，両親から受け継いだ DNA であるといえる．遺伝物質としての DNA は現在では最も有名な分子である．

あらゆる天然の分子の中で，核酸は単量体から自分自身の複製を指示する能力をもつ類まれな分子である．実際に，子どもが親に似ているという事実は，DNA の正確な複製と，次世代への伝達に基づいている．この DNA がもつ遺伝情報こそが，あなたの生化学的，解剖学的，生理学的およびある種の行動様式などの形質を指令しているのである．本章では，生物学者がどのようにして DNA が遺伝物質であることを推定したか，そしてワトソンとクリックがどのようにして DNA の正しい構造に到達したのかを検証していく．さらに，細胞内で DNA 分子のコピーが作製される **DNA 複製 DNA replication** の過程と，DNA の損傷が修復される過程について学習する．最後に，DNA という分子がタンパク質とともに折りたたまれて染色体を形成する機構について探究する．

▲ジェームズ・ワトソン（左）とフランシス・クリックと彼らの DNA モデル模型.

16.1

DNA は遺伝物質である

現在では小学生でも DNA の名を聞いたことがあり，科学者は実験室で日常的に DNA を操作している．しかし，20 世紀初頭には遺伝性分子の同定は生物学者の前に立ちはだかる難問であった．

遺伝性物質の探索：科学的研究

T・H・モルガンのグループが遺伝子は染色体の一部として存在することを示したことから（15.1 節に詳述），染色体の化学的な成分である核酸とタンパク質の 2 つが遺伝性物質の候補となった．1940 年代までには，タンパク質が遺伝性物質に必須な条件と考えられる，膨大な種類と特異的な機能を有する巨大分子であることが多くの生化学者により明らかになり，タンパク質のほうが遺伝性物質として有力候補となっていた．当時核酸についての知見は少なく，知られていた物理的および化学的な性質は，すべての生物に表現されている，きわめて多種多様で特異的な遺伝性の形質を説明するには，あまりにも均一で単調だと思われていたのである．しかし，細菌を用いたある実験において DNA が遺伝において果たす役割がわかってくると，遺伝性物質の候補に対する意見が少しずつ変化していった．実験に用いられた細菌および細菌に感染するウイルスは，ショウジョウバエやヒトよりもはるかに単純なシステムをもつ．本節では，科学的課題の中の事例研究として，遺伝物質の探索について詳細に検討していく．

▼図 16.2

研究　遺伝性の形質は細菌の間を転移できるか

実験　フレデリック・グリフィスは2つの型の肺炎球菌 *Streptococcus pneumoniae* について研究していた．マウスに肺炎を引き起こす S 株（滑らかなコロニーをつくる）は，動物の生体防御機構から身を守る莢膜（多糖類の厚い膜）をもっているため病原性を有している．R 株（ザラザラしたコロニーをつくる）は，この莢膜をもたないので病原性がない．病原性という形質について解析するため，グリフィスは双方の菌株をマウスに注射した．

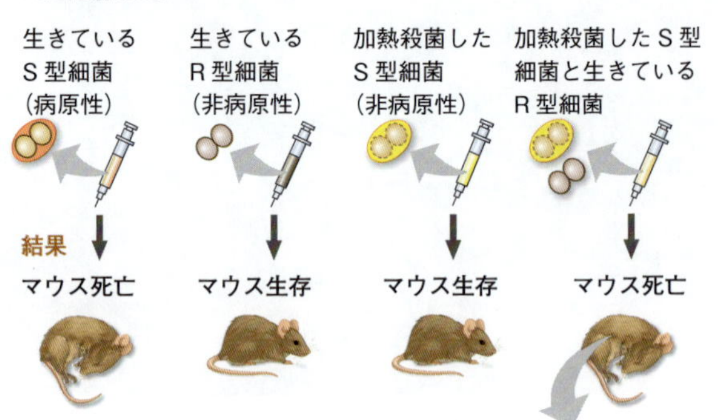
生きている
S 型細菌
（病原性）
生きている
R 型細菌
（非病原性）
加熱殺菌した
S 型細菌
（非病原性）
加熱殺菌した S 型
細菌と生きている
R 型細菌
結果
マウス死亡
マウス生存
マウス生存
マウス死亡
死亡したマウスの血液から生きている
S 型細菌が検出された．この S 型細菌
は増殖してさらに S 型細菌を産生した．

結論　グリフィスは，加熱殺菌された S 型細菌に由来し，R 型細菌に莢膜をつくれるようにする未知の遺伝性物質により，生きている R 型細菌が病原性を有する S 型細菌に形質転換したと結論づけた．

データの出典　F. Griffith, The significance of pneumococcal types, *Journal of Hygiene* 27:113–159 (1928).

どうなる？➤この実験から，R 型細菌が死んだ S 型細菌の莢膜を利用して病原性を獲得したという可能性はどのようにして排除されるか．

DNA が細菌の形質を転換する証拠

1928 年，英国の軍医であったフレデリック・グリフィス Frederick Griffith は，肺炎のワクチン開発に取り組んでいた．彼は哺乳類に肺炎を起こす細菌である肺炎球菌 *Streptococcus pneumoniae* の研究を行っており，この細菌について病原性と非病原性の 2 種類の菌株を所持していた．そして，病原性の菌株を加熱殺菌し，その細胞の残骸を非病原性の生きている菌株に混合したところ，一部の細菌細胞が病原性を獲得したことを発見し，たいへん驚いた（図 16.2）．さらに，新たに獲得された病原性という形質は，形質が転換した細菌の子孫すべてに遺伝した．死んだ病原性細菌の細胞に含まれていたなんらかの化学物質が，細菌の子孫に伝達される遺伝的変化をもたらしていることは明らかであったが，この化学物質の正体については何もわかっていなかった．グリフィスはこの現象を**形質転換 transformation** とよんだ．現在，形質転換は，細胞による外来の DNA の取り込みによって引き起こされる遺伝子型と表現型の変化，として定義されている．その後，オズワルド・エイヴリー Oswald Avery，マクライン・マッカーティ Maclyn McCarty，そしてコリン・マクラウド Colin MacLeod らの研究により，DNA が形質転換物質であることが示された．

しかし，科学者たちはタンパク質のほうが遺伝性物質として有力な候補であると考えており，懐疑的であった．また，多くの生物学者は，細菌の遺伝子が複雑な生物の遺伝子と同じ成分と機能を有しているとは考えなかった．しかし，エイヴリーらの報告が長い間信用されなかった一番の理由は，DNA 自体についてほとんど知られていなかったことにある．

ウイルスのDNAが細胞をプログラムする

DNAが遺伝物質であることを示す別の証拠が，細菌に感染するウイルスの研究から得られた（図16.3）．**バクテリオファージ bacteriophage**（「細菌を食うもの」の意味），またはたんに**ファージ phage**とよばれることもあるウイルスは，細胞よりもはるかに単純な構造である．**ウイルス virus**は，たんにDNA（またはRNA）が保護用の殻に包まれた構造体であり，保護用の殻は単純なタンパク質でできていることが多い．ウイルスは増殖のために細胞に感染し，細胞の代謝機構を乗っ取る必要がある．

ファージは分子遺伝学の分野で，実験材料として広く用いられてきた．1952年にアルフレッド・ハーシー Alfred Hersheyとマーサ・チェイス Martha Chaseは，T2とよばれるファージの遺伝物質はDNAであることを示す実験を行った．T2ファージは，哺乳類の腸内にふつうに生息し，分子生物学者にモデル生物として利用されている大腸菌 *Escherichia coli* に感染するファージの1種である．当時，他の多くのウイルスと同様に，T2ファージもDNAとタンパク質だけから構成されていることが，生物学者の間で知られていた．また，T2ファージは大腸菌の細胞をすみやかにT2ファージの生産工場へと変貌させ，大腸菌が破裂したときに多数のファージのコピーが放出されることも知られていた．すなわち，なんらかの方法により，T2ファージはファージを生産するように宿主の細胞のプログラムを書き換えることができるのである．それでは，ファージの成分のうちタンパク質とDNAのどちらが，プログラムの書き換えを担っているのだろうか．

ハーシーとチェイスは，T2ファージの2種類の成分のうち一方だけが感染中に大腸菌の細胞に実際に入り込むことを示す実験を考案することにより，この問題に答えを出した（図16.4）．彼らは，第1の培養グループでは放射性同位体の硫黄（^{35}S）を用いてタンパク質を標識したT2ファージを作製し，第2グループでは放射性同位体のリン（^{32}P）を用いた第2の培養によりDNAを標識したT2ファージを作製した．硫黄はタンパク質には含まれているがDNAには含まれていないので，この実験では放射性の硫黄原子はファージのタンパク質だけに取り込まれる．同様に，T2ファージのリン原子はほぼすべてDNAに存在するため，放射性のリン原子はファージのDNAにだけ取り込まれて，タンパク質には取り込まれなかった．次に，放射性標識されていない大腸菌に，タンパク質が標識されたT2ファージまたはDNAが標識されたT2ファージをそれぞれ感染させた．感染直後に，2つの試料についてタンパク質とDNAのどちらの分子が細胞内に入り込んだかを調査し，どちらの分子が細胞の遺伝プログラムの書き換えに関与したかを検討した．

ハーシーとチェイスは，ファージのDNAは大腸菌の細胞に侵入したがタンパク質は侵入しなかったことを見出した．さらに，この大腸菌を培養液に戻したところファージの感染過程が進行し，やがて放射性標識されたDNAをもつT2ファージが多数放出された．これにより，宿主の細胞に取り込まれたDNAがファージの感染過程を進行させる役割を果たしていることが示された．ハーシーとチェイスは，ファージによって注入されたDNAが遺伝情報を運ぶ分子であり，宿主細胞に新たなファージDNAとタンパク質の合成を指令していると結論づけた．ハーシーとチェイスの実験は，少なくともファージとよばれるウイルスに関しては，タンパク質ではなく核酸が遺伝性物質であること示す強力な証拠を提供したことから，当時としては画期的な実験であった．

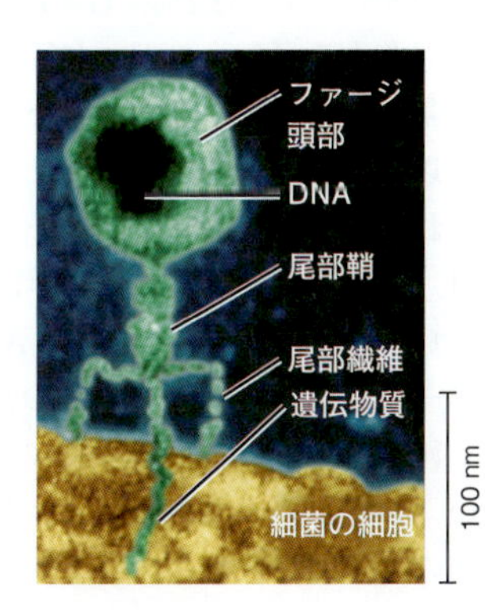
ファージ
頭部
DNA
尾部鞘
尾部繊維
遺伝物質
細菌の細胞
100 nm

➤図16.3 細菌細胞に感染するウイルス． T2とよばれるファージは宿主の細菌に接着し，細胞膜を貫通してファージの遺伝性物質を注入する．ファージの頭部と尾部は細菌の表層に残る（着色TEM像）．

DNAが遺伝物質であることを示す別の証拠

DNAが遺伝物質であることを示す別の証拠は，生化学者アーウィン・シャルガフ Erwin Chargaffの研究室からもたらされた．DNAがヌクレオチドの重合体であることはすでに知られていた．ヌクレオチドはそれぞれ窒素を含む塩基とデオキシリボースとよばれる五炭糖とリン酸基の3つの成分から構成されている（図16.5）．ヌクレオチドの塩基はアデニン（A），チミン（T），グアニン（G），シトシン（C）の4種類である．シャルガフは多数の生物種から抽出したDNAの塩基の組成を分析し，DNAの組成が生物により異なることを1950年に報告した．たとえば，ウニの

▼図 16.4

研究　T2 ファージの遺伝物質は DNA とタンパク質のいずれか

実験　アルフレッド・ハーシーとマーサ・チェイスは，放射性同位体の硫黄（S）をタンパク質の追跡に，放射性同位体のリン（P）をDNA の追跡に用いて，T2 ファージが大腸菌に感染したときのタンパク質と DNA の挙動を観察した．大腸菌に侵入してファージを生産するように大腸菌を再プログラム化するのはタンパク質と DNA のどちらかを確認するのが彼らの目的であった．

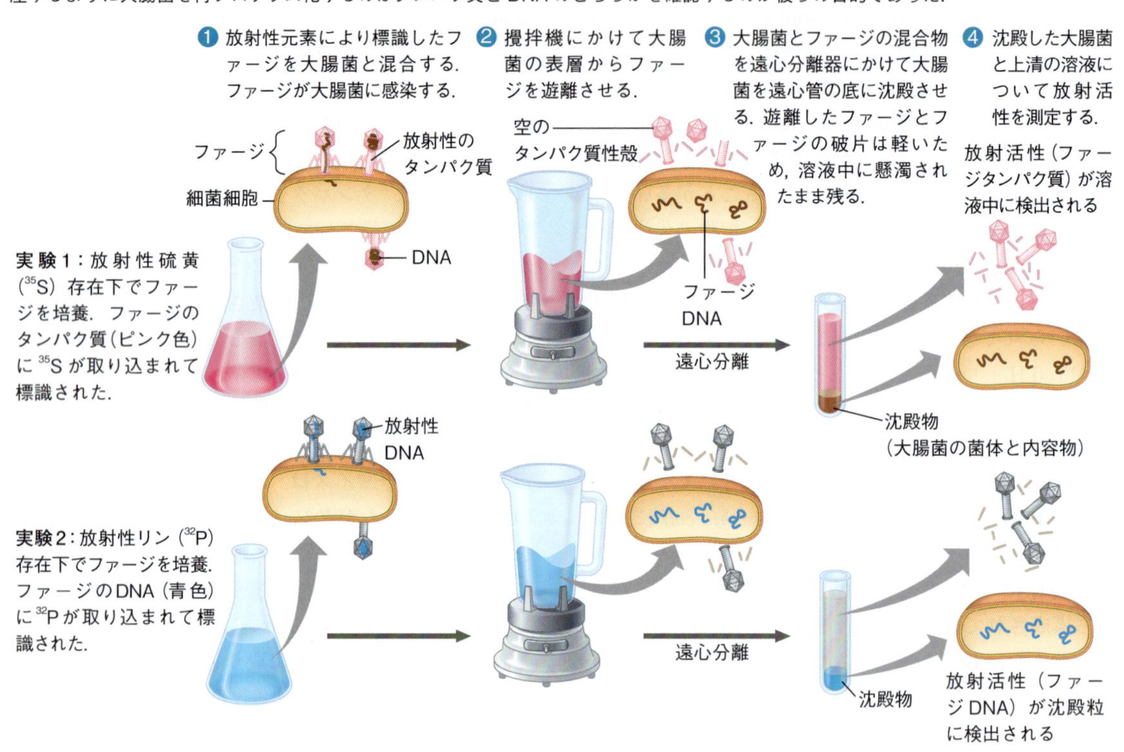

❶ 放射性元素により標識したファージを大腸菌と混合する．ファージが大腸菌に感染する．
❷ 撹拌機にかけて大腸菌の表層からファージを遊離させる．
❸ 大腸菌とファージの混合物を遠心分離器にかけて大腸菌を遠心管の底に沈殿させる．遊離したファージとファージの破片は軽いため，溶液中に懸濁されたまま残る．
❹ 沈殿した大腸菌と上清の溶液について放射活性を測定する．
ファージ
放射性の
タンパク質
細菌細胞
DNA
空の
タンパク質性殻
ファージ
DNA
放射活性（ファージタンパク質）が溶液中に検出される
実験1：放射性硫黄（^{35}S）存在下でファージを培養．ファージのタンパク質(ピンク色)に ^{35}S が取り込まれて標識された．
遠心分離
沈殿物
（大腸菌の菌体と内容物）
放射性
DNA
実験2：放射性リン（^{32}P）存在下でファージを培養．ファージのDNA（青色）に ^{32}P が取り込まれて標識された．
遠心分離
沈殿物
放射活性（ファージ DNA）が沈殿粒に検出される

結果　タンパク質を放射性標識した実験 1 では，放射性物質は大腸菌の外側に残留した．一方，DNA を放射性標識した実験 2 では，放射性物質が大腸菌の内部から検出された．放射性のファージ DNA をもつ大腸菌は，放射性リンを含む新たなファージを産生した．

結論　ファージの DNA は大腸菌の中に入ったが，ファージのタンパク質は入らなかった．ハーシーとチェイスは，T2 ファージの遺伝性物質として機能しているのはタンパク質ではなく DNA であると結論づけた．

データの出典　A. D. Hershey and M. Chase, Independent function of viral protein and nucleic acid in growth of bacteriophage, *Journal of General Physiology* 36:39-56 (1952).

どうなる？➤もしタンパク質が遺伝情報を担う物質であった場合は，どのような結果になったと考えられるか．

DNA ヌクレオチドには 32.8％の A 塩基が含まれるのに対して，ヒトの DNA は 30.4％，大腸菌の DNA には 24.7％しか A 塩基が含まれていない．DNA にも，それまでないと考えられていた生物種による分子の多様性が存在することが明らかとなり，遺伝物質の候補として DNA が有力となる研究成果であった．

さらに，シャルガフはヌクレオチドの塩基の存在比率に規則性を見出した．シャルガフが分析した生物の DNA はいずれも，アデニンの数はチミンの数とほぼ一致し，グアニンの数はシトシンの数とほぼ一致していた．たとえばウニの DNA では，4 種類の塩基が A＝32.8％と T＝32.1％，G＝17.7％と C＝17.3％の比率で存在する（シャルガフが行った実験手技の限界のため割合はまったく同一にはなっていない）．

以上の 2 つの発見は「シャルガフの法則」として知られている．

(1) 塩基の成分比率は生物種により異なる．

(2) 任意の生物種について，A 塩基と T 塩基の数はほぼ一致し，G 塩基と C 塩基の数がほぼ一致する．

科学スキル演習では，このシャルガフの法則を用い，ヌクレオチドの塩基の存在比を予測する．この法則の分子的な意義は，二重らせんが発見されるまで説

▼図 16.5　**DNA 鎖の構造.** 各々のヌクレオチド（単量体）は窒素を含む塩基（T，A，C，G）と糖（デオキシリボース）（青色）およびリン酸基（黄色）から構成されている．ヌクレオチドのリン酸基は隣接するヌクレオチドの糖と結合して糖とリン酸が交互に連結した「骨格」を形成し，各々のデオキシリボースから塩基が突き出す形となる．ポリヌクレオチド鎖には，リン酸基がついている 5′ 末端とヒドロキシ基がついている 3′ 末端という方向性がある．この場合の 5′ および 3′ とは，環状のデオキシリボースの炭素に割り振られた番号を示している．

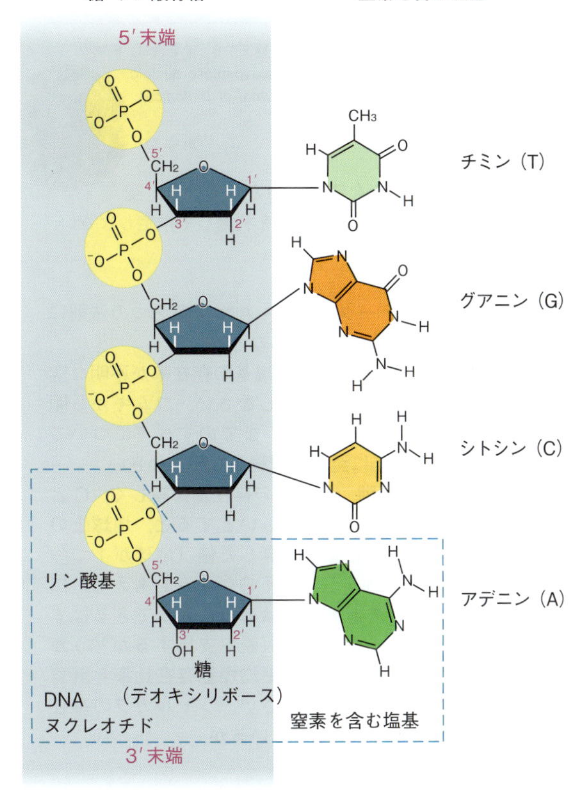
糖-リン酸骨格
窒素を含む塩基
5′ 末端
チミン（T）
グアニン（G）
シトシン（C）
アデニン（A）
リン酸基
糖
（デオキシリボース）
DNA
ヌクレオチド
窒素を含む塩基
3′ 末端

明できなかった．

DNA の構造モデルの構築：科学的研究

ほとんどの生物学者が DNA こそが遺伝物質であると確信すると，次の課題は，遺伝における役割を説明することのできる DNA の構造決定となった．1950 年代初頭までには，核酸の重合体で共有結合がどこに配置されているかは決定されており（図 16.5 参照），研究者の関心は DNA の 3 次元構造の決定に集中していた．当時この問題にはカリフォルニア工科大学のライナス・ポーリング Linus Pauling と，ロンドン大学のキングス・カレッジのモーリス・ウィルキンズ Maurice Wilkins とロザリンド・フランクリン Rosalind Franklin が取り組んでいた．しかし，最初に正解に到達したのは，当時は比較的無名であった米国人のジェームズ・ワトソンと英国人のフランシス・クリックであった．

クリックが X 線結晶学（図 5.21 参照）とよばれる技術を用いてタンパク質の構造に関する研究を行っていたケンブリッジ大学にワトソンが訪れてからまもなく，DNA 構造の謎の解決に結びつくことになる短期間だが名高い協力関係が始まった．モーリス・ウィルキンズの研究室を訪れたとき，ワトソンは，ウィルキンズの同僚のロザリンド・フランクリンが撮影した DNA の X 線回折写真を見た（図 16.6）．X 線結晶学により得られる画像は，分子そのものの写真ではない．斑点や模様は，精製された DNA の整列繊維を X 線が通過したときに回折する（進行方向がゆがめられる）ことにより，描き出されたものである．ワトソンはらせん状の分子が描き出す X 線回折像のパターンに精通していたことから，フランクリンが撮影した DNA の X 線回折像をひと目見たとき，DNA がらせん状の構造を取っていることを確信した．さらに，フランクリンから得た画像の情報より，らせん構造の幅と，らせんに沿って並ぶ塩基の間隔を推測することができた．ライナス・ポーリングは以前に 3 本の鎖による DNA のらせんモデルを提案していたが，この写真のパターンからは，2 本の鎖から構成されていることが示唆された．2 本の鎖の存在は，現在ではなじみ深い用語である**二重らせん double helix** を説明している．図 16.7 には，いくつもある表現方法のうち，いくつかの形で DNA が描かれている．

ワトソンとクリックは，X 線による解析結果，および塩基の成分比に関するシャルガフの法則などのこれまでに知られていた DNA の化学的性質を説明することのできる二重らせん模型の組み立てを始めた．さらに，フランクリンの研究成果を要約した未発表の年次報告を読むことにより，糖とリン酸の骨格が二重らせんの外側にあるとフランクリンが結論づけたことを知った．このモデルはワトソンらの当時の暫定的なモデルとは正反対であったが，負に電荷したリン酸基が周囲の水相に面しており，比較的疎水性の強い塩基が分

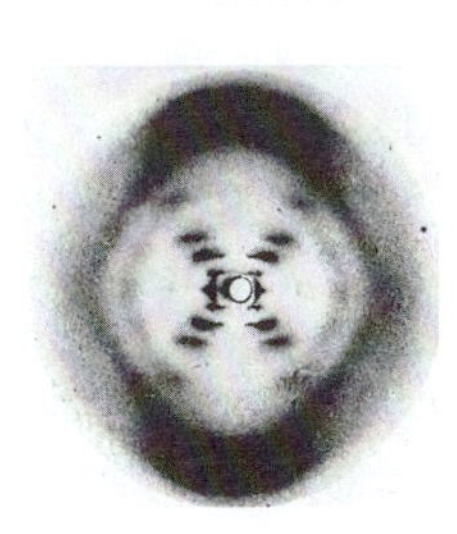

◀図 16.6　**ロザリンド・フランクリンと DNA の X 線回折写真.**

科学スキル演習

表のデータを解析する

あるゲノム中の１つのヌクレオチドの存在比率（%）が示されたとき，他の３つのヌクレオチドの存在比率も推定できるだろうか　DNA の構造が判明する以前にも，アーウィン・シャルガフとその共同研究者たちは多種類の生物において，ヌクレオチド塩基の存在比率には一定の規則があることに気づいた．アデニン（A）塩基の存在比率はチミン（T）塩基とほぼ同じであり，シトシン（C）塩基の存在比率はグアニン（G）塩基とほぼ同じである．さらに，それぞれのペア（A−T または C−G）の存在比率は生物種によって異なる．いまでは，A−T と C−G の比が 1：1 となるのは，DNA 二重らせんでは A と T，C と G が相補的な塩基対を形成しているためであり，生物種ごとにその割合が異なるのは，DNA 分子中の塩基の並びが種ごとに異なるためであることがわかっている．この演習では，シャルガフの法則を応用してゲノム流の塩基の存在比率を推定する．

実験方法　シャルガフの実験では，DNA を生物種の細胞から抽出し，ヌクレオチドのレベルにまで加水分解し，科学的にその組成を調べた．こうした研究により，それぞれのヌクレオチドのおおよその含有量がわかった（現在では，全ゲノム配列解析により，各塩基の存在比率が直接，正確にわかる）．

実験データ　多種類の試料（ここでは多種類の生物種）ある共通の値（ここでは A，G，C，T それぞれの存在比率）をまとめて示すには，表を利用するのが有効である．既知のデータから読み取れる規則性を応用することで，未知の値を推測することができる．表には，ウニとサケについての完全な値が入力されている．空欄部分の値をシャルガフの法則を利用して推定しなさい．

DNA を採取した生物種	塩基の存在比率（%）			
	アデニン	グアニン	シトシン	チミン
ウニ	32.8	17.7	17.3	32.1
サケ	29.7	20.8	20.4	29.1
コムギ	28.1	21.8	22.7	
大腸菌	24.7	26.0		
ヒト	30.4			30.1
雄ウシ	29.0			
平均（%）				

データの出典　シャルガフによる何編かの論文から．たとえば，E. Chargaff et al., Composition of the desoxypentose nucleic acids of four genera of sea-urchin, *Journal of Biological Chemistry* 195:155-160 (1952).

➤ウニ

データの解釈

1. ウニとサケのデータが，シャルガフの２つの法則にのっとっていることを説明しなさい．
2. シャルガフの法則を用い，塩基の存在率が不明な空欄にあなたの推定値を記入しなさい．コムギから開始し，大腸菌，ヒト，雄ウシまでのすべてについて推定し，また答えに至った過程も説明しなさい．
3. シャルガフの法則，A と T の存在量は等しく，C と G の存在量も等しい，が正しいとすると，地球上の全生物種の塩基存在量を合算した値（地球が１つの巨大な生命体であるとし，そのゲノムを考える）についても，この法則を当てはめることができるはずである．表のデータがこの仮説を支持するかどうかを，完成させた表の値から平均塩基存在比率を計算することによって検討しなさい．シャルガフの存在量一定の法則は当てはまっているか．

子の内側に隠れているという点で，フランクリンらの提唱する配置は説得力があった．そこで，ワトソンはこの配置で，本章の最初のページの小さな写真にあるような模型を組み立てた．このモデルでは２本の糖−リン酸骨格が逆方向に配向している**逆平行 antiparallel** となっている（図 16.7 参照）．堅い横木をもつ縄ばしごのような配置を想像してほしい．両側のロープは糖とリン酸の骨格であり，横木は塩基の対を表す．次にこの縄ばしごの一端をひねって，らせん状にねじれた姿を想像してみよう．フランクリンの X 線解析情報は，らせんが 3.4 nm ごとに１回転ねじれていることを示していた．塩基をちょうど 0.34 nm ずつ離して積み重ね，10 個の塩基対，すなわちはしごの横木 10 段ごとにらせんが１回転するモデルが完成した．

二重らせん中の塩基は，アデニン（A）とチミン（T），およびグアニン（G）とシトシン（C）という特定の組み合わせで対を形成する．ワトソンとクリックは試行錯誤によりこの DNA の鍵となる構造的特徴に到達した．当初ワトソンは，A には A，C には C というように同じ塩基同士が対を形成すると考えていた．しかしこのモデルは，二重らせんが均一の太さをもつことを示唆する X 線解析のデータと一致しなかった．同一の塩基同士が対を形成するモデルは，なぜ二重らせんが均一の太さをもつという必要条件を満たさないのだろうか．アデニンとグアニンはプリン塩基であり，窒素を含む有機環が２つある．これに対し，シトシンとチミンはピリミジン塩基であり，窒素を含む有機環が１つだけである．このため，プリン塩基とピリミジン塩基の対のみが，直径が均一であるという二重らせんのデータと一致する．

▼図 16.7 ビジュアル解説　DNA

DNA はさまざまな方式で描くことができるが，どの模式図も同じ基本的な構造を示している．詳細さの度合いは，伝えようとしている情報の種類や加工の仕方によって異なる．

構造図

この構造図は，DNA 二重らせん（左）の 3 次元的な構造と，DNA 構造の詳細（右）を示している．どちらも共通の色でリン酸基（黄色），デオキシリボースである糖（青色），窒素を含む塩基（緑色とオレンジ色）を描いている．

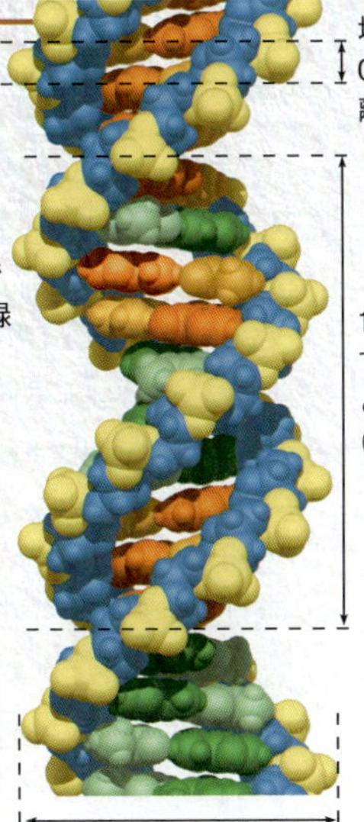

塩基は 0.34 nm 離れている
10 塩基対で 1 らせんとなる（3.4 nm）
直径 2 nm

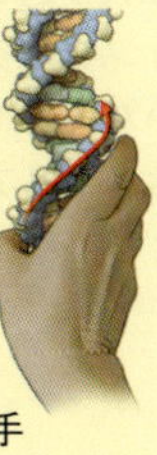

このコンピュータによる空間充填モデルにあるように，DNA 二重らせんは右巻きである．この図のように右手を使って糖–リン酸骨格を上部へとなぞって（赤色矢印）裏側までたどってみよう（左手ではうまくできない）．

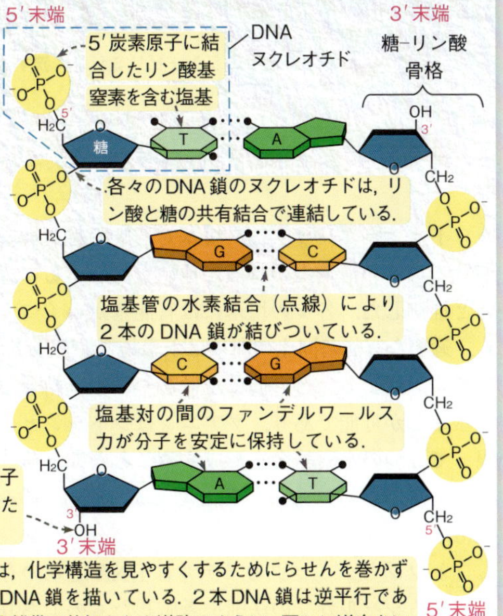

5′末端
DNA ヌクレオチド
3′末端
糖–リン酸骨格
5′炭素原子に結合したリン酸基
窒素を含む塩基
各々の DNA 鎖のヌクレオチドは，リン酸と糖の共有結合で連結している．
塩基間の水素結合（点線）により 2 本の DNA 鎖が結びついている．
塩基対の間のファンデルワールス力が分子を安定に保持している．
3′炭素原子に結合した –OH 基
3′末端
5′末端

この図では，化学構造を見やすくするためにらせんを巻かずに 2 本の DNA 鎖を描いている．2 本 DNA 鎖は逆平行であり，中央分離帯で仕切られた道路のように，互いに逆向きになっていることに注目しなさい．

❶ 1 分子の DNA 鎖においてヌクレオチドを連結している結合について説明しなさい．次に，2 本の DNA 鎖を連結している力との比較を述べなさい．

簡素化模式図

分子の詳細については必要ない場合，DNA は簡素化した模式図を用いて描かれる．どの程度簡素化するかは，図の目的ごとに異なる．

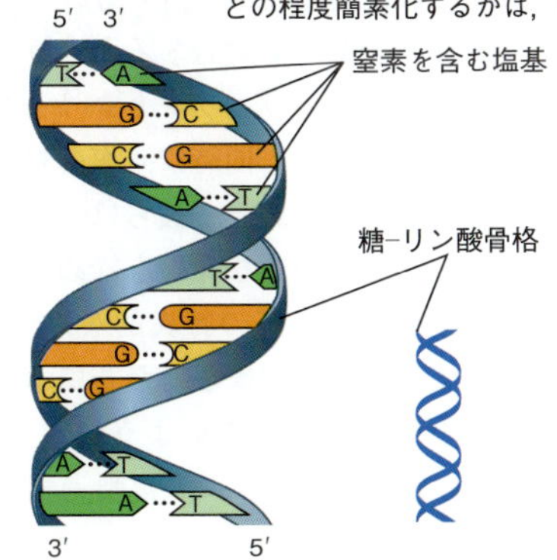

5′ 3′
窒素を含む塩基
糖–リン酸骨格
3′ 5′

この簡素化二重らせん模式図では，「リボン」は糖–リン酸骨格を示す．

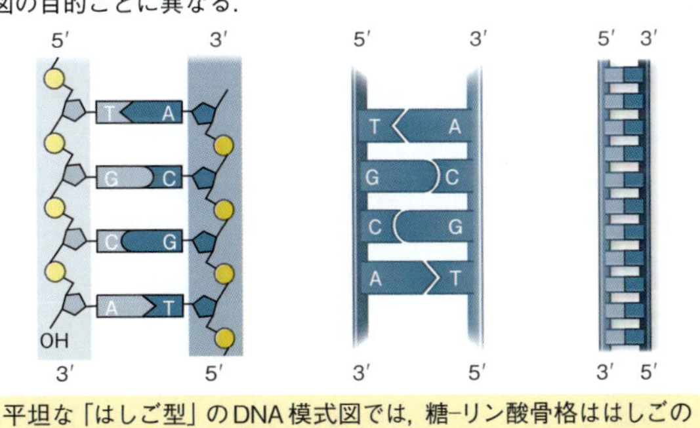
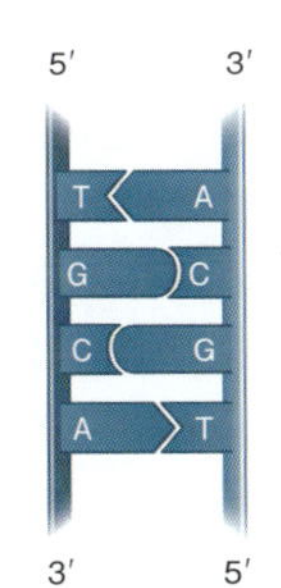
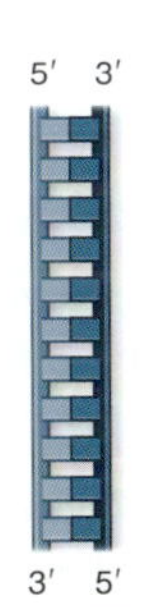

5′ 3′
OH
3′ 5′

平坦な「はしご型」の DNA 模式図では，糖–リン酸骨格ははしごの両側の支柱のように描かれ，塩基対が横木のように描かれる．明るい青色で，より新しく合成された DNA 鎖を区別して描いている．

時には二重鎖 DNA はたんなる二重線で描かれる．

❷ 2 つのはしご型模式図が示していることを比較して説明しなさい．

DNA 配列

遺伝情報は DNA の中にヌクレオチドの並び順として保持されており，それが mRNA へと転写され，ポリペプチドへと翻訳される．DNA 配列に注目すると，それぞれのヌクレオチドはたんにヌクレオチドに含まれる塩基の 1 文字，A，T，C または G で示される．

3′–ACGTAAGCGGTTAAT–5′
5′–TGCATTCGCCAATTA–3′

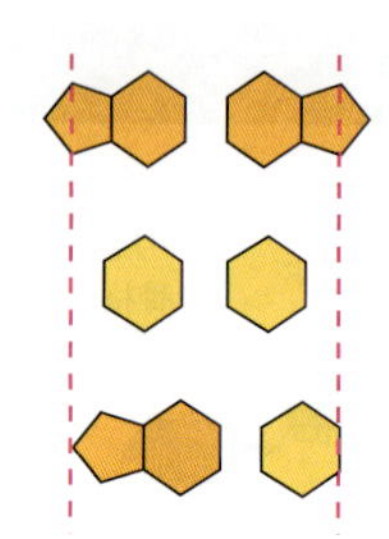
プリン＋プリン：広すぎる
ピリミジン＋ピリミジン：狭すぎる
プリン＋ピリミジン：
X線解析のデータと一致した幅をもつ

ワトソンとクリックは，塩基対形成の特異性を決定づける塩基の構造上の特徴が他にも何かあるに違いないと推測した．各々の塩基には官能基がいくつか結合し，適切な官能基同士の間には水素結合が形成される．アデニンはチミンとの間にだけ2つの水素結合を形成することが可能であり，グアニンはシトシンとの間に限って3つの水素結合を形成することができる．つまり，AとTが対になり，GとCが対を形成する（図16.8）．

ワトソンとクリックのモデルはDNA塩基の存在比に関するシャルガフの法則を考慮したものであり，最終的にはこの法則の意義を説明することができた．DNA分子の一方の鎖にA塩基があるときは，つねに対となるDNA鎖にはT塩基がある．一方の鎖のG塩基は，つねに相補的な鎖のC塩基と対を形成する．このため，どのような生物のDNAでもアデニンの量とチミンの量は等しく，グアニンの量とシトシンの量が等しくなる（近年のDNA塩基配列解析により正確に等しいことが明らかになっている）．この塩基対形成則は，二重らせんの「横木」を形成する塩基の対の組み合わせを指定しているが，それぞれのDNA鎖上の塩基の配列を制限するものではない．4種類の塩基の直線的な配列は無限に変化することができるので，各々の遺伝子は独自の塩基配列を有している．

1953年4月に，ワトソンとクリックは科学雑誌に掲載された1ページの論文[*1]により，科学界を驚愕させた．この論文には，分子生物学の象徴となった二重らせんのDNA分子モデルが報告されている．ワトソンとクリックおよびモーリス・ウィルキンズは，この業績により1962年にノーベル賞を受賞した（残念なことに，ロザリンド・フランクリンは1958年に37歳の若さで死亡していたためノーベル賞の対象からは外された）．このモデルの優れた点は，DNAの構造がその複製の基本的な機構を示唆していたことにある．

▼図 16.8　DNA中の塩基対．

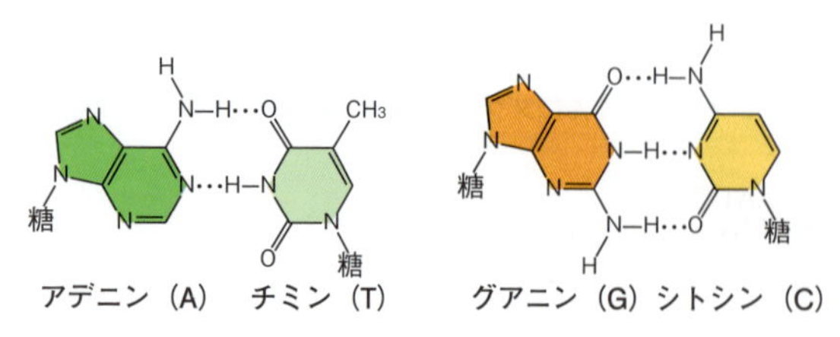
糖
アデニン（A）
チミン（T）
グアニン（G）
シトシン（C）

＊1：J. D. Watson and F. H. C. Crick, Molecular structure of nucleic acids: a structure for deoxyribose nucleic acids, *Nature* 171:737-738 (1953).

概念のチェック 16.1

1. GAATTCという配列のポリヌクレオチドがあるとき，どちらが5′末端か決めるためには，どのような追加の情報が5′末端の同定に必要か（図16.5参照）．

2. 図読み取り問題➤形質転換が起こるという驚くべき発見をしたとき，グリフィスは肺炎球菌に対するワクチンを開発しようとしていた．図16.2の左から2番目，3番目の結果を得たとき，グリフィスは4番目の実験の結果をどう予測したと考えられるか．説明しなさい．

（解答例は付録A）

16.2

DNAの複製と修復は多数のタンパク質の共同作業である

二重らせんの構造と機能の関連は明白である．DNAの中の塩基が特定の組み合わせで対合するというアイディアは，パッとひらめいて，ワトソンとクリックを正しい二重らせん構造に導いた．同時に，塩基対合の規則の機能的な重要性も認識された．彼らは，以下の皮肉たっぷりの記述により歴史的な報告を締めくくっている．「私たちが提案する塩基の特異的な対合は，遺伝物質として見込まれる複製機構をただちに示唆するものである．この指摘を見逃さないように．」本節では，DNA複製の基本原理とともに，複製過程の細部の重要な点について学習する．

基本原理：鋳型鎖との塩基対合

2番目の論文では，ワトソンとクリックは以下のように，DNAの複製過程に関する仮説を記述している．「私たちのモデルによれば，デオキシリボ核酸は鋳型同士の対であり，一方の鎖は他方の鎖について相補的である．DNA複製に先立って水素結合が開裂し，二重鎖が巻き戻されて分離すると私たちは考えている．各々のDNA鎖は自分自身に沿って新しく伴侶となるDNA鎖を形成するための鋳型として働き，最終的には1本しかなかったDNA鎖が2本になる．しかも，

▼図 16.9 **DNA 複製モデル：基本原理.** この簡素化されたモデルでは，DNA の短い断片がねじれをなくして描かれている．単純なシンボルで 4 種類の塩基を示している．濃青色は親分子の DNA 鎖を示し，淡青色は新たに合成された DNA 鎖を表している．

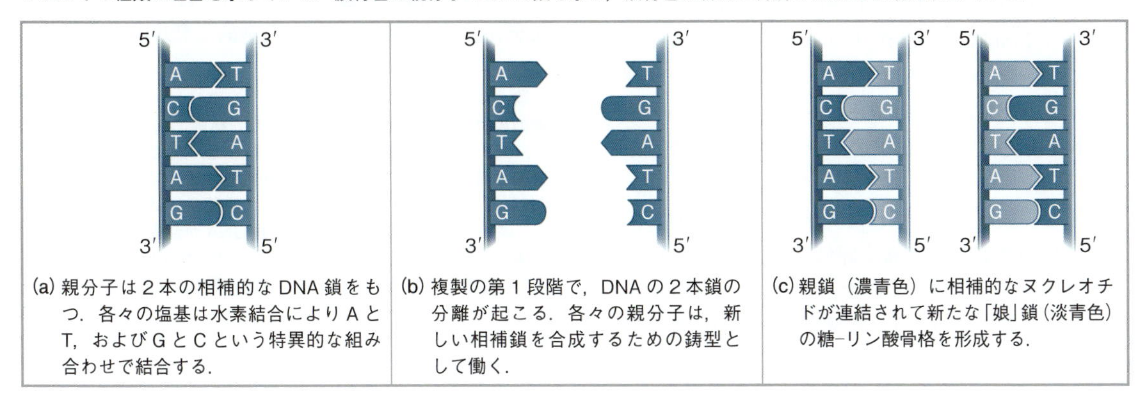
5′
3′
A T
C G
T A
A T
G C
3′
5′
(a) 親分子は 2 本の相補的な DNA 鎖をもつ．各々の塩基は水素結合により A と T，および G と C という特異的な組み合わせで結合する．
(b) 複製の第 1 段階で，DNA の 2 本鎖の分離が起こる．各々の親分子は，新しい相補鎖を合成するための鋳型として働く．
(c) 親鎖（濃青色）に相補的なヌクレオチドが連結されて新たな「娘」鎖（淡青色）の糖–リン酸骨格を形成する．

塩基の配列は正確に複製されている[*2]．」

図 16.9 ではワトソンとクリックの基本的な考え方を図解している．理解しやすくするために，二重らせんの一部だけを，ねじれのない形で示している．図 16.9a の 2 本の DNA 鎖の一方を覆い隠してしまっても，もう一方の鎖を参照して塩基の対合規則を適用することにより，隠した DNA 鎖の塩基配列を決定できる．2 本の DNA 鎖は相補的である，つまり各々の DNA 鎖がもう一方の DNA 鎖を再構成するのに必要な情報を保持している．細胞内で DNA 分子が複製されるとき，各々の DNA 鎖は鋳型として働いて，相補する鎖として新規の DNA 鎖を合成するために必要なヌクレオチドを指定する．鋳型鎖上に塩基の対合規則に従って並んだヌクレオチドは，互いに連結して新しい DNA 鎖を形成する．複製過程を開始した時点では 1 本であった二重鎖 DNA 分子は，すぐに「親」分子の正確な複製である 2 本の二重鎖になっていく．この複製機構は，ネガを用いて陽画（ポジ）のスライドを作製し，その陽画のスライドが次に別のネガの作製に使用できる写真のフィルムと類似している．

DNA 複製のモデルは，DNA の構造が公表されてから数年の間，検証されることがなかった．検証に必要な実験の概念は単純だが，実施するのが難しかったためである．ワトソンとクリックのモデルからは，二重らせんが複製されるときに形成される 2 つの娘 DNA 分子は，それぞれ親分子に由来する古い鎖と，新たに合成された新しい鎖が組み合わされていることが予想される．この**半保存的モデル semiconservative model** は，複製過程の終了後に親分子同士が再び二重鎖 DNA となる（このときは親分子が完全に保存される）保存的モデルとは区別できる．分散的モデルとよばれる第 3 のモデルでは，複製により形成される 4 分子の DNA 鎖はすべて新しい DNA と古い DNA が入り混じっている（図 16.10）．

保存的モデルと分散的モデルによる DNA 複製の機構は考えにくかったが，可能性が残っている間は排除できなかった．1950 年代末に予備的な実験を 2 年間

▼図 16.10 **DNA 複製に関する 3 つのモデル.** 各々の短い二重らせんは細胞内の DNA を表している．親細胞から DNA が 2 回の複製を経て第 2 世代以降の細胞に受け継がれていくところを追跡している．新規に合成された DNA は淡青色で示されている．

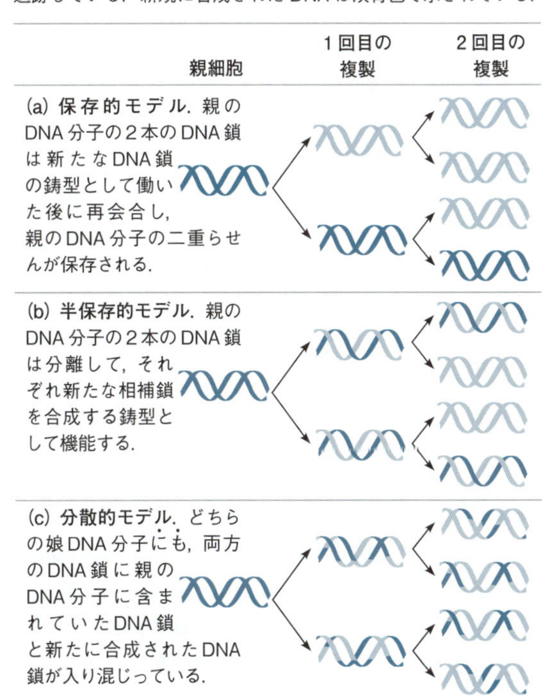
親細胞
1 回目の複製
2 回目の複製
(a) 保存的モデル．親の DNA 分子の 2 本の DNA 鎖は新たな DNA 鎖の鋳型として働いた後に再会合し，親の DNA 分子の二重らせんが保存される．
(b) 半保存的モデル．親の DNA 分子の 2 本の DNA 鎖は分離して，それぞれ新たな相補鎖を合成する鋳型として機能する．
(c) 分散的モデル．どちらの娘 DNA 分子にも，両方の DNA 鎖に親の DNA 分子に含まれていた DNA 鎖と新たに合成された DNA 鎖が入り混じっている．

＊2：J. D. Watson and F. H. C. Crick, Genetical implications of the structure of deoxyribonucleic acid, *Nature* 171:964–967 (1953).

繰り返した末に，カリフォルニア工科大学のマシュー・メセルソン Matthew Meselson とフランクリン・スタール Franklin Stahl が3つのモデルを識別できる巧妙な実験を考案した．図 16.11 にこの実験の詳細を記述する．実験の結果はワトソンとクリックが予想したDNA複製の半保存的モデルを支持するものであった．

彼らの実験は，洗練された実験計画の古典的な例として，生物学者の間で高く評価されている．DNA複製の基本原理は単純なものであるが，実際のDNA複製過程は組み体操のような複雑な生化学的連携作業であることを次に学ぶ．

DNA 複製：詳細

大腸菌は約 460 万塩基対の単一の染色体を有している．好適な環境では，大腸菌の細胞は1時間以内に染色体DNAを複製して娘細胞に分配し，遺伝的に同一な2つの娘細胞を形成する．ヒトの体細胞は46本の二重鎖DNA分子を核内にもち，1本の長大な二重らせんDNA分子が1本の染色体をつくっている．1個の細胞のDNAを全部合わせると60億塩基対に達し，大腸菌の細胞1個のDNAの1000倍を超える．塩基を1文字（A, G, C, T）で表現し，いまあなたが読んでいる文字のサイズで印刷すると，ヒトの細胞に含まれる60億塩基対の情報は，この教科書の約1400冊分を埋め尽くす計算になる．それでも，このDNAをすべてコピーするのに細胞はわずか数時間しか要しない．そのうえ，この膨大な遺伝情報の複製により発生する誤りは，約100億ヌクレオチドにわずか1個ときわめて低い．DNAの複製は，驚くほどの速度と正確さで行われているのである．

1ダース以上の酵素とタンパク質がDNA複製過程に参加する．この「複製マシン」がどのように働くかは，真核生物よりも大腸菌などの細菌についてのほうが詳しくわかっている．そこで，これ以降は断り書きがない限り，大腸菌のDNA複製の基本的な過程について説明していく．しかし，真核生物も原核生物も，DNA複製過程の大部分は基本的に類似したものであることを，研究者は見出している．

複製開始

DNA分子の複製は，**複製起点 origin of replication** とよばれる特異的な塩基配列をもつ短いDNA領域から開始される．大部分の細菌の染色体と同様に，大腸菌の染色体DNAは環状であり，複製起点が1つ存在する．DNA複製を開始するタンパク質はこの複製起

▼図 16.11

研究　DNA 複製実験により支持されたのは，保存的モデル，半保存的モデル，分散的モデルのいずれか

実験　マシュー・メセルソンとフランクリン・スタールは，窒素の重い同位体である ^{15}N で標識した核酸の前駆体を含む培地で，大腸菌を数世代にわたって培養した．次に，この大腸菌を窒素の軽い同位体である ^{14}N だけを含む培地に移して培養し，DNAが1回だけ複製された時点で大腸菌サンプルを一部回収した．さらに培養を継続し，もう1回DNAが合成された時点で大腸菌サンプルを回収した．大腸菌サンプルからDNAを抽出して遠心分離機にかけることにより，密度が異なるDNAを分離した．

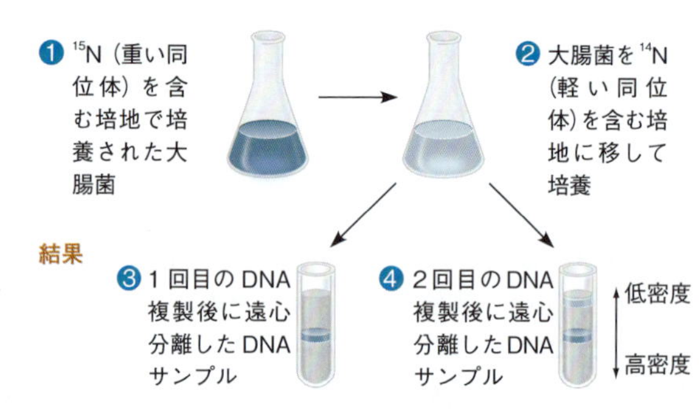
❶ ^{15}N（重い同位体）を含む培地で培養された大腸菌
❷ 大腸菌を ^{14}N（軽い同位体）を含む培地に移して培養
結果
❸ 1回目のDNA複製後に遠心分離したDNAサンプル
❹ 2回目のDNA複製後に遠心分離したDNAサンプル
低密度
高密度

結論　メセルソンとスタールは，実験の結果と図16.10の3通りのモデルからそれぞれ予測される結果を比較検討した．^{14}N 培地中で1回目に複製されたDNAは，^{15}N–^{14}N の混合物であった．この結果から保存的モデルが排除された．2回目の複製により，軽いDNAと混成物のDNAの両方が生じたことから分散的モデルが排除され，半保存モデルが支持された．以上より，彼らはDNAの複製様式は半保存的であると結論づけた．

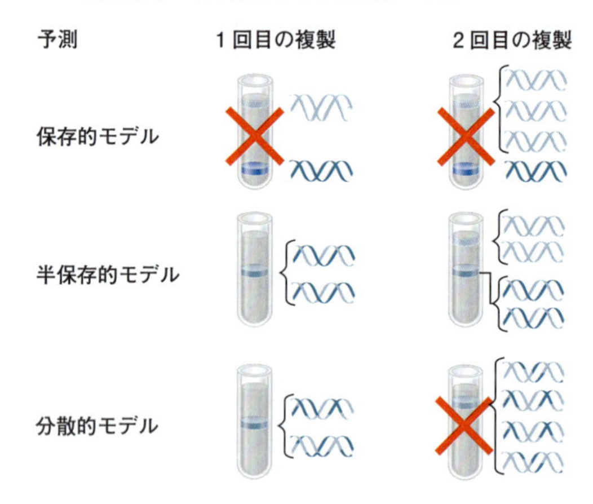
予測
1回目の複製
2回目の複製
保存的モデル
半保存的モデル
分散的モデル

データの出典　M. Meselson and F. W. Stahl, The replication of DNA in *Escherichia coli*, *Proceedings of the National Academy of Sciences USA* 44: 671–682 (1958).

どうなる？➤ メセルソンとスタールが大腸菌を最初に ^{14}N を含む培地で培養し，サンプルを採取する前に ^{15}N を含む培地に移したとすると，どのような結果が得られるか．

▼図 16.12 **大腸菌と真核生物の複製起点**．赤い矢印は複製フォークの移動および複製バブル中の DNA 複製方向を示す．

(a) 大腸菌の複製起点

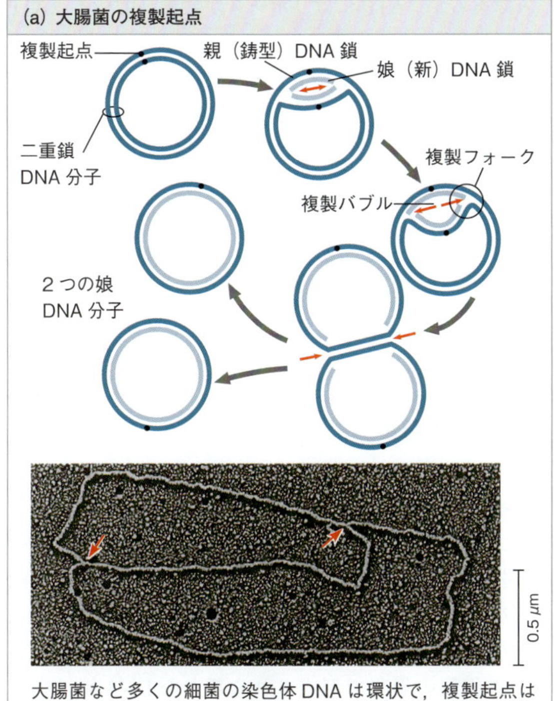

複製起点
親（鋳型）DNA 鎖
娘（新）DNA 鎖
二重鎖
DNA 分子
複製フォーク
複製バブル
2 つの娘
DNA 分子
0.5 μm

大腸菌など多くの細菌の染色体 DNA は環状で，複製起点は 1 ヵ所しか存在しない．複製起点で親 DNA の 2 本鎖が分離し，2 つの複製フォーク（赤い矢印）をもつ複製バブルを形成する．複製フォークは両方向に進行し，環状染色体の反対側で複製フォークが衝突して 2 つの娘 DNA 分子が生成する．電子顕微鏡写真には複製バブルをもつ大腸菌の染色体 DNA 分子が示されている．

(b) 真核生物の複製起点

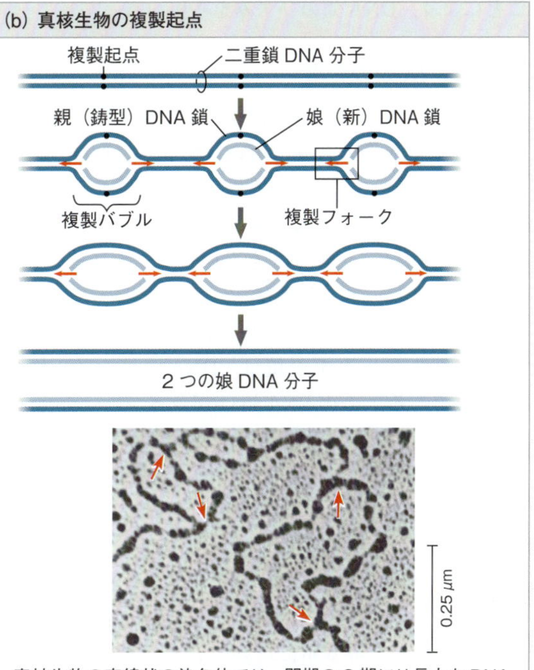

複製起点
二重鎖 DNA 分子
親（鋳型）DNA 鎖
娘（新）DNA 鎖
複製バブル
複製フォーク
2 つの娘 DNA 分子
0.25 μm

真核生物の直線状の染色体では，間期の S 期には長大な DNA 分子に沿って多数の部位で複製バブルが形成される．DNA 複製が両方向に進行するにつれて複製バブルが拡大する（赤い矢印）．最終的には複製バブルが融合し，娘 DNA 鎖の複製が完了する．電子顕微鏡写真には，3 つの複製バブルをもつチャイニーズハムスターの培養細胞の DNA 鎖が示されている．

描いてみよう➤電子顕微鏡写真（b）について，3 つ目の複製バブルの複製フォークを矢印により示しなさい．

点の塩基配列を認識して DNA 鎖に結合し，二重鎖を分離して「複製バブル」を形成する（**図 16.12 a**）．その後 DNA の複製は両方向に進行して，やがて分子全体が複製される．細菌の染色体とは対照的に，真核生物の染色体には数百個から数千個の複製起点が存在する．多数の複製バブルが一斉に形成され，後で融合することにより，長大な DNA 分子の複製をスピードアップしている（**図 16.12 b**）．細菌と同様に，真核生物の DNA 複製も各々の複製起点から両方向に進行する．

複製バブルの両端は親の二重鎖 DNA が 1 本鎖に巻き戻されつつある場所で Y 字型になっており，**複製フォーク replication fork** とよばれる．二重鎖 DNA の巻き戻しには数種類のタンパク質が関与している（**図 16.13**）．複製フォークで二重鎖 DNA を巻き戻す酵素が**ヘリカーゼ helicase** であり，親の二重鎖 DNA を 1 本鎖に分離して鋳型鎖として利用できるようにする．親の DNA 鎖が分離したところで，**1 本鎖 DNA 結合タンパク質 single-strand binding protein** が 1 本鎖 DNA の領域に結合し，再び二重鎖にならないように保持する．二重らせん DNA の巻き戻しにより複製フォーク手前の二重鎖 DNA 領域のねじれがきつくなってひずみが強まる．そこで，**トポイソメラーゼ topoisomerase**

▼図 16.13 **DNA 複製開始に関与するタンパク質**．複製バブル中の 2 つの複製フォークでは同じタンパク質が機能している．簡略化のため，図には左向きの複製フォークだけが示され，タンパク質に比較して DNA の塩基が実際よりも大きく描かれている．

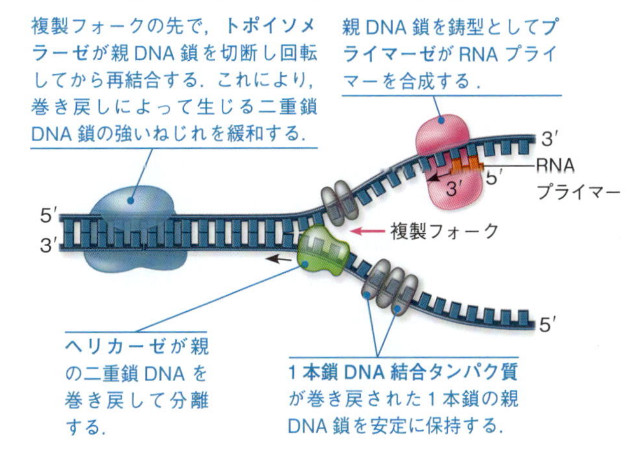

複製フォークの先で，トポイソメラーゼが親 DNA 鎖を切断し回転してから再結合する．これにより，巻き戻しによって生じる二重鎖 DNA 鎖の強いねじれを緩和する．
親 DNA 鎖を鋳型としてプライマーゼが RNA プライマーを合成する．
3′
5′
RNA
プライマー
5′
3′
3′
複製フォーク
5′
ヘリカーゼが親の二重鎖 DNA を巻き戻して分離する．
1 本鎖 DNA 結合タンパク質が巻き戻された 1 本鎖の親 DNA 鎖を安定に保持する．

がDNA鎖を一時切断し，回転させてから再結合することにより，DNA鎖のひずみを緩和する．

新たなDNA鎖の合成

親DNA鎖の巻き戻された領域は，鋳型として新たな相補的DNA鎖の合成に用いられる．しかし，DNAを合成する酵素は，すでに存在するポリヌクレオチド鎖の末端に鋳型鎖との塩基対合規則に従ってヌクレオチドを付加することしかできないため，ポリヌクレオチドの合成を新たに始めることはできない．DNA合成の際にポリヌクレオチドの合成を開始するためにつくられるヌクレオチド鎖は，DNAではなく，短いRNA鎖である．このRNA鎖は**プライマー primer**とよばれ，**プライマーゼ primase**という酵素により合成される（図16.13参照）．プライマーゼは，親DNA鎖を鋳型に用いてその上に乗った1つのRNAヌクレオチドに1つのRNAヌクレオチドを付加することで相補的RNA鎖の合成を開始し，1つずつRNAヌクレオチドを追加していく．一般に，プライマーは5〜10塩基の長さで，鋳型鎖に塩基対合している．新たなDNA鎖の合成はRNAプライマーの3′末端から開始される．

DNAポリメラーゼ DNA polymeraseとよばれる酵素は，すでに存在するヌクレオチド鎖の3′端にヌクレオチドを付加する反応を触媒してDNAを合成する．大腸菌には数種類のDNAポリメラーゼがあるが，DNA複製にはそのうちのDNAポリメラーゼⅠとDNAポリメラーゼⅢの2つだけが主要な役割を果たす．真核生物の場合はもう少し状況が複雑で，少なくとも11種類のDNAポリメラーゼが発見されているが，一般的な原理は同じである．

ほぼすべてのDNAポリメラーゼには，プライマーの他に，相補的なDNAのヌクレオチドを指定する鋳型DNAが必要である．大腸菌ではDNAポリメラーゼⅢ（省略形：DNA pol Ⅲ）がRNAプライマーにDNAヌクレオチドを付加し，さらに親のDNA鋳型鎖に相補的なヌクレオチドを伸長中のDNA鎖の末端に続けて付加していく．DNA鎖の伸長速度は，細菌の場合は1秒間に約500ヌクレオチドであり，ヒトの細胞では1秒間に約50ヌクレオチドである．

伸長するDNA鎖に付加されるヌクレオチドは，糖に塩基と3つのリン酸基が結合したものである．このような分子としては，ATPをすでに学んでいる（アデノシン三リン酸；図8.9参照）．エネルギー代謝に関与するATPと，DNA合成に用いられるアデニンヌクレオチド（dATP）の唯一の違いは糖の部分である．DNAの構成成分に含まれているのはデオキシリボースであるが，ATPにはリボースが含まれている．ATPと同様に，DNA合成に用いられるヌクレオチドは，3つのリン酸が反発し合う不安定な負電荷の連続であるため，化学的反応性が高い．DNAポリメラーゼは脱水反応を触媒し，ヌクレオチド単量体を付加していく（図5.2a参照）．伸長するDNA鎖にヌクレオチド単量体が付加されるとき，ピロリン酸（Ⓟ—Ⓟi）分子の形で2個のリン酸基が失われる．引き続いてピロリン酸が2分子の無機リン酸（Ⓟi）へと加水分解される反応は発エルゴン反応であり，ヌクレオチドの重合反応に必要なエネルギーを供給している（**図16.14**）．

逆平行伸長反応

以前にも言及した通り，DNA鎖の両端は構造が異なっていて，各々のDNA鎖には一方通行の道路のように方向性がある（図16.5参照）．さらに，二重らせんをつくる2本のDNA鎖は逆平行であり，中央分離帯のある道路のように2本のDNA鎖が互いに逆向きの方向性をもっている（図16.14参照）．したがって，DNA複製の過程で形成される新たなDNA鎖は当然その鋳型鎖に対して逆平行となる．

二重らせんの逆平行構造はDNAポリメラーゼの特性と相まって，複製方法に重要な影響を及ぼしている．DNAポリメラーゼは，伸長中のDNA鎖の3′末端にヌクレオチドを付加することはできるが，5′末端に付加することはできない（図16.14参照）．したがって，新たなDNA鎖は5′→3′方向にしか伸長できない．

▼**図16.14　DNA鎖へのヌクレオチドの取り込み．** DNAポリメラーゼは伸長中のDNA鎖の3′末端にヌクレオチドを付加する反応を触媒し，2個のリン酸基を遊離する．

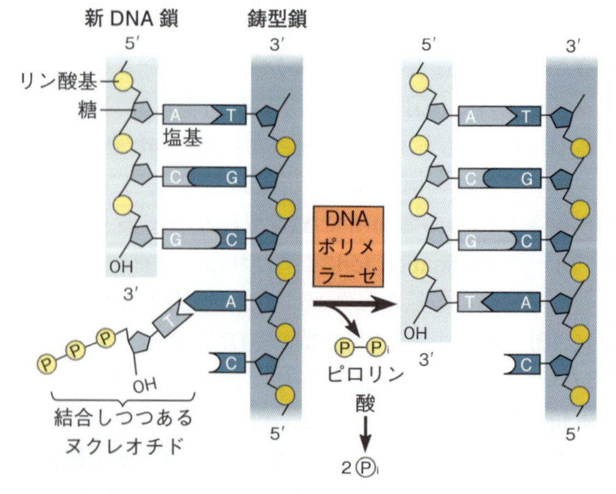
新DNA鎖
鋳型鎖
5′
3′
リン酸基
糖
塩基
A
T
C
G
G
C
OH
3′
T
A
C
Ⓟ Ⓟ Ⓟ
OH
結合しつつある
ヌクレオチド
DNA
ポリメ
ラーゼ
Ⓟ—Ⓟi
ピロリン
酸
2Ⓟi
5′
3′
5′
5′

描いてみよう➤各々のDNA鎖には方向性があるというとき，この方向性が何を意味しているのかをこの図を用いて説明しなさい．

以上に留意して，複製バブルの一方の複製フォークにおけるDNA鎖の複製方向について検討してみよう(図16.15)．二重鎖DNAのうち1本の鋳型鎖については，DNAポリメラーゼⅢが5′→3′方向に新たなDNAを伸長することにより，連続的に相補鎖を合成することができる．このときDNA pol Ⅲはつねに鋳型鎖上の複製フォーク中にあり，複製フォークの前進とともに連続的にDNAヌクレオチドを複製中のDNA鎖に付加していく．この機構により伸長するDNA鎖は**リーディング鎖 leading strand**とよばれる．DNA pol Ⅲがリーディング鎖全体を合成するためには，プライマーは1つで十分である(図16.15参照)．

これに対し，もう一方の新たなDNA鎖を5′→3′方向へ伸長していくためには，DNA pol Ⅲは鋳型鎖に沿って複製フォークから離れる方向へ働かなくてはならない．こちらの方向に合成されるDNA鎖は**ラギング鎖 lagging strand**とよばれる．連続的に伸長するリーディング鎖とは対照的に，ラギング鎖は一連の短いDNA断片として不連続的に合成される．ラギング鎖のこの短いDNA断片は，発見した日本人科学者の岡

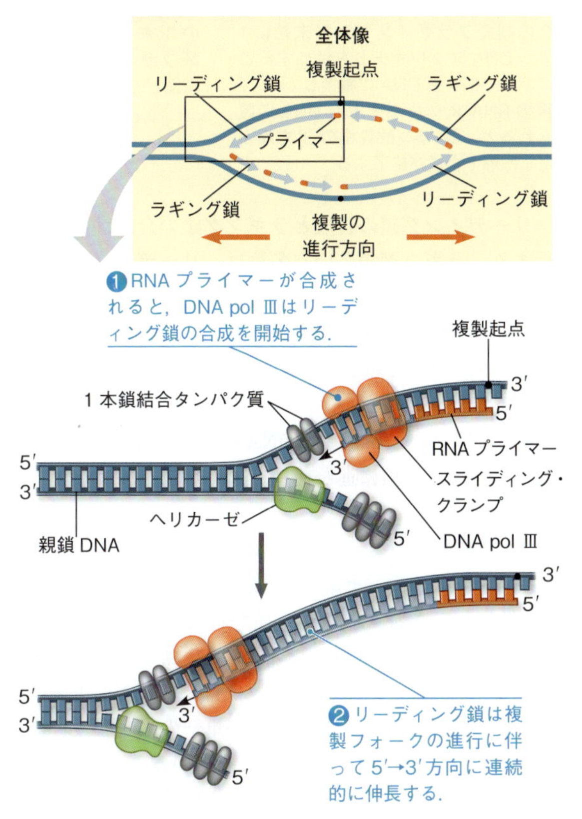
全体像
複製起点
リーディング鎖
ラギング鎖
プライマー
ラギング鎖
リーディング鎖
複製の
進行方向
❶RNAプライマーが合成されると，DNA pol Ⅲはリーディング鎖の合成を開始する．
複製起点
1本鎖結合タンパク質
3′
5′
RNAプライマー
スライディング・クランプ
5′
3′
3′
ヘリカーゼ
親鎖DNA
5′
DNA pol Ⅲ
3′
5′
5′
3′
3′
5′
❷リーディング鎖は複製フォークの進行に伴って5′→3′方向に連続的に伸長する．

▼図16.15 **DNA複製中のリーディング鎖の合成.** この図では，全体像の左向きの複製フォークを拡大している．カップをもつ手のような形のDNAポリメラーゼⅢ(DNA pol Ⅲ)が，新規合成された2本鎖DNAをドーナツ状に取り巻く「スライディング・クランプ」に近接して存在する．スライディング・クランプは，DNA鋳型鎖に沿ってDNA pol Ⅲを動かしている．

▼図16.16 **ラギング鎖の合成.**

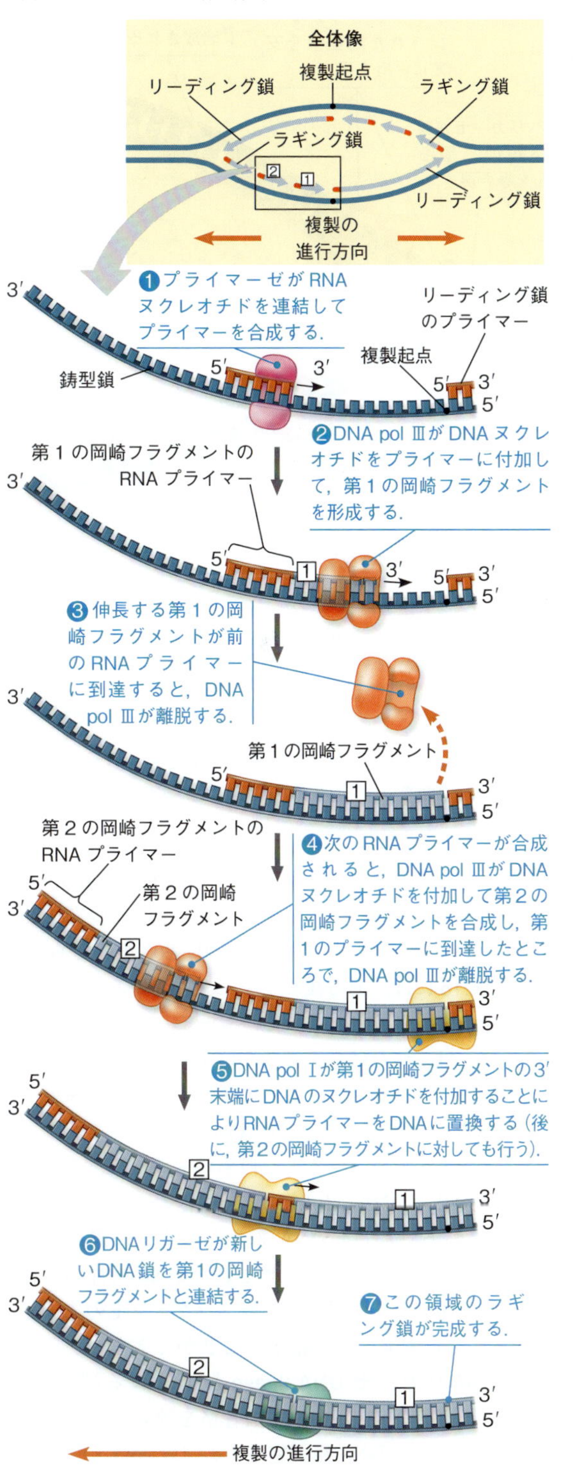
全体像
複製起点
リーディング鎖
ラギング鎖
ラギング鎖
2
1
リーディング鎖
複製の
進行方向
❶プライマーゼがRNAヌクレオチドを連結してプライマーを合成する．
リーディング鎖のプライマー
複製起点
鋳型鎖
3′
5′
3′
5′
3′
5′
❷DNA pol ⅢがDNAヌクレオチドをプライマーに付加して，第1の岡崎フラグメントを形成する．
第1の岡崎フラグメントのRNAプライマー
❸伸長する第1の岡崎フラグメントが前のRNAプライマーに到達すると，DNA pol Ⅲが離脱する．
第1の岡崎フラグメント
第2の岡崎フラグメントのRNAプライマー
第2の岡崎フラグメント
❹次のRNAプライマーが合成されると，DNA pol ⅢがDNAヌクレオチドを付加して第2の岡崎フラグメントを合成し，第1のプライマーに到達したところで，DNA pol Ⅲが離脱する．
❺DNA pol Ⅰが第1の岡崎フラグメントの3′末端にDNAのヌクレオチドを付加することによりRNAプライマーをDNAに置換する(後に，第2の岡崎フラグメントに対しても行う)．
❻DNAリガーゼが新しいDNA鎖を第1の岡崎フラグメントと連結する．
❼この領域のラギング鎖が完成する．
複製の進行方向

▼図 16.17　**細菌の DNA 複製の要点．** この詳細図は，全体像（右上図）の複製バブルの左向きの複製フォークを拡大したものである．全体像で２本の娘 DNA 鎖を眺めると，１本の娘 DNA 鎖はリーディング鎖として連続的に合成されるが，もう１本の娘 DNA 鎖はラギング鎖として断片的に合成されることがわかる．

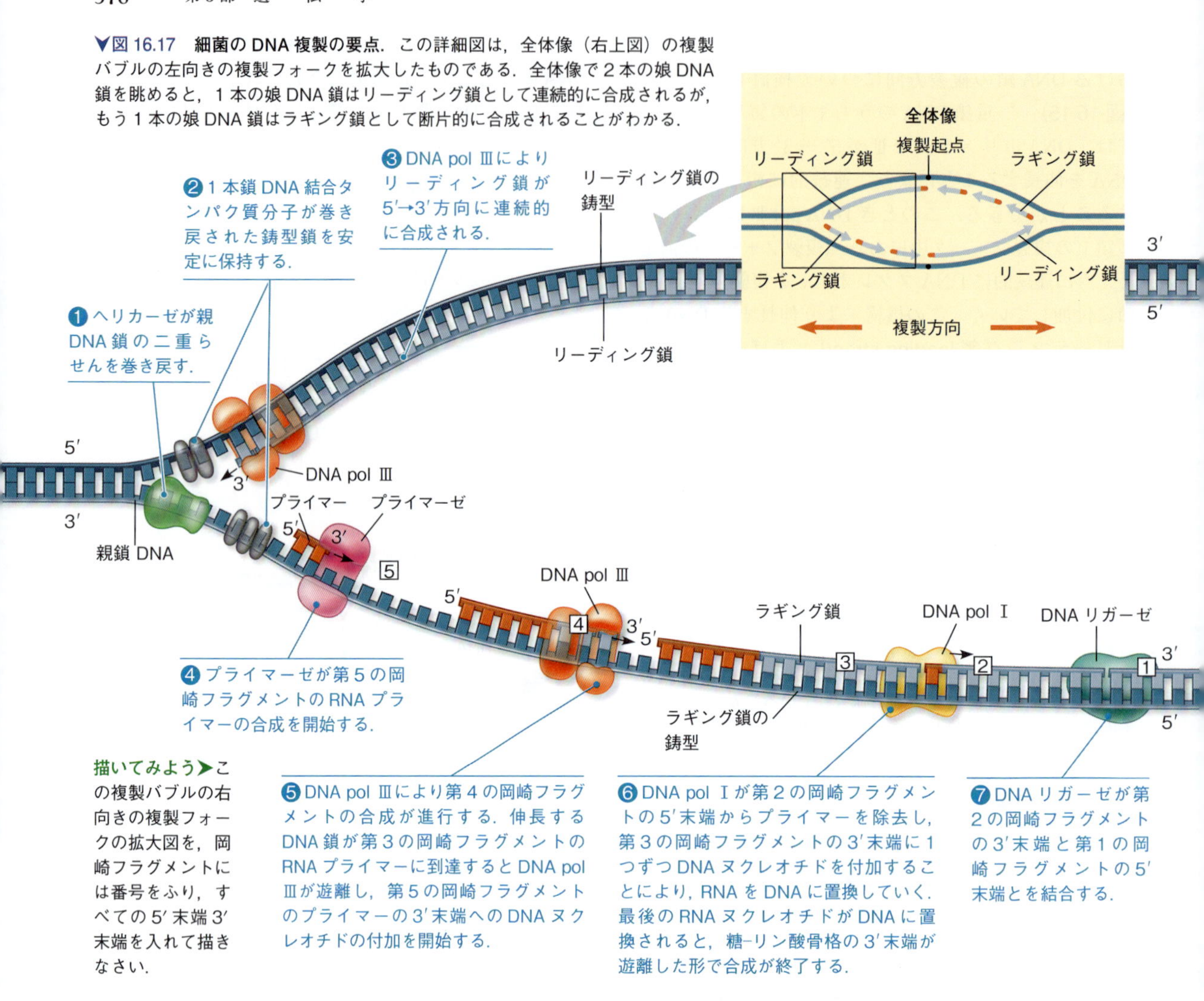

全体像
複製起点
リーディング鎖
ラギング鎖
ラギング鎖
リーディング鎖
複製方向
❶ヘリカーゼが親 DNA 鎖の二重らせんを巻き戻す．
❷１本鎖 DNA 結合タンパク質分子が巻き戻された鋳型鎖を安定に保持する．
❸DNA pol Ⅲによりリーディング鎖が 5′→3′ 方向に連続的に合成される．
リーディング鎖の鋳型
リーディング鎖
3′
5′
5′
3′
DNA pol Ⅲ
3′
親鎖 DNA
プライマー
プライマーゼ
5′
3′
5
DNA pol Ⅲ
5′
4
3′
5′
ラギング鎖
DNA pol Ⅰ
DNA リガーゼ
3
2
1
3′
5′
ラギング鎖の鋳型
❹プライマーゼが第５の岡崎フラグメントの RNA プライマーの合成を開始する．
描いてみよう▶この複製バブルの右向きの複製フォークの拡大図を，岡崎フラグメントには番号をふり，すべての 5′ 末端 3′ 末端を入れて描きなさい．
❺DNA pol Ⅲにより第４の岡崎フラグメントの合成が進行する．伸長する DNA 鎖が第３の岡崎フラグメントの RNA プライマーに到達すると DNA pol Ⅲが遊離し，第５の岡崎フラグメントのプライマーの 3′ 末端への DNA ヌクレオチドの付加を開始する．
❻DNA pol Ⅰが第２の岡崎フラグメントの 5′ 末端からプライマーを除去し，第３の岡崎フラグメントの 3′ 末端に１つずつ DNA ヌクレオチドを付加することにより，RNA を DNA に置換していく．最後の RNA ヌクレオチドが DNA に置換されると，糖-リン酸骨格の 3′ 末端が遊離した形で合成が終了する．
❼DNA リガーゼが第２の岡崎フラグメントの 3′ 末端と第１の岡崎フラグメントの 5′ 末端とを結合する．

崎令治にちなんで**岡崎フラグメント Okazaki fragment** とよばれる．岡崎フラグメントの長さは大腸菌では 1000〜2000 塩基，真核生物では 100〜200 塩基である．

図 16.16 には，ある複製フォークにおけるラギング鎖の合成過程が描かれている．リーディング鎖にはプライマーは１つだけしか必要ないが，ラギング鎖では各々の岡崎フラグメントごとに個別のプライマーが必要である（段階❶と❹）．DNA pol Ⅲによって岡崎フラグメントが形成されると（段階❷〜❹），DNA ポリメラーゼⅠ（DNA pol Ⅰ）がプライマーに含まれる RNA ヌクレオチドを DNA ヌクレオチドに置換する（段階❺）．DNA pol Ⅰは置換された DNA 断片の最後のヌクレオチドを隣接する岡崎フラグメントの先頭の DNA ヌクレオチドと連結することができない．そこで，**DNA リガーゼ DNA ligase** とよばれる酵素が，岡崎フラグメントの糖-リン酸骨格を連結することにより，連続した DNA 鎖が完成する（段階❻）．

リーディング鎖の合成とラギング鎖の合成は同時進行する．ラギング鎖という名称は，リーディング鎖と比較して合成がやや遅れることにちなんでいる．ラギング鎖の新しい DNA 断片は複製フォークから十分な長さの鋳型 DNA 鎖が１本鎖で露出するまで複製を開始することができない．

図 16.17 と表 16.1 には DNA 複製の全体像が要約されている．次項に進む前に，よく学習してほしい．

DNA 複製複合体

DNA ポリメラーゼ分子が機関車のように DNA の「線路」上を移動するように描かれたモデルは伝統的で便利なものであるが，２つの重要な点でこのモデルは正確ではない．第１の点は，実際には DNA 複製に関与するさまざまなタンパク質が単一の大きな複合体である「DNA 複製装置」を形成していることである．多くのタンパク質間の相互作用がこの複合体の作業効

表 16.1　細菌の DNA 複製タンパク質とその機能

タンパク質	機　能
ヘリカーゼ	親二重らせんを複製フォークのところでほどく
1 本鎖 DNA 結合タンパク質	1 本鎖 DNA に結合し，鋳型として使われるときまで安定に保つ
トポイソメラーゼ	複製フォークの手前で DNA 鎖を切断し，巻き戻し，再結合することにより強いねじれを緩和する
プライマーゼ	リーディング鎖および，それぞれの岡崎フラグメントの 5′ 末端に RNA プライマーを合成する
DNA pol Ⅲ	親 DNA 鎖を鋳型とし，RNA プライマーやすでにある DNA 鎖の 3′ 末端にヌクレオチドを付加することで新しい DNA 鎖を合成する
DNA pol Ⅰ	プライマーの RNA ヌクレオチドを 5′ 末端から除去し，隣接する岡崎フラグメントの 3′ 末端に DNA ヌクレオチドを付加することで RNA を DNA に入れ替える
DNA リガーゼ	ラギング鎖の岡崎フラグメントを連結する．リーディング鎖上ではプライマーから置換された DNA の 3′ 末端とリーディング鎖を連結する

率を向上させている．たとえば，プライマーゼは，複製フォークで他のタンパク質と相互作用することによりブレーキ分子として機能し，複製フォークの前進を遅らせてプライマーの合成と，リーディング鎖およびラギング鎖の複製の速度を調整している．第 2 の点は，DNA 複製複合体が DNA 鎖に沿って移動するわけではなく，むしろ DNA が複製の過程で複合体中を移動していくことである．真核生物では多数の DNA 複製複合体がまとまって「複製工場」を形成し，核内に張りめぐらされた繊維の骨組みである核マトリクスに固定されていると考えられている．さらに，いくつかの細胞種を用いた研究により，それぞれの鋳型鎖上にある 2 つの DNA ポリメラーゼ分子が協調して親 DNA 鎖を「たぐり寄せ」て，新たに合成された娘 DNA 分子を押し出すモデルが支持されている．この「トロンボーンモデル」とよばれるモデルでは，ラギング鎖がループを描いて複合体に戻っている（図 16.18）．合成複合体が DNA 上を動くのかそれとも DNA が複合体中を通り抜けるのか，また，複合体が固定されているのかいないのか，についてはいまだ解決されていない疑問点であり，活発な研究が行われている．

▼図 16.18　DNA 複製複合体のトロンボーンモデル． DNA 複製複合体の中で 2 個の DNA ポリメラーゼⅢが複合体を形成し，それぞれ 1 本ずつ DNA 鋳型鎖を担当し，ヘリカーゼや他のタンパク質と協調して働いている．ラギング鎖の鋳型 DNA はトロンボーンのスライドのようにこの複合体を通してループを描いている．

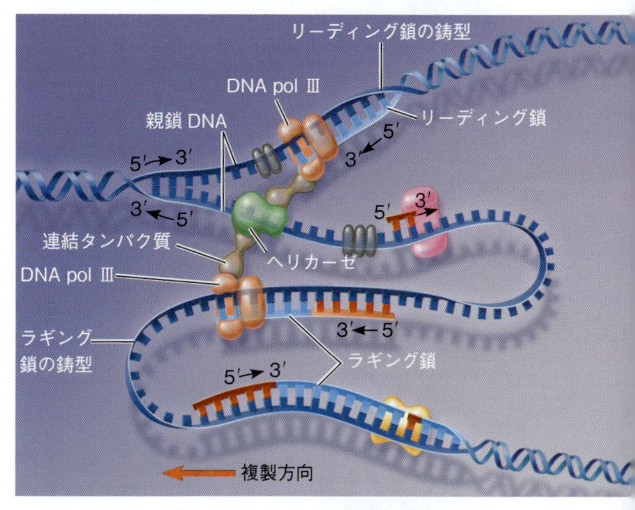
リーディング鎖の鋳型
DNA pol Ⅲ
親鎖 DNA
リーディング鎖
5′→3′
3′←5′
連結タンパク質
ヘリカーゼ
DNA pol Ⅲ
ラギング鎖の鋳型
3′←5′
5′→3′
ラギング鎖
複製方向

描いてみよう➤ この図に描かれている DNA について，ラギング鎖の鋳型となる部分をすべてなぞってみよう．

DNA の校正と修復

DNA 複製が非常に高い精度で実施されるのは，単に塩基対合の特異性だけが理由ではない．ヌクレオチドと鋳型鎖の塩基対合の当初の間違いは 10 万塩基対（10^5）に 1 個程度の頻度で生じる．しかし，完成した DNA 分子の複製エラーはじつに 100 億塩基対（10^{10}）に 1 個しかなく，10 万分の 1 以下になる．これは，DNA 複製の過程では，伸長中の鎖にヌクレオチドが付加されると，DNA ポリメラーゼがただちに鋳型に対する個々のヌクレオチドの校正を行うためである．対形成が不正確なヌクレオチドを発見すると，ポリメラーゼがそのヌクレオチドを除去して複製をやり直す（この働きは入力ミスを修正するときに誤った文字を消去し，正しい文字を入力するのに似ている）．

ヌクレオチドの対形成の誤り（ミスマッチ）が DNA ポリメラーゼによる校正を免れることもある．この場合は，**ミスマッチ修復 mismatch repair** 機構が働いて，複製時の誤りによって生じた塩基対を，一群の酵素が除去して修復置換する．研究者がこの酵素の重要性に注目したきっかけは，こうした酵素の 1 つの遺伝性の欠陥とある種の結腸がんの形成との関連が見出されたことである．この欠陥により，がんを引き起こす DNA の誤りが正常な場合よりも早く蓄積する．

DNA 複製が完了してから不正確な塩基対合やヌク

▼図 16.19　DNA 損傷のヌクレオチドの除去による修復.

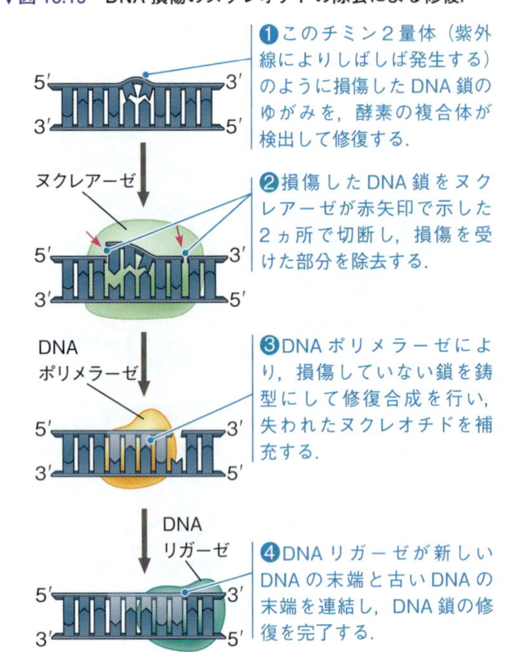

5′
3′
3′
5′
❶このチミン２量体（紫外線によりしばしば発生する）のように損傷したDNA鎖のゆがみを，酵素の複合体が検出して修復する.
ヌクレアーゼ
❷損傷したDNA鎖をヌクレアーゼが赤矢印で示した2ヵ所で切断し，損傷を受けた部分を除去する.
DNA
ポリメラーゼ
❸DNAポリメラーゼにより，損傷していない鎖を鋳型にして修復合成を行い，失われたヌクレオチドを補充する.
DNA
リガーゼ
❹DNAリガーゼが新しいDNAの末端と古いDNAの末端を連結し，DNA鎖の修復を完了する.

レオチドの変化が発生することもある．実際に，DNAにコードされた遺伝情報を維持するためには，現存するDNAに起こるさまざまなタイプの損傷を頻繁に修復することが必要とされる．DNA分子は，損傷を与え得る化学物質やX線などの物理的エネルギーにつねにさらされている．このことは，17.5節で議論する予定である．さらに，DNA塩基は正常な細胞内条件下でも，しばしば自然発生的な化学変化を起こす．DNA塩基の変化がDNA複製を通じて永続化し，「突然変異」とよばれる状態となる前に，通常は修復される．各々の細胞は遺伝物質であるDNAをつねに監視し，修復を行っている．損傷を受けたDNAの修復は生物の生存のためにきわめて重要であることから，多数のDNA修復酵素が発達してきたことも不思議ではない．大腸菌では約100個，ヒトではいまのところ約130個のDNA修復酵素が同定されている．

DNAの損傷によるものであれ，DNA複製過程の誤りによるものであれ，誤った塩基対を形成したヌクレオチドを修復する細胞の機能の大部分は，DNAの塩基対合構造の利点を活用した機構を採用している．多くの場合，損傷を含むDNA鎖の断片がDNA切断酵素である**ヌクレアーゼ nuclease** によって切り出され，生じた隙間が無傷のDNA鎖を鋳型に用いて適切なヌクレオチドにより埋められる．隙間を埋めるのに関与する酵素はDNAポリメラーゼとリガーゼである．このようなDNA修復系は**ヌクレオチド除去修復 nucleotide excision repair** とよばれる（図16.19）．

私たちの皮膚の細胞のDNA修復酵素の重要な機能の1つは，日光の中の紫外線による損傷の修復である．よくある損傷のタイプの1つは，図16.19に示すようにDNA鎖上に隣接する2つのチミン塩基同士が共有結合を形成するものである．こうして生成した「チミン2量体」は，DNA鎖に金具を架けたような状態にしてDNA複製を妨害する．このタイプのDNA損傷を修復することの重要性が強調されるのは，色素性乾皮症とよばれる疾患の大部分がヌクレオチド除去修復酵素の遺伝性の欠陥により引き起こされるためである．この疾患を発症する人は日光に過敏であり，紫外線による皮膚細胞の変異が修復されずに放置されるため，皮膚がんになりやすくなる．その影響は甚大であり，日光を遮らないと色素性乾皮症の子どもは10歳までに皮膚がんを発症することもある．

DNAヌクレオチドの変化の進化的意義

進化　ゲノムの正確な複製とDNA損傷の修復は，生物が生存していくことと完全で正確なゲノムを次世代に伝えることのうえで重要である．校正と修復の後までエラーが残る確率は非常に低いが，それでもまれに誤りが見過ごされることがある．ミスマッチした塩基対を含むDNA鎖がひとたび複製されると，塩基配列の変化は娘分子の中で永続的なものとなり，不正確なヌクレオチドが後に生じるすべてのDNAコピーに引き継がれる．すでに学んだ通り，DNA配列の永続的な変化は突然変異とよばれる．

突然変異により生物個体の表現型が変化することがある（17.5節参照）．配偶子を形成する生殖細胞に突然変異が起こると，変異が世代を超えて受け継がれる．このような変異の大部分は有害であるか影響がないが，非常に低い確率で有益な変異も存在する．いずれの場合も突然変異は多様性の源泉であり，進化の過程で自然選択が働き，最終的には新たな生物種の出現に寄与する（この過程については第4部で詳しく学習する）．DNAの複製または修復の完全な信頼性と低い確率で発生する突然変異の間のバランスの結果，新たな表現型につながる新たなタンパク質が生じる．こうしたことの長年にわたる積み重ねの結果，現在の地球上に見られるような多様な生物種が生み出される進化が進行したと考えられる．

DNA分子末端の複製

真核生物の染色体DNAのような直線状DNAの場合，通常のDNA複製装置では娘DNA鎖の5′末端の

▼図 16.20 **複製に伴う直線状 DNA 分子末端の短縮.** ここでは染色体をつくる 1 本の DNA 分子の左側の末端が，2 回の複製を経る間の変化を追跡する．1 回目の複製後，新たなラギング鎖は鋳型鎖よりも短くなっている．2 回目の複製後には，リーディング鎖とラギング鎖が両方とも親 DNA 鎖よりも短くなっている．ここには示されていないが，この染色体 DNA のもう一方の端も同様に短縮している．

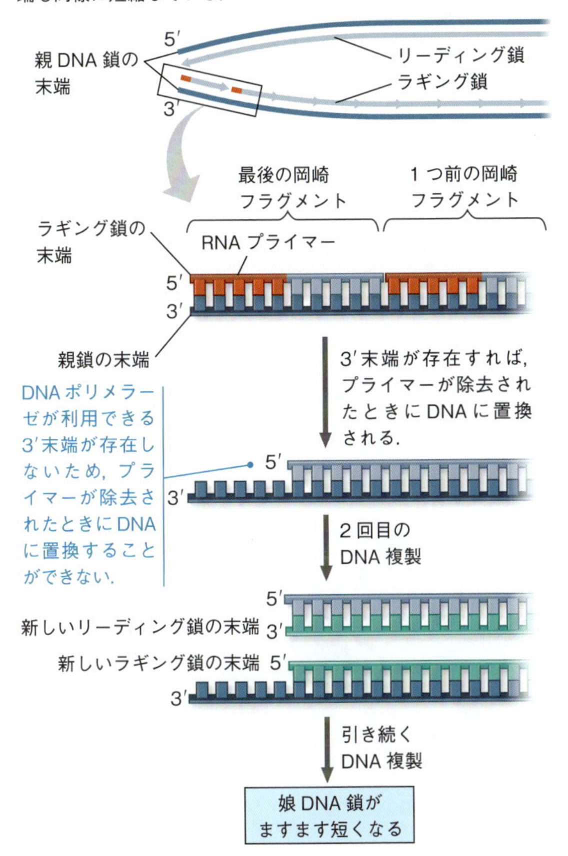

5′
親 DNA 鎖の末端
リーディング鎖
ラギング鎖
3′
最後の岡崎フラグメント
1 つ前の岡崎フラグメント
ラギング鎖の末端
RNA プライマー
5′
3′
親鎖の末端
3′末端が存在すれば，プライマーが除去されたときに DNA に置換される.
DNA ポリメラーゼが利用できる 3′末端が存在しないため，プライマーが除去されたときに DNA に置換することができない.
5′
3′
2 回目の DNA 複製
5′
新しいリーディング鎖の末端 3′
新しいラギング鎖の末端 5′
3′
引き続く DNA 複製
娘 DNA 鎖がますます短くなる

複製を完成する手段がない（これもまた DNA ポリメラーゼは既存のポリヌクレオチド鎖の 3′ 末端にしかヌクレオチドを付加できないことにより生じる）．岡崎フラグメントが鋳型鎖の 3′ 末端ぎりぎりに結合した RNA プライマーから複製を開始することができたとしても，ひとたびプライマーの RNA が除去されると，DNA ポリメラーゼが DNA ヌクレオチドを付加できる 3′ 末端が存在しないため，その部分を DNA に置換することができない（図 16.20）．その結果，直線状の DNA は複製を繰り返すたびに末端が不揃いとなり，DNA 分子が短くなっていく．

大部分の原核生物は末端のない環状の染色体 DNA をもつため，DNA の末端が短くなっていく問題は生じない．しかし，真核生物の線状の染色体では，DNA 複製が繰り返される間に生じる末端部の侵食から，どのようにして末端付近の遺伝子を保護しているのだろうか．真核生物の染色体 DNA 分子は，末端に**テロメア telomere** とよばれる特殊な塩基配列をもつ（図 16.21）．テロメアには遺伝子は含まれず，短い塩基配列の多数の反復配列により構成されている．たとえば，ヒトのテロメアでは TTAGGG という 6 塩基の配列が 100 回から 1000 回繰り返されている．

テロメア DNA は 2 つの保護機能をもつ．1 つ目の機能は，テロメアに特異的に結合するタンパク質の働きによって，複製された娘 DNA 分子に 1 本鎖部分をもつ DNA 末端が生じることにより，細胞内の DNA 損傷を監視する機構が活性化されるのを防ぐものである（おもに二重鎖切断によって発生することの多い DNA 分子中の不揃いな構造は，細胞周期の停止とプログラム細胞死を引き起こすシグナル伝達経路が発動する）．2 つ目に，テロメア DNA は DNA 複製に伴う末端の侵食から生物個体の遺伝子を守るある種の緩衝地帯として働く．これは，靴ひもの末端が擦り切れてしまうのを，プラスチックを巻いて保護して遅らせているのにある意味似ている．テロメアは，DNA 分子末端付近の遺伝子が侵食されるのを止めているのではなく，遅らせているのである．

図 16.20 に示すように，テロメアは DNA 複製のたびに短くなっていく．このことから予想される通り，老齢の個体中の細胞分裂が盛んな体細胞や何回も分裂増殖を繰り返した培養細胞のテロメア DNA は，短くなる傾向がある．テロメアの短縮化と特定の組織の老化および個体全体の加齢との間の関連性も指摘されている．

しかし，ゲノムがある個体から子孫へと何世代も実質的に変化することなく伝達される細胞では，テロメアはどうなるのだろうか．もし配偶子を産生する生殖細胞の染色体が，細胞周期のたびに短くなっていくとすると，やがて産生される配偶子から必須な遺伝子が失われていくことになる．だが，そのようなことは実

▼図 16.21 **テロメア.** 真核生物は DNA の末端にテロメアとよばれる遺伝子を含まない繰り返し配列をもつ．マウスの染色体のテロメアがオレンジ色の近接した 2 つの点として染色されている（LM 像）.

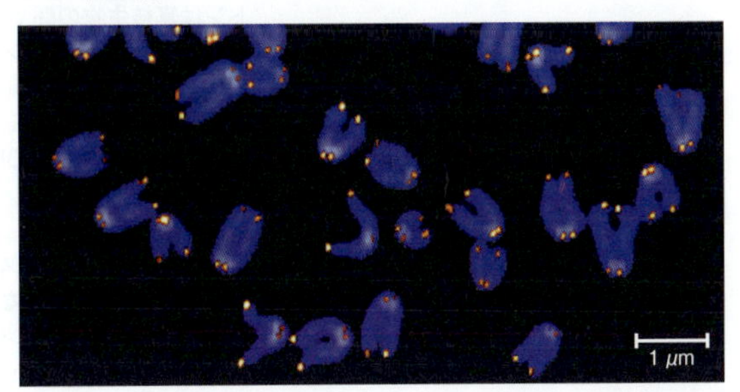

1 μm

際には起こらない.「テロメラーゼ」とよばれる酵素が真核生物の生殖細胞のテロメアの伸長を触媒し，DNA複製中に短縮した分を埋め合わせてテロメアをもとの長さに回復する．テロメラーゼという酵素は分子内に独自のRNAをもっており，これを鋳型に用いてリーディング鎖を「延長」することにより，ラギング鎖の長さが保たれるようにしている．ヒトの大部分の細胞ではテロメラーゼは不活性であるが，活性は組織によって異なる．生殖細胞ではテロメラーゼの活性があるため，受精卵が最も長いテロメアをもつことになる．

テロメアの正常な短縮化は，体細胞が実行できる細胞分裂の回数を制限することにより，個体ががんに冒されることから保護していると考えられている．多数回の細胞分裂を経た細胞について推測されることと合致して，大きな腫瘍中の細胞は極端に短いテロメアをもつことが多い．それ以上テロメアが短縮すれば，腫瘍細胞は自己崩壊を引き起こすだろう．テロメラーゼ活性はがん化した体細胞では非常に高く，このようながん細胞はテロメアの長さを安定化する能力を獲得す

▼図 16.22 探究　真核生物の染色体のクロマチンの詰め込み

一連のイラストおよび透過型電子顕微鏡写真は，DNAの折りたたみと詰め込みに関する現在のモデルをレベルごとに描いたものである．イラストには単分子のDNA鎖から，通常の光学顕微鏡で見ることができる分裂期の染色体まで，倍率を下げながら示している．

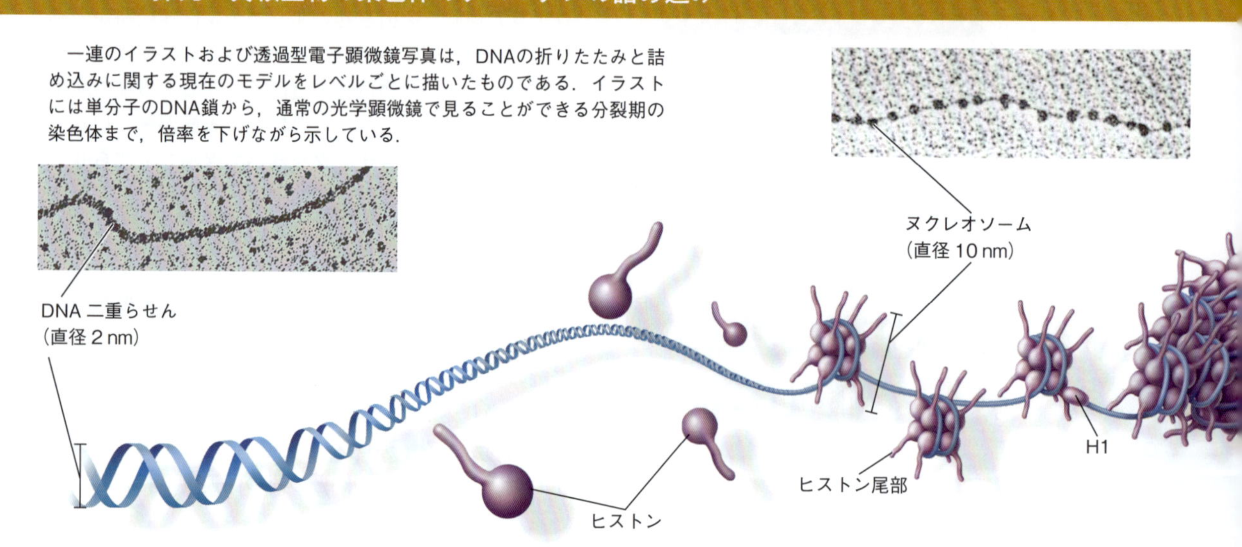
DNA 二重らせん
(直径 2 nm)
ヌクレオソーム
(直径 10 nm)
H1
ヒストン尾部
ヒストン

二重らせんのDNA

ここに示されているのはDNAのリボンモデルであり，1本のリボンは1本のポリヌクレオチドを示している．骨格中のリン酸基は各々のDNA鎖の外側に負の電荷を与えている．電子顕微鏡写真では，裸のDNA分子が示されている．単独の二重らせんDNAの直径は2 nmである．

ヒストン

ヒストン histoneとよばれるタンパク質は，クロマチン構造中の第1段階のDNA詰め込みを行っている．1個のヒストン分子は約100個のアミノ酸を含む小さなタンパク質だが，クロマチンに含まれるヒストンの総量はDNAの質量にほぼ匹敵する．ヒストンの構成アミノ酸の5分の1以上が正電荷をもつリシンとアルギニンであり，負電荷をもつDNAと強固に結合する．

クロマチンの中ではおもにH2A，H2B，H3，H4の4種類のヒストンが使われている．ヒストンは真核生物の間では非常によく保存されており，たとえば，ウシのH4とエンドウのH4では，異なるアミノ酸は2個だけである．進化の過程でヒストン遺伝子が強固に保存されてきたことは，細胞内のDNAの組織化にヒストンが重要な役割を果たしていることを反映していると考えられる．

4種類の主要なヒストンは，次のレベルのDNA詰め込みに重要な意味をもつ（H1とよばれる5番目のヒストンは，さらに高次のDNA詰め込みに関与している）．

ヌクレオソーム「糸に連なるビーズ」(10 nm 繊維)

ほどけた状態のクロマチンは，電子顕微鏡では直径10 nmの繊維状に見える（「10 nm繊維」）．このクロマチンは電子顕微鏡では「糸に連なるビーズ」のように見える．各々の「ビーズ」は**ヌクレオソーム** nucleosomeとよばれるDNA詰め込みの基本単位であり，ビーズの間の「糸」は「リンカーDNA」とよばれる．

ヌクレオソームは4種類の主要ヒストンが2個ずつ含まれるタンパク質の核にDNAが2周巻きついている．各々のヒストンのアミノ末端（N末端）はヌクレオソームの外側に突き出していて，「ヒストン尾部」とよばれる．

細胞分裂周期の中では，ヒストンはDNA複製期に短時間だけDNAから離れる．細胞の分子装置がDNAに接触する必要のあるもう1つの過程である転写においても，ヒストンは同様に一時的にDNAから離れる．ヌクレオソーム，特にヒストン尾部が遺伝子の発現制御にかかわっている．

ることにより，永続的な分裂が可能になっていると考えられる．培養細胞の不死の細胞株のように，がん細胞の多くは無制限に細胞分裂する能力をもつと思われる（12.3 節参照）．数年にわたり，研究者はがん治療の可能性を目指しテロメラーゼの阻害方法の開発に取り組んできた．マウスの実験では，テロメラーゼを不活性化した個体の腫瘍ではがん細胞を死へと導くことができたが，しばらくすると細胞はテロメラーゼとは異なる方法によってテロメアの長さを維持し始めた．テロメアについてはまさに研究が盛んであり，最終的には有効ながん治療に結びつくかもしれない．

概念のチェック 16.2

1. 相補的な塩基対合が DNA 複製に果たす役割を説明しなさい．
2. DNA 複製過程における DNA pol Ⅲの主な 2 つの役割を説明しなさい．
3. 関連性を考えよう➤DNA 複製と細胞周期の S 期との関連は何か．図 12.6 を参照しなさい．

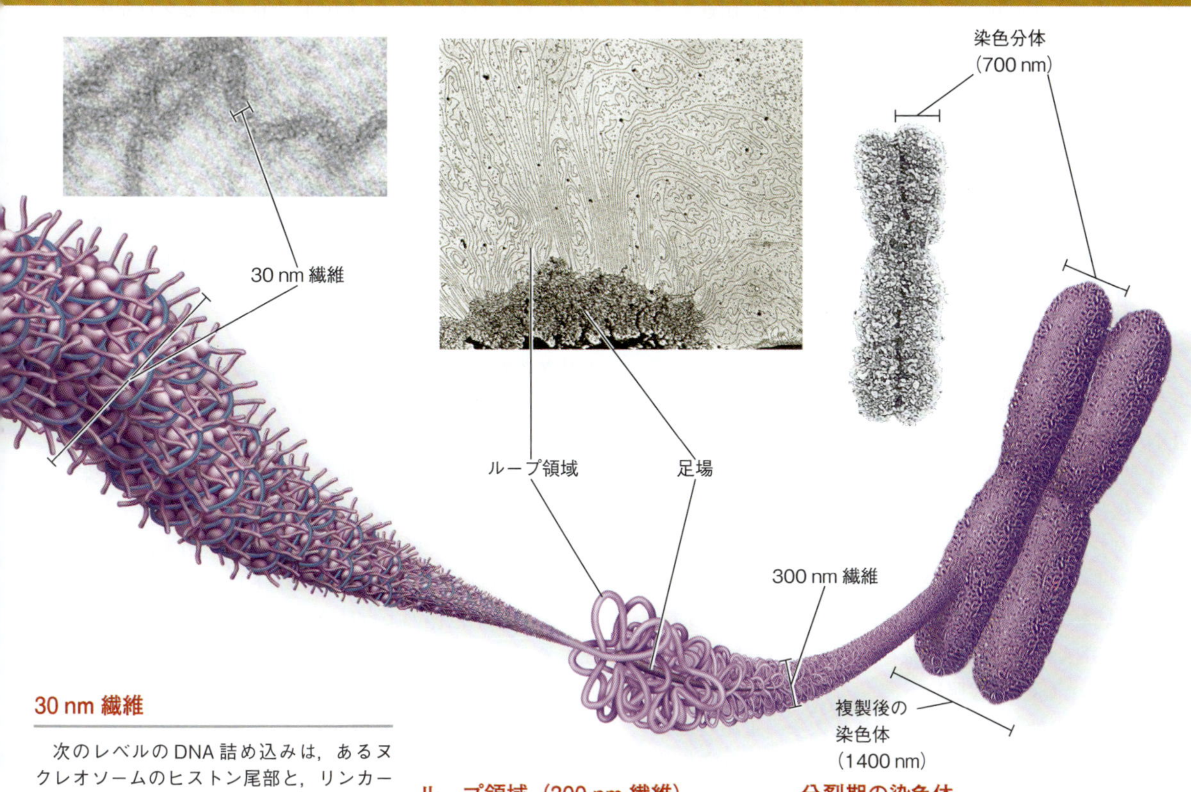
染色分体
(700 nm)
30 nm 繊維
ループ領域
足場
300 nm 繊維
複製後の
染色体
(1400 nm)

30 nm 繊維

次のレベルのDNA詰め込みは，あるヌクレオソームのヒストン尾部と，リンカーDNA と隣接するヌクレオソームとの相互作用により形成される．5 番目のヒストンがこのレベルのDNA 詰め込みに関与している．この相互作用により 10 nm 繊維がらせんを巻いて折りたたまれる結果，約 30 nm の太さのクロマチン繊維（「30 nm 繊維」）が形成される．30 nm 繊維は間期の核内では非常に一般的であるが（訳注：一般的かどうかも再び議論になっている），30 nm 繊維のクロマチンにおけるヌクレオソームの詰め込み配置については現在も議論が続いている．

ループ領域（300 nm 繊維）

30 nm 繊維は，タンパク質からなる染色体の足場に付着して「ループ領域」とよばれるループを形成し，「300 nm 繊維」となる．この足場にはある種のトポイソメラーゼが多数含まれる．

分裂期の染色体

有糸分裂中の染色体では，詳細は不明だがループ領域が折りたたまれてすべてのクロマチンを高度に凝縮させることにより，上図の写真に示す特徴的な分裂期の染色体を構成する．この染色分体の直径は約 700 nm である．特定の遺伝子がつねに分裂期の染色体の同じ場所に位置することから，この染色体詰め込みは高度に特異的で厳密に構築されているものと考えられる．

4. **図読み取り問題➤** ある細胞の中で DNA pol Ⅰが機能を失ったとすると，リーディング鎖の複製にどのような影響を及ぼすか．図 16.17 の概説図の中に，リーディング鎖に対して正常な DNA pol Ⅰがどこで機能するか指摘しなさい．

（解答例は付録 A）

16.3

染色体はタンパク質とともに密に詰まった DNA 分子により構成される

これまでに DNA 分子の構造と複製について学んできた．次に，少し戻って遺伝情報を次世代に伝達する構造である染色体に DNA がどのように収納されているのか検証しよう．大部分の細菌のゲノムの主要部分は単一の環状二重鎖 DNA が少量のタンパク質と結合したものである．この構造を細菌染色体とよぶが，長大な直線状 DNA 分子に大量のタンパク質が結合している真核生物の染色体とは大きく異なっている．大腸菌の染色体 DNA は約 460 万塩基対の長さで，約 4400 個の遺伝子が含まれている．これは典型的なウイルスに含まれる DNA の 100 倍以上だが，ヒトの体細胞に含まれる DNA のほぼ 1000 分の 1 の量である．それでも，小さな細菌細胞という容器にしてみれば大量の DNA が詰め込まれていることになる．

1 個の大腸菌細胞の DNA を引き延ばすと約 1 mm の長さとなり，大腸菌の長さの 500 倍である．細菌の細胞内ではある種のタンパク質が染色体 DNA を巻き込んで「超らせん」構造をとり，密集して細胞内の一部の領域だけを占めている．真核生物の核とは違って，細菌の DNA の密集領域は核様体とよばれ，膜に囲まれていない（図 6.5 参照）．

真核生物の染色体にはそれぞれ長大な二重鎖の線状 DNA が 1 本含まれていて，その長さはヒトの染色体では平均して約 1.5×10^8 塩基対である．これは，凝縮した染色体の長さに比べて膨大な量の DNA である．この DNA 分子を完全に引き延ばすと約 4 cm の長さとなり，細胞の核の直径の数千倍に相当する．しかも，ヒトの細胞では残り 45 本の染色体にも同じように DNA が含まれているのである！

真核生物の DNA は細胞内で大量のタンパク質と精密に結合している．この DNA とタンパク質の複合体は**クロマチン chromatin** とよばれ，図 16.22 に概説されているような精巧な数段階の DNA 詰め込みシステムにより核内に収納されている．次に進む前に，この図をじっくりと学習しなさい．

クロマチンは，細胞周期の経過とともに DNA の詰め込まれかたの程度が劇的に変化する（図 12.7 参照）．間期の細胞を染色して光学顕微鏡で観察すると，クロマチンは核内に分散して見えるのがふつうであり，この時期のクロマチンが高度に展開されていることを示唆している．有糸分裂の準備が始まると，クロマチンは折りたたまれて凝縮し，しだいに短くて太い分裂期の染色体が形成されていき，光学顕微鏡により個々の染色体を識別することができるようになる（図 16.23 a）．

細胞分裂中の染色体のクロマチンと比較して，間期のクロマチンは凝縮度がはるかに低いのがふつうであるが，それでも高次の DNA 詰め込みシステムのいくつかの段階を経ている．染色体を構成するクロマチンの一部は 10 nm の繊維として存在しているが，これがさらに凝縮して 30 nm の繊維となり，その一部が折りたたまれてループ領域を形成していることが観察できる[*3]．初期の生物学者は，間期のクロマチンはボウルの中のスパゲッティのように絡まっていると思っていたが，これは事実とはほど遠い．間期の染色体は明確な足場を欠いているが，クロマチンのループ領域は核膜の内側を裏打ちする核ラミナに付着しているように見えるし，おそらく核内に張りめぐらされた核マトリクスの繊維にも付着している．このような付着は，遺伝子が活性化して盛んに転写されるクロマチン領域を編成するのに役立っていると考えられる．個々の染色体のクロマチンは，間期の核の中では限定された特定の領域を占有しており，他の染色体のクロマチン繊維と絡まり合っていないように見える（図 16.23 b）．

間期の細胞でも，染色体のセントロメアとテロメアは分裂期の染色体のように高度に凝縮された状態で存在する．このような凝縮は，ある種の細胞では染色体の他の領域でも起こっている[*4]．間期の凝集状態にある染色体領域は，光学顕微鏡では不規則な塊のように見えるため**ヘテロクロマチン heterochromatin** とよばれ，凝集せず拡散した**ユークロマチン euchromatin**（「真正クロマチン」）と区別される．ヘテロクロマチン領域は高度な凝集状態にあるために，DNA にコードされている遺伝情報の転写に関与する細胞内の装置が接近することができず，遺伝子発現の初期の段階が進行しない．これに対して，ユークロマチンは凝集度が低いため，DNA に転写関連装置が接近しやすく，

＊3（訳注）：すべての細胞に 30 nm 繊維が存在するわけではない，とする研究結果が日本人研究者によって示されている．
＊4（訳注）：凝縮機構は異なる．区別のために日本語では凝集ということが多い．

▼図 16.23　**染色体の「染色法」**．研究者は特殊な分子標識を行い，ヒトの各々の染色体が異なる色に見えるように処理する（「染色する」）ことが可能である．

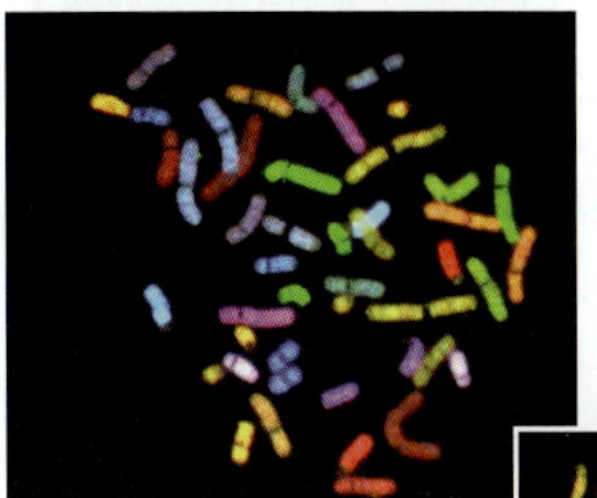

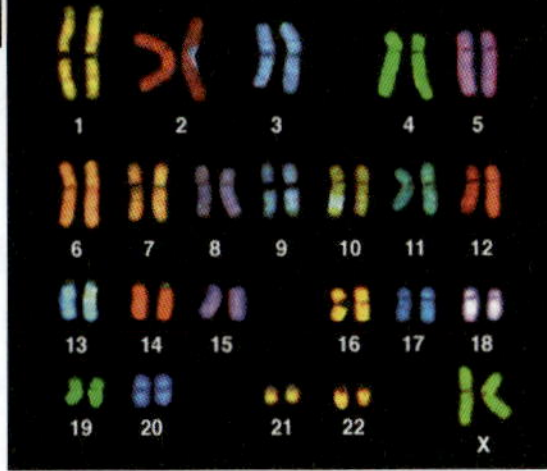

1 2 3 4 5
6 7 8 9 10 11 12
13 14 15 16 17 18
19 20 21 22 X

(a) これらの分裂期染色体は相同染色体が同じ色になるように「塗り」分けたものである．上の図は染色したままの散在する染色体像であり，右図は染色体を並び替えた核型図である．

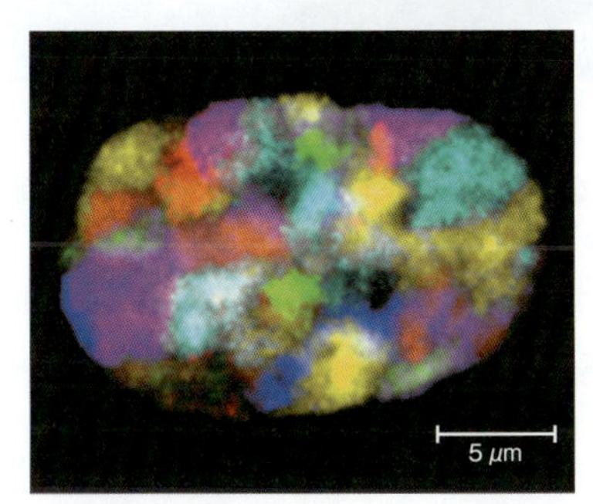

5 μm

(b) 染色体を視覚的に識別する技術により，間期の核内で染色体がどのように配置されているかを観察することができる．各々の染色体は間期に核内で特定の場所を占めている．一般に，1 対の相同染色体は近くにいるわけではない．

関連性を考えよう➤ヒトの細胞を減数第一分裂中期で停止させ，この手法を用いて染色した場合，どのように見えるか．有糸分裂の中期の細胞を用いた場合との違いについても説明しなさい．図 13.8 と図 12.7 を参照しなさい．

ユークロマチンに含まれている遺伝子を転写することができる．染色体の構造は動的で，有糸分裂，減数分裂，遺伝子発現の活性化などのさまざまな細胞の過程の必要に応じて，凝縮や凝集，弛緩，修飾，再構築を繰り返している．ヒストンの化学的修飾はクロマチンの凝集に影響を与え，さらに遺伝子の活性にさまざまな影響を及ぼす．このことは 18.2 節で学習する．

本章では DNA 分子がどのように染色体に収納されているかを学習し，親から子へと伝えられる遺伝子のコピーを作製する DNA の複製について学んだ．遺伝子は複製されて伝達されるだけでは不十分であり，遺伝子に含まれる情報が細胞に利用されなければならない．すなわち，遺伝子は「発現」されなければならない．次章では，DNA にコードされる遺伝情報の発現に関して検討する．

概念のチェック 16.3

1. 真核生物細胞の DNA 詰め込みの基本単位であるヌクレオソームの構造について説明しなさい．
2. ヘテロクロマチンとユークロマチンの構造的および機能的な性質の相違は何か．
3. **関連性を考えよう➤**間期の染色体は核ラミナおよび核マトリクスに接着しているように見える．これら 2 つの構造について説明しなさい．図 6.9 と関連する記載を参照しなさい．

（解答例は付録 A）

16 章のまとめ

重要概念のまとめ

16.1

DNA は遺伝物質である

- 細菌とファージを用いた実験により DNA が遺伝物質であることを示す最初の強力な証拠が得られた．
- ワトソンとクリックは DNA の**二重らせん**構造を推定し，構造モデルをつくった．分子の外側にある 2 本の**逆平行**に向き合った糖–リン酸の鎖がらせんを描いてねじれ合い，この鎖から窒素を含む塩基が内側に突き出して，水素結合により A と T，G と C の特定の組み合わせで塩基対を形成している．

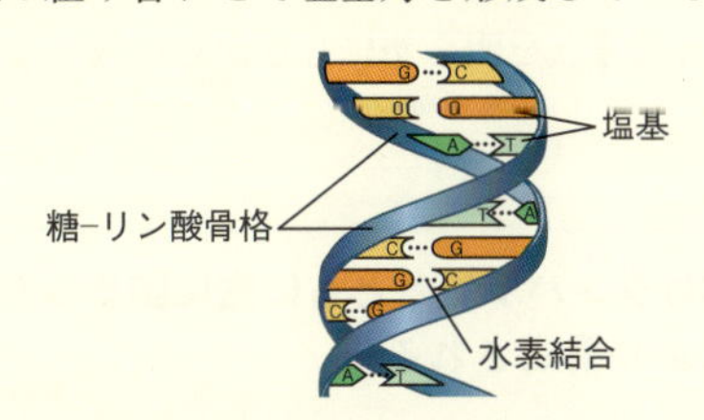

塩基
糖–リン酸骨格
水素結合

❓ 二重らせんの中の 2 本の DNA 鎖が逆平行というとき，それは何を意味するか．もし，2 本の DNA 鎖が平行であれば，その末端はどのように見えるだろうか.

16.2

DNA の複製と修復は多数のタンパク質の共同作業である

- メセルソンとスタールの実験により，**DNA 複製**が**半保存的**であることが示された．親の二重鎖 DNA が巻き戻されて各々の DNA 鎖が鋳型として用いられ，塩基の対形成規則に従って新たな DNA 鎖が合成される.
- **複製フォーク**における DNA 複製の概略を以下に示す.

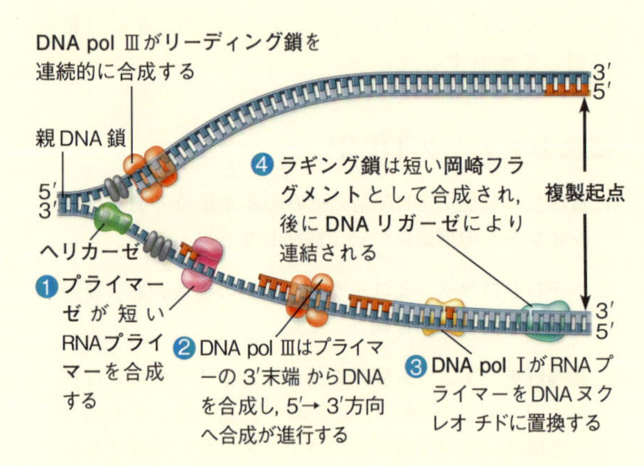

DNA pol Ⅲがリーディング鎖を連続的に合成する
親DNA鎖
5′
3′
ヘリカーゼ
3′
5′
複製起点
3′
5′
④ラギング鎖は短い岡崎フラグメントとして合成され，後にDNAリガーゼにより連結される
①プライマーゼが短いRNAプライマーを合成する
②DNA pol Ⅲはプライマーの3′末端からDNAを合成し，5′→3′方向へ合成が進行する
③DNA pol ⅠがRNAプライマーをDNAヌクレオチドに置換する

- **DNA ポリメラーゼ**は新たに合成された DNA の校正を行い，間違ったヌクレオチドを置換する．**ミスマッチ修復**の過程では，酵素が塩基対合のエラーを補正する．**ヌクレオチドの除去修復**は，損傷した DNA 鎖を**ヌクレアーゼ**が除去して他の酵素が置換する過程である.
- 真核生物の染色体 DNA の末端は，複製のたびに短くなる．**テロメア**とよばれる直線状 DNA 分子末端の反復配列の存在により，重要な遺伝子が侵食されるのを遅らせている．テロメラーゼは，生殖細胞中でテロメア配列を延長する反応を触媒する.

? リーディング鎖とラギング鎖の DNA 複製を，類似点と相違点を明らかにしながら比較しなさい.

16.3

染色体はタンパク質とともに密に詰まった DNA 分子により構成される

- 細菌の染色体は通常は環状の DNA 分子であり，数種類のタンパク質が結合して細胞内で核様体を形成している．真核生物の**クロマチン**は，DNA と**ヒストン**および他のタンパク質から構成される．ヒストン分子が結合し，さらに DNA が巻きついて**ヌクレオソーム**とよばれる DNA 収納の基本単位を形成する．ビーズ状のヌクレオソームからヒストン尾部が突き出している．さらに高次レベルの折りたたみにより，最終的には分裂期の染色体のようにクロマチンが高度に凝縮される.
- 間期の核内では，染色体はある一定の領域を占めている．間期の細胞では，クロマチンの凝集度が低くなっている（**ユークロマチン**）が，一部は高度に凝集している（**ヘテロクロマチン**）．一般に，ユークロマチンの領域では遺伝子の転写が起こるが，ヘテロクロマチンの領域では遺伝子が転写されない.

? 細胞分裂の間期の核に見られると予想されるクロマチンの詰め込み段階を記述しなさい.

理解度テスト

レベル 1：知識／理解

1. 肺炎を引き起こす細菌とマウスを用いた研究からグリフィスは何を見出したか.
   (A) 病原性細菌の表層タンパク質は非病原性細菌を形質転換することができる.
   (B) 熱殺菌した病原性細菌が肺炎を引き起こした.
   (C) 病原性細菌から溶出したなんらかの物質が非病原性細菌に移って病原性を付与した.
   (D) 細菌の外層の多糖が肺炎を引き起こした.
2. DNA 分子のリーディング鎖とラギング鎖の複製方法が異なる根本的な理由は次のうちどれか.
   (A) 複製の開始が 5′ 末端のみから起こること.
   (B) ヘリカーゼと 1 本鎖結合タンパク質が 5′ 末端で働いていること.
   (C) DNA ポリメラーゼが新たなヌクレオチドを伸長中の鎖の 3′ 末端にしか付加できないこと.
   (D) DNA リガーゼが 3′ → 5′ 方向にしか働かないこと.
3. DNA 試料中の各々の塩基の数を分析したとき，以下のどの結果が塩基対形成の規則に合致するか.
   (A) A = G　　(C) A + T = G + C
   (B) A + G = C + T　　(D) A = C
4. DNA 合成中のリーディング鎖の伸長について正しい記述はどれか.
   (A) 複製フォークから遠ざかる方向に伸長する.
   (B) 3′ → 5′ 方向に起こる.
   (C) 岡崎フラグメントを産生する.
   (D) DNA ポリメラーゼの作用に依存する.

5. ヌクレオソームの中で，DNAが巻きつくものは何か．
(A) ヒストン
(B) リボソーム
(C) ポリメラーゼ
(D) チミン2量体

レベル2：応用／解析

6. ^{15}N培地中で生育させた大腸菌を^{14}N培地に移し，さらに2世代（2回のDNA複製）生育させた．この細胞から抽出したDNAを遠心分離した．この実験からどのようなDNAの比重分布が期待されるか．
(A) 高比重バンドと低比重バンド
(B) 中間比重バンドのみ
(C) 高比重バンドと中間比重バンド
(D) 低比重バンドと中間比重バンド

7. ある生化学者がDNA複製に必要な種々の分子を単離・精製し，試験管中でこれらの分子を混合した．この混合液にDNAを加えると複製反応が起こったが，生成したDNA分子は正常なDNA鎖に多数の数百塩基のDNA鎖が対合したものであった．彼女は実験系に何を入れ忘れたと考えられるか．
(A) DNAポリメラーゼ
(B) DNAリガーゼ
(C) 岡崎フラグメント
(D) プライマーゼ

8. DNA中のアデニンから自然発生的にアミノ基が脱落すると，ヒポキサンチンという異常な塩基が生じてチミンと向かい合うことになる．細胞がこのような損傷の修復に用いるタンパク質の組み合わせはどれか．
(A) ヌクレアーゼ，DNAポリメラーゼ，DNAリガーゼ
(B) テロメラーゼ，プライマーゼ，DNAポリメラーゼ
(C) テロメラーゼ，ヘリカーゼ，1本鎖DNA結合タンパク質
(D) DNAリガーゼ，複製フォークタンパク質，アデニル酸サイクラーゼ

9. **関連性を考えよう** 大腸菌の染色体DNAが巻きついているタンパク質はヒストンではないが，このタンパク質がDNAと結合する能力を考慮すると，どのような性質がヒストンと共通していると考えられるか（図5.14参照）．

レベル3：統合／評価

10. **進化との関連** 細菌の中には，環境ストレスに対応して，細胞分裂中に発生する突然変異の発生率を増加させるものがいる．この対応はどのようにして行われるか．また，この能力は進化的にどのような利点があると思われるか．説明しなさい．

11. **科学的研究**

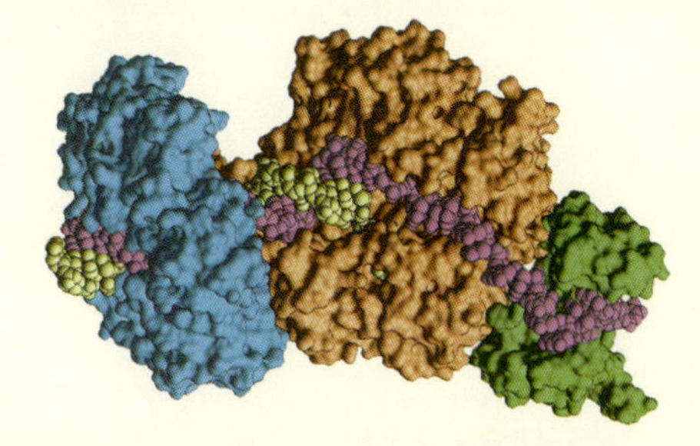

描いてみよう モデルの構築は科学的研究の重要な手段でもある．上図はコンピュータで作図したDNA複製複合体の構造モデルである．親のDNA鎖，新規合成されたDNA鎖，DNAポリメラーゼⅢ，スライディング・クランプ，1本鎖DNA結合タンパク質はそれぞれ異なる色に塗り分けられている．
(a) 本章で学習したことを用いて図中の各々のDNA鎖と各々のタンパク質の名称を記しなさい．
(b) DNA複製の方向を矢印で示しなさい．

12. **テーマに関する小論文：情報** 生命の連続性はDNAに刻まれた遺伝情報に基づいている．構造と機能は生物の組織化のすべてのレベルにおいて関連している．DNAの構造と遺伝の分子レベルの機能との関連について，300〜450字で記述しなさい．

13. **知識の統合**

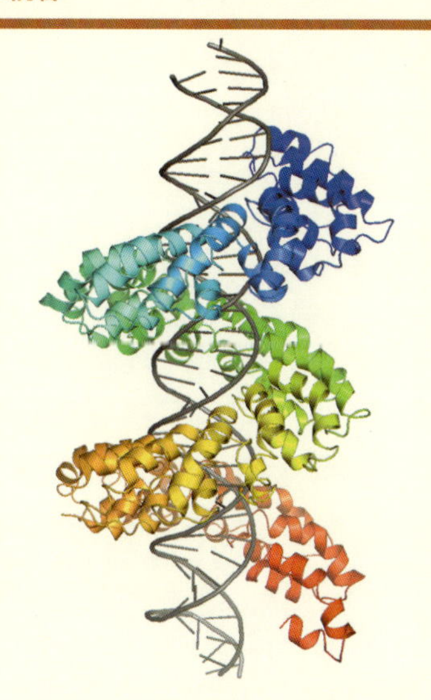

この図はDNA（灰色）が，コンピュータによるTALタンパク質の構造模型（多色）と結合している様子である．TALタンパク質はキサントモナスという細菌にのみ存在するファミリータンパク質の1つである．この細菌はトマトやイネや柑橘類の細胞に感染した後，TALのようなタンパク質を使って細胞のもつ特定の遺伝子配列を探索する．DNAについて学んだこととこの図を考慮し，TALタンパク質の構造から考え，このタンパク質がどのように機能するか考えを述べなさい．

（一部の解答は付録A）

遺伝子からタンパク質へ
17

▲図 17.1　1 個の遺伝子の欠陥がどのようにして写真の白色のロバのような劇的な外見の違いを引き起こすのだろうか.

重要概念

17.1　遺伝子は転写と翻訳を通じてタンパク質を指定する

17.2　転写は DNA に指定される RNA の合成である

17.3　真核生物の細胞は転写後に RNA を修飾する

17.4　翻訳は RNA に指定されるポリペプチドの合成である

17.5　1 塩基または複数の塩基の変異はタンパク質の構造と機能に影響する

▼白色のアライグマ

遺伝情報の流れ

アジナーラ島はイタリアのサルジニア島沖合に浮かぶ島である．アジナーラの名称は「湾曲した」という意味のラテン語 *sinuaria* に由来するのかもしれない．アジナーラのもう 1 つの意味は「ロバのすむ島」である．この島には野生の白色ロバの群れがいることから，アジナーラの由来としてはこちらのほうが適切だろう（図 17.1）．何が原因でこのような白色の表現型が生じるのだろうか．

遺伝性の形質は遺伝子により決定されるものであり，白色の形質は色素形成遺伝子の劣性対立遺伝子により引き起こされる（14.4 節参照）．遺伝子の情報は，遺伝物質である DNA 鎖のヌクレオチドの特定の配列という形で記録されている．白色のロバは色素の合成に必要な酵素タンパク質に欠陥がある．このタンパク質をコードする遺伝子の情報に誤りが含まれるため，酵素タンパク質が欠陥品となっている．

この例は，本章の主要なポイントを明らかにしている．ある生物から遺伝した DNA は，タンパク質またはタンパク質合成に関与する RNA 分子の合成を指定することにより，特定の形質を発現している．言い換えれば，タンパク質が遺伝子型と表現型を結びつけている．**遺伝子発現 gene expression** とは，DNA がタンパク質（RNA の場合もある）の合成を指定する過程である．タンパク質をコードする遺伝子の発現には，転写と翻訳という 2 つの段階がある．本章では，遺伝子からタンパク質への情報の流れを記述し，どのようにして遺伝的な変異がタンパク質を通じて個体に影響を与えるかについて説明する．遺伝子発現について理解することにより，本章が終わる頃には遺伝子の概念についてより詳細に知ることができるだろう．

17.1

遺伝子は転写と翻訳を通じてタンパク質を指定する

遺伝子がタンパク質合成を指令する機構について詳細に調べる前に，遺伝子とタンパク質の基本的な関係が発見された経緯について調べてみよう．

代謝欠損株の研究により得られた証明

1902年，英国人医師アーチボルド・ギャロッド Archibald Garrod は，遺伝子が細胞内で特定の化学反応を触媒するタンパク質である酵素を通じて表現型を指定していることを初めて示した．ギャロッドは，遺伝性疾患の中には特定の酵素を合成する能力が欠けているため症状が現れる場合があると考え，このような病気を「先天性代謝異常症」とよんだ．たとえば，黒い尿により知られるアルカプトン尿症とよばれる患者の尿にはアルカプトンが含まれるため空気に触れると黒くなる．ギャロッドは，健康な人はアルカプトンを分解する酵素をもっているが，アルカプトン尿症の患者は遺伝的にこの酵素を合成する能力を失っているため，アルカプトンが尿中に排出されると考えた．

遺伝子が特定の酵素の生産を指定しているというギャロッドの仮説は，数十年後に実施された研究により支持され，「1遺伝子1酵素説」とよばれるようになった．大部分の有機分子は，細胞内で代謝経路に従って合成と分解が行われていることを示す証拠が生化学者により蓄積されていた．代謝経路の中で順々に起こる化学反応は，1つひとつが特異的な酵素により触媒される（8.1節参照）．このような代謝経路は，図17.1の褐色のロバの毛皮の色素の合成や，ショウジョウバエの眼の色を決める色素の合成などにつながる（図15.3参照）．1930年代，米国の生化学者であり遺伝学者でもあるジョージ・ビードル George Beadle とフランス人の同僚ボリス・エフリュッシ Boris Ephrussi は，ショウジョウバエの眼の色に影響する変異は，各々が色素合成の特定の段階を触媒する酵素の合成を妨げることにより，眼色の色素の合成を阻害していると推測した．しかし，対応する化学反応も触媒する酵素も当時は知られていなかった．

アカパンカビの栄養要求変異株：科学的研究

数年後，スタンフォード大学でビードルとエドワード・テータム Edward Tatum がパンに生える一倍体のアカパンカビ *Neurospora crassa* を用いて始めた研究

▼図17.2　**ビードルとテータムの実験．** 栄養分を要求する突然変異株を取得するために，ビードルとテータムはアカパンカビの細胞にX線を照射して突然変異を誘発し，下図に示すアルギニンのような新たな栄養素を生育に必要とする突然変異株を探索した．

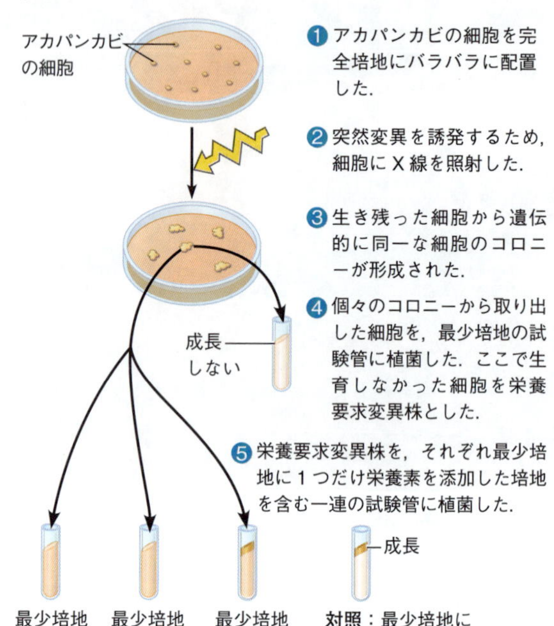
アカパンカビの細胞
❶アカパンカビの細胞を完全培地にバラバラに配置した．
❷突然変異を誘発するため，細胞にX線を照射した．
❸生き残った細胞から遺伝的に同一な細胞のコロニーが形成された．
❹個々のコロニーから取り出した細胞を，最少培地の試験管に植菌した．ここで生育しなかった細胞を栄養要求変異株とした．
成長しない
❺栄養要求変異株を，それぞれ最少培地に1つだけ栄養素を添加した培地を含む一連の試験管に植菌した．
成長
最少培地＋バリン
最少培地＋リジン
最少培地＋アルギニン
対照：最少培地に生育する野生型株

❻試験管中のカビの生育を観察した．この実験で最少培地＋アルギニンの培地のみ生育した変異株は，アルギニンの合成に必要な酵素を失っていることを示している．

がこの問題の突破口となった．突然変異株の表現型を観察するため，ビードルとテータムは特定の代謝活性に必要とされるタンパク質をコードする遺伝子について，ただ1個の対立遺伝子を機能しなくさせる必要があった（二倍体の生物では対立遺伝子が2個になる）．X線が遺伝的変異を引き起こすことが知られていたことから，彼らはアカパンカビにX線を照射し，生き残ったカビの中から野生型のカビとは異なる栄養要求性を示す変異株を探索した．

野生型のアカパンカビは栄養要求性がつつましく，研究室では数種類の無機塩とグルコースと培地を固化する寒天に含まれるビタミン成分のビオチンだけで構成される最低限の培地で生育させることができる．このような「最少培地」で，野生型のカビの細胞は生育と連続的な細胞分裂により遺伝的に同一な細胞のコロニーを形成するのに必要なすべての分子を，代謝経路を活用して合成できる．図17.2に示すように，ビードルとテータムはそれぞれ特定の栄養素を合成することができないアカパンカビの「栄養要求変異株」を複数単離した．このような変異株は，最少培地では生育

できないが生育に必要とされるすべての栄養素を含む「完全培地」ならば生育することができる．アカパンカビの完全培地は最少培地に20種類すべてのアミノ酸といくつかの栄養素を加えたものである．ビードルとテータムは，各々の栄養要求変異株は特定の栄養素を合成する遺伝子が能力を失っていると仮定した．

この方法によりアカパンカビの有用な突然変異株のコレクションが作製され，特定の代謝経路について変異を分類することができた．ビードルとテータムの同僚であるエイドリアン・スルプ Adrian Srb とノーマン・ホロビッツ Norman Horowitz は，アルギニン要求性の変異株のコレクションを用いてアカパンカビのアルギニン合成経路の解析を行った（図 17.3）．スルプとホロビッツは，複数のアルギニン要求変異株を3つのクラスに区別する実験を実施し，各々の変異株の欠陥を絞り込んだ．各クラスの変異株が生育するには，3段階からなるアルギニン合成経路に基づいた異なる組み合わせの化合物が必要であることが判明した．アルギニン要求株に関するこの実験の結果と，ビードルとテータムが行った多数の同様の実験の結果から，各々のクラスの変異株はアミノ酸の合成経路が異なる段階で停止したものであることが示唆された．

ビードルとテータムが設定した実験条件では，各々の変異株はそれぞれ1個の遺伝子に欠陥があるとしたことから，ビードルとテータムが取りまとめた実験結果は，以前に提案していた仮説を強力に支持するものであった．この仮説は「1遺伝子1酵素説」と名づけられ，遺伝子の機能は特定の酵素の生産を指定するものであると説明している．さらに，これらの変異株では特定の酵素の活性が失われていることを示す実験結果も，この仮説を支持した．ビードルとテータムは1958年に「遺伝子が特定の化学反応を制御していることの発見」（ノーベル賞選考委員会の言葉）の功績によりノーベル賞を受賞した．

現代では，ある遺伝子の突然変異が酵素の欠陥を引き起こし，外見上の変化に結びつく無数の実例が知られている．図 17.1 の白色のロバは，黒色色素メラニンを生産する代謝経路の中でチロシナーゼとよばれる重要な酵素が欠失している．メラニンがないため毛皮は白色となり，ロバの体全体にその影響が現れている．血管の赤い色を覆い隠すメラニンが存在しないため，ロバの鼻も耳もひづめも内部を走る血管が透けてピンク色に見える．

遺伝子発現による産物：研究の展開

タンパク質に関する研究が進むにつれて，研究者は1遺伝子1酵素説に少しずつ修正を加えていった．まず，すべてのタンパク質が酵素であるわけではない．動物の毛の構造タンパク質であるケラチンや，ホルモンの1種であるインスリンは酵素ではないタンパク質の例である．タンパク質は酵素ではなくても遺伝子産物であることには変わりないので，分子生物学者は「1遺伝子1タンパク質説」のほうがふさわしいと考え始めた．また，2つ以上の異なるポリペプチド鎖により構成されるタンパク質は数多いが，その場合，各々のポリペプチドは固有の遺伝子に指定されている．たとえば，脊椎動物の赤血球細胞に含まれる酸素運搬タンパク質であるヘモグロビンは2種類のポリペプチドから構成され，2つの遺伝子がそれぞれこのタンパク質を構成するポリペプチドをコードしている（図5.18参照）．こうして，ビードルとテータムの仮説は「1遺伝子1ポリペプチド説」と言い換えられるようになった．もっとも，この定義でさえも完全に正しいわけではない．第1に，本章の後半で学習するように，選択的スプライシングとよばれる過程により，真核生物の1個の遺伝子が，密接な関連のある複数のポリペプチドをコードする場合がある．第2に，タンパク質には翻訳されなくても細胞内で重要な役割を果たすRNA分子をコードしている遺伝子が相当数存在する．しかしここでは，ポリペプチドをコードしている遺伝子を中心に論じることにする（遺伝子産物としてはポリペプチドよりもタンパク質を指すのが一般的であり，本書でも正確にポリペプチドと記述するよりも，タンパク質と記述する点に注意しなさい）．

転写と翻訳の基本原理

遺伝子は特定のタンパク質の合成を指定する．しかし，遺伝子がタンパク質を直接合成するわけではない．DNAとタンパク質合成を結びつけるのが，RNAとよばれる核酸である．RNAは化学的にはDNAと類似しており，糖の成分としてデオキシリボースの代わりにリボースを用い，窒素を含む塩基としてチミンの代わりにウラシルを用いる（図5.23参照）．したがって，DNA鎖のヌクレオチドには塩基としてA，G，C，Tが用いられるが，RNA鎖のヌクレオチドの塩基はA，G，C，Uである．また，RNA分子は通常は1本鎖で構成されている．

遺伝子からタンパク質への情報の流れが習慣的に「転写 transcription」，「翻訳 translation」という言語学の用語で表されるのは，特定の文字配列により情報を伝達する英語のような言語と同様に，核酸とタンパク質はどちらも情報を運ぶ単量体の特定の配列である

▼図 17.3

研究　個々の遺伝子は生化学経路の中で機能する酵素を指定しているだろうか

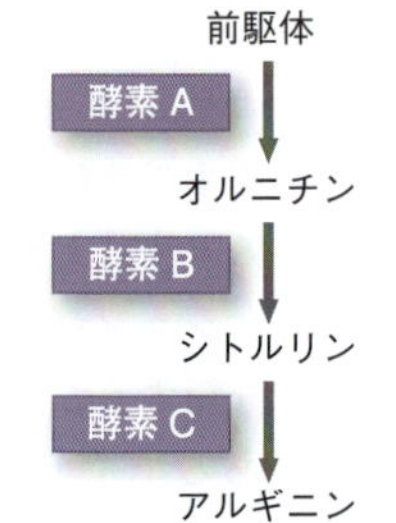
前駆体
酵素 A
オルニチン
酵素 B
シトルリン
酵素 C
アルギニン

実験　エイドリアン・スルプとノーマン・ホロビッツは，スタンフォード大学で研究材料にアカパンカビ *Neurospora crassa* を用い，ビードルとテータムの実験法により生育培地中にアルギニンを必要とする突然変異株を多数単離した（図 17.2 参照）．彼らは，これらの変異株を遺伝的に 3 つのクラスに分類し，各々のクラスでは異なる遺伝子に欠陥があることを示した．哺乳類の肝臓の細胞を用いた研究の報告から，彼らは右の図に示されるようにアルギニン生合成経路には前駆体および中間体の分子としてオルニチンとシトルリンが関係していると考えていた．

彼らの有名な実験は，ここに示す通り「1 遺伝子 1 酵素説」とアルギニンの生合成経路に関する仮定の両方を検証したものである．3 群の変異株を 4 種類の培地で培養した実験の経過を以下の結果の項に示す．この実験では，野性株は最少培地で生育できるが変異株は生育できないことから，最少培地（MM）を対照として用いた（下の試験管の図参照）．

生育：野生型の細胞は生育して分裂する．

生育なし：変異株の細胞は生育も分裂もできない．

対照：最少培地

結果　右の表に示される通り，野生株はすべての培地で生育し，生育には最少培地の成分だけを必要とする．3 つのクラスの変異株は，それぞれ異なる栄養素を生育に必要とした．たとえば，クラスⅡ変異株はオルニチンだけを含む最少培地では生育できなかったが，シトルリンまたはアルギニンを含む最少培地では生育できた．

生育結果	アカパンカビの変異株			
培地成分	野生株	クラスⅠ変異株	クラスⅡ変異株	クラスⅢ変異株
最少培地（MM）（対照）				
MM + オルニチン				
MM + シトルリン				
MM + アルギニン（対照）				
生育結果	添加物なしで生育する	生育にオルニチン，シトルリン，またはアルギンを必要とする	生育にシトルリンまたはアルギニンを必要とする	生育にアルギニンを必要とする

結論　変異株が必要とする栄養素のパターンから，スルプとホロビッツは右の表の通り，各々のクラスの変異株は必要な酵素が欠けているために，アルギニン生合成経路のある段階を実行することが不可能になっていると推定した．各々のクラスの変異株では 1 つだけ遺伝子が変異していることから，各々の変異した遺伝子は正常時には 1 つの酵素の生産を指定していると結論づけた．この結果はビードルとテータムが提唱した 1 遺伝子 1 酵素説を支持するものであり，また哺乳類の肝臓の研究から報告されたアルギニンの生合成経路がアカパンカビでも働いていることを確認するものであった（それぞれの変異株は，欠陥のある段階よりも後の段階で合成される化合物を供給したときには，欠陥をバイパスして生育が可能となる結果に注目しなさい）．

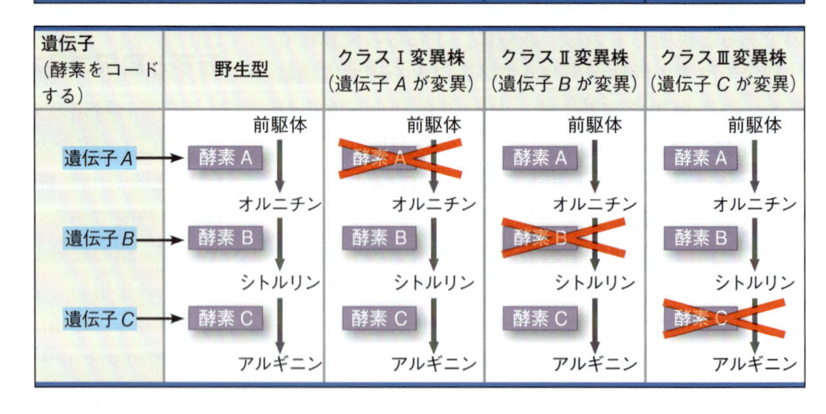
遺伝子（酵素をコードする）
野生型
クラスⅠ変異株（遺伝子 A が変異）
クラスⅡ変異株（遺伝子 B が変異）
クラスⅢ変異株（遺伝子 C が変異）
遺伝子 A
遺伝子 B
遺伝子 C
前駆体
酵素 A
オルニチン
酵素 B
シトルリン
酵素 C
アルギニン

データの出典　A. M. Srb and N. H. Horowitz, The ornithine cycle in *Neurospora* and its genetic control, *Journal of Biological Chemistry* 154:129-139 (1944).

どうなる？➤もし，クラスⅠ変異株が最少培地にオルニチンまたはアルギニンを添加したときにだけ生育し，クラスⅡ変異株が最少培地にシトルリン，オルニチン，またはアルギニンを添加したときに生育したとする．この場合，アルギニンの生合成経路およびクラスⅠ変異株とクラスⅡ変異株の欠陥について，研究者はどのような結論を導き出すだろうか．

点が言語と類似しているからである．DNA と RNA の単量体は塩基が異なる 4 種類のヌクレオチドである．典型的な遺伝子は数百から数千ヌクレオチドの長さをもち，各々の遺伝子は特定のヌクレオチド配列を有している．タンパク質を構成する個々のポリペプチドも，特定の順序により単量体が連なったものであるが（タンパク質の一次構造；図 5.18 参照），その単量体はアミノ酸である．このように核酸とタンパク質は 2 種類の異なる化学的言語で書かれた情報を保持している．DNA からタンパク質を得るためには，転写と翻訳の 2 段階の工程が必要である．

転写 transcription は DNA の指定による RNA の合成である．どちらの核酸も同じ言語を異なる形で記述したものであるから，情報は DNA 分子から RNA 分子へと単純に転写される（または「書き直される」）．DNA の複製の過程で DNA 鎖は新たな相補鎖を合成するための鋳型として用いられるが（16.2 節参照），転写の過程では RNA ヌクレオチドを相補的な配列に組み立てるための鋳型として用いられる．タンパク質をコードする遺伝子に対して，転写された RNA 分子はタンパク質を組み立てる設計図である遺伝子の正確な複製である．このタイプの RNA 分子が**メッセンジャー RNA messenger RNA（mRNA）**とよばれるのは，この分子が DNA から細胞内のタンパク質合成装置に遺伝的なメッセージを伝達しているからである（「転写」は DNA を鋳型として合成されるどのタイプの RNA に対しても一般的に用いられる用語である．転写によって合成される mRNA 以外の RNA については後で学習する）．

翻訳 translation は mRNA の情報を用いてポリペプチドを合成することである．翻訳の段階では言語が変換される．すなわち，mRNA 分子の塩基配列が，ポリペプチドのアミノ酸配列に翻訳されなければならない．翻訳が行われる場は**リボソーム ribosome** とよばれる大きな粒子であり，ここでアミノ酸が順序正しく連結されてポリペプチド鎖が形成される．

転写と翻訳はすべての生物で行われている．転写と翻訳に関する研究のほとんどは細菌と真核生物の細胞を用いて実施されたことから，本章でもこれらの生物を中心に論じていく．古細菌の転写と翻訳に関する研究は遅れているが，古細菌の細胞は細菌および真核生物と遺伝子発現のメカニズムは基本的に共通していることが明らかになっている．

原核生物と真核生物では，転写と翻訳の基本的な機構は類似しているが，細胞内の遺伝情報の流れには重要な違いがある．原核生物である細菌には核がなく，細菌の DNA と mRNA はリボソームなどのタンパク質合成装置から核膜により隔離されていない（図 17.4 a）．細胞内の区画が分けられていないため，転写がまだ進行している間に mRNA の翻訳が開始することもある．これに対し，真核生物の細胞には核が存在し，核膜により転写と翻訳が空間的および時間的に分離されている（図 17.4 b）．すなわち，転写は核で起こり，生成した mRNA は核から翻訳の場である細胞質へ運び出されることになる．さらに，真核生物の

▼図 17.4 **遺伝情報の流れにおける転写と翻訳の役割の概要．** 細胞内では遺伝情報は DNA から RNA を経てタンパク質へと流れていく．情報の流れの中で 2 つの主要な段階が転写と翻訳である．(a) と (b) の図は本章後半の議論で遺伝情報の流れの中の位置づけを明らかにするためのものであり，遺伝子発現の枠組みの中でどの段階を担っているかを理解するのに役立つだろう．

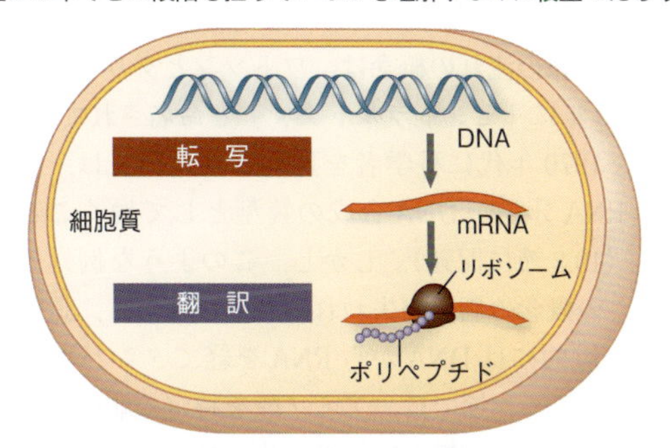
転 写
DNA
細胞質
mRNA
リボソーム
翻 訳
ポリペプチド

(a) **細菌の細胞．** 細菌の細胞には核がなく，転写により合成された mRNA はプロセシングを受けることなく，ただちに翻訳される．

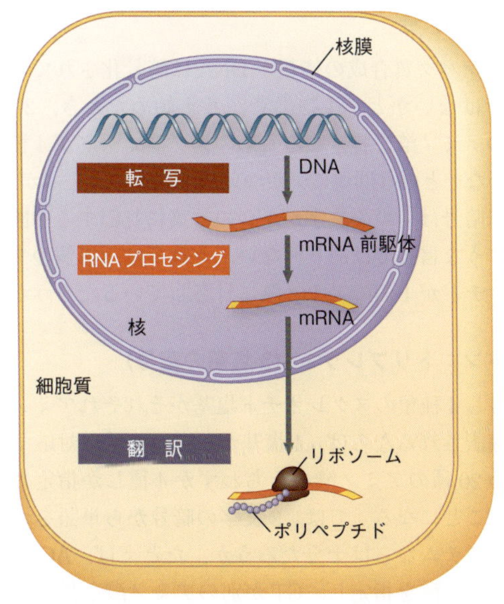
核膜
転 写
DNA
mRNA 前駆体
RNA プロセシング
mRNA
核
細胞質
翻 訳
リボソーム
ポリペプチド

(b) **真核生物の細胞．** 転写は核内という区分された場で進行する．mRNA 前駆体とよばれる RNA の初期転写産物は，成熟 mRNA となって核を離れる前に，さまざまなプロセシングを受ける．

RNA 転写産物が核から搬出される前に，機能をもつ mRNA となるためのさまざまな修飾が施される．真核生物のタンパク質をコードする遺伝子の転写により生じた「mRNA 前駆体」は，さらにプロセシングを受けて最終的な mRNA となる．どのような遺伝子から転写された初期転写産物 RNA も，タンパク質に翻訳されない特殊な RNA を含めて，一般には**一次転写産物 primary transcript** とよばれる．

要約すると，遺伝子はメッセンジャー RNA という形の遺伝的メッセージを通じてタンパク質の合成をプログラムしている．すなわち，細胞は遺伝的情報の流れである DNA → RNA → タンパク質という分子の命令系統により支配されている．

DNA
RNA
タンパク質

この情報の流れの概念は，ワトソンとクリックにより 1956 年に「セントラルドグマ」と命名されている．一方，1970 年代に科学者を驚愕させた発見は，ある種の RNA 分子が DNA 合成の鋳型として働くことである（19.2 節に記述）．しかし，このような例外のためにこの概念の価値が失われるわけではなく，遺伝情報は一般的には DNA から RNA を経てタンパク質に伝達される．次節では，アミノ酸を特定の順序で組み立てる設計図が核酸の中に暗号化されて記述されている様式について検討する．

遺 伝 暗 号

タンパク質合成の情報が DNA に暗号化されているのではないかと，生物学者が考え始めたとき，20 種類のアミノ酸を特定するためのヌクレオチドが 4 種類しかないという問題に気がついた．当然のことながら，遺伝暗号は 1 つの文字が 1 つの言葉に対応する中国語のような言語ではあり得ない．それでは，何個のヌクレオチドが 1 個のアミノ酸に対応しているだろうか．

コドン：トリプレット（3 塩基の暗号）

もし 4 種類のヌクレオチド塩基がそれぞれアミノ酸に翻訳されるならば，1 塩基が 1 アミノ酸に対応するため 20 種のアミノ酸のうちわずか 4 種しか指定できないことになる．では，2 文字の暗号から単語をつくるシステムならば十分だろうか．たとえば，AG があるアミノ酸を指定し，GT が別のアミノ酸を指定するシステムである．この場合は，1 文字目と 2 文字目にそれぞれ 4 つの塩基が入る可能性があることから，16 通り（4^2 通り）の組み合わせが可能となるが，20 種類のアミノ酸を指定するためにはまだ不足である．

3 文字のヌクレオチド塩基は，すべてのアミノ酸を暗号化することができる最小の単位である．連続した 3 塩基が 1 組としてそれぞれアミノ酸を指定するならば，64 通り（4×4×4）の単語をつくることが可能となるので，すべてのアミノ酸を指定するのに十分である．遺伝子からタンパク質への情報の流れが，**トリプレット（3 塩基）暗号 triplet code** に基づいていることは，実験的にも確認されている．すなわち，ポリペプチド鎖を指定する遺伝情報は，DNA に一連の重複しないトリプレットの単語により記述されている．遺伝子の中の一連の単語は，mRNA の中で一連の重複しない相補的なトリプレットに転写され，一連のアミノ酸に翻訳される（図 17.5）．

遺伝子は転写の過程で，合成される mRNA 分子の全塩基配列を指定する．各々の遺伝子について，2 本鎖 DNA の一方の DNA 鎖だけが転写される．転写される DNA 鎖は，転写産物 RNA の塩基配列の鋳型となるため，**鋳型鎖 template strand** とよばれる．どの遺伝子でも，転写されるときには毎回同じ DNA 鎖が鋳型として使用される．しかし，同じ染色体 DNA 分子上の離れた部位では，もう一方の DNA 鎖が別の遺伝子の鋳型鎖として機能することもある．鋳型として用いられる DNA 鎖は遺伝子を転写する酵素の方向性により決まる．すなわち，遺伝子に付属する特定の DNA 配列に依存している．

mRNA が合成されるときは RNA ヌクレオチドが鋳型鎖 DNA 上で塩基の対合規則に従って組み立てられるので，mRNA の塩基配列は鋳型鎖 DNA と同一ではなく相補的である（図 17.5 参照）．この塩基対合規則は DNA 複製の塩基対合と類似しているが，RNA では T の代わりに U が A と対合する点と，mRNA のヌクレオチドにはデオキシリボースの代わりにリボースが用いられている点が異なっている．新たに合成される DNA 鎖と同様に，RNA 分子も DNA の鋳型鎖に対して逆平行の方向に合成される（「逆平行」および「核酸の鎖の 5′ 末端と 3′ 末端」の意味については図 16.7 参照）．図 17.5 の例では，鋳型鎖 DNA のトリプレット ACC（3′−ACC−5′ と表記される）が鋳型として提供されると，5′−UGG−3′ という mRNA 分子が合成される．mRNA のトリプレットは**コドン codon** とよばれ，習慣的に 5′ → 3′ 方向に表記される．この例では，UGG はアミノ酸のトリプトファン（省略形：Trp または W）を指定するコドンである．「コドン」という用語が，DNA の「非鋳型鎖」のトリプレットに対して用いられることもある．非鋳型鎖 DNA のコドンは

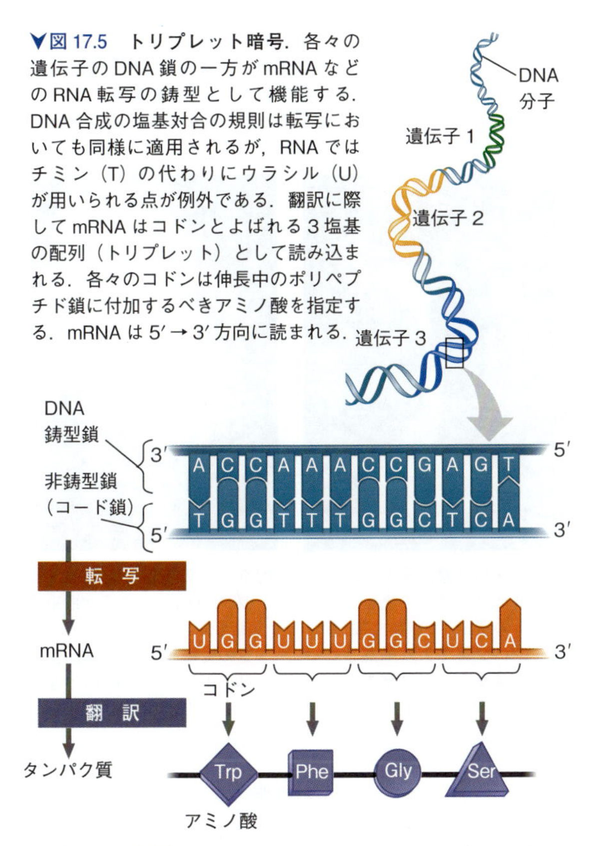
DNA
分子
遺伝子 1
遺伝子 2
遺伝子 3
DNA
鋳型鎖
非鋳型鎖
(コード鎖)
3′
5′
A C C A A A C C G A G T
T G G T T T G G C T C A
5′
3′
転 写
mRNA
5′
U G G U U U G G C U C A
3′
コドン
翻 訳
タンパク質
Trp
Phe
Gly
Ser
アミノ酸

▼図 17.5 **トリプレット暗号．** 各々の遺伝子の DNA 鎖の一方が mRNA などの RNA 転写の鋳型として機能する．DNA 合成の塩基対合の規則は転写においても同様に適用されるが，RNA ではチミン（T）の代わりにウラシル（U）が用いられる点が例外である．翻訳に際して mRNA はコドンとよばれる 3 塩基の配列（トリプレット）として読み込まれる．各々のコドンは伸長中のポリペプチド鎖に付加するべきアミノ酸を指定する．mRNA は 5′→3′ 方向に読まれる．

図読み取り問題▶ 慣例により非鋳型鎖はコード鎖とよばれ，DNA 配列を示すのに用いられる．mRNA 鎖と非鋳型鎖の配列を 5′ から 3′ 方向に記述して比較しなさい．このような慣例が適用されるようになったのはなぜだと考えるか（ヒント：なぜこの鎖がコード鎖とよばれるのか）．

鋳型鎖に対して相補的であり，mRNA の U の代わりに T が用いられている点を除けば，mRNA の配列と一致する．この理由から，非鋳型鎖 DNA は**コード鎖 coding strand** とよばれ，遺伝子の塩基配列を報告するときにはコード鎖の配列が示される．

翻訳の過程で mRNA 分子上のコドン配列の暗号が解読され，ポリペプチド鎖を構成するアミノ酸配列へと翻訳される．コドンは翻訳装置により mRNA の 5′→3′ 方向に読まれていく．各々のコドンは 20 種類のアミノ酸から，ポリペプチド鎖の対応する位置に取り込まれる 1 個のアミノ酸を指定している．コドンはトリプレットであることから，遺伝情報を形成する塩基は，生産されるタンパク質を構成するアミノ酸の 3 倍の数が必要である．たとえば，100 アミノ酸のポリペプチドをコードする mRNA 鎖には 300 塩基が必要である．

暗号の解読

分子生物学者は 1960 年代前半に，各々の RNA コドンに対する翻訳産物のアミノ酸を明らかにするための一連の洗練された実験を実施し，生命の暗号を解読した．1961 年に最初のコドンを解読したのは，米国国立衛生研究所（NIH）のマーシャル・ニーレンバーグ Marshall Nirenberg のグループである．ニーレンバーグは塩基としてウラシルを含む 1 種類の RNA ヌクレオチドを連結し，人工的に RNA を合成した．この RNA に含まれる遺伝的メッセージは，読み始めと読み終わりの位置にかかわらず，唯一のコドンである UUU の繰り返しだけを含むことになる．ニーレンバーグは，この「ポリ U」というポリヌクレオチドを，アミノ酸とリボソームおよびタンパク質合成に必要とされる成分を含む試験管内で混合した．ニーレンバーグの人工タンパク質合成システムにより，ポリ U mRNA はただ 1 種類のアミノ酸のフェニルアラニン（Phe または F）を含むポリペプチドに翻訳され，多数のフェニルアラニンが連結したペプチド鎖が形成された．これより，ニーレンバーグは mRNA の UUU コドンはアミノ酸のフェニルアラニンを指定すると結論した．同様にして，AAA，GGG，CCC コドンが指定するアミノ酸も決定された．

AUA や CGA のような 2 種類以上の塩基を含むトリプレット暗号の解読には，より精巧な技術が必要とされたが，1960 年代半ばまでには 64 種のコドンのすべてが解読された．図 17.6 に示されるように，64 種のコドンのうち 61 種が特定のアミノ酸をコードしている．アミノ酸を指定しない 3 種のコドンは「終了」シグナルまたは終止コドンとよばれ，翻訳の終了を指定するものである．一方，AUG コドンが 2 通りの機能をもつことには注意が必要である．すなわち，アミノ酸のメチオニン（Met または M）をコードするとともに，開始コドンとして「翻訳開始」シグナルの機能も有している．mRNA の遺伝的メッセージは AUG コドンから開始し，このコドンはタンパク質合成装置に mRNA の翻訳を開始する位置を指定する（開始コドン AUG はメチオニンを指定することから，ポリペプチドは合成されるときにつねにメチオニンから始まることになる．しかし，この開始アミノ酸はポリペプチドが完成してから酵素により除かれることが多い）．

図 17.6 に着目すると，遺伝暗号には「冗長性」はあるが，あいまいさがないことがわかる．たとえば，GAA コドンと GAG コドンはどちらもグルタミン酸をコードしている（冗長性あり）が，どちらもそれ以外

▼図 17.6　**mRNA のコドン暗号表．** ここに示される mRNA コドンの３塩基は，mRNA を 5′→3′ 方向に読んだときの１番目，２番目，３番目の塩基により表にまとめたものである．AUG コドンはアミノ酸のメチオニン（Met または M）を指定するだけでなく，リボソームが mRNA をこの位置から翻訳を「始める」ための開始シグナルとしても機能する．64 種のコドンのうち３つは終止シグナルとして機能し，ポリペプチドの遺伝情報の「終了」を指定する．３文字および１文字の記号はアミノ酸を示している．アミノ酸の正式名称については図 5.14 を参照．

1番目の塩基（コドンの5′端）	2番目の塩基 U	2番目の塩基 C	2番目の塩基 A	2番目の塩基 G	3番目の塩基（コドンの3′端）
U	UUU Phe (F)	UCU Ser (S)	UAU Tyr (Y)	UGU Cys (C)	U
U	UUC	UCC	UAC	UGC	C
U	UUA Leu (L)	UCA	UAA 終止	UGA 終止	A
U	UUG	UCG	UAG 終止	UGG Trp (W)	G
C	CUU Leu (L)	CCU Pro (P)	CAU His (H)	CGU Arg (R)	U
C	CUC	CCC	CAC	CGC	C
C	CUA	CCA	CAA Gln (Q)	CGA	A
C	CUG	CCG	CAG	CGG	G
A	AUU Ile (I)	ACU Thr (T)	AAU Asn (N)	AGU Ser (S)	U
A	AUC	ACC	AAC	AGC	C
A	AUA	ACA	AAA Lys (K)	AGA Arg (R)	A
A	AUG Met または開始	ACG	AAG	AGG	G
G	GUU Val (V)	GCU Ala (A)	GAU Asp (D)	GGU Gly (G)	U
G	GUC	GCC	GAC	GGC	C
G	GUA	GCA	GAA Glu (E)	GGA	A
G	GUG	GCG	GAG	GGG	G

図読み取り問題➤mRNA の内部に 5′-AGAGAACCGCGA-3′ 配列が含まれている．コドン暗号表を用い，この配列の最初の３塩基をコドンとみなして翻訳しなさい．

のアミノ酸を指定することはない（あいまいさなし）．遺伝暗号の冗長性は，まったくランダムというわけではない．特定のアミノ酸に対する同義語のコドンは，トリプレットの３番目の塩基だけが異なっていることが多い．この冗長性の重要性は本章後半で検討する．

書かれた文字列から書き手が意図するメッセージを読み取るには，文字を正しい組み合わせ，すなわち正しい**読み枠 reading frame** で読み込むことが重要である．以下の文章を考えてみよう「The red dog ate the bug（赤い犬が虫を食べた）」．ところが，間違った文字から読み始めると文字の組み合わせが狂って，結果は以下のように意味不明になる「her edd oga tet heb ug.」．この読み枠は，分子の言語の中ではきわめて重要である．たとえば，図 17.5 に示される短いポリペプチドが正しく合成されるのは，mRNA のヌクレオチドが図のように「UGG UUU GGC UCA」３文字ずつ左から右へと正しく読まれた場合（5′→3′）だけである．遺伝的メッセージはコドンの間にスペースを入れずに書かれているが，細胞のタンパク質合成装置はメッセージを重複のないトリプレットの連続として読み取る．遺伝情報のメッセージは，UGGUUU のように文字が重複してまったく異なるメッセージをもつ文字列として読まれるようなことはない．

▼図 17.7　**進化の証拠：異なる生物種の遺伝子の発現．** 共通の祖先から進化したため，多様な生物が共通の遺伝暗号を用いている．ある生物に第２の生物種の DNA を導入することにより，第２の生物に特有のタンパク質を生産するようにプログラムすることが可能である．

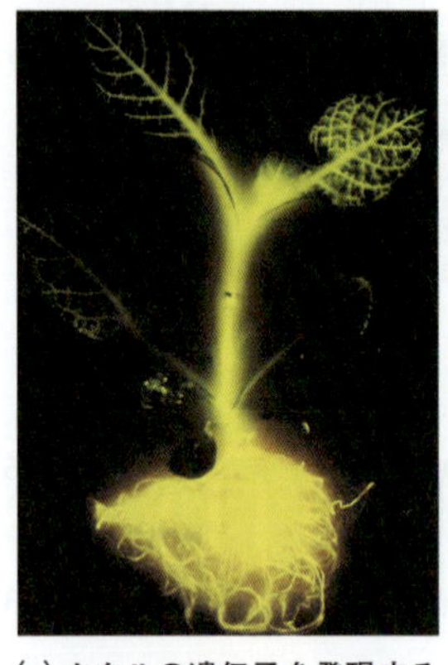

(a) ホタルの遺伝子を発現するタバコ．黄色の光は，ホタルの遺伝子の産物であるタンパク質により触媒される化学反応により発するものである．

(b) クラゲの遺伝子を発現するブタ．科学者はクラゲ由来の蛍光タンパク質の遺伝子をブタの受精卵に導入した．受精卵の１つから写真のような蛍光を発するブタが誕生した．

遺伝暗号の進化

進化　遺伝暗号は最も簡単な細菌から最も複雑な植物や動物まで，地球上の生物に広く共有され，ほぼ普遍的である．たとえば RNA コドン CCG は，遺伝暗号が調べられたすべての生物の中でアミノ酸のプロリン（Pro）に翻訳される．遺伝子をある生物から他種類の生物に移す実験を行うと，新たな宿主の中でその遺伝子が転写・翻訳され，図 17.7 に示すような鮮やかな結果がもたらされることもある．ヒトの遺伝子を細菌に導入し，医療用にインスリンなどのヒトのタンパク質を合成するように細菌をプログラムすることも可能である．こうした応用はバイオテクノロジーの分野で多くのめざましい発展をもたらしている（20.4 節参照）．

わずかな例外はあるが，遺伝暗号がほぼ普遍的であることの進化的な意義は明確である．すべての生物により言語が共有されているということから，生命の歴史の非常に早い時点で，現存の生物すべてに共通の祖先が存在した時期に，この言語が機能していたことは間違いない．遺伝的ボキャブラリーの共有は，すべての生命を結びつける絆を思い起こさせる．

概念のチェック 17.1

1. **関連性を考えよう➤**1902年に出版されたアルカプトン尿症に関する研究報告の中でギャロッドは，ヒトには特定の酵素に関する２つの遺伝性の「形質」（対立遺伝子）が存在し，アルカプトン尿症の原因となる欠陥をもつ遺伝性の形質が両方の親から子どもに伝達されていることを示唆した．現在では，この疾患は優性または劣性のどちらと考えられるか（14.4節参照）．
2. 30ヌクレオチドの長さのポリGのmRNAから，どのようなポリペプチド産物が予想されるか．
3. **描いてみよう➤**遺伝子の相補鎖に3′-TTCAGTCGT-5′配列が含まれている．鋳型鎖配列の代わりに非鋳型鎖配列を転写した場合のmRNA配列を描き，図17.6を用いて翻訳しなさい（5′末端と3′末端の方向に注意）．非鋳型鎖から合成されたタンパク質の機能の有無について予測しなさい．

（解答例は付録A）

17.2
転写はDNAに指令されるRNA合成である

遺伝暗号の言語学的な論理性と進化的な重要性について論じてきたところで，遺伝子発現の第1段階である転写について詳細に検討する準備が整った．

転写の成分分子

DNAから細胞のタンパク質合成装置へ情報を伝達するメッセンジャーRNA（mRNA）は，遺伝子の鋳型鎖DNAから転写される．**RNAポリメラーゼRNA polymerase**とよばれる酵素がDNAの2本鎖をこじ開けて，鋳型鎖DNAに相補的なRNAヌクレオチドを連結することにより，RNAポリヌクレオチドを伸長する（図17.8）．DNA複製に働くDNAポリメラーゼと同様に，RNAポリメラーゼもヌクレオチドを3′末端だけに付加することによりポリヌクレオチドを5′→3′方向に伸長できる．しかし，DNAポリメラーゼとは違って，RNAポリメラーゼは最初のヌクレオチドを既存のプライマーに連結する必要はないので，RNA鎖の伸長をゼロから開始することができる．

DNA鎖中の特定の塩基配列が遺伝子の転写の開始と終結の目印となっている．RNAポリメラーゼが結合して転写を開始するDNAの塩基配列は**プロモーター promoter**として知られている．一方，細菌の中で転写を終結させるシグナルとなる塩基配列は**ターミネーター terminator**とよばれる（真核生物では転写終結の機構が異なっている．これについては後述する）．分子生物学者は転写が進む方向（5′→3′）を「上流」から「下流」へと表現する．この用語は，DNAまたはRNAの塩基配列中の位置を記述するのにも用いられる．つまり，DNA鎖の中のプロモーター配列はターミネーター配列の上流にあるという．また，プロモーターの下流の，RNA分子に転写されるDNA領域は**転写単位 transcription unit**とよばれる．

細菌がもつRNAポリメラーゼは，単独でmRNAだけでなくタンパク質合成時に働く別のタイプのRNAの合成も行う．これに対し，真核生物は核内に3種類のRNAポリメラーゼⅠ，Ⅱ，Ⅲが存在する．このうち，mRNAの合成に用いられるのはRNAポリメラーゼⅡである．残りの2つのRNAポリメラーゼは，リボソームRNAなどのタンパク質に翻訳されないRNA分子の転写を行う．以後の議論では，まず細菌と真核生物に共通のmRNA合成の過程を説明し，次におもな相違について記述する．

RNA転写産物の合成

図17.8および次に示すように，転写の3つの段階はRNA鎖の開始・伸長・終結である．この3段階と用語について，図17.8でよく学んでおこう．

RNAポリメラーゼの結合と転写開始

遺伝子のプロモーターは，実際にRNAポリメラーゼがmRNA合成を開始するヌクレオチドである**転写開始点 start point**と，そこから数十塩基対程度上流までを含む（図17.9）．この領域に一時的に結合するタンパク質群との相互作用により，RNAポリメラーゼはプロモーター中の正しい位置に正しい方向で結合するとともに，二重らせんのうち鋳型として使用するDNA鎖と転写開始点が指定される．

転写が確実に正しい位置から開始するようにRNAポリメラーゼが結合するため，プロモーター中に特に重要な領域がある．細菌では，RNAポリメラーゼ自身がプロモーターを部分的に認識して結合する．真核生物では，**転写因子 transcription factor**とよばれるタンパク質がRNAポリメラーゼの結合と転写開始を誘導している．特定の転写因子がプロモーターに結合した場合に限って，RNAポリメラーゼⅡがそのプロモーターに結合することができる．プロモーターに結

▼図 17.8　**転写過程：開始・伸長・終結.** この一般的な転写の図は原核生物にも真核生物にも適用できるが，転写終結は本文中に記述されるように細かい点が異なる．また，原核生物ではRNA転写産物は即座にmRNAとして利用できるが，真核生物ではプロセシングを受けなければならない．

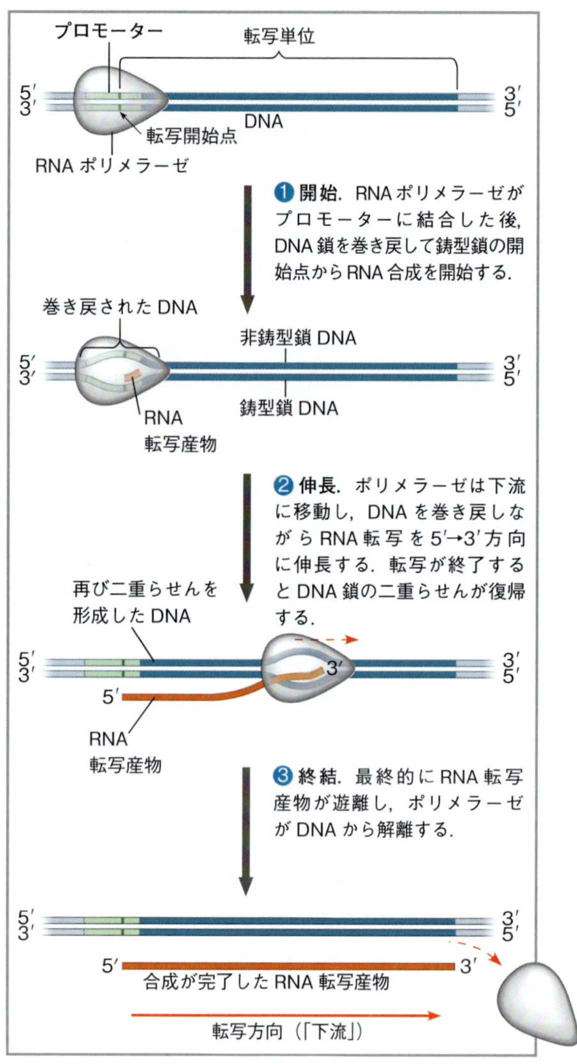

プロモーター
転写単位
5′
3′
3′
5′
DNA
転写開始点
RNA ポリメラーゼ
❶ 開始. RNAポリメラーゼがプロモーターに結合した後，DNA鎖を巻き戻して鋳型鎖の開始点からRNA合成を開始する．
巻き戻された DNA
非鋳型鎖 DNA
鋳型鎖 DNA
RNA
転写産物
❷ 伸長. ポリメラーゼは下流に移動し，DNAを巻き戻しながらRNA転写を5′→3′方向に伸長する．転写が終了するとDNA鎖の二重らせんが復帰する．
再び二重らせんを形成した DNA
RNA
転写産物
❸ 終結. 最終的にRNA転写産物が遊離し，ポリメラーゼがDNAから解離する．
合成が完了した RNA 転写産物
転写方向（「下流」）

関連性を考えよう➤転写と複製の過程の鋳型鎖の利用法について比較しなさい．図 16.17 参照．

▼図 17.9　**真核生物のプロモーターにおける転写開始.** 真核細胞ではRNAポリメラーゼⅡによる転写開始に転写因子とよばれるタンパク質が機能する．

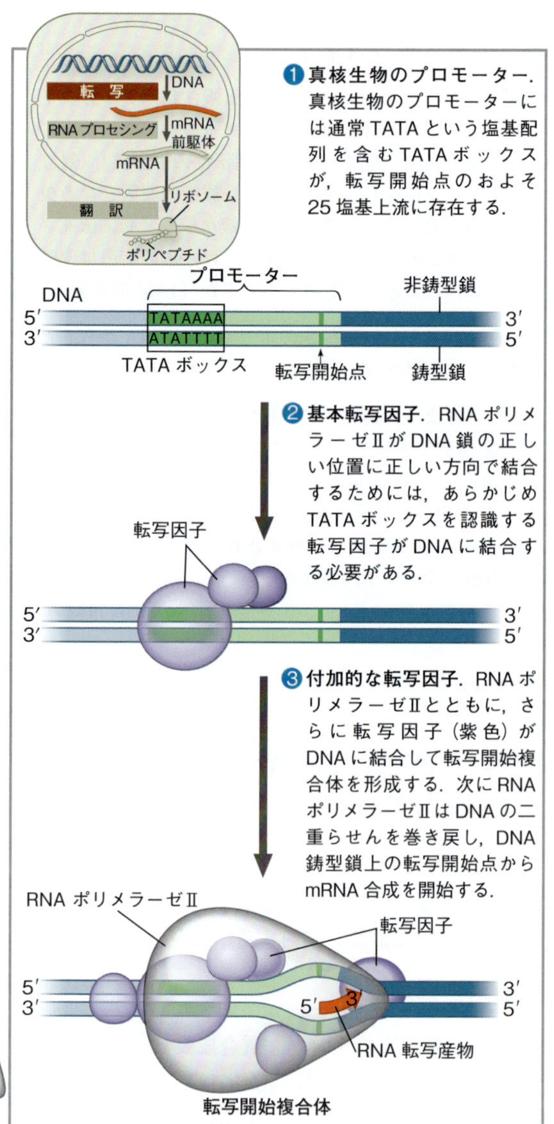

DNA
転　写
mRNA
RNAプロセシング
前駆体
mRNA
翻　訳
リボソーム
ポリペプチド
❶ 真核生物のプロモーター. 真核生物のプロモーターには通常TATAという塩基配列を含むTATAボックスが，転写開始点のおよそ25塩基上流に存在する．
プロモーター
DNA
非鋳型鎖
5′
3′
TATAAAA
ATATTTT
TATA ボックス
転写開始点
鋳型鎖
❷ 基本転写因子. RNAポリメラーゼⅡがDNA鎖の正しい位置に正しい方向で結合するためには，あらかじめTATAボックスを認識する転写因子がDNAに結合する必要がある．
転写因子
❸ 付加的な転写因子. RNAポリメラーゼⅡとともに，さらに転写因子（紫色）がDNAに結合して転写開始複合体を形成する．次にRNAポリメラーゼⅡはDNAの二重らせんを巻き戻し，DNA鋳型鎖上の転写開始点からmRNA合成を開始する．
RNA ポリメラーゼⅡ
転写因子
RNA 転写産物
転写開始複合体

❓ 真核生物の転写開始に比較して，細菌の転写開始におけるRNAポリメラーゼとプロモーターとの相互作用はどのような点が異なるか説明しなさい．

合した転写因子群とRNAポリメラーゼⅡの集合体は，**転写開始複合体 transcription initiation complex** とよばれる．真核生物の転写開始複合体の形成過程において，プロモーター中で特に重要な **TATA ボックス TATA box** とよばれるDNA配列と転写因子の役割について図 17.9 に示す．

真核生物のRNAポリメラーゼⅡと転写因子との相互作用は，真核生物の転写を制御するタンパク質の間の相互作用の重要性を示す好例である．プロモーターDNAに適切な転写因子とRNAポリメラーゼが正しい方向にしっかり結合すると，2本鎖のDNAが酵素により巻き戻されて鋳型鎖の転写が始まる．

RNA 鎖の伸長

RNAポリメラーゼがDNA鎖に沿って移動するのに従って，DNAの二重らせんが巻き戻されて一度に10～20個のDNAヌクレオチドが露出し，RNAヌクレ

▼図 17.10　**転写の伸長**．DNA 鋳型鎖に沿って RNA ポリメラーゼが移動し，伸長中の RNA 転写産物の 3′ 末端に相補的な RNA ヌクレオチドを連結する．ポリメラーゼの背後で DNA 鋳型鎖から新たに合成された RNA 鎖が遊離すると，DNA 非鋳型鎖との二重らせんが復活する．

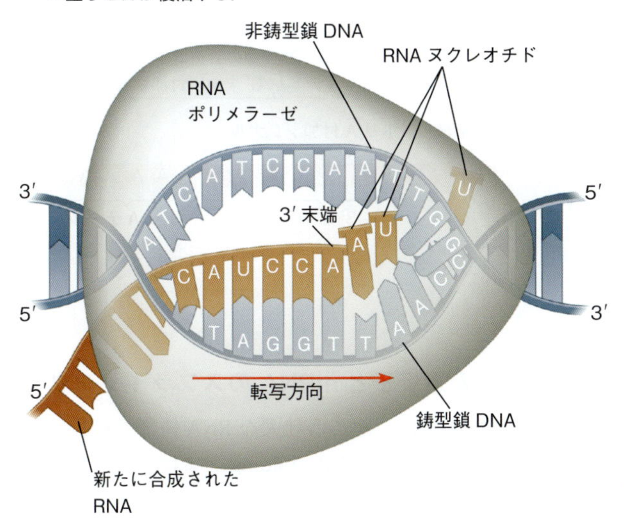
非鋳型鎖 DNA
RNA ヌクレオチド
RNA
ポリメラーゼ
3′
5′
3′ 末端
5′
3′
5′
転写方向
鋳型鎖 DNA
新たに合成された
RNA

オチドと対合する（図 17.10）．RNA ポリメラーゼが伸長中の RNA 鎖の 3′ 末端に RNA ヌクレオチドを付加し，二重らせん DNA に沿って伸長反応が続く．RNA 合成の進行を追うように，合成された RNA 分子は鋳型鎖 DNA から引きはがされ，二重らせん DNA が復活する．真核生物では，転写の進行速度はおよそ 1 秒間に 40 ヌクレオチドである．

1 個の遺伝子が隊列を組むトラックのように複数の RNA ポリメラーゼによって同時に転写されることがある．合成された RNA 鎖はそれぞれのポリメラーゼから伸長し，各々の新しい RNA 鎖の長さはポリメラーゼが転写開始点から鋳型鎖上を移動してきた距離を反映している（図 17.23 の mRNA 分子を参照）．1 個の遺伝子を多数のポリメラーゼ分子によって同時に転写することにより，転写される mRNA の量を著しく増加させ，この遺伝子にコードされているタンパク質の大量生産を可能にしている．

転写終結

細菌と真核生物では転写が終結する機構が異なる．細菌では，RNA ポリメラーゼが DNA 鎖のターミネーター配列を通過するときに転写された RNA 分子のターミネーター配列が転写終結シグナルとして機能する．このシグナルにより RNA ポリメラーゼが DNA 鎖から解離する．転写産物の RNA 分子は，翻訳される前に修飾を必要としない．一方，真核生物では，RNA ポリメラーゼⅡがポリ A 付加シグナルとよばれる DNA 配列を転写すると mRNA 前駆体にポリ A 付加シグナル配列（AAUAAA）が現れる．すると，この 6 塩基の RNA 配列に核内で一群のタンパク質がすみやかに結合し，その 10～35 ヌクレオチド下流で RNA 鎖を切断する．こうして RNA ポリメラーゼが解離し，mRNA 前駆体が生成する．合成された mRNA 前駆体は，RNA プロセシングによりさまざまな修飾を受けるが，これについては次節で解説する．RNA 鎖の切断により mRNA の末端が定まった後も，RNA ポリメラーゼⅡは転写を続ける．一方，新たな RNA 鎖は 5′ 末端から酵素により分解される．この分解酵素は転写を続ける RNA ポリメラーゼⅡを追いかける形となり，RNA ポリメラーゼに追いつくとポリメラーゼとともに DNA 鎖から分離する．

概念のチェック 17.2

1. プロモーターとは何か．プロモーターは転写単位の上流と下流の末端のどちらに存在するか．
2. 細菌の DNA の上で，RNA ポリメラーゼが正しい位置で遺伝子の転写を開始するのを可能にしているのは何か．真核生物の細胞ではどうか．
3. どうなる？➤X 線照射によりある遺伝子のプロモーターの TATA ボックス中の配列が変化すると，この遺伝子の転写にどのような影響があるか（図 17.9 参照）．

（解答例は付録 A）

17.3
真核生物の細胞は転写後に RNA を修飾する

真核生物では，遺伝的メッセージが細胞質へ届けられる前に，mRNA 前駆体が核内で酵素により特殊な修飾を受ける．この **RNA プロセシング RNA processing** の過程で，通常は一次転写産物の両端が修飾される．さらにほとんどの場合，RNA 分子の内部のいくつかの領域が切り出され，残りの領域がつなぎ合わされる．こうした修飾を経て mRNA 分子は翻訳に提供される準備が整う．

mRNA 末端の修飾

mRNA 前駆体分子の両端は，それぞれ特殊な修飾を受ける（図 17.11）．まず 5′ 末端が合成され，転写が 20～40 塩基進んだところで修飾されたグアニン

▼図 17.11　**RNA プロセシング：5′ キャップとポリ A テールの付加．** 真核生物の mRNA 前駆体分子の両末端には酵素による修飾が行われる．RNA 鎖末端の修飾により mRNA の核からの搬出が促進されるとともに，分解から保護される．mRNA が細胞質に到達すると，修飾された末端に特異的な細胞質タンパク質が結合し，リボソームの結合を誘導する．mRNA の中で 5′ キャップとポリ A テール，および 5′ 非翻訳領域（5′ UTR）と 3′ 非翻訳領域（3′ UTR）とよばれる部分はタンパク質には翻訳されない．ピンク色の領域はイントロンであり，図 17.12 で説明する．

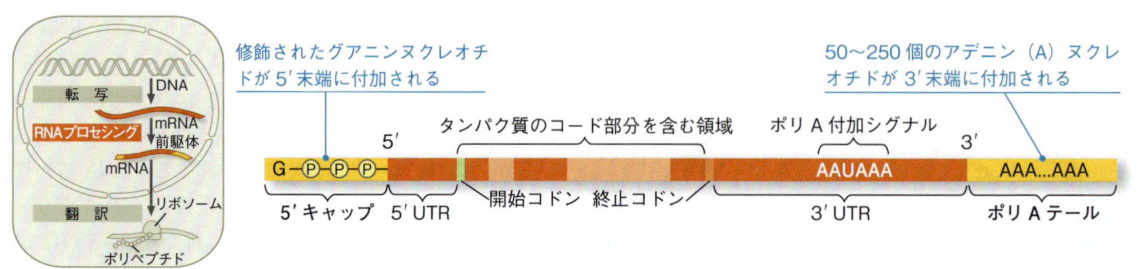
転写
DNA
RNAプロセシング
mRNA前駆体
mRNA
翻訳
リボソーム
ポリペプチド
修飾されたグアニンヌクレオチドが 5′ 末端に付加される
50～250 個のアデニン（A）ヌクレオチドが 3′ 末端に付加される
タンパク質のコード部分を含む領域
ポリ A 付加シグナル
5′
3′
G-Ⓟ-Ⓟ-Ⓟ
AAUAAA
AAA...AAA
5′ キャップ
5′ UTR
開始コドン
終止コドン
3′ UTR
ポリ A テール

（G）ヌクレオチドである **5′ キャップ 5′ cap** が 5′ 末端に付加される．mRNA 前駆体分子の 3′ 末端も mRNA が核から出ていく前に修飾される．mRNA 前駆体はポリ A 付加シグナルである AAUAAA が転写された後に，まもなく切り離され，その 3′ 末端に 50～250 個のアデニン（A）ヌクレオチドが酵素により付加され，**ポリ A テール（ポリ A 鎖）poly-A tail** が形成される．5′ キャップとポリ A テールにはいくつか重要な役割がある．第 1 に，成熟した mRNA の核からの搬出が促進されると考えられている．第 2 に，mRNA が加水分解酵素による分解から守られる．第 3 に，mRNA が細胞質へ到達したときに，mRNA の両端の修飾がリボソームの mRNA の 5′ 末端への結合を促進する．図 17.11 では mRNA の 5′ 末端と 3′ 末端の非翻訳領域（UTR）がそれぞれ 5′ UTR と 3′ UTR と表されている．UTR は mRNA のタンパク質に翻訳されない領域だがリボソーム結合などの役割がある．

分断された遺伝子と mRNA のスプライシング

真核細胞の核内で起こる壮大な RNA 修飾の過程は **RNA スプライシング RNA splicing** とよばれ，ビデオテープの編集作業のように RNA 分子から大きな領域が切り取られて残された領域が連結される（図 17.12）．真核生物の DNA 分子の転写ユニットの平均の長さは約 2 万 7000 塩基であり，一次転写産物 RNA もほぼその長さである．しかし，平均的な 400 アミノ酸のタンパク質のコード領域が占めるのはわずか 1200 塩基である（各々のアミノ酸は「トリプレット」にコードされている）．これは，ほとんどの真核生物の遺伝子と転写産物 RNA には長い非翻訳領域が含まれているためである．さらに驚くことに，この非翻訳領域は遺伝子の翻訳領域の間，すなわち mRNA 前駆体の翻訳領域の内部に分散している．言い換えると，真核生物のポリペプチドをコードする DNA の塩基配列は連続せず，切れ切れに分断されているのがふつうである．翻訳領域の間の非翻訳領域は「介在配列」ま

▼図 17.12　**RNA 修飾：RNA スプライシング．** ヘモグロビンを構成するポリペプチド鎖の 1 つである β-グロビンをコードする RNA 分子が示されている．RNA の下の数字はコドンに対応し，β-グロビンは 146 アミノ酸で構成される．β-グロビン遺伝子とその mRNA 前駆体には 3 つのエキソンが含まれていて，この領域が成熟 mRNA として核から出ていく配列である（5′ UTR と 3′ UTR は mRNA に含まれるためエキソンの一部であるが，タンパク質はコードしていない）．RNA スプライシングの過程でイントロンは切り出され，エキソンが連結される．エキソンよりもイントロンのほうがずっと長い遺伝子も数多い．

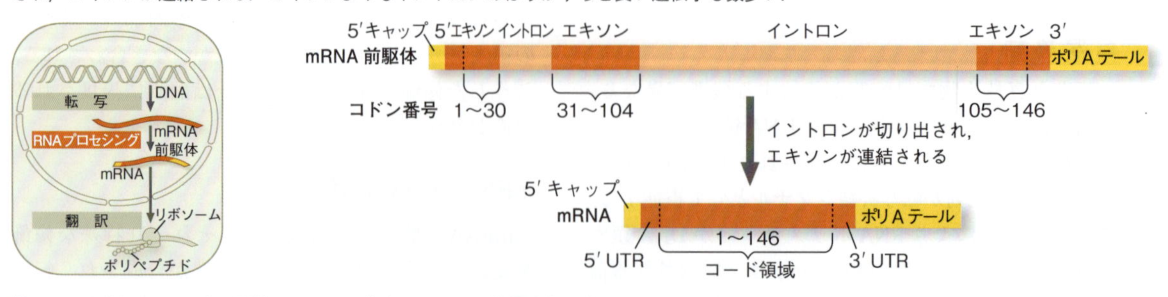
転写
DNA
RNAプロセシング
mRNA前駆体
mRNA
翻訳
リボソーム
ポリペプチド
5′キャップ
5′エキソン
イントロン
エキソン
イントロン
エキソン
3′
mRNA 前駆体
ポリAテール
コドン番号
1～30
31～104
105～146
イントロンが切り出され，
エキソンが連結される
5′ キャップ
mRNA
ポリAテール
1～146
5′ UTR
コード領域
3′ UTR

描いてみよう➤mRNA 上に開始のコドンと終止のコドンの位置を示しなさい．

たは**イントロン intron** とよばれる．イントロン以外の領域は，ほとんどが最終的にアミノ酸配列に翻訳されることから**エキソン exon** とよばれる（RNA の両端のエキソン領域である UTR は成熟 mRNA の一部であるが，タンパク質に翻訳されない領域である．こうした領域が存在することから，エキソンとは核から出ていく RNA 配列であると考えるほうが理解しやすいだろう）．「イントロン」と「エキソン」という用語は，RNA 配列とそれをコードする DNA 配列の両方に使われる．

遺伝子から一次転写産物を合成する際には RNA ポリメラーゼⅡが DNA からイントロンとエキソンの両方を転写するが，細胞質へ出ていく成熟 mRNA 分子は短縮されている．RNA スプライシングの過程でイントロンが RNA 分子から切り出され，エキソンが連結されてコード配列が連続した mRNA 分子が形成される．

mRNA 前駆体のスプライシングはどのような機構により実施されるのだろうか．イントロンは，**スプライソソーム spliceosome** とよばれるタンパク質と低分子 RNA から構成される巨大な複合体により除去される．この複合体はイントロンの両端の鍵となる配列を含む数ヵ所の短いヌクレオチド配列に結合する（図 17.13）．切り出されたイントロンはすみやかに分解され，スプライソソームはイントロンの両側の 2 つのエキソンを連結する．スプライソソームに含まれる低分子 RNA はスプライソソームの組み立てに関与してスプライシングする位置を認識するだけでなく，スプライシングの反応を触媒していることが明らかになっている．

リボザイム

スプライソソームに含まれる RNA が触媒作用を担うというアイディアは，RNA 分子が酵素として機能する**リボザイム ribozyme** の発見がきっかけとなっている．タンパク質や他の RNA 分子が存在しなくても RNA スプライシングが起こる生物も知られている．すなわち，リボザイムとして機能するイントロン RNA は，自分自身を切り出す反応を触媒するのである！　たとえば，繊毛虫類に属する原生生物であるテトラヒメナ *Tetrahymena* では，リボソームの成分であるリボソーム RNA（rRNA）を生産するときに，自己スプライシングが起こる．このとき，rRNA 前駆体は実際に自分自身のイントロンを除去している．リボザイムの発見により，生物学的な触媒はすべてタンパク質であるという常識が過去のものとなった．

▼図 17.13　**スプライソソームによる mRNA 前駆体のスプライシング．** この図は mRNA 前駆体の一部であり，2 つのエキソン（赤色）に挟まれたイントロン（ピンク色）を含む領域を示している．スプライソソーム中の低分子 RNA がイントロンの内部の特定のヌクレオチドと塩基対合する．次に，低分子 RNA が mRNA 前駆体の切断を触媒し，両端のエキソンの組継ぎを行う．切り出されたイントロンはすみやかに分解される．

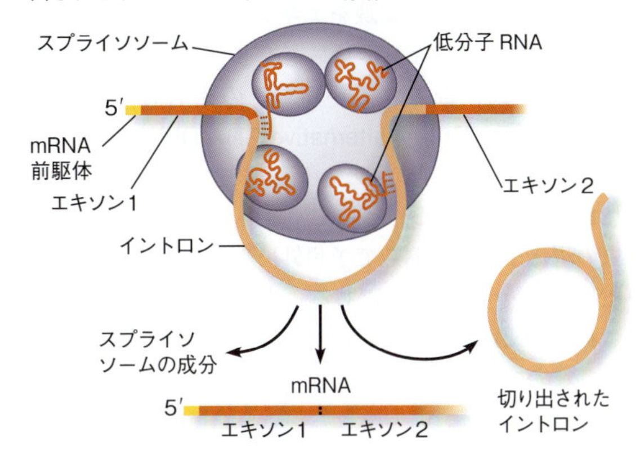
スプライソソーム
低分子 RNA
5′
mRNA
前駆体
エキソン1
エキソン2
イントロン
スプライソ
ソームの成分
mRNA
5′
エキソン1
エキソン2
切り出された
イントロン

RNA の 3 つの特徴により，一部の RNA 分子は酵素として機能することが可能となっている．第 1 に，RNA は 1 本鎖であるため，RNA 分子の一部の領域が同一の RNA 鎖中の相補的な配列をもつ領域と逆平行に配置して塩基対合することにより，特定の 3 次元構造をとることができる．特定の構造をとることは酵素タンパク質のようにリボザイムが触媒機能を果たすのに必要である．第 2 に，酵素タンパク質中の特定のアミノ酸と同様に，RNA 鎖中のいくつかの塩基が触媒作用に関与する機能的な官能基となり得る．第 3 に，RNA が他の核酸分子（DNA か RNA）と水素結合を形成する能力により，触媒活性に特異性を付与している．たとえば，スプライソソームの RNA と相補的な配列をもつ一次転写産物 RNA 鎖との塩基対合により，リボザイムがスプライシング反応を触媒する部位が正確に決められる．RNA がもつこれらの能力によって，RNA がいかにして mRNA の 3 塩基のコドンの認識のような細胞内の重要な役割を果たすかについては本章の後半に記述する．

イントロンの機能的および進化的な重要性

進化　進化の歴史の中で，RNA スプライシングとイントロンの存在が自然選択のうえで利点を提供してきたか否かについては，議論の対象になっている．どのような場合でも，RNA スプライシングが環境適応のうえで有利な可能性について考慮することは有益であろう．特定の機能が見出されたイントロンはほとんどないが，遺伝子の発現を制御する配列を含むイントロンが見出されていて，遺伝子産物に影響を与えるイントロンも多数存在する．

遺伝子の中にイントロンが存在する重要な効果の1つは，1個の遺伝子が2種類以上のポリペプチドをコードすることが可能となることである．RNAプロセシングの過程でどの領域をエキソンとして扱うかにより，2つ以上の異なるポリペプチドを生成している遺伝子が多数報告されている．この過程は，**選択的RNAスプライシング alternative RNA splicing**とよばれる（図18.13参照）．ヒトゲノム計画の初期の成果（21.1節で議論する）として，ヒトの遺伝子の数は線虫の遺伝子とほぼ同数で予想外に少ない理由が選択的RNAスプライシングにあることが示唆されている．選択的RNAスプライシングのため，生物がつくり出すことのできるタンパク質の種類は遺伝子の数よりもずっと多くなる．

タンパク質の多くは，**ドメイン domain**とよばれる構造的および機能的に別個のブロックが組み合わされたモジュール構造となっている．たとえば，ある酵素タンパク質のドメインの1つには活性部位が存在し，別のドメインにはタンパク質を細胞質膜に結合させる構造が含まれている．タンパク質の異なるドメインは別々のエキソンにコードされている場合が多い（図17.14）．

遺伝子の中のイントロンの存在により，「エキソンシャフリング」として知られる過程が進行する結果，新規で有用な可能性のあるタンパク質への進化が加速される（図21.16参照）．対立遺伝子のエキソンの間に，タンパク質をコードする配列を中断することなく交差できる広い領域がイントロンにより提供されるため，有益な交差が起こる可能性が増大している．エキソンシャフリングにより，改変された構造と機能をもつ新たなエキソンの組み合わせやタンパク質が生成する可能性もある．さらに，まったく異なる遺伝子（非対立遺伝子）との間でエキソンの混合と適合が起こることも想定される．エキソンシャフリングにより，新たな機能の組み合わせを有する新規のタンパク質が生み出される．大部分のエキソンシャフリングの結果は無益な変更をもたらすにすぎないが，時には有益な変種のタンパク質が生じる可能性がある．

▼図17.14　エキソンとタンパク質ドメインの対応．

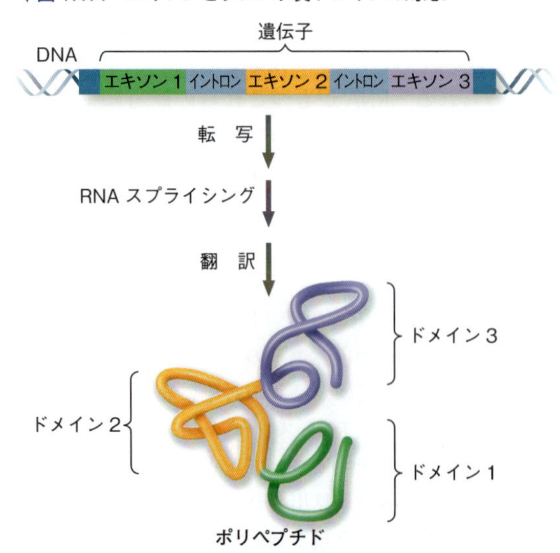

遺伝子
DNA
エキソン1
イントロン
エキソン2
イントロン
エキソン3
転　写
RNAスプライシング
翻　訳
ドメイン3
ドメイン2
ドメイン1
ポリペプチド

概念のチェック 17.3

1. ヒトは約2万個のタンパク質をコードする遺伝子をもっている．ここから7万5000種から15万種の異なるタンパク質を合成する機構は何か．
2. あなたが録画されたテレビ番組を見ることとRNAスプライシングは，どのような点が似ているか．この場合，イントロンは何に相当するか．
3. どうなる？➤mRNAから5′キャップを除去する試薬により細胞を処理すると，どのような影響が現れるか．

（解答例は付録A）

17.4

翻訳はRNAに指定されるポリペプチドの合成である

次に，mRNAからタンパク質へ遺伝情報を伝達する翻訳過程について検討する（図17.15）．転写の過程と同様に，細菌と真核生物に共通する翻訳の基本的機能について集中的に説明し，次に両者の主要な違いについて記述する．

翻訳の成分分子

翻訳過程では，細胞が遺伝的メッセージを「解釈して」ポリペプチドを組み立てる．メッセージはmRNA分子上の一連のコドンであり，コドンを解釈する翻訳者は**トランスファーRNA transfer RNA（tRNA）**とよばれる．tRNAの機能は，細胞質に貯蔵されているアミノ酸をリボソーム中の伸長中のペプチドに運ぶことである．細胞質には，別の化合物からの合成や，周囲からの取り込みにより，20種類のアミノ酸が蓄えられている．タンパク質とRNAの構造体であるリボソームは，tRNAにより運ばれてきたアミノ酸をポリペ

▼図 17.15 **翻訳：基本原理.** mRNA 分子がリボソームの中を移動し，コドンが 1 つずつアミノ酸に翻訳されていく．翻訳または通訳を行うのは tRNA 分子であり，各々が一端に特定のアンチコドンをもち，もう一方の端に対応するアミノ酸が結合している．tRNA のアンチコドンが mRNA の相補的なコドンと水素結合を形成すると，tRNA は積み荷のアミノ酸を伸長中のポリペプチド鎖に付加する．

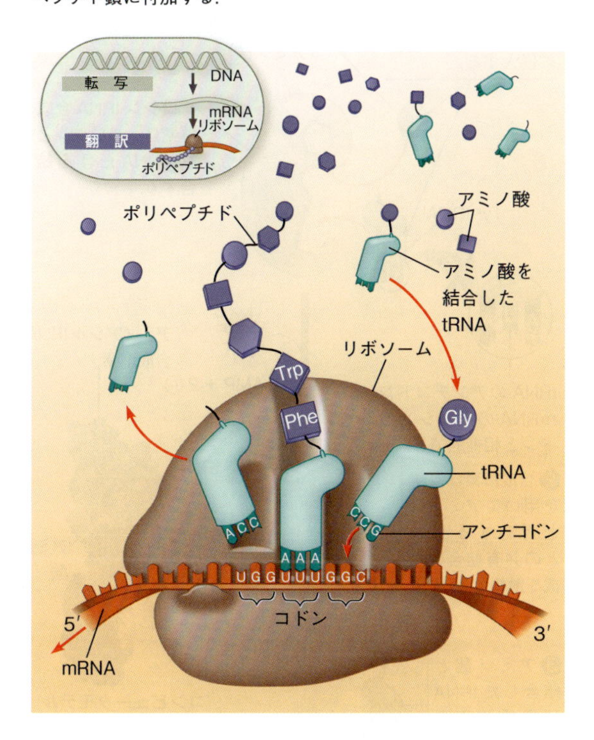
転 写
DNA
mRNA
リボソーム
翻 訳
ポリペプチド
ポリペプチド
アミノ酸
アミノ酸を
結合した
tRNA
リボソーム
Trp
Phe
Gly
tRNA
A C C
A A A
C C G
アンチコドン
U G G U U U G G C
コドン
5′
mRNA
3′

▼図 17.16 **トランスファー RNA (tRNA) の構造.**

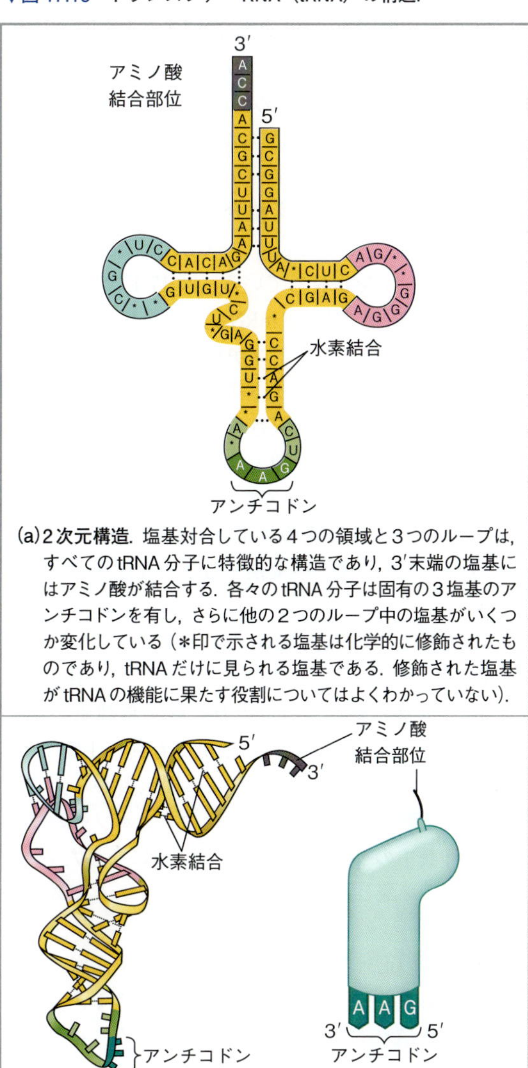
3′
アミノ酸
結合部位
5′
水素結合
アンチコドン
アミノ酸
結合部位
5′
3′
水素結合
アンチコドン
A A G
3′ 5′
アンチコドン

(a) 2 次元構造. 塩基対合している 4 つの領域と 3 つのループは，すべての tRNA 分子に特徴的な構造であり，3′ 末端の塩基にはアミノ酸が結合する．各々の tRNA 分子は固有の 3 塩基のアンチコドンを有し，さらに他の 2 つのループ中の塩基がいくつか変化している（*印で示される塩基は化学的に修飾されたものであり，tRNA だけに見られる塩基である．修飾された塩基が tRNA の機能に果たす役割についてはよくわかっていない）．

(b) 3 次元構造

(c) 本書で用いられる tRNA のモデル

図読み取り問題➤ この図の tRNA のアンチコドンに結合するコドンとこの rRNA が運搬するアミノ酸を示しなさい．

プチド鎖の伸長中の末端に付加する（図 17.15 参照）．

翻訳過程は原理的には単純であるが，生化学的および機構的には複雑であり，真核生物では特に複雑である．翻訳機構を詳細に分析するために，やや簡略な細菌の翻訳過程について集中的に検討する．まず翻訳過程の主役となる分子群について見ていこう．

トランスファー RNA の構造と機能

遺伝情報を特定のアミノ酸配列に翻訳するキーポイントは，個々の tRNA 分子が特定の mRNA コドンを適切なアミノ酸に翻訳していることである．tRNA 分子は，特定のアミノ酸を 3 次元構造の一端に連結し，もう一方の端の 3 塩基のトリプレットが相補的コドンをもつ mRNA と塩基対合するため，翻訳作業が可能となっている．

tRNA 分子はわずか 80 塩基の 1 本鎖 RNA から構成されている（ほとんどの mRNA 分子は数百塩基の長さをもつことと比較すると短い）．分子内に水素結合による塩基対合が可能な相補的領域が存在するため，この 1 本鎖 RNA 分子は折りたたまれて特定の 3 次元構造を形成する．この塩基対合をわかりやすくするために平面に引き延ばすと，tRNA 分子はクローバー型となる（図 17.16 a）．実際には tRNA はねじれて折りたたまれ，小型でほぼ L 字型の 3 次元構造を形成し（図 17.16 b），tRNA 分子の両末端は L 字型の同じ部位に近接して存在する．tRNA 分子の突き出した 3′ 末端にはアミノ酸が結合する部位となっている．L 字型のもう一方の端のループには，mRNA の特定のコドンと結合する 3 塩基の**アンチコドン anticodon** が提示されている．このように，L 字型の tRNA 分子の構造はその機能によく適合している．

5′→3′方向に記述されるコドンに合わせて，アンチコドンは慣習的に3′→5′方向に記述される（図17.15参照；塩基対合のためにはRNA鎖はDNA鎖と同様に逆平行でなければならない）．mRNAのグリシン（Gly）に翻訳される5′-GGC-3′コドンを例にとると，このコドンと水素結合により塩基対合するtRNAはアンチコドンとして3′-CCG-5′配列をもち，末端にグリシンを保持している（図17.15リボソームに結合するtRNA参照）．mRNA分子がリボソームを通過して5′-GGC-3′コドンが翻訳されるときは，つねにグリシンがポリペプチド鎖に付加される．コドン1個ごとに遺伝情報が翻訳され，定められた順序の通りにtRNAがアミノ酸を挿入し，リボソームが伸長中のポリペプチド鎖にアミノ酸を結合する．tRNA分子は核酸の言葉（mRNAのコドン）を読み取って，タンパク質（アミノ酸）へ変換するという意味で翻訳者である．

mRNAなどの細胞内RNAと同様に，tRNA分子も鋳型DNAから転写される．真核生物では，tRNAはmRNAと同様に核内で合成され，核から翻訳の場である細胞質へと搬出される．細菌でも真核生物でも，tRNA分子は繰り返し使用される．細胞質から指定されたアミノ酸を拾い上げ，その荷物をリボソームまで運んで伸長中のペプチドに手渡し，空になったtRNAは次のアミノ酸と結合するためにリボソームを離れていく．

遺伝情報の正確な翻訳には2段階の分子認識が必要である．第1の分子認識段階は，特定のアミノ酸を指定するmRNAのコドンに結合するtRNAが，指定されたアミノ酸をリボソームに確実に運ぶことである．tRNAとアミノ酸を正しい組み合わせで結合させるのは，**アミノアシルtRNA合成酵素 aminoacyl-tRNA synthetase**という一群の酵素である（図17.17）．各々のアミノアシルtRNA合成酵素の活性部位は，特定のアミノ酸とtRNAの組み合わせだけに適合する．アミノアシルtRNA合成酵素は20種のそれぞれのアミノ酸に対応して20種類存在する．1つひとつのアミノアシルtRNA合成酵素が，それぞれ特定のアミノ酸を適切なtRNAに結合することにより，すべてのtRNAには特定のアミノ酸を結合するアミノアシルtRNAが存在することになる．アミノアシルtRNA合成酵素がアミノ酸とtRNAとの共有結合の形成を触媒する反応は，ATPの加水分解エネルギーにより駆動される．活性化アミノ酸ともよばれるアミノアシルtRNAが合成酵素から遊離し，そのアミノ酸をリボソーム上で伸長中のポリペプチド鎖に届ける．

▼図17.17 アミノアシルtRNA合成酵素によりtRNAに結合するアミノ酸の特異性が確保されている． tRNAとアミノ酸との結合は吸エルゴン反応であり，ATPを消費することにより進行する．ATPは2個のリン酸基を放出し，アデノシン一リン酸（AMP）となる．

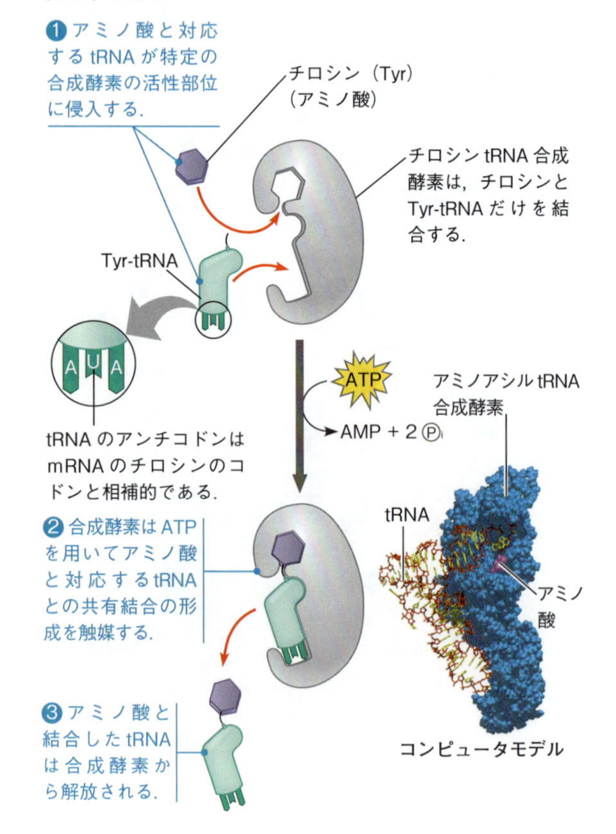
❶アミノ酸と対応するtRNAが特定の合成酵素の活性部位に侵入する．
チロシン（Tyr）
（アミノ酸）
チロシンtRNA合成酵素は，チロシンとTyr-tRNAだけを結合する．
Tyr-tRNA
A U A
tRNAのアンチコドンはmRNAのチロシンのコドンと相補的である．
ATP
AMP + 2Ⓟi
アミノアシルtRNA
合成酵素
tRNA
アミノ酸
❷合成酵素はATPを用いてアミノ酸と対応するtRNAとの共有結合の形成を触媒する．
❸アミノ酸と結合したtRNAは合成酵素から解放される．
コンピュータモデル

第2の分子認識段階は，tRNAのアンチコドンと適切なmRNAのコドンとの対合である．もし，アミノ酸を指定する各々のmRNAコドンについて1つずつtRNAが存在するならば，61種類のtRNA分子が存在することになる（図17.6参照）．しかし，実際には細菌の場合tRNAは全部で45種類程度であり，2つ以上のコドンに結合できるtRNAが存在することになる．このようなtRNAの多面的機能が可能なのは，mRNAコドンの3番目の塩基とtRNAの対応するアンチコドンとの塩基の対合規則が，コドン1番目や2番目の塩基の対合ほど厳密ではないためである．たとえば，tRNAアンチコドンの5′末端のU塩基は，mRNAコドンの3番目の塩基（3′末端）のAとGのどちらとも対合することができる．このような塩基対合規則の柔軟性は**ゆらぎ wobble**とよばれている．特定のアミノ酸に対する同義語のコドンは3番目の塩基が異なることが多く，1番目や2番目の塩基が食い違うことがない理由は，ゆらぎにより説明することができる．したがって，アンチコドン 3′-UCU-5′ をもつ tRNA は，mRNA の 5′-AGA-3′ コドンと 5′-AGG-3′ コドン（どちらもアルギニン（Arg）をコードしている）の双方と塩基対合することができる（図 17.6 参照）．

リボソームの構造と機能

リボソームはタンパク質合成の過程で，tRNA のアンチコドンと mRNA のコドンの特異的な対合を促進する．リボソームは大サブユニットと小サブユニットとよばれる 2 つのサブユニットより構成され，それぞれのサブユニットにはタンパク質と 1 分子またはそれ以上の**リボソーム RNA ribosomal RNA（rRNA）**分子が含まれている．真核生物では，リボソームのサブユニットは核小体（仁）で組み立てられる．リボソーム RNA 遺伝子が転写されてプロセシングを受け，細胞質から核内へと搬入されたタンパク質と会合してリボソームが組み立てられる．完成したリボソームのサブユニットは，核膜孔を通って細胞質へ搬出される．細菌のリボソームも真核生物のリボソームも，大サブユニットと小サブユニットは mRNA 分子と結合したときだけ一緒になって機能的なリボソームを形成する．リボソームの質量の約 1/3 がタンパク質であり，残りの 2/3 が rRNA である．細菌のリボソームには 3 分子，真核生物のリボソームには 4 分子の rRNA が含まれている．ほとんどの細胞には何千個ものリボソームが含まれるため，rRNA は細胞内に最も多量に存在する RNA である．

細菌と真核生物のリボソームは構造も機能もよく似ているが，真核生物のリボソームのほうがやや大きく，分子の構成も細菌のリボソームとは一部異なっている．この違いは医学の面で重要である．真核生物のリボソームのタンパク質合成を阻害することなく，細菌のリボソームだけを不活性化することができる抗生物質が開発されている．このようなタイプのテトラサイクリンやストレプトマイシンなどの抗生物質が細菌による感染症との闘いに活用されている．

リボソームの構造は，アミノ酸が付加された tRNA を mRNA の配列に合わせて選択し結合する機能に合致している．リボソームには mRNA 結合部位の他に 3 つの tRNA 結合部位が存在する（図 17.18）．**P 部位（P サイト）P site**（ペプチジル tRNA 結合部位）には伸長中のポリペプチド鎖を運ぶ tRNA が保持され，**A 部位（A サイト）A site**（アミノアシル tRNA 結合部位）にはポリペプチド鎖に付加する次のアミノ酸を運ぶ tRNA が保持される．アミノ酸を放出した tRNA は，**E 部位（E サイト）E site**（出口部位）からリボソームを離れていく．リボソームは，伸長するポリペプチド鎖の C 末端に新たなアミノ酸を付加できるよう，

▼図 17.18　**翻訳中のリボソームの構造．**

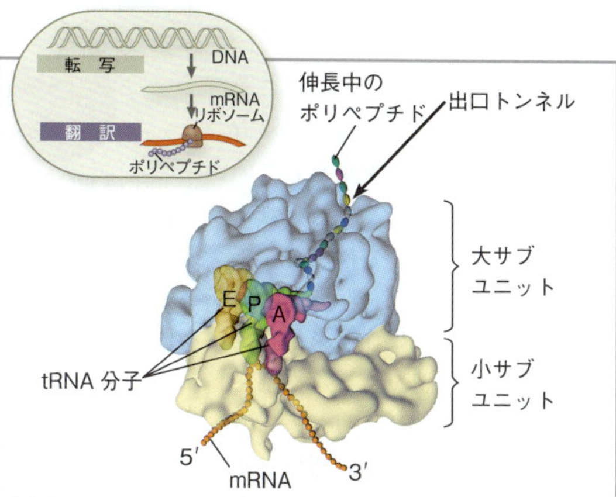
転　写
DNA
mRNA
リボソーム
翻　訳
ポリペプチド
伸長中の
ポリペプチド
出口トンネル
大サブ
ユニット
E
P
A
tRNA 分子
小サブ
ユニット
5′
mRNA
3′

(a) **翻訳中のリボソームのコンピュータモデル．** 細菌のリボソームの全体像を示す．真核生物のリボソームの構造もほぼ同様である．リボソームの大小のサブユニットはリボソーム RNA 分子とタンパク質の複合体である．

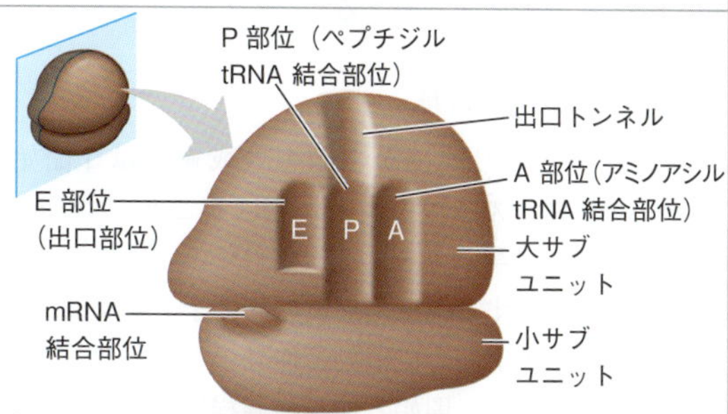
P 部位（ペプチジル
tRNA 結合部位）
出口トンネル
A 部位（アミノアシル
tRNA 結合部位）
E 部位
（出口部位）
E
P
A
大サブ
ユニット
mRNA
結合部位
小サブ
ユニット

(b) **tRNA 結合部位の模式図．** 1 個のリボソームには mRNA が結合する部位と A 部位，P 部位，E 部位とよばれる 3 つの tRNA 結合部位がある．このリボソームの模式図は，以降の本文中の図でも用いられる．

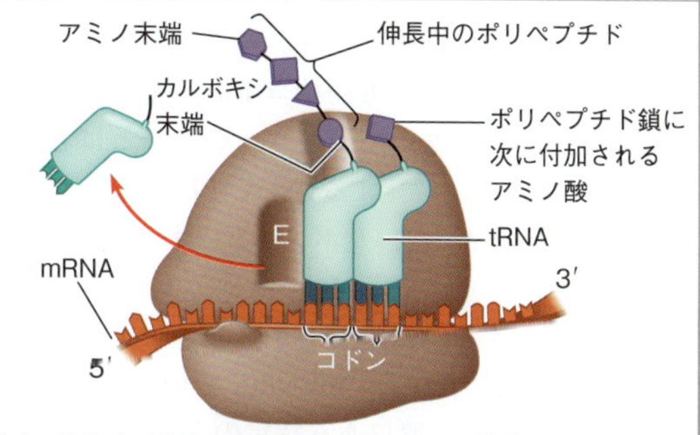
アミノ末端
伸長中のポリペプチド
カルボキシ
末端
ポリペプチド鎖に
次に付加される
アミノ酸
E
tRNA
mRNA
3′
5′
コドン

(c) **mRNA と tRNA が結合したリボソームの模式図．** tRNA のアンチコドンが mRNA のコドンと対合するとき，tRNA 分子がリボソームの結合部位に組み込まれる．P 部位に保持されている tRNA は伸長中のポリペプチドと結合している．A 部位に保持される tRNA はポリペプチド鎖に次に付加されるアミノ酸と結合している．アミノ酸を放出した tRNA は E 部位から遊離する．ポリペプチドはカルボシキ末端が伸張する．

tRNAとmRNAをその近くに保持し，ペプチド結合の形成を触媒する．長くなったポリペプチド鎖は，リボソーム大サブユニットの中の「出口トンネル」を通過し，ポリペプチド鎖が完成すると出口トンネルから放出される．

タンパク質ではなくrRNAこそがリボソームの構造と機能の双方を担う一義的な役割を果たしているというモデルが広く受け入れられている．タンパク質は主としてリボソームの外部を固め，rRNA分子が翻訳中に触媒作用を遂行するための立体構造を支える役割を果たしている．RNAは，2つのサブユニットおよびA部位とP部位の接続部位の主要な構成要素であり，ペプチド結合形成の触媒として働いている．以上のことから，リボソームは1個の大がかりなリボザイムとみなすこともできる！

▼図 17.19　翻訳の開始．

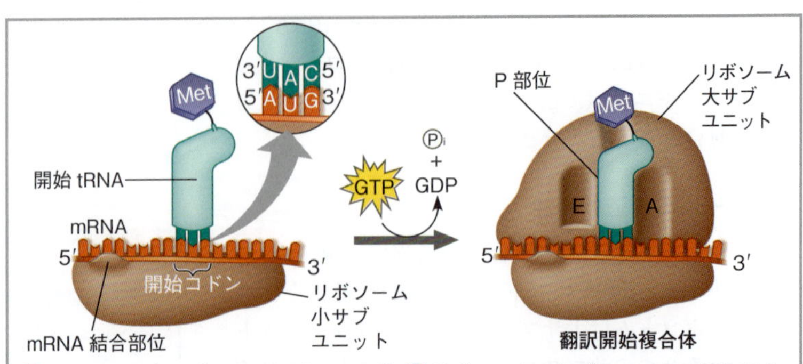
Met
3′ U A C 5′
5′ A U G 3′
開始 tRNA
mRNA
5′
3′
開始コドン
mRNA 結合部位
リボソーム
小サブ
ユニット
GTP
Ⓟi
+
GDP
P 部位
リボソーム
大サブ
ユニット
E
A
翻訳開始複合体

❶ リボソーム小サブユニットがmRNA分子と結合する．細菌の細胞では，小サブユニットのmRNA結合部位がmRNAの開始コドンのすぐ上流の特定の塩基配列を認識する．アンチコドンUACをもつ開始tRNAが，mRNAの開始コドンAUGと塩基対合する．開始tRNAはアミノ酸のメチオニン（Met）と結合している．

❷ リボソーム大サブユニットの結合により，翻訳開始複合体が完成する．すべての翻訳成分の集合には，翻訳開始因子とよばれるタンパク質（図には示されていない）が必要である．複合体成分の集合に必要なエネルギーはGTPの加水分解により供給される．開始tRNAがP部位に入ると，A部位は次のアミノ酸を保持するtRNAが結合できるようになる．

ポリペプチドの合成

翻訳というポリペプチド鎖の合成過程は「開始」「伸長」「終結」の3つの段階に分けることができる．各々の段階には翻訳過程の中でmRNA，tRNAおよび翻訳機能を支援するタンパク質の「因子」が必要である．ポリペプチド鎖合成開始と伸長の工程ではエネルギーも必要である．開始と伸長の過程に必要なエネルギーはグアノシン三リン酸（GTP）の加水分解により供給される．

リボソームの会合と翻訳開始

真核生物でも細菌でも開始コドン（AUG）が翻訳開始のシグナルとなっているが，このことはmRNAのコドンの読み枠を設定するうえで非常に重要である．翻訳の最初の段階では，リボソームの小サブユニットがmRNAとメチオニン（Met）を保持する開始tRNAの双方に結合する．細菌の小サブユニットはmRNAとtRNAに順次結合する．mRNAについては開始コドン（AUG）のすぐ上流にある特定のRNA配列に小サブユニットが結合する．**科学スキル演習**では，一群の大腸菌遺伝子のmRNA上のリボソームが結合する部位をコードするDNA配列を検定する作業を行う．真核生物では，先に開始tRNAが結合した小サブユニットがmRNAの5′キャップに結合し，mRNAに沿って下流へと翻訳開始コドンAUGに到達するまで移動する．そこでは開始tRNAのアンチコドンが開始コドンAUGと水素結合する．

翻訳の開始段階で最初に相互作用する成分は，mRNAとポリペプチドの最初のアミノ酸と結合したtRNAとリボソーム小サブユニットである（図 17.19）．次にリボソーム大サブユニットが会合して「翻訳開始複合体」が完成する．これらの成分の集合には，「翻訳開始因子」とよばれるタンパク質が必要である．さらに，翻訳開始複合体の形成過程ではGTPの加水分解により供給されるエネルギーが消費される．翻訳開始過程が完了すると，開始tRNAがリボソームのP部位に入り，A部位が空になって次のアミノアシルtRNAを受け入れる準備ができる．ポリペプチドは，つねにアミノ末端（N末端）とよばれる開始メチオニンから，カルボキシ末端（C末端）とよばれる最後のアミノ酸へと一方向に合成される（図 5.15 参照）．

ポリペプチド鎖の伸長

翻訳のポリペプチド鎖伸長段階では，伸長中のポリペプチド鎖のC末端のアミノ酸に1つずつ新たなアミノ酸が付加される．各々のアミノ酸付加反応には「伸長因子」とよばれる数個のタンパク質が関与し，図 17.20 に描かれる3つの段階により反応が進行する．第1段階と第3段階ではエネルギーが消費される．コドンの認識には2分子のGTP分子の加水分解が必要であり，この過程の正確さと効率を向上させている．もう1分子のGTP加水分解は，アミノ酸の転

科学スキル演習

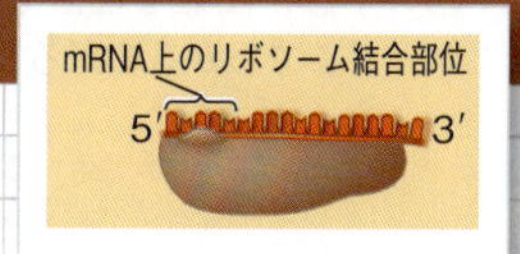
mRNA上のリボソーム結合部位
5′
3′

シーケンスロゴの解釈

細菌の mRNA のリボソームが結合する部位の同定にシーケンスロゴを利用する　翻訳が開始するとき，リボソームが AUG コドンの上流にあるリボソーム結合部位に結合する．さまざまな遺伝子から転写された mRNA のすべてにリボソームが結合することから，これらの mRNA をコードする遺伝子にはリボソームの結合部位を指定する類似した塩基配列が存在すると考えられる．これより，ある種の生物の多数の遺伝子の DNA 配列（すなわち mRNA の配列）を比較し，開始コドンの上流領域で塩基が保存されている領域を探すことにより，mRNA 上のリボソーム結合部位の候補を絞り込むことができる．この演習では，シーケンスロゴとよばれる視覚に訴える文字を使って表すことにより，多数の遺伝子の DNA 配列を分析する．

実験方法　大腸菌のゲノムから 149 個の遺伝子の DNA 配列をコンピュータのソフトウェアを用いて整列する．この演習の目的は，それぞれの遺伝子について適切な位置にリボソーム結合部位の可能性がある類似した塩基配列を見つけ出すことである．

thrA GGTAACGAGGTAACAACCATGCGAGTG
lacA CATAACGGAGTGATCGCATTGAACATG
lacY CGCGTAAGGAAATCCATTATGTACTAT
lacZ TTCACACAGGAAACAGCTATGACCATG
lacI CAATTCAGGGTGGTGAATGTGAAACCA
recA GGCATGACAGGAGTAAAAATGGCTATC
galR ACCCACTAAGGTATTTTCATGGCGACC
met J AAGAGGATTAAGTATCTCATGGCTGAA
lexA ATACACCCAGGGGGCGGAATGAAAGCG
trpR TAACAATGGCGACATATTATGGCCCAA

5′ −18 −17 −16 −15 −14 −13 −12 −11 −10 −9 −8 −7 −6 −5 −4 −3 −2 −1 0 1 2 3 4 5 6 7 8 3′

▲整列させた配列

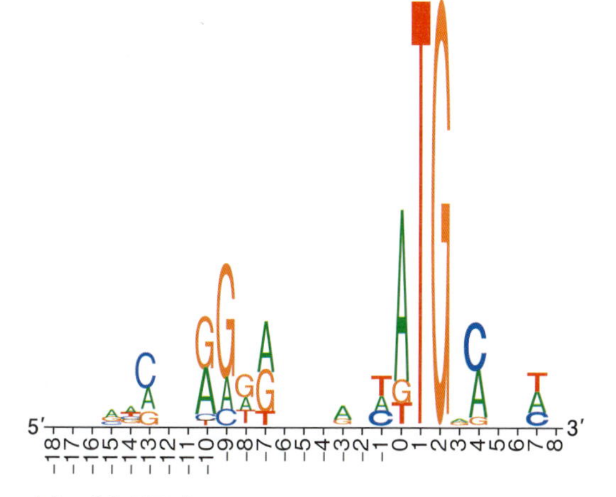
5′
3′

▲シーケンスロゴ

実験データ　シーケンスロゴの作成方法を示すため，10 個の大腸菌遺伝子についてリボソーム結合領域の塩基配列を左下図のように整列して表記し，次に整列した配列からシーケンスロゴを作成した．一般的な DNA 配列の表記法に従って非鋳型鎖（コード鎖）の配列を表記している．

データの解釈

1. シーケンスロゴ（左下図）では，横軸は塩基の位置ごとの DNA の一次配列を示している．整列化した配列中のそれぞれの位置について，相対的な出現頻度の順に塩基の文字が積み重ねられ，最も共通性が高い塩基が一番上で最も大きな文字で表されている．各々の文字の高さは，特定の位置における対応する塩基の出現頻度を示している．(a) 整列化した配列の中で，−9 位についてそれぞれの塩基の数を数え，出現頻度が高いものから低いものと並べる．シーケンスロゴの中で−9 位のそれぞれの塩基について，文字の大きさと順番を比較しなさい．(b) 0 位と 1 位についても同様の操作を実施しなさい．
2. ロゴに積み重なった文字の高さは統計的に算出された予想精度を示している．文字の高さが高ければ，シーケンスロゴに新たな塩基配列を加えたときに対応する位置にくる塩基の予想精度が高くなる．たとえば，すべての配列で整列塩基の 2 位は「G」塩基となるので，シーケンスロゴに示されるように新たな配列でもこの位置に「G」が存在する可能性が非常に高い．積み重ねが低いときは，4 種の塩基がほぼ同じ頻度で出現しているため，この位置に存在する塩基を予想するのが難しいことを示している．(a) このシーケンスロゴでは，最も確実に予想できる 2 つの位置はどれだろうか．また新たに塩基配列が決定された遺伝子について解析したとき，この位置にはそれぞれどの塩基が存在すると予想されるだろうか．(b) 塩基の予想が困難な 12 の位置はどれか．それは，ロゴのどこでわかるか．整列化配列中の特定の位置に対する塩基の相対的な出現頻度は，どのように反映されるか．あなたの解答の 12 の位置の中で最も左の 2 つを用いて答えなさい．
3. 実際は，研究者は 149 個の配列を用いて，次ページの図のようなシーケンスロゴを作成した．シーケンスロゴに多数のデータが含まれているため，非常に短いものもあるがすべての位置に文字の積み重ねが現れている．(a) このシーケンスロゴの中で塩基の予想が最も容易な 3 つの位置はどれか．それぞれの位置について最も出現頻度の高い塩基は何か．(b) 最も塩基の予想が困難な位置を4つ答えなさい．また，それはどこでわかるのだろうか．

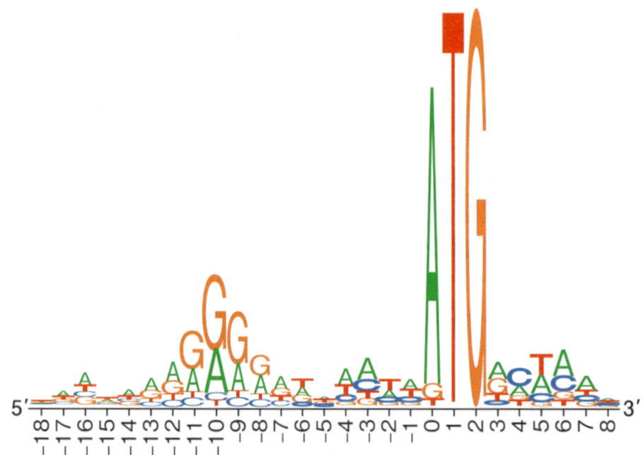
5′
3′
-18 -17 -16 -15 -14 -13 -12 -11 -10 -9 -8 -7 -6 -5 -4 -3 -2 -1 0 1 2 3 4 5 6 7 8

4. 一群の塩基配列中のそれぞれの位置について，最も出現頻度の高い塩基として保存配列を決めることができる．(a) この非鋳型鎖の保存配列を答えなさい．塩基が決められない位置については横棒を記入しなさい．(b) 保存配列とシーケンスロゴのどちらがより多くの情報を提供するだろうか．情報量が少ない方法では，どのような情報が欠落しているだろうか．

5. (a) シーケンスロゴをもとに考えると，5′UTR 領域の中でリボソーム結合に関与する可能性が最も高い連続5塩基の位置はどれか．説明しなさい．(b) 位置0〜2の塩基は何を表しているだろうか．

さらに知りたい人へ　T. D. Schneider and R. M. Stephens, Sequence logos: A new way to display consensus sequences, *Nucleic Acids Research* 18:6097-6100 (1990).

▼図 17.20　**翻訳過程のペプチド鎖伸長サイクル．** ペプチド鎖の伸長過程には GTP の加水分解が重要な役割を果たしている．図には伸長因子は描かれていない．

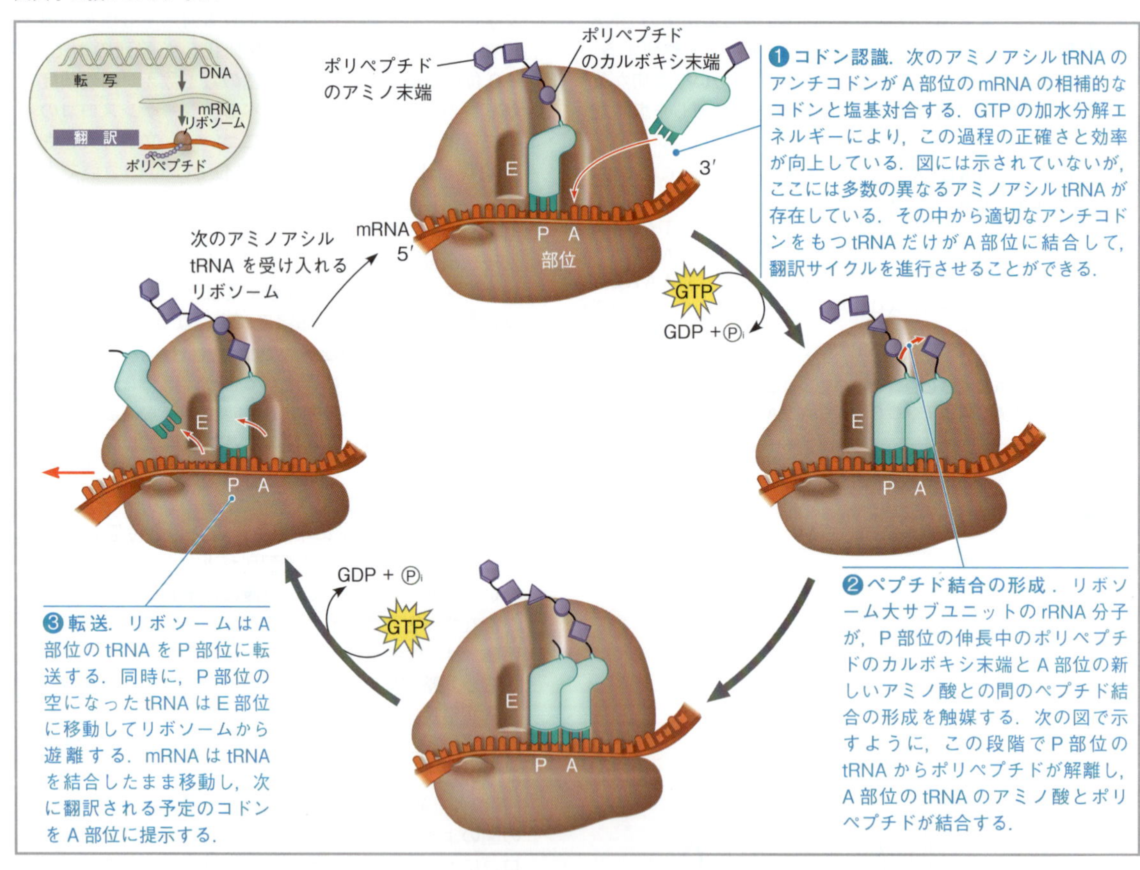
DNA
転　写
mRNA
リボソーム
翻　訳
ポリペプチド
ポリペプチドのアミノ末端
ポリペプチドのカルボキシ末端
❶コドン認識．次のアミノアシル tRNA のアンチコドンが A 部位の mRNA の相補的なコドンと塩基対合する．GTP の加水分解エネルギーにより，この過程の正確さと効率が向上している．図には示されていないが，ここには多数の異なるアミノアシル tRNA が存在している．その中から適切なアンチコドンをもつ tRNA だけが A 部位に結合して，翻訳サイクルを進行させることができる．
E
3′
mRNA
5′
P A
部位
次のアミノアシル tRNA を受け入れるリボソーム
GTP
GDP + Ⓟi
❷ペプチド結合の形成．リボソーム大サブユニットの rRNA 分子が，P 部位の伸長中のポリペプチドのカルボキシ末端と A 部位の新しいアミノ酸との間のペプチド結合の形成を触媒する．次の図で示すように，この段階で P 部位の tRNA からポリペプチドが解離し，A 部位の tRNA のアミノ酸とポリペプチドが結合する．
❸転送．リボソームは A 部位の tRNA を P 部位に転送する．同時に，P 部位の空になった tRNA は E 部位に移動してリボソームから遊離する．mRNA は tRNA を結合したまま移動し，次に翻訳される予定のコドンを A 部位に提示する．

▼図 17.21　**翻訳の終結．** ペプチド伸長反応と同様に，翻訳の終結反応にも GTP の加水分解と図には示されていないタンパク質の因子が必要である．

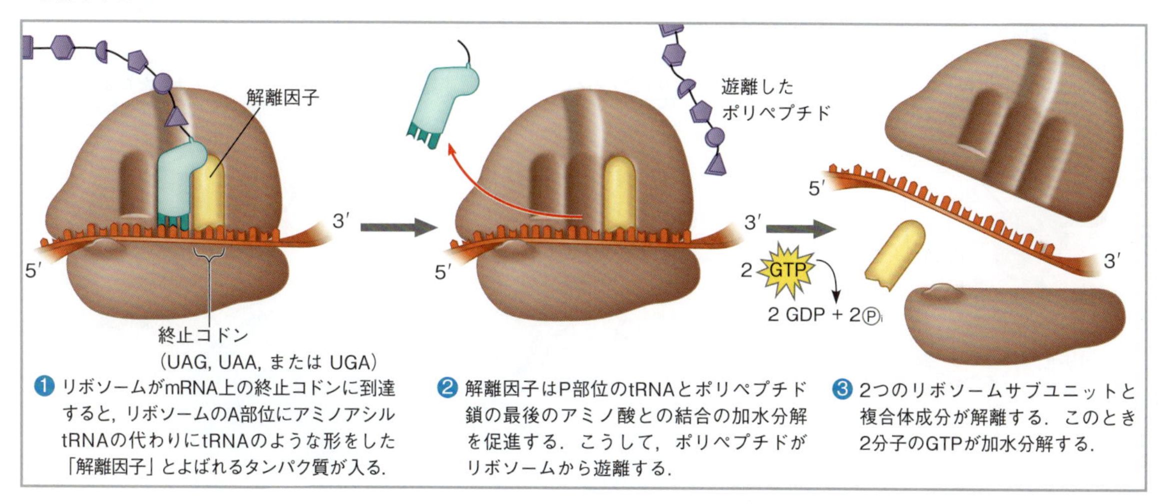

解離因子
3′
5′
終止コドン
(UAG, UAA, または UGA)
3′
5′
遊離した
ポリペプチド
5′
3′
2 GTP
2 GDP + 2Ⓟi
3′

❶ リボソームがmRNA上の終止コドンに到達すると，リボソームのA部位にアミノアシルtRNAの代わりにtRNAのような形をした「解離因子」とよばれるタンパク質が入る．

❷ 解離因子はP部位のtRNAとポリペプチド鎖の最後のアミノ酸との結合の加水分解を促進する．こうして，ポリペプチドがリボソームから遊離する．

❸ 2つのリボソームサブユニットと複合体成分が解離する．このとき2分子のGTPが加水分解する．

移反応に必要なエネルギーを供給する．

mRNA はリボソーム上を 5′ 末端から一方向に移動する．これは，リボソームが mRNA 上を 5′→3′ 方向へ移動するのと同じことである．リボソームと mRNA の移動は相対的なものであり，コドン単位で移動する．1 アミノ酸の付加に要するペプチド鎖伸長反応のサイクルは細菌では 0.1 秒以下であり，ポリペプチド鎖が完成するまでアミノ酸が付加されるたびにこのサイクルが繰り返される．空になった tRNA は E 部位から細胞質に戻り，新たなアミノ酸を補充される（図 17.17 参照）．

翻訳の終結

翻訳の最終段階が終結である（図 17.21）．ペプチド鎖伸長は，mRNA 上の終止コドンが A 部位に達するまで継続する．トリプレットの UAG，UAA，UGA（すべて 5′→3′ 方向に記述）はアミノ酸をコードせず，翻訳終結シグナルとして働く．アミノアシル tRNA に類似した構造をもつ「解離因子」とよばれるタンパク質が A 部位中の終止コドンに直接結合する．解離因子は，ポリペプチド鎖にアミノ酸の代わりに細胞質に豊富に存在する水分子を付加する．この反応により，完成したポリペプチドと tRNA との間の結合が切断（加水分解）され，ポリペプチドはリボソーム大サブユニットの中の出口トンネルを通って放出される．さらに翻訳複合体の残りの成分も，別のタンパク質因子が関与するいくつかの段階を経て分解する．翻訳複合体の分解には，さらに 2 分子の GTP の加水分解が必要である．

機能的なタンパク質の完成と局在化

機能をもつタンパク質の生産は翻訳過程だけでは完了しない．ここでは，翻訳終了後にポリペプチド鎖に施される修飾とともに，完成したタンパク質が細胞内の特定の場所に向かう機構について学ぶ．

タンパク質の折りたたみと翻訳後修飾

ポリペプチド鎖は合成の途中からアミノ酸配列（一次構造）の影響で自発的に折りたたみが始まり，特異的な立体構造をもつタンパク質，すなわち二次構造と三次構造を含む立体的な分子を形成する（図 5.18 参照）．このように，遺伝子が一次構造を決定し，その一次構造が今度は立体配座を決定する．

タンパク質が細胞内で特異的な機能を発揮できるようになる前に，「翻訳後修飾」とよばれる過程を必要とすることも多い．この過程では，特定のアミノ酸が糖鎖，脂質，リン酸基などの付加により化学的に修飾される．ポリペプチド鎖の先端（N 末端）から 1 個またはそれ以上のアミノ酸が酵素により除去されることがある．また，単一のポリペプチド鎖が酵素的に 2 つ以上の断片に切断される場合もある．一方では，別々に合成された 2 つ以上のポリペプチド鎖が会合して，四次構造を有するタンパク質のサブユニットとなる場合もある．このようなタンパク質の例としてヘモグロビンがよく知られている（図 5.18 参照）．

特定の部位へのポリペプチドの誘導

タンパク質合成を盛んに行っている細胞を電子顕微

▼図 17.22　タンパク質を小胞体へ誘導するシグナル機構.

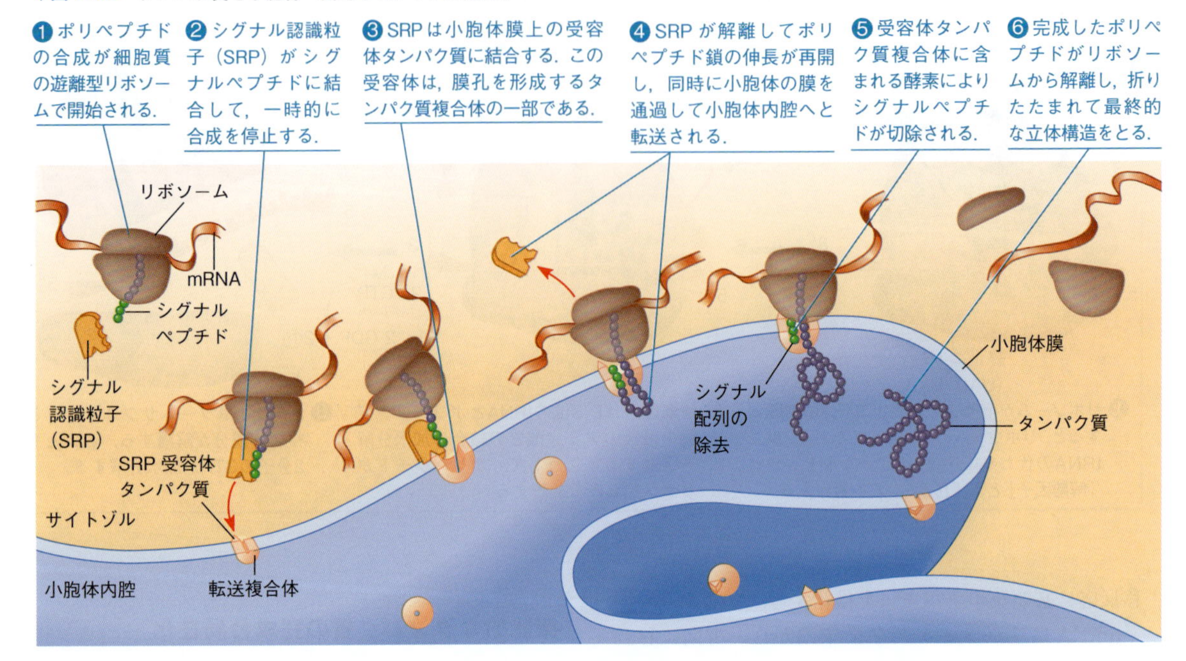
❶ポリペプチドの合成が細胞質の遊離型リボソームで開始される.
❷シグナル認識粒子（SRP）がシグナルペプチドに結合して，一時的に合成を停止する.
❸SRPは小胞体膜上の受容体タンパク質に結合する．この受容体は，膜孔を形成するタンパク質複合体の一部である.
❹SRPが解離してポリペプチド鎖の伸長が再開し，同時に小胞体の膜を通過して小胞体内腔へと転送される.
❺受容体タンパク質複合体に含まれる酵素によりシグナルペプチドが切除される.
❻完成したポリペプチドがリボソームから解離し，折りたたまれて最終的な立体構造をとる.
リボソーム
mRNA
シグナルペプチド
シグナル認識粒子（SRP）
SRP受容体タンパク質
サイトゾル
小胞体内腔
転送複合体
シグナル配列の除去
小胞体膜
タンパク質

関連性を考えよう➤このタンパク質が分泌タンパク質ならば，合成が完了した後に何が起こるだろうか（図7.9参照）.

鏡で観察すると，遊離型と結合型の2種類のリボソームがはっきり見分けられる（図6.10参照）．遊離型のリボソームは細胞質に分散しており，主として細胞質にとどまって機能するタンパク質を合成している．一方，結合型のリボソームは小胞体（ER）または核膜の細胞質側に接着している．結合型リボソームは，インスリンなどの分泌タンパク質および核膜・小胞体・ゴルジ体・リソソーム・液胞・細胞質膜などの細胞内膜系で機能するタンパク質を合成する（図6.15参照）．遊離型と結合型のリボソーム自体は同じものである点が重要であり，あるときに遊離型として働いたリボソームが次には結合型として働くことができる.

リボソームが細胞質で遊離型となるか，粗面小胞体上で結合型となるかを決定するものは何だろうか．ポリペプチドの合成はつねに細胞質で始まり，遊離型のリボソームとしてmRNA分子の翻訳を開始する．伸長中のポリペプチド自身がリボソームに小胞体へ接着するよう合図しない限り，翻訳過程は細胞質で継続し完了する．一方，分泌タンパク質や細胞内膜系に局在する予定のタンパク質のポリペプチドには，タンパク質を小胞体へと導く**シグナルペプチド signal peptide**がついている（図17.22）．シグナルペプチドはポリペプチドの先端（N末端）の約20アミノ酸の配列であり，リボソームからシグナルペプチドが顔をのぞかせたときに，**シグナル認識粒子 signal-recognition particle（SRP）**とよばれるタンパク質–RNA複合体に認識される．SRPはリボソームを小胞体膜上の受容体タンパク質に送り届ける．SRP受容体は，多数のタンパク質から構成される小胞体転送複合体の一部である．SRPがSRP受容体に結合すると，ポリペプチドの合成が小胞体転送複合体上で再開し，伸長中のポリペプチドはタンパク質の孔から膜を通過して小胞体内腔に侵入する．完成したポリペプチドは，もし分泌タンパク質ならば小胞体内腔の溶液中に放出される．また，ポリペプチドが膜タンパク質ならばタンパク質の一部が小胞体膜に埋め込まれたままとなる．いずれの場合も，タンパク質は輸送小胞に乗って目的の部位に運ばれる（図7.9の例を参照）.

ポリペプチドをミトコンドリア・葉緑体・核などの分泌関連の細胞小器官以外の細胞小器官に誘導するのにも各種のシグナルが利用される．これらのシグナルは，ポリペプチドが細胞小器官に運び込まれる以前に細胞質で翻訳が完了している点が分泌過程のシグナルペプチドと異なる点である．細胞内にはさまざまな輸送機構が働いているが，タンパク質の細胞外への分泌や細胞内の局在を指定する「郵便番号」として分泌のシグナルペプチドなど種々のシグナルが用いられていることが，現在までの研究により明らかになっている.

細菌でも，細胞外への分泌や細胞膜局在へとタンパク質を誘導するのにシグナルペプチドが採用されている．

細菌および真核生物における多数のポリペプチドの合成

前節ではmRNA分子にコードされた情報を用いて単一のポリペプチドが合成される機構について調べてきた．しかし，ポリペプチドが細胞に必要とされるときは，1個ではなく多数の分子が必要とされる．

1個のリボソームは平均サイズのポリペプチドを1分以内に合成することができる．それでも細菌も真核生物も，複数のリボソームが1つのmRNAをいっせいに翻訳するのがふつうである（図17.23）．すなわち，1分子のmRNAは多数のポリペプチドを同時に生産するのに利用される．リボソームが開始コドンから十分に離れると次のリボソームがmRNAに結合し，やがて多数のリボソームがmRNAに沿って後をついていくことになる．このようなリボソームの連なりは**ポリリボソーム polyribosome**（または**ポリソーム polysome**）とよばれ，電子顕微鏡により観察することができる．ポリリボソームのおかげで，細胞は多数のポリペプチドを非常にすみやかに生産することができる．

細菌や真核生物がポリペプチド分子を増産するもう1つの方法は，同じ遺伝子から多数のmRNAを転写することである．転写過程と翻訳過程の協調に関して，細菌と真核生物には大きな違いがある．最も重要な相違は，細菌には細胞内に区画がないことである．細菌の細胞は大部屋の工房のように転写と翻訳が流れ作業で行われている．核がないことから，同一の遺伝子から同時に転写と翻訳を行うことが可能で（図17.24），完成したタンパク質はすみやかに機能部位へと拡散していく．

一方，真核生物の細胞では核膜が転写と翻訳の場を分離しているため，RNAが追加のプロセシングを受ける場が確保されている．このプロセシングの段階には真核生物の細胞の精巧な活動の制御を可能にする過程が含まれている．図17.25には真核生物の細胞内で遺伝子からタンパク質が合成される道筋が示されている．

概念のチェック 17.4

1. 伸長中のポリペプチド鎖に確実に正しいアミノ酸を付加するための2つの過程は何か．
2. 分泌される予定のポリペプチドが細胞内膜系に輸送される過程を説明しなさい．
3. **どうなる？・描いてみよう➤**アンチコドン 3′-CGU-

▼図 17.23　**ポリリボソーム．**

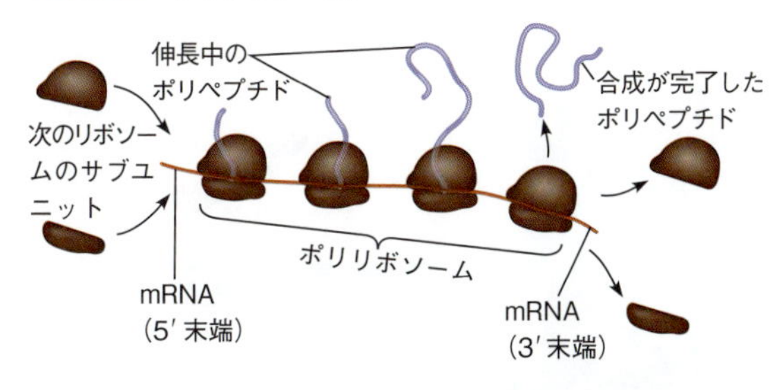

伸長中の
ポリペプチド
合成が完了した
ポリペプチド
次のリボソームのサブユニット
ポリリボソーム
mRNA
(5′末端)
mRNA
(3′末端)

(a) 一般に，1つのmRNA分子はポリリボソーム（ポリソーム）とよばれる一団のリボソームにより同時に翻訳される．

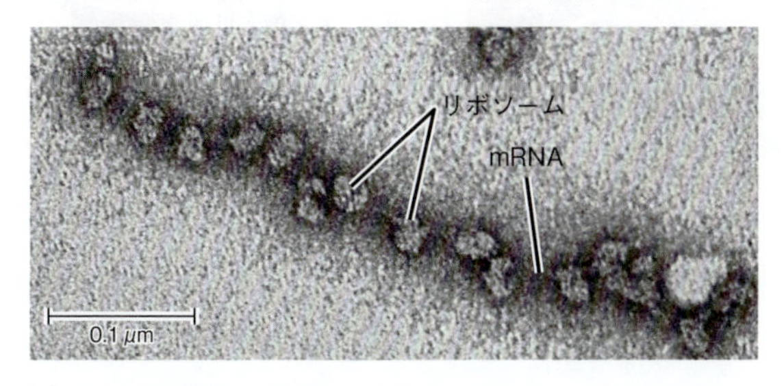

リボソーム
mRNA
0.1 μm

(b) 電子顕微鏡写真には細菌の大きなポリリボソームが示されている．伸長中のポリペプチドはこの写真では見えない（TEM像）．

▼図 17.24　**細菌では転写と翻訳が共役する．**細菌の細胞では，鋳型DNAからmRNA分子の5′末端が遊離すると，即座にmRNAの翻訳を始めることが可能である．電子顕微鏡写真ではRNAポリメラーゼ分子により転写されている大腸菌のDNA鎖が示されている．各々のRNAポリメラーゼ分子から伸長しているmRNA鎖には，すでにリボソームが連なって翻訳が進められている．顕微鏡写真には新たに合成されたポリペプチドは見えていないが，図には示されている．

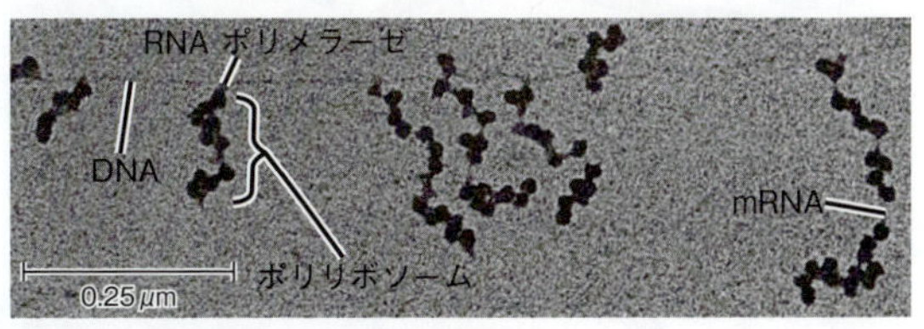

RNAポリメラーゼ
DNA
ポリリボソーム
mRNA
0.25 μm

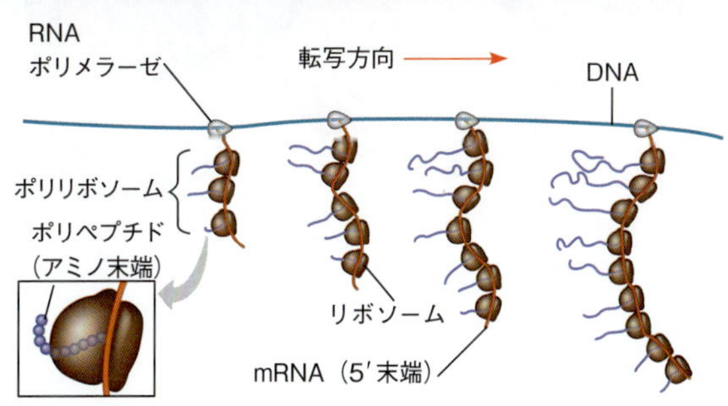

RNA
ポリメラーゼ
転写方向
DNA
ポリリボソーム
ポリペプチド
(アミノ末端)
リボソーム
mRNA（5′末端）

図読み取り問題➤最初に転写が始まったのはどのmRNA分子か．そのmRNAで最初に翻訳を始めたのはどのリボソームか．

▼図 17.25　真核生物の細胞における転写と翻訳の概要． この図は 1 つの遺伝子から 1 つのポリペプチドが合成される経路を示している．各々の遺伝子の DNA は繰り返し転写されて多数の同一の RNA 分子を生じ，各々の mRNA も繰り返し翻訳されて多数のポリペプチド分子を生産できる（遺伝子によっては最終産物がポリペプチドではなく，tRNA や rRNA などの翻訳されない RNA 分子の場合もある）．一般的には，細菌と古細菌と真核生物の間で転写と翻訳の過程は類似している．大きな違いは，真核生物では核内で RNA プロセシングが起こることである．さらに，転写と翻訳の開始段階と転写終結段階にもいくつか違いがある．細胞内のこの過程の可視化については図 6.32 を参照．

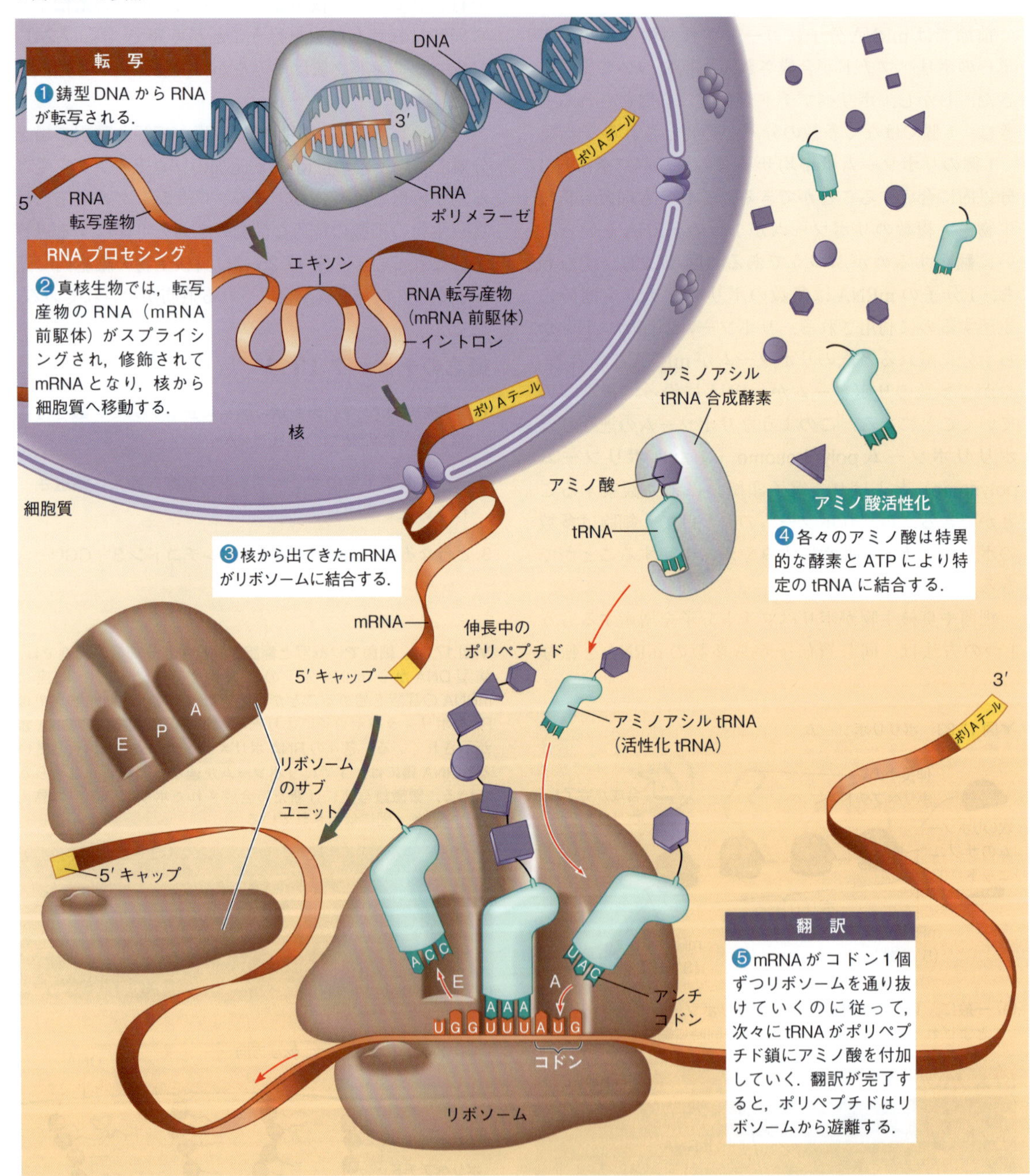
転　写
❶鋳型 DNA から RNA が転写される．
DNA
3′
5′
RNA 転写産物
RNA ポリメラーゼ
ポリ A テール
RNA プロセシング
❷真核生物では，転写産物の RNA（mRNA 前駆体）がスプライシングされ，修飾されて mRNA となり，核から細胞質へ移動する．
エキソン
RNA 転写産物（mRNA 前駆体）
イントロン
核
細胞質
❸核から出てきた mRNA がリボソームに結合する．
mRNA
5′ キャップ
アミノアシル tRNA 合成酵素
アミノ酸
tRNA
アミノ酸活性化
❹各々のアミノ酸は特異的な酵素と ATP により特定の tRNA に結合する．
伸長中のポリペプチド
アミノアシル tRNA（活性化 tRNA）
E
P
A
リボソームのサブユニット
5′ キャップ
3′
A C C
A A A
U A C
U G G U U U A U G
アンチコドン
コドン
リボソーム
翻　訳
❺mRNA がコドン 1 個ずつリボソームを通り抜けていくのに従って，次々に tRNA がポリペプチド鎖にアミノ酸を付加していく．翻訳が完了すると，ポリペプチドはリボソームから遊離する．

▼図 17.26　鎌状赤血球症の分子機構：点突然変異．鎌状赤血球症を引き起こす対立遺伝子は，野生型（正常）対立遺伝子と 1 塩基対だけ異なっている．走査型電子顕微鏡写真は，野生型対立遺伝子がホモ接合体の人の正常な赤血球細胞（左），変異型対立遺伝子がホモ接合体の人の鎌状赤血球（右）．

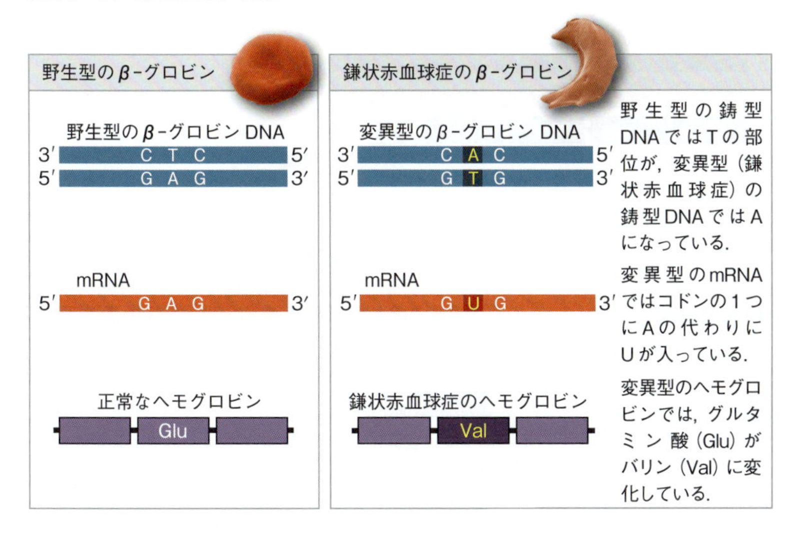
野生型のβ-グロビン
野生型のβ-グロビン DNA
3′ C T C 5′
5′ G A G 3′
mRNA
5′ G A G 3′
正常なヘモグロビン
Glu
鎌状赤血球症のβ-グロビン
変異型のβ-グロビン DNA
3′ C A C 5′
5′ G T G 3′
mRNA
5′ G U G 3′
鎌状赤血球症のヘモグロビン
Val
野生型の鋳型DNAではTの部位が，変異型（鎌状赤血球症）の鋳型DNAではAになっている．
変異型のmRNAではコドンの1つにAの代わりにUが入っている．
変異型のヘモグロビンでは，グルタミン酸（Glu）がバリン（Val）に変化している．

5′をもつ tRNA を描きなさい．この tRNA が結合できる 2 種のコドンは何か．mRNA の 5′末端と 3′末端を示して 2 種類のコドンを描くとともに，tRNA と tRNA により運ばれるアミノ酸も記入しなさい．

4. どうなる？➤真核生物細胞ではポリ A テールが 5′キャップの近くにくることにより，環状となった mRNA が見出されることが多い．この構造は翻訳効率の増大にどのように貢献しているか．

（解答例は付録 A）

17.5

1 塩基または複数の塩基の変異はタンパク質の構造と機能に影響する

遺伝子発現の過程について学んだところで，細胞の遺伝情報の変化の影響について理解する準備ができた．このような遺伝情報の変化は**突然変異（変異）mutation** とよばれる．突然変異は新たな遺伝子の源泉であり，現在の生物に見られる遺伝子の膨大な多様性の原因となっている．前章では DNA の長い領域に影響を与える大規模な変異と考えられる染色体の再編成について考察した（図 15.14 参照）．ここでは，ある遺伝子の 1 塩基対の変化である**点突然変異（点変異）point mutation** を含む，1 塩基対または数塩基対の小規模な変異について調べていく．

配偶子および配偶子形成細胞に生じた点突然変異は，将来の世代へ伝えられていく．変異が個人の表現型に悪影響を及ぼす場合，その変異は遺伝性の欠陥となり，遺伝性疾患とよばれるものとなる．たとえば，鎌状赤血球症の遺伝的な原因は，ヘモグロビンのβ-グロビンのポリペプチドをコードする遺伝子中の 1 塩基対の変異に帰することができる．DNA 鋳型鎖の 1 塩基の変化は，mRNA の変化と異常なタンパク質の合成につながる（図 17.26；図 5.19 も参照）．変異型対立遺伝子のホモ接合体の人は，変異したヘモグロビンにより赤血球細胞の形状が鎌のような形に変化し，鎌状赤血球症に付随するさまざまな症状が引き起こされる（14.4 節，図 23.18 を参照）．点突然変異により引き起こされる遺伝性疾患には，家族性心筋症とよばれる心臓疾患があり，若年の運動選手の突然死の原因にもなっている．筋肉のタンパク質をコードする複数の遺伝子に点突然変異が見出されていて，これらが心筋症を引き起こすと考えられる．

小規模な突然変異のタイプ

小規模な突然変異がタンパク質に与える影響について調べてみよう．じつは，タンパク質をコードする遺伝子以外の領域にも多くの突然変異が生じるが，こうした突然変異が生物個体の表現型になんらかの影響を与えるかどうかは微妙であり，検出が難しいことに留意する必要がある．ここでは，タンパク質をコードする遺伝子の内部に生じる突然変異について議論することにする．遺伝子の内部に起こる点突然変異は，(1) 1 塩基対の置換，(2) 塩基対の挿入または欠失と，大きく 2 種類に分類することができる．塩基対の挿入と欠失は，1 塩基の場合と 2 塩基以上の場合がある．

塩基置換

1 塩基置換 nucleotide-pair substitution*とは，1 個のヌクレオチド塩基および対合するヌクレオチド塩基が別のヌクレオチド塩基対に置き換わることである（図 17.27 a）．遺伝暗号の冗長性のため，塩基が置換してもコードするタンパク質に影響を及ぼさないことがある．たとえば，鋳型鎖中の 3′−CCG−5′ が 3′−CCA−

＊（訳注）：原書では「ヌクレオチド置換」とされているが，日本語では「塩基置換」がふつうである．

図 17.27　mRNA の塩基配列に影響を与える小規模な突然変異． サイレント変異を除いてここに示される突然変異は，コードされるポリペプチドのアミノ酸配列に影響を与える．

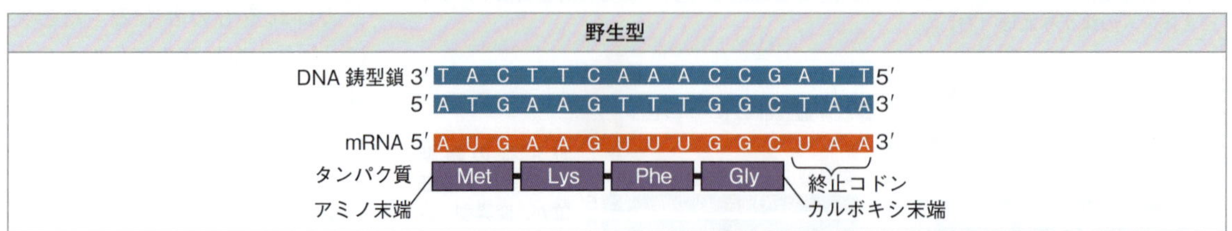
野生型
DNA 鋳型鎖 3′ T A C T T C A A A C C G A T T 5′
5′ A T G A A G T T T G G C T A A 3′
mRNA 5′ A U G A A G U U U G G C U A A 3′
タンパク質
Met Lys Phe Gly
終止コドン
アミノ末端
カルボキシ末端

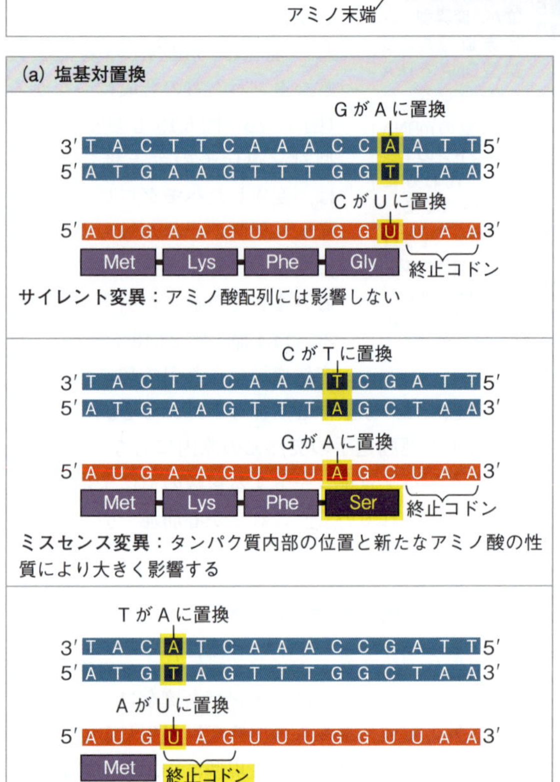
(a) 塩基対置換
G が A に置換
3′ T A C T T C A A A C C A A T T 5′
5′ A T G A A G T T T G G T T A A 3′
C が U に置換
5′ A U G A A G U U U G G U U A A 3′
Met Lys Phe Gly
終止コドン
C が T に置換
3′ T A C T T C A A A T C G A T T 5′
5′ A T G A A G T T T A G C T A A 3′
G が A に置換
5′ A U G A A G U U U A G C U A A 3′
Met Lys Phe Ser
終止コドン
T が A に置換
3′ T A C A T C A A A C C G A T T 5′
5′ A T G T A G T T T G G C T A A 3′
A が U に置換
5′ A U G U A G U U U G G C U A A 3′
Met
終止コドン

サイレント変異：アミノ酸配列には影響しない

ミスセンス変異：タンパク質内部の位置と新たなアミノ酸の性質により大きく影響する

ナンセンス変異：新たな終止コドンがコード配列の開始点に近いほど影響が大きい

(b) 塩基対の挿入と欠失

余分な A
3′ T A C A T T C A A A C C G A T T 5′
5′ A T G T A A G T T T G G C T A A 3′
余分な U
5′ A U G U A A G U U U G G C U A A 3′
Met　終止コドン

フレームシフト変異によりただちにナンセンスコドンが現れる（1 塩基対の挿入）

A 欠失
3′ T A C T T C A A C C G A T T 5′
5′ A T G A A G T T G G C T A A 3′
U 欠失
5′ A U G A A G U U G G C U A A…3′
Met Lys Leu Ala…

フレームシフト変異によりミスセンス変異が連続する（1 塩基対の欠失）

T T C 欠失
3′ T A C A A A C C G A T T 5′
5′ A T G T T T G G C T A A 3′
A A G 欠失
5′ A U G U U U G G C U A A 3′
Met Phe Gly　終止コドン

3 塩基対の欠失：フレームシフト変異とはならないが，アミノ酸が 1 個欠失する．3 塩基対の挿入の場合（図では示さない）は余分なアミノ酸が 1 個増える．

5′ に変異すると，mRNA のコドンは GGC から GGU に変化するが，いずれの場合もタンパク質の対応する位置にはグリシン（Gly）が挿入される（図 17.6 参照）．言い換えると，塩基対の置換により発生した新たなコドンが，オリジナルのコドンと同じアミノ酸に翻訳される．このような変化は，表現型に観察できる影響を与えない**サイレント変異 silent mutation** の例である（遺伝子の外の領域の突然変異も同様にサイレント変異となる）．興味深いことに，場合によってはサイレント変異のためタンパク質そのものは同一でも，遺伝子の発現場所と発現レベルに間接的に影響を与える証拠が得られている．

一方，1 個のアミノ酸が別のアミノ酸に変化する塩基置換を**ミスセンス変異 missense mutation** という．このような変異がタンパク質にほとんど影響を与えないこともある．新たなアミノ酸の性質が置換されたアミノ酸と類似している場合や，タンパク質の機能に厳密なアミノ酸配列が必須でない領域に変異が起こった場合が該当する．

塩基置換が大きな問題となるのは，タンパク質に大きな変化を引き起こす場合である．図 17.26 に示される β-グロビンのサブユニットの特定部位や，図 8.19 で紹介された酵素の活性中心などタンパク質の機能に決定的に重要なアミノ酸の 1 個が変化した場合，タンパク質の活性が劇的に変化する．このような変異がタンパク質の性質を向上させたり，新たな能力を付け加

問題解決演習

インスリンの突然変異は３種類の乳幼児の新生児期糖尿病の原因か

インスリンは血中のグルコースの濃度の主要な調節因子として働くホルモンである．新生児期糖尿病の患者には，インスリンタンパク質をコードする遺伝子に塩基対置換変異が生じたため機能不全となるほど，タンパク質の構造が変化したものがある．塩基対置換の確認と，アミノ酸配列への影響の評価はどのように行うのだろうか．

現代では個人のゲノム全体の配列決定が可能であり，医師はDNA配列情報を用いて病気を診断し，新たな治療法を見極めることができる．たとえば，新生児期糖尿病患者のインスリン遺伝子の塩基配列より，病気が突然変異の影響かどうか分析することができる．

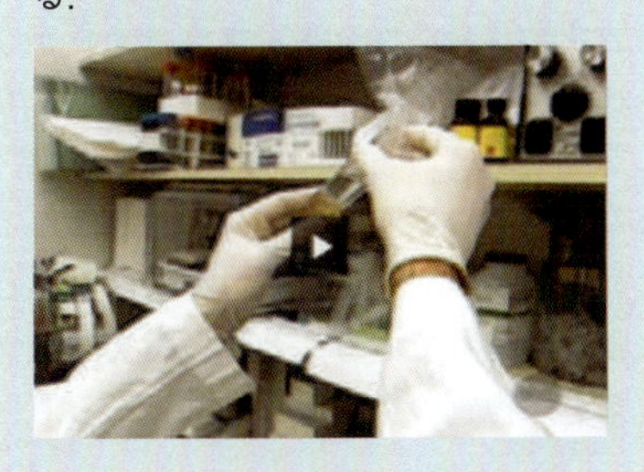

この演習では，糖尿病患者のインスリン遺伝子の塩基配列に存在する突然変異の影響を評価する．

方法 あなたは臨床遺伝専門医であり，インスリン遺伝子に塩基対置換をもつ３人の乳幼児の糖尿病患者を前にしている．あなたの課題は，インスリンタンパク質のアミノ酸配列に対する突然変異の影響をそれぞれの突然変異について明らかにすることである．各々の患者について突然変異を同定するため，患者のインスリン相補DNA（cDNA）の塩基配列を野生型のcDNAと比較した（相補DNAとは，mRNA配列に基づいて作製された２本鎖DNA分子であり，遺伝子のイントロンを除いて翻訳される部分だけを含むものである．遺伝子のコード配列を比較する場合には，通常はcDNA配列が用いられる）．変化しているコドンを見つけ出すことにより，患者のインスリンタンパク質のアミノ酸配列の変化の有無が明らかになる．

データ 各々の患者のインスリンタンパク質の110アミノ酸のうち，35～54位のアミノ酸に対応するcDNAコドンを分析する．ここには開始コドン（ATG）は記されていない．野生型cDNAと患者のcDNAの配列がコドンを揃えて下図に示されている．

野生型 cDNA 5′-CTG GTG GAA GCT CTC TAC CTA GTG TGC GGG GAA CGA GGC TTC TTC TAC ACA CCC AAG ACC-3′
患者 1 cDNA 5′-CTG GTG GAA GCT CTC TAC CTA GTG TGC GGG GAA CGA GGC TGC TTC TAC ACA CCC AAG ACC-3′
患者 2 cDNA 5′-CTG GTG GAA GCT CTC TAC CTA GTG TGC GGG GAA CGA GGC TCC TTC TAC ACA CCC AAG ACC-3′
患者 3 cDNA 5′-CTG GTG GAA GCT CTC TAC CTA GTG TGC GGG GAA CGA GGC TTC TCG TAC ACA CCC AAG ACC-3′

出典 N. Nishi and K. Nanjo, Insulin gene mutations and diabetes, *Journal of Diabetes Investigation* 2:92-100 (2011).

解析

1. 各々の患者のcDNA配列を野生型cDNA配列と比較し，塩基対置換が起こっている部位に○印を記入しなさい．
2. コドン暗号表（図17.6参照）を用い，各々の患者のインスリン配列中の突然変異を含むコドンから翻訳されるアミノ酸と，野生型のインスリンの対応するコドンから翻訳されるアミノ酸を比較しなさい．DNA配列の標準的な記述法に従ってcDNA「コード」鎖（非鋳型鎖）が示されているので，コドン暗号表を用いるためにcDNA配列をmRNA配列に転換するためには「T」を「U」に書き換えるだけでよい．各々の患者の塩基対置換変異を，サイレント変異，ミスセンス変異，ナンセンス変異に分類し，各々の解答について説明しなさい．
3. 各々の患者のインスリン配列中の変異したアミノ酸と野生型のインスリン配列の対応するアミノ酸の構造を比較しなさい（図5.14参照）．患者はみな新生児期糖尿病であることから，各々の患者のアミノ酸変異がインスリンタンパク質の構造に悪影響を及ぼして糖尿病を発症するものであるかどうか考察しなさい．

えたりする場合もまれにあるが，ほとんどの場合このような変異は有害または中立的なものであり，タンパク質の活性の低下または消失を引き起こして細胞の機能を損なう．

塩基置換の多くはミスセンス変異であり，塩基置換により変化したコドンはやはりアミノ酸をコードするので意味（センス）をもつといえるが，正しい意味とは限らない．一方，点突然変異の中にはアミノ酸のコドンを終止コドンに変化させる場合もある．このような突然変異は**ナンセンス変異 nonsense mutation** とよばれ，タンパク質の翻訳が未完成のまま終了する．このため，変異型のポリペプチドは正常な遺伝子にコードされるポリペプチドよりも短くなる．ナンセンス変異はほとんどの場合，機能をもたないタンパク質が合成される．

問題解決演習では，インスリンをコードする遺伝子について，糖尿病を引き起こす共通した1塩基対の置換について検討する．これらの突然変異について，本節で説明された1塩基置換のタイプ別に分類し，アミノ酸配列の変化について記述することになる．

塩基の挿入と欠失

挿入 insertion と**欠失 deletion** は，遺伝子の中に塩基対の挿入または欠失が起こることである（図17.27 b）．このような変異はコードされるタンパク質に塩基対の置換よりもはるかに甚大な影響を与える．翻訳時に mRNA が3塩基を1組として読まれるため，ヌクレオチドの挿入または欠失により遺伝情報の読み枠が変化する．このような変異は，挿入または欠失するヌクレオチドの数が3の倍数でない限り，**フレームシフト変異 frameshift mutation** とよばれる．塩基の挿入または欠失の起こった部位よりも下流のすべての塩基のコドンの読み枠が不適切になってミスセンス変異が連続し，遅かれ早かれナンセンス変異が発生して未熟なままポリペプチドが終了する．フレームシフト変異が遺伝子（訳注：コード領域）の末端に非常に近いところで起こる場合を除くと，ほぼ確実に機能のないタンパク質が生じる．挿入と欠失はタンパク質をコードする領域以外でも発生する．このような場合はフレームシフト変異とはよばないが，遺伝子の発現様式に影響を及ぼすことにより，個体の表現型が変化する場合がある．

突然変異誘発物質と新規の突然変異

突然変異はさまざまな原因で起こり得る．DNA の複製や組換え過程の誤りにより，塩基対の置換・挿入・欠失が引き起こされ，さらに長い DNA 領域に影響する突然変異が起こることもある．もし DNA 複製の過程で伸長中の DNA 鎖に誤った塩基が挿入されると，もう1本の DNA 鎖のヌクレオチド塩基と正しく対合できなくなる．多くの場合，このような誤りは DNA 校正および修復系により訂正される（16.2 節参照）．もし誤りが訂正されなければ，誤った塩基が次の DNA 複製の際に鋳型鎖として用いられ，突然変異として誤りが固定される．このような突然変異は，「自発的突然変異」とよばれる．自発的突然変異が起こる頻度を計算するのは容易ではない．おおざっぱな見積もりでは，大腸菌と真核生物の DNA の複製の過程で突然変異が発生する頻度はほぼ同程度であり，およそ100億塩基（10^{10}）に1塩基が変化して，次世代の細胞に伝えられる．

突然変異誘発物質（変異原）mutagen とよばれる多くの物理的要因や化学物質が DNA と相互作用して突然変異を引き起こす．1920年代にヘルマン・ミュラー Hermann Muller は X 線がショウジョウバエに突然変異を引き起こすことを発見し，X 線を用いてショウジョウバエの変異体を作製し，遺伝学的研究に用いた．一方で，ミュラーは自分の発見が意味する危険性も認識していた．すなわち，X 線などの高エネルギー放射線は実験動物だけでなく実験を行う研究者の遺伝物質にも障害を引き起こす可能性がある．突然変異を誘発する紫外線（UV）などの放射線は物理的な変異原であり，DNA に破壊的なチミン2量体の形成を引き起こす（図 16.19 参照）．

化学的な変異原物質は作用によりいくつかに分類される．塩基アナログは，正常な DNA 塩基に類似した化学物質であり，DNA 複製中に不正確な塩基対合を誘発する．また，ある化学的な変異原物質は DNA 鎖に挿入されて二重らせんを歪めることにより，正確な DNA 複製に干渉する．さらに，塩基を化学的に修飾し，DNA の塩基対合の特性を変化させる変異原物質も存在する．

化学物質の突然変異誘発活性を測定するさまざまな試験法が開発されてきた．このような試験法のおもな応用例は，がんを引き起こす化学物質（発がん物質）を同定するための予備的な選別試験である．ほとんどの発がん物質は突然変異誘発性を有し，逆にほとんどの変異原物質は発がん物質であることから，突然変異誘発活性による発がん物質の探索法は有効である．

遺伝子とは何か——再考

私たちの遺伝子の定義は遺伝学の歴史の学習を通じて，これまでの数章で大きく発展してきた．最初は，メンデルの遺伝子の概念である表現型に影響を与える遺伝性の不連続な単位として遺伝子を定義した（14章）．次にモルガンらがこのような遺伝子を染色体上の特定の遺伝子座に割り当てるのを見てきた（15章）．さらに，染色体上の DNA 分子の特定の塩基配列をもつ領域として遺伝子を定義した（16章）．最後に本章では，遺伝子の機能的な定義を，特定のポリペプチド鎖や tRNA のような機能的な RNA 分子をコードする DNA 配列として検討してきた．遺伝子が研究される背景や事情により，これらの定義はすべて有意義である．

遺伝子がポリペプチドをコードするという定義は，明らかに単純すぎる．ほとんどの真核生物の遺伝子にはイントロンとよばれる非コード領域が含まれ，遺伝子の中の相当の領域がポリペプチドの中に対応する部分をもたない．さらに，分子生物学者は遺伝子に隣接するDNAのプロモーターなどの制御領域も遺伝子に含めて考える．このようなDNA配列は転写されないが，転写が起こるために必要とされることから，機能的な遺伝子の一部と考えることができる．遺伝子の定義には，rRNA，tRNAなどの翻訳されないRNAに転写されるDNAも含まれなければならない．このような遺伝子はポリペプチド産物をもたないが，細胞内で重要な役割を果たしている．以上より，次のような遺伝子の定義に到達する．「遺伝子とは，ポリペプチドまたはRNA分子の機能的な最終産物を生産するために発現し得るDNA領域である．」

しかし，表現型を考慮すると，ポリペプチドをコードする遺伝子に注目することは有用である．本章では，典型的な遺伝子がRNAに転写され，ポリペプチドに翻訳されてタンパク質としての特異的な構造と機能を有するようになるまでの，遺伝子の発現の分子生物学的な過程について学習した．タンパク質こそが，生物に観察可能な表現型をもたらしている．

特定の型の細胞は，ごく一部の遺伝子だけを発現している．これは多細胞生物の特徴である．もし，通常は毛根細胞だけで発現する髪の毛のタンパク質を水晶体の細胞が発現し始めたら厄介なことになるだろう！遺伝子の発現は正確に制御されなければならない．次章では，遺伝子の発現について，単純な細菌の例から始めて，真核生物に進む予定である．

概念のチェック 17.5

1. 遺伝子のコード配列の中央で1個の塩基対が失われると何が起こるか．

2. **関連性を考えよう➤**鎌状赤血球症の対立遺伝子がヘテロ接合体の人は通常は健康だが，ある環境では変異型の対立遺伝子の影響が表現型に現れる（図14.17参照）．遺伝子発現の視点からこの現象を説明しなさい．

3. **どうなる？・描いてみよう➤**ある遺伝子の鋳型鎖に含まれている以下の配列3′-TACTTGTCCGATATC-5′が，突然変異により3′-TACTTGTCCAATATC-5′に変化した．野生型と変異型の配列について，2本鎖DNA，転写されるmRNA，およびコードされるアミノ酸配列を記しなさい．また，アミノ酸配列に対する突然変異の影響は何か．

（解答例は付録A）

17章のまとめ

重要概念のまとめ

17.1

遺伝子は転写と翻訳を通じてタンパク質を指定する

- ビードルとテータムのアカパンカビを用いた研究により，1遺伝子1ポリペプチド説が導かれた．**遺伝子発現**により，遺伝子にコードされた情報が酵素などのタンパク質の特定のポリペプチドやRNA分子の生産に利用される．
- **転写**はDNAの**鋳型鎖**に相補的なRNAを合成することである．**翻訳**は**メッセンジャーRNA（mRNA）**の塩基配列により規定されるアミノ酸配列をもつポリペプチドの合成である．
- 遺伝情報は**コドン**とよばれる重複のない3塩基（トリプレット）の配列としてコードされている．mRNAのコドンは，各々がアミノ酸（64コドン中の61コドン）または，翻訳終了シグナル（3コドン）に翻訳される．コドンは必ず正しい**読み枠**で読まれなければならない．

❓ 遺伝子が生物の表現型に影響を与える遺伝子発現の過程について記述しなさい．

17.2

転写はDNAに指定されるRNAの合成である

- RNA合成は**RNAポリメラーゼ**により触媒され，DNAの鋳型鎖に相補的なRNAヌクレオチドが結合する．RNA合成過程では，DNA複製と同じ塩基の対合規則に従うが，例外としてRNAではチミンの代わりにウラシルが用いられる．

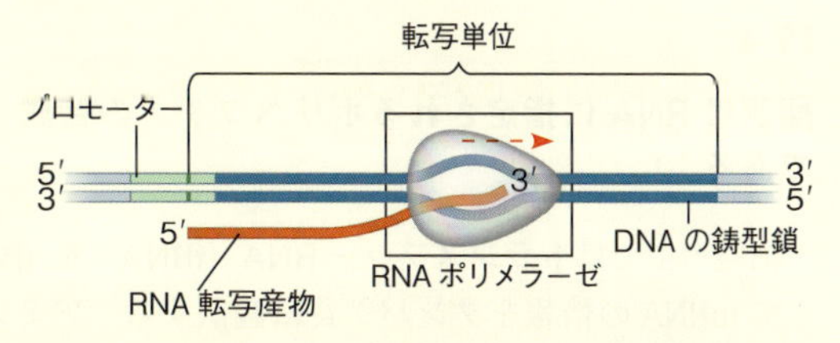

転写単位
プロモーター
5′
3′
3′
5′
3′
5′
DNAの鋳型鎖
RNAポリメラーゼ
RNA転写産物

- 転写には開始，伸長，終結の3つの段階がある．**プロモーター**はRNA合成の開始を指示する．真核生物の**プロモーター**には**TATAボックス**が含まれることが多く，ここでRNA合成が開始される．真核生物のRNAポリメラーゼによるプロモーター配列の認識は**転写因子**により支援され，**転写開始複合体**を形成する．転写終結機構は細菌と真核生物で異なっている．

? 遺伝子の転写開始機構について，細菌と真核生物の類似点と相違点はそれぞれ何か．

17.3
真核生物の細胞は転写後にRNAを修飾する

- 真核生物のmRNA分子は**RNAプロセシング**とよばれる修飾を受ける．この過程では，RNAスプライシング，修飾された**5′キャップ**塩基の5′末端への付加，および**ポリAテール**の3′末端への付加が起こる．プロセシングが完了したmRNAにはタンパク質のコード領域の両末端に翻訳されない領域（5′UTRと3′UTR）が含まれている．
- 真核生物の遺伝子の大部分は分割されていて，**イントロン**が**エキソン**（mRNAに含まれる領域）を分断している．**RNAスプライシング**により，イントロンが除去されてエキソンが連結される．RNAスプライシングは通常は**スプライソソーム**により行われるが，RNA分子が単独で自身のスプライシングを実行する場合もある．このような触媒能力をもつRNA分子は**リボザイム**とよばれ，RNAに本来備わった性質に由来している．イントロンの存在により，**選択的RNAスプライシング**が可能となっている．

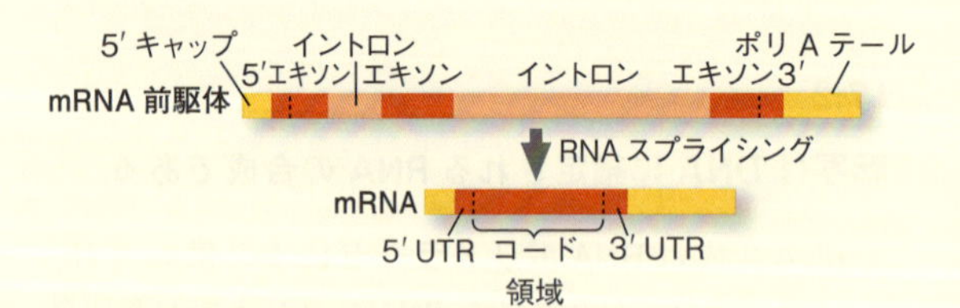
5′キャップ
イントロン
ポリAテール
5′エキソン
エキソン
イントロン
エキソン
3′
mRNA前駆体
RNAスプライシング
mRNA
5′UTR
コード領域
3′UTR

? 真核生物のRNAの5′キャップとポリAテールはどのような機能を果たしているか．

17.4
翻訳はRNAに指定されるポリペプチドの合成である

- 細胞の中では**トランスファーRNA（tRNA）**を用いてmRNAの情報をタンパク質に翻訳する．**アミノアシルtRNA合成酵素**により特定のアミノ酸と結合したtRNA分子は，その**アンチコドン**と相補的なmRNAのコドンの順に並ぶ．**リボソームRNA（rRNA）**とタンパク質から構成される**リボソーム**の結合部位でこのmRNAとtRNAが対合する．
- リボソームでは，翻訳の開始，伸長，終結の3つの段階が連携して進行する．tRNAがリボソームの**A部位**から**P部位**を経て**E部位**で放出される過程で，rRNAにより触媒されてアミノ酸のペプチド結合が形成される．

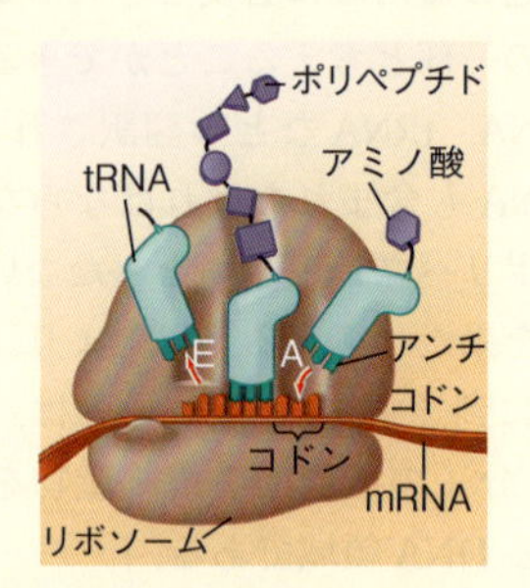
ポリペプチド
tRNA
アミノ酸
E
A
アンチコドン
コドン
mRNA
リボソーム

- 翻訳が終了するとタンパク質のプロセシングの間に一部の切断や，糖鎖，脂質，リン酸基などの化学基の付加などの修飾が起こる．
- すべてのタンパク質は細胞質の遊離型リボソームにより合成が始まるが，**シグナルペプチド**をもつタンパク質は小胞体に移動して合成される．
- 遺伝子は同時に多数のRNAポリメラーゼにより転写されることがある．さらに，単一のmRNA分子が同時に多数のリボソームにより翻訳される場合は，**ポリソーム**が形成される．細菌では，転写と翻訳が共役しているが，真核生物では転写と翻訳は核膜により空間的にも時間的にも分離されている．

? ポリペプチドを合成するリボソームの中で，tRNAが果たす機能を記述しなさい．

17.5
1塩基または複数の塩基の変異はタンパク質の構造と機能に影響する

- 小規模な**突然変異**（変異）の中で，DNAの塩基対が1個だけ変化する**点突然変異**でも機能をもたないタンパク質が生産されることがある．**塩基置換**には，**ミスセンス変異**と**ナンセンス変異**がある．塩基対の**挿入**または**欠失**により**フレームシフト変異**が起こる．
- DNAの複製と組換えのときに発生するのが自発的突然変異である．化学的および物理的な**突然変異誘発物質（変異原）**が遺伝子の変異を引き起こすことがある．

? 遺伝子の1個のヌクレオチドが科学的に修飾された結果として何が起こるか．DNA修復系は細胞内でどのような役割を果たしているか．

理解度テスト

レベル 1：知識／理解

1. 真核生物の細胞で転写の開始に必要なことは何か.
  (A) 2 本の DNA 鎖が完全に分離しプロモーターが露出すること
  (B) 複数の転写因子がプロモーターに結合すること
  (C) 5′キャップが mRNA から除去されること
  (D) DNA のイントロンが鋳型から除去されること
2. コドンに関して正しくない記述はどれか.
  (A) 異なるコドンが同一のアミノ酸をコードすることがある.
  (B) 2 つ以上のアミノ酸をコードすることは決してない.
  (C) tRNA 分子の一端に伸びている.
  (D) 遺伝暗号の基本単位である.
3. 特定の tRNA のアンチコドン分子は,
  (A) 対応する mRNA コドンと相補的である.
  (B) rRNA 中の対応するトリプレットと相補的である.
  (C) tRNA の一部が特定のアミノ酸と結合する.
  (D) 触媒作用を有し, tRNA をリボザイムにする.
4. RNA のプロセシングに関して正しくない記述はどれか.
  (A) mRNA が核を離れる前にエキソンが切り出される.
  (B) ヌクレオチドが RNA の両端に付加される.
  (C) RNA スプライシングにリボザイムが機能する.
  (D) RNA スプライシングはスプライソソームにより触媒される.
5. 翻訳に直接関係しない成分はどれか.
  (A) GTP　(C) DNA
  (B) tRNA　(D) リボソーム

レベル 2：応用／解析

6. 図 17.6 を用いて, ポリペプチド配列 Phe-Pro-Lys をコードする mRNA の DNA 鋳型鎖の 5′→3′ 配列を同定しなさい.
  (A) 5′-UUUCCCAAA-3′
  (B) 5′-GAACCCCTT-3′
  (C) 5′-CTTCGGGAA-3′
  (D) 5′-AAACCCUUU-3′
7. 生物に最も悪影響を与える突然変異は次のうちどれか.
  (A) 遺伝子の中央部の 3 塩基欠失
  (B) イントロンの中央部の 1 塩基欠失
  (C) コード配列末端付近の 1 塩基欠失
  (D) コード配列の開始直後の 1 塩基付加
8. 図 17.24 に示される転写と翻訳の共役は真核生物の細胞でも見られるだろうか. またそれはなぜか.
9. 以下の表の空欄を埋めて完成させなさい.

RNA の種類	機　能
メッセンジャー RNA (mRNA)	
トランスファー RNA (tRNA)	
	リボソーム内では構造的な役割を果たし, リボザイムとしては触媒の役割を果たす（ペプチド結合の形成を触媒する）
一次転写産物	
スプライソソーム内の低分子量 RNA	

レベル 3：統合／評価

10. **進化との関連**　大部分のアミノ酸は複数の類似したコドンにコードされている（図 17.6 参照）. この事実を説明できる進化的な仮説を提案しなさい.
11. **科学的研究**　遺伝暗号はすべての生物でほぼ共通であることから, ある科学者が分子生物学的手法を用いてヒトの β-グロビン遺伝子を細菌の細胞に導入することにより, この遺伝子が発現して機能のある β-グロビンのタンパク質が合成されることを期待した（図 17.12 参照）. しかし, 実際に合成されたタンパク質には β-グロビンとしての機能がなく, 真核生物の細胞により合成された β-グロビンよりもずっとアミノ酸の数が少なかった. なぜこうなったのか説明しなさい.
12. **テーマに関する小論文：情報**　進化により生命の統一性と多様性が説明される. 生命の連続性は DNA に刻まれた遺伝性の情報に基づいている. 子孫に伝達される DNA 複製の正確さと進化の過程との関連について 300～450 字で記述しなさい（16.2 節の DNA の校正と修復に関する論述を参照）.
13. **知識の統合**

ある温度では機能するが別の温度（通常は高温）

では機能しなくなるタンパク質を生成する突然変異がある．シャムネコには毛の黒色色素を合成する酵素をコードする遺伝子に，このような「温度感受性」の突然変異が存在する．この突然変異により，写真のように体は明るい色で手足や顔などの先端部が黒く染まった品種となる．この情報と本章で学んだ事項を用いて，このネコの毛の着色パターンを説明しなさい．

（一部の解答は付録A）

遺伝子の発現制御 18

▲図 18.1　この魚の目が空気中と水中の両方を等しく見ることができる機構は何か.

重要概念

18.1　細菌は転写の制御により環境変化に対応する

18.2　真核生物の遺伝子発現は多数の段階で制御される

18.3　非コード RNA は遺伝子の発現制御にさまざまな役割を果たす

18.4　多細胞生物では遺伝子発現のプログラムの相違により異なる型の細胞が生じる

18.5　細胞分裂周期の制御に影響する遺伝的変異によりがんが発生する

美は見る人それぞれ

図 18.1 の魚は捕食者を警戒して目を上方に向けている．正確には，両方の目を半分ずつ向けている！　一般にヨツメウオとよばれる *Anableps anableps* は，中米から南米の淡水の湖や池の水面で，両方の目の上半分を水面上に突き出して滑るように泳ぎ回る．ヨツメウオの目の上半分は大気中を見るのに適応し，下半分は水中を見るのに適応している．このような専門化の分子機構が最近解明され，目の上半分と下半分は同一のゲノムを有するきわめて類似した細胞群であるが，視覚に関与する遺伝子群の発現にわずかな違いがあることが判明している．このような妙技を可能にする遺伝子発現の差別化を引き起こす生物学的機構は何だろうか．

細菌から魚の細胞に至る原核生物と真核生物の細胞に共通する特徴は，複雑で正確な遺伝子発現の制御である．本章では，まず細菌が環境条件の変化に対応して遺伝子の発現を制御する機構について探究する．次に，真核生物が遺伝子発現を制御する普遍的な機構について，RNA 分子が果たす多様な役割を含めて調査する．本章の最後の 2 節では，究極の遺伝子発現制御の例である胚発生と，発現制御が失われたときに起こる現象としてのがんについて探究する．すべての細胞における適切な遺伝子発現の協調と制御は生命の機能に決定的に重要である．

18.1

細菌は転写の制御により環境変化に対応する

細胞内の物資とエネルギーを節約できる細菌は，節約できない細菌よりも選択的に優位である．すなわち，細胞に必要とされる生産物の遺伝子だけを適切に発現する細菌が自然選択により選抜されることになる．

ヒトの大腸のように，宿主の気まぐれな食習慣のため利用できる栄養分が変動する環境に生育する大腸菌について考えてみよう．腸内環境にアミノ酸のトリプトファン（Trp）が欠乏すると，大腸菌は生き残るために他の化合物からトリプトファンを生産する生合成経路を活性化して対応する．宿主のヒトがトリプトファンを豊富に含む食事を摂取すると，細菌はトリプトファン生産を中止し，周囲の環境から容易に得られる物質の合成のために自分の物資を浪費するのを防ぐ．

図 18.2 のトリプトファンの合成の例に示されるように，代謝過程の制御は2段階のレベルで起こる．第1段階では，細胞はすでに存在する酵素の活性を調整する．これは迅速な反応であり，酵素の触媒活性を左右する化学物質への感受性に依存する（8.5節参照）．合成経路の最初の酵素は，経路の最終生産物であるトリプトファンにより活性が阻害される（図 18.2 a）．つまり，トリプトファンが細胞内に蓄積すると，この酵素の活性が阻害され，これ以上のトリプトファンの合成を停止する．このような同化（生合成）経路に典型的な「フィードバック阻害」は，細胞が必要とする物質だけを供給することにより短期的な環境の変動に順応することを可能にする（図 8.21 参照）．

第2段階では，細胞は特定の酵素の生産量を調節する．すなわち，酵素をコードする遺伝子の発現を制御する．つまり，細胞が必要とするだけのトリプトファンが環境から得られるときは，トリプトファンの合成を触媒する酵素そのものの生産を停止する（図 18.2 b）．この酵素生産の制御は転写の段階で起こり，このような酵素をコードするメッセンジャー RNA の生産が制御される．

トリプトファン合成系の制御は，細菌が環境の変化に適応して代謝を調整する一例である．細菌のゲノム上の多数の遺伝子は，細胞の代謝状況の変化により，発現のオン・オフを切り換えることができる．細菌の遺伝子発現制御の基本的な機構は，パリのパスツール研究所でフランソワ・ヤコブ François Jacob とジャック・モノー Jacques Monod により 1961 年に発見され，「オペロンモデル」によってその機構が説明された．オペロンの機能と性質について考えてみよう．

▼図 18.2　**代謝経路の制御**．トリプトファン合成経路では，トリプトファンが十分に存在すると，(a) 合成経路の第1段階の酵素活性の阻害という迅速な反応と（フィードバック抑制），(b) 反応経路に必要なすべての酵素サブユニットの遺伝子の発現の抑制というやや時間のかかる反応が起こる．*trpE* 遺伝子と *trpD* 遺伝子は酵素1の2つのサブユニットをコードし，*trpB* 遺伝子と *trpA* 遺伝子は酵素3の2つのサブユニットをコードしている（遺伝子の名前は，その遺伝子が反応経路の中で果たす役割の順序が判明する前に決められていた）．⊖印は阻害・抑制を示す．

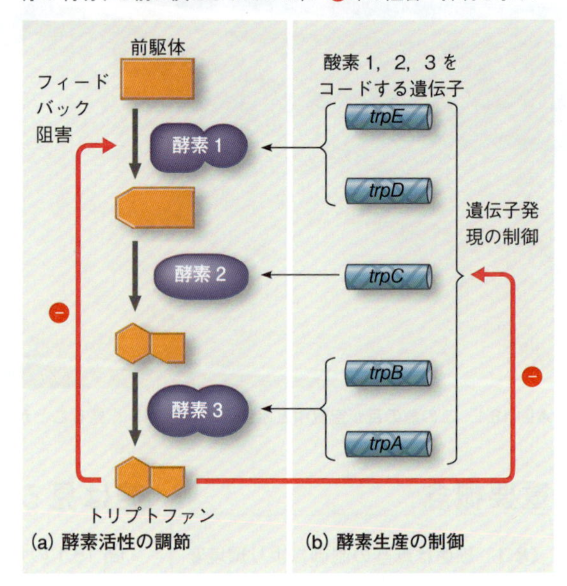

前駆体
フィードバック阻害
酵素1
酵素2
酵素3
トリプトファン
酵素1，2，3をコードする遺伝子
trpE
trpD
trpC
trpB
trpA
遺伝子発現の制御
(a) 酵素活性の調節
(b) 酵素生産の制御

オペロン：基本原理

大腸菌は図 18.2 に示される3段階の反応により前駆体分子からトリプトファンを合成する．合成経路の各々の反応はそれぞれ特異的な酵素により触媒され，これらの酵素のサブユニットをコードする5つの遺伝子が大腸菌の染色体上に連なっている．単一のプロモーターが5つの遺伝子すべてを制御する転写単位を構成している（プロモーターは RNA ポリメラーゼが DNA に結合して転写を開始する領域である．図 17.8 参照）．これより，トリプトファン合成経路の酵素を構成する5つのポリペプチドをコードする1つの長い mRNA が転写される（図 18.3 a）．この mRNA は，各々のポリペプチドのコード領域の開始と終了を指定する開始コドンから終止コドンによって区切られているため，細胞内で5つの別々のポリペプチドに翻訳される．

関連する機能をもつ遺伝子群を1つの転写単位にまとめるおもな利点は，単一の「オン・オフ切り換えスイッチ」により機能的に関連する遺伝子群全体を制御

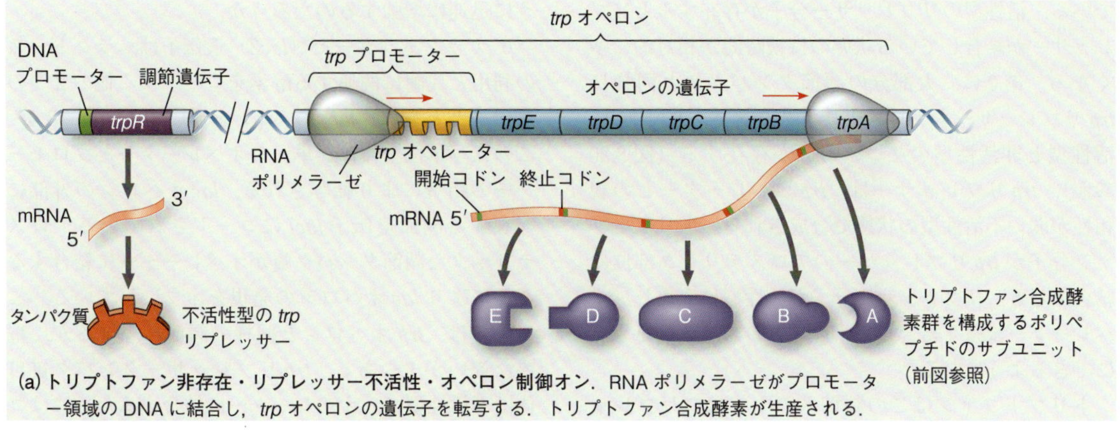
trp オペロン
DNA
プロモーター 調節遺伝子
trp プロモーター
オペロンの遺伝子
trpR
trpE
trpD
trpC
trpB
trpA
RNA
ポリメラーゼ
trp オペレーター
開始コドン 終止コドン
mRNA
3′
5′
mRNA 5′
タンパク質
不活性型の trp
リプレッサー
E
D
C
B
A
トリプトファン合成酵
素群を構成するポリペ
プチドのサブユニット
(前図参照)

(a) トリプトファン非存在・リプレッサー不活性・オペロン制御オン. RNA ポリメラーゼがプロモーター領域の DNA に結合し，*trp* オペロンの遺伝子を転写する．トリプトファン合成酵素が生産される．

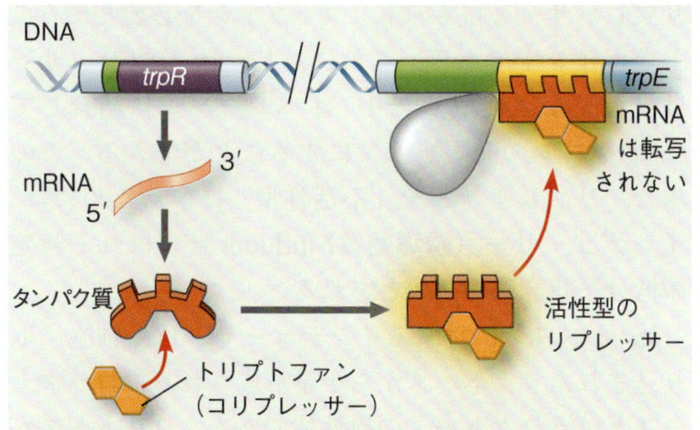
DNA
trpR
trpE
mRNA
は転写
されない
mRNA
3′
5′
タンパク質
活性型の
リプレッサー
トリプトファン
(コリプレッサー)

(b) トリプトファン存在・リプレッサー活性・オペロン制御オフ. トリプトファンが蓄積すると，リプレッサータンパク質が活性化し，オペレーター領域に結合して転写を抑制することにより，トリプトファンの生産が停止する．トリプトファン合成酵素は生産されない．

▲図 18.3 **大腸菌の *trp* オペロン：抑制性の酵素による合成制御.** トリプトファンは 3 つの酵素により触媒される合成経路によって生産されるアミノ酸である（図 18.2 参照）．(a) トリプトファン合成経路に関与する酵素のサブユニットのポリペプチドをコードする 5 つの遺伝子が 1 つのプロモーターとオペレーターを共有して *trp* オペロンを構成している．*trp* オペレーター（リプレッサーの結合部位）は，*trp* プロモーター（RNA ポリメラーゼの結合部位）の内側に位置している．(b) 合成経路の最終生産物であるトリプトファンが蓄積すると，*trp* オペロンの転写が抑制されることにより，この経路のすべての酵素の合成が停止され，トリプトファンの生産が停止する．

図読み取り問題▶細胞がトリプトファンを使い果たすと，*trp* オペロンに何が起こるか記述しなさい．

できることであり，これらの遺伝子は「協調制御」されているといえる．環境中のトリプトファンの欠乏のため大腸菌が自分自身でトリプトファンを合成しなければならないときは，トリプトファン合成経路のすべての酵素が一度に合成される．転写をオン・オフするスイッチは，**オペレーター operator** とよばれる DNA 領域である．オペレーターの位置も機能も，この名前に似つかわしいものである．オペレーターはプロモーターの内部またはプロモーターと酵素をコードする遺伝子の間に位置し，遺伝子への RNA ポリメラーゼの接近を調節している．トリプトファン合成酵素の遺伝子とその発現を制御するオペレーターおよびプロモーターを含む DNA の全領域がトリプトファン合成経路の酵素の生産に必要であり，全部まとめて**オペロン operon** が構成されている．*trp* オペロン（*trp* はトリプトファンを示す）は，大腸菌ゲノムに存在する多数のオペロンの 1 つである（図 18.3 a 参照）．

もし，オペレーターが転写の発現制御のスイッチであるならば，どのようにしてスイッチが作動するのだろうか．*trp* オペロン単独ならばスイッチはオンの状態にあり，RNA ポリメラーゼがプロモーターに結合して *trp* オペロンの遺伝子を転写する．一方，***trp* リプレッサー repressor** とよばれるタンパク質が，*trp* オペロンのスイッチをオフにする（図 18.3 b）．リプレッサーは，オペレーターに結合して RNA ポリメラーゼのプロモーターへの結合を妨げ，特定の遺伝子の転写だけを抑制する．たとえば，*trp* オペレーターに結合して *trp* オペロンのスイッチをオフにするリプレッサーは，大腸菌ゲノムの他のオペロンには何の影響も及ぼさない．

リプレッサータンパク質はここでは *trpR* とよばれる**調節遺伝子 regulatory gene** にコードされる．*trpR* 遺伝子は *trp* リプレッサーが調節する *trp* オペロンとはやや離れたところに存在し，自分自身の独立したプロモーターをもっている．調節遺伝子は低レベルでつねに発現していて，大腸菌細胞の中にはつねに少量の *trp* リプレッサー分子が存在する．この状態で，なぜ *trp* オペロンは常時スイッチオフとはならないのだろうか．第 1 に，オペレーターへのリプレッサーの結合は可逆的である．オペレーター領域は，リプレッサーが結合していない状態と結合している状態を繰り返している．活性型のリプレッサー分子が存在するとリプレッサーが結合している状態の持続時間が相対的に多くなる．第2に，大部分の調節タンパク質と同様に *trp* リプレッサーもアロステリックタンパク質であり，活性型と非活性型の2つの形態が存在する（図8.20参照）．*trp* リプレッサーは，*trp* オペレーターとの親和性が弱い不活性型の状態で合成される．トリプトファン分子が *trp* リプレッサーのアロステリック部位に結合すると，リプレッサー分子が活性型に変換し，オペレーターに強く結合してオペロンのスイッチをオフにできるようになる．

トリプトファンはこの制御系の中では**コリプレッサー corepressor** として機能する．コリプレッサー分子はリプレッサータンパク質と協調してオペロンのスイッチをオフにする．トリプトファンが蓄積するにつれて，より多くのトリプトファン分子が *trp* リプレッサー分子に結合し，トリプトファン合成経路の酵素の生産を停止できるリプレッサーが増加する．逆に，細胞内のトリプトファン濃度が減少すると，トリプトファンと結合している *trp* リプレッサー分子の数が減少し，不活性型になったリプレッサーがオペレーターから遊離し，オペロンの遺伝子の転写が再開する．*trp* オペロンは，細胞の内部および外部環境の変化に対応した遺伝子発現の調節を示す一例である．

抑制性オペロンと誘導性オペロン：2通りの負の遺伝子発現制御

trp オペロンが「抑制性オペロン」とよばれるのは，*trp* オペロンが通常はオンになっており，特定の低分子化合物（この場合はトリプトファン）がアロステリックな調節タンパク質（リプレッサー）に結合したときにオペロンがオフになるからである．これに対し，「誘導性オペロン」は通常はオフであり，特定の低分子化合物が調節タンパク質に結合したときにオペロンがオンになる．誘導性オペロンの古典的な例が *lac* オペロン（*lac*：「lactose 乳糖」）である．

宿主のヒトが牛乳を飲んだり乳製品を食べたりすると，大腸菌が二糖類であるラクトース（乳糖）を利用できるようになる．ラクトースの代謝は，酵素 β–ガラクトシダーゼが触媒する反応により，乳糖を単糖のグルコースとガラクトースに加水分解することにより始まる．大腸菌がラクトースを含まない環境で生育しているときには，この酵素分子はごくわずかしか存在しないが，大腸菌が生育する環境に乳糖を添加すると，β–ガラクトシダーゼ分子が，15分以内に約1000倍に増加する．細胞はどのような機構で酵素生産をこのように迅速に増強するのだろうか．

β–ガラクトシダーゼ（*lacZ*）遺伝子は，ラクトースの利用と代謝に関連する酵素をコードする他の2つの遺伝子とともに，*lac* オペロンを形成する（図18.4）．この転写単位全体は，単一のオペレーターとプロモーターの指令により転写される．*lac* オペロンの外部に存在する調節遺伝子 *lacI* にコードされているアロステリックな調節タンパク質がオペレーターに結合することにより *lac* オペロンの発現をオフにしている．ここまでは，*trp* オペロンと同様の調節に思えるが，重要な違いが1つある．*trp* リプレッサータンパク質自体は不活性型で，オペレーターに結合するためにはコリプレッサーとしてのトリプトファンを必要とすることがポイントである．これに対し，*lac* リプレッサーは単独型が活性型であり，オペレーターに結合して *lac* オペロンの発現をオフにすることができる．この場合，リプレッサーを「不活性型」にするためには，**インデューサー（誘導物質）inducer** とよばれる特定の低分子化合物が必要とされる．

lac オペロンに対するインデューサーは，細胞に取り込まれたラクトースから少量形成されるアロラクトースというラクトースの異性体である．ラクトースが存在しないとアロラクトースも存在せず，*lac* リプレッサーが活性型の構造をとってオペレーターに結合するため，*lac* オペロンの遺伝子が発現しなくなる（図18.4 a）．ラクトースが大腸菌の周囲の環境に添加されると，アロラクトースが *lac* リプレッサーに結合して，オペレーターに結合できない構造に変化する．リプレッサーが結合しないとき，*lac* オペロンは mRNA に転写され，ラクトースを利用する酵素が合成される（図18.4 b）．

遺伝子発現の調節の観点では，ラクトース代謝経路の酵素の合成が化学的シグナル（この場合はアロラクトース）により誘導されることから，「誘導性酵素」ということができる．一方，トリプトファンの生合成に関連する酵素は抑制性である．「抑制性酵素」は，材料物質（前駆体）から生体に必要とされる最終産物を生産する合成経路で機能する場合が多い．最終産物がすでに十分存在するときは生産を停止することにより，細胞は有機物の前駆体とエネルギーを他の目的に転用することができる．これに対して，誘導酵素は栄養物を単純な分子に分解する代謝経路で機能することが多い．特定の栄養素が利用できるときにだけ，その栄養素の代謝に必要な酵素を生産することにより，細胞は必要でないタンパク質をつくるためのエネルギーと前駆体の無駄遣いを避けることができる．

trp オペロンと *lac* オペロンの調節は，活性型のリプレッサータンパク質により発現がオフとなることから，両方とも遺伝子の負の調節が関与している．このことは *trp* オペロンについてはわかりやすいが，*lac* オペロンにも実際は負の調節が関与している．*lac* オペロンの場合は，アロラクトースが直接 *lac* オペロンを活性化するのではなく，*lac* オペロンをリプレッサーによる負の調節から解放することによって酵素の合成を誘導している（図 18.4 b 参照）．遺伝子の発現調節が正の調節とよばれるのは，調節タンパク質がゲノムに直接相互作用して，転写をオンにする場合だけである．

正の遺伝子発現調節

グルコースとラクトースの両方が環境中に存在するとき，大腸菌はグルコースを優先的に利用する．グルコースを解糖系（図 9.9 参照）で分解する酵素はつねに存在している．環境中にラクトースが存在し，かつグルコースが不足しているときだけ大腸菌はエネルギー源としてラクトースを利用し，ラクトースの分解に必要な酵素を大量に合成する．

大腸菌はどのようにして環境中のグルコースの濃度を感知し，どのようにしてこの情報を *lac* オペロンに伝えるのだろうか．この機構はアロステリックな調節タンパク質と特定の低分子量化合物の相互作用に依存しており，この場合にはグルコースが不足すると蓄積する**サイクリック AMP cyclic AMP（cAMP）**が関与している（図 11.11；cAMP の構造参照）．この調節タンパク質は，「cAMP 受容体タンパク質 cAMP receptor protein（CRP）」とよばれ，DNA に結合して遺伝子の発現を促進する**転写活性化因子（アクチベーター）activator** である．cAMP がこの調節タンパク質 CRP に結合すると活性型となり，*lac* プロモーター上流の特定の部位に結合する（図 18.5 a）．*lac* リプレッサーがオペレーターに結合していないときでも RNA ポリメラーゼの *lac* プロモーターへの親和性はそれほど高くないが，プロモーターに CRP が結合すると RNA ポリメラーゼの親和性が増加する．RNA ポリメラーゼのプロモーターへの結合の促進により，*lac* オペロンの転写速度が増加することから，プロモーターへ CRP の結合は遺伝子の発現を直接誘導している．これより，CRP による調節機構は正の遺伝子発現調節ということができる．

細胞内のグルコースの量が増加すると cAMP 濃度が減少し，cAMP を失った CRP は *lac* オペロンから

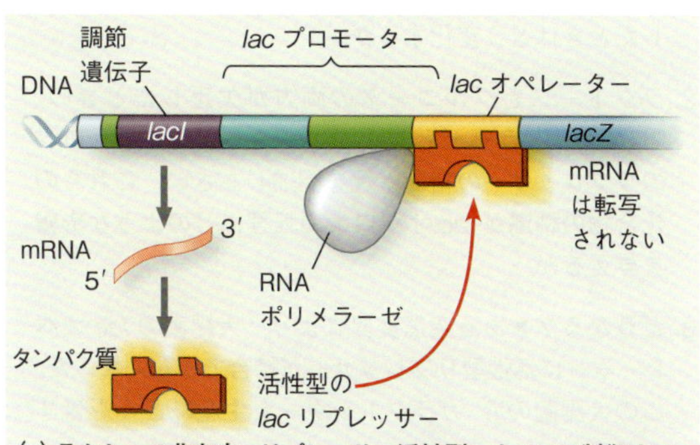

DNA
調節遺伝子
lac プロモーター
lac オペレーター
lacI
lacZ
mRNA は転写されない
mRNA
3′
5′
RNA ポリメラーゼ
タンパク質
活性型の *lac* リプレッサー

(a) ラクトース非存在・リプレッサー活性型・オペロン制御オフ． 単独の *lac* リプレッサーは活性型であり，ラクトースが存在しないときにオペレーターに結合して，*lac* オペロンの転写を停止する．ラクトースの代謝に用いる酵素は生産されない．

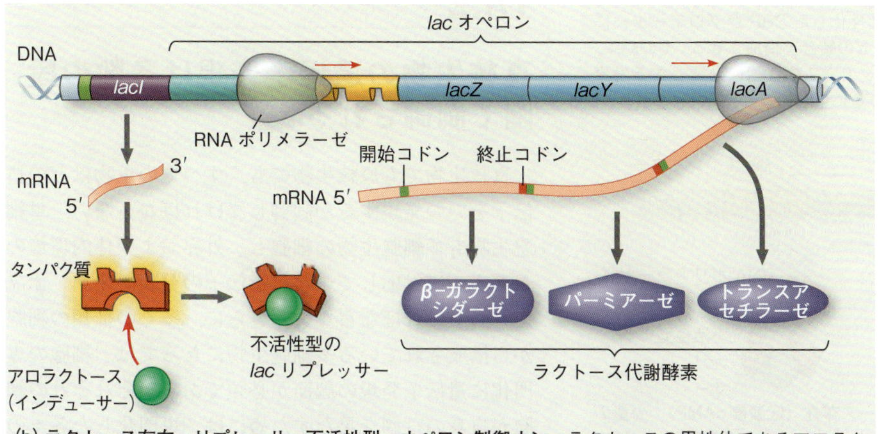

lac オペロン
DNA
lacI
lacZ
lacY
lacA
RNA ポリメラーゼ
開始コドン
終止コドン
mRNA
3′
5′
mRNA 5′
タンパク質
β-ガラクトシダーゼ
パーミアーゼ
トランスアセチラーゼ
不活性型の *lac* リプレッサー
アロラクトース（インデューサー）
ラクトース代謝酵素

(b) ラクトース存在・リプレッサー不活性型・オペロン制御オン． ラクトースの異性体であるアロラクトースはリプレッサーを不活性化することによりオペロンの「抑制」を解除する．不活性型のリプレッサーはオペレーターに結合できないため，ラクトースの代謝に用いられる酵素の合成が誘導される．

◀**図 18.4　大腸菌の *lac* オペロン：誘導性の酵素による合成制御．** 大腸菌はラクトース（乳糖）の取り込みと代謝に３つの酵素を使用する．これらの遺伝子は *lac* オペロンにまとめられている．１番目の *lacZ* 遺伝子はラクトースをグルコースとガラクトースに加水分解する β-ガラクトシダーゼをコードしている．２番目の *lacY* 遺伝子はラクトースを細胞内に輸送する膜タンパク質であるパーミアーゼをコードしている．３番目の *lacA* 遺伝子はトランスアセチラーゼをコードし，この酵素はパーミアーゼを通じて細胞に侵入する他の分子を解毒する．珍しいことに，*lac* リプレッサーをコードする *lacI* 遺伝子は *lac* オペロンに隣接している．プロモーターの上流の領域の機能については図 18.5 で説明する．

遊離する．CRP が不活性型となるため，RNA ポリメラーゼのプロモーターへの結合効率が低下し，ラクトースが存在していても *lac* オペロンの転写は低レベルでしか進行しない（図 18.5 b）．このように，*lac* オペロンは *lac* リプレッサーによる負の調節と，CRP による正の調節の二重の制御下にある．アロラクトースの結合の有無による *lac* リプレッサーの活性化の状態は *lac* オペロン遺伝子の転写のオン・オフを決定し，cAMP 結合の有無による CRP 活性化レベルは *lac* リプレッサーが外れたときの転写速度を制御する．すなわち，オペロンにはオン・オフの電源スイッチと音量の調節ツマミの両方がついている．

▼図 18.5　cAMP 受容体タンパク質（CRP）による *lac* オペロンの正の制御．CRP がプロモーターの上流部の DNA 部位に結合したときにのみ，RNA ポリメラーゼは *lac* プロモーターに高い親和性をもって結合する．同様に，CRP が特定の DNA 部位に結合するのは，細胞内のグルコース濃度が低下するときに濃度が上昇するサイクリック AMP（cAMP）と結合したときだけである．以上の機構により，ラクトースが利用できる場合でもグルコースが存在するときは，細胞は優先的にグルコースを代謝し，ラクトース代謝酵素を生産しない．

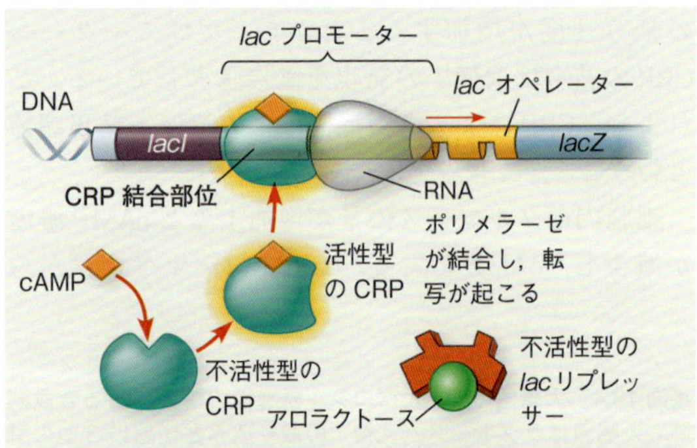
lac プロモーター
DNA
lac オペレーター
lacI
lacZ
CRP 結合部位
RNA
ポリメラーゼ
が結合し，転
写が起こる
活性型
の CRP
cAMP
不活性型の
CRP
不活性型の
lac リプレッ
サー
アロラクトース

(a) ラクトース存在・グルコース欠乏（高濃度 cAMP）：多量の *lac* mRNA が合成される．グルコースが欠乏すると，高レベルの cAMP により活性化した CRP がプロモーターに結合し，RNA ポリメラーゼの結合を増加させる．その結果，*lac* オペロンは細胞がラクトースの代謝に必要とする酵素をコードする mRNA を多量に生産する．

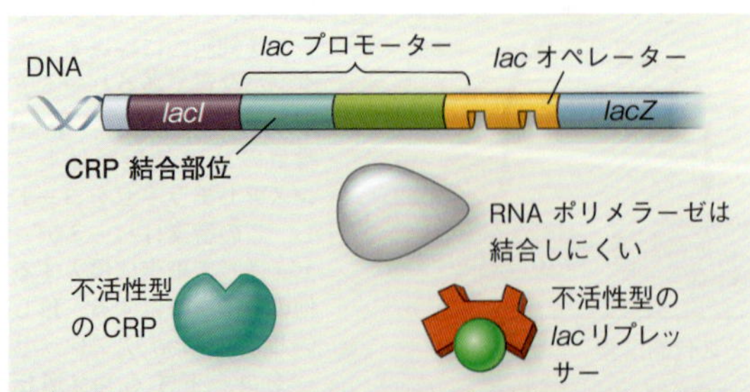
lac プロモーター
DNA
lac オペレーター
lacI
lacZ
CRP 結合部位
RNA ポリメラーゼは
結合しにくい
不活性型
の CRP
不活性型の
lac リプレッ
サー

(b) ラクトース存在・グルコース存在（低濃度 cAMP）：少量の mRNA が合成される．グルコースが存在するときは cAMP の濃度が低いため，リプレッサーが結合していなくても，CRP は *lac* オペロンの転写を強く促進することができない．

CRP は *lac* オペロンの調節の他に，さまざまな化合物の異化経路に用いられる酵素をコードするオペロンの調節にも関与している．すべてのオペロンを合わせると，CRP は大腸菌の 100 個以上の遺伝子の発現を調節している．グルコースが十分に存在して CRP が不活性型のときは，グルコース以外の化合物を異化する酵素の合成速度は低下するのがふつうである．ラクトースなどのグルコース以外の化合物を異化する能力により，細菌はグルコースが枯渇した環境でも生き残ることができる．ある時点で細胞に存在する化合物により，遺伝子のプロモーターとアクチベータータンパク質とリプレッサータンパク質の単純な相互作用の結果として，どのオペロンの発現をオンにするかが決まる．

概念のチェック 18.1

1. *trp* コリプレッサーが *trp* リプレッサーに結合すると，リプレッサーの機能と転写がどのように変化するか．また，*lac* インデューサーが *lac* リプレッサーと結合したときはどう変化するか．

2. ラクトースとグルコースの両方が欠乏したときの，RNA ポリメラーゼとアクチベーターと *lac* オペロンのリプレッサーの結合状況を記述しなさい．これらの化合物の枯渇が *lac* オペロンの転写にどのような影響を与えるか．

3. どうなる？➤ある突然変異により，大腸菌の *lac* オペレーターに活性型リプレッサーが結合できなくなった．この大腸菌の β-ガラクトシダーゼ生産にどう影響するだろうか．

（解答例は付録 A）

18.2

真核生物の遺伝子発現は多数の段階で制御される

真核生物でも原核生物でも，すべての生物はどの遺伝子をいつ発現するか制御しなければならない．単細胞生物も多細胞生物の細胞も，外界および体内環境のシグナルに対応してつねに遺伝子の発現のオン・オフを行わなければならない．さらに，多くの種類の細胞から構成されている多細胞生物にとっては，細胞の専門化に遺伝子発現の調節が必須である．それぞれの細胞が自身の役割を果たすためには，専門化した各々の細胞が独自の遺伝子発現プログラムにより特定の遺伝子群だけを発現し，それ以外の遺伝子が発現しないように維持する必要がある．

細胞特異的遺伝子発現

典型的なヒトの細胞は，通常は全遺伝子の約 20% を発現していると推定されている．筋肉細胞のように高度に分化した細胞では発現している遺伝子はもっと少なくなる．多細胞生物のほぼすべての細胞は同一のゲノムを有しているが（免疫系の細胞は例外の 1 つである．43 章で学ぶ），さまざまな種類の細胞では独自の遺伝子群が発現している．「ハウスキーピング」遺伝子とよばれる遺伝子群は多くの種類の細胞で発現しているが，特定の細胞種だけで発現している遺伝子も多い．独自の遺伝子群が発現することにより，細胞が特定の機能を発揮する．すなわち，異なる種類の細胞には異なる遺伝子が存在するのではなく，同一のゲノムから細胞ごとに異なる遺伝子が発現する**細胞特異的遺伝子発現 differential gene expression** が起こっている．

単細胞の真核生物でも，多細胞生物の特定の種類の細胞でも，細胞の機能は適切な遺伝子群の発現に依存している．ある細胞の転写因子が正しい時期に正しい遺伝子を探し出すことは，干し草の山から 1 本の針を見つけ出すような仕事である．こうした遺伝子発現のプログラムに支障をきたすと，重大な不均衡が生じ，がんなどの疾患を引き起こすこともある．

真核生物の遺伝子発現プロセスの全貌が図 18.6 にまとめられ，タンパク質をコードする遺伝子の発現過程の重要な段階が強調されている．図 18.6 に示される各々の段階は，遺伝子発現のオン・オフまたは加速・減速を行う制御ポイントとなるものである．

50 年ほど前には，真核生物の遺伝子発現を調節する機構の全貌を解明するのはほぼ不可能と考えられていた．しかし，DNA テクノロジーの著しい進歩と新たな研究手法の開発（20 章参照）により，分子生物学者は真核生物の遺伝子発現調節の詳細について数多くの発見を成し遂げてきた．すべての生物について共通の遺伝子発現制御は転写の段階であり，ホルモンなどの情報伝達分子のような細胞の外部からもたらされるシグナルに対応して，転写段階で調節されている．このため，「遺伝子発現」という用語は，細菌でも真核生物でも転写と同義に用いられることが多い．細菌の場合は転写の段階が最大の遺伝子の発現調節の機会であるが，真核生物の細胞構造と機能はずっと複雑であり，転写以外の段階でも遺伝子の発現を調節する機会が多数存在する（図 18.6 参照）．本章の以降の節では，真核生物の遺伝子発現の重要な調節ポイントにつ

▼図 18.6　**真核生物の遺伝子発現過程で制御可能な段階．** 図の中で色がついているボックスは制御が行われる段階を示し，関係する分子により色分けされている（青色＝DNA，赤色・オレンジ色＝RNA，紫色＝タンパク質）．真核生物の細胞では核膜が転写の場と翻訳の場を区分しているため，原核生物には存在しない RNA プロセシングによる転写後制御の機会が提供されている．さらに，真核生物には転写以前と翻訳以後に機能するさまざまな制御機構が存在する．本章の後半の図のいくつかには，発現制御の位置づけとして図 18.6 の縮小版がついている．

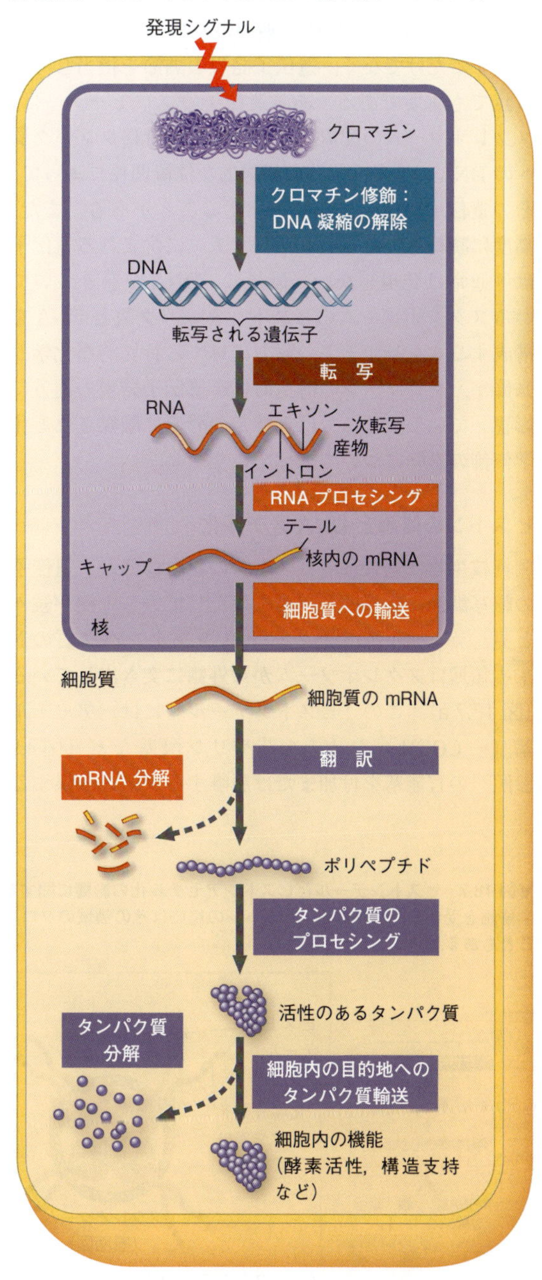
発現シグナル
クロマチン
クロマチン修飾：
DNA 凝縮の解除
DNA
転写される遺伝子
転　写
RNA
エキソン
一次転写
産物
イントロン
RNA プロセシング
テール
キャップ
核内の mRNA
細胞質への輸送
核
細胞質
細胞質の mRNA
翻　訳
mRNA 分解
ポリペプチド
タンパク質の
プロセシング
活性のあるタンパク質
タンパク質
分解
細胞内の目的地への
タンパク質輸送
細胞内の機能
(酵素活性，構造支持
など)

いて詳細に検討していく．

クロマチン構造の制御

すでに学んだように，真核生物のDNAはタンパク質とともに折りたたまれて，クロマチンとよばれる精巧な構造体を形成し，その最も基本的な単位がヌクレオソームである（図16.22参照）．クロマチンの構造は，細胞のDNAを核内に納めるためにコンパクトに収納するだけでなく，遺伝子発現の調節を担当している点でも重要である．ある遺伝子のプロモーターは，ヌクレオソームの配置および染色体の骨格タンパク質へのDNAの接着部位との相対的な位置関係によって，その遺伝子の転写に影響を与えることがある．また，高度に凝縮されたヘテロクロマチンに含まれる遺伝子は，通常は発現しない．最後に，DNAが巻きついているヌクレオソームのヒストンタンパク質とDNAを構成するヌクレオチドの双方に対する特異的な化学的修飾が，クロマチンの構造および遺伝子発現の両方に影響している．ここでは，特定の酵素に触媒される化学修飾の影響について調べていく．

ヒストンの修飾とDNAメチル化

真核生物に見られるヒストンの化学修飾が，遺伝子の転写調節に直接的な役割を果たしている証拠が続々と見つかっている．各々のヒストンタンパク質のN末端領域はヌクレオソームから外側に突き出している（図18.7a）．この「ヒストンテール」には，アセチル基（—$COCH_3$）やメチル基やリン酸基など（図4.9参照）の官能基を付加または脱離する反応を触媒するさまざまな修飾酵素が接触できる．**ヒストンアセチル化 histone acetylation**はヒストンテールにアセチル基を結合する反応であり，クロマチン構造を広げることにより転写を促進する（図18.7b）．一方，ヒストンへのメチル基の付加はクロマチンの凝縮を引き起こし，転写を減少させる．特定の官能基の付加により酵素が結合できる新たな部位が生成し，クロマチン構造をさまざまに修飾することも多い．

ヒストンタンパク質をメチル化する酵素とは別に，DNA自身の特定の塩基（シトシンの場合が多い）をメチル化する酵素群が存在する．このような**DNAメチル化 DNA methylation**は，ほとんどの植物，動物，菌類で観察されている．哺乳類の雌の不活性化されたX染色体のように（図15.8参照），不活性なDNAの長い領域は活発に転写されるDNA領域よりも高度にメチル化されていることが多い（例外もある）．もっと小さなレベルでは，特定の細胞の中で発現していない遺伝子は高度にメチル化されていることが多い．余分なメチル基の除去により発現が活性化される遺伝子もある．

一度メチル化された遺伝子は，その個体の中では細胞分裂を通じてメチル化が継承されるのがふつうである．1本の鎖がすでにメチル化されたDNA部位について，DNA複製に続いてメチル化酵素が娘DNA鎖を正確にメチル化していく．このようにしてDNAメチル化パターンは娘細胞に伝達され，専門化された組織を形成する細胞が，胚発生中に起こった化学修飾の記録を保持する．このように維持されるDNAメチル化パターンは，哺乳類の「遺伝的刷り込み」の原因に

▼図18.7　**ヒストンテールとヒストンアセチル化の影響に関する模式図．** アセチル化以外にもヒストンはメチル化やリン酸化などの化学修飾を受けることがある．ヒストンの修飾はその領域のクロマチン構造の決定に影響し，クロマチン修飾酵素の結合部位を設定することもある．

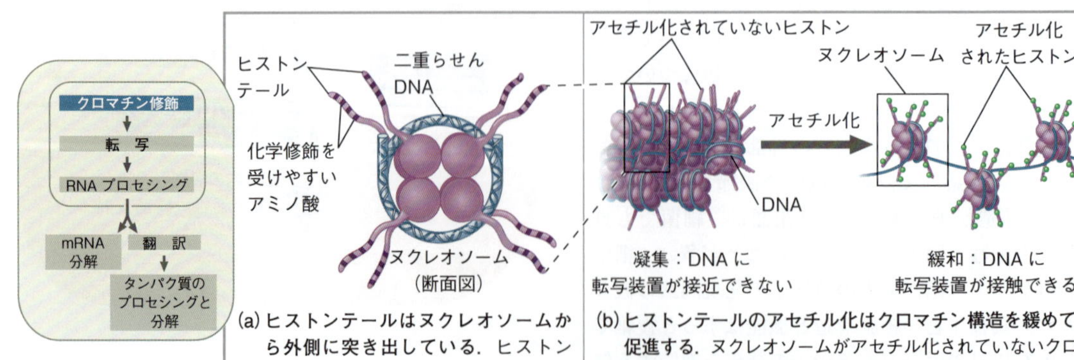
クロマチン修飾
転　写
RNA プロセシング
mRNA 分解
翻　訳
タンパク質のプロセシングと分解
ヒストンテール
二重らせんDNA
化学修飾を受けやすいアミノ酸
ヌクレオソーム（断面図）
アセチル化されていないヒストン
ヌクレオソーム
アセチル化されたヒストン
DNA
アセチル化
DNA
凝集：DNAに転写装置が接近できない
緩和：DNAに転写装置が接触できる

(a) **ヒストンテールはヌクレオソームから外側に突き出している．** ヒストンテールのアミノ酸は化学的な修飾を受けやすい．

(b) **ヒストンテールのアセチル化はクロマチン構造を緩めて転写を促進する．** ヌクレオソームがアセチル化されていないクロマチン領域はコンパクトに凝縮された構造をとり（左），DNAを転写することができない．ヌクレオソームが高度にアセチル化される（右）とクロマチンの構造が緩み，DNAが転写されやすくなる．

もなっていて，メチル化されたDNAが発生初期に特定の遺伝子の母性または父性の対立遺伝子のいずれか一方の発現を恒久的に抑制する（図15.17参照）.

エピジェネティック（後成的）遺伝

これまでに検討してきた通り，クロマチンの修飾はDNA塩基配列の変化を伴うものではないが，次の世代の細胞に伝えられることがある．塩基配列が直接関与しない機構により伝えられる表現形質の伝達は**エピジェネティック（後成的）遺伝 epigenetic inheritance** とよばれる．DNAの変異が永続的な変化であるのに対して，クロマチンの修飾は可逆的である．たとえば，配偶子が形成される過程ではDNAのメチル化パターンが大規模に消去されて再構成される．

遺伝子発現の調節に関するエピジェネティックな情報の重要性を示す証拠が次々に得られている．一卵性双生児のうち１人だけが統合失調症のような遺伝性の疾患を発症する事例については，同一のゲノムをもつにもかかわらず一方が遺伝性疾患を発症して他方が発症しない理由をエピジェネティックな変異により説明することができる．また，DNAメチル化のパターンの変化がある種のがんに見出されており，不適切な遺伝子発現に関連している．クロマチン構造を修飾する酵素が転写を調節する真核生物の細胞機構の中で不可欠な要素となっている．

転写開始の調節

クロマチン修飾酵素は，特定のDNA領域と転写装置との結合しやすさを左右することにより，遺伝子発現の制御の最初の機会を提供している．ある遺伝子のクロマチンの修飾が発現に好適な状態になると，次の主要な遺伝子発現調節の段階は転写開始である．細菌と同様に，真核生物の転写開始の調節には，DNAに結合してRNAポリメラーゼの結合を促進または抑制するタンパク質が関与する．ただし，真核生物の転写開始の過程のほうがはるかに複雑である．真核生物の細胞が転写を調節する機構について検討する前に，真核生物の遺伝子の構造について調べていこう．

典型的な真核生物の遺伝子と転写産物の構造

典型的な真核生物の遺伝子と制御DNA領域の構造は図18.8に示される通りであり，17章で真核生物遺伝子について学んだことの延長である．まず「転写開始複合体」とよばれる一群のタンパク質が，遺伝子のプロモーター領域の「上流」に集合する（図17.9参照）．転写開始複合体タンパク質の１つであるRNAポリメラーゼⅡが遺伝子の転写を実行し，一次転写産物RNA（mRNA前駆体）を合成する．RNAプロセシン

▼図18.8 **真核生物の遺伝子と転写.** 個々の真核生物の遺伝子には，RNAポリメラーゼが結合して転写を開始し「下流」へと進行させるDNA配列であるプロモーターがある．多数の制御配列（黄色）が転写開始の制御に関与する．制御配列は，プロモーターの近傍および遠く離れた領域にも存在する．遠方の制御配列はエンハンサーとしてまとめられ，この図にもエンハンサーの１つが示されている．遺伝子の末端部には遺伝子の最後のエキソンに存在するポリAテール付加シグナルは，遺伝子がRNAに転写されたときに，どこでRNA鎖を切断してポリAテールを付加するかを指定する．RNAへの転写がポリAテール付加シグナルを越えて数百塩基続くこともある．初期転写産物RNAを機能的なmRNAに加工するRNAプロセシングには，5′キャップの付加，ポリAテールの付加，およびスプライシングの３つの過程が含まれる．細胞内では，5′キャップは転写開始直後に付加され，スプライシングは転写がまだ続いている間に起こることも多い（図17.11参照）.

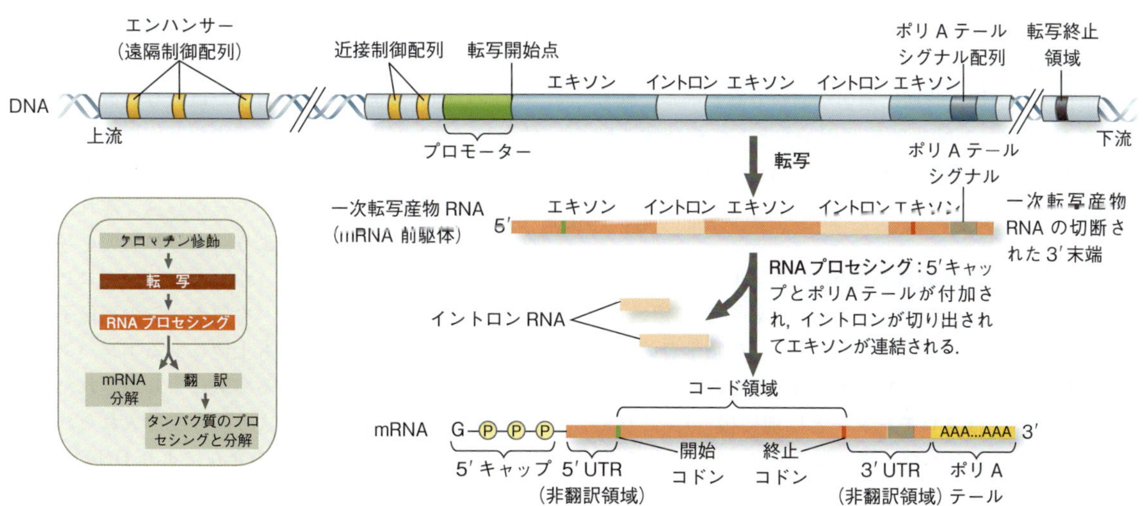

エンハンサー
（遠隔制御配列）
近接制御配列
転写開始点
ポリAテール
シグナル配列
転写終止
領域
DNA
上流
プロモーター
エキソン
イントロン
エキソン
イントロン
エキソン
下流
転写
ポリAテール
シグナル
一次転写産物RNA
（mRNA前駆体）
5′
一次転写産物
RNAの切断された3′末端
クロマチン修飾
転写
RNAプロセシング
mRNA
分解
翻訳
タンパク質のプロセシングと分解
RNAプロセシング：5′キャップとポリAテールが付加され，イントロンが切り出されてエキソンが連結される.
イントロンRNA
コード領域
mRNA
G
P
P
P
AAA...AAA
3′
5′キャップ
5′UTR
（非翻訳領域）
開始
コドン
終止
コドン
3′UTR
（非翻訳領域）
ポリA
テール

グの過程で酵素反応により5′キャップとポリAテールを付加するとともに，イントロンを除去して成熟mRNAを形成する．ほとんどの真核生物遺伝子には，複数の**制御領域 control element**が存在する．制御領域は非翻訳DNA領域であり，転写因子とよばれるタンパク質が結合して転写を調節する領域である．さまざまな種類の細胞に見られる制御領域と，そこに結合する多様な転写因子群が遺伝子発現の正確な調節に決定的な役割を果たしている．

基本転写因子と特異的転写因子の役割

転写因子には2つの型が存在する．すべての遺伝子のプロモーターに作用するのが基本転写因子である．一方，プロモーターの近傍または遠隔位置にある制御領域に結合する特異的転写因子を必要とする遺伝子もある．

プロモーターに結合する基本転写因子　真核生物のRNAポリメラーゼは，転写開始の過程で転写因子とよばれるタンパク質の支援を必要とする．図17.9に描かれる一群の転写因子は，タンパク質をコードする遺伝子すべての転写に必須であり，「基本転写因子」とよばれる．一部の基本転写因子がTATAボックスなどのプロモーター中のDNA配列に直接結合し，残りの転写因子は別の転写因子やRNAポリメラーゼⅡなどのタンパク質に結合する．タンパク質同士の相互作用は，真核生物の転写開始に非常に重要である．完全な転写開始複合体が組み立てられたときだけ，RNAポリメラーゼが鋳型鎖DNAに沿って移動を始め，相補的なRNA鎖の合成を開始する．

基本転写因子とRNAポリメラーゼⅡのプロモーターとの相互作用による転写開始は効率が低く，発現が制御されるタイプの遺伝子からは少量のRNA転写産物を合成することしかできない．真核生物では，特定の遺伝子が適切な時期に適切な細胞で高レベルに転写するためには，「特異的転写因子」として機能する別の一群のタンパク質が制御領域へ相互作用することが必要である．

エンハンサーと特異的転写因子　図18.8に示されるように，「近接制御配列」とよばれる制御領域は，プロモーターの近傍に位置している（生物学者の中には近接制御配列をプロモーターの一部とみなす人もいるが，本書ではプロモーターとは別に扱う）．これに対して，もっと離れた「遠隔制御配列」は**エンハンサー enhancer**とよばれ，遺伝子の数千塩基対も上流や下流またはイントロンの中にも存在する．特定の遺伝子に多数のエンハンサーが存在する場合もあり，生物個体の中で異なる時期または異なる細胞種や組織で働いている．しかし，個々のエンハンサーはその遺伝子にのみ作用し，他の遺伝子に働くことはない．

▼**図18.9　転写活性化因子MyoDの立体構造．** MyoDタンパク質は長いα-ヘリックス領域をもつ2つのポリペプチドのサブユニット（紫色と紅色）から構成されている．各々のサブユニットは，DNA結合ドメイン（下部）と転写活性化ドメイン（上部）を有している．転写活性化ドメインには，もう1つのサブユニットとの結合ドメインも含まれている．MyoDは脊椎動物の胚の筋肉の発生にも関与している（図18.4参照）．

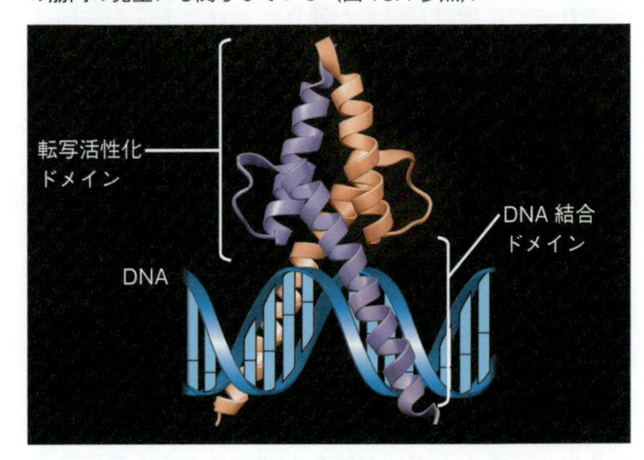
転写活性化
ドメイン
DNA結合
ドメイン
DNA

図読み取り問題➤MyoDタンパク質の2つの機能ドメインと2つのポリペプチドサブユニットとの関連を記述しなさい．

真核生物では，活性化因子または抑制因子などの特定の転写因子がエンハンサーの制御配列に結合することにより，遺伝子発現の強度が大幅に増加または減少する．真核生物では，数百種類の転写活性化因子が発見されており，図18.9に示される構造がその一例である．多数の転写活性化因子に共通する2つの構造ドメインが研究者によって同定されている．一方はタンパク質がDNAと結合する3次元構造部分である「DNA結合ドメイン」であり，もう一方は1つまたは複数の「転写活性化ドメイン」である．転写活性化ドメインは他の調節タンパク質または転写装置の成分と結合し，タンパク質同士の一連の相互作用を促進することにより，標的の遺伝子の転写を誘導する．

転写活性化因子がプロモーターから遠く離れたエンハンサーに結合することにより，転写に影響を与える機構はどのようなものだろうか．マウスのグロビン遺伝子の発現を調節するタンパク質が，この遺伝子のプロモーターおよび5万塩基も上流にあるエンハンサーの両方に結合することがある実験により示された．この実験を含む多くの研究により現在受け入れられているモデルでは，タンパク質の介在によりDNAが湾曲して，エンハンサーに結合した活性化因子が一群の

▼図 18.10　エンハンサーと転写活性化因子の活動モデル． DNA 湾曲タンパク質により，エンハンサーが数百塩基から数千塩基も離れたプロモーターに影響を与えることが可能となっている．活性化因子とよばれる特異的な転写因子がエンハンサー中の DNA 配列に結合し，次に一群のメディエータータンパク質が結合する．さらに，基本転写因子が結合し，RNA ポリメラーゼⅡが加わって転写開始複合体を形成する．こうしたタンパク質–タンパク質間の相互作用により，プロモーター上の複合体と RNA 合成開始の正確な位置が決定される．この図にはエンハンサーが 1 つだけ（3 つの黄色の配列）描かれているが，異なる時期または異なる種類の細胞の中で複数のエンハンサーが働く遺伝子も多い．

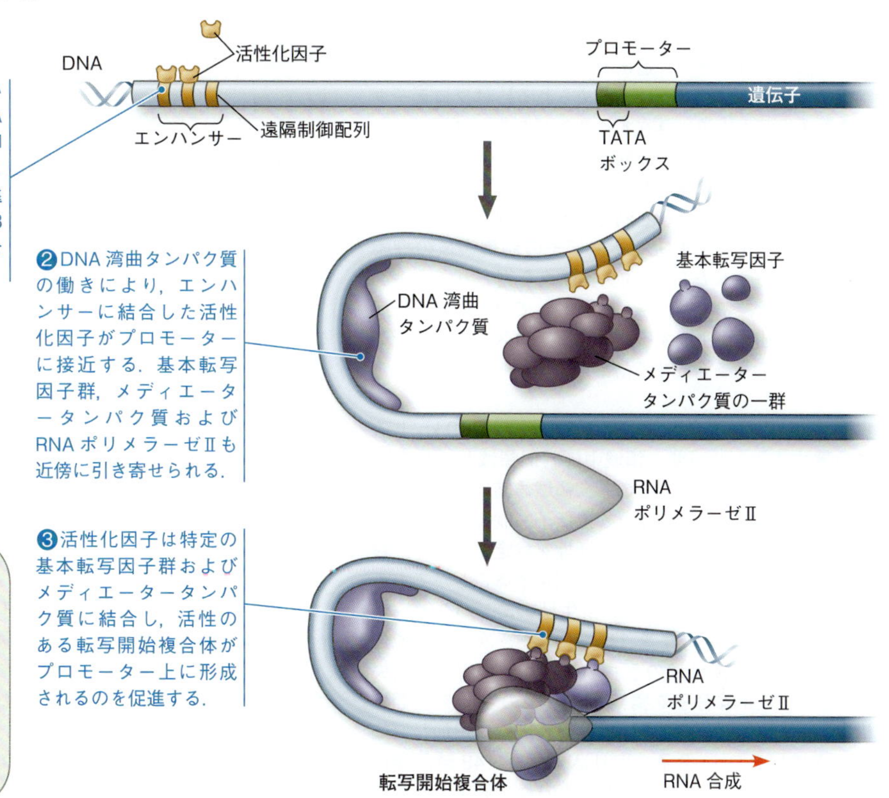

❶活性化因子はエンハンサーとよばれる DNA 鎖上の遠く離れた制御配列群に結合する．このエンハンサーには遠隔制御配列とよばれる 3 つの活性化因子の結合部位が存在する．
DNA
活性化因子
プロモーター
遺伝子
エンハンサー
遠隔制御配列
TATA ボックス
❷DNA 湾曲タンパク質の働きにより，エンハンサーに結合した活性化因子がプロモーターに接近する．基本転写因子群，メディエータータンパク質および RNA ポリメラーゼⅡも近傍に引き寄せられる．
基本転写因子
DNA 湾曲タンパク質
メディエーター タンパク質の一群
RNA ポリメラーゼⅡ
❸活性化因子は特定の基本転写因子群およびメディエータータンパク質に結合し，活性のある転写開始複合体がプロモーター上に形成されるのを促進する．
RNA ポリメラーゼⅡ
転写開始複合体
RNA 合成
クロマチン修飾
転　写
RNA プロセシング
mRNA 分解
翻　訳
タンパク質のプロセシングと分解

「メディエータータンパク質」に接触し，プロモーターに結合した基本転写因子と相互作用できるようになると考えられている（図 18.10）．このようなタンパク質間の相互作用により，プロモーター上に転写開始複合体の形成と位置決定がなされ，プロモーターとエンハンサーの間に長大な DNA 鎖が存在するにもかかわらず，両者が非常に特異的に会合することが可能となる．**科学スキル演習**では，実験データをもとに解析し，特定のヒトの遺伝子のエンハンサーから制御領域の同定を行う．

リプレッサー（抑制因子）として機能する特異的な転写因子は，数通りの方法で遺伝子の発現を抑制する．ある抑制因子は DNA 配列中の制御領域（エンハンサーなど）に直接結合して転写活性化因子の結合を阻害する．転写活性化因子と相互作用して，活性化因子が DNA に結合するのを阻害するタイプの転写抑制因子も存在する．

さらに活性化因子や抑制因子の中には，転写に直接影響を与えるだけでなく，クロマチン構造に影響を与えることにより間接的に転写を制御するものもある．酵母や動物細胞を用いた研究により，特定の遺伝子のプロモーター付近のヒストンをアセチル化するタンパク質を引き寄せることにより，遺伝子の転写を促進する活性化因子が見出されている（図 18.7 参照）．同様に，ヒストンからアセチル基を除去するタンパク質を引き寄せることにより転写を減少させる転写抑制因子も存在し，「サイレンシング（遺伝子抑制）」とよばれる現象を引き起こす．実際に，クロマチン修飾タンパク質を引き寄せることは，真核生物の遺伝子発現の抑制に最も共通する機構と考えられている．

遺伝子活性化の複合的制御　真核生物では，正確な転写調節は DNA 制御配列への活性化因子の結合に大きく依存している．典型的な動物や植物の細胞には，発現を制御する必要のある遺伝子が非常に多数存在することを考えると，制御配列として機能する塩基配列

科学スキル演習

DNA 欠失実験の分析

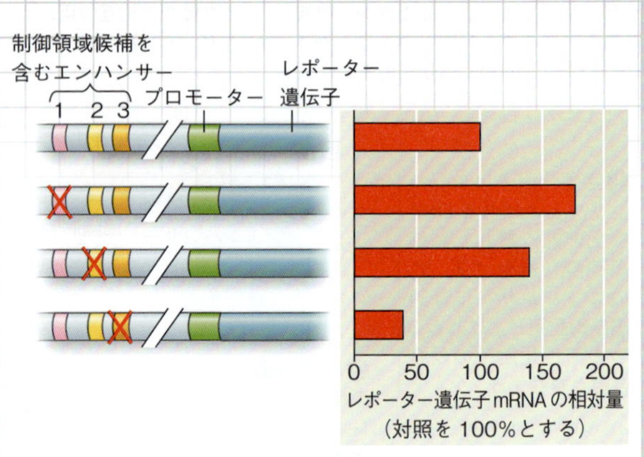
制御領域候補を
含むエンハンサー
1 2 3
プロモーター
レポーター
遺伝子
0 50 100 150 200
レポーター遺伝子 mRNA の相対量
(対照を 100%とする)

データの出典　J. N. Walters et al., Regulation of human microsomal prostaglandin E synthase-1 by IL-1b requires a distal enhancer element with a unique role for C/EBPb, *Biochemical Journal* 443:561-571 (2012)

どの制御因子が *mPGES-1* 遺伝子の発現を制御しているのか　遺伝子のプロモーターは DNA 上の転写開始点のすぐ上流に存在するが，遺伝子の転写レベルを制御する制御領域（エンハンサーにまとめられる）はプロモーターの数千塩基も上流に存在することがある．プロモーターからの距離と間隔のため制御領域の同定が難しいことから，科学者は制御領域が存在する可能性のある領域を欠失させて発現への影響を測定することから始める．この演習では，ヒト *mPGES-1* 遺伝子の制御領域の探索のために実施された DNA 欠失実験から得られたデータの分析を行う．この遺伝子がコードしているのは，炎症を起こした組織が生成する化学物質プロスタグランジンのある 1 つの型を合成する酵素である．

実験方法　科学者は *mPGES-1* 遺伝子の 8〜9 kb 上流に位置するエンハンサー領域中に制御領域が 3 つ存在すると考えていた．これらの制御領域候補は，下流の適切な位置に存在するどのような遺伝子も制御する．そこで，それぞれの制御領域候補の活性を検定するため，最初に遺伝子産物を実験的に容易に測定することができる「レポーター遺伝子」の上流に野生型のエンハンサー領域を結合した DNA 分子を「構築」した．次に，可能性のある 3 つの制御領域のうちそれぞれ 1 つずつを欠失した 3 つの DNA 分子を構築した（図の左側を参照）．構築した DNA 分子を別々にヒト培養細胞に添加し，細胞に構築した DNA 分子を取り込ませた．48 時間後にレポーター遺伝子の mRNA の産物の量を測定した．この量を比較することにより，*mPGES-1* 遺伝子の発現を模倣するレポーター遺伝子の発現に，いずれかの制御領域の欠失が影響を及ぼしたか否かを判定することが可能となる（*mPGES-1* 遺伝子そのものは発現レベルの測定に用いることはできない．細胞が保有する自身の *mPGES-1* 遺伝子から転写される mRNA により測定結果が混乱するためである）．

実験データ　図の左側に示される図形は，正常な DNA 配列（最上段）と実験のために構築された 3 つの DNA 分子である．それぞれの DNA 分子の中で，欠失させた制御領域候補（1，2，3）の位置を赤の X 印で示している．2 本の斜線間はプロモーターからエンハンサーまでの約 8 kb の DNA を示している．図の右側に示される横棒グラフは，48 時間後のそれぞれの培養細胞に含まれるレポーター遺伝子の mRNA の量を示していて，野生型のエンハンサー領域を含む培養細胞（最上段の横棒：100%）に対する相対的な量として表示されている．

データの解釈

1. (a) このグラフの独立変数は何か．(b) このグラフの従属変数は何か．(c) この実験の制御要因は何か．図に印をつけなさい．
2. このデータから，どの制御領域候補が実際の制御領域として機能していると考えられるか．説明しなさい．
3. (a) いずれかの制御領域候補の「欠失」によりレポーター遺伝子の発現の低下を引き起こしたものはあるか．あるならば，それはどれか．なぜそのようにいえるのか．(b) 制御領域候補の欠失により遺伝子の発現が低下した場合，その制御領域の正常な役割は何か．このような制御領域の欠失により，どのような機構で遺伝子発現の低下が引き起こされるか生物学的に説明しなさい．
4. (a) いずれかの制御領域候補の欠失によりレポーター遺伝子の発現が対照に比べて増加したものはあるか．あるならば，それはどれか．なぜそのようにいえるのか．(b) 制御領域候補の欠失により遺伝子の発現が増加した場合，その制御領域の正常な役割は何か．このような制御領域の欠失により，どのような機構で遺伝子発現の増加が引き起こされるか生物学的に説明しなさい．

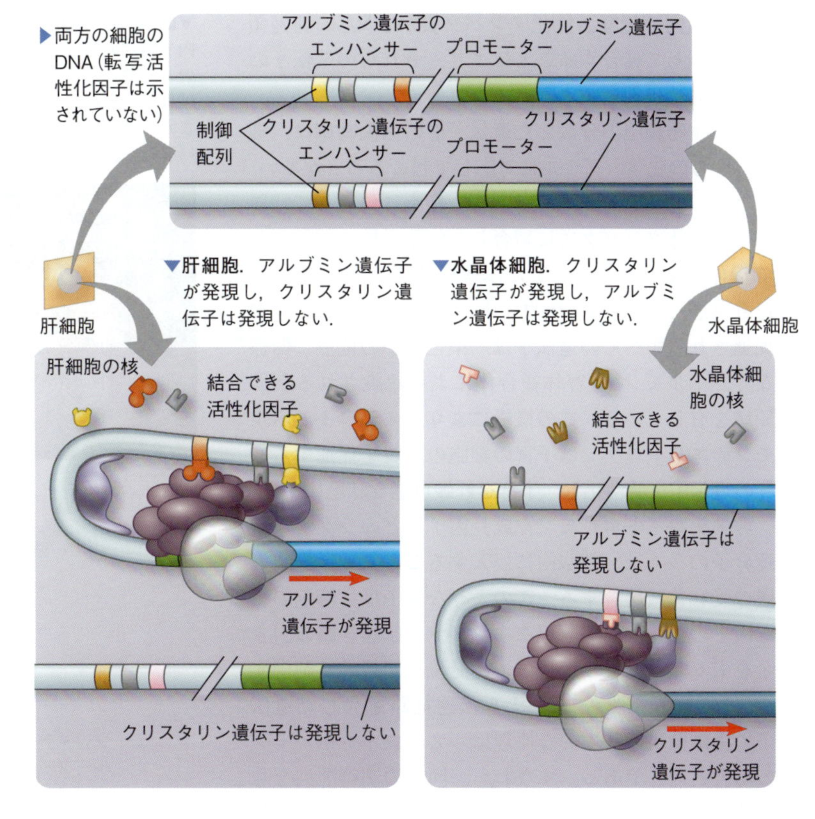
両方の細胞のDNA（転写活性化因子は示されていない）
アルブミン遺伝子のエンハンサー
プロモーター
アルブミン遺伝子
制御配列
クリスタリン遺伝子のエンハンサー
プロモーター
クリスタリン遺伝子
肝細胞
水晶体細胞
肝細胞. アルブミン遺伝子が発現し，クリスタリン遺伝子は発現しない.
水晶体細胞. クリスタリン遺伝子が発現し，アルブミン遺伝子は発現しない.
肝細胞の核
結合できる活性化因子
アルブミン遺伝子が発現
クリスタリン遺伝子は発現しない
水晶体細胞の核
結合できる活性化因子
アルブミン遺伝子は発現しない
クリスタリン遺伝子が発現

図 18.11 細胞の種類に特異的な転写. 肝細胞と水晶体の細胞はどちらもタンパク質のアルブミンとクリスタリンをつくる遺伝子を両方とも保持しているが，血液タンパク質のアルブミンを生産するのは肝細胞だけであり，眼の水晶体の主要成分であるクリスタリンは水晶体細胞だけが合成する．ある細胞が生産する特異的な転写因子が，その細胞がどの遺伝子を発現するかを決定している．この例では，上図に示されるアルブミン遺伝子とクリスタリン遺伝子が，それぞれ３つの異なる制御配列をもつエンハンサーを有している．２つの遺伝子のエンハンサーは，灰色の制御配列を１つだけ共有しているが，他にそれぞれユニークな組み合わせの制御配列を含んでいる．アルブミン遺伝子の高レベルな発現に必要な活性化因子は，肝細胞だけにすべてが揃っている（左下図）．一方，クリスタリン遺伝子の発現に必要な活性化因子は水晶体細胞にのみ存在する（右下図）．簡略化のため，ここでは活性化因子の役割だけを考えているが，転写抑制因子の有無もある種の細胞の転写に影響を与えている．

図読み取り問題 それぞれの細胞のアルブミン遺伝子のエンハンサーの構造について記述しなさい．肝細胞のエンハンサーの塩基配列を水晶体細胞のエンハンサーの塩基配列と比較すること．

の種類は驚くほど少ない．12 塩基またはそれ以下の短い塩基配列が，さまざまな遺伝子の制御配列として繰り返し出現する．各々のエンハンサーは平均して 10 個の制御配列により構成され，個々の制御配列に結合できる特異的転写因子はせいぜい 1 個か 2 個である．エンハンサーが関与する遺伝子には，1 個の固有の制御配列が存在するのではなく，特定の「組み合わせ」の制御配列が複数存在することが，遺伝子の発現の調節に重要である．

利用できる制御配列は 10 個程度でも，非常に多数の組み合わせが可能である．制御配列の組み合わせにより，適切な活性化因子が存在するときにだけ，発生過程の中の適切な時期または特定の種類の細胞の中で目的の遺伝子の転写を活性化することができる．比較的少数の制御配列を異なる組み合わせで利用することにより，肝細胞と水晶体細胞の 2 種類の細胞の中で別個の転写調節を可能とする機構が図 18.11 に描かれている．各々の細胞にはそれぞれ異なる一群の転写活性化タンパク質が含まれているため，このような転写制御が可能となっている．単一の細胞（受精卵）から生じたにもかかわらず，発生の過程で個々の細胞に異なる組み合わせの活性化因子が含まれるようになる機構については，18.4 節で探究する．

真核生物における遺伝子の協調的制御

機能的に関連していて，発現を同時にオン・オフする必要のある一群の遺伝子は，真核生物の細胞内ではどのように扱われているのだろうか．細菌では協調的に発現調節される遺伝子群は 1 つのオペロンにまとめられていることが多く，単一のプロモーターにより制御されて単一の mRNA 分子として転写される機構については本章でこれまでに学習している．一斉に転写される遺伝子群についてコードされるタンパク質群も同時に生産される．一方，細菌のように機能するオペロンは，わずかな例外を除くと真核生物の細胞からは見出されていない．

代謝経路の酵素をコードする遺伝子群のように協調して発現する遺伝子であっても，真核生物の場合は異なる染色体上に散在しているのがふつうである．この場合，分散した遺伝子のすべてが特定の組み合わせの制御配列を保有することにより遺伝子発現が協調的に制御される．これらの遺伝子がゲノム中のどこにあっても，核内の転写活性化タンパク質がDNAの制御領域を認識して結合することにより，それらの遺伝子の転写を同時に促進する．

真核生物細胞の分散した遺伝子群の協調制御は，細胞外からの化学シグナルに対応して起こることが多い．たとえばステロイドホルモンは，細胞に侵透して特異的な受容体タンパク質に結合し，転写活性化因子として機能するホルモン–受容体複合体を形成する（図11.9参照）．特定のステロイドホルモンにより転写が促進されるすべての遺伝子は，染色体中の位置に関係なく，ホルモン–受容体複合体により認識される制御領域を有している．この機構により，ステロイドホルモンのエストロゲンは子宮の細胞の分裂を促進する一群の遺伝子を活性化し，子宮を妊娠可能な状態にする．

非ステロイドホルモンや成長因子などのシグナル伝達分子の多くは，細胞内に侵入することなく，細胞表層の受容体に結合する．このような分子は，特定の転写因子の活性化を引き起こすシグナル伝達経路の引き金を引くことにより，遺伝子の発現を間接的に制御する（図11.15参照）．シグナル伝達経路を介した遺伝子の協調発現の基本的な原理は，ステロイドホルモンの場合と同じである．すなわち，同一の制御配列をもつ遺伝子群が同一の化学的シグナルにより活性化される．このような遺伝子発現の協調的調節システムは広く普及していることから，生命進化の歴史の初期に発生したものと考えられている．

核の構造と遺伝子発現

図16.23 bに示される通り，間期でも各々の染色体は核内の固有の領域を占めているが，染色体同士は完全には分離していない．近年，「染色体立体構造解析」技術が開発され，間期核において近接している染色体を架橋することにより相互作用領域を同定することが可能になった．このような研究により，個々の染色体からクロマチンのループが核内の特定の領域に伸びていることが観察された（図18.12）．このような領域には，同一染色体の異なるループや別の染色体のループが集合し，そこにRNAポリメラーゼおよび他の転写関連タンパク質も集まっていることが多い．娯楽施設に多数の市民が集まるように，転写関連装置が集まっている領域は「転写工場」ともよばれ，転写という共通の機能に特化した領域と考えられている．

スパゲッティが入ったボウルのように不定形の染色体が絡まった詰まっている核の内部構造を想定していたモデルはすでに時代遅れであり，最新のモデルでは核内は整然とした構造をとってクロマチンの動きを調節している．発現していない遺伝子は核の外縁部に固まっていて，発現している遺伝子は核の中央部に位置していることを示す証拠がいくつも得られている．染色体が占有する領域から特定の遺伝子を含む領域が転写工場へと伸びていくことは，遺伝子の転写準備の過程の一環と考えられている．個々の転写工場がどのくらいの時間稼働するかは明らかになっていない．2014年，国立衛生研究所（NIH）は「4次元核内染色体時空間解析プログラム（4D Nucleome）」計画基金の設立を発表した．この計画は，この刺激的な分野への最近の研究の取り組みにより，多数の興味深い疑問を解明することを目的としている．

▼図18.12　**間期の核内の染色体の相互作用．** 各々の染色体は核内で特定の領域を占めているが（図16.23 b参照），クロマチンのループは核内の別の領域に伸びることがある．このような領域は，同一の染色体（青色のループ）または別の染色体（赤色または緑色のループ）から多数のクロマチンのループが集まる「転写工場」となっている．

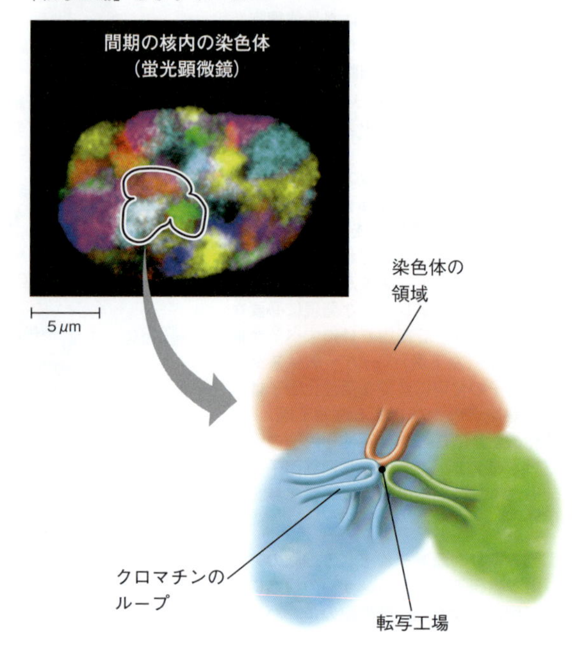
間期の核内の染色体
（蛍光顕微鏡）
5 μm
染色体の
領域
クロマチンの
ループ
転写工場

転写後制御の機構

遺伝子の発現は転写だけの問題ではない．タンパク質をコードする遺伝子の発現は，最終的には細胞が合成する機能的なタンパク質の量によって測られるものであり，RNA転写産物の合成から細胞内のタンパク質の活性化までの間にはさまざまなことが起こる．転写後のさまざまな段階で，多くの制御機構が作用している（図18.6参照）．このような機構により，転写パターンを変化させることなく，環境の変化に迅速に対応した遺伝子発現の微調整が可能となっている．ここでは，転写された後の遺伝子の発現を細胞が制御する機構について検討していく．

RNA プロセシング

核内の RNA プロセシングと成熟 RNA の細胞質への搬出過程は，遺伝子の発現制御の機会となっている．この制御は，原核生物にはないものである．RNA プロセシング段階の調節の一例が**選択的 RNA スプライシング alternative RNA splicing** であり，同一の一次転写産物 RNA からどの RNA 領域をエキソンとし，どの領域をイントロンとして切除するかの選択により異なる mRNA 分子が産生される．細胞の種類に特異的な調節タンパク質が，一次転写産物 RNA 中の調節配列に結合してイントロンとエキソンの選択を制御する．

選択的 RNA スプライシングの単純な例は図 18.13 に示されるトロポニン T 遺伝子に見られるものであり，この遺伝子には 2 つの異なる（関連性のある）タンパク質がコードされている．もっと多数のタンパク質産物を生産する可能性をもつ遺伝子もある．たとえば，選択的 RNA スプライシングにより，生成するエキソンの組み合わせから，約 1 万 9000 種類の異なる細胞外ドメインをもつ膜タンパク質を生産する可能性のあるショウジョウバエの遺伝子が発見されて，このうち少なくとも 1 万 7500 種類（94%）の mRNA は実際に合成されている．各々の発生中のハエの神経細胞では異なる形態のタンパク質が合成されて細胞表層の固有の識別子として機能し，神経組織の発生過程で神経細胞の過剰な重複を防いでいる．

▼図 18.13　トロポニン T 遺伝子の選択的 RNA スプライシング． 初期転写産物 RNA が 2 通り以上のスプライシングを受けることにより異なる mRNA 分子を生じる遺伝子がある．一方の mRNA 分子はエキソン 3（緑色）を含み，もう一方はエキソン 4（紫色）を含んでいる．これらの mRNA は，関連性を有しているが異なる筋肉タンパク質に翻訳される．

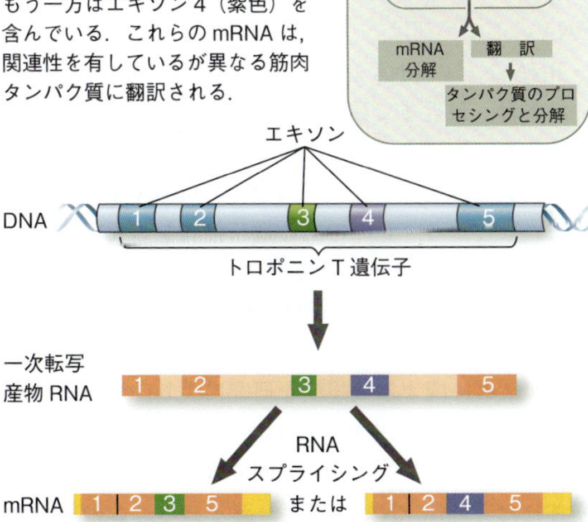

クロマチン修飾
転　写
RNA プロセシング
mRNA 分解
翻　訳
タンパク質のプロセシングと分解
エキソン
DNA
1
2
3
4
5
トロポニン T 遺伝子
一次転写産物 RNA
RNA スプライシング
mRNA
または

選択的 RNA スプライシングにより真核生物のゲノムのレパートリーが著しく拡大していることは明らかである．実際に，ヒトのゲノム配列が決定されたときにヒトの遺伝子の数が驚くほど少なかったことに対して，選択的 RNA スプライシングがその説明の 1 つとなっている．ヒトの遺伝子の数は，線虫やシロイヌナズナやイソギンチャクの遺伝子の数とあまり違わない．この発見は，ヒトの複雑な形態（外見）が遺伝子の数で説明できないとすれば，ヒトの複雑さをもたらしているものは何かという疑問がわく．ヒトのタンパク質をコードする遺伝子の 90% 以上が選択的 RNA スプライシングを行っていると考えられている．このように，選択的 RNA スプライシングによりヒトが生産できるタンパク質の種類が何倍にも増加していることが，ヒトの複雑な形態と密接に関連していると考えられている．

翻訳の開始と mRNA の分解

翻訳過程は遺伝子の発現調節段階の 1 つであるが，翻訳の調節は開始の段階で起こるのが最も一般的である（図 17.19 参照）．一部の mRNA については，5′ 末端または 3′ 末端の非翻訳領域（UTR）の特異的な配列や構造に調節タンパク質が結合してリボソームの結合を妨げることにより，翻訳開始が阻害される（mRNA 分子の 5′ キャップとポリ A テールの両方がリボソームへの結合に重要であることを 17.3 節で学習した）．

細胞内のすべての mRNA の翻訳が同時に調節される機構も存在する．真核生物細胞では，このような「全体的」制御には 1 個またはそれ以上の翻訳開始に必要なタンパク質因子の活性化または不活性化が関与している．この機構は卵細胞に蓄えられている mRNA の翻訳開始にも重要な役割を果たしている．このような卵細胞は，受精直後に翻訳開始因子が急激に活性化される．これに反応して，卵細胞に貯蔵されていた mRNA にコードされるタンパク質の爆発的な合成が引き起こされる．植物や藻類の中には暗期に mRNA を貯蔵し，光刺激により翻訳装置の再活性化が誘導されるものがある．

細胞質における mRNA 分子の寿命は，細胞内のタンパク質合成パターンを決定するうえで重要である．細菌の mRNA は合成されてから数分のうちに酵素的に分解されることが多い．細菌の mRNA の寿命が短い理由の1つは，細菌が環境変化にすばやく対応してタンパク質合成のパターンの変更を可能にするためと考えられる．一方，多細胞真核生物のmRNAは数時間，数日または数週間存続することが多い．たとえば，発生中の赤血球のヘモグロビンポリペプチド（α-グロビンとβ-グロビン）のmRNAは非常に安定であり，このような長寿命mRNAは赤血球の中で繰り返し翻訳される．

mRNAが無傷で保たれる時間の長さに影響する塩基配列が，mRNA分子の3′端の非翻訳領域（UTR）中に見出されることが多い（図18.8参照）．成長因子をコードする短寿命のmRNA由来の3′UTR配列を安定なグロビンmRNAの3′末端に連結する実験を行ったところ，改変されたグロビンmRNAがすみやかに分解されることが観察されている．

ここ数年，mRNA分子の発現の阻害またはmRNAを分解する別の機構が注目されている．次節で議論する予定のこの機構には新たに発見された一群のRNA分子が関与し，複数の段階で遺伝子発現の調節を行っている．

タンパク質のプロセシングと分解

遺伝子の発現を制御する最後の段階は翻訳完了後に起こる．真核生物のポリペプチドは，機能的なタンパク質分子となるためにプロセシングを必要とするものが多い．たとえば，インスリン前駆体のポリペプチド（プロインスリン）はプロセシング（切断）されることにより，活性をもつホルモンとなる．さらに，化学的な修飾を受けることにより機能を獲得するタンパク質も数多い．一般に，制御タンパク質は可逆的なリン酸基の付加により活性化または不活性化される（図11.10参照）．また，動物細胞の表層に向かうタンパク質の多くは糖鎖を必要とする（図6.12参照）．細胞表層タンパク質などの細胞内の特定の部位に局在する多くのタンパク質は，機能を発揮するために細胞内の目的地に適切に輸送されなければならない（図17.22参照）．タンパク質の化学的修飾および細胞内輸送に関与する過程も，遺伝子発現の調節の場となり得る．

最終的に個々のタンパク質が細胞内で機能する期間は，選択的なタンパク質分解により厳密に調節されている．サイクリンなど細胞周期制御に関与する多くのタンパク質は，細胞の機能を適切に制御するために比較的短寿命でなければならない（図12.16参照）．特定のタンパク質を分解するための標識として，細胞はユビキチンとよばれる低分子量タンパク質を分解される予定のタンパク質に結合する．ユビキチンが結合したタンパク質分子は，プロテアソームとよばれる巨大なタンパク質複合体に認識されて分解される．

概念のチェック 18.2

1. 一般にヒストンのアセチル化とDNAメチル化は遺伝子の発現にどのような影響を与えるか説明しなさい．
2. **関連性を考えよう➤**同じ酵素がヒストンとDNAの塩基の両方をメチル化することが可能かどうか推測しなさい（5.4節参照）．
3. 基本転写因子と特異的転写因子の遺伝子発現調節における役割を比較しなさい．
4. 特定のタンパク質をコードするmRNAが細胞質に達した後の過程で，細胞内の活性をもつタンパク質の量を調節することのできる4つの機構について説明しなさい．
5. **どうなる➤**筋肉組織だけで発現する3つの遺伝子について，エンハンサー中の遠隔制御配列の比較から何が見出されることが期待できるか．また，それはなぜか説明しなさい．

（解答例は付録A）

18.3

非コードRNAは遺伝子の発現制御にさまざまな役割を果たす

ゲノム配列の解析により，タンパク質をコードするDNAはヒトのゲノムのわずか1.5%を占めるにすぎず，他の多くの多細胞真核生物でも同様にゲノム中のわずかなDNAだけがタンパク質をコードしていることが明らかになってきた．タンパク質をコードしないDNAのごく一部は，リボソームRNAやトランスファーRNAなどのRNA産物の遺伝子を構成している．科学者は，最近まで残りのゲノムDNAの大部分は転写されないものと考えていた．このようなDNAはタンパク質や報告されているタイプのRNAを指定していないことから，意味のある遺伝情報を含んでいないと思われたためであり，実際に「ジャンクDNA」とよばれていた．しかし最近得られたさまざまな情報は，この古い考え方と矛盾するものであった．たとえば，ヒトゲノムに関する大規模な研究により，どの細胞でもゲノムの約75%をいつかは転写していることが示された．イントロンにより説明できるのは，ここで転写された非翻訳RNAのごく一部である．この結果から，ゲノムの相当な部分が，さまざまな低分子 RNA を含むタンパク質非コード RNA（「非コード RNA」または「ノンコーディング RNA（ncRNA）」）に転写されることが示唆されている．研究者は ncRNA の生物学的役割に関する情報収集に尽力している．

大量のさまざまな RNA 分子が細胞内で遺伝子発現の調節になんらかの役割を果たし，ほとんど気づかれないまま消え去っていることを示す発見が最近になって相次いでいることから，生物学者は興奮を隠せない状況にある．mRNA はタンパク質をコードしているから細胞の中で機能する最も重要な RNA であるという私たちの長年の見解を見直す必要がある．これは，生物学者の主要な考え方に大きな変革をもたらすものであり，あなたもこの分野に参画する学生としてこの変化を見届けることになるだろう．

マイクロ RNA と低分子干渉 RNA の mRNA への影響

低分子 ncRNA と長鎖 ncRNA の両方による制御は，mRNA の翻訳とクロマチン修飾を含む遺伝子発現経路の複数の点で起こっている．ここでは 2 つのタイプの低分子 ncRNA について調べていくが，これらの発見の重要性は研究の完了からわずか 8 年後の 2006 年のノーベル医学生理学賞受賞により認められている．

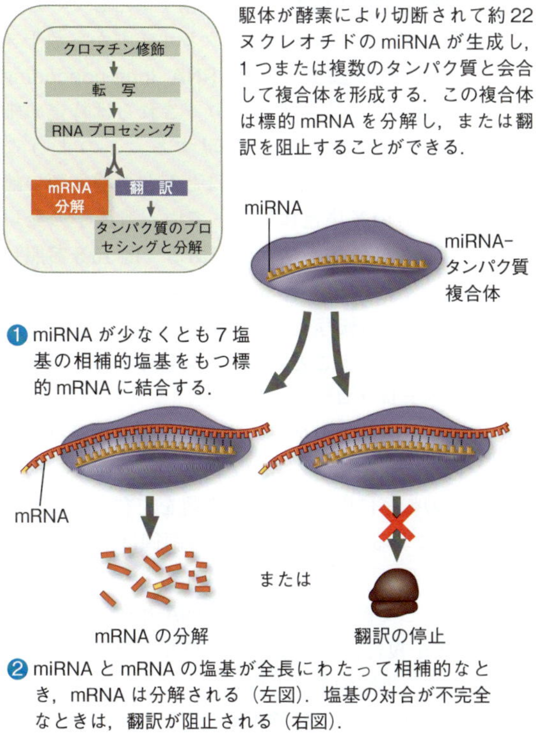

▼**図 18.14　マイクロ RNA（miRNA）による遺伝子発現の制御．** RNA 前駆体が酵素により切断されて約 22 ヌクレオチドの miRNA が生成し，1 つまたは複数のタンパク質と会合して複合体を形成する．この複合体は標的 mRNA を分解し，または翻訳を阻止することができる．

クロマチン修飾
転　写
RNA プロセシング
mRNA 分解
翻　訳
タンパク質のプロセシングと分解
miRNA
miRNA–タンパク質複合体
❶ miRNA が少なくとも 7 塩基の相補的塩基をもつ標的 mRNA に結合する．
mRNA
または
mRNA の分解
翻訳の停止
❷ miRNA と mRNA の塩基が全長にわたって相補的なとき，mRNA は分解される（左図）．塩基の対合が不完全なときは，翻訳が阻止される（右図）．

1993 年以降の研究により，**マイクロ RNA micro RNA（miRNA）**とよばれる低分子量の 1 本鎖 RNA 分子が，相補的な配列をもつ mRNA 分子に結合することが明らかにされてきた．約 22 塩基の 1 本鎖 RNA である miRNA は長い RNA 前駆体が細胞内の酵素により切断されたものであり，1 個または複数のタンパク質と結合して複合体を形成する（図 18.14）．この複合体は，miRNA により，少なくとも 7, 8 塩基の相補的配列を含む mRNA 分子と結合することができる．次に miRNA とタンパク質の複合体は，標的 mRNA を分解することが多いが，単純に翻訳を阻止する場合もある．ヒトのゲノムには約 1500 個の miRNA 遺伝子が存在する．ヒトの全遺伝子の少なくとも半分は miRNA に発現を調節されていると評価されていて，miRNA の存在が知られていなかった 25 年前には考えられなかった全体像が描かれている．

もう 1 つの低分子 RNA は，miRNA と同様の大きさと機能をもつ**低分子干渉 RNA small interfering RNA（siRNA）**とよばれるものである．miRNA と siRNA は両方とも同じタンパク質と会合して同様の結果を生じる．実際に，siRNA 前駆体 RNA 分子を細胞に注入すると，細胞内の装置により siRNA に加工され，miRNA 機能と同様の機構により類似した配列をもつ遺伝子の発現を阻止する．miRNA と siRNA の違いは，大部分が 2 本鎖である前駆体 RNA の構造上の微妙な違いに基づくものである．siRNA による遺伝子発現の阻止は **RNA 干渉 RNA interference（RNAi）**とよばれ，研究室で遺伝子の発現を無効にして特定の遺伝子の機能を解析する手段として用いられる．

RNAi 経路はどのように進化したのだろうか．19.2 節で学ぶように，ある種のウイルスのゲノムは 2 本鎖 RNA である．細胞内の RNAi 経路は 2 本鎖 RNA を感知して関連する配列をもつ RNA 分子の分解を誘導することから，RNAi 経路はこの型のウイルス感染に対する自然の防御システムとして進化したと考えられる．しかし，RNAi 経路はウイルスに関係のない細胞の遺伝子の発現にも影響を与えることから，RNAi 経路に関する別の進化的な起源が反映されている可能性もある．さらに，哺乳類を含む多くの生物種では，siRNA などの低分子 RNA を産生するために長い 2 本鎖 RNA の前駆体を合成していることになる．こうした RNA 分子が生産されると，翻訳以外の遺伝子発現の段階にも干渉し得ることについては，次項で議論する．

図 18.15　セントロメアにおける染色体の凝集． ある種の酵母では，DNA 複製終了後に各々の染色分体のセントロメア領域で，siRNA と長鎖非コード RNA が協調して高度に凝縮したヘテロクロマチンを再構成する．

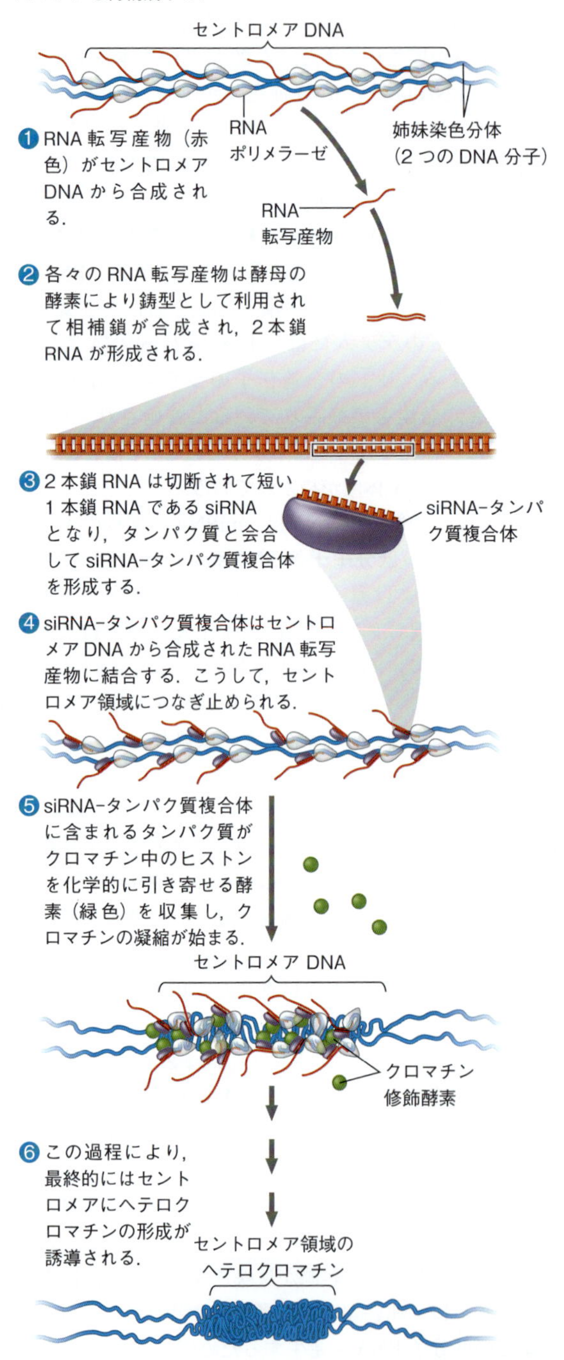

セントロメア DNA
RNA ポリメラーゼ
姉妹染色分体 (2 つの DNA 分子)
❶ RNA 転写産物（赤色）がセントロメア DNA から合成される．
RNA 転写産物
❷ 各々の RNA 転写産物は酵母の酵素により鋳型として利用されて相補鎖が合成され，2 本鎖 RNA が形成される．
❸ 2 本鎖 RNA は切断されて短い 1 本鎖 RNA である siRNA となり，タンパク質と会合して siRNA–タンパク質複合体を形成する．
siRNA–タンパク質複合体
❹ siRNA–タンパク質複合体はセントロメア DNA から合成された RNA 転写産物に結合する．こうして，セントロメア領域につなぎ止められる．
❺ siRNA–タンパク質複合体に含まれるタンパク質がクロマチン中のヒストンを化学的に引き寄せる酵素（緑色）を収集し，クロマチンの凝縮が始まる．
セントロメア DNA
クロマチン修飾酵素
❻ この過程により，最終的にはセントロメアにヘテロクロマチンの形成が誘導される．
セントロメア領域のヘテロクロマチン

クロマチン再編と ncRNA による転写への影響

mRNA の制御に加えて，低分子 ncRNA にはクロマチン構造の再編に働くものがある．セントロメアのヘテロクロマチン形成の例は，ある種の酵母の研究により見出されている．

細胞周期の S 期では，染色体の複製のためにセントロメア領域の DNA は開放されていなければならないが，次に細胞分裂のために凝縮されてヘテロクロマチンになる必要がある．ある種の酵母では，酵母細胞自身が生産した siRNA がセントロメア領域のヘテロクロマチンの再編に必要である．この過程の機構モデルを図 18.15 に示す．この過程の開始機構については厳密には議論の余地があるが，基本構想については生物学者の意見が一致している．酵母の siRNA 系は別の ncRNA およびクロマチン修飾酵素と相互作用し，セントロメアのクロマチンを凝縮させてヘテロクロマチンにする．大部分の哺乳類細胞の場合 siRNA の機能が知られていないため，セントロメアの DNA が凝縮する機構についてはわかっていない．哺乳類に関しては他の低分子 ncRNA の作用が見出されている．

新たに発見された，「piwi 結合 RNA」または「piRNA」とよばれる一群の低分子 ncRNA は，ヘテロクロマチンの形成を誘導して，トランスポゾンとして知られるゲノム中の寄生性の DNA 因子の発現を阻止する（トランスポゾンについては 21.4 節，21.5 節で検討する）．通常 24〜31 ヌクレオチドの長さの piRNA は 1 本鎖 RNA の前駆体から生成する．piRNA は多くの動物の生殖細胞で，配偶子形成の際にゲノム中の適切なメチル化パターンの再生に不可欠な役割を果たしている．

研究者は比較的多数の 200 ヌクレオチドから数千ヌクレオチドの**長鎖非コード RNA long noncoding RNA（lncRNA）**を発見しており，これらは特定の細胞で特定の時期に大量に発現する．このような lncRNA が働いている一例が，ほとんどの哺乳類の雌の個体で一方の X 染色体に乗っている遺伝子の発現を停止する X 染色体不活性化である（図 15.8 参照）．この場合，不活性化される方の X 染色体に乗っている *XIST* 遺伝子の転写産物である lncRNA が当該 X 染色体に結合して覆うことにより，染色体全体の凝集を誘導してヘテロクロマチンにする．

X 染色体不活性化のケースは染色体の大規模なクロマチン再構成に関与するものである．クロマチン構造は遺伝子の転写に影響を与えて発現を左右することから，RNA によるクロマチン構造の制御は遺伝子の発現制御に重要な役割を果たしている．さらに，lncRNA が骨組みとして働くことにより DNA とタンパク質と他の RNA を複合体に取り込む役割も果たすという仮説を支持する実験的証拠も得られている．こうした相互作用はクロマチンの凝縮に働くとともに，遺伝子のエンハンサーとプロモーターにメディエータータンパク質を誘導して遺伝子の発現を直接的に活性化する場合もある．

低分子 ncRNA の進化的重要性

進化 低分子 ncRNA はさまざまな段階で，さまざまな機構により遺伝子の発現を調節する．本節では真核生物の ncRNA に注目したが，低分子 ncRNA は CRISPR-Cas9 システムとよばれる細菌のウイルス感染に対する防御システムとしても利用されている（このシステムについては 19.2 節で詳しく学ぶ）．ncRNA の利用は長年にわたり進化したものだが，細菌の ncRNA と真核生物の ncRNA との関連については不明である．

真核生物の低分子 ncRNA の進化的な重要性は何だろうか．一般に，遺伝子発現を調節できる段階が増えると，より高次の複雑さをもつ形態への進化が可能となる．miRNA による発現調節が多才であることから生物学者が導く仮説によると，特定の生物のゲノムにより規定される異なる miRNA の数の増加が，進化的時間の経過とともに生物の形態的な複雑さが増大することを可能にしている．この仮説の評価は定まっていないが，すべての低分子 ncRNA を含む議論に発展していくと思われる．ゲノム配列の迅速な決定を可能とする驚異的な新技術（次世代シーケンサー）を活用して，特定の生物のゲノム中の ncRNA の遺伝子の数を推定することが可能になっている．さまざまな生物種のゲノムの調査により，最初は siRNA が関与し，miRNA が続き，次が動物にのみ見出される piRNA が関与するという考え方が支持されている．miRNA は数百種類存在する一方で，piRNA はおよそ 6 万種類存在することから，piRNA による非常に精巧な遺伝子発現制御の可能性が示唆されている．

ncRNA の広範な機能を考えると，これまでに調べられてきた ncRNA の多くが胚発生の過程で重要な役割を果たしていることは驚くことではない．胚発生には次節で触れる話題であるが，正確に調節される遺伝子発現の究極の事例と考えられる．

概念のチェック 18.3

1. miRNA と siRNA を比較し，その機能を含めて説明しなさい．
2. **どうなる？➤**図 18.14 で，分解される mRNA が多細胞生物中で細胞分裂を促進するタンパク質をコードしている場合，miRNA の遺伝子にこの mRNA 分解を誘導できなくなる突然変異が生じると何が起こるか．
3. **関連性を考えよう➤**哺乳類の雌が一方の X 染色体を不活性化するとき *XIST* RNA とよばれる lncRNA が関与することは，本節と 15.2 節で言及している．*XIST* RNA の転写と結合について記述し，バー小体の形成開始の機構についてモデルを提案しなさい．

（解答例は付録 A）

18.4

多細胞生物では遺伝子発現のプログラムの相違により異なる型の細胞が生じる

多細胞生物の胚発生の過程で，受精卵（接合子）からさまざまな種類の細胞が生じ，それぞれの細胞が異なる構造と相応の機能を有している．こうした細胞が組織を形成し，組織が器官を形成し，器官が器官系を形成し，器官系により生物個体が構成されている．このことから，発生プログラムによりさまざまな種類の細胞が特定の様式で 3 次元的に配置され，高レベルの構造が形成されていることは間違いない．植物と動物の発生過程については，それぞれ 35 章と 47 章で詳しく検討する．本章では，数種類の動物を例にとり，発生過程を統合して遺伝子発現を調節するプログラムについて集中的に調べていく．

胚発生の遺伝的プログラム

図 18.16 の写真には，カエルの受精卵とそこから発生したオタマジャクシとの劇的な形態の相違が示されている．このように顕著な形態の転換は，細胞分裂と細胞分化および形態変化という関連する 3 つの過程の結果生じたものである．体細胞分裂の連続により，受精卵から膨大な数の細胞が生じる．しかし，細胞分裂だけでは同じ細胞の大きな塊ができるだけでオタマジャクシにはならない．胚発生の過程で，細胞は数を増

▼図 18.16 **受精卵から動物へ：4 日間で何が変わったか．**受精卵 (a) が細胞分裂，分化，形態形成を経てオタマジャクシ (b) が誕生するまでに 4 日間が必要である．

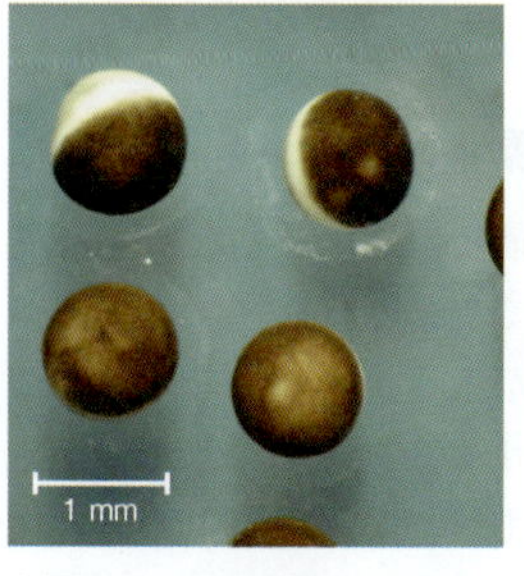
1 mm
(a) カエルの受精卵

2 mm
(b) 孵化したオタマジャクシ

すだけでなく，**分化 differentiation** とよばれる過程を経ることにより，各々の細胞が特殊化した構造と機能を有する細胞に変化していく．さらに，さまざまな種類の細胞が無作為に配置されるわけではなく，特定の3次元配置をもつ組織と器官に編成されていく．生物の個体に姿形を与える物理的過程を**形態形成 morphogenesis** といい，生物個体と構造を形成する発生の過程である．

3つの過程はすべて細胞の挙動の基盤となっている．生物の形を整える形態形成は，胚の各々の領域をつくり上げる細胞の形態，移動性，性質の変化に依存している．これまでに調べてきた通り，細胞の活性は細胞が発現する遺伝子と生産するタンパク質によって決まる．一個体の生物のほぼすべての細胞が同一のゲノムをもつので，各々の細胞種について個別に遺伝子が制御されることにより，遺伝子発現パターンの相違が生じている．

図 18.11 に単純化された図として示されているのは，肝細胞と水晶体の細胞という2種類の細胞の中で，遺伝子発現の相違が生じる機構である．このように完全に分化した細胞では，細胞に特異的な組み合わせで存在する特定の転写活性化因子が，その細胞に必要とされる産物をつくり出す一群の遺伝子の発現を誘導している．肝細胞も水晶体細胞も共通の受精卵から一連の細胞分裂を通じて発生しているという事実から，これらの細胞に異なる転写活性化因子のセットがどのようにして存在するようになったかという疑問が起こるのは必然だろう．

母親の細胞から卵に注入された物質が細胞分裂に伴って発動する一連の遺伝子発現調節プログラムを設定し，このプログラムにより胚発生の間に細胞の協調した分化が起こる．この過程について理解するために，2つの基本的な発生過程について検討していく．まず，初期胚の体細胞分裂から，各々の細胞が固有の細胞分化の経路を歩み始める相違点を発生させる過程について調査する．次に，筋肉の発生を例にとって，細胞の分化により特定の種類の細胞が生成する過程を調べていく．

細胞質決定因子と分化誘導シグナル

初期胚の中で細胞の間に最初の違いをもたらすものは何だろうか．発生の過程でさまざまな種類の細胞への分化を制御するものは何だろうか．これらの点については本章で学ぶことにより解答を導くことができるだろう．発生中の個体のさまざまな細胞の中で発現する特定の遺伝子が，発生の経路を定めている．初期胚には2つの情報源が存在し，それぞれが胚発生中のどの時期にどの遺伝子が発現するのかを「指示」している．

発生初期の重要な情報源の1つが卵細胞の細胞質であり，そこには母方の DNA にコードされる RNA とタンパク質の両方が含まれている．未受精卵の細胞質は均一ではない．多くの生物種では mRNA やタンパク質などの成分と細胞小器官が未受精卵の中に不均一に分布しており，この不均一性は将来の胚の発生に大きな意味をもつ．初期発生の進行に関与する卵の中の母性由来の物質は，**細胞質決定因子 cytoplasmic determinant** とよばれる（図 18.17 a）．受精直後の初

▼図 18.17　初期胚の発生情報の伝達．

(a) 卵の細胞質決定因子

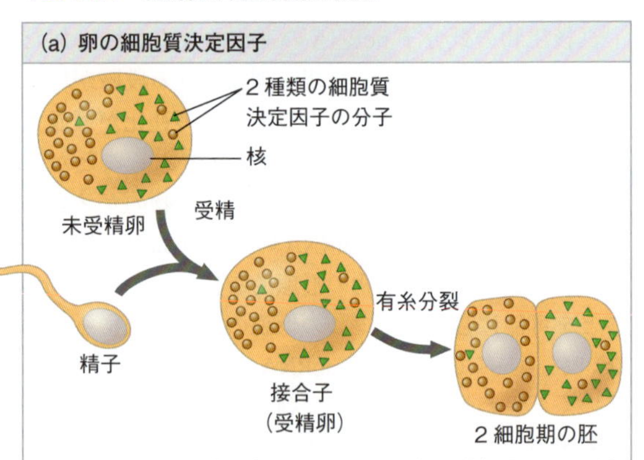
2種類の細胞質
決定因子の分子
核
未受精卵
受精
精子
接合子
（受精卵）
有糸分裂
2細胞期の胚

未受精卵の細胞質に含まれる分子は母親の遺伝子にコードされるものであり，発生に影響を与えるものがある．このような細胞質決定因子の多くは，卵の中に不均一に分布する（図には2種類の細胞質決定因子が示されている）．受精と細胞分裂が進むと，各々の細胞では初期胚の細胞核が接触する細胞質決定因子の濃度と組み合わせが異なるようになり，結果として細胞により異なる遺伝子群が発現する．

(b) 近傍の細胞による誘導

初期胚
（32 細胞）
核
シグナル変換経路
シグナル受容体
シグナル分子

初期胚の底部の細胞がシグナル分子を放出し，近傍の細胞の遺伝子発現の変化を誘導する．

期細胞分裂（卵割）により，受精卵の細胞質は別々の細胞に分配される．分裂した細胞の核が接触する細胞質決定因子は，それぞれの細胞が受精卵の細胞質のどの部分を受け継ぐかに依存して異なる．各々の細胞が受け取った特定の組み合わせの細胞質決定因子が，細胞分化の過程で細胞中の遺伝子の発現を調節し，細胞の発生運命を決定する．

もう1つの重要な発生上の情報源は特定の細胞を囲む環境であり，胚細胞の数が増えるに従ってその重要性が増加していく．最も大きく影響するのは，近傍の細胞から発せられて胚細胞に影響を与えるシグナルである．このようなシグナルには，隣接する細胞の表層分子との接触や，隣接する細胞から分泌された成長因子との結合などがある（11.1節参照）．このようなシグナル分子が標的細胞の変化を引き起こす過程は，**誘導 induction**とよばれる（図18.17 b）．シグナルを標的細胞内部に伝達する分子は，細胞表層の受容体と別のシグナル伝達タンパク質である．一般にシグナル分子は，細胞の遺伝子発現の変化を引き起こすことにより，細胞に特異的な発生経路を進行させ，最終的に外部から観察できる細胞の変化をもたらす．こうして，胚の細胞間の相互作用により多様な特殊化した細胞への分化が誘導され，新たな生物個体が形成される．

細胞分化における遺伝子発現

細胞の専門化に導く初期の変化は非常に微妙で，分子レベルで現れる．胚の中で進行している分子機構についてほとんどわかっていなかった時代に，生物学者は胚細胞が不可逆的に特殊化した細胞への変化を始める時点に対して**決定 determination**という用語を設定した．分化決定された細胞を実験的に胚の別の場所に移した場合も，細胞はすでに運命づけられた通りの種類の細胞に分化する．分化決定は細胞が発生運命に到達する過程であり，胚の組織や臓器の発生が進むにつれて，構造も機能も著しく異なる細胞に変化していく．

現在では，分化決定という用語は分子機構の観点から理解されている．観察可能な細胞分化である分化決定の結果は，「組織特異的タンパク質」の遺伝子の発現により特徴づけられる．組織特異的タンパク質は特定の種類の細胞にだけ存在するタンパク質であり，細胞に特徴的な構造と機能を付与する．細胞分化の過程で最初に見出される現象は，組織特異的タンパク質のmRNAの出現である．細胞分化の結果，最終的には顕微鏡により細胞構造の変化として観察できるようになる．分子レベルでは，前駆体細胞の分裂により生じた新たな細胞で，異なる組み合わせの遺伝子が正確に調節されて順次発現する．細胞分化の過程では多くの段階で遺伝子発現が制御され，特に転写の制御が共通している．完全に分化した細胞では，適切な遺伝子の発現を維持するための主要な制御ポイントだけ転写の調節が行われている．

分化した細胞は組織に特異的なタンパク質を生産するようになる．たとえば，転写制御の結果として，肝細胞だけがアルブミンを生産し，水晶体細胞は専門的にクリスタリンを生産する（図18.11参照）．脊椎動物の骨格筋の細胞もわかりやすい例である．骨格筋細胞は，単一の細胞膜の中に多数の核を含む長大な繊維状細胞である．骨格筋細胞は筋肉特異的な収縮性のタンパク質であるミオシンとアクチンを高濃度に含み，神経細胞からの信号を検出する膜受容体タンパク質を備えている．

胚の中で筋細胞に分化する前駆体細胞は，筋細胞以外にも軟骨細胞や脂肪細胞などの多数の細胞種へと分化する能力をもっているが，特定の条件下で筋細胞へと分化するように発生運命が決定される．決定された細胞は，顕微鏡下では変化がないように見えるが，この時点ですでに「筋芽細胞」となっている．筋芽細胞はやがて筋肉特異的タンパク質の大量生産を開始し，互いに融合して伸長し，成熟した多核の筋細胞を形成する．

研究者は胚性前駆体細胞の培養と，20.1節で学習する分子生物学的技術を応用して発生運命決定の過程を分子レベルで解析している．一連の実験では，まずさまざまな遺伝子をクローニングし，次にクローニングされた遺伝子をそれぞれ別々の胚性前駆体細胞で発現させ，筋芽細胞や筋細胞へと分化する細胞を探索した．こうして，骨格筋細胞へと発生運命を決定するタンパク質をコードする，いわゆる「マスター調節遺伝子」がいくつか同定された．こうして，筋細胞への発生運命決定の分子機構が1個または複数のマスター調節遺伝子の発現であることが明らかとなった．

筋細胞分化への発生運命の決定がどのように起こるか詳細に理解するため，*myoD*とよばれるマスター調節遺伝子について詳しく調べていく．*myoD*遺伝子はマスター調節遺伝子の名にふさわしい遺伝子である．MyoDタンパク質はマスター調節遺伝子としての資格を備えている．*myoD*遺伝子にコードされるMyoDを用いて，完全に分化した脂肪細胞や肝細胞などの筋肉以外のいくつかの細胞を筋細胞に変換できることが研究者により示されている．しかし，なぜMyoDはすべての種類の細胞には効かないのだろうか．可能性としては，筋特異的な遺伝子の活性化はMyoDだけに

▼図 18.18　**筋細胞の発生運命決定と細胞分化.** 初期胚の前駆体細胞から遺伝子発現パターンの変化の結果として筋細胞が生じる（この図では遺伝子活性化の過程は大幅に簡略化されている）.

❶ **発生運命決定.** 他の細胞からのシグナルにより，*myoD* とよばれるマスター調節遺伝子の発現が誘導され，活性化因子として働く特異的な転写因子である MyoD タンパク質が生産される．筋芽細胞とよばれるようになった細胞は，この時点で骨格筋細胞になるように不可逆的に運命づけられる．

❷ **細胞分化.** MyoD タンパク質は *myoD* 遺伝子自体の発現をさらに促進するとともに，別の筋特異的転写因子をコードする遺伝子を活性化し，次々に筋タンパク質の遺伝子を活性化する．MyoD はさらに細胞周期を抑制する遺伝子を発現させて細胞分裂を停止させる．分裂しない筋芽細胞は融合し，多数の核をもつ成熟した筋細胞となり，筋繊維とよばれるようになる．

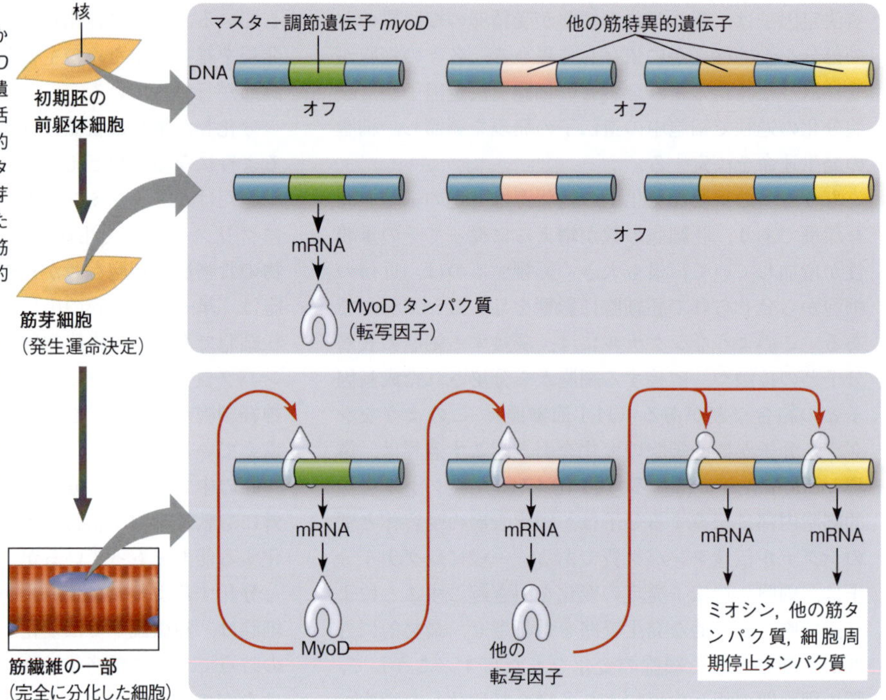

核
初期胚の
前駆体細胞
筋芽細胞
（発生運命決定）
筋繊維の一部
（完全に分化した細胞）
マスター調節遺伝子 *myoD*
他の筋特異的遺伝子
DNA
オフ
オフ
mRNA
オフ
MyoD タンパク質
（転写因子）
mRNA
MyoD
mRNA
他の
転写因子
mRNA
mRNA
ミオシン，他の筋タンパク質，細胞周期停止タンパク質

どうなる？➤ *myoD* 遺伝子に突然変異が起こり，生産される MyoD タンパク質が *myoD* 遺伝子自身を活性化することができなくなった場合，何が起こるか．

依存しているわけではなく，特定の調節タンパク質の「組み合わせ」が必要であり，MyoD に応答しない細胞にはそれが欠けていることが考えられる．筋以外の組織の発生運命決定と細胞分化も同様の過程により進行すると考えられる．次々に積み重なる実験的証拠により支持されている仮説によると，MyoD のようなマスター調節タンパク質は，特定の領域のクロマチンを展開することにより実際に機能する．このため転写装置が接触できるようになり，細胞の種類に特異的な次の遺伝子群が活性化されると考えられる．

筋細胞への分化の分子機構はどうなっているだろうか．MyoD タンパク質は転写因子であり（図 18.9 参照），さまざまな標的遺伝子のエンハンサー中の特異的な制御配列に結合して，発現を誘導する（図 18.18）．MyoD の標的遺伝子には，別の筋特異的な転写因子をコードするものもある．さらに，MyoD は *myoD* 遺伝子自身の発現も活性化して，細胞を分化した状態に維持する効果を持続する正のフィードバックの例でもある．MyoD によって活性化されるすべての遺伝子には MyoD により認識される制御配列を含むエンハンサーが存在し，MyoD により協調して制御されると考えられる．最終的に，MyoD によって誘導された二次転写因子がミオシンやアクチンなどのタンパク質の遺伝子を活性化し，骨格筋細胞に特有の性質を付与する．

受精卵の中で異なる調節プログラムにより活性化する遺伝子発現により，細胞が異なる細胞や組織に分化する過程について調べてきた．しかし，生物個体全体として組織が効果的に機能するためには，3 次元的な細胞の配置である「ボディープラン」が確立され，分化の過程と協調して進行しなければならない．次項では，よく研究されたショウジョウバエを例にとって，ボディープランの確立の分子機構について調べていく．

パターン形成：ボディープランの確立

細胞質決定因子と分化誘導シグナルの双方が発生過程で働き，生物体の組織と器官がすべて特有の位置を占めることにより 3 次元的に組織化している．この過程は**パターン形成 pattern formation** とよばれる．

新しいビルの正面と裏口と両側面の位置をビルの建設を始める前から決めておくのと同様に，動物の主要な軸が確立する初期胚の時期に動物のパターン形成が始まる．左右対称の動物では臓器が出現する前に，頭部と尾部，左側と右側，腹側と背中側の相対的な位置関係という主要な3つの体軸が確立する．パターン形成を調節する分子の情報は，まとめて**位置情報 positional information** とよばれ，細胞質決定因子および分化誘導シグナルにより提供される（図 18.17 参照）．これらの因子やシグナルは個々の細胞に体軸に対する相対的な位置と隣接細胞の情報を提供し，その細胞および子孫の細胞が将来の分子シグナルにどのように応答するかを決定する．

20 世紀前半に，古典的な発生学者はさまざまな生物の胚発生について詳細に解剖学的な観察を行い，胚の組織を操作する実験を繰り返した．こうした研究は発生の機構を理解するための基礎となっているが，発生を誘導する特定の分子を見つけ出すことはなく，ボディープランのパターンを確立する機構を解明することもなかった．

1940 年代に科学者はショウジョウバエの発生過程を解析するため，突然変異体を用いる遺伝学的手法を採用し，鮮やかな成功を納めた．遺伝学的な研究法により発生を制御する遺伝子の存在が立証され，特定の分子が胚の中での位置を定義し細胞分化を指令する過程で重要な役割を果たすことが理解されるようになった．解剖学，遺伝学，生化学を組み合わせたショウジョウバエの発生の研究により，ヒトを含む多くの生物に共通する発生の原理が発見された．

▼図 18.19　ショウジョウバエの生活環の主要な発生過程．

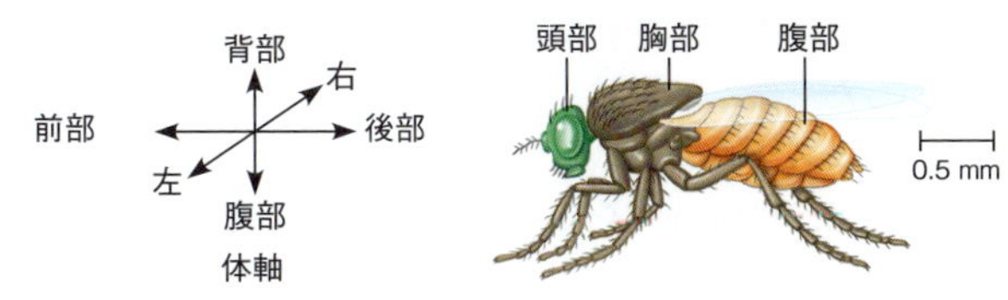
背部
右
前部
後部
左
腹部
体軸
頭部
胸部
腹部
0.5 mm

(a) **成虫**．成虫のハエの体は分節化していて，頭部，胸部，腹部の3つの主要部は複数の分節がまとまって構成されている．体軸が矢印で示されている．

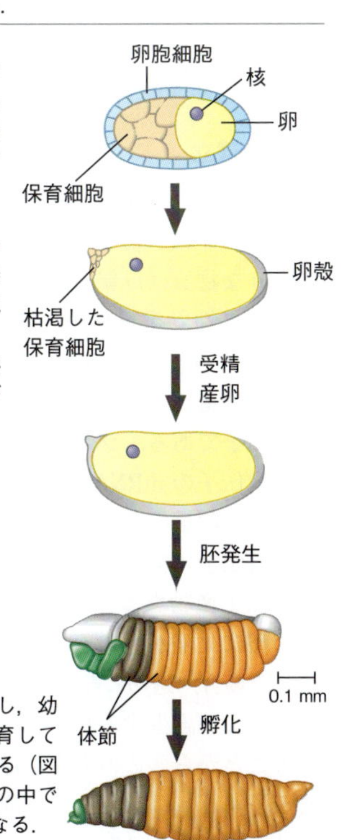
卵胞細胞
核
卵
保育細胞
卵殻
枯渇した
保育細胞
受精
産卵
胚発生
0.1 mm
体節
孵化

❶ **発生中の卵細胞**．1個の卵胞（卵巣の中にたくさんある）．黄色の卵細胞は支持細胞（卵胞の細胞）に包まれている．

❷ **成熟した未受精卵**．発生中の卵細胞は保育細胞から栄養分と mRNA を供給されて肥大し，保育細胞は縮小する．最終的には，卵胞細胞が分泌した卵殻を成熟した卵細胞が満たすようになる．

❸ **受精卵**．母親の体内で卵が受精し，産卵される．

❹ **分節化した胚**．受精卵から分節化した胚が発生する．

❺ **幼虫**．胚は幼虫へと発生し，幼虫は，1齢，2齢，3齢と生育して3齢の幼虫はさなぎを形成する（図には示していない）．さなぎの中で幼虫は変態して成虫（a）となる．

(b) **卵から幼虫への発生**．

ショウジョウバエの生活環

ショウジョウバエなどの節足動物は，体節が連なったモジュール構造を有している．これらの体節により，頭部，胸部（翅と脚が生えている中央部分），腹部という主要な3つの部分が構成されている（図 18.19 a）．左右対称な動物の例にもれず，ショウジョウバエも前後軸（頭部–尾部），背腹軸（背部–腹部）および左右軸を有している．ショウジョウバエでは，未受精卵に局在する細胞質決定因子が，受精前から前後軸と背腹軸の配置に必要な位置情報を提供している．ここでは，前後軸の確立に関与する分子について調べていく．

ショウジョウバエの卵細胞は雌の卵巣内で発生し，保育細胞とよばれる卵巣細胞が隣接し，さらにいわゆる卵胞細胞に取り囲まれている（図 18.19 b 上）．これらの細胞は，卵細胞に栄養素，mRNA など発生に必要な物質を供給し，卵殻を形成する．卵細胞が受精して産卵されると胚発生が始まって体節をもつ幼虫が孵化し，幼虫は3齢の幼虫期を過ごす．次に，毛虫が蝶になるのとよく似た過程により，ハエの幼虫はさなぎを形成し，変態して図 18.19 a に示すような成虫のハエになる．

初期発生の遺伝的解析：科学的研究

1940 年代に，先見の明のあった米国の生物学者エドワード・B・ルイス Edward B. Lewis は，ショウジョウバエの胚発生について遺伝的手法を活用した研究方法の価値を最初に示した．ルイスは発生過程の異常により，余分の翅または脚が誤った部位に生じる奇妙な突然変異体のハエについて研究を行った（図 18.20）．ルイスはハエの遺伝的マップにこの突然変異の遺伝子座を記載し，このような発生過程の異常が特定の遺伝子により引き起こされることを示した．この研究により，発生学者により観察されてきた発生過程に，遺伝

▼図 18.20　ショウジョウバエの異常なパターン形成． ホメオティック遺伝子の突然変異により，動物の器官が異常な場所に発生する．この例では，変異体のハエの頭部の触角の位置から脚が伸びている（着色 SEM 像）．

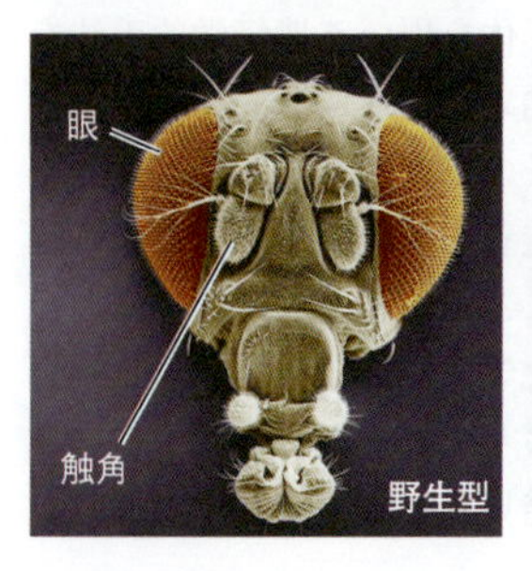
眼
触角
野生型

触角の代わりに脚
変異体

子がなんらかの形で直接関与していることを示す確固たる証拠が得られた．ルイスがこのことを発見した遺伝子は**ホメオティック遺伝子 homeotic gene** とよばれ，後期胚，幼虫および成虫のパターン形成を制御することが判明している．

初期胚発生におけるパターン形成に関する新たな進展がないまま約 30 年が経過し，2 人のドイツの研究者クリスチアーネ・ニュスライン＝フォルハルト Christiane Nüsslein-Volhard とエリック・ヴィーシャウス Eric Wieschaus が，ショウジョウバエの分節形成に関与するすべての遺伝子を同定するプロジェクトに着手した．このプロジェクトは 3 つの困難に直面した．第 1 の困難は対象となるショウジョウバエの遺伝子の数そのものであり，現在では全部で約 1 万 4000 個存在することが知られている．その中の体節形成に関与する遺伝子は，干し草の山の中の数本の針のようなものかもしれず，またあまりにも多種多様で科学者にはそれと気がつかないかもしれなかった．第 2 の困難は，体節形成のような生命の根本的な過程に関与する遺伝子の突然変異はほぼ確実に**胚性致死 embryonic lethal** であり，その変異体は胚または幼虫期に死亡することである．胚性致死変異の個体は繁殖できないため，研究のために飼育することは不可能である．研究者は胚性致死の問題に対処するために，劣性の突然変異を探索した．劣性変異のヘテロ接合体のハエは，表現型が正常なキャリアーであるため繁殖可能である．第 3 の困難は，卵の中の細胞質決定因子が体軸形成に重要な役割を果たすことが知られていたため，研究者は胚の遺伝子と同様に母親の遺伝子も調べる必要があったことである．そこで発生中の受精卵に前後軸が確立される過程に焦点を絞り，母親の遺伝子の関与について考察していく．

ニュスライン＝フォルハルトとヴィーシャウスは，ハエの配偶子に影響を与える突然変異誘発性の化学物質を作用させることにより，体節形成遺伝子の探索を開始した．突然変異誘発処理したハエを交配させ，次にそのハエの子孫の中から胚または幼虫期に体節の異常などの欠陥が現れて死亡したものを探索した．たとえば，前後軸を設定する遺伝子を発見するために，2 つの頭部や 2 つの尾部をもつなどの末端部が異常な胚や幼虫を探した．このような異常は，子孫の頭部と尾部を正しく確立するのに必要な母親の遺伝子に突然変異が起こることにより生じると予想された．

このような研究手法により，ニュスライン＝フォルハルトとヴィーシャウスは，最終的に胚発生の過程でパターン形成に不可欠な遺伝子を約 1200 個同定した．このうち約 120 個は正常な体節の形成に必須である．数年の間に彼らは体節形成遺伝子を一般的な機能により分類し，染色体上の位置を突き止めた．さらに後の研究により多くのパターン形成遺伝子がクローニングされた．この結果は，ショウジョウバエのパターン形成の初期段階に関する詳細な分子的機構の理解につながった．

ニュスライン＝フォルハルトとヴィーシャウスの研究結果が以前のルイスの研究と結びついたとき，ショウジョウバエの発生に関する首尾一貫した図式を描くことができるようになった．彼らの発見は広く認められ，3 人は 1995 年にノーベル賞を授与された．次に，ニュスライン＝フォルハルトとヴィーシャウスのグループが見出した遺伝子を個別に見ていこう．

体軸の確立

前述の通り，卵の中の細胞質決定因子はショウジョウバエの体軸の初期の確立に関与する物質である．このような物質は母親の遺伝子にコードされていることから，母性効果遺伝子とよばれる．**母性効果遺伝子 maternal effect gene** とは，母親が変異型である場合，その子は遺伝子型にかかわらず変異型の表現型が現れる遺伝子である．ショウジョウバエの発生では，母性効果遺伝子の mRNA またはその産物のタンパク質が，雌ハエの卵巣中で卵の中に配置される．雌ハエの母性効果遺伝子に突然変異が生じた場合，雌ハエが変異型の遺伝子産物をつくる（またはまったくつくらない）ため卵に欠陥が生じることになる．このような卵が受精した場合，適切に発生を進行させることはできない．

卵および誕生するハエの体の方向性（極性）を制御することから，このような母性効果遺伝子は「卵極性遺伝子」ともよばれる．一群の卵極性遺伝子は胚の前後軸を確立し，別の一群の遺伝子が背腹軸を確立する．体節形成遺伝子の突然変異と同様に，母性効果遺伝子

▼図 18.21　ショウジョウバエの発生における *bicoid* 遺伝子の効果．野生型のショウジョウバエの幼虫には頭部と３節の胸部（T）と８節の腹部（A）および尾部がある．母親が変異型の *bicoid* 遺伝子を２本もつときに発生する幼虫は前部構造が欠失し，両端が尾部となる（光学顕微鏡写真）．

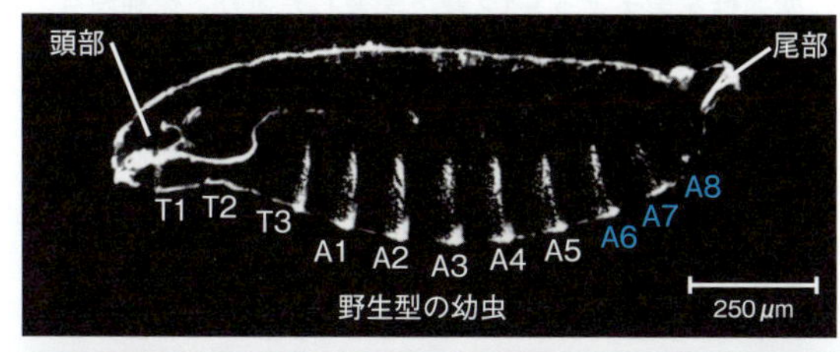
頭部
尾部
T1 T2 T3
A1 A2 A3 A4 A5 A6 A7 A8
野生型の幼虫
250 μm

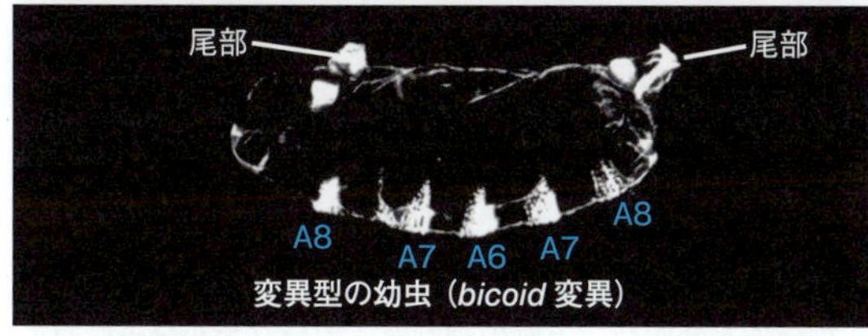
尾部
尾部
A8 A7 A6 A7 A8
変異型の幼虫（bicoid 変異）

の突然変異もほとんどが胚性致死となる．

ビコイド：頭部構造を決定するモルフォゲン　母性効果遺伝子が子孫の体軸を決定する過程について解析するため，母性効果遺伝子の１つであり，「２つの尾」を意味する**ビコイド *bicoid*** とよばれる遺伝子を集中的に調べてみよう．変異型 *bicoid* 対立遺伝子をもつ雌から生じる胚や幼虫は，体の前半部が欠損し，両端に尾部構造が形成される（図 18.21）．ニュスライン＝フォルハルトらは，この表現型から，雌の *bicoid* 遺伝子産物はハエの前部の確立に必須であり，将来胚の頭部となる部分に集中すると考えた．この仮説は，１世紀ほど前の発生学者により最初に提案された「モルフォゲン勾配仮説」の好例である．この仮説では，**モルフォゲン morphogen** とよばれる物質の勾配により胚の軸および形態が確立されるとする．

DNA テクノロジーおよび最新の生化学的研究手法により，*bicoid* 遺伝子産物である Bicoid タンパク質が実際にハエの前端部を決定するモルフォゲンであるかどうか調べることが可能となった．最初の疑問は，*bicoid* 遺伝子の mRNA とタンパク質のどちらが卵の中でモルフォゲン勾配仮説に一致する分布を示すかであった．実験により，成熟した卵細胞の前端への高度な濃縮を示すのは *bicoid* mRNA であることが観察された（図 18.22）．卵が受精すると，mRNA はタンパク質に翻訳される．Bicoid タンパク質は前部から後部に向かって拡散し，初期胚中では最も濃い前端から後部にかけて薄くなるタンパク質の勾配が形成された．この結果は Bicoid タンパク質がハエの前端を指定する役割を担うという仮説と一致する．この仮説を具体的に検証するため，科学者は精製された *bicoid* mRNA を初期胚のさまざまな部位に注入した．その結果，mRNA の翻訳により生じたタンパク質のため，注射した部位から前部構造が形成されることが観察された．

bicoid 遺伝子に関する研究成果はいくつかの理由で画期的である．第１に，パターン形成の初期の段階に必要な特異的タンパク質の同定につながったことである．このことは，卵の各々の領域が異なる発生経路をたどる細胞を生じる過程を理解するうえで大きなポイントとなった．第２に，胚発生の初期段階において，

▼図 18.22

研究　Bicoid タンパク質はショウジョウバエの前端を決定するモルフォゲンか

実験　ショウジョウバエの発生に関して遺伝的解析法を用いることにより，ドイツの２つの研究機関のクリスチアーネ・ニュスライン＝フォルハルトらは，*bicoid* 遺伝子の研究を行った．彼らは，正常な *bicoid* 遺伝子は胚の前端（頭部）を指定するモルフォゲンをコードしているという仮説を立てた．この仮説の検証を始めるため，分子生物学の手法を用いて *bicoid* 遺伝子の mRNA とコードされるタンパク質が，野生型のハエの受精卵および初期胚のどの部分に局在しているのかを観察した．

結果　*bicoid* mRNA（光学顕微鏡および図の濃青色）は未受精卵の前端部に限局されている．発生が進むと Bicoid タンパク質（濃橙色）が初期胚の前端部の細胞に集中するのが観察される．

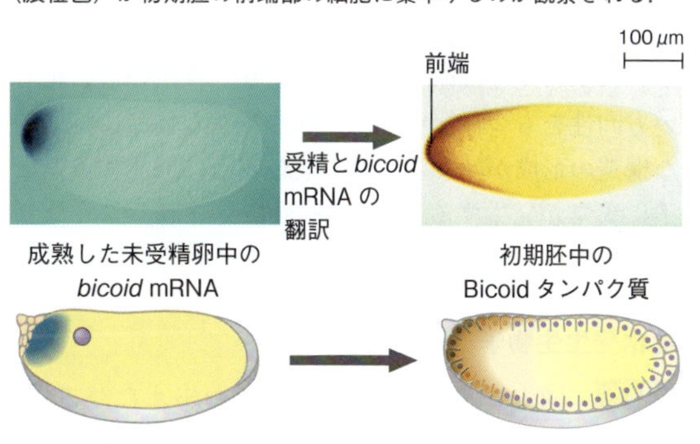
100 μm
前端
受精と bicoid mRNA の翻訳
成熟した未受精卵中の bicoid mRNA
初期胚中の Bicoid タンパク質

結論　*bicoid* mRNA の局在と初期胚中の Bicoid タンパク質の拡散勾配は，Bicoid タンパク質が頭部特異的な構造の形成を指定するモルフォゲンであるという仮説を支持している．

さらに知りたい人へ：C. Nüsslein-Volhard et al., Determination of anteroposterior polarity in *Drosophila*, *Science* 238:1675-1681 (1987); W. Driever and C. Nüsslein-Volhard, A gradient of Bicoid protein in *Drosophila* embryos, *Cell* 54:83-93 (1988); T. Berleth et al., The role of localization of *bicoid* RNA in organizing the anterior pattern of the *Drosophila* embryo, *EMBO Journal* 7:1749-1756 (1988).

どうなる？➤研究者はさらに証拠を得るため，*bicoid* 遺伝子が働かない変異体の母親から生まれた卵の前端に *bicoid* mRNA を注入した．この仮説が支持されるとすれば，どのような結果が得られた場合か．

母親が重要な役割をもつことに関する理解が進んだことである．最後に，発生学者の当初の仮説通りに，モルフォゲン分子の勾配が体の極性と位置を決定するという原理が，多くの生物種について発生の主要な概念であることが証明されたことである．

多くの生物種において，卵の中に配置される母親のmRNAが発生過程に決定的に重要な役割を果たす．ショウジョウバエでは，母親のmRNAにコードされる特異的なタンパク質が前部と後部を決定し，背側と腹側を確立する．また，ハエの初期胚の生育により遺伝子発現の胚発生プログラムが開始した時点で，母親のmRNAは分解されなければならない（この過程にはショウジョウバエなどのmiRNAが関与している）．次に，胚の遺伝子にコードされる位置情報がさらに細かいスケールで機能することにより，特定の数の正しい方向性をもつ体節が確立され，各々の体節に特徴的な構造の形成が始まる．この最終段階に機能する遺伝子に異常が発生すると，図18.20に見られるような異常な成虫のパターン形成が引き起こされる．

進化発生生物学（進化発生学）

進化　図18.20の写真の頭部に脚が生えたハエは，ホメオティック遺伝子とよばれる遺伝子の単一の変異の結果として生じたものである．この遺伝子は触角の構成タンパク質をコードしてはいないが，他の遺伝子群を制御する転写因子をコードしているため，この遺伝子の機能不全は器官の誤配置を引き起こし，触角の代わりに脚が生えるようなことが起こる．発生中の遺伝子の制御の変化がこのような体構造の劇的な変化を引き起こすことを観察した科学者の中には，このような型の変異が新たな体構造を生み出すことが進化に貢献してきた可能性を考慮する人もいる．究極的には，このような研究から進化の観点で発生生物学をとらえる学問分野が生じた．この「進化発生学（エボデボ evo-devo）」とよばれる新分野については21.6節で学習する．

本節では，精密に編成された連続的な遺伝子発現調節プログラムにより，受精卵の多細胞生物への変換が制御される過程について調べてきた．この遺伝子発現調節プログラムは，正しい場所で分化に必要な遺伝子の発現誘導と他の遺伝子の発現停止のバランスを精密にとっている．生物の個体発生が完了したときも，遺伝子の発現は同様に精密な機構により調節される．本章の最終節では，数個の特定の遺伝子の発現の変化によりがんの発生が誘導される過程を調べていくことにより，遺伝子の発現がどれほど精密に調節されているかを考察する．

概念のチェック 18.4

1. **関連性を考えよう➤**12章で学習した通り，体細胞分裂では親細胞と遺伝的に同一な2つの娘細胞が生じる．しかし，あなたは多数の体細胞分裂によって発生したにもかかわらず，同一の受精卵のような細胞だけからできているわけではない．なぜか．
2. **関連性を考えよう➤**胚の細胞から放出されたシグナル分子が，細胞内に侵入することなく隣接する細胞の変化を誘導する機構について説明しなさい（図11.15，図11.16を参照）．
3. ショウジョウバエの母性効果遺伝子が卵や胚の極性を決定する機構は何か．
4. **どうなる？➤**図18.17bでは，下側の細胞がシグナル分子を合成し，上側の細胞がこのシグナル分子に対する受容体を発現している．遺伝子の発現調節と細胞質決定因子の点から，これらの細胞が異なる分子を合成するようになる機構について説明しなさい．

（解答例は付録A）

18.5

細胞分裂周期の制御に影響する遺伝的変異によりがんが発生する

12.3節では，細胞の増殖を正常に制限する制御機構から逸脱する一連の細胞の疾患ががんであると考えてきた．これまで遺伝子発現とその調節の分子機構について考察してきたことから，ここではがんについてより詳細に調べていく準備が整った．がん細胞では正しく働かなくなっている遺伝子の発現調節システムは，胚発生，免疫応答などさまざまな生体の作用の中で重要な機能を果たしているシステムと同じものである．したがって，がんの分子機構に関する研究は，生物学の多くの分野に有益な情報をもたらしてくれる．

がんに関連する遺伝子のタイプ

細胞周期を通じて細胞の生育と分裂を正常に制御する遺伝子には，成長因子，成長因子受容体および細胞内シグナル伝達系路をコードする遺伝子が含まれている（細胞シグナル伝達については11.2節，細胞周期の制御については12.3節を参照）．こうした遺伝子のいずれかが体細胞中で変化する突然変異はがん化を誘導する．このような変異がランダムな自然突然変異により引き起こされることもある．しかし，がんの原因

▼図 18.23 **遺伝的変化によりがん原遺伝子ががん遺伝子に転換する.**

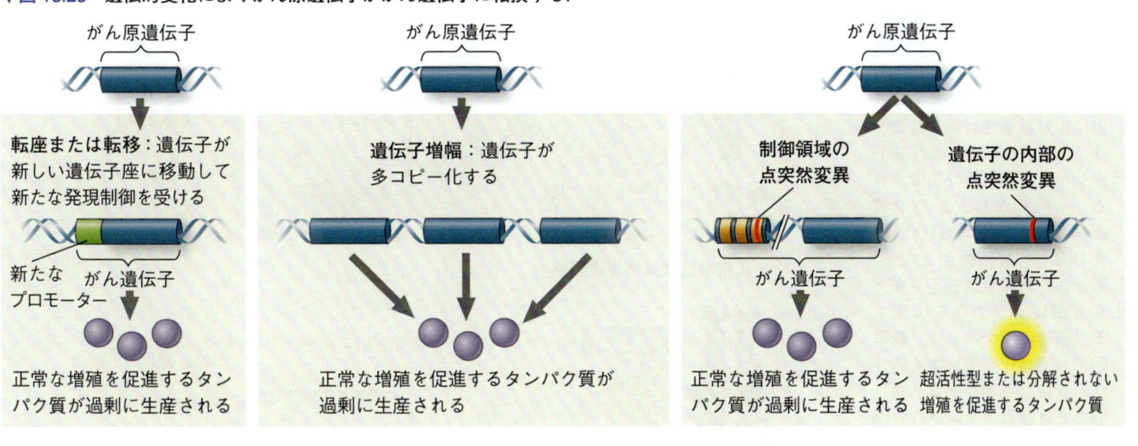
がん原遺伝子
転座または転移：遺伝子が新しい遺伝子座に移動して新たな発現制御を受ける
新たなプロモーター
がん遺伝子
正常な増殖を促進するタンパク質が過剰に生産される
がん原遺伝子
遺伝子増幅：遺伝子が多コピー化する
正常な増殖を促進するタンパク質が過剰に生産される
がん原遺伝子
制御領域の点突然変異
遺伝子の内部の点突然変異
がん遺伝子
がん遺伝子
正常な増殖を促進するタンパク質が過剰に生産される
超活性型または分解されない増殖を促進するタンパク質

となる突然変異の多くは，化学的な発がん物質，X 線などの高エネルギー電磁波，ある種のウイルスなどの環境の影響により生じると考えられる．

がんの研究の進展により，**がん遺伝子（発がん遺伝子）oncogene**（「腫瘍」を意味するギリシャ語 *onco* に由来する）とよばれる，がんを引き起こす遺伝子がある種のウイルスから発見された．その後，ウイルスのがん遺伝子に対応する遺伝子が，ヒトなどの動物のゲノムから見出された．動物の細胞に存在する正常型の遺伝子は**がん原遺伝子 proto-oncogene** とよばれ，正常細胞の生育と分裂を促進するタンパク質をコードしている．

正常細胞に不可欠の機能をもつがん原遺伝子が，どのようにしてがんを引き起こすがん遺伝子に変化するのだろうか．一般に，がん原遺伝子のタンパク質産物の量を増加させるか，またはタンパク質の活性を増大させる遺伝的変異によりがん遺伝子が生じる．がん原遺伝子をがん遺伝子に転換する遺伝的変異は，ゲノム中の DNA の転移，がん原遺伝子の増幅，がん原遺伝子の発現調節領域またはがん原遺伝子内部の点突然変異の 3 つに分類される（図 18.23）．

切断された後に誤って再結合された染色体や，染色体の一部がある染色体から別の染色体に転移した染色体が，がん細胞からしばしば見出される（図 15.14 参照）．これまでに遺伝子の発現制御について学んできたことから，このような転移の結果どのようなことが起こるか理解できるだろう．転移したがん原遺伝子が特に強いプロモーター（または転写制御領域）の近傍に配置されると，転写量が増大してがん遺伝子に変貌する．第 2 の主要な遺伝的変異は遺伝子増幅であり，遺伝子が複製を繰り返すことにより細胞内のがん原遺伝子のコピー数が増加する（21.5 節で検討する）．第 3 の可能性は点突然変異であり，がん原遺伝子の発現を調節するプロモーターまたはエンハンサー中の点突然変異により，発現が増大する場合と，がん原遺伝子のコード配列中の点突然変異により，遺伝子産物のタンパク質が正常なタンパク質よりも高い活性をもつか，または分解されにくくなる場合が考えられる．このような変異は細胞分裂周期の異常な促進を引き起こし，細胞のがん化につながる．

細胞には，細胞分裂を正常に促進するタンパク質をコードする遺伝子ばかりではなく，正常な遺伝子産物が細胞分裂を抑制する遺伝子も含まれている．このような遺伝子は**がん抑制遺伝子 tumor-suppressor gene** とよばれ，コードされるタンパク質が制御不能な細胞の増殖を防ぐ役割を果たしている．がん抑制タンパク質の活性を減少させる突然変異は，抑制がなくなるため増殖促進効果をもたらし，細胞のがん化を助長すると考えられる．

がん抑制遺伝子がコードするタンパク質にはさまざまな機能をもつものがある．ある種のがん抑制タンパク質には，損傷した DNA を修復することにより，がんを引き起こす変異が蓄積するのを防ぐ機能がある．別のがん抑制遺伝子がコードするタンパク質は，細胞同士や細胞外マトリクスへの結合を調節する．細胞外マトリクスへの結合は，正常な組織中の適切な位置への細胞の固定というきわめて重要な機能に必要であり，この機能ががん細胞では欠失していることが多い．さらに，細胞分裂周期を抑制する細胞内シグナル伝達経路の成分タンパク質をコードするがん抑制遺伝子も存在する．

正常な細胞シグナル伝達経路への干渉

がん原遺伝子やがん抑制遺伝子にコードされるタン

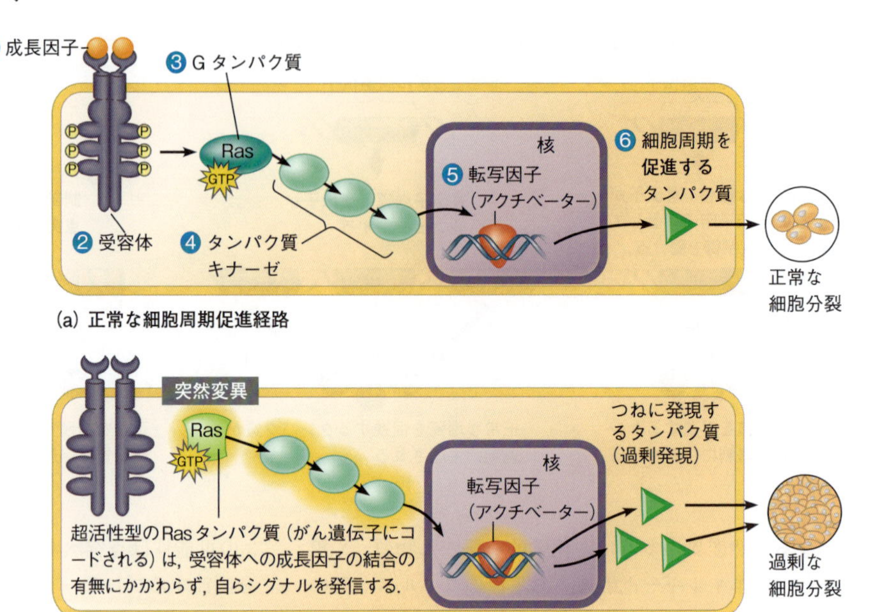

❶ 成長因子
❸ G タンパク質
Ras
GTP
❷ 受容体
❹ タンパク質キナーゼ
核
❺ 転写因子（アクチベーター）
❻ 細胞周期を促進するタンパク質
正常な細胞分裂
(a) 正常な細胞周期促進経路
突然変異
Ras
GTP
核
転写因子（アクチベーター）
つねに発現するタンパク質（過剰発現）
超活性型のRasタンパク質（がん遺伝子にコードされる）は，受容体への成長因子の結合の有無にかかわらず，自らシグナルを発信する．
過剰な細胞分裂
(b) 変異した細胞周期促進経路

➤図 18.24　**正常細胞と変異細胞の細胞周期促進経路．** (a) 正常細胞の細胞周期促進経路では，成長因子❶が細胞膜上の受容体❷に結合することにより誘導される．このシグナルはRasとよばれるGタンパク質❸により伝達される．一般的なGタンパク質と同様に，RasはGTPが結合したときに活性型となる．Rasは一連のプロテインキナーゼ❹にシグナルを伝達する．最後のキナーゼは，転写因子（活性化因子）❺を活性化し，細胞周期を促進する1個または複数のタンパク質❻の遺伝子の発現を促進する．(b) 突然変異によりRasなどのシグナル伝達経路の成分が異常に活性化した場合，過剰な細胞分裂が引き起こされ発がんに結びつく．

パク質の多くは細胞のシグナル伝達経路の成分である．このようなタンパク質の正常細胞における機能と，その機能ががん細胞の中ではどのように故障しているのか詳細に調べていこう．ここでは *ras* がん原遺伝子および *p53* がん抑制遺伝子という，2つの主要な遺伝子がコードするタンパク質について調べていく．ヒトのがん細胞の約30%では *ras* 遺伝子が変異しており，50%以上のがん細胞で *p53* 遺伝子が変異している．

***ras* 遺伝子 *ras* gene** にコードされるRasタンパク質（結合組織のがんである rat sarcoma にちなんで命名された）は，細胞膜上の成長因子（増殖因子）受容体から受け取ったシグナルをプロテインキナーゼのカスケードに伝達するGタンパク質である（図11.8，図11.10を参照）．このシグナル伝達経路による最終的な細胞応答は，細胞分裂周期を促進するタンパク質の合成である（図18.24 a）．このようなシグナル伝達経路は，通常は適切な成長因子に誘導されない限り作動しない．しかし，*ras* 遺伝子の特定の変異により生成する超活性型Rasタンパク質は，成長因子が存在しなくてもキナーゼカスケードを誘導して細胞分裂を促進してしまう（図18.24 b）．実際，シグナル伝達経路の成分のどれかが超活性型になるか過剰量存在するようになった場合，いずれも過剰な細胞分裂という同じ結果を引き起こす可能性がある．

図18.25 a では，細胞分裂周期を抑制するタンパク質の合成が細胞内シグナルにより誘導される経路を示す．この場合は，紫外線照射により生じた細胞DNAの損傷がシグナルとなる．このシグナル伝達経路が作動すると，DNA損傷が修復されるまで細胞分裂周期が停止する．さもないと，損傷したDNAが突然変異や染色体異常を引き起こし，がん化を起こすことになる．こうして，シグナル伝達経路の成分タンパク質の遺伝子ががん抑制遺伝子として働いている．***p53* 遺伝子 *p53* gene** は，分子量53 000ドルトンのタンパク質をコードしていることから *p53* とよばれるがん抑制遺伝子である．*p53* 遺伝子にコードされるタンパク質は，細胞分裂周期抑制タンパク質の合成を促進する特異的な転写因子である．このため，*p53* 遺伝子の機能を消失させる突然変異が発生すると，超活性型のRasタンパク質を生成する変異と同様に，過剰な細胞の増殖とがん化が引き起こされる（図18.25 b）．

p53 遺伝子は「ゲノムの守護神」ともよばれている．DNAの損傷などにより *p53* 遺伝子がひとたび活性化されると，生産されたp53タンパク質が複数の遺伝子の転写活性化因子として働く．p53タンパク質は *p21* とよばれる遺伝子を活性化し，生産されたp21タンパク質がサイクリン依存性キナーゼに結合することにより細胞周期を停止し，細胞がDNAを修復する時間を稼ぐ．さらに，p53タンパク質が一群のmiRNAの発現を活性化して細胞分裂周期を阻害することも観察されている．一方，p53タンパク質はDNA修復に関与する遺伝子の発現を直接誘導することもできる．最後に，DNAの損傷が修復不能であった場合，p53は「自殺」遺伝子を活性化して，プログラム細胞死を引き起

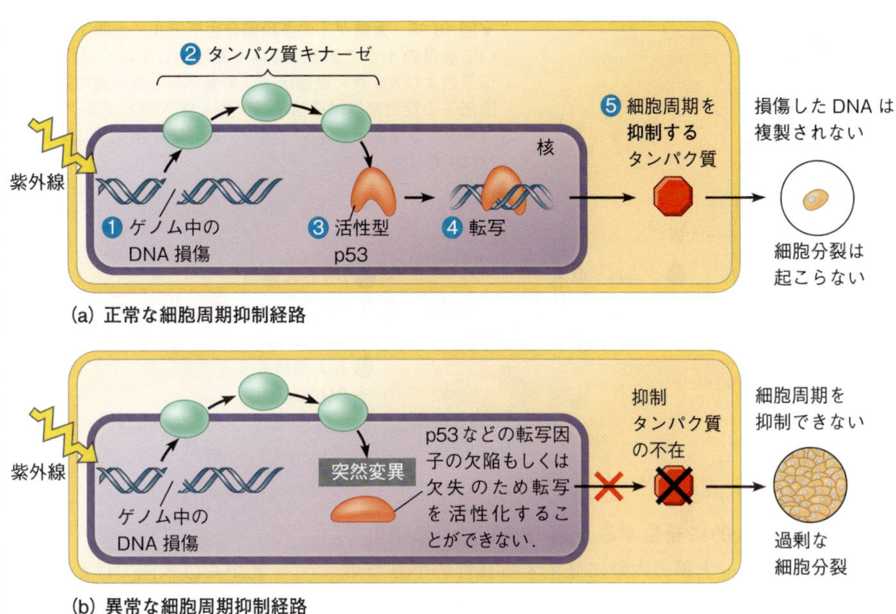

❷ タンパク質キナーゼ
紫外線
核
❶ ゲノム中の DNA 損傷
❸ 活性型 p53
❹ 転写
❺ 細胞周期を抑制するタンパク質
損傷した DNA は複製されない
細胞分裂は起こらない
(a) 正常な細胞周期抑制経路
紫外線
ゲノム中の DNA 損傷
突然変異
p53 などの転写因子の欠陥もしくは欠失のため転写を活性化することができない.
抑制タンパク質の不在
細胞周期を抑制できない
過剰な細胞分裂
(b) 異常な細胞周期抑制経路

➤図 18.25　正常細胞と変異細胞の細胞周期抑制経路. (a) 正常細胞の細胞周期抑制経路では，DNA 損傷❶が細胞内シグナルとなり，タンパク質キナーゼ❷を介して p53 の活性化❸を誘導する．活性化した p53 が転写を促進する遺伝子❹がコードするタンパク質❺は細胞周期を抑制する．細胞周期が抑制された結果，損傷を受けた DNA が複製されることがなくなる．DNA の損傷が修復できない場合は，p53 シグナルがプログラム細胞死（アポトーシス）を誘導する．(b) この経路の構成成分のいずれかに欠陥を生じる突然変異は，がんの発生に結びつくことになる．
❓ *p53* のようながん抑制遺伝子の異常によりがんを引き起こす突然変異は劣性と優性のどちらの可能性が高いか．説明しなさい．

こすタンパク質を合成する（アポトーシス；図 11.20 参照）．このように，p53 タンパク質は複数の方法で DNA 損傷による変異が次世代の細胞に伝えられるのを防いでいる．もし，*p53* がん抑制遺伝子の欠陥または欠失のような変異が発生し，細胞分裂を通じて変異が蓄積した細胞が生き残るようなことがあると，結果としてがんが生じる．p53 タンパク質のさまざまな機能から，正常な細胞の分裂制御に関する複雑な図式が示唆されるが，この機構については十分に理解されているとはいえない．

なぜゾウはめったにがんにならないか，という長年の疑問に焦点を当てた近年の研究により，*p53* の守護神としての役割がさらに強調されるようになるかもしれない．動物園のゾウを対象とした研究より，ゾウのがんの発生率は約 3%と見積もられ，発生率が 30%近いヒトとは大きな差がある．ゲノム配列解析により，ゾウのゲノムには 20 コピーの *p53* 遺伝子が存在することが明らかとなった．一方，ヒトなどの哺乳類はゾウに最も近縁な現存種のマナティーを含めてゲノム中の *p53* 遺伝子は 1 コピーである．これに深い理由があることは疑いなく，がん発生率の低さと余分な *p53* 遺伝子の関連について継続調査が行われている．

図 18.24 および図 18.25 は突然変異によりがんが発生する機構に関する最も詳しい図式であるが，特定の細胞ががん細胞に変化する機構についてはいまだに厳密にはわかっていない．遺伝子の発現調節に関してこれまでに知られていなかった機構の発見と，このような機構ががんの誘導に果たす役割の研究から多くの情報が得られている．たとえば，正常細胞とがん細胞では DNA メチル化とヒストン修飾のパターンが異なることが見出され，miRNA ががんの発生に関与していることが示唆されている．細胞のシグナル伝達経路に関する研究により私たちは多くのことを解明してきたが，まだまだ学ぶべきことがたくさん残っている．

がん発生の多段階モデル

完全ながん細胞としての特徴をすべて備えるためには，通常は体細胞に 2 つ以上の突然変異が起こることが必要である．このことは，年齢を重ねるごとにがんの発生率が徐々に増加する理由の説明になっている．突然変異の蓄積の結果ががんであり，生涯を通じて突然変異が発生し続けるならば，長生きするほどがんが発生しやすくなる道理である．

ヒトのがんの中で最もよく調べられている大腸がんの研究により，発がんの多段階モデルが支持されている．大腸がんは大腸または直腸に発生するがんであり，米国では毎年約 14 万人が大腸がんと診断され，約 5 万人が死亡している[*1]．ほとんどのがんと同様に，大

＊1（訳注）：日本では約 13 万 4000 人が大腸がんと診断され，約 4 万 8000 人が死亡している．肺がんに次いで第 2 位の死亡数であり，大腸がんは増加傾向にある．日本人は平均寿命が長いため，がんが死亡原因の第 1 位となっている．国立がん研究センター 2014 年統計より．

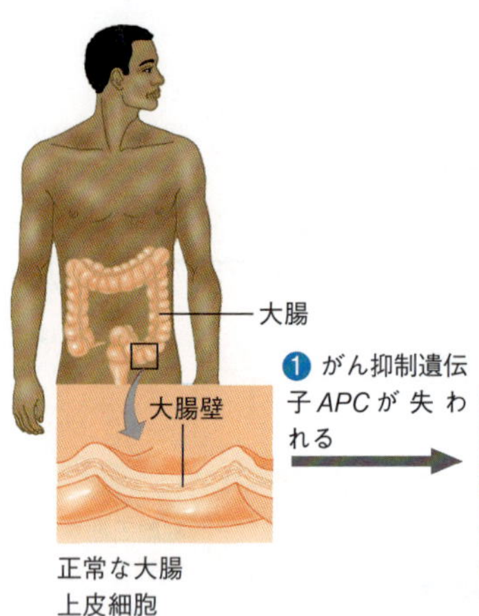
大腸
大腸壁
正常な大腸
上皮細胞

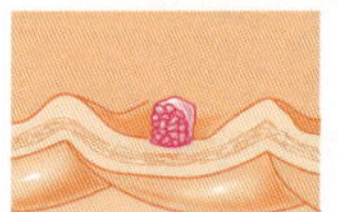
❶ がん抑制遺伝子 *APC* が失われる
小さな良性腫瘍
(ポリープ)

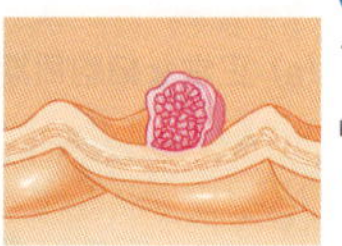
❷ *ras* がん遺伝子が活性化
❸ がん抑制遺伝子 *SMAD4* が失われる
大きな良性腫瘍
(腺腫)

❹ がん抑制遺伝子 *p53* が失われる
❺ さらに突然変異が積み重なる
悪性腫瘍
(がん)

▼**図 18.26　大腸がんの多段階発生モデル．** 大腸または直腸のがんは最もよく研究されている腫瘍の 1 つである．腫瘍が悪性化していく過程には，*p53* などの複数のがん抑制遺伝子および *ras* がん原遺伝子に影響を与える一連の遺伝的変化が並行している．がん抑制遺伝子の突然変異は遺伝子の欠失を伴うことが多い．*APC* 遺伝子の欠失は大腸腺腫様ポリープによく現れるものであり，*SMAD4* 遺伝子はアポトーシスを引き起こすシグナル伝達に関与する．

腸がんも段階的に発生する（図 18.26）．がん発生の最初の兆候は，大腸の内壁に発生する良性の小さなポリープ（腫瘍）である．ポリープの細胞は異常な頻度で分裂するが正常に見える．腫瘍は生育して徐々に悪性化し，他の組織に侵入するようになる．がん原遺伝子ががん遺伝子に転換し，がん抑制遺伝子が作動不能になる変異の段階的な蓄積が悪性腫瘍の発生と並行している．特に，*ras* がん遺伝子と *p53* がん抑制遺伝子の変異が，発がんに高頻度に関与している．

正常な細胞が完全にがん細胞に変化するためには，DNA レベルで 5〜6 個の変異が起こらなければならない．通常は，これらの変異には少なくとも 1 個のがん遺伝子と数個のがん抑制遺伝子の変異または欠失が含まれる．さらに，がん抑制遺伝子の変異型の対立遺伝子は多くが劣性であるため，がん抑制機能が無効になるまでには，細胞中のゲノムの両方の対立遺伝子が変異により機能を失わなければならない（一方，大部分のがん遺伝子は優性の対立遺伝子として挙動する）．このような変異が起こるべき順序および各々の変異の相対的な重要性については解析中である．

この型のがんの進行パターンの理解が進んだことから，大腸内視鏡検査などの定期的な検診を行い，疑わしいポリープを見つけたら切除することが推奨されている．検査法と治療法の進歩により，結腸直腸のがんの死亡率はこの 20 年間に減少している．他のがんに対する治療法も同様に進歩している．DNA や mRNA の配列決定技術の向上により，医学者がさまざまなタイプの腫瘍で発現する遺伝子群や，さまざまな人々に発生した同じタイプの腫瘍で発現する遺伝子群を比較分析することが可能になっている．こうした比較解析により，特定の個人の腫瘍に関する分子的特徴をもとにした個別の治療法の策定が行われるようになっている．

乳がんは米国ではがんの罹患率第 2 位であり，女性に限れば第 1 位である．毎年，約 23 万人の女性（わずかな男性を含む）が乳がんに襲われ，約 4 万人が死亡している（全世界では 45 万人が死亡）[*2]．乳がんを理解するうえで問題になるのはその多様性であり，型によって大きく性質が異なることである．乳がんの型による相違を見極めることにより，治療法の改善と死亡率の低下が期待できる．米国国立衛生研究所（NIH）が後援するがんゲノムアトラス研究ネットワーク（The Cancer Genome Atlas Network：TCGA）は，2012 年に多数の研究チームが分子的な特徴に基づいて乳がんの亜型の特徴をゲノム科学の面から解析した結果を公表した．そこでは，乳がんの 4 つの主要な型が記述されている（図 18.27）．現在では，どの乳がんの腫瘍についても特定のシグナル受容体の存在を検索することが標準的な手順となり，乳がんの患者は内科医とともに乳がんの型に関する情報を得てから治療法を選択するようになっている．

遺伝的な体質と環境要因の発がんへの関与

がん細胞の発生に多数の遺伝的変異が必要とされる事実から，特定のがんに罹りやすい家族が存在するという観察事実を説明することができる．がん遺伝子またはがん抑制遺伝子の変異型対立遺伝子を受け継いでいる人は，このような変異をもたない人に比べて，がんの発生に必要な変異の蓄積に 1 段階近い立場にある．

特定のがんに罹りやすい体質の早期検出を可能とす

＊2（訳注）：日本でも女性のがんの罹患率第 1 位は乳がん．年間 7 万 4000 人が罹患し，1 万 3000 人が死亡している．国立がん研究センター 2014 年統計による．

るため，遺伝学者は遺伝性のがんの対立遺伝子の同定に取り組んでいる．たとえば，大腸がんの約15%には遺伝性の変異が関与している．このような人の多くは，「家族性大腸ポリープ症（adenomatous polyposis coli：APC)」とよばれるがん抑制遺伝子が変異している（図18.26参照）．この遺伝子は，細胞の移動および接着の制御など多くの機能をもっている．大腸がんの家族歴のないがん患者についても，その約60%は*APC*遺伝子が変異している．このような患者には，*APC*遺伝子の機能が失われる前に，両方の*APC*対立遺伝子に新たな変異が生じたはずである．現在のところ，大腸がんのわずか15%しか既知の変異に関連するものが見つかっていないことから，この型のがんが発生する危険性の予測を可能にする「マーカー」をさらに同定していくための努力が続けられている．

乳がんの広い認知と重要性を考えると，乳がんが遺伝的要因の役割が解析された最初のがんであることも驚くことではない．乳がん患者の5～10%が強い遺伝性の体質によることを示す証拠が得られている．遺伝学者のメアリークレア・キング Mary-Claire King は，1970年代半ばからこの問題に取り組んでいる．

16年間の研究結果に基づいて，*BRCA1*遺伝子の突然変異が乳がんの発症率の上昇に関連していることを説得力のあるデータとともに発表し，当時の医療界の研究の主流となった（*BRCA*は乳がん breast cancer に由来している）．遺伝性の乳がんの少なくとも半数には*BRCA1*遺伝子または関連する*BRCA2*遺伝子に変異が見出されるが，DNA塩基配列の検査によりこの変異を検出することもできる．変異型の*BRCA1*対立遺伝子を受け継いでいる女性の約60%が50歳以前に乳がんを発症するが，正常な*BRCA1*対立遺伝子のホモ接合体の人の乳がん発症率はわずか2%である．

*BRCA1*遺伝子と*BRCA2*遺伝子は両方とも野生型の対立遺伝子が乳がんに対する防御となっている点と，変異型の対立遺伝子が劣性であることから，*BRCA1*, *BRCA2*遺伝子はがん抑制遺伝子であると考えられる（基底細胞様乳がんの細胞のゲノムから普遍的に*BRCA1*遺伝子の変異が見出されることに注意．図18.27参照）．BRCA1タンパク質とBRCA2タンパク質は両方ともDNA損傷の修復経路で機能すると考えられる．BRCA2タンパク質については，他のタンパク質と結合して，両方のDNA鎖に生じた切断を修復することがわかっている．この過程は，細胞のDNAを無傷に保持するためにきわめて重要である．

DNAの切断が発がんに寄与することから，DNAに損傷を与える可能性のある太陽光の紫外線やタバコの煙に含まれる化学物質などへの接触を最小限にすることにより，発がんのリスクを減らすことが可能である．図18.27に示されるように，特定のがんに対する新たなゲノム科学に基づいた分析は，がんの初期診断と腫瘍の鍵となる遺伝子の発現に干渉する治療法の開発の双方に役立つ．このような研究は，最終的にはがんによる死亡率を下げることが期待できる．

がんに対するウイルスの役割

家族性のがんや一般のがんに関係する遺伝子の研究により，遺伝子の正常な発現調節の崩壊が引き金となってがんが生じる機構についての基礎的な理解が深まる．本節で記述した突然変異や他の遺伝的変化に加えて，「がんウイルス」がヒトなどの多くの動物にがんを引き起こすことがある．がんの発生機構の理解に関する最も初期の大発見の1つは，1911年の米国の病理学者ペイトン・ラウス Peyton Rous によるニワトリにがんを引き起こすウイルスの発見である．感染性の単核球症を引き起こすエプスタイン・バーウイルス（EBウイルス）については，特にバーキットリンパ腫などのヒトの数種類のがんとの関連が指摘されている．パピローマウイルスは子宮頸がんと密接な関連があり，HTLV-1ウイルスはある種の成人の白血病を引き起こす．ヒトのがんの約15%についてウイルスがなんらかの役割を果たしていると推定される．

当初，ウイルスはがんの原因となる突然変異とはまったく関係ないように思われた．しかし，現在ではウイルスの遺伝物質が細胞のDNAに組み込まれると，何通りかの機構により遺伝子の発現調節に干渉することが明らかとなっている．染色体に組み込まれたウイルス核酸は細胞にがん遺伝子を提供し，がん抑制遺伝子を破壊し，がん原遺伝子をがん遺伝子に転換する．p53などのがん抑制遺伝子のタンパク質を不活性化するタンパク質を生産するウイルスも存在し，細胞ががんに変換しやすくなる．ウイルスは強力な生物的因子であり，その機能について19章で詳しく検討する予定である．

概念のチェック 18.5

1. がんを誘発する突然変異は，がん原遺伝子にコードされるタンパク質の活性に対する場合と，がん抑制遺伝子にコードされるタンパク質に対する場合で与える影響が異なる．説明しなさい．
2. どのような状況であれば，がんに遺伝性の要因があると考えられるか．

▼図 18.27 関連性を考えよう

ゲノミクスと細胞シグナル伝達とがん

現代医学は全ゲノム遺伝子研究と細胞のシグナル伝達の融合により，乳がんなどの多くの病気の治療法を転換している．研究者はマイクロアレイ分析（図 20.13 参照）などの技術を活用して，数百個の乳がんのサンプルについてすべての遺伝子の mRNA 転写産物の量を測定した．その結果，細胞の生育と分裂の制御に関与する以下の３つのシグナル受容体の発現の相違により，乳がんを４つの亜型に分類した．

・エストロゲン受容体 α（ERα）
・プロゲステロン受容体（PR）
・チロシンキナーゼ受容体とよばれる受容体の１種 HER2（図 11.8 参照）

（ERα と PR はステロイド受容体；図 11.9 参照）これらの受容体の欠失や過剰発現は細胞シグナル伝達の異常を引き起こし，がんの形成に結びつく不適切な細胞分裂の原因となることがある（図 18.24 参照）．

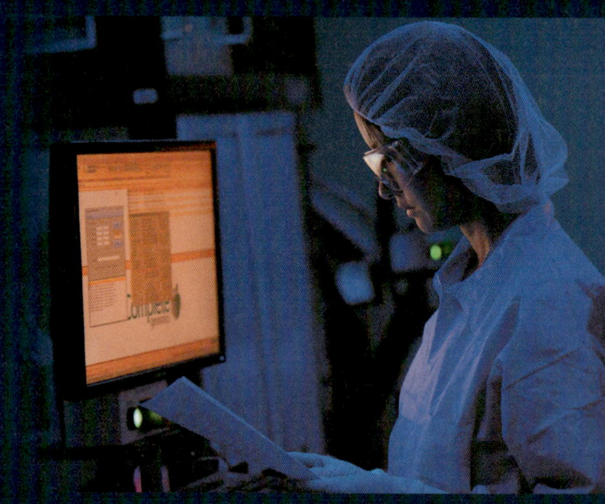

▲ 乳がん細胞の DNA 配列情報を調べる研究者

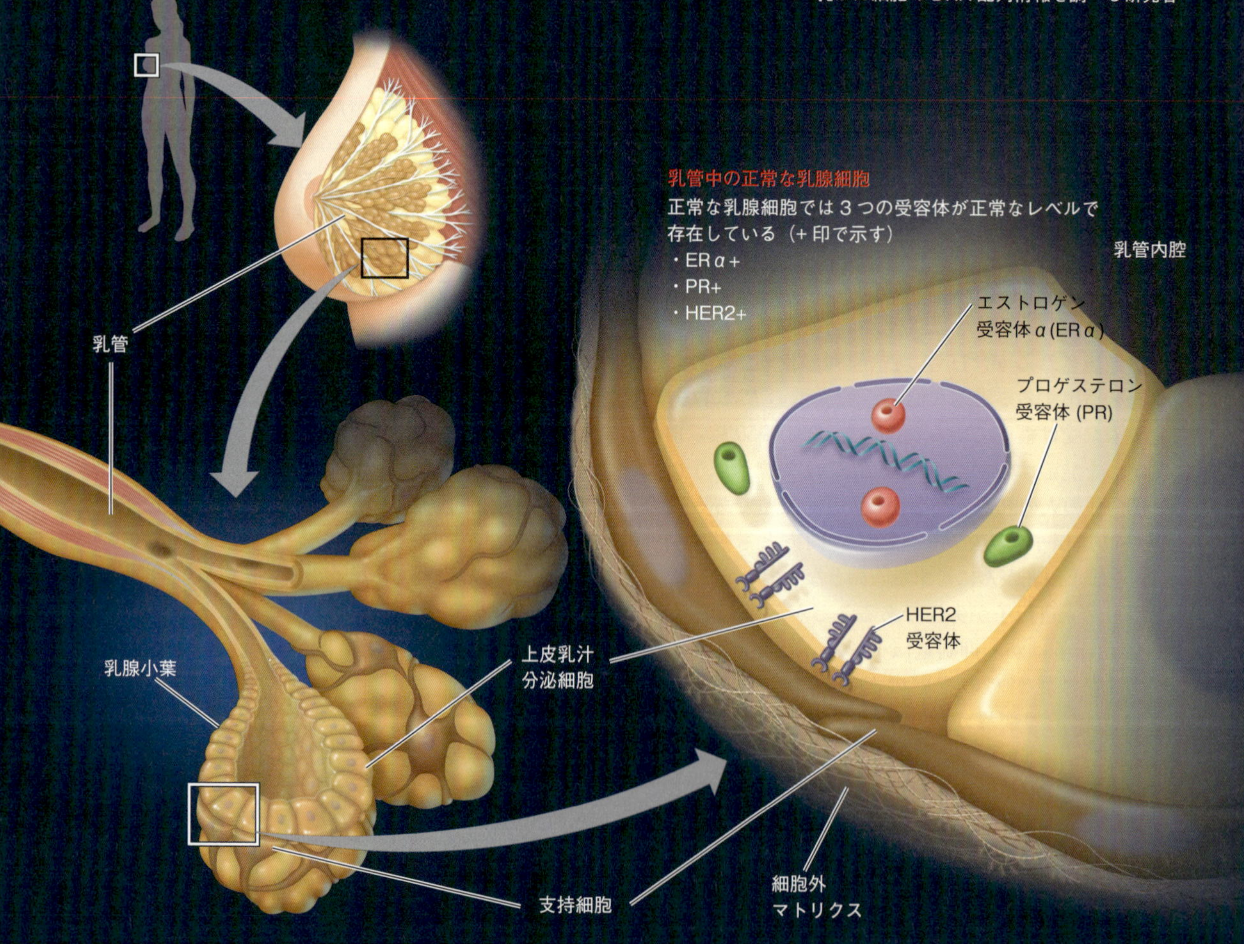
乳管中の正常な乳腺細胞
正常な乳腺細胞では３つの受容体が正常なレベルで存在している（＋印で示す）
・ERα＋
・PR+
・HER2+
乳管内腔
エストロゲン受容体 α（ERα）
プロゲステロン受容体（PR）
HER2 受容体
乳管
乳腺小葉
上皮乳汁分泌細胞
支持細胞
細胞外マトリクス

乳がんの亜型

各々の乳がんの亜型は，3つのシグナル受容体（ERα，PR，HER2）の過剰発現（++ または +++ で示す）または欠失（- で示す）のパターンにより分けられる．乳がんの特定の亜型に適合して設定することにより，乳がんの治療法が効果的になっている．

管腔 A　管腔 B

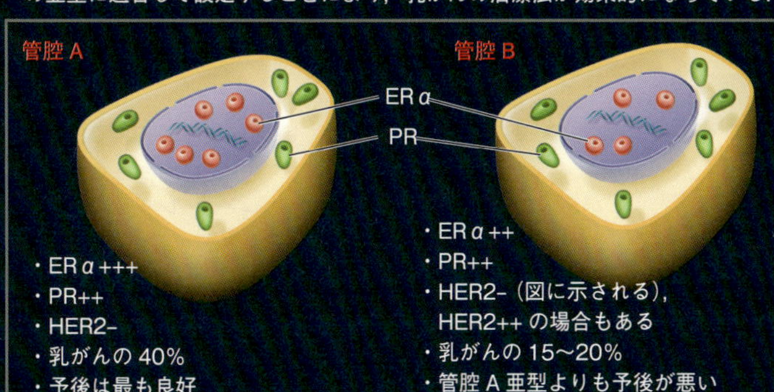
ERα
PR

・ERα +++
・PR++
・HER2-
・乳がんの 40%
・予後は最も良好

・ERα ++
・PR++
・HER2-（図に示される），HER2++ の場合もある
・乳がんの 15～20%
・管腔 A 亜型よりも予後が悪い

管腔亜型は両方ともERα（管腔 A のほうが管腔 B よりも多い）とPR が過剰発現し，通常は HER2 の発現が欠失している．どちらもERαを標的として不活性化する薬剤を用いて治療することができる．最も有名な薬剤はタモキシフェンである．これらの亜型はエストロゲンの合成を阻害する薬剤を用いて治療することもできる．

基底細胞様

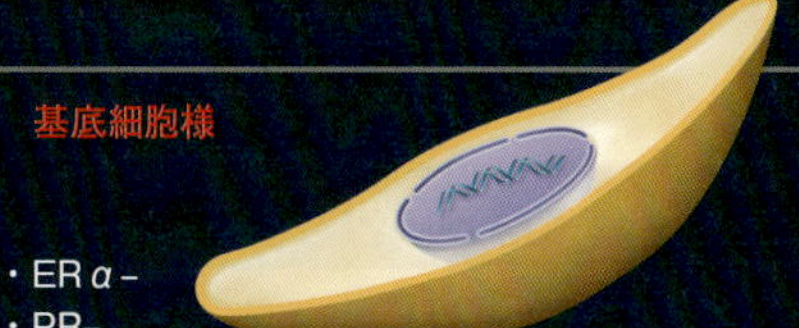

・ERα -
・PR-
・HER2-
・乳がんの 15～20%
・攻撃的．他の亜型よりも予後不良

基底細胞様亜型は「三重欠失」であり，ERα，PR，HER2 がいずれも発現しない．この亜型では，がん抑制遺伝子 *BRCA1*（18.5 節参照）が変異していることが多い．ER，PR，HER2 を標的とする治療はいずれも効果がないが，新たな治療法が開発中である．現状では，この亜型の患者には生育が早い細胞を選択的に破壊する細胞障害性化学療法が行われる．

HER2

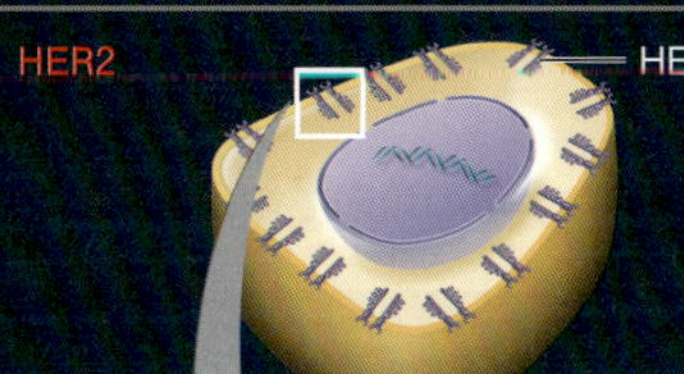
HER2

・ERα -
・PR-
・HER2++（図に示される）HER+の場合もある
・乳がんの 10 ～15%
・管腔 A 亜型よりも予後が悪い

HER2 亜型では HER2 が過剰発現している．ERα も PR も正常レベルには発現しないため，これらの受容体を標的とする治療には細胞が反応しない．HER2 亜型の患者には HER2 を不活性化する抗体のハーセプチンを用いて治療することが可能である（12.3 節参照）．

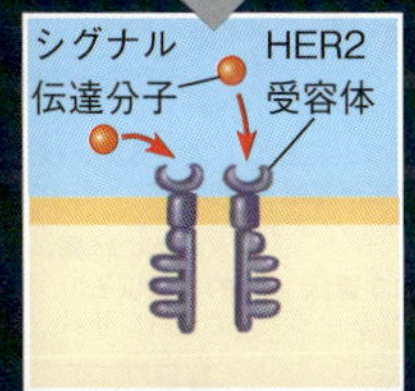
シグナル
伝達分子
HER2
受容体

❶ 成長因子などのシグナル伝達分子が HER2 受容体の単量体（単一の受容体タンパク質）に結合する．

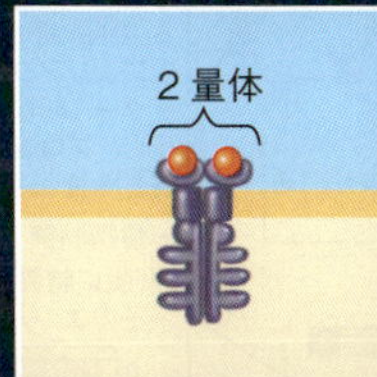
2 量体

❷ シグナル伝達分子の結合により2個の受容体が会合して2量体を形成する．

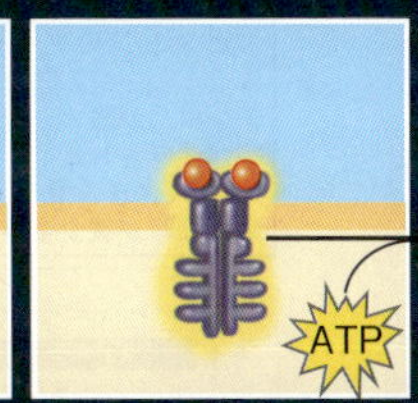
ATP

❸ 2量体の形成により各々の単量体が活性化する．

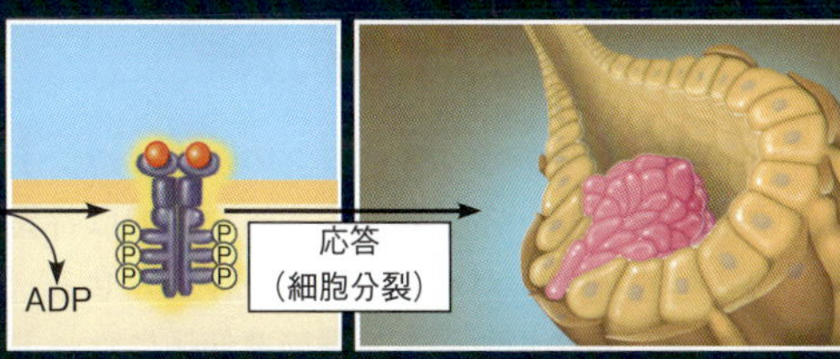
ADP
P
応答
（細胞分裂）

❹ 各々の単量体が ATP を用いてリン酸基を相手の分子に結合することにより，シグナル伝達経路が活性化する．

❺ シグナルが細胞全体を変換して細胞応答を引き起こし，この場合は細胞分裂を起こす遺伝子を活性化する．HER2 亜型の細胞には正常細胞に比べて HER2 受容体が 100 倍も存在するため，制御不能の細胞分裂が引き起こされる．

HER2 亜型に対するハーセプチンを用いた治療

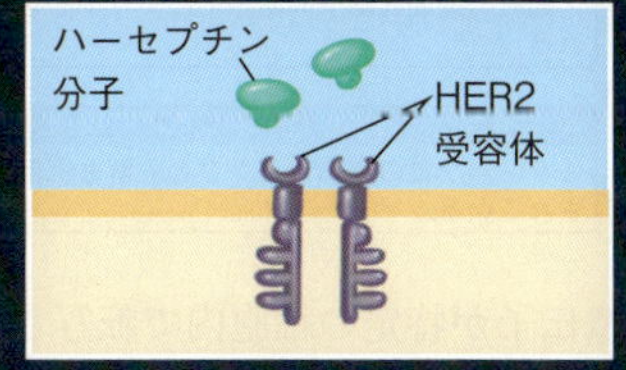
ハーセプチン
分子
HER2
受容体

❶ 薬剤のハーセプチンがシグナル伝達分子の代わりに HER2 受容体に結合する．

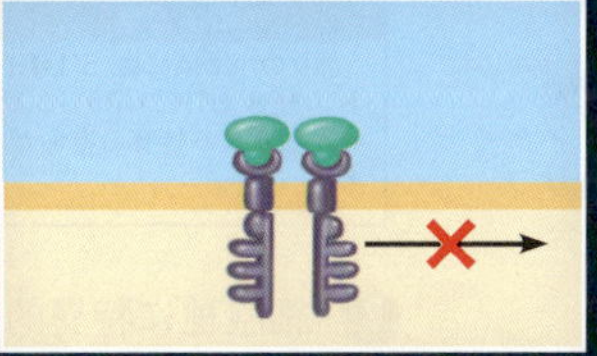

❷ HER2 亜型の患者は，シグナル伝達が阻止されるため過剰な細胞分裂が起こらなくなる．

関連性を考えよう➤正常な乳腺細胞と乳がんの細胞の遺伝子発現を比較したとき，研究者はシグナル受容体をコードする遺伝子で発現が最も顕著な差異を示したものを見つけ出した．11 章と 12 章および本章で学んだ事項から，本実験の結果が予想できるものであった理由を説明しなさい．

3. **関連性を考えよう➤**p53 タンパク質はアポトーシスに関与する遺伝子を活性化することができる．11.5 節を参照し，アポトーシスに機能するタンパク質をコードする遺伝子への突然変異が発がんに結びつく機構について考察しなさい．

(解答例は付録 A)

18 章のまとめ

重要概念のまとめ

18.1

細菌は転写の制御により環境変化に対応する

- 酵素活性の調節と酵素をコードする遺伝子の発現調節により，細胞内の代謝が制御されている．細菌では，複数の遺伝子が連なって，単一のプロモーターによって隣接する複数の遺伝子の発現が制御される**オペロン**を形成していることが多い．DNA の**オペレーター**部位はオペロンの発現のオン・オフを制御しており，その結果複数の遺伝子の発現が協調して調節される．

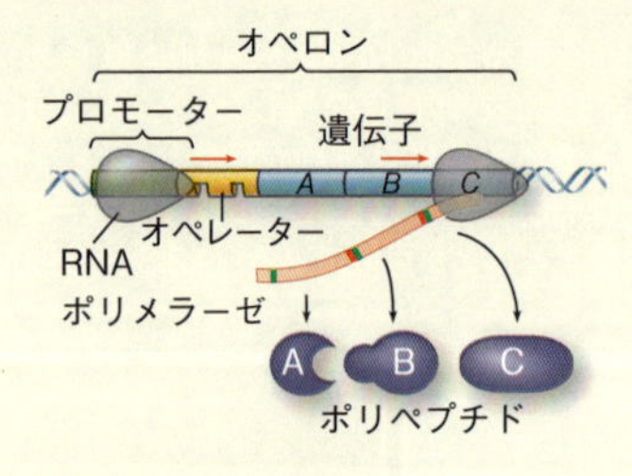

オペロン
プロモーター
遺伝子
A
B
C
オペレーター
RNA
ポリメラーゼ
A
B
C
ポリペプチド

- 抑制的オペロンと誘導的オペロンの双方で遺伝子の負の制御が働いている．各々のオペロンでは特異的な**リプレッサー**タンパク質が転写を停止させる（リプレッサーは別の場所にある**調節遺伝子**にコードされている）．抑制性オペロンでは，リプレッサーは**コリプレッサー**と結合しているときが活性であり，最終的な生産物が同化過程に関与することが多い．

抑制性オペロン：

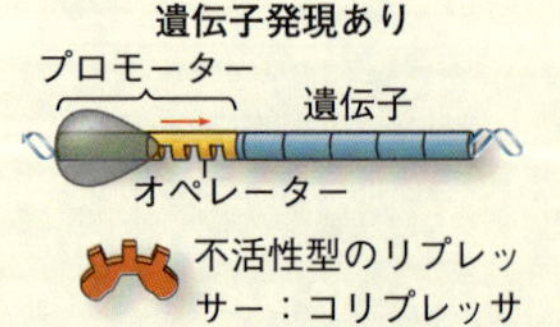

遺伝子発現あり
プロモーター
遺伝子
オペレーター
不活性型のリプレッサー：コリプレッサーが存在しない

遺伝子発現なし

活性型のリプレッサー：コリプレッサー結合

コリプレッサー

- 誘導的オペロンでは，本来は活性型のリプレッサーに**インデューサー（誘導物質）**が結合するとリプレッサーを不活性化して，オペロンの発現がオンになる．誘導酵素は異化過程に関与することが多い．

誘導性オペロン：

遺伝子発現なし

プロモーター

オペレーター

遺伝子

活性型のリプレッサー：インデューサーが存在しない

遺伝子発現あり
不活性型のリプレッサー：インデューサー結合
インデューサー

- 促進的な**アクチベーター（活性化因子）**タンパク質により，正の遺伝子発現制御が起こるオペロンが知られている．**サイクリック AMP（cAMP）**により cAMP 受容体タンパク質（CRP）がプロモーター内の特定の領域に結合して転写を促進する．

? オペロンの負の制御に関して，コリプレッサーとインデューサーの機能を比較対照しなさい．

18.2

真核生物の遺伝子発現は多数の段階で制御される

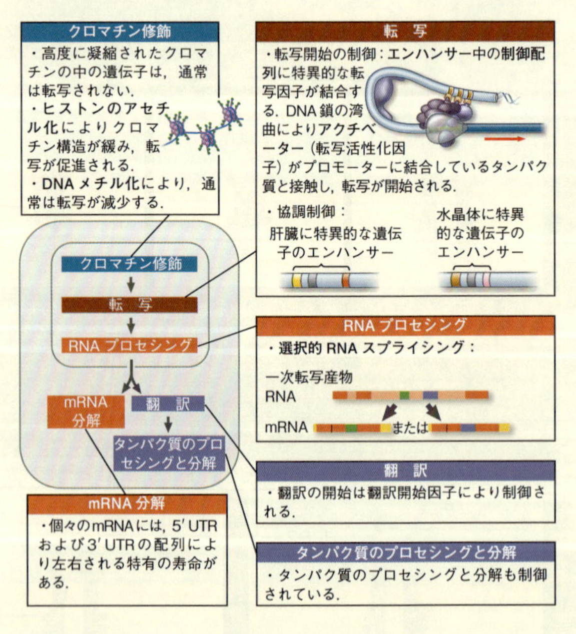

クロマチン修飾
・高度に凝縮されたクロマチンの中の遺伝子は，通常は転写されない．
・ヒストンのアセチル化によりクロマチン構造が緩み，転写が促進される．
・DNA メチル化により，通常は転写が減少する．
転　写
・転写開始の制御：エンハンサー中の制御配列に特異的な転写因子が結合する．DNA 鎖の湾曲によりアクチベーター（転写活性化因子）がプロモーターに結合しているタンパク質と接触し，転写が開始される．
・協調制御：
肝臓に特異的な遺伝子のエンハンサー
水晶体に特異的な遺伝子のエンハンサー
クロマチン修飾
転　写
RNA プロセシング
mRNA 分解
翻　訳
タンパク質のプロセシングと分解
RNA プロセシング
・選択的 RNA スプライシング：
一次転写産物 RNA
mRNA
または
翻　訳
・翻訳の開始は翻訳開始因子により制御される．
mRNA 分解
・個々の mRNA には，5′ UTR および 3′ UTR の配列により左右される特有の寿命がある．
タンパク質のプロセシングと分解
・タンパク質のプロセシングと分解も制御されている．

? 細胞種に特異的な遺伝子が特定の細胞内で転写されるためには，何が起こる必要があるか．

18.3

非コード RNA は遺伝子の発現制御にさまざまな役割を果たす

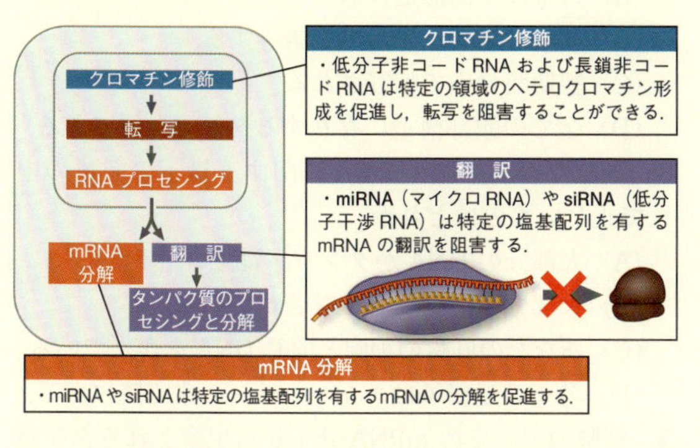
クロマチン修飾
転写
RNA プロセシング
mRNA 分解
翻訳
タンパク質のプロセシングと分解
クロマチン修飾
・低分子非コード RNA および長鎖非コード RNA は特定の領域のヘテロクロマチン形成を促進し，転写を阻害することができる．
翻訳
・miRNA（マイクロ RNA）や siRNA（低分子干渉 RNA）は特定の塩基配列を有する mRNA の翻訳を阻害する．
mRNA 分解
・miRNA や siRNA は特定の塩基配列を有する mRNA の分解を促進する．

? miRNA が非コード RNA とよばれるのはなぜか．miRNA が遺伝子の発現制御にどのように関与しているか説明しなさい．

18.4

多細胞生物では遺伝子発現のプログラムの相違により異なる型の細胞が生じる

- 胚細胞は特定の細胞運命へと**決定**し，決定された細胞運命のために細胞の構造と機能を専門化する**分化**を経験する．細胞の形態と機能に差異が生じるのは，異なるゲノムを有するためではなく，異なる遺伝子を発現するためである．**形態形成**の過程には，生物体のさまざまな部位に必要な形態を付与するプロセスが網羅されている．
- 未受精卵の中で局在化した**細胞質決定因子**は娘細胞に不均一に分配され，その細胞の発生運命を調節する．**誘導**とよばれる過程では，胚細胞から放出されたシグナル分子が近隣の標的細胞の転写に変化を引き起こす．
- 細胞分化は組織特異的タンパク質の出現により明らかとなる．組織特異的タンパク質は，分化した細胞が特定の役割を果たすことを可能にしている．
- 動物では，組織および器官の空間的な組織の構成を意味する**パターン形成**が初期胚で始まっている．パターン形成を制御する分子により得られる**位置情報**は，細胞に体軸および他の細胞との相対的な位置関係を伝える．ショウジョウバエでは**母性効果遺伝子**にコードされる**モルフォゲン**の濃度勾配が体軸を決定する．例を挙げると，Bicoid タンパク質の濃度勾配が前後軸を決定している．

? 胚細胞が最終的な発生運命に従って別々の経路を進んで分化していく主要な 2 つの過程について記述しなさい．

18.5

細胞分裂周期の制御に影響する遺伝的変異によりがんが発生する

- **がん原遺伝子**と**がん抑制遺伝子**にコードされているタンパク質が細胞分裂を制御している．がん原遺伝子に過剰な活性をもたらす DNA の変化により**がん遺伝子**に転換し，過剰な細胞分裂を促進してがん化させる．がん抑制遺伝子には異常な細胞分裂を抑制するタンパク質がコードされている．がん抑制遺伝子に突然変異が起こると，対応するタンパク質の活性が低下して過剰な細胞分裂が引き起こされ，発がんに結びつく．
- 多くのがん原遺伝子およびがん抑制遺伝子には，それぞれ細胞の増殖促進および増殖抑制のシグナル伝達経路の成分がコードされているため，これらの遺伝子に突然変異が起こると正常な細胞のシグナル伝達経路が妨げられる．Ras（G タンパク質）のように増殖促進シグナル伝達経路の中で過剰活性型のタンパク質は，がん遺伝子のタンパク質として機能する．p53 のように増殖抑制シグナル伝達経路の中で機能を消失したタンパク質は，がん抑制機能を失っている．

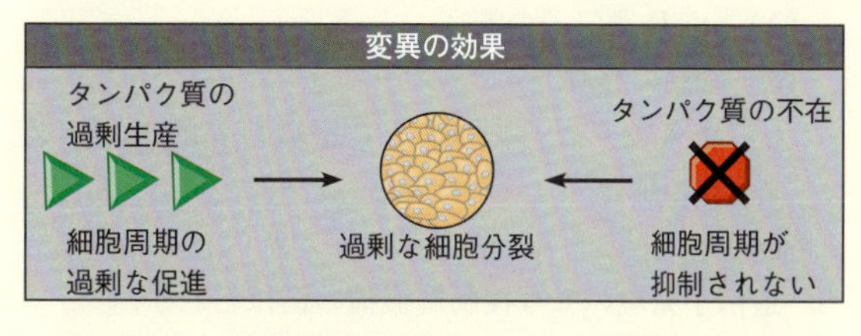
変異の効果
タンパク質の過剰生産
タンパク質の不在
細胞周期の過剰な促進
過剰な細胞分裂
細胞周期が抑制されない

- がん発生の多段階モデルでは，がん原遺伝子とがん抑制遺伝子に影響する突然変異が蓄積していくことにより，正常な細胞ががん細胞へと転換していく．DNA および mRNA の塩基配列決定技術の進歩により，個人的なレベルで最適ながんの治療法を選択することが可能となりつつある．
- ゲノム科学をもとにした研究により，腫瘍細胞で発現している遺伝子に基づいて乳がんを 4 つの型に分類した．
- 変異型のがん遺伝子またはがん抑制遺伝子を受け継いだ人は，特定のがんを発症しやすい傾向がある．ある種のウイルスはウイルスの DNA を細胞のゲノムに組み込むことによりがんの発生を促進する．

? がん原遺伝子にコードされるタンパク質の通常の

機能とがん抑制遺伝子にコードされるタンパク質の通常の機能を比較しなさい.

理解度テスト

レベル1：知識／理解

1. あるオペロンは必須アミノ酸を生産する酵素をコードし，*trp* オペロンのように制御される．このとき当てはまるのは次のうちどれか.
   (A) アミノ酸がリプレッサーを不活性化する.
   (B) リプレッサーはアミノ酸が存在しないときに活性である.
   (C) アミノ酸はコリプレッサーとして働く.
   (D) アミノ酸はオペロンの転写をオンにする.
2. 筋肉細胞が神経細胞と異なるおもな原因は何か.
   (A) 異なる遺伝子群を発現する.
   (B) 異なる遺伝子をもっている.
   (C) 異なる遺伝暗号を用いている.
   (D) 特別のリボソームをもっている.
3. エンハンサーの機能の例は次のうちどれか.
   (A) 原核生物のプロモーターと同様の機能をもつ真核生物の装置
   (B) 遺伝子発現の転写制御
   (C) 開始因子による翻訳の誘導
   (D) 特定のタンパク質を活性化する翻訳後の制御
4. 細胞分化につねに伴うのは何か.
   (A) *myoD* 遺伝子の転写
   (B) 細胞の移動
   (C) 筋肉のアクチンのような組織特異的タンパク質の生産
   (D) ゲノムから特定の遺伝子が選択的に失われる
5. 遺伝子発現の転写後制御機構の例はどれか.
   (A) DNAのシトシン塩基へのメチル基の付加
   (B) 転写因子のプロモーターへの結合
   (C) イントロンの除去とエキソンの連結
   (D) 発生の段階の遺伝子の増幅

レベル2：応用／解析

6. 誘導性のオペロンのリプレッサーが変異してオペレーターに結合できなくたったとき，何が起こるか.
   (A) リプレッサーのプロモーターへの不可逆的な結合
   (B) オペロンに含まれる遺伝子の転写の減少
   (C) オペロンにより制御される経路の基質の蓄積
   (D) オペロンに含まれる遺伝子の連続的な転写
7. ショウジョウバエの卵の *bicoid* mRNAが存在しないと幼虫の前部が欠失し，後部が鏡像位置に重複する．これは *bicoid* 遺伝子の産物のどのような性質の証拠となるか.
   (A) 通常は頭部構造の形成を誘導する.
   (B) 通常は尾構造の形成を誘導する.
   (C) 初期胚の中で転写される.
   (D) 全ての頭部構造に存在するタンパク質である.
8. あなたの脳細胞のDNAに関する以下の記述の中で正しいものはどれか.
   (A) 大部分のDNAがタンパク質をコードする.
   (B) 大部分の遺伝子が転写されている.
   (C) あなたの肝臓の細胞と同じDNAを含んでいる.
   (D) 各々の遺伝子はエンハンサーのすぐ隣にある.
9. 細胞内で特定のmRNA分子から生産されるタンパク質の量は以下の何に依存するか.
   (A) DNAのメチル化の程度
   (B) mRNAが分解される速度
   (C) mRNA中に存在するイントロンの数
   (D) 細胞質に存在するリボソームの型
10. がん原遺伝子はがん遺伝子に変化してがんを引き起こすことがある．真核生物の細胞中でこのような潜在的な時限爆弾に関する適切な説明はどれか.
   (A) がん原遺伝子は，最初はウイルスの感染によって生じる.
   (B) がん原遺伝子は，通常は細胞分裂の制御に働いている.
   (C) がん原遺伝子は，遺伝的な「ゴミ」である.
   (D) がん原遺伝子は，正常な遺伝子が変異した型である.

レベル3：統合／評価

11. **描いてみよう**　ある生物のゲノム中の5つの遺伝子について，エンハンサー領域を含めて下図に示している．これらの遺伝子の黄色，青色，緑色，黒色，赤色，紫色で示されるエンハンサーには，それぞれ同じ色の転写活性化因子が結合するものとする.

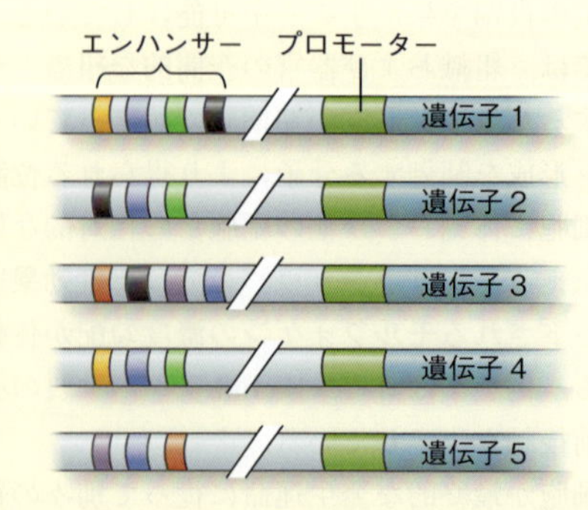
エンハンサー
プロモーター
遺伝子1
遺伝子2
遺伝子3
遺伝子4
遺伝子5

(a) 遺伝子5だけが転写されている細胞内で，転写活性化因子が結合しているエンハンサーに（すべての遺伝子について）X印を記入しなさい．この細胞には何色の転写活性化因子が存在するだろうか．

(b) 緑色，青色，黄色の転写活性化因子が存在する細胞内で，転写活性化因子が結合しているすべてのエンハンサーに・印を記入しなさい．この細胞では，どの遺伝子が転写されているだろうか．

(c) 遺伝子1と2と4は神経特異的タンパク質をコードし，遺伝子3と5は皮膚特異的タンパク質をコードしているとする．神経と皮膚の細胞が適切な遺伝子を確実に転写できるようにするために存在していなければならないのは，何色の転写活性化因子か．

12. **進化との関連**　DNA配列は「進化を測る巻き尺」として利用することができる（5.6節参照）．ヒトのゲノム配列の分析を行った科学者が驚いたことに，最も保存性が高い領域（他の生物の対応する領域と塩基配列がよく似ている）の中にタンパク質をコードしていない領域が存在していた．この観察結果に対する説明として可能性のあるものを提案しなさい．

13. **科学的研究**　前立腺細胞は生存するためにテストステロンと他のアンドロゲンを必要とする．しかし，前立腺がんの細胞には，アンドロゲンを除去する処理をしても増殖できるものがある．1つの仮説として，がん細胞の中で通常はアンドロゲンによって制御される遺伝子が，女性ホルモンとみなされることが多いエストロゲンによって活性化されていることが考えられる．この仮説を検証する実験について記述しなさい（ステロイドホルモンの機能を復習するために図11.9を参照）．

14. **科学，技術，社会**　ベトナム戦争でジャングルに散布されたエージェント・オレンジという枯れ葉剤に微量のダイオキシンが含まれていた．動物実験により，ダイオキシンは先天性奇形，がん，肝臓と胸腺の障害，免疫システムの抑圧をもたらし，ときには死に直結することが示唆された．しかし，テンジクネズミを殺すことができる投与量ではハムスターには影響を与えないことから，動物実験でもはっきりした結論は得られない．ダイオキシンはステロイドホルモンのように作用し，細胞に取り込まれて細胞質の受容体タンパク質に結合し，細胞のDNAに結合する．

(a) この機構から，異なる体組織をもつ動物ではダイオキシンの効果がばらつくことをどう説明できるか考察しなさい．

(b) ある種の病気がダイオキシンへの接触に関連しているかどうか判定できるか考察しなさい．次に，特定の人がダイオキシンに接触した結果病気になるかどうか，判定することができるか考察しなさい．どちらの判定がより難しいと思われるか．それはなぜか説明しなさい．

15. **テーマに関する小論文：相互作用**　図18.2に示された過程が，どのように生物のシステムを制御するフィードバック機構を例示しているか300〜450字で記述しなさい．

16. **知識の統合**

ヒカリキンメダイは目の下に発光器官をもち，捕食者を驚かし，獲物をおびき寄せ，他の魚とコミュニケーションをとるなどの役に立っている．この器官を体の内側と外側に回転させることにより，光の点灯と消灯を行うものもいる．光は実際にはこの器官に生息する*Vibrio*属の細菌が発するものであり，宿主の魚と相利共生の関係にある（細菌は魚から栄養分をもらっている）．この細菌は，発光器官の中で一定の濃度にまで増殖する必要があり（「クォラム」，11.1節参照），その濃度に達するとすべての細菌が同時に発光し始める．この細菌には6個ほどの*lux*遺伝子とよばれる遺伝子群が存在し，発光に必要なタンパク質がコードされている．この細菌の遺伝子群の発現が同時に制御されているとして，この遺伝子群の構造と制御の機構に関する仮説を提案しなさい．

（一部の解答は付録A）

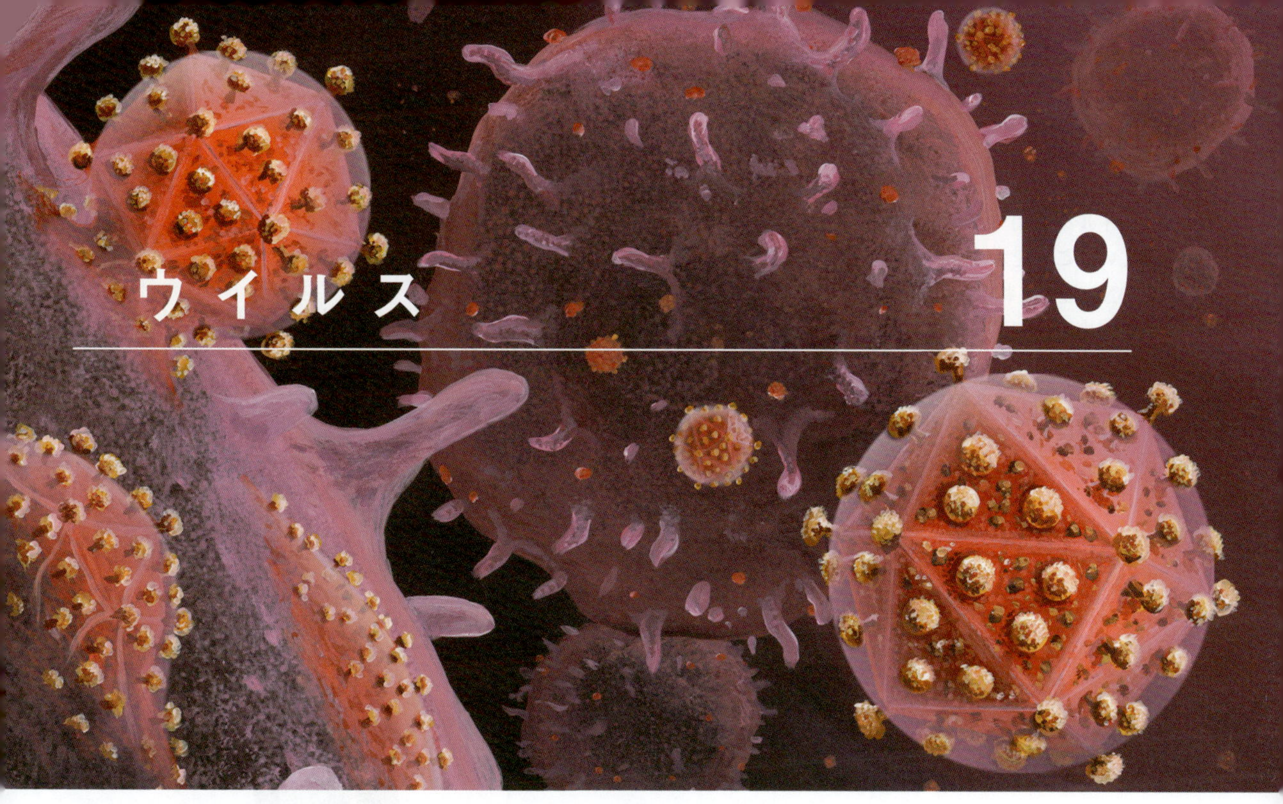
ウイルス
19

▲図 19.1　細胞から出芽しているウイルス（赤紫色）は生きているのか.

重要概念

19.1　ウイルスはタンパク質の殻に覆われた核酸から構成される

19.2　ウイルスは宿主の細胞内でのみ複製される

19.3　ウイルスとプリオンは動物や植物にとって恐るべき病原体である

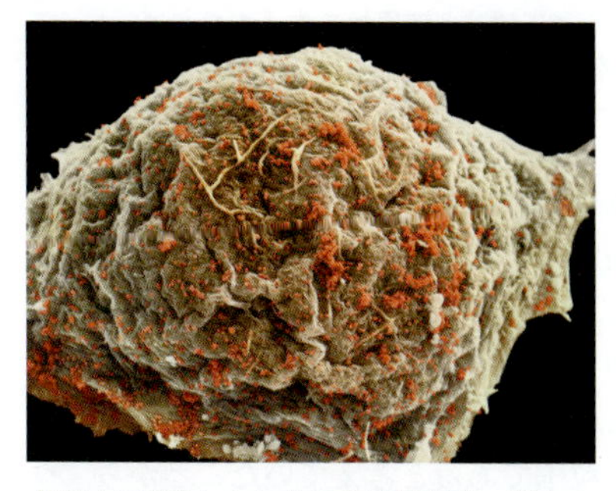

▲HIV に感染したヒトの免疫系細胞. 新たなウイルス（赤色）が細胞膜から出芽している（着色 SEM 像）.

借り物の生命

図 19.1 の写真には，ヒト免疫不全ウイルス（HIV）に感染したヒトの免疫細胞（紫色）が，新たな HIV ウイルスを放出する衝撃的な場面がとらえられている. このウイルス（赤色，タンパク質が突き出した免疫細胞由来の紫色の膜に囲まれている）は，他の細胞に感染する（左下の走査型電子顕微鏡写真は細胞に感染するウイルスを示す）. ウイルスの遺伝情報が細胞に注入されると，ウイルスは細胞を乗っ取り，細胞の装置を使って新たなウイルスを大量生産し，次の感染へと進む. 治療せずに放置すると，HIV は生体の免疫系細胞を破壊し，後天性免疫不全症候群（AIDS）を発症する.

真核生物の細胞はもちろん，細菌と比較してもウイルスは非常に小さく構造も単純である. 細胞になくてはならない構造や代謝系を欠いていることから，**ウイルス virus** はタンパク質の殻に詰め込まれた少数の遺伝子により構成される感染性の粒子と考えられている.

ウイルスは生物だろうか，それとも非生物だろうか. 初期の頃は，ウイルスは生物的化学物質と考えられていた.「ウイルス」という言葉のラテン語の語源は「毒」を意味している. ウイルスはさまざまな病気を引き起こすことから，1800 年代後半の研究者はウイルスを細菌と並列に考えて，ウイルスは最も単純な生物の形態であると記述していた. しかし，ウイルスは宿主細胞の外では増殖できず，代謝活動を行うこともできない. 現在では，ウイルスを研究する生物学者の大部分は，ウイルスは生物ではなく生命体と化学物質の境界の存在であると考えている. 最近の 2 人の研究者の記述の中で，ウイルスを表現するのに使われた「借り物の生命」という簡潔な言い回しは非常に的を射たものである.

初期の分子生物学の成果の多くは，細菌に感染するウイルスについて研究する生物学者の研究室から生み出されたものである．ウイルスを用いた実験により，遺伝子が核酸からできていることを示す決定的な証拠が得られ，核酸こそがDNA複製，転写および翻訳という基本的な過程の分子機構の中で決定的に重要な役割を果たしていることが証明されている．

本章では，ウイルスの生態について探究する．まず，ウイルスの構造を調査し，ウイルスが複製する機構について記述する．次に，病気を引き起こす病原体としてのウイルスの役割について考察し，プリオンとよばれるさらに単純な感染性因子について検討して締めくくる．

19.1

ウイルスはタンパク質の殻に覆われた核酸から構成される

ウイルスを実際に見ることができるようになるよりずっと以前から，科学者は間接的にウイルスを検出していた．ウイルス発見の物語は，19世紀末に始まる．

ウイルスの発見：科学的研究

タバコモザイク病は，タバコの葉が斑状（まだら）またはモザイク状に変色して生育が停止する植物の病気である．1883年にドイツの科学者アドルフ・マイヤー Adolf Mayer は，発病した葉からこすり取った樹液を健全なタバコの葉になすりつけることにより，この病気が伝染することを発見した．樹液中から感染力のある微生物を探す試みが不成功に終わったことから，マイヤーはこの病気は顕微鏡では見えない非常に小さな細菌により引き起こされると考えた．この仮説を検証したのはロシアの生物学者ディミトリ・イワノフスキー Dmitri Ivanowsky であり，感染したタバコの樹液を，細菌を除去するように設計されたフィルターを用いて濾過（ろか）した．その結果，濾過した後の樹液もタバコモザイク病を引き起こすことを観察した．

イワノフスキーはタバコモザイク病を引き起こすのは細菌であるという仮説にとらわれていた．そこで彼は，細菌がフィルターを通り抜けるほど小さいか，細菌が産生する毒素がフィルターを通過して病気を引き起こしていると考えた．後者の可能性を排除したのはオランダの植物学者マルチヌス・ベイエリンク Martinus Beijerinck であり，彼は一連の実験によりフィルターを通過した感染性の病原体が増殖することを示した（図19.2）．

▼図19.2

研究　タバコモザイク病の原因は何か

実験　1800年代末に，オランダのデルフト市の技術学校のマルチヌス・ベイエリンクは，タバコモザイク病（斑点病）を引き起こす病原体の性質を解析した．

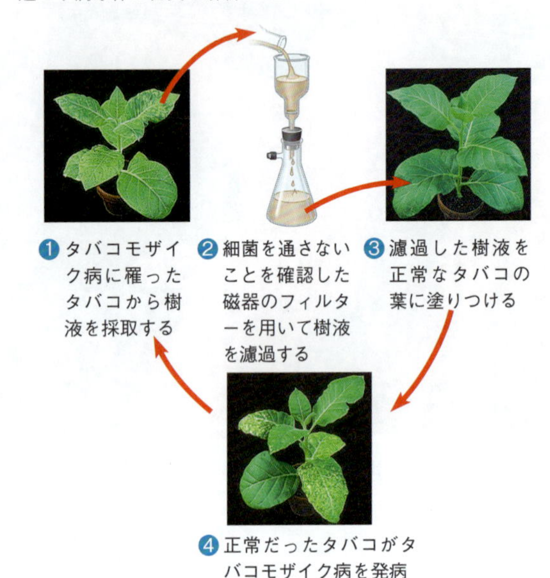
❶タバコモザイク病に罹ったタバコから樹液を採取する
❷細菌を通さないことを確認した磁器のフィルターを用いて樹液を濾過する
❸濾過した樹液を正常なタバコの葉に塗りつける
❹正常だったタバコがタバコモザイク病を発病

結果　フィルターで濾過した樹液を正常なタバコに塗りつけたとき，タバコモザイク病を発病した．新たに発病したタバコの樹液を採取してフィルターで濾過したものは，さらに他のタバコの株を発病させる感染源として働いた．何代も感染を継続したタバコも，初代のタバコの株と同程度の感染力を保持していた．

結論　細菌を通さないフィルターを通過することから，この感染性の病原体は細菌ではないと考えられる．また，タバコの株から株へと何世代も継代しても病原性が薄まることがなかったことから，この病原体がタバコの中で複製していると考えられる．

データの出典　M. J. Beijerinck, Concerning a *contagium vivum fluidum* as cause of the spot disease of tobacco leaves, *Verhandelingen der Koninkyke akademie Wettenschappen te Amsterdam* 65:3-21 (1898). Translation published in English as Phytopathological Classics Number 7 (1942), American Phytopathological Society Press, St. Paul, MN.

どうなる？➤継代するにつれて樹液の感染力が前の世代よりも弱くなっていき，最後に樹液が病原性を失ったならば，ベイエリンクはどのような結論を導いたか．

実際には，感染した宿主以外ではこの病原体は増殖しなかった．当時の研究室で扱われていた細菌と違って，タバコモザイク病の奇妙な病原体は試験管やペトリ皿の栄養培地で培養することができなかった．ベイエリンクは，この増殖する病原体は細菌よりもはるかに小さく単純な粒子であると考えていたことから，ウイルスの概念を最初に表明した科学者と認められている．1935年に米国の科学者ウェンデル・スタンリー

Wendell Stanleyがこの病原体を結晶化した時点で，ベイエリンクのアイディアが確認され，現在ではこの病原体はタバコモザイクウイルス（tobacco mosaic virus：TMV）として知られている．TMVなどのウイルスの多くは，電子顕微鏡の助けを借りれば実際に見ることができる．

ウイルスの構造

最小のウイルスは直径がわずか20 nmでリボソームよりも小さく，針の先端に数百万個を乗せることができる．現在知られている最も大きなウイルスでも，直径は1500 nm（1.5 μm）であり，光学顕微鏡ではほとんど見ることができない．ウイルスには結晶化するものがあるというスタンリーの発見は，刺激的ではあるが不可解なニュースであった．最も単純な細胞でも，規則的に集合して結晶化することはない．しかし，ウイルスが細胞でないとすると，いったい何であろうか．ウイルスの構造の詳細な解析により，ウイルスはタンパク質の殻の中に核酸が封入された感染性粒子であり，この殻が膜のエンベロープに包まれたウイルスも存在することがわかっている．

ウイルスのゲノム

私たちは遺伝子といえば2本鎖DNAを思い浮かべるが，ウイルスにはこの慣習が当てはまらない．ウイルスの種類により，ゲノムは2本鎖DNA，1本鎖DNA，2本鎖RNA，1本鎖RNAのいずれかにより構成される．ウイルスはゲノムを構成する核酸の種類により，それぞれDNAウイルスまたはRNAウイルスとよばれる．いずれの場合もウイルスのゲノムは単一の線状または環状の核酸により構成されているが，ゲノムに複数の核酸分子が含まれているウイルスもある．これまでに知られている最小のウイルスはゲノム中にわずか3個しか遺伝子をもっていないが，最大のウイルスは数百個から2000個の遺伝子をもっている．ちなみに，細菌のゲノムには200個から数千個の遺伝子が含まれている．

キャプシドとエンベロープ

ウイルスのゲノムを封入するタンパク質の殻を**キャプシド capsid**という．ウイルスの種類により，キャプシドは棒状，多面体または複雑な形態をとるものが存在する．キャプシドは「キャプソメア」とよばれる多数のタンパク質サブユニットから構成されるが，キャプシドに含まれるタンパク質の「種類」は非常に少ないのがふつうである．タバコモザイクウイルスの堅い棒状のキャプシドは，1種類のタンパク質分子が1000個以上らせん状に配置することにより構成されることから，この棒状のウイルスは「らせんウイルス」とよばれる（図19.3 a）．動物の呼吸器に感染するアデノウイルスは，同一の252個のタンパク質分子が20個の三角形の面をもつ正二十面体に配置された多面体キャプシドを構成し，このような形のウイルスは「二十面体ウイルス」とよばれる（図19.3 b）．

ウイルスの中には，宿主に感染するための付属の構造物をもつものもある．たとえば，インフルエンザウイルスなど動物に感染する多くのウイルスのように，キャプシドを取り囲む脂質二重膜のエンベロープをもつものがある（図19.3 c）．このような**エンベロープ viral envelope**は宿主細胞に由来するものであり，宿主細胞のリン脂質と膜タンパク質を含んでいる．さらに，ウイルスのエンベロープにはウイルス自身に由来するタンパク質や糖タンパク質も含まれている（共有結合した糖鎖をもつタンパク質を糖タンパク質という）．また，キャプシド内に数個のウイルスの酵素分子を含むウイルスもある．

ウイルスの中で最も複雑なキャプシドをもつのは，細菌に感染する**バクテリオファージ bacteriophage**またはたんに**ファージ phage**とよばれるウイルスである．最初に研究された大腸菌に感染するファージは7種類ある．7種類のファージはタイプ1（T1），タイプ2（T2）と発見された順に命名されており，この中で3つの「偶数Tファージ」（T2，T4，T6）は非常に類似した構造をもつことが明らかにされている．ファージのキャプシドは，引き延ばされた二十面体の頭部にDNAが収納されている．ファージの頭部には，ファージが細菌に接着するときに用いる尾部繊維を伴うタンパク質の尾部鞘が結合している（図19.3 d）．次節では，このような少数のウイルスの部品が宿主細胞の成分と相互に機能して多数の子孫ウイルスを生産する機構について調べていく．

概念のチェック 19.1

1. **図読み取り問題➤**タバコモザイクウイルス（TMV）とインフルエンザウイルス（図19.3参照）の構造を比較しなさい．
2. **関連性を考えよう➤**バクテリオファージを用いてDNAが遺伝情報を運ぶ分子である証拠を得た経過について学習した（図16.4参照）．ハーシーとチェイスにより実施された実験について簡略に記述しなさい．研究者がファージをこの実験に用いた理由についても記述すること．　（解答例は付録A）

▼図 19.3　**ウイルスの構造.** ウイルスはタンパク質の殻（キャプシド）に封入された DNA か RNA の核酸により構成されている．さらに脂質二重膜のエンベロープに包まれているものもある．キャプシドを構成する個々のタンパク質サブユニットはキャプソメアとよばれる．ウイルスの大きさや形態はさまざまであるが，ウイルスの基本的構造は共通している（写真はすべて着色 TEM 像）．

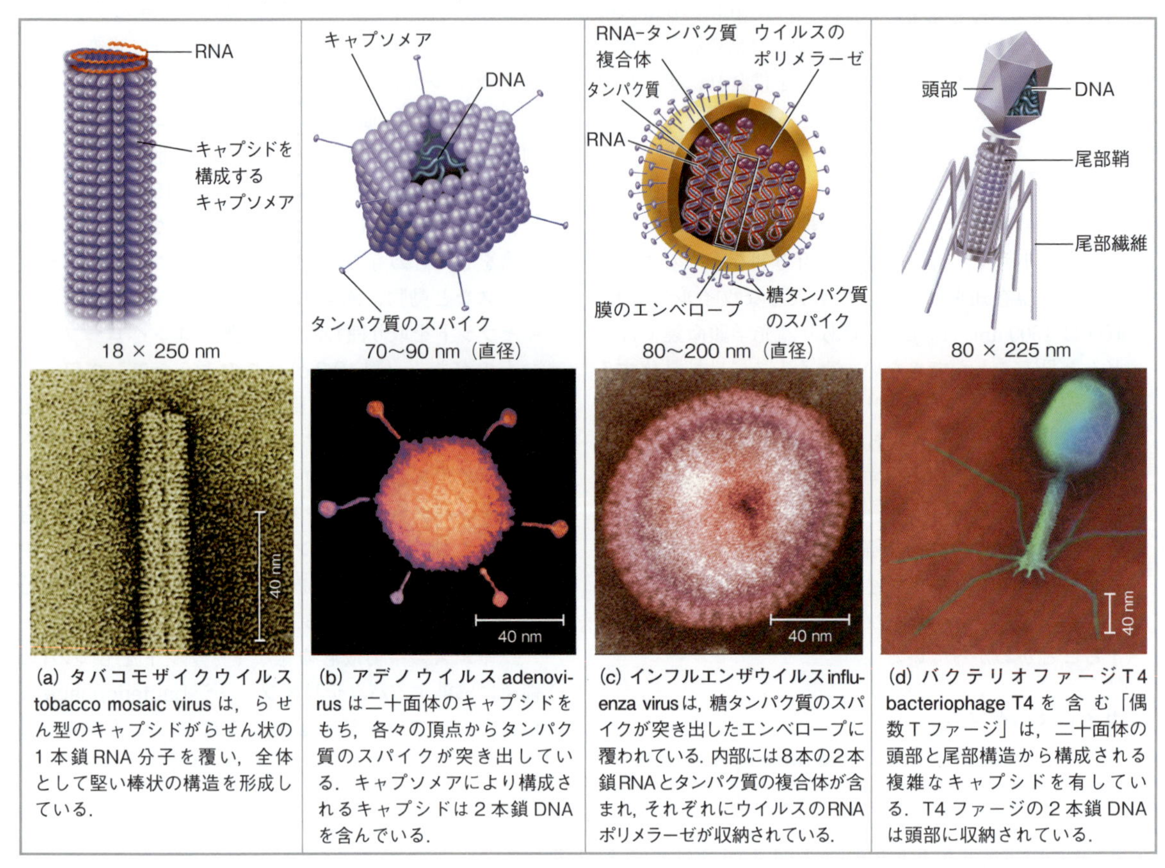
RNA
キャプシドを構成するキャプソメア
18 × 250 nm
キャプソメア
DNA
タンパク質のスパイク
70〜90 nm（直径）
RNA-タンパク質複合体
ウイルスのポリメラーゼ
タンパク質
RNA
膜のエンベロープ
糖タンパク質のスパイク
80〜200 nm（直径）
頭部
DNA
尾部鞘
尾部繊維
80 × 225 nm
40 nm
40 nm
40 nm
40 nm

(a) **タバコモザイクウイルス tobacco mosaic virus** は，らせん型のキャプシドがらせん状の1本鎖 RNA 分子を覆い，全体として堅い棒状の構造を形成している．

(b) **アデノウイルス adenovirus** は二十面体のキャプシドをもち，各々の頂点からタンパク質のスパイクが突き出している．キャプソメアにより構成されるキャプシドは2本鎖 DNA を含んでいる．

(c) **インフルエンザウイルス influenza virus** は，糖タンパク質のスパイクが突き出したエンベロープに覆われている．内部には8本の2本鎖 RNA とタンパク質の複合体が含まれ，それぞれにウイルスの RNA ポリメラーゼが収納されている．

(d) **バクテリオファージ T4 bacteriophage T4** を含む「偶数Tファージ」は，二十面体の頭部と尾部構造から構成される複雑なキャプシドを有している．T4 ファージの2本鎖 DNA は頭部に収納されている．

19.2

ウイルスは宿主の細胞内でのみ複製される

ウイルスは代謝酵素もリボソームなどのタンパク質合成装置ももたない．ウイルスは絶対細胞内寄生体であり，言い換えると，宿主の細胞内でしか複製できない．細胞から遊離したウイルスは，宿主細胞から他の宿主へと遺伝子を輸送する梱包された核酸にすぎないということもできる．

各々のウイルスは限られた範囲の宿主細胞にしか感染できない．特定のウイルスが感染できる宿主をウイルスの**宿主域 host range** という．このような宿主特異性はウイルスによる認識システムの進化の結果として生じたものと考えられる．ウイルスによる宿主認識は，ウイルス表層のタンパク質と宿主細胞表層の特異的な受容体分子とが「鍵と鍵穴」のように適合するためである．あるウイルス感染モデルによると，宿主の表層の受容体分子は，本来は宿主細胞に役立つ機能をもつが，ウイルスは宿主細胞へ侵入する入口として勝手に利用している．ウイルスの中には広い宿主域をもつものもある．たとえば，ウエストナイルウイルスと馬脳炎ウイルスはまったく異なるウイルスであるが，どちらも蚊，鳥，ウマ，ヒトに感染する．一方，宿主域が狭く，ただ1種の生物にしか感染しないウイルスも数多い．たとえば，麻疹ウイルスはヒトにしか感染できない．さらに，多細胞の真核生物に対するウイルスの感染は，特定の組織に限られるのがふつうである．ヒトの普通感冒（風邪）ウイルスは上部呼吸器の上皮細胞にのみ感染し，図 19.1 に示す HIV は特定の型の免疫細胞だけに存在する受容体に結合して感染する．

ウイルスの複製サイクルの一般的特徴

ウイルス感染はウイルスが宿主細胞に結合してウイルスのゲノムを細胞内に送り込むときに始まる（図

19.4)．ウイルスのゲノムが宿主細胞に侵入する機構は，ウイルスと宿主の種類によりさまざまである．たとえば，偶数Tファージは精巧な尾部構造を用いて細菌にDNAを注入する（図19.3 d参照）．エンドサイトーシスにより細胞に取り込まれるウイルスや，ウイルスのエンベロープが宿主細胞の細胞膜に融合するウイルスもある．ひとたびウイルスのゲノムが細胞内に侵入すると，ウイルスゲノムにコードされるタンパク質が宿主を乗っ取って，ウイルスのゲノムを複製し，ウイルスタンパク質を生産する工場となるように宿主の遺伝情報を書き換える．宿主細胞は，ウイルス核酸を生産するためのヌクレオチドに加えて，ウイルス遺伝子の指令通りにウイルスタンパク質を生産するための酵素，リボソーム，tRNA，アミノ酸，ATPなど必要な成分をすべて提供させられる．ほとんどのDNAウイルスは，ウイルスDNAを鋳型として新たなウイルスゲノムを合成するために宿主のDNAポリメラーゼを利用する．これに対し，RNAウイルスは自分のゲノムを複製するために，ウイルスのゲノムにコードされている特殊なポリメラーゼを用い，RNAを鋳型としてゲノムを複製する（一般に，ウイルスが感染していない細胞はRNAを鋳型とする複製過程を実行する酵素をつくらない）．

▼図19.4 **簡略化したウイルス複製サイクル．** ウイルスは細胞内寄生体であり，複製のために宿主細胞の器官と低分子化合物を流用する．この単純化されたウイルスの複製サイクルモデルでは，1種類のタンパク質から構成されるキャプシドをもつDNAウイルスが宿主細胞に寄生している．

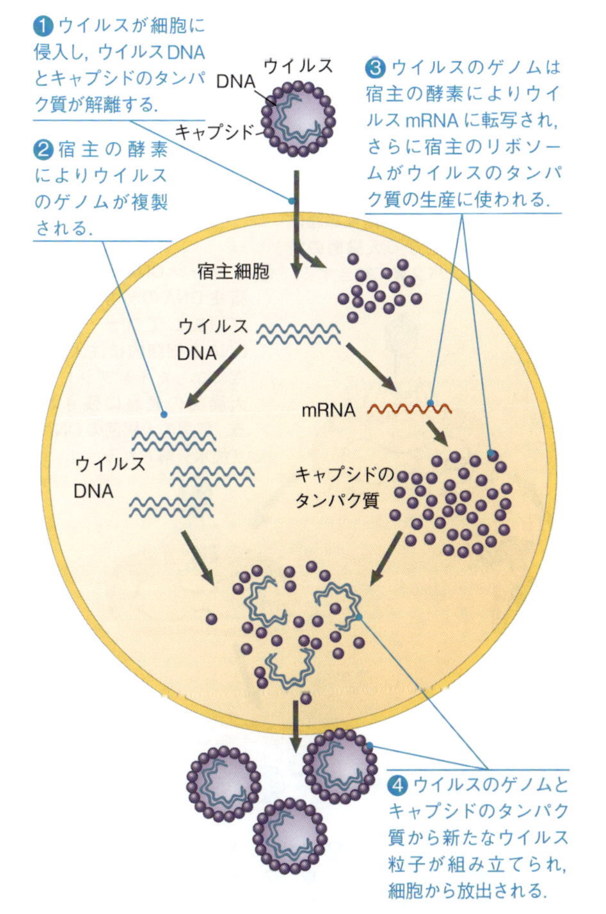
❶ウイルスが細胞に侵入し，ウイルスDNAとキャプシドのタンパク質が解離する．
DNA
ウイルス
キャプシド
❸ウイルスのゲノムは宿主の酵素によりウイルスmRNAに転写され，さらに宿主のリボソームがウイルスのタンパク質の生産に使われる．
❷宿主の酵素によりウイルスのゲノムが複製される．
宿主細胞
ウイルスDNA
mRNA
ウイルスDNA
キャプシドのタンパク質
❹ウイルスのゲノムとキャプシドのタンパク質から新たなウイルス粒子が組み立てられ，細胞から放出される．

関連性を考えよう▶それぞれの灰色矢印で起こっている過程の名称を，1語で記入しなさい．図17.25参照.

ウイルスの核酸分子とキャプソメアが合成された後は，分子の自発的な自己集合により新たなウイルスが組み立てられる．実際に，TMVのRNAとキャプソメアを単離し，適切な条件下でこれらの成分を混合すると，自動的に完全なウイルスが組み立てられる．最も単純なタイプのウイルスの複製サイクルの最終局面は，数百から数千ものウイルス粒子が感染した宿主細胞から放出されることであり，この過程で宿主細胞を傷害あるいは破壊することも多い．このような宿主細胞の損傷や崩壊，あるいは細胞の破壊に対する身体の対応により，ウイルス感染に伴う多数の症状が引き起こされる．細胞から放出された新たなウイルスは他の細胞に感染する能力を有しており，これがウイルス感染の拡大につながる．

私たちはここで単純化したウイルスの複製のサイクルを見てきたが，実際にはウイルスの複製過程は非常に変化に富んでいる．ここでは，さまざまな細菌ウイルス（ファージ）および動物ウイルスの複製過程について検討し，本章後半では植物ウイルスについても考察していく．

ファージの複製サイクル

ファージは最もよく理解されているウイルスであるが，最も複雑な構造をもつウイルスでもある．ファージの研究により，溶菌サイクルと溶原サイクルの2通りの複製機構をもつ2本鎖DNAウイルスが発見されている．

溶菌サイクル

宿主細胞の死によって完結するファージの複製サイクルは，**溶菌サイクル lytic cycle** として知られている．この用語は，ファージ複製の最終段階で細菌が溶菌して，菌体内で生産された多数のファージが放出されることを意味している．放出されたファージは新たな無傷の細菌に感染することが可能であり，溶菌サイクルが数回繰り返されることにより，わずか数時間で細菌の集団が壊滅することもある．溶菌サイクルのみにより複製されるファージが**溶菌ファージ virulent phage** である．典型的な溶菌ファージである T4 ファージの溶菌サイクルの主要な機構が図 19.5 に示されている．

溶原サイクル

宿主細胞を溶解する代わりに，多くのファージは宿主と共存する溶原サイクルを行う．宿主細胞を殺す溶菌サイクルとは対照的に，**溶原サイクル lysogenic cycle** では宿主を破壊することなくファージゲノムが複製される．溶菌サイクルと溶原サイクルの両方の機構で複製するファージは**溶原ファージ（溶原性ファージ）temperate phage** とよばれる．λ（ラムダ）ファージとよばれる，ギリシャ文字の λ と表記される溶原ファージは，生物学の研究に広く用いられている．λ ファージは T4 ファージに似ているが，尾部には短い尾部繊維が 1 本だけ存在する．

大腸菌の表層に λ ファージが結合し，直線上のゲノム DNA を大腸菌に注入することにより，λ ファージ感染が始まる（図 19.6）．宿主細胞中で λDNA 分子が環状化する．その次に何が起こるかは，ウイルスの複製が溶菌サイクルと溶原サイクルのいずれの方式をとるかにより決まる．溶菌サイクルをとると，ファージ遺伝子はただちに宿主の細胞を λ ファージ生産工場へと変貌させ，宿主は間もなく溶菌してファージ粒子を放出する．一方，溶原サイクルに入ると，ファージのタンパク質がファージの環状 DNA 分子と宿主の染色体 DNA 分子を切断して連結することにより，宿主の染色体 DNA の特定の部位にファージ DNA を組み込む．このように細菌の染色体に組み込まれたファージ DNA は**プロファージ prophage** とよばれる．プロファージに含まれている遺伝子の 1 つは，プロファージの他の大部分の遺伝子の転写を阻害するタンパク質をコードしている．このため，ファージのゲノムは細菌の中でほぼ沈黙を保っている．宿主の大腸菌が分裂するときは，自分の染色体と一緒にファージ DNA を複製するため，各々の娘細胞はプロファージを受け継ぐことになる．ファージが感染した 1 個の細菌は，プロファージの形でウイルスをもつ細菌の数を急速に増加させることができる．この機構のため，ファージは自らが依存している宿主細胞を殺すことなく，増殖することが可能となっている．

「溶原」という用語は，プロファージが再び活性のあるファージとなって宿主細胞を溶菌する能力を保持

▶図 19.5　**溶菌性 T4 ファージの溶菌サイクル．** T4 ファージには約 300 個の遺伝子が含まれ，宿主細胞の器官を用いて転写・翻訳される．ファージ DNA が宿主細胞に侵入してから最初に翻訳される遺伝子は，宿主細胞の DNA を分解する酵素をコードする遺伝子である（段階❷）．このとき，ファージの DNA はシトシン塩基が修飾されているため，この酵素に認識されず分解を免れる．ファージが最初に細胞表層に吸着してから溶菌するまでの溶菌サイクルは，37 ℃の条件では，わずか 20～30 分しか必要としない．

❶ **接着．** T4 ファージは尾部繊維により，受容体となる大腸菌の特定の表層タンパク質に結合する．

❷ **ファージ DNA の侵入と宿主 DNA の分解．** 尾部が短縮してファージの DNA を細胞内に注入し，空になったキャプシドは大腸菌の表層に残される．宿主の大腸菌の DNA が加水分解される．

❸ **ファージゲノムとタンパク質の合成．** ファージ DNA の指令により，宿主の酵素と細胞内の成分を用いて，ファージのゲノム DNA とタンパク質の合成が行われる．

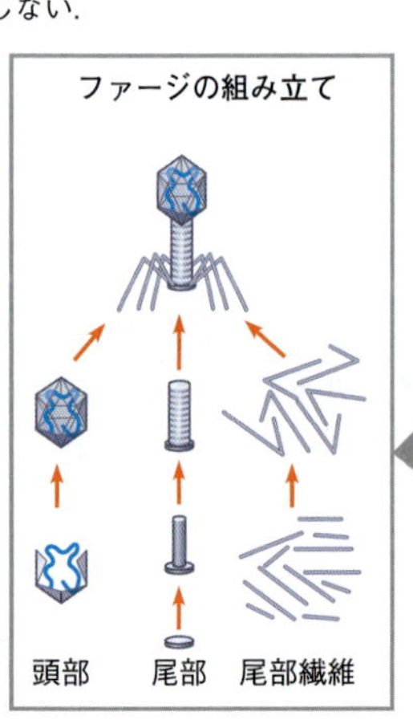
ファージの組み立て
頭部
尾部
尾部繊維

❹ **組み立て．** 3 組のタンパク質セットが自己集合し，それぞれファージの頭部，尾部，尾部繊維を形成する．頭部が形成されるとき，ファージのゲノム DNA がキャプシド内部に詰め込まれる．

❺ **放出．** ファージの指令により大腸菌の細胞壁を溶解する酵素が生産され，外部の溶液が細胞内に流入する．細胞は膨張し，ついには破裂して 100 個から 200 個のファージ粒子が放出される．

していることを意味している．λファージのゲノム（または別の溶原性ファージ）が細菌の染色体を抜け出して溶菌サイクルを開始するとこのようなことが起こる．溶原サイクルを溶菌サイクルに切り換えるきっかけとなるのは，ある種の化学物質や高エネルギーの電磁波などの環境要因である．

プロファージの転写を阻害するウイルスタンパク質の遺伝子の他にも，溶原サイクル中に発現するプロファージの遺伝子がいくつか存在する．このような遺伝子の中には，その発現が宿主の表現型を変化させ，医学的に重要な意味をもつ現象を引き起こすことがある．たとえば，ヒトにジフテリア，ボツリヌス中毒症，猩紅熱を引き起こす3種の病原菌は，それぞれ宿主の細菌に毒素を生産させる特定のプロファージ遺伝子が存在しなければ，ヒトに危害を及ぼすことはない．ヒトの消化管に常在する通常の大腸菌と，食中毒による死をもたらすこともある凶悪な腸管出血性大腸菌O157：H2株との違いは，O157：H2株にはプロファージの毒素遺伝子が存在することである．

ファージに対する細菌の防御機構

溶菌サイクルについて学習すると，ファージが細菌を絶滅させないのはなぜか疑問に思うことだろう．しかし，細菌もまったく無防備というわけではない．第1に，表層のタンパク質が特定のファージに認識されなくなった細菌の突然変異体が出現すると，自然選択により有利となる．第2に，ファージDNAが細菌に侵入しても，細菌がこのDNAを外来DNAと認識して，**制限酵素 restriction enzyme** とよばれる細胞内の酵素を用いて分解する．この酵素は，細菌の中でファージが複製する能力を制限する活性をもつことから，制限酵素と命名されている（制限酵素は分子生物学とDNAクローニング技術で使用される．20.1節参照）．このとき，細菌自身のDNAをメチル化して自分自身の制限酵素による攻撃を免れている．第3の防御は，真正細菌と古細菌の双方に存在する「CRISPR-Casシステム」とよばれるシステムである．

CRISPR-Casシステムは多くの原核生物のゲノムに存在するDNAの繰り返し配列の研究から発見されたものである．科学者を悩ませたこの繰り返し配列は，クラスター化した規則的な短鎖の回文配列の繰り返し（clustered regularly interspaced short palindromic repeats）であることから，クリスパー（CRISPR）とよばれる．CRISPRの繰り返しの個々の配列は順方向と逆方向に同じ配列（回文配列）であり，繰り返しの間には異なる配列の「スペーサーDNA」が存在して

▼図19.6 **溶原ファージλの溶菌サイクルと溶原サイクル．** λファージのDNAは細菌の細胞に侵入して環状化すると，ただちに多数の子孫ファージの生産を開始する（溶菌サイクル）か，細菌の染色体に組み込まれる（溶原サイクル）．ほとんどの場合，λファージは図19.5に記述されるような溶菌サイクルに入る．しかし，ひとたび溶原サイクルに入るとプロファージは宿主細胞の染色体の中で何世代も維持される．λファージは1本の短い尾部繊維を有している．

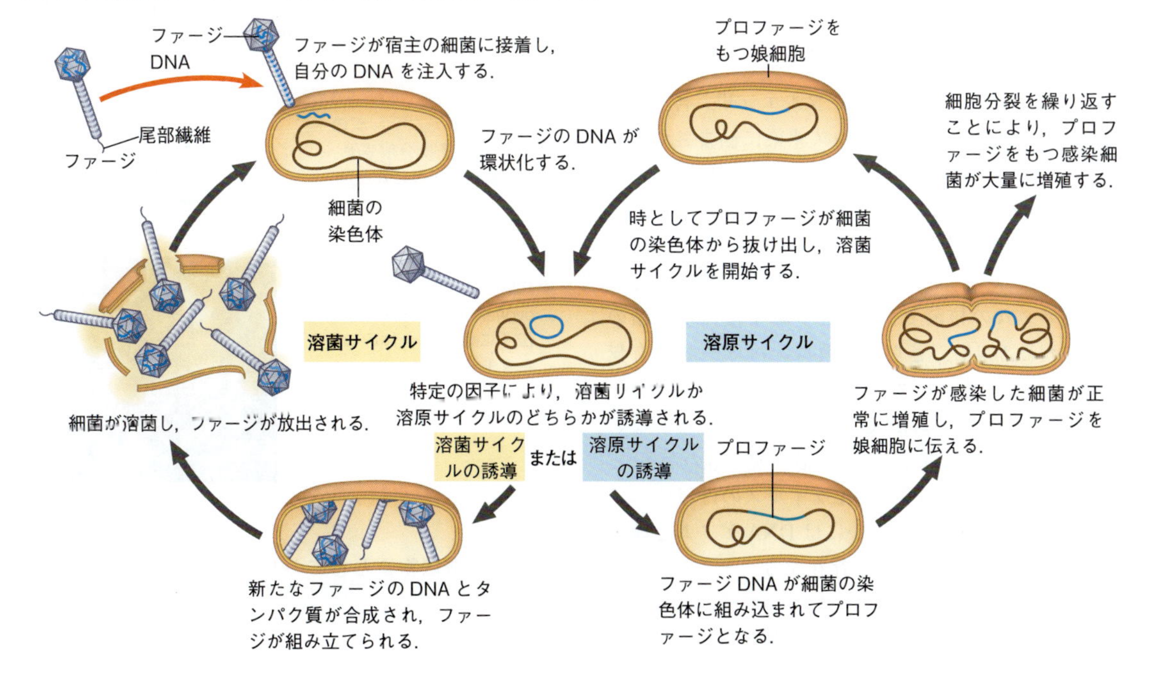
ファージ
DNA
ファージが宿主の細菌に接着し，自分のDNAを注入する．
尾部繊維
ファージ
細菌の染色体
ファージのDNAが環状化する．
プロファージをもつ娘細胞
細胞分裂を繰り返すことにより，プロファージをもつ感染細菌が大量に増殖する．
時としてプロファージが細菌の染色体から抜け出し，溶菌サイクルを開始する．
溶菌サイクル
溶原サイクル
細菌が溶菌し，ファージが放出される．
特定の因子により，溶菌サイクルか溶原サイクルのどちらかが誘導される．
ファージが感染した細菌が正常に増殖し，プロファージを娘細胞に伝える．
溶菌サイクルの誘導
または
溶原サイクルの誘導
プロファージ
新たなファージのDNAとタンパク質が合成され，ファージが組み立てられる．
ファージDNAが細菌の染色体に組み込まれてプロファージとなる．

いる．当初，科学者は，スペーサーDNA配列はランダムで無意味なものと考えていたが，複数の研究グループの分析により各々のスペーサー配列は，それぞれがかつて細菌に感染した特定のファージのDNAに対応することが明らかになった．さらに，特定のヌクレアーゼタンパク質がCRISPR領域と相互作用することが判明した．このヌクレアーゼはCas（CRISPR-associated）タンパク質とよばれ，ファージDNAを認識して切断することにより，ファージに対する細菌の防御となっている．

ファージがCRISPR-Casシステムを有する細菌に感染すると，侵入したファージのDNAは細菌ゲノム中の2つの繰り返し配列の間に組み込まれる．細菌がこのウイルス感染を生き延びると，同じタイプのファージがこの細菌（または子孫の細菌）に再び感染したときCRISPR領域の転写が誘導されてRNA分子が生じる（図19.7）．このRNAは切断されてCasタンパク質と結合する．Casタンパク質はファージに関連するRNA配列を侵入したファージDNAを発見して切断し，ファージを破壊するための誘導装置として利用する．20.1節では，このシステムを用いて他の細胞の遺伝子を実験室で編集する技術について学ぶ．

突然変異によりウイルスの受容体となるタンパク質が変異した細菌や，ファージDNAを切断する酵素を有する細菌が自然選択に有利であるように，変異したタンパク質に結合できるファージや制限酵素に耐性をもつファージも自然選択に有利である．このように，細菌とファージの関係はつねに進化の流れの中にある．

動物ウイルスの複製サイクル

ヒトは誰もがヘルペス，インフルエンザ，普通感冒（いわゆる風邪）などのウイルス感染に悩まされている．ヒトなどの動物に病気を引き起こすウイルスも，他のウイルスと同様に，宿主細胞内でのみ複製される．動物ウイルスの感染および複製の基本的なパターンは，変化に富んでいる．ウイルスの多様性の重要な鍵となるのはゲノムの核酸である（2本鎖または1本鎖のRNAまたはDNA）．さらに，膜エンベロープの有無という違いもある．バクテリオファージにエンベロープをもつものやゲノムがRNAのものはほとんどないが，動物ウイルスにはこの両方に該当するものが多い．実際に，動物に感染するRNAウイルスのほぼすべてがエンベロープをもち，なかにはDNAゲノムと膜エンベロープをもつウイルスも存在する．そこで，ウイルス感染と複製の機構のすべてについて検討していくのではなく，まずエンベロープの役割と多くの動物ウイルスの遺伝物質としてのRNAの機能を中心に検討していく．

▼図19.7　CRISPR-Casシステム：細菌の免疫システム．

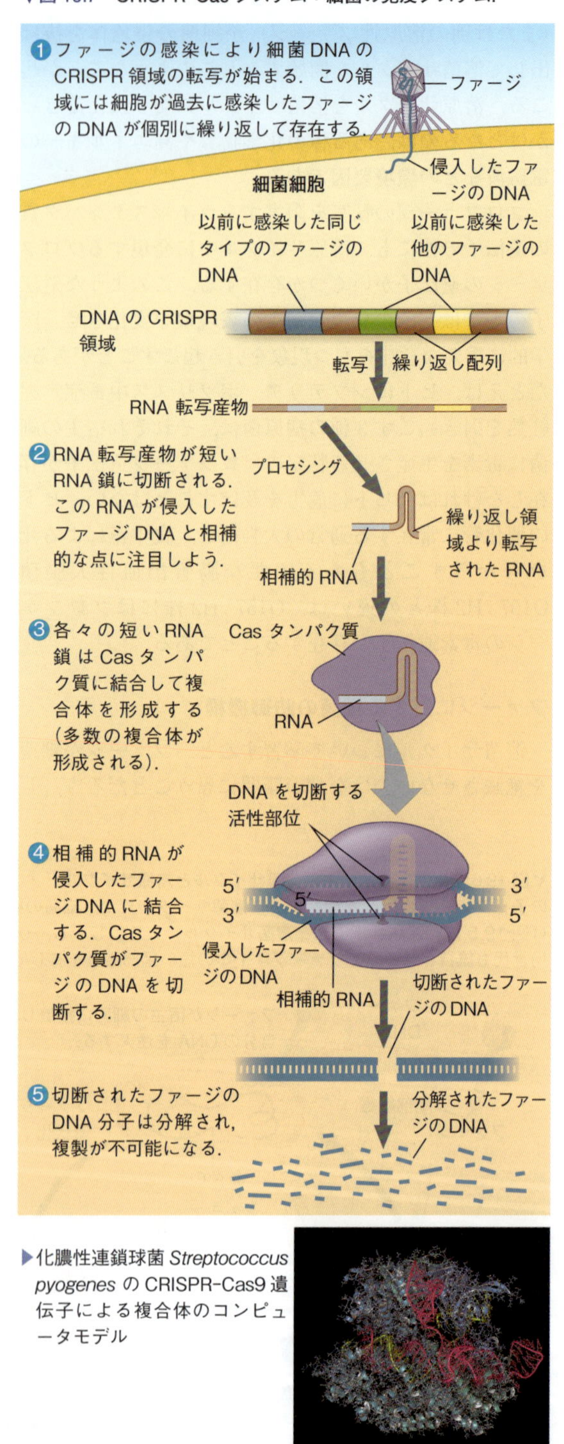

1 ファージの感染により細菌DNAのCRISPR領域の転写が始まる．この領域には細胞が過去に感染したファージのDNAが個別に繰り返して存在する．
ファージ
侵入したファージのDNA
細菌細胞
以前に感染した同じタイプのファージのDNA
以前に感染した他のファージのDNA
DNAのCRISPR領域
転写
繰り返し配列
RNA転写産物
2 RNA転写産物が短いRNA鎖に切断される．このRNAが侵入したファージDNAと相補的な点に注目しよう．
プロセシング
繰り返し領域より転写されたRNA
相補的RNA
3 各々の短いRNA鎖はCasタンパク質に結合して複合体を形成する（多数の複合体が形成される）．
Casタンパク質
RNA
DNAを切断する活性部位
4 相補的RNAが侵入したファージDNAに結合する．Casタンパク質がファージのDNAを切断する．
5′
3′
5′
3′
5′
侵入したファージのDNA
相補的RNA
切断されたファージのDNA
5 切断されたファージのDNA分子は分解され，複製が不可能になる．
分解されたファージのDNA

▶化膿性連鎖球菌 *Streptococcus pyogenes* のCRISPR-Cas9遺伝子による複合体のコンピュータモデル

ウイルスのエンベロープ

ウイルスの外膜であるエンベロープをもつ動物ウイルスは，宿主細胞への侵入にエンベロープを利用する．エンベロープの表面から突き出しているのはウイルスの糖タンパク質であり，これが宿主細胞の表層の特異的な受容体タンパク質に結合する．図 19.8 ではエンベロープをもつ RNA ウイルスの複製サイクルの要点を示している．宿主細胞の小胞体（ER）に結合したリボソームがエンベロープの糖タンパク質のタンパク質成分を生産し，さらに小胞体とゴルジ体に存在する酵素が糖鎖を付加する．生産されたウイルスの糖タンパク質は宿主の細胞膜に埋め込まれて，細胞の表層に輸送される．エキソサイトーシスと類似した過程により，新たなウイルスキャプシドが細胞から出芽するときにこの細胞膜に包まれる．言い換えると，ウイルスのエンベロープは宿主の細胞膜に由来しているが，この膜上のほぼすべての分子はウイルス遺伝子に由来するものである．エンベロープを得たウイルスは，自由に他の細胞に感染することができる．ファージの溶菌サイクルとは異なり，この複製サイクルでは宿主細胞を殺す必要はない．

細胞膜に由来しないエンベロープをもつウイルスもある．たとえば，ヘルペスウイルスは一時的に宿主の核膜に由来する膜に覆われ，次に細胞質でこの膜を脱ぎ捨ててゴルジ体の膜から新たなエンベロープを獲得する．このウイルスは 2 本鎖 DNA ゲノムを有し，宿主細胞の核内で複製される．この過程では，ウイルスの DNA の複製と転写にはウイルス由来と宿主由来の両方の酵素が用いられる．ヘルペスウイルスの場合は，ウイルス DNA のコピーがある種の神経細胞の核内にミニクロモソームとして残ることがある．このウイルス DNA のコピーは長期間潜伏し，なんらかの肉体的または精神的ストレスが引き金となって，活性ウイルスの生産を始める．活動を再開したウイルスが他の細胞に感染すると，ヘルペスに特徴的な疱疹が形成され，単純ヘルペスまたは性器ヘルペスとなる．ヒトが一度ヘルペスウイルスに感染すると，生涯を通じてヘルペスが再発するおそれがある．

▼図 19.8 **エンベロープをもつ RNA ウイルスの複製サイクル．** 1 本鎖 RNA ゲノムが mRNA 合成の鋳型として機能する RNA ウイルスの複製サイクルを示す．エンベロープをもつウイルスは，宿主の細胞膜とウイルスのエンベロープが融合することにより宿主細胞へと侵入するものと，エンドサイトーシスにより侵入するものがある．すべてのエンベロープをもつ RNA ウイルスはこの図に描かれる機構により，子孫ウイルスの新たなエンベロープを獲得する．

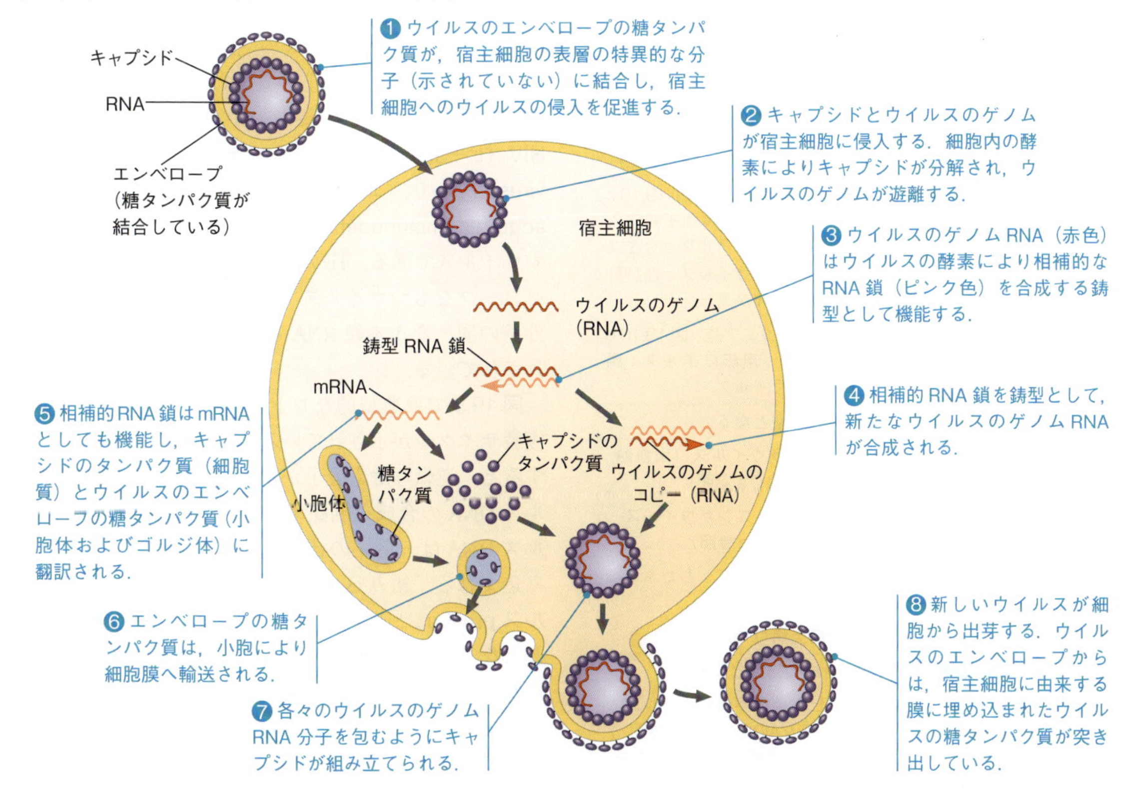
キャプシド
RNA
エンベロープ
（糖タンパク質が
結合している）
❶ ウイルスのエンベロープの糖タンパク質が，宿主細胞の表層の特異的な分子（示されていない）に結合し，宿主細胞へのウイルスの侵入を促進する．
❷ キャプシドとウイルスのゲノムが宿主細胞に侵入する．細胞内の酵素によりキャプシドが分解され，ウイルスのゲノムが遊離する．
宿主細胞
ウイルスのゲノム
（RNA）
鋳型 RNA 鎖
❸ ウイルスのゲノム RNA（赤色）はウイルスの酵素により相補的な RNA 鎖（ピンク色）を合成する鋳型として機能する．
mRNA
❹ 相補的 RNA 鎖を鋳型として，新たなウイルスのゲノム RNA が合成される．
❺ 相補的RNA鎖はmRNAとしても機能し，キャプシドのタンパク質（細胞質）とウイルスのエンベロープの糖タンパク質（小胞体およびゴルジ体）に翻訳される．
キャプシドの
タンパク質
糖タン
パク質
小胞体
ウイルスのゲノムの
コピー（RNA）
❻ エンベロープの糖タンパク質は，小胞により細胞膜へ輸送される．
❼ 各々のウイルスのゲノム RNA 分子を包むようにキャプシドが組み立てられる．
❽ 新しいウイルスが細胞から出芽する．ウイルスのエンベロープからは，宿主細胞に由来する膜に埋め込まれたウイルスの糖タンパク質が突き出している．

ウイルスの遺伝物質

表 19.1 に示されるのは，遺伝物質が 2 本鎖 DNA，1 本鎖 DNA，2 本鎖 RNA，1 本鎖 RNA かによるウイルスの一般的な分類である．ある種のファージと大部分の植物ウイルスは RNA ウイルスだが，動物に感染するウイルスが最も多様な RNA ゲノムをもつ．動物ウイルスには 3 種類の 1 本鎖 RNA のタイプがある（表 19.1 クラスⅣ～Ⅵ）．クラスⅣウイルスの RNA ゲノムは直接 mRNA として利用され，感染するとただちにウイルスタンパク質の翻訳を始める．図 19.8 に示されるのは，RNA ゲノムが mRNA の「鋳型」として用いられるクラスⅤのウイルスである．ウイルスの RNA ゲノムから転写された相補的 RNA は，mRNA として機能するとともに，新たなゲノム RNA を合成するための鋳型として用いられる．mRNA 転写の鋳型として RNA ゲノムを用いるウイルスは，すべて RNA → RNA 合成が必要である．このようなウイルスは，この過程を実行できるウイルス自身の酵素を使用する．このような酵素はほとんどの宿主細胞には存在しないためである．RNA → RNA 合成の過程に用いる酵素は，ウイルスのゲノムにコードされている．この酵素が合成されると，ウイルスの組み立ての過程でウイルスのゲノムと一緒にウイルスのキャプシドに封入される．

表 19.1　動物ウイルスの分類

綱／科	エンベロープ	ヒトの疾患の例
Ⅰ．2 本鎖 DNA（dsDNA）		
アデノウイルス（図 19.3b 参照）	無	呼吸器疾患ウイルス
パピローマウイルス	無	イボ，子宮頸がん
ポリオーマウイルス	無	腫瘍
ヘルペスウイルス	有	単純ヘルペスⅠ，Ⅱ（単純ヘルペス，性器ヘルペス）；水痘帯状疱疹（帯状疱疹，水疱瘡）；EB ウイルス（単核球症，バーキットリンパ腫）
ポックスウイルス	有	天然痘ウイルス；牛痘ウイルス
Ⅱ．1 本鎖 DNA（ssDNA）		
パルボウイルス	無	B19 パルボウイルス（発疹）
Ⅲ．2 本鎖 RNA（dsRNA）		
レオウイルス	無	ロタウイルス（下痢）；コロラドダニ熱ウイルス
Ⅳ．1 本鎖 RNA（ssRNA）；mRNA となる		
ピコルナウイルス	無	ライノウイルス（普通感冒）；ポリオウイルス，A 型肝炎ウイルス，腸管ウイルス
コロナウイルス	有	急性呼吸器症候群(SARS)；中東呼吸器症候群(MERS)
フラビウイルス	有	ジカ熱ウイルス（図 19.10 c 参照）；黄熱病ウイルス；デング熱ウイルス；ウエストナイルウイルス；C 型肝炎ウイルス
トガウイルス	有	チクングニア熱（図 19.10 b 参照）；風疹ウイルス；馬脳炎ウイルス
Ⅴ．1 本鎖 RNA（ssRNA）；mRNA の鋳型となる		
フィロウイルス	有	エボラウイルス（出血熱，図 19.10 a 参照）
オルソミクソウイルス	有	インフルエンザウイルス（図 19.3 c 参照）
パラミクソウイルス	有	麻疹ウイルス；おたふく風邪ウイルス
ラブドウイルス	有	狂犬病ウイルス
Ⅵ．1 本鎖 RNA（ssRNA）；DNA 合成の鋳型となる		
レトロウイルス	有	ヒト免疫不全症ウイルス（HIV/AIDS；図 19.9 参照）；RNA 腫瘍ウイルス（白血病）

RNA ゲノムをもつ動物ウイルスの中で最も複雑な複製サイクルをもつのが**レトロウイルス retrovirus** である（クラスⅥ）．レトロウイルスは**逆転写酵素 reverse transcriptase** とよばれる，鋳型 RNA を DNA に転写する酵素を備えている．逆転写では通常とは逆の RNA → DNA の方向に遺伝情報が流れる．この特有の現象が，レトロウイルスの名の由来となっている（「レトロ」とは「逆行」の意味）．レトロウイルスの中で，医学的に特に重要なのが表 19.1 に記載される **HIV（ヒト免疫不全ウイルス human immunodeficiency virus）**であり，**エイズ AIDS（後天性免疫不全症候群 acquired immunodeficiency syndrome）**を引き起こすウイルスである．HIV などのレトロウイルスはエンベロープをもつウイルスであり，キャプシドの中に 2 分子の同一な 1 本鎖 RNA と 2 分子の逆転写酵素が封入されている．

図 19.9 では典型的なレトロウイルスである HIV の複製サイクルが示されている．HIV が宿主細胞に侵入すると，逆転写酵素分子が細胞質中に放出されてウイルス DNA の合成を触媒する．新たに合成されたウイルス DNA は，宿主の核に侵入して染色体 DNA に組み込まれる．組み込まれたウイルス DNA は**プロウイルス provirus** とよばれ，宿主のゲノムから離れることはなく，宿主細胞中に永遠に居座り続ける（これに対してプロファージは溶菌サイクルの開始時に宿主のゲノムを離脱する）．宿主の RNA ポリメラーゼによりプロウイルス DNA から転写された RNA 分子は，

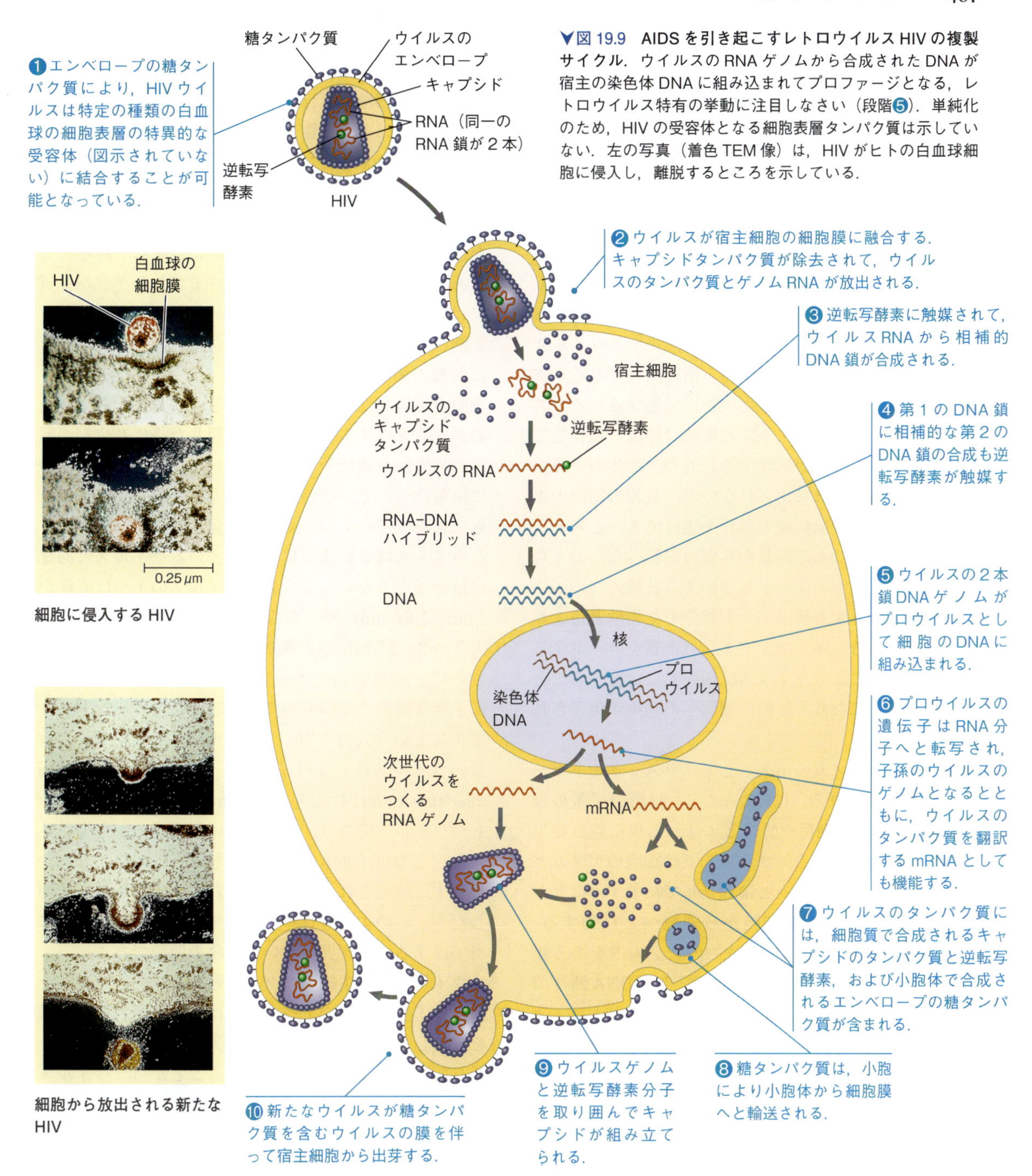

❶エンベロープの糖タンパク質により，HIV ウイルスは特定の種類の白血球の細胞表層の特異的な受容体（図示されていない）に結合することが可能となっている．
糖タンパク質
ウイルスのエンベロープ
キャプシド
RNA（同一のRNA 鎖が２本）
逆転写酵素
HIV
白血球の細胞膜
HIV
0.25 μm
❷ウイルスが宿主細胞の細胞膜に融合する．キャプシドタンパク質が除去されて，ウイルスのタンパク質とゲノム RNA が放出される．
❸逆転写酵素に触媒されて，ウイルス RNA から相補的 DNA 鎖が合成される．
宿主細胞
ウイルスのキャプシドタンパク質
逆転写酵素
ウイルスの RNA
RNA-DNA ハイブリッド
DNA
❹第１の DNA 鎖に相補的な第２の DNA 鎖の合成も逆転写酵素が触媒する．
❺ウイルスの２本鎖 DNA ゲノムがプロウイルスとして細胞の DNA に組み込まれる．
核
プロウイルス
染色体 DNA
❻プロウイルスの遺伝子は RNA 分子へと転写され，子孫のウイルスのゲノムとなるとともに，ウイルスのタンパク質を翻訳する mRNA としても機能する．
次世代のウイルスをつくる RNA ゲノム
mRNA
❼ウイルスのタンパク質には，細胞質で合成されるキャプシドのタンパク質と逆転写酵素，および小胞体で合成されるエンベロープの糖タンパク質が含まれる．
❽糖タンパク質は，小胞により小胞体から細胞膜へと輸送される．
❾ウイルスゲノムと逆転写酵素分子を取り囲んでキャプシドが組み立てられる．
❿新たなウイルスが糖タンパク質を含むウイルスの膜を伴って宿主細胞から出芽する．

細胞に侵入する HIV

細胞から放出される新たな HIV

▼図 19.9　**AIDS を引き起こすレトロウイルス HIV の複製サイクル**．ウイルスの RNA ゲノムから合成された DNA が宿主の染色体 DNA に組み込まれてプロファージとなる，レトロウイルス特有の挙動に注目しなさい（段階❺）．単純化のため，HIV の受容体となる細胞表層タンパク質は示していない．左の写真（着色 TEM 像）は，HIV がヒトの白血球細胞に侵入し，離脱するところを示している．

関連性を考えよう➤HIV が免疫系細胞（図 7.8 参照）に結合する機構について知られていることと，その発見の経緯について記述しなさい．

ウイルスタンパク質を合成するための mRNA として機能するとともに，ウイルスのゲノムとなり，新たなウイルスに組み込まれて細胞外へと放出される．HIV ウイルスが免疫システムを障害してエイズ（AIDS）を引き起こす過程については，43.4 節で述べる．

ウイルスの進化

進化　ウイルスは生物か非生物かという疑問から，本章の議論が始まっている．ウイルスは実際のところ，一般的な生物の定義に適合しない．単離されたウイルスは生物学的に不活性であり，自らの遺伝子を複製することも自前でATPを生産することもできない．しかし，ウイルスは生命の共通の言語で書かれた遺伝的プログラムを有している．ウイルスを自然界の最も複雑な分子の会合体と考えても，最も単純な生物と考えても，通常の生物の定義を変更しなければならない．ウイルスは独立して増殖できず代謝活性ももたないが，生物に共通の遺伝暗号を用いていることから，ウイルスの進化と生物界との関連を否定することはできない．

ウイルスはどこから来たのだろうか．地球上のあらゆる形態の生物に対して，それぞれ感染するウイルスが見出されている．細菌や動物・植物だけでなく，古細菌，菌類，藻類などの原生生物に感染するウイルスも発見されている．ウイルスの増殖は細胞に依存していることから，細胞が出現する以前の生命体の子孫がウイルスであるとは考えられないが，最初の細胞の出現以降にウイルスは何度も進化を遂げてきたと考えられる．ウイルスはある細胞から別の細胞へと，おそらくは傷ついた細胞の表層から移動する核酸の裸の断片から発生したとする仮説が，大部分の生物学者により支持されている．キャプシドタンパク質をコードする遺伝子の進化によりウイルスは細胞膜に結合することができるようになり，無傷の細胞への感染が促進されると考えられる．

ウイルスのゲノムの由来としてプラスミドやトランスポゾンも含まれる．「プラスミド」は低分子量の環状DNAであり，細菌や酵母とよばれる単細胞真核生物から見出されている．プラスミドは細胞のゲノムとは別個に存在し，ゲノムとは独立して複製することが可能であり，時として細胞から細胞へと移動する．「トランスポゾン」は，ある生物のゲノム内をある場所から他の場所へ移動することのできるDNA断片である．このように，ウイルスとプラスミドとトランスポゾンは，「移動性の遺伝要素」であるという重要な性質が共通している（プラスミドについては20.1節と27.2節，トランスポゾンについては21.4節で詳しく検討する）．

ウイルスが細胞から細胞へと移動するDNAの断片であるという考え方は，ウイルスのゲノムが，他の宿主に感染するウイルスのゲノムよりも，自分が寄生している宿主のゲノムに対して共通部分を多く含んでいるという観察結果と合致している．実際に，宿主の遺伝子と実質的に同一な遺伝子を含むウイルスも存在する．

15年ほど前のミミウイルスとよばれる巨大ウイルスの発見により，ウイルスの起源に関する論争が再び激しくなっている．ミミウイルスは直径約400 nmの二十面体キャプシドをもつ2本鎖DNAウイルスであり，小型の細菌とほぼ同じ大きさをもつ．ミミウイルスのゲノムは120万塩基（インフルエンザウイルスのゲノムの約100倍）で，約1000個の遺伝子を含むと推定されている．ミミウイルスの最も驚くべき特徴は，これまで細胞のゲノム以外からは見つかっていなかった遺伝子がミミウイルスのゲノムに含まれていることである．このような遺伝子にコードされるタンパク質には，翻訳，DNA修復，タンパク質の折りたたみ，多糖の生合成に関与するものが含まれている．地球上に最初の細胞が生まれる前にミミウイルスが進化し，細胞が出現した後は細胞を搾取しながら進化してきたのか，ミミウイルスは細胞が出現した後に進化し，宿主の細胞から遺伝子を回収しているだけなのか，論争に決着はついていない．2013年以降ミミウイルスよりも大きなウイルスがいくつも発見されたが，このようなウイルスはこれまでに知られているウイルスと同様には分類できない．こうしたウイルスの1つは直径が1 μm（1000 nm）で，ある種の小型の真核生物よりも大きい2〜2.5 Mbの2本鎖DNAゲノムを有している．さらに，2000個前後の遺伝子の90%以上が細胞の遺伝子とは関連のないものであることから，パンドラウイルスという人目を引く名前を与えられている．2番目のウイルスはピソウイルス・シベリカム *Pithovirus sibericum* とよばれる直径1.5 μmの500個の遺伝子をもつウイルスであり，シベリアの永久凍土から発見された．このウイルスは，3万年も凍っていたにもかかわらず，解凍されるとアメーバに感染する能力を発揮した！　このようなウイルスが生命の系統樹のどこに当てはまるのか，興味深い未解決の問題である．

ウイルスと宿主細胞のゲノムとの進化的な関連のため，分子生物学の中でウイルスはつねに便利な実験系を提供している．ウイルスが病気を引き起こす能力を通じて生物に多大な影響を与えることから，ウイルスに関する知識は実用のうえでも重要なものが多い．

概念のチェック 19.2

1. 溶菌ファージと溶原ファージが宿主に与える影響を比較しなさい．
2. **関連性を考えよう**➤18.3節で議論されたCRISPR-Casシステムとmi RNA系について，機構と機能の面から比較しなさい．
3. **関連性を考えよう**➤図19.8のRNAウイルスは，ウイルスの増殖サイクル中の第3段階で機能するウイルス由来のRNAポリメラーゼをもっている．このRNAポリメラーゼと，細胞のRNAポリメラーゼを鋳型および全般的な機能の面から比較しなさい（図17.10参照）．

4. なぜHIVはレトロウイルスとよばれるのか．

5. **図読み取り問題➤**あなたがHIV感染症と戦う研究者であったら，HIVの分子機構のどの過程を阻害するか，図19.9を参照して考えなさい．

（解答例は付録A）

19.3

ウイルスとプリオンは動物や植物にとって恐るべき病原体である

ウイルス感染により引き起こされる病気は，世界中でヒトや家畜および農作物を悩ませている．さらに，プリオンとして知られる，より小さくて単純な構造体も動物に深刻な病気を引き起こす．ここではまず動物のウイルスについて検討する．

動物のウイルス性疾患

ウイルスに感染すると，さまざまなメカニズムにより症状が現れる．ウイルスの影響でリソソームから放出された加水分解酵素により，細胞が傷害され死滅する場合がある．また，ウイルスの中には感染した細胞に毒素を生産させて病気の症状を引き起こすものがあり，またウイルス自身がエンベロープタンパク質など毒性のある成分をもつ場合もある．ウイルスによる傷害の程度は感染した組織が細胞分裂により再生する能力に左右される．ウイルスが感染した呼吸器官の上皮組織は効率よく修復できるので，風邪をひいた人々もふつうは全快する．一方，神経細胞は分裂せず交換が効かないため，ポリオウイルスによって成熟した神経細胞に受けた傷害は永続的なものとなる．発熱や疼痛などのウイルス感染に関連する一時的な症状の多くは，実際はウイルスに引き起こされた細胞死の結果よりも，むしろ体のウイルス感染に対抗する防衛努力の結果として起こるものである．

免疫系は体の複雑で生命にとって必須な自然防御システムの一環である（43章参照）．さらに，免疫系はウイルス感染を防ぐ主要な医療手段であるワクチンの原理である．**ワクチン vaccine**は病原性微生物の無害な誘導体であり，免疫系を刺激して有害な病原体に対抗する防衛力を装備させるものである．天然痘は，かつて世界各地に壊滅的な悲劇をもたらしたウイルス性疾患であるが，世界保健機構World Health Organization（WHO）が実施したワクチン接種プログラムにより根絶された．天然痘ウイルスは宿主域が非常に狭く，ヒトにしか感染しないことがワクチン接種プログラムが成功した決定的な要因である．さらに，ポリオと麻疹の根絶をめざして，同様の世界的ワクチン接種運動が進行中である．また，風疹，おたふく風邪，B型肝炎など，さまざまなウイルス疾患にもワクチンが有効である．

ワクチンは特定のウイルス性疾患を防ぐことができるが，現在の医療技術では，ひとたび発症してしまったウイルス感染症の治療のためにできることは多くはない．細菌の感染症との戦いを強力に支援する抗生物質も，ウイルスに対しては無力である．抗生物質は細菌に特異的な酵素を阻害することによって細菌を殺すが，真核生物やウイルスにコードされる酵素に対しては効果がない．しかし，ウイルスにコードされている数少ない酵素を標的とした薬剤が開発されている．抗ウイルス薬には，構造がヌクレオチドに類似しており，ウイルス核酸の合成を妨げるものが多い．このような薬剤の1つであるアシクロビルは，ウイルスDNAの合成を触媒するウイルスのポリメラーゼを阻害することにより，ヘルペスウイルスの複製を妨げる．同様に，アジドチミジン（AZT）は逆転写酵素によるDNA合成を阻害し，HIVの複製を抑える．過去20年間にHIVの治療薬の開発に大きな努力が払われ，現在では「カクテル」とよばれる多剤療法が最も効果的であることが見出されている．この療法では，通常は2つの核酸誘導体とプロテアーゼ阻害剤が組み合わされていて，ウイルス粒子の組み立てに必要な酵素に干渉し，その機能を阻害する．また，マラビロクとよばれる薬剤を用いた治療も効果的である．マラビロクはヒトの免疫細胞表層にあるHIVウイルス結合が結合する標的タンパク質を遮断する（図7.8参照）．この薬剤は，HIVに接触したことがある人や，接触する危険がある人がHIVに感染するのを防止するためにも使われている．

新興ウイルス

突如として出現したウイルスを「新興ウイルス」という．HIV（エイズウイルス）は古典的な例であり，1980年代初頭にどこからともなくサンフランシスコに出現したが，後の研究により1959年にベルギー領コンゴで症例が発見されている．脳の炎症をもたらす脳炎を引き起こす危険な新興ウイルスも数多い．その一例がウエストナイルウイルスである．1999年に北米に出現し，米国の陸続きの48州すべてに広がり，現在では4万人以上が発症して約2000人が死亡している．

きわめて致死性の高いエボラウイルス（図19.10 a）は，1976年に中央アフリカで初めて見出されたウイルスであり，高熱，嘔吐，大量の出血，循環器系の崩壊などを伴い，しばしば致死的となる「出血熱」を引き起こす新興ウイルスの1つである．2014年に西アフリカで発生した大規模なエボラ出血熱の集団発生のため，WHOは国際的に懸念される公衆衛生上の非常事態を宣言した．この流行により，2015年半ばまでにギニア，シエラレオネ，リベリアを中心に2万7000人以上が発病し，1万1000人以上が死亡している．

▼図19.10　**新興ウイルス．**

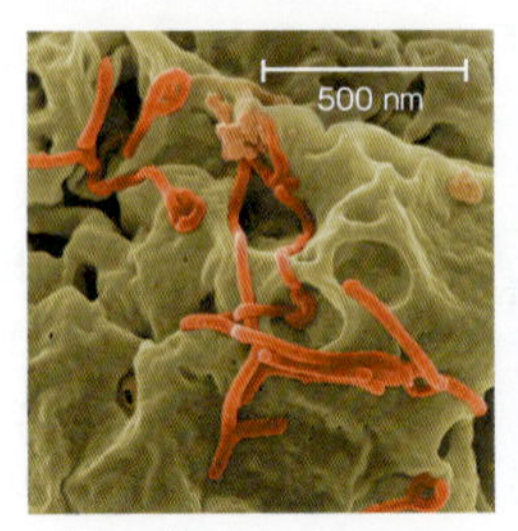
500 nm

(a) **エボラウイルス．** サルの細胞から出芽（着色SEM像）．

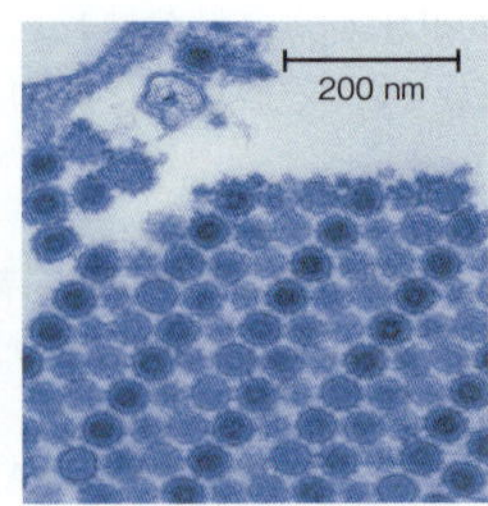
200 nm

(b) **チクングニアウイルス．** 左上の細胞から出芽して整列（着色TEM像）．

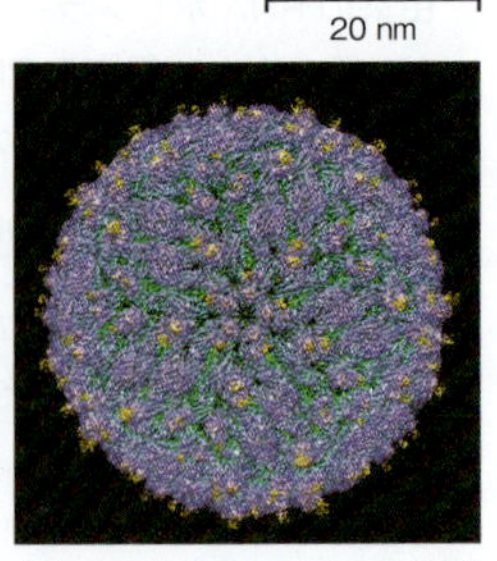
20 nm

(c) コンピュータにより描かれた**ジカウイルス．** クライオ電子顕微鏡とよばれる技術を利用．

チクングニア熱とよばれる蚊が媒介するウイルス（図19.10 b）の例では，発熱，発疹，持続性の関節痛を伴う急性の症状を引き起こす．チクングニア熱は長い間熱帯性のウイルスと考えられていたが，現在ではイタリア北部およびフランス南東部でも発生する．最近の新興ウイルスとして，2015年春にブラジルで発生したジカ熱が挙げられる（図19.10 c）．ジカ熱による症状自体は重篤なものではないが，妊娠中の女性が感染すると小頭症とよばれる異常に小さな脳をもった赤ん坊が生まれる可能性が劇的に上昇すると指摘され，ジカ熱の流行に注意が喚起された．ジカ熱はウエストナイルウイルスと同様に蚊が媒介するフラビウイルス属であり，神経系の細胞に感染して致死的な脳の発生異常を引き起こす危険がある．ジカ熱に関連する神経系の障害と，2016年初頭までにジカ熱が28ヵ国に広がったことから，WHOは国際的に懸念される公衆衛生上の非常事態を宣言した．

さまざまな型のインフルエンザがしばしば出現して大流行する．2009年4月，インフルエンザによく似た病気がメキシコと米国で広範囲に発生（**流行 epidemic**）した．感染性の病原体はすみやかにインフルエンザウイルスと同定され，季節性のインフルエンザを引き起こすウイルスと近縁のものであることが判明した．この新型インフルエンザのウイルスは，短い説明によりH1N1と命名された．この疾病は急速に広がり，まもなくWHOが地球規模の流行として**世界的大流行 pandemic**を宣言した．半年後には，この疾病は207の国々に広がり，60万人以上が感染して，約8000人が死亡した*．

このようなウイルスが人間の社会に突如として出現し，それまではめったになかったか，またはまったく未知であった病気を引き起こすようになった原因は何だろうか．ウイルス性疾患の出現に寄与する3つの過程が想定される．最も重要と思われる第1の過程は，既存のウイルスの突然変異である．RNAウイルスは，RNAゲノムの複製の誤りが校正機構によって訂正されることがないため，非常に高い頻度で突然変異が発生する．変異によっては，既存のウイルスが病気を引き起こす新たな遺伝的変種（株）に変化し，元来のウイルスに対する免疫を獲得している人にも病気を引き起こすことができるようになる．たとえば，季節性インフルエンザの流行を引き起こす新型のウイルスは，以前のウイルスとは遺伝的にある程度変異しているため，人々はほとんど免疫を有していない．この過程については**科学スキル演習**でH1N1インフルエンザウイルスの変種の遺伝的変化について分析し，この疾患の拡大との関連について考察する．

新興ウイルス性疾患が出現する第2の過程は，小規模な隔離された人々の集団からウイルスが拡散することである．たとえば，エイズ（AIDS）は数十年前に世界中に広がり始める前は，名もなくほとんど注目されていなかった．AIDSの場合は，格安価格の海外旅行，輸血，性的な乱交，静脈注射薬物の不正使用などの技術的および社会的要因により，以前はめったになかったヒトの病気が世界的な災厄に発展している．

ヒトの新たなウイルス性疾患が発生する第3の過程は，既存のウイルスが他の動物から拡散することである．研究者は，新たなヒトの病気の約4分の3が他の動物に由来すると評価している．伝染性をもつ特定のウイルスを保有しているにもかかわらず通常はそのウ

＊（訳注）：日本では2009年11月時点で約1万5000人が発症し，死者は約80人である．流行はその後収束に向かい，厚生労働省は2010年3月に第1波の終息を宣言した．

科学スキル演習

塩基配列の系統樹の分析によるウイルス進化の理解

インフルエンザウイルスの進化の足跡を塩基配列データから追跡する　インフルエンザ H1N1 ウイルスは 2009 年に世界的流行を引き起こしたが，インフルエンザウイルスによる突発的流行の危機が世界中で再浮上している．インフルエンザワクチンの接種が広く実施されているにもかかわらず，このウイルスが毎年のように出現する理由について，台湾の研究者が強い関心を寄せた．新たに進化した H1N1 ウイルスの変異体は，ヒトの免疫系による防御を回避することができると仮定した．この仮説を検証するためには，インフルエンザの個々の流行が H1N1 の異なる変異体によるものかどうか決定する必要があった．

A/ カリフォルニア /07/2009 グループ 1
A/ 台湾 /1164/2010 グループ 3
A/ 台湾 /T1773/2009 グループ 6
A/ 台湾 /T1338/2009
A/ 台湾 /T0724/2009
A/ 台湾 /T1821/2009
A/ 台湾 /937/2009
A/ 台湾 /T1339/2009
A/ 台湾 /940/2009
A/ 台湾 /7418/2009
A/ 台湾 /8575/2009
A/ 台湾 /4909/2009
A/ 台湾 /8542/2009
A/ 台湾 /1018/2011
A/ 台湾 /552/2011 グループ 9
A/ 台湾 /2826/2009
A/ 台湾 /T0826/2009 グループ 7
A/ 台湾 /1017/2009
A/ 台湾 /7873/2009
A/ 台湾 /11706/2009
A/ 台湾 /6078/2009
A/ 台湾 /6341/2009
A/ 台湾 /6200/2009 グループ 8
A/ 台湾 /5270/2010
A/ 台湾 /3994/2010 グループ 8-1
A/ 台湾 /2649/2011
A/ 台湾 /1102/2011 グループ 10
A/ 台湾 /4501/2011
A/ 台湾 /67/2011
A/ 台湾 /1749/2011
A/ 台湾 /4611/2011
A/ 台湾 /5506/2011
A/ 台湾 /1150/2011
A/ 台湾 /2883/2011
A/ 台湾 /842/2010
A/ 台湾 /3697/2011 グループ 11

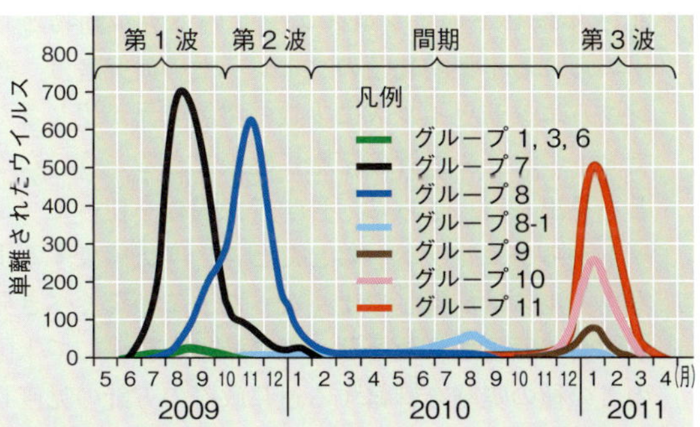

第 1 波
第 2 波
間期
第 3 波
単離されたウイルス
800
700
600
500
400
300
200
100
0
凡例
グループ 1, 3, 6
グループ 7
グループ 8
グループ 8-1
グループ 9
グループ 10
グループ 11
5 6 7 8 9 10 11 12 1 2 3 4 5 6 7 8 9 10 11 12 1 2 3 4 (月)
2009
2010
2011

▲科学者は，個々のウイルスの変異体が人々に活発に病気を引き起こしている期間を示すため，1 ヵ月ごとにグループ分けしたウイルスの分離株の数をグラフにした．

実験方法　台湾で H1N1 インフルエンザ患者から分離した 4703 株のウイルス変異体株について，ゲノム配列情報を取得した．ウイルスのヘマグルチニン（HA）遺伝子について塩基配列を比較し，発生した突然変異に基づいてウイルス分離株の系統樹を作成した（系統樹の読み方に関する情報については図 26.5 を参照）．

実験データ　系統樹では各々の枝の先端に特有の HA 遺伝子配列をもつウイルス変異体株が 1 つずつ配置されている．系統樹は H1N1 ウイルスの変異体の間の進化的な関連についての作業仮説を視覚化する手法である．

データの解釈

1. 系統樹は H1N1 ウイルスの変異体株について仮定された進化的な関連性を示すものである．2 つの変異体株が密接に関連しているほど，HA 遺伝子の配列で見たウイルスの類似性が高いことになる．節とよばれる枝分かれは，それぞれが異なる突然変異の蓄積により 2 つの系統が分離したところを示している．枝の長さは，変異体株間の配列の相違の数の尺度であり，これらの変異体株の縁の遠さを示している．系統樹を参照し，以下のどちらの変異体株の組み合わせのほうが近縁と考えられるか説明しなさい．A/ 台湾 /1018/2011 と A/ 台湾 /552/2011，A/ 台湾 /1018/2011 と A/ 台湾 /8542/2009.
2. 科学者は系統樹の枝を編集し，1 つの祖先変異体とそのすべての子孫変異体が一緒のグループになるようにグループ分けした．図ではグループごとに色分けされている．グループ 11 を例にとり，変異体株の系統を追跡しなさい．(a) すべての節には同数の枝または先端があるか．(b) グループ内のすべての枝は同じ長さを示すか．(c) これらの結果は何を示すか．
3. 左下のグラフは，分離されたウイルス変異体株（各々が患者に由来する）の数が y 軸に示され，変異体株が分離された年と月が x 軸に示されている．各々の変異体株のグループは系統樹に合わせて色別に線が描かれている．(a) 台湾の 100 人以上の患者が発生した最初の H1N1 ウイルスの流行を引き起こした最も初期の変異体株のグループはどれか．(b) あるグループの変異体株による感染者の数が最大値となった後，同じグループの変異体株が後に別の流行を引き起こしたことはあるか．(c) グループ 1 のある変異体株（緑色：最上部の枝）を用いて作製されたワクチンが，非常に初期の世界的流行のときに配布された．グラフのデータをもとに考えたとき，このワクチンは有効であったと思われるか．

4. グループ9，10，11はすべて台湾で同時に多数の感染者を出したH1N1の変異体株を含んでいる．この事実は，新たな変異体株の出現が新たな流行を引き起こすという科学者の仮説が正しくないことを意味するものか．あなたの解答について説明しなさい．

データ出典　J. -R. Yang et al., New variants and age shift to high fatality groups contribute to severe successive waves in the 2009 influenza pandemic in Taiwan, *PLoS ONE* 6 (11): e28288 (2011).

イルスによる疾患を発症しない動物は，ウイルスの自然宿主としてふるまうと考えられている．たとえば，2009年の新型インフルエンザの流行を引き起こしたH1N1ウイルスは，初期の頃にブタからヒトに移ったといわれていたことから，当初は病原ウイルスの由来にちなんで「ブタインフルエンザ」とよばれていた．

一般にインフルエンザの流行については，生物種の間を移動するウイルスの影響がわかりやすい実例を提供している．インフルエンザウイルスには3つの型が存在し，B型とC型はヒトにのみ感染し，流行を引き起こすことはない．一方，A型インフルエンザは，鳥，ブタ，ウマ，ヒトなどを含む広範な動物に感染する．過去100年間にA型インフルエンザの大規模な流行が4回発生している．1回目の1918年から1919年にかけての「スペイン風邪」の世界的大流行が最悪の流行であり，第1次世界大戦の兵士を多数含む4000～5000万人が死亡した．

A型インフルエンザのウイルス株の命名法は標準化されていて，1918年にスペイン風邪を引き起こしたウイルス株と2009年の世界的大流行を引き起こした新型ウイルスの株はどちらもH1N1とよばれる．この名称は，ウイルスの表層のヘマグルチニン（hemagglutinin：HA）とノイラミニダーゼ（neuraminidase：NA）という2つのタンパク質の型を示している．ヘマグルチニンには16種の型が存在し，ウイルスの宿主細胞への接着に関与する．ノイラミニダーゼには9種類の型が存在し，新たなウイルス粒子が感染した細胞から放出されるときに働く酵素である．HAとNAのすべての組み合わせの型のウイルスを水鳥が伝播することが知られている．翌年に流行が予想されるインフルエンザに対するワクチンを製造するときは，毎年ヘマグルチニンHAタンパク質の誘導体が利用される．

1918年の世界的大流行をはじめとするインフルエンザの大流行は，ある宿主生物から他の生物に移行する過程でウイルスに突然変異が起こったためと考えられている．ブタや鳥などの動物が複数のインフルエンザウイルスに同時に感染すると，ウイルスの複製過程で異なるウイルス株の間で遺伝的組換えが起こり，ウイルスゲノムを構成するRNA分子が混合する機会が生じる．2009年の流行を招いたインフルエンザウイルスの遺伝的組換えの主要な宿主はブタであると考えられていたが，後に鳥とブタとヒトのインフルエンザウイルスの塩基配列が含まれていることが判明している．このような遺伝子の混合と突然変異の組み合わせが，ヒトの細胞に感染することのできるウイルス株の発生に結びつく．特定のウイルス株に接触したことのない人々は免疫がないため，このような組換え型のウイルスが強い病原性を発揮する危険性がある．このような強毒性インフルエンザウイルスが，ヒトの間に広く出回っているウイルスと結びつくようなことがあると，ヒトからヒトへと容易に伝播する能力を獲得して大流行に発展する可能性が劇的に増大する．

野鳥や飼育された鳥が運ぶ大量の鳥インフルエンザウイルスは，長期的な危険を秘めている．H1N5ウイルスの場合は，鳥からヒトへのH1N5ウイルスの最初の伝播は1997年に香港で記録されている．それ以降，感染者に対する最終的な死亡率は50%を超えており厳重に警戒すべき数値といえる．さらに，H1N5の宿主域が拡大しつつあり，異なるウイルス株の間で再集合が起こる機会が増大していることを示している．もし，H1N5鳥インフルエンザウイルスがヒトからヒトへの伝染能力を獲得するような進化をとげると，1918年の世界的大流行に匹敵する地球規模の破滅的な健康災害に発展する可能性がある．

このような事態はどの程度起こり得るのだろうか．2011年にヒトのインフルエンザのモデル動物として用いられる小型哺乳類のフェレットの研究者は，鳥インフルエンザウイルスに少数の突然変異が生じるだけでヒトの鼻腔や気管の細胞に感染できるようになることを見出した．さらに，科学者が綿棒を使ってフェレットからフェレットへ移したとき，空気感染するよりもウイルスは伝染しやすくなった．この驚くべき発見が学会で報告されたとき，この結果を公表して米国内のこの種の実験を管轄する連邦政府の方針の見直しを行うべきか否かという大論争が勃発した．この種の研究を行うことによる危険（新たなウイルスの漏出や，ウイルス作製手順がバイオテロリストの手に渡る危険）

▼図 19.11 **ウイルスを伝播する蚊．**蚊はウイルス感染した人の血液を吸い取った後に他の人々に食いつくときに，ウイルスを伝播する．ウイルスが蔓延する地域で感染を防ぐためには，蚊帳を吊るのが有効な手段である．

と，研究を行わないことによる危険（ウイルス進化に関する理解が不足して新たな伝染性のウイルスと戦うことができなくなる可能性）との兼ね合いについて考慮しなければならないのだ．

これまでに調べてきた通り，新興ウイルスは一般には新規なものではなく，既存のウイルスが変異したものであり，現在の宿主生物より広く伝播し，新たな生物種を宿主とする場合もある．宿主の行動様式の変化や環境の変化によりウイルスの往来が増大し，ウイルス性疾患が流行するきっかけとなることがある．たとえば，遠隔地を結ぶ道路の建設により，孤立していた人々の集団にウイルスが拡散することがあり得る．さらに，耕作地の拡張に伴う森の破壊により，ヒトに感染する能力をもつウイルスの宿主となっている動物とヒトが接触する機会が生まれる．最後に，遺伝的変異により宿主域の変化が起こるとウイルスがある生物から別の生物種に飛び移ることが可能となる．前述の通りチクングニア熱などの多くのウイルスは蚊によって伝播される．2000年代半ばのチクングニアウイルスによる感染症の劇的な増大は，ウイルスの突然変異によりネッタイシマカ *Aedes aegypti* だけでなく近縁のヒトスジシマカ *Aedes albopictus* にも感染できるようになったときに発生している．殺虫剤の使用やベッドに蚊帳を吊ることの奨励は，蚊によって伝播される病気の防止をめざす公衆衛生のうえでは重要な手段である（図 19.11）．

近年，科学者は世界的なウイルス伝播に対する気候変動の影響について関心を寄せるようになっている．蚊によって伝播されるデング熱が，以前は報告のなかったフロリダ州やポルトガルなどの地域で出現している．地球規模の気候変動によりこのような病原体ウイルスを伝播する種類の蚊が生息域を拡大して互いの接触が増えることは，ウイルスが新たな宿主へ飛び移ることを可能にする突然変異が起こる機会が増大するため，憂慮すべき事態である．蚊の生息域に関する必要条件に気候変動モデルを適用していくことが，現代の科学者の活発な研究分野となっている．

➤図 19.12 **ウイルスが感染した未熟なトマト．**

植物のウイルス病

ウイルス性の植物の病気は現在2000種類以上が知られており，これによる農業および園芸上の損失は全世界で年間150億ドルに達すると見積もられている．ウイルス感染による共通の病徴は，葉や果実に白色や褐色の斑点が現れ（図 19.12），生育が停止し，花や根に障害が生じることであり，すべて作物の収量と品質の低下につながる．

植物ウイルスの基本的な構造と増殖様式は動物ウイルスと同一である．タバコモザイクウイルス（TMV）など，これまでに発見された植物ウイルスの大部分はゲノムがRNAである．TMVのようにらせん状のキャプシドをもつものが多く，二十面体のキャプシドを有するものもある（図 19.3 b 参照）．

植物のウイルス病の伝播には主として2通りの経路がある．「水平伝播」とよばれる第1の経路では，外部のウイルス感染源から植物に感染する．ウイルスの侵入過程では植物の表皮の保護層を突破しなければならないが，強風や刈り込みや草食生物などによる損傷があると，植物はウイルス感染に弱くなる．草食生物の中でも，特に昆虫は，植物から植物へと病原体ウイルスを伝染させるキャリアーとしても働くため，二重の脅威である．さらに，農夫や園芸家が剪定用のはさみなどの道具の不注意な取り扱いによりウイルスを伝達してしまうこともある．植物のウイルス感染のもう1つの経路は「垂直伝播」であり，親株からウイルス感染を伝えられるものである．垂直伝播は，挿し木などの無性生殖または有性生殖でウイルス感染した種子を介して起こる．

ひとたびウイルスが植物細胞に侵入して複製が始まると，細胞壁を貫通して隣接する細胞の細胞質を連絡する原形質連絡とよばれる通路（図 36.19 参照）を，ウイルスのゲノムと付属タンパク質が通り抜けることにより，植物体全体にウイルスが広がる．ウイルス遺伝子にコードされるタンパク質が原形質連絡を拡張するため，ウイルスの拡散やタンパク質などの高分子の

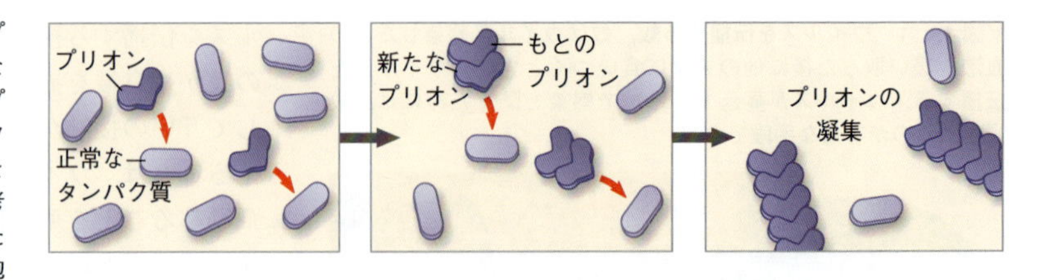
プリオン
正常な
タンパク質
新たな
プリオン
もとの
プリオン
プリオンの
凝集

➤図 19.13　**プリオン増殖のモデル．** プリオンは正常な脳のタンパク質が異常な折りたたみ構造をとったものである．プリオンが正常に折りたたまれたタンパク質に接触したとき，正常なタンパク質をプリオン型の異常な形態に誘導すると考えられる．この連鎖反応により凝縮したプリオンが大量に蓄積すると脳神経細胞が機能不全となり，最終的には脳が変性して崩壊する．

細胞から細胞への通行が促進される．ほとんどの植物ウイルス病には治療法が開発されていない．そのため，科学者の努力はこのようなウイルス病の伝播の抑制と，ウイルスに対して抵抗性をもつ作物の品種の育種に集中している．

プリオン：感染性病原体タンパク質

本章で議論してきたウイルスは疾病を拡大する感染性病原体であり，ウイルスの遺伝物質は複製能力がよく知られている核酸である．ところが，驚くべきことに感染性をもつ「タンパク質」も存在する．**プリオン prion** とよばれるタンパク質は，さまざまな動物に脳の変性疾患を引き起こす．プリオン病には，ヒツジのスクレイピー，近年ヨーロッパの牧畜業界を悩ませた狂牛病，1996 年以降 175 人の英国人を死に追いやったクロイツフェルト・ヤコブ病などがある．プリオンは食品を通じて感染すると考えられており，狂牛病に感染したウシのプリオンを含む牛肉を食べた人々に感染することがある．クールーもプリオンにより引き起こされるヒトの脳の変性疾患であり，1900 年代初めにニューギニアの部族民の南フォレ族から発見された．1960 年代にピークに達したクールーの流行は，クールーを遺伝性疾患と考えていた科学者を悩ませた．最終的には人類学的研究により，当時南フォレ族の間で広く行われていた儀式的な食人の習慣によりクールーが広がることが突き止められた．

プリオンの有する 2 つの特徴が特に警戒を要するポイントである．第 1 に，プリオンはきわめてゆっくりと活動する病原性因子であり，症状が発現するまでに 10 年以上の潜伏期間をもつことである．あまりに長い潜伏期間のため，感染のずっと後になって最初の患者が発症するまで感染源を同定することができず，その間に多くの人々に感染が起こってしまう．第 2 に，プリオンは事実上ほとんど破壊されず，通常の料理での加熱では破壊することも不活性化することもできない．現在のところ，プリオン病に対する治療法は知られていない．有効な治療法を開発する唯一の希望は，プリオンの感染機構の解明から手がかりを得ることである．

自分自身で複製することのできないタンパク質が，どのようにして感染性の病原体となるのだろうか．現在主流となっている仮説によると，プリオンは正常な脳細胞に存在するタンパク質が異常な折りたたみ構造をとったものである．プリオンが正常型のタンパク質を含む細胞に侵入すると，正常型のタンパク質が異常な構造のプリオン型に変換していく．プリオンとなった分子は集合して凝集体を形成し，他の正常なタンパク質をプリオンに変換して凝集体の鎖に加えていく (図 19.13)．プリオンの凝集体は正常な細胞の機能を妨げ，病気の症状を引き起こす．1980 年代前半にスタンリー・プルシナー Stanley Prusiner がこのモデルを発表したときには，学界は非常に懐疑的であったが，現在では広く受け入れられている．プルシナーは 1997 年にプリオンに関する研究の功績により，ノーベル賞を受賞した．プルシナーはプリオンがアルツハイマー病やパーキンソン病などの神経変性疾患にも関係していると提唱している．プリオンのような感染性病原体には多くの未解決の問題が残されている．

概念のチェック 19.3

1. 既存のウイルスが新興ウイルスとなる 2 つの経路を説明しなさい．
2. 植物におけるウイルスの水平伝播と垂直伝播を比較対照しなさい．
3. どうなる？➤TMV は実際にはすべて商業的なタバコ製品から単離されてきた．TMV 感染が愛煙家に危険を及ぼさないのはなぜか．

(解答例は付録 A)

19 章のまとめ

重要概念のまとめ

19.1

ウイルスはタンパク質の殻に覆われた核酸から構成される

- 1800年代後半に植物の病害であるタバコモザイク病の研究を通じてウイルスが発見された.
- **ウイルス**はタンパク質の**キャプシド**に封入された低分子量の核酸ゲノムであり，**エンベロープ**をもつものもある．ゲノムは1本鎖または2本鎖のDNAまたはRNAである.

? ウイルスは一般に生物と無生物のどちらとみなされるか．説明しなさい.

19.2

ウイルスは宿主の細胞内でのみ複製される

- ウイルスは宿主細胞の酵素，リボソーム，低分子量分子を用いて子孫のウイルスを合成する.
- 各々のウイルスは個別に**宿主域**をもち，ウイルスの表層タンパク質が結合できるタンパク質を細胞表層タンパク質を有する宿主細胞に感染する.
- 細菌に感染するウイルスである**ファージ**は**溶菌サイクル**と**溶原サイクル**の2通りの複製機構を有している.

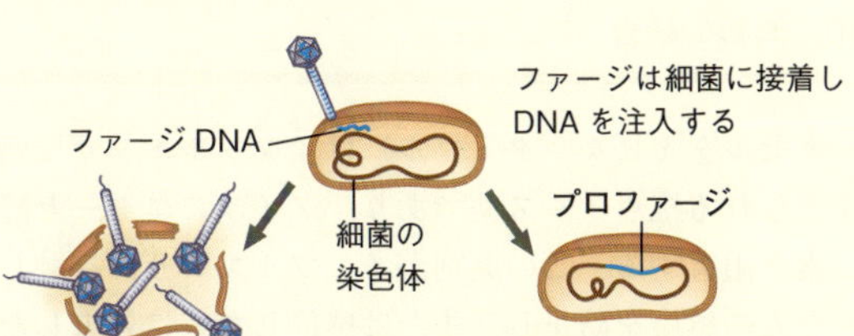
ファージは細菌に接着しDNAを注入する
ファージDNA
細菌の染色体
プロファージ
溶菌サイクル
・溶菌性ファージまたは溶原性ファージ
・宿主DNAの破壊
・新たなファージの生産
・宿主細胞の溶解と子孫のファージの放出
溶原サイクル
・溶原性ファージのみ
・ウイルスゲノムが細菌のゲノムに組み込まれてプロファージとして存在する．(1) 細胞分裂に伴って娘細胞に受け継がれる．(2) 誘導により宿主の染色体を離脱し，溶菌サイクルを開始する.

- 細菌はCRISPR-Casシステムなどのファージの感染から自己を防衛するさまざまな手段を有している.
- 動物のウイルスには膜エンベロープをもつものが多い．AIDSを引き起こすHIV（ヒト免疫不全ウイルス）のような**レトロウイルス**は**逆転写酵素**を用いて，ウイルスのRNAゲノムをDNAに変換し，宿主のゲノムに組み込まれて**プロウイルス**となる.
- ウイルスは細胞内でのみ複製可能であることから，始原の細胞が出現した後に，細胞の核酸の一部の封入体としてウイルスが出現したと考えられる.

? 通常の細胞ではまず見つからないが，特定のタイプのウイルスの複製には必要とされる酵素について記述しなさい.

19.3

ウイルスとプリオンは動物や植物にとって恐るべき病原体である

- ウイルス性疾患による症状は，ウイルスによる直接の細胞傷害によるものと，身体に備わる免疫応答によるものがある．**ワクチン**は免疫系を刺激して特定のウイルスに対して宿主を防衛する.
- 病気の突発的な**流行**は，地球規模の流行である**世界的大流行**に発展することがある.
- ヒトの新興ウイルス性疾患の発生は，新規のウイルスによるものよりも既存のウイルスが宿主域を拡張したことが原因である場合が多い．2009年のH1N1インフルエンザウイルスは，ブタとヒトとニワトリのウイルスの遺伝子が新たに組み合わされたものであり，世界的な流行を引き起こした．H5N1鳥インフルエンザウイルスは，死亡率の高いインフルエンザの世界的流行に発展する可能性がある.
- 植物ウイルスは傷ついた細胞壁を通り抜けて植物体に侵入し（水平伝播），または親の植物株から伝達される（垂直伝播）.
- **プリオン**はゆっくり作用するが，破壊することが困難な感染性のタンパク質であり，哺乳類に脳疾患を引き起こす.

? RNAウイルスはDNAウイルスよりも新興ウイルスとなることが多いことには，どのような理由があるか.

理解度テスト

レベル1：知識／理解

1. 細菌とウイルスに共通する性質・構造・過程は次のうちどれか.
   (A) 代謝　　(C) 核酸の遺伝物質
   (B) リボソーム　　(D) 細胞分裂
2. 新興ウイルスの発生原因は次のうちどれか.

(A) 既存のウイルスの突然変異
(B) 既存のウイルスの新たな宿主生物への拡散
(C) 既存のウイルスの宿主生物の間でのより広範な拡散
(D) 上記のすべて

3. H5N1 鳥インフルエンザウイルスが，ヒトの間で流行するために必要な条件は次のうちどれか.
(A) チンパンジーのような霊長類の間で広まること
(B) 他の宿主に感染できるようにウイルスが発展すること
(C) ヒトからヒトへと感染できるようになること
(D) より寄生性となること

レベル 2：応用／解析

4. T2 ファージのキャプシドタンパク質と T4 ファージの DNA により実験的に組み立てられたバクテリオファージを感染させた細菌が，産生する新たなファージはどのような構造か.
(A) T2 タンパク質と T4 の DNA
(B) T4 タンパク質と T2 の DNA
(C) T2 タンパク質と T2 の DNA
(D) T4 タンパク質と T4 の DNA

5. RNA ウイルスが特別の酵素を自ら供給することを必要とする理由は何か.
(A) 宿主細胞が急速にウイルスを破壊するから.
(B) 宿主細胞はウイルスゲノムを複製できる酵素をもっていないから.
(C) ウイルスの mRNA をタンパク質に翻訳するのに必要だから.
(D) 宿主細胞の膜を貫通するのに必要だから.

6. **描いてみよう**　mRNA として機能する 1 本鎖 RNA をゲノムにもつウイルス（クラスⅣウイルス）の複製サイクルを示すように，図 19.8 を描き直しなさい.

レベル 3：統合／評価

7. **進化との関連**　ウイルスが繁栄する理由は，宿主の中で急速に進化するウイルスの能力にある. このようなウイルスは，宿主の体がウイルスへの攻撃を開始するよりも早く，矢継ぎ早に突然変異を繰り返し，多数の変異ウイルスの生産により宿主の攻撃を回避する. したがって，感染後期のウイルスは，最初に宿主に感染したものとは異なっている. 宿主の体内で進行する進化の例としてこのことを議論しなさい. また，どのような系統のウイルスがこのメカニズムにより卓越する傾向があると考えられるか.

8. **科学的研究**　細菌が動物に感染すると，体内の細菌の数が対数増殖的に増加する（グラフ A). 溶菌サイクルをもつ動物ウイルスが感染すると，しばらくの間ウイルスが見あたらなくなる. 次にウイルスの数が突然増加し，その後も段階的にウイルスが増加していく（グラフ B). この生育曲線の相違について説明しなさい.

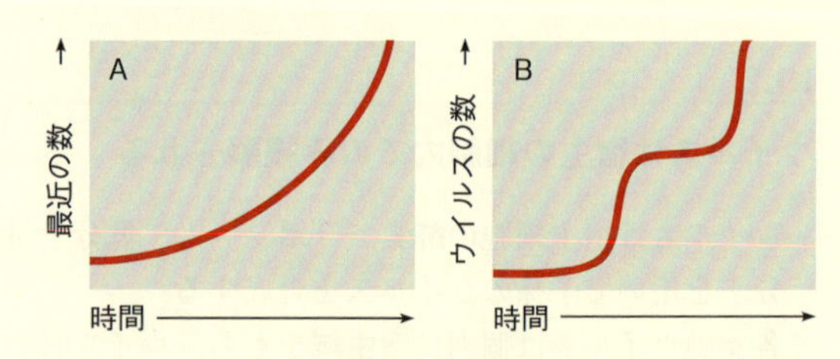
A
最近の数
時間
B
ウイルスの数
時間

9. **テーマに関する小論文：組織化**　ほとんどの研究者はウイルスを生物とは考えていないが，構造と機能の関連などウイルスは生命の特徴のいくつかを備えている. ウイルスのどのような構造がその機能と関連しているのかを 300〜450 字で記述しなさい.

10. **知識の統合**

オセルタミビル（タミフル）はインフルエンザに処方される抗ウイルス薬であり，ノイラミニダーゼ酵素を阻害する. この薬剤がインフルエンザに接触した人の感染を防止し，または感染した人に処方したときには回復期間を短縮する機構について説明しなさい.

(一部の解答は付録 A)

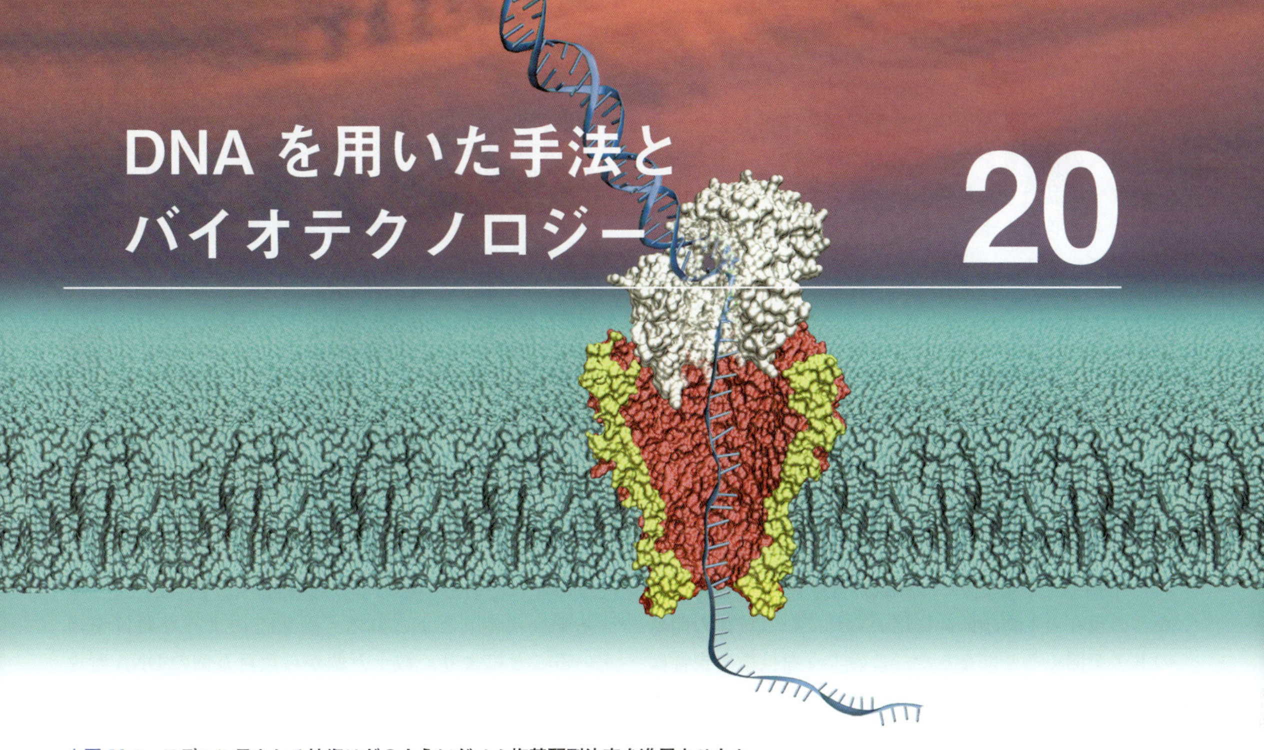

DNA を用いた手法とバイオテクノロジー

20

▲図 20.1　モデルに示される技術はどのようにゲノム塩基配列決定を進展させたか.

重要概念

20.1 DNA 塩基配列決定と DNA クローニングは遺伝子工学と生物学研究の有用な手法

20.2 DNA テクノロジーによる遺伝子発現と機能の研究

20.3 個体クローニングと幹細胞の基礎研究と応用利用への有用性

20.4 DNA テクノロジーの実用化と人々の生活へのさまざまな影響

▼長毛のマンモスはすでに絶滅したが，ミイラ化した死体からゲノムの塩基配列が決定された.

DNA テクノロジー

ここ十数年の生物学上の特筆すべき偉業の1つは，絶滅した生物種の完全なDNA配列の決定であり，長毛のマンモス（左下図），ネアンデルタール人，70万年前のウマなどで達成されている．これらの偉業の中でも重要なのはヒトのゲノムの塩基配列決定であり，実質的には2003年に終了している．この事業が生物学の転換点となったのは，DNA塩基配列（DNAシーケンス）決定法に驚異的な技術的進歩がもたらされたためである．

最初のヒトゲノムの塩基配列決定には数年間の時間と10億ドルの資金が費やされたが，ゲノムの塩基配列決定に必要な時間と費用は瞬く間に下落している．図 20.1 に示されるのは塩基配列決定技術のモデルである．1本鎖DNAのヌクレオチドが1個ずつ膜上の非常に小さな細孔を通過し，そのときに生じる微少な電流の変化をとらえてヌクレオチド配列の決定に利用している．この技術の開発者は，本章の後半で詳しく学ぶように，1パックのガム程度の大きさの900ドルの装置を使って究極的には6時間でヒトのゲノムを決定できるようになるだろうと主張している．

本章では，まず **DNA テクノロジー DNA technology** とよばれる DNA 塩基配列決定と DNA の操作法に関する主要な技術と，このような遺伝子工学的手法を用いた遺伝子の発現解析について記述する．次に，動物のクローニングと幹細胞の作製について探究する．この技術は，生物学の基本的な理解を進展させ，地球規模の問題に適用する私たちの能力を拡張するものである．最終節では，生命体を操作し生体成分を用いて有用物質を生産するなどのDNAをもとにした**バイオテクノロジー biotechnology** の実用化について概観する．現代では，DNAテクノロジーの応用は，農業から刑法や医学研究に至るありとあらゆるものに影響を与えている．最後に，バイオテクノロジーが私たちの生活の中に広く浸透するようになったことから派生する，社会的および倫理的な問題について考察する．

20.1

DNA 塩基配列決定と DNA クローニングは遺伝子工学と生物学研究の有用な手法

DNA 分子の構造の発見，特に DNA の 2 本の鎖が互いに相補的であるという認識は，DNA 塩基配列決定などの現在の生物学研究に用いられている技術の開発のドアを開くことになった．このような技術の根幹は**核酸ハイブリダイゼーション nucleic acid hybridization** であり，核酸の 1 本鎖が，別の核酸分子の相補的な配列の核酸の鎖と塩基対合することである．本節では最初に DNA 塩基配列決定技術について記述する．次に，実用的な目的のために遺伝子を直接操作する**遺伝子工学 genetic engineering** に用いられる主要な方法について探究する．

DNA 塩基配列決定

研究者が相補的塩基対合の原理を利用して DNA 分子の完全な塩基配列を決定する工程を **DNA 塩基配列決定 DNA sequencing** という．DNA を断片に分断し，それぞれの断片について塩基配列を決定する．最初に自動化された工程では，「ダイデオキシリボヌクレオチド（ダイデオキシ）連鎖終結塩基配列決定法」とよばれる技術を応用している．この手法では，DNA 断片の一方の鎖を鋳型に用い，途中で中断された一連の相補的 DNA 断片の合成を行い，この断片を分析して塩基配列を得る．生化学者のフレデリック・サンガー Fredrick Sunger はこの方法の開発により 1980 年にノーベル賞を受賞している．ダイデオキシ法は，現在でも小規模な塩基配列解析業務で日常的に用いられている．

ここ 15 年ほどの間に「次世代塩基配列決定（次世代シーケンス）」技術が開発され，DNA 断片がはるかに迅速に増幅され（図 20.2），膨大な数の同一の DNA 断片が得られるようになった（図 20.3）．各々の断片の特定の鎖が固定化され，一度にヌクレオチド 1 個ずつ相補鎖が合成される．化学的な手段により，電子モニターを用いて 4 種類のヌクレオチドのうちどの塩基が付加されたかをリアルタイムで同定できるようになっている．このような解析法は「合成による塩基配列決定」とよばれる．図 20.2 のような装置を用いることにより，数十万個から数百万個の DNA 断片について，並行してそれぞれ約 300 塩基の長さの配列を決定する．このため，1 時間あたり非常に多数の塩基配列を決定することができる．これが，「ハイスループット」（高速処理）DNA テクノロジーの例であり，現在ではゲノム全体をカバーするような膨大な数の DNA 断片などの大量の DNA 試料について塩基配列決定するような研究を行う際の選択肢となっている．

▼図 20.2　**次世代 DNA シーケンサー．** 写真の機器は合成による塩基配列決定により，1 時間あたり 7000～9000 万ヌクレオチドの塩基配列を決定できる．

このような次世代塩基配列決定が，新技術の応用でより早くより安価に実施できる「第 3 世代塩基配列決定」に補完され，または置き換えられるケースがますます増えている．ある種の新技術では DNA を断片に切断する必要も増幅する必要もない．その代わりに，1 本の非常に長い DNA 分子の塩基配列をそのまま決定する．複数のグループが開発した技術では，1 本鎖 DNA 分子を膜上の非常に小さい細孔（「ナノポア」）を通過させ，各々の塩基が電流をさえぎるパターンにより塩基を識別して同定していく．図 20.1 に示されるのはこの原理によるモデルであり，ナノポアとして脂質膜に埋め込まれたタンパク質の水路を用いている（人工的な膜とナノポアを利用する研究者もいる）．この原理は，細孔を通過するときに個々の塩基が電流をさえぎる時間が塩基の種類によりわずかに異なることを利用している．科学者による 1 年間の使用と講評を経て，2015 年には最初のナノポアシーケンサーが市場で発売された．この装置はキャラメルの箱くらいの大きさで，USB ポートを通じてコンピュータにつなぐことができる．付属するソフトウェアにより，塩基配列を即時同定して分析することができる．これは，塩基配列決定の速度の向上と経費の削減をめざす多くの取り組みの一例にすぎないが，実験室を飛び出して

▼図 20.3

研究方法　合成による塩基配列決定：次世代シーケンサー

適用　現在の次世代シーケンサーの技術では，個々の DNA 断片について約 300 ヌクレオチドを平行して塩基配列決定を行うことにより，24 時間で約 20 億塩基を読み取ることができる.

技術　番号順に図と説明を参照すること.

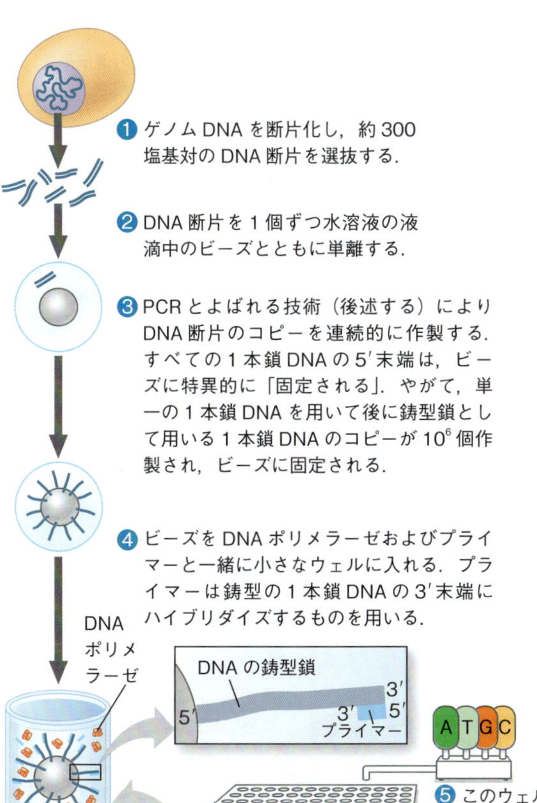

DNA ポリメラーゼ
DNA の鋳型鎖
3′
5′
3′
5′
5′
プライマー
A T G C

❶ ゲノム DNA を断片化し，約 300 塩基対の DNA 断片を選抜する.

❷ DNA 断片を 1 個ずつ水溶液の液滴中のビーズとともに単離する.

❸ PCR とよばれる技術（後述する）により DNA 断片のコピーを連続的に作製する. すべての 1 本鎖 DNA の 5′末端は，ビーズに特異的に「固定される」. やがて，単一の 1 本鎖 DNA を用いて後に鋳型鎖として用いる 1 本鎖 DNA のコピーが 10^6 個作製され，ビーズに固定される.

❹ ビーズを DNA ポリメラーゼおよびプライマーと一緒に小さなウェルに入れる. プライマーは鋳型の 1 本鎖 DNA の 3′末端にハイブリダイズするものを用いる.

❺ このウェルはマルチウェルプレート上の 200 万個のウェルのうちの 1 個であり，それぞれのウェルには別々の配列決定する DNA 断片が納められている. DNA 合成に必要な 4 種類のヌクレオチド溶液（デオキシヌクレオシド-3リン酸：dNTPs）のうち，1 種類がすべてのウェルに添加され，洗い流される. これが 4 種類すべてのヌクレオチド（dATP, dTTP, dGTP, dCTP）について順に実行される. 一連の工程が繰り返される.

結果　マルチウェルプレート上の約 200 万個のウェル（穴）にはそれぞれ異なる DNA 断片が納められ，別々に配列が解読される. 1 個の DNA 断片の解読結果が，以下に「フローグラム」として示されている. 一群の断片の配列がコンピュータのソフトウェアにより解析され，統合されてゲノム全体の完全な塩基配列が完成する.

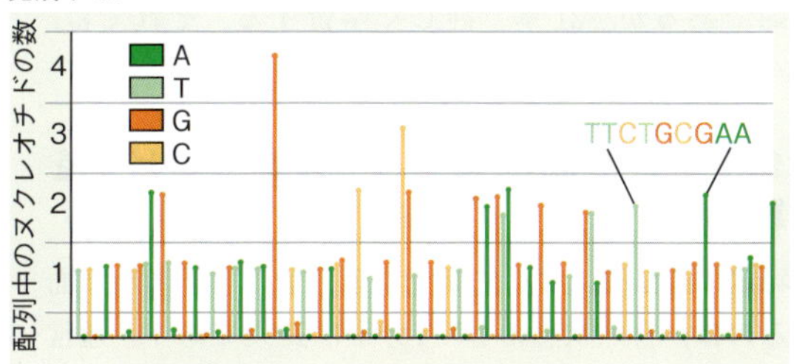

配列中のヌクレオチドの数
1
2
3
4
A
T
G
C
TTCTGCGAA

データの解釈➤鋳型鎖に同じ塩基が 2 個以上連続していた場合，同一のフロー過程で相補的なヌクレオチドが次々に付加されていく. 2 個以上連続した同一ヌクレオチドはフローグラムではどのように検出されるだろうか（右の試料を参照）. 上図のフローグラムの左端から始めて，はじめの 25 ヌクレオチドの配列を書き下しなさい（非常に短い線は無視すること）.

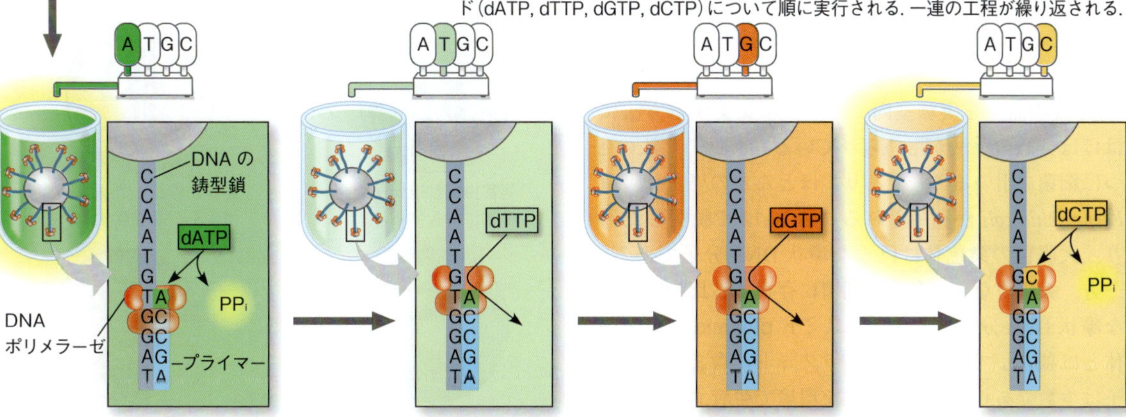

A T G C
DNA の鋳型鎖
dATP
PPi
DNA ポリメラーゼ
プライマー
dTTP
dGTP
dCTP

❻ 個々のウェルについて，鋳型鎖の次の塩基（この例では T）が添加されたヌクレオチドと相補的なとき（この例では A），そのヌクレオチドは伸長中の DNA 鎖に連結され，ピロリン酸（PP_i）が遊離する. これにより閃光が発生し，記録される.

❼ ヌクレオチドが洗い流され，別のヌクレオチド（この例では dTTP）が添加される. もしヌクレオチドが鋳型鎖の次の塩基（この例では G）と相補的でなければ，DNA 鎖へのヌクレオチドの連結は起こらず，閃光も発生しない.

❽ 4 種類のヌクレオチドの添加と洗い流しの工程は，すべての DNA 断片について相補鎖が完成するまで繰り返される. 閃光の発生パターンは，各々のウェルについてもとの DNA 断片の塩基配列を示している.

現場で解析することを可能にする技術である．

DNA 塩基配列決定技術の進歩により，私たちが進化と生命が働く機構についての基本的な生物学的疑問を探究する手法が変わってきている（図 5.26 の「関連性を考えよう」を参照）．ヒトのゲノム配列が公開されてから 15 年あまりのうちに，研究者は数千種の生物についてゲノム塩基配列の解読を完了させ，数万種についてゲノム塩基配列の解析が進行中である．いくつかのがん細胞，原始人，ヒトの消化管に生息する多数の細菌などの完全なゲノム配列が決定されている．こうした塩基配列決定技術の迅速な進歩が，生物種とゲノムそのものの進化に関する研究のうえでいかに革命的であるか，21 章で詳しく学習する．それでは，個々の遺伝子の研究法に考えてみよう．

遺伝子などの DNA 断片から多数のコピーを作製する

特定の遺伝子について研究する分子生物学者が直面するのは，自然状態の DNA 分子は長大であり，通常は 1 つの DNA 分子に数百個から数千個の遺伝子が含まれているという問題である．タンパク質をコードする遺伝子は染色体 DNA のごく一部分を占めるにすぎず，残りは膨大な非翻訳塩基配列である．たとえば，ヒトの遺伝子の 1 個は染色体 DNA 分子のわずか 10 万分の 1 を構成するにすぎない．さらに厄介な問題は，遺伝子と周辺の DNA 領域の区別が微妙であり，塩基配列で判断するしかないことである．特定の遺伝子について直接研究するために，境界のはっきりした単一の DNA 断片のコピーを多量に調製する **DNA クローニング DNA cloning** とよばれる技術が開発されている．

DNA の断片を実験室内でクローニングする方法にはほぼ共通の手法が用いられている．共通の手法の 1 つは細菌を用いることであり，ほとんどの場合大腸菌 *Escherichia coli* が利用される．図 16.12 で説明した通り，大腸菌の染色体は巨大な環状 DNA 分子である．一方，大腸菌などの多くの細菌に存在する比較的小さな環状 DNA 分子である**プラスミド plasmid** は，染色体とは独立して複製する．プラスミドに含まれる遺伝子は少数であり，細菌が特殊な環境で生育するときなどに有用だが，通常の生育条件下では細菌の生存や増殖に必要ではない．

細菌を用いて DNA の断片をクローニングするために，研究者はまずプラスミドを用意し（細菌の細胞から分離されたプラスミドについて，効率よくクローニングを実行できるように遺伝子工学的に改変したもの），他の生物に由来する DNA（「外来」DNA）をプラスミドに挿入する（図 20.4）．こうして作製されたプラスミドは**組換え DNA 分子 recombinant DNA molecule** であり，生物種など由来の異なる DNA を含

▼図 20.4　**遺伝子のクローニングとクローニングされた遺伝子の用途．** この図は遺伝子のクローニングに関する図解であり，プラスミド（元々は細菌から単離されたもの）と，他の生物に由来する有用遺伝子からスタートする．上図では 1 コピーのプラスミドと 1 コピーの有用遺伝子だけが示されているが，実験を開始する材料にはそれぞれ多数の遺伝子のコピーが含まれている．

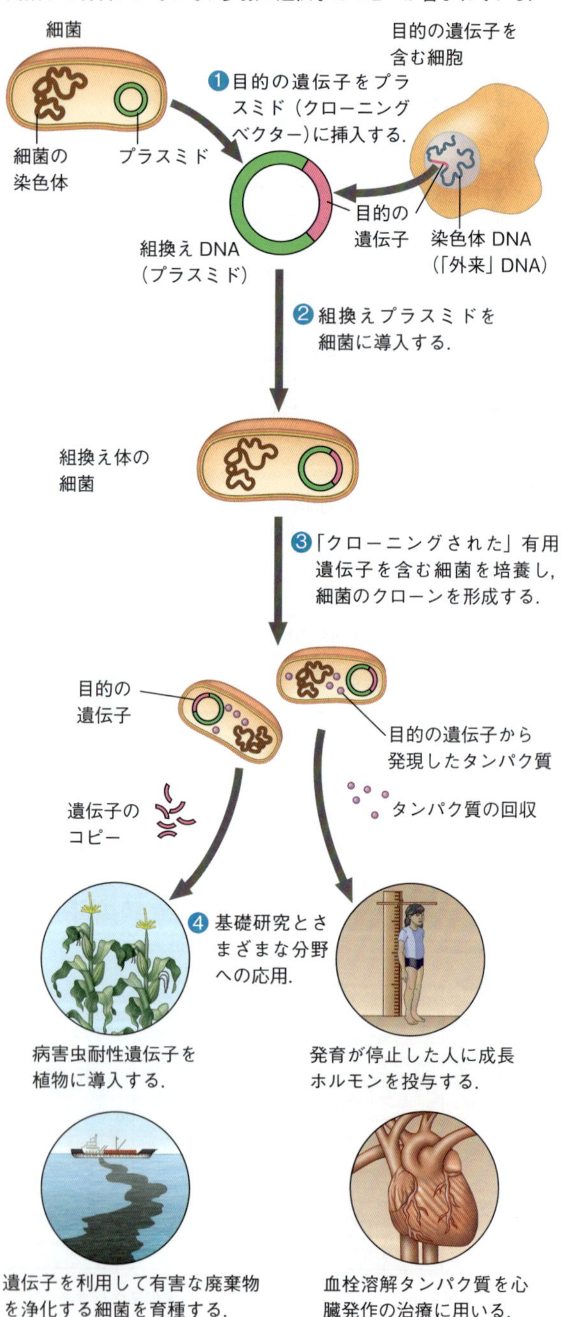
細菌
目的の遺伝子を含む細胞
❶目的の遺伝子をプラスミド（クローニングベクター）に挿入する．
細菌の染色体
プラスミド
目的の遺伝子
染色体 DNA（「外来」DNA）
組換え DNA（プラスミド）
❷組換えプラスミドを細菌に導入する．
組換え体の細菌
❸「クローニングされた」有用遺伝子を含む細菌を培養し，細菌のクローンを形成する．
目的の遺伝子
目的の遺伝子から発現したタンパク質
遺伝子のコピー
タンパク質の回収
❹基礎研究とさまざまな分野への応用．
病害虫耐性遺伝子を植物に導入する．
発育が停止した人に成長ホルモンを投与する．
遺伝子を利用して有害な廃棄物を浄化する細菌を育種する．
血栓溶解タンパク質を心臓発作の治療に用いる．

む分子である．次に，このプラスミドを細菌の細胞に導入して，「組換え体」を作製する．組換え体の細菌は細胞分裂を繰り返すことにより，遺伝的に同一な細胞の集団であるクローンを形成する．細菌は分裂に伴って組換えプラスミドを複製し，子孫の細菌に伝達するため，外来DNAに含まれる外来遺伝子も同時にクローニングされる．単一の遺伝子について多数のコピーを作製することを**遺伝子クローニング gene cloning**という．

図20.4には**クローニングベクター cloning vector**として働くプラスミドが描かれている．クローニングベクターとは外来遺伝子を宿主細胞に導入し，そこで複製できるDNA分子である．細菌のプラスミドは，いくつかの理由からクローニングベクターとして広く用いられている．まず，業者から購入できるため入手が簡単である．次に，試験管内の操作により外来DNAを挿入された組換えプラスミドを作製することが可能であり（*in vitro* はラテン語で「ガラス」の意味），さらに容易に細菌に導入することができる．図20.4の外来DNAは真核生物の細胞由来であり，本節では外来DNA断片の入手法について詳しく記述する．

遺伝子クローニングは，2つの基本的な目的のために有用である．すなわち，特定の遺伝子のコピーを多数作製する，または増幅することと，タンパク質の産物を生産することである（図20.4参照）．研究者は細菌からクローニングされた遺伝子のコピーを単離して基礎研究に用い，生物に病害虫抵抗性のような新たな代謝能力を付与することが可能である．たとえば，ある種の穀物に存在する病害虫抵抗性遺伝子をクローニングして他の種類の植物に移入することが考えられる（このような生物は「遺伝子組換え（genetically modified）」または「GM」とよばれる．本章の後半で議論する）．さらに，ヒトの成長ホルモンなどの医学目的に用いられるタンパク質も，そのタンパク質の遺伝子をクローニングして導入した細菌の培養液から大量に収穫することができる（クローニングした遺伝子を発現させる技術については後述する）．1個の遺伝子は細胞内のDNA全体に対して非常にわずかな部分を占めるにすぎないことから，希少なDNA断片を増幅する技術は，遺伝子を用いるさまざまな応用のうえで決定的に重要である．

制限酵素を用いた組換えDNAプラスミドの作製

DNA分子を限定された数の特定の部位で切断する酵素の利用により，遺伝子クローニングと遺伝子工学が可能となっている．このような酵素は，制限エンドヌクレアーゼまたは**制限酵素 restriction enzyme**とよばれ，1960年代後半に細菌の基礎研究を行う生物学者により発見されている．制限酵素は，他の生物やファージに由来する外来DNAを切断することにより，細菌の細胞を保護している（19.2節参照）．

これまでに数百種類の制限酵素が同定され，単離されている．各々の制限酵素はきわめて特異的な特定の短いDNA配列である**制限酵素部位 restriction site**を認識して，この認識部位中の特定の位置でDNA鎖を2本とも切断する．細菌自身のDNAは，制限酵素に認識されるDNA配列中のアデニンまたはシトシンにメチル基（$-CH_3$）を付加することにより，自分自身の制限酵素から保護されている．

図20.5は制限酵素を用いて外来DNA断片を細菌のプラスミドにクローニングする手順を示している．上端の図は，大腸菌由来の特定の制限酵素により認識される制限酵素部位を1ヵ所だけもつ細菌のプラスミドである（図20.4の❶と同様）．この例のように，ほとんどの制限酵素部位の塩基配列は対称的であり，両方のDNA鎖の配列を5′→3′方向に読むと同一となる．一般的によく用いられる制限酵素のほとんどは4塩基対から8塩基対のDNA配列を認識する．このように短い配列は長大なDNA分子中に（偶然に）何ヵ所も存在することから，制限酵素はDNA分子を多数の部位で切断し，一連の**制限酵素断片 restriction fragment**を生じる．塩基配列が同一なDNA分子は，同じ制限酵素で処理したときにつねに同一の制限酵素断片を生じる．

最も有用な制限酵素は，図20.5に示すように，DNAの糖とリン酸の主鎖を2本鎖がずれた形で切断する．その結果，2本鎖の制限酵素断片の末端は一部が1本鎖となり**粘着末端 sticky end**とよばれる．このような短い1本鎖の突出は，同じ制限酵素の切断により相補的な粘着末端をもつ別のDNA分子の末端の1本鎖部分と，水素結合により塩基対合を形成することができる．こうして形成される対合は一時的なものだが，DNAリガーゼにより，DNA断片の結合を恒久的なものにすることができる．この酵素は，DNA鎖の糖–リン酸骨格を連結する共有結合の形成を触媒する（図16.16参照）．生体内では，DNA複製過程で岡崎フラグメントの連結などに作用する．図20.5下部に示される通り，2つの生物種に由来するDNA断片の連結をDNAリガーゼが触媒することにより，安定な組換えDNA分子（この例では組換えプラスミド）が作製される．

▼図 20.5　**制限酵素と DNA リガーゼを用いた組換え DNA の作製．** この実験では *Eco*RIとよばれる制限酵素がこのプラスミドに存在する制限酵素部位の6塩基対を認識して，認識配列中の DNA 鎖の糖–リン酸骨格を切断し，粘着末端をもつ DNA 断片を生成する．相補的な「粘着末端」をもつ外来 DNA 断片と，プラスミドの粘着末端が塩基対合し，連結されて組換えプラスミドができる（同じプラスミドの粘着末端同士が塩基対合した場合は，もとと同じ非組換えプラスミドが再生する）．

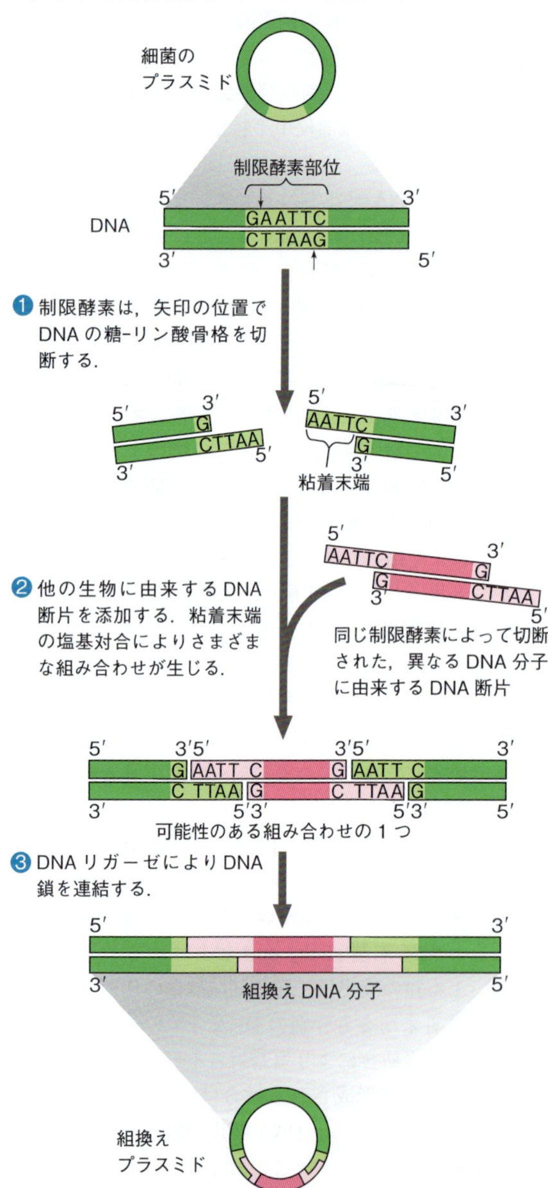
細菌の
プラスミド
制限酵素部位
DNA
5′ GAATTC 3′
3′ CTTAAG 5′
❶ 制限酵素は，矢印の位置で DNA の糖–リン酸骨格を切断する．
5′ G 3′
3′ CTTAA 5′
5′ AATTC 3′
3′ G 5′
粘着末端
❷ 他の生物に由来する DNA 断片を添加する．粘着末端の塩基対合によりさまざまな組み合わせが生じる．
5′ AATTC G 3′
3′ G CTTAA 5′
同じ制限酵素によって切断された，異なる DNA 分子に由来する DNA 断片
可能性のある組み合わせの1つ
❸ DNA リガーゼにより DNA 鎖を連結する．
組換え DNA 分子
組換え
プラスミド

描いてみよう➤制限酵素 *Hind*Ⅲは，5′-AAGCTT-3′ 配列を2つの A 塩基の間で切断する．制限酵素 *Hind*Ⅲで切断される前と後の2本鎖 DNA 配列を描写しなさい．

▼図 20.6　**ゲル電気泳動法．** ポリマーでできているゲルが分子ふるいとして機能し，核酸やタンパク質が電場の中で移動する際に分子量や電荷などの物理的の違いにより分離する．以下に示す例では，アガロースとよばれる多糖でできたゲルの中で，DNA 分子が長さにより分離している．

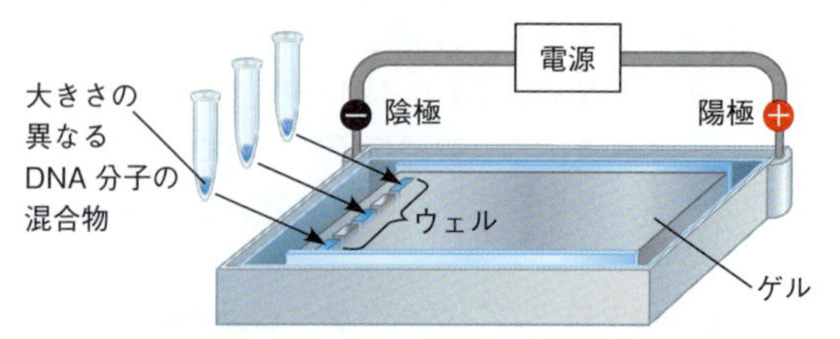
電源
陰極
陽極
大きさの
異なる
DNA 分子の
混合物
ウェル
ゲル

(a) 各々の試料について長さの異なる DNA 分子の混合物を，アガロースゲルの薄い板の末端近くのウェル（穴）にそれぞれ注入する．ゲルを小型の泳動槽のプラスチックの支持台にのせ，緩衝液で浸す．泳動槽には電極が両端に取りつけられている．電流を流すと，陰電荷を帯びている DNA 分子は陽極に向かって移動する．

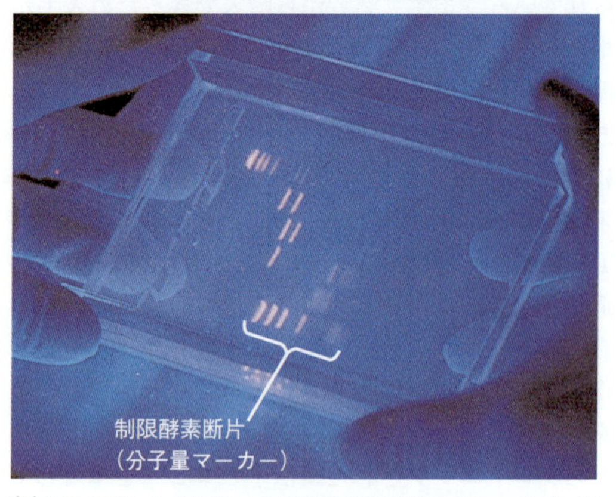
制限酵素断片
（分子量マーカー）

(b) 短い DNA 分子は長い分子に比べて減速されないので，ゲルの中を早く移動する．通電を停止し，紫外線灯でピンク色の蛍光を発する DNA 結合色素を加える．各々のピンク色のバンドは，同じ長さの DNA 分子が何千個も集まったものに対応している．ゲルの下部の平行なバンドの列は，長さが未知の試料と比較するために長さがわかっている一連の制限酵素断片の電気泳動により生じたものである．

組換えプラスミドが宿主細胞内で多数増幅した後（図 20.4 参照），研究者は作製したプラスミドを同じ制限酵素で切断し，生成した2つの DNA 断片の一方が用いたプラスミドと同じ大きさを示し，もう一方が挿入した DNA 断片の大きさを示すことを確認する．DNA 断片を分離し可視化するために，研究者は**ゲル電気泳動 gel electrophoresis** とよばれる技術を用いる．ここでは，高分子化合物のゲルが分子ふるいとして働き，DNA 断片の混合物が断片の長さにより分離する．ゲル電気泳動は分子生物学のさまざまな技術と組み合わせて用いられる．

これまでクローニングベクターについて詳細に調べてきたので，次は外来 DNA の挿入について検討する．

▼図 20.7

研究方法　ポリメラーゼ連鎖反応（PCR）

適用　DNA 試料に含まれるどのような領域でも，PCR を用いることにより，完全に試験管内の操作だけで標的の配列だけを何回も複製して増幅することができる．

技術　PCR を実施するためには，目的とする塩基配列を含む 2 本鎖 DNA，熱安定性 DNA ポリメラーゼ，4 種のヌクレオチド，およびプライマーとして用いる 2 つの 15～20 塩基の 1 本鎖 DNA 分子が必要である．第 1 のプライマーは標的の配列の一端の DNA 鎖の一方に相補的であり，第 2 のプライマーは標的配列の他方の端のもう一方の DNA 鎖に相補的な配列をもつ．

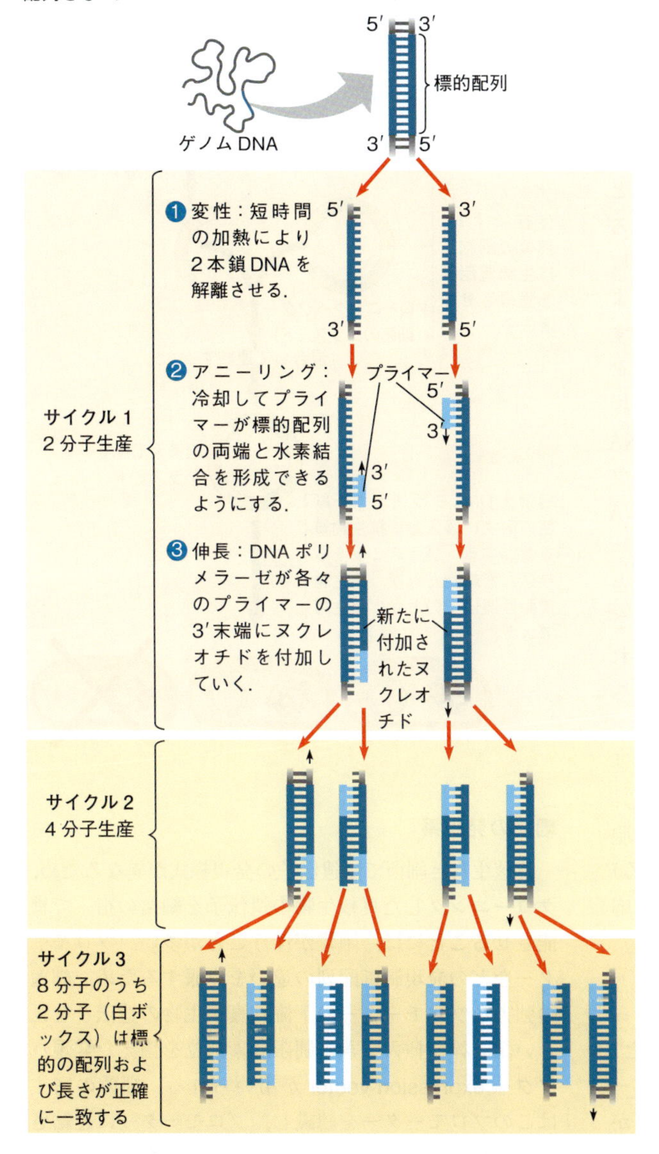

5′
3′
標的配列
ゲノム DNA
3′
5′
❶ 変性：短時間の加熱により 2 本鎖 DNA を解離させる．
❷ アニーリング：冷却してプライマーが標的配列の両端と水素結合を形成できるようにする．
プライマー
❸ 伸長：DNA ポリメラーゼが各々のプライマーの 3′末端にヌクレオチドを付加していく．
新たに付加されたヌクレオチド
サイクル 1
2 分子生産
サイクル 2
4 分子生産
サイクル 3
8 分子のうち 2 分子（白ボックス）は標的の配列および長さが正確に一致する

結果　3 回目のサイクルの終了時点では，2 分子が標的配列と正確に合致する．30 サイクル終了時には，標的配列と合致する分子が 10 億（10^9）倍以上に増加している．

次節で記述する PCR を用いて，クローニングする予定の遺伝子の多数のコピーを得ることは，ほぼ共通して用いられる手法である．

DNA 増幅：ポリメラーゼ連鎖反応（PCR）と DNA クローニングへの応用

現在では，ほとんどの研究者はクローニングしようとする遺伝子などの DNA 領域についてなんらかの配列情報をもっている．この情報を活用することにより，対象となる特定の生物種のゲノム DNA 全体のコレクションから，**ポリメラーゼ連鎖反応 polymerase chain reaction (PCR)** とよばれる技術を用いて目的とする遺伝子のコピーを大量に得ることができる．図 20.7 に PCR の過程が描かれている．この技術により，試料中の特定の標的 DNA 領域を，たとえその領域が試料中の全 DNA の 0.001％以下しかなくても，数時間の間に数十億コピーの標的 DNA のコピーを得ることができる．

PCR の過程では，3 段階で 1 サイクルの連鎖反応が実行され，同一の DNA 分子の数が指数的に増幅していく．各々のサイクルでは，まず反応混合液を加熱して DNA 鎖を変性（分離）する．次に反応液を冷却して，標的配列の両端部で逆向きの DNA 鎖に相補的な配列をもつ短い 1 本鎖 DNA のプライマーとアニーリング（水素結合）させる．最後に，熱安定性の DNA ポリメラーゼがプライマーを 5′→3′ 方向に伸長する．もし PCR にふつうの DNA ポリメラーゼを用いると，最初の加熱段階でこの酵素も DNA とともに変性失活するため，各々のサイクル終了後に新たな DNA ポリメラーゼを添加しなければならない．PCR の自動化のために決定的に重要な点は，最初に単離された細菌の名前にちなんで *Taq* ポリメラーゼとよばれる，非常に熱安定性の高い DNA ポリメラーゼが発見されたことである．この好熱細菌 *Thermus aquaticus* は高温の温泉に生息し，その DNA ポリメラーゼの高温安定性は進化的な適応により 95 ℃まで機能を保持することができる．現在では，好熱性古細菌 *Pyrococcus furiosus* 由来の DNA ポリメラーゼも研究者の間で広く使用されている．この酵素は *Pfu* ポリメラーゼとよばれ，*Taq* ポリメラーゼよりも正確で安定性が高いが，より高価でもある．

PCR は非常に迅速で特異性が高い．試料中にDNAがごく微量存在していれば十分であり，DNAの分解が進んでいても完全長の標的配列が数コピー残っていればPCRは可能である．この高度な特異性の鍵となるのは，PCR増幅に用いる1対のプライマーである．プライマーは，標的領域の両端の配列だけにハイブリダイズする配列を選択し，各々のDNA鎖の3′末端に設定する（高度な特異性を確保するために，プライマーは15塩基以上の長さが必要である）．増幅のサイクルを重ねるごとに，目的の標的DNA領域の分子数が2倍に増加するため，サイクル数を「n」とすると増幅された標的DNA分子の数は「2^n」となる．30サイクル完了時には，約10億コピーの標的DNA分子が存在する計算になる！

速度と特異性に優れるPCR増幅法だが，細胞から多量の遺伝子を得るために遺伝子クローニングの代わりにPCRを用いることはできない．PCR複製中にときどき誤りが発生するため，正確にコピーできるDNA断片の長さと数には制限がある．その代わり，クローニングのために特殊なDNA断片をPCRにより取得することができる．PCRプライマーを設計するときに標的DNA断片の両端にクローニングベクターに合わせて制限酵素部位を付加しておき，PCR増幅断片とベクターを一緒に制限酵素で切断してDNAリガーゼで連結する（図20.8）．その結果得られたプラスミドの塩基配列を決定し，誤りのない標的DNAを含むプラスミドを選抜することができる．

PCRは1985年に開発されて以降，生物学的研究と遺伝子工学の分野に大きな影響を与えてきた．さまざまな試料からDNAを増幅するのにPCRが用いられてきた．氷漬けになった4万年前の長毛のマンモス（本章の扉の写真を参照），犯罪現場に残された指紋・微量の血液・組織・精液，遺伝性疾患の出産前の迅速診断に用いるための1個の胎児細胞（図14.19参照），HIVなどの検出の難しいウイルスに感染した細胞（HIV感染の診断のためウイルスの遺伝子を増幅する）などが，PCRに供される試料の例である．PCRの応用については後述する．

真核生物遺伝子のクローニングと発現

ひとたび遺伝子が宿主細胞にクローニングされると，基礎研究や20.4節で探究するような実用目的でコードされるタンパク質をいつでも大量に生産することができる．クローニングされた遺伝子は，原核生物でも真核生物でも発現させることができるが，それぞれ長所と短所がある．

▼図20.8　**制限酵素とPCRを用いた遺伝子クローニング．** 図20.4の上図に示される過程を詳しく見ていく．PCRを用いてDNA断片または目的の遺伝子をクローニングベクター（この例では細菌のプラスミド）に連結する．DNA断片の末端にはベクターと同一の制限酵素部位がある．プラスミドとDNA断片を同じ制限酵素で切断し，粘着末端同士の組み合わせで塩基対合して連結する．得られたプラスミドを細菌の宿主に導入する．プラスミドには抗生物質耐性遺伝子が組み込まれているので，抗生物質が存在するとプラスミドを取り込んだ細胞だけが生存する．別の遺伝子工学的技術を用いて，非組換えプラスミドを取り込んだ細胞を取り除くことができるようにする．

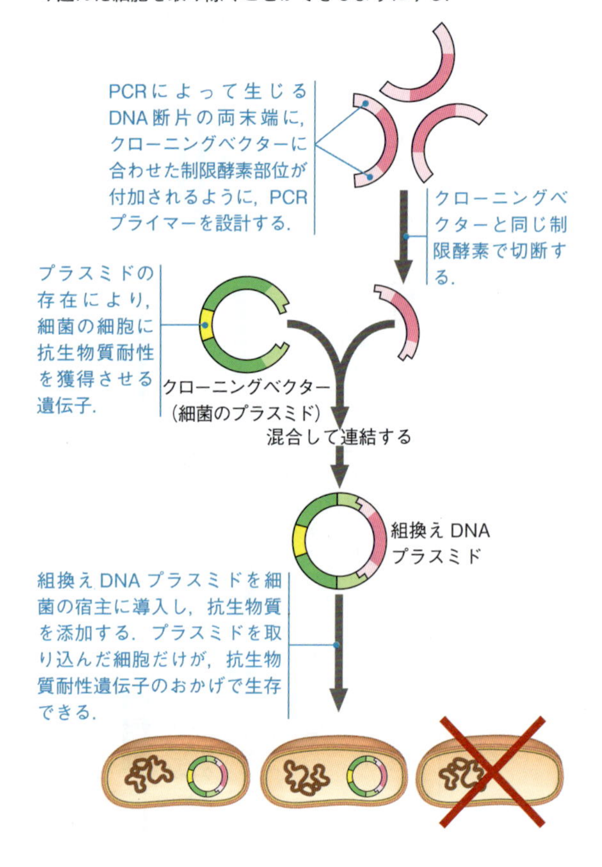
PCRによって生じるDNA断片の両末端に，クローニングベクターに合わせた制限酵素部位が付加されるように，PCRプライマーを設計する．
クローニングベクターと同じ制限酵素で切断する．
プラスミドの存在により，細菌の細胞に抗生物質耐性を獲得させる遺伝子．
クローニングベクター（細菌のプラスミド）
混合して連結する
組換えDNAプラスミド
組換えDNAプラスミドを細菌の宿主に導入し，抗生物質を添加する．プラスミドを取り込んだ細胞だけが，抗生物質耐性遺伝子のおかげで生存できる．

細菌の発現系

真核生物と細菌では遺伝子の発現様式が異なるため，クローニングした真核生物の遺伝子を細菌の宿主で機能させることには，困難が伴うことが多い．プロモーターなどの発現制御配列の違いを克服するため，細菌の強力なプロモーターの下流に真核生物の遺伝子を正しい読み枠で挿入できる制限酵素部位を備えた**発現ベクター expression vector**が用いられる．細菌の宿主はこのプロモーターを認識し，プロモーターに連結された外来遺伝子を発現できる．このような発現ベクターを用いることにより，多数の真核生物タンパク質を細菌により合成することが可能になっている．

クローニングされた真核生物の遺伝子を細菌の宿主

で発現させる場合の次の問題は，真核生物の遺伝子の大部分に非翻訳領域（イントロン）が含まれていることである（図17.3参照）．イントロンのため真核生物の遺伝子は非常に長くて扱いにくいものとなり，RNAスプライシング機構をもたない細菌による正しい発現を妨げている．この問題は，遺伝子のエキソンだけを含む形（「相補的DNA（complementary DNA）」または「cDNA」とよばれる．図20.10参照）で用いることにより解決することができる．

真核生物遺伝子のクローニングと発現系

分子生物学者は，真核生物と細菌の発現様式の違いを回避するため，酵母などの真核微生物を宿主に用いて，真核生物の遺伝子のクローニングや発現を行うことがある．単細胞の真菌である酵母は細菌のように容易に生育させることが可能であり，真核生物には珍しいプラスミドを保有している．

RNAスプライシングが可能なことに加えて真核生物の宿主細胞のもう1つの利点は，真核生物のタンパク質には，翻訳後に糖鎖や脂質の付加などの修飾を受けないと機能を発揮しないものが多いことである．哺乳類由来の遺伝子産物がこのような修飾を必要とする場合，細菌はこうした修飾を行うことができず，酵母でもこの種のタンパク質を正確に修飾できないことが多い．このような場合，哺乳類の培養細胞系や昆虫の細胞系を宿主として，組換えDNAを含むウイルス（昆虫細胞の場合はバキュロウイルス baculovirus）を感染させることにより，目的とするタンパク質の生産に成功した例が報告されている．

ベクターの利用の他に，組換えDNA分子を真核生物の細胞に導入するための方法が開発されている．**エレクトロポレーション（電気穿孔法）electroporation** は，細胞を含む溶液に瞬間的に電気パルスをかけることにより，細胞膜に一時的に孔をあけてDNAが通り抜けられるようにする方法である（この技術は現在では細菌にも広く用いられている）．また，1個の真核生物の細胞に顕微鏡下で細い針を用いてDNAを直接注入することも可能である．さらに後述するように，DNAを植物細胞に導入するために土壌細菌の「アグロバクテリウム[*1] *Agrobacterium tumefaciens*」が用いられる．導入されたDNAが遺伝的組換えにより細胞のゲノムに組み込まれると，この遺伝子が細胞内で発現することが期待される．細胞内で外来遺伝子を発現させることにより，研究者はタンパク質の機能を解析することができる．20.2節で話題にする．

異種間の遺伝子発現と進化的祖先

進化　真核生物のタンパク質を発現する能力を細菌がもっていることは（タンパク質が正しく修飾されないとしても），真核生物と細菌の細胞の構造がどれほど違うかを考えると，驚くべきことである．実際に，ある生物から取られた遺伝子をまったく異なる生物に導入したときに完全に機能する例は非常に多く，ホタルの遺伝子が植物のタバコで発現し，クラゲの遺伝子がブタで発現している（図17.7参照）．このような観察結果は，現在地球上に生存している生物種が進化的に祖先から遺伝子の発現様式を共通して受け継いでいることを示している．

Pax6 とよばれる遺伝子はその1つの例である．*Pax6* 遺伝子は脊椎動物からショウジョウバエまで広範囲の動物に見出されている．脊椎動物の *Pax6* 遺伝子産物であるPAX6タンパク質は，複雑な遺伝子発現プログラムを誘導して単レンズである脊椎動物の眼を形成する．一方，ショウジョウバエの *Pax6* 遺伝子の発現は，脊椎動物の眼とはまったく異なる構造をもつ昆虫の複眼の形成を誘導する．そこで，クローニングされたマウスの *Pax6* 遺伝子をショウジョウバエの胚に導入してショウジョウバエ自身の *Pax6* 遺伝子と置換したところ，驚いたことにマウスの *Pax6* 遺伝子によって昆虫の複眼の形成が誘導された（図50.16参照）．逆に，ショウジョウバエの *Pax6* 遺伝子を脊椎動物であるカエルの胚に導入したところ，このときはカエルの眼が形成された．誘導される遺伝子発現プログラムにより，ショウジョウバエと脊椎動物ではまったく異なる構造の眼が形成されるにもかかわらず，双方の *Pax6* 遺伝子には眼の発生を誘導するという機能に互換性があるという事実は，共通の祖先の遺伝子から進化してきたことの証拠と考えられている．進化的な共通祖先を有するため，すべての生物は基本的に同一の遺伝子発現機構を共有している．この共通性が本章で記述するさまざまな組換えDNA技術の根幹となっている．

概念のチェック 20.1

1. *Pvu* I とよばれる制限酵素の認識部位は以下の配列である．

5′-C G A T C G-3′
3′-G C T A G C-5′

粘着末端を生じる切断により，各々のDNA鎖のTと

＊1（訳注）：現在では正式な学名は *Rhizobium radiobacter* と改称されているが，バイオテクノロジーの分野では *Agrobacterium* の呼称が広く使われている．

Cの間で切断される．どの化学結合が切断されるか（5.5節参照）．

2. **描いてみよう➤**DNA分子の一方の鎖の配列は以下の通りである．

5′-CTTGACGATCGTTACCG-3′

もう一方のDNA鎖の配列を描きなさい．この分子は制限酵素 *Pvu* I（問1参照）により切断されるか．切断されるならば，切断により生じる断片を描きなさい．

3. クローニングした真核生物の遺伝子からタンパク質を大量に生産する目的で，細菌の宿主とプラスミドベクターを用いることには，どのような困難が予想されるか．

4. **図読み取り問題➤**図20.7と図16.20を比較しなさい．PCRの過程で，サイクルごとにDNA末端が短くならないDNA複製機構について説明しなさい．

（解答例は付録A）

20.2

DNAテクノロジーによる遺伝子発現と機能の研究

生体のシステムが働く機構について探究するため，科学者はシステムの成分の機能の理解に努めてきた．ある遺伝子または遺伝子群が発現する時期と場所の分析により，その機能に関する重要な手がかりが得られる．

遺伝子発現の分析

多細胞生物の多彩な細胞，がん細胞，胚の発生中の組織などの解析に取り組む科学者は，まず目的とする細胞でどの遺伝子が発現しているか調べようとする．そのために最も直接的な方法は，合成されるmRNAを同定することである．ここでは，最初に特定の個別の遺伝子の発現パターンを解析する技術について調査し，次に目的とする細胞や組織で発現している遺伝子群を網羅的に解析する技術について探求する．このような技術は，すべてなんらかの形で相補的な塩基配列間の塩基対合がかかわっていることに気づくだろう．

単一遺伝子の発現の研究

あなたがキイロショウジョウバエ *Drosophila melanogaster* の胚発生に重要な役割を果たしていると思われる遺伝子をクローニングしたとする．そこで，最初に知りたいのは，この遺伝子が胚の細胞で発現しているか否かである．言い換えると，胚のどの部分で対応するmRNAが見出されるかということになる．ここでは，なんらかの方法で追跡できるように加工した相補的な配列をもつ分子との核酸ハイブリダイゼーションによりmRNAを検出する．相補的な核酸分子として用いられるのは，短い1本鎖のDNAかRNAであり，**核酸プローブ nucleic acid probe** とよばれる．そこで，クローニングした遺伝子を鋳型に用いて，このmRNAに相補的なプローブを合成することができる．

たとえば，目的の遺伝子の一方のmRNA鎖の一部の塩基配列が以下の通りならば，

5′ ···CUCAUCACCGGC··· 3′

相補的な以下の1本鎖DNAのプローブを合成する．

3′ GAGTAGTGGCCG 5′

各々のプローブ分子は合成時に蛍光標識して追跡できるようにしておく．プローブ分子を含む溶液をショウジョウバエの胚に加えると，この遺伝子が転写されて多数のmRNAが存在する胚の細胞で，mRNAに相補的な配列をもつプローブが特異的にハイブリダイズする．この手法によりmRNAが生物体全体の中でどこに局在するか観察できるため，この技術は ***in situ* ハイブリダイゼーション *in situ* hybridization**（*in situ* はラテン語で「現場」の意味）とよばれる．色の違う蛍光色素で標識した別のプローブを用いることにより，非常に美しい結果が得られることもある（図20.9）．

他のmRNA検出手段として，異なる組織の細胞や発生段階の異なる胚などの複数の試料について特異的なmRNAの量を同時に比較する技術が望まれる．このような技術の1つで広く用いられているのが**逆転写ポリメラーゼ連鎖反応 reverse transcriptase polymerase chain reaction（RT-PCR）**である．

RT-PCRでは，試料のmRNAを対応する塩基配列をもつ2本鎖DNAに変換することから始める．第1段階では，逆転写酵素（レトロウイルス由来；図19.9参照）を用いて，試料中のmRNA分子それぞれについて相補的DNAのコピーを合成する「逆転写」を行う（図20.10）．mRNAの3′末端にはポリAテールとよばれるアデニン（A）ヌクレオチドの連鎖が存在する．これより，短い相補鎖としてチミンデオキシヌクレオチドの連鎖（ポリdT）をプライマーとして加えることにより，相補的なDNA鎖を合成することができる．酵素によりRNAを分解し，DNAポリメラーゼを用いて第1のDNA鎖に相補的な第2のDNA鎖を合成する．こうして得られた2本鎖DNAは**相補的**

▼図 20.9　*in situ* ハイブリッド形成法による遺伝子の発現部位の決定. ショウジョウバエの胚を固定し，5種類のmRNAにそれぞれ対応するDNAプローブを含む溶液を加える．5種類のプローブは，それぞれ異なる色の蛍光分子により標識されている．ハエの胚を蛍光顕微鏡により観察した写真が示されている．各々の色は，それぞれ特異的な遺伝子がmRNAとして発現している部位を示している．黄色と青色の細胞から写真の上方へ伸びる矢印は，標識されたプローブとmRNAが適切に核酸ハイブリダイズしたところの拡大図を示している．黄色の細胞（*wg* 遺伝子を発現している）は青色の細胞（*en* 遺伝子を発現している）と相互作用し，この相互作用が体節のパターン形成を促進する．下図の図解は写真に見える8個の体節を明示したものである．

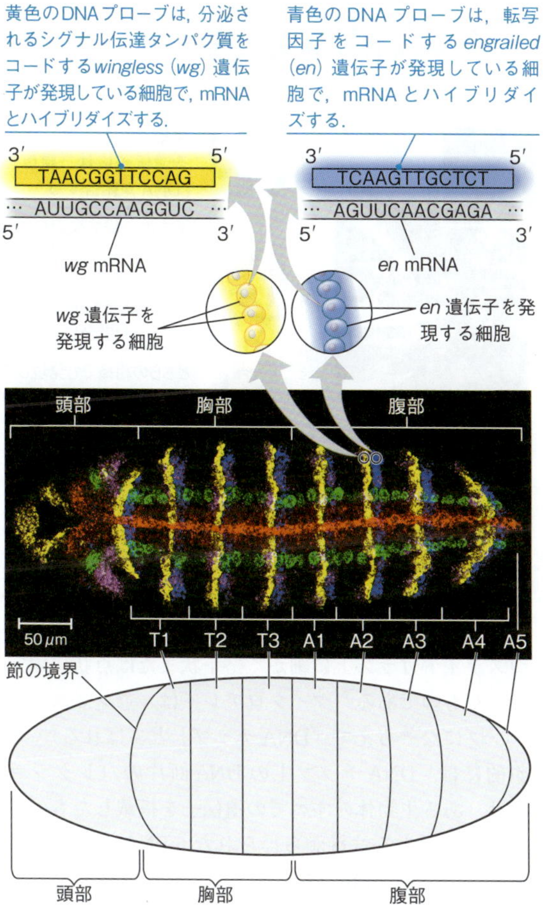

黄色のDNAプローブは，分泌されるシグナル伝達タンパク質をコードする *wingless*（*wg*）遺伝子が発現している細胞で，mRNAとハイブリダイズする.

青色のDNAプローブは，転写因子をコードする *engrailed*（*en*）遺伝子が発現している細胞で，mRNAとハイブリダイズする.

3′ TAACGGTTCCAG 5′
… AUUGCCAAGGUC …
5′ 3′
wg mRNA

3′ TCAAGTTGCTCT 5′
… AGUUCAACGAGA …
5′ 3′
en mRNA

wg 遺伝子を発現する細胞

en 遺伝子を発現する細胞

頭部　胸部　腹部

50 µm　T1　T2　T3　A1　A2　A3　A4　A5

節の境界

頭部　胸部　腹部

▼図 20.10　真核生物の遺伝子から相補的DNA（cDNA）を作製する. 相補的DNA（cDNA）とは，最初のDNA鎖合成の鋳型としてmRNA用いて試験管内で作製されたDNA鎖である．この図にはmRNAは1分子しか示されていないが，究極的なcDNAのコレクションは細胞内に存在するすべてのmRNAを反映したものとなる．

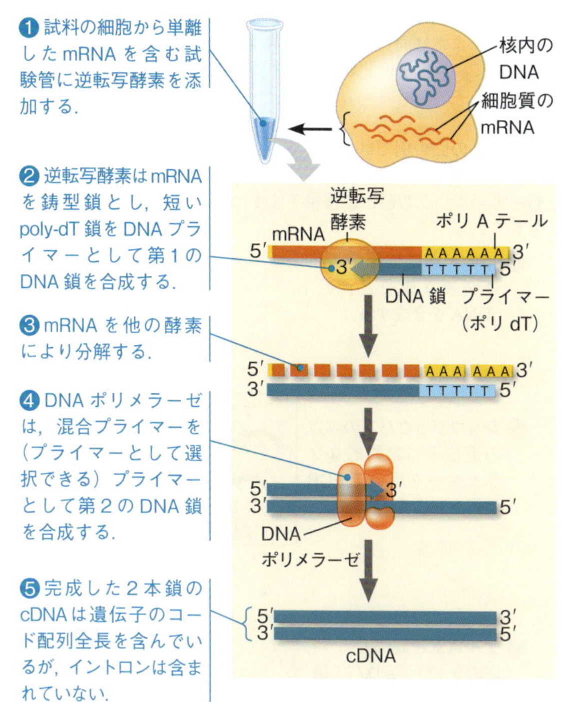

❶試料の細胞から単離したmRNAを含む試験管に逆転写酵素を添加する.
核内のDNA
細胞質のmRNA
❷逆転写酵素はmRNAを鋳型鎖とし，短いpoly-dT鎖をDNAプライマーとして第1のDNA鎖を合成する.
逆転写酵素
mRNA
ポリAテール
AAAAAA
TTTTT
DNA鎖
プライマー（ポリdT）
❸mRNAを他の酵素により分解する.
❹DNAポリメラーゼは，混合プライマーを（プライマーとして選択できる）プライマーとして第2のDNA鎖を合成する.
DNAポリメラーゼ
❺完成した2本鎖のcDNAは遺伝子のコード配列全長を含んでいるが，イントロンは含まれていない.
cDNA

DNA complementary DNA（cDNA）とよばれる（mRNAから合成するため，cDNAにはイントロンが欠失していることから，前述の通り細菌を用いたタンパク質の発現にcDNAを利用することができる）．ショウジョウバエの目的遺伝子が発現する時期を分析するために，さまざまな発生段階の胚からすべてのmRNAを単離し，発生段階ごとにcDNAを合成する（図 20.11）.

RT–PCRの第2段階はPCRによる増幅である（図20.7参照）．前述の通り，PCRは2本鎖DNAの特定の領域のコピーを迅速に大量生産する手法であり，目的の領域の両方の末端にそれぞれハイブリダイズするプライマーのセットを用いて実行する．この場合は，ショウジョウバエの遺伝子領域に対応するプライマーを添加し，各々の発生段階の胚から調製したcDNAを鋳型として試料ごとにPCR増幅を行う．調製したcDNA産物をゲル電気泳動で分析すると，目的遺伝子のmRNAが含まれていた試料からバンドとして観察することができる．さらに進歩した「定量RT–PCR（quantitative RT–PCR：qRT–PCR）」とよばれる手法では，2本鎖のPCR産物に結合したときだけ蛍光を発する蛍光色素を用いる．新型の定量PCR測定機は蛍光を検出してPCR産物を測定することができる．電気泳動の必要がないことに加えて，定量的な情報が得られる利点がある．また，特異的なmRNAを発現する組織を見出すために，異なる組織から同時に収集したmRNAに対してRT–PCRまたはqRT–PCRを実施することもある．

▼図 20.11

研究方法　単一の遺伝子の発現レベルの RT-PCR 解析

適用　RT-PCR は，逆転写酵素（RT）を用いて PCR とゲル電気泳動法を組み合わせた技術である．異なる胚発生段階，異なる組織，または同一細胞種でも異なる条件下のものなどの試料について，遺伝子の発現を比較するのに RT-PCR を用いることができる．

技術　この図の例では，ショウジョウバエの胚発生の6つの段階から採取した mRNA を含む試料について，以下に示す処理を行っている（工程❶と工程❷では1つの段階の mRNA だけが示されている）．

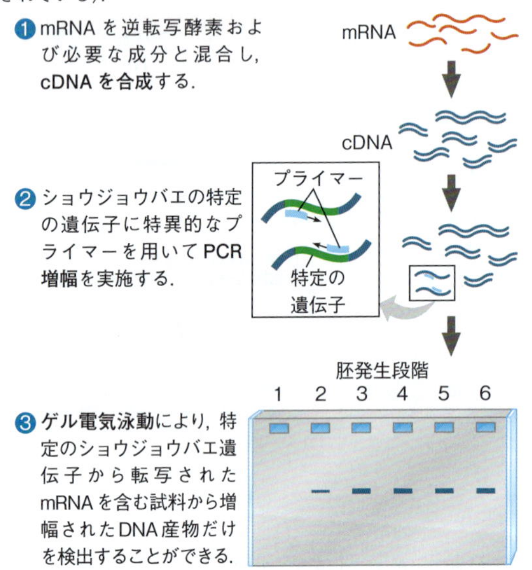
❶ mRNA を逆転写酵素および必要な成分と混合し，**cDNA を合成する**．
mRNA
cDNA
❷ ショウジョウバエの特定の遺伝子に特異的なプライマーを用いて PCR 増幅を実施する．
プライマー
特定の遺伝子
胚発生段階
1　2　3　4　5　6
❸ **ゲル電気泳動**により，特定のショウジョウバエ遺伝子から転写された mRNA を含む試料から増幅された DNA 産物だけを検出することができる．

結果　この遺伝子の mRNA は胚発生の第2段階で初めて転写され，第6段階まで転写が続く．増幅された DNA 断片の大きさ（ゲル上のバンドの位置として表される）は，実験に用いた2つのプライマーの間の距離（mRNA の大きさではない）を反映している．

相互作用する遺伝子群の発現解析

生物学者の主要な研究目的の1つは，機能的な生命体を生み出し，維持するために，多数の遺伝子がどのように協働しているかを解明することである．現在では，多数の生物種についてゲノム配列が決定されていることから，多数の遺伝子群の発現を同時に測定するいわゆる「網羅的解析」が可能となっている．この場合，研究者は既知の全ゲノム情報を用いて，異なる組織や異なる発生段階で発現している遺伝子について解析する．さらに，ゲノム全体を見渡して遺伝子発現のネットワークを見出すことも目的の1つである．

DNA マイクロアレイ解析 DNA microarray assay により，ゲノム規模の遺伝子発現の網羅的解析が可能となっている．DNA マイクロアレイとは，それぞれ別個の遺伝子を表す多数の1本鎖 DNA 断片が，少量ずつスライドガラス上に細かく格子状または点状に固定されたものである（マイクロアレイは，コンピュータチップになぞらえて「DNA チップ」とよばれる）．理想的には，DNA チップ上の DNA 断片のコレクションは，ある生物体のすべての遺伝子を搭載したものである．分析する試料から得られた mRNA を cDNA に逆転写し（図 20.10 参照），さらに蛍光標識することにより cDNA をマイクロアレイのプローブとして用いることができる．異なる細胞の試料には別の色の蛍光で標識することにより，同時に複数の試料について解析することができる．図 20.12 に示される実物大のマイクロアレイ上の色のついた点のパターンとして得られる観察結果は，各々のプローブが結合した点を示し，解析を行った試料中で該当する遺伝子が発現していることを示している．マイクロアレイ技術は，いくつかの論文が公表された 1995 年から本格的な進歩が始まり，現在ではさらに洗練されたシステムが開発され利用されている．

▼図 20.12　**マイクロアレイを利用した多数の遺伝子の発現解析**．このDNA マイクロアレイ分析では，研究者はヒトの2つの異なる組織から mRNA を抽出し，赤色蛍光標識（組織 #1）または緑色蛍光標識（組織 #2）した2セットの cDNA を合成した．標識した cDNA を，5760 個のヒトの遺伝子（ヒトの全遺伝子の約 25%）を含むマイクロアレイとハイブリダイゼーションした．マイクロアレイの一部を拡大して示している．赤色のスポットは組織 #1 で発現している遺伝子，緑色のスポットは組織 #2 で発現している遺伝子，黄色のスポットは両方の組織で発現している遺伝子，黒色のスポットはどちらの組織でも発現していない遺伝子を示す．それぞれのスポットの蛍光の強度は各々の遺伝子の相対的発現量を示している．

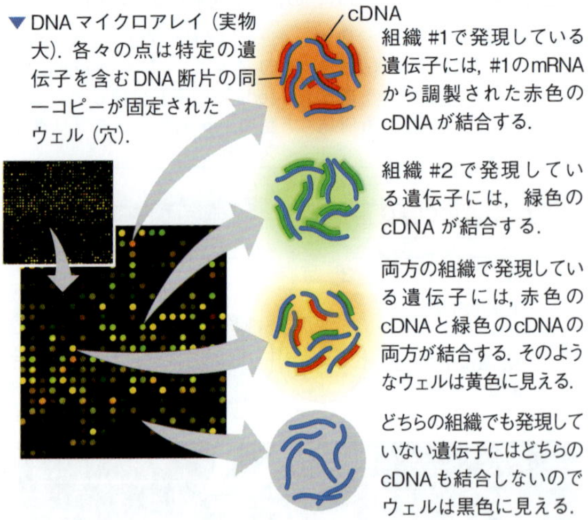

▼DNA マイクロアレイ（実物大）．各々の点は特定の遺伝子を含む DNA 断片の同一コピーが固定されたウェル（穴）．

cDNA

組織 #1で発現している遺伝子には，#1の mRNA から調製された赤色の cDNA が結合する．

組織 #2 で発現している遺伝子には，緑色の cDNA が結合する．

両方の組織で発現している遺伝子には，赤色の cDNA と緑色の cDNA の両方が結合する．そのようなウェルは黄色に見える．

どちらの組織でも発現していない遺伝子にはどちらの cDNA も結合しないのでウェルは黒色に見える．

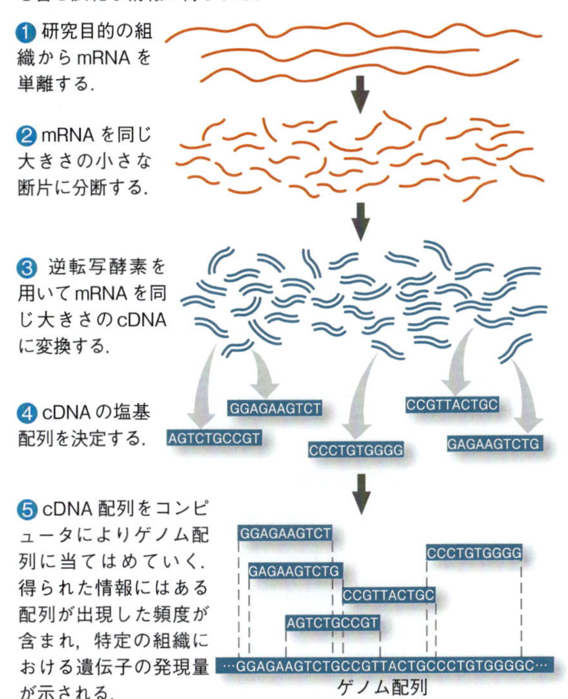

❶ 研究目的の組織からmRNAを単離する.
❷ mRNAを同じ大きさの小さな断片に分断する.
❸ 逆転写酵素を用いてmRNAを同じ大きさのcDNAに変換する.
❹ cDNAの塩基配列を決定する.
GGAGAAGTCT
CCGTTACTGC
AGTCTGCCGT
CCCTGTGGGG
GAGAAGTCTG
❺ cDNA配列をコンピュータによりゲノム配列に当てはめていく. 得られた情報にはある配列が出現した頻度が含まれ, 特定の組織における遺伝子の発現量が示される.
GGAGAAGTCT
CCCTGTGGGG
GAGAAGTCTG
CCGTTACTGC
AGTCTGCCGT
…GGAGAAGTCTGCCGTTACTGCCCTGTGGGGC…
ゲノム配列

▼図 20.13 **RNA塩基配列決定（RNA-seq）を用いた多数の遺伝子の発現解析.** RNA-seqでは, 遺伝子の発現に関して発現量を含む広範な情報が得られる.

迅速で安価なDNA塩基配列決定法が出現するにつれて, マイクロアレイの利用が減少している. 異なる組織や異なる発生段階の胚のcDNA試料について発現している遺伝子を同定する目的では, 現在の研究者は単純にcDNAの塩基配列を決定する. この直接的な方法は, 実際に塩基配列を決定されるのがcDNAであるにもかかわらず**RNA塩基配列決定RNA sequencing（RNA-seq）**（「RNAシーク」と発音する）とよばれる. RNA-seqではmRNAなどのRNA試料を単離し, 短く切断して同じくらい長さの断片になったところでcDNAに変換する（図 20.13）. これらの短いcDNA断片の塩基配列を決定してコンピュータプログラムにより再構成する. さらに, コンピュータにより問題の生物種のゲノム配列（利用できる場合）に当てはめていくか, 単に多数のRNAの重複した配列に基づいて寄せ集めの配列を整理して整列する. マイクロアレイに比べてRNA-seqにはいくつか利点がある. 第1に, RNA-seq法は蛍光標識したプローブとのハイブリダイゼーションに基づいていないので, ゲノム配列情報の利用に頼る必要がない（ゲノム情報は通常は利用できる場合が多い）. 第2に, RNA-seq法では非常に広範囲で発現レベルを測定することができる. その点, マイクロアレイでは非常に低レベルまたは高レベルのときの測定に正確さを欠く. 第3に, 注意深く分析することにより, 選択的スプライシングが起こるmRNAについての相対的な発現レベルなど, 特定の遺伝子の発現に関する豊富な情報を得ることができる. DNA塩基配列決定費用の急落により, RNA-seqはさまざまな目的のため広く使われるようになっている. しかし, ほとんどの場合は個々の遺伝子の発現についてはRT-PCRにより確認する必要がある.

現在では数千個の遺伝子の発現を一度に測定することができる. DNAテクノロジーと自動化のおかげで大規模な解析を容易に実行できるようになっている. 遺伝子間の相互作用と, 遺伝子の機能を推定する手がかりが得られることから, DNAマイクロアレイ解析とRNA-seq法はさまざまな疾病の機構の理解に貢献し, 新たな診断技術と治療法を示唆するものである. たとえば, 乳がんの腫瘍と正常な乳房の組織の遺伝子発現のパターンを比較することにより, がんの性質と効果的な治療法に関する情報が得られている（図 18.27参照）. 究極的には, こうした網羅的解析から得られる情報は, 遺伝子の協調的相互作用が生命体を形成し維持する機構について広範な視野を提供する.

遺伝子機能解析

目的の遺伝子が同定されたとき, 科学者はどのようにして機能を解析するのだろうか. まず遺伝子の配列を他の生物の配列と比較することができる. 他の生物の類似性のある遺伝子の機能が判明しているならば, 問題の遺伝子の産物も同等の機能を果たしている可能性が高い. 遺伝子発現の時期と局在性に関する情報は, 推定される機能を補強することになる. さらに強力な証拠を得るための手法は, 目的の遺伝子の機能を無効にし, 細胞や個体に起こる結果を観察することである.

遺伝子とゲノム編集

分子生物学者は長年の間, 細胞や個体の遺伝的情報を結果が予想できる形で変更し, 編集する技術を探し求めてきた. このような技術の1つが**試験管内突然変異誘発 *in vitro* mutagenesis**であり, クローニングされた遺伝子に特異的な変異を導入し, 変異した遺伝子を細胞に導入することにより, 細胞に存在する正常な遺伝子を不活性化「ノックアウト」することができる. 導入された突然変異が遺伝子産物の機能を改変またはノックアウトしたとき, 突然変異を導入した細胞に現れる表現型が, 失われた正常なタンパク質の機能を解明する手がかりとなる. 1980年代に実現した分子生物

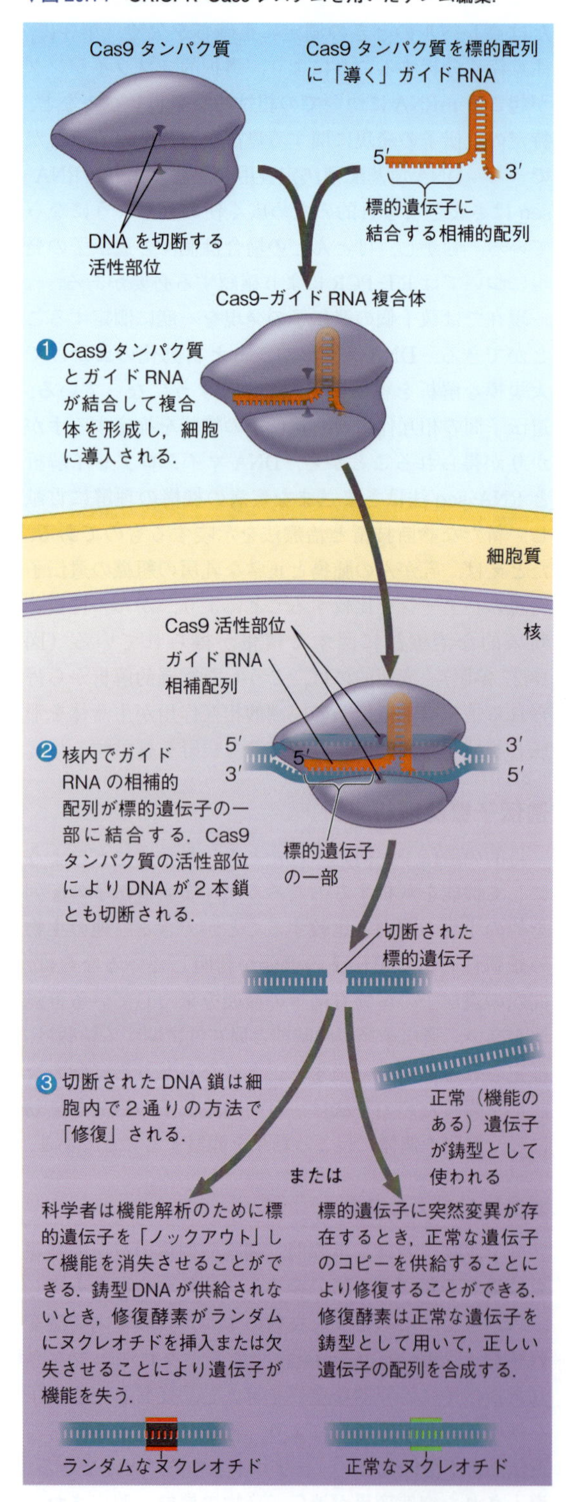
Cas9 タンパク質
Cas9 タンパク質を標的配列に「導く」ガイド RNA
5′
3′
標的遺伝子に結合する相補的配列
DNA を切断する活性部位
Cas9–ガイド RNA 複合体
❶ Cas9 タンパク質とガイド RNA が結合して複合体を形成し，細胞に導入される．
細胞質
核
Cas9 活性部位
ガイド RNA 相補配列
❷ 核内でガイド RNA の相補的配列が標的遺伝子の一部に結合する．Cas9 タンパク質の活性部位により DNA が2本鎖とも切断される．
5′
3′
5′
3′
5′
標的遺伝子の一部
切断された標的遺伝子
❸ 切断された DNA 鎖は細胞内で2通りの方法で「修復」される．
正常（機能のある）遺伝子が鋳型として使われる
または
科学者は機能解析のために標的遺伝子を「ノックアウト」して機能を消失させることができる．鋳型 DNA が供給されないとき，修復酵素がランダムにヌクレオチドを挿入または欠失させることにより遺伝子が機能を失う．
標的遺伝子に突然変異が存在するとき，正常な遺伝子のコピーを供給することにより修復することができる．修復酵素は正常な遺伝子を鋳型として用いて，正しい遺伝子の配列を合成する．
ランダムなヌクレオチド
正常なヌクレオチド

▼図 20.14　**CRISPR-Cas9 システムを用いたゲノム編集．**

学的および遺伝学的技術を用いて，特定の遺伝子が不活性化したマウスを作出することが可能となり，発生中および成体内の遺伝子の役割の研究に用いられている．マリオ・カペッキ Mario Capecchi，マーチン・エバンス Martin Evans，オリバー・スミティーズ Oliver Smithies の3人は，この技術を開発した功績により 2007 年にノーベル賞を受賞している．

過去 10 年の間に，生物学者は **CRISPR-Cas9 システム CRISPR-Cas9 system** とよばれる細胞や個体のゲノムを編集する強力な新技術を開発し，遺伝子工学の分野に旋風を巻き起こした．Cas9 は細菌のタンパク質であり，細菌に感染するバクテリオファージに対する防御システムとして働くことが，ジェニファー・ダウドナ Jennifer Doudna とエマニュエル・シャルパンティエ Emmanuelle Charpentier により明らかにされた．細菌の細胞内で，Cas9 は細菌の CRISPR 領域から合成される「ガイド RNA」とともに作動する（図 19.7 参照）．

前述した制限酵素と同様に，Cas9 は2本鎖 DNA 分子を切断するヌクレアーゼである．しかし，従来の制限酵素は特定のたった1つの塩基配列しか認識しないのに対し，Cas9 は何でも指定された配列を切断することができる．Cas9 は結合するガイド RNA 分子を誘導装置として利用し，ガイド RNA の進撃命令を受けて正確に相補的な配列をもつ DNA の2本鎖を両方とも切断する．科学者は，ゲノム編集を行う細胞に Cas9–ガイド RNA 複合体を導入することにより，Cas9 の機能を利用することができる（図 20.14）．この複合体中のガイド RNA は，「標的」遺伝子と相補的な配列をもつように設計されている．Cas9 は標的 DNA を2本鎖とも切断し，切断された断端は DNA 修復系により修復される（図 16.19 に示されるシステムと同様）．DNA 修復系の酵素が鋳型に用いることができる無傷の DNA 鎖が存在しない場合，図 20.14 の左下図のように修復酵素が切断端を再結合するときにヌクレオチドの付加や欠失が起こることがある．DNA 鎖の切断が遺伝子のコード領域内部で発生した場合，再結合の過程でかなりの確率で DNA 配列が変化して遺伝子が適切に働かなくなる．

この技術は研究者が特定の遺伝子の機能解析のために遺伝子の機能をノックアウトする非常に効果的な方法であり，すでに細菌，魚類，マウス，昆虫，ヒトの細胞，種々の農作物などの多くの生物に適用されている．研究者はこの技術をさらに改良し，突然変異をもつ遺伝子の修復に CRISPR-Cas9 システムを利用している（図 20.14 の右下図参照）．この場合，正常な（機能のある）遺伝子の断片を CRISPR-Cas9 システムと一緒に導入する．Cas9 が標的 DNA を切断した後，修復酵素は正常な DNA 断片を鋳型として用いて標的

DNAの切断端を修復する．この手法は，本章の後半で議論する遺伝子治療にも用いられる．

CRISPR-Cas9システムのもう1つの応用として，科学者は地球規模の昆虫媒介感染症への取り組みとして昆虫の遺伝子を改変して，病気を媒介できないようにすることなどを行っている．この応用法の副産物は，改変された新規の対立遺伝子が野生型の対立遺伝子よりもはるかに遺伝しやすくなることである．これは生殖の過程で改変された遺伝子に偏って次世代に遺伝させることにより，新たな対立遺伝子が生物集団中に迅速に「拡散する」ように駆り立てることから**遺伝子ドライブ gene drive**とよばれる．

他の遺伝子機能解析法

ゲノムを改変せずに選択した遺伝子の発現を抑制するもう1つの方法は，18.3節に記述される**RNA干渉 RNA interference（RNAi）**を利用するものである．この手法では，特定の遺伝子の塩基配列と一致する合成2本鎖RNA分子を用いて，標的の遺伝子のmRNAの分解を誘導することにより翻訳を阻止する．線虫やショウジョウバエなどの生物種では，RNAi技術が大規模に遺伝子の機能を解析するための有用な手段であることが証明されている．この方法はCRISPR-Cas9システムを用いるよりも迅速に実施できるが，遺伝子の永久的な破壊（ノックアウト）や改変とは違って遺伝子発現を一時的に抑制するだけである*2．

ヒトの遺伝子については倫理的な配慮が必要なため，機能を決定するために遺伝子をノックアウトする実験が禁止されている．その代わりとして実施される研究法は，心臓病や糖尿病などの特定の表現型や病気を有する多数の人々のゲノムを解析し，特定の病気をもたない人々と比較して，病気の人々すべてに共通する相違点の発見に尽力することである．このような相違点が1個または複数の機能不全の遺伝子に関連すると仮定することは，ある意味で自然に遺伝子ノックアウトが起こっていることになる．このような**ゲノムワイド関連解析 genome-wide association study（GWAS）**とよばれる大規模な分析では，研究者は人々の間で変化のある領域のDNA配列を「遺伝的マーカー」として調査の対象とする．このような塩基配列の変化が特定の遺伝子の内部にあれば，鎌状赤血球症などに見られる異なる対立遺伝子の分子的な相違の根拠となる（図17.26参照）．コード配列中の塩基配列の変化と同様に，染色体上の特定の部位の非コードDNAにも，

＊2（訳注）：RNAiによる一時的な遺伝子の発現抑制は「ノックダウン」とよぶことが多い．

▼図20.15　**遺伝性疾患を引き起こす対立遺伝子の遺伝的マーカーとしての1塩基多型（SNPs）**．この図は2つのグループの人々から抽出したDNAの同一の領域を描いたものであり，一方のグループは特定の遺伝性疾患を有している．健康な人々は，特定のSNPの遺伝子座がA/T対だが，疾患をもつ人の遺伝子座ではC/G対になっている．ある対立遺伝子が問題の疾患と関連することが確認されると，連関する遺伝子座のSNPが疾患に関連する対立遺伝子のマーカーとして利用することができる．

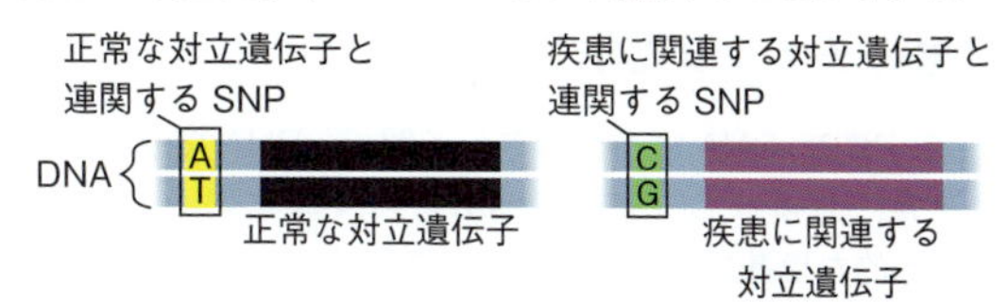
正常な対立遺伝子と
連関するSNP
疾患に関連する対立遺伝子と
連関するSNP
DNA
A
T
C
G
正常な対立遺伝子
疾患に関連する
対立遺伝子

個人の間で異なる小規模な塩基配列の相違が存在する．生物集団の中で，コード配列または非コードDNAの塩基配列の相違は遺伝子多型とよばれる．

病気や障害に関連する遺伝子を追跡する遺伝的マーカーの中で最も有用なのは，ヒトの集団のゲノムの中で1塩基が変異しているものである．ヒトの集団の1%以上に見出される1塩基の変異部位は，**1塩基多型 single nucleotide polymorphism（SNP，「スニップ」と発音する）**とよばれる．ヒトのゲノム中には，数百万個のSNPが存在し，コード領域と非コードDNA配列の両方を含めて，100〜300塩基対に1個の割合で配列が異なっている．多くの人々の中からSNPを探すために，人々のDNA配列をいちいち決定する必要はない．SNPは非常に感度の高いマイクロアレイ解析，RNA-seq，PCRなどにより検出できる．

ある病気の人全員に共通するSNPが同定されたとき，研究者はその領域に絞って塩基配列を決定する．ほぼすべてのケースで，対象となる病気についてSNP自体がコードするタンパク質の改変などにより直接関与することはない．実際，大部分のSNPは非コード領域に存在する．その代わり，あるSNPと病気の原因となる対立遺伝子が近接している場合，配偶子の形成過程でこのSNPマーカーと病気の原因遺伝子の間で交差が起こる可能性が非常に低いことを利用できる．すなわち，この遺伝マーカーが病気の原因遺伝子の一部でなくても，ほぼ確実に原因遺伝子と一緒に遺伝する（図20.15）．糖尿病，心臓疾患，ある種のがんと関連するSNPが見出されていて，これを手がかりに病気に関与する遺伝子の探索が行われている．

これまでに学んできた実験手法は，主としてDNAやタンパク質などの分子の機能に焦点を当てたものである．研究と並行して，生物学者は多細胞生物全体をクローニングする強力な技術を開発してきた．このような研究の目的の1つは，すべての型の組織を生じさせることができる幹細胞とよばれる特殊な細胞を取得

することである．幹細胞を取り扱うことにより，前述した組換えDNA技術を用いて幹細胞を改変し病気の治療に役立てることが可能となる．生物個体のクローニングと幹細胞の生産に関する技術が次節のテーマである．

概念のチェック 20.2

1. RT-PCR，DNAマイクロアレイ解析，RNA塩基配列決定，およびCRISPR-Cas9ゲノム編集における，相補的な塩基対合の役割について記述しなさい．
2. **図読み取り問題➤**図12.20のマイクロアレイについて検討する．正常な組織の試料を緑色の蛍光色素で標識し，腫瘍組織の試料を赤色の蛍光色素で標識した場合，がんについて研究するうえで興味深い遺伝子は何色のスポットか．説明しなさい．

（解答例は付録A）

20.3

個体クローニングと幹細胞の基礎研究と応用利用への有用性

DNAテクノロジーの進展とともに，科学者は単一の細胞から多細胞の生物体全体をクローニングする方法を開発し，改良を重ねてきた．本節では，1個の細胞を提供した「親」と遺伝的に同一な個体を作製するクローニングについて検討する．この技術は「個体クローニング」ともよばれ，遺伝子クローニングとは区別されるが，もっと重要なことは細菌などのように無性生殖的な細胞分裂により遺伝的に同一な細胞の集団が形成される細胞クローニングと区別することである（どのクローニングも，親と遺伝的に同一な点が共通している．実際に，「クローン」という言葉はギリシャ語で「挿し木」を意味する*klon*に由来している）．個体クローニングに関する現在の関心事は，さまざまな組織を発生することができる幹細胞を作出する能力である．**幹細胞 stem cell**は比較的特殊化されていない細胞で，幹細胞自身を無制限に増殖するとともに，適切な条件下で1つまたは複数の型の特殊化された細胞に分化することができる細胞である．損傷を受けた組織の再生のために幹細胞は大きな可能性を秘めている．

植物と動物の個体クローニングの最初の試みは，基本的な生物学上の問題を解決するために50年以上前に企画された実験である．当時の研究者の関心は，生物個体のすべての細胞は同一の遺伝子をもっているか，または分化の過程で細胞が遺伝子を失っていくのかという点にあった（18.4節参照）．この問題を解決する1つの方法は，分化した細胞が生物個体を再生することができるかどうか，すなわち生物個体のクローニングが可能か否かを調べることである．個体クローニングの近年の進展と幹細胞の作製手順について検討する前に，初期のクローニング実験について調べてみよう．

植物のクローニング：単細胞培養

分化した1個の細胞から植物体全体を再生するクローニングは，1950年代にコーネル大学のF・C・スチュワードF. C. Stewardのグループがニンジンを用いて成功させた．ニンジンの根から分化した細胞を採取し，特殊な培地上で培養したところ，親の植物と遺伝的に同一な正常な植物の成体が発生した．この結果から，分化には不可逆的なDNAの変化は必ずしも必要ではないことが示された．少なくとも植物においては，成熟した細胞も「脱分化」が可能であり，その後に植物体を構成するすべての特殊化した細胞を生成することができる．このような能力をもつ細胞を，**分化全能性 totipotent**とよぶ．

植物のクローニングは農業の分野で広く用いられている．ランなどの植物は，植物体を増殖させる商業的に実用的な唯一の手段がクローニングである．さらに，植物病原体への抵抗性など有用な性質をもつ植物の生殖にもクローニングが用いられている．じつは，挿し木で植物を栽培したことのある人は，クローニングを実践したことになる．

動物のクローニング：核移植

一般に，分化した動物細胞は培養液中では分裂せず，まして新たな生物体のさまざまな種類の細胞へと分化することもない．したがって，初期の研究者は分化した動物細胞が分化全能性を有しているかどうかを検証するために，別の研究方法を用いなければならなかった．そこで，卵から核を除去し（「除核」卵の作製），代わりに分化した細胞の核を導入する「核移植」とよばれる実験が実施された．現在ではこの技術は一般に「体細胞核移植」とよばれている．供与体の分化した細胞の核が，遺伝的な能力をすべて保持していれば，受容体の細胞を生物のすべての組織や器官へと分化させることができると考えられる．このような実験が1950年代にロバート・ブリッグスRobert Briggsとトーマス・キングThomas Kingによりある種のカエル（ヒョウガエル*Rana pipiens*）を用いて実施され，さらに1970年代にジョン・ガードンJohn Gurdonが別

▼図 20.16

研究　分化した動物細胞の核は生物個体への分化を誘導できるか

実験　英国オックスフォード大学のジョン・ガードンのグループは，アフリカツメガエル *Xenopus laevis* の卵に紫外線照射を行うことにより卵の核を破壊した．次に，胚細胞およびオタマジャクシの細胞から取り出した核を，核を破壊した卵細胞に移植した．

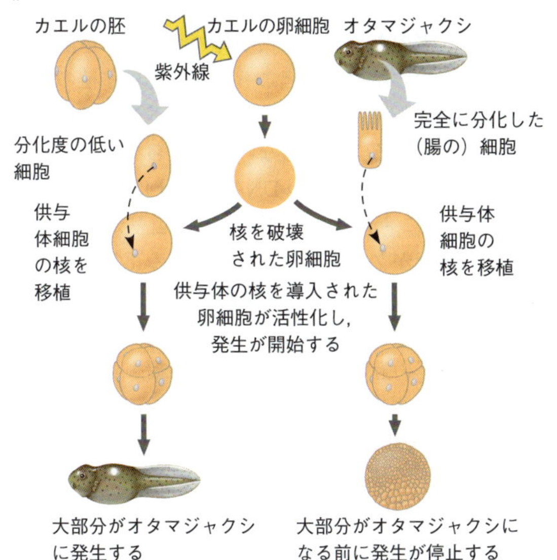

カエルの胚
カエルの卵細胞
オタマジャクシ
紫外線
完全に分化した（腸の）細胞
分化度の低い細胞
供与体細胞の核を移植
核を破壊された卵細胞
供与体細胞の核を移植
供与体の核を導入された卵細胞が活性化し，発生が開始する
大部分がオタマジャクシに発生する
大部分がオタマジャクシになる前に発生が停止する

結果　比較的未分化な初期胚の細胞から取り出した核を移植した場合は，大部分の卵がオタマジャクシに発生した．一方，オタマジャクシの完全に分化した腸の細胞から取り出した核を移植した場合は，正常なオタマジャクシに発生したのは 2%以下であり，ほとんどの胚は初期胚の段階で発生が停止した．

結論　分化したカエルの細胞に由来する核もオタマジャクシへの発生を誘導することができる．この能力は供与体細胞の分化が進むほど低下し，核の変化に起因するものと考えられる．

データの出典　J. B. Gurdon et al., The developmental capacity of nuclei transplanted from keratinized cells of adult frogs, *Journal of Embryology and Experimental Morphology* 34:93-112 (1975).

どうなる？➤ 4 細胞期の胚の各々の細胞がすでに専門化していて分化全能性を失っていたとすると，図の左側の実験からどのような結果が予想されるか．

種のカエル（アフリカツメガエル *Xenopus laevis*）を用いて研究を進めた（図 20.16）．彼らは，胚やオタマジャクシの細胞に由来する核を，同種のカエルの除核卵に移植した．ガードンの実験では，移植された核により卵からオタマジャクシへの正常な発生が誘導されることがしばしば観察された．さらに，移植された核が正常な発生を誘導する能力が，核の供与体の年齢に反比例して減少することも見出された．すなわち，核を供与した個体が年を取っているほど，正常にオタマジャクシに発生する確率が低くなった（図 20.16 参照）．

以上の結果から，ガードンは動物の細胞分化に伴って核の何かが変化すると結論づけた．カエルなど大部分の動物では，胚発生と細胞分化が進行するにつれて，核の能力が制限されていく傾向がある．一連の基礎的実験が幹細胞の制御技術の発展に結びついたことから，この研究でガードンは 2012 年にノーベル生理学・医学賞を受賞している．

➤図 20.17　**核移植による哺乳類の生殖クローニング．** 写真の子ヒツジのドリーは，脇に立つ仮母とは外観がまったく異なっている．

哺乳類の生殖クローニング

カエルのクローニングに続いて，研究者は初期胚の細胞を核の供与体に用いて哺乳類をクローニングすることもできた．しかし約 20 年前までは，完全に分化した細胞から採取した核が，供与体の核としてうまく働くように再プログラム化が可能かどうか不明であった．1997 年，スコットランドの研究者が分化した細胞に由来する核を移植することにより，成長したヒツジからクローニングした子ヒツジのドリーが誕生したと発表した（図 20.17）．図 20.16 の技術を応用して初期胚を代理母のヒツジの子宮に移植した．数百個の移植胚の中の 1 個が正常に分化と発生を完了し，核を供与したヒツジの遺伝的クローンであるドリーが誕生した．しかし，6 歳になったドリーは，室内で飼育されたヒツジによく見られる肺炎の合併症に苦しみ，安楽死させられた．同じ実験で誕生したクローンのヒツジもふつうではない肺の病気を発症した．このため，このヒツジの細胞は正常なヒツジの細胞と比較してなんらかの点で健康的とはいえず，最初に移植された核の再プログラム化が不完全だったことを反映したものと推測されている．クロマチン構造の変化（図 18.2 参照）などを引き起こすエピジェネティック（後成的）な変化の再プログラム化については，次に考察する．

ヒツジの実験以来，研究者はマウス，ネコ，ウシ，ウマ，ブタ，イヌ，サルなどさまざまな哺乳類についてクローニングを成功させている．ほとんどの場合，

▼図 20.18 **CC（カーボンコピー）：初のクローンネコ（右）と唯一の親．** ネコのレインボー（左）が核を提供し，クローン作製工程を経て CC が誕生した．クローンであっても２匹のネコの外見や性格は同一ではない．レインボーは毛皮にオレンジ色の斑がある三毛猫で「内気な性格」だが，CC の毛皮は灰色と白色でレインボーよりもじゃれるのが好きである．

クローニングの目的は新たな個体をつくり出すことであり，「生殖クローニング」とよばれる．このようなクローニング実験から多くの興味深い事実が明らかになっている．たとえば，同じ個体からクローニングされた動物でも，外見やふるまいが同一とは限らない．同一の培養細胞株からクローニングされたウシの群れの中でも，特定のウシがリーダーとなり他のウシは服従するようになる．最初にクローニングされたネコは，生き写し（Carbon Copy）の CC と名づけられている（図 20.18）が，クローニングされた個体が同一でない例である．CC は唯一の親である雌ネコと同様に三毛猫であるが，毛皮の模様が異なっている．三毛猫の模様は，胚発生の時期に起こるランダムな X 染色体不活性化の結果として形成されるためである（図 15.8 参照）．さらに，ヒトの一卵性双生児は天然に発生する「クローン」であるが，微妙に外見が異なることが多い．環境の影響とランダムに起こる現象が，発生過程に重要な役割を果たしていることが明らかである．

エピジェネティックな差異によるクローニングされた動物の異常な遺伝子制御

核移植の研究ではほとんどの場合，クローニングされた胚のごく一部しか正常な出生まで発生が継続しない．さらに，クローニングにより誕生した動物の多くはドリーのようにさまざまな不具合を抱えている．たとえば，クローニングされたマウスには，肥満，肺炎，肝臓疾患および早期死亡の傾向がある．クローニングされた動物は一見正常に見えても，微妙な欠陥を抱えている場合が多いと科学者は考えている．

クローニングの成功率の低さと高確率で発生する異常の理由がいくつか明らかになっている．完全に分化した細胞の核では，一部の遺伝子群だけが発現し，残りの遺伝子の発現は抑制されている．このような遺伝子発現の調節は，ヒストンのアセチル化や DNA のメチル化などの，クロマチンのエピジェネティック（後成的）な変化により起こることが多い（図 18.7 参照）．クローニングのためには，供与体の動物から単離された発生後期の段階の核に起こった変化を核移植の過程で初期化して，発生の初期段階で遺伝子群が適切に発現または抑制するようにしなければならない．クローニングされた胚の細胞の DNA には分化した細胞の DNA と同様にメチル基が付加された塩基が多数存在し，その割合がクローンではない同種の正常な胚の細胞の DNA よりも高いことが見出されている．この観察結果は，供与体の核の再プログラム化には，従来のクローニングの過程のクロマチンの再編よりも，より正確で完全な再編が必要であることを示唆している．DNA のメチル化は遺伝子発現の制御に関与することから，供与体の核の DNA の余分なメチル基が，正常な胚発生の過程で必要な遺伝子の発現パターンを妨げていると考えられる．実際に，クローニングの試みの成功は，供与体の核のクロマチンを人工的に修飾して新たな受精卵に近い状態に戻せるかどうかに大きく左右される．

動物の幹細胞

霊長類を含む哺乳類の胚のクローニングの進展により，非常に初期の胎生期を過ぎていないヒトの胚のクローニングに関する憶測が飛び交っている．ヒトの胚をクローニングする主要な目的は生殖ではなく，ヒトの病気の治療に役立てることのできる幹細胞を生産することである．前述の通り，幹細胞は比較的特殊化されていない細胞であり，幹細胞自身が無制限に増殖することも，適切な条件下で特殊化された細胞に分化することもできる（図 20.19）．このように，幹細胞は幹細胞自体の細胞数を補充することと，特定の分化の経路をたどる細胞を産生することの両方が可能である．

胚性幹細胞と成体幹細胞

動物の初期胚にはどのようなタイプの細胞にも分化することができる能力をもつ幹細胞が含まれている．胞胚期とよばれる初期胚，またはヒトの胚盤胞期に相当する初期胚から，幹細胞を単離することができる．このような「胚性幹細胞 embryonic stem cell（ES 細

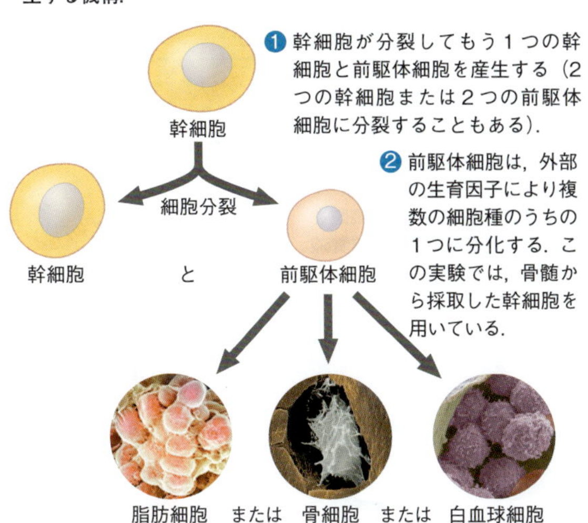

幹細胞
❶ 幹細胞が分裂してもう1つの幹細胞と前駆体細胞を産生する（2つの幹細胞または2つの前駆体細胞に分裂することもある）.
細胞分裂
幹細胞
と
前駆体細胞
❷ 前駆体細胞は，外部の生育因子により複数の細胞種のうちの1つに分化する．この実験では，骨髄から採取した幹細胞を用いている.
脂肪細胞 または 骨細胞 または 白血球細胞

▼図 20.19 **幹細胞が幹細胞自身の数を維持し分化する細胞を産生する機構.**

胞)」は，培養により無制限に増殖し，さらに培養条件に依存して卵子や精子を含むさまざまな特殊化した細胞に分化することが可能である（図 20.20）.

成体にも幹細胞が存在し，再生することができない専門化した細胞と必要に応じて置き換わっている．ES 細胞とは対照的に，「成体幹細胞」は生物を構成するすべての細胞に分化することはできないが，複数の規定された細胞を生成することができる．たとえば，骨髄に存在する数種類の幹細胞のうち，ある種の幹細胞はすべての種類の血球細胞を生成することが可能であり（図 20.20 参照），別の幹細胞は骨，軟骨，脂肪組織，筋肉および血管の内皮細胞に分化することができる．驚いたことに，成人の脳にはある種の神経細胞の生産を続ける幹細胞が含まれていることも見出されている．さらに，皮膚，毛髪，眼，歯髄（しずい）からも幹細胞の発見が報告されている．成体にはごく少数しか幹細胞が含まれていないが，科学者はさまざまな組織からこのような細胞を分離し同定する方法を開発しており，一部では幹細胞の培養も成功している．正しい培養条件（たとえば，特定の増殖因子の添加など）で培養された成体の幹細胞は，さまざまな規定された専門の細胞に分化することができるが，ES 細胞のように広範な能力をもつ幹細胞は成体には存在しない.

ES 細胞と成体幹細胞の研究は，細胞分化に関する貴重な情報を提供するとともに，医学的な応用に大きな可能性を秘めている．医療分野での究極の目標は，損傷した臓器や病変した器官の修復に必要な細胞を供給することである．1 型糖尿病患者のための膵臓（すいぞう）のインスリン産生細胞や，パーキンソン病やハンチントン

▼図 20.20 **幹細胞の働き.** 初期胚または成体の組織から単離される動物の幹細胞は，永続的な分裂が可能で培養液中で増殖できる比較的未分化な細胞である．胚性幹細胞（ES 細胞）は成体幹細胞よりも容易に増殖し，理論的にはあらゆる種類の細胞を産生することが可能である．成体幹細胞から発生できる細胞の種類の範囲については，不明の点が多い.

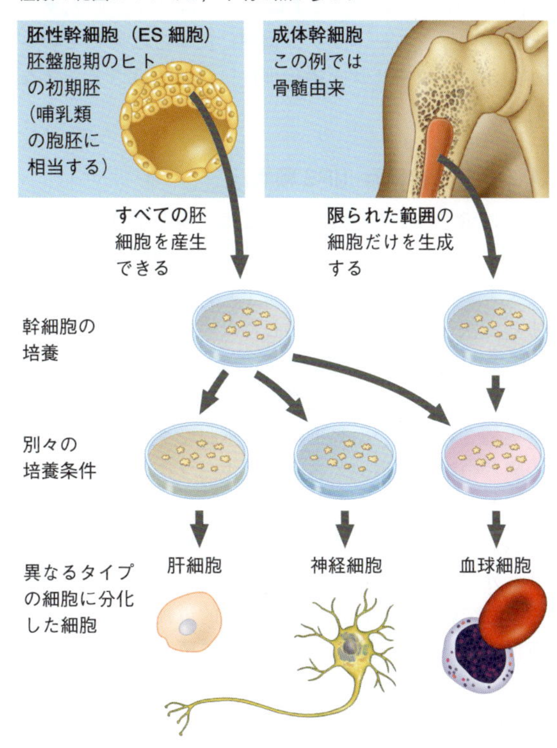

胚性幹細胞（ES 細胞）
胚盤胞期のヒトの初期胚（哺乳類の胞胚に相当する）
成体幹細胞
この例では骨髄由来
すべての胚細胞を産生できる
限られた範囲の細胞だけを生成する
幹細胞の培養
別々の培養条件
異なるタイプの細胞に分化した細胞
肝細胞
神経細胞
血球細胞

病の患者へのある種の脳細胞などがその例である．成人の骨髄から採取された幹細胞は，遺伝性疾患やがん治療の放射線照射のため免疫系が機能不全となった患者の免疫系を再生させるための供給源として以前から利用されている.

成体幹細胞の分化能力は特定の組織に限られている．医学的な応用目的の多くには，成体幹細胞より ES 細胞のほうが有望である．ES 細胞は多種類の細胞に分化する**多能性 pluripotent** を有しているためである．2013 年，ある研究グループがヒトの分化した細胞の核を除核卵に移植することにより形成された胚盤胞から ES 細胞株を樹立したと発表した．発表に先立って，用いられた細胞が不妊治療を実施中の患者から提供された初期胚，または提供された初期胚から単離した細胞から樹立した長期培養細胞であったことから，倫理的および政治的な問題を提起することになった．ヒトの初期胚をクローニングする技術が最適化されれば，ES 細胞の新たな供給源として倫理的な摩擦は少なくなるかもしれない．さらに，科学者がある病気の人から採取した核を供与体として ES 細胞を作製できれば，

その細胞は患者に適合するので免疫系に拒絶されることもなく，患者の治療に用いることができる．クローニングの主要な目的が，病気の治療に用いるES細胞を生産することである場合，このクローニング過程は「治療クローニング」とよばれる．ほとんどの人々はヒトの生殖クローニングは倫理に反すると考えているが，治療クローニングの倫理性についてはさまざまな意見がある．

▼図 20.21

研究　完全に分化したヒト細胞を再プログラム化して幹細胞を作製することはできるか

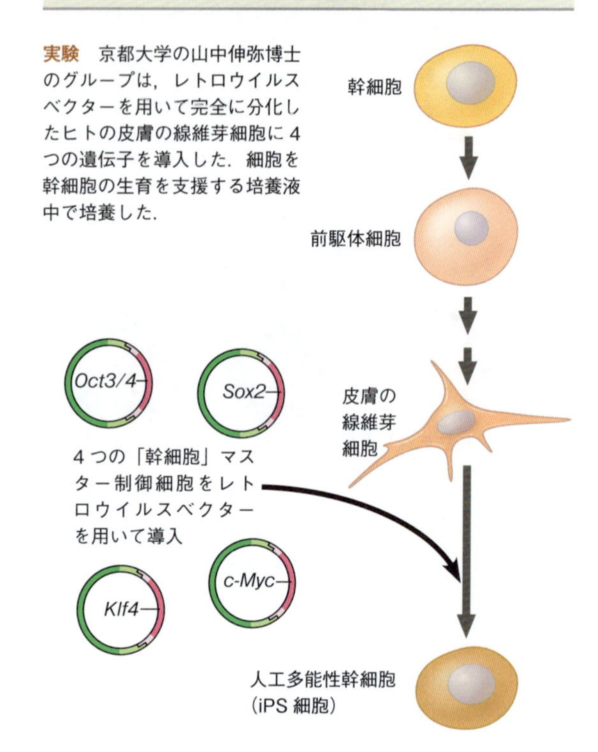
実験　京都大学の山中伸弥博士のグループは，レトロウイルスベクターを用いて完全に分化したヒトの皮膚の線維芽細胞に4つの遺伝子を導入した．細胞を幹細胞の生育を支援する培養液中で培養した．
幹細胞
前駆体細胞
皮膚の線維芽細胞
Oct3/4
Sox2
4つの「幹細胞」マスター制御細胞をレトロウイルスベクターを用いて導入
c-Myc
Klf4
人工多能性幹細胞（iPS 細胞）

結果　2週間後に，細胞は胚性幹細胞によく似た外観を示し，盛んに分裂した．遺伝子の発現パターン，遺伝子のメチル化パターンなどの性質も胚性幹細胞と一致していた．このiPS細胞は心筋細胞などに分化することができた．

結論　4つの遺伝子が分化した皮膚細胞にES細胞の特徴である全能性を誘導した．

データの出典　K. Takahashi et al., Induction of pluripotent stem cells from adult human fibroblasts by defined factors, *Cell* 131:861-872 (2007).

どうなる？➤心臓病やアルツハイマー病などの患者の皮膚の細胞を採取し，再プログラム化してiPS細胞を樹立することも可能となるだろう．樹立されたiPS細胞を心臓の細胞や神経系の細胞に変換する技術が開発されたとき，患者自身のiPS細胞を病気の治療に用いることができるかもしれない．臓器を提供者から患者へ移植するとき，患者の免疫系が移植臓器を拒絶して危険な状態になることがある．iPS細胞を用いた場合も同様の危険が生じるだろうか．また，導入されたiPS細胞が未分化な状態で盛んに分裂するとき，この治療法からどのような危険が生じるだろうか．

人工多能性幹細胞（iPS 細胞）

この議論に決着をつけることは，現在では緊急性が低いように思われる．完全に分化した細胞の時計を戻してES細胞と同様にふるまうように再プログラム化する方法を研究者が編み出したためである．幾多の障害を乗り越えて達成されたこの偉業は2007年に発表され，最初はマウスの皮膚細胞を用いたグループにより実施され，続いてヒトの皮膚細胞やさまざまな組織や臓器の細胞を用いて各国のグループにより実施された．どの場合も，レトロウイルスを用いて4つの「幹細胞」マスター制御遺伝子を追加で導入することにより，分化した細胞をある種のES細胞に転換している．こうして転換された細胞は，比較的単純な実験室の技術により細胞が「未分化な状態」に戻されて全能性が回復したことから，「人工多能性幹細胞 induced pluripotent stem cell（iPS細胞）」とよばれる．ヒトの分化した細胞をiPS細胞に転換した最初の実験は，図20.21に記述されている．この業績により山中伸弥博士は，図20.16の実験を実施したジョン・ガードンとともに2012年にノーベル生理学・医学賞を受賞した．

多くの判定基準ではiPS細胞はES細胞の機能の大部分を備えているが，遺伝子の発現と細胞分裂などの機能の点でES細胞とは違いがあることが判明している．少なくとも，このような相違について十分に理解されるまでは，幹細胞による治療法の開発への重要な知見を得るためにES細胞の研究を継続する必要があるだろう（実際に，ES細胞はつねに基礎研究の焦点となっている）．一方で，実験的に産生されたiPS細胞を用いる研究が進展している．

ヒトのiPS細胞には2つの主要な利用法が考えられる．第1に，病気に苦しむ患者から採取した細胞をiPS細胞となるように再プログラム化することができれば，病気の研究と有望な治療法の開発のためのモデル細胞として用いることが可能である．すでに1型糖尿病，パーキンソン病，ダウン症など多数の病気の患者からヒトiPS細胞の培養細胞系が樹立されている．第2に再生医療の分野では，患者自身の細胞を再プログラム化してiPS細胞を樹立し，膵臓のインスリン産生細胞などを，機能を失った組織と置き換えるのに用いることができる．実際に，2014年には2つの研究グループがインスリン再生細胞をiPS細胞とES細胞の両方から樹立する有益な方法を発表した．しかし，樹立した細胞を患者に用いる前に，研究者はこの細胞が患者の免疫系に破壊されないことを確認する方法を開発しなければならない（1 型糖尿病の根本的な原因は，免疫系の機能不全である）．

次の驚くべき進展は，研究者が分化した細胞を未分化な全能性細胞の状態を経ずに直接別の分化した細胞へと再プログラムできる遺伝子を同定できるようになったことである．最初の報告例では，膵臓のある種の細胞を別のタイプの細胞に変換している．この場合，変換する細胞がもとの細胞と近縁である必要もない．別の研究グループは，皮膚の線維芽細胞を直接神経細胞に再プログラムすることに成功した．iPS 細胞または完全に分化した細胞を再生医療に必要とされる特定の細胞へと変換する技術の開発は重点的に研究されている分野であり，一部はある程度の成功を収めている．このように作製された iPS 細胞は，最終的にはヒトの卵細胞や胚を用いることなく患者に専用のオーダーメイドの「交換用」細胞を供給できるため，大部分の倫理的問題を回避することができる．

概念のチェック 20.3

1. 現在の知識に基づいて，図 20.16 の 2 種類の供与体の核からオタマジャクシが発生する割合の違いについて説明しなさい．
2. 中国と韓国のいくつかの企業が，依頼人のペットの細胞を核の供与体に用いて図 20.17 と同様の手順でイヌのクローニングを行う事業を開始した．依頼人は，オリジナルのペットと同一の外観のクローンを期待できるだろうか．その理由は何か．このとき，倫理的な問題は生じるだろうか．
3. 関連性を考えよう➤筋肉の分化に関する知識（図 18.18 参照）と遺伝子工学の知識をもとに，ES 細胞または iPS 細胞を筋肉の細胞に誘導するために，あなたが試みる最初の実験を提案しなさい．

（解答例は付録 A）

20.4

DNA テクノロジーの実用化と人々の生活へのさまざまな影響

DNA テクノロジーは毎日のようにニュースとなっている．最も多いのは，有望な最新の医療への応用についての話題であるが，これは DNA テクノロジーと遺伝子工学の恩恵を受ける多くの分野の 1 つにすぎない．

医学的応用

DNA テクノロジーの重要な応用の 1 つは，ヒトの遺伝性疾患に関与する遺伝子の変異を同定することである．このような発見は，遺伝性疾患の診断，治療，さらには発症を防ぐ方法の開発に役立つと考えられる．関節炎や AIDS などの「非遺伝性」疾患についても，このような病気に対する感受性には個人の遺伝子が関係することから，DNA テクノロジーが疾患に対する理解を深めるのに貢献している．さらに，どのような病気も影響を受けた細胞の遺伝子発現になんらかの変化をもたらすものであり，患者の免疫系に影響することも多い．RNA-seq 法や DNA マイクロアレイ解析など（図 20.12，図 20.13 を参照）の遺伝子の発現レベルを比較する技術を用いて健康な組織と病変した組織の比較解析を行うことで，特定の疾患のため発現のオン・オフが切り替わる遺伝子が研究者により次々に発見されている．このような遺伝子とその産物は，疾患の予防や治療の標的としての有効性が期待される．

疾患の診断と治療

DNA テクノロジーにより感染症の診断学における新たな章が開かれ，特に特定の病原体を検出するために PCR や標識された核酸プローブが利用されるようになっている．たとえば，AIDS を引き起こす HIV（ヒト免疫不全ウイルス）の RNA ゲノムの塩基配列が判明していることから，血液や組織の試料から HIV の RNA を RT-PCR により増幅して検出することが可能である（図 20.11 参照）．このように，RT-PCR が診断の難しい感染症の病原体の検出に最善の方法であることが多い．

現在では，医学者が疾患に関連する遺伝子を標的とするプライマーを用いた PCR を行うことにより，数百種類のヒトの遺伝性疾患を診断することが可能である．増幅された DNA 断片については，塩基配列を決定して疾患を引き起こす変異の有無を確認する．ヒトの遺伝性疾患の中で原因となる遺伝子がクローニングされているものには，鎌状赤血球症，血友病，嚢胞性線維症，ハンチントン病，デュシェンヌ型筋ジストロフィーなどがある．このような遺伝性疾患をもつ人は，発症するよりも前に，時には誕生前に識別することが可能である（図 14.19 参照）．さらに，潜在的に有害な劣性対立遺伝子を保有する無症状のキャリアーの同定にも PCR を利用することが可能である．

前述の通り，ゲノムワイド関連解析により遺伝性疾患を引き起こす対立遺伝子と連鎖する SNP（1 塩基多型）が特定されている（図 20.15 参照）．異常な対立遺伝子に連鎖した SNP の有無について個人的に調べることも可能である．特定の SNP の存在は，心臓病，アルツハイマー病，ある種のがんなどの病気にかかるリスクの増大と関連している．このような病気のリスク要因に関する個人的な遺伝子検査を実施する企業は，これまでに同定され関連づけられた SNP を検査する．個人にとって健康上のリスクについて知ることができることは有益かもしれないが，このような遺伝子検査は単に疾患との相関性を反映しているだけであり，疾患の存在を予測するものではないことを理解する必要がある．

本章で記述してきた技術は，診断法だけでなく疾患の治療法を進歩させてきた．乳がんの患者について多数の遺伝子の発現の分析を実施した研究者が，乳がんの亜型についての知見を整理した（図 18.27 参照）．特定の遺伝子の発現レベルを測定することにより，内科医はがんの再発の可能性を知ることができるので，適切な治療法の策定に役立つ．遺伝子解析により再発の危険性が低いと判定された患者は何も治療を行わなくても 96％が 10 年以上生存することから，遺伝子の発現解析は医師にも患者にも治療法を選択するうえで有用な情報となっている．

多くの人々が心に描く未来の「オーダーメイド治療」は，個人の遺伝子プロファイルから，その人が特にリスクの高い病気や症状に関する情報を得るとともに，その人に適した治療法の選択にも役立てることである．本章の後半で議論する「遺伝子プロファイル」とは SNP のような一群の遺伝的マーカーを収集することである．しかし，究極的な遺伝子プロファイルは DNA 塩基配列決定が現実的な費用で可能になれば，個人のゲノムの完全な DNA 配列を意味することになる．特定個人のゲノム配列の塩基配列決定は迅速で安価なものへと急速に進歩し，研究中の遺伝性疾患の適切な治療法の開発よりもはるかに進歩が早い．そのため，遺伝性疾患に関連する遺伝子が同定されると，治療的介入の絶好の標的となる．

ヒトの遺伝子治療

遺伝子治療 gene therapy とは，遺伝性疾患に苦しむ人に治療目的で遺伝子を導入することであり，単一の遺伝子の不具合によることが判明している比較的少数の遺伝性疾患の治療法としては，非常に大きな可能性を秘めている．理論的には，欠陥のある遺伝子の正常型の対立遺伝子を，疾患に冒された組織の体細胞に導入する治療法である．

▼図 20.22　レトロウイルスベクターを用いる遺伝子治療． 遺伝子治療では，レトロウイルスが RNA ゲノムの逆転写産物 DNA を宿主細胞の染色体 DNA に挿入する能力を利用して，無害化されたレトロウイルスをベクターに用いる（図 19.9 参照）．レトロウイルスベクターにより患者に導入された外来遺伝子が発現すると，その細胞および子孫の細胞が遺伝子産物を生産できることになる．生涯を通じて増殖する骨髄細胞などが，遺伝子治療の標的として理想的な候補である．

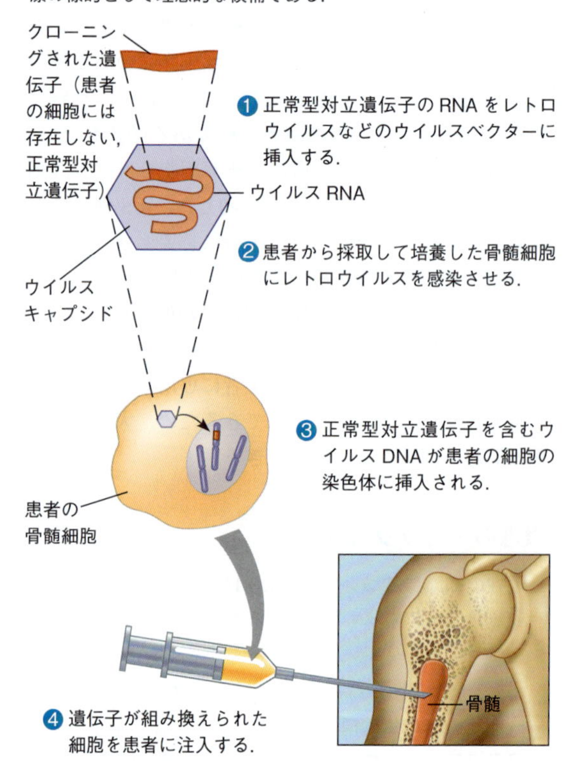
クローニングされた遺伝子（患者の細胞には存在しない，正常型対立遺伝子）
❶ 正常型対立遺伝子の RNA をレトロウイルスなどのウイルスベクターに挿入する．
ウイルス RNA
❷ 患者から採取して培養した骨髄細胞にレトロウイルスを感染させる．
ウイルスキャプシド
❸ 正常型対立遺伝子を含むウイルス DNA が患者の細胞の染色体に挿入される．
患者の骨髄細胞
骨髄
❹ 遺伝子が組み換えられた細胞を患者に注入する．

体細胞に対する遺伝子治療の効果が永続するためには，正常型の対立遺伝子を導入された細胞が患者の生涯にわたって増殖しなければならない．骨髄細胞には血球細胞と免疫系に関するすべての細胞を産生する幹細胞が含まれているため，この幹細胞が遺伝子治療の第 1 候補である．1 個の欠陥遺伝子のため骨髄細胞が生命維持に必要な酵素を生産することができない患者に対する遺伝子治療の手順の一例を図 20.22 に示している．ある型の重症複合型免疫不全症（severe combined immunodeficiency：SCID）は，この条件に当てはまる遺伝的欠陥により引き起こされる．遺伝子治療がうまくいけば，患者に導入された骨髄細胞が失われたタンパク質の合成を開始し，患者の症状が改善される．

図 20.22 に示される手順は，実際に SCID に対する試験的な遺伝子治療に用いられたものである．この試験は 2000 年にフランスで実施され，10 人の幼い子ど

もの SCID 患者が同じ手順で遺伝子治療を受けた．このうち 9 人の患者は，2 年後に永続的な著しい症状の改善が見られ，遺伝子治療の明白な最初の成功例となった．しかし，その後に 3 人の患者が血液細胞のがんである白血病を発症し，1 人が死亡した．研究者は，レトロウイルスのベクターが血球細胞の増殖に関与する遺伝子の近傍に挿入されたため，血液細胞の異常増殖の引き金となったと考えている．レトロウイルス由来ではないウイルスベクターを用いることにより，臨床研究者はある種の進行性失明（50.3 節参照），神経系の変性疾患，β-グロビン遺伝子が関与する血液疾患など，少なくとも 3 つの遺伝性疾患に対する遺伝子治療になんらかの成功を収めた．

遺伝子治療には技術的な問題がいくつも生じている．たとえば，導入した遺伝子の発現をどのように制御すれば，細胞が正しい時期に正しい部位で適切な量の遺伝子産物を生産することができるのか，また，治療に用いる遺伝子の挿入により細胞の他の必要な機能に悪影響を及ぼさないことをどのようにして確実にするかなどの問題がある．DNA の発現制御領域と遺伝子の相互作用に関してさらに研究を積み重ねることにより，研究者はこうした問題に答えを出すことができるようになるかもしれない．

遺伝子治療にウイルスベクターを用いることにより生じる面倒な事態を避ける直接的な方法は，前述の CRISPR-Cas9 システムの開発により可能となる遺伝子編集と考えられる．この方法では，欠陥のある現行の遺伝子について，編集により変異を訂正することになる．図 20.14 に示される通り，CRISPR-Cas9 システムを用いれば，このようなことが可能である．

2014 年，ある研究グループがマウスの遺伝的欠陥を CRISPR-Cas9 技術を用いて修正したと発表した．まず，アミノ酸のチロシンを代謝する肝臓の酵素をコードする遺伝子を遺伝子操作して，高チロシン血症とよばれるヒトの致命的な遺伝性疾患をもつマウスを作製した．この遺伝子の突然変異した領域と相補的なガイド RNA 分子を用意し，正常な遺伝子の同一の領域の DNA 断片を鋳型にして Cas9 タンパク質とともにマウスに導入した．引き続く解析により，欠陥をもつ遺伝子は肝臓の細胞内で訂正され，その結果生産されるようになった機能的な酵素の量は疾患の症状を軽減するに十分であった．この治療法をヒトの臨床試験に適用するためには越えるべきハードルが残っているが，CRISPR-Cas9 技術は研究者と内科医の間に広く関心を引き起こしている．

技術的な難問に加えて，遺伝子治療や遺伝子編集は倫理的な問題も引き起こしている．どのような形であれ，ヒトの遺伝子に手を加えることは不道徳または非倫理的な行為であると考える批評家がいる．また，遺伝子の体細胞への移植と臓器移植とは本質的な違いはないと見る人もいる．将来の世代の遺伝的欠陥を修正することを期待して，ヒトの生殖系細胞への遺伝子操作を科学者が考慮することについて，あなたは疑問に思うだろうか．このような遺伝子操作は，現在では実験室のマウスに対して日常的に実施され，実際にヒトの胚に対する遺伝子操作を許容する条件が整えられつつある．

CRISPR-Cas9 システムの開発により，遺伝子編集の潜在的および実用的な応用について多大な論争が生じた．2015 年 5 月，ある編集者が出版した CRISPR-Cas9 システムに取り組む指導的な科学者による研究者の共同体へのよびかけには，ヒトの卵や初期胚に対する試験研究への「強い反対」が表明されている．しかし，その 1ヵ月後に中国の研究者がヒトの初期胚に対する CRISPR-Cas9 技術を用いた遺伝子編集を報告した（彼らは，胚盤胞は形成できるが個体にまでは生育できない「生育不能な」受精卵（接合子）を使用した）．彼らは，β サラセミア遺伝子の編集を試みており，この遺伝子の突然変異はサラセミア（地中海貧血症）と同じ名でよばれる血液疾患を引き起こす．彼らは 86 個の接合子に実施したが，遺伝子が正しく修正されていた接合子はわずか 4 個だけだった．他の初期胚の大部分は β サラセミア遺伝子以外の遺伝子に影響を及ぼし，この割合はマウスの初期胚やヒトの培養細胞に比べてはるかに高かった．この研究では，少なくともヒトの初期胚の場合は技術そのものに大きな問題があることが明らかになったと同時に，倫理規定への懸念も加速した．このような状況のもとで，ヒトの生殖系細胞のゲノムの変更を行うことは許されるのだろうか．このことは，ヒトの集団の遺伝的構成を人為的に制御する優生学の実践につながるのは必然的と思われる．このような問題をただちに解決する必要はないかもしれないが，近い将来に大きな問題となることは確実であり，倫理的な問題について熟慮しておかなければならない．

医 薬 品

医薬品業界は，DNA テクノロジーと遺伝的研究の成果を，病気の治療に役立つ薬剤の開発に応用することにより莫大な利益を得ている．医薬品は製品の性質により，有機合成かバイオテクノロジーのいずれかの方法により生産されている．

医薬品として用いる低分子化合物の合成　腫瘍細胞の生存に必要なタンパク質のアミノ酸配列と構造を決定することは，このようなタンパク質の機能を阻害することにより特定のがんを撲滅する低分子化合物の開発に結びつく．イマチニブ imatinib（商品名：グリーベック）とよばれる薬剤は，チロシンキナーゼ（図 11.8 参照）の特定の受容体を阻害する．この受容体の過剰生産は，染色体の転座により引き起こされる慢性骨髄性白血病（chronic myelogenous leukemia：CML；図 15.16 参照）の発症につながる．初期の CML 患者にイマチニブを投与すると，ほぼ完全な持続的寛解が得られる[*3]．このように作用する薬剤が，ある種の肺がんと乳がんの治療にも用いられ，ある程度の成功を収めている．このような治療法が実行可能なのは，分子機構がよくわかっているタイプのがんだけである．

腫瘍に薬剤治療を行うと，多くの場合新たな薬剤に耐性をもつ細胞が生じる．ある研究で，薬剤耐性を示すようになる前と後の双方のがん細胞について全ゲノム配列の決定を行った．塩基配列の比較により，がん細胞が薬剤に阻害されるタンパク質を「迂回する」ような遺伝的変化が起こっていることが示された．ここではがん細胞が進化の原理を実践していることを観察できる．ランダムな突然変異により特定の薬剤の存在下で生存可能となる突然変異を有する特定の細胞が，薬剤存在下の自然選択の結果として，生存し増殖することになる．

培養細胞によるタンパク質生産　タンパク質の医薬品は，培養細胞を用いて大規模に生産されるのが一般的である．本章では，自然界にはごく少量しか存在しない目的のタンパク質を大量に生産することを目的とした，DNA のクローニングと遺伝子の発現について学んできた．このような発現系に用いられる宿主細胞には，生産したタンパク質を細胞外に分泌するように設計することも可能であり，従来の生化学的手法によるタンパク質の精製作業を簡素化することができる．

このような方法で製造された最初の医薬品の中に，ヒトのインスリンとヒトの成長ホルモン（human growth hormone：HGH）がある．米国では，約 200 万人の糖尿病患者が症状を抑えるためにインスリン療法に頼っている．また，ヒトの HGH は，HGH の量が不足しているために引き起こされる小人症（低身長症）の子どもたちには救いの神となっている．同様に，AIDS 患者の体重増加にも貢献する．さらに，遺伝子工学により生産される重要な医薬品に，組織プラスミノーゲン活性化因子（tissue plasminogen activator：tPA）がある．心臓発作の直後に投与すると，tPA は血栓の溶解を促進し，次の心臓発作の危険を減少させる．

「遺伝子組換え」動物によるタンパク質の生産　タンパク質の産物を大量生産する際に，製薬企業の研究者が培養細胞系を用いる代わりに動物の個体を利用することもある．この場合は，ある遺伝子型の動物に由来する遺伝子（または他の DNA）を，別種の動物などの個体のゲノムに導入する．こうして外来の遺伝子を導入された動物は**トランスジェニック transgenic 動物**とよばれる．トランスジェニック動物を作製するためには，受容体となる動物の雌から卵を採取して試験管内 *in vitro* で受精させる．その一方で，供与体の生物から目的とする遺伝子をクローニングする．次に，クローニングされた DNA を直接受精卵の核に注入する．「トランス遺伝子」とよばれる外来 DNA がゲノムに組み込まれた細胞は，一部が外来遺伝子を発現するようになる．遺伝子操作された受精卵から発生した胚を外科的に代理母に移植する．胚が正常に発生すると，新たな「外来」遺伝子を発現するトランスジェニック動物が誕生する．

導入された遺伝子がコードするタンパク質が大量に生産されると，このようなトランスジェニック動物は製薬「工場」として機能する．たとえば，血液凝固を防止する抗トロンビンなどのヒトの血液タンパク質の遺伝子をヤギのゲノムに導入し，その遺伝子の産物がヤギの乳に分泌されるように操作することも可能である（図 20.23）．次に目的のタンパク質をヤギの乳から精製する（培養細胞から精製するよりも容易である）．このようにして生産されたタンパク質（または動物のタンパク質の混入）が，投与される患者にアレルギー反応などの不都合な影響を及ぼすことのないように，慎重に検査しなければならない．

法医学的証拠と遺伝的プロファイル

凶悪犯罪では，犯行現場や犠牲者や加害者の服装や所持品に体液または組織の小片がしばしば遺留される．十分な量の血液，精液，組織などが回収できれば，法医学研究所で特定の細胞表層タンパク質を検出する抗体を用いて，血液型や組織型を決定することが可能である．しかし，このような試験には比較的多量の新鮮な試料が必要である．また，同じ血液型や同じ組織型をもつ人が大勢いるため，この方法は容疑を晴らすこ

＊3（訳注）：白血病の症状が消えることを寛解という．白血病の治療は，永続的な寛解をめざして行われる．

▼図 20.23 「製薬」動物としてのヒツジ．写真のトランスジェニックヒツジにはヒトの血液タンパク質アンチトロンビンの遺伝子が導入されていて，乳の中に目的のタンパク質を分泌する．このアンチトロンビンが欠失した珍しい遺伝性疾患の患者は，血管内に血栓が形成されるため，さまざまな症状に悩まされる．このヒツジの乳から容易に精製することができるアンチトロンビンは，この疾患の患者の手術中や出産時の血液凝固を防ぐのに用いられる．

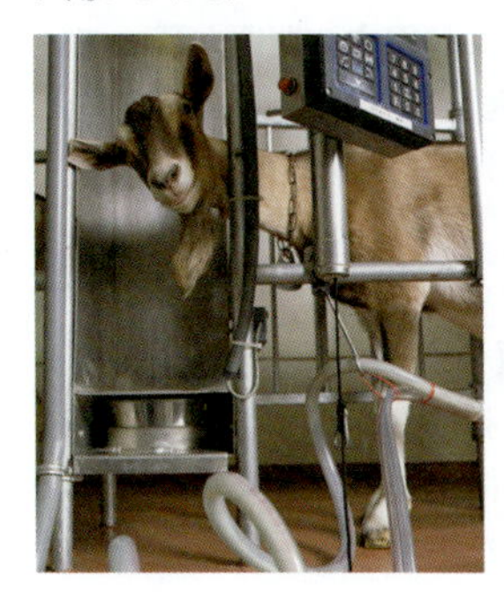

とはできるが，犯罪を立証する強力な証拠を提供することはできない．

一方，一卵性双生児を除けば誰もが独自の DNA 配列を有していることから，DNA 鑑定により高度の確実性をもって犯人を特定することができる．任意の個人について，集団の中で塩基配列に多様性のある領域である遺伝的マーカーの配列を分析することにより，個人的な遺伝的マーカーの一式である**遺伝的プロファイル genetic profile** を決定することができる（この言葉を「DNA フィンガープリント」よりも好んで使う法医学者は，遺伝的マーカーが DNA フィンガープリントのように視覚的に認識できるゲル上のパターンを形成する事実よりも，このようなマーカーが遺伝するものであるという特徴を重視している）．米国連邦捜査局（FBI）は，1988 年に科学捜査に DNA テクノロジーの応用を開始した．当時は，ゲル電気泳動と核酸ハイブリダイゼーションに基づく分析法により，DNA 試料の類似性または相違の検出を行った．この分析法は，従来の方法に比べて非常に少量の血液または組織の試料しか必要とせず，約 1000 個の細胞から分析が可能であった．

現在では法医学者は，さらに感度の高い検査法として**マイクロサテライト short tandem repeat（STR）**解析とよばれる遺伝的マーカーの長さの多様性を活用する手法を利用している．STR とは，ゲノム中の特定の領域に存在する 2 塩基から 5 塩基の配列を単位とした反復配列である．このような領域に存在する反復配列の数は個人により大きく異なる（多型）．個人のレベルでも 2 本の対立遺伝子の特定の STR の反復配列の数は異なっている．たとえば，ある人のゲノム上の特定の遺伝子座に ACAT 配列の 30 回の反復が存在し，もう 1 本の相同染色体上の同じ遺伝子座に 15 回の ACAT 配列の反復構造をもつ一方で，他の人ではそれぞれの相同染色体上の同じ遺伝子座に 18 回ずつの反復が存在したりする（この 2 人の遺伝子型を 2 つ相同染色体上の ACAT 配列の反復の数で表現すると，30，15 と 18，18 となる）．異なる色の蛍光色素標識されたプライマーのセットを用いた PCR により，特定の STR 領域の DNA を増幅することができる[*4]．次に増幅された STR 領域の長さおよび反復配列の数を電気泳動により決定することができる．DNA 試料の状態がよくないときや，非常に少量の試料しか利用できないときにも，PCR を用いることにより STR 解析を実施することができる．20 個程度の細胞しか含まれていない組織の試料でも，PCR 増幅の実施は十分可能である．

殺人事件などでは，容疑者と被害者と現場に残されていた少量の血液などの DNA 試料を，STR 解析を用いて比較することができる．法医学者が分析する DNA は特定の選ばれた領域だけであり，通常は 13 個の STR マーカー領域の解析を行う．このような限られた数の STR マーカーでも，2 人の人間（一卵性双生児を除く）が偶然にまったく同一の STR マーカーをもつ可能性は無視できるくらい小さいため，法医学的に有用な DNA 鑑定情報を提供することができる．えん罪防止プロジェクト（Innocence Project）とよばれる非営利団体（NPO）は，不当な有罪判決を覆すために，犯罪現場から採取された保存試料に対して STR 解析を行うことにより，古い事件の再調査に尽力している．2016 年の時点で，340 人以上の無実の人々が，えん罪防止プロジェクトの法医学的および法的活動の結果，刑務所から釈放されている（図 20.24）．

DNA 鑑定は他の目的にも有力な手段として用いられる．母親と子どもおよび父親と思われる人物の DNA 試料を比較することにより，父親が誰かという問題に確実に決着をつけることができる．父親論争が歴史的関心をよんだ例もある．トーマス・ジェファーソン（米国第 3 代大統領）または彼の近縁の男性が，奴隷のサリー・ヘミングスに子どもを産ませたという確実な証拠が DNA 鑑定により得られている．DNA 鑑定は多数の死傷者が出た事件の犠牲者の身元確認にも用いられる．このような目的で DNA 鑑定が実施さ

＊4（訳注）：多色標識は，一度に複数の遺伝子座を解析するためである．

▼図 20.24　STR 分析により無実の男が釈放される．

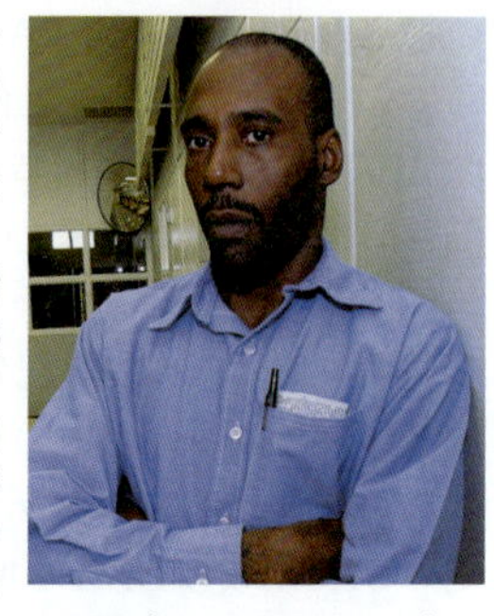

(a) 1982 年に発生したレベッカ・ウィリアムズに対する強姦と殺人の容疑で，1984 年にアール・ワシントンが有罪となり死刑を宣告された．その後，ワシントンの刑罰は証拠に対して疑いが生じたため 1993 年に終身刑に変更された．2000 年に「えん罪防止プロジェクト」に参画する法医学者が STR 分析により，ワシントンが無罪である決定的な証拠を提出した．この写真は，2001 年にワシントンが 17 年間に及んだ刑務所生活から釈放される直前のものである．

試　料	STR マーカー1	STR マーカー2	STR マーカー3
被害者から検出された精液	17,19	13,16	12,12
アール・ワシントン	16,18	14,15	11,12
ケネス・ティンズリー	17,19	13,16	12,12

(b) STR 分析では，DNA 試料中の選択された STR マーカー領域について PCR を用いて増幅し，増幅した PCR 産物を電気泳動により分離する．この操作により，この DNA 試料中の各々の STR 遺伝子座に何コピーの反復配列が含まれているかが明らかとなる．1 人の人間は，特定の STR 遺伝子座について 2 つの対立遺伝子を有し，それぞれが固有の反復回数を有している．この表には，3 つの DNA 試料について 3 つの STR マーカーの反復回数を示したものである．DNA 試料は，被害者から検出された精液，アール・ワシントン，および別の犯行により服役中であったケネス・ティンズリーという人物のものである．この表の情報および他の STR 情報（表には示していない）をもとに，ワシントンの容疑が晴れ，ティンズリーは殺人の罪を認めることになった．

れた最大の事件は，2001 年の世界貿易センタービルへのテロ攻撃であり，1 万以上の犠牲者の遺体の破片の DNA と，家族から提供された歯ブラシなどの個人的な持ち物から回収される DNA 試料と比較が行われた．最終的に，法医学者は DNA 鑑定により約 3000 人の犠牲者の身元を確認することに成功した．

DNA 鑑定はどの程度信頼できるだろうか．DNA 試料を検査するマーカーの数が多いほど，ある DNA 鑑定の結果が特定の個人に特有のものである可能性が高くなる．13 個のマーカーを使用する STR 解析による法医学的な DNA 鑑定では，2 人の人間が偶然に同一の鑑定結果を示す確率は 100 億分の 1 から数兆分の 1 である（ちなみに，世界人口は 70〜80 億人である）．正確な確率は，母集団中のこれらのマーカーの存在頻度に依存する．このようなマーカーの存在頻度は，民族によって大きく異なり，さらに特定の民族と人類全体との間でも異なるため，さまざまな民族における種々のマーカーの存在頻度に関する情報は非常に重要である．利用できるマーカーの存在頻度のデータが蓄積すれば，法医学者はきわめて正確に統計的計算を行うことができる．このため，データの不足，人為的なミス，不備のある証拠などに起因する問題が残っているにもかかわらず，DNA 鑑定は説得力のある証拠として法律の専門家や科学者に認められている．

環 境 浄 化

特定の微生物が化学物質を変換する多様な能力が，環境浄化の分野でますます利用されるようになっている．このような能力をもつ微生物の生育条件が合わないために直接利用に不向きな場合，その微生物の有用な代謝系に関与する遺伝子群を他の微生物に移すことにより環境問題の解決に役立てることも可能である．たとえば，周囲の環境から銅，鉛，ニッケルなどの重金属を溶出して，硫酸銅や硫酸鉛などの回収しやすい化合物に変換することができる細菌が多数知られている．鉱物の採鉱（特に鉱石の埋蔵量が枯渇しかけている鉱山）や，毒性の高い採鉱廃棄物の浄化の目的で，遺伝子組換え微生物の重要性が増大している．一方，バイオテクノロジーの専門家は，塩素化した炭水化物などの有毒な化合物を分解できる微生物の分子育種に取り組んでいる．このような微生物は廃水処理施設や製造会社などが有毒な化合物を環境に放出する前の段階で利用できると考えられる．

農業への応用

科学者は農業の分野で重要な植物や動物のゲノムの解析に努めている．このような作物や家畜には，農業生産性を高めるために長年の間 DNA テクノロジーを用いた育種の努力が積み重ねられてきている．数千年にわたり，家畜（畜産用の動物）と穀物の選択的育種が，自然に起こる突然変異と掛け合わせを利用して行われてきている．

前述の通り，科学者は DNA テクノロジーを利用してトランスジェニック動物を作製することにより，選択的な育種の過程を加速することができる．トランスジェニック動物を作製する目的は，伝統的な育種がめざすものと同じであることが多く，高品質の羊毛をつくるヒツジや，低脂肪の肉質のブタや，短期間で成熟するウシなどを育種することである．DNA テクノロジーの例として，より大きな筋肉（食肉となる部分）を発生させる遺伝子をある品種のウシから同定してクローニングし，他の品種のウシやヒツジなどに移すことなどが行われている．しかし，他の生物種に由来する遺伝子をもつ家畜の間では健康の問題が珍しくないにもかかわらず，CRISPR–Cas9 システムを用いて家畜自身の遺伝子を修飾することが非常に有益な技術として注目されている．動物を遺伝的に改変する際には，動物の健康と福祉への配慮が重要な課題となっている．

農学者は，晩期熟成や腐敗・病気・乾燥への耐性などの望ましい表現形質を示す遺伝子を，これまでに多数の作物に付与してきた．遺伝的修飾は農産物に，長い賞味期限，風味の改善，栄養価の向上などの付加価値を与えることができる．多くの植物種では，培養された単一の組織細胞から，成熟した植物体を発生させることが可能である．そこで，通常の1個の体細胞に遺伝子操作を実施し，そこから新たな表現形質をもつ植物の個体の育成が行われる．

遺伝子工学による育種は，特に除草剤耐性や害虫抵抗性などの少数の遺伝子により決定される有用な表現形質を付与する目的では，伝統的な品種改良法に急速に取って代わりつつある．特定の除草剤への耐性を付与する細菌由来の遺伝子を組み込んだ作物は，除草剤により雑草が枯死する中でも生育可能である．一方，害虫抵抗性の遺伝子を導入された作物は破壊的な被害をもたらす害虫に抵抗性を示すため，化学的な殺虫剤の使用量を減らすことができる．インドでは，沿岸のマングローブ由来の耐塩性の遺伝子をいくつかのイネの品種に導入することにより，海水の3倍の塩濃度の水中でも生育可能なイネが作製されている．遺伝子工学によりこのイネを開発した研究財団の評価では，全世界のかんがい農業地帯の3分の1は，過剰なかんがいと化学肥料の集中的な使用のため，塩分濃度が上昇して食料の供給に深刻な脅威となっている．したがって，塩分耐性作物は世界的にきわめて価値の高いものとなるだろう．

DNA テクノロジーにより引き起こされる安全性と倫理的な問題

組換え DNA テクノロジーに関連する潜在的な危険性についての当初の関心は，有害な新規の病原体を生み出す可能性に集中していた．たとえば，研究の過程でがん細胞の遺伝子が細菌やウイルスに移ったら何が起こるだろうか．このような凶悪な微生物に対する防護のため，科学者は一連のガイドライン（指針）を設定し，米国をはじめとした各国の政府が正規の規制として運用している．安全対策の1つは厳格な実験室の設備の規定であり，研究者を遺伝子組換え微生物による感染から保護し，実験室からの非意図的な微生物の流出を防ぐために設計されている．さらに，微生物を組換え DNA 実験に用いる微生物の菌株は，遺伝的な欠陥により実験室の外では生存できない菌株を用いることにした．最後に，明らかに危険な特定の実験を禁止した[*5]．

現在では，遺伝子組換えによる潜在的な危険性に関する最大の社会的関心は，遺伝子組換え微生物ではなく，食料などに用いられる**遺伝子組換え生物 genetically modified organism（GMO）**に集中している．GMO とは，他種の生物または同種の生物の変種に由来する，1個または複数の遺伝子を人工的な手法により導入されたトランスジェニック生物である．たとえば，ある種のサケには，活動的なサケの成長ホルモンの遺伝子を導入することによる遺伝的な改変が実施されている．しかし，GMO の大部分は動物ではなく，食料の供給に貢献する植物である．

GM 作物は，米国，アルゼンチン，ブラジルで広く栽培され，これらの国々を合計すると，全世界の GM 作物栽培面積の 80% 以上を占める．米国で栽培されるトウモロコシ，ダイズ，ナタネの大部分は遺伝的に改変されたものであり，最近の法律により GM 作物に表示義務が課されている．しかし，同じ GM 作物がヨーロッパでは論争が継続中であり，GM 作物革命は根強い反対運動に直面している．ヨーロッパ人の多くは，GM 食品の安全性と GM 植物の栽培による環境への影響の可能性に懸念を抱いている．ヨーロッパの土壌で栽培されている GM 作物はわずかであるが，EU は 2015 年に GMO に関する包括的な法的枠組みを制定した．さらに，GMO は明確に表示されていなければならず，EU 各国は独自に GM 作物の栽培や輸入を禁止できる．ヨーロッパでは消費者の不信が根強いため，ヨーロッパにおける GM 作物の将来的な展望は不透明である．

組換え作物に対する慎重論の支持者は，組換え作物がもつ新たな遺伝子が農場周辺の野生の近縁種に伝播することを危惧している．たとえば，芝生と牧草の間でも，花粉の散布を通じて野生の近縁種との間で日常的に遺伝子が交換されている．もし，除草剤，病害，害虫に対する耐性遺伝子をもつ作物の花粉が，野生の雑草に受粉するようなことがあると，防除が困難な「スーパー雑草」が生じる可能性がある．さらに，

＊5（訳注）：日本では 1979 年から遺伝子組換え実験に関するガイドラインが施行され，2004 年に「カルタヘナ法」とよばれる遺伝子組換え生物等の使用規制に関する法律に置き換えられている．

GM食品がヒトの健康に障害を与える可能性に関する危惧もある．外来遺伝子にコードされるタンパク質がアレルギー反応を誘発する可能性を危惧する人もいる．アレルギー反応が起こり得ることを示す証拠も得られているが，GM作物推進派の人々は外来遺伝子については，アレルギー反応を引き起こすタンパク質を生産しないことを，事前に検査して確認することが可能であると主張している（植物のバイオテクノロジーとGM作物に関する議論については38.3節参照）．

現在では，世界各国の政府と監督官庁は，新たな製品と製造工程の安全性を確保しながら，農業，産業，医療の各分野にバイオテクノロジーとどのように利用するべきかという課題に取り組んでいる．米国では，バイオテクノロジーの応用による潜在的な危険性について，食品医薬品局（FDA），環境保護局（EPA），国立衛生研究所（NIH），農務省（USDA）などの監督官庁により評価検討されなければならない．その一方で，こうした監督官庁および一般市民は，バイオテクノロジーの倫理的な影響についても検討する必要がある．

バイオテクノロジーの進歩によりヒトを含む多数の生物種の完全なゲノム配列の情報を得ることが可能となり，遺伝子に関する膨大な情報の宝庫が提供されている．こうした情報から，生物種の間で特定の遺伝子の相違について調査することが可能であり，同様に特定の遺伝子や究極的にはゲノム全体の進化について探究することができる（21章のテーマ）．同時に，個人のゲノムの塩基配列決定の高速化と費用の低減により，重大な倫理的問題が提起されている．他人の遺伝的情報を検査する権利は誰にあるのだろうか．このような情報はどのように利用されるべきだろうか．個人のゲノム情報を，職業への適性の判定や保険加入の要件として利用することは許されるだろうか．環境および健康への潜在的な危険性に関する問題と同様に，倫理的な配慮はある種のバイオテクノロジーの応用にブレーキをかけるだろう．過剰な規制が，基礎研究とその潜在的利益を抑圧する危険性はつねに存在する．一方，CRISPR-Casシステムのような遺伝子編集などの遺伝子工学は，これまで数千年にわたって進化してきた生物種を迅速かつ深遠に変化させることを可能にしている．よい例が遺伝子ドライブであり，ある種の蚊が病気を伝播する能力を除去したり，あるいは特定の種の蚊を絶滅させたりする利用法が考えられる．このような試みは，少なくとも当初は公衆衛生の向上が見込まれるが，予測できない問題が発生する可能性がある．DNAテクノロジーには強大な力が秘められていることから，私たちはこの技術を謙虚な気持ちで注意深く進めることが求められている．

概念のチェック 20.4

1. 遺伝子治療や遺伝子編集に幹細胞を利用する利点を説明しなさい．

2. 遺伝子工学により作物に付与される性質について，3つ以上記述しなさい．

3. どうなる？➤ある医師のところにA型肝炎の感染が疑われる症状を示す患者が訪れたが，患者の血液からはウイルスのタンパク質を検出することはできなかった．A型肝炎ウイルスはRNAウイルスであることがわかっている．どのような検査を行うことにより，診断を確認することができるか．検査の結果があなたの仮説をどう支持するか説明しなさい．

（解答例は付録A）

20章のまとめ

重要概念のまとめ

20.1

DNA塩基配列決定とDNAクローニングは遺伝子工学と生物学研究の有用な手法

- **核酸ハイブリダイゼーション**は，1本鎖の核酸が，別の核酸分子の相補的な配列の鎖に塩基対合することであり，DNAテクノロジーに広く利用されている．
- **DNA塩基配列決定**は，ダイデオキシ連鎖終結シーケンス法を用いて自動化された塩基配列決定装置により実施することができる．
- DNA塩基配列決定の次世代（高速処理）技術は，合成による塩基配列決定に基づいている．1本鎖の鋳型からDNAポリメラーゼを用いてDNAを合成するとき，ヌクレオチドがつけ加わる順序により配列が判明する．ナノポア技術が用いられる第3世代の塩基配列決定では，長いDNA分子が膜の微小な細孔を通過するときに1個ずつヌクレオチド塩基を識別して配列を読み取る．
- **遺伝子クローニング**（または**DNAクローニング**）は，遺伝子（またはDNA断片）の多数のコピーを作製することによりDNAを分析操作することを可能にし，有用な新製品や有益な表現形質をもつ生物を作出するのに役立てる.

- **遺伝子工学**では，細菌の**制限酵素**によりDNA分子を短い特異的な塩基配列（**制限酵素部位**）で切断し，1本鎖の**粘着末端**をもつ2本鎖DNAの**制限酵素断片**を生成する.

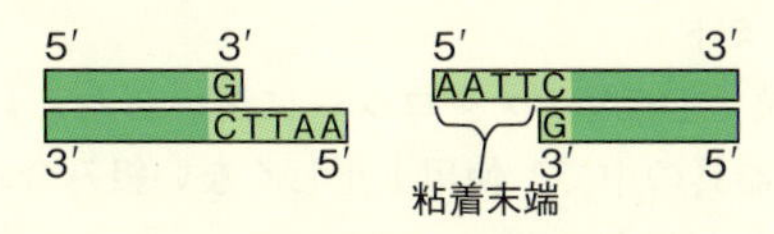
5′
3′
G
CTTAA
3′
5′
5′
3′
AATTC
G
3′
5′
粘着末端

- ある試料のDNAの制限酵素断片は，他のDNA分子に由来する制限酵素断片の相補的な粘着末端と塩基対合できる．DNAリガーゼを用いて対合したDNA断片を結合し，**組換えDNA分子**を作製する.
- さまざまな長さのDNA制限酵素断片を**ゲル電気泳動**により分離することができる.
- **ポリメラーゼ連鎖反応（PCR）**では，目的とするDNA領域の両端に対応するプライマーと耐熱性のDNAポリメラーゼを用いることにより，試験管内で特定の目的DNA断片のコピーを多量に生産することができる.
- 真核生物の遺伝子のクローニング：

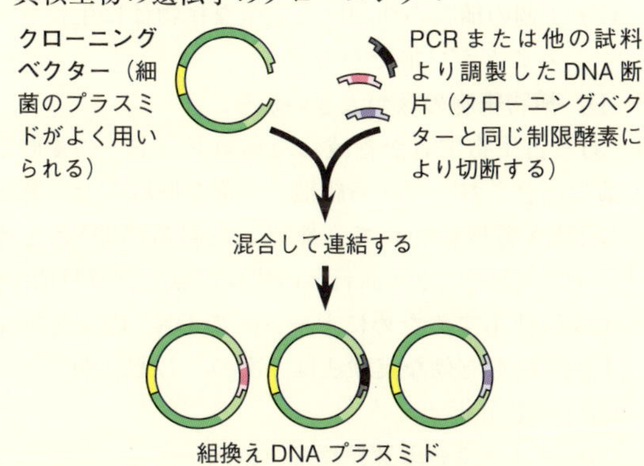
クローニングベクター（細菌のプラスミドがよく用いられる）
PCRまたは他の試料より調製したDNA断片（クローニングベクターと同じ制限酵素により切断する）
混合して連結する
組換えDNAプラスミド

組換えプラスミドを宿主細胞に導入すると，細胞の分裂により細胞のクローンが形成される.

- クローニングされた真核生物の遺伝子を細菌宿主で発現させるとき，いくつもの技術的な困難により発現が妨げられる．動物の培養細胞を宿主として，適切な**発現ベクター**を用いることにより，こうした問題に対処することができる.

? 遺伝子クローニングにより，組換えプラスミドを保持する細胞のクローンを取得する過程について記述しなさい.

20.2

DNAテクノロジーによる遺伝子発現と機能の研究

- **核酸プローブ**のハイブリダイゼーションを利用して特定のmRNAの存在を検出する技術がいくつもある.
- ***in situ* ハイブリダイゼーション**と**RT-PCR**は，それぞれ組織またはRNA試料から特定のmRNAの存在を検出することができる.
- **DNAマイクロアレイ**は一群の細胞で共発現している遺伝子を同定するのに用いられる．細胞から抽出したRNAに対応する**cDNA**の塩基配列を決定する**RNA塩基配列決定（RNA-seq）**が用いられることが多くなっている.
- 機能未知の遺伝子について，その遺伝子を実験的に不活性化（遺伝子ノックアウト）した結果生じる表現型を観察することにより，遺伝子の機能に関する情報が得られる．**CRISPR-Cas9システム**を用いて生細胞の遺伝子を希望通りの形に編集することができる．新たな対立遺伝子に偏って集団に遺伝させることも可能である（**遺伝子ドライブ**）．ヒトの遺伝子については，特定の疾患に関連する対立遺伝子の遺伝子マーカーとして**1塩基多型（SNP）**を利用する**ゲノムワイド関連解析（GWAS）**が実施される.

? 特定の遺伝子の発現の検出により得られる情報の何が有益だろうか.

20.3

個体クローニングと幹細胞の基礎研究と応用利用への有用性

- ある生物個体のすべての細胞が同一のゲノムをもつか否かという疑問から，初めて生物体のクローニングが試みられた.
- 植物の分化した1個の細胞は，完全な新しい個体のすべての組織を形成できる**分化全能性**を保持していることが多い.
- 分化した動物細胞の核を，除核した卵細胞に導入することにより，新たな動物の誕生に成功することもある.
- 動物の胚から調製された胚性**幹細胞**（ES細胞）と成体の組織から調製された成体幹細胞は，*in vitro* でも *in vivo* でも同様に増殖して分化することが可能であり，医学的な目的に利用できる可能性を秘めている．ES細胞は**多能性**を有しているが，取得するのが困難である．人工多能性幹細胞（iPS細胞）は，分化する能力についてはES細胞に類似し，分化した細胞の再プログラム化により産生できる.

iPS細胞は，医学研究および再生医療の分野での利用がおおいに期待されている．

? 研究者がマウスを用いて（1）個体のクローニング，（2）ES細胞の産生，（3）iPS細胞の生成を実施する過程について，細胞の再プログラム化処理法に焦点を絞って記述しなさい（ヒトとマウスで各々の過程は基本的に同一である）．

20.4

DNAテクノロジーの実用化と人々の生活へのさまざまな影響

- SNPなどの遺伝マーカーの分析を活用するDNAテクノロジーは，遺伝性疾患などの診断に用いられることがますます多くなっている．また，遺伝性疾患の効果的な治療法や，**遺伝子治療**またはCRISPR-Cas9システムによる遺伝子編集を用いた根治療法がDNAテクノロジーにより開発されることが期待される．また，がん治療にも有益な情報が提供される．さらに，DNAテクノロジーを培養細胞に適用してタンパク質ホルモンなどの診療目的で用いられるタンパク質が大規模に生産される．**トランスジェニック「製薬」動物**により生産される診療目的タンパク質もある．
- 犯罪現場で採取された組織や体液から分離されたDNAの**マイクロサテライト（STR）**などの遺伝的マーカーの分析が，**遺伝子プロファイル**である．遺伝子プロファイルにより，容疑者が無罪か有罪かの強力な証拠が提供される．遺伝的プロファイルは親子関係の有無の鑑定や，犯罪被害者の身元鑑定にも有用な手段となる．
- 環境から無機化合物の回収や廃液中のさまざまな有毒化合物の分解に，遺伝子組換え微生物を利用することが可能になっている．
- トランスジェニック植物や動物の開発の目的は，農業生産効率や食品の品質向上である．
- 遺伝子組換え技術の潜在的な利益と環境や人類を害する可能性の双方について慎重に評価検討していくことが重要である．

? 特定の遺伝性疾患に対して，遺伝子治療が成功するための要因は何か．

理解度テスト

レベル1：知識／理解

1. DNAテクノロジーで「ベクター」という用語は何を意味するか．
   (A) DNAを制限酵素断片に切断する酵素
   (B) DNA断片の粘着末端
   (C) SNPマーカー
   (D) DNAを生細胞に導入するときに用いるプラスミド
2. 組換えDNAテクノロジーに用いられる以下の酵素や器具の中で，使用上正しくない組み合わせは次のうちどれか．
   (A) 電気泳動――DNA断片の分離
   (B) DNAリガーゼ――DNAを切断し制限酵素断片の粘着末端をつくる酵素
   (C) DNAポリメラーゼ――ポリメラーゼ連鎖反応に用いてDNAの区分を増幅する
   (D) 逆転写酵素――mRNAからcDNAを作製する
3. 植物は遺伝子工学的な取り扱いが動物よりも容易なのはなぜか．
   (A) 植物の遺伝子にはイントロンがないから．
   (B) 組換えDNAを植物に導入するのに用いることができるベクターがたくさんあるから．
   (C) 1個の植物の体細胞を完全な植物体に生長させることが可能だから．
   (D) 植物細胞の核が大きいから．
4. ある古生物学者が絶滅した鳥類ドードーの400年前の保存された皮から組織の一部を回収した．特定のDNA領域について，採取した組織のDNAと現存する鳥類のDNA試料との比較試験を行う目的で，試験に使用するためにドードーのDNAの量を増やすのに最も有効な実験法は，次のうちどれか．
   (A) SNP分析
   (B) ポリメラーゼ連鎖反応（PCR）
   (C) エレクトロポレーション
   (D) ゲル電気泳動
5. DNAテクノロジーは医学的に広く応用されている．現在日常的に実施されていないのは以下の記述のどれか．
   (A) 糖尿病や小人症の治療に用いるホルモンの生産
   (B) がん治療に役立つ情報を得るための遺伝子の発現分析
   (C) CRISPR-Cas9システムを生きたヒト胚に適用して遺伝性疾患を修正する遺伝子編集
   (D) 遺伝性疾患遺伝子の出生前の同定

レベル2：応用／解析

6. ヒトの脳組織を材料として作製されたcDNAに関

して正しくない記述はどれか.

(A) ポリメラーゼ連鎖反応によって増幅することができる.

(B) mRNA前駆体から逆転写酵素を用いて作製される.

(C) 脳内で発現している遺伝子を検出するプローブとして用いるために標識することができる.

(D) mRNA前駆体のイントロンを欠失している.

7. クローニングされた真核生物遺伝子を原核細胞で発現させることは, 数々の困難を伴う挑戦的な仕事である. mRNAと逆転写酵素を用いる手法は, 以下のどの問題を解決する戦略か.

(A) 転写後のプロセシング

(B) 翻訳後のプロセシング

(C) 核酸ハイブリダイゼーション

(D) 制限酵素により切断されたDNA断片の結合

8. 以下の2本鎖DNA配列の中で, 制限酵素に切断部位として最も認識されやすい配列はどれか.

(A) AAGG
TTCC

(B) GGCC
CCGG

(C) ACCA
TGGT

(D) AAAA
TTTT

レベル3:統合/評価

9. **関連性を考えよう** 眼球の水晶体に存在するタンパク質であるクリスタリンに関する研究を企画している(図1.8参照). このタンパク質を大量に得るために, クリスタリンをコードする遺伝子をクローニングすることにした. この遺伝子の塩基配列は判明している. あなたは何をするべきか説明しなさい.

10. **関連性を考えよう** 図20.15で, SNPが病気の原因となる対立遺伝子と「連関している」というのは何を意味するか. 遺伝マーカーとして, SNPはどのように利用することができるだろうか(15.3節参照).

11. **描いてみよう** 細菌のプラスミドをベクターに用いて, ツチブタの遺伝子のクローニングを企画している. 右上図の緑色の円で示されるのは, 図20.5で用いられた制限酵素の認識部位を1ヵ所もつプラスミドである. プラスミドの上に描かれているのは, PCRにより合成されたツチブタの直鎖状DNA断片である. ツチブタのDNAのクローニング手順を描き, 各々の段階でこの2つの分子に何が起こるか示しなさい. 各々の段階で, ツチブタのDNA塩基とプラスミドのDNA塩基を別の色で塗り分け, 5′末端と3′末端を記入すること.

5′ GAATTCTAAAGCGCTTATGAATTC 3′
3′ CTTAAGATTTCGCGAATACTTAAG 5′

ツチブタのDNA

GAATTC
CTTAAG

プラスミド

12. **進化との関連** DNAに基づく技術が広く用いられるようになったとき, 過去40億年間の自然の進化の機構と比較して, DNAテクノロジーは進化の過程をどのように変化させ得るか考察しなさい.

13. **科学的研究** あなたは, ヒトの脳細胞の神経伝達タンパク質をコードする遺伝子の研究を企画している. このタンパク質のアミノ酸配列は判明している. 以下の過程をどのように遂行するか説明しなさい. (a) 特定の型の脳細胞が発現する遺伝子を同定する. (b) 神経伝達物質の遺伝子を同定する. (c) 研究用にこの遺伝子のコピーを大量に生産する. (d) 医薬品としての可能性を評価するために, 神経伝達物質を大量生産する.

14. **テーマに関する小論文:情報** 生命の遺伝的基盤がどのようにしてバイオテクノロジーに役立っているのかを300〜450字で記述しなさい.

15. **知識の統合**

写真にあるイエローストーン国立公園の温泉の温度は約160°F(70℃)である. 生物学者は約130°F(55℃)より高い温度ではどのような生物も生存できないと考えていたので, この温泉から現在では好熱菌とよばれる数種類の細菌が見出されて驚いた. 好熱菌の1種 *Thermus aquaticus* 由来の酵素が, 現在の実験室で用いられる最も重要なDNA取扱い技術を実行可能にしたことを, あなたは本章で学んだだろう. この酵素は何か. 好熱菌から単離された酵素が有益な理由を示しなさい. この細菌(または他の好熱菌)から単離される酵素が有益となり得る別の理由について考察しなさい.

(一部の解答は付録A)

ゲノムと進化
21

▲図 21.1　ヒトとチンパンジーを分ける遺伝情報は何か.

重要概念

21.1　ヒトゲノム計画により開発が促進された迅速で安価な塩基配列決定技術

21.2　バイオインフォマティクスによるゲノムとゲノムの機能解析

21.3　ゲノムの大きさ・遺伝子数・遺伝子密度の多様性

21.4　多細胞真核生物には多くの非コードDNAと多重遺伝子ファミリーが存在する

21.5　DNAの複製・再編・突然変異がゲノムの進化に貢献する

21.6　ゲノム配列の比較による進化と発生の解明

▼エレファントシャーク（*Callorhinchus milii*）

生命の木から葉を読み解くこと

チンパンジー *Pan troglodytes* は，生命の樹の中でヒトに最も近縁な生物である．図 21.1 の写真では，少年がチンパンジーと一緒に熱心に木の葉を見ているが，この葉について言葉で語ることができるのは少年だけである．進化の歴史の中で多くを共有している霊長類のチンパンジーとヒトの間の違いは，どのように説明できるだろうか．塩基配列決定技術の進歩により，現在ではこのように興味深い問題を遺伝情報の視点から取り組むことが可能となっている．本章の後半では発声に関与する *FOXP2* 遺伝子について，ヒトとチンパンジーの違いを学習する．

ヒトのゲノム配列の決定が完了してから2年後に，チンパンジーのゲノムの配列が決定された．現在では，ヒトのゲノムとチンパンジーのゲノムを1塩基ずつ比較することも可能であり，どのような遺伝的情報の差異により，このように近縁な霊長類の間にはっきり区別できる特徴が生じるかという，根本的な問題に取り組むことができるようになっている．

ヒトとチンパンジーのゲノム配列の決定に加えて，大腸菌 *Escherichia coli* をはじめとする多数の原核生物の完全なゲノム配列と，トウモロコシ *Zea mays*，ショウジョウバエ *Drosophila melanogaster*，カリフォルニアツースポットタコ *Octopus bimaculoides*，エレファントシャーク *Callorhinchus milii* などの真核生物のゲノム情報が得られている．2014年には，現生人類に近縁な絶滅種であるネアンデルタール人 *Homo neanderthalensis* の詳細なゲノム配列が発表された．このようなゲノム情報は，それ自体が興味深いうえに，進化などの生物学的過程の解明に重要な手がかりを与えるものである．ヒトとチンパンジーのゲノム比較研究を拡張して，他の霊長類やさらに遠縁の動物のゲノムと比較することにより，近縁の生物種に特徴的な性質を制御する遺伝子群が明らかになると考えられる．動物に限らず，細菌，古細菌，真菌，原生生物，植物のゲノムを比較することにより，祖先の遺伝子を共有してきた長い進化の歴史が明らかとなるだろう．

多くの生物種のゲノム配列が決定されたことから，ある生物種の全遺伝子とその相互作用について網羅的に解析する，**ゲノミクス（ゲノム科学）genomics** とよばれる研究に取り組む研究者が現れている．ゲノミクスを支える塩基配列決定の努力により，膨大な塩基配列の情報が生み出され，現在も配列情報が蓄積し続けている．このように増え続ける情報の洪水を処理する必要性から発生した，**バイオインフォマティクス（生命情報科学）bioinformatics** とよばれる学問分野は，ゲノム配列などの生物学的な情報の保存と分析のために積極的にコンピュータを活用する研究手法である．

本章では，最初にゲノム配列を決定する 2 通りの戦略および，バイオインフォマティクスとその応用の進歩について議論する．さらに，これまでに配列が決定されたゲノムの情報から学んできたことについて要約する．次に，複雑な多細胞真核生物のゲノムの典型として，ヒトのゲノムの構成について記述する．最後に，ゲノムがどのように進化し，現在の地球上の驚くべき多様性が発生機構の進化により生み出されてきた過程に関する最新の学説について探究する．

21.1

ヒトゲノム計画により開発が促進された迅速で安価な塩基配列決定技術

ヒトの全ゲノムの塩基配列決定は非常に意欲的で挑戦的な事業であり，**ヒトゲノム計画 Human Genome Project** として 1990 年に公式に開始された．公的資金を得て国際的に組織されたコンソーシアム（共同研究事業体）には，各国の大学や研究施設の研究者が参加し，6 ヵ国の 20 ヵ所の大きな塩基配列解析センターと小規模な多数の研究室がこの計画に参画した．

2003 年にヒトのゲノムの塩基配列がほぼ決定された後は，それぞれの染色体の塩基配列が注意深く分析されて一連の研究論文として報告され，1 番染色体を対象とした最後の論文が 2006 年に出版された．この時点でゲノム計画は「実質的に完了」したとみなされた．

ゲノム地図作製の究極のゴールは，各々の染色体について完全な塩基配列を決定することである．ヒトのゲノムについては，20.1 節で紹介したダイデオキシ法により塩基配列決定装置を用いて成し遂げられた．自動化された装置を最初に導入したとはいえ，30 億塩基対に及ぶヒトの半数体の染色体の配列決定は，非常に膨大な作業であった．実際，ヒトゲノム計画の主要な推進力となったのは高速の塩基配列決定技術の開発であった（20.1 節参照）．年ごとに技術の改良により時間がかかる工程が削られていき，塩基配列決定の速度がぐんぐん早くなった．1980 年代には精力的な研究室は 1 日に 1000 塩基対の配列を決定していたが，2000 年にはヒトゲノム計画に参画する各々の研究センターは 1000 塩基対の配列を 1 秒で決定していた．2016 年には，最も広く使用されている自動装置は 1 秒で 2500 万塩基対の配列を決定することが可能であり，新型機器の技術者は 1 秒で 660 億塩基対の速度で配列決定できると主張している．生物材料の分析で非常に迅速に大量のデータを生み出す技術は「ハイスループット（高速処理）」とよばれるが，塩基配列決定機器はまさにハイスループット装置の好例である．

ヒトゲノムの完全な配列を得るうえで，2 通りの戦略が互いに相補して機能した．最初の戦略は系統立った方法であり，ヒトのゲノム情報を集積するものであった．ところが，1998 年に分子生物学者の J・クレイグ・ベンター J. Craig Venter がまったく別の戦略を採用してヒトのゲノム全体の塩基配列を決定する目的でセレラ・ゲノミクス（Celera Genomics）社の設立を発表した．新戦略の**全ゲノムショットガン法 whole-genome shotgun approach** は，ランダムに切断した DNA から DNA 断片をクローン化して塩基配列を決定することから始める．得られた非常に多数の互いに重複した短い配列を，強力なコンピュータプログラムを用いて統合し，単一の連続した配列を組み立てる（図 21.2）．

現在でもゲノム配列の決定に全ゲノムショットガン法が広く用いられているが，新型の「次世代」塩基配列決定技術（図 20.3 参照）の登場により全ゲノムの塩基配列決定が大幅に加速し，費用が低減している．こうした新技術では，非常に小さな（約 300 塩基対）多数の DNA 断片を同時に塩基配列決定し，コンピュータのソフトウェアにより迅速に統合して完全なゲノム配列を編集する．こうした技術は非常に感度が高いことから直接 DNA 断片の塩基配列を決定することが可能であり，DNA 断片のクローニングの工程が不要である（図 21.2，第❷段階）．最初のヒトゲノムの塩基配列決定には 13 年の歳月と 1 億ドルの費用がかかったが，2007年にはジェームズ・ワトソン James Watson（DNA構造の共同発見者）のゲノム配列が約100万ドルの費用により4ヵ月で決定され，2016年には個人のゲノムがほぼ1日で約1000ドルの費用で配列を決定できる．

技術の進歩により，**メタゲノミクス（メタゲノム解析）metagenomics** とよばれる研究方法が推進されている（*meta* はギリシャ語で「越える」の意味）．メタゲノム解析では，環境中の試料から一群の生物のDNA「メタゲノム」を収集し，ひとまとめに塩基配列を決定する．コンピュータのソフトウェアを再び活用して，断片的な塩基配列を生物種により仕分けし，特定のゲノム配列を組み立てる．この研究法の利点は混合した微生物集団のDNA塩基配列を決定できることであり，各々の生物種を分離して実験室で飼育する必要がないことである．微生物の単離培養の難しさは微生物の研究を制限する大きな要因になっている．この研究法は，ヒトの消化管内から北極の古代の土壌まで広範囲の微生物集団に適用されている．2014年に公表された北極の土壌から，動物や植物を含めて微生物が5万年前から共同体を形成して一緒に生きてきた数十種類の生物種が同定されている．

▼図 21.2　**全ゲノムショットガン法**．この方法はセレラ・ゲノミクス社のクレイグ・ベンターらによって開発されたものであり，ランダムにDNA断片をクローニングし（図20.4参照），塩基配列を決定してからDNA断片を順に並べ直す．

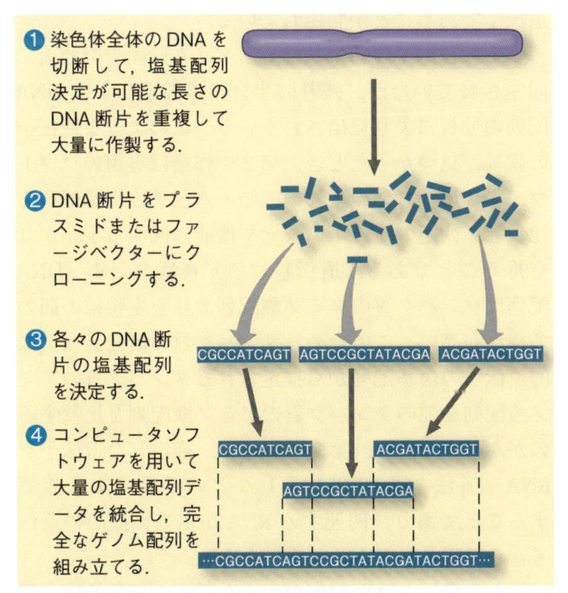
❶ 染色体全体のDNAを切断して，塩基配列決定が可能な長さのDNA断片を重複して大量に作製する．
❷ DNA断片をプラスミドまたはファージベクターにクローニングする．
❸ 各々のDNA断片の塩基配列を決定する．
CGCCATCAGT
AGTCCGCTATACGA
ACGATACTGGT
❹ コンピュータソフトウェアを用いて大量の塩基配列データを統合し，完全なゲノム配列を組み立てる．
CGCCATCAGT
ACGATACTGGT
AGTCCGCTATACGA
…CGCCATCAGTCCGCTATACGATACTGGT…

図読み取り問題➤この図の第❷段階のDNA断片は散乱して描かれ，順序よく並んでいない．この図は，全ゲノムショットガン法のどのような点を反映しているのか．

一見しただけでは，ヒトなどの生物のゲノム配列は数百万個のAとTとCとGの塩基が延々と続く単純で無味乾燥なリストにすぎない．次節で検討する新たな分析方法により，こうした膨大な量の配列データから意味を見出すことが重要である．

概念のチェック 21.1

1. 全ゲノムショットガン法について記述しなさい．

（解答例は付録A）

21.2

バイオインフォマティクスによるゲノムとゲノムの機能解析

ヒトゲノム計画に参画した各国の約20ヵ所の塩基配列解析センターは，毎日のように大量のDNA配列情報を生み出した．データが蓄積するにつれて，すべての配列情報の記録と管理を調整する必要性が切実になってきた．幸いにして，ヒトゲノム計画に参加した研究者と政府関係者の先見の明により，ゲノム計画には集約化されたデータベースの設立と解析用のソフトウェアの開発が含まれ，すべてがインターネットにより簡便に利用できるようにする計画であった．

ゲノム配列解析用の集約化データベース

バイオインフォマティクス（生命情報科学）の資産を世界各国の研究者にすぐに利用できるようにし，情報の普及をスピードアップしたことが，DNA配列の分析の進歩を加速した．たとえば，1988年にヒトゲノム計画の準備のため，米国では国立医学図書館（NLM）と国立衛生研究所（NIH）とが協力して国立生物工学情報センター（NCBI）を設立し，広範なバイオインフォマティクスに関するホームページ（www.ncbi.nlm.nih.gov）を運営している．このホームページは，ゲノミクスに関するデータベース，各種のソフトウェアおよび関連情報とリンクしている．さらに，米国のNCBIと連携している3つのゲノム解析機関として欧州分子生物学研究所（EMBL），日本DNAデータバンク（DDBJ；訳注：静岡県三島市にある国立遺伝学研究所が運営している），および中国の深圳（シンセン）にあるBGI（正式には北京ゲノム協会）が同様のウェブサイトを設立している．これらの巨大な包括的ウェブサイトを個人または少数の研究室が運営するウェブサイトが補足している．小規模なウェブサイトは，特定の型のがんに関する遺伝子やゲノムの変異の研究などの，限られた目的のために設計されたデータベースとソフトウェアを提供している．

NCBIの配列情報データベースはGenBankとよばれる．2016年6月の時点で，GenBankには1億9400万個のゲノムDNA断片の配列が登録されていて，合計で2130億塩基対の情報が含まれている．GenBankはつねに更新されていて，登録されている情報量は急速に増大している．GenBankに登録されている配列情報はいつでもアクセスすることが可能であり，NCBIのホームページや他のデータベースのソフトウェアを用いて分析することができる．

NCBIのホームページから非常に広く利用されるBLASTとよばれるプログラムを用いると，利用者は特定のDNA配列について，GenBankに登録されているすべての塩基配列と1塩基ずつ比較して検索することができる．さらに，研究者は同種の生物の別の遺伝子や，他の生物種の遺伝子から，相同性のある領域を探索することができる．別のプログラムを用いることにより，コードされるタンパク質のアミノ酸配列と比較することも可能である．さらに第3のプログラムにより，どのようなタンパク質であってもそのアミノ酸配列をデータベースと比較して，機能が既知または推定される保存された（共通の）アミノ酸配列（ドメイン）を探索することも可能であり，ドメインの3次元モデルおよび関連情報を示すこともできる（図21.3）．さらに，一群の核酸やポリペプチドの配列を比較整列し，配列の関連性をもとに進化系統樹を描くことも可能になっている（このような系統樹の1つを図21.17に示す）．

ラトガーズ大学とカリフォルニア州立大学サンディエゴ校の2つの研究機関が運営するProtein Data Bank（PDB）とよばれるデータベースには，これまでに決定されたタンパク質の3次元構造が登録されている（www.wwpdb.org）．このタンパク質の3次元モデルを回転させてあらゆる方向からタンパク質を眺めることができる．この本を通して，あなたはPDBのデータベースから得られたタンパク質の構造の画像を見出すことができる．

世界のどこにいても研究者は非常に広範なバイオインフォマティクス資産を利用することができる．このような情報を用いることによって，研究者が取り組むことができる疑問について考えてみよう．

タンパク質をコードする遺伝子の同定とその機能の理解

DNA配列の情報を利用することにより，遺伝学者は古典的遺伝学の手法により表現型から遺伝子型を推定するのではなく，遺伝子を直接取り扱うことができる．しかし，このような現代的な研究法では，遺伝子は実際に何を行っているかという疑問が新たに生じる．GenBankなどのデータベースから取得できる長いDNA配列に対し，研究者の目標はこの配列に含まれるタンパク質をコードする遺伝子をすべて同定し，最終的にはその遺伝子の機能を解明することである．このプロセスは**遺伝子アノテーション（遺伝子注釈）gene annotation**とよばれる．

第1の作業として，コンピュータを用いて遺伝子の存在を示すパターンを探索する．通常の手順では，入手した検索対象の塩基配列について専用のプログラムを用いて転写と翻訳の開始点と終結点，およびRNAスプライシング部位などのタンパク質をコードする遺伝子の特徴を検索する．このプログラムは，検索対象の塩基配列から，これまでに報告されたmRNAに含まれる短い配列も探し出す．数千個のmRNAの配列情報は「発現配列タグ（expressed sequence tag：EST）」とよばれ，cDNA配列から収集されてコンピュータのデータベース上のカタログに収められている．EST配列との比較分析により，これまでにタンパク質をコードする遺伝子として知られていなかった塩基配列が遺伝子であることが判明している．

ヒトの遺伝子の約半数はヒトゲノム計画の開始前に同定されていたが，残りの半分の未知遺伝子はDNA配列の分析により見出されている．このような遺伝子の候補が見つかったとき，第2の作業は専用のソフトウェアを用いて他の生物の既知の遺伝子の塩基配列と比較し，問題の遺伝子の身元や機能に関する手がかりを得ることである．遺伝暗号の冗長性のため，DNA配列はタンパク質のアミノ酸配列よりも生物種の間の多様性が高い．このため，タンパク質の研究者は，標的遺伝子の塩基配列から推定されるタンパク質のアミノ酸配列を他のタンパク質のアミノ酸配列と比較するのがふつうである．第3の作業は，推定した遺伝子をRNA-seq法（図20.13参照）などの手段により確認することであり，関連するRNAが本当に標的の遺伝子から発現したのか示す必要がある．

新たに発見された配列が，少なくとも部分的に，機能がよく知られている遺伝子またはタンパク質の配列と一致することがある．たとえば，マスクメロンのシ

▼図 21.3 インターネットから利用できる生命情報科学の解析ツール. 米国の国立生物工学情報センター（NCBI）が運営するウェブサイトでは，研究者や一般の人々が DNA とタンパク質の配列情報などが保管されているデータベースにアクセスすることができる．このウェブサイトは，タンパク質構造データベース（保存ドメインデータベース，CDD）とリンクしていて，ドメインのモデルが表示されるソフトウェア（Cn3D「3D で検索」）を用いて，マスクメロンのタンパク質のアミノ酸配列と類似したドメインをもつタンパク質を検索して表示できる．WD40 ドメインは真核生物のゲノムにコードされるタンパク質によく見られる．WD40 ドメインはシグナル伝達に際して分子の相互作用に重要な役割を果たす．

❶ この画面では，未知のマスクメロンのタンパク質の部分的アミノ酸配列（コンピュータへの質問「クエリー Query」）に対して，コンピュータプログラムの検索により類似性が見出されたデータベースのタンパク質のアミノ酸配列が並べられている．各々の配列が表しているのは WD40 とよばれるドメインである．

❷ WD40 ドメインの４つの特徴的なアミノ酸が黄色で強調表示されている（アミノ酸配列の相同性は個々のアミノ酸の化学的性質に基づいているので，それぞれの特徴的領域のアミノ酸は必ずしも同一ではない）．

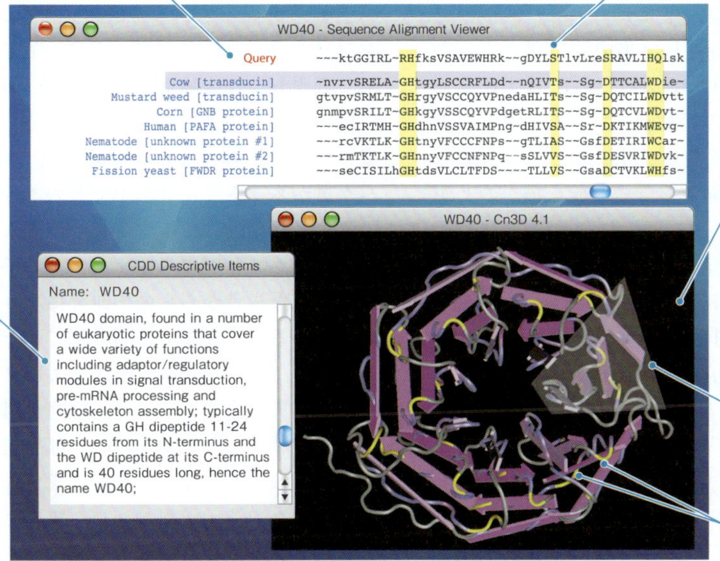
WD40 - Sequence Alignment Viewer
Query ---ktGGIRL~RHfksVSAVEWHRk~~gDYLSTlvLreSRAVLIHQlsk
Cow [transducin] ~nvrvSRELA~GHtgyLSCCRFLDd~~nQIVTs~~Sg~DTTCALWDie~
Mustard weed [transducin] gtvpvSRMLT~GHrgyVSCCQYVPnedaHLITs~~Sg~DQTCILWDvtt
Corn [GNB protein] gnmpvSRILT~GHkgyVSSCQYVPdgetRLITS~~Sg~DQTCVLWDvt~
Human [PAFA protein] ---ecIRTMH~GHdhnVSSVAIMPng~dHIVSA~~Sr~DKTIKMWEvg~
Nematode [unknown protein #1] ---rcVKTLK~GHtnyVFCCCFNPs~~gTLIAS~~GsfDETIRIWCar~
Nematode [unknown protein #2] ---rmTKTLK~GHnnyVFCCNFNPq~~sSLVVS~~GsfDESVRIWDvk~
Fission yeast [FWDR protein] ---seCISILhGHtdsVLCLTFDS----TLLVS~~GsaDCTVKLWHfs~
WD40 - Cn3D 4.1
CDD Descriptive Items
Name: WD40
WD40 domain, found in a number of eukaryotic proteins that cover a wide variety of functions including adaptor/regulatory modules in signal transduction, pre-mRNA processing and cytoskeleton assembly; typically contains a GH dipeptide 11-24 residues from its N-terminus and the WD dipeptide at its C-terminus and is 40 residues long, hence the name WD40;

❸ Cn3D プログラムにより，ウシのトランスデューシン（Sequence Alignment Viewer 画面で紫色に強調表示されているタンパク質）の３次元立体モデルが表示されている．このタンパク質は，配列が表示されているタンパク質の中で３次元構造が決定されている唯一のものである．ウシのトランスデューシンと配列に相同性が認められるタンパク質は，類似した構造をもつと考えられる．

❹ ウシのトランスデューシンが有する７つの WD40 ドメインのうち１つが灰色で強調表示されている．

❺ 黄色の部位は，WD40 に特徴的なアミノ酸として画面上部に黄色で強調表示されているものに対応している．

❻ この画面には，保存ドメインデータベース（CDD）から WD40 ドメインに関する情報が表示されている．

グナル伝達に取り組む植物の研究者が新たに見出した遺伝子のアミノ酸配列の一部が，他の生物の WD40 ドメイン（図 21.3 参照）とよばれるタンパク質の機能的な領域と一致したら興奮するだろう．WD40 ドメインは多くの真核生物のタンパク質に存在し，シグナル伝達に機能することが知られている．一方では，新発見の遺伝子の塩基配列が，機能が知られていない配列と相同性を示すこともありうる．さらに，新発見の配列がこれまでに報告されているどのような配列とももまったく相同性を示さない可能性もある．大腸菌のゲノム配列が決定されたとき，その遺伝子の約３分の１が機能未知の新規遺伝子であった．このような場合，タンパク質の機能は生化学的および機能的な研究の組み合わせにより推定するのが一般的である．生化学的研究の目的は，タンパク質の３次元構造を決定するとともに，他の分子と結合する可能性のある部位などの特徴を見出すことである．機能的な研究では，生物個体の標的の遺伝子を「ノックアウト」（停止または不能にする）することにより表現型に現れる影響を観察する．図 20.14 で記述した CRISPR-Cas9 システムは，遺伝子の機能を停止するのに用いられる実験的な手法の例である．

遺伝子と遺伝子発現の網羅的解析

バイオインフォマティクスの手段として提供されるコンピュータのめざましい解析能力により，ある生物のゲノムを他の生物のゲノムと比較するとともに，ある生物のすべての遺伝子とその相互作用について解析することが可能となっている．ゲノムの構成，遺伝子発現の制御，増殖と発生，および進化に関する根本的な疑問について，ゲノミクスは新たな視点を提供している．

また，ENCODE（エンコード，Encyclopedia of DNA Elements）とよばれる長期研究プロジェクトでは情報科学的な研究手法が採用され，2003 年から 2012 年まで運営された．このプロジェクトでは，ヒトゲノムの中で機能的に重要な要素について，多くの型の培養細胞にさまざまな実験手法を用いることにより可能性のあるものを何でも調べ上げることが目的とされた．研究者はタンパク質をコードする遺伝子や非コードRNAの遺伝子を同定し，遺伝子に付随して発現を制御するプロモーターやエンハンサーなどの配列を同定する．さらにDNAとヒストンの修飾およびクロマチン構造について集中的に解析を行った．これらの構造は，ヌクレオチド塩基の配列を変えることなく遺伝子の発現に影響を与えることから「エピジェネティック」と名づけられている（18.3節参照）．プロジェクトの第2段階は，32の研究グループの440人以上の科学者が1600以上の大きなデータ解析について解析した30の論文を同時進行で集中的に刊行することであり，2012年がピークであった．このプロジェクトの力の源泉となったのは個別のプロジェクト同士で得られた結果を比較する機会が得られたことであり，その結果ゲノム全体を俯瞰する詳細な絵を描くことができた．

おそらく最も衝撃的な発見は，タンパク質をコードする領域はゲノムの2%に満たないにもかかわらず，ゲノムの約75%が調査対象のいずれかの型の培養細胞でなんらかの時期に転写されることである．さらに，ゲノムの少なくとも80%を構成するDNA要素に生化学的機能が割り当てられている．残るDNAの機能的要素について解析するため，並行する研究プロジェクトで同様の手法により2つのモデル生物として線虫 *Caenorhabditis elegans* とショウジョウバエ *Drosophila melanogaster* のゲノムの解析が行われている．こうしたモデル生物にはDNAテクノロジーを適用して遺伝的および生化学的実験を実施できることから，ゲノム中の機能性が疑われるDNA要素の活性を試験することにより，最終的にはこのようなDNA要素がヒトのゲノムで働く機構の解明が期待される．

ENCODEプロジェクトの分析対象が培養細胞であることから，医学的な応用の可能性は限定される．ENCODEに関連するロードマップ・エピゲノム計画（Roadmap Epigenomics Project）とよばれるプロジェクトは，ゲノムのエピジェネティックな状況を示す「エピゲノム」をヒトの数百種のタイプの細胞や組織について調べ上げるものである．このプロジェクトは，幹細胞と，老人の正常な組織と，神経変性疾患などの自己免疫疾患やがんを患う患者の対応する組織のエピゲノムに焦点を当てたものである．2015年には111個の組織について解析した結果が一連の論文により報告された．ここで最も有益な発見は，がんの発生元になった組織はエピゲノムの特徴に基づく続発性腫瘍の細胞により同定できることである．

システム生物学

ゲノム配列の決定と膨大な遺伝子群の網羅的解析の進展を受けて科学者が次に取り組んだのは，タンパク質とその性質（存在量，化学的修飾，相互作用など）の網羅的解析であり**プロテオミクス proteomics** とよばれる（特定の細胞や細胞群が発現するタンパク質の総体を**プロテオーム proteome** という）．実際に細胞の活動を実行しているのはおもにタンパク質であり，タンパク質をコードしている遺伝子ではない．そのため，細胞および生物個体の機能について理解するためには，生体内でどの時期にどの部位でタンパク質が生産されるのか解析する必要があり，さらに各々のタンパク質がネットワークの中でどのように相互作用しているのか網羅的に解析する必要がある．

ゲノミクスとプロテオミクスは分子生物学者がますます広範な視点から生命の研究に取り組むことを可能にしている．これまでに紹介してきた手法を用いることにより，生物学者は遺伝子およびタンパク質のカタログを編集することにより，細胞や組織および個体の活動に貢献しているすべての「部品」のリストを作成する．このようなカタログが作成されると，研究者の関心は個々の遺伝子やタンパク質などの「部品」から生体系における「部品」の機能的な相互作用へと移っていく．1.1節で検討したように，このような**システム生物学 system biology** とよばれる研究法の目的は，生命システム全体の動的な挙動についてシステムの部品の相互作用の研究をもとにモデルを構築することである．この種の研究では膨大なデータが生み出されることからコンピュータ技術とバイオインフォマティクスの進歩がシステム生物学研究には不可欠である．

システム生物学の研究方法の重要な利用法の1つが，遺伝子とタンパク質の相互作用ネットワークの意義を明らかにすることである．たとえば，出芽酵母 *Saccharomyces cerevisiae* のタンパク質相互作用ネットワークを描くために，研究者は洗練された技術を駆使してさまざまな遺伝子を破壊し，さらに一度に2つの遺伝子を破壊することにより，さまざまな組み合わせの二重破壊株を作製した．次に，各々の二重破壊株の生物学的な適応度（細胞が形成するコロニーの大きさなどに基づいて適応度を判定する）を，2つの単変異株の適応度から予想される適応度と比較した．観察された二重破壊株の適応度が予想された適応度と一致した場合，研究者は2つの遺伝子にコードされる産物は相互作用していないと判定し，観察された二重破壊株の適応度が予想された適応度よりも明らかに高い場合

▼図 21.4　**システム生物学によるタンパク質の相互作用の解析**．この大規模なタンパク質の相互作用の図は，出芽酵母 *Saccharomyces cerevisiae* の約 4500 個の遺伝子産物（丸印）のタンパク質間の相互作用を線で示したものである．図に記載されているタンパク質を細胞機能により 13 種類に分類し，同一の機能区分に分類されるタンパク質を同じ色の丸印で示している．白い点は，着色された機能が割り振られていないタンパク質を示している．一部の領域の拡大図では，アミノ酸の生合成と取り込みおよび関連する機能を有する遺伝子産物（青色丸印）の相互作用の詳細が示されている．

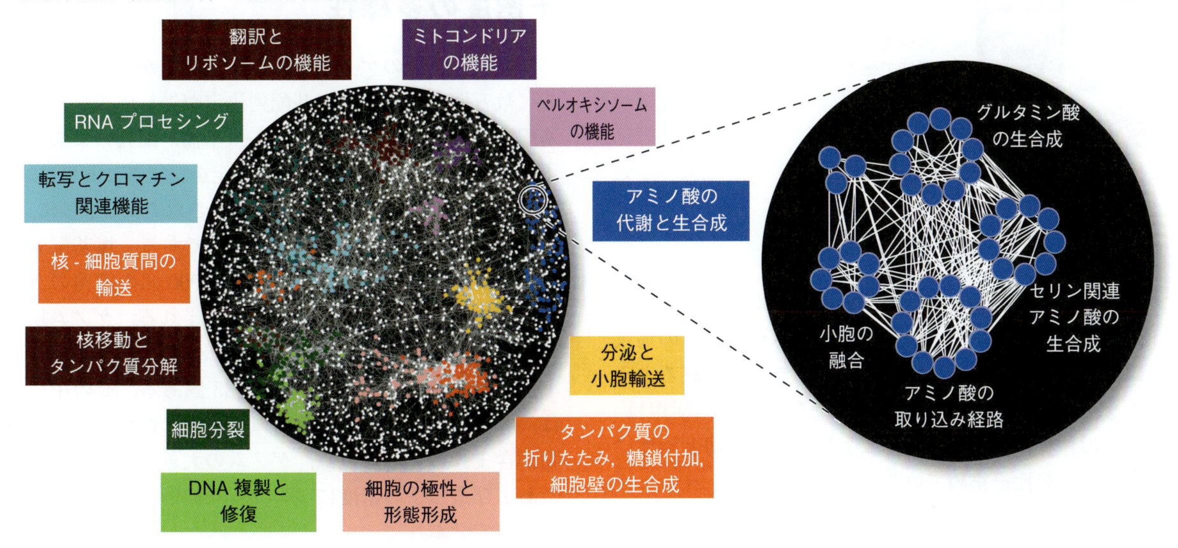
翻訳と
リボソームの機能
ミトコンドリア
の機能
RNA プロセシング
ペルオキシソーム
の機能
転写とクロマチン
関連機能
アミノ酸の
代謝と生合成
核 - 細胞質間の
輸送
核移動と
タンパク質分解
分泌と
小胞輸送
細胞分裂
タンパク質の
折りたたみ，糖鎖付加，
細胞壁の生合成
DNA 複製と
修復
細胞の極性と
形態形成
グルタミン酸
の生合成
セリン関連
アミノ酸の
生合成
小胞の
融合
アミノ酸の
取り込み経路

もしくは低い場合は，2 つの遺伝子の産物が細胞内で相互作用していると判定した．次にコンピュータソフトウェアを用い，タンパク質の相互作用の類似性をもとに遺伝子産物を配置して「相関図」を作製した．完成した相関図のネットワークのようなタンパク質の相互作用の「機能地図」を図 21.4 に示す．この実験により生み出される膨大な数のタンパク質間の相互作用の情報を処理し，統合して相関図を完成させるためには，数学的処理を行う強力なコンピュータとソフトウェアの開発が必要である．

システム生物学の医学への応用

がんゲノムアトラス計画（Cancer Genome Atlas）は，遺伝子と遺伝子産物の相互作用を統合して分析するシステム生物学の応用例の 1 つである．この計画は米国の国立がん研究所（National Cancer Institute：NCI）と国立衛生研究所（NIH）の主導により発足し，生体系のどのような変化ががんに結びつくかを決定することが目的である．2010 年に終了した 3 年間の試験研究では，肺がん，卵巣がん，悪性脳腫瘍のグリオブラストーマの 3 種類のがんについて，がん細胞と正常細胞の遺伝子の塩基配列と遺伝子発現パターンを比較することにより，がん細胞に共通する変異をすべて同定することが目標であった．グリオブラストーマに取り組んだグループは，複数の疑わしい遺伝子，およびいくつかの未知の遺伝子の果たす役割について確認し，がん治療の新たな標的としての可能性を示唆した．3 つのタイプのがんについて，この研究法が有益であったことから，症例が多く死亡率が高いことを基準に選択された 10 種類のがんを研究対象に加えて継続研究が実施されることになった．

ハイスループット（高速処理）技術がますます高速化し安上がりになるにつれて，前述のロードマップ・エピゲノム計画のように研究者ががんの問題に適用するケースが増えてきた．タンパク質をコードする領域に限った塩基配列決定ではなく，特定のタイプの多数のがんについて全ゲノムを塩基配列決定することにより，研究者はがんに共通するゲノムの異常を見出すのと同様に，染色体構造に共通する異常を見出すことが可能となる．

全ゲノムを塩基配列決定する研究と並んで，現在では報告されているヒトの遺伝子の大部分をカバーする DNA マイクロアレイが搭載されているシリコンとガラスの「チップ」が，さまざまながんなどの病気に苦しむ患者に遺伝子発現パターンの研究に用いられるようになっている（図 21.5）．さらに，RNA-seq 法（図 20.13 参照）が DNA マイクロアレイ解析に取って代わるケースが増えてきている．特定のがんで過剰発現または発現量が低下している遺伝子を分析することにより，個々の患者に特有の体質とがんの特性に合わせて内科医が治療法を策定することができるようになる．この分析法は特定のがんの特徴を分析するのに用いら

◀図 21.5　ヒトの遺伝子のマイクロアレイチップ．このシリコンウエハーに格子状に整列した極小の点は，ヒトのゲノムに含まれるほぼすべての遺伝子を表している．このチップを用いることにより，すべての遺伝子の発現パターンを一度に網羅的に解析することが可能である（図 20.12 参照）．

れ，より洗練された治療が可能となる．乳がんがその一例である（図 18.27 参照）．

究極的な未来像では，医療記録には個人のDNA配列が遺伝的バーコードのように記載され，特定の病気に罹りやすい体質を示す領域がハイライトされるようになっているだろう．このような配列情報の活用は，個人の体質に合わせた医療により病気の予防と治療に役立つ可能性を秘めている．

システム生物学は，分子レベルで創発特性を研究するために非常に効果的な方法である．下位の構成成分の配置の結果として，上位レベルの生物的複雑さに新たな特性が発生する（1.1 節参照）．遺伝機構の構成成分の配置と相互作用について研究が進むほど，生物個体への私たちの理解が深まる．本章の後半では，遺伝学的研究から明らかになったことについて調べていく．

概念のチェック 21.2

1. 現在のゲノミクスとプロテオミクスの研究分野では，インターネットはどのような役割を果たしているか．
2. システム生物学の研究法によるがんの研究が，一度に1個の遺伝子を調べる研究方法に比較して有利な点について説明しなさい．
3. **関連性を考えよう**➤ENCODE プロジェクトでは，ゲノムの 75％以上が RNA に転写され，タンパク質をコードする遺伝子の領域よりもはるかに多いことが見出された．17.3 節と 18.3 節を参照し，このような RNA が果たす役割について考察しなさい．
4. **関連性を考えよう**➤20.2 節では，ゲノム全体を対象とする研究方法について学習した．システム生物学では，このような研究手法がどのように活用されているか説明しなさい．

（解答例は付録 A）

21.3

ゲノムの大きさ・遺伝子数・遺伝子密度の多様性

すでに数千個のゲノムの塩基配列決定が完了し，さらに数万個のゲノムの塩基配列決定が進行中または塩基配列決定が完了せずドラフト（草稿）配列のまま終了している（ゲノムの塩基配列決定を完了させるには，ゲノムの価値以上の労力が必要とされた）．さらに，約 3400 のメタゲノム解析が進行中である．塩基配列決定が完了したグループには，約 5000 個の細菌のゲノムと 243 個の古細菌のゲノムが含まれる．ゲノム塩基配列決定が完了した真核生物は 283 個だが，ドラフト配列のまま終了したものは 2635 個ある．その中には，脊椎動物，無脊椎動物，原生生物，菌類および植物が含まれる．本節では，ゲノムの大きさ，遺伝子の数および遺伝子の密度について，一般的な傾向に焦点を当てて学ぶ．

ゲノムの大きさ

3つのドメイン（細菌，古細菌，真核生物）を比較すると，一般に原核生物と真核生物ではゲノムの大きさに大きな差があることに気がつく（表 21.1）．いくつか例外はあるが，大部分の細菌のゲノムの大きさは 100 万から 600 万塩基対（100 万塩基対＝1 Mb）である．たとえば，大腸菌は 4.6 Mb のゲノムを有している．古細菌のゲノムも大部分は細菌のゲノムの大きさの範囲に収まる（塩基配列の解析が完了した古細菌のゲノムは細菌のゲノムよりもずっと少ないため，この状況が変わる可能性もあることに注意）．真核生物のゲノムはもっと大きく，単細胞の出芽酵母 *Saccharomyces cerevisiae*（菌類）のゲノムは約 12 Mb である．さらに，多細胞である動物と植物の大部分は少なくとも 100 Mb のゲノムをもっている．ショウジョウバエのゲノムは 165 Mb，ヒトのゲノムは 3000 Mb であることから，典型的な細菌の 500 倍から 3000 倍の大きさのゲノムをもつことになる．

原核生物と真核生物の一般的なゲノムの大きさの相違はさておき，真核生物のゲノムの大きさを単純に比較していると，ゲノムの大きさと生物の表現型との間の系統的な関連を見逃すことになる．たとえば，キヌガサソウ *Paris japonica* のゲノムには 1490 億塩基対（149 000 Mb）の DNA が含まれる一方で，オオバナイトタヌキモ *Ulticularia gibba* という植物はわずか 8200 万塩基対（82 Mb）のゲノムをもつ．さらに驚く

表 21.1　ゲノムの大きさと推定される遺伝子の数*

生物種	一倍体ゲノムサイズ（Mb）	遺伝子数	遺伝子/Mb
細菌			
Haemophilus influenzae	1.8	1700	940
Escherichia coli	4.6	4400	950
古細菌			
Archaeoglobus fulgidus	2.2	2500	1130
Methanosarcina barkeri	4.8	3600	750
真核生物			
Saccharomyces cerevisiae（酵母，菌類）	12	6300	525
Urticularia gibba（オオバナイトタヌキモ）	82	28 500	348
Caenorhabditis elegans（線虫）	100	20 100	200
Arabidopsis thaliana（シロイヌナズナ）	120	27 000	225
Drosophila melanogaster（ショウジョウバエ）	165	14 000	85
Daphnia pulex（ミジンコ）	200	31 000	155
Zea mays（トウモロコシ）	2300	32 000	14
Ailuropoda melanoleuca（ジャイアントパンダ）	2400	21 000	9
Homo sapiens（ヒト）	3000	<21 000	7
Paris japonica（キヌガサソウ）	149 000	ND	ND

＊この表に示される数値の一部は，ゲノム解析の進行により改訂されることもありうる．Mb＝100 万塩基対．ND＝未決定

ことには，単細胞のアメーバの一種である *Polychaos dubium* のゲノムは 670 000 Mb と推定されている（このゲノムは塩基配列決定されていない）．もっと細かいスケールで 2 種類の昆虫のゲノムを比較してみると，コオロギ *Anabrus simplex* のゲノムはショウジョウバエ *Drosophila melanogaster* のゲノムの 11 倍の DNA 塩基対を含むことが判明している．単細胞真核生物，昆虫，両生類，植物の間でもゲノムの大きさの範囲は非常に広いが，哺乳類と爬虫類はゲノムの大きさの範囲が比較的狭い．

遺伝子の数

遺伝子の数についても原核生物と真核生物の間に大きな違いがあり，一般に細菌と古細菌の遺伝子は真核生物の遺伝子よりも少ない．自由生活する（寄生性ではない）細菌と古細菌は 1500 個から 7500 個の遺伝子をもっているが，真核生物の遺伝子の数は少ないものでは単細胞の真菌類（酵母）の約 5000 個から，多いものではある種の多細胞真核生物の 4 万個以上の幅がある．

真核生物の特定の生物種の遺伝子の数は，ゲノムの大きさから単純に推定される数よりも少ないことが多い．表 21.1 を見ると，線虫 *C. elegans* のゲノムは 100 Mb の大きさで，約 2 万 1000 個の遺伝子が含まれている．線虫に比べてショウジョウバエのゲノムはずっと大きい（165 Mb）が，遺伝子の数は約 3 分の 2 の 1 万 4000 個しか含まれていない．

もっと身近な例について考えてみると，ヒトのゲノムは 3000 Mb で，ショウジョウバエや線虫のゲノムの 10 倍以上の大きさがある．ヒトゲノム計画の開始時点では，それまでに知られていたヒトのタンパク質の種類の数から考えて，ゲノム配列の解析が完了したときには 5 万個から 10 万個の遺伝子が同定されると，生物学者の多くが予測していた．ゲノム計画が進行するにつれて予測値は何度か下方修正され，前述の ENCODE プロジェクトでは遺伝子の数は 2 万 1000 個以下と評価されている．ヒトの遺伝子の数が予想外に少なく，線虫とほぼ同レベルという事実に，生物学者は驚きを隠せなかった．彼らがヒトの遺伝子はもっとたくさんあると考えていたのは明らかであった．

ヒトなどの脊椎動物が線虫とほぼ同レベルの数しか遺伝子を保有せずに済ませているのは，どのような遺伝的機構に基づいているのだろうか．脊椎動物のゲノムは，転写産物 RNA に対する選択的スプライシング機構が発達していることにより，タンパク質のコード配列に対して「一石二鳥」で複数のポリペプチドを産生することが重要なポイントである．選択的スプライシングにより，単一の遺伝子から複数の機能的なタンパク質が生成する（図 18.13 参照）．典型的なヒトの遺伝子には平均 10 個のエキソンが含まれていて，複数のエキソンをもつ遺伝子の 90% 以上が少なくとも 2 通りスプライシングされると見積もられている．数百通りもの選択的スプライシングにより発現する遺伝子が存在する一方で，2 通りだけの選択的スプライシングを行う遺伝子もある．選択的スプライシングにより生成するすべての型のタンパク質のカタログは現状では作製されていないが，ヒトのゲノムにコードされる同一ではないタンパク質の数が，予想される遺伝子の数をはるかに超えることは明らかである．

細胞の種類や発生段階に依存して翻訳後の切断や糖鎖付加などの修飾が起こることにより，ポリペプチドの多様性がさらに増大している．最後に，遺伝子の発現制御の役割を果たす miRNA（マイクロ RNA）など

の低分子RNAの発見が，さらに新たな多様性を与えている（18.3節参照）．このようなRNAによる制御が，限られた遺伝子に対する生物の複雑さに寄与していると考える科学者もいる．

遺伝子の密度と非コードDNA

ゲノムの大きさと遺伝子の数から生物種ごとに遺伝子の密度を比較することができる．すなわち，一定の長さのDNA上に存在する遺伝子の数を比較できる．細菌，古細菌，および真核生物のゲノムを比較すると，真核生物は一般に大きなゲノムをもつが，一定数の塩基対の中に存在する遺伝子の数は少ない．ヒトのゲノムには大部分の細菌の数百倍から数千倍の塩基対が含まれるが，前述の通り遺伝子の数はわずか5倍から15倍にすぎないことから，遺伝子の密度はヒトのゲノムのほうがはるかに低いことがわかる（表21.1参照）．酵母のような単細胞の真核生物でも，100万塩基対あたりに含まれる遺伝子の数は細菌や古細菌よりも少ない．これまでに塩基配列の解析が完了しているゲノムの中では，ヒトなどの哺乳類は遺伝子の密度が最も低い生物である．

これまでに解析されてきたすべての細菌のゲノムは，DNAの大部分がタンパク質，tRNA，rRNAをコードする遺伝子により構成され，残りのわずかな部分は主としてプロモーターなどの転写されない制御領域が占めている．細菌のタンパク質をコードする遺伝子の塩基配列は，非コード配列（イントロン）に分断されることはない．これに対して真核生物のゲノムでは，DNAの大部分がタンパク質をコードしていないし，機能が知られているRNA分子に転写されることもない．真核生物のDNAには細菌よりもはるかに複雑な制御配列が存在している．実際に，ヒトのゲノムには細菌の1万倍の非コードDNAが存在する．多細胞真核生物のゲノム中の非コードDNAの一部は，遺伝子の中にイントロンとして存在する．実際に，ヒトの遺伝子の平均長（2万7000塩基対）と細菌の遺伝子の平均長（1000塩基対）との差は，ほとんどがイントロンの存在により説明できる．

イントロンに加えて，多細胞真核生物のゲノムには遺伝子の間にタンパク質をコードしないDNAが大量に存在する．次節では，ヒトのゲノム中に存在する大量の非コードDNAの構成と配置について記述する．

概念のチェック 21.3

1. 信頼できる評価によると，ヒトのゲノムに含まれる遺伝子の数は2万1000個以下である．一方，ヒトの細胞が2万1000種類以上の異なるポリペプチドを産生する証拠が得られている．この矛盾はどのような機構により説明できるか．

2. 共同ゲノム研究所（Joint Genome Institute）のウェブサイトThe Genome Online Database（GOLD）にはゲノムの塩基配列決定計画についての情報が載っている．https://gold.jgi.doe.gov/statistics の画面をスクロールし，あなたが見つけた情報を記述しなさい．細菌のゲノム計画の何%が医学関連だろうか．

3. どうなる？➤原核生物が真核生物よりも小さなゲノムをもつことは，どのような進化の過程により説明できるか．

（解答例は付録A）

21.4

多細胞真核生物には多くの非コードDNAと多重遺伝子ファミリーが存在する

本章まで第3部（遺伝学）の大半は，タンパク質をコードする遺伝子を中心に調べてきた．しかし実際には，このような遺伝子のタンパク質をコードする領域と，rRNA，tRNA，miRNAなどの非コードRNAの遺伝子は，大部分の多細胞真核生物のゲノムのごく一部を構成しているにすぎない．ヒトのゲノム配列の解析が完了し，タンパク質をコードする領域やrRNAまたはtRNAに転写される領域は，非常にわずか（1.5%）であることが明らかとなっている．残りの98.5%について，現在判明している構成を図21.6に示す．

遺伝子に関連する制御配列とイントロンは，それぞれヒトのゲノムの5%と20%を占める．機能的な遺伝子の間に位置する残りの領域の一部は，遺伝子の断片や**偽遺伝子 pseudogene**などのユニーク（1コピーしかない）な配列である．偽遺伝子は，以前は遺伝子であった配列に長年の間に変異が蓄積し，もはや機能のあるタンパク質を生産できなくなった配列である（低分子量の非コードRNAを生産する遺伝子がゲノム中に占める領域はわずかであり，イントロンが占める20%とユニークな非コードDNAが占める15%の間に分配される）．機能のある遺伝子の間のDNAの大部分は**反復DNA repetitive DNA**であり，ゲノム中で多数のコピーが存在する配列により構成されている．

多くの真核生物のゲノムの大半を占めているDNA配列はタンパク質をコードせず，機能が知られている

▼図 21.6 **ヒトゲノム中のタイプ別 DNA 配列の分類**．遺伝子とよべる配列は，タンパク質をコードする配列および rRNA か tRNA 分子に転写される配列であり，ヒトゲノムのわずか 1.5%（円グラフの濃紫色）を占めるだけだが，遺伝子に付随するイントロンと転写制御配列（薄紫色）はゲノムのおよそ 4 分の 1 に相当する．ヒトのゲノムの大部分はタンパク質をコードしたり，これまでに知られている RNA に転写されたりしないものであり，その多くは反復配列 DNA である（濃緑色および薄緑色）．

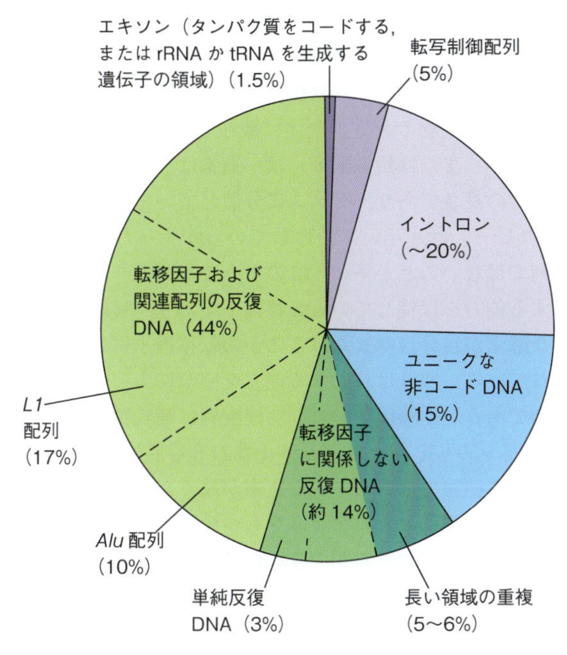
エキソン（タンパク質をコードする，
または rRNA か tRNA を生成する
遺伝子の領域）（1.5%）
転写制御配列
(5%)
イントロン
(~20%)
転移因子および
関連配列の反復
DNA（44%）
ユニークな
非コード DNA
(15%)
L1
配列
(17%)
転移因子
に関係しない
反復 DNA
(約 14%)
Alu 配列
(10%)
単純反復
DNA（3%）
長い領域の重複
(5~6%)

RNA に転写されることもない．このような非コード DNA は，以前は「ジャンク DNA」と記述されることが多かった．しかし，最近 10 年間のゲノム比較研究により，このような DNA がさまざまな生物のゲノムの中で数百世代にもわたって保持されていることが明らかになっている．たとえば，ヒトとラットとマウスのゲノムの比較により，約 500 個の同一の配列をもつ非コード DNA が 3 種の動物の間で共有されていることが判明している．3 種の動物の間で，このような領域の塩基配列がタンパク質をコードする領域よりも高度に保存されていることは，非コード領域が重要な機能を有していることを強く示唆している．前述の ENCODE プロジェクトの結果，このような非コード DNA の多くが重要な役割を果たしていることが強調された．次項から，遺伝子と非コード DNA 領域が多細胞真核生物のゲノムを構成してきた機構について，ヒトゲノムをおもな試料に用いて検討していく．これまでにゲノムがどのように進化し，どのように進化し続けるか，ゲノムの構成からわかることは多い．21.5 節で考察する予定である．

転移因子と関連配列

原核生物にも真核生物にもゲノム中である位置から別の位置に移動できる DNA 領域が存在する．このような DNA 領域は「転移性遺伝因子 transposable genetic element」，または単に**転移因子 transposable element** として知られている．「転移」とよばれる過程により，転移因子が細胞中の DNA のある部位から別の標的部位へと，一種の組換え機構により移動する．転移因子は「ジャンピング遺伝子」とよばれることもあるが，実際は転移因子が細胞の DNA から完全に分離することはない．その代わり，転移因子の移動元および移動先の DNA 部位は，転移の過程で各種の酵素や DNA を湾曲させるタンパク質などにより引き合わされている．驚いたことに，ヒトの繰り返し DNA（ヒトゲノム全体の約 44%）の約 75% は転移因子または関連する配列により構成されている．

放浪する DNA 断片に関する最初の証拠は，米国の遺伝学者バーバラ・マクリントック Barbara McClintock が 1940 年代から 1950 年代にかけてトウモロコシを育種した実験から得られている（図 21.7）．マクリントックは何世代もトウモロコシの形質を追跡しているうちに，トウモロコシの穀粒の色の変化について，ゲノム中のある領域から穀粒の着色遺伝子の内部に移動する遺伝因子が存在し，着色遺伝子が破壊されるため穀粒の色が変化していると仮定しない限り説明できない現象を見出した．マクリントックの発見は強い疑念をもって迎えられ，当時はほとんど無視された．マクリントックの精密な仕事と洞察力に富んだ着想は，ずっと後になって転移因子が細菌から発見された時点で最終的に正当性が立証された．1983 年に，81 歳になっていたマクリントックは転移因子に関する先駆的な研究の功績によりノーベル賞を受賞した．

◀図 21.7 **転移性遺伝因子がトウモロコシの穀粒の色に与える影響**．バーバラ・マクリントックはトウモロコシの房の斑入り（まだら）の穀粒（右側）の観察から，移動性をもつ遺伝因子の存在を初めて提唱した．

▼図 21.8　**トランスポゾンの転移.**「カット・アンド・ペースト機構」または「コピー・アンド・ペースト機構」(図に示す) によるトランスポゾンの転移では，2 本鎖 DNA 中間体を介してトランスポゾンがゲノムに挿入される.

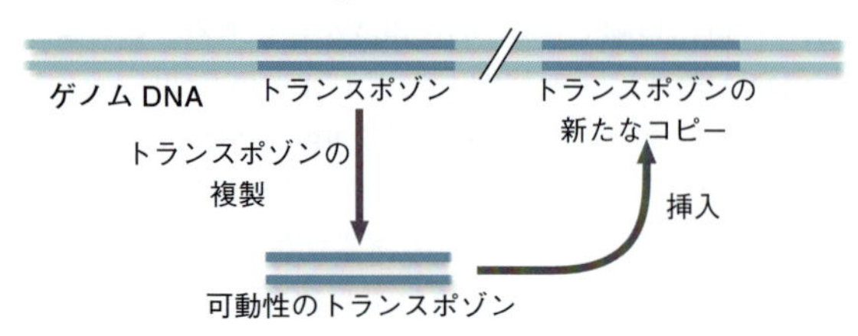
ゲノム DNA
トランスポゾン
トランスポゾンの
新たなコピー
トランスポゾンの
複製
挿入
可動性のトランスポゾン

図読み取り問題➤「カット・アンド・ペースト機構」は，この図の機構とどこが異なるか.

トランスポゾンとレトロトランスポゾンの転移

真核生物の転移因子には 2 つのタイプが存在する. **トランスポゾン transposon** とよばれるタイプの転移因子は，DNA 中間体によりゲノム中を移動する. トランスポゾンは移動元の転移因子が除去される「カット・アンド・ペースト」機構により転移する場合と，移動元の転移因子が残存する「コピー・アンド・ペースト」機構により転移する場合がある (図 21.8). どちらの機構にも「トランスポザーゼ」とよばれる酵素が必要であり，この酵素は一般にトランスポゾンにコードされている.

真核生物のゲノムの転移因子の大部分は第 2 のタイプの**レトロトランスポゾン retrotransposon** であり，トランスポゾン DNA から転写された RNA 中間体によりゲノム中を移動する. レトロトランスポゾンは，転移するときに必ず移動元にコピーを残す (図 21.9). 別の DNA 部位に挿入されるためには，レトロトランスポゾンにコードされる逆転写酵素により，RNA 中間体が DNA に戻される必要がある (逆転写酵素は 19.2 節で学習したレトロウイルスにもコードされている. 実際，レトロウイルスはレトロトランスポゾンから進化したと考えられている). 逆転写された DNA が新たな DNA 部位に挿入される反応は，細胞に存在する別の酵素が触媒する.

▼図 21.9　**レトロトランスポゾンの転移.** レトロトランスポゾンの転移は 1 本鎖 RNA 中間体の形成により始まる. 以降の過程はレトロウイルスの複製サイクルと本質的に同じものである (図 19.8 参照).

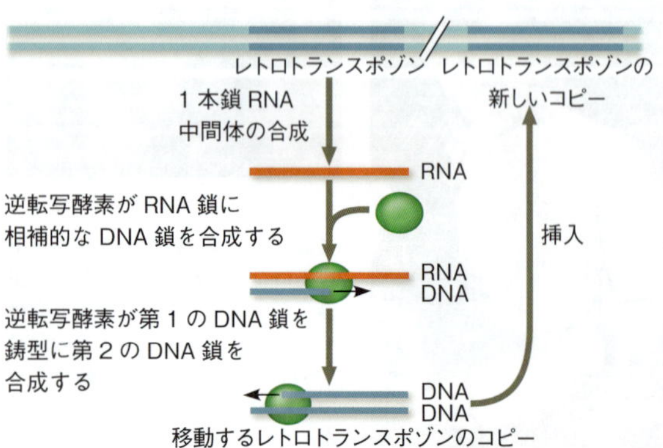
レトロトランスポゾン
レトロトランスポゾンの
新しいコピー
1 本鎖 RNA
中間体の合成
RNA
逆転写酵素が RNA 鎖に
相補的な DNA 鎖を合成する
挿入
RNA
DNA
逆転写酵素が第 1 の DNA 鎖を
鋳型に第 2 の DNA 鎖を
合成する
DNA
DNA
移動するレトロトランスポゾンのコピー

転移因子に関連する配列

転移因子およびこれに類似する配列は，多数のコピーが真核生物のゲノム全体に散在している. 1 個の転移因子 (または類似配列) は，通常は数百から数千塩基対の長さであり，ゲノムに分散している転移因子の「コピー」は，互いに類似しているがまったく同一配列ではないことが多い. このような配列の一部は移動する能力を保持している転移因子であり，移動に必要な酵素が自分自身またはどこかの転移因子にコードされている. 残りは移動する能力を完全に失った関連配列である. 転移因子および関連配列は哺乳類のゲノムの 25〜50% を占めているが (図 21.6 参照)，両生類と多くの植物ではさらにこの比率が高くなっている. 実際に，非常に大きなゲノムをもつ植物は余分の遺伝子をもつためにゲノムが大きいのではなく，転移因子を多く含むためにゲノムが大きくなっている. たとえば，トウモロコシのゲノムの 85% は，転移因子により占められている.

ヒトなどの霊長類のゲノムには「*Alu* 配列」とよばれる類似した配列により構成される転移因子の関連配列が大量に存在する. *Alu* 配列は，それだけでヒトのゲノムの約 10% を占める. *Alu* 配列は約 300 塩基の長さであり，転移する能力をもつほとんどの転移因子よりもずっと短く，どのようなタンパク質もコードしていない. *Alu* 配列の多くは RNA 分子に転写され，このような RNA の少なくとも一部は遺伝子の発現制御に関与すると考えられている.

ヒトゲノムのもっと大きな割合 (17%) が，*LINE-1* または *L1* とよばれる，一種のレトロトランスポゾンに占められている. *L1* 配列は *Alu* 配列よりもはるかに大きく (約 6500 塩基対)，非常に低い頻度で転移する. しかし，ラットを用いる研究者が，発生中の脳では L1 レトロトランスポゾンがもっと活発であることを見出した. 発生中の神経細胞では L1 レトロトランスポゾンの遺伝子発現に与える影響が異なることが，非常に多様なタイプの神経細胞の発生に寄与していると思われる (48.1 節参照).

転移因子の多くはタンパク質をコードしているが，このタンパク質は正常な細胞内の機能をもたない. このため，転移因子は，他の反復配列とともに「非コード」DNAに分類されるのがふつうである．

単純DNA配列が反復するDNA配列

転移因子と関連しない反復DNA配列は，DNA複製または組換えの過程で発生した誤りにより生じたものと考えられる．このような反復DNAは，ヒトゲノムの約14%を占めている（図21.6参照）．このうち約3分の1は（ヒトゲノムの5～6%）1万から30万塩基対の長いDNA領域の重複により構成されている．このような長いDNA領域は，染色体のある部位からコピーされて同一染色体または別の染色体の新たな部位に転移したものであり，機能をもつ遺伝子がこの領域に含まれることもあると考えられる．

長いDNA配列のコピーがゲノム中に散在するのに対して，**単純反復DNA simple sequence DNA**として知られるDNA領域は以下の例のように多数の短い配列のコピーが直列に繰り返している（DNA鎖の一方だけを示している）．

…GTTACGTTACGTTACGTTACGTTCGTTAC…

この例では，5塩基（GTTAC）で構成される配列の単位が反復している．反復単位はこの例のように15塩基以下のことが多いが，500塩基程度の単位が反復しているものもある．反復単位が2～5塩基のとき，一連の反復DNAは**マイクロサテライト short tandem repeat（STR）**とよばれる．マイクロサテライト解析の遺伝的プロファイル（DNA鑑定）への応用については20.4節で検討している（図20.24参照）．同じゲノムの中でも，反復単位のコピー数はゲノム中の部位により大きく異なる．GTTAC単位が数十万回反復している部位もあれば，別の部位では反復回数が半分以下のこともある．マイクロサテライト解析は，比較的反復回数が少ない部位を選択して実行される．マイクロサテライトの反復回数は個人により異なる．ヒトは二倍体であるため，各々の個人は特定の部位について2つの対立遺伝子を有し，この2つの反復回数が異なることもある．このような多様性のため，マイクロサテライト解析の結果さまざまな反復回数が観察される．マイクロサテライトDNAは，ヒトのゲノムの約3%を占めている．

ゲノム中のマイクロサテライトDNAの多くが染色体のテロメアとセントロメアの近傍に位置することから，マイクロサテライトDNAは染色体の構造のうえでなんらかの役割を果たしていると考えられる．セントロメア領域のDNAは，細胞分裂の過程で染色分体の分離に必須な役割を果たす（12.2節参照）．セントロメアDNAは，他の領域に位置するマイクロサテライトDNAとともに，間期の核内で染色分体の組織化に関与すると考えられる．一方，染色体の末端のテロメアに位置するマイクロサテライトDNAは，DNA複製のたびに起こるDNA末端の短縮により遺伝子が失われるのを防止している（16.2節参照）．さらに，テロメアDNAはタンパク質と結合して，染色体の末端部が分解されないように保護するとともに，他の染色体と無作為な連結が生じることを防止している．

前述のような短い反復配列の存在は，ショットガン法によるゲノム配列解析を難しくする．多数の短い反復配列がコンピュータによる配列断片の正確な統合を妨げるためである．単純配列のDNA領域は，全ゲノムの大きさを評価するうえで大きな不確定要因となり，ゲノム解析が完了せずに「ドラフト配列（草稿）のまま」終了している原因ともなっている．

遺伝子と多重遺伝子ファミリー

真核生物のゲノムに含まれるさまざまなタイプのDNA配列について議論してきたが，最後は遺伝子について詳細に検討していく．タンパク質をコードするDNAおよびtRNAやrRNAを生成するDNA配列がヒトのゲノムのわずか1.5%を構成するにすぎないことは，前述の通りである（図21.6参照）．もし，イントロンと遺伝子の制御配列を含めて考えると，コード配列と非コード配列を合わせて遺伝子に関連するDNAがヒトのゲノムの約25%を構成することになる．言い換えると，平均的な遺伝子の全長のわずか6%（25%の中の1.5%）が最終的な遺伝子産物を表現しているといえる．

細菌の遺伝子と同様に，真核生物の遺伝子の多くはゲノム中にユニークな配列として存在し，一倍体の染色体について1コピーしか存在しない．このようにゲノム中のユニークな配列である遺伝子は，ヒトなどの多くの動物や植物のゲノムでは，すべての遺伝子関連DNAの半分以下である．残りの遺伝子は**多重遺伝子ファミリー multigene family**であり，ゲノム中に2つ以上のまったく同一または非常に類似した遺伝子の集合として存在する．

同一のDNA配列から構成される多重遺伝子ファミリーでは，同一の配列が直列に繰り返しているケースが多い．ヒストンタンパク質の遺伝子は重要な例外であるが，ほとんどの同一配列による多重遺伝子ファミリーの最終産物はRNAである．同一のDNA配列をもつ多重遺伝子ファミリーの一例が，リボソーム

▼図 21.10　多重遺伝子ファミリー.

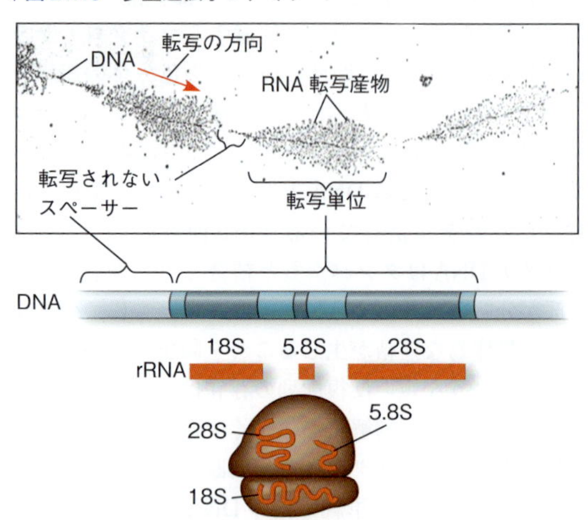
DNA
転写の方向
RNA 転写産物
転写されない
スペーサー
転写単位
DNA
18S
5.8S
28S
rRNA
28S
5.8S
18S

(a) **リボソーム RNA 遺伝子ファミリー.** 上図の電子顕微鏡写真には，サンショウウオのゲノムにある rRNA 多重遺伝子ファミリーの数百コピーの rRNA の転写単位のうち３つが示されている.「羽毛」のように見える構造は約 100 分子の RNA ポリメラーゼ（DNA 鎖上の黒点）により転写される１つの転写単位に相当し，DNA 鎖上を左から右へ（赤矢印）と移動している．伸長中の RNA 転写産物が DNA 鎖から外側に広がっているところが羽毛のように見えている．顕微鏡写真の下の図に描かれる１個の転写単位には３種の rRNA（濃青色）の遺伝子が含まれ，その間の領域（青色）は転写後に除去される．１本の長い転写産物 RNA はプロセシングを受けて，リボソームの主要な成分である３種の rRNA（赤色）が１分子ずつ産生される.

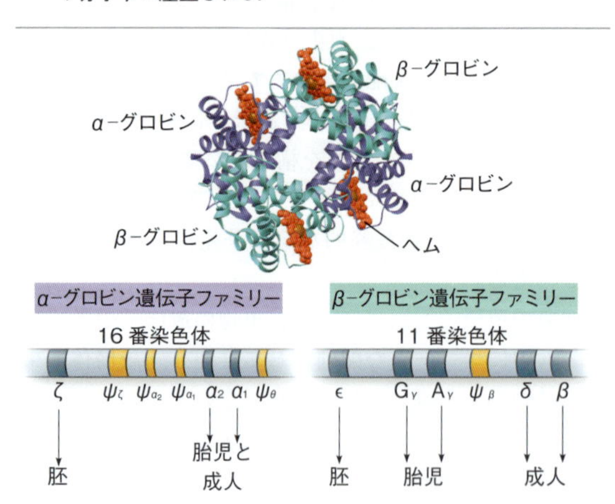
β-グロビン
α-グロビン
α-グロビン
β-グロビン
ヘム
α-グロビン遺伝子ファミリー
β-グロビン遺伝子ファミリー
16 番染色体
11 番染色体
ζ　ψζ　ψα2　ψα1　α2　α1　ψθ
ϵ　Gγ　Aγ　ψβ　δ　β
胚
胎児と
成人
胚
胎児
成人

(b) **ヒトの α-グロビンと β-グロビン多重遺伝子ファミリー**．成人のヘモグロビンは，分子モデルに示されるように２つの α-グロビンと２つの β-グロビンのサブユニットより構成される．α-グロビンと β-グロビンをコードする遺伝子（濃青色）は，図のような構成の２つの多重遺伝子ファミリーの中に存在する．各々の多重遺伝子ファミリーの中で，機能をもつ遺伝子の間に存在する非コード DNA（薄青色）には，機能のあるタンパク質をコードしない偽遺伝子（ψ；黄色）が含まれている．機能をもつ遺伝子と偽遺伝子は，前述の α-グロビンと β-グロビンのように，ギリシャ文字により命名されている．胚または胎児期にのみ発現する遺伝子も存在する.

図読み取り問題➤図（a）上部の透過型電子顕微鏡写真で，赤矢印に示されていなくても転写の方向を見分けることができるか.

RNA（rRNA）分子のうち大きい３つをコードする遺伝子の多重遺伝子ファミリーである（図 21.10 a）．これらの rRNA 分子は単一の転写単位としてコードされていて，この転写単位が数百回から数千回直列に反復した構造が多細胞真核生物のゲノムの１ヵ所または数ヵ所に存在している．このように rRNA の転写単位のコピーが多数存在することにより，細胞が活発なタンパク質合成を必要とするときに迅速に数百万個のリボソームを生産することが可能になっている．この多重遺伝子ファミリーから転写された一次転写産物 RNA 分子は切断されて３種類の rRNA 分子を形成し，もう１種類の rRNA（5S rRNA）およびタンパク質と結合して，リボソームのサブユニットを形成する.

一方，配列がまったく同一ではない遺伝子により構成される多重遺伝子ファミリーとして古くから知られている例は，ヘモグロビンのサブユニットを構成する α ポリペプチドと β ポリペプチドをそれぞれ含むタンパク質のグループを構成する，２つの遺伝子ファミリーである．これらの多重遺伝子ファミリーの一方はヒトの 16 番染色体に位置してさまざまな型の α-グロビンをコードし，もう一方のファミリーは 11 番染色体に位置して，数種類の β-グロビンをコードしている（図 21.10 b）．各々のグロビンのタイプの異なるサブユニットは胚発生の異なる時期に発現し，発生中の個体がおかれた環境の変化に効果的に対応して機能するヘモグロビンを生産する．たとえばヒトでは，胚型および胎児型のヘモグロビンは成人型のヘモグロビンよりも酸素に強い親和性を有し，母親から胎児へと酸素が確実に受け渡されるようにしている．さらにグロビン遺伝子ファミリーの中には，偽遺伝子も複数存在している.

21.5 節では，これらの２つのグロビン多重遺伝子ファミリーの進化について調査し，ファミリー中の遺伝子の配置からゲノムの進化に至る機構について探求する．さらに，進化的な時間とともにさまざまな生物種のゲノムが形成されてきた過程について考察する.

概念のチェック 21.4

1. 哺乳類のゲノムが原核生物のゲノムよりも大きい理由について考察しなさい.
2. **図読み取り問題➤**図 21.8 と図 21.9 に記述される３つの機構のうち，移動元の部位にコピーを残したまま新たな部位に転移因子が移動する機構はどれか.
3. rRNA 多重遺伝子ファミリーとグロビン多重遺伝子ファミリーの構成を比較対照しなさい．それぞれについて，このような遺伝子ファミリーの存在が生物にどのような利益をもたらしているか説明しなさい.

4. **関連性を考えよう➤**図 18.8 の上図のそれぞれの DNA 領域を，図 21.6 の円グラフの該当する位置に割り振りなさい. (解答例は付録 A)

21.5

DNA の複製・再編・突然変異がゲノムの進化に貢献する

進化 本節ではヒトのゲノムの構成について探究する．ゲノムの構成を調べてゲノムが進化してきた機構を解き明かしてみよう．ゲノムの変化の基本は突然変異であり，ゲノム進化の根本原因である．最初に発生した原始の生命体は，生存と生殖に必要な最小限の遺伝子しかもっていなかったと考えられる．これが事実ならば，進化の過程でゲノムの増加があったはずであり，増加した遺伝性物質が遺伝子の多様化の素材となっている．本節では，まずゲノムの一部または全部について余分のコピーが生成する過程について記述し，次にわずかに異なる機能や，まったく新しい機能をもつタンパク質（または RNA 産物）への進化を引き起こす過程について考察していく．

染色体全体の複製

減数第一分裂中の相同染色体不分離などの減数分裂の過程で発生するアクシデントにより，1 本またはそれ以上の余分な染色体が生じ，倍数性として知られる状態となる（15.4 節参照）．このようなアクシデントの多くは致死的であるが，まれに遺伝子の進化を促進することがある．遺伝子が 1 組あれば生命体に必須な機能を確保できることから，2 組以上の遺伝子をもつ倍数体の生物がもつ余分な遺伝子には突然変異が蓄積して多様化する余裕があり，こうした遺伝子を保有する個体が生存して生殖すると，多様化した遺伝子が次世代に存続することになる．こうして新たな機能をもつ遺伝子が進化する．必須遺伝子のコピーの一方が発現している間にもう一方のコピーの遺伝子が多様化により新たな様式で機能するタンパク質をコードするようになり，個体の表現型の変化をもたらす．

このような突然変異が蓄積した結果，やがて新たな生物種として分岐する．動物の倍数体は非常に珍しいが，植物の間では比較的よく見られるものであり特に被子植物には多い．ある植物学者は，現在生存している植物種の約 80% に祖先種の間で倍数体が発生した証拠が認められると見積もっている．倍数体が植物の種の分化を引き起こす過程については，24.2 節でさらに学習する予定である．

染色体構造の変化

近年のゲノム配列情報の爆発的な進歩により，多数の生物種の染色体の構成を詳細に比較することが可能となっている．このような情報から，染色体を形成し生物種の分化を引き起こす進化的な過程に関する推論がなされている．例を挙げると，ヒトとチンパンジーの祖先が別個の生物種として分岐した約 600 万年前に祖先の体内で 2 つの染色体の融合が起こり，ヒト（$n=23$）とチンパンジー（$n=24$）の一倍体の染色体数に相違が生じたことは，科学者の間で広く知られている．染色した染色体のバンドのパターンから，現在のチンパンジーの 12 番染色体と 13 番染色体に相当する当時の 2 本の染色体の末端同士が融合して，ヒトの祖先の 2 番染色体を形成したことが示唆されている．ヒトゲノム計画により得られたヒトの 2 番染色体配列のシーケンスと分析により，ここで紹介した染色体融合に関するモデルを非常に強く支持する証拠が得られている（図 21.11）．

さらに広い視点からの研究として，ヒトの各々の染色体の DNA 配列をマウスの全ゲノムの塩基配列との比較が行われた（図 21.12）．この研究で得られた成

▼**図 21.11 ヒトの染色体とチンパンジーの染色体．** ヒトの 2 番染色体（左）のテロメア様配列とセントロメア様配列の位置は，それぞれチンパンジーの 12 番と 13 番染色体のテロメアの位置およびチンパンジーの 13 番染色体（右）のセントロメアの位置と一致する．これより，ヒトの祖先の 12 番染色体と 13 番染色体が末端同士で融合することにより，2 番染色体が形成されたと考えられる．このとき，ヒトの祖先の 12 番染色体のセントロメアは現在のヒトの 2 番染色体の機能性セントロメアとして保持されたが，もう一方の 13 番染色体のセントロメアは機能を失った．

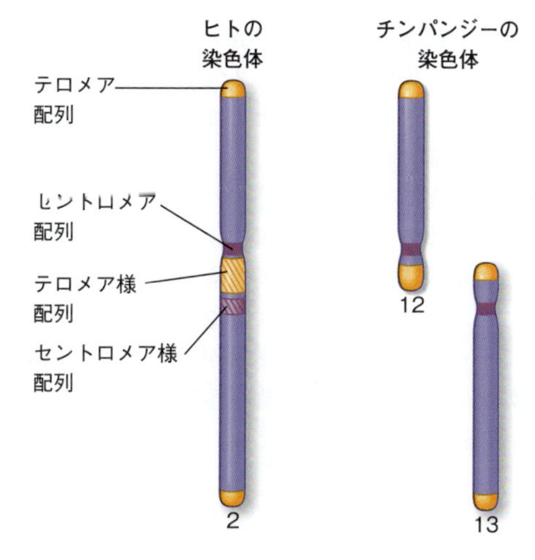
ヒトの
染色体
チンパンジーの
染色体
テロメア
配列
セントロメア
配列
テロメア様
配列
セントロメア様
配列
2
12
13

▼図 21.12　**ヒトの染色体とマウスの染色体**．図に示されるように，ヒトの16番染色体と非常に相同性が高い領域（この図では着色された領域）が，マウスの7番，8番，16番，17番染色体から見出された．この発見より，各々の相同領域のDNA配列は，マウスとヒトの仲間が共通の祖先から分岐したときから一緒に存在していると考えられる．

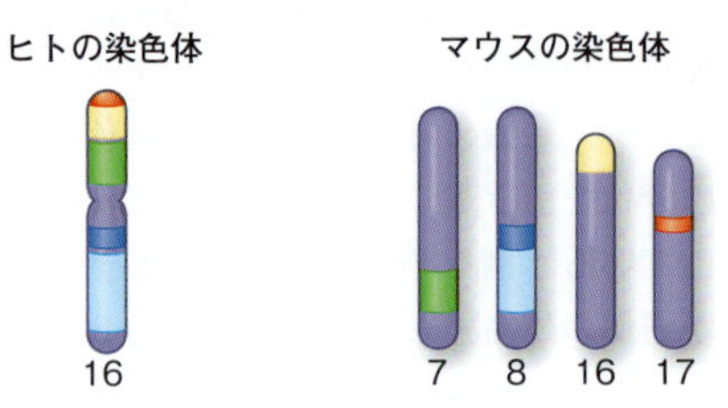
ヒトの染色体
マウスの染色体
16
7
8
16
17

果の1つは，ヒト16番染色体上の大きな遺伝子のブロックがマウスの4つの染色体に見出されたことである．このことは，共通の祖先から分岐進化する過程で，マウスの系統とヒトの系統の両方で各々のブロックの遺伝子群が離れずにブロックのまま存在していたことを示している．

ヒトと6種類の哺乳類について実施された同様の染色体比較により，ヒトとマウスを含む8種類の生物種の染色体が再編成される進化的な歴史が再現された．この研究により多数見出された染色体の大きな領域の重複や逆位は，減数分裂の過程で組換えの誤りが発生し，DNA鎖の分断と再結合が不正確に起こった結果と考えられる．このような染色体の再編が生じる頻度が約1億年前に加速したように見える．地球上では巨大な恐竜の絶滅が始まり，哺乳類の種類が急速に増加した時代の約3500万年前である．この時代に染色体の再編が加速したことが興味深いのは，染色体の再編が新たな生物種の生成に貢献すると考えられるためである．染色体配置が異なる個体同士でも生殖することはできるが，生まれる子の2組の染色体が同一でなくなるため，減数分裂が非効率または不可能になる．こうして，染色体の再編により互いに交配することができない2つの集団が発生し，2つの生物種へと分岐していく過程を1歩進んだことになる（進化の過程については24.2節で詳しく学ぶ）．

同様の研究により医学関連のパターンが見出されている．染色体の再編に伴う染色体DNA鎖の切断点の分析により，特定の部位が何度も組換えを繰り返していることが判明した．このような組換えの多発領域である「ホットスポット」の多くが，先天性疾患に伴うヒトのゲノム中の染色体再編発生部位と一致している（15.4節参照）．

▼図 21.13　**不均等交差による遺伝子重複**．遺伝子またはDNA領域が重複する機構の1つは，減数分裂時に遺伝子（青色）に隣接する転移因子（黄色）の間で起こる組換えである．相同染色体の非姉妹染色分体間の対合がずれたときに組換えが起こると，一方の染色分体には特定の遺伝子が2コピーとなり，もう一方の染色分体にはその遺伝子が欠失することになる（遺伝子と転移因子は注目すべき領域のみ示している）．

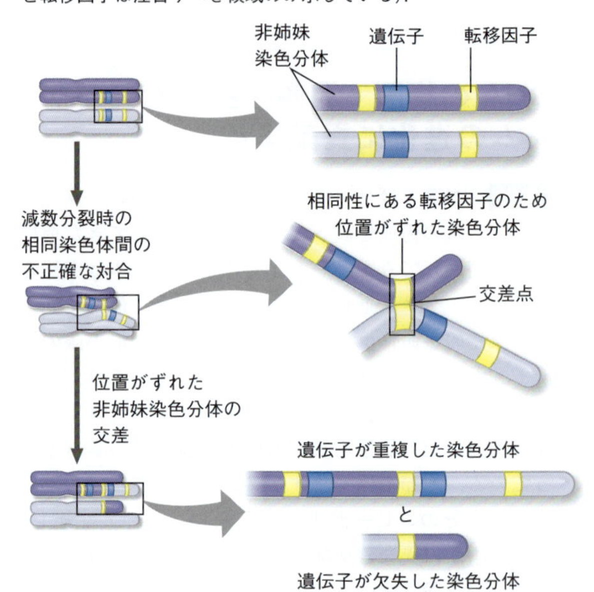
非姉妹
染色分体
遺伝子
転移因子
減数分裂時の
相同染色体間の
不正確な対合
相同性にある転移因子のため
位置がずれた染色分体
交差点
位置がずれた
非姉妹染色分体の
交差
遺伝子が重複した染色分体
と
遺伝子が欠失した染色分体

関連性を考えよう➤図13.9で交差が起こる機構を説明しなさい．上図の2段目の絵に線を引いて，3段目の絵のような染色体が生じるような組換え様式を示しなさい．他の染色分体で同じ作業をするときには，別の色を使用すること．

遺伝子レベルのDNA領域の重複と多様化

減数分裂中の誤りにより，前述のような大規模な染色体の領域の変化だけでなく，個々の遺伝子を含む長さのDNA領域の重複が起こることもある．たとえば，減数第一分裂前期に染色体の不均等交差が起こると，特定の遺伝子を含む領域が一方の染色体では欠失し，他方の染色体では重複することになる．また，転移因子のため，非姉妹染色分体の交差が起こりうる相同性領域が生じ，その結果，染色分体の残りの領域が正しく対合できなくなることもある（図21.13）．

さらに，DNA複製時に横滑りが起きて鋳型が新たな相補鎖に移し変えられるため，鋳型鎖の一部がDNA複製装置に飛ばされてしまうことや，鋳型鎖として2回使用されることがある．その結果，特定のDNA領域が欠失または重複する．塩基配列が反復している領域で，このような複製の誤りが発生しやすいことは容易に想像できるだろう．マイクロサテライト解析に利用される特定の領域の単純反復DNA配列の反復単位の数が個人により異なるのは，このような複

▼図 21.14　単一の祖先グロビン遺伝子からヒトの α-グロビンと β-グロビンの遺伝子ファミリーへの段階的進化モデル.

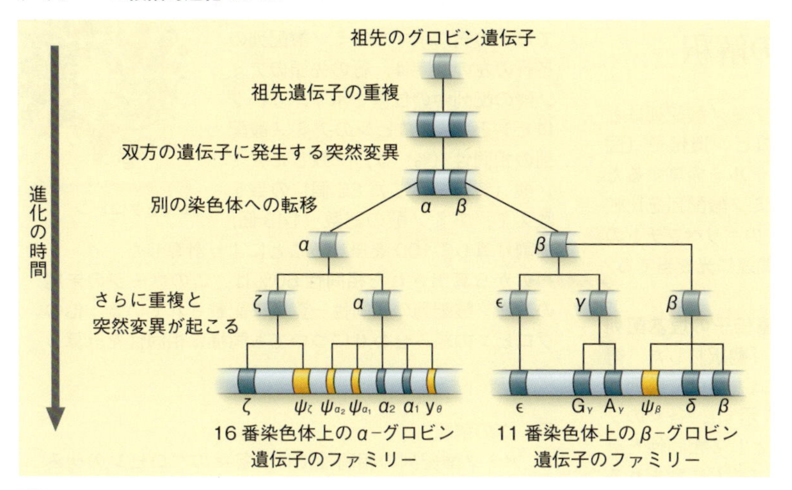
祖先のグロビン遺伝子
祖先遺伝子の重複
双方の遺伝子に発生する突然変異
別の染色体への転移
進化の時間
α β
α
β
さらに重複と
突然変異が起こる
ζ α
ϵ γ β
ζ ψ_{ζ} ψ_{α_2} ψ_{α_1} α_2 α_1 y_{θ}
ϵ G_{γ} A_{γ} ψ_{β} δ β
16 番染色体上の α-グロビン
遺伝子のファミリー
11 番染色体上の β-グロビン
遺伝子のファミリー

? 黄色の領域は偽遺伝子である. 遺伝子の重複が起こった後に偽遺伝子が生じた機構について説明しなさい.

製の誤りのためと考えられる. DNA 複製時の不均等交差や鋳型鎖の横滑りなどにより引き起こされる遺伝子の重複が起こった証拠が, グロビン遺伝子ファミリーなどの多重遺伝子ファミリーの構造に現れている.

類似した機能をもつ遺伝子の進化：ヒトのグロビン遺伝子ファミリー

図 20.10b には現在のヒトのゲノムに存在する α-グロビン遺伝子と β-グロビン遺伝子のファミリーの構成が示されている. 遺伝子重複などの事件がグロビン遺伝子のように類似した機能をもつ遺伝子の進化に結びつく機構について考えてみよう. 多重遺伝子ファミリーに属する遺伝子の配列比較により, 各々の遺伝子が発生した順序を推定することができる. グロビン遺伝子ファミリーの進化の歴史を再現する研究により判明したことは, 共通の祖先である 1 個のグロビン遺伝子が重複と多様化を繰り返すことにより, グロビン遺伝子ファミリーのすべての遺伝子が発生したことである. α-グロビン遺伝子と β-グロビン遺伝子の分岐は 4.5 億年から 5 億年前に起こり, 分岐してから数回重複して塩基配列が少しずつ変化したコピーの遺伝子が生成し, 現在のグロビン遺伝子ファミリーが形成されたと考えられる (図 21.14). 実際には, 共通の祖先グロビン遺伝子から筋肉の酸素結合タンパク質であるミオグロビンと植物のレグヘモグロビンも発生している. ミオグロビンとレグヘモグロビンは単量体として機能するが, これらの遺伝子も「グロビンスーパーファミリー」に属している.

遺伝子の重複が発生すると, 以降はグロビン遺伝子ファミリーの各々の遺伝子に突然変異が蓄積し, 多くの世代を経るに従って大きな相違が生じたことは間違いない. 現在のモデルでは, 1 個の遺伝子により供給される α-グロビンタンパク質が生存に必須な機能を担っている間に, 他の α-グロビン遺伝子のコピーにランダムな突然変異が蓄積したと考えられている. 突然変異の多くは個体に不利な影響を及ぼすものやまったく影響のないものである. しかし, まれに突然変異により酸素を運搬するというタンパク質の基本的な機能を保ちながら, タンパク質産物の性質が変化し, 個体の特定の発生段階に有利に働いたこともあったはずである. このように有利な変異が起こった遺伝子には自然選択が働き, 生物集団の中で改変された遺伝子が維持されたと推定される.

科学スキル演習ではグロビンファミリータンパク質のアミノ酸配列を比較し, 比較の結果を用いて図 21.14 に示されるようなグロビン遺伝子の進化モデルの作製手順を見ていく. 機能をもつグロビン遺伝子群の間に複数の偽遺伝子が存在することが, このモデルを支持する証拠を提供している. すなわち, 遺伝子が進化する過程でこれらの「偽」遺伝子にランダムな突然変異が発生し, 遺伝子の機能を消失させたと考えられる.

新たな機能をもつ遺伝子への進化

グロビン遺伝子ファミリーの進化の過程では, 遺伝子の重複と引き続く多様化により, 酸素の運搬という共通の機能を有する互いに類似したグロビン遺伝子のファミリーが形成されたと考えられる. しかし, 別の進化の道筋として, 重複した遺伝子の一方に変異が生じてまったく新しい機能をもつタンパク質をコードするようになる場合がある. リゾチームと α-ラクトアルブミンの遺伝子が好例である.

リゾチームは細菌の細胞壁を加水分解することにより, 細菌の感染から動物を保護している酵素である (視覚化された図 5.16 参照). また, α-ラクトアルブミンは哺乳類の乳に含まれる酵素活性をもたないタンパク質である. この 2 つのタンパク質は, アミノ酸配

科学スキル演習

アミノ酸配列の相同性の解釈

進化に伴ってヒトのグロビン遺伝子のアミノ酸配列はどのように多様化したか　研究者はグロビン遺伝子（図21.14参照）の進化の歴史についてモデルを構築するため，グロビン遺伝子にコードされるアミノ酸配列を比較した．この演習では，あなたはグロビンのポリペプチドのアミノ酸配列を比較分析し，進化的な関連に光を当てる．

実験方法　研究者は8個のグロビン遺伝子の塩基配列を入手し，それぞれをアミノ酸配列に「翻訳」した．得られた配列をコンピュータのプログラムを用いて整列し（横線はある配列中のアミノ酸の欠落を示す），各々のグロビンの間のアミノ酸が一致した割合として相同性を計算した．相同性は，グロビンのポリペプチドに含まれるアミノ酸の総数に対して，同一部位のアミノ酸が一致した数を反映している．8個のグロビンをそれぞれ対にして相同性を比較したデータは下の表に示されている．

実験データ　標準的な1文字表記で示したα_1-グロビン（アルファ1 グロビン）とζ-グロビン（ゼータ グロビン）のアミノ酸配列を対にして整列したものを例として以下の表に示す．アミノ酸配列の各行の左の数字は，行の先頭のアミノ酸の配列中の位置を示す．α_1-グロビンとζ-グロビンのアミノ酸配列の相同性（%）は，一致したアミノ酸（黄色で示した86個）の数を数えて，アミノ酸の総数（143個）で割り算し，100を掛けることにより計算した．α_1-ζペアから算出された相同性60%は，このページの末尾のアミノ酸配列の相同性一覧表に記載されている．他のグロビンの組み合わせについても同様に相同性を計算した．

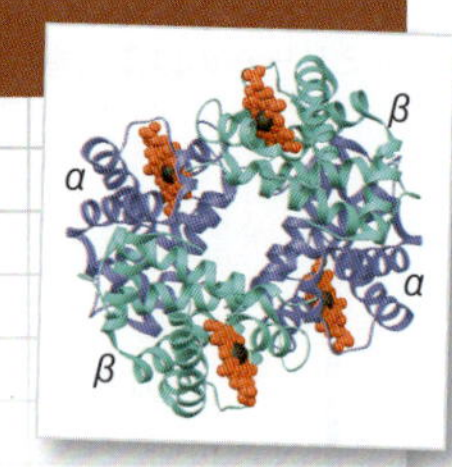
α
β
α
β

ヘモグロビン

グロビン　グロビンのアミノ酸配列比較

α_1	1	MVLSPADKTNVKAAWGKVGAHAGEYGAEAL
ζ	1	MSLTKTERTIIVSMWAKISTQADTIGTETL
α_1	31	ERMFLSFPTTKTYFPHFDLSH-GSAQVKGH
ζ	31	ERLFLSHPQTKTYFPHFDL-HPGSAQLRAH
α_1	61	GKKVADALTNAVAHVDDMPNALSALSDLHA
ζ	61	GSKVVAAVGDAVKSIDDIGGALSKLSELHA
α_1	91	HKLRVDPVNFKLLSHCLLVTLAAHLPAEFT
ζ	91	YILRVDPVNFKLLSHCLLVTLAARFPADFT
α_1	121	PAVHASLDKFLASVSTVLTSKYR
ζ	121	AEAHAAWDKFLSVVSSVLTEKYR

データの解釈

1. アミノ酸配列の相同性では，各々のグロビンの組み合わせについて比較したデータが表示されている．(a) 表には横線が引かれた欄がある．このような欄の中で任意の対についてアミノ酸配列比較を行ったとき，横線の欄では相同性が何%であることが暗示されているか．(b) 表の左下半分の欄は空白である．すでに表に示されている情報を用いて空白の欄を埋めなさい．この表では，半数の欄が空白のまま残されていることが道理にかなっているのはなぜか．
2. 以前に複製されて重複した遺伝子から2つの遺伝子が発生した．これらの塩基配列の間にさらに相違が生じると，生産物のタンパク質のアミノ酸にも差異が生じる．(a) このような前提のもとで，2つの遺伝子の間で最も差が大きい組み合わせはどれか．これらのポリペプチド間のアミノ酸の相同性は何%か．(b) 同様の前提で，直近に重複した2つのグロビン遺伝子の組み合わせはどれか．またこれらのポリペプチド間のアミノ酸の相同性は何%か．
3. 図21.14に示されるグロビン遺伝子の進化のモデルによると，祖先の遺伝子が重複して変異することによりα-グロビン遺伝子とβ-グロビン遺伝子が生じた後，各々の遺伝子がさらに重複して変異が起こったと考えられる．相同性のデータのどのような特徴がこのモデ

アミノ酸配列の相同性

		α ファミリー			β ファミリー				
		α_1（アルファ1）	α_2（アルファ2）	ζ（ゼータ）	β（ベータ）	δ（デルタ）	ε（イプシロン）	A_γ（ガンマA）	G_γ（ガンマG）
α ファミリー	α_1	-----	100	60	45	44	39	42	42
	α_2		-----	60	45	44	39	42	42
	ζ			-----	38	40	41	41	41
β ファミリー	β				-----	93	76	73	73
	δ					-----	73	71	72
	ε						-----	80	80
	A_γ							-----	99
	G_γ								-----

Compiled using data from the National Center for Biotechnology Information (NCBI).

ルを支持しているか．

4. 表のすべての相同性の数値（%）を，100%を先頭に順に並べてリストを作製する．各々の数値の隣に相同性を計算したグロビンの対を記入しなさい．αファミリーのグロビンに着色し，βファミリーのグロビンは別の色で着色しなさい．(a) 作成したリスト中のグロビンの対の順番と，図 21.14 に示されるモデルの中でのグロビン対の位置を比較しなさい．あなたのリストのグロビン対の順番は，モデルの中のグロビンファミリー間の相対的「近縁度」の順と同じものか．(b) αグループ内またはβグループ内のグロビン対の相同性とグループ間のグロビン対の相同性を比較しなさい．

さらに知りたい人へ　R. C. Hardison, Globin genes on the move, *Journal of Biology* 7:35.1-35.5 (2008).

▼図 21.15　リゾチームとα-ラクトアルブミンタンパク質の比較． コンピュータが作成した類似した構造をとる (a) リゾチームと (b) α-ラクトアルブミンの立体構造のリボンモデルおよび，これらのタンパク質のアミノ酸配列比較 (c) を示す．アミノ酸配列は見やすさのため 10 アミノ酸ずつ区切り，1 文字表記（図 5.14 参照）で示している．同一のアミノ酸は黄色で強調し，専用ソフトウェアを用いて配列の配置を最適化したときに挿入された 1 アミノ酸の空白は横線で示されている．

関連性を考えよう➤ 2 つのアミノ酸が同一でなくても，構造および化学的性質が類似し，類似した挙動を示す場合もある．図 5.14 を参照し，1〜30 位の同一でないアミノ酸について調査し，2 つの配列のアミノ酸が同時に酸性または塩基性となっている位置を指摘しなさい．

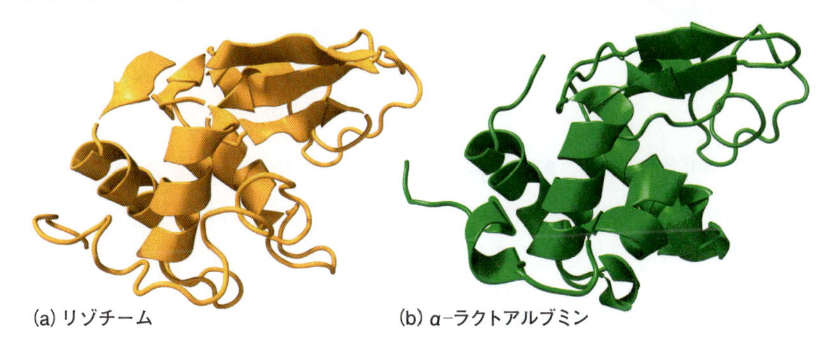

(a) リゾチーム　(b) α-ラクトアルブミン

リゾチーム	1	KVFERCELAR	TLKRLGMDGY	RGISLANWMC	LAKWESGYNT	RATNYNAGDR
α-ラクトアルブミン	1	KQFTKCELSQ	LLK--DIDGY	GGIALPELIC	TMFHTSGYDT	QAIVENN--E
リゾチーム	51	STDYGIFQIN	SRYWCNDGKT	PGAVNACHLS	CSALLQDNIA	DAVACAKRVV
α-ラクトアルブミン	51	STEYGLFQIS	NKLWCKSSQV	PQSRNICDIS	CDKFLDDDIT	DDIMCAKKIL
リゾチーム	101	RDPQGIRAWV	AWRNRCQ-NR	DVRQYVQGCG	V	
α-ラクトアルブミン	101	D-IKGIDYWL	AHKALCT--E	KLEQWLCEKL	-	

(c) リゾチームとα-ラクトアルブミンのアミノ酸配列比較

列および 3 次元構造が非常によく似ている（図 21.15）．哺乳類は両方の遺伝子をもっているが，鳥類はリゾチーム遺伝子しかもっていない．以上の情報から，進化の系統樹の中で哺乳類と鳥類が分岐した後のある時期に，哺乳類の系統ではリゾチーム遺伝子に重複が起こったが鳥類の系統では起こらなかったことが示唆される．その後，重複したリゾチーム遺伝子のコピーの 1 つが，哺乳類の特徴である乳の生産に伴う，まったく新しい機能を有するタンパク質であるα-ラクトアルブミンをコードする遺伝子へと進化したと考えられる．最近の研究では，進化生物学者が脊椎動物のゲノムから類似した配列をもつ遺伝子を探索している．その結果，リゾチーム遺伝子ファミリーに属する少なくとも 8 個の遺伝子が哺乳類の間に広く分布していることが見出された．各々の遺伝子にコードされる産物の機能がすべて知られているわけではないが，その機能がリゾチームとα-ラクトアルブミンのように大きく異なるものかどうか判明する日が待ち遠しい．

遺伝子全体の複製と多様化に加えて，遺伝子内の DNA 配列の再編もゲノムの進化に寄与している．イントロンの存在により，ゲノム中のエキソンの重複や次節で議論するエキソンのシャフリングが起こりやすくなり，新規なタンパク質の進化が促進されたと考えられる．

▼図 21.16　**エキソンシャフリングによる新たな遺伝子の進化.** 減数分裂の誤りにより，特定のドメインをコードするエキソンが移動することがある．上皮成長因子とフィブロネクチンおよびプラスミノーゲンの祖先の遺伝子から，それぞれ特異的なドメインをコードするエキソンが，進化の途上にあった組織プラスミノーゲン活性化因子 tPA の遺伝子へ転移したと考えられる．tPA 遺伝子への転移後にプラスミノーゲン遺伝子由来の「クリングル」エキソンの重複が起こったため，現在の tPA 遺伝子には「クリングル」エキソンが 2 コピー存在すると考えられる．

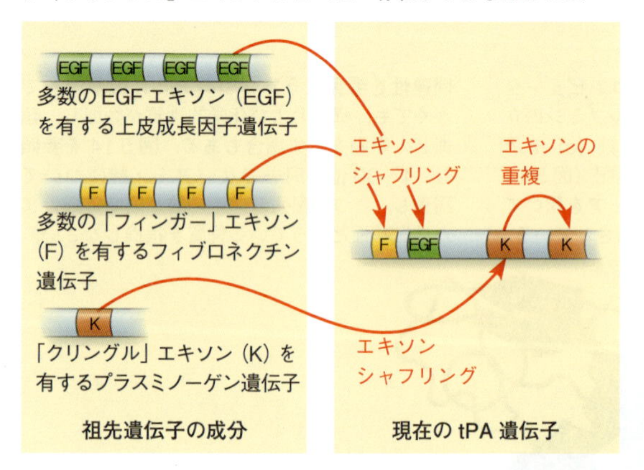
EGF
多数の EGF エキソン（EGF）を有する上皮成長因子遺伝子
F
多数の「フィンガー」エキソン（F）を有するフィブロネクチン遺伝子
K
「クリングル」エキソン（K）を有するプラスミノーゲン遺伝子
祖先遺伝子の成分
エキソンシャフリング
エキソンの重複
エキソンシャフリング
現在の tPA 遺伝子

図読み取り問題➤図 21.13 を参照し，イントロンの中の転移因子の存在が図のようなエキソンシャフリングを促進する機構について説明しなさい．

遺伝子内の再編：エキソンの重複とエキソンシャフリング

17.3 節で検討した通り，エキソンはタンパク質分子の構造的または機能的に区分できる領域をコードしていることが多い．さらに，減数分裂時に不均等交差が起こると，特定の遺伝子がある染色体で重複し，相同染色体からは欠失することを学習している（図 21.13 参照）．同様の過程により，ある遺伝子の中の特定のエキソンが一方の染色体で重複し，相同染色体からは欠失することがある．エキソンが重複した遺伝子は，コードされるドメインを 1 コピー余分に含むタンパク質をコードすることになる．このようなタンパク質の構造変化により生じる，安定性の増大，特定のリガンドに対する結合能の付加，他の性質の改変などにより，タンパク質の機能を拡張する可能性がある．タンパク質をコードする遺伝子の中には，類似した機能をもつ複数のエキソンをもつものが多く，このような構造はエキソンの重複と多様化により生じたと考えられる．細胞外マトリックスのタンパク質であるコラーゲンをコードする遺伝子が好例である．コラーゲンは多数の反復アミノ酸配列をもつ構造タンパク質であり（図 5.18 参照），コラーゲン遺伝子中のエキソンの反復パターンが反映されている．

別の可能性として，減数分裂期組換えの誤りにより，同一の遺伝子の内部または別の遺伝子（相同遺伝子ではない）との間で，異なるエキソンの混合やエキソンの新たな組み合わせが発生することも考えられる．この過程は「エキソンシャフリング」とよばれ，新たな機能の組み合わせをもつ新規なタンパク質の生成に結びつく．例として，組織プラスミノーゲン活性化因子（tissue plasminogen activator：tPA）の遺伝子を考えてみよう．tPA タンパク質は血液凝固の制御に関与する細胞外のタンパク質である．tPA には 3 種類のタイプの 4 個のドメインが含まれていて，それぞれ 1 個のエキソンにコードされ，エキソンの 1 つは 2 コピー存在する．各々のタイプのエキソンが他のタンパク質にも存在することから，現在の tPA 遺伝子は減数分裂期組換えと引き続く複製のエラーの間に発生した数回のエキソンシャフリングとエキソンの重複により生成したと考えられる（図 21.16）．

転移因子がゲノムの進化に関与する機構

転移因子が真核生物のゲノムの大きな部分を占めていることは，進化的な長い年月の間に転移因子がゲノムの形成に重要な役割を果たしてきたことを裏付ける．転移因子は，組換えの促進，構造遺伝子またはその制御領域の破壊，遺伝子全体または個々のエキソンの新たな部位への転移などのさまざまな機構でゲノムの進化に寄与する．

類似した配列をもつ転移因子がゲノム全体に散在しているため，異なる染色体（非相同染色体）の間でも交差が起こり得る相同的な配列が存在し，非相同染色体間の組換えが発生する（図 21.13 参照）．このような組換えの大部分は有害なものであり，結果として生じる染色体の転移などの変化が生物にとって致死的な場合もある．しかし，進化的な長い年月を通じると，組換えの結果が偶然に生物にとって有利となる場合もある（当然のことながら，組換えの結果が子孫に伝達されるためには配偶子となる細胞に組換えが起こる必要がある）．

転移因子の移動は，さまざまな結果をもたらす．たとえば，転移因子がタンパク質をコードする配列に「飛び込んだ」場合は，この遺伝子から正常な転写産物の生産が起こらなくなる（イントロンに飛び込んだ場合は，転移因子が切り出されて転写産物に影響しないため，イントロンは「安全地帯」といえる）．転移因子が発現制御領域に挿入された場合は，1 個または複数のタンパク質の生産量の増加または減少に結びつく．マクリントックが観察したトウモロコシの穀粒中の色素合成酵素をコードする遺伝子には，転移因子により両方の効果が現れていた．繰り返しになるが，このような変化は通常は有害であるが，長年の間には生存のうえで有利となる場合もある．前述の *Alu* 配列はこれに該当する可能性がある．ヒトのゲノムに存在する *Alu* 転移因子の一部は RNA に転写され，ヒトの遺伝子の発現制御に関与することが知られている．

転移因子の転移により単一の遺伝子または複数の遺伝子群がゲノム中の新たな遺伝子座に移動することがある．この転位機構により，ヒトの α-グロビン遺伝子ファミリーと β-グロビン遺伝子ファミリーが異なる染色体上に存在することが説明できるだろう．同様の転移機構により，他の遺伝子ファミリーの遺伝子もゲノム中に散在してきたと考えられる．さらに，転移によりある遺伝子のエキソンが他の遺伝子に挿入されると，組換えの際のエキソンシャフリングと同様の結果をもたらす．たとえば，転位によりあるエキソンが他のタンパク質をコードする遺伝子のイントロンに挿入され，挿入されたエキソンが RNA スプライシングにより切り出されることなく RNA 転写産物（mRNA）に保持された場合，合成されるタンパク質は余分のドメインをもつことになり，タンパク質に新たな機能が付与されることになる．

本節で検討してきた転移は，ほとんどの場合，致死的ともなり得る有害な効果をもたらすか，あるいはまったく効果がない．しかし，非常にまれに，遺伝する有益な変化が起こることがある．多数の世代を経る間に生じた遺伝的多様性は，自然選択のための材料をより多く提供することになる．遺伝子および遺伝子産物の多様化は，新たな生物種への進化の重要な要因となる．このように，各々の生物種のゲノム中の変化の蓄積は，進化の歴史の記録でもある．この記録を読み解くためには，私たちがゲノムの変化を同定できるようになる必要がある．さまざまな生物種のゲノムの比較により，ゲノム変化の同定が可能となり，ゲノム進化についての理解が深まりつつある．次節では，このような話題について詳細に学んでいく．

概念のチェック 21.5

1. 細胞内のプロセスに発生する誤りの中で，DNA 重複を引き起こす例を 3 つ記述しなさい．
2. 図 21.16（左図）に示される祖先の *EGF* 遺伝子およびフィブロネクチン遺伝子に含まれる多数のエキソンはどのようにして生じたと考えられるか．
3. 転移因子がゲノムの進化に寄与すると考えられる 3 通りの過程を説明しなさい．
4. どうなる？➤2005 年，アイスランドの科学者が北欧人の約 20％に大規模な染色体の逆位が見出されることを報告し，この逆位をもつアイスランド人の女性は逆位のない女性に比べて有意に多くの子どもをもつことを指摘した．将来の世代のアイスランドの人口の中で，この逆位をもつ人の割合はどうなっていくと予想されるか．

（解答例は付録 A）

21.6 ゲノム配列の比較による進化と発生の解明

進化 ある研究者は，現在の生物学の発展状況を，航海術と快速帆船の建造技術のめざましい発展直後の 1400 年代の大航海時代の状況になぞらえている．最近の 30 年間に，ゲノムの塩基配列決定とデータ収集，ゲノム全体にわたる遺伝子の活性を評価する新たな技術，および複合系の中で遺伝子と遺伝子産物が連携する機構について研究する精巧な技術が急速に発展している．生物学の分野では，私たちは新たな世界を垣間見ているのだ．

さまざまな生物のゲノム配列の比較は，太古から現在に至る生命の進化の歴史の多くを語ってくれる．同様に，さまざまな生物の胚発生を指令する遺伝的プログラムの比較研究により，現在の生命体の膨大な多様性を生み出した機構が明らかにされつつある．本章の最終節では，これらの 2 通りの研究法により明らかになってきたことについて検討していく．

ゲノム配列の比較研究

2 つの生物種の遺伝子とゲノムの配列の相同性が高いことは，突然変異やゲノムの再編などの変化が蓄積するだけの時間が経過していないと考えられることから，これらの生物種が進化の歴史の中で近縁であることを意味している．非常に近縁な生物種のゲノムの比較は，最近発生した進化的な事件について明らかにするものである．一方，非常に遠縁の生物種のゲノムの比較研究は，太古の進化の歴史を理解するのに役立つ．どちらの場合も，生物種の間で共通する性質および分岐した性質について研究することにより，生物と生体内のプロセスの進化の図式が明確になる．1.2 節で学んだ通り，生物種の間の進化的な関連は樹形図として描かれるものであり，枝分れの 1 つひとつは 2 つの系

▼図 21.17　**3つのドメインの生物の進化的関連.** 上の樹形図には，原始時代に起こった細菌と古細菌と真核生物への分岐が描かれている．一部の真核生物の系統については，本章で検討した3種の哺乳類が発生した比較的近代の分岐を拡大図で示している．

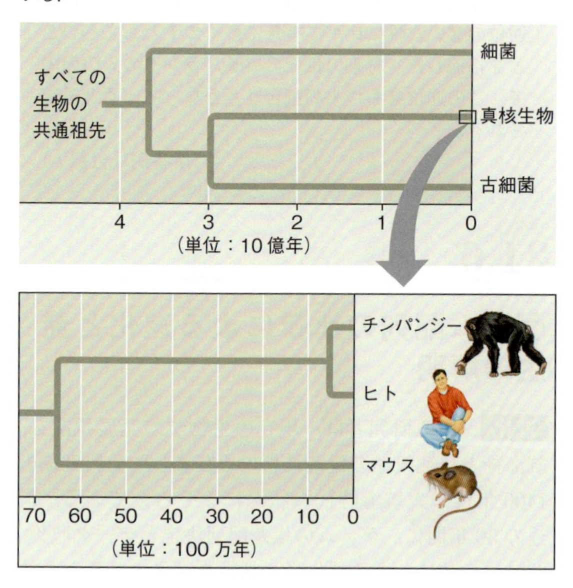
すべての
生物の
共通祖先
細菌
真核生物
古細菌
4
3
2
1
0
(単位：10 億年)
チンパンジー
ヒト
マウス
70
60
50
40
30
20
10
0
(単位：100 万年)

統の分岐点を示している．図 21.17 は，これから検討する生物種および生物群の進化的な関連を示したものである．

遠縁の生物種の比較研究

近縁ではない生物種の間で類似性が保たれている遺伝子，高度に保存されている遺伝子を調査することは，長い年月の間に多様化してきた生物種の間の進化的な関連性を明らかにするのに役立つ．実際に，細菌・古細菌・真核生物の間で特定の遺伝子の配列を比較することにより，これらの3つのグループの生物が20億年から40億年前に分岐したことが示され，細菌・古細菌・真核生物が生命の基本的なドメインであるとする学説が強く支持されている（図 21.17 参照）．

比較ゲノム研究は進化生物学的意義に加えて，生物学一般およびヒトの生物学を理解する目的で行うモデル生物研究の関連性を確認できるところに意義がある．大きくかけ離れた生物種の間で遠い昔に分岐した遺伝子が驚くほど類似していることがある．2015 年に実施された研究では，酵母の重要な遺伝子 414 個に対応するヒトの遺伝子が，酵母細胞で等価に機能するかどうか検定が行われた．驚くべきことに，試験した酵母の遺伝子の 47％が対応するヒトの遺伝子に置換することができた．この衝撃的な結果は，酵母とヒトという非常に遠縁の生物が共通の祖先をもつことを強調している．

近縁の生物種の比較研究

近縁な生物種は比較的最近になって種が分岐したことから，ゲノムの構成も類似している．長い間共通の歴史をたどってきたことから，こうした生物のゲノムを比較すると少数の遺伝子にだけ差異が見出される．そのため，特定の遺伝的な相違を，2つの生物種の間の表現型の相違と関連づけるのは比較的容易である．このような分析法の興味深い応用例は，チンパンジー，マウス，ラットなどの哺乳類のゲノムと，ヒトのゲノムとの比較研究である．調べた哺乳類にはすべて共有されているが，哺乳類以外の生物には存在しない遺伝子を同定することにより，哺乳類とは何かという問題を解く手がかりが得られる．同様に，チンパンジーとヒトには共有されているが，マウスなどの齧歯類には存在しない遺伝子を見出すことは，霊長類を特徴づける手がかりとなる．当然のことながら，ヒトのゲノムとチンパンジーのゲノムを比較することは，本章の最初の問いである，ヒトとチンパンジーを分ける遺伝的な情報は何かというきわめて興味深い問題への解答に結びつくだろう．

約 600 万年前に分岐したと考えられる（図 21.17 参照）ヒトとチンパンジーのゲノムの全体的な構成の比較により，一般的な相違が明らかとなる．1塩基置換だけ見てみると，ヒトとチンパンジーのゲノム配列の相違はわずかに 1.2％である．しかし，もっと長い DNA 領域について検討すると，ヒトかチンパンジーのいずれかのゲノムに発生した長い DNA 領域の挿入や欠失のため，ゲノム配列としては 2.7％の相違が見出される．ゲノム配列に見出される挿入の多くは，重複または反復 DNA 配列である．実際に，ヒトのゲノム配列中の重複の3分の1はチンパンジーのゲノム配列では重複していない．このような重複配列の中には，ヒトの疾患に関連する領域を含むものもある．また，ヒトのゲノム配列中には，チンパンジーのゲノムよりも多数の *Alu* 配列が存在する．一方，チンパンジーのゲノム配列中には，ヒトのゲノムには存在しないレトロウイルスのプロウイルスのコピーが多数存在する．こうした観察の結果はすべてチンパンジーのゲノムとヒトのゲノムを異なる経路に押し進めてきた原動力を理解する手がかりとなるが，ゲノム進化の経路に関する完全な図式はいまだに描かれていない．

アフリカに生息するサルの一種のボノボは，チンパンジーに並んでヒトに最も近縁な原生の生物種である．ボノボのゲノム塩基配列決定は 2012 年に完了し，チンパンジーとボノボの間の配列よりも，ヒトとチンパンジーの間またはヒトとボノボの間の配列のほうが近縁である領域がいくつも見つかっている．このように，3つの近縁種のゲノムについて詳細な比較を行うことにより，これらの生物種の進化的な歴史をより詳細に再構築することもできるだろう．

ゲノム塩基配列決定により明らかになった遺伝的相違からヒトとチンパンジーの明らかな特徴の違いをどのように説明できるかはわかっていない．

ヒトとチンパンジーの表現型の相違の基盤を見出すため，生物学者はヒトとチンパンジーの間で相違する特定の遺伝子や特定のタイプの遺伝子について，他の哺乳類の対応する遺伝子と比較研究を行った．この研究により，チンパンジーやマウスの遺伝子よりも変化の（進化の）速度が速いように見える遺伝子がヒトのゲノム中に多数存在することが明らかとなった．このような遺伝子の中には，少なくとも1個の脳の大きさを制御する遺伝子とともに，マラリアや結核に対する防御に関連する遺伝子が含まれていた．遺伝子を機能別に分類したとき，最も早く進化すると考えられる遺伝子は転写因子をコードする遺伝子である．この発見が理にかなっていると考えられるのは，転写因子は遺伝子の発現を制御するものであり，遺伝的プログラム全体を組織化するために重要な役割を果たしているためである．

ヒトの系統で迅速な変化が起こっている証拠が得られている転写因子の1つがFOXP2とよばれる転写因子である（図 21.18）．*FOXP2* 遺伝子は，脊椎動物の発声に関する機能を有することを示唆する証拠がいくつも得られている．証拠の1つは，*FOXP2* 遺伝子に突然変異がある人は，発声が難しく，言語機能に障害が発生することである．さらに，キンカ鳥やカナリアなどの鳴鳥がさえずりを覚える期間に，脳内で *FOXP2* 遺伝子が発現することが観察されている．最も有力な証拠は，*FOXP2* 遺伝子を破壊（ノックアウト）したマウスを作製し，出現した表現型を分析した実験により得られている（図 21.18 参照）．*FOXP2* 遺伝子が2本とも破壊されたホモ接合体のマウスには脳の形成異常が生じ，正常な超音波の発声ができなくなる．*FOXP2* 遺伝子を1本だけ破壊されたマウスも発声に大きな障害を示すことが観察されている．以上の結果は，*FOXP2* 遺伝子の産物は，発声に関与する遺伝子の転写を活性化するという仮説を支持している．

この研究の延長線上で，別の研究グループがマウスの *FOXP2* 遺伝子を「ヒト型」の *FOXP2* 遺伝子に置換する実験を実施した．「ヒト型」*FOXP2* 遺伝子は，ヒトとチンパンジーの *FOXP2* 遺伝子間で異なる2個のアミノ酸をヒトの遺伝子に合わせて変更したものであり，この2個のアミノ酸がヒトの会話能力に関与していると考えられている．作製された遺伝子組換えマウスは，ほぼ健全であったが，発声能力には微妙な違いが見られ，脳細胞にもヒトの脳の会話に関連する回路に相当する部分に変化が観察された．

2010年，ゲノムDNAが非常にわずかしか残っていない試料からネアンデルタール人のゲノムが塩基配列決定され，2014年にはさらに高品質なゲノムの塩基配列決定が完了した．ネアンデルタール人 *Homo neanderthalensis* は，現生人類 *Homo sapiens* と同属の旧人である（34.7 節参照）．この2種の間のゲノム比較に基づいて進化の歴史を再現したところ，約3万年前にネアンデルタール人が絶滅する前の一時期，現生人類とネアンデルタール人の集団が共存し，混血していたことが示唆された．ネアンデルタール人はうなり声を上げるだけの原始的な野蛮人として描かれることが多かったが，彼らの *FOXP2* 遺伝子の配列がコードするタンパク質のアミノ酸配列は現生人類と同一のものである．これより，ネアンデルタール人はある種の会話が可能であったと考えられ，他に観察された遺伝的な類似性も勘案すると，私たちの絶滅した同属に対するイメージを再評価しなければならないと思われる．

FOXP2 遺伝子の話は，さまざまな研究方法が相互補完的に広範な重要性をもつ生物学的な現象を明らかにする好例である．*FOXP2* 遺伝子の実験はマウスをモデル動物として用いた実験である．ヒトに対してこのような実験を実施することは非倫理的である（さらに現実的ではない）ため実施できない．ヒトとマウスは約6500万年前に分岐し（図 21.17 参照），約85%の遺伝子が共通している．この遺伝的な類似性はヒトの遺伝性疾患を研究するうえで利用できる．特定の遺伝的異常に影響される臓器や組織が判明しているとき，マウスの同じ部位で発現する遺伝子を探索することが可能である．

ヒトと近縁とはいえないがショウジョウバエも有用なモデル生物として，ヒトのパーキンソン病やアルコール中毒などの病気の研究に用いられ，さらに土壌にすむ線虫の研究から加齢に関する有益な情報が得られている．さらに研究対象を大幅に拡張してゲノム研究が精力的に進められ，生命の樹の中で遠く離れた枝として軽視されてきた生物も対象に含まれている．こうした研究により生物の進化とともに，医学から生態学まで生物学の全分野にわたって私たちの理解が深まる．

同一生物種の間のゲノム比較

ゲノム研究から生まれたさらに刺激的な波及効果として，ヒトの遺伝的多様性の範囲に対する理解が進展した．生物種としてのヒトの歴史は約20万年と短いため，他の多くの生物種に比較して人類の間でDNAの多様性が少ない．ヒトのゲノムの多様性の多くは1塩基多型（SNP）である．SNPは生物集団の中で1%以上に遺伝的変化が認められる1塩基の部位（20.2節参照）であり，通常はDNA塩基配列決定により検出される．ヒトのゲノムの中では，平均して100〜300塩基に1個のSNPが存在する．ヒトのゲノムから，すでに数百万ヵ所のSNP部位が発見されていて，さらに新たなSNPの探索が続けられている．こうしたSNPの情報は世界中のデータベースに保存され，その1つが米国の国立生物工学情報センター（NCBI）

▼図 21.18

研究　ヒトの系統で急速に発達した *FOXP2* 遺伝子の機能は何か

実験　一連の研究より，ヒトの言語能力や脊椎動物の発声能力の発達の過程で，*FOXP2* 遺伝子が重要な役割を果たしていることを示す証拠が得られている．2005年に，米国のマウント・サイナイ医科大学のジョセフ・ブクスボーム Joseph Buxbaum 博士の研究グループは他の研究機関との共同研究により *FOXP2* 遺伝子の機能を解析した．実験に用いたマウスは発声能力をもつ脊椎動物であり，比較的容易に遺伝子を破壊することができる代表的なモデル生物である．マウスは超音波で鳴き声を立ててストレスを表現する．研究者は遺伝子工学的手法により，マウスの2コピーの *FOXP2* 遺伝子について，一方または両方を破壊したマウスを作製した．

野生型：2本の正常な *FOXP2* 遺伝子	ヘテロ接合体：*FOXP2* 遺伝子の一方を破壊	ホモ接合体：*FOXP2* 遺伝子を2本とも破壊

作製した *FOXP2* 遺伝子破壊マウスの表現型を比較した．比較検討した形質は，脳の組織構造と発声能力である．

実験1：脳の超薄切片を作製し，脳の組織を紫外線蛍光顕微鏡により可視化する試薬で染色した．

実験2：生まれた子ネズミを母親から引き離し，子ネズミが超音波の鳴き声を発する回数を記録した．

結果

実験1：*FOXP2* 遺伝子を2コピーとも破壊したマウスは脳に異常が発生し，脳細胞の組織に乱れが観察された．*FOXP2* 遺伝子が1コピーだけ破壊されたヘテロ接合体は脳の組織への影響は軽微であった（顕微鏡写真の各々の色は異なる種類の細胞または組織を表している）．

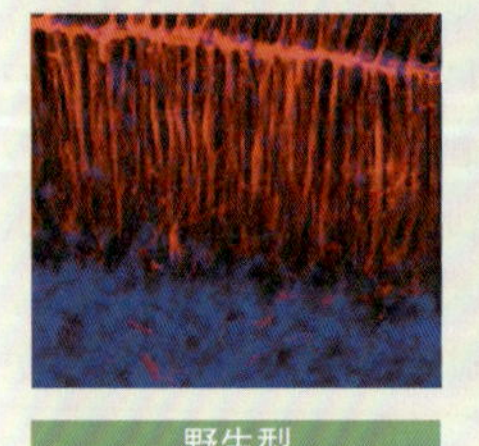

野生型　ヘテロ接合体

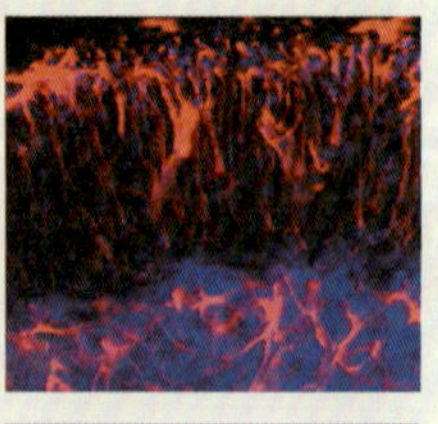

ホモ接合体

実験2：*FOXP2* 遺伝子を2コピーとも破壊したマウスは，ストレスに対応して超音波の鳴き声をあげることがなかった．ヘテロ接合体についても，発声への影響は相当大きかった．

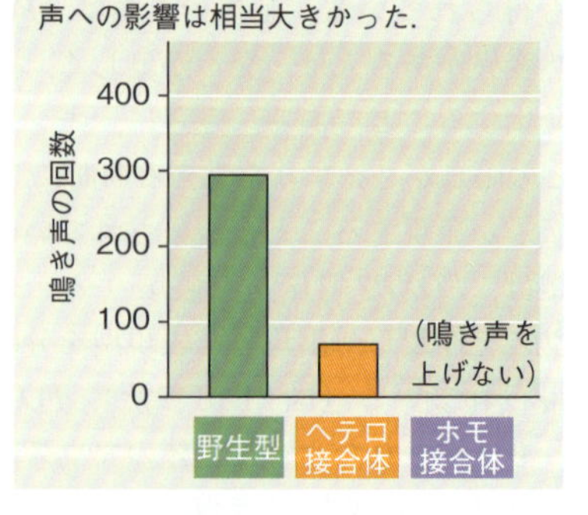
鳴き声の回数
400
300
200
100
0
（鳴き声を上げない）
野生型
ヘテロ接合体
ホモ接合体

結論　*FOXP2* 遺伝子はマウスの機能的な通信システムの発生過程で重要な役割を果たす．この結果は，鳥やヒトの研究から得られていた証拠を補強するものであり，*FOXP2* 遺伝子が広範な生物の間で類似した役割を果たしているという仮説を支持するものである．

データの出典　W. Shu et al., Altered ultrasonic vocalization in mice with a disruption in the *Foxp2* gene, *Proceedings of the National Academy of Sciences USA* 102：9643-9648（2005）．

どうなる？➤ マウスの *FOXP2* 遺伝子が発声に果たす役割を支持する結果が得られたことから，ヒトのFOXP2タンパク質が会話能力の主要な調節因子であるかどうか関心がもたれる．ヒトの正常型と変異型のFOXP2タンパク質と，チンパンジーの野生型FOXP2タンパク質のアミノ酸配列がわかっている場合，どのように解析すればよいだろうか．また，これらのアミノ酸配列とマウスのFOXP2タンパク質のアミノ酸配列の比較から，どのような手がかりを得ることができるだろうか．

に運営され，以下のURLによりアクセスできる http://www.ncbi.nlm.nih.gov/SNP/.

ゲノム比較研究を通じて，染色体領域の挿入，欠失，重複を含むさまざまな変化が見出されている．最も驚くべき発見は，「コピー数多型（copy-number variant：CNV）」が広範に出現することである．CNVとは，染色体上の特定の座位には相同な遺伝子やDNA領域が2コピー（2本の相同染色体に1コピーずつ）存在するのがふつうであるが，人によっては特定のDNA領域が1コピーまたは3コピー以上存在することである．CNVは，集団の中でゲノム中のある領域が無節操に重複または欠失することにより生じる．40人のゲノムを対象とした2010年の研究では，ゲノム中の遺伝子の13%を含む8000個以上のCNVが見出されたが，これらのCNVも全体の中ではごく一部にすぎないと考えられる．1塩基が変化するSNPに比べてCNVではずっと長い領域のDNAが変化することから，CNVは表現型の変化を伴い，複合疾患や障害になんらかの役割を果たしている可能性が高い．そもそもCNVが高頻度で出現するようでは，「標準ヒトゲノム」という言葉そのものが疑わしくなってくる．

CNV，SNP，マイクロサテライトなどの反復DNAは，ヒトの進化を研究する遺伝的マーカーとして有用である．ある研究グループにより，遠く離れた地域社会に属する2人のアフリカ人のゲノム配列が決定された．1人は南アフリカの多数派民族であるバンツー族に属する反アパルトヘイト運動家の大司教であるデズモンド・トゥートゥー Desmond Tutuであり，もう1人はナミビアのコイサン語族の狩猟採集民であり知られている限り最古の種族に属するグービ !Gubiである．2人のゲノム配列の比較により，予想通り多数の相違が見出された．さらに，グービのゲノムのタンパク質コード領域については，近隣に居住する他の3人のコイサン語族（一般にブッシュマンとよばれる）のゲノムとの比較分析も行われた．驚いたことに，4人のコイサン語族のゲノムの相違は，ヨーロッパ人とアジア人のゲノムの相違よりも大きかった．この分析結果はアフリカ人のゲノムの豊富な多様性を示すものである．このような研究を進めていくことにより，ヒトの集団の間の相違と人類の歴史を通じたヒトの集団の移動経路に関する重要な問題に対する答えが得られるだろう．

動物の間で広く保存される発生関連遺伝子

進化発生学（エボデボ）evo-devo とよばれる進化論的な発生生物学分野の生物学者は，さまざまな多細胞生物の発生過程を比較研究する．進化発生学の目的は，発生過程の進化の機構と，発生過程の変化が既存の生物の性質を変化させる過程および新たな生物種を生み出す機構について理解することである．分子生物学的研究手法の進歩と近年の膨大なゲノム情報の蓄積から，近縁でありながら著しく異なる形態をもつ生物種のゲノムの間には，遺伝子の塩基配列またはもっと重要な発現制御機構にわずかな相違しかないことが判明してきた．こうした相違を引き起こす分子機構を解明することは，この地球上に生息する無数の形態の生物が出現した過程の理解を深め，進化の研究に重要な情報を提供する．

18.4節ではショウジョウバエのホメオティック遺伝子について学習した（図18.20参照）．ホメオティック遺伝子は転写因子をコードし，遺伝子の発現を制御することにより，ショウジョウバエの体節を確立する．ショウジョウバエのホメオティック遺伝子群の配列解析により，いずれの遺伝子にも**ホメオボックス homeobox** とよばれる180塩基の配列が存在し，この遺伝子がコードするタンパク質の中に60アミノ酸の「ホメオドメイン」を形成することが示された．多数の無脊椎動物および脊椎動物のホメオティック遺伝子から，同一または非常に類似した塩基配列が見出されている．実際に，ホメオボックス配列はヒトとショウジョウバエの間でも非常に類似していることから，ショウジョウバエを「羽のある小人」とよぶ酔狂な科学者もいる．このようなドメインの類似性はホメオティック遺伝子の構成にも波及し，ショウジョウバエのホメオティック遺伝子群と相同性を有する脊椎動物の遺伝子群は，染色体上の配置も保存されている（図21.19）．ホメオボックスを含む配列は，植物や酵母などの非常に遠縁な真核生物の制御遺伝子からも見出されている．これらの遺伝子の類似性から，ホメオボックスDNA配列は生命の歴史のごく初期に進化して生物体に非常に重要なものとなったため，動物や植物の間で実質的にほとんど変化することなく数億年も保存されてきたと考えられる．

動物のホメオティック遺伝子がホメオボックス（homeobox）を含む遺伝子の短縮形として *Hox* 遺伝子とよばれるのは，この配列を含むことが初めて見出されたのがホメオティック遺伝子であるためである．ホメオボックス配列を含むにもかかわらずホメオティック遺伝子として機能しない遺伝子も後に発見されたが，このような遺伝子は体部分の確立を直接的には制御していない．しかし，少なくとも動物では，ホメオボックスを含む遺伝子の大部分が発生に関与していることから，ホメオボックスが関与する過程には太古か

▼図 21.19　ショウジョウバエとマウスのホメオティック遺伝子の保存性. 体の前部構造と後部構造の形成を制御するホメオティック遺伝子が，ショウジョウバエとマウスの染色体上に同じ順序で配置されている．ここに示される染色体上の彩色されたバンドがそれぞれのホメオティック遺伝子である．ショウジョウバエでは，すべてのホメオティック遺伝子が1本の染色体上に存在する．マウスなどの哺乳類では，4本の染色体上に類似した遺伝子が存在する．体を塗り分けている色は，各々のホメオティック遺伝子が発現する胚の部位と，その結果生じる成体の部位を示している．これらの遺伝子はすべてハエとマウスの間では，本質的に同一である．ただし黒色のバンドで示された遺伝子は，ハエとマウスの間の相同性が低いため例外となる．

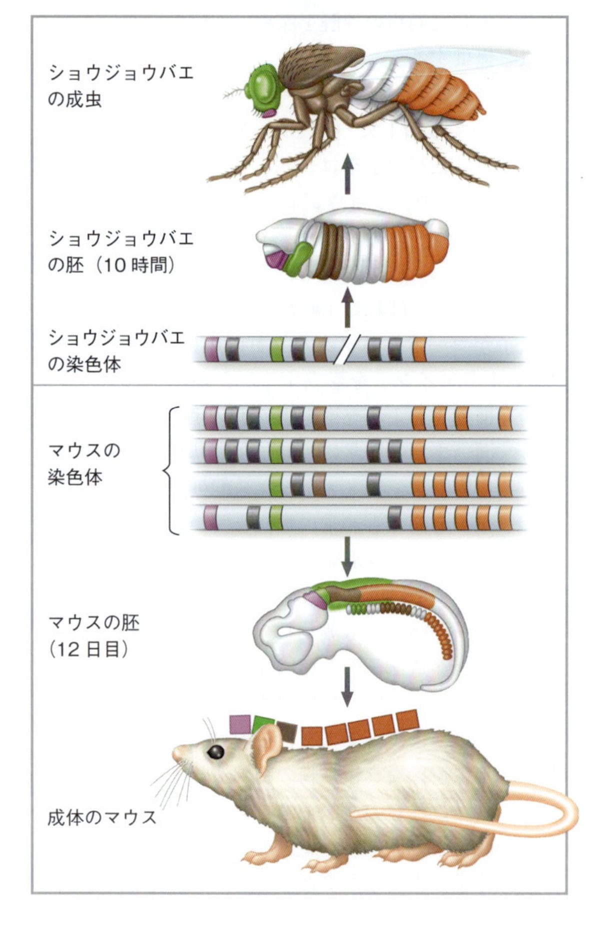
ショウジョウバエ
の成虫
ショウジョウバエ
の胚（10 時間）
ショウジョウバエ
の染色体
マウスの
染色体
マウスの胚
（12 日目）
成体のマウス

ら根本的な重要性が存在すると考えられる．たとえば，ショウジョウバエではホメオボックスはホメオティック遺伝子だけでなく，卵極性遺伝子である *bicoid* 遺伝子（図 18.21，図 18.22 を参照）をはじめ，分節形成遺伝子や眼発生のマスター制御遺伝子にも存在する．

ホメオボックスにコードされたホメオドメインは，このタンパク質が転写制御因子として働くときに，DNA に結合することが見出されている．このタンパク質の別の部位に存在する多様性のあるドメインが他の転写因子と相互作用することにより，ホメオドメインを含むタンパク質が特定のエンハンサーを認識して関連する遺伝子を制御することができる．ホメオドメインを含むタンパク質は，一群の発生関連遺伝子の転写を協調して調節し，発現の誘導と抑制の切り替えを順次行っていくことにより，発生の進行を制御していると考えられる．ショウジョウバエなどの動物では，胚の異なる部位では異なる組み合わせのホメオボックス遺伝子が活性をもっている．時期と部位により選択的に発生を制御する遺伝子が発現することがパターン形成の中核となっている．

発生学者はホメオティック遺伝子に限らず，発生に関与する遺伝子の多くが生物種の間で高度に保存されていることに気がついている．このような遺伝子にはシグナル伝達経路の構成因子をコードする遺伝子が多数含まれている．異なる動物の間で特定の発生関連遺伝子に非常に強い類似性をもつものが存在することから，次の疑問が生じる．すなわち，同じ遺伝子がまったく形態が異なる動物の発生にどのように関与するの

▼図 21.20　甲殻類と昆虫の発生における *Hox* 遺伝子発現の相違の影響. 昆虫が甲殻類の祖先から分岐した以降の進化の過程で *Hox* 遺伝子の発現パターンに変化が生じている．この変化により，(a) 甲殻類の一種ブライン・シュリンプ *Artemia* と (b) 昆虫のバッタの体の構造上の相違の一部が説明できる．胚発生の過程で，特定の部位の形成を決定する4種類の *Hox* 遺伝子の発現により色分けした成虫の体の部位を示している．それぞれの色は特定の *Hox* 遺伝子を表している．

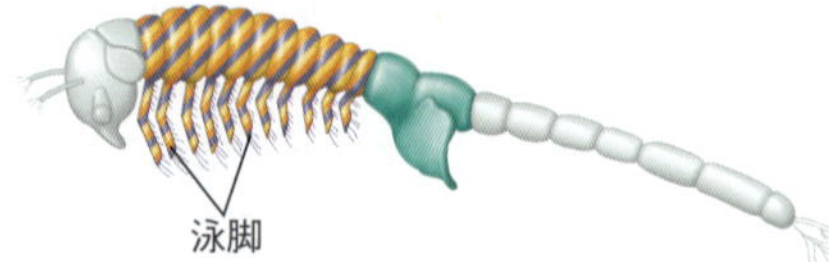
泳脚

(a) **甲殻類ブライン・シュリンプ *Artemia* の4つの *Hox* 遺伝子の発現.** 3つの *Hox* 遺伝子が発現する部位（縞模様で示す）は，泳脚をもつ節への発生が指定されている．4番目の（濃青色）*Hox* 遺伝子は生殖器の節を発生させる．

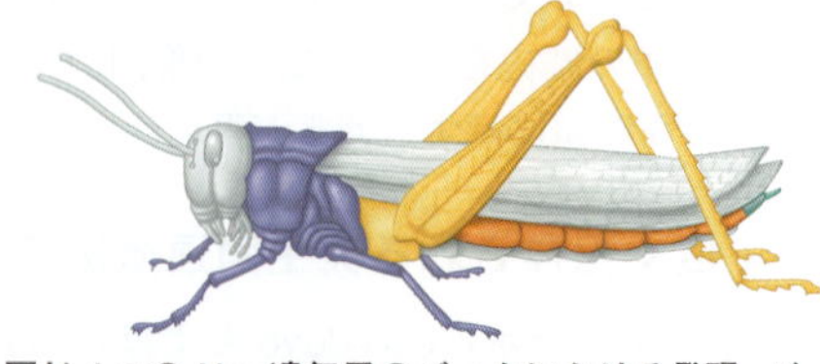

(b) **同じ4つの *Hox* 遺伝子のバッタにおける発現.** バッタでは，それぞれの *Hox* 遺伝子が別々の部位で発現し，それぞれの部位の発生を指定する．

だろうか．

現在進行中の研究が，この疑問の解答を示唆している．特定の遺伝子の制御配列のわずかな変化が遺伝子群の発現パターンを変化させ，体の形態に大きな変化を引き起こす場合がある．たとえば，甲殻類と昆虫の体軸に沿った *Hox* 遺伝子の発現パターンの相違により，近縁な動物間の脚が生えている体節の数の多様性が説明できる（図 21.20）．また，類似した遺伝子がさまざまな生物種で異なる発生過程を誘導することにより，発生する体の形態が大きく変わる場合もある．たとえば，体の構造が昆虫やマウスとはまったく異なり，体節をもたない動物であるウニの胚形成期および幼生期にも，いくつかの *Hox* 遺伝子が発現している．ウニの成体は，海岸でよく見かけられる針山のような殻をもっている．左ページ下の写真には 2 種類の生きたウニが見られる．ウニは古典的な発生学の研究材料として長年用いられてきた生物の 1 つである（47.2 節参照）．

遺伝学の部の最終章で学んだことは，ゲノムの構成の研究と異なる生物種のゲノムの比較により，ゲノムの進化の機構を解明できることである．さらに，発生過程の比較により，生命の統一性は生命体のパターンの確立に用いられる分子および細胞のレベルの機構の類似性を反映することが明らかとなったが，発生過程を指令する遺伝子は生物種により多様である．多様な生物のゲノムの類似性は，地球上の生命の共通の祖先を反映している．しかし，ゲノムの相違により膨大な多様性をもつ生命が生み出されてきたことから，ゲノムの相違もきわめて重要である．本書の後半の章では，視点を分子・細胞・遺伝子のレベルから個体のレベルに拡張して生物の多様性について探究していく．

概念のチェック 21.6

1. マカク（類人猿）のゲノムは，マウスのゲノムとヒトのゲノムのどちらにより大きな類似性があると考えられるか．説明しなさい．

2. ホメオボックスとよばれる DNA 配列は，動物のホメオティック遺伝子による発生過程を指令するものであり，ハエとマウスに共通である．共通のホメオボックスが存在するにもかかわらず，ハエとマウスの形態が相違する理由を説明しなさい．

3. どうなる？➤ヒトのゲノム中にはチンパンジーのゲノムの約 3 倍の *Alu* 配列が存在する．ヒトのゲノム中でこうした余分の *Alu* 配列が生成した機構は何だと考えられるか．ヒトとチンパンジーの相違について，*Alu* 配列が果たした役割について推定しなさい．

（解答例は付録 A）

21 章のまとめ

重要概念のまとめ

21.1

ヒトゲノム計画により開発が促進された迅速で安価な塩基配列決定技術

- **ヒトゲノム計画**は，塩基配列決定技術の大幅な進歩により 2003 年にほぼ完了した．
- **全ゲノムショットガン法**では，全ゲノムの DNA を多数の短い重複した断片を作製して片端から塩基配列を決定し，強力なコンピュータを用いて断片の情報を統合し，ゲノムの完全な配列を得る戦略である．

？ ヒトゲノム計画がより迅速で安価な DNA 塩基配列決定技術に結びついた理由は何か．

21.2

バイオインフォマティクスによるゲノムとゲノムの機能解析

- ゲノム配列中の，タンパク質をコードする配列を同定する**遺伝子アノテーション**は，コンピュータ解析により行われる．遺伝子の機能を決定する方法には，新たに発見された遺伝子の塩基配列と他の生物種からすでに報告されている遺伝子の塩基配列との比較，および実験的に不活性化したときの影響の観察などがある．
- **システム生物学**では，研究者はコンピュータを用いた**バイオインフォマティクス**によりゲノムを比較し，遺伝子全体またはタンパク質全体を網羅的に解析する（**ゲノミクス**（**ゲノム科学**）と**プロテオミクス**）．タンパク質と機能的な DNA 配列および遺伝子の相互作用に関する大規模な解析は，医学の発展にも貢献する．

？ ENCODE 計画による最も重要な研究成果は何か．

この計画が他の生物も対象として拡張されたのはなぜか．

21.3

ゲノムの大きさ・遺伝子数・遺伝子密度の多様性

	細菌	古細菌	真核生物
ゲノムの大きさ	大部分は 1〜6 Mb		大部分は 10〜4000 Mb．一部の生物ははるかに大きなゲノムをもつ
遺伝子の数	1500〜7500		5000〜40 000
遺伝子の密度	真核生物よりも高い		原核生物よりも低い（真核生物では，ゲノムが大きいほど遺伝子の密度が低い）
イントロン	タンパク質をコードする遺伝子にはない	一部の遺伝子に存在する	多細胞真核生物では大部分の遺伝子に存在するが，単細胞真核生物では一部の遺伝子にのみ存在する
非コード DNA	非常に少ない		一般に，多細胞の真核生物には非コード反復 DNA が多量に存在する

? ゲノムの大きさ・遺伝子の数・遺伝子の密度について，(a) 3つの生物ドメイン，(b) 真核生物同士で比較検討しなさい．

21.4

多細胞真核生物には多くの非コード DNA と多重遺伝子ファミリーが存在する

- ヒトのゲノムのうちタンパク質・rRNA・tRNA をコードするのはわずか 1.5% で，残りは非コード DNA である．非コード DNA には**偽遺伝子**や機能未知の**反復 DNA** 配列が含まれている．
- 多細胞真核生物の反復 DNA の中で最も多いのが，転移性遺伝因子（**転移因子**）とその関連配列である．真核生物には 2 種類の転移因子が存在する．**トランスポゾン**は DNA の中間体によりゲノム内を移動するものであり，**レトロトランスポゾン**はもっと一般的で RNA の中間体により移動する．
- 反復 DNA には，短い非コード配列が直列に数千回も繰り返される（**マイクロサテライト（STR）**などの**単純反復 DNA**）がある．このような配列は，染色体の構造的な役割を果たしているセントロメアやテロメアの領域に特に多い．
- 多くの真核生物の遺伝子は一倍体の染色体の中に 1 コピーしか存在しないが，ヒトのグロビン遺伝子ファミリーのように関連する遺伝子が多重遺伝子ファミリーを形成しているものがある．

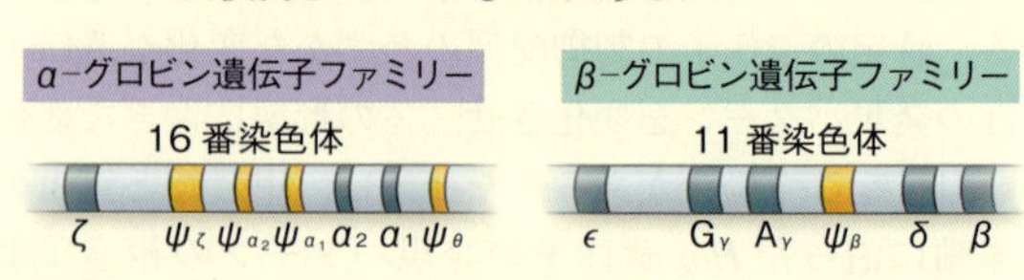
α-グロビン遺伝子ファミリー
16 番染色体
ζ　ψζ　ψα2　ψα1　α2　α1　ψθ
β-グロビン遺伝子ファミリー
11 番染色体
ε　Gγ　Aγ　ψβ　δ　β

? ヒトの非コード DNA が広がっていくうえで，転移因子がどのような機能を果たしているか説明しなさい．

21.5

DNA の複製・再編・突然変異がゲノムの進化に貢献する

- 細胞分裂の誤りにより完全な 1 組の染色体の一部または全部が余分となり，やがて余分な染色体に塩基配列の変異が蓄積する．倍数体は植物の間ではよく発生するが動物ではまれであり，種分化に貢献する．
- ゲノムの染色体の構成を生物種の間で比較することにより，進化的関係について情報が得られる．ある生物種の中で，新たな生物種の出現に貢献すると考えられる染色体の再編が起こる．
- 1つの共通祖先のグロビン遺伝子からさまざまな類似しているが異なるグロビンタンパク質をコードする遺伝子が進化し，重複して α-グロビンと β-グロビンの祖先遺伝子が生成した．引き続く遺伝子の重複と無作為な突然変異により，すべて酸素結合タンパク質をコードする現在のグロビン遺伝子群が生成した．重複した遺伝子の中には，大きく分岐してリゾチームや α-ラクトアルブミンのようにコードするタンパク質の機能が現在では実質的に異なるものがある．
- 進化の過程で起こった遺伝子内または遺伝子間のエキソンの再編により，類似したエキソンおよび一部に他の遺伝子に由来するエキソンを含む遺伝子が生じる．
- 転移因子の転移または同一の因子間の組換えにより，新たな組み合わせで生物にとって有益な配列が発生することがある．このような機構により，遺伝子の機能または発現制御のパターンが変化する．

? 染色体再配列が新たな生物種の出現にどう結びつくか．

21.6

ゲノム配列の比較による進化と発生の解明

- 広範囲の生物種および近縁の生物種のゲノムの比較により，古代および近代の進化の歴史に関する貴重な情報が得られる．同一種の個体間の1塩基多型（SNP）やコピー数多型（CNV）の分析により，その生物種の進化に関する情報が得られる．
- **進化発生学**の研究者は，ホメオティック遺伝子などの動物の発生に関与する遺伝子は，生物種を越えて高度に塩基配列が保存されている**ホメオボックス**領域をもつことを示した．ホメオボックスに類似した配列は，植物や酵母の遺伝子にも存在する．

? 近縁の生物種のゲノムの比較からどのような情報が得られるか．また，非常に遠縁の生物種のゲノム比較からはどのような情報が得られるか．

理解度テスト

レベル1：知識／理解

1. バイオインフォマティクスに含まれないものは次のうちどれか．
   (A) DNA配列を整列するためにコンピュータのプログラムを用いること
   (B) 別々の試料から得られたDNAを，DNAテクノロジーにより試験管内で組み合わせること
   (C) ゲノム解析に用いるコンピュータプログラムを開発すること
   (D) 生体系を理解するために数学的手法を用いること
2. ホメオティック遺伝子とは何か．
   (A) 特定の解剖学的構造の形成に関与する遺伝子群の発現を制御する転写因子をコードする
   (B) ショウジョウバエなどの節足動物だけに見出される
   (C) ホメオボックスドメインをもつ遺伝子
   (D) ハエの解剖学的構造を形成する遺伝子をコードしている

レベル2：応用／解析

3. 2つの真核生物のあるタンパク質は1個のドメインは共通しているが，他の部分は大きく異なっている．このような現象は以下のどのような過程によって生じたと考えられるか．
   (A) 遺伝子の重複
   (B) 選択的スプライシング
   (C) エキソンシャフリング
   (D) 無作為な突然変異
4. **描いてみよう** 以下に示すのは，チンパンジー（C），オランウータン（O），ゴリラ（G），アカゲザル（R），マウス（M）およびヒト（H）の6種の生物のFOXP2タンパク質について，4つの領域のアミノ酸配列（1文字表記；図5.14参照）を比較したものである．これらの生物種の間でFOXP2タンパク質のアミノ酸配列が相違する点はすべて以下の領域に示されている．

   1. ATETI...PKSSD...TSSTT...NARRD
   2. ATETI...PKSSE...TSSTT...NARRD
   3. ATETI...PKSSD...TSSTT...NARRD
   4. ATETI...PKSSD...TSSNT...SARRD
   5. ATETI...PKSSD...TSSTT...NARRD
   6. VTETI...PKSSD...TSSTT...NARRD

   蛍光ペンを用いて生物種の間で変化するアミノ酸を着色しなさい（該当するアミノ酸は6つの配列についてすべて着色すること）．
   (a) C，G，Rのアミノ酸配列は同一である．これらに対応する配列は1〜6のどれか．
   (b) Hのアミノ酸配列はC，G，Rとは2つのアミノ酸が異なっている．Hの配列は1〜6のどれか．Hで異なっている2つのアミノ酸を下線で示すこと．
   (c) Oのアミノ酸配列はC，G，Rの配列とは1アミノ酸だけ異なっており（アラニンAがバリンVに置換している），Hの配列とは3つのアミノ酸が異なっている．Oの配列はどれか．
   (d) Mのアミノ酸配列の中で，C，G，Rの配列との間で異なるアミノ酸を○印で囲み，Hの配列との間で異なるアミノ酸を□印で囲みなさい．
   (e) 霊長類と齧歯類は6000万年から1億年前に分岐し，チンパンジーとヒトは約600万年前に分岐している．これより，マウスとC，G，Rのアミノ酸配列の相違と，ヒトとC，G，Rのアミノ酸配列の相違の比較によりどのような結論が導かれるか．

レベル3：統合／評価

5. **進化との関連** ホメオボックスをもつ遺伝子のように，動物の胚の発生過程で重要な遺伝子は進化の過程で比較的よく保存され，他の多くの遺伝子よりも動物種の間で配列が類似している傾向がある．この理由を説明しなさい．

6. **科学的研究**　ヒトのゲノム中の1塩基多型（SNP）のマッピングにより，ハプロタイプとして知られる5000塩基から20万塩基の範囲に含まれる一群のSNPが一緒に遺伝する傾向があることが見出された．ハプロタイプ1個あたり，普遍的にはわずか4，5通りのSNPの組み合わせしか存在しない．本章を含む遺伝学の各章で学習した知識を総合し，この観察結果に対する説明を提案しなさい．
7. **テーマに関する小論文：情報**　生命の連続性はDNAに刻まれた遺伝情報に基づいている．タンパク質をコードする遺伝子と制御DNAに発生する突然変異が，進化にどのように寄与するか300〜450字で記述しなさい．
8. **知識の統合**

昆虫は胸部（胴体）に3つの分節をもつ．研究者は3つの分節すべてに1対の羽をもつ昆虫の化石を発見しているが，現代の昆虫には第2分節と第3分節にしか羽もしくは羽の痕跡器官がない．そこで，現代の昆虫では*Hox*遺伝子の産物が第1分節における羽の発生を阻害する働きをもつと考えられる．ツノゼミ（左の写真）は少々例外的である．第2分節の羽に加えて，第1分節にはトゲのような形の派手な兜（かぶと）があり，これは最近の研究により1対の「羽」が融合して変形したものであることが判明している．トゲのような構造は，ツノゼミを木の枝にカモフラージュして捕食者に襲われる危険を軽減している．このような構造への進化を引き起こす遺伝子の発現制御の変化について説明しなさい．

（一部の解答は付録A）

第4部　進化のメカニズム

ノーベル賞受賞者のジャック・W・ショスタク Jack W. Szostak 博士は，ハーバード大学医学大学院の遺伝学教授とハーバード大学化学および生物学の教授であるとともに，マサチューセッツ総合病院のアレクサンダー・リッチ記念特別研究者の称号をもつ．ショスタク博士はカナダで育ち，マギル大学で学士を，コーネル大学で生化学の博士の学位（Ph.D.）を取得した．彼は遺伝学の研究によって，減数分裂組換え時におけるプログラムされたDNA 2本鎖切断の役割の解明およびテロメアによってどのように染色体が保護されているかを発見するなど，遺伝学への先駆的な貢献を行っている．国立科学アカデミーのメンバーであるショスタク博士は現在，地球上における生命の起源に関する画期的な研究を行っている．

ジャック・ショスタク博士へのインタビュー

あなたはテロメアに関する仕事でノーベル賞を受賞しました．なぜその話題から生命の起源を研究するようになったのですか？

酵母でテロメアやDNA損傷の修復の研究に取り組んだ後，私は何か新たな研究材料を探し始めました．当時，シドニー・アルトマン Sidney Altman とトーマス・チェック Thomas Cech は，酵素のような触媒として機能することができるRNA分子であるリボザイムを発見しました．私はこれが本当にエキサイティングであることがわかったため，研究室の焦点をRNA生化学に切り替えました．最初は，分子進化を調べました．しかし実験室で進化を研究していたのは，実験者が既存のリボザイムが進化する条件を制御することでした．私は，どのようにRNAが最初の場所で形成され，古代の地球上でそれ自身を複製したのかと，疑問に思いました．私はその疑問にますます関心をもち，いま私の研究室全体がその課題に取り組んでいます．

あなたは生命の起源を研究するためにどのようなアプローチをとっていますか？

私たちは化学実験を使って，原始細胞が形成，成長，分裂する条件を解明しようとしています．他の研究室の多くの研究は，生命の構築単位となる化学物質が原始の地球でどのようにつくられたかをこれまで明らかにしてきました．このおかげで，その次の段階の疑問の探究が始まりました．つまり，そのような生命のない化学物質がどのように集まって大きな構造をつくり，生きた細胞のようにふるまい始めたのかという疑問です．

この問題にはどんなハードルがありますか？

最初の生きた細胞は非常に単純だったに違いありません．しかし，細胞膜やRNAのような遺伝物質など，今日の細胞の普遍的な特徴のいくつかをもっているに違いありません．私たちはRNAを取り囲む膜で細胞のような構造を組み立てることができるようになりました．これらの構造の膜は，それ自身と同様の「子孫」を成長させ，産生することができます．残っている大きなハードルは，原始の細胞膜に囲まれたRNAが複製（増殖）する条件を探し当てることです．

生命の起源を研究することによって，現在の細胞について何を学ぶことができますか？

現代の生命はすべて，同じ生化学的基礎など，多くの特徴を共有しています．私たちはそのような共有された機能の説明を見つけようとしています．私たちは，RNAの本質的な役割は，原始地球のような化学的条件から自然に出現するように見えることを明らかにしました．しかし，疑問はまだ残っています．たとえば，すべての細胞は，カリウムレベルが細胞内で外界よりも高く，ナトリウムレベルが外界よりも低いなど，膜を横切った特定の濃度勾配を維持しています．細胞はこれらの勾配を維持するために多くのエネルギーを費やしています．それはなぜでしょうか？　私たちはまだそれにはうまく答えられていませんが，その起源を研究することによって，そのような生命の不可解な特徴についてもっと学びたいと思っています．

あなたの仕事について，最も報われることは何ですか？

私は特に，新しい実験について人々と話すことを楽しんでいます．研究室は，異なる背景と異なる科学的興味をもつ才能のある学生とポスドクで満ちあふれています．誰もがお互いに会話する方法を学ばなければなりません．これにより，研究室はエキサイティングで楽しい場所になり，大きな科学的問題を解決するためにみなが協力し合っています．

「現代の生命はすべて，同じ生化学的基礎など，多くの特徴を共有しています．私たちはそのような共有された機能の説明を見つけようとしています．」

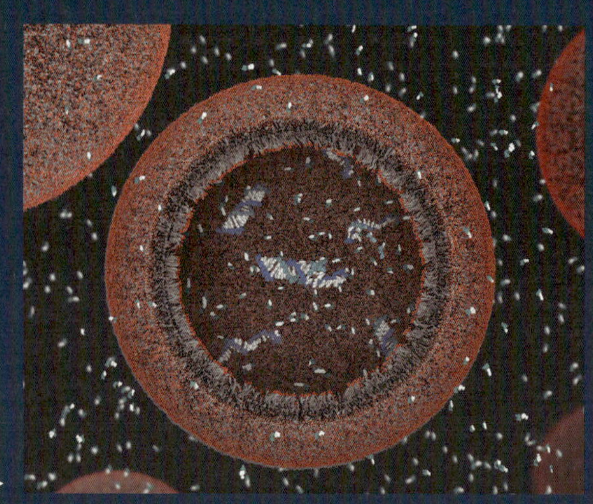

ヌクレオチドと短いRNA断片を含む原始細胞のモデル➤

変化を伴う継承：ダーウィンの生命観 22

▲図 22.1　枯れ葉に似ていることが，どのようにこの蛾にとって役に立つのか．

重要概念

22.1　ダーウィンは，地球の年齢は若く，種は不変であるという伝統的な見解に異議を唱えた

22.2　自然選択による変化を伴う継承は，生物の適応や生命の共通性と多様性を説明する

22.3　進化は，圧倒的な量の科学的証拠で支持されている

▼枯葉蛾の幼虫（イモムシ）

きわめて美しい生物が際限なく

ペルーの熱帯雨林にすむ空腹の鳥は，その森林の生息環境に溶け込んだ「枯葉蛾」*Oxytenis modestia* を見つけるために目をこらさなければならないだろう（図 22.1）．この特徴的な蛾は，12 万種以上を含む多様なチョウ目（鱗翅目）昆虫の一員である．すべてのチョウ目昆虫は，発達した頭部と多くの咀嚼口器が特徴的で，貪欲で効率的な採餌能力をもち，私たちがイモムシとよぶ若齢段階をもつ（枯葉蛾の幼虫段階も，その外観によっても保護されている．すなわち，脅かされたときに，攻撃するヘビに似たように頭を前後に振る）．成虫の場合，すべてのチョウ目昆虫は 3 対の脚と小さな鱗で覆われた 2 対の翼をもつ．しかし，多くのチョウ目昆虫は互いに異なってもいる．どのようにして非常に多くの異なる蛾や蝶が生まれ，その類似点と相違点はどのようにできたのであろうか．蛾と落葉との類似性はこの蛾にとってどのように役立つのだろうか．

図 22.1 の蛾とその近縁種は，生命に関する 3 つの重要な観察を示す．

- 生命が，その環境における生活に適応する驚くべき方法（ここで，そして本文全体を通して，「環境」という用語は，他の生物，ならびに生物の周囲の物理的側面を指す）
- 生命の多くの共通した特徴（共通性）
- 生命の豊富な多様性

1 世紀以上前に，チャールズ・ダーウィン Charles Darwin は，これらの 3 つの広範な観察の科学的な説明に取り組もうとした．ダーウィンが著書の『種の起源』でその仮説を発表したときまさに，ダーウィンは科学革命を起こし進化生物学の時代の幕を開いたのである．

現在では，私たちは**進化 evolution** を，ダーウィンが，地球の多くの

種は，現代の種とは異なっていた祖先種の子孫であると提案して使用した表現である「変化を伴う継承 descent with modification」と定義する．進化はまた，世代から世代への集団の遺伝的組成の変化として定義することができる（23.3 節参照）．

進化は2つの関連するが異なる方法，すなわちパターンおよびプロセスから眺めることができる．進化的変化の「パターン」は，生物学，地質学，物理学，化学など，多くの科学分野のデータによって明らかにされる．これらのデータは事実，すなわち自然界についての観察である．そして，これらの観察は，生物は時間とともに進化してきたことを示している．進化の「プロセス」は，観察された変化のパターンを生成する機構で構成されている．これらの機構は，私たちが観察する自然現象の自然の原因を表している．実際，統一理論としての進化には，生物界についての多岐にわたる観察を説明し，統合する能力がある．

科学のすべての一般的な理論と同様に，新しい観察と実験結果を説明できるかどうかを調べることにより，進化についての理解は検証し続けられている．22 章と 23 章では，現在行われている発見が，どのように進化のパターンとプロセスについての知識を形成するかを調べていく．その舞台を整えるため，最初に，ダーウィンが「きわめて美しい生物が際限なく」とよんだ，生物の適応と共通性，多様性を説明するために，ダーウィンの探究の旅をたどることとしよう．

22.1

ダーウィンは，地球の年齢は若く，種は不変であるという伝統的な見解に異議を唱えた

地球とその生命について，当時の有力な見解に異議を唱えようとダーウィンを駆り立てたのは何だろうか．ダーウィンは革命的な提案を，他の人々の研究と彼自身の旅行の影響を受けながら，時間をかけて練っていった（図 22.2）．これから見ていくように，ダーウィンのアイディアも，深い歴史的ルーツをもっていた．

▼図 22.2　ダーウィンの思想の知的背景．

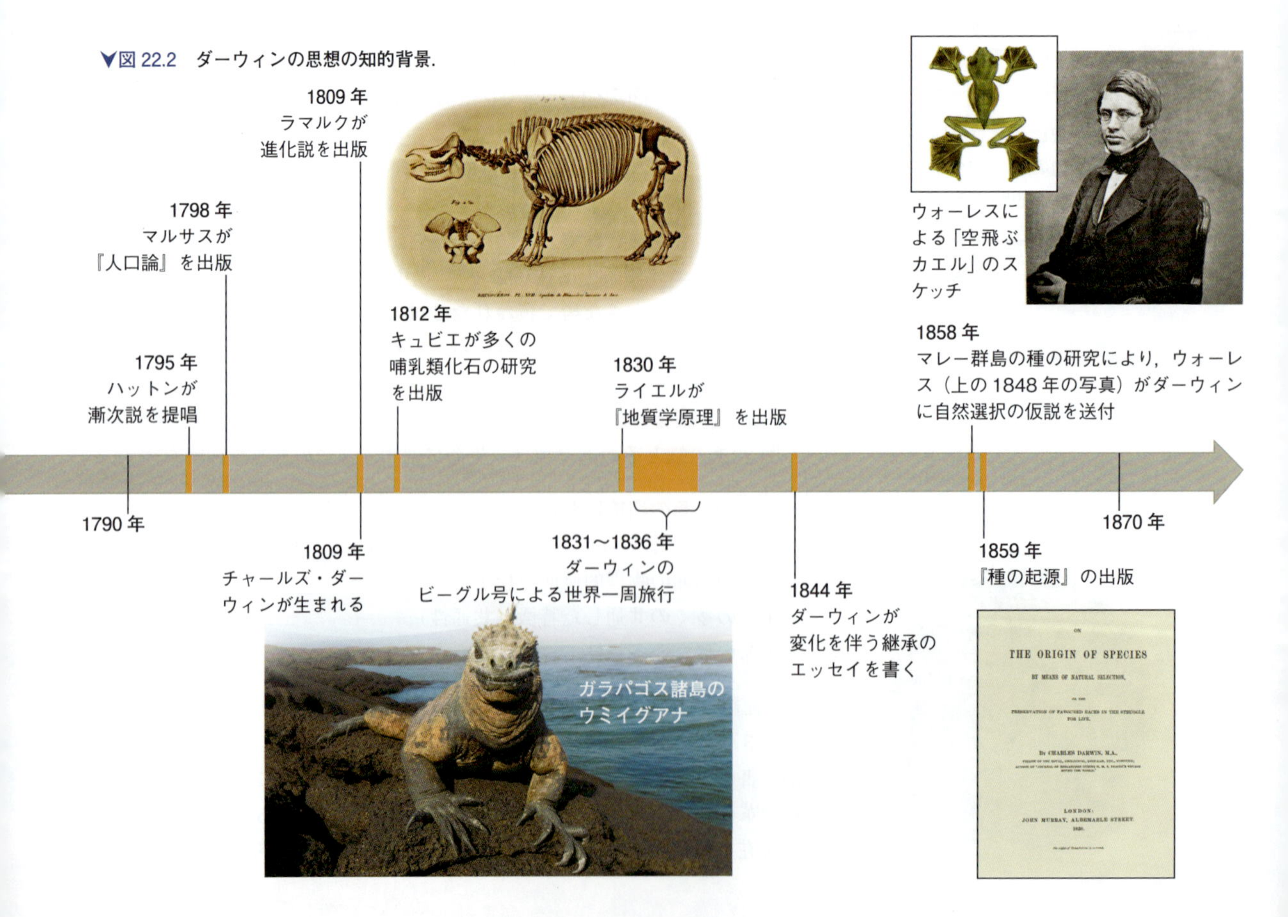
1809 年
ラマルクが
進化説を出版
1798 年
マルサスが
『人口論』を出版
1795 年
ハットンが
漸次説を提唱
1812 年
キュビエが多くの
哺乳類化石の研究
を出版
1830 年
ライエルが
『地質学原理』を出版
ウォーレスによる「空飛ぶカエル」のスケッチ
1858 年
マレー群島の種の研究により，ウォーレス（上の 1848 年の写真）がダーウィンに自然選択の仮説を送付
1790 年
1870 年
1809 年
チャールズ・ダーウィンが生まれる
1831～1836 年
ダーウィンの
ビーグル号による世界一周旅行
1844 年
ダーウィンが
変化を伴う継承の
エッセイを書く
1859 年
『種の起源』の出版
ガラパゴス諸島の
ウミイグアナ
THE ORIGIN OF SPECIES
BY MEANS OF NATURAL SELECTION
BY CHARLES DARWIN, M.A.
LONDON:
JOHN MURRAY, ALBEMARLE STREET.

「自然の階梯」と種の分類

ダーウィンが生まれるはるか前に，ギリシャ哲学者の多くは，生命は徐々に進化したと考えていた．しかし，初期の西洋科学に大きな影響を与えた哲学者であるアリストテレス（紀元前384〜322）は，種は固定した（不変の）ものであるという考えであった．自然の観察を通してアリストテレスは，生物の間にある「類似」を認識した．そして，生命の形態は，梯子状に階級をつけ，複雑性が増加する順に配置することができるという結論に達した．これは後に「自然の階梯 scala naturae」とよばれた．生命のそれぞれの形は完全で永遠であり，この梯子の各段に割り当てられている．

これらの考えは，旧約聖書の創世に関する説明，すなわちそれぞれの種は神が創造したものであり，それゆえ完全であるというものと一致している．1700年代には多くの科学者は，生物の環境に対する絶妙な適応は，神が各々の種を特定の目的のためにデザインした証拠として解釈していた．

このような考えをもつ科学者の1人に，スウェーデンの物理学者・植物学者であるカール・フォン・リンネ Carl von Linné（ラテン語名は Carolus Linnaeus）(1707〜1778）がいた．リンネは，彼の言葉によると「神のより大きな栄光のため」に生命の多様性の分類を探究した．1750年代に，リンネは2つの部分からなる「二名法」を発案した．二名法は，「*Homo sapiens*」のように属名と種小名により生物名を表す体系であり，現在も使用されている．「自然の階梯」における直線的な配列と異なり，リンネは階層的な分類体系を採用した．類似した種を集めて，より一般的な範ちゅうに類別した．たとえば，似た種は同じ属に類別され，似た属は同じ科にというような具合である．

リンネにとって互いに類似種であるという観察結果は，進化的類縁ではなく，創造のされ方の類似を意味していた．しかし，1世紀後に，ダーウィンは，分類は進化的関係に基づくべきであると主張した．彼はまた，リンネの分類体系を使う科学者は，しばしば系統関係を反映させるように生物を分類していると指摘した．

経時的変化に関する考え方

他の情報源の中では，ダーウィンにとって過去の生物の遺体あるいは痕跡である**化石 fossil** を研究した科学者の仕事が役に立った．多くの化石は海底や湖底，湿地に溜まった砂や泥からつくられる堆積岩から見つかる（図22.3）．新しい堆積層が，古い層を覆い圧縮して，**地層 strata**（単数形は stratum）とよばれる岩石の積み重ねられた層ができる．各々の地層の化石により，その地層がつくられたときに地球に生息していた生物相を垣間見ることができる．後に浸食により上部の（新しい）地層が削られ，埋まっていた深い（古い）地層が現れる．

化石の研究を行う**古生物学 paleontology** の大部分はフランスの科学者であるジョルジュ・キュビエ Georges Cuvier（1769〜1832）により創始された．パリ周辺の岩石層の研究により，キュビエは，より深い（古い）地層ほど現在の生命とは大きく異なった化石が多いことに気づいた．また，地層を見ていくと，新しい種が出現することやある種が消えていくことも観察していた．キュビエは，絶滅は普遍的に起こることであると推測していたが，キュビエは頑固に進化の考えに反対した．キュビエは，それぞれの地層間の境界は，洪水や干ばつといった，その地域に生息していた多くの生物種が破滅するような突然の天変地異を表すと推測した．そのような地域は，他の地域からの移住種により再び生命が戻るという学説を提案した．

キュビエが突然の事象を強調するのと対照的に，他の科学者たちは，深遠な変化はゆっくりではあるが連続的なプロセスの累積効果を通して起こることを示唆している．1795年に，スコットランドの地質学者ジェームズ・ハットン James Hutton（1726〜1797）は，地球の地質学的特徴は，谷が河川によりつくられるように，現在でも進行中の漸進的メカニズムで説明可能であると提唱した．ダーウィンの時代の有数の地質学

▼図22.3 **化石と地層の形成．**

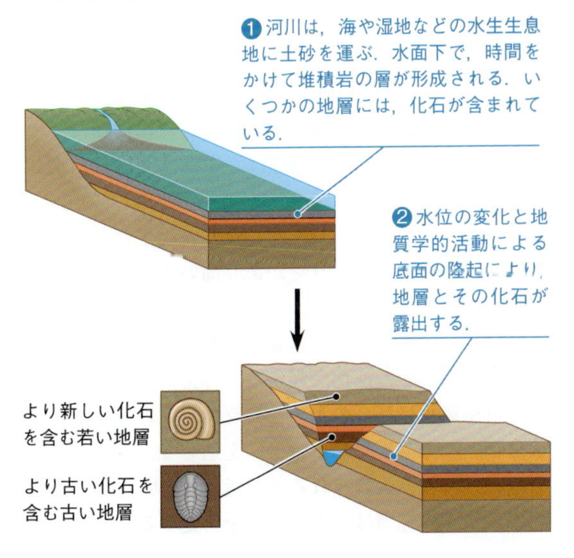
❶河川は，海や湿地などの水生生息地に土砂を運ぶ．水面下で，時間をかけて堆積岩の層が形成される．いくつかの地層には，化石が含まれている．
❷水位の変化と地質学的活動による底面の隆起により，地層とその化石が露出する．
より新しい化石を含む若い地層
より古い化石を含む古い地層

者であるチャールズ・ライエル Charles Lyell（1797～1875）は，ハットンの考えを取り入れ，斉一的な地質学的プロセスが今日も過去と同じように，同じ速度で起きていると提唱した．

ハットンとライエルの着想は，ダーウィンの考えに大きな影響を与えた．ダーウィンは，もし地質学的変化が，突然ではなく漸進的な絶え間のない活動により生じるなら，地球の歴史は神学者が推定している数千年前よりさらにさかのぼるに違いないという説に賛成した．また，ダーウィンは後に，おそらく同様な漸進的なプロセスが長い年月をかけて生物に働き，大きな変化を生じさせたに違いないと推論した．しかしながら，ダーウィンは漸進説の原理を生物進化に適用した最初の科学者ではなかった．

ラマルクの進化説

18世紀の博物学者が，生命は環境の変化により進化すると主張したが，ただ一人，フランスの生物学者のジャン=バプティスト・ド・ラマルク Jean-Baptiste de Lamarck（1744～1829）だけが，どのようにして生物が進化するかというメカニズムを提案した．ラマルクは，今日では主として，進化的変化が化石記録や生物の環境に対する適応を説明するという洞察力をもっていたことではなく，提案したメカニズムが間違っていたとして記憶されている．

ラマルクはダーウィンが生まれた1809年に進化説を出版した．ラマルクは，現生の種を化石種と比較し，それぞれの系列で古い化石から現生種へつながる新しい化石というように時間順に並べ，それぞれの子孫系列で何が起きたかを発見した．彼はこの現象を，当時一般に受け入れられていた2つの原理により説明した．1つは体の中でよく使う部位は大きく強くなり，使わない部分は退化していくという考え方，すなわち「用不用説」である．その多くの例の中で，ラマルクは，キリンの首は高い枝の葉に届くように伸びた，と引用している．2つ目の原理は，生物は獲得した変化を子孫に渡すことができるという「獲得形質の遺伝」である．ラマルクは，長くたくましい現生のキリンの首は，何世代もの間キリンがより高い所へ首を伸ばした結果であると推論した．

ラマルクはまた，生物は複雑になるという，元来の性質をもつために進化が起きると考えた．ダーウィンは，自然選択に都合のよいこのラマルクの考えを否定したが，一方で獲得形質の遺伝を通じて，変異は進化プロセスに組み入れられるとも考えていた．しかし現代の遺伝学の知識は，この原理を否定する．実験結果は，個体が生きている間に獲得した形質は，ラマルクが提案したようには遺伝しないことを示している（図22.4）．

➤図22.4　獲得形質を継承することはできない． この盆栽の木は剪定と成形によって矮小化して育つように「訓練」された．しかし，この木の種子は，通常の大きさの子孫を生み出す．

ラマルクは当時，特に種が進化することを否定していたキュビエにより非難されていた．しかし，いまになって考えると，ラマルクは，生物がその環境での生活によく適合していることは漸進的進化による変化で最もよく説明できるという事実の認識に至り，どのようにこの変化が起きたかについての検証可能な説明を提案したのである．

概念のチェック 22.1

1. ハットンとライエルの考えは，ダーウィンの進化に関する考え方にどのように影響を与えたのか．
2. 関連性を考えよう➤科学的な仮説は，検証可能でなければならないことを学んだ（1.3節参照）．この基準を適用すると，キュビエの化石記録についての説明とラマルクの進化説は，科学的であるか．それぞれの例について説明しなさい．

（解答例は付録A）

22.2
自然選択による変化を伴う継承は，生物の適応や生命の共通性と多様性を説明する

19世紀のはじめでは，一般に，種は創造されたと

きから不変のままであると信じられていた．種の不変性に関して多少の疑問は呈されていたが，誰も伝統的な考えを打ち破ることはできなかった．チャールズ・ダーウィンはどのようにして，革命的生命観の提唱者となったのだろうか．

ダーウィンの研究

チャールズ・ダーウィン（1809～1882）は西イングランドのシュルーズベリーで生まれた．少年時代には，すでに自然に対する飽くなき興味を示していた．また，自然に関する本を読んでいないときは，釣り，狩猟，乗馬，昆虫採集をしていた．しかしながら医者であったダーウィンの父は，博物学者は将来が不安であるため，息子をエジンバラ大学の医学校に入学させた．しかしダーウィンにとって医学は退屈であり，また外科手術に恐怖を覚えた．彼はエジンバラ大学を中退し，聖職者になるためにケンブリッジ大学に入学した（当時は，多くの科学者は聖職者であった）．

ケンブリッジ大学でダーウィンは，植物学者のジョン・ヘンスロー John Henslow の弟子になった．ダーウィンが卒業したすぐ後に，ヘンスローは「ビーグル号」で世界一周の航海の準備をしていたロバート・フィッツロイ Robert FitzRoy 船長に彼を推薦した．ダーウィンは，費用の自己負担と，若い船長の話し相手を申し出た．フィッツロイ自身が熟達した科学者であり，ダーウィンも熟練した博物学者で，彼と年齢と社会階級が同じであったダーウィンを受け入れた．

ビーグル号での航海

1831 年 12 月に，ダーウィンはビーグル号に乗船してイングランドを後にした．航海の第 1 の使命は，当時は詳細が不明であった南米の海岸線の海図づくりであった．しかしながら，ダーウィンはもっぱら陸上で数千種の南米の動植物の観察と採集をして過ごした．ブラジルの湿潤な密林やアルゼンチンのパンパス草原，アンデス山脈のそびえ立った山頂などで，多様な環境に適応しているさまざまな動植物の様子を記述した．ダーウィンはまた，南米の温帯地域の動植物が，ヨーロッパの温帯地域よりも，南米の熱帯地域に生息している動植物により似ていることに着目した．さらに，彼が発見した化石は，現生種とは明らかに異なるが，南米の現生種にはっきりと似ていた．

ダーウィンは，地質学について考えるのにも多くの時間を費やした．何度もの不快な船酔いにもかかわらず，ダーウィンはライエルの『地質学原理（*Principles of Geology*）』を航海中に読んだ．激しい地震がチリの沿岸を襲ったときに，海岸沿いの岩が数フィート隆起したのを観察し，初めて地質学的変化を経験した．アンデス山脈の高地で，海産生物の化石を発見し，同様な地震の長期にわたる繰り返しにより，化石を含む岩石が隆起したに違いないと推測した．これらの観察は，ライエルから学んだことをダーウィンに確信させた．すなわち，物理的な証拠は，地球が数千年の年齢であるという伝統的な見解を支持しない．

この地域で見られた種（や化石）へのダーウィンの興味は，ガラパゴス諸島にビーグル号が立ち寄ってさらに刺激された．ガラパゴス諸島は，南米大陸から 900 km 西方の赤道近くに位置する火山性の島の集合体である（図 22.5）．ダーウィンはそこで発見した特異な生物に魅了された．ダーウィンが採集した鳥の中には数多くのフィンチ類が含まれていた．それらのフィンチ類は互いによく似ているが，別の種と思われた．あるものは個々の島に固有であり，他のものは隣接した 2，3 の島に分布していた．さらに，ガラパゴス諸島の動物は南米大陸に生息する動物に似ているが，ほとんどの種は世界の他の場所のどこにもいないものである．ダーウィンは，ガラパゴス諸島に南米の生物が移入し，そこから新種がさまざまな島で出現したという仮説を立てた．

ダーウィンは適応に着目した

ビーグル号での航海中に，ダーウィンは多くの適応の例を観察した．**適応 adaptation** とは，個々の環境での生存や繁殖を強める生物の遺伝的形質である．彼は後に観察したすべてを再検討し，環境への適応と新種の起源は密接に関連したプロセスであることに気づいた．異なる環境への適応による変化の蓄積により，祖先型から新種が生じることが可能だろうか．ダーウィンの航海以後に行われた研究により，生物学者は，これこそが実際にガラパゴス諸島で見られたフィンチ類で起こったことであると結論づけた（図 1.20 参照）．フィンチのくちばしや行動は，生息する島で利用可能な食料に適応しているのである（図 22.6）．ダーウィンは，このような適応の説明が，進化を理解するうえで本質的であると悟った．どのように適応が生じたかについてのダーウィンの説明は，自然選択を中核としている．**自然選択 natural selection** は，特定の遺伝的形質をもつ個体が，これらの形質のおかげで，他の個体よりも高い確率で生存し繁殖するプロセスである．

1840 年代のはじめにダーウィンは，彼の仮説の大部分をつくり終えた．1844 年に，変化を伴う継承とその基本的メカニズムについての長いエッセイを書い

▼図 22.5　ビーグル号の航海（1831 年 12 月〜1836 年 10 月）．

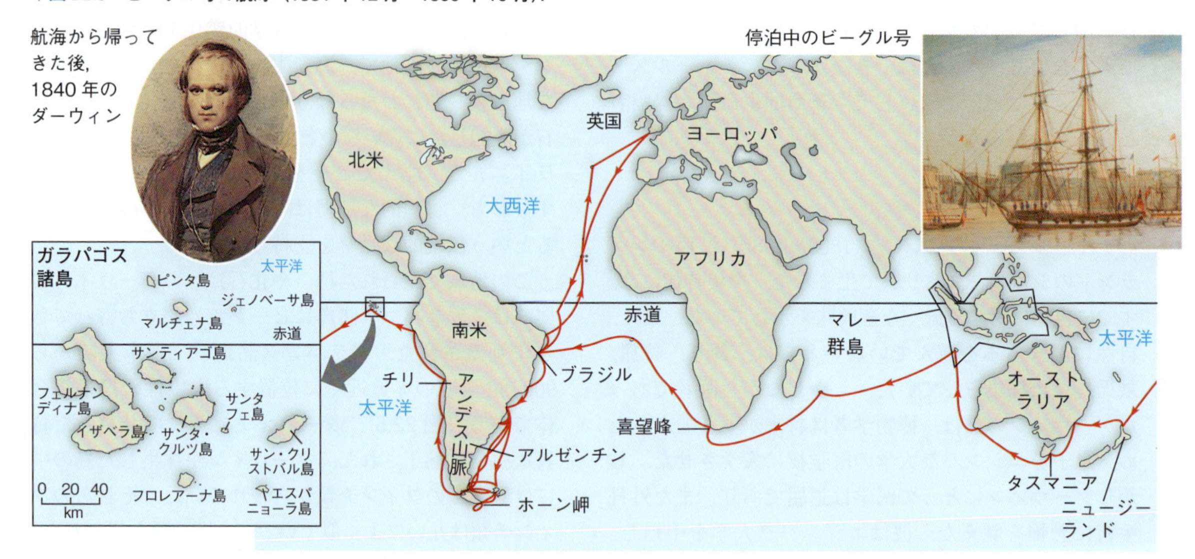
航海から帰ってきた後，1840 年のダーウィン
停泊中のビーグル号
北米
英国
ヨーロッパ
大西洋
アフリカ
南米
赤道
マレー群島
太平洋
オーストラリア
チリ
アンデス山脈
ブラジル
喜望峰
アルゼンチン
ホーン岬
タスマニア
ニュージーランド
ガラパゴス諸島
ピンタ島
ジェノベーサ島
マルチェナ島
赤道
サンティアゴ島
フェルナンディナ島
サンタフェ島
イザベラ島
サンタ・クルツ島
サン・クリストバル島
フロレアーナ島
エスパニョーラ島
0 20 40
km

て，論文のアイディアをまとめた．しかしダーウィンは，それが引き起こすであろう騒動の予想が一因で，この発想をまだ出版しなかった．公表を先延ばしにしている間も，ダーウィンは自説を支持する証拠を集め続けた．1850 年代半ばに，彼はライエルや他の数名に自分の考えを紹介した．ライエル自身は，進化の確信を得ていなかったが，ダーウィンに，他の誰かが同じ結論に達して先に出版する前に，公表すべきであると主張した．

1858 年の 6 月，ライエルの予想が現実になった．ダーウィンは，南太平洋のマレー群島の島々で研究を行った英国博物学者のアルフレッド・ラッセル・ウォーレス Alfred Russel Wallace（1823〜1913）から原稿を受け取った（図 22.2 参照）．ウォーレスは，ダーウィンとほとんど同じ自然選択の仮説をつくり上げていた．彼はダーウィンに，自分の原稿の評価と，もし出版する価値があるならライエルに原稿を渡すように依頼した．ダーウィンは依頼を実行し，ライエルに手紙を書いた．「あなたの予想が現実になって襲ってきた……このような著しい一致は見たことがない……私の独創性は，たとえどれだけの量があっても打ち砕かれてしまう」．その後，ライエルと同僚は，ウォーレスの論文を，ダーウィンの 1844 年の未発表のエッセイの要約とともにロンドンリンネ協会誌の 1858 年 7 月 1 日号に載せた．ダーウィンはすばやく『自然選択による種の起源（*On the Origin of Species by Means of Natural*

▼図 22.6　**ガラパゴス諸島のフィンチ類のくちばし変異の 3 つの例．** ガラパゴス諸島は十数種の近縁なフィンチ類のふるさとである．1 つの島にしか生息しない種もいる．フィンチ類の最も顕著な違いの多くはくちばしであり，各種の食性に合わせて適応している．

(a) **サボテン食．** サボテンフィンチ *Geospiza scandens* の長く鋭いくちばしは，サボテンの花や果肉を裂いたり食べたりするのに役立つ．

(b) **昆虫食．** ムシクイフィンチ *Certhidea olivacea* は細くてとがったくちばしで虫をとらえる．

(c) **種子食．** オオガラパゴスフィンチ *Geospiza magnirostris* は大きなくちばしをもち，植物が地上に落とした種子を割るのに適応している．

関連性を考えよう➤図 1.20 を復習しなさい．昆虫食の 3 種の最近の共通祖先に丸をつけなさい．この祖先のすべての子孫種は昆虫食であるか．

Selection)』(通常は『種の起源』と引用される) を脱稿し，翌年に出版した．ウォーレスは，着想を先に出版したが，彼はダーウィンを崇拝しており，ダーウィンが自然選択説を精力的に発展させ検証してきたので，ダーウィンを自然選択説の中心的創設者とすべきであることに同意した．

ダーウィンの著書とその支持者たちは，10年の間に生命の多様性は進化の産物であることを，当時の多くの科学者に納得させた．ダーウィンが，それ以前の進化学者が失敗してきたことに成功できたのは，おもに一点の曇りもない論理と圧倒的な補強証拠，説得力のある科学的なメカニズムを提示できたことによる．

『種の起源』の考え

ダーウィンは著書の中で，自然選択による変化を伴う継承は，自然に関する3つの広範な観察，すなわち生命の共通性，多様性，そして生命がその環境での生活に適している著しい様子を説明できるという多くの証拠を提示した．

変化を伴う継承

『種の起源』の初版で，ダーウィンは「進化 evolution」という言葉を使っていない (しかし，この本の最後の語は「進化した evolved」である)．その代わり，ダーウィンの生命観を要約している「変化を伴う継承 descent with modification」という表現を用いている．生物は多くの特徴を共有していて，ダーウィンは生命の共通性を理解した．すなわち，生命の共通性は，すべての生物がはるか過去の祖先生物の子孫である結果であると考えた．彼はまた，祖先生物の子孫たちはさまざまな環境に暮らし，彼らの生活方法に合った多様な変化，あるいは適応を徐々に蓄積したと考えた．ダーウィンは，長期間にわたる変化を伴う継承は，最終的に今日見られる生命の豊かな多様性につながったと考えた．

ダーウィンは，生命の歴史を，共通の幹から小枝の先端に向かって多数に枝分かれした樹と見ていた (図22.7)．彼の図の中で，AからDとラベルされた小枝の先端は，現在生きている多様な生物群を表しているのに対し，ラベルのない枝は多くの絶滅群を表している．樹のそれぞれの分枝点は，この点以降のすべての進化系列の祖先を表している．

ダーウィンは，このような分岐プロセスが，過去の絶滅事象と合わせて，近縁な生物群間に時折存在する大きな形態学的ギャップを説明することができると考えた．たとえば，ゾウの3現生種，アジアゾウ *Elephas maximus*，と2種のアフリカゾウ (アフリカゾウ *Loxodonta africana*，マルミミゾウ *L. cyclotis*) を考えてみよう．このような近縁な種は，図22.8の系統樹に示すように，共通祖先から分化したのが比較的最近であるため大変似ている．ゾウに近縁な7系統が，過去3200万年間に絶滅していることに注意しなさい．その結果，ゾウとその現在の最も近縁な種，マナティとハイラックスとの形態的ギャップを埋める動物は現存しない．

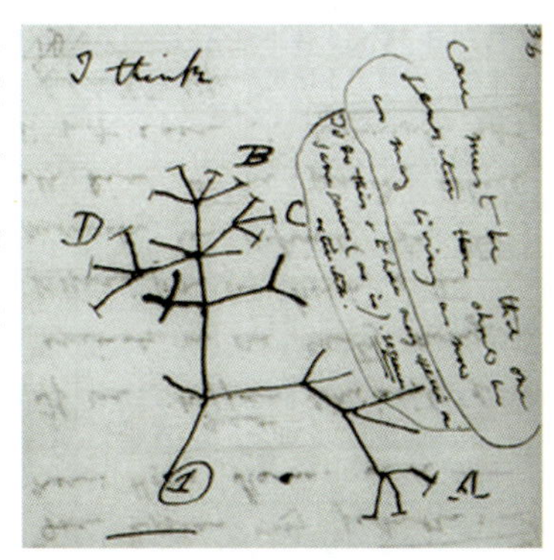
I think
B
C
D
A

▶図22.7 「私は思う…」 この1837年のスケッチでは，ダーウィンは進化の分岐パターンを想定していた．A〜Dと表示された小枝で終わる枝は，生物の特定の群を表す．他のすべての枝は絶滅したグループを表す．

図22.8で見られるような絶滅は珍しいことではない．実際，進化の多くの枝で，いくらかの主要なものでさえも，行き止まりになっている．これまで出現した全種の約99%が，現在では絶滅したと推定されている．図22.8のように，絶滅種の化石は，ギャップを「埋める」ことにより現生群の多様性について物語ることができる．

人為選択，自然選択と適応

ダーウィンは，観察される進化のパターンを説明可能な自然選択のメカニズムを提案した．彼は，最も懐疑的な読者の説得をも望み，慎重に議論をつくり上げた．最初，彼は栽培植物や家畜の選抜育種の身近な例を議論した．人間は，多くの世代にわたって，目的の形質をもつ個体を選択し繁殖させる，**人為選択 artificial selection** とよばれるプロセスにより，他の種をつくり替えてきた (図22.9)．人為選択の結果として，作物，家畜，ペットは，しばしば彼らの野生の祖先に似ても似つかないようになる．

ダーウィンは，同様のプロセスが自然界でも起きていると主張した．2つの観察とその議論に基づいて，2つの推論を導き出した．

観察1. 集団の構成員は，しばしば遺伝的形質において差異がある (図22.10)．
観察2. どんな種でも，環境が支えられる以上の子

▼図 22.8　変化を伴う継承． この系統樹はおもに化石の解剖学的特徴，出現する地層や地理的分布に基づいている．ほとんどの子孫の枝は絶滅していることに注意しなさい（†で表している）（時間軸は正確ではない）．

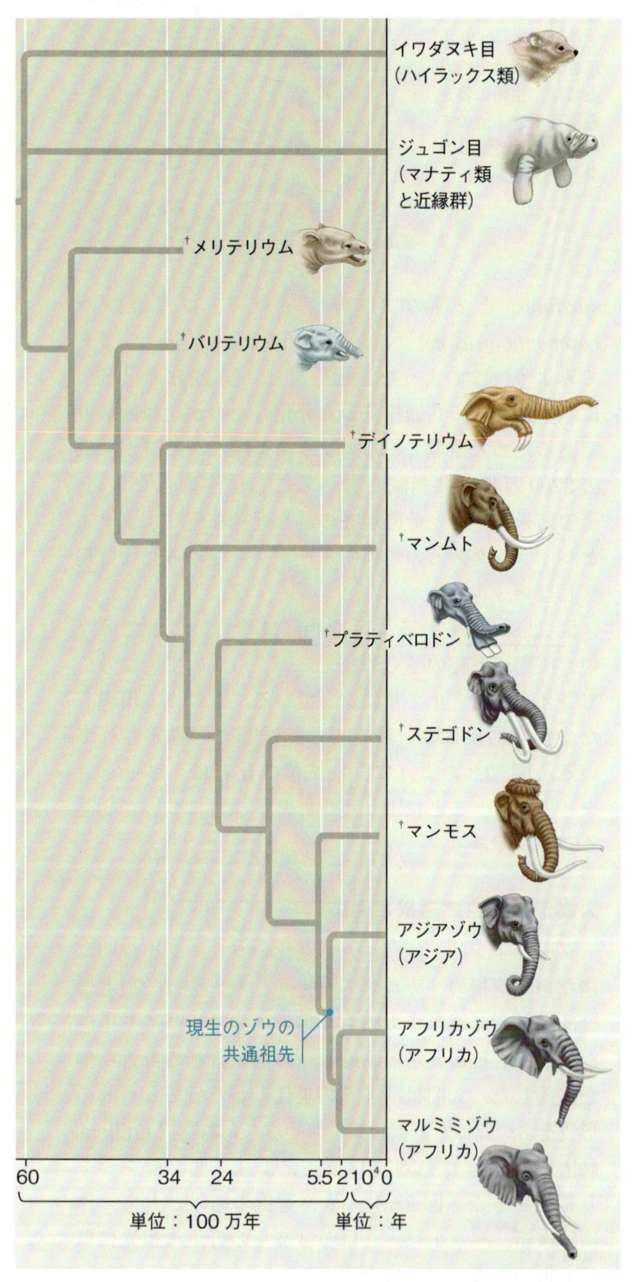

イワダヌキ目
(ハイラックス類)
ジュゴン目
(マナティ類
と近縁群)
†メリテリウム
†バリテリウム
†デイノテリウム
†マンムト
†プラティベロドン
†ステゴドン
†マンモス
アジアゾウ
(アジア)
現生のゾウの
共通祖先
アフリカゾウ
(アフリカ)
マルミミゾウ
(アフリカ)
60
34
24
5.5
2
1
10⁴
0
単位：100万年
単位：年

図読み取り問題➤ この系統樹に基づくと，マンモス（ウーリーマンモス），アジアゾウ，アフリカゾウが共有する最近の祖先が生息していたのはおおよそどのくらい前か．

孫を生産するので（図 22.11），多くの子孫は生存し，繁殖することができない．

推論 1. 高い生存率と繁殖率を与えるような性質を受け継いだ個体は，その環境でより多くの子孫を残す．

推論 2. 生存と繁殖の能力の不平等は，世代を経ての集団中の有利な形質の蓄積につながる．

2つの推論が示唆するように，ダーウィンは，自然選択と生物の「過剰生産」能力との間の重要な関連に気づいた．この洞察は経済学者のトマス・マルサス Thomas Malthus のエッセイを読んだ後に気づきはじめた．マルサスは，疫病，飢饉や戦争といった人々にふりかかる災害の多くは，人口の増加潜在力が食糧や他の資源の供給よりも速いという結果であると主張した．ダーウィンは，同様に過剰生産の能力はすべての種の特性であると認識した．たくさんの産み落とされた卵，新生児，散布された種子のうち，少数のみが完全に発育し，子孫を残すことが可能である．残りのものは，食べられたり，餓死したり，病気になったり，配偶者がいなかったり，塩分や気温などの環境の物理的状態に耐えられなかったりする．

生物の遺伝的形質は，自身の能力だけでなく，その子孫がどのくらい環境問題に対処することができるかに影響を与える．たとえば，生物はその子孫に，捕食者から逃れたり，食料を得たり，または物理的条件に耐える利点を与える特性をもっているかもしれない．このような利点は，生存し繁殖する子孫の数を増やすので，有利な特徴は，次世代で頻度が大きくなる．したがって，時間の経過とともに，このような捕食者，食料不足，または有害な物理的条件などの要因から生じる自然選択は，集団中の有利な形質の割合の増加につながる可能性がある．

どのくらいの時間でこのような変化が生じるのだろうか．ダーウィンは，人為選択が，比較的短期間で劇的な変化をもたらすことができるなら，自然選択は，数千世代ぐらいで種以上の大幅な改変が可能であると推論した．ある遺伝的形質は，他のものに比べて利点がわずかであっても，有利な変異は徐々に集団に蓄積され，不利な変異は減少する．時間の経過とともに，このプロセスは，有利に適応した個体の頻度を増やし，それゆえ，生物がその環境で生活するための適合度を高める．

自然選択の重要な特徴

自然選択の主要な考えをもう一度まとめておこう．

- 自然選択は，特定の遺伝形質をもつ個体が，その性質のため他の個体よりも高い確率で生き残り，繁殖するプロセスである．

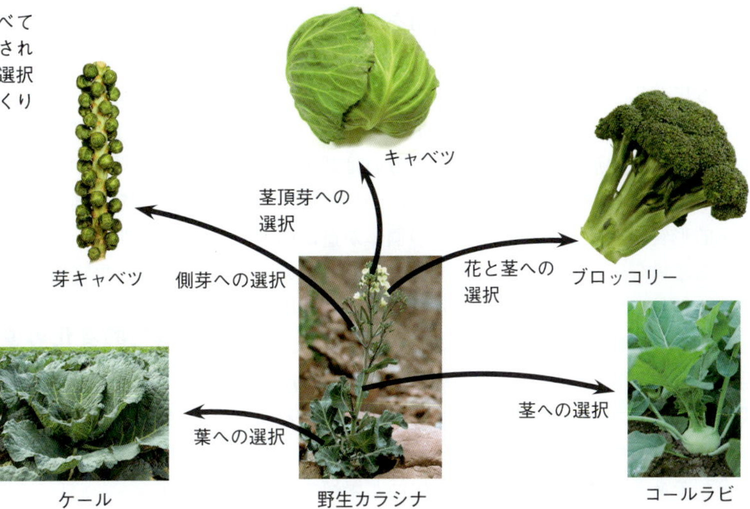
キャベツ
茎頂芽への
選択
ブロッコリー
花と茎への
選択
芽キャベツ
側芽への選択
茎への選択
葉への選択
ケール
野生カラシナ
コールラビ

➤図 22.9　人為選択. これらの異なるすべての野菜は，1 種の野生のカラシナから選別されたものである．植物の異なる部位の変異を選択することにより，育種家は多様な作物をつくり出した．

▼図 22.10　集団の変異. ナミテントウ（テントウムシの 1 種）のこの集団の個体は，色と色彩斑のパターンが異なる．自然選択は，(1) 遺伝性があり，(2) 生存と繁殖能力に影響を与える場合にのみ，これらの変異に基づいて作用できる．

➤図 22.11　子孫の過剰産生. 単一のホコリタケは，数十億の子孫を生成することができる．これらの子孫とそのまた子孫のすべてが成熟するまで生存した場合は，周辺の陸地の表面はすべて覆われてしまう．

胞子雲

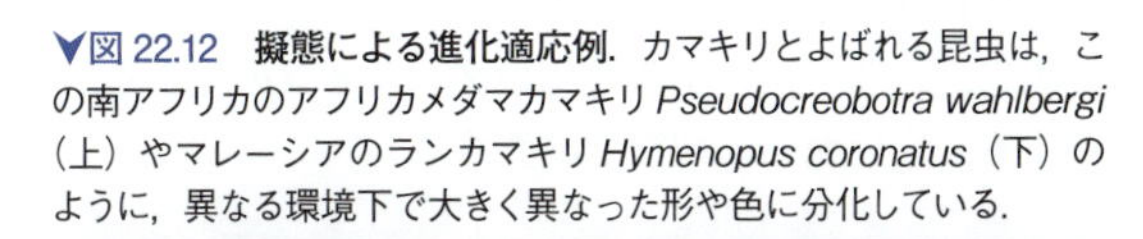

▼図 22.12　擬態による進化適応例. カマキリとよばれる昆虫は，この南アフリカのアフリカメダマカマキリ *Pseudocreobotra wahlbergi*（上）やマレーシアのランカマキリ *Hymenopus coronatus*（下）のように，異なる環境下で大きく異なった形や色に分化している．

図読み取り問題➤上の 2 画像を根拠として使い，本章のはじめに紹介した生命についての 3 つの重要な観察：生命の統一性と多様性，および生物とその環境との適合がどのように示されているかを説明しなさい．

- 時間の経過とともに，自然選択はその環境での生物の適応度を高めることが可能である（図 22.12）．
- もし環境が変化すれば，または個体が新しい環境に移れば，自然選択により，新たな状況に対する適応，ときには新種の出現がその過程で達成されるであろう．

理解しにくいが重要なポイントは，自然選択は，個々の生物とその環境との相互作用を介して行われるが，個体は進化しないということである．時間の経過とともに進化するのは集団である．

第2のキーポイントは，自然選択は，集団の個体間で異なる遺伝的形質だけを増加，あるいは減少させることができるということである．したがって，たとえ遺伝的形質でも，集団内のすべての個体が遺伝的に同一である場合，自然選択による進化は起こらない．

第3に，環境要因は場所により，あるいは時間の経過とともに変化することを覚えておいてほしい．ある場所や，ある時代に有利である形質は，他の場所や時代では役に立たないか，あるいは有害でさえあるかもしれない．自然選択はつねに働いているが，どの形質が有利であるかは，その生物種が生活し繁殖する環境条件に依存する．

次に，自然選択による進化のダーウィンの見解を支持する，広い範囲の観察を調査する．

概念のチェック 22.2

1. 変化を伴う継承の概念は，どのように生命の共通性と多様性の両方を説明するのか．
2. どうなる？➤アンデスの高地に生息していた絶滅哺乳類の化石を発見した場合，それは南米のジャングルに生息する現生の哺乳類によりよく似ていると予測するか，あるいはアジアの高山に生きる現生の哺乳類に似ていると予想するか．説明しなさい．
3. 関連性を考えよう➤遺伝子型と表現型の関係について復習しなさい（図 14.5，図 14.6 を参照）．あるエンドウ集団では，白の表現型をもつ花が，自然選択でより有利であると仮定する．集団中の p 対立遺伝子の頻度は，時間の経過とともにどのようになるかを予測し，あなたの推論を説明しなさい．

（解答例は付録 A）

22.3

進化は，圧倒的な量の科学的証拠で支持されている

『種の起源』でダーウィンは，変化を伴う継承の概念を支持する広い範囲の証拠を動員した．それでもなお，彼は素直に認めていたが，重要な証拠が不足している例があった．たとえば，ダーウィンは，被子植物の起源を「忌まわしい謎」とよび，以前の生物群からどのように新しい生物群が生じたかを示す化石が見つかっていないことを嘆いた．

過去150年間で，新たな発見により，ダーウィンが認識した生物の進化的ギャップの多くが満たされた．たとえば，被子植物の起源は，はるかによく理解され（30.3 節参照），新しい生物群の起源を示す多くの化石が発見された（25.2 節参照）．本節では，進化のパターンを記述することによりどのようにそれが起こったかを明らかにするため，進化の直接観察，相同，化石記録，生物地理学という 4 タイプのデータを検討する．

進化的変化の直接観察

生物学者は，何千もの科学的研究において，進化的変化を記述してきた．第 4 部を通して多くのこのような研究を調べていくが，ここでの 2 つの例を見てみよう．

移入種に応答した自然選択

植物を食べる動物，すなわち草食動物とよばれる動物は，しばしば主要な食料源を効率的に食べる助けになるように適応している．草食動物が，異なる特性をもつ植物種に餌を変えたらどうなるだろうか．

自然の中でこの問題を研究する機会が，ムクロジカメムシ *Jadera haematoloma* によって得られた．このカメムシは，さまざまな植物の果実内にある種子を食べるために，中空針状の「くちばし」である口器を使用する．フロリダ州南部では，ムクロジカメムシは，米国の自生植物のフウセンカズラ *Cardiospermum corindum* の種子を食べる．しかし，フロリダ州中部では，フウセンカズラはまれになってきた．代わりに，その地域のムクロジカメムシは，現在，最近になってアジアから移入されたモクゲンジ *Koelreuteria elegans* の種子を食べる．

ムクロジカメムシは，口器の長さが，果実の表面から種子までの深さと同じときに，最も効果的に種子を摂食することができる．モクゲンジの果実は，3 つの平らな断片からなり，その種子は，ふっくらした丸い果実をもつ自生のフウセンカズラの種子よりも果実の表面に近い場所にある．これらの違いから研究者は，モクゲンジを食べる集団では，自然選択により，フウセンカズラを食べる集団に比べてより短い口器になると予測した（図 22.13）．そして確かに，口器の長さは，モクゲンジを食べる集団では短かった．

研究者はまた，ルイジアナ州，オクラホマ州，オーストラリアに移入された植物を食べているムクロジカメムシ集団で口器の長さの進化を研究してきた．これらの場所の各々において，移入植物の果実は，在来植物の果実よりも大きい．したがって，これらの地域で

▼図 22.13

研究　集団の食料源の変更は，自然選択による進化を引き起こすか

野外研究　ムクロジカメムシは，「口器」の長さが，果実の表面から種子までの深さと同じときに，最も効果的に摂食することができる．スコット・キャロル Scott Carroll と彼の同僚は，自生のフウセンカズラを餌としているムクロジカメムシ集団で口器の長さを測定した．彼らはまた，移入種のモクゲンジを餌とする集団でも口器の長さを測定した．研究者は，モクゲンジが移入される前に両地域で収集された博物館の標本と，測定値を比較した．

フウセンカズラの果実に口器を挿入しているムクロジカメムシ

結果　口器の長さは，種子がより深く埋蔵されている在来種を摂食する集団に比べて，移入種を食べる集団で短かった．博物館の標本の各集団からの平均口器長は（赤い矢印で示される），在来種を食べる集団の口器の長さに類似していた．

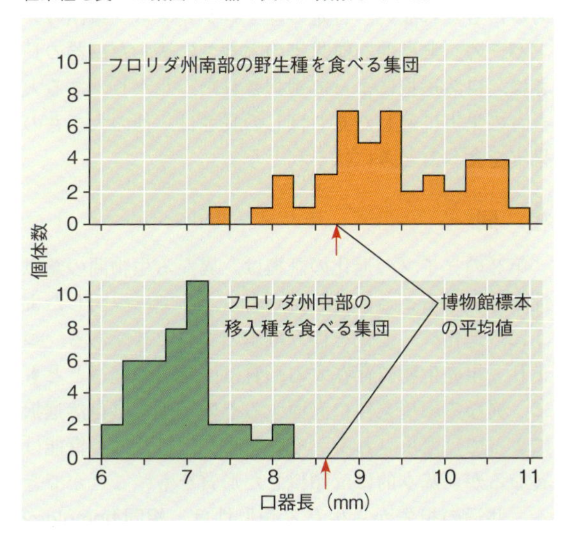
フロリダ州南部の野生種を食べる集団
フロリダ州中部の
移入種を食べる集団
博物館標本
の平均値
個体数
口器長（mm）
10
8
6
4
2
0
6
7
8
9
10
11

結論　博物館の標本と現代のデータは，ムクロジカメムシの食料源の大きさの変化により，口器長を一致させるように働く自然選択による進化がもたらされたことを示唆している．

データの出典　S. P. Carroll and C. Boyd, Host race radiation in the soapberry bug: natural history with the history, *Evolution* 46: 1052-1069 (1992).

どうなる？➤追加研究のデータでは，フウセンカズラの果実で飼育した集団からのムクロジカメムシの卵を，モクゲンジの果実で飼育したとき（またはその逆），成虫の口器の長さは，卵をとったもとの集団のものとほぼ一致していた．これらの結果を解釈しなさい．

移入種を食べる集団では，研究者は，自然選択によってより長い口器の進化が起きるだろうと予測した．そして再び，野外調査で収集したデータにより，この予測は支持された．

これら観察された口器の長さの変化は，重要な意味をもっていた．たとえば，オーストラリアでは，口器の長さの増加により，移入種の種子を食べることができるムクロジカメムシの繁殖成功がほぼ倍増した．さらに，過去のデータは，この研究が開始されるちょうど 35 年前にモクゲンジが中央フロリダに入ってきたことを示し，そのことは，自然選択は，野生集団の急速な進化を引き起こす可能性があることを示している．

薬剤耐性細菌の進化

人間に劇的な影響を与える現在進行中の自然選択の例としては，薬剤耐性病原体（病気の原因となる生物やウイルス）の進化がある．これは，細菌やウイルス特有の問題である．なぜなら，これらの病原体の耐性株は短期間に新たな世代をつくり出すことができ，その結果，非常に急速に増殖することが可能だからだ．

黄色ブドウ球菌 *Staphylococcus aureus* の薬剤耐性の進化を考えてみよう．約 3 人に 1 人は，皮膚や鼻腔内にこの細菌をもっているが，害はない．しかし，メチシリン耐性黄色ブドウ球菌（methicillin-resistant *S. aureus*：MRSA）として知られているこの種の特定の遺伝変種（系統）は，恐るべき病原体である．多くの MRSA 感染が USA 300 株のような最近出現した病原菌株により引き起こされている．USA 300 株は「人喰い病」などの潜在的に致命的な感染症を起こす可能性がある（図 22.14）．どのようにして USA 300 などの MRSA 株が，これほど危険になったのであろうか．

物語は，ペニシリンが広く使われる最初の抗生物質となった 1943 年に始まる．それ以来，ペニシリンなどの抗生物質は何百万人もの命を救った．しかし，1945 年に，病院で見つかる黄色ブドウ球菌株の 20% 以上は，すでにペニシリン耐性であった．これらの細菌は，ペニシリンを破壊することのできる酵素，ペニシリナーゼをもっていた．研究者は，ペニシリナーゼによって破壊されない抗生物質を開発することによって対応するが，黄色ブドウ球菌の集団では，数年のうちに各々の新薬剤への耐性が観察された．

1959 年に，医師が期待された新抗生物質であるメチシリンを使い始めたが，2 年以内に，黄色ブドウ球菌のメチシリン耐性株が観察された．どのようにして，これらの耐性株が出現したのであろうか．メチシリンは，細菌が細胞壁を合成するのに使用している酵素を

▼図 22.14　USA300 株：メチシリン耐性黄色ブドウ球菌（MRSA）の毒性系統． 複数の抗生物質に耐性があり伝染性が高いため，この株とその近縁種は，皮膚，肺，および血液への致死的感染を引き起こす可能性がある．ここに示すように，研究者らは，USA300 ゲノムにおいてその毒性を引き起こす適応をコードしている重要な領域を同定した．

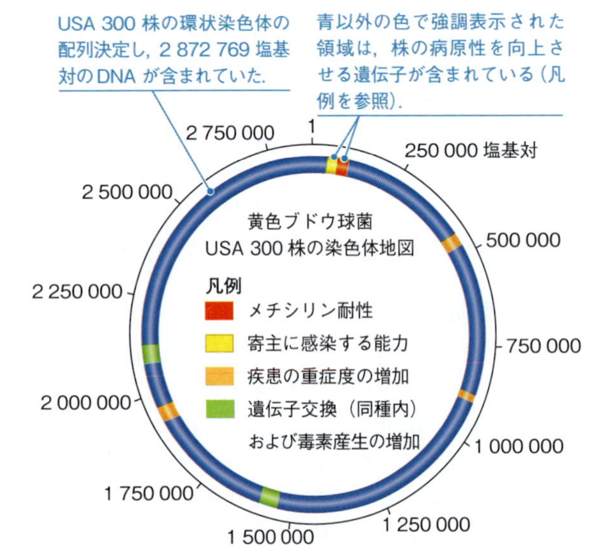
USA 300 株の環状染色体の配列決定し，2 872 769 塩基対の DNA が含まれていた．
青以外の色で強調表示された領域は，株の病原性を向上させる遺伝子が含まれている（凡例を参照）．
1
250 000 塩基対
500 000
750 000
1 000 000
1 250 000
1 500 000
1 750 000
2 000 000
2 250 000
2 500 000
2 750 000
黄色ブドウ球菌
USA 300 株の染色体地図
凡例
メチシリン耐性
寄主に感染する能力
疾患の重症度の増加
遺伝子交換（同種内）
および毒素産生の増加

どうなる？➤黄色ブドウ球菌を特異的に標的とし，それのみを殺すような薬剤が開発されている．別の開発中の薬剤は MRSA の成長を遅らせるが，それを殺さない．どのようにして自然選択が機能するか，また細菌の種が遺伝子を交換できるという事実に基づき，これらの薬剤開発戦略がそれぞれ効果的である理由を説明しなさい．

不活性化することにより作用する．しかし，黄色ブドウ球菌の集団中には，メチシリンによって影響を受けない別の酵素を使って，細胞壁を合成することができる個体が含まれていた．これらの個体は，メチシリン治療によっても生き残り，他の個体よりも高率で繁殖した．時間の経過とともに，これらの耐性個体はますます一般的になり，MRSA の拡大につながった．

当初は，MRSA 株はメチシリンとは異なる方法で作用する抗生物質により，制御できた．しかし，いくつかの MRSA 株は，おそらく同種や他種と遺伝子を交換可能なため，複数の抗生物質に耐性をもつことができ，効果が少なくなってきている．したがって，現在の多剤耐性株は，時間をかけて，異なる抗生物質耐性の MRSA 株が遺伝子を交換して出現してきた可能性がある．

最後に，黄色ブドウ球菌は複数の抗生物質に対する耐性を進化させた唯一の病原性細菌ではないことに注意することが重要である．さらに，近年，抗生物質耐性は，新しい抗生物質が発見されるよりもはるかに速く広がっており，公衆衛生の懸念が大きいという問題がある．しかし，希望が見え始めているかもしれない．たとえば，2015 年に科学者らは，MRSA や他の病原体の治療に有望な新しい抗生物質である「テイクソバクチン」の発見を報告した．さらに，27 章の**科学スキル演習**で説明するように，テイクソバクチンの発見に使用された方法は，他の新しい抗生物質の発見にもつながる可能性がある．

黄色ブドウ球菌とムクロジカメムシの例は，自然選択に関する 3 つの重要点を強調する．まず自然選択は，創造的なメカニズムではなく，編集のプロセスである．薬剤によって抵抗性病原体はつくられず，すでに集団に存在する耐性個体を選択するだけである．第 2 に，短期間で新しい世代をつくる種では，わずか数年（黄色ブドウ球菌）または数十年（ムクロジカメムシ）で自然選択による進化が急速に起こり得る．第 3 に，自然選択は時間と場所に依存する．それは，遺伝的変異のある集団中で，その地域の現在の環境において有利である特徴が支持される．ある状況で有益なものが，別の状況では無用であるか，または有害でさえあるかもしれない．特定のムクロジカメムシ集団のメンバーの，典型的な餌果実の大きさに適した口器の長さは，自然選択によって選択された．しかし，ある大きさの果実に適したくちばしの長さは，他の大きさの果実を食べるときには不利となる．

相　同

第 2 のタイプの進化の証拠は，異なる生物間の類似性を分析することにより得られる．すでに説明したように，進化は，変化を伴う継承のプロセスである．つまり，祖先生物に存在する形質は，時間の経過とともに，異なる環境条件に直面するその子孫で（自然選択によって）変更される．その結果，近縁種は，機能は異なるが，基本的には類似した形質をもつことができる．共通の祖先から生じる類似性は，**相同 homology** として知られている．本項で記述するように，相同の理解は，検証可能な予測を立て，他の解釈では不可解な観察を説明するのに役立つ．

解剖学的および分子的相同

進化を再構成プロセスとする見方は，近縁な種が同じような特徴を共有すべきであるという予測につながり，実際そうなっている．もちろん，近縁な種は，それらの関係を決めるために使用された特徴を共有するが，彼らはまた，他の多くの特徴も共有している．これらの共有される特徴のいくつかは，進化を前提としなければほとんど意味をなさない．たとえば，ヒト，

▼図 22.15 **哺乳類の前肢：相同的構造.** 異なる機能に適応しているにもかかわらず，哺乳類の前肢は次に挙げる同じ基本的骨格要素で構成されている．1 本の大きな骨（紫色），2 本のより小さな骨（オレンジ色，薄オレンジ色），多数の小さな骨（黄色），多数の中手骨（緑色），それぞれが指骨から構成されている約 5 本の指（青色）．

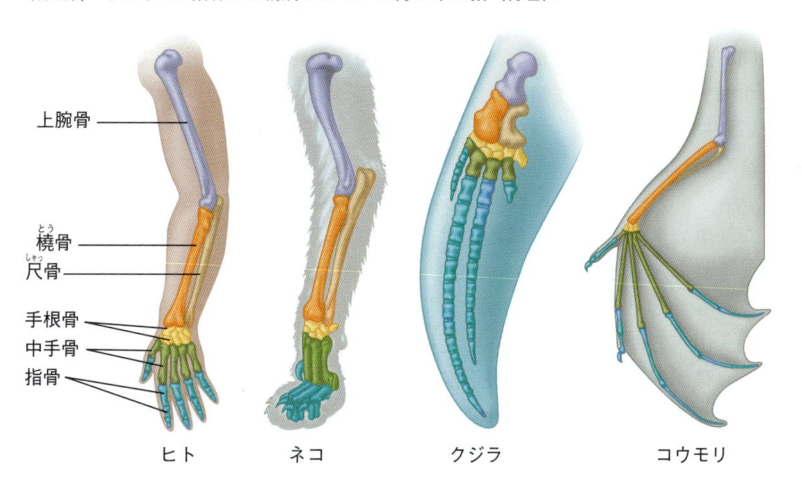
上腕骨
橈骨
尺骨
手根骨
中手骨
指骨
ヒト
ネコ
クジラ
コウモリ

最も興味深い相同的構造の 1 つは，生物にとってほとんど意味のない**痕跡器官 vestigial structure** であろう．痕跡器官は祖先生物で重要な働きをしていた構造の「名残」である．たとえば，あるヘビの骨格には歩いていた祖先の骨盤と肢の骨の痕跡がある．別の例では，盲目の洞窟魚の種では，眼の痕跡が鱗片の下に埋もれている．もし，ヘビや盲目の洞窟魚が，他の脊椎動物とは別の起源であった場合，これらの痕跡の構造は期待できない．

生物学者はまた，分子レベルでの生物間の類似性も観察している．すべての生命は，DNA および RNA で本質的に同じ遺伝的言語を使用して，遺伝暗号は普遍的である．したがって，すべての生物種が，この遺伝暗号を使用していた共通祖先から派生したことを示す．しかし，分子の相同性は共有の遺伝暗号だけではない．たとえば，ヒトと細菌のように異なる生物が共有する遺伝子は，非常に遠い共通祖先から継承される．これらの相同遺伝子の一部は，新機能を獲得しているが，タンパク質合成（図 17.18 参照）で使用されるリボソームサブユニットをコードするものは，本来の機能を保持している．近縁種の相同遺伝子が完全に機能している一方で，その機能を失った遺伝子をもつ生物も一般的である．痕跡器官と同様に，共通祖先がそれらをもっていたというだけの理由で，そのような不活性な「偽遺伝子」が存在する可能性がある．

ネコ，クジラ，コウモリを含むすべての哺乳類の前肢は，物を持ち上げる，歩く，泳ぐ，飛ぶなど非常に異なる機能をもっているにもかかわらず，肩の骨から指先まで，骨の配列は同じである（図 22.15）．これらの構造が，それぞれの種で新たに生じた場合，そのような驚異的な解剖学的類似は出現しないであろう．異なる哺乳類の腕，前肢，鰭，そして翼は，共通祖先のもっていた基本構造の変化による**相同的構造 homologous structure** である．

異なる動物種で発生初期段階を比較することにより，成体では見ることのできないさらなる解剖学的相同が明らかになることがある．たとえば，発生のある時点で，すべての脊椎動物の胚は，咽頭弓とともに肛門の後方に尾をもつ（図 22.16）．これらの胚の構造は，たとえば魚の鰓やヒトの耳とのどなど，相同であるが異なる機能をもつ構造に発生する．

▼図 22.16 **脊椎動物の解剖学的類似.** すべての脊椎動物は，胚発生のある時期に肛門の後部に位置する尾（肛後尾とよばれる）と咽頭弓をもつ．共通祖先からの継承により，このような類似を説明できる．

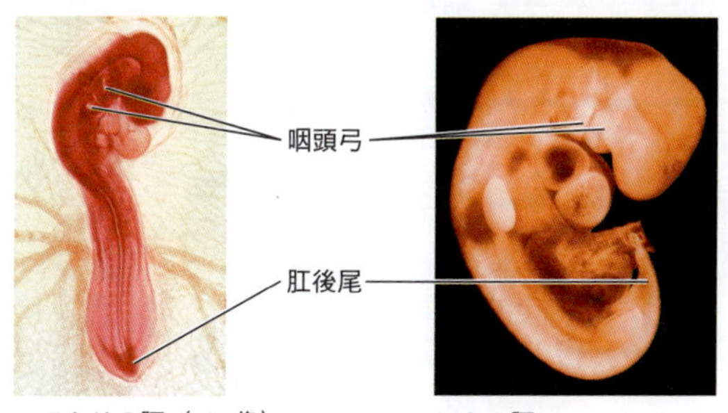
咽頭弓
肛後尾
ニワトリの胚（LM 像）
ヒトの胚

相同と「系統樹思考」

遺伝暗号のようないくつかの相同形質は，起源が遠い先祖の過去にさかのぼるため，すべての種で共有されている．対照的に，より最近に進化した相同形質は，生物の小さな群でのみ共有されている．両生類，哺乳類，爬虫類で構成される，「四肢類」を検討してみよう．すべての脊椎動物のように，すべての四肢類は背骨をもつ．しかし，他の脊椎動物とは異なり，指のある足をもつ（図 22.15 参照）．この例のように，相同形質は階層構造をもつ．すべての生命は最深層を共有し（この例ではすべての脊椎動物は背骨をもつ），それぞれの小さな群は，より大きな群で共有されている相同に，新たな相同を加えることになる（この例ではすべての四肢類は背骨と指のある足をもつ)．この階層構造は，共通祖先からの変化を伴う継承から予想されるそのものである．

生物学者は，しばしば共通祖先からの血縁のパターンとその結果生じた相同を，生物群の間の進化関係を反映した図である**進化系統樹 evolutionary tree** で表す．どのように進化系統樹をつくるかについては，26章で詳細に見ていくが，いまはそのような系統樹を解釈し，使用する方法を考えてみよう．

図 22.17 は，四肢類とその最も近縁な肺魚の進化系統樹である．この図では，各分岐点は，それを起源とする2系統の最近の共通祖先を表している．たとえば，肺魚とすべての四肢類は，祖先❶から由来したのに対し，哺乳類，トカゲ，ヘビ，ワニ，鳥はすべて祖先❸から生じた．予想通り，系統樹内に示した3つの相同性――腕と指，羊膜（保護胚膜)，羽毛――は，階層化されたパターンを形成する．指をもつ手足は，共通祖先❷で存在していたため，そのすべての子孫（四肢類）で見られる．羊膜は，祖先❸に存在しており，それゆえ，いくつかの四肢類（哺乳類，爬虫類）のみによって共有されている．羽毛は共通祖先❻に存在していたため，鳥類でのみ見られる．

「系統樹思考」をさらに理解するため，図 22.17 において，哺乳類は鳥類よりも両生類に近いところに配置されていることに注目しなさい．その結果として，哺乳類が，鳥類よりも両生類に近縁であると結論づけるかもしれない．しかし，哺乳類と鳥類は，哺乳類と両生類（祖先❷）よりも，より最近の共通祖先（先祖❸）を共有するため，哺乳類は，実際には両生類よりも鳥類に近縁である．祖先❷は，哺乳類と同じくらい両生類に類縁のある鳥類を生み出し，また，鳥類と両生類の最も近い共通祖先でもある．最後に，図 22.17 の系統樹は，実際の年月ではなく，相対的なイベントのタイミングのみを示していることに注意しなさい．したがって，祖先❷が祖先❸の前に生きていたことを結論づけることができるが，それがいつであったかはわからない．

進化系統樹は，現在の継承パターンの理解を要約する仮説である．他の仮説と同様に，これらの系統関係の信頼性は，支持するデータの強さに依存する．図 22.17 の場合，系統樹は解剖学的および DNA 配列データの両方を含む，たくさんの異なったデータセットによって支持されている．結果として，生物学者は，それが正確に進化の歴史を反映していると確信している．科学者たちは，生物に関する具体的な，ときには驚くような予測を行うのに，強く支持されている進化系統樹を使用することができる（図 26.17 参照)．

類似性が生じる他の原因：収斂進化

近縁な生物は，共通祖先をもつため形質を共有するが，遠縁の生物が，別の理由で互いに似ていることがある．**収斂進化**(しゅうれん) **convergent evolution** では，異なる系統で同様の機能が独立して進化する．その多くがオーストラリアに生息している有袋類という哺乳類を考えてみよう．有袋類は，オーストラリアにはほとんど分布しない有胎盤哺乳類，すなわち真獣類という哺乳類の他の群から区別される（真獣類は，子宮内で胚発生を完了するのに対し，有袋類は胚として生まれ，外部の袋の中でその発生を完了する)．いくつかのオーストラリアの有袋類は，真獣類そっくりの表面的に類似

➤図 22.17　系統樹思考：進化系統樹で提供される情報． この四肢類とその最も近縁な生物である肺魚の進化系統樹は，解剖学的および DNA 塩基配列データに基づいている．紫色の縦棒は，各々が一度だけ進化した３つの重要な相同性の起源を示している．鳥類は爬虫類内に包含され，爬虫類から進化している．それゆえ，「爬虫類」とよばれる生物群は鳥類を含む．

図読み取り問題➤この進化系統樹に基づくと，ワニはトカゲと鳥のどちらにより近縁か．説明しなさい．

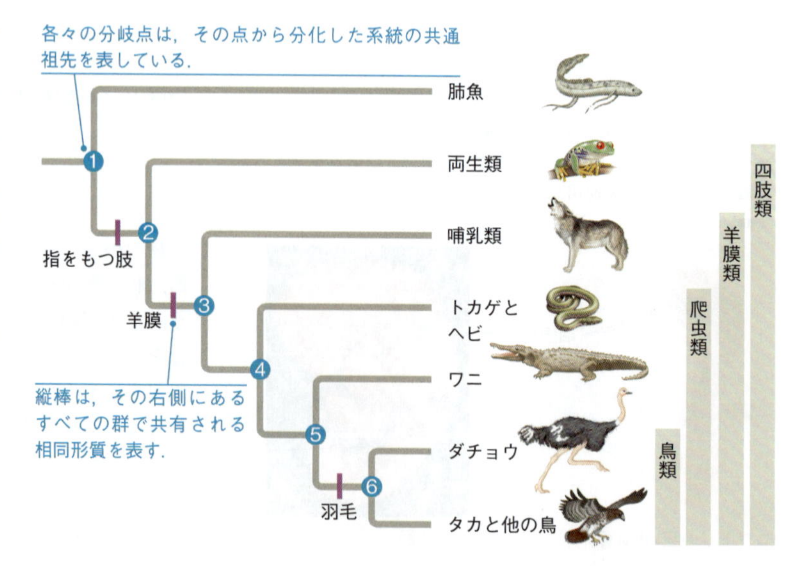
各々の分岐点は，その点から分化した系統の共通祖先を表している．
1
2
3
4
5
6
指をもつ肢
羊膜
羽毛
縦棒は，その右側にあるすべての群で共有される相同形質を表す．
肺魚
両生類
哺乳類
トカゲとヘビ
ワニ
ダチョウ
タカと他の鳥
四肢類
羊膜類
爬虫類
鳥類

フクロ
モモンガ
北米
オーストラリア
ムササビ

▲図 22.18　**収斂進化**．滑空する能力は，これらの遠く離れた２つの哺乳類で独立に進化した．

した適応形態をもつ．たとえば，フクロモモンガとよばれる森に生息するオーストラリアの有袋類は，表面的に北米の森林に生息し滑空する真獣類のムササビと非常によく似ている（図 22.18）．しかし，フクロモモンガは，ムササビや他の真獣類よりもカンガルーや他のオーストラリアの有袋類にはるかに近縁とする，有袋類としての他の多くの特性をもっている．ここでも，進化についての理解は，これらの観察結果を説明することができる．彼らは異なった祖先から独立して進化しているが，これら２つの哺乳類は，同様の方法で同様の環境に適応している．種が収斂進化により特徴を共有するような例では，類似性は相同ではなく，**相似 analogous** であるといわれる．相似的特徴は，共通の機能を共有するが，共通祖先をもたない．相同的特徴は，共通祖先を共有するが，必ずしも同じような機能であることは必要でない．

化石記録

進化の証拠の第３のタイプは，化石から得られる．化石記録は，過去の生物が現代の生物とは異なり，多くの種が絶滅していること示す，進化パターンを物語る．化石はまた，生物のさまざまな群で発生した進化的変化を示している．何百とある例から１つ挙げると，トゲウオの化石の骨盤の骨は，数千年もの時間をかけて大幅にサイズが小さくなったことがわかった．この一貫性のある変化の性質は，骨盤の骨のサイズの減少は，自然選択によって起きていることを示唆している．

化石はまた，生物の新しいグループの起源に光を当てることができる．この例としては，クジラ，イルカ，ネズミイルカを含む哺乳類の目である鯨類の化石記録がある．これらの化石のあるもの（図 22.19）は，クジラは，カバ，ブタ，シカ，ウシが含まれるグループである偶蹄類に近縁という DNA 配列に基づく仮説に対して強い支持を提供した．

クジラの起源について，化石は何を伝えることができるのだろうか．最古のクジラは 6000 万〜5000 万年前に生息していた．化石記録は，その時代の前までは，ほとんどの哺乳類が陸生であったことを示している．科学者たちは，クジラや他の鯨類は陸上の哺乳類に由来することに気づいていたが，後肢の欠損や尾鰭（クジラの尾の裂片）や鰭の発達を最終的に導くクジラの肢の構造変化が，時間の経過とともにどのように起きたかを明らかにする化石はほとんど発見されなかった．しかし，過去数十年に，パキスタン，エジプト，そして北米で，驚くべき化石の一群が発見された．これらの化石は，祖先と現生の鯨類の間のギャップのいくつかを埋め，陸上の生命から海の生命への移行の過程を物語っている（図 22.20）．

最近の化石の発見は，全体として哺乳類の一グループ，鯨類の起源を物語る．これらの発見はまた，鯨類とその現生の近縁群（カバやその他の偶蹄類）は，パキケトゥス *Pakicetus* やディアコデクシス *Diacodexis* などの初期の偶蹄類などとよりも，互いにずっと異なっていることを示している（図 22.21）．類似したパターンは，哺乳類（図 25.7 参照），被子植物（図 30.3 参照），四肢類（図 34.21 参照）を含む生物の他の主要な新しいグループの起源を記録する化石にも見られ

▼図 22.19　**足首の骨：パズルの１ピース**．化石や現代の距骨（足首の骨の１種）の比較により，鯨類は偶蹄類に近縁であることを示す証拠が得られる．ほとんどの哺乳類では距骨はイヌ（a）のように，一端（赤矢印）のみに２つのこぶをもち，他端はもたない（青矢印）．初期の鯨類であるパキケトゥスの化石（b）は，ブタ（c）およびシカ（d）や他の偶蹄類に特有の形状である，距骨の両端に２つのこぶをもっていたことを示している．

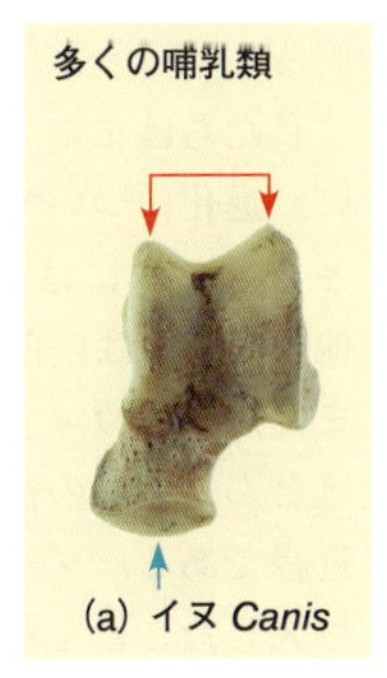
多くの哺乳類
(a) イヌ Canis

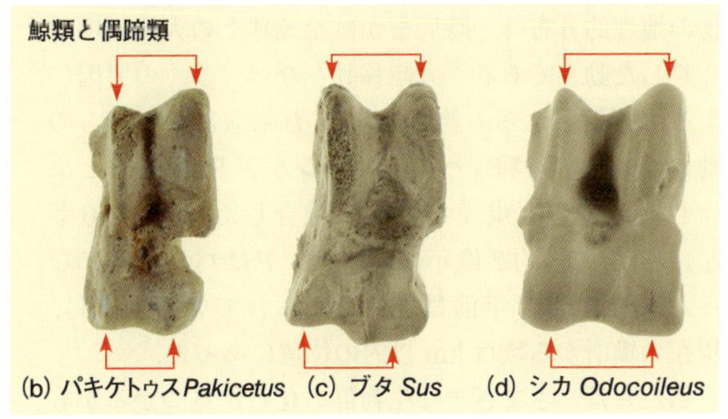
鯨類と偶蹄類
(b) パキケトゥスPakicetus
(c) ブタ Sus
(d) シカ Odocoileus

▼図 22.20 **海の生活への移行．** 複数の独立した証拠は，鯨類（黄色で強調）は，陸生哺乳類に属する動物から進化したという仮説を支持している．パキケトゥス *Pakicetus*，ロドケトゥス *Rodhocetus* とドルドン *Dorudon* を含む絶滅した（†）クジラの祖先の骨盤と後肢の骨の経時的減少が，化石によって示されている．DNA 配列データは，鯨類がカバに近縁であるという仮説を支持している．

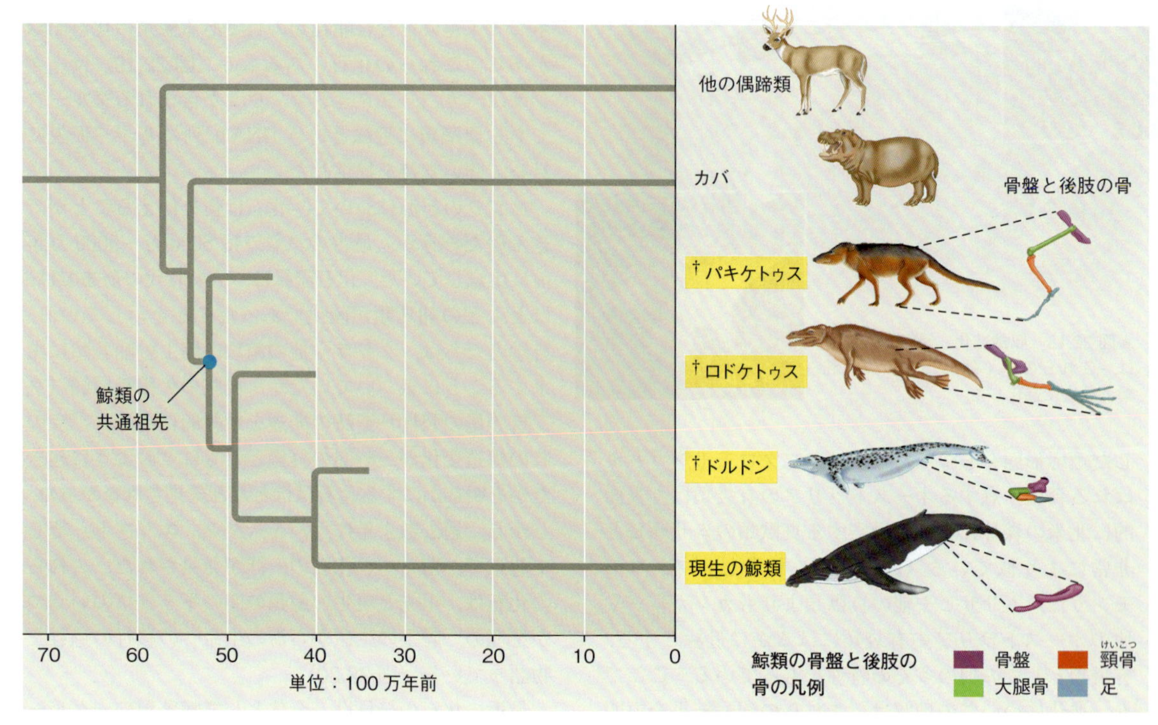
他の偶蹄類
カバ
骨盤と後肢の骨
†パキケトゥス
†ロドケトゥス
鯨類の
共通祖先
†ドルドン
現生の鯨類
70
60
50
40
30
20
10
0
単位：100 万年前
鯨類の骨盤と後肢の
骨の凡例
骨盤
大腿骨
脛骨
足

図読み取り問題➤この図を用い，鯨類の進化の過程で，後肢構造の変化と尾鰭の起源のどちらが最初に起きたかを説明しなさい．

▼図 22.21　ディアコデクシス *Diacodexis*，初期の偶蹄類．

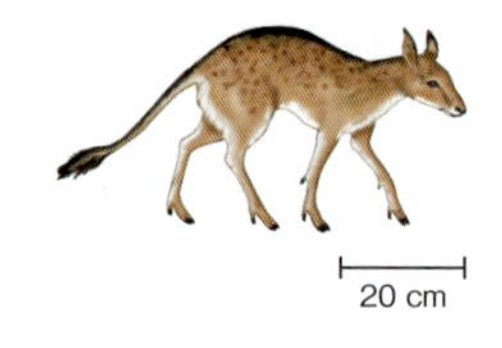
20 cm

る．これらの各例で化石記録は，時間の経過とともに，変化を伴う継承が生物の関連群間でますます大きな違いをつくり出し，最終的に今日見られる生命の多様性を導いたことを示している．

生物地理学

進化の証拠の第 4 のタイプは，生物種の地理的分布を研究する**生物地理学 biogeography** に由来する．生物の地理的分布は，時間をかけた地球上の大陸のゆっくりした動きである「大陸移動」など，多くの要因によって影響される．約 2 億 5000 万年前に，これらの動きは地球の陸塊すべてを，**パンゲア Pangaea** とよばれる単一の大規模な大陸に融合した（図 25.16 参照）．そして，約 2 億年前，パンゲアはバラバラになった．約 2000 万年前は，今日知られている大陸は，現在の場所から数百 km 以内の位置にあった．

私たちは，さまざまな生物群の化石が見つかるかもしれない場所を予測するために，進化と大陸移動についての理解を利用することが可能である．たとえば，科学者たちは，解剖学的データに基づいて，ウマの進化系統樹を構築した．これらの系統樹やウマの祖先化石の年代は，現代のウマを含むウマ属 *Equus* は，500 万年前に北米で起源したことを示唆している．地理学的証拠からその時代は，北米と南米はまだつながっておらず，ウマがそれらの間を移動するのは困難であった．したがって，最も古いウマ属の化石は，ウマが起源した大陸である北米でのみ発見されるであろうことを予測する．この予測と他のさまざまな生物群の同様な予測は支持され，進化のより多くの証拠を提供している．

私たちはまた，生物地理学的データを説明するために，進化についての理解を使用することができる．たとえば，島には一般的に，**固有な endemic**（世界の他の場所では見られない）動植物の種が多く存在する．また，ダーウィンが『種の起源』で説明したように，ほとんどの島の種は，最も近い大陸や近隣の島の種に近縁である．ダーウィンは，最も近い陸地からの種が移入したことを示唆して，この観察を説明した．これらの移入者は，新しい環境に適応するようになり，最終的に新しい種を生み出す．このようなプロセスはまた，世界の離れた場所で，同じような環境をもつ2つの島において，両方で互いに近縁な種が移入するのではなく，それぞれでしばしば環境がかなり異なる，最も近い陸地に関係のある種が移入する傾向がある理由を説明する．

生命についてのダーウィン的見解が理論的である理由

一部の人々は，ダーウィンの考えを「たんなる理論である」と却下する．しかし，これまで見てきたように，生命は時間をかけて進化するという観察，すなわち進化の「パターン」は明確に記述され，多くの証拠によって支持されている．さらに，進化の「プロセス」についてのダーウィンの説明，つまり自然選択が，観察される進化的変化パターンのおもな原因であるという説明によって，大量のデータが意味するところを理解することができる．自然選択の効果も観察され，実際の自然の中で検証されている．そのような実験の1つが**科学スキル演習**に記述されている．

それでは，進化に関する理論とは何であろうか．科学的な意味での「理論」という用語は，日常的な使用と，その意味が大きく異なることに留意しなさい．「理論」という語の口語での使用は，科学者が使用する仮説の意味に近いものである．科学では，理論は仮

科学スキル演習

予測の検証

捕食者は，グッピーの色彩パターンに対して自然選択となるか 新しい観察が新しい仮説につながり，ひいては進化理論の私たちの理解を検証する新しい方法につながるため，進化の理解は絶えず変化している．カリブ海のトリニダード島の川でつながっている池にすむ野生のグッピー *Poecilia reticulata* を考えてみよう．雄のグッピーは，雄成魚においてのみ発現される遺伝子によって制御される，非常に多様な色彩パターンをもつ．雌のグッピーは，淡い色をした雄よりも鮮やかな色彩パターンの雄を頻繁に交配相手として選択する．しかし，雌を引きつける雄の明るい色はまた，捕食者に対して，より目立つことになる．研究者は，捕食者種の数が少ないプールでは，鮮やかな色の利点が「勝つ」ように見え，捕食圧がより強い池よりも雄が鮮やかに着色されていることを観察した．

グッピー捕食者の1つ，メダカは，まだ成魚の色をしていないグッピーの幼魚を食べる．研究者たちは，淡白色のグッピー成魚がメダカのみの池に移された場合，最終的にこれらのグッピーの子孫はより鮮やかな色になると予測した（鮮やかな色の雄に対する雌の好みのため）．

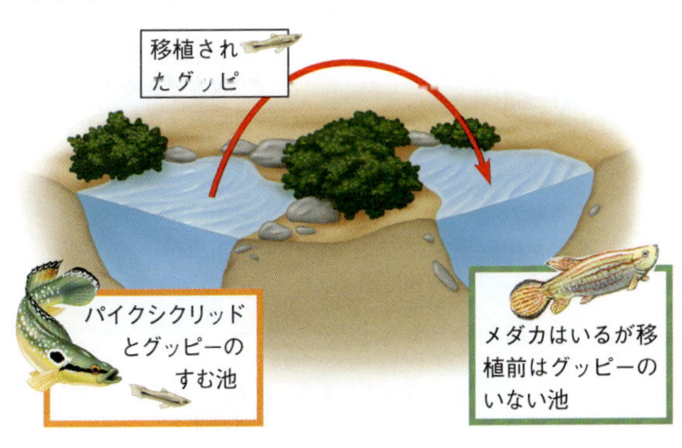
移植されたグッピー
パイクシクリッドとグッピーのすむ池
メダカはいるが移植前はグッピーのいない池

実験方法 研究者は，グッピー成魚の強烈な捕食者であるパイクシクリッドを含む池から，グッピー幼魚をおもに獲物とする，あまり活発でない捕食者を含む池に，200匹のグッピーを移した．彼らは鮮やかな色の斑点の数と，各世代の雄グッピーの斑点の総面積を追跡調査した．

実験データ 22ヵ月（15世代）後，研究者らは，もとの集団および移植した集団からのグッピーの色彩パターンデータを比較した．

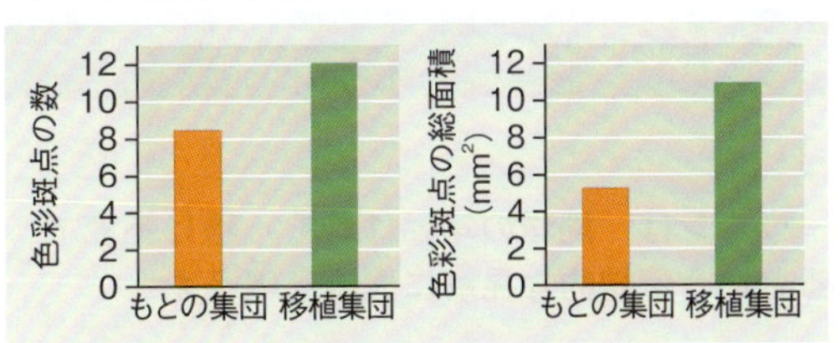
色彩斑点の数
12
10
8
6
4
2
0
もとの集団
移植集団
色彩斑点の総面積 (mm²)
12
10
8
6
4
2
0
もとの集団
移植集団

データの出典 J. A. Endler, Natural selection on color patterns in *Poecilia reticulata*, *Evolution* 34: 76-91 (1980).

データの解釈

1. この例における，以下の仮説に基づく科学の要素を特定しなさい．
   (a) 質問，(b) 仮説，(c) 予測，(d) 対照群，
   (e) 実験群
   （仮説に基づいた科学の詳細については，1章および付録Fを参照）．
2. 研究者が収集したデータの種類によって，彼らの予測をどのように検証することができるか説明しなさい．
3. 上記のデータからどのような結論が導き出せるか．
4. 22ヵ月後に，移植集団のグッピーをもとの池に戻すとどうなるか予測しなさい．予測を検証するための実験を記述しなさい．

説よりも包括的である．自然選択による進化のような理論は，多くの観察を説明し，多種多様な現象を統合して説明する．そのような統一理論は，その予測が実験と追加の観測による徹底した継続的な検証に耐えない限り，広く受け入れられるようにならない（1.3 節参照）．第 4 部の以降の章で示すように，自然選択による進化の理論の場合は，そのようになっている．

理論を繰り返し検証し続ける科学者の懐疑的な態度が，それらの考えが定説になることを防ぐ．たとえばダーウィンは，進化が非常にゆっくりとしたプロセスだと考えたが，いまやそれはつねに真実ではないことがわかっている．集団は急速に進化することが可能であり，新種は数千年かそれ以下の比較的短期間で形成され得る．さらに，進化生物学者は現在，自然選択が唯一進化に関するメカニズムではないことを認識している．実際，科学者は，自然選択や他の進化のメカニズムに基づく予測を検証するために，広範な実験的手法や遺伝学的解析を使用していて，今日の進化研究は従来に比べてより活発になっている．

ダーウィンの理論は，生命の多様性を自然のプロセスに帰したが，それにもかかわらず，進化の多様な産物は，優雅で刺激的なままである．ダーウィンが『種の起源』の最後の文で書いたように，「この生命の見解には壮大さがある……きわめて美しくきわめてすばらしい生物種が際限なく進化し，現在も進化している」．

概念のチェック 22.3

1. 以下の文のどのような点が正確でないか．説明しなさい．「抗生物質が MRSA の薬剤耐性をつくり出した．」
2. 進化は以下のことをどのように説明するか．
   (a) 図 22.15 に示される，異なった機能をもった哺乳類の類似した前肢
   (b) 図 22.18 に示される，類縁のない 2 種の哺乳類の似た形態
3. **どうなる？**➤化石記録は，恐竜が 2 億 5000 万～2 億年前に起源したことを示している．初期の恐竜化石の地理的分布は，広域（多くの大陸）であるか，または狭い（1 つ，または少数の大陸だけ）と予測されるか．説明しなさい．

（解答例は付録 A）

22 章のまとめ

重要概念のまとめ

22.1

ダーウィンは，地球の年齢は若く，種は不変であるという伝統的な見解に異議を唱えた

- ダーウィンは，当時の有力な見解から逸脱して，生命の多様性は自然選択を通して祖先種から生じるという考えを提案した．
- キュビエは**化石**を研究したが，進化が起こったことを否定した．彼は過去に突然の天変地異が発生し，種がその地域から消滅すると提案した．
- ハットンとライエルは，地質学的変化は，現在起きているものと同じゆっくりとしたしくみの結果であると考えた．
- ラマルクは，種が進化するという仮説を立てたが，彼が提案した基本的なメカニズムは，証拠によって支持されなかった．

? ダーウィンの進化に関する考えにとって，なぜ地球の年齢が重要であったか．

22.2

自然選択による変化を伴う継承は，生物の適応や生命の共通性と多様性を説明する

- ダーウィンのビーグル号での航海の経験は，新たな種が**適応**の蓄積を通じて先祖の形態から生じるというアイディアを生んだ．彼は長年にわたって彼の理論を精緻化し，最終的にウォーレスが同じ考えに達したことを知った後の 1859 年にそれを発表した．
- 『種の起源』で，ダーウィンは長い時間をかけて，**自然選択**による「変化を伴う継承」（進化）が生命の多様性を生み出すことを提案した．

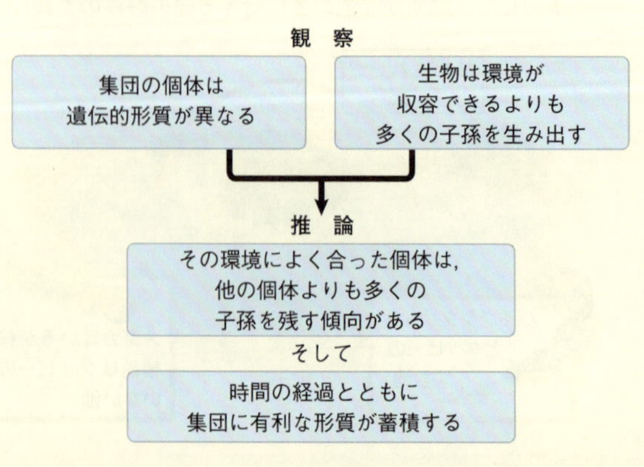
観　察
集団の個体は
遺伝的形質が異なる
生物は環境が
収容できるよりも
多くの子孫を生み出す
推　論
その環境によく合った個体は，
他の個体よりも多くの
子孫を残す傾向がある
そして
時間の経過とともに
集団に有利な形質が蓄積する

? 過剰繁殖と遺伝的変異がどのように自然選択による進化と関連するか，記述しなさい．

22.3

進化は，圧倒的な量の科学的証拠で支持されている

- 研究者は，ムクロジカメムシ集団やMRSAを含む多くの研究において，適応進化につながる自然選択を直接観察している．
- 生物は，共通祖先のため（**相同**），あるいは，自然選択が同様な環境において同様な方法で，独立に進化した種に影響を与えたために，形質を共有する（**収斂**（しゅうれん）**進化**）．
- 化石は，過去の生物が現生の生物とは異なること，多くの種が絶滅していること，種が長期間にわたって進化してきたことを示す．化石はまた，生物の新しいグループの進化的起源を物語る．
- 進化的理論は，生物地理学のパターンを説明することができる．

? 鯨類は，陸生哺乳類から起源し偶蹄（ぐうてい）類に近縁であるという仮説を支持する，異なる分野の証拠をまとめなさい．

理解度テスト

レベル1：知識／理解

1. 次のうち，どれが自然選択の基盤となる観察や推論ではないか．
   (A) 個体間で遺伝的変異がある．
   (B) 適応が不十分な個体は子孫をまったく残すことはない．
   (C) 種は，環境が保持できるよりも多くの子孫を生成する．
   (D) 子孫の一部のみが生き残る．
2. 次の観察のうち，ダーウィンが変化を伴う継承の概念を形成するのに貢献したものはどれか．
   (A) 種多様性は，赤道から遠くなると低下する．
   (B) 島には，最寄りの大陸よりも少数の種が生息している．
   (C) 鳥の最大飛行距離よりも陸地から遠い島に鳥がすんでいる．
   (D) 南米の温帯植物は，ヨーロッパの温帯植物よりも，南米の熱帯植物により似ている．

レベル2：応用／解析

3. ある地域社会の黄色ブドウ球菌感染症を治療するためにメチシリンが効果的に使用された．その6ヵ月以内に，新規の黄色ブドウ球菌感染のすべてがMRSAによって引き起こされた．この結果は，どのようにして最もよく説明することができるか．
   (A) 患者は，他のコミュニティからのMRSAに感染したに違いない．
   (B) 薬剤への応答として，黄色ブドウ球菌は，薬剤の標的タンパク質の薬剤耐性変異をつくり始めた．
   (C) いくつかの薬剤耐性菌は，治療の開始時に存在していて，自然選択は，その頻度を増加させた．
   (D) 黄色ブドウ球菌は，ワクチン抵抗性を進化させた．
4. ヒトとコウモリの前肢の上部は，かなり類似した骨格構造を有しているが，クジラの対応する骨は非常にさまざまな形状や比率をもっている．しかし，遺伝的データは，3種類の生物すべてが，同時に共通祖先から分岐したことを示している．次のうちどれがこれらのデータを最もよく説明できるか．
   (A) 前肢の進化は，ヒトとコウモリでは適応であったが，クジラではそうでなかった．
   (B) 水生環境中で自然選択は，クジラの前肢の解剖学的構造に大きな変化をもたらした．
   (C) 遺伝子は，ヒトやコウモリよりもクジラで速く変異する．
   (D) クジラは正式には哺乳類として分類されない．
5. 多くのヒト遺伝子のDNA配列は，チンパンジーに対応する遺伝子の配列と非常に似ている．この結果の最も可能性のある説明は，次のうちどれか．
   (A) ヒトとチンパンジーは比較的最近まで共通祖先を共有していた．
   (B) ヒトはチンパンジーから進化した．
   (C) チンパンジーはヒトから進化した．
   (D) 収斂進化により，DNAの類似点が生じた．

レベル3：統合／評価

6. **進化との関連**　解剖学的および分子的特徴は，しばしば同じような階層化パターンに適合する理由を説明しなさい．さらに，このようにはならない可能性があるプロセスを説明しなさい．
7. **科学的研究・描いてみよう**　殺虫剤のDDTに耐性をもつ蚊は，まず1959年にインドに現れたが，現在では世界中で発見されている．

(a) 下の表内のデータをグラフ化しなさい. (b) グラフを検討し, DDT耐性の蚊の割合が急速に上昇した理由の仮説を立てなさい. (c) DDT耐性が全世界に広がった理由を説明しなさい.

月	0	8	12
DDT耐性*をもつ蚊	4%	45%	77%

* 4%DDTの投与を受けて, 1時間以内に死亡しなかった場合, 蚊は耐性であるとした.

データの出典 C. F. Curtis et al., Selection for and against insecticide resistance and possible methods of inhibiting the evolution of resistance in mosquitoes, *Ecological Entomology* 3:273-287 (1978).

8. **テーマに関する小論文:相互作用** 生物の物理的環境の変化が, 進化的変化につながる可能性があるかどうかの評価について300〜450字で記述しなさい. その際, 推論を支持する例を使用しなさい.

9. **知識の統合**

このミツツボアリ (*Myrmecocystus*属) は, 膨張する腹部内に液体の食品 (蜜) を貯蔵することができる. あなたが慣れ親しんでいる他のアリを考え, ミツツボアリが生命の3つの重要な特徴, すなわち適応, 共通性, 多様性をどのように例示しているか説明しなさい.

(一部の解答は付録A)

23 集団の進化

▲図 23.1　このフィンチは進化しているか.

重要概念

23.1　遺伝的変異により進化が可能になる

23.2　ハーディ・ワインベルグの式は，集団が進化しているかどうかの検定に使用することができる

23.3　自然選択，遺伝的浮動，遺伝子流動は，集団中の対立遺伝子頻度を変化させることができる

23.4　自然選択は，恒常的に適応進化を引き起こす唯一のメカニズムである

進化の最小単位

進化に関する一般的な誤解の 1 つに，「生物の個体自体が進化する」というものがある．自然選択が個体に働くということは真実である．すなわち，各生物個体のもつ特徴が，他の個体との比較において生存や生殖成功に影響する．しかし，自然選択が進化に与える影響は，どのように世代を重ねて生物「集団」が変化するかで明らかになる．

ガラパゴス諸島に生息する種子食性の鳥，ガラパゴスフィンチ *Geospiza fortis* について検討しよう（図 23.1）．1977 年に，大ダフネ島のガラパゴスフィンチの集団は，長期間の干ばつで個体数が減少した．1200 羽あまりいた鳥の中で，生き残ったのはたった 180 羽だった．ピーター・グラント Peter Grant とローズマリー・グラント Rosemary Grant は，干ばつ時には，小さく柔らかな種子が供給不足になったことを観察した．そのため，フィンチはほとんど，豊富にあった大きく固い種子を食べていた．より大きく幅の広いくちばしをもつフィンチは，これらのより大きな種子を砕いて食べることがよりうまくできたため，小さなくちばしをもつフィンチよりも高い確率で生き残った．くちばしの幅はフィンチの遺伝形質であるため，生き残った鳥の子孫も幅の広いくちばしをもつ傾向があった．そのため，ガラパゴスフィンチの次世代の平均的なくちばしの幅は，干ばつ以前の集団のそれよりも大きかった（図 23.2）．すなわちフィンチ集団は自然選択によって進化していたのである．ただし，個々のフィンチは進化したわけではなかった．それぞれの鳥は，それぞれのサイズのくちばしをもっていたが，干ばつの間にそのくちばしが大きくなることはなかった．その代わり，集団中の大きなくちばしの割合は世代から世代へと増加した．その個々の構成員ではなく，集団が進化したのである．

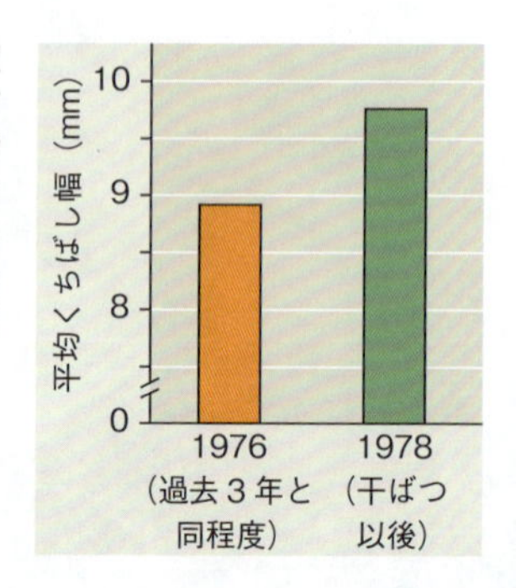
平均くちばし幅 (mm)
10
9
8
0
1976
(過去3年と
同程度)
1978
(干ばつ
以後)

➤図 23.2 **食料源による選択の証拠**．このデータは，1977年の干ばつの前後の世代で孵化したガラパゴスフィンチ成鳥のくちばしの幅の測定値を表している．1世代で，自然選択により集団の平均くちばしサイズが大きくなった．

集団の進化的変化に着目して，最小のスケールでの進化的変化，すなわち**小進化 microevolution** を，世代間の遺伝的構造の変化として定義することができる．本章で学ぶように，自然選択は，小進化の唯一の原因ではない．実際には，対立遺伝子頻度の変化を引き起こす可能性をもつ3つの主要なメカニズムがある．すなわち，自然選択，遺伝的浮動（対立遺伝子頻度を変化させる偶然の出来事），および遺伝子流動（集団間の対立遺伝子の移動）である．これらのメカニズムはそれぞれ，集団の遺伝的組成に特徴的な効果をもたらす．ただし，自然選択のみが生物がその環境での生活によく適合している度合い，すなわち適応を継続して増進させるのである．より詳細に自然選択と適応を検討する前に，集団におけるこれらのプロセスの前提条件である遺伝的変異を見直してみよう．

23.1

遺伝的変異により進化が可能になる

『種の起源』でダーウィンは，地球上の生命が時間をかけて進化したことの豊富な証拠を提供し，その変化の主要なメカニズムとして自然選択を提案した．ダーウィンは，個体がそれぞれの遺伝特性で異なっており，その差異に選択が働き進化的変化につながるという観察をした．ダーウィンは遺伝形質の変異が進化の前提条件であることを理解したが，生物が子孫に遺伝形質を渡す方法を正確には知らなかった．

ダーウィンが『種の起源』を発表したわずか数年後に，グレゴール・メンデル Gregor Mendel は，エンドウにおける遺伝の画期的な論文を書いた（14.1節参照）．その論文でメンデルは，生物が子孫に1つひとつ分離できる遺伝単位（現在では遺伝子とよばれる）を伝える遺伝モデルを提案した．ダーウィンは遺伝子については知らなかったが，メンデルの論文は，進化の基盤となる遺伝的差異を理解するための舞台を整えた．ここではそのような遺伝的差異と，どのようにそれらの差異が生み出されるかを検証する．

▲図 23.3　**ウマの表現型変異**．ウマの毛並みの色は，複数の遺伝子の影響を受けて連続的に変化する．

遺伝的変異

すべての種内の個体は表現型の特徴で変異をもつ．人間においては，たとえば，顔かたちや身長，声などの表現型変異を容易に観察できる．実際，個体変異はすべての種の集団に見られる．ヒトの血液型（A，B，AB，O）を外見のみで識別することはできないが，これや多くの他の分子的特性も個人間で大きく変異する．

このような表現型の変異は，**遺伝的変異 genetic variation**，つまり遺伝子の組成やその他のDNA塩基配列における個体間の相違を反映することが多い．いくつかの遺伝的表現型の相違は，メンデルのエンドウマメの花色などのように，「どちらか」という基準で生じる．それぞれの植物は，紫色または白色の花をもつといったように（図14.3参照）．このように変化する形質は，典型的には，単一の遺伝子座によって決定され，異なる対立遺伝子が異なる表現型をつくり出す．対照的に，他の表現型の差異は，連続的にしだいに変化する．そのような変異は，通常，単一の表現型の特徴に対して，2つ以上の遺伝子の影響から生じる．実際，ウマの毛並みの色（図 23.3），トウモロコシの種子数，ヒトの身長など多くの表現型の特徴は，複数の遺伝子の影響を受けている．

遺伝子や他のDNA塩基配列は個体間でどの程度異なっているのだろうか．全遺伝子レベルの遺伝的変異（「遺伝子の変異」）は，遺伝子座がヘテロ接合になっている割合の平均値である平均ヘテロ接合率として定量化することができる（ホモ接合体は，その遺伝子座に2つの同じ対立遺伝子を有するのに対して，ヘテロ

▼図 23.4 分子レベルでの広範な遺伝的変異． この図は，いくつかのキイロショウジョウバエにおけるアルコール脱水素酵素（*Adh*）遺伝子の DNA 配列を比較した研究のデータを要約したものである．*Adh* 遺伝子は，イントロン（淡青色）で区切られた 4 つのエキソン（濃青色）を有する．エキソンは，最終的にアミノ酸に翻訳されるコード領域を含む（図 5.1 参照）．1 つの置換のみで表現型に対する効果があり，異なる形態の *Adh* 酵素を産生する．

関連性を考えよう➤図 17.6 と図 17.11 を復習し，*Adh* 遺伝子座のコード領域の塩基対置換が，どうしてアミノ酸配列に影響を及ぼさない可能性があるのかを説明しなさい．また，エキソンへの挿入がなぜ産生されたタンパク質に影響を与えない可能性があるのか．

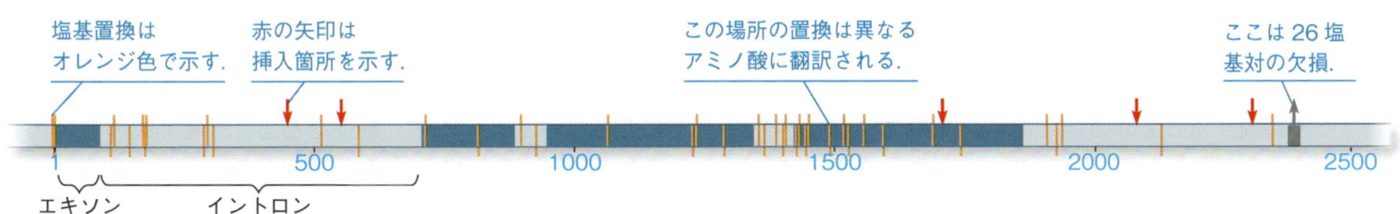
塩基置換は
オレンジ色で示す．
赤の矢印は
挿入箇所を示す．
この場所の置換は異なる
アミノ酸に翻訳される．
ここは 26 塩
基対の欠損．
1
500
1000
1500
2000
2500
エキソン
イントロン

接合体は，その遺伝子座に 2 つの異なる対立遺伝子を有することを思い出しなさい）．たとえば，平均的にはキイロショウジョウバエ *Drosophila melanogaster* がもつ 1 万 3700 遺伝子座のうち，1920 遺伝子座（14%）がヘテロ接合であり，残りのすべての遺伝子座がホモ接合である．

かなりの遺伝的変異は DNA の分子レベル（「ヌクレオチド変異」）で測定することもできる．しかし，この変異のほとんどは，表現型の変化をもたらさない．なぜだろうか．多くのヌクレオチド変異は，RNA プロセシング後に mRNA に保持される領域である「エキソン」間に存在する，DNA の非コード部分である「イントロン」内に生じるからである（図 17.12 参照）．そして，エキソン内で起こる変異の大部分は，遺伝子によってコードされるタンパク質のアミノ酸配列の変化を引き起こさない．たとえば，図 23.4 に示す配列比較では，43 個の（塩基置換が起こっている）変異塩基対および挿入または欠失が生じたいくつかの部位が存在する．18 の変異部位が *Adh* 遺伝子の 4 つのエキソン内に生じているが，これらの変異の 1 つ（1490 番目）のみがアミノ酸変化を生じる．しかしながら，この単一の変異部位は，遺伝子レベルで遺伝的変異を引き起こすのに十分であり，したがって 2 つの異なる *Adh* 酵素が産生されることに留意されたい．

一部の表現型変異は，個体間の遺伝的相違に起因しないことに留意することが重要である（図 23.5 は，米国南西部の蛾の幼虫における顕著な例を示す）．表現型は，受け継がれた遺伝子型と多くの環境影響の産物である（14.3 節参照）．人間の例では，ボディビルダーは表現型を劇的に変えるが，巨大な筋肉を次世代に渡すことはない．一般に，表現型変異の遺伝的に決定された部分のみが進化の結果となることができる．そのようにして，遺伝的変異は進化的変化のための原材料を提供する．すなわち遺伝的変異がなければ，進化は起こり得ない．

遺伝的変異の源

進化の源となる遺伝的変異は，突然変異，遺伝子重複，または他のプロセスが新たな対立遺伝子と新しい遺伝子をつくり出すことに由来する．遺伝子の変異は，繁殖までの世代時間が短い生物では急速につくり出すことが可能である．既存の遺伝子の，新たな組み合わせが生じる有性生殖でも遺伝的変異をもたらし得る．

新しい対立遺伝子の生成

新しい対立遺伝子は，「突然変異」，すなわち生物の DNA の塩基配列の変化によって生じ得る．鎌状赤血球症（図 17.26 参照）のように，遺伝子の 1 塩基のみの変化，すなわち「点突然変異」が表現型に大きな影響を与える可能性がある．生物は多くの世代にわたる過去の自然選択を反映しているため，表現型はその環境での生活に適している傾向があると予想されるだろう．その結果として，表現型を変えるほとんどの

(a)

(b)

▼図 23.5 非遺伝的変異． この蛾 *Nemoria arizonaria* の幼虫の外観の差異は，遺伝子の違いではなく，食物の化学物質による．樫の花を食べて育った幼虫は，花に似ているのに対し（a），樫の葉を食べて育った幼虫は樫の枝に似ている（b）．

新しい変異は，少なくともわずかに有害である．

ある場合には，自然選択はそのような有害な対立遺伝子を迅速に除去する．しかしながら，二倍体生物では，劣性である有害な対立遺伝子を選択から逃れることができる．実際，有害な劣性対立遺伝子は，ヘテロ接合個体（その有害な影響が好ましい優性の対立遺伝子によって隠蔽される）の増殖によって，世代にわたって持続することが可能である．このような「ヘテロ接合体保護」は，現在の状況では好ましくない可能性のある対立遺伝子の大規模な遺伝子プールを維持するが，環境が変化した場合に有益になる可能性がある．

多くの突然変異は有害であるが，多くの他の突然変異は有害ではない．真核ゲノムのDNAの多くはタンパク質をコードしていないことを想起しなさい（図21.6参照）．これらの非コード領域における点突然変異は一般に，自然選択において利点または欠点を与えないDNA塩基配列の差異である**中立変異 neutral variation**となる．遺伝暗号の冗長性は中立変異のもう1つの源である．すなわち，タンパク質をコードする遺伝子でもアミノ酸組成が変化しない場合は，点突然変異はタンパク質の機能には影響しない．そしてアミノ酸に変化がある場合でも，それがタンパク質の形や機能に影響を及ぼさないかもしれない．しかし，本章の後半で見ていくように，まれには突然変異遺伝子が実際に繁殖成功を高め，より環境に対して適応させることがある．

最後に，多細胞生物においては，配偶子を産生する細胞系列の突然変異のみを子孫に渡すことができることに留意されたい．植物や菌類では，多くの異なる細胞系列が配偶子を産生する可能性があるため，このような制限はない．しかし，ほとんどの動物においては，大半の突然変異は体細胞で起こり，子孫に遺伝しない．

遺伝子数や位置の変化

一度に多くの遺伝子座を欠失，切断，または再配置する染色体の変化は，通常は有害である．しかし，遺伝子そのものは無傷である場合には，このような大規模な変化は生物の表現型には影響しない．まれなケースだが，染色体再配置が有利に働くこともある．たとえば，ある染色体への別の染色体の一部分の転座は，遺伝子をつなげることにより，正の効果をもたらす場合がある．

変異の重要な潜在的供給源は，減数分裂時の誤り（たとえば不等交差）やDNA複製時のずれ，またはトランスポゾンの活動（21.5節参照）などが原因となった遺伝子重複である．大規模な染色体断片の重複は，他の染色体異常と同様にしばしば有害であるが，DNAの小さな断片の重複はそれほど有害ではないかもしれない．深刻な影響を及ぼさない遺伝子重複は，世代を超えて持続することができ，突然変異を蓄積することができる．その結果，新しい機能をもつ遺伝子が生じゲノムが拡張される．

そのような遺伝子数の増加は，進化に大きな役割を果たしているように見える．たとえば，哺乳類の遠い祖先は，匂いを検出する単一の遺伝子をもっていたが，それ以来何度も重複している．その結果，今日，ヒトは約380個の機能する嗅覚受容体遺伝子をもっており，マウスでは約1200個である．嗅覚遺伝子のこの劇的な増加により，おそらくかすかな匂いを検出して多くの異なるにおいを区別できるようなったことが，初期の哺乳類で役立ったのだろう．

急速な増殖

植物や動物では，突然変異率は低い傾向にあり，平均して世代あたり10万遺伝子に1つの突然変異が起こり，その割合はしばしば原核生物よりも低くなっている．しかし原核生物は，単位時間あたりもっと多くの世代をもつため，突然変異によりすぐにこれらの生物集団における遺伝的変異を生み出すことができる．同じことがウイルスにも当てはまる．たとえば，HIVの世代時間は約2日間である（つまり，新たに形成されたウイルスが次世代のウイルスを生産するのに2日かかる）．また，HIVはRNAゲノムをもち，宿主細胞がRNA修復機構をもたないため，突然変異率は典型的なDNAゲノムよりもはるかに高い（19.2節参照）．これらの理由により，1種類の薬剤のみによる治療はHIVに対して有効であるとは考えにくい．特定の薬剤に耐性のあるウイルスの変異体は，比較的短い時間で増殖しやすいだろう．これまでで最も効果的なエイズ治療法は，いくつかの薬を組み合わせた薬の「カクテル」であった．この方法はすべての薬剤に耐性を付与する変異の組み合わせが，短い期間内に生じる可能性は低いからである．

有性生殖

有性生殖を行う生物では，集団の遺伝的変異の大部分は，各個体が親から受け継いだ対立遺伝子の独自の組み合わせにより生じる．もちろん，ヌクレオチドのレベルでは，これらの対立遺伝子間の差異のすべては，過去の突然変異に由来する．しかし，有性生殖が，それから既存の対立遺伝子をかき混ぜて個体の遺伝子型をランダムに生成する．

交差，独立した染色体分配，受精という 3 つのメカニズムがこのかき混ぜに貢献する（13.4 節参照）．減数分裂の間に，それぞれの親から継承された相同染色体は，交差することにより対立遺伝子の一部を交換する．これらの相同染色体とそれらが運ぶ対立遺伝子は，その後，配偶子にランダムに配分される．次に，集団において，無数の可能な交配の組み合わせが存在するため，典型的には受精により異なる遺伝的背景をもつ配偶子が融合する．これらの 3 つのメカニズムの複合効果により，有性生殖は，各世代において新たな組み合わせで既存の対立遺伝子を再編成し，進化を可能にする多くの遺伝的変異を提供する．

概念のチェック 23.1

1. 集団内の遺伝的変異が進化の前提条件である理由を説明しなさい．
2. 集団で生じる突然変異のうち，なぜごく一部のみが広がるのか．
3. **関連性を考えよう➤**集団が有性生殖をやめた場合（しかしなお無性的に繁殖するとする），その遺伝的変異は時間の経過とともにどのような影響を受けるか．説明しなさい（13.4 節参照）．

（解答例は付録 A）

23.2

ハーディ・ワインベルグの式は，集団が進化しているかどうかの検定に使用することができる

進化が起きるためには集団内の個体は遺伝的に異なっていなければならないが，遺伝的変異の存在は，集団が進化することを保証するものではない．進化が起こるためには，進化を引き起こす 1 つ以上の要因が働かなければならない．本節では，集団が進化しているかどうかを検証する方法を探っていく．はじめに，集団の意味を明らかにしよう．

遺伝子プールと対立遺伝子頻度

集団 population とは，同じ地域に生息していて，交配して繁殖力のある子孫を産む同種の個体の集まりである．種の異なる集団は，互いに地理的に隔離されていれば，それゆえ，まれにしか遺伝子を交換しない．このような隔離は，遠く離れた島や異なる湖に生息している種では一般的である．しかし，異なるすべての集団が隔離されているわけではない（図 23.6）．それでも，同じ集団の構成員は，通常は互いに交配するので，平均すると他の集団の構成員と比べた場合よりも互いに近縁である．

集団の遺伝的構成は，すべての構成員の，すべての遺伝子座における対立遺伝子のすべてのタイプの全コピーで構成される**遺伝子プール gene pool** を記述することにより，特徴づけることができる．ただ 1 つの対立遺伝子が集団内の特定の 1 つの遺伝子座に存在する場合，その対立遺伝子は遺伝子プールに「固定」されているといわれ，すべての個体はその対立遺伝子についてホモ接合である．しかし，集団の特定の遺伝子座に 2 つ以上の対立遺伝子が存在する場合は，個体はホモ接合あるいはヘテロ接合のいずれかである．

C^RC^R

C^WC^W

C^RC^W

たとえば，ある遺伝子座に，花の色素をコードする 2 つの対立遺伝子，C^R と C^W をもつ 500 個体の野生植物の集団を想定してみよう．これらの対立遺伝子は不完全優性を示し，したがって，それぞれの遺伝子型は異なる表現型をもつとする．C^R の対立遺伝子がホモ接合の植物（C^RC^R）は，赤色の色素を生成し，赤花をもつ．C^W の対立遺伝子でホモ接合の植物（C^WC^W）は，赤い色素を生成しないので白花をもつ．そしてヘテロ接合体（C^RC^W）はいくらかの赤い色素を生成するため，ピンク花をもつ．

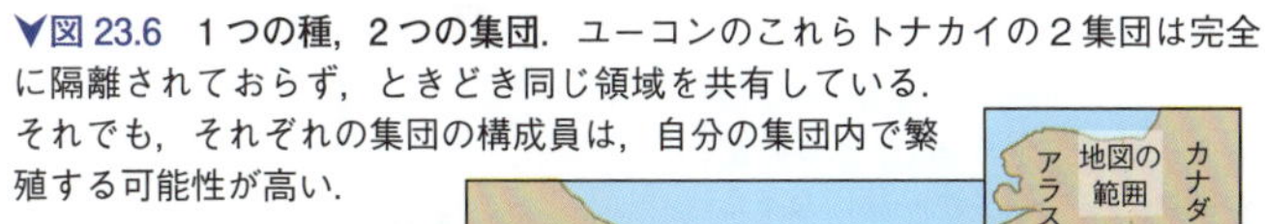
▼図 23.6　1 つの種，2 つの集団．ユーコンのこれらトナカイの 2 集団は完全に隔離されておらず，ときどき同じ領域を共有している．それでも，それぞれの集団の構成員は，自分の集団内で繁殖する可能性が高い．

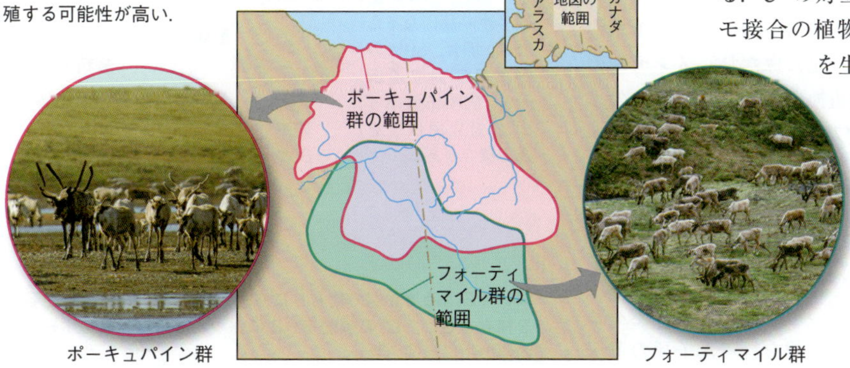
アラスカ
地図の範囲
カナダ
ポーキュパイン群の範囲
フォーティマイル群の範囲
ポーキュパイン群
フォーティマイル群

各対立遺伝子は，集団における頻度（割合）をもつ．たとえば，この集団では，320個体の赤花，160個体のピンク花と20個体の白花の植物があるとする．これらは二倍体の生物であるため，500個体の集団は，花色の遺伝子を合計1000個もつ．C^Rの対立遺伝子のコピーは800個（C^RC^R植物の$320 \times 2 = 640$個に加え，C^RC^W植物の$160 \times 1 = 160$個）である．それゆえ，C^Rの対立遺伝子頻度は$800/1000 = 0.8$（80%）である．

2つの対立遺伝子をもつ1遺伝子座を検討する際に，1つの対立遺伝子頻度を表すのにpを使用し，他の対立遺伝子頻度を表すのにqを使用するのが通例である．したがって，この集団の遺伝子プール内のC^Rの対立遺伝子頻度pは$p = 0.8$（80%）である．この遺伝子座には2つの対立遺伝子のみが存在するため，qで示されるC^Wの対立遺伝子頻度は，$q = 1 - p = 0.2$（20%）でなければならない．3つ以上の対立遺伝子をもっている遺伝子座については，すべての対立遺伝子頻度の合計がやはり1（100%）とならなければならない．

次に，集団で進化が起きているかどうかを検定するために，対立遺伝子頻度と遺伝子型頻度をどのように使用することができるかについて見ていく．

ハーディ・ワインベルグの法則

自然選択や他の要因が特定の遺伝子座の進化を引き起こしているかどうかを評価する1つの方法は，その遺伝子座が進化していなかった場合に集団の遺伝的構造がどうなるかを予想することである．それから，集団で実際に観察したデータと，その予想と比較することが可能である．もし差異がない場合は，集団は進化していないと結論づけることができる．差異がある場合には，集団が進化していること示し，その理由を解明することが可能となる．

ハーディ・ワインベルグ平衡

進化していない集団では，対立遺伝子と遺伝子型の頻度は，世代から世代へと一定に保たれ，メンデルの分離の法則と対立遺伝子の組換えのみが働く．このような集団は，**ハーディ・ワインベルグ平衡 Hardy-Weinberg equilibrium** にあるといえる．この名前は1908年にそれぞれ独立して発見した英国の数学者とドイツの医師にちなんで名づけられた．

集団がハーディ・ワインベルグ平衡にあるかどうか判断するには，新しい方法での遺伝的交配を考えると便利である．以前に，遺伝的交配を行った子孫の遺伝子型を決定するのにパネットスクエアを使用した（図14.5参照）．ここでは，1回の交配において可能な対立遺伝子の組み合わせではなく，集団内のすべての交配における対立遺伝子の組み合わせを検討しなければならない．

集団のすべての個体の，特定の遺伝子座のすべての対立遺伝子が大きな容器に入れられていることを想定してみよう（図23.7）．この容器が，この遺伝子座における集団の遺伝子プールを保持していると考えることが可能である．「生殖」は容器からランダムに対立遺伝子を選択することによって起きる．自然界でも，魚が精子と卵を水中に放出するときや，花粉（植物の精細胞を含む）が風で散布されたときにこれと似たことが起きる．生殖を，容器（遺伝子プール）から遺伝子をランダムに選択し，組み合わせるプロセスとみなすことにより，すべての雌雄の交配が同じ可能性があること，すなわちその交配がランダムに起きると仮定することができる．

前述の仮想的な野生植物の集団に容器のたとえを適用してみよう．500個の花の集団では，赤花の対立遺伝子（C^R）の頻度は$p = 0.8$で，白花の対立遺伝子（C^W）

▼図23.7　遺伝子プールからのランダムな対立遺伝子選択．

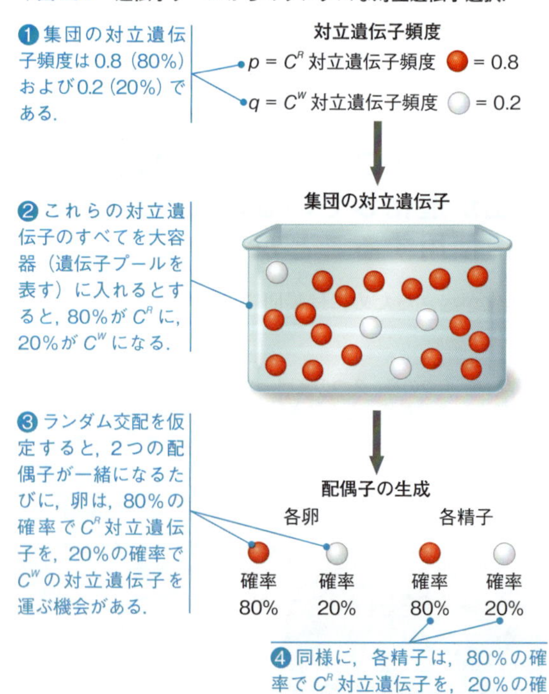

❶集団の対立遺伝子頻度は0.8（80%）および0.2（20%）である．
対立遺伝子頻度
$p = C^R$ 対立遺伝子頻度 = 0.8
$q = C^W$ 対立遺伝子頻度 = 0.2
❷これらの対立遺伝子のすべてを大容器（遺伝子プールを表す）に入れるとすると，80%がC^Rに，20%がC^Wになる．
集団の対立遺伝子
❸ランダム交配を仮定すると，2つの配偶子が一緒になるたびに，卵は，80%の確率でC^R対立遺伝子を，20%の確率でC^Wの対立遺伝子を運ぶ機会がある．
配偶子の生成
各卵
各精子
確率 80%
確率 20%
確率 80%
確率 20%
❹同様に，各精子は，80%の確率でC^R対立遺伝子を，20%の確率でC^Wの対立遺伝子を運ぶ．

描いてみよう➤4個の代わりに6個の白いボールが入った容器を描きなさい．C^Rの頻度を0.8に保つためには，赤いボールは容器の中に何個必要か．

の頻度は $q=0.2$ である．それゆえ，容器中の花色遺伝子集団すべてで1000個中には，800個の C^R 対立遺伝子と200個の C^W 対立遺伝子が含まれているであろうことを意味する．配偶子が容器からランダムに対立遺伝子を選択することによって形成されると仮定すると，卵や精子が C^R または C^W 対立遺伝子を含む確率は，容器内のこれらの対立遺伝子の頻度と等しくなる．したがって，図23.7に示すように，卵は C^R 対立遺伝子を80%の確率で，C^W 対立遺伝子を20%の確率で含有する．同じことがそれぞれの精子にも当てはまる．

乗法法則（図14.9参照）を使用して，精子と卵がランダムに接合すると仮定することにより，可能な3つの遺伝子型の頻度を計算することができる．2つの C^R 対立遺伝子が一緒になる確率は $p\times p=p^2=0.8\times 0.8=0.64$ である．したがって，次世代の植物の約64%が C^RC^R という遺伝子型をとる．C^WC^W 個体の頻度はだいたい $q\times q=q^2=0.2\times 0.2=0.04$，すなわち4%と予想される．ヘテロ接合体 C^RC^W は，2つの異なる方法で生じる可能性がある．精子が C^R 対立遺伝子を提供し，卵が C^W 対立遺伝子を提供するなら，生じるヘテロ接合体は全体で $p\times q=0.8\times 0.2=0.16$，すなわち16%となる．精子が C^W 対立遺伝子を，卵が C^R 対立遺伝子を提供している場合は，ヘテロ接合体の子孫は $q\times p=0.2\times 0.8=0.16$，すなわち16%となる．ヘテロ接合体頻度はこれらの合計であり，$pq+qp=2pq=0.16+0.16=0.32$，すなわち32%となる．

図23.8に示すように，次世代の遺伝子型頻度は，合計して1（100%）になる必要がある．したがって，ハーディ・ワインベルグ平衡状態の式は，2つの対立遺伝子をもつ遺伝子座では，3つの遺伝子型が以下の割合で出現することを予測する．

p^2	+	$2pq$	+	q^2	=	1
遺伝子型 C^RC^R 頻度の期待値		遺伝子型 C^RC^W 頻度の期待値		遺伝子型 C^WC^W の期待値		

2つの対立遺伝子をもつ遺伝子座では，3つの遺伝子型（この場合は，C^RC^R，C^RC^W，C^WC^W）のみが可能であることに注意しなさい．その結果，3つの遺伝子型頻度の合計は，ハーディ・ワインベルグ平衡であるかどうかにかかわらず，どんな集団でも1（100%）にならなければならない．重要な点は，集団は，観察された一方のホモ接合体の遺伝子型頻度が p^2 で，観察された他方のホモ接合体の遺伝子型頻度が q^2 であり，観察されたヘテロ接合体の遺伝子型頻度が $2pq$ となっている場合にのみ，ハーディ・ワインベルグ平衡

▼図23.8 ハーディ・ワインベルグの式．仮想的な野生植物集団では，遺伝子プールは，世代が変わっても一定のままである．メンデル遺伝学のプロセスのみでは，対立遺伝子や遺伝子型の頻度は変わらない．

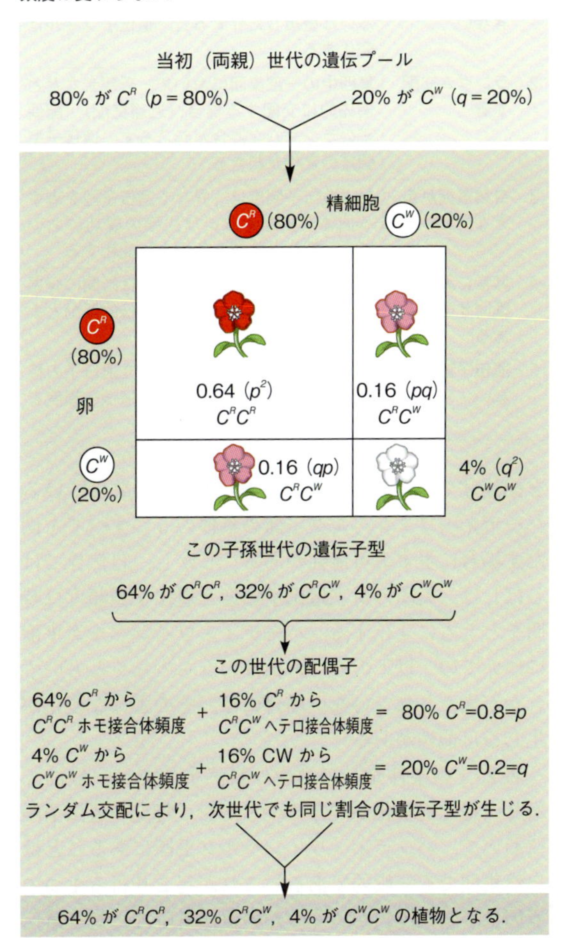
当初（両親）世代の遺伝プール
80% が C^R（p = 80%）
20% が C^W（q = 20%）
精細胞
C^R (80%)
C^W (20%)
C^R (80%)
卵
C^W (20%)
0.64（p^2）C^RC^R
0.16（pq）C^RC^W
0.16（qp）C^RC^W
4%（q^2）C^WC^W
この子孫世代の遺伝子型
64% が C^RC^R，32% が C^RC^W，4% が C^WC^W
この世代の配偶子
64% C^R から C^RC^R ホモ接合体頻度 + 16% C^R から C^RC^W ヘテロ接合体頻度 = 80% C^R=0.8=p
4% C^W から C^WC^W ホモ接合体頻度 + 16% CW から C^RC^W ヘテロ接合体頻度 = 20% C^W=0.2=q
ランダム交配により，次世代でも同じ割合の遺伝子型が生じる．
64% が C^RC^R，32% C^RC^W，4% が C^WC^W の植物となる．

どうなる？➤もし C^R 対立遺伝子の頻度が60%であるとき，遺伝子型 C^RC^R，C^RC^W，C^WC^W の頻度を予測しなさい．

である．結局，図23.8に示すように，もし集団がこの野生植物の集団のようにハーディ・ワインベルグ平衡になっており，その構成員が世代を重ねてもランダムに交配し続ければ，対立遺伝子頻度と遺伝子型頻度は一定に維持される．このシステムは1組のトランプのように働く，新しい手札を配るために切り直した回数にかかわらず，1組のカード自体は同じままである．エースはジャックよりも多くなることはない．世代ごとの集団の遺伝子プールのかき混ぜにより，集団中の1つの対立遺伝子の他の遺伝子に対する相対頻度が変化することはない．

ハーディ・ワインベルグ平衡の条件

ハーディ・ワインベルグの方法は，進化しない集団

表 23.1　ハーディ・ワインベルグ平衡の条件

条　件	条件が成立しない場合の結果
1. 突然変異が起きない	突然変異が起きたり，遺伝子全体が欠失あるいは重複したりすると，遺伝子プールは変化する．
2. ランダム交配する	集団中の一部集団において，近親者などと優先的に交配する場合（近親交配），配偶子のランダムな混合が起こらず，遺伝子型頻度の変化が起きる．
3. 自然選択が起きない	対立遺伝子頻度は，異なる遺伝子型を有する個体が生存あるいは生殖の成功において，一貫した差がある場合に変化する．
4. 非常に大きな集団サイズである	小集団では，対立遺伝子頻度は時間の経過とともに偶然に変動する（遺伝的浮動とよばれる過程）．
5. 遺伝子流動がない	集団中あるいは集団からの対立遺伝子の移動により，遺伝子流動が対立遺伝子頻度を変更することが可能である．

を記述する．これは，集団が表 23.1 に列挙しているハーディ・ワインベルグ平衡の条件の5つすべてを満たす場合に生ずる可能性がある．しかし，自然界ではしばしば，集団の対立遺伝子頻度と遺伝子型頻度は時間をとともに変化する．ハーディ・ワインベルグ平衡についての，以下の5つの条件のうち少なくともいずれかが満たされていない場合には，そのような変化が生じる可能性がある．

表 23.1 の条件からの逸脱は自然集団では一般的であり，進化的変化が起きる．しかし，特定の遺伝子座において，ハーディ・ワインベルグ平衡にあることは自然集団でも一般的である．これが起こり得る1つの原因は，自然選択がいくつかの遺伝子座では対立遺伝子頻度を変化させるが，他の遺伝子座では変化させないことである．さらに，いくつかの集団ではとてもゆっくり対立遺伝子頻度と遺伝子型頻度の変化が生じるため，進化しない集団において予測される状態と区別することが困難である．

ハーディ・ワインベルグの法則の適用

ハーディ・ワインベルグの式は，しばしば集団が進化しているかどうかを検証するために最初に用いられる（概念のチェック 23.2 は一例である）．この式にはまた，遺伝性疾患の対立遺伝子を保有する人口中の割合を推定するなど，医学的な応用例もある．たとえば，劣性対立遺伝子のホモ接合により引き起こされる代謝性疾患であるフェニルケトン尿症を考えてみよう．この病気は米国において生まれた1万人の新生児のうち約1人に発症する．フェニルケトン尿症は，治療しないと精神障害などの問題を引き起こす（14.4 節に記述してあるように，新生児は現在，ふつうにフェニルケトン尿症の検査を行い，これらの症状は，おもにフェニルアラニンの非常に少ない食事によって避けることができる）．

ハーディ・ワインベルグの式を適用するには，新たなフェニルケトン尿症の突然変異が集団中に導入されていない（条件1），人々はこの遺伝子をもっているかどうかに基づいて，あるいは一般的に近親者を配偶者に選択しない（条件2）ことを前提とする必要がある．また，フェニルケトン尿症の遺伝子型間の生存と繁殖成功のいずれの効果も無視し（条件3），遺伝的浮動（条件4）や他の集団から米国への遺伝子流動は影響がないこと（条件5）を前提とする必要がある．これらの仮定は妥当である．すなわちフェニルケトン尿症遺伝子の突然変異率は低く，近親結婚や他のランダムでない婚姻は米国で一般的ではない．選択はまれなホモ接合体のみ（そして，食事制限が守られていない場合のみ）に対して起き，米国の人口は非常に大きく，国外の集団は，米国に見られるものに似たフェニルケトン尿症の対立遺伝子頻度をもっている．

すべてのこれらの仮定が成立した場合，集団中のフェニルケトン尿症をもって生まれた個体頻度はハーディ・ワインベルグ方程式の q^2（＝ホモ接合体の頻度）に対応する．この対立遺伝子は劣性なので，ピンク花のようにそれらを直接数えるのではなく，ヘテロ接合体の数を見積もる必要がある．1万人あたり1人にフェニルケトン尿症が発生する（$q^2 = 0.0001$）ことを思い出しなさい．それゆえフェニルケトン尿症のための劣性対立遺伝子の頻度は，

$$q = \sqrt{0.0001} = 0.01$$

そして優性対立遺伝子の頻度は，

$$p = 1 - q = 1 - 0.01 = 0.99$$

フェニルケトン尿症を発症しないが，子孫にフェニルケトン尿症対立遺伝子を渡すかもしれないヘテロ接合体である保有者の頻度は，

$$2pq = 2 \times 0.99 \times 0.01 = 0.0198 \text{（米国人口の約 2\%）}$$

ハーディ・ワインベルグ平衡の仮定から得られるものは近似値であり，実際にこの対立遺伝子をもつ人の数は異なる場合があることを記憶にとどめなさい．それでもこの計算は，それらが健康なヘテロ接合体により運ばれているため，これらの遺伝子座における有害な劣性対立遺伝子が集団中に隠れることができることを示唆している．**科学スキル演習**で，ハーディ・ワイ

科学スキル演習

データ解釈と予測のためのハーディ・ワインベルグの式の利用

ダイズ集団で進化が起きているか ある集団で進化が起こっているかどうかを検証する1つの方法は，観察された遺伝子型頻度を，ハーディ・ワインベルグの式に基づき，進化していない集団に対して予想されるものと比較することである．この演習では，ダイズ集団が，クロロフィルの生産と葉の色に影響を及ぼすC^GとC^Yの2つの対立遺伝子をもつ遺伝子座で進化しているかどうかを検証する．

実験方法 学生はダイズの種子を植え，7日目と21日目に各遺伝子型の苗の数を数えた．対立遺伝子C^GとC^Yは不完全優性を示し，C^GC^Gの苗は緑色の葉，C^GC^Yの苗は緑黄色の葉，C^YC^Yの苗は黄色の葉をもつため，各遺伝子型の苗を視覚的に区別することができた．

実験データ

時間（日）	苗の数			
	緑色（C^GC^G）	緑黄色（C^GC^Y）	黄色（C^YC^Y）	合計
7	49	111	56	216
21	47	106	20	173

データの解釈

1. 7日目のデータから観察された遺伝子型頻度を使用して，C^G対立遺伝子頻度（p）およびC^Y対立遺伝子頻度（q）を計算しなさい．
2. 次に，ハーディ・ワインベルグの式（$p^2+2pq+q^2=1$）を使用して，ハーディ・ワインベルグの式の母集団について7日目のC^GC^G，C^GC^Y，C^YC^Yの遺伝子型の期待頻度を計算しなさい．
3. 7日目のC^GC^G，C^GC^YおよびC^YC^Yの遺伝子型の観察頻度を計算しなさい．これらの頻度を，問題2で計算した期待頻度と比較しなさい．7日目に苗の集団がハーディ・ワインベルグ平衡状態にあるか，あるいは進化が起きているか．あなたの推論を説明し，もし進化しているならどの遺伝子型が選択されているかを特定しなさい．
4. 21日目のC^GC^G，C^GC^Y，C^YC^Y遺伝子型の観察頻度を計算しなさい．これらの頻度を，問題2で計算された期待頻度と7日目の観察頻度と比較しなさい．21日目に苗の集団がハーディ・ワインベルグ平衡状態にあるか，進化が起こっているか．あなたの推論を説明し，もし進化しているならどの遺伝子型が選択されているかを特定しなさい．
5. ホモ接合のC^YC^Y個体はクロロフィルを産生することができない．苗が成長し，発芽した種子に貯蔵された栄養の供給を使い終わると，光合成能力はより重要になる．この仮説に基づいて，C^GおよびC^Y対立遺伝子の頻度が21日以後にどのように変化するかを予測しなさい．

ンベルグの式を対立遺伝子データに適用する他の例を提供する．

概念のチェック 23.2

1. 700個体からなる集団の，85の遺伝子型がAA，320の遺伝子型がAa，295の遺伝子型がaaである．対立遺伝子Aとaの頻度はいくらか．
2. ハーディ・ワインベルグ平衡の集団で，対立遺伝子aの頻度が0.45である．遺伝子型AA，Aa，aaの予想頻度はいくらか．
3. **どうなる？➤**退行性脳疾患への感受性に影響を与える遺伝子座は2つの対立遺伝子，Vとvをもつ．集団において，16人が遺伝子型VVを，92人が遺伝子型Vvを，12人が遺伝子型vvをもっている．この集団は進化しているのか．説明しなさい．

（解答例は付録A）

23.3

自然選択，遺伝的浮動，遺伝子流動は，集団中の対立遺伝子頻度を変化させることができる

再び，集団がハーディ・ワインベルグ平衡になるために必要な5つの条件に注目してみよう（表23.1参照）．これらの条件のいずれかからの逸脱は，進化の潜在的な原因となる．新しい突然変異（条件1が該当しない）は，対立遺伝子頻度を変化させることができるが，突然変異はまれであるため，世代から世代への変化は非常に小さいであろう．非ランダム交配（条件2が該当しない）は，ホモ接合およびヘテロ接合の遺伝子型頻度に影響を及ぼし得るが，それ自体は遺伝子プールにおける対立遺伝子頻度に影響を及ぼさない（ある種の遺伝形質をもつ個体が他の個体よりも交配する可能性が高い場合，対立遺伝子の頻度は変化する

可能性があるが，このような状況はランダム交配からの逸脱を引き起こすだけでなく，自然選択がないという条件3にも該当しない）.

本節の残りの部分では，対立遺伝子頻度を直接変化させ，最も進化的変化を引き起こす3つのメカニズム，すなわち自然選択，遺伝的浮動，および遺伝子流動（条件3～5が該当しない）に焦点を当てる.

自然選択

ダーウィンの自然選択の概念は，生存と繁殖に関する成功の差に基づいている．集団中の個体の遺伝的形質が変異を示し，その環境により適応している形質をもつ個体は，適していない個体よりもより多くの子孫をつくり出す傾向がある.

自然選択により，遺伝的な意味で対立遺伝子が現在の世代のものと異なる割合で次世代に渡される．たとえば，キイロショウジョウバエ *Drosophila melanogaster* は，DDTなどのいくつかの殺虫剤に対する抵抗性を付与する対立遺伝子をもっている．この対立遺伝子は，DDTの使用前の1930年代初期に野外で収集されたキイロショウジョウバエから確立された実験室系統では0%の頻度である．しかし，1960年（DDTの使用から20年以上後）より後に収集されたハエから確立された系統では，対立遺伝子頻度は37%である．この対立遺伝子は，1930年から1960年の間に突然変異によって生じたか，あるいは1930年に存在したが，非常にまれであったことが推測できる．どちらの場合でも，DDTは散布されたハエ集団において強い選択力をもつ強力な毒であるため，この対立遺伝子頻度の上昇が発生した.

キイロショウジョウバエの例は，殺虫剤抵抗性を付与する対立遺伝子は，その殺虫剤にさらされる集団において頻度が増加することを示唆する．そのような変化は偶然ではない．一貫して，ある対立遺伝子が他の対立遺伝子よりも有利に働くことにより，自然選択は，生存または生殖を強化する形質が時間とともに増加する傾向になるプロセスである**適応進化 adaptive evolution** を引き起こす可能性がある．本章の後半で，このプロセスを詳細に検討してみよう.

遺伝的浮動

コインを1000回投げ，結果が700回表で300回裏であれば，そのコインを疑うであろう．しかし，10回投げて7回が表で3回が裏という結果ならそれほど驚くほどのことではない．小さなサンプル数では予測結果（この場合では表裏が同数である）からの偶然によるずれは大きくなる．偶然の出来事も，特に小集団では，次世代において集団中の対立遺伝子頻度の予期せぬ変動を起こす可能性がある．このプロセスは，**遺伝的浮動 genetic drift** とよばれる.

図23.9は，遺伝的浮動が野生の植物の小集団に影響を与える方法を示している．この例では，浮動により1つの対立遺伝子が遺伝子プールから失われたが，それが C^R 対立遺伝子ではなく，C^W 対立遺伝子であったのは偶然の問題である．対立遺伝子頻度におけるそのような予測不可能な変化は，生存と繁殖に関連し

▼図23.9　**遺伝的浮動.** この小さな野草集団は，10個体という安定したサイズである．世代1では，たった5個体（黄色で強調）のみが繁殖力のある子孫をつくった（たとえば，植物は子孫の生産に十分な栄養素が提供される場所のみで成長するという場合に起き得る）．そして偶然にも，世代2では2個体だけが繁殖力のある子孫をつくった.

図読み取り問題➤ この図に基づいて，時間の経過とともにどのように C^W 対立遺伝子の頻度が変化したかを要約しなさい.

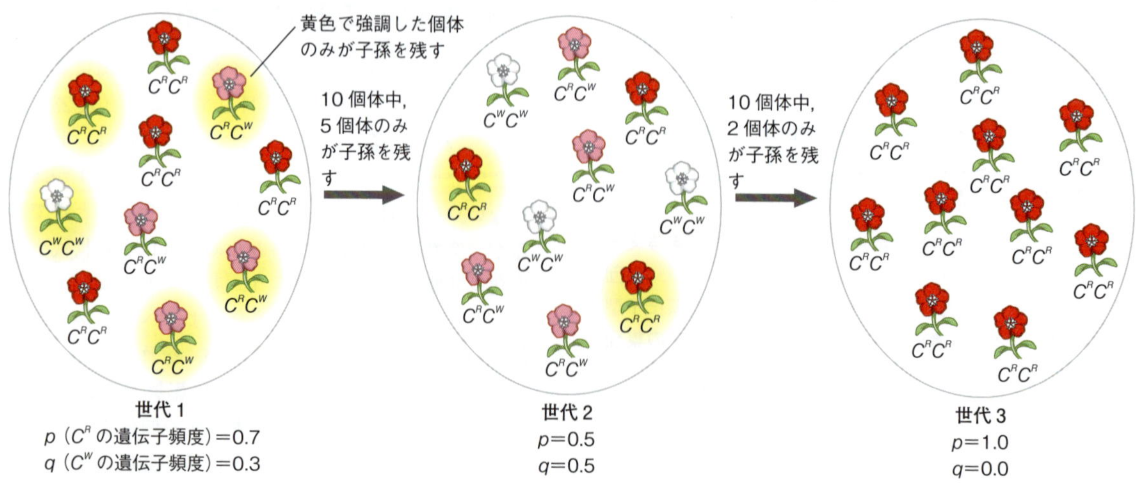
黄色で強調した個体のみが子孫を残す
10個体中，5個体のみが子孫を残す
10個体中，2個体のみが子孫を残す
C^RC^R
C^RC^W
C^WC^W
世代1
p（C^R の遺伝子頻度）$=0.7$
q（C^W の遺伝子頻度）$=0.3$
世代2
$p=0.5$
$q=0.5$
世代3
$p=1.0$
$q=0.0$

た偶然の出来事によって引き起こされる可能性がある．おそらくムースのような大型動物が，世代2で3つのC^WC^W個体を踏み殺し，C^R対立遺伝子のみが次の世代に渡されるという機会を増やしたのであろう．対立遺伝子頻度は，受精時に起きる偶然の出来事によっても影響を受ける．たとえば，遺伝子型がC^RC^Wの2個体の子孫数が少なかったとする．偶然のみにより，子孫をつくったすべての卵と精細胞のペアが，対立遺伝子C^Wではなく，対立遺伝子C^Rをもっていたということが起きる．

遺伝的浮動を起こす特定の状況が，集団に大きな影響をもつ可能性がある．この2つの例は，創始者効果とビン首効果である．

創始者効果

大きな集団から少数の個体が隔離されるようになったときは，この小さなグループは，その遺伝子プールが元集団とは異なる，新たな集団を確立することがある．これは**創始者効果 founder effect** とよばれている．創始者効果は，集団の少数の構成員が嵐により新しい島へ漂着することにより生じる可能性がある．偶然の出来事が対立遺伝子頻度を変化させる遺伝的浮動は，嵐が無差別に，もとの母集団から一部の個体（および その対立遺伝子）のみを運ぶような場合に起きる．

創始者効果は，おそらく隔離されたヒト集団における特定の遺伝性疾患の比較的高い頻度を説明する．たとえば，1814年に，大西洋のアフリカと南米の中間にある小さな島々トリスタン・ダ・クーニャに15人の英国植民者が居住地を設立した．明らかに，植民者の一人は，ホモ接合になると発病し失明に至る網膜色素変性症の劣性対立遺伝子をもっていた．1960年代後半に島の植民地創設者の子孫240人のうち，4人は網膜色素変性症であった．この病気を引き起こす対立遺伝子の頻度は，創設者の出身集団に比べて，トリスタン・ダ・クーニャで10倍高くなっている．

ビン首効果

火災や洪水など環境の急激な変化は，大幅に集団サイズを減らすことがある．集団サイズの深刻な低下は，集団サイズを減少させる「ビンの首」を集団が通過したという比喩から命名された**ビン首効果 bottleneck effect** を引き起こす可能性がある（図23.10）．偶然のみにより，特定の対立遺伝子が生存者間で過多になり，他のものは過小に，一部は完全に失われるかもしれない．継続的な遺伝的浮動は，集団が偶然の出来事があまり影響しない程度の大きさになるまで，遺伝子プールに実質的な影響を及ぼす可能性がある．ビン首を通過した集団の大きさが最終的に回復した場合にも，集団が小さかったときに起きた遺伝的浮動の影響により，長期にわたって低いレベルの遺伝的変異をもつ可能性がある．

▼図23.10 **ビン首効果．** 狭いビン首を通して数個のビー玉を振り出すことは，集団サイズの劇的な減少の比喩である．たまたま，青いビー玉は新集団で優占し，黄色のビー玉は失われた．

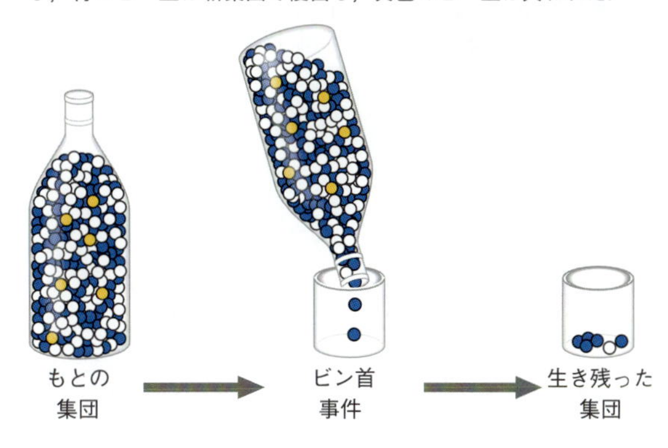
もとの
集団
ビン首
事件
生き残った
集団

次の例に示すように，人間の行動が時には他種に深刻なビン首をつくり出す．

事例研究：ソウゲンライチョウにおける遺伝的浮動の影響

かつてイリノイ州の大草原には，数百万羽のソウゲンライチョウ *Tympanuchus cupido* が生息していた．これらの草原は，19世紀から20世紀の間に農地や他の用途に転換され，ソウゲンライチョウの数は激減した（図23.11a）．1993年までに50羽未満の鳥しか生き残らなかった．これらの少数の生き残った鳥は，遺伝的変異が低レベルであり，その卵の孵化率は，カンザス，ネブラスカ州の大きな集団のはるかに高い孵化率と対照的に50％未満であった（図23.11b）．

これらのデータにより，ビン首の間の遺伝的浮動は，遺伝的多様性の損失と有害な対立遺伝子の頻度の増加につながることを示唆している．この仮説を調べるために，研究者は，15の博物館に所蔵されていたイリノイ州のソウゲンライチョウの標本からDNAを抽出した．15羽の鳥のうち10羽は，イリノイ州に2万5000羽のソウゲンライチョウが生息していた1930年代に収集されたものであり，5羽は1000羽以上のソウゲンライチョウが生息していた1960年代に収集されたものであった．これらの標本のDNAを研究することによって，研究者は，集団が極端に少ない数に縮小する前に，イリノイ州の集団にどのくらいの遺伝的変異が存在したかの最小値，すなわちベースラインの

▼図 23.11　遺伝的浮動と遺伝的変異の喪失．

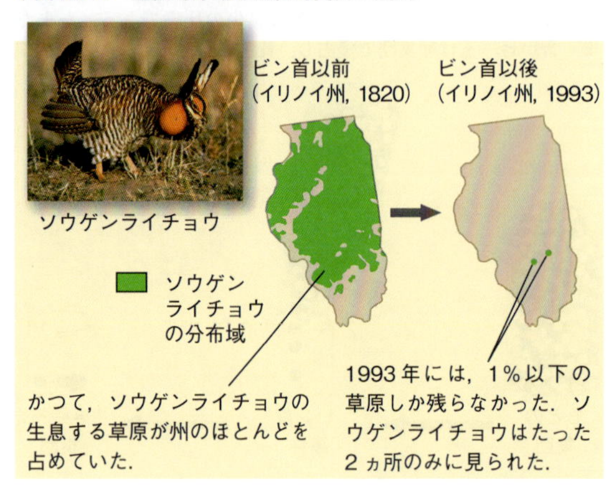
ソウゲンライチョウ
ビン首以前
(イリノイ州, 1820)
ビン首以後
(イリノイ州, 1993)
ソウゲンライチョウの分布域
かつて，ソウゲンライチョウの生息する草原が州のほとんどを占めていた．
1993年には，1%以下の草原しか残らなかった．ソウゲンライチョウはたった2ヵ所のみに見られた．

(a) ソウゲンライチョウのイリノイ州集団は，1800年代の数百万羽から1993年には50羽未満に減少した．

場　所	集団サイズ	遺伝子座あたりの対立遺伝子数	卵の孵化率
イリノイ州 1930～1960年代 1993	1000～25 000 < 50	5.2 3.7	93 < 50
カンザス州，1998 (ビン首なし)	750 000	5.8	99
ネブラスカ州，1998 (ビン首なし)	75 000～ 200 000	5.8	96

(b) 小さなイリノイの集団では，遺伝的浮動により遺伝子座あたりの対立遺伝子の数および卵の孵化率を減少させた．

推定値を得ることができた．この推定値は通常のビン首の研究例では得ることのできない重要な情報である．

研究者は，6つの遺伝子座を調査し，1993年集団は，ビン首効果が生じる以前のイリノイ州の集団，または現在のカンザス州とネブラスカ州の集団（図23.11b参照）に比べ，遺伝子座あたりの対立遺伝子が少ない．したがって，予想通り，遺伝的浮動により小さな1993年集団の遺伝的多様性が減少していた．遺伝的浮動はまた，卵孵化率の低下につながる有害な対立遺伝子の頻度を増加させている可能性がある．これらの負の影響を打ち消すために，近隣州から4年間で271羽の鳥が，イリノイ州集団に追加された．この戦略は成功した．新しい対立遺伝子が集団に入ることにより，卵孵化率は90%以上に改善した．全体として，イリノイ州のソウゲンライチョウの研究は，小さな集団における遺伝的浮動の強力な効果を示し，少なくともいくつかの集団では，これらの効果を逆転可能であるという希望を提供している．

遺伝的浮動の効果：まとめ

以下の4つの例は重要点を強調した説明である．

1. **遺伝的浮動は，小規模集団で重要である．** 偶然の出来事により，次の世代で対立遺伝子が偏り，過大または過小になる可能性がある．偶然の出来事は，あらゆる規模の集団で生じるが，それらは実質的に小さな集団のみで対立遺伝子の頻度を変化させる傾向がある．
2. **遺伝的浮動は，対立遺伝子の頻度をランダムに変化させる．** 遺伝的浮動により，対立遺伝子の頻度がある年に増加し，次年に減少する場合があるが，年変化は予測不可能である．したがって，与えられた環境で継続的にある対立遺伝子が他のものよりも優先される自然選択とは異なり，遺伝的浮動は時間の経過とともに対立遺伝子の頻度をランダムに変化させる．
3. **遺伝的浮動は集団内の遺伝的多様性の損失につながる可能性がある．** 対立遺伝子の頻度が時間の経過とともにランダムに変動することによって，遺伝的浮動は，集団からある対立遺伝子を排除することがある．進化は遺伝的変異に依存しているため，そのような損失は，集団が環境の変化に効果的に適応することに干渉する可能性がある．
4. **遺伝的浮動は有害な対立遺伝子の固定を引き起こす可能性がある．** 遺伝的浮動により，偶然によって害も益もない対立遺伝子が失われ，固定する（頻度が100%に達する）ことがある．非常に小さな集団では，遺伝的浮動は，わずかに有害な対立遺伝子を固定させる可能性がある．この問題が起きた場合，（ソウゲンライチョウのように）集団の存続が脅かされることになる．

遺伝子流動

自然選択と遺伝的浮動のみが，対立遺伝子の頻度に影響を与える現象ではない．対立遺伝子の頻度はまた，繁殖力のある個体またはその配偶子を介した，集団内への，あるいは集団外への対立遺伝子の移動である**遺伝子流動 gene flow** によって変化することがある．たとえば，仮想的な野草集団の近くに，おもに白花をつける個体（C^WC^W）で構成される別の集団があるとする．これらの植物の花粉をつけた昆虫が，最初の集団に飛び，受粉させる可能性がある．導入された C^W の対立遺伝子は，最初の集団の次世代の対立遺伝子頻度を変化させるだろう．対立遺伝子が集団間で移動するため，遺伝子流動は集団間の遺伝的差異を減少させる傾向がある．実際，それが十分に広範囲である場合，遺伝子流動は2集団を共通の遺伝子プールをもつ単一集団に結合させることもある．

遺伝子流動による対立遺伝子の転移も，集団が地域環境条件に適応していく方法に影響を与えることがある．たとえば，エリー湖ミズヘビ（*Nerodia sipedon*）の本土と島の集団は，その色のパターンが異なる．すなわち，オハイオ州またはオンタリオ州の本土のほぼすべてのヘビが強い帯状模様があるのに対し，島のヘビの大部分は，帯状模様がないか，薄い模様をもつ（図 23.12）．帯状模様の着色は遺伝的形質であり，いくつかの遺伝子座（帯状模様をもつことをコードする対立遺伝子は，帯状模様をもたないことをコードする対立遺伝子に対して優性である）によって決定される．島では，ミズヘビは岩場の湖岸線沿いに生息し，本土では沼地に住んでいる．島の生息地では，帯状模様のないヘビは，帯状模様をもつヘビよりもうまく擬態される．したがって，島では，帯状模様のないヘビは帯状模様をもつヘビよりも高い確率で生き残る．

▼図 23.12 **エリー湖のミズヘビ *Nerodia sipedon* における遺伝子の流れと地方の適応．** 研究者はミズヘビ集団の色彩変異の特徴に焦点を当てた．色彩パターンAは強い帯状模様であり，パターンBおよびCは中間的帯状模様，パターンDは模様はない．帯状模様は，本土環境での擬態には有利であるが，帯状模様をもたないことが島環境では有利である．しかし，本土からの遺伝子流入は島の集団での帯状模様を持続させる．

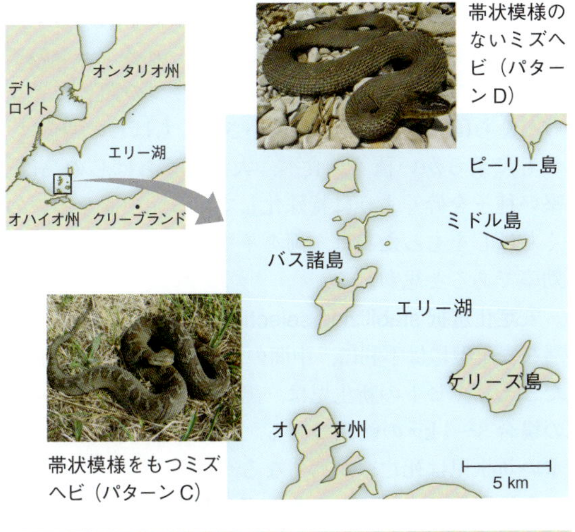

帯状模様のないミズヘビ（パターンD）
オンタリオ州
デトロイト
エリー湖
オハイオ州
クリーブランド
ピーリー島
ミドル島
バス諸島
エリー湖
ケリーズ島
オハイオ州
5 km
帯状模様をもつミズヘビ（パターンC）

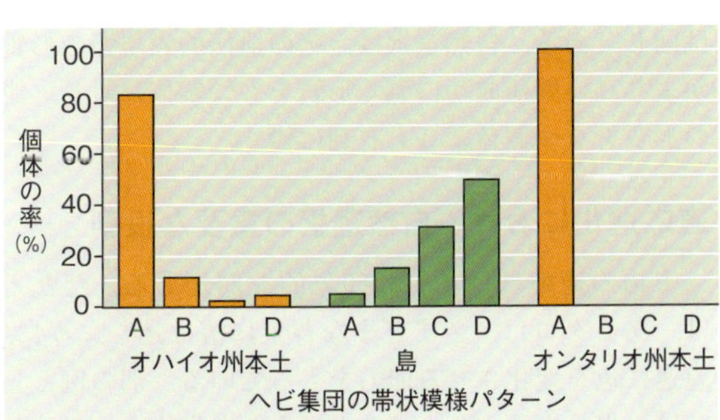

100
80
60
40
20
0
個体の率（%）
A B C D
オハイオ州本土
A B C D
島
A B C D
オンタリオ州本土
ヘビ集団の帯状模様パターン

どうなる？➤深刻な気象変動により，島の集団サイズを減少させたが，本土の集団規模に影響を与えなかったと仮定する．本土からの遺伝子の流れが島集団の色パターンにどのように影響するかを予測し，説明しなさい．

これらのデータは，帯状模様のないヘビが島の個体群における自然選択によって選択されていることを示している．したがって，島のすべてのヘビが帯状模様を欠いていることを期待するかもしれない．なぜこれが当てはまらないのだろうか．その答えは，本土からの遺伝子の流れにある．毎年，本土から3〜10頭のヘビが島々に泳ぎ，そこの集団に加わる．結果として，毎年，そのような移住個体は，本土（ほぼすべてのヘビが帯状模様を有する）から島への帯状彩色の対立遺伝子を移入する．この進行中の遺伝子流動は，島集団からの帯状彩色の対立遺伝子のすべてを除去する選択を防ぎ，それによって島集団が局所条件に完全に適応するのを防止する．

遺伝子流動はまた，集団が地域環境に適応する能力を向上させる遺伝子を転送することが可能である．たとえば，遺伝子流動は，ウエストナイルウイルスや他の病気の媒介者である蚊（アカイエカ *Culex pipiens*）に，殺虫剤耐性の対立遺伝子の世界的な普及をもたらした．これらの対立遺伝子の各々は，独自の遺伝的特徴をもち，研究者はそれがたった1つあるいは少数の地理的な場所での突然変異によって生じたことを推測することができる．殺虫剤の散布により，起源集団ではこれらの対立遺伝子が増加した．その後，これらの対立遺伝子は遺伝子流動によって新たな集団に移動し，その頻度は自然選択の結果として増加した．

最後に，遺伝子流動は，ヒト集団における進化的変化のますます重要な媒介手段となっている．ヒトは今日，過去に比べてはるかに自由に世界を移動する．その結果，以前にはほとんど接触していなかった集団の構成員間の交配がより一般的になり，対立遺伝子の交換や，それらの集団間の遺伝的差異の減少が起きる．

概念のチェック 23.3

1. どのような意味で，自然選択は遺伝的浮動より「予測可能」であるか．
2. 以下の観点から，遺伝子流動と遺伝的浮動を区別しなさい．(a) どのように生じるか，(b) 集団の将来の遺伝的変異への影響．

3. どうなる？➤ 2つの植物集団が花粉や種子を交換すると仮定する．1集団では遺伝子型 *AA* の個体が最も一般的であり（9000 *AA*, 900 *Aa*, 100 *aa*），他の集団では逆である（100 *AA*, 900 *Aa*, 9000 *aa*）．もし，どちらの対立遺伝子も選択的優位性をもたない場合，時間の経過とともに，これらの集団の対立遺伝子頻度と遺伝子型はどうなるだろうか．

（解答例は付録A）

23.4

自然選択は，恒常的に適応進化を引き起こす唯一のメカニズムである

自然選択による進化は「偶然」と「選別」の混合である．つまり，新たな遺伝的変異の創出の偶然（突然変異のように）と，その中のある対立遺伝子が有利になるような自然選択による選別である．この選別プロセスのため，自然選択の結果はランダムではない．その代わり，自然選択は繁殖上の利点を提供する対立遺伝子の頻度を継続して増加させるため，適応進化を導く．

自然選択の詳細

自然選択が適応進化をどのように引き起こすかを知るために，相対適応度の概念と，自然選択が生物の表現型に作用するさまざまな方法から始めよう．

相対適応度

「生存競争」と「適者生存」の用語は，一般的に自然選択を記述するために使用されるが，いつも個体間で直接，競争力を競い合うことを意味するものと受け取られるなら，これらの表現は誤解されている．確かに，通常，雄が交配権を決定するために戦闘を行う動物がいる．しかし，繁殖成功は，一般的にはより微妙であり，明白な戦闘以外にも多くの要因に依存する．たとえば，近隣の個体よりも効率的に食物を収集するフジツボは，エネルギー貯蔵が多くなり，多くの数の卵を生産することが可能となるだろう．捕食者からより効果的に逃れる体色の蛾は，より多くの子孫をつくることのできるより長い生存機会を得るため，同じ集団内の他の蛾よりも多くの子孫をもつだろう．これらの例は，与えられた環境で，特定の形質が大きな**相対適応度 relative fitness**（個体が次世代の遺伝子プールに対しての，他の個体の寄与に対する相対的な寄与）につながることを示している．

しばしば遺伝子型の相対的適応度と言及しているが，自然選択にさらされる実体は基盤となる遺伝子ではなく，個体そのものであることを忘れてはならない．よって自然選択は，遺伝子型よりも表現型により直接的に作用する．すなわち自然選択は，遺伝子型が表現型に与える影響を介して，間接的に遺伝子に作用する．

方向性，分断化，安定化選択

自然選択は，集団中のどの表現型が適応的かにより，3つの方法で遺伝的形質の頻度分布を変える．すなわち方向性選択，分断化選択，そして安定化選択である．

方向性選択 directional selection は，環境条件が，表現型の範囲のいずれかの極端を示す個体に有利に働くときに起きる．それゆえ，表現型の集団内分布をある方向に移動させる（図23.13 a）．方向選択は，集団の環境が変化したり，集団の構成員が新しい（以前と異なる）生息地に移住するときに一般的である．たとえば，小さな種子に対する大きな種子の相対量の増加は，ガラパゴスフィンチの集団のくちばしの幅の増加につながった（図23.2参照）．

分断化選択 disruptive selection（図23.13 b）は，ある環境条件下で表現型変異の両極端型が中間型よりも有利である場合に起こる．たとえば，カメルーンのアカクロタネワリキンパラの集団は，2つの顕著に異なったくちばしサイズを示す．小さなくちばしの個体は，おもに柔らかい種子を食べ，大きなくちばしの鳥は，堅い種子を砕くように特殊化している．中間サイズのくちばしをもった鳥は，両タイプの種子を砕くのに非効率であると思われる．

安定化選択 stabilizing selection（図23.13 c）は，極端な表現型には不利に，中間の変異体には有利に働く．たとえば，ヒトの新生児は，誕生時の重さはほとんどの場合3〜4 kgの範囲である．非常に軽い，あるいは重い新生児は死亡率が高くなる．

自然選択の様式にかかわらず，基本的なメカニズムは同じである．自然選択は，その遺伝的表現型の形質がより高い繁殖成功に導く形質をもつ個体に対し，他の形質をもつ個体よりも有利に働く．

適応進化における自然選択の重要な役割

生物の適応には多くの印象的な例がある．たとえば，あるタコは，さまざまな背景に溶け込むように，急速に色を変化させる能力をもっている．別の例としては，自分の頭よりもはるかに大きな獲物をのみ込むようなヘビの顕著な顎（図23.14）がある（スイカを丸ごとのみ込んだ人に匹敵する偉業）．寒い環境下での機能が改善された酵素の変異のような他の適応は，

▼図 23.13　選択のモード．これらの例は，毛色の遺伝的変異をもつ仮想的マウス集団の進化の３つの方法を説明している．グラフは，異なる毛色の個体数頻度が，時間の経過とともにどのように変化するかを示している．大きな白い矢印はある表現型に対して働く選択圧を表している．

関連性を考えよう➤図 22.13 を復習しなさい．どの選択モードが，移入種のモクゲンジの実を餌としたムクロジカメムシ集団で発生したのだろうか．説明しなさい．

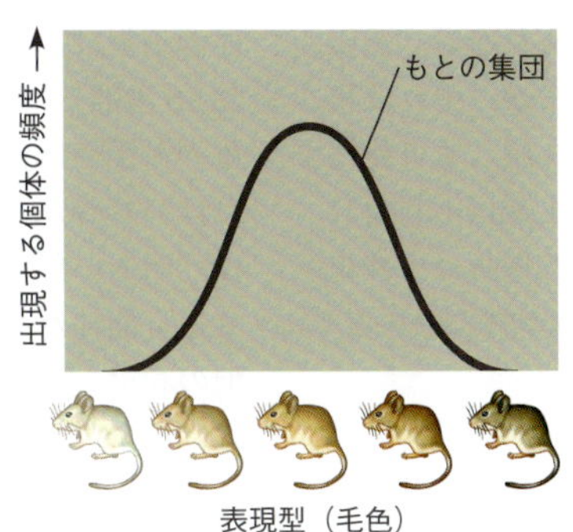
出現する個体の頻度 →
もとの集団
表現型（毛色）

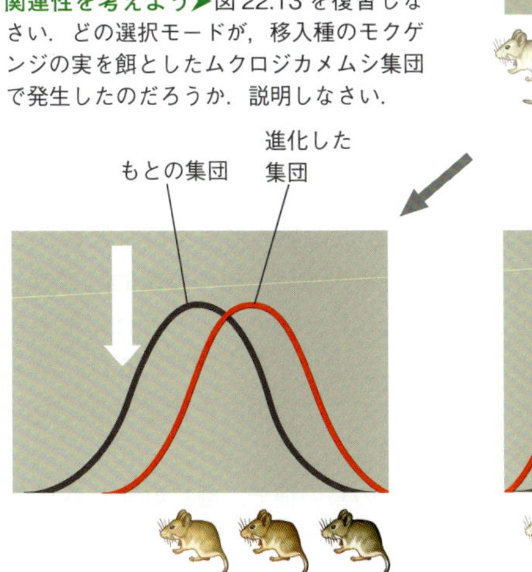
もとの集団
進化した集団

(a) **方向性選択**は，分布の一方の極端な表現型が適応的なら，集団を構成する全体をシフトさせる．この例では，明色のマウスは暗色の岩の間に生息するために選択上不利であり，捕食者から隠れるのが難しくなる．

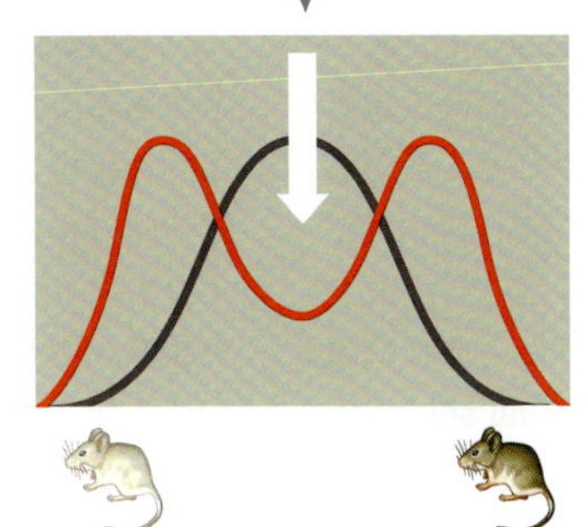

(b) **分断化選択**は，分布の両端の変異が選択される．このマウスでは，明色と暗色のパッチ上の生育環境をもち，中間色のマウスは不利になる．

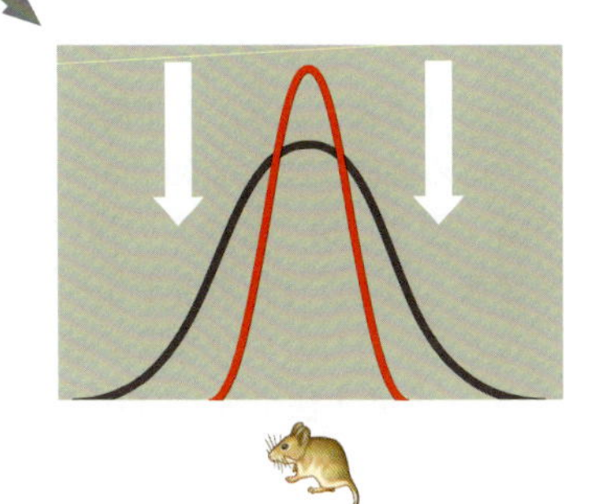

(c) **安定化選択**は，集団の両極端の変異を取り除き，中間の変異を保存する．もし環境が中間色の岩でできていたら，明色と暗色のマウスは淘汰されるだろう．

視覚的には劇的な変化はないが，生存と繁殖のためには同じくらい重要かもしれない．

　このような適応は，自然選択が生存や繁殖を向上させる対立遺伝子の頻度を時間の経過とともに増加させることにより，徐々に出現する可能性がある．良好な形質をもつ個体の割合が増加することにより，種がその環境での生活に適合する度合いが向上する．つまり，適応進化が起きる．しかし，22 章で見てきたように，生物の環境の物理的および生物的要素は，時間の経過とともに変化することがある．結果として，生物とその環境の間の「一致」をつくるものは，目標を変え，継続して適応進化が起きるというダイナミックなプロセスとなり得る．環境条件も場所によって異なることがあり，異なる対立遺伝子が異なる場所で選択されるようになる．このようなことが起こると，自然選択により種の集団が互いに遺伝的に異なるようになる可能性がある．

　遺伝的浮動，遺伝子流動とは何であろうか．両者ともに，実際に生存や繁殖能力を高める対立遺伝子の頻度を増加させることができるが，どちらもそれほどに

▼図 23.14　ヘビの可動顎の骨．

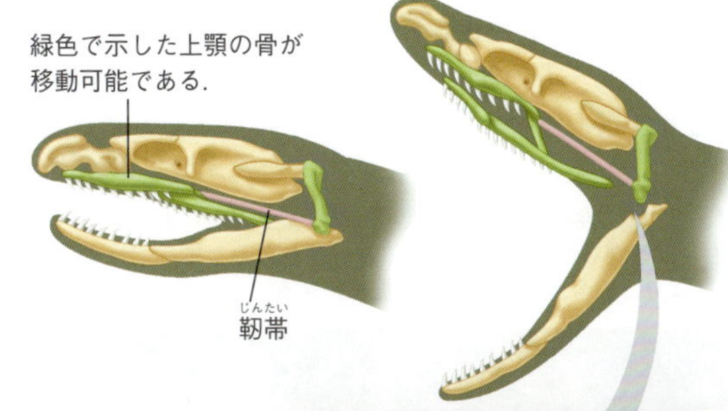
緑色で示した上顎の骨が移動可能である．
靭帯

ほとんどの陸生脊椎動物では，頭蓋骨は互いに比較的強固に接続されていて，顎の運動を制限している．対照的に，ほとんどのヘビは，可動的な上顎骨をもち，頭よりもはるかに大きい食べ物をのみ込むことができる．

継続的ではない．遺伝的浮動は，若干有益な対立遺伝子頻度の増加を引き起こす可能性があるが，それはまた，同様な対立遺伝子頻度の減少を引き起こす可能性もある．同様に，遺伝子流動は，有利または不利な対立遺伝子を導入することができる．自然選択は，継続して適応進化につながる唯一の進化メカニズムである．

性選択

性選択 sexual selection，すなわち特定の遺伝的特徴をもつ個体が，同種の他個体よりも配偶者を得る可能性が高いというプロセスの意味を，最初に探究したのはチャールズ・ダーウィン Charles Darwin であった．性選択により，雌雄間の第二次性徴における差異である**性的二型 sexual dimorphism** が生じることがある（図 23.15）．これらの違いには大きさの違い，色，装飾，および行動が含まれる．

どのようにして性選択は働くのだろうか．それにはいくつかの方法がある．**性内選択 intrasexual selection** は，同性内での自然選択を意味し，一方の性の個体は，異性との交配をめぐり直接競合する．多くの種では，性内選択は雄間で起きる．たとえば，単一の雄が雌の群れを巡回して，他の雄との交配を防ぐことがある．巡回する雄は，小さく弱い，あるいは気の弱い雄を闘争で倒すことにより，地位を守ることができる．多くの場合，この雄は，傷つくことで自らの適応度を下げる危険を避け，儀式化されたディスプレイによる心理戦で潜在的競合者を追いはらう（図 51.16 参照）．性内選択は，ワオキツネザルやヨウジウオの1種を含むさまざまな種においては雌間で生じている．

性間選択 intersexual selection は，「配偶者選択」とも呼ばれ，一方の性別（通常は雌）の個体は，異性の交配相手選択の際のえり好みが激しい．多くの例では，

▼図 23.15　**性的二型と性選択．** 雄クジャク（左）と雌クジャク（右）は極端な性的二型を示す．雌が最も派手な雄を選択することにより，競合雄の間に性間選択が起きる．

雌の選択は，雄の外観や行動の派手さに依存する（図 23.15 参照）．ダーウィンを魅了した配偶者選択とは，雄の派手さは他のどんな場面でも適応的でなく，実際にはいくつかの危険をもたらす可能性がある．たとえば，明るい色の羽は捕食者に雄鳥がよく見えるようにする可能性がある．しかし，このような特徴が雄の交配の利得を助け，この利点が捕食の危険を上回る場合には，全体的な繁殖成功度を高めるため，次に明るい色の羽とそれに対する雌の嗜好の両方が強化される．

どのようにして特定の雄の特徴に対する雌の好みが，最初に進化するのであろうか．1つの仮説は，雌が「よい遺伝子」と相関がある雄の形質を好むということである．雌に好まれる形質は，雄の遺伝的品質の全体的な指標である場合には，雄の形質とそれに対する雌の嗜好の両方の頻度が増加する．図 23.16 は，ハイイロアマガエルにおいて，この仮説を検証する1つの実験を説明している．

他の研究者は，複数の鳥の種で，雌に好まれる形質が雄の全体の健康に関連していることも示している．ここでは，雌の好みは，「よい遺伝子」を反映した形質に基づいているように思われ，この場合は，強力な免疫システムを示す対立遺伝子である．

平衡選択

これまで見てきたように，遺伝的変異は，自然選択によって影響を受ける遺伝子座でしばしば見られる．自然選択によって，すべての好ましくない対立遺伝子が淘汰されて，その遺伝子座での変異の減少はどのようにして妨げられているのだろうか．前述したように，二倍体生物では，ヘテロ接合個体では多くの好ましくない劣性対立遺伝子が自然選択から隠され，そのために劣性対立遺伝子が存続する．それに加え，自然選択自体が，いくつかの遺伝子座位での変異を保存し，集団中に2つ以上の表現型を維持することができる．**平衡選択 balancing selection** として知られているこのタイプの自然選択は，頻度依存選択とヘテロ接合強勢を含む．

頻度依存選択

頻度依存選択 frequency-dependent selection では，表現型の適応度は，それが集団中でどのくらい一般的であるかに依存する．アフリカのタンガニーカ湖の鱗食いの魚 *Perissodus microlepis* を検討してみよう．この魚は，獲物の脇腹からいくつかの鱗を取り去るために背後から突進して他の魚を攻撃する．ここで興味深いのは，鱗食いの魚の特有の特徴である．あるものは

▼図 23.16

研究　雌は「よい遺伝子」を示す形質に基づいて交配相手を選択しているのか

実験　雌のハイイロアマガエル *Hyla versicolor* は，長い求愛音をもつ雄と交尾することを好む．ミズーリ大学のアリソン・ウェルチ Allison Welch らは，長い求愛コールをする雄（LC）が，短い求愛コールをする雄（SC）よりも遺伝的構造において優れているかどうかをテストした．研究者は，雌の半分の卵を LC 雄の精子で，残り半分を SC 雄の精子で受精した．2 回の別々の実験（1995 年と 1996 年）で，その結果生まれた異父兄弟の子孫を共通した環境で育て，生存と成長をモニタリングした．

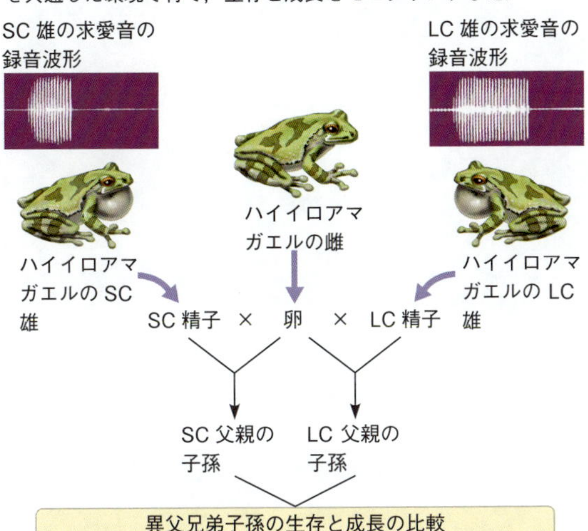
SC 雄の求愛音の
録音波形
LC 雄の求愛音の
録音波形
ハイイロアマ
ガエルの雌
ハイイロアマ
ガエルの SC
雄
ハイイロアマ
ガエルの LC
雄
SC 精子　×　卵　×　LC 精子
SC 父親の
子孫
LC 父親の
子孫
異父兄弟子孫の生存と成長の比較

結果

子孫のパフォーマンス	1995	1996
幼生の生存	LC がよい	有意差なし
幼生の成長	有意差なし	LC がよい
変態までの時間	LC がよい（短い）	LC がよい（短い）

結論　LC 雄が父親である子孫は，SC 雄が父親である異父兄弟を上回るパフォーマンスをもつため，研究チームは，雄の求愛コールの持続時間は雄の全体的な遺伝的品質の指標であると結論づけた．この結果は，雌の交尾選択は雄が「よい遺伝子」をもっているかどうかを示す形質に基づいて行うことができているという仮説を支持する．

データの出典　A. M. Welch et al., Call duration as an indicator of genetic quality in male gray tree frogs, *Science* 280:1928–1930 (1998).

どうなる？➤なぜ研究者は雌ガエルを 2 つの群に分けて別々の雄ガエルと受精させなかったのか．またなぜ彼らは単一の雄ガエルと各々の雌ガエルを交配しなかったのか．

▼図 23.17　**頻度依存選択．** 鱗を食べる魚 *Perissodus microlepis* の集団では，左口の個体（赤いデータ点）の頻度が定期的に増えたり減ったりする．その年に繁殖した成魚のうち左口だった個体の頻度も，3 年（緑のデータ点）記録された．

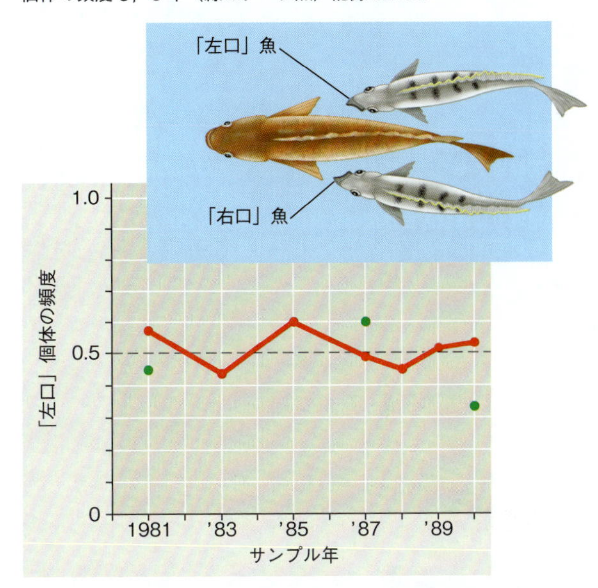
「左口」魚
「右口」魚
1.0
0.5
0
「左口」個体の頻度
1981
’83
’85
’87
’89
サンプル年

データの解釈➤1981 年，1987 年および 1990 年には，繁殖成魚の左口個体の頻度を，全集団中の左口個体の頻度と比較しなさい．自然選択により，右口個体よりも左口個体が選択される（またはその逆）というデータは，どういうことを示しているか．説明しなさい．

「左口」であり，他のものは「右口」である．この形質は，2 つの対立遺伝子の単純なメンデル遺伝によって決定される．したがって，集団内のすべての個体は「左口」または「右口」のいずれかであり，これらの 2 つの表現型の頻度は合計して 100％である．

左口魚の口は左にねじれるため，つねに獲物の右脇腹を攻撃する（図 23.17）（その理由を考えるため，下顎と唇を左にねじり，後ろから近づいて魚の左側から餌を取ることを想像してみなさい）．同様に，右口魚は常に左から攻撃する．鱗食い魚の餌となる種は，湖の中でそのときに最も一般的な鱗食い魚の表現型からの攻撃に対して防御する．したがって，年ごとに，自然選択は，より少ない口の表現型に有利に働く．その結果，左口魚と右口魚の頻度が時間とともに振動し，（頻度依存性のために）平衡選択がそれぞれの表現型の頻度を 50％近くに保持する．

ヘテロ接合強勢

もし特定の遺伝子座において，ヘテロ接合の個体が，ホモ接合の個体に比べてより高い適応度をもつなら，**ヘテロ接合強勢 heterozygote advantage** を示すといえる．このような場合は，自然選択はその遺伝子座に

▼図 23.18　関連性を考えよう

鎌状赤血球対立遺伝子

この子どもは鎌状赤血球症を罹患し，鎌状赤血球対立遺伝子を2コピー有する保有する遺伝的障害をもつ．この対立遺伝子は，赤血球中の酸素運搬タンパク質であるヘモグロビンの構造および機能に異常を引き起こす．鎌状赤血球症は治療しなければ致命的であるが，一部の地域では鎌状赤血球症対立遺伝子は15～20%の高頻度に達することある．このような有害な対立遺伝子が，どのようにして普遍的になるのだろうか．

分子レベルでの出来事

- 点突然変異により，鎌状赤血球対立遺伝子は野生型対立遺伝子と単一の塩基が異なる（図17.26参照）．
- その結果として生じる1アミノ酸の変化が，低酸素条件下での鎌状赤血球ヘモグロビンタンパク質間の疎水性相互作用をもたらす．
- 結果として，鎌状赤血球タンパク質は互いに結合して鎖状になり，繊維を形成する．

細胞への影響

- 異常なヘモグロビン繊維は，心臓に戻ってくる血管に見られるような低酸素状態において，赤血球を鎌状に変形させる．

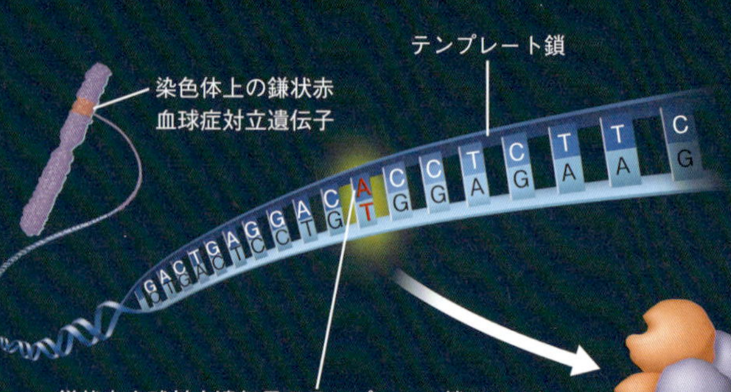
テンプレート鎖
染色体上の鎌状赤
血球症対立遺伝子

鎌状赤血球
ヘモグロビン

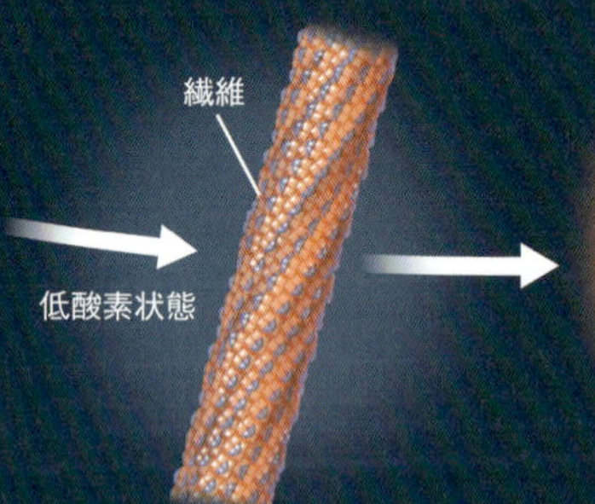
繊維
低酸素状態

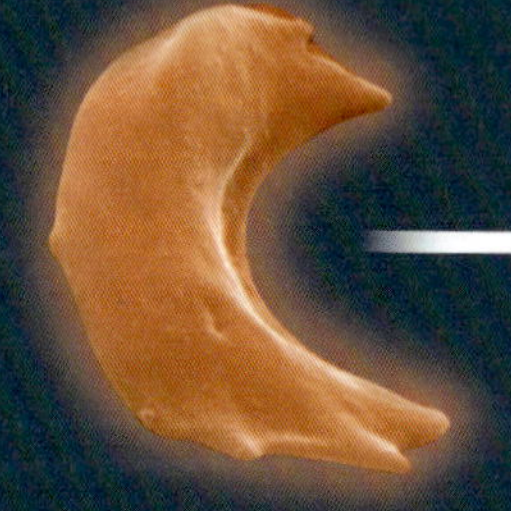
鎌状赤血球

鎌状赤血球対立遺伝子のテンプレート鎖ではチミンがアデニンに置換され，転写中に産生されるmRNAの1つのコドンを変化させる．この変化は，鎌状赤血球ヘモグロビンにおけるアミノ酸置換を引き起こす．すなわち，ある位置のグルタミン酸がバリンで置換される（図5.19参照）．

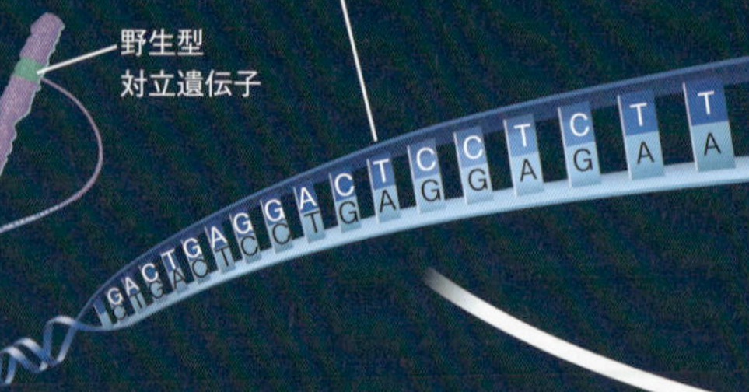
野生型
対立遺伝子

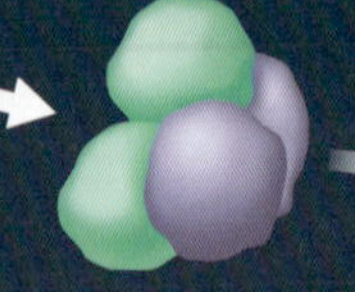
正常なヘモグロビン

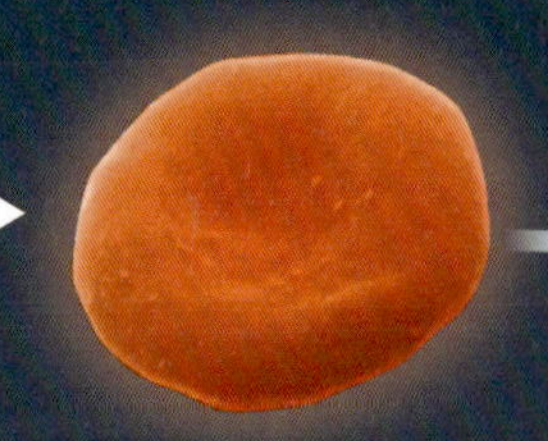
正常な赤血球

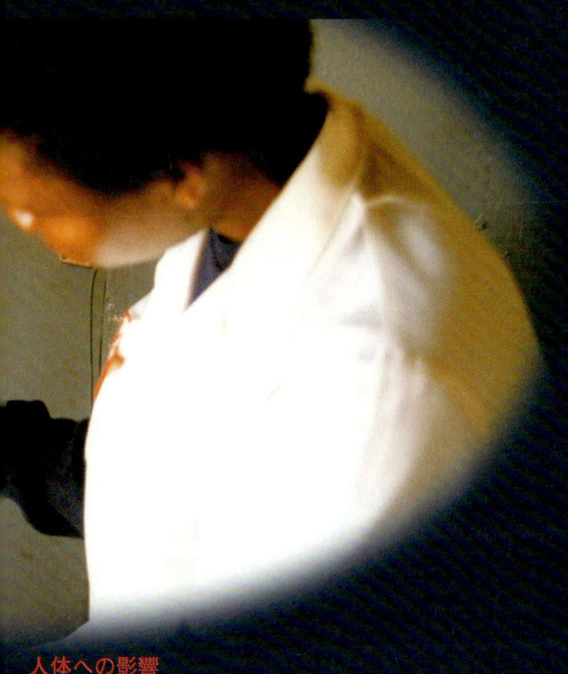

感染した蚊が人間から吸血したときにマラリアを広げる（図 28.16 参照）.

集団の進化

- 鎌状赤血球対立遺伝子を２つもつホモ接合体は，鎌状赤血球症によって死亡するため強く負の選択を受ける．対照的に，ヘテロ接合体は鎌状赤血球による有害作用はほとんどないが，ホモ接合体よりもマラリアで生き残る可能性が高い．
- マラリアがふつうである地域では，これらの反対方向の選択圧の正味の効果はヘテロ接合体が利点となる．これは集団に進化的変化をもたらした．その産物は，以下の地図に示されているように，鎌状赤血球対立遺伝子頻度が比較的高い地域である．

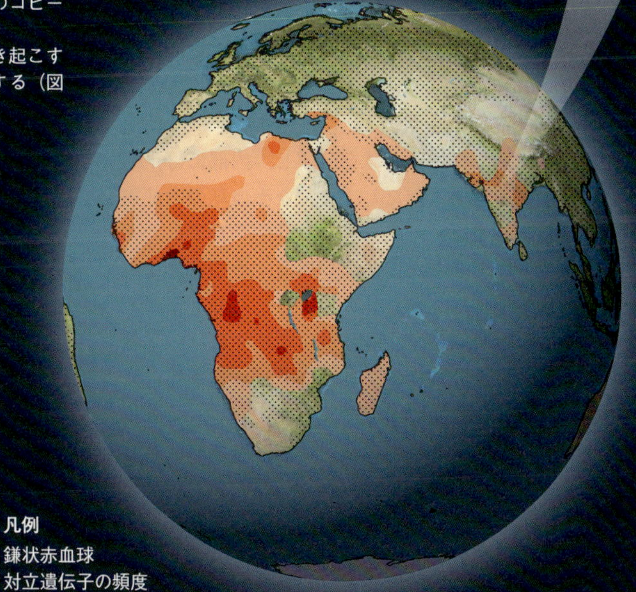

凡例

鎌状赤血球
対立遺伝子の頻度

- 3.0～6.0%
- 6.0～9.0%
- 9.0～12.0%
- 12.0～15.0%
- >15.0%

熱帯熱マラリア原虫（寄生性単細胞真核生物）によるマラリアの分布

人体への影響

- 鎌状赤血球の形成により，鎌状赤血球対立遺伝子の２つのコピーでホモ接合体が鎌状赤血球症を引き起こす．
- ある種の鎌状化はヘテロ接合体でも起こるが，疾患を引き起こすのに十分ではない．それらは鎌状赤血球の特徴を有する（図 14.17 参照）.

ホモ接合体の鎌状赤血球は毛細血管を塞ぎ，心臓，腎臓，脳などの臓器に大きな痛みや損傷を与える．

正常な赤血球は柔軟性があり，細い血管を通って自由に流れることができる．

関連性を考えよう➤マラリアが存在しない地域では，鎌状赤血球対立遺伝子のヘテロ接合体である個体が選択されるか，または選択されないだろうか．説明しなさい．

2つ以上の対立遺伝子を維持しようとする．ヘテロ接合強勢は，表現型ではなく，「遺伝子型」において定義されていることに注意しなさい．したがって，ヘテロ接合強勢が，安定化または方向性選択を示すかどうかは，遺伝子型と表現型の関係に依存する．たとえば，ヘテロ接合体の表現型が，両者のホモ接合の個体の表現型の中間である場合，ヘテロ接合強勢は，安定化選択の一形態である．

ヘテロ接合強勢の例は，赤血球の酸素運搬を行うタンパク質であるヘモグロビンのサブユニットβポリペプチドをコードしているヒトの遺伝子座に見られる．この遺伝子座の劣性対立遺伝子のホモ接合個体は，鎌状赤血球症を発症する．鎌状赤血球症の人々の赤血球は，低酸素条件下では形状が歪んだ「鎌状」となる（図5.19参照）．これらの鎌状細胞が塊となって毛細血管の血流をブロックすることにより，腎臓，心臓，脳などの臓器が損傷を受ける．ヘテロ接合体では，いくらかの赤血球は鎌状になるが，鎌状赤血球症を引き起こすほど十分には鎌状にはならない．

鎌状赤血球対立遺伝子のヘテロ接合個体は，赤血球に感染する寄生虫によって引き起こされる疾患のマラリアによる最も深刻な影響から保護されている（図28.16参照）．この部分的な耐性が生じる1つの理由は，人体が急速に鎌状赤血球を破壊し，内部に寄生している寄生虫を殺す（ただし，正常な赤血球の内部寄生虫に影響を与えない）からである．マラリアは，ある熱帯地域では主要な死亡原因である．そのような地域では，自然選択は，マラリアの影響に対して脆弱である優性ホモ接合個体や，もちろん鎌状赤血球症を発症する劣性ホモ接合個体よりも，ヘテロ接合個体に有利に働く．図23.18に記述されているように，これらの選択力は，マラリア原虫がふつうにいる地域において，鎌状赤血球対立遺伝子の頻度が比較的高いレベルに達する原因となっている．

なぜ自然選択は完全な生物をつくり上げることができないのか

自然選択は適応につながるものの，自然界には，生活型に合わせて理想的に適合していないような生物の例であふれている．その理由はいくつかある．

1. **自然選択は，既存の変異にのみ働くことが可能である．** 自然選択は，現在の集団中で最も適した表現型にのみ有利に働き，それらは必ずしも理想的な形質ではない．新しい有利な対立遺伝子は，要求に応じて新たに出現するわけではない．
2. **進化は，歴史的な制約によって制限される．** それぞれの種は，先祖からの「変化を伴う継承」の遺産をもつ．進化は，先祖の解剖学的構造を廃棄し，一からそれぞれの新しい複雑な構造を構築するのではない．進化は，既存の構造を選び，新しい状況へ適応させる．陸生動物が，飛行が有利である環境に適応する場合，翼として働く追加の肢のペアを成長させるのが最善であろうと想像できる．しかし，進化はこのようには働かない．代わりに，進化はすでに存在する特性に対して働く．それゆえ，鳥やコウモリでは，飛べない祖先から進化したとき，既存の肢のペアが飛行という新しい機能を果たすようになった．
3. **適応はしばしば妥協を伴う．** 各生物は，さまざまなことを行う必要がある．アザラシは一部の時間を岩の上で費やす．おそらく，水かきの代わりに足をもっていたほうが，よりよく歩くことができるだろう．しかし，それでは水かきをもっている場合のようには泳げない．私たち人間は，柔軟性と運動能力を，物をつかむのに適した手と柔軟な腕に多くを負っているが，これらはまた，捻挫（ねんざ），靭帯（じんたい）断裂，または転倒しやすくしている．構造補強は敏捷（びんしょう）性を犠牲にする．
4. **偶然，自然選択，環境が相互作用する．** 偶然の出来事が，集団のその後の進化の歴史に影響を与えることがある．たとえば，嵐により，昆虫や鳥が海上を何百 km も離れた島へ吹き飛ばされたとき，風は必ずしも新しい環境として最適な場所へそれらの個体を運ぶわけではない．したがって，移住集団の遺伝子プールに存在するすべての対立遺伝子が，「残された」対立遺伝子よりも，新しい環境に適しているわけではない．さらに，特定の場所での環境は，年ごとに予期しない変化をする可能性があり，生物が現在の環境条件によく適合するような適応進化の結果の範囲を制限する．

これら4つの制約により，進化は完璧な生物をつくる傾向にはない．自然選択は「よりよい」という基準で働く．実際，進化によりつくり出された多くの生物の欠陥の証拠を見ることができる．

概念のチェック 23.4

1. 不妊のラバの相対的適応度はいくつか．説明しなさい．
2. 自然選択が，継続して集団の適応進化につながる唯一の進化メカニズムである理由を説明しなさい．

3. どうなる？➤特定の遺伝子座におけるヘテロ接合体が選択的優位性を与える極端な表現型（たとえば，ホモ接合体よりも大きいなど）をもつ集団を考えなさい．この記述を図 23.13 に示す選択様式のモデルと比較しなさい．このような状況は，方向性選択，分断化選択，あるいは安定化選択であるか．説明しなさい．

（解答例は付録 A）

23 章のまとめ

重要概念のまとめ

23.1

遺伝的変異により進化が可能になる

- **遺伝的変異**とは，集団内における個体間の遺伝的差異を指す．
- 遺伝的変異の基盤を提供するヌクレオチド変異は，新しい対立遺伝子や新しい遺伝子を生成する突然変異や遺伝子重複によって生じる．新しい遺伝的変異は，短い世代時間をもつ生物で急速に生じる．有性生殖を行う生物では，個体間の遺伝的差異の大部分は，相同染色体間の組換えと，染色体の独立した分配受精により生じる．

? 典型的には，遺伝子座内で生じる塩基配列変異の大部分は表現型に影響を与えない．理由を説明しなさい．

23.2

ハーディ・ワインベルグの式は，集団が進化しているかどうかの検定に使用することができる

- 同一種に属する生物の地域群である**集団**は，集団のすべての対立遺伝子の集合体である**遺伝子プール**で結合されている．
- **ハーディ・ワインベルグ平衡**にある集団は，集団サイズが大きく，交配がランダムであり，突然変異は無視できるほどで，遺伝子流動がなく，自然選択がない場合には，集団の対立遺伝子と遺伝子型の頻度が一定に保たれる．p と q が特定の遺伝子座の 2 つのみの対立遺伝子頻度を表している場合は，その後の集団の一方のホモ接合体頻度は p^2 であり，他方のホモ接合体頻度は q^2 であり，ヘテロ接合体遺伝子型の頻度は $2pq$ である．

? 観測された遺伝子型頻度から，p と q を計算し，それらの p と q の値を，集団がハーディ・ワインベルグ平衡にあるかどうかをテストするために使用するのは循環論法だろうか．答えを説明しなさい．

23.3

自然選択，遺伝的浮動，遺伝子流動は，集団中の対立遺伝子頻度を変化させることができる

- 自然選択では，特定の遺伝形質のため，それらの形質をもつ個体が，他の個体より高確率で生き残り繁殖する傾向がある．
- **遺伝的浮動**は，世代にわたる対立遺伝子頻度の偶然の変動であり，遺伝的変異を減少させる傾向がある．
- **遺伝子流動**は，集団間の対立遺伝子の移動であり，時間とともに集団間の遺伝的差異を減少させる傾向がある

? 非常に異なる環境に置かれた，2 つの小さな地理的に隔離された集団は，同じような方法で進化する可能性が高いか．説明しなさい．

23.4

自然選択は，恒常的に適応進化を引き起こす唯一のメカニズムである

- ある生物が，別の生物よりも繁殖力のある子孫を多く残す場合は，別の生物より大きな**相対適応度**をもつ．自然選択のモードは，自然選択が表現型に作用する効果が異なる．

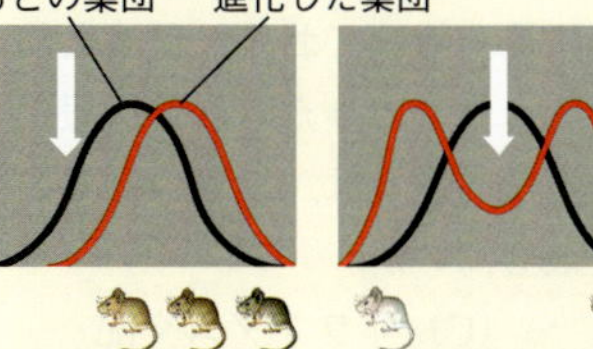
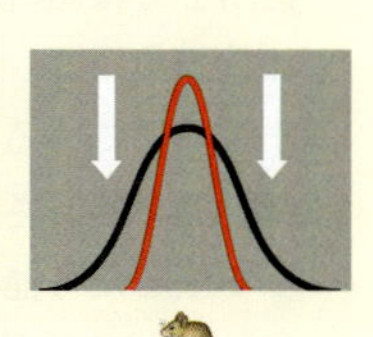
もとの集団
進化した集団
方向性選択
分断化選択
安定化選択

- 遺伝的浮動と遺伝子流動とは異なり，自然選択は，生存と繁殖を向上させ，それゆえ生物がその環境での生活に適合する度合いを改善する対立遺伝子の頻度を継続して増加する．
- **性選択**は，個体に交配の利点を与えることができる第二次性徴をつくり出す．
- **平衡選択**は，自然選択によって複数の形が 1 つの集団内に維持される場合に生じる．
- 進化には次のような制約がある．自然選択は，使用

可能な変異にのみ働くことができる．構造は，先祖の成体構造からの変化で生じる．適応はしばしば妥協である．偶然，自然選択，環境が相互作用する．

? 雌が交配をめぐって競争する種では，雄の第二次性徴は雌とどのように異なるのであろうか．

理解度テスト

レベル 1：知識／理解

1. 自然選択が対立遺伝子頻度を変化させるのは，ある____が，他よりも生存し繁殖することに，より成功するためである．
(A) 対立遺伝子　(C) 種
(B) 遺伝子座　(D) 個体

2. 一卵性双生児を除いて，どの2人も遺伝的に同一ではない．人間の遺伝的変異のおもな源は，次のうちどれか．
(A) 以前の世代で生じた新たな突然変異
(B) 遺伝的浮動
(C) 有性生殖の対立遺伝子の組換え
(D) 環境の影響

レベル 2：応用／解析

3. 遺伝子座の塩基の変異が0%の場合，その遺伝子座における遺伝子変異と対立遺伝子数はいくつか．
(A) 遺伝子変異＝0%；対立遺伝子数＝0
(B) 遺伝子変異＝0%；対立遺伝子数＝1
(C) 遺伝子変異＝0%；対立遺伝子数＝2
(D) 遺伝子変異＞0%；対立遺伝子数＝2

4. 集団1は25個体ですべてが遺伝子型 *AA* であり，集団2では40個体がすべて遺伝子型 *aa* である．これらの集団は，互いに遠く離れており，環境条件は非常に似ているとする．ここで与えられた情報に基づいて，観測された遺伝的変異は，以下のどれによって生じた可能性が最も高いか．
(A) 遺伝的浮動　(C) 非ランダム交配
(B) 遺伝子流動　(D) 方向性選択

5. ショウジョウバエ集団は，2つの対立遺伝子 *A1* と *A2* の遺伝子をもっている．試験結果は，集団で生産される配偶子の70%が *A1* 対立遺伝子を含んでいることを示す．集団は，ハーディ・ワインベルグ平衡にある場合は，*A1* と *A2* の両方をもつハエの頻度は次のうちどれか．
(A) 0.7　(C) 0.42
(B) 0.49　(D) 0.21

レベル 3：統合／評価

6. **進化との関連**　少なくとも2つの例を用い，進化過程は，生物の不完全性によってどのように明らかにされるか，説明しなさい．

7. **科学的研究・データの解釈**　研究者は，ニューヨーク・ロングアイランド周辺海域でムール貝 *Mytilus edulis* の遺伝的変異を調べた．彼らは，貝の内部の塩分バランス調節に関与する特定の酵素（*lap*^{94}）の対立遺伝子頻度を測定した．その結果を，塩分濃度が大きく変動するロングアイランド湾内と，塩分濃度が一定である外洋の海岸沿いのサンプリング地点について，一連の円グラフとしてデータを発表した．(a) 11サンプリング地点の円グラフから，*lap*^{94} の頻度を推定して表にしなさい（ヒント：濃色部分の割合を推定するのに，各円グラフを時計のように考えるとよい）．(b) 地点1〜8の頻度が，ロングアイランド湾の塩分増加（南西から北東へ）に従って，この対立遺伝子の頻度がどのように変化するかを表すグラフを作成しなさい．(c) 遺伝子頻度を変えるさまざまなメカニズムを考慮し，上記のデータで観察したパターンと，以下の観測を説明する仮説を提案しなさい．(1) *lap*^{94} 対立遺伝子は，ムール貝が高塩濃度水での浸透圧平衡を維持するのに役立つが，塩濃度が低い海水での使用ではコストがかかる．(2) ムール貝は，岩の上に定着して成体に成長する前に，長い距離を分散可能な幼生をもつ．

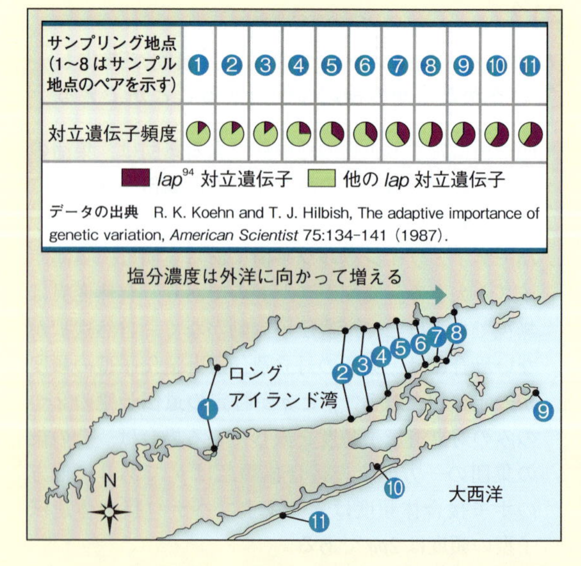
サンプリング地点
(1〜8 はサンプル地点のペアを示す)
1 2 3 4 5 6 7 8 9 10 11
対立遺伝子頻度
lap94 対立遺伝子
他の lap 対立遺伝子
データの出典　R. K. Koehn and T. J. Hilbish, The adaptive importance of genetic variation, American Scientist 75:134-141 (1987).
塩分濃度は外洋に向かって増える
ロング
アイランド湾
N
大西洋

8. **テーマに関する小論文：組織化**　鎌状赤血球遺伝子座におけるヘテロ接合体は，正常と異常（鎌状赤血球）両方のヘモグロビンをつくり出す（14.4節参照）．正常と異常のヘモグロビン分子が赤血球に詰め込まれると，いくつかの細胞では異常ヘモグロビンを比較的多量を受け取り，鎌状になりやすくなる．これらの分子と細胞での出来事が，どのようにして生物学的構造の個人と集団レベルでの創発特性につながるかを300〜450字で記述しなさい．

9. **知識の統合**　カナダのある湖沼は，1万4000年前に周囲の地域を覆う氷河が溶けて形成された．最初は動物がいなかったが，時間の経過とともに湖には無脊椎動物などの動物に定着した．湖に移住した集団が，どのように突然変異，自然選択，遺伝的浮動，遺伝子流動により影響を受けたかを推測しなさい．

（一部の解答は付録A）

24 種の起源

▲図 24.1　どのようにしてこの飛べない鳥は，隔離されたガラパゴス諸島に生息することになったのだろうか．

重要概念

24.1　生物学的種概念は生殖的隔離を重視する

24.2　種分化は地理的隔離の有無にかかわらず生じる

24.3　交雑帯は，生殖的隔離の要因を明らかにする

24.4　種分化は，速くあるいはゆっくり起こり，少数のあるいは多数の遺伝的変化により起こる

▼島ごとに固有の別種がいるガラパゴスゾウガメ

「神秘中の神秘」

ダーウィンがガラパゴス諸島に来たとき，この火山島が世界の他の地域では見られない動植物で満ちあふれていることに気づいた．そして後に，これらの種は新しいものであることを悟った（図 24.1）．彼は日記にこう書いている．「空間と時間の両方に関して，私たちは偉大なる真実に近い何かを得たと思う．神秘中の神秘，すなわち地球上の新しい生命について．」

ダーウィンを魅了した「神秘中の神秘」とは，1 種が 2 つ以上の種に分化するプロセスである**種分化** speciation である．種分化は，膨大な種の多様性をつくり出すため，ダーウィン（そしてそれ以来，多数の生物学者）を魅了した．その後，ダーウィンは，種分化は生物が共有する多くの特徴（生命の共通性）を説明するのにも役立つことを認識した．1 つの種が 2 つに分割されるとき，共通祖先から派生するため，その結果生じた種は多くの特性を共有する．たとえば，DNA 塩基配列レベルでは，図 24.1 の飛べない鵜 *Phalacrocorax harrisi* は，アメリカ大陸で見られる飛ぶことのできる鵜に近縁であることがわかっている．これは飛べない鵜は，本土からガラパゴスへ移住した祖先の飛ぶことのできる鵜の種に由来することを示している．

種分化は，集団の対立遺伝子頻度の経時変化である**小進化** microevolution と，種レベル以上の広範な進化パターンである**大進化** macroevolution の間の概念的な橋渡しもする．大進化的変化の例としては，一連の種分化を通じた哺乳類や被子植物などの新しい生物群の出現が挙げられる．23 章ではすでに小進化の機構を検討した．また，25 章では再び大進化に触れる．本章では，それらの小進化と大進化間の「橋渡し」，すなわち既存の種から新

しい種が出現するメカニズムを見ていく．最初に，「種」が何を意味するかをはっきりさせよう．

24.1

生物学的種概念は生殖的隔離を重視する

「種」は，「種族」や「外観」を意味するラテン語 *species* の訳語である．私たちは日常生活において，さまざまな動植物の「種族」，たとえば，イヌとネコを，外観の違いにより区別している．しかし，生物は本当に私たちが種とよぶ異なる単位に分けることができるのだろうか．この疑問に答えるために，生物学者は，異なる生物群の形態（体の形）だけでなく，外見では明白でない生理学的，生化学的差異，あるいはDNA塩基配列の違いを比較する．その結果は，一般的には形態学的に異なった種は，形態以外にも多くの差異をもつ，実際に異なった種であることが確かめられた．

生物学的種概念

本書で最も頻繁に使われている種の第一義的な定義は，**生物学的種概念 biological species concept** である．この種概念では，**種 species** を「自然界で相互交配により生存可能で繁殖力のある子孫をつくることができるが，他の同様な集団の構成員との間では生存可能で繁殖力のある子孫をつくることができない集団のグループ」と定義する（図 24.2）．それゆえ，生物学的種の構成員は，少なくとも潜在的な交配可能性で結ばれている．たとえば，すべての人間は同じ生物学的種であるヒトに属している．マンハッタンの女性実業家は，モンゴルの酪農夫と出会うことはないだろう．しかし，もし2人が出会い，結婚すれば，生存力のある新生児を産み，繁殖力のある大人に成長することができる．これに対して，ヒトとチンパンジーは，たとえ同じ地域にすんでいても，多くの要因が交配や正常な子孫の繁殖を妨げるため，異なった生物種である．

何が種の遺伝子プールを保持し，構成員が互いに，他の種の構成員よりも似ているようにしているのだろうか．集団間での対立遺伝子の移動である「遺伝子流動」とよばれる進化メカニズムを思い出してほしい（23.3 節参照）．通常，遺伝子流動は，同種の異なる集団間で起こる．対立遺伝子のこの継続的な交流は，遺伝的に同一な集団を保持する傾向がある．しかし本節で見ていくように，遺伝子流動の減少や消失は，新しい種の形成に重要な役割を果たしている．

(a) 別種間の類似． ヒガシマキバドリ *Sturnella magna*（左）とニシマキバドリ *Sturnella neglecta*（右）は，似た体格と色彩をもつ．しかしながら，さえずりや他の行動が異なり，野生状態で出会っても交尾しないので，別の生物学的種である．

(b) 種内の多様性． 概観は多様でも，交配可能性で定義すると，すべての人は単一の種（*Homo sapiens*）に属する．

▲図 24.2　**生物学的種概念は，身体上の類似性ではなく，交配可能性に基づく．**

生殖的隔離

生物学的種は，生殖適合性により定義されるため，新種の形成は**生殖的隔離 reproductive isolation**，すなわち2種の構成員間の交配と繁殖力をもつ子孫の生産を妨げる生物学的要因（障壁）の存在が条件となる．このような障壁は，種間の遺伝子流動を妨げ，種間交配により生じる**雑種 hybrid** の形成を制限する．単一の障壁ではすべての遺伝子流動を防ぐことはできないが，いくつかの障壁の組み合わせにより効果的に種の遺伝子プールを分離することができる．

明らかに，ハエは，カエルやシダとは交雑しない．しかし，もっと近縁な種間の生殖障壁は，それほど明確ではない．図 24.3 で示したように，これらの障壁は生殖的隔離が起こるのが受精の前か後かにより分類することができる．**接合前障壁 prezygotic barrier** は，種間の交配を妨げる．そのような障壁は，典型的には以下の3つの方法で作用する．すなわち，異なる種の構成員との交配の試みを妨げる，交配を試みても完全な成功を防ぐ，あるいは交配が成功しても受精を妨げるという方法である．もし，ある種の精子が接合前障壁を乗り越え，他の種の卵を受精したときは，さまざまな**接合後障壁 postzygotic barrier** が，雑種受精卵が形成された後に生殖的隔離として働く．発生上の誤りが雑種胚の生存率を減少させることがある．あるいは出生後の問題により，雑種が不妊になるか，繁殖力のある成体にまで成長するまで生き残る機会が減少する．

生物学的種概念の限界

生物学的種概念の強みの1つは，種分化が起こり得る方法，すなわち生殖的隔離の進化に注意を向けることである．しかし，この概念が有効に適用できる種の数は限られている．たとえば，化石の生殖的隔離を評価する方法はない．生物学的種概念はまた，原核生物など，すべてあるいはほとんどの場合で無性生殖をする生物には適用できない（多くの原核生物は，個体間で遺伝子伝達を行うが，27.2 節で述べるようにこれは生殖過程の一部ではない）．さらに，生物学的種概念では，種は遺伝子流動の「有無」によって規定される．しかし，形態学的および生態学的にはっきり異なっているが，遺伝子流動が起こっている多くの種の組がある．たとえば，ヒグマ *Ursus arctos* とホッキョクグマ *Ursus maritimus* は，その雑種の子孫が「grolar bear（訳注：ヒグマ grizzly bear とホッキョクグマ polar bear からの造語）」とよばれている（図 24.4）．この後で議論するように，自然選択は，遺伝子流動が種間で起こっても，種が異なるままに保つことが可能である．生物学的種概念に限界があるため，状況によっては代替の種概念を使うことがある．

他の種概念

生物学的種概念は生殖的隔離による異なる種からの「独立性」を重視するが，他の多くの種の定義は種内の「統一性」を重視する．たとえば，**形態学的種概念 morphological species concept** は体の形，サイズやその他の構造的特徴により種を特徴づける．形態学的種概念は，無性生殖生物と有性生殖生物の両者に適用できる．そして，遺伝子流動の程度についての情報がなくても適用可能である．実際，科学者はしばしば形態学的特徴を使って種を識別する．しかし，この方法の欠点の1つは，種を分ける基準が主観的になるということである．種を区別するのに，どの構造を用いるかについて意見が一致しない場合もある．

生態学的種概念 ecological species concept では，種の構成員がその非生物学的環境と生物学的環境とどのように相互作用するかの総和である生態的ニッチの観点で種を定義する（54.1 節参照）．たとえば，2種の樫の木は，大きさや，乾燥耐性能力において異なる場合があるが，時にこれらの種は交雑することもある．2種は異なる生態学的ニッチ（地位）を占有するため，これらの樫の木は，ある程度の遺伝子流動によってつながっているにもかかわらず，別種と考えられる．生物学的種概念とは異なり，生態学的種概念は，有性生殖種と同様に無性生殖種に適用することが可能である．この種概念は，生物が異なる環境条件に適応するようになる分断的自然選択の役割も強調している．

ここで説明したもの以外に，20 以上の他の種の定義が提案されている．それぞれの定義の有用性は，状況や研究上の疑問に依存している．どのように種が生じるかを研究する目的のためには，生殖障壁に重点を置いた生物学的種概念が特に有用である．

概念のチェック 24.1

1. (a) どの種の概念が無性生殖種と有性生殖種の両方に適用可能か．(b) どれが野外で種を識別するために最も便利であるか．説明しなさい．
2. どうなる？➤同じ森に生息しているが互いに交配するかどうかわかっていない2種の鳥を研究していると仮定する．1種は採餌と交配を梢で，他の種は地上で行っている．しかし，飼育下では，鳥は交雑可能で，生存力と繁殖力のある子孫をつくることができる．どのようなタイプの生殖障壁が，自然条件下でこれらの種を隔離している可能性が高いか．説明しなさい．

（解答例は付録 A）

24.2

種分化は地理的隔離の有無にかかわらず生じる

何が独自の種を構成するかについて議論したので，そのような種が既存の種から生まれる過程に戻ろう．この過程を，現存種の集団間で遺伝子流動が中断されている地理的条件に焦点を当てることで説明する．すなわち，異所的種分化では，集団は地理的に隔離されるが，同所的種分化ではそうではない（図 24.5）．

▼図 24.3 探究 生殖障壁

接合前障壁が交配や受精を妨げる

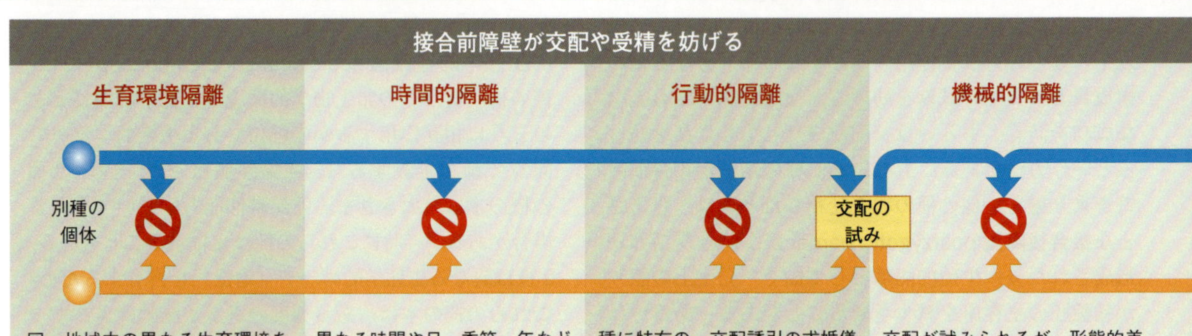
生育環境隔離
時間的隔離
行動的隔離
機械的隔離
別種の個体
交配の試み

生育環境隔離

同一地域内の異なる生育環境を占める2種は，山脈などの明らかな物理的障壁で隔離されていなくても，まれにしか，あるいはまったく出合わない．

例：これらの2種のハエ（*Rhagoletis* 属）は，同じ地理的地域に生息するが，リンゴミバエ *Rhagoletis pomonella* はサンザシとリンゴを餌にしてその上で交配するが（a），近縁種であるブルーベリーミバエ *R. mendax* はブルーベリー上でのみ交配し，卵を産む（b）．

(a)

(b)

時間的隔離

異なる時間や日，季節，年などに繁殖する種は，配偶子が混合されない．

例：北米では，ニシマダラスカンク *Spilogale gracilis*（c）とヒガシマダラスカンク *Spilogale putorius*（d）の地理的分布域は重なるが，ニシマダラスカンクは晩夏に交尾し，ヒガシマダラスカンクは晩冬に交尾する．

(c)

(d)

行動的隔離

種に特有の，交配誘引の求婚儀式や他の行動は，たとえ近縁種間でも生殖障壁として効果的である．このような儀式的行動は，同種の潜在的配偶者を選別する方法である「配偶者認知」を可能にする．

例：ガラパゴス諸島に生息するアオアシカツオドリは，この種に特有の求婚ディスプレイの後にのみ交尾する．雄の求婚「台本」の一部に，雌の注意を水色の脚に引きつけるハイ・ステップという行動が含まれる（e）．

(e)

機械的隔離

交配が試みられるが，形態的差異が交配成功を妨げる．

例：*Bradybaena* 属の2種のカタツムリの殻のらせんの方向が異なる．外から内側への向きは，一方のらせんは反時計回り（*f*, 左），他方のらせんは時計回り（*f*, 右）となる．その結果，カタツムリの生殖器の開口部（矢印で示される）は正対されず，交配を完了できない．

(f)

接合後障壁により，雑種受精卵が生存力と妊性（稔性）をもつ成体になるのを妨げる

受 精

生存力，繁殖力をもつ子孫

配偶子隔離

ある種の精子は別の種の卵に受精できない．たとえば，精子は他種の雌の生殖管では生存できない，あるいは生化学的メカニズムが他種の卵の膜を貫通することを妨げる．

例：配偶子隔離はウニ（g）のような水生動物の近縁種を隔離している．ウニは周辺の水中に精子や卵を放出し，そこで受精が起き受精卵が生じる．ここで示したアメリカアカウニとムラサキウニのような他種間の配偶子は，卵と精子の表面のタンパク質が互いにほとんど結合できないため，受精することが困難である．

(g)

雑種生存力の低下

異なる両親種の遺伝子は雑種の発生やその環境での生存の害になるような相互作用をする．

例：オレゴンサンショウウオのある亜種同士は，同じ地域の同じ生育環境に生息していて，時には雑種が生じる．しかし，ほとんどの雑種は完全に発生せず，発生できたものも虚弱である（h）．

(h)

雑種妊性（稔性）の低下

雑種が丈夫でも不妊（不稔）になり得る．両親種の染色体が数や構造的に異なっていれば，雑種での減数分裂は正常な配偶子を形成できない．不妊の雑種は両親種と交配しても子孫がつくれないため，種間で自由な遺伝子流動は起こらない．

例：雄のロバ（i）と雌のウマ（j）の雑種子孫であるラバ（k）は頑丈であるが不妊である．雌のロバと雄のウマの雑種子孫である「ケッテイ」も不妊である．

(i)

(j)

(k)

雑種崩壊

雑種第1世代は生存力，繁殖力があるが，互いに，あるいは両親種のどちらかと交配したとき，次世代の子孫は虚弱か不妊（不稔）になる．

例：栽培イネの系統では，共通祖先からの分化の途中で，異なる劣性変異対立遺伝子を2つの遺伝子座に蓄積している．これらの系統間の雑種は強く，稔性があるが（lの右と左），多数のこれら劣性対立遺伝子をもつ次世代の植物は虚弱で不稔である（lの中央）．これらのイネの系統はまだ別種とは考えられてはいないが，接合後障壁により隔離され始めている．

(l)

◀ ヒグマ *U. arctos*

▼ ホッキョクグマ *U. maritimus*

◀ 雑種の「grolar bear」

▲図 24.4　**クマ属の 2 種間の雑種.**

異所的種分化

異所的種分化 allopatric speciation（ギリシャ語で「他の」を意味する *allos*,「祖国」を意味する *patra* に由来）では，集団が地理的に離れた小集団に隔離されることにより，遺伝子流動が妨げられる．たとえば，湖の水位が下がり，その結果，分断された集団が生活する複数の小さな湖ができることがある（図 24.5 a 参照）．川が流れを変え，渡れない動物の集団を分断するかもしれない．異所的種分化は地質学的改変がなくても，たとえば複数個体が離れた場所に移住し，その子孫がもとの集団から地理的に隔離されるようなときにも生じる．図 24.1 に示した飛べない鵜は，たぶん祖先の飛べる鵜がガラパゴス諸島にたどり着いた後でこのように進化した．

▼図 24.5　**種分化の地理学.**

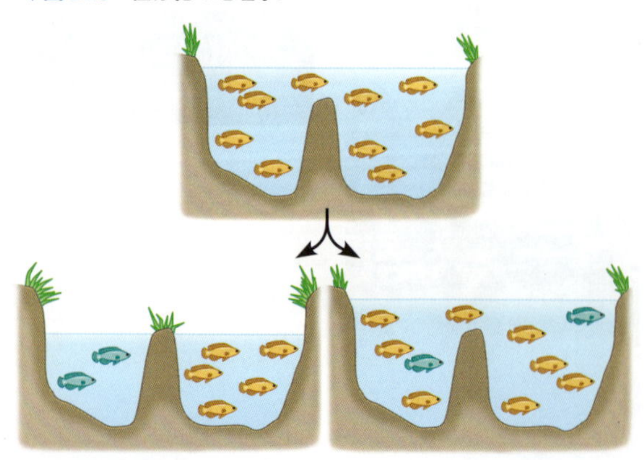

(a) **異所的種分化.** 集団は，親集団とは地理的に隔離されて新種をつくる.

(b) **同所的種分化.** 集団の一部が地理的隔離なしに新種をつくる.

異所的種分化のプロセス

異所的種分化を促進するには，どのくらいの地理的障壁があればよいのだろうか．その答えは生物が移動する能力に依存する．鳥やピューマ，コヨーテは丘や川，渓谷を横切ることができる．同様に，風に運ばれるマツの花粉やある被子植物の種子も可能である．これに対して，小さな齧歯(げっし)類にとって広い川や深い渓谷は越えられない障壁となるだろう．

地理的分離が生じた後，分離された遺伝子プールが分化する可能性がある．分離した集団では，異なる変異が生じ，自然選択と遺伝的浮動などの異なる方法で対立遺伝子頻度が変化するのだろう．生殖的隔離が，自然選択あるいは遺伝的浮動による遺伝的分化の副産物として進化する可能性がある．

図 24.6 にその例を示す．バハマのアンドロス島では，カダヤシ *Gambusia hubbsi* の集団は，ひとつながりの池で増殖していたが，その後その池は互いに分かれてしまった．遺伝的分析は，現在の池の間でほとんど，あるいはまったく遺伝子流動は起こっていないことを示している．いくつかの池には，多くの捕食魚がいるが，他の池にはいないことを除いて，池の環境は非常によく似ている．捕食魚のいる池では，自然選択

▼図 24.6　**カダヤシ集団での進化.** 捕食者の有無により，カダヤシ集団で異なる体形が進化する．これらの違いは，捕食者にさらされたときの逃げる速さや生存率に影響する．

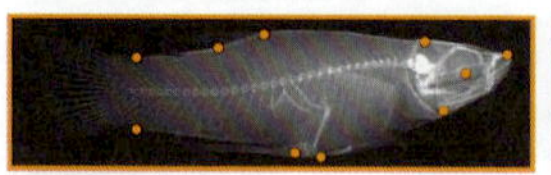

捕食魚のいる池では，急な加速が可能なように，カダヤシの頭部は流線型で，尾部は力強い.

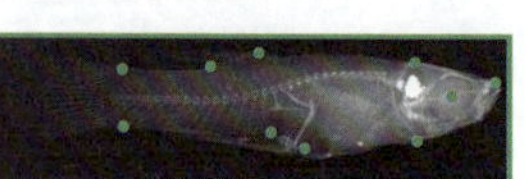

捕食魚がいない池では，カダヤシは長く一定の遊泳に適した，異なる体形をしている.

(a) 体形の違い

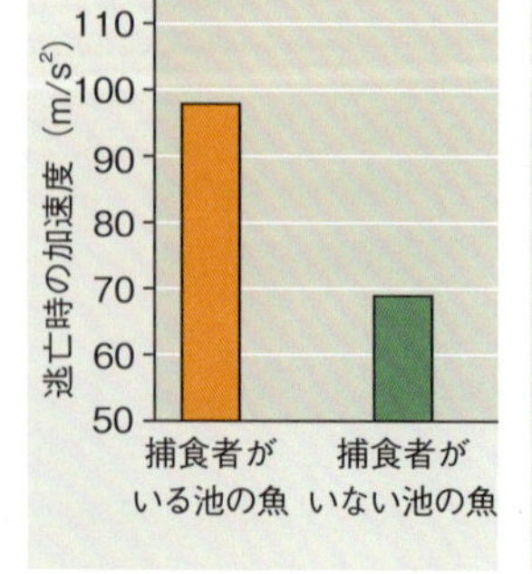

逃亡時の加速度 (m/s²)
110
100
90
80
70
60
50
捕食者がいる池の魚
捕食者がいない池の魚

捕食者がいるときの生存率
1.0
0.8
0.6
0.4
0.2
0.0
捕食者がいる池の魚
捕食者がいない池の魚

(b) 逃亡時の加速度と生存率

は，急激な加速が可能なカダヤシの体形の進化を促進した（図 24.6）．捕食魚のいない池では，自然選択は長時間泳ぐ能力を向上させる別の体形を促進した．これらの異なる選択圧は，生殖障壁の進化にどのような影響を与えたのだろうか．研究者は，2 種類の池からカダヤシを集めて一緒にすることでこの疑問を研究した．雌のカダヤシは，体形が自分と似ている雄との交尾を好むことがわかった．この選好性は，捕食者が存在する池のカダヤシといない池のカダヤシとの間での行動による生殖障壁を確立する．したがって，捕食者を回避する選択の副産物として，生殖障壁がこれらの異所的集団で形成された．

異所的種分化の証拠

多くの研究は，種分化が異所的集団において起こり得るという証拠を提供する．たとえば，実験室の研究では，集団が実験的に孤立し，異なる環境条件にさらされたときに，生殖障壁が生じることが示されている（図 24.7）．

フィールド研究によれば，異所的種分化もまた自然界で起こり得る．南北米（図 24.8）をつなぐ陸橋であるパナマ地峡をはさみ，離れた場所で生息しているアルフェウス属 *Alpheus* のテッポウエビの 30 種の例を考えてみよう．テッポウエビの 15 種は地峡の太平洋側に生息しているが，他の 15 種は大西洋側に生息している．地峡が形成される前には，テッポウエビの大西洋と太平洋集団間で遺伝子流動が起こっていた可能性があった．峡部の異なる側の種は，異所的種分化によって出現したのだろうか．形態学的および遺伝的データによると，これらのエビは，互いに最も近縁な種群である「姉妹種」の 15 ペアにグループ分けできる．15 ペアのそれぞれにおいて，一方の姉妹種は地峡の大西洋側に生息し，もう一方は太平洋側に生息している．この事実は 2 つの種が地理的分離の結果生じたことを強く示唆している．さらに，遺伝子の解析は，アルフェウス属の種は，900 万〜300 万年前に出現し，深水に生息している姉妹種が最初に分化したことを示している．これらの分岐時間は，地峡の形成が 1000 万年前に始まり，約 300 万年前に完全に閉じたという地質学的証拠と一致している．

異所的種分化の重要性は，生息地が障壁によって隔離されるか非常に断片化している地域は，通常，そのような特徴を欠いている地域よりも多くの種がいるという事実によっても示される．たとえば，地理的に隔離されたハワイ諸島では，多くの独自の植物や動物が記載されている（25.4 節でハワイにおける種分化に再

▼図 24.7

研究 異所的集団の分化により生殖的隔離が生じるか

実験 研究者はショウジョウバエの集団を分け，ある集団はデンプン培地で，他のものはマルトース培地で育てた．1 年（約 40 世代）後に，自然選択により分岐進化を引き起こした．デンプン培地で育てたものはデンプンをより効率よく消化し，マルトース培地で育てたものはマルトースをより効率よく消化する．研究者はそれから同一の集団のハエ，あるいは異なる集団のハエを交配箱に入れ，交配頻度を測定した．交配選好性試験に用いたすべてのハエは市販の標準培地で 1 世代培養した．

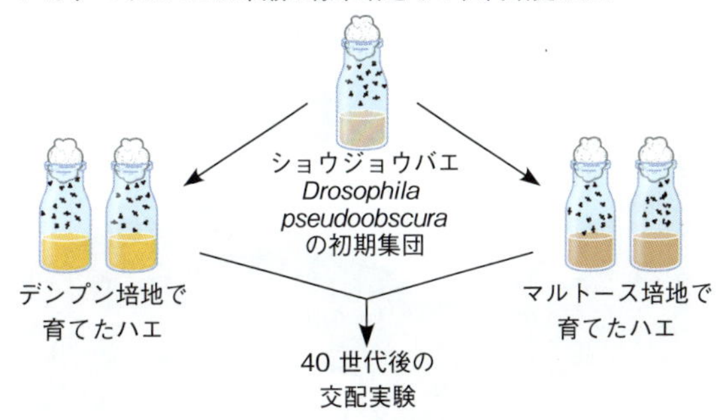
ショウジョウバエ
Drosophila
pseudoobscura
の初期集団
デンプン培地で
育てたハエ
マルトース培地で
育てたハエ
40 世代後の
交配実験

結果 異なる培地で育てたハエの集団間の交配パターンを以下に示す．「デンプン集団」からのハエを「マルトース集団」からのハエと混合したときは，ハエは同じ集団の相手と交配する傾向があった．しかし，デンプンに適応した異なる集団の対照群（右図）では，同じ集団からのハエと同じくらい集団間での交尾率が高かった．同様な結果が，マルトースに適応した対照群でも得られた．

		雌 デンプン	雌 マルトース
雄	デンプン	22	9
雄	マルトース	8	20

実験群の交配数

		雌 デンプン集団 1	雌 デンプン集団 2
雄	デンプン集団 1	18	15
雄	デンプン集団 2	12	15

対照群の交配数

結論 実験群では，「デンプンバエ」と「マルトースバエ」の似た適応をしたハエに対する交配の強い選好性は，これらのハエの集団間で生殖障壁が形成されたことを示す．この障壁は絶対的なものではないが（デンプンバエとマルトースバエの間に何例かの交配が起きた），40 世代後では 生殖的隔離が増加したように見える．この障壁は，異なる食料源に適応した異所的集団への，異なる選択圧の副産物として生じた偶発的な求愛行動の違いによって引き起こされた可能性がある．

データの出典 D. M. B. Dodd, Reproductive isolation as a consequence of adaptive divergence in *Drosophila pseudoobscura*, *Evolution* 43: 1308-1311 (1989).

どうなる？➤なぜ，交配選好性試験に使われたすべてのハエは（デンプンやマルトースではなく）標準培地で培養したのか．

▼図 24.8　テッポウエビ（アルフェウス属 *Alpheus*）における異所的種分化．図に示したエビは，パナマ地峡の形成により分断された姉妹種15ペアのうちの2つである．色分けされた文字は，姉妹種を示している．

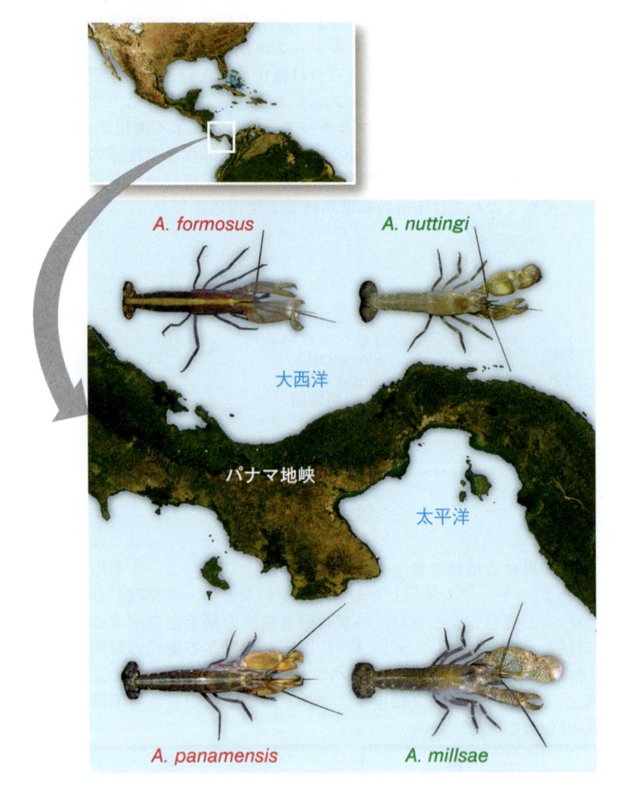
A. formosus
A. nuttingi
大西洋
パナマ地峡
太平洋
A. panamensis
A. millsae

び触れる）．フィールド研究はまた，2つの集団間の距離が増加すると，集団間の生殖的隔離は一般的に増加することを示し，異所的種分化と一致した発見である．**科学スキル演習**では，地理的に隔離されたサンショウウオ集団における生殖的隔離を調べたそのような研究データを分析する．

地理的隔離は，異所的集団のメンバー間の交配を妨げるが，物理的隔離は，生殖に対する生物学的障壁ではないことに注意したい．図24.3に記述されているような生物学的生殖障壁は，生物自体に内在している．したがって，異なる集団のメンバーが互いに接触したときに，交雑を防ぐことができる生物学的障壁である．

同所的種分化

同所的種分化 sympatric speciation（「一緒」を意味するギリシャ語 *syn* に由来）では，種分化が同じ地域で生活している集団で起こる（図24.5 b参照）．同所的集団の構成員が互いに接触したままどのように生殖障壁が形成され得るのだろうか．このような接触（とその結果の継続的な遺伝子流動）により，同所的種分化は異所的種分化よりも一般的ではないが，倍数性，性選択，生育地の分化などの要因によって遺伝子流動が減少している場合は，同所的種分化が起こる可能性がある（これらの要因はまた，異所的種分化を促進することがあるので注意しなさい）．

倍数性

細胞分裂中のエラーに由来して，**倍数性 polyploidy** とよばれる染色体の余分なセットをもつ状態となり，種が分化する可能性がある．倍数体種分化は，まれに動物でも起こり得る．たとえば，ハイイロアマガエル *Hyla versicolor*（図23.16参照）は，このような起源をもつと考えられている．しかし，倍数性は植物ではるかに一般的である．実際，植物学者は，現生の植物の80%以上が倍数体種分化によって起源した祖先から派生したと推定している．

2つの異なる形の倍数性が植物（およびいくつかの動物）の集団で観察されている．**同質倍数体 autopolyploid**（「自己」を意味するギリシャ語 *autos* に由来）は，2組以上の染色体セットのすべてが単一種に由来する個体である．植物では，たとえば，細胞分裂の失敗は，もとの数（$2n$）から4倍体数（$4n$）へと，細胞の染色体数を2倍にする（図24.9）．

4倍体は，自家受粉したり他の4倍体との交配によって繁殖力のある4倍体の子孫を生産することができる．さらに，4倍体では，2倍体との交雑により生じる3倍体の子孫の繁殖力が低下するため，元集団の2倍体植物から生殖的に隔離される．したがって，同質倍数性は，1世代で地理的分離なしに生殖的隔離を生み出すことができる．

倍数性の第2の形式は，2つの異なる種が交配して雑種子孫をつくることによって生じることがある．ある種からの染色体組が他種からの染色体組と減数分裂時に対合できないため，そのような雑種のほとんどは不稔である．しかし，不稔の雑種は，（多くの植物が可能なように）無性生殖により繁殖可能かもしれない．その後の世代では，さまざまな機構により，不稔の雑種が**異**

▼図 24.9　同質倍数性による同所的種分化．

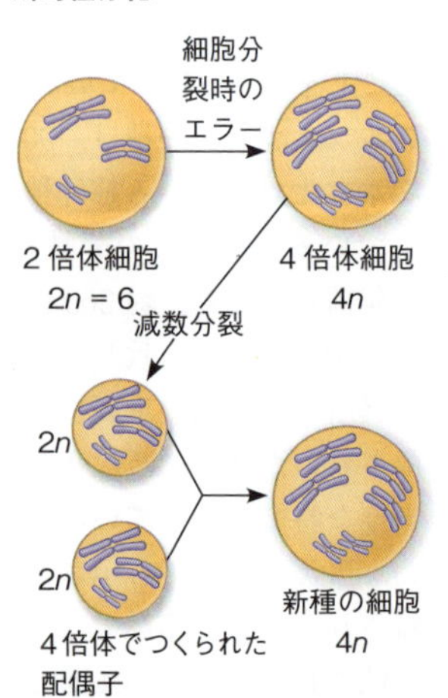
細胞分裂時のエラー
2倍体細胞
2n = 6
4倍体細胞
4n
減数分裂
2n
2n
4倍体でつくられた配偶子
新種の細胞
4n

科学スキル演習

独立変数と従属変数の特定，散布図の作成，およびデータの解釈

サンショウウオ集団間の距離は生殖的隔離を増加させるか　異所的種分化は，集団が地理的に隔離されたときに始まり，異なる集団の個体間の交配を防ぎ，遺伝子流動を停止させる．集団間の距離が増加するにつれて，生殖的隔離の程度も高まることは論理的である．この仮説を検証するために，研究者らは，アパラチア南部のさまざまな山岳地帯にすむヤマウスグロサンショウウオ *Desmognathus ochrophaeus* の集団を研究した．

実験方法　研究者らは，1 匹の雄と 1 匹の雌を一緒に入れ，その後，精子の存在について雌をチェックすることによって，サンショウウオ集団の生殖的隔離を試験した．各集団ペア（A および B）の 4 つの交配組み合わせ，すなわち同じ集団内（A 雌と A 雄，B 雌と B 雄）および 2 つの集団間（A 雌と B 雄，B 雌と A 雄）を試験した．

実験データ　研究者は，0（隔離なし）から 2（完全隔離）までの範囲の生殖的隔離指数を用いた．各交配組み合わせの交配成功の割合を測定し，100%成功を 1，成功なしを 0 とした．2 つの集団の生殖的隔離値は，集団内の各タイプの交配に成功した割合（AA＋BB）を合計したものから，集団間の各タイプの交配に成功した割合の合計（AB＋BA）を差し引いたものである．この表は，27 組のヤマウスグロサンショウウオ母集団の距離データと生殖的隔離データを示している．

データの解釈

1. この研究における研究者の仮説を述べ，独立変数と従属変数を特定しなさい．研究者が集団の各ペアに対して 4 つの交配組み合わせを使用した理由を説明しなさい．
2. それぞれの場合の生殖的隔離指数の値を計算しなさい．(a) 集団内のすべての交配が成功したが，集団間の交配はいずれも成功しなかった場合．(b) サンショウウオは，自集団と他集団のメンバーとのいずれの交配にも同様に成功した場合．
3. 変数間の関係を視覚化するのに役立つ散布図を作成しなさい．独立変数を x 軸にプロットし，従属変数を y 軸にプロットする（グラフについての追加情報は付録 F を参照）．
4. グラフの解釈として，(a) 変数間の関係を言葉で説明し，(b) そのような関係が考えられる原因を仮説として述べなさい．

データの出典　S. G. Tilley, A. Verrell, and S. J. Arnold, Correspondence between sexual isolation and allozyme differentiation: a test in the salamander *Desmognathus ochrophaeus*, *Proceedings of the National Academy of Sciences USA* 87: 2715–2719 (1990).

地理的距離（km）	15	32	40	47	42	62	63	81	86	107	107	115	137	147
生殖的隔離指数	0.32	0.54	0.50	0.50	0.82	0.37	0.67	0.53	1.15	0.73	0.82	0.81	0.87	0.87
距離（続き）	137	150	165	189	219	239	247	53	55	62	105	179	169	
隔離（続き）	0.50	0.57	0.91	0.93	1.5	1.22	0.82	0.99	0.21	0.56	0.41	0.72	1.15	

質倍数体 **allopolyploid** とよばれる繁殖力のある倍数体に変化することが可能である[*1]（図 24.10）．異質倍数体は，互いに交配すると繁殖力があるが，親種のいずれかと交配することはできない．したがって，彼らは新しい生物種となる．

野外における種分化研究は挑戦的であるが，1850 年以来，少なくとも 5 つの新しい植物種が倍数体種分化で出現したことを報告している．これらの例の 1 つは，北米太平洋岸北西部におけるバラモンジン属 *Tragopogon* の新種の出現である．バラモンジン属植物は，1900 年代はじめにヨーロッパ原産の 3 種，*T. pratensis*，*T. dubius* と *T. porrifolius* が移入されたことによってこの地域に現れた．これらの 3 種は現在，放棄された駐車場などの都市部で一般的な雑草である．1950 年に，新しいバラモンジン属の種が，ヨーロッパ原産 3 種のすべてが見つかるアイダホ州，ワシントン州の境界線地域の近くで発見された．遺伝学的解析により，この新種，*Tragopogon miscellus* は，2 種のヨーロッパ原産種に由来する 4 倍体雑種であることが明らかになった（図 24.11）．*T. miscellus* の集団は，おもに同じ種のメンバー同士で繁殖して生育しているが，親種間のさらなる雑種形成により *T. miscellus* 集団に新しいメンバーが追加される．その後，科学者は *T. dubius* と *T. porrifolius* の雑種である *T. mirus* という新しいバラモンジン属の種を発見した（図 24.11 参照）．バラモンジン属の話は，科学者が進行中の種分化を観察している多くの例の 1 つである．

オート麦，綿，ジャガイモ，タバコ，コムギなどのように，多くの重要な農作物は倍数体である．たとえ

＊1（訳注）：異質倍数体は，単に異なる種由来の染色体組を 3 セット以上もつ個体を指し，不稔である場合もある．ここで記述されている個体は，複二倍体とよぶ．

▼図 24.10　植物の異質倍数性種分化の機構の1つ． 染色体が相同でなく，減数分裂時に対合できないため，ほとんどの雑種は不稔である．しかし，このような雑種でも，無性生殖するかもしれない．この図は，新種の一員である稔性のある雑種（異質倍数体）をつくり出すことが可能な機構の1つをたどる．新種は，2つの親種の二倍体染色体数の和に等しい染色体数をもつ．

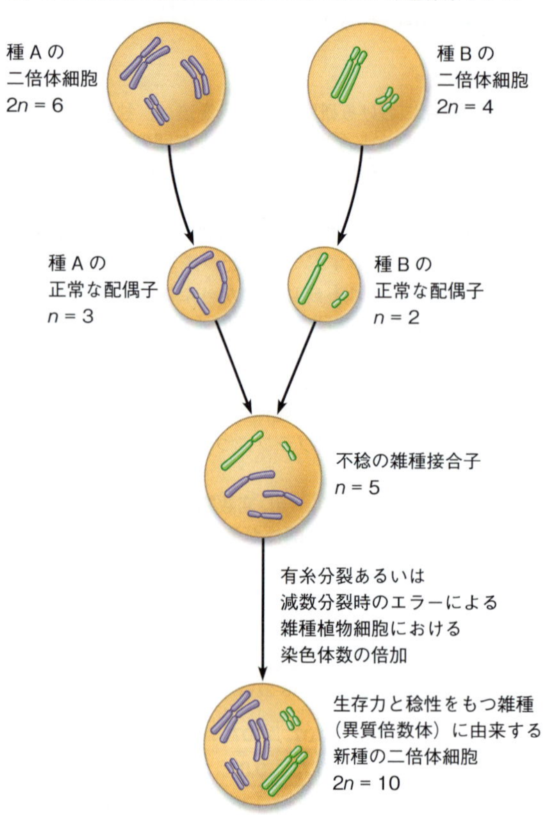
種Aの
二倍体細胞
$2n = 6$
種Bの
二倍体細胞
$2n = 4$
種Aの
正常な配偶子
$n = 3$
種Bの
正常な配偶子
$n = 2$
不稔の雑種接合子
$n = 5$
有糸分裂あるいは
減数分裂時のエラーによる
雑種植物細胞における
染色体数の倍加
生存力と稔性をもつ雑種
（異質倍数体）に由来する
新種の二倍体細胞
$2n = 10$

▼図 24.11　バラモンジン属 *Tragopogon* における異質倍数性種分化． 灰色の四角で示したのは3つの親種である．各種の二倍体染色体数は括弧内に示す．

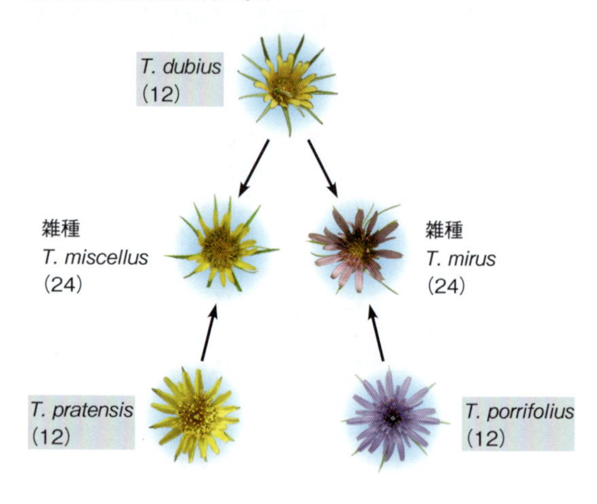
T. dubius
(12)
雑種
T. miscellus
(24)
雑種
T. mirus
(24)
T. pratensis
(12)
T. porrifolius
(12)

ば，パンに使用されるコムギ *Triticum aestivum* は，異質6倍体（6組の染色体は，3つの異なる種のそれぞれから2組ずつ）である．最終的に現代のコムギの作出につながった最初の倍数体化は，おそらく初期の栽培小麦種と雑草間の自然雑種として約8000年前に中東で生じた．今日では，植物遺伝学者は，減数分裂や有糸分裂時のエラーを誘発する化学物質を使用して実験室で新しい倍数体を生成する．進化の過程を利用して，ライ麦の耐寒性とコムギの高収量を組み合わせた雑種のような，好ましい特性をもつ新しい雑種をつくり出すことが可能である．

性選択

同所的種分化はまた，性選択によって起こり得るという証拠がある．これがどのように起こる可能性があるかの手がかりは，地球上の動物種分化のホットスポットの1つである東アフリカのビクトリア湖のシクリッドで見つかった．この湖には，かつて600種ほどのシクリッドが生息していた．遺伝子解析の結果，これらの種は，別の湖や川からたどり着いた少数の移入種から，最近10万年以内に出現したことが示された．どのようにして，ヨーロッパで知られている全淡水魚の2倍以上の種数が，単一の湖中に出現したのだろうか．

1つの仮説は，もともとのシクリッド集団の亜集団が別の食料源に適応し，その結果生じた遺伝的分化がビクトリア湖における種分化に寄与したというものである．しかし，（典型的には）雌が外見により雄を選ぶ性選択（23.4節参照）もその要因となっている可能性がある．研究者はおもに繁殖雄の発色が異なる同所的なシクリッドの近縁種2種を研究してきた．プンダミリア・ニェレレイ *Pundamilia nyererei* の繁殖雄は赤みを帯びた背中をもつのに対し，プンダミリア・プンダミリア *Pundamilia pundamilia* の繁殖雄の背中は青色を帯びている（図 24.12）．研究の結果は，雄の繁殖色による配偶者選択は，別個のこれらの2種の遺伝子プールを隔離する生殖障壁として働くことを示唆している．

生育地の分化

同所的種分化は，母集団で使用していない生息地や資源を活用可能な亜集団が生じたときにも起こることがある．リンゴの害虫である北米のリンゴミバエ *Rhagoletis pomonella* を考えよう．ミバエのもとの生息地は，野生のサンザシの木であったが（図 24.3 a 参照），約200年前にいくつかの集団は，ヨーロッパの入植者によって導入されたリンゴの木に移住した．リ

▼図 24.12

研究 シクリッドの性選択は生殖的隔離を生ずるか

実験 研究者は，プンダミリア・プンダミリアとプンダミリア・ニェレレイの雌雄を，一方は自然光下の，もう一方は単色性のオレンジ色光下の２つの水槽に入れた．自然光下では２種は雄の婚姻色がはっきり違うが，単色性のオレンジ色光下では２種の色彩は同じように見える．研究者は，その後，各々の水槽での交配選択を観察した．

自然光
単色性の
オレンジ色光
プンダミリア・
プンダミリア
プンダミリア・
ニェレレイ

結果 自然光下では，それぞれの種の雌は同種の雄とのみ交配した．しかし，オレンジ色光下では各種の雌は両種の雄を識別することができない．その結果，生じた雑種は生存力と生殖能力があった．

結論 研究者は，雌の婚姻色に対する交配選択は，２種の遺伝子プールを隔離する生殖障壁として働くと結論づけた．しかし実験室で接合前障壁が取り除かれると相互交配は可能であり，両種の遺伝的分化は小さいと思われる．この結果は，自然界における種分化は比較的最近起きたことを支持する．

データの出典 O. Seehausen and J. J. M. van Alphen, The effect of male coloration on female mate choice in closely related Lake Victoria cichlids (*Haplochromis nyererei* complex), *Behavioral Ecology and Sociobiology* 42: 1-8 (1998).

どうなる？➤汚染された湖の暗い水域に住む雌のシクリッドは色をよく識別できないとする．そのような水域では，これらの種の遺伝子プールは時間とともにどのように変化するだろうか．

ンゴミバエは，通常，宿主植物上または近くで交配する．これは，リンゴを食べる集団とサンザシを食べる集団の間に接合前障壁（生息地隔離）をもたらす．さらに，リンゴはサンザシの果実よりも早く成熟するため，リンゴを餌とするハエにおいて，自然選択は急速に発生するハエに好ましいように働いた．これらのリンゴ摂食集団は現在，サンザシ摂食のリンゴミバエから時間的隔離を示し，集団間の遺伝子流動に対する第２の接合前障壁である．研究者はまた，ある宿主植物を餌とするには有益であるが，他の宿主植物を餌とするハエには悪影響を与える対立遺伝子を同定した．これらの対立遺伝子に対する自然選択の作用は，生殖に対する接合後障壁を提供し，さらに遺伝子流動が制限されている．２集団は依然として別の種としてではなく，亜種に分類されているが，これらが組み合わさって，完全に同所的種分化が進んでいるように見える．

異所的種分化と同所的種分化：まとめ

それでは新しい種がつくられるプロセスを要約しよう．異所的種分化では，新種はその母集団から地理的に隔離されて形成される．地理的隔離は，遺伝子流動を大きく制限する．親集団のメンバーとの本質的な生殖障壁は，隔離集団内で起こる遺伝的変化の副産物として生じる可能性がある．異なる環境条件下での自然選択，遺伝的浮動，性選択などのような多くの異なるプロセスがこのような遺伝的変化をつくり出すことが可能である．集団が戻ってきてもとの集団と接触した場合でも，一度形成された生殖障壁により親集団との交配を防ぐことができる．

対照的に同所的種分化は，同じ集団内の一部を他から分離する生殖障壁の出現を必要とする．同所的種分化は，異所的種分化よりまれではあるが，隔離された集団間での遺伝子流動が妨げられたときに起こる可能性がある．これは，生物が染色体の余分なセットをもつ状態である倍数性の結果として生じる可能性がある．同所的種分化は，性選択に起因することもある．最後に，同所的種分化はまた，その親集団で利用されていない生息地や食料源への移動の結果による自然選択により，生殖的隔離されることによっても生じる可能性がある．

種が分化する地理的条件を復習して，次に，新しくあるいは部分的に形成された種が接触したときに何が起こるかを詳細に検討しよう．

概念のチェック 24.2

1. 異所的種分化と同所的種分化のおもな相違点をまとめなさい．どちらのタイプの種分化がより一般的か，またそれはなぜか．

2. 同所集団において遺伝子流動を減少させ，その結果，同所的種分化を起こす可能性がある２つのメカニズムを説明しなさい．

3. **どうなる？➤**異所的種分化は，大陸に近い島か，あるいは同じ大きさの孤立した島のどちらで発生する可能性が高いか．予測を説明しなさい．

4. **関連性を考えよう➤**図 13.8 の減数分裂のプロセスを復習し，どのように減数分裂時のエラーにより倍数体化が起こるか述べなさい．

（解答例は付録 A）

24.3

交雑帯は，生殖的隔離の要因を明らかにする

互いに不完全な生殖障壁をもつ種が接触した場合は，どうなるだろうか．1つのあり得る結果は，**交雑帯 hybrid zone** の形成である．交雑帯とは，異種に属する個体が集まり交配して，少なくともいくらかの交雑した子孫がつくり出される領域である．本節では，交雑帯と，それにより明らかにされる生殖的隔離の進化を引き起こす要因について見ていく．

交雑帯内のパターン

いくつかの交雑帯は，キバラスズガエル *Bombina variegata* とその近縁種であるヨーロッパスズガエル *B. bombina* の，図 24.13 に示すような狭い帯として形成される．この交雑帯は，地図上の赤線で表され，4000 km に及ぶが，ほとんどの場所で 10 km 以内の幅である．交雑帯は，キバラスズガエルの高地生育環境が，ヨーロッパスズガエルの低地生息環境と出合ったところに生じる．交雑帯全体の「横断面」を見ると，キバラスズガエルに固有の対立遺伝子頻度は，通常，キバラスズガエルのみが見られる端の 100% 近くからしだいに減少し，交雑帯の中心部では 50% ほどに，ヨーロッパスズガエルのみが見られる端では 0% に近くなる．

交雑帯を横断するこのような対立遺伝子頻度パターンは，何によって生じるのだろうか．たとえば，遺伝子流動に障害があることが推測できる．さもなければ，一方の親種からの対立遺伝子は，他種の遺伝子プールでも普遍的であろう．それでは，地理的障壁が遺伝子流動を減少させるのだろうか．スズガエルは，交雑帯内を移動することができるので，この場合は当てはまらない．より重要な要因は，雑種ガエルの胚の死亡率の増加と，肋骨と背骨の融合やオタマジャクシ口器の奇形などの形態異常率の増加である．雑種は生存力と繁殖力が劣っているため，親種の個体との間に生存可能な子孫をほとんどつくれない．その結果，雑種個体は，対立遺伝子を1つの種から他種に渡す踏み台とし

▼図 24.13　**ヨーロッパにおけるスズガエル属の狭い交雑帯．** グラフは，ポーランドのクラクフ近くにおける交雑体に沿った，6 遺伝子座の種特異対立遺伝子頻度の平均値を表している．1.0 の値はすべての個体がキバラスズガエル，0 の個体はヨーロッパスズガエルであり，中間の頻度はいくつかの個体が混合した祖先をもつことを示す．

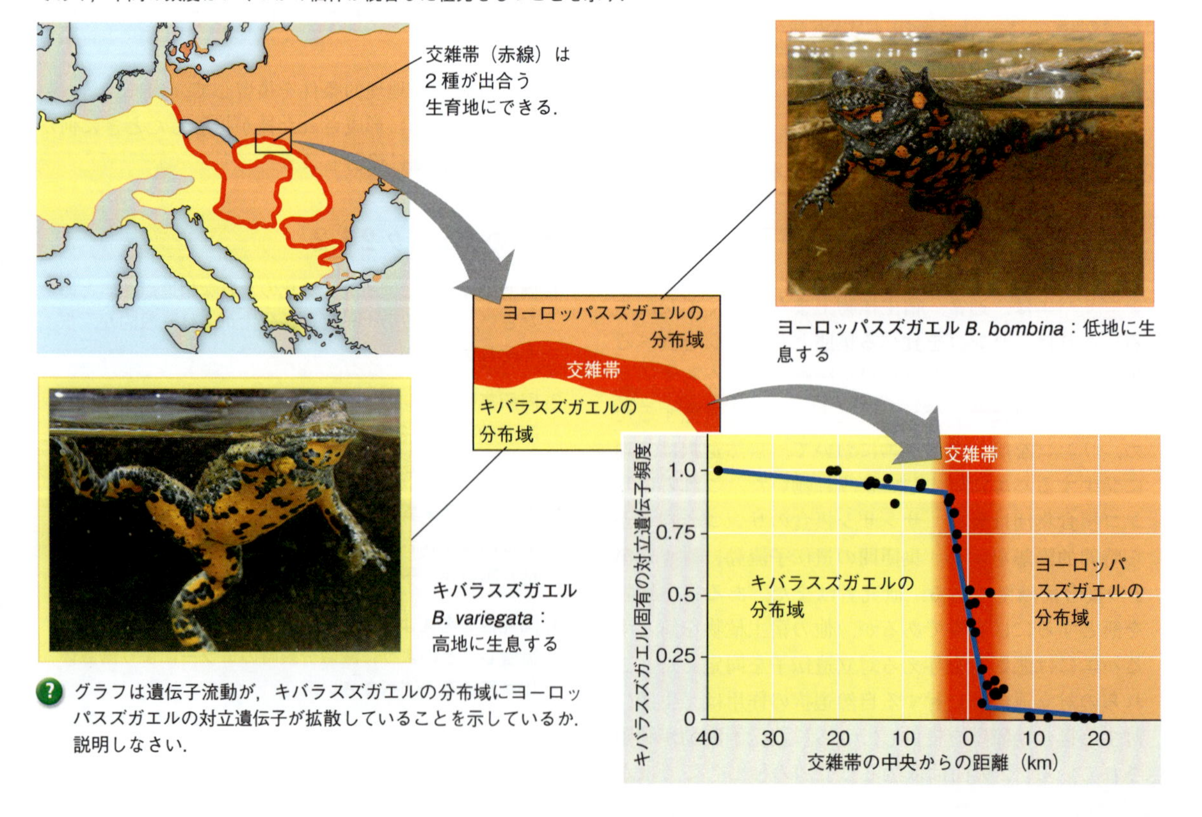
交雑帯（赤線）は
2種が出合う
生育地にできる．
ヨーロッパスズガエルの
分布域
交雑帯
キバラスズガエルの
分布域
ヨーロッパスズガエル B. bombina：低地に生息する
キバラスズガエル
B. variegata：
高地に生息する
交雑帯
1.0
0.75
0.5
0.25
0
キバラスズガエルの
分布域
ヨーロッパ
スズガエルの
分布域
40
30
20
10
0
10
20
交雑帯の中央からの距離（km）
キバラスズガエル固有の対立遺伝子頻度

? グラフは遺伝子流動が，キバラスズガエルの分布域にヨーロッパスズガエルの対立遺伝子が拡散していることを示しているか．説明しなさい．

ては機能しない．交雑帯の外では，遺伝子流動に対するさらなる障害が，親種の生息している環境での自然選択によってもたらされることがある．

交雑帯は，典型的には交雑種の生育地が出会う場所に位置する．これらの地域は，図 24.13 に示すような連続帯よりも，犬のダルメシアンの斑点の複雑なパターンのように，景観を横切って散在する孤立したパッチ群により似ている．しかし，複雑あるいは単純な空間パターンをもっているかどうかにかかわらず，交雑帯は完全な生殖障壁を欠いている 2 種が接触したときに形成される．それでは，時間が経過すると交雑帯はどうのように変化するのだろうか．

交雑帯と環境の変化

環境条件の変化は，交雑する種の生育地が交わる場所を変える可能性がある．これが起こると，既存の交雑帯が新しい場所に移動したり，新規の交雑帯が形成されることがある．

たとえば，アメリカコガラ *Poecile atricapillus* とカロライナコガラ *P. carolinensis* は，ニュージャージー州からカンザス州にかけての狭い交雑帯で互いに交雑する．最近の研究では，この交雑帯の位置は，気候が温暖化するにつれて北方向に移動していることが示されている．別の例では，2003 年以前の一連の暖かい冬は，アメリカモモンガ *Glaucomys volans* がオオアメリカモモンガ *G. sabrinus* の生育地まで北上することを可能にした．これまで，これらの 2 つの種の生育範囲は重複していなかった．遺伝的解析により，これらのモモンガは，その生育範囲が接触した場所で交雑し始め，それによって気候変動で誘発された新たな交雑帯が形成されたことが示された．

最後に，交雑帯は，変化する環境条件に対処するために，親種の一方または両方の能力を改善する新たな遺伝的変異の源になる可能性があることに留意してほしい．これは，一方の親種にのみ見られる対立遺伝子が交雑個体に最初に移入され，次に交雑個体が第 2 の親種と交配することにより，他の親種に移入されることにより可能である．最近の遺伝子分析では，交雑が，さまざまな昆虫，鳥類および植物の種におけるそのような新たな遺伝子変異の源であることを示している．**問題解決演習**では，そのような例である，交雑によりマラリアを伝播する蚊の間に殺虫剤抵抗性対立遺伝子が導入された例を学習する．

交雑帯の経時変化

交雑帯を学ぶことは種分化の自然の実験を観察するようなものである．北米太平洋岸北西部におけるバラモンジンの倍数体で生じたように，雑種は親から生殖的に隔離されるようになり，新しい種を形成することになるだろうか．もしそうでない場合，交雑帯には時間を経た後に他の 3 つのよくある結果，すなわち障壁の強化，種の融合，あるいは安定化が起こる可能性がある（図 24.14）．どのような研究がこれらの可能性を示しているか調べてみよう．

強化：生殖障壁の補強

雑種はしばしば親種の構成員に比べて適応していない．このような場合，自然選択により接合前障壁が強化され，不適合雑種の形成が減る．このプロセスは生殖障壁の「補強」を含むため，**強化 reinforcement** とよばれる．もし強化が起こった場合，論理的には種間の生殖障壁は異所的集団よりも同所的集団でより強くなると予測される．

例として，ヨーロッパの 2 種のヒタキ，マダラヒタキ *Ficedula hypoleuca* とシロエリヒタキ *Ficedula albicollis* を検討しよう．これらの鳥の異所的集団では，2 種の雄は互いによく似ているが，同所的集団では，2 種の雄は非常に異なって見える．同所的集団からの雄間で選択を与えられたとき，ヒタキの雌は，他の種の雄を選択していない．しかし，異所的集団からの雄間ではしばしば選択を誤る．したがって，生殖への障壁は強化が起きたとしたときに予測されるように，異所的集団の鳥よりも同所的集団の鳥で強い．同様の結果が魚類，昆虫，植物，他の鳥を含む多くの生物で観察されている．

融合：生殖障壁の弱体化

2 種が交雑帯で出合うと，生殖障壁が弱くなる可能性がある．実際，非常に多くの遺伝子流動により，生殖障壁がさらに弱まり，2 種の遺伝子プールがますます似通う可能性がある．その結果，種分化プロセスが逆転し，最終的に 2 つの交雑する種が単一の種に融合する．

たとえば，遺伝的および形態学的な証拠により，ガラパゴス諸島のフロアレナ島からの最近のオオダーウィンフィンチの喪失は，その島の別のフィンチ種との広範な交雑に起因することを示している．このような状況は，ビクトリア湖のシクリッド種間でも起こり得る．ある種の雌がある色の雄と交配することを好むが，

問題解決演習

交雑はマラリアを伝播する蚊の殺虫剤耐性を促進するか

マラリアは世界中で人の病気や死亡の主要な原因であり，毎年2億人が感染し，60万人が死亡している．1960年代には，人から人へ病気を伝染させるハマダラカ属 *Anopheles* の蚊を殺す殺虫剤の使用により，マラリアの発生率が低下した．しかし今日，蚊は殺虫剤に抵抗性を示し，マラリアの復活を引き起こしている．

▲殺虫剤処理した蚊帳（かや）は，多くの国でマラリアの発症を減らすのに役立っているが，蚊集団では殺虫剤に対する耐性が高まっている．

この演習では，ハマダラカ属 *Anopheles* の近縁種間で殺虫剤耐性をコードする対立遺伝子が移動しているかどうかを調査する．

方法　研究を導く原則は，DNA分析により近縁な蚊間の抵抗性対立遺伝子の移動を検出することができるということである．そのような移動が起こったかどうかを調べるために，マラリアを媒介する2種類の蚊（ガンビエハマダラカ *Anopheles gambiae* と *A. coluzzii*）と雑種（*A. gambiae* ×*A. coluzzii*）からのDNA解析結果を分析する．

データ　ハマダラカにおけるDDTおよび他の殺虫剤に対する耐性は，ナトリウムチャネル遺伝子 *kdr* の影響を受ける．この遺伝子の *r* 対立遺伝子は耐性を付与するが，野生型（＋/＋）遺伝子型は耐性ではない．研究者は，2006年以前（2002年と2004年），2006年，および2006年後（2009～2012年）の3つの期間にマリで収集された蚊から *kdr* 遺伝子を配列決定した．ガンビエハマダラカ *A. gambiae* と *A. coluzzii* は3つの期間中に集められたが，種間雑種は殺虫剤処理された蚊帳がマラリアの広がりを減らすために使用された最初の年である2006年にのみ発生した．あり得る説明は，処理された蚊帳の導入が，通常は選択的に不利な立場にある雑種個体を短期的に有利にした可能性があるということである．

ハマダラカにおける *kdr* 遺伝子型の観察数

	＋/＋	＋/*r*	*r*/*r*
A. gambiae			
2006年以前	3	5	2
2006年	8	8	7
2006年以後	3	3	57
雑種			
2006	10	7	0
A. coluzzii			
2006年以前	226	0	0
2006年	70	7	0
2006年以降	79	127	94

解析

1. ガンビエハマダラカで時間の経過とともに，どのように *kdr* 遺伝子型の頻度が変化したか．これらの観察を説明可能な仮説を記述しなさい．
2. *A. coluzzii* ではどのように *kdr* 遺伝子型の頻度が時間とともに変化したか．これらの観察を説明する仮説を記述しなさい．
3. これらの結果は，雑種が適応性対立遺伝子の移動につながる可能性があることを示しているか．説明しなさい．
4. *A. coluzzii* の集団への *r* 対立遺伝子の移動がマラリア症例の数にどのように影響するかを予測しなさい．

他種の雌は異なる色の雄と交配することを好むため，生態学的に類似したシクリッド種の多くのペアが生殖的に隔離される（図24.12参照）．フィールドや実験室での研究の結果，汚染による濁った水では，雌が色によって自種の雄を近縁種の雄と区別する能力が低下する．いくつかの汚染された水域では，多くの雑種がつくられ，親種の遺伝子プールの融合と種の喪失が起こった（図24.15）．

安定化：雑種個体の継続的形成

多くの交雑帯は，雑種が形成され続けるという意味で安定している．ある場合には，雑種は少なくとも特定の生息地または期間で，親種のいずれの構成員よりもより多く生き残り生殖する．しかし，安定した交雑帯は，雑種が選択に対して不利であるという予期しない結果の場合にも観察される．

▼図 24.14　交雑帯の形成とその後の交雑による結果． 矢印は時間の経過を表す．

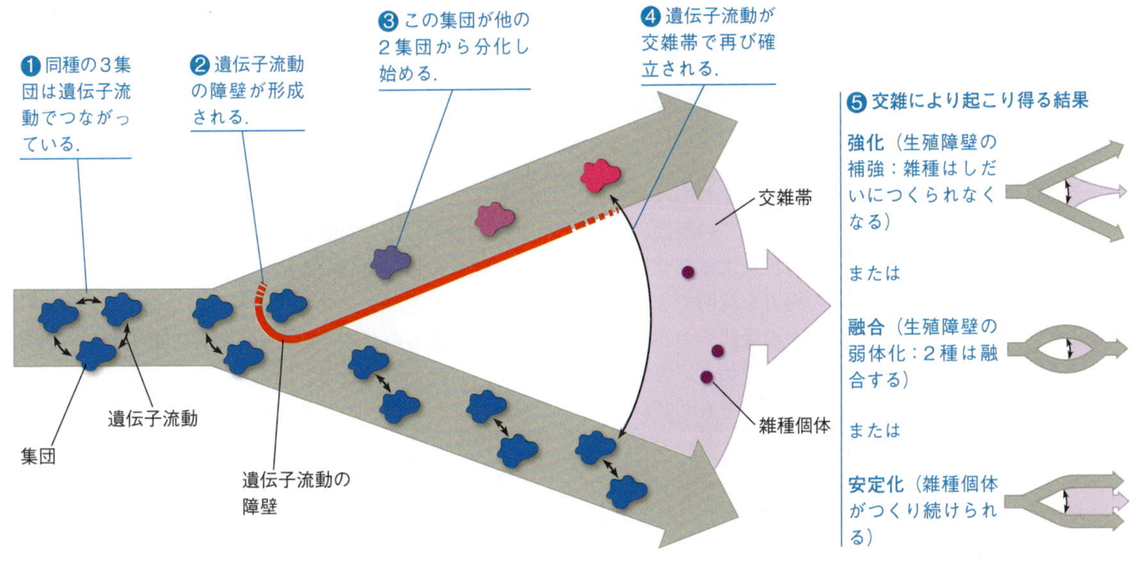

❶同種の３集団は遺伝子流動でつながっている．
❷遺伝子流動の障壁が形成される．
❸この集団が他の２集団から分化し始める．
❹遺伝子流動が交雑帯で再び確立される．
❺交雑により起こり得る結果
強化（生殖障壁の補強：雑種はしだいにつくられなくなる）
または
融合（生殖障壁の弱体化：２種は融合する）
または
安定化（雑種個体がつくり続けられる）
交雑帯
雑種個体
遺伝子流動
集団
遺伝子流動の障壁

どうなる？➤ 遺伝子流動が，このプロセスの❸で再確立された場合に何が起こるか予測しなさい．

たとえば，雑種が交雑帯で強く排除されているにもかかわらず，スズガエル交雑帯は形成され続ける．1つの説明は，スズガエル交雑帯の狭さに関係する（図24.13参照）．交雑帯の外にある親集団から，親種の両方の構成員が交雑帯に移入していることを示唆する証拠があり，それゆえ雑種の継続的な生産につながる．交雑帯が広い場合，交雑帯の中心は交雑帯の外にある遠い親集団からは遺伝子流動がほとんどないため，このようなことが起こる可能性は低くなる．

あるときは，交雑帯の結果は予測と一致し（ヨーロッパのヒタキとシクリッドの例），時には一致しない（スズガエルの例）．しかし，予測と結果が一致するかどうかにかかわらず，交雑帯内の出来事は，近縁種間の生殖障壁がどのように時間とともに変化するかについて説明を与えてくれるかもしれない．次節では，交雑する種間の相互作用はまた，種分化の速度と遺伝的制御についてのヒントを与えてくれるかどうかを検討する．

▼図 24.15　融合：生殖障壁の破壊． 過去数十年間でますます濁ったビクトリア湖の水は，プンダミリア・ニェレレイとプンダミリア・プンダミリア間の生殖障壁を弱めた可能性がある．濁った水の場所では，２種は広範囲に交雑し，遺伝子プールを融合させる．

プンダミリア・ニェレレイ
プンダミリア・プンダミリア

プンダミリア「濁り水」，水が濁っている場所の雑種子孫

概念のチェック 24.3

1. 交雑帯とは何か，なぜそれは種分化を研究する「自然の実験室」とみなすことができるか．

2. **どうなる？➤** 地理的に分離して種として分化した２種が，生殖的隔離が完了する前に接触を再開した場合を考えてみよう．２つの種が無差別に交配し，(a) 雑種子孫は種内交配の子孫より生存や生殖が少ない，または，(b) 雑種子孫は種内交配の子孫と同様に生き残り生殖をする，という２つの場合，時間の経過により起こる結果を予測しなさい．

（解答例は付録 A）

24.4

種分化は，速くあるいはゆっくり起こり，少数のあるいは多数の遺伝的変化により起こる

ダーウィンは，「神秘中の神秘」，すなわち種分化について熟考するようになったときに多くの疑問に直面していた．ダーウィンは，自然選択による進化によって生命の多様性と生物の適応の両方を説明できると理解したときに，それらのいくつかの疑問への答えを見つけた（22.2節参照）．しかし，ダーウィン以来，生物学者は種分化に関する基本的な疑問をもち続けてきた．新種を形成するためにそれはどのくらいの時間がかかるのか．そして，1つの種が2種に分岐したときにどれくらい多くの遺伝子が変化するのか．これらの質問に対する答えも出つつある．

種分化の経時変化

化石記録の幅広いパターンや，形態学的データ（化石を含む）や分子データを使った研究において，特定の生物群における種分化が起こる時間間隔を調べることにより，新種形成にはどのくらいの時間がかかるかという疑問に答える情報を集めることができる．

化石記録中のパターン

化石記録では，新しい種が地層に突然現れ，いくつかの地層を通して本質的には変化しない状態で存在し，その後消えるという多くの事例がある．たとえば，新規形態で化石記録中に出現し，その後絶滅する前の数百万年にわたってほとんど変化しない多数の海洋無脊椎動物種がある．**断続平衡 punctuated equilibrium** という用語は，急激な変化で区切られる明らかな停滞期間を記述するのに使われる（図24.16 a）．断続パターンを示さず，長い期間かけて徐々に変化するように見える種もある（図24.16 b）

断続と漸進パターンは，新種形成に必要な時間について何を語るのだろうか．ある種が500万年間存続したが，新種となる原因となった形態学的変化のほとんどは，その総寿命の最初のわずか1%の5万年間に起こったと仮定する．この短い期間（地質学の観点から）では，部分的には堆積物の蓄積が遅すぎることが理由の1つであるが，時間的に近接した別々の層にある化石地層を区別することはできない．したがって，化石に基づくと，種が突然出現し，その後絶滅する前に，ほとんどあるいはまったく変化せずに残っているように見えるだろう．このような種は，その化石が示すより（この場合は5万年以上），ゆっくり出現したかもしれないとしても，断続のパターンはその種分化が比較的急速に起こったことを示す．もっとゆっくりと変化する種についても，生殖的隔離に関する情報は化石とならないので，新しい生物種がいつ形成されたかを正確に知ることはできない．しかし，そのような生物群内の種分化は，比較的ゆっくり，おそらく数百万年をかけて起こった可能性がある．

▼図24.16　種分化速度の2つのモデル．

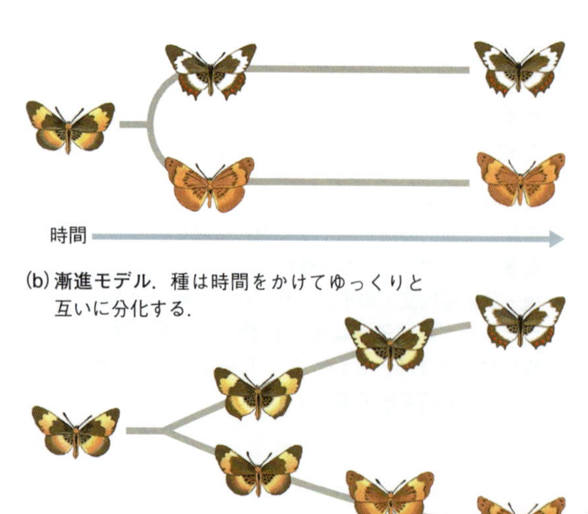
時間

(a) 断続モデル．新しい種は，親の種からの分岐時にほとんどの変化を起こし，その存在の残りの時間はほとんど変化しない．

(b) 漸進モデル．種は時間をかけてゆっくりと互いに分化する．

種分化率

断続パターンを示す化石の存在は，種分化のプロセスが開始されると，それが比較的早く完了することを示している．このような急速な種分化を支持する研究が増えている[*2]．

たとえば，急速な種分化により野生のヒマワリ *Helianthus anomalus* がつくられただろうと示唆している．遺伝学的証拠は，この種は2つのヒマワリ属の種，ヒマワリ *H. annuus* と *H.petiolaris* の交雑によって生まれたことを示している．雑種起源の種 *H. anomalus* は，親種の両者と生態学的に異なり，生殖的に隔離されている（図24.17）．交雑後に染色体数が変化する異質倍数性種分化の結果とは異なり，これらの2つの親種と雑種は，すべて染色体の数が同じ

＊2（訳注）：急速な種分化が起こっていることが，そのまま断続平衡説が支持されることにはつながらないという点に注意する必要がある．

($2n=34$) である．それでは，種分化はどのように起こったのだろうか．この疑問を研究するために，研究者は野外での出来事を模倣するように設計された実験を行った（図 24.18）．その結果は，自然選択により，短期間で雑種集団の広範な遺伝的変化をつくり出すことができることが示された．これらの変化は，雑種が両親種から生殖的に隔離されて新種 *H. anomalus* を形成する原因となっていると思われる．

ヒマワリの例は，前述のリンゴミバエやビクトリア湖のシクリッド，ショウジョウバエの例とともに，一度分化が始まると，新たな種が急速に生まれる可能性があることを示唆している．しかし，次に種分化が起こるまでにかかる総合計時間はどのくらいなのだろうか．この時間は，新しく形成された種の集団が互いに分岐を開始するまでにかかる時間に加え，分化が開始されてから種分化が完了するのにかかる時間で構成される．この種分化間の総合計時間は，大幅に変化することが判明している．植物と動物の 84 群を調査したデータでは，種分化の間隔は 4000 年（ウガンダのナブガボ湖のシクリッド）から 4000 万年（甲虫の 1 種）であった．全体的に，種分化イベント間の平均時間は 650 万年であり，50 万年未満であることはほとんどなかった．

このようなデータにより，新たに形成された植物や動物の種が，自分自身から別の新しい種を生み出すのに平均して数百万年かかるというデータが示された．25.4 節で見ていくように，この発見は，大量絶滅が起こってから地球上の生命が回復するまでにどのくらいの時間がかかるかを示唆している．さらに，新種が形成されるのにかかる時間の極端な変動は，生物が一定

▼図 24.17　**雑種ヒマワリの種とその乾燥した砂丘の生息地．** 野生ヒマワリである *Helianthus anomalus* は，より湿った環境に生育する他の 2 種のヒマワリ属植物，ヒマワリ *H. annuus* と *H. petiolaris* の交雑により生じた．

▼図 24.18

研究　ヒマワリにおいて，交雑がどのように種分化につながったのか

実験　ローレン・リーゼバーグ Loren Rieseberg と彼の同僚は，ヒマワリ属の 2 つの親種，ヒマワリ *H. annuus* と *H. petiolaris* をかけ合わせ，実験室内で雑種を作出した（それぞれの配偶子には，$n=17$ の染色体の 2 本のみを示す）．

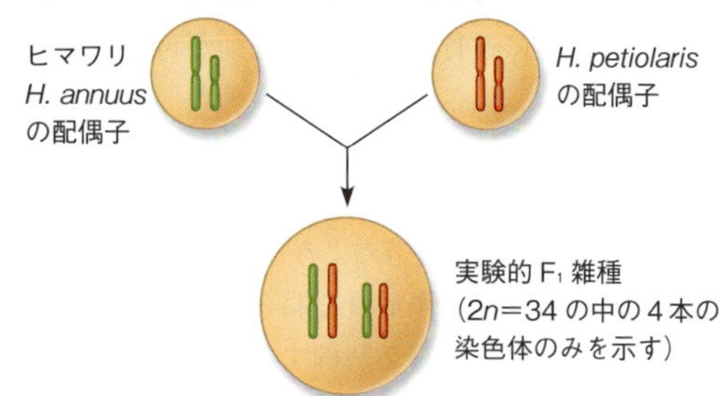
ヒマワリ
H. annuus
の配偶子
H. petiolaris
の配偶子
実験的 F₁ 雑種
(2n=34 の中の 4 本の
染色体のみを示す)

最初の世代（F_1）では，実験で作出した雑種の各染色体は，親両種からのそれぞれの完全な DNA で構成されていることに注意しなさい．研究者は，実験で作出した雑種の F_1 とそれに続く世代に稔性があるかどうかをテストした．彼らはまた，自然雑種 *H. anomalus* の染色体と実験で作出した雑種の染色体を比較するため，種特異的遺伝子マーカーを使用した．

結果　実験で作出した雑種の F_1 の稔性はわずか 5%だけであったが，さらに 4 世代後には雑種の稔性が 90%以上に上昇した．この第 5 世代雑種個体の染色体は F_1 世代（上を参照）のものと異なり，自然集団の *H. anomalus* 個体と似たものであった．

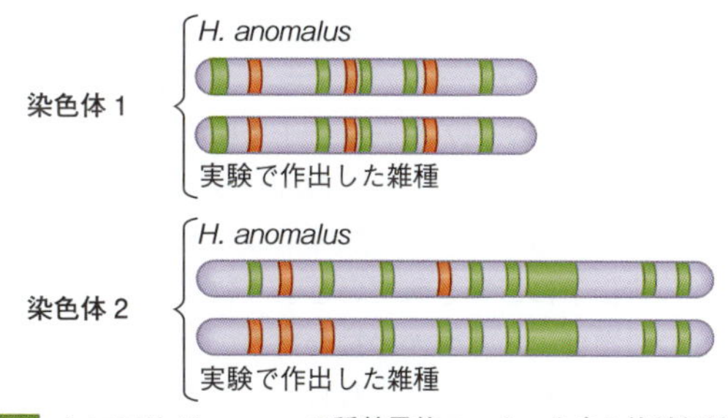
H. anomalus
染色体 1
実験で作出した雑種
H. anomalus
染色体 2
実験で作出した雑種

ヒマワリ *H. annuus* の種特異的マーカーを含む比較領域
H. petiolaris の種特異的マーカーを含む比較領域

結論　時間が経つにつれて，実験で作出した雑種集団の染色体は，*H. anomalus* の自然集団からの個体の染色体に類似してきた．実験で作出した雑種で稔性の上昇が観察されたことは，互いに不適合な親種の DNA 領域が，選択により排除された可能性を示唆している．全般的に見れば，種分化過程の初期段階が急速に起こったと思われ，この過程を室内実験で模倣することができたのであろう

データの出典　L. H. Rieseberg et al., Role of gene interactions in hybrid speciation: evidence from ancient and experimental hybrids, *Science* 272: 741-745 (1996).

どうなる？➤実験で作出した雑種の稔性上昇は，実験条件下での生育による自然選択に起因した可能性がある．結果に対するこのような別の説明について評価しなさい．

の間隔で新しい種を生成させるための，内部の「種分化時計」をもっていないことを示している．その代わりに種分化は，おそらく環境条件の変化や少数の個体を新たな地域に運ぶ嵐のような予期しない出来事によって，集団間の遺伝子流動が中断された後にのみ開始される．さらに遺伝子流動が中断されると，集団は遺伝的に分化して生殖的に隔離され，他の出来事により種分化プロセスに逆行する遺伝子流動が再開されない（図 24.15 参照）．

種分化の遺伝学的研究

進行中の種分化（交雑帯のような）の研究によって，生殖的隔離を引き起こす形質を明らかにすることが可能である．これらの形質を制御する遺伝子を識別することによって，科学者は進化生物学の根本的な問題の答えを探究することができる．新種形成時に，どのくらいの数の遺伝子が新種の形成に影響するのだろうか．

いくつかの例では，生殖的隔離の進化は，単一の遺伝子の変化による．たとえば，日本のマイマイ属のカタツムリでは，単一遺伝子の効果の結果として，生殖への機械的な障壁になる．この遺伝子は，殻のらせん方向を制御している．殻のらせんが異なる方向の場合，カタツムリの生殖器は異なる方向を向き交配が妨げられる（図 24.3 f は，同様の例を示す）．最近の遺伝的解析では，ショウジョウバエやマウスにおける生殖的隔離を引き起こす他の単一遺伝子を明らかにした．

ミゾホウズキ属の近縁種 *Mimulus cardinalis* と *M. lewisii* の 2 種間の主要な生殖障壁はまた，比較的少ない数の遺伝子に影響されているように思われる．これら 2 つの種は，いくつかの接合前および接合後障壁によって分離されている．これらのうち，接合前障壁の 1 つである送粉者選択によって隔離の大半を説明できる．*M. cardinalis* と *M. lewisii* 間の交雑帯では，送粉者の訪花の約 98%は，一方の種に制限されていた．

2 種のミゾホウズキには，異なる送粉者が訪花している．ハチドリは赤い花をつける *M. cardinalis* を好み，マルハナバチはピンクの花をつける *M. lewisii* を好む．送粉者による選択は，少なくともミゾホウズキの 2 つの遺伝子座の影響を受ける．その 1 つである *yellow upper*（*yup*）遺伝子座は，花色に影響を与える（図 24.19）．F_1 雑種をつくり出すために 2 つの親種を交雑し，各親種にこれらの F_1 雑種を繰り返し戻し交配を行うことにより，研究者は，*M. lewisii* のこの遺伝子座に *M. cardinalis* の対立遺伝子を導入することに成功した．その逆の組み合わせも同様につくり出した．野外実験では，*M. cardinalis* の *yup* 対立遺伝子を

▼図 24.19　送粉者の選択に影響を及ぼす遺伝子座． 送粉者の好みは，*Mimulus lewisii* と *M. cardinalis* 間の生殖に強力な障壁となる．*M. cardinalis* の花色の遺伝子座を，*M. lewisii* の対立遺伝子に転換，あるいはその逆を行うと，ある送粉者の嗜好の変化が観察された．

(a) 典型的な *Mimulus lewisii*

(b) *M. cardinalis* の花色対立遺伝子をもつ *M. lewisii*

(c) 典型的な *M. cardinalis*

(d) *M. lewisii* の花色対立遺伝子をもつ *M. cardinalis*

どうなる？▶ もし，*M. lewisii* の *yup* 対立遺伝子をもつ *M. cardinalis* の個体が両種のミゾホウズキ属植物が生育する地域に植えられたら，雑種子孫の形成はどのような影響を受けるか．

もつ *M. lewisii* は，野生型 *M. lewisii* よりも 68 倍以上のハチドリによる訪花を受けた．同様に，*M. lewisii* の *yup* 対立遺伝子をもつ *M. cardinalis* は，野生型 *M. cardinalis* より 74 倍以上のマルハナバチの訪花を受けた．したがって，単一遺伝子座における突然変異は，送粉者の嗜好に影響を与えることができ，ミゾホウズキの生殖的隔離に貢献している．

他の生物では，種分化のプロセスは，多数の遺伝子と遺伝子相互作用に影響される．たとえば，ショウジョウバエ *Drosophila pseudoobscura* の亜種間雑種の不妊性は，少なくとも 4 つの遺伝子座の相互作用で起こり，以前議論したヒマワリの交雑帯の接合後隔離では，少なくとも 26 染色体セグメント（遺伝子の数は不明）によって影響されている．全体的に，研究によって少数または多数の遺伝子が，生殖的隔離の進化と，それに起因する新種の出現に影響を与えることを示唆して

いる．

種分化から大進化へ

これまで見てきたように，種分化は，シクリッドの背中の色のような小さな違いから始まることがある．しかし，種分化は何度も繰り返し起こるので，このような違いが蓄積してより顕著になり，最終的に彼らの祖先とは大きく異なる新たな生物群の形成につながることがある（たとえば，クジラは陸生哺乳類に由来する．図 22.20 参照）．さらに，1つの生物群は，多くの新しい種を生産することによって拡大する一方で，別の生物群では種が絶滅により失われ，縮小することがある．多くのこのような種分化と絶滅の累積効果は，化石記録から読み取れるような広範囲の進化的変化の形成に貢献する．次章では，大進化の学習を始めることにより，このような大規模な進化的変化に目を向ける．

概念のチェック 24.4

1. 種分化は，多様化する集団間で急速に起こる可能性があるが，次に種分化が起こるまでにかかる時間は，多くの場合，100 万年以上である．この明らかな矛盾について説明しなさい．

2. *yup* 遺伝子座が，ミゾホウズキの２種の生殖に接合前障壁として働くことを示す証拠をまとめなさい．これらの結果は，*yup* 遺伝子座が単独でこれらの種間の生殖障壁を制御していることを物語るのか．説明しなさい．

3. **関連性を考えよう**➤図 13.12 と図 24.18 を比較しなさい．どの細胞プロセスが，図 13.12 の両親種からの DNA が含まれている雑種染色体の原因であるか．説明しなさい．

（解答例は付録 A）

24 章のまとめ

重要概念のまとめ

24.1

生物学的種概念は生殖的隔離を重視する

- 生物学的な**種**は，同種の他の構成員と，互いに交配して生存力と繁殖力のある子孫を生産する集団のグループである．
- **生物学的種概念**は，遺伝子プールを隔離する**接合前障壁**および**接合後障壁**による生殖的隔離を重視している．

? 生物学的種概念における遺伝子流動の役割を説明しなさい．

24.2

種分化は地理的隔離の有無にかかわらず生じる

- **異所的種分化**では，同種の２集団が互いに地理的に隔離されたときに遺伝子流動が減少する．一方または両方の集団が隔離されている間に進化的変化が起こり，その結果，生殖の接合前または接合後障壁が確立する可能性がある．

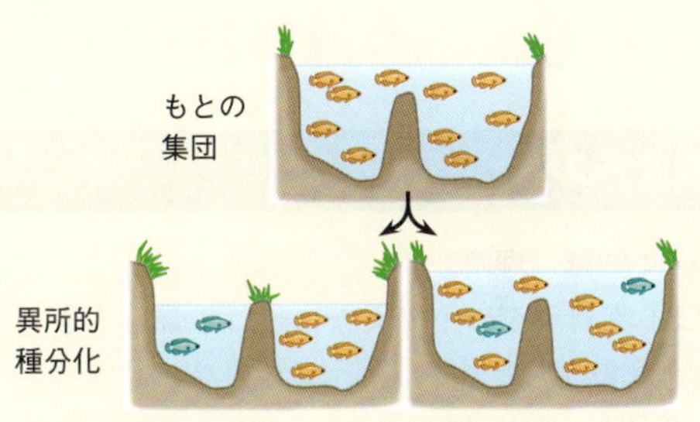
もとの
集団
異所的
種分化
同所的
種分化

- **同所的種分化**では，親種と同じ地域に留まっている間に新種が生まれる．植物種（および，よりまれに動物種）は，**倍数性**によって同所的に進化してきた．同所的種分化はまた，生息地転換や性選択によっても起こる．

? 同所的種分化を引き起こす要因は，異所的種分化も起こすか．説明しなさい．

24.3

交雑帯は，生殖的隔離の要因を明らかにする

- 多くの生物群において，別種の構成員が出合って交配し，少なくともいくつかの雑種子孫がつくり出される**交雑帯**を形成している．
- 多くの交雑帯では，経時的に雑種子孫が生産され続けるので「安定」である．他のものでは，**強化**により生殖の接合前障壁が補強されるので，不適格な雑種形成を減少させる．また他の交雑帯では，時間の経過とともに生殖障壁が弱くなり，種の遺伝子プー

ルを融合（種分化プロセスを逆転）させることがある.

? 親種が異なる環境に生息している場合，どのような要因で交雑帯の長期安定性を保持することができるか.

24.4

種分化は，速くあるいはゆっくり起こり，少数のあるいは多数の遺伝的変化により起こる

- 新種は分化がいったん始まると急速に形成されることがある．しかしそれは何百万年もかかることがある．種分化間の時間間隔は大幅に異なり，数千年から数千万年わたる.
- 研究者は，種分化のいくつかの例で関与する特定の遺伝子を突き止めた．種分化は少数または多数の遺伝子によって起こり得る.

? 種分化は，遠い過去でのみ起こったのか，あるいは新種が今日も生まれ続けているのか．説明しなさい.

理解度テスト

レベル1：知識／理解

1. 遺伝子流動がその中で実際に起こる最も大きな単位は，次のうちどれか.
(A) 集団　(C) 属
(B) 種　(D) 雑種

2. ハワイ諸島の同じ地域に生息しているショウジョウバエの異なる種の雄は，それぞれ異なった手の込んだ求愛の儀式をもつ．これらの儀式は，他の雄との戦い，雌を引きつける定型化された動きを伴う．これは以下の生殖的隔離の種類のどれにあたるか.
(A) 生育地隔離　(C) 行動的隔離
(B) 時間的隔離　(D) 配偶子隔離

3. 断続平衡モデルによると，
(A) 十分な時間があれば，既存のほとんどの種はしだいに新種へと分岐する.
(B) ほとんどの新種は，独自の特徴を存在期間に対して比較的急速に蓄積し，その後の種の存在期間の間はほとんど変化しない.
(C) ほとんどの進化は同所的集団で起こる.
(D) 種分化は通常単一の突然変異による.

レベル2：応用／解析

4. 鳥類ガイドブックではかつて，キヅタアメリカムシクイとオーデュボンアメリカムシクイは異なる種とされていた．最近では，これらの鳥類は，単一種キヅタアメリカムシクイの東部と西部の型として分類されている．これが本当である場合，以下の証拠のどれがこの分類の理由となるか.
(A) 2つの型は自然条件下でしばしば交雑し，子孫は高い生存力と繁殖力をもつ.
(B) 2つの型は同じ生育地に生息する.
(C) 2つの型はたくさんの遺伝子を共通にもつ.
(D) 2つの型は大変似た外観をもつ.

5. 以下の要因のどれが異所的種分化に寄与しないか.
(A) 分離した集団は小さく，遺伝的浮動が起こる.
(B) 隔離された集団は祖先集団とは異なる選択圧にさらされる.
(C) 異なった突然変異が分離した集団の遺伝子プールを区別し始める.
(D) 2つの集団間の遺伝子流動は大きい.

6. 植物種Aの染色体数は$2n = 12$である．植物種Bは$2n = 16$である．新種Cは，AとBの異質倍数性として生じた．Cの二倍体数（$2n$）は，次のうちどれだと考えられるか.
(A) 14　(B) 16　(C) 28　(D) 56

レベル3：統合／評価

7. **進化との関連**　すべての人類集団を単一種とする生物学的基礎を説明しなさい．第2の人類が将来出現する可能性のあるシナリオを考えることができるか.

8. **科学的研究・描いてみよう**　本章では，パンコムギ *Triticum aestivum* は，3つの異なる親種の各々から受け継いだ染色体の2セットを含む異質6倍体であることを学んだ．遺伝子解析によると，下の図に示した3種は，それぞれが染色体をパンコムギに提供している（ここでは大文字は個々の遺伝子ではなく染色体セットを表している．また，各種の体細胞染色体数は括弧内に示す）．最初の倍数化イベントが初期の栽培小麦種 *T. monococcum* と野生小麦の自発的な交雑によることを示す証拠もある．この情報に基づいて，異質6倍体パンコムギをつくり出した可能性のある順序を示す図を描きなさい.

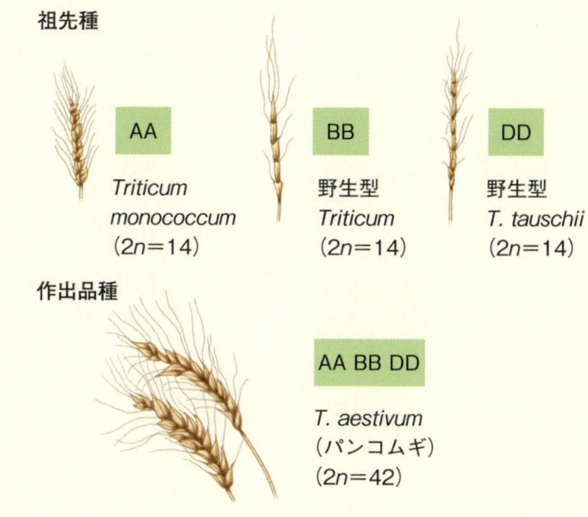
祖先種
AA
Triticum
monococcum
(2n=14)
BB
野生型
Triticum
(2n=14)
DD
野生型
T. tauschii
(2n=14)
作出品種
AA BB DD
T. aestivum
(パンコムギ)
(2n=42)

9. **テーマに関する小論文：情報**　有性生殖種では，両親個体の両方からDNAを継承する．相同染色体をもつ2種の生物が交配し，雑種の子孫（F_1）を生成したときに何が起こるかに，この考えを適用しなさい．F_1 雑種の染色体DNAの何％がそれぞれの親種からくるのか．雑種が交配し，F_2 およびそれ以降の世代の雑種子孫を生成したとき，組換えと自然選択は，雑種染色体のDNAが1つの親種から派生したものかどうかにどのように影響を与える可能性があるか，300〜450字で記述しなさい．

10. **知識の統合**

イチゴヤドクガエル *Dendrobates pumilio* のある集団の雌が橙赤色の色の雄との交配を好むと仮定しよう．異なる集団では，雌は黄色の肌の雄を好む．そのような違いがどのようにして起こり得るのか，それがどのようにして同所的集団と比べて異所的集団における生殖的隔離の進化に影響を与え得るかを説明しなさい．

（一部の解答は付録A）

25 地球の生命史

▲図 25.1　ここで埋まったクジラの骨が見つかることが予想されたか．

重要概念

25.1 原始地球は生命が生まれることが可能な環境であった

25.2 化石は地球上の生命史を記録する

25.3 生命史上の重要な出来事は，単細胞生物と多細胞生物の起源，陸上への進出である

25.4 生物群の盛衰は，種分化率と絶滅率の差を反映する

25.5 ボディープランの大きな変化は，発生を制御する遺伝子の配列や制御の変化により起こる

25.6 進化に目標はない

▼古代の鯨類，*Dorudon atrox* の化石

驚愕の砂漠

乾燥し，風が彫刻を刻んだ砂と灼熱のサハラ砂漠は，クジラの骨を発見する場所にはほど遠い．しかし，1870 年代に始まった研究で，かつては古代の海に覆われたいくつかの場所で古代クジラの化石が発見された（図 25.1）．たとえば，3500 万年前に生息した絶滅した鯨類である *Dorudon atrox* のほぼ完全な骨格が，「鯨の谷」，ワディ・アル・ヒタンとよばれる地域で発見された．サハラ砂漠での鯨類の化石の発見は，その場所だけでなく，陸上生活から海中での生活への移行の初期段階を物語るうえでも壮観であった．

世界の他の場所で発見された化石も，同様な物語を語っていた．過去の生物は，現在の生物と非常に異なっていた．化石によって明らかにされた地球上の生命の大幅な変化は，**大進化 macroevolution**，すなわち種以上の進化の幅広いパターンを示している．大進化的変化の例としては，一連の種分化イベントを通した陸生脊椎動物の出現，多様性に対する大量絶滅の影響，および飛行などの主要な適応の起源などがある．

まとめとして，このような変化は，生命の進化史の大観を形づくっている．本章では，生命の起源に関する仮説の議論から始めて，その歴史を調べていく．これは，そのはじめの出来事についての化石が存在しないため，この第 4 部全体の中で最も推論が多い話題である．その後，時間が経過するとともに，生命の歴史の中における主要な出来事の化石記録の証拠と，さまざまな生物群の盛衰を具現化した要因について見ていく．

25.1

原始地球は生命が生まれることが可能な環境であった

初期の地球上における生命の直接的な証拠は，約35億前にすんでいた微生物の化石である．しかし，いつ，どのように最初の生きた細胞が出現したのだろうか．化学，地質学，物理学の観察と実験により，科学者はここでこれから検討する1つのシナリオを提案するに至った．彼らは，化学的および物理的なプロセスは，連続する4つの主要な段階を通して非常に単純な細胞がつくり出されたと仮定した．

1. アミノ酸や窒素を含む塩基などの，有機低分子の非生物的な合成
2. これらの低分子の結合による，タンパク質や核酸のような高分子の合成
3. 周囲とは異なる内部化学環境を維持する膜に囲まれた液滴である**原始細胞 protocell** への，これらの分子のパッケージング
4. 最終的には遺伝を可能にする，自己複製分子の起源

推論的であるが，このシナリオは，実験室で検証することの可能な仮説につながる．本節では，各段階の証拠のいくつかを検討する．

原始地球での有機物の合成

地球は，若い太陽を囲んでいたほこりや岩の巨大な雲の凝縮によって，46億年前に形成された．地球には，最初の数億年間はなお，太陽系の形成から取り残された岩や氷の巨大な塊が衝突していた．衝突により，多量の熱が発生したため，存在する水が蒸発し，海や湖の形成を妨げた．

この大量の衝突は40億年前に終わり，生命の起源の舞台を整えた．最初の大気は，酸素をほとんど含まず，おそらく窒素およびその酸化物，二酸化炭素，メタン，アンモニア，水素などのような火山の噴火によって放出されたさまざまな化合物とともに水蒸気が多く含まれていた．地球が冷却されるに従い，水蒸気は凝縮して海洋を形成し，水素の多くは宇宙に放出された．

1920年代，ロシアの化学者A・I・オパーリン A. I. Oparin と英国の科学者J・B・S・ホールデン J. B. S. Haldane はそれぞれ独自に，地球の初期の大気は還元的（電子を与える性質がある）であり，単純な分子から有機化合物が形成される可能性があったという仮説を立てた．この合成のためのエネルギーは，雷と紫外線に由来した可能性がある．ホールデンは，初期の海洋は有機分子の溶液であり，そこから生命が生じた「原始スープ」であることを示唆した．

▼図 25.2　**火山噴火を模倣したアミノ酸合成．** 1953年の古典的な研究に加えて，ミラーは火山噴火を模倣する実験も行った．2008年の再分析の結果では，1953年のオリジナルの実験条件で生産されたよりもはるかに多くのアミノ酸が，火山を模倣した条件下で生産されたことがわかった．

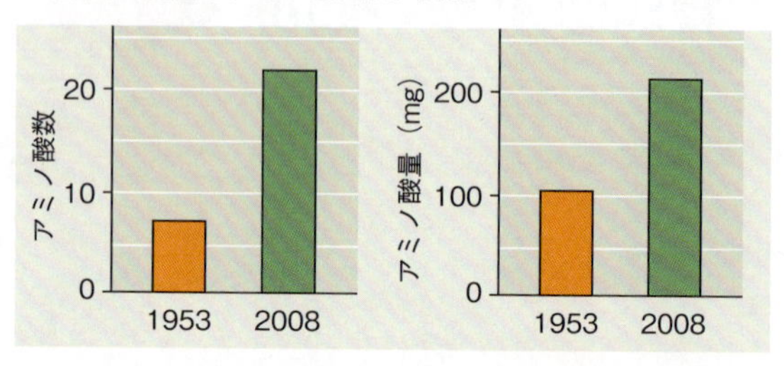
アミノ酸数
20
10
0
1953
2008
アミノ酸量 (mg)
200
100
0
1953
2008

関連性を考えよう▶ なぜ2008年の実験で20種類以上のアミノ酸が生成され得たか説明しなさい（5.4節参照）．

1953年に，シカゴ大学のスタンリー・ミラー Stanley Miller とハロルド・ユーリー Harold Urey は，当時の科学者が原始地球上に存在したと考えていたものに相当する実験条件を作成することにより，オパーリン–ホールデン仮説を検証した（図4.2参照）．彼らの装置からは，他の有機化合物とともに，現代の生物に見られるさまざまなアミノ酸が得られた．その後，多くの研究室で，異なる大気のレシピを使用したミラーの古典的な実験が繰り返され，そのうちのいくつかでは，有機化合物がつくり出された．

しかし，いくつかの証拠は，初期の大気はおもに窒素と二酸化炭素から成り立っており，還元的でも酸化的（電子を除去する性質がある）でもなかったことを示唆している．そのような「中立」の大気を用いた最近のミラー–ユーリー型の実験でもまた，有機分子がつくり出された．さらに，火口近くのような原始大気の小さな溜まり場は還元的であった可能性がある．おそらく，最初の有機化合物は，火山近くで形成された．2008年の火山–大気仮説のテストでは，保存してあったミラーによる実験産物の分子サンプルの1つが，近代的な設備を用いて再分析された．2008年の論文では，多数のアミノ酸が，火山噴火を模した条件下で形成されることを示している（図 25.2）．

もう1つの仮説は，有機化合物が，海水の**熱水噴出孔 hydrothermal vent**，すなわち熱水とミネラルが地球内部から海洋に噴出する海床の場所で最初に生成さ

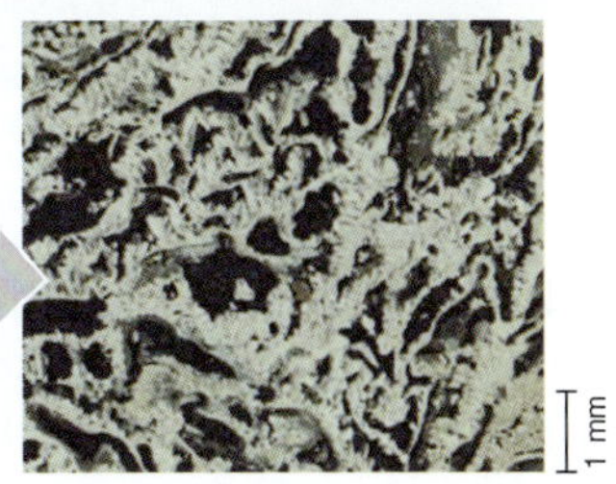
1 mm

◀図 25.3 深海のアルカリ性噴出孔で生命が生まれたか．最初の有機化合物は，大西洋中部の4万年前の「失われた都市（Lost City）」噴出場のものと同様の温かいアルカリ性噴出孔で生じた可能性がある．これらの噴出孔は炭化水素を含み，鉄などの触媒ミネラルが並んだ小さな孔（拡大図）で満たされている．初期の海洋は酸性であったので，pH の勾配が噴出孔の内部と周囲の海水との間に形成されていたであろう．有機化合物合成のためのエネルギーは，この pH 勾配を利用できたはずである．

れたというものである．「黒い煙突」として知られているこれらの通気孔のいくつかは，形成された有機化合物が不安定になる可能性があるほど熱水（300〜400℃）を放出する．しかし，**アルカリ性噴出孔 alkaline vent** とよばれる他の深海の噴出孔は，pH が高くて（9〜11）高温ではなく温かい（40〜90℃）水を放出するので，生命の起源により適しているかもしれない環境である（図 25.3）．

火山大気およびアルカリ性噴出孔の仮説に関連した研究は，さまざまな条件下で有機分子の非生物的合成が可能であることを示している．他の有機分子の供給源は隕石かもしれない．1969 年にオーストラリアに落下したマーチソン隕石は，45 億年前の岩の断片で，80 種以上のアミノ酸を含んでいて，このいくつかは大量であった．これらのアミノ酸は D 型と L 型の異性体を等しい割合で含むため，地球での汚染によるものではない（図 4.7 参照）．生物は，いくつかのまれな例外を除いて，L 型異性体のみをつくり，使用する．最近の研究では，マーチソン隕石には，脂質，単糖，ウラシルのような窒素を含む塩基など，他の主要な有機分子が含まれていることも示されている．

高分子の非生物的合成

アミノ酸と窒素を含む塩基のような小さな有機分子の存在だけでは，私たちが知っているように生命の出現のためには十分ではない．すべての細胞は，酵素などのタンパク質と自己複製に必要な核酸など，多くのタイプの高分子をもっている．そのような高分子は，原始の地球上で形成されたのだろうか．2009 年の研究では，重要なステップの 1 つである，単純な前駆体分子からの RNA 単量体の非生物的合成が自発的に可能であることが実証された．さらに研究者は，熱い砂や粘土，岩の上にアミノ酸や RNA のヌクレオチドの溶液を滴下することにより，これらの分子の重合体を製造した．重合体は，酵素やリボソームの助けを借りずに，自発的に形成された．タンパク質とは異なり，アミノ酸重合体は，結合および架橋されたアミノ酸の複雑な混合物である．それでもなお，このような重合体は，原始地球上のさまざまな化学反応の弱い触媒として作用していた可能性がある．

原始細胞

すべての生命は，生殖とエネルギー変換（代謝）の両方を行うことができなければならない．DNA 分子は，生殖時に正確に自分自身を複製するのに必要な指令を含む遺伝情報を運ぶ．しかし，DNA の複製は，細胞の代謝によって提供されるヌクレオチドを構築する要素が多量に供給される必要があるとともに，精巧な酵素を必要とする．これは，自己複製分子とそれを構築する要素の代謝の源が，原始細胞に一緒に出現する必要があることを示唆する．これに必要な条件に合うのは，膜状の構造で囲まれ，内部が液体で満たされた「小胞」だったかもしれない．最近の実験では，非生物的に生成された小胞は，単純な増殖，代謝，ならびにそれらの周囲とは異なる内部化学的環境の維持など，いくつか生物の特性をもち得ることを示している（図 25.4）．

たとえば，脂質などの有機分子が水に添加されると，小胞が自発的に形成される．このとき，混合液中の疎水性と親水性の両領域をもつ分子は，細胞膜の脂質二重層に類似した二重層を形成できる．たとえば「モンモリロナイト」のような，火山灰の風化によって生成された柔らかい粘土鉱物などの物質を付加すると，小胞の自己組織化の速度が大きく増加する（図 25.4 a 参照）．初期の地球上で一般的であったと考えられているこの粘土は，分子が濃縮しやすい表面を提供するので，分子が互いに集合して小胞を形成する可能性が高くなる．非生物的に生成された小胞は自身を「つくる」ことができ（図 25.4 b 参照），またその内容物を希釈せずに，サイズを増加（「成長」）することができる．小胞はまた，RNA などの有機分子が付着しているモンモリロナイト粒子を吸収することもできる（図 25.4 c 参照）．最後に，実験では，いくつかの小胞が選択的透過性をもつ二重層で，もう 1 つの重要な生命の前提条件である，外部資源を使用して代謝反応を行えることが示された．

▼図 25.4　**非生物的に生成された小胞.**

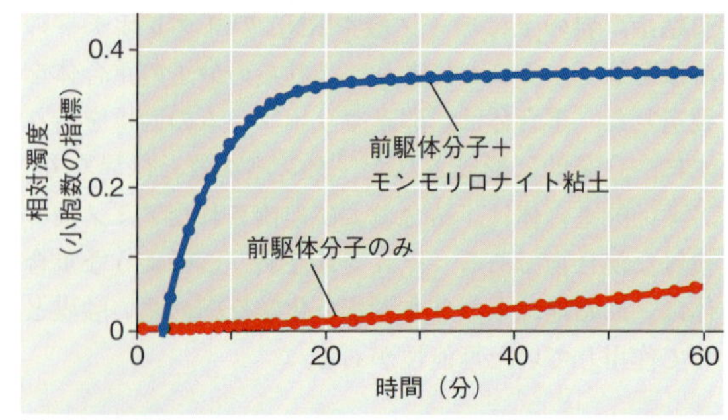
相対濁度
（小胞数の指標）
0.4
0.2
0
前駆体分子＋
モンモリロナイト粘土
前駆体分子のみ
0
20
40
60
時間（分）

(a) **自己組織化.** モンモリロナイト粘土の存在は，小胞の自己組織化の速度を非常に増加させる.

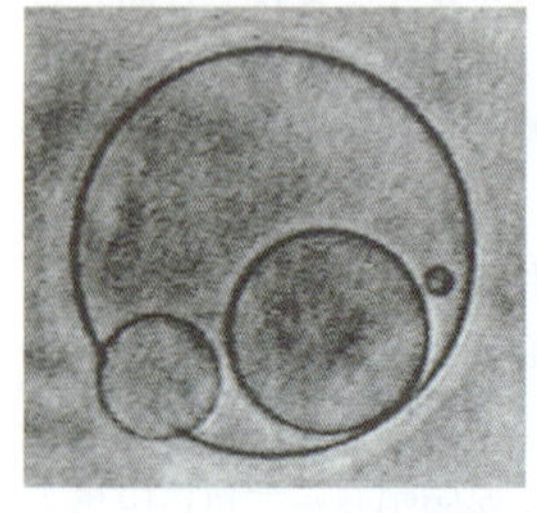
20 μm

(b) **繁殖.** 小胞は，この写真の小さな小胞を「出産」しているように，自分で分裂することができる（LM 像）.

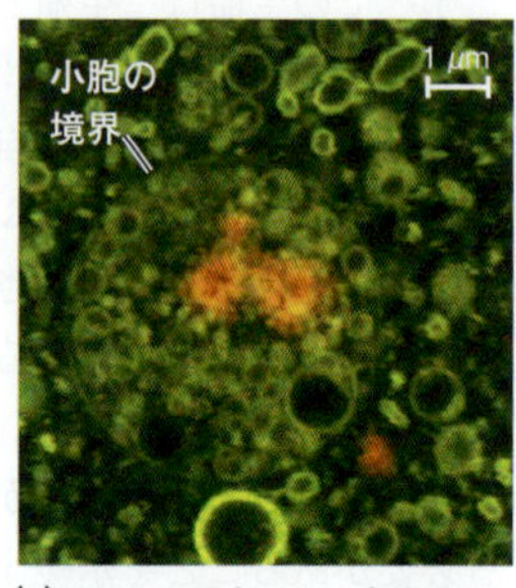
小胞の
境界
1 μm

(c) **RNA の吸収.** この小胞には，RNA（オレンジ）に被覆されたモンモリロナイト粘土粒子が取り込まれている.

関連性を考える➤疎水性領域と親水性領域の両方をもつ分子が，どのように水中で自己組織化して二重層になるかを説明しなさい（5.3 節参照）.

自己複製 RNA

最初の遺伝物質は，DNA ではなく，RNA であった可能性が高い．タンパク質合成の中心的な役割を果たしている RNA はまた，酵素のような触媒機能を行うことができる（17.3 節参照）．このような RNA 触媒を**リボザイム ribozyme** とよぶ．いくつかのリボザイムは，ヌクレオチド構成要素が与えられれば，RNA の短い断片の相補的なコピーを作成できる．

分子レベルでの自然選択により，実験室で自己複製が可能なリボザイムがつくり出されている．どのようにしてこれが起こったのだろうか．均一ならせん形をとる 2 本鎖 DNA とは異なり，1 本鎖 RNA 分子は，その塩基配列で規定されるさまざまな特定の 3 次元形状をとる．与えられた環境で，特定の塩基配列をもつ RNA 分子は，より速く，より正確に複製する形態をとり得る．自己複製する能力が最も高い RNA 分子は，最も多くの子孫分子を残す．時折，複製のエラーにより，より自己複製に適した形態となる．同様の選択が，初期の地球上で発生した可能性がある．したがって，今日知られている生命に先行して，遺伝情報を蓄えた小さな RNA 分子が，複製したり，それらを運んでいる小胞についての情報を保存したりすることができる「RNA ワールド」が存在した可能性がある．

2013 年にジャック・ショスタック博士 Dr. Jack Szostak とその同僚は，RNA の鋳型鎖の複製が起こり得る小胞の構築に成功した．これは，自己複製 RNA をもつ小胞を構築するための重要なステップである．初期の地球では，このような自己複製する触媒 RNA を有する小胞は，そのような分子を欠いている多くの近隣の細胞とは異なっていただろう．その小胞が成長し，分裂し，その「娘小胞」に RNA 分子を渡すことができれば，娘小胞は原始細胞になる．最初のそのような原始細胞はおそらく，いくつかの特性のみを指定する限られた量の遺伝情報のみを運んでいたが，その継承された特性は，自然選択を受けたかもしれない．初期の原始細胞の中で，最も成功したものは，効果的に資源を活用し，次の世代に自分の能力を渡すことができたために，数が増加しただろう．

遺伝情報を運ぶ RNA 配列が原始細胞に取り込まれたら，多くの追加的変更が可能だろう．たとえば，RNA は DNA ヌクレオチドをつなぐときの鋳型となる可能性がある．2 本鎖 DNA は，脆弱な RNA よりも遺伝情報にとって，より化学的に安定な保管庫である．DNA はまた，より正確に複製することができる．遺伝子重複などのプロセスを経て大きく成長し，また原始細胞の複数の性質が遺伝情報にコードされるようになると，正確な複製は，成長したゲノムにとって有利であった．一度 DNA が登場すると，化石記録に物語られているような変化，すなわち多様な生命の形態の開花へ準備が整った．

概念のチェック 25.1

1. ミラーは，古典的な実験でどのような仮説をテストしたのだろうか．
2. どのように，原始細胞の出現は生命の起源に重要な一歩を示したのか．
3. **関連性を考えよう➤**「RNA ワールド」から，現在の「DNA ワールド」への変化では，遺伝情報は RNA から DNA に流れていく必要がある．図 17.4 と図 19.9 を復習した後，どのようにしてこれが起こったかを示しなさい．また，この流れは今日でも起こっているか．

（解答例は付録 A）

25.2

化石は地球上の生命史を記録する

生命の最も初期の痕跡を皮切りに，化石記録は昔の世界に窓を開き，数十億年以上にわたる生命の進化を垣間見させてくれる．本節では，化石がどのように形成され，どのように科学者がそれらの時代を決定し解釈するのか，そして生命の歴史の変化について何を語り，何が語れないかについて見ていく．

化 石 記 録

堆積岩は化石の最も豊富な源であることを思い出してほしい．その結果，化石記録は，おもに「地層」とよばれる堆積岩層に蓄積された順序に基づいている（図 22.3 参照）．有用な情報はまた，琥珀（樹液の化石）に保存された昆虫や，氷中に凍結された哺乳類など，その他のタイプの化石によっても提供される．

化石記録は，異なる時期において，地球上の生物の種類に大きな変化があったことを示している（図 25.5）．過去の多くの生物は今日の生物とは異なり，かつて一般的であった多くの生物は現在絶滅している．本節の後で見るように，化石はまた，どのように新たな生物群が，既存の生物から生じたかを物語る．

化石記録は，実体がありかつ重要であるが，それが進化の不完全な記録であることに留意する必要がある．地球の生物の多くは，化石として保存されるのに適切な場所と時期を選んで死んではいない．化石となったものの中の多くは，後の地質学的プロセスによって破壊され，その他の一部のみが発見されているのである．その結果，既知の化石記録は，長い間存在していた種や，特定の環境に豊富に広く分布していた種，固い殻や骨格または容易に化石になりやすい部分をもっていた種が選ばれやすいという偏りをもっている．その制限にもかかわらず，化石記録は，地質時代の広大なスケールで生物学的変化を非常に詳細に説明する．さらに，最近発掘された，後肢をもつクジラの祖先の化石が示すように（図 22.19，図 22.20，25.1 節を参照），化石記録の空白期間は新しい発見で補充され続けている．

岩石や化石の年代決定法

化石は生命の歴史を再構成するための貴重なデータであるが，それは，その化石がそのストーリーのどこに適合するかを決定できる場合のみである．地層中の化石の順序は，化石が堆積していった順序，すなわち相対的年代を伝えるが，実際の年代は教えてくれない．化石の相対的位置を調べることは，古い家の壁紙をはがしていくようなものである．各層が貼られた順序を推定することはできるが，各層が貼られた年代を知ることはできない．

それではどのようにして，化石の絶対年代を決定することができるだろうか．最も一般的な手法の 1 つは，**放射性年代決定法 radiometric dating** で，放射性同位元素の減衰に基づく（2.2 節参照）．この減衰過程では，放射性の「親」同位体は，特定の率で「娘」同位体に崩壊する．減衰率は，**半減期 half-life**，すなわち親同位体（図 25.6）の 50％が減衰するのに必要な時間で表される．それぞれの放射性同位元素は，特有の半減期をもち，温度や圧力，その他の環境変数には影響を受けない．たとえば，炭素 14 は減衰が比較的速く，5730 年の半減期である．ウラン 238 の崩壊はゆっくりで，その半減期は 45 億年である．

化石は，生きている間に生物体内に蓄積した元素の同位体を含む．たとえば生きている生物中の炭素は，最も一般的な炭素 12 だけでなく，放射同位体である炭素 14 も含まれる．生物が死ぬと炭素の蓄積が止まり，その組織内の炭素 12 の量は，時間が経過しても変化しない．しかし，死んだときに蓄積された炭素 14 はゆっくり減衰して，別の元素である窒素 14 となる．そのため，化石中の炭素 12 と炭素 14 の比率を測定することにより，化石の年代を決定することができる．この方法は，約 7 万 5000 年前までの化石の年代決定に有用である．それより古い化石は，現在の技術では検出できないほど微量の炭素 14 しか含まない．その代わりに古い化石の年代決定には，長い半減期をもつ放射性同位元素が使用されている．

より古い堆積岩中の化石の年代決定は挑戦的であろう．生物は，骨や殻をつくるときに，ウラン 238 のような長い半減期をもつ放射性同位元素は使用しない．それに加え，堆積岩自体が，異なる年代の堆積物で構成されていることもある．これらの古い化石を直接的に年代決定することはできないが，間接的な方法として，2 つの火山岩層の間にはさまれている化石の年代を推測することができる．溶岩が冷えて火山岩になるとき，周囲環境からの放射性同位元素は，新たに生成された岩石に閉じ込められる．閉じ込められた放射性同位元素の一部は，長い半減期をもち，地質学者は，古代の火山岩の年代を推定することができる．化石をはさむ 2 つの火成層が，たとえば，5 億 2500 万年前と 5 億 3500 万年前であるとわかった場合は，化石は約 5 億 3000 万年前のものである．

▼図 25.5　**生命の歴史を記録する．** これらの化石は，異なる時代における代表的な生物を示す．原核生物と真核単細胞生物は図の基部のみに示されているが，これらの生物は，今日でも繁栄し続けている．実際，地球上のほとんどの生物は単細胞である．

▼ディメトロドン *Dimetrodon*，この時代に知られていた最大の肉食動物は，爬虫類よりも哺乳類により近縁であった．背中の壮大な「帆」は，おそらく温度調節，あるいは交配相手を誘引する機能をしていた．

0.5 m

4.5 cm

▲コッコステウス・クスピダトス *Coccosteus cuspidatus*，その頭部と前部を覆う骨の盾をもっていた板皮類（魚に似た脊椎動物）．

▲いくつかの原核生物が一緒になって堆積物の薄膜を形成し，ストロマトライトとよばれる層状岩をつくり上げる．現在のストロマトライトは，ここに示したオーストラリアのシャーク湾のようないくつかの遠浅な内湾に見られる．

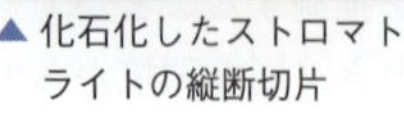

▲化石化したストロマトライトの縦断切片

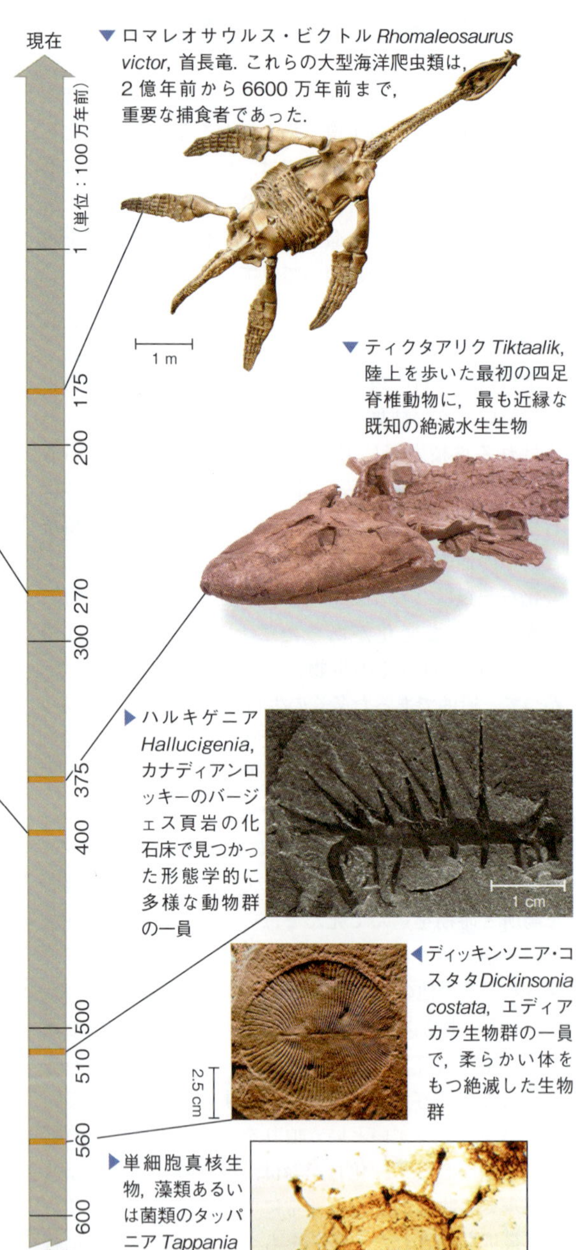
現在
1（単位：100 万年前）
175
200
270
300
375
400
500
510
560
600
1500
3500
1 m
1 cm
2.5 cm

▼ロマレオサウルス・ビクトル *Rhomaleosaurus victor*，首長竜．これらの大型海洋爬虫類は，2 億年前から 6600 万年前まで，重要な捕食者であった．

▼ティクタアリク *Tiktaalik*，陸上を歩いた最初の四足脊椎動物に，最も近縁な既知の絶滅水生生物

▶ハルキゲニア *Hallucigenia*，カナディアンロッキーのバージェス頁岩の化石床で見つかった形態学的に多様な動物群の一員

◀ディッキンソニア・コスタタ *Dickinsonia costata*，エディアカラ生物群の一員で，柔らかい体をもつ絶滅した生物群

▶単細胞真核生物，藻類あるいは菌類のタッパニア *Tappania*

▼図 25.6 放射性年代推定. この図では，各時間単位は放射性同位体の半減期を表している.

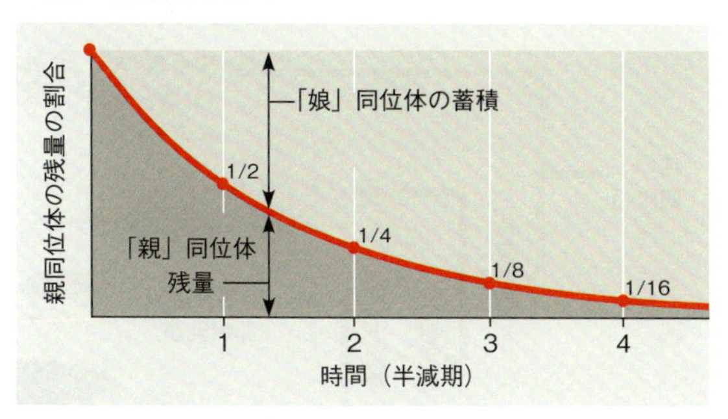
親同位体の残量の割合
「娘」同位体の蓄積
「親」同位体
残量
1/2
1/4
1/8
1/16
1
2
3
4
時間（半減期）

描いてみよう➤このグラフの x 軸を，年単位でラベルをつけ直し，ウラン 238 の放射性崩壊（半減期 45 億年）を描きなさい.

新しい生物群の起源

ある化石は，生物の新しいグループの起源について詳細な情報を提供する．そのような化石は進化の理解の中心である．それらは新しい機能がどのように発生するか，そのような変化にどのくらいの時間がかかるかを説明する．ここではそのような例として哺乳類の起源について検討してみよう．

哺乳類は，両生類や爬虫類と同様に，四肢をもつという名前の「四肢類」とよばれる動物群に属している．哺乳類は，化石で容易に確認できる独自の解剖学的特徴をもっているので，科学者たちはその起源を追跡することが可能である．たとえば下顎は，他の四肢類では，複数の骨で構成されているが，哺乳類では 1 つの骨（歯骨）で構成されている．加えて，哺乳類では，上顎と下顎間のちょうつがいは他の四肢類とは異なる組み合わせの骨をもつ．ほとんどの四肢類では中耳内の小骨は鐙骨のみで構成されるが，哺乳類では，中耳には音を伝える 3 個の固有の骨の組，鐙骨，砧骨，槌骨をもっている（34.6 節参照）．最後に，哺乳類の歯は切歯（引き裂く機能），犬歯（突き刺す機能），およびふくらみを複数もつ小臼歯と大臼歯（破砕および粉砕用）に区別される．対照的に，他の四肢類の歯は，通常，未分化で尖った歯の列で構成されている．

図 25.7 で説明するように，化石記録は，哺乳類の顎と歯の固有の特徴は，一連の順序で，時間をかけて徐々に進化していることを示している．図 25.7 では，哺乳類の起源を示す化石頭骨のほんの一例だけを示していることに留意してほしい．この一連のすべての既知化石が，形状によって順番に並べてあれば，それらの機能が 1 つの群から次へと滑らかに連続する．これらの化石のいくつかは，現在の生命を代表する群である哺乳類の特徴が，徐々に既存の群よりどのようにして進化し，犬歯類が出現したかを反映するであろう．他の化石は，何百万年も繁栄したが，最終的に今日に子孫を残さなかった生命の樹上の側枝について明らかにする．

概念のチェック 25.2

1. 時間の経過とともに生物がどのように変化してきたかを示す化石記録の例を述べなさい.
2. **どうなる？➤**あなたが発掘した頭蓋骨の化石は，炭素 14 炭素 12 比が，現生の動物の頭蓋骨の約 16 分の 1 となっているとする．この化石頭蓋骨のおおよその年代はいつか.

（解答例は付録 A）

25.3

生命史上の重要な出来事は，単細胞生物と多細胞生物の起源，陸上への進出である

化石の研究は，地質学者により 4 つの累代とさらに細分する標準的な地球の歴史である**地質記録 geologic record**（表 25.1）を確立するのを支援してきた．最初の 3 つの累代，冥王代，始生代と原生代は約 40 億年続いた．およそ 5 億年間にわたる顕生代は，動物が地球上に存在した時間のほとんどを網羅する．顕生代は，古生代，中生代，新生代の 3 つの時代に分かれている．それぞれの時代は，地球とその生命の歴史の中で異なる時代を表している．たとえば，中生代は，恐竜を含む爬虫類の化石が豊富なため，しばしば「爬虫類の時代」とよばれている．各代の間の境界は，生命の多くの種が消失し，その生き残りから進化した形態に置き換えられるという主要な絶滅イベントに対応している．

これまで見てきたように，化石記録は，地質学的時間をかけて生命の歴史の広範囲にわたる概要を教えてくれる．ここでは，その歴史の中でいくつかの主要なイベントに焦点を当て，第 5 部でそれらの詳細を学ぶために再び戻る．図 25.8 は，地質学的時間の広大な背景に対して，これらの重要なイベントがどのくらい前に起きたかを視覚化するのに役立つ．

▼図 25.7　探究　哺乳類の起源

1 億 2000 万年の歳月をかけて，哺乳類は単弓類とよばれる四肢類の動物群から徐々に進化した．ここに示されているのは，現生哺乳類とその単弓類の祖先との中間的な形態学的特徴を表す一部の化石生物である．哺乳類の起源の進化的背景は，右の系統樹に示されている（† は絶滅した系統であることを示す）．

他の四肢類
爬虫類（恐竜と鳥類を含む）
†ディメトロドン
単弓類
獣弓類
犬歯類
†末期犬歯類（非哺乳類）
哺乳類

頭骨の凡例

- 関節骨
- 方形骨
- 歯骨
- 側頭鱗

単弓類（3 億年前）

初期の単弓類は，複数の骨からなる下顎と尖った歯をもっていた．顎のちょうつがいは，関節骨と方形骨によって形成されていた．初期の単弓類はまた，眼窩（がんか）の後ろに「側頭窓」と呼ばれる開口部をもっていた．顎を開閉するための強力な頬の筋肉は，おそらく側頭窓を通っていた．時間の経過とともにこの開口部が拡大し，下顎と上顎間の顎のちょうつがいの前に移動したことにより，顎を閉じたときの力と精度が高まった（ドアノブをちょうつがいから遠くに移動すればするほど，ドアを閉じるのが容易になる）．

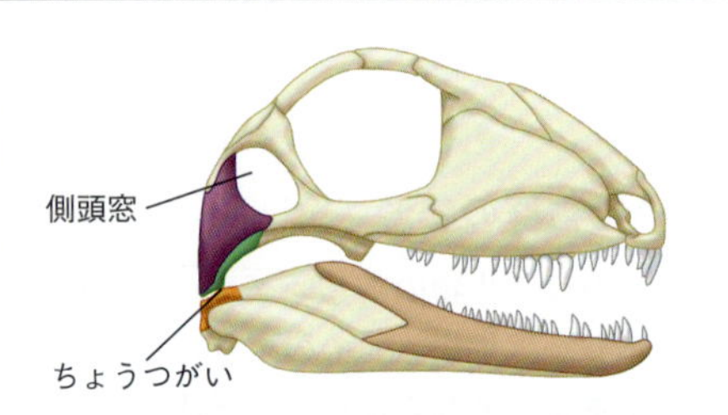
側頭窓
ちょうつがい

獣弓類（2 億 8000 万年前）

その後，獣弓類とよばれる単弓類のグループが現れた．獣弓類は，大きな歯骨，長い顔，特殊化した歯の最初の例である大きな犬歯をもっていた．これらの傾向は犬歯類とよばれた獣弓類のグループに引き継がれた．

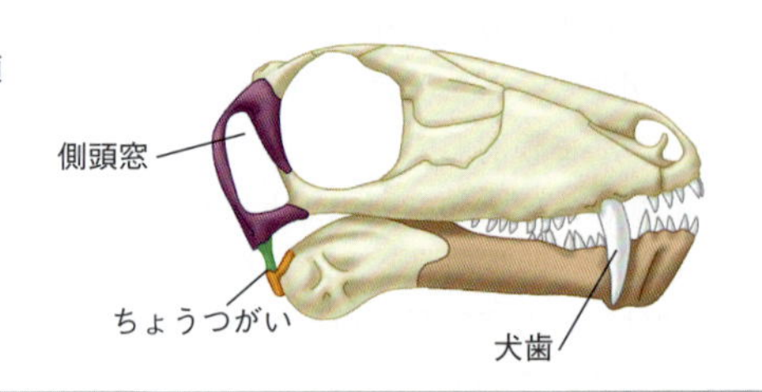
側頭窓
ちょうつがい
犬歯

初期犬歯類（2 億 6000 万年前）

獣弓類の初期犬歯類では，歯骨が下顎で最大の骨であったが，側頭窓は大きく，顎のちょうつがいの前方に配置されていた．ふくらみを複数もつ歯が，最初に出現した（図では見えない）．初期の単弓類のように，顎は関節骨–方形骨のちょうつがいをもっていた．

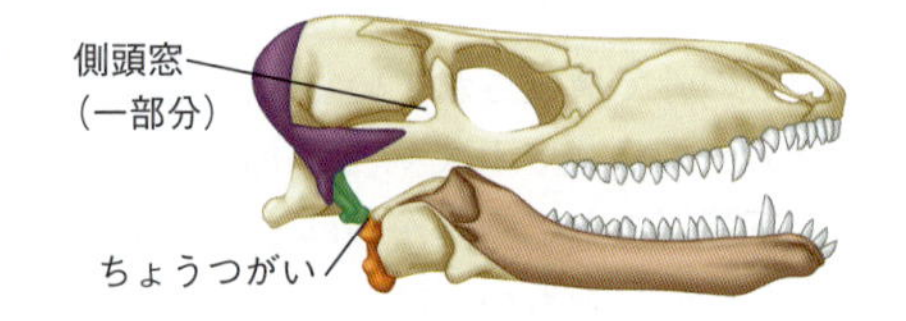
側頭窓
（一部分）
ちょうつがい

後期犬歯類（2 億 2000 万年前）

後期犬歯類は，複雑な歯尖パターンの歯と，下顎と上顎の顎のちょうつがいを 2 ヵ所もっていた．彼らは，もとの関節骨–方形骨のちょうつがいを保持し，歯骨と側頭鱗骨の間に新しい，第 2 のちょうつがいを形成した（この後期犬歯類と下の末期犬歯類の頭蓋骨では，側頭窓はこの方向からは見えない）．

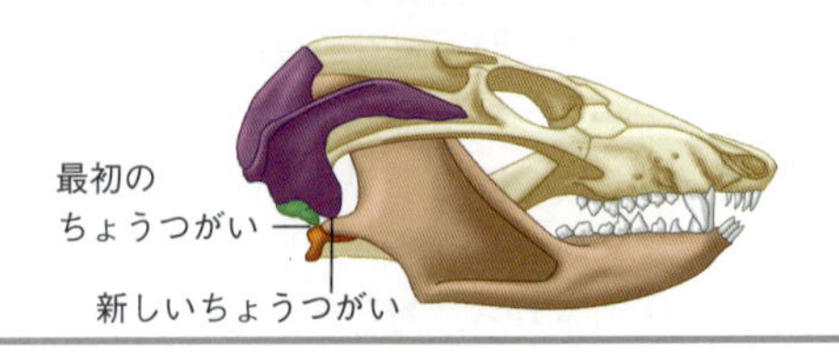
最初の
ちょうつがい
新しいちょうつがい

末期犬歯類（1 億 9500 万年前）

いくつかの末期犬歯類（非哺乳類）と初期哺乳類では，現生の哺乳類のように，最初の関節骨–方形骨のちょうつがいが失われ，歯骨–側頭鱗ちょうつがいが下顎と上顎の間の唯一のちょうつがいとして残った．関節骨と方形骨は，耳の領域（図示せず）に移動し，音を伝える機能をもった．哺乳類の系統では，この 2 つの骨がおなじみの耳の槌骨（つちこつ）と砧骨（きぬたこつ）に進化した．

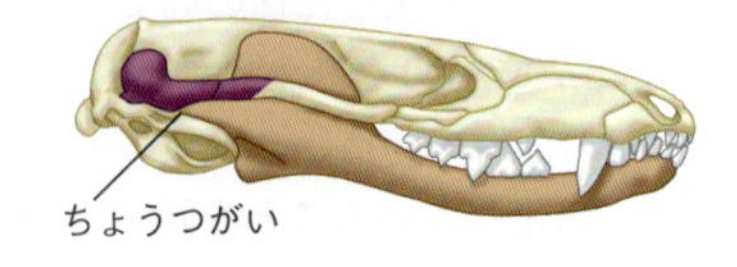
ちょうつがい

表 25.1　地質記録

累代（期間はスケールされない）	代	紀	世	年代（100万年前）	生命の歴史の重大な出来事
顕生代	新生代	第四紀	完新世	0.01	有史時代
			更新世	2.6	氷河期，ヒト属の出現
		新第三紀	鮮新世	5.3	二足歩行する人類祖先の出現
			中新世	23	哺乳類と被子植物の放散が続く，最古の人類の直接の祖先の出現
		古第三紀	漸新世	34	多くの霊長類群の出現
			始新世	56	被子植物の優占が進む，多くの現代の哺乳類の目の放散
			暁新世	66	哺乳類，鳥類と送粉昆虫の大規模な放散
	中生代	白亜紀		145	被子植物の出現と多様化，白亜紀終わりの恐竜を含む多くの生物群の絶滅
		ジュラ紀		201	裸子植物が引き続き優占植物，恐竜が増え，多様化
		三畳紀		252	球果植物（裸子植物）が陸上景観を優占，恐竜が進化し放散，哺乳類の出現
	古生代	ペルム紀		299	爬虫類の放散，今日のほとんどの昆虫目の起源，ペルム紀の終わりの多くの海生および陸生生物の絶滅
		石炭紀		359	維管束植物の巨大な森林，最初の種子植物の出現，爬虫類の出現，両生類が優占
		デボン紀		419	硬骨魚の多様化，最初の四肢類と昆虫の出現
		シルル紀		444	初期の維管束植物の多様化
		オルドビス紀		485	海産藻類が繁栄，多様な菌，植物，動物の陸上への進出
		カンブリア紀		541	多くの動物門の突然の増加（カンブリア大爆発）
原生代	新原生代	エディアカラ紀		635	藻類と柔らかい体をもつ無脊椎動物の多様化
				1000	
				1800	最古の真核生物化石
				2500	
始生代				2700	大気中の酸素濃度の増加開始
				3500	最古の細胞化石（原核生物）
				4000	地球表層での最古の岩石
冥王代				約 4600	地球の誕生

最初の単細胞生物

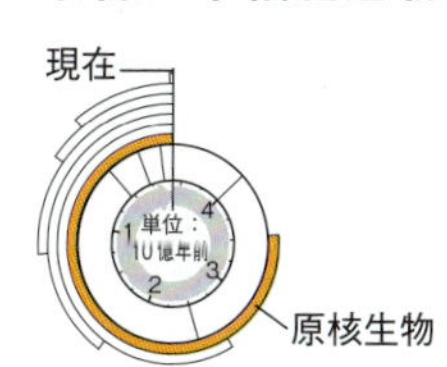

現在
単位：10億年前
1
2
3
4
原核生物

35億年前の最初の生命の直接的証拠は，化石のストロマトライトに由来する（図 25.5 参照）．**ストロマトライト stromatolite** は，特定の原核生物が一緒に結合し薄膜の堆積物を形成する層状の岩である．ストロマトライトやその他の初期の原核生物は，約15億年間地球の唯一の住人だった．これから見るように，これらの原核生物は私たちの惑星上の生命を変革した．

光合成と酸素革命

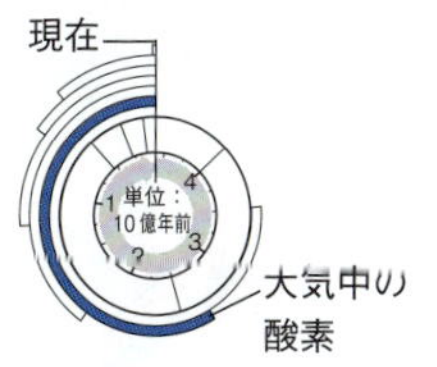

現在
単位：10億年前
1
2
3
4
大気中の酸素

大気中のほとんどの酸素（O_2）は，光合成により水が分解されて生じた生物学的な起源をもつ．この酸素発生型光合成が，光合成原核生物で最初に進化したときは，光合成により生じた遊離酸素分子は，周囲の水に溶けていき，十分な酸素濃度になったとき溶けていた鉄（2価鉄のイオン）などの元素と反応した．これにより，鉄は酸化物として沈殿し，地層として堆積したであろう．これらの堆積物は圧縮されて，縞状鉄鉱層，すなわち今日の鉄鉱石の源である酸化鉄を含む岩石の赤色層となった．いったんすべての溶解していた鉄が沈殿してしまうと，それ以上の酸素は最終的には海中や湖中に飽和するまで蓄積し続けた．その後，酸素は，「気体として」出ていき，大気中に集積した．この約27億年前に始まった変化は，鉄分を多く含んだ陸上の岩を錆びさせて痕跡を残した．この年代記は，今日のシアノバクテリアに似た細菌（酸素発生型光合成細菌）が27億年よりも前に出現していたことを意味する．

図25.9に示すように，大気中の酸素濃度は，27億年前から24億年前にかけてゆっくり増加した．しかし，その後現在のレベルの1%ないし10%の濃度に比較的急速に上昇した．この「酸素革命」は生命に重大な影響を与えた．生命を構成する化学形態のあるものに対し，酸素はその化学結合を攻撃し，酵素を阻害したり細胞に損傷を与えたりする．大気中の酸素濃度の増加は，多くの原核生物の群を滅亡させたと思われる．ある種は嫌気的な環境にとどまって生き残った．現在でも，嫌気的環境に彼らの子孫が暮らしているのが見られる（27.4節参照）．生き残ったものの中には，変化する大気に対する多様な適応が起こり，その中には生体分子に蓄えられたエネルギーを取り出すために酸素を使う細胞呼吸が含まれる．

大気中の O_2 レベルの上昇は，生命史上に大きな影響を与えた．数億年後，もう1つの根本的な変化，すなわち真核細胞の進化が起こった．

最初の真核生物

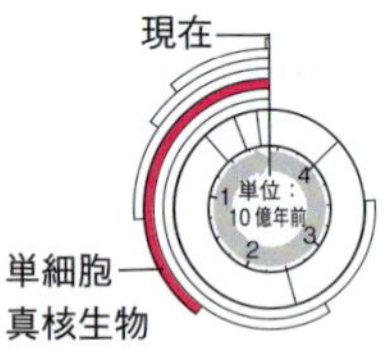
現在
単位：
10億年前
単細胞
真核生物

真核生物であると認められている最も古い化石は，18億年前のものである．真核細胞が，原核細胞よりももっと複雑な構造をもっていることを思い出してほしい．真核細胞は，核膜，ミトコンドリア，小胞体などの原核細胞にはない細胞内構造をもつ．また，原核細胞と異なり，真核細胞はよく発達した細胞骨格ももち，細胞の形を変え，それにより，他の細胞を飲み込むことが可能となる．

原核生物の祖先から，真核生物はどのように進化し

▼図25.8　ビジュアル解説　地質年代スケール

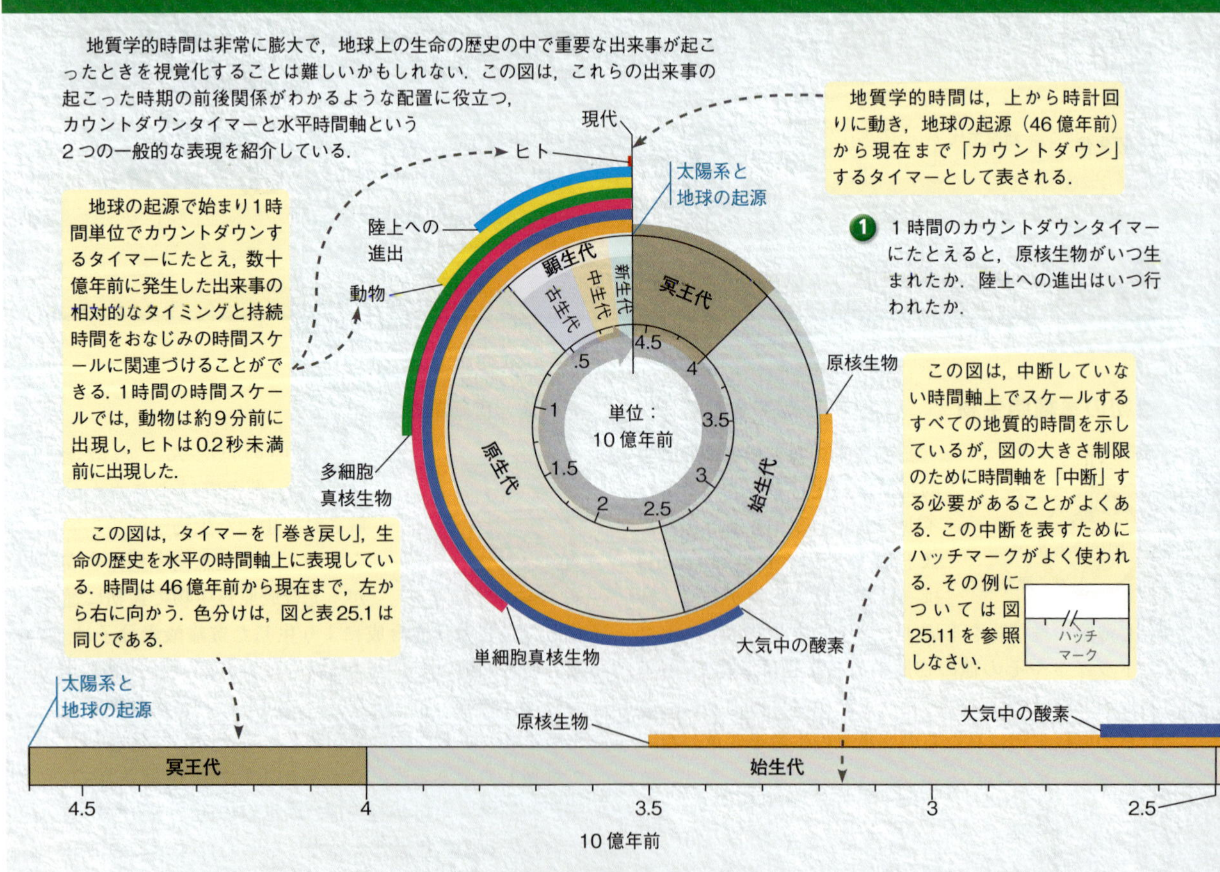
地質学的時間は非常に膨大で，地球上の生命の歴史の中で重要な出来事が起こったときを視覚化することは難しいかもしれない．この図は，これらの出来事の起こった時期の前後関係がわかるような配置に役立つ，カウントダウンタイマーと水平時間軸という2つの一般的な表現を紹介している．
地質学的時間は，上から時計回りに動き，地球の起源（46億年前）から現在まで「カウントダウン」するタイマーとして表される．
1 1時間のカウントダウンタイマーにたとえると，原核生物がいつ生まれたか．陸上への進出はいつ行われたか．
地球の起源で始まり1時間単位でカウントダウンするタイマーにたとえ，数十億年前に発生した出来事の相対的なタイミングと持続時間をおなじみの時間スケールに関連づけることができる．1時間の時間スケールでは，動物は約9分前に出現し，ヒトは0.2秒未満前に出現した．
この図は，中断していない時間軸上でスケールするすべての地質的時間を示しているが，図の大きさ制限のために時間軸を「中断」する必要があることがよくある．この中断を表すためにハッチマークがよく使われる．その例については図25.11を参照しなさい．
ハッチマーク
この図は，タイマーを「巻き戻し」，生命の歴史を水平の時間軸上に表現している．時間は46億年前から現在まで，左から右に向かう．色分けは，図と表25.1は同じである．
現代
ヒト
太陽系と地球の起源
陸上への進出
動物
多細胞真核生物
単細胞真核生物
大気中の酸素
原核生物
顕生代
新生代
中生代
古生代
冥王代
原生代
始生代
単位：10億年前
4.5
4
3.5
3
2.5
2
1.5
1
.5
太陽系と地球の起源
原核生物
大気中の酸素
冥王代
始生代
4.5
4
3.5
3
2.5
10億年前

▼図 25.9　**大気中の酸素濃度の上昇．** 古代の岩石の化学分析により，地球の歴史の中で大気中の酸素濃度の復元が可能である．

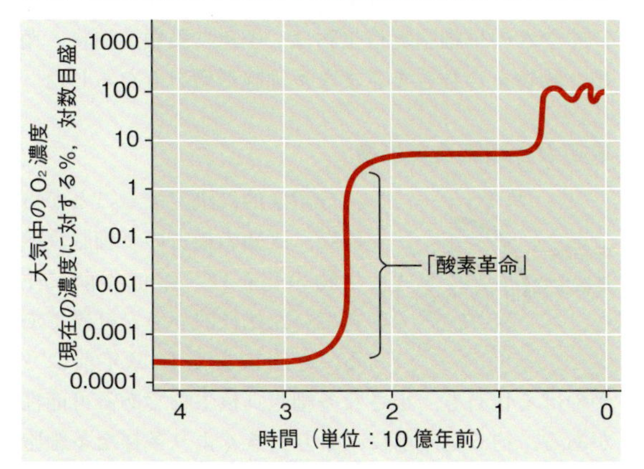
大気中の O₂ 濃度
（現在の濃度に対する%，対数目盛）
1000
100
10
1
0.1
0.01
0.001
0.0001
「酸素革命」
4
3
2
1
0
時間（単位：10 億年前）

たのであろうか．現在の証拠は，原核細胞がすべての真核生物に見られる細胞小器官，すなわちミトコンドリアに進化するであろう小細胞を取り込んだ，**細胞内共生 endosymbiosis** が起源であることを示している．小さな取り込まれた細胞は，「宿主細胞」とよばれる他の細胞内で生きる細胞，すなわち「細胞内共生体」の例である．ミトコンドリアの祖先となった原核生物は，おそらく，消化されなかった餌か内部寄生者として宿主細胞に入ったのであろう．このようなプロセスは起こりにくいかもしれないが，科学者は，餌や寄生者として始まった細胞内共生者が，わずか 5 年以内に相利的関係に発展した例を観察している．

はじめの関係がどうであれ，共生が実際に利益をもたらすようになったことは想像に難くない．たとえば，酸素が多くなってきた世界では，自分自身が嫌気性である細胞は，酸素を利用可能な好気性の内部共生者から利益を得る．相互依存が強くなっていく過程で，宿主と内部共生者は，分離できない 1 つの生物になっていった．すべての真核生物は，ミトコンドリアあるいはその痕跡細胞小器官をもつが，すべてが色素体（葉緑体や他の関連する細胞小器官の一般的用語）をもつわけではない．それゆえ，**連続細胞内共生 serial endosymbiosis** 説では，細胞内共生の過程で，色素体より前にミトコンドリアが進化したとしている．図 25.10 に示すように，ミトコンドリアと色素体の両方が細菌の細胞に由来すると考えられている．ミトコンドリアの祖先である細菌を貪食した細胞であるもとの宿主は，古細菌，あるいは古細菌に近縁であったと考えられている．

色素体とミトコンドリアの細胞内共生を支持する証拠は数多くある．

- 両細胞小器官の内膜は，現生の細菌の細胞膜に見られるものと相同な酵素や輸送システムをもつ．
- ミトコンドリアと色素体は，ある種の細菌を連想させる二分裂により複製される．各々の細胞小器官は，細菌の染色体のように，ヒストンや他の多種類のタンパク質が付随しない環状 DNA 分子をもつ*．
- 細胞小器官が，独立生活をしていた生物の子孫であることから予測されるように，ミトコンドリアと色素体は，DNA を転写しタンパク質に翻訳するのに必要な装置（リボソームを含む）をもつ．
- 最後に，大きさ，RNA の塩基配列，ある種の抗生物質に対する感受性の点で，ミトコンドリアや色素体のリボソームは，真核細胞の細胞質にあるリボソームよりも細菌のリボソームに似ている．

28 章では，真核生物の起源に戻って，宿主細胞と細胞内共生体を生じた原核生物の系統についてゲノムデータが明らかにしたものに焦点を当てる．

＊（訳注）：ミトコンドリアと色素体の DNA も，いくつかの特異的な DNA 結合タンパク質との複合体として存在している．ただし，それらのタンパク質は核の染色体のタンパク質とは異なる．

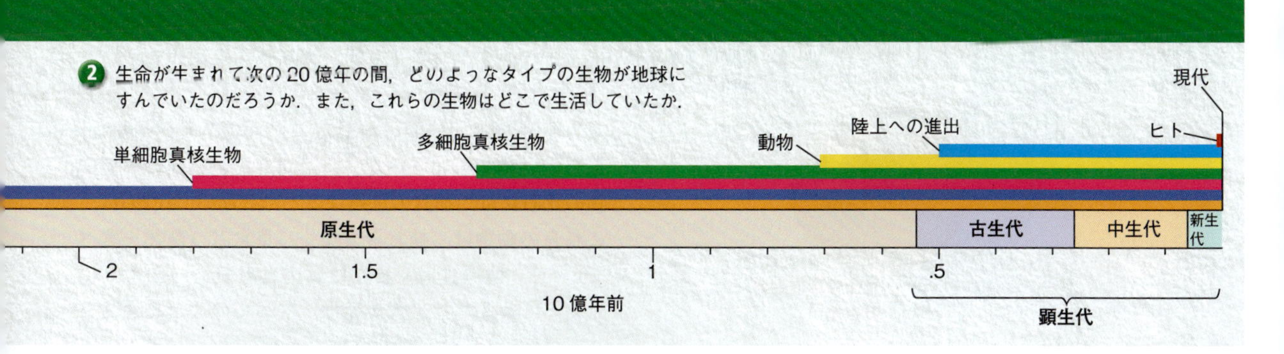
2 生命が生まれて次の 20 億年の間，どのようなタイプの生物が地球にすんでいたのだろうか．また，これらの生物はどこで生活していたか．
現代
陸上への進出
ヒト
動物
多細胞真核生物
単細胞真核生物
原生代
古生代
中生代
新生代
2
1.5
1
.5
10 億年前
顕生代

多細胞体制の起源

オーケストラは，バイオリンのソリストができるよりも多くの種類の楽曲を演奏することができる．オーケストラにおける複雑性の増加は，多くのバリエーションを可能にした．同様に，構造的に複雑な真核細胞の起源は，単純な原核細胞で可能な形態よりも，より高い形態的多様性の進化を引き起こした．最初の真核生物が出現した後，今日繁栄し続ける単細胞真核生物の多様性を生み出して，多種多様な単細胞生物の形態が進化した．そして多様化のもう1つの波も現れた．いくつかの単細胞真核生物は，子孫に藻類，植物，菌類，動物を含むさまざまな多細胞形態をもたらした．

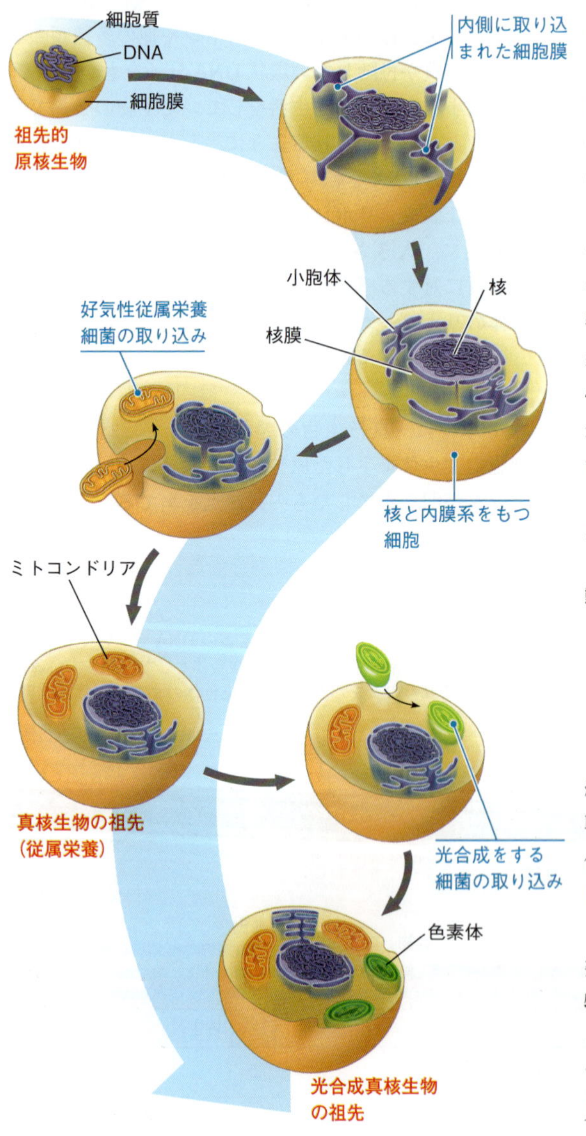
細胞質
DNA
細胞膜
祖先的
原核生物
内側に取り込まれた細胞膜
小胞体
核
核膜
好気性従属栄養細菌の取り込み
核と内膜系をもつ細胞
ミトコンドリア
真核生物の祖先
(従属栄養)
光合成をする細菌の取り込み
色素体
光合成真核生物の祖先

▼図 25.10　**連続細胞内共生によるミトコンドリアと色素体の起源仮説．** 推定寄主は古細菌あるいは古細菌近縁生物である．ミトコンドリアの推定祖先は好気性の従属栄養の細菌で，色素体の推定祖先は光合成をする細菌（シアノバクテリア）である．この図において，矢印は進化時間の変化を表す．

最初の多細胞真核生物

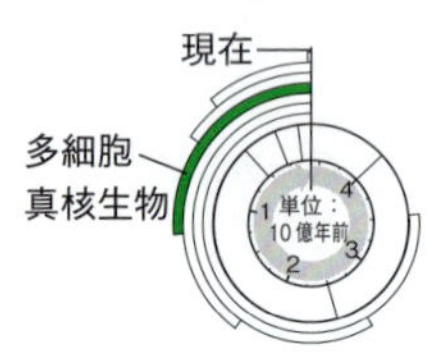
現在
多細胞
真核生物
単位：
10億年前
1
2
3
4

分類学的に決定することが可能な，既知の最古の多細胞真核生物の化石は，12億年前に生きていた比較的小さな紅藻である．さらに古く18億年前にさかのぼる化石も，小さな多細胞真核生物である可能性がある．約6億年前に，より大きくより多様な多細胞真核生物は，化石記録に出現した（図25.5参照）．エディアカラ生物群とよばれるこれらの化石は，柔らかい体をもつ生物で，あるものは1mを超える長さになっていたが，6億3500万年前から5億4100万年前に生息していた．エディアカラ生物群には，分類学上の位置が不明なさまざまな生物とともに，藻類と動物の両方が含まれている．

エディアカラ時代の大型真核生物の登場は，生命史の大きな変化を表している．その前は，地球は微生物の世界であった．その唯一の住民は，単細胞の原核生物と真核生物とともに，多種多様な微細な多細胞真核生物であった．エディアカラ生物群の多様化が約5億4100万年前に終わりを迎えたことで，さらに壮大な進化の幕開けである「カンブリア大爆発」のための舞台が整えられた．

カンブリア大爆発

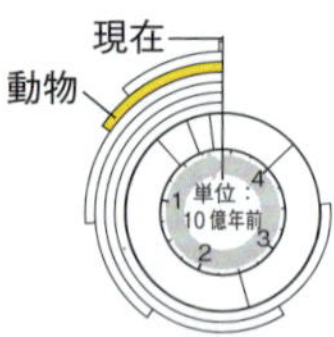
現在
動物
単位：
10億年前
1
2
3
4

動物のおもな門のほとんどは，5億3500万～5億2500万年前のカンブリア紀の初期に化石として突然現れる．この現象は**カンブリア大爆発 Cambrian explosion** とよばれている．いくつかの動物群の化石，たとえば海綿動物，刺胞動物（イソギンチャクとその近縁群），軟体動物（巻貝，二枚貝やその近縁群）は，後期原生代と年代決定されたより古い岩石からも出現している（図25.11）．

カンブリア大爆発の前では，すべての大型動物は，柔らかい体をもっていた．カンブリア紀以前の大型動物の化石には，捕食の証拠はほとんどない．代わりに，これらの動物は，捕食者でなく，草食者（藻類を食べていた），濾過食者，または腐肉食者であったように見える．カンブリア大爆発は，すべてのことを変化さ

▼図 25.11　**動物群の出現．**白いバーは，化石記録における，これらの動物群の最初の出現時期を示す．

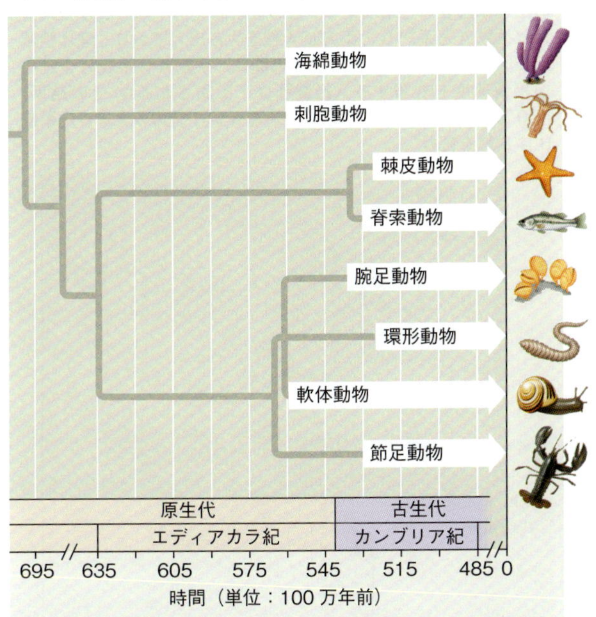

海綿動物
刺胞動物
棘皮動物
脊索動物
腕足動物
環形動物
軟体動物
節足動物
原生代
古生代
エディアカラ紀
カンブリア紀
695
635
605
575
545
515
485
0
時間（単位：100 万年前）

図読み取り問題➤脊索動物と環形動物の，最も新しい共通祖先を表す分岐点を丸で囲みなさい．またその祖先の出現時代の最小推定値はいつか．

▼図 25.12　**古代の共生．**この 4 億 500 万年前の化石の茎（断面）は，初期の陸上植物アグラオフィトン・マヨール *Aglaophyton major* の菌根菌を記録している．挿入図は，樹枝状体とよばれる分枝状の真菌構造を含む細胞の拡大図を示す．化石の樹枝状体は今日の植物細胞に見られるものに似ている．

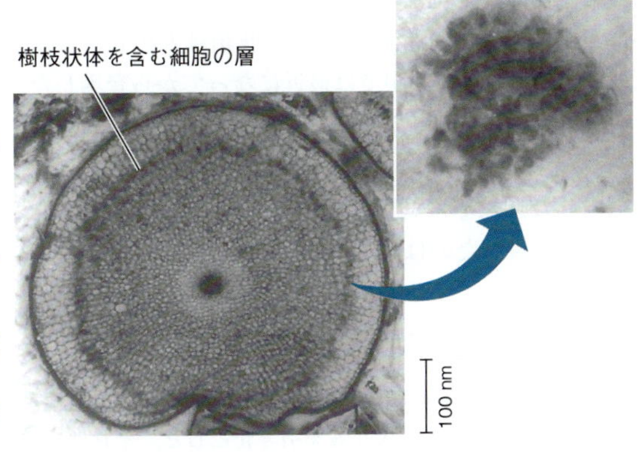

樹枝状体を含む細胞の層
100 nm

せた．比較的短い期間（1000 万年）で，爪やその他の獲物を捕らえる機能をもつ長さ 1 m 以上の捕食者が現れた．同時に，鋭いとげや重いよろいのような新しい防御的適応が被食生物に現れた（図 25.5 参照）．

カンブリア大爆発は，地球上の生命に多大な影響を与えたが，多くの動物門は，その時間のはるか前に由来したように思われる．最近の DNA 分析は，ナマコが 7 億年前に進化したことを示唆している．そのような分析はまた，カンブリア大爆発の間に分化した節足動物，脊索動物，および他の動物門の共通の祖先が 6 億 7000 万年前に生存したことを示している．研究者は，特定のグループのナマコがもつステロイドを含む 7 億 100 万年前の堆積物を発見した．これは分子データを支持する発見である．対照的に，現存する動物門に当てられた最古の化石は，5 億 6000 万年前に生息していた貝類のキンベレラ *Kimberella* のものである．カンブリア大爆発は，キンベレラの化石の年代に基づくと，少なくとも 2500 万年，ある DNA 分析に基づくと 1 億年以上の「長い導火線」をもっていたことを示している．

陸上への進出

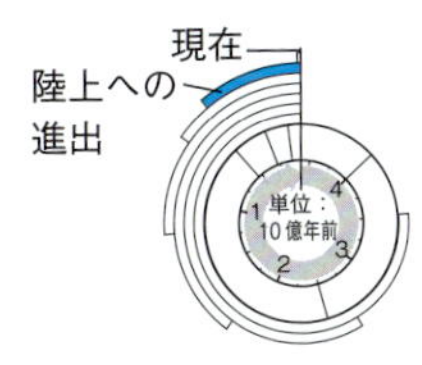

現在
陸上への進出
単位：10 億年前
1
2
3
4

生命の歴史の中で，陸上への進出もまた重大な出来事であった．10 億年以上前に，シアノバクテリアなどの光合成原核生物が，湿った地表を覆っていたという化石の証拠がある．しかし，植物，菌類，動物といった大型生物は，5 億年前まで陸上に進出しなかった．淡水環境から陸上への，ゆっくりとした進化的な冒険は，乾燥を防ぎ，陸上で繁殖できるようになる適応を伴っていた．たとえば，多くの今日の陸上植物は，内部の物質を輸送するための維管束系と，大気への水の損失を減らすように，葉の表面にロウの防水層をもっている．これらの適応の初期兆候は，4 億 2000 万年前に存在していた．その時代の小さな植物（高さ約 10 cm）は，維管束系はもっていたが，本物の根や葉は欠いていた．その 4000 万年後には，植物は非常に多様化し，本物の根と葉をもつつるや樹木のような植物が含まれていた．

植物は菌類を伴って陸上に進出したように思われる．今日でも，ほとんどすべての植物は，水や無機塩類を土壌中から吸収するのに菌の助けを借りている（31.1 節参照）．その代わりに，これらの菌根菌は，有機物の養分を植物から得ている．こうした植物と菌類の相利共生関係の証拠が，最古の植物の化石にあり，この関係が陸上に生命が広がり始めたときから存在していたことを示している（図 25.12）．

陸上の環境には，多くの動物群が生息するが，最も広く分布し多様化しているのは節足動物（特に昆虫類とクモ類）と脊椎動物である．節足動物は，約4億5000年前に陸上に進出した最初の動物の1つであった．化石記録に見られる最古の四肢類は，3億6500万年ほど前に生息していて，肉鰭（にくき）類の魚から進化したように見える（34.3節参照）．四肢類は人類も含むが，人類は生命の歴史の中では最近になってから登場した．人類の系譜は，600万年から700万年ほど前に他の霊長類から分岐し，ヒトという種は約19万5000年前に出現した．地球の歴史の時計を1時間で表した場合，人間が登場したのは，0.2秒未満前である．

概念のチェック 25.3

1. 大気中への遊離酸素の初登場は，おそらく当時の原核生物の間で絶滅の巨大な波を引き起こした．それはなぜか．
2. 真核細胞の進化において，ミトコンドリアが色素体に先行することを支持する証拠は何か．
3. どうなる？➤現生の生命の化石記録は，どのように見えるだろうか．

（解答例は付録A）

25.4

生物群の盛衰は，種分化率と絶滅率の差を反映する

地球上の生命においては，その始まりから，生物群の盛衰によって特徴づけられている．嫌気性の原核生物が出現して繁栄し，その後大気中の酸素濃度の上昇に伴い減少した．数十億年後，最初の四肢類は，海から現れ，生物のいくつかの主要な新しい群を生み出した．それらの1つである両生類は，他の四肢類（恐竜や，その後に哺乳類）が主要な陸生脊椎動物として交代するまで，1億年間陸上を支配した．

これらおよび他の主要な生物群の盛衰は，生命の歴史を形づくってきた．焦点を絞ると，どの特定群の興隆も，その群の構成種の種分化率と絶滅率に関連していることがわかる（図25.13）．死亡数より出生数が多いときに集団サイズが大きくなるように，絶滅で失われるより多くの新種が形成されるときは生物群が興隆する．生物群が衰退にあるときには逆になる．**科学スキル演習**では，古第三紀はじめの巻貝種の変遷に関する化石記録のデータを解釈する．生物群の運命のような変遷は，プレートテクトニクス，大量絶滅と適応放散などの大規模なプロセスによって影響されている．

▼図25.13　どのように種分化と絶滅が多様性に影響するか． 進化系統における種多様性は，絶滅に失われる種より多くの新種の出現が起きると増加する．この仮説的な例では，200万年前には系統Aと系統Bの両方が4種を生み出しており，種は絶滅していない．しかし，200万年の間に，系統Aは系統Bより高い絶滅速度を経験する（絶滅種は†で表される）．その結果，400万年後（すなわち時間0），系統Aは1種のみとなり，系統Bは8種を含む．

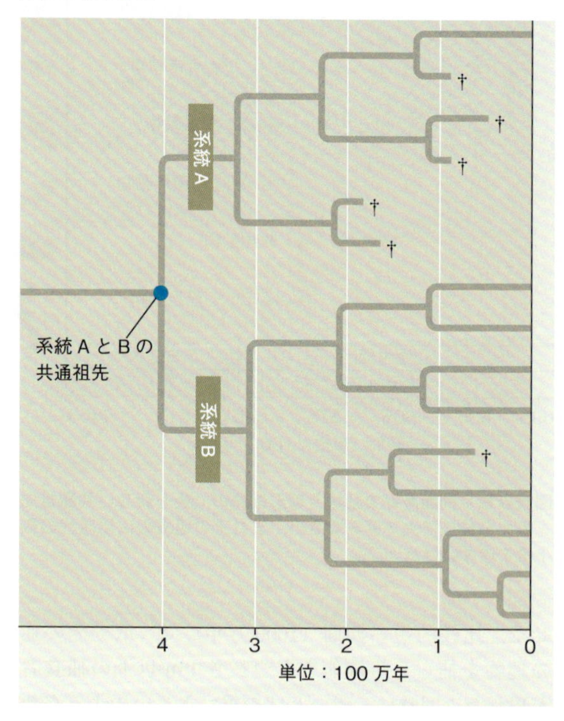

系統A
系統B
系統AとBの
共通祖先
†
4
3
2
1
0
単位：100万年

プレートテクトニクス

1万年ごとに地球の写真を宇宙から撮影して，つなぎ合わせて映画をつくったら，想像し難いものになるだろう．私たちがすむ，一見「岩のように堅い」大陸は，時間をかけて移動する．過去10億年の間に，地球の陸塊のほとんどが一緒になり，超大陸が形成されたことが3回あり（11億年前，6億年前，2億5000万年前），その後，離れていった．その分裂のたびに，大陸は異なるさまざまな構成をとった．今日，大陸が動いている方向に基づき，ある地質学者は，新し

▼図25.14　地球の断面図． 地殻の厚さは，ここで誇張されている．

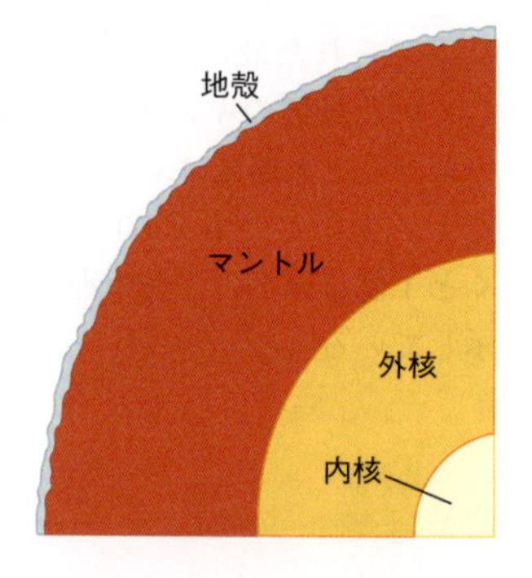

地殻
マントル
外核
内核

科学スキル演習

グラフからの量的データの推定と仮説構築

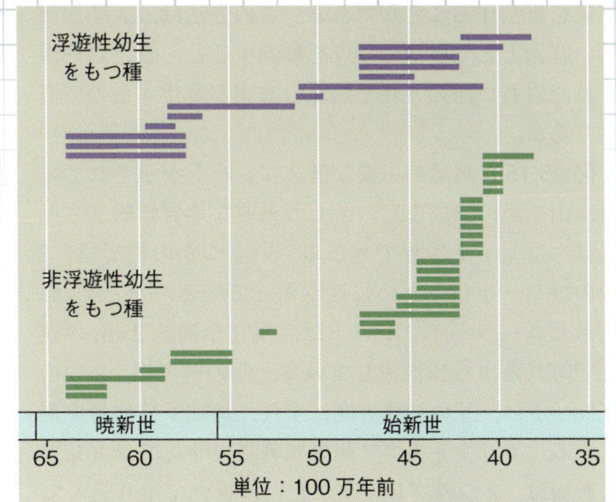
浮遊性幼生
をもつ種
非浮遊性幼生
をもつ種
暁新世
始新世
65
60
55
50
45
40
35
単位：100 万年前

生態的要因が進化率に影響するか　研究者は化石記録を研究し，異なる幼生散布様式によって，海産巻貝の 1 分類群，ヒタチオビガイ科（Volutidae）内の種の寿命を説明できるかどうかを調べた．巻貝の種のいくつかは，非浮遊性の幼生を有し遊泳段階を経ずに直接成体へと移行する．他の種は浮遊性の幼生をもっており，遊泳段階があるので非常に遠距離に分散することができた．これらの浮遊性の種の成体は広い地理的分布を示す傾向があったが，非浮遊性の種はより隔離する傾向があった．

実験方法　研究者は，北米のメキシコ湾岸沿いに位置する堆積岩の露頭におけるヒタチオビガイの層序的分布を調査した．これらの岩石は，6600～3700 万年前の古第三紀初期に形成され，保存のよい巻貝化石の優れた供給源である．研究者は，巻貝の貝殻の最も初期に形成された渦巻きの特徴に基づき，浮遊性または非浮遊性の幼生を有すると判定し，巻貝の各化石種を分類することができた．グラフの各バーは，1 種類の巻貝が化石記録として残っている期間を示す．

データの解釈

1. グラフから量的データを（かなり正確に）推測することができる．最初のステップは，スケールを有する軸を測定して換算係数を得ることである．この場合，2500 万年前（100 万年；x 軸上の 60～3500 万年前）は 7.0 cm の長さで表されている．これにより，換算係数（比）が 2500 万年/7.0 cm = 360 万年/cm になる．このグラフ上の横棒で表される期間を推定するには，その棒の長さを cm で測定し，その測定値に換算係数 360 万年/cm を掛ける．例えば，グラフ上の 1.1 cm と測定された棒は，1.1 cm×360 万年/cm = 400 万年の持続時間を表す．
2. 浮遊性幼生および非浮遊性幼生種の平均持続時間を計算する．
3. 6000 万年から始まる各グループで形成される新しい種の数を数える（各グループの最初の 3 種はサンプリングされた最初の時期である 6400 万年前に存在していたので，これらの種が化石記録に最初に現れた時期はわからない）．
4. 浮遊性と非浮遊性幼生との巻貝種の寿命の違いを説明する仮説を提案しなさい．

データの出典　T. A. Hansen, Larval dispersal and species longevity in Lower Tertiary gastropods, *Science* 199:885-887 (1978). Reprinted with permission from AAAS.

▼図 25.15　**地球の主要な構造プレート．** 矢印は移動方向を示している．オレンジ色の点は活発な地殻変動活動帯を表す．

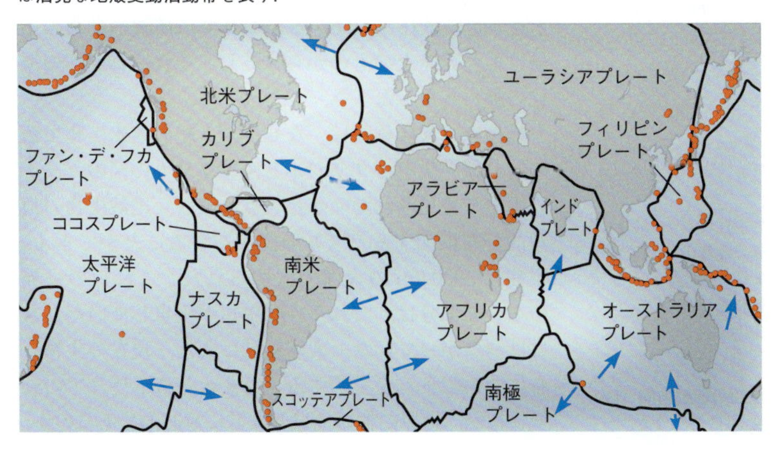
ユーラシアプレート
北米プレート
カリブ
プレート
フィリピン
プレート
ファン・デ・フカ
プレート
アラビア
プレート
インド
プレート
ココスプレート
太平洋
プレート
南米
プレート
ナスカ
プレート
アフリカ
プレート
オーストラリア
プレート
スコッテアプレート
南極
プレート

い超大陸がいまからおよそ 2 億 5000 万年後に形成すると推定している．

プレートテクトニクス plate tectonics の理論によれば，大陸は，本質的には熱い下部マントルに浮かぶ地球の地殻の大板の一部である（図 25.14）．マントルの動きは，プレートを，「大陸移動」とよばれるプロセスで，時間が経つにつれて移動させる．地質学者は，現在は通常，年間わずか数 cm というプレートの移動する速度を測定することが可能である．彼らはまた，岩石の形成時に記録された磁気信号を使って，大陸の過去の位置を推測することができる．この方法は，大陸が時間の経過とともにその位置を移動すると，新たに形成された岩石に記録された磁北の方向が変化するので有効である．

図 25.15 に地球の主要な構造プレートが示されている．山や島の形成などの多くの重要な地質学的プロセスは，プレート境界で起こる．いくつかの例では，2つのプレートは，互いに遠ざかっている．たとえば，北米とユーラシアプレートは，現在年間約 2 cm の速度で離れるように漂流している．他の例では，2つのプレートは，互いに横方向にずれ，地震多発地帯を形成する．カリフォルニア州の悪名高いサンアンドレアス断層は，2つのプレートが互いに越えて滑り込んでいる境界線の一部である．さらに他の場合では，2つのプレートが衝突し，強烈な隆起が起こり，プレート境界に沿って山脈が形成される．この壮大な例は，4500 万年前にインドプレートがユーラシアプレートに衝突したときに起こり，ヒマラヤ山脈の形成が開始された．

▼図 25.16　**顕生代間の大陸移動の歴史．**

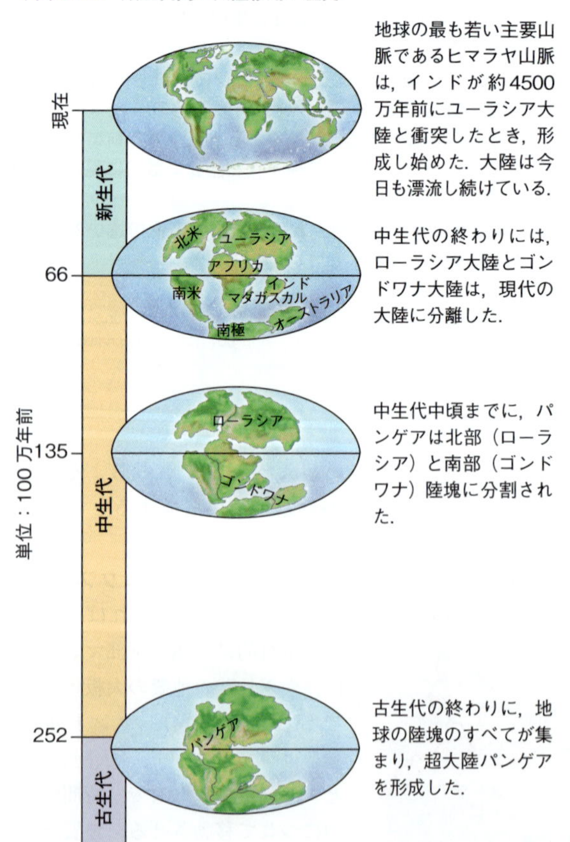
現在
新生代
66
中生代
135
252
古生代
単位：100 万年前
北米
ユーラシア
アフリカ
インド
南米
マダガスカル
オーストラリア
南極
ローラシア
ゴンドワナ
パンゲア
地球の最も若い主要山脈であるヒマラヤ山脈は，インドが約4500万年前にユーラシア大陸と衝突したとき，形成し始めた．大陸は今日も漂流し続けている．
中生代の終わりには，ローラシア大陸とゴンドワナ大陸は，現代の大陸に分離した．
中生代中頃までに，パンゲアは北部（ローラシア）と南部（ゴンドワナ）陸塊に分割された．
古生代の終わりに，地球の陸塊のすべてが集まり，超大陸パンゲアを形成した．

図読み取り問題➤オーストラリアプレートの現在の移動方向（図 25.15 参照）は，過去 6600 万年の移動方向と同じだろうか．

大陸移動の影響

プレートの動きは地形を徐々に再配置するが，その累積効果は劇的である．私たちの惑星の物理的特徴をつくり直すことに加えて，大陸移動はまた，地球上の生命に大きな影響を与える．

その理由の1つは，その大陸移動は，生物の生息地を変化させる．図 25.16 に示す変化を検討しなさい．約 2 億 5000 万年前に，プレートの動きにより，以前は離れていた大陸は一緒になり，**パンゲア Pangaea** という超大陸をもたらした．海盆は深くなり，浅い沿岸海域を干上がらせた．その当時，現在のようにほとんどの海洋生物種は浅い海域に生育しており，パンゲアの形成により，その生息地の多くが破壊された．パンゲアの内部は，おそらく中央アジアの今日よりもさらに厳しい環境で，寒く乾燥していた．全体として，パンゲアの形成は，物理的環境や気候を変え，ある種を絶滅させ，危機を生き延びた生物群のために新しい機会を提供した．

生物も，その生育地が大陸移動した結果としての気候変動により影響を受けた．たとえば，カナダのラブラドール地区の南端は，かつて熱帯に位置していたが，最後の 2 億年にわたって北緯 40° に移動した．位置の変更に伴うような気候変動に直面したときに，生物は適応するか，新しい場所へ移動する，あるいは絶滅する（この最後の結果は，4000 万年前にオーストラリアから分離した南極に取り残された多くの生物に起こった）．

大陸移動はまた，壮大なスケールでの異所的種分化を促進する．超大陸が分解したときに，かつてつながっていた地域は隔離されるようになる．大陸が，過去 2 億年間に離れて漂流するにつれて，植物や動物の系統は他の大陸上のものから分岐し，それぞれが別の進化の舞台となった．

最後に，大陸移動は，なぜペルム紀の淡水生爬虫類の同じ種の化石がブラジルと西アフリカの国のガーナの両方で発見されたのかというような，絶滅生物の地理的分布に関するパズルの説明をすることができる．現在は 3000 km の大洋で区切られた，これらの世界の 2 つの部分は，これらの爬虫類が生息していたときにはつながっていた．大陸移動はまた，現在の生物分布について多くを説明する．なぜオーストラリアの動植物相が，世界の他の地域と非常に対照的であるのか．

有袋類は，オーストラリアの生態系における役割を満たしているが，その役割は他の大陸で真獣類（有胎盤哺乳類）が満たしている役割に類似している（図22.18 参照）．化石証拠は，有袋類は，現在，アジアのあるところで出現し，大陸がまだつながっている間に南米と南極を経由してオーストラリアに達したことを示唆している．南の大陸のその後の分裂により，オーストラリアは，有袋類の巨大ないかだのように海上を「漂流」した．オーストラリアでは，有袋類は多様化し，そこに生息していた少数の真獣類は絶滅したが，他の大陸ではほとんどの有袋類は絶滅して，真獣類が多様化した．

大量絶滅

化石記録は，かつて存在した種の圧倒的多数は現在絶滅していることを示している．種は多くの理由により絶滅する可能性がある．その生育地が破壊される，あるいは環境が，ある種に不利なように変化した可能性がある．たとえば，海の温度が数℃下降したら，前の環境にうまく適応していた種が滅びることがある．環境の物理的な要因が安定している場合であっても，生物学的要因は変化する可能性がある．1つの種の出現が，別の種の運命をにぎることがある．

絶滅は定期的に起こるが，特定の時代の破壊的な地球環境の変化は，絶滅速度の劇的な増加を引き起こしている．その結果，**大量絶滅 mass extinction** が起こり，世界中で多数の種が絶滅する．

「5大」大量絶滅事件

5回の大量絶滅が，過去5億年間の化石記録により明らかになっている（図 25.17）．これらの事件は，化石記録が最も完全である，特に浅い海に生息していた固い体の動物の大量の死滅により物語ることができる．それぞれの大量絶滅では，海洋生物種の50%以上が絶滅した．

ペルム紀と白亜紀の2つの大量絶滅は，最も注目を集めている．古生代と中生代の間の境界（2億5200万年前）と定義されるペルム紀の大量絶滅では，海産動物種の約96%が絶滅し，大洋の生命を大きく変えた．陸上の生命も影響を受けた．たとえば，昆虫の既知の27目のうち，8目が一掃された．この大量絶滅は，50万年以内，おそらく地質学的時間では一瞬である数千年間で起こった．

ペルム紀の大量絶滅は，過去5億年間で最も極端な火山活動の間に起こった．地質学的データは，シベリアの160万 km^2（西ヨーロッパのおよそ半分の大きさ）が何百mもの厚さの溶岩で覆われていたことを示している．この噴火は，約6℃高くまで温める地球温暖化に十分な二酸化炭素を生成し，温度に敏感な種に被害を与えたと考えられている．大気中の二酸化炭素濃度の上昇は海洋酸性化を招き，造礁サンゴや多くの貝殻形成種が必要とする炭酸カルシウムの利用を低下させたであろう（図 3.12 参照）．爆発はまた，微生物の成長を刺激する，リンのような栄養素を海洋生態系へ追加したであろう．これらの微生物は，死亡時に細菌分解者のための食料を提供していたであろう．細菌は死んだ生物体を分解するときに酸素を使用するので，酸素濃度を低下させる．これは酸素呼吸者に害を及ぼし，有害な代謝副生成物である硫化水素（H_2S）ガスを放出する嫌気性細菌の増殖を促進したであろう．全体として，火山噴火は一連の壊滅的事象を引き起こし，

図 25.17 大量絶滅と生物の多様性． 赤い矢印で示された5回の一般に認識されている大量絶滅事件は，海洋動物の科の絶滅率（赤色の線と左縦軸）のピークを表している．これらの大量絶滅で，一般的には時間（青色の線と右縦軸）とともに増大する現存海洋動物の科数の増加が中断された．

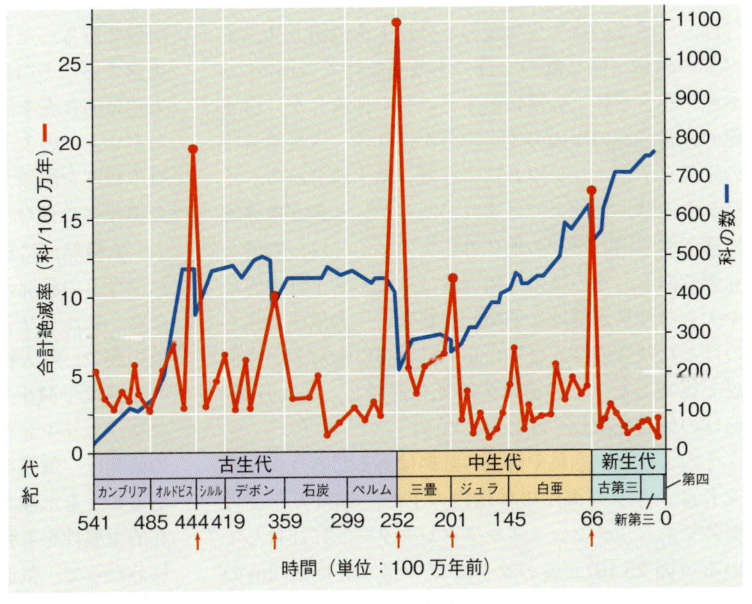

合計絶滅率（科/100 万年）
科の数
0
5
10
15
20
25
100
200
300
400
500
600
700
800
900
1000
1100
代
紀
古生代
中生代
新生代
カンブリア
オルドビス
シルル
デボン
石炭
ペルム
三畳
ジュラ
白亜
古第三
第四
新第三
541
485
444
419
359
299
252
201
145
66
0
時間（単位：100 万年前）

データの解釈➤本文で述べているように，海の動物種の96%がペルム紀の大量絶滅で絶滅した．青の曲線は，そのときに50%しか低下を示していない．その理由を説明しなさい．

▼図 25.18　白亜紀の生物への後遺症． カリブ海の底には，幅180 km の6600万年前のチクシュルーブクレーターがある．馬蹄形のクレーターと堆積岩中の崩壊物のパターンは，小惑星か彗星が南東から低い角度で衝突したことを示す．この図は，衝突とその直後の出来事を示している．水蒸気と崩壊物の雲が，数時間の間に北米のほとんどの動植物を死滅させたに違いない．

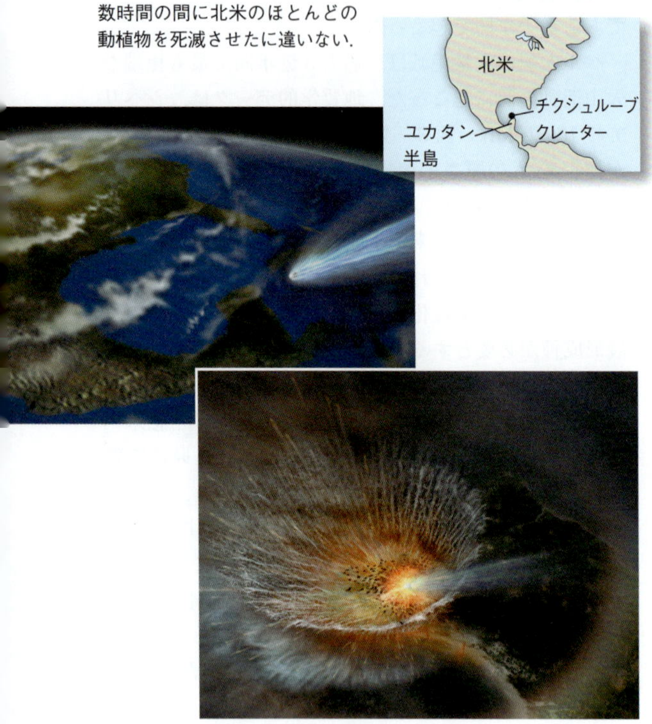

相まってペルム紀の大量絶滅を引き起こした可能性がある．

白亜紀の大量絶滅は6600万年前に起きた．この事件は，すべての海生生物種の半分以上を消滅させ，すべての恐竜（同じ群の一員である鳥を除く；図34.25参照）を含む陸生動植物の多くの科を抹殺した．白亜紀の大量絶滅の原因の1つの手がかりは，大量絶滅時の年代を示すイリジウムに富む薄い粘土層である．イリジウムは，地球上ではまれであるが，ときどき地球に落下する隕石などの地球外物質の多くでは一般的な元素である．その結果，研究者は，この粘土は小惑星や大きな彗星が地球と衝突したときに，大気中に立ちのぼった残骸の巨大な雲からの降下物であるという仮説を提案した．この雲は太陽光を遮断し，数ヵ月間，地球の気候を激しく乱しただろう．

そのような小惑星や彗星の証拠はあるだろうか．研究者はメキシコ海岸の堆積物の下の，6600万年前の傷跡である「チクシュルーブクレーター」に注目している（図 25.18）．このクレーターは，直径10 km の物体によって引き起こされた大きさである．大量絶滅に関するこの仮説および他の仮説の重要な評価が続行

▼図 25.19　化石絶滅と温度． 地球の気温が高かったときに絶滅率が増加した．温度は，酸素同位体比を用いて推定し，全体での平均温度が0になる指標に変換した（赤点は大量絶滅を表す）．

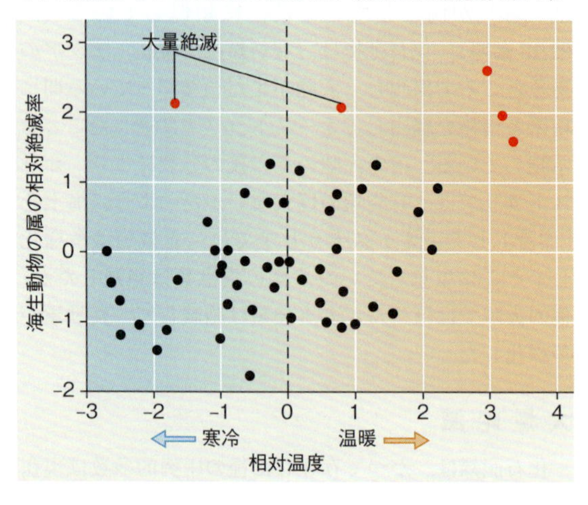
大量絶滅
海生動物の属の相対絶滅率
3
2
1
0
−1
−2
−3
−2
−1
0
1
2
3
4
寒冷
温暖
相対温度

されている．

第6の大量絶滅が進行中か？

56.1節でさらに学ぶように，生息地の破壊のような人間の活動は，多くの種が絶滅の危機に瀕するような規模で地球環境を改変している．過去400年間に，1000種以上が絶滅した．科学者たちは，この絶滅率は化石記録に見られる典型的な自然状態での絶滅率の100～1000倍であると推定している．第6の大量絶滅が現在進行中なのだろうか．

部分的には，現在起こっている絶滅の合計数を記録することが困難であるため，この問題に答えることは困難である．たとえば，熱帯雨林は多くの未知の種を包含する．その結果，熱帯林を破壊することにより，未知種の存在を知る前に，それらの種を絶滅に導くであろう．このような不確実性のため，現在の絶滅の危機の程度を評価することは難しい．それでも，これまでの損失は地球の生物種の大きな割合が絶滅した「5大」大量絶滅に達していないことは明らかである．これは今日の状況の深刻さを割り引くことを意味していない．モニタリングプログラムは，多くの種が，生息地の喪失，移入種，過剰収穫などの要因のために驚くべき速度で減少していることを示している．トカゲ，マツ，ホッキョクグマなどの多様な生物に関する最近の研究は，気候変動がこれらの減少を早める可能性があることを示唆している．化石記録は，気候変動の潜在的重要性をも強調している．すなわち，過去5億年にわたって，気温が高かったときに絶滅率が増加する傾向があった（図 25.19）．全体として，これらの証拠は，劇的な行動がとられない限り，第6の人為的大

▼図 25.20 **大量絶滅と生態系.** ペルム紀と白亜紀の大量絶滅（赤の矢印で示される）は，捕食者の属の割合を増やすことによって，海洋生態系を変えた．

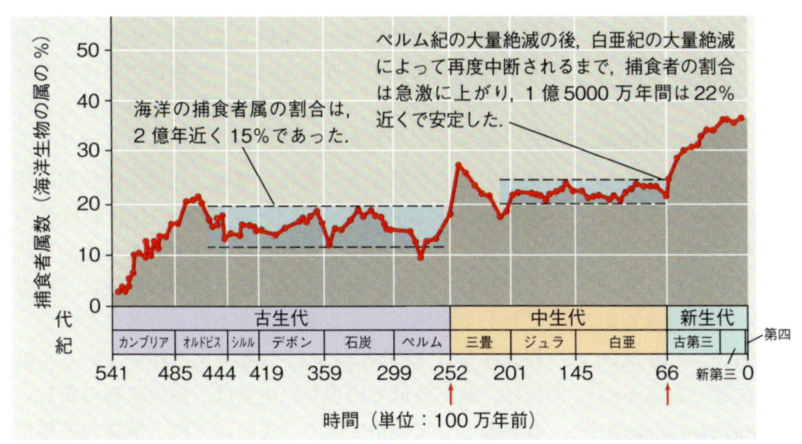
捕食者属数（海洋生物の属の%）
50
40
30
20
10
0
海洋の捕食者属の割合は，2億年近く15%であった．
ペルム紀の大量絶滅の後，白亜紀の大量絶滅によって再度中断されるまで，捕食者の割合は急激に上がり，1億5000万年間は22%近くで安定した．
代
紀
古生代
中生代
新生代
カンブリア
オルドビス
シルル
デボン
石炭
ペルム
三畳
ジュラ
白亜
古第三
新第三
第四
541
485
444
419
359
299
252
201
145
66
0
時間（単位：100万年前）

加は，直面している被食種間と，食糧のための捕食者間の競争の両方の危険性を増加させる．さらに，大量絶滅は，有利な機能をもつ系統を抑えることができる．たとえば，三畳紀後期に，二枚貝の殻（たとえば，ハマグリなど）を貫通して穴を開け，内側の動物を食べることができる腹足類（巻貝とその近縁群）の群が出現した．殻の掘削は，新しい豊富な食料資源へのアクセスを提供していたが，この新しく形成された群は，三畳紀の終わりの大量絶滅時に全滅した（約2億年前）．1億2000万年後に，別の巻貝の群（イボニシ類）が殻を掘削する能力をもった．もし，前の群が大量絶滅時より後に生まれていたならば多様化したと思われるように，イボニシ類はそれ以来，多くの新しい種に多様化している．最後に，大量絶滅は，非常に多くの種を失うことにより，生物の新たな群が増殖する適応放散の道を開くことができる．

量絶滅が，次の数世紀または数千年以内に起こる可能性を示唆している．

大量絶滅の影響

大量絶滅は，重要かつ長期的な影響を及ぼす．大量絶滅は，種の多数を失うことによって，繁栄している複雑な生態系を，それ以前の活気のない影のような状態に戻しかねない．一度，進化の系統が失われると，それは再生できない．進化の道筋は永遠に変更される．6600万年前に生きていた初期の霊長類が，白亜紀の大量絶滅で死に絶えていたらどうなっていただろうか．人間は存在しておらず，そして，地球上の生命は今日のものと大きく異なるだろう．

化石記録によると，典型的には，大量絶滅の後に生命の多様性が以前のレベルに回復するのに500万年から1000万年かかっている．いくつかの場合は，それよりもはるかに長くかかった．ペルム紀の大量絶滅の後の海洋生物の科の数の回復には，約1億年かかった（図25.17参照）．これらのデータは，ありのままの意味をもっている．現在の傾向が続き，第6の大量絶滅が起こった場合には，地球上の生命が回復するためには何百万年もかかるということである．

大量絶滅は，また，そこにすむ生物の種類を変えることにより，生態系の群集を改変する．たとえば，ペルム紀と白亜紀の大量絶滅の後，捕食者であった海洋生物の割合は大幅に増加した（図25.20）．捕食者数の増

適応放散

化石記録は，生命の多様性が過去の2億5000万年にわたって増加していることを示している（図25.17の青い線を参照）．この増加は，**適応放散 adaptive radiation**，すなわち，ある生物群が，群集内で異なる生態系の役割，あるいはニッチを埋めるように適応し，多くの新種を形成する進化的変化によって加速されている．大規模な適応放散によって，生き残った生物が，空白になったニッチ（生態学的地位）に適応していった．これは，「5大」大量絶滅のそれぞれの後に起こった．適応放散はまた，種子や体を覆う甲などの主要

▼図 25.21 **哺乳類の適応放散.**

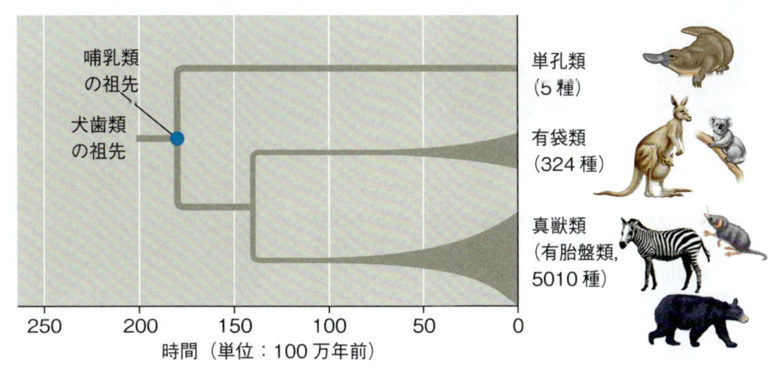
哺乳類の祖先
犬歯類の祖先
単孔類（5種）
有袋類（324種）
真獣類（有胎盤類，5010種）
250
200
150
100
50
0
時間（単位：100万年前）

な進化的革新を獲得した生物群において，あるいは，他種との競争にほとんど直面しない地域へ進出したときにも起こる．

世界規模の適応放散

化石証拠により，6600万年前に地上の恐竜が消滅した後，哺乳類は劇的な適応放散を行ったことが知られている（図25.21）．哺乳類は約1億8000万年前に出現したが，6600万年より古い哺乳類の化石は，ほとんどが小さく，形態学的に多様化していない．多くの種は，現生の夜行性哺乳類と同様な，その大きな眼窩から判断して夜行性だったと思われる．1億3000万年前に生息していた体長1mの捕食者であるレペノマムス・ギガンティクス *Repenomamus giganticus* のような，いくつかの初期の哺乳類は中型であったが，どれも多くの恐竜の大きさに近づいていない．初期の哺乳類は，より大きく多様な恐竜により捕食されていたか，競争に負けていたので，大きさと多様性が制限されていたのかもしれない．（鳥類を除く）恐竜の消失により，哺乳類は，多様性とサイズの両方が大幅に拡大し，かつて陸生恐竜が占めていた生態系の役割をもつようになった．

生命の歴史はまた，群集内で生態系でのまったく新しい役割を果たすようになって，生物群の多様性が増すような放散によっても変更される．後章で見るように，例として，光合成原核生物の出現，カンブリア大爆発の巨大な捕食者の進化，植物，昆虫，四肢類の陸上進出後の放散が挙げられる．最後の3群の放散の各々は，陸上での生活を容易にする主要な進化的革新と関連している．たとえば，陸上植物の放散は，重力に対して植物を支える茎や，葉から水の蒸発を防いで保護するロウの層などの主要な適応を伴っている．最後に，適応放散で出現した生物は，他の生物の新しい食料源として利用できる．実際に，陸上植物の多様化は，植食性昆虫や送粉昆虫の一連の適応放散を引き起こした．これは，昆虫が今日の地球上の動物の中で最も多様な群であることの理由の1つである．

地域的適応放散

印象的な適応放散が，さらに限られた地理的領域に

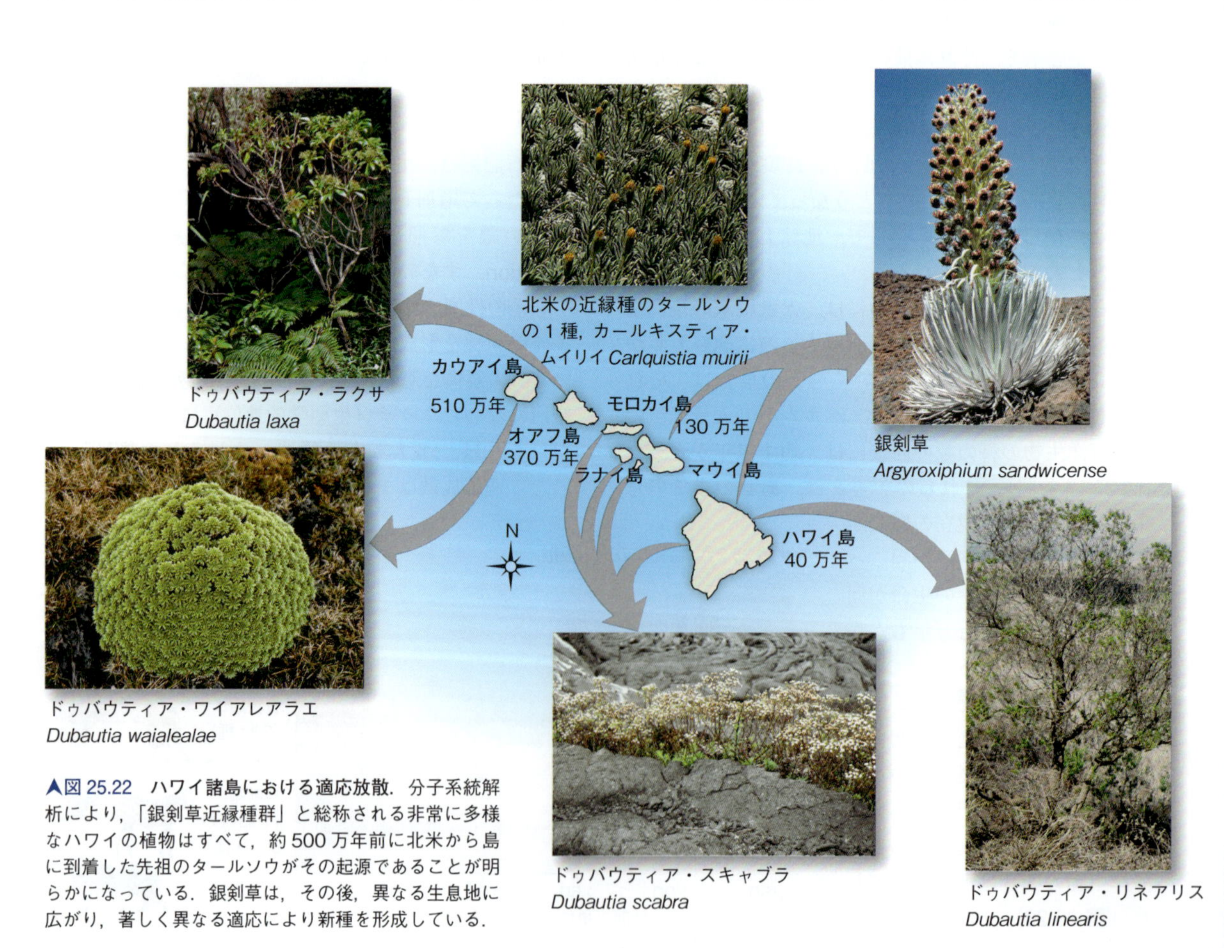
北米の近縁種のタールソウの1種，カールキスティア・ムイリイ *Carlquistia muirii*
カウアイ島
510万年
オアフ島
370万年
モロカイ島
130万年
ラナイ島
マウイ島
ハワイ島
40万年
N
ドゥバウティア・ラクサ
Dubautia laxa
銀剣草
Argyroxiphium sandwicense
ドゥバウティア・ワイアレアラエ
Dubautia waialealae
ドゥバウティア・スキャブラ
Dubautia scabra
ドゥバウティア・リネアリス
Dubautia linearis

▲図25.22　ハワイ諸島における適応放散．分子系統解析により，「銀剣草近縁種群」と総称される非常に多様なハワイの植物はすべて，約500万年前に北米から島に到着した先祖のタールソウがその起源であることが明らかになっている．銀剣草は，その後，異なる生息地に広がり，著しく異なる適応により新種を形成している．

おいて発生している．少数の生物が，しばしば遠く離れた他の生物との競争が比較的少ない新しい場所に自分の道を開くときには，そのような放散が始まる．ハワイ諸島は，この種の世界的に見て大きな適応放散の見本市の1つである（図 25.22）．この火山島群は，最も近い大陸から約 3500 km 離れた場所に位置し，北西に向かって徐々に古い島になるように列をなしている．最も若いハワイ島は誕生から 100 万年以下であり，まだ活火山をもっている．各島は生物のいない「裸」の状態で誕生し，遠く離れた大陸からか，列島自身の古い島々から，海流や風に乗ってやってきた生物が徐々に入植してきた．土壌の状態，標高や降水量の巨大な違いを含む各島の物理的な多様性は，自然選択による進化的放散のための多くの機会を提供した．複数の侵入に続く種分化が，ハワイでの適応放散の爆発に火をつけた．その結果，島々に生育する数千種は，地球上の他の場所で発見されていない生物である．植物の中では，たとえば，約 1100 種はハワイ諸島特有のものである．残念なことに，これらの種の多くは，現在，生育地の破壊や外来植物種の導入など，人間の行動により，絶滅のリスクが高まっている．

概念のチェック 25.4

1. 地球上の生命に対するプレートテクトニクスの影響を説明しなさい．
2. どのような要因が，適応放散を促進するか．
3. どうなる？➤突発的な大災害による大量絶滅によって無脊椎動物が失われたとする．化石記録におけるこの種の最後の出現は，消滅が実際に起きたとき近辺になるのだろうか．この質問に対する答えは，その種が普通種（豊富で広範囲）か，まれな種であるかによって異なるだろうか．説明しなさい．

（解答例は付録 A）

25.5

ボディープランの大きな変化は，発生を制御する遺伝子の配列や制御の変化により起こる

化石記録は，生命の歴史の中で大きな変化はどのようなものであったか，いつ起こったかを教えてくれる．さらに，プレートテクトニクス，大量絶滅と適応放散の理解により，それらの変化がどのように生じたのかについてのイメージが得られる．しかしそれだけでなく，私たちは，化石記録に見られる変化の根底にある本質的な生物学的メカニズムをも探究しようとしている．このため，発生に影響する遺伝子に特に注意を払って，変化の遺伝的メカニズムに目を向ける．

発生を制御する遺伝子の影響

21.6 節で見てきたように，進化生物学と発生学との間の橋渡し研究である「進化発生学（evo-devo）」は，わずかな遺伝的差異が，どのように種間の大きな形態的差異をつくり出し得るかを明らかにした．特に，大きな形態的差異は，受精卵から成体に発生する間の生物の形の変化の割合，タイミングおよび空間パターンを変化させる遺伝子により生じる．

速度とタイミングの変化

多くの印象的な進化的変換が，発生過程における速度あるいはタイミングの進化的変化である**異時性 heterochrony**（ギリシャ語で「異なる」を意味する *hetero*，「時間」を意味する *chronos* に由来）の結果により生じている．たとえば，生物の形は，部分的には発生中の異なった体の部分の相対的な成長率に依存する．ヒトとチンパンジーの頭蓋骨の対照的な形状に見られるように，これらの速度の変更は，実質的に成体の形を変化させることができる（図 25.23）．異時性の劇的な進化の影響の他の例としては，指の骨の成長率の増加により，コウモリの翼の骨格構造が得られる（図 22.15 参照），また，脚と骨盤の骨の成長の鈍化により，クジラの後肢の最終的な欠損につながる（図 22.20 参照），などがある．

異時性はまた，非生殖器官の発達に対する生殖器官の発達のタイミングを変更することができる．生殖器官の発生が，他の臓器に比べて加速した場合には，性的に成熟した段階で，祖先種では幼体の構造であった身体機能を保持することができる．これは**幼形進化 paedomorphosis**（ギリシャ語で「子ども」を意味する *paedos*，「形成」を意味する *morphosis* に由来）とよばれる状態である．たとえば，ほとんどのサンショウウオの種は，成体になるときに変態を行う水生の幼体をもっている．しかし，いくつかの種では，鰓（えら）などの幼体の特徴を保持したまま成体の大きさに成長し，性的に成熟する（図 25.24）．発生のタイミングのような進化的変化は，全体的な遺伝的変化は小さいかもしれないが，祖先とは非常に異なって見える動物をつくり出すことができる．実際には他の遺伝子も同様に貢献しているかもしれないが，最近の証拠は，アホロートルサンショウウオにおいて幼形進化が起こるのに，

▼図 25.23　頭蓋骨の相対成長速度． ヒトの進化系統では，頭蓋骨の他の部分に対する顎の成長の鈍化を起こす突然変異によりつくり出した．その結果，ヒトでは，成人の頭蓋骨は，チンパンジーで見られるよりも幼児の頭蓋骨に似ている．

チンパンジーの幼児
チンパンジーの成体

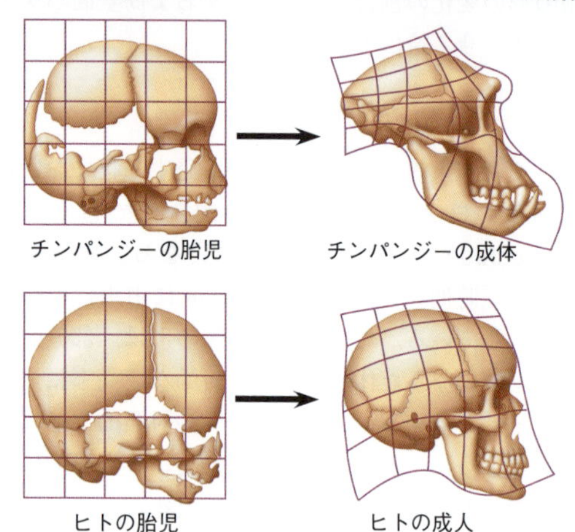
チンパンジーの胎児
チンパンジーの成体
ヒトの胎児
ヒトの成人

おそらく単一の遺伝子座での変化で十分であったことを示している．

空間的パターンの変化

相当な進化的変化はまた，体の部分の空間構成を制御する遺伝子の変異に起因する．たとえば，**ホメオティック遺伝子 homeotic gene**（18.4 節参照）とよばれるマスター調節遺伝子は，昆虫においてどこに 1 対の翼や脚を発生させるのか，または植物の花の器官をどのように配置するかなど，基本的な特徴を決定する．

ホメオティック遺伝子の 1 つのクラス，*Hox* 遺伝子の産物は，動物の胚に位置情報を提供する．この情報は，特定の場所において適切な構造へと発生するように細胞に促す．*Hox* 遺伝子，あるいはその発現方法の変更は，形態に大きな影響をもつ可能性がある．たとえば，甲殻類において，2 つの *Hox* 遺伝子（*Ubx* と *Scr*）がどこに発現するかは，遊泳用付属脚から摂食用付属脚への変換と相関している．同様に，「*MADS* ボックス」遺伝子として知られているホメオティック遺伝子の発現の変化は，植物の花の形を劇的に変える

鰓

▲図 25.24　幼形進化． いくつかの種では，成体が，祖先では幼生のもつ機能を保持する．このサンショウウオは，鰓などの特定の幼生（オタマジャクシ）の特性を維持しながら成体になり性成熟する，水生のアホロートルである．

ことが可能である（35.5 節参照）．

発生の進化

図 25.5 に見られる 5 億 6000 万年前のエディアカラ生物群の化石は，複雑な動物を形成するのに十分な遺伝子のセットが，カンブリア大爆発の前の少なくとも 2500 万年前に存在していたことを示唆している．あまりにも長い間このような遺伝子が存在していたとすれば，カンブリア大爆発の間，あるいはその後の多様性の驚くべき増加をどのように説明することができるのだろうか．

自然選択による適応進化は，この疑問に対する 1 つの答えを与えてくれる．第 4 部を通して見てきたように，タンパク質をコードする遺伝子配列の変異を選別する自然選択により，急速によりよく適応することが可能である．さらに，（遺伝子重複イベントによってつくり出された）新しい遺伝子は，新しい方法で制御することが可能となって，新しい代謝機能と構造的機能を獲得することができる．

前節の例は，発生遺伝子が特に重要であることを示唆している．したがって，新しい形態学的形態が，塩基配列の変化または発生遺伝子の調節により，どのように生じることができるかを次に説明する．

遺伝子配列の変化

遺伝子重複により生まれた新たな発生を制御する遺伝子は，おそらく非常に新規性の高い形態の起源を促進した．しかし，他の遺伝子の変化もまた，そのようなタイミングで生じた可能性があるので，過去に発生した遺伝的および形態学的変化の間の因果関係を確立することが困難な場合がある．

▼図 25.25　*Hox* 遺伝子 *Ubx* の昆虫のボディープランへの影響．甲殻類では，*Hox* 遺伝子 *Ubx* は，緑色の陰影をつけた領域である頭部と生殖器の間の身体部位で発現する．昆虫では，*Ubx* は体の相同部位の一部（淡いピンク色）でのみ発現し，脚形成が抑制される．

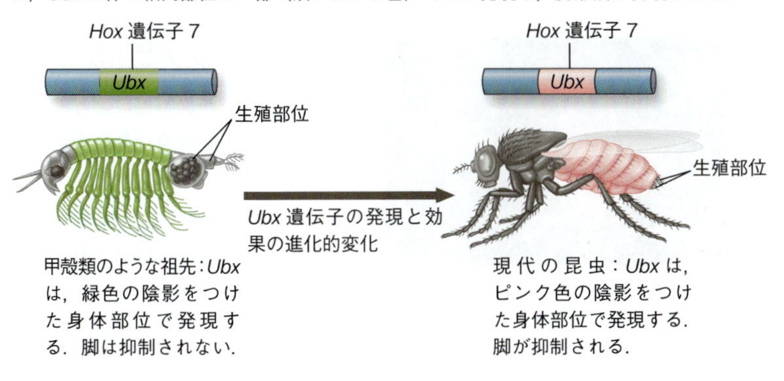
Hox 遺伝子 7
Ubx
生殖部位
Hox 遺伝子 7
Ubx
生殖部位
Ubx 遺伝子の発現と効果の進化的変化
甲殻類のような祖先：Ubx は，緑色の陰影をつけた身体部位で発現する．脚は抑制されない．
現代の昆虫：Ubx は，ピンク色の陰影をつけた身体部位で発現する．脚が抑制される．

この問題は，6 本以上の脚をもっていた甲殻類のような祖先から，6 本脚の昆虫の分化に伴った発生的変化に関する最近の研究では回避された（33.4 節で議論されているように，昆虫はエビ，カニ，ロブスターなどの生物に対する伝統的な名称の甲殻類のサブグループ内から生じた）．研究者は，甲殻類と昆虫における *Hox* 遺伝子 *Ubx* の発現パターンとその効果を記録した．特に昆虫では，*Ubx* はその発現した部位において脚の形成を抑制する（図 25.25）．

この遺伝子の働きを調べるために，研究者は昆虫のショウジョウバエや甲殻類のアルテミアから *Ubx* 遺伝子を単離した．次に，ショウジョウバエの *Ubx* 遺伝子またはアルテミアの *Ubx* 遺伝子のいずれかを体全体で発現するように，ショウジョウバエ胚の遺伝子操作をした．期待通り，ショウジョウバエの遺伝子は，胚の脚を 100％抑制したが，アルテミアの遺伝子はわずか 15％を抑制しただけであった．

研究者は，祖先の *Ubx* 遺伝子からの昆虫の *Ubx* 遺伝子への進化的移行に関与する重要なステップを明らかにしようとした．彼らのアプローチは，昆虫の *Ubx* 遺伝子のようにふるまう遺伝子をつくり，脚の形成を抑制する原因となる変異を同定することであった．これを行うために，ショウジョウバエ *Ubx* 遺伝子の既知セグメントとアルテミア *Ubx* 遺伝子の既知セグメントが含まれる一連の「雑種」*Ubx* 遺伝子を構築した．ショウジョウバエの胚に，これらの雑種遺伝子を挿入し（胚あたり 1 雑種遺伝子），脚の発生に及ぼす影響を観察することによって，昆虫で追加の脚を抑制するアミノ酸がどのように変化したかを正確に特定することができる．そのようなアプローチにより，この研究は，発生制御遺伝子の塩基配列上の特定の変化が，主要な進化的変化，すなわち 6 本脚という昆虫類のボディープランの起源に寄与する証拠を提供した．

遺伝子制御の変化

遺伝子の塩基配列の変化は，遺伝子が発現しているところではどこでもその機能に影響を与える可能性があるが，遺伝子発現の制御の変化は，1 つの細胞型に限定することができる（18.4 節参照）．したがって，発生に関与する遺伝子の制御の変化は，その遺伝子の配列そのものの変化よりも有害な副作用が少ない可能性がある．この推論は，生物の形の変化は，遺伝子配列に影響を与える突然変異ではなく，発生に関与する遺伝子の制御に影響を与える突然変異によって引き起こされる可能性を考慮するように促している．

このアイディアは，イトヨという魚など，さまざまな種の研究によって支持されている．この魚は海洋だけではなく，浅い沿岸にも生息している．カナダ西部ではまた，過去 1 万 2000 年の間に海岸線が後退したときに形成された湖にも分布が見られる．海洋のイトヨは，腹側（下側）の表面に 1 対の棘（とげ）があり，いくつかの捕食者を阻止する．これらの棘は，捕食魚がいなくてカルシウム濃度も低い湖沼のトゲウオでは，しばしば退化するか欠損している．棘は捕食者の存在しない場合には有利ではなく，限られたカルシウムが棘構築以外の目的のためにも必要とされるため，棘が失われている可能性がある．

遺伝子レベルで，発生遺伝子 *Pitx1* は，イトヨの腹側の棘をもつかどうかに影響を与えることが知られていた．いくつかの湖集団における棘の退化は，*Pitx1* 遺伝子の変化や遺伝子発現の方法の変化に起因するのだろうか（図 25.26）．研究結果は，DNA 配列ではなく，遺伝子発現の制御に変化が起こったことを示す．さらに，湖のイトヨは，*Pitx1* 遺伝子を棘の生産に関連していない組織（たとえば，口）で発現させている．これは，発生を制御する遺伝子を体のある場所では発現させ，他の場所では発現させないようにすることで，形態的変化を引き起こすことが可能であることを示している．2010 年の補足研究で研究者は，*Pitx1* 遺伝子の発現に影響する非コード DNA 領域である *Pel* エンハンサーの変化が，湖のイトヨの腹側の棘の減少をもたらすことを示した．全体として，イトヨの研究の結果は，遺伝子調節の変化が個々の生物の形態をどのように変化させ，最終的には集団の進化的変化につなが

▼図 25.26

研究　湖のイトヨの棘の喪失の原因は何か

実験　イトヨ *Gasterosteus aculeatus* の海洋集団は，その下部（腹側）表皮上に1組の保護棘をもっているが，この魚のいくつかの湖集団ではこれらの棘が失われているか，退化している．スタンフォード大学，マイケル・シャピロ Michael Shapiro，デイヴィッド・キングスレー David Kingsley と同僚は，遺伝的交配を行い，棘の大きさの減少のほとんどは，単一の発生を制御する遺伝子，*Pitx1* の影響に起因することを明らかにした．その後，*Pitx1* がどのように形態的変化を引き起こしているかに関する2つの仮説を検証した．

下部の棘

▲イトヨ
Gasterosteus aculeatus

仮説 A：*Pitx1* の DNA 配列の変化が湖集団における棘の退化を引き起こした．この考えを検証するために，研究チームは，海洋や湖のイトヨ集団間の *Pitx1* 遺伝子配列を比較するために DNA の配列を決定した．

仮説 B：*Pitx1* の発現制御の変化が，棘の退化を引き起こした．この考えを検証するのに，*Pitx1* 遺伝子が胚内のどこで発現するかを観察した．魚の *Pitx1* mRNA を検出するプローブとして *Pitx1* の DNA（訳注：実際には *Pitx1* 遺伝子 mRNA と相補的な配列をもつ DNA 配列を用いる）を用いた（20.2 節参照）ホールマウント *in situ* ハイブリダイゼーション（訳注：切片をつくるのではなく，胚全体を使用し，mRNA を検出するプローブを用いて発現部位を観察する方法）実験を行った．

結果

仮説 A の検証：	結果：	
海洋および湖のイトヨにおける *Pitx1* 遺伝子の DNA 配列に違いはあるか．	いいえ →	*Pitx1* タンパク質の 283 アミノ酸は，海洋や湖のイトヨ集団で同一であった．

仮説 B の検証：	結果：	
Pitx1 の発現制御の違いか．	はい →	下の写真の赤い矢印（→）は，*Pitx1* 遺伝子の発現領域を示している．海洋のイトヨでは，*Pitx1* は腹部の棘と口の発生領域で発現しているが，湖のイトヨでは口の領域でのみ発現する．

海洋のイトヨの胚

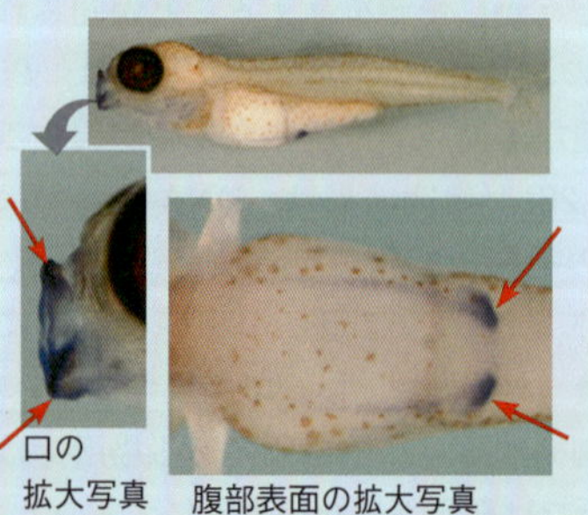
口の
拡大写真
腹部表面の拡大写真

湖のイトヨの胚

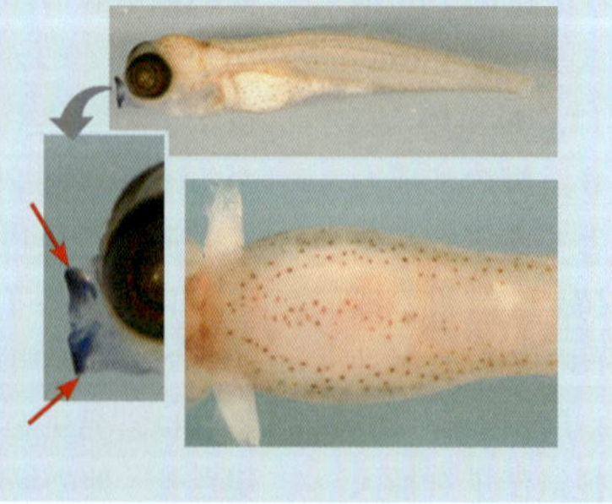

結論　湖のイトヨ集団における腹棘の欠損や退化は，おもに遺伝子の配列の変化ではなく，*Pitx1* 遺伝子の発現制御の変化に起因しているように思われる．

データの出典　M. D. Shapiro et al., Genetic and developmental basis of evolutionary pelvic reduction in three-spine sticklebacks, *Nature* 428:717-723 (2004).

どうなる？➤どのような実験結果があれば，*Pitx1* 遺伝子の DNA 配列の変化が，遺伝子の発現制御の変化よりも重要だったという結論を導くだろうか．一連の結果を記述しなさい．

るかに関する明確で詳細な例を提供する．

概念のチェック 25.5

1. 新しい体形が異時性によってどのように生じ得るかを説明しなさい．
2. なぜ *Hox* 遺伝子は，新規な形態の進化に大きな役割を果たしている可能性が高いか．
3. **関連性を考えよう**➤形態の変化が，頻繁に遺伝子発現の調節の変化によって引き起こされることを考えれば，非コード DNA が自然選択によって影響を受ける可能性があるかどうかが予測できる．18.3 節を参照して，非コード DNA と遺伝子発現の制御について説明しなさい．

(解答例は付録 A)

25.6

進化に目標はない

大進化の研究は，進化がどのように働くかについて何を物語るのだろうか．1つの教訓は，生命の歴史を通じて，新たな種の起源は 23.3 節で説明した小規模要因（たとえば，集団における自然選択の作動など）と，本章で説明した大規模要因（たとえば，世界全体での種分化を推進した大陸移動など）の影響を受けているということである．さらに，ノーベル賞を受賞した遺伝学者フランソワ・ジャコブ François Jacob の言葉を借りれば，進化は，既存の構造や，既存の発生を制御する遺伝子の改変で新たな形態が生じる工夫のプロセスのようなものである．時間の経過とともに，そのような工夫は，22 章のはじめのページで説明した自然界の3つの主要な特徴，すなわち生物がその環境での

▼図 25.27 カサガイ類 *Patella vulgata*，光受容体細胞の単純なパッチで明暗を感知できる軟体動物．

生活に適応している顕著な方法，多くの生命に共通した特徴，そして生命の豊かな多様性につながっている．

進化的新規性

フランソワ・ジャコブの進化的観点は，「変化を伴う継承」というダーウィンの概念を思い起こさせる．新種がつくられるとき，複雑な新規構造は，祖先の構造の漸進的な変更として生じる可能性がある．多くの場合，複雑な構造は同じ基本機能を実行していた単純なバージョンから徐々に進化してきた．たとえば，画像を形成し脳に送信する働きを一緒に行う多数の部品で構成されている，人間の眼という複雑な器官について考えてみよう．どのようにして人間の眼は少しずつ進化してきたのだろうか．眼が機能するために，そのすべての要素を必要とするなら，部分的な眼は祖先で機能していないと主張するものもいる．

この議論の欠陥は，ダーウィン自身が述べたように，複雑な眼のみが有用であるという前提にある．実際には，多くの動物は私たち自身よりもはるかに単純な眼に依存している．知り得る限り最も単純な眼は，光感受性のある光受容体の塊である．この単純な眼は，単一の進化的起源をもつと思われ，小さな軟体動物のカサガイを含むさまざまな動物に見られる．そのような眼は，結像させる装置をもたないが，明暗を区別することは可能である．カサガイは，上空から影が落ちると，よりしっかり岩にしがみつき，捕食の危険を減らすような適応的行動をとる（図 25.27）．カサガイは長い進化の歴史をもち，その「単純な」眼は，生存と繁殖に役立っていることを物語っている．

動物界では，複雑な眼が独立に何度も基本的な構造から進化してきた．イカやタコのような軟体動物には，人間や他の脊椎動物と同じくらい複雑な眼をもつ動物

▼図 25.28 軟体動物における眼の複雑性の進化．

(a) 色素細胞の塊　(b) 眼杯

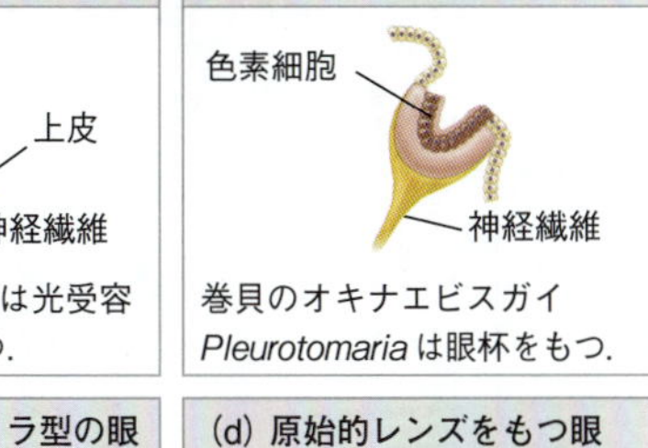
色素細胞
(光受容細胞)
上皮
神経繊維
色素細胞
神経繊維

(a) カサガイ類 *Patella* は光受容体の単純な塊をもつ．

(b) 巻貝のオキナエビスガイ *Pleurotomaria* は眼杯をもつ．

(c) ピンホールカメラ型の眼

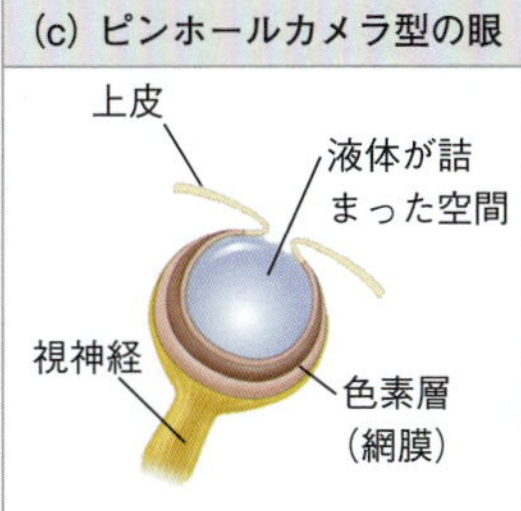
上皮
液体が詰
まった空間
視神経
色素層
(網膜)

オウムガイ *Nautilus* の眼はピンホールカメラ（レンズのない初期型のカメラ）のように機能する．

(d) 原始的レンズをもつ眼

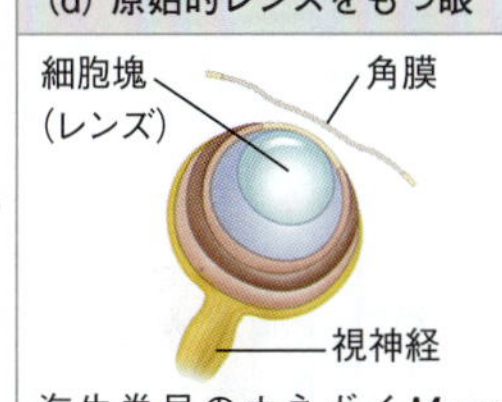
細胞塊
(レンズ)
角膜
視神経

海生巻貝のホネガイ *Murex* はクリスタル様の細胞塊からなる原始的なレンズをもつ．角膜は上皮（外皮）の透過性領域で眼を保護し，光が焦点に集まるのを助ける．

(e) 複雑なカメラ型眼

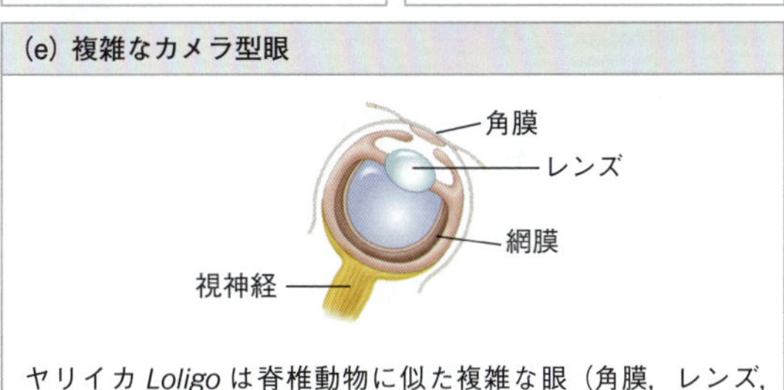
角膜
レンズ
網膜
視神経

ヤリイカ *Loligo* は脊椎動物に似た複雑な眼（角膜，レンズ，網膜）をもつが，脊椎動物とは独立に進化した．

もいる（図 25.28）．軟体動物の複雑な眼が脊椎動物の眼と独立して進化したとしても，両者ともに共通祖先の光受容体細胞の単純な塊から進化してきた．どちらの場合も，複雑な眼は，それぞれの段階で眼の所有者にとって利益になるような一連の道筋により生じた．それらの独立した進化の証拠はまた，その構造で見つけられるだろう．脊椎動物の眼は網膜の後層で光を検出し，正面に向かって神経インパルスを出すのに対し，複雑な軟体動物の眼は逆の操作を行う．

進化の歴史の中で，眼は視覚の基本的な機能を保持した．進化的新規性は，もともと別の役割を果たしていた構造が，徐々に異なる機能を獲得する場合でも生じる可能性がある．たとえば，初期の哺乳類は犬歯類から生じたが，以前は顎のちょうつがい（関節骨や方形骨；図 25.7 参照）を構成する骨が，最終的には，哺乳類の耳の領域に組み込まれ，音の伝送という新しい機能を獲得した（34.6 節参照）．ある機能をもって進化したものが，別の機能を果たすようになる構造は，

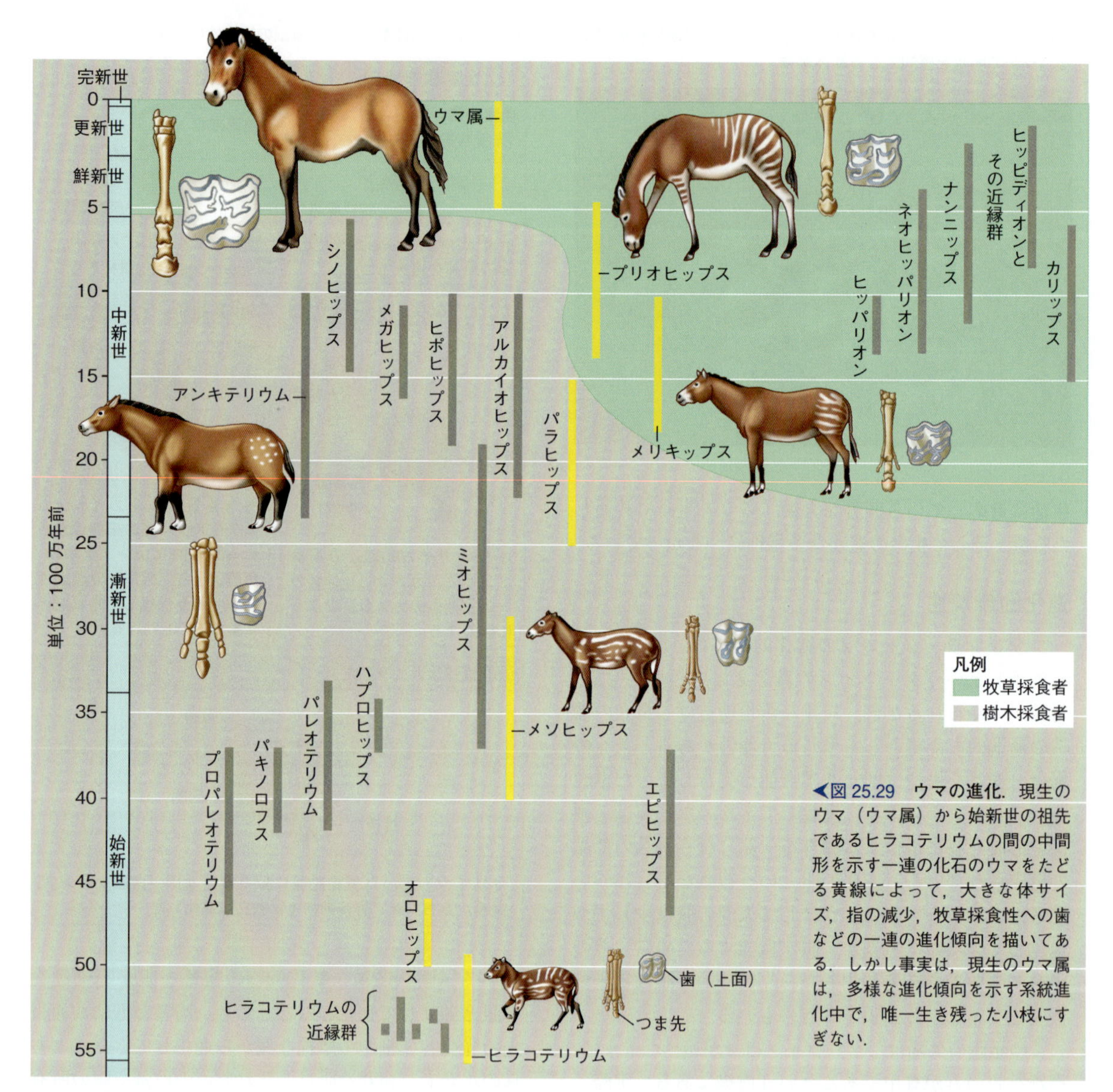
完新世
更新世
鮮新世
中新世
漸新世
始新世
単位：100万年前
0
5
10
15
20
25
30
35
40
45
50
55
ウマ属
ヒッピディオンとその近縁群
ナンニップス
ネオヒッパリオン
ヒッパリオン
カリップス
プリオヒップス
シノヒップス
メガヒップス
ヒポヒップス
アルカイオヒップス
パラヒップス
メリキップス
アンキテリウム
ミオヒップス
メソヒップス
ハプロヒップス
パレオテリウム
パキノロフス
プロパレオテリウム
エピヒップス
オロヒップス
ヒラコテリウムの近縁群
ヒラコテリウム
歯（上面）
つま先
凡例
牧草採食者
樹木採食者

◀図 25.29　**ウマの進化．** 現生のウマ（ウマ属）から始新世の祖先であるヒラコテリウムの間の中間形を示す一連の化石のウマをたどる黄線によって，大きな体サイズ，指の減少，牧草採食性への歯などの一連の進化傾向を描いてある．しかし事実は，現生のウマ属は，多様な進化傾向を示す系統進化中で，唯一生き残った小枝にすぎない．

＊図中の動物の学名は次のとおり．ヒラコテリウム *Hyracotherium*；オロヒップス *Orohippus*；エピヒップス *Epihippus*；メソヒップス *Mesohippus*；ミオヒップス *Miohippus*；パラヒップス *Parahippus*；メリキップス *Merchippus*；パキノロフス *Pachynolophus*；プロパレオテリウム *Propalaeotherium*；パレオテリウム *Palaeotherium*；ヒポヒップス *Hypohippus*；アルカイオヒップス *Archaeohippus*；アンキテリウム *Anchitherium*；メガヒップス *Megahippus*；シノヒップス *Sinohippus*；カリップス *Callippus*；プリオヒップス *Pliohippus*；ヒッピディオン *Hippidion* とその近縁群；ネオヒッパリオン *Neohipparion*；ナンニップス *Nannippus*；ヒッパリオン *Hipparion*；ウマ属 *Equus*.

新規構造の適応的起源と区別するために，「前適応」とよばれることがある．前適応の概念は，構造がなんらかの形で将来の使用を見越して進化していることを意味するものではないことに注意しなさい．自然選択は将来を予測することはできない．たんに，現在の有用性の観点でのみ構造の改良が可能である．新しい顎のちょうつがいや初期哺乳類の耳の骨などの新しい特徴は，一連の中間段階を経て徐々につくられてきた可能性がある．それぞれの中間段階は，その生物が生きていたときに，なんらかの有用な機能をもっていた．

進化傾向

大進化のパターンから，他に何を学ぶことができるだろうか．化石記録で観察された進化の「傾向」を検討しよう．たとえば，ある進化の系統は，体サイズの巨大化あるいは矮小化を示す．この例として，5500

万年前のヒラコテリウム *Hyracotherium* の子孫である現生のウマ（ウマ属 *Equus*）の進化が挙げられる（図25.29）．ヒラコテリウムは大型犬ぐらいの大きさで，前足には4本の指をもち，後ろ足には3本の指を，そして灌木（かんぼく）や木の葉を食べるのに適応した歯をもっていた．それに比べ，現生のウマは大きく，各足には1本の指しかない．そして歯は，イネ科草本を食べるのに適したように変化している．

化石記録から一系列の進化のみを取り出すのは誤解を招く可能性がある．それは，小枝につながる単一の枝を追跡することにより，灌木をある一点に向かって成長しているように記述するようなものである．たとえば，使用可能な化石から特定の種を選択することによって，大きな1本の指をもつ種への傾向を示すように，ヒラコテリウムと現生のウマの中間形の動物を順に並べることが可能である（図25.29中の黄線に沿って）．しかしながら，もし今日知られているすべてのウマの化石を加えれば，この明らかな傾向はなくなる．ウマ属は，直線的に進化したものではなく，灌木のように多数分岐した系統樹の生き残った一枝であることがわかる．実際，系統解析は，牧草採食者を含むすべての系統はパラヒップス *Parahippus* に近縁であることを示している．多くのウマの他の系統は，すべてがいまは絶滅しているが，3500万年の間複数のつま先をもった樹木採食者のままであった．

分岐進化は，たとえある種が全体的な傾向と反対であっても，実際の進化傾向を示すことができる．長期傾向のモデルは，種を個体と見立てている．種分化は誕生であり，絶滅は死，そして種から分化した新種は子孫である．このモデルでは，個々の生物の集団が自然選択を受けるのと同様に，種は「種選択」を受ける．最も長く，最も多くの子孫種を派生した種が，主要な進化傾向を決める．種選択モデルは，大進化において「種分化成功の差」が，小進化における繁殖成功の役割を果たすことを示唆している（訳注：種選択が本当に起きているかについては，議論がある）．進化の傾向はまた，自然選択により直接つくられる可能性がある．たとえば，ウマの祖先が，新生代中期の間に広がった草原に進出したときに，より速く走ることにより捕食者から逃げることができる草食動物への強い選択があった．この傾向は，広い草原なしでは起こらなかっただろう．

その原因が何であれ，進化傾向には特定の表現型に向かう本質的な駆動力があることを意味するものではない．進化は生物と現在の環境の間の相互作用の結果であり，環境条件が変化した場合は，その進化傾向は終わるか，あるいは逆転することもある．生物とその環境の間でこれらの継続的な相互作用の累積効果は莫大である．それにより，驚異的な生命の多様性，すなわちダーウィンの言うところの「きわめて美しい生物が際限なく」生じる．

概念のチェック 25.6

1. ダーウィンの変化を伴う継承の概念は，どのように脊椎動物の眼のような複雑な構造の進化を説明することができるか．

2 **どうなる？➤**粘液腫ウイルスは，ヨーロッパウサギの，ウイルスに以前にばく露されなかった集団の99.8%を殺してしまった．ウイルスは生きているウサギ間を蚊によって伝染する．ウサギ集団が最初にウイルスに遭遇した後に起こる可能性のある進化傾向（ウサギやウイルスのいずれかの）を説明しなさい．

（解答例は付録A）

25 章のまとめ

重要概念のまとめ

25.1

原始地球は生命が生まれることが可能な環境であった

- 推定される初期の大気を模擬した実験では，無機前駆体から有機分子が生成された．アミノ酸，脂質，糖，および窒素を含む塩基は，隕石からも発見されている．
- 熱い砂，粘土，または岩上に滴下したとき，アミノ酸やRNAのヌクレオチドが重合した．有機化合物は自発的に，細胞のいくつかの特質をもっている有膜小滴である**原始細胞**をつくり上げることができる．
- 最初の遺伝物質は，自己複製と触媒能力のあるRNAの可能性がある．そのようなRNAを含む初期の原始細胞は，自然選択によって増加しただろう．

? モンモリロナイト粘土と小滴が生命の起源で果たしている可能性がある役割を説明しなさい．

25.2

化石は地球上の生命史を記録する

- 大部分が堆積岩で見つかる化石に基づく化石記録は，時間の経過に伴うさまざまな生物群の盛衰を物語る．
- 地層の層序は，化石の相対的な年齢を明らかにする．化石の年代は，**放射性年代決定法**などの方法によって推定することができる．
- 化石記録は，どのように新たな生物群が，既存の生物の漸進的な変化を介して生じるかを示す．

? 古い化石の年代を推定するための課題は何か．これらの課題は，ある状況ではどのように克服することができるか，説明しなさい．

25.3

生命史上の重要な出来事は，単細胞生物と多細胞生物の起源，陸上への進出である

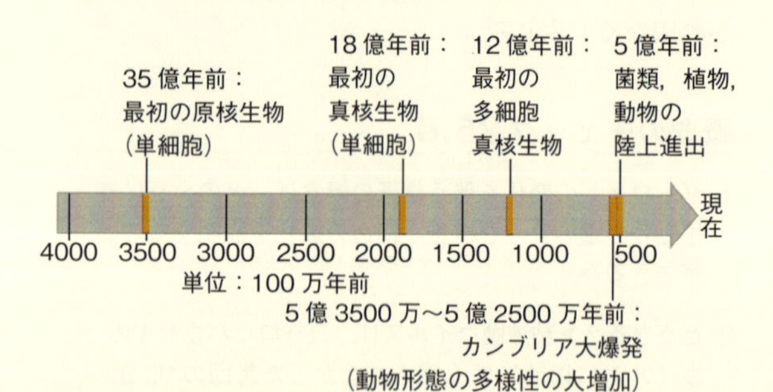
35億年前：
最初の原核生物
（単細胞）
18億年前：
最初の
真核生物
（単細胞）
12億年前：
最初の
多細胞
真核生物
5億年前：
菌類，植物，
動物の
陸上進出
現在
4000
3500
3000
2500
2000
1500
1000
500
単位：100万年前
5億3500万～5億2500万年前：
カンブリア大爆発
（動物形態の多様性の大増加）

? 「カンブリア大爆発」はどのようなもので，なぜそれが重要なのか．

25.4

生物群の盛衰は，種分化率と絶滅率の差を反映する

- **プレートテクトニクス**では，大陸プレートは時間の経過とともに徐々に移動し，物理的な地理と地球の気候を変え，これらの変化は，いくつかの生物群の絶滅と，別の生物群での種分化につながる．
- 進化の歴史は，根本的に生命の歴史を変えた「5大」**大量絶滅**によって中断されている．これらの絶滅の一部は，大陸移動，火山活動，隕石や彗星の影響によって引き起こされた可能性がある．
- 生命の多様性の大幅な増加は，大量絶滅に続く**適応放散**に起因する．適応放散は，大きな進化的革新をもつ生物群や，他の生物との競争が少ない新たな地域に進出した生物群でも起こっている．

? 化石記録に見られる広範な進化的変化は，どのように種分化と絶滅イベントの累積結果であるかについて説明しなさい．

25.5

ボディープランの大きな変化は，発生を制御する遺伝子の配列や制御の変化により起こる

- 発生の遺伝子は，成体へと発生する速度，タイミング，および生物形態の変化の空間パターンに影響を与えることにより，種間の形態の違いに影響を与える．

? どのようにして単一の遺伝子またはDNA領域の変化が最終的に新しい生物群の起源につながるのか．

25.6

進化に目標はない

- 新規の複雑な生物学的構造は一連のゆっくりとした変化により生じ，そのそれぞれはその構造を有する生物に利点があった．
- 進化傾向は，変化する環境における自然選択や種選択によりつくられ，生物とそれを取り巻く環境との相互作用の結果である．

? 「進化に目標はない」という言及の背後にある論理的思考を説明しなさい．

理解度テスト

レベル1：知識／理解

1. 化石化したストロマトライト…
   (A) …は，深海の噴出孔のまわりに形成された．
   (B) …に似た細菌群集により形成される構造が，今日，浅い海の湾内に見られる．
   (C) …は，約5億年前に植物が菌を伴って陸上に進出したという証拠を提供する．
   (D) …は，21億年前と年代決定されている最初の真核生物の議論の余地のない化石を含んでいる．
2. 酸素革命は劇的に地球環境を変化させた．以下のうちのどれが，海洋と大気中の遊離酸素の存在が有利であったか．
   (A) 有機分子からエネルギーを発生させるのに酸素を使用した細胞呼吸の進化
   (B) 嫌気性の生育地にとどまる動物群
   (C) 初期の藻類を，酸素の腐食性の影響から保護

　　する光合成色素の進化
(D) 光合成をするシアノバクテリアを取り込んだ後の初期の原生生物における葉緑体の進化

3. インドの動物や植物が，近くの南東アジアの種から大きく異なる原因となった，最も可能性の高い要因は次のうちどれか.
(A) 種は収斂進化で隔離された.
(B) 両地域の気候が似ている.
(C) インドは，アジアの他の部分から分離する過程にある.
(D) インドは4500万年前までは別の大陸であった.

4. 適応放散は，以下の4つの要因の中の3つにより，直接生じることができる．例外を選びなさい.
(A) 空いている生態学的ニッチ
(B) 遺伝的浮動
(C) 適切な生育地があり競合種がほとんどいない，隔離された地域への進出
(D) 進化的革新

5. 以下の段階の中で，まだ生命の起源を研究する科学者によって達成されていないのはどれか.
(A) リボザイムによる小さなRNA重合体の合成
(B) 分子集合体と選択透過膜の形成
(C) アミノ酸の重合を指示するDNAを使用した原始細胞の形成
(D) 有機分子の非生物的合成

レベル2：応用／解析

6. 特定の*Hox*遺伝子を，脊椎動物の背骨ではなく，肢芽の先端に沿って発現させる原因となった遺伝的変化は，四肢類の四肢の進化を可能にした．この種の変化は，どのように表されるか.
(A) 発生環境の影響
(B) 幼形進化
(C) 体の部分の空間的な構造を変える，発生を制御する遺伝子またはその制御の変化
(D) 異時性

7. 浮き袋は，魚が浮力を維持するのに役立つガスが充填された嚢である．先祖の魚の呼吸器官（簡単な肺）から浮き袋の進化は，以下のどの例か.
(A) 前適応
(B) *Hox*遺伝子発現の変化
(C) 幼形進化
(D) 適応放散

レベル3：統合／評価

8. **進化との関連**　遺伝子流動，遺伝的浮動と自然選択のすべてが，どのように大進化に影響を与えることができるか，説明しなさい.

9. **科学的研究**　植食性（植物を食べる）は，典型的には肉食あるいはデトリタス食性（デトリタスは死んだ生物の有機物）の祖先から，昆虫で繰り返し進化してきた．蛾やチョウは，たとえば，植物を食べるのに対し，彼らの「姉妹群」（最も近縁な昆虫群）であるトビケラは動物，菌類，あるいはデトリタスを食べる．次の系統樹に記述されているように，蛾/チョウとトビケラを結合した群は，ハエやノミとの共通祖先をもつ．トビケラと同様に，ハエやノミは植物を食べなかった祖先から進化したと考えられている.

　蛾とチョウは14万種，トビケラは7000種いる．昆虫の適応放散における植食性の影響についての仮説を述べなさい．また，どのようにこの仮説は検証できるか.

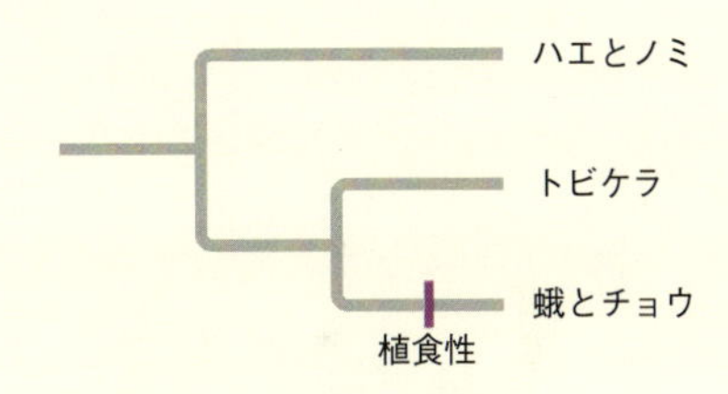
ハエとノミ
トビケラ
蛾とチョウ
植食性

10. **テーマに関する小論文：組織化**　生物学的階層のすべてのレベルで，形が機能にどのように適合しているかの多くの例を見てきた．しかし，実際に自然界に見られるある形態よりも優れた機能をもつ形態を想像することができる．たとえば，翼が前肢から形成されていないような架空の鳥では，前肢で物体をつかみながら飛ぶことができる．「進化は試行錯誤である」という概念を使用し，自然界で形態の機能性には限界がある理由を，300～450字で記述しなさい.

11. **知識の統合**

　2010年，カリブ海のモントセラト島のスーフリエール・ヒルズ火山は激しく噴火し，灰とガスの巨大な雲を空に噴出した．ペルム紀末期の火山噴火と約2億5200万年前に起こったパンゲアの形成が，進化の歴史を変えた出来事をどのように起こしたかを説明しなさい.

（一部の解答は付録A）

第5部 生物多様性の進化的歴史

マッカーサー・フェローシップの「ジーニアス・アワード」(Genius Award)を受賞したナンシー・モラン Nancy A. Moran 博士は，テキサス大学オースティン校の Leslie Surginer に所属する統合生物学の教授である．モラン博士は，テキサス大学から一般研究において主席で学士を授与され，ミシガン大学で動物学の博士の学位（Ph.D.）を取得した．2004 年に米国国立科学アカデミー会員に選出されたモラン博士は，共生の進化的歴史と生態学的重要性に長い間関心をもっている．現在，彼女とその学生は，アブラムシやミツバチなどの昆虫とその体内に生息する細菌との間の相利的相互作用を研究するため，実験的および系統学的アプローチを行っている．

ナンシー・モラン博士へのインタビュー

どのようにして最初に科学に興味をもちましたか？

子どものころ，私は昆虫が好きで，ガーデニングを楽しんでいました．しかし，私は自分が科学者になるとは思っておらず，芸術を主専攻として大学に入りました．けれども私にとって芸術はあまりにも難しく，主専攻を選択する必要のない優等プログラムに切り替えました．教養課程で，私は本当に楽しかった生物学の授業を取りました．だから私はより多くの生物学のコースを受講し，最終的には鳥の交配者選択に関する論文が優秀論文になりました．それから，私は生物学に夢中になったのです！

あなたの研究の多くは共生に関するものです．共生とは何ですか？なぜこのテーマにひかれましたか？

共生とは，1 つの種（寄主）がより大きな種（宿主）の中または上で暮らす密接な生理学的関係です．1980 年代後半，私は多くの共生細菌をもつアブラムシに取り組んでいました．これらの共生者は宿主の外で暮らすことができないので，彼らが何をしているか誰も知りませんでした．私は共生を研究するつもりはありませんでしたが，細菌学者のポール・バウマン Paul Baumann から興味深い電話がありました．当時，PCR は広く普及し，研究者は特定の遺伝子を増幅してその塩基配列を決定することができました．ポールは，「どのような種類の細菌がアブラムシの共生生物として暮らしているか，それらの遺伝子に基づいて，これらの共生体は何をしているか」という疑問に PCR が利用できるという先見をもっていました．

共生はどのように地球上の生命に影響を与えていますか？

共生はどこにでも存在します．人間を含むすべての生物は共生に関係しています．一例として，私たちの体内には，消化できない炭水化物を分解する細菌が含まれています．アブラムシの場合，糖が含まれるけれども重要なアミノ酸などの他の必須栄養素を欠く植物の樹液を吸っています．それらのアミノ酸は共生細菌によってアブラムシに供給されます．より高いレベルでは，生態系全体が共生に依存しているといえます．サンゴ礁は，藻類の共生生物によって提供されるエネルギーに依存するサンゴ虫によってつくられます．共生生物がいなければ，サンゴは死に，サンゴ礁やそこにすむ多くの魚などの生物に害を与えます．

あなたが行った最も驚くべき発見は何ですか？

そのような発見の 1 つは，植物による光合成および多くの動物による光検出に用いられる有色分子であるカロテノイドに関するものです．動物はカロテノイドをつくることができず，食料からそれらを得なければならないと考えられていました．ゲノムを調べていると，私たちは，アブラムシが機能的なカロテノイド合成遺伝子を有することに驚きました．私たちはこれらの遺伝子を配列決定し，それらが真菌由来であることを突き止めました．驚くべきことに，真菌のカロテノイド遺伝子がアブラムシのDNAの一部になったのです！

あなたは生物学の研究を目指す学生にどのようなアドバイスをしていますか？

すべての学生は異なっています．学生の中には，科学に興味がない，あるいは「行う」ことができないと思い込んでいる学生もいます．しかし，唯一の方法はそれを試してみることです．飛び込んで，研究を楽しめるかどうかを見て，特別な能力を発揮できることを見つけなさい．生物学にはさまざまなスキルをもつ人が必要です．たとえば，ある人はコミュニケーションに優れていて，他の人は細心の注意を払い，別の人は多くの異なる情報を統合することができる．生物学を楽しめることがわかった場合は，新人であろうと年配であろうと，遅すぎることはないのです．

「私たちはこれらの遺伝子を配列決定し，
それらが真菌由来であることを突き止めました．
驚くべきことに，真菌のカロテノイド遺伝子が
アブラムシのDNAの一部になったのです！」

エンドウヒゲナガアブラムシの雌成虫と無性的に産まれた娘虫．➤
赤い色はカロテノイド色素による．

系統と生命の樹 26

▲図 26.1　この生物は何か.

重要概念

26.1 系統は進化的関係を示す

26.2 系統は形態と分子データから推定される

26.3 共有形質は系統樹を構築するために使用される

26.4 生物進化の歴史はゲノムに記録されている

26.5 分子時計は進化時間を追跡するのに役立つ

26.6 新しい情報により生命の樹の理解が修正され続ける

生命の樹の探究

図 26.1 の生物をよく見てみてほしい．ヘビに似ているが，この動物は，実際にはヨーロッパアシナシトカゲ *Ophisaurus apodus* として知られている足を失ったトカゲである．なぜアシナシトカゲはヘビとはみなされないのだろうか．より一般的な質問では，どのようにして生物学者は地球上の数百万の生物種を区別し，分類するのだろうか．

進化関係の理解は，これらの問題を解決する 1 つの方法を示している．その特徴を，近縁である可能性のある種と比較することによって，種を収納しているカテゴリー（訳注：科や属などの分類学的位置のこと）を決めることができる．たとえば，アシナシトカゲは，高度に可動式な顎，多数の椎骨あるいは肛門の後方の短い尾など，すべてのヘビに共有される 3 つの特徴をもっていない．これらおよび他の特徴は，表面的な類似にもかかわらず，アシナシトカゲはヘビではないことを示している．

ヘビやトカゲは，最初の生物から，今日生きている非常に多様な種に至る，生命の連続体の一部である．第 5 部では，このような多様性を調査し，それがどのように進化してきたかに関する仮説を説明する．そうすることにより，進化の「プロセス」（進化のメカニズムは第 4 部に記述）から進化「パターン」（長い年月にわたる進化の所産の観察）へ重点を移行する．

生命の多様性を概観するための準備として本章では，生物学者が**系統 phylogeny**，すなわち種あるいは種群の進化の歴史を追跡する方法を検討する．トカゲとヘビの系統では，たとえば，ヒガシアシナシトカゲとヘビの両方が，足をもつトカゲから進化したが，それぞれが足をもつトカゲの異なる系統から進化したことを示している（図 26.2）．したがって，足を失った状態が独立して進化したことを示す．これから見ていく

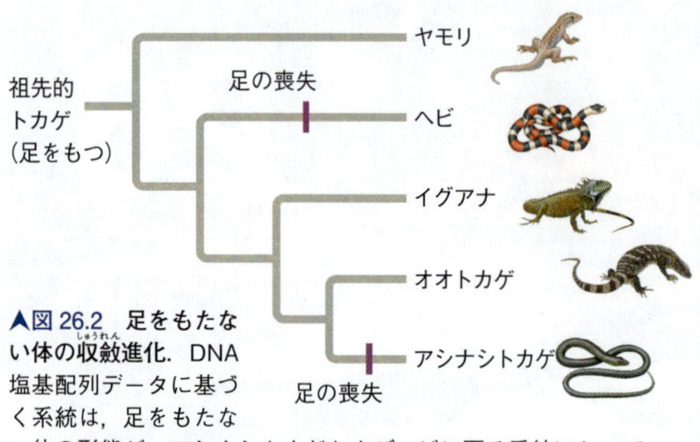
祖先的
トカゲ
(足をもつ)
足の喪失
ヤモリ
ヘビ
イグアナ
オオトカゲ
アシナシトカゲ
足の喪失

▲図 26.2　**足をもたない体の収斂進化．** DNA塩基配列データに基づく系統は，足をもたない体の形態が，アシナシトカゲおよびヘビに至る系統において，足をもつ先祖から独立して進化したことを明らかにする．

ように，生物学者は，**系統分類学**[*1] **systematics** を利用して図26.2のような系統を再構成する．系統分類学は，生物の分類とその進化的関係の決定に焦点を当てた学問である．

26.1

系統は進化的関係を示す

共通祖先をもつため，生物は多くの特徴を共有している（22.3節参照）．その結果，進化の歴史を知ることにより，その種について多くを学ぶことができる．たとえば，生物は，近縁群とその遺伝子，代謝経路，構造タンパク質の多くを共有する可能性がある．本節の後半で，このような情報の適用例を考えるが，最初に，どのように生物の名前をつけ分類するかという，**分類学 taxonomy** という科学的分野について見ていく．また，どのように進化の歴史を表す図を解釈し，使用することができるかについても見ていく．

二名法

生物の慣用名，サル，フィンチやライラックなどは，ふだんの使用では特定の意味を伝達する．しかし，混乱を引き起こす可能性もある．たとえば，それぞれの名前は，2種以上の生物を指し示す．さらに，慣用名（ここでは英名）の中には，生物の種類を正確に反映しないものもある．たとえば「サカナ fish」の語がつくクラゲ jellyfish（刺胞動物），ザリガニ crayfish（甲殻類），シミ silverfish（昆虫類）などを考えてみるとよい．そしてもちろん異なる言語では，同じ生物に異なる語を用いている．

研究上の情報伝達での不確実性を排除するため，生物学者はラテン語の学名を使用して生物を指し示す．18世紀にカール・フォン・リンネ Carl von Linné（ラテン語名は Carolus Linnaeus）によって創始された2つの語で学名を構成する方法は**二名法 binomial** とよばれる（22.1節参照）．二名法のはじめの語は種が所属する**属 genus**（複数形は genera）である．2番目の語は，属内の1種を指し示す種小名である．二名法の例として，*Panthera pardus* は一般的にヒョウとよばれる動物の学名である．属名のはじめの文字は大文字にし，全体はイタリック体で書かれる（新たにつくられた学名も「ラテン語化」される）．リンネが命名した1万1000種以上の学名のうちの多くが，今日でもなお使われている．その中には，私たち自身の種名としてつけられた楽観的な名前，すなわち「賢い人」を意味する *Homo sapiens* が含まれている．

階層的分類

種の命名に加え，リンネは種を順々に広範囲の範ちゅうになる階層に分類した．第1のグループ化は二名法に組み込まれている．すなわち近縁と思われる種は，同属に分類される．たとえば，ヒョウ *Panthera pardus* は，ライオン *Panthera leo*，トラ *Panthera tigris*，ジャガー *Panthera onca* を含む属に分類される．属以上は，系統分類学者は順々により包括的になる分類の範ちゅうを用いる．リンネによって名づけられた分類体系，すなわちリンネ体系では，関連する属を同じ**科 family** に置き，科を**目**（もく） **order** に，目を**綱**（こう） **class** に，綱を**門 phylum** に，門を**界 kingdom** に，そして最近では界を**ドメイン domain** にまとめる（図26.3）．このようにしてできあがった生物の分類は，市には多くの通りがあり，通りにはたくさんのアパートがあり，あるアパートの1部屋などというように，ある人を特定する住所と似たところがある．

どんな階層の分類単位も**分類群 taxon**（複数形は taxa）とよばれる．ヒョウの例では，ヒョウ属 *Panthera* は属レベルの分類群である．そして，哺乳綱 Mammalia は綱レベルの分類群であり，すべての哺乳類の目を含む．リンネ体系では，属レベルより上位の分類群はイタリック体にせず，大文字で書かれることに注意しなさい．

種を分類していくことは，人間の世界観を構築する

＊1（訳注）:「系統分類学」は，本来「phylogenetic taxonomy」の訳で用いられるべきものであり，意味の異なる「systematic」は「体系学」の訳を用いるべきである．しかし不幸なことに日本では意味が異なる「taxonomy」と「systematics」の区別が明確にされておらず，「systematics」も「分類学」と訳されることが多い．本書では区別のために「systematics」には「系統分類学」の訳語を用いる．

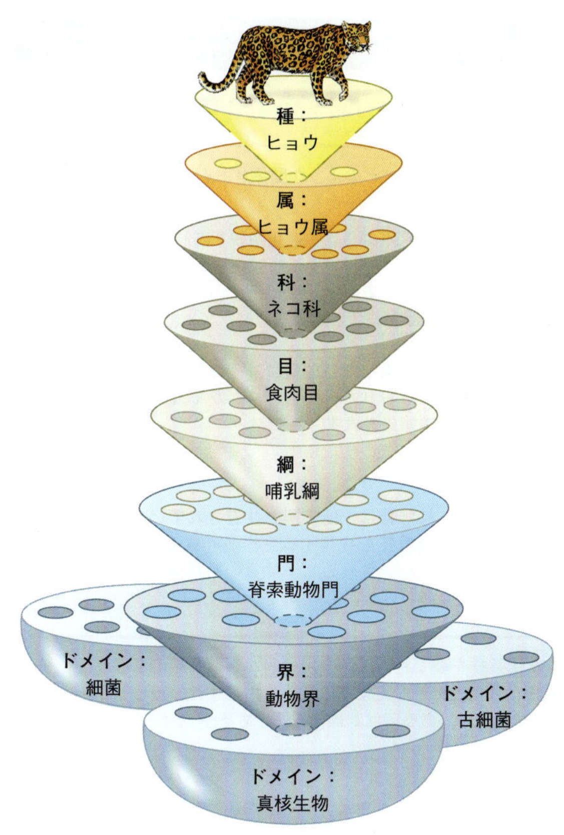
種：
ヒョウ
属：
ヒョウ属
科：
ネコ科
目：
食肉目
綱：
哺乳綱
門：
脊索動物門
界：
動物界
ドメイン：
細菌
ドメイン：
古細菌
ドメイン：
真核生物

▲図 26.3 **リンネの分類.** 各階層，あるいは「ランク」が設定されており，種はより包括的になる階層の群に置かれていく.

方法である．いくつもの樹木の種が慣用名のマツとしてまとめられているが，モミとよばれる樹木とは区別されている．分類学者は，マツとモミは別の属にするのに十分な程度に異なっているが，両者は同じマツ科に分類する程度には似ていると判断している．マツとモミのように，高次分類群レベルでは，一般的に，分類学者により選ばれた特定の形態形質により定義される．しかしながら，ある生物群での分類に有用な形質は，他の生物では適切でないかもしれない．すなわち，巻貝類の目（分類階層の order）が，哺乳類の目と同じ程度の形態的あるいは遺伝的分化の程度を示す必要はない．これから見ていくように，種の目や綱などへの配置は，必ずしも進化的歴史を反映するとは限らない．

分類と系統の関連

生物群の進化の歴史は，**系統樹 phylogenetic tree** とよばれる分岐図で表すことができる．図 26.4 に示すように，しばしば分岐パターンは，分類学者がより包括的な群へと生物を分類する方法と一致する．しかし，分類学者はときには，種を最も近縁で**ない**属（または他の群）内に置いてしまっていることもある．このような誤りの理由の1つとして，その種が進化の過程で，近縁種が共有する重要な特徴を失ったことがあるであろう．もし，DNA や他の新しい証拠により分類が誤っていることがわかった場合には，その生物が正確に進化の歴史を反映するように再分類することができる．もう1つの問題は，リンネ体系は両生類，哺乳類，爬虫類などの綱を脊椎動物の中で区別しているが，それはこれらの群の進化的関係については何も伝えないことである．

▼図 26.4 **分類と系統の結合.** 階層的な分類は，系統樹の分岐パターンを反映することができる．この系統樹は，哺乳綱の分岐である食肉目内の分類群間の推定される進化関係を示す.

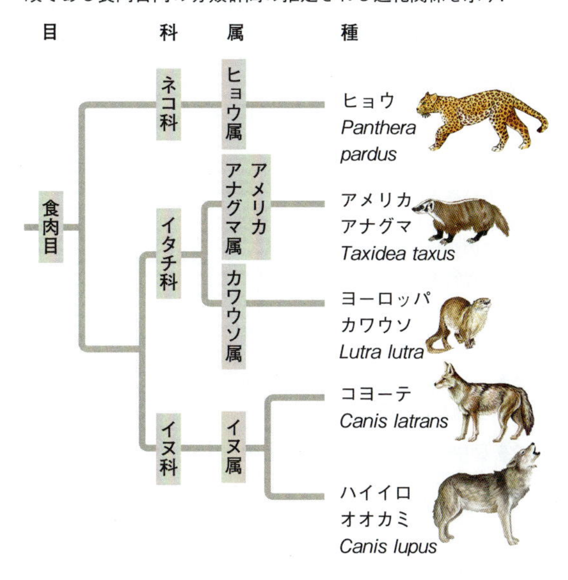
目
科
属
種
食肉目
ネコ科
ヒョウ属
ヒョウ
Panthera pardus
イタチ科
アメリカアナグマ属
アメリカアナグマ
Taxidea taxus
カワウソ属
ヨーロッパカワウソ
Lutra lutra
イヌ科
イヌ属
コヨーテ
Canis latrans
ハイイロオオカミ
Canis lupus

リンネの分類を系統に合わせることの困難さにより，ある系統分類学者は，完全に進化的関係に基づいた分類を提案している．このような分類体系は，共通祖先とその子孫のすべてを含む群だけに名前をつける．この方法の結果として，いくつかの一般的に認識されていた群が，リンネの体系では同じランクであった他の群の一部になるであろう．たとえば，鳥は爬虫類の群から進化したので，鳥綱 Aves（鳥類が割り当てられているリンネの綱）は爬虫綱 Reptilia（リンネの体系の綱）の中の一群とみなされる．

系統樹からわかることとわからないこと

生物群がどのように命名されているかにかかわらず，系統樹は進化的関係についての仮説を表している（図 26.5）．これらの関係はしばしば一連の二分岐，あるいは2方向への**分岐点 branch point** として描かれて

▼図 26.5　ビジュアル解説　系統的関係

系統樹は，生物群がどのような関係にあるかに関する仮説を視覚的に表す．この図では，系統樹が情報を伝達するように描く方法を探る．

系統樹の部品

この系統樹は，分類群とよばれる枝の先端にある5つの生物群がどのような関係があるかを示す．各**分岐点**は，そこから分化する進化系統の共通祖先を表す．

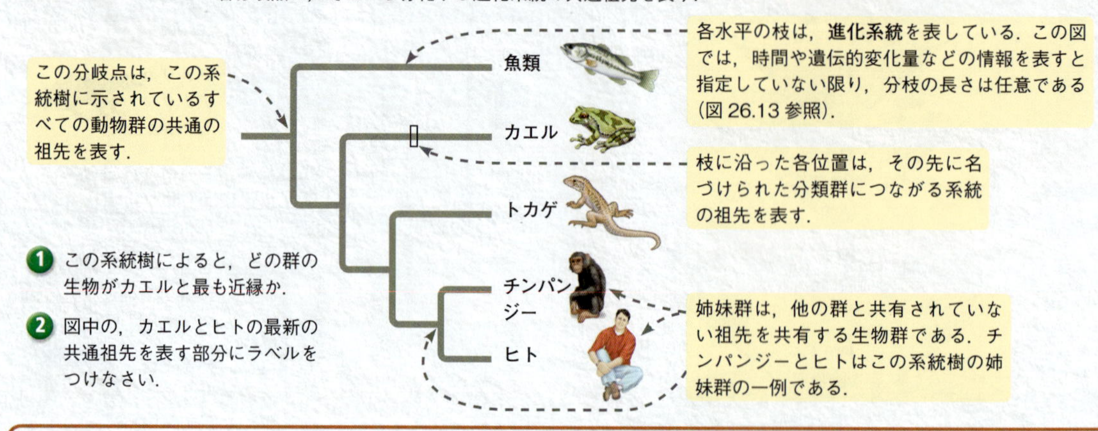

この分岐点は，この系統樹に示されているすべての動物群の共通の祖先を表す．
魚類
カエル
トカゲ
チンパンジー
ヒト
各水平の枝は，**進化系統**を表している．この図では，時間や遺伝的変化量などの情報を表すと指定していない限り，分枝の長さは任意である（図 26.13 参照）．
枝に沿った各位置は，その先に名づけられた分類群につながる系統の祖先を表す．
姉妹群は，他の群と共有されていない祖先を共有する生物群である．チンパンジーとヒトはこの系統樹の姉妹群の一例である．

❶ この系統樹によると，どの群の生物がカエルと最も近縁か．

❷ 図中の，カエルとヒトの最新の共通祖先を表す部分にラベルをつけなさい．

系統図の別の表現

これらの図は，時間の経過とともに分岐する進化系統を表すために枝の視覚的な類推を使用するため，「樹」とよばれている．本書では，系統樹は通常上に示したように水平に描画され，表している系統関係を変更することなく，同じ系統樹が垂直に，あるいは斜線で描画できる．

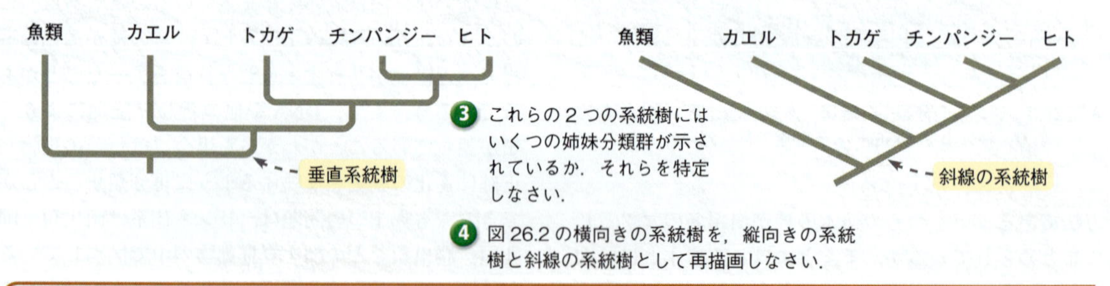

魚類
カエル
トカゲ
チンパンジー
ヒト
垂直系統樹
斜線の系統樹

❸ これらの2つの系統樹にはいくつの姉妹分類群が示されているか．それらを特定しなさい．

❹ 図 26.2 の横向きの系統樹を，縦向きの系統樹と斜線の系統樹として再描画しなさい．

分岐点からの回転

分岐点のまわりの系統樹の枝を回転させても，表している進化的関係は変化しない．その結果，分枝先端に分類群が現れる順序は重要ではない．重要なのは，系統が共通祖先から分岐した順序を示す分岐パターンである．

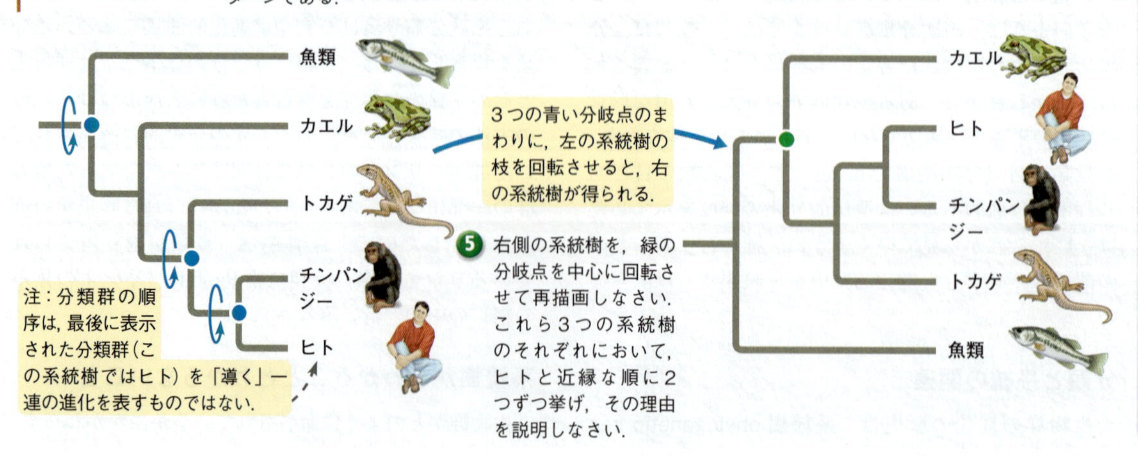

魚類
カエル
トカゲ
チンパンジー
ヒト
3つの青い分岐点のまわりに，左の系統樹の枝を回転させると，右の系統樹が得られる．
カエル
ヒト
チンパンジー
トカゲ
魚類
注：分類群の順序は，最後に表示された分類群（この系統樹ではヒト）を「導く」一連の進化を表すものではない．

❺ 右側の系統樹を，緑の分岐点を中心に回転させて再描画しなさい．これら3つの系統樹のそれぞれにおいて，ヒトと近縁な順に2つずつ挙げ，その理由を説明しなさい．

いる．それぞれの分岐点は，共通祖先から由来した2つの進化系統の分岐を表している．

図26.5では，各系統樹には，チンパンジーとヒトにつながる系統の共通の祖先を表す分岐点がある．チンパンジーとヒトは，他の群には共有されていない共通の祖先を共有する生物群である**姉妹群 sister taxa**とみなされる．姉妹群のメンバーは互いに最も近縁であり，姉妹群をつくることは系統樹に示された進化的関係を説明するのに便利な方法である．たとえば，図26.5では，トカゲにつながる進化系統は，チンパンジーとヒトにつながる系統と直接の共通の祖先を共有している．したがって，ここに示した群のうち，トカゲは，チンパンジーとヒトからなる群の姉妹群であるといって，この部分を説明することができる．

図26.5に示すように，系統樹に示される関係を変更することなく，系統樹の枝を分岐点を中心に回転させることもできる．すなわち，分類群が系統樹の右側で並ぶ順序は，進化の「順序」を表すものではない．この場合，魚類からヒトへとつながる順序を意味するものではない．

本書のほとんどの系統樹のように，この系統樹も**有根 rooted**である．これは，系統樹内の最古の分岐点（多くの場合，左端に描画）が系統樹内のすべての分類群の最も新しい共通祖先を表すことになる．グループの歴史の初期に，そのグループの他のすべてのメンバーから分かれている系統は，**基部分類群 basal taxon**とよばれる．したがって，図26.5の魚類のように，基部分類群は，その群の共通祖先の近くで分岐する枝である．

系統樹を解釈するときに心に留めておくべき他のキーポイントは何だろうか．最初に，系統樹は表現型の類似ではなく継承パターンを示すことを意図していることである．近縁な生物はしばしばその共通祖先をもつため互いに似ているが，異なる速度で進化したか，あるいは非常に異なる環境条件に直面した場合は似ていない可能性がある．たとえば，ワニはトカゲよりも鳥類に近縁であるが（図22.17参照），鳥類の系統で形態が劇的に変化しているため，トカゲにより似ているように見える．

第2に，系統樹に示された分類群あるいは分岐点の年代を必ずしも推測することはできない．たとえば，図26.5の系統樹では，チンパンジーは，ヒトよりも前に進化したことを示すものではない．系統樹はチンパンジーとヒトが最近の共通先祖を共有していたことだけを示すが，その祖先がいつ生きていたのか，あるいは最初のチンパンジーやヒトがいつ生まれたかを示すことはできない．一般的に，たとえば時間と比例するなどの，系統樹の枝長が何を意味するかという情報がなければ，継承パターンの観点だけから図を解釈する必要がある．特定の種がいつ進化したかとか，各系統でどのくらいの変化が起こったかという仮定をすべきではない．

第3に，系統樹上のある分類群が，その隣の分類群から進化したと考えてはいけない．図26.5は，チンパンジーがヒトから，またはその逆から進化したことを示すものではない．ただ，チンパンジーにつながる系統とヒトにつながる系統が，共通祖先から進化したといえるだけである．すでに絶滅したその祖先は，チンパンジーでもヒトでもなかった．

系統学の適用

系統の理解には実用的な用途がある．アメリカ大陸で生まれ，現在は世界的に重要な食用穀物であるトウモロコシを検討してみよう．DNAデータに基づいたトウモロコシの系統から，研究者はトウモロコシに最も近縁であろう2種の野生イネ科草本を識別することができた．これら2つの近縁種は，交配または遺伝子工学によって栽培トウモロコシに組み込む有益な対立遺伝子の「プール」として役に立つかもしれない．

系統樹の別の使用法，異なる生物からのDNA配列の類似性を分析することによって同一種かどうかを推測することである．研究者はこの方法を用いて，「鯨肉」が合法的に捕獲できる種からではなく，国際法により保護されているクジラの種から違法に捕獲されたものであるかどうかを調査している（図26.6）．

研究者はどのようにしてここで考えてきたような系統樹を構築するのだろうか．次節では，系統を決定するのに使用されるデータを調べることによって，その質問に答えることから始めよう．

概念のチェック 26.1

1. **図読み取り問題➤**図26.3において，ヒョウとヒトはどの分類レベルを共有するか．

2. **図読み取り問題➤**ここに示されている系統樹のうち，他の2つとは異なる進化的歴史を示しているのはどれか，説明しなさい．

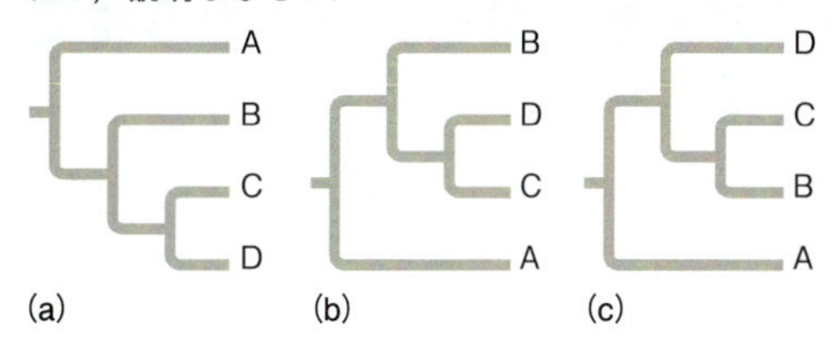
A
B
C
D
(a)
B
D
C
A
(b)
D
C
B
A
(c)

▼図 26.6

研究　鯨(くじら)肉として売られている食品はどのような種か

実験　C・S・ベイカー C. S. Baker と S・R・パルンビ S. R. Palumbi は，日本の魚市場で 13 サンプルの「鯨肉」を購入した．各サンプルからのミトコンドリア DNA（mtDNA）の一部を配列決定し，知られている鯨種の DNA 配列とその結果を比較した．各サンプルの種の識別情報を推論するために，彼らは，分類群間の関係ではなく，DNA 配列の間の関係パターンを示す系統樹である遺伝子系統樹を構築した．

結果　得られた遺伝子系統樹の種のうち，南半球で捕獲されたミンククジラのみが日本で合法的に販売できる．

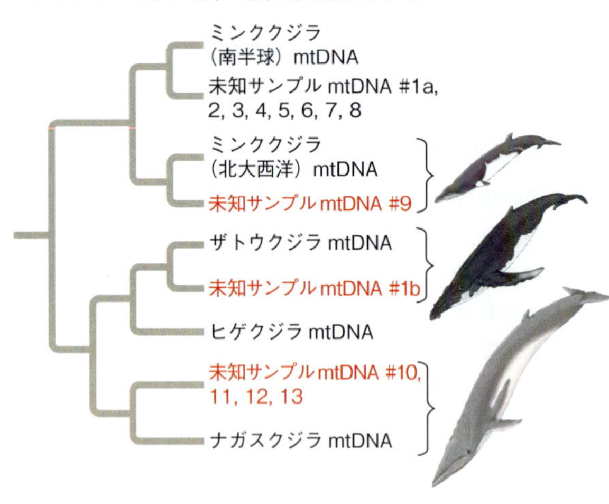
ミンククジラ
（南半球）mtDNA
未知サンプル mtDNA #1a, 2, 3, 4, 5, 6, 7, 8
ミンククジラ
（北大西洋）mtDNA
未知サンプル mtDNA #9
ザトウクジラ mtDNA
未知サンプル mtDNA #1b
ヒゲクジラ mtDNA
未知サンプル mtDNA #10, 11, 12, 13
ナガスクジラ mtDNA

結論　この解析は，未知の 6 サンプル（赤）のミトコンドリア DNA 配列は，合法的に捕獲できないクジラのミトコンドリア DNA 配列に最も近縁であることが示された．

データの出典　C. S. Baker and S. R. Palumbi, Which whales are hunted? A molecular genetic approach to monitoring whaling, *Science* 265: 1538-1539 (1994). Reprinted with permission from AAAS.

どうなる？➤結果がどのように異なっていれば，すべての鯨肉が合法的に捕獲されていたことが示されるか．

3. **描いてみよう➤**クマ科（Ursidae）は，イヌ科（Canidae）よりもイタチ科（Mustelidae）に近縁である．この情報を使用して，図 26.4 を再描画しなさい．
（解答例は付録 A）

26.2

系統は形態と分子データから推定される

系統を推定するために，体系学者は，関連する生物に関しての形態，遺伝子，生化学についての可能な限り多くの情報を収集する必要がある．共通祖先から由来する特徴が進化関係を反映するので，それらの特徴に焦点を当てることが重要である．

形態的および分子的相同

祖先共有による表現型や遺伝的類似は，**相同 homology** とよばれることを思い出してほしい．たとえば哺乳類の前肢において，骨の数と配列は，同じ骨構造をもつ共通祖先の子孫であるという理由で類似している．これは形態的相同の例である（図 22.15 参照）．同様に，遺伝子や他のゲノム内の DNA 塩基配列は，共通祖先が有していた配列を受け継いでいるものであれば相同といえる．

一般的に，非常に似た形態または DNA 塩基配列を共有する生物は，大きく異なる構造や配列をもつ生物よりも近縁である可能性が高い．しかしながら，近縁種間での形態的差異は大きいが，遺伝的差異が小さいような場合もある（逆もあり得る）．たとえばハワイ諸島の銀剣草類の場合を考えてみよう．ある種は高くて細い木であり，またある種は密集して地をはう灌木である（図 25.22 参照）．しかし著しい外見上の違いにもかかわらず，銀剣草類の遺伝子は非常によく似ている．その遺伝的差異の小ささから，銀剣草類は 500 万年前に分化し始めたと推定されている．分岐時期を推定するために，どのように分子データを使用するかについては後で議論する．

相同と相似の区別

系統再構成時の混乱要因として，共通祖先の共有（相同）ではなく収斂進化により生じた生物間の類似がある．これは**相似 analogy** とよばれる．収斂進化は似た環境圧の下で自然選択により，異なった系統から類似した（相似の）適応を生み出す．たとえば，図 26.7 のモグラに似た動物は，互いに非常によく似ている．しかし，内部構造，生理，生殖様式は非常に異なっている．実際，遺伝的および化石の証拠は，これらの動物の共通祖先が 1 億 4000 万年前に生きていた生物であることを示している，この共通祖先と，そのほとんどの子孫はモグラには似ていない．相似的な特徴は 2 つのモグラ系統

▼図 26.7　**穴掘り特性の収斂進化．** 細長い体，大きな前足，小さな眼，鼻を保護する肥厚した皮膚のクッションのすべては，両種で独立に進化した．

オーストラリア「モグラ」
キンモグラ

で，同じような生活様式に適応して独立に進化したように見える．そのため，これらの動物の類似した特徴は系統再構築の際に考慮すべきではない．

相同と相似を区別する別の手がかりとして，比較する形質の複雑性を考えることができる．2つの複雑な構造中のより多くの要素が類似しているなら，その構造は共通祖先から進化してきた可能性が高い．たとえば，ヒトとチンパンジーの成体の頭骨は，合着した多数の骨から構成されている．2種の頭骨の構成は，骨の1つひとつがほぼ完全に対応する．このような複雑な構造が，これほど多くの細部にわたって一致することは，起源が異なっていてはほとんど不可能である．それよりも両者の頭骨の発生にかかわる遺伝子が，共通祖先から受け継がれた可能性のほうが高い．

同様な議論が，遺伝子レベルで比較するときにも適用される．遺伝子は，数千のヌクレオチドの配列からなり，その各々は4種類のDNA塩基，A（アデニン），G（グアニン），C（シトシン），T（チミン）の中の1つをとる遺伝的形質である．もし，2種の生物のDNA塩基配列中の多くの部位が共通であったなら，その遺伝子は相同である可能性が高い．

▼図 26.8　DNA 断片のアライメント． 系統学者は，2種からのDNA断片に沿って，類似した配列を探す（それぞれの種のDNA鎖の1つのみが表示されている）．この例では，もとの12塩基中の11個は，種が分化してから変化していない．したがって，長さを調整すると，配列中のこれらの部分はそのまま整列している．

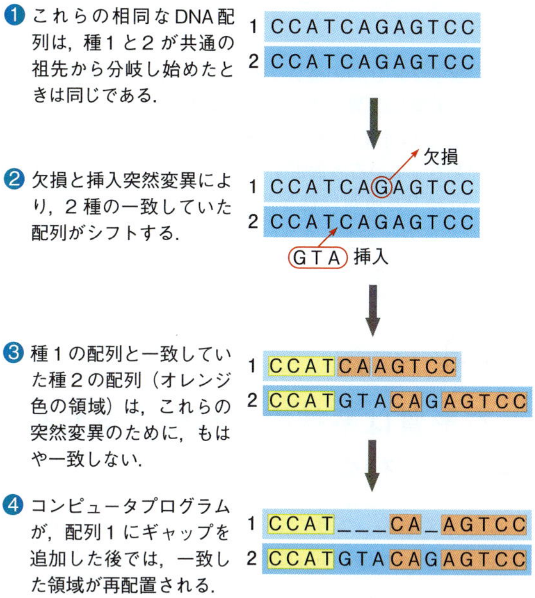

❶ これらの相同なDNA配列は，種1と2が共通の祖先から分岐し始めたときは同じである．

1 CCATCAGAGTCC
2 CCATCAGAGTCC

❷ 欠損と挿入突然変異により，2種の一致していた配列がシフトする．

欠損
1 CCATCAGAGTCC
2 CCATCAGAGTCC
GTA 挿入

❸ 種1の配列と一致していた種2の配列（オレンジ色の領域）は，これらの突然変異のために，もはや一致しない．

1 CCATCAAGTCC
2 CCATGTACAGAGTCC

❹ コンピュータプログラムが，配列1にギャップを追加した後では，一致した領域が再配置される．

1 CCAT___CA_AGTCC
2 CCATGTACAGAGTCC

遺伝学的相同の評価

DNA分子の比較は，しばしば技術的課題を提起する．塩基配列決定後の第1歩は，研究対象の比較可能な塩基配列のアライメント[*2]である．もしそれぞれの種が非常に近縁であるなら，配列はたった1ヵ所か数ヵ所しか違わないであろう．対照的に，遠縁の種では塩基配列は通常，多くの座位で異なった塩基をもち，ときには長さが異なる場合もある．これは，長い時間を経て，挿入や欠損が蓄積したからである．

たとえば，ある遺伝子近くの非コード領域のDNA配列が，2種間で非常に似ているが，欠損突然変異により，一方の種の配列の最初の塩基が失われたとする．この影響により，残りの配列は1つずつ前に移動する．この欠損を考慮しないで2つの配列を比較すると，実際はよく一致していることを見逃すであろう．この問題を回避するため，研究者は，異なる長さをもつDNA断片の最良のアライメント法を推定するコンピュータプログラムを開発した（図 26.8）．

このような分子データの比較により，オーストラリア「モグラ」とキンモグラの比較可能な遺伝子間で，多くの塩基置換や他の差異が蓄積されていることが明らかになった．多くの差異は，それぞれの系統が共通祖先から大きく分化していることを示している．そのため，この現生の2種は近縁ではないということが可能である．一方，銀剣草類では，遺伝子の塩基配列の類似性が高いので，形態的に大きく異なっていても非常に近縁であることが支持される．

ちょうど形態学的特徴と同様に，進化研究において分子の類似性を評価する際に，相同を相似から区別する必要がある．ほとんどの場合，全体的に多くの点で互いに類似する2つの配列は相同である（図 26.8 参照）．しかし，近縁とは思われないような生物において，他の部分が非常に異なる配列であるが，分子的非相同とよばれる単なる偶然の一致による共有が起こることがある．例えば，図 26.9 の2つのDNA配列が遠縁の生物に由来する場合，塩基の23%を共有するという事実は偶然であろう．塩基の25%以上を共有するDNA配列が相同であるかどうかを決定するための統計的ツールが開発されている．

▼図 26.9　分子の非相同．

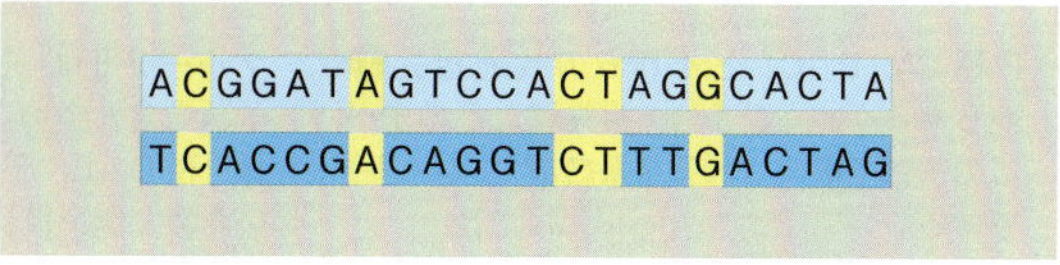

ACGGATAGTCCACTAGGCACTA
TCACCGACAGGTCTTTGACTAG

＊2（訳注）：複数の塩基配列を，相同な塩基座が対応するように並べる作業（図 26.8 参照）．

概念のチェック 26.2

1. 次の各組の構造は，相似または相同のどちらを表している可能性が高いかを決定し，あなたの推論を説明しなさい．(a) ヤマアラシの棘(とげ)とサボテンの棘，(b) ネコの手と人間の手，(C) フクロウの翼とスズメバチの羽．

2. どうなる？➤ 2つの種A，Bは，同じような外見であるが，非常に差異が大きい遺伝子配列をもっている．種BとCは非常に異なる外観だが，類似した遺伝子配列をもっていると仮定する．以下のどちらの種の組が，近縁である可能性が高いか．AとBか，あるいはBとCか．説明しなさい．

(解答例は付録A)

26.3

共有形質は系統樹を構築するために使用される

これまで議論してきたように，系統樹を再構築する重要なステップは相同的特徴を相似から区別することである（相同のみが進化的歴史を反映しているため）．次に，相同的形質から系統を推定する一連の方法である分岐学について説明する．

分 岐 学

分岐学 cladistics とよばれる系統分類学へのアプローチでは，祖先共有は生物を分類するために使用されるおもな基準である．この方法論を用いて生物学者は，祖先種とそのすべての子孫が含まれている**クレード clade** とよばれるグループに種を配置しようと試みる．クレードは，リンネ体系の分類群のように，より大規模なクレード内に入れ子になる．図26.4ではたとえば，ネコ群（ネコ科）は，イヌ群（イヌ科）を含むより大きなクレード（食肉目）内の1クレードを表している．

しかし，分類群は，それが**単系統 monophyletic**（ギリシャ語で「単一族」の意）である場合にのみクレードと同等である．単系統とは，1つの祖先種とそのすべての子孫からなることを意味する（図26.10a）．単系統群を，祖先種とそのすべてではないいくつかの子孫で構成される群である**側系統 paraphyletic**（「部族の横にある」の意）群（図26.10b）や，遠く離れた種を含むが，それらの共通祖先を含まない**多系統 polyphyletic**（「多くの部族」の意）群（図26.10c）と対比しなさい．

側系統群では，すべてのメンバーの最近の共通祖先が群の一部で**ある**のに対して，多系統群では，最近の共通の祖先は群の一部では**ない**ことに注意しなさい．たとえば，偶蹄類(ぐうてい)（カバ，ヒツジ，およびその近縁種）とその共通の祖先からなる群は，同じ祖先から生じた鯨類（クジラ，イルカ，ネズミイルカ）は含まれていないので，側系統群である（図26.11）．対照的に，アザラシと鯨の共通の祖先は含まれていないので，アザラシと鯨からなる群（それらの類似の体型に基づく）は多系統群である．生物学者は，そのような多系統群を定義することを避ける．新たな証拠により，既存の群が多系統群であることがわかった場合，その分類さは見直される．

共有祖先形質と共有派生形質

変化を伴う継承の結果として，生物の祖先と共有す

▼図26.10　単系統群，側系統群と多系統群．

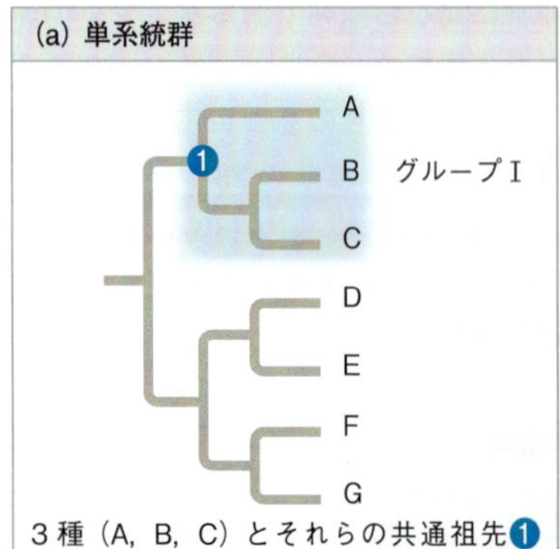
(a) 単系統群
A
B
C
D
E
F
G
グループI
1

3種（A，B，C）とそれらの共通祖先❶からなるグループIは，祖先種とその**すべて**の子孫で構成される単系統群（クレード）である．

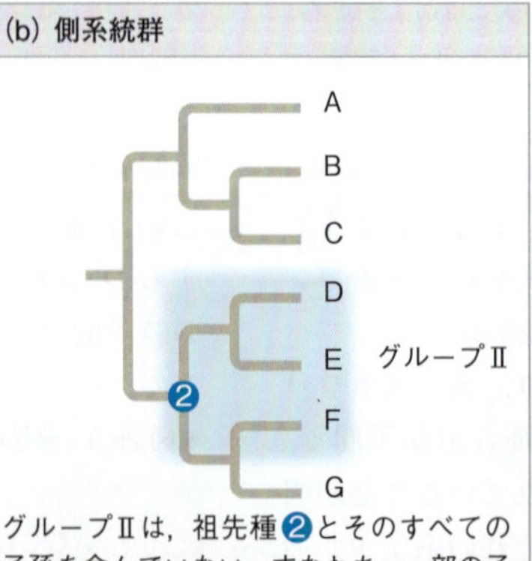
(b) 側系統群
A
B
C
D
E
F
G
グループII
2

グループIIは，祖先種❷とそのすべての子孫を含んでいない．すなわち，一部の子孫（種D，E，F）を含むが種Gを含まないため，側系統群である．

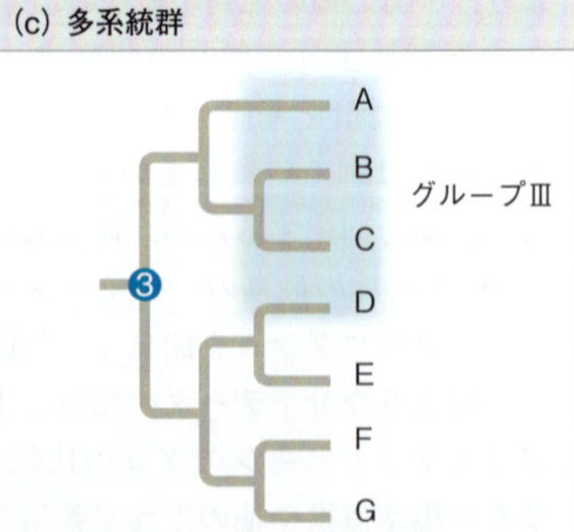
(c) 多系統群
A
B
C
D
E
F
G
グループIII
3

グループIIIは4種(A, B, C, D)からなり，最近の共通祖先❸が群の中に**含まれない**多系統群である．

▼図 26.11 側系統群と多系統群の例.

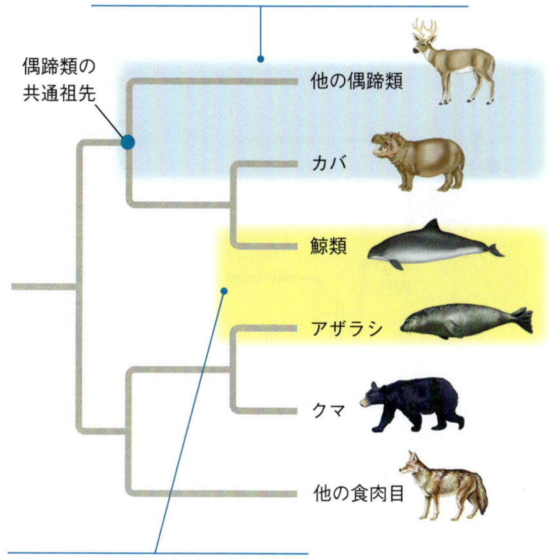
この群は共通祖先のすべての子孫を含まないので（鯨類が除かれている），側系統群である.
偶蹄類の共通祖先
他の偶蹄類
カバ
鯨類
アザラシ
クマ
他の食肉目
この群は，構成員の最新の共通祖先を含まないため，多系統群である.

描いてみよう➤鯨類とアザラシの最新の共通祖先を表す分岐点に丸をつけなさい．その祖先が，似たような体形で定義されている鯨類-アザラシ群の一部ではない理由を説明しなさい.

る特徴をもつが，祖先と異なる特徴もあわせもつ．たとえば，すべての哺乳類は，背骨をもっているが，すべての脊椎動物が背骨をもっているため，背骨では他の脊椎動物から哺乳類を区別できない．背骨の起源は，哺乳類の他の脊椎動物からの分岐に先行している．したがって，哺乳類では，背骨は**共有祖先形質 shared ancestral character**，すなわち分類群の祖先において出現した形質である．対照的に，毛はすべての哺乳類で共有されるが，その祖先には見られない形質である．したがって，哺乳類において，毛は**共有派生形質 shared derived character**，すなわちクレード特有の進化的新規性をもつ形質である.

共有派生形質には，ヘビやクジラの足のように特徴の欠失があることに注意しなさい．それに加え，特定の形質が祖先的あるいは派生的と考えるかどうかは相対的な問題である．背骨は，共有派生形質ともなり得るが，それは単にすべての脊椎動物を他の動物と区別するより深い分岐点での話である.

派生形質を用いた系統推定

共有派生形質は，特定のクレードに固有のものである．生物のすべての特徴が生命の歴史の中のいずれかの点で発生したので，各共有派生形質が最初に現れたクレードを決定することや，進化関係を推定するためにその情報を使用することが可能に違いない.

この分析の例を示すため，図 26.12 a に示す 5 種の脊椎動物，ヒョウ，カメ，カエル，バス（魚類），ヤツメウナギ（無顎(むがく)類の水生脊椎動物）におけるそれぞれの形質を検討してみよう．比較の基盤として，外群を選択する必要がある．**外群 outgroup** は，研究対象の種群（**内群 ingroup**）に近縁であるが，その一部として含まれない進化系統に属する種あるいは種群である．適切な外群は，形態学，古生物学，胚発生や遺伝子配列からの証拠に基づいて決定することができる．この例における適切な外群は，（脊椎動物と同様に）脊索動物門とよばれるより広範な群のメンバーであり，干潟に生息している小動物のナメクジウオである．脊椎動物とは異なり，ナメクジウオは，背骨をもっていない.

この分析では，外群と内群の両方で見られる形質が祖先的であるとみなされる．また，図 26.12a の各々の派生形質は，内群で一度だけ生じたと仮定している．したがって，内群のサブセット内にのみ現れる形質については，その形質が内群の特定のメンバーにつながる系統で生じたと仮定する.

内群の相互比較および外群との比較により，脊椎動物の進化のさまざまな分岐点でどの形質が生じているかを決定することができる．この例では，内群のすべての脊椎動物が背骨をもっている．これは脊椎動物の祖先には存在していたが，外群には見られない．次に，外群とヤツメウナギには存在しないが，他の内群のすべての種に見られるちょうつがいのある顎に注目しなさい．これは，関節のある顎がヤツメウナギを除くすべての内群のメンバーへとつながる系統で生じたことを示す．そのため，ヤツメウナギは，他の内群の脊椎動物の姉妹群と結論づけることができる．このように進めていき，形質の表のデータを，すべて内群の分類群を共有派生形質に基づく階層構造をもつ系統樹に変換することができる（図 26.12 b）.

遺伝的変化に比例した枝長をもつ系統樹

これまでに見てきた系統樹では，系統樹の枝の長さはそれぞれの系統の進化的変化の度合いを示すものではない．さらに，系統樹の分岐パターンによって表現される年代は絶対的（何百万年前か）ではなく，相対的（以前か以降）である．しかし，ある系統樹では，枝長は進化的変化量，または特定のイベントが発生した回数に比例する.

▼図 26.12　派生形質を用いて系統を推定する．ここで使用されている派生形質には，液体で満たされた嚢内に胚を囲む膜である羊膜が含まれる（図 34.26 参照）．異なる形質セットは，異なる系統樹を推測させることに注意しなさい．

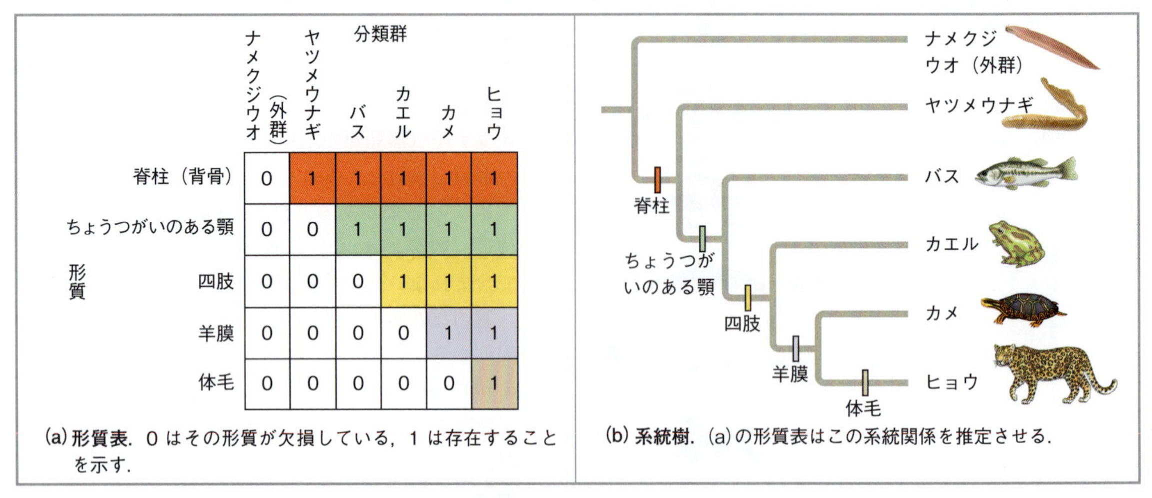

形質 ＼ 分類群	ナメクジウオ（外群）	ヤツメウナギ	バス	カエル	カメ	ヒョウ
脊柱（背骨）	0	1	1	1	1	1
ちょうつがいのある顎	0	0	1	1	1	1
四肢	0	0	0	1	1	1
羊膜	0	0	0	0	1	1
体毛	0	0	0	0	0	1

ナメクジウオ（外群）
ヤツメウナギ
バス
カエル
カメ
ヒョウ
脊柱
ちょうつがいのある顎
四肢
羊膜
体毛

(a) **形質表．**0 はその形質が欠損している，1 は存在することを示す．

(b) **系統樹．**(a)の形質表はこの系統関係を推定させる．

描いてみよう▶(b)で，ちょうつがいのある顎が共通祖先形質である最も包括的なクレードを丸で囲みなさい．

たとえば図 26.13 は，系統樹の枝の長さは，その系統内の特定の DNA 配列における変化数を反映している．系統樹のルート（基部）からマウスまでの水平線の長さの合計は，外群のショウジョウバエにつながる線よりも短いことに注意しなさい．これは，マウスとショウジョウバエの系統の共通祖先からの分岐以来，マウスの系統に比べてショウジョウバエの系統でより多くの遺伝的変化が起きていることを意味する．

今日生きている生物間で異なる長さの系統樹の枝をもっている場合でも，共通の祖先から派生したすべての異なる系統は，同じ年月を生きてきた．極端な例では，ヒトと細菌は 30 億年以上前に生存していた共通祖先をもっていた．化石や遺伝的証拠は，この祖先が単細胞の原核生物であったことを示している．細菌は，明らかにその共通の祖先以来の形態ではほとんど変化していないにもかかわらず，最終的にヒトが生じた系統で 30 億年にわたる進化があったように，細菌の系統においても 30 億年の進化が起こっている．

これらの同じ長さの経過時間は，枝長が時間に比例する系統樹で表すことができる（図 26.14）．そのような系統樹は，化石の情報から分岐点を地質学的時間中に配置することで描画する．さらに，遺伝的変化速度か分岐の時期に関する情報で分岐点を標識することにより，これらの 2 タイプの系統樹を結合することが可能である．

ショウジョウバエ
ナメクジウオ
ゼブラフィッシュ
カエル
ニワトリ
ヒト
マウス

▲図 26.13　枝の長さで遺伝的変化を表すことができる．この系統樹は，発生において役割を果たしているある相同遺伝子の配列を比較することにより構築された．ショウジョウバエを外群として使用した．枝の長さは各系統の遺伝的変化量に比例している．枝長の変異は，異なる系統では異なる速度で遺伝子が進化してきたことを示している．

データの解釈▶どの脊椎動物の系統で，対象遺伝子が最も急速に進化しているか．説明しなさい．

最節約法と最尤(さいゆう)法

DNA 塩基配列のデータベースでは，研究可能な種の増加とともに，進化の歴史を表す最良の系統樹を構築する困難さも増してくる．たとえばどのようにして 50 種のデータ解析をしたらよいだろうか．50 種類からなる系統樹は 3×10^{76} 通りもある．この巨大な系統樹の森の中のどの樹が本当の系統を反映しているのであろうか．系統学者はこのような巨大なデータセットから 1 つの最適な系統樹を見つけ出す確信をもてない．しかし，最節約法や最尤法の原理を用いることにより可能性をせばめる

▼図 26.14 **枝の長さは時間を示すことができる．** この系統樹は，図 26.13 の系統樹と同じ DNA データに基づいているが，ここでは分岐点が化石の証拠に基づいて時代決定されている．したがって，枝長は時間に比例する．各系統は，系統樹の基部から枝の先端までの合計が同じ長さであり，すべての系統で，共通祖先からの分岐以来，同じ合計時間が経過したことを示す．

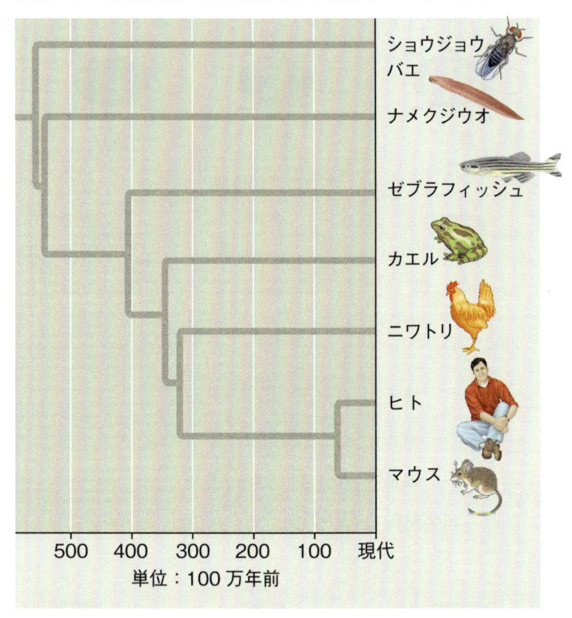
ショウジョウバエ
ナメクジウオ
ゼブラフィッシュ
カエル
ニワトリ
ヒト
マウス
500
400
300
200
100
現代
単位：100 万年前

ことはできる．

最節約 maximum parsimony 法の原理に従うと，事実と矛盾しない最も単純な説明を最初に調査すべきである（節約法の原理は，不必要な複雑性を「そぎ落とした」，最も単純な問題解決手段を提唱した 14 世紀の英国の哲学者であるウィリアム・オッカム Williams of Occam にちなんで「オッカムの剃刀（かみそり）」とよばれる）．形態形質に基づいた系統樹の場合，最節約系統樹は，共有派生形態形質の起源数を数えて，最少の進化数しか必要としないものである．DNA 塩基配列に基づく系統樹の場合は，最節約系統樹は最少の塩基変化しか必要としないものである．

最尤（さいゆう） maximum likelihood 法の原理では，DNA が時間の経過とともにどのように変化するかに関する確率モデルを与えたときに，所定の DNA データセットが生じた可能性が最も高い系統樹を特定する．たとえば，基礎となる確率モデルは，すべての塩基置換が等確率で起こると仮定することが可能である．しかし，この仮定が正しくないという証拠が示された場合，異なる塩基間あるいは遺伝子内の異なる位置における異なる変化率を説明するために，より複雑なモデルを使用することが可能である．

科学者は最節約あるいは最尤（訳注：最もよく観察値を反映している）な系統樹を探索するための多くのコンピュータプログラムを開発している．正確で大量のデータが利用可能な場合，これらのプログラムで使用される方法によらず，通常，同じ系統樹を得ることができる．1 つの方法の例として，図 26.15 では，3 種問題の最節約分子系統樹を識別するプロセスを順を追って説明している．コンピュータプログラムは，同様の方法で系統樹を推定するために節約原則を使用する．プログラムは可能性のある系統樹を多数調べ，最少の進化的変化しか必要としない系統樹を特定する．

仮説としての系統樹

ここで，どんな系統樹でも，系統樹中の生物がどのような相互関係にあるかという仮説を表しているということを繰り返すのによい機会であろう．優れた仮説は，すべての利用可能なデータに最もよく適合したものである．系統についての仮説は，系統学者が新たな証拠により従来の系統樹を改訂せざるを得なくなったときには改変される．実際，多くの古い系統についての仮説が新たな形態学的あるいは分子データにより支持される一方で，改変あるいは却下されている仮説もある．

系統を仮説として考えることにより，強力な方法として系統を使用することが可能である．仮説である特定の系統が正しいという仮定に基づいて予測を作成し，検証することが可能である．たとえば，「系統ブラケット法」とよばれるアプローチで，2 群の近縁な生物に共有される特徴は，独立したデータがそれ以外を示さない限り，共通祖先とその子孫のすべてに存在することを（節約法で）予測することができる（「予測」は，まだ起きていない進化的変化と同様に，過去の知られていない出来事を指す場合があることに注意しなさい）．

このアプローチは，恐竜についての新たな予測をするために使用された．たとえば，鳥が竜盤類恐竜の二足歩行群である獣脚類の子孫という証拠がある．図 26.16 に見られるように，鳥に最も近縁な現生生物はワニである．鳥とワニは多数の特徴を共有する．たとえば「歌う」ことにより縄張りを守ったり仲間を引きつけ（ワニの「歌」は怒鳴るのに近いものであるが），巣を構築する．鳥とワニのどちらも，親が体で卵を温める「育児」により卵の世話をする．鳥は卵の上に座って温めるのに対し，ワニは首で卵を覆う．鳥やワニで共有されるどんな特徴も，共通祖先（図 26.16 の青い点で表される）とその*すべて*の子孫がもっていた可能性があるという理由により，生物学者は恐竜が 4 室

▼図 26.15

研究方法　分子系統学の問題への最節約法の適用

適用　ある種群の系統を推定するうえで，系統学者は種の分子データを比較する．そのはじめとしての効率的な方法は，最小限の進化イベント（分子の変化）を要求する最節約仮説を識別することである．

技術　3種の近縁な甲虫に関する仮想的な系統問題に節約原則を適用する，以下の番号を振った手順に従いなさい．

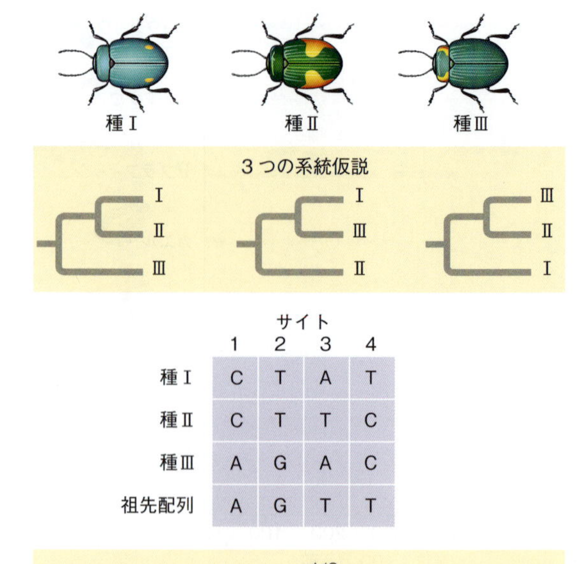

種Ⅰ
種Ⅱ
種Ⅲ
3つの系統仮説
Ⅰ
Ⅱ
Ⅲ
Ⅰ
Ⅲ
Ⅱ
Ⅲ
Ⅱ
Ⅰ
サイト

	1	2	3	4
種Ⅰ	C	T	A	T
種Ⅱ	C	T	T	C
種Ⅲ	A	G	A	C
祖先配列	A	G	T	T

❶まず，3種の可能な系統樹を描画する（3種の可能な系統樹はわずか3個であるが，種数が増えると可能な系統樹数は急速に増加する．4種では15種類となり，10種では3445万9425種類となる）．

❷種の分子データを集計する．この簡単な例では，データはわずか4ヌクレオチド塩基からなるDNA配列である．いくつかの外群種（図示せず）のデータが，先祖のDNA配列を推測するために使用された．

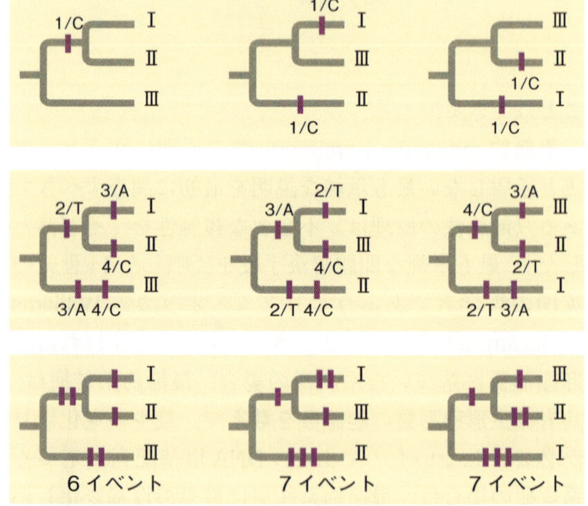

1/C
Ⅰ
Ⅱ
Ⅲ
1/C
Ⅰ
Ⅲ
Ⅱ
1/C
Ⅲ
Ⅱ
1/C
Ⅰ
1/C
3/A
2/T
Ⅰ
Ⅱ
4/C
Ⅲ
3/A 4/C
2/T
3/A
Ⅰ
Ⅲ
4/C
Ⅱ
2/T 4/C
3/A
4/C
Ⅲ
Ⅱ
2/T
Ⅰ
2/T 3/A
6イベント
7イベント
7イベント

❸ここでDNA配列のサイト1に焦点を当てる．左の系統樹で，種ⅠとⅡにつながる枝上に紫棒で表された単一の塩基置換イベント（1/Cのラベルは，サイト1で塩基Cへの変化を示す）は，サイト1のデータを説明するのに十分である．他の2つの系統樹では，2回の塩基置換イベントが必要である．

❹サイト2，3，4の塩基の比較を継続すると，3個の系統樹にはそれぞれ合計5つの塩基置換イベント（紫棒で示した）が必要であることがわかる．

結果　最節約系統樹を識別するために，手順3と4で述べたすべての塩基置換イベントを合計する．最初の系統樹が，3つの系統樹の中で最節約であると結論づけた（実際の例では，もっと多くのサイトが分析される．したがって，それぞれの系統樹では，しばしば複数の塩基置換イベントが異なる）．

の心臓をもち，歌い，営巣し，育児をしていたと予測する．

心臓のような内部器官は，めったに化石化しない，そしてもちろん，恐竜が縄張りを守り，仲間を引きつけるために歌ったかどうかを検証するのは困難である．しかし，化石化した恐竜の卵と巣により，恐竜が育児をするという予測を支持する証拠が提示された．最初に，オヴィラプトル *Oviraptor* という恐竜の，まだ卵の中にある化石胚が発見された．この卵は，現在の鳥が卵を抱くときに見られるのと同様の姿勢で一群の卵の上にしゃがんでいるオヴィラプトルを示した別の化石で見つかったものと同一であった（図 26.17）．この別の化石に保存されているオヴィラプトルは，その卵を抱いているか保護している間に死んだことを示唆している．この研究から生まれたより一般的な結論，すなわち恐竜が営巣し，育児することは，恐竜の他の種が巣を構築し，卵の上に座っていることを示す追加の化石発見によって強化された．最後に，図 26.16 に示すように，系統の仮説に基づいた予測を支持する恐竜の巣と育児の化石の発見は，仮説が正しいことを示

▼図 26.16　鳥とその近縁群の系統樹（† は絶滅系統）.

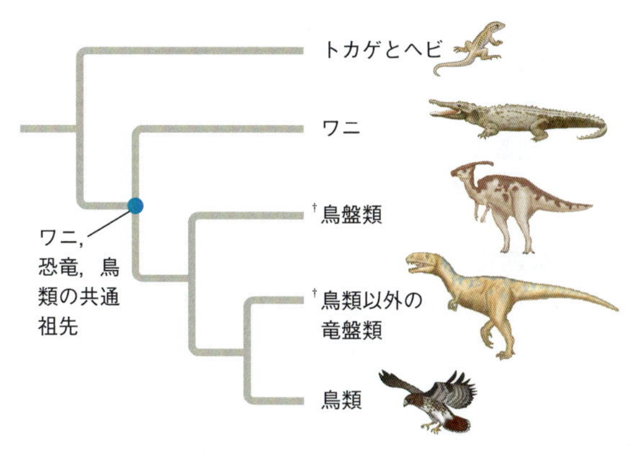
トカゲとヘビ
ワニ
†鳥盤類
†鳥類以外の竜盤類
鳥類
ワニ，恐竜，鳥類の共通祖先

図読み取り問題➤この図で，恐竜とその最近の共通祖先を含むクレードの姉妹群は何か．説明しなさい．

▼図 26.17　化石が系統予測を支持する：恐竜は巣づくりし卵を抱く．

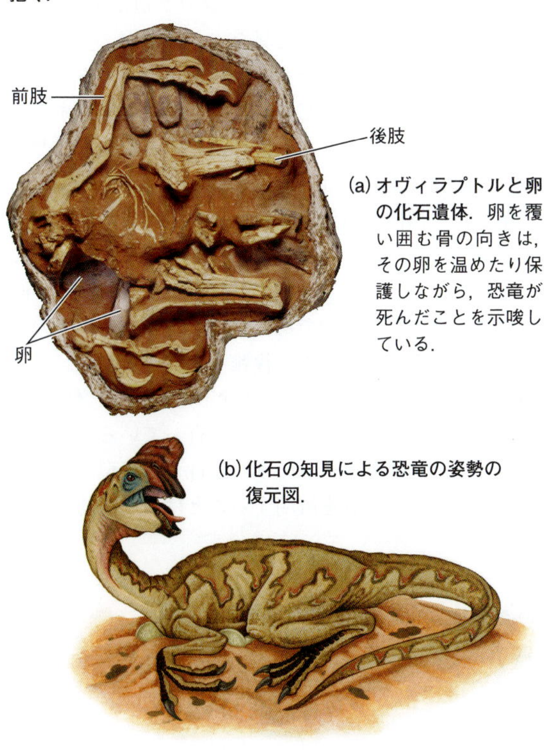
前肢
後肢
卵

(a) オヴィラプトルと卵の化石遺体．卵を覆い囲む骨の向きは，その卵を温めたり保護しながら，恐竜が死んだことを示唆している．

(b) 化石の知見による恐竜の姿勢の復元図．

唆する独立したデータを提供した．

概念のチェック 26.3

1. 哺乳綱に対応する大きなクレード内で，哺乳類の特定のクレードを区別するために，毛は有用な特徴であるか．また，その理由は何か．
2. 進化関係の最節約系統樹が不正確であることがある．これはどのような原因で起こるか．
3. どうなる？➤図 25.7 と図 26.16 の関係が含まれる系統樹を描画しなさい．鳥類と哺乳類以外のここに示されているすべての分類群は，伝統的に爬虫類に分類されていた．分岐学的アプローチは，その分類を支持するか．説明しなさい．

（解答例は付録 A）

26.4 生物進化の歴史はゲノムに記録されている

本章で見たように，核酸など分子の比較は，系統を推定することに使用可能である．ある場合には，このような比較は，比較解剖学などの非分子的方法によって決定することができない系統関係の理解に役立つ．たとえば，分子データの解析は，動物と菌類などのような形態学的比較のための共通基盤がほとんどない生物群間の進化的関係を明らかにするのに役立つ．また，化石記録が乏しい，あるいは完全に欠けている現生生物群間の系統関係を再構築することが可能である．

異なった遺伝子は，同じ進化系統の中でも，異なる速度で進化できる．その結果，分子系統樹は，どの遺伝子を使用するかに応じて，短期間あるいは長期間を表すことができる．たとえば，リボソーム RNA（rRNA）をコードしている遺伝子は比較的ゆっくり変化する．そのため，この遺伝子の DNA 塩基配列の比較は，数億年前に分化した分類群間の関係の研究に有用である．たとえば，rRNA 配列の研究は，菌類が，植物より動物により近縁であることを示す．これに対してミトコンドリア DNA（mtDNA）は比較的速く進化し[*3]，最近の進化イベントについて探究する場合に有用である．ある研究グループがアメリカ先住民の間の関係を mtDNA を用いて追跡した．分子系統解析の結果は，アリゾナのピマ・インディアン，メキシコのマヤ族，ベネズエラのヤノマミ族が互いに近縁であり，おそらく約 1 万 5000 年前にアジアからベーリング地峡を越えてアメリカ大陸に到達した移住の 3 つの波の最初の移入の子孫であるという，他の証拠を裏づけた．

遺伝子重複と遺伝子ファミリー

分子データは，ゲノム変化の進化の歴史について何を明らかにするのだろうか．ゲノム中の遺伝子の数を

＊3（訳注）：これは動物の mtDNA についてのことであり，植物や菌類の mtDNA の進化速度は比較的ゆっくりで，最近の進化イベントには使用できない．

増加させることにより，さらなる進化的変化のためにより多くの機会を提供するので，進化において特に重要な役割を果たしている遺伝子重複について考えてみなさい．現在の分子生物学の技術は，遺伝子重複の系統をたどることができる．またゲノム進化におけるこれらの重複の影響を解明することもできる．これらの系統解析には，ゲノム内での近縁な遺伝子群である「遺伝子ファミリー」を生じる，連続的な遺伝子重複を考慮に入れなければならない（図21.11参照）．

このような重複を説明するには，オルソログ遺伝子とパラログ遺伝子という2つのタイプの相同遺伝子を区別する必要がある（図26.18）．**オルソログ遺伝子 orthologous gene**（「厳密」を意味するギリシャ語 *orthos* に由来）は，種分化によって生じるものであり，そのため，異種間の遺伝子間で見られるものである（図26.18a参照）．たとえば，ヒトとイヌのシトクロム *c* をコードする遺伝子（電子伝達系で働くタンパク質）は，オルソログ遺伝子である．**パラログ遺伝子 paralogous gene**（「並行」を意味するギリシャ語 *para* に由来）は，遺伝子重複の結果生じるもので，その複数のコピーは種内でそれぞれに変異を含んでいる（図26.18b参照）．23.1節では，脊椎動物において多くの遺伝子重複を経た嗅覚受容体遺伝子の例を見てきた．ヒトでは380の，マウスでは1200の機能的なパラログ遺伝子のコピーをもつ．

オルソログ遺伝子は，種分化に付随してのみ生じ，その結果，異なる遺伝子プールで見出されることに注意しなさい．たとえば，ヒトとイヌのシトクロム *c* 遺伝子は同じ機能を果たすが，これらの種が直近の共通祖先を共有して以来，ヒトとイヌの遺伝子配列は変化している．一方，パラログ遺伝子は，ゲノム内に複数コピーで存在するため，種内で多様化し得る．ヒトの嗅覚受容体遺伝子ファミリーを構成するパラログ遺伝子は，長い進化の歴史の中で遺伝子重複により多様化している．いま，それらは食べ物のにおいからフェロモンに至るまで，多種多様な分子に対する感受性を付与するタンパク質を特定している．

ゲノム進化

いまや，私たちヒトを含め，異なる生物間のゲノム全体を比較することが可能であるため，2つのパターンが明らかになってきた．第1に，多くのオルソログ遺伝子がはるか昔に分岐した系統間でしばしば共有されている．たとえば，ヒトとマウスは6500万年前に分岐したが，遺伝子の99%はオルソログ遺伝子である．10億年前に分岐進化したにもかかわらず，ヒトの遺伝子の50%は，酵母のオルソログ遺伝子である．このような共通性は，なぜ異なった生物が，多くの生化学的，発生学的経路を共有するかを説明する．これらの共通経路の結果として，ヒトの疾患に関連する遺伝子の機能は，ヒトと系統的に遠く離れた酵母などの生物の研究によりしばしば調べることが可能となる．

第2に，種内の遺伝子数は，表現型の複雑性に比例するほどには，重複により増加していないと思われる．ヒトは酵母のたった約5倍の遺伝子しかもたない．酵母は単細胞の真核生物であるが，ヒトは200以上の異なる組織からなる，大きく複雑な脳や体をもつ．ヒトの多くの遺伝子は，酵母のものよりも多用途に使われ，さまざまな体組織で多様な仕事を行っていることがわかってきた．このゲノムの多用途性と表現型変異を引き起こすメカニズムを解明することは，刺激的な挑戦である．

▼図26.18　**相同遺伝子の2つのタイプ**．着色された領域は，塩基配列の違いが蓄積した遺伝子領域を示す．

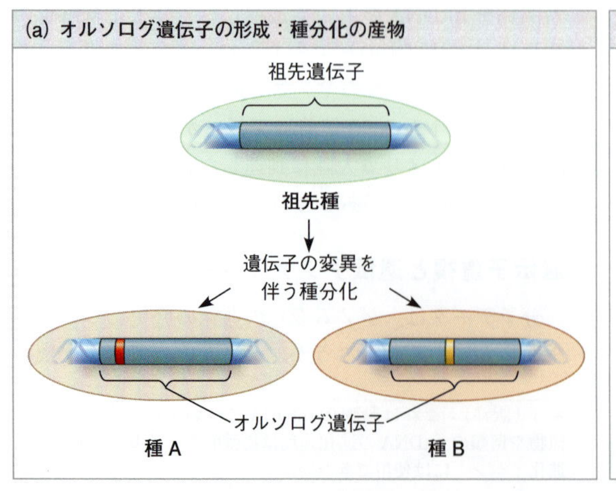
(a) オルソログ遺伝子の形成：種分化の産物
祖先遺伝子
祖先種
遺伝子の変異を
伴う種分化
オルソログ遺伝子
種A
種B

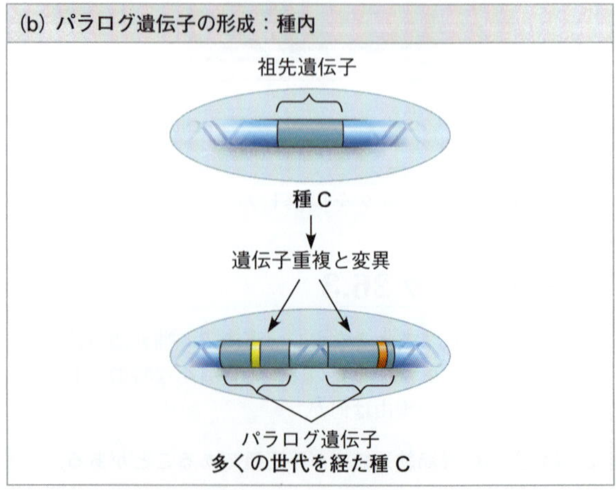
(b) パラログ遺伝子の形成：種内
祖先遺伝子
種C
遺伝子重複と変異
パラログ遺伝子
多くの世代を経た種C

概念のチェック 26.4

1. どのような方法で2種間のタンパク質を比較すると，種の進化的関係に関するデータを得ることができるか説明しなさい．

2. どうなる？➤遺伝子Aは，種1と種2でオルソログ遺伝子であり，種1で遺伝子Bは遺伝子Aのパラログ遺伝子であると仮定する．以下のような結果を導く2つの進化イベントの順序を答えなさい．「遺伝子Aが種間でかなり異なるが，遺伝子AとBは互いに少ししか分化していない．」

3. 関連性を考えよう➤図18.13を復習し，どのようにして特定の遺伝子が生体内の異なる組織で異なる機能をもつことが可能かを示しなさい．

(解答例は付録A)

26.5

分子時計は進化時間を追跡するのに役立つ

進化生物学の1つの目標は，すべての生物間の関係を理解することである．しかし，化石記録の範囲を超えて分子系統における時代決定をしようとするなら，分子レベルでどのように変化が生じるかについての仮定に依存する必要がある．化石記録がないものを含め，互いの系統がいつ分岐したのかを知ることは有用である．しかし，どのようにして化石記録のない系統における時間経過を決めることができるのだろうか．

分子時計

前述のように，研究者は，ハワイ諸島の銀剣草類の共通祖先が約500万年前に存在していたと推定しているということから始めよう．この推定はどのようにされたのだろうか．これは**分子時計 molecular clock** とよばれる概念であり，遺伝子やゲノム内の他の部位が一定速度で変化するという観察に基づいて，進化的変化の絶対年代を測る方法である．分子時計の仮定は，オルソログ遺伝子の塩基置換速度は，共通祖先から遺伝子が分岐してから経過した時間に比例するというものであり，パラログ遺伝子の場合は，塩基置換数が遺伝子重複してからの時間に比例するというものである．

信頼性の高い平均進化速度をもつ各遺伝子の分子時計を，異なる塩基数，たとえば塩基，コドンやアミノ酸の違いを化石により知られる一連の進化的分岐点の時間に対してグラフ上にプロットすることにより補正することが可能である（図26.19）．そのようなグラフから推測される遺伝的変化の平均速度は，前述の銀剣草類の起源のような，化石記録から識別することはできないイベントの年代を推定するために使用することができる．

▼図26.19 **哺乳類の分子時計．** 7つのタンパク質に蓄積された変異の数は，ほとんどの哺乳類の種において，時間の経過とともに一定の速度で増加している．3つの緑色のデータ点は，そのタンパク質が他の哺乳類のものよりもゆっくりと進化してきたように見える霊長類の種を表している．各データポイントの分岐時間は，化石の証拠に基づいた．

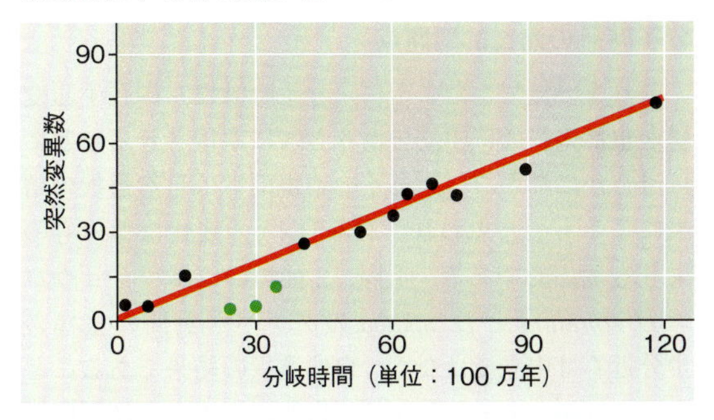
突然変異数
90
60
30
0
0
30
60
90
120
分岐時間（単位：100万年）

データの解釈➤グラフを使用して，7つのタンパク質で合計30個の変異をもつ哺乳類に対する分岐時間を推定しなさい．

もちろんどんな遺伝子も完全に正確な時間を刻むわけではない．実際，ゲノム内のある部分は，進化速度が不規則で，まったく時計として使うことができない．そして信頼できる分子時計として働くと思われている遺伝子でも，比較的一定の「平均」速度を示すという統計的意味での正確さである．さらに，同じ遺伝子でも異なった生物群間では異なった速度で進化することもある．最後に，時計として使える遺伝子を比較しても，進む速さが遺伝子ごとに大きく異なり，他の遺伝子に比べ，100万倍速く進化する遺伝子もある．

時計の進む速度の違い

時計のような遺伝子の進化速度の違いはどのように生じるのだろうか．その答えは，いくつかの突然変異が，自然選択的に中立的であり，有益でも有害でもないという事実に由来する．もちろん，多くの新たな突然変異は有害であり，自然選択によって迅速に除去される．しかし，残りの突然変異のほとんどが中立であり，適応度にほとんど，あるいはまったく影響しない場合，中立的な突然変異の進化速度は実際には時計のように規則的なはずである．異なる遺伝子の進化速度の違いは，その遺伝子の重要性に関係している．遺伝子が特定するアミノ酸の正確な配列が生存に不可欠である場合，突然変異による変化のほとんどは有害であり，ほんのわずかしか中立ではない．その結果，そのような遺伝子はゆっくりとしか変化しない．しかし，アミノ酸の正確な配列がそれほど重要ではない場合，新しい突然変異のうち有害であるものはより少なく，中立なものがより多いであろう．そのような遺伝子はより迅速に変化する．

分子時計の潜在的問題点

これまで見てきたように，分子時計は，内在する変異が自然選択的に中立であるときに期待されるほどには滑らかに動かない．多くの不規則性は自然選択の結果によるものと思われ，あるDNAの変化は他のものよりも適応的である．実際，2種類のショウジョウバエ *D. simulans* と *D. yakuba* のタンパク質間の差異の半分近くは中立ではなく，自然選択の結果であることを示す証拠がある．しかし，自然選択の方向は長期間にわたって繰り返し変化する（それゆえ平均化する）と考えられるので，自然選択の影響を受けた遺伝子であっても経過時間のおおよそのマーカーとして機能することができる．

化石記録のない時代まで分子時計を応用しようとすると，また別の問題が起きる．化石が豊富になるのは，およそ5億5000万年前以降のことであり，分子時計は10億年以上前の進化による多様化の年代推定にも使われる．これらの推定は，すべての時代を通じての分子時計が一定であると仮定している．そのため，このような推定は確実性が低い．

ある場合，異なる分類群における進化速度に関するデータを用いて遺伝子の分子時計を修正し，問題を回避することができる．他の例では，1つまたは少数の遺伝子を使用するのではなく，多数の遺伝子を使用することにより問題を回避することができる．多くの遺伝子を使用することにより，自然選択や時間の経過とともに変化するその他の要因による進化速度の変動が平均化される．たとえば，ある研究者のグループが，公開されている658の核遺伝子の塩基配列データから脊椎動物の進化における分子時計を構築した．対象とした時間が長く（約6億年），しかもおそらく自然選択がこれらの遺伝子の一部に影響を与えたという事実にもかかわらず，分岐年代の推定値は化石による推定値とよく一致した．この例が示唆するように，分子時計は，慎重に使用することにより進化的関係の理解の助けになる．

分子時計の応用：HIVの起源

分子時計は，ヒトのHIV感染の起源についての年代決定にも用いられた．系統学的解析により，エイズ（AIDS）を引き起こすウイルスであるHIVはチンパンジーや他の霊長類に感染するウイルスの子孫であることが示された（これらのウイルスのほとんどは，ヒト以外の宿主ではAIDS様の病気を発症しない）．いつHIVはヒトに感染したのか．答えは簡単には得られない．なぜならこのウイルスはヒトに複数回の感染起源をもつからである．HIVの複数起源は，ウイルスの株（遺伝子型）の変異に反映されている．HIVの遺伝物質は，RNAでつくられており，他のRNAウイルス同様に急速に進化する．

ヒトに最も広く見られる株はHIV−1 Mである．最も初期の感染を特定するため，1959年のサンプルを含む，いろいろな時期のウイルスサンプルを比較している．遺伝子配列の比較により，ウイルスは時計のような様子で進化していることがわかった．分子時計から外挿して，HIV−1 M株が1930年頃，最初にヒトに広がったことが示された（図26.20）．本書で用いたよりも進んだ分子時計を用いた後の研究では，HIV−1 M株が最初に1910年頃にヒトに広がったと推定されている．

▼図26.20　HIV−1 Mの起源の年代決定． 黒色のデータ点は，患者の血液サンプル中のHIV遺伝子のDNA配列に基づいている（発症前に何年もウイルスが潜伏しているため，個々のHIVの遺伝子配列が生じた時期は不明である）．遺伝子の変化速度割合を過去に投影することにより，ウイルスは1930年代に起源したことが示唆された．

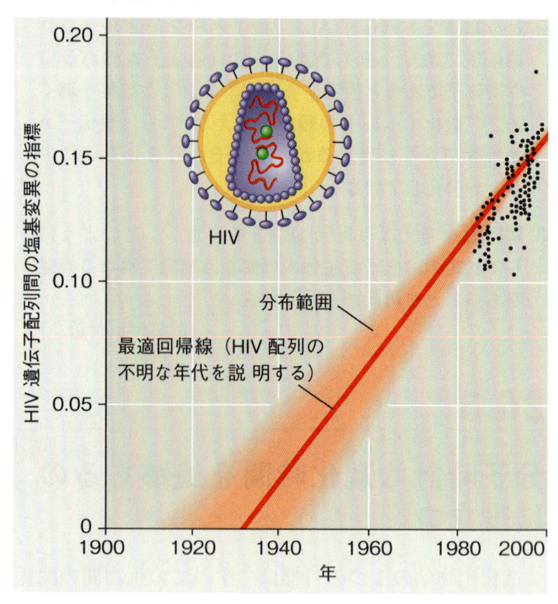
HIV 遺伝子配列間の塩基変異の指標
0.20
0.15
0.10
0.05
0
HIV
分布範囲
最適回帰線（HIV 配列の
不明な年代を説 明する）
1900
1920
1940
1960
1980
2000
年

概念のチェック 26.5

1. 分子時計とは何か．分子時計を使用するときには，どのような仮定があるのか．

2. **関連性を考えよう➤**17.5 節を復習しなさい．次に，多数の塩基変化が生物の DNA に生じているにもかかわらず，その適応になぜ影響を及ぼさないか説明しなさい．

3. **どうなる？➤**分子時計により，2 つの分類群の分岐が 8000 万年前と推定されたが，新しい化石証拠により，これらの分類群は少なくとも 1 億 2000 万年前に分岐していたことを示していると仮定しなさい．どのようにしてこのようなことが起こった可能性があるか，説明しなさい．

(解答例は付録 A)

26.6

新しい情報により生命の樹の理解が修正され続ける

図 26.1 のアシナシトカゲが，ヘビではなく，足を失ったトカゲの異なる系統から進化したという発見は，生命の多様性に対する理解が系統分類学によってどのように伝えられるかを示す一例である．実際，最近数十年間で，系統分類学者は，DNA 配列データを分析することによって，生命の樹の最深の枝に関する洞察までも得ている．

二界から 3 ドメインへ

分類学者は，かつてすべての既知種を 2 つの界，すなわち植物と動物に分類した．2 つ以上の界からなる分類体系は，1960 年代の終わりに多くの生物学者が五界，すなわち原核生物界（モネラ界），原生生物界（ほとんどが単細胞生物で構成される多様な界），植物界，菌界，動物界を認識するようになってから広く支持されるようになった．この体系では，原核細胞と真核細胞という根本的に異なる 2 つの細胞タイプを強調し，原核生物を独自の界，原核生物界に配置することによりすべての真核生物から切り離した．

しかし，遺伝学的データに基づいた系統樹により，すぐにこの体系における問題点が明らかになった．すなわち，ある原核生物群は，真核生物との違いぐらいに他の原核生物群と異なる．このような問題により，生物学者は 3 ドメイン体系を採用するようになった．3 ドメイン，すなわち細菌（バクテリア，真正細菌ともよばれる），古細菌（アーキア）と真核生物は，界よりも高次の分類階層である．これらのドメインの有効性は，100 種近くの完全なゲノム配列を分析した最近の研究を含む多くの研究で支持されている．

細菌ドメインは，現在知られている原核生物のほとんどが含まれている．古細菌ドメインは，さまざまな環境に生息する原核生物の多様なグループで構成されている．真核生物ドメインは，本物の核を有する細胞をもつすべての生物で構成される．このドメインは，単細胞生物の多くのグループと同様に多細胞の植物，菌類，動物が含まれている．図 26.21 は，3 つのドメインとそれらが包含する多くの系統のうちのいくつかを含む，推定系統樹の 1 つを示している．

3 ドメインの体系は，生命の歴史の多くが単細胞生物についてであるという事実を強調している．2 つの原核生物のドメインは，完全に単細胞生物で構成され，さらに真核生物でも，赤文字で示した植物，菌類，動物においてのみ多細胞生物が優占している．分類学者によって以前に認識された五界の中で，ほとんどの生物学者は植物界，菌界，動物界を引き続き認めている

▼図 26.21 生命の 3 ドメイン．この系統樹は，rRNA などの遺伝子の塩基配列データに基づく．単純化のため，各ドメインの主要な枝の一部のみを示す．多細胞生物（植物，菌類，および動物）によって優占される真核生物内の系統は赤字で示し，アスタリスクで示される 2 系統は細胞器官由来の DNA に基づく．その他の系統は，単細胞生物のみで構成されている．

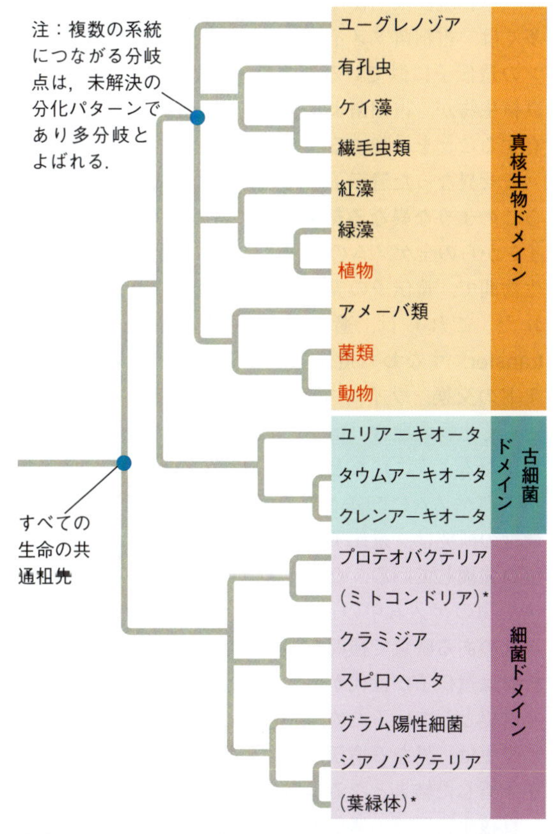
注：複数の系統につながる分岐点は，未解決の分化パターンであり多分岐とよばれる．
ユーグレノゾア
有孔虫
ケイ藻
繊毛虫類
紅藻
緑藻
植物
アメーバ類
菌類
動物
真核生物ドメイン
ユリアーキオータ
タウムアーキオータ
クレンアーキオータ
古細菌ドメイン
すべての生命の共通祖先
プロテオバクテリア
(ミトコンドリア)*
クラミジア
スピロヘータ
グラム陽性細菌
シアノバクテリア
(葉緑体)*
細菌ドメイン

関連性を考えよう➤細胞内共生説（図 6.16 参照）を復習し，この系統樹におけるミトコンドリアと葉緑体系統の特別な配置を説明しなさい．

が，原核生物界と原生生物界はそうではない．原核生物界は，2つの異なるドメインのメンバーを含むため使われなくなった．原生生物界には，他の原生生物よりも，植物，菌類，あるいは動物に近縁なメンバーが含まれている（図28.2参照）．新しい研究は，人類の生命の樹に対する理解を変え続けている．たとえば，過去10年間のメタゲノミクス研究により，多くの古細菌の新種のゲノムが発見され，タウムアーキオータをはじめとしたこれまで知られていなかった古細菌の門が発見された（27.4節参照）．

遺伝子水平伝播の重要な役割

図26.21に示す系統樹において，生命の歴史における最初の主要な分岐は，細菌が他の生物から分岐したときに起きた．もしこの系統樹が正しいなら，真核生物と古細菌は，各々が細菌に対するよりも，互いにより近縁である．この生命の樹の再構築は，一部はリボソームのRNAをコードするrRNA遺伝子の配列比較に基づいている．しかし，他の遺伝子では別の組み合わせの関係が明らかになった．たとえば，研究者は酵母（単細胞真核生物）の代謝に影響を与える遺伝子の多くは，古細菌ドメインの遺伝子よりも，細菌ドメインの遺伝子に似ていることを発見した．この発見は，真核生物が，古細菌よりも細菌と直近の共通祖先を共有することを示唆する．

なぜ異なった遺伝子からのデータに基づく系統樹からこのような異なる結果が生じるのだろうか．3ドメインからの全ゲノムの比較により，異なるドメインの生物間で，遺伝子の実質的な転移があったことが示された．これらは，**遺伝子水平伝播 horizontal gene transfer**，すなわち遺伝子がトランスポゾンやプラスミドの交換，ウイルス感染（19.2節参照），そしておそらく生物の融合（宿主とその細胞内共生体が単一生物になるように）などのメカニズムを介して，ゲノムから別ゲノムに転送されるプロセスにより起こった．最近の研究は，遺伝子水平伝播が重要であるという見解を強調している．たとえば，ある研究では181の原核生物のゲノム中の遺伝子の，平均で80%が進化の過程のある時点で種間を移動したことが示された．系統樹は遺伝子が世代から次世代に垂直に渡されることを前提としているため，このような水平伝播イベントの発生は，異なる遺伝子を使用して構築された系統樹が矛盾した結果となる理由を説明するのに役立つ．

真核生物間での遺伝子水平伝播も起こり得る．たとえば，ヒトなどの霊長類，植物，鳥類およびトカゲなどの真核生物において，トランスポゾンの水平移動の

▼図26.22　移入された遺伝子の受容者：藻類 *Galdieria sulphuraria*．原核生物から受け取った遺伝子により，イエローストーン国立公園および同様な火山温泉の周りの硫黄に覆われた岩石を含む極端な環境で *G. sulphuraria*（挿入画像）の成長が可能になる．

200以上の例が報告されている．核遺伝子はまた，ある真核生物から別の生物に水平移動している．**科学スキル演習**では，ナンシー・モラン Nancy Moran によって集められた，他種からアブラムシへの色素遺伝子の転移に関するデータを解釈する機会を与え，そのような例を説明する．

最近の証拠によると，真核生物は細菌や古細菌から核遺伝子を取得することさえ可能である．たとえば，2013年のゲノム分析では，藻類である *Galdieria sulphuraria*（図26.22）がさまざまな細菌および古細菌の種から，その遺伝子の約5%を獲得したことを示した．大部分の真核生物とは異なり，この藻類は，高濃度の重金属を含む環境や非常に酸性または熱い環境で生き残ることができる．研究者らは，*G. sulphuraria* がそのような極端な生育地で繁栄することを可能にした，原核生物から移動した特定の遺伝子を同定した．

全体として，遺伝子水平伝播は生命進化の歴史を通

動物
菌類
植物
葉緑体
ミトコンドリア
ユリアーキオータ
クレンアーキオータ
シアノバクテリア
プロテオバクテリア
祖先的細胞集団
真核生物ドメイン
古細菌ドメイン
細菌ドメイン

➤図26.23　**生命の絡まったネットワーク**．生命の初期の歴史においては，水平的な遺伝子伝達が非常に一般的であったため，「生命の樹」の基盤は，より正確には絡んだネットワークとして描写されるかもしれない．

科学スキル演習

進化仮説を検証するためにタンパク質の配列データを用いる

アブラムシは遺伝子水平伝播によってカロテノイドをつくる能力を獲得したか　カロテノイドは，植物の光合成や動物の光検出など，多くの生物において多様な機能を有する有色分子である．植物や多くの微生物は最初からカロテノイドを合成することができるが，一般的に動物はつくることができない（カロテノイドを食べる必要がある）．この例外の1つは植物上で暮らす小昆虫のエンドウアブラムシ *Acyrthosiphon pisum* で，そのゲノムにはカロテノイドをつくるために必要な酵素の遺伝子の完全なセットが含まれている．他の動物にはこれらの遺伝子がないため，アブラムシは微生物や植物と共通の単細胞の共通祖先からそれらを継承しているとは考えにくい．それではどこから来たのか．進化生物学者は，アブラムシの祖先が，系統的に遠く離れた生物からの遺伝子水平伝播によってこれらの遺伝子を獲得したと仮定した．

実験方法　科学者らは，アブラムシ，菌類，バクテリア，および植物を含むいくつかの種からのカロチノイド生合成遺伝子のDNA配列を得た．コンピュータは，これらの配列にコードされたポリペプチドのアミノ酸配列に「翻訳」し，アミノ酸配列を作成した．これにより，科学者らは異なる生物の対応するポリペプチドを比較することができた．

実験データ　以下の配列は，植物シロイヌナズナのカロテノイド生合成酵素の1つのポリペプチドの最初の60個のアミノ酸と，5つの非植物種の対応するアミノ酸を1文字のアルファベットで示している（図5.14参照）．ダッシュ（—）は，シロイヌナズナの対応配列とのアライメントを最適化するために配列に挿入されたギャップを示す．

データの解釈

1. アブラムシと比較する生物のデータ列において，アブラムシ中の対応するアミノ酸と同一のアミノ酸を強調表示しなさい．
2. どの生物がアブラムシと共通のアミノ酸をもっているか．アブラムシとの類似度で，他の4生物からの部分ポリペプチドの順位をつけなさい．
3. これらのデータは，アブラムシが遺伝子水平伝播によってこのポリペプチドの遺伝子を獲得したという仮説を裏づけているか．なぜか，あるいはなぜそうではないのか．遺伝子水平伝播が起きた場合，どのタイプの生物が起源である可能性が高いか．
4. あなたの仮説を支持する追加の配列データはどのようなものか．
5. アブラムシの配列と細菌と植物の配列の類似点はどのように説明するか．

データの出典　Nancy A. Moran, Yale University. See N. A. Moran and T. Jarvik, Lateral transfer of genes from fungi underlies carotenoid production in aphids, *Science* 328: 624-627 (2010).

生　物	アミノ酸配列のアライメント
Acyrthosiphon（アブラムシ）	IKIIIIGSGV GGTAAAARLS KKGFQVEVYE KNSYNGGRCS IIR-HNGHRF DQGPSL--YL
Ustilago（菌類）	KKVVIIGAGA GGTALAARLG RRGYSVTVLE KNSFGGGRCS LIH-HDGHRW DQGPSL--YL
Gibberella（菌類）	KSVIVIGAGV GGVSTAARLA KAGFKVTILE KNDFTGGRCS LIH-NDGHRF DQGPSL--LL
Staphylococcus（細菌）	MKIAVIGAGV TGLAAAARIA SQGHEVTIFE KNNNVGGRMN QLK-KDGFTF DMGPTI--VM
Pantoea（細菌）	KRTFVIGAGF GGLALAIRLQ AAGIATTVLE QHDKPGGRAY VWQ-DQGFTF DAGPTV--IT
シロイヌナズナ（植物）	WDAVVIGGGH NGLTAAAYLA RGGLSVAVLE RRHVIGGAAV TEEIVPGFKF SRCSYLQGLL

じて重要な役割を果たしており，今日も引き続いている．ある生物学者は，遺伝子水平伝播が非常に一般的であるため，生命の初期の歴史は，図26.21のような二分岐樹としてではなく，つながった枝のもつれたネットワーク（図26.23）として表現されるべきだと主張している．科学者は，生命の歴史の中で最も初期の段階を描写する最善の方法を議論し続けているが，ここ数十年の間に，生命の歴史における進化的イベントについて多くのエキサイティングな発見があった．地球の一番早くからの住民である原核生物から始め，第5部の残りの部分でこのような発見を探究する．

概念のチェック 26.6

1. なぜ原核生物界は，もはや有効な分類群とみなされないのか．
2. 全生物の系統樹で，異なる遺伝子に基づく系統樹が異なる分岐パターンを得ることになる理由を説明しなさい．
3. **関連性を考えよう**➤真核生物の起源が，なぜ広範な遺伝子水平伝播につながる，生物間の融合に代表されると考えられているかを説明しなさい（図25.10参照）．

（解答例は付録A）

26 章のまとめ

重要概念のまとめ

26.1

系統は進化的関係を示す

- リンネの**二名法**分類体系は，生物に，**属**＋種小名という2つの部分からなる名前を与える．
- リンネの体系では，種はしだいに広範な**分類群**に分類されていく．すなわち，関連した属は同じ**科**に，科は**目**に，目は**綱**に，綱は**門**に，門は**界**に，そして（最近では）界は**ドメイン**に配置される．
- 系統分類学者は，進化的関係を分岐する**系統樹**として表す．多くの系統分類学者は，進化的関係に完全に基づく分類体系を提案する．

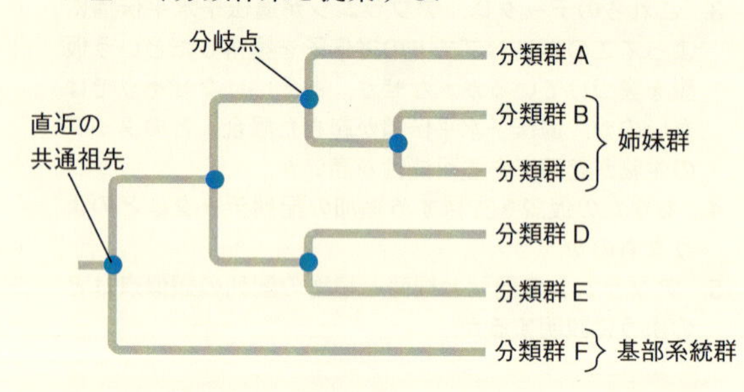
分岐点
直近の共通祖先
分類群 A
分類群 B
分類群 C
姉妹群
分類群 D
分類群 E
分類群 F
基部系統群

- 枝の長さが時間や遺伝的変化に比例している場合を除き，系統樹は，分岐パターンのみを示す．
- 種に関する多くの情報は，その進化の歴史から学ぶことができ，したがって，系統は，広い範囲での応用に有用である．

? ヒトとチンパンジーは，姉妹種である．この言葉が何を意味するかについて説明しなさい．

26.2

系統は形態と分子データから推定される

- 類似した形態またはDNA配列をもつ生物は，非常に異なった構造や遺伝子配列をもつ生物よりも近縁である可能性が高い．
- 系統を推定するため，**相同**（共有祖先による類似）を，**相似**（収斂(しゅうれん)進化による類似）と区別する必要がある．
- 比較するDNA配列を整列したり，ずっと前に分岐した分類群間における分子相同性と偶然の一致を区別するためにコンピュータプログラムが使われる．

? なぜ，系統を推定するのに相同と相似を区別する必要があるのか．

26.3

共有形質は系統樹を構築するために使用される

- **クレード**は，祖先種とその子孫のすべてを含む単系統群である．
- クレードは，**共有派生形質**で区別することができる．

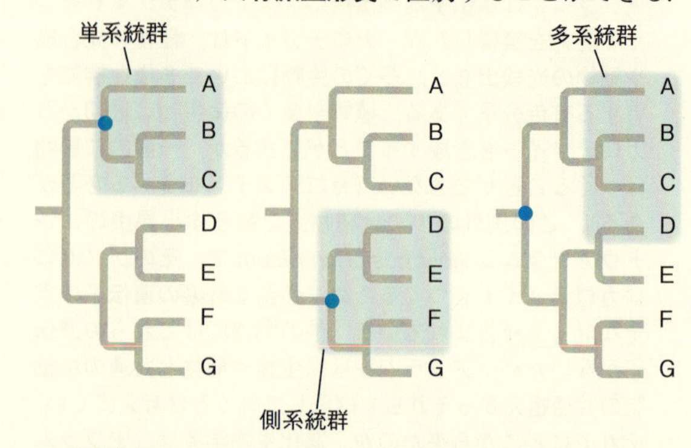
単系統群
多系統群
側系統群
A
B
C
D
E
F
G

- 系統樹の中で，最節約系統樹は最も少数の進化的変化を必要とするものである．最尤系統樹は，最も可能性の高い変化パターンに基づくものである．
- よく支持される系統仮説は，広い範囲のデータと一致している．

? 系統を推定するために共有派生形質を使用する論理を説明しなさい．

26.4

生物進化の歴史はゲノムに記録されている

- **オルソログ遺伝子**は種分化の結果として異なる種で見られる相同遺伝子である．**パラログ遺伝子**は遺伝子重複の結果により同種内に見られる相同遺伝子である．このような遺伝子は多様化し，新たな機能をもつ可能性がある．
- 類縁の遠い種でもしばしば多くのオルソログ遺伝子をもつことがある．複雑性の異なる生物間で遺伝子数があまり違わないことは，遺伝子には汎用性があり，複数の機能をもっていることを示唆している．

? 系統を再構築するとき，オルソログ遺伝子とパラログ遺伝子のどちらを比較するのが有用か．説明しなさい．

26.5

分子時計は進化時間を追跡するのに役立つ

- 一部のDNA領域は，遺伝的変化量により過去の進化イベントの年代推定を推定する方法である**分子時計**として機能するのに十分なほど一定の速度で変化する．他のDNA領域は予測が不確実なように変化する．

- 分子時計解析の結果は，HIV感染の最も一般的な系統株は，1900年代はじめに霊長類からヒトに感染するようになったことを示唆している．

? 分子時計のいくつかの仮定と制限事項を説明しなさい．

26.6 新しい情報により生命の樹の理解が修正され続ける

- 過去の分類システムは，細菌，古細菌，真核生物の3ドメインで構成される生命の樹の現在の見解へ道を譲った．
- 一部がrRNA遺伝子に基づく系統樹は，真核生物は古細菌により近縁であることを示唆する一方で，いくつかの他の遺伝子からのデータは，細菌により近縁であることを示唆する．
- 遺伝学的分析は，広範な**遺伝子水平伝播**が生命の進化の歴史を通じて起こったことを示している．

? なぜ五界説の体系は3ドメイン体系により棄却されたのか．

理解度テスト

レベル1：知識／理解

1. 鳥類と哺乳類との比較において，四肢をもつ状態は，次のうちどれか．
   (A) 共有祖先形質
   (B) 共有派生形質
   (C) 哺乳類から鳥類を区別するための有用な形質
   (D) 相同ではなく相似の例
2. 系統樹を再構築するのに節約法を適用するには，
   (A) すべての進化的変化が同等に起こると仮定した系統樹を選ぶ．
   (B) 分岐点ができるだけ多くの共有派生形質に基づいている系統樹を選ぶ．
   (C) DNA配列や形態のいずれであれ，最小限の進化的変化を示す系統樹を選ぶ．
   (D) 最少の分岐点をもつ系統樹を選ぶ．

レベル2：応用／解析

3. **図読み取り問題** 図26.4において，イヌ科と同じ共通の祖先から由来した同様に包括的な分類群を表すのは，次のうちどれか．
   (A) ネコ科 (C) 食肉目
   (B) イタチ科 (D) カワウソ属
4. 3種の現生種X，Y，Zは，絶滅種UとVとともに共通祖先種Tを共有する．T，X，Y，およびZで構成される群（UとVは含まない）は次のうちどれか．
   (A) 単系統群
   (B) 種Uを外群とする内群
   (C) 側系統群
   (D) 他系統群
5. **図読み取り問題** 以下の系統樹に基づくと，正しくないものはどれか．

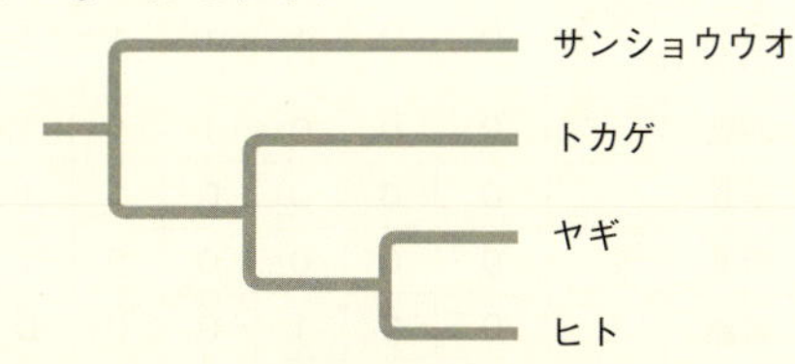
サンショウウオ
トカゲ
ヤギ
ヒト

   (A) ヤギとヒトは姉妹群をつくる．
   (B) サンショウウオは，トカゲ，ヤギ，およびヒトを含む群の姉妹群である．
   (C) サンショウウオは，ヒトと同程度にヤギに近縁である．
   (D) トカゲは，ヒトに比べてサンショウウオに近縁である．
6. ネコ科の系統樹を分岐学を用いてつくりたい場合，以下のどれが外群として最適か．
   (A) オオカミ (C) ライオン
   (B) イエネコ (D) ヒョウ
7. **図読み取り問題** 図26.13の系統樹でカエルやマウスの枝の相対的な長さの違いが示していることは，次のうちどれか．
   (A) カエルはマウスより先に進化した．
   (B) マウスはカエルより先に進化した．
   (C) ホモログ遺伝子はマウスでより速く進化した．
   (D) ホモログ遺伝子はマウスでよりゆっくり進化した．

レベル3：統合／評価

8. **進化との関連** ダーウィンはその祖先がどのようなものであるかを学ぶためには，近縁種を観察することを提案した．彼の提案は，系統ブラケット法や分岐解析における外群の使用などの最近の方法をどのように先取りしたのか説明しなさい．
9. **科学的研究・描いてみよう** (a) 下記の表の1～5の形質に基づく系統樹を描きなさい．1～6の形質の起源を系統樹上にハッチマークで示しなさい．

(b) マグロとイルカが姉妹種であると仮定して，それに応じて系統樹を再描画しなさい．形質1〜6のそれぞれの起源を，系統樹上にハッチマーク（図26.15の系統樹上の紫のバーのこと）で示しなさい．(c) 各系統樹ではいくつの進化的変化が必要であるか答えなさい．最節約的系統樹を同定しなさい．

形質	ナメクジウオ（外群）	ヤツメウナギ	マグロ	サンショウウオ	カメ	ヒョウ	イルカ
(1) 背骨	0	1	1	1	1	1	1
(2) ちょうつがいのある顎	0	0	1	1	1	1	1
(3) 四肢	0	0	0	1	1	1	1*
(4) 羊膜	0	0	0	0	1	1	1
(5) 母乳	0	0	0	0	0	1	1
(6) 背鰭(びれ)	0	0	1	0	0	0	1

＊イルカの成体は2本だけ明らかな肢（足鰭）をもつが，胚では，2つの後肢芽をもち，合計4本の肢をもつ．

10. **テーマに関する小論文：情報**　変化を伴う継承（22章参照）のプロセスに基づき，遺伝情報を利用することで，数億年もさかのぼる系統関係を再構成することが可能になった理由を，300〜450字で記述しなさい．

11. **知識の統合**

このアメリカマナティー*Trichechus manatus*は水生哺乳類である．両生類や爬虫類と同様に，哺乳類は四肢類（四肢をもつ脊椎動物）である．マナティーは後肢がなくても四肢類と考えられていることを説明し，ヒョウなどの哺乳類と共有する可能性のある形質を示しなさい（図26.12b参照）．マナティーの系統の初期メンバーが現代のマナティーとどう違っていたかについて議論しなさい．

(一部の解答は付録A)

細菌と古細菌 27

▲図 27.1　なぜこの湖の水はピンク色に染まっているのだろうか．

重要概念

27.1 構造的および機能的適応によって原核生物は繁栄している

27.2 急速な増殖，突然変異および遺伝的組換えによって原核生物の遺伝的多様性が増大する

27.3 原核生物では多様な栄養様式と代謝的適応が進化してきた

27.4 原核生物は多様な系統群に分化している

27.5 原核生物は生物圏において必須の存在である

27.6 原核生物は人間に利益も害も与える

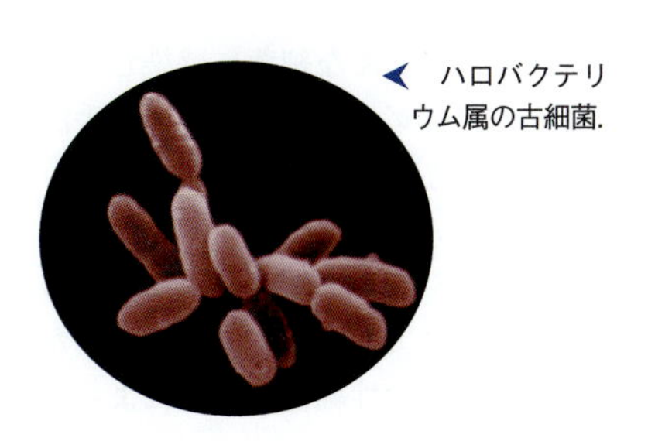

◀ ハロバクテリウム属の古細菌．

適応の達人

ある季節になると，スペインにあるサラダ・デ・トレビエハ湖の水がピンク色に染まる（図 27.1）．この色は，湖水の塩分濃度が海水よりずっと高いことを示している．このような過酷な環境であるにもかかわらず，この劇的な水の色は無機塩類のような非生物によるものではなく，生きている生物による．このような過酷な環境で，どんな生物がどのようにして生きているのだろうか．

サラダ・デ・トレビエハ湖の水のピンク色は，古細菌ドメインや細菌ドメインに属する原核生物が大量に存在することに起因する．その中には，古細菌であるハロバクテリウム属 *Halobacterium* も含まれる．この古細菌の細胞膜には赤い色素が存在し，この色素の一部は光を集めて ATP 合成を行う．ハロバクテリウムは地球上で最も塩耐性が強い生物の１つであり，他の生物が脱水して死んでしまうような塩濃度に耐えることができる．ハロバクテリウムはカリウムイオン（K^+）を細胞内に取り込むことによって細胞内と外環境のイオン濃度バランスをとり，細胞が脱水してしまうことを防いでいる．

ハロバクテリウムのように，多くの原核生物が極限環境に耐えて生きている．たとえば *Deinococcus radiodurans* は 300 万ラドの放射線（ヒトの致死量の 3000 倍）を浴びても生き残ることができ，*Picrophilus oshimae* は pH 0.03（金属が溶けるほどの酸性度）でも増殖できる．別の原核生物は，他の多くの生物にとって寒すぎる，または熱すぎる環境に生育しており，また地下 3.2 km の岩中から見つかるものもいる．

さらに原核生物は，多くの生物が生育する地上や水中のようなより「ふつうの」環境にもよく適応している．原核生物はその幅広い適応能によって，地球上で最も数が多い生物となっている．ひとつかみの肥沃

な土の中には，これまでに生きてきたヒトの数よりも多くの原核生物が生きている．本章では，この注目すべき生物群の適応，多様性，そして環境に対する巨大な生態的影響について学ぶ．

27.1

構造的および機能的適応によって原核生物は繁栄している

地球上に生まれた最初の生命は原核生物であり，その歴史はおよそ35億年前に始まった（25.3節参照）．それからの長い進化の歴史の中で，あらゆる環境での自然選択を経て（また現在でも経ながら），現在見られるような原核生物の膨大な多様性が生まれた．

原核生物の特徴を紹介していこう．ほとんどの原核生物は単細胞であるが，細胞分裂後に互いがつながったままでいる種もいる．典型的な原核細胞は直径0.5～5 μmであり，多くの真核細胞が直径10～100 μmであるのに比べて小さい（特筆すべき例外として，直径750 μmにも達する *Thiomargarita namibiensis* があり，この原核生物はケシの種子よりも大きい；図27.16参照）．また原核細胞の形は多様である（図27.2）．ほとんどの原核生物は単細胞で微小な生物ではあるが，その細胞はよく組織化されており，すべての生命機能がたった1つの細胞内で営まれている．

▼図27.2　**原核生物によく見られる形．** (a) 球菌（cocci，単数形はcoccus）は球形の原核生物である．球菌は単独で，ペアで（双球菌），多数が鎖状につながって（連鎖球菌），またはブドウの房状に集まって（ブドウ球菌）存在する．(b) 桿菌（bacilli，単数形はbacillus）は棍棒状の原核生物である．桿菌はふつう単独で存在するが，一部は鎖状につながっている（連鎖桿菌）．(c) らせん菌（spirilla）はらせん状の原核生物であり，コンマ状のものからゆるいコイル状のものまでが含まれる．さらにコルク抜きのような形をしたスピロヘータ類（spirochetes，写真）もある（すべて着色SEM像）．

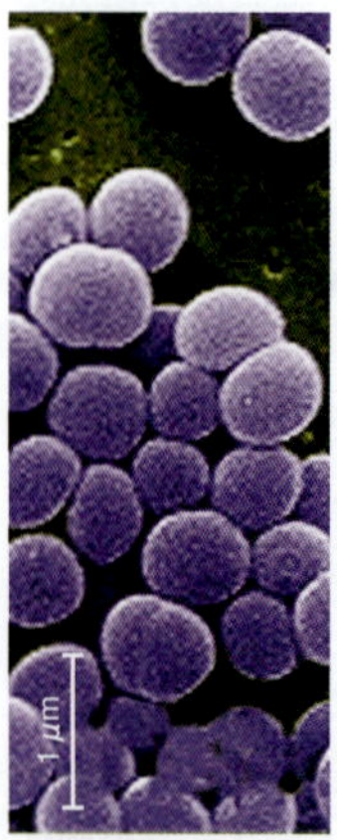
1 μm

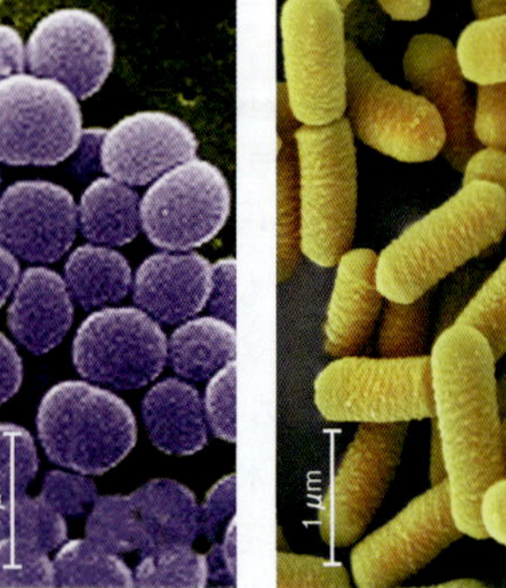

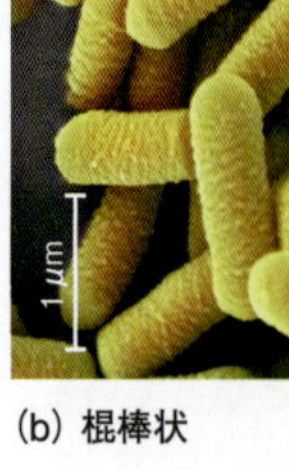
1 μm

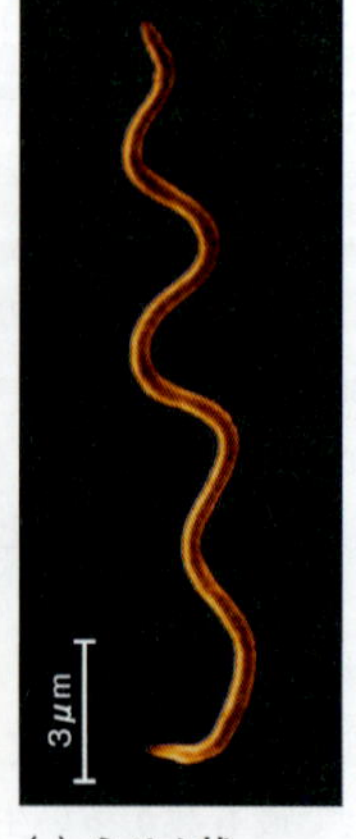
3 μm

(a) 球状　(b) 棍棒状　(c) らせん状

細胞表層構造

ほとんどすべての原核生物の細胞において，最も重要な特徴の1つが細胞壁である．細胞壁は細胞の形を維持し，細胞を保護し，低浸透圧の環境で細胞が破裂することを防いでいる（図7.12参照）．高浸透圧の環境では，多くの原核生物は水を失い，細胞質が収縮して細胞壁から離れてしまう（原形質分離）．このように水を失った細胞は増殖できない．このようにして食物を腐らせる原核生物を脱水させ増殖できなくするため，食物を保存するために塩を使うことができる．

原核生物の細胞壁は，真核生物の細胞壁とは構造的に異なる．陸上植物や菌類のような細胞壁をもつ真核生物では，細胞壁はふつうセルロースかキチンでできている（5.2節参照）．一方，ほとんどの細菌の細胞壁は，ふつう修飾された糖鎖が短いポリペプチドで架橋された重合体である**ペプチドグリカン peptideglycan** を含んでいる．この網状の分子は細菌の細胞全体を包み，細胞外へ伸びる他の分子をつなぎ止めている．一方，古細菌の細胞壁はさまざまな多糖やタンパク質を含んでいるが，ペプチドグリカンを欠いている．

19世紀のデンマークの医師であるハンス・クリスチャン・グラム Hans Christian Gram が考案した**グラム染色 Gram stain** とよばれる技法を用いて，多くの細菌を細胞壁の構造に基づく2つのグループに分けることができる．この技法では，最初にサンプルをクリスタル紫とヨウ素で染色し，アルコールで洗浄する．最後にサフラニンのような赤い色素で染色すると，これが細胞内に浸透してDNAに結合する．この染色結果は，その細菌の細胞壁の構造によって決まる（図27.3）．**グラム陽性細菌**（グラム陽性菌）**Gram-positive bacteria** は，厚いペプチドグリカン層からなる比較的単純な細胞壁をもつ．一方，**グラム陰性細菌**（グラム陰性菌）**Gram-negative bacteria** の細胞壁にはペプチドグリカンが少なく，リポ多糖（脂質に結合した炭水化物）からなる外膜を含むより複雑な構造をしている．

医療現場において，患者がどんな細菌に感染しているのかを迅速に知るために，グラム染色は有用な手法であり，この情報によって効果的な治療が可能になる．多くのグラム陰性細菌において，細胞壁リポ多糖の脂質部分は有毒であり，発熱や麻痺を引き起こす．さらにグラム陰性細菌は，外膜によって宿主の防御機構から自身を守っている．グラム陰性細菌は外膜によって

▼図 27.3 グラム染色.

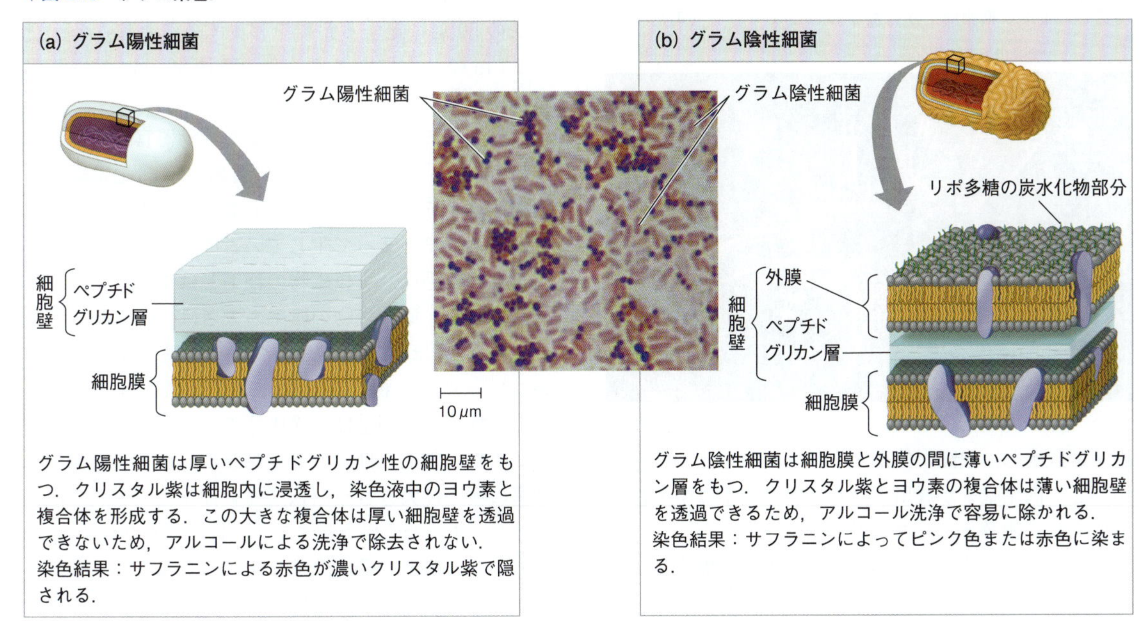
(a) グラム陽性細菌
グラム陽性細菌
細胞壁
ペプチド
グリカン層
細胞膜
10 μm
(b) グラム陰性細菌
グラム陰性細菌
リポ多糖の炭水化物部分
外膜
細胞壁
ペプチド
グリカン層
細胞膜

グラム陽性細菌は厚いペプチドグリカン性の細胞壁をもつ. クリスタル紫は細胞内に浸透し, 染色液中のヨウ素と複合体を形成する. この大きな複合体は厚い細胞壁を透過できないため, アルコールによる洗浄で除去されない.
染色結果：サフラニンによる赤色が濃いクリスタル紫で隠される.

グラム陰性細菌は細胞膜と外膜の間に薄いペプチドグリカン層をもつ. クリスタル紫とヨウ素の複合体は薄い細胞壁を透過できるため, アルコール洗浄で容易に除かれる.
染色結果：サフラニンによってピンク色または赤色に染まる.

薬剤の侵入を防ぐため, 一般的にグラム陽性細菌に比べて抗生物質に対する耐性が高い. ただし, いくつかのグラム陽性細菌には, 1 種類以上の抗生物質に耐性を示す株が存在する〔図 22.14 では, その例である致死性皮膚感染症を引き起こすメチシリン耐性の黄色ブドウ球菌 *Staphylococcus aureus*（MRSA）について解説している〕.

ペニシリンのようないくつかの抗生物質は, ペプチドグリカンの架橋を阻害することで効果を発する. そのため, 特にグラム陽性細菌は細胞壁の機能を失う. このような薬剤は, ペプチドグリカンをもたないヒトの細胞に影響することなく, 病原性細菌を駆逐することができる.

多くの原核生物において, 細胞壁は粘着性の多糖またはタンパク質の層で覆われている. この層が明瞭な構造をとっている場合には**莢膜**(きょうまく) **capsule**（図 27.4）, 不明瞭な場合には「粘液層」とよばれる. 原核生物はこのような粘着質の外層構造によって基質に付着し, またコロニー内で他の個体と接着している. 莢膜や粘液層によって細胞は乾燥から保護され, また病原性原核生物は宿主の免疫系から守られている.

過酷な環境から身を守る別の方法として, ある種の細菌は水や必須栄養素が枯渇すると**内生胞子**（芽胞）**endospore** とよばれる耐久性の細胞を形成する（図 27.5）. もととなる細胞は染色体を複製し, それを強固な多層構造で囲むことで内生胞子を形成する. 内生

▼図 27.4 **莢膜**. 連鎖球菌 *Streptococcus* は, 多糖性の莢膜によって気管にある細胞（この図では扁桃腺細胞）に付着する（着色 TEM 像）.

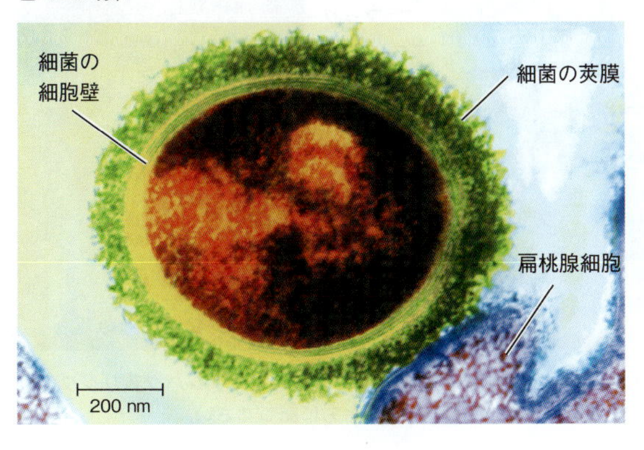
細菌の
細胞壁
細菌の莢膜
扁桃腺細胞
200 nm

▼図 27.5 **内生胞子（芽胞）**. 炭疽(たんそ)を引き起こす細菌である炭疽菌 *Bacillus anthracis* は内生胞子を形成する（TEM 像）. 内生胞子は多層の殻に保護されて土壌中で数年間生存することができる.

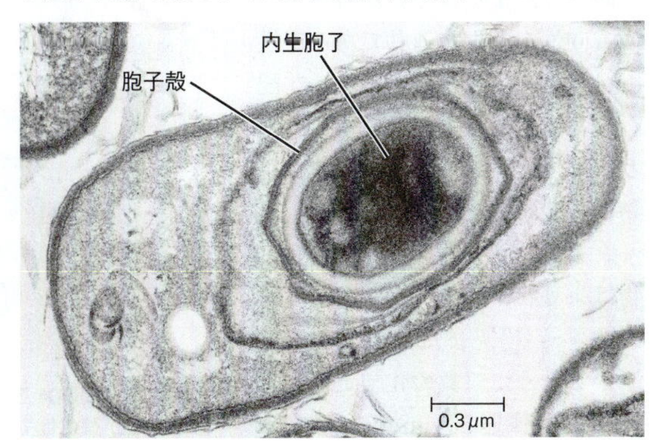
内生胞子
胞子殻
0.3 μm

▼図 27.6 **線毛**．このタンパク質を含む多数の突起物によって基質に，または細胞同士が付着することができる（着色 TEM 像）．

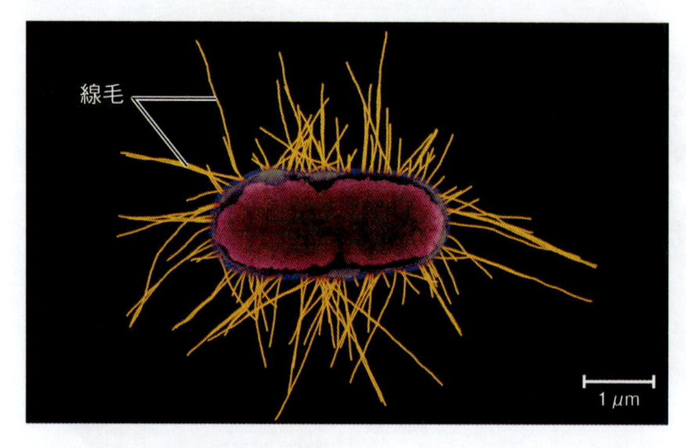
線毛
1 μm

胞子は脱水し，代謝が停止する．その後もとの細胞は崩壊し，内生胞子が放出される．内生胞子は耐久性が高いため，沸騰水の中でも生き延びることができる．これを死滅させるには，高圧下で 121 ℃に熱する装置が必要である．より穏やかな環境では，内生胞子は何世紀も休眠したまま生存し，環境が好転すると再び吸水して代謝活動を再開することができる．

いくつかの原核生物は，**線毛 fimbria**（複数形は fimbriae）とよばれる毛状の突起物によって基物や他個体に付着する（図 27.6）．たとえば淋病（りんびょう）を引き起こす細菌である淋菌 *Neisseria gonorrhoeae* は，宿主の粘膜に細胞を固着させるために線毛を用いる．また一般的な線毛より長く数が少ない**性線毛 pilus**（複数形は pili；特に sex pilus ともよばれる）は，一方から他方へ DNA を送り込む際に 2 個の細胞をつなぐために用いられる（図 27.12 参照）．

運動性

原核生物のおよそ半数は，刺激に向かう，またはそこから遠ざかる方向性をもった運動である**走性 taxis**（ギリシャ語で *taxis* は「配行する」を意味する）を示す．たとえば「化学走性」を示す原核生物は，化学物質に対して運動パターンを変化させる．このような生物は栄養物や酸素に向かって（正の化学走性），または毒素から遠ざかるように（負の化学走性）運動する．秒速 50 μm にも達する速さで運動する種もいるが，これは 1 秒間に自身の細胞長の 50 倍に達する距離を移動することになる．身長 1.7 m のヒトにたとえると，時速 306 km で走ることに相当する！

原核生物に見られるさまざまな運動器官の中で，最も一般的なものは鞭毛である（図 27.7）．鞭毛は細胞の表面全体から生じていることもあるし，細胞の一端または両端にまとまって生じていることもある．この原核生物の鞭毛は，真核生物の鞭毛とはまったく異なる構造である．原核生物の鞭毛の太さは真核生物の鞭毛の 10 分の 1 ほどであり，ふつう細胞膜で囲まれてはいない（真核生物の鞭毛については図 6.24 を参照）．また原核生物の鞭毛は，構成分子や運動機構の点でも真核生物の鞭毛とはまったく異なる．さらに細菌と古細菌の鞭毛は大きさや回転運動を行うという点で似ているが，まったく異なるタンパク質で構成されている．このように構造や構成分子を比較してみると，細菌と古細菌，真核生物の鞭毛は独立に生じた構造であることを示している．これら 3 つのドメインに属する生物の鞭毛は似た機能をもつものの共通の起源をもたないことから，相同ではなく相似形質ということができる（22.2 節参照）．

▼図 27.7 **原核生物の鞭毛**．原核生物型鞭毛のモーターは細胞壁と細胞膜に埋め込まれた複数のリング状構造からなる（TEM 像）．電子伝達系によってプロトンは細胞外へ排出される．このプロトンが拡散によって細胞内へ戻る力でフックとそれにつながる繊維が回転し，細胞を推進させる（この模式図はグラム陰性細菌の鞭毛構造を示している）．

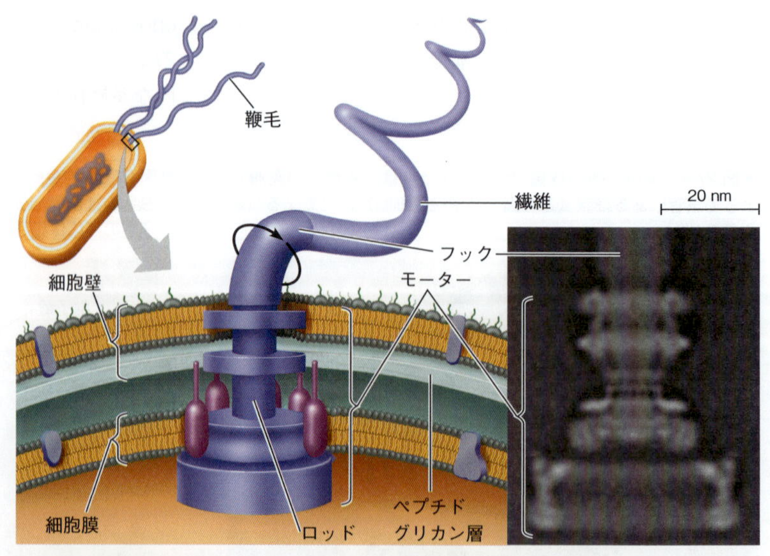
鞭毛
繊維
20 nm
フック
モーター
細胞壁
細胞膜
ロッド
ペプチド
グリカン層

図読み取り問題➤この図に示されているモーターを構成する 4 個のタンパク質リングのうち，どれが疎水性であると予想されるか，その理由とともに記しなさい．

細菌の鞭毛の進化的起源

図27.7に示した細菌の鞭毛は，42種類もの異なるタンパク質で構成された3つのパーツ（モーター，フック，繊維）から成り立っている．このような複雑な構造が，どのようにして進化してきたのだろうか．多くの証拠から，細菌の鞭毛はより単純な構造から長い時間をかけて段階的に進化してきたことが示されている．ヒトの眼の進化と同様（25.6節参照），単純な進化段階の鞭毛が果たして役に立っていたのかと科学者たちは疑問に思っていた．数百種にも及ぶ細菌のゲノム調査から，鞭毛を構成するタンパク質のうち半数のみが鞭毛として機能するために必須であり，残りのタンパク質は不要でいくつかの細菌のゲノムには存在しないことが示されている．調査されたすべての種で必須な21個のタンパク質のうち，19個は他の機能を果たすタンパク質が変化したものである．たとえばモーターを構成する10個のタンパク質は，細菌に見られる分泌装置を構成する10個のタンパク質に相同である（分泌装置は特定の高分子を分泌するためのタンパク質複合体）．またモーターを構成する別の2つのタンパク質は，イオン輸送を行うタンパク質に相同である．ロッドやフック，繊維を構成するタンパク質は互いに関連性があり，線毛のような管を形成する祖先的なタンパク質に由来する．これらの発見は，祖先的な分泌装置に他のタンパク質が付加されて細菌の鞭毛が進化してきたことを示唆している．これは「前適応」，つまりある機能に適応していた既存の構造が変化し，新たな別の機能を獲得した例の1つである．

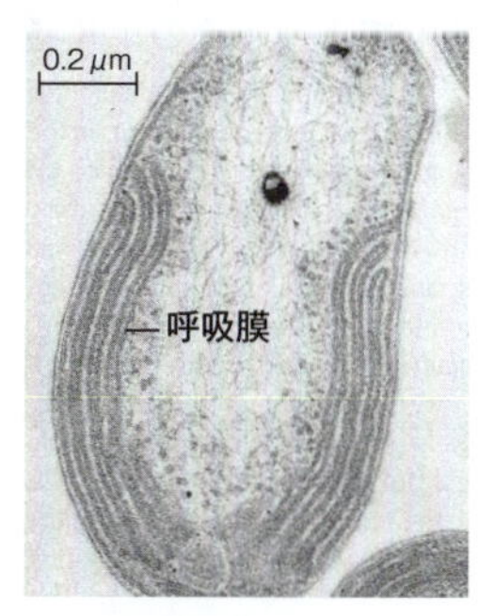
0.2 μm
呼吸膜

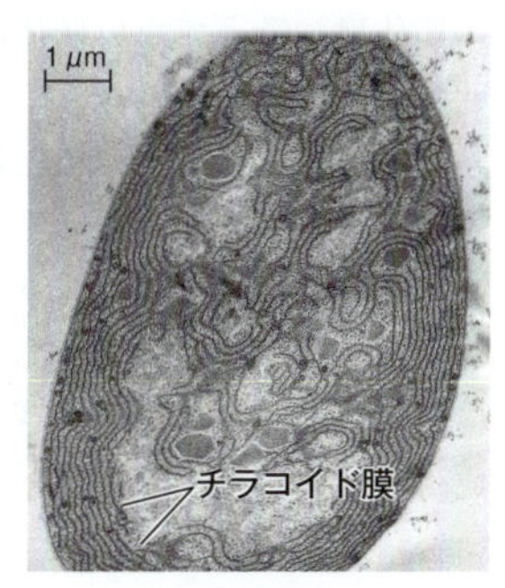
1 μm
チラコイド膜

▼図27.8　**原核生物の特殊化した膜．**(a) 一部の好気性原核生物は，ミトコンドリアのクリステによく似た細胞膜の陥入膜で細胞呼吸を行う（TEM像）．(b) シアノバクテリアとよばれる光合成原核生物は，葉緑体のそれによく似たチラコイド膜をもつ（TEM像）．

(a) 好気性原核生物　(b) 光合成原核生物

細胞内構造とDNA

原核生物の細胞は，内部構造やDNAの存在様式において真核生物の細胞より単純である（図6.5参照）．原核細胞は，真核細胞に見られる膜で囲まれた細胞小器官による複雑な細胞内の区画化をもたない．しかし一部の原核細胞は，特定の代謝機能をもつ特殊な膜構造をもっている（図27.8）．このような膜は，ふつう細胞膜が陥入してできたものである．また最近の発見によると，一部の原核生物はタンパク質からなる単純な区画内に代謝副産物を蓄積することが示されているが，この区画は膜で囲まれていない．

原核生物のゲノムは真核生物のゲノムと構造的に異なり，また多くの場合DNA量がはるかに少ない．真核生物のゲノムは線状染色体からなるが，ほとんどの原核生物のゲノムは環状染色体からなる（図27.9）．また原核生物の染色体の結合タンパク質は，真核生物のそれに比べてずっと少ない．真核生物とは異なり，原核生物は核をもたず，染色体は**核様体 nucleoid** とよばれる膜で囲まれていない細胞質の領域に存在する．また多くの原核細胞は，この単一の染色体に加えて**プラスミド plasmid** とよばれるふつう少数の遺伝子をコードした独立に複製される小さな環状DNA分子をもつ（図27.9参照）．

原核生物と真核生物の間でDNAの複製，転写，翻訳のプロセスは基本的に類似しているが，いくつかの違いもある（17章参照）．たとえば原核生物のリボソームは真核生物のものよりも小さく，それを構成するタンパク質やRNAが異なる．このような違いのため，

▼図27.9　**原核生物の染色体とプラスミド．**破裂した大腸菌の細胞のまわりにある絡み合った細い糸状構造は，この細胞の大きな環状染色体の一部である（着色TEM像）．この写真には，より小さな環状DNAであるプラスミドも3個見られる．

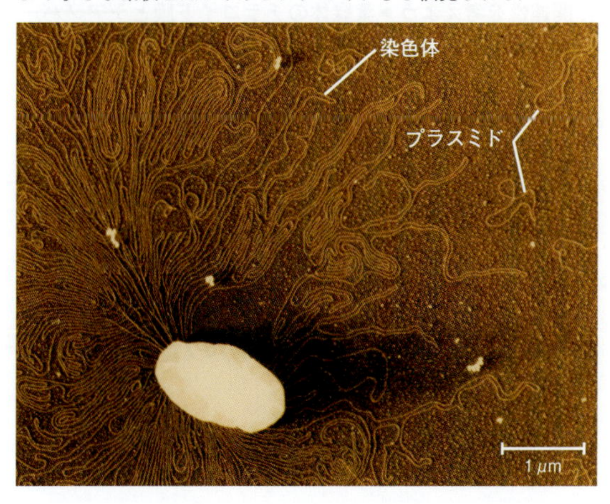
染色体
プラスミド
1 μm

エリスロマイシンやテトラサイクリンのようないくつかの抗生物質は原核生物のリボソームに特異的に結合してタンパク質合成を阻害するが，真核生物には働かない．そのため，私たちはヒトに害を与えることなく細菌だけを殺したり増殖を抑えたりするためにこれらの抗生物質を使うことができる．

増　殖

多くの原核生物は，好適な環境では急速に増殖できる．「二分裂」(図12.12参照) によって1個の原核細胞は2細胞になり，さらに4，8，16細胞と増えていく．最適な条件下では，多くの原核生物は1〜3時間ごとに分裂することが可能であり，いくつかの種はわずか20分で新たな世代をつくり出すことができる．もしこの速度で増殖が続けば，1個の原核細胞がたった2日で地球よりも重いコロニーを形成してしまう！

もちろん実際には，こんなことは起こらない．栄養物を使い尽くしてしまうことや，自らの老廃物の毒性，他の微生物との競争，あるいは他の生物に捕食されることによって原核生物の増殖は制限されている．しかしいずれにせよ，多くの原核生物がもつ急速な集団の成長能は，3つの生物学的特徴に起因する．彼らは小さく，二分裂によって増殖し，世代時間が短い，という3点である．その結果原核生物の集団は，植物や動物のような多細胞真核生物の集団に比べてはるかに多い，数兆個もの個体から構成されていることがある．

概念のチェック 27.1

1. 他の生物が生きられない過酷な環境で原核生物が生き延びることを可能にする適応の例を2つ挙げ，説明しなさい．

2. 原核生物と真核生物における，細胞構造およびDNA存在様式の違いを説明しなさい．

3. 関連性を考えよう➤葉緑体のチラコイド膜とシアノバクテリアのチラコイド膜が類似していることを説明できる仮説を示しなさい．その際，図6.18および図26.21を参照しなさい．

(解答例は付録A)

27.2
急速な増殖，突然変異および遺伝的組換えによって原核生物の遺伝的多様性が増大する

第4部で解説したように，遺伝的多様性がなければ進化は起こらない．原核生物が多様な適応を示すという事実は，彼らの集団に大きな遺伝的多様性が存在することを示唆しており，そして実際に存在する．本節では，原核生物に大きな遺伝的多様性をもたらす3つの要因，急速な増殖と突然変異，遺伝的組換えについて紹介する．

急速な増殖と突然変異

有性生殖を行う種では，突然変異によって新たな対立遺伝子が生じることはまれである．その代わり，有性生殖を行う集団における遺伝的多様性のほとんどは，減数分裂と受精の間に起こる組換えによって生じる (13.4節参照)．原核生物は有性生殖を行わないため，彼らが大きな遺伝的多様性をもつことは奇妙に思われるかもしれない．実際には，原核生物に見られる大きな遺伝的多様性は，急速な増殖と突然変異の組み合わせによってもたらされている．

細菌である大腸菌が，彼らの自生地の1つであるヒトの腸管内で二分裂によって増殖することを思い浮かべてみよう．分裂を繰り返した後に生じた子孫のほとんどは，遺伝的に親細胞と同一である．しかしDNA複製の過程で誤りが起こると，子孫の一部は遺伝的に異なることになる．大腸菌において，1つの遺伝子にこのような突然変異が起こる確率は1000万回分裂する間にたった1回 (1×10^{-7}) でしかない．しかしヒトの腸管にすむ大腸菌は毎日 2×10^{10} 個もの新しい細胞を生み出すため，およそ $(2\times10^{10})\times(1\times10^{-7})=2000$ 個の細胞がその遺伝子に突然変異をもつ計算になる．大腸菌が4300個の遺伝子をもつことを考えると，ヒトの体内で1日に $4300\times2000=800$ 万個以上もの突然変異が生じていることになる．

重要なことは，突然変異はまれな現象ではあるものの，短い世代時間と大きな集団をもつ種に対して急速に遺伝的多様性をもたらすという点にある．そしてこのような遺伝的多様性は，急速な進化を可能にする (図27.10)．ある環境において遺伝的により適している個体は，そうでない個体に比べてより多くの子孫を残すことができるだろう．原核生物が新たな環境に急速に適応できるということは，真核生物より単純な細胞をもつのにもかかわらず原核生物が進化的な意味で決して「原始的」でも「下等」でもないことを示している．実際，彼らはきわめて進化した生物であり，35億年以上にわたってさまざまな環境に適応することに成功してきた．

遺伝的組換え

原核生物に遺伝的多様性をもたらすおもな原因は突然変異であるが，2つのDNAを組み合わせる現象である「遺伝的組換え」によってもさらなる遺伝的多様性が生じる．真核生物では，減数分裂と受精という有性生殖過程によって2個体のDNAが接合子の中で組み合わさる．しかし原核生物では，減数分裂も受精も起こらない．その代わり，別の3つの機構（形質転換，形質導入，接合）によって，異なる個体（細胞）のDNAが原核生物のDNAに組み合わさる．もし異なる種の間でこのようなことが起こった場合，「遺伝子水平伝播（水平転移）」とよばれる．細菌ドメインでも古細菌ドメインでも，同種または異種間でこれらの機構によるDNAの移動が起こることが知られているが，現在のところ私たちが知るこのような機構に関する情報のほとんどは細菌の研究に基づいている．

図 27.10

研究　原核生物は環境変化に対応して急速に進化できるのだろうか

実験　ボーン・クーパー Vaughn Cooper とリチャード・レンスキ Richard Lenski は，大腸菌が新しい環境に適応できる能力を試験した．彼らは1細胞の大腸菌から12集団を作成し，2万世代（3000日）にわたってこれを調査した．栄養物を持続して与えるために，彼らは毎日「植え継ぎ」をした．つまりそれぞれの集団から0.1 mLをとり，9.9 mLの新しい培地を含む試験管へ移した．実験の期間を通じて，培地は少量のグルコースと他の栄養物しか含まない低栄養のものを用いた．

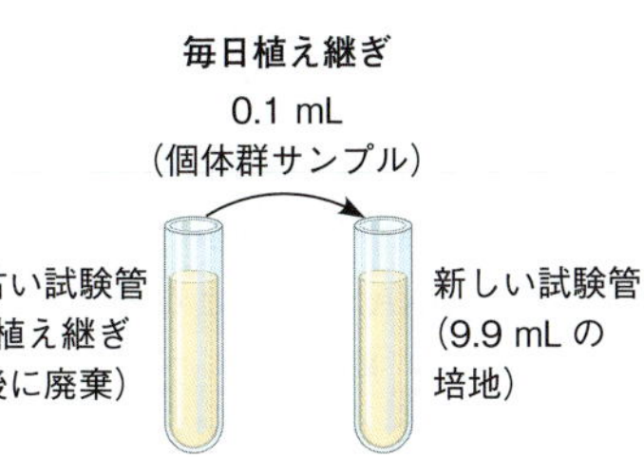
毎日植え継ぎ
0.1 mL
（個体群サンプル）
古い試験管
（植え継ぎ
後に廃棄）
新しい試験管
（9.9 mL の
培地）

12集団から定期的にサンプルをとり，実験条件（グルコースが少ない）で培養して元となった株と比較した．

結果　各群集の成長速度から算出されたその適応度は，最初の5000世代（2年間）の間に急速に，それに続く1万5000世代の間にゆっくりと上昇した．下のグラフは12集団の平均を示している．

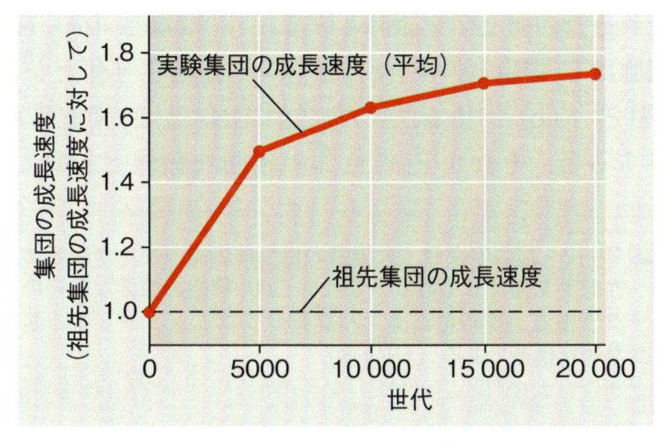
集団の成長速度
（祖先集団の成長速度に対して）
1.8
1.6
1.4
1.2
1.0
実験集団の成長速度（平均）
祖先集団の成長速度
0
5000
10 000
15 000
20 000
世代

結論　大腸菌の集団では，2万世代の間に有利な突然変異が蓄積し，新たな環境で高い増殖能を示す急速な進化が起こった．

データの出典　V. S. Cooper and R. E. Lenski, The population genetics of ecological specialization in evolving *Escherichia coli* populations, *Nature* 407:736-739 (2000).

どうなる？➤実験した集団が低グルコース環境に適応する際に，どのような機能の遺伝子において塩基配列や発現の変化が生じたと考えられるか，記しなさい．

形質転換と形質導入

形質転換 transformation では，周囲の環境にある外来のDNAを取り込むことによって，原核細胞の遺伝子型，ときには表現型が変化する．たとえば肺炎連鎖球菌 *Streptococcus pneumoniae* の無毒株を，有毒株のDNAを含む培地で培養すると，肺炎を引き起こす有毒株に形質転換することがある（16.1節参照）．このような形質転換は，無毒株の細胞が病原性の遺伝子を含むDNA断片を取り込み，自身の相同なDNA部分と入れ替えてしまうことで起こる．この結果生じた細胞は組換え体であり，その染色体には2つの異なる細胞に由来するDNAが含まれる．

培養株を用いた実験から形質転換が発見された後も，研究者たちは長い間，この機構は非常にまれであるため自然界における細菌集団の進化に大きく寄与することはないと考えていた．しかしその後，多くの細菌が近縁種のDNAを認識して細胞内に取り込むタンパク質を細胞表面にもつことが明らかとなった．いったん外来DNAが細胞内に取り込まれると，ときに相同組換えによってその生物のゲノムに組み込まれてしまう．

形質導入 transduction では，ファージ（この呼称は細菌に寄生するウイルスである「バクテリオファージ」に由来する）によってある宿主から別の宿主へ原核生物のDNAが運ばれる．多くの場合，ファージの増幅過程でアクシデントが起こった結果として形質導入が起こる（図27.11）．原核生物のDNAを運んできたウイルスは，ときに自身のゲノムの一部またはすべてを欠くため，増殖することができないことがある．しかしこのようなウイルスでも，原核細胞（受容体）に付着して別の原核生物（供与体）から得たDNAを注入することはできる．もしこのようなDNAの一部が組換えによって受容体細胞の染色体に組み込まれると，組換え体ができる．

▼図 27.11　**形質導入．** ときにファージは，ある細胞（供与体）から別の細胞（受容体）へ細菌染色体の断片を運ぶ．もし運び込まれた染色体断片との間に組換えが起こると，供与体の遺伝子が受容体のゲノムに組み込まれる．

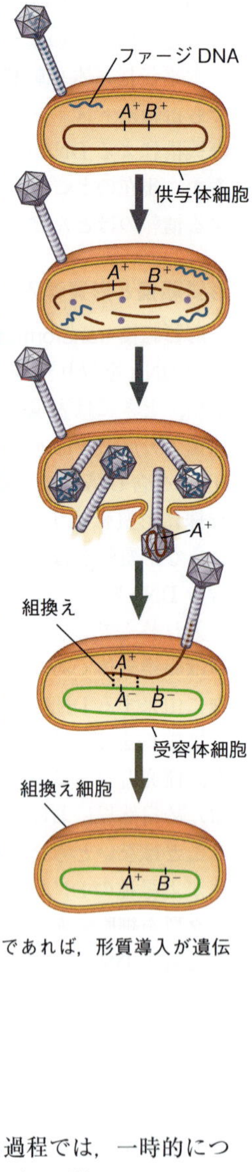

❶ 染色体(茶色)上に対立遺伝子 A^+ と B^+ をもつ細菌細胞にファージがとりつく．この細菌は供与体となる．

❷ ファージの DNA が複製され，その遺伝子にコードされたタンパク質（紫色の点）が多数合成される．このとき，ある種のファージのタンパク質は宿主細胞が自身のタンパク質を合成することを阻害するため，図で示したように宿主細胞の DNA を断片化してしまうことがある．

❸ 新たなファージ粒子が組み立てられる際に，対立遺伝子 A^+ を含む細菌 DNA の断片がファージのキャプシドに偶然取り込まれる．

❹ 供与体細胞の対立遺伝子 A^+ を含むファージが，対立遺伝子 A^- と B^- をもつ受容体細胞にとりつく．2ヵ所での組換え（点線）によって，供与体 DNA（茶色）が受容体 DNA（緑色）に組み込まれる．

❺ 組換えを起こした細胞の遺伝子型（A^+B^-）は，供与体（A^+B^+）とも受容体（A^-B^-）とも異なる．

ファージ DNA　供与体細胞　組換え　受容体細胞　組換え細胞

図読み取り問題➤ どのような条件下であれば，形質導入が遺伝子水平伝播となるのか，記しなさい．

接合とプラスミド

接合 conjugation とよばれる過程では，一時的につながった2個の原核細胞（ふつう同種）の間で DNA が転送される．細菌では DNA の転送はつねに一方通行であり，片方が DNA を提供し，もう一方がそれを受け取る．ここでは，大腸菌において知られている機構について紹介する．

まず供与体の性線毛が受容体に付着する（図 27.12）．次に性線毛が収縮し，2個の細胞を近づける．それに続いて2つの細胞の間に一時的な「接合橋」が形成され，これを通して供与体から受容体へ DNA が転送されると考えられている．しかしこの過程に関してはいまだ確実ではなく，最近の研究では中空の性線毛を通して DNA が直接転送される可能性が示唆されている．

いずれにせよ，性線毛を形成して接合によって DNA を転送する能力は，**F 因子 F factor**（F は「生殖能 fertility」の頭文字に由来）とよばれる特異な DNA 領域が存在することに起因する．大腸菌の F 因子は約 25 個の遺伝子を含み，その多くは性線毛を形成することに使われる．図 27.13 で示したように，F 因子はプラスミドの形で，もしくは細菌の染色体の一部として存在する．

プラスミドとして存在する F 因子　プラスミドの形で存在する F 因子は **F プラスミド F plasmid** とよばれる．F プラスミドをもつ細胞は F^+ 細胞と表記され，接合においては DNA 供与体となる（図 27.13 a）．F プラスミドを欠く細胞は F^- 細胞と表記され，接合においては DNA 受容体となる．F^+ という形質は転移可能であり，F^+ 細胞は F^+ プラスミド全体のコピーを転送することによって，受容体となった F^- 細胞を F^+ 細胞へ変えることができる．もしこの過程が完全ではなかったとしても，F プラスミドの一部が受容体へ転送されれば，この受容体は組換え体となる．

染色体に存在する F 因子　もし供与体細胞の F 因子が染色体上に存在するならば，この染色体上の遺伝子も接合によって転移することができる．染色体に組み込まれた F 因子をもつ細胞は，「Hfr 細胞」とよばれる（高頻度組換え high frequency of recombination のそれぞれの頭文字を語源とする）．F^+ 細胞と同様，Hfr 細胞は F^- 細胞との接合においては DNA 供与体となる（図 27.13 b）．Hfr 細胞の染色体 DNA が F^- 細胞に転移すると，それが F^- 染色体の相同な領域と相対し，

▼図 27.12　**細菌の接合．** 大腸菌の供与体細胞（左）が受容体細胞へ性線毛を伸ばしており，これは DNA 移送の重要な最初のステップである．性線毛はタンパク質サブユニットからなるしなやかな管状構造である（TEM 像）．

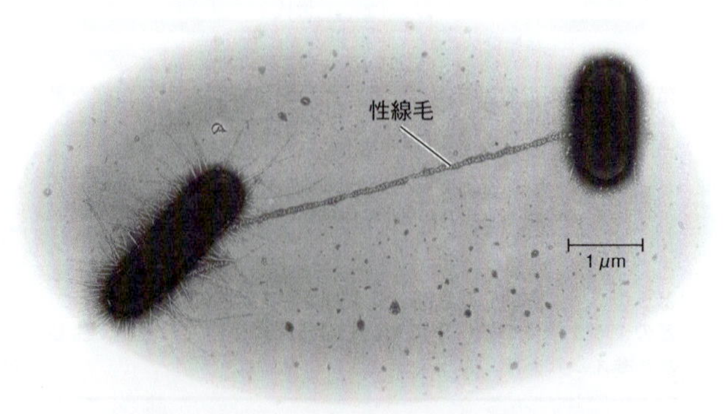
性線毛
1 μm

これらのDNAが部分的に入れ替わることがある．その結果として生じた組換え体の細菌は，異なる2つの細胞の染色体に由来する遺伝子をもち，自然選択がかかり得る新たな遺伝的変異体となる．

Rプラスミドと抗生物質耐性　1950年代の日本で，重度の下痢を引き起こす細菌性赤痢の患者の中に，従来は有効であった抗生物質が効かない例があることに医師たちは気がついた．このような抗生物質に対する耐性は，明らかに病原菌である赤痢菌 *Shigella* の特定の株の中で進化したものであった．

研究者たちは，赤痢菌や他の病原菌に抗生物質耐性をもたらす遺伝子の特定を始めた．ときにこれらの病原菌は，染色体上にある遺伝子の突然変異によって耐性を獲得する．たとえば1つの遺伝子に突然変異が起こることによって，病原菌が特定の抗生物質を細胞内に取り込む能力が低下することがある．また別の遺伝子に起こった突然変異によって，ある抗生物質の標的タンパク質が変化し，抗生物質の効果が減少することもある．別の細菌は，テトラサイクリンやアンピシリンのような特定の抗生物質を破壊したり，その効果を阻害する酵素をコードした「耐性遺伝子」をもつ．このような耐性遺伝子は，しばしば**Rプラスミド R plasmid**（Rは「耐性 resistance」の頭文字に由来）とよばれるプラスミドによって運ばれる．

細菌の集団が特定の抗生物質にさらされると，その抗生物質に感受性の細菌は死滅するが，その抗生物質に対する耐性遺伝子を含むRプラスミドをもつ細菌

図27.13　大腸菌における接合と組換え． Fプラスミドや Hfr 細胞の染色体の一部の転移にかかわる DNA 複製は，「ローリングサークル型複製」とよばれる．切断されていない親の DNA 環状鎖は回転して切断された鎖を押し出し，新たな相補鎖が合成される．

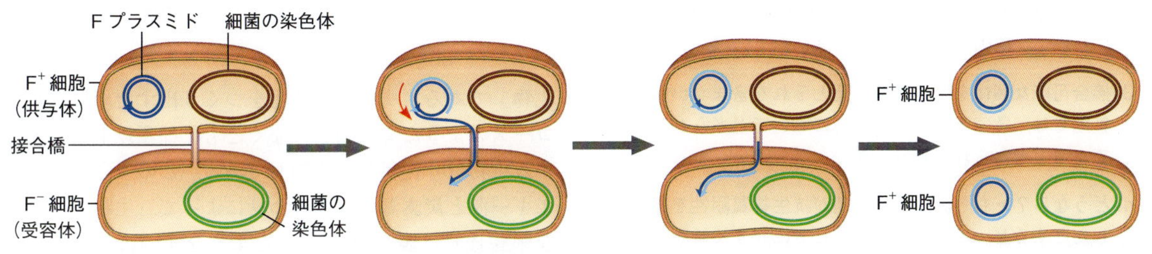
Fプラスミド
細菌の染色体
F^+細胞（供与体）
接合橋
F^-細胞（受容体）
細菌の染色体
F^+細胞
F^+細胞

❶ Fプラスミドをもつ細胞（F^+細胞）が，F^-細胞との間に接合橋を形成する．プラスミドDNAの一方の鎖が，矢じりで示した位置で切断される．

❷ Fプラスミドの切断されていないほうの鎖を鋳型として，相補鎖（水色）が合成される．それに伴って切断された鎖は押し出され（赤矢印），その一端がF^-細胞に侵入する．そこで侵入したDNAを鋳型として相補鎖の合成が始まる．

❸ 供与体および受容体細胞内でDNA複製が続き，転移したプラスミドの鎖はさらに受容体細胞に送り込まれる．

❹ DNAが完全に転移し，合成が完了すると，受容体細胞の中のプラスミドは環状となる．その結果，受容体細胞は組換えF^+細胞となる．

(a) 接合とFプラスミドの転移．

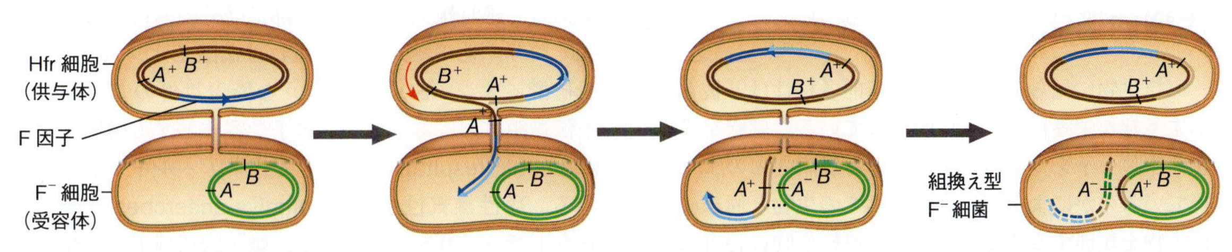
Hfr細胞（供与体）
F因子
F^-細胞（受容体）
A^+ B^+
A^- B^-
組換え型 F^-細菌

❶ Hfr細胞の中では，F因子（濃青色）が細菌の染色体中に組み込まれている．Hfr細胞はF遺伝子をすべてもつため，F^-細胞との間に接合橋を形成してDNAを転送することができる．

❷ F因子の片方の鎖が切断され，それが接合橋を通して転送され始める．供与体細胞と受容体細胞の両方でDNA複製が始まり，2本鎖のDNA（娘鎖を淡色で示している）が形成される．

❸ ふつう染色体全体が転送される前に接合橋は崩壊する．転移したDNA（茶色）と受容体の染色体（緑色）の間で組換えが起こり（点線），互いの相同な遺伝子（この図ではA^+とA^-）が入れ替わる．

❹ 染色体に組み込まれなかったすべての線状DNAは，細胞の酵素によって分解される（点線）．受容体細胞はF因子をもたないが，新たな遺伝子の組み合わせをもつ組換えF^-細胞となる．

(b) 接合とHfr細胞染色体の一部の転移による組換え．A^+/A^-，B^+/B^-はそれぞれ遺伝子A, Bの対立遺伝子を示す．

は生き残ることができる．このような状況下では，自然選択によって抗生物質耐性の遺伝子をもつ細菌の割合が集団中で増大することが予想され，そして実際にそれが起こる．医療現場でも同様のことが起こっており，病原菌の耐性株がより一般的になり，細菌感染症の治療を難しくしている．Rプラスミドの多くが，FプラスミドのようにDNA転移を可能にする遺伝子をもつという事実が，さらに問題を複雑にしている．状況はさらに悪化しており，いくつかのRプラスミドは10種類もの抗生物質耐性遺伝子をもつようになっている．

概念のチェック 27.2

1. 突然変異はまれな現象であるにもかかわらず，原核生物の集団に大きな遺伝的変異をもたらすことができる．これがどのようにして起こるのか説明しなさい．
2. ある細菌から別の細菌へDNAを転移する3つの機構について，その違いを説明しなさい．
3. 接合可能な個体を含む細菌集団とそれを含まない細菌集団では，急速に変化する環境においてどちらが有利であると考えられるだろうか．
4. どうなる？➤もし非病原性細菌が抗生物質耐性を獲得したとすると，この株によってヒトに対する健康リスクがもたらされる可能性があるだろうか．また一般的に，細菌間のDNA転移は耐性遺伝子の拡散にどのようにかかわるだろうか．説明しなさい．

（解答例は付録A）

27.3

原核生物では多様な栄養様式と代謝的適応が進化してきた

原核生物に見られる膨大な遺伝的多様性は，彼らが示す多様な栄養様式にも反映されている．細胞を構成する生体分子をつくるエネルギーと炭素をどのように得ているのかによって，他のすべての生物と同様に原核生物を類別することができる．原核生物に特有な栄養様式とともに，真核生物に見られる栄養様式のすべてが原核生物に存在する．また原核生物は，真核生物に比べてはるかに多様な代謝的適応を示す．

光からエネルギーを得ている生物は「光合成生物」，化学物質からエネルギーを得ている生物は「化学合成生物」とよばれる．また炭素源として二酸化炭素または類似の無機炭素のみを必要とする生物は「独立栄養生物」である．一方，有機物をつくり出すためにグルコースのような有機物を少なくとも1種類以上必要とする生物は「従属栄養生物」である．このようなエネルギー源と炭素源の組み合わせによって，生物の主要な栄養様式は表27.1に示したような4つに分けることができる．

表27.1　主要な栄養様式

栄養様式	エネルギー源	炭素源	生物例
独立栄養			
光合成独立栄養	光	二酸化炭素，炭酸水素イオンなど	光合成原核生物（シアノバクテリアなど），陸上植物，一部の原生生物（藻類）
化学合成独立栄養	無機物（硫化水素，アンモニア，二価鉄など）	二酸化炭素，炭酸水素イオンなど	一部の原核生物（*Sulfolobus* など）
従属栄養			
光合成従属栄養	光	有機物	一部の原核生物（*Rhodobacter*, *Chloroflexus* など）
化学合成従属栄養	有機物	有機物	多くの原核生物（*Clostridium* など）および原生生物，菌類，動物，一部の陸上植物

代謝における酸素の役割

原核生物の代謝は，酸素（O_2）に対する反応も多様である．**絶対好気性生物（偏性好気性生物）obligate aerobes** は細胞呼吸するために酸素が必須であり，酸素なしでは生きられない．一方，**絶対嫌気性生物（偏性嫌気性生物）obligate anaerobes** にとって酸素は毒である．絶対嫌気性生物の一部は発酵のみによって生きており，他の絶対嫌気性生物は硝酸イオン（NO_3^-）や硫酸イオン（SO_4^{2-}）のような酸素以外の基質を電子伝達鎖における「最終」電子受容体とする**嫌気呼吸 anaerobic respiration** によって化学エネルギーを得ている．**通性嫌気性生物 facultative anaerobes** は酸素存在下ではこれを利用するが，嫌気的環境下では発酵や嫌気呼吸を行う．

窒素代謝

すべての生物にとって，窒素はアミノ酸や核酸を生成するために必須である．真核生物は限られた窒素化合物からしか窒素を得ることができないが，原核生物はさまざまな形の窒素を利用できる．たとえば一部のシアノバクテリアやメタン菌（古細菌の1群）は，**窒素固定 nitrogen fixation** とよばれる過程によって大気中の窒素分子（N_2）をアンモニア（NH_3）に変換する．この「固定された」窒素は，アミノ酸などの有機分子に組み込まれる．栄養様式という観点では，窒素固定を行うシアノバクテリアは最も自給能が高い生物の1つであり，増殖するために光，二酸化炭素，窒素分子，水およびいくつかの無機塩類のみを必要とする．

原核生物による窒素固定は，他の生物に大きく影響する．たとえば窒素固定原核生物は，植物が利用できる形の窒素を増やす．植物は大気中の窒素分子を利用できないが，原核生物がアンモニアからつくり出した窒素化合物は利用できる．55.4節では，生態系の窒素循環において原核生物が担うこのような必須の役割について解説する．

代謝の協調

複数の原核細胞が協調することによって，単独では利用できない環境資源を利用することが可能になる．1本の糸状体の中で，特殊化した細胞によってこのような協調作業が行われていることもある．たとえば，シアノバクテリアのアナベナ属 *Anabaena* は光合成のための遺伝子と窒素固定のための遺伝子を両方もっているが，単一の細胞内で2つの機能が同時に働くことはできない．その理由は，光合成によって生成される酸素が窒素固定酵素を失活させてしまうからである．アナベナ属はこのような細胞が独立に生きるのではなく，細胞が鎖状につながった糸状体を形成する（図27.14）．糸状体を構成する細胞のほとんどは光合成のみを行うが，**異質細胞（ヘテロシスト）heterocyst**（heterocyte ともよばれる）とよばれる少数の特殊化した細胞では窒素固定のみが行われる．異質細胞は，隣接した光合成細胞によって生成された酸素の侵入を防ぐ厚い細胞壁で囲まれている．細胞間の連絡によって，異質細胞は固定した窒素を隣接細胞へ移送し，隣接細胞から炭水化物を受け取る．

異なる種の原核生物間での代謝的協調の例は，**バイオフィルム biofilm** とよばれる基質表面を覆う群集内で見られる．バイオフィルム中の細胞は周囲の細胞を引き寄せるシグナル分子を分泌し，これによって群集が成長する．細胞は炭水化物とタンパク質も分泌し，これによって基質や他の細胞に付着する．このような炭水化物やタンパク質は，本章で先に触れた莢膜や粘液層を形成する．バイオフィルムのすき間を通して内側にいる細胞に栄養物が供給され，また老廃物が排出される．バイオフィルムは自然界にふつうに存在する

▼図27.14 **原核生物における代謝的協調．** 淡水産糸状シアノバクテリアのアナベナ属 *Anabaena* では，異質細胞が窒素固定を行い，他の細胞が光合成を行う（LM像）．

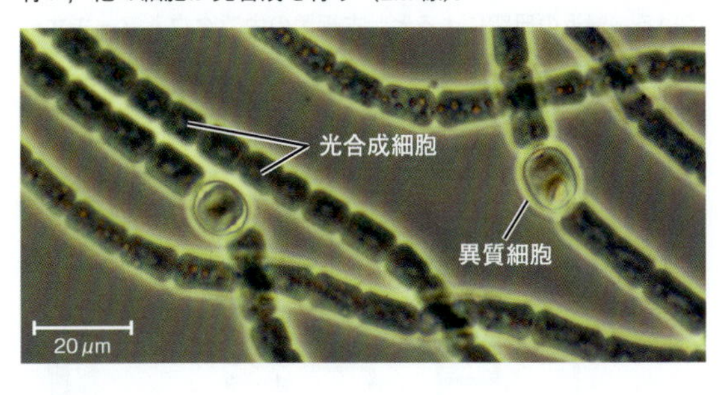
光合成細胞
異質細胞
20 μm

が，工業製品や医療器具に混入したり，虫歯やより深刻な病害を引き起こすことで問題となることもある．バイオフィルムによって生じる経済的被害は毎年数十億ドルにも達する．

原核生物同士の協調が見られる別の例として，海底にある球状の塊の中で硫黄を消費する細菌とメタンを消費する古細菌が共存している例がある．この関係において，細菌は古細菌が排出した有機物や水素を利用している．一方，古細菌は嫌気条件下でメタンを消費する際に，細菌が生成した硫化物を酸化剤として利用している．このパートナーシップは地球環境に大きな影響を与えており，このような古細菌は温室効果の主要な原因となるメタンをおそらく毎年3000億kgも消費している（56.4節参照）．

概念のチェック 27.3

1. 4つの主要な栄養様式の違いについて説明し，原核生物に特有なものはどれか記しなさい．
2. 有機物としてアミノ酸であるメチオニンのみを必要とし，暗黒の洞窟内に生育する細菌がいる．この細菌の栄養様式は何か，説明しなさい．
3. どうなる？➤ もしヒトがシアノバクテリアのように窒素固定をできるとしたら，ヒトはどのようなものを主食とすると考えられるか，説明しなさい．

（解答例は付録A）

27.4
原核生物は多様な系統群に分化している

35億年前に誕生して以来，原核生物は多様な形態的および代謝的な適応を伴って多様化してきた．このような適応の結果，原核生物は生命が存在し得るあら

▼図 27.15　原核生物の簡略化した系統樹． この系統樹は，分子データに基づいたおもな原核生物群の系統関係を示している．一部の関係については，分岐順が不明であるため多分岐で示している．最近の研究によると，古細菌の中でタウムアーキオータ，アイグアーキオータ，クレンアーキオータ，コルアーキオータは互いに近縁であり，それぞれの頭文字に基づいて「TACK」とよばれるスーパーグループを形成する．

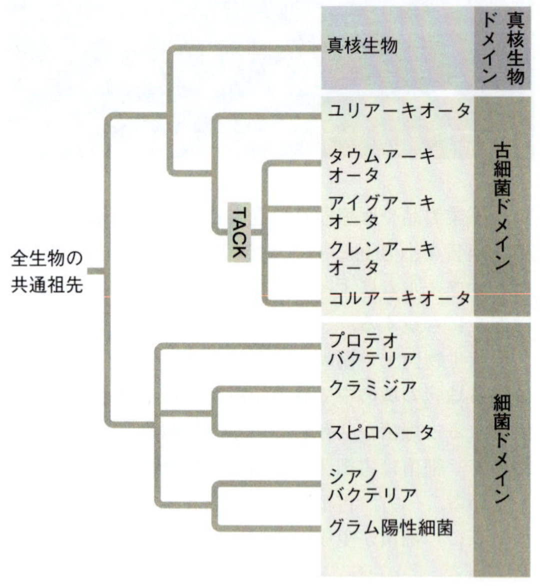
真核生物
真核生物ドメイン
ユリアーキオータ
タウムアーキオータ
アイグアーキオータ
クレンアーキオータ
コルアーキオータ
TACK
古細菌ドメイン
全生物の共通祖先
プロテオバクテリア
クラミジア
スピロヘータ
シアノバクテリア
グラム陽性細菌
細菌ドメイン

図読み取り問題➤ この系統樹に基づくと，古細菌の姉妹群は何か．

ゆる環境に生育している．ある環境に生物がいるのならば，少なくともその一部は原核生物である．しかし原核生物の真の多様性が明らかになり始めたのは，ゲノム研究の進歩によるここ数十年のことである．

原核生物の多様性

1970年代から，微生物学者たちは原核生物の進化的関係を探るために小サブユニットリボソームRNAをマーカーとして使い始めた．彼らはそれまで細菌として分類されていた原核生物の一部が，実際には細菌よりも真核生物に近縁であることを明らかにし，独自のドメインである古細菌ドメインに分類した．その後，微生物学者たちは1700個もの全ゲノムを含む膨大な遺伝的データを解析し，伝統的な分類群の中でシアノバクテリアなど少数の分類群のみが単系統群であり，グラム陰性細菌などそれ以外の多くは複数の系統群に分かれてしまうことを見出した．図 27.15は，分子系統学に基づいた原核生物の主要群に関する系統仮説の1つを示している．

原核生物の系統学が明らかにした1つの教訓は，原核生物の遺伝的多様性がきわめて大きいという事実である．研究者たちが原核生物の遺伝子研究を始めた頃，研究室で培養できるわずか一部の原核生物しか材料にできなかった．1980年代に研究者たちは，環境中（土壌や水）から直接遺伝子を採取して解析するためにPCR（図20.8参照）を利用することを始めた．このような「環境DNA調査」が広く利用されるようになり，現在では「メタゲノミクス」によって環境中から直接ゲノム全体を得ることが可能になっている（21.1節参照）．このような手法によって，生命の樹には新たな枝が毎年つけ加えられている．現在のところ世界中からわずか1万600種の原核生物に学名がつけられているにすぎないが，実際には片手一杯の土壌の中にさえ1万種もの原核生物が含まれていると推定する研究者もいる．この多様性を明らかにするためには，さらに長年の研究が必要であろう．

分子系統学が明らかにしたもう1つの重要な教訓は，原核生物の進化において遺伝子水平伝播がきわめて重要であるという事実である．何億年もの間，原核生物は系統的にかけ離れた生物からも遺伝子を獲得してきたし，現在でもそうしている．その結果，多くの原核生物において，ゲノムの少なからぬ部分が他の生物から取り込まれた遺伝子を含むモザイクになっている．たとえば329個の細菌ゲノムを解析したところ，各ゲノム中の平均して75%は進化のある時点で水平伝播してきたものであることが明らかとなっている．26.6節で見たように，このような遺伝子転移は生物の系統関係を探ることを難しくしている．しかしたとえそうであっても，数十億年の間，原核生物は2つの系統群，細菌（真正細菌）と古細菌（アーキア）に分かれて進化してきたことは明らかである（図27.15参照）．

細菌（真正細菌）

真核生物
古細菌
細菌

図 27.16に示されているように，咽頭炎や結核を引き起こす病原菌から，チーズやヨーグルトをつくる有用菌まで，よく知られた原核生物のほとんどは細菌に属している．細菌の中には主要な栄養様式や代謝がすべて存在し，小さな分類群の中にさえ多様な栄養様式が見られることがある．後で見るように，細菌（と古細菌）の多様な栄養様式と代謝能は，地球とその生態系に多大な影響を与えている．

古細菌（アーキア）

真核生物
古細菌
細菌

古細菌はいくつかの点で細菌と共通しており，別の点では真核生物と

表 27.2 生命の 3 ドメインの比較

特 徴	ドメイン		
	細 菌	古細菌	真核生物
核膜	なし	なし	あり
膜で囲まれた細胞小器官	なし	なし	あり
細胞壁のペプチドグリカン	あり	なし	なし
膜の脂質	直鎖炭化水素	一部は分枝炭化水素	直鎖炭化水素
RNA ポリメラーゼ	1 種	数種	数種
タンパク質合成における開始アミノ酸	ホルミルメチオニン	メチオニン	メチオニン
イントロン	きわめてまれ	一部の遺伝子にあり	多くの遺伝子にあり
ストレプトマイシンとクロラムフェニコール感受性	ふつう阻害される	阻害されない	阻害されない
DNA 結合ヒストン	なし	いくつかの種にあり	あり
環状染色体	あり	あり	なし
100 ℃以上での生育	不可	いくつかの種で可	不可

共通している（表 27.2）．しかし他の生物と分かれて長い間進化してきたことから推察されるとおり，古細菌は独自の特徴も数多く備えている．

古細菌ドメインに属することが最初に明らかとなった生物は，他の生物がほとんど生きられない極限環境に生育している．このような生物は極限環境を好むもの，という意味で**極限環境生物 extremopiles**（「好む者」を意味するギリシャ語 *philos* に由来）とよばれ，高度好塩菌や超好熱菌などが含まれる．

高度好塩菌（超好塩菌）**extreme halopiles**（「塩」を意味するギリシャ語 *halo* に由来）は，ユタ州のグレートソルト湖やイスラエルの死海，図 27.1 に示したスペインの湖のように塩分濃度が高い環境に生育している．いくつかの種は単に高い塩分濃度に耐えることができるだけだが（訳注：このような生物は好塩菌ではなく耐塩菌とよばれる），他のものは生育するために海水（塩分濃度は 3.5%）の数倍に達する塩分濃度の環境を必要とする．たとえばハロバクテリウムのタンパク質や細胞壁は，きわめて高い塩分濃度環境下でのみ機能することが可能であり，塩分濃度が 9% 以下では機能しなくなり細胞が死滅してしまう．

超好熱菌 extreme thermophiles（「熱」を意味するギリシャ語 *thermos* に由来）は，きわめて高い温度の中で生きることができる（図 27.17）．たとえば，スルフォロブス属 *Sulfolobus* に属する古細菌は 90 ℃にも達する硫黄分に富んだ熱水泉に生育する．このような高温下では DNA が二重らせんを保てず，また多くのタンパク質が変成してしまうため，ほとんどの生物の細胞は死滅してしまう．しかしスルフォロブスや他の超好熱菌では，DNA やタンパク質がこのような高温環境下でも安定するように構造的・生化学的に適応しているため，生き延びることができる．「熱水噴出孔」とよばれる深海の熱水泉に生育するある超好熱菌は 121 ℃でも増殖できるため，通称「strain 121」とよばれている．また別の超好熱菌である *Pyrococcus furiosus* は，生物工学分野において PCR に用いる耐熱性 DNA ポリメラーゼを提供している（図 20.8 参照）．

他の多くの古細菌は，より穏やかな環境に生育している．たとえば，エネルギー獲得のための特異な代謝によってメタンを排出する古細菌である**メタン菌**（メタン生成菌）**methanogens** について見てみよう．多くのメタン菌は水素を酸化するため二酸化炭素を用い，エネルギーを生成するとともにメタンを排出する．絶対嫌気性であるメタン菌にとって，酸素は毒である．一部のメタン菌はグリーンランドの氷の下数 km のような極限環境に生育するが，他の微生物が酸素を完全に消費する泥湿地に生育するメタン菌もいる．このような環境で見られる「沼気（しょうき）」は，この古細菌が放出したメタンである．メタン菌の別の種はウシやシロアリのような植食動物の消化管内という嫌気的環境に生育しており，これらの動物が栄養を得るために必須の役割を演じている．またメタン菌は，下水処理施設における分解者として人間に有用な存在でもある．

多くの高度好塩菌と知られる限りすべてのメタン菌は，古細菌の中でユリアーキオータ（「幅広い」を意味するギリシャ語 *eury* に由来し，この生物群の幅広い生育環境を示している）とよばれる系統群に属する．超好熱菌の一部もユリアーキオータに含まれるが，超好熱菌の多くは古細菌の 2 番目の系統群，クレンアーキオータ（*cren* は熱水噴出孔のような「泉」を意味する）に属する．メタゲノム研究によって，ユリアーキオータやクレンアーキオータに属する多くの種が極限環境以外にも生育していることが明らかとなっている．このような古細菌は農地の土壌や湖の底泥，外海の表層水などに生育する．

新たな発見によって，古細菌の系統や進化に関する私たちの理解は更新され続けている．たとえば，最近のメタゲノム研究によって，ユリアーキオータにもクレンアーキオータにも属さない多数の古細菌ゲノムが発見されている．さらにゲノム系統学によって，この

▼図 27.16　探究　細菌のおもなグループ

プロテオバクテリア

この多様性に富んだグラム陰性細菌の大きな系統群は，光合成独立栄養生物，化学合成独立栄養生物および従属栄養生物を含む．プロテオバクテリアの一部は嫌気性であり，その他は好気性である．現在のところ，分子系統学によってプロテオバクテリアの中に5つのサブグループが認識されており，分子データに基づく彼らの系統関係を右に示す．

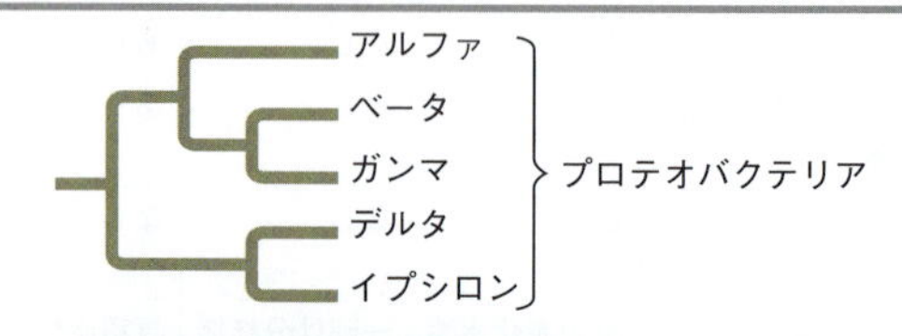
アルファ
ベータ
ガンマ
デルタ
イプシロン
プロテオバクテリア

サブグループ：アルファプロテオバクテリア

このサブグループに属する多くの種が真核生物と密接にかかわって生きている．たとえば，リゾビウム属 *Rhizobium* に属する種はマメ科植物の根の根粒内に生育し，そこで大気中の窒素分子を固定して植物がタンパク質を合成する際に利用可能な化合物に変換している．アグロバクテリウム属 *Agrobacterium*（訳注：最近ではこの名前は学名としては用いられない）のある種は植物に腫瘍を形成するが，遺伝子工学では植物に外来 DNA を導入するためにこの細菌を用いる．またミトコンドリアは，細胞内共生した好気性のアルファプロテオバクテリアから進化したと考えられている．

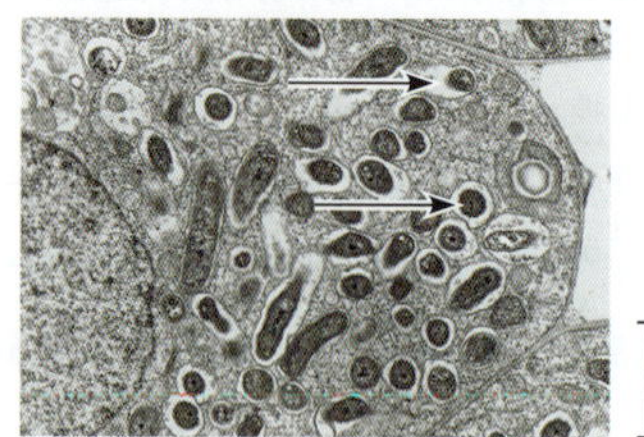
2.5 μm

マメ科植物の根細胞内のリゾビウム（矢印）（TEM 像）

サブグループ：ベータプロテオバクテリア

栄養様式の点で多様性に富んだこのサブグループは *Nitrosomonas* などを含む．この土壌細菌はアンモニウム (NH_4^+) を酸化して亜硝酸 (NO_2^-) を生成することで窒素循環において重要な役割を果たす．このサブグループには，他に光合成従属栄養生物である *Rubrivivax* や，性感染症である淋病（りんびょう）を引き起こす淋菌などが含まれる．

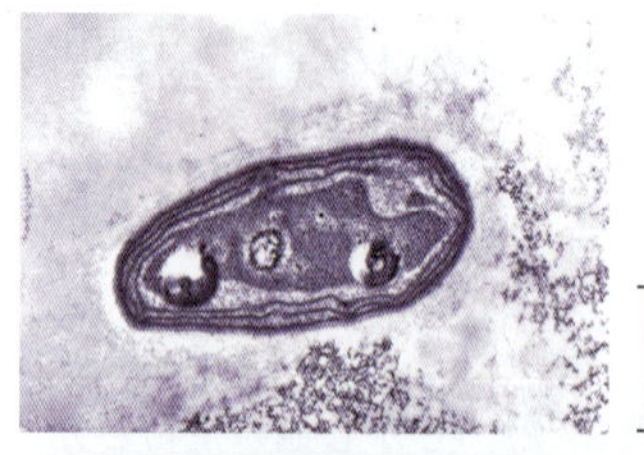
1 μm

Nitrosomonas（着色 TEM 像）

サブグループ：ガンマプロテオバクテリア

このサブグループに属する独立栄養生物としては，*Thiomargarita namibiensis* などが含まれる．この巨大な細菌は硫化水素を酸化することによってエネルギーを得ており，その結果硫黄を生成する（右写真の細胞内の小さな顆粒）．従属栄養性のガンマプロテオバクテリアの中には，レジオネラ症を引き起こすレジオネラ菌 *Legionella* や食中毒の原因となるサルモネラ菌 *Salmonella*，コレラを引き起こすコレラ菌 *Vibrio cholerae* などの病原菌が含まれる．同じくこのサブグループに属する大腸菌はヒトなどの哺乳類の腸管に普遍的に見られるが，ふつう病原性は示さない．

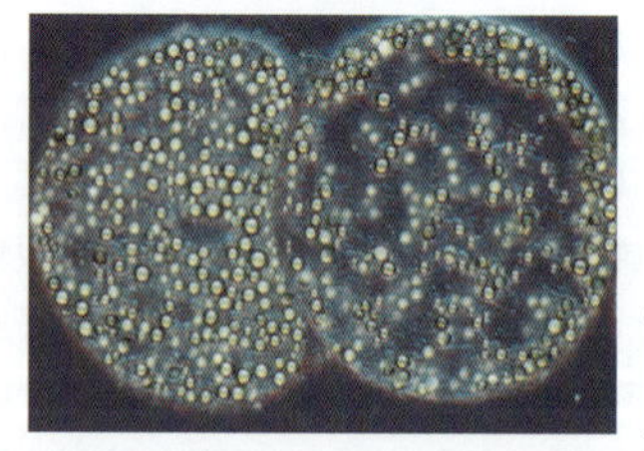
200 μm

排出物である硫黄を含む *Thiomargarita namibiensis*（LM 像）

サブグループ：デルタプロテオバクテリア

このサブグループには，粘液を分泌する粘液細菌が含まれる．土壌が乾燥したり栄養物が枯渇すると，細胞が集合して子実体を形成し，耐久性のある「粘液胞子」を散布する．粘液胞子は好適な環境で新たなコロニーを形成する．デルタプロテオバクテリアに属する別のグループであるブデロビブリオ類は秒速 100 μm の速さ（ヒトにたとえると時速 240 km に相当する）で他の細菌を攻撃する．ブデロビブリオはいくつかの細菌の外被に存在する特定の分子に接すると分解酵素と1秒間に 100 回も回転することによって，餌となる細菌の中に侵入する．

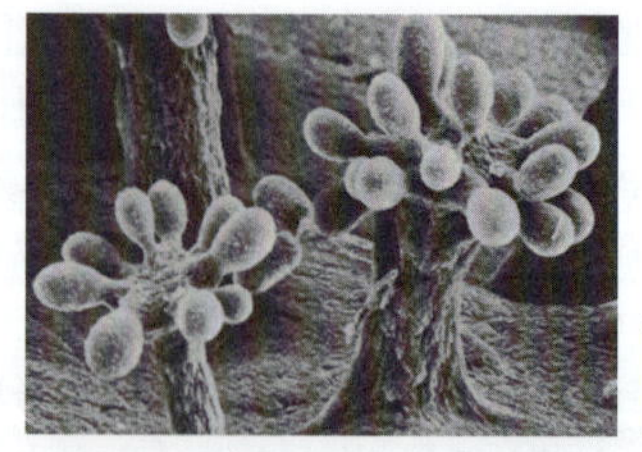
300 μm

粘液細菌である *Chondromyces crocatus* の子実体（SEM 像）

サブグループ：イプシロンプロテオバクテリア

このサブグループに属する多くの種はヒトや他の哺乳類に病原性を示す．イプシロンプロテオバクテリアには，敗血症や胃腸炎を引き起こすカンピロバクター *Campylobacter* や，胃潰瘍（いかいよう）の原因となるピロリ菌 *Helicobacter pylori* が含まれる．

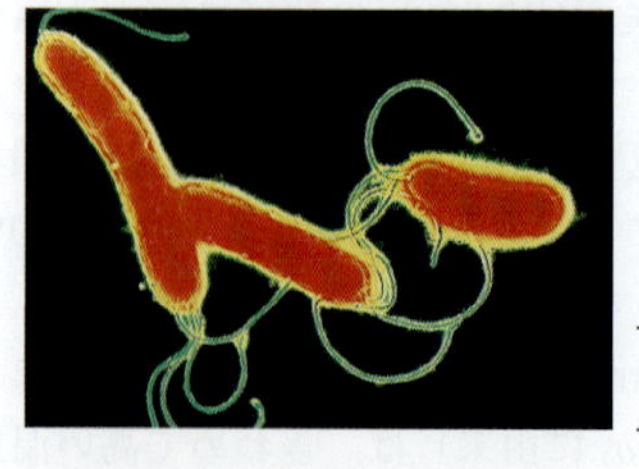
2 μm

ピロリ菌（着色 TEM 像）

クラミジア

この寄生生物は動物の細胞内でのみ生育し，ATP のような基本的な栄養物を宿主細胞に依存している．クラミジアの細胞壁はグラム陰性であるが，ペプチドグリカン層を欠くという点で特異である．*Chlamydia trachomatis* は世界中で失明の主要な原因となるトラコーマや，米国で最も一般的な性行為感染症である非淋菌性尿道炎を引き起こす．

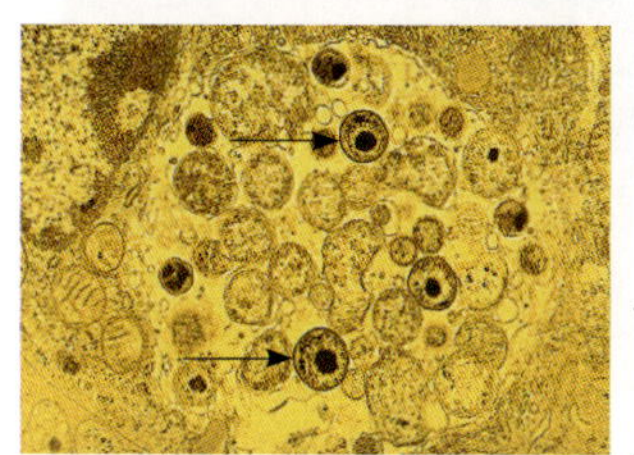
2.5 μm

動物細胞中のクラミジア（矢印）（着色 TEM 像）

スピロヘータ

このらせん形をした従属栄養性グラム陰性細菌は，細胞内の鞭毛様繊維構造を回転させることによって運動する．多くは自由生活性であるが，梅毒を引き起こす梅毒トレポネマ *Treponema pallidum* やライム病の原因となるボレリア *Borrelia burgdorferi* のような悪名高い病原菌も含まれる．

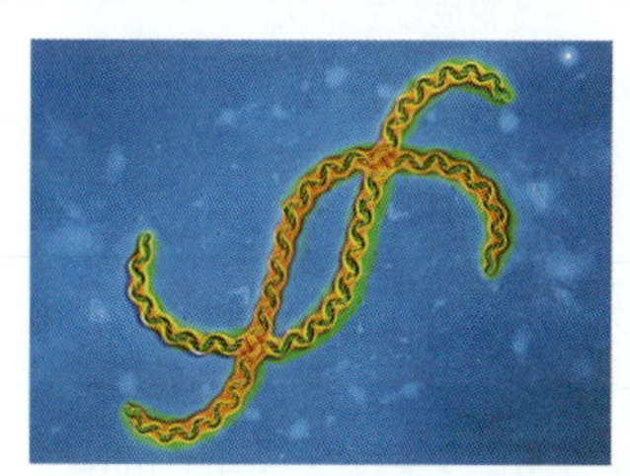
5 μm

スピロヘータに属する *Leptospira*（着色 TEM 像）

シアノバクテリア（藍色細菌，藍藻）

この光合成独立栄養性のグラム陰性細菌は，陸上植物のように酸素発生型光合成を行う唯一の原核生物である（実際，葉緑体は細胞内共生したシアノバクテリアから進化したと考えられている）．単細胞性および糸状性のシアノバクテリアは，淡水でも海でも植物プランクトン（水中を漂う光合成生物の総称）の重要な構成要素である．糸状性シアノバクテリアの中には，窒素固定に特化した細胞をもつものがおり，この細胞中で窒素分子をアミノ酸などの有機分子を合成する際に用いる無機分子へ変換している．

40 μm

糸状性シアノバクテリアのユレモ *Oscillatoria*（LM 像）

グラム陽性細菌*

グラム陽性細菌は，プロテオバクテリアに匹敵する多様性をもつグループである．グラム陽性細菌の 1 つのサブグループである放線菌［以前は誤って菌類であると考えられていたため，actinomyces（「菌類」を意味するギリシャ語 *myces* に由来）とよばれる］に属する多くの種は分枝糸状体を形成する．放線菌には，結核やハンセン病を引き起こす種が含まれる．しかし，放線菌のほとんどは自由生活性であり，土壌中の有機物の分解に寄与する．彼らが分泌する物質は，肥沃な土壌の「土のにおい」の原因の 1 つとなる．放線菌であるストレプトマイセス属 *Streptomyces* に属する種（右上写真）はストレプトマイシンなどのさまざまな抗生物質を生成するため，製薬会社で培養されている．

グラム陽性細菌には，炭疽を引き起こす炭疽菌 *Bacillus anthracis* やボツリヌス症の原因となるボツリヌス菌 *Clostridium botulinum* など，多くの単細胞性種も含まれる．ブドウ球菌 *Staphylococcus* や連鎖球菌 *Streptococcus* もグラム陽性細菌に属する．

マイコプラズマ類（右下写真）は細胞壁をまったく欠く唯一の細菌である．また彼らは知られる限り最小の細胞をもち，その大きさはリボソームの 5 倍程度，直径わずか 0.1 μm ほどにすぎない．マイコプラズマ類のゲノムもまた小さく，たとえば *Mycoplasma genitalium* はわずか 517 遺伝子しか含まない．マイコプラズマ類の多くは自由生活する土壌細菌であるが，病原性の種もいる．

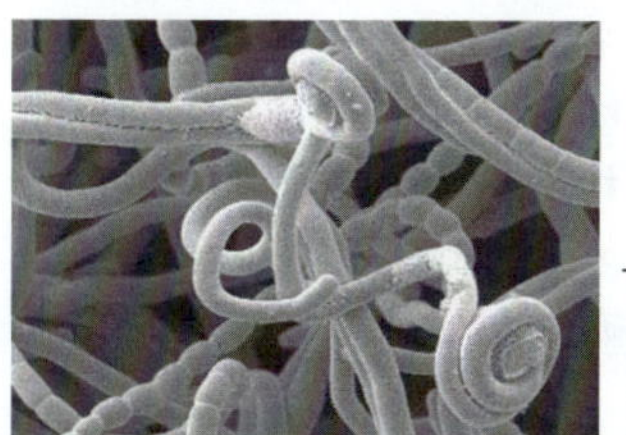
5 μm

さまざまな抗生物質を生成するストレプトマイセス（SEM 像）

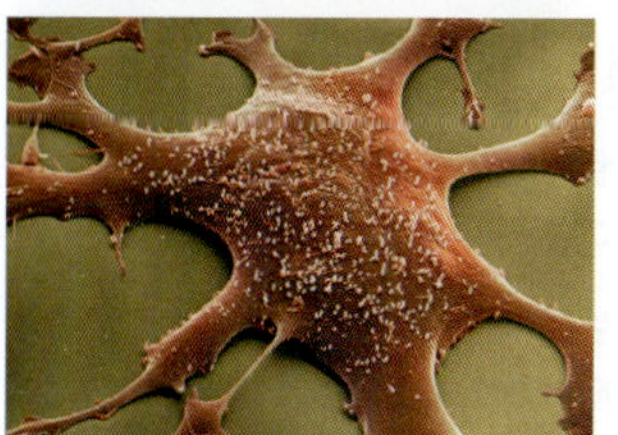
2 μm

ヒトの繊維芽細胞表面に付着している多数のマイコプラズマ（着色 SEM 像）

*（訳注）：グラム陽性細菌の単系統性は必ずしも明らかではない．

▲図 27.17 **超好熱菌**．イエローストーン国立公園にあるグランド・プリズマティック・スプリングの熱水中で生育する超好熱菌が，オレンジ色や黄色いコロニーを形成している．

関連性を考えよう➤超好熱菌の酵素は，どのような点で他の生物の酵素と異なると考えられるか，記しなさい（8.4 節の酵素に関する記述を参照）．

ように新たに発見されたグループのうち3つ，タウムアーキオータ，アイグアーキオータ，コルアーキオータが，ユリアーキオータよりもクレンアーキオータに近縁であることが示されている．このような発見によって，タウムアーキオータ，アイグアーキオータ，コルアーキオータ，クレンアーキオータからなる「スーパーグループ」が認識されるようになった（図 27.15 参照）．このスーパーグループは，含まれる4つの生物群の頭文字にちなんで「TACK」とよばれている．2015 年には，TACK に近縁であり，なおかつ真核生物の姉妹群である可能性をもつロキアーキオータが発見され，TACK スーパーグループの重要性が認識されるようになった．ロキアーキオータの研究は，原核生物である祖先から真核生物がどのように生じたのか，という今日の生物学における重要な問題の1つを解く鍵を与えてくれるかもしれない．このような最近の発見のペースから考えて，メタゲノム探索が続くにつれて，図 27.15 で示した系統樹はこれからも更新されていくだろう．

概念のチェック 27.4

1. 原核生物の系統に関する私たちの理解に，分子系統学とメタゲノムがどのように貢献したのか説明しなさい．
2. **どうなる？**➤もしメタン生成能をもった細菌が発見されたとしたら，メタン生成経路の進化についてどのようなことがいえるだろうか．

（解答例は付録 A）

27.5

原核生物は生物圏において必須の存在である

もしヒトが明日地球上から消滅したら，多くの種に変化があるだろうが，絶滅してしまう種はほとんどないだろう．対照的に，原核生物は生物圏にとってきわめて重要な存在であるため，もし彼らが消滅したら他の多くの生物が生き残る見込みはほとんどない．

化学的循環

すべての生きている生物において，体をつくる有機物を構成する原子は，かつては土壌や大気，水の中の無機物の一部であった．さらに現在有機物を構成している原子は，遅かれ早かれ無機物としてこのような非生物環境へ戻る．生態系は，このような生物と非生物の間の止まることのない化学物質の循環に依存しており，原核生物はこのプロセスにおいて主要な役割を担っている．たとえば化学合成従属栄養性の原核生物は死骸や排泄物を分解する**分解者 decomposer** として働き，炭素や窒素のような有機物の構成原子を解き放つ．原核生物や菌類のような分解者による働きがなければ，すべての生物は死滅してしまうだろう（化学的循環に関する詳しい解説は 55.4 節を参照）．

▼図 27.18 **土壌の栄養分に対する細菌の影響**．無菌土壌で栽培したマツの実生に細菌（*Burkholderia glathei*）の3株をそれぞれ接種した．これらの実生は細菌を接種しなかった実生よりも多くのカリウム（K^+）を吸収した．他の結果（ここでは示していない）では，株3によって無機塩の結晶から土壌へ放出されるカリウムの量が増加することが示されている．

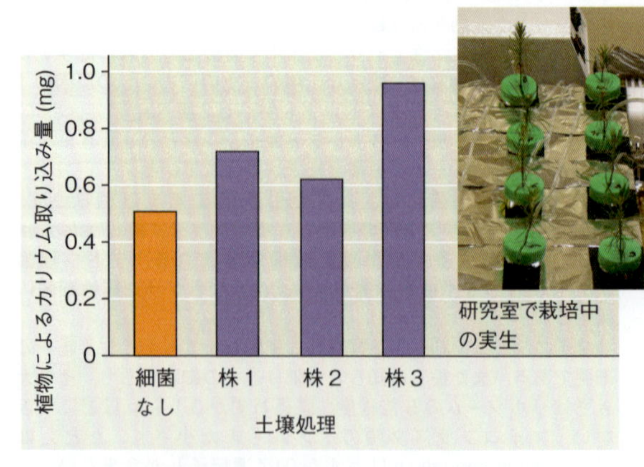

植物によるカリウム取り込み量 (mg)
1.0
0.8
0.6
0.4
0.2
0
細菌なし
株1
株2
株3
土壌処理
研究室で栽培中の実生

どうなる？➤細菌が存在する土壌からの，実生によるカリウム取り込み量の平均を計算しなさい．もし栄養物の供給に細菌がかかわっていなかったとしたら，この平均値はどうなると考えられるか．

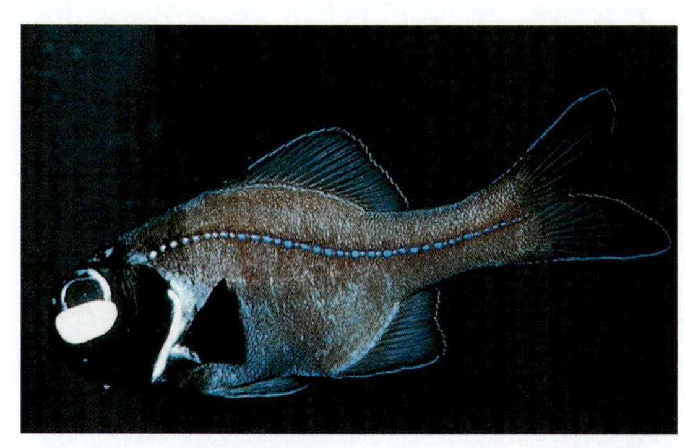

▲図 27.19 **相利共生：細菌の「ヘッドライト」.** オオヒカリキンメダイ *Photoblepharon palpebratus* の眼の下にある楕円形の発光器には，生物発光する細菌が共生している．魚はこの光を使って餌を誘引したり，異性に信号を送ったりする．細菌は魚から栄養物を得ている．

また原核生物は，さまざまな分子を他の生物が利用可能な形に変換する．シアノバクテリアや他の独立栄養性原核生物は，二酸化炭素を使って糖のような有機物を生成し，これが食物連鎖に組み込まれる．シアノバクテリアは酸素（O_2）も生成し，またさまざまな原核生物は窒素分子（N_2）を固定して，他の生物がタンパク質や核酸を合成する際に利用可能な物質へと変換する．ある条件下では，原核生物は植物が成長するために必要とする窒素やリン，カリウムのような栄養物を利用可能な形に変換し，その量を増やす（図 27.18）．一方，原核生物はこれらの栄養物を自身の細胞中に「貯蔵する」物質に変換することによって，植物が必要とする栄養物を減少させることもある．このように原核生物は，土壌の栄養物濃度に対して複雑な影響を与える．海洋環境では，クレンアーキオータに属する古細菌が，窒素循環において鍵となるステップである硝化を行っている（図 55.14 参照）．このクレンアーキオータは海洋中に大量に存在し，その細胞数は 10^{28} に達すると推定されている．このような生物が非常に豊富であるということは，彼らが地球レベルでの窒素循環に大きく影響していることを示唆している．

生態的相互作用

原核生物は，多くの生態的相互作用において中心的役割を担っている．2 種の生物が互いに近接して生きる生態的関係である**共生 symbiosis**（「共に生きる」を意味するギリシャ語に由来）を考えてみよう．原核生物は，しばしばより大きな生物と共生関係を結んでいる．一般的に，ある共生関係においてより大きな生物は**宿主 host**，より小さな生物は**共生者 symbiont** とよばれる．多くの例において，原核生物とその宿主は両者が利益を得る共生関係である**相利共生 mutualism** を営んでいる（図 27.19）．また一方は利益を得るが，他方は害も利益も得ない共生関係である**片利共生 commensalism** を営む例もある．たとえばあなたの皮膚には 150 種以上の細菌が生育しており，その密度は 1 cm^2 あたり 1000 万細胞にも達する．このうちいくつかの種は片利共生者であり，汗腺から分泌される油脂のような食物や生育場所という利益をあなたから得ているが，彼らはあなたに害も利益も与えない．最後に，いくつかの原核生物は**寄生者 parasite** であり，宿主の細胞や組織，体液を食料源とする共生関係である**寄生 parasitism** を営んでいる．寄生者は宿主に害を与えるが，ふつう（捕食者のように）すぐに宿主を殺してしまうことはない．病気を引き起こす寄生者は**病原体**（病原菌，病原生物）**pathogen** とよばれ，その多くは原核生物である（相利共生，片利共生，寄生については 54.1 節で詳しく解説する）．

ある生態系は，その存在そのものが原核生物に依存している．たとえば熱水噴出孔に見られる多様性に富んだ生物群集を考えてみよう．このような生物群集には，チューブワームや二枚貝，カニ，魚といった多様な動物が高密度に存在している．しかしこのような深海底に太陽光は届かないため，この生物群集には光合成生物は存在しない．代わりに，この生物群集を支えるエネルギーは化学合成細菌の活動によって供給されている．このような細菌は，噴出孔から出てくる硫化水素（H_2S）のような化合物から化学エネルギーを得ている．活発な熱水噴出孔は数百種にも及ぶ真核生物の生存を支えることができるが，もし化学物質の噴出が止まると化学合成独立栄養細菌は死滅し，その結果として生態系全体が崩壊してしまう．

概念のチェック 27.5

1. 個々の原核生物は小さな存在であるにもかかわらず，総体としては地球およびそこにすむ生物に多大な影響を与える．どのようにしてこのようなことが起こっているのか説明しなさい．
2. **関連性を考えよう**➤図 10.6 にある光合成についての解説を参照し，シアノバクテリアが酸素分子を生成し，有機物を合成するために二酸化炭素を使用するおもな段階について概説しなさい．

（解答例は付録 A）

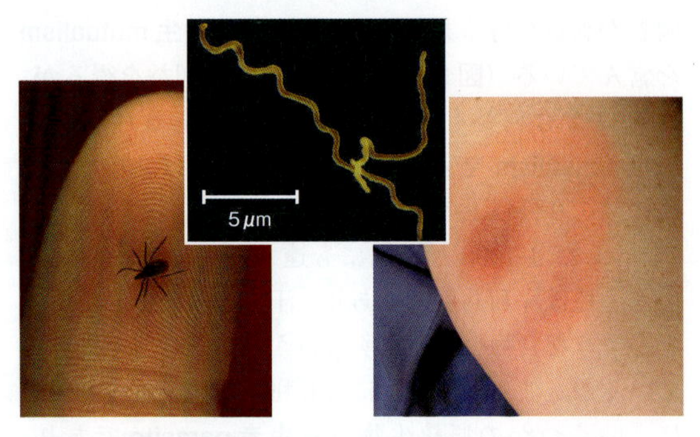
5 μm

▲図 27.20　ライム病．マダニ属 *Ixodes* のダニ（左写真）がスピロヘータに属するボレリア *Borrelia burgdorferi*（中央写真：着色 SEM 像）を媒介することによって，この病気は広がる．ダニに咬まれた場所に発疹が生じ，それがリング状に広がることがある（右写真）．

27.6

原核生物は人間に利益も害も与える

最もよく知られた原核生物はヒトに病気を引き起こす細菌であるが，このような病原体は原核生物のごく一部にすぎない．他の多くの原核生物はヒトに利益をもたらし，いくつかの種は農業や工業に必須の存在ですらある．

相利共生細菌

他の多くの真核生物と同様に，ヒトの健康も相利共生する細菌に依存している．たとえば私たちの腸にはおそらく500〜1000種もの細菌が生育しており，その総細胞数はヒトの体をつくる総細胞数の10倍にも達する．異なる種の細菌は腸の異なる場所に生育しており，多様な食物に対してさまざまな処理能力を発揮している．このような細菌の多くは相利共生者であり，私たち自身では分解できない食物を分解してくれている．このような腸の相利共生者である *Bacteroides thetaiotaomicron* のゲノムには，ヒトが必要とする炭水化物やビタミン，他の栄養物を合成する遺伝子が多数含まれている．この細菌からのシグナルによって，ヒトが栄養吸収するために必要な腸の血管網形成にかかわる遺伝子が活性化される．また別のシグナルは，ヒトの細胞が *B. thetaiotaomicron* には影響しない抗微生物物質を生成するように誘導する．これによって競争者となる他の細菌が減少し，*B. thetaiotaomicron* とその宿主であるヒトの双方に利益がもたらされる．

病原性細菌

現在のところ知られているすべての病原性原核生物は細菌であり，彼らは悪評を受けて当然の存在である．ヒトが罹る病気のおよそ半分は細菌によって引き起こされる．たとえば，結核菌 *Mycobacterium tuberculosis* によって引き起こされる肺結核によって，毎年100万人以上が死亡している．またさまざまな細菌が原因となる下痢性疾患によっても，毎年200万人が死亡している．

細菌による病気の一部は，ノミやダニのような他の生物によって媒介される．米国において最も蔓延している動物媒介性の病気はライム病であり，毎年1万5000人から2万人が感染している（図 27.20）．シカやネズミについたダニによって運ばれる細菌に感染してライム病に罹ると，関節炎や心疾患，神経症を発症し，治療しないと死に至ることがある．

病原性の原核生物はふつう毒素を生成することによって病気を引き起こすが，この毒素は内毒素と外毒素に分けられる．**外毒素**（エキソトキシン）**exotoxin** は，ある種の細菌や他の生物によって分泌されるタンパク質である．たとえばきわめて危険な下痢性疾患であるコレラは，プロテオバクテリアの一種であるコレラ菌 *Vibrio cholerae* が分泌する外毒素によって引き起こされる．この外毒素が腸の細胞に作用することで腸内に塩化物イオンが放出され，その結果生じた浸透圧によって脱水症状になる．また致命的な食中毒となり得るボツリヌス症は，不適切に処理された缶詰の肉や魚介類，野菜に増殖したグラム陽性細菌であるボツリヌス菌 *Clostridium botulinum* が分泌する外毒素（ボツリヌストキシン）によって引き起こされる．他の外毒素と同様，たとえ食べたときにはそれを生成する細菌がいなくなっていても，ボツリヌストキシンが残存していれば病気の原因となる．また同属の別の種である *C. difficile* は重篤な下痢を引き起こす外毒素を産生し，米国だけで年間1万2000人以上が死亡している．

内毒素（エンドトキシン）**endotoxin** は，グラム陰性細菌の外膜にあるリポ多糖の成分である．外毒素とは異なり，内毒素は細菌が死んで細胞壁が分解されて初めて外界に放出される．内毒素を生成する細菌としては，腸チフスを引き起こすチフス菌 *Salmonella typhi*（訳注：現在では *S. enterica* の一型とされる）を含むサルモネラ属 *Salmonella* がある．チフス菌以外にも，鶏肉や野菜，果物から見つかる他のサルモネラ菌によってしばしば食中毒が引き起こされている．

19世紀以降，先進国における衛生システムの改善によって，病原性細菌の脅威は大幅に減少している．また抗生物質によって多くの人命が救われ，病気の発生率は減少した．しかし現在，多くの細菌株で抗生物質耐性が進化してきている．前述したように，細菌は高い増殖能をもつため，耐性遺伝子をもつ個体が自然選択によって細菌集団中で急速に増える．さらにこのような耐性遺伝子が水平伝播によって異なる種に広がることもある．

また遺伝子の水平伝播によって病原性にかかわる遺伝子が拡散され，本来は無毒であった細菌が病原体に変わることもある．たとえば大腸菌は本来ヒトの腸にすむ無害な共生者であるが，近年になって出血性下痢を引き起こす病原性株が出現している．その中で最も危険な株の1つであるO157：H7株は世界的な脅威となっており，米国だけでも毎年7万5000人が汚染された牛肉や農作物などから感染している．研究者たちは，O157：H7株のゲノムを決定し，無毒であるK–12株のゲノムと比較した．その結果，O157：H7株がもつ5416個の遺伝子のうち，1387個はK–12株に存在しないことが示された．この1387個の遺伝子の多くは，ファージ由来DNAを含む染色体の領域に存在する．このことは，1387個の遺伝子のうち少なくとも一部は，ファージを介した遺伝子水平伝播（形質導入）によってO157：H7株のゲノムに組み込まれたことを示唆している．O157：H7株だけに見られる遺伝子のいくつかは病原性に関与しており，たとえばこの株が腸管壁に付着して栄養吸収することを可能にする付着線毛の遺伝子などがある．

研究と科学技術における原核生物

肯定的な面に目を向けると，私たちは細菌や古細菌の多様な代謝能から多大な利益を得ている．たとえば人間は長い間，牛乳からチーズやヨーグルトをつくるために細菌を用いてきた．またビールやワイン，サラミ，ザワークラウト（発酵キャベツ），醤油の生産にも細菌が使われる．近年では原核生物に関する私たちの理解が深まったことにより，バイオテクノロジーの応用が急速に一般化している．たとえば遺伝子クローニングにおける大腸菌の利用（図20.4参照）や，PCRにおける*Pyrococcus furiosus*由来のDNAポリメラーゼの利用（図20.8参照）が挙げられる．私たちは遺伝子工学によって，ビタミンや抗生物質，ホルモンなどの有用物質を生産するように細菌を改変することができる（20.1参照）．さらに，**科学スキル演習**で見るように，天然の土壌細菌は，新規抗生物質の供給源としての可能性を秘めている．

最近，ウイルスに対する細菌や古細菌の防御機構であるCRISPR–Casシステム（図19.7参照）をもとに，あらゆる生物の遺伝子改変を可能にする強力な新しいツールが開発された．多くの原核生物のゲノムには，CRISPR（クリスパー）とよばれる短いDNA反復配列が存在し，これはCas（CRISPR-associated）とよばれるタンパク質と相互作用する．Casタンパク質は，CRISPR領域から転写された「ガイドRNA」とともに作用し，あらゆる特定のDNAを切断できる．科学者たちは，DNAを改変したい細胞にあるCasタンパク質（Cas9）とガイドRNAを導入することによって，このシステムを利用可能にした（図20.14参照）．たとえばこの**CRISPR-Cas9システム CRISPR-Cas9 system**によって，AIDSを引き起こすウイルスであるHIVに関する新たな研究が進められている（図27.21）．CRISPR–Cas9システムはさまざまな方面での利用が可能であるが，このような新しく強力な技術を適用する際に起こり得る意図しない結果を防ぐためには，細心の注意を払わなければならない．

細菌の有用な利用として，石油の使用量を減少させることがある．世界中で毎年約1.6億トンのプラスチックが石油からつくられ，玩具や容器，ペットボトルなどさまざまな製品の原料となっている．このような製品は分解されにくいため，環境問題を引き起こしている．そこで現在，細菌を用いたバイオプラスチックの研究が進められている（図27.22）．たとえば，ある種の細菌は化学エネルギ

▼図27.21 CRISPR：HIV感染症治療の新たな方法．(a) 未処理のヒト細胞は，AIDSを引き起こすウイルスであるHIVに容易に感染した（対照区）．(b) 一方，HIVを標的とするCRISPR-Cas9システムで処理した細胞は感染しなかった．CRISPR-Cas9システムはまた，ヒト細胞のDNAに取り込まれたHIVプロウイルス（図19.8参照）も除去することができた．

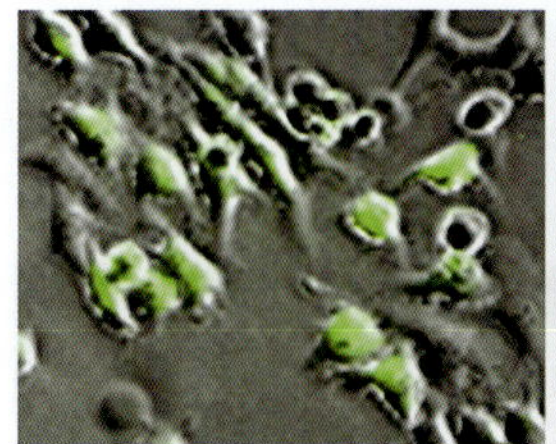

(a) **対象区の細胞．**緑色はHIVに感染していることを示している．

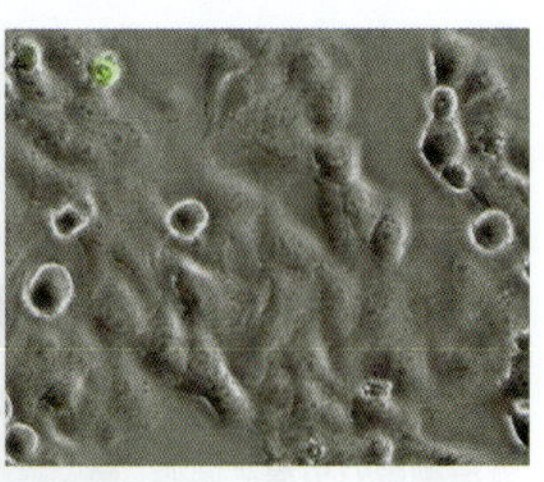

(b) **実験区の細胞．**HIVを標的としたCRISPR-Cas9システムで処理した細胞．

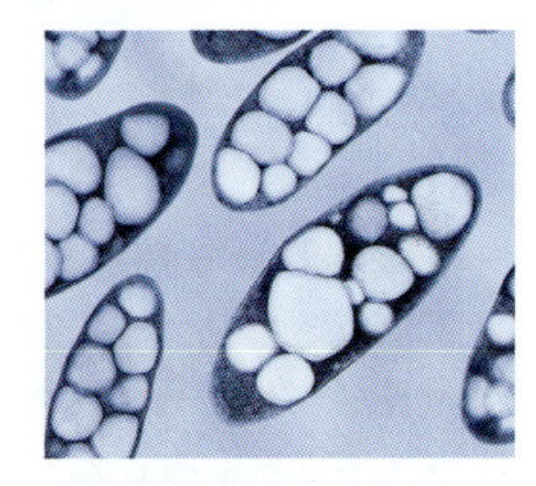

▲図27.22 生分解性プラスチックの原料となるPHAを生成し貯蔵する細菌．

科学スキル演習

平均値と標準誤差を計算し，解釈する

➤土壌細菌を増やすために用いたプラスチック容器

土壌細菌から得られた抗生物質は，薬物耐性細菌の抑制に使えるのか　土壌細菌は抗生物質を産生し，他の生物による攻撃や競争に対向している．現在のところ，土壌細菌の99%は通常の手法で培養できないため，このような抗生物質を新規の薬剤として使用することはできていない．この問題を解決するため，研究者たちは自然環境を模した培地で土壌細菌を増やす方法を開発した．この方法によって，新規の抗生物質，テイクソバクチンが発見された．この問題では，MRSA（メチシリン耐性黄色ブドウ球菌；図22.14参照）に対するテイクソバクチンの効果に関する実験結果の平均値と標準誤差を計算する．

実験方法　研究者たちは小さなプラスチック容器に小さな孔を多数空け，その孔を土壌細菌と寒天を含む希釈液で満たした．希釈率は，各孔にほぼ1細菌のみが入るように設定した．寒天が固化した後，プラスチック片をもとの土壌を入れた容器に入れた．栄養素と他の必須物質は土壌から寒天に浸透し，土壌細菌の増殖を可能にする．

研究者たちはテイクソバクチンを土壌細菌から抽出し，以下の実験を行った．MRSAに感染したマウスに，少量（1 mg/kg）または多量（5 mg/kg）のテイクソバクチン，または既知の抗生物質であるバンコマイシンを投与した．対照区（コントロール）では，MRSA感染マウスに抗生物質を投与しなかった．26時間後，研究者は感染マウスをサンプリングし，各サンプルにおける黄色ブドウ球菌のコロニー数を推定した．実験結果は対数で示されており，1の減少はMRSA存在量が10分の1に減少したことを意味する．

実験データ

処理区	投与量 (mg/kg)	コロニー数の対数	平均 ($\bar{x}$)
対照区	—	9.0, 9.5, 9.0, 8.9	
バンコマイシン	1.0	8.5, 8.4, 8.2	
	5.0	5.3, 5.9, 4.7	
テイクソバクチン	1.0	8.5, 6.0, 8.4, 6.0	
	5.0	3.8, 4.9, 5.2, 4.9	

データの出典　L. Ling et al. A new antibiotic kills pathogens without detectable resistance, *Nature* 517:455–459 (2015).

データの解釈

1. 変数の平均値（$\bar{x}$）は，変数の合計値を試験数（n）で割ったものである：
$$\bar{x}=\frac{\sum x_i}{n}$$
この式において，x_i は i 回目の観測値を示しており，$\sum$ は n 個の観測値を足しあわせることを意味する．各処理区における平均値を計算しなさい．
2. 問1の解答をもとに，バンコマイシンとテイクソバクチンの有効性を評価しなさい．
3. 各データのばらつきは，標準偏差 s によって推定できる：
$$s=\sqrt{\frac{1}{n-1}\sum(x_i-\bar{x})^2}$$
各処理区における標準偏差を計算しなさい．
4. 実験を繰り返すと平均値がどれほどの大きさで変化するかを示す標準誤差（SE）は，以下のように計算できる．
$$\mathrm{SE}=\frac{s}{\sqrt{n}}$$
経験則として，実験を繰り返した場合の新たな平均値は，もとの平均値の標準誤差（$\bar{x}\pm 2\mathrm{SE}$）の範囲に収まる．各処理区において標準誤差を計算してこれらの範囲が重なるかどうかを判定し，結果を解釈しなさい．

一貯蔵体としてPHA（ポリヒドロキシアルカン酸）とよばれるポリマーを合成する．このPHAを抽出してペレットとし，丈夫でかつ生物によって分解できるプラスチックをつくることができる．研究者たちはまた，農業廃棄物や干し草，トウモロコシなどさまざまなバイオマスから燃料となるエタノールを生成する細

➤**図27.23　流出した石油のバイオレメディエーション．**肥料を散布すると自生する石油分解細菌の増殖が促進され，石油分解速度が5倍以上になる．

菌を作出することで，石油など化石燃料の使用を抑える研究を進めている．

原核生物の別の利用として，生物によって土壌や大気，水から汚染物質を除去する技術である**バイオレメディエーション bioremediation** がある．たとえば嫌気性の細菌や古細菌によって汚泥中の有機物を分解し，これを化学的に殺菌した後に埋め立てや肥料に利用している．バイオレメディエーションの別の例としては，流出した石油の分解（図 27.23）や，地下水からの放射性物質（ウランなど）の除去などがある．

原核生物の有用性は，彼らがもつ多様な栄養様式や代謝能に基づいている．このような多様な能力は，構造的革新によって真核生物が誕生するより前に進化したものである．第5部の残りの部分では，この真核生物について解説する．

概念のチェック 27.6

1. あなたの生活に原核生物が利益を与えている例を少なくとも2つ挙げなさい．
2. ある病原性細菌の毒素は，この細菌が他の宿主へ広がる機会を増すことに寄与する症状を引き起こす．この情報から，この毒素が外毒素と内毒素のどちらであるか推定することが可能だろうか，説明しなさい．
3. どうなる？➤ もしあなたの食生活に急劇な変化が起こったとしたら，あなたの消化管に生育する原核生物の多様性はどのような影響を受けると考えられるか，記しなさい．

（解答例は付録 A）

27 章のまとめ

重要概念のまとめ

27.1

構造的および機能的適応によって原核生物は繁栄している

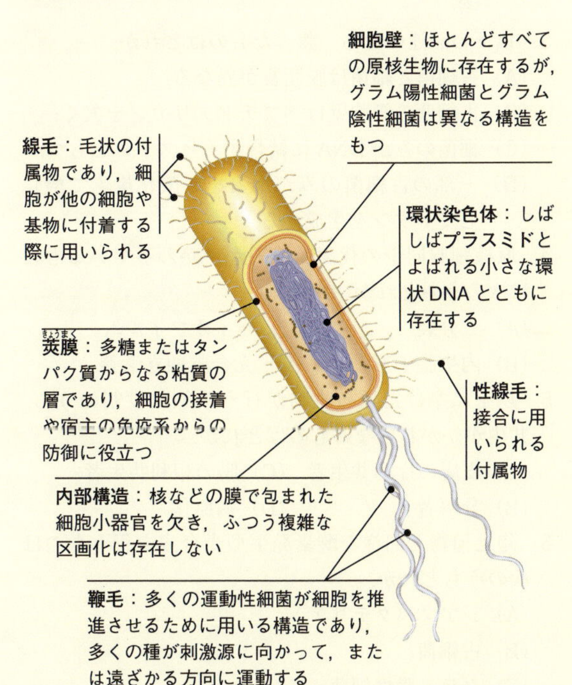
細胞壁：ほとんどすべての原核生物に存在するが，グラム陽性細菌とグラム陰性細菌は異なる構造をもつ
線毛：毛状の付属物であり，細胞が他の細胞や基物に付着する際に用いられる
環状染色体：しばしばプラスミドとよばれる小さな環状 DNA とともに存在する
莢膜：多糖またはタンパク質からなる粘質の層であり，細胞の接着や宿主の免疫系からの防御に役立つ
性線毛：接合に用いられる付属物
内部構造：核などの膜で包まれた細胞小器官を欠き，ふつう複雑な区画化は存在しない
鞭毛：多くの運動性細菌が細胞を推進させるために用いる構造であり，多くの種が刺激源に向かって，または遠ざかる方向に運動する

- 多くの原核生物は二分裂によって急速に増殖し，大きな集団を形成することが可能である．

? さまざまな異なる環境で生き延びることを可能とする原核生物の特徴を記しなさい．

27.2

急速な増殖，突然変異および遺伝的組換えによって原核生物の遺伝的多様性が増大する

- 原核生物は急速に増殖することが可能であるため，突然変異によって集団中の遺伝的多様性が急速に増大する．その結果，集団が環境変化に応じて急速に進化することが可能である．
- 異なる細胞に由来する2つの DNA の（形質転換，形質導入，接合による）組換えによっても原核生物の遺伝的多様性が増大する．抗生物質耐性遺伝子のような有利な遺伝子が転移することによって，原核生物の集団を適応的な進化に導く．

? 突然変異はごくまれな現象であり，原核生物は無性的に生殖する．それにもかかわらず原核生物の集団が大きな遺伝的多様性をもつのはなぜか，説明しなさい．

27.3

原核生物では多様な栄養様式と代謝的適応が進化してきた

- 原核生物の栄養様式は，真核生物よりもずっと多様であり，主要な4つの栄養様式である光合成独立栄養，化学合成独立栄養，光合成従属栄養，化学合成従属栄養のすべてが見られる．
- 原核生物の中で，**絶対好気性生物**は酸素を必要とし，

絶対嫌気性生物にとって酸素は毒であり，**通性嫌気性生物**は酸素があってもなくても生きていける．

- 真核生物とは異なり，原核生物はさまざまな形の窒素を代謝できる．一部の原核生物は，**窒素固定**とよばれる過程によって窒素分子をアンモニアに変換する．
- 原核生物は同種の細胞，さらには異種の細胞間で代謝的な協調を行う．基質の表面を覆った**バイオフィルム**の中でも複数種の原核生物が代謝的協調を行っている．

? 原核生物における代謝的適応の多様性について説明しなさい．

27.4

原核生物は多様な系統群に分化している

- 分子系統学によって原核生物の系統分類が構築されており，新たな系統群が次々と発見されている．
- 細菌のおもなグループの中に多様な栄養様式が散在している．最も大きな細菌の2つのグループはプロテオバクテリアとグラム陽性細菌である．
- 超好熱菌や高度好塩菌のようないくつかの古細菌は極限環境に生育している．他の古細菌は土壌や湖沼のようなより穏やかな環境に生きている．

? 原核生物の系統を推定するにあたって，分子データはどのような影響を与えたか説明しなさい．

27.5

原核生物は生物圏において必須の存在である

- 従属栄養性の原核生物による分解や独立栄養性および窒素固定を行う原核生物による合成が，生態系における物質循環に寄与している．
- 多くの原核生物が宿主と共生関係を結んでいる．その共生関係には相利共生，片利共生，寄生がある．

? 多くの生物が生きていくために，原核生物がどのようにして重要な役割を果たしているか記述しなさい．

27.6

原核生物は人間に利益も害も与える

- ヒトは相利共生性の原核生物に依存して生きており，たとえば私たちの腸に生育している数百種の原核生物は食物の消化を助けてくれている．
- 病原性の細菌は，ふつう**外毒素**または**内毒素**を放出することで病気を引き起こす．遺伝子の水平伝播によって，病原性にかかわる遺伝子が無害な種や株に広がることがある．
- **バイオレメディエーション**やプラスチック，ビタミン，抗生物質のような有用物質の生産に原核生物が利用可能である．

? 原核生物がヒトに対して利益および害を与える例を記述しなさい．

理解度テスト

レベル1：知識／理解

1. 細菌集団における遺伝的多様性の原因ではないものは次のうちどれか．
   (A) 形質導入　(C) 突然変異
   (B) 接合　(D) 減数分裂
2. 光合成独立栄養生物は以下のどの組み合わせを利用するのか．
   (A) エネルギー源としての光と炭素源としての二酸化炭素
   (B) エネルギー源としての光と炭素源としてのメタン
   (C) エネルギー源としての窒素と炭素源としての二酸化炭素
   (D) エネルギー源および炭素源としての二酸化炭素
3. 以下の記述のうち，誤ったものはどれか．
   (A) 古細菌と細菌は膜脂質が異なる．
   (B) 古細菌の細胞壁はペプチドグリカンを欠く．
   (C) 細菌のみがDNAに結合するヒストンをもつ．
   (D) 一部の古細菌のみが水素を二酸化炭素で酸化してメタンを生成する．
4. 原核細胞同士の代謝的協調がかかわっているものは次のうちどれか．
   (A) 二分裂　(C) バイオフィルム
   (B) 内生胞子形成　(D) 光合成独立栄養
5. 以下に挙げた原核生物が行う生態的役割のうち，共生がかかわらないものはどれか．
   (A) 皮膚の片利共生者　(C) 腸の相利共生者
   (B) 分解者　(D) 病原体
6. 陸上植物と同様な酸素発生型光合成を行うものは次のうちどれか．
   (A) シアノバクテリア
   (B) 古細菌
   (C) グラム陽性細菌
   (D) 化学合成独立栄養性細菌

レベル2：応用／解析

7. **進化との関連**　抗生物質に耐性のない結核菌に感染した患者に対しては，抗生物質を投与することによって数週間で症状を緩和することができる．しかし体内から結核菌を根絶するにはより長い時間がかかり，また細菌がまだ存在している間に抗生物質治療を中断しなければならないことがある．このことは薬剤耐性病原生物の進化と関係してどのように考えられるか，記しなさい．

レベル3：統合／評価

8. **科学的研究・データの解釈**　窒素固定細菌であるリゾビウムは植物の根に感染し，細菌が窒素を与え植物が炭水化物を与える相利共生関係を築く．科学者たちはある植物（*Acacia irrorata*）にリゾビウムの異なる6株を接種し，12週間栽培した後に植物体の重さを量った．(a) 以下のデータをグラフにしなさい．(b) そのグラフから考察しなさい．

リゾビウムの株	1	2	3	4	5	6
植物体重量（g）	0.91	0.06	1.56	1.72	0.14	1.03

データの出典：J. J. Burdon et al., Variation in the effectiveness of symbiotic associations between native rhizobia and temperate Australian *Acacia*: within species interactions, *Journal of Applied Ecology* 36: 398-408 (1999).

注：リゾビウムを接種しなかった植物体は，12週間後におよそ0.1 gであった．

9. **テーマに関する小論文：エネルギー**　原核生物や他の生物からなる海底熱水噴出孔の生物群集におけるエネルギーの流れについて300〜450字で記述しなさい．

10. **知識の統合**

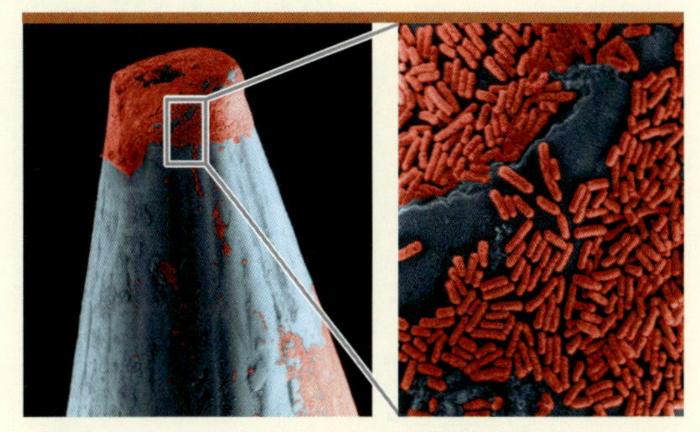

細菌の小さなサイズと急速な増殖速度が，どのように（上に示したピン先の細菌集団のような）大きな集団サイズと遺伝的多様性に寄与しているのか記しなさい．

（一部の解答は付録A）

28 原生生物

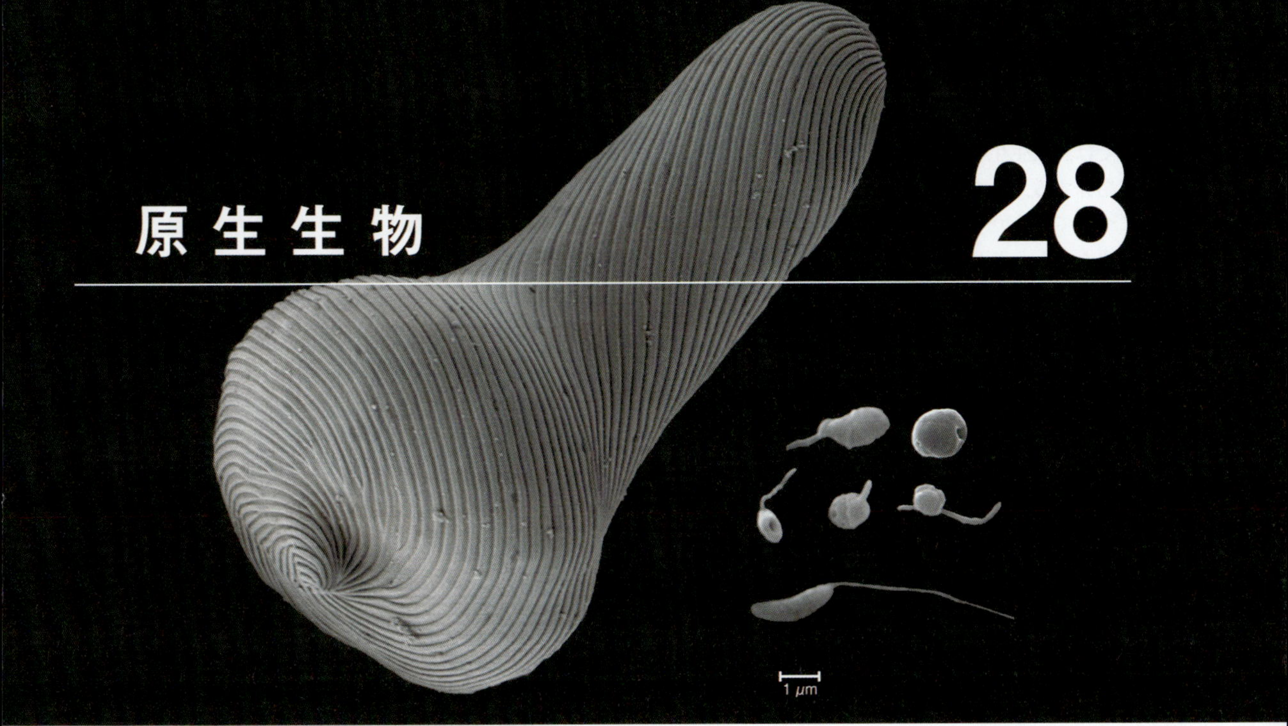

1 μm

▲図 28.1　この中でどれが原核生物でどれが真核生物だろうか.

重要概念

28.1　多くの真核生物は単細胞生物である

28.2　エクスカバータには特殊化したミトコンドリアや特徴的な鞭毛をもつ原生生物が含まれる

28.3　SAR は DNA の類似性で定義されたきわめて多様な生物を含むグループである

28.4　紅藻と緑藻は陸上植物に最も近縁な生物群である

28.5　ユニコンタには菌類と動物に近縁な原生生物が含まれる

28.6　生態系において原生生物は重要な役割を担っている

▼トランペット型をした原生生物（ソライロラッパムシ *Stentor coeruleus*）.

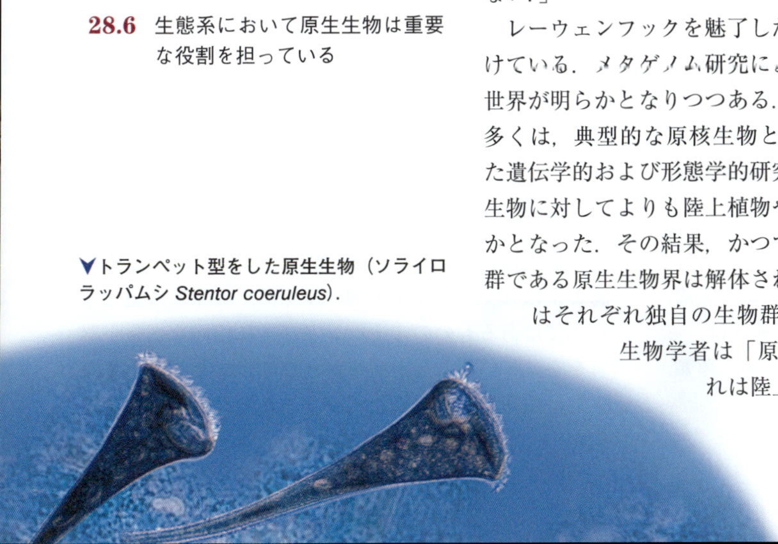

小さな生物

多くの原核生物がきわめて小さな生物であることを知っている人ならば，図 28.1 は 6 つの小さな原核生物と 1 つの大きな真核生物を示していると思うかもしれない．しかし実際には，スケールバーのすぐ上にあるものだけが原核生物である．それ以外の 6 つは，非正式名として**原生生物**（プロティスト）**protists** とよばれる，多くは単細胞の多様性に富んだ真核生物群に属する．オランダの科学者であるアントニ・ファン・レーウェンフック Antoni van Leeuwenhoek が初めて顕微鏡をのぞいてから 300 年以上にわたり，このきわめて小さな真核生物は科学者たちを魅了してきた．ある原生生物は仮足を使って這い回りながら形を変え，また別の原生生物は小さなトランペットや宝石のようである．レーウェンフックは自身の観察を想起してこう記している．「1 滴の水の中に無数の生き物たちがいた．私はこれほど楽しい風景をこれまで見たことがない．」

レーウェンフックを魅了した原生生物は，今日でも私たちを驚かせ続けている．メタゲノム研究によって，これまで未知であった原生生物の世界が明らかとなりつつある．このように新たに見つかった原生生物の多くは，典型的な原核生物と同様に直径 0.5〜2 μm ほどしかない．また遺伝学的および形態学的研究によって，一部の原生生物は，他の原生生物に対してよりも陸上植物や菌類，動物により近縁であることが明らかとなった．その結果，かつてすべての原生生物が分類されていた分類群である原生生物界は解体され，現在では原生生物のさまざまな系統群はそれぞれ独自の生物群として認識されている．現在でも多くの生物学者は「原生生物」という用語を用いているが，これは陸上植物，菌類，動物以外の真核生物を指す便宜的な意味である．

本章では，原生生物のいくつかの主要なグループについて紹介する．あなたはその形態的および生化学的適応について，また生態系，農業，工業，ヒトの健康との重要なかかわりについて学ぶことになるだろう．

28.1

多くの真核生物は単細胞生物である

原生生物は陸上植物や菌類，動物とともに，生物界を構成する3つのドメインの1つである真核生物ドメインに分類される．原核細胞とは異なり，真核細胞は核に加えてミトコンドリアやゴルジ体のような膜で包まれた細胞小器官をもつ．このような細胞小器官ではそれぞれ特定の細胞機能が営まれており，真核細胞の構造を原核細胞のそれに比べてより複雑なものにしている．

真核細胞はまた，発達した細胞骨格を細胞中に張りめぐらせている（図6.20参照）．このような細胞骨格によって，真核細胞は非対称な形をとる構造的支持が得られ，また捕食や移動，成長する際に変形することが可能になっている．対照的に，原核細胞は発達した細胞骨格を欠いており，非対称な形を維持したりつねに変形したりすることはできない．

この第5部の残りの部分では真核生物の多様性について解説するが，最初に原生生物について見ていこう．ここでは以下のことを心にとどめておいてほしい．

- ほとんどの真核生物の系統群に属する生物は原生生物である
- 多くの原生生物は単細胞である

したがって，ほとんどの生物は，多くの人が思い浮かべる生物とは大きく異なるものである．私たちがよく知っている多細胞性の大きな生物（陸上植物，菌類，動物）は，生物全体の大きな系統樹の中ではわずか数本の枝の先端にすぎない．

原生生物に見られる構造的および機能的多様性

原生生物とよばれる生物群が多系統であることを思い起こせば，原生生物の一般的な特徴を例外なしに記述するのが困難であることは驚くに値しない．実際，原生生物に見られる構造的および機能的多様性は，私たちになじみ深い真核生物群である陸上植物，菌類，動物に見られるそれよりもはるかに大きい．

たとえば多くの原生生物は単細胞であるが，群体や多細胞の種もいる．単細胞の原生生物は最も単純な真核生物と考えることができるが，細胞レベルで見てみると多くの原生生物はすべての細胞の中で最も複雑な細胞からできている．多細胞生物では，基本的な生物機能は器官によって分担して行われている．単細胞の原生生物でも同じ基本的な機能が営まれているが，これは多細胞の器官ではなく，細胞内の細胞小器官で分業されている．核，小胞体，ゴルジ体，リソソームなど原生生物に見られる細胞小器官の多くについては，図6.8で解説されている．また特定の原生生物は，細胞から余分な水を排出する収縮胞のように他のほとんどの真核生物には見られない細胞小器官をもつ（図7.13参照）．

栄養様式の点でも，原生生物は他の真核生物群よりも多様である．いくつかの原生生物は葉緑体をもつ光合成独立栄養生物である．またいくつかの原生生物は小さな有機分子を吸収したり，大きな餌粒子を取り込む従属栄養生物である．さらに他の原生生物は，光合成と従属栄養をあわせもつ**混合栄養生物 mixotroph** である．光合成独立栄養，従属栄養，混合栄養という栄養様式は，それぞれ原生生物のさまざまな系統群で独立に何度も生じている．

原生生物の中では，生殖様式や生活環もまたきわめて多様である．いくつかの原生生物では無性生殖のみが知られており，別の原生生物は有性生殖，または少なくとも減数分裂や受精といった過程を経て生殖している．原生生物の中には有性生活環の3つの基本型（図13.6参照）すべてが見られ，またどの基本型にもそぐわない特異なものも存在する．本章では，いくつかの原生生物群の生活環についても紹介する．

真核生物における4つのスーパーグループ

原生生物の進化に関する私たちの理解は，現在きわめて流動的である．原生生物界が崩壊しただけではなく，さまざまな仮説が消えていった．たとえば，かつて多くの生物学者は，現生の真核生物の中で最初に分かれた系統は典型的なミトコンドリアをもたず，他の真核生物に比べて膜で囲まれた細胞小器官が少ない「無ミトコンドリア原生生物」であると考えていた．しかし近年の形態学的および分子生物学的研究から，この仮説は否定されている．無ミトコンドリア原生生物とよばれていた原生生物の多くは，実際には退化した形ではあるもののミトコンドリアに相同な細胞小器官をもっていることが明らかとなり，またこのような生物は現在まったく異なるいくつかのグループに分類されるようになった．

原生生物の系統に関する私たちの理解は現在大きく変動しており，学生だけでなくそれを教える者にとっても難問となっている．原生生物の系統を探求することは現在活発な研究分野となっており，新たなデータが得られるたびにこれまでの仮説が改変または否定されて急速に変化している．本章では，現時点での仮説の1つに基づいて原生生物の多様性を解説する．この仮説では，図28.2で示された4つのスーパーグループを認めている．真核生物の系統樹において根がどこにつくのかは明らかではないため，この図では4つのスーパーグループが共通祖先から同時に分岐したように描かれている．もちろんこれは正しくないが，私たちはどのスーパーグループが最も初期に分かれたのかまだ知らないのである．また図28.2に示したいくつかのグループは形態学的にもDNA情報からも支持されるが，他のグループについては現在論争中である．本章を学ぶにあたっては，それぞれのグループの名前に注目するよりも，それらの生物がなぜ重要なのか，現在進行中の研究がどのようにして彼らの進化的関係を解き明かしているのかに注目したほうが有用であろう．

真核生物の進化における細胞内共生

現在見られる原生生物の大きな多様性は，どのようにして生じたのだろうか．原生生物における多様性の大きな部分が，ある生物が他の生物（宿主）の細胞内に生育する共生関係である**細胞内共生 endosymbiosis**によって生じたと考えるに足る十分な証拠が知られている．たとえば25.3節で見たように，構造的，生化学的，およびDNA塩基配列の情報は，ミトコンドリアや色素体が初期の真核生物に取り込まれた原核生物に由来することを示している．またこれらの証拠は，色素体より前にミトコンドリアが生じたことを示している．したがって，真核生物の起源における決定的な瞬間は，後にすべての真核生物がもつ細胞小器官であるミトコンドリアへと進化する細菌が，宿主細胞に取り込まれたときである．

原核生物のどのグループがミトコンドリアとなったのかを知るため，研究者たちはミトコンドリア遺伝子の塩基配列を，細菌や古細菌のおもなグループのそれと比較した．**科学スキル演習**では，そのようなDNA塩基配列比較について学ぶ．このような研究によって，ミトコンドリアがアルファプロテオバクテリアに起源をもつことが示されている（図27.16参照）．さらにミトコンドリアDNAの研究から，原生生物，陸上植物，菌類，動物のミトコンドリアが単一の共通祖先に由来することが示されており，生物の進化を通じてミトコンドリアの誕生はただ1回であったと考えられる．同様な研究から，色素体も，真核生物である宿主に取り込まれたシアノバクテリアである単一の共通祖先に由来することが示されている．

真核生物の起源を探るために，アルファプロテオバクテリアを取り込んだ宿主細胞を明らかにする研究でも，近年進展があった．たとえば2015年，古細菌の新しいグループであるロキアーキオータが発見された．分子系統解析からこのグループが真核生物の姉妹群であることが示唆され，またそのゲノムには多くの真核生物的な特徴が見つかった．アルファプロテオバクテリアを取り込んだ宿主細胞はロキアーキオータだったのだろうか．そうだったのかもしれないが，宿主は古細菌に近縁な，しかし古細菌ではない生物だったのかもしれない．いずれにせよ，現在までに得られている証拠は，この宿主が形を変えることを可能にする（よってアルファプロテオバクテリアを取り込むことを可能にする）細胞骨格のような真核細胞の特徴をすでにもっていた比較的複雑な細胞であったことを示している．

色素体の進化：詳細

前述したように，現在までに得られている証拠は，ミトコンドリアが古細菌（または古細菌に近縁な生物）である宿主に取り込まれた細菌に由来したことを示している．この現象によって真核生物が誕生した．また多くの証拠が，真核生物の歴史の中でより後になって，従属栄養性真核生物のある系統が別の細胞内共生者である光合成シアノバクテリアを取り込み，これが色素体へと進化したことを示している（一次共生）．図28.3に示されているように，この真核生物の系統は紅藻および緑藻という2つの光合成原生生物（または**藻類 algae**）へ進化したと考えられている．

図28.3で示されている進化過程について，詳しく見てみよう．最初に，シアノバクテリアはグラム陰性細菌であり，グラム陰性細菌は細胞膜と外膜の2枚の膜で囲まれていることを思い起こしてほしい（図27.3参照）．紅藻と緑藻の色素体も2枚の膜で囲まれている．これらの膜に存在する輸送タンパク質が，シアノバクテリアの細胞膜と外膜に存在するタンパク質と相同であるという事実は，色素体が細胞内共生シアノバクテリアに起源するという仮説を支持している．

真核生物の歴史の中で，紅藻と緑藻は何回かの**二次共生 secondary endosymbiosis**を経験した．つまり

▼図 28.2　探究　原生生物の多様性

下の系統樹は，現在地球上に生育する真核生物の間の系統関係に関する1つの仮説を示したものである．枝の先には真核生物のグループ名が記されており，さらにそれらのグループは図の最も右に記した「スーパーグループ」にまとめられている．かつて原生生物界に分類されていたグループは黄色い四角の中に記されている．点線はその系統関係が現在論争中であり，不確定であることを示している．わかりやすくするため，この系統樹にはそれぞれのスーパーグループの代表的なグループのみを記してある．また近年，新規の真核生物群が多く発見されており，真核生物の実際の多様性がここに示したものよりもずっと大きいことを示している．

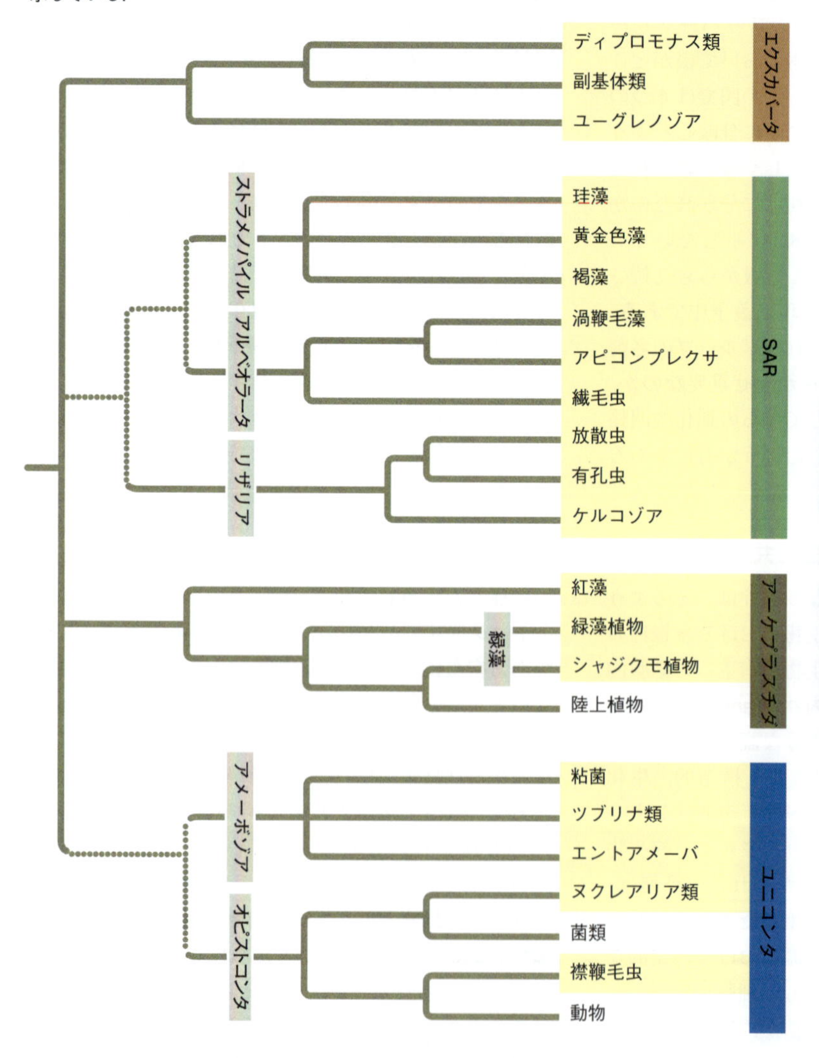
ディプロモナス類
副基体類
ユーグレノゾア
エクスカバータ
ストラメノパイル
珪藻
黄金色藻
褐藻
アルベオラータ
渦鞭毛藻
アピコンプレクサ
繊毛虫
リザリア
放散虫
有孔虫
ケルコゾア
SAR
紅藻
緑藻
緑藻植物
シャジクモ植物
陸上植物
アーケプラスチダ
アメーボゾア
粘菌
ツブリナ類
エントアメーバ
オピストコンタ
ヌクレアリア類
菌類
襟鞭毛虫
動物
ユニコンタ

■ エクスカバータ

このスーパーグループに属するいくつかの生物は，細胞側面に「凹んだ」溝をもっている．エクスカバータに属する2つの生物群（ディプロモナス類と副基体類）は極度に退化したミトコンドリアをもっており，別の生物群（ユーグレノゾア）は他の生物とは構造が異なる鞭毛をもっている．エクスカバータは*Giardia*のような寄生生物とともに，多くの捕食栄養性または光合成性の種を含んでいる．

5 μm

寄生性ディプロモナスであるランブル鞭毛虫 ***Giardia intestinalis***（着色 SEM 像）．このディプロモナスはエクスカバータに特徴的な溝を欠いており，哺乳類の腸管に生育している．たとえそれがきれいな沢から汲んだ水であっても，この生物のシストを含む糞便が混入した水を飲むと，ヒトに感染し激しい下痢を引き起こす．ただし水を煮沸することでこの生物は死滅する．

描いてみよう➤この系統樹を簡略化し，真核生物における４つのスーパーグループ間の関係のみを表した系統樹を描きなさい．さらに，ユニコンタが他のすべての真核生物の姉妹群であるとしたら，この簡略化した系統樹はどのようになるか描きなさい．

SAR

このスーパーグループは，3つのきわめて多様で大きな系統群，ストラメノパイル，アルベオラータ，リザリアを含む（SARの名はこの3つの系統群の頭文字にちなむ）．ストラメノパイルは，下に示した珪藻のように地球上で最も重要な光合成生物群をいくつか含んでいる．アルベオラータは光合成生物とともに，マラリア原虫*Plasmodium*のような重要な寄生生物を含む．ある仮説によれば，ストラメノパイルとアルベオラータは，従属栄養性原生生物が紅藻を取り込んだ共通の二次共生に起源をもつとされている．

50 μm

多様な珪藻． ここに示した美しい単細胞性原生生物は，水圏生態系においてきわめて重要な光合成生物である（LM像）．

SAR のサブグループの 1 つであるリザリアは，糸状の細い仮足をもつアメーバ状生物を多く含む．仮足とは細胞のさまざまな場所から生じる構造であり，細胞の移動や餌の捕獲に用いられる．

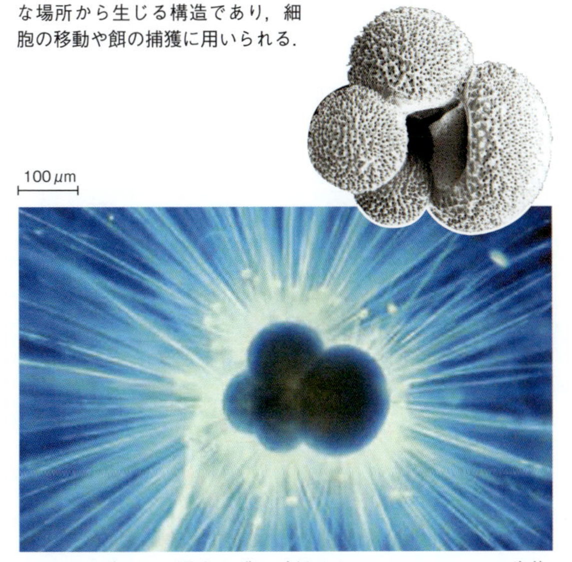
100 μm

SAR のリザリアに属するグロビゲリナ *Globigerina*． この生物は有孔虫に属し，殻の孔を通して多数の糸のような仮足を伸ばしている（LM 像）．挿入写真（SEM 像）は炭酸カルシウムで補強された有孔虫の殻を示している．

アーケプラスチダ（古色素体類）

このスーパーグループには，陸上植物とともに紅藻と緑藻が含まれる．紅藻と緑藻には，単細胞，群体および多細胞（下図のオオヒゲマワリなど）の種が属している．通称として「海藻」とよばれる大型の藻類の中には，（褐藻とともに）多細胞の紅藻および緑藻の一部が含まれる．アーケプラスチダに属する原生生物の中には，いくつかの水圏生態系において食物網の基盤となる重要な光合成生物もいる．

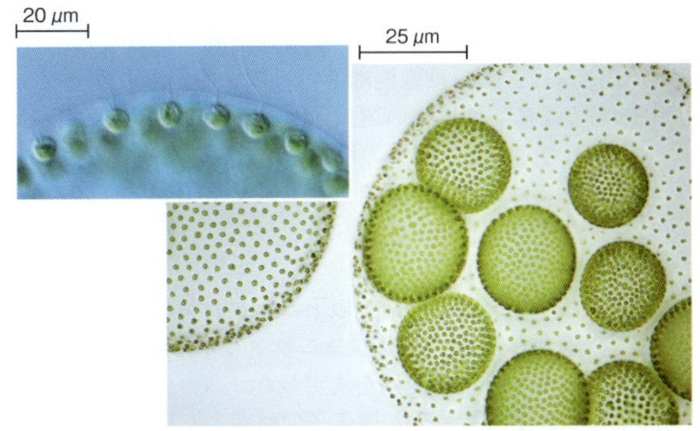
20 μm
25 μm

淡水に生育する多細胞緑藻のオオヒゲマワリ *Volvox*． この藻類は 2 種類の異なる細胞から構成されており，群体ではなく多細胞体と考えられる．この体は中空の球体であり，その表面はゼラチン状の基質に埋め込まれた数百もの 2 本鞭毛性細胞からなる（挿入 LM 像）．この細胞を単離しても増殖しない．しかしこの体は，有性または無性生殖のための細胞も含んでいる．写真（LM 像）に示した大きなオオヒゲマワリは，その体内に存在する小さな「娘」を放出して増殖する（LM 像）．

ユニコンタ

このスーパーグループには，葉状または管状仮足をもつアメーバ類とともに，動物，菌類，および動物や菌類に近縁な非アメーバ性原生生物が含まれる．現在，ユニコンタが最も初期に分岐した真核生物であるとの仮説が提唱されているが，この仮説は必ずしも広く受け入れられているわけではない．

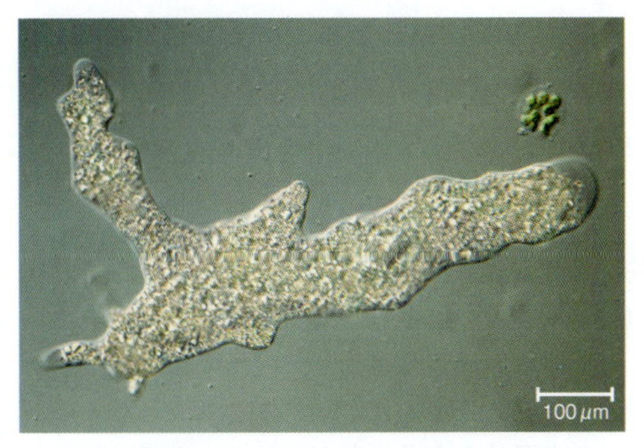
100 μm

ユニコンタに属するアメーバ． このツブリナ類のオオアメーバ *Amoeba proteus* は，仮足によって運動する（LM 像）．

科学スキル演習

遺伝子塩基配列比較の解釈

原核生物のどのグループがミトコンドリアに最も近縁なのだろうか　初期の真核生物は，細胞内共生によってミトコンドリアを獲得した．つまり宿主細胞が好気性原核生物を取り込み，これを相利共生者として維持するようになった．現生の原核生物の中でどのグループがミトコンドリアに最も近縁であるのかを探るため，研究者たちはリボソームRNA（rRNA）の塩基配列を比較した．リボソームは必須の細胞機能を担っている．したがって，rRNAの塩基配列は強い選択圧がかかっており，ゆっくりと変化するため，遠縁の種を比較するのに適している．この問題では研究データを解釈し，ミトコンドリアの系統に関する結論を導き出す．

研究方法　研究者たちは，以下に記したコムギ（真核生物）と5種の細菌の小サブユニットリボソームRNA遺伝子を単離し，塩基配列を決定した．

- ミトコンドリアrRNA遺伝子の材料としてコムギ
- 陸上植物の組織内に生育し，宿主に腫瘍を形成するアルファプロテオバクテリアであるアグロバクテリウム
- ベータプロテオバクテリアである *Comamonas testosteroni*
- ヒト腸管内に生育し，よく研究されているガンマプロテオバクテリアである大腸菌
- 細胞壁を欠く唯一の細菌群であるグラム陽性細菌マイコプラズマに属する *Mycoplasma capricolum*
- シアノバクテリアである *Anacystis nidulans*

➤ミトコンドリアrRNAを得る材料としたコムギ

研究データ

6種の生物から得られた塩基配列をアライメントし，比較した．「比較マトリクス」とよばれる下記の表は，塩基配列のうち617塩基を比較したものである．表の各値は，617塩基の中で一致していた塩基のパーセントを示している．また6種すべてのrRNA遺伝子で一致していた場所は比較から除いてある．

データの解釈

1. 最初に，この比較マトリクスの読み方を理解しよう．*C. testosteroni* と大腸菌を比較しているセルはどれであり，その値はいくつだろうか．この値はこの2つの生物のrRNA遺伝子塩基配列の何を示しているのだろうか．一部のセルに，値ではなくダッシュ（—）が記されているのはなぜだろうか．また別の一部のセルが灰色に塗りつぶされているにはなぜだろうか．
2. 研究者たちは，なぜ1種の植物のミトコンドリアと5種の細菌の比較に含めたのだろうか．
3. コムギのミトコンドリアrRNA遺伝子に最も類似したrRNA遺伝子をもつ細菌はどれだろうか．またこの類似性は何を意味しているのだろうか．

	コムギのミトコンドリア	アグロバクテリウム	*C. testosteroni*	大腸菌	*M. capricolum*	*A. nidulans*
コムギのミトコンドリア	—	48	38	35	34	34
アグロバクテリウム		—	55	57	52	53
C. testosteroni			—	61	52	52
大腸菌				—	48	52
M. capricolum					—	50
A. nidulans						—

データの出典　D. Yang et al., Mitochondrial origins, *Proceedings of the National Academy of Sciences USA* 82:4443-4447 (1985).

これらの藻類が従属栄養性真核生物の食胞膜内に取り込まれ，自らが共生者となった．たとえばクロララクニオン藻とよばれる原生生物は，従属栄養性真核生物が緑藻を取り込んだことによって生まれたと考えられている．取り込まれた共生者が「ヌクレオモルフ」とよばれる痕跡的な小さな核を残していることからもこのことが支持される（図28.4）．ヌクレオモルフに存在する遺伝子は転写されており，その塩基配列は取り込まれた生物が緑藻であったことを示している．

概念のチェック 28.1

1. 原生生物における構造的および機能的多様性の例を少なくとも4つ挙げなさい．
2. 真核生物の進化において，細胞内共生がどのような役割を果たしたか概説しなさい．
3. **関連性を考えよう➤**図28.3を復習した後，クロララクニオン藻の細胞内には異なるゲノムが何種類存在するのか考え，説明しなさい．

（解答例は付録A）

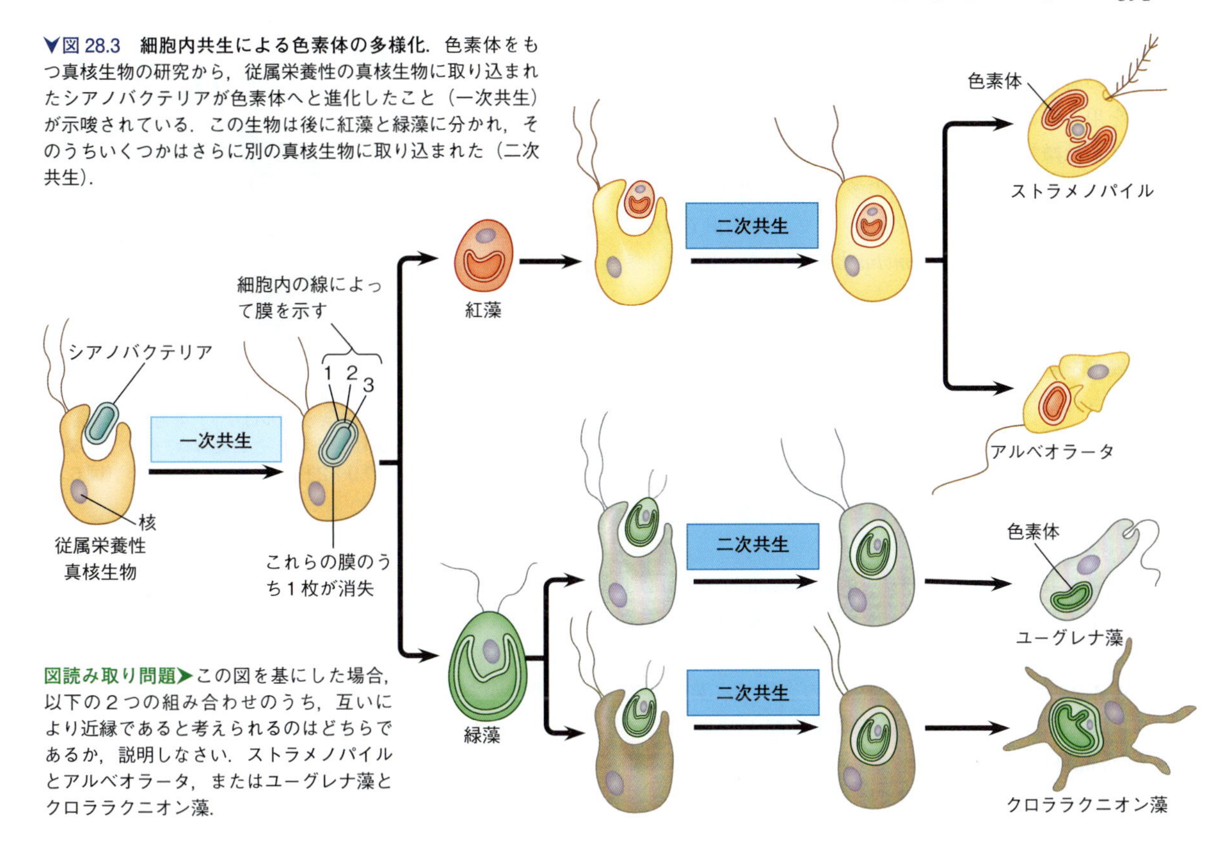
色素体
ストラメノパイル
二次共生
紅藻
細胞内の線によって膜を示す
1 2 3
シアノバクテリア
一次共生
核
従属栄養性
真核生物
これらの膜のうち1枚が消失
アルベオラータ
二次共生
色素体
ユーグレナ藻
緑藻
二次共生
クロララクニオン藻

図 28.3　細胞内共生による色素体の多様化. 色素体をもつ真核生物の研究から，従属栄養性の真核生物に取り込まれたシアノバクテリアが色素体へと進化したこと（一次共生）が示唆されている．この生物は後に紅藻と緑藻に分かれ，そのうちいくつかはさらに別の真核生物に取り込まれた（二次共生）．

図読み取り問題▶この図を基にした場合，以下の2つの組み合わせのうち，互いにより近縁であると考えられるのはどちらであるか，説明しなさい．ストラメノパイルとアルベオラータ，またはユーグレナ藻とクロララクニオン藻．

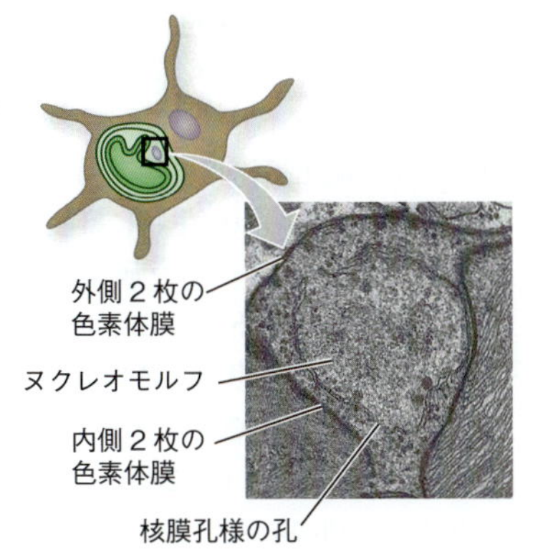
外側2枚の
色素体膜
ヌクレオモルフ
内側2枚の
色素体膜
核膜孔様の孔

図 28.4　クロララクニオン藻の色素体内にあるヌクレオモルフ.

28.2

エクスカバータには特殊化したミトコンドリアや特徴的な鞭毛をもつ原生生物が含まれる

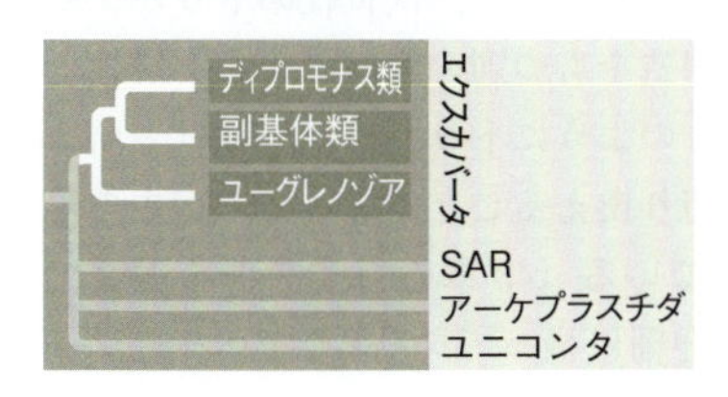
ディプロモナス類
副基体類
ユーグレノゾア
エクスカバータ
SAR
アーケプラスチダ
ユニコンタ

これまで真核生物全体の進化について概観してきた．ここからは図 28.2 で示された 4 つのスーパーグループについて，詳しく見ていこう．

細胞骨格の形態的特徴をもとに提唱されたスーパーグループである**エクスカバータ Excavata**（excavates）から始めよう．この多様性に富んだグループに属する生物の中には，細胞側面に「凹んだ excavated」捕食溝をもつものがいる．エクスカバータにはディプロモナス類，副基体類，ユーグレノゾアなどが含まれる．分子データは，これら 3 つの生物群がそれぞれ単系統であることを示しており，近年のゲノム研究によって，エクスカバータ全体も単系統性であることも支持されている．

ディプロモナス類と副基体類

この 2 つのグループに属する原生生物は色素体を欠いており，極度に退化したミトコンドリアをもっている（近年までミトコンドリアを完全に欠いていると考えられていた）．ディプロモナス類と副基体類のほとんどは嫌気的な環境から見つかる．

ディプロモナス類 diplomonads は「マイトソーム」とよばれる特殊化したミトコンドリアをもつ．マイトソームは電子伝達鎖を欠いており，そのため炭水化物などの有機物からエネルギーを取り出すにあたって酸素を用いることができない．その代わり，ディプロモナス類は嫌気的な反応によって必要なエネルギーを得ている．ディプロモナス類の多くは寄生性であり，哺乳類の腸に生育する悪名高いランブル鞭毛虫 *Giardia intestinalis*（以前は *G. lamblia* とよばれた；図 28.2 参照）が含まれる．

ディプロモナス類はふつう 2 個の同形の核と，多数の鞭毛をもっている．真核生物の鞭毛は微小管の束で支持され細胞膜で包まれた細胞質の突出構造であることを思い起こしてほしい（図 6.24 参照）．この構造は，球形のタンパク質が糸状につながって細胞表面に付着している原核生物の鞭毛とはまったく異なる構造である（図 27.7 参照）．

副基体類（パラバサリア）parabasalids も退化的なミトコンドリアをもっている．この細胞小器官は「ハイドロジェノソーム」とよばれ，嫌気的にいくらかのエネルギーをつくり出し，その過程で水素を生成する．最もよく知られた副基体類は膣（ちつ）トリコモナス *Trichomonas vaginalis* である．この生物は性行為によって伝播する寄生生物であり，年間 500 万人ものヒトが感染する．膣トリコモナスは，鞭毛や波動膜によって粘膜で覆われたヒトの生殖道や尿道を移動する（図 28.5）．膣の正常な酸性度が乱されると，膣トリコモナスは有益な微生物との競争に打ち勝ち，膣が感染する（膣トリコモナスはときに男性の尿道にも感染するが，ふつう症状を示さない）．膣トリコモナスは膣の上皮を食べることを可能とする遺伝子をもち，この働きで症状が悪化する．この遺伝子は，膣内に生育する寄生性細菌から水平伝播によって獲得されたものらしい．

ユーグレノゾア

ユーグレノゾア euglenozoans とよばれる原生生物の一群は，捕食性の従属栄養生物，光合成を行う独立栄養生物や混合栄養生物，および寄生生物を含む多様性に富んだ生物群である．この系統群に特徴的な構造として，鞭毛内に存在するらせん状または結晶性の軸桿構造がある（図 28.6）．ユーグレノゾアの中で最もよく知られたグループは，キネトプラスト類とユーグレナ類である．

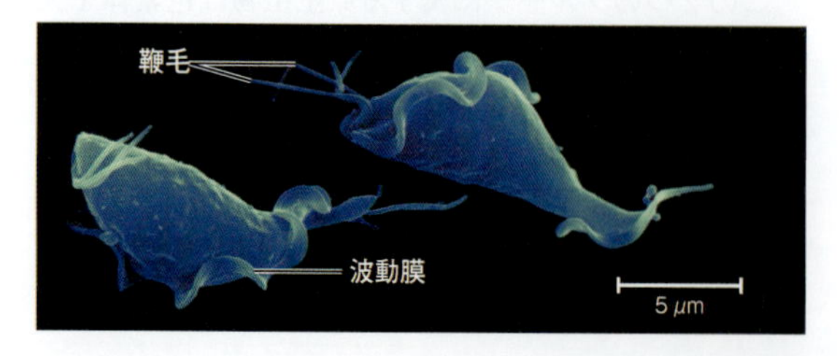
鞭毛
波動膜
5 μm

▼図 28.5　**寄生性の副基体類である膣トリコモナス *Trichomonas vaginalis*（着色 SEM 像）．**

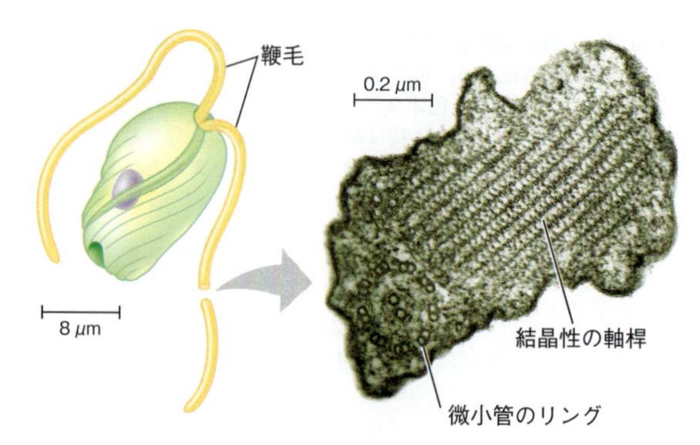
鞭毛
8 μm
0.2 μm
結晶性の軸桿
微小管のリング

▲図 28.6　**ユーグレノゾアの鞭毛．** 多くのユーグレノゾアは，鞭毛中に結晶性の軸桿（パラキシアルロッド）をもっている（右の TEM 像は鞭毛の輪切りを示す）．この軸桿は，すべての真核生物に見られる微小管の 9+2 構造に沿って存在する（図 6.24 と比較しなさい）．

キネトプラスト類

キネトプラスト類 kinetoplastids は，「キネトプラスト」とよばれる組織化された DNA 塊を含む大きな単一のミトコンドリアをもっている．この生物群には淡水や海，湿土で原核生物を捕食しているものに加え，動物や植物，他の原生生物に寄生するものも含まれる．たとえばトリパノソーマ属 *Trypanosoma* に含まれるあるキネトプラスト類はヒトに感染し，治療しなければ死に至る神経疾患である眠り病を引き起こす．この寄生生物は媒介者であるツェツェバエに刺されることによって感染する（図 28.7）．またトリパノソーマ属の中には，別の吸血性昆虫（サシガメ）によって媒介され，うっ血性心不全を起こすシャーガス病の原因となる種も含まれる．

トリパノソーマは効率的な「標的切換」防御によって宿主の免疫応答を回避している．トリパノソーマの細胞表面は，数百万個もの 1 種類のタンパク質で覆われている．そして宿主の免疫システムがこのタンパク質を認識して攻撃してくる前に，次世代のトリパノソーマは異なる分子構造をもつ別の表層タンパク質に切り換えてしまう．このようにトリパノソーマは表層タンパク質を頻繁に切り換えることによって，宿主の免疫系の発達を防いでいる（43 章の**科学スキル演習**でこの現象について詳細に扱っている）．トリパノソー

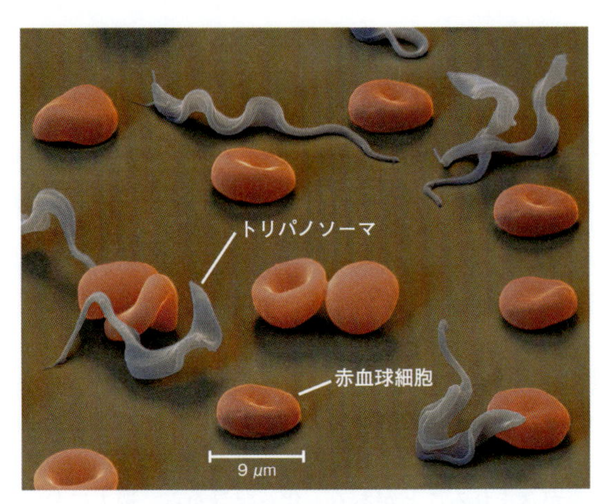
トリパノソーマ
赤血球細胞
9 μm

▲図 28.7 眠り病を引き起こすキネトプラスト類であるトリパノソーマ属 *Trypanosoma*（着色 SEM 像）.

マがもつゲノムの約3分の1は，このような表層タンパク質を生成するために用いられている.

ユーグレナ類

ユーグレナ類 euglenids の細胞の一端には窪みがあり，そこから1本または2本の鞭毛が伸びている（図 28.8）．ユーグレナ類の一部は混合栄養性であり，光の存在下では光合成を行うが，暗黒下では環境中から有機物を吸収して生きる従属栄養生物になる．また他の多くのユーグレナ類は，食作用によって餌を取り込んで生きている.

概念のチェック 28.2

1. ディプロモナス類や副基体類のミトコンドリアは，なぜ「極度に退化した」と表現されることがあるのだろうか.

2. どうなる？➤DNA 塩基配列データから，ディプロモナス類，ユーグレナ類，陸上植物，および未同定の原生生物の系統解析を行ったところ，この未同定種はディプロモナス類に最も近縁であった．さらなる研究によって，この未同定原生生物が正常に機能しているミトコンドリアをもつことが明らかとなった．これらの結果から，この未同定原生生物が他の生物と分岐したのは図 28.2 の系統樹においてどこだと考えられるか，説明しなさい.

（解答例は付録 A）

28.3

SAR は DNA の類似性で定義されたきわめて多様な生物を含むグループである

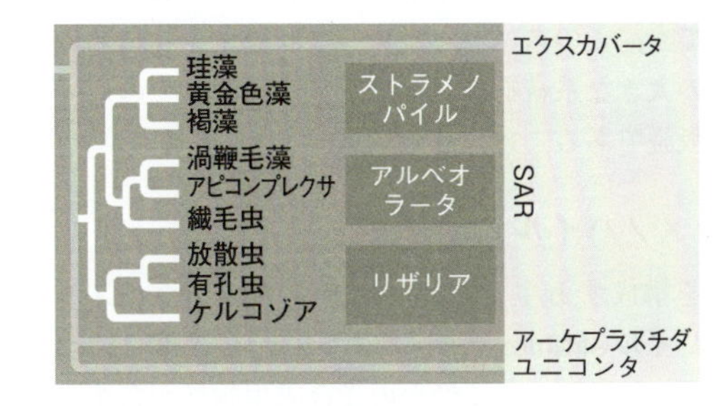
エクスカバータ
珪藻
黄金色藻
褐藻
ストラメノパイル
渦鞭毛藻
アピコンプレクサ
繊毛虫
アルベオラータ
放散虫
有孔虫
ケルコゾア
リザリア
SAR
アーケプラスチダ
ユニコンタ

2番目に紹介する真核生物のスーパーグループである SAR は，最近の全ゲノム解析などに基づいて提唱された．これらの研究は，原生生物の3つの大きなグループであるストラメノパイル，アルベオラータ，リザリアが1つの単系統群を形成することを見出した．この系統群は，多様性に富んだ大きなスーパーグルー

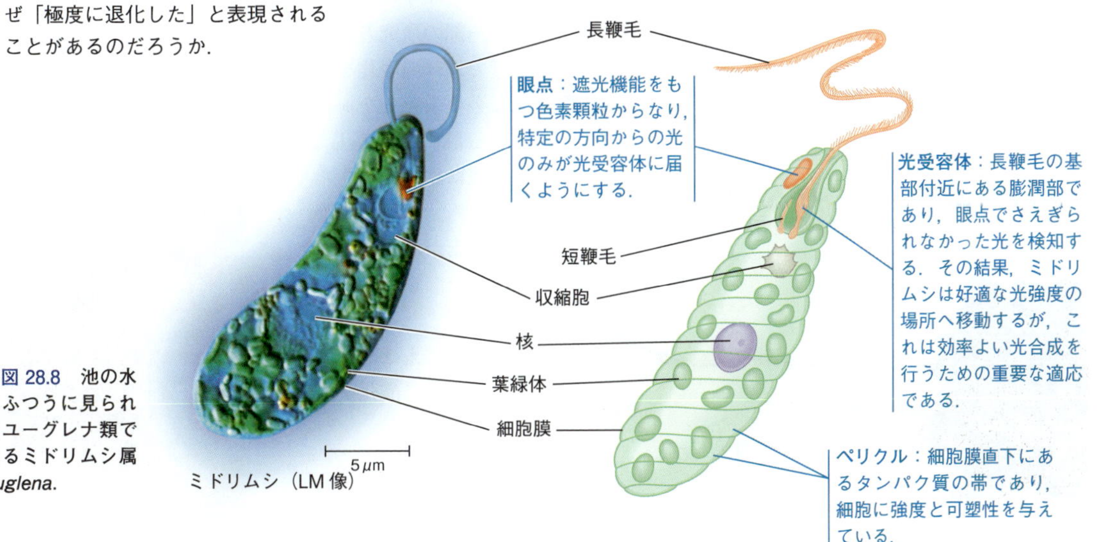
長鞭毛
眼点：遮光機能をもつ色素顆粒からなり，特定の方向からの光のみが光受容体に届くようにする.
光受容体：長鞭毛の基部付近にある膨潤部であり，眼点でさえぎられなかった光を検知する．その結果，ミドリムシは好適な光強度の場所へ移動するが，これは効率よい光合成を行うための重要な適応である.
短鞭毛
収縮胞
核
葉緑体
細胞膜
ペリクル：細胞膜直下にあるタンパク質の帯であり，細胞に強度と可塑性を与えている.
5 μm
ミドリムシ（LM 像）

➤図 28.8 池の水にふつうに見られるユーグレナ類であるミドリムシ属 *Euglena*.

プである．現在のところ，このスーパーグループはそれに属する3つのグループの頭文字に基づいて非正式名としてSARとよばれている．

一部の形態学的およびDNAデータは，SARに属する2つのグループ，ストラメノパイルとアルベオラータが，10億年以上前に単細胞性の紅藻を取り込んだ共通祖先に起源をもつことを示唆している．紅藻は一次共生に起源をもつと考えられているため（図28.3参照），ストラメノパイルとアルベオラータの起源となった共生現象は二次共生とよばれている．しかしこれらの系統群の中には，色素体やその痕跡（核DNA中の色素体遺伝子の痕跡など）を欠くものもいることから，この考えに疑問を呈する研究者もいる．

SARという名前が正式なものではないことからも想像されるように，このスーパーグループの妥当性についてはいまだ議論の余地がある．しかしたとえそうであっても，このスーパーグループは原生生物における3つの大きな系統群の系統に関する現時点での最も妥当な仮説である．

ストラメノパイル

SARを構成する主要なサブグループの1つが**ストラメノパイル stramenopiles**であり，地球生態系におけるきわめて重要ないくつかの光合成生物群が含まれる．ストラメノパイルという名前は，この生物群に特徴的な鞭毛に生える管状小毛に由来する（ラテン語で *stramen* は「ストロー」，*pilos* は「毛」を意味する）．多くのストラメノパイルは，この小毛が生えた「羽形鞭毛」とともに小毛をもたない「むち形鞭毛」をもつ（図28.9）．ここでは，ストラメノパイルに属する3つのグループ，珪藻，黄金色藻，褐藻を紹介する．

珪　藻

光合成原生生物の重要なグループである**珪藻**（けいそう） **diatoms**の多くは単細胞の藻類であり，有機質基質に二酸化ケイ素が沈着してできたガラス様の細胞壁をもつ（図28.10）．この細胞壁は身と蓋からなる弁当箱のように，部分的に重なった2つのパーツからできており，捕食者の顎による粉砕から免れるほど強固な構造である．生きている珪藻は140万 kg/m^2 もの圧力に耐えることができるが，この圧力はゾウをのせたテーブルの各脚にかかる圧力に相当する！

珪藻の現生種は10万種に達すると推定されており，きわめて多様性が高い生物群である（図28.2参照）．珪藻は海でも淡水でも最も多い光合成生物であり，海の表層からすくったバケツ1杯の水に数百万個もの珪藻が含まれることがある．化石記録から，過去においても珪藻が優占していたことが示されており（訳注：珪藻の繁栄は新生代以降），化石化した大量の珪藻細胞壁が主成分となった堆積物は「珪藻土」として知られている．このような堆積物は良質の濾過材など，さまざまな用途に用いられている．

きわめて広い生育域と量の多さから推測される通り，珪藻による光合成は地球レベルでの二酸化炭素濃度に影響している．たとえば豊富な栄養塩存在下では，珪藻は急速に大増殖（ブルームを形成）する．ふつう珪藻はさまざまな原生生物や無脊椎動物に捕食されるが，ブルーム時には多数が捕食されずに残る．このような珪藻が死ぬと，海底に沈降する．沈降した珪藻が細菌や他の分解者によって分解されるには，数十年，ときには数世紀もかかる．その結果，珪藻の体内の炭素は，分解者の呼吸のよってすぐに二酸化炭素に変換されることなくそこに留まる．つまり珪藻の光合成によって固定された二酸化炭素が，海底へ輸送されることを意味する（「生物ポンプ」とよばれる）．

一部の研究者たちは，大気中の二酸化炭素濃度を下げて地球温暖化を抑制することを目指して，鉄のような必須栄養分を海に投与して珪藻のブルームを促進させる計画を提唱している．2012年の研究では，狭い海域に鉄を投与したところ，実際に二酸化炭素が海底に輸送された．鉄の投与による望ましくない効果（たとえば酸素の枯渇や，二酸化炭素

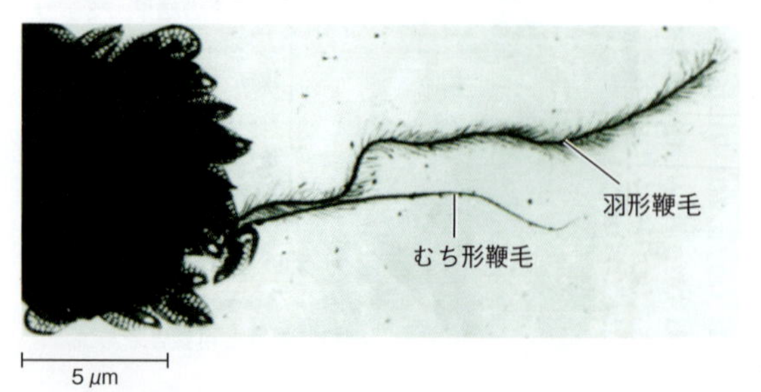
羽形鞭毛
むち形鞭毛
5 µm

▼図28.9　**ストラメノパイルの鞭毛**．この *Synura petersenii* のように，多くのストラメノパイルは小毛が生えた羽形鞭毛と，より短いむち形鞭毛をもつ．

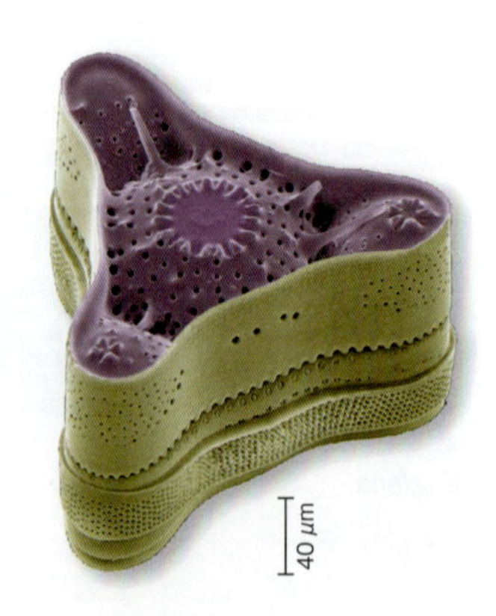
40 µm

➤図28.10　**珪藻の1種** *Triceratium morlandii*（着色SEM像）．

より強力な温室効果ガスである亜酸化窒素の産生）を検証するため，さらなる実験が計画されている．

黄 金 色 藻

黄金色藻 golden algae の特徴的な色は，彼らがもつカロテノイドに起因している．典型的な黄金色藻の細胞は，細胞頂端付近から生じる 2 本の鞭毛をもっている．多くの種は単細胞であるが，群体を形成する種もいる（図 28.11）．

多くの黄金色藻は，淡水や海水で「プランクトン」の構成要素となっている．プランクトンの多くは微生物であり，水中を漂っている．ふつう黄金色藻は光合成を行い，一部の種は混合栄養性である．このような混合栄養性種は溶存有機物を吸収，または生細胞などの餌粒子を食作用によって取り込む．環境条件が悪化すると，多くの種は数十年も生き延びることができる耐久性のあるシストを形成する．

褐　藻

最も大きく，最も複雑な体をもつ藻類は**褐藻 brown algae** である．すべての褐藻は多細胞であり，ほとんどの種は海に生育している．褐藻は寒流の影響がある温帯沿岸域で特に多い．その色素体に含まれるカロテノイドのため，褐藻は特徴的な褐色またはオリーブ色をしている．

「海藻」とよばれる生物には，いくつかの多細胞性紅藻や緑藻とともに，褐藻が含まれる．褐藻は陸上植物のそれに似た特殊化した構造をもつこともあり，このような褐藻は体を固定する根のような**付着器 holdfast**，茎のような**茎状部 stipe**，茎状部について光合成の主要な場となる**葉状部 blade** からなる（図 28.12）．形態や DNA の情報は，このような類似性が褐藻と陸上植物で独立に獲得された相似であり，相同ではないことを示している．陸上植物は（硬い茎のような）重力に対して体を支える適応形質をもつが，褐藻は光合成を行う部分（葉状部）を水面近くに保持するための適応形質をもつ．たとえば一部の褐藻は，気体が詰まった風船のような浮き袋によってそれを可能にしている．巨大な褐藻であるジャイアントケルプ（オオウキモ）は葉状部にこのような浮き袋をもち，海底から 60 m の高さに立ち上がっていることがある．

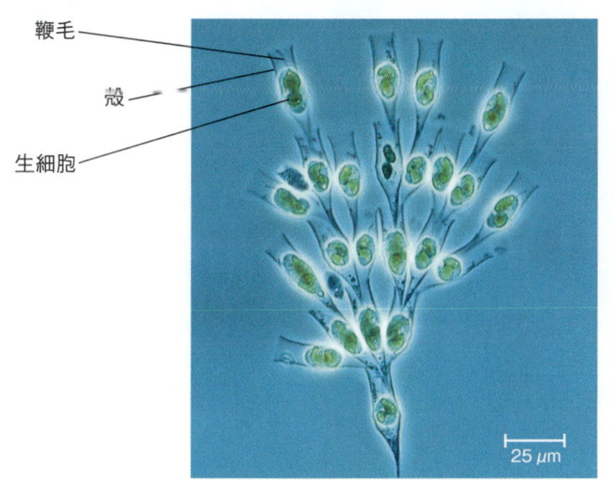
鞭毛
殻
生細胞
25 μm
▼図 28.11　淡水域で見られる群体性黄金色藻のサヤツナギ属 *Dinobryon*（LM 像）．

葉状部
茎状部
付着器
▼図 28.12　海藻は沿岸域での生活に適応している．シーパーム属 *Postelsia* は米国北西部とカナダ西部の沿岸域の岩上に生育している．この褐藻は，丈夫な付着器によって荒い波の中での生活に適応している．

褐藻は人間にとって重要な資源である．いくつかの種は食用とされ，たとえばコンブ属 *Saccharina* はダシなどに用いられる．さらに褐藻の細胞壁にある粘質多糖であるアルギン酸は，プリンやドレッシングなどさまざまな加工食品の増粘剤として用いられている．

世 代 交 代

多細胞性藻類の中では，多様な生活環が進化してきた．最も複雑な生活環では，単相と複相の多細胞体が交互に現れる現象である**世代交代 alternation of generations** が見られる．たとえば複相であるヒトが単相の配偶子を形成するように，単相と複相の交代は有性生殖を行うすべての生物に見られるが，「世代交代」[*1] という用語は，単相と複相の段階が両者ともに

＊1（訳注）：原著ではそれぞれの世代が多細胞体であるときにのみ世代交代とよぶことができるとしているが，どちらか片方または両方の世代が単細胞性であっても栄養体（光合成や捕食によって栄養を摂取し成長する体）であれば世代交代とよぶことが多い．

多細胞であるときにのみ適用される．29.1節で見るように，陸上植物も世代交代を行う．

褐藻のゴヘイコンブ属 *Laminaria* に見られる複雑な生活環は，世代交代のよい例である（図 28.13）．複相の個体は（減数分裂によって）胞子を形成するため，「胞子体」とよばれる．胞子は単相であり，鞭毛によって遊泳するため遊走子とよばれる．遊走子は単相で多細胞の雄性または雌性「配偶体」へ成長し，配偶子を形成する．2個の配偶子の合体（受精または配偶子合体）によって複相の接合子が形成され，これが新しい多細胞の胞子体へと成長する．

ゴヘイコンブの生活環では胞子体と配偶体が形態的に異なるため，その世代交代は**異形 heteromorphic** とよばれる．それに対して別の藻類では（アオサなど），胞子体と配偶体は染色体数が異なるものの形態的によく似ており，**同形 isomorphic** の世代交代を行う．

アルベオラータ

SAR を構成する2番目のサブグループである**アルベオラータ alveolates** に属する生物は，細胞膜の直下に膜で包まれた袋（アルベオール）をもつ（図 28.14）．アルベオラータはさまざまな環境で普遍的であり，光合成生物から従属栄養生物まで多様な原生生物を含む．ここではアルベオラータに属する3つの系統群について解説する．鞭毛虫のグループ（渦鞭毛藻），寄生生物のグループ（アピコンプレクサ），および繊毛を使って移動する原生生物（繊毛虫）である．

渦鞭毛藻

渦鞭毛藻（うずべんもうそう）（渦鞭毛虫）**dinoflagellates**（「回転する」を意味するギリシャ語 *dinos* に由来）の多くは，セルロース性の板（鎧板（よろいいた））で補強された細胞をもつ．海や

▼図 28.13　褐藻に属するゴヘイコンブ属 *Laminaria* の生活環：世代交代の例．

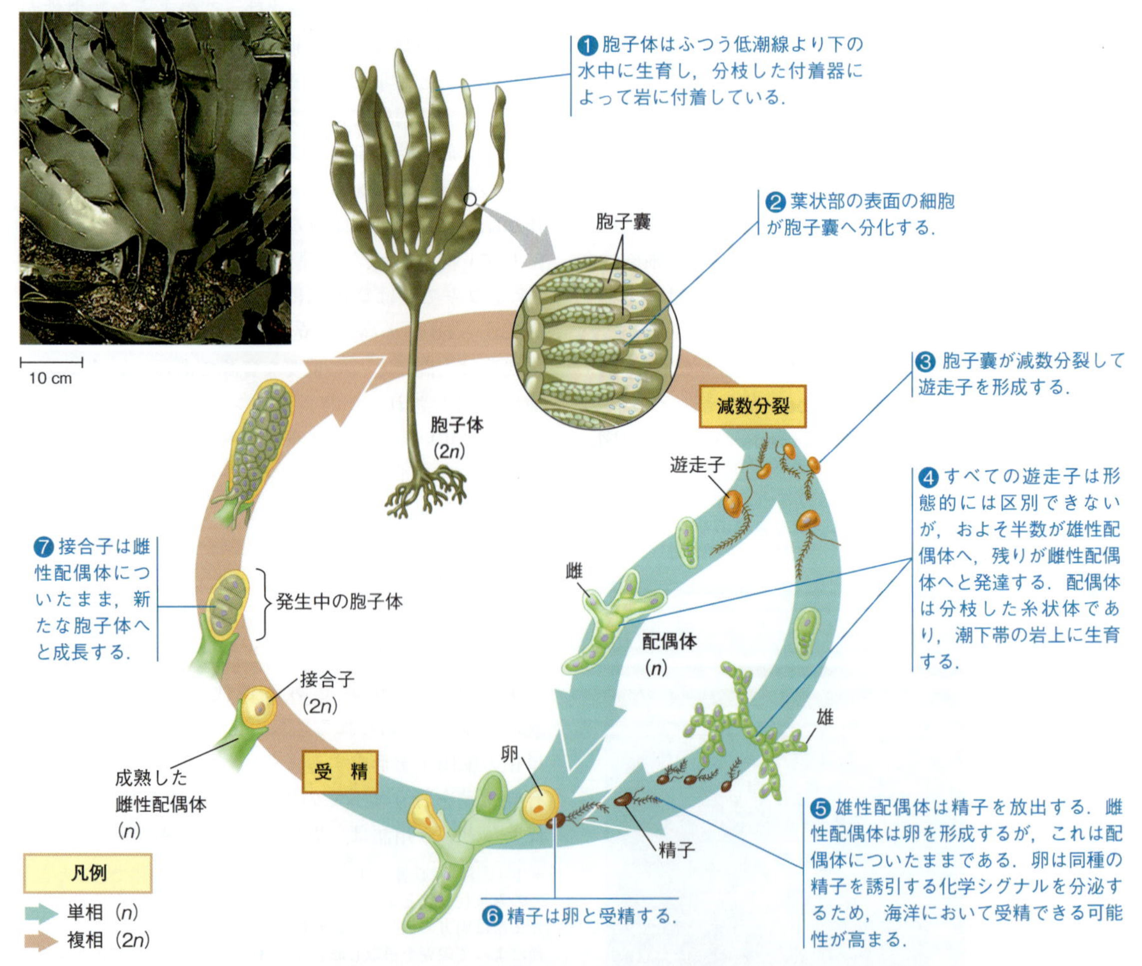

10 cm
❶胞子体はふつう低潮線より下の水中に生育し，分枝した付着器によって岩に付着している．
❷葉状部の表面の細胞が胞子囊へ分化する．
胞子囊
胞子体
(2n)
減数分裂
❸胞子囊が減数分裂して遊走子を形成する．
遊走子
❹すべての遊走子は形態的には区別できないが，およそ半数が雄性配偶体へ，残りが雌性配偶体へと発達する．配偶体は分枝した糸状体であり，潮下帯の岩上に生育する．
雌
配偶体
(n)
雄
❼接合子は雌性配偶体についたまま，新たな胞子体へと成長する．
発生中の胞子体
接合子
(2n)
成熟した
雌性配偶体
(n)
受精
卵
精子
❺雄性配偶体は精子を放出する．雌性配偶体は卵を形成するが，これは配偶体についたままである．卵は同種の精子を誘引する化学シグナルを分泌するため，海洋において受精できる可能性が高まる．
❻精子は卵と受精する．
凡例
単相 (n)
複相 (2n)

図読み取り問題➤この図の❺で示された精子は，互いに遺伝的に同一だろうか，説明しなさい．

▼図 28.14　**アルベオル.** 細胞膜直下にあるこの袋は，アルベオラータを他の真核生物と区別する特徴である（TEM 像）.

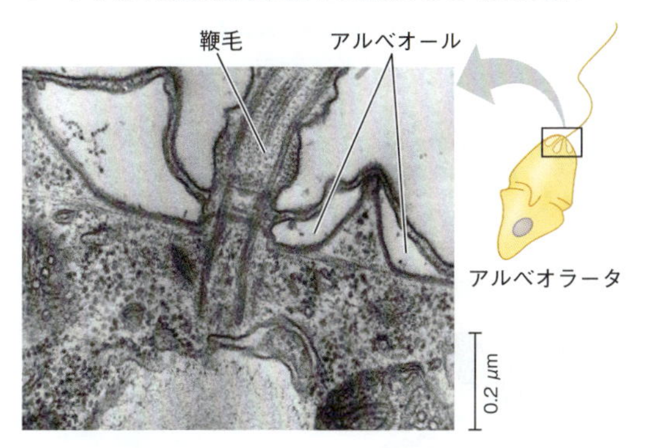

鞭毛
アルベオール
アルベオラータ
0.2 μm

淡水に生育する原生生物である渦鞭毛藻は，細胞表面にある溝（横溝と縦溝）に沿って伸びる 2 本の鞭毛によって回転しながら遊泳する（図 28.15 a）．渦鞭毛藻の祖先はおそらく二次共生（図 28.3 参照）に起因する色素体をもっていたが，およそ半数の種は完全に従属栄養生物である．他の種は「植物プランクトン」（光合成を行うプランクトンであり，光合成原核生物と藻類を含む）として重要である．また光合成渦鞭毛藻の多くは混合栄養性である．

渦鞭毛藻の大量増殖（ブルーム）は，ときに「赤潮」とよばれる現象を引き起こす（図 28.15 b）．このようなブルームによって沿岸海水は赤褐色やピンク色に染まるが，これは渦鞭毛藻の色素体に含まれる色素であるカロテノイドのためである．一部の渦鞭毛藻は毒素を生成し，無脊椎動物や魚の大量死をもたらすことがある．また毒を濃縮した貝を食べたヒトにも被害を及ぼし，死に至らしめることもある．

鞭毛

3 μm

(a) **渦鞭毛藻の鞭毛.** 細胞を取り巻く溝に収まったらせん状の鞭毛の運動によって，*Pseudopfiesteria shumwayae* は自転しながら泳ぐ（着色 SEM 像）.

(b) **オーストラリア北部カーペンタリア湾の赤潮.** カロテノイドをもつ渦鞭毛藻が高密度に存在することで海水が赤く染まっている.

▲図 28.15　**渦鞭毛藻.**

アピコンプレクサ

ほとんどすべての**アピコンプレクサ apicomplexans** は動物に対する寄生生物であり，ヒトを含むほとんどの動物はこの寄生生物に感染する．アピコンプレクサは微小な感染細胞である「スポロゾイト（種虫）」によって宿主間を移動する．アピコンプレクサという名前は，スポロゾイトの「頂端 apical」に，宿主細胞や組織に侵入するために用いられる細胞小器官の「複合体 complex」が存在することに由来する．アピコンプレクサは光合成を行わないが，おそらく紅藻に由来する特殊化した色素体（アピコプラスト）を残していることが最近の研究から示されている．

多くのアピコンプレクサは有性世代と無性世代からなる複雑な生活環をもつ．このような生活環は，しばしば 2 種以上の宿主を介して完結する．たとえばマラリアを引き起こす寄生生物であるマラリア原虫 *Plasmodium* は，蚊とヒトの間を渡り歩く（図 28.16）．

感染症によるヒトの死因として，マラリアは結核と 1，2 位を争う存在であった．媒介者であるハマダラカ *Anopheles* を減少させる殺虫剤と，人体内のマラリア原虫を殺す薬剤によって，1960 年代にはマラリアによる被害は大きく減少した．しかし近年，ハマダラカとマラリア原虫双方に抵抗性変異体が出現したことによって，マラリアによる被害が復活してきている．現在，熱帯地域では約 2 億人がマラリアに感染しており，毎年 60 万人が死亡している．このようなマラリアの致死性が，マラリアが流行している地域における高い鎌状赤血球対立遺伝子頻度を進化させた（これに関する説明は図 23.18 を参照）．

マラリア原虫はおもに宿主細胞内で生育することで宿主の免疫系から逃れているため，マラリアに対するワクチンの研究は難航している．さらに前述のトリパノソーマと同様に，マラリア原虫は自身の表層タンパ

▼図 28.16　マラリアを引き起こすアピコンプレクサであるマラリア原虫 *Plasmodium* の2宿主性生活環.

? スポロゾイト，メロゾイト，ガメトサイトの形態的違いは，ゲノムの違いに起因するのだろうか，それとも遺伝子発現の違いに起因するのだろうか，説明しなさい.

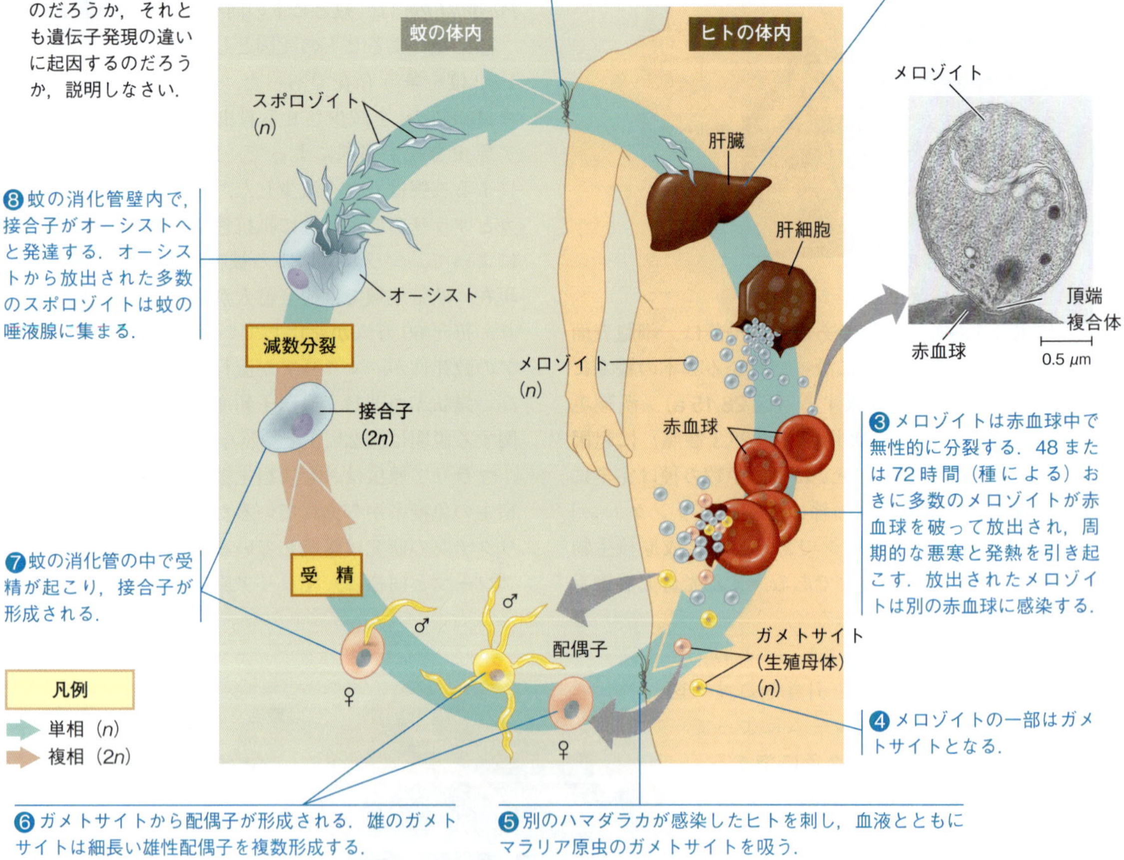

❶感染したハマダラカがヒトを刺し，唾液中のマラリア原虫のスポロゾイトを注入する.

❷スポロゾイトがヒトの肝細胞に侵入する．数日後，スポロゾイトは多分裂し，頂端複合体を用いて赤血球に侵入するメロゾイトとなる（下の TEM 像参照）.

❸メロゾイトは赤血球中で無性的に分裂する．48 または 72 時間（種による）おきに多数のメロゾイトが赤血球を破って放出され，周期的な悪寒と発熱を引き起こす．放出されたメロゾイトは別の赤血球に感染する.

❹メロゾイトの一部はガメトサイトとなる.

❺別のハマダラカが感染したヒトを刺し，血液とともにマラリア原虫のガメトサイトを吸う.

❻ガメトサイトから配偶子が形成される．雄のガメトサイトは細長い雄性配偶子を複数形成する.

❼蚊の消化管の中で受精が起こり，接合子が形成される.

❽蚊の消化管壁内で，接合子がオーシストへと発達する．オーシストから放出された多数のスポロゾイトは蚊の唾液腺に集まる.

ク質をたえず変化させているため問題を複雑にしている．それでも大きな進展があり，2015 年，欧州医薬品庁が世界で初めてマラリアワクチンを認可した．しかし，スポロゾイトの表層タンパク質を標的としているこのワクチンの効果は限定的である．そのため，研究者たちはアピコプラストを標的としたものを含む別のワクチンの研究も進めている．アピコプラストは特殊化した色素体であり，患者であるヒトのそれとは異なる代謝経路をもつシアノバクテリアに由来するため，このアプローチは有効かもしれない.

繊毛虫

繊毛虫 ciliates は，多様性に富んだ原生生物の大きな一群であり，移動や捕食に繊毛を用いることから名づけられた（図 28.17 a）．多くの繊毛虫は，細菌や他の原生生物の捕食者である．繊毛は細胞表面を完全に覆っていることもあるし，何列かに並んでいたり，束になっていたりすることもある．一部の種では，密に並んだ繊毛が移動器官として用いられる．また別の繊毛虫では，束にまとまった繊毛を脚のように使って歩き回る.

繊毛虫に特有な形質として，2 型の核の存在が挙げられる．繊毛虫の細胞は小核と大核をそれぞれ 1 個以上もっている．繊毛虫では，2 個体が単相の小核を交換するが，増殖はしない有性生殖プロセスである**接合** conjugation によって遺伝的多様性が生じる（図 28.17 b）．ふつう繊毛虫は二分裂によって無性的に増殖するが，この過程で大核は消失し，小核から新しい大核が形成される．典型的な大核は，多コピーのゲノムを含んでいる．摂食や老廃物の排出，水分バランスの調節など細胞の通常の機能は，大核の遺伝子によって制御されている.

リ ザ リ ア

SAR を構成する次のサブグループは**リザリア Rhizaria** である．リザリアに属する多くの種は，細胞から伸びる突出構造である**仮足**（偽足）**pseudopodium** によって移動や捕食を行う**アメーバ類 amoebas** である．アメーバ類は仮足を伸ばしてその先端を固定し，仮足部に細胞質を流し込むことで細胞が移動する．しかしアメーバ類は単系統群ではなく，まったく遠縁のいくつかの真核生物のグループに分かれる．リザリアに属するアメーバ類は，糸のような仮足をもつことで他のアメーバ類とは区別できる．リザリアの中には，糸状の仮足を使って捕食する鞭毛をもつ（非アメーバ類の）原生生物も含まれる．ここではリザリアに属する 3 つのグループ，放散虫，有孔虫，ケルコゾアを見てみよう．

放 散 虫

放散虫 radiolarians とよばれる原生生物は，ふつう

▼図 28.17　**繊毛虫に属するゾウリムシ *Paramecium caudatum* の構造と機能.**

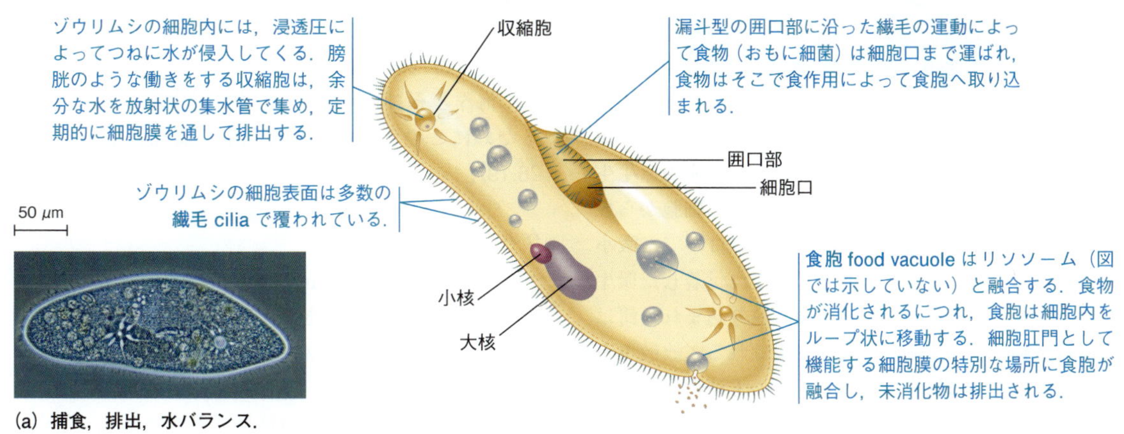

ゾウリムシの細胞内には，浸透圧によってつねに水が侵入してくる．膀胱のような働きをする収縮胞は，余分な水を放射状の集水管で集め，定期的に細胞膜を通して排出する．
収縮胞
漏斗型の囲口部に沿った繊毛の運動によって食物（おもに細菌）は細胞口まで運ばれ，食物はそこで食作用によって食胞へ取り込まれる．
囲口部
細胞口
ゾウリムシの細胞表面は多数の繊毛 cilia で覆われている．
50 μm
小核
大核
食胞 food vacuole はリソソーム（図では示していない）と融合する．食物が消化されるにつれ，食胞は細胞内をループ状に移動する．細胞肛門として機能する細胞膜の特別な場所に食胞が融合し，未消化物は排出される．

(a) 捕食，排出，水バランス.

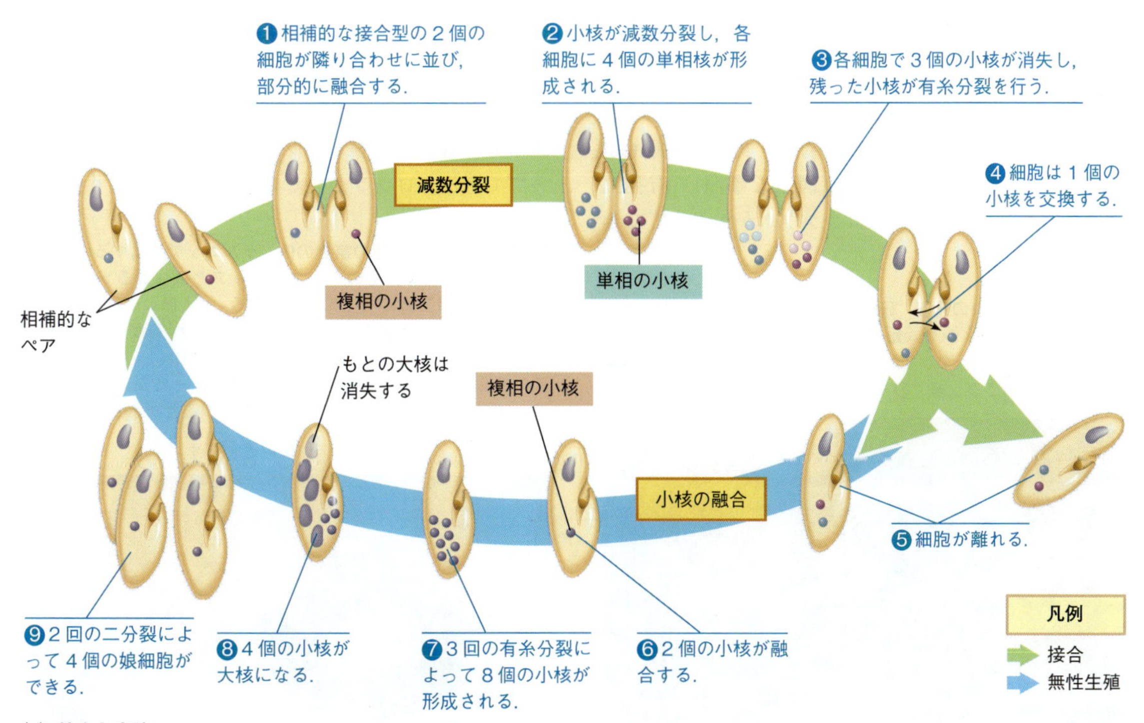

❶相補的な接合型の 2 個の細胞が隣り合わせに並び，部分的に融合する．
❷小核が減数分裂し，各細胞に 4 個の単相核が形成される．
❸各細胞で 3 個の小核が消失し，残った小核が有糸分裂を行う．
❹細胞は 1 個の小核を交換する．
減数分裂
複相の小核
単相の小核
相補的なペア
もとの大核は消失する
複相の小核
小核の融合
❺細胞が離れる．
❾2 回の二分裂によって 4 個の娘細胞ができる．
❽4 個の小核が大核になる．
❼3 回の有糸分裂によって 8 個の小核が形成される．
❻2 個の小核が融合する．
凡例
接合
無性生殖

(b) 接合と生殖.

関連性を考えよう▶この図の❺と❻で示された段階は，機能的にヒトの生活環（図 13.5 参照）におけるどの段階に相当するだろうか，説明しなさい.

▼図 28.18　**放散虫の1種.** この放散虫は，細胞中心部から多数の糸状の仮足を放射状に伸ばしている（LM像）.

仮足
200 μm

珪酸（または硫酸ストロンチウム）でできた複雑で規則正しい骨格をもっている．このおもに海産の原生生物の仮足は微小管の束で支持されており，細胞から放射状に伸びている（図 28.18）．仮足において，微小管は薄い細胞質で包まれており，仮足に付着した微生物はそこで取り込まれる．その後，取り込まれた餌は原形質流動によって細胞中央部へ運ばれる．放散虫が死ぬとその骨格は海底に沈降し，その堆積物は厚さ数百 m にも達することがある．

有 孔 虫

有孔虫 foraminiferans または forams（ラテン語で「小孔」を意味する *foramen* と，「生じる」を意味する *ferre* に由来）とよばれる原生生物は，多孔性の**殻** test をもつことから名づけられた（図 28.2 参照）．有孔虫の殻は，有機質基質に炭酸カルシウムが沈着してできている．殻の孔を通して伸びる仮足は匍匐，殻の形成，捕食などに機能する．また有孔虫の多くは，殻の中に生育し光合成を行う共生藻から栄養を得ている．

有孔虫の多くは海に見られ，多くの種は砂泥中で，または岩や海藻に付着して生きているが，プランクトンとして生きる種もいる．最大の有孔虫は，単細胞であるにもかかわらず直径数 cm にも達する．

有孔虫の既知種の 90% は化石種である．他の原生生物のカルシウムを含む遺物とともに，有孔虫の殻化石は海底堆積物を構成し，現在その一部は堆積岩として陸上に存在する．有孔虫の化石は，世界中の異なる場所にある堆積岩の相対年代を探る優れた指標となっている．また研究者たちは，過去に起こった気候変動と，海洋とそこに生育する生物に対するその影響を探るためにこのような化石有孔虫を研究している（図 28.19）．

▼図 28.19　**有孔虫の化石.** 研究者たちは，このような化石有孔虫に含まれるマグネシウム量を調べることによって，海洋の水温がどのように変化してきたかを探っている．有孔虫は，冷水中よりも暖水中でより多くのマグネシウムを取り込む．

ケルコゾア

ケルコゾア cercozoans は分子系統学的研究によって初めて認識された大きなグループであり，糸状の仮足によって捕食するアメーバ類や鞭毛虫を含む．ケルコゾアは海，淡水，さらに土壌生態系に普遍的である．

ほとんどのケルコゾアは従属栄養性である．多くは捕食者であり，また陸上植物や動物，他の原生生物に寄生するものもいる．捕食者の中には，水圏と土壌生態系において細菌消費者として最も重要なものとともに，他の原生生物や菌類，さらには小さな動物を捕食するものも含まれる．ケルコゾアに属する小さなグループであるクロララクニオン藻（本章の二次共生に関

▼図 28.20　**一次共生の第2の例.** ケルコゾアに属するポーリネラ属 *Paulinella* は，そのクロマトフォアとよばれるソーセージ型の特異な構造体の中で光合成を行う（LM像）．クロマトフォアは2枚の膜とペプチドグリカン層で囲まれており，この構造が細菌に起源をもつことを示唆している．DNA の情報からは，この構造が他のすべての色素体の起源となったシアノバクテリアとは別のシアノバクテリアに起源をもつことが示されている．

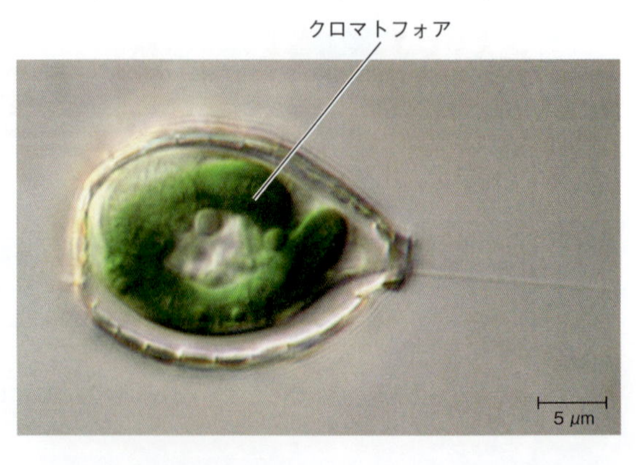
クロマトフォア
5 μm

する解説で触れた）は混合栄養性であり，光合成を行うとともに，より小さな原生生物や細菌を捕食する．他のケルコゾアの中で少なくとも1種，ポーリネラ・クロマトフォラ *Paulinella chromatophora* は独立栄養生物であり，光からエネルギーを，二酸化炭素から炭素を得ている．図 28.20 に示されているように，ポーリネラは，真核生物の歴史の中でシアノバクテリアから光合成器官を直接獲得した興味深い第2の例である．

概念のチェック 28.3

1. 有孔虫はなぜ豊富な化石記録をもつのか，説明しなさい．

2. **どうなる？➤**光合成渦鞭毛藻，珪藻，黄金色藻の色素体 DNA は，陸上植物（真核生物ドメイン）の核 DNA とシアノバクテリア（細菌ドメイン）の DNA のどちらにより類似していると考えられるか，説明しなさい．

3. **関連性を考えよう➤**図 13.6 に示された 3 つの生活環の中で，世代交代を行うものはどれか．またそれは他の 2 つとどのような点で異なるのか．

4. **関連性を考えよう➤**図 9.2 と図 10.6 を参考に，クロララクニオン藻および他の好気性藻類がどのようにして酸素と二酸化炭素を利用および生成するのか説明しなさい．

（解答例は付録 A）

28.4

紅藻と緑藻は陸上植物に最も近縁な生物群である

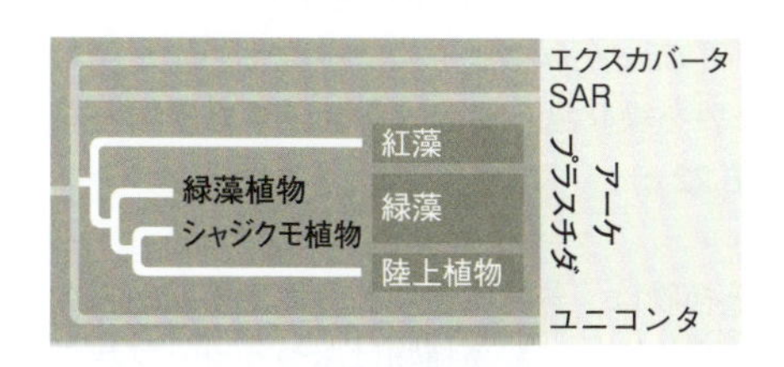

エクスカバータ
SAR
紅藻
緑藻植物
緑藻
シャジクモ植物
陸上植物
アーケプラスチダ
ユニコンタ

先に説明したように，形態学的および分子生物学的証拠は，ある従属栄養性原生生物がシアノバクテリアを共生者として得たときに色素体が誕生したことを示している．やがてこの原生生物の子孫は紅藻と緑藻へと進化し（図 28.3 参照），後者の系統から陸上植物が生まれた．紅藻と緑藻，および陸上植物は，**アーケプラスチダ**（古色素体類）**Archaeplastida** とよばれる真核生物の3つ目のスーパーグループを構成している．おそらくアーケプラスチダは，シアノバクテリアを取り込んだ原生生物に起源をもつ単系統群である．陸上植物については 29 章と 30 章で解説するので，ここではそれに近縁な藻類である紅藻と緑藻の多様性について解説する．

紅　藻

6000 種ほどが知られる**紅藻 red algae**（または紅色植物 rhodophytes；「赤」を意味するギリシャ語 *rhodos* に由来）の多くは，フィコエリスリンとよばれる光合成色素がクロロフィルの緑色を覆い隠しているため，紅色をしている（図 28.21）．また一部の種は光合成色素を完全に欠いており，他の紅藻に寄生して従属栄養生物として生きている．

紅藻は暖海沿岸域に多く生育する．フィコエリスリ

▼図 28.21　紅藻．

8 mm

▶カギノリ *Bonnemaisonia hamifera*．糸状の体をもつ紅藻．

20 cm

◀ダルス *Palmaria palmata*．この食用となる紅藻は「葉状の」体をもつ．

▼海苔．紅藻のアマノリ属は日本料理に用いられる．

アマノリは沿岸の浅海に設置された網に付着して育つ．

紙のように薄くつやのある板海苔は無機塩類に富んだ食材であり，ご飯や魚介，野菜を巻いて寿司にする．

ンなど彼らがもつ光合成色素は，水中で最も深くまで届く光である青緑色光を吸収することができる．ある種の紅藻は，バハマ沖水深 260 m 以深から見つかっている．また紅藻の中には，淡水や陸上に生育する種も若干存在する．

ほとんどの紅藻は多細胞である．巨大な褐藻であるジャイアントケルプほど大きくはないが，多細胞性紅藻の多くも便宜的なグループである「海藻」に含まれる．おそらくあなたは，パリパリとした板海苔や巻寿司の形でこのような多細胞性紅藻の１つであるアマノリ属 *Pyropia*（海苔）を食べたことがあるだろう（図 28.21 参照）．紅藻は特に多様な生活環をもっており，世代交代がふつうに見られる．ただし他の藻類と異なり，紅藻の配偶子は鞭毛を欠くため，受精のための配偶子の移動は水流に依存している．

緑　藻

緑藻 gree algae がもつ緑色の葉緑体は，陸上植物の葉緑体とよく似た構造と色素組成をもっている．分子系統学的および細胞構造学的研究は，緑藻と陸上植物が近縁であることを疑いなく示している．実際，一部の分類学者は植物界を緑色植物 Viridiplantae（「緑色」を意味するラテン語 *viridis* に由来）へと拡張し，緑藻をこれに含めることを提唱している．緑藻は側系統であるため，この処置は系統学的に妥当である（訳注：さらに植物界をアーケプラスチダ全体に拡張する意見もある）．

緑藻は大きく２つのグループ，シャジクモ植物（広義）と緑藻植物に分けられる．シャジクモ植物は陸上植物に最も近縁な藻類を含むため，陸上植物とともに 29 章で紹介する．

２番目のグループである緑藻植物 chlorophytes（「緑色」を意味するギリシャ語 *chloros* に由来）には，7000 種以上が含まれる．ふつう淡水域に生育するが，多くの海産種と若干の陸生種も存在する．最も単純な緑藻植物は，クラミドモナス（コナミドリムシ属）*Chlamydomonas* のような単細胞生物であり，この緑藻はより複雑な体制をもつ緑藻の配偶子に似ている．単細胞性緑藻植物のさまざまな種が植物プランクトンとして水圏に，または湿った土壌に生育している．いくつかの種は他の真核生物に共生しており，その光合成産物の一部を栄養分として宿主へ与えている．さらに一部の緑藻植物は，強烈な可視光と紫外線にさらされる環境に生育している．このような種は，細胞質や細胞壁，接合子の被覆物に光防御物質を蓄積している．

緑藻はその進化の過程で，おもに以下に挙げた３つ

▼図 28.22　**大型の緑藻の例．**

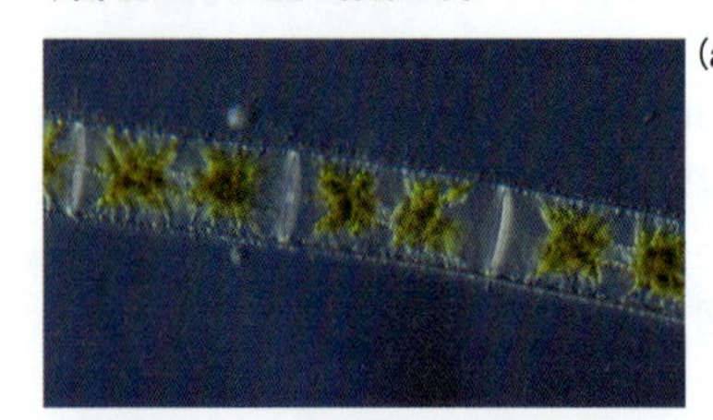

(a) 池に普遍的なホシミドロ属 *Zygnema*. この糸状のシャジクモ植物は，各細胞に２個の星状葉緑体をもつ．

2 cm

(b) アオサ属 *Ulva*. この食用となる緑藻植物は，葉のような部分と基物に付着するための仮根部に分化した多細胞の体をもつ．

(c) 潮間帯に生育する緑藻植物のイワヅタ属 *Caulerpa*. この分枝した糸状体は隔壁を欠いた多核体であり，１個の巨大な「超細胞」であるといえる．

の方法で大きく複雑な体を獲得した．

1. ホシミドロ属 *Zygnema*（図 28.22 a）や池に浮かんでいる他の糸状藻のように，複数の独立した細胞が集まった群体を形成する．
2. オオヒゲマワリ属 *Volvox*（図 28.2 参照）やアオサ属 *Ulva*（図 28.22 b）のように，細胞分裂と細胞分化によって真の多細胞体を形成する．
3. イワヅタ属 *Caulerpa* のように，細胞質分裂を伴わない核分裂を繰り返して巨大な多核単細胞体となる（図 28.22 c）．

多くの緑藻植物は，無性生殖期と有性生殖期からなる複雑な生活環をもつ．緑藻植物はふつうカップ状の葉緑体をもつ２本鞭毛性の配偶子によって有性生殖を行う（図 28.23）．またアオサ属のような一部の緑藻植物では，世代交代が見られる．

概念のチェック 28.4

1. 褐藻と比較した場合の紅藻の特徴を記しなさい．
2. なぜアオサ属は真の多細胞であり，イワヅタ属はそうではないといえるのか，理由を記しなさい．

▼図 28.23　単細胞緑藻であるクラミドモナス（コナミドリムシ）*Chlamydomonas* の生活環.

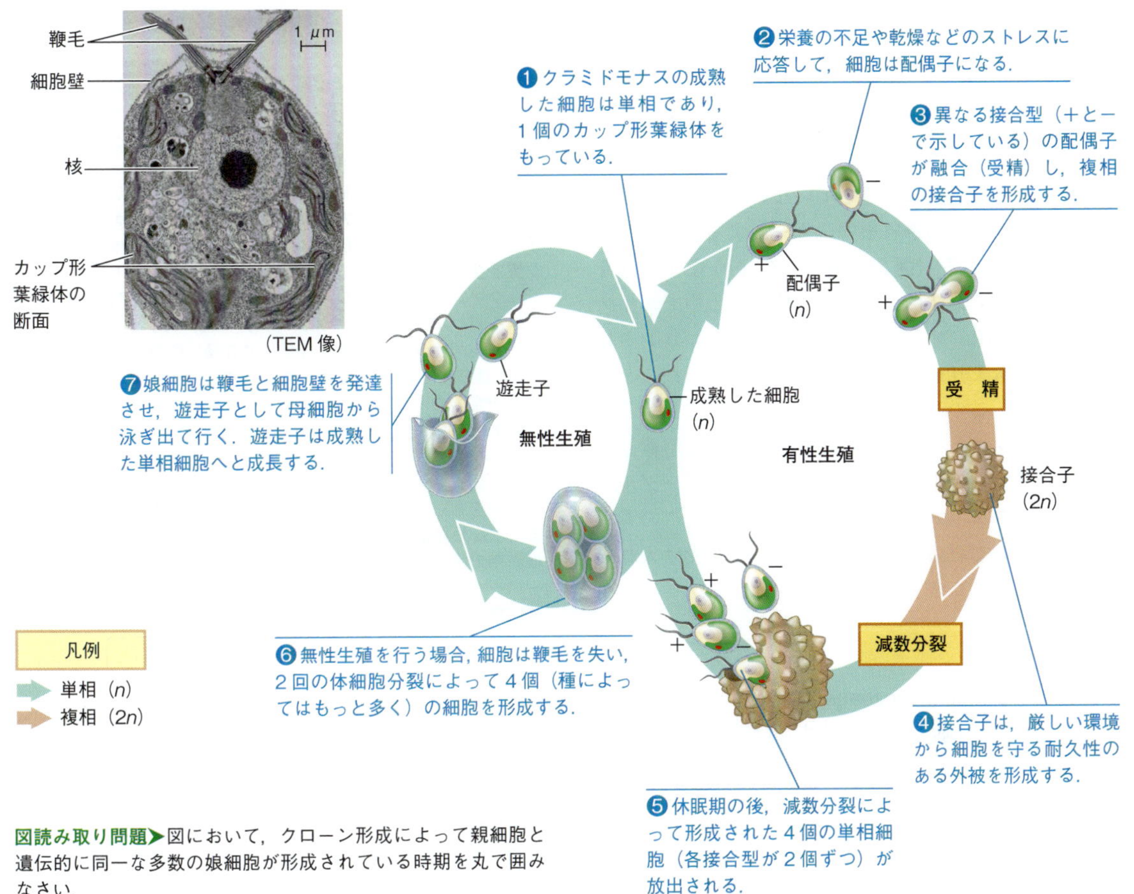

鞭毛
細胞壁
核
カップ形
葉緑体の
断面
1 μm
(TEM 像)
❶クラミドモナスの成熟した細胞は単相であり，1個のカップ形葉緑体をもっている.
❷栄養の不足や乾燥などのストレスに応答して，細胞は配偶子になる.
❸異なる接合型（＋と－で示している）の配偶子が融合（受精）し，複相の接合子を形成する.
配偶子
(n)
受　精
接合子
(2n)
成熟した細胞
(n)
遊走子
無性生殖
有性生殖
❼娘細胞は鞭毛と細胞壁を発達させ，遊走子として母細胞から泳ぎ出て行く．遊走子は成熟した単相細胞へと成長する.
❻無性生殖を行う場合，細胞は鞭毛を失い，2回の体細胞分裂によって4個（種によってはもっと多く）の細胞を形成する.
減数分裂
❹接合子は，厳しい環境から細胞を守る耐久性のある外被を形成する.
❺休眠期の後，減数分裂によって形成された4個の単相細胞（各接合型が2個ずつ）が放出される.
凡例
単相（n）
複相（2n）

図読み取り問題➤図において，クローン形成によって親細胞と遺伝的に同一な多数の娘細胞が形成されている時期を丸で囲みなさい.

3. **どうなる？➤**なぜ紅藻ではなく緑藻のある系統が上陸できたのか，考えられる理由を記しなさい.

（解答例は付録 A）

28.5

ユニコンタには菌類と動物に近縁な原生生物が含まれる

エクスカバータ
SAR
アーケプラスチダ
粘菌
ツブリナ類
エントアメーバ
ヌクレアリア類
菌類
襟鞭毛虫
動物
ユニコンタ

ユニコンタ Unikonta は，動物と菌類およびいくつかの原生生物を含むきわめて多様性に富んだ生物群である．ユニコンタは2つの大きな系統群，アメーボゾアとオピストコンタ（動物，菌類，およびそれに近縁な原生生物）からなる．アメーボゾアとオピストコンタそれぞれの単系統性は分子系統学的研究から強く支持されているが，この2つの系統群が1つの単系統群を形成するか否かについては議論が続いている．両者の近縁性は，ミオシンタンパク質の比較や多数の遺伝子または全ゲノムに基づくいくつかの研究（すべてではない）では支持されている.

ユニコンタにかかわるもう1つの議論は，真核生物の系統樹における根の位置についてである．根の存在によって，初めて系統樹に時間軸が与えられることを思い起こしてほしい．根に最も近い分岐点が最も古いことを意味する．現在のところ真核生物の系統樹における根の位置は不明であり，最も初期に他の真核生物と分かれたのがどのスーパーグループなのかは明らかではない．ミトコンドリアを欠く真核生物が最も初期に分岐したとする仮説などいくつかの仮説は棄却されたが，科学者たちはいまだそれに代わる仮説に合意していない．もし真核生物の系統樹における根の位置が明らかになれば，すべての真核生物の共通祖先がどのような特徴をもった生物であったのか推定することができる．

真核生物の系統樹における根の位置を決めるために，研究者たちはさまざまな遺伝子情報に基づいているが，統一的な見解には達していない．また研究者たちは，まれな進化的事象をマーカーとする別のアプローチも試みている（図28.24）．このような「まれな事象」に基づく方法によると，真核生物の中でエクスカバータ，SAR，アーケプラスチダは，ユニコンタに対してよりもより最近まで祖先を共有していたことが示唆される．このことは，真核生物系統樹における根が，ユニコンタとそれ以外の真核生物の間に位置しており，真核生物の中で最初に分かれたスーパーグループがユニコンタであることを示唆している．この考えについてはいまだ議論が続いており，広く受け入れられるためにはより多くの証拠が必要である．

アメーボゾア

アメーボゾア amoebozoans には，リザリアに見られる糸状の仮足ではなく，葉状または管状の仮足をもつアメーバ類の多くが含まれている．アメーボゾアには，粘菌やツブリナ類，エントアメーバ類などが属する．

粘　菌

粘菌 slime molds または mycetozoans（「菌的な動物」を意味するラテン語に由来）は菌類のように胞子散布のための子実体を形成するため，かつては菌類であると考えられていた．しかし分子系統学的研究は，粘菌と菌類の間の類似性は，明らかに収斂（しゅうれん）進化によるものであることを示している．また分子系統学的研究は，粘菌が単細胞の祖先から進化してきたことを示しており，これは何度も起こった真核生物における多細胞化の一例である．

粘菌の中には2つの主要なグループ，真正粘菌と細胞性粘菌が含まれる．以下にその特徴と生活環を比較してみよう．

真正粘菌　真正粘菌（変形菌）の中には，黄色やオレンジ色など鮮やかな色をしたものがいる（図28.25）．彼らが成長すると，**変形体 plasmodium** とよばれる，ときに直径数十cmに達する塊をつくる（粘菌の変形体とマラリア原虫の属名 *Plasmodium* を混同しないよう注意）．その大きなサイズにもかかわらず，変形体

▼図28.24

研究　真核生物系統樹の根はどこなのか

実験　真核生物の系統樹における根の位置を決めるという難問に対して，アレクサンドラ・ステックマン Alexandra Stechmann とトーマス・キャバリエ＝スミス Thomas Cavalier-Smith は新たなアプローチ法を提唱した．彼らは2つの酵素，ジヒドロ葉酸レダクターゼ（DHFR）とチミジル酸シンターゼ（TS）の遺伝子を調査した．この方法は，いくつかの生物ではDHFR遺伝子とTS遺伝子が融合して2つの酵素活性をもつ単一のタンパク質を生成するというまれな進化イベントを利用している．ステックマンとキャバリエ＝スミスは9種の生物（襟鞭毛虫1種，アメーボゾア2種，ユーグレノゾア1種，ストラメノパイル1種，アルベオラータ1種，リザリア3種）についてDHFRおよびTS遺伝子を（PCRによって；図20.8参照）増幅し，塩基配列を決定した．彼らはこのデータを，以前報告されていた細菌や陸上植物，菌類，動物のデータと比較した．

結果　調査されたすべての細菌は分離したDHFR遺伝子とTS遺伝子をもっており，これが祖先状態であることを示唆している（下記系統樹での赤い点）．分離した遺伝子をもつ他の分類群は赤字で示している．融合型遺伝子は派生的な特徴であり，スーパーグループのうちエクスカバータ，SAR，アーケプラスチダに存在した（青字）．

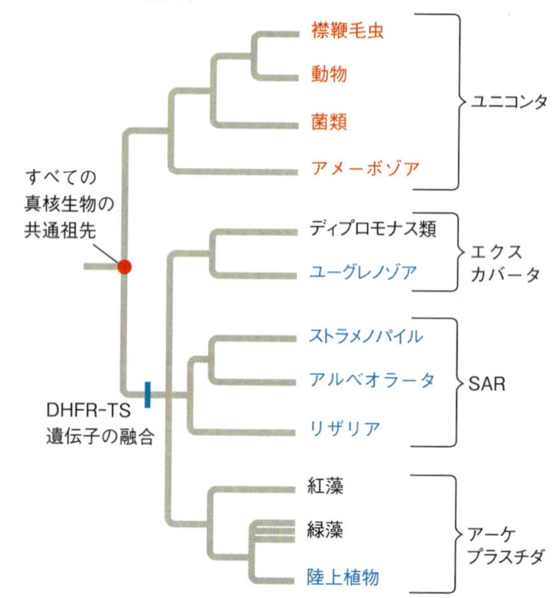
襟鞭毛虫
動物
菌類
アメーボゾア
ユニコンタ
すべての
真核生物の
共通祖先
ディプロモナス類
ユーグレノゾア
エクス
カバータ
ストラメノパイル
アルベオラータ
リザリア
SAR
DHFR-TS
遺伝子の融合
紅藻
緑藻
陸上植物
アーケ
プラスチダ

結論　この結果は，系統樹の根がユニコンタと他のすべての真核生物の間に位置し，最初に分かれた真核生物がユニコンタであるとする仮説を支持している．ただしこの仮説はDHFR遺伝子とTS遺伝子の融合というたった1つの特徴に基づいているため，その妥当性を検証するためにはより多くのデータが必要である．

データの出典　A. Stechmann & T. Cavalier-Smith, Rooting the eukaryote tree by using a derived gene fusion, *Science* 297: 89–91 (2002).

どうなる？➤ステックマンとキャバリエ＝スミスは「この遺伝子融合が起こったのがただ1回であり，二次的に分断したことがない場合にのみ」この結論は正しい，と記している．このアプローチにとって，なぜこのような仮定が決定的に重要なのだろうか，説明しなさい．

▼図 28.25 真正粘菌の生活環. 写真で示しているのは，真正粘菌の生活環における摂食期である成熟した変形体である．食物が枯渇すると，変形体は柄をもつ子実体を形成し，有性生殖として単相の胞子を散布する．

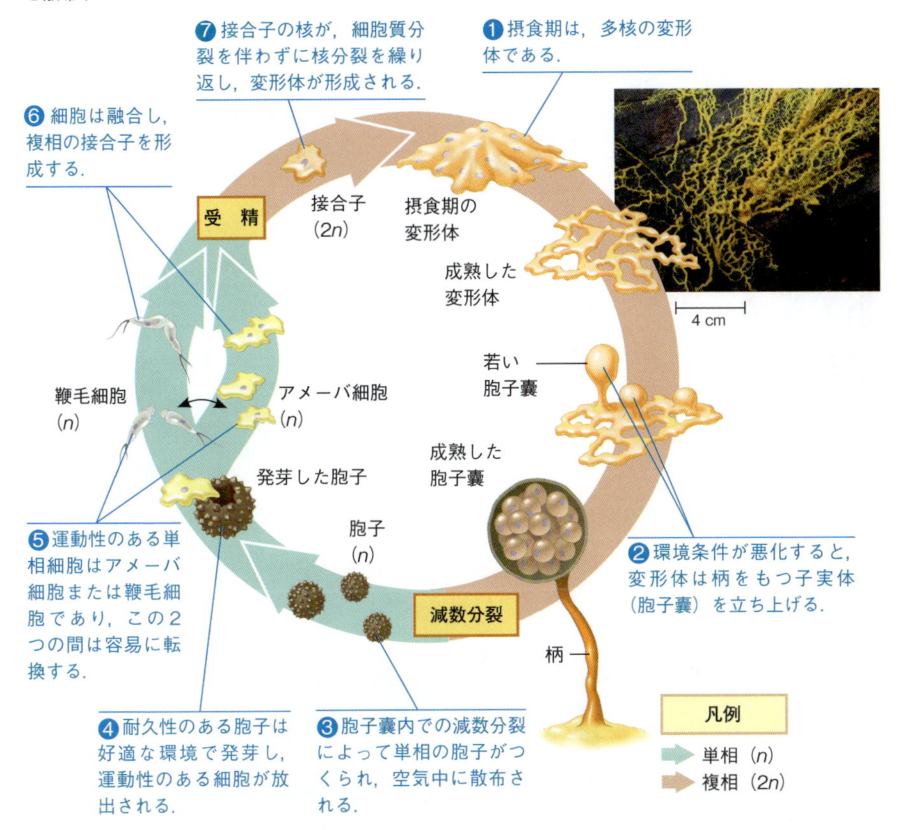
❼接合子の核が，細胞質分裂を伴わずに核分裂を繰り返し，変形体が形成される．
❶摂食期は，多核の変形体である．
❻細胞は融合し，複相の接合子を形成する．
受　精
接合子
(2n)
摂食期の
変形体
成熟した
変形体
4 cm
若い
胞子嚢
鞭毛細胞
(n)
アメーバ細胞
(n)
成熟した
胞子嚢
発芽した胞子
胞子
(n)
❷環境条件が悪化すると，変形体は柄をもつ子実体（胞子嚢）を立ち上げる．
❺運動性のある単相細胞はアメーバ細胞または鞭毛細胞であり，この2つの間は容易に転換する．
減数分裂
柄
❹耐久性のある胞子は好適な環境で発芽し，運動性のある細胞が放出される．
❸胞子嚢内での減数分裂によって単相の胞子がつくられ，空気中に散布される．
凡例
単相 (n)
複相 (2n)

は多細胞体ではなく，細胞膜による仕切りがない多数の核を含んだ1個の原形質塊である．この「超細胞」は，細胞質分裂を伴わない核分裂によって形成される．変形体は湿った土壌や落ち葉，朽ち木の上で仮足を伸ばし，食物粒子を食作用によって取り込んで成長していく．もし環境が乾燥し始めたり，食物が不足してきたりすると，変形体は成長を止め，有性生殖器官として子実体を形成する．

細胞性粘菌　細胞性粘菌とよばれる原生生物の生活環は，生物における個体とは何か，という問題を私たちに提起している．この生物における摂食期では細胞がそれぞれ独立に機能しているが，食物が枯渇すると細胞は集合してナメクジ状の1個のまとまりとして機能するようになる（図 28.26）．真正粘菌の摂食期（変形体）とは異なり，この細胞塊では個々の細胞は自身の細胞膜で仕切られている（そのため偽変形体とよばれる）．最終的に，細胞塊は無性生殖器官である子実体を形成する．

林床でよく見られる細胞性粘菌であるキイロタマホコリカビ *Dictyostelium discoideum* は，多細胞化の進化を研究する際のモデル生物となっている．この生物を用いた研究目的の1つとして，子実体形成に焦点が当てられてきた．子実体形成時に柄となる細胞は乾燥して死んでしまうが，子実体の上部で胞子となる細胞は生き残って次世代につながる（図 28.26 参照）．科学者たちは，キイロタマホコリカビのある1個の遺伝子に突然変異が起こると，その細胞が決して柄細胞にならない「詐欺師」になることを発見した．このような変異体は生殖的にきわめて有利であるにもかかわらず，なぜキイロタマホコリカビのすべての細胞が詐欺師にならないのだろうか．

近年の研究から，この問いに対する答えが示唆されている．詐欺師変異体は細胞表面のあるタンパク質を欠いており，非詐欺師細胞はこの違いを認識することができる．非詐欺師細胞は他の非詐欺師細胞と優先的に集合するため，詐欺師細胞は取り残されてその能力を発揮する機会を奪われてしまう．動物や陸上植物のような他の多細胞真核生物の進化においても，このような認識システムが重要な役割を果たしたのかもしれ

▼図 28.26　細胞性粘菌であるタマホコリカビ属 *Dictyostelium* の生活環．

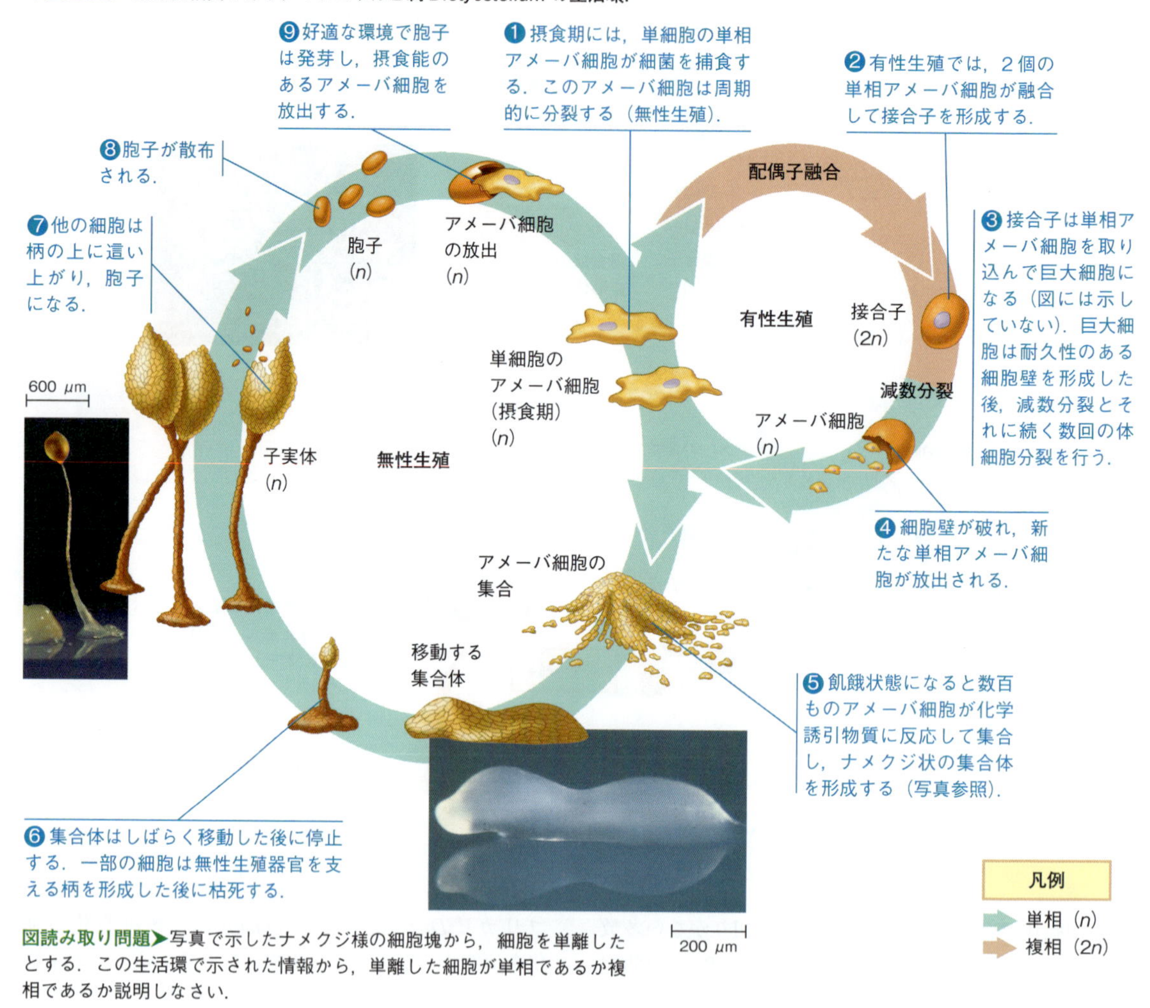

❾好適な環境で胞子は発芽し，摂食能のあるアメーバ細胞を放出する．
❶摂食期には，単細胞の単相アメーバ細胞が細菌を捕食する．このアメーバ細胞は周期的に分裂する（無性生殖）．
❷有性生殖では，2個の単相アメーバ細胞が融合して接合子を形成する．
❽胞子が散布される．
配偶子融合
❼他の細胞は柄の上に這い上がり，胞子になる．
胞子
(n)
アメーバ細胞の放出
(n)
❸接合子は単相アメーバ細胞を取り込んで巨大細胞になる（図には示していない）．巨大細胞は耐久性のある細胞壁を形成した後，減数分裂とそれに続く数回の体細胞分裂を行う．
有性生殖
接合子
(2n)
600 μm
単細胞のアメーバ細胞（摂食期）
(n)
減数分裂
アメーバ細胞
(n)
子実体
(n)
無性生殖
❹細胞壁が破れ，新たな単相アメーバ細胞が放出される．
アメーバ細胞の集合
移動する集合体
❺飢餓状態になると数百ものアメーバ細胞が化学誘引物質に反応して集合し，ナメクジ状の集合体を形成する（写真参照）．
❻集合体はしばらく移動した後に停止する．一部の細胞は無性生殖器官を支える柄を形成した後に枯死する．
凡例
単相（n）
複相（2n）
200 μm

図読み取り問題▶写真で示したナメクジ様の細胞塊から，細胞を単離したとする．この生活環で示された情報から，単離した細胞が単相であるか複相であるか説明しなさい．

ない．

ツブリナ類

ツブリナ類は，葉状または管状の仮足をもつ，多様性に富んだアメーボゾアの大きな一群である．この単細胞原生生物は，土壌や淡水，海水に普遍的に存在する．多くの種は活発に餌を探し求めて細菌や他の原生生物を捕食しており，図 28.2 に示されているオオアメーバ *Amoeba proteus* はそのような例である．またいくつかの種はデトリタス（生きていない有機物）も摂食する．

エントアメーバ類

多くのアメーボゾアは自由生活性であるが，エントアメーバ属 *Entamoeba* に属する種は寄生性である．エントアメーバはいくつかの無脊椎動物とともに，すべての綱の脊椎動物に寄生する．少なくとも6種のエントアメーバがヒトに寄生するが，その中でただ1種，赤痢（せきり）アメーバ *E. histolytica* のみが病原性を示す．赤痢アメーバはアメーバ赤痢を引き起こし，汚染された飲料水や食物，食器を介して伝播する．世界中で年間10万人以上がアメーバ赤痢で死亡しており，寄生性真核生物が引き起こすものとしては，マラリア（図 28.16 参照）と住血吸虫症（図 33.11 参照）に次ぐ3番目の死亡原因となっている．

オピストコンタ

オピストコンタ opisthokonts はきわめて多様性に富んだ真核生物の一群であり，動物，菌類，および原生生物のいくつかのグループを含む．菌類と動物の進化史については 31～34 章で紹介する．オピストコンタに属する原生生物の中で，ヌクレアリア類は他の原生生物に対してよりも菌類により近縁であるため31章で紹介する．同様に，襟鞭毛虫は他の原生生物に対してよりも動物により近縁であるため32章で紹介する．ヌクレアリア類と襟鞭毛虫という存在は，なぜ科学者たちが原生生物界という分類群を棄却したのかを説明してくれる．このような単細胞性真核生物を含む単系統群は，それらに近縁な動物や菌類といった多細胞生物を含まなければならないのである．

概念のチェック 28.5

1. アメーボゾアと有孔虫の仮足を比較しなさい．
2. 「菌類的な動物」という名前は，粘菌のどのような特徴に合致しているだろうか，またどのような特徴がこの名前にそぐわないだろうか．
3. どうなる？➤近年の研究によって，真核生物系統樹の根が，ユニコンタとエクスカバータからなる単系統群と，それ以外のすべての真核生物の間に位置することが示唆された．この関係を示す系統樹を描きなさい．
(解答例は付録 A)

28.6

生態系において原生生物は重要な役割を担っている

多くの原生生物は水生であり，湿った土や落葉層のような湿気のある陸上環境を含む，液体の水が存在するあらゆる環境から見つかる．海洋や湖沼には，多くの底生性原生生物が存在し，岩などの基質に付着したり，砂や底泥の中を這い回ったりしている．また前記したように，他の原生生物はプランクトン群集の重要な構成要素である．ここでは，原生生物が生きる環境において，彼らが果たす重要な2つの役割，共生者と

10 μm
➤図 28.27　**共生性原生生物の1種．** この生物は副基体類に属する超鞭毛虫の1種である．超鞭毛虫はシロアリやある種のゴキブリの消化管内に共生し，宿主が木材を分解することを可能にしている（SEM像）．

▼図 28.28　**急性ナラ枯れ．** カリフォルニア州モントレー郡において，多数のナラの木が枯死している．感染した木は，雨季と乾季のサイクルへの適応能を失う．

生産者について解説する．

共生する原生生物

数多くの原生生物が，他の生物と共生関係を築いている．たとえば光合成を行う渦鞭毛藻は，サンゴ礁をつくるサンゴのポリプに栄養分を供給する共生者である．サンゴ礁はきわめて多様性に富んだ生態系であるが，この多様性はサンゴに，そしてそれに栄養分を供給する相利共生者である原生生物に依存している．共生者をもつサンゴは，食物や生活環境を他の生物に供給することで多様性を支えている．

別の例は，多くのシロアリの消化管に共生している木材食の原生生物に見られる（図 28.27）．シロアリは消化管内で木材を分解してくれる共生性の原生生物や原核生物に依存しており，彼らがいなければシロアリは木材を分解できない．木造の家を食害するシロアリによって，米国では毎年35億ドルもの被害を被っている．

共生性の原生生物の中には，世界中で経済的な被害を与える寄生生物も含まれる．原生生物のマラリア原虫によって引き起こされるマラリアの被害が深刻な国では，被害がない類似した国よりも所得が33%も少ない．また原生生物は，他の生物に対して破壊的な影響を及ぼすこともある．寄生性の渦鞭毛藻である *Pseudopfiesteria shumwayae*（図28.15参照）は魚にとりつき，皮膚を食べることで魚の大量死を引き起こす．また植物に寄生する原生生物の中で，ストラメノパイルに属する疫病菌（えきびょう）の一種 *Phytophthora ramorum* は，森林の重大な病原体として近年問題になっている．この種は急性ナラ枯れ（sudden oak death：SOD）を引き起こし，米国や英国で数百万本のナラや他の樹木を枯死させている（図 28.28；54.5節も参照）．また近

▼図 28.29　原生生物は水界における重要な生産者である．図は水界の食物網を単純化したものであり，食物源となる生物からそれを食べる生物への方向は矢印で示している．

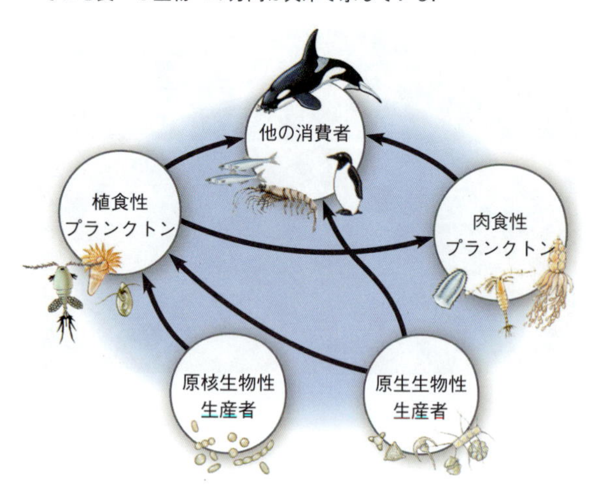
他の消費者
植食性
プランクトン
肉食性
プランクトン
原核生物性
生産者
原生生物性
生産者

縁種であるジャガイモ疫病菌 *P. infestans* はジャガイモ疫病を引き起こし，葉柄や茎を黒く腐らせる．ジャガイモ疫病は19世紀のアイルランドに壊滅的な飢饉（ききん）を引き起こし，100万人が死亡し，それ以上の人々がアイルランドを去ることを余儀なくされた．この病気は現在でも重大な問題であり，ある地域では作物の損失が70%にも達する．

光合成を行う原生生物

光（または一部の原核生物では無機物）のエネルギーを使って二酸化炭素を有機物に変換する生物は**生産者 producer** とよばれ，多くの原生生物は生産者としても重要な存在である．水圏生態系では，光合成を行う原生生物と原核生物が主要な生産者となっている（図 28.29）．生態系における他のすべての生物は，直接的な（捕食することによって）または間接的な（生産者を食べた生物を食べることによって）食物として彼らに依存している．科学者たちは，地球上の光合成のおよそ30%が珪藻や渦鞭毛藻，多細胞の藻類などの水生原生生物によるものであると推測している．地球上の光合成のうち，光合成原核生物が20%，陸上植物が残り50%を担っている．

生産者は食物網の基盤を提供しているため，生産者に対する影響は生態系全体に劇的に影響する．水圏生態系では，光合成原生生物の増殖はしばしば窒素やリン，鉄が少ないことで制限を受けている．さまざまな人間活動によって，水圏でこれらの物質が増加することがある．たとえば農地に肥料をまくと，その一部は雨によって川へ流出し，やがて湖や海に達する．このような過程で水圏生態系に栄養物が加わると，光合成原生生物が劇的に増加する．このような増加は，海洋における「デッドゾーン」の形成のような重大な生態系変化をもたらすことがある（図 56.23 参照）．

近年の差し迫った問題として，地球温暖化が原生生物や他の生産者にどのような影響を与えるのか，という問題がある．図 28.30 で示されているように，多くの海域において，海面水温が上昇するに従って光合成原生生物と原核生物の生物量が減少している．どのようなメカニズムによって，海面水温の上昇が海洋生産

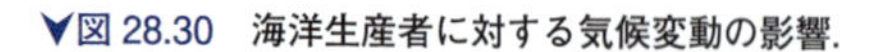

▼図 28.30　海洋生産者に対する気候変動の影響．

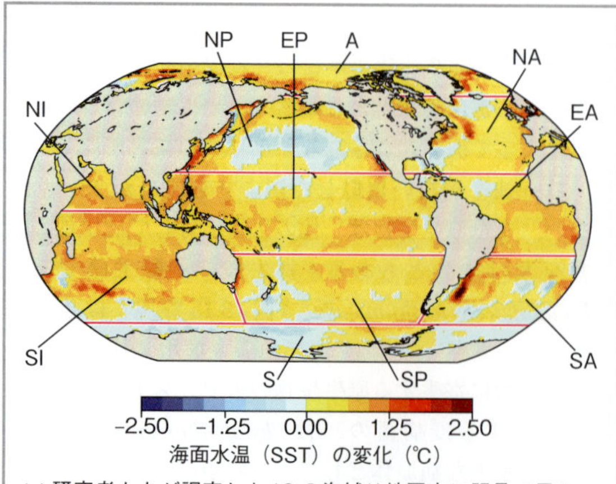
NP
EP
A
NA
NI
EA
SI
S
SP
SA
−2.50
−1.25
0.00
1.25
2.50
海面水温（SST）の変化（℃）

(a) 研究者たちが調査した10の海域は地図中に記号で示している（それぞれの記号が意味する海域名は (b) を参照）．1950年以来，ほとんどの海域で海面水温が上昇している．

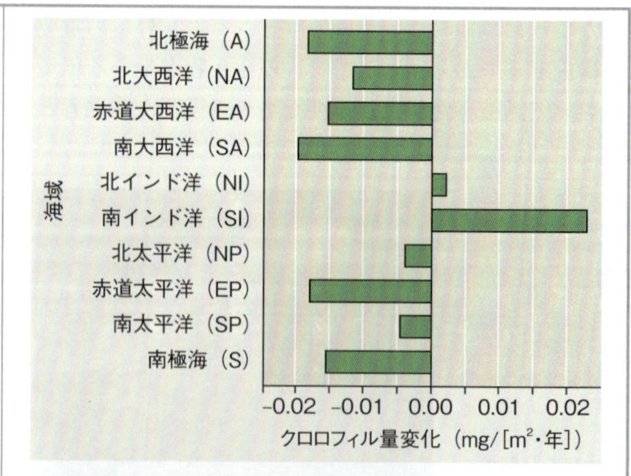
海域
北極海（A）
北大西洋（NA）
赤道大西洋（EA）
南大西洋（SA）
北インド洋（NI）
南インド洋（SI）
北太平洋（NP）
赤道太平洋（EP）
南太平洋（SP）
南極海（S）
−0.02
−0.01
0.00
0.01
0.02
クロロフィル量変化（mg/[m²·年]）

(b) 海洋生産者の生物量の指標であるクロロフィル濃度は，同じ期間にほとんどの海域で減少している．

者の減少につながっているのだろうか．ある仮説は，深層からの冷たく栄養分に富んだ湧昇流と関係している．多くの海洋生産者は，このようにして表層に供給される栄養分に依存している．しかし，海面水温の上昇は，湧昇流の障壁となる軽く暖かい水の層を形成するため，これが海洋生産者の減少を引き起こす可能性がある．もしこのようなことが続けば，図 28.30 に示した変化は海洋生態系，漁業収穫量，さらに地球の炭素循環に大きく影響する（図 55.14 参照）．地球温暖化は陸上の生産者にも影響するが，陸上での食物網の基盤は原生生物ではなく，29 章および 30 章で解説する陸上植物が担っている．

概念のチェック 28.6

1. 光合成原生生物が，生物圏においてきわめて重要な生物である理由を説明しなさい．
2. 原生生物がかかわる共生現象を 3 つ説明しなさい．
3. **どうなる？➤**サンゴに共生する渦鞭毛藻は，高水温や水質汚染によってサンゴから出て行ってしまう．このような「サンゴの白化現象」は，サンゴやサンゴ礁生態系の他の生物にどのような影響を与えるのか予測しなさい．
4. **関連性を考えよう➤**細菌のボルバキア *Wolbachia* は蚊の細胞内に共生し，蚊の集団内に急速に広がる．ボルバキアは，蚊にマラリア原虫に対する抵抗性を付与することがあるため，研究者たちは蚊に害を与えることなく，マラリア抵抗性を付与するボルバキアの株を探索している．マラリア防除において，このようなボルバキアを用いた場合と，蚊を殺すために殺虫剤を用いた場合とで，それぞれどのような遺伝的変化が起こり得るのか比較しなさい（23.4 節，図 28.16 を参照）．

（解答例は付録 A）

28 章のまとめ

重要概念のまとめ

28.1

多くの真核生物は単細胞生物である

- 真核生物ドメインは，植物，菌類，動物とともに，**原生生物**の多くのグループを含む．原核生物とは異なり，原生生物と他の真核生物は核などの膜で囲まれた細胞小器官をもち，また非対称な細胞形や摂食，移動，成長の際に細胞変形を可能にする細胞骨格をもつ．
- 原生生物の多くは単細胞であるが，構造的および機能的に多様であり，また生活環も多様である．原生生物の中には光合成独立栄養生物，従属栄養生物，**混合栄養生物**が含まれる．
- 現在までに得られている証拠は，宿主である古細菌（または古細菌に近縁な生物）が共生者であるアルファプロテオバクテリアを取り込んだ**細胞内共生**によって真核生物が誕生し，この共生者がすべての真核生物がもつ細胞小器官であるミトコンドリアへと進化したことを示している．
- 色素体は，初期の真核細胞に取り込まれたシアノバクテリアに起源をもつと考えられている．このようにして色素体を獲得した生物は，紅藻と緑藻へと進化した．他の光合成原生生物は，さらに紅藻または緑藻が取り込まれる現象である二次共生によって誕生した．
- ある仮説では，真核生物はそれぞれ単系統群である 4 つのスーパーグループ，エクスカバータ，SAR，アーケプラスチダ，ユニコンタに分けられる．

? 原生生物と他の真核生物の間の類似点および相違点を説明しなさい．

スーパーグループ	おもなグループ	特徴的な形態形質	例
28.2 **エクスカバータには特殊化したミトコンドリアや特徴的な鞭毛をもつ原生生物が含まれる** ? どのような証拠からエクスカバータが単系統群であると考えられるのか，説明しなさい．	ディプロモナス類と副基体類	特殊なミトコンドリア	ランブル鞭毛虫，トリコモナス
	ユーグレノゾア キネトプラスト類 ユーグレナ類	鞭毛内のらせん状または結晶性軸桿	トリパノソーマ，ミドリムシ
28.3 **SAR は DNA の類似性で定義されたきわめて多様な生物を含むグループである** ? マラリア原虫などのアピコンプレクサは光合成は行わないが，特殊化した色素体をもっている．このことを説明する現時点での仮説を説明しなさい．	ストラメノパイル 珪藻 黄金色藻 褐藻	羽形鞭毛とむち形鞭毛	疫病菌，コンブ
	アルベオラータ 渦鞭毛藻 アピコンプレクサ 繊毛虫	細胞膜直下にある膜で包まれた袋（アルベオール）	マラリア原虫，ゾウリムシ
	リザリア 放散虫 有孔虫 ケルコゾア	糸状仮足をもつアメーバ類	グロビゲリナ

スーパーグループ	おもなグループ	特徴的な形態形質	例
28.4 **紅藻と緑藻は陸上植物に最も近縁な生物群である** ? なぜ陸上植物は紅藻や緑藻と同じスーパーグループ（アーケプラスチダ）に分類されるのか，その根拠を説明しなさい．	紅藻	フィコエリスリン（光合成補助色素）	アマノリ
	緑藻	陸上植物のような葉緑体	クラミドモナス，アオサ
	陸上植物	（29 章および 30 章参照）	コケ，シダ，球果類，被子植物
28.5 **ユニコンタには菌類と動物に近縁な原生生物が含まれる** ? ユニコンタを構成する原生生物のサブグループの特徴をそれぞれ説明しなさい．	アメーボゾア 粘菌 ツブリナ類 エントアメーバ	葉状または管状仮足をもつアメーバ類	アメーバ，タマホコリカビ
	オピストコンタ	（きわめて多様；31～34 章参照）	襟鞭毛虫，ヌクレアリア類，動物，菌類

28.6

生態系において原生生物は重要な役割を担っている

- 原生生物は，共生相手や生態系の構成要素に多大な影響を与えるさまざまな相利共生や寄生関係を築いている．
- 光合成を行う原生生物は，水界の最も重要な**生産者**である．彼らは食物網の基礎を担っているため，光合成原生生物への影響は生態系を構成する他の多くの生物にも大きく影響する．

? 生態的に重要な原生生物をいくつか述べなさい．

理解度テスト

レベル 1：知識／理解

1. 3 枚以上の膜で覆われた色素体は何の証拠か．
 (A) ミトコンドリアからの進化
 (B) 色素体の融合
 (C) 古細菌に起源をもつ色素体
 (D) 二次共生
2. 生物学者は，ミトコンドリアの起源となった細胞内共生は色素体の起源となった細胞内共生よりも前に起こったと考えている．その理由の 1 つは次のうちどれか.

(A) 光合成産物はミトコンドリアの酵素なしでは代謝できないため.

(B) 多くの真核生物は色素体をもっていないが，すべての真核生物はミトコンドリア（またはその痕跡）をもっているため.

(C) ミトコンドリアDNAは，色素体DNAに比べてより原核生物のDNAとは似ていないため.

(D) ミトコンドリアによる二酸化炭素排出がなければ光合成ができないため.

3. 以下の生物群の中で間違った説明文と組になっているものはどれか.

(A) 珪藻 —— 水圏生態系における重要な生産者

(B) 紅藻 —— 二次共生によって色素体を獲得

(C) アピコンプレクサ —— 複雑な生活環をもつ寄生生物

(D) ディプロモナス類 —— 特殊化したミトコンドリアをもつ原生生物

4. 以下の原生生物の中で，陸上植物と同じスーパーグループに属するものはどれか.

(A) 緑藻　(C) 紅藻

(B) 渦鞭毛藻　(D) AとC

5. 世代交代を行う生活環において，多細胞性の単相体は以下のどれと交代するのか.

(A) 単細胞の単相体　(C) 多細胞の単相体

(B) 単細胞の複相体　(D) 多細胞の複相体

レベル2：応用／解析

6. 図28.2の系統樹に基づいた場合，以下の記述の中で正しいものはどれか.

(A) エクスカバータの最近接共通祖先（最も最近の共通祖先）はSARの最近接共通祖先よりも古い.

(B) SARの最近接共通祖先はユニコンタの最近接共通祖先よりも古い.

(C) 最も基部に位置する（最初に分かれた）真核生物のスーパーグループは決められない.

(D) 最も基部に位置する真核生物のスーパーグループはエクスカバータである.

7. **進化との関連・描いてみよう**　医療研究者たちは，いまだ深刻な症状を示さないヒトの病原生物の増殖を抑える薬を開発しようとしている．このような薬は病原生物の代謝を阻害したり，病原生物に特有の構造を攻撃したりすることで機能する.

祖先である原核生物とエクスカバータ，SAR，古色素体類，ユニコンタ，およびユニコンタの中のアメーボゾア，動物，襟鞭毛虫，菌類，ヌクレアリアを含む系統樹を描きなさい．この系統樹をもとに，病原生物が原核生物，原生生物，動物，菌類のいずれであった場合，薬の開発が最も困難だと考えられるか，考察しなさい（病原生物による薬剤耐性の進化は考慮しなくてよい).

レベル3：統合／評価

8. **科学的研究**　「もし……だとすれば」という科学的論理（1章参照）を適用すると，植物が緑藻から進化してきたとする仮説からどのようなことが予測されるだろうか．言い換えれば，この仮説はどのようにして検証できるだろうか.

9. **テーマに関する小論文：相互作用**　生物は互いに，また物理的環境と相互に影響し合いながら生きている．栄養分の減少に対する珪藻集団の反応が他の生物に対して，また物理的環境（たとえば二酸化炭素濃度）にどのように影響するのか，300〜450字で記述しなさい.

10. **知識の統合**

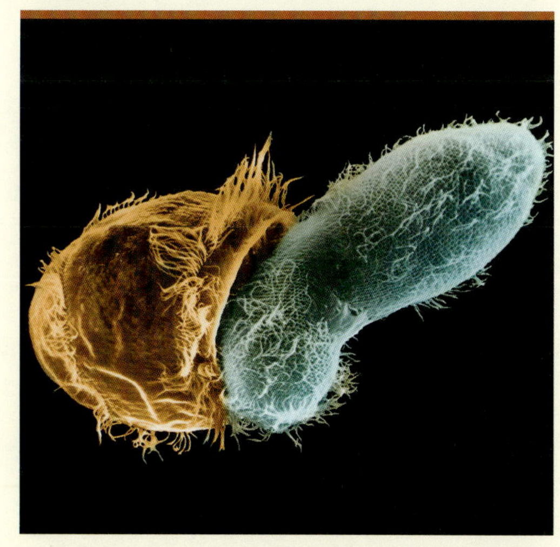

この着色SEM像は単細胞真核生物である繊毛虫の*Didinium*が，別の繊毛虫であるゾウリムシ*Paramecium*を取り込んでいるところである．繊毛虫が属するスーパーグループは何か，またこのスーパーグループの進化史において細胞内共生が果たした役割を記しなさい．これらの繊毛虫は陸上植物や菌類または動物に対してよりも，他の原生生物により近縁であるだろうか，説明しなさい.

(一部の解答は付録A)

29 植物の多様性Ⅰ：いかにして植物は陸上に進出したか

▲図 29.1　植物はいかにして世界を変えたか．

重要概念

29.1　陸上植物は緑藻（広義）から進化した

29.2　コケなどの非維管束植物は配偶体中心の生活環をもつ

29.3　シダ類などの無種子維管束植物は高木になった最初の植物である

地球の緑化

図 29.1 の写真のようなみずみずしい景観を眺めていると，植物や他の生物のいない陸地をイメージすることは困難である．しかし，地球の歴史のほとんどは，陸上には生命が存在しなかった．地球化学的分析と化石証拠によると，シアノバクテリアと原生生物の薄い層が約 12 億年前の陸上に存在していたことがわかっている．しかし，植物や菌類，動物が陸上に進出したのは，たった 5 億年前のことである．最終的には，3 億 8500 万年前に，背の高い植物が出現し，最初の森林を導いた（図 29.1 とはたいへん異なった種ではあるが）．

今日，29 万種以上の植物種が知られている．植物は高山の山頂部や砂漠，極地の氷床などのような極限環境を除くすべての環境に生育している．海草のような少数の植物種は，進化の過程で再び水生環境に戻ったが，現代の植物のほとんどは陸上環境で生育している．本書では，植物と光合成原生生物である藻類とを区別する．

陸上植物の存在により，動物を含む他の生命形態が陸上に暮らすことが可能になる．植物は，酸素と，究極的には陸生動物が食べる食料のほとんどを供給する．また，植物の根は，砂丘や他の多くの環境で土壌を安定化させることにより，他の生物の生息地をつくり出す．本章では，コケやシダなどの無種子植物の出現を含む，植物の進化の最初の 1 億年について見ていく．30 章では，その後の種子植物の進化について調べる．

29.1

陸上植物は緑藻（広義）から進化した

28章で学んだように，植物に最も近い系統群は，シャジクモ藻類とよばれる広義の緑藻類である．この関係の証拠の詳細を見ることから始めよう．

形態的および分子的証拠

植物の主要な形質は，藻類にも見られる．たとえば，植物は多細胞生物で真核細胞をもち，光合成を行う生産者であるが，これらの特徴は褐藻や紅藻，あるいは一部の緑藻にも見られる．植物はセルロースで構成されている細胞壁をもつが，これは緑藻や渦鞭毛藻，褐藻などにも見られる．クロロフィル *a* と *b* をもつ葉緑体は，植物だけではなく，緑藻やミドリムシ類，いくつかの渦鞭毛藻にも見られる．

しかしながら，今日の藻類の中で，シャジクモ藻類のみが以下の顕著な形質を植物と共有し，植物との近縁性を示す．

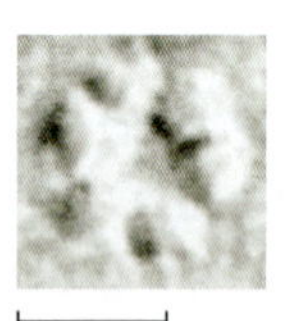
30 nm

- **セルロース合成タンパク質の環．** 陸上植物とシャジクモ藻類の両者の細胞には，細胞膜中に埋め込まれたタンパク質の特徴的な円環（小さな写真）がある．このタンパク質の環は，細胞壁のセルロースのミクロフィブリルを合成する．対照的に，シャジクモ藻類以外の藻類は，セルロースを合成する線形に並んだタンパク質をもっている．
- **精子の鞭毛構造．** 鞭毛のある精子をもつ陸上植物種では，精子の構造がシャジクモ藻類と類似している．
- **フラグモプラストの形成．** 細胞分裂の特定の詳細様式が，シャジクモ藻類と植物のみで見られる．たとえば，フラグモプラストとして知られている微小管群が，分裂中の細胞において娘核の間に形成される．その後，フラグモプラストの中央に，分裂中の細胞の正中線を横切るように細胞板が発達する（図12.10参照）．細胞板は，今度は，娘細胞を分離する新しい隔壁を生じさせる．

広範囲の植物と藻類における核，葉緑体，ミトコンドリアDNAの研究により，ホシミドロ属（図28.22 a参照）やコレオケーテ属のようなシャジクモ藻類が，現生生物で植物に最も近縁であることが示されている．

これらの証拠が，植物がシャジクモ藻類群内から由来したことを示していても，植物がこれらの現生藻類に由来することを意味しないことに注意する必要がある．たとえそうであっても，現代のシャジクモ藻類は，植物の祖先藻類について，何かを伝えているかもしれない．

陸上への進出を可能にした適応

シャジクモ藻類の多くの種は，池や湖の周囲の，ときどき乾燥にさらされる浅い水中に生育している．このような環境では，藻類は水に浸かっていないときでも生き残れるように自然選択が働く．シャジクモ藻類の接合子は，**スポロポレニン sporopollenin** とよばれる耐久性の高い重合体の層をもち，空気にさらされたときに乾燥しないようになっている．同じような化学的適応が，植物の胞子を包み込む固いスポロポレニンに見られる．

（絶滅した）シャジクモ藻類の，少なくとも1集団におけるこのような形質の蓄積は，おそらく，最初の植物である子孫が，恒常的に喫水線の上で生活することを可能にしたと思われる．この能力は，陸上，すなわち多大な利益をもたらす新しい前線への生育環境の拡大を促進した．明るい日光は，水とプランクトンによって吸収されることはなかった．大気は，水に比べより豊富な二酸化炭素に富み，そして水際の土壌は，無機栄養に富んでいた．しかし，これらの利点には，水が比較的希少であることと，重力に対する構造的な支持の欠如という課題が伴っていた（そのような支持がなぜ重要かを理解するため，水から出したクラゲの柔らかい体が垂れ下がるのを想像しなさい）．これらの課題にもかかわらず，植物は，陸上での繁栄を可能とする適応を獲得することにより多様化した．

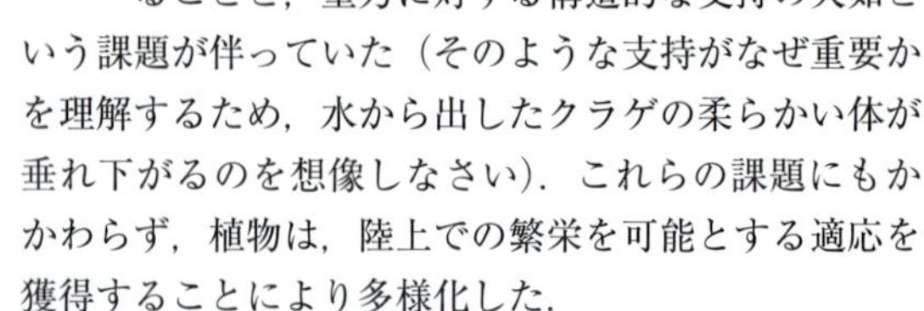

現在の植物に特有の適応は何であろうか．この質問の答えは，藻類と陸上植物を分ける境界線を引く場所に依存する（図29.2）．この議論は進行中であるため，ここでは，植物界を有胚植物とする伝統的な定義を使用する．この定義により，植物とその最も近縁な藻類とを区別する派生形質を見ていこう．

植物の派生的特徴

乾燥した陸上での生存と生殖を促進するいくつかの適応は，植物が近縁な藻類から分岐した後に現れた．図29.3に，植物はもつがシャジクモ藻類には見られない，5つのそのような形質を示す．

陸上生活に付随した追加の派生的特徴が，多くの植

▼図 29.2 3つの「植物」界の定義.

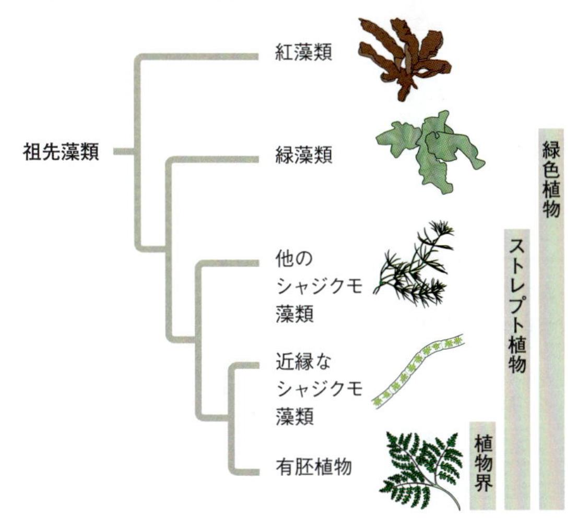
祖先藻類
紅藻類
緑藻類
他の
シャジクモ
藻類
近縁な
シャジクモ
藻類
有胚植物
緑色植物
ストレプト植物
植物界

物種で進化した．たとえば，ほとんどの植物の表皮は，ロウなどの重合体からなる**クチクラ cuticle** で覆われている．空気に恒久的にさらされる植物は，近縁藻類に比べ乾燥する危険性ははるかに高い．クチクラは防水機構として働き，地上部の植物器官から水の過剰な喪失を防ぎ，微生物の攻撃を防ぐ役割を果す．大部分の植物は，外気と植物間で CO_2 と O_2 の交換を可能にすることにより光合成を支える**気孔 stoma**（複数形は stomata）とよばれる特別な孔をもつ（図 10.4 参照）．気孔はまた，植物から水を蒸散させるおもな手段でもある．高温で乾燥した条件では気孔が閉じ，水分の損失を最小限に抑える．

最初の植物は，真の根と葉を欠いていた．根がなければ，これらの植物はどのように土壌から養分を吸収したのだろうか．4億2000万年前の化石は，初期植物の栄養摂取を助けていたであろう適応を明らかにする．それらの化石では，菌類との共生関係でつくっていた．31.1節で，「菌根」とよばれる，植物と菌類の間に見られる両者に有益な関係の詳細を説明する．ここでの重要な点は，菌根菌は，土壌中に菌糸の広範なネットワークを形成し，共生する植物に栄養を供給することである．この利益は，根をもたない植物が陸上に進出することを手助けしたであろう．

植物の起源と多様化

植物に最も近縁な藻類には，多くの単細胞種と小さな群体種が含まれる．最初の植物は，同様に小さい可能性が高く，最も古い植物化石の探索は，微視的な世界に焦点を当てている．前に述べたように，微生物は12億年前に陸上に進出した．しかし，陸上での生活を物語る微視的な化石は，初期の植物胞子の出現により，4億7000万年前という時代に劇的に変わった．

これらの胞子と藻類や真菌との違いは何であろうか．1つのヒントはその化学組成であり，現代の植物胞子の組成と一致するが，他の生物の胞子の組成とは異なる．さらに，これらの古代の胞子壁は，現生の特定の植物（苔（たい）類）の胞子にしか見られない構造的特徴を有する．そして4億5000万年前の岩石からは，現生の植物の胞子嚢組織に似た，植物性のクチクラに埋め込まれた同様の胞子が発見された（図 29.4）．

図 29.5 のクックソニア *Cooksonia* の胞子嚢など，より大きな植物構造の化石は，4億2500万年前のものであり，植物胞子の化石記録が出現してから4500万年後である．最初の植物の正確な年代（および形態）はいまだ明らかでないが，それらの先祖種は現生の植物の広大な多様性を生じさせた．表 29.1 には，本書で使われている分類体系の現生の10綱について要約してある（現生系統とは，生き残った系統を含むものである）．本章の残りの節を学ぶときには，図 29.6 とあわせて表 29.1 を参照しなさい．図 29.6 には，植物の形態学，生化学，遺伝学に基づく系統の見方を反映させてある．

植物の群を識別する方法の1つは，植物全体にわたる**維管束 vascular tissue** の有無による．維管束とは，細胞をつないで管にすることにより，植物体内に水や栄養を運ぶシステムである．多くの植物は複雑な維管束系をもち，そのため**維管束植物 vascular plants** とよばれる．このような発達した輸送系をもたない植物，すなわち苔（たい）類，ツノゴケ類，蘚（せん）類は，たとえある種の蘚類のように単純な通道組織をもっていても「非維管束植物」と記述される．非維管束植物は，しばしば通称として**コケ植物 bryophytes**（ギリシャ語で「コケ」を意味する *bryon*，「植物」を意味する *phyton* に由来）ともよばれる．「コケ植物」という用語はすべての非維管束植物を指す語として広く使われているが，分子系統学の研究と精子の構造の形態分析により，単系統群（クレード）ではないことが結論づけられている．

維管束植物は全植物種の約93%を含み，単一のクレードを形成する．維管束植物はさらに小さなクレードに細分することが可能である．このようなクレードの中の2つは**ヒカゲノカズラ植物 lycophytes**（ヒカゲノカズラ類とその近縁群）と**シダ植物 monilophytes**（シダ類とその近縁群）である．この2つのクレードの植物は種子をもたず，そのために両クレードは通称として**無種子維管束植物 seedless vascular plants** とよばれる．しかしながら，図 29.6 において，無種子

▼図 29.3　探究　陸上植物の派生的特徴

シャジクモ藻類は，この図で説明する植物の主要な特徴を欠いている．世代交代，多細胞の従属性胚，胞子嚢でつくられる有壁胞子，多細胞の配偶子嚢，および頂端分裂組織という特徴は，陸上植物とシャジクモ藻類の共通祖先には存在せず，陸上植物の派生形質として進化したことを示している．すべての植物が，これらの特徴のすべてを示すとは限らない．植物のある系統は，時間の経過に従い，いくつかの特徴を失っている．

世代交代

植物の生活環は，配偶体と胞子体という，2つの目立つ多細胞体の交代で成り立っている．下の模式図で示すように（シダ類を例に使う），それぞれの世代が他の世代をつくる．このプロセスは**世代交代** alternation of generations とよばれている．このタイプの生殖環は，さまざまな藻類でも進化しているが，植物に最も近縁なシャジクモ藻類には見られない．

植物に見られる世代交代を，他のすべての有性生殖生物の生活環における単相と複相段階と混同しないように注意しなさい（図 13.6 参照）．世代交代では，生活環の中に単相の多細胞体と複相の多細胞体の両方が存在するという事実で区別される．多細胞性で単相の**配偶体** gametophyte は，有糸分裂により単相の配偶子――卵と精子――をつくることから名づけられている．両者は受精により融合し，複相の接合子をつくる．接合子の有糸分裂により，胞子をつくる世代である**多細胞の胞子体** sporophyte がつくられる．成熟した胞子体での減数分裂により，単相の**胞子** spore がつくられる．胞子は，他の細胞との融合なしで新たな植物体として発生できる生殖細胞である．胞子細胞の有糸分裂により，新たな多細胞の配偶体ができ，生活環が繰り返される．

世代交代：5つの一般的な段階

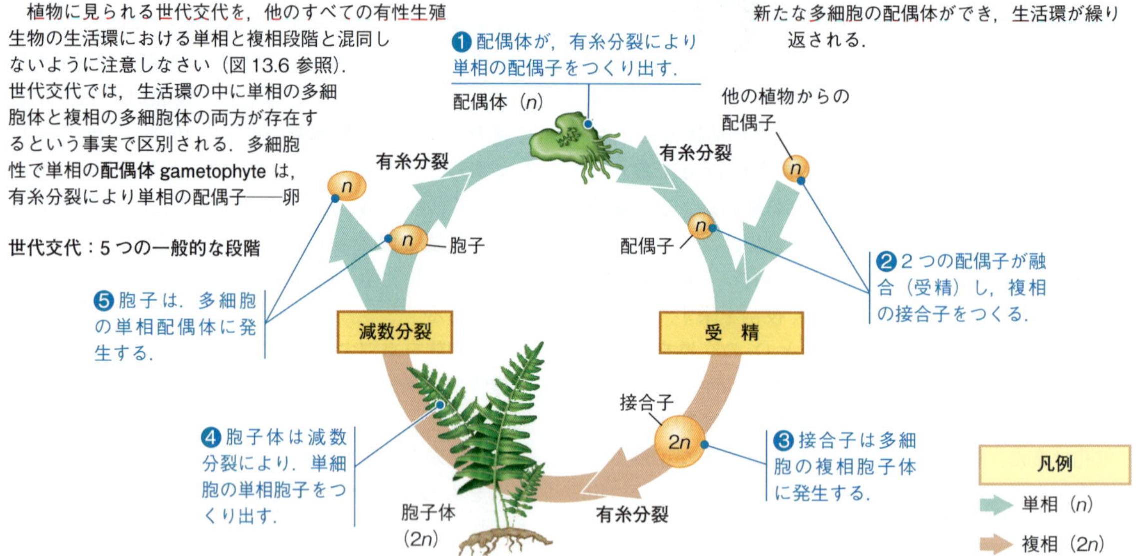
❶配偶体が，有糸分裂により単相の配偶子をつくり出す．
配偶体（n）
有糸分裂
有糸分裂
他の植物からの配偶子
n
n
n
n
胞子
配偶子
❷2つの配偶子が融合（受精）し，複相の接合子をつくる．
❺胞子は，多細胞の単相配偶体に発生する．
減数分裂
受　精
接合子
2n
❹胞子体は減数分裂により，単細胞の単相胞子をつくり出す．
❸接合子は多細胞の複相胞子体に発生する．
胞子体（2n）
有糸分裂
凡例
単相（n）
複相（2n）

多細胞の従属性胚

世代交代の生活環の一部として，多細胞の植物胚は受精卵から発生し，雌親の組織内（配偶体）にとどまる．親の組織は，発生中の胚を厳しい環境条件から保護し，糖やアミノ酸などの栄養分を供給する．胚は，壁面（細胞膜と細胞壁）の精巧な内部成長を介して栄養分を輸送する特殊化した「胎座輸送細胞」をもつ．多細胞で従属的な陸上植物の胚は，植物の重要な派生的特徴であり，植物は**有胚植物** embryophytes ともよばれる．

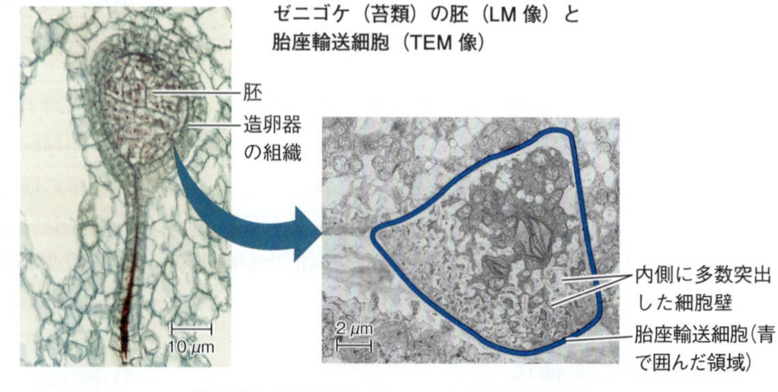
ゼニゴケ（苔類）の胚（LM 像）と胎座輸送細胞（TEM 像）
胚
造卵器の組織
10 μm
2 μm
内側に多数突出した細胞壁
胎座輸送細胞（青で囲んだ領域）

関連性を考えよう➤図 13.6 の有性生活環を復習しなさい．どのタイプの有性生殖生活環が世代交代を伴っているか確認し，それが他の生活環とどのように違うかについてまとめなさい．

胞子嚢内につくられる有壁胞子

植物の胞子は，有糸分裂により多細胞性の単相配偶体へと成長することができる単相の生殖細胞である．植物の胞子壁をつくるスポロポレニン重合体は，たいへん丈夫であり，厳しい環境から胞子を守る．この化学的適応により，胞子は湿り気のない乾いた空気中を分散することが可能である．

胞子体は胞子をつくる**胞子嚢 sporangia**（単数形は sporangium）とよばれる多細胞器官をもつ．胞子嚢内には**胞子母細胞 sporocyte** としても知られる複相の胞原細胞があり，減数分裂を行って単相の胞子をつくる．胞子嚢の外側の組織は，胞子が発生し，空気中に放出されるまで保護する．多細胞性の胞子嚢は，スポロポレニンが多く含まれる壁をもつ胞子をつくる．これは陸上植物の陸上環境への重要な適応である．シャジクモ藻類は多細胞性の胞子嚢を欠き，水で分散される遊走子はその鞭毛を有し，スポロポレニンを欠いている．

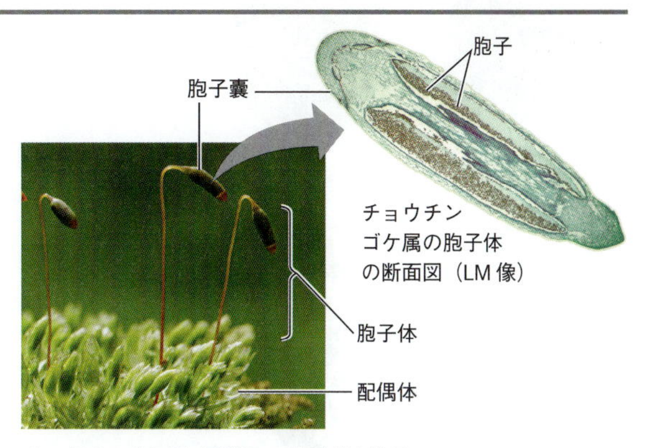
胞子
胞子嚢
チョウチン
ゴケ属の胞子体
の断面図（LM 像）
胞子体
配偶体

チョウチンゴケ属（蘚類）の胞子体と胞子

多細胞の配偶子嚢

初期の植物を祖先の藻類から区別する他の特徴として，**配偶子嚢 gametangia**（単数形は gametangium）とよばれる多細胞器官内で配偶子がつくられることが挙げられる．雌性配偶子嚢は，**造卵器 archegonia**（単数形は archegonium）とよばれる花瓶状の組織で，器官内の底部にとどまるただ 1 つの非運動性の卵細胞をつくる．雄性配偶子嚢は，**造精器 antheridia**（単数形は antheridium）とよばれ，精子をつくり放出する．多くの主要な陸上植物群の精子は鞭毛をもち，水滴や水の薄層の中を卵に向かって泳ぐ．それぞれの卵は造卵器内で受精し，受精卵はその中で胚に発生する．（30 章で学ぶように）種子植物の配偶体は小さく退化しているので，造卵器と造精器が失われている系統もある．

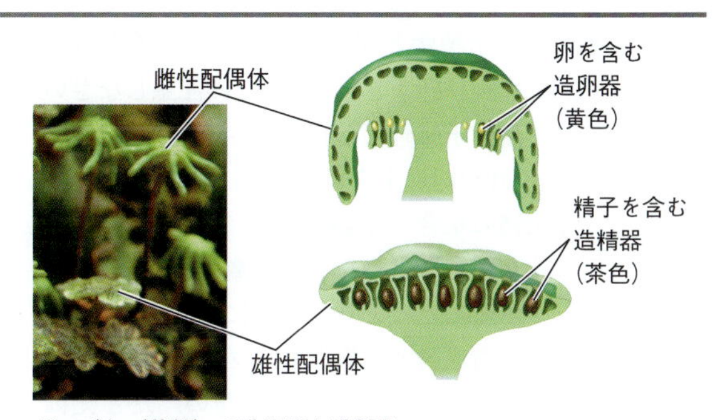
雌性配偶体
卵を含む
造卵器
（黄色）
精子を含む
造精器
（茶色）
雄性配偶体

ゼニゴケ（苔類）の造卵器と造精器

頂端分裂組織

陸上の環境において，光合成生物はその基本的な資源を 2 ヵ所のまったく異なった場所に求めなければならない．光と CO_2 は，おもに地上で利用可能である．一方，水と無機栄養は，おもに土壌中にある．植物は移動できないが，ほとんどの植物は根や茎をもち，それらを伸ばし周囲の環境中の資源の吸収量を増すことができる．伸長生長は，**頂端分裂組織 apical meristem**，すなわち 1 つ以上の細胞が繰り返し分裂する植物体の成長する先端領域の活性によって持続される．頂端分裂組織によりつくられた細胞は，内部を保護する表皮細胞や内部組織など，さまざまな組織に分化する．茎頂分裂組織は，ほとんどの植物で葉をつくり出す．そのため，ほとんどの複雑な植物の体では，地上部の葉をつける茎と地下部の根という構造で構成される．

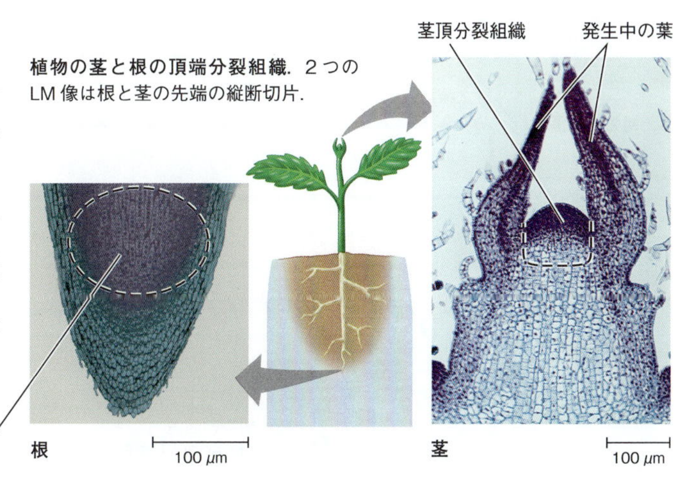
茎頂分裂組織
発生中の葉
根端分裂組織
根
100 μm
茎
100 μm

植物の茎と根の頂端分裂組織． 2 つの LM 像は根と茎の先端の縦断切片．

▼図 29.4　**古代の植物胞子と組織（着色 SEM 像）.**

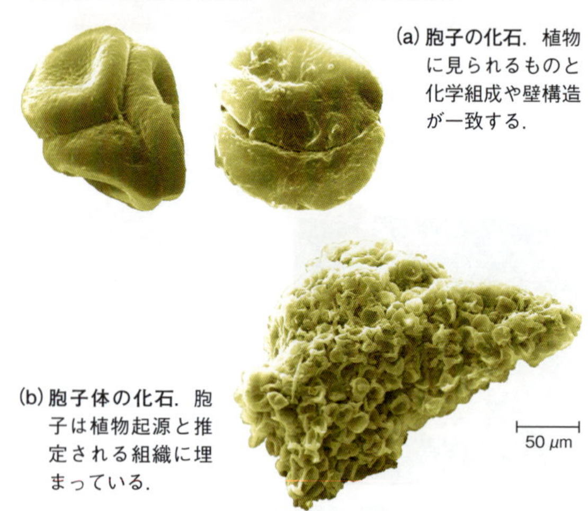
50 μm

(a) **胞子の化石.** 植物に見られるものと化学組成や壁構造が一致する.

(b) **胞子体の化石.** 胞子は植物起源と推定される組織に埋まっている.

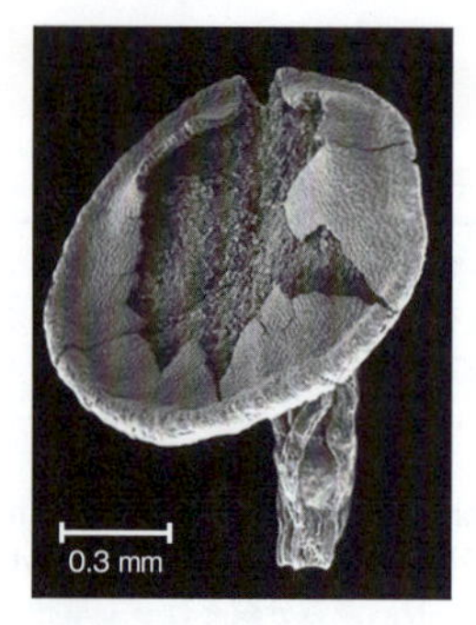
0.3 mm

▲図 29.5　**クックソニア *Cooksonia* の胞子嚢化石.**

シダ植物とヒカゲノカズラ植物は，すべて無種子維管束植物であるにもかかわらず，シダ植物は，種子植物とより近い共通祖先を共有している．結果として，シダ植物と種子植物には，ヒカゲノカズラ植物には見られない重要な特徴を共有することが予想され，この先，29.3 節を読み進めるとわかるようにその通りである．

維管束植物の第 3 のクレードは種子植物からなり，現生植物種の大部分を含む．**種子 seed** とは保護層の内部に栄養とともに胚が包み込まれたものである．種子植物は，内部で種子が成熟する子房の有無により裸子植物と被子植物の 2 群に分けることが可能である．**裸子植物 gymnosperms**（ギリシャ語で「裸」を意味する *gymno*，「種」を意味する *sperm* に由来）は種子が子房の中に包み込まれていないので，「裸の種子」植物として知られている．球果類をはじめとした現存する裸子植物は単一のクレードを形成する．**被子植物 angiosperms**（ギリシャ語で「器」を意味する *angio*，「種」を意味する *sperm* に由来）は，花の咲く植物のすべてを含む巨大なクレードを形成する．被子植物の

維管束植物はコケ植物と同様にクレード（単系統群）ではなく，クレードをつくらないことに注意しなさい．

コケ植物や無種子維管束植物のような群は，しばしば「グレード grade」，すなわち重要な生物学的機能を共有する生物の集合，とよばれる．グレードは，維管束は有するが種子を欠くなどの特徴に従って生物をグルーピングすることにより，有益になり得る．しかし，クレードの構成員とは異なり，グレードの構成員は，必ずしも同じ祖先を共有していない．たとえば，

▼図 29.6　**植物進化上の重要な出来事.** この図では植物群間の代表的な系統関係の仮説を示す.

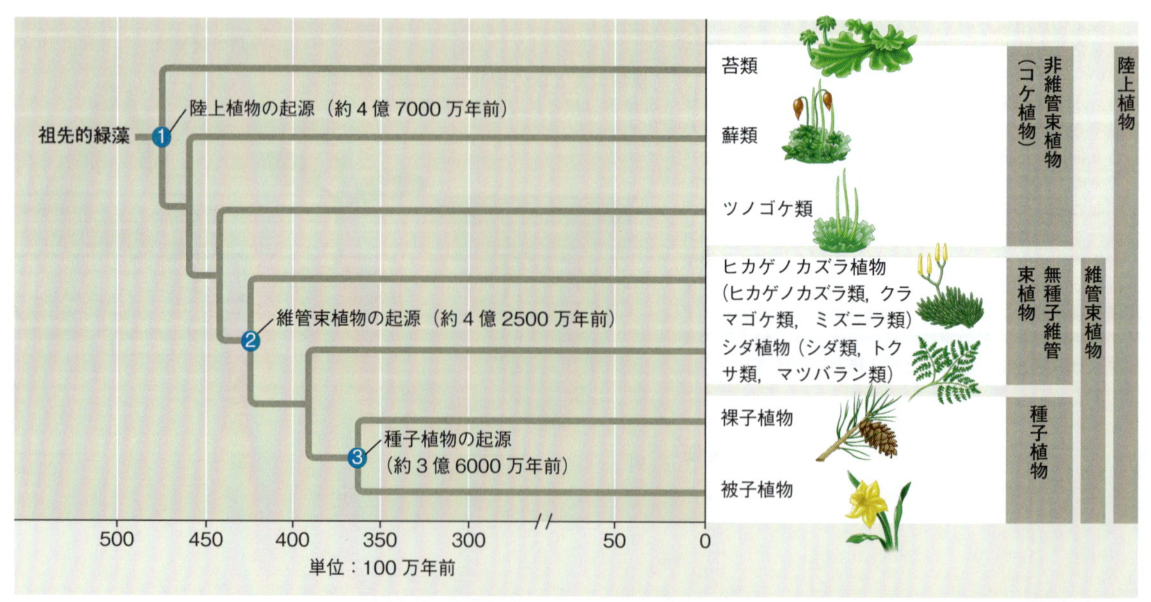
祖先的緑藻
1 陸上植物の起源（約 4 億 7000 万年前）
2 維管束植物の起源（約 4 億 2500 万年前）
3 種子植物の起源（約 3 億 6000 万年前）
苔類
蘚類
ツノゴケ類
ヒカゲノカズラ植物（ヒカゲノカズラ類，クラマゴケ類，ミズニラ類）
シダ植物（シダ類，トクサ類，マツバラン類）
裸子植物
被子植物
非維管束植物（コケ植物）
無種子維管束植物
種子植物
維管束植物
陸上植物
500
450
400
350
300
50
0
単位：100 万年前

関連性を考えよう➤この図は，植物，非維管束植物，維管束植物，無種子維管束植物，および種子植物はどのような群であるかを示す．これらのカテゴリーのどれが単系統群であり，どれが側系統群であるか．説明しなさい（これらの用語を確認するため図 26.10 を参照）．

表 29.1　現生植物の 10 門

	慣用名	現生種数
コケ植物（非維管束植物）		
苔植物門	苔類	9000
蘚植物門	蘚類	15000
ツノゴケ植物門	ツノゴケ類	100
維管束植物		
無種子維管束植物		
ヒカゲノカズラ植物門	ヒカゲノカズラ植物	1200
シダ植物門	シダ植物	12000
種子植物		
裸子植物		
イチョウ植物門	イチョウ	1
ソテツ植物門	ソテツ類	130
グネツム植物門	グネツム類	75
球果植物門	球果類	600
被子植物		
被子植物門	被子植物	250000

種子は，花の内部につくられた部屋の中で発生する．現生植物の約 90％が被子植物である．

図 29.6 に描かれた系統関係は，現生の植物の間の関係のみに着目したものであり，現存する植物群以外に絶滅した群も存在していたことに注意しなさい．本章の後半で見るように，古植物学者は絶滅した植物系統に属する化石も発見している．このような化石により，現代の地球上で見られる植物群への進化の移行段階を明らかにすることが可能である．

概念のチェック 29.1

1. 現生植物の最も近縁なものとして，他の藻類ではなくシャジクモ藻類が選ばれたのはなぜか．
2. シャジクモ藻類から植物を区別し，かつ陸上生活を容易にする 4 つの派生形質を述べ，説明しなさい．
3. どうなる？➤世代交代があったら，人間の生活環はどのようになるだろうか．ただし，多細胞複相段階が成人の形に類似していると仮定する．

（解答例は付録 A）

29.2
コケなどの非維管束植物は配偶体中心の生活環をもつ

非維管束植物（コケ植物）
無種子維管束植物
裸子植物
被子植物

非維管束植物（コケ植物）は，今日では 3 つの小さな草本の（樹木とならない）植物門：**苔類** liverworts（苔植物 Hepatophyta），**ツノゴケ類** hornworts（ツノゴケ植物 Anthocerophyta），**蘚類** mosses（蘚植物 Bryophyta）からなる．苔類とツノゴケ類はその形状に，語尾に wort（アングロサクソン語で「草」の意）をつけ加えて名づけられた．蘚類は，多くの人にとって，最もなじみ深いコケ植物であるが，「コケ」と呼称される植物の中には本当のコケ植物ではないものも多い．たとえばアイリッシュ・モス Irish moss（紅藻類の海藻），トナカイゴケ reindeer moss（地衣類），ヒカゲノカズラ club moss（無種子維管束植物），スパニッシュ・モス Spanish moss（ある地域では地衣類，他の地域では被子植物）などがその例である．

系統解析は，植物進化の歴史の早い時期に他の植物系統から苔類，蘚類，およびツノゴケ類が分岐したことを示している（図 29.6 参照）．化石の証拠は，この説をいくらか支持している．すなわち，最初の植物胞子（4 億 7000 万～4 億 5000 万年前）は，苔類の胞子にしか見られない構造的特徴を有し，蘚類やツノゴケ類の胞子に似た胞子は 4 億 3000 万年前までに化石記録に現れている．最古の維管束植物の化石は約 4 億 2500 万年前のものである．

それらの進化の長い時間をかけて，苔類，蘚類，およびツノゴケ類は，多くの独自の適応を獲得した．次に，これらの特徴のいくつかを検討する．

コケ植物の配偶体

維管束植物と異なり，コケ植物の 3 門では，配偶体が生活環において中心となる世代である．これは，図 29.7 の蘚類の生活環に示してあるように，通常，胞子体より大きく長生きである．胞子体は一時的にのみ現れる．

コケ植物の胞子が湿った土壌や木の幹などの適切な環境に運ばれると，発芽して配偶体となる．たとえば，蘚類の胞子は発芽して，特徴的な**原糸体** protonema とよばれる緑色の分枝した 1 細胞層の糸状の塊をつくる．原糸体は広い表面積をもち，水や無機栄養の吸収を増す．好適な環境では，原糸体は 1 つ以上の「芽」をつくる（非維管束植物について言及するとき，維管束植物の芽，茎，および葉に似た構造については，これらの用語の定義は，維管束植物の器官に基づいているため，本書ではカギ括弧つきで使用することに注意しなさい）．それぞれの芽は，頂端分裂細胞をもち配偶子を生産する**茎葉体** gametophore をつくり出す．原糸体と 1 つ以上の茎葉体により蘚類の配偶体はつくられている．

▼図 29.7　蘚類の生活環.

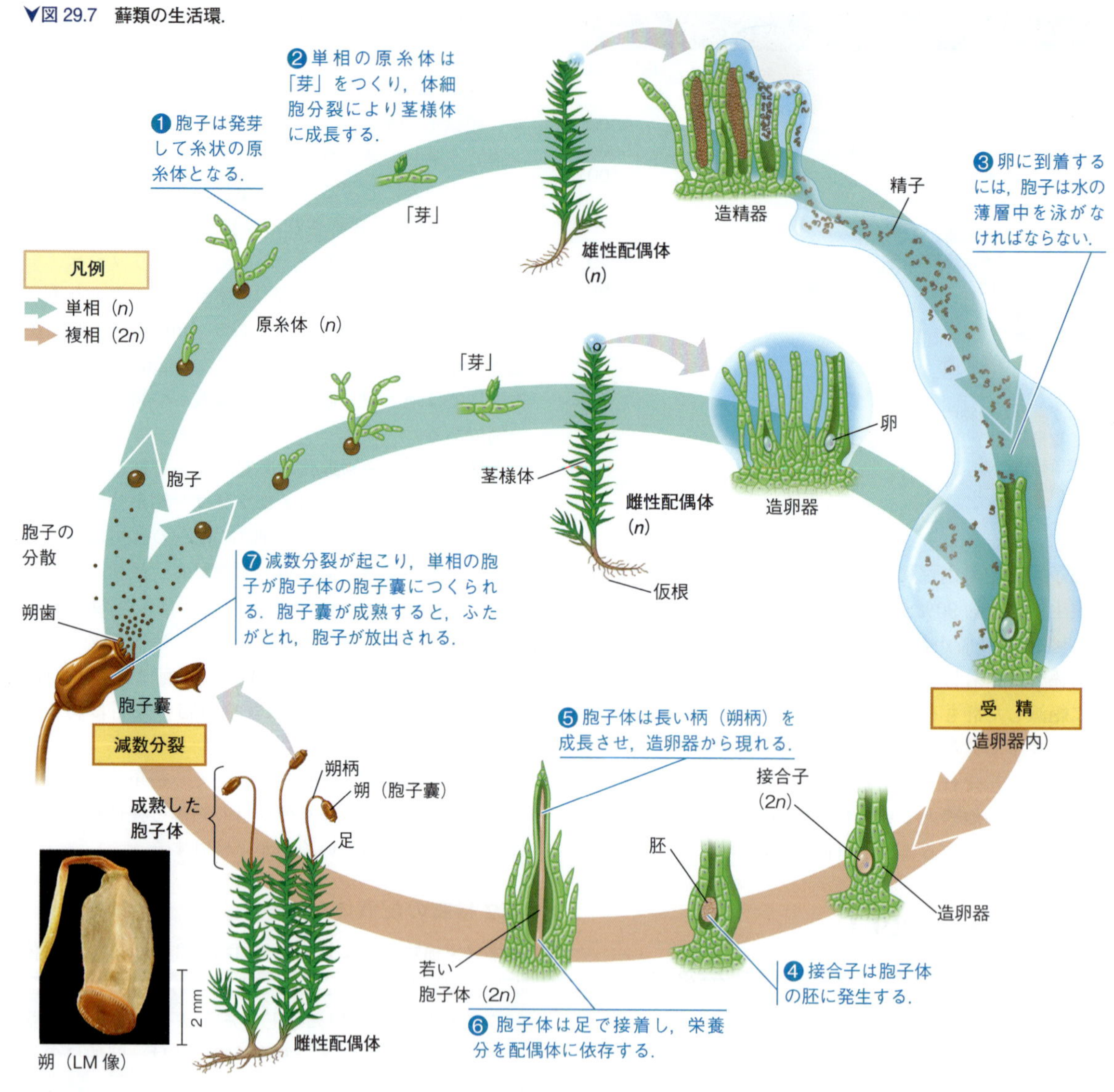

❶ 胞子は発芽して糸状の原糸体となる.
❷ 単相の原糸体は「芽」をつくり，体細胞分裂により茎様体に成長する.
❸ 卵に到着するには，胞子は水の薄層中を泳がなければならない.
❹ 接合子は胞子体の胚に発生する.
❺ 胞子体は長い柄（朔柄）を成長させ，造卵器から現れる.
❻ 胞子体は足で接着し，栄養分を配偶体に依存する.
❼ 減数分裂が起こり，単相の胞子が胞子体の胞子嚢につくられる．胞子嚢が成熟すると，ふたがとれ，胞子が放出される.
凡例
単相（n）
複相（2n）
「芽」
原糸体（n）
雄性配偶体
(n)
造精器
精子
胞子
「芽」
茎様体
雌性配偶体
(n)
仮根
造卵器
卵
胞子の
分散
朔歯
胞子嚢
減数分裂
受　精
(造卵器内)
朔柄
朔（胞子嚢）
足
成熟した
胞子体
接合子
(2n)
胚
造卵器
若い
胞子体（2n）
雌性配偶体
2 mm
朔（LM 像）

図読み取り問題➤ この図において，卵を受精する精子は卵と遺伝的に異なるか．説明しなさい．

コケ植物の配偶体は，一般的には地面を覆うような絨毯（じゅうたん）をつくるが，それは薄い構造であるため，背の高い植物体を保持できないことが理由の1つである．コケ植物の高さに関する2つ目の制限要因として，維管束をもたないことが挙げられる．水や栄養分の長距離輸送には維管束が必要である（コケ植物の器官の構造は薄いので，特殊化した維管束なしに物質を分配することが可能である）．しかしながらスギゴケ属 *Polytrichum* を含むある蘚類では「茎」の中心に通道組織をもち，その結果，あるものでは 60 cm（2フィート）の高さまで成長することが可能である．系統解析の結果から，維管束植物と似た組織をもつこれらのコケは，収斂進（しゅうれん）化により独立して進化したことを示唆している．

配偶体は繊細な**仮根**（かこん） **rhizoid** で固定されている．仮根は管状の単細胞（苔類とツノゴケ類）か糸状の細胞群（蘚類）である．維管束植物の特徴である根とは異なり，仮根は組織をもたない．コケ植物の仮根は特殊化した通道細胞もなく，水や無機塩類の吸収する役割を専門に果たすものではない．

成熟した配偶体は，それぞれが保護組織に包まれた内部に配偶子を生産する配偶子嚢（造卵器と造精器）を複数つくる．配偶体は複数の配偶子嚢をもつ．それぞれの造卵器内には，卵が1個つくられ，一方，それぞれの造精器は多数の精子をつくる．両性の配偶体をもつコケ植物もあるが，通常，蘚類では造精器と造卵器は別の雄・雌の配偶体上につくられる．鞭毛をもつ精子は水の薄層中を卵に向かって泳いでいき，化学誘因物質に反応して造卵器に入っていく．卵は外に放出されず，造卵器の底部にとどまる．受精後の胚は造卵器内にとどまる．胎座輸送細胞の層により，胚が胞子体に成長するときの栄養分の輸送を補助する．

通常，コケ植物の精子が卵に到達するのに，水の膜が必要である．この要件を考えると，多くのコケ植物種が湿った場所で見られることは不思議なことではない．水を介して精子が泳いで卵に到達するという事実は，また雌雄が別の配偶体の種（ほとんどの蘚類の種）では，有性生殖は，個体が互いに近くに位置している場合に，より成功する可能性があることを意味する．

多くのコケ植物の種では，無性生殖のさまざまな方法を介して地域内の個体数を増やすことができる．たとえば，いくつかの蘚類では，親植物から切り離され，その親と遺伝的に同一のクローンとして成長する小植物体（左図）を形成することにより，無性生殖を行う．

コケ植物の胞子体

コケ植物の胞子体の細胞は葉緑体を含み，通常は緑色で，胞子体が若いときには光合成を行う．それでも，コケ植物の胞子体は独立して生活することはできない．コケ植物の胞子体は，糖やアミノ酸，無機塩類や水の供給を配偶体に依存して，胞子体の生涯を通して親の配偶体に付着したままである．

コケ植物はすべての現生の植物群の中で最も小さく単純な胞子体をもち，後に維管束植物で大きく複雑な胞子体が進化したという仮説に一致する．典型的な胞子体は，足，蒴柄，胞子嚢からできている．造卵器に埋まっている**足 foot** は配偶体から栄養分を吸収する．**蒴柄 seta**（複数形は setae），あるいは柄は，栄養分などを胞子嚢へ運ぶ．胞子嚢は**蒴 capsule** ともよばれ，減数分裂により胞子を生産する．

コケ植物の胞子体は膨大な数の胞子をつくることができる．たとえば，1 個の蘚類の蒴は，500 万個以上の胞子を生成することができる．ほとんどの蘚類では，蒴柄は長く伸び，蒴を上げることにより胞子の散布能力を高める．多くの蘚類では，蒴の上部は歯状の構造の輪になっていて，**蒴歯 peristome** とよばれている（図 29.7 参照）．「歯」は，乾燥時には開き，湿ったときには再び閉じる．これにより，コケの胞子を徐々に放出することが可能であり，周期的な突風により胞子が長距離を運ばれることが可能になる．

蘚類とツノゴケ類の胞子体は，苔類の胞子体より大きく複雑である．たとえば，ツノゴケ類の胞子体は，表面がイネ科の葉に似ており，クチクラを有する．蘚類とツノゴケ類の胞子体はまた，すべての維管束植物がそうであるように気孔をもつ（ただし，苔類はもたない）．

図 29.8 に，コケ植物の 3 門の配偶体と胞子体が例示してある．

蘚類の生態学的，経済的重要性

蘚類は軽い胞子により風に乗って世界中に分散した．これらの植物は湿った林内や湿地で特に多く，多様化している．いくつかの蘚類は，裸地，砂地に生育しており，土壌中に窒素を保持する手助けをすることが発見されている（図 29.9）．北方針葉樹林では，タチハイゴケ属 *Pleurozium* のような蘚類が，窒素固定シアノバクテリアのすみかとなり，生態系における窒素の可用性を向上させる．ある蘚類の種は，山頂やツンドラ，砂漠などの極限環境にも生育する．多くの蘚類は非常に冷たいあるいは乾燥した場所でも生育可能である．なぜなら蘚類は体のほとんどの水分を失っても生きていることができるからであり，水分が利用可能になったときに潤いを取り戻す．同様な脱水に耐えられる維管束植物はほとんどない．さらに，コケの細胞壁のフェノール化合物は，砂漠または高所における有害なレベルの紫外線放射を吸収する．

湿地性の蘚類の属であるミズゴケ属 *Sphagnum* は特に広く分布し，**泥炭 peat**（図 29.10 a）として知られる，部分的にしか分解されていない有機物の膨大な埋蔵物を形成している．泥炭の厚い層をもつ沼地は，泥炭地とよばれている．ミズゴケは，細胞壁内に含まれるフェノール化合物の耐性などにより，簡単には分解しない．低温度，pH，泥炭地の酸素レベルもまた，これらの沼湿地のミズゴケや他の生物の分解を抑制する．その結果，ある泥炭地では，何千年もの間，死体を保存した（図 29.10 b）．

泥炭はヨーロッパやアジアで長い間燃料資源であった．そして今日でも，特にアイルランドとカナダで燃料用として収穫されている．ミズゴケは自分自身の 20 倍の重さの水分を吸収可能な大きな死細胞をもつため，土壌への添加物としても用いられ，また出荷時に植物の根を包むのにも使われる．

泥炭地は，地球の陸地表面の 3% を覆い，世界の土壌炭素の約 30% が含まれている．世界中で，有機炭

図 29.8　探究　コケ植物の多様性

苔類（苔植物門）

この植物門名 Hepatophyta（ラテン語で「肝臓」を意味する *hepaticus* に由来）は，ゼニゴケなどの肝臓の形をした配偶体から名づけられた．中世では，その形状は，植物は肝臓疾患の治療薬になる印であると考えられた．ゼニゴケなどのいくつかの苔類は，平坦な形の配偶体から，「葉状体」と記述される．ゼニゴケの配偶子嚢は，ミニチュアの木のように見える雌器托と雄器托によりもち上げられている．短い柄と丸い胞子嚢をもつ配偶体を観察するには，ルーペが必要である．ハネゴケ属 *Plagiochila* のような他の苔類は，茎のような配偶体がたくさんの葉状の付属物をつけているため，「茎葉体」とよばれている．茎葉体の苔類は，葉状体の苔類より多くの種がある．

葉状体
雌器托
胞子体
足
朔柄
朔（胞子嚢）
500 μm

「葉状体」の苔類，ゼニゴケ
Marchantia polymorpha

ゼニゴケ（LM 像）

「茎葉体」の苔類，ハネゴケ属の1種
Plagiochila deltoidea

ツノゴケ類（ツノゴケ植物門）

この植物門名 Anthocerophyta（ギリシャ語で「角」を意味する *keras* に由来）は，長く先細の胞子体の形状から名づけられた．典型的な胞子体は，約 5 cm の高さに成長する．苔類や蘚類の胞子体とは異なり，ツノゴケ類の胞子体は柄を欠き，胞子嚢のみから構成されている．胞子嚢は，角の先端から始まる，分割分裂により成熟した胞子を放出する．配偶体は，通常，直径 1 ～ 2 cm で，ほとんど水平方向に成長し，複数の胞子体がつく．ツノゴケ類は，しばしば，湿った土壌の空き地に最初に進出する種であり，窒素固定を行うシアノバクテリアとの共生関係が，その能力に貢献している（そのような場所では窒素が不足していることが多い）．

胞子体
配偶体

ツノゴケ属 *Anthoceros* の1種

蘚類（蘚植物門）

多くの配偶体は，1 mm 未満から最大 60 cm の高さの範囲で，ほとんどの種では 15 cm 未満である．身近なコケの絨毯は，おもに配偶体で構成されている．「葉」は通常は1細胞層であるが，両面がクチクラで覆われたもっと複雑な「葉」がウマスギゴケ（*Polytrichum*，下の図）やその近縁種で見られる．蘚類の胞子体は，一般的には 20 cm 以上まで伸長し，肉眼で見られる．胞子体は，若いときは緑色で光合成をするが，胞子を放出するときには黄色か赤褐色になる．

朔
朔柄
胞子体
配偶体

ウマスギゴケ属の1種 *Polytrichum commune*

▼図 29.9

研究　コケ植物は，土壌からの主要な栄養の損失速度を低くできるか

実験　陸域生態系の土壌は，しばしば通常の植物の成長に必要な栄養素である窒素含量が低い．アレゲニー大学のリチャード・ボーデン Richard Bowden は，蘚類のウマスギゴケ属が優占する砂質土壌生態系における窒素の毎年の流入（獲得）と流出を（損失）を測定した．窒素流入は降雨量（たとえば，硝酸，硝酸などの溶存イオン），生物学的窒素固定，風による沈着を測定した．窒素損失は，浸出水（NO_3^- などの溶存イオン）と気体による排出（たとえば，細菌から放出される NO_2 など）で測定した．ボーデンはウマスギゴケ属のコケの生えた土壌と，実験開始前2ヵ月にコケを除いた土壌の損失を測定した．

結果　この生態系では，窒素は毎年，合計量で 10.5 kg（kg/ha）が流入した．少量の窒素が気体による排出によって失われた（0.10 kg/ha・年）．浸出による窒素の損失を比較した結果を以下に示す．

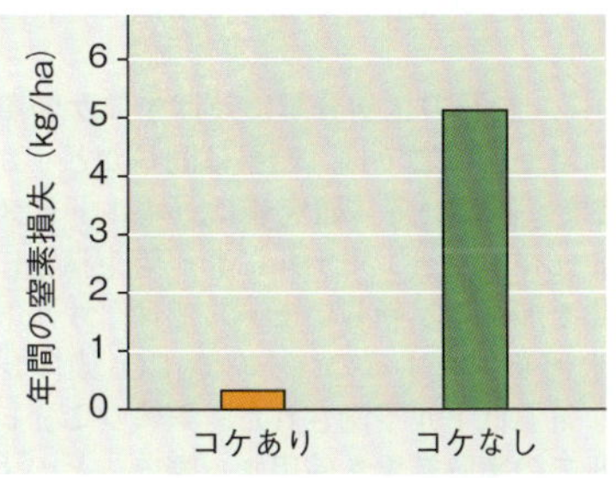
年間の窒素損失（kg/ha）
6
5
4
3
2
1
0
コケあり
コケなし

結論　ウマスギゴケ属のコケが，この生態系から浸出による窒素の損失を大きく減少させた．コケのある生態系では，毎年の全窒素流入 10.5 kg/ha の 95%以上が保持された（わずか 0.1 kg/ha と，0.3 kg/ha は，それぞれ，気体による排出と溶脱のために失われた）．

データの出典　R. D. Bowden, Inputs, outputs, and accumulation of nitrogen in an early successional moss (*Polytrichum*) ecosystem, *Ecological Monographs* 61:207-223 (1991).

どうなる？➤ウマスギゴケ属のコケの存在が，コケの後に砂質土壌に進出してくる植物種にどのような影響を与えるだろうか．

素の推定4500億トンは泥炭として蓄積されている．現在のミズゴケの過剰収穫，おもに泥炭を使った火力発電所用は，その生態学的効果を減じ，貯蔵されている CO_2 を放出することにより地球温暖化の要因となるであろう．さらに，地球の気温が上昇し続ければ，いくつかの泥炭地の水レベルが低下すると予想される．そのような変化により，泥炭が空気に触れて分解する原因となり，さらに CO_2 の放出を促進して，地球温暖化を促進する．地球の気候に関するミズゴケの歴史と将来予想される効果から，泥炭地の保全と管理の重要性が強調されている．

コケは気候変動に影響を与えた長い歴史をもっているかもしれない．**科学スキル演習**では，オルドビス紀に，岩石の風化に寄与することによって，そのようなことがあったかどうかという疑問について探究する．

▼図 29.10　ミズゴケ，あるいはピートモスは 経済的，生態的そして考古学的に重要なコケである．

(a) 泥炭湿原から切り出される泥炭

(b)「トーランド・マン」紀元前 405 ～ 100 年の湿原ミイラ．ミズゴケのつくり出す酸性の嫌気的条件により，人間や他の動物の体が数千年も保存される．

概念のチェック 29.2

1. コケ植物は，他の植物とどのような点が異なるのか．
2. コケ植物において，構造が機能にどのように適合しているか．例を3個挙げなさい．
3. **関連性を考えよう**➤1.1 節のフィードバック制御の議論を復習しなさい．泥炭地の地球温暖化の影響は，正の，あるいは負のフィードバックを通して CO_2 濃度を変化させる可能性があるか．説明しなさい．

（解答例は付録 A）

科学スキル演習

棒グラフの描画とデータの解釈

オルドビス紀に非維管束植物が岩石の風化を引き起こし，気候変動に貢献したのか　最も古い陸生植物の痕跡は，4億7000万年前に形成された胞子化石である．4億4400万年前のオルドビス紀の終わりから，大気中の二酸化炭素濃度は半減し，気候は劇的に低温下した．

オルドビス紀における CO_2 濃度低下の原因の1つに，岩石の破壊や風化がある．岩の風化に伴い，珪酸カルシウム（Ca_2SiCO_3）が放出され，空気中の CO_2 と結合して炭酸カルシウム（$CaCO_3$）を生成する．今日，維管束植物の根は，岩と土を分解する酸を生成することによって，岩の風化と鉱物の放出を増加させる．非維管束植物は根をもたないが，維管束植物と同じ無機栄養素を必要とする．非維管束植物もまた岩石の化学的風化を増加させることができただろうか．そうであれば，オルドビス紀の間の大気中 CO_2 濃度の減少に貢献した可能性がある．この演習では，2種類の岩石から無機栄養を放出する際のコケの影響を調べたデータを解釈する．

実験方法　研究者は，岩石からの無機栄養の放出を測定するために，実験および対照ミクロコスモス，すなわち微小人工生態系を設定した．最初に，彼らは花崗岩（かこうがん）あるいは安山岩の岩片を小さなガラス容器に入れた．その後，水と混合し，ヒメツリガネゴケ *Physcomitrella patens* の破砕した（細かく砕かれた）断片を混合した．彼らはこの混合物を実験的ミクロコスモス（72の花崗岩と41の安山岩）に加えた．対照のミクロコスモス（77花崗岩と37安山岩）には，コケを濾過して，水を加えただけである．130日後，対照ミクロコスモスの水と実験ミクロコスモスの水と，コケ中に見出されたさまざまな無機栄養の量を測定した．

実験データ　実験ミクロコスモスではコケが成長した（バイオマスが増えた）．この表では，水とコケで測定されたいくつ

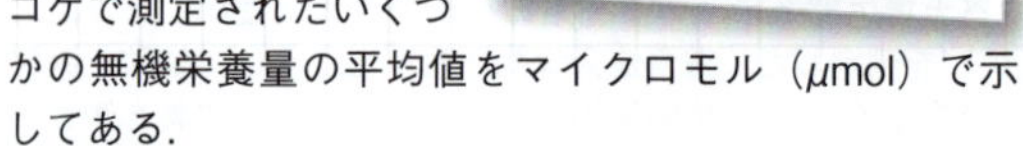

かの無機栄養量の平均値をマイクロモル（μmol）で示してある．

データの解釈

1. なぜ研究者は，混合したコケを除去した濾液を対照ミクロコスモスに加えるのか．
2. 対照および実験ミクロコスモスの岩石から溶出した各元素の平均量を比較する2つの棒グラフ（花崗岩および安山岩のための）を作成しなさい（ヒント：実験ミクロコスモスでは，岩石から溶出した総量はどのくらいか）．
3. 全体的に，岩石の化学分解に及ぼすコケの影響は何か．花崗岩や安山岩では，結果は同じかどうか．
4. 実験結果に基づいて，研究者は，オルドビス紀の気候のシミュレーションモデルに非維管束植物による岩石の風化を加えた．新しいモデルでは，オルドビス紀後期に氷河を生成するのに十分な CO_2 濃度レベルと全球的な気温低下が予測された．気候シミュレーションモデルでの実験結果を使用する際に，どのような仮定をしたのか．
5. 「生命は地球を大きく変えた．」この実験結果がこの言明を支持するかどうかを説明しなさい．

	Ca^{2+}（μmol）		Mg^{2+}（μmol）		K^{+}（μmol）	
	花崗岩	安山岩	花崗岩	安山岩	花崗岩	安山岩
対照ミクロコスモスで水中に放出された平均風化量	1.68	1.54	0.42	0.13	0.68	0.60
実験ミクロコスモスで水中に放出された平均風化量	1.27	1.84	0.34	0.13	0.65	0.64
コケに取り込まれた平均風化量	1.09	3.62	0.31	0.56	1.07	0.28

データの出典　T. M. Lenton et al., First plants cooled the Ordovician, *Nature Geoscience* 5:86-89 (2012).

29.3

シダ類などの無種子維管束植物は高木になった最初の植物である

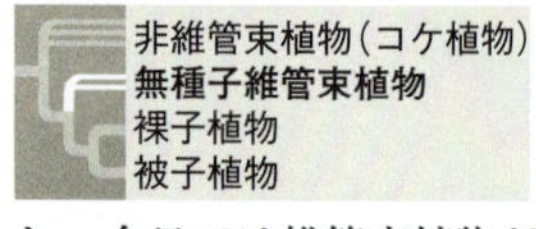
非維管束植物(コケ植物)
無種子維管束植物
裸子植物
被子植物

植物の進化において，最初の1億年間はコケ植物が顕著であった．しかし，今日では維管束植物が景観のほとんどを占めている．最古の維管束植物の化石は4億2500万年前にさかのぼる．これらの植物は種子を欠くが，よく発達した維管束系をもっていて，この進化的革新により，維管束植物がコケ植物よりも高く伸びることのできる下地が整った．しかしながら，コケ植物と同様に，シダなどの無種子維管束植物の精子は鞭毛をもち，水の薄層を泳いで卵にたどり着いた．遊泳性の精子をもつことや，繊細な配偶体であるといった理由により，非維管束植物は湿った環境に一般的である．

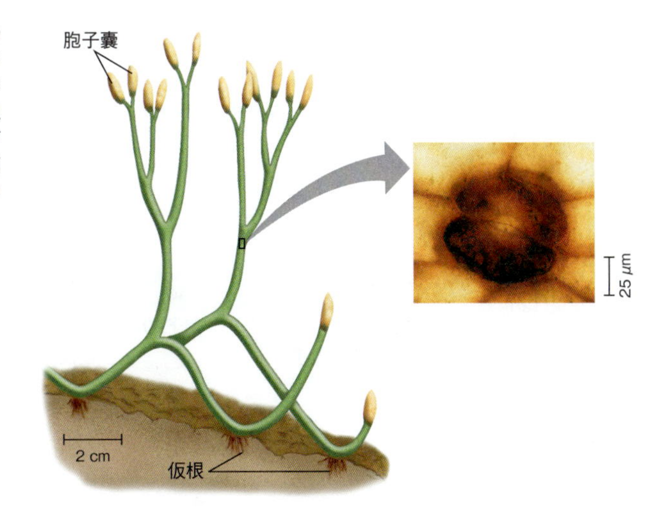
胞子嚢
25 μm
2 cm
仮根

➤図 29.11　アグラオフィトン・マヨール *Aglaophyton major* の胞子体，現生の維管束植物の古代の近縁種．この4億500万年前の化石からの復原図は，二叉分枝（Y字型）と先端の胞子嚢が示されている．これらの特徴は，現生の維管束植物は有するが，非維管束植物（コケ植物）が欠くものである．アグラオフィトンは仮根とよばれる地面に固定する構造をもつ．挿入図はアグラオフィトン・マヨールの化石化した気孔である（着色 LM 像）．

維管束植物の起源と特徴

非維管束植物と異なり，古代の維管束植物の仲間は，成長を配偶体に依存しない分枝した胞子体をもつ（図 29.11）．これら初期の植物は 20 cm 以上にはならないが，分枝により，より複雑な構造をとることや複数の胞子嚢をつけることが可能であった．植物体は時間の経過とともにますます複雑になり，空間や日光をめぐる競争がおそらく増加した．これから見ていくように，この競争は，維管束植物でさらなる進化を刺激し，最終的には，最初の森林の形成につながった．

初期の維管束植物は，すでに現生の維管束植物のもついくつかの派生的な特徴を有しているが，後に進化した根などの特徴を欠いている．現生の維管束植物は以下のような主要な特徴をもつ．すなわち，胞子体優占の生活環，木部と師部とよばれる維管束組織による輸送，よく発達した根や胞子葉とよばれる胞子をつける葉を含む葉である．

胞子体中心の生活環

前に述べたように，蘚類や他のコケ植物は，配偶体が優占する生活環をもつ（図 29.7 参照）．化石の証拠は，配偶体と胞子体の大きさがほぼ等しい，ある初期の維管束植物で変化が始まったことを示唆している．配偶体サイズのさらなる減少が，現存する維管束植物の系統で生じた．これらの仲間では，生活環において胞子体（複相）世代のほうがより大きくて複雑である（図 29.12）．たとえばシダ類ではなじみ深い葉をつけた植物は胞子体である．シダの配偶体は，小型で土壌の表面か，そのすぐ下で生育するため，配偶体を見つけるためには，ひじとひざを地面につけ，注意深く地面を探さなければならない．

木部と師部の輸送

維管束植物は木部と師部という 2 つのタイプの維管束組織をもつ．**木部 xylem** はもっぱら水や無機塩類を輸送する．すべての維管束植物の木部は，根から水や無機塩類を運ぶ管状細胞の**仮道管 tracheid** をもつ（図 35.10 参照）．維管束植物の水を運ぶ細胞は「リグニン化」されている．これはフェノール重合体の**リグニン lignin** により細胞壁が強化されている．**師部 phloem** とよばれる組織は，糖やアミノ酸，その他の有機化合物を分配する（図 35.10 参照）．

木化した維管束組織により，維管束植物はコケ植物よりも高く成長することが可能である．茎は，重力に逆らって自立するのに十分強く，水や無機塩類を地上から高く運ぶことができる．背の高い植物はまた，光合成に必要な日光の獲得において，背の低い植物に勝つことができる．さらに，背の高い植物は，背の低い植物よりも，胞子を遠くに分散させることができ，急速に新しい環境へ移住することを可能にする．全体的に見て，維管束植物の背が高く成長する能力は，通常高さ 5 cm 以上に成長しない非維管束植物に対する競争上の優位性を与えた，主要な進化的革新であった．維管束植物間の競争も増加して背の高い成長形態に対する自然選択につながり，3 億 8500 年前に最初の森林を形成した．

根 の 進 化

維管束組織は地下部にも利益を与える．コケ植物で見られる仮根に代わり，根はほぼすべての維管束植物で進化した．**根 root** は土壌中から水や栄養分を吸収する器官である．根は維管束植物を地面に固定し，茎がより高くに成長することが可能になる．

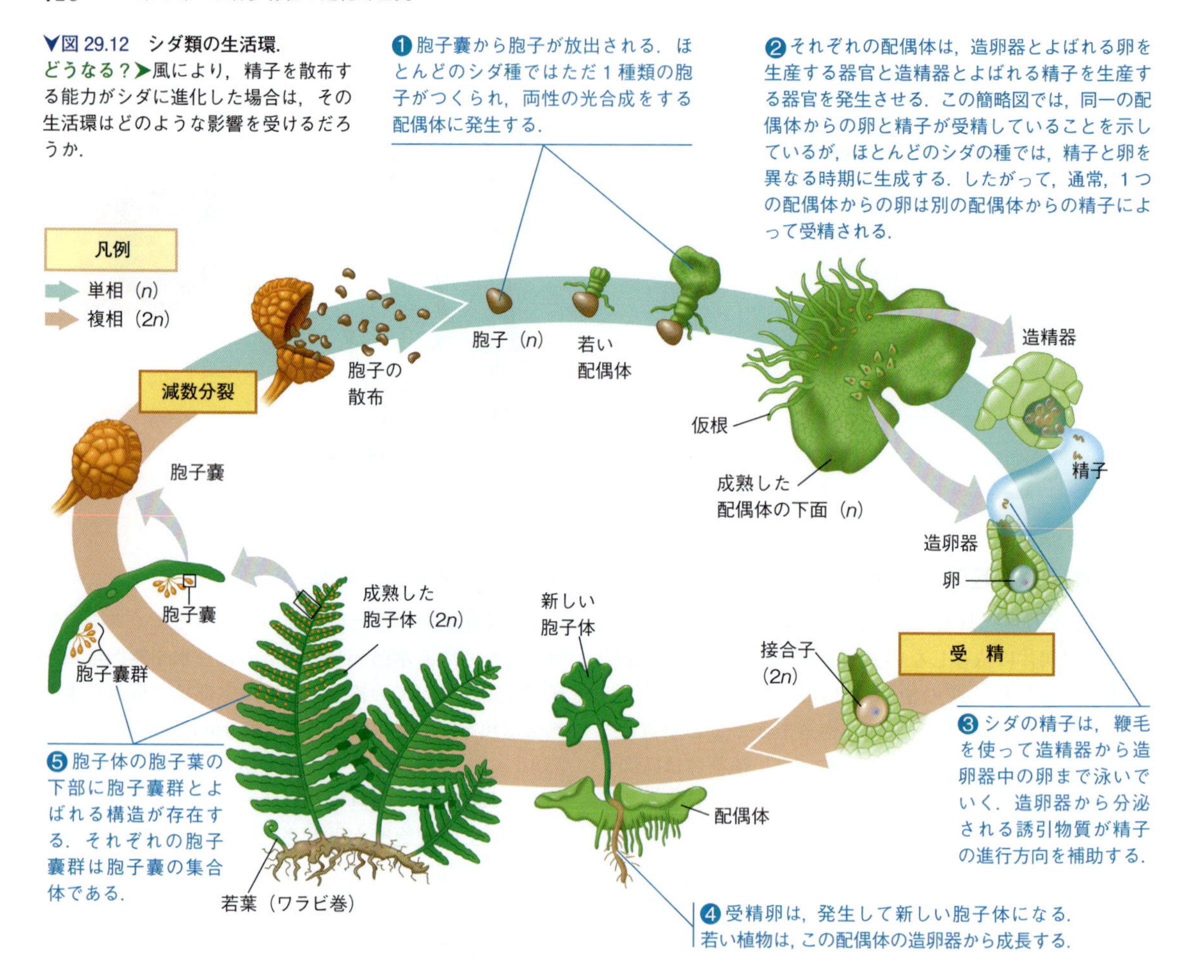

❶胞子嚢から胞子が放出される．ほとんどのシダ種ではただ1種類の胞子がつくられ，両性の光合成をする配偶体に発生する．
❷それぞれの配偶体は，造卵器とよばれる卵を生産する器官と造精器とよばれる精子を生産する器官を発生させる．この簡略図では，同一の配偶体からの卵と精子が受精していることを示しているが，ほとんどのシダの種では，精子と卵を異なる時期に生成する．したがって，通常，1つの配偶体からの卵は別の配偶体からの精子によって受精される．
凡例
単相（n）
複相（2n）
胞子の散布
胞子（n）
若い配偶体
造精器
減数分裂
仮根
胞子嚢
精子
成熟した配偶体の下面（n）
造卵器
卵
胞子嚢
胞子嚢群
成熟した胞子体（2n）
新しい胞子体
接合子（2n）
受精
❸シダの精子は，鞭毛を使って造精器から造卵器中の卵まで泳いでいく．造卵器から分泌される誘引物質が精子の進行方向を補助する．
❺胞子体の胞子葉の下部に胞子嚢群とよばれる構造が存在する．それぞれの胞子嚢群は胞子嚢の集合体である．
配偶体
若葉（ワラビ巻）
❹受精卵は，発生して新しい胞子体になる．若い植物は，この配偶体の造卵器から成長する．

▼図 29.12　**シダ類の生活環．**
どうなる？➤風により，精子を散布する能力がシダに進化した場合は，その生活環はどのような影響を受けるだろうか．

現生の植物の根の組織は，化石として保存されている初期の維管束植物の茎の組織に似ている．このことは，根は古代の維管束植物の地下茎から進化した可能性を示す．根が維管束植物の共通祖先で一度だけ進化したか，あるいは異なる系統で独立に進化したのかは明らかになっていない．現生の維管束植物の根は共通した類似性をもつが，化石の証拠は収斂進化の可能性を示す．たとえば，ヒカゲノカズラ植物の最古の化石は，シダ類や種子植物がまだ現れる前の4億年前にすでに単純な根を有していた．異なる維管束植物での根の発生制御遺伝子の比較研究がこの議論の決着に役立つだろう．

葉の進化

葉 leaf は，維管束植物の主要な光合成器官としての働きをする構造である．葉は，大きさや複雑性の観点から，小葉と大葉に分類することが可能である（図 29.13）．すべてのヒカゲノカズラ植物が，そしてヒカゲノカズラ植物のみが，通常は1本の葉脈がある小さな針状の**小葉**(しょうよう) microphyll をもつ．他のほとんどの維管束植物は，高度に分枝した維管束系をもつ**大葉**(たいよう) megaphyll を有する．いくつかの種は，大葉から進化したと思われる退化した葉をもつ．大葉は，小葉に比べ大きな葉をつけることから，このような名前がつけられている．大葉は，網状の葉脈をもつことにより，より大きな葉面積を使い小葉より多くの光合成生産を行うことが可能である．小葉が化石記録に最初に現れるのは4億1000万年前である．これに対し，大葉はデボン紀の終わり近くの約3億7000万年前まで出現しない．

胞子葉と胞子の多様性

植物の進化上の画期的な出来事の1つとして，胞子嚢をつける変形葉である**胞子葉** sporophyll の出現を挙げることができる．胞子葉の構造は非常に多様である．たとえば，シダの胞子葉は**胞子嚢群** sorus（複数形は sori）とよばれる胞子嚢の集まりを通常は下面につける（図 29.12 参照）．多くのヒカゲノカズラ植物

▼図 29.13　小葉と大葉.

小葉
小葉
分枝しない
維管束組織
Selaginella kraussiana
(クラマゴケの1種)

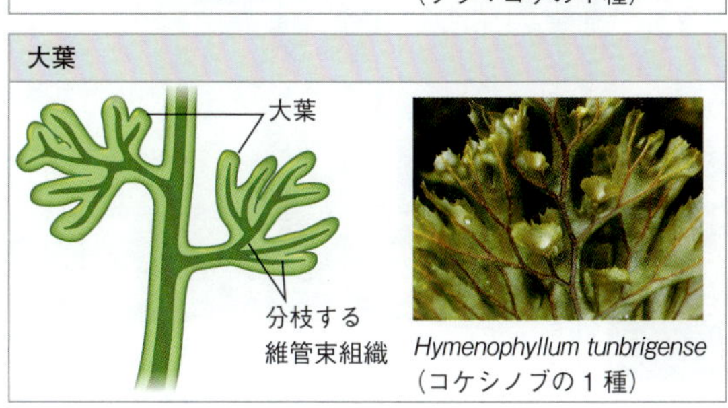
大葉
大葉
分枝する
維管束組織
Hymenophyllum tunbrigense
(コケシノブの1種)

とほとんどの裸子植物は胞子葉群が円錐形になり，**胞子葉穂** strobilus とよばれる．被子植物の胞子葉は心皮と雄ずいである（図 30.8 参照）．

ほとんどの無種子維管束植物の種は，単一型の胞子葉が単一型の胞子をつくり，通常は両性の配偶体に発生する**同型胞子性** homosporous である．一方，**異型胞子性** heterosporous の種は，大胞子葉と小胞子葉という2つの型の胞子葉をもつ．大胞子葉は雌性配偶体になる大胞子をつくる．大胞子葉は雌性配偶体になる**大胞子** megaspore をつくる大胞子嚢をもつ．小胞子葉は雄性配偶体になる**小胞子** microspore をつくる小胞子嚢をもつ．すべての種子植物と少数の無種子維管束植物は異型胞子性である．以下の模式図に両者の状態が比較してある．

同型胞子生産（ほとんどの無種子維管束植物）

胞子葉上の胞子嚢 ⟶ 1タイプの種子 ⟶ 通常は両性の配偶体 ⟶ 卵 / 精子

異型胞子生産（すべての種子植物）

大胞子葉上の大胞子嚢 ⟶ 大胞子 ⟶ 雌性配偶体 ⟶ 卵

小胞子葉上の大胞子嚢 ⟶ 小胞子 ⟶ 雄性配偶体 ⟶ 精子

無種子維管束植物の分類

前に述べたように，現生の無種子維管束植物はヒカゲノカズラ植物とシダ植物の2つのクレードをつくる．ヒカゲノカズラ植物（ヒカゲノカズラ植物門）は，ヒカゲノカズラ類，クラマゴケ類，ミズニラ類を含み，シダ植物（シダ植物門）はシダ類，トクサ類，マツバランとその近縁群を含む．シダ類，トクサ類，マツバランは見かけが大きく異なるが，最近の解剖学的および分子系統学的比較により，これら3群は単一クレードをつくるという確信が得られた．したがって，多くの分類学者はいまや，すべてをシダ植物門に分類している．他の意見としては1つのクレード内の，3つの別の門として分類する場合もある．図 29.14 に，無種子維管束植物の2つの主要群について記述してある．

ヒカゲノカズラ植物門 Lycophyta：ヒカゲノカズラ類，クラマゴケ類，ミズニラ類

ヒカゲノカズラ植物の現生種は，太古に繁栄した植物の残存種である．ヒカゲノカズラ植物は，石炭紀には，小型の草本植物と，直径 2 m 以上，高さ 40 m 以上となる巨大な木本という進化系列があった．大型のヒカゲノカズラ植物は暖かく湿潤な沼地に数百万年もの間繁栄した．しかし，ペルム紀（2 億 9900 万～2 億 5200 万年前）の間に気候が寒冷で乾燥してくるとその多様性は衰退した．小型のヒカゲノカズラ植物はこの時代を生き残り，今日，約 1200 種が生育している．中には通称でクラマゴケとよばれるものもあるが，（前に非維管束植物のところで議論したように）もちろん本当のコケではない．

シダ植物門 Monilophyta：シダ類，トクサ類，マツバランとその近縁群

シダ類はデボン紀に出現してから著しく放散し，石炭紀の広大な湿地林を構成していた木生のヒカゲノカズラ植物とトクサ類に寄り添って生育していた．今日，シダ類は間違いなく無種子維管束植物の中で最も広く分布している群であり，1 万 2000 種以上が知られている．多様性の中心は熱帯にあるが，たくさんのシダ類が温帯林にも繁殖していて，ある種は乾燥した場所にも適応している．

前述したように，シダや他のシダ植物は，ヒカゲノカズラ植物よりも種子植物により近縁である．結果として，シダ植物と種子植物は，以下のようなヒカゲノカズラ植物には見られない，大胞子葉，既存の根に沿ってさまざまな場所で分岐することができる根などの

▼図 29.14　探究　無種子維管束植物

ヒカゲノカズラ植物（ヒカゲノカズラ植物門）

多くのヒカゲノカズラ植物は，熱帯樹木の着生植物である．着生植物は，他の植物を基盤として用いるが，寄生者ではない．また，温帯の林床に生える種もある．ある種では，地上生で光合成を行う，小さな配偶体をもつ．他のものでは，配偶体は地下生であり，菌類と共生する．

胞子体はたくさんの小さな葉（小葉）をつける直立する茎をもつか，二叉分枝する根を出す匍匐（ほふく）する茎をもつ．クラマゴケ類は，通常小型で，水平に広がる．多くのヒカゲノカズラ類とクラマゴケ類では，胞子葉は集まって棍棒状の穂となる．ミズニラ類は，葉の形からそのような名前がつけられているが，湿地に生えるか，沈水した水草になる1属のみからなる．ヒカゲノカズラ類はすべて同型胞子性であるが，クラマゴケ類とミズニラ類はすべて異型胞子性である．胞子は雲のように放出され，油成分に富むので，魔術師や写真家はそれらに点火して煙やフラッシュライトを発生させるのに使ったこともある．

2.5 cm
胞子囊穂
（胞子葉の
集まり）
1 cm

クラマゴケ類の1種 *Selaginella moellendorffii*

ミズニラ類の1種 *Isoetes gunnii*

ヒカゲノカズラ類の1種 *Diphasiastrum tristachyum*

シダ植物（シダ植物門）

2.5 cm

クサソテツ *Matteuccia struthiopteris*

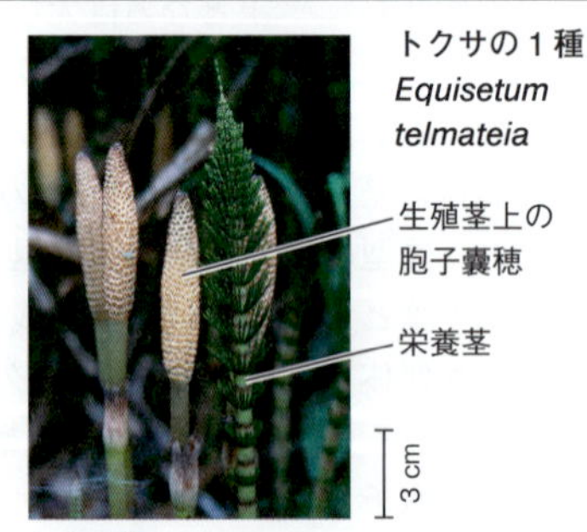
生殖茎上の
胞子囊穂
栄養茎
3 cm

トクサの1種 *Equisetum telmateia*

4 cm

マツバラン *Psilotum nudum*

シダ類

ヒカゲノカズラ植物とは異なり，シダ類は大葉をもつ（図29.13参照）．胞子体は通常，水平に這う茎をもつ．茎からは羽状に分裂する大きな葉を出す．葉はしばしばワラビ巻状から展開する．

ほとんどすべての種は同型胞子性である．配偶体は若い胞子体が分離した後，しぼんで死ぬ．ほとんどの種では，胞子体は柄のある胞子囊をもち，胞子を数m飛ばすことのできるバネ状の装置をもつ．胞子はもとの場所から遠くへ空気中を運ばれる．一生の間に数兆個の胞子を生産する種もある．

トクサ類

英名horsetailsは，茎がブラシのように見えることから名づけられている．茎は，ザラザラの質感で，昔はポットやフライパンを磨く「研磨材」として使われていた．生殖茎と栄養茎を別にもつ種もある．トクサ類は同型胞子性で，胞子穂は小さな雄か両性の配偶体になる胞子をつくる．

トクサ類は，節があるため，「有節植物」ともよばれる．小さな葉，または枝が輪状に各節から出るが，茎が主要な光合成器官である．しばしば，浸水した土壌に生えるが，大きな通気路により酸素が根に送られる．

マツバランとその近縁群

原始的維管束植物の化石のように，マツバランは二叉分枝する茎をもつが根はない．茎には維管束の入らない鱗片様の突起があり，おそらく退化した葉ではないかと思われる．茎上の黄色いこぶは3個の胞子囊が合着したものである．ツメシプテリス属 *Tmesipteris* の種は，マツバランに近縁で，南太平洋地域のみに分布する．やはり根を欠くが，茎には小葉に似た突起をもつ．両属ともに同型胞子性で，胞子から地下生でわずか数cmの長さの両性配偶体がつくられる．

特徴を共有する．ヒカゲノカズラ植物では，対照的に，根の分岐は成長点のみであり，Y字型構造を形成する．

トクサ類とよばれるシダ植物は，石炭紀の間，非常に多様化していた．ある種は15 mもの高さに成長したが，今日では，広分布域をもつトクサ属1属のたった15種のみが生き残り，しばしば湿地や渓流沿いに生育している．

マツバラン属 *Psilotum* とその近縁のツメシプテリス属 *Tmesipteris* は単一クレードをつくり，熱帯の着生植物である．マツバラン類は，根と葉を欠く唯一の維管束植物であり，現生の維管束植物の古代の近縁群の化石に非常によく似ているため，かつて「生きた化石」とよばれた（図29.11，図29.14参照）．しかし，DNA塩基配列や精子の構造などの多くの証拠は，マツバラン属 *Psilotum* とツメシプテリス属 *Tmesipteris* はシダ類に近縁であることを示している．この仮説では，マツバランの祖先において，根や葉が失われたことを意味する．

無種子維管束植物の重要性

現生のヒカゲノカズラ植物，トクサ類とシダ類の祖先は，近縁な無種子維管束植物と一緒に石炭紀には巨木に成長していた（図29.15）．この劇的な成長が，地球や他の生物にどのような影響を与えたのだろうか．

1つの大きな影響として，初期の森林が石炭紀の間にCO_2レベルの大幅な低下に寄与して世界的な冷却を引き起こし，広範囲に氷河が形成されたことである．初期の森林の樹木は，根の活動によって部分的にCO_2レベルの低下に貢献した．維管束植物の根は岩石を分解する酸を分泌し，岩石からカルシウムとマグネシウムが土壌に放出される割合を増加させる．これらの化学物質は，雨水に溶け込んだCO_2と反応し，最終的に海洋に流入して岩石（炭酸カルシウムまたは炭酸マグネシウム）に取り込まれる．植物によって加速されたこれらのプロセスの最終的な効果は，大気から除去されたCO_2が海洋性岩石に貯蔵されることである．これらの岩石に蓄えられた炭素は大気に戻すことができるが（地質的な隆起により岩石が表層に現れて侵食されたときのように），これが起きるまでには一般に何百年もかかる．

それに加え，最初の森林を形成した無種子維管束植物は，最終的に石炭となり，長期間にわたってCO_2が大気中から取り除かれた．石炭紀の沼地のよどんだ水の中で死んだ初期の樹木は，完全には分解しなかった．この有機物質は泥炭の厚い層に変わり，後に水中に没した．海底で層序が上に積み重なり，数百万年以上もかかって熱と圧力により泥炭は石炭に変化した．実際，石炭紀の石炭蓄積は，地球の歴史上で最も大規模なものである．石炭は産業革命に欠くことのできなかったものであり，人類は現在も年間約60億tの石炭を燃やしている．地球寒冷化を促進した植物によりつくられた石炭中の炭素を大気中に戻すことにより，地球温暖化が促進されていることは皮肉である（図56.29参照）．

トクサ類
シダ類

▲図29.15　**化石の証拠から復原した石炭紀の森林の想像図．** 小葉で覆われた幹をもつヒカゲノカズラ類の樹木は，巨大なシダ類とトクサ類とともに，石炭紀の「石炭林」で繁栄していた．

無種子維管束植物と一緒に石炭紀の沼地には原始的種子植物も生育していた．このときはまだ種子植物は優占種ではなかったが，石炭紀の終わりに沼地が干上がり始めたときには顕著に見られるようになってきた．次章では，陸上への適応というテーマの続きとして，種子植物の出現と多様化をたどってみる．

概念のチェック 29.3

1. シダ植物と種子植物に見られるが，ヒカゲノカズラ植物にはない，主要な派生形質を挙げなさい．
2. 無種子維管束植物と非維管束植物の間の主要な類似点と相違点は，どのようにこれらの植物の機能に影響を与えるのか．
3. **関連性を考えよう**➤図29.12において，1配偶体からの配偶子間で受精が起きた場合，有性生殖による遺伝的変異の生成にどのような影響を与えるだろうか．13.4節を参照しなさい．

（解答例は付録A）

29 章のまとめ

重要概念のまとめ

29.1
陸上植物は緑藻（広義）から進化した

- 形態学的および生化学的特性と同様に，核および葉緑体の遺伝子の類似性は，シャジクモ藻類のある群が，現生植物の最も近縁な群であることを示す．
- **スポロポレニン**の保護層と他の形質により，シャジクモ藻類は，池や湖の端に沿った場所で，しばしば乾燥に耐えることができる．そのような形質は，植物の祖先藻類が陸上環境で生き残ることができるようにし，乾燥した陸上への進出の道を開いた可能性がある．
- 最も近縁な藻類であるシャジクモ藻類から陸上植物のクレードを区別する派生形質は**クチクラ**，**気孔**，多細胞の従属栄養性胚などであるが，ここに4つを示す．

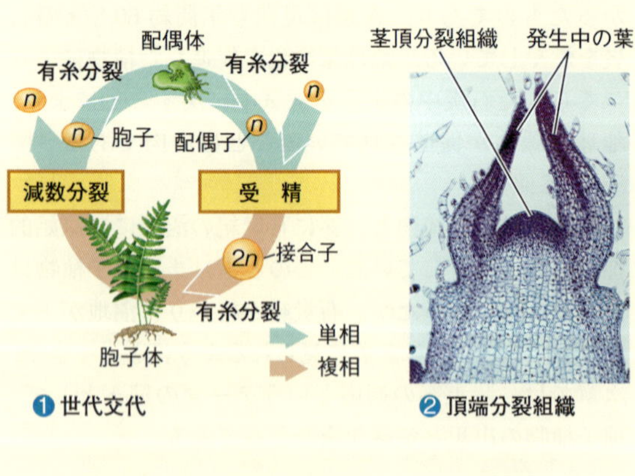

配偶体
有糸分裂
有糸分裂
n
n
胞子
配偶子
n
減数分裂
受　精
2n
接合子
有糸分裂
単相
複相
胞子体
茎頂分裂組織
発生中の葉

❶ 世代交代　　❷ 頂端分裂組織

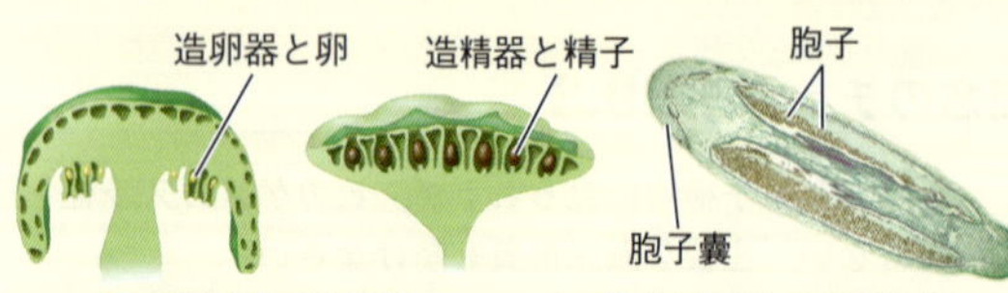

造卵器と卵
造精器と精子
胞子
胞子嚢

❸ 多細胞性の配偶体　　❹ 胞子嚢内の有壁胞子

- 化石は，4億7000年以上前には植物が進化していたことを示している．続いて，植物はいくつかの主要な群，非維管束植物（**コケ植物**），**ヒカゲノカズラ植物**やシダ植物など**無種子維管束植物**，そして**裸子植物**と**被子植物**という種子植物の2つの群に分化した．

? 植物の系統進化に関する，現在の理解を示す系統樹を描きなさい．また，植物の共通の祖先と，多細胞性の配偶体，維管束組織，種子の起源の場所にラベルをつけなさい．

29.2
コケなどの非維管束植物は配偶体中心の生活環をもつ

- 非維管束植物の現生の3つのクレードにつながる系統，すなわち苔類，蘚類およびツノゴケ類からなるコケ植物は，植物の進化の初期に他の植物群から分岐した．
- コケ植物では，一般的に生活環の中心世代は，単相の**配偶体**であり，いわゆるコケの絨毯をつくっているものである．**仮根**は，成長する配偶体を土台に固着させる．**造精器**によって生成された鞭毛をもつ精子は，**造卵器**中の卵にたどり着くのに水の層を必要とする．
- 生活環の複相段階である**胞子体**は，造卵器から成長し，配偶体に付着し，栄養を配偶体に依存する．維管束植物の胞子体よりも小さく，単純であり，通常は，**足**，**朔柄**（柄），**胞子嚢**から構成されている．
- ミズゴケ，すなわちピートモスは，泥炭地として知られている大規模な地域では一般的であり，燃料を含む多くの実用的な用途がある．

? コケの生態学的重要性をまとめなさい．

29.3
シダ類などの無種子維管束植物は高木になった最初の植物である

- 今日の維管束植物の先駆者の化石は4億2500万年ほどさかのぼり，小さな植物で，独立した，分岐する胞子体をもっていたことを示している．
- これらの祖先種は，胞子体優占の生活環，リグニン化した維管束組織，よく発達した**根**や**葉**，**胞子葉**といった現生の維管束植物がもつ他の派生形質を欠いていた．
- 無種子維管束植物には，**ヒカゲノカズラ植物**（ヒカゲノカズラ植物門：ヒカゲノカズラ類，クラマゴケ類，ミズニラ類）と**シダ植物**（シダ植物門：シダ類，トクサ類，マツバランとその近縁種）が含まれる．古代ヒカゲノカズラ植物は小さな草本植物と大きな木本の両方を含む．現生のヒカゲノカズラ植物は，小さな草本植物である．
- 無種子維管束植物は，最古の森を支配した．その成長は，石炭紀の終わりを特徴づける主要な全地球的な冷却効果を生み出す一因だったかもしれない．最初の森林の遺骸は，最終的に石炭になった．

? どのような形質により，維管束植物は背が高く成長したか．また，なぜ背の高いことが有利だったのか．

理解度テスト

レベル 1：知識／理解

1. 次のうち3つはシャジクモ藻類が植物の最も近縁な藻類のであることを示す証拠である．例外を選びなさい．
(A) 類似した精子の構造
(B) 葉緑体の存在
(C) 細胞分裂時の細胞壁形成の類似性
(D) 葉緑体の遺伝的類似性

2. 植物の次の特性のうち，どれが最も近縁な藻類であるシャジクモ藻類に見られないか．
(A) クロロフィル *b*
(B) 細胞壁中のセルロース
(C) 有性生殖
(D) 多細胞性の世代交代

3. 植物では，次のうちのどれが減数分裂によってつくられるか．
(A) 単相の配偶子　(C) 単相の胞子
(B) 複相の配偶子　(D) 複相の胞子

4. 小葉は，どのような植物群で見られるか．
(A) ヒカゲノカズラ類　(C) シダ類
(B) 苔類　(D) ツノゴケ類

レベル 2：応用／解析

5. 高木と同じ高さまで，水などの物質を運ぶことができる効率的な輸送系がコケで進化したと仮定する．このような種の「木」について，次の文のうち間違っているものはどれか．
(A) 胞子飛散距離はおそらく増加する．
(B) 雌は1つだけ造卵器をつくることができる．
(C) 体の一部が強化されていない限り，そのような「木」は倒れるだろう．
(D) 個体はおそらく光を得るために，より効果的に競合する．

6. 次のそれぞれの構造が単相か複相か識別しなさい．
(A) 胞子体　(C) 配偶体
(B) 胞子　(D) 接合子

7. **進化との関連**
描いてみよう　現在理解されている，コケ類，裸子植物，ヒカゲノカズラ類，シダ類の進化的関係を表す系統樹を描きなさい．その際，シャジクモ藻類を外群として用いなさい（図 26.5 参照）．分岐点で表された共通祖先から派生したクレードが少なくとも1つの派生形質をもつように，各々の分岐点にラベルをつけなさい．

レベル 3：統合／評価

8. **科学的研究**
データの解釈　タチハイゴケ *Pleurozium schreberi* は，共生窒素固定細菌に生育環境を提供する．科学者は，北方の森林に生育するこのコケを研究し，コケが地表面を「覆う」割合が，35 年から 41 年前に焼失した森林では約 5% から，170 年以上前に焼失した森林では約 70% に増加したことがわかった．これらの森林に生育するコケから，彼らはまた，窒素固定に関して以下データを得た．

年（焼失後）	窒素固定速度［kg・N/(ha・年)］
35	0.001
41	0.005
78	0.08
101	0.3
124	0.9
170	2.0
220	1.3
244	2.1
270	1.6
300	3.0
355	2.3

データの出典　O. Zackrisson et al., Nitrogen fixation increases with successional age in boreal forests, *Ecology* 85:3327-3334 (2006).

(a) 上のデータを用い，経過年を x 軸に，窒素固定速度を y 軸にして折れ線グラフを描きなさい．
(b) 窒素固定によって加えられる窒素とともに，1ヘクタールあたり年間約 1 kg の窒素が，雨や小粒子として大気中から北部森林内に堆積されている．タチハイゴケの異なる年齢の北部森林での窒素利用に及ぼす影響度合いを評価しなさい．

9. **テーマに関する小論文：相互作用**　シダや種子植物が大葉をもっているのに対し，巨大なヒカゲノカズラ植物の木は小葉をもっていた．ヒカゲノカズラ植物の木の森が，木生シダや種子植物の森とはどのように異なっていただろうか．300〜450 字で記述しなさい．答えの中で，どのような森林のタイプが，高木の植物の下で生育する小さな植物間の相互作用に影響を与えるかについて検討しなさい．

10. 知識の統合

この写真の気孔は，トクサの葉のものである．気孔などの適応が，どのように陸上生活を促進し，最終的に最初の森林の形成につながったかを記述しなさい．

（一部の解答は付録A）

植物の多様性Ⅱ：種子植物の進化

30

▲図 30.1　これらの植物はどのようにして，この遠く離れた場所に到達できたのだろうか．

重要概念

30.1 種子と花粉は陸上生活への主要な適応である

30.2 裸子植物は「裸」の種子をつけ，一般には球果をつくる

30.3 被子植物の生殖的適応には花と果実がある

30.4 人間の繁栄は種子植物に大きく依存する

▼ヤナギランの種子

世界の改変

1980 年 5 月 18 日，セント・ヘレナ山は，広島原爆の 500 倍の威力で噴火した．爆風は時速 500 km 以上の速さで，数百ヘクタールの森林を破壊し，地表を灰で覆い，目に見える生命はなくなった．しかし，数年のうちにヤナギラン *Chamerion angustifolium* のような植物が不毛の景観に進入した（図 30.1）．

ヤナギランなどの初期進入者は，種子として噴火地域に達した．**種子 seed** は，保護膜で囲まれた胚とその栄養供給物からなる．種子は成熟したときに，風などの手段で親から分散され，離れた場所に移動することができる．

植物は，セント・ヘレナ山のような地域の回復に影響を与えただけでなく，地球を改変した．このことがどのように起こったかの物語に続き，本章では，ヤナギランが属する群，すなわち種子植物の出現と多様化を見ていく．化石と現生植物の比較研究は，約 3 億 6000 万年前の種子植物の起源についての手がかりを提供する．この新しい群が確立されると，植物の進化過程が劇的に変化した．実際，種子植物は陸上の優占的な生産者になっており，今日では植物の生物多様性の大部分を占めている．

本章では，最初に種子植物の一般的な特徴を調べる．そして，種子植物進化の歴史と人間社会への大きな影響を見ていく．

30.1

種子と花粉は陸上生活への主要な適応である

非維管束植物（コケ植物）や無種子維管束植物（29.1節参照）においてすでに獲得された陸上環境への適応に加え，種子植物でさらにつけ加わった陸上環境に対する適応の概要から始める．すべての種子植物では，種子に加えて配偶体の退化，異型胞子性，胚珠，花粉をもつ．後で見るように，これらの適応は，干ばつや太陽光の紫外線（UV）へのばく露など，地上の条件への対処への助けを種子植物に提供する．これらはまた，種子植物を受精のための水の必要性から解放し，無種子植物より広い範囲の条件で生殖可能とした．

配偶体退化の有利性

蘚類などのコケ植物は，生活環の中で配偶体世代が中心となる．これに対し，シダ類などの無種子維管束植物は，胞子体が生活環の中心である．維管束植物において配偶体が退化するという進化傾向は，さらに種子植物でも続いている．無種子維管束植物の配偶体は肉眼でも見えるが，ほとんどの種子植物の配偶体は，顕微鏡が必要な大きさである．

この配偶体の矮小化は，種子植物に重要な進化的革新をもたらした．小さな配偶体は，親胞子体の胞子嚢内にとどまったままで胞子より発生する．この配置は，雌性配偶体を環境ストレスから守ることができる．たとえば胞子体の湿った生殖組織は乾燥や紫外線から配偶体を保護する．さらに，発生中の従属性配偶体は，親の胞子体から栄養分を受け取ることもできる．一方，無種子維管束植物の独立した配偶体は，自分自身で身を守らなければならない．図30.2に，非維管束植物，無種子維管束植物，種子植物の胞子体と配偶体の関係の概略が描いてある．

異型胞子性：種子植物における標準の様式

29.3節で，ほとんどの無種子維管束植物が「同型胞子性」，すなわち1種類の胞子をつくり，通常，両性の配偶体になることを見てきた．種子植物に最も近縁

▼図30.2　異なる植物群における配偶体-胞子体の関係．

	植物群		
	蘚類などの非維管束植物	シダ類などの無種子維管束植物	種子植物（裸子植物と被子植物）
配偶体	優占	退化，独立（光合成を行い自由生活）	退化（通常は微小）栄養は周囲の胞子体に従属
胞子体	退化，栄養は配偶体に従属	優占	優占
例	 胞子体 (2*n*) 配偶体 (*n*)	 胞子体 (2*n*) 配偶体 (*n*)	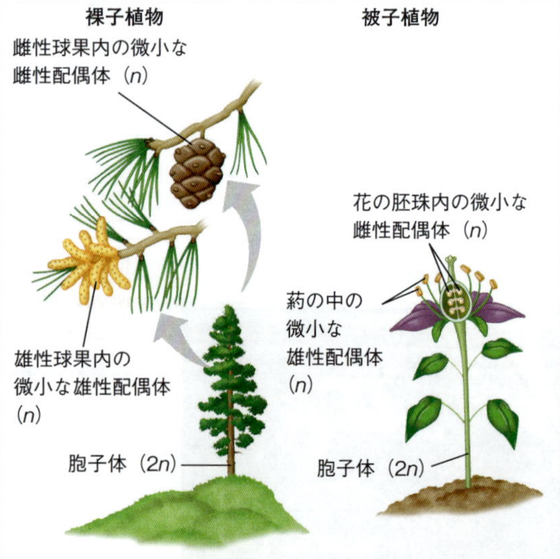 裸子植物：雌性球果内の微小な雌性配偶体 (*n*) 雄性球果内の微小な雄性配偶体 (*n*) 胞子体 (2*n*) 被子植物：花の胚珠内の微小な雌性配偶体 (*n*) 葯の中の微小な雄性配偶体 (*n*) 胞子体 (2*n*)

関連性を考えよう➤種子の植物では，胞子体内に配偶体を保持することが，どのように胚の適応度に影響を与えるのか（変異原，突然変異，および適応度について検討するために，17.5節，23.1節，23.4節を参照）．

な植物群は，すべて同型胞子性の祖先をもっていたと考えられる．そのため，種子植物が，その祖先段階のある時点において２種類の胞子をつくる「異型胞子性」を獲得したことになる．大胞子葉とよばれる変形葉につく大胞子嚢は，雌性配偶体になる「大胞子」をつくり，小胞子葉とよばれる変形葉につく小胞子嚢は，雄性配偶体になる「小胞子」をつくる．それぞれの大胞子嚢は，１つの大胞子をつくる．一方，小胞子嚢は多数の小胞子をつくり出す．

前に述べたように，種子植物の配偶体の矮小化は，この系統群のおおいなる繁栄に寄与している．次に胚珠内での雌性配偶体の発生と，花粉内での雄性配偶体の発生を見ていく．それから，受精した胚珠から種子への変化を追う．

胚珠と卵の生成

一部の無種子維管束植物でも異型胞子性をもつ種があるが，種子植物においては，親の胞子体内に大胞子がとどまる点が独特である．**珠皮 integument** とよばれる胞子体の組織の層は，大胞子嚢[*1]を包み込んで保護している．裸子植物の大胞子嚢は，１枚の珠皮で包まれ，被子植物は２枚の珠皮をもつ．大胞子嚢，大胞子，珠皮の全体の構造は，**胚珠 ovule**（「小卵」を意味するラテン語 *ovulum* に由来）とよばれる（図 30.3 a）．各々の胚珠の内部で，大胞子から雌性配偶体が発生し，１つまたは複数の卵をつくり出す．

花粉と精子の生成

小胞子は，花粉壁に囲まれた雄の配偶体からなる**花粉粒 pollen grain** となる（壁の外層は胞子体細胞によって分泌された分子でつくられるので，雄性配偶体は花粉粒と同じではなく，花粉粒の中にあるという）．花粉壁に存在するスポロポレニンは，風や動物への付着によって運ばれる花粉粒を保護する．胚珠を含む種子植物の部位に花粉が移動することを**受粉 pollination** という．花粉粒が発芽する（成長が始まる）と，図 30.3 b に示すように，卵内の雌性配偶体に精子を放出する花粉管が生じる．

非維管束植物や，シダ類をはじめとする無種子維管束植物では，独立生活の配偶体から鞭毛（べんもう）をもつ精子が放出され，精子が卵細胞へたどり着くには水の層を泳いでいかなければならない．この要件が必要であれば，これらの多くの種が湿った環境で生活していることは驚くべきことではない．しかし，花粉粒は風または送粉者により運ばれるため，精細胞[*2]（精子）輸送の際に水を必要としない．水なしで精細胞を輸送する種子植物の能力は，乾燥した生育地への定着に寄与した可能性が高い．精細胞の卵への移動も花粉管によって直接行われるので，種子植物の精細胞は運動性を必要としない．現生の裸子植物は，この運動性のない精子への進化的移行の証拠を示してくれる．ある裸子植物の種（図 30.7 のソテツやイチョウなど）は，祖先的な鞭毛を有する状態を保持しているが，鞭毛はほとんどの裸子植物と被子植物の精細胞では失われている．

種子の進化的有利性

種子植物の精細胞と卵が受精した場合，接合子は胞

＊１（訳注）：種子植物の大胞子嚢は珠心とよばれる．

＊２（訳注）：原書では sperm（精子）を使用しているが，本書では，鞭毛をもたない種子植物の精子は精細胞の用語を用いる．

▼図 30.3　胚珠から種子へ．

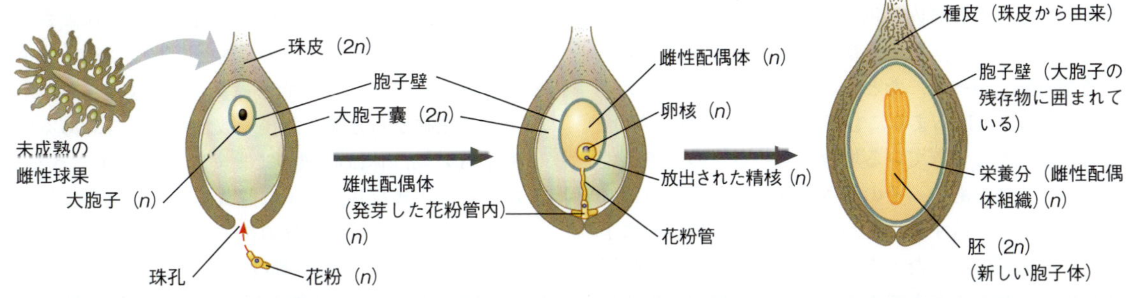
珠皮（2n）
胞子壁
大胞子嚢（2n）
未成熟の
雌性球果
大胞子（n）
珠孔
花粉（n）
雄性配偶体
（発芽した花粉管内）
(n)
雌性配偶体（n）
卵核（n）
放出された精核（n）
花粉管
種皮（珠皮から由来）
胞子壁（大胞子の
残存物に囲まれて
いる）
栄養分（雌性配偶
体組織）(n)
胚（2n）
（新しい胞子体）

(a) **未受精の胚珠．** マツ（裸子植物）の胚珠の縦断面では，肉質の大胞子嚢は，珠皮とよばれる保護層組織に包まれている．胚珠の唯一の開口部である珠孔から，花粉が進入する．

(b) **受精後の胚珠．** 大胞子は多細胞の雌性配偶体内に発生し，卵をつくる．珠孔から進入した花粉は雄性配偶体を内包する．雄性配偶体は花粉管で発生し，精子を放出する．それにより卵が受精する．

(c) **裸子植物の種子．** 受精により胚珠から種子への転換が始まる．種子は胞子体の胚と栄養分と，珠皮から転換した保護層の種皮で構成されている．大胞子嚢は乾いて消滅する．

図読み取り問題➤ この図に基づくと，裸子植物の種子には，いくつの異なる植物の世代の細胞が含まれているか．細胞と，それぞれが一倍体であるか二倍体であるかを同定しなさい．

科学スキル演習

自然対数を使ってデータを解釈する

種子はどれくらい長く生存可能か 環境条件は時間の経過とともに大きく変化する可能性があり，種子がつくられたときは発芽に有利ではないかもしれない．そのような変動に対する植物の対処の1つは，種子休眠である．好都合な条件下では，数種の種子が長年の休眠後に発芽する可能性がある．

種子の生存期間を試す数少ない機会の1つは，死海の近くにある2000年前の要塞のがれきの下で，ヤシの木 *Phoenix dactylifera* の種子が発見されたときであった．2章の「科学スキル演習」と25.2節で見たように，科学者は放射年代測定を用いて化石などの古い物体の年代を推定する．この演習では，自然対数を使用して，これらの3つの古代種子の年齢を推定する．

実験方法 科学者たちは，古代ヤシの3つの種子に残っている炭素14の割合を測定した．2つは植栽されず，1つが植栽されて発芽した．発芽した種子の場合は，科学者は実生の根に付着していることが判明した種皮片を使用した（写真はこの実生が育った植物）．

実験データ この表は，古代の3つのヤシの種子に残っている炭素14の割合を示す．

	残存炭素14の割合
種子1（植栽せず）	0.7656
種子2（植栽せず）	0.7752
種子3（発芽）	0.7977

データの解釈 対数とは，与えられた数 x を得るために，底をべき乗する値である．たとえば，底が10で $x=100$ の場合，100の対数は2になる（$10^2=100$ なので）．自然対数（ln）は，底 e に対する数 x の対数であり，e は約2.718である．自然対数は，放射性崩壊などの自然プロセスの速度を計算するのに役立つ．

1. 式 $F=e^{-kt}$ は，t 年後に残ったもとの同位体の割合 F を記述する．指数は，時間の経過とともに減少することを意味するので負である．定数 k は，もとの同位体がどのくらい急速に減衰するかの尺度を表す．炭素14から窒素14への崩壊では，$k=0.00012097$ である．t を求めるには，次の手順に従って方程式を解く．(a) 式の両辺の自然対数をとる：$\ln(F)=\ln(e^{-kt})$．$\ln(e^x)=x\ln(e)$ というルールを適用して，この方程式の右辺を書き直す．(b) $\ln(e)=1$ であるので，方程式を単純化する．(c) 次に t について式を解き，「$t=$＿＿＿」の形に方程式を変形する．
2. 作成した方程式を使い，表のデータと電卓を使って，種子1，種子2，および種子3の経過時間を見積もってみなさい．
3. なぜ，発芽した種子に炭素14がより多く存在すると思うか．

データの出典 S. Sallon et al., Germination, genetics, and growth of an ancient date seed, *Science* 320:1464 (2008).

子体の胚に成長する．図30.3cに示すように，胚珠が発達して種子になる．種子は，胚を栄養とともに珠皮が発達した保護層内に包み込んだものである．

種子の出現まで，胞子は植物の生活環における唯一の防護段階であった．たとえば，地域環境が，コケ自体が生き残るにはあまりにも寒すぎたり，暑すぎたり，あるいは乾燥しすぎている場合でも，コケの胞子は生き残る可能性がある．その小さな胞子は，新たな領域に休眠状態で分散することができ，休眠を破るのに十分良好な状態になったときに発芽し，新しいコケ配偶体を生じさせることができる．陸上での植物の生活の最初の1億年にわたって，胞子の形をとることは，コケ植物やシダ植物などの無種子植物が地球上の広範囲に分布するためのおもな方法であった．

コケ植物などの無種子植物は，今日，非常に繁栄し続けているが，種子は，種子植物に新たな生活方法を始めるのに貢献した主要な進化的革新の代表的なものである．種子は，胞子に比べてどのように有利なのだろうか．種子は種皮という組織の層によって保護された胚からなる多細胞であるのに対し，胞子は通常は単細胞である．ほとんどの胞子は寿命が短いのに対し，種子は親植物から分離した後，数日，数ヵ月，あるいは何年もの間，休眠状態のままでいることができる．また，胞子と異なり，種子は貯蔵した養分を胚に供給することができる．大部分の種子は親植物近くに着地するが，いくつかは風や動物によって長距離（数百km以上）運ばれる．条件が好適な場合，種子は休眠から覚め，実生として現れる．そのとき，貯蔵されている栄養は，胞子体の胚が実生として発芽する成長のために非常に役立つ．**科学スキル演習**で見ていくように，いくつかの種子は1000年以上経た後に発芽した．

概念のチェック 30.1

1. 無種子植物において精子がどのように卵にたどり着くかを種子植物の場合と対比しなさい.
2. 無種子植物には存在しない，どのような機能が，陸上での種子植物の繁栄に貢献しているか.
3. どうなる？➤種子が休眠に入らなかった場合，胚の輸送や生存率にどのように影響を及ぼすか.

（解答例は付録 A）

30.2

裸子植物は「裸」の種子をつけ，一般には球果をつくる

非維管束植物（コケ類）
無種子維管束植物
裸子植物
被子植物

現存する種子植物は，裸子植物と被子植物という 2 つの姉妹クレードを形成する．裸子植物は，通常，球果を形成する変形葉（胞子葉）についている「裸」の種子をもつことを思い出しなさい（被子植物の種子は，成熟して果実となる部屋に包み込まれている）．ほとんどの裸子植物は，マツ，モミ，セコイアなどの**球果類 conifers** とよばれる球果をもつ植物である．

マツの生活環

本章のはじめに述べたように，種子植物の進化には，以下の重要な 3 つの生殖適応，すなわち配偶体のミニチュア化が含まれる，生活環における耐性・分散可能時期としての種子の出現，空中を浮遊し配偶体を運ぶ花粉の進化，である．図 30.4 は，このような適応が，一般的な裸子植物であるマツの生活環の中で，どのような役割を果たしているかを示す．

マツの木は胞子体である．胞子嚢は，球果として高密度に包み込まれた鱗片状の構造上に位置する．他のすべての種子植物と同様に，球果類も異型胞子性である．それゆえ，彼らは 2 種類の胞子を産生する 2 種類の胞子嚢をもつ，すなわち小胞子を産生する小胞子嚢と大胞子を産生する大胞子嚢である．花粉をつける球果は比較的単純な構造をしている．すなわち，球果の鱗片は小胞子嚢をつける変形葉（小胞子葉）である．小胞子嚢内では，小胞子母細胞とよばれる細胞が減数分裂し，単相の小胞子をつくる．それぞれの小胞子は，雄性配偶体を内包する花粉となる．球果類では，黄色の花粉を大量に放出し，風により運ばれ，行き先のすべてのものに付着する．雌球果はより複雑である．すなわち，それらの鱗片は，変形葉（大胞子嚢を有する大胞子葉）および変形した茎組織の両者から構成される複合構造である．それぞれの大胞子嚢内では，胞子母細胞が減数分裂し，単相の大胞子をつくる．生き残った大胞子は雌性配偶体に発達し，胞子嚢内にとどまる．

雌雄の球果ができてから，雌雄の配偶体がつくられ，受精し，成熟した種子ができるまで 3 年近くかかる．その後，雌性球果の鱗片は分離し，風によって運ばれる．発芽する環境に運ばれた種子では，胚が発達しマツの実生が現れる．

初期の種子植物と裸子植物の起源

マツをはじめとした現生の種子植物の特徴の起源は，デボン紀後期（3 億 8000 万年前）にまでさかのぼる．その時代の化石は，いくつかの植物が大胞子や小胞子など，種子植物ももつ特徴を獲得したことを示している．たとえば，アルカエオプテリス *Archaeopteris* は材をつくる異型胞子性の木本植物である．しかしながら，この植物は種子をもたず，したがって種子植物には分類されない．高さ 20 m まで成長し，それはシダのような葉をもっていた．

種子植物の最も初期の証拠は，3 億 6000 万年前のエルキンシア属 *Elkinsia* 植物の化石である（図 30.5）．これらや他の初期種子植物は，裸子植物として分類される最初の化石の約 5500 万年前，および被子植物の最初の化石の 2 億年前から生存していた．これらの初期種子植物は絶滅し，どの絶滅した系統から裸子植物が生じたのかはわからない．

現存する裸子植物の系統の最も古い化石は 3 億 500 万年前のものである．これらの初期裸子植物は，小葉類，トクサ類，シダ類，および他の無種子維管束植物によって優占された湿った石炭期の生態系に生育していた．石炭紀が終わりペルム紀（2 億 9900 万～2 億 5200 万年前）に近づくにつれて，気候はより乾燥した状態になった．その結果，石炭紀の湿地を優占する小葉類，トクサ類，およびシダ類は，より乾燥した気候に適した裸子植物に大部分置き換わった．

気候が乾燥するにつれ，種子や花粉などのすべての種子植物に見られる重要な陸上環境への適応をもつことにより，裸子植物は繁栄した．さらに，いくつかの裸子植物は，針状葉の厚いクチクラおよび比較的小さな表面積により，乾燥状態に特によく適していた．

裸子植物は，2 億 5200 万～6600 万年前まで続いた中生代の大部分にわたって陸上生態系を優占していた．

▼図 30.4　マツの生活環.

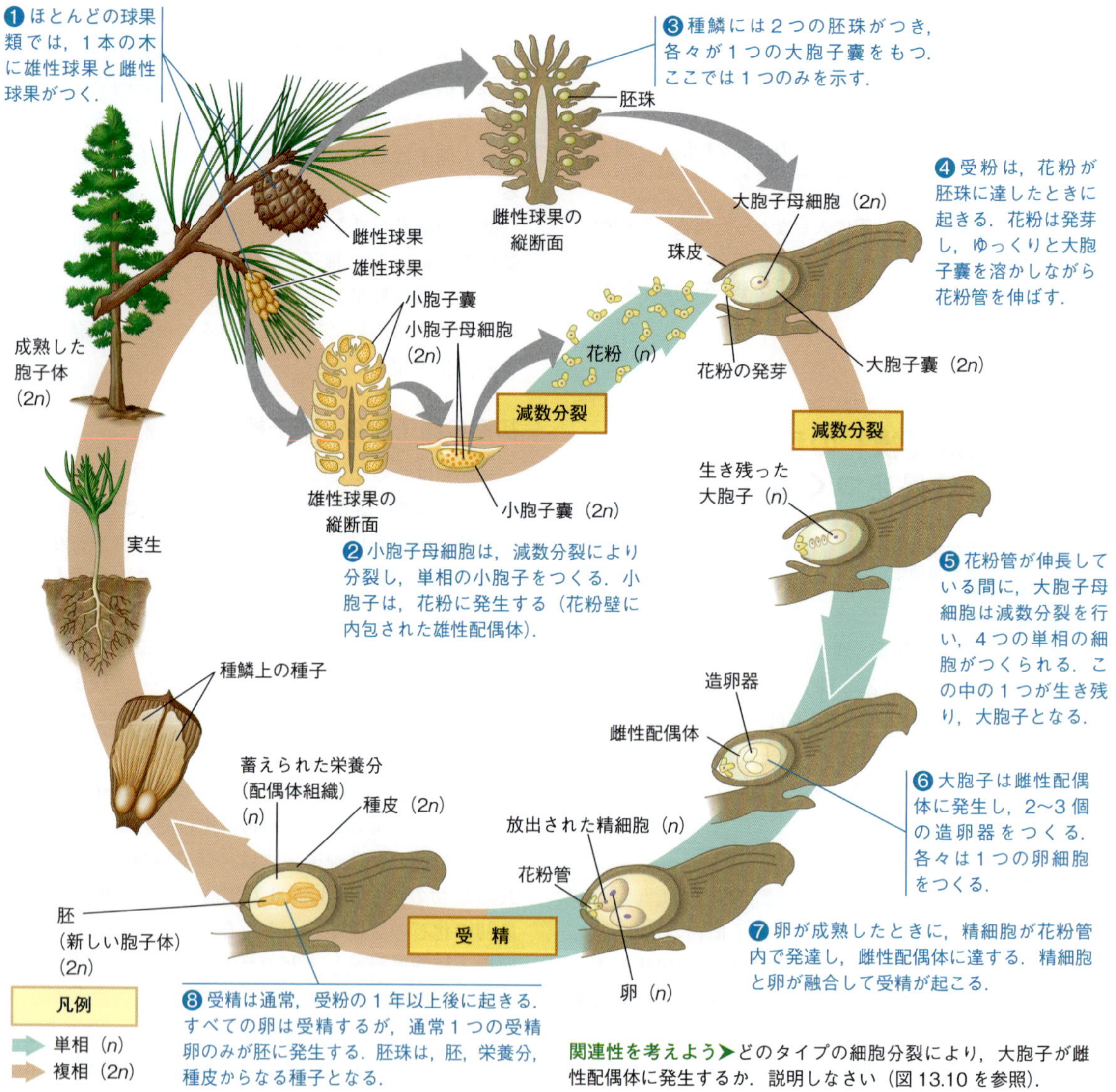

❶ほとんどの球果類では，1本の木に雄性球果と雌性球果がつく.

雌性球果

雄性球果

成熟した胞子体（$2n$）

雌性球果の縦断面

胚珠

❸種鱗には2つの胚珠がつき，各々が1つの大胞子嚢をもつ．ここでは1つのみを示す.

小胞子嚢

小胞子母細胞（$2n$）

雄性球果の縦断面

小胞子嚢（$2n$）

減数分裂

花粉（n）

❷小胞子母細胞は，減数分裂により分裂し，単相の小胞子をつくる．小胞子は，花粉に発生する（花粉壁に内包された雄性配偶体）.

大胞子母細胞（$2n$）

珠皮

花粉の発芽

大胞子嚢（$2n$）

❹受粉は，花粉が胚珠に達したときに起きる．花粉は発芽し，ゆっくりと大胞子嚢を溶かしながら花粉管を伸ばす.

減数分裂

生き残った大胞子（n）

❺花粉管が伸長している間に，大胞子母細胞は減数分裂を行い，4つの単相の細胞がつくられる．この中の1つが生き残り，大胞子となる.

造卵器

雌性配偶体

❻大胞子は雌性配偶体に発生し，2〜3個の造卵器をつくる．各々は1つの卵細胞をつくる.

放出された精細胞（n）

花粉管

卵（n）

❼卵が成熟したときに，精細胞が花粉管内で発達し，雌性配偶体に達する．精細胞と卵が融合して受精が起こる.

受　精

蓄えられた栄養分（配偶体組織）（n）

種皮（$2n$）

胚（新しい胞子体）（$2n$）

❽受精は通常，受粉の1年以上後に起きる．すべての卵は受精するが，通常1つの受精卵のみが胚に発生する．胚珠は，胚，栄養分，種皮からなる種子となる.

種鱗上の種子

実生

凡例

単相（n）

複相（$2n$）

関連性を考えよう➤どのタイプの細胞分裂により，大胞子が雌性配偶体に発生するか．説明しなさい（図 13.10 を参照）.

これらの裸子植物は，巨大な草食性恐竜への食糧供給として機能しただけでなく，動物との多くの相互作用に関与していた．たとえば，最近の化石の発見は，1億年以上前に昆虫によって裸子植物が送粉されていたことを示している．これは植物群の中で，最も早い昆虫送粉の証拠である（図 30.6）．中生代後期には，一部の生態系では被子植物が裸子植物に取って代わり始めた.

裸子植物の多様性

現在は被子植物がほとんどの陸上生態系を優占するが，裸子植物が地球の植物相の重要な一部として残っている．たとえば，広大な北方の高緯度地域は，裸子植物の森林で覆われている（図 52.12 参照）

本書で採用されている分類体系内の植物の10門（表 29.1 参照）のうちの4つ，ソテツ植物門，イチョウ植物門，グネツム植物門と球果植物門は裸子植物である．これら4つの門間の系統関係は不明である．図 30.7 は，現生裸子植物の多様性を示す.

概念のチェック 30.2

1. 図 30.7 の例を用い，さまざまな裸子植物が，どのように似ていて，またどのように異なっているか記述しなさい.
2. 図 30.4 のマツの生活環を用い，すべての種子植物に

胚珠

➤図 30.5　**初期の種子植物エルキンシア** *Elkinsia*.

▼図 30.6　**古代の送粉者**．この 1 億 1000 万年前の化石は，昆虫 *Gymnopollisthrips minor* に付着した花粉を示している．花粉の構造的特徴は，裸子植物（現生のイチョウやソテツ類に近縁な種と推測される）によって産生されたことを示唆している．今日，ほとんどの裸子植物は風媒であるが，多くのソテツ類では昆虫によって受粉されている．

花粉粒

共通する 5 つの適応がどのように反映しているか，説明しなさい．

3. **関連性を考えよう➤** エルキンシア属 *Elkinsia* の初期の種子植物は，裸子植物および被子植物からなるクレードの姉妹群である．エルキンシア，裸子植物，および被子植物を示す種子植物の系統樹を描きなさい．化石の証拠を使って，この系統樹の分岐点の年代を示しなさい（図 26.5 参照）．

（解答例は付録 A）

30.3

被子植物の生殖的適応には花と果実がある

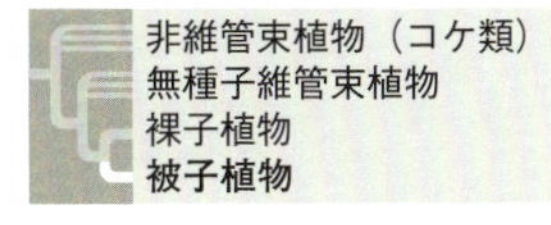
非維管束植物（コケ類）
無種子維管束植物
裸子植物
被子植物

被子植物は，花と果実とよばれる生殖構造をもつ種子植物である．「被子植物 angiosperms」の語源は，果実に含まれる種子を表す（「容器」を意味するギリシャ語 *angion* に由来）．被子植物は，植物の中で最も多様化し，分布範囲の広い群であり，25 万種以上（植物の約 90%）を含む．

被子植物の特徴

すべての被子植物は1つの門，被子植物門 Anthophyta に分類される．被子植物の進化を議論する前に，被子植物の 2 つの重要な適応，すなわち花と果実と，その生活環における役割について見ていこう．

花

花 flower は，有性生殖に特化した被子植物独自の構造である．多くの被子植物種では，昆虫や他の動物が，ある花から花粉を他の花の雌器官に運ぶ．これはほとんどの種が風媒の裸子植物に比べ直接的な受粉を行う．しかしながら，ある種の被子植物，特にイネ科草本や温帯林の木本植物のように，高密度で生える種は風媒である．

花は 4 型の花器官，すなわち，がく片，花弁，雄ずい，心皮とよばれる変形葉をつける特殊化したシュートである（図 30.8）．花の基部から始めると，通常，緑色で開花前に花を包み込んでいる（厚く丈夫な）**がく片 sepal** がある．がく片の内側には，多くの花では目立つ色で送粉者を誘引するのに役立つ**花弁 petal** がある．しかし，風媒の花は，イネ科草本のように目立つ色の花弁はもたない．すべての被子植物で，がく片と花弁は，精細胞や卵をつくり出すわけではない．

花弁の内側には，胞子をつくり出す花器官である胞子葉がある．2 型の胞子葉があり，それぞれ雄ずいと心皮とよばれる．雄ずいと心皮は生殖に特殊化した変形葉という胞子葉である．**雄ずい stamen** は小胞子葉であり，雄性配偶体を含む花粉になる小胞子をつくる．雄ずいは**花糸 filament** とよばれる柄と花粉がつくられる末端の袋である**葯**（やく） **anther** で構成されている．**心皮 carpel** は胞子葉であり，雌性配偶体となる大胞子をつくる．心皮は，前に述べたように種子が封入された「容器」であり，裸子植物と被子植物を区別する重要な構造である．心皮の頂端は，花粉を受ける粘着した**柱頭 stigma** となる．**花柱 style** は，柱頭から心皮の下部の**子房 ovary** に続く．子房は 1 つあるいは複数の胚珠を含む．裸子植物の場合と同様に，被子植物の胚珠には，雌性配偶体が含まれる．受精後，胚珠は種子となる．

花には，1 つまたは複数の心皮をもつ．多くの種で

▼図 30.7　探究　裸子植物の多様性

ソテツ植物門

現生のソテツ類 300 種は，大きな穂状生殖器官とヤシに似た葉をもつ（本物のヤシは被子植物）．ほとんどの種子植物とは異なり，ソテツ類は鞭毛（べんもう）をもつ精子を有し，運動性精子をもつ無種子の維管束植物からの由来を示している．ソテツ類は，恐竜の時代と同時にソテツ類の時代としても知られている中生代の間に繁栄した．しかし，今日では，ソテツはすべての植物群の中で，最も絶滅の危機に瀕している．ソテツ類の種の 75%が生息地の破壊などの人間の活動によって脅かされている．

ソテツ

イチョウ植物門

イチョウは，この門の唯一の現生種であり，ソテツ類と同様に鞭毛を有する精子をもつ．秋に黄変する扇状の葉をもつ落葉樹である．大気汚染に対して強いので，都市の街路樹としてよく見られる．肉質の種子は腐敗すると悪臭を発するので造園家は，ふつうは雄の木のみを植える．

グネツム植物門

グネツム植物門は，グネツム属，マオウ属とウェルウィッチア属の 3 属を含む．ある種は熱帯生であり，またあるものは砂漠に生育する．見かけは大きく異なるにもかかわらず，これらの属は分子データでは単系統群になる．

◀グネツム属 *Gnetum*. この属は，熱帯生の木本，低木あるいはつる植物であり，約 35 種からなる．おもにアフリカからアジアに自生する．葉は被子植物の葉に似ていて，種子は一見果実のように見える．

▶ウェルウィッチア属 *Welwitschia*. 本属は，数千年生育可能で南西アフリカの砂漠のみに生育するウェルウィッチア・ミラビリス 1 種のみからなる．帯のような葉は，既知の植物中で最大である．

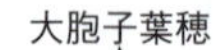
大胞子葉穂

▶マオウ属 *Ephedra*. この属は，約 40 種を含み，世界中の乾燥地帯に生育する．この砂漠性の低木は，英名を「モルモン・ティー Mormon tea」といい，うっ血剤として用いられるエフェドリン化合物を生産する．

球果植物門

裸子植物で最大の門であり，多くの大きな樹木を含む約600種の球果類からなる．ほとんどの種は木質化した球果をもつが，少数は肉質の球果をもつ．マツなどは針状の葉をもつ．セコイアなどの他のものは，鱗片のような葉をもつ．広大な北部の森林で優占する種もあれば，南半球に生育する種もある．

ほとんどの球果類は1年中，葉をつけている常緑樹である．冬の間も，晴れた日には限られた量の光合成を行う．春が来ると，球果類は葉をすでにつけているので，晴れた暖かな日には有利性を発揮できる．メタセコイアやカラマツ，アメリカカラマツなどの球果類は落葉性で秋に葉を落とす．

▶ベイマツ *Pseudotsuga mentziesii*. この常緑樹は北米で最も多くの木材を供給する．建築材，合板，パルプ材や鉄道の枕木や木箱として使われる．

▶セイヨウネズ *Juniperus communis*. セイヨウネズの「液果」は，実際には肉質の胞子葉からなる雌性球果である．

◀ヨーロッパカラマツ *Larix decidua*. この落葉針葉樹の針状葉は，秋に落葉する前に黄色に変わる．ここに写っているスイスのマッターホルンなど，中央ヨーロッパの山々などに生育するこの種は，極端な低温耐性をもち，−50 ℃に急落する冬の気温でも生き残ることができる．

◀ウォレミマツ *Wollemia nobillis*. かつては化石のみから知られていた球果類の群の生き残りであるウォレミマツは，1994年にオーストラリアのシドニーの近くにある国立公園で発見された．発見当時，本種は，40本の木のみが知られていた．保護活動の成果で，いまでは広く繁殖している．上部の写真は，この「生きた化石」の本物の化石と生枝である．

▶セコイア．このセコイア自然公園のセコイアオスギ *Sequoiadendron giganteum* は，約2500トンと推定され，24頭のシロナガスクジラ（最大の動物），あるいは4万人分の体重と同じである．セコイアオスギは現代の地球上で最大の生物であると同時に，過去においても最大である．ある木は1800～2700歳と推定されている．近縁のセコイア *Sequoia senpervirens* は110 m以上の高さに成長し（自由の女神よりも高い），北カリフォルニアから南オレゴンまでの沿岸部の狭い帯状地帯のみに生育する．

▶イガゴヨウ *Pinus longaeva*. 本種は，カリフォルニアのホワイト・マウンテンに生育し，なかには4600歳以上の年齢に達している木もある．現生で最も長寿の生物である．ある木（ここには示していない）は，地球上で最も長寿の木であるために，メトセラとよばれている．この木の保護のため，生育場所は秘密にされている．

は，複数の心皮が1つの構造に融合する．**雌ずい pistil** という語は，1つの心皮（単純な雌しべ），あるいはは2つ以上の融合した心皮（複合雌しべ）を指すのに使われることがある．花はまた，対称性（図 30.9）やその他の形状，サイズ，色，臭いなど様子も多様である．この多様性の多くは，特定の送粉者への適応の結果である（図 38.4，図 38.5 を参照）．

▼図 30.8　仮想的な花の構造．

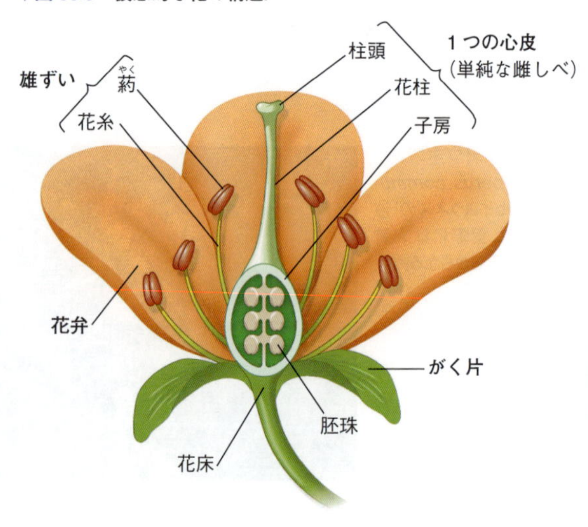
雄ずい
葯
花糸
柱頭
1つの心皮
（単純な雌しべ）
花柱
子房
花弁
がく片
胚珠
花床

▼図 30.10　果実の構造の多様性．

▼トマト，柔らかい内外層の果皮をもつ多肉果

▼グレープフルーツ，しっかりとした外層と柔らかい内層の果皮をもつ多肉果

▼ネクタリン，柔らかい外層と固い内層（核）をもつ多肉果

▼ヘーゼルナッツ，成熟時も閉じたままの乾果

◀トウワタ，成熟時に開裂する乾果

果　実

受精後に種子が胚珠から発達するにつれ，子房は子

▼図 30.9　花の相称生．

放射相称の花では，がく，花弁，雄しべ，雌しべが中心から放射状に出る．中心軸を通るどの線でも，花を2分にする．左右相称では，1つの線でのみ花を2分することができる．

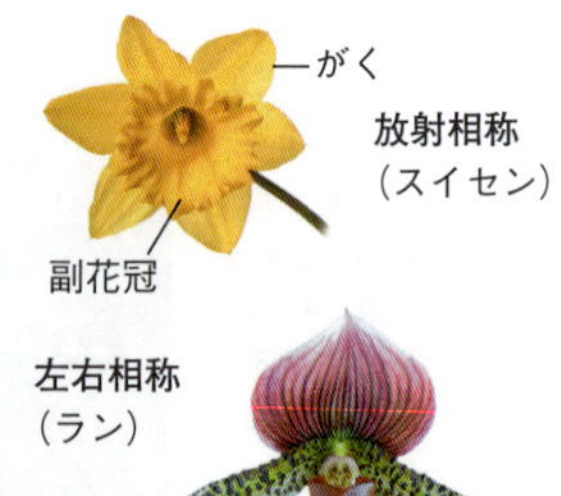
がく
放射相称
（スイセン）
副花冠
左右相称
（ラン）

描いてみよう➤左右相称の花を2等分する線を描きなさい．

▼図 30.11　種子散布のための果実の適応．

◀種子散布のため，破裂動作をする植物もある．

▶羽根があることで，カエデの果実は風に運ばれやすくなる．

◀液果などの食べられる果実内の種子は，動物の排泄物により散布される．

▶オナモミの棘は，動物に付着して運ばれる役割をする．

房壁が厚くなり，成熟して**果実 fruit** となる．豆のさやは果実の一例で，種子（成熟した胚珠，豆）が，成熟した子房（さや）に包まれている．

果実は，種子を保護し，その散布を補助する．成熟した果実は多肉果か乾果である（図 30.10）．トマト，プラム，そしてブドウは多肉果の一例であり，果皮が成熟時には柔らかくなる．乾果には，豆，堅果，穀物などがある．ある乾果は，成熟時に開き，種子を放出するが，閉じたままのものもある．イネ科の乾いた風散布の果実は，植物についているときに収穫され，人間の主要な食糧となっている．小麦，米，トウモロコシなどのイネ科草本の穀物粒は，種子と間違えやすいが，各々は実際には種子自身の種皮に癒着した果皮（以前は子房壁だった）を含む果実である．

図 30.11 に示すように，多様な果実と種子の適応により，種子散布が補助される（図 38.12 も参照）．タンポポやカエデなどの被子植物の種子は，凧やプロペラのような働きをする果実の中に入っていて，風による散布を受けやすい適応をしている．ココナッツのような果実は，水による分散に適応している．そして，多くの被子植物の種子は動物によって運搬される．ある被子植物は動物の毛皮（あるいは人間の衣服）に付着する棘をもつ果実をもつ．他のものは食べられる果実をつくり，果実は通常，栄養，甘い味や，成熟したことを知らせる目立つ色をしている．動物が果実を食べたときには，果実の肉質の部分は消化される．しかし，丈夫な種子は通常，動物の消化管内を無傷で通過する．動物は排便したときに，摂食したところから離れた場所に種子を肥料と一緒に置いていくだろう．

被子植物の生活環

典型的な被子植物の生活環を，図 30.12 で学ぶことができる．胞子体の花には，雄性配偶体をつくる小胞子と，雌性配偶体をつくる大胞子ができる．雄性配偶体は，葯の中の小胞子嚢内でつくられる花粉中にある．各々の雄性配偶体は，2 つの単相細胞，すなわち，分裂して 2 個の精細胞をつくる「雄原細胞」と，花粉管をつくる「花粉管細胞」をもつ．子房内にできる各胚珠は，**胚嚢 embryo sac** としても知られる雌性配偶体を含む．胚嚢は，卵を含む少数の細胞のみからなる．

葯から分散した後，花粉は雌ずいの頂端の粘着性のある柱頭に運ばれる．自家受粉をする花もあるが，多くの花では**他家受粉 cross-pollination** を促進する機構をもつ．被子植物での外交配では，ある花の葯の花粉は，同種の他個体の花の柱頭に運ばれる．他家受粉は遺伝的多様性を高める．ある植物では，同じ花の雄ずいと雌ずいは異なる時期に成熟したり，あるいは自家受粉を防ぐ別のしくみをもっている．

花粉は，雌ずいの柱頭上に付着した後に，水を吸収し発芽する．花粉管細胞は花粉管をつくり，子房の花柱の中を伸ばしていく．子房に到達した後，花粉管は，胚珠の珠皮の穴である**珠孔 micropyle** を通り，2 個の精細胞を雌性配偶体（胚嚢）に放出する．1 つの精細胞は卵と受精し，複相の接合子をつくる．他の精細胞は，雌性配偶体の中央細胞と受精し，精細胞の核と中央細胞の 2 つの核（極核）が合体して，三倍体細胞をつくる．この**重複受精 double fertilization** では，一方の受精が接合子をつくり，他方は三倍体細胞をつくり出す．これは被子植物独自の特徴である．

重複受精の後，胚珠は成熟して種子となる．接合子は胞子体の胚となり，未発達な根と 1 枚あるいは 2 枚の**子葉 cotyledon** とよばれる種子葉をもつ．雌性配偶体の三倍体の中央細胞は発生し，デンプンや他の栄養分に富んだ**胚乳 endosperm** となる．

被子植物における重複受精の役割は，何だろうか．1 つの仮説は，重複受精は，胚の発生に同調して栄養分の蓄積を行うというものである．もし，ある花が受粉しなかったり，精細胞が胚嚢に放出されなかったら，受精が行われず，胚乳も胚もつくられない．そのため，おそらく重複受精は，不稔の胚珠が，養分を浪費しないようにするための適応である．

異なるタイプの重複受精が，グネツム植物門に属する裸子植物のある種に見られる．しかし，これらの種では，重複受精により胚と胚乳はできず，2 つの独立した胚がつくられる．

これまで見てきたように，種子は胚，胚乳，および珠皮が発達した種皮からなる．子房は，胚珠が種子になるときに果実となる．散布された後，種子は環境が適していれば発芽する．種皮が裂け，胚が現れて実生となる．このとき，胚乳や子葉に蓄えられていた栄養分を，自分自身の光合成により養分をつくることができるようになるまで使う．

被子植物の進化

チャールズ・ダーウィンは，かつて，被子植物の起源を「忌まわしい謎」とよんでいた．彼は特に，化石記録中で，被子植物が比較的突然，地理的に広範な範囲に出現することに困惑した（ダーウィンが知っていた化石に基づいて約 1 億年前）．最近の化石証拠と系統学的分析は，ダーウィンの謎を解くための進歩があったが，初期の種子植物から被子植物がどのように生じたかについてはまだ完全に理解していない．

▼図 30.12　被子植物の生活環.

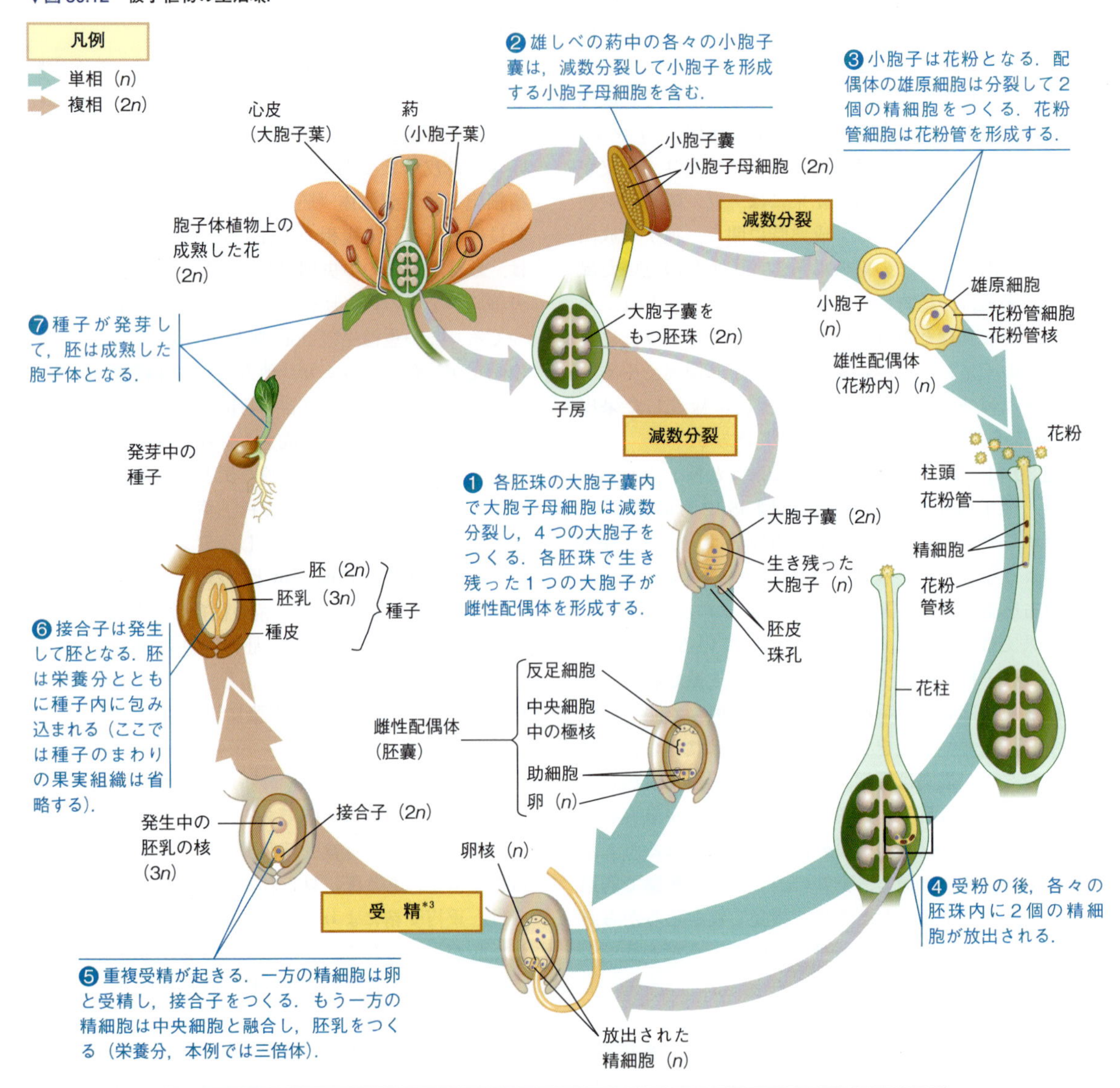
凡例
単相 (n)
複相 (2n)
❷ 雄しべの葯中の各々の小胞子嚢は，減数分裂して小胞子を形成する小胞子母細胞を含む.
❸ 小胞子は花粉となる．配偶体の雄原細胞は分裂して2個の精細胞をつくる．花粉管細胞は花粉管を形成する.
心皮（大胞子葉）
葯（小胞子葉）
小胞子嚢
小胞子母細胞 (2n)
減数分裂
胞子体植物上の成熟した花 (2n)
小胞子 (n)
雄原細胞
花粉管細胞
花粉管核
雄性配偶体（花粉内）(n)
大胞子嚢をもつ胚珠 (2n)
❼ 種子が発芽して，胚は成熟した胞子体となる.
子房
減数分裂
花粉
発芽中の種子
柱頭
花粉管
❶ 各胚珠の大胞子嚢内で大胞子母細胞は減数分裂し，4つの大胞子をつくる．各胚珠で生き残った1つの大胞子が雌性配偶体を形成する.
大胞子嚢 (2n)
生き残った大胞子 (n)
精細胞
花粉管核
胚 (2n)
胚乳 (3n)
種皮
種子
❻ 接合子は発生して胚となる．胚は栄養分とともに種子内に包み込まれる（ここでは種子のまわりの果実組織は省略する).
胚皮
珠孔
反足細胞
中央細胞中の極核
雌性配偶体（胚嚢）
助細胞
卵 (n)
花柱
発生中の胚乳の核 (3n)
接合子 (2n)
卵核 (n)
受精*3
❹ 受粉の後，各々の胚珠内に2個の精細胞が放出される.
❺ 重複受精が起きる．一方の精細胞は卵と受精し，接合子をつくる．もう一方の精細胞は中央細胞と融合し，胚乳をつくる（栄養分，本例では三倍体).
放出された精細胞 (n)

＊3（訳注）：この生活環の模式図は，核相によって青（単相）と薄茶色（複相）に色分けされている．したがって，この図の「受精」の1つ前の段階では，卵と精細胞の融合，そして中央細胞ともう一方の精細胞の融合はすでに完了しているが，卵核と精細胞の核の融合，そして中央細胞の2個の極核（多くの被子植物では，受精前に融合し，1個の複相核になっている）ともう一方の精細胞の核の融合はまだ起こっていない．引き続いて核の融合が起こり，複相 (2*n*) の受精卵と3倍体 (3*n*) の中央細胞が生じる．この模式図では，この時点で重複受精が完了した，としている．卵細胞と中央細胞が精細胞と融合するのであって，精核と融合するのではないことに注意しよう.

被子植物の化石

現在，被子植物は約1億4000万年前の白亜紀初期に生じたと考えられている．白亜紀中期（1億年前）には，被子植物が陸生生態系で優占し始めた．世界の多くの地域で，針葉樹などの裸子植物が被子植物に道を譲り，景観が劇的に変化した．白亜紀は6600万年前に，恐竜などの多くの動物群の大量絶滅と，被子植物の多様性と重要性のさらなる増加を伴って終わった.

被子植物が1億4000万年前に出現した証拠は何だろうか．第1に，花粉はジュラ紀の岩石では一般的であるが（2億100万～1億4500万年前），これらの花粉化石はいずれも被子植物に特徴的な特徴を有しておらず，ジュラ紀後に被子植物が生じた可能性がある．確かに，被子植物の特徴をもつ最初の化石は，中国，イスラエル，およびイギリスで発見された1億3000

▼図 30.13　初期の被子植物.

5 cm

(a) アルカエフルクタス・シネンシス *Archaefructus sinensis*, 約 1 億 2500 万年前の化石. この草本種は, 単純な花と浮きとして機能すると思われる球状構造をもち, 水草であったことを示唆する. 最近の系統解析結果では, アルカエフルクタスはスイレン群に属するであろう.

心皮
雄ずい
浮き構造

(b) アルカエフルクタス・シネンシスの復元図.

万年前の花粉粒である. より大きな構造の被子植物の初期化石には, 中国の約 1 億 2500 万年前の岩石で発見されたアルカエフルクタス *Archaefructus* (図 30.13) およびリーフルクツス *Leefructus* がある. 全体的に初期の被子植物化石は, ダーウィンの生存中に知られていた化石よりも突然の出現は少なく, 2000 万～3000 万年間に被子植物が生じ, 多様化し始めたことを示している.

初期の化石被子植物で見つかった特徴から被子植物の共通祖先の特徴を推測することはできるだろうか. たとえば, アルカエフルクタスは草本であり, それが水生であることを示す浮子として役立つ可能性のある球状構造を有していた. しかし, 被子植物の共通祖先が草本であるか水生であるかを調べるには, 被子植物と近縁と考えられている他の種子植物の化石も調べる必要がある. これらの植物はすべて木本であり, 共通の祖先はおそらく木本であり, 水生ではなかったことを示している. これから見ていくように, この結論は最近の系統学的解析によって支持されている.

被子植物の系統

初期の被子植物の構造に光を当てるために, 科学者たちは長い間, 最も被子植物に近縁な種子植物を識別しようと, 化石種を含めて模索してきた. 分子と形態学的証拠は, 現生の裸子植物は, 被子植物につながる系統群と 3 億 500 万年前に分岐したことを示している. これは, 被子植物が 3 億 500 万年前に生まれたことを意味するものでなく, 現生の裸子植物と被子植物の直近の共通祖先がその時代に生きていたことを意味することに注意しなさい. 実際, 被子植物は, 木本種子植物の絶滅した系統に, 裸子植物よりも近縁であったかもしれない. そのような系統の 1 つは, 昆虫により受粉されたかもしれない花に似た構造を有する群であるベネチテス類 Bennettitales である (図 30.14 a). しかし, ベネチテス類および他の同様の絶滅した木本種子植物の系統は, 心皮や花をもたず, したがって, 被子植物として分類されない.

被子植物の起源の解明は, 被子植物の各系統が互いにどのような順序で分岐したかを調べる研究も重要である. 分子と形態学的証拠がアンボレラ・トリコポダ *Amborella trichopoda* とよばれる南太平洋に産するの低木, スイレン類, およびシキミ類が, 被子植物の歴史の初期に他の被子植物から分岐した代表的な系統であることを示している (図 30.14 b). アンボレラは木本植物であり, 前述の被子植物共通の祖先はおそらく木本であったことを支持している. ベネチテス類のように, アンボレラ, スイレン類, およびシキミは, ほとんどの現生被子植物に見られる効率的な水運搬細胞である道管要素を欠いている. 全体的に, 先祖種とアンボレラのような被子植物の特徴に基づいて, 初期の被子植物は小さな花と比較的単純な水運搬細胞をもつ小低木であるという仮説が立てられた.

動物との進化的関係

植物と動物は, 何億年間も相互作用していて, その相互作用によって進化的変化がもたらされている. たとえば, 草食動物は, その根, 葉, または種子を食べることによって植物の繁殖成功を減らすことができる. その結果, 草食動物に対する効果的な防御がある植物群で生じるならば, これらの植物は, この新しい防御を克服する草食動物と同様に, 自然選択により選ばれるかもしれない.

植物と送粉者の相互作用はまた, 新種が形成される

▼図 30.14　被子植物の進化史.

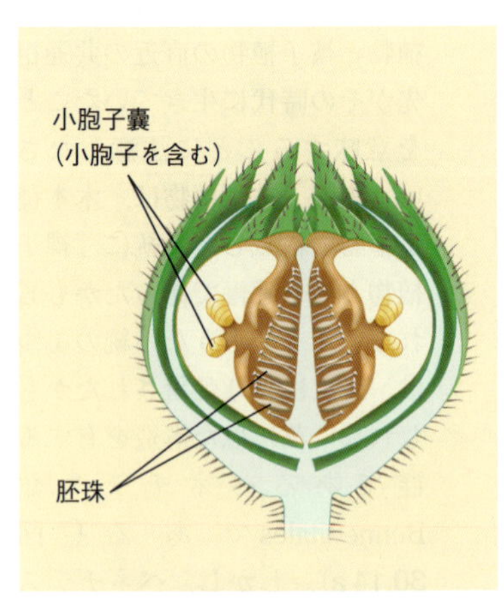
小胞子嚢
(小胞子を含む)
胚珠

(a) 被子植物の祖先候補？　この復元図はベネチテス類に見られる花に類似した構造の縦断面である. ベネチテス類は, 裸子植物よりも被子植物に近縁と仮定されている絶滅種子植物の一群である.

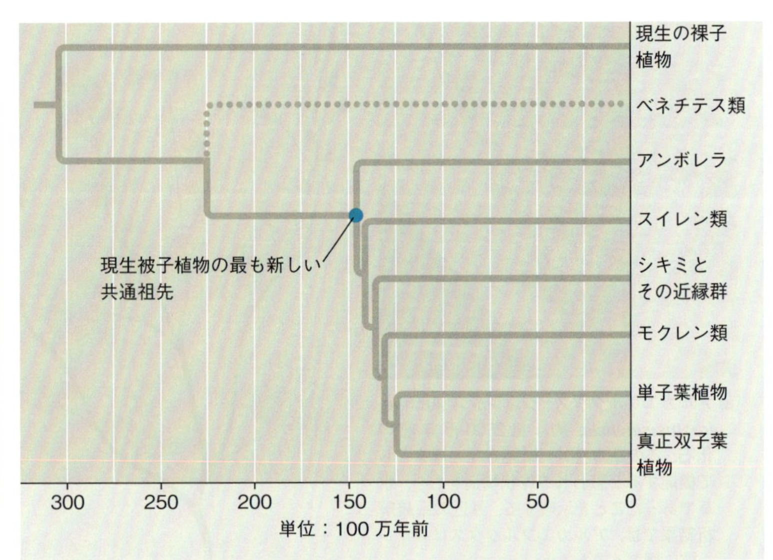
現生の裸子植物
ベネチテス類
アンボレラ
スイレン類
シキミとその近縁群
モクレン類
単子葉植物
真正双子葉植物
現生被子植物の最も新しい共通祖先
300
250
200
150
100
50
0
単位：100 万年前

(b) 被子植物の系統. この系統樹は, 形態学的および分子的証拠に基づいた, 現在の被子植物の進化関係の1つの仮説を表している. 被子植物は, 少なくとも1億4000万年前に出現した. 点線は, 被子植物の姉妹群候補であるベネチテス類の仮想的な位置である.

図読み取り問題➤(b) の各系統の分岐順序は, もし1億5000万年前の単子葉植物化石が発見された場合に書き直さなければならないか. 説明しなさい.

速度に影響を与えた可能性がある. 花の対称性の影響を考えなさい (図 30.9 参照). 左右対称の花では, 昆虫送粉者は特定の方向から近づいた場合にのみ蜜を得ることができる (図 30.15). この制約により, 昆虫の体のある部位に花粉が付着し, 同種の花の花柱と接触する可能性が高くなる. このような花粉移動の特異性は, 分化する集団間の遺伝子流動を減少させ, 左右相称性を有する植物の種分化率を増加させる可能性がある. この仮説は, 図に示す手法を使用して検証することが可能である.

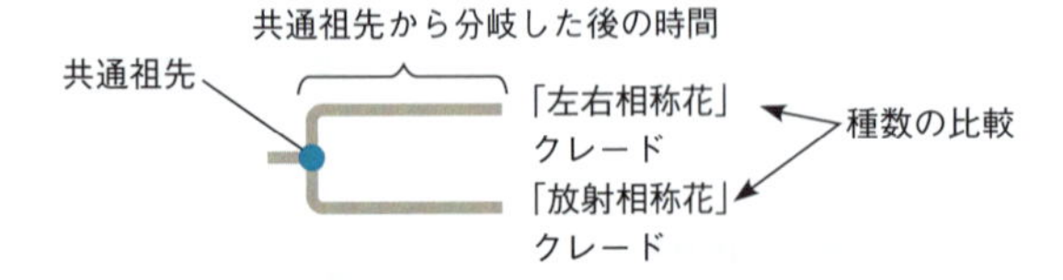
共通祖先から分岐した後の時間
共通祖先
「左右相称花」クレード
「放射相称花」クレード
種数の比較

雄ずい

◀図 30.15　**ハチによる左右相称花の送粉.** このエニシダの花から蜜 (花腺から分泌される甘い液) を収穫するためには, ミツバチは, ここに示すように着陸しなければならない. この罠の機構により, 花の雄ずいのアーチをハチの背中に回し, 花粉まみれにする. その後, この花粉の一部は, ハチが次に訪れた花の柱頭に付着する.

このアプローチの重要なステップは, 左右相称の花をもつクレードが, 放射相称の花をもつクレードと直接の共通祖先を共有する例を特定することである. ある最近の研究では, 19組の近縁な「左右相称」および「放射相称」クレードが同定された. 平均して, 左右相称の花を有するクレードは, 放射相称を有する近縁クレードよりも約2400種も多かった. この結果は, 昆虫送粉者の行動に影響を与えることによって, 花の形が, 新種形成速度に影響を与える可能性があることを示唆している. 概して, 植物と送粉者の相互作用は, 白亜紀中の被子植物の優位性増大に寄与しており, 被子植物を生態系の群集において中心的な重要性をもたせるのに役立ったかもしれない.

被子植物の多様性

白亜紀の小さな始まりから, 被子植物は25万種以上に多様化した. 1990年代の終わりまで, ほとんどの分類学者は被子植物を, 子葉の数に基づいて2つのグループに分けてきた. 1枚の子葉をもつ種は**単子葉植物 monocots** とよばれ, 2枚のものは**双子葉植物 dicots** とよばれる. 花や葉の構造などの他の特徴もこの2群の定義に使われた. 最近のDNAの研究は, 伝統的に双子葉植物とよばれていたほとんどの植物種は, 側系統群であることを示している. 大部分の双子葉植

▼図 30.16　**単子葉植物と真正双子葉植物の特徴.**

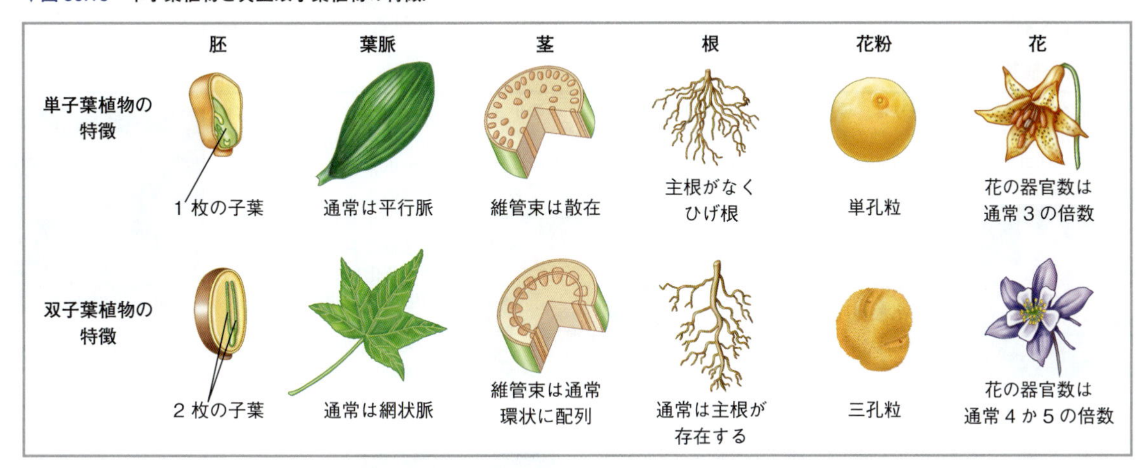
胚
葉脈
茎
根
花粉
花
単子葉植物の特徴
1 枚の子葉
通常は平行脈
維管束は散在
主根がなくひげ根
単孔粒
花の器官数は通常 3 の倍数
双子葉植物の特徴
2 枚の子葉
通常は網状脈
維管束は通常環状に配列
通常は主根が存在する
三孔粒
花の器官数は通常 4 か 5 の倍数

物に入れられている種は，大きなクレードをつくり，いまでは，**真正双子葉植物 eudicots** とよばれる．図 30.16 は単子葉植物と真正双子葉植物のおもな特徴を比較している．残りのかつての双子葉植物は，4 つの小さな系統群に分けられている．その中の 3 系統群，アンボレラ，スイレン類，およびシキミとその近縁群は，被子植物の歴史の初期に他の被子植物から分岐したため，非公式に**基部被子植物 basal angiosperms** とよばれている（図 30.14b 参照）．第 4 の**モクレン類 magnoliids** として知られる系統群は，その後に進化したものである．図 30.17 に被子植物の多様性の概要が示してある．

概念のチェック 30.3

1. ナラの木は，ドングリがドングリをつくるための手段であるといわれている．胞子体，配偶体，胚珠，種子，卵，果実という用語を使い，その理由を説明しなさい，
2. マツの球果と花を比較し，構造と機能の点について対照しなさい．
3. どうなる？➤被子植物の近縁なクレードにおける種分化率は，その花の形状が新種形成率と相関するのか，あるいは，その花の形状が種分化率の原因となっているのか，説明しなさい．

（解答例は付録 A）

30.4

人間の繁栄は種子植物に大きく依存する

森林や農場では，種子植物が食料，燃料，木材製品，医薬品の主要な供給源である．それらに依存しているため，植物の多様性保全が重要である．

種子植物による生産物

私たちの食糧のほとんどは，被子植物に由来する．6 つの穀物——小麦，米，トウモロコシ，ジャガイモ，キャッサバそしてサツマイモ——は人類が消費するカロリーの 80% を生産する．私たちはまた，肉として消費する家畜の飼料も，被子植物に依存している．1 kg の牛肉を生産するのに 5〜7 kg の穀物が必要である．

現代の穀物は，約 1 万 2000 年前に始まった植物の栽培化の結果による人工的選択の産物である．改変の規模を理解するために，栽培植物の種子の大きさや数が，その野生の近縁種と比べて大きく，そして多くなっているか，トウセロコシとテオシント（図 38.16 参照）を例に比較してみなさい．科学者は栽培化に関する情報を，穀物の遺伝子とその野生近縁種との比較により収集している．トウモロコシでは，穂軸サイズの増加やテオシントに見られる穀粒の固い外皮の除去などの栽培化による変化は，5 個程度の突然変異により起こった．

被子植物は他の食料も供給する．世界中で最も普及している 2 種類の飲み物は，茶の葉とコーヒーの豆からつくられ，ココアとチョコレートについては，カカ

▼図 30.17　探究　被子植物の多様性

基部被子植物

原始的被子植物の生き残りは，現在ではたった100種あまりの3つの小さな系統群から成り立っている．他の被子植物から最初に分岐した系統は，アンボレラ・トリコポダ *Amborella trichopoda* 1種のみで代表される．その後に分岐した他系統群は，スイレン類を含む系統と，シキミとその近縁群の系統である．

◀スイレン *Nymphaea*「リーン・グラード」．スイレン類の種は，世界中の淡水環境に見られる．スイレン類は被子植物の歴史の初期に分化した系統群である．

◀シキミ属 *Illicium*．この属は3番目の基部被子植物の系統に属する．

アンボレラ・トリコポダ▶ *Amborella trichopoda*．この小さな低木は，南太平洋のニューカレドニアのみに生育していて，被子植物の系統樹で最も初期に分化した系統の唯一の生き残りと思われる．

モクレン類

モクレン類は，モクレン，クスノキ，コショウなどの仲間の約8000種からなり，木本と草本の両者を含む．これらは，輪状ではなくらせん状に配列した花器官など，原始的被子植物と共通した原始的特徴を有するが，モクレン類は実際は単子葉植物や真正双子葉植物により近縁である．

◀タイサンボク *Magnolia grandiflora*．モクレン科のこの種は大きな木である．「ゴリアス」とよばれるタイサンボクの変種では花が直径約30 cmにも達する．

単子葉植物

被子植物種の約4分の1は単子葉植物で，約7万種である．最大のグループは，ラン科，イネ科，およびヤシ科である．イネ科はトウモロコシ，米，小麦などの農業的に最も重要な作物を含む．

◀ランの1種 *Lemboglossum rossii*

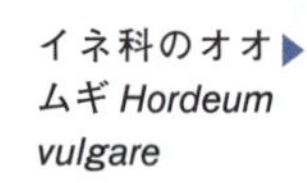

イネ科のオオムギ *Hordeum vulgare*▶

▲シンノウヤシ *Phoenix roebelenii*

真正双子葉植物

被子植物の3分の2以上，約17万種が真正双子葉植物である．最大の群は，エンドウや豆などの作物を含むマメ科である．また，経済的にも重要なのは，観賞用の花のみでなく，イチゴやリンゴ，ナシなどの食用果物をもつ種を含むバラ科である．ナラ，クルミ，カエデ，ヤナギ，カバなどよく知られている花木の大部分は真正双子葉植物である．

◀マメ科のエンドウ *Pisum sativum*

野生のヨーロッパノイバラ *Rosa canina*▶

◀ピレネーオーク *Quercus pyrenaica*

表 30.1　種子植物由来の薬品例

化合物	原材料例	利用例
アトロピン	セイヨウハシリドコロ	眼科治療の瞳孔拡張薬
ジギタリン	キツネノテブクロ	心臓薬
メントール	ユーカリ	咳の薬の原料
キニーネ	キナノキ	抗マラリア薬
タキソール	タイヘイヨウイチイ	卵巣がん薬
ツボクラリン	クラーレノキ	筋肉弛緩薬
ビンブラスチン	ツルニチニチソウ	白血病薬

オの木に感謝しなければならない．香辛料は，さまざまな植物のさまざまな部位，たとえば花（クローブ，サフラン），果実や種子（バニラ，コショウ，カラシ，クミン），葉（バジル，ミント，セージ）や樹皮（シナモン）などからつくられる．

多くの種子植物，裸子植物と被子植物は材木の供給源であり，この機能は無種子維管束植物にはない．材は丈夫な壁をもつ木部細胞によりつくられる（図 35.22 参照）．材は多くの地域で燃料の一次的な資源であり，パルプは，モミやマツなどの球果類からつくられ，紙の原料である．世界中で，材は建材として最も広く使われている．

長い間，人類は薬を種子植物に頼ってきた．多くの文明は長い薬草の伝統をもち，科学的研究により多くの薬草の中から医学的に活性のある化合物を同定して，医薬品の合成につながった．ヤナギの葉と樹皮は，ギリシャの物理学者のヒポクラテスの処方箋のように，長い間鎮痛薬として使われてきた．1800 年代に入り，科学者は，ヤナギの薬効はサリシンという化合物によることを見出した．合成化合物のアセチルサリチル酸は，アスピリンとよばれているものである．植物は医薬化合物の直接的供給源である（表 30.1）．米国では，約 25% の薬の処方箋は植物から抽出された，あるいは植物由来の活性原料を含んでいて，ふつう，種子植物由来である．

植物の多様性に対する脅威

植物自身は再生可能な資源であるが，植物の多様性はそうではない．人類の人口爆発とそれによる空間と資源の要求により，全地球的に植物種を脅かしている．人類の半分以上の人口が生活し，人口増加率が高い熱帯では特に問題は深刻である．毎年，約 63 000 km^2 の熱帯雨林が消滅し（図 30.18），この速度では，熱帯

▼図 30.18　**熱帯林の伐採．** 過去数百年にわたり，地球の熱帯林のほぼ半分が伐採されており，農地や他の用途に変換されている．1975 年の衛星画像（左）は，ブラジルの密な熱帯林を示す．2012 年までに，この森林の多くは伐採された．森林伐採や都市部は薄紫色で表示する．

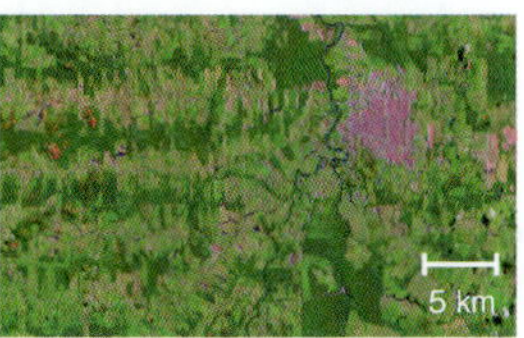
5 km

林の残り 1100 万 km^2 は 175 年で完全に消滅する．森林の喪失は，光合成による大気中の二酸化炭素（CO_2）の吸収を減少させ，地球温暖化に寄与する可能性がある．森林が消滅すると多数の植物種も消滅する．もちろん，いったん種が絶滅すると，再生は不可能である．

植物種の喪失は，しばしば昆虫や他の降雨林の動物の喪失を伴う．研究者は，熱帯や他の地域でのいまの絶滅速度が続くと，数世紀以内に，半分以上の生物種が絶滅すると推定している．そのような損失は，ペルム紀と白亜紀の大量絶滅に匹敵する大規模な大量絶滅となり，永遠に植物（と多くの他の生物）の進化的歴史を変えるであろう．

多くの人たちが倫理的な観点から種の絶滅に関心がある．それに加え，実利的にも植物多様性の喪失に関心をもつ理由がある．私たちは 29 万種以上の既知の植物種の，ほんの一部しかその潜在的利用価値の探究をしていない．たとえば，私たちの食料のほとんどは，たった 20 数種の種子植物種の栽培化に基づいたものである．そして 5000 種以下の植物種しか，潜在的医薬品の資源として調査されていない．熱帯降雨林は，私たちが見つける前に絶滅する可能性の高い薬効植物の宝庫であろう．もし私たちが熱帯林や他の生態系をゆっくりとしか再生しない生きた宝物であるという認識をし始めれば，その生産物の持続可能な量を守って収穫をすることを学ぶであろう．

概念のチェック 30.4

1. 植物の多様性が，再生不可能な資源と考えられる理由を説明しなさい．
2. どうなる？➤研究者が，種子植物由来の新規医薬品をより効率的に探索するのを補助するため，植物の系統樹はどのように使用することができるだろうか．

（解答例は付録 A）

30章のまとめ

重要概念のまとめ

30.1

種子と花粉は陸上生活への主要な適応である

種子植物の5つの派生的特徴	
退化した配偶体	微小な雌雄の配偶体（n）は胞子体（$2n$）により栄養供給され，保護を受ける．（雄性配偶体／雌性配偶体）
異型胞子	小胞子（雄性配偶体に発生） 大胞子（雌性配偶体に発生）
胚珠	胚珠（裸子植物）：珠皮（$2n$），大胞子，大胞子嚢（$2n$）
花粉	花粉により，受精に水が必要ではなくなった．
種子	保護されていない胞子より生き残りやすい種子は，長距離を移動することができる．（種皮，栄養分，胚）

? 胚珠の部分（珠皮，大胞子，大胞子嚢）が種子のどの部分に対応するか述べなさい．

30.2

裸子植物は「裸」の種子をつけ，一般には球果をつくる

- 胞子体世代の優占，受精胚珠から種子の発達，および胚珠への精子輸送における花粉の役割は，典型的な裸子植物の生活環における重要な機能である．
- 裸子植物は，植物の化石記録の早い時期に現れ，多くの中生代の陸上生態系を優占した．現生の種子植物は，裸子植物と被子植物の2つの単系統群に分けることができる．現生の裸子植物は，ソテツ類，イチョウ，グネツム類，および**球果類**が含まれている．

? 裸子植物は1000種以下しか存在しないが，この群はなお，進化的寿命，適応，地理的分布の点で，非常に成功している．その理由を説明しなさい．

30.3

被子植物の生殖的適応には花と果実がある

- **花**は，一般的に，**がく片**，**花弁**，**雄ずい**（花粉を生成），および**心皮**（胚珠を生成）の4型の変形葉で構成される．**子房**は熟して**果実**に発達し，種子を乗せて，風，水，または動物により新しい場所に運ばれる．
- 被子植物は約1億4000万年前に出現し，白亜紀中期（1億年前）までには一部の陸上生態系で優占し始めた．化石と系統解析は，しばしば花の起源への洞察を提供する．
- **基部被子植物**のいくつかの群が同定されている．被子植物の他の主要なクレードには**モクレン類**，**単子葉植物**と**真正双子葉植物**が含まれている．
- 送粉などの被子植物と動物間の相互作用は，過去1億年間の被子植物の繁栄に貢献している場合がある．

? なぜ，ダーウィンは被子植物の起源を「忌まわしい謎」とよんだのか説明しなさい．また，化石証拠と系統解析から何が明らかになったか記述しなさい．

30.4

人間の繁栄は種子植物に大きく依存する

- 人間は，食料，木材，多くの医薬品などの製品を，種子植物に依存している．
- 生息地の破壊により，多くの植物種とそれらが支える動物種が絶滅に脅かされている．

? なぜ残りの熱帯林の破壊は，人間に害を与えるとともに大量絶滅につながる可能性があるのか，理由を説明しなさい．

理解度テスト

レベル1：知識／理解

1. 被子植物では，大胞子嚢はどこにあるか．
   (A) 花の花柱の中
   (B) 花の柱頭に囲まれている
   (C) 花の子房に含まれる胚珠の内部
   (D) 雄ずいの葯中の花粉嚢に詰め込まれている
2. 陸上での生活を促進する種子植物のおもな特徴は，以下の4つの特徴のうちの3つを含む．どれが除外されるか．

(A) 同型胞子性　　(C) 退化した配偶体
(B) 花粉　　(D) 種子

3. 被子植物において，以下のどれがその染色体数と間違ってペアになっているか．
(A) 卵——n　　(C) 小胞子——n
(B) 大胞子——$2n$　　(D) 接合子——$2n$

4. 裸子植物と被子植物を他の植物から区別する特徴ではないものは，次のうちどれか．
(A) 従属の配偶体　　(C) 花粉
(B) 胚珠　　(D) 世代交代

5. 裸子植物と被子植物が共通してもっていないのは，次のうちどれか．
(A) 種子　　(C) 子房
(B) 花粉　　(D) 胚珠

レベル2：応用／解析

6. **描いてみよう**　以下の系統樹で，(A)～(D) の派生形質がどこで現れたのか示しなさい．
(A) 花　(C) 種子
(B) 胚　(D) 維管束組織

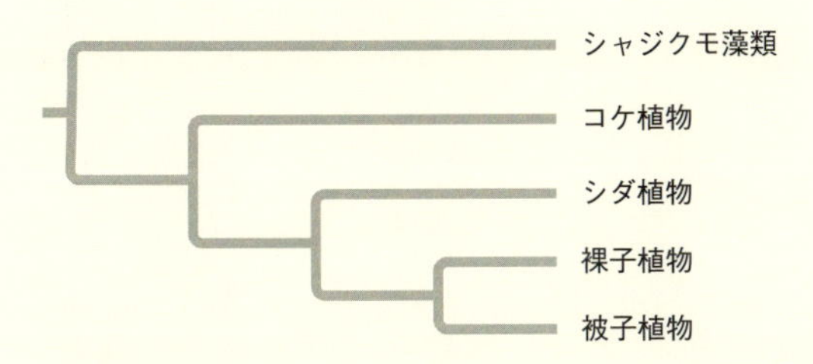
シャジクモ藻類
コケ植物
シダ植物
裸子植物
被子植物

7. **進化との関連**　生命の歴史は，いくつかの大量絶滅で中断されている．たとえば，隕石(いんせき)の影響により白亜紀の終わりにほとんどの恐竜や海洋生物の多くの生命形態が一掃されたであろう（25.4 節参照）．化石の証拠では，植物はこの大量絶滅の際にそれほど深刻な影響を受けていないことを示している．どのような適応により，植物は動物よりも，これらの災害に耐えることができたのだろうか．

レベル3：統合／評価

8. **科学的研究・描いてみよう**　38.1 節で詳細に説明するように，被子植物の雌性配偶体は，通常，7 細胞性で，その 1 つの中央細胞は単相の核を 2 つ含んでいる．重複受精した後，中央細胞は，三倍体の胚乳に発生する．モクレン類，単子葉植物と真正双子葉植物は，通常 7 細胞と三倍体胚乳の雌性配偶体をもつので，科学者たちは，これが被子植物の祖先的形質状態であると仮定した．しかし，以下の最近の発見を考察しなさい．
- 私たちの被子植物の系統の理解は，図 30.14 b に示すように変更された．
- アンボレラ・トリコポーダ *Amborella trichopoda* は，8 つの単細胞性の雌性配偶体と三倍体胚乳をもっている．
- スイレン類とシキミは，4 細胞性の雌性配偶体と二倍体の胚乳をもっている．

(a) 上記の雌性配偶体の細胞数と，胚乳の倍数性のデータを組み入れた，被子植物の系統樹を描きなさい（図 30.14 b 参照）．雌性配偶体と胚乳細胞の倍数性については，上記の与えられたデータを取り入れて描画しなさい．その際，シキミの近縁群はすべて，4 細胞性の雌性配偶体と二倍体の胚乳をもっていると仮定しなさい．
(b) 分類した系統は，被子植物の雌性配偶体と胚乳の進化について何を示しているか．

9. **テーマに関する小論文：組織化**　細胞は，すべての生物の機能と構造の基本単位である．植物の生活環の重要な特徴は，単相多細胞体と複相多細胞体の世代交代である．減数分裂と受精の間に，有糸分裂が起こらない被子植物の系統を想像しなさい（図 30.12 参照）．この細胞分裂のタイミングの変更が，この系統の植物の構造と生活環にどのような影響を与えるか，300～450 字で記述しなさい．

10. **知識の統合**

この写真は，飛行中のタンポポの種子を示している．種子植物の種子やその他の適応が，今日の植物群落で種子植物が優占的役割となるのに，どのように寄与したのかを記述しなさい．

(一部の解答は付録 A)

31 菌 類

▲図 31.1　森林において，このキノコはどのような役割を演じているのだろうか．

重要概念

31.1　菌類は吸収によって栄養を得る従属栄養生物である

31.2　菌類は有性生殖または無性生殖で胞子を形成する

31.3　菌類の祖先は鞭毛をもつ水生の単細胞原生生物であった

31.4　菌類は多様な系統に分化している

31.5　菌類は物質循環，生態的相互作用，人間生活に重要な役割を担っている

▼木々の間で糖を転送する別の菌類であるショウゲンジ *Cortinarius caperatus*

隠れたネットワーク

スイスの針葉樹林を散策すると，高くそびえる木々の下のあちこちにベニタケ属 *Russula* の小さな赤いキノコを見ることができる（図 31.1）．これらのキノコは，森の地下に広がる巨大な菌糸のネットワークが伸ばしたわずかな地上部にすぎない．この菌糸は成長しながら栄養分を吸収し，その栄養分の一部を樹木の根に供給する．そして樹木は，光合成によって生成した糖を菌に供給する．2016 年の研究は，このような菌糸が，異なる種の樹木の間でさえ糖を移送できることを示している．したがって，ある樹木によって生成された糖は，近くにある別の樹木へも供給され得るのだ．この発見は，私たちの森林生態系の理解に新たな複雑さを加えた．

ベニタケ属がつくる隠れた菌糸ネットワークは，あまり注目されることはないものの，じつは壮大な生物群である菌界を象徴するにふさわしい存在である．ほとんどの人は，キノコを食べたときや水虫にかかったときぐらいにしかこの真核生物群を気にかけることはないだろう．しかし，菌類は生物圏における巨大できわめて重要な構成要素である．現在のところ，菌類には約 10 万種が記載されているが，実際には 150 万種が存在すると推定されている．菌類には単細胞のものもいるが，多くは複雑な多細胞の体をもつ．このように多様な菌類は地上と水中のありとあらゆる環境に生育している．

菌類は多様でさまざまな環境に生育しているだけではなく，地球上のほとんどの生態系の維持に不可欠な存在でもある．菌類は有機物を分解し，他の生物が必須とする化学物質を利用できる形に変換している．人は菌類を食料として，農業や林業への応用に，またパンから抗生物質に至る製品をつくるために利用している．しかし一方で，一部の菌類が植

物や動物に病気を引き起こすのも事実である．

本章では，菌類の構造と進化史について，菌類を構成するおもなグループについて，そして菌類の生態的および経済的重要性について紹介する．

31.1

菌類は吸収によって栄養を得る従属栄養生物である

菌類はきわめて多様であるが，いくつか共通する特徴があり，なかでも特に重要なものは栄養分の獲得様式である．また多くの菌類は多細胞の菌糸をつくって成長するが，この形も栄養分の獲得様式に関係している．

栄養吸収と生態

動物と同様に，菌類も従属栄養生物であり，陸上植物や藻類のように自ら食物をつくることはできない．しかし動物とは異なり，菌類は食物をそのまま取り込む（食べる）ことはできない．その代わり，菌類は体外の環境に存在する栄養分を吸収する．多くの菌類は，加水分解酵素を体外に分泌することでこれを可能にしている．このような酵素は複雑な分子を低分子有機物に分解し，菌類はこれを吸収，利用する．また別の菌類は酵素によって他の生物の細胞壁に孔をあけ，その細胞から栄養分を吸収している．このように多様な菌類がもつさまざまな酵素は，生体や死体を構成するさまざまな物質を分解できる．

菌類の食料源の多様性は，彼らの生態系におけるさまざまな役割，つまり分解者，寄生者，相利共生者と対応している．分解者である菌類は，倒木や動物の死体，生物の排出物などを分解し，栄養を吸収している．寄生菌は生きている宿主の細胞から栄養を吸収している．寄生菌の中には病原性をもつものもおり，その多くは陸上植物に病気を引き起こすが，一部は動物に害を及ぼす．相利共生菌も宿主から栄養を吸収するが，同時に宿主に利益を与えている．たとえば一部の原生生物と同様に（図28.27参照），ある動物の体内に相利共生する菌類は，酵素を分泌して木材を分解している．

菌類が生態的な成功者である理由は，多様な酵素によってさまざまな物質を食料源とできるからだけではない．もう1つの大きな理由は，菌類の体のつくりが栄養吸収効率を高めているからである．

体の構造

ほとんどの菌類は，多細胞の糸状体，または単細胞（**酵母 yeast**）である．糸状体としても酵母としても生育できる種もいるが，多くは糸状体を形成し，酵母としてのみ生きる種は少ない．酵母はしばしば，糖やアミノ酸など可溶性栄養分が容易に得られる陸上植物の樹液や動物の組織のような湿った環境に生育している．

多細胞菌類がもつ形態は，彼らが周囲の環境から栄養分を吸収し成長していくことを効率化している（図31.2）．このような菌類は，ふつう**菌糸 hypha**（複数形は hyphae）とよばれる細い糸状体からなるネットワークを形成している．菌糸は細胞壁で囲まれており，この細胞壁は強靱だが可塑性に富む多糖である**キチン chitin** を含む．キチンを含む細胞壁の存在は，菌類が吸収によって栄養を得ることを可能にしている．菌類が栄養物を吸収すると，細胞内の栄養物濃度が上昇す

▼図31.2　**多細胞性菌類の構造．**上の写真はヤマドリタケ *Boletus edulis* の有性生殖器官であり，このような構造はキノコとよばれる．下の写真は針葉樹の落葉に生育する菌糸体であり，挿入写真は菌糸の SEM 像．

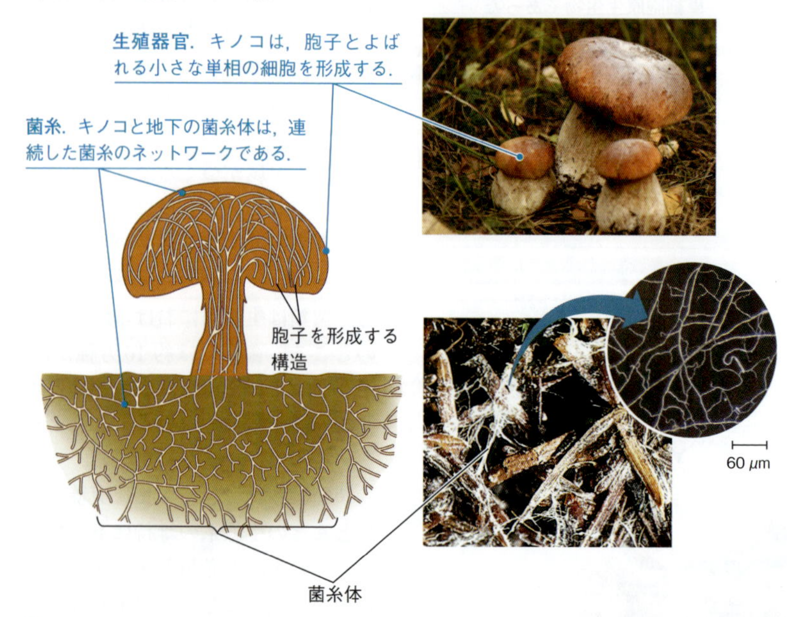

生殖器官．キノコは，胞子とよばれる小さな単相の細胞を形成する．
菌糸．キノコと地下の菌糸体は，連続した菌糸のネットワークである．
胞子を形成する構造
60 μm
菌糸体

上の写真に示した複数のキノコはそれぞれ別個体に見えるが，DNA は同一である可能性が高い．その理由を説明しなさい．

▼図 31.3　菌糸の 2 型.

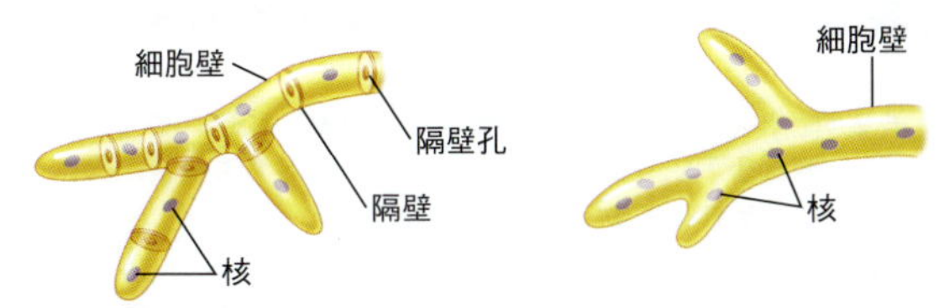
細胞壁
隔壁孔
隔壁
核
細胞壁
核

(a) 有隔菌糸　(b) 多核菌糸

るために細胞内に水が浸透する．もし菌類の細胞が強固な細胞壁に囲まれていなければ，浸透した水によって細胞は破裂してしまう．

多くの菌類に見られるもう 1 つの重要な構造的特徴は，菌糸の細胞が**隔壁 septum**（複数形は septa）によって区切られている点である（図 31.3 a）．ふつう隔壁には孔があり，リボソームやミトコンドリア，ときには核さえも通り抜けて細胞間を移動する．また一部の菌類は，菌糸に隔壁を欠く（図 31.3 b）．**多核性菌類 coenocytic fungi** として知られるこのような菌類は，数百から数千にも及ぶ多数の核を含むひとつながりの細胞質からなる．後で見るように，このような多核状態は，細胞質分裂を伴わない核分裂を繰り返すことによって生じる．

菌類の菌糸は，絡み合って**菌糸体 mycelium**（複数形は mycelia）とよばれる塊をつくり，食料源となる基質中に入り込んでいる（図 31.2 参照）．菌糸体の構造は体積に対する表面積の割合を最大化し，栄養吸収の効率を向上させている．肥沃(ひよく)な土壌 1 cm^3 の中には，ときに合計で長さ 1 km に及ぶ菌糸が含まれ，その表面積は 300 cm^2 にも達する．菌類が合成したタンパク質などの材料は原形質流動によって菌糸先端に運ばれ，菌糸体は迅速に成長する．菌類は栄養吸収面積を増大させるため，菌糸を太くするのではなく伸長することにエネルギーと資源を集中させる．多細胞菌類には一般的な意味での運動能がなく，食物や有性生殖の相手を探すために走ったり泳いだり飛ぶことはできない．しかし菌類は急速に成長して菌糸の先端を伸ばすことによって，新たな生育環境へ侵入することができる．

菌根菌の特殊な菌糸

菌類の中には，生きた動物を捕らえるための特殊な菌糸をもつものがいる（図 31.4 a）．また陸上植物から栄養分を奪うため，「吸器」とよばれる特殊な菌糸をもつものもいる．ここでは，分枝した特殊な菌糸である**樹枝状体 arbuscule** などを用いて宿主である陸上植物の根と栄養交換を行う菌類に注目してみよう（図 31.4 b）．このような菌類と植物の根の間の相利的な関係によって，**菌根 mycorrhiza**（複数形は mycorrhizae；「菌類の根」を意味する）が形成される．

▼図 31.4　特殊な菌糸.

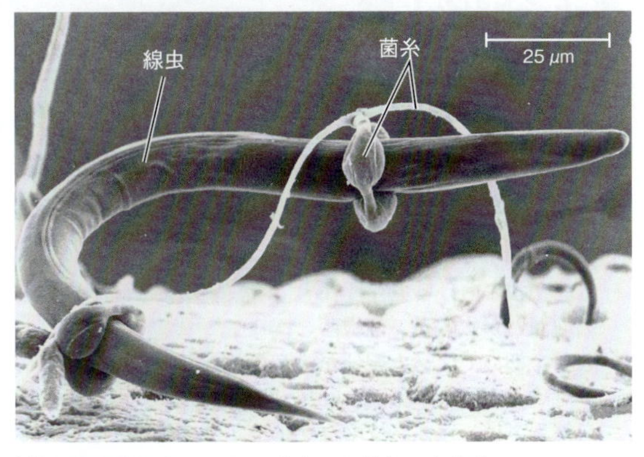
線虫
菌糸
25 μm

(a) **獲物を捕殺することに適応した菌糸.** 土壌菌の *Arthrobotrys* では菌糸の一部が輪のように変形しており，そこを通った線虫を 1 秒以内に締めつけることができる．この菌は，次に獲物の体内に菌糸を侵入させて内部組織を分解する（SEM 像）.

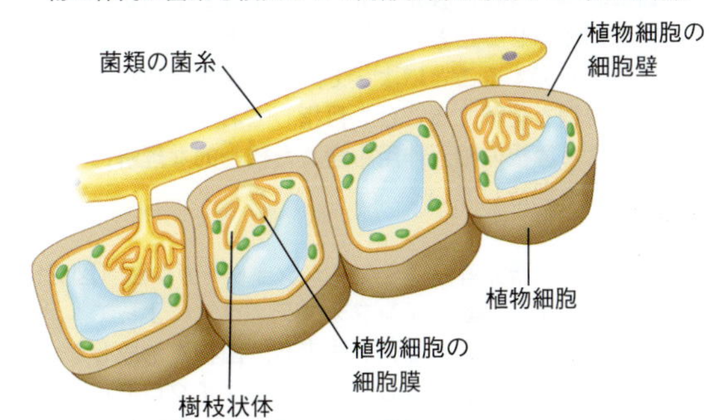
菌類の菌糸
植物細胞の
細胞壁
植物細胞
植物細胞の
細胞膜
樹枝状体

(b) **樹枝状体.** 一部の相利共生菌類は，樹枝状体とよばれる特殊な菌糸を形成し，生きた植物細胞との間で栄養交換を行う．植物細胞の細胞質と樹枝状体の間は，植物細胞の細胞膜（オレンジ色の線）で隔てられている．

巨大な菌糸体のネットワークは植物の根よりも効率的に土壌から栄養分を吸収できるため，菌根菌（菌根を形成する菌類）はリン酸イオンなどの無機塩類をより効率的に陸上植物へ供給できる．代わりに，植物は菌類に炭水化物のような有機物を与えている．

菌根菌には主要な 2 つの型がある（図 37.15 参照）．1 つは**外菌根菌 ectomycorrhizal fungi**（「外」を意味するギリシャ語 *ectos* に由来）であり，根の表面に菌糸による鞘を形成し，また根の皮層の細胞間隙に生育する．もう 1 つは**アーバスキュラー菌根菌 arbuscular mycorrhizal fungi** であり，上記の樹枝状体を根の細胞壁内に侵入させ，根の細胞膜の陥入によって形成された空間で生育する（図 31.4 b 参照）．本章の**科学スキル演習**では，菌根を形成する菌類と，これを形成しない菌類のゲノムデータを比較している．

菌根は生態系において，また農業においてきわめて

科学スキル演習

ゲノムデータの解釈と仮説の提唱

菌根菌のゲノム解析によって，菌根における共生関係の何がわかるのか　菌根菌として初めてゲノム配列が決定された菌類は，担子菌のオオキツネタケ *Laccaria bicolor* である（写真参照）．自然界では，オオキツネタケはモミやポプラなどの木本に普遍的な外菌根菌であり，また土壌に自由生活していることもある．苗木を育てる際には，しばしば実生の成長を促進するために土壌にこの菌類を添加する．この菌類は容易に単独培養ができ，また実験室で植物の根と菌根を形成させることができる．研究者らはこの菌類のゲノムを研究することによって，この菌類と植物との相互作用過程を理解することを目指しており，さらに他の菌類による菌根の相互作用も含めた統一的な理解につながることを期待している．

研究方法　研究者らは全ゲノムショットガン法（図21.2参照）およびバイオインフォマティクスによって，オオキツネタケのゲノム配列を決定し，菌根を形成しない担子菌類のゲノムと比較した．彼らはマイクロアレイを用いて，異なるタンパク質コード遺伝子の発現レベルを調査し，また菌根の菌糸体と菌根を形成していない菌糸体における同じ遺伝子の発現レベルを比較した．これによって，菌根で特異的につくられる菌類のタンパク質遺伝子が見つかった．

研究データ

表1　オオキツネタケと，菌根を形成しない菌類4種の遺伝子数

	オオキツネタケ	1	2	3	4
タンパク質コード遺伝子	20 614	13 544	10 048	7302	6522
膜輸送タンパク質遺伝子	505	412	471	457	386
低分子分泌タンパク質(SSP)遺伝子	2191	838	163	313	58

表2　菌根を形成していない菌糸体（FLM）に比べて，外菌根を形成している菌糸体（ECM）で最も発現上昇が見られたオオキツネタケの遺伝子

タンパク質ID	タンパク質の特徴・機能	ダグラスモミ ECM/FLM 比	ポプラ ECM/FLM 比
298599	SSP	22 877	12 913
293826	酵素阻害	14 750	17 069
333839	SSP	7844	1931
316764	酵素	2760	1478

データの出典　F. Martin et al., The genome of *Laccaria bicolor* provides insights into mycorrhizal symbiosis, *Nature* 452:88-93 (2008).

データの解釈

1. (a) 表1を見た場合，最も多くの膜輸送タンパク質（7.2節参照）遺伝子をもつ種はどれだろうか．(b) これらの遺伝子が，オオキツネタケにとって重要だと考えられる理由は何か．
2. 「低分子分泌タンパク質（SSP)」は，菌類が分泌する100アミノ酸未満の短いタンパク質であるが，その機能はまだよくわかっていない．(a) 表1から，SSPに関するデータを抽出しなさい．(b) 研究者らは，SSP遺伝子が分泌のためのものであることを示す共通の特徴をもつことを見出した．図17.22およびその図に関する考察を参照して，このSSP遺伝子の共通の特徴が何を意味しているのか考察しなさい．(c) 菌根におけるSSPの役割について，仮説を構築しなさい．
3. 表2は，菌根において発現量が最も上昇するオオキツネタケの4つの遺伝子のデータを示している．(a) 表の中の最初のタンパク質をコードしている遺伝子において，22 877という数字は何を意味しているのか．(b) 表2のデータは，問2(c)においてあなたが提唱した仮説を支持しているだろうか，説明しなさい．(c) ポプラの菌根およびダグラスモミの菌根のデータを比較し，この違いを説明するための仮説を立てなさい．

重要な存在である．ほとんどすべての維管束植物は菌根をもっており，必須栄養素の獲得を菌類に依存している．菌根をもつ植物ともたない植物を比較することによって，多くの研究が菌根の重要性を実証している．森林を管理する人は，マツの成長を促進するために，ふつうマツに菌根菌を接種している．このような人間の介在がない場合，菌根菌は，発芽して新たな菌糸体を形成する単相の細胞である**胞子 spore** によって生育域を広げる．次に紹介するように，胞子による分散は，菌類が生育地を広げるための鍵となる現象である．

概念のチェック 31.1

1. 菌類の栄養獲得様式を，あなた自身の栄養獲得様式と比較しなさい．

2. どうなる？➤祖先は昆虫の寄生者であったが，現在では昆虫の体内に生育する相利共生者となっている菌がいたとする．この菌はどのような派生的特徴をもつと考えられるか，記しなさい．

3. 関連性を考えよう➤図 10.4 と図 10.6 を復習しなさい．もしある植物が菌根をもつならば，この植物の気孔から二酸化炭素の形で入った炭素は，最終的にどこに蓄積されるだろうか．植物中，菌根菌中，それとも両方だろうか．

（解答例は付録 A）

31.2

菌類は有性生殖または無性生殖で胞子を形成する

多くの菌類は有性生殖または無性生殖により，膨大な数の胞子を形成して繁殖する．たとえばホコリタケの生殖器官は，炸裂して無数の胞子を雲のようにまき散らす（図 31.17 参照）．胞子は風や水流によって遠くまで運ばれ，もし栄養分のある湿った場所に着地すると，発芽して新たな菌糸体を形成する．胞子が菌類の分散にとってどれほど有効であるのかを知るためには，メロンをひと切れ放置しておくとよい．近くに胞子をつくる菌がいなくても，1 週間もすればメロンの上に落ちた顕微鏡でなければ見えない胞子から成長した綿毛のような菌糸体を見ることができるだろう．

図 31.5 は，さまざまな段階で胞子を形成する菌類の生活環を一般化したものである．本節では，菌類の有性生殖および無性生殖の一般的な特徴について紹介する．

有 性 生 殖

菌類の大部分の種では，菌糸や胞子の核は単相であり，有性生殖の中で一時的に複相となるだけである．一般的に菌類の有性生殖は，2 つの菌糸体に由来する菌糸が**フェロモン** pheromone とよばれる性的シグナルを分泌することで始まる．もし 2 つの菌糸体が性的に相補的なものであれば，一方のフェロモンが他方の受容体に結合し，菌糸はフェロモン源へ向かって伸長する．双方の菌糸が出合うと，菌糸は融合する．このような「適合性テスト」は，菌糸が同一の菌糸体や同じ遺伝子型をもつ菌糸体に由来する菌糸と融合することを妨げ，遺伝的多様性が増すことに寄与する．

2 つの菌糸の細胞質が融合する現象は，**細胞質融合** plasmogamy とよばれる（図 31.5 参照）．多くの菌類では，細胞質が融合しても両親に由来する単相の核はすぐには融合しない．菌糸体の融合した部分では，この遺伝的に異なる核が共存した状態でいる．このような菌糸体を**ヘテロカリオン**（異核共存体）heterokaryon（「異なる核」を意味する）とよぶ．一部の菌類では，両親に由来する 2 個の単相核はペアの状態で存在し，このような菌糸体は**二核性** dikaryotic（「2 個の核」を意味する）である．二核性の菌糸体が成長する際には，それぞれの細胞中にある 2 個の核は融合することなく相前後して分裂する．このような細胞では 2 個の単相核が独立したままでいるため，2 個が融合して 1 個の核の中に 1 組の相同染色体が存在する状態である複相とは異なる．

細胞質融合が起こってから数時間，数日，（ある種の菌類では）ときには数世紀後に，有性生殖の次の段階である**核融合** karyogamy が起こる．核融合によって両親に

▼図 31.5　**一般化した菌類の生活環．**ここに示したように，多くの菌類は有性生殖も無性生殖も行う．ただし有性生殖だけを行う菌類や無性生殖だけを行う菌類も存在する．

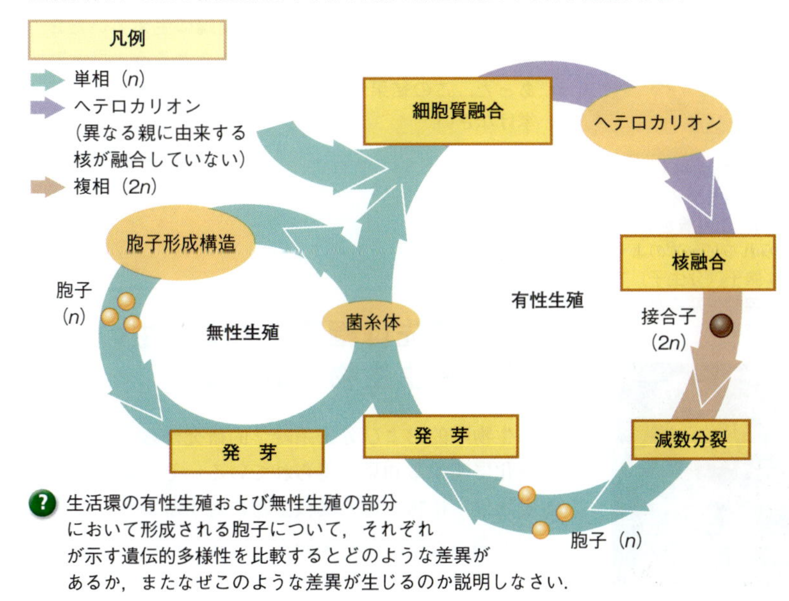

凡例
単相（n）
ヘテロカリオン
（異なる親に由来する
核が融合していない）
複相（$2n$）
細胞質融合
ヘテロカリオン
核融合
接合子
（$2n$）
減数分裂
胞子（n）
発　芽
発　芽
胞子形成構造
胞子
（n）
無性生殖
菌糸体
有性生殖

? 生活環の有性生殖および無性生殖の部分において形成される胞子について，それぞれが示す遺伝的多様性を比較するとどのような差異があるか，またなぜこのような差異が生じるのか説明しなさい．

由来する2個の単相核が融合し，複相の細胞が生じる．接合子など核融合の過程で生じる一時的な構造だけが，多くの菌類にとって唯一の複相期である．次に減数分裂が起こって再び単相となり，遺伝的に多様な胞子を形成する．減数分裂は有性生殖における鍵となるステップであるため，このようにして形成された胞子は「有性胞子」とよばれることもある．

有性生殖における核融合と減数分裂によって，自然選択の前提条件である遺伝的多様性が生じる（13.2節，23.1節を参照し，性によって集団中の遺伝的多様性が増大することを確認しなさい）．またヘテロカリオンの状態では，一方の単相ゲノムに有害な変異が起こっても，他方のゲノムがそれを補うことができる可能性があるので，複相である利点を一部享受することができる．

無性生殖

多くの菌類は有性的にも無性的にも生殖できるが，2万種ほどでは無性生殖のみが知られている．有性生殖と同様，菌類の無性生殖の様式も非常に多様である．

多くの菌類は，糸状の菌体が体細胞分裂によって（単相の）胞子を生成し，無性生殖を行う．このような菌類が目で見えるほどの菌糸体を形成している場合，通称名として**カビ molds** とよばれる．日常生活の中でも，あなたは台所で果物やパンの表面にカーペットのように広がるカビを見たことがあるだろう（図31.6）．ふつうカビは迅速に成長し，多数の胞子を無性的に形成することによって新たな食料源に移住する．このように無性的に胞子を形成する菌類の多くは，異なる交配型に出合うと有性生殖を行うこともできる．

菌類の中には，単細胞の酵母として増殖するものもいる．胞子を形成する代わりに，酵母は通常の二分裂や親細胞から小さな細胞が切り出すこと（「出芽」）によって無性生殖を行う（図31.7）．すでに記したように，酵母として生きる菌類の中には，糸状の菌糸体を形成することができるものもいる．

1.5 μm

▼図31.6　食物の分解者としてよく見られるアオカビ属 *Penicillium*．この着色SEM像に見られるビーズのような塊は胞子（分生子）であり，無性生殖にかかわる構造である．

▼図31.7　さまざまな出芽段階にある出芽酵母 *Saccharomyces cerevisiae*（SEM像）．

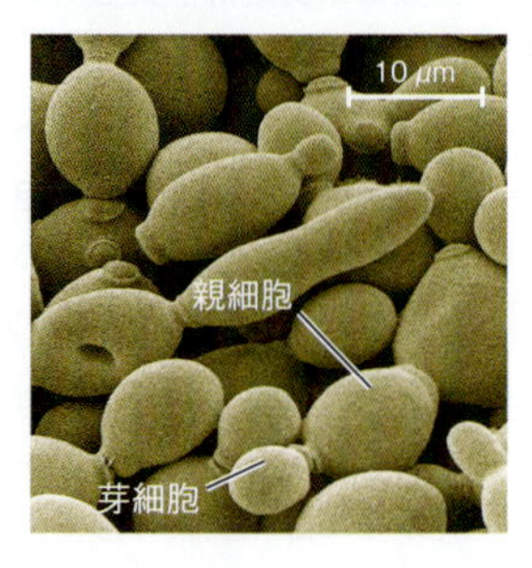
10 μm
親細胞
芽細胞

酵母や糸状菌の中には，有性世代が見つかっていないものも少なくない．古くから菌類学者は，有性生殖器官に基づいて菌類を分類していたため，そのような菌類を何に分類すべきなのかが問題となっていた．伝統的に，このような有性世代を欠く菌類は，**不完全菌類 deuteromycetes**（ギリシャ語で「第2の」を意味する *deutero*，「菌類」を意味する *mycete* に由来）に分類されてきた．不完全菌に分類されていた菌類で有性世代が見つかると，生殖器官の構造に基づいてその菌類は特定の門に再分類された．このような有性世代の探索に加え，現在では菌類学者は遺伝子情報を用いて菌類を分類している．

概念のチェック 31.2

1. 関連性を考えよう➤図31.5と図13.6を比較しなさい．単相体（一倍体）と複相体（二倍体）という観点において，菌類とヒトの生活環はどのように異なるのか，記しなさい．

2. どうなる？➤あなたの家の庭の両端に生えていた2個のキノコを採集し，DNAを調べたところ，同一であった．この結果を合理的に説明できる仮説を2つ挙げなさい．

（解答例は付録A）

31.3

菌類の祖先は鞭毛をもつ水生の単細胞原生生物であった

古生物学的および分子系統学的研究から，菌類の初期進化に関する知見が得られている．その結果，菌類と動物は，植物や他の真核生物に対するよりも互いに近縁であると考えられている．

▼図 31.8　**菌類とその近縁生物の系統関係**．分子系統学的研究によって，単細胞性の原生生物であるヌクレアリア類が菌類に最も近縁な現生の生物であることが示されている．ツボカビ類に至る 3 本の平行線は，このグループが側系統群であることを示している．

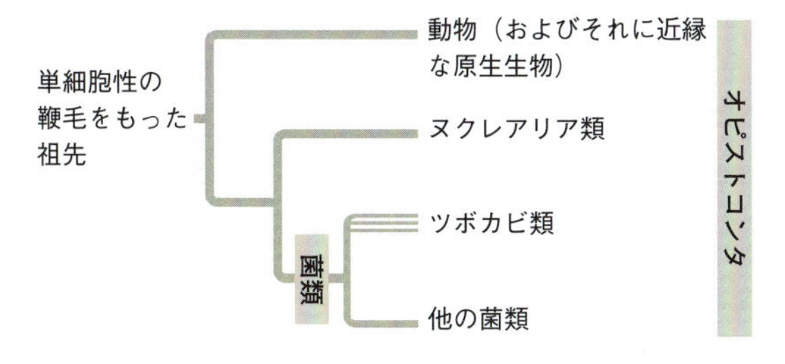
単細胞性の
鞭毛をもった
祖先
動物（およびそれに近縁
な原生生物）
ヌクレアリア類
ツボカビ類
菌類
他の菌類
オピストコンタ

菌類の起源

系統学的研究から，菌類は鞭毛（べんもう）をもった祖先から進化してきたと考えられている．現在では多くの菌類が鞭毛を失っているが，菌類の初期分岐群のいくつか（本章の後で触れるツボカビ類）は鞭毛を残している．さらに動物や菌類に近縁な原生生物の多くも，鞭毛をもつ．分子系統学的研究から，真核生物のこの 3 群，菌類，動物，およびそれに近縁な原生生物は単系統群を形成していることが示されている（図 31.8）．28.5 節で紹介したように，この単系統群は，鞭毛が後方から（*opistho-*）生じていることを語源として**オピストコンタ opisthokonts** とよばれている．

さらに分子系統学的研究から，菌類は動物よりもいくつかの単細胞原生生物に近縁であることが示されている．このことは菌類の祖先が単細胞性であったことを示唆している．このような単細胞原生生物の 1 つが**ヌクレアリア類 nucleariids** であり，これは藻類や細菌を捕食するアメーバ状生物である．さらに分子系統学的研究は，動物が菌類やヌクレアリア類よりも別の原生生物群（襟（えり）鞭毛虫）に近縁であることを示している．このような結果は，菌類と動物が異なる単細胞の祖先から独立に多細胞生物へと進化したことを意味している．

分子時計解析によって，動物と菌類の祖先が分かれたのは 10 億年以上前と推定されている．約 15 億年前の，ある海産単細胞真核生物の化石は菌類とされているが，この主張には議論の余地がある．さらに，多くの科学者らは菌類が水中で生まれたと考えているが，明らかに菌類である最古の化石は，約 4 億 6000 万年前の陸生種のものである（図 31.9）．いずれにせよ，菌類がいつ誕生し，その進化の初期にはどのような特徴をもっていたのかを明らかにするためには，より多くの化石情報が必要である．

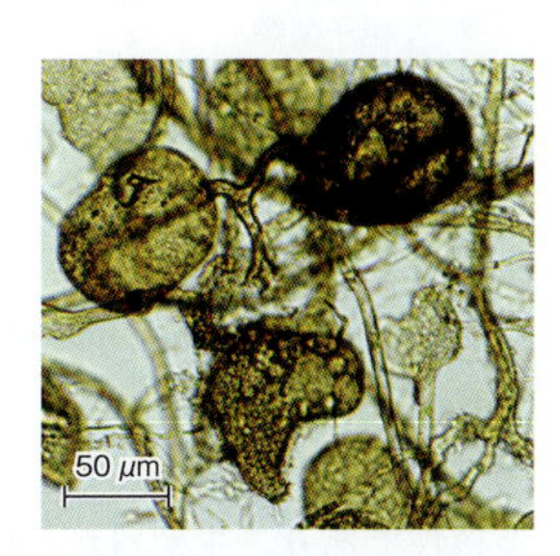
50 μm

▲図 31.9　**オルドビス紀（約 4 億 6000 万年前）の菌糸と胞子をもった菌類化石（LM 像）．**

菌類の初期分岐群

近年のゲノム研究から，菌類の初期分岐群がどのような生物であったのかわかり始めている．たとえば，いくつかの研究によって，ロゼラ属 *Rozella* に属するツボカビ類が，菌類の中で最も初期に分かれたものであることが示されている．さらに，メタゲノム研究では，ロゼラ属がこれまで知られていなかった単細胞性菌類からなる大きな系統群の中に含まれることが示されており，この系統群は「クリプト菌類」とよばれている．ロゼラ属（また他のツボカビ類）のように，クリプト菌類に属する生物は鞭毛をもつ胞子をつくる．またロゼラ属などのクリプト菌類は，生活環の主要時期にキチンを含む細胞壁をもたない点で菌類としては特異である．このことは，キチンで補強された細胞壁というほとんどの菌類に見られる重要な特徴が，クリプト菌類の分岐後に獲得されたことを示唆している．

菌類の上陸

陸上植物は約 4 億 7000 万年前に陸上に進出したが（29.1 節参照），菌類はそれ以前に上陸していたかもしれない．実際，一部の研究者は陸上植物が上陸する前の陸上生物として，シアノバクテリアや真核藻類，そして菌類を含むさまざまな小さな従属栄養生物からなる「グリーン・スライム」を報告している．菌類は細胞外消化能をもつため，周囲の他の陸上生物（またはその遺骸）から栄養を得ることができたのだろう．

菌類が上陸した後，その一部は初期の陸上植物と共生関係を結んだ．たとえば 4 億 500 万年前の初期陸上植物であるアグラオフィトンの化石には，植物と菌類からなる菌根が存在した証拠が残っている（図 25.12 参照）．この化石には，植物細胞に侵入し特殊な構造を形成した菌糸が見られるが，この構造は今日アーバスキュラー菌根菌が形成する樹枝状体によく似ている．これと似た構造は他のさまざまな初期陸上植物に見つかっており，上陸した初期から陸上植物が菌類との共生関係に依存していたことを示唆している．初期の陸上植物は根を欠いており，土壌からの栄養吸収能は限られていた．今日見られる菌根のように，共生菌類が形成した発達した菌糸体を通して吸収された土壌栄養分が，初期陸上植物に供給されていたのだろう．

菌根が古い起源をもつことは，近年の分子生物学的研究からも支持されている．菌根菌と植物が共生関係を築くためには，菌類で特定の遺伝子が，また植物で別の遺伝子が発現しなければならない．研究者らは，菌根の形成に必要な被子植物がもつ3つの遺伝子（*sym* 遺伝子）に注目して調査した．その結果，この遺伝子は，苔類（たいるい）のような初期分岐群を含むすべての陸上植物主要系統群（図29.7参照）に存在することが明らかとなった．さらに，菌根形成能を失った被子植物の変異体に苔類の *sym* 遺伝子を導入したところ，菌根形成能が回復した．これらの結果から，初期陸上植物にも菌根形成をつかさどる *sym* 遺伝子が存在し，その機能が数億年にわたって保存され，陸上植物が陸上生活に適応し続けることを可能にしていると考えられる．

概念のチェック 31.3

1. 多くの菌類は鞭毛を欠いているにもかかわらず，なぜ菌類はオピストコンタに分類されるのだろうか．その根拠を記しなさい．

2. 現在の，また陸上植物が上陸するにあたっての菌根の重要性について記しなさい．また菌根が古い起源をもつことを支持する証拠は何か．

3. どうなる？➤植物より前に菌類が上陸していたとすると，菌類はどのような環境に生育し，また現在とは異なる何を栄養源としていたと考えられるだろうか．説明しなさい．

（解答例は付録A）

31.4

菌類は多様な系統に分化している

最近10年間の分子系統学によって，まだ不明確な部分もあるものの菌類を構成するグループ間の系統関係がかなり明らかになってきた．図31.10は，菌類の系統に関する現在の仮説を概略的に示したものである．本節では，この系統樹で示した菌類の主要なグループについて，それぞれ紹介していく．

図31.10に示した菌類のグループは，現生の菌類の多様性の一部だけを示したものである．現在のところ菌類にはおよそ10万種が知られているが，実際には150万種にも達するとも推定されており，最近のメタゲノム研究はこのような推定を支持している．たとえばクリプト菌類（31.3節参照）や別のまったく新しい単細胞菌類のグループが発見され，このような新規のグループの中に見られる遺伝的多様性は，図31.10に示したグループ全体の遺伝的多様性に匹敵することが示されている．

ツボカビ類

ツボカビ類
接合菌類
グロムス類
子嚢菌類
担子菌類

ツボカビ類 chytrids は湖沼や土壌に広く分布しており，また近年のメタゲノム研究では，熱水噴出孔や他の海洋環境から20以上のツボカビ類の新規系統群が見つかっている．およそ1000種が知られるツボカビ類のうち，一部は分解者であり，また原生生物や他の菌類，陸上植物や動物の寄生者となるものもいる．本章の後で触れるように，このような寄生性ツボカビ類の1種は世界的な両生類の減少にかかわっているらしい．また別のツボカビ類は重要な相利共生者であり，たとえばヒツジやウシの消化管に生育する嫌気性ツボカビ類は植物質の分解を助けており，このような動物の成長に大きく寄与している．

前述したように，分子データは一部のツボカビ類が菌類進化の初期に分岐したことを示している．ツボカビ類が，他の菌類とは異なり鞭毛をもつ胞子である**遊走子 zoospore**（図31.11）をもつことも，この仮説を支持している．他の菌類と同様，ツボカビ類（最近見つかったクリプト菌類を除いて）もキチンからなる細胞壁をもち，また重要な酵素や代謝経路も他の菌類と共通している．ツボカビ類の中には菌糸によってコロニーを形成するものもいるが，単一の球形細胞として存在するものもいる．

接合菌類

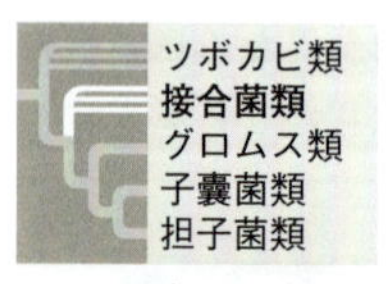
ツボカビ類
接合菌類
グロムス類
子嚢菌類
担子菌類

接合菌類 zygomycetes には約1000種が知られている．接合菌は多様性に富んだグループであり，パンやモモ，イチゴ，サツマイモなどを腐敗させる成長の早いカビが含まれる．また接合菌の中には，動物の寄生者や片利共生者として生きるものもいる．

クモノスカビ *Rhizopus stolonifer* の生活環は，接合菌に典型的なものである（図31.12）．その菌糸は食物の上に広がり，侵入して栄養物を吸収する．菌糸は多核性であり，生殖器が形成されたときにだけ隔壁ができる．無性生殖時には，直立した菌糸の先端に球形の黒い胞子嚢ができる．胞子嚢の中には遺伝的に均質

▼図 31.10 探究　菌類の多様性

現在のところ，多くの菌類学者は菌類の中に以下の５つの主要群を認識している．ただしツボカビ類と接合菌はおそらく側系統群である（系統樹中では平行線で示している）．

ツボカビ類（約 1000 種）

ツボカビ属 *Chytridium* のようなツボカビ類は球形の遊走子嚢と分枝した仮根状菌糸を形成するが（LM像），他のツボカビ類は単細胞性，またはより複雑な糸状体である．ツボカビ類は湖沼や土壌中に普遍的であり，鞭毛をもつ胞子（遊走子）を形成する．ツボカビ類には，最も初期に分かれた菌類が含まれる．

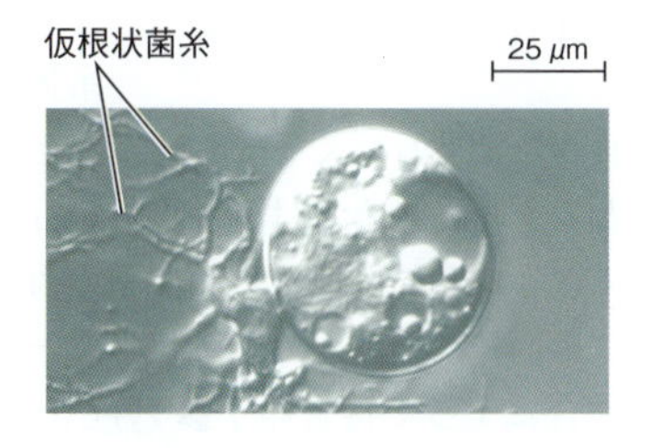
仮根状菌糸
25 μm

接合菌類（約 1000 種）

このケカビ属 *Mucor*（LM像）を含むいくつかの接合菌の菌糸は，果物やパンのような食物上で迅速に成長する．接合菌の中にはこのような分解者（生きていないものを食物とする）とともに，寄生者や片利共生者が含まれる．

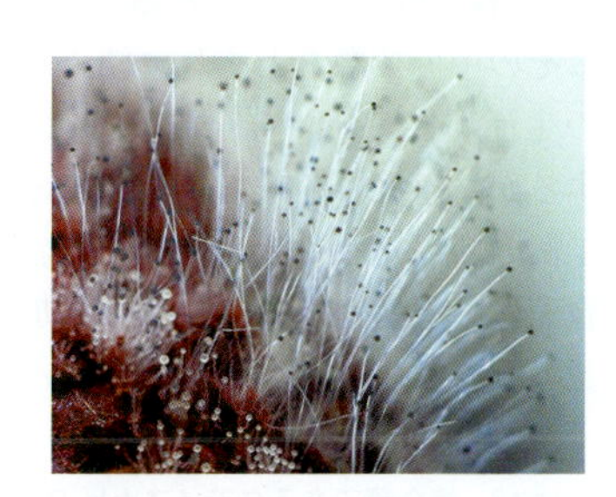

グロムス類（約 200 種）

ほとんどのグロムス類は，陸上植物の根とアーバスキュラー菌根を形成し，無機塩類などを根に供給している．陸上植物の 80％以上の種は，グロムス類とこのような相利共生関係を結んでいる．この LM 像は，植物の根に侵入したグロムス類の菌糸（濃青色に染まっている）を示している．

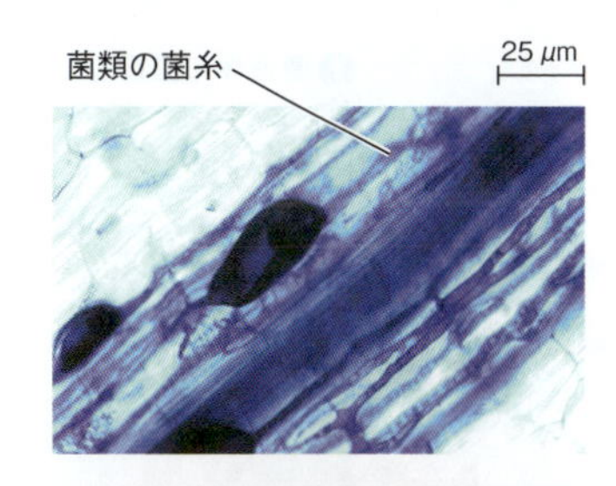
菌類の菌糸
25 μm

子嚢菌類（約 6 万 5000 種）

この多様性に富んだグループは海，淡水，そして陸上のさまざまな環境に普遍的である．写真は杯状の子嚢果（子実体）を形成した子嚢菌であり，その姿からヒイロチャワンタケ *Aleuria aurantia* とよばれる．

担子菌類（約 3 万種）

担子菌類は分解者や外菌根菌として重要なグループであり，各細胞が２個の核（それぞれの親に由来する）をもつヘテロカリオンである時期が長い点で特異である．その子実体は一般的にキノコとよばれ，そのようなキノコの１つである写真のベニテングタケ *Amanita muscaria* は北半球の針葉樹林でふつうに見られる．

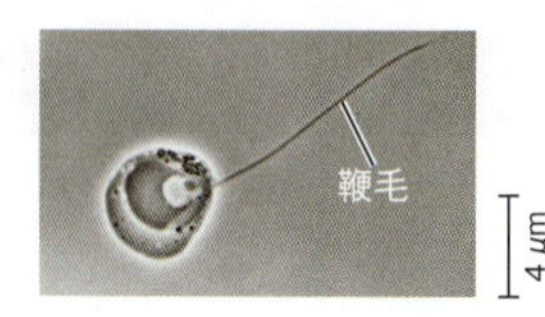
鞭毛
4 μm

▲図 31.11　ツボカビ類の遊走子.

な単相の胞子が多数形成され，空気中に散布される．胞子が湿った食物の上に着地すると，発芽して新たな菌糸体となる．

食物を消費し尽くしてしまうなど環境条件が悪化すると，クモノスカビは有性生殖を行う．有性生殖において親となるのは異なる交配型の菌糸体であり，形態的には同一であるが異なる化学マーカーをもつ．細胞質融合によって**接合胞子嚢** **zygosporangium**（複数形は zygosporangia）とよばれる堅固な構造が形成され，後にその中で核融合とそれに続く減数分裂が起こる．この生活環において接合胞子嚢は接合子（$2n$）に相当するが，通常の意味での接合子（1個の複相核を含む1個の細胞）とは異なる点に注意が必要である．接合胞子嚢は多核の構造であり，最初は両親に由来する多数の単相核をもつヘテロカリオンであるが，核融合の後には多数の複相核をもつことになる．

0.5 mm

➤図 31.13　**胞子嚢を狙い撃つミズタマカビ属** ***Pilobolus.*** この接合菌は，動物の糞を分解する．この菌類は胞子嚢をつけた菌糸を明るいほうに屈曲させるが，そのような場所は新鮮な草の存在が期待できる開けた場所である可能性が高い．次にミズタマカビは水圧によって胞子嚢を飛ばすが，その距離は 2.5 m に達することもある．ミズタマカビは草とともに草食動物に食べられ，やがて糞とともに胞子が排出される．つまり次世代の菌体が糞を基質に育つことができる．

接合胞子嚢は凍結や乾燥に対して耐久性があり，代謝的に不活性な構造である．環境が好転すると，接合胞子嚢の複相核は減数分裂を行い，発芽して胞子嚢を形成する．そして胞子嚢は遺伝的に多様な単相の胞子を放出し，胞子は新たな基質を得ると再びコロニーを

▼図 31.12　**接合菌であるクモノスカビ** ***Rhizopus stolonifer*** **の生活環.**

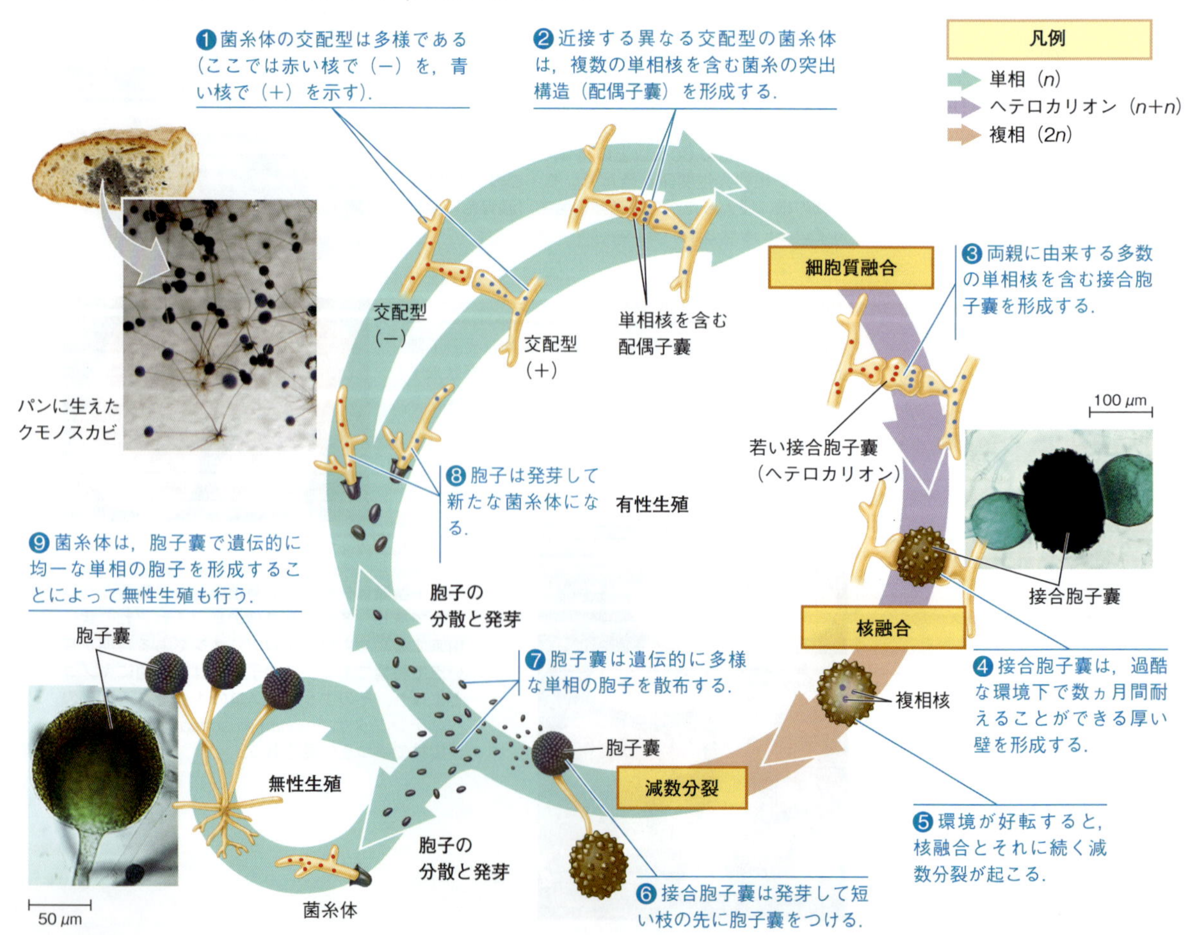
❶菌糸体の交配型は多様である（ここでは赤い核で（−）を，青い核で（+）を示す）.
❷近接する異なる交配型の菌糸体は，複数の単相核を含む菌糸の突出構造（配偶子嚢）を形成する.
凡例
単相（n）
ヘテロカリオン（n+n）
複相（2n）
交配型（−）
交配型（+）
単相核を含む配偶子嚢
細胞質融合
❸両親に由来する多数の単相核を含む接合胞子嚢を形成する.
パンに生えたクモノスカビ
100 μm
若い接合胞子嚢（ヘテロカリオン）
❽胞子は発芽して新たな菌糸体になる.
有性生殖
接合胞子嚢
❾菌糸体は，胞子嚢で遺伝的に均一な単相の胞子を形成することによって無性生殖も行う.
胞子の分散と発芽
核融合
胞子嚢
❼胞子嚢は遺伝的に多様な単相の胞子を散布する.
❹接合胞子嚢は，過酷な環境下で数ヵ月間耐えることができる厚い壁を形成する.
複相核
胞子嚢
無性生殖
減数分裂
❺環境が好転すると，核融合とそれに続く減数分裂が起こる.
胞子の分散と発芽
❻接合胞子嚢は発芽して短い枝の先に胞子嚢をつける.
50 μm
菌糸体

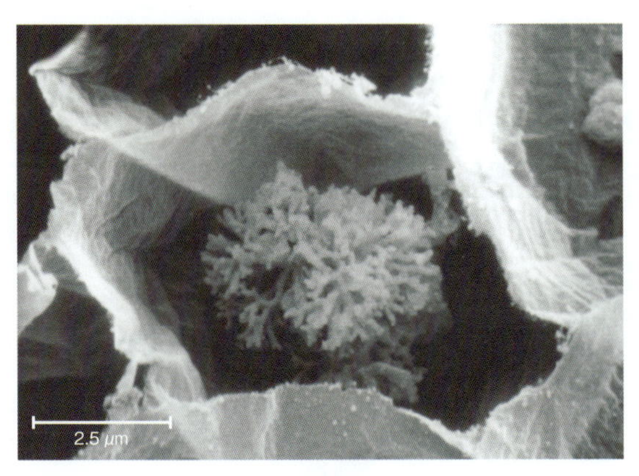
2.5 μm

▲図 31.14　**アーバスキュラー菌根．** ほとんどのグロムス類は植物の根とアーバスキュラー菌根を形成し，無機塩類などの栄養物を根に供給する．この SEM 像は，細胞膜を押しのけて根細胞に侵入している *Glomus mosseae* の分枝した菌糸である樹枝状体を示している（この根細胞は前処理によって細胞質が除去されている）．

▼図 31.15　**子嚢菌類．**

▶黒トリュフ *Tuber melanosporum* は木本と外菌根を形成する．子嚢果は地下にでき，強い臭いを発する．写真は掘り起こした子嚢果であり，中央の 1 個は輪切りにしたもの．

◀ 食用となるアミガサタケ *Morchella esculenta* の子嚢果は，果樹園の木の下でよく見られる．

? 子嚢菌の形態はこのようにきわめて多様である（図 31.10 も参照）．ある菌類が子嚢菌であることを確かめるためには，どのようにすればよいか記しなさい．

形成する．接合菌の中には，ミズタマカビ属 *Pilobolus* のように胞子嚢を明るい場所へ向けて「狙い撃ち」するものもいる（図 31.13）．

グロムス類

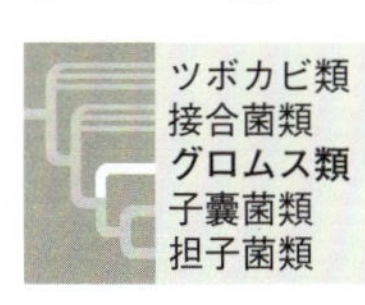
ツボカビ類
接合菌類
グロムス類
子嚢菌類
担子菌類

グロムス門に分類される**グロムス類 glomeromycetes** は，以前は接合菌に分類されていた．しかし数百種の菌類の DNA を解析した研究を含む近年の分子系統学的研究によって，グロムス類が独立した系統群であることが示されている*．現在のところグロムス類には 200 種ほどのみが知られているが，分子データからは実際の種数はもっと多いことが示されている．グロムス類は，ほとんどすべての種がアーバスキュラー菌根を形成するという点で生態学的にきわめて重要なグループである（図 31.14）．菌糸の先端は植物の根細胞に侵入し，枝分かれして樹枝状体を形成する．陸上植物の 80% 以上の種は，グロムス類とこのような相利共生関係を築いている．

子 嚢 菌 類

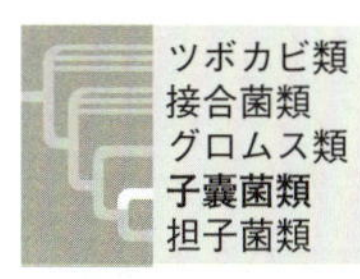
ツボカビ類
接合菌類
グロムス類
子嚢菌類
担子菌類

菌類学者は陸上，淡水，海水のさまざまな環境から 6 万 5000 種にも及ぶ子嚢菌門に属する菌類，**子嚢菌類 ascomycetes**，を記載している．子嚢菌の特徴は，袋状（saclike）の**子嚢 ascus**（複数形は asci）の中に胞子（子嚢胞子）を形成することであり，そのため英名で「sac fungi」ともよばれる．多くの子嚢菌は，有性生殖の過程で顕微鏡サイズのものから目で見えるものまでさまざまな大きさの**子嚢果 ascocarp** とよばれる子実体を形成する（図 31.15）．胞子を形成する子嚢は，子嚢果の中に存在する．

子嚢菌の中には，単細胞性の酵母から精巧なつくりをしたチャワンタケまで多様な大きさと複雑さのものが含まれる（図 31.15 参照）．本章の後で触れる最も破壊的な植物寄生菌も，子嚢菌に含まれる．しかし多くの子嚢菌は特に植物質の重要な分解者である．また子嚢菌の 25% 以上の種は，緑藻やシアノバクテリアとともに地衣とよばれる相利的な共生体を形成している．さらに一部の子嚢菌は，植物と菌根を形成する．植物の葉の葉肉細胞間隙に生育する子嚢菌もおり（内生菌），この中には毒素を生成して昆虫による食害から植物を守るものもいる．

さまざまな子嚢菌の生活環の中には生殖器の構造や生殖過程に細部の違いはあるものの，典型的な例としてアカパンカビ *Neurospora crassa* の生活環を図 31.16 に示す．子嚢菌は，膨大な数の**分生子 conidium**（複数形は conidia）を形成して無性生殖を行う．分生子は接合菌の無性胞子のように胞子嚢の中に内生的につくられるのではなく，分生子柄とよばれる特殊化した菌糸の先端に外生的に房状や鎖状に形成され，風によって散布される．

分生子は有性生殖にかかわることもあり，アカパンカビでは分生子が異なる交配型の菌糸と融合することによって有性生殖が起こる．異なる交配型の間で細胞質融合が起こると，両親に由来する 2 つの単相核を含む二核細胞となる．このような二核性の菌糸の先端は，

*（訳注）：最近の研究では，接合菌が 2 つの系統群からなり，その一方にグロムス類が含まれることが示されている．

▼図 31.16　**子嚢菌であるアカパンカビ *Neurospora crassa* の生活環．** 実験によく使われるあるアカパンカビはパンに生えるカビであり，野外では野火の跡地などに生育する．

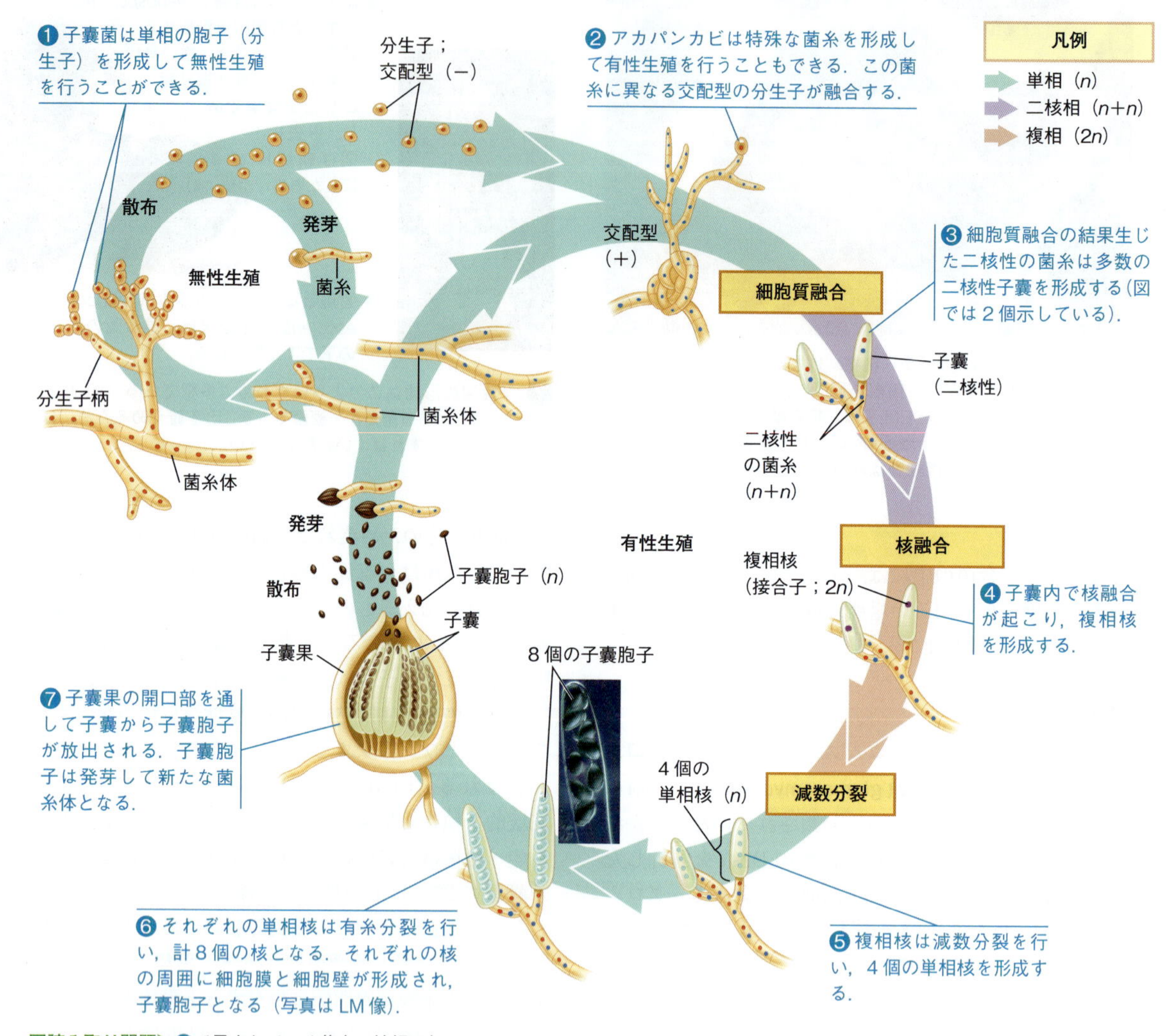
❶ 子嚢菌は単相の胞子（分生子）を形成して無性生殖を行うことができる．
分生子；
交配型（−）
❷ アカパンカビは特殊な菌糸を形成して有性生殖を行うこともできる．この菌糸に異なる交配型の分生子が融合する．
凡例
単相（n）
二核相（n+n）
複相（2n）
散布
発芽
無性生殖
菌糸
交配型
（+）
細胞質融合
❸ 細胞質融合の結果生じた二核性の菌糸は多数の二核性子嚢を形成する（図では2個示している）．
子嚢
（二核性）
分生子柄
菌糸体
菌糸体
二核性
の菌糸
（n+n）
発芽
有性生殖
核融合
複相核
（接合子；2n）
子嚢胞子（n）
散布
子嚢
❹ 子嚢内で核融合が起こり，複相核を形成する．
子嚢果
8個の子嚢胞子
❼ 子嚢果の開口部を通して子嚢から子嚢胞子が放出される．子嚢胞子は発芽して新たな菌糸体となる．
4個の
単相核（n）
減数分裂
❻ それぞれの単相核は有糸分裂を行い，計8個の核となる．それぞれの核の周囲に細胞膜と細胞壁が形成され，子嚢胞子となる（写真はLM像）．
❺ 複相核は減数分裂を行い，4個の単相核を形成する．

図読み取り問題➤❷で示されている菌糸の核相は何か．

多数の子嚢へと分化する．それぞれの子嚢の中では核融合が起こって両親のゲノムが合体し，次に減数分裂によって遺伝的に異なる4つの核が形成される．ふつうその後に体細胞分裂が1回起こり，8個の子嚢胞子が形成される．子嚢胞子は子嚢の中で成熟し，やがて子嚢果から放出される．

接合菌の生活環とは異なり，子嚢菌（および担子菌）では二核状態である時期が長いため，遺伝的な組換えが起こる機会が増大している．たとえばアカパンカビでは，多数の二核細胞が子嚢へと発達して減数分裂時の組換えが起こるため，1回の接合によってより遺伝的に多様な子孫が生まれる（図 31.16 のステップ❸〜❺を参照）．

図 17.2 に示したように，1930 年代に生物学者らはアカパンカビを使って一遺伝子一酵素説を提唱した．現在でもこの子嚢菌はモデル生物であり続けており，2003 年には全ゲノム塩基配列が報告された．この小さな菌類のゲノムには，ショウジョウバエの4分の3，ヒトの2分の1に相当する遺伝子が存在する（表 31.1）．ヒトなど多くの真核生物のゲノムでは非コード領域が多くのスペースを占めているが，アカパンカビはこのような領域が少ない比較的コンパクトなゲノムをもつ．実際，アカパンカビには，トランスポゾンのような非コード DNA が蓄積することを防ぐ遺伝的防御機構が存在することが示されている．

表 31.1　アカパンカビ，ショウジョウバエ，ヒトの遺伝子密度の比較

	ゲノムサイズ（100 万塩基対）	遺伝子数	遺伝子密度（100 万塩基対あたりの遺伝子数）
アカパンカビ（子嚢菌）	41	9700	236
ショウジョウバエ	165	14 000	85
ヒト	3000	<21 000	7

担子菌類

ツボカビ類
接合菌類
グロムス類
子嚢菌類
担子菌類

シイタケやホコリタケ，サルノコシカケなど 3 万種ほどの菌類は**担子菌類 basidiomycetes** とよばれ，担子菌門に分類されている（図 31.17）．担子菌門の中には，菌根を形成する相利共生者や，破壊的な植物寄生菌の 2 つのグループであるサビキン類とクロボキン類も含まれる．担子菌類という名前は，核融合とそれに続く減数分裂が起こる生殖細胞である**担子器 basidium**（複数形は basidia；ラテン語で「小さな台」を意味する）に由来する．担子器は棍棒（club）のような形をしているため，英名では「club fungi」ともよばれる．

担子菌は木材など植物体の分解者として重要な存在である．すべての菌類の中で，ある種の担子菌は木材に大量に含まれる複雑な重合体であるリグニンに対する最も効率的な分解者である．多くのサルノコシカケ類は弱った木や損傷を受けた木を倒し，木が枯死した後にも分解を続ける．

ふつう担子菌の生活環には，長期間の二核菌糸体期が含まれる．子嚢菌と同様，このような長期の二核状態によって遺伝的組換えの機会が多くなり，1 回の接合から生じる遺伝的多様性を増大させている．担子菌の菌糸体は，環境刺激に対応して周期的に**担子器果 basidiocarp** とよばれる精巧な子実体を形成する（図 31.18）．スーパーマーケットで売られているキノコは，このような担子器果の身近な例である．

キノコを形成する菌糸の集中的な成長により，担子菌の菌糸体はわずか数時間で子実体（担子器果）を形成することができる．二核性の菌糸体が水分を吸い上げ，盛んに細胞質流動を行うことによってキノコが急速に立ち上がる．この過程によって，「妖精の輪」とよばれるキノコの輪がわずか一夜にして現れることがある（図 31.19）．妖精の輪の下に広がる菌糸体は 1 年あたり約 30 cm の速度で外側へ成長し，土壌中の有機物を分解していく．巨大な妖精の輪の中には，何百年もの年を経たものもある．

▶ サルノコシカケ類は重要な木材分解者である

◀ 胞子を放出するホコリタケ

▶ キヌガサタケ *Dictyphora* は腐った肉のような臭いを発する

▲図 31.17　**担子菌類.**

キノコの傘の裏のひだは，二核の担子器を支持かつ保護する広大な表面積を提供している．それぞれの担子器の中で 2 個の核は核融合し，1 個の複相の核ができる（図 31.18 参照）．この複相核は減数分裂によって 4 個の単相核となり，それぞれの単相核は担子胞子を形成する．このような過程で大量の担子胞子が形成され，たとえばマッシュルームのひだの表面積は 200 cm^2 にも達し，数億個もの担子胞子を放出する．胞子は傘の裏から落ち，風に吹かれて運ばれていく．

概念のチェック 31.4

1. ツボカビ類が菌類の中で最も初期に分かれたグループ

▼図 31.18　キノコを形成する担子菌の生活環.

図読み取り問題➤この図から，キノコの地上部にある柄の核相を推定しなさい.

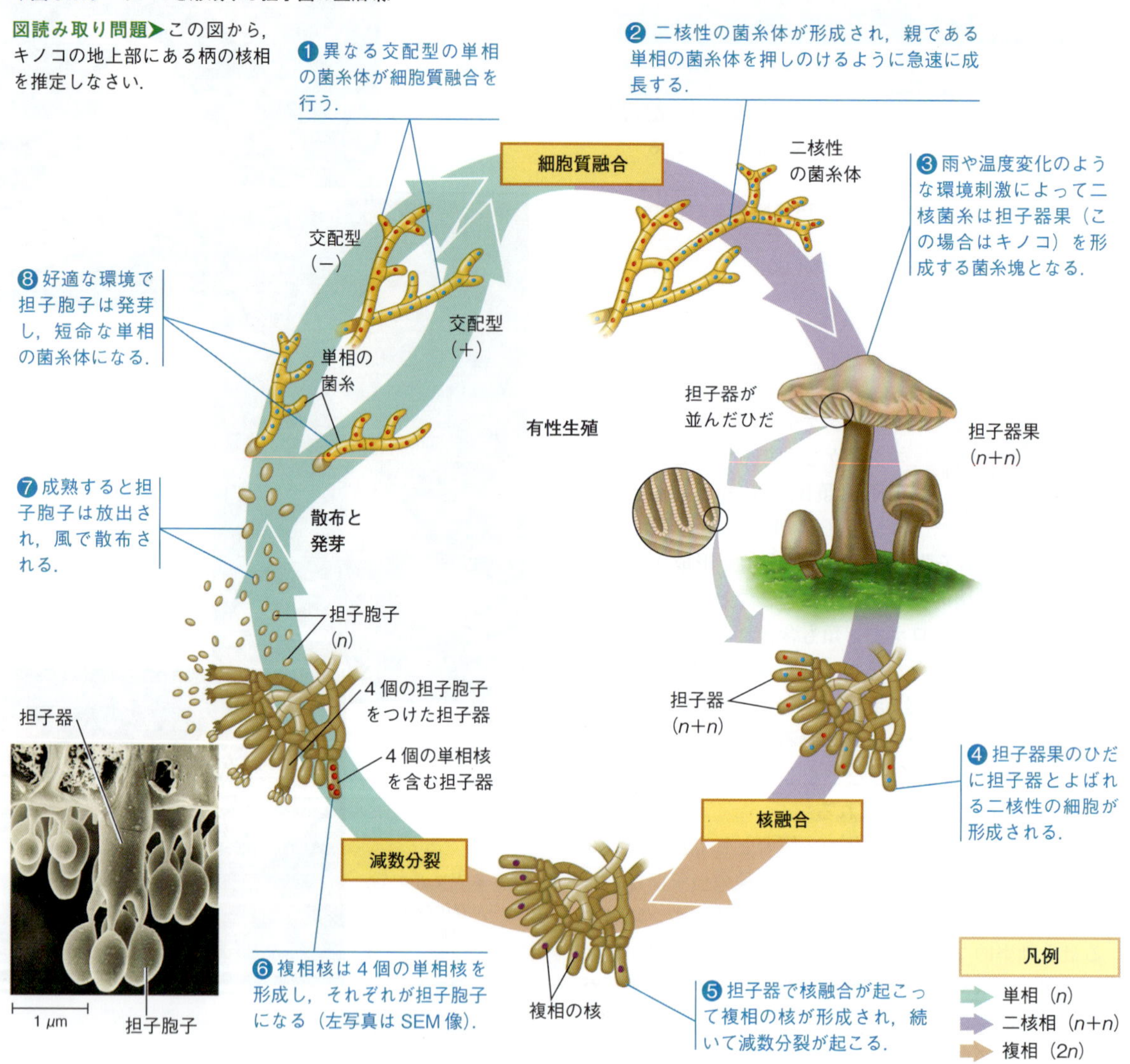

❶異なる交配型の単相の菌糸体が細胞質融合を行う.
❷二核性の菌糸体が形成され，親である単相の菌糸体を押しのけるように急速に成長する.
細胞質融合
二核性の菌糸体
❸雨や温度変化のような環境刺激によって二核菌糸は担子器果（この場合はキノコ）を形成する菌糸塊となる.
交配型(−)
交配型(＋)
❽好適な環境で担子胞子は発芽し，短命な単相の菌糸体になる.
単相の菌糸
有性生殖
担子器が並んだひだ
担子器果(n+n)
❼成熟すると担子胞子は放出され，風で散布される.
散布と発芽
担子胞子(n)
4個の担子胞子をつけた担子器
4個の単相核を含む担子器
担子器(n+n)
担子器
❹担子器果のひだに担子器とよばれる二核性の細胞が形成される.
核融合
減数分裂
1 μm
担子胞子
❻複相核は4個の単相核を形成し，それぞれが担子胞子になる（左写真は SEM 像）.
複相の核
❺担子器で核融合が起こって複相の核が形成され，続いて減数分裂が起こる.
凡例
単相（n）
二核相（n+n）
複相（2n）

▼図 31.19　妖精の輪. 伝説によると，月夜に妖精たちが輪舞した場所にこのようにキノコが生えるという．このような輪ができる生物学的な説明は本文を参照.

であるとする仮説は，ツボカビ類がもつどのような特徴によって支持されるだろうか.

2. 接合菌類，グロムス類，子嚢菌類，担子菌類それぞれの形態がどのように機能に適合しているのか，例を挙げて説明しなさい.

3. **どうなる？➤**ある子嚢菌において，生活環の中で細胞質融合，核融合，減数分裂が連続してすぐに起こってしまう突然変異が生じたとする．この変異はその子嚢胞子や子嚢果にどのような影響を与えるだろうか，考察しなさい.

（解答例は付録 A）

31.5

菌類は物質循環，生態的相互作用，人間生活に重要な役割を担っている

菌類の分類について紹介してきた中で，菌類と他の生物とのかかわりについていくつか触れてきた．ここでは菌類が分解者や相利共生者，寄生者としてどのように生きているかに注目しながら，他の生物への影響を詳しく紹介する．

分解者としての菌類

菌類は有機物の分解者として適応しており，陸上植物の細胞壁成分である難分解性のセルロースやリグニンも分解することができる．実際，ジェット機の燃料や壁の塗装剤を含むほとんどすべての含炭素基質は，なんらかの菌類によって分解される．このことは細菌でも同様であり，彼らもさまざまな含炭素基質を分解する．その結果，菌類と細菌は，植物が必須とする無機栄養分を生態系に保持することに重要な役割を果たしている．もしこのような分解者がいなければ，炭素や窒素などの成分は有機物に固く結合したままになってしまう．そのため，植物が土壌から得た成分は再び土壌に戻ることがなくなり，植物やそれを食べる動物は存在し得なくなってしまう．分解者がいなければ，生命は死に絶えてしまうだろう．

相利共生者としての菌類

菌類は陸上植物や藻類，シアノバクテリア，動物と相利共生関係を築いていることがある．このような共生菌は宿主から栄養分を吸収し，代わりに前述した菌根のように宿主に利益を与える．

菌類と陸上植物の相利共生

ほとんどすべての維管束植物は，菌類と相利共生関係を結んで菌根を形成している．また調べられた限りすべての陸上植物の体内には，**内生菌**（エンドファイト）**endophyte** とよばれる植物に害を与えることなく葉や他の植物器官の中に生育する菌類（または細菌）が共生している．現在のところ，内生菌となる菌類のほとんどが子囊菌であることが判明している．

毒素をつくって草食動物による摂食を抑制したり，熱や乾燥，重金属に対する宿主植物の耐性を高めたりすることで，内生菌は草本に利益を与えている．図31.20 に示したように，内生菌が木本にどのように影響しているかを知るため，研究者はカカオ *Theobroma cacao* の葉の内生菌が宿主に利益を与えているか否かを調査した．その結果，木本性被子植物の内生菌が，病原菌に対しての防御に重要な役割を果たすことが示された．

▼図 31.20

研究　内生菌は木本に利益を与えているのか

実験　現在までに調査されたすべての植物体内からは，共生菌である内生菌が見つかっている．ツーソンにあるアリゾナ大学のA・エリザベス・アーノルド A. Elizabeth Arnold らは，カカオ *Theobroma cacao* の内生菌が宿主に利益を与えているか否かを研究した．ギリシャ語で「神の食べ物」を意味する学名をもつこの木本は，チョコレートの原料として世界中の熱帯域で栽培されている．実験では一部の実生の葉に内生菌を接種し，残りには接種しなかった（カカオでは，発芽の後に葉に内生菌が感染する）．このような処理をした実生に対し，病原性原生生物である疫病菌 *Phytophthora* を接種した．

結果　内生菌をもたない実生に比べて，内生菌をもつ実生では枯死した葉が少なかった．生き残った葉の中でも，内生菌をもたないものに比べて内生菌をもつものでは被害を受けた葉の表面積が少なかった．

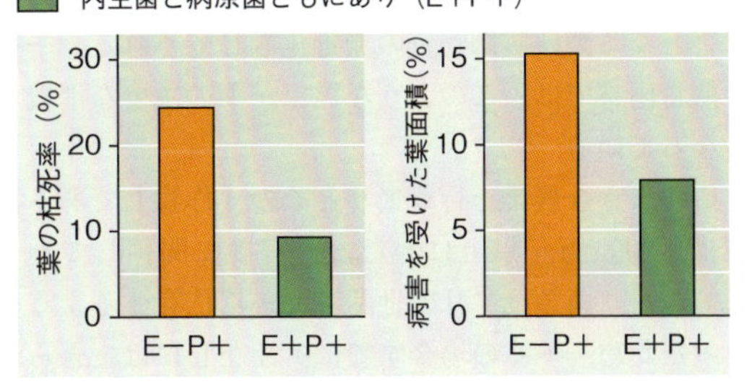

内生菌なし；病原菌あり（E−P+）
内生菌と病原菌ともにあり（E+P+）
葉の枯死率（%）
30
20
10
0
E−P+
E+P+
病害を受けた葉面積（%）
15
10
5
0
E−P+
E+P+

結論　カカオの木では，内生菌が存在することによって，疫病菌による枯死や被害が減少するという利益が生じている．

データの出典　A. E. Arnold et al., Fungal endophytes limit pathogen damage in a tropical tree, *Proceedings of the National Academy of Sciences* 100: 15649-15654 (2003).

どうなる？➤アーノルドらは対照実験も行った．彼らが行ったと考えられる対照実験例を２つ挙げ，それぞれがどのような結果によってここに示された考察を支持するか説明しなさい．

菌類と動物の相利共生

先に記したように，菌類の中にはウシなどの草食性哺乳類の消化管内で植物体の分解を助けることによって，消化作業を動物と共有しているものがいる．またアリの多くの種は，「農場」で菌類を栽培することによって菌類の分解能を利用している．たとえばハキリアリは，葉を探して熱帯雨林内を歩き回り，自らは消化できない葉を巣に持ち帰り，これを菌類に与える

▲図 31.21　**菌類を栽培する昆虫**．このハキリアリは，植物質をアリが分解できる物質に変換してくれる菌類に依存して生きている．一方，菌類は栄養物としてアリが集める葉に依存している．

(図 31.21)．菌類が成長すると，菌糸の先端が大量のタンパク質と炭水化物を蓄積して膨らみ，アリはこの栄養分に富んだ部分を食べる．菌類は，葉をアリが消化できる物質へと分解するだけではなく，アリにとって害となる葉の防御物質の無毒化もしてくれる．一部の熱帯雨林では，このような昆虫が葉の主要な消費者となっている．

このような農業を行うアリとその「作物」である菌類は，5000 万年以上にわたって密接に関係して進化してきた．菌類はアリの世話に大きく依存するようになったため，多くの場合すでにアリなしには生きられず，またアリも菌類なしには生きられなくなっている．

▼図 31.22　**地衣類の多様な生活型**．

◀樹状地衣
▶葉状地衣
◀固着地衣

地　衣

地衣類 lichens は光合成微生物と菌類の共生体であり，菌糸の塊の中に多数の光合成生物が保持されている．地衣は岩や木，倒木，屋根などの表面でさまざまな形をとって生育している（図 31.22)．光合成を行うパートナーは，単細胞性または糸状性の緑藻やシアノバクテリアである．地衣を構成する菌類は，多くの場合子嚢菌であるが，グロムス類の1種と担子菌の約 75 種も地衣を形成することが知られている．ふつう菌類が地衣の全体的な形と構造を形成し，菌糸でできた組織が体の大部分を占めている．緑藻やシアノバクテリアは，ふつう地衣の表層下の層（藻類層）に存在する（図 31.23)．

地衣類における菌類と藻類（またはシアノバクテリア）の統合は強固なものであるため，地衣は単一の生物として学名を与えられ，現在までに約1万7000 種が記載されている（訳注：地衣の学名はあくまでも地衣を構成する菌類に対してつけられたものである）．このように「二重生物」として生きていることから予想される通り，地衣は共生単位として無性生殖を行うことが一般的である．ふつう地衣は親である体の断片化や，**粉芽 soredium**（複数形は soredia）とよばれる藻類が埋め込まれた小さな菌糸塊を散布することによって無性生殖を行う（図 31.23 参照)．また多くの地衣類では，菌類が有性生殖も行う．

▼図 31.23　**子嚢菌地衣の内部構造**（左下は着色 SEM 像）．

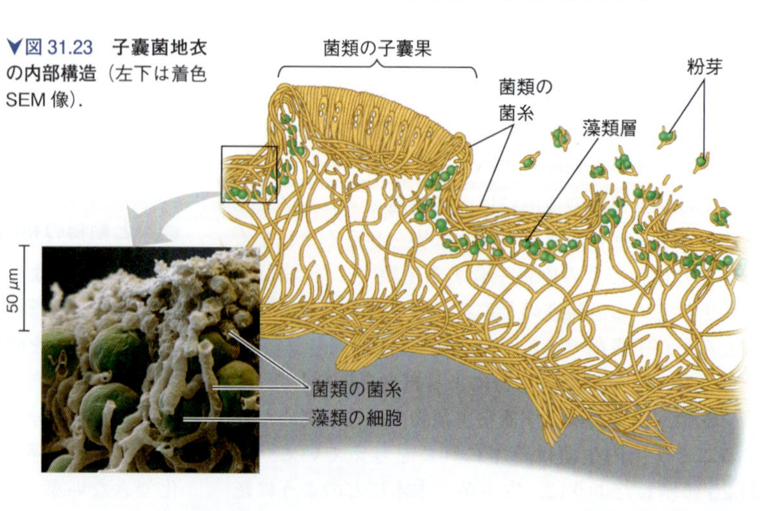
菌類の子嚢果
菌類の菌糸
藻類層
粉芽
50 μm
菌類の菌糸
藻類の細胞

ほとんどの地衣類では，各々のパートナーは相手が単独では得ることのできないものを提供している．緑藻やシアノバクテリアは炭素化合物を提供し，シアノバクテリアの場合は窒素固定による有機態窒素をも供給する（27.3 節参照）．一方，菌類は光合成を行うパートナーに生育に適した環境を提供している．地衣体の中での菌糸の配向はガス交換に配慮したものであり，また光合成を行うパートナーを保護し，空気中に浮遊するホコリや雨から得られる無機栄養分と水を保持する．また菌類は酸を分泌し，無機栄養分の吸収を助けている．

地衣類は，火山の溶岩流や山火事によって生じた裸地を開拓する重要な生物である．地衣類は物理的に，また化学的に基質表面を分解し，また風で運ばれてきた土をその場に保持する．さらに窒素固定能をもつ地衣類は，有機態窒素を生態系に供給する．このような過程によって，陸上植物による植生遷移が始まることが可能になる．地衣類の化石記録は，4 億 2000 万年にさかのぼる．初期の地衣類は，今日見られるように岩石や土壌を開拓し，陸上植物の繁栄を助けていたのかもしれない．

病原体としての菌類

相利共生菌類と同様に，寄生菌類も生きている宿主から栄養分を吸収するが，宿主に利益は与えない．約 10 万種が知られる菌類のうち 30％ほどは寄生生物または病原生物であり，その多くは陸上植物に寄生する（図 31.24）．陸上植物の病原生物である例として，子嚢菌のクリ胴枯病菌 *Cryphonectria parasitica* がある．この菌はクリ胴枯病を引き起こし，米国北東部の風景を一変させてしまった．木の裂け目から胞子が侵入し，菌糸を伸ばして木を枯死させてしまうこの菌は，1900 年代初期に木に付着して偶然アジアから移入された．かつて広く生育していたアメリカグリは激減し，現在では古い木の切り株から芽生えたものがわずかに生き残っているにすぎない．別の子嚢菌である *Fusarium circinatum* はマツ漏脂胴枯病を引き起こし，世界中でマツ類の生育を脅かしている．世界の果実収穫量の 10〜50％は毎年菌類によって失われており，また穀類生産も毎年大きな被害に遭っている．

(a) トウモロコシ黒穂病　(b) カエデの葉に生じた黒やに病菌　(c) ライ麦に生じた麦角

▲図 31.24　陸上植物に病害を起こす菌類の例．

作物に寄生するいくつかの菌類は，ヒトにとって毒となる化合物を生成する．その例である子嚢菌のバッカクキン *Claviceps purpurea* はライムギ上で生育し，麦角とよばれる紫色の構造を形成する（図 31.24 c 参照）．もしこれが混入したものを食べると，麦角中の毒素によって壊疽，けいれん，手足の灼熱感，幻覚，一時的な精神障害を特徴とする麦角中毒が引き起こされる．944 年頃の麦角中毒の流行によって，フランスでは 4 万人以上が死亡した．麦角から単離された化合物の 1 つであるリゼルグ酸は，幻覚剤である LSD の原料となる．

植物に比べると動物が菌類に寄生されることは少ないが，それでも 500 種ほどの動物寄生菌が知られている．そのような寄生菌の 1 つとして，近年 200 種ものカエルなどの両生類の減少や絶滅に関与したツボカビ類であるカエルツボカビ *Batrachochytrium dendrobatidis* がある（図 31.25）．このツボカビは激しい皮膚感染を引き起こし，両生類の大量死をもたらす．野外観察と博物館の標本を用いた研究から，オーストラリア，コスタリカ，米国においてカエルの減少が起こる直前に，カエルツボカビが出現したことが示されている．それに加えて，感染の起こった地域では，このツボカビの遺伝的多様性はきわめて低いことも明らかとなった．これらの発見は，カエルツボカビが近年急速に世界中に広がって両生類の大量死をもたらしたとする仮説を支持している．

寄生性の菌類による感染症は，**真菌症 mycosis** と総称される．ヒトにおける皮膚の真菌症としては，皮膚に円形の赤斑となって現れる白癬がある．白癬を引き起こす子嚢菌は，皮膚のあらゆる場所に寄生することができる．最も一般的な白癬は，足に寄生し，猛烈なかゆみと水疱を引き起こす水虫である．水虫などの白癬は接触によって容易に感染するが，抗真菌性のローションやパウダーで治療できる．

▼図 31.25　攻撃にさらされる両生類． 最近数十年間に多数の両生類が減少または絶滅したのは，寄生性の菌類が原因なのだろうか．ある研究は，カリフォルニア州のシックスティ・レイク・ベイシン地域に寄生性ツボカビ類のカエルツボカビ *Batrachochytrium dendrobatidis* が出現して以来，この地域でヤマキアシガエル *Rana muscosa* が激減したことを示している．カエルツボカビが出現した 2004 年以前には，これらの湖には 2300 匹以上のカエルが生息していた．ところが 2009 年にはわずか 38 匹のカエルしか生き残っていなかった．生き残っていたカエルはすべて，研究者らが抗菌薬によってツボカビの影響を軽減するように処理した 2 つの湖（図中では黄色で示している）に存在した．

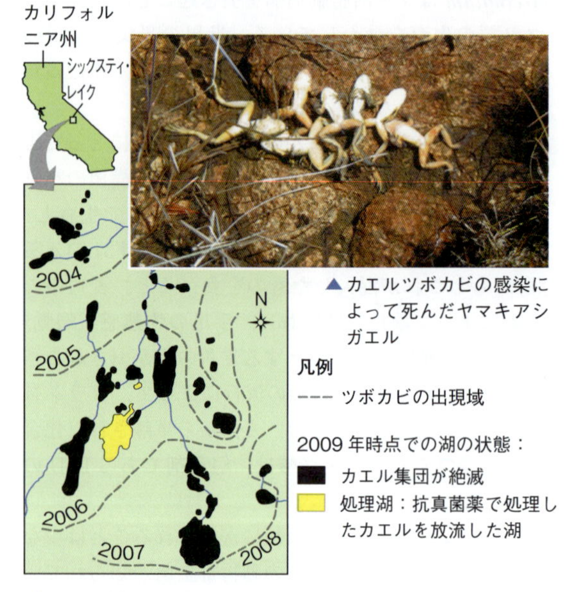
カリフォルニア州
シックスティ・レイク
2004
2005
2006
2007
2008
N
凡例
--- ツボカビの出現域
2009 年時点での湖の状態：
カエル集団が絶滅
処理湖：抗真菌薬で処理したカエルを放流した湖

▲カエルツボカビの感染によって死んだヤマキアシガエル

データの解釈➤ ここに示したデータから，カエルツボカビがカエルの減少を引き起こしたといえるだろうか．それともカエルの減少に関連しているといったほうがよいだろうか．

これとは対照的に，全身性真菌症は体内に広がり，しばしば深刻な病害を引き起こす．ふつう全身性真菌症は胞子を吸い込むことによって感染する．たとえばコクシジオイデス症は，肺に結核のような症状を引き起こす全身性真菌症である．この病気は命にかかわるため，北米では毎年何百人もの人が抗真菌薬の治療を受けている．

いくつかの真菌症は，体内の微生物相や化学的または免疫学的条件が変化したときにのみ発症する日和見感染症である．たとえば *Candida albicans* は，膣の内膜など湿潤な表皮に常在する菌の 1 つであるが，ある条件になると急速に増殖して「カンジダ症」とよばれる感染症を引き起こす．最近 10 年の間，免疫系を破壊するエイズの増加などに伴い，ヒトに日和見感染するさまざまな真菌症が増加している．

有用な菌類

前述のように，菌類によって引き起こされる危険が存在することは事実であるが，人類が菌類から莫大な利益を得ていることを忘れてはならない．私たちは，有機物の分解やリサイクルという菌類による生態系サービスに依存して生きている．さらに，人が消費する菌類はキノコだけではない．ロックフォールなどのブルーチーズは，菌類を用いて熟成される．子嚢菌に属するアミガサタケやトリュフの食用となる子実体は（図 31.15 参照），その複雑な芳香のため珍重され，1 ポンドあたり数百から数千ドルで売買されている．トリュフは哺乳類や昆虫を誘引する強い臭いを発し，自然界ではこれらの動物に食べられることで胞子を散布している．このような菌類の中には，ある種の哺乳類のフェロモン（性的誘引物質）をまねているものもいる．たとえば，ヨーロッパ産トリュフのいくつかの種は雄のブタが分泌するフェロモンをまねており，そのため人は雌のブタの助けを借りてこの珍味を探し出すことができる．

数千年にわたり，人類はアルコール飲料やパンをつくるために酵母を利用してきた．嫌気的条件下では，酵母は糖を発酵してアルコールと二酸化炭素を生成し，これによってパン生地は膨らむ．発酵過程をより制御するために，酵母を単離して純粋培養株としたのは比較的最近になってからである．出芽酵母 *Saccharomyces cerevisiae* は，培養されている菌類の中で最も重要なものであり（図 31.7 参照），パン酵母やビール酵母として多数の株が利用できるようになっている．

医学的に有用な菌類も多い．たとえば麦角から抽出された化合物は，高血圧や出産後の母胎の出血を抑制するために用いられる．また細菌感染症の治療に欠かすことのできない抗生物質を産生する菌類もいる．実際，最初に発見された抗生物質は，子嚢菌に属するアオカビ属 *Penicillium* が産生するペニシリンである．また菌類から得られた他の薬剤として，コレステロールを低下させる薬や，臓器移植の際に免疫反応を抑制する薬であるシクロスポリンなどがある．

菌類は，研究材料としても際立った存在である．たとえば出芽酵母は培養しやすく扱いやすいため，真核生物の分子生物学的研究に広く用いられている．科学者らは，パーキンソン病や他の病気にかかわる遺伝子の情報を得るため，出芽酵母がもつそれと相同な遺伝子の働きを研究している．

菌類の遺伝子組換えには多くのことが期待されている．たとえば，科学者らは，インスリンのようなヒトの糖タンパク質を生成するように遺伝子改変された出芽酵母株を作成することに成功した．このように菌類によって生成された糖タンパク質は，このような物質を自身でつくることができないため治療を受けている人々にとって大きな希望となり得る．また別の研究者らは，木材や農業廃棄物の上で生育し，ディーゼル燃料と同等な炭化水素を産生する子嚢菌である *Gliocladium roseum*（訳注：現在は *Ascocoryne sarcoides* とされている）についてゲノム解読を行っている（図 31.26）．彼らは，*G. roseum* が炭化水素を合成する代謝経路を明らかにし，食用作物のための耕地面積を減らすことなく（トウモロコシからエタノールを生産しようとするとこのようなことが起こる）バイオ燃料を産生することを目指している．

以上で菌界に関する学習は終了である．この第 5 部の残りの部分では菌界に近縁な，私たちヒトを含む動物界について学んでいく．

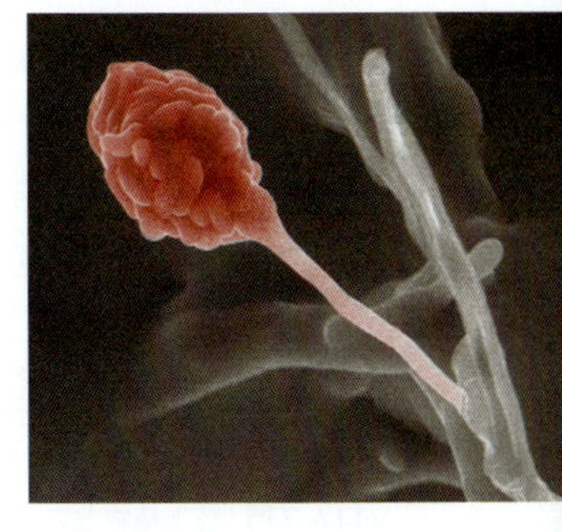

➤図 31.26　この菌類はバイオ燃料の生産に使えるかもしれない． 子嚢菌の *Gliocladium roseum* は，ディーゼル燃料に似た炭化水素を産生する（着色 SEM 像）．

概念のチェック 31.5

1. 地衣を構成する藻類は，共生関係を結ぶ菌類からどのような利益を得ているだろうか．
2. 病原性菌類が効率的に伝播するのは，彼らのもつどのような特徴によっているのだろうか．
3. どうなる？➤もし菌類と他の生物の間の相利共生が進化していなかったとしたら，地球環境はどのようになっていただろうか．

（解答例は付録 A）

31 章のまとめ

重要概念のまとめ

31.1

菌類は吸収によって栄養を得る従属栄養生物である

- すべての**菌類**（分解者および共生者を含む）は，吸収によって栄養物を得る従属栄養生物である．多くの菌類は，複雑な分子を分解する酵素を分泌する．
- 多くの菌類は**菌糸**とよばれる細い多細胞糸状体の形で成長するが，単細胞の**酵母**として生きる種もいる．多細胞の菌類は分枝した菌糸のネットワークである**菌糸体**を形成し，吸収に適した形をとっている．菌根菌は，植物と相利的な関係を築くことを可能とする特殊化した菌糸をもっている．

? 多細胞の菌類の形態は，どのような点で栄養吸収に適応しているのだろうか，記しなさい．

31.2

菌類は有性生殖または無性生殖で胞子を形成する

- 菌類の有性生殖は**細胞質融合**と**核融合**を伴っており，その間は両親に由来する 2 種類の単相核をもつ**ヘテロカリオン**の状態にある．核融合によって生じる複相細胞の時期は短く，減数分裂によって単相の**胞子**を形成する．
- 多くの糸状性菌類や酵母は無性生殖を行うことができる．

描いてみよう➤有性生殖と無性生殖，減数分裂，細胞質融合，核融合，および胞子と接合子が形成される時期を示した菌類の生活環模式図を描きなさい．

31.3

菌類の祖先は鞭毛をもつ水生の単細胞原生生物であった

- 分子系統学的な研究は，菌類と動物が 1 本の鞭毛（べんもう）をもつ単細胞の共通祖先から 10 億年以上前に分かれたことを示している．
- 鞭毛をもつ胞子を形成する菌類群であるツボカビ類は，菌類の初期分岐群を含む．
- 菌類は最も早く陸上生活を始めた生物群の 1 つであり，初期の陸上植物と共生関係を結んでいたものもいたことが化石記録から示されている．

? 菌類と動物において，多細胞化は独立に起こったのだろうか，説明しなさい．

31.4

菌類は多様な系統に分化している

菌類の門	特　徴
ツボカビ門	鞭毛をもつ胞子
接合菌門	有性生殖によって形成される耐久性のある接合胞子嚢
グロムス門	陸上植物とアーバスキュラー菌根を形成
子嚢菌門	子嚢とよばれる袋の中に形成される有性胞子（子嚢胞子）；大量の無性胞子（分生子）を形成
担子菌門	有性胞子（担子胞子）を形成する担子器を多数つけた精巧な子実体（担子器果）

描いてみよう➤菌類の主要群の関係を示した系統樹を描きなさい．

31.5

菌類は物質循環，生態的相互作用，人間生活に重要な役割を担っている

- 菌類は，生物と非生物の間での化学物質のリサイクルという生態系に必須の役割を担っている．
- **地衣**は，菌類と藻類またはシアノバクテリアが高度に統合された共生体である．
- 菌類の中には寄生性の種が多く含まれ，その多くは植物に寄生する．
- ヒトは，さまざまな菌類を食用として，また抗生物質生産に用いている．

? 菌類が分解者として，相利共生者として，病原生物としてどのように重要であるのか，要約しなさい．

理解度テスト

レベル1：知識／理解

1. 以下の特徴のうち，すべての菌類に共通するものはどれか．
(A) 共生性　(C) 鞭毛をもつ
(B) 従属栄養性　(D) 分解者

2. 以下の細胞や構造のうち，菌類の無性生殖に関係するものはどれか．
(A) 子嚢胞子　(C) 接合胞子嚢
(B) 担子胞子　(D) 分生子柄

3. 以下の生物のうち，菌類に最も近縁なものはどれか．
(A) 動物　(C) 蘚類（せんるい）
(B) 維管束植物　(D) 粘菌

レベル2：応用／解析

4. 菌類の菌糸体が糸状であることに関係する最も重要な適応的利点はどれか．
(A) 吸器を形成し，他の生物に寄生する能力
(B) 陸上のほぼすべての環境で生育できる能力
(C) 異なる交配型の個体と接する機会の増大
(D) 基質への侵入および栄養物の吸収に適した表面積の増大

5. **科学的研究・データの解釈**　イネ科の1種 *Dichanthelium lanuginosum* は高温土壌に生育し，内生菌であるクルブラリア属 *Curvularia* の菌と共生している．研究者らは，この植物の耐熱性に対するクルブラリアの影響を調査した．彼女らはクルブラリア属内生菌をもつ植物（E＋）ともたない植物（E－）をさまざまな温度の土壌で栽培し，植物量と植物が新たに形成したシュートの数を計測した．以下に示された植物量と温度に関する結果を棒グラフにし，考察しなさい．

土壌温度	クルブラリアの有無	植物量（g）	新シュート数
30℃	E−	16.2	32
	E+	22.8	60
35℃	E−	21.7	43
	E+	28.4	60
40℃	E−	8.8	10
	E+	22.2	37
45℃	E−	0	0
	E+	15.1	24

データの出典　R. S. Redman et al., Thermotolerance generated by plant/fungal symbiosis, *Science* 298:1581 (2002).

レベル3：統合／評価

6. **進化との関連**　地衣を形成する菌類と藻類の共生関係は，菌類の異なる系統で独立に何度か生じたと考えられている．しかし，地衣の生活型は大きく3つのタイプに分けることができる（図31.22参照）．これに関する以下の仮説を検証するためにはどのような研究を行ったらよいだろうか，記しなさい．
仮説1：固着，葉状，樹状地衣は，それぞれ単系統群を形成する．

仮説 2：それぞれの生活型は，さまざまな系統の菌類において収斂進化によって生じた．

7. **テーマに関する小論文：組織化**　本章で解説したように，菌類は陸上植物，および藻類と長い間共生関係を築いてきた．この 2 種類の共生関係によって，どのようにして生物群集における創発特性が生じたか，短くまとめなさい．

8. **知識の統合**

このハチは，ある病原性菌類の被害者である．菌類の栄養様式，体構造，生態的役割に関して，この写真から読み取れることを記しなさい．

（一部の解答は付録 A）

動物の多様性 32

▲図 32.1　カメレオンはどのような適応をとげて捕食者となったのだろうか.

重要概念

32.1　動物は多細胞の従属栄養真核生物であり，その組織は胚葉から発生する

32.2　動物の進化の歴史は５億年以上もさかのぼる

32.3　動物は「ボディープラン」によって特徴づけられる

32.4　動物の系統樹は分子データ，形態データに基づいて検証され続けている

消費者としての動物界

図 32.1 のカメレオンはゆっくりとしか歩けないが，長く粘っこい舌を瞬時に伸ばして獲物を捕まえることができる．カメレオンの多くは体色も変えることができ，背景に溶け込むことで獲物や天敵から見つけられにくくしている．

他の生物を消費するのはカメレオンだけではない．他にも，強さ，速さ，毒などで獲物を制圧する捕食性動物もあれば，クモの巣のような罠をしかけて油断した獲物を捕獲するものもある．さらに，植物の葉や種子を食べる草食動物や，宿主から組織や体液を奪う寄生動物もいる．このように，動物は他の動物（なかには攻撃から逃れるものもある）を見つけ，捕らえ，食べるために特殊化した筋肉と神経をもっており，捕食マシーンであるともいえる．また動物は食べたものを消化する機能も発達させており，この機能は，口から肛門に至る消化器官が担っている．

本章から 34 章までで，動物界を紹介する旅を始めよう．すべての動物に共通する特徴と合わせて，消費者としての動物界の進化の歴史を紹介する．

32.1

動物は多細胞の従属栄養真核生物であり，その組織は胚葉から発生する

すべての動物が共有する特徴を挙げるのは，容易ではない．というのは，動物を他の生物と区別する基準のほとんどに例外が存在するからである．しかし，いくつかの特徴を組み合わせることで，これから紹介する動物というグループを特徴づけることができる．

栄養摂取様式

動物の栄養摂取様式は植物とも菌類とも異なる．植物は独立栄養の真核生物で，光合成によって有機分子をつくることができる．菌類は従属栄養で，食物の上や近くで（体外に消化酵素を分泌して）栄養分を吸収する．動物は，植物と異なり自分の体をつくる有機分子をすべて自前でつくり出すことはできないので，他の生きている生物や死んだ有機物を食べることによって栄養分を取り込む．また，菌類とも異なり，食物をのみ込んで，体内で消化酵素を使って消化する．

細胞の構造と特殊化

動物は真核生物であり，植物や菌類と同様に多細胞の生物である．しかし，植物や菌類とは対照的に，動物では体を物理的に支持する細胞壁はない．その代わり，さまざまなタンパク質が細胞膜外にあり，動物の細胞構造を支えたり，細胞同士を接着させたりしている（図6.28参照）．このようなタンパク質の中で最も多いのはコラーゲンで，植物や菌類には見られない．

動物の細胞は，類似した細胞が機能的なまとまりをもつ**組織** tissue を構成する．たとえば，筋肉組織と神経組織は，それぞれ体を動かし，神経インパルスを送り出すという機能をもつ．動くことができる能力と神経インパルスを送り出す能力が，（筋肉や神経をもたない）植物や菌類と異なる動物特有の適応の背景にある．このため，筋細胞と神経細胞は動物の生活様式に必須のものである．

生殖と発生

大部分の動物は有性生殖を行い，生活環では二倍体が優位である．一倍体の段階の精子と卵は，減数分裂によって直接つくられる．この点で，植物や菌類とは異なっている（図13.6参照）．ほとんどの種では，鞭毛（べんもう）のある小型の精子が，大型で運動性のない卵と受精して，二倍体の接合子になる．接合子は，細胞の成長を伴わない体細胞分裂である**卵割** cleavage を繰り返す．

多くの動物では卵割によって，中空で球状の**胞胚** blastula とよばれる多細胞の段階に達する（図32.2）．胞胚期に続いて**原腸形成** gastrulation が起こり，胚組織の層ができる（図47.8も参照）．この発生段階の胚を**原腸胚** gastrula とよぶ．

ヒトを含む一部の動物は発生して，直接成体になるが，生活環の中で幼生期をもつものも多い．**幼生** larva は，成体とは形態が異なり，性的に未熟で，成体とは違う食物を摂取することが多い．蚊やトンボの水生の幼生のように生息場所まで異なることもある．幼生は**変態** metamorphosis という過程を経て，成体

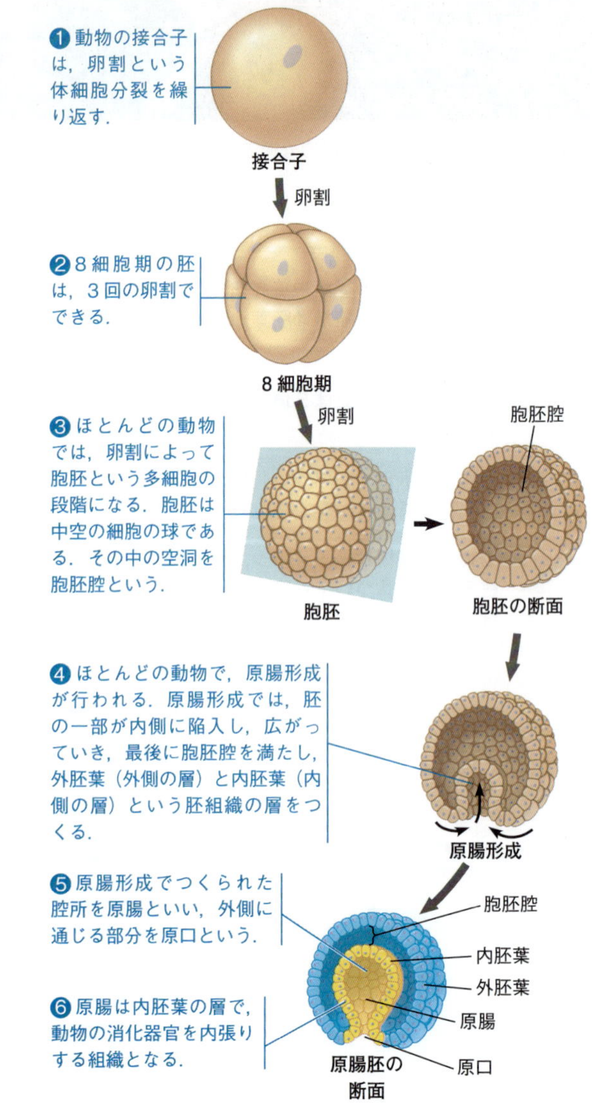

❶動物の接合子は，卵割という体細胞分裂を繰り返す．
接合子
卵割
❷8細胞期の胚は，3回の卵割でできる．
8細胞期
卵割
❸ほとんどの動物では，卵割によって胞胚という多細胞の段階になる．胞胚は中空の細胞の球である．その中の空洞を胞胚腔という．
胞胚
胞胚腔
胞胚の断面
❹ほとんどの動物で，原腸形成が行われる．原腸形成では，胚の一部が内側に陥入し，広がっていき，最後に胞胚腔を満たし，外胚葉（外側の層）と内胚葉（内側の層）という胚組織の層をつくる．
原腸形成
❺原腸形成でつくられた腔所を原腸といい，外側に通じる部分を原口という．
❻原腸は内胚葉の層で，動物の消化器官を内張りする組織となる．
胞胚腔
内胚葉
外胚葉
原腸
原口
原腸胚の断面

▲図32.2　動物の初期の胚発生．

に似ているが，性的に未成熟な幼若体に変わる．

動物の形態はじつにさまざまだが，動物の発生を調節している遺伝子は多様な分類群でよく似ている．すべての動物は，他の遺伝子の発現を調節する遺伝子をもっている．その一例が「ホメオボックス」とよばれる共通の塩基配列を含む遺伝子である（21.6 節参照）．特に，動物は *Hox* 遺伝子とよばれるホメオボックス遺伝子ファミリーを共通してもっている．*Hox* 遺伝子は動物の胚発生において重要な役割をもち，他の遺伝子の発現を調節して形態形成を司っている．

カイメン類は現存する最も単純な動物だが，*Hox* 遺伝子をもたない．しかしながら，別のホメオボックス遺伝子が形態形成を司っている．たとえば，カイメン類の基本的な特徴である体壁の水路系（図 33.4 参照）の形成を制御している．*Hox* 遺伝子ファミリーは，カイメン類よりも複雑な体制の動物の祖先で，他のホメオボックス遺伝子が重複することで誕生した．このようにして *Hox* 遺伝子は，発生を制御するための多用途の「ツールキット」の 1 つとなった．*Hox* 遺伝子は，その後遺伝子重複を繰り返し，脊椎動物や昆虫では体の前後軸の形成などを制御するようになった．ハエとヒトは数億年も前に分岐して進化し，形態は明らかに異なっているにもかかわらず，よく似た遺伝子セットが発生を制御している．

概念のチェック 32.1

1. 動物の発生のおもな段階をまとめなさい．どのような遺伝子ファミリーが重要な役割を果たしているか．
2. どうなる？➤獲物を追いかけ，捕えて，消化することができる想像上の植物がいて，それは土壌から養分を吸収したり光合成を行うことができるとすると，この植物にはどのような動物的な特徴が必要とされるか．

(解答例は付録 A)

32.2

動物の進化の歴史は 5 億年以上もさかのぼる

これまでに 130 万種の動物が同定されているが，実際の種数はこれをはるかに超えると考えられている．また，形態を見ても，サンゴからゴキブリやワニに至るまで非常に多様である．さまざまな研究によって，動物の多様化が始まったのはここ 10 億年の間だと推定されている．たとえば，現生のカイメンの特定のグループが生合成するステロイドが，7 億 1000 万年前の地層に存在していたとする化学的な証拠が得られている．カイメン類は動物なので，この「化石ステロイド」は 7 億 1000 万年前に動物が誕生していたことを示唆する．

DNA による解析でも，この生化学的な化石証拠と整合的な結果が得られている．たとえば，分子時計に基づく計算では，カイメン類が誕生したのは約 7 億年前だという結果が得られている．この結果は，現存のすべての動物の共通祖先が 7 億 7000 万年前には生存していたとする研究とも整合的である．では，この共通祖先はどのような生き物だったのだろうか，単細胞の祖先からどのように誕生したのだろうか．

多細胞動物の起源へ

動物の起源について知る 1 つの方法は，動物に最も近縁な原生生物を見つけることである．図 32.3 に示したように，形態と分子のデータから，現存する原生生物の中で動物に最も近縁なものは襟鞭毛虫（えりべんもうちゅう）だということが明らかにされた．この証拠に基づいて，動物の共通祖先は現生の襟鞭毛虫に似た濾過（ろか）食者だったと考えられている．

単細胞生物の祖先から**どのようにして**動物が誕生したかを考えるとき，多細胞体制がどのようにして成立するかが問題となる．そこでは，細胞間の接着やシグナルを通したコミュニケートの新たな方法の進化が重要であったと考えられている．そのために，単細胞の襟鞭毛虫 *Monosiga brevicollis* のゲノムと動物のゲノムの比較が行われている．この解析から *M. brevicollis* と動物にしか見られないタンパク質ドメインが 78 あることが明らかになった（タンパク質「ドメイン」とはタンパク質の一部で，機能的な単位となるものをいう）．たとえば，*M. brevicollis* は，カドヘリンという細胞が互いに接着する際に重要な機能をもつタンパク質や，細胞間シグナルに用いられるタンパク質に見られるドメインをもっている．

接着分子について，詳しく見てみよう．動物のカドヘリンタンパク質を構成するドメインは，襟鞭毛虫のカドヘリン様タンパク質にも見られることが DNA 解析からわかった（図 32.4）．しかし，動物のカドヘリンには襟鞭毛虫のものには見られないタンパク質ドメインがある（図 32.4 の「CCD」ドメイン）．このことから動物のカドヘリンという接着タンパク質は，襟鞭毛虫のもつタンパク質のドメインを再構成し，さらに CCD ドメインという新しいドメインを取り込んで成立したと考えられる．襟鞭毛虫と動物のゲノムの比較から，多細胞体制の成立には，単細胞生物のもってい

▼図 32.3　襟鞭毛虫が動物に近縁であることの3つの証拠.

❓ ❸で記載されたデータは，❶と❷で出された証拠からの予測と一致するか．説明しなさい．

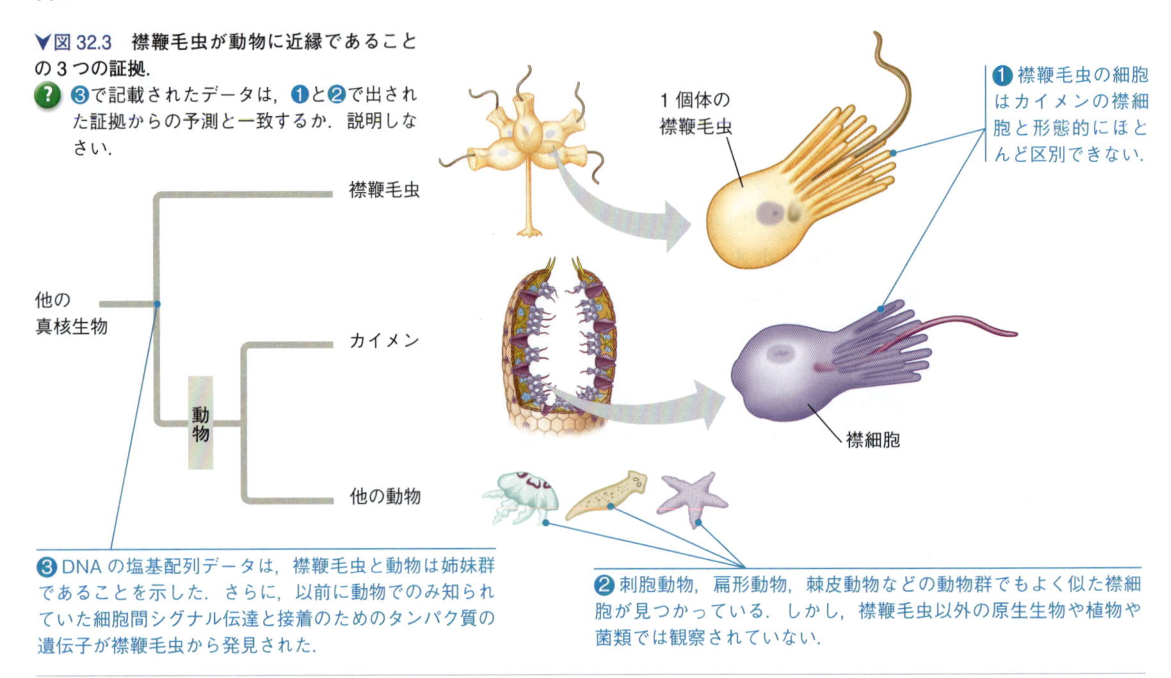
1 個体の
襟鞭毛虫
❶ 襟鞭毛虫の細胞はカイメンの襟細胞と形態的にほとんど区別できない．
襟鞭毛虫
他の
真核生物
カイメン
動物
他の動物
襟細胞
❸ DNA の塩基配列データは，襟鞭毛虫と動物は姉妹群であることを示した．さらに，以前に動物でのみ知られていた細胞間シグナル伝達と接着のためのタンパク質の遺伝子が襟鞭毛虫から発見された．
❷ 刺胞動物，扁形動物，棘皮動物などの動物群でもよく似た襟細胞が見つかっている．しかし，襟鞭毛虫以外の原生生物や植物や菌類では観察されていない．

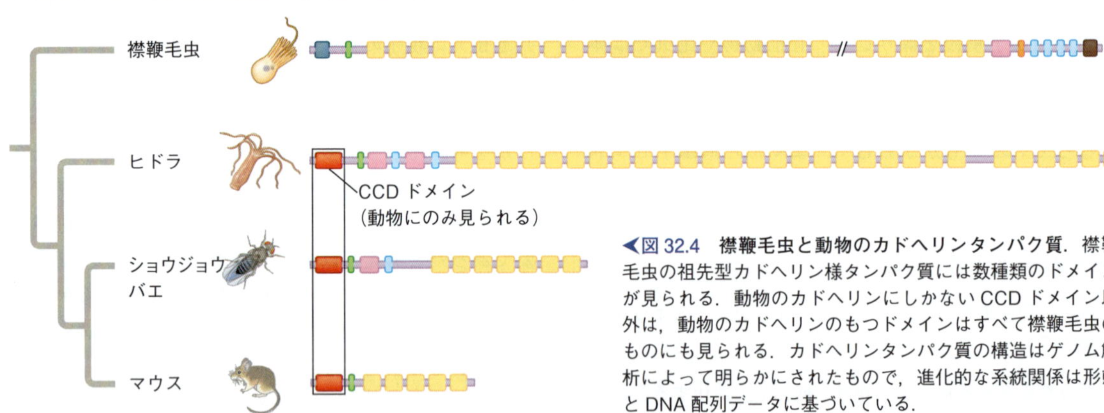
襟鞭毛虫
ヒドラ
ショウジョウバエ
マウス
CCD ドメイン
(動物にのみ見られる)

◀図 32.4　襟鞭毛虫と動物のカドヘリンタンパク質．襟鞭毛虫の祖先型カドヘリン様タンパク質には数種類のドメインが見られる．動物のカドヘリンにしかない CCD ドメイン以外は，動物のカドヘリンのもつドメインはすべて襟鞭毛虫のものにも見られる．カドヘリンタンパク質の構造はゲノム解析によって明らかにされたもので，進化的な系統関係は形態と DNA 配列データに基づいている．

たタンパク質やその一部を異なる機能に用いることが重要であったことがわかってきた．

次に，4つの地質年代を経て，共通の祖先からどのように進化してきたか，化石の証拠を見ていこう．

新原生代（10億〜5億4100万年前）

ステロイド化石や分子時計はもう少し早い時期に動物の起源があることを示しているが，肉眼レベルでわかる動物の化石として一般に認められるものとしては，5億6000万年前のものが最古である．これらの化石は柔らかい体をもつ多細胞真核生物の初期のグループで，**エディアカラ生物群 Ediacaran biota** と総称される．この化石が最初に発見されたオーストラリアのエディアカラ丘陵に由来する名前がつけられている（図 32.5）．その後，同じような化石が他の大陸でも発見

2.5 cm

(a) *Dickinsonia costata*（分類不明）．

1 cm

(b) *Kimberella*．軟体動物かその近縁種．

▲図 32.5　エディアカラ化石群．5億6000万年前の肉眼でわかる最古の動物化石．

▼図 32.6　**初期の捕食の証拠**．5億5000万年前の化石 *Cloudibnani* には殻に孔を開けられた捕食者からの攻撃の痕が残る．

孔
0.1 mm

された．エディアカラ化石として最古のものの中には（巻貝などの）軟体動物，またはその近縁種として分類されるものもあれば，（イソギンチャクなどの）刺胞動物やカイメンに分類されるものもある．同定が難しい化石もあり，それらは現生のどんな動物や藻類にも近縁でないように見える．これらの肉眼で見える化石の他に，新原生代の岩石からは顕微鏡でしか見えない初期の動物の胚も見つかっている．このような微細化石は，現在の動物胚と同じ基本的な構造をしているが，本当に動物の胚かどうかについて論争が続いている．

エディアカラ期（6億3500万～5億4100万年前）の化石から，捕食の証拠も見つかる．*Cloudina* という円錐を重ねたような殻で保護された体をもつ小さな動物（図 32.6）の中には，捕食者からの攻撃の痕が残っているものがある．この丸い「孔」は，現生の捕食者が殻に孔を開けて殻の内部の軟体部を捕食する際に開けるものによく似ている．*Cloudina* のように小さなエディアカラ動物には捕食者に適応した殻などの防御器官をもつものもある．エディアカラ期に動物の多様性が増していき，その傾向は古生代にも引き続いていることを化石記録は示している．

古生代（5億4100万～2億5200万年前）

古生代カンブリア紀の5億3500万～5億2500万年前に，次の動物の多様化の波がきた．この現象は**カンブリア大爆発 Cambrian explosion** とよばれる（25.3節参照）．カンブリア大爆発以前の地層では，少数の動物門しか見つからない．一方，5億3500万～5億2500万年前の地層からは，節足動物や脊索動物，棘皮（きょくひ）動物など現存する動物門の約半数にあたるものの最古の化石が発見されている．石灰化した硬い骨格を備えた最初の動物たちを含む多くの化石は，現生の動物とは似ても似つかないものが多い（図 32.7）．それでも，このカンブリア紀のさまざまな化石は，現生の動物門のどれに属するか，少なくともどれと近縁であるかが古生物学者によって明らかにされている．カンブリア大爆発で誕生した動物の多くは**左右相称動物 bilaterian** である．左右相称動物とは，カイメンや刺胞動物とは異なり左右相称の形態をしており，一方が口として開口し，もう一方の端の肛門へとつながる完全な消化管をもつ動物である．左右相称動物には軟体動物，節足動物，脊索動物などの現生する動物の多くが含まれる．

カンブリア紀に動物門の多様性が増加するにつれて，エディアカラ生物群の多様性は減少した．それはなぜだろうか．化石の証拠は，カンブリア紀には捕食者が，餌を捕まえるための運動など新しい適応をとげ，その一方で餌になる動物は，体を守る殻などの新しい防御方法を編み出したこと示している．捕食-被食に新たな関係が生じて，自然選択によって殻をもたないエディアカラ動物が減少し，左右相称動物が栄えたのかもしれない．もう1つ，大気中の酸素濃度の上昇がカンブリア大爆発を引き起こしたという仮説も提唱されている．酸素が豊富になったことで，代謝率が高まり，

1 cm
ハルキゲニアの化石
(5億3000万年前)

▲図 32.7　**カンブリア紀の海の光景**．カナダのブリティッシュコロンビア州のバージェス頁岩（けつがん）から発見された化石をもとに描かれた想像図．ピカイア *Pikaia*（左上のウナギのような脊索動物），マレラ *Marella*（左側で泳いでいる節足動物），アノマロカリス *Anomalocaris*（前にある餌を捕らえる脚と丸い口をもつ大きな動物），およびハルキゲニア *Hallucigenia*（海底にいるつまようじのような棘（とげ）のある動物）などの動物が見える．

体が大きく成長できるようになり，他の動物への攻撃性も高まった．第3の仮説は，*Hox* 遺伝子の進化や低分子RNA（遺伝子発現制御にかかわる短いRNA）の獲得などの遺伝的な変化が発生に影響して，新しい形態の獲得に結びついたというものである．**科学スキル演習**で，さまざまな動物門での，低分子RNA（miRNA；図18.14参照）と形態の複雑さの相関について調べてみるとよい．以上の仮説は，排他的なもの

科学スキル演習

相関係数を計算し解釈する

動物の複雑さはmiRNAの多様性と相関があるか

動物門は形態的に多様で，カイメンのように組織や相称性のないものから脊椎動物のような複雑なものまである．異なる動物門の動物でも発生遺伝子は共通しているが，miRNAの多様性には大きな違いがある．ここでは，miRNAの多様性と動物の複雑さに相関があるか調べてみよう．

研究データ

動物門	i	miRNAの数 (x_i)	$(x_i-\bar{x})$	$(x_i-\bar{x})^2$	細胞の種類数 (y_i)	$(y_i-\bar{y})$	$(y_i-\bar{y})^2$	$(x_i-\bar{x})(y_i-\bar{y})$
海綿動物	1	5.8			25			
扁形動物	2	35			30			
刺胞動物	3	2.5			34			
線形動物	4	26			38			
棘皮動物	5	38.6			45			
頭索動物	6	33			68			
節足動物	7	59.1			73			
尾索動物	8	25			77			
軟体動物	9	50.8			83			
環形動物	10	58			94			
脊椎動物	11	147.5			172.5			
		$\bar{x}=$ $s_x=$		$\Sigma=$	$\bar{y}=$ $s_y=$		$\Sigma=$	$\Sigma=$

データの出典　Bradley Deline, University of West Georgia, and Kevin Peterson, Dartmouth College, 2013.

研究方法　ここでは，miRNAの多様性は動物門に見られるmiRNAの数の平均（x）とし，複雑さは細胞の種類数（y）とする．2つの変数の相関係数（r）を計算しよう．相関係数は2つの変数の間にどの程度線形関係が見られるかを示す値であり，−1から1までの値をとる．rが0よりも小さければyとxには負の相関がある，つまりxが大きくなるとyが小さくなる傾向がある．rが0よりも大きければ，yとxには正の相関がある（xが大きくなればyも大きくなる）．$r=0$の場合，変数間に相関はない．

相関係数rは以下の式で求められる．

$$r=\frac{\frac{1}{n-1}\Sigma(x_i-\bar{x})(y_i-\bar{y})}{s_x s_y}$$

ここで，nは観察数で，x_iはi回目の観察における変数xの値，y_iはi回目の観察における変数yの値，$\bar{x}$，$\bar{y}$は変数x，yの平均，s_x，s_yは変数x，yの標準偏差を表す．Σはn個の$(x_i-\bar{x})(y_i-\bar{y})$の積を足し合わせることを意味する．

データの解釈

1. 表のデータを読み取る練習をしよう．8回目の観察におけるx_i，y_iの値は何か．どの動物門のデータか．
2. 次に平均と分散を計算しよう．(a) **平均値 mean** $\bar{x}$はデータの値を足し合わせて，観察数nで割ったものである．
   $\bar{x}=\frac{\Sigma x_i}{n}$．miRNAの数の平均と細胞の種類数の平均を計算して，表に書き込みなさい（式のxをyに置き換えると$\bar{y}$の平均値が計算できる）．(b) 次にすべての観察に対して$(x_i-\bar{x})$と$(y_i-\bar{y})$を計算して，表に書き込みなさい．これらを2乗して，$(x_i-\bar{x})^2$と$(y_i-\bar{y})^2$の欄に書き込み，列の値を足し合わせて下の欄に書き込みなさい．(c) **標準偏差 standard deviation** s_xはデータの分散を示し，以下の式で計算できる．
   $$s_x=\sqrt{\frac{1}{n-1}\Sigma(x_i-\bar{x})^2}$$
   式に値を入れて計算して，s_x，s_yを求めなさい．
3. 次にxとyに対して，相関係数rを計算する．(a) まず問2 (b) の結果を使って$(x_i-\bar{x})(y_i-\bar{y})$の行を埋め，その値を足し合わせる（下段）．(b) 問2 (c) からs_x，s_yを得て，問3 (a) の値でrの式を計算する．
4. miRNAの多様性と動物の複雑さは，正に相関，負に相関，相関なしのいずれか，説明しなさい．
5. この結果から，動物の複雑性の進化にmiRNAの果たした役割についてどのように考えられるか．

ではなく，捕食–被食の関係，大気の変化，発生の変化すべてが貢献した可能性もある．

カンブリア紀に続くオルドビス紀，シルル紀，デボン紀を通じて，大量絶滅（図 25.17 参照）による中断を挟みつつ，動物の多様性は増加し続けた．脊椎動物（魚類）が海の食物網の最上位の捕食者として登場した．カンブリア紀に多様化したグループは，4 億 5000 万年前までに陸に進出してきた．最初に陸上に適応したのは節足動物で，節足動物の断片やヤスデ類やムカデ類，クモ類の化石が発見されている．節足動物の上陸は，化石化したシダ植物の虫えい（虫こぶ）としても見られる．虫えいの中には，すみついた虫が身を守るために植物を刺激してつくった空洞がある．この虫えいの化石は，少なくとも 3 億 200 万年前のもので，このときすでに昆虫と植物が互いに影響し合って進化していたことを示している．

脊椎動物は，約 3 億 6500 万年前頃上陸し，さまざまな系統へと多様化した．そのうちの 2 つの系統，両生類（カエルやサンショウウオなど）と羊膜類（爬虫類と鳥類，哺乳類）は今日まで生き延びている．これらの系統はまとめて四肢類とよばれる．このグループについては 34 章でさら詳しく調べることにする．

中生代（2 億 5200 万～6600 万年前）

古生代に進化した動物門は新しい生息場所へと広がり始めた．海洋では最初のサンゴ礁が現れ，他の動物に新しい生息場所を提供した．爬虫類のあるものは水中に戻り，その子孫が，鰭竜類（図 25.5 参照）やその他の大型の水生捕食者となった．陸上では四肢類が進化して，鳥類の翼や翼竜の飛行装置をつくり出した．大型や小型の恐竜には肉食や草食のものが現れた．同じ頃に最初の哺乳類（小さく，夜行性で昆虫食の）が登場した．さらに，30.3 節に示したように，中生代後期には種子植物と昆虫が劇的な多様化を遂げた．

新生代（6600 万年前～現在）

新生代という新しい時代の幕は，陸上動物と海洋動物の大量絶滅によって開かれた．大型で非飛行性の恐竜や海生の爬虫類が姿を消した．大型の草食や肉食の哺乳類が出現して，空白となっていた生態的ニッチを占め始めたことが，新生代初期の化石記録からわかる．地球は新生代を通してゆっくりと寒冷化し，多くの動物の系統に重要な変化が起こった．たとえば霊長類では，アフリカの種の中から，密林だった場所に開けた林やサバンナに適応した種が現れた．私たちの祖先はこのような草原に適応した類人猿の 1 つである．

概念のチェック 32.2

1. 以下の動物進化の歴史における出来事を古いものから新しいものへ順に並べなさい．(a) 哺乳類の起源 (b) 節足動物の上陸 (c) エディアカラ動物群 (d) 大型の非飛行性恐竜の絶滅．

2. **図読み取り問題➤**動物に至る枝の赤く示された部分は何を示しているか（系統樹の見方については図 26.5「系統的関係」を参照）．

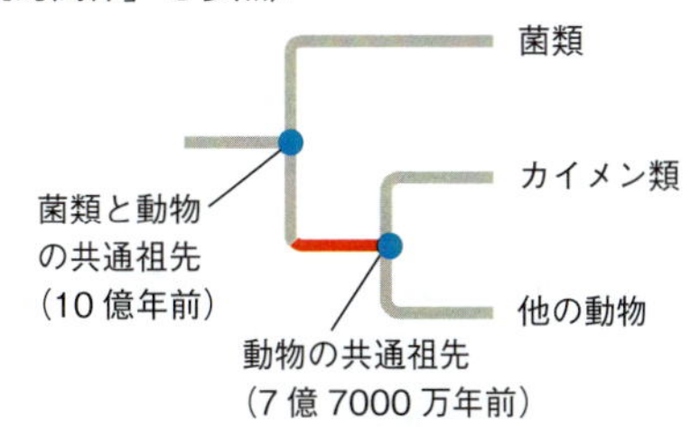
菌類
カイメン類
他の動物
菌類と動物の共通祖先（10 億年前）
動物の共通祖先（7 億 7000 万年前）

3. **関連性を考えよう➤**動物における細胞接着タンパク質の進化は，どのような変化を伴う継承によってもたらされたか（22.2 節参照）．

（解答例は付録 A）

32.3

動物は「ボディープラン」によって特徴づけられる

動物の種の形態は驚くほど多様であるが，その形の多様性は比較的少数の主要な「ボディープラン」として記述できる．**ボディープラン body plan** とは，特定の形態と発生の特徴の組み合わせによってもたらされる，機能的な統一体（すなわち生きた一個体の動物）としてまとまったものである．ここで「プラン」という用語は，動物の形が意識的な計画や創造の結果だということを意味するものではない．しかしボディープランとして統合することで，重要な動物の特徴の比較が容易になる．ボディープランは，進化と発生を結びつける「進化発生学 evo-devo」の研究においても関心がもたれている．

他の生物の特徴と同様に，動物のボディープランも時間経過とともに進化する．原腸形成のように動物の進化の歴史の初期に出現して以来変化していない特徴もある．一方で，ボディープランの他の特徴には進化の過程で何度も変化したものもある．動物のボディープランの主要な特徴を見ていく中で，似た特徴が異なる系統で独立に進化したこともあることに気をつける必要がある．さらに，進化の過程で失われるような特徴もあり，そのために近縁な種が非常に違って見えることもある．

相称性

動物の体の基本的な特徴は相称性である．ただし相称性のないものもある（たとえば，多くのカイメン類は相称性を欠く）．ある動物は植木鉢のような**放射相称 radial symmetry** を示す（図 32.8 a）．たとえば，イソギンチャクには上（口のある側）と下はあるが，前後も左右もない．

シャベルのような線対称が，**左右相称 bilateral symmetry** の例である（図 32.8 b）．左右相称の動物には**背側 dorsal**（上）と**腹側 ventral**（下），左側と右側，**前方 anterior** と**後方 posterior** がある．左右相称のボディープランをもつ動物の多く（節足動物，哺乳類など）は，感覚器を前端に集中させ，中枢神経系（「脳」）を頭部にもつ．

動物の相称性は一般にその動物の生活様式と対応している．放射相称の動物の多くは固着性（岩などにくっついて生活すること）か浮遊性（クラゲのように漂うか，少しだけ泳ぐ）である．放射相称のため，まわりの環境にどんな方向でも同じように対応できる．一方，左右相称の動物は積極的にあちこち動き回る．左右相称動物の這う，掘る，飛ぶ，泳ぐなどの複雑な運動は，中枢神経系によって制御される．化石の証拠は，これら2つの異なる相称性が，少なくとも5億5000年前に存在していたことを示している．

組織

動物のボディープランは組織の構成によっても変わる．動物における真の組織とは，機能的な単位となる特殊化した細胞の集団である．カイメン類などは真の組織をもたない．他の動物では，胚が原腸形成の過程で多層化する（図 47.8 参照；「ビジュアル解説　原腸形成」で，3次元的に胚が折りたたまれていく様子が理解できる）．発生が進むと，「胚葉（はいよう）」とよばれるこれらの層からさまざまな組織や器官が生じる．胚の表面を覆っている**外胚葉 ectoderm** からは，動物の表皮が形成され，いくつかの動物門では中枢神経系が形成される．最も内側の原腸を構成する**内胚葉 endoderm** からは消化管が形成され，脊椎動物では肝臓や肺などの器官も形成される．

刺胞動物など，2つの胚葉だけをもつ動物を**二胚葉 diploblastic** 動物という．左右相称動物はすべて外胚葉と内胚葉との間に第3の胚葉である**中胚葉 mesoderm** をもつ**三胚葉 triploblastic** 動物である．三胚葉の動物では，中胚葉からは筋肉などの消化管と表皮の間に存在する器官が生じる．三胚葉の動物には，扁形動物から節足動物や脊椎動物まで多様な動物が含まれる（二胚葉動物の中には，じつは第3の胚葉をもつものもあるが，この胚葉は三胚葉動物の中胚葉ほど発達しない）．

体腔

ほとんどの三胚葉動物には，消化管と外側の体壁の間に液体や空気で満たされた**体腔 body cavity** あるいは coelom（「中空」を意味するギリシャ語 *koilos* に由来）がある．真の体腔とよばれるものは中胚葉に由来する．体腔を形成する内側と外側の組織層は背側と腹側でつながり（訳注：図 32.9 の赤色の部分），そこに内部の諸器官を吊す構造ができる．真体腔をもつ動物を**真体腔動物 coelomates** という（図 32.9 a）．

また，三胚葉動物には，中胚葉と内胚葉に形成される体腔をもつものもある（図 32.9 b）．このような体腔を「偽（擬）体腔」とよび，このような体腔をもつ動物は**偽体腔（擬体腔）動物 pseudocoelomates** とよばれる．偽体腔という名前だが，にせものではなく，体腔としての機能を完全に果たしている．また，三胚葉動物の中には，体腔をもっていないものもある（図 32.9 c）．これらはまとめて**無体腔動物 acoelomates**（ギリシャ語で *a-* は「…のない」の意）とよばれる．

体腔は多くの働きをしている．体腔内の液体は内臓にとってクッションになり，内臓が傷つくのを防ぐ．ミミズのような体の柔らかい真体腔動物では，体腔の圧縮されない液体が骨格の代わりをして，筋肉を支持する．体腔はまた，内臓が外側の体壁とは独立に成長したり動けるようにしている．もしあなたに体腔がな

▼図 32.8　**体の相称性．** 放射相称と左右相称の違いをわかりやすく説明するために植木鉢とシャベルの図を示した．

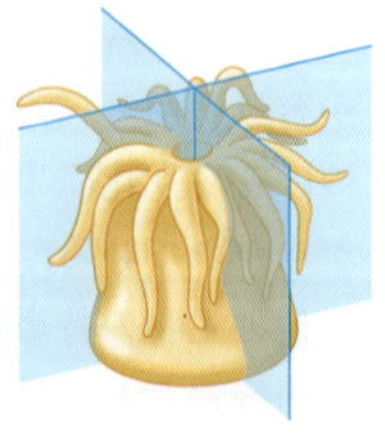

(a) **放射相称．** 刺胞動物門のイソギンチャクのような放射相称の動物には，左右の区別がない．中心軸を通って切れば，つねに左右は鏡像となる．

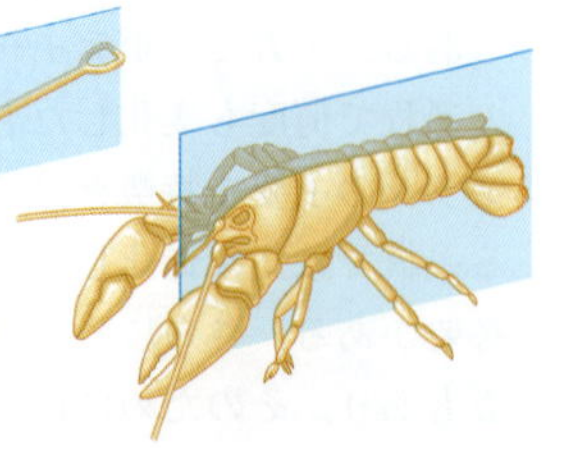

(b) **左右相称．** 節足動物門のエビのような左右相称動物は，左右の区別がある．鏡像に切り分ける断面は1つしかない．

▼図 32.9 **三胚葉の動物の体腔**．三胚葉動物のさまざまな器官系は，胚に生じた３つの胚葉から発生する．青色は外胚葉，赤色は中胚葉，黄色は内胚葉から由来した組織を示す．

(a) 真体腔動物

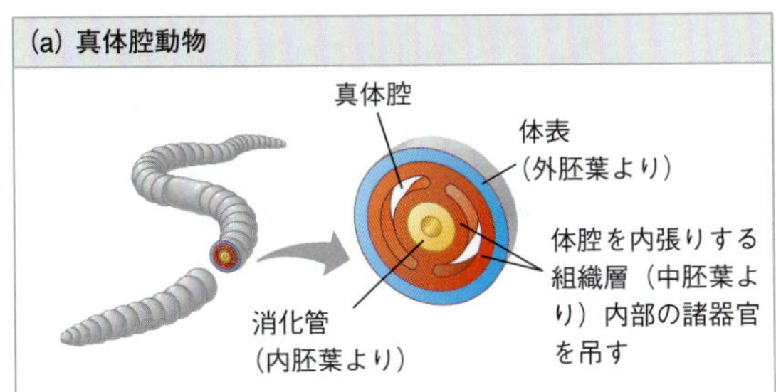
真体腔
体表
（外胚葉より）
体腔を内張りする
組織層（中胚葉より）内部の諸器官を吊す
消化管
（内胚葉より）

ミミズなどの真体腔動物は，中胚葉由来の組織で内張りされた真の体腔をもつ．

(b) 偽体腔動物

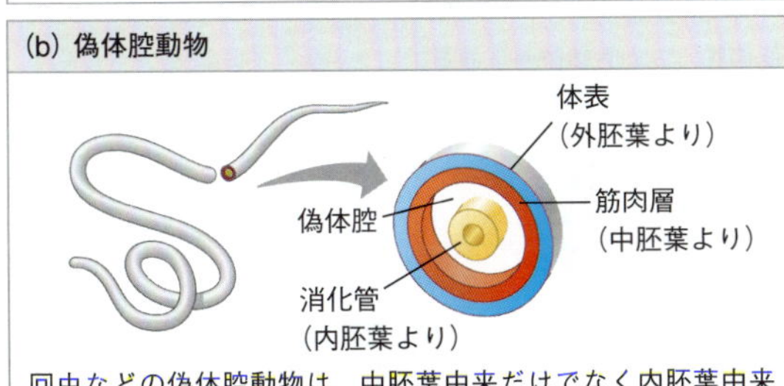
体表
（外胚葉より）
筋肉層
（中胚葉より）
偽体腔
消化管
（内胚葉より）

回虫などの偽体腔動物は，中胚葉由来だけでなく内胚葉由来の組織でも内張りされた体腔をもつ．

(c) 無体腔動物

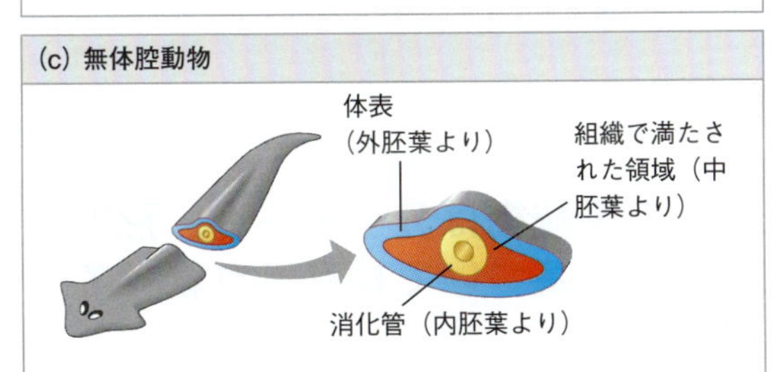
体表
（外胚葉より）
組織で満たされた領域（中胚葉より）
消化管（内胚葉より）

プラナリアのなどの無体腔動物には，消化管と外側の体壁の間に隙間がない．

凡例
外胚葉　中胚葉　内胚葉

かったら，心臓が拍動したり腸が動くと，あなたの体の表面はゆがむことになる．

「真体腔動物」や「偽体腔動物」のような用語は同じボディープランをもつ動物を指すが，それは同じ「グレード grade」（重要な生物学的特徴を共有するグループ）に属することを意味する．しかしながら，系統進化学の研究に基づいて，真体腔も偽体腔も，動物の進化の過程で何度も独立に獲得されたり失われたりしたと考えられている．例に図示したように，グレードは「クレード clade」（祖先種とそのすべての子孫を含むグループ）と必ずしも一致しない．したがって，生物を真体腔動物とか偽体腔動物と分けるのは，その特徴を記載することには有効であるが，進化の歴史を理解する場合には，注意しなければならない．

旧口動物と新口動物の発生

動物の発生は，いくつかの初期発生の特徴をもとに，**旧口動物型の発生 protostome development** と**新口動物型の発生 deuterostome development** のいずれかに分類される．この２つの発生様式は，一般に卵割，体腔形成，原口の運命によって区別される．

卵　割

旧口動物の多くは**らせん卵割 spiral cleavage** を行う．らせん卵割では，胚の垂直軸に対して斜めに卵割が起こる．らせん卵割の８細胞期の図のように，小割球はその下の大割球の境界の溝の上に乗っている（図 32.10 a 左）．また，この型の発生をする動物の中には，胚の各細胞の発生的運命がきわめて早い時期に「決定」されてしまう**決定性卵割 determinate cleavage** が起こるものもある．たとえば，カタツムリの４細胞期の胚から１個の細胞を分離して発生させると，完全な動物にならず，細胞分裂を繰り返したのち体の多くの部分を欠いた生存不能の胚となる．

一方，新口動物は**放射卵割 radial cleavage** を行うものが多い．卵割面は胚の垂直軸に平行か直角で，８細胞期では下の細胞の真上に上の細胞がある（図 32.10 a 右参照）．また，新口動物の多くは**非決定性卵割 indeterminate cleavage** を行う．すなわち，初期の卵割でできたどの細胞にも，完全な胚に発生する能力が残る．たとえば，ウニの４細胞期の胚の細胞をばらばらにすると，それぞれの細胞が完全な幼生になる．同様に，ヒトで一卵生双生児が生まれるのは，受精卵が非決定的卵割をするためである．

体 腔 形 成

原腸形成では，胚発生の過程で消化管となる**原腸 archenteron** という盲嚢（もうのう）ができる（図 32.10 b）．旧口動物の発生では原腸ができる時期に，中実の中胚葉が裂けて空所ができることで体腔が形成される．一方，新口動物の発生では，原腸の壁から中胚葉の膨らみが生じ，原腸の空所がそのまま体腔となる．

原口の運命

旧口動物と新口動物の発生では，**原口 blastopore** のたどる運命が異なることが多い．原口とは，原腸形成の始まるときにできる胚のくぼみ（訳注：すなわち原腸の入口）である（図 32.10 c）．原腸が発達すると，たいていの動物の原腸胚では原口と反対の側に第

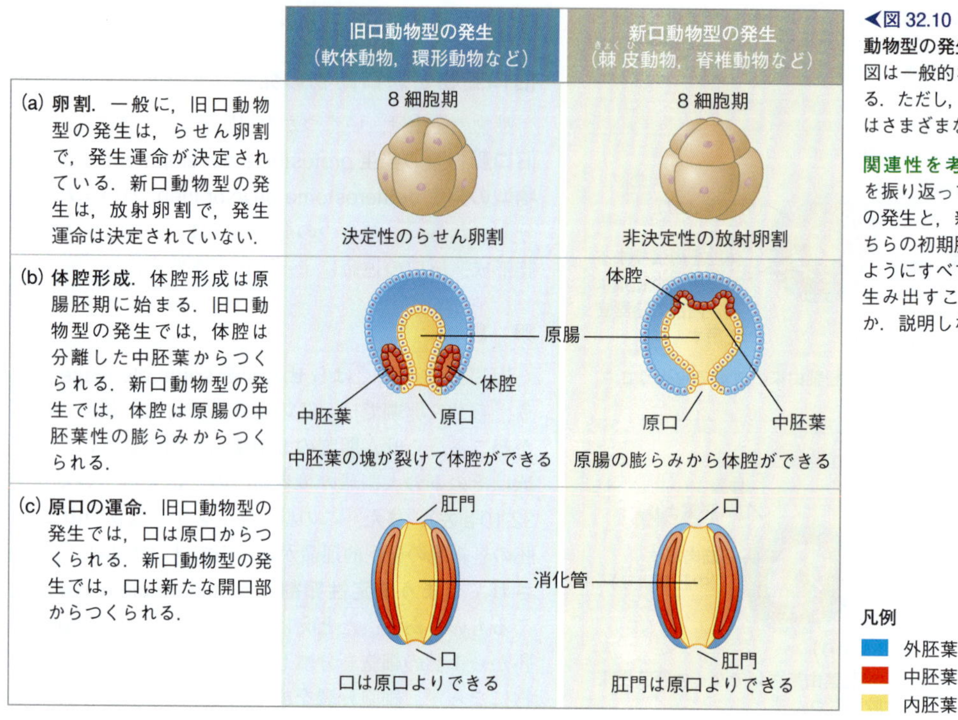

旧口動物型の発生
（軟体動物，環形動物など）
新口動物型の発生
（棘皮動物，脊椎動物など）
(a) 卵割．一般に，旧口動物型の発生は，らせん卵割で，発生運命が決定されている．新口動物型の発生は，放射卵割で，発生運命は決定されていない．
8細胞期
8細胞期
決定性のらせん卵割
非決定性の放射卵割
(b) 体腔形成．体腔形成は原腸胚期に始まる．旧口動物型の発生では，体腔は分離した中胚葉からつくられる．新口動物型の発生では，体腔は原腸の中胚葉性の膨らみからつくられる．
体腔
原腸
体腔
中胚葉
原口
原口
中胚葉
中胚葉の塊が裂けて体腔ができる
原腸の膨らみから体腔ができる
(c) 原口の運命．旧口動物型の発生では，口は原口からつくられる．新口動物型の発生では，口は新たな開口部からつくられる．
肛門
口
消化管
口
肛門
口は原口よりできる
肛門は原口よりできる
凡例
外胚葉
中胚葉
内胚葉

◀**図 32.10　旧口動物型と新口動物型の発生の比較．** これらの図は一般的な区別には有効である．ただし，これらのパターンにはさまざまな変形や例外もある．

関連性を考えよう➤図 20.20 を振り返ってみよう．旧口動物の発生と，新口動物の発生のどちらの初期胚が，幹細胞と同じようにすべてのタイプの細胞を生み出すことができるだろうか．説明しなさい．

2の開口部ができる．多くの種で，原口と第2の開口部は，消化管の出入口（口と肛門）になる．旧口動物の発生では，口は最初の開口部である原口からできることが多い．一方，新口動物の場合は口は第2の開口部からでき，原口は通常肛門になる．「旧口動物 protostomia」という語は，ギリシャ語で「最初の」を意味する *protos* と「口」を意味する *stoma* に由来し，「新口動物 deuterostomia」は，ギリシャ語で「2番目の」を意味する *deuteros* に由来する．

概念のチェック 32.3

1.「グレード」と「クレード」という用語の区別を記しなさい．

2. カタツムリ（軟体動物）とヒト（脊索動物）の初期発生を，3つの面から比較しなさい．

3. **どうなる？**➤次の主張を評価しなさい．「その独自の形態の詳細を無視すれば，ゴカイやヒトなどのほとんどの三胚葉動物はドーナツと相似な形をしている．」

（解答例は付録 A）

32.4

動物の系統樹は分子データ，形態データに基づいて検証され続けている

多様なボディープランをもつ動物がカンブリア紀に誕生して以来，いくつもの系統が生まれ，しばらく繁栄した後に子孫を残さずに絶滅した．現生の動物門は5億年前までには現れている．これらの動物の系統関係について見ていこう．現在もゲノムデータをもとに探究が続けられている問題も多い．

動物の多様性

動物学者は現在，現生の動物を約35の動物門に分類している．このうちの15を図 32.11 に示す．これらの進化的な系統関係は，ゲノム情報，形態，リボソーム RNA（rRNA）遺伝子，*Hox* 遺伝子，タンパク質をコードする核の遺伝子，ミトコンドリアの遺伝子などに基づいて解析されている．以下の点が図 32.11 にどう反映されているか考えてみよう．

1. **すべての動物は1つの共通の祖先をもつ．** 動物は単系統群であり，後生動物というクレードを形成す

るという証拠が得られている．絶滅したものも含めて動物は共通の祖先から派生したものである．

2. **カイメン類は他のすべての動物の姉妹群である．** カイメン類（海綿動物門）は系統樹の基部で他の動物から分岐した動物である．最近の形態学，分子生物学的な証拠からカイメン類が単系統であることが支持されている．

3. **真正後生動物は組織をもつ動物のクレードである．** カイメン類を除くすべての動物は**真正後生動物 Eumetazoa**（「真の動物」の意）というクレードに属している．このグループは筋肉や神経などの組織をもつ．このグループの基部から，有櫛（ゆうしつ）動物（クシクラゲ）や刺胞動物などの二胚葉性，放射相称の動物が分岐する．

4. **ほとんどの動物門は左右相称動物というクレードに属する．** 左右相称性と三胚葉性は左右相称動物を定義する共有派生形質である．このクレードにはほとんどの動物門が含まれる．カンブリア大爆発とは，基本的には「左右相称動物」の急激な多様化であるといえる．

5. **左右相称動物には3つの主要なクレードがある．** 左右相称動物は，新口動物，冠輪動物，脱皮動物の3つの主要な系統に分岐している．脊索動物以外の動物門はすべて背骨をもたない**無脊椎動物 invertebrates**で構成されている．脊索動物が唯一背骨をもつ**脊椎動物 vertebrates**を含む動物門である．

図32.11に示す通り，半索動物（ギボシムシ），棘皮動物（ヒトデなど）と脊索動物は，左右相称動物の中で**新口動物 Deuterostomeia**というクレードを形成する．したがって，「新口」という言葉は発生様式だけではなく，このクレードの名前としても用いられる．新口型の様式の発生をする動物がすべて新口動物というわけではないので注意する必要がある．半索動物は鰓裂（さいれつ）や背側神経管などの脊索動物の特徴が見られるが，棘皮動物にはこのような特徴は見られない．これらの特徴は，新口動物の祖先で獲得されたものが，棘皮動物で失われたのかもしれない．すでに述べた通り，脊索動物は脊椎動物を含む動物門であるが，無脊椎動物も含まれている．

左右相称動物には，さらに，「脱皮動物」と「冠輪動物」という2つの大きなクレードがあり，いずれも無脊椎動物から構成される．**脱皮動物 Ecdysozoa**の名前は，線虫や節足動物，他のここでは触れない動物群に共通して見られる特徴に由来する．これらの動物群は，コオロギの硬い外皮や，線虫の柔軟なクチクラのような外骨格をもつ．成長に伴い，古い外骨格を脱ぎ捨て，大きなものを新たに分泌する．古い外骨格を脱ぐことを「脱皮」という．このクレードはこの特徴にちなんで名づけられているが，実際には分子系統学に基づいて提案されたものである．ヒルなども脱皮するが，分子系統学に基づいてヒルはこのクレードには含まれていない．

冠輪動物 Lophotrochozoaの名前は，このクレードに属する

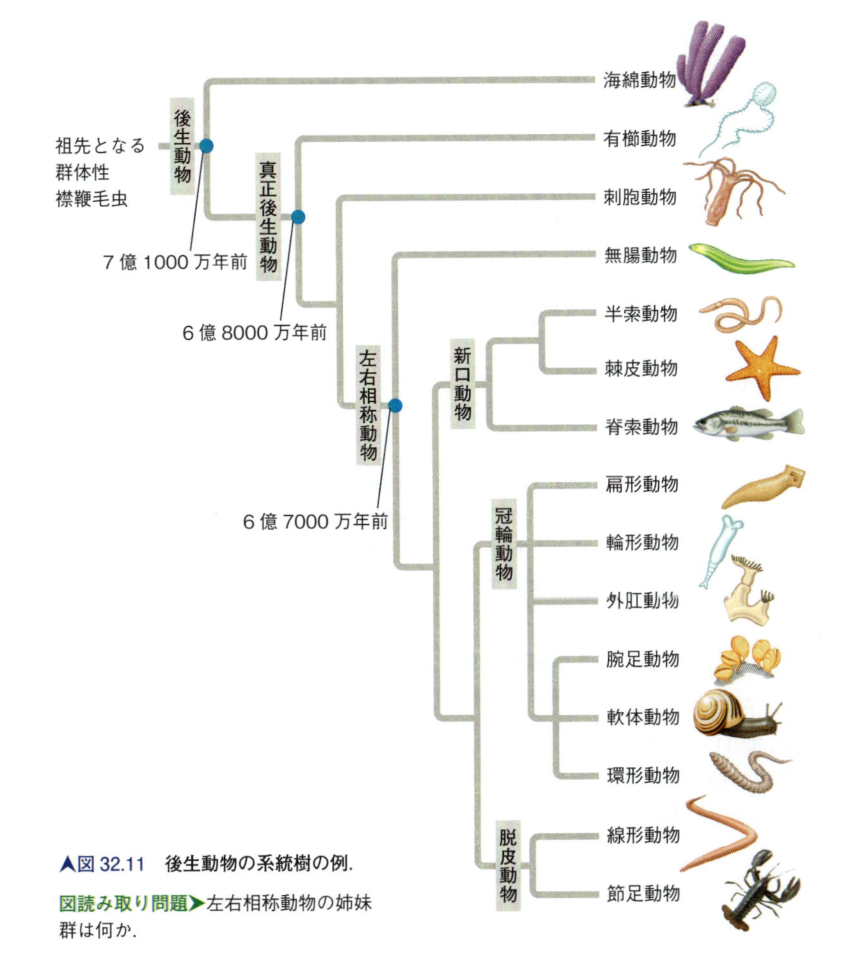
祖先となる
群体性
襟鞭毛虫
後生動物
真正後生動物
左右相称動物
新口動物
冠輪動物
脱皮動物
7億1000万年前
6億8000万年前
6億7000万年前
海綿動物
有櫛動物
刺胞動物
無腸動物
半索動物
棘皮動物
脊索動物
扁形動物
輪形動物
外肛動物
腕足動物
軟体動物
環形動物
線形動物
節足動物

▲図32.11 後生動物の系統樹の例．

図読み取り問題➤左右相称動物の姉妹群は何か．

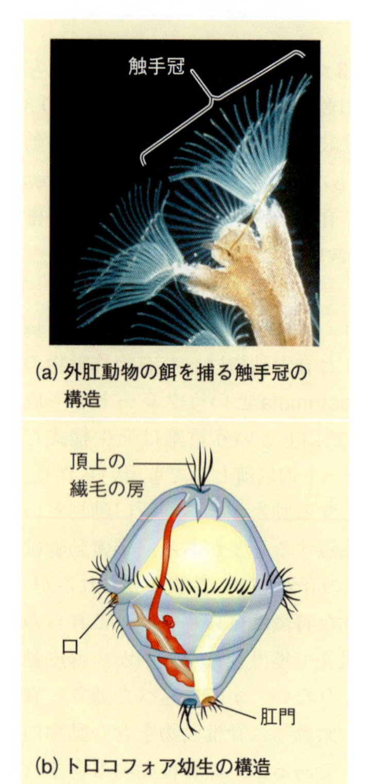
触手冠
頂上の
繊毛の房
口
肛門
(a) 外肛動物の餌を捕る触手冠の構造

(b) トロコフォア幼生の構造

▲図 32.12　冠輪動物の形態的特徴.

動物に見られる2つの特徴に由来する. 外肛動物などは**触手冠** lophophore（ギリシャ語で「冠」を意味する *lopho*, 「運ぶ」を意味する *pherein* に由来）という摂餌に用いられる繊毛の生えた触手が伸びたユニークな構造をもっている（図 32.12 a）. 軟体動物や環形動物など動物門には, **トロコフォア（担輪子）幼生** trochophore larva（図 32.12 b）という発生期が見られる. 冠輪動物の名前はここから来ている.

動物系統分類学の未来

現在, 図 32.11 の系統樹が多くの科学者によって支持されているが, 議論は続いている. 教科書の中で正しいものとして系統樹が提示されないことに不満が残るかもしれないが, 科学は問い続けることで進歩するものだということを思い出させてくれるということもできる. 現在も研究の対象となっている3つの問題点を挙げて, 本章を締めくくろう.

1. **カイメン類は単系統群か.** 伝統的にカイメン類は海綿動物門という1つの動物門として扱われてきた. しかし, 1990 年代の分子系統学によって側系統群ではないかという結果が得られたため, 動物の系統樹の基部で分岐した複数の動物門であると考えられるようになった. 2009 年以降の分子系統学で, カイメン類は単系統群であるという図 32.11 に示した伝統的な系統樹が支持された. 現在複数種のカイメンのゲノム配列が解析され, 単系統群かどうかが再検討されている.
2. **有櫛動物が系統樹の最も基部から分岐した後生動物か.** 多くの研究者がカイメン類が基部後生動物であると考えている（図 32.11 参照）. 2016 年のゲノム情報に基づく解析も, この考えを支持しているが, クシクラゲ（有櫛動物門）が動物の系統樹で最も基部から分岐したことを支持する研究もある. ゲノム情報以外にも, 化石ステロイドや分子時計解析, カイメンと襟鞭毛虫の形態類似性（図 32.3 参照）, カイメン類が組織をもたないこと（基部動物に見られると予想される）などの証拠はカイメン類が基部から分岐したことを支持している. その一方で, 有櫛動物には組織も見られ, 襟鞭毛虫と類似した細胞ももたない. 有櫛動物が基部後生動物であるという仮説は興味深いものであるが, 現時点では問題点も多い.
3. **無腸類ヒラムシは基部左右相称動物か.** 図 32.11 に示すように, 無腸類ヒラムシ（無腸動物門）は基部左右相称動物であることが, 最近の分子解析により示されている. 2011 年には異なる結果も得られており, 無腸類が新口動物に位置づけられた. 現在, 複数種の無腸類や近縁種のゲノムが解析され, 無腸類ヒラムシが基部左右相称動物であることがより強く支持されている. この仮説が正しいとすると, 左右相称動物の祖先が無腸類ヒラムシのような, 単純な神経系, 開口部が1つだけの嚢状の消化管をもち, 排出系をもたない動物であったことが示唆される.

概念のチェック 32.4

1. 刺胞動物が, 海綿動物よりも他の動物とより近縁であることを支持する証拠は何か.
2. どうなる？➤有櫛動物が基部後生動物で, カイメン類が他の動物と姉妹群を形成するとすると図 32.11 の系統樹はどのように書き直されるか. また, 組織をもつ動物がクレードを形成するかについても議論しなさい.
3. 関連性を考えよう➤図 32.11 の系統樹と図 25.11 の情報に基づいて, 次の主張を評価しなさい.「カンブリア大爆発は実際には1回ではなく3回の爆発からなる.」

（解答例は付録 A）

32 章のまとめ

重要概念のまとめ

32.1

動物は多細胞の従属栄養真核生物であり，その組織は胚葉から発生する

- 動物は食物を取り込む従属栄養生物である．
- 動物は多細胞の真核生物である．細胞同士はコラーゲンなどの細胞外にある構造タンパクによって支持され，接着されている．神経組織と筋肉組織は重要な動物の特徴である．
- たいていの動物では，**胞胚**の形成に続いて**原腸形成**が起こり，胚葉が生じる．ほとんどの動物は発生を制御する *Hox* 遺伝子をもつ．*Hox* 遺伝子は進化の過程でよく保存されているが，動物の形態の多様性を生み出すことにも貢献している．

? 動物が植物や菌類と異なる重要な特徴を記しなさい．

32.2

動物の進化の歴史は 5 億年以上もさかのぼる

- 生化学的な化石の証拠と分子時計解析から動物は約 7 億年前に誕生したと考えられる
- ゲノム解析により，動物の起源において，襟鞭毛虫のもつ遺伝子がコードするタンパク質を異なる方法で利用することが重要であったことが明らかになった．

5 億 3500 万～5 億 2500 万年前：
カンブリア大爆発
恐竜の出現と多様化
5 億 6000 万年前：
エディアカラ生物群
3 億 6500 万年前：
初期の脊椎動物
哺乳類の多様化
代
新原生代
古生代
中生代
新生代
1000 541 252 66 0
単位：100 万年

? 何がカンブリア大爆発を引き起こしたか．現在の仮説を記しなさい．

32.3

動物は「ボディープラン」によって特徴づけられる

- 動物には相称性をまったくもたないもの，**放射相称**のもの，**左右相称**のものがある．左右相称の動物には**背側**と**腹側**があり，また**前方**と**後方**がある．
- 真正後生動物（真の組織がある）には，**二胚葉**と**三胚葉**のものがある．三胚葉の動物には，体腔のあるものとないものがある．**体腔**には**偽体腔**と**真体腔**がある．
- **旧口動物**と**新口動物**の発生様式は，卵割のパターン，体腔形成，**原口**の運命が異なっている．

? 進化的な関係を推定するときに，ボディープランはどのように有効な情報を提供するか，またどのような点に注意して解釈すべきかを記しなさい．

32.4

動物の系統樹は分子データ，形態データに基づいて検証され続けている

- この動物の系統樹は，動物進化の重要な段階を示している．

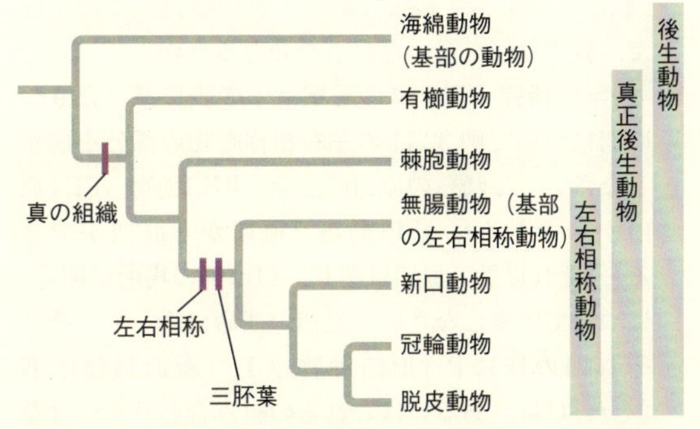
海綿動物
（基部の動物）
有櫛動物
棘胞動物
無腸動物（基部
の左右相称動物）
新口動物
冠輪動物
脱皮動物
真の組織
左右相称
三胚葉
後生動物
真正後生動物
左右相称動物

? 左右相称動物，冠輪動物，後生動物，脊索動物，脱皮動物，真正後生動物，新口動物について，ヒトの含まれているクレードを，大きなものから小さなクレードの順に列挙しなさい．

理解度テスト

レベル 1：知識／理解

1. 以下の特徴の中で，動物に特有なものは何か．
   (A) 原腸形成　(C) 有性生殖
   (B) 多細胞性　(D) 鞭毛をもつ精子
2. カイメン類とその他の門の違いは何の有無によるか．
   (A) 体腔　(C) 中胚葉
   (B) 完全な消化管　(D) 組織
3. カンブリア大爆発を引き起こした考えられる要因のうち，「一番重要でない」ものは，次のうちのどれか．
   (A) 動物の間に捕食者–非捕食者の関係が生じたこ

と
(B) 大気中の酸素濃度が上昇したこと
(C) 動物の上陸
(D) *Hox* 遺伝子の出現

レベル2：応用／解析

4. 図32.11で示した系統樹に基づいて，以下の記述で誤っているものはどれか．
(A) 動物は単系統である．
(B) 無腸類ヒラムシは環形動物よりも棘皮動物とより近縁である．
(C) カイメン類は系統樹の基部で分岐した動物である．
(D) 左右相称動物はクレードを形成する．

レベル3：統合／評価

5. **進化との関連**　ある教授が動物系統学の講義で「私たちはすべて蠕虫（ぜんちゅう）である」といった．この文脈で，教授は何を言いたかったのだろうか．
6. **科学的研究・データの解釈**　下の表に挙げた9つの門について図32.11の左右相称動物の部分を図示しなさい．これらの原口の運命，旧口動物（口は原口からできる），新口動物（原口から肛門ができる），それ以外（原口は閉じ，口は別の場所に開く）について考察しなさい．原口の運命によって，それぞれ門の枝にP（旧口動物），D（新口動物），N（それ以外），あるいはこれらの組み合わせをつけなさい．原口の運命の原始的な状態は何か．進化の過程で発生の運命は何度変化したか．説明しなさい．

原口の運命	門
旧口動物（P）	扁形動物，輪形動物，線形動物；軟体動物の大部分，環形動物の大部分；節足動物の一部
新口動物（D）	棘皮動物，脊索動物；節足動物の大部分；軟体動物の一部，環形動物の一部
それ以外（N）	無腸動物

データの出典　A. Hejnol and M. Martindale, The mouth, the anus, and the blastopore—open questions about questionable openings. In *Animal Evolution: Genomes, Fossils and Trees*, eds. D. T. J. Littlewood and M. J. Telford, Oxford University Press, pp. 33-40 (2009).

7. **テーマについての小論文：相互作用**　カンブリア大爆発の間に，あるグループは多様化が拡大し，あるグループは減少し，動物の生活は変化した．生物群集のレベルでフィードバック制御が起きている事象を，300～450字で記述しなさい．
8. **知識の統合**

この写真の生物は動物である．体の構造や生活史について（見た目からは明確ではないかもしれないが）何が想像できるだろうか．この動物は旧口動物型の発生をして，トロコフォア幼生期がある．この動物はどのクレードに属するか．クレードの名前を挙げて，それがいつ生まれ，他の動物とどう関係しているか述べなさい．

（一部の解答例は付録A）

33 無脊椎動物

▲図 33.1　この奇妙な生物の細くて青い「指」にはどのような機能があるのだろうか．

重要概念

33.1 海綿動物は初期に分岐した，真の組織をもたない動物である

33.2 刺胞動物は起源の古い真正後生動物である

33.3 冠輪動物は分子系統解析によって認識されたクレードで，その体制は動物界において最も多様である

33.4 脱皮動物は種数が最も多い動物群である

33.5 棘皮動物と脊索動物は新口動物である

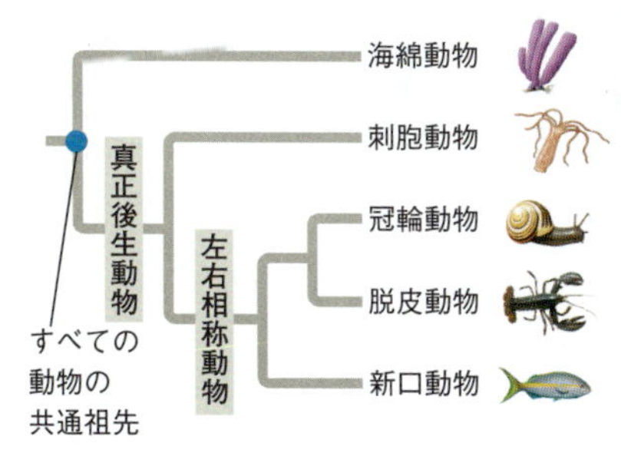
海綿動物
刺胞動物
冠輪動物
脱皮動物
新口動物
真正後生動物
左右相称動物
すべての動物の共通祖先

◀図 33.2　**動物の系統関係の概略．** カイメン類（海綿動物門）と少数の動物群を除いた残りすべての動物は，組織をもち，真正後生動物のクレードに属する．多くの動物は左右相称動物のクレードに属する（図 32.11 参照）．

背骨をもたない竜

図 33.1 に示したアオミノウミウシ *Glaucus atlanticus* は驚きに満ちた生物であるが，派手な体色とあり得ないような形は驚くべきことの始まりにすぎない．その細長い指状の突起は体の表面積を増すことによって，呼吸を助け，さらに上下さかさまになった状態で海面に浮かぶ手助けともなっている．この小さなウミウシは強力な攻撃力を秘めている．アオミノウミウシはカツオノエボシを食べて刺細胞を取り込み，それを自分の身を守る毒針として使うのである．

アオミノウミウシは**無脊椎動物 invertebrates**，すなわち背骨をもたない動物の一員である．無脊椎動物は既知の動物種の 95% を占める．また，無脊椎動物は，深海の“ブラックスモーカー”とよばれる熱水噴出孔から湧き出る煮えたぎった海水から，南極圏の凍りつく氷床に至るまでの，地球上のほぼすべての生息環境を占めている．無脊椎動物の体制は，扁平で 2 層の細胞層からなる生物から，絹糸腺，旋回する棘（とげ），吸盤に覆われた触手などをそなえた生物に至るまで，著しく多様であるが，この体制の多様性はさまざまな環境に適応することによって生じたものである．また無脊椎動物は，顕微鏡で見るような微小サイズから 18 m（スクールバスの 1.5 倍の長さ）にも達するような巨大サイズに至るまで，体の大きさも変化に富む．

本章では，図 33.2 に示した系統樹をガイドとして，無脊椎動物の世界への旅に出かけることにする．図 33.3 では無脊椎動物の 23 の動物門を解説している．これらの動物門の多くについては，無脊椎動物の多様性を示す例として，本章の他の部分でもう少し詳しく調べてみよう．

▼図 33.3　探究　無脊椎動物の多様性

動物界は 130 万種もの既知種を含むが，動物の全種数は 1000 万～2000 万種にも達すると推定される．ここに示した 23 の動物門のうち，12 の動物門については本章，32，34 章でさらに詳しく解説する．参照すべき節についてはそれぞれの記述の最後に示す．

海綿動物門（5500 種）

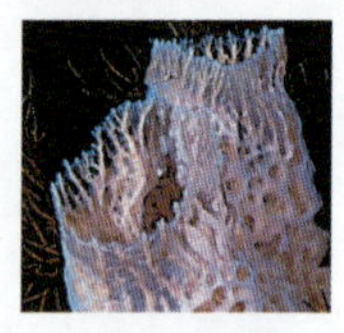
カイメンの 1 種

この門に属する動物は，俗にカイメン類とよばれる．海綿動物は真の組織をもたない，固着性の動物である．彼らは体内の水路を流れていく粒子をとらえて食べる懸濁物食者である（33.1 節参照）．

刺胞動物門（1 万種）

刺胞動物にはサンゴ，クラゲ，ヒドラが含まれる．これらの動物は二胚葉性で，放射相称のボディープランをもち，胃水管腔は口と肛門を兼ねた単一の開口がある（33.2 節参照）．

クラゲの 1 種

無腸動物門（400 種）

1.5 mm
無腸類の 1 種（LM 像）

無腸類は単純な神経系と袋状の消化管をもつため，かつては扁形動物門に含められていた．しかし，分子系統解析により，無腸類は左右相称動物の 3 大クレードよりも古い時期に分岐したことが判明した（32.4 節参照）．

平板（板形）動物門（1 種）

この門で知られている唯一の種，センモウヒラムシ *Trichoplax adhaerens* は，動物にすら見えない．その体は数千個の細胞が 2 層に並んだだけである．平板動物は原始的な動物と考えられているが，海綿動物や刺胞動物のような初期に分岐した動物門とどのような系統関係にあるのかは不明である．*Trichoplax* は，2 個体に分裂したり，出芽により複数の個体（多細胞）を生じたりして繁殖することができる．

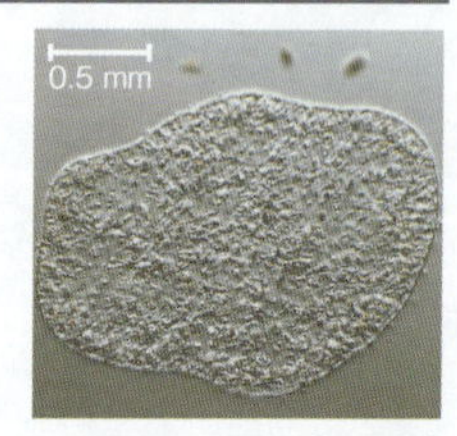
0.5 mm
センモウヒラムシ（LM 像）

有櫛動物門（100 種）

クシクラゲの 1 種

有櫛動物（クシクラゲ類）は，刺胞動物と同じく二胚葉性で放射相称のボディープランをもつ．このことは，これら 2 つの門が古い時代に他の動物から分かれたことを示唆する（図 32.11 参照）．クシクラゲ類は主として大洋のプランクトンである．クシクラゲ類は多くの独特な特徴をもち，8 列の「櫛板」（繊毛が櫛状に並んだ構造）を用いて水中を泳ぎまわる．クシクラゲ類の触手に小動物が接触すると，特殊な細胞が破裂して，粘着性の糸で獲物を捕える．

冠輪動物

扁形動物門（2 万種）

扁形動物は条虫類，渦虫類，吸虫類などを含み，左右相称で，他の感覚器からの情報を処理する中枢神経系をもっている．体腔はなく，循環器官もない（33.3 節参照）．

海産ヒラムシの 1 種

多核皮動物門（2900 種）

この動物門は最近になって創設され，従来は別の動物門として分類されていた 2 つのグループを含む．その 2 つのグループとは，顕微鏡レベルの微小サイズでありながら複雑な器官系をもつワムシ類と，脊椎動物に寄生し高度に特殊化した鉤頭虫類である（33.3 節参照）．

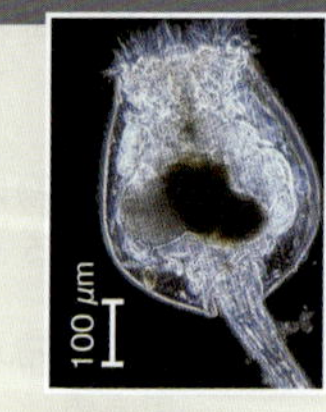
100 µm
ワムシの 1 種（LM 像）

外肛動物門（4500 種）

外肛動物（苔虫動物ともいう）は固着性の群体をつくり，体は丈夫な外骨格で覆われている（33.3 節参照）．

コケムシの 1 種

腕足動物門（335 種）

ホウズキガイの 1 種

腕足動物（ホウズキガイ類）は二枚貝などの軟体動物と混同されやすい．しかし，多くの腕足類は海底に定着するための独特な柄と，触手冠とよばれる繊毛の冠をもっている（33.3 節参照）．

冠輪動物（続き）

腹毛動物門（800種）

腹毛動物（イタチムシ類）は微小な蠕虫型の動物で，腹面が繊毛で覆われていることからそうよばれる．多くの種は湖や海の底に生息し，微生物や分解途中の有機物を食べる．写真の個体は藻類を食べており，それが消化管内の緑色の物体として見えている．

200 μm

イタチムシの１種（位相差 LM 像）

有輪動物門（１種）

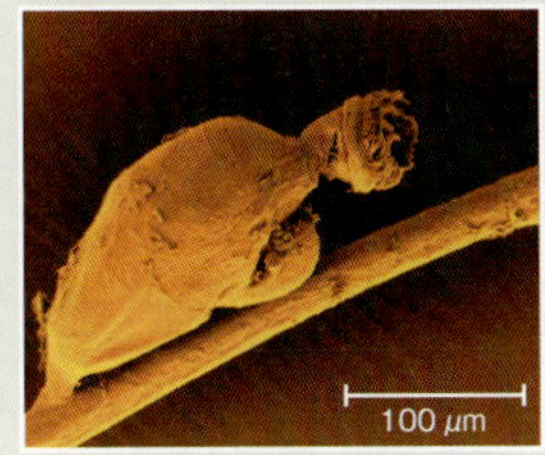
100 μm

有輪動物（着色 SEM 像）

有輪動物として知られる唯一の種 *Symbion pandora* は，1995 年にロブスターの口器から発見された．この小さな壺型の動物は独特なボディープランをもち，非常に風変わりな生活史を送る．雄は，雌がまだ母親の胎内で発生しているときに妊娠させる．その後，受精した雌はそのロブスター上の別の場所に移動して定着し，子を産む．産まれた子はそのロブスターを離れ，他のロブスターを探して定着する．

ヒモムシの１種

紐形動物門（900 種）

紐形動物，すなわちヒモムシ類は水中を泳いだり砂に潜ったりしている． 独特な口吻を伸ばして獲物を捕る．扁形動物と同様に，真体腔をもたないが，紐形動物には消化管がある．また，紐形動物には閉鎖血管系があり，血液は血管の中を流れるため体腔液とは区別されている．

環形動物門（1 万 6500 種）

環形動物は体が体節に分かれていることで他の蠕虫型の動物と区別される．最もなじみのある環形動物はミミズであるが，環形動物の多くは，海や淡水に生息する種である（33.3 節参照）．

ゴカイの１種

軟体動物門（10 万種）

軟体動物（巻貝，二枚貝，イカ，タコなどを含む）は軟らかい体をもつ．多くの種では軟体は硬い貝殻に守られている（33.3 節参照）．

タコの１種

脱皮動物

胴甲動物門（10 種）

胴甲動物〔この動物門名 Loricifera は，ラテン語で「胴に巻くコルセット」を意味する *lorica* と，「〜をもつもの」を意味する *ferre* に由来〕は海底の堆積物中に生息する，微小サイズの動物である．彼らは頭部，頸部および胸部を，胴甲（胴部を囲む６枚の板でつくられた殻）から出したり引っ込めたりすることができる．この動物の生活史はほとんどわかっていないが，少なくともいくつかの種は細菌を食べているらしい．

50 μm

胴甲動物の１種（LM 像）

鰓曳動物門（16 種）

エラヒキムシの１種

鰓曳動物（エラヒキムシ類）は体の前端に大きくて先の丸い口吻をもつ（この動物の英語名 Priapula は，大きなペニスをもち，妊娠を司るギリシャ神話の神 Priapos に由来する）．体長は 0.5 mm から 20 cm にまで達し，ほとんどの種は海底の堆積物に穴を掘って生息する．化石の研究では，エラヒキムシ類はカンブリア紀には主要な捕食者であったと考えられている．

次ページに続く

▼図 33.3（続き）探究　無脊椎動物の多様性

脱皮動物（続き）

有爪（ゆうそう）動物門（110 種）

カギムシの 1 種

有爪動物はカギムシ類ともよばれ，カンブリア大爆発（32 章参照）の時期に出現した．もともとは海中で繁栄していたが，どこかの時期に陸上への進出に成功した．現在では湿った森林にのみ生息している．カギムシ類は肉質の触角と数十対の袋状の肢をもつ．

緩歩（かんぽ）動物門（800 種）

100 μm
クマムシの 1 種（着色 SEM 像）

緩歩動物（この動物門名 Tardigrada は，ラテン語で「遅い」を意味する *tardus* と「歩み」を意味する *gradus* に由来）はクマムシ類ともよばれる．これは丸味のある体型とずんぐりした肢，クマのような歩き方による．ほとんどの種は体長 0.5 mm 未満である．海や淡水に生息する種もあるが，それ以外は植物や動物の上で暮らす．1 m² のコケから 200 万個体ものクマムシが見つかることもある．クマムシは悪条件下では休眠することもあり，休眠中は −200℃の超低温（！）でも数日間生き延びることができる．2015 年の系統ゲノム解析の結果，クマムシの 15%以上の遺伝子が水平移動によって他の生物から由来したことが判明した．これは外来性の遺伝子の比率としては動物界で最も高い値である．

線形動物門（2 万 5000 種）

線虫の 1 種

線形動物（線虫類）は土壌および水中に大量に生息し，膨大な種類がいる．植物や動物に寄生する種も多い．線形動物の最も特徴的な形質は体表を覆う丈夫なクチクラである（33.4 節参照）．

節足動物門（100 万種以上）

クモの 1 種（クモ形類）

節足動物は昆虫類，甲殻類，クモ類を含み，既知の動物種の大半を占める大きなグループである．すべての節足動物は分節化した外骨格と，関節のある付属肢をもつ（33.4 節参照）．

新口（後口）動物

半索動物門（85 種）

ギボシムシの 1 種

半索動物は，棘皮動物や脊索動物と同じく新口動物（32 章参照）の一員である．半索動物は，鰓裂（さいれつ）や背部の神経索などの特徴を脊索動物と共有する．半索動物門の最大のグループは腸鰓（ちょうさい）類（ギボシムシ類）である．ギボシムシ類は海生で，通常は泥の中や岩の下に埋まって生活する．体長は 2 m を超えるものもある．

脊索動物門（5 万 7000 種）

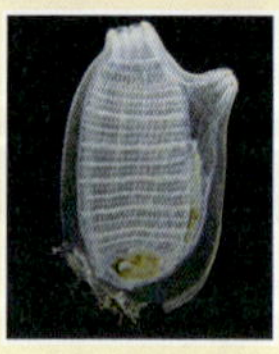
ホヤの 1 種

脊索動物の既知種の 90% 以上は背骨をもつ動物（脊椎動物）である．しかし，脊索動物門にはホヤ類，ナメクジウオ類という 2 つの無脊椎動物のグループも含まれている．この動物門についての詳細は 34 章を参照してほしい．

棘皮（きょくひ）動物門（7000 種）

ウニの 1 種

カシパン，ヒトデ，ウニなどを含む棘皮動物は海生の動物である．新口動物の一員であるが，棘皮動物は幼生のみが左右相称で，成体は放射相称である．棘皮動物は，水管系を通じて体内で水を移送することにより，移動や摂食を行う（33.5 節参照）．

33.1

海綿動物は初期に分岐した，真の組織をもたない動物である

海綿動物
刺胞動物
冠輪動物
脱皮動物
新口動物

海綿動物は俗にカイメン類とよばれる（最近の分子系統解析では，海綿動物は単系統群であることが示されたので，本章ではその見解に従う．しかしながら海綿動物の単系統性には異論があり，「真正後生動物に対して海綿動物は側系統群である」ことを示唆する研究もある）．カイメン類は動物界で最も単純な体制をもち，固着性であるため，古代ギリシャでは植物と間違えられていた．カイメン類の多くの種は海生で，大きさは数 mm から数 m まで幅がある．カイメン類は**濾過食者 filter feeder** である．カイメン類の一部は小さな孔がたくさん開いた袋に似た形をしており，体内に水を引き込んで水中に漂う食物粒子を濾し取る．水は小孔から中心の腔所（**海綿腔**または**胃腔 spongocoel**）へ導かれ，**大孔 osculum** とよばれる大きな開口部から外に排出される（図 33.4）．より複雑な体制をもつカイメン類では体壁が折りたたまれていて，枝分かれした水溝や複数の大孔をもつ．

カイメン類は動物の進化過程の古い時期に他の動物とは分岐しているので，カイメン類は原始的な動物といえる．他のほぼすべての動物とは異なり，カイメン類には真の組織（種類の似た細胞の集まりで，筋肉組織や神経組織のような機能的な単位になるもの）は存在しない．しかし，カイメン類の体にはタイプの異なる細胞が何種類かは存在する．たとえば，胃腔の内面は，**襟細胞 choanocyte** という鞭毛細胞で裏打ちされている（襟細胞の名前は，鞭毛基部の周囲に指状の突起で形成された「襟」があることに由来する）．襟細胞は細菌や食物小粒を食作用によって取り込む．カイメン類の襟細胞と原生生物である襟鞭毛虫との類似性は，「動物が襟鞭毛虫に似た先祖から進化した」とする分子系統学的知見を支持するものである（図 32.3 参照）．

カイメン類の体は 2 層の細胞層からできていて，2 層の中間には**中膠（間充ゲル）mesohyl** とよばれるゼラチン様の領域がある．2 つの細胞層は外界の水に接しているので，ガス交換や老廃物の排出はそれらの細胞膜を介した拡散によって行われる．他の機能は**遊走細胞 amoebocyte**（英語名は，アメーバのような仮足を使うことに由来する）が担う．この細胞は中膠の間

▼図 33.4 **カイメン類の体制**．中央の模式図では，カイメン類の内部構造を示すために，前面と後面の体壁が切り取られている．

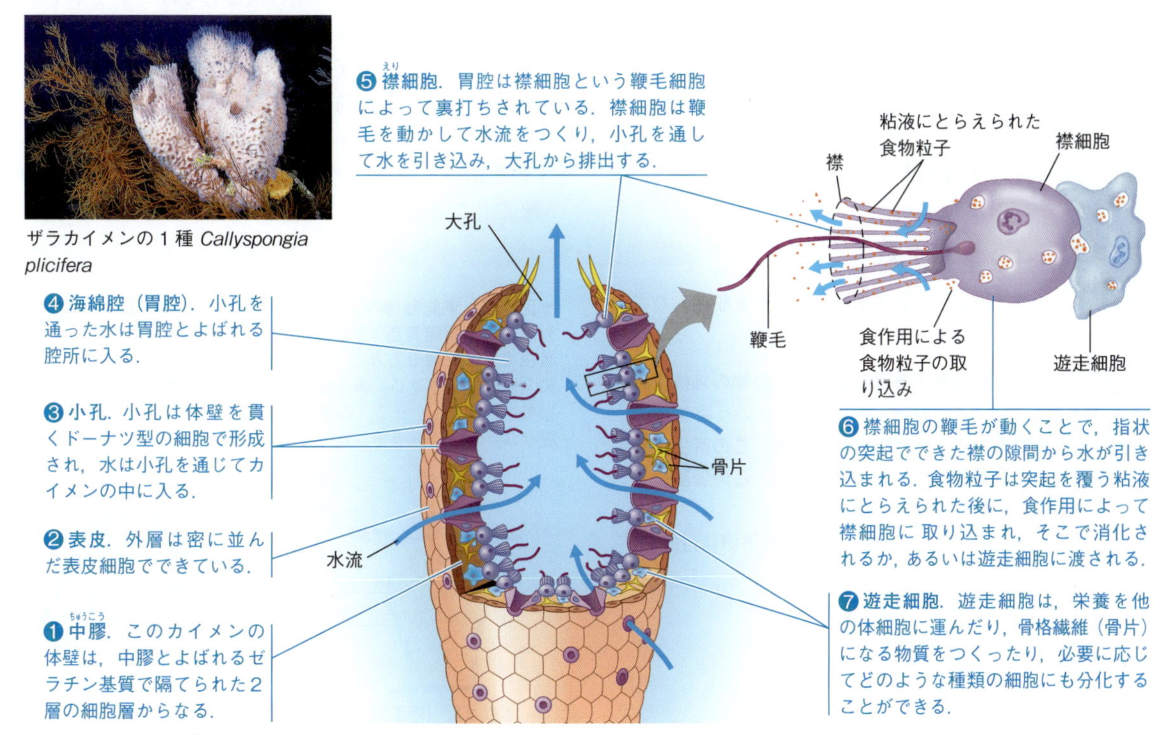
ザラカイメンの 1 種 *Callyspongia plicifera*
❺ 襟細胞．胃腔は襟細胞という鞭毛細胞によって裏打ちされている．襟細胞は鞭毛を動かして水流をつくり，小孔を通して水を引き込み，大孔から排出する．
大孔
粘液にとらえられた食物粒子
襟
襟細胞
❹ 海綿腔（胃腔）．小孔を通った水は胃腔とよばれる腔所に入る．
鞭毛
食作用による食物粒子の取り込み
遊走細胞
❸ 小孔．小孔は体壁を貫くドーナツ型の細胞で形成され，水は小孔を通じてカイメンの中に入る．
骨片
❻ 襟細胞の鞭毛が動くことで，指状の突起でできた襟の隙間から水が引き込まれる．食物粒子は突起を覆う粘液にとらえられた後に，食作用によって襟細胞に取り込まれ，そこで消化されるか，あるいは遊走細胞に渡される．
❷ 表皮．外層は密に並んだ表皮細胞でできている．
水流
❼ 遊走細胞．遊走細胞は，栄養を他の体細胞に運んだり，骨格繊維（骨片）になる物質をつくったり，必要に応じてどのような種類の細胞にも分化することができる．
❶ 中膠．このカイメンの体壁は，中膠とよばれるゼラチン基質で隔てられた2層の細胞層からなる．

を移動して，さまざまな機能を担う．たとえば，遊走細胞は，餌を襟細胞や水中から取り込んで消化し，栄養分を他の細胞に運搬する．さらに遊走細胞は中膠内に丈夫な骨格繊維をつくる．一部のカイメン類では，この骨格は炭酸カルシウムや珪酸質の鋭い骨片である．別のカイメン類では，スポンジンとよばれるタンパク質でできたもっと柔軟な繊維をつくる（この柔らかな骨格が入浴用スポンジとして売られているのを見たことがあるであろう）．最後に，そして最も重要な役割として，遊走細胞は「分化全能性」がある（他の種類の細胞に分化することができる）．これはカイメン類の形態に著しい柔軟性をもたらし，水流の流れのような物理的な環境の変化に合わせて形を変えることを可能にした．

大部分のカイメン類は**雌雄同体 hermaphrodite** である．すなわち各個体が精子と卵をつくることによって，雄としても雌としても機能する．ほとんどすべてのカイメン類は段階的雌雄同体であり，最初はどちらか一方の性を示し，成長すると別の性になる．雄として機能する個体から水中に放出された精子が，水流にのって運ばれ，雌として機能する近隣の個体に取り込まれると受精する．受精卵は発生して鞭毛で泳ぐ幼生になり，親から離れていく．幼生は適当な基質に定着すると，固着性の成体になる．

カイメン類はさまざまな抗生物質や他の防衛のための化合物を生産するが，それらの物質はヒトの病気に効くことが期待される．たとえば，海生のカイメン類から単離されたクリブロスタチンという化合物は，がん細胞とペニシリン耐性の連鎖球菌の両方を殺すことができる．別のカイメン由来の化合物では，抗がん作用についての研究が行われている．

概念のチェック 33.1

1. カイメンがどのように食物を摂取するかを説明しなさい．

2. **どうなる？➤** ある分子系統解析では，動物の姉妹群は襟鞭毛虫ではなく，Mesomycetozoa という寄生性の原生生物であることが示唆されている．この寄生生物が襟細胞をもたないことを考慮すると，この仮説は正しいといえるのだろうか，説明しなさい．

（解答例は付録 A）

33.2

刺胞動物は起源の古い真正後生動物である

海綿動物
刺胞動物
冠輪動物
脱皮動物
新口動物
真正後生動物

海綿動物といくつかの動物群を除くすべての動物は「真正後生動物」（真後生動物）というクレードに属し，真の組織をもつ（32 章参照）．このクレードで最も古い系統の1つは刺胞動物門 Cnidaria である．DNA の解析によれば，刺胞動物は6億8000万年前に出現したと考えられる．刺胞動物は多様化して，固着性や移動性のさまざまな生活型（ヒドラ，サンゴ，クラゲなどを含む）に分化している．しかし，多くの刺胞動物は二胚葉性で放射相称という，5億6000万年前に現れた比較的単純なボディープランを保ち続けている．

刺胞動物の基本的なボディープランは袋状で，**胃水管腔 gastrovascular cavity** という消化区画を中心にもつ．この腔所には開口部が1つしかなく，それは口としても肛門としても機能する．このボディープランには，固着性のポリプ型と移動性のクラゲ型という2つの型がある（図 33.5）．**ポリプ polyp** 型は円筒形で反口側（口と反対の側）で基質に固着し，触手を伸ばして獲物を待つ．ポリプ型の例としてはヒドラやイソギンチャクが挙げられる．ポリプ型は本来は固着性だが，多くのポリプは反口側の端にある筋肉を使って基質上をゆっくりと移動することができる．外敵の脅威にさらされると，あるイソギンチャクは基質から離れ，体軸を前後に曲げたり，触手を激しく動かすことで「泳ぐ」ことができる．**クラゲ medusa**（複数形は

▼図 33.5　**刺胞動物のクラゲ型とポリプ型．** 刺胞動物の体壁は外層の表皮（暗青色：外胚葉由来）と内層の胃層（黄色：内胚葉由来）の2層からなる．消化は胃水管腔で行われ，胃層細胞の食胞内で完了する．胃層細胞の鞭毛が胃水管腔内をかき回し，栄養を行きわたらせる．表皮と胃層に挟まれた部分には中膠（間充ゲル）というゼラチン質の層がある．

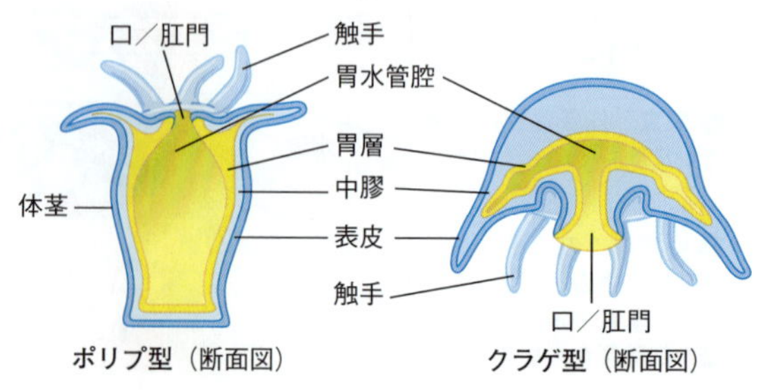

口／肛門
触手
胃水管腔
胃層
中膠
体茎
表皮
触手
口／肛門
ポリプ型（断面図）
クラゲ型（断面図）

▼図 33.6　**ヒドラの刺細胞**．このタイプの刺細胞にはネマトシストという刺胞があり，そこにはコイル状の刺糸が入っている．「引き金」が接触や化学物質によって刺激されると糸が射出し，獲物を突き刺して毒を注入する．

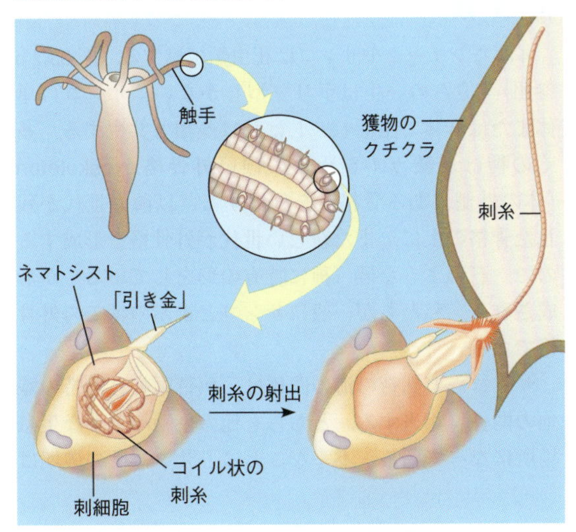
触手
獲物の
クチクラ
刺糸
ネマトシスト
「引き金」
刺糸の射出
コイル状の
刺糸
刺細胞

medusae）型は，ポリプを扁平化して口を下に向けたものに似ている．クラゲ型は，受動的な浮遊と鐘型の体を収縮することによって，水中を自由に動く．クラゲ型には自由に動くことのできるクラゲが含まれる．クラゲの触手は口側の表面から下向きに垂れ下がる．種類によっては一生をポリプ型またはクラゲ型で過ごすが，生活環の中にポリプ型の段階とクラゲ型の段階を両方もつものもある．

刺胞動物は肉食で，口のまわりの触手を使って獲物を捕らえ，胃水管腔に押し込み消化する．やがて消化酵素が腔内に分泌されて，獲物を栄養豊かなスープへと分解する．胃水管腔を裏打ちする細胞がこの栄養を吸収して，消化は完了する．未消化物は口／肛門から吐き出す．触手は**刺細胞 cnidocyte** という特有の細胞の砲列によって武装されていて，この細胞は防衛にも獲物の捕獲にも使われる．刺細胞には「刺胞」という外側に射出できるカプセル状の小器官があり，刺胞動物の名はこれに由来する（図 33.6）．**ネマトシスト nematocyst**[*1] とよばれる特殊な刺胞は，獲物の体壁を貫く刺糸を内包する．他の種類の刺胞はとても長い糸をもっていて，触手にぶつかった獲物にくっついたり，巻きついたりする．

刺胞動物の最も単純な型には，収縮組織と神経が存在する．表皮（外層）と胃層（内層）の細胞には微小

▼図 33.7　**いろいろな刺胞動物．**

(a) メデュソゾア類

多くのクラゲは発光する．餌は，ネマトシストをそなえた触手によって捕らえられ，特殊化した口腕（ネマトシストをもたない）によって口へと運ばれる．

このハブクラゲは毒をもち，魚，甲殻類（この写真）やその他の大きな獲物を動けないようにする．その毒は，コブラの毒よりも強力である．

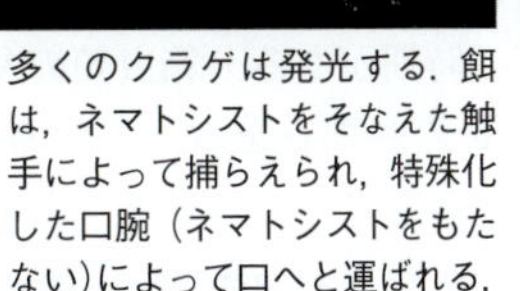

(b) 花虫類

イソギンチャクや他の花虫類にはポリプ型しか存在しない．多くの花虫類は，光合成をする藻類と共生している．

このキクメイシの仲間はポリプの群体として生きている．その軟体の基部は硬い外骨格で覆われている．

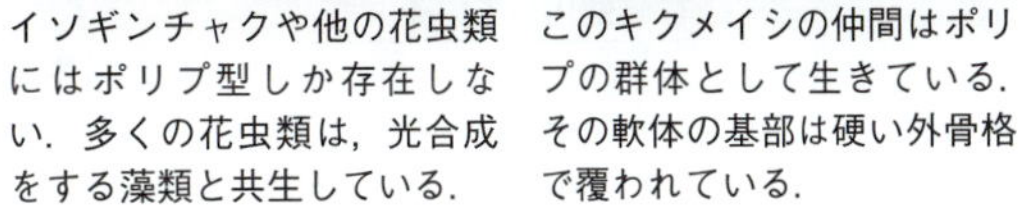

繊維の束があって収縮性の繊維を形成している．胃水管腔は静水力学的な骨格として働き（50.6 節参照），収縮性の細胞はこれに拮抗して働く．刺胞動物が口を閉じると胃水管腔の体積が固定され，特定の細胞が収縮することによって体形が変化する．刺胞動物は脳をもたない．しかし中枢のない神経網が，体全体に分布する感覚器とつながっており，この神経網が運動を調整する．これによって，あらゆる方向からの刺激を感知し，反応することができる．化石記録および分子系統解析の結果から，刺胞動物は進化の初期段階において2つの主要なクレード，すなわちメデュソゾア類と花虫類に分かれたことが示唆されている（図 33.7）．

メデュソゾア類

クラゲ型の生活型をもつ刺胞動物はすべてメデュソゾア類に属し，「鉢虫類（はちむし）」（いわゆるクラゲ類），図 33.7a に示した「箱虫類」（ハブクラゲ類），そして「ヒドロ虫類」が含まれる．多くのヒドロ虫では，図

＊1（訳注）：cnida も nematocyst も一般には「刺胞」と和訳され，同一に扱われているが，本書では，さまざまなタイプの刺胞（cnida）があり，その1つが nematocyst であるという扱い方をしている．

33.8（オベリア *Obelia* の生活環）に示すように，ポリプ型とクラゲ型の間で世代交代が起こる．一般にポリプ型（オベリアの場合は，個虫がつながった群体になる）のほうがクラゲ型よりも目につきやすい．ヒドラ（刺胞動物としては数少ない淡水生活者）は，一生をポリプ型で過ごす例外的なヒドロ虫である．

ヒドロ虫類とは異なり，多くの鉢虫類と箱虫類は生涯の大半をクラゲ型で過ごす．沿岸性の鉢虫類は短いポリプの時期があるが，外洋性の種類では一般にポリプの段階をまったくもたない．箱虫類はその名が示すように「箱形」のクラゲ型の時期がある．箱虫類の多くは熱帯の海に生息し，猛毒の刺細胞をもっている．たとえば，北オーストラリアの沖にいるハブクラゲ類の1種 *Chironex fleckeri*（英名は sea wasp で，「海のスズメバチ」の意）は，地球上で最も危険な生物の1つである．これに刺されると激しい痛みが起こり，数分以内に呼吸困難と心拍停止，そして死に至ることがある．

花虫類

イソギンチャクやサンゴは花虫類に属する（図 33.7 b 参照）．彼らの一生はポリプ型しかない．サンゴは単体または群体で生活し，しばしば藻類と共生する．多くの種は炭酸カルシウムの硬い**外骨格 exoskeleton**（体の外側にある骨格）を分泌する．以前の世代が残した骨格の上に，また新しい世代が外骨格を形成するので，石のような礁（種に特有の形をしている）が形成される．私たちが一般にサンゴとよぶのはこの外骨格である．

サンゴ礁と熱帯の海の関係は，熱帯雨林と熱帯の陸地の関係に相当する．どちらも他の生物の豊かな生息場所になっている．不幸なことに，サンゴ礁の破壊は

▼図 33.8　ヒドロ虫類のオベリア *Obelia* の生活環． ポリプ期は無性であるが，クラゲ期は有性で卵と精子をつくる．この2つの期は生活環の中で交代し，一方から他方が生まれる．

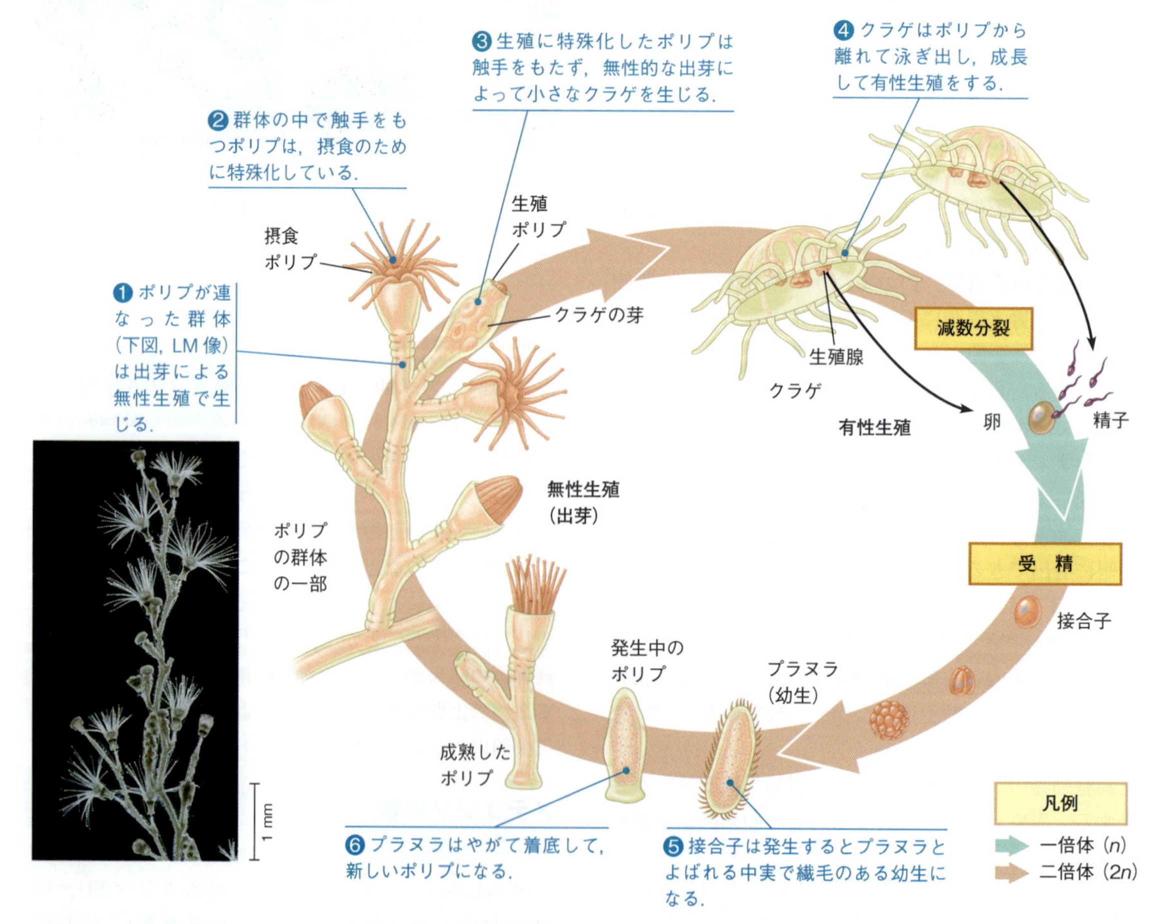

❶ポリプが連なった群体（下図，LM像）は出芽による無性生殖で生じる．
❷群体の中で触手をもつポリプは，摂食のために特殊化している．
❸生殖に特殊化したポリプは触手をもたず，無性的な出芽によって小さなクラゲを生じる．
❹クラゲはポリプから離れて泳ぎ出し，成長して有性生殖をする．
摂食ポリプ
生殖ポリプ
クラゲの芽
生殖腺
クラゲ
有性生殖
減数分裂
卵
精子
無性生殖（出芽）
ポリプの群体の一部
受　精
接合子
発生中のポリプ
プラヌラ（幼生）
成熟したポリプ
1 mm
❻プラヌラはやがて着底して，新しいポリプになる．
❺接合子は発生するとプラヌラとよばれる中実で繊毛のある幼生になる．
凡例
一倍体（n）
二倍体（2n）

関連性を考えよう➤オベリアの生活環を図 13.6 の生活環と比較し，その違いを探そう．図 13.6 のどの生活環がオベリアに最も似ているのか．説明しなさい（図 29.3 も参照）．

恐るべき速度で進んでいる．汚染と過剰な採取，そして海洋の酸性化（図 3.12 参照）が主要な脅威である．地球温暖化も，海水温度が上昇してサンゴが繁栄できる範囲を超えるため，彼らの死滅の原因となり得る．

概念のチェック 33.2

1. 刺胞動物のポリプ型とクラゲ型を比較して違いを述べなさい．
2. **図読み取り問題➤**刺胞動物の生活環を示した図 33.8 を使って，餌をとるポリプ型と，クラゲ型の核相を答えなさい．
3. **関連性を考えよう➤**カンブリア大爆発では新しい動物のボディープランが多数出現した．しかし一方で，刺胞動物では 5 億 6000 万年前の化石と同じような二胚葉で放射相称のボディープランを今日でも維持している．このことから，刺胞動物は他の動物群よりも進化していないとか，成功していないといえるのだろうか．説明しなさい（25.3 節，25.6 節を参照）．

（解答例は付録 A）

33.3

冠輪動物は分子系統解析によって認識されたクレードで，その体制は動物界において最も多様である

海綿動物
刺胞動物
冠輪動物
脱皮動物
新口動物
左右相称動物

動物種の大多数は左右相称動物というクレードに属しており，左右相称で三胚葉性の発生をする（32.3 節参照）．また左右相称動物の多くは，消化管に 2 つの開口部（口と肛門）があり，真体腔をもつ．最近の DNA 分析の結果から，左右相称動物の共通祖先は 6 億 7000 万年前には存在していたことが示唆された．しかし，*Kimberella*（軟体動物の一員か，軟体動物に近い動物とされる）は左右相称動物として広く認められている最古の化石であるが，*Kimberella* が生きていたのは 5 億 6000 万年前である（図 32.5 参照）．多くの左右相称動物のグループでは，最初の化石記録が見つかるのはカンブリア大爆発の時期（5 億 3500 万〜5 億 2500 万年前）である．

分子系統学的知見により，いまや左右相称動物には 3 つの大きなクレードが存在することが示唆されている．すなわち，冠輪動物，脱皮動物，新口動物である．本節では最初の大クレード，すなわち冠輪動物について述べる．33.4 節，33.5 節では残りの 2 大クレードについて述べる．

冠輪動物は分子データから認識されたが，この名前はそこに含まれる複数の動物の形態学的特徴から名づけられた．冠輪動物の一部は「触手冠」とよばれる構造を発達させた．これは繊毛の生えた触手が冠のように並んだ構造で，摂食に用いられる．別の冠輪動物では，発生過程で「トロコフォア幼生」（担輪子幼生；図 32.12 参照）という独特な幼生期を経る．その他の冠輪動物は，これらの特徴をいずれも欠いている．これら以外にも，少ないながらも独特な形態学的特徴が冠輪動物には広く共有されている．実際のところ，冠輪動物は左右相称動物の中では最もボディープランが多様なクレードである．その形の多様性は冠輪動物に含まれる動物門の数にも現れている．冠輪動物には 18 もの動物門が含まれるが，この数は左右相称動物の他の大クレードに含まれる動物門の 2 倍以上である．

本節では冠輪動物に含まれる 6 つの多様な動物門（扁形動物，輪形動物，鉤頭動物，外肛動物，腕足動物，軟体動物，環形動物）について解説する．

扁形動物

扁形動物は，海水，淡水および湿った陸上で生活している．自由生活をする種だけでなく，吸虫や条虫のような寄生性の種も多い．扁形動物の英語名 flatworm は，その体が薄くて背腹方向に扁平であることに由来する．platyhelminthes なる名称も「平らな蠕虫（ぜんちゅう）」という意味である（「蠕虫 worm」は学術的な用語ではなく，長くて体壁の薄い動物の類を指す俗称）．最小の扁形動物は顕微鏡サイズで自由生活をしているが，条虫では 20 m を超えるものもいる．

扁形動物は三胚葉性の発生をするが，体腔はない．体は扁平なので，体の細胞はすべて外界または消化管内の水に近接している．そのため，ガス交換や窒素老廃物（アンモニア）の排出は体表を介しての拡散により行うことができる．図 33.9 に示すように，扁平な形は表面積を最大化する構造的特性の 1 つであり，収斂進化によっていろいろな動物やその他の生物で何度も独立に進化してきた．

すべての細胞が水に接していることから想像できるが，扁形動物にはガス交換を専門に行う器官はない．単純な排出装置はあるが，これは主として体外との浸透圧のバランスを保つ働きをしている．この排出装置は**原腎管 protonephridia** で構成されるが，原腎管は「炎球」（炎細胞）とよばれる繊毛のある管のネットワークで，体液を枝分かれした管に通して濾過し開口部

▼図 33.9　関連性を考えよう

表面積を最大化する

一般に，生物の代謝や化学的活性の潜在的総量は，生物の質量や体積に比例する．しかし，生物の代謝率を最大化するには，エネルギーおよび栄養や酸素などの原材料の効率的な吸収と，さらに老廃物の効率的な排出が必要である．大きな細胞の集団，植物，そして動物では，このような物質の交換過程は，単純な幾何学によって制約を受けやすい．1個の細胞や1個体の生物が形を変えずに成長すると，その体積はその表面積よりも急激に増加する（図 6.7 参照）．その結果として，物質交換が可能な表面積は不足する傾向がある．この表面積と体積の関係から生じる問題は，いろいろな生物種や環境下で起きるが，この問題に対して生物が行った進化的適応方法はどの生物でも似ている．形を扁平化する，折りたたむ，枝分かれ（分岐）させる，突出させることによって，表面積を最大化するような構造は，基本的な生物のシステムである．

この模式図は，体積が同じ2つの立体の表面積を比較したものである．どちらの立体の表面積が大きいかに注目しなさい．

表面積：6×(3 cm×3 cm)＝54 cm²
体積：3 cm×3 cm×3 cm＝27 cm³

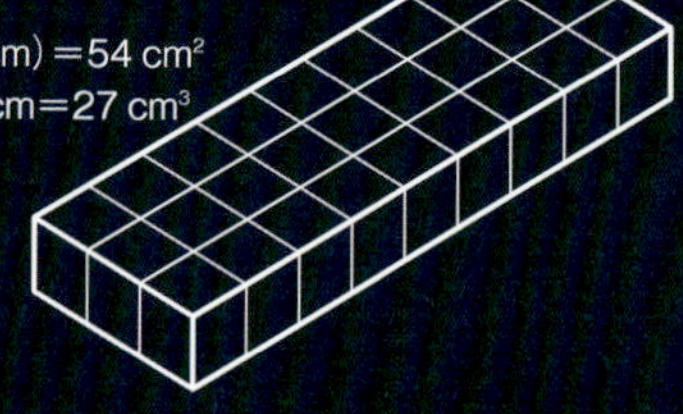

表面積：2×(3 cm×1 cm)＋2×(9 cm×1 cm)
＋2×(3 cm×9 cm)＝78 cm²
体積：1 cm×3 cm×9 cm＝27 cm³

扁平化

体を扁平にして，その厚さを数細胞程度にすることで，扁形動物のような平たい生物は体表全体を物質交換に使うことができる（図 40.3 参照）．

折りたたみ

この透過電子顕微鏡像は植物の葉にある2つの葉緑体を示している．光合成は葉緑体で起こり，葉緑体にはチラコイド膜とよばれる内膜が扁平で連結して多層になった構造がある．チラコイド膜を折りたたむことにより，その表面積は増大し，露光量が増えるので光合成の効率が上昇する（図 10.4 参照）．

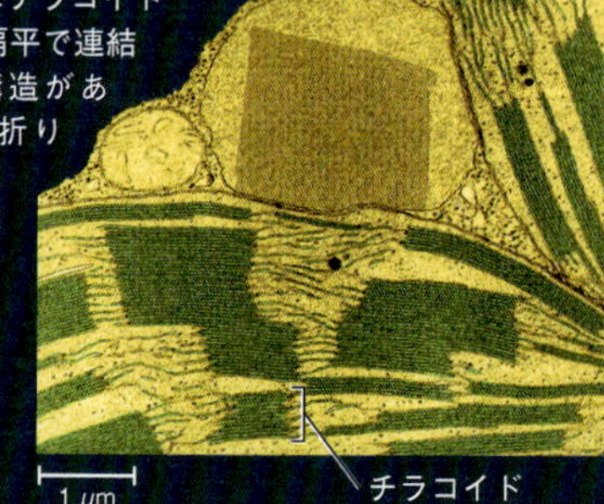
1 μm
チラコイド

分岐

水の吸収は受動的な拡散に依存する．著しく枝分かれした真菌類の菌糸体は表面積を増大することで，環境から吸収できる水や栄養の量を増加させている（図 31.2 参照）．

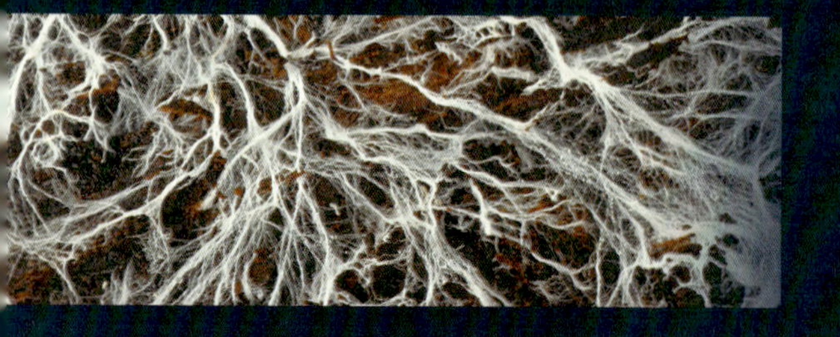

突出

脊椎動物の消化管の内面には柔突起とよばれる細かい突起で覆われており，食物が消化されて生じた栄養はこの柔突起が吸収する．この図に示した個々の柔突起は膨大な数の微柔毛（顕微鏡サイズの微小な突起）で覆われており，その結果として，ヒト1人あたりの表面積は 300 m²（テニスコートとほぼ同じ）にもなる（図 41.12 参照）．

関連性を考えよう➤扁平化，折りたたみ，分岐，突出の他の例を探そう（6章，9章，35章，42章を参照）．それぞれの例において，表面積を最大化することが構造の機能にとってどれほど重要なのか．

から体外に排出する（図 44.9 参照）．多くの扁形動物は，開口部が1つしかない胃水管腔（訳注：腸とよばれることが多い）をもつ．扁形動物は循環系をもたないが，胃水管腔は細かく枝分かれしていて，食物を直に体細胞に送る．

扁形動物は，進化の初期段階で小鎖状類（Catenulida）と有棒状体類（Rhabditophora）の2系統に分かれた．小鎖状類は約100種からなる小さなクレードで，多くの種は淡水中に生息する．小鎖状類は一般に無性生殖を行い，体の後端に出芽する．新しく生じた個体はしばしば，親から分離する前に出芽による無性生殖を行う．その結果として，遺伝的組成がまったく同じ2〜4個体が鎖のように連なることになり，「クサリウズムシ」とよばれる．

扁形動物のもう1つの古い系統である有棒状体類は，2万種にも及ぶ淡水生種や海生種を含む多様なクレードである（その一例を図 33.9 に示す）．以下の節では，自由性の種と寄生性の種に焦点を絞りながら，この大きなグループについて詳しく解説しよう．

自由生活性の扁形動物

自由生活をする有棒状体類は淡水および海中の多様な環境に生息し，捕食者および腐肉食者として重要な位置を占めている．最も有名なのは *Dugesia* 属の淡水生種で，一般に**プラナリア Planarian** とよばれている．プラナリアは汚染されていない池や川に多く生息し，小動物を捕食したり，動物の死骸を食べたりしている．プラナリアは腹面にある繊毛を使って移動し，自分が分泌した粘液の膜の上を滑るように動く．他の有棒状体類では筋肉を使って水中をうねるように泳ぐものもいる．

プラナリアの頭部には光を感じる眼点が1対あり，体の左右の突出部は特定の化学物質を感知する．プラナリアの神経系は，刺胞動物の神経網よりも複雑で集中している（図 33.10）．プラナリアは「刺激に対する応答を変化させて学習できる」ということが実験的に示されている．

プラナリアは分裂による無性生殖ができる．個体の中ほどがくびれて切り離されると，頭部，尾部いずれの断片でも足りない部分を再生して完全な個体になる．また有性生殖も行う．プラナリアは雌雄同体であるが，他個体と交尾して他家受精をする．

寄生性の扁形動物

有棒状体類の半分以上の種は他の動物の体内または体表に寄生する．多くは吸盤をもち，宿主の体内の器

▼図 33.10 プラナリア（渦虫類）の体制．

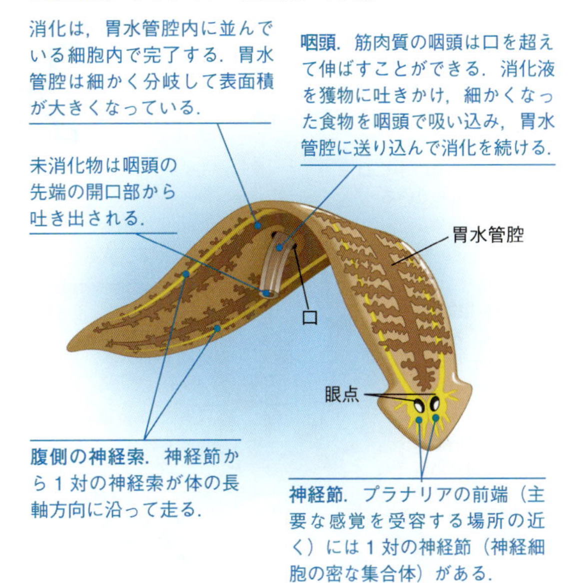
消化は，胃水管腔内に並んでいる細胞内で完了する．胃水管腔は細かく分岐して表面積が大きくなっている．
咽頭．筋肉質の咽頭は口を超えて伸ばすことができる．消化液を獲物に吐きかけ，細かくなった食物を咽頭で吸い込み，胃水管腔に送り込んで消化を続ける．
未消化物は咽頭の先端の開口部から吐き出される．
胃水管腔
口
眼点
腹側の神経索．神経節から1対の神経索が体の長軸方向に沿って走る．
神経節．プラナリアの前端（主要な感覚を受容する場所の近く）には1対の神経節（神経細胞の密な集合体）がある．

官や体表に吸いつく．多くの種は，体は丈夫な構造で覆われ，宿主の体中でも守られている．彼らの体内のほとんどは生殖器官によって占められている．寄生性の有棒状体類で生態学的にも経済学的にも特に重要な2つのサブグループ（吸虫と条虫）について説明しよう．

吸虫類　吸虫類は広い範囲の宿主に寄生する．また，多くの種は有性と無性の生殖段階を交代する複雑な生活環をもつ．多くの吸虫は，成体になって最終宿主（一般に脊椎動物）に感染する前に，幼生が成長するための中間宿主を必要とする．たとえば，ヒトに寄生する吸虫では，生活環の一時期を中間宿主となる巻貝の中で過ごす（図 33.11）．世界では2億人が住血吸虫（*Schistosoma* 属）に寄生され，住血吸虫症に悩まされている．その症状は痛み，貧血，下痢である．

いろいろな宿主に寄生する場合，自由生活の種なら出合わないような困難も生じる．たとえば，住血吸虫は貝とヒトの両方の免疫系から逃れなければならない．住血吸虫は体表のタンパク質を宿主に偽装することによって，自らを免疫的にカムフラージュする．また，宿主の免疫系を操作して寄生虫に対して寛容にするような分子を放出する．これらの防御法は非常に有効なため，吸虫の各個体はヒトの体内で40年以上も生き延びることができる．

条虫類　条虫類（サナダムシ類）は寄生性の有棒状体類の中では2番目に種数が多く，多様なグループで

❶ 成熟した吸虫はヒトの腸の血管の中で生活する．右のLM像に示すように，雌は，大きな雄の長軸に沿って走る溝の中にはまり込んでいる．
雄
雌
1 mm
❷ 住血吸虫は宿主であるヒトの体内で有性生殖を行う．受精卵は大便に混じって宿主の体外に出る．
❸ ヒトの大便が池や他の水の供給源に流れ込むと，受精卵は繊毛の生えた幼生になる．幼生は中間宿主である巻貝に感染する．
❹ 巻貝の体内で無性生殖を行い，別の型の幼生になって中間宿主から脱出する．
宿主の巻貝
❺ 住血吸虫に汚染された水が水田に流れ込んでいる場所では，住血吸虫の幼生は水田で働くヒトの皮膚と血管を貫通して体内に侵入する．

▼図 33.11　マンソン住血吸虫 *Schistosoma mansoni*（吸虫類）の生活環．

どうなる？➤中間宿主の巻貝は藻類を食べるが，肥料に含まれる栄養分はその藻類の成長を促す．肥料が流れ込む灌漑水は，どのようにして住血吸虫病の発症に関与するのだろうか．説明しなさい．

ある（図 33.12）．成体の多くは，ヒトを含む脊椎動物の体内で生活する．頭節とよばれる前端部には多くの種で，吸盤と，しばしば鉤状の構造があって，宿主の腸の内壁に取りついている．条虫には口や胃水管腔はなく，宿主の腸内で消化された栄養分を体表から吸収している．

頭節の後ろには，片節とよばれる単位がリボン状に長く続いている．片節は生殖器の袋といっても過言ではない．有性生殖が完了すると，数千もの受精卵をもつ片節は後端から切り離され，宿主から糞として排出される．生活環の1つの型では，寄生虫の受精卵を含んだヒトの大便がブタやウシなどの中間宿主の餌や水に混入し，幼生になった寄生虫はこれらの動物の筋肉中で嚢胞を形成する．嚢胞を含む肉を，ヒトが十分に加熱せずに食べると，条虫はヒトの体内で成体になる．大きな条虫は腸をふさぎ栄養を横取りするので，ヒトに栄養欠乏症が起きる．いくつかの経口薬は成体の条虫を殺すことができる．

輪虫類と鉤頭虫類

近年の系統解析によって，2つの伝統的な動物門，すなわち輪虫類（従来の輪形動物門）と鉤頭虫類（従来の鉤頭動物門）は1つの動物門（多核皮動物門）に統一すべきであることが判明した．それぞれのグループは独特な特徴をもっている．

輪虫類

輪虫類は淡水，海水や湿った土壌中に生息する微細な動物で，約1800種が知られる．輪虫の体長は約50 μm～2 mmしかないので，輪虫は多くの単細胞生物より小さいが，多細胞であり特殊な器官をもっている（図 33.13）．刺胞動物や扁形動物が胃水管腔しかもたないのとは対照的に，輪虫類には**消化管（完全消化管）alimentary canal**があり，その消化管には口と肛門という2つの開口部がある．内部器官は「偽体腔（擬体腔）」，すなわち中胚葉で完全には裏打ちされていない体腔

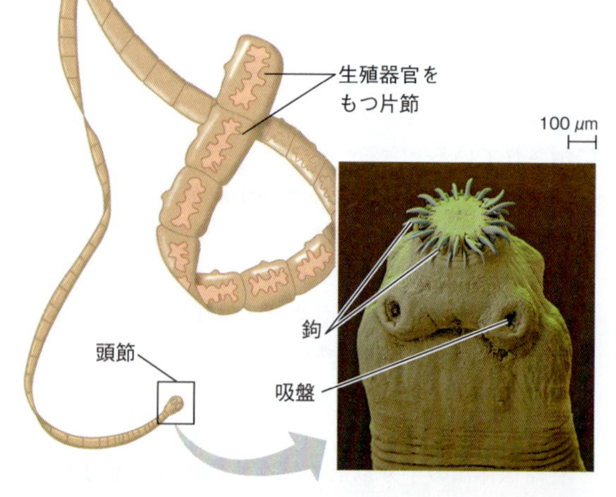

生殖器官をもつ片節
100 μm
鉤
吸盤
頭節

▲図 33.12　条虫の体制．写真は頭節の拡大図（着色 SEM 像）．

▼図 33.13　ワムシの 1 種．この偽体腔動物は多くの原生生物より小さいが，一般に扁形動物よりも複雑な構造をもつ（LM 像）．

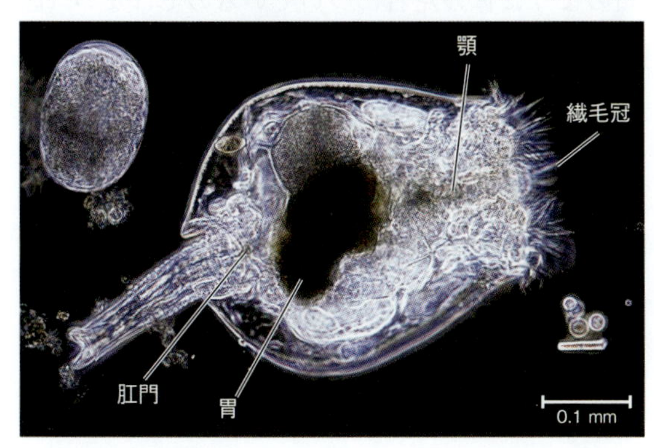
顎
繊毛冠
肛門
胃
0.1 mm

（図 32.9 b 参照）の中に位置する．偽体腔内の体液は水力学的骨格の役割を果たす．輪虫が体を動かすと，体液は体のすみずみに行き渡り，栄養を循環させる．

輪虫類の英語名 rotifer は「車輪をもつ者」という意味のラテン語に由来し，これは水流を起こす繊毛冠を表す．口の後方にある咽頭（消化管の一部）には，咀嚼器とよばれる顎のような構造があって，餌（おもに水中に浮遊する微生物）をすりつぶす．食物の消化は消化管の奥へ行くほど進み，やがて完了する．他の左右相称動物の多くにおいても，消化管は多様な食物粒子を段階的に消化することができる．

輪虫類は特殊な生殖を行う．種によっては，雌しか存在せず，生み出された未受精卵が雌に発生する．このような生殖は**単為生殖 parthenogenesis** とよばれる．他の無脊椎動物（アリマキや一部のハチ類）や脊椎動物（一部のトカゲや魚類）も同様な繁殖を行う．一部の輪虫類は単為生殖により雌を産むだけでなく，高密度のような特定の条件下では有性生殖を行う．受精卵は抵抗性の高い胚となり，数年にもわたって休眠できる．休眠から覚めると，胚は新しい雌の世代となり，単為生殖を行う．

輪虫類の多くの種が雄なしで生き延びているのは不思議なことである．大多数の動植物が少なくとも一生のある部分では有性生殖を行うし，有性生殖は無性生殖に比べていくつかの点で有利である（46.1 節参照）．たとえば，無性生殖の種では有害な突然変異が，有性生殖の種よりも早くゲノム上に蓄積されやすい．その結果，無性生殖の種は絶滅する確率が高いはずである．

研究者はこの奇妙な動物を理解するために，ヒルガタワムシ類という，無性生殖をするクレードを研究している．約 360 種のヒルガタワムシ類が知られているが，それらはすべて雄がまったくいない単為生殖種である．古生物学者は 3500 万年前のコハクに閉じ込められていたヒルガタワムシ類を発見したが，これらの化石はいずれも雌に似ていて，雄が存在していたという証拠は得られていない．分子時計解析の結果，ヒルガタワムシ類は 5000 万年以上にわたって無性生殖をしていることがわかった．有性生殖を行わないことは明らかであるが，ヒルガタワムシ類は別の方法で遺伝的多様性を生み出しているのだろう．たとえば，ヒルガタワムシ類はきわめて乾燥した環境にも耐えられる．環境条件が良くなって細胞が水を吸うと，別の種の DNA が細胞膜の裂け目から細胞内に入り込む．最近の研究によれば，このような外来性の DNA がヒルガタワムシ類のゲノムに取り込まれることによって，彼らの遺伝的多様性が生み出されているらしい．

鉤頭虫類

鉤頭虫類（1100 種）は有性生殖を行い，脊椎動物に寄生する動物である．消化管がなく，体長は一般に 20 cm 以下である．この寄生虫は，体の前端にある口吻に鉤状の棘をもつので，鉤頭虫とよばれる（図 33.14）．鉤頭虫類はかつて独立の動物門に分類されていたが，近年の研究によって，伝統的な分類では輪形動物（ワムシ類）として知られているグループの中から進化した分類群であることが明らかになった．特に，*Seison* 属のワムシ類は，他のワムシ類よりも鉤頭虫類に近縁である（最も近い祖先を共有する）．つまり，鉤頭虫類は高度に特殊化した「ワムシ類」なのである．

鉤頭虫類はすべて寄生性で，2 種あるいは 3 種以上の宿主を介した複雑な生活環をもつ．ある鉤頭虫類は，中間宿主（一般に節足動物）の行動を操って，最終宿主（一般に脊椎動物）に到達しやすくなるように操作する．たとえば，ニュージーランド産のカニに寄生する鉤頭虫類は，カニの行動を操って，海岸の見つかりやすい場所に移動させる．その結果，中間宿主であるカニは，寄生虫の最終宿主である鳥に食べられやすく

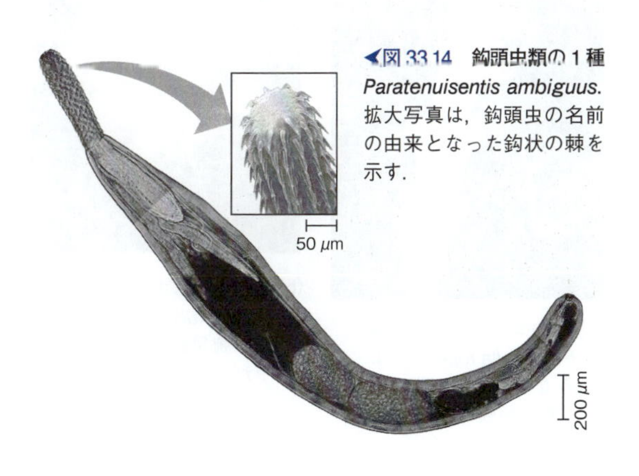
50 μm
200 μm

◀図 33.14　鉤頭虫類の 1 種 *Paratenuisentis ambiguus*. 拡大写真は，鉤頭虫の名前の由来となった鉤状の棘を示す．

なる．

触手冠動物：外肛動物と腕足動物

左右相称動物のうち，外肛動物門と腕足動物門は触手冠動物に含まれる．これらの動物は，口のまわりを繊毛の生えた触手が円形に取り囲んだ冠（「触手冠」）をもっている（図 32.12 a 参照）．繊毛が水を口に向かって引き寄せ，触手は水中に浮遊する食物粒子を捕らえる．U 字形の消化管も，明瞭な頭部がないことも 2 つのグループに共通であり，これらの特徴は両者が固着性であることを反映している．体腔のない扁形動物や，偽体腔をもつ輪形動物とは対照的に，触手冠動物は中胚葉に完全に囲まれた「真の体腔」をもつ（図 32.9 a）．

外肛動物（英語名 Ectoprocta はギリシャ語で「外側」を意味する *ecto*,「肛門」を意味する *procta* に由来）は群体性の動物で，外見はコケの塊に似ている（外肛動物の一般名はコケムシ類で，「コケのような動物」という意味である）．多くの種では群体は孔の開いた硬い外骨格に包まれ，その孔から触手冠を出す（図 33.15 a）．多くの外肛動物は海生で，海生の固着性動物の中でも最も広域に分布し，かつ最も個体数の多い分類群の 1 つである．いくつかの種はサンゴ礁のような礁をつくる動物として重要である．外肛動物は淡水の湖や川にも生息する．淡水生の *Pectinatella magnifica*（カンテンコケムシの 1 種）の群体は，水中の杭（くい）や岩の上で成長し，10 cm を超えるゼラチン質の球状の塊になる．

腕足動物（ホウズキガイ類）の外見は，二枚貝類や他のちょうつがいをもつ軟体動物に似ている．しかし，腕足類の 2 枚の殻は体の背腹に位置していて，二枚貝類のように体の左右についているのではない（図 33.15 b）．腕足類はすべて海生である．多くの種は海底に柄で付着して，殻を少し開き，海水が触手冠を通じて流れるようにしている．腕足類は，かつて古生代および中生代に 3 万種もいて繁栄していたが，現生種はそのわずかな生き残りである．シャミセンガイ属（*Lingula*）のような現生の腕足類は 4 億年前の化石とほぼ同じ形をしている．

▼図 33.15　**触手冠動物.**

触手冠

(a) このコケムシの 1 種 *Plumatella repens* のような外肛動物は群体性の触手冠動物である．

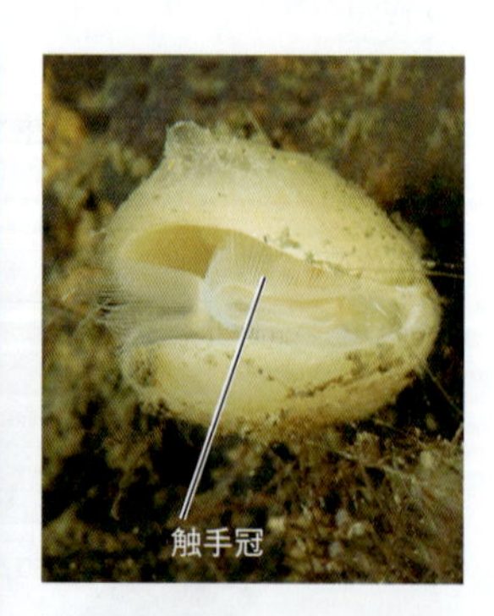
触手冠

(b) このホウズキガイの 1 種 *Terebratulina retusa* のような腕足動物は，ちょうつがいでつながった貝殻をもつ．2 枚の殻は背腹に存在する．

軟体動物

カタツムリやナメクジ，カキやハマグリの仲間，そしてタコやイカはすべて軟体動物（軟体動物門 Mollusca）である．軟体動物には 10 万種以上もの既知種が知られ，種数において 2 番目に大きな動物門となっている（動物界で最も種類の多いのは節足動物門であるが，これについては後で述べる）．軟体動物の大部分は海生種であるが，およそ 8000 種が淡水生で，陸上には 2 万 8000 種のカタツムリやナメクジがいる．すべての軟体動物は軟らかい体をもち，その多くは炭酸カルシウムでできた硬い防御用の貝殻を分泌する．ナメクジ，イカ，タコなどは，体内に退化的な貝殻をもつか，あるいは進化の過程で貝殻を完全に失っている．

軟体動物内でも大きな形態学的分化があるが，すべての軟体動物は同じボディープランを有している（図 33.16）．軟体動物は真体腔をもち，体は 3 つの主要な部分からなる．すなわち，筋肉質の**足 foot**（主として運動に使われる），**内臓塊 visceral mass**（内臓器官のほとんどを含む），そして**外套膜**（がいとうまく）**mantle**（内臓塊を覆い，殻をもつ場合には貝殻を分泌するひだ状の組織）である．多くの種では，外套膜は内臓塊を越えて伸長し，**外套腔 mantle cavity** という水で満たされた腔所を形成して，その内側に鰓（えら），肛門，排出口がある．また，多くの軟体動物は，**歯舌**（しぜつ）**radula** とよばれる帯状の器官を用いて，食物をけずり取る．

多くの軟体動物は雌雄異体で，内臓塊の中に生殖巣（卵巣または精巣）がある．しかし，カタツムリの多くは雌雄同体である．多くの海生種の生活環には，トロコフォア trochophore（図 32.12 b 参照）とよばれる繊毛の生えた幼生期がある．トロコフォア幼生は海生の環形動物や他の冠輪動物にも見られる．

軟体動物の基本的なボディープランは，8 つの綱でそれぞれ独自の進化を遂げた．ここでは，そのうちの 4 綱，多板綱（ヒザラガイ類），腹足綱（巻貝類），二枚貝綱（ハマグリ類，カキや他の二枚貝類），頭足綱

▼図 33.16 軟体動物の基本的なボディープラン．

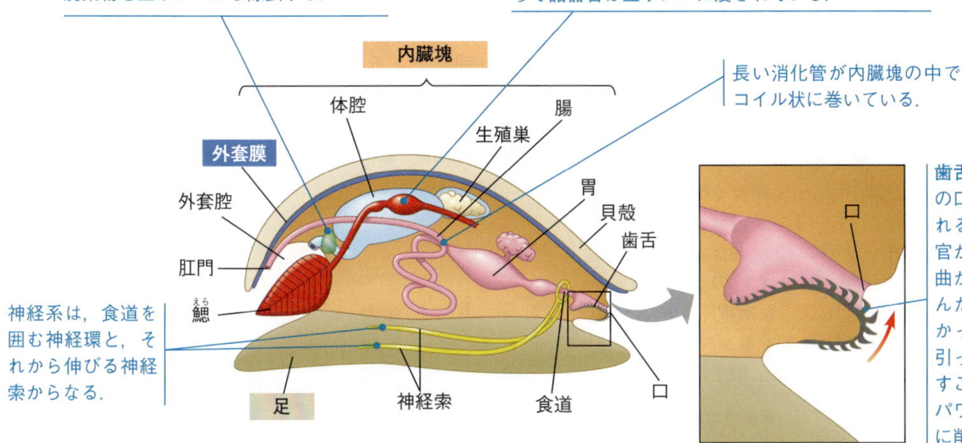
腎管．腎管とよばれる排出器官は代謝廃棄物を血リンパから除去する．
心臓．ほとんどの軟体動物は開放血管系をもつ．背側にある心臓は血リンパとよばれる循環液を動脈を経由して血洞（体内の腔所）へ送り出す．これによって諸器官は血リンパに浸されている．
内臓塊
長い消化管が内臓塊の中でコイル状に巻いている．
体腔
腸
生殖巣
外套膜
外套腔
胃
貝殻
歯舌
肛門
鰓
神経系は，食道を囲む神経環と，それから伸びる神経索からなる．
足
神経索
食道
口
口
歯舌．多くの軟体動物の口部には歯舌とよばれるヤスリ状の摂食器官がある．後ろ向きに曲がった歯が帯状に並んだ構造を，外側に向かって突き出したり，引っ込めたりを繰り返すことにより，食物をパワーショベルのように削ってすくい取る．

（イカ，タコ，コウイカ，オウムガイなど）について詳しく見てみよう．そして軟体動物の一部が直面している危機についても述べる．

多板類（ヒザラガイ類）

ヒザラガイ類は楕円形の体と，8枚の背板（貝殻）をもつ（図 33.17）．しかし，体そのものは節に分かれてはいない．干潮時の海岸に行けば，ヒザラガイ類が岩についているのを見ることができる．手ではがそうとすればわかるが，足は吸盤として機能し，岩にしっかりと貼りついている．ヒザラガイはまた，足を用いて岩の表面をゆっくりと這うこともできる．歯舌を使って岩の表面の藻類を削り取る．

腹足類（巻貝類）

現存の軟体動物の種の約4分の3は腹足類である（図 33.18）．ほとんどの腹足類は海生だが，淡水生の種もある．他の腹足類は陸上生活に適応しており，カタツムリやナメクジは砂漠から熱帯雨林に至るまでの多様な環境で繁栄している．

腹足類は，足を細かく波打たせたり，あるいは繊毛の働きによって，カタツムリのようにゆっくりと移動する．その動きは遅いので，外敵の攻撃を受けやすい．多くの腹足類は単一でらせん状の貝殻をもち，危険を感じると体を殻の中に引っ込める．貝殻は外套膜の縁にある腺細胞から分泌され，柔らかい体が傷ついたり，乾燥するのを防いだりする．貝殻の最も重要な機能の1つは，外敵からの防御である．その効果は，捕食者との歴史が異なる集団を比較することで見ることができる（**科学スキル演習**を参照）．多くの腹足類はゆっくりと動きまわりながら，歯舌を用いて藻類や植物を削って食べる．しかし，肉食の種もいて，その歯舌は他の軟体動物の殻に穴を開けたり，餌を引き裂いたり

▼図 33.17 ヒザラガイの1種．多板類の特徴である8枚の板状の貝殻に注目しなさい．

(a) カタツムリの1種

(b) ウミウシの1種．裸鰓（らさい）類あるいはウミウシ類は進化の過程で貝殻を失った．

▲図 33.18 腹足類．多くの腹足類は水生環境だけでなく，陸上にも進出している．

科学スキル演習

実験のデザインとデータの解釈を理解する

軟体動物の集団が捕食者の存在下にあるときに，捕食者に対する防御的な適応への選択圧が働くという証拠はあるのか　化石記録では，捕食者に食べられる危険が増すと，捕食者に対する防御機構の出現頻度や防御的な表現型が増加することが知られている．研究者たちは「捕食者であるヨーロッパミドリガニ *Carcinus maenas* の集団が，その餌である腹足類（タマキビの1種 *Littorina obtusata*）の異なる集団に同じような選択圧をかけるか」を調べた．マイン湾の南部に生息するタマキビは100世代（1世代はほぼ1年に相当する）以上にわたってヨーロッパミドリガニによる捕食を受けてきた．一方，湾の北部に生息するタマキビは，比較的わずかな世代しかヨーロッパミドリガニと接触していない．これは，侵略的外来種であるヨーロッパミドリガニが湾の北部に侵入したのが比較的最近だったからである．

▼タマキビの1種

以前の研究では，(1) 近年になってマイン湾から採集されたタマキビの貝殻は，1800年代後期に同じ場所から採集された貝殻よりも厚い，(2) 湾の南部に生息するタマキビの集団は，湾の北部に生息する集団よりも貝殻が厚いことが示されている．この演習では，「タマキビの南部集団，北部集団に対する捕食率」を調べた実験のデザインと結果について解釈しなさい．

実験方法　研究者たちは湾の北部と南部（海岸線上で450 km離れている）からタマキビとカニを採集した．1個体のカニを大きさの異なる8個体のタマキビとともにカゴに入れて飼育した．3日後に，研究者たちは8個体のタマキビがどうなったのかを調べた．この実験では，4通りの異なる組み合わせ，すなわち北部または南部のカニに対して，北部または南部のタマキビという捕食者／被食者のすべての組み合わせで実験が行われた．実験に用いたカニは，すべて同じくらいの大きさで，雌雄の個体数は同じである．それぞれの実験は12～14回行った．

次の実験では，北部または南部集団のタマキビは貝殻を取り除いて，軟体部だけにしたものを北部または南部集団のカニに与えた．

実験データ

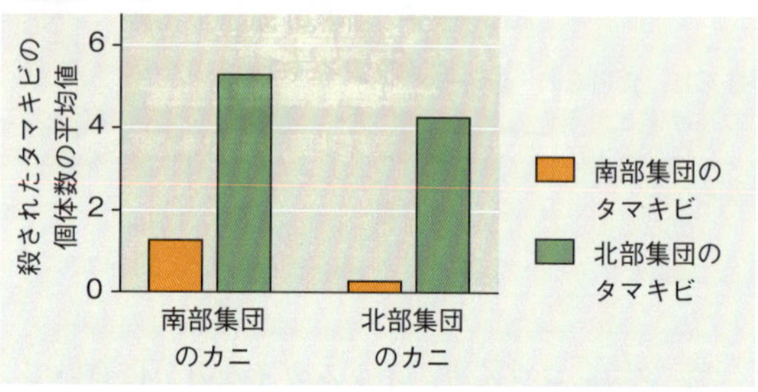
殺されたタマキビの個体数の平均値
6
4
2
0
南部集団のカニ
北部集団のカニ
南部集団のタマキビ
北部集団のタマキビ

データの出典　R. Rochette et al., Interaction between an invasive decapod and a native gastropod: Predator foraging tactics and prey architectural defenses, *Marine Ecology Progress Series* 330:179-188 (2007).

研究者たちが貝殻を取り除いたタマキビをカニに与えると，貝殻のないタマキビはすべて1時間以内にカニに食べられた．

データの解釈

1. この研究では，研究者たちはどのような仮説を検証したか．独立変数は何か．また，独立でない変数は何か．
2. なぜ研究者たちは4通りの実験を行ったのか．
3. なぜ研究者たちは貝殻を取り除いたタマキビをカニに与えたのか．後半の実験結果は何を意味するのか．
4. この実験の結果をいくつかの用語で要約しなさい．その結果は，問1で答えた仮説を支持したか．説明しなさい．
5. マイン湾南部のタマキビの集団が，どのくらいの自然選択を過去100年以上にわたって受けたのか，推定しなさい．

できるよう変形している．イモガイでは，歯舌の歯は毒矢になり，獲物を動けなくするのに使われる．

多くの腹足類は頭部に眼があり，眼は触角の先端に位置する（訳注：水生腹足類の眼は触角の基部にあるのが一般的）．陸生のカタツムリには，水生の軟体動物のような鰓はなく，外套腔の内面が肺として機能して空気とのガス交換を行う．

二枚貝類

二枚貝類はすべて水生で，ハマグリ類，カキ類，イガイ類（ムール貝），ホタテガイ類などの多くの種が含まれる．貝殻は2枚に分かれている（図33.19）．2枚の殻はちょうつがいでつながり，強力な閉殻筋（貝柱）がしっかり閉じることによって軟らかな体を守る．二枚貝類には明瞭な頭部がなく，歯舌も失われている．一部の二枚貝には，外套膜の外縁に沿って眼と感覚を感じる触手がある．

外套腔には鰓があり，鰓はガス交換だけでなく，多くの種では食物摂取にも使われている（図33.20）．二枚貝類の多くは懸濁物食で，鰓のまわりの粘液にと

▼図 33.19　**二枚貝類の一例**．このホタテガイの 1 種には，ちょうつがいでつながった 2 枚の殻の縁に多数の眼（暗青色の点）がある．

らえられた小さな食物粒子は繊毛によって口に運ばれる．水は入水管から外套腔内に入って鰓を通過し，出水管から体外へ出る．

二枚貝類の多くは定住性であるが（訳注：移動できる二枚貝も多い），これは懸濁物食に適している．イガイ類は，丈夫な足糸を分泌して，体を岩，埠頭，船，あるいは他の動物の殻などにつなぎ止める．一方，ハマグリ類は足を錨のように使って砂や泥の中に潜り，ホタテガイ類は殻を開閉して海底を泳ぎまわる（その様子は土産物屋で売っている入れ歯の玩具のようである）．

▼図 33.20　**二枚貝類（ハマグリ類）の体制**．水中に浮遊する食物粒子は入水管から入り，鰓に集められた後に，繊毛と唇弁によって口に運ばれる．

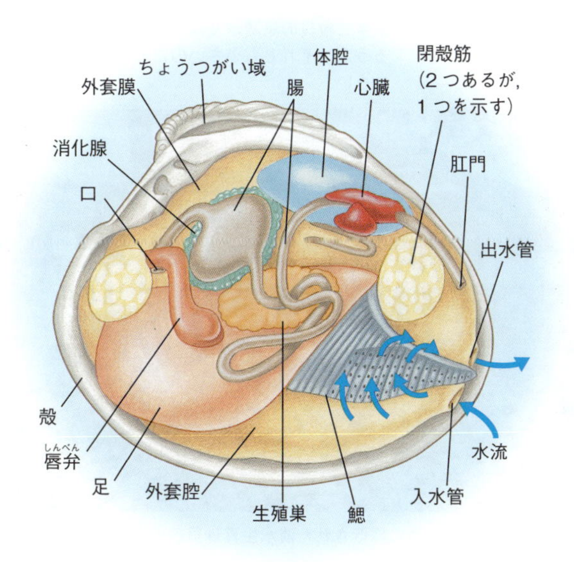
ちょうつがい域
外套膜
体腔
腸
心臓
閉殻筋
(2 つあるが，
1 つを示す)
消化腺
口
肛門
出水管
殻
しんべん
唇弁
足
外套腔
生殖巣
鰓
入水管
水流

頭足類

頭足類は活発な捕食者である（図 33.21）．触手で獲物をつかまえると，くちばし状の顎板で噛みついて唾液腺から毒を注入して麻痺させる．頭足類の足は筋肉質の漏斗と触手の一部に変形している．イカは外套腔に吸い込んだ水を漏斗から噴出させて矢のように速く泳ぐ．タコも同じ機構を捕食者から逃げるときに使う．

外套膜は内臓塊を覆うが，貝殻は退化して体内にある（多くの種）か，完全に失われている（一部のイカ類や多くのタコ類）．体外に殻をもつ頭足類としては，オウムガイ類という小さなグループが現存している．

軟体動物では頭足類だけが「閉鎖血管系」をもち，血液が体腔内液とは区別されている．彼らはまた，よく発達した感覚器官と複雑な脳をもっている．学習能力や，複雑な行動をする能力は，ハマグリ類のような定住性の動物よりも，すばやく動く捕食者にとって必要であったのだろう．

タコやイカの祖先は，おそらく捕食という生活型を採用した有殻の軟体動物であり，殻は進化の後期の段階で失われたのだろう．有殻の頭足類である**アンモナイト ammonite**（一部の種はトラックのタイヤほどの大きさにもなった）は，白亜紀の終わりの大量絶滅

▼図 33.21　頭足類．

▶ イカ類は敏捷な肉食者で，くちばし状の顎板とよく発達した眼をもつ．

◀ タコ類は最も高い知能をもつ無脊椎動物の 1 つであると考えられている．

▶ 現生の頭足類で体外に殻をもつのは，オウムガイ類だけである．

(6550万年前) で絶滅するまでの数億年もの間，海中の支配的な無脊椎動物の捕食者であった.

イカ類の多くの種では，体長は75 cm未満であるが，巨大な種もいる．たとえば，ダイオウイカ *Architeuthis dux* の最大長は，雌で13 m，雄で10 mと推定されている．ダイオウホウズキイカ *Mesonychoteuthis hamiltoni* はさらに大きく，最大長は14 mと推定されている．ダイオウイカが触手に大きな吸盤と小さな歯状突起をそなえているのに対して，ダイオウホウズキイカは触手の末端に2列の鋭い鉤をもち，獲物に致命的な裂傷を負わせることができる.

これら2種は生涯の大半を深海で過ごし，大型の魚を食べていると思われる．マッコウクジラの胃の中からは両種の残骸が発見されている．おそらく，マッコウクジラが彼らの唯一の捕食者なのであろう．2005年には，ダイオウイカが水深900 mで餌のついた釣り針に襲いかかる姿が野外で初めて撮影された．ダイオウホウズキイカはいまだに野外では観察されていない．これらの巨大なイカ類については解明されていない謎が多く残されている.

淡水生および陸生貝類の保全

種の絶滅率は最近の400年で劇的に上昇した．これは6回目の大量絶滅（しかもヒトによる大量絶滅）ではないかと危惧されている（25.4節参照）．多くの生物が絶滅の危機に瀕しているが，軟体動物は「絶滅したことが立証された動物」として最も種数が多いという点で一線を画す（図33.22）.

絶滅の脅威は軟体動物の2つのグループ（淡水生の二枚貝類と陸生腹足類）で特に深刻である．たとえば，自然真珠を産生する一部の淡水生二枚貝は世界で最も危機に瀕している動物である（真珠は，一部の二枚貝類が砂粒や他の混入物を殻内に取り込んで，その周囲に美しい真珠層を分泌したもので，宝石として珍重されてきた）．北米に生息していた300種の淡水生真珠貝のうち，約10%が過去100年ですでに絶滅しており，約3分の2以上は絶滅の危機に瀕している．図33.22に示したような陸生腹足類も安全ではない．太平洋諸島に生息していた数百種ものカタツムリは1800年以降に絶滅した．太平洋諸島に生息していたカタツムリの50%以上はすでに絶滅したか，あるいは絶滅の危機が差し迫っているのである.

これら淡水生および陸生の軟体動物にとって絶滅の脅威となっている要因は，生息地の消失，環境汚染，外来生物による捕食や競争である．これらの軟体動物を保全するには，もはや遅すぎるのだろうか．一部の地域では，水の汚染を減らすことや，ダムからの水の放流方法を変えることによって，淡水生真珠貝の生息状況は劇的に改善された．これらの例は，適切な手段を講じれば，「絶滅の危機にある他の軟体動物も復活する」という希望を私たちに与えてくれる.

▼図33.22　**軟体動物：静かな絶滅．** 軟体動物は，絶滅したことが報告されていた動物の約40%をも占める．このことはあまり知られていないが，深刻に受け止めるべきことである．絶滅の原因は，生息地の消失，環境汚染，外来種，乱獲，その他のヒトの活動である．たとえば淡水生真珠貝では，貝殻からボタンや他の製品をつくるために過剰に乱獲され，多くの集団が絶滅した．陸生のカタツムリは，このような脅威に対してきわめて脆弱で，地球上で最も絶滅の危機に瀕した動物の1つである.

関連性を考えよう➤淡水生二枚貝類は，光合成を行う原生生物や細菌を食べることにより，その総量を減少させることができる．水生生物の群集（28.6節参照）に対して，淡水生二枚貝の絶滅が及ぼす影響は大きいのだろうか，それとも小さいのだろうか．説明しなさい.

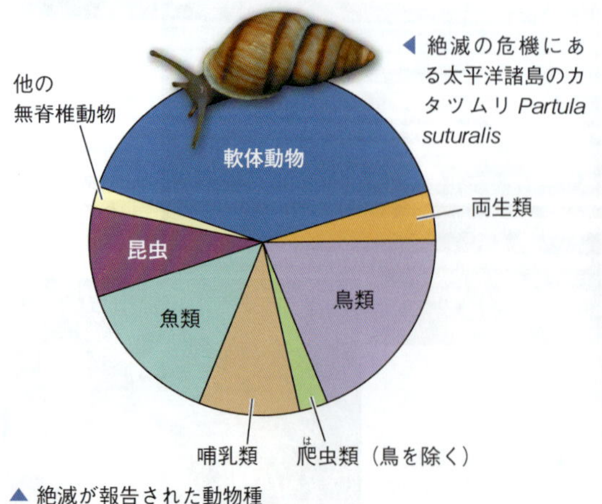
◀ 絶滅の危機にある太平洋諸島のカタツムリ *Partula suturalis*
他の無脊椎動物
軟体動物
両生類
昆虫
鳥類
魚類
哺乳類
爬虫類（鳥を除く）

▲ 絶滅が報告された動物種

▲ ボタンをつくるために採取された淡水生真珠貝の山と労働者（1919年頃）

環形動物

環形動物門名 Annelida は「小さな環」を意味し，この名は，環の融合したものが多数連なっているような体の構造を表す．環形動物は海，淡水および陸上の湿った土壌に生息する．環形動物は真体腔をもった動物で，その体長は，1 mm 未満から，3 m 以上にまで達する．

伝統的な分類体系では，環形動物門は 3 つの主要なグループ，すなわち多毛類（ゴカイ類）と貧毛類（ミミズ類）とヒル類に分けられていた．前 2 グループの名前は体にあるキチン質の剛毛の多少を反映する．すなわち，多毛類の英語名 polychaetes はギリシャ語の *poly*（多い）と *chaite*（長い毛）に由来するが，これは 1 体節あたりの剛毛数が貧毛類よりも多いことを表す．

しかし，2011 年の系統ゲノム解析および他の分子系統解析によって，貧毛類は多毛類内の 1 サブグループにすぎないことが示され，形態学的に定義された多毛類は側系統群となった．同様に，ヒル類は貧毛類のサブグループの 1 つであることが示された．したがって，伝統的な分類群名は環形動物の進化史を記述するにはもはや使えない．一方，最近の知見から環形動物は 2 つのクレード，すなわち遊在類と定在類に分けられることが示されている．この 2 つのクレード名は両者の生活様式の違いを反映する．

遊在類

クレード遊在類（英語名 errantia は「旅行」を意味する古いフランス語 *errant* に由来する）は種数が多く多様なグループで，ほとんどの種は海生である（図 33.23）．その名前が示すように遊在類の多くは動き回る．多くの種は海底を這いまわったり穴に潜ったりするが，一部の種はプランクトン（浮遊性の小さな生物）と一緒に泳ぐ．多くの種は肉食だが，一部の種は草食で大型の多細胞性の藻類を食べる．海生種の *Platynereis* は神経生物学や発生学の新たなモデル生物になっている．

多くの遊在類では，各体節には，「いぼ足」とよばれる水かき状，あるいはうね状の構造があり，それを用いて移動する（図 33.23 参照）．それぞれのいぼ足には多数の剛毛がある（この特徴は遊在類に特有ではなく，もう 1 つの大きなクレードである定在類にも同じ特徴をもつ種が存在する）．多くの種では，いぼ足に血管が密生し，鰓としても機能する．食物を探して動きまわる生活（肉食か草食を問わず）から想像できるように，顎と感覚器官がよく発達する傾向がある．

▼図 33.23　遊在類の 1 種，捕食性の *Nereimyra punctata*．この海生の環形動物は海底に穴を掘り，その中から獲物を襲撃する．この種は触手とよばれる長い感覚器官を穴の中から伸ばして獲物を関知し，獲物に触って狩りをする．

いぼ足
触手

定在類

もう 1 つの主要なクレードである定在類（英語名 sedentaria は，「座る」を意味するラテン語 *sederes* に由来）は遊在類よりも動かない傾向がある．ある種は海底の堆積物あるいは土壌の中にゆっくりと穴を掘り，他の種は管の中にすみ，その体は管によって保護そして支持されている．管の中にすむ種はしばしば精巧な鰓や触手をもち，濾過食を行う（図 33.24）．

図 33.24 に示したカンザシゴカイはかつて「多毛類」に分類されていたが，最近の研究から定在類の一員であることが判明している．定在類クレードは，かつての「貧毛類」を含み，その中には以下に記述する 2 つのグループ（ヒル類とミミズ類）が含まれる．

ヒル類　ヒル類の一部の種は寄生性で，ヒトを含む

▼図 33.24　カンザシゴカイの 1 種 *Spirobranchus giganteus*．この定在類がもつ，樹の形をした 2 本の渦巻きは触手であり，これを用いてゴカイはガス交換をしたり，水中の食物粒子を集めたりする．この特徴的な触手は炭酸カルシウムでできた管の中から出てくるが，その管はゴカイ自身が分泌したもので，体を保護し支持する．

他の動物に一時的に取りついて血を吸うが（図 33.25），他のヒル類は肉食で他の無脊椎動物を捕食する．体長は 1～30 cm まで幅がある．寄生性の種の一部は，刃のような顎で宿主の皮膚に切り込みを入れる．ヒルは麻酔物質を分泌するので，宿主はその襲撃にほとんど気づかない．傷口を開けた後で，ヒルはヒルジンという，化学物質を分泌する．ヒルジンは傷口の血液の凝固を阻害する．その後ヒルは，吸えるだけの血液を吸うので，しばしば吸った血はヒルの体重の 10 倍にもなる．この暴飲の後，ヒルは数ヵ月の間は食事なしで生きることができる．

20 世紀まで，ヒルは治療のための瀉血（しゃけつ）に用いられてきた．今日でも，負傷や外科手術の後に組織に溜まった血液を抜くために用いられている．また，遺伝子組換え技術を用いてヒルジンのいくつかのタイプがつくられており，それらは手術中や心臓疾患で生じた血栓を溶かすために使える．

▶図 33.25　ヒル．ヨーロッパチスイビル *Hirudo medicinalis* を看護師が医療に用いている例．患者が痛みを感じている親指にヒルを吸いつかせて，血腫（体内の傷のまわりに血液が異常に溜まる症状）から血を吸わせている．

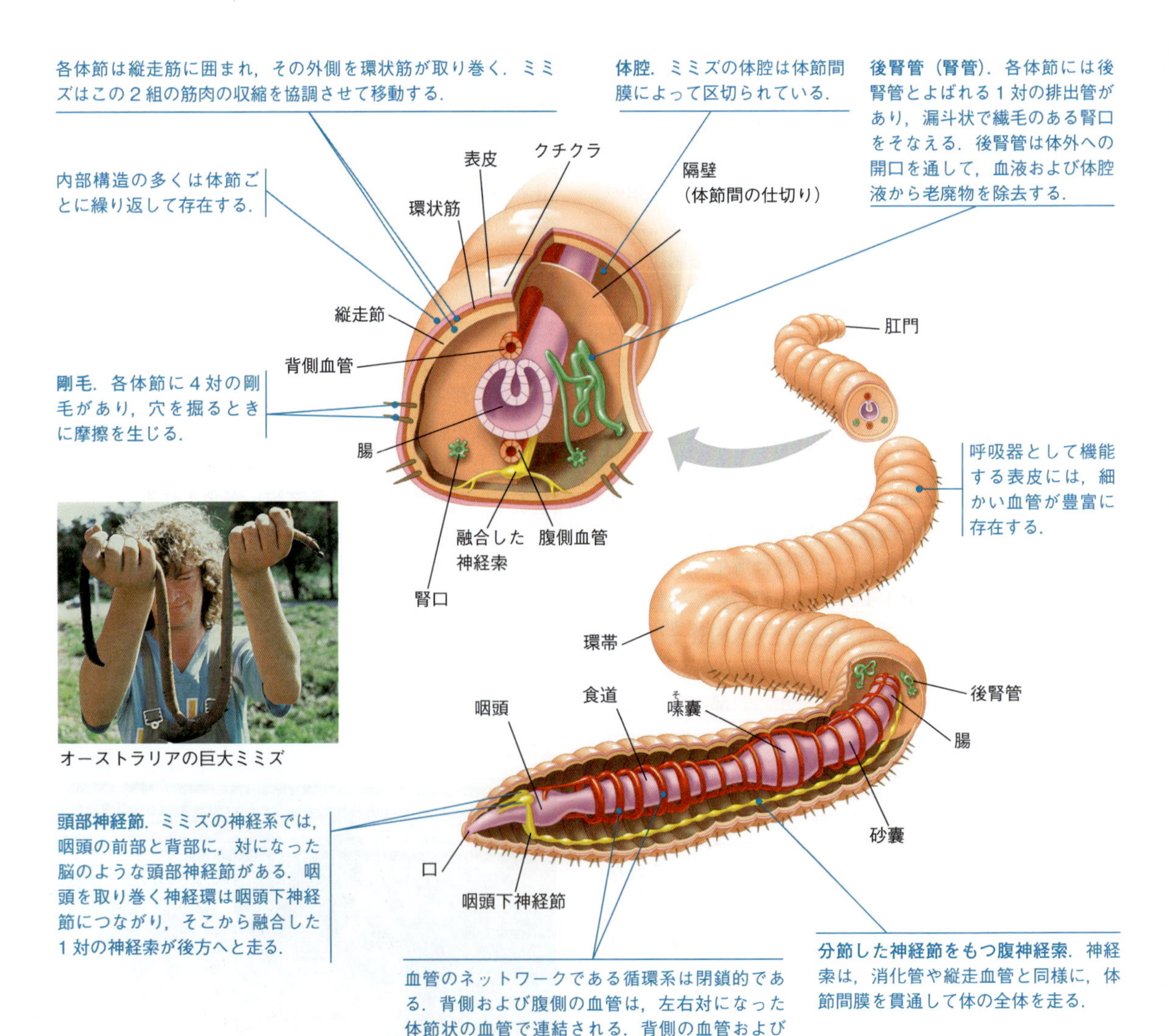
各体節は縦走筋に囲まれ，その外側を環状筋が取り巻く．ミミズはこの2組の筋肉の収縮を協調させて移動する．
体腔．ミミズの体腔は体節間膜によって区切られている．
後腎管（腎管）．各体節には後腎管とよばれる1対の排出管があり，漏斗状で繊毛のある腎口をそなえる．後腎管は体外への開口を通して，血液および体腔液から老廃物を除去する．
内部構造の多くは体節ごとに繰り返して存在する．
表皮
クチクラ
隔壁
（体節間の仕切り）
環状筋
縦走節
背側血管
肛門
剛毛．各体節に4対の剛毛があり，穴を掘るときに摩擦を生じる．
腸
融合した
神経索
腹側血管
腎口
呼吸器として機能する表皮には，細かい血管が豊富に存在する．
オーストラリアの巨大ミミズ
環帯
咽頭
食道
嗉嚢
後腎管
腸
砂嚢
頭部神経節．ミミズの神経系では，咽頭の前部と背部に，対になった脳のような頭部神経節がある．咽頭を取り巻く神経環は咽頭下神経節につながり，そこから融合した1対の神経索が後方へと走る．
口
咽頭下神経節
分節した神経節をもつ腹神経索．神経索は，消化管や縦走血管と同様に，体節間膜を貫通して体の全体を走る．
血管のネットワークである循環系は閉鎖的である．背側および腹側の血管は，左右対になった体節状の血管で連結される．背側の血管および咽頭を取り巻く5対の血管は筋肉質で，血液を循環系全体に送り込む心臓として機能する．

▲図 33.26　ミミズ（定在類）の体制．

ミミズ類　ミミズは土を食べながら掘り進み，土が消化管を通過するときに栄養分を吸収する．消化されなかった土は，消化管に分泌された粘液と混ざって糞として肛門から排出される．この動物は土を耕し，空気を通すことによって土壌の質を改良してくれるので，農民はミミズを大事にする（ダーウィンは英国の1エーカーの畑に約5万匹のミミズがいて，1年に18トンの糞をすると推定した）．

環形動物の一般的な例として，ミミズの解剖図（図33.26）を示した．ミミズは雌雄同体であるが，他家受精をする．交尾の際，2匹のミミズは精子を交換できるよう向かい合って並び，精子交換が終われば分離する．種類によっては，分裂と再生による無性生殖を行う．

冠輪動物のボディープランは単一のグループとしては驚くべき多様性を示し，その実例は冠輪動物の一員である多核皮動物，外肛動物，軟体動物や，環形動物に見ることができる．次節では，地球上で最も種数が多いグループである脱皮動物の多様性について調べてみよう．

概念のチェック 33.3

1. 条虫類は体腔も口も消化管も排出器官もないにもかかわらず，なぜ生きられるのか，説明しなさい．
2. 環形動物のボディープランは「管の中に管がある」と記述される．この意味を説明しなさい．
3. **関連性を考えよう➤**巻貝類の足と頭足類の漏斗は「変化を伴う継承」の例とされる．その理由を説明しなさい（22.2 節参照）．

（解答例は付録 A）

33.4

脱皮動物は種数が最も多い動物群である

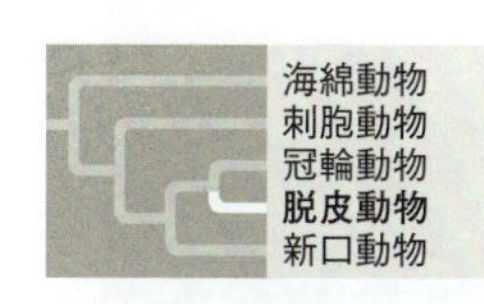
海綿動物
刺胞動物
冠輪動物
脱皮動物
新口動物

脱皮動物は分子系統解析によって認識されたクレードで，そこに含まれる動物は成長する際に体表の頑丈な覆い（**クチクラ cuticle**）を脱ぎ捨てる．この過程は**脱皮 molting** とよばれ，脱皮動物の名前はこれに由来する．脱皮動物は約8の動物門からなり，その種数は既知種数において他のすべての動物門と原生生物と菌類と植物を合わせた総種数よりも多い．ここでは，脱皮動物に含まれる2つの大きな動物門，節足動物と線形動物に注目しよう．これらの2動物門は動物界において最も個体数が多く，繁栄しているグループである．

線形動物（線虫類）

線虫類は水中のほとんどの環境のみならず，土壌中や，植物の湿った組織中および動物の体液や組織の中をも生息場所としていて，全動物の中でも最も普遍的に見られるものの1つである．線虫の体長は1 mm 未満から1 m を超えるものまでさまざまである．円筒形の体は多くの場合，後端に向かって徐々に細くなり，前端はやや丸味を帯びる（図 33.27）．体は丈夫なクチクラ（外骨格の1タイプ）に覆われていて，成長の過程で定期的に古いクチクラを脱ぎ捨て，新しくもっと大きなクチクラを分泌する．消化管はあるが，循環系はない．栄養分は偽体腔を満たす体液を通じて体中に運ばれる．筋肉はすべて縦方向に走っていて，収縮すると体は鞭（むち）を打つように動く．

膨大な数の線虫類が湿った土壌中や湖底，海底に生息し，有機物を分解している．2万5000種が知られているが，実際にはこの20倍もの種が存在すると考えられる．線虫類以外のすべての生物と地球そのものが突然消えたとしても，線虫類が地球の形をとどめているだろうといわれている．これらの自由生活性の線虫類は分解と栄養分の循環に重要な働きをしているが，多くの種はほとんど研究されていない．しかし，土壌性の線虫の1種である *Caenorhabditis elegans* は非常によく研究されていて，生物学のモデル生物になっている（47.3 節参照）．*C. elegans* を用いた研究から数多くの新知見が得られているが，その中にはヒトの老化の機構についての研究も含まれる．

線虫類には植物寄生性の種が多く，その中には作物の根に被害を与える農業害虫も含まれる．また，動物に寄生する種もある．寄生性線虫の一部は，作物の根を食い荒らすヨトウガの幼虫を攻撃するので，益虫と

➤図 33.27　自由生活性の線虫の1種．

して役立つ．一方でヒトは，ギョウチュウ（蟯虫）やジュウニシチョウチュウ（十二指腸虫）など，少なくとも50種もの寄生性線虫の宿主となる．悪質な線虫の例として，旋毛虫症を引き起こすセンモウチュウ *Trichinella spiralis* が挙げられる（図33.28）．包嚢に入った若いセンモウチュウがいる豚肉や他の肉（クマやセイウチのような狩猟対象となる野生動物の肉）を，生や加熱不足の状態で食べると，ヒトに感染する．センモウチュウはヒトの腸の中で性的成熟を遂げ，成体になる．雌は腸の筋肉に潜り込み，さらに幼虫を産む．幼虫は宿主の体に穿孔（せんこう）したり，リンパ管を経由したりして他の器官に移り，骨格筋に入ると包嚢をつくる．

寄生性の線虫類は，宿主の細胞の機能を変化させる，驚くべき分子的ツールキットをもっている．植物に寄生する種は，根の細胞を発達させる物質を宿主に注入して，自分に栄養が供給されるようにする．動物に寄生するセンモウチュウは，筋肉細胞の特定の遺伝子の発現を制御して，寄生虫が生息しやすい状態に変える．さらに，感染を受けた筋肉細胞は新たな血管の成長を促すシグナルを出す．これによって，寄生虫に栄養が供給されることになる．

節足動物

動物学者は，地球上に存在する節足動物の個体数を10億の10億倍（10^{18}）と推測する．これまでに100万種以上もの節足動物が記載されていて，その大部分は昆虫類である．動物の全既知種の3分の2は節足動物であり，節足動物は生物圏のありとあらゆる環境で見られる．種の多様性，分布そして個体数を基準にすれば，節足動物は全動物門の中で最も成功したグループといえる．

▼図33.28　ヒトの筋組織中で包嚢に入っている寄生性の線虫センモウチュウ *Trichinella spiralis* の幼体（LM像）．

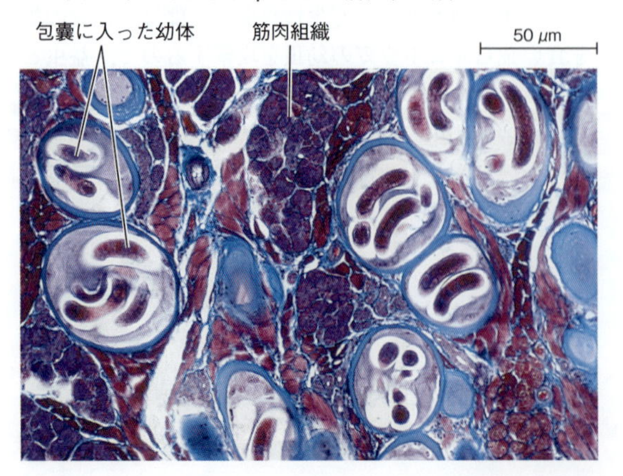
包嚢に入った幼体
筋肉組織
50 μm

節足動物の起源

節足動物の多様性と成功は，彼らの独特なボディープラン，すなわち体節構造，硬い外骨格，関節をもつ付属肢と関係があると考えられる．このボディープランはどのようにして生じ，どのような利点があるのだろうか．

節足動物の最古の化石はカンブリア大爆発の時期（5億3500万～5億2500万年前）に産出しており，節足動物の歴史は少なくともその頃まではさかのぼることができる．カンブリア大爆発の化石には多くの「葉脚類」が含まれている．葉脚類は絶滅したグループで，節足動物の祖先であると考えられている．ハルキゲニア（図32.7参照）のような葉脚類は体節があり，各体節は互いによく似ている．三葉虫のような初期の節足動物でも各体節は似ており，体節間の形態的分化は少ない（図33.29）．節足動物では進化するに従って，複数の体節が「体の特定の領域」として機能的に統合されて，それぞれの領域は摂食，歩行，遊泳などの特殊な機能をもつようになる傾向が認められる．このような進化的変化は，多様化をもたらしただけでなく，体の各部域が異なる機能を果たして分業ができるような，効率的なボディープランを生み出した．

節足動物のボディープランが複雑化した背景には，どのような遺伝子レベルの変化があるのだろうか．現生の節足動物は2種類の特殊な *Hox* 遺伝子をもっており，どちらの遺伝子も分節化に影響を与える．これらの遺伝子が「節足動物における体節構造の多様化」に関与しているのかを調べるために，節足動物に近縁な有爪動物の *Hox* 遺伝子が研究された（図33.30参照）．その結果，節足動物におけるボディープランの多様性は新しい *Hox* 遺伝子の獲得によって生じたのではなく，祖先がすでにもっていた *Hox* 遺伝子の発現の順序を変えることによって生じたことが示唆された（25.5節参照）．

➤図33.29　三葉虫類の1種の化石．三葉虫類は古生代には浅海にふつうにいたが，約2億5000万年前のペルム紀の大量絶滅で姿を消した．古生物学者は約4000種の三葉虫類を記載している．

▼図 33.30

研究　節足動物のボディープランは新しい *Hox* 遺伝子を獲得することによって生じたのだろうか

実験　節足動物の非常に優れたボディープランはどのようにして生じたのか．この問いに対する 1 つの仮説は，「節足動物に存在する 2 つの特異な *Hox* 遺伝子〔*Ultrabithorax*（*Ubx*）と *abdominal-A*（*abd-A*）〕の獲得（遺伝子重複とその後の突然変異による新たな遺伝子の出現）がその原因である」とする．この仮説を検証するために，研究者たちは有爪動物に注目した．有爪動物は節足動物にきわめて近縁であるが，「その体を構成する体節の形がほぼ同じである点」において節足動物とは異なる．もし「*Ubx* と *abd-A* の獲得が節足動物の体節構造の多様化をもたらした」ならば，これらの遺伝子は下記の系統樹上で節足動物が分岐した後に，節足動物の枝だけで進化した可能性が高い．

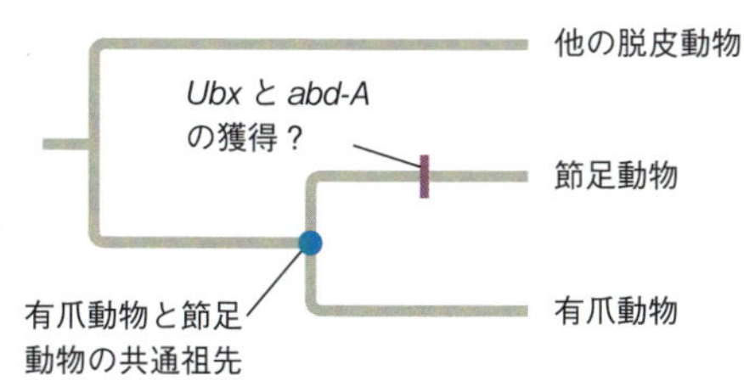
他の脱皮動物
Ubx と abd-A
の獲得？
節足動物
有爪動物と節足
動物の共通祖先
有爪動物

この仮説に従えば，*Ubx* と *abd-A* は節足動物と有爪動物の共通祖先には存在していないはずなので，これら 2 つの遺伝子は有爪動物にもないはずである．この仮説を検証するために，研究者たちは有爪動物の *Acanthokara kaputensis* の *Hox* 遺伝子を調べた．

結果　有爪動物の *A. kaputensis* には節足動物がもつすべての *Hox* 遺伝子があり，*Ubx* と *abd-A* も存在していた．

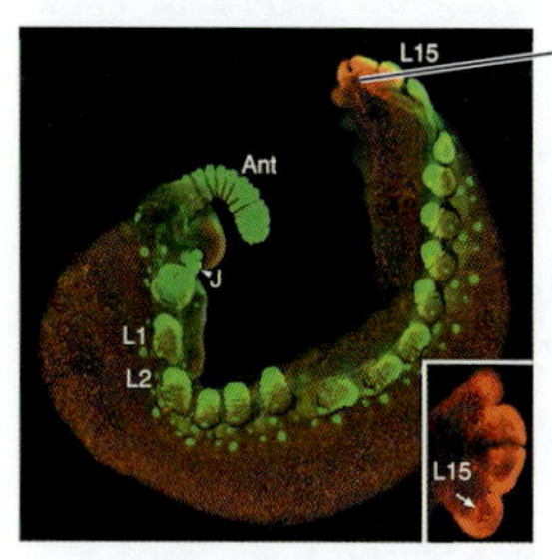
L15
Ant
J
L1
L2
L15

赤く染まった部分は，*Ubx* または *abd-A* 遺伝子がこの有爪動物の胚で発現している部域を示す（右下の挿入図はこの領域を拡大したものである）．

Ant：触角
J：顎
L1–L15：体節

結論　節足動物に見られる体節構造の著しい多様性は，新しい *Hox* 遺伝子の獲得によって生じたのではない．

データの出典　J. K. Grenier et al., Evolution of the entire arthropod *Hox* gene set predated the origin and radiation of the onychophoran/arthropod clade, *Current Biology* 7:547–553 (1997).

どうなる？➤キャロルらが *A. kaputensis* には *Ubx* と *abd-A* がないことを発見したならば，彼らの結論はどうなるのだろうか．説明しなさい．

節足動物の一般的な特徴

節足動物の付属肢は，進化の過程で，歩行，摂食，感覚受容，生殖，防衛などの機能を果たすように変化し，特殊化してきた．変化が生じる前の付属肢と同様に，これら特殊化した構造にも関節があり，対になっている．図 33.31 に，ロブスターに見られる多様な付属肢を，節足動物としての他の特徴とあわせて示してある．

節足動物の体は，クチクラ（タンパク質と多糖類のキチン質の層からなる外骨格）で完全に覆われている．一度でもカニやエビを食べたことがあればわかるが，クチクラは体の他の部位よりも厚くて硬くなり得るし，関節のクチクラは他の部位よりも薄くしなやかにもなる．硬い外骨格は動物を防御し，関節を動かす筋肉が付着する場所も提供している．しかしこのことは，節足動物が外骨格をときどきは脱ぎ捨てて，もっと大きな外骨格をつくり直さないかぎり成長できないことを意味している．脱皮とよばれるこの過程はエネルギーを多く消費する．また，脱皮したばかりの個体は，その新しくて軟らかな外骨格が硬くなるまでの間，捕食などの危険にさらされる．

節足動物がまだ海にいて外骨格が最初に進化したときには，そのおもな機能は，防御および筋肉の接着部

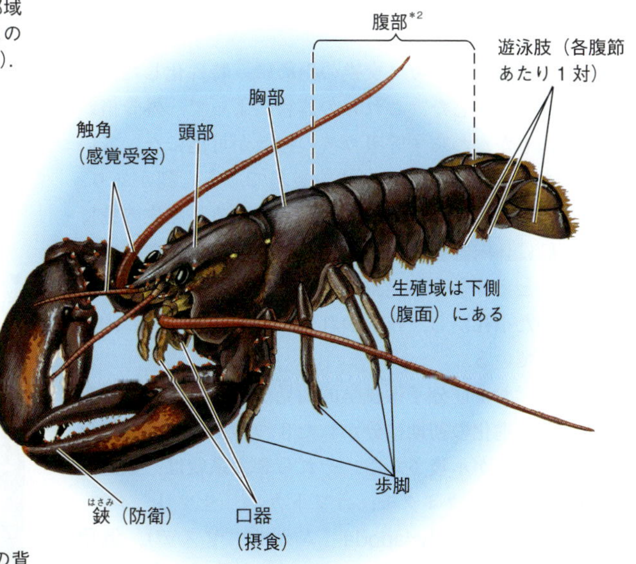
腹部*2
遊泳肢（各腹節あたり 1 対）
胸部
触角
（感覚受容）
頭部
生殖域は下側
（腹面）にある
歩脚
鋏（防衛）
口器
（摂食）

➤図 33.31　**節足動物の体制（外部構造）**．このロブスターの背面図では，節足動物に特徴的な形質の多くが示されていると同時に，甲殻類に特有の特徴も示されている．体は体節に分かれているが，それが明瞭なのは腹部だけである．付属肢（触角，鋏，口器，歩脚，遊泳肢を含む）には関節がある．頭部には 1 対の複眼があり，動かせる柄の先端についている．付属肢を含む体全体が外骨格に覆われている．

＊2（訳注）：この部分は従来 abdomen とよばれていたが，本文では post-genital region（“tail”）という用語を使っている．これを正確に訳すと「生殖域（生殖口を含む領域）の後方の領域（“尾”）」となるが，この部分は一般に腹部と訳されているため，本訳では腹部とした．

位となることであったと思われるが，後になって陸上で生活することを可能にした．外骨格は水を比較的通しにくいので，乾燥を防ぐ役に立ったし，その強さによって，水の浮力がなくなった状況でも体を支持することを可能にした．節足動物は，陸上に進出した最初の動物の1つであることが，約4億5000万年前の化石記録から判明している．この化石には節足動物の残骸とヤスデと思われる這い跡が残っている．4億1000万年前までにはヤスデ，ムカデ，クモとさまざまな無翅(むし)昆虫がすでに陸上に進出していたことが，複数の大陸から発見された化石により判明している．

節足動物は，眼，嗅覚器，触角（触覚と嗅覚の両方の機能をもつ）などのよく発達した感覚器をもつ．これらの感覚器の多くは体の前端部に集中しているが，注目すべき例外もある．たとえば，雌のチョウは足にある感覚器を用いて食草の「味見」をする．

多くの軟体動物と同様に，節足動物は**開放血管系** open circulatory systemをもつ．開放血管系では，「血リンパ」とよばれる体液が心臓から短い動脈を通して押し出され，組織や器官のまわりの隙間に流れていく（「血液」という語は，閉鎖血管系内の液体に用いるべきである）．血リンパは，弁のついた孔から心臓内に戻る．血リンパで満たされた腔所は「血体腔」とよばれ，真の体腔とは別物である．節足動物は体腔をもつが，多くの節足動物では，胚の時期にできた体腔は発生が進むにつれて小さくなっていき，成体では血体腔が主要な腔所になる．

節足動物では，ガス交換のために，特殊化した器官が多様に進化した．これらの器官によって，外骨格があるにもかかわらず呼吸ガスの拡散が可能になっている．水生の種では薄い羽状の突起でできた鰓があり，その広い表面積で体外の水に接している．陸生の種では一般に体内器官の表面をガス交換用に特化させている．たとえば多くの昆虫には気管系があり，クチクラに開いた小孔から，枝分かれのある通気管が体の内部に通じている．

形態学および分子系統学的知見から，現生の節足動物はその進化の初期に分かれた3つの主要な系統に分かれることが示唆された．それら3大系統は，**鋏角類(きょうかく)** Chelicerata（ウミグモ，カブトガニ，サソリ，ダニ，クモ），**多足類** Myriapoda（ムカデ，ヤスデ），**汎甲殻類** Pancrustacea（最近になって定義された多様なグループで，昆虫，ザリガニ，エビ，フジツボ，その他の甲殻類を含む）である．

鋏角類(きょうかく)

鋏角類は，**鋏角** chelicerae とよばれる爪のような摂食用の付属肢（鋏(はさみ)や牙として使う）をもつことから名づけられた．鋏角類には触角はなく，多くは単眼（単一のレンズ眼）をもつ．

最初に出現した鋏角類は**ウミサソリ類** Eurypterida である．ウミサソリ類は海や淡水に生息する捕食者で，体長は3mにも達した．一部の種は，今日のオカガニ類のように陸上を歩きまわったと考えられている．ウミサソリ類を含む海生鋏角類のほとんどは絶滅し，わずかにウミグモ類とカブトガニ類（図33.32）がいまでも海で生き残っている．

現生の鋏角類の大半を占めるのは**クモ形類(がた)** Arachnida である．クモ形類にはサソリ，クモ，ダニ（マダニ類と小型のダニ）が含まれる（図33.33）．マダニ類のほとんどは爬虫類や哺乳類の皮膚に取りつく吸血性の寄生虫である．それより小型の寄生性のダニ類は，脊椎動物，無脊椎動物さらには植物にわたる広い範囲の生物の表面や内部に生息する．

クモ形類には6対の付属肢がある．それらは1対の鋏角，そして感覚受容，摂食，防御や生殖に使われる1対の「触肢」，そして4対の歩脚である．クモは獲物を襲うとき，毒腺をそなえた牙状の鋏角を使う．鋏角で噛みついた後，クモは傷口へ消化液を注ぎ込む．すると獲物は柔らかくなり，クモは液状に溶けた餌を吸い込む．多くのクモは，**書肺** book lung（体内の小さな部屋に板状の構造が積み重なったもの）でガス交換を行う（図33.34）．この呼吸器官は表面積が大きいので，血リンパと空気との間での O_2 と CO_2 の交換効率を高める．

多くのクモに見られる独特の適応として，網を張っ

▼図33.32　アメリカカブトガニ *Limulus polyphemus*．米国の大西洋沿岸とメキシコ湾でふつうに見られるこの「生きている化石」は数億年の間ほとんど変化していない．彼らは，かつて海に満ちあふれていた多様な鋏角類の生き残りである．

▲サソリ類の触肢は，防御や餌の捕獲に特殊化した鋏になっている．尾の先端には毒針がある．

▲室内塵性ダニ類はヒトの住居内の至るところにいてゴミを食べるが，ダニアレルギーの人以外には無害である（着色 SEM 像）．

◀網を張るクモ類は一般に，日中に最も活動的である．

▲図 33.33　クモ形類．

➤図 33.34　書肺．

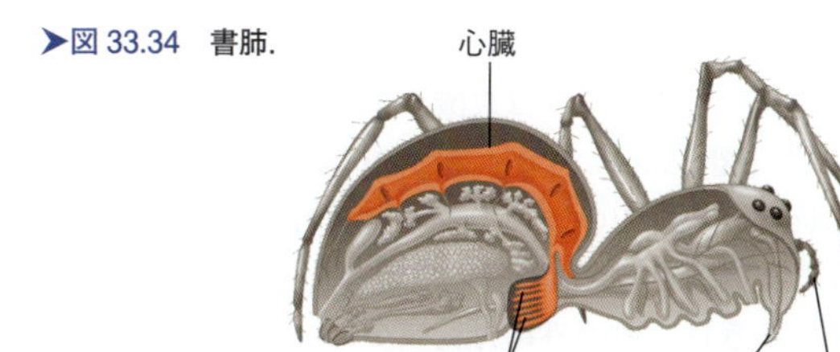
心臓
書肺
鋏角
触肢

て昆虫を捕らえる能力が挙げられる．網の糸は，腹部の特殊な分泌腺でつくられた液状のタンパク質からできており，出糸突起という器官で紡がれて固くなる．種によって形の違う網を張るが，クモは学習しなくても完全な網を張ることができる．したがって，この複雑な行動は遺伝的なものであることがわかる．クモはまた，糸を他の用途にも使う．急いで逃げるときの命綱や卵を入れる袋に使ったり，「求愛」のとき雄が雌に贈る餌の「包装紙」としても利用する．小型のクモの多くは，糸を空中に放出し，糸にぶら下がって風で運ばれる．この行動は「バルーニング」として知られる．

多足類

ヤスデ類やムカデ類は多足類に属する（図 33.35）．

(a) ヤスデの 1 種．

(b) ムカデの 1 種．

▲図 33.35　多足類．

現生の多足類はすべて陸上に生息する．多足類の頭部には 1 対の触角と口器に変形した 3 対の付属肢があり，後者には大顎が含まれる．

ヤスデ類は多くの脚をもつが，その数は英語名の millipeds が意味する 1000 よりは少ない．胴体の各体節は，もともとは 2 つの体節が融合したものであり，それぞれ 2 対の脚をもつ（図 33.35 a 参照）．ヤスデ類は朽ちた葉や他の植物由来の餌を食べる．彼らは陸上に最初にすみ着いた動物の 1 つで，コケや原始的な維管束植物の上で暮らしていたらしい．

ヤスデ類とは異なり，ムカデ類は肉食である．胴体の各体節は 1 対の脚をもつ（図 33.35 b 参照）．胴体の前端には毒牙をそなえ，それで餌を麻痺させたり，身を守ったりする．

汎（はん）甲殻類

2010 年の系統ゲノム解析の研究を含む最近の論文は，「陸生の昆虫類は，陸生の多足類（前に述べたヤスデ類やムカデ類）よりも，ロブスターや他の甲殻類に近縁である」ことを裏づけている．さらに，これらの研究は「甲殻類とよばれていた多様な動物群は側系統群である」ことを示唆する．甲殻類の一部の系統は，他の甲殻類よりも昆虫類に近縁なのである（図 33.36）．しかし，昆虫類と甲殻類はクレードを形成するため，系統学者はそのクレードを汎甲殻類 Pancrustacea（「すべて」を意味するギリシャ語 *pan* に由来）と名づけた．以下の節では，汎甲殻類について解説するが，まず最初は甲殻類に，続いて昆虫類に注目して述べる．

甲殻類　甲殻類（カニ，ロブスター，エビ，フジツボ他）は海，淡水，そして陸上のさまざまな環境で繁栄している．多くの甲殻類は，高度に特殊化した付属

▼図 33.36　**昆虫類の系統学的位置**．最近の研究により，「昆虫類は水生の甲殻類の中に含まれる1系統である」ことが示された．ムカデエビ類は水生の甲殻類の中で昆虫と姉妹群となるグループの1つである．

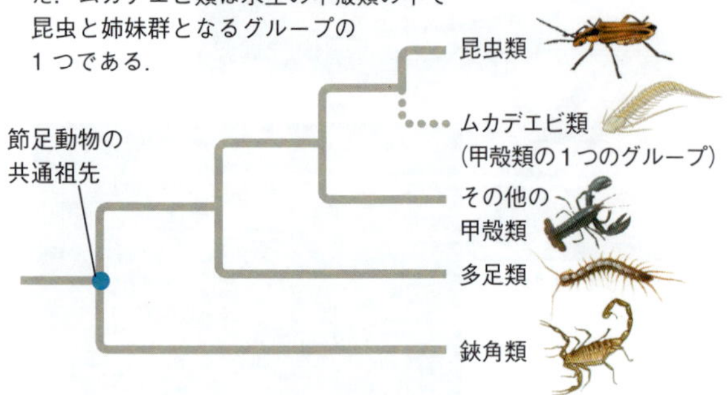
節足動物の
共通祖先
昆虫類
ムカデエビ類
(甲殻類の1つのグループ)
その他の
甲殻類
多足類
鋏角類

描いてみよう➤この系統樹上で，汎甲殻類のクレードを○で囲みなさい．

▼図 33.37　**ユウレイガニ，十脚類の一例**．ユウレイガニは世界中の海岸の砂浜にいる．基本的には夜行性で，昼間は穴の中に隠れている．

肢をもつ．たとえばロブスターやザリガニは19対の工具セットのような付属肢をそなえている（図 33.31参照）．一番前の付属肢は触角で，節足動物としては甲殻類だけが2対の触角をもつ．3対またはそれ以上の付属肢が口器に変形し，そこには硬い大顎も含まれる．歩脚は胸部にあるが，昆虫類（甲殻類に近縁な陸生のグループ）とは異なり，甲殻類は「腹部*3」にも付属肢がある．

小型の甲殻類はクチクラの薄い部分を通してガス交換するが，大型の甲殻類は鰓をもつ．窒素性の老廃物はクチクラの薄い部分から拡散させるが，血リンパの塩分バランスは1対の腺で調節される．

大部分の甲殻類は雌雄異体である．ロブスターやザリガニの雄は，交尾の際に特殊化した1対の腹部の付属肢を使って精子を雌の生殖口へ移す．多くの水生の甲殻類では1つまたは2つ以上の浮遊幼生期を過ごす．

甲殻類（1万1000種以上）の中でも最も種数の多いグループの1つは「等脚類 Isopoda」で，陸生，淡水生，海生の種を含む．ある種の等脚類は深海底で優占種となる．陸生の等脚類としてはダンゴムシやワラジムシが挙げられる．彼らは湿った丸太や落葉の下にふつうに見られる．

ロブスター，ザリガニ，カニ，エビなどは，「十脚類 Decapoda」とよばれる比較的大型の甲殻類である（図 33.37）．十脚類のクチクラは炭酸カルシウムで硬くなっている．十脚類はほとんどが海生であるが，ザリガニは淡水生であり，熱帯のカニには陸生のものもいる．

小型の甲殻類の多くは海および淡水のプランクトン群集の重要なメンバーである．プランクトン性の甲殻類には「カイアシ類 Copepoda」の多くの種が含まれるが，カイアシ類は動物界でも最も個体数が多いものの1つである．一部のカイアシ類は藻類を食べるが，小型の動物（小さいカイアシ類を含む）を食べる捕食性のカイアシ類もある．数の多さにおいてカイアシ類に匹敵するのは，エビのような形をしたオキアミ（体長は約5 cmに達する；図 33.38）である．オキアミはヒゲクジラ類（シロナガスクジラ，ザトウクジラ，セミクジラを含む）の主要な食料であるが，いまではヒトも食料や肥料として大量に漁獲している．大型の甲殻類でも，幼生はプランクトンであるものが多い．

フジツボ類（少数の寄生性の例外を除く）は固着性の甲殻類で，クチクラは炭酸カルシウムを含む固い殻になる（図 33.39）．ほとんどのフジツボ類は岩，船体，杭などの水中の固物の表面に固着する．彼らが使う接着物質は合成接着剤にも負けないほど強力である．摂食のときは，殻の外に付属肢を伸ばして水中から餌を濾し取る．フジツボ類は，1800年代にその幼生が他の甲殻類に似ていることが発見されるまでは，甲殻

▲図 33.38　**オキアミの1種**．このプランクトン性の甲殻類は，一部のクジラによって大量に消費される．

▲図 33.39　**エボシガイの1種（フジツボ類）**．殻から出ている関節のある付属肢は，水中に漂う生物や有機物を捕らえる．

類の一員であると思われていなかった．フジツボには独特な形質と，甲殻類として相同な形質とが混在しているが，これは，チャールズ・ダーウィンが進化論を発展させる着想の源となった．

では次に，側系統群である甲殻類の中に入り込んだグループ，昆虫について見ていこう．

昆虫類　昆虫類およびそれに近縁な6本の歩脚をもつグループは巨大なクレード（六脚類）を形成する．ここでは昆虫類に注目していこう．なぜなら，昆虫類の既知種数は，昆虫を除くすべての真核生物を上回るからである．昆虫類の体内には，図33.40に示すような，複雑な器官系がある．

最古の昆虫化石は，4億1500万年前にまでさかのぼる．その後，石炭紀とペルム紀（3億5900万〜2億5200万年前）に飛行能力が進化すると，昆虫の多様性は爆発的に増加した．地面を這うことしかできない動物に比べて，飛ぶことができる動物は多くの捕食者から逃げられるし，餌や配偶者も見つけやすい，しかも，新しい生息地へもすみやかに分散することができる．多くの昆虫類は，胸部の背側に1対または2対の翅をもつ．翅はクチクラが伸張したもので付属肢ではないため，歩脚を犠牲にすることなく飛ぶことができる（図33.41）．これとは対照的に，鳥やコウモリなどの飛ぶことができる脊椎動物では2対の歩脚のうちの1対を翼に変えているので，地面の上では動きがぎこちない．

▲図33.41　飛行中のテントウムシの1種．

さらに昆虫は新しい植物の出現にも対応して多様化した．新しい植物の出現は新たな食料資源となったのである．24.2節の種分化機構で説明したように，ある昆虫の集団が新しい植物種を食べるようになると，もとの集団とは異なる集団へと分化し，最終的には昆虫の新しい種へと進化する．昆虫の多様な口器の化石記録から，裸子植物やその他の石炭紀の植物に特殊化した摂食をするようになったことが，昆虫の初期の適応放散に貢献したことが示唆されている．その後の昆虫の多様性の著しい増加は，白亜紀中期（約1億万年前）における被子植物の進化的放散が促進したと考えられる．白亜紀の大量絶滅によって昆虫と植物の種多様性は減少したが，両者の多様性はその後の6600万年の間に回復した．昆虫の特定のグループの多様性は，餌となる被子植物の放散と関連しているこ

▼図33.40　バッタ（昆虫類）の体制．昆虫の体は頭部，胸部，腹部の3部に分かれる．胸部と腹部の体節は明瞭であるが，頭部の体節は融合している．

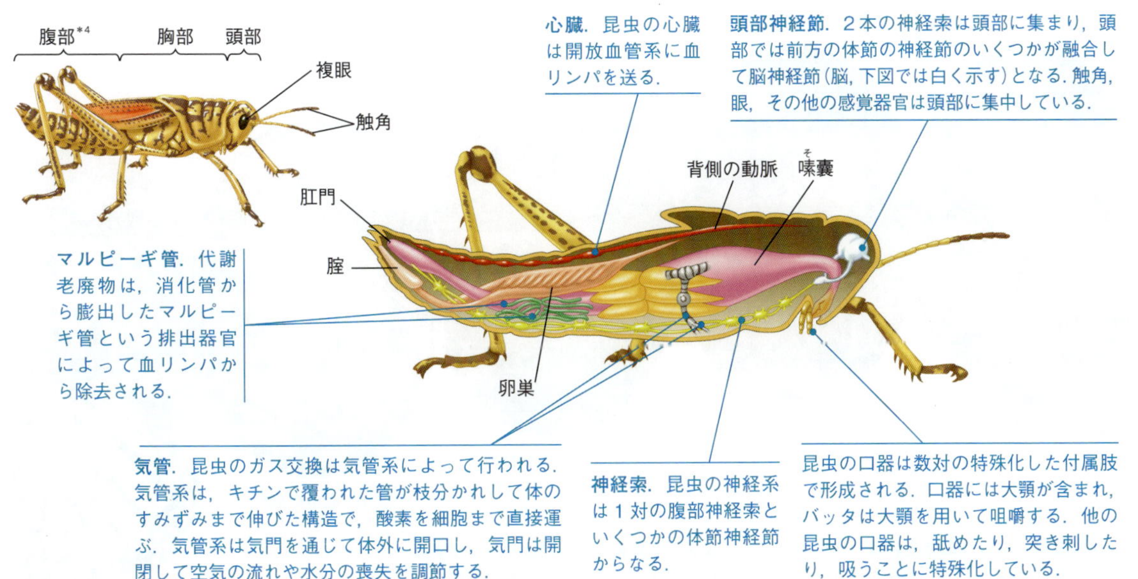
腹部*4
胸部
頭部
複眼
触角
心臓．昆虫の心臓は開放血管系に血リンパを送る．
頭部神経節．2本の神経索は頭部に集まり，頭部では前方の体節の神経節のいくつかが融合して脳神経節（脳，下図では白く示す）となる．触角，眼，その他の感覚器官は頭部に集中している．
背側の動脈
嗉嚢
肛門
膣
マルピーギ管．代謝老廃物は，消化管から膨出したマルピーギ管という排出器官によって血リンパから除去される．
卵巣
気管．昆虫のガス交換は気管系によって行われる．気管系は，キチンで覆われた管が枝分かれして体のすみずみまで伸びた構造で，酸素を細胞まで直接運ぶ．気管系は気門を通じて体外に開口し，気門は開閉して空気の流れや水分の喪失を調節する．
神経索．昆虫の神経系は1対の腹部神経索といくつかの体節神経節からなる．
昆虫の口器は数対の特殊化した付属肢で形成される．口器には大顎が含まれ，バッタは大顎を用いて咀嚼する．他の昆虫の口器は，舐めたり，突き刺したり，吸うことに特殊化している．

＊3・4（訳注）：この部分は従来abdomenとよばれていたが，本文ではpost-genital regionという用語を使っている．これを正確に訳すと「生殖口の後方の領域」となるが，これは生殖口が後端にある昆虫には不適切であり，一般には腹部とよばれているため，本訳では腹部とした．

とが示されている．

多くの昆虫類は成長の過程で変態をする．バッタ類やその他いくつかの昆虫類で見られる**不完全変態** **incomplete metamorphosis** では，幼虫（若虫とよばれる）は成虫に似ているが小型で，体のプロポーションが異なり，翅がない．若虫は脱皮を繰り返し，そのたびに成体に似てくる．最後の脱皮で成虫の大きさになり，翅を獲得し，性的に成熟する．**完全変態** **complete metamorphosis** をする昆虫では，幼虫はウジ，イモムシ，毛虫などとよばれる，摂食や成長に特殊化した成長段階をもつ．幼虫の形態は，分散や繁殖に特殊化した成虫とはまったく異なっている．幼虫から成虫への変態は，さなぎの段階で起こる（図 33.42）．

昆虫類の生殖は一般に雌雄異体の有性生殖である．成体は出会うと，互いが同じ種であることを認識するが，その手段は鮮やかな色（チョウなど），音（コオロギなど）あるいは匂い（蛾など）による宣伝である．受精は一般的に体内で行われる．精子は交尾によって雌の腟内に直接届けられるが，種によっては雄が精子束という精子の塊を雌の体外に置き，雌がそれを拾い上げる．雌の体内にある受精囊には，1回に産卵される卵を受精させるのに十分過ぎる量の精子が貯蔵される．昆虫の多くは一生に1回しか交尾しない．雌は交尾が終わると，孵化した幼虫がすぐに食事を始められるよう，適当な食物の上に産卵する．

昆虫類は，30以上の目に分類される．図 33.43 には，そのうちの8目を挙げる．

昆虫のような，個体数が多く，多様で，広く分布している動物は，必然的に他の陸生生物（ヒトを含む）に影響を与える．昆虫は莫大な量の植物質を消費する．また，捕食者，寄生者あるいは分解者として生態学的に重要な役割を果たす．さらに，鳥，齧歯類（げっし），トカゲなどの大型動物の餌としても重要である．私たちヒトは農作物や果樹の受粉を，ハナバチ，ハエその他多くの昆虫に頼っている．さらに，世界のさまざまな地域で昆虫はヒトの重要なタンパク源として食料になっている．一方，昆虫はアフリカ睡眠病（原生生物トリパノソーマ *Trypanosoma* をもつツェツェバエが広める；図 28.7 参照）やマラリア（マラリア原虫 *Plasmodium* をもつ蚊が広める，図 23.18，図 28.16 参照）など，多くの病気の媒介者でもある．

昆虫とヒトは食料資源をめぐって競争関係にある．たとえばアフリカの一部では，作物の75%が昆虫によって奪われている．米国では，毎年数十億ドルが農薬のために費やされ，これまでに開発された中でも最も危険な毒物が大量に散布されている．このように，ヒトでさえ，昆虫や他の節足動物の優位を脅かすには至っていない．コーネル大学の昆虫学者トーマス・アイスナー Thomas Eisner はいった．「虫たちは地球の後継者になろうとしているのではなく，すでに地球の所有者なのだ．だから私たちはこの地主とうまく共存したほうがよい．」

(a) 幼虫（イモムシ）
(b) さなぎ
(c) さなぎの後期
(d) 成虫の羽化
(e) 成虫

▲図 33.42　**チョウの完全変態．** (a) 幼虫（イモムシ）は餌を食べて成長し，脱皮する．(b) 何回か脱皮した後，幼虫はさなぎになる．(c) さなぎの中で幼虫の組織は分解され，幼虫の中で休止していた細胞が分裂，分化して成虫が形成される．(d) 最後に，成虫がさなぎのクチクラの外へ出る．(e) 翅の翅脈（しみゃく）に血リンパが送り込まれ，再び回収される．すると固くなった翅脈は翅の支持材となる．チョウは飛び立って生殖するが，それに必要な栄養の多くは幼虫時代に蓄えたものである．

▼図 33.43 探究 昆虫類の多様性

昆虫類は，30 以上の目に分類されるが，ここでは 8 目のみに注目する．2 つの目（イシノミ類 Archaeognatha とシミ類 Zygentoma）は翅をもたない昆虫で，進化の初期段階に他の昆虫から分岐したグループである．この 2 目以外の昆虫類の系統関係についてはさまざまな説があるため，この系統樹には示していない．

イシノミ目（古顎目；350 種）

この翅のない昆虫は樹皮の裏や，石の隙間，落葉中，堆肥などの暗く湿った場所に生息する．イシノミ類は藻類，植物の欠片，地衣類を食べる．

シミ目（総尾目；450 種）

この小さくて翅のない昆虫は平たい体をもち，眼が退化している．落葉中や樹皮の裏に生息する．人家内にも生息し，害虫となっている．

有翅昆虫類（多くの目があるが，6 目だけを以下に示す）

完全変態類

コウチュウ目（鞘翅目；35 万種）

この雄のゾウムシ *Rhiastus lasternus* のような甲虫類は，昆虫類の中で最も種数の多い目である．2 対の翅をもち，1 対は硬くて厚く，もう 1 対は膜質である．硬い外骨格をもち，その口器は噛みついたり咀嚼したりすることに適応した形をしている．

ハエ目（双翅目；15 万 1000 種）

ハエ類は 1 対の翅をもち，もう 1 対は平均棍という平衡を保つ器官に変形している．その口器は吸う，突き刺す，舐めるなどの機能に適応した形をしている．完全変態をする．ハエ類とカ（蚊）類は最も知られた双翅類で腐食者，捕食者，寄生者として生活する．他の昆虫と同様に，このヤドリバエの 1 種 *Adejeania vexatrix* はよく発達した複眼をもつ．その視野は広く，すばやく動くものを認識することに優れている．

ハチ目（膜翅目；12 万 5000 種）

膜翅類はアリ類やハチ類を含み，その多くは高度な社会性昆虫である．2 対の膜質の翅，可動な頭部と，咀嚼したり吸ったりできる口器をもつ．多くの種の雌は後端に刺針をもつ．このアシナガバチの 1 種 *Polistes dominulus* のように，多くの種は精巧な巣をつくる．

吻

チョウ目（鱗翅目；12 万種）

チョウ類とガ（蛾）類は小さな鱗片で覆われた 2 対の翅をもつ．このスカシバの 1 種 *Macroglossum stellatarum* の写真のように，長い吻（普段は巻いている）を伸ばして餌をとる（この蛾の英語名 hummingbird hawkmoth は花の蜜を吸うときに空中でホバリングできることを表す）．多くの鱗翅類は蜜を吸うが，動物の血や涙を吸うものもいる．

不完全変態類

カメムシ目（半翅目；8 万 5000 種）

カメムシ類，ナンキンムシ，サシガメなどを含む（英語で bug というのは，正確にはこの目の昆虫を指すが，しばしば別目の昆虫に対しても誤って用いられる）．2 対の翅をもち，1 対は一部が革質であるが，もう 1 対は全体が膜質である[*5]．刺す，あるいは吸うための口器をもつ．不完全変態をする．この写真では成虫が子ども（若虫）を守っている．

＊5（訳注）：半翅目は異翅亜目と同翅亜目に分かれ，このような特徴をもつのは前者だけである．

バッタ目（直翅目；1 万 3000 種）

バッタ，コオロギの類を含み，多くは草食である．跳ぶのに適した大きな後肢，2 対の翅（1 対は革質でもう 1 対は膜質），噛みつく，あるいは咀嚼するための口器をもつ．このキリギリスの 1 種 *Panacanthus cuspidatus* は「棘のある悪魔キリギリス」を意味する英語名があるが，その名はまさに特徴をよく表している．その棘だらけの顔面や肢は威嚇用に特殊化している．多くの種の雄は，体の一部（たとえば，後肢の隆起）をこすり合わせて音を出して求愛行動をする．

概念のチェック 33.4

1. 線形動物と環形動物のボディープランはどのように違うのだろうか.

2. 昆虫の陸上での繁栄を可能にした2つの適応方法について述べなさい.

3. **関連を考えよう**➤伝統的な分類体系では,「環形動物と節足動物は体節があるため近縁である」と考えられてきた. しかし, DNA 塩基配列データは,「環形動物は冠輪動物のクレードに属し, 節足動物は脱皮動物のクレードに属するため, 両者は近縁ではない」ことを示した. これらの伝統的な仮説と分子データに基づく仮説は, 体節を制御する *Hox* 遺伝子 (21.6 節参照) を研究することによって検証できるのだろうか. 説明しなさい.

(解答例は付録 A)

33.5

棘皮動物と脊索動物は新口動物である

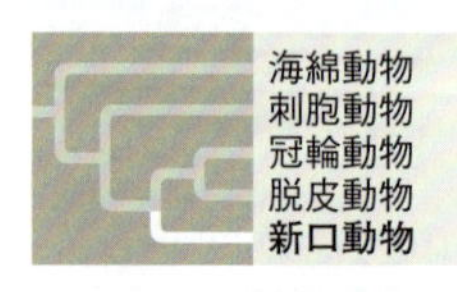
海綿動物
刺胞動物
冠輪動物
脱皮動物
新口動物

ヒトデ, ウニ, その他の棘皮動物 (棘皮動物門) と, 脊椎動物 (背骨のある動物) や他の脊索動物門との間には共通点はあまりないように見える. しかし,「棘皮動物と脊索動物は近縁で, 両者はともに新口動物のクレードに属する左右相称動物である」ことは分子系統学によって示されている. 棘皮動物と脊索動物は, 放射卵割や原口から形成される肛門 (図 32.10 参照) といった新口動物の発生学的特徴を共有している. 32.4 節で議論するが, いくつかの動物門 (外肛動物や腕足動物) は新口動物型の発生学的特徴をもつが, 新口動物のクレードの一員ではない. そのため, クレードとしての新口動物は, その名に反して発生学的な類似性ではなく, 分子系統学的な近縁性により定義される.

棘 皮 動 物

ヒトデや他の**棘皮動物 echinoderm** (ギリシャ語で「棘のある」を意味する *echin*,「皮膚」を意味する *derma* に由来) は動きの遅い, または固着性の海生動物である. 棘皮動物は真の体腔をもつ. 薄い表皮の下に, 石灰質で硬い板状の内骨格がある. 多くの棘皮動物は骨格の突起やとげ (棘) をもっている. **水管系 water vascular system** は棘皮動物に特有の構造で, 水力で動かす管が網目状になっていて, その末端は**管足 tube feet** とよばれる突起 (移動や摂食に使う) になっている (図 33.44). 棘皮動物の有性生殖は, 通常は雌雄異体で, 配偶子は水中に放出される.

棘皮動物は左右相称の祖先から進化したが, 多くの種は放射相称の形をしているように見える. 多くの種の成体では, 体の内外の各部分は, 中心から放射状に (多くは5方向への放射軸に沿って) 伸びている. しかし, 棘皮動物の幼生は左右相称であり, 成体の体も完全な放射相称ではない. たとえば, ヒトデの水管系の開口部 (多孔板) は, 体の中心ではなく, 一方に偏った位置に存在する.

現生の棘皮動物は5つのクレードに分けられる.

ヒトデ綱：ヒトデ類とシャリンヒトデ類

ヒトデ類は中心盤から放射状に伸びる複数の腕をもつ. 腕の腹面 (下側の面) には管足がある. 筋肉収縮と化学反応の組み合わせによって, 管足は基質にくっついたり, 離れたりすることができる. 管足の伸長, 基質の把握, 把握の解除, 伸張, 再把握を繰り返すことによって, ヒトデは岩にしっかりと吸着したり, ゆっくりと這って移動することができる. 管足の基部は平たい円盤状で吸盤に似ているが, 基質への付着は吸引力ではなく, 接着性の化学物質によって行われる (図 33.44 参照).

また, ヒトデの管足はハマグリやカキなどの獲物をつかむのにも使われる. 殻を閉じた二枚貝に腕で抱きつき, 管足でしっかりとつかまえる. それから胃の一部を反転させて口から出し, 狭い貝の隙間に挿入する. その後, 消化液が分泌され, 貝殻の中での消化が行われる. 胃は体内に引き戻され, 二枚貝の軟体 (すでに液状化している) の消化はヒトデの体内で完了する. ヒトデは, 消化過程を体外で開始する能力を獲得したことによって, ヒトデの口よりも大きな二枚貝や他の餌を食べられるようになった.

ヒトデや他の棘皮動物は再生力が非常に強い. 腕を失っても再生できるし, ある属では, 中心盤の一部が残っていれば1本の腕からでも体のすべてを再生できる.

ヒトデ綱のクレードには通常のヒトデ類だけではなく, 腕のない小さなグループ (シャリンヒトデ類) も含まれる. シャリンヒトデ類は3種のみが知られているが, すべて深海に沈んだ木材の上に生息する. シャリンヒトデ類の体は5放射相称の円盤型で, 直径は1 cm に満たない (図 33.45). 体の縁には短い棘が環状

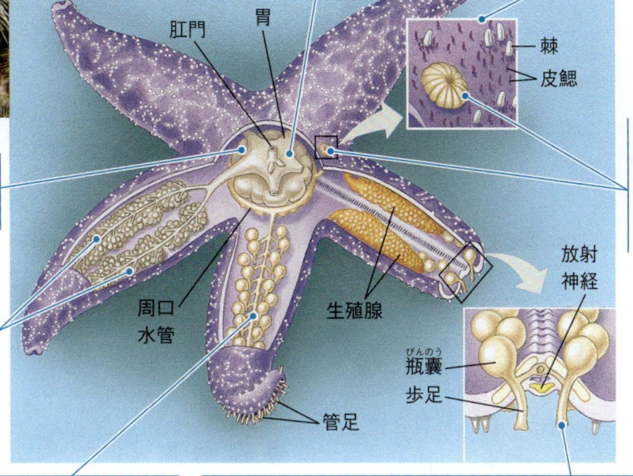
短い消化管が，中心盤の底部にある口から背部にある肛門までをつないでいる．
ヒトデの体表には捕食者からの防御に役立つ棘と，ガス交換のための小さな皮鰓（ひさい）がある．
肛門
胃
棘
皮鰓
多孔板．水管系の水は多孔板を通して外界に通じていて，水の出入りが可能になっている．
放射神経
周口水管
生殖腺
瓶嚢（びんのう）
歩足
管足
消化腺は消化液を分泌し，栄養分の吸収，貯蔵の手助けをする．
放射水管．水管系は中心盤にある周口水管と5つの放射水管からなる．各放射水管は，溝の中を下って腕内を末端まで走る．
各放射水管からは，中空で筋肉質の管足（液体で満たされている）が数百も枝分かれしている．個々の管足は球状の瓶嚢と歩足（足となる部分）で構成される．瓶嚢が縮むと水が歩足に流れ込み，歩足は伸びて基質に接触する．すると，接着性の化学物質が歩足の基部から分泌され，基質にくっつく．管足が離れるときは，脱接着物質が分泌され，歩足の筋肉が収縮する．これによって瓶嚢内に水が引き戻されて，歩足が縮む．ヒトデが移動すると，基質上には接着物質の足跡が残る．

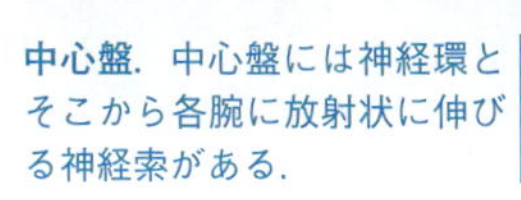
中心盤．中心盤には神経環とそこから各腕に放射状に伸びる神経索がある．

▲図 33.44　**棘皮動物のヒトデの体制（上面図）．** この写真ではヒトデがウニに囲まれている．ウニは棘皮動物門のウニ綱に属する．

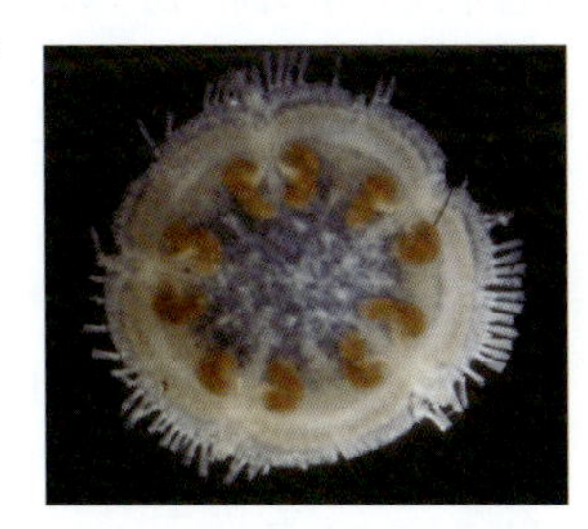

▶図 33.45　シャリンヒトデの1種（ヒトデ綱）．

に並ぶ．シャリンヒトデ類は体を覆う膜を通して栄養を吸収する．

クモヒトデ綱：クモヒトデ類

クモヒトデ類は，明瞭な中心盤と，長くしなやかな腕をもつ（図 33.46）．クモヒトデ類は腕をヘビのようにくねらせて移動する．管足の基部にはヒトデのような平たい円盤状の部分はないが，粘着性の化学物質を分泌する．これにより，ヒトデや他の棘皮動物のように，クモヒトデも管足を使って基質をつかむことができる．クモヒトデ類には懸濁物食性の種と，捕食性，腐肉食性の種がある．

▼図 33.46　クモヒトデの1種（クモヒトデ綱）．

ウニ綱：ウニ類，カシパン類

ウニ類とカシパン類は腕をもたないが，5列に並んだ管足をもち，これを用いてゆっくり移動する．ウニ類は移動や防御に役立つ長い棘があり，これを動かす筋肉がある（図 33.47）．ウニの口は下側にあり，海藻を食べるのに適応した，複雑な顎のような構造に取り囲まれている．ウニ類はほぼ球状であるが，カシパン類は扁平で円盤状である．

▼図 33.47　ウニの１種（ウニ綱）．

ウミユリ綱：ウミユリ類，ウミシダ類

ウミユリ類は柄の部分で基質に付着し，ウミシダ類は長く柔軟な腕で這いまわる．どちらも腕を使って水中の懸濁物をとらえて食べる．口は上側（基質とは反対の方向）を向いており，腕はその口を取り囲んでいる（図 33.48）．ウミユリ綱は原始的なグループで，その形態は進化の過程でもほとんど変化しておらず，約5億年前のウミユリの化石が現生種に酷似しているほどである．

ナマコ綱：ナマコ類

一見すると，ナマコは他の棘皮動物にあまり似ていない．棘はないし，内骨格はかなり退化している．また，口側／反口側の軸に沿って体が長く伸びていること（英語名の sea cucumber「海のキュウリ」はこの体型に由来する）も，ウニやヒトデとの類縁関係を感

▼図 33.48　ウミシダの１種（ウミユリ綱）．

▼図 33.49　ナマコの１種（ナマコ綱）．

じさせない（図 33.49）．しかし，よく調べると，ナマコも他の棘皮動物と同様に5列の管足をもっていることがわかる．口の周辺の管足は大きく発達して，摂食用の触手になっている．

脊 索 動 物

脊索動物門は脊椎動物だけでなく，無脊椎動物の2つの古く分岐したグループ（ナメクジウオ類とホヤ類）を含む．脊索動物は左右相称で真体腔をもち，体は分節している．棘皮動物と脊索動物は系統学的に近縁であるが，これはどちらかの門がもう1つの門から進化したということを意味しない．棘皮動物と脊索動物は5億年以上もの間，別々の動物門として独立に進化してきたのである．34章では脊索動物の系統関係を，脊椎動物の歴史に焦点を絞ってたどってみよう．

概念のチェック 33.5

1. ヒトデの管足はどのようにして基質に接着するのだろうか．
2. どうなる？➤昆虫のキイロショウジョウバエ *Drosophila melanogaster* と線虫の *Caenorhabditis elegans* はよく知られたモデル生物である．ヒトや他の脊椎動物を研究するための比較対象として，これらの無脊椎動物は最適だろうか．説明しなさい．
3. 関連を考えよう➤棘皮動物の特徴や多様性が，どのように，生命の共通性，生命の多様性，生物の環境への適応（22.2 節参照）を示しているかについて，具体的に説明しなさい．

（解答例は付録 A）

33 章のまとめ

重要概念のまとめ

この表は本章で学んだ動物群をまとめたものである.

重要概念	動物門	特徴
33.1 **海綿動物は初期に分岐した，真の組織をもたない動物である** ? カイメン類は真の組織や器官をもたないが，どのようにしてガス交換，栄養の運搬や老廃物の排出を行うのだろうか.	海綿動物門 (カイメン類)	真の組織を欠く．襟細胞（鞭毛のある細胞で細菌や小顆粒を食べる）をもつ.
33.2 **刺胞動物は起源の古い真正後生動物である** ? 刺胞動物のボディープランと，その2つの型について説明しなさい.	刺胞動物門 (ヒドラ，クラゲ，イソギンチャク，サンゴ)	特殊化した刺細胞の中に，突き刺すための独特な構造（刺胞）をもつ．二胚葉．放射相称である．胃水管腔（消化を担う部分で，開口部は1つしかない）をもつ.
33.3 **冠輪動物は分子系統解析によって認識されたクレードで，その体制は動物界において最も多様である** ? 冠輪動物に属するすべての動物群に共通する形態学的な特徴はあるのだろうか．説明しなさい.	扁形動物門 (ヒラムシ類)	背腹に扁平で体節をもたない無体腔動物．胃水管腔をもつか，または消化管を欠く.
	多核皮動物門 (ワムシ類と鉤頭虫類)	偽体腔動物．ワムシ類は消化管（口から肛門まで貫通する）と顎（咀嚼器）をもつ．鉤頭虫類は脊椎動物の寄生虫.
	触手冠動物：外肛動物門，腕足動物門	触手冠（繊毛の生えた触手をもつ摂食構造）をもつ真体腔動物.
	軟体動物門 (二枚貝類，巻貝類，イカ類)	体が3つの主要な部分（筋肉質の足，内臓塊，外套膜）からなる真体腔動物．真体腔は小さくなっている．炭酸カルシウムでできた硬い貝殻をもつものが多い.
	環形動物門 (ミミズ類)	体壁と内部器官（消化管を除く）が体節に分かれている真体腔動物.
33.4 **脱皮動物は種数が最も多い動物群である** ? 線形動物と節足動物の生態学的役割について説明しなさい.	線形動物門 (線虫類)	両端が細まった円筒形で，体節のない偽体腔動物．循環系はない．脱皮する.
	節足動物門 (甲殻類，昆虫類，クモ類)	体節のある体と関節のある付属肢，およびタンパク質とキチン質でできた外骨格をもつ真体腔動物.
33.5 **棘皮動物と脊索動物は新口動物である** ? 本章で述べたように，「棘皮動物と脊索動物は互いに近縁であり」，「両者は5億年以上にわたって独立の進化を遂げてきた」．この2つの文章がどちらも正しいことを説明しなさい.	棘皮動物門 (ウニ類，ヒトデ類)	幼生期には左右相称で，成体になると5放射相称になる真体腔動物．独特な水管系と内骨格をもつ.
	脊索動物門（ナメクジウオ類，ホヤ類，脊椎動物）	脊索，背側の中空の神経索，鰓裂，肛門より後方の尾をもつ真体腔動物（34章参照）.

後生動物（海綿動物門〜脊索動物門）／真正後生動物（刺胞動物門〜脊索動物門）／左右相称動物（扁形動物門〜脊索動物門）／冠輪動物（扁形動物門〜環形動物門）／脱皮動物（線形動物門，節足動物門）／新口動物（棘皮動物門，脊索動物門）

理解度テスト

レベル1：知識／理解

1. カタツムリ，ハマグリ，タコのすべてに共通な特徴は何か．
   (A) 外套膜　(C) 鰓
   (B) 歯舌　(D) 明瞭な頭部
2. 以下の動物門のうち，体に体節があるのはどれか．
   (A) 刺胞動物　(C) 節足動物
   (B) 扁形動物　(D) 軟体動物
3. 棘皮動物の水管系について正しい記述はどれか．
   (A) 体細胞に栄養を配る循環系として働く．
   (B) 運動および摂食の機能を果たす．
   (C) 成体は左右相称ではないが，水管系は左右相称に配置する．
   (D) 懸濁物を摂食するとき，水を体中に送る．
4. 下記の動物門名と，それについての記述の組み合わせのうち，誤っているものはどれか．
   (A) 棘皮動物門――幼生期には左右相称．体腔をもつ
   (B) 線形動物門――線虫類．偽体腔をもつ
   (C) 扁形動物門――ヒラムシ類．胃水管腔をもつ．体腔はない
   (D) 海綿動物門――胃水管腔をもつ．体腔をもつ

レベル2：応用／解析

5. 図33.2において，真正後生動物の共通祖先から分かれた2つの主要なクレードはどれか．
   (A) 海綿動物と刺胞動物
   (B) 冠輪動物と脱皮動物
   (C) 刺胞動物と左右相称動物
   (D) 新口動物と左右相称動物
6. **関連性を考えよう**　図33.8の段階4に示した2つのクラゲが，同じポリプ群体から生じたと仮定する．12.1節と13.3節を読み，有糸分裂と減数分裂を理解したうえで以下の文章が正しいか，誤っているかを答えなさい．もし誤りなら，正しい理由を述べているものを選びなさい．「2つのクラゲは遺伝学的に同じであるが，一方のクラゲから生じた精子と，もう一方から生じた卵は遺伝学的に同じではない．」
   (A) 誤り（クラゲは遺伝学的に同じで，その配偶子も遺伝学的に同じである）
   (B) 誤り（クラゲ同士も配偶子同士もいずれも遺伝学的に同じではない）
   (C) 誤り（クラゲは遺伝学的に同じではないが，配偶子は遺伝学的に同じである）
   (D) 正しい

レベル3：統合／評価

7. **進化との関連・データの解釈**　本章で詳しく説明した左右相称動物の10動物門の類縁関係を系統樹に描きなさい．また，個々の動物門へと至る枝に，それぞれの動物門の体腔の特徴を以下の略号で記しなさい．(C) 真体腔動物，(P) 偽体腔動物，(A) 無体腔動物．この系統樹を用いて，下記の問いに答えなさい．
   (a) 左右相称動物の3つの主要なクレードにおいて，それぞれのクレードの共通祖先は真の体腔をもっていたか，否かについて，どんなことが推測できるだろうか．
   (b) 真体腔の有無は，動物の進化過程でどのように変化したのだろうか．
8. **科学的研究**　コウモリは超音波を発し，物に当たって反射してきた音波を用いることによって，暗闇の中でも蛾のような飛んでいる虫を捕らえたり，位置を知ることができる．このコウモリの攻撃に対して，あるヒトリガ類は短い超音波を発する．このヒトリガの発する超音波について，研究者は以下のような仮説を立てた．(1) コウモリの音波探知を邪魔する，(2) 蛾が有毒物質をもっていることをコウモリに警告する．下のグラフは，コウモリによる2種の蛾の被食率の経時的変化を示している．

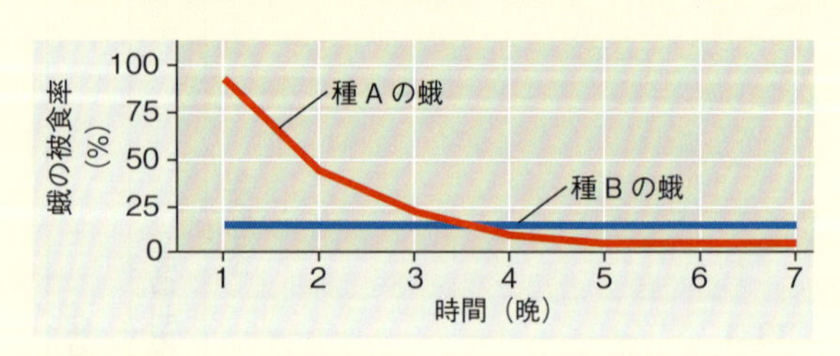

蛾の被食率 (%)
100
75
50
25
0
種Aの蛾
種Bの蛾
1
2
3
4
5
6
7
時間（晩）

この実験には「敏感な」コウモリ（実験の前には一度もヒトリガを狩ったことがないコウモリ）を使った．この実験結果は，仮説 (1)，(2) のいずれか，あるいは両方の仮説を支持するのだろうか．また，研究者はなぜ「敏感な」コウモリを実験に用いたのだろうか．説明しなさい．

9. **テーマに関する小論文：組織化**　いろいろな無脊椎動物の消化管の構造は，「その動物が食べることのできる餌の大きさ」にどのような影響を与えるだろうか．300〜450字で記述しなさい．

10. **知識の統合**

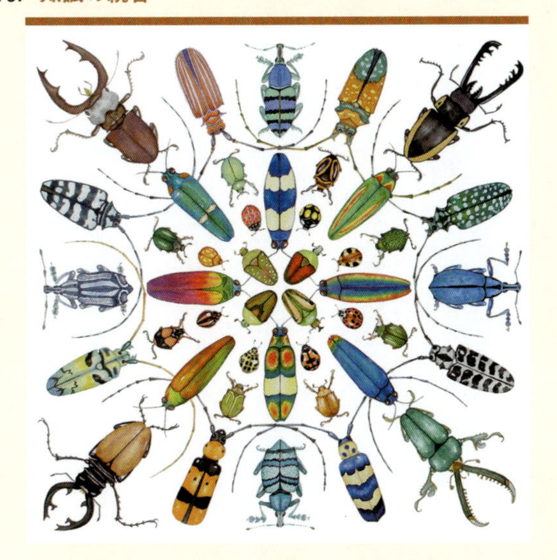

これらの甲虫類と，それ以外のすべての無脊椎動物をまとめた群は，単系統群を形成するだろうか．解答には，無脊椎動物の進化史の概略を述べて，説明しなさい．

(一部の解答は付録 A)

34 脊椎動物の起源と進化

▲図 34.1　この古代の生き物とヒトはどんな関係があるか．

重要概念

34.1　脊索動物は脊索と背側神経管をもつ

34.2　脊椎動物は背骨をもつ脊索動物である

34.3　顎口類は顎をもつ脊椎動物である

34.4　四肢類は四肢をもつ顎口類である

34.5　羊膜類は陸上に適応した卵を産む四肢類である

34.6　哺乳類は毛に覆われた哺乳する羊膜類である

34.7　ヒトは大きな脳をもち二足歩行する哺乳類である

背骨のある動物の5億年

カンブリア紀の初期，約5億3000万年前，地球の海には驚くほど多様な無脊椎動物が生息していた．捕食者は鋭い爪と顎で獲物を仕留めた．多くの動物は，棘やよろいで身を守り，特別な口器で水中の食べ物を濾し取っていた．

その中では，水中を滑るように進む3 cmほどの生き物ミロクンミンギア *Myllokunmingia fengjiaoa*（図 34.1）はあまり目立たない．装甲も手足もないが，この古代の動物は**脊椎動物 vertebrates** と近縁である．脊椎動物は泳ぎ，歩き，潜り，空を飛ぶ動物の中で，最も繁栄しているグループの1つである．脊柱，すなわち背骨を形づくるひと続きの骨である脊椎骨にちなんで，脊椎動物とよばれている．

1億5000万年以上もの間，脊椎動物は海洋で生活していたが，約3億6500万年前に1つの系統で四肢が進化し，陸地へ進出した．そこから現在陸上で生きる3つのグループの脊椎動物，両生類，爬虫類（鳥類を含む），哺乳類が生まれた．

脊椎動物には約5万7000種以上が知られているが，その種数は昆虫の100万種と比べると少ない．種の多様性では及ばないが，体重などの形質に関して膨大な多様性が見られるという点では負けていない．陸生で最も重い動物は，草食性の恐竜で40 t（トラック13台以上）である．地球上最大の動物はシロナガスクジラで，100 tを超えている．一方，逆に最小の動物は，2004年に発見された全長8.4 mmの魚で，シロナガスクジラの1兆分の1以下である．

本章では，無脊椎動物の祖先からどのようにして脊椎動物が誕生したか，その仮説について学ぶ．そして，脊椎動物のボディープランの進化，脊索や頭蓋，硬骨の進化をたどろう．また，（現生のものも絶滅したものも含めた）主要な脊椎動物のグループについて調べ，私たちヒトの進化史についても学ぶ．

34.1

脊索動物は脊索と背側神経管をもつ

脊椎動物は**脊索動物門 Chordata** の一員である．脊索動物は左右相称動物の新口動物というクレードに属する（図 32.11 参照）．しかしながら，図 34.2 に示すように，頭索類（ナメクジウオ類）と尾索類（ホヤ類）は無脊椎動物でありながら，他の無脊椎動物よりも脊椎動物に近縁である．したがって，これらと脊椎動物を合わせたものが脊索動物として分類される．

脊索動物の派生形質

すべての脊索動物に共有される派生形質がある．ただし，その中には胚発生の段階でしか見られないものも多い．図 34.3 に 4 つの重要な形質を図示した．脊索，背側神経管，咽頭裂，筋肉質の肛門より後方にある尾である．

脊　索

脊索動物の名称は，すべての脊索動物の胚に見られる骨格構造である脊索に由来する．一部の脊索動物では，成体にも脊索が存在する．**脊索 notochord** は体の前後方向に長く伸びたしなやかな棒状の構造で，消化管と神経管の間に存在する．かなりしっかりした繊維性の組織によって包まれ，大きな液胞で満たされた細胞群からできている．体を長軸方向に支える構造で，幼生や，脊索を保持している成体では，泳ぐときに使う筋肉の収縮を支持する支柱となる．ほとんどの脊椎動物では，脊索のまわりに連結した骨格が発達し，成体では脊索の名残が見られるだけである．ヒトでは，脊索は退化し，脊椎骨の間にはさまれる軟組織（椎間板）の一部となる．

背側神経管

脊索動物胚の神経索は，板状の外胚葉が管状になり，脊索の背側で神経管となる．このような管状の背側神

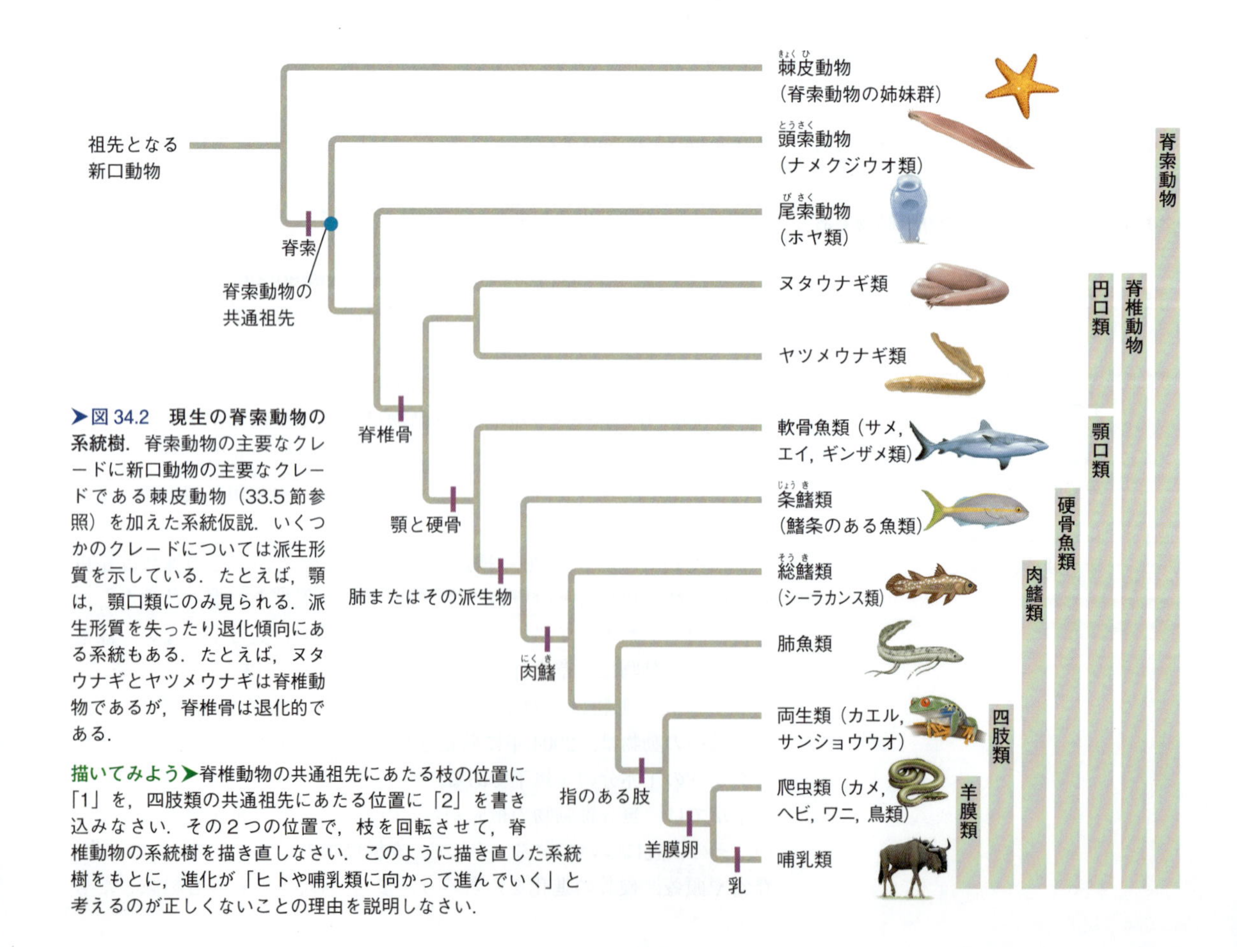

祖先となる
新口動物
棘皮動物
(脊索動物の姉妹群)
頭索動物
(ナメクジウオ類)
尾索動物
(ホヤ類)
脊索
脊索動物の
共通祖先
ヌタウナギ類
ヤツメウナギ類
脊椎骨
軟骨魚類（サメ，
エイ，ギンザメ類）
条鰭類
(鰭条のある魚類)
顎と硬骨
総鰭類
(シーラカンス類)
肺またはその派生物
肺魚類
肉鰭
両生類（カエル，
サンショウウオ）
指のある肢
爬虫類（カメ，
ヘビ，ワニ，鳥類）
羊膜卵
哺乳類
乳
脊索動物
脊椎動物
円口類
顎口類
硬骨魚類
肉鰭類
四肢類
羊膜類

➤図 34.2　**現生の脊索動物の系統樹．** 脊索動物の主要なクレードに新口動物の主要なクレードである棘皮動物（33.5 節参照）を加えた系統仮説．いくつかのクレードについては派生形質を示している．たとえば，顎は，顎口類にのみ見られる．派生形質を失ったり退化傾向にある系統もある．たとえば，ヌタウナギとヤツメウナギは脊椎動物であるが，脊椎骨は退化的である．

描いてみよう➤脊椎動物の共通祖先にあたる枝の位置に「1」を，四肢類の共通祖先にあたる位置に「2」を書き込みなさい．その 2 つの位置で，枝を回転させて，脊椎動物の系統樹を描き直しなさい．このように描き直した系統樹をもとに，進化が「ヒトや哺乳類に向かって進んでいく」と考えるのが正しくないことの理由を説明しなさい．

▼図 34.3 **脊索動物の特徴.** すべての脊索動物は発生のいずれかの過程で，図で枠囲みされた4つの特徴的な構造をもつ.

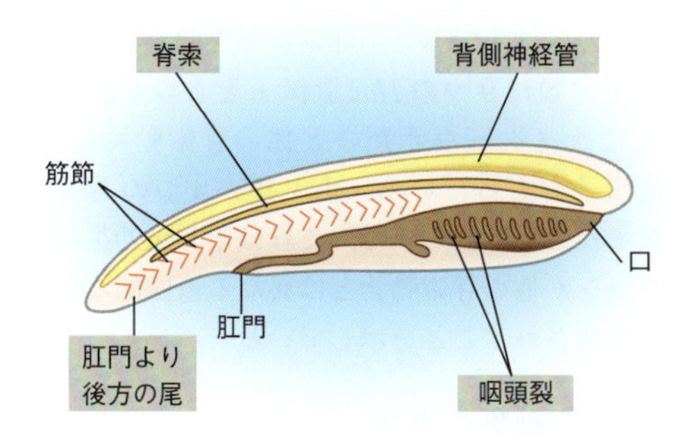

脊索
背側神経管
筋節
口
肛門
肛門より後方の尾
咽頭裂

経索は脊索動物に特有のものである．他の動物門の神経索は中実で，多くの場合，腹側に位置している．脊索動物胚の神経管は，脳と脊髄からなる中枢神経系へと発生する．

咽 頭 裂

脊索動物の消化管は口から肛門まで伸びる．口のすぐ後ろの領域が咽頭(いんとう)である．すべての脊索動物の胚で，咽頭の両側に一連の溝のような構造ができる．この溝，すなわち**咽頭溝 pharyngeal cleft** が発達して，体外に開口してできる裂け目を**咽頭裂 pharyngeal slit** とよぶ．口から入った水は消化管に入らず，咽頭裂から体外に出られるようになる．咽頭裂は多くの無脊椎の脊索動物では懸濁物食の器官として働く．四肢類以外の脊椎動物では，咽頭裂とそれを支持する咽頭弓はガス交換に用いられるようになり，鰓裂(さいれつ)とよばれる．四肢類では咽頭溝は咽頭裂として開口せず，その代わりに耳などの頭部や頸部の構造の発生において重要な役割を演じる．

筋肉質の肛門より後方の尾

脊索動物は肛門の後ろに伸びる尾を備えているが，これは胚発生の段階で退化する種も多い．脊索動物以外では，消化管は体の後端まで伸びる種が多い．脊索動物の尾は体を支える骨格と筋肉を備えており，水生の種ではこの尾が強い推進力を生み出す．

ナメクジウオ類

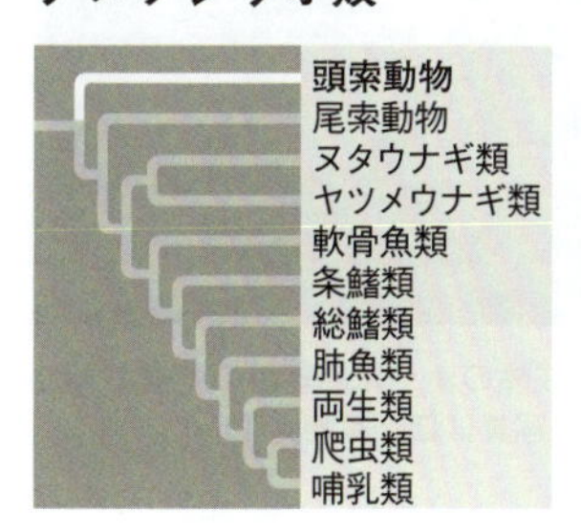

頭索動物
尾索動物
ヌタウナギ類
ヤツメウナギ類
軟骨魚類
条鰭類
総鰭類
肺魚類
両生類
爬虫類
哺乳類

現生の脊索動物の中で最も基部で分岐した動物が**ナメクジウオ類 lancelets**（頭索動物）である．英名では，その体型から小さな槍(やり)という意味の lancelet とよばれている（図 34.4）．ナメクジウオの幼生には脊索，背側神経管，多くの咽頭裂，肛門より後方の尾が発達している．幼生は上に向かって泳ぎ，次にゆっくり沈むということを繰り返しながら，水中のプランクトンを食べる．沈むときに咽頭でプランクトンやその他の懸濁物を捕える．

ナメクジウオの成体は 6 cm くらいになる．成体でも脊索動物の基本的特徴を保持しており，図 34.3 に示した脊索動物の模式図によく似ている．変態後は海底に降りて，砂の中に体をもぐり込ませ，体の前端だけを外に出す．繊毛によって海水を口に吸い込み，咽頭裂に分泌された粘液で，咽頭裂から出て行く海水の中の小さな食物の粒を捕え，消化管に送り込む．咽頭と咽頭裂にはガス交換の機能はほとんどなく，ガス交換はもっぱら体表で行われる．

ナメクジウオは頻繁に居場所から離れ，新しい場所に移動する．速く泳ぐことはできないが，魚類と同じ構造の簡単な遊泳機構を備えている．脊索の両側に山型に並んだ筋肉が協同して収縮することによって，脊索がしなり，体を左右に振ることによって，体を前進させる．分節的に並んだ筋肉がナメクジウオの体節性を示している．この筋節は，脊索の両側に沿って並ぶ

▼図 34.4 **頭索類のナメクジウオ *Branchiostoma*.** この小さな無脊椎動物は脊索動物の4つの特徴をすべて備えている．水は口から入り，咽頭裂を通って，囲鰓腔に入り，出水口から外に出る．大きな粒は触手のような外鬚で阻止されて口に入らない．体節状に配列された筋肉は波状の遊泳運動を引き起こす．

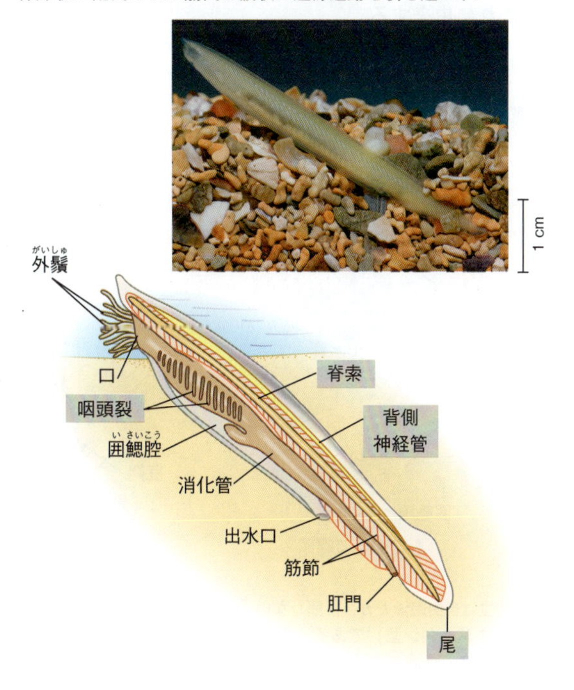

1 cm
外鬚(がいしゅ)
口
咽頭裂
囲鰓腔(いさいこう)
脊索
背側神経管
消化管
出水口
筋節
肛門
尾

「体節」とよばれる中胚葉の区画から生じる．

ナメクジウオは世界的には希少だが，フロリダ沿岸のタンパ湾などのいくつかの地域では，1 m^2 あたり5000個体を超える密度になることもある．

ホヤ類

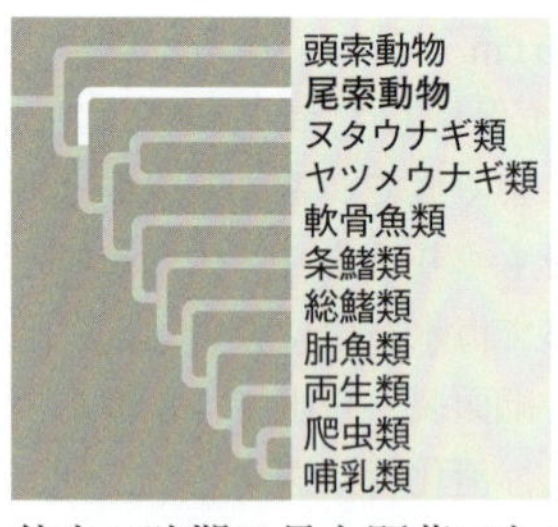

頭索動物
尾索動物
ヌタウナギ類
ヤツメウナギ類
軟骨魚類
条鰭類
総鰭類
肺魚類
両生類
爬虫類
哺乳類

最近の分子系統学研究は，**ホヤ類 tunicates**（尾索動物）がナメクジウオ類よりも脊椎動物に近いことを示している．ホヤ類においては，脊索動物の特徴は幼生の時期に最も顕著であるが，幼生期は数分間しかない場合もある（図 34.5 a）．多くの種の幼生は，尾の筋肉と脊索を使って水中を泳ぎ，光と重力を感知する細胞からの情報に導かれて，定着するのによい場所を探し出す．

一度固着したホヤの幼生は変態して，大きく姿を変え，脊索動物の特徴の多くを失ってしまう．尾と脊索は吸収され，神経系は退化し，残りの器官は90°回転する．成体のホヤは入水孔から水を吸い込む．水は咽頭裂を通って囲鰓腔（いさいこう）に入り，出水孔から出る（図 34.5 b, c）．水中の食物の粒子は粘液の網で濾されて，繊毛の動きで食道に運ばれる．排泄物は肛門から出水管に流される．ある種のホヤは攻撃されると出水管から水を噴出する．英名の sea squirt（「海の水鉄砲」の意）はこれに由来する．

ホヤ類は，他の脊索動物と分岐した後に，成体で脊索動物としての特徴を失ったと考えられる．脊索動物の特徴を残す幼生でさえ，非常に派生的である．たとえば，ホヤ類は9つの *Hox* 遺伝子をもつが，初期に分岐したナメクジウオ類など他の脊索動物は13の *Hox* 遺伝子をもっている．ホヤ類が4つの *Hox* 遺伝子を失ったことは明らかで，これはホヤ類幼生のボディープランが他の脊索動物とは異なる遺伝的な機構によって形成されることを示している．

初期の脊索動物の進化

ナメクジウオやホヤはあまり知られていない動物だが，生命の歴史の中で重要な位置を占めており，脊椎動物の進化的起源について手がかりを与えてくれる．すでに述べてきたように，ナメクジウオは成体になっても脊索動物の特徴を備えており，脊索動物の系統樹の基部で分岐している．これらの知見は，脊索動物の祖先がナメクジウオのような動物であり，体の前端の口，脊索をもち，背側神経管，咽頭裂，肛門より後方の尾を備えていたことを示唆している．

ナメクジウオの研究は脊索動物の脳の進化についても重要な手がかりを与えてくれた．ナメクジウオの脳は十分発達しておらず，単に神経管の前端部がいくらか膨らんでいるだけである（図 34.6）．しかし，脊椎動物の前脳，中脳，後脳の主要な部分の発生を制御するホメオボックス遺伝子が，ナメクジウオの神経管の小さな細胞集団においても同じパターンで発現している．これは，ナメクジウオの単純な神経管の先端部に

▼図 34.5　尾索類のホヤ．

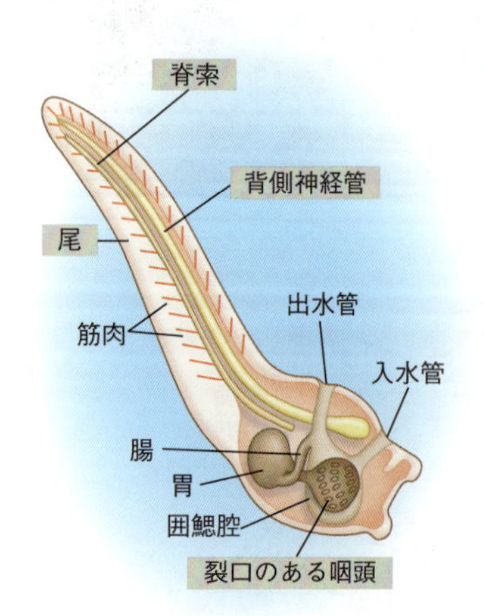

脊索
背側神経管
尾
筋肉
出水管
入水管
腸
胃
囲鰓腔
裂口のある咽頭

(a) 幼生は自由遊泳だが，摂餌しない「オタマジャクシ型」である．4つの脊索動物の特徴がよくわかる．

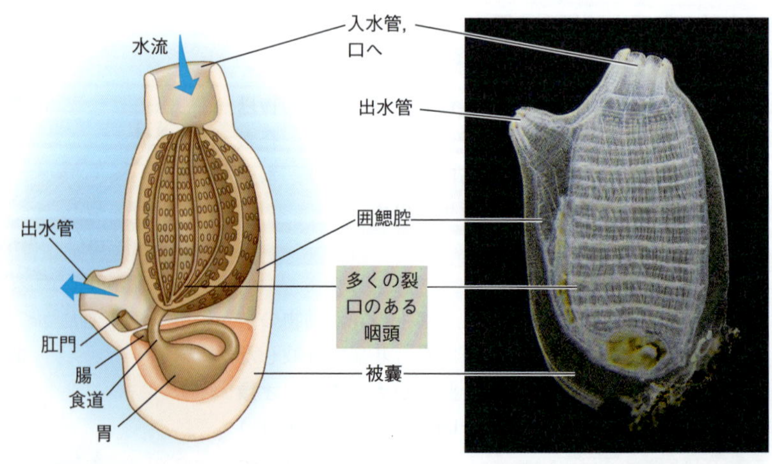

水流
入水管，
口へ
出水管
出水管
囲鰓腔
多くの裂
口のある
咽頭
肛門
腸
食道
胃
被嚢

(b) 成体は大きな咽頭裂で濾過食を行うが，それ以外の脊索動物の特徴は不明瞭である．

(c) 成体のホヤは固着性の動物である（写真はほぼ実物大）．

▼図 34.6 **ナメクジウオと脊椎動物の発生中に発現する遺伝子.** ホメオボックス遺伝子群（*BF1*, *Otx*, *Hox3* を含む）は脊椎動物の脳の主要部分の発生を制御している. これらの遺伝子は, ナメクジウオでも脊椎動物でも, 前後軸に沿って同じ順で発現する. 色分けした帯は, それぞれの遺伝子が脳のどの部分の発生を制御しているかを示す.

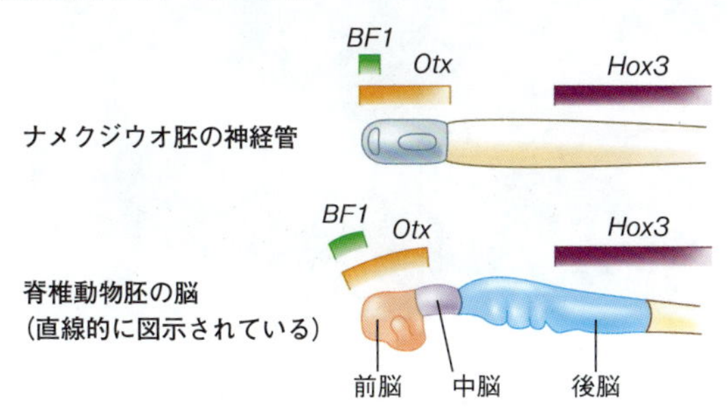
BF1
Otx
Hox3
ナメクジウオ胚の神経管
BF1
Otx
Hox3
脊椎動物胚の脳
（直線的に図示されている）
前脳
中脳
後脳

関連性を考えよう➤この結果と図 21.19 で示した結果は, *Hox* 遺伝子とその進化について, 何を示唆しているか.

見られるような構造が複雑性を増すことによって, 脊椎動物の脳が進化したことを示唆している.

ホヤについては, そのゲノムが完全に明らかにされたので, 初期の脊索動物のもっていた遺伝子が同定されるようになるだろう. このような研究によって, 脊索動物の祖先には心臓や甲状腺のような脊椎動物特有の器官の形成にかかわる遺伝子が存在することが示唆されている. このような遺伝子はナメクジウオとホヤで発見されているが, 脊索動物以外の無脊椎動物には存在しない. 2015 年の研究では, ホヤに「神経堤」細胞と似た性質の細胞があることが発見された（ナメクジウオにはこのような細胞はない）. 神経堤細胞は脊椎動物に特有の細胞である（図 34.7 参照）. このホヤで発見された細胞は, 神経堤細胞の進化の中間段階にある細胞なのかもしれない.

概念のチェック 34.1

1. すべての脊索動物が生活史のどこかの段階で備えている 4 つの特徴を挙げなさい.
2. ヒトは脊索動物であるが, 脊索動物の主要な派生形質の大半を欠いている. このことについて説明しなさい.
3. **図読み取り問題➤**図 34.2 の系統樹に基づくと, 脊椎動物のどのグループに肺またはその派生物が存在すると考えられるか, 説明しなさい.

（解答例は付録 A）

34.2

脊椎動物は背骨をもつ脊索動物である

約 5 億年前のカンブリア紀に脊索動物の一系統から脊椎動物が出現した. 骨格系と複雑な神経系を獲得することで, 餌を採ること, 捕食者から逃避することの 2 つの仕事を効率よく行えるようになった.

脊椎動物の派生形質

脊椎動物は一連の派生形質によって他の脊索動物と区別される. たとえば, 脊椎動物は遺伝子重複を起こすことで 2 セット以上の *Hox* 遺伝子をもっている（ナメクジウオやホヤは 1 セットしかもたない）. 他のシグナル分子や転写因子をコードする重要な遺伝子ファミリーでも遺伝子重複が起きている. このような遺伝子重複により遺伝的な複雑さが増したことが, 頭蓋骨や背骨などの骨格系や神経系の革新に結びついた可能性がある. 脊椎動物の中には, 脊椎骨がほとんど発達せず, 脊索の背側に小さな軟骨片が形成されるだけのものもある. 多くの脊椎動物では, 脊椎骨は神経管を取り囲み, 脊索の力学的支柱としての役割を担うようになっている.

脊椎動物のもう 1 つの特徴として, 胚の神経管が閉じつつあるときに, その背側の縁に出現する**神経堤 neural crest** を挙げることができる（図 34.7）. 神経堤細胞は胚の中で移動し, 歯, 頭蓋骨の一部や軟骨,

▼図 34.7 **胚の神経堤は, 脊椎動物に特有の多くの特徴のもととなる.**

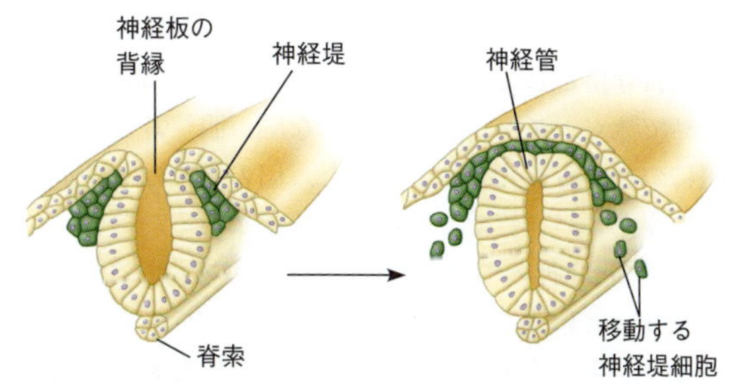
神経板の
背縁
神経堤
神経管
脊索
移動する
神経堤細胞

(a) 神経堤は神経管をつくるひだの左右の縁に帯状に分布する細胞からなる.
(b) 神経堤細胞は胚の中を遠くまで移動する.

(c) 移動する神経堤細胞は, 脊椎動物に特有の構造をつくり出す. 頭蓋の一部の骨や軟骨はその例である（ヒトの胎児の頭骨を図示している）.

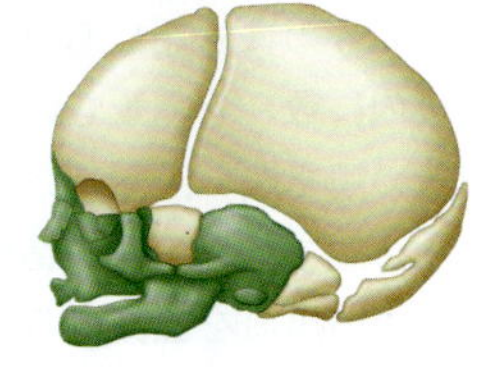

神経，眼などの感覚器官の原基など，さまざまな構造をつくり出す．

ヌタウナギとヤツメウナギ

頭索動物
尾索動物
ヌタウナギ類
ヤツメウナギ類
軟骨魚類
条鰭類
総鰭類
肺魚類
両生類
爬虫類
哺乳類

ヌタウナギ hagfish（ヌタウナギ綱）と**ヤツメウナギ lamprey**（ヤツメウナギ綱）は，現生の脊椎動物で顎をもたない系統群である．また，ヤツメウナギとヌタウナギは脊柱ももたない．それにもかかわらず，ヤツメウナギは痕跡的な脊椎骨（軟骨性で骨ではない）をもつため脊椎動物に分類されている．ヌタウナギは，かつては脊椎骨をまったくもたないと考えられており，脊椎動物に近縁の無脊椎の脊索動物と分類されてきた．

しかし，最近ヤツメウナギ同様，ヌタウナギにも痕跡的な脊椎骨があることが発見されるなど，この解釈に異が唱えられるようになった．また，分子系統学的にもヌタウナギが脊椎動物であることが支持された．分子系統学解析から，ヌタウナギとヤツメウナギは，図34.2に示すように姉妹群であることが示された．それらの知見から，ヌタウナギとヤツメウナギは**円口類 cyclostomes** という無顎脊椎動物のクレードを形成することがわかった（それ以外のすべての脊椎動物は顎をもち，顎口類という大きなクレードを形成する．34.3節で詳述する）．

ヌタウナギ類

ヌタウナギは，軟骨性の痕跡的な脊椎骨と頭蓋骨をもつ無顎の脊椎動物である．成体でも強くてしなやかな棒状の脊索を保持しており，脊索が分節化した筋肉の支持骨格として働くことで，ヘビのように体をくねらせて泳ぐ．ヌタウナギは小さな脳，眼，耳および咽頭につながる鼻孔をもつ．また，口の中にはケラチンというタンパク質でできた角質の歯がある．

現生の30種のヌタウナギ類はすべて海生である．全長60 cmに達するが，多くは海底に生息する腐肉食者で，ゴカイ類や弱った魚や死んだ魚を食べる（図34.8）．脇に並んでいる粘液腺から，水を吸って粘液になる物質を分泌する．この粘液は他の腐肉食者を追い払うのにも用いられる．捕食者に襲われると，1分以内に数リットルもの粘液をつくる．粘液は襲撃した魚の鰓を覆い，退却させたり，ときには窒息させたりする．ヌタウナギの粘液の性質を調べて，たとえば手術中の出血を軽減するためなど空所を埋めるゲルのモデルとして利用しようとする研究も進められている．

▼図34.8　ヌタウナギ．

粘液腺

ヤツメウナギ類

もう1つの現生の無顎の脊椎動物ヤツメウナギで，約38種が海および淡水のさまざまな環境に生息している（図34.9）．多くは寄生性で，生きている魚（「宿主」）の胴に丸くて顎のない口で取りつき，ヤスリのような舌で表皮に穴を開けて血液を吸う．

幼生期は淡水の流水中で生活する．幼生は，ナメクジウオに似た懸濁物食者で，水底に潜って懸濁物を食べる．約20種のヤツメウナギは非寄生性で，幼生期にしか餌を採らず，数年間川で生活し，性成熟して生殖すると数日後には死ぬ．一方，大部分の寄生種は，成体になると海や湖へ下る．海生のヤツメウナギであるウミヤツメ *Petromyzon marinus* は170年以上前から五大湖に侵入し，漁業に深刻な被害を与えている．

ヤツメウナギ類の骨格は軟骨でできている．多くの脊椎動物の軟骨とは異なり，それらの軟骨にはコラーゲンは少なく，他のタンパク質が主成分となっている．脊索は，ヌタウナギ同様，成体でも主要な体軸の骨格として保持されているが，ヤツメウナギ類では脊索を囲む柔軟な鞘がある．この鞘に沿って，対をなした軟

▼図34.9　海生のヤツメウナギ．ほとんどのヤツメウナギ類は口（拡大図）と舌を使って魚の側部に穴を開け，血液や組織を吸い込む．

骨の突起が背側に伸びて神経管を部分的に囲んでいる．

初期の脊椎動物の進化

1990 年代の後半，中国で調査を行っていた古生物学者たちが，脊椎動物への移行過程を示すと思われる初期の脊索動物の化石を大量に発掘した．これらの化石は，多くの動物群が多様化した 5 億 3000 万年前のカンブリア大爆発の頃のものである（32.2 節参照）．

これらの化石の中で最も原始的なものは全長 3 cm のハイコウエラ *Haikouella*（図 34.10）である．多くの点でハイコウエラはナメクジウオに似ている．口の構造は，この動物がおそらくナメクジウオのような懸濁物食者であったことを示している．しかし，ハイコウエラは脊椎動物の特徴ももっている．たとえば，よく発達した脳，小さな眼，そして脊椎動物の魚類と似た筋節構造などである．しかし，頭蓋や内耳はない．おそらく，これらの形質は，その後の脊索動物の神経系の進化的革新に伴って出現したのであろう（初期の「耳」は平衡を保つための器官であり，ヒトやその他の脊椎動物もこの機能を備えている）．

頭蓋の獲得の兆しは，ミロクンミンギア *Myllokunmingia*（図 34.1 参照）に見られる．ミロクンミンギアはハイコウエラとほぼ同じ大きさであるが，耳殻と眼殻があり，これらは耳や眼を取り囲む頭蓋の一部である．このような特徴から，ミロクンミンギアは頭部を獲得した最古の脊索動物であると考えられている．背側神経管の前端に形成される脳，眼などの感覚器官と頭蓋から構成される頭部の獲得により，脊索動物は複雑な動きや摂餌行動ができるようになった．ミロクンミンギアは頭部はもっているが，脊椎骨をもっていないため脊椎動物に分類されていない．

最古の脊椎動物の化石は 5 億年前にさかのぼり，その 1 つがコノドント類である．**コノドント類 conodonts** は細く柔軟な体の脊椎動物で，顎をもたず，軟骨性の内骨格しかもたない．その大きな眼で獲物を探し，口の前端にある釣り針のような鉤（かぎ）で獲物を突き刺したのだろう（図 34.11）．この鉤は，カルシウムなどの硬質を含んで「骨化」しており，非常に堅かった．餌は咽頭へ送られ，そこで歯状の構造物によって切られ，砕かれていたのだろう．

3 億年以上もの間，非常に多くのコノドント類が生息していた．この歯状の化石は大量に発見されるので，石油を探査する地質学者が地層の年代を決める目安としてこれらの化石を利用してきた．

さらに進化した脊椎動物が，オルドビス紀，シルル紀，デボン紀（4 億 8500 万～3 億 5900 万年前）の間に現れた．これらの脊椎動物には対鰭（ついき）や，（ヤツメウナギと同様の）平衡感覚をつかさどる 2 つの半規管のある内耳をもっていた．コノドントと同様に，これらも顎を欠いていたが，筋肉質の咽頭をもち，これを使って底生の生き物や有機堆積物を吸い込んで食べたと考えられる．体を覆う硬骨の甲皮で捕食者から防御していた（図 34.12）．このような，顎をもたないよろ

▼図 34.10　**初期の脊索動物の化石．** 1999 年に中国南部で発見されたハイコウエラ *Haikouella* は眼と脳を備えていたが，頭蓋動物の特徴である頭蓋を欠いていた．図の彩色は空想による．

5 mm

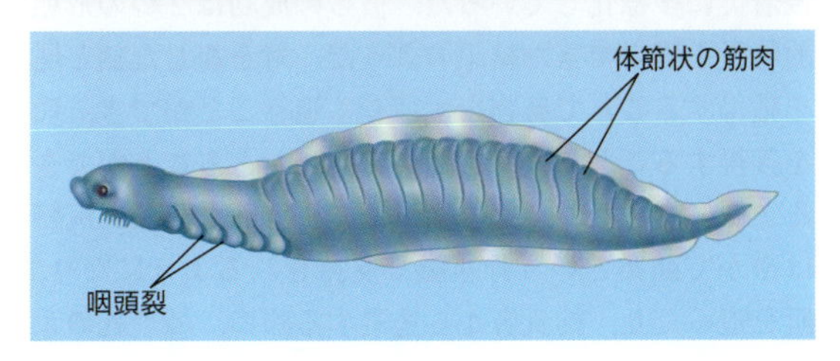
体節状の筋肉
咽頭裂

▼図 34.11　**コノドント．** コノドントは初期の脊椎動物で，5 億～2 億年前まで生きていた．ヌタウナギやヤツメウナギと異なり，骨化した口器をもち，捕食あるいは腐肉食のために用いていた．

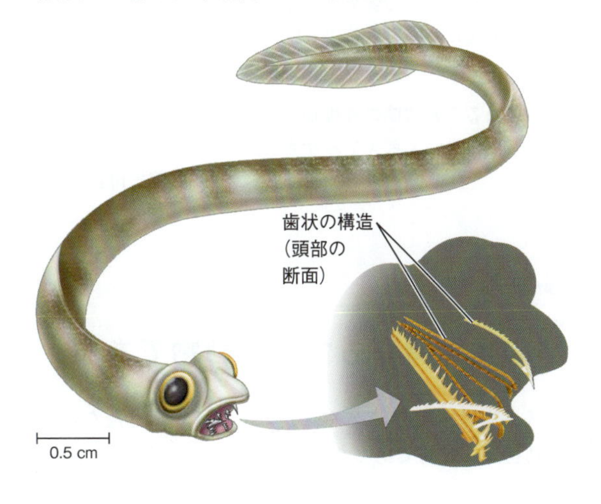
歯状の構造
（頭部の
断面）
0.5 cm

▼図 34.12　顎がなくよろいに覆われた脊椎動物. プテラスピスとファリンゴレピスは，オルドビス紀，シルル紀，デボン紀に出現した多数の顎のない脊椎動物の代表的な２属である.

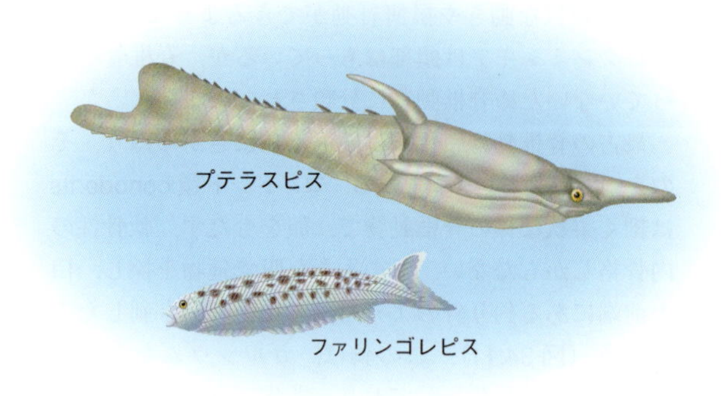
プテラスピス
ファリンゴレピス

いに覆われた遊泳性の脊椎動物には多くの種がいたが，デボン紀末にはすべて滅びた.

ヒトの骨格は石灰化した硬骨からなり，軟骨は補助的なものである．しかし，このような硬骨性の内骨格は脊椎動物の歴史の中では比較的最近に発達したものである．むしろ脊椎動物の骨格は，最初は石灰化しない軟骨でできた構造として進化した．硬骨性の骨格の進化は，4億7000万年前の無顎類の甲皮の出現から始まる．やがて，内骨格の石灰化が，石灰化軟骨として始まる．4億3000万年前までに，いくつかの種で軟骨の内骨格が薄い硬骨の層で覆われるようになり，顎を獲得した脊椎動物で硬骨化が進んでいった.

概念のチェック 34.2

1. ヤツメウナギ類とコノドント類の形態の違いは，両者の摂食方法をどのように反映しているか.
2. どうなる？➤いくつかの異なる動物の系統群で，頭蓋を備えた生き物が約5億3000万年前に初めて現れたとしよう．この発見は頭蓋をもつことが自然選択によって選ばれたことによる証拠となるか．説明しなさい.
3. どうなる？➤初期の脊椎動物で石灰化した骨が果たした役割について考えてみなさい.

（解答例は付録A）

34.3
顎口類（がくこう）は顎をもつ脊椎動物である

ヌタウナギ類やヤツメウナギ類は，顎をもたない脊椎動物が一般的であった古生代からの生き残りである．現在ではそれらは，**顎口類 Gnathostomata**（「顎のある口」の意）とよばれる顎をもつ脊椎動物に圧倒されてしまっている．現生の顎口類は多様なグループで，サメの仲間や条鰭（じょうき）類，肉鰭（にくき）類，両生類，爬虫類（鳥類を含む），哺乳類が含まれる.

顎口類の派生形質

顎口類の顎はちょうつがい状につながっており，そこに生えている歯で，食物をしっかりとつかまえ，かみ砕くことができる．顎口類の顎は，もともと前方の咽頭裂（鰓裂）を支えていた骨であったものが，変形することによって進化したという仮説が唱えられている．図 34.13 は，このような進化の過程で咽頭の骨が顎（緑色）とそれを支持する骨（赤色）へと変形していく様子を示している．残りの鰓裂はもはや懸濁物食のためには用いられず，外界とのガス交換が主要な働きとなった.

顎口類は顎以外にも共通の派生形質をもっている．顎口類の共通の祖先では *Hox* 遺伝子クラスターがさらに1回重複した．これで，初期の脊索動物には1つしかなかった *Hox* 遺伝子クラスターは4つになった．じつは，脊椎動物の祖先では，ゲノム全体が重複しており，このような遺伝的な進化が顎などの顎口類の新しい特徴の進化を可能にしたと考えられている．顎口類の前脳は，無顎類に比べて大きく，これは主として嗅覚と視覚の発達に関係している．水生の顎口類には，体の両側に沿って**側線系 lateral line system** をもつという特徴もある．体外の水の振動を感じる微小な器官は1列に並んでいるもので，類似した器官が無顎脊椎動物の頭甲にも見られる.

▼図 34.13　顎の骨の進化に関する仮説.

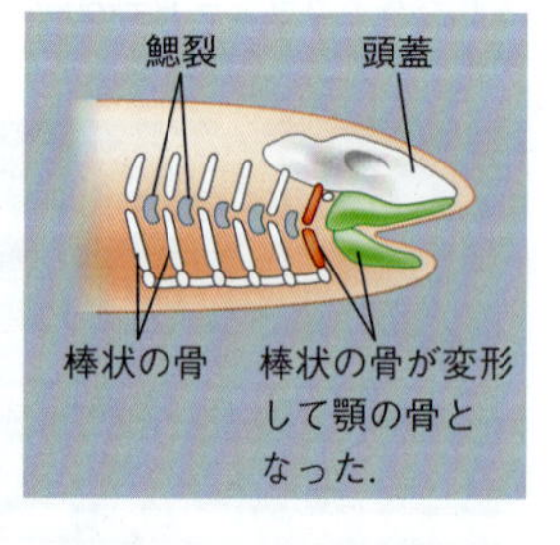
鰓裂
頭蓋
棒状の骨
棒状の骨が変形して顎の骨となった.

顎口類の化石

顎口類の化石は，約4億4000万年前に現れ，その後着実に多様化していった．彼らの成功は2つの形態的特徴を獲得できた結果のようだ．対をなした鰭（ひれ）と尾を獲得することで獲物をすばやく追うことができ，顎を獲得することで獲物を捕まえ食いちぎることができるようになった．一部の顎口類では背鰭，腹鰭，尻鰭はやがて鰭条（きじょう）という骨組織で支持されるようになり，餌を追ったり，捕食者から逃避する際に，棘や舵のよ

▼図 34.14　**初期の顎口類の化石.** おそろしい捕食者である板皮類のダンクレオステウス *Dunkleosteus* は全長 10 m を超える. 顎の構造の分析によると, ダンクレオステウスは顎の先端で, 560 kg/cm^2 の力を出すことができる.

0.5 m

うな役割を果たすようになった. 鰓による効率的なガス交換などの適応も速く泳ぐ能力の向上につながった.

最古の顎口類の化石は, **板皮類** **Placoderma**（「板のような表皮」の意）とよばれるよろいをもつ脊椎動物の絶滅した系統のものであった. 板皮類のほとんどは全長 1 m 以下であったが, なかには 10 m を超すものもいた（図 34.14）もう 1 つの顎口類の系統である**棘魚類** **Acanthodii** は板皮類とほぼ同じ頃に出現し, シルル紀からデボン紀（4 億 4400 万～3 億 5900 万年前）に放散した. 板皮類は 3 億 5900 万年前に姿を消し, 棘魚類はその 7000 万年後に絶滅した.

過去数年の間に, 新たに化石が発見され, 4 億 4000 万～4 億 2000 万年前に著しい進化が起きたことが明らかとなった. この時期に顎口類は多様化し, 4 億 2000 万年前までに 3 つの系統群が生じて, 現在まで生き残っている. それが軟骨魚類と条鰭類と肉鰭類である.

軟骨魚類（サメ, エイの仲間）

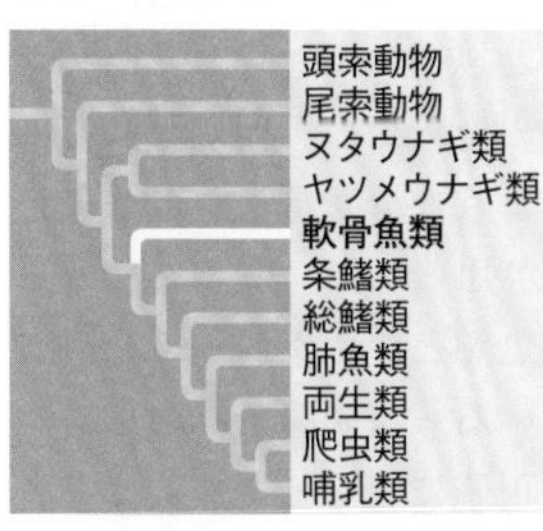
頭索動物
尾索動物
ヌタウナギ類
ヤツメウナギ類
軟骨魚類
条鰭類
総鰭類
肺魚類
両生類
爬虫類
哺乳類

サメ, エイとその仲間には, 海洋性脊椎動物の捕食者のうちで最大で最も成功したものもいる. 彼らは**軟骨魚綱** **Chondrichthyes** に属し, その名の通りおもに軟骨でできた骨格をもつ. ただし, 軟骨にカルシウムが沈着していることも多い.

軟骨魚綱という名称が最初につくられた 1800 年代には, 軟骨魚類は脊椎動物の骨格の進化における原始的段階にあって, いわゆる「硬骨魚類」のような派生的な系統で初めて硬骨化が起きたと考えられていた. しかし, 甲皮をもつ無顎類に見られるように, 軟骨魚類が他の脊椎動物から枝分かれするより前に, すでに脊椎動物骨格の硬骨化は始まっていた. さらに, 初期の軟骨魚類, たとえば石炭紀のサメ類の鰭の骨格には硬骨に似た組織が発見されている. 現生の軟骨魚類にも, 硬骨組織の痕跡が鱗や歯の基部に残っており, ある種のサメ類では脊椎の表面の薄い層にも存在する. したがって, 硬骨が限られた部分に残っている状態は, 軟骨魚類が他の顎口類から分かれた後の派生的な状態である, つまり軟骨魚類は徐々に硬骨を失っていったと考えられる.

現生の軟骨魚類は約 1000 種が知られる. 最大で最も多様化しているのはサメやエイを含むグループ（板鰓亜綱）である（**図 34.15 a,b**）. もう 1 つ全頭亜綱という数十種のギンザメ類から構成されるグループもある（**図 34.15 c**）.

サメ類の大多数は流線形の体をもち, 高速で泳ぐことができる. しかし, 方向転換はそれほど上手ではない. 胴体と尾鰭の強力な動きによって前に進む. 泳ぐとき, 背鰭は主として体位安定装置として働き, 対になった胸鰭と腹鰭が方向転換のために重要な働きをする. 肝臓に大量に存在する油によって浮力を得ているが, それでも全体では水より密度が高いため, 泳ぐのをやめれば沈んでしまう. 泳ぎ続けることによって水が口から鰓を通り抜けるので, これによってガス交換が行われる. しかし, ある種のサメや多くのエイは海底で休んでいることが多い. そのときは顎や咽頭の筋肉を使って水を鰓に送っている.

最大級のサメやエイは懸濁物食でプランクトンを餌にしている. しかし大部分のサメは肉食で, 獲物を丸のみにしたり, 丸のみするには大きすぎる獲物は強い顎と鋭い歯で食いちぎる. サメ類には何列もの歯があり, 古い歯が抜けると新しい歯が前方に向かって移動する. サメ類の消化管は, 他の脊椎動物に比べると相対的に短い. サメの腸には「らせん弁」というらせん状のひだがあり, それが消化管の表面積を増し, 食物を消化管に滞留させて, 消化を助けている.

鋭い感覚が発達していることも, サメの肉食という生活様式に伴う適応である. サメは鋭敏な視覚をもつが色覚はない. サメの鼻孔は, 他の多くの水生脊椎動物と同じく, 盲管につながっており, 嗅覚のみで, 呼吸には使われない. 頭部には電場を感じる領域が対になって存在し, 近くの動物の筋収縮によって生じる電場を感知できる. 他の水生脊椎動物（哺乳類を除く）

▼図 34.15　**軟骨魚類.**

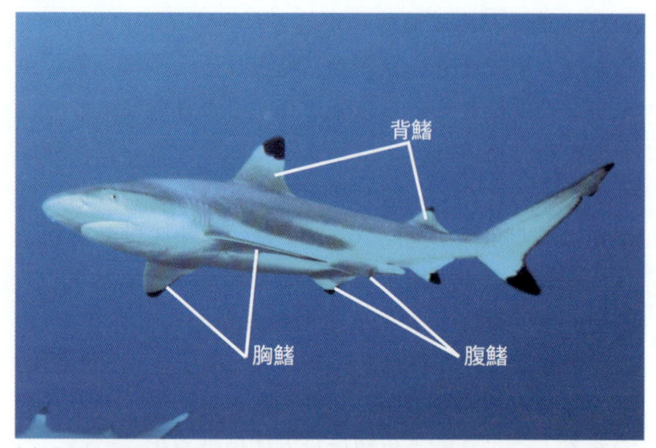
背鰭
胸鰭
腹鰭

(a) メジロザメ科のツマグロ *Charcharhinus melanopterus.* サメ類は鋭い感覚をもち，高速で泳ぐ．他の顎口類と同様に対となる胸鰭と腹鰭をもつ．

(b) アカエイ科のアメリカアカエイ *Dasyatis americana.* ほとんどのエイ類は体が扁平で，底生．軟体動物や甲殻類を食べる．あるものは外洋を泳ぎ回り，口を大きく開けて，餌をすくいとる．

(c) ギンザメ科のコボンギンザメ *Hydrolagus colliei.* ギンザメ類は水深 80 m 以上の深いところに生息するものが多く，エビ，貝，ウニなどを食べる．背鰭の前端に毒のある棘をもつ種もいる．

と同様，サメは陸生脊椎動物が空気中の音波を聴覚器官に伝えるのに用いる鼓膜をもたない．水中の音は全身で受け取られ，それが内耳の聴覚器官に伝えられる．

サメ類の卵は体内で受精する．雄は腹鰭に交尾器を備えている．これによって精子を雌の生殖管に送り込む．あるものは**卵生** oviparous で，卵で産み出され体外で孵化する．卵は防護被膜で包まれて産まれる．**卵胎生** ovoviviparous の場合は，受精卵は輸卵管に留め置かれ，卵黄の栄養で育った胚は子宮内で孵化した後産み出される．少数であるが**胎生** viviparous の種もあり，子は子宮内で発生し，生まれるまで，卵黄嚢胎盤を通して母親の血液から栄養分をもらうか，子宮がつくる栄養を含んだ液を吸収するか，あるいは他の卵を食べることによって栄養を得る．サメの生殖管は排出系や消化管とともに同じ空所，**総排出腔** cloaca に開口する．これが外へのただ1つの出口となる．

エイ類はサメ類に近縁だが，大きく異なる生活様式に適応している．ほとんどのエイは底生で，貝や甲殻類を顎でかみ砕いて食べている．大きく広がった胸鰭を翼のように使って水中を泳ぐ．多くのエイの尾はむち状で，種によっては防御のための毒のある棘を備えている．

軟骨魚類は4億年以上も繁栄している．しかし今日では乱獲によって重大な脅威にさらされている．たとえば，2012年の報告によると，太平洋のサメ類は95％も減少しており，ヒトのすむ周辺海域での減少が著しい．

条鰭類と肉鰭類

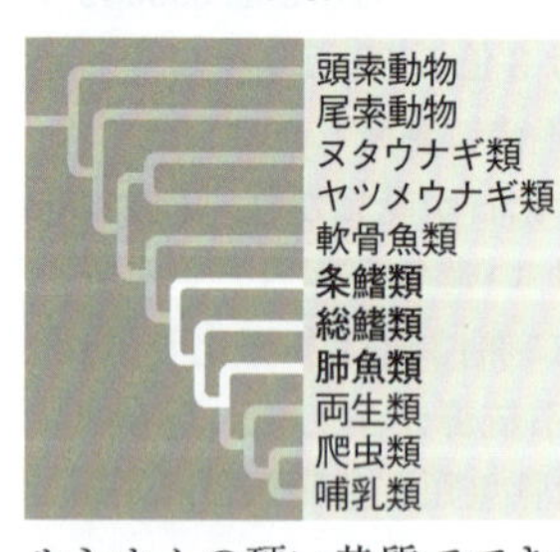
頭索動物
尾索動物
ヌタウナギ類
ヤツメウナギ類
軟骨魚類
条鰭類
総鰭類
肺魚類
両生類
爬虫類
哺乳類

脊椎動物のほとんどは硬骨魚類という顎口類の中のクレードに属する．軟骨魚類とは異なり，現生の**硬骨魚** osteichthyan のほとんどすべてが，リン酸カルシウムの硬い基質でできた硬骨化（「骨化」と同義）した内骨格をもっている．他の多くの分類群名と同様，硬骨魚類（「硬骨のある魚」の意）という名も，系統分類学が発展するよりずっと以前につけられたものである．このグループの最初の定義では，四肢類は除かれていたが，現在ではそのような分類群は，側系統群（図 34.2 参照）であることが知られている．したがって，現在の分類学者は硬骨魚類というクレードに硬骨魚とともに四肢類も含めている．この分類群名は，クレードのメンバーの性質を正確に表していないことになる．

ここでは，俗に私たちが「魚」とよぶ水生の硬骨魚類について，議論しよう．彼らは**鰓蓋** operculum という骨質の覆いの内側にある 4，5 対の鰓に水を引き

▼図 34.16　条鰭類マスの解剖図.

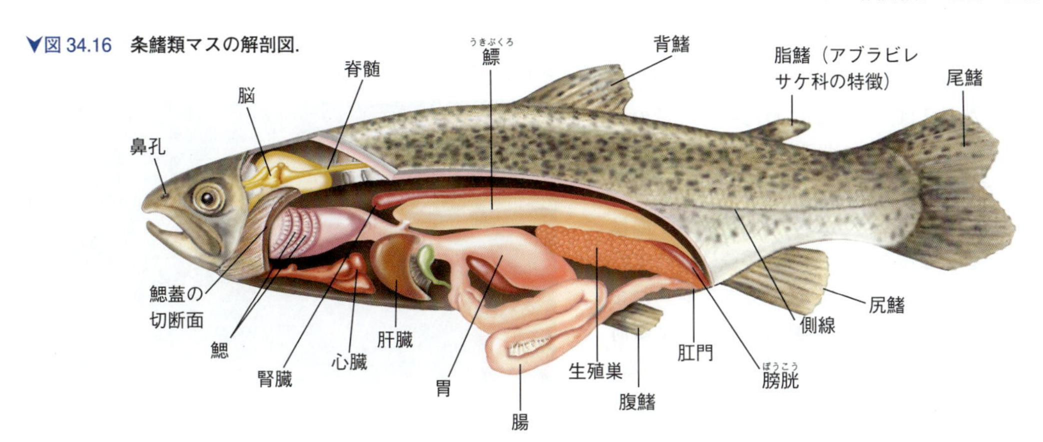
鼻孔
脳
脊髄
鰾
背鰭
脂鰭（アブラビレ
サケ科の特徴）
尾鰭
鰓蓋の
切断面
鰓
腎臓
心臓
肝臓
胃
腸
生殖巣
腹鰭
肛門
膀胱
側線
尻鰭

入れて呼吸する（図 34.16）．水は，鰓蓋骨の運動と鰓室のまわりの筋肉の収縮とによって，口から咽頭に入り，鰓の間を通り抜けて外へ出る．

多くの魚類は鰾 swim bladder という空気の入った袋で，浮力を調節できる（魚類が深海に潜ったり，あるいは表面に浮かび上がったりして，水圧の異なる環境に移動すると，血液と鰾の間で気体が移動して鰾のガスの体積が保たれている）．チャールズ・ダーウィン Charles Darwin は，四肢類の肺が鰾から進化したと主張した．奇妙に感じられるかもしれないが，実際はその逆である．初期に分岐した硬骨魚類の系統の多くで肺が存在し，肺での空気呼吸が鰓でのガス交換の補助的な役割を果たしている．したがって，初期の硬骨魚類で肺がまず出現し，それがいくつかの系統で鰾に進化したと考えられている．

ほとんどすべての硬骨魚類の表皮は，扁平な骨質の鱗で覆われている．この鱗は，サメのもつ歯のような鱗とは異なっている．表皮の分泌腺からは粘液が皮膚の上に出される．これは泳ぐときの抵抗を減らすのに役立っている．すでに述べた古代の顎口類と同じく，水生硬骨魚類は側線系をもっている．それは体の両側にある小さな孔の列として見える．

水生硬骨魚類の生殖は，非常に多様である．大部分の種は卵生で，雌が多数の卵を放出した後に体外受精が行われる．しかし，体内受精や胎生の種もいる．

条 鰭 類

水生硬骨魚類の中で，私たちになじみのあるものほとんどすべてが，2 万 7000 種以上からなる**条鰭類** ray-finned fishes（Actinopterygii）に含まれる（図 34.17）．この分類名は，鰭を支える骨質の鰭条にちなんで名づけられた．条鰭類は，シルル紀（4 億 4400 万～4 億 1900 万年前）に出現し，それ以後，驚くほど形態が多様化した．体の旋回や防御などの機能に応じて体型や鰭の構造が多様化している．

条鰭類は，ヒトの主要なタンパク源として，数千年

▲ キハダマグロ *Thunnus albacares* は群れで高速で泳ぐ．世界的に重要な食用魚．

▶ ハナミノカサゴ *Pterois volitans* は太平洋のサンゴ礁に生息する．この魚のすべての棘に毒があり，刺されると非常に痛い．

▲ オヒツジタツ *Hippocampus ramulosus* のようなタツノオトシゴ類は体が非常に変形している．雄の育児嚢に卵を産み落とされ，仔魚はその中で発生するという珍しい動物である．

▲ チリメンウツボ *Gymnothorax dovii* はサンゴ礁の割れ目で待ち伏せする捕食者．

▲図 34.17　条鰭類.

にわたって漁獲されてきた．しかし，産業規模の漁業の結果，世界でも有数の漁場のいくつかは壊滅の危機に陥っている．たとえば，数世紀にわたって大量の漁獲が行われた後，1990年代の北西大西洋におけるタイセイヨウダラ *Gadus morhua* の漁獲量は最盛期の5%にまで落ち込んでしまい，この地域でのタラ漁はほとんど行われなくなった．漁獲制限が続けられているにもかかわらず，タラの集団を維持できるレベルまで回復していない．さらに，条鰭類は，ダムによる河川の流路変更などの人為的な圧力にも直面している．流路が変わることで，魚類の摂食や回遊路や産卵場所が攪乱されてしまっている．

肉鰭類

硬骨魚類のもう1つの主要な系統である**肉鰭類**（にくき）**lobe-fins**（Sarcopterygii）は，条鰭類と同じくシルル紀に現れた（図34.18）．肉鰭類の重要な派生形質は，胸鰭と腹鰭に厚い筋肉層で囲まれた棒状の骨が存在することである．デボン紀（4億1900万～3億5900万年前）には，沿岸の湿地帯のような汽水域に，多くの肉鰭類が生息していた．そこでは，彼らはその肉鰭を泳ぐためだけでなく，現生の肉鰭類のように水底を「歩く」のにも使っていたようである．デボン紀の肉鰭類には巨大な捕食者もいた．親指ほどの大きさの棘状の歯の化石が，見つかることもまれではない．

デボン紀の終わりまでには，肉鰭類の多様性は減少し，現在では3つの系統だけが生き残っている．その1つはシーラカンス類（総鰭目 Actinistia）で，7500万年前に絶滅したと考えられていた．しかしながら，

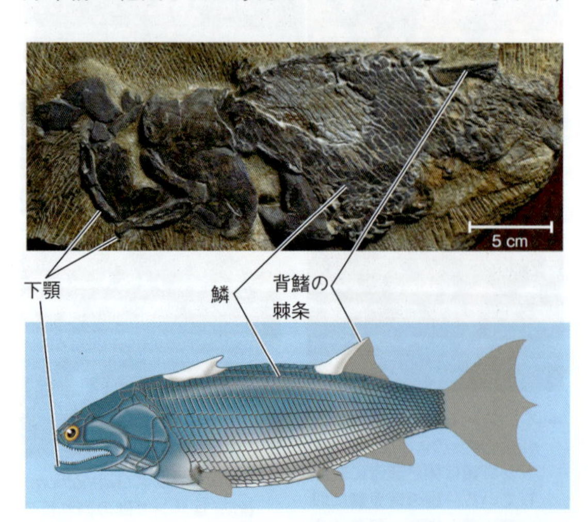
5 cm
下顎
鱗
背鰭の
棘条

▲図34.18　**古代の肉鰭類の復元図．** *Guiyu oneiros* は2009年に発見された4億2000万年前の最古の肉鰭類．この化石はほぼ完全で，正確に復元されている．灰色で示した部分は化石として残っていない．

▼図34.19　**シーラカンス** *Latimeria*．総鰭類は南アフリカとインドネシア沿岸沖の深海に生息する．

1938年に南アフリカ海岸の沖合で漁師が生きたシーラカンスを捕らえた（図34.19）．その後1990年代までは，すべて西インド洋のコモロ諸島の近くで見つかっていたが，1999年以降は，アフリカの東海岸とインド洋東部インドネシアのあちこちで見つかっている．インドネシアの集団はシーラカンスの第2番目の種かもしれない．

肉鰭類の第2の系統は肺魚類で，現在3属6種が知られており，すべて南半球で見つかっている．肺魚は海で生まれたが，現在では一般によどんだ池や沼地といった淡水にしかいない．彼らは水面に出て肺に空気を吸い込む．鰓ももっていて，オーストラリアの肺魚ではガス交換はおもに鰓で行われる．乾季に池が縮小すると，泥に潜って夏眠（夏に休眠状態になる，40.4節参照）することができる．

現生の肉鰭類の第3の系統は，シーラカンス類や肺魚類よりはるかに多様である．このグループは，デボン紀中期に陸上生活への適応し，腕や脚を備えた脊椎動物となった．これが四肢類である．ヒトは四肢類に分類される．

概念のチェック 34.3

1. サメとマグロが共有する派生形質は何か．マグロとサメはどのような特徴で区別されるか．
2. 水生の顎口類の重要な適応を挙げなさい．
3. **描いてみよう**➤図34.2をもとに円口類，ナメクジウオ，顎口類，ホヤ類の4つの系統の系統樹を描きなさい．また，系統樹の中に脊椎動物の共通祖先の位置を示し，ヒトを含む系統に丸をつけなさい．
4. **どうなる？**➤生物の歴史をやり直すことを想像してみよう．肉鰭類以外の顎口類が水中から陸上へ移行することは可能だろうか．説明しなさい．

（解答例は付録A）

34.4

四肢類は四肢をもつ顎口類である

脊椎動物の歴史で最も重要な出来事の1つが，3億6500万年前に起きた．肉鰭類の鰭が徐々に四肢類の手足に進化したのである．それまで，すべての脊椎動物は基本的に魚のような体をしていた．しかし，四肢類が陸上に上がってから，飛び跳ねるカエルや空を飛ぶワシ，二足歩行するヒトのように多くの新しい形態をとるようになった．

四肢類の派生形質

四肢類 Tetrapoda の最も重要な特徴は，ギリシャ語の学名の通り「4本の肢」をもつことである．四肢類は，胸鰭と腹鰭ではなく指のある四肢をもつようになった．四肢で陸上での体重を支え，指をもつことで筋肉が生み出す力を地面に伝えて歩行することが可能になった．

陸上生活は，四肢類のボディープランにさらに多くの変化をもたらした．四肢類では，頸が生じて，頭部は胴から解放された．はじめは，1つの椎骨だけからなる頸によって，頭骨を上下できるようになった．その後2番目の椎骨が頸に加わると，頭を左右に動かせるようになった．後肢の骨が関節する腰帯の骨は背骨に癒合し，後肢が生み出す地面に対する力を体に伝えられるようになった．(後で取り上げるアホロートルのような）完全に水生の種以外は，現生の四肢類の成体は鰓をもたない．胚発生の段階で，咽頭溝は鰓の代わりに，耳の一部や腺性器官などをつくり出す．

これから見ていくように，これらの特徴は四肢類のさまざまな系統において大きく変化したり失われたりした．たとえば鳥類では前肢は翼になり，クジラでは体全体が魚型に戻った．

四肢類の起源

すでに学んできたように，デボン紀の海岸の湿地帯にはさまざまな肉鰭類が生活していた．これらの中で，特に浅くて酸素の少ない水域に入り込んだものは，肺を使って空気呼吸していた．おそらく種によっては頑丈な鰭を使って（現生の肉鰭類がするように肢を交互に動かして）泥の上を「歩いた」ことだろう．このように，四肢類のボディープランは「何もないところ」から進化したのではなく，既存のボディープランの改変によるものであった．

ティクタアリク *Tiktaalik* という化石が最近発見されたことによって，改変の過程の詳細がわかってきた（図34.20）．この種は魚類と同様に鰭，鰓，肺をもち，その体は鱗で覆われている．しかし，魚類と違って，

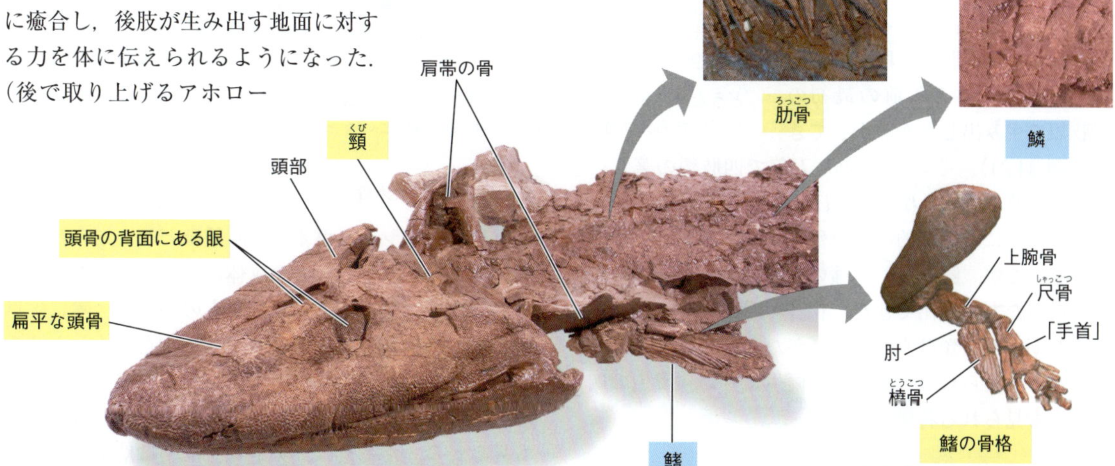
肩帯の骨
肋骨
鱗
頸
頭部
頭骨の背面にある眼
扁平な頭骨
上腕骨
尺骨
「手首」
肘
橈骨
鰭の骨格
鰭

魚類の特徴	四肢類の特徴
鱗	頸
鰭	肋骨
鰓と肺	鰭の骨格
	扁平な頭骨
	頭骨の背面にある眼

▲図34.20 **「脚のある魚」ティクタアリク *Tiktaalik* の発見．** 古生物学者たちは四肢類の起源に光を当ててくれる化石を探していた．彼らは，これまでに発見された化石の年代から，有望と思われる3億8500万～3億6500万年前の地層を発掘していた．カナダの極地方にあるエレスメア島は，このような化石がありそうな場所で，そこにはかつて川が存在していた．この発掘は，ティクタアリクと名づけられた3億7500万年前の肉鰭類の化石の発見によって報われることとなった．図と写真で示したように，ティクタアリクは魚類と四肢類の両方の特徴を備えている．

関連性を考えよう➤ティクタアリクの特徴によってダーウィンの進化の概念を説明しなさい（22.2節参照）．

呼吸を助け体を支えることのできる肋骨をもっていた．また，魚類と違って頸と肩があり，頭部を動かすことができた．さらに，前鰭の骨は四肢類の四肢に見られる基本的な構造と同じ構造をしていた．すなわち，上腕骨にあたる1つの骨に，橈骨と尺骨にあたる2つの骨があり，それに手首を構成する小さな骨が続いていた．2014年の研究からティクタアリクの骨盤（四肢類で後肢が接続する骨構造）や後鰭は魚類のものよりも大きく，頑丈であったことがわかった．ティクタアリクは陸上を歩けなかったようだが，鰭や骨盤の構造から鰭によって水中で体を支えて歩いていたことが示唆される．ティクタアリクは最古の四肢類よりも早く出現していることから，手首や肋骨，首などの特徴は，両生類の系統で見られるものの祖先的な状態をとどめていると考えられる．

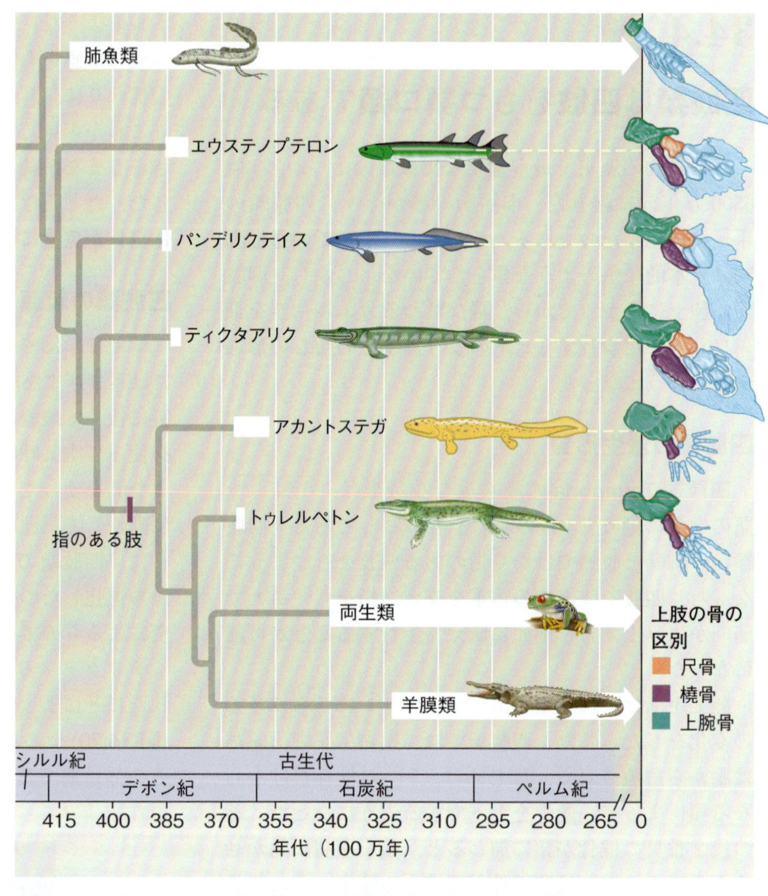

肺魚類
エウステノプテロン
パンデリクテイス
ティクタアリク
アカントステガ
トゥレルペトン
指のある肢
両生類
羊膜類
上肢の骨の区別
尺骨
橈骨
上腕骨
シルル紀
古生代
デボン紀
石炭紀
ペルム紀
415 400 385 370 355 340 325 310 295 280 265 0
年代（100万年）

▲図34.21　**指のある四肢の起源とその段階．** 系統樹の枝の白い部分は化石が知られている年代を示し，それが矢印になっているのは現在までその系統が生き残っていることを表す．絶滅したものの形態は化石の骨格に基づいて復元しているが，色彩は空想による．

どうなる？➤ トゥレルペトンと現生の四肢類の最も近い共通祖先が3億7000万年前に生じていたら，両生類の起源した年代の幅はどのくらいになるか．

ティクタアリクとその他のめざましい化石の発掘によって，どのようにして鰭が肢へと段階的に変化し，3億6500万年前の最初の四肢類を生み出したかわかってきた（図34.21）．その後の6000万年で四肢類の著しい多様化が進んだ．これらの化石の形態や発見場所から，これらの中には機能的な鰓を残し，四肢も弱いままのものもいたが，鰓を失い，強い四肢で陸上を歩けるようになったものも出てきた．化石の産出場所や形態から，初期の四肢類は水から離れがたい状態にとどまっていたと考えられる．それは，両生類という現生の四肢類にも見られる特徴である．

両生類（両生綱 Amphibia）

頭索動物
尾索動物
ヌタウナギ類
ヤツメウナギ類
軟骨魚類
条鰭類
総鰭類
肺魚類
両生類
爬虫類
哺乳類

両生類 amphibiansには約6150種が知られており，有尾目（サンショウウオ類），無尾目（カエル類），無足目（アシナシイモリ類）に分類される．

サンショウウオ類

有尾目サンショウウオは550種ほどしか知られていない．完全に水生のもの，成体になると陸に上がるもの，および一生を陸上で過ごすものがいる．陸に生息する多くのサンショウウオは，体を左右にくねらせるという初期の陸生四肢類にも見られる様式で歩行する（図34.22 a）．水生のサンショウウオには，幼形進化も見られる．たとえば，アホロートルは幼生の特徴を保ったまま性成熟する（図25.24参照）．

カエル類

無尾目カエルには約5420種が知られている．陸上での動きについては有尾類よりも適応している（図34.22 b）．カエル類の成体は強力な後肢を使って陸上で跳躍する．英語の「toad」はヒキガエル類のように皮膚が羊皮紙状になるなど陸上での生活によく適応し

(a) 有尾目．有尾類（イモリとサンショウウオ類）は成体でも尾がある．

(b) 無尾目．無尾類（カエル類）は成体には尾がない．

(c) 無足目．無足類（アシナシイモリ類）は四肢がなく，地中性の両生類．

▲図 34.22　両生類．

(a) オタマジャクシは水生の草食者で，鰭のある尾と内鰓をもつ．

(b) 変態の間に，鰓と尾が吸収され，歩くための肢が発達する．変態後は陸上で生活する．

(c) 成体は繁殖のために水に戻る．雄は雌に抱きついて，産卵を促す．卵は水中に産み出され，受精する．卵は寒天質で覆われ，卵殻を欠く．空気にさらされると乾燥する．

▲図 34.23　ヨーロッパアカガエル *Rana temporaria* の「二重生活」．

たカエル frog にすぎず，frog と toad に大きな違いはない．カエル類は，口の前方にある長くて粘着性のある舌を飛び出させて昆虫など餌を捕まえる（訳注：例外もある）．また，大きな捕食者から身を守るためのさまざまな適応を示す．表皮の分泌腺からは不味く，ときには有毒な粘液を分泌する．有毒な種の多くは，捕食者がそれを危険だとわかる鮮やかな色をしている．それ以外のカエル類は，周囲に紛れて体を隠す（カモフラージュする）色彩をしている（図 54.5 参照）．

無 足 目

無足目（約 170 種）は四肢がなく，ほとんど盲目で，外見はミミズに似ている（図 34.22c）．彼らは肢のある祖先から進化したもので，肢の欠如は二次的な適応である．熱帯地域に生息し，多くは森林の湿った土の中に潜っている．

両生類の生活史と生態

「両生類」（「両方の生活」の意）の名は，多くのカエル類で見られる，最初は水中に，その後陸に上がるという生活史からきている（図 34.23）．カエルの幼生はオタマジャクシとよばれ，ふつうは水生の草食で，水生の脊椎動物と同様に鰓，側線系，長くて鰭のある尾をもつ．オタマジャクシには最初は肢がなく，尾を左右にくねらせて泳いでいる．「第 2 の生活」へ切り替わる変態の間に，オタマジャクシは肢，肺，1 対の鼓膜，肉食に適した消化管を発達させる．同時に鰓は消失し，多くの種では側線系も消失する．若いカエルは陸に上がり，陸生の捕食者となる．しかし，同じ両生類でも，名前のように両生（水生と陸生の）生活をしないものも多い．水中のみ，あるいは陸上のみで生活するカエル，サンショウウオ，アシナシイモリもいる．さらに，サンショウウオ類とアシナシイモリ類では，幼生は成体によく似ているし，また幼生も成体も多くが肉食である．

多くの両生類は沼地や雨林などの湿った生息地で見つかる．たとえ，もっと乾燥した生息場所に適応しているものでも，湿度の高い穴の中や湿った葉の下で過ごすことが多い．両生類ではおもに湿った表皮でガス交換をしているからである．ほとんどの両生類は水中や陸上の湿った環境で卵を産む．卵には卵殻がないので乾いた空気中では急速に水分を失う．

多くの両生類は体外受精を行う．雄は雌に抱きつき，雌が産卵すると精子を振りかける（図 34.23c 参照）．大量の卵を水たまりなどに産む種もあるが，その場合は死亡率が高い．逆に，少数の卵を産み，さまざまなやり方で親が卵の世話をする種もある．種によって異なるが，雌雄のどちらかが背中（図 34.24）や口の中，胃の中にまで卵を入れて育てるものもある．ある種の熱帯の樹上性のカエルは，卵塊をかき混ぜて泡状の巣をつくり，卵の乾燥を防いでいる．

多くの両生類は，特に繁殖期において複雑で多様な社会行動を示す．カエル類は普段は静かだが，雄は繁

➤図 34.24　背負って育児. コモリアマガエル *Flectonotus fitzgeraldi* の雌は背中の皮膚の袋の中で卵を孵す.

殖縄張りを防衛したり，雌を誘引したりするために鳴く．種によっては，特定の繁殖場所へ移動するのに，音声コミュニケーション，天体ナビゲーション，化学信号などを用いる．

過去30年にわたって，動物学者は世界中の両生類の個体数が，警戒が必要なほど急速に減少したことを報告している．その原因としては，カエルツボカビ病の蔓延（まんえん）（図31.25参照），生息地の消失，気候変動や環境汚染などが挙げられている．最近の研究では過去40年間で少なくとも9種が絶滅し，100種以上が目撃されなくなっており，これもおそらく絶滅したと考えられている．**問題解決演習**で，カビ感染による両生類の死を防ぐ方策について考えてみよう．

問題解決演習

ワクチンで両生類の集団を救えるか

問題

両生類の集団は世界中で減少している．カエルツボカビ *Batrachochytrium dendrobatidis*（*Bd*）の影響が大きい．この病原体は多くの両生類に重篤な皮膚感染症を引き起こし，大量死させる．*Bd* から両生類を救う試みはあまりうまくいっておらず，*Bd* への耐性が獲得されている証拠もない．

▲*Bd* の感染で死んだヤマキアシガエル *Rana muscosa*

ここでは，両生類が病原性のカビ *Bd* への耐性を獲得できるか調べてみよう．

方法　ここで取り組む原理は，病原体に一度ばく露された両生類はその病原体への免疫抵抗性を獲得するというものである．*Bd* にばく露された後，このようなことが起こるか，キューバのカエル *Osteopilus septentrionalis* で得られた結果を解析しよう．

データ　さまざまな回数で *Bd* にばく露された個体を調べるため，カエルを0〜3回ばく露した（一度ばく露した後，熱処理で病原体を殺傷する過程を繰り返した）．0はばく露されていないことを示す．その後，カエルが *Bd* にばく露され，皮膚の *Bd* の量，カエルの生存，リンパ球（免疫応答にかかわる白血球）の数が調べられた．

Bd へのばく露回数	リンパ球の数（1g体重あたり，単位：1000個）
0	134
1	240
2	244
3	227

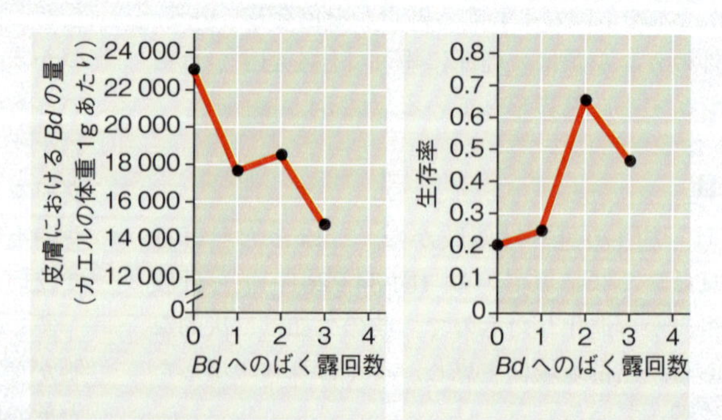
皮膚における *Bd* の量（カエルの体重1gあたり）
24 000
22 000
20 000
18 000
16 000
14 000
12 000
0
0 1 2 3 4
Bd へのばく露回数
生存率
0.8
0.7
0.6
0.5
0.4
0.3
0.2
0.1
0
0 1 2 3 4
Bd へのばく露回数

解析

1. 図の結果を解釈して説明しなさい．
2. 表のデータをグラフに記しなさい．それに基づいて図の結果を説明する仮説を立てなさい．
3. *Bd* の危険がある両生類の集団を隔離して繁殖集団を確立できた．このカエルでは死んだ *Bd* にばく露することで耐性が獲得されるという証拠が得られた．この情報と上の1，2の答えに基づいて，*Bd* によって減少した集団を回復させる方策について述べなさい．

概念のチェック 34.4

1. 四肢類の起源について述べ，その重要な派生形質を挙げなさい．
2. 両生類には一生水から離れないものもいれば，比較的乾燥した陸地で生きられるものもいる．この２つの生活形態はどのような適応の違いによってもたらされているか述べなさい．
3. どうなる？➤科学者は，両生類の集団から，環境の状態の悪化を早期に知ることができると考えている．両生類のどんな特徴が，環境の悪化に特に鋭敏に反応するのだろうか．

（解答例は付録 A）

34.5

羊膜類は陸上に適応した卵を産む四肢類である

羊膜類 Amniota は四肢類の１グループで，現生しているのは爬虫類（鳥類を含む）と哺乳類である（図 34.25）．進化の過程で，彼らは陸上生活のためのさまざまな新しい適応を遂げた．

羊膜類の派生形質

羊膜類の名は，このクレードの主要な派生形質である**羊膜卵 amniotic egg** に由来する．この卵には胚を保護する４つの特別な膜がある．それは，羊膜，漿膜，卵黄嚢，尿膜である（図 34.26）．これらの膜は胚の体の一部ではなく，胚体外の胚葉から形成されるので「胚体外膜」とよばれる．羊膜卵の名は，これらの膜の１つである羊膜に由来する．この膜は胚を取り囲む液体空間をつくり出し，衝撃を吸収して胚を保護する役割をもつ．他の膜はガス交換や栄養分の胚への輸送，老廃物の貯蔵のために働く．羊膜卵は地上生活のための重要な進化的革新で，胚はいわば自前の「池」の中に入ることによって，陸上で発生することができるようになった．これにより，繁殖のための水環境への依存から解放された．

卵殻のない両生類の卵とは対照的に，ほとんどの爬虫類と数種の哺乳類の卵には卵殻がある．卵殻により，空気中での卵の脱水が大幅に低減され，この適応によって，羊膜類は，両生類と比べて，陸上のより広範な生息場所を占めることができるようになった（30.1 節で述べたように，陸上植物の進化では，種子が同様の役割を演じた）．多くの哺乳類では，母親の体内で胚

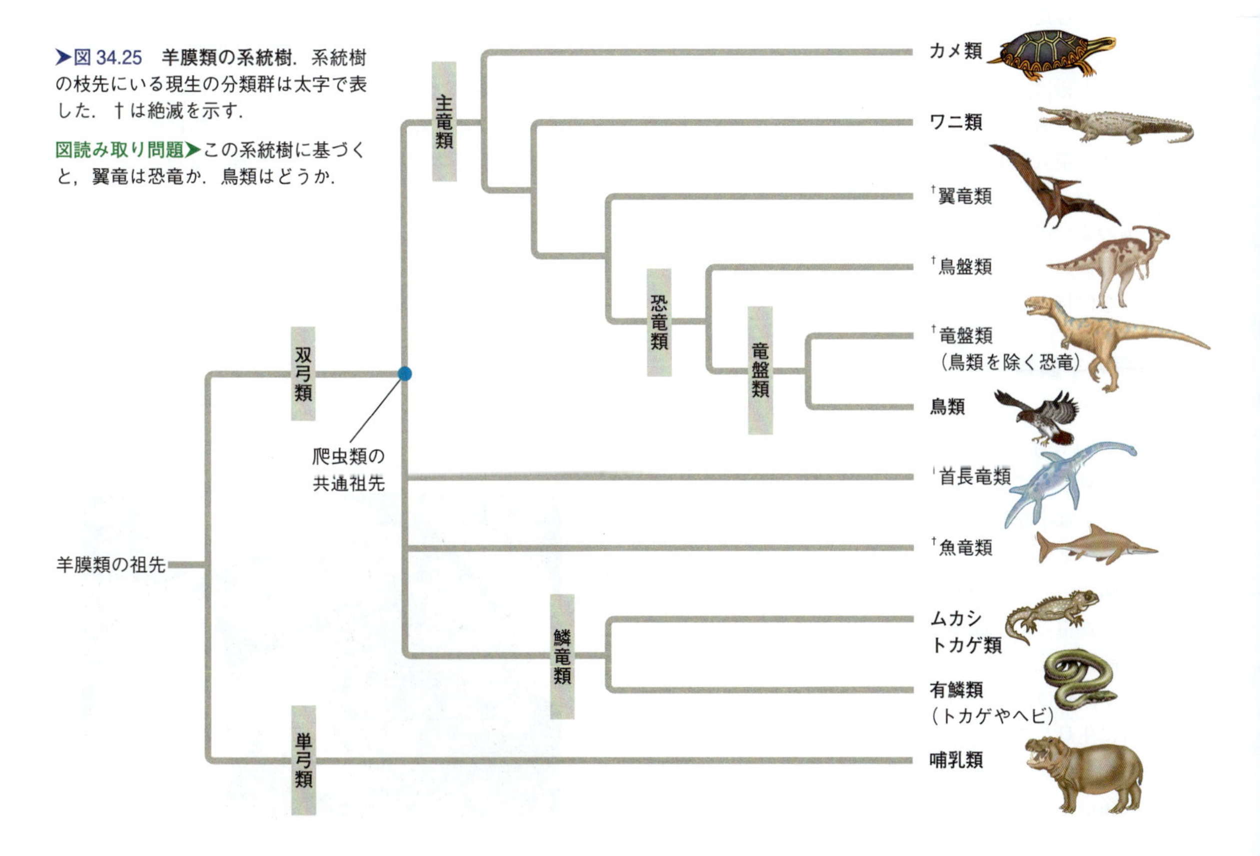

羊膜類の祖先
双弓類
単弓類
爬虫類の共通祖先
主竜類
恐竜類
竜盤類
鱗竜類
カメ類
ワニ類
†翼竜類
†鳥盤類
†竜盤類
（鳥類を除く恐竜）
鳥類
†首長竜類
†魚竜類
ムカシトカゲ類
有鱗類
（トカゲやヘビ）
哺乳類

➤図 34.25　羊膜類の系統樹．系統樹の枝先にいる現生の分類群は太字で表した．†は絶滅を示す．

図読み取り問題➤この系統樹に基づくと，翼竜は恐竜か．鳥類はどうか．

▼図 34.26　**羊膜卵．** 爬虫類と哺乳類の胚は，羊膜，漿膜，卵黄嚢，尿膜という4つの胚体外膜をつくる．図は爬虫類の卵におけるこれらの胚体外膜を示している．

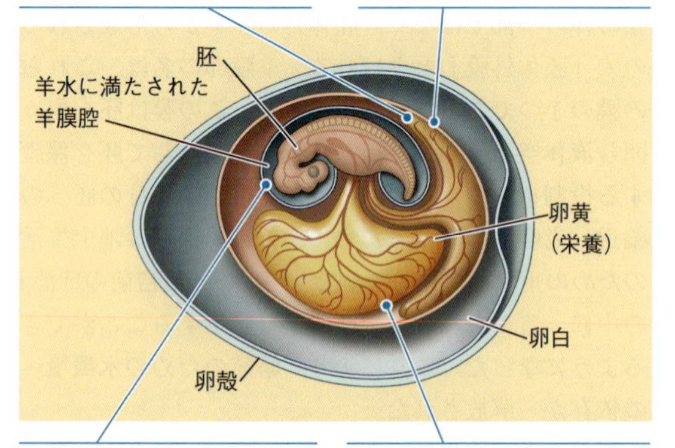
胚体外膜
尿膜．尿膜は胚によってつくられた代謝老廃物をためる袋である．
漿膜．漿膜は尿膜とともに胚と空気の間のガス交換を行う．
胚
羊水に満たされた羊膜腔
卵黄（栄養）
卵白
卵殻
羊膜．羊膜は胚を保護する膜で，内部に満たされた液体（羊水）が機械的な衝撃に対するクッションとなっている．
卵黄嚢．卵黄嚢は内部に栄養を蓄積した卵黄を含む．「卵白」にも他の栄養分が蓄えられている．
胚体外膜

発生することによって乾燥から守られるので，卵殻は不要になった．

羊膜類は他にも重要な陸上生活への適応を遂げている．たとえば，胸郭を使って肺に空気を取り込むことができる．両生類は皮膚呼吸の補助として，のどを使って肺に空気を取り込んでいるが，この方法に比べて胸郭を使った換気はずっと効率的である．胸郭による効率のよい呼吸によって，羊膜類は皮膚呼吸をやめ，水分の透過性が低い皮膚を発達させることで，体内の水分を保持することができるようになった．

初期の羊膜類

現生の両生類と羊膜類の最直近の共通祖先は，3億5000年前に生存していた．羊膜卵の化石はその時代から発見されていないが，これは卵が壊れやすいことを考えれば不思議なことではない．したがって，羊膜卵がいつ進化したかは明らかでない．しかし，現生の羊膜類はすべて羊膜卵を産むのであるから，その最直近の共通祖先は羊膜卵を産んでいたに違いない．

羊膜類の化石が発見された場所から判断すると，初期の羊膜類は，初期の四肢類と同様に暖かく，湿った場所に生息していたと考えられ，しだいに乾燥地帯や高山などの新しい環境に分布を広げていった．初期の羊膜類は小型のトカゲのような動物で，捕食者らしく

▼図 34.27　**初期の羊膜類ヒロノムス *Hylonomus*．** 全長約 25 cm のこの種は3億1000万年前に生きていた．おそらく昆虫やその他の小さい無脊椎動物を食べていた．

鋭い歯を備えていた（図 34.27）．その後，すりつぶし型の歯やその他の特徴から草食動物だとわかるものも現れた．

爬虫類（爬虫綱 Reptilia）

頭索動物
尾索動物
ヌタウナギ類
ヤツメウナギ類
軟骨魚類
条鰭類
総鰭類
肺魚類
両生類
爬虫類
哺乳類

爬虫類 reptiles のクレードには，ムカシトカゲ，トカゲ，ヘビ，カメ，ワニ，鳥類の他に，鰭竜類や魚竜類のような絶滅したものも含まれる（図 34.25 参照）．

爬虫類はいくつかの共有派生形質で，他の四肢類と区別できる．たとえば，両生類とは異なり，爬虫類は（ヒトの爪の成分でもある）ケラチンというタンパク質を主成分とする鱗で覆われている．鱗は乾燥や摩滅から皮膚を守る．さらにほとんどの爬虫類は地上に卵殻のある卵を産む（図 34.28）．したがって，卵殻が分泌される以前に，体内で受精が起こる必要がある．

トカゲやヘビのような爬虫類は，代謝による体温調節をあまり行わないので，よく「冷血動物」とよばれる．しかしながら，彼らは行動的適応によって体温調

▼図 34.28　**孵化する爬虫類．** パンサーカメレオン *Furcifer pardalis* が羊皮紙状の卵殻を破って出てくるところ．このような卵殻は鳥類以外の現生の爬虫類に一般的に見られる．

節を行っている．たとえば，トカゲ類の多くは，涼しいときは日光浴をし，暑すぎるときは日陰を探す．正確にいうならば，主として体外の熱を吸収することによって，体温を上げる爬虫類は**外温性 ectothermy** とよばれるべきである．食物の代謝によってではなく，太陽エネルギーで直接体を温めるため，外温性の爬虫類は同じ大きさの哺乳類が必要とする食物エネルギーの 10% 以下で生き延びることができる．しかし，爬虫類クレードのすべてが外温性というわけではない．鳥類は**内温性 endothermy** で，代謝によって体温を維持している．

爬虫類の起源と進化的放散

化石の証拠から，最古の爬虫類は 3 億 1000 万年前のトカゲのような動物であったと考えられる．現生のすべての爬虫類と同様，最古の爬虫類は**双弓類 diapsids** であった．双弓類の最も重要な派生形質は，頭骨の眼窩（がんか）の後ろ，側頭部に 2 つの窓をもつことである．筋肉はこれらの窓を通り，顎骨に付着して，顎を動かす．

双弓類には 2 つの主要な系統から構成される．その 1 つは**鱗竜類 lepidosaurs** で，ここにはムカシトカゲ，トカゲ，ヘビが含まれる．また，この系統から，大型のモササウルスなどの海生の爬虫類も生じた．この中には今日のクジラに匹敵する体長のものもいたが，すべて絶滅した．もう 1 つの双弓類の系統は**主竜類 archosaurs** で，カメ，ワニ，翼竜，恐竜を生み出した．ここでは絶滅した主竜類について紹介し，その後現生の爬虫類について述べることにしよう．

三畳紀後期に出現した**翼竜 pterosaurs** は，羽ばたいて飛行できた最初の四肢類である．翼竜の翼は鳥やコウモリの翼とはまったく異なっている．翼は，コラーゲンで強化された膜が，胴または後肢と前肢の長い 1 本の指の間に張られたものである．最小の翼竜はスズメほどで，最大のものは翼幅 11 m にも達した．翼竜には，昆虫食のもの，海の魚を捕らえるもの，数千の細い針のような歯の生えたくちばしで小動物を濾し取るものなどがいる．同様の生態的な位置を後の鳥類が占めていくことになるが，6600 万年前までに翼竜は絶滅した．

陸上では**恐竜類 dinosaurs** がさまざまな形と大きさに多様化した．ハトほどの大きさの 2 本足のものから，全長 45 m で樹冠まで届く長い首をもつものまでさまざまであった．恐竜の系統の 1 つである鳥盤類は草食であった．その多くは棍棒状の尾や，角のある頭部など，精巧な防御装置を備えていた．恐竜のもう 1 つの主要な系統である竜盤類には，首の長い巨大なものと，2 本足の肉食者である**獣脚類 theropods** が含まれる．獣脚類には有名なティラノサウルス・レックス *Tyrannosaurus rex* や鳥類の祖先が含まれる．

従来，恐竜はゆっくり，のっそり歩く動物であると考えられてきたが，1970 年代以降の新たな化石の発見とその研究から，多くの恐竜は機敏で動きが速かったと考えられるようになった．恐竜の脚の構造は，這（は）い回っていた初期の四肢類よりもずっと効率よく歩き，そして走ることを可能にしている．また，足跡の化石などから，恐竜は社会構造をつくり，今日の哺乳類のように群れで移動することもあったと考えられている．さらに，今日の鳥類のように巣をつくり子の世話をする恐竜がいたことを示す証拠も発見されている（図 26.17 参照）．また，数種の恐竜には，内温性であったことを示す解剖学的な証拠も得られている．

鳥類を除くすべての恐竜類は，白亜紀の終わり（6600 万年前）までに絶滅した．この絶滅は，少なくとも部分的には，25.4 節で述べた小惑星の衝突によるものであるかもしれない．白亜紀末に突然急速に恐竜の多様性が減少したという化石記録の分析はこの仮説を支持している．しかし，一方で，恐竜類の種数が白亜紀末より数百万年も前から減少し始めたことを示す研究もある．この論争に決着には，さらなる化石の分析と新しい分析方法の開発が必要である．

続いて，現生の爬虫類の 2 系統，鱗竜類（ムカシトカゲ類，トカゲ類，ヘビ類）と主竜類（カメ類，ワニ類，鳥類）について見ていこう．

鱗竜類

鱗竜類で生き残っている系統の 1 つは，2 種からなるムカシトカゲ類とよばれるトカゲに似た爬虫類である（図 34.29 a）．化石記録からすると，その祖先は少なくとも 2 億 2000 万年前には出現していた．白亜紀まで多くの大陸で繁栄しており，中には体長が 1 m にまで達するものもいた．しかし今日では，ニュージーランド沿岸に近い 30 の島にだけ生き残っているにすぎない．750 年前にニュージーランドにヒトがやってきたときに，一緒に侵入したネズミがムカシトカゲの卵を食べてしまったため，本島では絶滅してしまった．離島に生き残っているムカシトカゲは全長 50 cm ほどで，昆虫，小さなトカゲ，鳥の卵やひななどを食べている．寿命は 100 歳を超える．ムカシトカゲが生き残ることができるかどうかは，その生息地にネズミを入れずにいられるかどうかにかかっている．

現生の鱗竜類のもう 1 つの主要な系統はトカゲとへ

ビを含む有鱗類で，約 7900 種からなる（図 34.29 b, c）．有隣類の多くは小型で，2001 年にドミニカ共和国で発見されたハラグアチビヤモリは全長が 16 mm しかなく，10 セント硬貨に楽に乗る大きさである．反対に，インドネシアのコモドオオトカゲは全長 3 m にも達する．このトカゲはシカなどの大型の獲物にかみついて毒を注入して殺す．

ヘビ類は肢のない鱗竜類である．ヘビ類は四肢のあるトカゲ類から進化したもので，（26 章の最初に述べたように）肢のないトカゲとして分類される．今日でもいくつかの種では痕跡的な骨盤や四肢骨があり，祖先の形態を示す証拠となっている．ヘビ類に四肢はないが，通常は頭部から尾部へ向かって，波のように体を左右に動かして，陸上を上手に移動する．硬い物体に体を押しつける力によって体を前方に押し出す．また，体の複数の部位の腹板の鱗で地面をとらえ，その間の部分の体をわずかに地面からもち上げ，前進することもできる．

ヘビ類は肉食性で，捕食や摂食に役立つ多くの特徴を備えている．鋭い化学感覚器をもち，鼓膜はないが地面の震動に敏感で，獲物の動きを感知することができる．ガラガラヘビなどのマムシ亜科のヘビには眼と鼻孔の中間に温度を感じる器官がある．わずかな温度変化にも敏感に反応するので，夜間でも恒温動物の位置を知ることができる．毒ヘビは，管状または溝のある 1 対の鋭い歯によって毒を注入する．出し入れする舌に毒はなく，においを口蓋にある嗅覚器に送っている．ゆるい関節をもつ顎と，柔軟な表皮のおかげで，ヘビは自分の頭部より太い獲物をのみ込むことができる（図 23.14 参照）．

最後に主竜類の 3 系統，カメ類，ワニ類，鳥類について見ていくことで，爬虫類の概説を終えることしよう．

カメ類

カメ類は現生の爬虫類の中でも最も特異なグループである．たとえば，通常の爬虫類では頭蓋の眼窩の後方に 2 つの窓があるが，カメ類にはない．この頭蓋の窓は双弓類の重要な派生形質であったことを思い出そう．このため，最近までカメ類が他の爬虫類と同様に双弓類のクレードに分類されるか明らかではなかった．しかし，2015 年に頭蓋に窓の開いたカメ類の化石が発見された．この発見により，カメ類はもともともっていた頭蓋の窓を進化の過程で失ったことがわかった．カメ類が双弓類に含まれることは最近の系統解析でも確かめられ，カメ類は主竜類で，ワニや鳥類に近いこ

▼図 34.29　現生の爬虫類（鳥類を除く）．

(a) ムカシトカゲ *Sphenodon punctatus*

(b) モロクトカゲ *Moloch horridus*

(d) スペングラーヤマガメ *Geomyda spengleri*

(e) アメリカアリゲーター *Alligator mississippiensis*

とがわかった（図 34.25 参照）．

カメ類は，背甲と腹甲からなる箱形の甲をもち，甲は脊椎骨，鎖骨および肋骨に融合している（図 34.29 d）．既知の 307 種のうち大部分の種では甲は硬く，捕食者に対する防御におおいに役立っている．2 億 4000 万年前のカメ *Pappochelys* は腹側に甲状の骨をもっている．2 億 2000 万年前のものから腹甲と同時に不完全ながら背甲をもつものが見つかってくる．この時期に完全な甲が獲得されたと考えられる．

初期のカメ類は，首を甲の中に引っ込めることができなかった．そのしくみは，カメ類の 2 つの系統で独立に進化した．曲頸類（ヘビクビガメ類）は首を横に折り曲げるが，潜頸類は上下に首を折り曲げて，甲の中に入れる．

カメ類の中には砂漠に適応したものもあり，池や川で一生涯生活するものもいる．さらに，海にすむものもいる．ウミガメでは，甲は薄くなり，前肢は大きな鰭状になっている．現存する最大の種はオサガメで，体重は 1500 kg 以上になり，クラゲを食べる．オサガメや他のウミガメ類は，漁網にかかって死亡したり，産卵場所の海岸が開発されたりするため，絶滅が危ぶまれている．

ワ ニ 類

ワニ類は三畳紀後期にまでさかのぼる主竜類の系統である．この系統の最古のものは，細長い肢をもつ四肢の小さな陸生動物であった．その後大型化し，水生に適応して，上方に開いた鼻孔で呼吸するようになった．中生代のワニの中には全長が 12 m になるものもいて，水辺にくる恐竜やその他の動物を襲っていたと考えられている．

現生のワニ類には 23 種が知られており，その分布は世界の暖かい地域に限られている．米国南東部のアメリカアリゲーター（図 34.29 e）は長い間絶滅危惧種のリストに載っていたが，最近個体数が回復してきた．

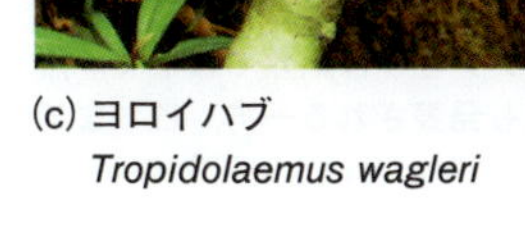

(c) ヨロイハブ
Tropidolaemus wagleri

鳥　類

世界には約 1 万種の鳥がいる．ワニ類と同様，鳥類は主竜類であるが，その解剖学的特徴のほとんどすべては，飛行への適応のために改変されている．

鳥類の派生形質　鳥類の特徴の多くは，軽量化などの飛行に役立つ適応の結果である．たとえば，鳥類は膀胱をもたず，多くの種で雌は卵巣を 1 つしかもたない．雌雄とも生殖腺は普段は小さく，繁殖期にだけ大きくなる．現生の鳥類には歯もない．これは頭部を軽くする適応である．

鳥類の飛行への適応で最も顕著なのは，翼と羽毛である（図 34.30）．羽毛は他の爬虫類の鱗と同じ β ケラチンというタンパク質でできている．羽毛の形と配列によって，鳥の翼は航空機の翼と同じ航空力学の原理にかなった形になっている．羽ばたきの力は，胸骨の竜骨突起に付着する大胸筋の収縮によって生み出される．ワシやタカのような鳥は，気流に乗って滑空するのに適応した翼をもち，ときどき羽ばたくだけである．ハチドリなどの鳥は，空中で静止するためには絶えず羽ばたきを続けなければならない（図 34.34 参照）．最速の鳥はアマツバメで，時速 170 km で飛ぶことができる．

飛行には多くの利点がある．飛行によって狩りや腐肉探しが容易になった．また，多くの鳥類が，数が多くて栄養に富む飛翔中の昆虫を餌にしている．さらに，地上の捕食者から簡単に逃げることができる．種によっては遠距離を移動して，異なる食物資源を利用したり，季節的な繁殖地を利用したりすることができるようになった．

一方，飛行は活発な代謝による大きなエネルギー消費を必要とする．鳥類は内温性で，高い体温を安定に保つために代謝熱を使っている．羽毛や，種によっては脂肪層の断熱効果によって体熱が逃げるのを防いでいる．肺は伸縮性の高い気嚢と細い管でつながれており，空気の流れを改善し，効率的に酸素を取り込めるようになっている．効率的な呼吸系と 2 心房 2 心室の心臓からなる循環系が，体組織に十分な酸素と栄養分を供給して，高い代謝率を支えている．

飛行には優れた視覚と，筋肉の微妙な調節が必要である．鳥類は色覚と優れた視力を備えている．脳の視覚野と運動野はよく発達している．両生類や，鳥以外の爬虫類と比べて，鳥類は，体の大きさに対して相対的に大きい脳をもっている．

鳥類には高度で複雑な行動が見られる．特に繁殖期に洗練された求愛行動が見られる．卵は，産み出されるときは卵殻に包まれているので，体内受精である．

第１指
手根骨
第２指
第３指
(a) 翼
前腕
手首
羽板
羽軸
羽軸
羽枝
小羽枝
鉤
(c) 羽の構造

(b) 骨の内部構造

◀図 34.30　形態は機能に適合する：鳥の翼と羽毛． (a) 翼は四肢類の前肢の改造したものである．(b) 多くの鳥の骨は内部が空洞になっていて，細い梁で支えられ，空気で満たされている．(c) 羽毛は中心に空気の入った羽軸と，そこから出ている羽板でできている．羽板は羽枝からできていて，それには小羽枝という枝がある．鳥には大羽と綿羽がある．大羽は丈夫な羽毛で，翼や体の空気力学的な形をつくり上げている．大羽の小羽枝には鉤があって隣の小羽枝と引っかかり合っている．鳥が羽づくろいをするときは，くちばしで大羽を羽軸に沿ってはさみながら鉤をかみ合わせ，羽枝を正しい形に整える．綿羽には鉤がなく，羽枝はばらばらの状態で綿状になり，空気を取り込んで断熱効果を生む．

交尾はふつう，雌雄の総排出口の接触による．産卵後に，胚を温かく保つために，種によって母親か父親，またはその両者によって抱卵される．

鳥類の起源　鳥類や爬虫類の化石の系統解析により，鳥類は獣脚類という二足歩行の竜盤類に含まれることが示されている．1990 年代後半以降，中国の古生物学者たちが羽毛のある獣脚類という驚くべき化石を発掘し，これによって鳥類の起源が明らかとなった．鳥類に近縁な恐竜類の中には，羽板のある羽毛をもっているものもあり，繊維状の羽毛をもっているものはもっと多くいた．これらの発見から，飛行できるようになるよりもよりずっと以前に羽毛が進化していたことがわかる．初期の羽毛は，断熱，カムフラージュ，求愛ディスプレイなどの機能を担っていたと考えられる．

1 億 6000 万年前までに，羽毛のある獣脚類が鳥類に進化した．1861 年にドイツの石灰石の石切場で発見されたシソチョウ（始祖鳥）*Archaeopteryx* は，現在知られている限り最古の鳥類である（図 34.31）．シソチョウは羽毛のある翼をもっているが，くちばしには歯，翼には爪の生えた指，長い尾などの原始的特徴を残していた．シソチョウは高速で飛ぶことができたが，現生の鳥類のように静止した姿勢から飛び上がることはできなかったらしい．白亜紀以後の鳥類の化石を調べると，歯や前肢の爪などの恐竜類の特徴はしだいに失われ，扇形の羽のある短い尾など，現生の鳥類が共通にもつ新たな形質が段階的に獲得されたことがわかる．

現生の鳥類　現生 28 目の鳥類を含む新鳥類という

翼の爪
歯のあるくちばし
大羽のある飛行のための翼
多くの尾椎からなる長い尾

▲図 34.31　シソチョウ *Archaeopteryx* は最古の鳥か． 化石の証拠から，シソチョウは飛行することができたと考えられるが，恐竜類の特徴を多数残していた．長く最初の鳥類と考えられてきたが，最近になって発見された化石から，議論がわき起こっている．シソチョウは鳥類ではなく，鳥類と近縁な恐竜であるとする研究も発表される一方，これまで同様，鳥類であるが，最初の鳥類ではないという研究もある．

クレードは，6600万年前の白亜紀と古第三紀の境界以前から存在していたことが明らかになっている．現生種と絶滅種を含むいくつかのグループには飛べない種が含まれている．ダチョウ，レア，キウイ，ヒクイドリ，エミューが属する**平胸類** ratites（ダチョウ目 Struthioniformes）はすべて飛べない（図 34.32）．平胸の名の通り，これらの鳥には竜骨突起がなく，飛ぶ鳥と比べると胸筋もあまり発達していない．

ペンギン類も飛べない目を構成しているが，彼らは飛ぶ鳥と同様に強力な胸筋をもっていて，それを水の中を「飛ぶ」ときに使う．泳ぐときに，鰭のような羽を他の鳥が羽ばたくのと同じように使う（図 34.33）．クイナ類，カモ類，ハト類にも飛べない種がいる．

飛行する鳥の一般的な体型はみなよく似ているが，経験を積んだバードウォッチャーなら，体の輪郭，飛び方，羽毛の色，くちばしの形などをもとに種の違いを識別することができる．ハチドリの翼の骨格は独特で，ホバリングや後方に飛ぶこともできるようになっている（図 34.34）．鳥類の成体は歯を失っているが，くちばしは進化過程でさまざまな餌に応じて多様な形態をしている．たとえば，オウム類は堅い実や種をかみ割ることのできるくちばしをもっている．フラミンゴは濾過食者で，くちばしは特殊な「濾し器」になっており，水中から餌を濾し取る（図 34.35）．同様に，足の構造もかなり多様である．さまざまな鳥類が足を使って，枝をつかんで止まり（図 34.36），獲物をつかみ，防御し，泳ぎ，歩く．さらに求愛にも足を使う

▼図 34.32 **エミュー** *Dromaius novaehollandiae*．オーストラリア産の飛べない鳥．

▼図 34.33 **水中を「飛ぶ」キングペンギン** *Aptenodytes patagonicus*．ペンギン類は流線型の体に強力な胸筋がついており，高速で泳ぐ．

▼図 34.34 **ホバリングしながら蜜を吸うハチドリ**．この鳥は翼をどの方向にも回転できるので，ホバリングしたり，後ろに飛ぶこともできる．

▼図 34.35 **特殊なくちばし**．オオフラミンゴ *Phoenicopterus ruber* はくちばしを水に浸し，餌を濾し取る．

▼図 34.36 **枝に止まるのに適応した足**．オオシジュウカラ *Parus major* はスズメ目の鳥である．この仲間の鳥たちは足指で枝や電線をしっかりとつかんで固定することができるので，この状態で長時間休むことができる．

(図 24.3 e 参照).

概念のチェック 34.5

1. 羊膜類の陸上適応を 3 つ挙げなさい.
2. ヘビ類は四肢類か. 説明しなさい.
3. 鳥類の飛行への適応を 4 つ挙げなさい.
4. **図読み取り問題➤**図 34.25 の系統樹をもとに, (a) 爬虫類の姉妹群, (b) 有隣類の姉妹群, (c) ワニと鳥類を含むクレードを示しなさい.

(解答例は付録 A)

34.6

哺乳類は毛に覆われた哺乳する羊膜類である

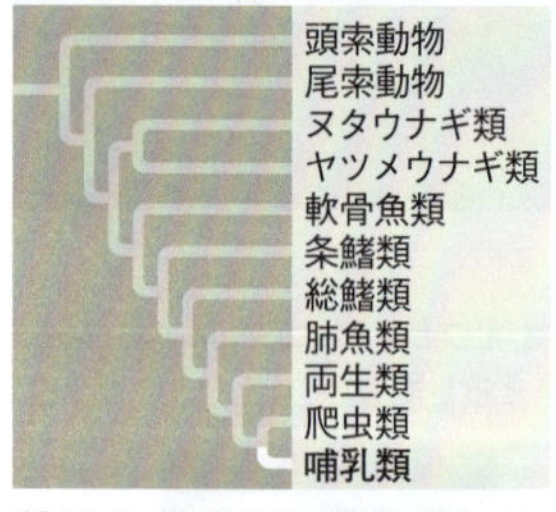
頭索動物
尾索動物
ヌタウナギ類
ヤツメウナギ類
軟骨魚類
条鰭類
総鰭類
肺魚類
両生類
爬虫類
哺乳類

ここまで述べてきた爬虫類は羊膜類の 2 つの大きな系統の 1 つで, もう 1 つの系統が私たち自身を含む**哺乳類 mammals** である. 現在, 地球上には 5300 種以上の哺乳類が生息している.

哺乳類の派生形質

哺乳類は, 子のための乳をつくる乳腺をもつという特有の形質が名前の由来になっている. すべての哺乳類の母親は, 脂肪, 糖, タンパク質, 無機質およびビタミンを豊富に含む栄養バランスのとれた乳で子を養う. もう 1 つの哺乳類の特徴である毛は, 皮下脂肪層とともに断熱材として, 水分の保持や体温の維持を助けている. 哺乳類では腎臓もよく陸上に適応しており, 体内からの老廃物を排出する際の水分の損失を少なくする効率のよい腎臓となっている (図 44.12 参照). カンガルーネズミのように, 乾燥した環境でも水をほとんど飲まなくても生存できるように適応を遂げているものもある (図 34.37).

▼図 34.37　カンガルーネズミの乾燥環境への適応.

❷ 日中は涼しくて湿度の高い穴にいて, 夜に餌を採りに外に出る.
❶ 厚く脂性の皮膚により乾燥による水分の損失を防いでいる.
❸ 鼻腔からの通路が特殊な形態をしており, 呼気の際の水分の損失が抑えられている.
❹ カンガルーネズミは水をまったく飲まず, 必要な水は代謝過程で生じる水と餌の水分から得ている.
❺ 大きな消化管と腎臓で水分を効率よく吸収し, 糞と尿による水分の損失がほとんどない.

関連性を考えよう➤どのようにしてカンガルーネズミは代謝経路から水を得ているのか説明しなさい (9.1 節参照).

哺乳類は鳥類と同じく内温性で, 多くのものは高い代謝率を示す. 効率のよい呼吸系と循環系 (2 心房 2 心室の心臓を含む) が哺乳類の代謝を支えている. 一般に哺乳類は, 鳥類と同様に, 同じ大きさの他の脊椎動物より大きな脳をもち, 優れた学習能力をもつものが多い. 親による世話の期間が比較的長期にわたるので, その間, 子が親を観察して, 生きるために重要な技術を学ぶことができる. 爬虫類の歯がたいてい円錐形で大きさもそろっているのに対して, 哺乳類の歯は多種類の食物をかむのに適応して, さまざまな形や大きさになっている. ほとんどの哺乳類と同様に, ヒトにも, かみ切るための歯 (切歯と犬歯) と砕いたりすりつぶしたりするための歯 (小臼歯と大臼歯) が生えている.

哺乳類の初期の進化

哺乳類は, 羊膜類の中で**単弓類 Synapsids** の 1 グループに属する. 初期の単弓類は体毛がなく, 這い回る動物で, 卵を産んでいた. 単弓類の特徴の 1 つが, 眼窩の後方に 1 つの側頭窓が開口していることで, ヒトもこの特徴を保持している. ヒトの顎の筋肉はこの孔を通って側頭部に付着する. 化石の証拠が示すように, 初期の単弓類から哺乳類が進化する過程で顎はしだいに改変されており (図 25.7 参照), この変化には 1 億年以上かかった. さらに, 以前は顎の関節を構成していた 2 つの骨が, 哺乳類では中耳に組み込まれた (図 34.38). この進化的変化は発生過程で見ることができる. たとえば, 哺乳類の胚が成長するにつれて, 顎の後端部の, 爬虫類では関節骨に対応する領域が, 顎から離れて耳に移動して, 槌骨(つちこつ)となる.

単弓類はペルム紀 (2 億 9900 万～2 億 5200 万年前) には大型の草食者や肉食者に進化し, その時代には優勢な四肢類であった. しかし, ペルム紀末から三畳紀はじめの大絶滅の時代に激減し, 三畳紀 (2 億 5200 万～2 億 100 万年前) にはその多様性は減少した. そ

▼図 34.38　**哺乳類の耳小骨の進化.** ビアルモスクス *Biarmosuchus* は単弓類の１種で，哺乳類を生み出した系統である．哺乳類の耳で音を伝える骨は，哺乳類の祖先の単弓類の顎の骨を変形してつくられた．

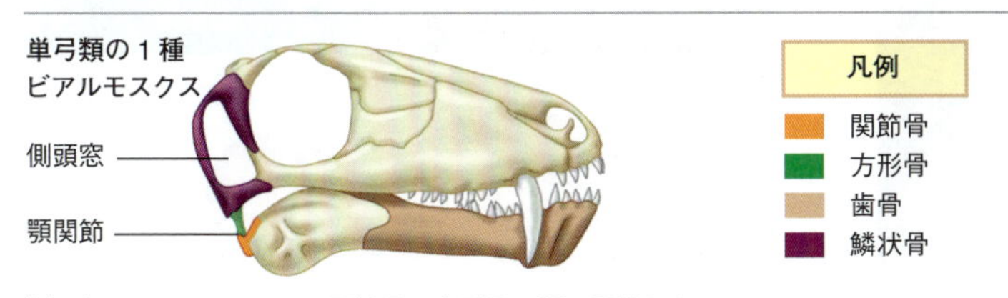
単弓類の１種
ビアルモスクス
側頭窓
顎関節
凡例
関節骨
方形骨
歯骨
鱗状骨

(a) ビアルモスクスでは，関節骨と方形骨は顎の関節となっている．

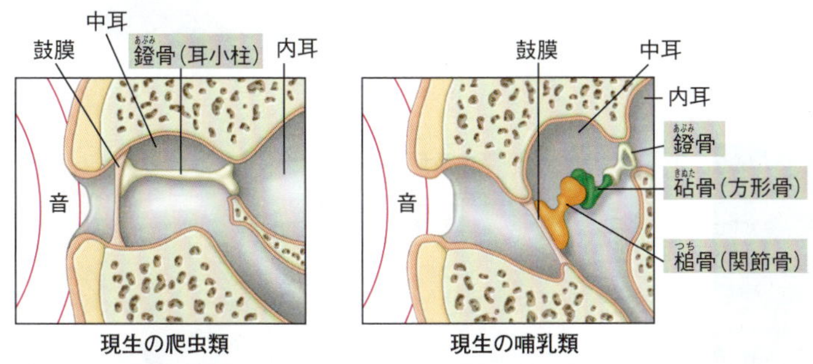
中耳
鼓膜
鐙骨(耳小柱)
内耳
音
鼓膜
中耳
内耳
鐙骨
砧骨(方形骨)
槌骨(関節骨)
音
現生の爬虫類
現生の哺乳類

(b) 哺乳類の頭骨が進化的に改造される際に，歯骨と鱗状骨の間に新しい関節ができ，方形骨と関節骨は中耳の中に入って，内耳に音を伝える３つの耳小骨のうちの２つになった（図 25.7 参照）．

関連性を考えよう➤25.6 節の前適応の定義を調べなさい．前適応が生じた過程をまとめ，関節骨と方形骨が一緒に哺乳類の中耳骨になったことが，どうしてその例なのかを説明しなさい．

の後，哺乳類様の単弓類が２億年前の三畳紀末期に出現した．これらの単弓類は真の哺乳類ではなかったが，他の羊膜類とは異なるいくつかの哺乳類的特徴を備えていた．彼らは小型で，おそらく毛が生えており，夜行性で昆虫を食べていたらしい．骨の構造から，他の単弓類よりも成長が速く，おそらく比較的代謝率が高かったのであろう．しかし，まだ卵生であった．

最初の真の哺乳類はジュラ紀（２億 100 万～１億 4500 万年前）に出現し，いくつもの系統に分化したが，その多くは短命だった．ジュラ紀と白亜紀の間，さまざまな種の哺乳類が恐竜類と共存していたが，数も多くなく，決して優勢ではなかった．多くは体長１m 以下であった．哺乳類が小型であった理由の１つは，すでに恐竜類が大型動物としての生態的ニッチを占めていたからだと考えられる．

白亜紀初期（１億 4000 万年前）までに，哺乳類の３つの主要な系統が出現した．単孔類（卵を産む哺乳類），有袋類（袋をもつ哺乳類）および真獣類（胎盤をつくる哺乳類）である．白亜紀後期に大型の恐竜類，翼竜類および海生の爬虫類が絶滅した後，哺乳類は適応放散し，大型の捕食者，草食者，飛行する種や海生の種が現れた．

単孔類

単孔類 monotremes はオーストラリアとニューギニアでのみ知られており，カモノハシ１種とハリモグラ４種（図 34.39）だけからなる．単孔類は卵を産むが，これは羊膜類の原始的特徴で，爬虫類の多くに見られる特徴でもある．すべての哺乳類と同様に毛に覆われ，乳を分泌するが，乳首はない．乳は母親の腹にある腺から分泌され，子はそれを母親の毛から吸う．

有袋類

オポッサム，カンガルーおよびコアラは，**有袋類 marsupials** の仲間である．有袋類と真獣類は，単孔類にはない共有派生形質が見られる．代謝率は高く，乳首をもち，胎生である．胚は雌の生殖管である子宮内で発生する．子宮の内膜と胚体外膜からつくられる**胎盤 placenta** を通して，母親の血液の栄養分が胎児へ送られる．

有袋類は発生の非常に早い時期に産み落とされ，授乳されながら発生を完了する（図 34.40 a）．多くの種で，授乳は「育児嚢」という母親の袋の中で行われる．たとえば，アカカンガルーは，受精後たった 33 日のミツバチほどの大きさで産み出される．後肢はまだ突起にすぎないが，前肢は強く，母親の生殖管口から出

▼図 34.39　**オーストラリアの単孔類の１種ハリモグラ *Tachyglossus aculeatus*.** 単孔類は毛で覆われ，雌は乳を出すが，乳首はない．単孔類は卵（挿入図）を産む哺乳類である．

▼図 34.40　オーストラリアの有袋類.

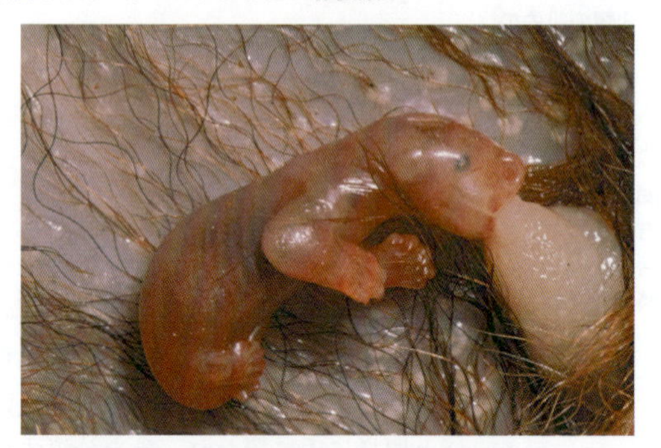

(a) フクロギツネの子．有袋類の子は発生の非常に早い時期に生まれてくる．ほとんどの種は，母親の袋（育児嚢）の中で乳首から乳を飲んで成長する．

(b) ハナナガバンディクート．ほとんどのバンディクート類は地面を掘り，穴の中で暮らす．おもに昆虫を食べるが，小型の脊椎動物や植物も食べる．袋は後ろに開いているので，地面を掘るときに土が袋の中に入らないようになっている．カンガルーのような有袋類は袋は前に開いている．

た後，母親の体の前方に向かって開いている袋まで数分かかって這い上がる．種によっては袋は体の後方に開いている．このような袋をもつバンディクート類では，母親が地面に穴を掘るときにも，泥が袋の中に入らず，袋の中の子が保護されている（図 34.40 b）．

有袋類は中生代には世界中に分布していたが，現在ではオーストラリア地域と南北米大陸にだけ生息している．有袋類の生物地理学は，生物学的進化と地質学的変化の相互作用を示す好例である（25.4 節参照）．超大陸パンゲアの分裂の後，南米とオーストラリアは別の大陸となり，北方の大陸で適応放散を始めた真獣類からは隔離されて，有袋類は多様化した．オーストラリアは 6600 万年前の新生代初期以来，他の大陸とは接触しなかった．オーストラリアの有袋類では，収斂進化の結果，世界の他の地域で同じような生態的ニッチにある真獣類と似通った多様化が起こった（図 34.41）．南米には，古第三紀を通しての多様な有袋類が存在していたが，真獣類が数回移入してきた．最も大きな移動は，300 万年前に南米と北米がパナマ地峡でつながったときに起こった．この陸橋を通って，大規模な双方向への移動が起こったのである．今日では，オーストラリア地域以外に生息する有袋類は，わずか 3 科であり，北米には野生のオポッサムが数種いるだけである．

▼図 34.41　有袋類と真獣類（有胎盤哺乳類）の収斂進化（各図の縮尺は異なる）.

有袋類
真獣類
プラニガーレ
シカネズミ
フクロモグラ
モグラ
フクロモモンガ
モモンガ
ウォンバット
ウッドチャック
タスマニアデビル
クズリ
カンガルー
マーラ

真獣類（有胎盤哺乳類）

真獣類 eutherians は，有胎盤哺乳類ともよばれ，有袋類のものよりずっと複雑な胎盤をもつ．有袋類に比べて，真獣類は妊娠期間が長く，真獣類の胎児は子宮の中で母親と胎盤でつながり胚発生を完了する．真獣類の胎盤は母親と胎児との間を長期にわたり緊密に結びつけている．

現生の真獣類の主要なグループは，爆発的な進化により多様化したと考えられているが，その時期ははっきりしない．分子データでは1億年前と推定されるが，形態学的データでは6000万年前と推定されている．図 34.42 に，真獣類の主要な目のグループと単孔類，有袋類との系統的関係を示した．

霊 長 類（霊長目）

哺乳類の目である霊長目 Primates は，キツネザル類，メガネザル類，サル類，類人猿類を含む．ヒトは類人猿類の一員である．

霊長類の派生形質　ほとんどの霊長類は，物をつかむのに適した手と足をもち，指には，他の哺乳類に見られる幅の狭い鉤爪ではなく，扁平な平爪をもつ．手足には，指にうね状の凹凸の模様（ヒトの指紋に相当する）があるといった特徴もある．他の哺乳類に比べて脳が大きく，顎が短いので，顔が平らになる．前方を見る眼が顔の前面に並ぶ．また，親による子の世話や複雑な社会行動が発達している．

最初の霊長類は樹上生活者で，霊長類の特徴の多くは樹上での生活に適応したものである．物をつかむことのできる手足によって，彼らは枝にぶら下がることができた．ヒトを除くすべての現生霊長類は，足の親指が他の指から広く離れており，足でも枝をつかむことができる．また，すべての霊長類の手の親指は可動で，他の指から離れているが，サル類と類人猿類は，完全な**対向性拇指**（ぼし）**opposable thumb** をもつ．すなわち，親指の腹面（指紋のある側）で，同じ手の他の4本の指の腹面に触れることができる．ヒト以外のサルや類人猿は，対向性拇指を用い「しっかりものをつかむ」ことができる．ヒトでは親指の付け根にある骨の独特な構造によって，さらに正確な操作が可能になっている．ヒトの特別な器用さは，樹上生活の祖先から受け継いだものをさらに改良したものである．樹上での移動は，眼と手の精密な協調を必要とする．両眼の視野が重なり合うことで，遠近感覚が鋭くなっていることは，枝渡りに有利である．

現生の霊長類　現生の霊長類には3つの主要なグループがある．(1) マダガスカルのキツネザル類（図 34.43）とアフリカとアジア南部の熱帯域のロリス類とガラゴ類，(2) 東南アジアのメガネザル類，そして (3) **真猿類 anthropoids**（サル類と類人猿類を含む）である．キツネザル類，ロリス類およびガラゴ類は，おそらく初期の樹上性の霊長類に似ている．最古のメガネザル類の化石は中国で，約5500万年前の地層から発見されている．この化石とDNAの証拠から，メガネザル類は，キツネザルなどのグループよりも真猿類により近縁であると考えられている（図 34.44）．

図 34.44 を見れば，サル類が単系統群ではなく，新世界ザルと旧世界ザルの2つのグループからなることがわかるだろう．両者ともアフリカかアジアで起源したと考えられている．化石記録から，新世界ザルは2500万年前に初めて南米に移入したと推定されている．この頃すでに南米とアフリカは分離していたので，サル類は丸太などの漂流物に乗ってアフリカから南米にたどり着いたのかもしれない．確かにいえることは，新世界ザルと旧世界ザルは数百万年の隔離の間に別々に適応放散したということである（図 34.45）．新世界のサル類はすべて樹上生活者であるが，旧世界のサル類には樹上生活者の他に地上生活者もいる．どちらのグループも昼行性（昼間に活動する）であり，通常は社会行動によって結ばれた群れをつくって暮らしている．

真猿類のもう1つのグループは，通常類人猿とよばれる（図 34.46）．ここにはテナガザル属 *Hylobates*，オランウータン属 *Pongo*，ゴリラ属 *Gorilla*，チンパンジー属 *Pan*（チンパンジーとボノボ）およびヒト属 *Homo* が含まれる．類人猿は約2500万～3000万年前に旧世界ザルから分岐した．今日ではヒト以外の類人猿は旧世界の熱帯地域にしかいない．テナガザル類を除けば，現存の類人猿はいずれも新世界・旧世界のサル類よりも大型である．すべての現生の類人猿は比較的長い腕と短い脚をもち，尾はない．ヒト以外の類人猿はすべて木の上にいることがあるが，樹上生活を主とするものはテナガザル類とオランウータン類だけである．社会構成は属ごとに異なる．ゴリラとチンパンジーは高度な社会性をもつ．最後に他の霊長類に比べると，類人猿は体の大きさに比して大きな脳をもち，行動にもより融通性がある．この2つの特徴は，次に取り上げて考察するグループ，ヒト類で特に顕著になる．

▼図 34.42　探究　哺乳類の多様性

哺乳類の系統関係

多くの化石の証拠と分子情報の解析結果から，単孔類が他の哺乳類と分岐したのが約1億8000万年前，有袋類が真獣類（有胎盤哺乳類）と分化したのが約1億4000万年前であることが示された．分子系統学は，まだ系統樹に意見の一致が得られているわけではないが，真獣類の目の間の進化学的な関係を明らかにするのに役立った．ここに示した系統樹は現在ある仮説の1つで，真獣類の目を3つのクレードにまとめている．

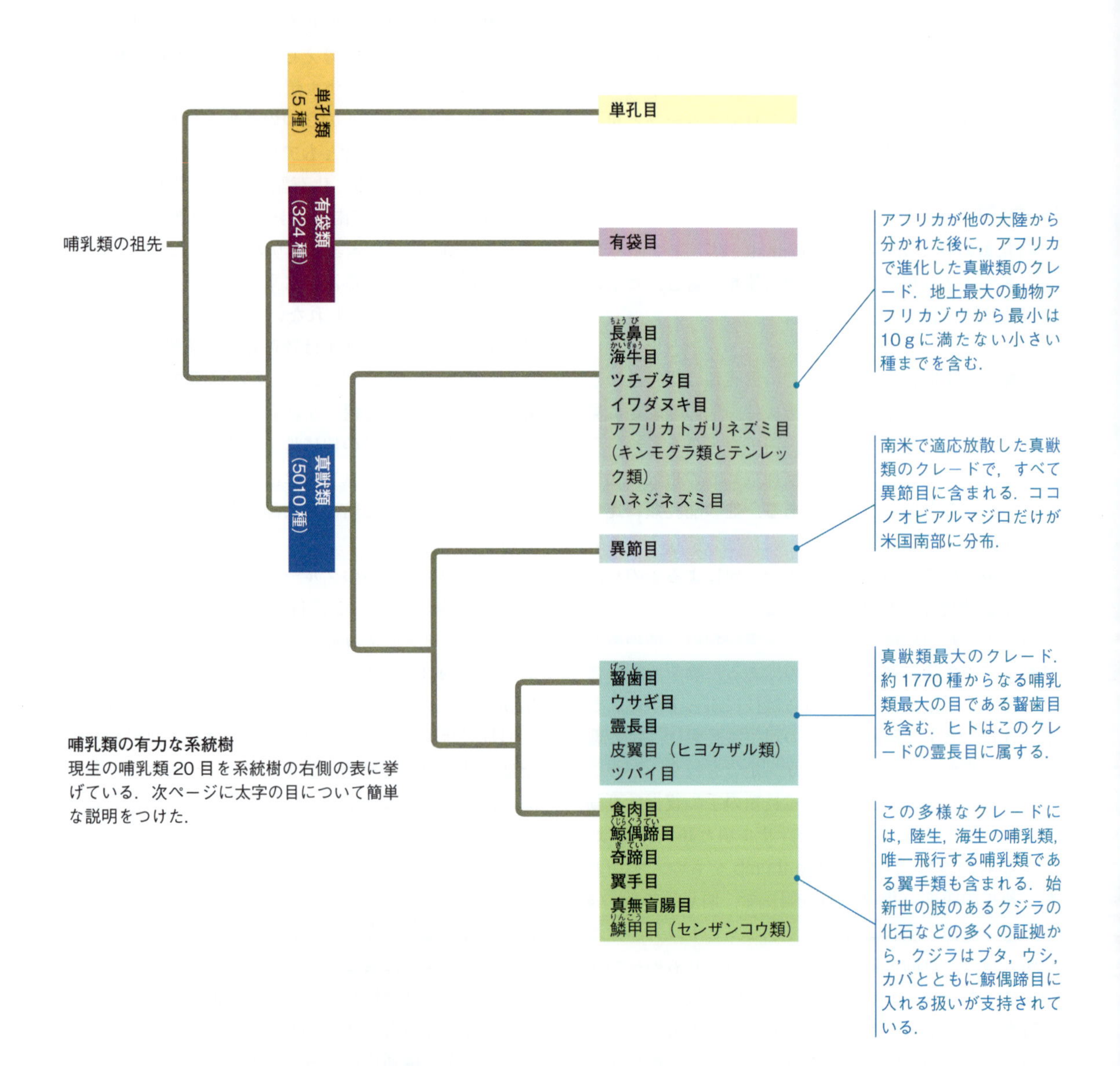

哺乳類の祖先
単孔類（5種）
単孔目
有袋類（324種）
有袋目
真獣類（5010種）
長鼻目
海牛目
ツチブタ目
イワダヌキ目
アフリカトガリネズミ目（キンモグラ類とテンレック類）
ハネジネズミ目
異節目
齧歯目
ウサギ目
霊長目
皮翼目（ヒヨケザル類）
ツパイ目
食肉目
鯨偶蹄目
奇蹄目
翼手目
真無盲腸目
鱗甲目（センザンコウ類）
アフリカが他の大陸から分かれた後に，アフリカで進化した真獣類のクレード．地上最大の動物アフリカゾウから最小は10gに満たない小さい種までを含む．
南米で適応放散した真獣類のクレードで，すべて異節目に含まれる．ココノオビアルマジロだけが米国南部に分布．
真獣類最大のクレード．約1770種からなる哺乳類最大の目である齧歯目を含む．ヒトはこのクレードの霊長目に属する．
この多様なクレードには，陸生，海生の哺乳類，唯一飛行する哺乳類である翼手類も含まれる．始新世の肢のあるクジラの化石などの多くの証拠から，クジラはブタ，ウシ，カバとともに鯨偶蹄目に入れる扱いが支持されている．

哺乳類の有力な系統樹
現生の哺乳類20目を系統樹の右側の表に挙げている．次ページに太字の目について簡単な説明をつけた．

目とその例	おもな特徴
単孔目 カモノハシ， ハリモグラ ハリモグラ	産卵，乳首なし，子は母親の毛から乳を吸う
長鼻目 ゾウ アフリカゾウ	長く筋肉質の鼻，厚くたるんだ皮膚，上顎の切歯は長く伸びて牙となる
海牛目 マナティー， ジュゴン マナティー	水生，前肢は鰭状，後肢はない，草食
異節目 ナマケモノ， アリクイ， アルマジロ コアリクイ	歯は退化，消失，草食（ナマケモノ），昆虫食（アリクイ），肉食（アルマジロ）
ウサギ目 ウサギ， ナキウサギ ジャックウサギ	ノミ状の切歯，後肢は前肢より長い．走ること跳ぶことに適応，草食
食肉目 イヌ，オオカミ， クマ，ネコ， イタチ，ラッコ， アザラシ，セイウチ コヨーテ	鋭くとがった犬歯と切り裂くための臼歯，肉食
鯨偶蹄目 偶蹄類： ヒツジ，ブタ， ウシ，シカ， キリン ビッグホーン	足には蹄，草食性
鯨類： クジラ， イルカ カマイルカ	水生，流線型の体，櫂状の前肢，肉食

目とその例	おもな特徴
有袋目 カンガルー， オポッサム， コアラ コアラ	子は母親の袋の中で成長する
ツチブタ目 ツチブタ ツチブタ	多くの管状でセメント質で覆われた歯，アリやシロアリ食
イワダヌキ目 イワダヌキ （ハイラックス） ハイラックス	短い肢，太く短い尾，草食，胃は多室
齧歯目 リス， ビーバー， ネズミ， ヤマアラシ アメリカアカリス	ノミ状の歯，かじってすり減っても伸び続ける，草食
霊長目 キツネザル， サル， チンパンジー， ゴリラ， ヒト ゴールデンライオンタマリン	対向指，眼は正面，発達した大脳，雑食
奇蹄目 ウマ，シマウマ バク， サイ， インドサイ	奇数の先端のある蹄，草食
翼手目 コウモリ カエルクイコウモリ	飛行に適応，翼は長く伸びと指と体または後肢の間に張られる，肉食または植物食
真無盲腸目 モグラ， トガリネズミ ホシバナモグラ	おもに昆虫やその他の小型無脊椎動物食

▲図 34.43　キツネザルの1種のコクレルシファカ *Propithecus verreauxi*.

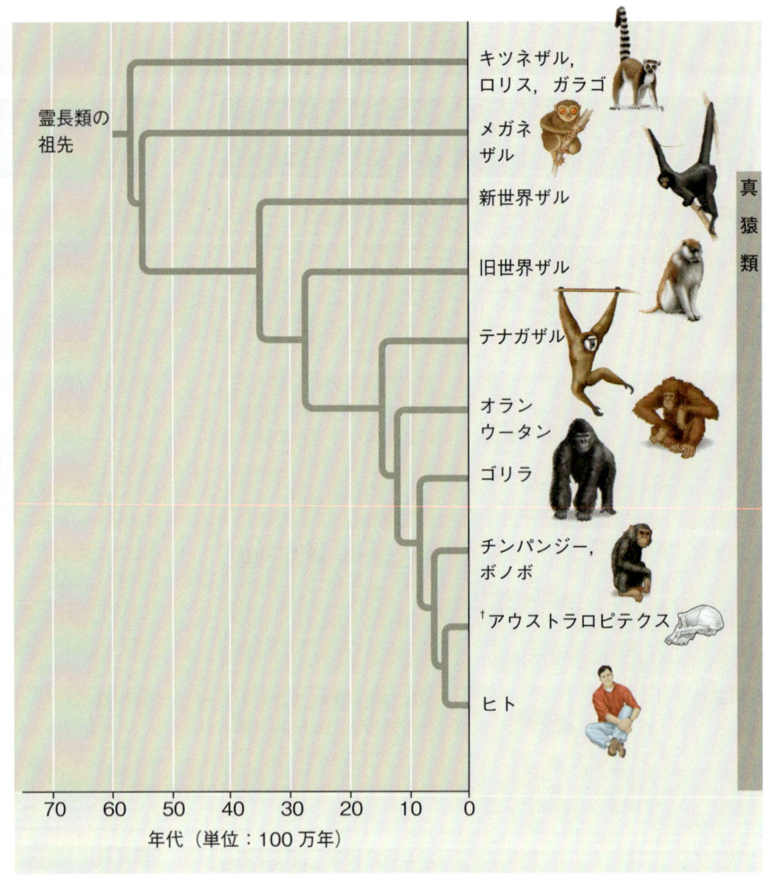
霊長類の祖先
キツネザル，ロリス，ガラゴ
メガネザル
新世界ザル
旧世界ザル
テナガザル
オランウータン
ゴリラ
チンパンジー，ボノボ
†アウストラロピテクス
ヒト
真猿類
70 60 50 40 30 20 10 0
年代（単位：100万年）

➤図 34.44　霊長類の系統樹．化石記録は，真猿類は他の霊長類から約5500万年前に分かれたことを示している．新世界ザル，旧世界ザル，類人猿（テナガザル，オランウータン，ゴリラ，チンパンジー，ヒトを含むクレード）は約2500万年前に分岐し，進化してきた．ヒトとアウストラロピテクスに至る系統は，約700万～600万年前に他の類人猿から分岐した．

図読み取り問題➤ここに示した系統樹は，ヒトがチンパンジーから進化したとする考えと一致するか．説明しなさい．

(a) 新世界ザルは，写真のクモザル，リスザルや，ノゾジロオマキザルのように，巻き尾で鼻孔は外側に開く．

(b) 旧世界ザルは，巻き尾でなく，鼻孔は下に開く．このグループにはマンドリル，ヒヒ，アカゲザルなどを含む．写真はマカク属の1種である．

▲図 34.45　新世界ザルと旧世界ザル．

概念のチェック 34.6

1. 単孔類，有袋類および真獣類で子の育て方を比較しなさい．
2. 霊長類の派生形質を，少なくとも5つ挙げなさい．
3. 関連性を考えよう➤なぜ新生代に哺乳類の多様性が増大したかを説明する仮説を考えなさい．その説明には大絶滅と大陸移動（25.4節参照）とともに哺乳類の適応について考察を加えること．

（解答例は付録A）

34.7

ヒトは大きな脳をもち二足歩行する哺乳類である

地球上の生物多様性を訪ねる旅も，ついに私たち自身の種であるホモ・サピエンス *Homo sapiens* にたどり着いた．ヒトの歴史は約20万年である．生命が地球上に少なくとも35億年存在してきたことを考えれば，私たちが進化史上の新参者であることは明らかで

▼図 34.46　**ヒトを除く類人猿.**

(a) テナガザル．写真はミュラーテナガザル．アジア東南部にのみ分布する．長い腕と指で枝渡り（腕でぶら下がり，体をゆすって枝から枝に渡ること）に適応している．

(b) オランウータンは内気な類人猿で，スマトラとボルネオの熱帯雨林に生息する．ほとんどの時間を樹上で過ごす．足の親指も対抗していて，枝をつかむことができる．

(c) ゴリラは最大の類人猿である．雄は身長 2 m，体重 200 kg にもなる．アフリカにのみ生息する．植物食で，いつも最大約 20 頭の群れで生活している．

(d) チンパンジーは，アフリカの熱帯域に生息する．木の上で眠るが，大部分の時間は地上で過ごす．利口で，おしゃべりで，社会的である．

(e) ボノボはチンパンジーと同じ属（*Pan*）だが，小柄である．現在，アフリカのコンゴにだけ生き残っている．

ある．

ヒトの派生形質

ヒトは，多くの特徴で他の類人猿のメンバーから区別できる．最も明らかな特徴は，ヒトが直立して二足歩行することである．また，他の類人猿よりも大きな脳をもち，言語，抽象的思考，芸術的表現，複雑な道具の製作と使用などができる．顎の骨と筋肉は小さくなり，消化管も短くなった．

ヒトとチンパンジーのゲノムを比較することで，分子レベルでのヒトの派生形質はさらに増えている．ゲノム配列の 99% が同一だが，30 億の塩基対の 1% の違いがさまざまな違いを生み出している．さらに少数の遺伝子の違いが，大きな影響を与えている．最近の研究結果から，ヒトとチンパンジーでは 19 の調節遺伝子の発現が異なることがわかっている．これらの遺伝子は，他の遺伝子の発現を調節するものなので，この発現の違いがヒトとチンパンジーの間に見られる違いの多くを説明できるかもしれない．

このようなゲノムの違いが，ヒトと他の現生の類人猿の違いをもたらしている．しかし，これらの新しい特徴の多くは，私たちの種が現れるよりずっと以前に，私たちの祖先において出現したのである．これらの形質の起源がどのようなものであったかを見るために，私たちの祖先たちについて考えてみよう．

最初期のヒト類

ヒトの起源を研究する分野は**古人類学 paleoanthropology** とよばれる．これまでに，古人類学者たちはチンパンジーよりもヒトに近縁な化石を 20 種ほど発掘している．これらは**ヒト類 hominins** としてまとめられる（図 34.47）．1994 年以降に，400 万年以上前のヒト類 4 種の化石が発見されている．この中で最古のサヘラントロプス・チャデンシス *Sahelanthropus tchadensis* は約 650 万年前に生きていた．

サヘラントロプスや他の初期のヒト類の種には，いくつかの共有派生形質が見られる．たとえば，犬歯が小さくなり，比較的平らな顔をしていた．また，他の類人猿より直立に近い姿勢で二足歩行していたことを示す徴候がある．彼らが直立姿勢であったことを示す 1 つの手がかりは大後頭孔という頭蓋骨の後部にある

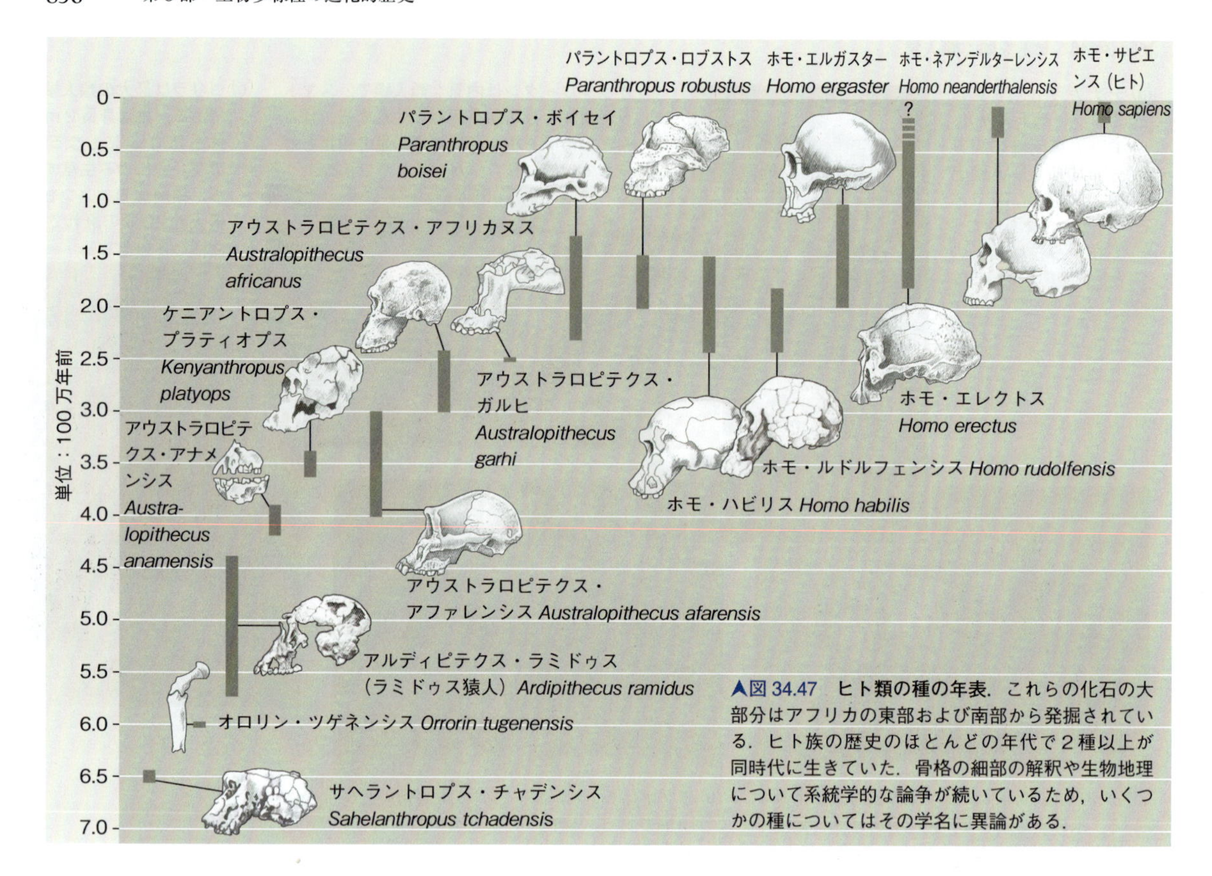
パラントロプス・ロブストス Paranthropus robustus
ホモ・エルガスター Homo ergaster
ホモ・ネアンデルターレンシス Homo neanderthalensis
ホモ・サピエンス（ヒト） Homo sapiens
パラントロプス・ボイセイ Paranthropus boisei
アウストラロピテクス・アフリカヌス Australopithecus africanus
ケニアントロプス・プラティオプス Kenyanthropus platyops
アウストラロピテクス・アナメンシス Australopithecus anamensis
アウストラロピテクス・ガルヒ Australopithecus garhi
ホモ・エレクトス Homo erectus
ホモ・ルドルフェンシス Homo rudolfensis
ホモ・ハビリス Homo habilis
アウストラロピテクス・アファレンシス Australopithecus afarensis
アルディピテクス・ラミドゥス（ラミドゥス猿人） Ardipithecus ramidus
オロリン・ツゲネンシス Orrorin tugenensis
サヘラントロプス・チャデンシス Sahelanthropus tchadensis
単位：100 万年前
0
0.5
1.0
1.5
2.0
2.5
3.0
3.5
4.0
4.5
5.0
5.5
6.0
6.5
7.0
?

▲図 34.47　**ヒト類の種の年表．** これらの化石の大部分はアフリカの東部および南部から発掘されている．ヒト族の歴史のほとんどの年代で2種以上が同時代に生きていた．骨格の細部の解釈や生物地理について系統学的な論争が続いているため，いくつかの種についてはその学名に異論がある．

孔で，脊髄がそこを通っている．大後頭孔は，チンパンジーでは頭蓋骨のずっと後方に位置するが，初期のヒト類の種（と現在のヒト）では頭蓋骨の底面にある．このような位置の変化によって私たちは頭を胴体の真上に保つことができるが，初期のヒト類の種も同様であったと考えられる．440万年前のヒト類のアルディピテクス・ラミドゥス *Ardipithecus ramidus* の骨盤と脚や足の骨の研究からも，初期のヒト類が二足歩行にますます近づいていたことが示唆される（図 34.48）（二足歩行の問題については後でもう一度触れる）．

ヒトと他の現生の類人猿の種を区別する特徴は，すべてが緊密に関連しながら進化したわけではないことに注意してほしい．初期のヒト類の種は，二足歩行の徴候は示すものの，脳は約 300〜450 cm^3 で，現代のヒト（ホモ・サピエンス *Homo sapiens*）の脳が平均 1300 cm^3 であるのに比べて小さいままだった．初期のヒト類はまた小柄だった．たとえば，アルディピテクス・ラミドゥスは身長が 1.2 m しかなかったと推定されており，比較的大きな歯と，顔から前方に突き出た顎をもっていた．これと比べると，ヒトは 1.7 m の身長で比較的平らな顔をしている．あなたの顔を図 34.46d のチンパンジーの顔と比較してみるとよい．

これらの初期のヒト類を考えるとき，よく誤解される点が2つある．1つは初期のヒト類をチンパンジーだと考えたり，チンパンジーから進化したと考えたりすることである．チンパンジーは進化の1つの枝の末端に位置し，ヒト類との共通の祖先から分岐した後，彼ら自身の派生形質を獲得している．

もう1つの誤解は，ヒトの進化が類人猿の祖先からホモ・サピエンスまでつながるはしごのようなものと考えることである．この誤解によって，しばしばヒト類の化石の行列が，ページを横切って行進するにつれてしだいに私たちに似てくるように描かれる．もしヒトの進化が行進だとしたら，それは無秩序な行進で，多くのグループが途中で道をはずれて別の進化の道筋へ迷い込んでいくことになる．いくつかのヒト類の種が共存していた時期もある．これらの種は，頭蓋骨の形，体の大きさ，食物（歯から推測される）が異なることが多い．最終的には，ヒト *Homo sapiens* を生み出した1つの系統を除いてはすべて絶滅した．過去650万年の間生きてきたすべてのヒト類の特徴を考えると，ホモ・サピエンスは直線的な進化の道筋の到達点でなく，むしろ多様に枝分かれした進化系統樹の唯一の生き残りであると考えられる．

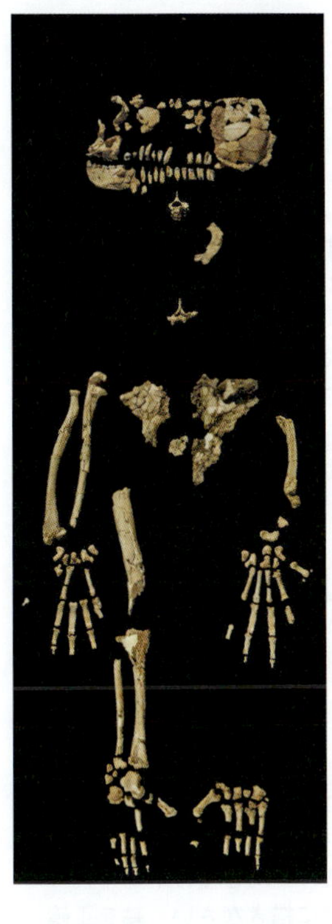

▼図 34.48　440 万年前のヒト族ラミドゥス猿人 *Ardipithecus ramidus*，通称「アルディ」の骨格.

アウストラロピテクス類

化石記録は，400 万年前から 200 万年前にかけてヒト類の多様性が劇的に増加したことを示している．この時期のヒト類の多くの種は，まとめてアウストラロピテクス類とよばれる．彼らの系統関係は多くの点で未解決のままであるが，グループ全体としてはほぼ間違いなく側系統群である．アウストラロピテクス類で最古のものは，アウストラロピテクス・アナメンシスで，420 万 ～390 万年前に生きていた．これは，アルディピテクス・ラミドゥスのようなもっと古いヒト類と近い年代のものである．

アウストラロピテクスの名は，1924 年に南アフリカで発見された，300 万～240 万年前のアウストラロピテクス・アフリカヌス *Australopithecus africanus*（「アフリカの南の類人猿」の意）に由来する．化石がさらに発掘されて，アウストラロピテクス・アフリカヌスが完全な直立二足歩行で，ヒトに似た手や歯をもっていたことが明らかになった．しかし，脳は現在のヒトの 3 分 1 のしかなかった．

1974 年，エチオピアのアファール地域で，320 万年前のアウストラロピテクス類の化石が発見された．そこには全体の 40％の骨格がそろっていた．「ルーシー」と名づけられたこの化石は身長わずか 1 m という小さなものであった．ルーシーおよびその他の同様の化石は，アファール地域にちなんでアウストラロピテクス・アファレンシス *Australopithecus afarensis* と名づけられた．この種は少なくとも 100 万年の間存在していたと考えられる．

あえて単純化していえば，アウストラロピテクス・アファレンシスは首から上にはヒトの派生形質が少ない．ルーシーの頭はソフトボールほどの大きさなので，脳の大きさは，ルーシーと同じ大きさのチンパンジーと同じくらいであった．下顎も長く突き出ていた．体の大きさの割に腕が長い（ヒトに比べて）ことから，樹上での移動が可能であったと考えられる．しかし，骨盤や頭骨の破片から，二足歩行であったことが示されている．また，タンザニアのラエトリで発見された足跡の化石から，少なくとも同時代に二足歩行のヒト類がいたことも示されている（図 34.49）.

アウストラロピテクス類のもう 1 つの系統は「頑丈な」種で構成されている．パラントロプス・ボイセイ *Paranthropus boisei* などの種を含むこのヒト類のグループは強力な顎と大きな歯のあるがっちりした頭骨をもち，硬い食物をかんだりすりつぶしたりするのに適応していた．彼らは，もっと軟らかい食物に適応した弱い咀嚼器をもつアウストラロピテクス・アファレンシスやアウストラロピテクス・アフリカヌスなどの「ほっそりとした」グループとは対照的である．

最初期のヒト類の化石と，後期のアウストラロピテクス類のずっと豊富な化石記録とつきあわせることによって，ヒト類の進化的な傾向についての仮説を考えることができる．**科学スキル演習**でこの傾向，つまりどのようにして脳容積が大きくなっていったかについて考えてみよう．ここでは，別の 2 つの傾向，二足歩

▶図 34.49　350 万年前にヒト族が直立歩行していたという証拠.

(a) ラエトリの足跡は 350 万年以上前のもので，これによって，ヒト族の歴史の非常に初期に直立歩行していたことが確認された.

(b) ラエトリの足跡の時代に生きていたヒト族の 1 種アウストラロピテクス・アファレンシスの復元図.

科学スキル演習

直線回帰式

ヒト類の系統で脳の体積がどのように変化してきたか

ヒト類にはホモ・サピエンスの他に20の絶滅した種がある．初期のヒト類の脳は300〜450 cm^3 の間でチンパンジー程度であったことがわかっている．現代人の脳は1200〜1800 cm^3 である．ここでは，ヒト類で脳の体積の変化がどのように変遷してきたか調べよう．

実験方法　この表には，ヒト類の平均年代と平均脳体積が示されている．年代のマイナスの値 $-x$ は現在から x 百万年前であることを示している（現在は0.0）．

ヒト類	平均年代（100万年）	$x_i-\bar{x}$	平均脳体積（cm^3）	$y_i-\bar{y}$	$(x_i-\bar{x})\times(y_i-\bar{y})$
アルディピテクス・ラミドゥス	−4.4		325		
アウストラロピテクス・アファレンシス	−3.4		375		
ホモ・ハビリス	−1.9		550		
ホモ・エルガスター	−1.6		850		
ホモ・エレクトス	−1.2		1000		
ホモ・ハイデルベルゲンシス	−0.5		1200		
ホモ・ネアンデルターレンシス	−0.1		1400		
ホモ・サピエンス	0.0		1350		

データの出典　Dean Falk, Florida State University, 2013.

データの解釈

ヒト類の脳体積はどのように変化してきたのだろうか．特に，脳の体積は時間に沿って直線的に増えてきたのだろうか．

これを見るために，データに「最も整合する」直線を求める線形回帰を行おう．2つの変数 x，y の直線は次の式で表される．

$$y=mx+b$$

この式では，m は直線の傾きを，b は y 切片を示す．$m<0$ の場合，直線は負の傾きをもち，x が大きくなると y が小さくなることを示す．$m>0$ の場合，直線は正の傾きをもち，x が大きくなると y も大きくなる．$m=0$ であれば，y は一定である．

相関係数 r で線形回帰の m と b を求めることができる．

$$m=r\frac{s_y}{s_x} \quad と \quad b=\bar{y}-m\bar{x}$$

この式で，s_x と s_y はそれぞれ x と y の標準偏差を，x と y は2つの変数の平均値を示す（相関係数と平均，標準偏差については32章「科学スキル演習」を参照）．

1. 表から $\bar{x}$ と $\bar{y}$ の平均値を求め，$x_i-\bar{x}$ と $y_i-\bar{y}$ の列を埋めなさい．この値を使って，標準偏差 s_x と s_y を求めなさい．
2. 32章の科学スキル演習で述べたように，相関係数 r は下の式で求められる．

$$r=\frac{\frac{1}{n-1}\Sigma(x_i-\bar{x})(y_i-\bar{y})}{s_xs_y}$$

$(x_i-\bar{x})\times(y_i-\bar{y})$ の列を埋めて，その値と1の標準偏差の値からヒト類の脳体積（y）と年代（x）の相関係数を求めなさい．
3. 2の式で求めた相関係数の値に基づいて，ヒト類の脳の体積と種の年代の関係について述べなさい．
4. (a) 得られた r を使って回帰直線の傾き m と y 切片 b を求めなさい．(b) 脳体積の平均と種の平均年代の関係を示す回帰直線をグラフに描きなさい．軸を正確に選び，書き込みなさい．(c) その回帰直線のグラフに表の値を書き込みなさい．回帰直線はデータとよく整合しているか．
5. 線形回帰式から，x の値に対して期待される y の値を計算することができる．たとえば，$m=2$ で $b=4$ の回帰直線であれば，$x=5$ のとき，$y=2x+4=(2\times5)+4=14$ となる．4で求めた m と b を使って，400万年前のヒト類（$x=-4$）で期待される脳の体積を求めなさい．
6. 2点（x_1，y_1）と（x_2，y_2）が直線上にあるとすると，直線の傾き $m=(y_2-y_1)/(x_2-x_1)$ となる．このように傾きは横軸の変化に対する縦軸の変化を意味している．この傾きの定義をもとに，脳の平均体積が100 cm^3 増加するのに要する時間を計算しなさい．

行と道具の使用について見ていこう．

二足歩行

3500万〜3000万年前の私たちの祖先である真猿類は，まだ樹上生活者であった．約1000万年前までに，インドプレートとアジアプレートの衝突による隆起で，ヒマラヤ山系が形成された（図25.16参照）．その後，気候はより乾燥し，現在のアフリカとアジアの地域の森林が縮小した．その結果，樹木の少ないサバンナの面積が拡大した．古人類学者は，このような環境の変化によって開かれた土地をより効率よく動き回るような形質が自然選択によって選択されたと考えている．ヒト類以外の類人猿は木に登るのには非常に適応しているが，地上での移動にはあまり適していないことが，この考えの根拠となっている．たとえば，チンパンジーが歩くときには，ヒトよりも4倍のエネルギーを消費するのである．

この仮説は完全に否定されたわけではないが，今日では図式はもっと複雑であると考えられている．初期のヒト類の化石は二足歩行の徴候を示してはいるが，これらの中にサバンナに暮らしていたものはいない．彼らは森林から開けた林地にわたる2つの環境が混ざり合った地域に暮らしていた．さらに，どのような選択圧が二足歩行へ導いたにせよ，ヒト類は単純な直線的な過程で二足歩行になっていったわけではない．アウストラロピテクス類の骨格構造から，彼らは直立歩行に切り替えることができたが，樹上生活に適応した骨格をしていたと推定される．アウストラロピテクス類はさまざまな移動形式をもっていたらしく，あるものは他のものより長い時間を地上で過ごしていたようである．190万年前になってようやく，ヒト類は二足での長距離歩行を始めた．これらのヒト類はより不毛な環境で暮らしており，そこでは四足より二足で歩くほうがエネルギーが少なくてすんでいたようである．

道具の使用

すでに述べたように，複雑な道具の製作と使用は，ヒトの行動の派生形質の1つである．ヒト類の進化における道具使用の起源を推定することは，容易ではない．他の類人猿の道具の使用も驚くほど洗練されている．たとえば，オランウータンは棒を使って昆虫を巣穴から引き出す．チンパンジーはもっと巧みで，餌をたたき割るのに石を使ったり，棘のある草むらを歩くのに木の葉を足の裏につけたりする．初期のヒト類もこのような単純な道具の使用はしただろうが，虫を引き出すのに使った棒や靴代わりの葉の化石を見つけるのは現実的に不可能である．

一般に認められているヒト類による最古の道具使用の証拠は，エチオピアで発見された250万年前の動物の骨につけられた傷跡である．この跡は，このヒト類が骨から肉をそぎ落とすのに石器を使ったことを示している．興味深いことに，その骨が見つかった場所の近くで発見されたヒト類の化石から，彼らが比較的小さな脳の持ち主であったことが推測される．もしもアウストラロピテクス・ガルヒ *Australopithecus garhi* と名づけられたこのヒト類が，本当に石器をつくったのだとしたら，石器の使用は大きな脳の進化に先立って出現したことになる．

初期のヒト属

ヒト属（*Homo*）に位置づけられる最古の化石はホモ・ハビリス *Homo habilis* という種のものである．240万～160万年前のこれらの化石には，首から上にもヒト属の派生形質の確かな徴候が見られる．アウストラロピテクス類に比べると，ホモ・ハビリスはより短い顎と，550～750 cm^3 のより大きな脳をもっていた．ホモ・ハビリスの化石とともに鋭利な石器も発見されている（ホモ・ハビリスの名は，「器用なヒト」の意）．

190万～150万年前の化石は，ヒト類の進化が新たな段階に入ったことを示す．多くの古人類学者が，この化石はホモ・エルガスター *Homo ergaster* という別種のものであると考えている．ホモ・エルガスターはホモ・ハビリスよりかなり大きな脳（900 cm^3 以上）をもち，長距離の歩行に適応した股関節と，すらりとした脚をもっていた（図34.50）．指は比較的短くまっすぐなので，彼らは初期のヒト属と違って木に登ることはなかったようである．ホモ・エルガスターの化石は，初期のヒト属よりずっと乾燥した環境で，より精巧な石器とともに発見されている．彼らの歯が小さいということは，アウストラロピテクス類とは異なる食物（肉が主で，植物質は少ない）を食べていたか，それとも食べる前に食物を料理したり，すりつぶしたりしたと考えられる．

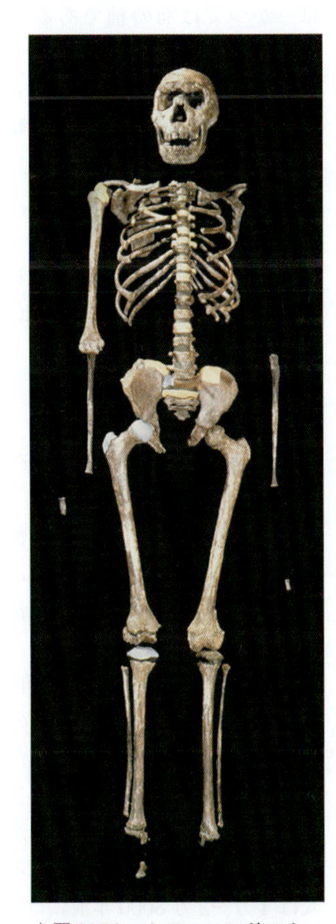

▲図34.50　**ホモ・エルガスターの化石．** ケニアから発掘された170万年前のこの化石は，ホモ・エルガスターの若い男のものである．この個体は背が高くすらりとしていて，完全な二足歩行で，比較的大きな脳をもっていた．

ホモ・エルガスターでは，体の大きさの性差について大きな変化が見られる．

霊長類に見られる性的二型（23.4節参照）としては，雌雄間の大きさの違いが顕著である．平均して，雄のゴリラやオランウータンの体重は雌の約2倍ある．アウストラロピテクス・アファレンシスでは雄の体重は雌の1.5倍ある．しかし，初期のホモ属では，この性的二型が顕著でなくなり，その傾向は私たちまで続いている．ヒトの男性の体重は女性の約1.2倍である．

性的二型が顕著でなくなったことは，絶滅したヒト類の種における社会構造を考える手がかりになる．現生の霊長類では，極端な性的二型は多くの雌を占有するための雄間の競争と結びついている．これに対して，つがいの絆を保つ種（私たちを含む）では，性的二型はあまり顕著ではない．したがって，ホモ・エルガスターの雌雄は初期のヒト類の種よりつがいの絆を維持していたとも考えられる．

現在ホモ・エルガスターとして認められている化石は，かつては別の種であるホモ・エレクトス *Homo erectus* の初期のものであると考えられていた．現在でもこの立場を取る古人類学者もいる．ホモ・エレクトスはアフリカで現れ，ヒト類の中で最初にアフリカから外へ移動した．アフリカ以外の地域の最古のヒト類の化石は180万年前のもので，2000年に旧ソ連のグルジアで発見された．ホモ・エレクトスは最終的にはインドネシアの島嶼（とうしょ）域まで移動した．化石記録によると，ホモ・エレクトスは20万～7万年前に絶滅したようである．

ネアンデルタール人

1856年，ドイツのネアンダー渓谷の洞窟から，謎めいたヒトの化石が，鉱夫によって発見された．4万年前のこの化石は，突出した額をもつ骨太で大型のヒト類のものであった．この種は，ホモ・ネアンデルターレンシス *Homo neanderthalensis* と名づけられ，一般にはネアンデルタール人とよばれるようになった．ネアンデルタール人は35万年前までにヨーロッパで暮らすようになっており，その後，中近東，中央アジア，南シベリアへ分布を広げた．彼らは現代人よりも大きな脳をもち，死者を埋葬し，石や木から狩猟のための道具をつくっていた．しかし，そのように適応し文化をもっていたにもかかわらず，ネアンデルタール人は4万～2万8000年前には絶滅してしまった．

ネアンデルタール人とホモ・サピエンスはどのような進化的な関係にあるのであろう．遺伝的な解析によって，ホモ・サピエンスとネアンデルタール人の系統は40万年前には分岐していたことが明らかとなっている．つまり，ホモ・サピエンスとネアンデルタール人は共通の祖先から由来しているが，（かつて考えられていたように）ネアンデルタール人が直接ホモ・サピエンスになったわけではない．もう1つ，2種の間で交雑があり，種間での遺伝的な流入があったのかどうかという問題が残る．ヒトとネアンデルタール人の特徴の混ざった化石から，遺伝子流入があったと主張する研究者もいた．最近になってネアンデルタール人のDNA配列が解析され，2種間で小規模ではあるが遺伝子流入があったことが明らかになった（図34.51）．2015年ヒトの顎の骨の化石から採取されたDNAから，より長いネアンデルタール人由来の配列が見つかった（図34.52）．なんと，ネアンデルタール人由来のDNAの量から，この個体の曾々々祖父はネアンデルタール人であったことが推定されたのである．また，ゲノム解析によって，ネアンデルタール人と「デニソワ人」（シベリアの洞窟から見つかった4万年前の骨がDNAの解析でヒト類のものであることが判明し，その存在が明らかになった未同定のヒト類）での間でも遺伝子流入があったことがわかった．

ホモ・サピエンス

化石や考古学およびDNAの研究から得られた証拠によって，私たち自身，すなわちホモ・サピエンス *Homo sapiens* がどのようにして出現し，世界へ拡散していったかについて理解が進んだ．

化石の証拠はヒト，ホモ・サピエンスの祖先がアフリカで出現したことを示している．より古い種（おそらくホモ・エルガスターかホモ・エレクトス）からホモ・サピエンスも含めた後続の種が現れた．ヒトの最古の化石としては，19万5000年前のものや16万年前のものなどが，エチオピアの2地域で発見されている．初期のヒトはホモ・エレクトスやネアンデルタール人のような眼窩上隆起が発達しておらず，また他のヒト類の種よりほっそりとしていた．

エチオピアの化石は，分子データからのヒトの起源に関する推定と整合的である．DNAの解析から，ヨーロッパ人とアジア人が比較的最近まで祖先を共有しており，アフリカ人の多くはヒトの系統樹のより基部で分岐したことが示されている．つまり，すべての現代人は，アフリカでホモ・サピエンスとして出現した共通

▼ヒト（ホモ・サピエンス）の16万年前の化石．

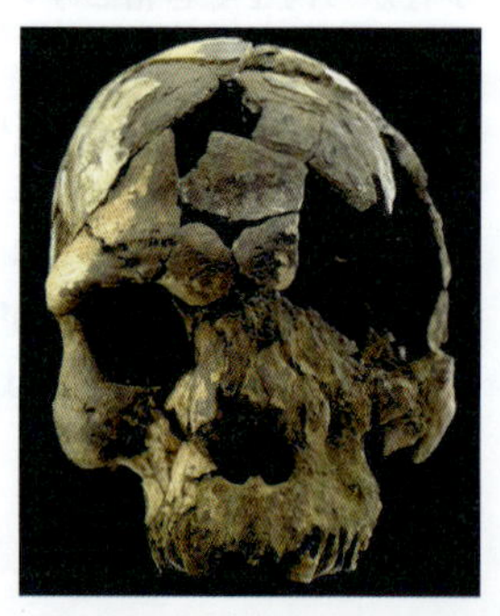

▼図 34.51
研究 ネアンデルタール人との間で遺伝子流入が起こったのか

実験 ヨーロッパで発見された化石には，ネアンデルタール人とヒトの特徴が混在しているようなものも見られ，ヒトとネアンデルタール人の間での交雑があったことを示す証拠とも考えられていた．このことを確かめるために，ネアンデルタール人の化石からDNAを抽出し，ゲノム配列が解析された．ネアンデルタール人とヒトが2つの系統に分岐した後，交雑が起こっていないとすると，ネアンデルタール人のゲノム配列は，どの地域のヒトのゲノムかにかかわらず，すべてのヒトの配列と同程度の類似性を示すはずである．

この仮説を確かめるため，ネアンデルタール人のゲノムが，南アフリカ，西アフリカ，フランス，中国，パプアニューギニアの5地域のヒトのゲノムと比較された．ここでは，ネアンデルタール人とある地域のヒトのゲノムの一致度（%）から，ネアンデルタール人ともう1つの地域のヒトのゲノムの一致度（%）を引いた値 D を調べた．もしヒトとネアンデルタール人の間でほとんど交雑が起こっていないとすると，D は0に近くなるはずである．D が0よりも十分に大きくなった場合にはある地域のヒトはもう一方よりもネアンデルタール人に遺伝的に類似していることになり，ネアンデルタール人と交雑があったことの証拠となる．

結果 ネアンデルタール人はつねに非アフリカ系のヒトとより高い一致度を示した．一方で，非アフリカ系のヒトとネアンデルタール人の一致度は同程度であった．

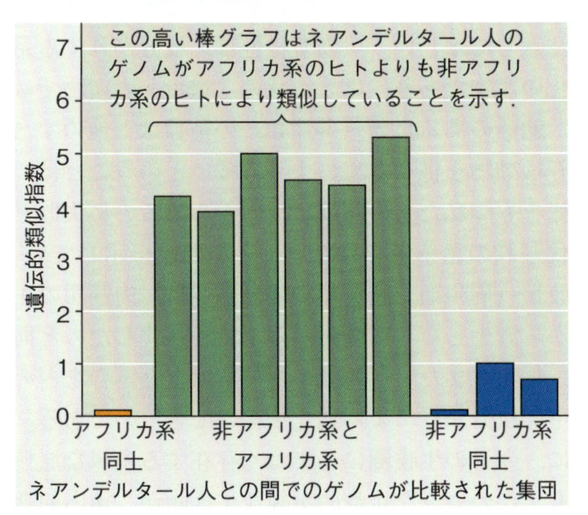
この高い棒グラフはネアンデルタール人のゲノムがアフリカ系のヒトよりも非アフリカ系のヒトにより類似していることを示す．
遺伝的類似指数
0
1
2
3
4
5
6
7
アフリカ系同士
非アフリカ系とアフリカ系
非アフリカ系同士
ネアンデルタール人との間でのゲノムが比較された集団

結論 ゲノム解析でネアンデルタール人とアフリカ以外のヒトの集団の間で交雑が起きたことが明らかになった．

データの出典 R. E. Green et al., A draft sequence of the Neanderthal genome, *Science* 328:710-722 (2010).

どうなる➤ネアンデルタール人の化石はヨーロッパと中東でのみで発見されている．ネアンデルタール人はアフリカ系よりも非アフリカ系のヒトと遺伝的に類似しているが，フランス，中国，パプアニューギニアのヒトとは同程度の類似性が見られるのはなぜか，説明しなさい．

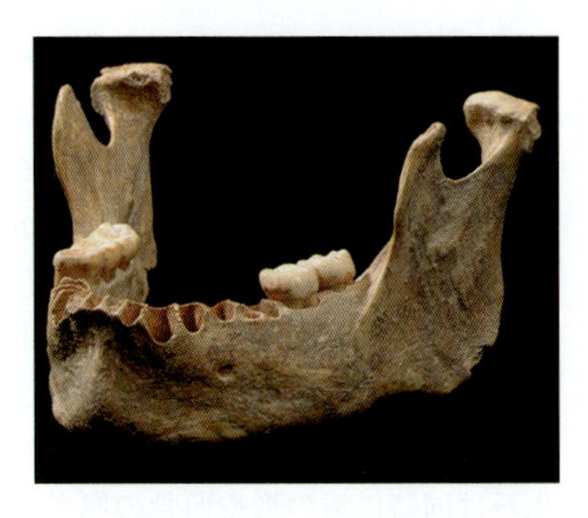

➤図 34.52 ヒトとネアンデルタール人の交雑を示す化石．4万年前のヒトの顎骨で，比較的最近のネアンデルタール人の祖先をもっていた．

祖先から派生したことが示唆される．

アフリカ以外での最古のヒトの化石は中東で発見された約11万5000年前のものである．化石や遺伝的な証拠に基づくと，ヒトはアフリカから1回または複数回にわたって広がり，まずアジア，次いでヨーロッパとオーストラリアに達したと推測される．新世界へいつ到着したかについてはまだはっきりしていない．最古の証拠とされているのは1万5000年前ものである．

新しい発見があるごとに，ホモ・サピエンスの進化の道筋についての私たちの理解は更新される．たとえば，2015年にはホモ・ナレディがホモ属の新しい種として加わった．ホモ・ナレディは足の構造から二足歩行をしており，手の形態から，ホモ・サピエンスやネアンデルタール人など道具を使う種と同様，細かい動きもできたと考えられる（図 34.53）．しかし，ホモ・ナレディの脳は小さく，骨盤の上方が広がっているなどの特徴も見られ，ホモ属の初期の種であると考えられている．

ホモ・ナレディは，ホモ属の初期の種として200万年以上前に出現していたと推測されるが，化石による推定では300万年前から10万年前までの間としか推定できない．この化石が，放射性同位体で年代推定できる岩石から発見されたのではなく，深い洞窟の底で見つかったため，年代が推定できないのである．もし100万年前のものであることがわかった場合には，数百万年前に現れたホモ・ナレディはごく最近まで生きていたことになる．

▼図 34.53 ホモ・ナレディの手と足（背面と側面）の化石．

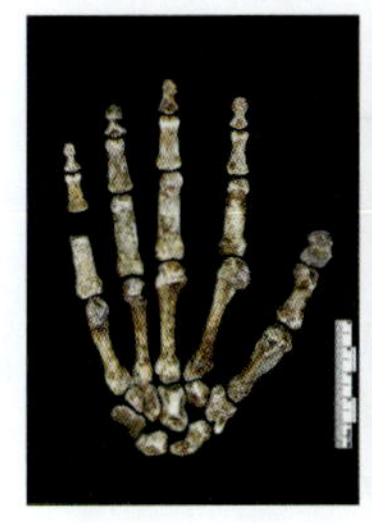

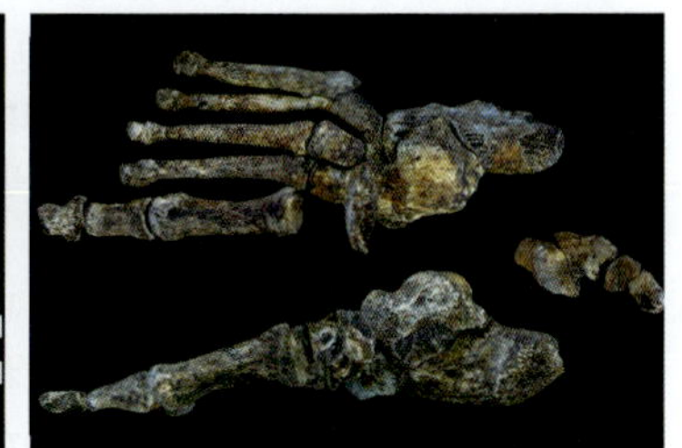

ホモ・ナレディの発見より10年前にも驚くべき発見が報告されている．わずか1万8000年前のヒト類の成体の骨格が発見されたのである．これは新種のホモ・フロレシエンシス *Homo floresiensis* と名づけられた．インドネシアのフロレス島の石灰岩洞窟で発見された個体は，背が低く，脳容量もホモ・サピエンスよりずっと小さく，実際，アウストラロピテクス類に近い．しかし，これらの化石を発見した研究者は，この化石は同時に歯の形や頭骨の厚さや形態などの特徴から，この種がもっと大型のホモ・エレクトスに由来することを示唆した．この化石は小さいホモ・サピエンスの個体で，ダウン症や小頭症で，脳が変形し，小型化したものではないかと推測する研究者もいる．

議論は続いているが，ホモ・フロレシエンシスはヒト類の新種であるという結論に至りつつある．フロレス島の手首の骨はヒト以外の類人猿や初期のヒト類に似た形をしているが，ホモ・サピエンスやネアンデルタール人とは異なっていることが明らかになった．この研究では，フロレス島の化石はネアンデルタール人と現代人を含むクレードが分岐する前に分かれた系統であると結論づけている．フロレス島の化石の足の骨を他のヒト属と比較したその後の研究でも，ホモ・フロレシエンシスはホモ・サピエンスより前に出現したと指摘している．実際，この研究ではホモ・フロレシエンシスはホモ・エレクトスよりもずっと古い時代に生存していた未知のヒト属の種の子孫かもしれないと述べられている．2015年のヒト類の歯の形態を比較した研究でもホモ・フロレシエンシスはホモ・エレクトスに近縁な種であると主張している．フロレス島での古人類学および考古学の研究で残された問題は，ホモ・フロレシエンシスはどのように出現したか，1万8000年前にインドネシアに暮らしていたホモ・サピエンスに出会うことはあったかという点である．

私たちの種の急速な拡散に拍車をかけたのは，アフリカでの進化の過程での認知能力の進化だったのかもしれない．ホモ・サピエンスがより洗練された思考能力をもっていたことを示す証拠としては，南アフリカで発見された7万7000年前の芸術，すなわち黄土のかけらに彫られた幾何学模様がある（図34.54）．南アフリカおよび東アフリカで，7万5000年前のきれいに孔の開けられたダチョウの卵とカタツムリの殻が見つかっている．3万年前には，見事な洞窟画を描くようになっている．

このような能力の発達がホモ・サピエンスの拡散に結びついたことは間違いないが，それらが他のヒト属の種の絶滅に役割を果たしたかどうかははっきりしない．たとえば，ネアンデルタール人も複雑な道具をつくり，抽象的な思考能力をもっていた．そのため，ネアンデルタール人がホモ・サピエンスとの競争によって絶滅してしまったという古い考えは，現在では疑問視されている．

▲図34.54　**芸術はヒトの証明．**南アフリカのブロンボス洞窟で発見された7万7000年前の黄土のかけらに彫刻された模様．ヒトの象徴的な思考を示す最も古い痕跡の1つである．

ヒトについての議論を最後に，生物多様性についての第5部を終えることとする．しかし，この順序で紹介したのは，生命が下等な微生物から高貴な人類へと続くはしごであることを意図してのことではないことに注意してほしい．生物多様性は，枝分かれする系統進化の産物であり，はしご状の「進歩」の産物ではない．鰭条のある魚類（条鰭類）の種数は，他のすべての脊椎動物を併せたものよりも多いということは，この鰭をもつ私たちの親戚は，水から出るのに失敗した時代遅れの落第者ではないことを明瞭に示している．四肢類（両生類，爬虫類，哺乳類）は，肉鰭類の1系統から派生した．四肢類が陸上で多様化したのと同じく，魚類もまた，生物圏の中でも大きな割合を占める水中で枝分かれによる進化を続けてきたのである．同様に，今日の生物圏にあまねく存在する多様な原核生物も，このような比較的単純な生き物が，適応的進化によって時代に遅れずに耐え抜く能力をもっていることを思い出させてくれる．生物学は，過去と現在の生物の多様性を讃えるものだ．

概念のチェック 34.7

1. ヒト類と他の類人猿を区別する特徴を挙げなさい．
2. ヒト類の系統で異なる特徴が異なる速さで進化した例を挙げなさい．
3. どうなる？➤遺伝学的な研究によって，ホモ・サピエンスの祖先は，約5万年前にアフリカから移動したことを示唆している．この年代と本文にある化石の年代を比較しなさい．遺伝学の結果と化石から得られた年代は両方とも正しいということがあり得るのか．

（解答例は付録 A）

34 章のまとめ

重要概念のまとめ

重要概念	クレード	記　載
34.1 **脊索動物は脊索と背側神経管をもつ** ❓ 脊索動物の共通祖先のありそうな特徴を挙げ，その理由を説明しなさい．	頭索動物（ナメクジウオ類）	基部にいる脊索動物，海生の懸濁物食者で，脊索動物の 4 つの重要な派生形質をもつ．
	尾索動物（ホヤ類）	海生の懸濁物食者，幼生は脊索動物の派生形質を示す．
34.2 **脊椎動物は背骨をもつ脊索動物である** ❓ 初期の脊椎動物が共有する特徴を挙げなさい．	ヌタウナギ類とヤツメウナギ類	退化した脊椎をもつ顎のない脊椎動物．ヌタウナギは頭部には頭蓋，脳，眼などの感覚器官をもつ．ヤツメウナギ類には生きた魚に取りついて血を吸うものもいる．
34.3 **顎口類は顎をもつ脊椎動物である** ❓ 顎をもつ動物の出現は生態的な相互作用をどのように変えたか．支持する証拠を示しなさい．	軟骨魚類（サメ，エイ，ギンザメ）	水生の顎口類，軟骨性の骨格は祖先の無機質化した骨格から退化することによって獲得された．
	条鰭類（鰭条のある魚類）	水生の顎口類，硬骨の骨格をもつ．動かしやすい鰭条で支持された鰭をもつ．
	総鰭類（シーラカンス類）	インド洋で生き残った古い系統の水生の肉鰭類．
	肺魚類	淡水の肉鰭類で肺と鰓をもつ．四肢類の姉妹群．
34.4 **四肢類は四肢をもつ顎口類である** ❓ 両生類のどんな特徴がほとんどの種を水中や湿った環境にしばりつけるのか．	両生類（サンショウウオ，カエル，アシナシイモリ）	鰭に由来する四肢をもつ．多くはガス交換の働きをする湿った皮膚をもち，多くは幼生のときに水中，成体で陸上で生活する．
34.5 **羊膜類は陸上に適応した卵を産む四肢類である** ❓ なぜ鳥類を爬虫類と考えるのか．説明しなさい．	爬虫類（ムカシトカゲ，トカゲ，ヘビ，カメ，ワニ，鳥）	現生の羊膜類の 2 グループの 1 つ．羊膜卵，胸郭による呼吸，陸上生活への適応．
34.6 **哺乳類は毛に覆われた哺乳する羊膜類である** ❓ 哺乳類の起源と初期の進化について記しなさい．	哺乳類（単孔類，有袋類，真獣類）	単弓類の祖先から進化，卵生の単孔類（カモノハシ，ハリモグラ），有袋類（カンガルー，オポッサムなど）と真獣類（齧歯類や霊長類などの有胎盤哺乳類）が含まれる．

脊索動物：脊索，背側神経管，咽頭裂，筋肉質の尾

脊椎動物：*Hox* 遺伝子の重複，脊椎骨

円口類：無顎脊椎動物

顎口類：顎，4 組の *Hox* 遺伝子

硬骨魚類：硬骨の骨格

肉鰭類：筋肉質の鰭または四肢

四肢類：四肢，頸，腰帯の癒合

羊膜類：羊膜卵，胸郭による換気

34.7

ヒトは大きな脳をもち二足歩行する哺乳類である

- ヒトの共有形質は，二足歩行と大きな脳，他の類人猿と比較して短い顎である．
- **ヒト類**には，チンパンジーよりもヒトに近縁なグループとヒトが含まれ，アフリカで少なくとも600万年前に起源した．初期のヒト類の脳は小さかったが，おそらく直立歩行はしていた．
- 道具の使用の最も古い証拠は，250万年前のものである．
- ホモ・エルガスターは最初の完全な二足歩行をした種で，大きい脳をもつヒト類である．ホモ・エレクトスは最初にアフリカを離れたヒト類である．
- ネアンデルタール人は約35万〜2万8000年前にヨーロッパと中近東に暮らしていた．
- ホモ・サピエンスは約19万5000年前にアフリカで起源し，約11万5000年前に他の大陸に分散を開始した．

? 化石記録に基づいて，ヒト類の重要な特徴の進化の歴史をまとめなさい．

理解度テスト

レベル1：知識／理解

1. 脊椎動物とホヤ類が共有しているのは，次のうちどれか．
   (A) 摂食に適応した顎
   (B) 頭部の高度な発達
   (C) 頭蓋骨を含む内骨格
   (D) 脊索と背側神経管
2. 現生の脊椎動物は大きく2つのクレードに分類される．正しいものを選びなさい．
   (A) 脊索動物と四肢類
   (B) 尾索類と頭索類
   (C) 円口類と顎口類
   (D) 有袋類と有胎盤類
3. 単孔類と有袋類に共通で，真獣類には見られない特徴は次のうちどれか．
   (A) 乳首がない．
   (B) 母親の子宮の外で進む胚発生過程がある．
   (C) 卵を産む．
   (D) オーストラリアとアフリカで見られる．
4. ヒトを含まないクレードは次のうちどれか．
   (A) 単弓類 (C) 双弓類
   (B) 肉鰭類 (D) 硬骨魚類
5. ヒト類が他の霊長類から分かれたとき，最初に見られた特徴は次のうちどれか．
   (A) 顎の骨の退化 (C) 石の道具の作製
   (B) 大型化した脳 (D) 二足歩行

レベル2：応用／解析

6. 次の中で四肢類の最直近の共通祖先として正しいものはどれか．
   (A) 頑強な鰭をもち，浅瀬にすむ肉鰭類で，陸生の脊椎動物と類似した骨格により支持された鰭をもつ．
   (B) 甲皮をもつ有顎板皮類で2対の鰭をもつ．
   (C) 初期の条鰭類で対鰭が骨で支持される．
   (D) 骨で支持された脚をもつサンショウウオで魚類のように体を横に曲げて泳ぐ．
7. **進化との関連** 現生の脊椎動物は，初期のものとは非常に異なっており，進化的な逆行（形質の消失）も頻繁に起きている．そのような進化的逆行の例を挙げ，その進化の要因を説明しなさい．

レベル3：統合／評価

8. **科学的研究・描いてみよう** 大きさだけの影響を仮定すると，大きな体の動物は小さなものに比べて，大きな脳をもつ傾向にある．しかしながら，ある種の動物では，その体サイズから期待されるよりも大きな脳をもつ．体サイズに比べ相対的に大きな脳の発達とその維持には，高いエネルギー消費を必要とする．
   (a) ヒト類のような系統では，体サイズに対して相対的に大きな脳が進化する傾向が化石記録から示されている．そのような系統における大きな脳のコストと効果の相対的な関係からどのようなことが推測されるか．
   (b) 高い維持コストにもかかわらず，どのような自然選択により大きな脳の進化が促されたのか述べなさい．
   (c) 14種の鳥類のデータを下に挙げた．x軸に脳の大きさの期待値からの偏差，y軸に死亡率を置いてグラフを描きなさい．脳サイズと死亡率の関係について，どんな結論を出すことができるか．

脳サイズの期待値からの変化*	−2.4	−2.1	−2.0	−1.8	−1.0	0.0	0.3	0.7	1.2	1.3	2.0	2.3	3.0	3.2
死亡率	0.9	0.7	0.5	0.9	0.4	0.7	0.8	0.4	0.8	0.3	0.6	0.6	0.3	0.6

データの出典 D. Sol et al., Big-brained birds survive better in nature, *Proceedings of the Royal Society* B 274:763-769 (2007).

*値がマイナスの場合は期待値より小さく，プラスは期待値より大きい．

9. **テーマに関する小論文：組織化**　初期の四肢類は現生のトカゲのように這い回っていた．右前肢が前に出ると体は左にくねり，左側の肋骨と肺が圧縮され，次は逆のことが起こる．左右の肺が同じように広がる通常の呼吸は，歩行中は妨げられ，走行するとできなくなる．肺を圧縮しない歩行ができる恐竜などでどのような新規の特徴が出現するようになるか，300〜450字で記述しなさい．

10. **知識の統合**

これは毛をもった脊椎動物である．どのような系統関係にあると推定されるか，無脊椎の脊索動物と区別される派生形質をできるだけ多く挙げなさい．

(一部の解答は付録A)

第 6 部　植物の形態と機能

フィリップ・N・ベンフェイ Philip N. Benfey 博士は植物の根系の発生生物学における権威の 1 人である．パリ大学で生物学を専攻した後，ハーバード大学医学大学院で哺乳類の細胞株について博士課程の研究を行う中，遺伝子工学の技術を学んだ．ロックフェラー大学で博士研究員（ポスドク）として，植物の根の発生の研究を始めた．彼は現在ハワード・ヒューズ医学研究所研究員（HHMI investigator）であり，またデューク大学の，米国の著名な生物学者ポール・クレーマーの名を冠した卓越した生物学の教授の称号（Paul Kramer Professor of Biology）をもつ教授でもある．

フィリップ・N・ベンフェイ博士のインタビュー

あなたの現在に至る経歴はどのように始まったのでしょうか？

大学生になったころ，私は目標を見失ったような気がしていました．そして 1 年後には，作家になろうとして中途退学しました．実社会の経験を積むために世界中をヒッチハイクしました．オーストラリアでは鉄鉱山で働き，フィリピンでは映画関係の企業で働き，そして日本では園芸会社で働きました．最後はロシアを横断するシベリア横断鉄道に乗って，フランスに行き着き，そこで昼は大工をし，夜はフィクション作家として腕試しをしていました．何通もの不合格通知の後（高校卒業後 6 年経っていました），私は大学に復学する決心をしました．

あなたのご両親はそのような人生という旅の回り道に，支えになってくれたのでしょうか？

ええ，なってくれました．ですから，両親には感謝しています．両親は，私がさまざまな方面を探究するのを許す賢明さをもっていたのだと思います．しかし，私が生物学を研究するために大学に戻るつもりであることを知らせたときに，母が書いた手紙をつねに忘れずにいようと思っています．母はその手紙で，有機化学者であった父が机の上でジグを踊ったと知らせていました．それは両親の本当の期待と望みが何であるかを感じさせるものでした．

あなたが生物学，とりわけ植物に興味をもつようになったのはどうしてですか？

私は以前から，そしていまでも，1 個の細胞がどのようにして多細胞生物になるのかということに非常に興味があります．1980 年代の半ばに，ショウジョウバエ以外で，まだあまり調べられていないモデル系を見つけられないかと思っていました．当時の科学者たちは植物の遺伝子工学的方法を知ったばかりだったのです．発生学の観点から見て，植物は細胞の種類が少なく，単純な方法で組織化されているので魅力的だったのです．

それではなぜ植物の根なのでしょうか？

根は生理学的には複雑なのですが，形成の仕方はじつに単純です．根は本質的に同心円状の輪からなる筒なのですが，それぞれの輪は異なる機能を果たしているのです．それだけでなく，根のすべての細胞は根の先端の幹細胞からつくられるのです．

25 年後でも，根は単純だと考えていると思いますか？

植物は代謝やあらゆる点で信じられないくらい複雑です．しかし，発生学的な見地からすると，動物より単純で，根の発生学的な単純さは，植物の根以外の部分など他の系では取り組むことが困難な問題でも取り組むことを可能にしてくれるのです．

根は一般的に土壌の外で育てて研究されていますが，それは問題ではありませんか？

土壌は世界中で最も複雑な生態系です．土壌科学者によると，2万2000種類の土壌があり，それらは粘土，砂質土，ローム，無機物を組み合わせたものです．それに加えて，信じられないほど多様な細菌や他の生物が存在します．異なる2ヵ所の土壌が同じに見えることは決してないでしょう．私たちは最近，さまざまな種類の土壌での根系の像を，X線を利用して画像化して，根を成長させる際に用いている人工的なゲル内での根系の像と比較しています．その際に，さまざまな土壌成分を添加して，1つないしは2つの条件を同じ時点で変えたときに，根の構造にどのような変化が起こるか調べています．

植物の生物学が専門として探究していく価値があるとすれば，その理由は何でしょうか？

今日の世界が直面する重要な問題，たとえば，再生可能エネルギー，食の安全，気候変動などは，もとをたどればほとんどが植物に関係があります．したがって，植物の研究にエネルギーと才能を傾注することによって未来を変えることができるでしょう．

「今日の世界が直面する重要な問題，たとえば，
再生可能エネルギー，食の安全，気候変動などは，
もとをたどればほとんどが植物に関係があります．」

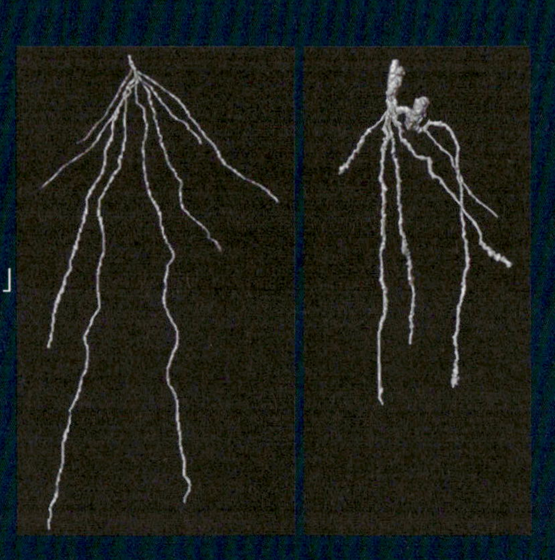

イネの2つの変種の根のX線写真．水田で育つアジアの変種（左）は➤長い繊維状の根をもつ．土壌で育つブラジルの変種は短く，密集した根系をもつ．

維管束植物の構造，成長，発生 35

▲図 35.1　コンピュータアート？

重要概念

35.1　植物体は器官，組織，細胞からなる階層構造をもつ

35.2　さまざまな分裂組織が一次成長と二次成長のための細胞を生み出す

35.3　一次成長は根とシュートを伸長させる

35.4　木本植物は二次成長で茎と根が太くなる

35.5　植物体は成長，形態形成，細胞分化によってつくられる

植物はコンピュータか

図 35.1 の物体はコンピュータの得意な芸術的才能のある人がつくったものではない．それはロマネスコというブロッコリに近縁な野菜である．ロマネスコの目を見張るような美しさは，小さな芽がその野菜全体のミニチュアに似ているところにある（数学者はこのような繰り返しのパターンを「フラクタル」とよんでいる）．ロマネスコがまるでコンピュータでつくったように見えるとすれば，それは，その成長が連続して繰り返し与えられる指令に従っているからである．ほとんどの植物でそうなのだが，芽の成長点が葉，芽，茎，そしてまた何度も繰り返すというパターンの基礎になっている．このような発生上の繰り返しパターンは遺伝的に決定されており，そのため自然選択を受ける．たとえば，茎の葉と葉の間の節間が短くなる変異は背丈の低い植物を出現させるだろう．体のこのような構造変化が，その植物の光などの資源を利用する能力を増強するとすれば，そうすることによってより多くの子孫を残し，そして，この形質の出現は後の世代で頻度を増すことになるだろう．つまり，進化が起こるであろう．

ロマネスコはその基本的な体制を非常に厳格に守っている点で珍しい．ほとんどの植物は，各個体の形の差異はもっと大きい．というのは，ほとんどの植物の成長は，動物の場合よりももっと生育場所の環境条件に影響を受けるからである．たとえば，成体のライオンはすべて 4 本の脚をもち，大きさも似通っている．しかし，ナラの木は枝の数や枝振りは変化に富んでいる．この違いの理由は，植物は生育場所の環境下での難題や変化に対して成長の仕方を変えることによって対応しているからである（対照的に，動物はふつう，移動によって対応する）．たとえば，植物に側方から光を当てると，植物体の基本的なパターンは非対称的になる．分枝は光が当たっている側のシュートのほうが陰側よりも速く成長し，植物体の構造変化は明らかに光合成に都合がよい．成長と発生の変化は植物が生育場所での環境から資源を得る能力を増進する．

29章と30章では無維管束植物と維管束植物の多様性について概観した．第6部ではおもに被子植物について焦点を当てる．それは被子植物が地球上の多くの生態系の一次生産者であり，農業上非常に重要であるからである．本章ではおもに，根，茎，葉の有性生殖にはかかわらない成長（訳注：栄養成長）について見ていく，そしておもに被子植物の主要な2つの系統，すなわち，真正双子葉類と単子葉類に焦点を当てる（図30.16参照）．この後，38章で被子植物の有性生殖にかかわる成長，つまり，花，種子，果実について調べよう．

35.1

植物体は器官，組織，細胞からなる階層構造をもつ

植物はほとんどの動物のように細胞，組織そして器官から構成されている．**細胞 cell** は生命の基本単位である．**組織 tissue** は1つまたはそれ以上のタイプの細胞からなる1つの細胞集団である．**器官 organ** はいくつかのタイプの組織からなり，それらが全体としてある特定の機能を果たす．植物のこれらのそれぞれの階層の構造を学ぶ際に，自然選択がどのように働いて，植物の構造が組織化のどのレベルででも植物の機能に適合した形態が生み出されたかということを忘れてはならない．

維管束植物の3つの基本的な器官：根，茎，葉

進化　維管束植物の基本的な形態は，地下と地上という2つの非常に異なった環境から資源を引き出して陸上に生育する生物として進化してきた歴史を反映している．植物は水と無機物を地下から，二酸化炭素と光を地上から吸収しなければならない．これらの資源を効率よく獲得するための能力は3つの基本的な器官である根，茎，葉という進化の所産である．これらの器官は，**根系 root system** と茎と葉からなる**シュート系 shoot system** を形成している（図35.2）．少数の例外は別として，維管束植物は生き残るために両系に依存している．根は，ほとんどの植物で光合成を行わない器官である．光合成でつくられる糖や他の炭水化物，つまり「光合成産物」がシュート系から送られてこなければ餓死してしまう．反対に，シュート系は根が土壌から吸収した水と無機物に依存している．

▼図35.2　**被子植物の概観**．植物体は根系とシュート系に分かれ，植物体のすみずみまで連続している維管束組織（この図では紫色のひものようになっている部分）で結び合わされている．示された植物は理想化された双子葉植物である．

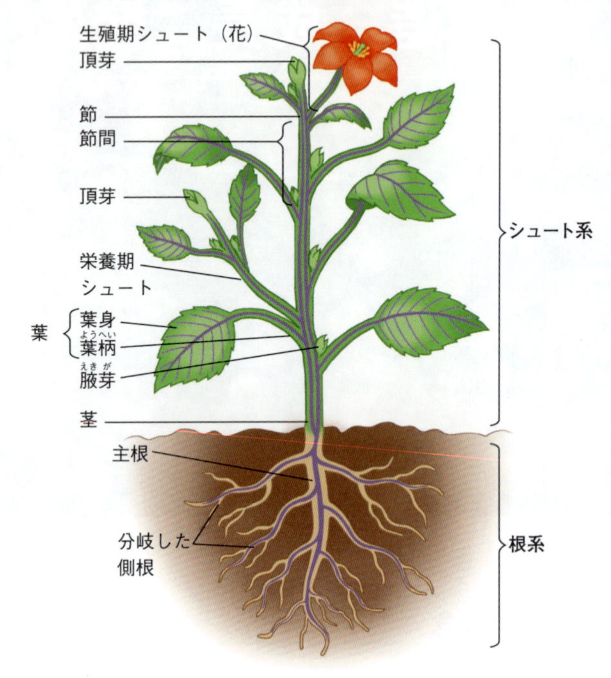
生殖期シュート（花）
頂芽
節
節間
頂芽
栄養期
シュート
葉
葉身
葉柄
腋芽
茎
主根
分岐した
側根
シュート系
根系

根

根 root は維管束植物を土壌に固着させ，無機物と水を吸収し，多くの場合，炭水化物や他の物質を蓄える器官である．種子の中の胚から発生した「一次根」は発芽種子から生じる最初の根であり，最初の器官でもある．しばらくして一次根が枝分かれして**側根 lateral root** が生じる（図35.2参照）．側根はさらに枝分かれすることができ，それによって植物を固着させ，水や無機物を土壌から獲得する根系の能力をおおいに増大させる．

シュートが大きく，背の高い直立した植物は1本の鉛直な**主根 taproot** からなる「主根系」をもっている．主根は通常一次根から発生する．主根系では吸収を担っているのは，ほとんど側根の先端部に制限されている．主根は，その形成には多量のエネルギーを要するが，植物を土壌により強く固着させる．主根は倒れるのを防ぐことによって，植物をより高く成長させて，より好ましい光条件に到達させ，ある場合には，花粉や種子の散布を有利にする．主根はまた栄養物の貯蔵器官として特化する場合もある．

➤図 35.3 **ダイコンの芽生えの根毛．**根毛は根端の少し上から生じて数千本にもなる．根の表面積を増やすことによって，土壌からの水と無機物の吸収が格段に促進される．

小型の維管束植物または匍匐成長する植物は，植物を根こそぎにして殺してしまう草食動物に，特に影響を受けやすい．このような植物は，細い根がマット状になって土壌の表面下に広がる「ひげ根系」によってより効果的に土壌に固着している（図 30.16 参照）．ほとんどの単子葉植物など，ひげ根系をもつ植物では，一次根は早い段階で消滅し，主根は形成されない．その代わり，多くの小さな根が茎から発生する．それらの根は「不定根」とよばれる．この用語は，茎や葉から根が生じた場合のように，植物のある器官が通常ではない場所で発生したことを意味する．根からはそれぞれ側根が生じ，その側根からまた側根が生じる．このマット状の根はその場所の土壌を保持するので，イネ科のような密集したひげ根系をもつ植物は土壌の浸食を守るのに特に適している．

ほとんどの植物では，水と無機物の吸収はおもに伸長中の根の先端で行われる．そこでは根の表皮細胞の細い指のような形の延長部分である莫大な数の**根毛 root hair** が存在する．その莫大な数の根毛は根の表面積をとてつもなく拡大する（図 35.3）．ほとんどの根系は「菌根」も形成する．菌根とは，土壌菌類との共生関係であり，植物の無機物を吸収する能力を高める（図 31.15 参照）．多くの植物の根は特化した機能のために適応している（図 35.4）．

▲**支柱根．**トウモロコシの地上に出た不定根は，背が高く重量のある植物体を支えているので支柱根とよばれている．成長したトウモロコシの根は地上に出たものも地下のものもすべて不定根である．

▲**貯蔵根．**アカカブなど多くの植物は栄養物と水を根に蓄える．

▲**呼吸根．**気根ともよばれる呼吸根は干満のある沼地に生育しているマングローブのような木が形成する．深く浸水した泥地では酸素が乏しいが，その根系は干潮時に水面から出ることによって，酸素を得ることができる．

◀図 35.4 **根の適応進化．**

◀**板根．**熱帯の湿潤な気候条件のために，多くの高木の根系は驚くほど浅い．防壁のように見える気根は，中米のこのカボックの木で見られるように，このような樹木の幹を構造的に支えている．

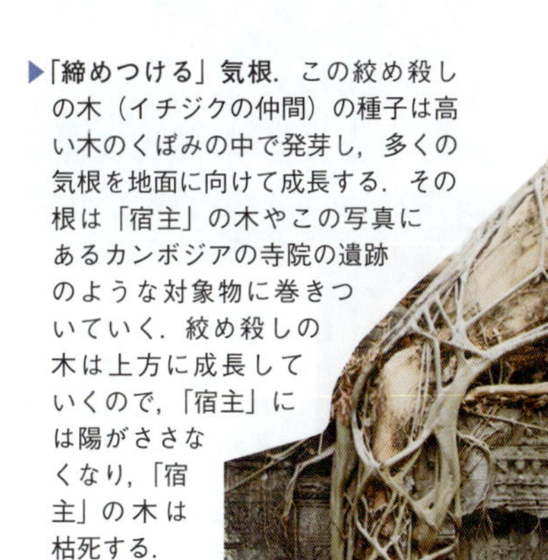

▶**「締めつける」気根．**この絞め殺しの木（イチジクの仲間）の種子は高い木のくぼみの中で発芽し，多くの気根を地面に向けて成長する．その根は「宿主」の木やこの写真にあるカンボジアの寺院の遺跡のような対象物に巻きついていく．絞め殺しの木は上方に成長していくので，「宿主」には陽がささなくなり，「宿主」の木は枯死する．

茎

茎 stem は葉や芽を支える．茎のおもな機能はシュート（枝）を伸長して葉の光合成を最大にするような方向に向かせることである．茎は別の機能として，生殖器官を上部につけて，花粉や果実の散布の効率を高める．緑色の茎はまた，ある限られた量の光合成を行う．茎は葉がつく**節** node と節の間の茎の部分である**節間** internode の繰り返し構造である（図 35.2 参照）．若いシュートではその成長は成長中の茎頂または**頂芽** apical bud 近くに集中している．頂芽はシュートに見られる唯一のタイプの芽ではない．各々の葉が茎に対してある角度でつくが，その上側の付け根にできるのが**腋芽** axillary bud である．腋芽は側枝，そしてある場合にはとげや花を形成し得る．

植物の中には，栄養物の貯蔵や無性生殖のような他の機能をもつ茎がある．これらの茎の変型には，根茎，匍匐枝，塊茎など多くの例があるが，これらはしばしば根と間違われる（図 35.5）．

葉

ほとんどの維管束植物では，**葉** leaf がおもな光合成器官である．光を受けること以外にも，葉は大気とのガス交換，熱の放散，草食動物や病原体からの保護を行う．これらの機能は生理学的，組織学的，および形態学的要求に反するかもしれない．たとえば，毛が密生した被覆は草食性の昆虫を排除する役に立つかもしれないが，葉の表面近くの空気をとらえ，そのためにガス交換が減少し，その結果，光合成が抑えられることになる．このような，二律背反のゆえに，葉は形態においてきわめて多様である．しかし，一般的に葉は平らな**葉身** blade と節で葉を茎につなげる**葉柄** petiole からできている（図 35.2 参照）．イネ科植物や他の多くの単子葉植物には葉柄がない．その代わり，葉の基部には茎を包む葉鞘がある．

単子葉植物と真正双子葉植物は，葉の維管束組織である**葉脈** vein の配置が異なる．大部分の単子葉植物は葉身の長軸方向に平行な複数の主脈をもっている．真正双子葉植物の葉は一般に，葉身の中央を走向する1つの主脈（「中肋」）が枝分かれしてできた網状の葉脈をもっている（図 30.16 参照）．

被子植物を構造に基づいて同定するときに，分類学者はおもに花の形態に依拠しているが，葉の形などの形態の差や，葉脈の分岐パターンの違い，葉の空間的な配置の差異も利用している．図 35.6 は葉の形態の違いを，単葉と複葉について図解している．複葉は強風下でも裂けたりせずに耐えられるであろう．また，葉に侵入する病原生物を小葉1枚で食い止めることによって，葉全体に広がるのを防いでいるのかもしれない．

葉の形態学的特徴は環境要因の影響によって微調整

▼図 35.5　茎の適応進化．

◀ **地下茎**．このアヤメの基部は，地面のすぐ下を水平に成長する茎である地下茎の一例である．垂直の茎が地下茎の腋芽から出ている．

匍匐枝

▶ **匍匐枝**．ここに示したイチゴの匍匐枝は地表面に沿って成長する水平の茎である．これらの匍匐枝からは無性生殖によって，それぞれの節のところに子どもの植物体が形成される．

◀ **塊茎**．これらのジャガイモなどの塊茎は，栄養を蓄えるために地下茎または匍匐枝の末端が肥大したものである．ジャガイモの「芽」は，そこが節であることを示す腋芽である．

▼図 35.6　単葉と複葉の比較．

単葉
単葉は単一で分かれていない葉身である．この葉のように切れ込みをもつ単葉もある．
腋芽
葉柄

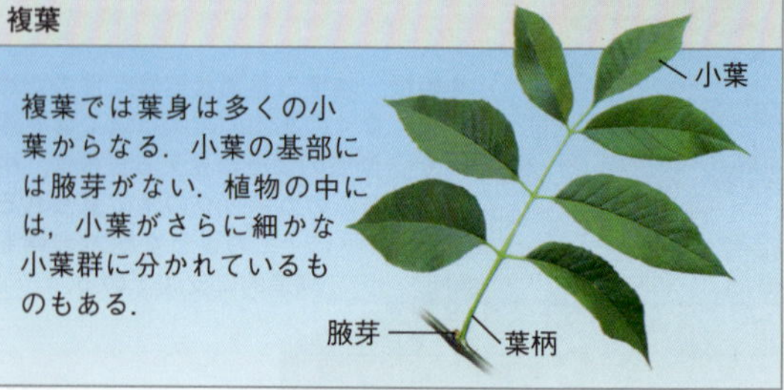
複葉
複葉では葉身は多くの小葉からなる．小葉の基部には腋芽がない．植物の中には，小葉がさらに細かな小葉群に分かれているものもある．
小葉
腋芽
葉柄

科学スキル演習

データ解釈のために棒グラフを使う

遺伝か環境か：北部のベニカエデの葉が南部のベニカエデの葉よりも「鋸歯（きょし）」が多いのはなぜか　ベニカエデ *Acer rubrum* のすべての葉が同じというわけではない．北部地域に生育するベニカエデの葉の周縁の「歯」（鋸歯）は南部地域のものと大きさが異なる（ここに見える葉は中間的なものである）．これらの形態学的な差異は北部地域と南部地域のベニカエデの間の遺伝的なものなのか，あるいは，北部地域と南部地域の平均気温などの遺伝子発現に影響を与える環境要因の違いによるものなのか．

実験方法　ベニカエデの種子は緯度が異なる，オンタリオ（カナダ），ペンシルバニア，サウスカロライナ，フロリダの4地域で採集された．次に，それらの4地域の種子は北部地域（ロードアイランド）と南部地域（フロリダ）で育てられた．数年間成長した後，2ヵ所で育った4組のベニカエデの葉が採取された．1個の鋸歯の面積の平均と葉面積あたりの鋸歯の数の平均を測定した．

実験データ

種子の採集地	鋸歯1個の平均面積（cm^2）		葉面積（cm^2）あたりの鋸歯の数	
	生育地：ロードアイランド	生育地：フロリダ	生育地：ロードアイランド	生育地：フロリダ
オンタリオ（北緯43.32°）	0.017	0.017	3.9	3.2
ペンシルバニア（北緯42.12°）	0.020	0.014	3.0	3.5
サウスカロライナ（北緯33.45°）	0.024	0.028	2.3	1.9
フロリダ（北緯30.65°）	0.027	0.047	2.1	0.9

データの出典　D. L. Royer et al., Phenotypic plasticity of leaf shape along a temperature gradient in *Acer rubrum*, *PLoS ONE* 4(10):e7653 (2009).

データの解釈

1. 鋸歯のサイズの棒グラフと鋸歯の数の棒グラフをつくりなさい（棒グラフに関する事柄は付録Fを参照）．北部から南部にかけてベニカエデの葉の鋸歯のサイズと数にどのような傾向が見られるか．
2. このデータに基づいて，ベニカエデの葉の鋸歯の形質が遺伝的に受け継がれるものによってそのほとんどが決定されるか（遺伝子型），ある1つの遺伝子型の枠内で，環境変化に対する応答能力によって決定されるか（表現型における可塑性），あるいはそれらの両方で決定されるか．質問に答える際に，個々のデータを詳しく参照しなさい．
3. 年代がわかっている葉の鋸歯の化石が，古気候学者によって地域の過去の気温を推定するために利用されてきた．サウスカロライナの1万年前のベニカエデの葉の化石が葉面積あたり，平均で4.4個の鋸歯をもっていたとしたら，1万年前のサウスカロライナの気温は現在の気温と比べてどのくらいか推定できるだろうか．

される遺伝的プログラムの産物であることが多い．**科学スキル演習**のデータを読み解いてベニカエデの葉の形態を決定する遺伝的要因と環境要因の役割を調べなさい．

ほとんどすべての葉は光合成のために特化している．しかし，植物の中には葉が支持，防御，貯蔵，生殖作用のような他の機能を果たせるように適応した種もある（図35.7）．

表皮組織系，維管束組織系，基本組織系

植物の基本的な器官である根，茎，葉はそれぞれ表皮組織，維管束組織，基本組織の3つの基本的な組織から構成されている．これら3つの組織はそれぞれ**組織系 tissue system** を形成する．組織系は植物体全体にわたって連続して，3つの器官を連結している．しかし，個々の組織の特徴と他の組織との空間的な関係は各器官で互いに異なる（図35.8）．

表皮組織系 dermal tissue system は防御のための外側の覆いである．私たちの皮膚のように表皮組織系は物理的な傷害と病原生物に対する防御の最前線を形成する．草本植物では，表皮組織系は通常，**表皮 epidermis** とよばれる1層の細胞が隙間なく詰まった

▼図 35.7　**葉の適応進化.**

▶**巻きひげ.** 巻きひげはこのエンドウのように支柱にしがみついている葉の変型である．支柱に「投げ縄」をかけるようにした後，らせん状に巻きついて，植物体を支柱にさらに接近させる．巻きひげは代表的な葉の変型であるが，ブドウのつるのように茎が変形したものもある．

◀**とげ.** ヒラウチワサボテンなどのサボテンのとげはじつは葉であり，光合成は多肉で緑の茎で行われる．

◀**貯蔵葉.** この半分に切ったタマネギの「玉」は短い地下部の茎と栄養物を蓄える特殊化した葉からなる．

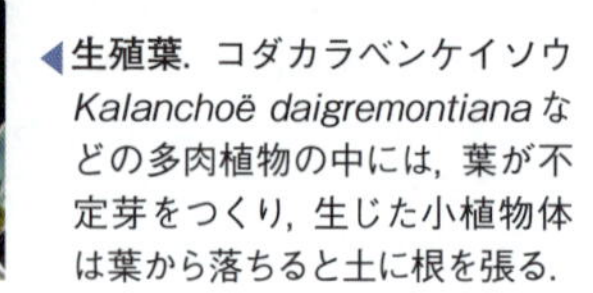
小植物体
貯蔵葉
茎

◀**生殖葉.** コダカラベンケイソウ *Kalanchoë daigremontiana* などの多肉植物の中には，葉が不定芽をつくり，生じた小植物体は葉から落ちると土に根を張る．

▼図 35.8　**3つの組織系.** 表皮組織系（青色）は植物体全体を覆って保護する．根系とシュート系間の物質輸送を行う維管束組織系（紫色）も植物体全体にわたって連続しているが，各器官で配列の仕方が異なる．植物の代謝機能のほとんどにかかわる基本組織系（黄色）は各器官の表皮組織と維管束組織の間に位置している．

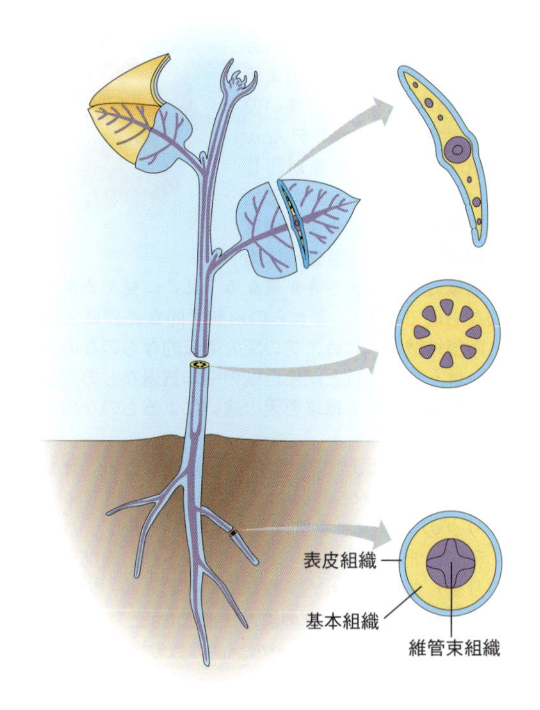
表皮組織
基本組織
維管束組織

組織からなっている．葉とほとんどの茎では，**クチクラ cuticle** というロウ（蝋）の被膜が表皮を覆って水の損失を防ぐのに役立っている．木本植物では，**周皮 periderm** という保護組織が茎や根の古い部分で表皮から置き換わっている．水の損失と病気から植物を防御することに加えて，表皮は各器官それぞれに特異的な特徴をもっている．根では，水や無機物を表皮細胞，特に根毛によって土壌から吸収する．シュートでは，孔辺細胞とよばれる特化した表皮細胞がガス交換にかかわっている．高度に特化した表皮細胞のもう1つのタイプである**トリコーム trichome** とよばれる突起がシュートの表皮で見られる．砂漠に生育するいくつかの種では，毛状のトリコームは水の損失を減らし，過剰な光を反射する．トリコームの中には，防壁の形成や粘液または有毒な化合物の分泌によって昆虫に対する防御に役立っているものがある（図 35.9）．

維管束組織系 vascular tissue system のおもな機能は植物体内の物質輸送を促進することと物理的な支えになることである．木部と師部という2つのタイプの維管束組織がある．**木部 xylem** は水と水に溶けた無機物を根からシュートへと上に向かって運ぶ．**師部 phloem** は光合成産物の糖を合成場所（通常は葉）から必要としている部位や貯蔵場所（通常は根および発達中の葉と果実のような成長部分）に運ぶ．根と茎の維管束組織は合わせて**中心柱 stele**（ギリシャ語で「支柱」の意）とよぶ．中心柱の配列は植物の種と器官によって異なる．たとえば，被子植物では，根の中心柱は道管と師管からなる中空ではない芯状の**維管束柱 vascular cylinder** である．一方，茎と葉の中心柱は，木部と師部で構成される複数の「維管束」が分散した形で構成されている（図 35.8 参照）．木部も師部も輸送のために高度に特化した細胞を含むさまざまな

▼図 35.9　**葉表面のトリコームの多様性.** マヨラナ *Origanum majorana* の表面には3種類のトリコームが見られる．槍のようなトリコームは這いまわる昆虫の移動を妨げるのに役立つ．他の2つのタイプのトリコームは防御にかかわる油脂やその他の化学物質を分泌する（着色 SEM 像）．

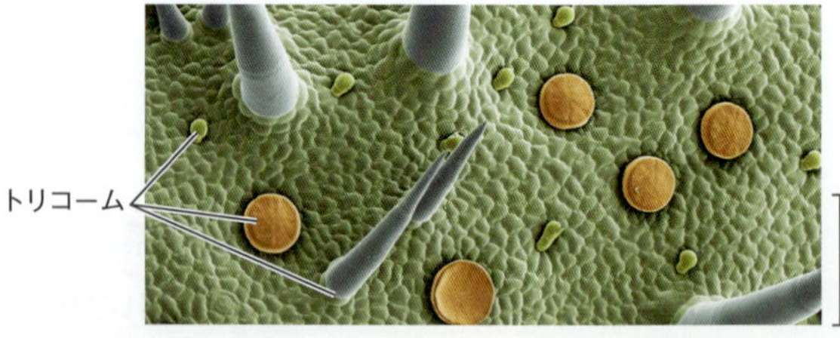
トリコーム
300 μm

タイプの細胞から成り立っている．

表皮でもなく維管束でもない組織は**基本組織系 ground tissue system** に属する．維管束組織の内部にある基本組織は**髄**（ずい）**pith** とよばれ，維管束組織の外部にある基本組織は**皮層 cortex** とよばれる．基本組織系は，たんなる詰めものではない．そこには貯蔵，光合成，支持，近距離輸送などの機能のために特化したさまざまな細胞が含まれている．

植物細胞の一般的なタイプ

植物では，他の多細胞生物と同様，細胞の「分化」，すなわち，発生過程における構造と機能の分化が見られる．細胞分化には細胞質と細胞小器官および細胞壁における変化がかかわる．次の2ページにわたる図35.10は，植物細胞のさまざまなタイプの中の主要なものに絞って描いてある．さまざまな細胞に見られる構造上の適応がそれらの特異的な機能を可能にしていることに注意しよう．また，植物細胞の基本構造を復習しておくことが望ましい（図6.8，図6.27を参照）．

概念のチェック 35.1

1. 維管束組織系によって，葉と根が一体になって植物体全体の成長と発達を支えることができているが，それはどのようにしてなされているか．
2. どうなる？➤ヒトがもしも，光合成のための光エネルギーをとらえて栄養物をつくる光独立栄養生物であったなら，私たちの体の内部構造はどのように変わっているだろうか．
3. 関連性を考えよう➤中央液胞とセルロースからなる細胞壁は植物の成長にどのように寄与しているか，説明しなさい（6.4節，6.7節を参照）．

（解答例は付録A）

35.2

さまざまな分裂組織が一次成長と二次成長のための細胞を生み出す

植物と多くの動物とのおもな違いは，植物の成長が胚や幼若期だけに限らないことである．実際，成長は植物の一生を通じて起こり，それは**無限成長 indeterminate growth** とよばれている過程である．植物は**分裂組織 meristem** という未分化な組織をもっているので成長を続けることができる．分裂組織は分裂が可能な細胞を含む組織であり，その結果，伸長成長や分化する新しい細胞を生み出す組織である（図35.11）．休眠の期間を除いては，ほとんどの植物は絶え間なく成長している．それとは対照的に，ほとんどの動物と植物のいくつかの器官，たとえば，葉やとげ，そして花のような器官は**有限成長 determinate growth** を行うため，特定の大きさになると成長を止める．

分裂組織には頂端分裂組織と側部分裂組織の2つの主要なタイプがある．**頂端分裂組織 apical meristem** は根端と茎頂に存在し，そこで細胞を増やしていくので，植物は縦方向に成長することができる．この過程は**一次成長 primary growth** とよばれる．一次成長により根は土壌中にくまなく延びていき，シュートは光を受ける面が増加する．草本植物においては，植物体のほとんどすべては一次成長によってつくられる．しかし，木本植物は長軸方向の成長が停止した茎と根の部分でも太さは増加する．このような肥大成長は**二次成長 secondary growth** とよばれる．肥大成長は維管束形成層またはコルク形成層とよばれる**側部分裂組織 lateral meristem** の活動によって行われる．これらの分裂細胞からなる円柱状の組織は根と茎の全長に沿って形成される．**維管束形成層 vascular cambium** は二次木部（材）と二次師部とよばれる維管束組織を増大させる．**コルク形成層 cork cambium** は表皮をより厚く，より堅い周皮に置き換える．

頂端分裂組織と側部分裂組織の細胞は成長期に，他の組織の細胞に比べて頻繁に分裂し，新しい細胞を生み出す．新しい細胞の一部は分裂組織に留まり，さらに細胞を生み出す．一方，他の細胞は分化し，組織と器官の一部になる．新しい細胞の源として留まった細胞は伝統的に「始原細胞」とよばれてきたが，動物の幹細胞と対応させて「幹細胞」とよばれることが多くなってきた．その理由は，動物の幹細胞も，永続的に分裂して未分化の状態に留まっているからである．

分裂組織から離れた新しい細胞は，成熟した組織の中で特定の分化をするまでさらに数回分裂する．一次成長の間，これらの細胞は**一次分裂組織 primary meristem** とよばれる3つの組織，すなわち，「前表皮」，「基本分裂組織」，「前形成層」を生じる．これらはそれぞれ，根またはシュートの3つの成熟した組織，つまり，表皮組織，基本組織，維管束組織を生み出す．木本植物の側部分裂組織も幹細胞をもつが，それらはすべての二次成長の源になる．

一次成長と二次成長の関係は落葉樹の冬枝に明瞭に認められる．その茎頂にあるのは休眠中の頂芽で，頂端分裂組織を保護する鱗片に包まれている（図35.12）．春になると，頂芽は鱗片を脱ぎ捨て，一次成長を新たに勢いよく開始し，節と節間を次々と生じる．節間が

▼図35.10　探究　分化した植物細胞の例

柔細胞

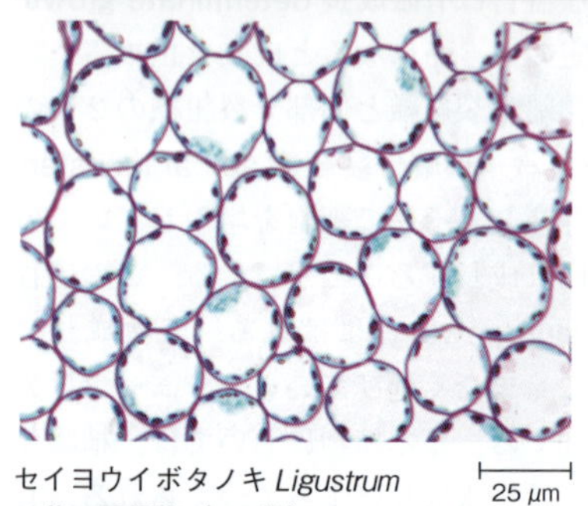
25 μm

セイヨウイボタノキ *Ligustrum* の葉の**柔細胞**（LM像）

成熟した**柔細胞** parenchyma cell は比較的薄く柔軟な一次細胞壁をもっており，二次細胞壁はほとんどもたない（図6.27にある一次細胞壁と二次細胞壁の記述を参照）．一般に成熟した柔細胞は大きな中央液胞をもっている．柔細胞は合成と種々の有機物の貯蔵という植物の代謝機能の大部分を行っている．たとえば，光合成は葉の柔細胞の葉緑体内で起こる．茎や根の柔細胞の中には，デンプンを蓄えるアミロプラストとよばれる無色の色素体をもつものがある．多くの果実の肉厚な組織はおもに柔細胞からできている．大部分の柔細胞は，たとえば植物が傷ついた後で器官の修復を行うような特定の条件下で，分裂して他のタイプの細胞に分化する能力を保持している．1個の柔細胞から完全な植物体を再生することさえできるのである（訳注：このような能力を分化全能性とよぶ）．

厚角細胞

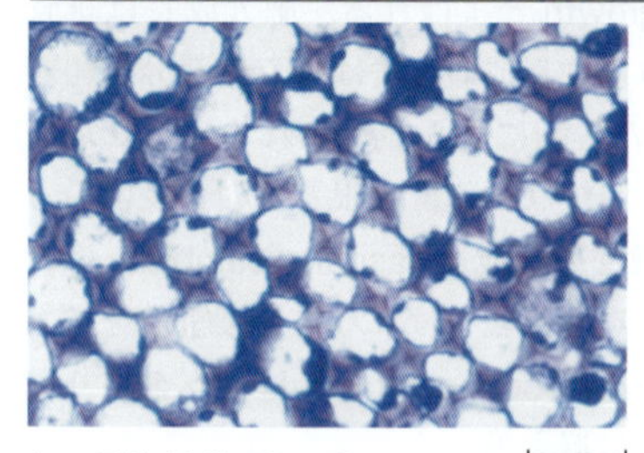
5 μm

ヒマワリ *Helianthus* の茎の**厚角細胞**（LM像）

厚角細胞 collenchyma cell（この写真は横断面）が集まって束になった構造は植物体のシュートの若い部位を支える．厚角細胞の細胞壁は一様な厚さではないが，一般に，柔細胞よりも厚い一次細胞壁をもつ，伸長した細胞である．若い茎と葉柄では，表皮細胞の直下に厚角細胞が束になっていることが多い．厚角細胞は成長が制限されることがないので，柔軟な支持機能をもつことができる．成熟した段階でも，厚角細胞は次に述べる厚壁細胞とは違って生きた細胞であり，柔軟性があり，それらが支持している茎と葉とともに伸長する．

厚壁組織の細胞

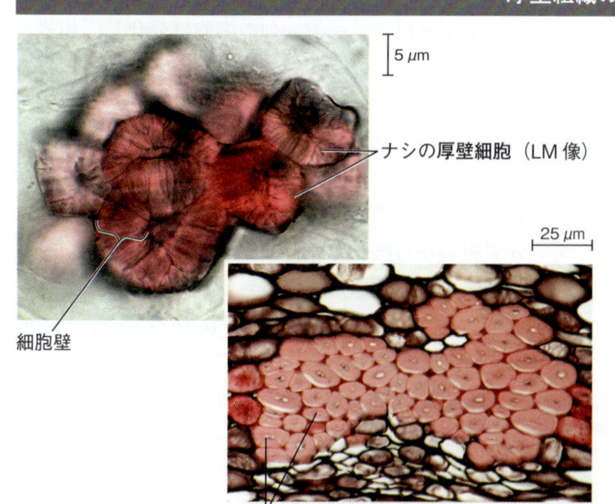
5 μm
ナシの**厚壁細胞**（LM像）
25 μm
細胞壁
繊維（トネリコの幹の横断切片）（LM像）

厚壁組織の細胞 sclerenchyma cell も植物体の支持要素として機能するが，厚角細胞よりもさらに強固である．厚壁組織の細胞の二次細胞壁は伸長成長が停止した後に形成され，その細胞壁は厚く，大量の**リグニン** lignin を含んでいる．リグニンは非常に分解されにくい堅固な重合体であり，材の乾燥重量の4分の1以上を占める．リグニンはすべての維管束植物に存在するが，コケ植物には存在しない．成熟した厚壁組織の細胞は伸長できず，植物の縦方向の成長が停止した部位に見出される．厚壁組織の細胞は支持という機能のために非常に特殊化されているので，多くは機能的に成熟した段階で死んでいるが，プロトプラスト（細胞の「生きている」部分）が死ぬ前に二次細胞壁を形成する．強固な細胞壁は多年にわたり植物を支える「骨格」として残り，数百年も残存する例がある．

厚壁細胞 sclereid と**繊維** fiber とよばれる厚壁組織の2つのタイプの細胞はもっぱら支持と強化に特化している．厚壁細胞は繊維よりも短く，不規則な形をしており，リグニンが沈着した非常に厚い二次細胞壁をもつ．厚壁細胞は堅果の殻や種皮の硬さや果物のナシのざらざらした舌触りを与えている．繊維は細長く，先端ほど細くなった細胞で，通常，束状に集まった構造を形成する．ロープをつくる麻の繊維やリンネルを織るための亜麻の繊維など，産業用として用いられている．

木部の水を通道する細胞

水を通道する２つの細胞，**仮道管 tracheid** と**道管要素 vessel element** は管状の伸長した細胞で，機能的に成熟した段階では細胞壁にリグニンが含まれる死んだ細胞である．仮道管はすべての維管束植物の木部に見られる．ほとんどの被子植物と少数の裸子植物と無種子維管束植物は，仮道管に加えて道管要素をもっている．仮道管または道管要素の細胞の内容（訳注：細胞壁を除いた細胞の全体）が崩壊した後，厚い細胞壁が残存して，死んだ部分からなる水が通れる通路を形成する．仮道管と道管要素の二次細胞壁には，壁孔とよばれる細胞壁が薄くなった部位が多数あり，そこは一次細胞壁のみで二次細胞壁が欠けている（図 6.27 の一次細胞壁と二次細胞壁の説明を参照）．水は壁孔を通って隣接するこれらの細胞間を側方移動することができる．

仮道管は長く，細い細胞で，先端に行くほどさらに細くなった細胞である．水はおもに壁孔を通って仮道管の細胞間を移動する．壁孔では厚い二次細胞壁を通過する必要がない．

道管要素は一般に仮道管より太くて，短く，その細胞壁は仮道管の細胞壁より薄く，先細りにはなっていない．道管要素は端と端が互いに接して，道管という長い管を形成する．道管は肉眼で見える場合もある．道管要素の端の細胞壁は，道管を通して水が自由に流れることができるように穿孔板という孔のあいた仕切りになっている．

仮道管と道管要素の二次細胞壁はリグニンで強化されている．この強化によって，水輸送の際の張力による崩壊を防ぐとともに，植物体の支持にも寄与している．

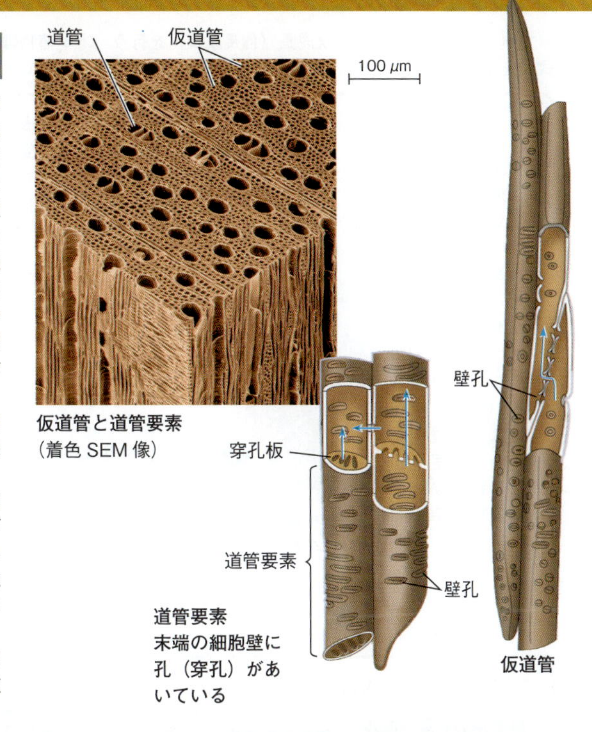
道管
仮道管
100 μm
穿孔板
壁孔
道管要素
壁孔
仮道管

仮道管と道管要素
（着色 SEM 像）

道管要素
末端の細胞壁に孔（穿孔）があいている

仮道管

師部の糖を通道する細胞

木部の水を通道する細胞とは異なり，師部の糖を通道する細胞は機能的に成熟した段階でも生きている．無種子維管束植物と裸子植物では，糖と他の有機物は師細胞とよばれる長くて細い細胞を通って輸送される．被子植物の師部では，これらの栄養物は**師管要素 sieve-tube element**（または sieve tube member）とよばれる細胞がつながってできた師管を通って輸送される．

師管要素は生きているが，核，リボソーム，液胞，細胞骨格を欠いている．細胞の内容物のこのような欠落は栄養物が細胞の中を通過することを容易にしている．**師板 sieve plate** とよばれる師管要素間の末端の細胞壁には複数の孔があいており，それによって師管の中を細胞から細胞へと液体が流れるのを促進している．それぞれの師管要素の側面には，通導には関与しない**伴細胞 companion cell** とよばれる細胞が接している．この細胞は多数の原形質連絡というチャネルによって師管要素と連絡している（図 6.27 参照）．伴細胞の核とリボソームは伴細胞自身だけでなく，隣接する師管細胞のためにも機能している．ある植物では，葉の伴細胞が糖を師管要素に送り込む働きをし，その糖は師管要素によって植物体の他の部位に輸送される．

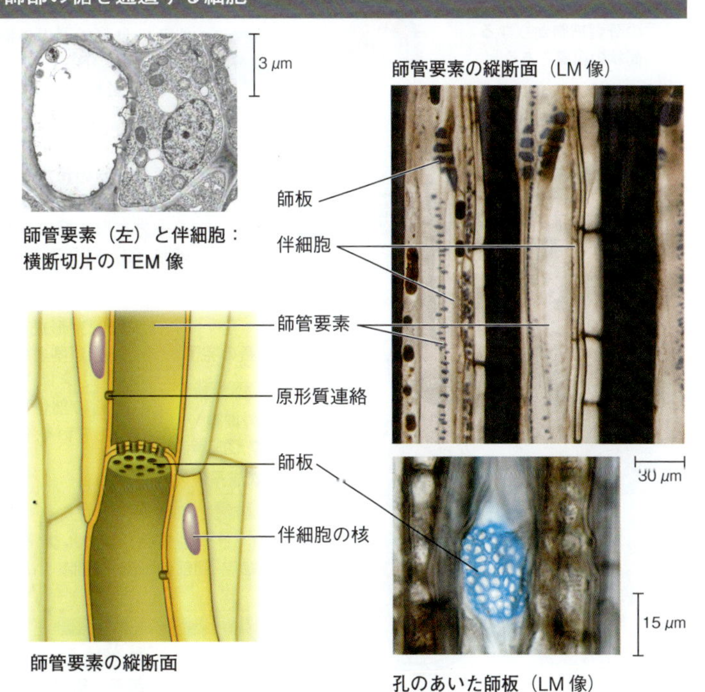
3 μm
師板
伴細胞
師管要素
原形質連絡
師板
伴細胞の核
30 μm
15 μm

師管要素（左）と伴細胞：横断切片の TEM 像

師管要素の縦断面

師管要素の縦断面（LM 像）

孔のあいた師板（LM 像）

▼図 35.11 ビジュアル解説　一次成長と二次成長

すべての維管束植物は一次成長（伸長成長）を行う．木本植物は二次成長（肥大成長）も行う．これらの模式図を学びながら，シュートと根がどのようにして伸び，太くなっていくか思い描きなさい．

概　観

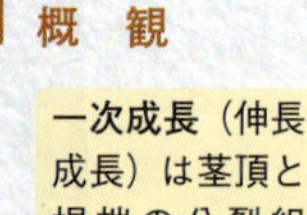

一次成長（伸長成長）は茎頂と根端の分裂組織によって行われる．

二次成長（肥大成長）は側部分裂組織によって行われる．側部分裂組織は一次成長が終わった茎頂または根端から長軸方向に広がり，延びていく．

茎頂分裂組織
側部
分裂組織
根端
分裂組織

一次成長（伸長成長）

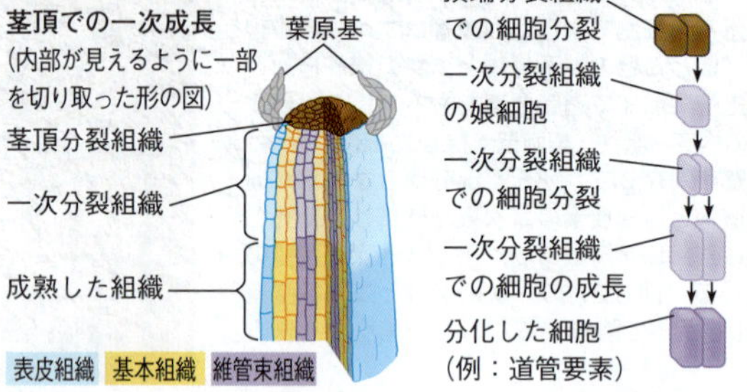

茎頂での一次成長
(内部が見えるように一部を切り取った形の図)

茎頂分裂組織
一次分裂組織
成熟した組織
葉原基
表皮組織　基本組織　維管束組織

頂端分裂組織での細胞分裂
一次分裂組織の娘細胞
一次分裂組織での細胞分裂
一次分裂組織での細胞の成長
分化した細胞（例：道管要素）

茎頂と根端の頂端分裂組織の細胞は未分化の段階にある．それらが分裂すると，娘細胞のあるものは頂端分裂組織に留まって未分化細胞の集団を維持するのを保証する．他の娘細胞は一次分裂組織の細胞として部分的に分化する．

1 根端分裂組織は裁縫用の指ぬきに似た形の根冠によって保護されている．根の4つの領域，つまり，根冠，根端分裂組織，一次分裂組織，成熟した組織を簡潔な輪郭線で図示して，各領域の名称を書き入れなさい．ただし，根冠が下になるように描きなさい．

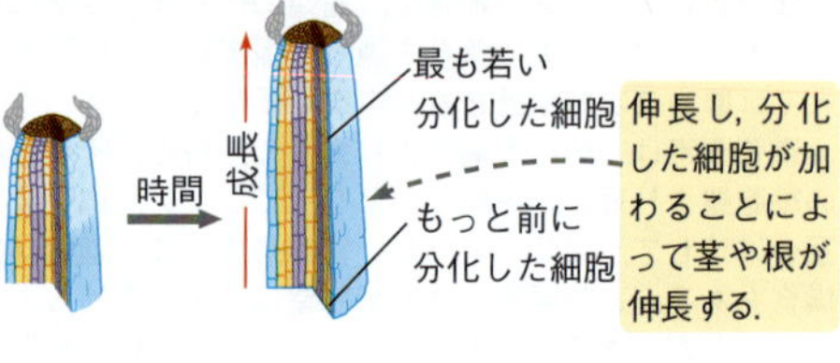

時間
成長
最も若い
分化した細胞
もっと前に
分化した細胞

伸長し，分化した細胞が加わることによって茎や根が伸長する．

二次成長（肥大成長）

維管束形成層やコルク形成層とよばれる側部分裂組織は1層の分裂細胞からなる筒状の組織である．

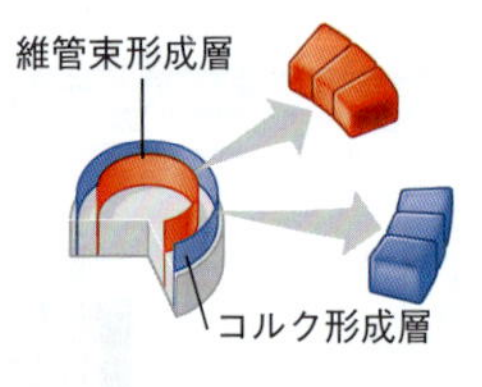

維管束形成層
コルク形成層

円周の長さの増加：形成層の細胞が分裂すると，2つの娘細胞がともに形成層に残って成長するので形成層の円周の長さが増加する．

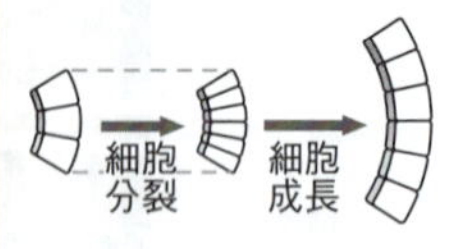

細胞
分裂
細胞
成長

二次木部と二次師部の付加：維管束形成層の細胞が分裂すると，娘細胞の一方が形成層の内側で二次木部の細胞（X）になるか，あるいは形成層の外側で二次師部の細胞（P）になる．ここでは木部と師部の細胞が等しく加わっているが，通常は，木部の細胞のほうがより多く生じる．

二次成長の方向

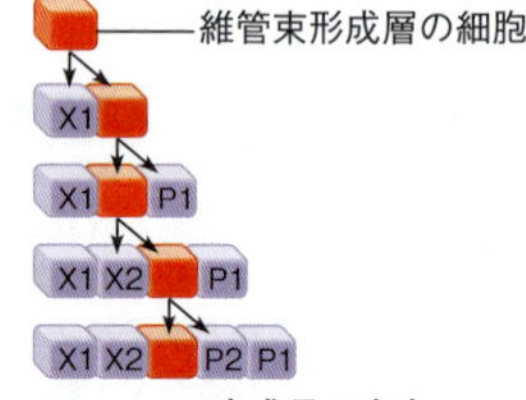

維管束形成層の細胞
時間
X1
X1 P1
X1 X2 P1
X1 X2 P2 P1

コルク細胞の付加：コルク形成層の細胞が分裂すると，娘細胞の一方が形成層の外側でコルク細胞（C）になる．

二次成長の方向

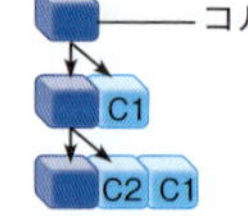

コルク形成層の細胞
時間
C1
C2 C1

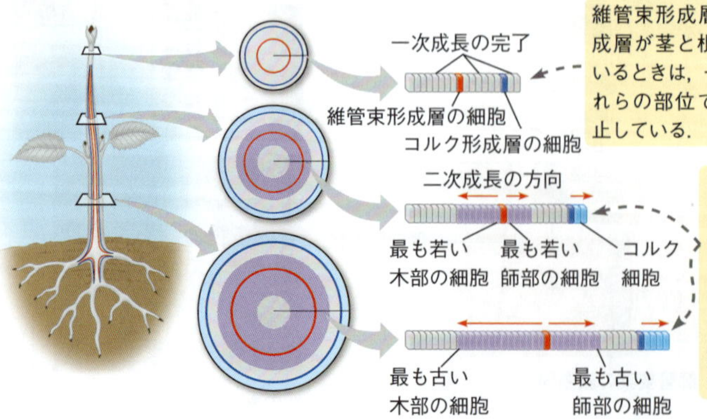

一次成長の完了
維管束形成層の細胞
コルク形成層の細胞
二次成長の方向
最も若い木部の細胞
最も若い師部の細胞
コルク細胞
最も古い木部の細胞
最も古い師部の細胞

維管束形成層とコルク形成層が茎と根で機能しているときは，一次成長はそれらの部位ではすでに停止している．

二次木部と二次師部の細胞，そしてコルク細胞が付加されるに伴って茎と根は太くなる．そのほとんどの細胞は二次木部（材）の細胞である．

2 二次成長の一連の過程を，下図の四角で囲んだ細胞の列を描き，それらの細胞に，維管束形成層の細胞にはV，木部の5つ細胞には最も古い細胞（X1）から最も若い細胞（X5）まで，そして師部の細胞にはP1からP3までの印をつけなさい．成長が続いた後はどのようになるかを，木部と師部の細胞を2倍にした列を描いて，それぞれの細胞に上のように印をつけて示しなさい．維管束形成層の位置はどのように変化するだろうか．

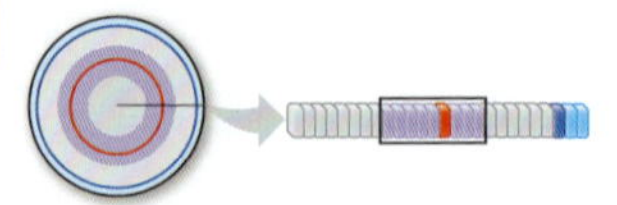

▼図 35.12 冬枝で見た 3 年間の成長．

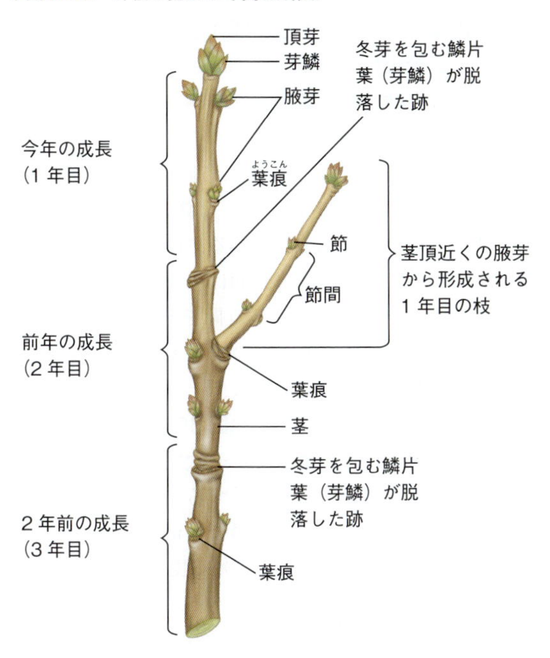
頂芽
芽鱗
冬芽を包む鱗片
葉（芽鱗）が脱
落した跡
腋芽
今年の成長
（1 年目）
葉痕
節
茎頂近くの腋芽
から形成される
1 年目の枝
節間
前年の成長
（2 年目）
葉痕
茎
冬芽を包む鱗片
葉（芽鱗）が脱
落した跡
2 年前の成長
（3 年目）
葉痕

成長していくたびに，葉の落ちた跡が節の印になる．1 つひとつの葉痕の上側には，腋芽または腋芽によってつくられた枝がある．この冬枝の下のほうには，前年の冬の間，頂芽を保護していた鱗片の輪生体が脱落した跡がある．各成長期には，一次成長によってシュートが成長して伸び，二次成長によって前の年につくられた部分が成長して太くなる．

分裂組織は植物の一生を通して植物を成長させることができるが，植物はもちろん死ぬ．その生活環の長さに基づいて，被子植物は，一年生，二年生，多年生の植物に分類される．「一年生植物」は発芽から花成，種子形成，そして死までの生活環を 1 年またはそれ以下の間で完結する．多くの野生植物は一年生である．マメ科植物やコムギ，イネなどの穀類のような主要な作物も一年生である．種子と果実を形成した後に死ぬことは，エネルギーを子孫を生み出すことに最大限転化するという 1 つの戦略である．ダイコンのような「二年生植物」は生活環を完了するのに 2 回の成長期を必要とし，開花と結実は 2 年目にだけ行われる．樹木や灌木，あるいはいくつかのイネ科植物などの「多年生植物」は長年生存する．北米の平原のバッファローグラスとよばれる牧草は，最後の氷河期近くに発芽した種子から 1 万年の間成長してきたと考えられている．

概念のチェック 35.2

1. 同じ植物で一次成長と二次成長が同時に行われるだろうか．

2. 根と茎は無限成長するが，葉はそうではない．このことは植物にとってどのように役立っているだろうか．

3. どうなる？➤ニンジンを 1 年育てた後，野菜栽培者がそのニンジンは小さすぎると判断した．ニンジンは二年生植物のため彼は，2 年目にはニンジンの根はもっと大きくなるだろうと考えて，他のニンジンを抜かないままにした．これはよい考えだろうか．

（解答例は付録 A）

35.3

一次成長は根とシュートを伸長させる

一次成長は頂端分裂組織によって生み出される細胞によって直接もたらされる．草本植物においては，植物体のほとんど全体が一次成長でつくられており，木本植物においては，木質になっていない部分，つまりより若い部分だけが，一次成長によってつくられた部分である．根とシュートの両方の伸長は頂端分裂組織に由来する細胞からつくられているが，根の一次成長と茎の一次成長の詳細は多くの点で異なっている．

根の一次成長

一次根の生物量全体は根端分裂組織に由来する．根端分裂組織は指ぬき（指先にかぶせて針の頭を押す杯状の裁縫用具）状の**根冠 root cap** も生み出す．根冠は一次成長の間，根が土を押しのけて成長する際に，繊細な頂端分裂組織が擦り傷を受けないように保護している．根冠はまた，根端のまわりの土壌を滑らかにする多糖の粘液を分泌している．成長は根端から少し基部側に戻った領域で行われる．その領域は，一次成長に関して，ある程度重なりをもった 3 つの帯域に分けられ，それぞれの細胞は一次成長の中で順次進行する 3 つの段階にある．それらは，細胞分裂，伸長，分化の帯域である（図 35.13）．

「細胞分裂帯」は根端分裂組織とそれから生み出された細胞からなる．根冠の細胞も含めて，根の新しい細胞はこの領域で生まれる．典型的な「伸長帯」は根端から数 mm のところにある．この領域は，根の細胞の伸長に伴って，成長が最大になる．その場合，根の細胞はときとして最初の細胞の 10 倍以上にも伸長

図 35.13　真正双子葉植物の根の一次成長. 顕微鏡写真では，頂端分裂組織の有糸分裂を行っている細胞が，細胞分裂にかかわるタンパク質であるサイクリン発現部位を染色する方法によって可視化されている（LM 像）.

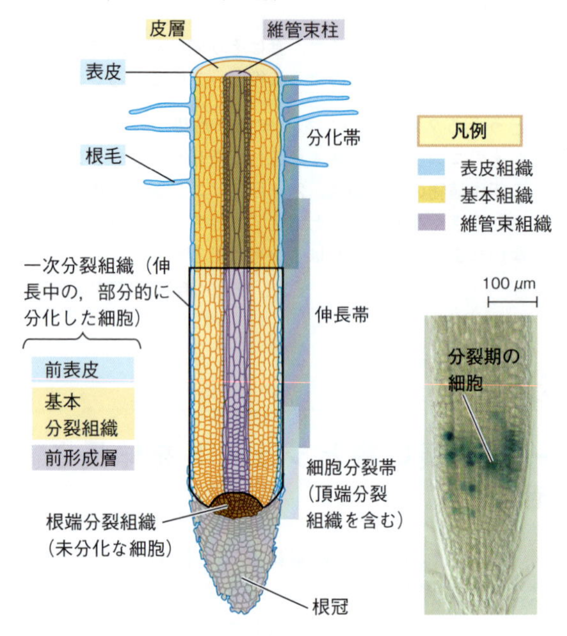

皮層
維管束柱
表皮
分化帯
根毛
凡例
表皮組織
基本組織
維管束組織
一次分裂組織（伸長中の，部分的に分化した細胞）
伸長帯
100 μm
前表皮
基本分裂組織
前形成層
分裂期の細胞
細胞分裂帯（頂端分裂組織を含む）
根端分裂組織（未分化な細胞）
根冠

することがある．細胞伸長により根端が土壌中にさらに押し込まれる．その間に，根端分裂組織は伸長帯の若い側の端に細胞を増やしていく．根の細胞が伸長成長を終える前から，多くの細胞が構造と機能において分化し始める．「分化帯」または「成熟帯」では，細胞は完全に分化し，それぞれが異なったタイプの細胞になる．

最も外側の一次分裂組織である前表皮によって，根を覆うクチクラ層のない 1 層の細胞層からなる表皮が生じる．根毛は根の表皮の中で最も目立つ特徴をもっている．その特殊化した表皮細胞は水と無機物の吸収の機能をもつ．典型的な根毛は数週間しか生きていないが根の全表面積の 70〜90% を占める．発芽後 4 ヵ月目のライ麦におよそ 140 億本の根毛があると見積もられている．端と端をつないで並べると，1 株のライ麦の根毛は 1 万 km に及び，これは赤道の長さの 4 分の 1 に相当する．

前表皮と前形成層に挟まれているのが基本分裂組織で，これは成熟した基本組織を生み出す．大部分が柔細胞からなる根の基本組織は，維管束組織と表皮の間の領域である皮層に見られる．皮層の細胞は炭水化物を蓄えることに加えて，土壌から水と塩類を根毛から根の中央に輸送する．皮層はまた水，無機塩類，そして酸素の根毛から根内部への「細胞外」を通る拡散を可能にする．なぜなら，皮層の細胞間には大きな空間（訳注：細胞間隙）が存在するからである．皮層の最内層は**内皮 endodermis** とよばれる円筒状の 1 層の細胞層で，維管束柱との境界を形成している．内皮は土壌から維管束柱への物質透過を制御する選択的障壁になっている（図 36.8 参照）.

前形成層は維管束柱を生じる．維管束柱は木部の堅固な芯と師部の組織からなり，全体は**内鞘**（ないしょう）**pericycle** とよばれる細胞層に包まれている．ほとんどの真正双子葉植物の根では，木部の断面は星形に見え，師部は木部の「星」の突起と突起の間を占めている（図 35.14 a）．多くの単子葉植物の維管束組織では，木部と師部が交互に環状に配置され，それらが未分化な柔細胞からなる芯を囲んでいる（図 35.14 b）.

根が伸長することによって，一次成長は根が土壌に貫入し，広がっていくのを促進する．土壌内部に栄養物が豊富な狭い場所があった場合，根の分岐が促進される可能性がある．分岐も一次成長の 1 つの形である．内鞘は維管束柱の最外層であり，そして内皮の直下に接する細胞層であるが（図 35.14 参照），その内鞘の中の分裂組織的な働きをもつ領域から側根（分岐した根）が生じる．発生しつつある側根は外側の組織を破壊しながら押し分けて元の根から伸び出てくる（図 35.15）.

シュートの一次成長

シュートの生物量全体，つまり葉と茎は，茎頂にある分裂細胞のドーム型の集団である茎頂分裂組織に由来する（図 35.16）．茎頂分裂組織は葉と頂芽に保護された繊細な構造である．その若い葉は，節間がきわめて短いため，わずかな間隔をもって集まっている．シュートの伸長は茎頂の下の節間細胞の縦方向の伸長によって起こる．根端分裂組織と同様に，茎頂分裂組織はシュートの 3 つのタイプの一次分裂組織，すなわち前表皮，基本分裂組織，前形成層を生じる．

一次成長の 1 つの過程である分枝形成は腋芽の活性化によって生じる．それぞれの腋芽には茎頂分裂組織がある．植物ホルモンによる化学的な情報伝達によって，活性化されている頂芽に近い腋芽ほどその情報によって腋芽の活性化は阻害される．この現象は**頂芽優勢 apical dominance** とよばれる（頂芽優勢の基礎になる特異的な植物ホルモンによる変化については 39.2 節で議論する）．ある動物がシュートの先端を食べたり，日陰になってシュートの先端よりも側面のほうが光を強く受けるようになったりすると，頂芽優勢の基礎になる化学的な情報伝達が機能しなくなる．その結果，腋芽の休眠が解除され，成長を開始する．休眠が

▼図 35.14 **若い根における一次組織の構成．**(a) と (b) はそれぞれキンポウゲとトウモロコシの根の横断切片を示している．これらは根の構成の基本的パターンの２つを示している．植物の種によってそのパターンには多くの違いがある（すべて LM 像）．

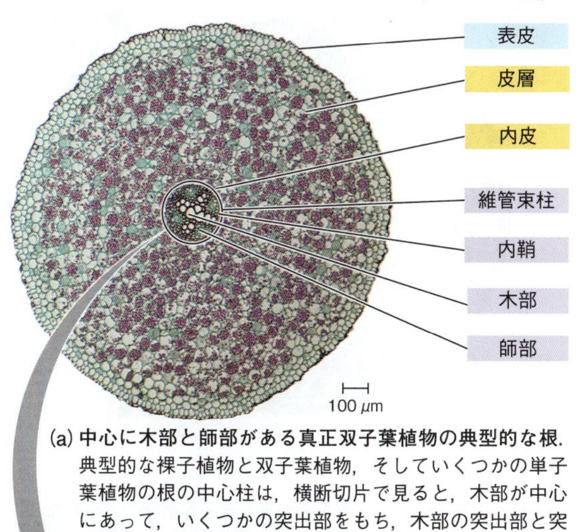
表皮
皮層
内皮
維管束柱
内鞘
木部
師部
100 μm

(a) **中心に木部と師部がある真正双子葉植物の典型的な根．** 典型的な裸子植物と双子葉植物，そしていくつかの単子葉植物の根の中心柱は，横断切片で見ると，木部が中心にあって，いくつかの突出部をもち，木部の突出部と突出部の間に師部がある維管束柱である．

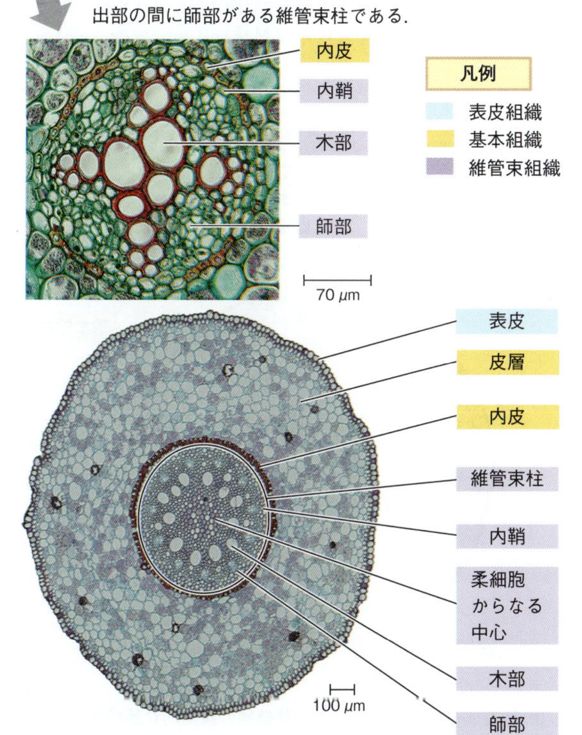
内皮
内鞘
木部
師部
70 μm
凡例
表皮組織
基本組織
維管束組織
表皮
皮層
内皮
維管束柱
内鞘
柔細胞からなる中心
木部
師部
100 μm

(b) **中心に柔細胞をもつ単子葉植物の典型的な根．** 多くの単子葉植物の根の中心柱は，中心に柔組織があって，その周囲に木部と師部が輪状に配置している維管束柱である．

解除されると，腋芽は側枝を生じることになり，それ自身の頂芽と葉，そして腋芽をすべてもつようになる．園芸家が低木を剪定（せんてい）したり，鉢植え植物を摘んだりすると，それらの植物の頂芽の数が減る．その結果，分枝が伸び，生い茂った姿になる．

▼図 35.15 **側根の形成．** 側根は根の維管束柱の最外層である内鞘から生じ，皮層と表皮を破壊しながら突き抜けて発生する．この光学顕微鏡写真では，元の根の横断切片として見えるが，側根は縦断切片として見えている（訳注：内鞘の外側の１層の細胞層である内皮は側根の表皮を形成するので，内皮も側根の発生にかかわる）．

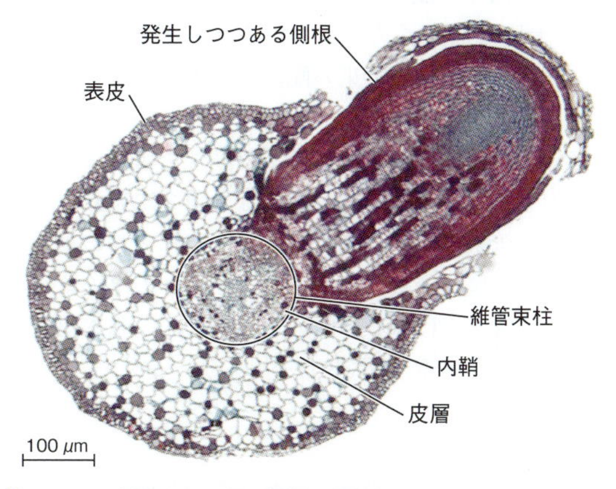
発生しつつある側根
表皮
維管束柱
内鞘
皮層
100 μm

描いてみよう➤ もとの根と側根は側面から見たらどのように見えるか図を描いて，両方の根がそれぞれどれかを示しなさい．

▼図 35.16 **茎頂．** 葉原基はドーム状の頂端分裂組織の周縁部から生じる．これはコリウスの茎頂の縦断切片である（LM 像）．

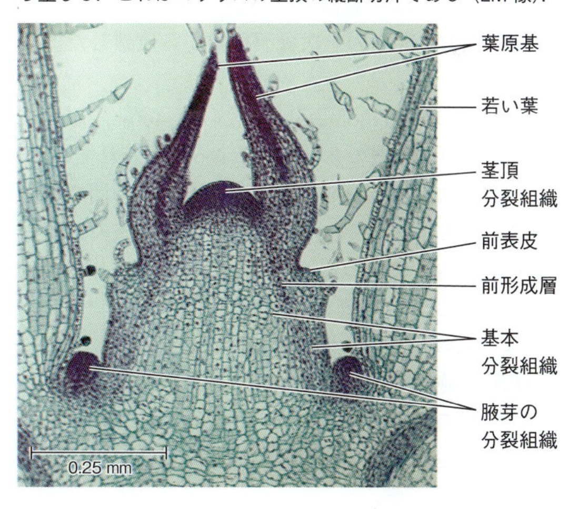
葉原基
若い葉
茎頂
分裂組織
前表皮
前形成層
基本
分裂組織
腋芽の
分裂組織
0.25 mm

茎の成長と組織構成

茎は，通常１層の細胞が水の損失を防ぐ蝋質のクチクラに覆われた表皮細胞によって覆われている．茎の特殊な表皮細胞の例として，孔辺細胞とトリコームが挙げられる．茎の基本組織のほとんどは柔細胞から成っている．しかし，表皮直下の厚角細胞は一次成長の過程で茎の多くを強くする．厚壁細胞，とくに繊維という細胞も，これ以上伸長しなくなった茎の部分の支持に寄与している．

維管束組織は維管束を構成して，茎を軸方向に貫いている．根の内部の維管束組織から生じ，維管束柱，皮層，表皮を破りながら発生する側根（図35.15参照）とは異なり，側枝は茎表面の腋芽分裂組織から発生するので，他の組織を破壊することはない（図35.16参照）．土壌表面近くの，シュートと根の移行部では，茎における束状の維管束の配置が，根における密な維管束柱へと収束する．

ほとんどの真正双子葉類の茎の維管束組織は，環状に配列した維管束を構成している（図35.17 a）．それぞれの維管束の木部は髄に隣接し，それぞれの維管束の師部は皮層に隣接している．ほとんどの単子葉類の茎では，維管束は環状の配列を形成せず，基本組織の中に散在している（図35.17 b）．

葉の成長と組織構成

図35.18は葉の組織構成の概観を示している．葉は茎頂分裂組織の側面に沿って発生する牛の角のような形の突起である**葉原基** **leaf primodia**（単数形はprimodium）から発生する（図35.16参照）．根や茎と違って葉での二次成長は少ないか，あるいはない．根と茎と同様に，3つの一次分裂組織から成熟した器官が生じる．

葉の表皮は**気孔** **stomata**（単数形はstoma）が存在する場所以外は蝋質のクチクラによって覆われている．気孔は葉の内部の光合成細胞と外の空気との間で二酸化炭素（CO_2）の交換を可能にする．光合成のためのCO_2の取り込みの調節に加えて，気孔は水が蒸散で失われていくときの主要な通路である．「気孔」という用語は気孔の孔そのものを指す場合と，孔をつくる2つの孔辺細胞によって構成される気孔複合体の全体を指す場合がある．気孔は2つの孔辺細胞に挟まれた孔で，孔辺細胞は孔の開閉を調節する．気孔についての詳細は36.4節で学ぶ．

葉の基本組織は，**葉肉** **mesophyll**（ギリシャ語で「中間」を意味する*mesos*,「葉」を意味する*phyll*に由来）とよばれるが，上側の表皮と下側の表皮の細胞層に挟まれている．葉肉はおもに光合成に特化した柔細胞からなっている．多くの真正双子葉植物の葉肉には「柵状組織」と「海綿状組織」という2つの異なる細胞層がある．柵状組織は葉の上側の，1層またはそれ以上の層数の，伸長した柔細胞の細胞層からなっている．海綿状組織は柵状組織の下側にある．海綿状組織の細胞は比較的まばらに配置されているため，それらの細胞のまわりは迷宮のような空間である．その空間をCO_2とO_2がめぐり，さらに柵状組織の領域にまで到達する．その気相空間は外気からCO_2を取り込み，O_2を放出する気孔付近で特に大きい．

▼図35.17　若い茎の一次組織の構成．

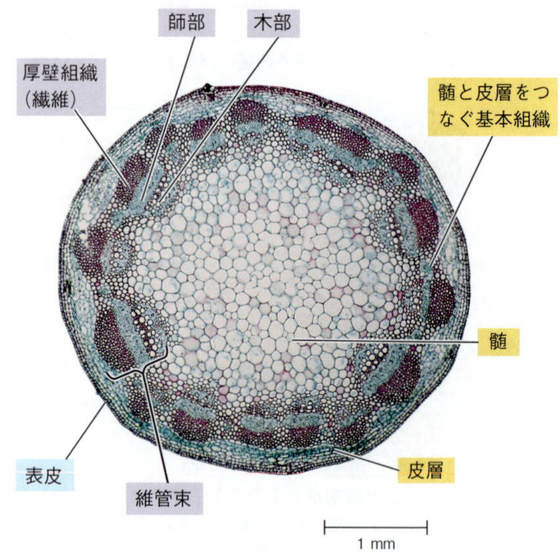
師部
木部
厚壁組織（繊維）
髄と皮層をつなぐ基本組織
髄
表皮
維管束
皮層
1 mm

(a) **輪状に配置した維管束をもつ真正双子葉植物の典型的な茎の横断切片．** 内部に存在する基本組織は髄とよばれる．外側の基本組織は皮層とよばれる（LM像）．

凡例
表皮組織
基本組織
維管束組織

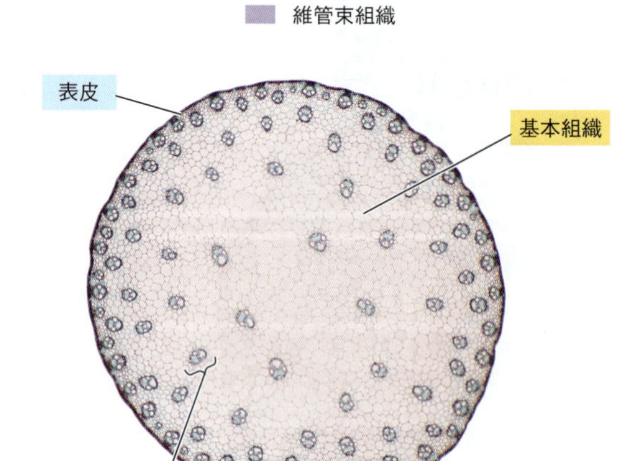
表皮
基本組織
維管束
1 mm

(b) **散在する維管束をもつ単子葉植物の典型的な茎の横断切片．** この配列では，基本組織は髄と皮層に分かれていない（LM像）．

図読み取り問題➤真正双子葉植物と単子葉植物の茎の維管束の位置を比較しなさい．次に，単子葉植物の基本組織を記述する際に，髄と皮層という用語を使用しないのはなぜか，説明しなさい．

それぞれの葉の維管束は茎の維管束組織とつながっ

▼図 35.18　葉の組織構成．

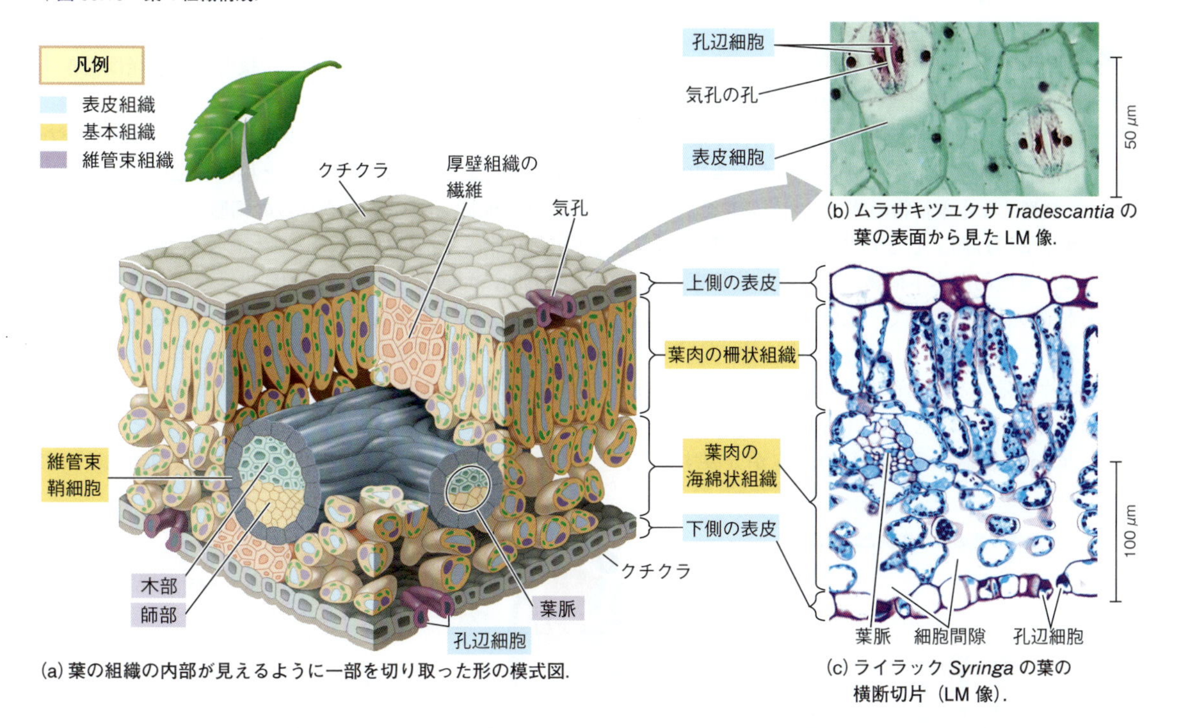
凡例
表皮組織
基本組織
維管束組織
クチクラ
厚壁組織の
繊維
気孔
孔辺細胞
気孔の孔
表皮細胞
50 µm
上側の表皮
葉肉の柵状組織
葉肉の
海綿状組織
下側の表皮
100 µm
維管束
鞘細胞
木部
師部
クチクラ
葉脈
孔辺細胞
葉脈
細胞間隙
孔辺細胞

(a) 葉の組織の内部が見えるように一部を切り取った形の模式図．

(b) ムラサキツユクサ *Tradescantia* の葉の表面から見た LM 像．

(c) ライラック *Syringa* の葉の横断切片（LM 像）．

ている．葉脈（訳注：葉の維管束）は繰り返し枝分かれして，葉肉全体に行き渡っている．この網状構造によって木部と師部が光合成組織と密着し，木部から水と無機塩類を取り入れ，師部へ糖や他の有機物を運び出して植物体の他の部位へ輸送することができる．維管束の構造はまた，葉の形状を強化する骨格としても機能している．各葉脈は，維管束組織と葉肉の間の物質輸送を制御している 1 層の細胞層からなる「維管束鞘（しょう）」によって保護されている．維管束鞘は C_4 光合成を行う植物種の葉で特に顕著である（10.4 節参照）．

概念のチェック 35.3

1. 根とシュートにおける一次成長を比較しなさい．
2. どうなる？➤ある植物が垂直に配向した葉をもっているとしたら，その葉肉は海綿状組織と柵状組織に分かれるだろうか．考えを説明しなさい．
3. 関連性を考えよう➤根毛と微絨毛はどのような点で似ているだろうか（図 6.8，26.2 節の相似についての議論を参照しなさい）．

（解答例は付録 A）

35.4
木本（もくほん）植物は二次成長で茎と根が太くなる

多くの陸上植物は二次成長，つまり側部分裂組織による肥大成長を行う．植物の進化の過程で二次成長が出現したことによって，森林の大型の樹木から木質のつる植物までに至る植物の新しい形態をつくり出すことが可能になった．すべての裸子植物の種と多くの真正双子葉植物は二次成長を行うが，単子葉植物では二次成長は通常行わない．二次成長は木本植物の茎と根で行われるが，葉ではほとんど行われない．

二次成長は維管束形成層とコルク形成層による組織の形成でもたらされる．維管束形成層は二次木部（材）と二次師部を増大させ，それによって維管束での輸送とシュートの支持を促進する．コルク形成層は蝋質が沈着した細胞からなる頑丈で厚い被覆をつくる．この被覆は茎を水の損失や昆虫，細菌，カビの侵入から守る．

木本植物では，一次成長と二次成長が同時に起こる．植物の若い部分で一次成長によって葉が増え，茎と根が伸長するとき，一次成長が終わった古い部分では，二次成長によって茎と根が太くなる．その過程はシュートと根で同様である．図 35.19 は木本植物の茎の成長の概観を示している．

維管束形成層と二次維管束組織

維管束形成層は分裂組織の細胞が筒状に配置された分裂組織である．その細胞層は多くの場合1層のみである．維管束形成層は二次維管束組織を生み出す役割をもつ．典型的な木本植物の茎では，維管束形成層は，髄と一次木部の外側，そして皮層と一次師部の内側に位置する．典型的な木本植物の根では，維管束形成層は一次木部の外側，そして一次師部と内鞘の内側に形成される．

横断切片を見ると，維管束形成層は分裂組織の細胞からなる輪のように見える（図35.19の段階❹を参照）．この分裂組織のそれぞれの細胞が分裂すると，形成層の外周は増加し，形成層の内側に二次木部を増大させ，外側に二次師部を増大させる．輪はそれぞれ以前の輪よりも拡大するので，根と茎の直径は大きくなる．

維管束形成層の幹細胞の中のあるものは長く伸びた形をしており，その長軸が茎と根の長軸に平行になるように配向している．それらの細胞は木部の仮道管，道管要素，木部繊維，さらに師部の師管要素，伴細胞，軸方向に配向した柔細胞，師部繊維などの成熟した細胞を生み出す．維管束形成層の他の幹細胞はもっと短く，茎と根の長軸に垂直に配向している．それらは二次木部と二次師部をつなぐ「維管束放射組織」（ほとんどが柔組織からなる放射状の細胞列）を生み出す（図35.19の❸を参照）．維管束放射組織の細胞は二次

▼図35.19　樹木の茎の一次成長と二次成長．

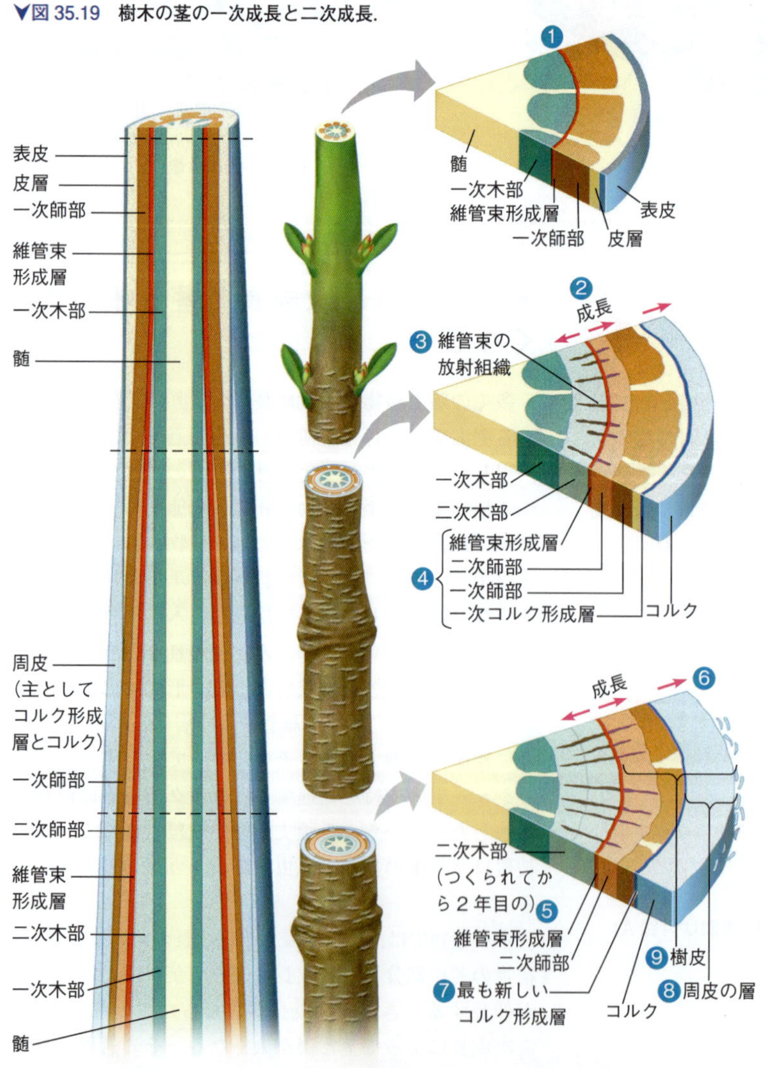

表皮
皮層
一次師部
維管束形成層
一次木部
髄
周皮（主としてコルク形成層とコルク）
一次師部
二次師部
維管束形成層
二次木部
一次木部
髄
❶
髄
一次木部
維管束形成層
一次師部
皮層
表皮
❷
成長
❸ 維管束の放射組織
一次木部
二次木部
❹
維管束形成層
二次師部
一次師部
一次コルク形成層
コルク
成長
❻
二次木部（つくられてから2年目の）❺
維管束形成層
二次師部
❼最も新しいコルク形成層
コルク
❾樹皮
❽周皮の層

❶ 頂端分裂組織の活動による一次成長がほぼ終わっている．維管束形成層が形成されたばかりである．

❷ 頂芽では一次成長が続いているが，この領域では二次成長のみが行われている．維管束形成層は二次木部を内側に，二次師部を外側に形成しながら茎を太くする．

❸ 維管束形成層の中のいくつかの始原細胞が維管束の放射組織を生み出す．

❹ 維管束形成層の直径が増していくのに対して，形成層より外側にある二次師部と他の組織はもはや分裂しないので，同じように拡大していくことができない．その結果，表皮とこれらの組織は破壊される．コルク形成層のような二次側部分裂組織が皮層の柔細胞から発生する．コルク形成層からコルク細胞がつくられ，表皮に置き換わる．

❺ 二次成長の2年目には，維管束形成層は二次木部と師部をさらに付加する．肥大成長の大部分は二次木部による．一方，コルク形成層はコルクをさらにつくる．

❻ 茎の直径は増加を続けるにつれて，コルク形成層の外側の最外層の組織は破壊され茎から脱落する．

❼ 多くの場合，コルク形成層は皮層のより内側の層で再生される．皮層がなくなってしまうと，コルク形成層は師部柔組織から発達する．

❽ コルク形成層とそれからつくられた組織で周皮が形成される．

❾ 樹皮は維管束形成層の外側のすべての組織からなっている．

図読み取り問題➤この図に基づいて，維管束形成層がどのように他の組織を破壊させるか説明しなさい．

木部と二次師部の間で水や栄養物を運び，炭水化物を貯蔵し，傷の修復を助ける．

二次成長は持続するので，おもに仮道管，道管要素，そして繊維からなる二次木部（材）の層が累積する（図 35.10 参照）．ほとんどの裸子植物では，仮道管が唯一の水を通導する細胞である．ほとんどの被子植物は道管要素ももつ．二次木部の細胞壁はリグニンを大量に含み，そのために材は堅く強固になる．

温帯地方では，早春に発達した材（春材）は通常，直径が比較的大きくて細胞壁が薄い二次木部の細胞からなっている（図 35.20）．このような構造は葉に送る水の量を最大にすることができる．成長が行われる季節（夏）の終わりにつくられる材は秋材とよばれる．秋材は厚い細胞壁をもつ細胞からなっており，輸送できる水の量は多くないが，より強い支持体となる．新しい春材の大きな細胞と，前年の成長が行われる季節につくられた秋材の小さな細胞との間に顕著な差ができるので，年間の成長は，ほとんどの幹や根において，その横断面に明瞭な１つひとつの「年輪」として現れる．したがって，研究者は年輪を数えることによって，木の年齢を知ることができる．「年輪年代学」は，年輪の発達を解析する科学である．年輪は季節ごとの成長によって厚さが変わる．樹木は湿潤で温暖な年にはよく成長するが，低温の年や乾燥した年にはほとんど成長しない．厚い年輪は温暖な年を示し，薄い年輪は低温の年や乾燥した年を示すので，科学者は年輪のパターンから気候の変化を知ることができる（図 35.21）．

樹木や灌木が年をとると，二次木部の古い層はもはや水や無機物（道管液）を輸送しなくなる．これらの層は茎や根の中心に近いところにあるため，「心材」とよばれる（図 35.22）．二次木部の最も新しい外側の層は道管液をまだ輸送しているので，「辺材」とよばれる．大きな樹木が，その幹の中心が空洞になっても生き続けていられるのは，辺材があるからである（図 35.23）．二次木部の細胞層は新しくつくられたものほど外周が大きいので，二次成長によって木部が供給する道管液の輸送を増加することができ，毎年新しく増える葉に供給することができる．心材は細胞の空隙に樹脂などの化合物が充填されているため，一般に辺材よりも色が濃い．充填された樹脂などの化合物は細胞が死滅してできた空隙に浸透して，菌類や木に穴をあける昆虫が樹木の内部に侵入するのを防ぐのに役立っている．

▼図 35.20　ボダイジュ *Tilia* の３年目の茎の横断切片（LM 像）．

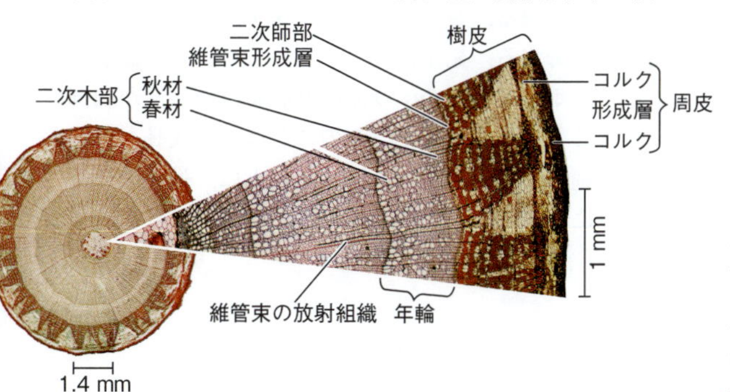
二次師部
維管束形成層
樹皮
二次木部
秋材
春材
コルク
形成層
コルク
周皮
1 mm
維管束の放射組織
年輪
1.4 mm

▼図 35.21

研究方法　気候を研究するために年輪年代学の方法を利用する

適用　樹木の年輪を解析する科学である年輪年代学は気候変動を研究するのに役に立つ．大部分の科学者は最近の地球温暖化が化石燃料の燃焼による CO_2 や他の温室効果ガスの排出が原因であると考えているが，一方，自然な変動であると考える少数の科学者もいる．気候変動のパターンを研究するには，過去と現在の温度を比較する必要があるが，測定機器による気候変動の記録は過去２世紀の範囲に留まり，しかもいくつかの限られた地域のものである．1500 年代中期まで年代をさかのぼることのできるモンゴルマツの年輪を調べることによって，コロンビア大学，ラモントードハーティ地球観測所の G・C・ジャコビー G. C. Jacoby とロザンヌ・ダリゴ Rosanne D'arrigo と共同研究者たちは，モンゴルで過去に同様の温暖化の時期があったかどうかを明らかにしようと考えた．

技術　研究者たちは生きた樹木と枯死した樹木の年輪を解析することができる．彼らは遠い過去に建材として使用された材でさえも，年代がある程度共通する自生地の試料と組み合わせることによって，年輪を解析することができる．鉛筆ほどの直径の芯状の試料が幹の中心から採取される．各試料は乾燥され，年輪が現れるまで紙やすりで磨かれる．多くのモンゴルマツの試料の年輪の配列を互いに比較し，測定値の平均を求めることによって，研究者たちは年代と気候の関係のデータを集める．このようにして，樹木は年代ごとの環境変化を示すものとして利用できる．

結果　このグラフは 1550 年から 1993 年までのモンゴルマツの年輪の幅の指数をまとめて表している．高い指数は年輪の幅が広いこと，したがって温度が高いことを示している．成長度が最も高い時期は 1974 年から 1993 年までであった．

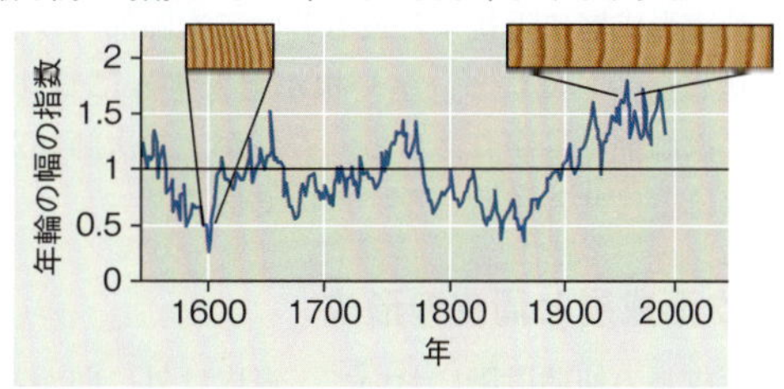
年輪の幅の指数
2
1.5
1
0.5
0
1600
1700
1800
1900
2000
年

データの出典　G. C. Jakoby et al., Mongolian Tree Rings and 20th-century Warming, *Science* 273:771-773 (1996).

データの解釈➤このグラフは 1550 年から 1993 年の間の環境変化についてどのようなことを示しているか．

▼図 35.22　**樹木の幹の構造.**

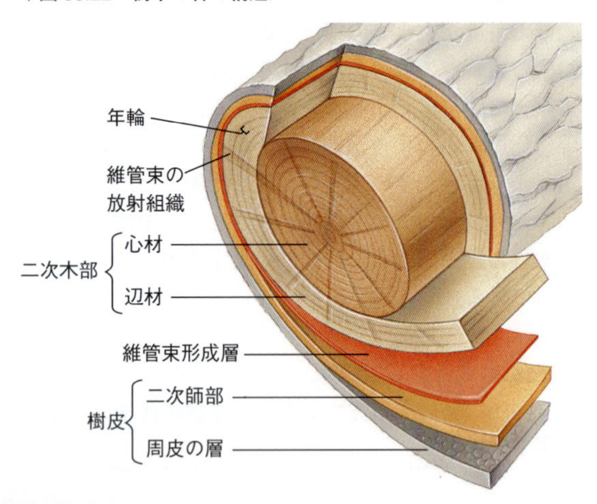
年輪
維管束の
放射組織
二次木部
心材
辺材
維管束形成層
樹皮
二次師部
周皮の層

◀図 35.23　**この樹は生きているのか，死んでいるのか．**カリフォルニアのヨセミテ国立公園にあるワオナセコイアのトンネルは1881 年に観光客を引きつけるために切開された．このジャイアントセコイア *Sequoiadendron giganteum* はある年の厳しい冬に倒れるまでに，トンネルが開通してから 88 年間生きていた．その高さは 71.3 m で，樹齢 2100 年と見積もられている．現在の保存方針ではこのような重要な試料を切断することは禁じられるだろうが，ワオナセコイアは植物学上の貴重な事柄を教えてくれる．すなわち，樹木は心材の大部分を切除しても生存することができる．

図読み取り問題➤木こりがこのジャイアントセコイアの根元を中心に向かってくり抜いていったときに，さまざまな組織が順番に破壊されていったが，その組織の名称を破壊された順番に記しなさい．

維管束形成層に近接する最も若い二次師部のみが糖の輸送に機能している．茎や根が肥大するにつれて，古い二次師部ははがれ落ちる．これが，二次師部が二次木部ほどには蓄積されない理由である．

コルク形成層と周皮の形成

二次成長の初期段階において，表皮は外に向かって押し出される．そのため表皮は裂け，乾燥し，根や茎からはがれ落ちる．表皮は，最初のコルク形成層によってつくられる組織に取って代わられる．コルク形成層は茎の外側の皮層（図 35.19 参照）と根の内鞘で生じる分裂細胞からなる筒状の分裂組織である．コルク形成層はコルク形成層の外側に蓄積されるコルク細胞を生じる．コルク細胞が成熟するにつれ，「スベリン」とよばれる疎水性の蝋質をその細胞が死ぬ前に細胞壁に沈着させる．コルク細胞はスベリンを含有し，細胞同士が密着しているので，周皮のほとんどは表皮とは違って水や気体を通さない．そのため，コルクは茎や根を水の消失や物理的損傷，病原体から守る防壁として機能している．「コルク」は「樹皮」であると一般に誤解されていることに注意しなければならない．植物科学では，**樹皮 bark** は維管束形成層の外側のすべての組織を含む．そのおもなものは維管束形成層によってつくられた二次師部とその外側の最も若い周皮，そして古い周皮のすべての層である（図 35.22 参照）．この過程が続くので，ひび割れて表面がはがれたたいていの樹幹で見ることができるように，周皮の古い層は脱ぎ捨てられる．

内部にある木化した器官の組織の生きている細胞は，蝋質の周皮に囲まれていても，どのようにして酸素を吸収して呼吸できるのだろうか．周皮に点在し，小さく盛り上がった部分は**皮目 lenticel** とよばれる．皮目ではコルク細胞間の空隙が大きく，木化した茎や根の内部の生きた細胞が外気とガス交換するのを可能にしている．皮目は，図 35.19 の茎に示すような水平の裂け目として見えることが多い．

図 35.24 は木化したシュートにおける一次組織と二次組織の関係についての要約である．

二次成長の進化

進化　驚くべきことに，二次成長の進化についての理解のいくつかは草本植物のシロイヌナズナ *Arabidopsis thaliana* の研究によってもたらされた．研究者らはシロイヌナズナの植物体に重力を加えることによってシロイヌナズナで二次成長を促進させることができることを見つけたのである．この発見は，茎にかかる重力が木化を誘導する発生プログラムを活性化させることを示唆している．さらに，シロイヌナズナの茎頂分裂組織を制御する，発生に関係したいくつかの遺伝子によって，ポプラ *Populus* の維管束形成層の活性が制御されることが発見された．このことは一次成長と二次成長の過程が従来考えられてきた以上に，進化的に近い関係にあることを示唆している．

▼図 35.24 樹木のシュートの一次成長と二次成長の要約． 同様の分裂組織とさまざまな組織が樹木の根にも存在する．しかし，根の基本組織は髄と皮層に分かれておらず，根ではコルク形成層が維管束柱の最外層である内鞘から発生する．

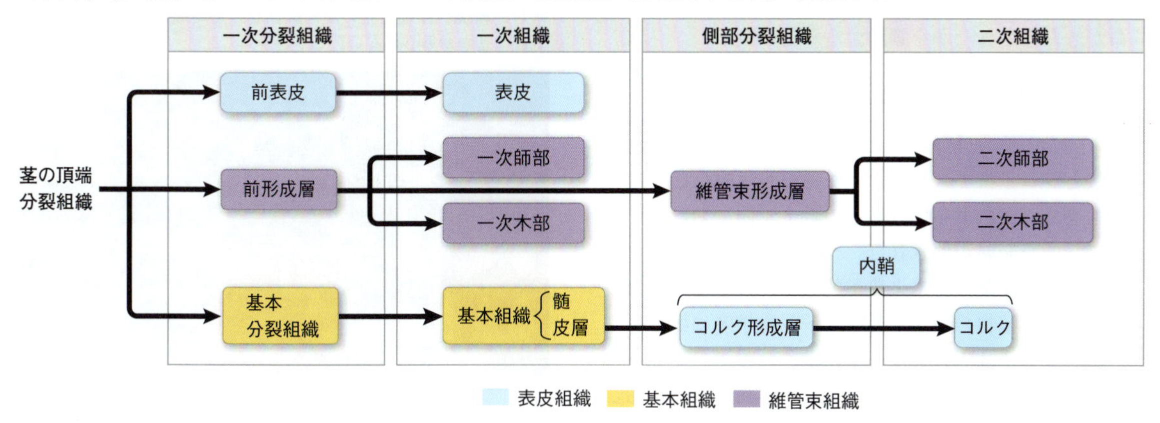
一次分裂組織
一次組織
側部分裂組織
二次組織
茎の頂端分裂組織
前表皮
表皮
前形成層
一次師部
一次木部
維管束形成層
二次師部
二次木部
内鞘
基本分裂組織
基本組織
髄
皮層
コルク形成層
コルク
表皮組織
基本組織
維管束組織

概念のチェック 35.4

1. 木の根元から 2 m の高さに目印を打ち込んだ．もし，その木の高さが 10 m で，毎年 1 m ずつ伸びるとすると，10 年後にはその印はどのくらいの高さになるか．
2. 気孔と皮目はともに CO_2 と O_2 の交換にかかわっている．気孔は閉じることができなければならないが，皮目はそうではない．なぜか．
3. 熱帯の樹木は明瞭な年輪をもっているか，それとももっていないか．どちらであるか理由とともに説明しなさい．
4. どうなる？➤樹皮を幹の周囲全体にわたって環状にはぎ取る（環状剥皮）と，その木はゆっくりと（数週間で）枯死するか，あるいはすぐに（数日で）枯死するか．どちらであるか理由とともに説明しなさい．

（解答例は付録 A）

35.5

植物体は成長，形態形成，細胞分化によってつくられる

細胞から組織，器官，個体がつくられる一連の特異的な過程は**発生 development** とよばれる．発生過程はその生物が親から受け継ぐ遺伝情報に従って展開するが，外部環境からも影響を受ける．異なる環境において，単一の遺伝子型からさまざまな表現型が生み出され得る．たとえば，ハゴロモモ *Cabomba caroliniana* とよばれる水生植物は茎頂分裂組織が水中にあるかないかで，非常に異なった 2 つのタイプの葉を形成する（図 35.25）．場所ごとの環境条件に応答して形を変える能力は発生における「可塑性」とよばれる．ハゴロモモに見られるような可塑性の劇的な例は，動物に比べて植物では，ふつうに見られる．これは，植物が移動によって不都合な条件から逃れる能力をもたないことを埋め合わせるのに役立っているのだろう．

多細胞生物の発生における互いに重なり合う 3 つの過程は成長，形態形成，そして細胞分化である．「成長」は大きさの不可逆的な増大である．「形態形成」は，組織，器官，個体の形を決め，さまざまなタイプの細胞のそれぞれの位置を決める過程である．「細胞分化」は同じ遺伝子をもつ細胞が互いに異なっていく過程である．次に，これら 3 つの過程を詳しく見ていくが，最初に，現代の分子生物学的方法をモデル植物，

▼図 35.25 水生植物ハゴロモモ *Cabomba caroliniana* の発生における可塑性． ハゴロモモの沈水葉は房状で，流水による抵抗を減らして傷害から守れるように適応している．対照的に，水面に出ている浮葉は敷物状で，浮くのに役立っている．両方のタイプの葉はともに遺伝的には同じ細胞からなっているが，異なる環境によって，葉の発生過程で発現する遺伝子または発現しない遺伝子が異なる．

特にシロイヌナズナ *Arabidopsis thaliana* に適用することによって，植物の発生の研究にどのようにして革命がもたらされたかを議論することにする．

モデル生物：植物研究の革命

生物学の他の分野の場合と同様に，分子生物学的研究法とシロイヌナズナのようなモデル生物に研究を集中させることによって，最近の数十年間における研究の爆発的な発展が促された．シロイヌナズナはアブラナ科の小さな草で，本来農業的には価値がないが，多くの理由で植物の遺伝学者や分子生物学者に好まれている．シロイヌナズナは非常に小さいので，研究室内の数メートル四方の場所で数千もの植物体を育てることができる．また，世代時間が短く，およそ6週間で，種子から，たくさんの種子をつくる成熟した植物体にまで育てることができる．このように成熟までが速いので，生物学者は遺伝学的な交配実験を比較的短期間で行うことができる．1つの植物体から5000粒以上の種子をつくることができることも，シロイヌナズナを遺伝解析に有利にしている特徴である．

これらの基本的な特徴以上に，シロイヌナズナのゲノムはこの植物を分子遺伝学的解析に特に適したものにしている．シロイヌナズナのゲノムはおよそ2万7000のタンパク質をコードする遺伝子を含んでいるが，知られている限り，植物では最小のゲノムである[*1]．さらに，この植物は5対の染色体しかもたないので，特定の遺伝子の染色体上の場所を特定するのが容易である．シロイヌナズナはこのような小さなゲノムをもっているので，全ゲノムの塩基配列が最初に決定された植物である．

シロイヌナズナの自生地の範囲は多様な気候と標高，すなわち，中央アジアの高地からヨーロッパの大西洋岸まで，北アフリカからそして北極圏にまで及ぶ．このような生育地域の多様性は形態上の顕著な差をもたらし得る（図 35.26）．ゲノムの塩基配列を決定する事業はユーラシアの自生地全域に産するシロイヌナズナの数百の集団にまで広げられている．これらの集団のゲノムに含まれるのは，シロイヌナズナが最後の氷河期の後退後のさまざまな新しい環境下で広がることができたという適応進化についての情報である．その情報は植物の品種改良者に作物の改良に新しい見方と戦略を与えるかもしれない．

分子生物学者にとって魅力的なシロイヌナズナのもう1つの特徴は，シロイヌナズナの細胞は「導入遺伝子」で容易に形質転換することができることである．導入遺伝子というのは，他の生物のゲノムに安定的に導入される遺伝子である．特定の変異をもつ植物を作出するための技術として急速に採用されつつあるクリスパー技術（CRISPR technology）[*2]（図 20.14 参照）がシロイヌナズナにおいて採用され，成功を収めてきた．特定の遺伝子を破壊，つまり「ノックアウト」することによって，その遺伝子の本来の機能に関する重要な情報を集めることができる．

*1（訳注）：現在知られている中ではタヌキモ科の植物が最も小さい．

▼図 35.26　**シロイヌナズナの異なる集団間における葉の配列，葉の形，シュートの成長の変異．** これらの集団のゲノム情報は新しい環境へ作物生産の場を広げるための戦略を洞察するうえで役に立つかもしれない．

葉の配列（上方から撮影した）
シュートの成長
葉の形

大規模な研究プロジェクトが，シロイヌナズナのあらゆる遺伝子の機能を決定するために進行中である．それぞれの遺伝子の機能を同定し，すべての生化学的経路をたどれるようにすることによって，研究者たちは植物の発生の設計図を決定すること，すなわち，システム生物学の主要な目的の達成を目指している．いつの日か，コンピュータ上につくられる「仮想植物」を創造することができるかもしれない．そして研究者は，その仮想植物によって，植物の発生過程で，どの遺伝子がそれぞれどの部位で活性化されているかを可視化することができるであろう．

シロイヌナズナのようなモデル生物に関係する基礎研究は，植物の構造の基礎をなす複雑な遺伝学的経路の同定など，植物科学における発見の進度を加速させた．このことについてさらに学んでいくと，モデル生物を研究することの威力だけでなく，現代の植物の研究すべてを支えている植物研究の豊かな歴史についても理解できるであろう．

成長：細胞分裂と細胞体積の増大

細胞分裂は，細胞の数を増やすことによる成長への潜在能力を増す．しかし，植物の成長は，細胞体積の

*2（訳注）：染色体 DNA の特定の塩基配列を別の特定な配列に改変することのできる「ゲノム編集」とよばれる技術の1つ．

増大によるものである．植物細胞の分裂の過程は12章でさらに詳しく述べられており（図12.10参照），39章では細胞の伸長成長の過程を議論している（図39.7参照）．ここでは，細胞分裂と細胞体積の増大の過程が植物の形態にどのように寄与しているかについて，注目する．

細胞分裂の分裂面と対称性

細胞質分裂の過程で植物細胞を二分する新しい細胞壁は細胞板から発達する（図12.10参照）．細胞分裂の分裂面が正確に決定されるのは間期の後半においてであるが，その決定は通常，もとの細胞の体積を二分する面の径が最短になる面と一致している．この空間的な配向の最初の兆候は細胞骨格の再配置である．細胞質中の微小管が集束して「前期前微小管束」とよばれる環状の配置をとるようになる（図35.27）．この束は中期以前に消失するが，続いて起こる細胞分裂の分裂面を前もって示している．

分裂面は植物の器官の形を決める基礎を与えると長く考えられてきたが，器官の外形ではなく内部に異常が見られる *tangled-1* というトウモロコシの変異体の研究によって，いまではこの考えは誤りであることが示されている．野生型のトウモロコシでは，葉の細胞はもとの細胞の軸に対して横断面または縦断面で分裂する．横断面での分裂は葉の伸長と関連し，縦断面での分裂は葉の幅の増大と関連している．*tangled-1* の葉では，横断面での分裂は正常であるが，縦断面での分裂はほとんどが異常な向きで起こる．その結果，細胞はねじれたり，湾曲したりしている（図35.28）．しかし，これらの異常な細胞分裂は葉の形には影響しない．変異体の葉は野生型の葉に比べて成長は遅いが，全体の形は正常である．このことは，葉の形は細胞分裂の正確な空間的制御にのみ依存しているわけではないことを示している．さらに，最近の研究によって，シロイヌナズナの茎頂の形が細胞分裂面に依存するのではなく，細胞が増殖し成長するにつれて混み合って押し合うことに派生する，微小管に依存した物理的なストレスに依存していることが示唆されている[*3]．

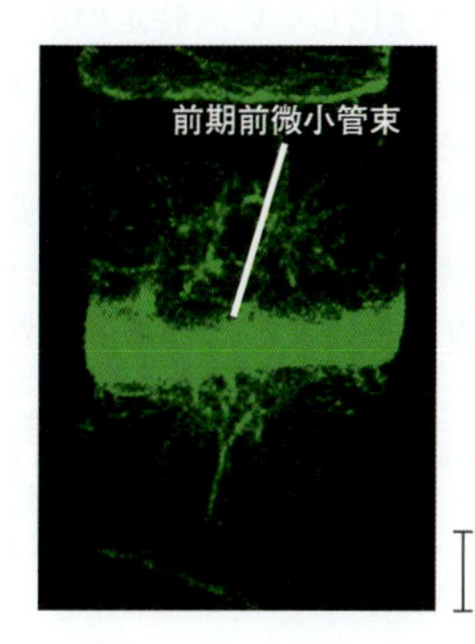
前期前微小管束
7 μm

▶図35.27　前期前微小管束と細胞の分裂面． 前期前微小管束の位置は細胞の分裂面を予測させる．この光学顕微鏡写真の前期前微小管束は，微小管結合タンパク質に連結させた緑色蛍光タンパク質によって緑色の蛍光像として見えている．

▼図35.28　野生型と変異体のトウモロコシの細胞分裂のパターン． トウモロコシの野生型（左）と細胞分裂のパターンが乱れた *tangled-1* 変異体（右）の葉の表皮細胞の比較．*tangled-1* 変異体はこのような変異にもかかわらず，葉全体の形態は正常である．

30 μm

野生型のトウモロコシの葉の表皮細胞（SEM像）

トウモロコシの *tangled-1* 変異体の葉の表皮細胞（SEM像）

植物の発生に影響を与える細胞分裂の重要な特徴の1つは，細胞分裂の対称性，つまり2つの娘細胞への細胞質の分配である．有糸分裂の過程で，染色体は娘細胞に均等に分配されるが，細胞質は非対称的に分配されることがあり得る．「非対称的な細胞分裂」，つまり一方の娘細胞が他方よりも多くの細胞質を受け取る細胞分裂は，通常，発生におけるある重要な過程の開始の現れである．たとえば，孔辺細胞の形成は，非対称的な細胞分裂と分裂面の変化の両方を含む代表的な例である．ある表皮細胞が非対称的に分裂して，その結果生じた大きいほうの細胞は未分化な表皮細胞になり，小さいほうの細胞は孔辺細胞の「母細胞」となる．この小さな母細胞は最初の細胞分裂面に対して垂直方向に分裂して，孔辺細胞となる（図35.29）．このように非対称的な細胞分裂によって異なった運命をたどる，つまり異なったタイプの細胞へと成熟する細胞がつくられる．

非対称的な細胞分裂はまた細胞の**極性** polarity の確立においても役割を果たす．ここでいう極性は，生物個体の両端で構造的ないしは化学的に異なっているという状態のことである．植物は一般的に，根端と茎頂を両端とする軸をもっている．このような極性は形態の違いにおいて最も顕著であるが，生理学的な特徴に

＊3（訳注）：膨圧に起因する細胞間の圧力が微小管の配向に影響を与え，微小管の配向に垂直の方向に細胞が伸長する．そのため茎頂分裂組織での細胞間の圧力が茎頂の形に影響を与えることになる．細胞の伸長成長と微小管の関係については次節の後半に説明がある．

▼図 35.29　非対称的細胞分裂と気孔の発達. 気孔の縁の細胞である表皮の孔辺細胞の発達に先立って，非対称的細胞分裂が行われる（図 35.18 参照）.

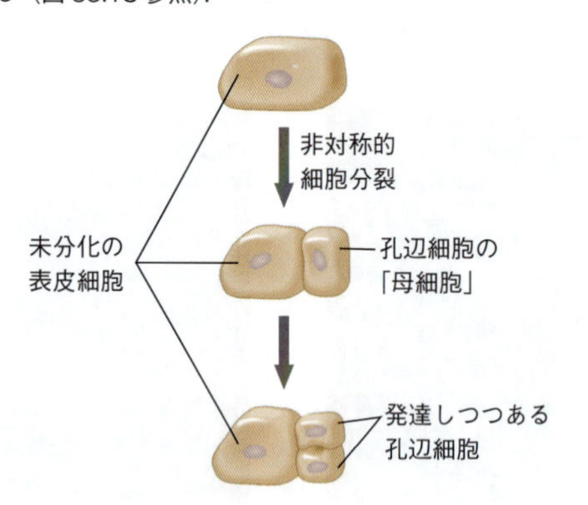
非対称的
細胞分裂
未分化の
表皮細胞
孔辺細胞の
「母細胞」
発達しつつある
孔辺細胞

➤図 35.30　軸方向の極性の確立. 正常なシロイヌナズナの芽生え（左）にはシュート頂と根端がある．*gnom* 変異体（右）では，受精卵の第 1 分裂が非対称的分裂ではない．その結果，その植物体は球形で葉も根もない．*gnom* 変異体のこのような欠損は，オーキシンというホルモンの極性輸送能の欠如によることが明らかにされた.

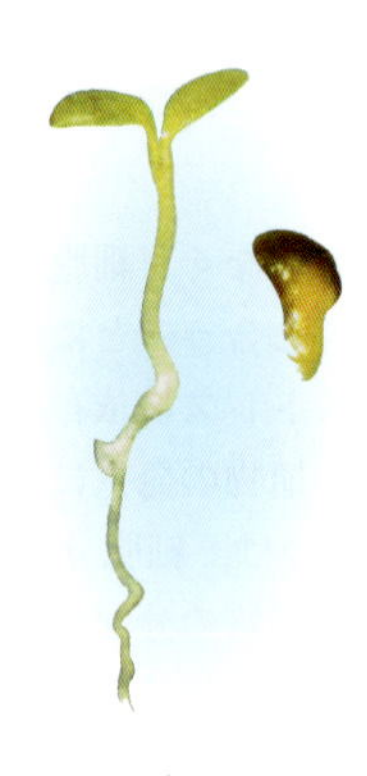

おいても見られる．たとえば，植物ホルモンのオーキシンの一方向性の移動や，「切り枝」から生じる不定根やシュートなどがそうである．つまり，切り取った茎の根側に不定根が生じ，切り取った根のシュート側に不定芽が生じる.

植物の接合子（受精卵）の最初の分裂は通常，非対称分裂であり，それが植物体のシュートと根の間の極性の形成の始まりである．この極性は実験的に逆転させることはきわめて難しい．したがって，軸の極性を正しく確立することは，植物の形態形成において決定的に重要な過程であることを示している．シロイヌナズナの *gnom* 変異体（*gnom* はドイツ語で「小人」または「奇形」を意味する）は，極性を確立できない．接合子の最初の細胞分裂は異常，つまり対称的であるため，その結果，根も葉ももたない球状の植物体になる（図 35.30）.

細胞の体積増大の方向

細胞の体積増大が植物の形態形成にどのように寄与しているかを議論する前に，植物と動物で，細胞体積増大がどのように違うかを議論することは有用である．動物細胞はおもにタンパク質に富む細胞質を合成することによって成長しているが，これは代謝的にはコストのかかる方法である．成長する植物細胞もまた細胞質において，タンパク質に富んだ物質をつくって補っているが，一般的に細胞体積増大の 90% は水の吸収によっている．この水の大部分は細胞中央の大きな液胞に蓄えられる．「液胞液」は溶質濃度が非常に低く，合成に多量のエネルギーを要する分子は細胞質の他の部分には多量に存在するが，液胞液にはほとんど含まれない．したがって，液胞を大きくすることは空間を充填するための安価な方法であり，植物を急速に，かつ経済的に成長することを可能にする．たとえば，タケノコは 1 週間で 2 m 以上も伸びることができる．シュートと根の急速で効率のよい伸長能力は，光をより多く受け，土壌により多く接するための，進化の過程で獲得した 1 つの重要な適応であった.

植物細胞ではどの方向にも等しく体積を増大することはまれである．植物細胞の最大の成長は通常，植物の主軸の方向に沿っている．たとえば，根端近くの細胞では幅はほとんど増えないが，もとの長さの 20 倍近くまで伸長する．細胞壁の最内層のセルロースミクロフィブリルの配向がこのような偏差成長をもたらす．ミクロフィブリルはあまり伸びることができないので，図 35.31 に示すようにミクロフィブリル全体のおもな方向に対し垂直に細胞は伸長する．セルロース合成酵素複合体が細胞壁の大部分をなすセルロースミクロフィブリルを形成するときに，細胞膜直下に配置された多数の微小管が，セルロース合成酵素複合体が細胞膜に沿って一定の方向に移動するようにさせている，という仮説が提出されている[*4].

形態形成とパターン形成

植物体は分裂細胞と体積を増大している細胞のたんなる集合体ではない．形態形成の過程において，細胞は秩序ある空間配置の中で，それぞれが分化した特定の細胞として確立されている．たとえば，外側には表皮の組織，内部では維管束組織であり，決して他の方向には分化しない．特定の部位に特異的な構造が発生する過程は**パターン形成 pattern formation** とよばれている.

植物細胞の運命がパターン形成の過程でどのように決定されるかの説明として 2 つの仮説が提出された．「細胞系譜に基づく機構」に立脚する仮説は，細胞の

＊4（訳注）：この仮説は細胞膜直下の微小管の配向がセルロースミクロフィブリルの配向と一致しているという観察結果とセルロース合成酵素複合体が細胞膜に存在するという証拠に基づいている.

▼図 35.31 **植物細胞の体積増大の方向性.** 成長している植物細胞はおもに水を吸収して体積が増大する．成長中の細胞では酵素によって細胞壁の架橋構造が弱められ，それによって浸透による液胞への水の拡散が起こり，細胞体積が増大する．それと同時に，セルロースミクロフィブリルが付加される．細胞成長の方向性はおもに，細胞壁のセルロースミクロフィブリルの配向に対して垂直な方向で起こる．細胞質の最も表層にある微小管の配向がセルロースミクロフィブリルの配向を決定している（蛍光 LM 像）．セルロースミクロフィブリルは他の多糖（非セルロース性多糖）の基質中に埋め込まれている．非セルロース性多糖の中には電子顕微鏡（TEM）で観察できる架橋構造を形成するものもある．

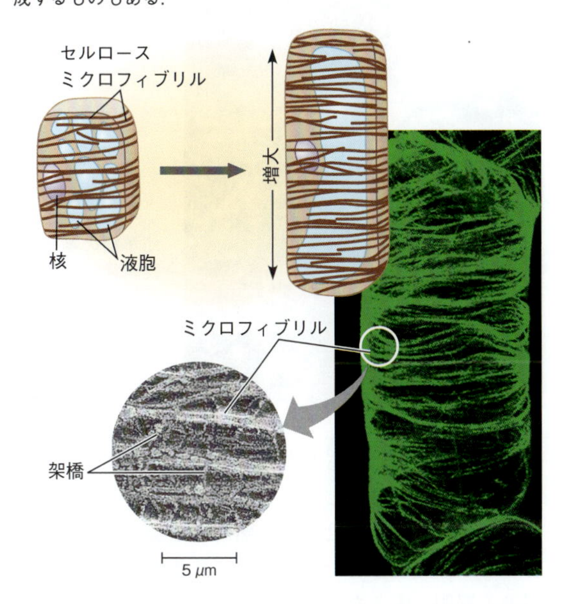
セルロース
ミクロフィブリル
増大
核
液胞
ミクロフィブリル
架橋
5 μm

運命は発生の初期に決定され，その運命をその子孫細胞に伝えると主張する．この説では，細胞分化の基本的なパターンは分裂組織の細胞の分裂と成長（細胞の体積増大）の方向に従って計画されていることになる．他方，「位置に基づく機構」に立脚する仮説は，発生しつつある器官での細胞の最終的な位置が，その細胞がどのタイプの細胞になるかを決定すると主張する．この考えを支持するものとして，いくつかの細胞の集まりをレーザービームで破壊するという実験で，細胞の運命が発生後期に決定され，その決定が近傍の細胞からの情報伝達に大きく依存していることが示された．

対照的に，動物での細胞の運命は大部分が，転写因子がかかわる細胞系譜に基づく機構によって決定される．このような転写因子をコードするホメオティック（*Hox*）遺伝子が，ショウジョウバエ *Drosophila* の脚や触角のような，胚の構造の正確な数と配置のためにきわめて重要である（図 18.19 参照）．興味深いことに，トウモロコシは *KNOTTED-1* とよばれる *Hox* 遺伝子の相同遺伝子をもっているが，動物界の *Hox* 遺伝子とは異なり，植物の器官の正確な数にも配置にも

▼図 35.32 **葉の形成における *Hox-like* 遺伝子の過剰発現.** *KNOTTED-1* は葉と小葉の形成にかかわる遺伝子である．トマトの植物体でその発現を増加させると，正常な葉（左）と違って「超複葉」（右）になる．

影響しない．後で見ることになるが，植物では *MADS-box* タンパク質とよばれる別の種類の転写因子がその役割を果たす．しかし，*KNOTTED-1* は複葉の形成など葉の形態形成において重要である．トマトにおいて，*KNOTTED-1* が正常な場合に比べて過剰に発現すると，正常な複葉が「超複葉」になる（図 35.32）．

遺伝子発現と細胞分化の制御

発生過程にある生物の細胞は，どの細胞でも共通のゲノムをもっているにもかかわらず，異なるタンパク質群を合成し，構造的にも機能的にも分岐していく．根や葉から採取した 1 個の成熟した細胞は組織培養において脱分化し，さらに，1 個の植物体のさまざまなタイプの細胞を生じることが可能であるとすれば，その細胞は植物のあらゆる種類の細胞を生み出すのに必要な遺伝子をすべてもっているに違いない．それゆえ，細胞分化の大部分は，特異的なタンパク質を合成する転写と翻訳の調節という遺伝子発現の制御に依存していることになる．

細胞分化にかかわる特異的な遺伝子の活性化または不活性化が，おもに細胞間情報連絡に依存していることを示唆する証拠がある．細胞はどのように分化するかについての情報を近隣の細胞から受け取る．たとえば，根毛と根毛ではない表皮細胞という 2 つのタイプの細胞がシロイヌナズナの根の表皮で生じる．細胞の運命は表皮細胞の位置と関係している．表皮の未分化な細胞が，表皮のすぐ内側にある皮層の 2 個の細胞と接している場合には，それは根毛の細胞へと分化する．一方，皮層の 1 個の細胞とのみ接している場合は，根毛以外の表皮細胞に分化して成熟する．*GLABRA-2* とよばれるホメオティック遺伝子（「無毛」を意味するラテン語 *glaber* に由来）の発現が表皮の細胞ごとに異なることが，根毛を正常に分布させるのに必要である

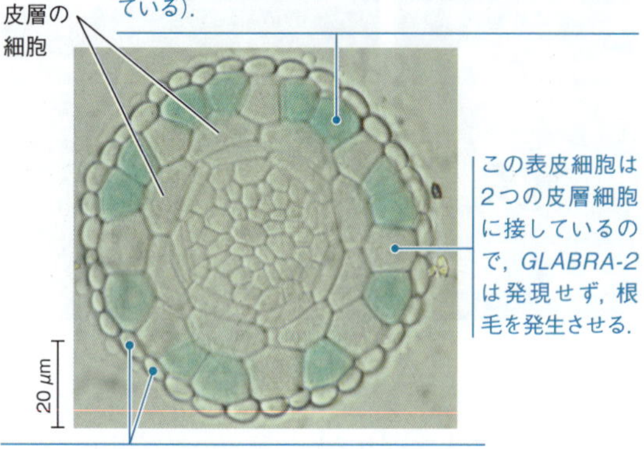
表皮細胞が1つの皮層細胞に接すると，ホメオティック遺伝子である*GLABRA-2*が発現し，根毛のない状態に留まる（青色は*GLABRA-2*が発現した細胞を示している）．
皮層の細胞
この表皮細胞は2つの皮層細胞に接しているので，*GLABRA-2*は発現せず，根毛を発生させる．
20 µm
表皮の細胞層の外側の根冠細胞は根毛が分化し始める前に脱落する．

▼図 35.33　ホメオティック遺伝子による根毛の分化の制御（LM像）．

どうなる？➤*GLABRA-2* が変異によって機能を失ったとしたら，根の形はどのようになるだろうか．

成熟期の茎頂分裂組織でつくられた葉
幼年期の茎頂分裂組織でつくられた葉

▼図 35.34　コア *Acacia koa* のシュート系における相転換．ハワイ原産のこの木は，多くの小葉をもつ幼年期の複葉と成熟期の単葉をもつ．このような葉の2型は，各シュートの茎頂分裂組織での発生における相転換を反映している．いったん，節が形成されると，栄養成長相であれ生殖成長相であれ，その成長相は固定される．すなわち，複葉は単葉へと成熟しない．

（図 35.33）．研究者たちは *GLABRA-2* 遺伝子にある「レポーター遺伝子」を連結することによってこのことを証明した．つまり，そのレポーター遺伝子が連結した *GLABRA-2* 遺伝子が発現すれば，根のどの細胞も，ある処理により薄青色に染まるようになるので，どの細胞で *GLABRA-2* 遺伝子が発現したかがわかるのである．この *GLABRA-2* 遺伝子は通常は根毛に分化しない表皮細胞だけに発現する．

発生過程の変化：相転換

多細胞生物は一般的にいくつかの発生段階を経る．ヒトでは，それらの段階は乳児期，幼児期，青年期，成人期で，非生殖段階と生殖段階を分ける思春期がある．植物も，幼年期から発達して成熟期の中の栄養成長相，成熟期の中の生殖成長相のように，いくつかの段階を経る．動物では，発生による変化は，幼生が成体に発達する場合のように個体全体にわたって起こる．対照的に，植物の各発生段階は「相」とよばれるが，単一の領域，つまり茎頂分裂組織で起こる．茎頂分裂組織がある段階からある段階へ転換する過程で生じる形態学的な変化は**相転換 phase change** とよばれる．植物の種によって，幼年期から成年期への転換過程で，葉の形態に顕著な変化を示すものがある（図 35.34）．幼年期の節と節間は，シュートが伸長を続け，その茎頂分裂組織が成熟期に変化した後でも，幼年期の状態に留まる．それゆえ，幼年期の節にある腋芽から発生する枝で発生した新しい葉は，たとえ主軸の茎頂分裂組織がすでに何年にもわたって成熟した節間を生み出していたとしても，どれも幼年期の段階にある．

もし環境条件が許せば，成熟期の植物は花の形成を誘導する．生物学者たちによって，花の発生の遺伝的制御の解明に大きな進歩が見られた．これについては次節で述べる．

花成の遺伝的制御

花成（訳注：花成とは「花器官の形成」であって，開花ではない）は栄養成長相から生殖成長相への相転換を伴う．この転換は日長などの環境刺激と植物ホルモンなどの内部シグナルの組み合わせにより誘起される（花成におけるこれらのシグナルの役割については39.3節でさらに詳しく学ぶ）．無限成長の栄養成長と異なり，花の成長は通常，有限成長である．つまり，茎頂分裂組織によって花がつくられると，そのシュートの成長は止まる．栄養成長から花成への転換は複数の**花芽分裂組織決定遺伝子 floral meristem identity gene** の発現開始によって起こる*5．これらの遺伝子の産物であるタンパク質は，無限成長を行う栄養成長相分裂組織から有限成長の花芽分裂組織への転換に必要な遺伝子群を制御する転写因子である．

＊5（訳注）：多くの植物では，栄養成長相の茎頂分裂組織が花序分裂組織に変換して花序のシュートが形成され，その頂端でさらに花芽分裂組織への転換が起こる．

茎頂分裂組織が花成の過程へと誘導されると，それぞれの原基はその発生順によって特定の花器官，つまり，がく片，花弁，雄ずい，心皮（花の基本構造の復習のために図 30.8 を参照しなさい）へと発達するように決定される．これらの花器官は 4 つの輪生体を形成する．輪生体は，上から見た概略図として，4 つの同心円として描くことができる．がく片は 1 番目（最も外側）の輪生体，花弁は 2 番目，雄ずいは 3 番目，そして心皮は 4 番目（最も内側）の輪生体である．植物の生物学者たちはいくつかの**器官決定遺伝子 organ identity gene** を同定した．それらの遺伝子は *MADS-box* ファミリーに属しており，特徴的なパターンをもつ花の発生を制御する転写因子をコードする．どの器官決定遺伝子が，ある特定の花器官の原基で発現するかは位置情報が決める．その結果，出現しつつある 1 つの花器官の原基が，特定の花器官へと発達する．器官決定遺伝子の変異は花の発生の異常を引き起こし得る．たとえば，がく片が雄ずいの部位に発生する（図 35.35）．花弁の数が増加したホメオティック変異体の中には，園芸家に賞をもたらす華やかな花をつけるものもある．

異常な花をつける変異体を研究することによって，研究者たちは 3 つのクラスの花器官決定遺伝子を同定してクローン化したので，これらの遺伝子がどのように機能しているかが明らかになりつつある．図 35.36 a は，花の形成についての **ABC 仮説 ABC hypothesis** を単純化して示した図である．その仮説は，3 つのクラスの遺伝子群が 4 種類の花器官の形成を指令すると主張する．ABC 仮説に従うと，各クラスの器官決定遺伝子は花分裂組織の 2 つの特定の輪生体域で発現する．通常，*A* 遺伝子は外側の 2 つの輪生体域（がく片と花弁の領域），*B* 遺伝子は中央の 2 つの輪生体域（花弁と雄ずいの領域），*C* 遺伝子は内側の 2 つの輪生体域（雄ずいと心皮の領域）でそれぞれ発現する．がく片は花分裂組織の中の *A* 遺伝子のみが発現している部位で発生し，花弁は *A* 遺伝子と *B* 遺伝子が発現している部位で発生し，雄ずいは *B* 遺伝子と *C* 遺伝子が発現している部位で発生し，心皮は *C* 遺伝子のみが発現している部位で発生する．ABC 仮説は，以下の条件をつけ加えることによって *A*，*B*，*C* の遺伝子の活性を欠いた変異体の表現型を説明することができる．その条件とは，*A* 遺伝子の活性がある部位では，*A* 遺伝子は *C* 遺伝子を阻害し，またその逆も起こる．もし，*A* と *C* の一方が欠けた場合は，存在するほうが欠けたほうの領域でも発現する．図 35.36 b は，3 クラスの器官決定遺伝子のいずれかを欠く変異体の花のパターンと，この仮説で花の表現型をどのように説明できるかを示している．このような仮説の構築と，それを検証する実験を立案することによって，研究者たちは植物の発生過程の遺伝的基盤を探っている．

▼**図 35.35　花の発生過程における器官決定遺伝子とパターン形成．**

Ca
St
Pe
Se

▲**シロイヌナズナの正常な花．**
シロイヌナズナの花は通常，がく片（Se），花弁（Pe），雄ずい（St），心皮（Ca）の，花を構成する 4 つの輪生体の各部からなる．

Pe
Se
Pe
Pe
Se

▶**シロイヌナズナの異常な花．**
研究者たちは，異常な花の発生を引き起こす，いくつかの器官決定遺伝子の変異体を同定してきた．この花は，雄ずいが生じる位置に余分なセットの花弁をもち，正常な花では心皮があるべき位置に，さらに花（花の中の花）が形成されている．

関連性を考えよう➤器官の異常な部位での形成を引き起こすホメオティック遺伝子の変異の別の例を挙げなさい（18.4 節参照）．

本章で植物の各部分ごとに分けて調べてきたが，そのような場合に忘れてはならないことは，植物体全体は 1 個の統合された生物個体として機能しているということである．植物の構造の多くは，陸上で光独立栄養生物として生存するために解決しなければならない問題に対する進化的適応である．

概念のチェック 35.5

1. 植物の 2 つの細胞が同じゲノムをもつにもかかわらず，大きく異なる構造をとり得るのはなぜか．
2. 動物の発生と植物の発生の違いを 3 つ挙げなさい．
3. どうなる？➤植物の種の中には，がく片（sepal）が花弁（petal）のように見えるものがあり，それらを合わせて「tepal」とよばれる．ABC 仮説を拡張して，tepal が生じた理由を説明できる仮説を示しなさい．

（解答例は付録 A）

▼図 35.36　花の発生過程における器官決定遺伝子の機能に関する ABC 仮説.

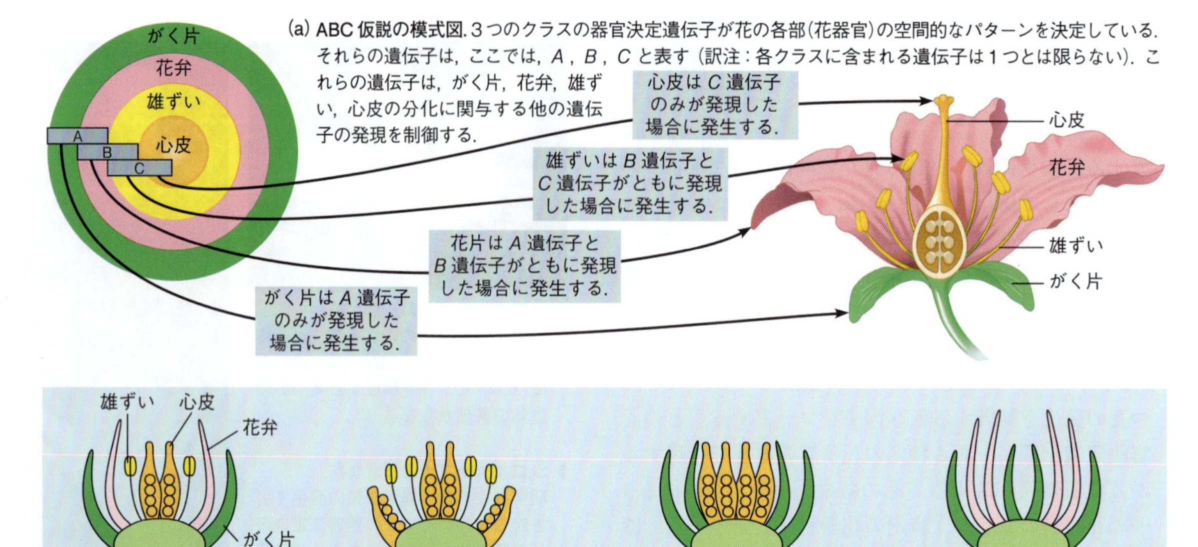
がく片
花弁
雄ずい
心皮
A
B
C
心皮は C 遺伝子のみが発現した場合に発生する.
雄ずいは B 遺伝子と C 遺伝子がともに発現した場合に発生する.
花片は A 遺伝子と B 遺伝子がともに発現した場合に発生する.
がく片は A 遺伝子のみが発現した場合に発生する.
心皮
花弁
雄ずい
がく片
雄ずい
心皮
花弁
がく片
野生型
A 遺伝子の発現が抑制された変異体（心皮と雄ずいのみ）
B 遺伝子の発現が抑制された変異体（がく片と心皮のみ）
C 遺伝子の発現が抑制された変異体（がく片と花弁のみ）

(a) **ABC 仮説の模式図.** 3つのクラスの器官決定遺伝子が花の各部(花器官)の空間的なパターンを決定している. それらの遺伝子は, ここでは, *A*, *B*, *C* と表す（訳注：各クラスに含まれる遺伝子は1つとは限らない). これらの遺伝子は, がく片, 花弁, 雄ずい, 心皮の分化に関与する他の遺伝子の発現を制御する.

(b) **野生型の花と器官決定遺伝子変異体の花の側面図.** 器官決定遺伝子 *A*, *B*, *C* の機能を欠く変異体の表現型は, (a) で示したモデルと, *A* または *C* 遺伝子のどちらかの活性が抑えられたとき, 他方の遺伝子が4つの輪生体で発現するという観察の両方から説明することができる. たとえば, *A* 遺伝子の活性が抑えられたとき, *C* 遺伝子が, 通常 *A* 遺伝子が発現する部位で発現する. そのため, 心皮（*C* 遺伝子が発現）が最も外側の輪生体で発生し, 雄ずい（*B* 遺伝子と *C* 遺伝子が発現）はその次の輪生体で発生する.

描いてみよう➤(a) 各々の変異体について, (上図 a の「同心円」状の模式図を描いて, 花器官のタイプと各輪生体で発現している遺伝子の名称を記しなさい. (b) *A* 遺伝子と *B* 遺伝子が抑制されている変異体の花について, 同心円) 状の模式図を描いて, 花器官のタイプと各輪生体で発現している遺伝子の名称を記しなさい.

35 章のまとめ

重要概念のまとめ

35.1

植物体は器官, 組織, 細胞からなる階層構造をもつ

- 維管束植物は**茎**と**葉**からなるシュートをもつ. **被子植物**には花もある（訳注：花は特殊なシュートである). **根**は植物体を固着させ, 水や無機物を吸収し, 通導し, また栄養物を蓄える. 葉は茎の**節**についた, 主要な光合成**器官**である. 葉腋の**腋芽**は分枝を生じる. 植物の器官はそれぞれ適応的な特化した機能をもっている.
- 維管束植物は3つの**組織系**, すなわち表皮組織系, 維管束組織系, 基本組織系をもち, それらはそれぞれ植物体全体を通してつながっている. **表皮組織**は植物体の外側全体を包む1層の細胞層である. **維管束組織**（**木部**と**師部**）は長距離の物質輸送を促進する. **基本組織**は貯蔵, 代謝の機能を果たし, また, 植物体を再生する能力をもつ.
- **柔細胞**は相対的に未分化で薄い細胞壁をもち, 分裂能を維持している. 柔細胞は植物の合成と貯蔵の代謝機能のほとんどを行う. **厚角細胞**は細胞壁の厚さが一様ではない細胞で, 植物の若い, 成長しつつある部分を支える. **繊維**や**厚壁細胞**のような**厚壁組織の細胞**はリグニンが沈着した厚い細胞壁をもち, 植物の成熟し, 成長を終えた部分を支える. 木部の水を通導する**仮道管**と**道管要素**は, 厚い細胞壁をもっている細胞であるが, 機能的に完成した段階で死ぬ. **師管要素**は生きた細胞であるが, 細胞内の細胞小器官をほとんど失っており, 一般の生きた細胞とは異なる. 師管要素は被子植物の師部において糖を輸送する機能をもつ.

? 植物の器官と植物細胞における陸上生活に適応した特殊化を, 少なくとも3つ挙げなさい.

35.2

さまざまな分裂組織が一次成長と二次成長のための細胞を生み出す

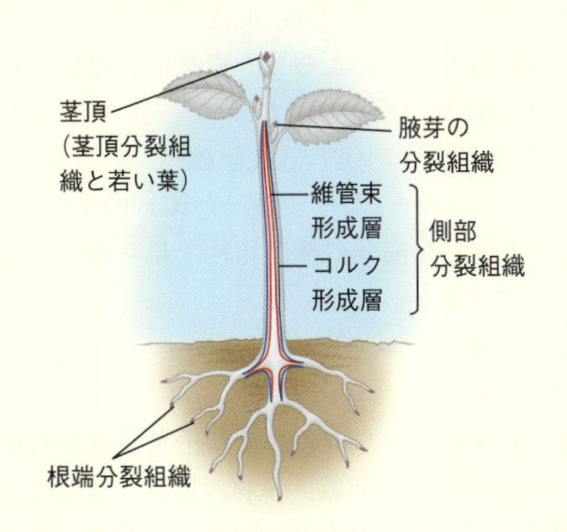
茎頂
(茎頂分裂組
織と若い葉)
腋芽の
分裂組織
維管束
形成層
コルク
形成層
側部
分裂組織
根端分裂組織

? 一次成長と二次成長の違いは何か.

35.3

一次成長は根とシュートを伸長させる

- 根の**頂端分裂組織**は根の先端の近くにあり，根を軸方向に成長させるための細胞と**根冠**の細胞を生み出す.
- シュートの頂端分裂組織は**頂芽**にあり，頂芽で葉がつく節と**節間**が繰り返し生じる.
- 真正双子葉植物の茎は環状に並ぶ維管束をもつ，一方，単子葉植物の茎は散在した維管束をもつ.
- **葉肉**の細胞は光合成に適応している．**気孔**は1対の**孔辺細胞**からなる表皮の孔であるが，ガス交換や水が放散する主要な孔である.

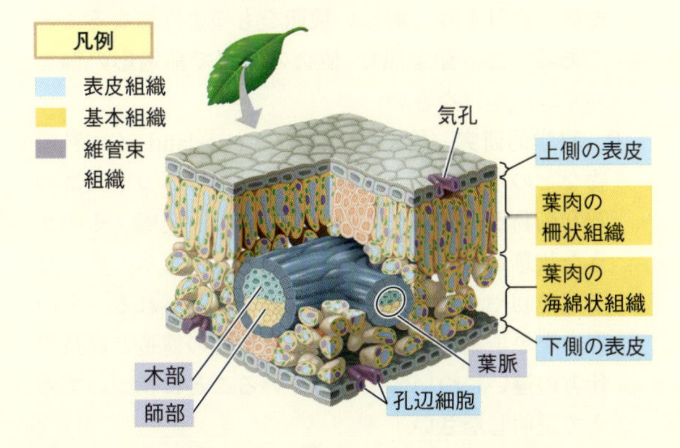
凡例
表皮組織
基本組織
維管束
組織
気孔
上側の表皮
葉肉の
柵状組織
葉肉の
海綿状組織
下側の表皮
葉脈
木部
師部
孔辺細胞

? 分岐の仕方は根と茎でどのように異なるか.

35.4

木本植物は二次成長で茎と根が太くなる

- **維管束形成層**は**二次成長**の過程で二次木部と二次師部をつくる筒状の分裂組織である．二次木部の古い層（心材）は機能を停止し，一方，若い層（辺材）は水を輸送する機能を保持している.

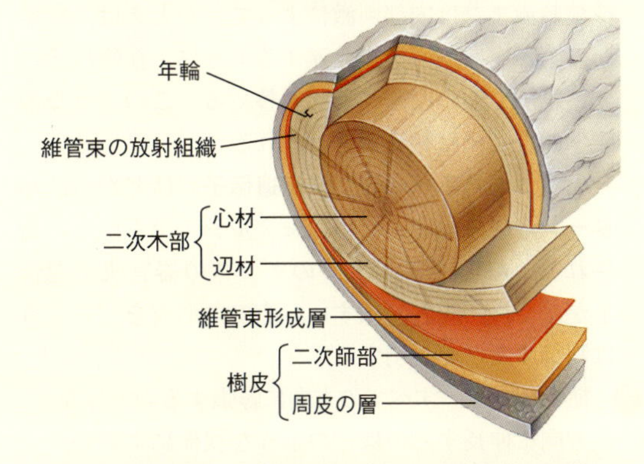
年輪
維管束の放射組織
二次木部
心材
辺材
維管束形成層
樹皮
二次師部
周皮の層

- **コルク形成層**は保護のための厚い被覆である周皮を生じる．周皮はコルク形成層とコルク形成層がつくる数層のコルク細胞からなる.

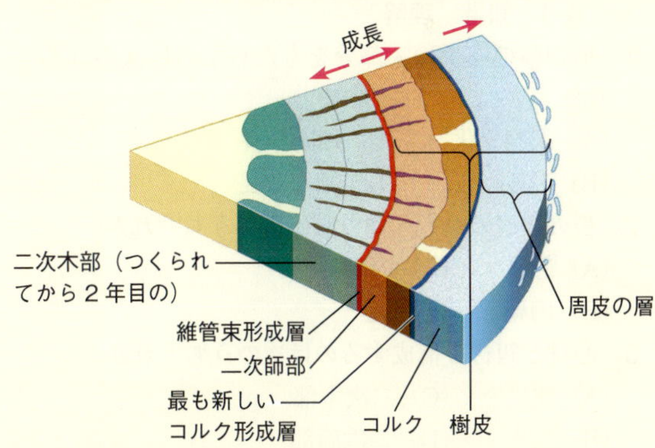
成長
二次木部（つくられ
てから２年目の）
維管束形成層
二次師部
最も新しい
コルク形成層
コルク
樹皮
周皮の層

? 植物が二次成長を進化させたことによってどのような有利性を獲得したか.

35.5

植物体は成長，形態形成，細胞分化によってつくられる

- 細胞分裂と細胞体積の増大は成長の主要な決定因子である．前期前微小管束は分裂する細胞の細胞板の位置を決める．また，微小管の配向は細胞壁のセルロースミクロフィブリルの配向を制御することによって細胞の伸長成長の方向を決定する.
- 植物体の形態と組織化の形成である形態形成は，細胞がその近隣の細胞からの位置情報に応答すること

によって行われる．

- 遺伝子の特異的発現によって起こる細胞分化によって，1つの植物体の中の細胞はどれも同じゲノムをもっているにもかかわらず，異なった機能を受けもつことが可能になる．植物細胞の分化の方向は多くの場合，発達しつつある植物体でのその細胞の位置によって決まる．
- 環境刺激または内部刺激によって，たとえば，幼年期の葉が成熟期の葉に発達するように，植物はその発達段階を別の段階へと切り替える．このような形態学的な変化は**相転換**とよばれる．
- 発生しつつある花の**器官決定遺伝子**の研究から，**パターン形成**の研究のためのモデルシステムがもたらされる．**ABC 仮説**は3つのクラスの器官決定遺伝子ががく片，花弁，雄ずい，心皮の形成をどのように制御するかを説明する．

? 植物細胞が，すべての方向に膨張するのではなく，一方向に伸長するのはどのような機構によるか．

理解度テスト

レベル1：知識／理解

1. 植物体の成長の大部分をもたらすのは次のうちどれか．
   (A) 細胞分化　(C) 細胞分裂
   (B) 形態形成　(D) 細胞伸長
2. 根の皮層の最も内側の層は次のうちどれか．
   (A) 芯　(C) 内皮
   (B) 内鞘　(D) 髄
3. 心材と辺材を構成するのは次のうちどれか．
   (A) 樹皮　(C) 二次木部
   (B) 周皮　(D) 二次師部
4. 以下のどの場合に，頂端分裂組織の幼年期から栄養成長期の成熟相への相転換が最も明らかになるか．
   (A) つくられる葉の形態
   (B) 二次成長の開始
   (C) 側根の形成
   (D) 側部分裂組織での前期前微小管束と細胞質微小管の配向の変化

レベル2：応用／解析

5. *A* 遺伝子と *C* 遺伝子は正常に発現し，*B* 遺伝子は4つのすべての輪生体で正常に発現している花の構造は，ABC 仮説に基づくと，次のうちどの場合になるだろうか（左端が最も外側の輪生体で，順に内側の輪生体を示す）．
   (A) 心皮−花弁−花弁−心皮
   (B) 花弁−花弁−雄ずい−雄ずい
   (C) がく片−心皮−心皮−がく片
   (D) がく片−がく片−心皮−心皮
6. 分裂組織の活性によって，直接的または間接的に生じるのは次のうちどれか．
   (A) 二次木部　(C) 表皮組織
   (B) 葉　(D) (A) ～ (C) のすべて
7. 根の木化した部分の横断切片で見られないものは次のうちどれか．
   (A) 厚壁細胞　(C) 師管要素
   (B) 柔細胞　(D) 根毛
8. **描いてみよう**　木本の真正双子葉植物から採ったこの横断切片に，年輪，秋材，春材，道管要素の各名称を図に書き入れなさい．次に，髄からコルクへ向かって矢印を描き入れなさい．

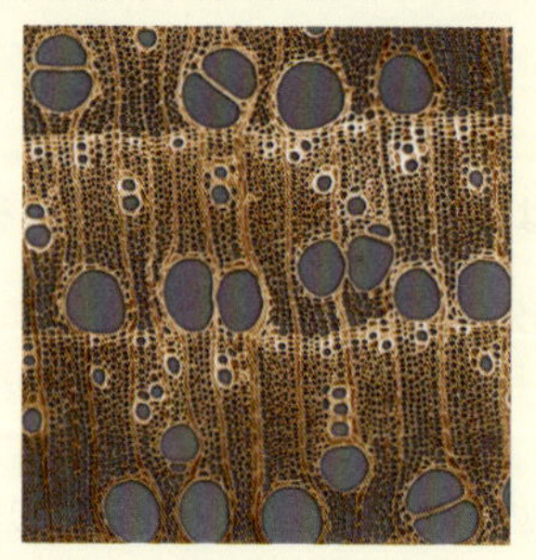

レベル3：統合／評価

9. **進化との関連**　進化生物学者たちは，生命進化において共通に見られるある出来事を記述するために「前適応」という術語をつくった．たとえば，脚なら脚という器官が，ある一連の出来事の結果進化した後，歳月を経て新しい機能をもつようになることである（25.6節参照）．植物の器官で前適応の例をいくつか挙げなさい．
10. **科学的研究**　牧草地（訳注：grassland. イネ科植物などの単子葉植物が占める草地）はふつう大型の草食動物が存在しないと繁茂しない．実際，そのような牧草地はすぐに幅の広い葉をもつ草本の真正双子葉植物や，灌木（かんぼく）や樹木に取って代わられる．その理由を単子葉植物と真正双子葉植物の構造と成長の仕方の違いについて，知っていることに基づいて考えて説明しなさい．
11. **科学，技術，社会**　飢餓（きが）と栄養不足は多くの貧しい国々では喫緊（きっきん）の課題である．しかも，裕福な国々の植物生物学者はシロイヌナズナに彼らの研究のための努力のほとんどを集中させている．植物生物学者が世界の飢餓と闘うことを真剣に考えるなら，世界中の貧しい人々の多くが主食とするキャッサバやプランチーノ（訳注：料理用バナナ）のような作物に研究を集中させるべきだと主張する人々がいる．あなたがシロイヌナズナの研究者だとしたら，このような主張に対してどのように考えるか．あなたの考えを述べなさい．

12. **テーマに関する小論文：組織化**　リグニンの進化が維管束植物の構造と機能にどのような影響を与えたかについて，300～450 字で記述しなさい．

13. **知識の統合**

この光学顕微鏡写真の染色した切片は，オーストラリアの乾燥地域に自生する灌木であるハケア *Hakea purpurea* のある器官の横断切片である．(a) 図 35.14，図 35.17，図 35.18 を復習して，これが根か茎か葉のうちのどの切片かを理由を述べて示しなさい．(b) この器官は乾燥条件に対してどのように適応しているだろうか．

（一部の解答は付録 A）

維管束植物の栄養吸収と輸送 36

▲図 36.1　ポプラはなぜ震えるのだろうか.

36 維管束植物の栄養吸収と輸送

重要概念

36.1 維管束植物の進化において，栄養源獲得のための適応が鍵である

36.2 短距離または長距離の物質輸送は異なる機構で行われる

36.3 蒸散は木部を経由して根からシュートへの水と無機塩類の輸送を駆動する

36.4 蒸散速度は気孔によって調節される

36.5 糖類は師部を経由してソースからシンクへ運ばれる

36.6 シンプラストはダイナミックである

全体での振動が続いている

ポプラ *Populus tremuloides* の森の中を歩いていると，すばらしい光の展示に出合う（図 36.1）. 風の弱い日でも，葉の震えによりまぶしい太陽光線はつねに変わり続ける光の斑紋として，林床をまだらに照らす．このような受動的な葉の動きを引き起こす機構を説明することは難しくない．それぞれの葉の葉柄は平たくなっていることから，葉は水平面にのみぱたぱた揺れる．おそらくより興味深いことは，なぜこのような奇妙な適応がポプラ *Populus* において進化したのかということであろう．

どのように葉の振動がポプラに利益を与えるかを説明するために，多くの仮説が提案されている．葉の震えで葉の表面近くの二酸化炭素（CO_2）が枯渇した空気を交換したり，草食動物を妨げたりするという古くからの考えは，実験によって支持されていない．有力な仮説は，葉の震えが木の下側の葉にも光が届くことを許容することから，植物体全体の光合成の生産力を増加させるというものである．もし葉の振動によって一過的な太陽光線が与えられなければ，下側の葉は光合成を行うには被陰（ひいん）されすぎているだろう．

本章では，植物が水，無機塩類，CO_2，光などの栄養源をより効率的に獲得するためのさまざまな適応について学ぶ．どの栄養を植物が必要とするか，またどのように植物の栄養摂取に他の生物が関与するかを見る．しかし，これらの栄養源獲得は話の始まりにすぎない．栄養源は植物体内を輸送され，必要とする部位へ送り届けられなければならない．したがって，水や無機塩類，糖類が維管束植物でどのように輸送されるかを学ぶ．

36.1

維管束植物の進化において，栄養源獲得のための適応が鍵である

進化 陸上植物はおもに2つの世界に生育する．つまり，シュート（葉と茎を合わせたもの）が太陽光と CO_2 を得る地上と，根が水や栄養塩を得る地下である．初期の植物がこれら2つの異なる条件から栄養源を獲得できるように適応進化したことで，植物は陸上で繁栄できるようになった．

陸上植物の祖先である藻類は，水，無機栄養，CO_2 のすべてを直接，まわりの水環境から取り込んでいた．これらの藻類では，どの細胞も水環境に近いので，輸送は比較的単純であった．最初期の陸上植物は維管束をもたず，浅い淡水の上に，光合成器官であるシュートを伸ばしていた．このシュートには葉がなく，ロウ物質のクチクラをもち，気孔はほとんど存在しなかった．このシュートは水の損失を防ぎ，光合成における CO_2 と O_2 の交換をある程度していた．初期の陸上植物では，植物体の固定や栄養吸収のための働きは，茎の基部または糸状の仮根が果たしていた（図29.6参照）．

陸上植物が発展し繁栄すると，光や水，栄養塩などを求めた競争が厳しくなった．背たけが高く，幅広く平らな付属体をもつ植物は，光を吸収するには有利である．しかし，植物体の表面積を増大させると，水の蒸発を増加させるので，水の必要度が増す．また，大きなシュートを支えるには，もっとしっかりした固定が必要である．これらの要求の結果，多細胞で枝分かれする根が進化した．一方，シュートが大きくなって，光合成をするその上部と非光合成の地下部が分化すると，自然選択によって，水や無機塩類，光合成産物の効率的な長距離輸送が発達した．

木部と師部をもつ維管束の進化によって，長距離輸送を行う根やシュートのさらなる発達が可能になった（図35.10参照）．**木部 xylem** は根からシュートへ水や無機塩類を運ぶ．**師部 phloem** は光合成産物を，生産もしくは貯蔵する部位から必要とする部位へ運ぶ．図36.2は維管束植物の栄養源獲得と輸送の概観である．

シュートの構築と光の捕捉

ほとんどすべての植物は光独立栄養生物であるため，その成功は究極的には光合成の能力に依存している．進化の過程を通して，植物はそれぞれの種が占める生態的ニッチの中で光吸収の競争に勝つために，多様なシュートの構築のしかたを発達させてきた．たとえば，茎の長さや幅，シュートの分枝のパターンは，すべて光捕捉に影響を及ぼす構造的特徴である．

茎は葉を支える構造であり，水や栄養物を輸送する

▼図36.2　日中における維管束植物の栄養源獲得と輸送の概観．

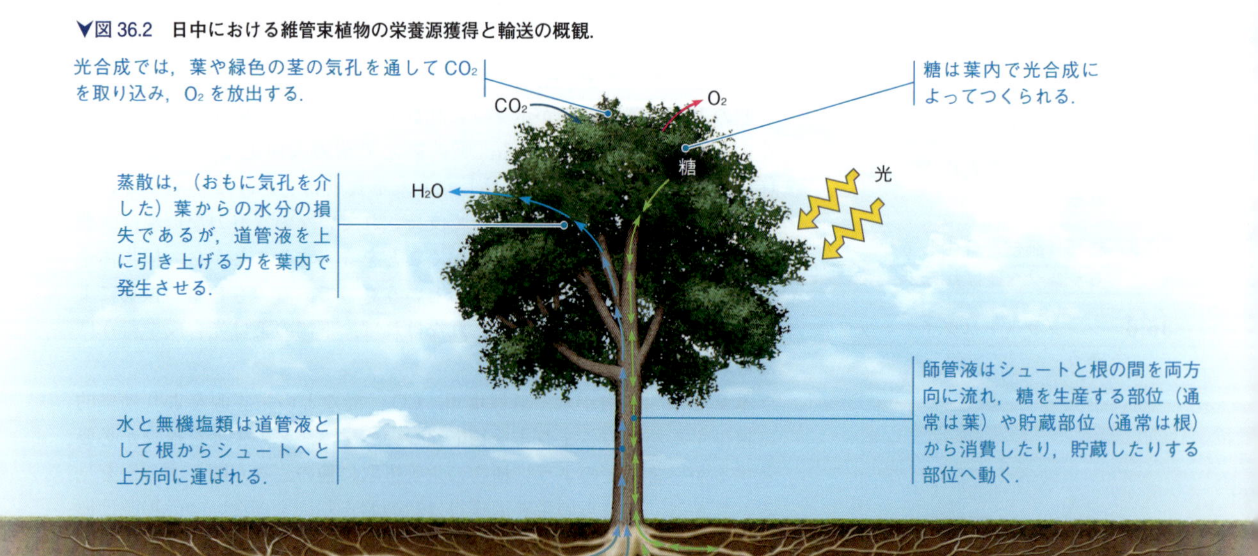
光合成では，葉や緑色の茎の気孔を通して CO_2 を取り込み，O_2 を放出する．
CO_2
O_2
糖は葉内で光合成によってつくられる．
糖
光
蒸散は，（おもに気孔を介した）葉からの水分の損失であるが，道管液を上に引き上げる力を葉内で発生させる．
H_2O
師管液はシュートと根の間を両方向に流れ，糖を生産する部位（通常は葉）や貯蔵部位（通常は根）から消費したり，貯蔵したりする部位へ動く．
水と無機塩類は道管液として根からシュートへと上方向に運ばれる．
土中の水や無機塩類は根で吸収される．
H_2O と無機塩類
O_2
CO_2
細胞呼吸において，根の細胞は土中の空隙とガス交換を行い，O_2 を取り込み，CO_2 を排出する．

関連性を考えよう➤夜間に光合成が停止しているときも，細胞呼吸は継続している．このことが夜間における葉の細胞のガス交換にどのように影響するか説明しなさい．葉緑体とミトコンドリアの間のガス交換については，図10.23を参照しなさい．

配管である．高く成長する植物は隣り合う植物からの被陰を免れる．ほとんどの高木では，葉から，そして葉へのより多くの維管束での流れを可能にし，またより強い機械的な支持を行うために，太い茎をもっている．つる植物は茎の支持を他の物体（通常は他の植物体）に依存するため例外である．木本植物では，茎は二次肥大を通して太くなる（図 35.11 参照）．枝分かれは，一般に植物がより効率的な光合成を行うための太陽光の捕捉を可能にする．しかし，ココヤシのようなまったく枝分かれしない植物種もある．なぜ枝分かれのパターンにはこのように多様性があるのだろうか．植物はシュートの成長のために一定の限られた量のエネルギーしか投入できない．もしほとんどのエネルギーが枝分かれに使われれば，高く成長することはできず，背の高い植物の日陰になる危険性が増すであろう．逆に，もしほとんどのエネルギーが高く成長するために投入されれば，植物は太陽光を捕捉することを最適化することができない．

葉の大きさと構造は，植物の形の多様性のほとんどを説明できる．葉の長さは小さいもの[*1]で 1.3 mm のベンケイソウ科の植物 *Crassula connata*（米国西部の乾燥した砂漠の植物）から 20 m のヤシの木の 1 種 *Raphia regalis*（アフリカの熱帯雨林の植物）まで，さまざまである．水の入手しやすさと葉のサイズには一般に正の相関関係があるが，これらの植物はその極端な例である．一般に，最大の葉は熱帯雨林の植物がもち，最小の葉は乾燥地帯や極寒の地域に見つかる．これらの地域では，液体の水が不足しており，葉からの蒸発が問題となりやすいためである．

茎につく葉の配置は，**葉序**（ようじょ）**phyllotaxy** とよび，光の捕捉における非常に重要なシュート構築の特性である．葉序はシュートの茎頂分裂組織で決定され（図 35.16 参照），種に特異的である（図 36.3）．節あたりに 1 枚の葉をもつ種（互生葉序とらせん葉序），節あたり 2 枚の葉をもつ種（対生葉序），もしくはそれ以上（輪生葉序）のものがある．ほとんどの被子植物は互生葉序で，葉がつく角度は下から上にあがるにつれて，137.5° ずつ回転している．なぜ 137.5° なのだろうか．数学的計算によれば，この角度が，下の葉が上の葉によって被陰される率を最小にするという．非常に強い太陽光によって傷害を受けやすい環境では，被陰が起こりやすい対生葉序のほうが有利かもしれない．

群落内の全植物について，その植生の最上層から最下層に至るすべての葉の表面積の総和は個々の植物の物質生産に影響を与える．多くの層が存在する場合，

＊1（訳注）：最小はミジンコウキクサで 0.5 mm ほどである．

▼図 36.3 ドイツトウヒの葉序形成． シュート先端から撮影した SEM 像は，葉の形成パターンを示す．最も若い葉を 1 として，発生順に番号をつけている（拡大写真で番号をつけたもので見えていないものもある）．

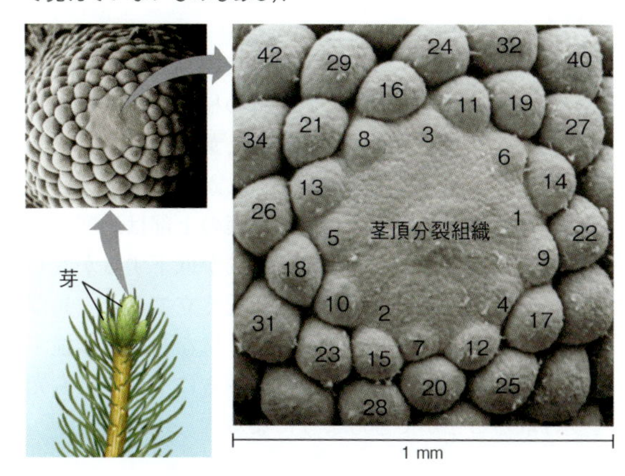

芽
茎頂分裂組織
42
29
24
32
40
16
11
19
21
8
3
27
34
6
13
14
26
1
5
22
9
18
4
10
2
17
31
7
12
23
15
20
25
28
1 mm

図読み取り問題➤29 番の葉から 28 番，そして次というように，葉の発生順に指でたどりなさい．どのようなパターンであるか，述べなさい．葉序のパターンからどの 2 つの葉原基の間から，新しい葉原基が発生するか予想しなさい．

その光合成活性が呼吸を下回るくらい下層の被陰が大きくなりすぎる．このようなことが起こると，非生産的な葉や枝はプログラム細胞死へと至り，やがては落葉する．これを，「枯れ上がり」という．

植物の特徴として，自己による被陰を減らし，光の捕捉を増している．この点で有効な尺度は「葉面積指数」である．これは，ある植物体もしくは作物全体の全葉面積（葉の上面のみ）を，その植物が生育する地面の面積で割ったものである（図 36.4）．葉面積指数

▼図 36.4 葉面積指数． 1 本の植物の葉面積指数は，2 つの植物を上から見たこの図で示す通り，葉の上面の総面積をその植物が覆う地面の面積で割ったものである．葉が何層にもなっている場合は容易に 1 を超えることもある．

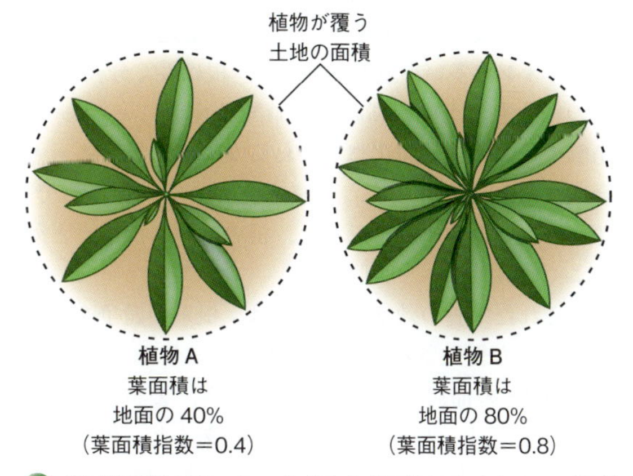

植物が覆う
土地の面積
植物 A
葉面積は
地面の 40%
（葉面積指数＝0.4）
植物 B
葉面積は
地面の 80%
（葉面積指数＝0.8）

❓ 葉面積指数が高いと，必ず光合成活性は高くなるか，説明しなさい．

7までは一般的な成熟した作物植物の値であり，これより高い値の葉面積は農学的には無益である．さらに葉を増やすと，下の葉の被陰が増え，「枯れ上がり」が起きる．

光の捕捉のもう1つの要因は，葉の向きである．あるものは葉を水平に広げ，イネ科の植物などは葉を垂直に立てる．弱光条件では，水平な葉は垂直に立てた葉よりも効率的に光を捕捉する．しかし，草地など陽当たりのよいところでは，水平な葉の上部は過度に強い光にさらされ，傷害を受け光合成が低下するかもしれない．しかし，もし葉を垂直に近く立てると，光は葉の表面とほぼ平行に入射することになり，葉は強すぎる光を受けることもなくなり，さらに下部の葉も光を受け取ることができるようになる．

光合成——水分損失への妥協

多くの葉における広い表面は光を捕捉するうえでは都合がよく，気孔を開くことで光合成組織へのCO_2の拡散を可能にする．しかし気孔を開くことは，植物からの水の蒸発も促進する．植物の水分損失の90%以上は気孔からの蒸発である．最終的に，シュートの適応は光合成を高めることと水分損失を最小にすることの間の妥協を表したものとなり，特に水不足の環境では顕著である．本章の後半では，植物が気孔の開閉を調節することで，CO_2取り込みを高めながらも，水分損失を最小にする機構について考える．

根の構築と水と無機塩類の獲得

シュートが二酸化炭素と太陽光を利用するのと同様に，根は土に含まれる栄養源を吸収する．植物は土中の不均一な栄養物を利用するため，根の構造や生理をすばやく調節することができる．たとえば，多くの植物の根は，土中に硝酸イオンのない小空間があれば，そこでは分枝せず，根をさらに伸ばし通過する．逆に，硝酸イオンの多い小空間があれば，根はよく分枝する．根の細胞も，土中の高濃度の硝酸イオンに応答して，硝酸イオン輸送や同化にかかわるタンパク質をもっと合成する．このように，硝酸イオンの多いところで，植物は根を増やすだけでなく，根の細胞も，もっと効率よく硝酸イオンを吸収する．

限られた栄養の効率的な吸収は，根系の競争を減らすことでも促進される．バッファローグラス *Buchloe dactyloides* の匍匐枝(ほふくし)を挿し木したとき，まわりに別個体ではなく同じ個体由来の挿し木があると，生じる根の数や長さが低下した．科学者はこの植物が自己と非自己をどのように識別しているのかを解き明かすことに挑戦している．

植物の根は，植物が土の中の栄養源をより効率的に獲得するために，微生物と相互的な互恵関係を形成する．たとえば，**菌根 mycorrhiza** とよばれる植物の根と菌類の間の共生の進化は，維管束植物が陸上で繁殖に成功するために非常に重要であった．菌根の菌糸は，間接的に多くの植物の根系に膨大な表面積を提供し，水や無機塩類，特にリン酸の吸収を助ける．植物の栄養での菌根の役割は，37.3節でさらに詳しく学ぶ．

栄養源は取り込まれた後，それを必要とする他の部位へ運ばれなければならない．次節では，水，無機塩類，糖などの栄養源が，植物体全体に運ばれる過程や経路について学ぶ．

概念のチェック 36.1

1. 維管束植物にとって，長距離輸送はなぜ重要か．
2. ある種の植物は，近接している植物の葉から反射される光を検出し，茎の伸長や直立する葉の形成，側枝形成の抑制などを引き起こす．これらの応答は，植物の競争においてどのように有利に働くか．
3. どうなる？➤もし，ある植物のシュートの先端を切り取ると，短期的には，分枝と葉面積指数にどのような効果が出るか．

(解答例は付録A)

36.2

短距離または長距離の物質輸送は異なる機構で行われる

植物体内を移動する物質の多様性や物質を輸送しなければならない移動距離や障壁の幅を考えると，植物が多様な物質輸送系をもつことは驚くことではない．しかし，これらの過程を学ぶ前に，2つの重要な輸送，つまりアポプラストとシンプラストについて見てみよう．

アポプラストとシンプラスト：輸送の連続性

植物組織は2つの主要な区画（アポプラストとシンプラスト）に分けられる．**アポプラスト apoplast** は，生きている細胞の外側すべてで，細胞壁や死んだ細胞（道管要素や仮道管）の内部も含む（図35.10参照）．**シンプラスト symplast** は植物の生きている細胞のサイトゾルすべてであり，細胞同士をつなぐ細胞質のチャネルである原形質連絡も含む．

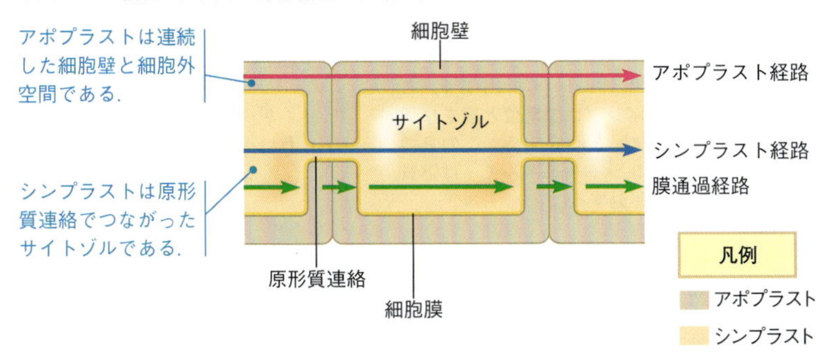
アポプラストは連続した細胞壁と細胞外空間である.
シンプラストは原形質連絡でつながったサイトゾルである.
細胞壁
サイトゾル
アポプラスト経路
シンプラスト経路
膜通過経路
原形質連絡
細胞膜
凡例
アポプラスト
シンプラスト

▼図 36.5　**細胞の区画と短距離輸送の経路.** 複数の経路で輸送される物質もある.

植物の区画構造によって，組織や器官内には3種の輸送経路（アポプラスト経路，シンプラスト経路，膜通過経路）がある（図 36.5）.「アポプラスト経路」では，水や溶質（溶解した物質）が，連続した細胞壁と細胞外空間に沿って移動する.「シンプラスト経路」では，水や溶質は連続した細胞質に沿って移動する．この経路では，植物に吸収された物質は，まず一度細胞膜を通過する必要がある．細胞内に入った後は，物質は原形質連絡を介して細胞から隣の細胞へ移動する．「膜通過経路」では，細胞から外へ出て，細胞壁を横切り，隣の細胞へ移動し，同様に次々と細胞を経ていく．膜通過経路では，物質は1つの細胞から外へ出て，隣の細胞に入るので，細胞膜を何度も通過する必要がある．これら3種の経路は互いに排他的ではなく，程度の差はあるが，複数の経路で輸送される物質もある．

細胞膜を通過する溶質の短距離輸送

植物でも，他の生物同様，細胞膜の選択的透過性が細胞での物質の出入りという短距離の移動を制御している（7.2 節参照）．植物細胞では，能動輸送も受動輸送も起こる．植物の細胞膜でも，他の細胞で働くものと同種のポンプや輸送タンパク質（チャネルタンパク質，運搬体タンパク質，共輸送体）が存在する．しかし，植物細胞と動物細胞の膜輸送の過程には特異的な違いがある．本節では，これらの違いに焦点を当てる．

動物細胞とは異なり，植物細胞ではナトリウムイオン（Na^+）より水素イオン（H^+）のほうが，基本的な輸送過程で主要な役割を果たす．たとえば，植物細胞ではナトリウム–カリウムポンプによる Na^+ の排出より，むしろプロトンポンプによる H^+ の排出によって膜電位（膜を横切る電位差）がつくられる（図 36.6 a）．また，H^+ は植物では最もよく共輸送されるイオンであるが，動物では Na^+ が共輸送される．共輸送において，植物細胞は H^+ 勾配と膜電位によるエネルギーを利用して，多くの溶質の能動輸送を行う．たとえば，植物の師部細胞などがスクロースを取り込むように，中性の溶質の吸収において，H^+ が共輸送イオンとして働いている．H^+/スクロース共輸送体は，濃度勾配に逆らったスクロースの移動と電気化学的勾配に従った H^+ の移動を共役させている（図 36.6 b）．H^+ の共輸送は，根の細胞における硝酸イオン（NO_3^-）の取り込みのようにイオンの輸送を促進する（図 36.6 c）．

植物細胞の膜には，特定のイオンだけを通過するイオンチャネルも存在する（図 36.6 d）．動物細胞と同様に，多くのチャネルにはゲートがあり，化学物質や圧力，電圧などの刺激に応答して，開いたり閉じたりする．本章の後半では，気孔の開閉における孔辺細胞のカリウムチャネルの役割を学ぶ．イオンチャネルは動物の活動電位のような電気シグナルの形成にも関与する（48.2 節参照）．しかし，このシグナルは，ナトリウムチャネルを用いる動物細胞と異なり，1000 倍も遅く，アニオンチャネルの Ca^{2+} による活性化を起こす．

細胞膜を横切る水の短距離輸送

細胞による水の吸収や喪失は，膜を横切る自由水の拡散である**浸透 osmosis** という（図 7.12 参照）．ここでの自由水とは，溶質や物質に結合していないものを指す．水が移動する方向を測る物理量は，溶質の濃度効果と物理的な圧力の総和である，**水ポテンシャル water potential** として表される．水の移動の障壁がないとすれば，高い水ポテンシャルの場所から低いポテンシャルの場所へ，自由水は移動する．「水ポテンシャル」の中のポテンシャルという語は，水の「ポテンシャルエネルギー」を表し，水ポテンシャルの高いところから低いところへ水が移動するとき，仕事をすることを意味している[*2]．たとえば，植物細胞や種子を高い水ポテンシャルの溶液に浸すと，水は細胞内や種子内に流入してきて，膨張させるなどの仕事をする．植物細胞や種子の膨張は強力な力である．木の根の細胞の膨張は歩道のコンクリートを打ち破り，損傷した船の船腹で湿った穀物種子の膨潤は，船舶に致命的な

＊2（訳注）：高いところから低いところへ物体が自然落下して仕事をするのは，位置エネルギー（これもポテンシャルエネルギーという）が仕事に変換されることと同じである．

▼図 36.6　**植物細胞の細胞膜での溶質の輸送.**

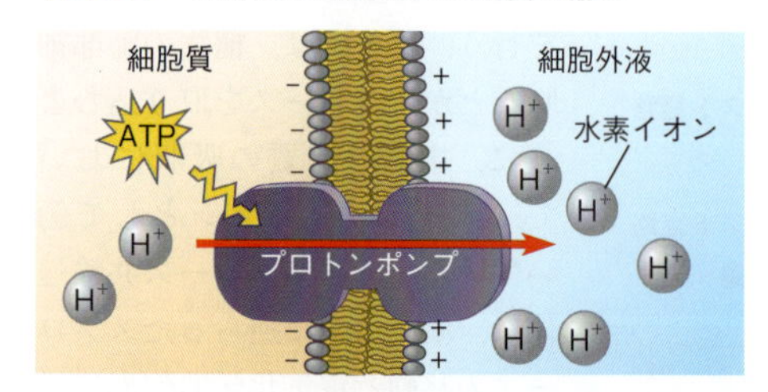
細胞質
細胞外液
ATP
水素イオン
プロトンポンプ

(a) **H^+と膜電位.** 植物細胞の細胞膜は ATP 依存プロトンポンプを用いて細胞外にH^+を排出する．これらのポンプは膜電位と膜を横切る pH 勾配を形成する．この２つのポテンシャルエネルギーは溶質輸送を駆動する．

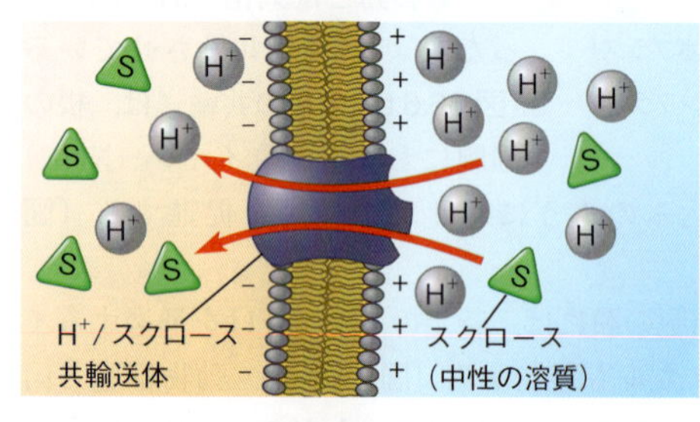
H⁺/スクロース共輸送体
スクロース
（中性の溶質）

(b) **H^+と中性の溶質の共輸送.** 糖のような中性の溶質はH^+との共輸送によって，植物細胞に取り込まれる．たとえば，H^+/スクロース共輸送体は，植物体全体への輸送に先立って師部にスクロースを蓄積することに重要な役割を果たしている．

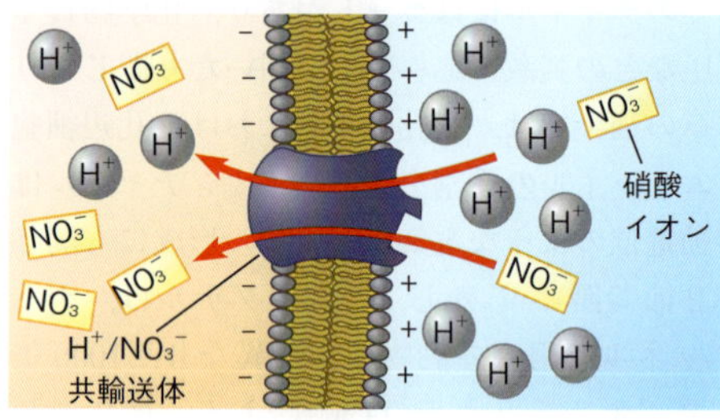
H⁺/NO₃⁻
共輸送体
硝酸
イオン

(c) **H^+とイオンの共輸送.** H^+を利用した共輸送機構は，細胞のイオンの出入りの制御にもかかわる．たとえば，根の細胞膜のH^+/NO_3^-共輸送体は，植物の根がNO_3^-を取り込むとき重要である．

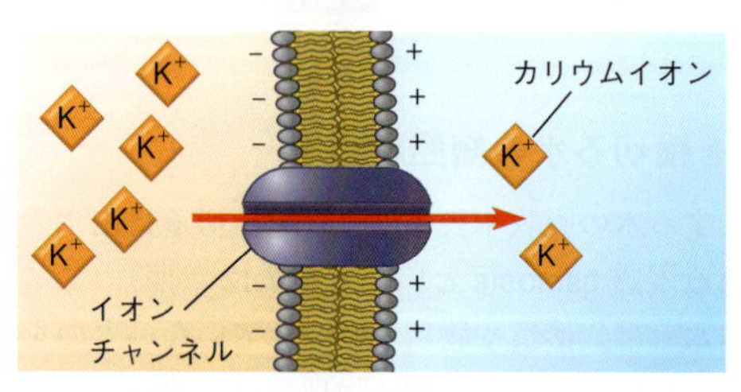
カリウムイオン
イオン
チャンネル

(d) **イオンチャネル.** 植物のイオンチャネルは電圧や膜の伸展，化学物質によって開閉する．開いているイオンチャネルは，特定のイオンを，拡散によって膜透過させる．たとえば，K^+チャネルは，気孔が閉じるとき孔辺細胞からK^+を放出する．

❓ ある植物細胞がここに示す４種すべての輸送タンパク質をもつと仮定する．また，それぞれの特異的な阻害剤があるとする．このとき，各阻害剤を添加すると，細胞の膜電位にどのような効果が出るか予測しなさい．

被害を与えて船を沈める．膨潤した種子から強力な力が生成することから，種子による水の取り込みが能動的な過程であるかどうかを考えることは興味深い．この質問については，**科学スキル演習**でこの過程における温度の効果を調べることで考えることとする．

水ポテンシャルはギリシャ文字の ψ（プサイ）で略記する．植物学では，ψ を**メガパスカル megapascal**（MPa と略す）という圧力単位で表す[*3]．純水の ψ は，標準状態（標高 0 m の大気圧＝1 気圧，室温＝25℃）の大気中に置かれたとき，0 MPa と定義される．1 MPa は標準状態の大気圧の約 10 倍に相当する．植物の生細胞の内部の圧力は水の浸透的な取り込みのため，約 0.5 MPa である．これは車のタイヤに多めに入れた空気圧の約 2 倍である．

溶質や圧力の水ポテンシャルへの影響

溶質濃度と物理的な圧力が水を含む植物の水ポテンシャルを決定する主要な決定因子であり，下の水ポテンシャルの式で表される．

$$\psi = \psi_S + \psi_P$$

ここで，ψ は水ポテンシャル，ψ_S は溶質ポテンシャル（浸透ポテンシャル），ψ_P は圧ポテンシャルである．溶液の**溶質ポテンシャル solute potential**（ψ_S）は，溶質のモル濃度に比例する．溶質は浸透方向を決めるので，溶質ポテンシャルはまた，「浸透ポテンシャル」（訳注：浸透圧の正負を逆にした値になる）ともいう．植物では，溶質は通常，無機塩類や糖である．定義上，純水の ψ_S は 0 である．溶質が加えられると，水分子と結合する．結果として，自由な水分子が減少し，移動して仕事する水の能力は低下する．このように，溶質の増加は水ポテンシャルを低下させるので，溶液の ψ_S はいつも負の値となる．たとえば，0.1 M スクロース溶液の $\psi_S = -0.23$ MPa である．溶質濃度が上がれば，ψ_S はさらに小さくなる．

圧ポテンシャル pressure potential（ψ_P）は溶液の物理的な圧力である．ψ_S と異なり，ψ_P は大気圧に対して，正にも負にもなる．たとえば，溶液が注射器の中で引き上げられると，負の圧力となり，注射器の中で押し込まれると，正の圧力となる．植物の生細胞は，浸透現象で水を取り込んでいるので，正の圧力がかかっている．特に，**プロトプラスト protoplast**（細胞の生きている部分で，細胞膜を含む）は細胞壁を押し返

＊3（訳注）：水ポテンシャルはエネルギーの１つの形であるが，水ポテンシャルは水の化学ポテンシャルを水の部分モル体積で割った（除した）ものなので，圧力の次元になる．植物体の水の部分モル体積は通常一定とみなせるから，圧力の次元の水ポテンシャルを使用している．

科学スキル演習

温度係数を計算し，解釈する

種子による初期の吸水は温度に依存するだろうか　この質問に答える1つの方法は，種子を異なる温度の水に浸し，それぞれの温度における水の取り込み速度を測定することである．このデータは，温度が10℃上昇したときの，物理的な反応（あるいは過程）の上昇率を示す温度係数 Q_{10} を計算するのに使うことができる．

$$Q_{10}=\left(\frac{k_2}{k_1}\right)^{\frac{10}{t_2-t_1}}$$

ここで，t_2 は高いほうの温度（℃）を示し，t_1 は低いほうの温度，k_2 は t_2 における物理反応（あるいは過程）の速度，k_1 は t_1 における物理反応（あるいは過程）の速度を示す（もしここで，$t_2-t_1=10$ であれば，計算は単純である）．

Q_{10} 値は測定している物理過程についての推論を考えるうえで有効である．化学（代謝）過程は大規模なタンパク質の形状変化を伴い，温度に高い依存性をもち，2～3に近い高い Q_{10} 値を示す．対照的に，すべてではないにしても，多くの物理パラメータは温度に対して比較的依存しておらず，Q_{10} 値は1に近い．たとえば，水の粘度変化の Q_{10} 値は1.2～1.3である．この演習では，種子による初期の水の取り込みが，物理的な過程と化学的な過程のどちらなのかを評価するために，ハツカダイコン *Raphanus sativum* の種子のデータを用いて Q_{10} 値を計算する．

実験方法　ハツカダイコンの種子サンプルは秤量され，4つの異なる温度の水の中に置かれた．30分後に種子は取り出され，吸い取って乾かされ，再び秤量された．その後，研究者は，それぞれのサンプルにおける水の取り込みによる重量の増加のパーセントを計算した．

実験データ

温度	30分後の水取り込みによる重量増加（%）
5℃	18.5
15℃	26.0
25℃	31.0
35℃	36.2

データの出典　J. D. Murphy and D. L. Noland, Temperature effects on seed imbibition and leakage mediated by viscosity and membranes, *Plant Physiology* 69:428-431 (1982).

データの解釈

1. データから，ハツカダイコンの種子による初期の水の取り込みは温度によって変化するだろうか．温度と水の取り込みの間にはどのような関係があるだろうか．
2. (a) 35℃と25℃のデータを使って，ハツカダイコン種子の水取り込みの Q_{10} 値を計算しなさい．25℃と15℃のデータ，15℃と5℃のデータを使って，計算を繰り返しなさい．(b) Q_{10} 値の平均値はいくらか．(c) あなたの結果は，ハツカダイコン種子の水取り込みがおもに物理過程であるか，化学（代謝）過程であるかのどちらを示しているだろうか．(d) 水の粘度変化の Q_{10} 値を1.2～1.3とすると，種子による水取り込みのわずかな温度依存性は，水の粘度のわずかな温度依存性を反映しているといえるか．
3. 温度の他に，ハツカダイコン種子の膨潤が基本的に物理過程か，化学過程かを調べるうえで，他のどのような独立した変数が考えられるか．
4. 植物の成長における Q_{10} 値は1に近いか，3に近いか，予想しなさい．なぜそのように考えるか．

しており，**膨圧 turgor pressure** をつくり出している．この内部の圧力は，空気圧のかかったタイヤの中の空気と同じように，植物の組織を堅く保ち，細胞の伸長の原動力となるなど，植物の機能に非常に重要である．逆に，死んだ中空の木部細胞（仮道管と道管要素）の水はしばしば−2 MPa以下の負の圧ポテンシャルとなる．

水ポテンシャルの式の適用から学んだように，要点を覚えておこう．「水は水ポテンシャルの高いほうから水ポテンシャルの低いほうに動く．」

植物の細胞膜を横切る水の移動

水ポテンシャルが植物の生細胞の水の吸収と損失にどのように関係するか，考えてみよう．まず，水を失った結果，**たるんだ flaccid** 細胞を考えよう．この細胞では，ψ_P は0である（訳注：限界原形質分離の状態に相当する）．この細胞を，細胞内の溶質濃度より高い濃度，つまりもっと溶質ポテンシャルの低い液（訳注：高張液ともいう）に浸したとする（図36.7 a）．外液の水ポテンシャルは細胞内より低いので，水は細胞から外液へ出ていく．こうした細胞は**原形質分離 plasmolysis** を起こす．つまり，プロトプラストは収縮し，細胞壁から引きはがされる．もし，たるんだ細胞を純水（$\psi=0$ MPa）に浸すと（図36.7 b），溶質を含む細胞は純水より低い水ポテンシャルをもつので，浸透によって水は細胞に流入する．細胞の体積は増加し，細胞壁に対して細胞膜を押しつける．ある程度可塑性がある細胞壁は壁圧を発生して，プロトプラストの膨張に対抗する．この圧力が細胞内の溶質による水の流入を相殺するとき，ψ_P と ψ_S はつ

▼図 36.7　植物細胞における水の関係． これらの実験では，たるんだ細胞（プロトプラストが細胞壁にまだ接しているが膨圧はない，いわゆる限界原形質分離の状態）を２つの条件に置いた．青い矢印は，水の正味の移動を示す．

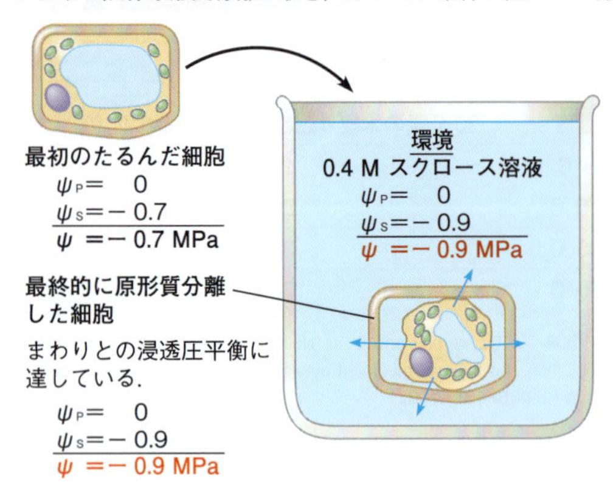

最初のたるんだ細胞
ψ_P =　0
ψ_S = − 0.7
ψ = − 0.7 MPa
環境
0.4 M スクロース溶液
ψ_P =　0
ψ_S = − 0.9
ψ = − 0.9 MPa
最終的に原形質分離した細胞
まわりとの浸透圧平衡に達している．
ψ_P =　0
ψ_S = − 0.9
ψ = − 0.9 MPa

(a) **初期状態：細胞の ψ > まわりの ψ．** 細胞は水を失い原形質分離する．原形質分離が完了すると，細胞とまわりの水ポテンシャルは等しくなる．

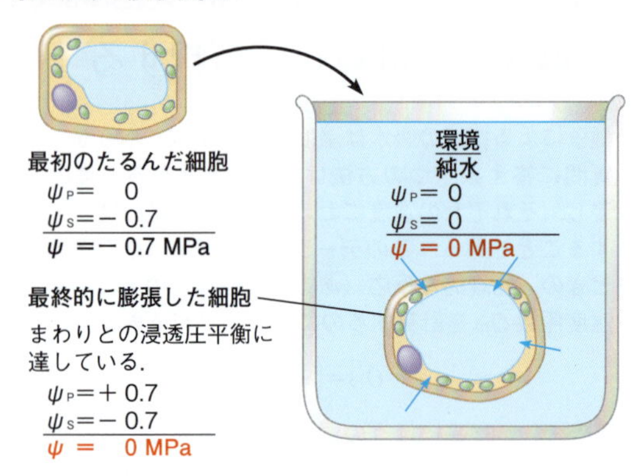

最初のたるんだ細胞
ψ_P =　0
ψ_S = − 0.7
ψ = − 0.7 MPa
環境
純水
ψ_P = 0
ψ_S = 0
ψ = 0 MPa
最終的に膨張した細胞
まわりとの浸透圧平衡に達している．
ψ_P = + 0.7
ψ_S = − 0.7
ψ =　0 MPa

(b) **初期状態：細胞の ψ < まわりの ψ．** 浸透により，水の流入が起こり，細胞は膨張する．水がさらに流入しようとする力は，可塑的な細胞壁の壁圧で相殺され，水ポテンシャルはまわりと等しくなる（この図では細胞の体積変化を強調している）．

り合い，ψ は0となる．この状態では，細胞内の水ポテンシャルは外液の水ポテンシャル $\psi=0$ と等しくなる．このような動的平衡状態になると，水の正味の移動はなくなる[*4]．

膨らんで張り切った状態

萎れた状態

たるんだ細胞とは対照的に，外液より高い濃度の溶質を含む細胞は，**膨らんで張り切った turgid** しっかりした細胞となる．草本植物では，膨張した細胞が互いに押し合うことで，堅く張りをもった組織となる．細胞が水を失い，葉や茎が**萎**（しお）**れる wilting** ことで，細胞が張りを失うことが見てとれる．

アクアポリン：水の拡散を促進する

水ポテンシャルの差は，膜を横切る水の移動の方向を決めるが，実際のところ水はどのように膜を通過するのだろうか．水分子は非常に小さいので，リン脂質の二重層の内部が疎水的であっても，拡散で通過することができる．しかし，水の生体膜の通過は，単純拡散で説明するには速すぎる．**アクアポリン aquaporin** という輸送タンパク質が，植物の細胞膜を横切る水分子の輸送を可能にする（図 7.1，7.2 節参照）．開閉することができるアクアポリンチャネルは，水が浸透によって膜を通過する速度に影響する．その透過性は，細胞質の Ca^{2+} の増加や pH の低下で低下する．

長距離輸送：体積流の役割

拡散は，細胞レベルの空間スケールでは効率的な輸送機構である．しかし，植物体内の長距離輸送で働くには，拡散は遅すぎる．細胞の端から端まで数秒で拡散するが，セコイアの巨木の根からてっぺんまで拡散するには何世紀もかかるだろう．代わりに，長距離輸送は，**体積流 bulk flow** という圧力勾配に基づいた液体の輸送を通して起こる．体積流では，物質は液体とともに，いつも圧力の高いほうから低いほうへ輸送される．浸透とは異なり，体積流には溶質濃度は関係ない．

長距離の体積流は維管束組織の特別な細胞で起こる，すなわち木部の仮道管や道管要素と師部の師管要素で起こる．葉では，葉脈の枝分かれにより，どの細胞も維管束組織から数細胞も離れていない（図 36.8）．

木部や師部の通常細胞の構造が体積流を可能にしている．成熟した仮道管や道管要素は死細胞で細胞質がなく，師管要素の細胞質でもほとんど細胞小器官（オ

＊4（訳注）：日本の高校の教科書では，「吸水力＝浸透圧－膨圧」と習う．これは直観的にはわかりやすいが，物理量としては便宜的すぎる．本書では，水ポテンシャル（吸水力と正負が逆になる）と溶質ポテンシャル（浸透圧と正負が逆になる）を用いて，統一的に説明している．つまり，「ψ（水ポテンシャル）$=\psi_S$（溶質ポテンシャル）$+\psi_P$（圧ポテンシャル）」と，日本の教科書の「吸水力（$-\psi$）＝浸透圧（$-\psi_S$）－膨圧（ψ_P）」は実質的に同じである．

▼図 36.8　**ポプラの葉の葉脈**．非常に微細な真正双子葉植物の葉の葉脈の枝分かれは，どの葉の細胞も維管束系から遠く離れていないことを確実にしている．

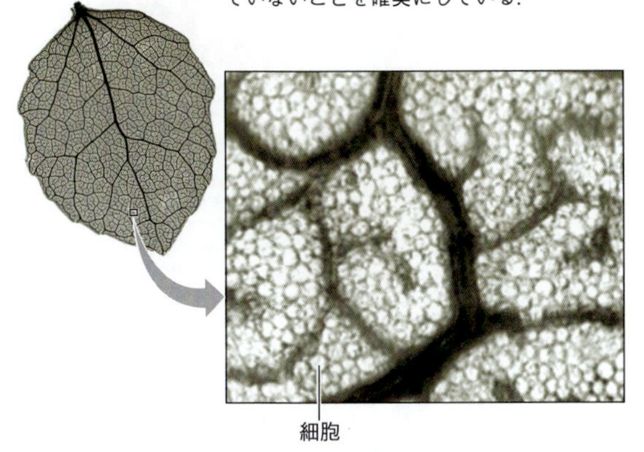
細胞

図読み取り問題➤この葉では，葉肉細胞の中で，葉脈から最大何細胞離れているか．

ルガネラ）が失われている（図 35.10 参照）．もし部分的に詰まった排水管を掃除したことがあれば，排水の流量は管の内径に依存することは自明であろう．排水管の詰まりは，管の有効内径を小さくする．このような日常経験に照らしてみると，植物細胞の構造がどのように体積流のために特殊化してきたか理解できる．台所の排水管の詰まりの解消のように，植物の「配管」において，細胞質の消失もしくは減少は，木部や師部を通る体積流を効率的にする．また，道管要素の端の孔のある板や師管要素をつなぐ多孔質の師板によって，体積流は促進される．

拡散と能動輸送，体積流は協調して植物体全体にさまざまな物質を輸送している．たとえば，圧力差に基づく体積流は師部における長距離輸送のしくみであり，細胞レベルの糖の能動輸送はこの圧力差を生み出している．次の 3 つの節では，根からシュートへの水や無機塩類の輸送と蒸散の調節，糖の輸送についてさらに詳しく学ぶ．

概念のチェック 36.2

1. 蒸留水に浸した植物細胞の $\psi_S = -0.7$ MPa，$\psi = 0$ MPa とすると，ψ_P を答えなさい．この細胞を，ビーカーに入った－0.4 MPa の溶液に浸して，平衡になるときの ψ_P を答えなさい．

2. アクアポリンチャネルの数が減少すると，新たな浸透圧条件への植物細胞の調節にどのような影響を与えるか．

3. もし，仮道管や道管要素が成熟後も生きていると，水の長距離輸送はどのような影響を受けるか．説明しなさい．

4. **どうなる➤**もし，植物のプロトプラストを純水中におくと，何が起こるだろうか，説明しなさい．

（解答例は付録 A）

36.3

蒸散は木部を経由して根からシュートへの水と無機塩類の輸送を駆動する

19 L の水の入った容器（重さ 19 kg）を，数階分の階段を引き上げるのは大変である．さらに 1 日にこれを 40 回繰り返すのである．そう考えると，平均的な樹木が，心臓や筋肉をもたないにもかかわらず，毎日同量の水を苦労もせずに運んでいるということは，たいしたものである．植物はどのようにしてこの離れ業をこなしているのだろうか．この問いに答えるため，水や無機塩類の根の先端から葉までの旅の各段階を見てみよう．

根の細胞による水と無機塩類の吸収

すべての生細胞は細胞膜を通して栄養物を吸収するが，根の先端近くの細胞は特に重要である．なぜなら，水と無機塩類のほとんどすべての吸収がこの領域で起こるからである．この領域では，表皮細胞は水に透過性があり，その多くは根毛という水の吸収の大半を行う細胞に分化している（図 35.3 参照）．根毛は，土壌粒子に強く結合していない水分子と溶けた無機塩イオンを含む土壌の水溶液を吸収する．この土壌液は表皮細胞の親水性の細胞壁に取り込まれ，細胞壁や細胞外空間を自由に通過し，根の皮層に到達する．この流れは，皮層細胞が土壌溶液に接するのを促進し，表皮だけの表面積よりはるかに大きな膜の表面積を提供する．通常の土壌溶液の無機塩濃度は低いが，能動輸送のおかげで K^+ などの必須塩類を根に取り込み，土壌中の数百倍以上の濃度まで蓄積する．

木部への水と無機塩類の輸送

土壌から根の皮層まできた水と無機塩類は，維管束の木部に入って初めて，植物全体に輸送される．**内皮 endodermis** は根の皮層のうち最も内側の細胞層であり，内皮から維管束への無機塩類の選択的移動の最後のチェックポイントである（図 36.9）．内皮のシンプラストに到達した無機塩類は内皮の原形質連絡を通して，維管束まで送られる．これらの無機塩類は表皮か

▼図 36.9　**根毛から木部への水と無機塩類の輸送．**

図読み取り問題➤この図を理解してから，カスパリー線がどのようにして，水と無機物が内皮細胞の細胞膜を透過せざるを得ないようにしているか説明しなさい．

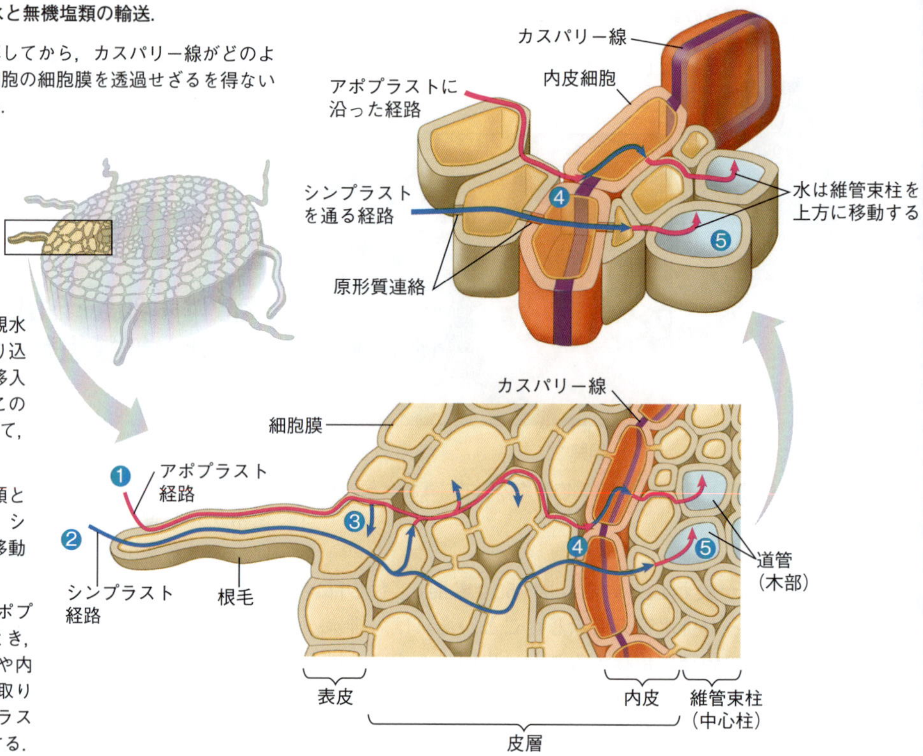

❶**アポプラスト経路．** 根毛の親水性の細胞壁に土壌溶液が取り込まれて，アポプラストへの移入が始まる．水や無機塩類はこの細胞壁と細胞外空間に沿って，皮層に拡散する．

❷**シンプラスト経路．** 無機塩類と水は根毛の細胞膜を通過し，シンプラストを通って内部へ移動する．

❸**膜通過経路．** 土壌溶液がアポプラストに沿って移動するとき，一部の水や無機塩類は皮層や内皮細胞のプロトプラストに取り込まれ，その後は，シンプラスト経路を通って内側へ移動する．

❹**内皮：維管束柱への取り込み制限．** 各内皮細胞の上下と側面の細胞壁に，カスパリー線がある．これはロウ物質のベルト（紫色の帯）で，水や無機塩類の通過をさえぎっている．シンプラストにすでに入っているか，内皮の細胞膜を通過した無機塩類だけがカスパリー線を迂回して，維管束まで到達する．

❺**木部内の輸送．** 内皮細胞や維管束柱内の細胞は水や無機塩類を壁（アポプラスト）へ放出する．その後，道管は水や無機塩類をシュートまで体積流によって運ぶ．

皮層の細胞のシンプラストに取り込まれたとき，すでにその細胞膜で選別を受けている．

アポプラストを介して内皮まで到達した無機塩類に対しては，内皮が維管束への経路をふさいでいる．この障壁は，各内皮細胞の側面や上下にあるベルト状のもので，**カスパリー線 Casparian strip** という．これは，スベリンというロウ物質でできており，水やそれに溶けた無機塩類を通さない（図 36.9 参照）．このカスパリー線により，水や無機塩類は内皮をアポプラスト経路で通過して維管束に入ることはできない．その代わりに，アポプラストを通して受動的に移動してきた水や無機塩類は，内皮細胞の選択的な透過性をもつ細胞膜を通過しなければ，維管束に入ることができない．このようにして，内皮細胞は必要な無機塩類を土壌から木部まで取り込み，多くの必要でない物質や毒性物質を締め出している．また，内皮は木部に蓄積した溶質が，土壌溶液に逆流することも防いでいる．

土壌から木部への輸送経路の最後のステップは，水や無機塩類の仮道管や道管要素への移送である．これらの通道細胞は成熟するとプロトプラストを失うので，アポプラストの一部である．内皮細胞や維管束柱の生細胞は，無機塩類をプロトプラストから細胞壁へ放出する．拡散と能動輸送の両方が，シンプラストからアポプラストへ溶質を輸送する．その後，水や無機塩類は仮道管や道管要素まで自由に移動でき，体積流によってシュートに運ばれる．

木部での体積流による輸送

土壌中の水や無機塩類は，根の表皮を通過して，植物体に入り，根の皮層を通り，維管束柱に到達する．ここから，**道管液 xylem sap** という水や無機塩類を含む液は体積流によって，葉のすみずみまで広がった葉脈までの長距離を運ばれる．すでに述べたように，体積流は拡散や能動輸送よりはるかに速い．道管液の輸送速度は，幅広の道管要素をもつ樹木では，最大 14～45 m/時である．茎や葉はこのような水や無機塩類の配送システムに依存している．

道管液輸送の重要なプロセスは，植物体の葉や他の地上部分からの水蒸気の損失，すなわち**蒸散 transpiration** による驚くべき量の水の損失である．たとえば，トウモロコシの1個体は，全生育期間で60 Lの水（500 mL入りペットボトルで120本に相当）を蒸散で消費する．また，1 haあたり6万本の典型的なトウモロコシ畑では，全生育期間中に400万Lの水を蒸散で消費する．この蒸散で失われた水が，根からの輸送によって補われなければ，葉は萎れ，植物は枯死してしまう．

道管液は最も高い樹木では120 m以上の高さまで運ばれる．この液は根から上へ押し上げられるのか，それとも引っ張り上げられるのだろうか．この2つの機構の寄与について，評価してみよう．

道管液を押す根圧

夜，ほとんど蒸散しないとき，根の細胞は無機塩類のイオンを維管束柱の木部にポンプで送り続けている．一方，内皮のカスパリー線は木部のイオンが再び皮層や土壌に漏れ出ないようにふさいでいる．結果として，蓄積した無機塩類のため，維管束柱内の水ポテンシャルが下がる．水は皮層から流入し，**根圧 root pressure** を生じる．根圧はときどき，蒸散する量よりも多くの水を葉に送り続け，**排水 guttation** を起こす．これは，植物の葉の縁や表面で，水滴が絞り出される現象として，朝に見られることがある（図36.10）．排水の水滴は，大気中の湿気が凝縮した露とは異なるので，混同しないように注意すること．

ほとんどの植物では，根圧は道管液を上昇させるしくみとしては重要ではなく，多くてもわずか数mの高さまで水を押し上げるくらいである．この押し上げる圧力はあまりにも弱いので，特に背の高い植物では木部の水柱の重力に抗することがほとんどできない．多くの植物では，まったく根圧を生じないか，もしくは成長期のある時期だけに生じる．排水が見られる植物でも，日中の蒸散速度には追いつけない．多くの場合，道管液は根圧によって下から押し上げられるのではなく，引っ張り上げられる．

➤図36.10 **排水．** イチゴの葉から根圧により過剰な水が押し出されている．

道管液を引き上げる：凝集–張力仮説

すでに見てきたように，植物の溶質の能動輸送で生じた根圧は，道管液の上昇には小さな力でしかない．木に沿って上昇する道管液の輸送には，細胞の代謝活性どころか生細胞さえ必要としない．1891年にエドアルド・ストラスブルガー Eduard Strasburgerは，葉がついた茎を硫酸銅や酸などの毒性溶液に浸して，液の中で切断すると，この溶液を吸い上げることを示した．この毒性溶液が吸い上げられるにつれて，その途中の細胞は死に，やがて蒸散している葉に到達すると，葉の細胞も死ぬことになる．それにもかかわらず，ストラスブルガーも述べているように，毒性溶液の取り込みと死んだ葉からの水の蒸発は何週間も続くことがある．

ストラスブルガーの発見の数年後の1894年に，2人のアイルランドの研究者ジョン・ジョリー John Joleyとヘンリー・ディクソン Henry Dixonは，いまでも道管液の上昇の重要仮説となっている仮説を発表した．彼らの**凝集–張力仮説 cohesion-tension hypothesis**によれば，蒸散は道管液を上から牽引し，水分子の凝集力が，シュートから根までの道管全体にこの力を伝えている．したがって，道管液はいつも陰圧，つまり，張力を受けた状態にある．蒸散は「牽引」過程であるため，道管液の上昇を凝集–張力仮説で説明するとき，根からではなく，蒸散による牽引力が生じる葉から始める．

蒸散による牽引 光合成に必要なCO_2を葉肉細胞に供給するために，葉の表面の気孔は，迷路のような葉内空隙につながっている．この空隙の気体は，細胞の湿った細胞壁に接しているので，水蒸気で飽和している．ほとんどの場合，葉の外の空気は葉内空隙より乾燥している．言い換えると，外気の水ポテンシャルは葉内空隙より低い．したがって，葉内空隙の水蒸気は，その水ポテンシャルの低いほうへ拡散し，気孔を通って外へ出ていく．蒸散とよぶものは，拡散と蒸発による水蒸気の損失である．

しかし，葉からの水蒸気の損失が，どのようにして，植物体内の水の上方への移動を起こす牽引力になるのだろうか．道管内で水を上方へ移動させる負の圧ポテンシャルは，葉の葉肉細胞の表面で発生する（図36.11）．細胞壁は非常に細い毛細管のように作用する．水はセルロースのミクロフィブリルや他の親水性壁成分に吸着する．葉肉細胞の壁を覆う薄い水の層から蒸発すると，水と空気の境界は壁の内に後退する．

▼図 36.11　**蒸散による張力の発生．** 葉内の空気–水境界層の負の圧力（張力）が蒸散による張力の源であり，これが道管中の水を引き上げる．

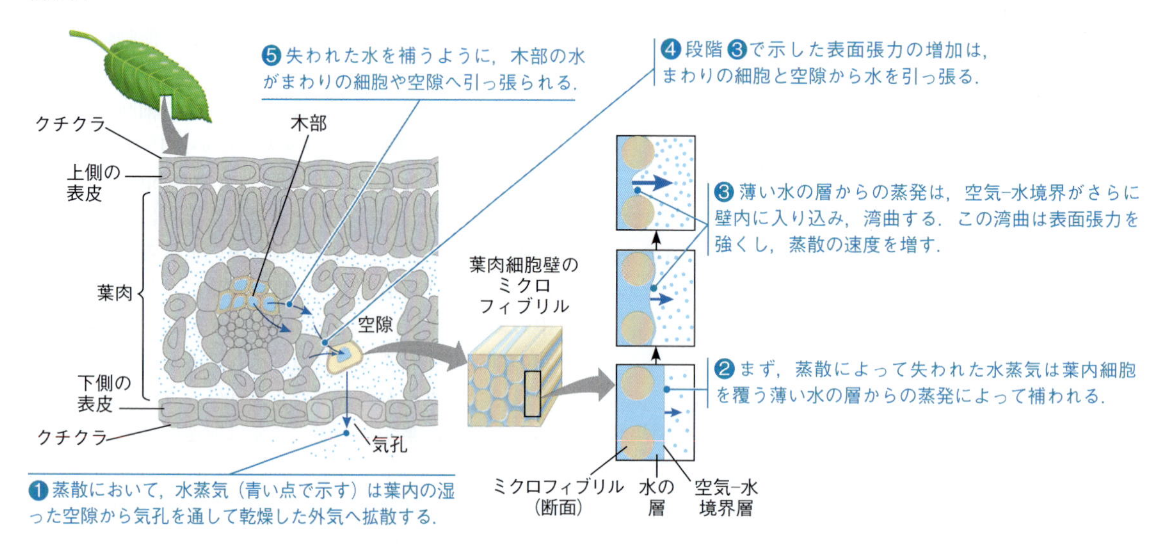
❺失われた水を補うように，木部の水がまわりの細胞や空隙へ引っ張られる．
❹段階❸で示した表面張力の増加は，まわりの細胞と空隙から水を引っ張る．
クチクラ
木部
上側の表皮
葉肉
空隙
下側の表皮
クチクラ
気孔
❸薄い水の層からの蒸発は，空気–水境界がさらに壁内に入り込み，湾曲する．この湾曲は表面張力を強くし，蒸散の速度を増す．
葉肉細胞壁のミクロフィブリル
❷まず，蒸散によって失われた水蒸気は葉内細胞を覆う薄い水の層からの蒸発によって補われる．
❶蒸散において，水蒸気（青い点で示す）は葉内の湿った空隙から気孔を通して乾燥した外気へ拡散する．
ミクロフィブリル（断面）
水の層
空気–水境界層

水の高い表面張力のため，この境界の湾曲は水の張力もしくは負の圧ポテンシャルを生み出す．より多くの水が細胞壁から蒸発すると，空気–水境界はさらに曲がり，水の圧力はさらに負となる．この張力を解消するように，葉内の近くの水がこの部位に向かって引きつけられる．すべての水分子は水素結合で隣同士で凝集しているので，この引きつける力は道管に伝えられる．こうして，蒸散による牽引力は，3.2 節で解説した水の特性（吸着，凝集，表面張力）に基づいている．

負の圧ポテンシャル（張力）は水ポテンシャルを下げるので，蒸散における負の圧ポテンシャルは水ポテンシャルの式で扱える．水は水ポテンシャルの高いほうから低いほうへ移動するので，空気–水境界の低い水ポテンシャルが，木部内の水を，気孔から水蒸気が失われることで，葉肉細胞へ向かって「引っ張り」上げる．このようにして，葉における負の水ポテンシャルは蒸散における「引っ張り」（牽引力）をつくり出す．道管液の蒸散による牽引は葉から根端まで，さらには土壌の中の溶液まで伝えられる（図 36.12）．

吸着と凝集による道管液の上昇　吸着と凝集は体積流による水の輸送を促進する．吸着は，水分子が他の極性物質に引きつけられる力である．水は水分子間の水素結合のために特に強い凝集力をもつ．道管内の水の凝集力は，同じ直径の鋼鉄ワイヤの張力と同じといわれている．水の凝集力によって，道管液の柱を途切れることなく上から引き上げることができる．葉内で木部から出ていく水分子は隣の水分子へと伝えられ，木部全体の水の柱として下までつながっている．一方，水素結合による水分子の木部細胞の親水性の壁への強い吸着は，重力を相殺している．

道管液の上方への牽引は，弾力のある道管要素や仮道管内に張力を生じる．正の圧力は伸縮性の管を膨らませ，張力は壁を内へ引き込む．暖かい日には，樹木の幹の直径が小さくなることさえ測定できる．蒸散による牽引は道管要素や仮道管を引っ張るので，真空掃除機のホースがリング状の形で支えられているように，その厚い二次細胞壁によって陰圧でつぶれないようになっている．蒸散による張力は，根の木部の水ポテンシャルを下げ，土壌から水が根の皮層を通って維管束に受動的に入ってくるようにしている．

蒸散による張力は，木部内の水柱がつながっているとき初めて根まで及ぶ．水蒸気による気泡形成であるキャビテーション（塞栓）が起こると，この水のつながりが切断される．乾燥ストレスや冬季に道管液が凍結すると，気泡形成は仮道管より径の大きな道管で起こりやすい．気泡化で生じた泡は，成長すると木部の水の流路を止めてしまう．気泡が急速に拡大するとき，音を出すので，茎の表面に高い感度のマイクを置くと，その音を聞き取ることができる．

気泡形成によって道管液の輸送が阻害されても，永続的というのではない．水分子の鎖が隣り合う道管要素や仮道管の間の小孔を通って，気泡を迂回できる（図 35.10 参照）．さらに，小型の植物では根圧によって気泡でふさがれた道管要素を水で満たすことができる．最近の研究によれば，しくみはまだ明らかではな

▼図 36.12　**道管液の上昇．** 水分子間の水素結合が葉から土壌までのつながった水分子の鎖をつくり出す．道管液の上昇を引き起こす力は，水ポテンシャル（ψ）の勾配である．長距離の体積流では，ψ の勾配はおもに圧ポテンシャル（ψ_P）の勾配によっている．根端細胞において，蒸散の結果，道管液の上端の ψ_P は根の先端の ψ_P よりも小さくなる．図の左側に示す ψ_P はある瞬間の例である．これらの ψ_P は日中は変化するかもしれないが，ψ 勾配の方向は同じである．

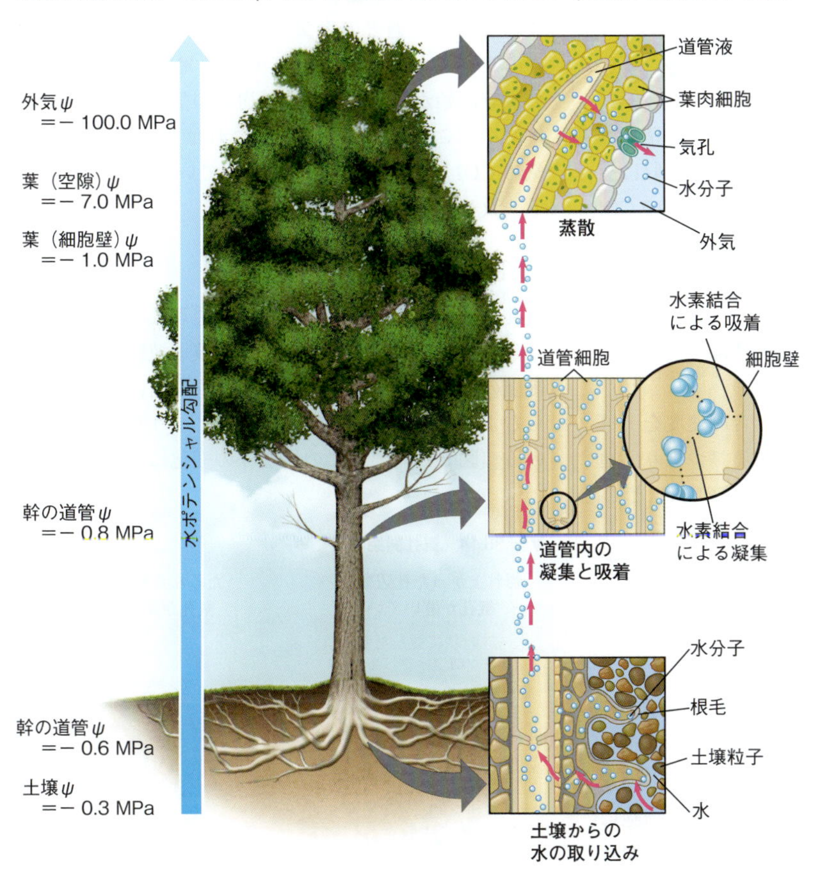

外気ψ
＝－ 100.0 MPa
葉（空隙）ψ
＝－ 7.0 MPa
葉（細胞壁）ψ
＝－ 1.0 MPa
幹の道管ψ
＝－ 0.8 MPa
幹の道管ψ
＝－ 0.6 MPa
土壌ψ
＝－ 0.3 MPa
水ポテンシャル勾配
道管液
葉肉細胞
気孔
水分子
外気
蒸散
水素結合
による吸着
細胞壁
道管細胞
水素結合
による凝集
道管内の
凝集と吸着
水分子
根毛
土壌粒子
水
土壌からの
水の取り込み

物理法則を生物過程に適用できるよい例である．体積流によって根から葉まで水を長距離輸送するとき，木部組織の両端の水ポテンシャルの差によって運ばれる．水ポテンシャルの差は木部の葉側の末端で葉肉細胞から水の蒸発によってつくり出される．蒸発によって空気–水境界の水ポテンシャルを下げ，木部の水を引き上げる負の圧力（張力）を生じる．

木部の体積流は，いくつか重要な点で，拡散と異なる．まず，体積流は圧ポテンシャル（ψ_P）の差によって駆動され，溶質ポテンシャル（ψ_S）は重要ではない．したがって，木部での水ポテンシャルの勾配は，実質は圧力の勾配である．また，この流れは生細胞の細胞膜を通るものではなく，中空の死細胞の中で起こる．さらに，水または溶質のどちらかだけを輸送するのではなく，液全体を一緒に動かすもので，拡散よりはるかに速い．

いが，道管液が陰圧であれば，気泡形成を解消することもできる．また，二次成長によって毎年新しい木部が追加される．最も若い外側の二次木部層だけが水を輸送できる．内側の古い二次木部は水を輸送することはないが，樹木を支える役割をもつ（図 35.22 参照）．

科学者たちは最近，師部から木部に水が移動することで，木の塞栓を避けることができる場合があることを発見した．蛍光色素を水分子の代わりに用いることで，水がシンプラスト経路により，維管束層の柔細胞を通して，木部から師部へ，そして逆方向に相当量を移動することができると科学者たちは結論づけた（図 35.20 参照）．水はその利用がより可能な，夜に木部から師部に移動するようである．その水は，木が必要として木部に戻るまで，師部に一時的に蓄えられる．

体積流による道管液上昇：まとめ

道管液を重力に抗して上に運ぶ凝集–張力機構は，

植物はエネルギーをまったく使わず，道管液を体積流によってもち上げている．その代わりに，太陽光を受けて，葉肉細胞の湿った壁から水が蒸発し，葉内空隙の水ポテンシャルを下げることで蒸散が起きる．こうして，道管液の上昇は，光合成の反応のように，究極的には太陽の力（訳注：太陽の輻射エネルギー）で起こっている．

概念のチェック 36.3

1. 園芸家は，ヒャクニチソウの花を，明け方に切ると，切り株の表面に水滴が貯まるが，昼頃切っても水滴は生じないことに気づいている．理由を説明しなさい．

2. どうなる？➤アクアポリンをもたないシロイヌナズナの変異体は，野生株と比べて 3 倍の質量の根をもつと仮定する．その理由を考えなさい．

3. 関連性を考えよう➤カスパリー線と密着結合はどこが

似ているか（図 6.30 参照）.

（解答例は付録 A）

36.4

蒸散速度は気孔によって調節される

一般的に，葉は表面積が大きく，表面積／体積比も大きい．大きな表面積は光合成のための光の吸収に適している．大きな表面積／体積比は光合成での CO_2 吸収と副産物の O_2 放出に適している．気孔を通した拡散において，CO_2 は海綿状葉肉細胞がつくる入り組んだ空隙に入ってくる（図 35.18 参照）．この細胞の不規則な形のために，葉内空隙の表面積は，葉の外表面の 10〜30 倍もある．

大きな表面積と表面積／体積比は光合成速度を上げるが，気孔を介した水の損失も増大する．つまり，植物が膨大な水を必要とするのは，光合成の CO_2 と O_2 を大量に交換するシュートをつくった結果である．孔辺細胞は気孔を開閉することで，光合成の要求と水を保持することのバランスをとっている（図 36.13）．

気孔は水損失の主要経路

気孔は葉の表面のほんの 1〜2% にすぎないが，植物が失う水の約 95% は気孔を通過している．ロウ物質でできたクチクラが，葉の気孔以外の表面からの水の損失を防いでいる．どの気孔も，1 対の孔辺細胞によって形づくられている．孔辺細胞は細胞の形を変えて，孔辺細胞の間の隙間を広げたり狭めたりすることで，気孔の開度を調節する．同じ環境条件では，葉からの水の損失量は気孔の数と開度に大きく依存する．

葉の気孔密度は，1 cm^2 あたり 2 万個にもなることがあるが，遺伝と環境の両方で決定されている．たとえば，自然選択の進化の結果として，砂漠の植物は湿地の植物と比べて気孔密度を小さくするように遺伝的にプログラムされている．しかし，多くの植物では気孔密度は発生において変化する．葉の発達段階で強光にさらされたり，CO_2 濃度が低かったりすると，多くの植物で密度が増加する．化石の葉の気孔密度を測定することで，過去の大気の CO_2 レベルに関する手がかりが得られる．最近の英国の研究により，1927 年の調査開始から，多くの森林樹木の気孔密度が減り続けていることが見出された．これは 20 世紀後半に大気の CO_2 レベルが劇的に増加しているという知見とも一致している．

▼図 36.13　開いた気孔（左）と閉じた気孔（右）（SEM 像）.

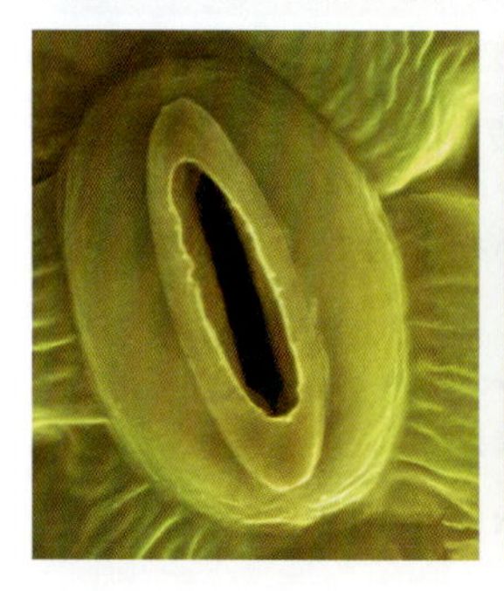

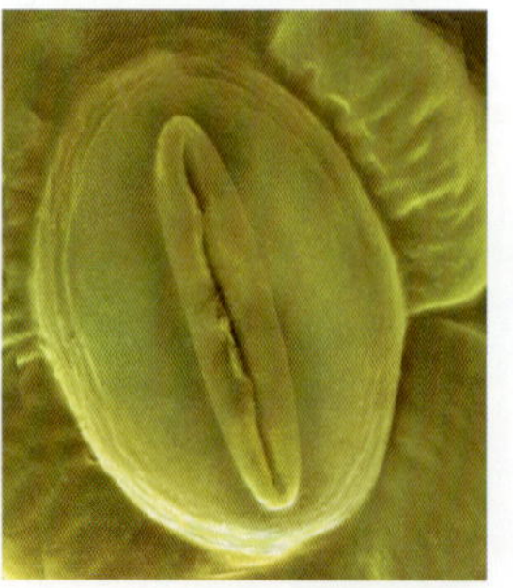

気孔開閉のしくみ

孔辺細胞がまわりの細胞から浸透現象により水を取り込むと，細胞は膨らむ．多くの被子植物では，孔辺細胞の壁は不規則に肥厚しており，外側に弓なりに膨らむようにセルロースのミクロフィブリルが配向している（図 36.14 a）．この弓なりの変化によって，孔辺

▼図 36.14　気孔開閉のしくみ.

膨れ上がった孔辺細胞／気孔が開いている

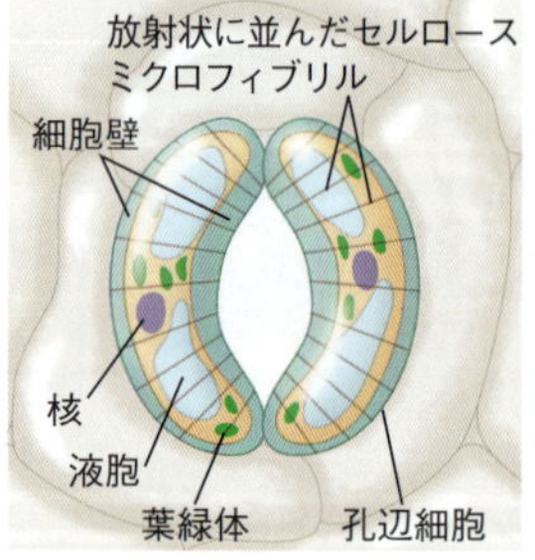
放射状に並んだセルロースミクロフィブリル
細胞壁
核
液胞
葉緑体
孔辺細胞

たるんだ孔辺細胞／気孔が閉じている

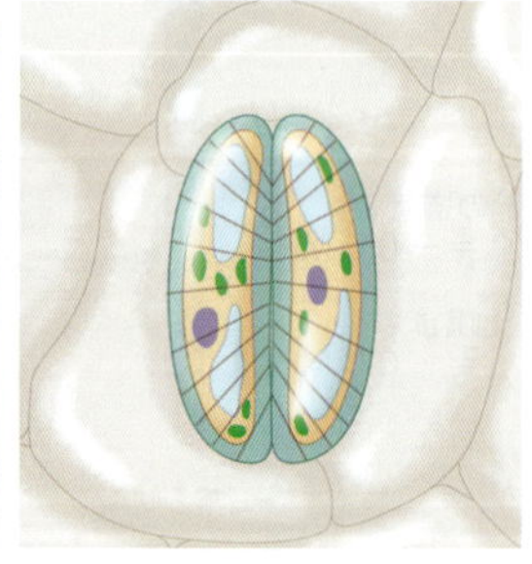

(a) 孔辺細胞の形態変化と気孔の開閉（表面から見た図）．典型的な被子植物の孔辺細胞を，膨れ上がった状態（気孔は開いている）とたるんだ状態（気孔は閉じている）で図示する．細胞壁のセルロースのミクロフィブリルが放射状に並んでいるため，孔辺細胞が膨張するとき，細胞の幅よりも長さが増加する．2 個の孔辺細胞は端で固定されているので，外向きに弓なりに広がり，気孔が開く．

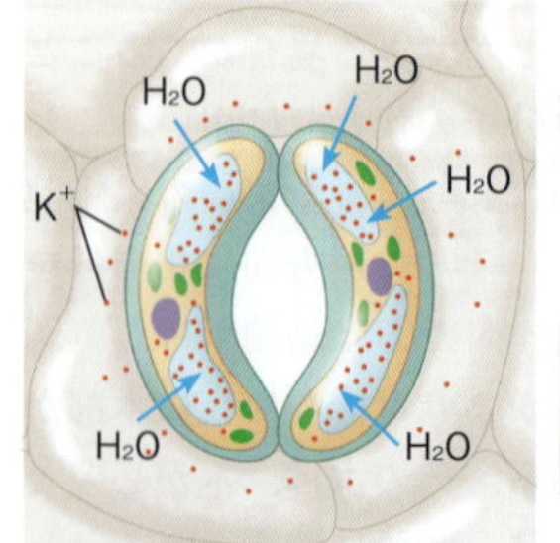
H₂O
H₂O
H₂O
K⁺
H₂O
H₂O

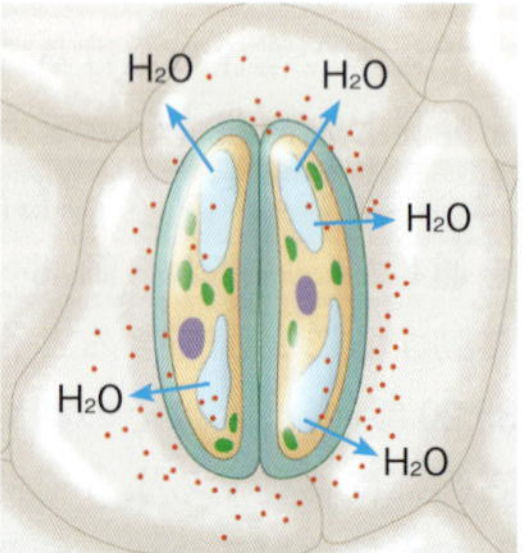
H₂O
H₂O
H₂O
H₂O
H₂O

(b) 気孔の開閉におけるカリウムイオンの役割．K^+（カリウムイオン，赤点で示す）の細胞膜と液胞膜を通した輸送が孔辺細胞の膨圧を変化させる．この図では示さないが，陰イオン（リンゴ酸や塩化物イオン）の取り込みも孔辺細胞の膨張に貢献する．

細胞間の孔が大きくなる．孔辺細胞が水を失いたるんだ状態になると，弓なりでなくなり，気孔は閉じる．

孔辺細胞の膨圧の変化は，K^+の可逆的な取り込みと放出によって直接的に起きる．孔辺細胞が隣の表皮細胞から活発にK^+を蓄えると，気孔は開く（図 36.14 b）．孔辺細胞の細胞膜を横切るK^+の流れは，プロトンポンプによる膜電位の形成と共役している（図 36.6a 参照）．気孔が開くことは，孔辺細胞からH^+の細胞外への能動輸送と相関している．この結果，生じる電圧（膜電位）が，特定の膜のチャネルを介したK^+の細胞への流入を駆動する．K^+の流入は，孔辺細胞の水ポテンシャルをさらに負にする．浸透によって，水が流入すれば細胞はさらに膨れ上がる．K^+や水の多くは液胞に蓄えられるので，液胞膜もまた孔辺細胞の変化を調節する役割をもっている．気孔が閉じるときは，孔辺細胞からK^+が失われ，結果として浸透によって水も失う．アクアポリンは水の浸透を促進することで，孔辺細胞の膨張と収縮の調節を助けている．

気孔開閉の刺激

一般に，気孔は昼間に開き，夜間は閉じる．これは，光合成が働かないときに植物が水を失うことを避けるためである．少なくとも 3 種のシグナル（光，CO_2欠乏，孔辺細胞の内在「時計」）が，夜明けに気孔が開くことに関係している．

光の刺激によって，細胞はK^+を蓄積し膨張する．この応答は孔辺細胞の細胞膜に存在する青色光受容体への光刺激によって引き起こされる．この受容体の活性化によって，細胞膜に存在するプロトンポンプを活性化し，細胞は膨張する．

光合成による葉内空隙のCO_2が欠乏したとき，気孔は開く．昼間はCO_2濃度が減少するので，葉に十分な水が供給されれば，気孔は開き続ける．

孔辺細胞の内在「時計」は，気孔が毎日の開閉のリズムを刻み続けることを確かにする．このリズムは植物を暗所においても働く．すべての真核生物は周期的プロセスを調節する内在時計をもつ．この時計は約 24 時間の周期をもつので，**概日リズム circadian rhythm** といわれる．（39.3 節で詳しく学ぶ）．

乾燥ストレスもまた気孔を閉じる．**アブシシン酸 abscisic acid（ABA）** という植物ホルモンは，水不足に応じて根や葉でつくられ，そのシグナルを孔辺細胞に伝え，気孔を閉じさせる．この応答は萎れを軽減するが，CO_2吸収を制限して光合成を抑制する．ABA はまた，直接光合成を阻害する．利用できる水の量は植物の生産性と密接に関係する．それは，水が光合成の基質として必要であるからではなく，自由に利用できる水は植物が気孔を開け続け，より多くのCO_2を取り込むことを可能にするからである．孔辺細胞は内外のさまざまな刺激を統合して，刻一刻と光合成と蒸散のバランスを調節している．雲の通過や林内にときどきさし込む太陽光も蒸散速度に影響する．

萎れと葉温に対する蒸散の効果

気孔が開いている限り，晴れて暖かく乾燥して風が強い日には，蒸散は最大になる．なぜなら，これらの環境因子は，水の蒸発を促進するためである．もし，蒸散が十分な量の水を葉まで引き上げられなければ，細胞は膨圧を失い，シュートは少し萎れてしまう．このような軽度の水不足に応答して，植物はすばやく気孔を閉じるが，それでも少量の水はクチクラから失われる．このような水不足がさらに続くと，葉はひどく萎れて，不可逆的に傷害を受ける．

蒸散はまた気化冷却を起こすので，葉温をまわりの空気よりも最大 10℃くらい下げることができる．この冷却のおかげで，葉温が上昇して光合成などの代謝プロセスにかかわる酵素が変性することを防いでくれる．

蒸発による水の損失を減らす適応

植物の生産性において，利用できる水の量は重要な決定要因となる．水は光合成の基質としても必要であるが，自由に利用できる水は植物が気孔を開け続け，より多くのCO_2を取り込むことを可能にする．水の損失を減らす問題は，特に砂漠の植物にとって急務である．乾燥環境に適応した植物は，**乾生植物 xerophyte**（「乾燥」を意味するギリシャ語 *xero* に由来）という．

砂漠の植物には，短い雨期にその短い生活環を完結することで，乾燥を避けるものが多い．砂漠でも雨はまれに降るが，降れば植生は大きく変化する．つまり，一年草の休眠種子はすばやく発芽・開花し，もとの乾燥状態に戻る前に種子をつくる．

他の乾生植物は，厳しい砂漠環境に耐えられるように特殊な生理的もしくは形態的適応を遂げている．多くの乾生植物の茎は，長い乾燥期間に使用する水を蓄えるため，多肉である．サボテンは，水の損失に対抗するために葉を大きく退化させ，おもに茎で光合成を行う．乾燥した生育環境への別の適応は，ベンケイソウ型有機酸代謝（crassulacean acid metabolism：CAM）という特殊な光合成で，これはベンケイソウ科や他のいくつかの科の多肉植物に見られる（図 10.21 参照）．CAM 植物の葉は，夜間にCO_2を取り込むので，水損

▼図 36.15　乾生植物の適応例.

▶オコティロ *Fouquieria splendens* という植物は米国南西部やメキシコ北部に分布する．これは年間のほとんどは葉がなく，余分な水の損失を避けている（右）．激しい降雨の直後に小さな葉をつける（下と挿入写真）．やがて土が乾燥すると，この葉はすぐにしなびて枯死する．

▼挿入写真で示すキョウチクトウの1種 *Nerium oleander* は，乾燥気候に適応している．その葉は厚いクチクラと多層の表皮をもち，水の損失を減らしている．気孔は葉の裏側のくぼみにあり，熱く乾燥した風から気孔を守り，蒸散速度を下げている．くぼみに生えているトリコームという毛は，空気の流れを止め，外気よりくぼみの空間の湿度を高く保つ（LM 像）．

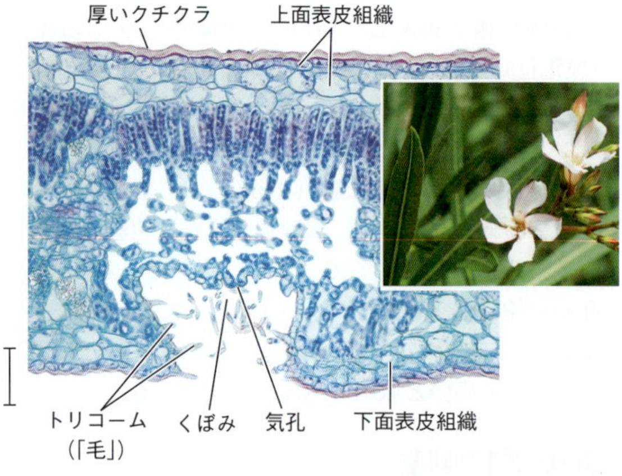
厚いクチクラ
上面表皮組織
100 μm
トリコーム
（「毛」）
くぼみ
気孔
下面表皮組織

▶これはオキナマルサボテン *Cephalocereus senilis*（ケファロケレウスともいう）というメキシコの砂漠植物を拡大したものである．長くて白い毛は太陽光を反射する．

失のストレスが強い日中の間は気孔を閉じておくことができる．乾生植物の適応の他の例は図 36.15 で議論されている．

概念のチェック 36.4

1. 気孔の開閉を調節する刺激は何か.
2. 病原性カビ *Fusicoccum amygdali* はフシコクシンという毒素を分泌する．この物質は植物細胞の細胞膜のプロトンポンプを活性化し，無制限の水の損失を引き起こす．プロトンポンプの活性化がひどい萎れにつながるしくみを推測しなさい.
3. どうなる？➤あなたが切り花を買うとき，茎を水の中で切り，その端がまだぬれている間に花びんに移すように花屋は助言したとする．それはなぜか.
4. 関連性を考えよう➤葉から水が蒸発するとき葉温が低下する理由を説明しなさい（3.2 節参照）.

（解答例は付録 A）

36.5

糖類は師部を経由してソースからシンクへ運ばれる

木部を介した土壌から根，そして葉への水や無機塩類の一方向の流れは，ほとんどが上方向である．対照的に，光合成産物の移動は，成熟葉から根端のようなエネルギーと成長のために多くの糖を必要とする植物の下部組織へと，しばしば逆の方向に流れる．光合成産物の輸送は**転流 translocation** といい，木部ではなく別の組織である師部によって行われる．

糖ソースから糖シンクへの移動

師管要素は被子植物における特化した細胞であり，転流のための管として働く．末端同士がつながることで，長い師管が形成される（図 35.10 参照）．これらの細胞の境は師板であり，師管を流れる液を通すことのできる構造をしている．**師管液 phloem sap** は師部を流れる水溶液で，道管要素や仮道管を流れる道管液とは非常に異なる．師管液で圧倒的に多い溶質は糖，多くの場合はスクロースである．スクロース濃度は重量で 30% にもなり，シロップのように濃厚になることもある．師管液はまた，アミノ酸やホルモン，無機塩類なども含むことがある．

道管液が根から葉への一方向の輸送であることと対照的に，師管液は糖を生産する部位から消費もしくは貯蔵する部位へ流れる（図 36.2 参照）．**糖ソース sugar source** は糖を光合成やデンプンの分解によって正味の生産をする植物の器官を表す．対照的に，**糖シンク sugar sink** は正味で糖を消費もしくは貯蔵する器官を表す．成長中の根や芽，茎，果実などは糖シンクである．展開中の葉も糖シンクであるが，成熟した葉は，光が十分得られれば，糖ソースとなる．塊茎（かいけい）や鱗茎（りんけい）など貯蔵器官は季節によって，ソースにもシンクにもなる．夏に炭水化物を貯め込んでいるときは糖シンクとなる．春に休眠から目覚めた後は，貯蔵器官のデンプンは糖に分解され，成長するシュート先端に送られるので，その貯蔵器官は糖ソースとなる．

シンクは通常，最も近い糖ソースから糖を受け取る．枝の先端に近い葉は，そのシュートの先端の成長しているところへ糖を送るが，基部の葉は根へ糖を送る．成長中の果実はまわりの糖ソースをすべて独占する．各師管がつなぐ糖ソースと糖シンクの位置に応じて，師管内の輸送方向は決まる．そのため，近くにあっても，異なる部位につながる師管は，異なる方向へ液を運ぶことがある．

糖は，糖シンクへ送られる前に，師管要素に輸送される必要があり，この輸送を師管への積み込み（ローディング）ともいう．ある種の植物では，葉肉細胞の糖は原形質連絡を通ってシンプラスト経由で師管要素に積み込まれる．また，糖がシンプラストとアポプラストの両方の経路で移動する植物もある．たとえば，トウモロコシの葉では，糖は光合成する葉肉細胞からシンプラストを通って拡散し，小葉脈へ移動する．その後，多くはアポプラストに移り，直接もしくは図 36.16 a に示すように，伴細胞を介して間接的に近くの師管要素に積み込まれる．植物によっては，伴細胞の細胞壁は内側に陥入して表面積を増やし，アポプラストとシンプラストの間の溶質輸送を促進している．

多くの植物では，師管要素や伴細胞のスクロース濃度は葉肉細胞より高いので，師部へのスクロースの移動には能動輸送が必要である．プロトンポンプと H^+/スクロース共輸送によって，スクロースは葉肉細胞から師管要素や伴細胞へ移動できる（図 36.16 b）．

スクロースは師管のシンク側で取り出される（訳注：アンローディング，積み下ろしともいう）．このしくみは，植物や器官によって多様である．しかし，シンク側の遊離の糖の濃度は，いつも師管より低い．これは，シンク細胞の成長や代謝によって消費されたり，デンプンなどの不溶性物質に変換されたりするためである．このような糖の濃度勾配の結果として，糖

▼図 36.16　スクロースの師部への積み込み．

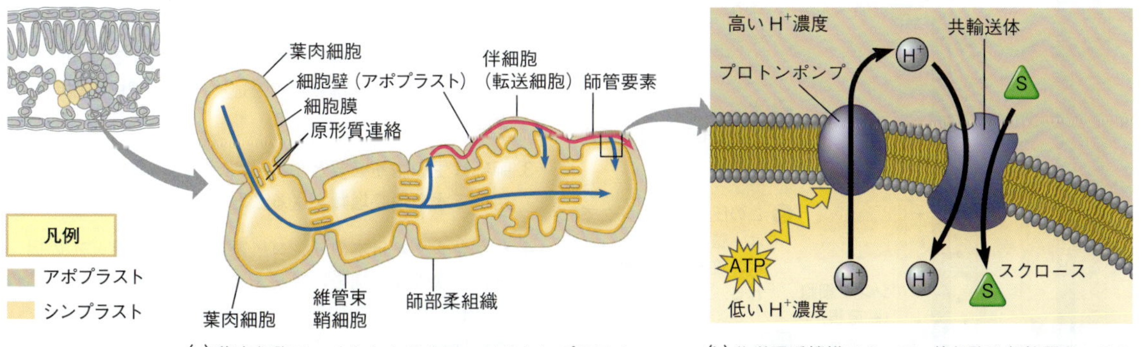
葉肉細胞
細胞壁（アポプラスト）
細胞膜
原形質連絡
伴細胞
（転送細胞）
師管要素
凡例
アポプラスト
シンプラスト
葉肉細胞
維管束
鞘細胞
師部柔組織
高い H⁺濃度
共輸送体
プロトンポンプ
H⁺
S
ATP
H⁺
H⁺
スクロース
S
低い H⁺濃度

(a) 葉肉細胞でつくられたスクロースはシンプラスト（青い矢印）を通って，師管要素まで運ばれていく．ある種の植物では，スクロースは師管近くでシンプラストから外へ出て，アポプラスト（赤い矢印）を運ばれ，師管要素や伴細胞に能動的に取り込まれる．

(b) 化学浸透機構によって，伴細胞や師管要素へのスクロースの能動輸送が起こる．プロトンポンプは H^+ 勾配をつくり，これがスクロースと H^+ の共輸送体を駆動してスクロースが取り込まれる．

分子は師部からシンクの組織に拡散で移動し，浸透による水の移動が引き続いて起きる．

陽圧による体積流（圧流説）：被子植物の転流のしくみ

師管液がソースからシンクまで流れる流速は1 m/時程度で，拡散や原形質流動よりはるかに速い．研究者たちは，陽圧によって駆動される体積流により被子植物の師管液が移動すると結論づけた（図 36.17）．この陽圧は「圧流」とよばれている．ソース部位における圧力発生とシンク部位における圧力の低下が，師管液をソースからシンクへ運ぶのである．

圧流説は，師管液のソースからシンクへの移動のしくみを説明しており，被子植物の転流のしくみとして圧流説を強く支持する実験がある（図 36.18）．しかし，電子顕微鏡による研究では，裸子植物の師管細胞をつなぐ師板の孔は小さすぎて，圧流は現実的でないという．

シンクのエネルギー要求性や糖の積み下ろし量は変化する．ソースが供給するよりも多くのシンクがあると，植物は花や種子，果実の生産を止めることがあり，これを「自己間引き」という．シンクを除くことは，園芸学でも有用な手法である．たとえば，大きなリンゴは小さなものよりはるかに高い価格で取引される．生産農家は，花や若い果実を一部除去することで，数は少なくてももっと大きなリンゴを生産できるようにしている．

▼図 36.17 師管における陽圧による体積流（圧流説）．

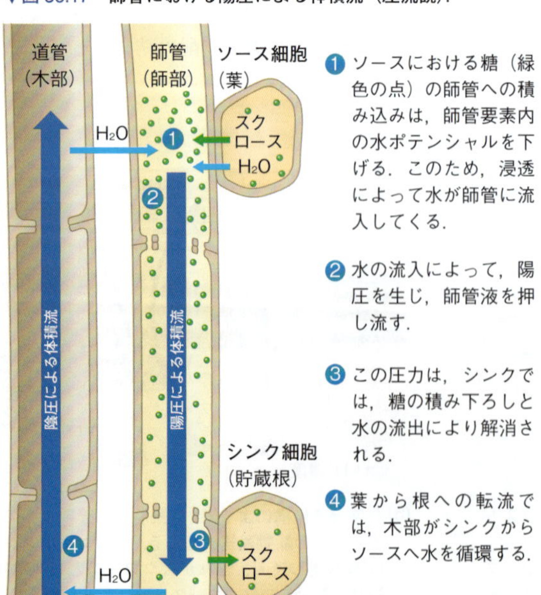

道管
(木部)
師管
(師部)
ソース細胞
(葉)
スクロース
H_2O
H_2O
陽圧による体積流
陽圧による体積流
シンク細胞
(貯蔵根)
スクロース
H_2O

❶ ソースにおける糖（緑色の点）の師管への積み込みは，師管要素内の水ポテンシャルを下げる．このため，浸透によって水が師管に流入してくる．

❷ 水の流入によって，陽圧を生じ，師管液を押し流す．

❸ この圧力は，シンクでは，糖の積み下ろしと水の流出により解消される．

❹ 葉から根への転流では，木部がシンクからソースへ水を循環する．

▼図 36.18

研究 ソース付近の師管液はシンク付近より糖濃度が高いか

実験 圧流説に基づくと，ソースの近くの師管液の糖濃度は，シンク近くより高いことが期待される．この予測を確認するために，師管液をおもな餌とするアブラムシを使って研究された．アブラムシは，師管まで貫通する注射器の針のような口針をもつ．師管内の圧力によって，師管液は口針に流れ込んでくる．この口針を途中で切断すると，口針は水道の蛇口のように何時間も液を流し続ける．研究者は，ソースとシンクの間のさまざまなところから師管液を回収して，糖濃度を測定した．

師管液
の滴

アブラムシの食事

25 μm
師管
要素
口針

師管要素に挿入された口針

師管液の滴

師管液をしみ出す切断された口針

結果 糖ソースに近ければ近いほど糖濃度は高かった．

結論 この実験の結果は，師管の糖濃度が糖ソースに近いほど高いことを予測する圧流説を支持している．

データの出典 S. Rogers and A. J. Peel, Some evidence for the existence of turgor pressure in the sieve tubes of willow (*Salix*), *Planta* 126:259-267 (1975).

どうなる？➤アワフキは道管液を餌とし，強い筋肉を用いて道管液を消化管まで吸い上げる．この虫の口針を切り取って，道管液を回収することができるだろうか．

概念のチェック 36.5

1. 長距離輸送において，道管液と師管液を移動させる力を比較して述べなさい．
2. 糖ソースとなる植物の器官，糖シンクとなる器官，またどちらにもなり得る器官を述べ，その理由を説明しなさい．
3. 師部は生細胞を必要とするのに，なぜ木部は死細胞を用いて水や栄養塩類を送ることができるのか．
4. **どうなる？**➤日本のリンゴ農家は，ときどき，木の樹皮に，次の成長期後には消える程度のらせん形の切り込みを入れる．この操作は，リンゴを甘くするという．その理由を説明しなさい．

（解答例は付録 A）

36.6

シンプラストはダイナミックである

これまで植物の輸送を，あたかも配管に液を流すときのように物理学用語で議論してきたが，実際の植物の輸送は発達の過程で変化する，ダイナミックで細かく調整されたプロセスである．たとえば，葉ははじめは糖シンクであるが，その後はほとんど糖ソースとして働く．また，環境変化も植物の輸送プロセスを大きく変えることがある．水ストレスは水や栄養塩類の輸送にかかわる膜輸送体を大きく変えるシグナル伝達を活性化することがある．シンプラストは生きている組織なので，植物の輸送過程の動的な変化に大きくかかわっている．原形質連絡，化学シグナル，電気シグナルの変化といった，他の例についても見てみよう．

原形質連絡の数と孔の大きさの変化

電子顕微鏡像によってもたらされる静的な画像から，生物学者はこれまで原形質連絡を変化しない孔構造と考えてきた．しかし，最近の研究から，原形質連絡は非常にダイナミックであることが明らかとなった．膨圧やサイトゾルの Ca^{2+} 濃度，pH の変化に応答して，原形質連絡はすばやく開いたり閉じたりする．あるものは細胞質分裂のとき形成されるが，もっと後につくられることもある．また，分化に伴って原形質連絡が機能を失われることもふつうである．たとえば，葉は成熟するとシンクからソースに変わり，原形質連絡は閉じるか消失し，師管からの積み下ろしが止まる．

植物生理学者や病理学者の初期の研究では，原形質連絡の孔径について結論が違っていた．生理学者は，異なる分子サイズの蛍光物質を細胞に注入して，この物質が隣の細胞へ移動するかどうかを調べた．この研究に基づいて，孔径は約 2.5 nm，つまりタンパク質のような巨大分子が通過するには小さすぎると結論づけた．一方，病理学者は直径 10 nm 以上もあるウイルス粒子が通過している電子顕微鏡像を得ていた（図 36.19）．

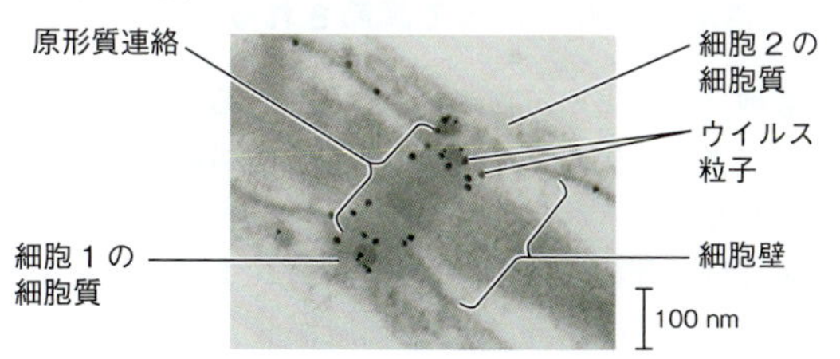
原形質連絡
細胞２の
細胞質
ウイルス
粒子
細胞１の
細胞質
細胞壁
100 nm

▼図 36.19 葉の細胞間の原形質連絡を通して移動するウイルス粒子（TEM 像）．

その後，植物ウイルスが原形質連絡を広げ，ウイルス RNA が細胞間を移動できるようにする「ウイルス移行タンパク質」をつくることが明らかになった．さらに最近の結果によれば，植物細胞自身も原形質連絡を情報交換ネットワークの一部として調節している．ウイルスはこのような本来の原形質連絡の調節因子をまねることでこのネットワークを破壊している．

高頻度のサイトゾルの相互連絡は「シンプラストドメイン」というある種の細胞と組織だけで発達している．タンパク質や RNA などの情報分子は，シンプラストドメインに属する細胞の発生を同期させる．もしシンプラストを介した情報交換が破壊されると，発生は大きく変わってしまうだろう．

師部：情報の超高速道路

糖を輸送するだけでなく，師部は高分子やウイルスの輸送の「超高速道路」でもある．この輸送は全身に及び，多くのあるいはほとんどの植物器官やシュート，根にも影響を与える．師部を通って輸送される巨大分子はタンパク質やさまざまな RNA で，原形質連絡を通過して師管に入ってくる．原形質連絡は，動物細胞間をつなぐギャップ結合にしばしばたとえられるが，タンパク質や RNA を輸送できるところが独特である．

師部を介した全身の情報交換は，植物体全体の機能統合に貢献している．その古典的な例として，花芽形成のシグナルが，葉から栄養成長している分裂組織に送られることがよく知られている．他にも，局所的な感染の応答として，師管を通ったシグナルが，まだ感染していない組織で防御遺伝子を活性化する．

師部における電気的なシグナル伝達

師部を通ったすばやい長距離の電気信号も，シンプラストの動的な特徴である．電気信号は，オジギソウ *Mimosa pudica* やハエトリソウ *Dionaea muscipula* などすばやい葉の運動をする植物で，詳しく調べられている．しかし，他の植物では，このようなシグナル伝達の役割はそれほどわかっていない．これまでの研究によれば，植物体のある部位の刺激が，師部を通して電気信号を他の部位へ伝え，遺伝子発現や呼吸，光合成，師部の積み下ろし，ホルモン量などの変化を引き起こす．こうして，師管は遠く離れた器官の間のすばやい電気的な情報通信を可能にする神経のような役割を果たす．

このような物質輸送と情報伝達の協調は植物の生存において中心的な役割を果たしている．植物は生活環においてじつにさまざまな栄養物質を獲得する．究極的には，栄養源の十分な獲得と適切な分配は，植物間の競争において成功するかどうかを決める最も重要な因子である．

概念のチェック 36.6

1. 原形質連絡はギャップ結合とどのように違うか．
2. 動物の神経シグナルは，植物の類似のシグナル伝達と比べて，何千倍も速い．この違いの理由を，行動学的に説明しなさい．
3. どうなる？➤遺伝子工学によって，ウイルスの移行タンパク質に応答しないように植物を改変できたとする．これは感染の伝播を抑制できるか．

（解答例は付録A）

36 章のまとめ

重要概念のまとめ

36.1

維管束植物の進化において，栄養源獲得のための適応が鍵である

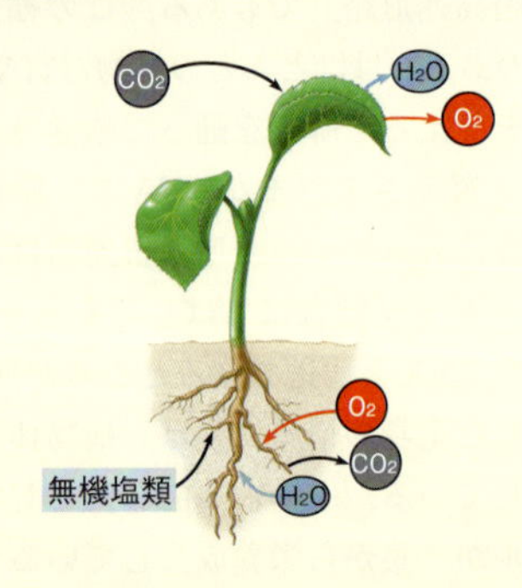

CO_2
H_2O
O_2
O_2
CO_2
無機塩類
H_2O

- 一般に，葉は太陽光と CO_2 を集める役割をもつ．茎は葉の支持組織として，また水や栄養物の長距離の輸送路としての役割をもつ．根は土壌から水や無機塩類を取り出し，植物体全体を固定する．
- 自然選択によって，植物が本来生息する生態的ニッチに適した資源獲得のために，植物の構造は進化している．

? 維管束植物の陸上での繁殖成功に，木部と師部の進化はどのように役立っているか．

36.2

短距離または長距離の物質輸送は異なる機構で行われる

- 細胞膜の選択的透過性は，細胞の物質の出入りを制御する．植物では能動輸送と受動輸送の両方が存在する．
- 植物組織は**アポプラスト**（細胞膜の外側すべて）と**シンプラスト**（サイトゾルと原形質連絡）の2つの主要な区画に分けられる．
- 水の移動方向は，溶質濃度と物理的圧力を合わせた**水ポテンシャル**によって決まる．**浸透**による細胞への水の流入により，植物細胞に膨圧が生まれ，**膨らんで張り切った**状態となる．
- 長距離輸送は，圧力勾配に依存した液体の移動である**体積流**を介して起きる．体積流は，木部では仮道管や道管要素で起き，師部では師管要素で起きる．

? 通常，植物体内で，道管液は押されているのか，引っ張られているのか．

36.3

蒸散は木部を経由して根からシュートへの水と無機塩類の輸送を駆動する

- 水や無機塩類は，根の表皮を通して土壌から植物体に入り，根の皮層を通過し，**内皮**の選択的透過性をもった細胞を介して維管束に輸送される．維管束から，**道管液**は体積流として長距離を運ばれ，すべての葉の葉脈のすみずみまで行きわたる．
- **凝集-張力仮説**は，道管液の移動が，木部の葉側で生じる水の蒸発による水ポテンシャルの差によると説明している．蒸発により空気-水境界の水ポテンシャルが低下し，これによって生じる負の圧力は木部の水を引き上げる．

? 水分子の水素結合は，道管液の移動になぜ重要か．

36.4

蒸散速度は気孔によって調節される

- **蒸散**は水蒸気の植物からの損失である．**萎**（しお）**れ**は，蒸散によって失われた水が，根からの吸収によって補われないとき起きる．
- 気孔は，植物が水を失う主要経路である．孔辺細胞は気孔を開閉する．孔辺細胞が K^+ を取り込むと，気孔は開く．気孔の開閉は，光，CO_2，乾燥ストレスホルモンの**アブシシン酸**，**概日リズム**によって支配されている．

- **乾生植物**は乾燥環境に適応した植物である．葉の退化や CAM 型光合成は乾燥環境への適応の一例である．

? 気孔はなぜ必要か．

36.5
糖類は師部を経由してソースからシンクへ運ばれる

- 成熟した葉はおもな**糖ソース**であり，貯蔵組織も季節によってソースとなる．根や茎，果実などの成長している器官はおもな**糖シンク**である．
- 師部への積み込みは，スクロースの能動輸送に依存する．スクロースは，プロトンポンプによってつくられた勾配に従って流れる H^+ と，共輸送される．ソースでの糖の積み込みと，シンクでの糖の積み下ろしは，**師管液**を流す圧力差を維持する．

? 師部の輸送はなぜ能動輸送と考えられるか．

36.6
シンプラストはダイナミックである

- 原形質連絡の透過性や数は変動する．原形質連絡が広げられると，タンパク質や RNA などの高分子の長距離の輸送経路となる．師部は，神経のような電気信号を伝達し，個体の機能の統合を助ける．

? シンプラストの情報交換は，どのようなしくみで調節されているか．

理解度テスト

レベル 1：知識／理解

1. 根による水や無機塩類の取り込みを促進する適応は，次のうちどれか．
(A) 菌根
(B) 原形質連絡のポンプ
(C) 道管要素による能動的取り込み
(D) 皮層細胞の周期的収縮

2. シンプラストに属する構造や区画は，次のうちどれか．
(A) 道管要素の内部　(C) 葉肉細胞の細胞壁
(B) 師管の内部　(D) 細胞外の空間

3. 師管液のソースからシンクへの移動は，
(A) 師管要素のアポプラストを介して起きる．
(B) 究極的にはプロトンポンプの働きに依存する．
(C) 張力あるいは負の圧力ポテンシャルに依存する．
(D) おもに拡散によって起きる．

レベル 2：応用／解析

4. 葉が萎れると光合成は停止する．そのおもな理由は，次のうちどれか．
(A) 萎れた葉のクロロフィルが分解するため
(B) 葉に CO_2 が蓄積すると酵素が阻害されるため
(C) 気孔が閉じ，CO_2 が葉に入ってこないため
(D) 光合成の光による水分解は，水が不足すると起きないため

5. 植物細胞の水吸収を促進するものは次のうちどれか．
(A) 外液の ψ の低下　(C) 細胞の溶質の減少
(B) 外液の正の圧力　(D) 細胞質の ψ の増加

6. $\psi_S = -0.65$ MPa の植物細胞が，$\psi_S = -0.30$ MPa の開放溶液に浸して，体積は変化しなかった．細胞の水ポテンシャルとして，正しいものは次のうちどれか．
(A) $\psi_P = +0.65$ MPa　(C) $\psi_P = +0.35$ MPa
(B) $\psi = -0.65$ MPa　(D) $\psi_P = 0$ MPa

7. 細胞膜にアクアポリンタンパク質がほとんどない細胞と比べて，多数のアクアポリンタンパク質をもつ細胞は，
(A) もっと速い浸透を示す．
(B) もっと低い水ポテンシャルをもつ．
(C) もっと高い水ポテンシャルをもつ．
(D) 能動輸送により，水を蓄積する．

8. 蒸散を増加させるのは，次のうちどれか．
(A) とげ状の葉　(C) より厚いクチクラ
(B) 水に浸した気孔　(D) よい高い気孔密度

レベル 3：統合／評価

9. **進化との関連**　ケルプという大型の褐藻は，高さ 25 m まで成長する．ケルプは海底に藻体を固定する付着器，海の表面に浮いて光を集める葉部，両者をつなぐ茎部からなる（図 28.12 参照）．茎部に維管束はないが，特殊な細胞があり，糖を輸送する．なぜ，ケルプに師管要素のような構造があるのか，理由を推測しなさい．

10. **科学的研究・データの解釈**　ミネソタの園芸家は歩道のすぐ近くに接している植物は，遠くにある植物に比べて，発育が悪いことを記録している．歩道近くの土壌が冬に歩道にまかれた塩に汚染してい

るかもしれないことを疑い，園芸家は土壌を調べた．歩道近くの土壌の組成は，50 mM NaCl が余計に含まれていることを除けば，遠くにある土壌とまったく同一であった．NaCl が完全にイオン化していると仮定し，「溶質ポテンシャル式」を用いて，20℃で土壌の溶質ポテンシャルがどれだけ低下するか計算しなさい．

$$\psi_S = -iCRT$$

i はモルあたりのイオン数（ファントホッフ係数）（訳注：原文ではイオン化定数とされているが誤り）（NaCl は 2），C はモル濃度（mol/L），R は気体定数［R＝0.00831(L·MPa)/(mol·K)］，T は絶対温度（ケルビン）（273＋℃）である．

土壌における溶質ポテンシャルのこの変化は，土壌の水ポテンシャルにどのような影響を与えるだろうか．土壌の水ポテンシャルの変化は，根から，あるいは根への水の移動にどのように影響を及ぼすか．

11. **科学的研究**　植物のワタは根のまわりに水がたまると，数時間で萎れる．水がたまると，低酸素状態になり，サイトゾルの Ca^{2+} が上昇し，pH が低下する．水がたまることが萎れにつながるしくみを推測しなさい．

12. **テーマに関する小論文：組織化**　自然選択によって，植物はその生態的ニッチで効率的な光合成をできるように，その構造を変えてきた．シュートの構造がどのように光合成を促進するのか，300〜450 字で記述しなさい．

13. **知識の統合**

あなた自身が森林の土壌溶液の中の水分子であると想像しなさい．あなたをこれらの木の葉まで運ぶには，どのような経路，またどのような力が必要となるか．300〜450 字で記述しなさい．

（一部の解答は付録 A）

土壌と植物の栄養
37

▲図 37.1　この植物は根をもつのか.

重要概念

37.1　土壌には生きている複雑な生態系が含まれる

37.2　植物は生活環を完了するために必須元素が必要である

37.3　植物の栄養吸収にはしばしば他の生物がかかわる

コルク栓抜きの肉食植物

図 37.1 に見られる湿地の草であるゲンリセアの青白い根のような付属物は，細菌，藻類，原生生物，線虫，そしてカイアシ類など，多様な土壌中の小さな動物の捕捉，消化に適応した，高度に変形した地下の葉である．しかし，このような罠の葉はどのように働くのだろうか．細い紙の短冊をねじってストローをつくることを想像してみよう．これがコルク抜きの形をした管状の葉を形づくるしくみの基本である．狭いらせん状のすき間が罠の葉の全長にわたって走っている．そのすき間には，曲がった毛が並んでおり，微生物が葉の管に入ることは許すが，出ることはできない．一度中に入ると，えさは無情にも上方にある消化腺が並んだ小部屋に移動させられ，その運命を閉じる．別の一連の曲がった毛が，被食者が引き返せないようにしており，一方向に移動させるようにしている（左の電子顕微鏡写真参照）．ゲンリセアの肉食性は，沼地で栄養の少ない土壌から得られる貧弱な無機栄養素の量を補うことを可能にする植物のすばらしい適応であり，被食者の消化によって得られる無機栄養素で成長する．

36.1 節で説明したように，植物は大気と土壌の両方から栄養を得る．植物はエネルギー源として太陽光を使用して，光合成のプロセスにより二酸化炭素を糖に還元することにより，有機栄養素を生成する．陸上植物はまた，根系により土壌から水やさまざまな無機栄養素を取り入れる．本章では，植物の栄養について焦点を置き，植物の成長に必要な無機栄養素について学ぶ．土壌の物理的性質と土壌の質を支配する要因について説明した後，特定の無機栄養素がなぜ，植物の機能に不可欠であるかを探究する．植物が進化させてきた栄養吸収におけるいくつかの適応は，他の生物が関係していることが多いが，最後にそのことについて見ていこう．

37.1

土壌には生きている複雑な生態系が含まれる

植物が必要とする水と無機栄養素のほぼすべてを吸収する土壌の上部層には，広範囲の生物が含まれており，それらは互いに，そして物理的環境と相互作用している．この複雑な生態系は，形成には何世紀もかかるが，人間の不始末によりわずか数年で破壊され得る．なぜ土壌を保全しなければならないか，なぜ特定の植物がそこで成長するかを理解するには，まず土壌の基本的な物理的性質，すなわち土性と組成を考慮する必要がある．

土性（どせい）

土性は，その粒子サイズによって異なる．土粒子は粗砂（直径 0.02～2 mm），シルト（0.002～0.02 mm）から微細な粘土粒子（0.002 mm 未満）の広範囲にわたる．これらの異なるサイズの粒子は，最終的には岩石の風化から生じる．岩の隙間の水の凍結は機械的な破砕を引き起こし，土壌中の弱い酸が化学的に破壊する．生物が岩を貫通するときに，化学的・機械的手段によって破壊を促進する．たとえば，植物の根は，岩を溶かす酸を分泌し，亀裂の成長は，機械的破砕につながる．風化によってできた鉱物粒子は，生きた生物と，死んだ生物などの有機物の残渣である**腐植土 humus** と混合し，**表土 topsoil** を形成する．表土や他の土壌の層は，**土壌層位 soil horizon** とよばれている（図 37.2）．表土，つまり A 層は，数 mm から数 m の深さの範囲にわたる．表土は，一般的に植物の成長のために最も重要な土層であるため，ここではおもに表土の性質に焦点を当てる．

最も肥沃な，すなわち植物の最も速い成長を支える表土は，ほぼ同じ量の砂，シルト，粘土で構成される**ローム loam** である．ローム土壌は，無機栄養素と水の付着と保持に十分な表面積を提供するのに十分に小さなシルトと粘土粒子をもつ．

土壌粒子間の細孔内の，水と溶存無機物の土壌溶液から，植物は栄養をとる．大雨の後，水は土壌中の大きな空間から排水されるが，水の分子が粘土や他の土壌粒子の負に帯電した表面に引きつけられているので，小さな空間は水を保持する．砂質土壌の，砂粒子間の大きなスペースは，一般的に活発な植物の成長を支えるのに十分な水を保持することはできないが，根への酸素の効率的な拡散を可能にする．粘土質土壌はあまりに多くの水を保持する傾向がある．土壌が十分に排水されない場合は，水が空気に置き換わり，根が酸素不足により窒息する．一般的に，最も肥沃な表土は，半分水，半分空気の細孔をもち，通気，排水，水の保存容量の間の良好なバランスを提供する．土壌の物理的特性は，ピートモス，堆肥，肥料，または砂などの土壌改良物質を加えることによって調整することができる．

▼図 37.2　土壌層位．

A 層は表土で，いろいろな土性をもつ破壊された岩，生物，有機物の腐植からなる混合物である．

B 層は A 層よりも有機物が少なく，風化されることが少ない．

C 層は，おもに部分的に破壊された岩石からなる．ある種の岩は，上部土壌の無機栄養を供給する「母材」としての役割を担っている．

表土の組成

土壌の組成は，非生物（無機）化学成分と有機化学成分を含んでいる．有機成分には土壌に生息する多くの生命体が含まれている．

無機成分

土壌粒子の表面電荷は，多くの栄養素を結合する能力を決定する．ほとんどの土壌粒子は負に帯電しており，そのため負に帯電したイオン（陰イオン）である，硝酸（NO_3^-），リン酸（$H_2PO_4^-$），硫酸（SO_4^{2-}）などの植物の栄養は結合しない．その結果，これらの栄養素は土壌の中を水が浸透することで，「溶脱」して容易に失われる．カリウム（K^+），カルシウム（Ca^{2+}），マグネシウム（Mg^{2+}）などの正に帯電したイオン（陽イオン）は，これらの粒子に付着しているので，溶脱によって容易には失われない．

しかし，根は，直接土壌粒子から無機栄養素の陽イオンを吸収せず，土壌溶液から吸収する．無機栄養素の陽イオンは，土壌粒子の陽イオンが他の陽イオン，特に H^+ に置き換わるプロセスである**陽イオン交換**

▼図 37.3 土壌中での陽イオン交換.

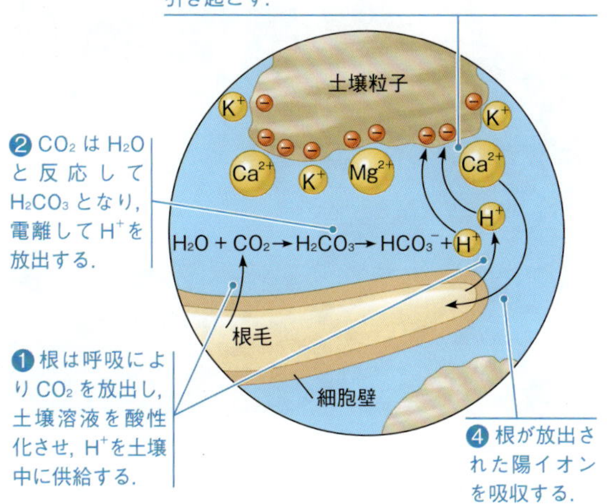
③土壌溶液中の H⁺が土壌粒子の負電荷を中和し，土壌溶液中に無機栄養の陽イオンの放出を引き起こす.
土壌粒子
K^+
K^+
Ca^{2+}
K^+
Mg^{2+}
Ca^{2+}
H^+
②CO_2 は H_2O と反応して H_2CO_3 となり，電離して H^+を放出する.
$H_2O + CO_2 \rightarrow H_2CO_3 \rightarrow HCO_3^- + H^+$
根毛
細胞壁
①根は呼吸により CO_2 を放出し，土壌溶液を酸性化させ，H^+を土壌中に供給する.
④根が放出された陽イオンを吸収する.

図読み取り問題➤陽イオンと陰イオンのどちらが pH 低下によって，溶出されやすいか．説明しなさい．

cation exchange によって土壌溶液に入る（図 37.3）．したがって，陽イオンを交換する土壌の容量は，陽イオン結合部位の数と土壌の pH によって決定される．より高い能力をもつ土壌は，通常，無機栄養素の大きな蓄えをもっている．一般的に，土壌中の粘土質と有機物質が増えると，陽イオン交換能力が高くなる．粘土の量は，その細かな粒子が容量に対する高い表面積比を与え，十分な陽イオンの結合を可能にするため，重要である．

有 機 成 分

表土の主要な有機成分は，死んだ生物，糞（ふん），落ち葉などの有機物が細菌や菌類によって分解されて生成した有機物で構成された腐植土である．腐植土は，粘土粒子が塊になるのを防ぎ，水を保持するが，それでも根を通気するのに十分，多孔質である．腐植土はまた陽イオンを交換する土壌の容量を増加させ，微生物が有機物を分解して土壌に徐々に戻す無機栄養素の保存庫としても機能する．

表土は，驚異的な数と種類の生物のすみかである．小さじ 1 杯の表土は，菌類，藻類などの原生生物，昆虫，ミミズ，線虫，植物の根と同居する約 50 億の細菌が含まれる．これらすべての生物の活動が，土壌の物理的および化学的特性に影響を与える．たとえば，ミミズは有機物を消費し，またこの有機物をもとに成長する細菌や菌類から栄養を取り出す．ミミズは老廃物を排出することにより，土壌表面に物質を多量に移動する．さらに，土壌の深い層に有機物を移動させる．実際には，ミミズは土壌粒子を混ぜ合わせて塊をつくり，よりよい空気拡散を促進させ水の保持を可能にする．植物の根は，土壌の土性や組成に影響を与える．たとえば，土壌を結合することにより，浸食を軽減し，分泌する酸によって，土壌 pH をより低くする．

土壌保全と持続可能な農業

古代の農民は，土地の特定区画の収量が年々減少していくことを認識していた．未耕作の場所に移動することにより，時間の経過とともに収量減少が同じパターンで起きることを観察した．結局，彼らは，**施肥 fertilization**，すなわち無機栄養素を土壌に加えることで，土壌を再生利用が可能な資源とし，固定した場所で作物を毎年栽培することを理解した．この定住農業が新しい生活様式を可能にした．人間は永久的な住居をつくり，最初の村を構築し始めた．彼らはまた，収穫の期間中に食べる食品を保存し，余剰食糧により，非農業の職業に就く人がいることを可能にした．結局，施肥やその他の方法による土壌管理により，現代社会への道が準備された．

残念なことに，土壌の管理ミスは人類の歴史を通して再発している問題であり，それは 1930 年代に起こった，米国の大平原の南西部を荒廃させた生態学的かつ人間による災害であるアメリカンダストボウルとよばれる砂嵐に代表される．この地方は，長引く干ばつと数十年にわたる不適切な農業技術に起因する壊滅的な砂嵐によって苦しんだ．農民が来る前の大平原地帯は，定期的な干ばつや豪雨にもかかわらず，土壌を保つ丈夫な草で覆われていた．しかし，1800 年代後半から 1900 年代初頭にかけて，多くの入植者はこの地域に定住し，小麦を植え，家畜を育てた．このような土地利用により，土壌表面は風にさらされ浸食されることになった．数年に及ぶ干ばつにより，事態が悪化した．1930 年代に，膨大な量の肥沃な土壌は「黒い吹雪（砂嵐）」で吹き飛ばされ，数百万ヘクタールの農地を役に立たなくした（図 37.4）．最悪の砂嵐のときは，シカゴでは土壌が雪のように降り，塵の雲はさらに東にわたって大西洋岸に達した．ダストボウル地域の何十万もの人々は，ジョン・スタインベックの不朽の名作『怒りの葡萄』に記述された窮状のように，家や土地を放棄することを余儀なくされた．

土壌の管理ミスは，今日でも大きな問題であり続けている．世界の農地の 30% 以上は，化学的汚染，無機栄養素不足，酸性化，塩分，排水不足などのような悪い土壌条件に起因した生産性の低下を招いている．

▼図 37.4　1930 年代米国のダストボウルの大規模な砂塵嵐.

? どの土壌層位がこれらの砂煙を引き起こしているか.

世界の人口は増え続け，食料の需要は増加し続けている．土壌の質は，作物収量の主要な決定要因であるため，土壌資源を慎重に管理する必要は一段と高まっている．今日，最も肥沃な土地はすでに農業に使われており，農民が開拓すべき未開地は残されていない．したがって，農民が**持続可能な農業 sustainable agriculture**，すなわち保全志向で，環境的に安全な，採算のとれるさまざまな農業手法に取り組むことは不可欠である．持続可能な農業は灌漑や土壌改良剤の慎重な使用や塩分集積化や浸食からの表土の保護，劣化した土地の回復も含まれる．

灌漑（かんがい）

水は，しばしば植物の成長の制限要因であるので，おそらく灌漑より作物収量を増加させる技術はない．しかし，灌漑は，淡水資源の巨大な排水管構造である．全世界的に見ると，すべての淡水使用量の約 75%が農業に使用されている．乾燥地域の多くの河川は灌漑用水への転用により，水流がほとんど失われている．しかし，灌漑用水のおもな源は，川や湖などのような地表水ではなく，「帯水層」とよばれる地下水の蓄積である．世界のある地域では，帯水層からの水の除去率は自然補充量を超えている．その結果，地面のゆっくりとした沈降，あるいは突然の沈没である「地盤沈下」が起きている（図 37.5）．地盤沈下は，水の流れを変え，人類がつくった構造物を壊し，地下の泉の損失に寄与し，洪水のリスクを増大させる．

特に地下水を利用した灌漑はまた，土壌の「塩分集積化」，すなわち，植物栽培にとっては塩分濃度が高すぎるほどの量の塩分の土壌への転化につながる可能性がある．灌漑水に溶解した塩分が水の蒸発により土壌に蓄積され，土壌溶液の水ポテンシャルはより負になる．根から土壌への水ポテンシャル勾配が減少し，水の取り込みが減少する（図 36.12 参照）．

▼図 37.5　突然の地盤沈下．フロリダでは，灌漑用地下水の過度の使用により，陥没が起きた．

農地を氾濫させるような，多くの灌漑方法は，大量の水が蒸発するので無駄である．水を効率的に使用するため，農民は土壌の保水力，作物の水の必要性，適切な灌漑技術を理解する必要がある．一般的な技術の1つは，根域に直接配置したプラスチックチューブから土壌や植物へゆっくりと水を放出する「細流灌漑」である．細流灌漑は，より少ない量の水しか必要とせず，塩害を減少させるので，多くの乾燥農業地域で使用されている．

施　肥

自然の生態系では，無機栄養素は，通常，動物の廃出物や腐植の分解によってリサイクルされる．しかし，農業は自然とは異なる．たとえば，あなたが食べるレタスは，農家の畑から吸収された無機栄養素を含んでいる．あなたが老廃物を排泄すると，これらの無機栄養素は，もとの畑から遠く離れた場所に捨てられる．多くの収穫を介して，農家の畑は，最終的には栄養分が枯渇する．栄養分の枯渇は，世界の土壌劣化の主要な原因である．農家は，土壌へ無機栄養素を添加する施肥により栄養分の枯渇から回復させる必要がある．

今日，先進国のほとんどの農家は，採掘された肥料，またはエネルギー集約的な工業プロセスによって調製された無機栄養素を含む肥料を使用している．これらの肥料は，通常，枯渇した土壌で最も一般的に欠損している栄養素，すなわち窒素（N），リン（P），カリウム（K）に富む．N-P-K 比とよばれる 3 つの数字コードで標識されている肥料を目にしたことがあるだろう．たとえば，「15-10-5」と標識された肥料は，15%の N（アンモニウム，あるいは硝酸として）と，10%の P（リン酸塩として），および 5%の K（カリウム塩として）を含む．

肥料，魚粉，堆肥は，生物起源であり，分解された有機物を含むため，「有機」肥料とよばれている．しかし，植物が有機物を使用する前に，根が吸収できる無機栄養素に分解される必要がある．有機肥料か化学肥料かにかかわらず，植物が吸収する無機栄養素は同じ形である．市販肥料の無機栄養素は，すぐに使用可能であるが，長期間にわたって土壌に保持されない場合がある．しかし一方，有機肥料は徐々に無機栄養素を放出する．根によって吸収されなかった無機栄養素は，多くの場合，雨水や灌漑によって土壌から浸出される．さらに悪いことに，湖への無機栄養素の流出は，酸素不足と魚の個体数を激減させる藻類（アオコ[*1]）の爆発的増加につながる可能性がある．

土壌 pH の調整

土壌の pH は陽イオン交換および無機栄養素の化学形態に影響を及ぼし，無機栄養素の利用可能性に影響を与える重要な因子である．土壌の pH に応じて，特定の無機栄養素が粘土粒子にしっかり結合するか，植物が吸収することができない化学形態になり得る．高い H^+ 濃度は，土壌粒子から正に帯電した無機栄養素を置換させ，吸収して利用できるようになるため，ほとんどの植物は弱酸性土壌を好む．H^+ 濃度の変化により，1つの無機栄養素がより利用可能になる一方，他の無機栄養素があまり利用できないようになる可能性があるため，作物の成長に最適な土壌 pH を調整するには注意が必要である．たとえば，pH 8 では植物はカルシウムを吸収することができるが，鉄を吸収することはほとんどできない．土壌の pH は，作物の無機栄養素要求性に一致させる必要がある．土壌がアルカリ性に偏りすぎる場合は，硫酸塩を加えることにより pH を下げる．あまりにも酸性である土壌は，石灰（炭酸カルシウムまたは水酸化カルシウム）を加えることによって調整することができる．

土壌 pH が 5 以下に低下すると，有毒なアルミニウムイオン（Al^{3+}）がより溶け出して根に吸収され，根の成長発育と植物が必要な栄養素であるカルシウムの取り込み阻害が起きる．いくつかの植物は，Al^{3+} と結合し無害化することができる有機アニオンを分泌することにより，高 Al^{3+} レベルに対処することができる．しかし，土壌の低 pH と Al^{3+} 毒性は，特にしばしば急激な人口増加のために食糧増産の圧力が高い熱帯地域で，深刻な問題を提起し続けている．

＊1（訳注）：緑藻などにより引き起こされる場合をアオコとよぶこともあるが，多くはシアノバクテリアの増殖による．

▼図 37.6　**等高線耕作．** 作物は，上下方向ではなく，等高線状に並んで植えられている．等高線耕作によって，大雨の後，水がゆっくりと流れ去り，表土の浸食はあまり起こらない．

浸食の制御

ダストボウルで最も劇的に起こったように，水や風による浸食で，表土のかなりの量が失われることがある．土壌養分は風や水流によって流されるので，浸食は土壌劣化の主要な原因である．浸食を防ぐため，農民は防風林として樹木の列を植えたり，丘の斜面の作物をテラス状にしたり，等高線パターンで作物を栽培したりする（図 37.6）．アルファルファや小麦などの作物はよい地被を提供し，通常より広い間隔の列で植えられるトウモロコシなどの作物よりも土壌をよりよく保護する．

浸食はまた，**不耕起農業 no-till agriculture** とよばれる耕作技術によって削減することができる．伝統的な耕作では，耕作地全体が耕起あるいは掘り返される．このような方法は，雑草の抑止の助けとなるが，土壌を保持している根のネットワークを破壊して表面流出と浸食につながる．不耕起農業では，特殊な耕起により，種子や肥料のために狭い溝を作成する．この方法により，少ない肥料しか必要とせず，土壌への障害を最小限にして農地に播種することができる．

植物による環境浄化

陸地には，有毒な重金属や有機汚染物質により土壌や地下水が汚染されているため，栽培に不向きな地域がある．伝統的に，汚染土壌の無害化（土壌浄化）では，汚染土壌を除去し，埋立地に保管するなど，非生物学的技術に焦点を当てているが，これらの技術は非常に高価であり，しばしば景観を破壊する．**植物による環境浄化 phytoremediation** は，非破壊的なバイオテクノロジーであり，いくつかの植物がもっている，土壌の汚染物質を吸収して，それを植物体の一部に濃縮する能力を利用することで，安全に廃棄するために容易に除去することができる．たとえば，高山植物のグンバイナズナ *Thlaspi caerulescens* は，多くの植物が許容できるよりも300倍高い濃度の亜鉛をシュートに蓄積することができる．シュートを回収することにより，汚染亜鉛を除去することができる．そのような植物は，製錬所，鉱山，あるいは核実験で汚染された場所を浄化できる見込みがある．植物による環境修復は，汚染された場所を解毒するための原核生物と原生生物の使用も含んだ，生物による環境浄化の1種である(27.6節，55.5節を参照)．

これまで，持続可能な農業のための土壌保全の重要性を議論してきた．無機栄養素は，土壌の肥沃度に大きく貢献するが，どの無機栄養素が最も重要であり，なぜ植物はそれらが必要なのだろうか．これらは，次節で取り上げる．

概念のチェック 37.1

1.「過ぎたるは及ばざるがごとし」ということわざを，植物の水やりや施肥にどのように適用できるか説明しなさい．
2. ある芝刈り機は，刈り取った草を簡単に処分できるように収集する．植物の栄養に関しては，この方法の欠点は何か．
3. どうなる？➤ローム土壌に粘土を加えることは，陽イオンの交換や水を保持する土壌の能力にどのように影響を与えるか．説明しなさい．
4. 関連性を考えよう➤土壌形成に寄与する水の特性の3つの方法に注目しなさい．3.2節を参照しなさい．

(解答例は付録A)

37.2

植物は生活環を完了するために必須元素が必要である

水，空気，土壌栄養物質のすべてが植物の成長に貢献する．植物の含水量は乾燥前後の重量を比較することで測ることができる．典型的には，植物の新鮮重量の80～90%が水である．乾燥した残渣の96%程度は光合成により生成したセルロースやデンプンなどの炭水化物である．したがって，乾燥した植物の残渣において，炭水化物を構成する炭素，酸素，水素は最も量が多い元素である．土壌からの無機物質は，植物の生存には必須であるが，乾燥残渣の4%を占めるにすぎない．

必須元素

植物の無機物には50種類以上の元素が含まれている．植物の化学組成を検討するときには，植物に不可欠な元素と植物にほとんど存在しないものを区別する必要がある．元素は，植物が生活環を完了し，次世代の植物を生産するために必要な場合にのみ，**必須元素 essential element** とみなされる．

どの元素が不可欠であるかを決定するために，研究者は，植物を土壌の代わりに無機栄養素溶液で栽培する**水耕栽培 hydroponic culture** を行う（図37.7)．このような研究は，すべての植物で必要とされる17の必須要素を識別するのに役立っている．水耕栽培は，いくつかの温室作物を小規模に栽培するのにも使用されている．

植物が比較的多量に必要とする9つの必須元素は，**主要栄養素 macronutrients** とよばれている．これらのうち，炭素，酸素，水素，窒素，リン，硫黄の6つは，植物の構造を形成する有機化合物の主要な元素である．他の3つの栄養素は，カリウム，カルシウム，マグネシウムである．すべての無機栄養素のうち，窒

▼図37.7

研究方法 水耕栽培

適用 水耕栽培では，植物は土壌のない無機栄養素溶液中で栽培されている．水耕栽培の用途の1つは，植物の必須元素を識別することである．

技術 植物の根は，通気した組成が既知の無機栄養素溶液に浸かっている．水を通気することにより，根に細胞呼吸のための酸素を提供する（注：フラスコは，通常，藻類の成長を防止するために光を通さないようにする)．鉄などの無機栄養素は，省略されることがある．

対照群：
すべての無機栄養素を含む溶液

実験群：
鉄を含まない溶液

結果 省かれた無機栄養素が不可欠である場合には，発育不良や葉の変色のような無機栄養素欠乏症の症状が発生する．定義により，必須元素のない場合は，植物はその生活環を完了することができない．異なる元素の欠乏は，異なる症状を示し，土壌中の無機栄養素の欠乏を診断する助けとなる．

表 37.1 植物の主要栄養素

元素 （植物がおもに吸収する形態）	全乾物量に対する割合（%）	おもな機能	栄養欠乏時の初期に見られる症状
主要栄養素			
炭素 (CO_2)	45%	植物の有機化合物の中で主要な構成要素	乏しい成長
酸素 (O_2)	45%	植物の有機化合物の中で主要な構成要素	乏しい成長
水素 (H_2O)	6%	植物の有機化合物の中で主要な構成要素	萎れ，乏しい成長
窒素 (NO_3^-，NH_4^+)	1.5%	核酸，タンパク質，クロロフィルなどの構成要素	古い葉の先端のクロローシス（過度に耕作された土壌や有機物質が少ない土壌で通常見られる）
カリウム (K^+)	1.0%	多くの酵素の補因子，水バランスに機能する主たる溶質，気孔の開閉	葉の周辺の乾燥を伴う古い葉の斑紋，弱った茎，根の乏しい発達（酸性や砂性の土壌で通常見られる）
カルシウム (Ca^{2+})	0.5%	中層や細胞壁の重要な構成要素，膜機能の維持，シグナル伝達	若い葉のしわ，頂芽の死（酸性や砂性の土壌で通常見られる）
マグネシウム (Mg^{2+})	0.2%	クロロフィルの構成要素，多くの酵素の補因子	古い葉で見られる葉脈の間のクロローシス（酸性や砂性の土壌で通常見られる）
リン酸 ($H_2PO_4^-$，HPO_4^{2-})	0.2%	核酸，リン脂質，ATP の構成要素	健康に見えるが非常に遅い発達，細い茎，紫色の葉脈，乏しい開花や果実形成（酸性，湿った，あるいは冷たい土壌で通常見られる）
硫黄 (SO_4^{2-})	0.1%	タンパク質の構成要素	若い葉での一般的なクロローシス（酸性や砂性の土壌で通常見られる）

関連性を考えよう➤なぜ O_2 よりむしろ CO_2 のほうが植物の酸素の乾物量で多くの資源となっているのか説明しなさい．10.1 節を参照しなさい．

素はほとんどの植物の成長と収穫量に貢献する．植物は，窒素をタンパク質，核酸，クロロフィルおよび他の重要な有機分子の構成要素として必要とする．表 37.1 は主要栄養素の役割をまとめたものである．

残りの 8 つの不可欠な元素は，植物がごく少量のみを必要とするので，**微量栄養素 micronutrients** として知られている．微量栄養素は，塩素，鉄，マンガン，ホウ素，亜鉛，銅，ニッケル，モリブデンである．ナトリウムは，C_4 と CAM 経路の光合成（10.4 節参照）において CO_2 受容体であるホスホエノールピルビン酸を再生成するのにナトリウムイオンが必要であることから，9 番目の微量栄養素とみなされる．

微量栄養素は，おもに酵素反応の非タンパク質補助因子（8.4 節参照）として，植物で機能する．たとえば，鉄は，葉緑体とミトコンドリアの電子伝達系のタンパク質であるシトクロムの金属成分である．微量栄養素は，一般的に触媒の役割を果たすため，植物はごく少量のみを必要とする．たとえば，モリブデンの必要量は，乾燥した植物物質中の水素 60 万原子について 1 つという，ごく微量な元素である．それでも，モリブデンなどの微量栄養素の欠乏により，植物が弱ったり，死んだりする．

無機栄養素欠乏症の症状

無機栄養素が欠乏したときの症状は，部分的には無機栄養素としての機能に依存する．たとえば，クロロフィルの成分であるマグネシウムの欠乏により，葉が黄変する「クロローシス」が発生する．いくつかの例では，無機栄養素欠乏とその症状との関係はそれほど直接的ではない．たとえば，鉄はクロロフィル合成酵素の補因子として必要とされているため，クロロフィルがまったく鉄を含まないにもかかわらず，鉄欠乏でクロローシスが発生する可能性がある．

無機栄養素欠乏症の症状は，栄養の役割だけでなく，植物内での移動性にも依存する．栄養素が自由に動くとすると，若い成長する組織が不足している栄養素を多く使用するため，症状は古い組織に最初に現れる．たとえば，マグネシウムは比較的移動しやすく，若い葉に優先的に供給される．したがって，マグネシウム欠乏の植物は，最初に古い葉でクロローシスの兆候が現れる．対照的に，比較的移動しにくい無機栄養素の欠乏は，最初に植物の若い部分に影響を与える．より古い組織は，供給不足の期間中，十分な量を保持することができるだろう．たとえば，鉄は，植物内で自由

図 37.8 トウモロコシの葉に見られる，最も一般的な無機栄養素欠乏． 無機栄養素欠乏の症状は種によって異なる．トウモロコシでは，窒素欠乏は，古い葉の先端から黄色になり始め，中心（中肋）に沿って黄変が進む．リン酸欠乏は特に若い葉で縁が赤紫色を示す．カリウム欠乏は古い葉の先端と縁に沿って「焼けたように」なるか，乾燥する．

健康な葉

窒素欠乏

リン酸欠乏

カリウム欠乏

に移動しないため，鉄の欠乏は，古い葉に影響が出る前に，若い葉で黄変が発生する．植物の無機栄養素の必要性は，季節や植物の年齢により変化することがある．たとえば，若い実生では，必要な無機栄養素は種子自体による蓄えから供給される無機栄養素によっておもに満たされるので，まれにしか無機栄養素欠乏の症状を示さない．

無機栄養素欠乏の症状は種間で異なるが，多くの場合，診断を行ううえで十分に異なった特徴を示す．リン，カリウム，そして窒素の欠乏が最も一般的であり，トウモロコシの葉における例を図 37.8 に示す．**科学スキル演習**では，オレンジの木の葉の栄養欠乏性の診断を行う．微量栄養素不足は主要栄養素不足に比べて一般的ではなく，土壌組成の違いによるため，特定の地域で発生する傾向がある．診断を確定する1つの方法は，植物や土壌の無機栄養素含有量を分析することである．欠乏を補うために必要な微量栄養の量は，通常は非常に少ない．たとえば，果樹における亜鉛欠乏症は，通常，それぞれの木の幹に数本の亜鉛釘（くぎ）を打つことによって治療することができる．多くの栄養素の過剰摂取は植物にとって弊害，あるいは有毒である可能性があるので節度が重要である．たとえば，あまりにも多くの窒素供給は，トマトの良好な果実の生産を犠牲にして，つるの過度の成長につながることがある．

科学スキル演習

観察する

この植物が示している栄養素欠乏は何だろうか　植物の栽培者は作物の栄養素欠乏性について，葉の変化を調べることで診断する．それは，クロローシス（黄変），葉の枯死，脱色，斑紋，火傷，大きさや手触りの変化などである．この演習では，植物の葉を観察して，ここでの文や表 37.1 での症状を適用して，無機栄養素の欠乏を診断する．

データ　この演習でのデータは，下の写真で示す無機栄養素欠乏を呈しているオレンジの木の葉である．

古い葉
若い葉

データの解釈

1. 若い葉の外観は古い葉とどのように異なるか．
2. この写真で見られる最も強い無機栄養素欠乏の症状は何か，3つ答えなさい．欠乏したときにこの症状を生じる3つの栄養素を列記しなさい．症状の場所に基づくと，3つの無機栄養素のうちどの1つを取り除くことができるか，そしてその理由は何か．症状の場所は2つの無機栄養素について何を示唆するか．
3. この欠乏を引き起こしたことについての仮説は，もしこの実験結果が，腐植土が少ない土壌で示されたとすれば，どのような影響を受けるか．

遺伝子組換えによる植物栄養の改善

これまで植物の栄養に関して見てきて，農家が作物の要求に適合するように土壌条件を調整するため，灌漑，施肥，および他の手段を使用する方法について議論してきた．異なる手段として，よりよく土壌条件に適合するように，遺伝子工学によって植物を改変する方法がある．ここでは，遺伝子工学が，植物栄養と肥料の使用状況を改善した方法の2つの例を示す．

アルミニウム毒性への耐性

酸性土壌中のアルミニウムは，根を損傷し，収穫量

▼図 37.9 **「スマート」植物からの欠乏の警告**. 回復困難な障害が発生する前に，切迫した栄養素欠乏を通知するように遺伝的に改変された植物. たとえば，実験植物のシロイヌナズナは，実験室での処理後，切迫したリン酸欠乏に応答して青色を発色している.

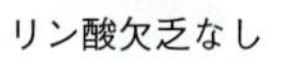

リン酸欠乏なし　リン酸欠乏の始まり　完全なリン酸欠乏

を減らす. アルミニウム耐性の主要なメカニズムは，根による有機酸（リンゴ酸，クエン酸など）の分泌である. これらの酸は，他の物質に結合していないアルミニウムイオンに結合し，土壌中の有害なアルミニウム濃度を下げる. 科学者たちは植物のゲノムに細菌由来のクエン酸合成酵素遺伝子を導入することにより，タバコとパパイヤを改変した. クエン酸の過剰生産の結果，これら 2 つの作物のアルミニウム耐性を増加させた.

スマート植物

農学者は，肥料の使用を削減しながら，収穫量を維持する方法を開発している. 1つのアプローチは，遺伝的に栄養不足が差し迫っているが，損傷が生じる前に信号を出す「スマート」植物を設計することである. スマート植物の 1 つのタイプは，植物組織中のリン含有量が低下し始めたとき，RNA ポリメラーゼ（転写酵素）がすぐに結合するプロモーター（遺伝子の転写が始まる場所を示す DNA 配列）を利用している. このプロモーターは，葉の細胞内の青色素の生産を導く「レポーター」遺伝子に連結されている[*2]（図 37.9）. これらの「スマート」植物の葉が青色を発色させたとき，農家はそれがリン酸塩含有肥料を追加するための時期であることがわかる.

これまで，土壌には，活発な植物成長を維持するために，無機栄養素の適切な供給，十分な通気，優れた保水力，低塩分と中性付近の pH をもっている必要があることを学んだ. また，無機栄養や他の化学物質は，毒性濃度以下でなければならない. 土壌のこれらの物理的および化学的特徴は，しかし，話のほんの一部である. 私たちはまた，土壌の生物構成要素を考慮する必要がある.

*2（訳注）：プロモーターは遺伝子の発現を決める領域であり，この場合，プロモーターはレポーター遺伝子に連結されている. リン欠乏時に RNA ポリメラーゼがプロモーターに結合すると，レポーター遺伝子が発現し，植物体は青い色に発色する.

概念のチェック 37.2

1. いくつかの必須元素は，他のものより重要であるか. 説明しなさい.

2. どうなる？➤もしある元素が植物の成長速度を増加させるなら，その元素は必須元素と定義することができるか.

3. 関連性を考えよう➤図 9.18 に基づいて，なぜ水耕栽培植物は十分に通気しなければ成長が遅くなるのか，説明しなさい.

（解答例は付録 A）

37.3 植物の栄養吸収にはしばしば他の生物がかかわる

これまで，植物は，土壌から資源を搾取するように記述してきた. しかし，植物と土壌は，双方向の関係をもっている. 死んだ植物は，土壌に生息する多くの細菌や菌類に必要なエネルギーを提供している. これらの生物の多くは，生きている根からの糖を多く含む分泌物から恩恵を得ている. 一方，植物は土壌細菌や菌類との相互作用から恩恵を得ている. 図 37.10 に示すように，界やドメインを超えた相互的互恵関係は自然ではまれではない. しかし，それらは植物にとって特に重要である. ここでは，植物と土壌中の細菌や菌類の間のいくつかの重要な「相利共生的」，そして一般的ではない，非相利共生的な形の植物栄養についても見ていく.

土壌細菌と植物栄養

多様な土壌細菌が，植物栄養に役割を担っている. あるものは，植物の根と相利的な化学物質の交換を行っている. 他のものは，有機物の分解を早め，栄養の利用度を高める.

根圏細菌

根圏細菌 rhizobacteria は，植物の根あるいは植物の根を囲む土層である**根圏 rhizosphere** にすむ細菌である. 多くの根圏細菌は植物の根と相利的な関係を結ぶ. 根圏細菌は，植物細胞から分泌される，糖，アミ

▼図 37.10　**関連性を考えよう**

界やドメインを超えた相利共生

毒をもつ魚には自ら毒をつくらない種がいる．これはどのようにして可能なのか．アリには葉を噛むが食べない種がいる．それはなぜか．その答えは驚くべき相利共生にある．この異なる種間の関係では，それぞれの種が相手に対して利益となる物質やサービスを提供する（54.1 節参照）．相利共生は，2 種の動物間のように，同じ界の中で起こることもある．しかし，多くの相利共生では，下記の例に示すように，異なる界やドメインからの種が含まれる．

動物-菌類

ハキリアリは葉を収穫して，巣にもち帰るが，アリはその葉を食べない．その代わり，菌類が葉からの栄養を吸収して成長し，アリは彼らが育てた菌類の一部を食べる．

根に葉を運ぶハキリアリ

巣のキノコ園を世話するアリ

菌類-細菌

地衣類は，菌類と光合成生物の仲間との間の相利共生的な相互作用である．地衣類 *Peltigera* では，光合成の仲間はシアノバクテリア種である．このシアノバクテリアは炭化水素を供給し，一方菌類は停泊地，防御，無機栄養そして水を与える（図 31.22 参照）．

地衣類 *Peltigera*

地衣類 *Peltigera* の長辺方向の断面図は，菌類の層の間に緑色光合成細菌が挟まれていることを示す．

植物-菌類

ほとんどの植物は，根と菌類の相利共生的な相互作用である，菌根を有している．菌類は根から炭水化物を吸収する．見返りに，菌類の菌糸体は菌糸とよばれる高密度な繊維状のネットワークを形成し，根による水や無機栄養の取り込みの表面積を増加させる（図 31.4 参照）．

ソルガム植物の根で成長する菌類（SEM 像）

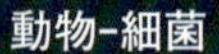

動物-細菌

フグはパッファーフィッシュ puffer fish の日本名で，珍味であるが，致死的になり得る．ほとんどのフグ種は致死量の神経毒テトロドトキシンを臓器，特に肝臓，卵巣，および精巣にもっている．したがって，特別に訓練された料理人が毒のある部分を取り除かなければならない．テトロドトキシンは魚と相互作用している相利共生細菌（多様な *Vibrio* 種）によってつくられる．魚は潜在的な化学防御を得る一方，細菌は競争の少ない環境で，高い栄養下のもとで生きることができる．

パッファーフィッシュ（フグ）

植物-動物

アカシア属の植物の中には，植物体の中空の棘にすむアリによって，積極的に捕食者や競争者からの防御を行うものがいる．植物は，葉の根元のタンパク質を多く含む構造体および炭水化物を多く含む蜜の形で，アリに栄養を提供する（54.8 節参照）．

防御するアリはアカシア植物からタンパク質を多く含む構造体を収穫する．

植物-細菌

浮遊性のシダ *Azolla* は，葉の中の空隙にすむ窒素固定シアノバクテリアに炭化水素を与える．見返りに，シダはシアノバクテリアから窒素を受け取る（27.5 節参照）．

浮遊性シダ *Azolla*

関連性を考えよう➤さらに 3 つの相利共生の例を説明しなさい（図 27.19，図 38.4，41.4 節を参照）．

▼図 37.11

研究　根の内側および外側における細菌のコミュニティの構成はどれくらい多様だろうか

実験　根系の内側およびすぐ外側に見られる細菌のコミュニティは植物の成長を促進することが知られている．これらの細菌コミュニティの利益を増加させるような農学的戦略を考察するためには，それらがどれだけ複雑で，どの因子がその構成に影響を与えるかを決定しなければならない．これら細菌コミュニティを研究するうえでの固有の難しさは，ひと握りの土壌には1万種に及ぶ細菌が含まれており，すべての細菌種について記述されていないことである．誰もそれぞれの種を単純に培養して，それぞれを同定するための分類学上の鍵を使うことができない．したがって，分子的な方法が必要である．

▼根の表面にいる細菌（緑色）（蛍光 LM 像）

ジェフェリィー・ダングル Jeffery Dangl らは，「メタゲノミクス」とよばれる技術を用いて，多様なサンプルにおける細菌の種数を予測した（21.1 節参照）．彼らが研究した細菌コミュニティのサンプルは，部位（内生，根圏，根圏の外側），土壌のタイプ（粘土性，多孔性），相互作用している根系の発達段階（古い，若い）で異なっている．それぞれのサンプルの DNA は精製され，16S リボソーム RNA サブユニットをコードする DNA がポリメラーゼ連鎖反応（PCR）により増幅された．何千もの多様な DNA 配列がそれぞれのサンプルにおいて見出された．研究者は，97%以上同一な配列を「分類学上のユニット」あるいは「種」としてひとまとまりにした（「種」という言葉は，カッコ書きである．なぜなら「97%以上同一な1つの遺伝子をもつ2つの生物」はどの種の定義にも当てはまらないからである）．それぞれのコミュニティにおける「種」の型を確立し，研究者はそれぞれのコミュニティで共通に見つかる細菌の「種」の百分率を示す樹形図を作成した．

結果　この樹形図は細菌コミュニティの関係について，非常に微細な詳細に至るまで分類している．2つの説明ラベルは図式をどのように解釈するかの例を示している．

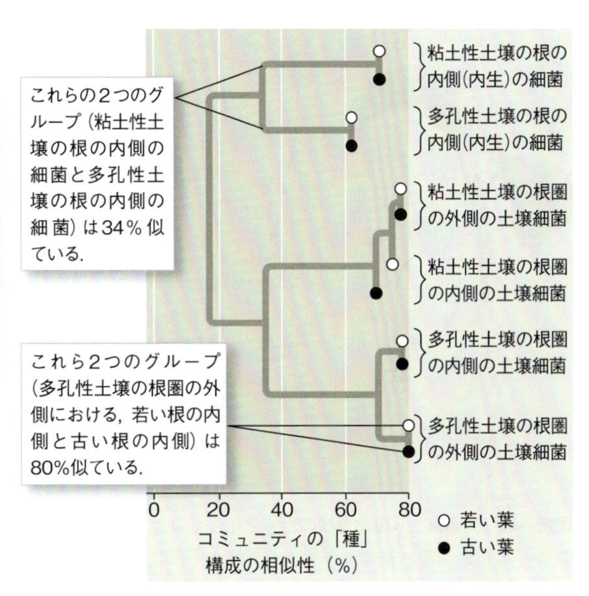

これらの2つのグループ（粘土性土壌の根の内側の細菌と多孔性土壌の根の内側の細菌）は34％似ている．
これら2つのグループ（多孔性土壌の根圏の外側における，若い根の内側と古い根の内側）は80%似ている．
粘土性土壌の根の内側(内生)の細菌
多孔性土壌の根の内側(内生)の細菌
粘土性土壌の根圏の外側の土壌細菌
粘土性土壌の根圏の内側の土壌細菌
多孔性土壌の根圏の内側の土壌細菌
多孔性土壌の根圏の外側の土壌細菌
0
20
40
60
80
コミュニティの「種」構成の相似性（%）
○ 若い葉
● 古い葉

データの出典　D.S. Lundberg et al., Defining the core *Arabidopsis thaliana* root microbiome, *Nature* 488:86-94 (2012).

結論　細菌コミュニティの「種」の構成は，根の内側に対する根の外側の場所に従って，および土壌のタイプに従って，顕著に多様になる．

データの解釈➤(a) 3つのコミュニティの部位で，どれが他の2つに比べて多様性が最も小さいか．(b) 3つの変数（コミュニティの部位，根の発達段階，土壌のタイプ）について，細菌コミュニティの「種」構成に影響を及ぼす強さで順位づけしなさい．

ノ酸，有機酸などの栄養に依存している．20%に及ぶ植物の光合成生産物が，この複雑な細菌集団の栄養源として使われる．その見返りに，植物はこれらの相利共生関係から多くの恩恵を受け取る．ある根圏細菌は，根を病気から守る抗生物質を生産する．他には，有害な金属を吸収したり，根が栄養分をよりよく利用できるようにしたりする．また他には，窒素ガスを植物が使うことができる形に変換したり，植物の成長を促進する化学物質を合成したりする．植物成長促進根圏細菌の種子への接種は，作物の収量を増加させ，化学肥料や農薬の必要性を減らすことができる．

ある根圏細菌は，根圏で自由に生きることができるが，一方，他の根圏細菌は植物の中の細胞の間にすむ**内生 endophyte** を行う．内生する細菌で占められた細胞間の空間も，それぞれの植物の根系と相互作用している根圏のどちらも，根からの分泌物と微生物の生産物の独特で複雑な混合物を含んでおり，周囲の土壌とは異なっている．最近のメタゲノム研究は，内生で生きる細菌のコミュニティと，根圏のものでは，その構成が同一ではないことを明らかにした（図 37.11）．根の内部と周辺にすむ細菌の型をよく理解することは，重要な農業的恩恵を与え得るかもしれない．

窒素循環の細菌

タンパク質や核酸合成のために多量に必要とされる窒素ほど植物の成長を制限するような無機栄養素はない．植物が使用可能な窒素形態は，硝酸イオン（NO_3^-）とアンモニウムイオン（NH_4^+）である．ある程度の土壌中の窒素は岩の風化に由来し，また雷は少量の NO_3^- を生成し，雨により土壌中に運ばれる．しかし，

▼図 37.12　**植物の窒素栄養における土壌細菌の役割．** 大気の N_2 の固定（窒素固定細菌）と，有機物の分解（アンモニア化細菌）を行う２つの土壌細菌によって，植物がアンモニウムを利用することができる．植物は土壌からアンモニウムをいくらか吸収するが，主として硝化作用をもつ細菌により，アンモニウムからつくられる硝酸塩の形で吸収する．植物は窒素を有機化合物に取り込む前に，硝酸イオンをアンモニウムに還元する．

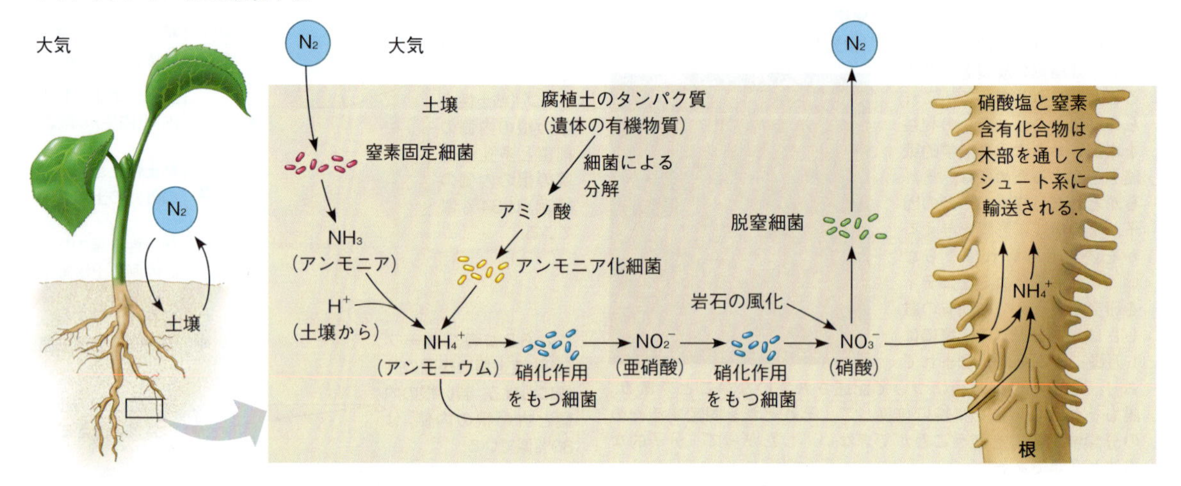
大気
N2
土壌
大気
N2
N2
土壌
腐植土のタンパク質
(遺体の有機物質)
窒素固定細菌
細菌による
分解
アミノ酸
NH3
(アンモニア)
アンモニア化細菌
H+
(土壌から)
NH4+
(アンモニウム)
硝化作用
をもつ細菌
NO2-
(亜硝酸)
硝化作用
をもつ細菌
岩石の風化
NO3-
(硝酸)
脱窒細菌
硝酸塩と窒素
含有化合物は
木部を通して
シュート系に
輸送される．
NH4+
根

図読み取り問題➤もし動物が根の近くで死んだ場合，植物はアンモニア，硝酸，あるいは双方をより多くを入手できるか．

ほとんどの植物が利用できる窒素は細菌の活動によってもたらされる（図 37.12）．この活動によって，大気中や土壌中の窒素含有物質が，生物が使うことができるようになり，それらによって使われ，再び大気中や土壌中に戻るという一連の自然の過程である，**窒素循環 nitrogen cycle** の一部となっている．

植物は通常，NO_3^- の形で窒素を獲得する．土壌の NO_3^- は，多くは「硝化」とよばれる２段階の反応により形成され，それはアンモニア（NH_3）から亜硝酸イオン（NO_2^-）への酸化と，それに引き続く NO_2^- から NO_3^- への酸化からなる．図 37.12 の下側に示すように，異なるタイプの「硝化作用をもつ細菌」が，各段階を媒介する[*3]．根は NO_3^- を吸収した後，植物の酵素により還元されて NH_4^+ に戻り，他の酵素によりアミノ酸や他の有機化合物に組み込まれる．多くの植物では，窒素を NO_3^- や根で合成された有機化合物として木部を通ってシュートへ輸送する．一部の土壌窒素は，特に嫌気性土壌中で，脱窒細菌が NO_3^- を N_2 に変換して大気中に拡散することにより失われる．

NO_3^- に加えて，植物は図 37.12 の左側に示す２つの過程を通して，NH_4^+（アンモニウムイオン）の形で窒素を獲得することができる．その１つの過程では，「窒素固定細菌」が大気中の窒素（N_2）を NH_3 に変換し，土壌の溶液からもう１つの H^+ が加わり，NH_4^+ を形成する．もう１つの過程はアンモニア化とよばれ，分解者が遺体の有機物質からの有機窒素を NH_4^+ に変換する．

＊3（訳注）：$NH_4^+ \rightarrow NO_2^-$ はアンモニア酸化細菌，$NO_2^- \rightarrow NO_3^-$ は亜硝酸酸化細菌による反応である．

窒素固定細菌：その詳細

地球の大気の 79% は窒素であるが，２個の窒素原子間の三重結合により分子がほとんど不活性なため，植物は容易に窒素ガス（N_2）を利用することはできない．植物が大気中の N_2 を利用できるようにするには，**窒素固定 nitrogen fixation** とよばれるプロセスによって NH_3 に還元する必要がある．窒素固定生物は，すべて細菌である．この窒素固定細菌の一部は自由生活者であり（図 37.12 参照），一方，その他のものは根圏細菌である．後者のグループの中で，「根粒菌」はマメ科（ダイズ，アルファルファ，ピーナッツなど）の根と，効率的かつ緊密な相互作用を行い，この後すぐに示すように，宿主の根の構造を顕著に変える．

窒素固定における N_2 から NH_3 への多段階の変換は以下のように要約できる．

$$N_2 + 8e^- + 8H^+ + 16ATP \rightarrow 2NH_3 + H_2 + 16ADP + 16Ⓟ_i$$

この反応は，酵素複合体である「ニトロゲナーゼ」によって触媒される．窒素固定の過程では，それぞれ２分子の NH_3 を合成するのに 16 ATP 分子が必要であり，窒素固定細菌は，腐植物質，根の分泌物，あるいは（根粒菌の場合は）根の維管束組織など，炭水化物の豊富な供給を必要とする．

（根で生きる）根粒菌とマメ科植物の根の間の共生は，

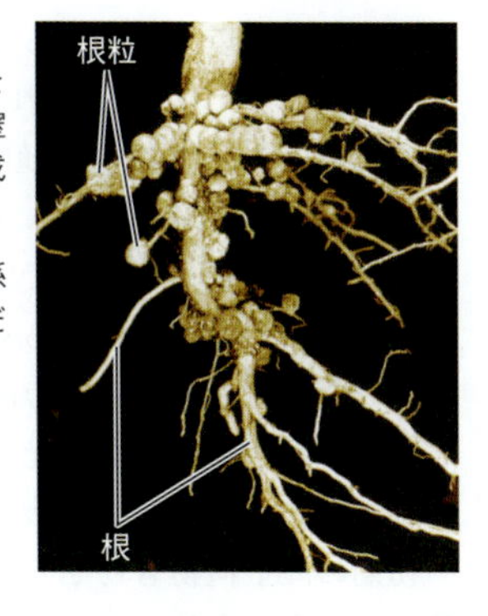
根粒
根

➤図 37.13　マメ科植物の根粒．このダイズの根の瘤は根粒菌を含む根粒である．この細菌は窒素固定を行い，植物から光合成産物を得ている．

? マメ科植物と根粒菌の関係はどのように相利共生的だろうか．

根の構造の劇的な変化を伴う．マメ科植物の根に沿って，根粒菌に「感染」した植物細胞からなる**根粒 nodule** とよばれる小塊がつくられる（図 37.13）．各根粒の内部で根粒菌は，根の細胞に形成された小胞に含まれる**バクテロイド bacteroid** とよばれる形態をとる．マメ科植物と根粒菌の関係は，今日使用されているどんな工業的につくられた化学肥料よりも植物が使いやすい窒素を生成し，農家は実質的にコストがかからない．

根粒菌による窒素固定は嫌気的な環境を必要とし，その条件は根の皮層の生きた細胞の内部におけるバクテロイドの場所で可能になっている．根粒の木質化[*4]した外層はまた，ガス交換を制限する．ある根粒では，酸素と可逆的に結合する鉄含有タンパク質であるレグヘモグロビンとよばれる分子により，赤みがかっている（ヒト赤血球中のヘモグロビンに似ている）．このタンパク質は，酸素の濃度を低減し，それにより窒素固定のための嫌気性環境を提供する一方で，窒素固定に使う ATP 生成のために必要な多量の細胞呼吸用酸素の供給を調節する，酸素の「緩衝体」である．

マメ科植物のそれぞれの種は，根粒菌の特定の株と共生する．図 37.14 は，「感染糸」を通して根粒菌が侵入した後，根の根粒がどのように発達するかを示している．マメ科植物と窒素を固定する根粒菌の共生関係は，根粒菌が固定した窒素を宿主植物に供給する一方，植物は炭水化物や他の有機化合物を根粒菌に提供するというように相利的である．根粒は，生産されたアンモニウムのほとんどをアミノ酸合成のために使用し，その後，木部を通ってシュートに輸送される．

マメ科植物種は，どのように土壌中の多くの菌株の中から特定の根粒菌の菌株を認識するのだろうか．そして，どのように特定の根粒菌株と出合い，根粒形成につながるのだろうか．それぞれは，相手からの化学

＊4（訳注）：細胞壁にリグニンが沈着し，細胞壁が水や気体に対して不透過性になり，物理的に強固になる．

➤図 37.14　ダイズの根粒形成．

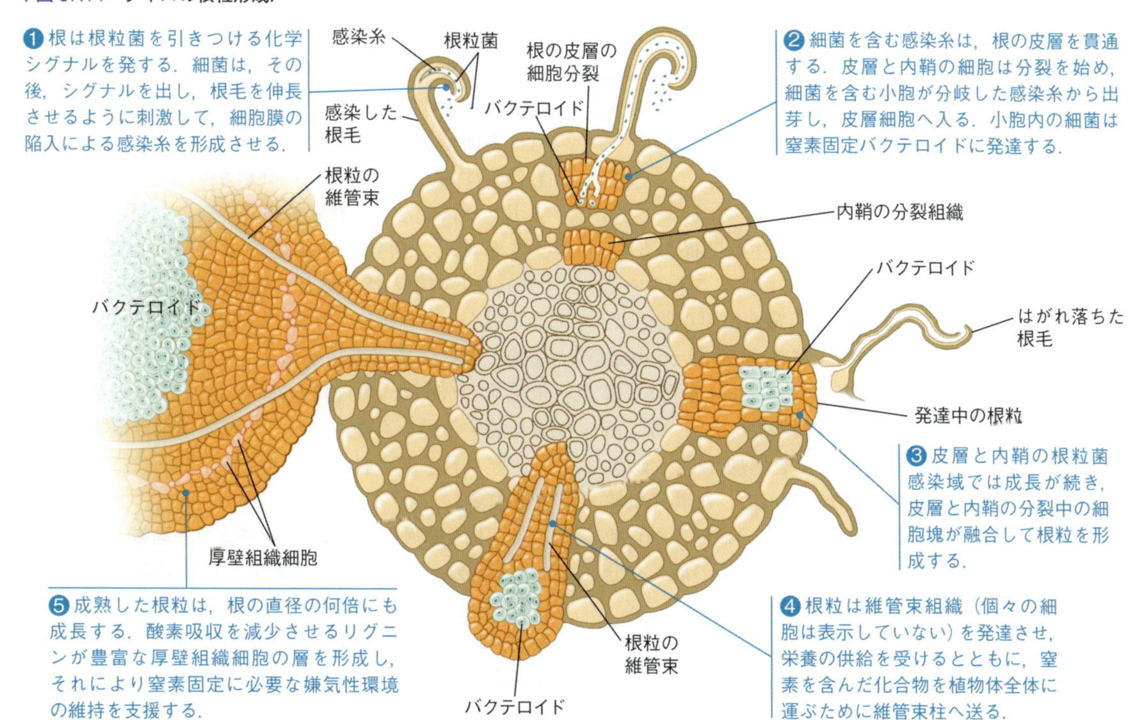
❶ 根は根粒菌を引きつける化学シグナルを発する．細菌は，その後，シグナルを出し，根毛を伸長させるように刺激して，細胞膜の陥入による感染糸を形成させる．
感染糸
根粒菌
根の皮層の細胞分裂
感染した根毛
バクテロイド
❷ 細菌を含む感染糸は，根の皮層を貫通する．皮層と内鞘の細胞は分裂を始め，細菌を含む小胞が分岐した感染糸から出芽し，皮層細胞へ入る．小胞内の細菌は窒素固定バクテロイドに発達する．
根粒の維管束
内鞘の分裂組織
バクテロイド
バクテロイド
はがれ落ちた根毛
発達中の根粒
❸ 皮層と内鞘の根粒菌感染域では成長が続き，皮層と内鞘の分裂中の細胞塊が融合して根粒を形成する．
厚壁組織細胞
❺ 成熟した根粒は，根の直径の何倍にも成長する．酸素吸収を減少させるリグニンが豊富な厚壁組織細胞の層を形成し，それにより窒素固定に必要な嫌気性環境の維持を支援する．
根粒の維管束
バクテロイド
❹ 根粒は維管束組織（個々の細胞は表示していない）を発達させ，栄養の供給を受けるとともに，窒素を含んだ化合物を植物体全体に運ぶために維管束柱へ送る．

図読み取り問題➤植物のどの組織系が根粒形成により変えられるか．

シグナルに対し，根粒形成に寄与する特定の遺伝子を発現することによって応答する．根粒形成の基礎となる分子生物学を理解することによって，研究者は，通常，窒素固定の相利共生関係をもたない作物に，根粒菌の取り込みと根粒形成を誘導する方法を学びたいと思っている．

窒素固定と農業

相利共生的窒素固定の農業における利用は**輪作 crop rotation** の基礎となる．実際には，トウモロコシのようなマメ科植物ではない作物を1年間栽培し，翌年にはアルファルファなどのマメ科植物を栽培して，土壌中に含まれる窒素を回復するようにしている．マメ科植物が特定の根粒菌を確実に取り込むようにするため，種子を細菌にばく露させる．マメ科作物は，収穫する代わりに，しばしば化学肥料を減らす「緑肥」として分解させるために土壌に鋤(す)き込まれる．

相利共生的な窒素固定菌から利益を得る植物はマメ科以外にもたくさんある．たとえば，レッドオルダー *Alnus rubra* の木は，窒素固定する放線菌（図27.16のグラム陽性菌を参照）の宿主となる．商業的にとても重要な作物であるイネは，相利共生的窒素固定から間接的に恩恵を受けている．米作農家は，窒素を固定するシアノバクテリアと共生するアカウキクサ *Azolla* とよばれる水生シダ植物を栽培する．イネの成長により，アカウキクサに陽が当たらなくなって枯死し，この窒素に富んだ有機物の分解により，水田は肥沃になる．アヒルもアカウキクサを食べ，水田にさらに堆肥を与えるとともに，農家に重要な肉資源を与える．

菌類と植物の栄養

ある種の土壌性菌類も根と相利共生的関係をもち，植物の栄養に大きな役割を果たしている．これらの菌類の中には内生的なものもいるが，最も重要な関係は，根と菌類の相利共生的共同体である**菌根 mycorrhiza**（複数形は mycorrhizae）である（図31.14参照）．宿主植物は，菌類に糖類を安定的に供給する．一方，菌類は，水を取り込むための表面積を増加させ，また，リン酸や他の無機栄養を土壌から吸収し，植物に供給している．菌根の菌類はまた，土壌中の病原体から植物を保護するために抗生物質と同時に，根の成長や分枝を刺激する成長因子を分泌する．

菌根と植物の進化

進化　菌根は珍しいものではなく，ほとんどの植物種で形成されている．実際，この植物と菌の共生は，植物が最初に陸上進出する際の助けとなった進化的適応の1つであったかもしれない（29.1節参照）．緑藻から進化した最も初期の植物が，4億から5億年前に地上に進出し始めたとき，過酷な環境に出くわした．土壌は無機栄養塩を含んでいたが，有機物質を欠いていた．したがって，おそらく降雨はすばやく多くの可溶性の土壌の無機栄養塩を流し去ったであろう．しかし，不毛の陸地はまた，光と二酸化炭素に満ち，競争や食植動物の少ない，好機に満ちた場所でもあった．

初期の陸上植物も初期の陸上菌類も，陸の環境を開拓するうえで十分な備えを有していなかった．初期の植物は土壌から必要な栄養分を抽出する能力に欠けており，一方菌類は炭水化物を取り扱うことができなかった．その代わりに，菌類は進化してきた植物の仮根（根や根毛はまだ進化していなかった）に寄生し，2つの生物は，双方が陸上環境を開拓することを可能にする相利共生である，菌根の関係を形成した．化石証拠は，最も初期の植物において，菌根が出現したことを示している．菌根を形成しない少数の現存の被子植物は，おそらくこの能力を，遺伝子の消失により失ったのだろう．

菌根のタイプ

菌根は，外菌根とアーバスキュラー菌根に分類される．**外菌根 ectomycorrhiza** では，菌糸体（枝分かれした菌糸の集まり；図31.2参照）は密集した鞘または根の「表面」を覆う外套(がいとう)を形成する．菌糸体は，外套から土壌中に広がっていき，水と無機栄養の吸収を行う表面積を大幅に増大させる．菌糸体は根の皮層にも侵入する．これらの菌糸体は根の細胞に侵入せず，アポプラストとよばれる細胞外空間に入りネットワークを形成し，菌類と植物間の栄養交換を促進する．「未感染」の根と比べると，外菌根は一般により厚く，より短く，より枝分かれしている．典型的な外菌根は，菌類の菌糸体で表面積が増えているため余分になる，根毛を形成しない．植物の科のおよそ10%が外菌根を形成する種をもつ．これらの種の大部分は木本であり，マツ科，ブナ科，カバノキ科，フトモモ科などが含まれる．

外菌根とは異なり，**アーバスキュラー菌根 arbuscular mycorrhizae** は，根を覆う密集した外套をもたず，中に埋め込まれている．その形成は，土壌中の微細な菌糸が，根の存在に反応して，その方向へ伸長し，接触を確立し，表面に沿って成長することで始まる．菌糸は表皮細胞間を貫き，根の皮質に入り，皮層の細胞壁の一部を溶かすが，細胞膜に孔をあけることはない．

▼図 37.15 **菌根.**

外菌根. 菌糸の外套が根を包む. 菌糸は外套から土壌中に広がり, 水と無機物, 特にリン酸塩を吸収する. 菌糸はまた根の内皮の細胞外空間に広がり, 菌類と宿主との間の栄養交換のための広い表面積を提供する.

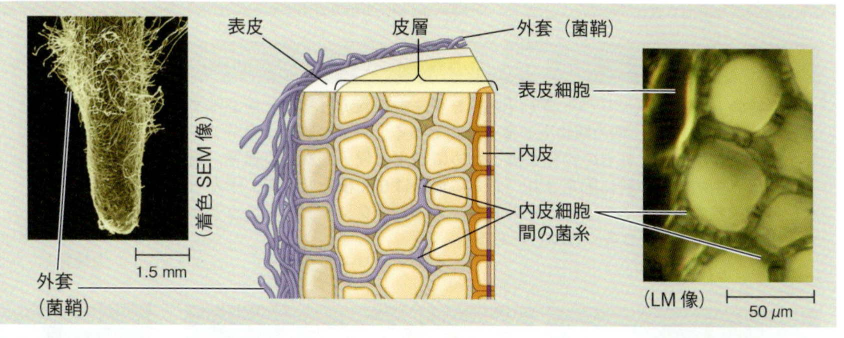

表皮
皮層
外套（菌鞘）
表皮細胞
内皮
内皮細胞間の菌糸
（着色 SEM 像）
1.5 mm
外套（菌鞘）
（LM 像）
50 μm

アーバスキュラー菌根（内菌根）. 根のまわりには外套は形成しないが, 微細な菌糸が根の中に広がる. 根の皮層内では, 菌類は, 菌糸が枝分かれした樹枝状体（アーバスキュール）を通じて植物と接触し, 栄養交換のための膨大な表面積を提供する. 菌糸は皮層細胞の細胞壁を貫通するが, 細胞膜には侵入しない.

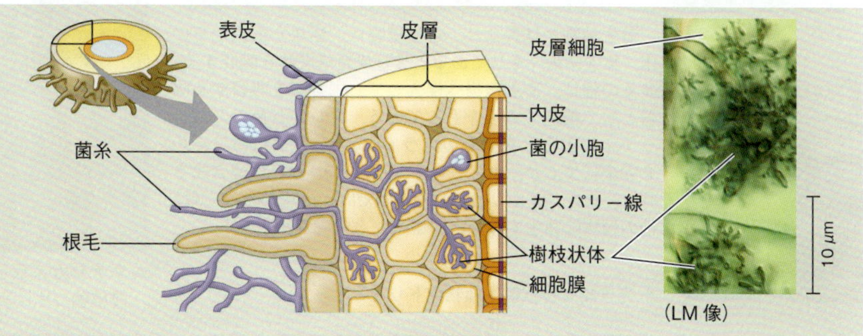

表皮
皮層
皮層細胞
内皮
菌の小胞
菌糸
カスパリー線
根毛
樹枝状体
細胞膜
10 μm
（LM 像）

細胞質に入る代わりに, 菌糸は根の細胞膜の中に陥入することによって, 形成される管の中で成長する. この陥入は風船を割らずに風船にやさしく指で突くのに似ている. すなわち指が菌糸で, 風船のゴムは根の細胞膜である. 菌糸がこの方法で侵入した後, 菌類と植物の間の栄養輸送で重要な部位となる, 樹枝状体（小さな木の意味）とよばれる密な枝分かれ構造を形成する. 菌糸自体の中には, 楕円形の小胞が, おそらく菌の栄養貯蔵部位として形成することがある. 内菌根は, 外菌根よりもはるかに一般的であり, ほとんどの作物を含む植物種の 85%以上で知られている. 植物の 5%は菌根関係を形成しない. 図 37.15 は菌根の概要である.

菌根の農業的, 生態的重要性

よい作物の収量はしばしば, 菌根の形成に依存する. 植物の根は, 適切な菌類の種に接したときのみ, 菌根を形成することができる. ほとんどの生態系では, これらの菌類は土壌中にいて, 実生は菌根を発達させる. しかし, ある環境の種子が集められ, 別の土壌に植えられると, 菌類のパートナーの不在のために生じる栄養失調（特にリン酸欠乏）の症状を示すことがある. 種子を菌根菌の胞子で処理することにより, 実生の菌根形成を助け, 損傷を受けた自然の生態系の回復を助け（55.5 節参照）, 作物収量の改善を可能にすることがある.

菌根関係は, 生態的関係を理解するうえでも重要である. アーバスキュラー菌根の菌類は低い宿主特異性を示す. 1つの菌類は, 異なる植物種までも含む複数の植物種と共有の菌根ネットワークを形成する. 植物共同体における菌根のネットワークは, 他よりも1つの植物種に恩恵を与える. 菌根がどのように植物共同体の構造に影響を与えるかのもう1つの例は, 侵略的な植物種の研究から見つかった. たとえば, 米国東部のあらゆる森林に侵入した外来のヨーロッパ種であるガーリックマスタード *Alliaria petiolata* は, 菌根を形成しないが, アーバスキュラー菌根菌の成長を妨げることにより他の植物種の成長を抑制する.

着生植物, 寄生植物, 食虫植物

ほとんどすべての植物種は, 菌類, 細菌, あるいはその両方と相利共生関係にある. 着生植物, 寄生植物, 食虫植物を含む, いくつかの植物種では, ふつうにはない適応により, 他の生物を利用している（図 37.16）.

最近の研究は, 他の生物を利用することは標準的であることを示している. オーストラリアのクイーンズランド大学のチャンヤラット・パウンフー=ロンヒエン Chanyarat Paungfoo-Lonhienne と仲間たちは, シロイヌナズナとトマトの根が, 細菌や酵母を取り込み, それらを分解する証拠を示した. 細菌の大きさに比べ

▼図 37.16　探究　植物の珍しい栄養適応

着生植物

着生植物 epiphyte（ギリシャ語で「上」を意味する *epi*,「植物」を意味する *phyton* に由来）は，他の植物上で育つ植物である．着生植物は，自分で栄養を生成，収集し，それらの物質を得るために宿主に侵入しない．通常，着生植物は，生木の枝や幹に固定され，おもに葉ではなく根を介して，雨から水や無機栄養を吸収する．いくつかの例として，ビカクシダ，パイナップル科の植物やバニラを含む多くのランがある．

▶ビカクシダ（着生植物）

寄生植物

着生植物とは異なり，寄生植物は，生きた宿主からの水，無機栄養，そしてあるときは光合成産物を吸収する．多くの種は，宿主植物へ侵入して，栄養素を吸収する吸器として機能する根をもっている．オレンジ色のスパゲッティのようなネナシカズラ *Cuscta* は，クロロフィルを完全に欠くが，ヤドリギ *Phoradendro* などは光合成を行う．また．ギンリョウソウ *Monotropa uniflora* などは，他の植物に共生する菌根の菌糸から栄養を吸収する．

◀ 光合成を行う寄生植物ヤドリギ

▲ネナシカズラ（非光合成植物（オレンジ色））

▲菌根に寄生するギンリョウソウ（非光合成寄生植物）

食虫植物

食虫植物は光合成を行うが，昆虫や他の小動物を捕獲することにより，無機栄養を補う．食虫植物は，酸性湿原や，窒素などの無機栄養に乏しい土壌などの生育環境に生育している．ウツボカズラやサラセニアなどの食虫植物は，餌が滑り落ちて溺れ，最終的には酵素によって消化される，水で満たされた壺型の袋をもっている．モウセンゴケ *Drasera* は高度に変形された葉上にある，触手のような腺から粘着液をしみ出させる．有柄の腺は昆虫を誘引する甘い粘液を分泌し，また消化酵素を出す．その後，他の腺が栄養に満ちた「スープ」を吸収する．ハエトリソウ *Dionaea muscipula* の高度に変形した葉は，獲物が十分な速さで連続して２つの感覚毛に触れると，急速に，しかし部分的に閉じる．そのため小さな昆虫は脱出できるが，大きいものは，葉の縁を覆っている歯によって捕捉される．捕食による興奮により，罠がより狭くなり，消化酵素が分泌される．

▲モウセンゴケ

◀ウツボカズラ

▼ハエトリソウ

て（約 1000 nm），細胞壁の孔のサイズが小さいため（10 nm 以下），微生物の取り込みは細胞壁の分解に依存しているようだ．コムギを用いた実験では，微生物は植物が必要とする窒素のほんの少量しか与えられないが，すべての植物で正しいわけではないようだ．これらの発見は多くの植物種が制限された量の捕食性を行うことを示唆している．

概念のチェック 37.3

1. なぜ，植物の栄養を理解するために根圏の研究が重要か．
2. 土壌性菌類と菌根は，どのように植物の栄養に貢献しているか．
3. 関連性を考えよう➤光合成と従属的な栄養（28.1 節参照）を使う戦略を表す一般的な用語は何か．この戦略を使うよく知られた原生生物は何か．
4. どうなる？➤ピーナッツ農場で，植物の古い葉が雨天の長い期間の後，黄変しているのが見つかった．理由を示しなさい．

（解答例は付録 A）

37 章のまとめ

重要概念のまとめ

37.1

土壌には生きている複雑な生態系が含まれる

- 岩石の破壊から派生したさまざまなサイズの土壌粒子が土壌で見られる．土壌の粒子サイズは，土壌中の水，酸素，無機栄養素の利用可能性に影響を与える．
- 土壌組成は，無機および有機物に分けられる．**表土**は，細菌，菌類，原生生物，動物，植物の根などの複雑な生態系である．
- 一部の農業慣行は，土壌の無機栄養素含有量を激減させ，水分保有量に負担をかけ，浸食を促進させることがある．土壌保全の目標は，この被害を最小限にすることである．

? 土壌は，どのように複雑な生態系か．

37.2

植物は生活環を完了するために必須元素が必要である

- 比較的多量に必要な元素である**主要栄養素**は，炭素，酸素，水素，窒素などの有機化合物の主要な成分が含まれている．非常に少量のみ必要な元素である**微量栄養素**は，典型的には，酵素の補因子として触媒機能をもっている．
- 移動可能な栄養素の欠乏は，通常，若い器官よりも古い器官により多くの影響を与える．あまり移動しない栄養素については，逆が成り立つ．主要栄養素の欠乏は，特に窒素，リン，カリウム欠乏が最も一般的である．
- 植物に適合するように土壌を調整するのではなく，遺伝子工学は，土壌に適合するように植物を改変する．

? 植物の成長に土壌は必要か．説明しなさい．

37.3

植物の栄養吸収にはしばしば他の生物がかかわる

- **根圏細菌**は，根と密接に関係する，微生物に富む生態系である**根圏**からエネルギーを得る．植物の分泌物が根圏のエネルギー需要を満たす．いくつかの根圏細菌は，抗生物質を産出し，一方で他のものは，植物が栄養素をより多く利用できるようにする．根圏細菌のほとんどは自由生活であるが，いくらかは植物の内部で生活している．植物は，**腐植土**の細菌による分解と，窒素ガスの固定化により，その窒素の巨大な必要量のほとんどを満たしている．

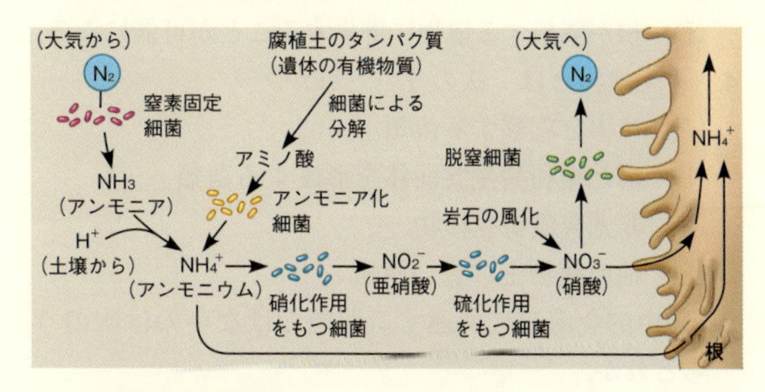

（大気から）
N_2
窒素固定細菌
NH_3
（アンモニア）
H^+
（土壌から）
腐植土のタンパク質
（遺体の有機物質）
細菌による分解
アミノ酸
アンモニア化細菌
NH_4^+
（アンモニウム）
硝化作用をもつ細菌
NO_2^-
（亜硝酸）
岩石の風化
硝化作用をもつ細菌
NO_3^-
（硝酸）
（大気へ）
N_2
脱窒細菌
NH_4^+
根

窒素固定細菌は，大気中の N_2 を，植物が有機合成のための窒素源として吸収することができる窒素無機栄養素に変換する．植物と窒素固定細菌間で最も効率的な相利共生は，マメ科植物の根で生活する根粒菌によって形成された**根粒**形成に見られる．これらの細菌は，植物から糖分を取得し，固定窒素を植物に供給している．農業では，マメ科作物は土壌に窒素栄養を回復させるため，他の作物と輪作する．

- **菌根**は，菌根の共生的共同体である．菌根の菌糸は，水や無機栄養素を吸収し，植物宿主に供給される．
- **着生植物**は他の植物の表面で成長するが，雨から水や無機栄養素を取得する．寄生植物は，宿主植物から栄養を吸収する．食虫植物は，動物を消化することにより，無機栄養素を補う．

? すべての植物は，直接光合成からエネルギーを得ているか．説明しなさい．

理解度テスト

レベル1：知識／理解

1. 作物において最も頻繁に欠乏する無機栄養素は，次のうちどれか．
   (A) 炭素　(C) リン酸
   (B) 窒素　(D) カリウム
2. 微量栄養素は，非常に少量のみ必要とされているため，
   (A) それらのほとんどは，植物内の移動が可能である．
   (B) ほとんどはおもに酵素の補因子として機能する．
   (C) ほとんどが種子で十分な量が提供される．
   (D) 植物の成長と健康において，あまり重要な役割を果たさない．
3. 菌根は，おもにどのようにして植物の栄養を強化するか．
   (A) 菌糸を通して水や無機栄養素を吸収する．
   (B) 葉緑体をもたない根の細胞に糖を提供する．
   (C) 大気中の窒素をアンモニアに変換する．
   (D) 根が隣接する植物に寄生することが可能になる．
4. 着生植物とは，次のうちどれか．
   (A) 植物を攻撃する菌類
   (B) 根と相利共生共同体を形成する菌類
   (C) 非光合成寄生植物
   (D) 他の植物上に育つ植物
5. 集中的な灌漑(かんがい)に関連する問題ではないのは次のうちどれか．
   (A) 土壌の塩化　(C) 地盤沈下
   (B) 肥料のやりすぎ　(D) 帯水層の枯渇

レベル2：応用／解析

6. 以下のどの場合，無機栄養素欠乏症は若い葉よりも古い葉に影響を与える可能性があるか．
   (A) 無機栄養素が微量栄養素である．
   (B) 無機栄養素が植物内で非常に移動しやすい．
   (C) 無機栄養素がクロロフィル合成に必要である．
   (D) 無機栄養素が主要栄養素である．
7. 同じ種の植物の2つのグループを，一方は菌根をもち，他方は菌根なしのグループとしたとき，植物の健康の最大の違いが期待される環境はどれか．
   (A) 窒素固定細菌が豊富に存在する
   (B) 排水不良の土壌
   (C) 暑い夏と寒い冬の環境
   (D) 無機栄養素が比較的欠損した土壌
8. トマトの2つのグループを，一方は腐植を土壌に加え，他方は腐植なしの対照群として，実験条件で生育させた．腐植なしで育つ植物の葉は腐植に富む土壌で生育した植物のものと比較して黄色がかっていた（緑色が薄い）．この差異の最もよい説明は，次のうちどれか．
   (A) 健康な植物は，クロロフィルをつくるためにエネルギーを，腐植中の葉を分解して食物に使用していた．
   (B) 腐植により，土壌がよりゆるく詰め込まれたため，水が根により簡単に行きわたった．
   (C) 腐植土には，クロロフィル合成に必要なマグネシウムや鉄などの無機栄養素が含まれる．
   (D) 腐植の葉の分解によって放出される熱は，より急速な成長とクロロフィル合成を引き起こした．
9. マメ科植物と相利共生する根粒菌の菌株間の特定の関係は，以下のどれに依存するか．
   (A) それぞれのマメ科植物は，菌類と化学的対話をする．
   (B) それぞれの根粒菌株は，適切なマメ科植物の宿主のみで働くニトロゲナーゼを有する．
   (C) それぞれのマメ科植物は，土壌がそのマメ科植物特有の根粒菌のみをもつ場合に見つかる．
   (D) 根粒菌の菌株とマメ科植物種の，化学シグナルとシグナル受容体との間の特異的認識．
10. **描いてみよう**　陽イオン交換について，根毛，陰イオンをもつ土壌粒子，無機栄養素の陽イオンを置換する水素イオンを示す，簡単なスケッチを描きなさい．

レベル3：統合／評価

11. **進化との関連**　図37.12の図から植物を取り除いたものを想像しなさい．陸上植物が進化する前に，土壌細菌は，窒素の循環をどのように維持することができたか，説明しなさい．
12. **科学的研究**　酸性雨では，水素イオン（H^+）が異常に高濃度である．酸性雨の1つの影響は，カル

シウム（Ca^{2+}），カリウム（K^{+}），およびマグネシウム（Mg^{2+}）などの栄養素を土壌から枯渇させることである．酸性雨が，土壌からこれらの栄養素をどのように洗い流すかを説明する仮説を示しなさい．また，どのようにその仮説を検証すればよいか．

13. **科学，技術，社会**　多くの国では，灌漑により帯水層が破壊され，土地沈下や収穫減少などが起き，より深い井戸を掘削する必要がある．多くの場合，地下水の採取は，自然による帯水層の回復速度を超えている．このような状況で起こり得る結果について説明しなさい．社会と科学は，この重大になっている問題を軽減するために何ができるか．

14. **テーマについての小論文：相互作用**　植物が成長する土壌は，分類学上のすべての界に属する生物が活躍している．細菌，菌類，動物と植物の相利共生的相互作用が，どのように植物の栄養状態を改善しているかの例について，300〜450字で記述しなさい．

15. **知識の統合**　土に足跡をつけることは意味のない出来事のように見える．足跡がどのように土壌の特性に影響を与え，その変化がどのように土壌の生物および芽生えの出現に影響を与えるのか，300〜450字で記述しなさい．

（一部の解答は付録A）

38 被子植物の生殖とバイオテクノロジー

▲図 38.1　どうしてクロバエはこの花に卵を産みつけるのだろう．

重要概念

38.1 花，重複受精，果実は被子植物の生活環における鍵となる特徴である

38.2 被子植物は，有性的に，無性的に，あるいは両方で生殖する

38.3 人類は育種と遺伝子工学により作物を改変する

偽りの花

東南アジアの熱帯雨林に生息するキクザキラフレシア *Rhizanthes lowii* で目にすることができるのは肉色の花だけである（図 38.1）[*1]．この植物は，そのエネルギーのすべてを宿主であるブドウの仲間の植物から搾取している．その盗み取る方式は受粉においても使われる．開花すると，キクザキラフレシアの花は，腐った死骸に似た悪臭を出す．クロバエの雌は，通常死肉に卵を産みつける昆虫であるが，その匂いに抗えずに花に卵を産みつける．そこで，クロバエは粘着する花粉粒を浴びせられ，体に付着する．最終的に，花粉でコートされたクロバエは，キクザキラフレシアからすれば望ましいことに，他のキクザキラフレシアの花に飛び移っていく．

キクザキラフレシアの例で普通ではないところは，昆虫が花との相互作用から何の恩恵も受けないことである．実際，キクザキラフレシアの花で生まれたクロバエの蛆(うじ)は，死肉を食べることができず，すぐに死んでしまう．ほとんどの典型的な場合には，植物は動物の送粉者を花に引きつけるうえで，偽の死肉を提示するのではなく，エネルギーに富んだ蜜や花粉を報酬として与える．したがって，植物と送粉者の双方が恩恵を得る．このように他の生物が相互的互恵関係に関与することは，植物界では一般的である．実際，進化的には最近といえる時代に，いくつかの被子植物は，動物との関係を築き，その動物が種子を分散させるだけでなく，水や無機栄養素を植物に提供し，積極的に侵入者，競合者，病原体，捕食者から植物を保護するようになった．これらの恩恵と引き換えに，動物は一般的に，植物の種子や果実の一部を食料として得る．その動物が人類であるときは，相互作用を受ける植物は作物とよばれる．

＊1（訳注）：花以外の植物帯は顕微鏡レベルの大きさで，宿主の根に寄生している．

1万年以上前の作物栽培の起源以来，植物育種家は，人為選択によって数百の野生被子植物種の形質を遺伝的に操作し，今日，栽培されている作物につくり変えた．遺伝子工学により，植物を変更するさまざまな方法と速度は，現在では劇的に増加している．

29章と30章で藻類の祖先から陸上植物の出現をたどり，進化の観点から植物の生殖について考察した．本章では，ほとんどの陸域生態系と農業で最も重要な植物群である被子植物の繁殖生物学をより詳細に探る．被子植物の有性および無性生殖を検討した後，現代の植物バイオテクノロジーをめぐる論争と，作物の種の遺伝的改変における人間の役割について検討する．

▼図38.2　典型的な花の構造.

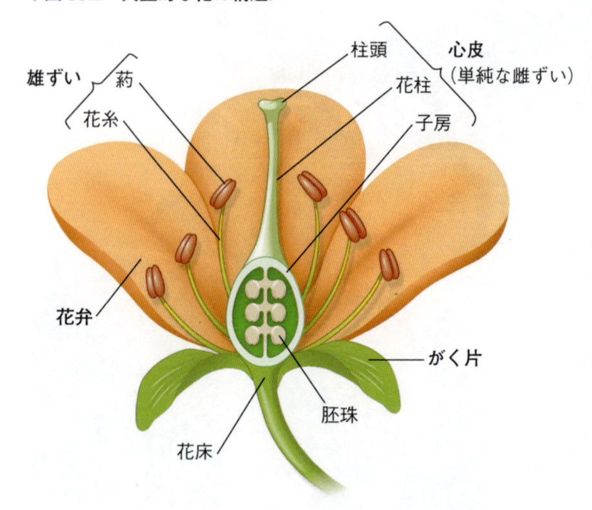
柱頭
心皮
(単純な雌ずい)
雄ずい
葯
花柱
花糸
子房
花弁
がく片
胚珠
花床

38.1

花，重複受精，果実は被子植物の生活環における鍵となる特徴である

植物の生活環は，世代の交代によって特徴づけられ，単相（n）の多細胞体と複相（$2n$）の多細胞体の世代が相互に繰り返される（図13.6b参照）．複相の植物体である「胞子体」は，減数分裂によって単相の胞子を形成する．これらの胞子は有糸分裂により，多細胞の「配偶体」を生じる．配偶体は雄性と雌性の単相の植物体で，配偶子（精子と卵）を形成する．配偶子の融合である受精によって，複相の接合子が生じ，それが有糸分裂によって分裂し，新たな胞子体を形成する．被子植物では，最も大きく，目につきやすく，寿命が長いという点で，胞子体が優占世代である．被子植物の生活環の主要な特徴は「3つのF」，花（flowers），重複受精（double fertilization），果実（fruits），として覚えることができる．

花の構造と機能

花 flower は，被子植物の生殖用に特化した胞子体の構造であり，典型的なものは，**心皮 carpel**，**雄ずい stamen**，**花弁 petal**，**がく片 sepal** という4つの花器官により構成されている（図38.2）．上から見ると，これらの器官は同心円状の輪生の形をとっている．心皮が輪生の最初（最も内側）で，雄ずいが2番目，花弁が3番目，そしてがく片が4番目（最も外側）である．これらすべては，**花床 receptacle** とよばれる茎の一部に付着している．花は有限成長であり，花や果実を形成すると，成長が停止する．

雄ずいと心皮は，生殖に特化した葉が変形した，胞子葉であるが（30.1節参照），がく片と花弁は受精に直接関係しない，変形した葉である．心皮（大胞子葉）の基部には**子房 ovary** があり，その上の長細い首の部分は**花柱 style** とよばれる．花柱の先端には粘着する構造があり，**柱頭 stigma** とよばれ，花粉を捕える．子房の中には，受精すると種子となる，1つまたは1つ以上の**胚珠 ovule** があるが，その数は植物種によって異なる．図38.2に示した花は，心皮が1枚であるが，複数の心皮をそなえた花をもつ植物種も多い．多くの植物種では，心皮が融合して，1つ以上の胚珠が収められた，2つまたはそれ以上の小部屋をもつ複合した子房をつくっている．単一の心皮や，合着して1つに見える心皮の複合体を指して，**雌ずい pistil** とい

▼図38.3　心皮と雌ずいの関係. 単純な雌ずいは，単一の融合していない心皮を構成する．複合した雌ずいは，2つあるいはそれ以上の融合した心皮からなる．あるタイプの花は単一の雌ずいのみをもち，他のタイプは多くの雌ずいをもつ．どちらの場合も，雌ずいは単純型か複合型である．

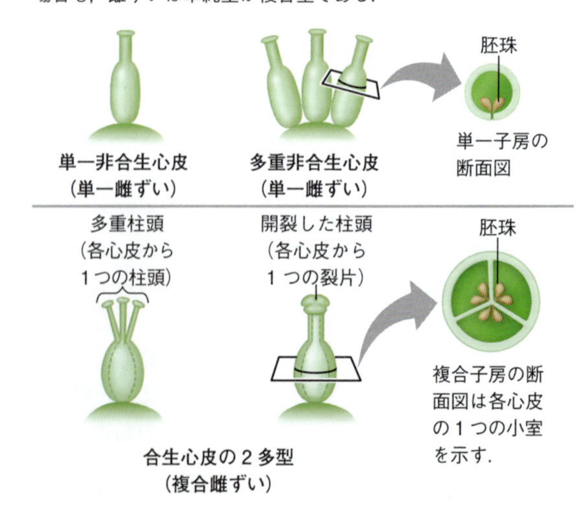
単一非合生心皮
(単一雌ずい)
多重非合生心皮
(単一雌ずい)
胚珠
単一子房の
断面図
多重柱頭
(各心皮から
1つの柱頭)
開裂した柱頭
(各心皮から
1つの裂片)
胚珠
複合子房の断
面図は各心皮
の1つの小室
を示す.
合生心皮の2多型
(複合雌ずい)

う言葉が使われることもある（図 38.3）．雄ずい（小胞子葉）は，「花糸」とよばれる柄と，その先についている**葯** anther とよばれる構造からできている．葯の内部には，小胞子嚢（花粉嚢）とよばれる小部屋があり，そこで花粉がつくられる．花弁はがく片より概して目立つ色をしており，昆虫や他の送粉者に花を宣伝する．がく片は未開花の花のつぼみを囲み，守るが，他の花器官よりも葉に似ている．

完全花 complete flower は，4つの基本的な花器官すべてをもつ（図 38.2 参照）．ある種は**不完全花** incomplete flower をもち，がく片，花弁，雄ずい，または心皮を欠いている．たとえば，ほとんどのイネ科植物の花は，花弁を欠いている．いくつかの不完全花は，雄ずいと心皮を欠き不稔であり，他のものは「単性」（「不完全」とよばれることもある）で雄ずいか心皮のどちらかを欠いている．花はまた大きさ，形状，色，香り，器官の配置，開花時間が異なる．ある花は，単独でつき，他のものは**花序** inflorescence とよばれる派手な塊に配置されている．たとえば，ヒマワリの「花」の中央の盤状構造は，小さな数百の不完全花から構成されており，花弁のように見えるものは，実際には不稔の花である（図 40.23 参照）*2．花の多様性の多くは，特定の送粉者への適応を表している．

受粉の方法

受粉 pollination とは種子植物の胚珠部分への花粉の移動である．被子植物では，これは葯から柱頭への移動である．受粉は風，水，または動物によって達成される（図 38.4）．イネ科草本や多くの樹木などの風媒花では，膨大な量の小型花粉を放出することで，風による無秩序な飛散を補う．花粉アレルギーに悩まされている人々が裏づけるように，年間の特定の時期には，花粉が空気中に放出される．水生植物のいくつかの種では，花粉の分散を水に依存している．しかし，ほとんどの被子植物種は，別の花から直接花粉を輸送するために，昆虫，鳥などの動物送粉者に依存している．

進化 動物の送粉者は花粉や蜜の形で花が提供する食物に引き寄せられる．一定の植物種に忠実な送粉者を引きつけることは，同じ植物種の他の花に花粉を確実に届けるうえで，効率的な方法である．したがって，自然選択は，効率的な動物種によって規則正しく花が受粉できるように，花の構造や生理機能における変異を助長する．もし植物種が，送粉者により花が報酬を得られるように形質を発達させるとすれば，これらの花から食物を収穫するうえで送粉者が適応するような選択圧が存在するであろう．相互作用する2種のそれぞれが相手に課された選択に応答する共同の進化は，**共進化** coevolution とよばれる．たとえば，いくつかの種では，花弁が互いに合着し，奥深くに蜜腺が隠れた，長い筒状の構造を形成する．チャールズ・ダーウィン Charles Darwin は，花と昆虫の間の進化的な競争が，花筒の長さと，昆虫の口器の一部であるストロー状の口吻の長さの一致へと導く可能性があることを示唆した．マダガスカルに生育する管状の花*3 の長さに基づき，ダーウィンは，送粉者として 28 cm の長い口吻をもつ蛾の存在を予測した．このような蛾は，ダーウィンの死後 20 年経てから発見された（図 38.5）．

気候変動は植物と動物送粉者の長年の関係に影響を与えるかもしれない．たとえば，ロッキー山脈のマルハナバチの2種は，40 年前の同じ種のハチに比べて，現在は舌が4分の1短い．長い舌の送粉者を必要とする花が，ロッキーがより暖かい気候になったため減少した．その結果，短い舌をもつマルハナバチが優占する選択圧が働いた．

被子植物の生活環：全体像

受粉は被子植物の生活環の1段階である．図 38.6 は，特に配偶体発達，花粉管による精細胞の運搬，重複受精，および種子発達に焦点を当てた，生活環の完全な全体像を示している．

種子植物の進化の過程で，配偶体のサイズは小さくなり，完全に胞子体の栄養に依存するようになった（図 30.2 参照）．被子植物の配偶体は，少数の細胞で構成されるように，すべての植物の中で最も小さくなった．それらは微視的であり，その発達は保護組織により覆い隠されている．

雌性配偶体（胚嚢）の発生　心皮が発生すると，その膨らんだ基部である子房の中深くで，1つあるいはそれ以上の胚珠が形成される．**胚嚢** embryo sac とよばれる雌性配偶体の発生は，それぞれの胚珠の中で発生する．胚嚢の形成過程はそれぞれの胚珠の中の❶大胞子嚢とよばれる組織で起こる．2枚の「珠皮」は

＊2（訳注）：ヒマワリの頭花（花序）は，周辺の舌状花と中央部の筒状花で構成されている．周辺の舌状花は雄ずいを欠く不完全花であるが，結実可能である，原著の誤りである．中央部の筒状花は完全花である．

＊3（訳注）：ランの花であるので，管状の部分は，唇弁の一部が長く伸びた構造（距）である．

(種皮に発達する胞子体保護組織の層),「珠孔(しゅこう)」とよばれる開口部を除き，大胞子嚢[*4]を囲む．各々の胚珠の大胞子嚢の1細胞,「大胞子母細胞」が肥大し，減数分裂により，4つの単相の**大胞子 megaspore** を形成して，雌性配偶体の発生が開始する．ただ1つの大胞子のみが生き残り，他は退化する．

生き残った大胞子細胞は，細胞質分裂せずに有糸分裂を3回繰り返し，その結果，8つの単相核をもつ1つの大きな細胞となる．多核の塊は，膜によって仕切られ，多細胞の胚嚢になる．珠孔端では，卵細胞に隣接する2つの助細胞とよばれる細胞が，花粉管を胚嚢へ誘引し導く．胚嚢の反対側には，機能が未知の3つの反足細胞がある．他の2つの核は極核とよばれ，別々の細胞には分割されないで，胚嚢の中央に位置する大きな細胞の細胞質を共有する．したがって，成熟した胚嚢は7つの細胞の中にある8つの核から構成されている．受精後に種子になる胚珠は，大胞子嚢（最終的には萎(しお)れる）と2枚のまわりの珠皮によって囲まれた胚嚢からなる．

＊4（訳注）：珠心とよばれる．

▼図 38.4　探究　花の受粉

被子植物のほとんどは，ある植物の花の葯から，別の植物の花の柱頭への花粉の移動を，生物あるいは非生物の受粉媒介者に依存している．すべての被子植物の受粉の約80%は，動物の仲介者を採用した生物的受粉である．非生物的受粉種のうち，98%が風に，2%が水に依存する（一部の被子植物は，自家受粉することができるが，そのような種は，自然の中では自殖に限定されている）．

風による非生物的受粉（風媒）

被子植物の約20%が風媒である．それらの繁殖成功は，送粉者の誘因には依存しないので，色彩豊かで芳香のある花を有利にする選択圧はない．したがって，風媒種の花は，しばしば小さく緑色で目立たず，蜜も香りも生成しない．ほとんどの温帯樹木やイネ科草本は風媒である．セイヨウハシバミ *Corylus avellana*（右の写真）や，他の多くの温帯の風媒の樹木の花は，葉が出ておらず，花粉の動きを妨げない早春に咲く．風媒の相対的な非効率性は，多量の花粉生産によって補償される．風洞研究により，花の構造は，花粉を捕える助けとなる渦流をつくることができるため，風媒はしばしば，見かけより効率的であることが明らかになった．

▲ハシバミ雌花（心皮のみ）

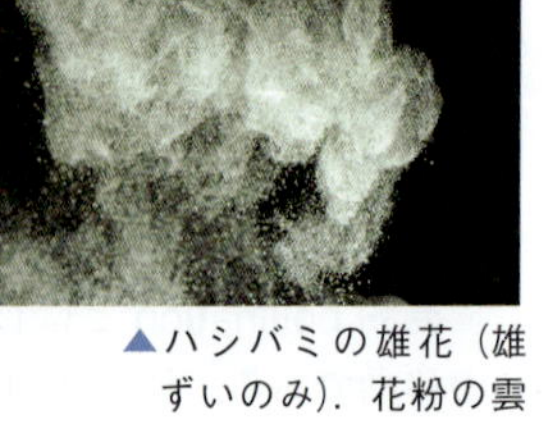
▲ハシバミの雄花（雄ずいのみ）．花粉の雲を放出している．

ハチによる受粉

▲通常光下のセイヨウタンポポ

▲紫外光下のセイヨウタンポポ

被子植物の約65%は，受粉のために昆虫を必要とする．主要作物では，割合はさらに高くなる．ハチは最も重要な送粉昆虫であり，ミツバチ集団の縮小は，ヨーロッパと北米で大きな懸念となっている．受粉するハチは，食料を蜜や花粉に依存している．一般的に，ミツバチ受粉の花は，繊細で甘い香りをもっている．ハチは，明るい色，おもに黄色と青色に誘引される．ハチは赤色はくすんで見えるだけだが，紫外線を見ることができる．セイヨウタンポポ[*5]のような，多くのミツバチ受粉の花は，昆虫が蜜腺（蜜を生産する分泌腺）の場所を見つける助けになる「ネクターガイド」とよばれる紫外光の印をもつが，人間の目には，紫外光の下でその蛍光が見えるのみである．

＊5（訳注）：セイヨウタンポポは日本では通常 *T.officnale* の学名が使用されているが，*T.officnale* も *T.vulgare* も *T.campylodes* の異名とされている．

チョウと蛾による受粉

チョウや蛾は匂いを検出し，それらにより受粉される花はしばしば甘い香りをもつ．チョウは多くの明るい色を知覚するが，蛾が受粉する花は，蛾が活発な夜に外で目立つように，通常は白色または黄色である．（ここに示されている）ユッカは，典型的には，花粉を柱頭に押しつける付属物をもつ蛾の単一種によって受粉される．その後，蛾は，直接子房に卵を産む．幼虫は発生途上の種子の一部を食べるが，このコストよりも，効率的かつ信頼性の高い送粉者の利益のほうが勝っている．蛾が，あまりにも多くの卵を産んだ場合，花は発達不全になり脱落する．これは，植物を過剰に利用する個体に対しての選択となる．

? 高度に特殊化した動物送粉者をもつ植物の利益と危険は何か．

葯
蛾
柱頭
▲ユッカの花の上の蛾

雄性配偶体と花粉粒の発生　雄ずいがつくられると，それぞれの❷葯は花粉嚢とよばれる4つの小胞子嚢を発生する．小胞子嚢の中には，多くの「小胞子母細胞」とよばれる複相の細胞が含まれている．各小胞子母細胞は，減数分裂を経て4つの単相の❸**小胞子 microspore** を形成し，それぞれが最終的には単相の雄性配偶体を生じさせる．それぞれの胞子は，有糸分裂を行い，2細胞，すなわち「雄原細胞」と「花粉管細胞」のみで構成される雄性配偶体を形成する．これら2つの細胞と胞子壁により，**花粉 pollen grain** が構成されている．小胞子と葯の両方によって生成した物質からなる胞子壁は，通常，種特有の精巧なパターンを示す．雄性配偶体の成熟時に，雄原細胞は花粉管細胞中に移動し，花粉胞子壁が完成する．花粉管細胞はその内部に完全な自立した雄原細胞をもつことになる．

花粉管による精細胞の運搬

小胞子嚢が開裂して，花粉が放出された後，花粉は，柱頭の受容表面に付着，すなわち受粉する．受粉のとき，花粉粒は通常，生殖細胞と花粉管細胞のみで構成されている．花粉は水を吸収して発芽し，雌性配偶体に精細胞を提供する細胞の長い突起である**花粉管 pollen tube** を生じる．花粉管は，花柱を通って伸長し，通常，雄原細胞は有糸分裂してそのまま花粉管細胞の内部に残る2個の精細胞を生成する．花粉管の先端が，助細胞が生成する化学誘引物質に応答して珠孔に向かって伸長していくとき，花粉管核は2つの精細胞を先導する．花粉管の到着は，2つの助細胞のうちの1つの死を引き起こし，それにより胚嚢の中に入る通路が提供される．花粉管核と2つの精細胞は，❹花粉管から雌性配偶体の周辺に放出される．

重 複 受 精

配偶体の融合である**受精 fertilization** は，2つの精細胞が雌性配偶体に届いた後に起こる．1つの精細胞は卵と受精し，接合子を生じる．もう1つの精細胞は，雌性配偶体の中央の巨大細胞（中央細胞）と融合

コウモリによる受粉

蛾媒花のように，コウモリ媒花は，夜行性の送粉者を誘引するため，明るい色で芳香をもつ．ソーシュルハナナガコウモリ *Leptonycteris curasoae yerbabuenae* は，米国南西部やメキシコでリュウゼツランやサボテンの花の蜜と花粉を食べる．採餌時に，コウモリは，植物から植物へと花粉を運ぶ．ハナナガコウモリは絶滅危惧種である．

▲夜にリュウゼツランの花を探餌するハナナガコウモリ

ハエによる受粉

クロバエ

▲スタペリアの花上のクロバエ

多くのハエ媒花は，赤色，肉質で，腐肉のような臭気をもつ．スタペリア *Stapelia* を訪花するクロバエは，花を腐敗死体と間違え，その上に卵を産む．クロバエは，このプロセスで花粉まみれになり，他の花に花粉を運ぶ．卵が孵化したときに，幼虫は食料となる腐肉を見つけることはできず，死ぬことになる．

鳥による受粉

オダマキなどのような鳥媒花は，通常，大きく，明るい赤色や黄色であるが，匂いはほとんどない．鳥は，よく発達した嗅覚をもっていないので，香りの生産を支持する選択圧はなかった．その代わり，花は，送粉する鳥の高いエネルギー需要を満たす，蜜とよばれる甘い報酬を生産する．多くの花で基部にある蜜腺によって産生される蜜の主要な機能は，送粉を「報酬」にすることである．このような花の花弁はしばしば合着し，鳥の湾曲したくちばしに合う，曲がった花筒を形成する．

▶オダマキの花の蜜を吸うハチドリ

▼**図 38.5　花と送粉昆虫の共進化．** マダガスカルのラン *Angraecum sesquipedale* の長い距は，送粉者のスズメガ *Xanthopan morganii praedicta* の 28 cm の長い口吻と共進化している．蛾は，ダーウィンがその存在を予測したことにちなんで命名されている．

▼図 38.6　**被子植物の生活環**．単純にするために，単一の心皮（単純な雌ずい）を示している．多くの種では，分離しているにせよ，融合しているにせよ複数の心皮をもつ．

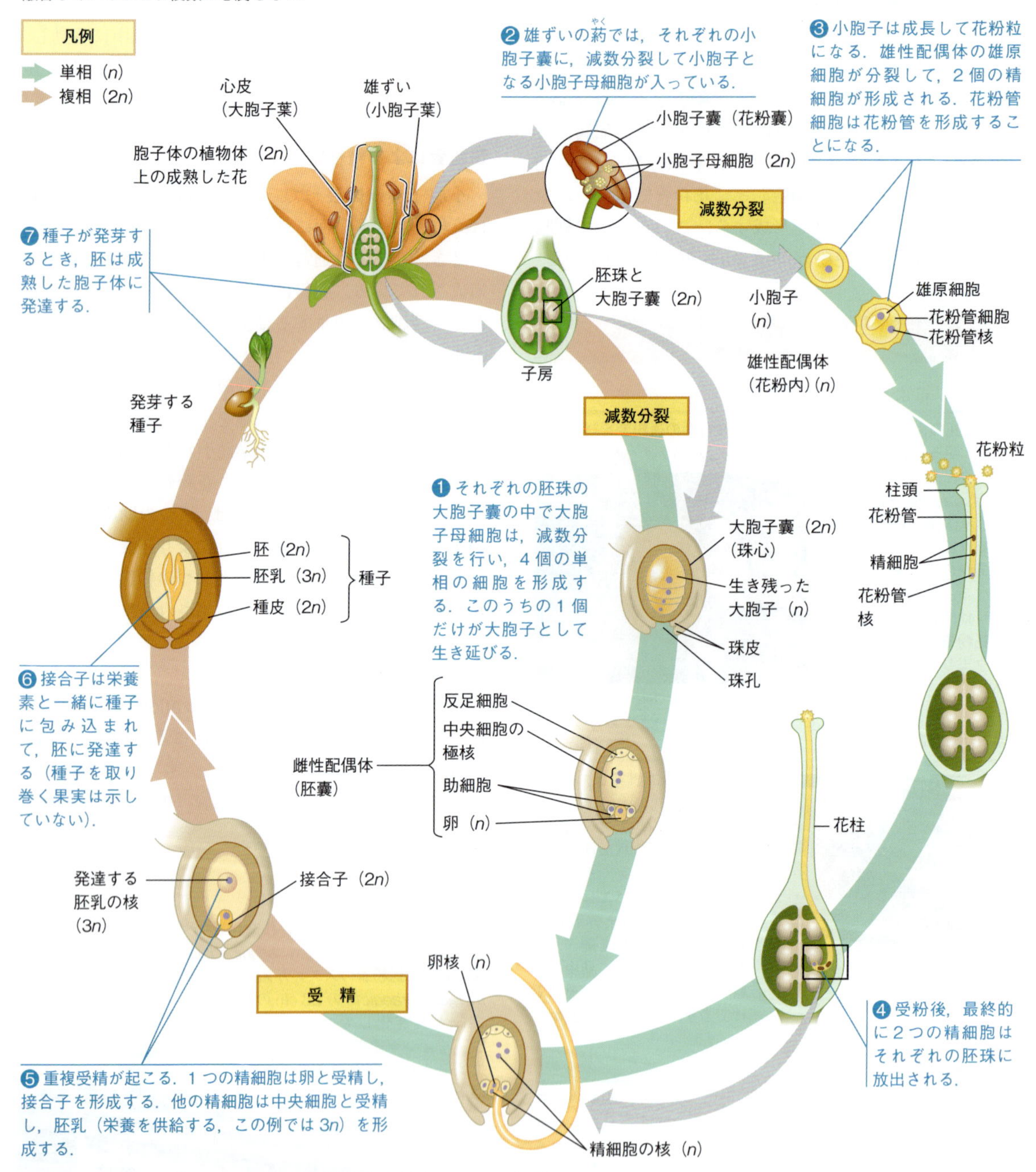

凡例
単相（n）
複相（2n）
心皮
（大胞子葉）
雄ずい
（小胞子葉）
胞子体の植物体（2n）
上の成熟した花
❷雄ずいの葯では，それぞれの小胞子囊に，減数分裂して小胞子となる小胞子母細胞が入っている．
小胞子囊（花粉囊）
小胞子母細胞（2n）
❸小胞子は成長して花粉粒になる．雄性配偶体の雄原細胞が分裂して，2個の精細胞が形成される．花粉管細胞は花粉管を形成することになる．
減数分裂
❼種子が発芽するとき，胚は成熟した胞子体に発達する．
胚珠と
大胞子囊（2n）
子房
小胞子
（n）
雄原細胞
花粉管細胞
花粉管核
雄性配偶体
（花粉内）（n）
発芽する
種子
減数分裂
花粉粒
柱頭
花粉管
精細胞
花粉管
核
❶それぞれの胚珠の大胞子囊の中で大胞子母細胞は，減数分裂を行い，4個の単相の細胞を形成する．このうちの1個だけが大胞子として生き延びる．
大胞子囊（2n）
（珠心）
生き残った
大胞子（n）
珠皮
珠孔
胚（2n）
胚乳（3n）
種皮（2n）
種子
❻接合子は栄養素と一緒に種子に包み込まれて，胚に発達する（種子を取り巻く果実は示していない）．
反足細胞
中央細胞の
極核
助細胞
卵（n）
雌性配偶体
（胚囊）
花柱
発達する
胚乳の核
（3n）
接合子（2n）
受　精
卵核（n）
❹受粉後，最終的に2つの精細胞はそれぞれの胚珠に放出される．
❺重複受精が起こる．1つの精細胞は卵と受精し，接合子を形成する．他の精細胞は中央細胞と受精し，胚乳（栄養を供給する，この例では3n）を形成する．
精細胞の核（n）

図読み取り問題▶この生活環の中で，体細胞分裂が最も起こるのはどこか．

し，中心付近で，その核を2つの極核と合体させて三倍体（3*n*）の核を形成する．この巨大な細胞は成長して❺**胚乳 endosperm**[*6] とよばれる，種子の栄養を貯蔵する組織になる．2個の精細胞が，それぞれ雌性配偶体中の異なる細胞と合体するこの現象は，**重複受精 double fertilization** とよばれている．重複受精によって，卵が受精した胚珠でのみ，胚乳が形成されるようになり，栄養分の浪費を防ぐようになっている．重複受精が起こる頃に，花粉管核，もう1つの助細胞，反足細胞は崩壊する．

＊6（訳注）：内乳，内胚乳ともいう．

種子の形成

❻重複受精後，それぞれの胚珠は種子に発達する．一方，子房は種子を包み，風や動物による拡散を助けるための，果実に発達する．受精卵から胚に成長するに従って，種子はタンパク質，油脂，およびデンプン類を蓄積するが，その量は植物種によって異なる．種子が栄養供給源となっているのは，このような理由による．当初は，炭水化物や他の栄養類は，胚乳に蓄積されるが，後で種によっては，胚の太った子葉にこの機能を引き継いでいる．種子が発芽するとき，❼胚は新たな胞子体に発達する．成熟した胞子体は，自身の花や果実を生成して，ここに生活環を完了するが，どのように胚嚢が成熟した種子に発達するのか，さらに詳細に検討する必要がある．

種子の発達と構造：詳細

受粉と重複受精に成功後，種子が形成を始める．この過程で，胚と胚乳の双方が発達する．成熟すると，**種子 seed** は貯蔵した食物と保護層に囲まれた休眠した胚を構成する．

胚乳の発達

通常，胚乳の発生は，胚の発生に先立って行われる．重複受精後，三倍体となった胚珠の中央細胞の核が分裂し，乳状物をもつ，多核の「超細胞」となる．この液状の胚乳は，細胞質分裂によって核の間に細胞膜が生じ，細胞質が仕切られることにより，多細胞となる．最終的には，「裸の」細胞に細胞壁が形成され，胚乳は硬くなる．ココナッツの「ミルク」と「肉」は，それぞれ，液体胚乳と固体胚乳の例である．ポップコーンの白いフワフワの部分も胚乳である．コムギ，トウモロコシ，イネのたった3つの穀物の胚乳が，人類の生命を支えるほとんどの食物エネルギーを供給している．

穀物やほとんどの単子葉植物では，多くの双子葉植物でも同様だが，胚乳には栄養が貯蔵されており，これは発芽後に実生が使う．他の真正双子葉植物の種子では，胚乳に貯蔵されていた栄養は，種子の発生が終わる前に，すべてが子葉に輸送されてしまい，成熟した種子には胚乳がない．

胚 の 発 達

最初の接合子の細胞分裂は非対称であり，受精卵は基底細胞と頂端細胞に分かれる（図 38.7）．頂端細胞は最終的には，胚の大部分を生じる．基底細胞は分裂

▼図 38.7　**真正双子葉植物の胚の発生**．胚珠が成熟した種子に成長し，珠皮が硬く，厚くなって種皮になったときには，接合子は未発達な器官をもつ胚に成長している．

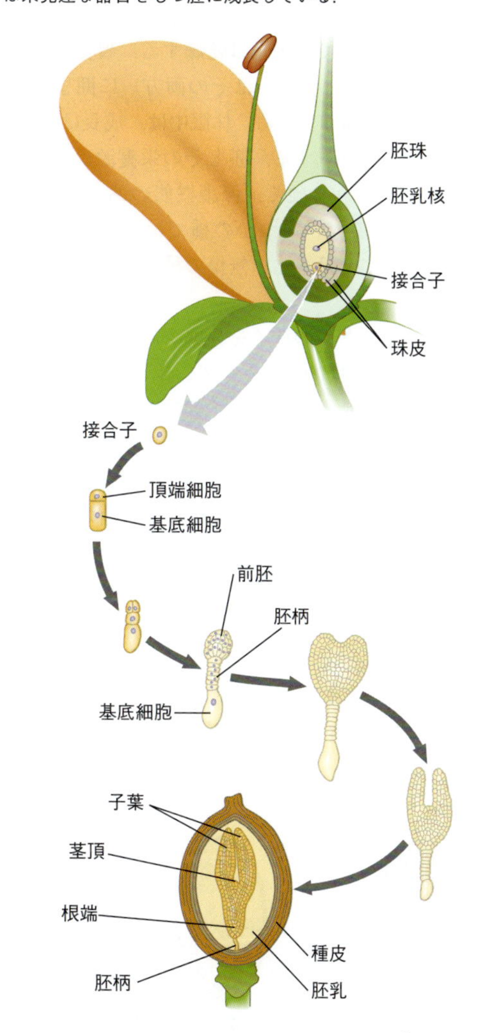
胚珠
胚乳核
接合子
珠皮
接合子
頂端細胞
基底細胞
前胚
胚柄
基底細胞
子葉
茎頂
根端
胚柄
種皮
胚乳

を繰り返し，胚を親植物につなぎとめる，胚柄（はいへい）とよばれる糸状の細胞群となる．胚柄は，親植物から栄養を胚に輸送するのを補助するが，植物種によっては，胚乳からの栄養を輸送することもある．胚柄の伸長に伴い，胚柄は胚を栄養豊富で，周囲から保護する組織中に押し上げる．一方，頂端細胞は，何回もの分裂後，胚柄に付着した球状の前胚（初期胚）となる．子葉は，前胚上の突起として形成される．双子葉植物は2枚の子葉をもつが，この時期にはハート型をしている．

子葉が形成され始めると，胚は伸長成長を始める．発生したばかりの2枚の子葉の間には，胚の茎頂がある．胚柄が付着する胚軸の反対側の端には，胚の根端ができる．種子が発芽した後には，実際，植物が生き続ける限り，シュートや根の先端にある頂端分裂組織が，一次成長を維持する（図 35.11 参照）．

成熟した種子の構造

成熟の最終段階において，水分含量が種子の5〜15%の重量になるまで，種子は乾燥する．豊富な栄養源（子葉または胚乳，あるいはその両方）に囲まれた胚は，**休眠 dormancy** に入る．休眠中は，成長は止まり，代謝もほとんど停止する．胚とその栄養源は，胚珠の珠皮から形成される硬く，保護機能のある**種皮 seed coat** に包まれる．いくつかの種では，休眠は，胚そのものによってではなく，無傷の種皮の存在によって存続する．

ここで，インゲンの種子を分解することにより，真正双子葉植物の1つ種子タイプを詳しく見てみると，胚は，肉質の子葉がついた長く伸びた胚軸からなることが見てとれる（図 38.8 a）．子葉とつながっている部分より下は，**下胚軸 hypocotyl**（「下」を意味するギリシャ語 *hypo* に由来）とよばれる．胚軸の端は**幼根 radicle**，つまり，胚の根である．胚軸の，子葉が付着する部分より上で，最初の1対の小型の葉より下の部分は，**上胚軸 epicotyl**（「上」を意味するギリシャ語 *epi* に由来）とよばれる．上胚軸と若い葉，茎頂分裂組織は，集合的に「幼芽」とよばれる．

インゲンの子葉は，種子が形成される際に胚乳から炭水化物を吸収するため，発芽前にはデンプンが多量に含まれている．しかしながら，トウゴマ *Ricinus communis* のような，ある真正双子葉植物では，栄養を胚乳に留め，非常に薄い子葉をもつものもある．子葉は，胚乳から栄養を吸収し，種子が発芽するときに，胚の他の部位に輸送する．

単子葉植物の胚は，1枚の子葉をもつ（図 38.8 b）．トウモロコシやコムギが含まれるイネ科草本は，「胚盤 scutellum」（その形から「小さな盾」を意味するラテン語 *scutella* に由来）とよばれる特殊化した子葉をもつ[*8]．大きな表面積をもつ胚盤は，胚乳に圧着しており，発芽時に栄養を胚乳から吸収する．イネ科種子の胚は，若いシュートを覆う**子葉鞘**（しょう） **coleoptile** と若い根を覆う**根鞘 coleorhiza** の2つの保護鞘に包まれている．この両構造は，発芽後に土壌を貫通するのを補助する．

図 38.8　種子の構造．

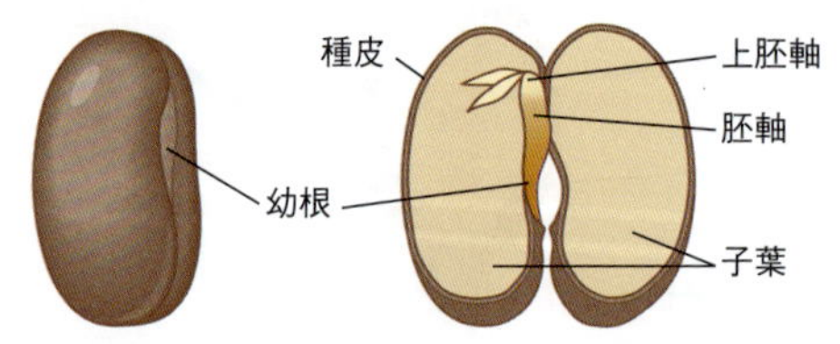
種皮
上胚軸
胚軸
幼根
子葉

(a) **インゲン，分厚い子葉をもつ真正双子葉植物．** 種子が発芽する前に，胚乳から吸収した栄養分は，肉質の子葉に貯蔵される．

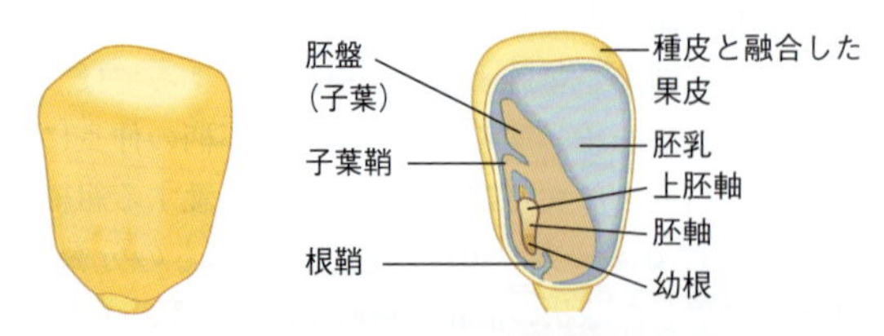
胚盤
（子葉）
子葉鞘
根鞘
種皮と融合した
果皮
胚乳
上胚軸
胚軸
幼根

(b) **トウモロコシ，単子葉植物．** 他の単子葉植物と同様に，トウモロコシの子葉は1枚である．トウモロコシと他のイネ科の植物には，胚盤とよばれる大きな子葉がある[*7]．未発達なシュートは子葉鞘とよばれる鞘に包まれ，幼根は根鞘に包まれている．

＊7（訳注）：イネ科では，胚盤と子葉鞘の全体が子葉である．

関連性を考えよう➤子葉数に加え，単子葉植物と真正双子葉植物の構造的に異なる他の特徴は何か（図 30.16 参照）．

図読み取り問題➤どの成熟した種子が胚乳を欠いているか．何が起こっているか．

種子休眠：厳しい時期への適応

種子休眠を破るために必要な環境条件は，種によって異なる．いくつかの種の種子では，適切な環境ですぐに発芽する．他のものは，適した場所に播種された場合でも，休眠打破には特定の環境からの合図が必要である．

種子休眠を打破するための特定の合図の必要性は，実生にとって最も有利な時と場所で発芽する可能性を高くする．たとえば，多くの砂漠植物の種子は，十分な降雨の後にのみ発芽する．穏やかな霧雨の後に発芽した場合，土壌はすぐに乾燥してしまい，実生の生育を支えられない可能性があるためである．自然火災が一般的である場所では，多くの種子は，休眠打破するために強烈な熱や煙を必要とする．したがって火が競合する植生を焼き払った後に，実生は最も豊富になる．冬が厳しいところでは，種子は長期間の寒さへの露出が必要な場合がある．夏や秋に播種された種子は，次の冬の前に長い成長期を確保するため，次の春まで発芽しない．レタスの品種のような小さな種子は，発芽に光を必要とし，土壌表面に出るのに十分なくらい浅く埋もれている場合にのみ，休眠解除される．ある種子は，動物の消化管を通過して，化学的刺激によって柔らかくならないと発芽しない種皮をもち，糞（ふん）の中から発芽する前に，通常はかなりの距離を運ばれる．

休眠した種子が生存し，発芽する能力を維持できる期間は，植物種とその環境条件によって，数日から数十年，あるいはさらに長期間と多様である．実際に植物へと成長した，最も古い種子は，炭素14による年

＊8（訳注）：イネ科では，胚盤と子葉鞘の全体が子葉である．

代決定された2000年前のイスラエルのナツメヤシの種子である[*9]．ほとんどの植物種では，種子は発芽に適した環境になるまでは，1，2年の耐久性がある．それゆえ，土壌は，数年間にわたって蓄積されてきた．発芽前の種子の貯蔵庫といえる．これは，火事のような環境破壊の後でも，早期に植生が回復する理由の1つである．

種子から胞子体が発達して成熟した植物になる

環境条件が成長に適したとき，休眠は解除（停止）し，発芽が進行する．発芽後に茎，葉，根，そして最終的には開花が続いていく．

種子の発芽

種子の発芽は，乾燥した種子の水ポテンシャルが低いことにより水を取り込む，**吸水 imbibition** により開始する．吸水は，種子に膨張と種皮の破裂を引き起こし，同時に胚が成長を再開する変化の引き金となる．吸水に続いて，酵素は胚乳や子葉に貯蔵されていた物質を消化して，栄養分は胚の成長部位へと運ばれる．

発芽中の種子から最初に現れる器官は，幼根である．根系の発達により実生は土壌に据えつけられ，細胞伸長に必要な水が供給される．水の確かな供給は次の段階，すなわちシュートの先端が地上で遭遇する，より乾燥した環境に出現するうえで，不可欠である．たとえば，インゲンでは，胚軸に鉤状の構造（フック）が形成され，成長によってこのフックが土壌から出てくる（図 38.9 a）．光の刺激により，フックはまっすぐになり，子葉は開き，繊細な上胚軸が現れ，最初の本葉を広げる．本葉は展開し，緑色になり，光合成によって栄養を合成し始める．子葉はしなびて実生から落ち，貯蔵されていた栄養は発芽中の胚に使い尽くされる．

トウモロコシや他のイネ科草本などの単子葉植物では，発芽時に土壌上に出るのに他の手段を用いる（図 38.9 b）．子葉鞘が土壌を通り抜けて，地上に押し出てくる．その後，シュートの先端は，管状になった子葉鞘のトンネルをくぐり抜けてまっすぐに成長し，最終的には子葉鞘の先端を通り抜けて外へ出る．

成長と花成

種子が発芽し光合成が始まると，植物の栄養素のほとんどは茎，葉，根の成長に捧げられる（「栄養成長」ともいわれている）．一次成長および二次成長の双方を含むこの成長は，分裂組織の細胞の活動によって起こる（35.2 節参照）．この段階では，通常最善の戦略は，生殖成長段階である花芽形成前にできるだけ光合成をして成長することである．

特定の植物種の花は，通常1年のうちの特定の時期に，突然かつ同時に出現する．このようなタイミングは，有性生殖の大きな利点である他殖を促進する．花の形成には，茎頂分裂組織の栄養成長から生殖成長段階への発達の変換も含まれる．この「花芽分裂組織」への転換は，環境による合図（日長など）と，39.3 節で学ぶ，内部シグナルの組み合わせにより引き起こされる．花成への転換が始まると，花芽分裂組織からのそれぞれの器官の出現の順序が，がく片，花弁，雄ずい，心皮のどの器官へと発達するかを決定する（図 35.36 参照）．

*9（訳注）：日本では縄文時代の種子が発芽した大賀ハスが有名であるが，正確な年代決定はされていない．

▼図 38.9　種子発芽の２つの一般的様式．

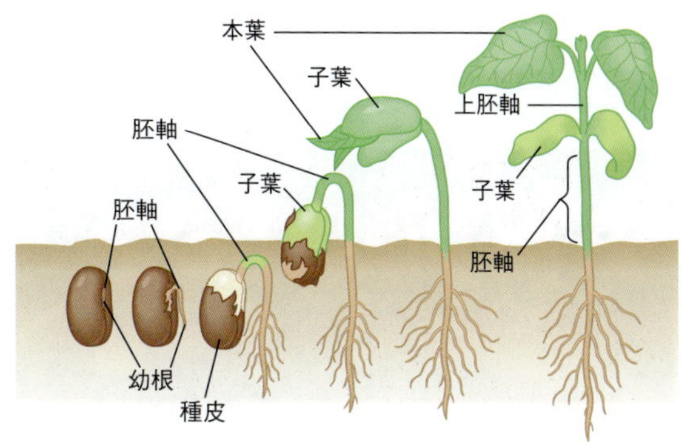
本葉
子葉
上胚軸
胚軸
子葉
子葉
胚軸
胚軸
幼根
種皮

(a) インゲン．インゲンでは，胚軸のフックがまっすぐに伸び，子葉が土壌から現れる．

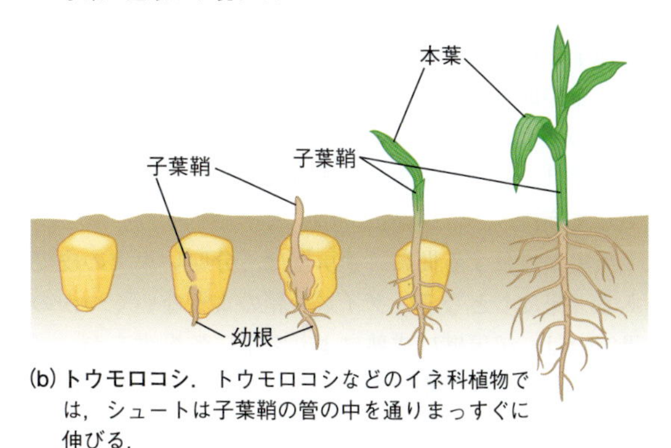
本葉
子葉鞘
子葉鞘
幼根

(b) トウモロコシ．トウモロコシなどのイネ科植物では，シュートは子葉鞘の管の中を通りまっすぐに伸びる．

図読み取り問題▶インゲンやトウモロコシの実生は，土壌中から伸びるときに，シュート系をどのように保護しているか．

果実の形態と機能

種子が発芽し成熟した植物に発達する前に，種子は適した土壌に置かれなければならない．果実はこの過程で鍵となる働きをする．**果実 fruit** は花の子房が成

▼図 38.10　**花から果実への転換**．アメリカヨウシュヤマゴボウのような花が受精すると，雄ずいと花弁は落ち，柱頭と花柱は萎れる．発達している種子を収納している，子房の壁が膨潤して果実を形成する．発達している種子と果実は糖や他の炭水化物の主要なシンク（貯蔵先）である．

熟したものである．胚珠が種子へと成長している間に，花は果実を発達させる（図 38.10）．果実は包み込んだ種子を保護するとともに，成熟時には風や動物による散布の助けとなる．受精は，子房が果実へと変化するためのホルモン変化の引き金となる．受精しなかった花では，通常，果実は形成されず，花は萎れて死んでしまう．

果実が成長する間に，子房壁は，分厚い果実の皮である「果皮」となる．ダイズの鞘のようないくつかの果実では，子房壁は成熟により完全に乾燥するが，ブドウのような他の果実では，新鮮さが保たれる．さらにモモのような他の果実では，子房の内側の部分が石のように硬くなり（種），一方外側は新鮮さを保つ．子房が成長すると，花の他の部分は萎れて，落ちてしまう．

果実は，その発生的起源により，いくつかのタイプに分けることができる．ほとんどの植物の果実は，1枚の心皮，あるいは複数の心皮が合着してできたものであり，これは**単果 simple fruit** とよばれる（図 38.11a）．**集合果 aggregate fruit** は，1つの花が複数の離生した心皮をもつ場合，それぞれの心皮が小果を形成した結果として生じる（図 38.11b）．この「小果」群は，キイチゴのように1つの花床の上に着生する．花が塊をつくっているような花序からは，**複合果 multiple fruit** が形成される．たくさんの子房壁がいっせいに厚くなり始めると，その壁は互いに融合して，パイナップルのように1つの果実になる（図 38.11c）．

被子植物の中には，他の花の部分が成長して，通常，果実とよぶものになっているものがある．こうした果実は，**偽果 accessory fruit** とよばれる．リンゴの花では，子房は花床の中に埋もれている．子房からでき上がるのは，リンゴの芯の部分だけである（図 38.11d）．他の例としては，イチゴがある．イチゴは集合果であり，肥大化した花床に，小さな1つの種子だけをもつ果実が埋まっている．

果実が成熟するのは，通常，種子が完全に成熟するときとほぼ同時である．しかし，ダイズの鞘のような乾果の成熟には，果実組織の老化と乾燥過程が含まれる．一方，肉質な果実の成熟はもっと複雑である．複

▼図 38.11　**異なるクラスの果実の発生的起源．**

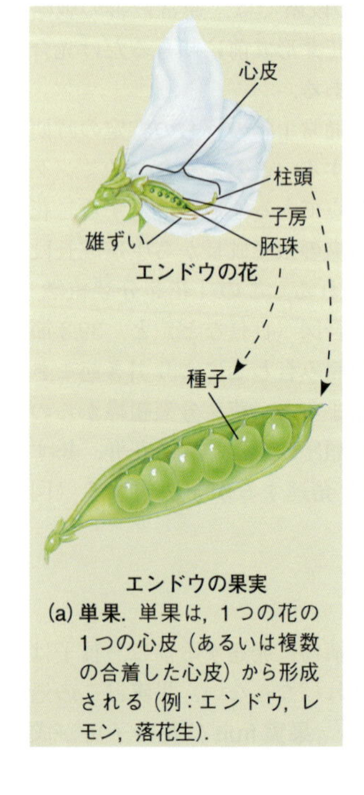
心皮
柱頭
子房
胚珠
雄ずい
エンドウの花
種子
エンドウの果実

(a) **単果**．単果は，1つの花の1つの心皮（あるいは複数の合着した心皮）から形成される（例：エンドウ，レモン，落花生）．

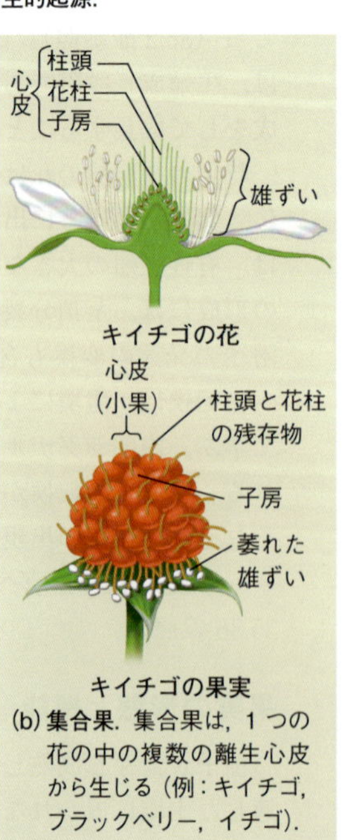
心皮
柱頭
花柱
子房
雄ずい
キイチゴの花
心皮
（小果）
柱頭と花柱
の残存物
子房
萎れた
雄ずい
キイチゴの果実

(b) **集合果**．集合果は，1つの花の中の複数の離生心皮から生じる（例：キイチゴ，ブラックベリー，イチゴ）．

花
パイナップルの花序
それぞれの断片は
1つの花
の心皮
より発
達する
パイナップルの果実

(c) **複合果**．複合果は，複数の花の複数の心皮から形成される（例：パイナップル，イチジク）．

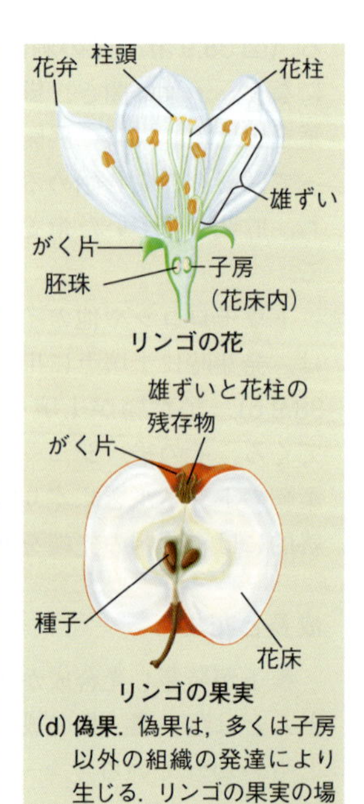
花弁
柱頭
花柱
雄ずい
がく片
胚珠
子房
（花床内）
リンゴの花
雄ずいと花柱の
残存物
がく片
種子
花床
リンゴの果実

(d) **偽果**．偽果は，多くは子房以外の組織の発達により生じる．リンゴの果実の場合，子房は肉質の花床に埋め込まれている．

雑なホルモンの相互作用の結果，食用になる果実ができ，動物を引きつけることで，種子散布の助けとなる．果実の「果肉」は，細胞壁の成分が酵素で分解されることにより，柔らかくなる．通常，緑から赤，オレンジ，黄色のような他の色への変化が起こる．有機酸あるいはデンプン分子が糖へ変換され，成熟した果実では，糖度が20%にも達することにより，果実は甘くなる．図38.12に果実散布のメカニズムをより詳しく示す．

本節では，被子植物の有性生殖の独特な機能，花，重複受精，果物について学んだ．次に，無性生殖について見ていく．

概念のチェック 38.1

1. 受粉と受精を区別しなさい．
2. どうなる？➤花が短い花柱をもつ場合，花粉管はより容易に胚嚢に達するだろう．ほとんどの被子植物で，非常に長い花柱が進化してきた理由を説明しなさい．
3. 関連性を考えよう➤ヒトの生活環では，植物の配偶体に類似した構造をもっているか．説明しなさい（図13.5，図13.6を参照）．

（解答例は付録A）

38.2

被子植物は，有性的に，無性的に，あるいは両方で生殖する

無性生殖 asexual reproduction では，子孫は単一の親から卵や精子の融合なしに生まれる．その結果は，親と遺伝的に同一のクローンである．無性生殖は，他の植物と同様に，被子植物では一般的であり，無性生殖が主要な繁殖様式である植物種もある．

無性生殖のしくみ

植物の無性生殖は，典型的には，植物の無限成長能力が拡張されたものである．植物の成長は，未分化な細胞である分裂組織により，無限成長を継続したり再開したりすることができる（35.2節参照）．さらに特殊化した細胞へと分化することができるため，失われた部位を再生することができる．ある植物の切り離された根や茎の断片は，完全な子孫を発生させることができる．たとえば，ジャガイモの「芽」（栄養芽）をもつ断片から，それぞれ1個体の植物が再生される．親植物がいくつかの部分に切り離され，それぞれが1個体の植物が形成される**断片分離 fragmentation** は，無性生殖の最も一般的なモデルの1つである．カランコエの葉上の不定芽は，珍しいタイプの断片分離の例である（図35.7参照）．他の例では，ポプラの木などのように，単一の親の根系は，別々のシュート系となる，多くの不定芽を生じさせることができる（図38.13）．ユタ州の1つのポプラのクローンは，遺伝的に同一の4万7000本の木を構成すると推定されている．いくつかのクローンでは，根系が切断され，残りのクローンと分離しているが，それぞれの木はなお，共通のゲノムを共有している．

タンポポ[*10]やその他の植物では，まったく異なる無性生殖のメカニズムをもつ．これらの植物は，ときとして受粉や受精を行うことなく種子が形成される．この無性生殖による種子形成は，精細胞や卵の生産もなければ受精も行われないことから，**無配生殖 apomixis**（ギリシャ語で「混ぜる行為の回避」の意）とよばれている．有性生殖の代わりに，胚珠中の複相細胞が胚に発生し，胚珠は種子へと成長し，タンポポは風に吹かれて果実によって散布される．したがって，これらの植物は，無性的なプロセスで自分自身のクローンをつくるが，種子散布という，ふつうは有性生殖に見られる利点を備えている．無配生殖は好ましいゲノムをそのまま子孫に伝えるため，植物育種家は，雑種作物への無配生殖の導入に大きな興味を抱いている．

無性生殖と有性生殖の利点と欠点

進化　無性生殖の利点は，受粉が必要ないことである．これは，同種の植物がまばらに分布し，同じ送粉者が訪花しないような状況では有益であるかもしれない．無性生殖はまた，植物の遺伝的遺産のすべてをそのまま子孫に渡すことができる．対照的に，有性生殖では，植物は，その対立遺伝子の半分だけを渡す．もし植物が見事にその環境に適合している場合は，無性生殖が有利だろう．元気な植物は，潜在的に自分自身の多くのコピーのクローンを作成することができ，環境状況が安定している場合，親が繁栄しているのと同じ環境条件で，子孫も遺伝的に適応していることになる．

無性の植物の生殖は，茎，葉，あるいは根の栄養成長に基づくため，**栄養生殖 vegetative reproduction** として知られている．一般的には，栄養生殖によって

＊10（訳注）：北米では自生のタンポポ属植物はなく，ほとんどが無配生殖を行う帰化の倍数性タンポポ（セイヨウタンポポ）であるが，日本では，自生の二倍体タンポポは無配生殖ではなく，有性生殖を行う．

▼図 38.12　探究　果実と種子の散布

植物の生活は，肥沃な土地を見つけることに依存している．しかし，親植物の下に落ちて発芽した種子には，栄養を競合して成功するチャンスはほとんどない．繁栄するためには，種子は広く散布されなければならない．植物は，水や風などの非生物媒体だけでなく，生物を散布媒体として使用する．

水による分散

▶いくつかの水に浮かぶ種子や果実は，海で数ヵ月，あるいは数年を生き延びることができる．ココナッツでは，種子の胚および多肉質の白い「果肉」(胚乳) が，厚く浮力のある繊維状の殻に囲まれた硬い層 (内果皮) 内にある．

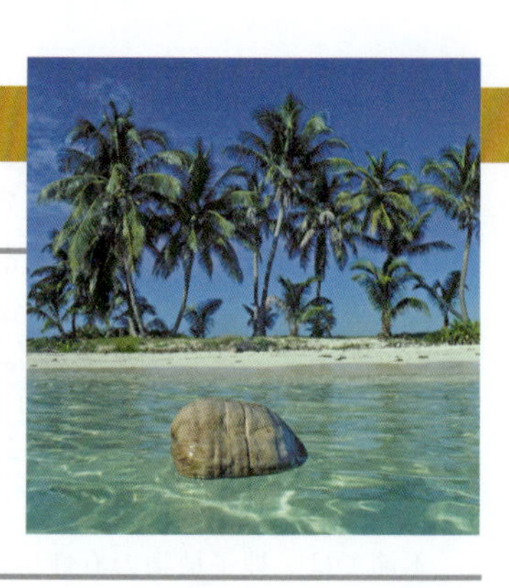

風による分散

▶アジアの熱帯雨林に生育するヒョウタンカズラ *Alsomitra macrocarpa* の翼をもつ種子は，放出されたとき，空気中を大きな円を描きながら滑空する．

タンポポの果実

▼カエデの翼をもつ果実は，ゆっくり降下して水平方向の風によって遠くに運ばれるチャンスを増やすように，ヘリコプターの翼のように回転する．

▶回転草は，地面から離れて地上を転がることでその種子を飛散させる．

▲いくつかの種子や果実は，複雑に分岐した毛でつくられ，しばしばふくらんだ塊を形成する，傘のような「パラシュート」が付属する．これらのタンポポの「種子」(実際には1個の種子をもつ果実) は，わずかな一陣の風によって空中に運ばれる．

動物による分散

◀ハマビシ *Tribulus terrestris* の果実の鋭い，画びょうのような棘(とげ)は，自転車のタイヤを貫通し，人間を含む動物を傷つけることがある．これらの痛みを伴う「画びょう」が取り除かれ，破棄されることで，種子は分散される．

◀リスのような動物は，種子や果物を地下の貯蔵庫内に蓄える．動物が死ぬか，貯蔵庫の場所を忘れた場合は，埋蔵された種子は発芽に適するような場所にあるといえる．

▶食べられる果実の種子は，しばしばここに示されているツキノワグマの糞(ふん)のように，糞中に散布される．このような散布により，親植物から離れた場所に種子を運ぶことができる．

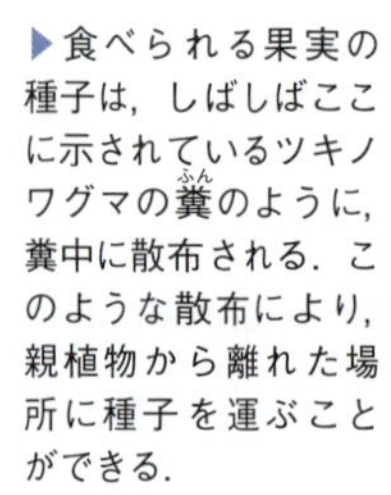

▶アリは，脂肪酸，アミノ酸，糖が豊富な「付属体」をもつ種子に，化学的に誘引される．アリは，地下の巣へ種子を運び，食料本体 (ここに示されている明るい色の部分) は，切り取られて幼虫に供給される．種子の大きさ，扱いにくい形状，あるいは硬い表面のため，残りの部分は，通常は巣内にそのまま残され，そこで発芽する．

▼図 38.13 **ポプラの無性生殖.** 下の写真に示すようなポプラの林は，実際には無性生殖で増えた数千もの木からできていることがある．1つの林は，1つの親の木の根系から生じたものである．紅葉期や落葉期が異なる群落は，その中の木々が異なる親から生じ，遺伝的相違があることを示している．

つくられた子孫は，有性生殖でつくられた実生よりも強い．対照的に，種子の発芽は，植物の生活の中で不安定な段階である．頑丈な種子から，捕食者，寄生虫，風や他の障害に直面する可能性がある脆弱な実生が生じる．野外では，実生のごく一部のみが親になるまで生き残る．膨大な数の種子生産は，個々の生存に対する確率を補い，自然選択による十分な遺伝的変異の選抜の機会を与える．しかし，これは開花と結実で消費される資源の観点から高価な繁殖手段である．

有性生殖で子孫中と集団中の変異が生じるので，病原体の進化や他の変動要因が生存と繁殖成功に影響を与える不安定な環境で有利になることがある．対照的に，新系統の病原菌など，壊滅的な環境変化が起きた場合には，無性生殖植物の遺伝子型の均一性は，地域絶滅の大きなリスクを負う．さらに，種子（ほぼつねに有性的につくられる）は，より遠い場所への子孫の分散を容易にする．最後に，種子休眠は，環境条件がより有利になるまで成長を中断することができる．**科学スキル演習**では，どのミゾホウズキの種がおもに無性生殖を行うのか，どれがおもに有性生殖を行うのか，データを使って決定する．

2つの遺伝的に異なる植物による有性生殖は，遺伝的に多様な子孫をつくる利点があるが，エンドウなどのいくつかの植物は通常自家受精を行う．「自殖」とよばれるこのプロセスは，すべての胚珠が種子に発達することが保証されるので，いくつかの作物に望ましい属性である．しかし，多くの被子植物では，自家受精を困難にするか，あるいは不可能にするメカニズムが進化してきた．

自家受精を防ぐメカニズム

自家受精を防ぐ多様なメカニズムは，精細胞と卵が別の親から供給されることを確実にすることにより，遺伝的変異性を高めることに貢献する．**雌雄異株 dioecious** の種では，雄花（心皮を欠く）と雌花（雄ずいを欠く）をいずれか一方しかもっていないので，もちろん，自家受精は起こらない（図 38.14 a）．他の植物では，機能的な雄ずいと心皮の成熟期がずれる花や，送粉者が，同じ花の中で葯から柱頭へと花粉を運ぶことができないような雄ずいと心皮の配置の花をもつ（図 38.14 b）．しかし，被子植物で，最も一般的な自家受精を阻害するメカニズムは，自分自身の花粉や，ときには非常に近縁な個体の花粉を排除する能力である**自家不和合性 self-incompatibility** である．もし，同じ植物からの花粉が柱頭に付着すると，生化学的な機構により花粉の発達や受精が阻害される．この植物の応答は，動物の免疫応答と相似関係にあり，どちらの応答も，「自己」細胞と「非自己」細胞とを区別するという生物の能力に基づいている．動物と植物との重要な違いは，動物の免疫システムでは，自分自身でないものが排除されることであり，このシステムは病原体から自身を防護したり，移植された器官を排除したりしようとする（43.3 節参照）．それとは対照的に，植物の自家不和合性は，自分自身を拒絶する．

研究者らは自家不和合性の分子メカニズムを解明してきている．「自己」花粉の認識は，*S* 遺伝子とよばれる自家不和合性に関与する遺伝子に基づいて行われる．1つの植物集団の遺伝子プールにおいて，*S* 遺伝子の対立遺伝子は数十にも達する．付着した柱頭の対

▼図 38.14 **自家受精を防ぐ花の適応.**

雄ずい

心皮

(a) オモダカの1種 *Sagittaria latifolia* は雌雄異株であり，それぞれの植物は，雄花（左）あるいは雌花（右）のみをつくる．

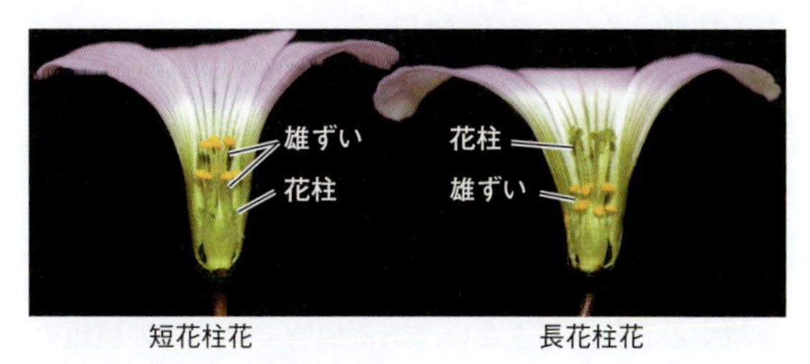
雄ずい
花柱
花柱
雄ずい
短花柱花
長花柱花

(b) カタバミの1種 *Oxalis alpine* のようないくつかの種は，異なる個体に2種類の花，短い花柱と長い雄ずいをもつ短花柱花と，長い花柱と短い雄ずいをもつ長花柱花をつくる．蜜を採餌する昆虫は，体の異なる部位に花粉を付着させ，短花柱花の花粉は長花柱花の柱頭に，あるいはその逆に送粉される．

科学スキル演習

正と負の相関を使ってデータを解釈する

ミゾホウズキ属の種は有性生殖と無性生殖でエネルギーの分配を変えているか　その一生の間で，植物は限られた量の資源やエネルギーしか取り込めず，それらは維持，成長，防御，生殖といった植物個体の要求性に最も合致するように分配されなければならない．研究者はミゾホウズキ（*Mimulus* 属）の5種について，有性生殖と無性生殖でどのように資源が使われるかを調べた．

実験方法　各種の標本を別々の鉢で，野外で生育させた後，研究者は蜜の量，蜜の濃度，花あたりの種子の生成量，フトオハチドリ *Selasphorus platycercus*（写真）が植物を訪れた回数を調べた．温室で育てた標本を用いて，それぞれの種について，新鮮重（g）あたりの根のついた枝の平均の数を調べた．根のついた枝という語句は，根を発達させる水平方向へのシュートの発達による無性生殖を意味する．

データの解釈

1. 相関は2つの変数間の関係を表す1つの方法である．正の相関では，1つの変数の値が増加すると，第2の変数値も増加する．負の相関では，1つの変数の値が増加すると，第2の変数値は減少する．あるいは，2つの変数間には何の相関もないかもしれない．研究者は2つの変数間がどのように相関しているかがわかると，1つの変数について，他の変数についてわかっていることに基づいて，予測を立てることができる．(a) どの変数（1つあるいは複数）が，この属における蜜の生産量と正に相関しているか．(b) どれが負に相関しているか．(c) どれが明確な相関をもたないか．
2. (a) どのミゾホウズキ属の種を主要な無性生殖者として分類するか．またその理由は何か．(b) どの種を主要な有性生殖者として分類するか．またその理由は何か．
3. (a) どの種が，すべてのミゾホウズキ属に感染する病原菌に対して，うまく対応できるだろうか．(b) どの種が，もしハチドリの個体数を減少させるような病原菌にうまく対応できるだろうか．

実験データ

種	蜜の量（μL）	蜜の濃度（%スクロース重量／総重量）	花あたりの種子	訪花数	新鮮重（g）あたりの根のついた枝
M. rupestris	4.93	16.6	2.2	0.22	0.673
M. eastwoodiae	4.94	19.8	25	0.74	0.488
M. nelson	20.25	17.1	102.5	1.08	0.139
M. verbenaceus	38.96	16.9	155.1	1.26	0.091
M. cardinalis	50.00	19.9	283.7	1.75	0.069

データの出典　S. Sutherland and R. K. Vickery, Jr. Trade-offs between sexual and asexual reproduction in the genus *Mimulus*. *Oecologia* 76:330-335 (1998).

立遺伝子と合致した対立遺伝子を花粉がもつ場合，花粉管は成長できない．自家不和合性には配偶体型と，胞子体型の2つのタイプがある．

配偶体型の自家不和合性では，花粉ゲノム中の*S*対立遺伝子によって受精が阻害される．たとえば，S_1S_2の胞子体を両親とするS_1の花粉粒は，S_1S_2の花の卵と受精することはできないが，S_2S_3の花とは受精することができる．S_2の花粉粒は，どちらの花とも受精することができない．ある植物では，この種類の自己認識においては，花粉管内での酵素によるRNA分解を伴う．RNA分解酵素は，花柱でつくられ，花粉管内に入る．花粉管が「自己」型であれば，そのRNAを破壊する．

胞子体型自家不和合性では，親の胞子体の組織でつくられ，花粉壁に付着している*S*対立遺伝子の産物によって，受精が阻害される．たとえば，S_1S_2の親胞子体から生じたS_1花粉粒またはS_2花粉粒は，S_1S_2親の組織が花粉壁に付着しているため，S_1S_2あるいはS_2S_3の花においても受精することができない．胞子体の自家不和合性においては，柱頭の表皮細胞におけるシグナル変換経路によって，花粉の発芽が阻害される．

自家不和合性の研究は，農業的に応用することができるだろう．育種家は，さまざまな品種の最良の形質をあわせもつ品種の作出や，過剰な近親交配による活力低下を補うために，異なる品種間の交配を頻繁に行う．2つの種内での自殖を防ぐには，育種家は（メンデルが行ったように）苦労して，種子を産出する親植物の葯を切除したり，もし存在するなら，雄性不稔の作物を使ったりしなければならない．自家和合性の植物種に，自家不和合性を遺伝的に付加できるようになれば，作物種子の商業的な交雑におけるこれらの制限は克服できるだろう．

分化全能性，栄養成長，および組織培養

多細胞生物において，分裂能があり，無性的にもとの生物のクローンを生成することのできる細胞は，**分化全能性 totipotent** をもつとよばれる．分化全能性は多くの植物，特に分裂組織で見られるが，それに限られない．植物の分化全能性は，ヒトが植物をクローン化するために使うほとんどの技術の基礎となっている．

栄養繁殖と接(つ)ぎ木

栄養生殖は多くの植物で自然に起こるが，ヒトによってもしばしば利用されたり，誘導されたりしており，その場合は**栄養繁殖 vegetative propagation** とよばれる．ほとんどの室内用の植物や景観の低木や茂み，果樹は，挿し木とよばれる植物の断片から無性的に再生されたものである．ほとんどの場合，シュートの挿し木が使われる．シュートの切り口には，**カルス callus** とよばれる分裂を行う，分化全能性をもつ細胞塊が形成され，カルスから不定根が形成される．シュート断片に節が含まれている場合は，不定根はカルスの段階を経ずに形成される．

接ぎ木では，ある植物から供されたシュートが，他の植物の切り取られた茎と恒久的に結合する．この過程は，通常近縁の個体同士に限られているが，異なる植物種や品種の最良の品質を1つの植物中に組み合わせることが可能になる．根系を提供する植物は**台木 stock** とよばれ，台木の上に接がれる小枝は**接ぎ穂 scion** とよばれる．たとえば，優れたワイン用の実をつけるブドウ品種からの接ぎ穂は，質が劣るがある土壌病原菌により強い抵抗性を示すブドウ品種に接ぎ木される．接ぎ穂の遺伝子が果実の品質を決定する．接ぎ木においては，接ぎ穂と台木の切断端で隣接した間で，最初にカルスが形成する．その後，細胞分化により接ぎ木された個体における機能的な統一が完了する．

試験管内でのクローン化と関連技術

植物学者は，研究や育種のために，*in vitro*（試験管内）の手法を用いて，植物のクローンをつくる．親植物から切り出された組織片を，栄養素とホルモンを含む人工培地で培養することで，完全な植物体を得ることができる．細胞や組織は，植物のどの部分からでも採れるが，その成長は，どの部分を使うかや，種，人工培地に依存して変化する．ある培地では，培養細胞は細胞分裂して，未分化の細胞群であるカルスを形成する（図 38.15 a）．ホルモンや栄養を適切に操作することにより，カルスから，完全に分化した細胞をもつシュートと根を生じさせることができる（図 38.15 b, c）．必要があれば，試験管内の小植物は，土壌に移すことが可能であり，そこで成長を続けることができる．

植物組織培養は栄養繁殖した種から，弱い病原性ウイルスを除去するうえで重要である．弱いウイルスの存在が明白でなくても，収量や質は感染の結果により相当損なわれるだろう．たとえば，イチゴは60以上のウイルスに感染性があり，通常，ウイルス感染のために植物を毎年交換しなければならない．しかし，頂端分裂組織はウイルス感染していないため，それらは切り取られ，組織培養のためのウイルスフリーな材料として用いることができる．

植物の組織培養は，遺伝子工学も促進した．ほとんどの，外来遺伝子を植物に導入する技術は，出発材料として植物の小さな組織片，または1個の植物細胞が必要なだけである．試験管培養によって，外来DNAが導入された1つの植物細胞から，遺伝子組換え（genetically modified：GM）植物を再生させることが可能になった．遺伝子工学の技術については，20章でより詳しく議論した．次節では，農業におけるGM植物を取り巻く，いくつかの展望や挑戦について，より詳しく見ていく．

▼図 38.15 ニンニクのクローン化．(a) ニンニクの1片からの根は，このカルス培養の未分化細胞の塊を形成した．(b, c) 異なる時間培養したこれらの培養物に見られるように，カルスから幼植物への分化は，人工培地中の栄養塩濃度とホルモン濃度に依存する．

(a)

(b)

(c)
発生中の根

概念のチェック 38.2

1. 被子植物において，自殖を防ぐ３つの方法とは何か．
2. 世界で最も人気のある果物の種なしバナナは，２つの真菌性感染病との闘いに敗れている．なぜこのような感染病は，一般的に無性的に繁殖させた作物で大きなリスクをもたらすのか．
3. 自家受精，または自殖は，自然での生殖「戦略」としての明らかな欠点をもっているように思われ，「進化の袋小路」とさえよばれてきた．そのため，被子植物の種の約20％が，おもに自殖に依存していることは驚くべきことである．自殖が有利になる理由と，それでもなお，進化の袋小路かもしれない理由を示しなさい．

（解答例は付録 A）

38.3

人類は育種と遺伝子工学により作物を改変する

人類は農業の黎明期から，植物の生殖や遺伝子選抜に介入してきた．たとえば，トウモロコシは，人間により維持されている．自然の中に置かれたら，トウモロコシは，種子を散布することができないという単純な理由のため，すぐに絶滅するだろう．トウモロコシの穀粒は，恒久的に中心軸（「穂軸」）に付着しているだけでなく，恒久的に丈夫で重なった葉鞘（「皮」）によって保護されている（図 38.16）．これらの性質は，人間が人為選択によってつくり出した（人為選択の基本的な考え方の復習は，22.2 節を参照）．植物育種の基礎となる科学的原理への理解がなかったにもかかわらず，初期の農民は，約１万年前の比較的短い期間に，ほとんどの作物の種を栽培品種化した．

▼図 38.16　**トウモロコシ：人為選抜の産物．** 現代のトウモロコシ（下）はテオシント（上）から起源した．テオシントの穀粒は小さく，それぞれの列には皮がついており，穀粒を得るには外側の皮をはがさねばならない．以前は，穀粒は熟すると穂から外れて拡散することができたが，当時の農夫にとってはそのせいで収穫が困難であったに違いない．石器時代の農夫はなるべくトウモロコシの房や穀粒が大きく，穀粒が房から外れず，房全体が丈夫な皮に包まれているものを選び出した．

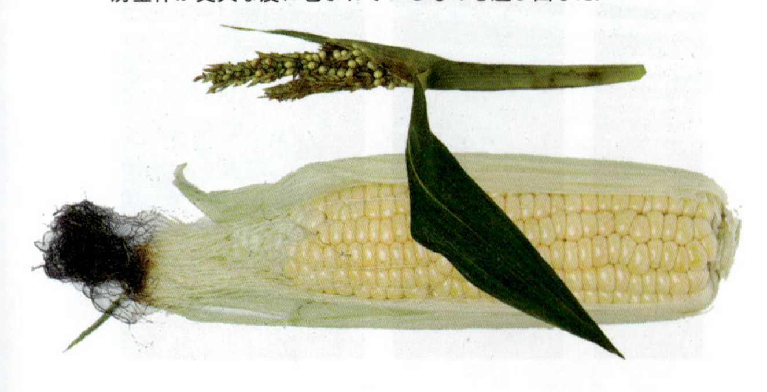

植物における自然の遺伝的改変は，人類が人為選択によって作物の変化を開始するはるか前に始まった．たとえば，研究者は最近，サツマイモ *Ipomoea batatas* の初期の祖先が，土壌細菌アグロバクテリウム（植物の遺伝子工学において，運び屋として通常使われる）と接触することで，水平遺伝子伝播（26.6 節参照）の出来事が起こったと結論づけた．したがって，サツマイモは自然に生まれた遺伝子組換え作物であり，特にアグロバクテリウムを用いて実験室で遺伝子組換えを行った植物には現在厳しい規制をかけられていることから，その発見は遺伝子組換え生物の規制を取り巻く議論につけ加わることとなった．２つ目の例は，私たちの食料の多くを依存しているコムギの種が，イネ科草本の種間の自然交雑によって進化したことである．このような交雑は，植物では一般的であり，人為選択と作物の改善のために，長い間，育種家によって利用されてきた．

植物育種

植物育種は望ましい性質をつくり出すために植物の形質を変える，芸術であり科学である．育種家は，望ましい形質をもつ栽培品種や近縁野生種を探して，慎重にそれぞれの田畑を精査し，また他国を旅行する．そのような形質は，ときどき，突然変異によって自然発生するが，自然の突然変異速度は遅すぎ，あてにならないため，育種家が研究したいすべての突然変異を生成することができない．育種家はときどき，放射線や化学物質で，大規模な種子や苗を処理することにより，変異を早める．

伝統的な植物育種においては，望ましい形質が野生種に見つかった場合，野生種は栽培品種と交雑させる．一般的に，野生の親からの望ましい形質を受け継いでいる子孫はまた，小さな果実や低収率など，農業に望ましくない多くの特徴も継承している．望ましい形質を発現する子孫は，再び栽培品種と交配され，望ましい形質が調べられる．この過程は，望ましい野生の形質をもつ子孫が，もとの栽培植物の親の農業の属性に類似するまで，続行される．

ほとんどの育種家は，同一種の植物を人工受粉させるが，いくつかの育種法は，同属の系統的に遠い２種間の交雑に依存している．そのような交雑は，しばしば，発生中の雑種種子に発生の中絶が起きる．多くの場合，胚は発生を開始するが，胚乳は発生しない．ときには，雑種胚を外科的に胚珠から切り取り，*in vitro* で培養することによって救出される．

植物のバイオテクノロジーと遺伝子工学

植物のバイオテクノロジーには2つの意味がある．一般的な意味では，人間が使う製品をつくるための，植物（あるいは植物からの得られる物質）の使用の革新，すなわち先史時代に始まった人類の努力を意味する．より特殊な意味では，バイオテクノロジーは，農業と工業における遺伝子組換え生物（GMO）の使用を指す．確かに，この20年の間に，メディアで「遺伝子工学」という用語が「バイオテクノロジー」の代名詞になっているほど，遺伝子工学は大きな力となっている．

従来の植物育種と異なり，遺伝子工学の手法を用いる現代の植物バイオテクノロジーは，近縁種や近縁属間での遺伝子の転送のみに制限されていない．たとえば，イネとスイセンは，その共通祖先および，両種の中間に入る多くの種が絶滅しているので，従来の育種技術はスイセンから希望する遺伝子をイネに導入するために使用することができない．理論的には，中間の種があった場合，おそらく数世紀にわたる伝統的な交配および育種法によってイネにスイセンの遺伝子を導入することが可能である．遺伝子工学では，しかし，そのような遺伝子の転送をより迅速に，より厳密に行うことができ，中間種を必要としない．**遺伝子組換え（トランスジェニック）transgenic** という言葉は，同じあるいは異なる種の他の生物からのDNAを工学的にもつようにした生物に使われる（遺伝子工学を行う方法の考察については20.1節を参照）．

本章の残りの部分では，遺伝子組換え作物の使用を取り巻く展望と論争を調べることとする．植物バイオテクノロジーの支持者は，作物の遺伝子工学は，世界の飢餓と化石燃料依存を含む21世紀の最も差し迫った問題のいくつかを克服する鍵であると信じている．

世界の飢餓と栄養失調を減らす

世界の飢餓は10億人近い人々が影響を受けているが，その原因についてはなかなか意見が一致しない．食糧不足の原因は，食糧の分配が不平等であることに起因し，貧困が深刻であれば，単純に食糧を手に入れることはできないという議論がある．一方では，食糧不足は世界人口が過剰であることの証拠である．すなわち，人類は地球の収容能力を超えているという意見もある（53.3節参照）．栄養失調の理由が何であれ，食糧生産の増加は人類の目標である．土地と水は，食

▼図38.17　**非 *Bt* と *Bt* トウモロコシ．** 圃場での試験は，非 *Bt* トウモロコシ（左）が虫による食害と，カビ（フザリウム）による感染で，大きく損傷を受けるのに対して，*Bt* トウモロコシ（右）がほとんど，あるいはまったく損傷を受けないことを明らかにした．

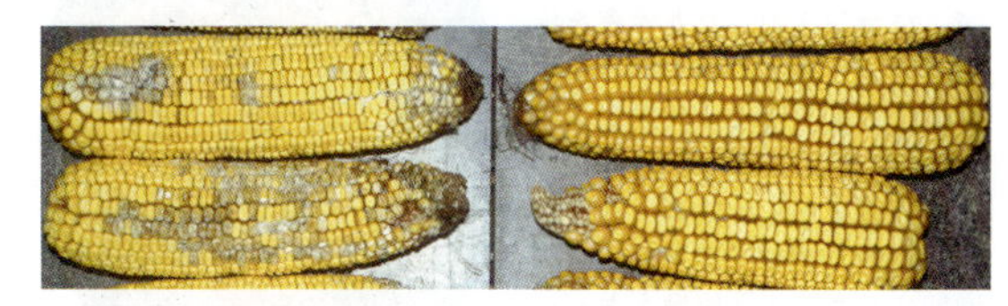

非 *Bt* トウモロコシ　　*Bt* トウモロコシ

糧生産において最も制限された資源であるため，最もよい解決方法は，利用可能な土地における収量を増やすことである．実際，耕作可能な「余剰」の土地はきわめて少なく，特に野生の自然を保護するための保護区では耕作の余地はほとんどない．従来の人口増加予想に従えば，2030年に人類を養うためには，穀物を1ヘクタールあたり40%増産しなければならなくなる．植物バイオテクノロジーは，こうした作物収量を可能にするのに役立つ．

土壌細菌 *Bacillus thuringiensis* の遺伝子を導入した遺伝子組換え作物は，少量の殺虫剤しか必要としない．これらの「導入遺伝子」は，害虫に有毒なタンパク質（*Bt* 毒素）をコードしている（図38.17）．作物に用いられている *Bt* 毒素は，植物によって，それ自体は害のない毒物前駆体として合成され，昆虫の消化器官のようなアルカリ条件下で活性化されたときにだけ毒性をもつようになる．脊椎動物の胃は酸性度が高いため，ヒトや家畜では，毒物前駆体は活性化されることなく破壊される．

植物の栄養の質も改善されつつある．たとえば，ビタミンA不足によって，25～50万人の子どもが盲目になっている．このうち半分以上の子どもは盲目になって1年以内に死亡している．この危機に対処するため，遺伝子工学者は，ビタミンAの前駆体である β-カロテン含量を増加させるスイセンの2つの遺伝子を組み込んだ「ゴールデンライス」という遺伝子組換え品種を作出した．ゴールデンライスの商業的な発売は，健康と環境に対する安全性検査をさらに要求する規制や規則のために，10年以上遅れている．遺伝子工学による改善の，別のターゲットは，地球上で最も貧しい8億人の主食であるキャッサバである（図38.18）．

また，病害耐性を増強した組換え植物をつくる研究も行われている．一例として，輪紋病ウイルスへの耐性をもつ，遺伝子組換えパパイヤがハワイで導入され，結果としてパパイヤ産業を救った．

除草剤グリホサートに抵抗性をもつ遺伝子組換え作

▼図 38.18　世界の飢餓に遺伝子組換えキャッサバ *Manihot esculenta* で戦う． このデンプンに富む，根作物は世界の貧困者8億人の主要な食物であるが，バランスの取れた食事を提供しない．さらに毒であるシアン化合物を放出する化学物質を取り除く処理をしなければならない．鉄と β-カロテン（ビタミンAの前駆体）の量を非常に増加させた遺伝子組換えキャッサバが開発された．研究者はまた，通常より2倍の根の量をもつ植物や，シアン化合物をつくり出す化学物質をほとんどもたない植物体をつくり出した．

物については，相当の議論が起こった．グリホサートは，動物にはないが，植物（およびほとんどの細菌）に見られる生化学的な代謝系の鍵となる酵素を阻害するため，植物の広い種に対して致死性をもつ．研究者は，この酵素をコードする遺伝子に変異をもち，グリホサート耐性を示す細菌種を発見した．この変異した細菌の遺伝子を，さまざまな作物のゲノムにつなぐと，これらの作物もまたグリホサート耐性になった．農民はほとんどすべての雑草駆除を，グリホサート耐性作物の農場全体にグリホサートを撒くだけでできるようになった．残念ながら，グリホサートの過剰使用は雑草種に巨大な選択圧を創出し，多くのグリホサート耐性種が発生するという結果になった．また最近，動物やヒトの健康に腸内細菌が役割を果たしているという評価が増えてきており，グリホサートが腸内細菌による恩恵を妨害することによって，ヒトや家畜の健康に負の影響を与えるのではないかと批判されている．さらに，2015年に世界保健機構は，グリホサートががんを引き起こす可能性を指摘している．

化石燃料依存の削減

安価な化石燃料，特に石油の世界的な資源は急速に枯渇している．さらに，多くの気候学者は，地球温暖化は，おもに石炭や石油などの化石燃料の燃焼と，その結果による温室効果ガス CO_2 の放出が原因としている．どのようにして，経済的で無公害の方法で，21世紀の世界のエネルギー需要を満たすことができるであろうか．ある地方では，風力や太陽光発電が経済的に実行可能になるかもしないが，そのような代替エネルギー源が完全に世界のエネルギー需要を満たすことはほとんどあり得ない．多くの科学者が，生物のバイオマスに由来する燃料である**バイオ燃料 biofuel** が，それほど遠くない将来，世界のエネルギー需要のかなりの割合をつくり出すことができると予測している．**バイオマス（生物量，現存量）biomass** とは，特定の生息地におけるある一群の生物の有機物質の総量を表す．植物バイオマスからのバイオ燃料の利用は，CO_2 の純排出量を減らすことができる．化石燃料を燃焼すると，大気中の CO_2 濃度を増加させるが，バイオ燃料作物は，光合成により燃焼時に排出された CO_2 を再吸収することで，カーボンニュートラル（訳注：光合成による CO_2 吸収量と燃焼による CO_2 排出量が等しいこと）なサイクルを形成する．

野生型植物からバイオ燃料作物を創出するうえで，科学者たちは食物生産には貧弱すぎる土壌においても成長することができる，スイッチグラス *Panicum virgatum* やポプラ *Populus trichocarpa* などのような，非常に急成長する植物を栽培することに焦点を当てている．科学者たちは，直接燃やされる植物の生物量を想定していない．その代わりに，地球上で最も豊富な有機化合物であるセルロースやヘミセルロースなどで構成される細胞壁の重合体を，酵素反応によって糖に分解する．これらの糖は，アルコール発酵させて，バイオ燃料を生成するために蒸留される．植物の多糖含量や全体の生物量を増加させることに加えて，研究者らは酵素学的な変換過程の効率を上げるように，植物の細胞壁を遺伝的に改変しようとしている．

遺伝子組換え作物に関する議論

農業における遺伝子組換え生物（GMO）の議論の多くは，政治的，社会的，経済的，あるいは倫理的な問題であり，そのため，本書の目的から外れる．しかし，遺伝子組換え作物の生物学的な問題については，本書で考えるべきである．生物学者，特に生態学者の中には，GMO の環境への拡散に伴って，未知のリスクがあるのではないかと懸念する人もいる．議論は，GMO が，環境や人間の健康に対して，どの程度の潜在的リスクをもつかに集中している．農業のバイオテクノロジーがもっとゆっくり進展するよう（あるいは，中止を）望む人は，その「実験」が始まったら止められなくなる性質について心配している．新薬の臨床試験が，予期しない有害な結果をもたらしたとしたら，その試験は中止される．しかし，新しい生物を生態系の中へ送り出すという「試行」は中止することはできないだろう．ここでは，GMO の反対者によって向けられた，人間の健康におけるアレルギーへの影響や標的外の生物への影響，導入遺伝子が漏れ出して拡散する可能性など，いくつかの批判について見ていく．

人間の健康について

GMO反対者の多くは，アレルゲン，すなわち人間にアレルギーを起こさせる分子が，その遺伝子の由来生物から食物として利用する植物へ転送されることを心配している．しかし，遺伝子工学者たちはすでにアレルゲンとなるタンパク質をコードする遺伝子をダイズや他の作物から除去している．これまでに，人間が消費するように特別にデザインされた遺伝子組換え植物が，人間の健康においてアレルギーによくない影響をもたらしたという，信頼できる証拠はない．実際，ある遺伝子組換え食品は，遺伝子組換えでない食品に比べて，潜在的にはより健康的なのである．たとえば，*Bt*トウモロコシ（*Bt*毒素を導入した品種）は，発がん性で出産欠陥の原因となる真菌毒素が約90％も少ない．フモニシンとよばれる非常に分解しにくいこの毒素は，コーンフレークからビールに至るまでのトウモロコシ加工製品中に，警戒レベルに達するほど高濃度に含まれていることがある．フモニシンは，フサリウム属の真菌の1種*Fusarium*によって生産され，昆虫によって食害を受けたトウモロコシに感染する．*Bt*トウモロコシは，一般的に，遺伝子組換えでないトウモロコシよりも，昆虫による食害を受けにくいので，フモニシン含量が少ない．

GMOの人間の健康へのインパクトの評価は，その多くが*Bt*トウモロコシ導入前には，通常高いレベルの化学殺虫剤にさらされていた，農場労働者の健康も含まれる．たとえばインドでは，*Bt*ワタの広範囲での導入により，殺虫剤の使用が41％減少し，農民を含めた急性毒性の発症数が80％減少した．

対象外の生物に対する潜在的影響

多くの生態学者は，遺伝子組換え作物の生育が，標的外の生物に，予期しない影響を与えるのではないかと懸念している．ある実験室での研究は，オオカバマダラの幼虫（イモムシ）に，遺伝子組換え*Bt*トウモロコシの花粉を大量にふりかけたトウワタの葉（この虫が好む餌）を食べさせると，悪影響を与え，死ぬこともあったことを示した．しかし，この研究は信用されず，科学の自己修正のよい例を提供することになった．結局のところ，その研究者がトウモロコシの雄花を実験室内でトウワタの葉にふりかけたとき，雄ずいの花糸，開いた花粉嚢などの花器官の一部が葉に落ちた．続いて行われた研究では，*Bt*毒素を高濃度に含んでいたのは花粉ではなく，こうした他の花器官であることが明らかになった．花粉とは違って，天然の野外環境では，花器官の一部は風により近くのトウワタの植物体に運ばれることはない．商業用*Bt*トウモロコシ生産の2％足らずを占める1系統の*Bt*トウモロコシ（現在は生産されていない）だけが，花粉に高濃度の*Bt*毒素を含んでいた．

オオカバマダラにおける*Bt*花粉の悪影響について考える際には，*Bt*トウモロコシに代わるもの，すなわち，*Bt*をもたないトウモロコシに対する殺虫剤散布の影響を検討しなければならない．最近の研究では，そのような農薬散布は，近くのオオカバマダラ集団に対して，*Bt*トウモロコシの産物よりもより有害であることが明らかになっている．オオカバマダラの幼虫に対する，*Bt*トウモロコシの花粉の影響は小さいが，論争により，すべての遺伝子組換え作物についての精密な野外調査の必要性と，安全性を向上させるために特定の組織を標的とした遺伝子発現の重要性が強調されることになった．

導入遺伝子の拡散問題への取り組み

おそらく，遺伝子組換え作物に関する最も深刻な問題として，作物と近縁な雑草との交雑による，導入遺伝子の雑草への拡散が挙げられる．その懸念とは，除草剤耐性を導入した作物と，その近縁な雑草が自然に交雑することにより，野外環境で他の雑草よりも選択的に有利な「スーパー雑草」が生じ，野外環境で制御するのがますます難しくなることが考えられる．GMO反対論者は，導入遺伝子の拡散の起こりやすさが，作物と雑草が交配できる能力と，導入遺伝子がその交雑種の総合的な適応度にどのような影響を与えるかに依存していると指摘している．たとえば，理想的な作物の特徴である，背丈が低いという形質は，野外環境において雑草が生育するには不利な形質である．他の例では，近くに交雑可能な近縁な雑草がないこともある．たとえば，ダイズは米国には近縁種が分布しない*11．しかし，アブラナやソルガム，およびその他の多くの作物は実際に雑草と交雑可能であり，作物から雑草への導入遺伝子の拡散は発生で起こっている．2003年に，除草剤グリホサートに耐性になるように遺伝的に改変されたハイコヌカグサ*Agrostis stolonifera*の遺伝子組換え品種が，オレゴン州の実験区画から暴風により拡散した．拡散種の絶滅の努力にもかかわらず，3年後に近隣で見つかった62％の*Agrostis*はグリホサート耐性であった．いまのところ，この出来事におけ

＊11（訳注）：日本では，ダイズに近縁で交雑可能な野生種のツルマメがあるため，大きな問題となる．逆にトウモロコシと交配可能な野生種は日本にはない．

る生態学的な影響は小さいように見えるが，将来における導入遺伝子の拡散に当てはまるわけではない．

多くの異なる戦略により，導入遺伝子の拡散を防ぐ目標が追求されている．たとえば，もし雄性不稔（ふねん）を導入できたら，そうした植物は，近くの非遺伝子組換え植物により受粉すれば，種子や果実をつくることはできるが，その植物がつくるのは，受精能力のない花粉である．2番目のアプローチは，遺伝子工学により，遺伝子組換え作物に無配生殖を導入することである．無配生殖によって生成された種子では，胚と胚乳は受精なしに発生する．したがって，この形質の遺伝子組換え作物への導入により，種子や果実生産を犠牲にすることなく，雄性不稔になれるため，花粉を介した遺伝子の拡散の可能性を最小限に抑えるだろう．3番目のアプローチは，作物の葉緑体DNA中に導入遺伝子を組み込むことである．多くの植物種において，葉緑体DNAは厳密に卵から遺伝するので，葉緑体内の導入遺伝子は花粉により運搬されない*12．導入遺伝子の拡散防止ための4番目のアプローチは，正常に発育するが，開花しない花を遺伝的工学で設計することである．その結果，自家受粉は起きるが，花粉は花から脱出できなくなる．この解決法では，花の構造の改変が必要になる．この目的のために操作可能な，いくつもの花の遺伝子が同定されている．

＊12（訳注）：葉緑体DNAにコードされた遺伝子が両性遺伝する植物はまれではない．

農業における，GMOについての議論の継続は，科学と技術の社会に対する関連性という，この教科書のテーマの1つのよい例となる．技術的な進歩は，つねに意図しない結果というリスクを内包している．遺伝子組換え作物では，リスクがゼロということはあり得ない．それゆえ，科学者と一般市民は，ケースバイケースで，遺伝子組換え産物の利点と社会が受け入れられるリスクとを評価しなければならない．こうした議論と意思決定のための最もよいシナリオは，反射的恐怖や盲目的な楽観主義ではなく，健全な科学的な情報や厳密な試験に基づくことである．

概念のチェック 38.3

1. 遺伝子工学と伝統的な植物育種法を比較しなさい．
2. なぜ，*Bt*トウモロコシは，非遺伝子組換えトウモロコシよりもフモニシンが少ないのか．
3. どうなる？➤いくつかの種では，葉緑体遺伝子は，精細胞からのみ遺伝する．これは，導入遺伝子拡散防止の努力にどのような影響を与えるのだろうか．

（解答例は付録A）

38 章のまとめ

重要概念のまとめ

38.1

花，重複受精，果実は被子植物の生活環における鍵となる特徴である

- 被子植物の生殖は，多細胞の複相胞子体世代と，多細胞の単相配偶体世代の間での世代交代を伴う．胞子体でつくられる**花**は，有性生殖の機能をもつ．
- 4つの花器官：がく片，花弁，雄ずい，および心皮である．**がく片**は，花のつぼみを保護する．**花弁**は，送粉者を引きつけるのに役立つ．**雄ずい**は，雄性配偶体を含む**花粉粒**に発生する，単相**小胞子**の入っている**葯**（やく）をもつ．**心皮**は，そのふくれた基部に**胚珠**（未熟種子）を含む．胚珠内で，**胚嚢**（雌性配偶体）が**大胞子**から発生する．
- **受精**の前に起こる**受粉**は，心皮の柱頭上への花粉の付着である．受粉後に**花粉管**は，2つの精細胞を雌性配偶体中に放出する．2つの精細胞は，**重複受精**のために必要である．重複受精においては，1つの精細胞は，卵と受精し接合子を形成するプロセスに，他の精細胞は，その核を極核と合体させ，最終的には胚の栄養を蓄える胚乳を生じるプロセスに必要とされている．

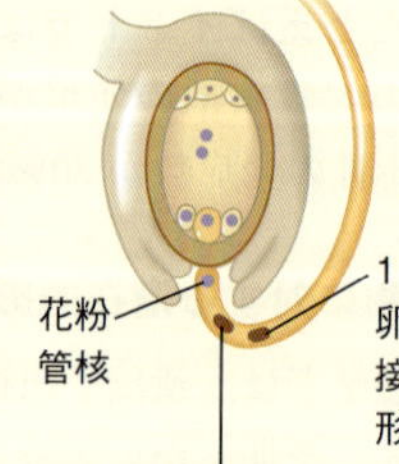
花粉管核
1つの精細胞は卵と融合して，接合子（2n）を形成する．
1つの精細胞は2つの極核と融合して，胚乳核（3n）を形成する．

- **種子**は休眠した胚と，貯蔵栄養供給である**胚乳**または**子葉**のいずれかで構成される．種子**休眠**により，実生の生存条件が最適であるときにのみ種子が発芽することが保証される．休眠打破は，しばしば温度や光条件の変化などの環境シグナルが必要になる．
- **果実**は，包み込んだ種子を保護し，風散布や種子を散布する動物を誘引する役目をする．

? 花が果実に変化するときに，4種類の花器官にどのような変化が起こるか.

38.2

被子植物は，有性的に，無性的に，あるいは両方で生殖する

- **無性生殖**は，**栄養生殖**としても知られており，成功した植物が，迅速に増殖するのを可能にする．有性生殖は，進化的適応が可能となる遺伝的変異のほとんどを生成する.
- 植物は，自家受精を防ぐため，雌雄異株（雄花と雌花が別個体につく），1つの花での雄ずいと心皮の非同期的成熟，雌のもつ対立遺伝子の1つと同じものをもつ花粉粒が拒絶される**自家不和合性**反応，といった多くのメカニズムを進化させてきた.
- 植物は，単一の細胞からクローニングすることができ，植物体に成長する前に遺伝的操作が可能である.

? 無性生殖と有性生殖の利点は何か.

38.3

人類は育種と遺伝子工学により作物を改変する

- 植物の，異なる品種あるいは種の交雑は，自然界で一般的であり，古代から現代まで，育種家によって作物に新しい遺伝子を導入するのに使われてきた．両植物が正常に交雑された後，植物育種家は，目的の形質をもつ子孫を選択する.
- 遺伝子工学では，近縁でない生物由来の遺伝子が植物に組み込まれる．遺伝子組換え（GM）植物は，世界的な食品の質と量を増加させる可能性があり，またバイオ燃料としてますます重要になるかもしれない.
- 遺伝子組換え生物の環境中への放出についての未知リスクへの懸念があるが，**遺伝子組換え**作物の潜在的な利点を考慮する必要がある.

? 遺伝子工学が，食品の品質や農作物の生産性を向上させた方法について，2つの例を挙げなさい.

理解度テスト

レベル1：知識／理解

1. 果実は，次のうちどれか.
   (A) 成熟した子房　(C) 種子＋珠皮
   (B) 成熟した胚珠　(D) 肥大した胚嚢
2. 重複受精とは以下のどれを意味するか.
   (A) 花は果実と種子を得るためには，2回受粉する必要がある.
   (B) すべての卵は，胚を生成するために2個の精子を受け取る必要がある.
   (C) 1つの精細胞は卵を受精させるために必要で，第2の精細胞は極核と受精するために必要である.
   (D) すべての精細胞は，2つの核をもつ.
3. 「*Bt* トウモロコシ」は
   (A) さまざまな除草剤に耐性があり，それらの除草剤による水田の雑草駆除が実用的である.
   (B) ビタミンA含有量を増やす導入遺伝子を含んでいる.
   (C) 害虫による被害を減少させる毒素を産生する細菌の遺伝子が含まれている.
   (D) 「ホウ素（B）耐性」形質転換トウモロコシである.
4. 接ぎ木に関する，以下のどの文が正しいか.
   (A) 台木と穂木は，異なる種の小枝を意味する.
   (B) 台木と穂木は，系統関係のない種からとらなければならない.
   (C) 台木は，接ぎ木のための根系を提供する.
   (D) 接ぎ木は，新種を生成する.

レベル2：応用／解析

5. ある雌雄異株の種は，雄はXY遺伝子型をもち，雌はXX遺伝子型をもつ．重複受精した後，胚および胚乳核の遺伝子型はどれか.
   (A) 胚XY／胚乳XXX，あるいは胚XX／胚乳XXY
   (B) 胚XX／胚乳XX，あるいは胚XY／胚乳XY
   (C) 胚XX／胚乳XXX，あるいは胚XY／胚乳XYY
   (D) 胚XX／胚乳XXX，あるいは胚XY／胚乳XXY
6. 緑色の花弁をもつ小さな花は，多くの場合，次のどの送粉様式である可能性が高いか.
   (A) ハチによる送粉
   (B) 鳥による送粉
   (C) コウモリによる送粉
   (D) 風による送粉
7. イチゴの表面の黒い点は，実際には1個1個の果実である．イチゴの肉質でおいしい部分は，たくさんの独立した心皮と花床から由来する．したがって，イチゴは，次のどの種類の果実であるか.
   (A) 多くの種子をもつ単果
   (B) 複合果と偽果の両方
   (C) 複果と集合果の両方
   (D) 集合果と偽果の両方

8. **描いてみよう**　花の構成要素を描き，名前をつけなさい．

レベル3：統合／評価

9. **進化との関連**　有性生殖に関して，いくつかの植物種が完全に自家受粉であり，他は完全に自家不和合性であり，また，あるものは，部分的に自家不和合性をもつ「混合戦略」を示す．これらの繁殖戦略は，進化可能性において，その意味が異なる．たとえば，自家不和合性の種は，自家受粉種と比較して，深刻なボトルネック（23.3 節参照）にある小さな創始者集団や残存集団では，どのようなことが起こり得るか．
10. **科学的研究**　遺伝子組換え食品を批判する人は，外来遺伝子が正常な細胞機能を妨げ，予期しない，潜在的に有害な物質を細胞内に出現させる可能性があると主張してきた．通常なら非常に少量の有毒な中間物質が多量に出現するか，あるいは新しい物質が出現する可能性がある．遺伝的混乱はまた，正常な代謝を維持するための物質の欠損につながる可能性がある．あなたが国の主任科学顧問であった場合，これらの批判にどのように対応するか．
11. **科学，技術，社会**　人間は，数千年にわたり，大幅に生物のゲノムを改変する選抜育種と交雑プロセスを経て，植物や動物の品種をつくり出し，遺伝子操作に従事してきた．なぜ，しばしば1つまたは少数の遺伝子の導入あるいは改変を伴う現代の遺伝子工学が，あまりに国民の反対にあっていると思うか．遺伝子工学のいくつかの形態が，他のものよりも大きな心配事であるべきなのか．説明しなさい．
12. **テーマに関する小論文：組織化**　花の，同種の他花と生殖する能力は，どのような点でその花の器官とその配置から生じる創発特性であるかについて，300〜450 字で記述しなさい．
13. **知識の統合**

この着色 SEM 像は6つの植物種の花粉を示している．花粉がどのように形成されるか，どのように機能するか，そして花粉がどのように被子植物や他の種子植物の優勢に貢献しているか，説明しなさい．

（一部の解答は付録 A）

内外のシグナルに対する植物の応答 39

▲図 39.1 「吸血鬼」植物？

重要概念

刺激そして定住生活

静かに，ハンターは藪(やぶ)の中の陰に向かって忍び寄る．そこでは獲物が最も見つけやすい．ハンターは狩りをたった1週間分の糧食で始める．もしすぐに食料が見つからなければ，枯れてしまうだろう．ついに，ハンターは獲物の匂いを感知して，その源に向かって進んでいく．届く範囲に達すると，獲物に向かって投げ縄を投げる．そしてそのことによって，獲物をさらによく感知する．この新たな標的にコースを定め，投げ縄を投げ，栄養のある犠牲者の新鮮なジュースを吸い取る．

そのハンターは寄生性で，非光合成的な被子植物であるネナシカズラ *Cuscuta* である．発芽すると，ネナシカズラの実生は胚発生の間に蓄えた栄養を燃料として，宿主植物を探す（図 39.1）．もし宿主が1週間以内に見つからないときは，実生は死んでしまう．ネナシカズラは，左下の写真に見られるように，宿主に巻きつくつるを送り出すことで，攻撃する．1時間以内に，宿主を搾取するか，あるいは移動する．留まる場合は，吸根とよばれる吸い取るための付着器官を用いて，宿主の師管から数日間かけて搾取する．宿主の栄養に依存して，ネナシカズラは巻きつきを増やしたり，減らしたりする．

ネナシカズラはどのように犠牲者の位置を突き止めるのだろうか．生物学者は長い間，それが陰に向かって成長すること（茎を見つけるのによい場所だろうか）を知っていたが，犠牲者にたまたま出会うと考えていた．しかし，最近の研究は潜在的な宿主植物が放つ化学物質がネナシカズラを引きつけ，急速にその方向を決めさせることを明らかにした．

ネナシカズラの行動は一般的ではないが，光合成植物も環境を感知して，利用できる太陽光や栄養豊富な土壌の区画を活用する．これらの行動は，あなたが環境と相互作用する系と，それほど遠くないシグナル変換系を介している．シグナルの受容と変換のレベルでは，あなたの細胞はこれらの植物とは異なっていない．相似性のほうが，相違性よりはるかに勝っている．しかし，動物として，環境刺激に対するあなたの応答は，一般的に植物の応答とはきわめて異なっている．動物は通常，移動により応答するが，植物は成長や発達を変えることで行う．

植物は競争に成功するために，季節の経過など，時間に合わせて変化しなければならない．つけ加えて，植物は多様な生物と相互作用する．これらの物理的，化学的な相互作用のすべては，複雑なシグナル変換経路を介している．本章では，植物の成長と発達を調節する内在化学物質（ホルモン）の理解と植物がどのように受容して，環境に応答するかの理解に重点を置く．

39.1

シグナル変換経路はシグナル受容と応答とを結びつける

ネナシカズラは特定の環境シグナルを受容し，生存および生殖における成果を高めるように応答するが，その意味ではネナシカズラは独特とはいえない．もっとありふれた例，たとえば食器棚の隅に放置されたジャガイモを考えてみよう．この形を変えた地下茎は，塊茎（かいけい）ともいうが，その「目」（腋芽（えきが））から何本ものシュートを成長させている．だが，これらのシュートは典型的な植物のシュートにはほとんど似ていない．大きな緑葉や丈夫な茎をもたず，茎の色は薄く，葉は広がらず，根は伸びない（図 39.2 a）．暗所での成長に対するこのような形態的適応は，まとめて**黄化**（おうか）**etiolation** とよばれるが，自然界の若いジャガイモが地下で発芽して，ずっと暗所に存在し続けることを考えれば納得がいく．このような条件下では，広がった葉は土壌中の伸長の妨げになるだろうし，シュートが土を押し上げる際にも葉は傷ついてしまうだろう．葉が広がらず地下にあるため，水はほとんど蒸発せず，蒸散により失われる水分補給のための大規模な根系はほとんど必要ない．さらに，光合成に必要な光がまったくないのだから，クロロフィル生産にエネルギーを消費するのも無駄であろう．その代わり，暗所で成長するジャガイモは，茎の伸長にできる限りのエネルギーを割り当てる．こうした適応が，塊茎に蓄えられている栄養分を使い果たす前にシュートを地上に押し上げる．黄化反応は，環境と内的シグナルの複雑な相互作用により，いかに植物が周囲の環境の変化に対してその形態と生理を適合させているかの一例である．

シュートが陽に当たると，植物体は，**脱黄化 de-etiolation**（緑化ともいう）とよばれる全面的な変化をとげる．すなわち，茎の伸長速度は落ち，葉は展開し，根は伸長する．また，シュートはクロロフィルを生産する．つまり，典型的な植物としての形態をとり始める（図 39.2 b）．本節では，この脱黄化反応を，植物細胞のシグナル（この場合は光）の受容が応答（緑化）へと変換される例として取り上げる．また，突然変異体の研究によって，細胞のシグナル処理の受容，変換および応答の各段階における分子機構（図 39.3）についての知見が，どのようにもたらされたかについても探っていこう．

▼図 39.2　**暗所で生育したジャガイモは光の誘導で脱黄化（緑化）する．**

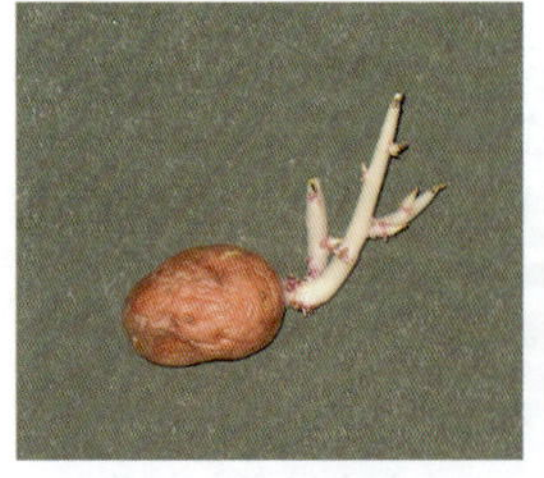

(a) **露光前．** 暗所で生育したジャガイモはひょろ長い茎と未発達の葉をもち，シュートが土壌に突き進むための形態的適応を示す．根は短いが，シュートからあまり水が蒸発しないので，吸水する必要がない．

(b) **自然光に移して 1 週間後．** ジャガイモの植物体は，広がった緑葉や短く丈夫な茎，長い根をもつ典型的な姿になり始める．この転換は，フィトクロムという特別な色素タンパク質による光受容から始まる．

▼図 39.3　**シグナル変換経路の一般的モデルの概観．** 11.1 節で論じたように，ホルモンやその他の刺激は，特定の受容体に結合し，一連の中継タンパク質を活性化し，また二次メッセンジャーをつくる．シグナルは伝えられ，最終的にさまざまな細胞応答を起こす．この図では，受容体が標的の細胞膜にあるが，別の例では，シグナルが細胞内の受容体に結合する．

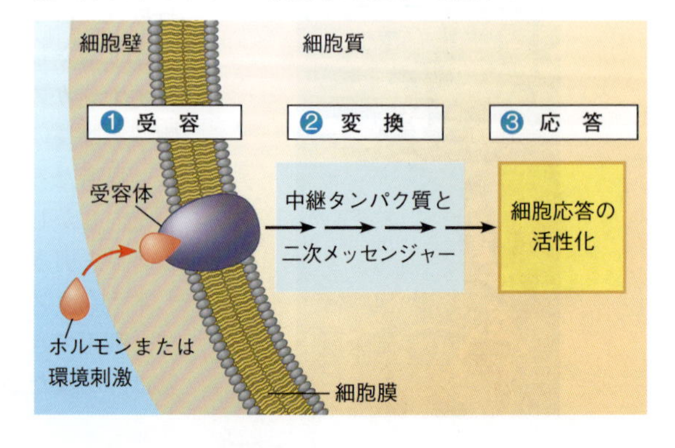
細胞壁
細胞質
❶ 受 容
❷ 変 換
❸ 応 答
受容体
中継タンパク質と
二次メッセンジャー
細胞応答の
活性化
ホルモンまたは
環境刺激
細胞膜

受　容

シグナル（刺激）はまず，特定の刺激に反応して構造変化を起こすタンパク質である受容体によって検出される．脱黄化に関与する受容体は，「フィトクロム」という光受容体であり，本章の後でさらに詳しく扱うこととする．細胞膜中に存在している多くの受容体とは異なり，脱黄化で機能するフィトクロムは細胞質中に存在する．研究者は，ジャガイモの近縁種であるトマトを用いた研究により，脱黄化にはフィトクロムが必要であることを証明した．トマトの *aurea* 突然変異体は，正常なフィトクロムをつくれない突然変異体で，光にさらされていても野生型のように緑化しない（「金色」を意味するラテン語 *aurea* に由来．クロロフィルが欠落しているので，カロテノイドという黄色または橙色の色素がよりいっそう顕著である）．この *aurea* 突然変異体の葉に，別の植物体のフィトクロムを注入して光の下で栽培すると，正常な脱黄化反応が起きることが示された．この実験は，フィトクロムが脱黄化過程で光を感知するのに機能していることを示している．

変　換

受容体には微弱な環境シグナルや化学シグナルを感知するものがある．脱黄化反応にはきわめて低い光量によっても引き起こされるものがあり，数秒の月光程度の光で十分なこともある．このきわめて微弱なシグナルの変換では，**二次メッセンジャー second messenger** という低分子やイオンが，細胞内で，シグナルを増幅し，受容体から応答するタンパク質に伝達する（図 39.4）．11.3 節では，いくつかの二次メッセンジャーを学んだ（図 11.12，図 11.14 を参照）．ここでは脱黄化にかかわる 2 つの二次メッセンジャーである，カルシウムイオン（Ca^{2+}）とサイクリック GMP（cGMP）の特殊な役割を見てみよう．

細胞質の Ca^{2+} はフィトクロムのシグナル変換に重要な役割を果たしている．一般に，細胞質の Ca^{2+} 濃度は非常に低いが（約 10^{-7} M），フィトクロムを活性化すると Ca^{2+} チャネルが開き，一時的に 100 倍以上に増加する．また，光に応答して，フィトクロムの構造が変化し，二次メッセンジャーの cGMP をつくるグアニル酸シクラーゼという酵素を活性化する．Ca^{2+}

▼図 39.4　植物のシグナル変換の一例：脱黄化（緑化）応答におけるフィトクロムの役割．

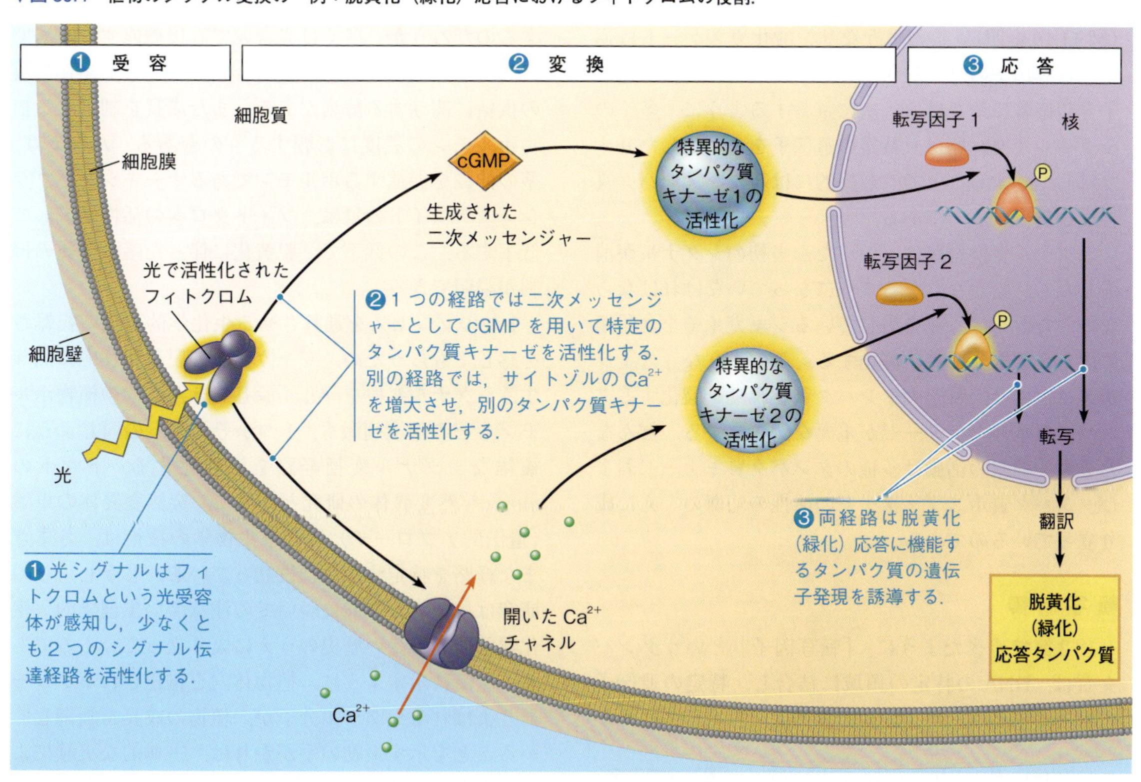
❶ 受　容
❷ 変　換
❸ 応　答
細胞質
細胞膜
細胞壁
光
光で活性化された
フィトクロム
cGMP
生成された
二次メッセンジャー
特異的な
タンパク質
キナーゼ1の
活性化
特異的な
タンパク質
キナーゼ2の
活性化
❷1つの経路では二次メッセンジャーとしてcGMPを用いて特定のタンパク質キナーゼを活性化する．別の経路では，サイトゾルのCa^{2+}を増大させ，別のタンパク質キナーゼを活性化する．
開いたCa^{2+}
チャネル
Ca^{2+}
❶光シグナルはフィトクロムという光受容体が感知し，少なくとも2つのシグナル伝達経路を活性化する．
転写因子1
転写因子2
核
P
転写
翻訳
脱黄化
（緑化）
応答タンパク質
❸両経路は脱黄化（緑化）応答に機能するタンパク質の遺伝子発現を誘導する．

関連性を考えよう➤図 11.17 の図のどれが，脱黄化におけるフィトクロム依存のシグナル変換経路を最もよく表しているか，説明しなさい．

とcGMPは脱黄化反応の完了に必要である．たとえば，トマト *aurea* 突然変異体の葉の細胞にcGMPを注入しても，脱黄化反応の一部しか誘導されない[*1]．

応　答

最終的に，二次メッセンジャーはいくつかの細胞活性を制御する．たいていの場合，こうした応答として特定の酵素活性が増大する．翻訳後修飾と転写調節というおもに2つの機構によって，シグナル伝達経路は生化学的経路の酵素を活性化する．翻訳後修飾とは，すでに存在する酵素分子を活性化することである．転写制御とは，特定の酵素をコードするmRNAの合成を促進したり抑制したりすることである．

すでに存在するタンパク質の翻訳後修飾

ほとんどのシグナル変換経路では，すでにあるタンパク質の特定のアミノ酸残基がリン酸化修飾を受け，タンパク質の疎水性や活性が変化する．cGMPやCa^{2+}を含む多くの二次メッセンジャーは，タンパク質キナーゼを直接活性化する．あるタンパク質キナーゼは，別のタンパク質キナーゼをリン酸化し，リン酸化されたタンパク質キナーゼはまた別のタンパク質キナーゼをリン酸化する，というように続いていく場合が多い（図11.10参照）．このようなリン酸化カスケードは通常，転写因子のリン酸化を介して，最初の刺激を遺伝子発現応答につなげる．次に議論するように，多くのシグナル変換経路は，特定の遺伝子をオンにしたりオフにしたりすることで，最終的には新たなタンパク質合成を制御するのである．

シグナル変換経路は，いったん当初のシグナルが消失したら，動かなくなるようになっていなければならない．たとえば，芽を出しているジャガイモを食器棚に戻したとき光応答は停止する．このような「スイッチオフ」には，特定のタンパク質を脱リン酸化するタンパク質ホスファターゼが重要な働きをする．どんなときも，細胞の活動は多種のタンパク質キナーゼおよびタンパク質ホスファターゼの活性の均衡のうえに成り立っているのである．

転写制御

18.2節で述べたように，「転写因子」というタンパク質は，DNAの特定の領域に結合し，特定の遺伝子の転写を制御する（図18.10参照）．フィトクロムが誘導する脱黄化では，適切な光条件に反応して複数の転写因子がリン酸化によって活性化される．転写因子の活性化は，cGMPやCa^{2+}によって活性化されるタンパク質キナーゼのリン酸化に依存するものもある．

あるシグナルが発生過程の変化を促進する機構は，アクチベーター（特定の遺伝子の転写を増大させるタンパク質）の活性化または，リプレッサー（転写を抑制するタンパク質）の活性化，もしくは両方による．たとえば，シロイヌナズナの突然変異体で，暗所で生育すると，クロロフィルをもたないこと以外は光の下で生育したのと同じ形態（広がった葉と短く丈夫な茎をもつ）を示すものがある．しかし，クロロフィル生産の最終段階に光が必要なので，これらは緑色にはならない．この突然変異体は，通常は光によって活性化される遺伝子発現を抑制するリプレッサーに欠陥をもつ．このリプレッサーが突然変異によって失われると，通常は負の転写因子が抑制する経路が活性化する．こうして，この突然変異体は色が薄いことを除いては，明所で生育したように見えるのである．

脱黄化（「緑化」）タンパク質

脱黄化の途上で，どのような種類のタンパク質がリン酸化によって活性化されたり，新たに転写されたりするのだろうか．多くは光合成で直接機能する酵素である．その他にクロロフィル合成に必要な前駆体物質の供給に関与する酵素がある．また成長を制御する植物ホルモンの濃度に影響するものもある．たとえば，茎の伸長を促進するホルモンであるオーキシンとブラシノステロイドの量は，フィトクロムの活性に続いて低下する．この低下で，脱黄化に伴った茎の伸長の抑制が説明できる．

1つのプロセスを進行させる生化学的変化の複雑さを感じてもらうため，ジャガイモの脱黄化反応に関与するシグナル変換を詳しく論じてきた．どの植物ホルモンもどの環境刺激も，1つかそれ以上の同じように複雑なシグナル変換経路を活性化する．トマトの *aurea* 突然変異体の研究と同様に，突然変異体の単離（遺伝的アプローチ）と分子生物学の技術は，さまざまな経路を特定するのに役立っている．しかし，この研究は，植物の機能についての注意深い生理学的，生化学的研究の長い歴史のうえに成り立っているのである．次節に示すように，植物体内を輸送されるホルモンとよばれるシグナル分子が，植物の成長を制御していることを示す最初の手がかりは，古典的な実験によってもたらされた．

＊1（訳注）：最近の研究では，フィトクロムは細胞質で光を受容すると，核へ移動し，転写因子と相互作用することで，遺伝子の発現を制御するという経路も有力である．

概念のチェック 39.1

1. 暗所と明所で生育する植物の形態的違いは何か．芽生えの競争において，黄化はどのように役立つか説明しなさい．

2. シクロヘキシミドはタンパク質合成を阻害する薬である．シクロヘキシミドが脱黄化にどのような影響を与えるかを推測しなさい．

3. どうなる？➤性機能改善薬バイアグラは，cGMP を分解する酵素を阻害する．トマトの葉細胞が同様の酵素をもつと仮定して，バイアグラを作用させると，トマトの *aurea* 突然変異体の葉は正常な脱黄化を起こすと考えられるか．

（解答例は付録 A）

39.2

植物ホルモンは成長，分化および刺激応答を統御する

ホルモン hormone とは，本来の用語の意味としては，生物体のある部位で少量つくられるシグナル分子で，別の部位に運ばれ，そこで特定の受容体と結合し，標的細胞や組織で特定の応答を引き起こす．動物では，通常，ホルモンは血液循環系を通して運ばれるので，このこともしばしば定義に含まれることがある．しかし，最近の植物科学者の多くは，動物生理学で確立された狭い定義は植物生理の過程を説明するには限定的すぎると考えている．たとえば，植物には，ホルモンなどのシグナル物質を運ぶ血液循環系が存在しない．さらに，植物ホルモンといわれるシグナル分子の中には，局所的にしか作用しないものがある．最後に，植物にはグルコースのようなシグナル分子もある．グルコースは典型的なホルモンの数千倍の濃度で，植物体内にふつうに存在しているシグナル分子である．いずれにしても，これらは植物体内を運ばれ，ホルモンとよく似た様式で植物の機能を大きく変えるシグナル変換経路を活性化する．このため，多くの植物学者は「植物成長調節物質」という広い用語を使い，自然の有機物質だけでなく人工の物質も扱っている．現時点では，「植物ホルモン」と「植物成長調節物質」はほぼ同じように使われているが，本書では歴史的につなげて説明するので，非常に低濃度で作用する物質という定義に基づいて，「植物ホルモン」を使用する．

植物ホルモンは非常に低濃度で合成されるが，植物の成長や発生に甚大な影響を与え得る．植物ホルモンは，植物の成長や発生のほぼすべての局面で，程度の差はあっても作用している．それぞれのホルモンは，植物において作用する場所，濃度，発生段階に応じて，多様な機能をもつ．逆に，多数のホルモンが 1 つのプロセスに影響を与えることもある．植物ホルモンの応答は，通常，関係するホルモンの総量およびそれらの相対的な濃度の双方に依存している．成長や発生の制御は，ホルモン単独よりむしろ，異なるホルモンの相互作用による場合が多い．これらの相互作用については，今後のホルモンの機能の研究により明らかになっていくだろう．

植物ホルモンの概観

表 39.1 は，オーキシン，サイトカイニン，ジベレリン，アブシシン酸，エチレン，ブラシノステロイド，ジャスモン酸，ストリゴラクトンを含む，植物ホルモンの主要なタイプと機能についてまとめたものである．

オーキシン

植物の化学伝達物質に関する概念は，茎がどのようにして光に応答するかを見た一連の古典的研究から生まれた．窓際の鉢植え植物の茎は，光に向かって成長する．植物の器官全体を刺激に向けて曲げたり，刺激の反対方向に向けて曲げたりする成長応答はどれも，**屈性 tropism** とよばれる（「回転」を意味するギリシャ語 *tropos* に由来）．光に応答してシュートの成長が屈曲するものを**光屈性 phototropism** という．光の方向に屈曲するものを，正の光屈性，光から遠ざかる屈曲を負の光屈性という．

植物が密集している自然生態系では，光屈性によって，シュートは光合成の源である日光へと向かって成長する．この応答は，茎の両側の細胞の成長の違い（偏差成長）による．つまり，暗い側の細胞が，明るい側の細胞より速く成長する．

チャールズ・ダーウィン Charles Darwin と息子のフランシス・ダーウィン Francis Darwin は 1800 年代後半に，光屈性にかかわる最初の実験を行った（図 39.5）．彼らは，イネ科の植物の芽生えを覆う鞘（子葉鞘(しょう)）（図 38.9 b 参照）を用いて，先端さえあれば光の方向へ曲がることを観察した．もし，先端を切除すると，子葉鞘は屈曲しなかった．もし先端を遮光したキャップで覆うと，芽生えは光の方向に成長できなかった．しかし，先端を透明キャップで覆ったり，先端よりも下側を遮光しても，光屈性は阻害されなかった．光を感知するのは子葉鞘の先端部であると，ダーウィン父子は結論づけた．しかし，子葉鞘の屈曲という偏差成長は，先端から少し離れた下部で起こっていた．

表 39.1　植物ホルモンの概観

植物ホルモン	合成／蓄積部位	主要機能
オーキシン（IAA）	シュートの頂端分裂組織と若い葉はオーキシン生合成の主要部位である．根端分裂組織もオーキシンを合成するが，シュートのオーキシンの影響を受ける．発達中の種子や果実は高濃度のオーキシンを含むが，新たに合成されたのか，それとも親植物体から輸送されたのか明らかではない．	茎の伸長を促進（低濃度の場合のみ）；側根や不定根の形成の促進；果実の発達を制御；頂芽優勢を促進；光屈性や重力屈性に関与；維管束分化を促進；落葉阻止
サイトカイニン	おもに根で合成され，他器官へ輸送される，しかし副次的な合成部位も多い．	シュートや根の細胞分裂を制御；頂芽優勢を抑えて，側芽成長を促進；シンク組織への栄養物質輸送を促進；発芽促進；葉の老化遅延
ジベレリン（GA）	頂芽や根の分裂組織や若葉，発達中の種子がおもな合成部位である．	茎の伸長や花粉の発達，花粉管の成長，果実の発達，種子の発達と発芽を促進；性決定や幼植物体から成熟体への移行の制御
アブシシン酸（ABA）	ほとんどすべての植物細胞が合成できるので，すべての主要器官や生きている組織で検出される．師部や木部で輸送されると考えられる．	成長阻害；水ストレス時の気孔閉鎖の促進；種子休眠と早期発芽の抑制；葉の老化の促進；乾燥耐性の促進
エチレン	気体のホルモンで，植物体の多くの部位で合成される．老化や落葉，ある種の果実の成熟時に大量に合成される．合成は傷害やストレスによっても促進される．	果実の成熟や落葉，芽生えのトリプルレスポンス（茎の伸長阻害，肥大成長と水平成長の促進）の促進；老化の促進；根や根毛形成の促進；パイナップル科の開花促進
ブラシノステロイド	すべての組織に存在するが，器官によって主要な中間体が異なる．合成部位の近くで作用する．	シュート細胞の拡張や分裂の促進；低濃度で根の成長促進；高濃度で根の成長阻害；木部分化の促進；師部分化の阻害；種子発芽と花粉管伸長の促進
ジャスモン酸	脂肪酸リノレン酸由来の関連する分子の小さなグループ．植物のいくつかの場所でつくられ，師管を通して他の部分に運ばれる．	果実成熟，花の発達，花粉生産，つるの巻きつき，根の成長，種子発芽，蜜の分泌を含む多様な機能の調整を行う．また植食昆虫や病原菌の侵略に反応して生成される．
ストリゴラクトン	これらのカロテノイド由来のホルモンは，低リン酸条件やシュートからの高いオーキシン輸送に応答して，根でつくられる．	種子発芽の促進；頂芽優勢の制御；菌根菌の根への誘引

ダーウィン父子は，何かのシグナルが先端から伸長領域に伝達されていると推定した．20〜30年後，デンマークのピーター・ボイセン＝イエンセン Peter Boysen-Jensen は，そのシグナルが移動性の化学物質であることを示した．彼は，ゼラチンの塊で子葉鞘の先端とそれ以下を隔て，細胞同士の接触はないものの，両者の間で物質の移動が可能になるようにした．すると，芽生えは正常な屈光反応を示した．しかし，鉱物の雲母（うんも）のような拡散を阻止するものによって子葉鞘の先端と下部を隔てると，屈光性は見られなかった．

引き続く研究は，子葉鞘の先端から化学物質が放出され，拡散により寒天の塊に集められることを示した．この化学物質を含む小さな寒天塊を，先端のない子葉鞘の切断面の上に中央からずらして置くと，完全な暗所であっても「光屈性のような」屈曲を誘導した．子葉鞘が屈光したのは，子葉鞘の光の当たらない側にこの成長促進化学物質が光が当たる側よりも高い濃度で存在したからである．この化学伝達物質は子葉鞘を通り降りて，成長を促進するため，「オーキシン auxin」と命名された（「増大」を意味するギリシャ語 *auxein* に由来）．オーキシンはこの後，精製され，その化学構造はインドール酢酸（indoleacetic acid：IAA）と決定された．オーキシンは被子植物において多様な機能をもつが，**オーキシン auxin** という言葉は子葉鞘の伸長を促進させるどの化学物質にも使われる．植物における天然の主要なオーキシンは IAA であるが，いくつかの化学合成したものを含む異なる化学物質は，オーキシン活性をもつ．

オーキシンはおもにシュート先端でつくられ，細胞から細胞へと輸送され，茎を下る速度は約 1 cm/時である．先端から基部へのみ輸送され，逆方向へは輸送されない．このオーキシンの一方向の輸送を「極性輸送」という．極性輸送は重力とは何の関係もない．茎あるいは子葉鞘片を逆さまにするとオーキシンが上方に向かって移動することがいくつもの実験で示されている．オーキシン輸送に見られる極性はむしろ，オーキシン輸送タンパク質の細胞内の極性分布による．オーキシン輸送タンパク質は細胞の基部側に集中しており，オーキシンを細胞の外へ（基部側へ）排出する．このオーキシンは隣の細胞の頂端側に入ることができ

▼図 39.5

研究　イネ科植物の子葉鞘のどの部が光を感じて，どのようにシグナルを伝えるのだろうか

実験　1988年にチャールズとフランシス・ダーウィンは，どの部分が光を感知しているかを調べるため，イネ科植物の子葉鞘を取り除いたり，覆ったりした．1913年にピーター・ボイセン=イエンセンは，子葉鞘を異なる物質で分離して，光屈性のシグナルがどのように伝わるのかを調べた．

結果

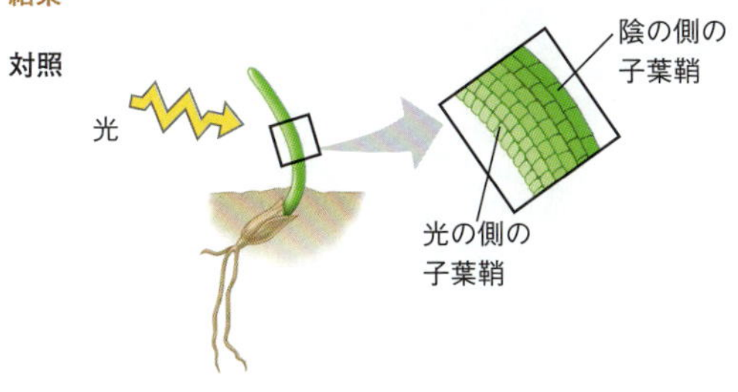
対照
光
陰の側の
子葉鞘
光の側の
子葉鞘

チャールズ・ダーウィンおよびフランシス・ダーウィン：光屈性は先端に光が照射されたときにのみ起こる．

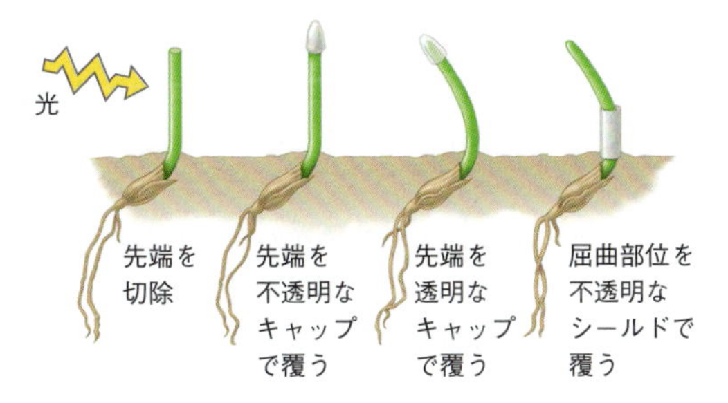
光
先端を
切除
先端を
不透明な
キャップ
で覆う
先端を
透明な
キャップ
で覆う
屈曲部位を
不透明な
シールドで
覆う

ボイセン=イエンセン：光屈性は，先端が透過できる障壁で分離されたときには起こるが，不透過性の障壁のときには起こらない．

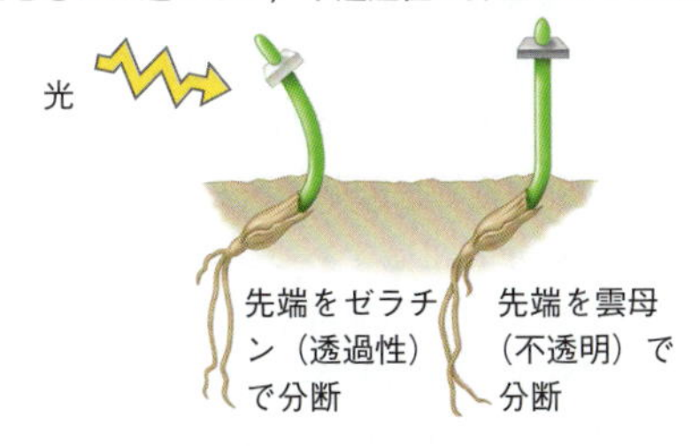
光
先端をゼラチン（透過性）で分断
先端を雲母（不透明）で分断

データの出典　C. R. Darwin, The power of movement in plants, John Murray, London (1880). P. Boysen-Jensen, Concerning the performance of phototropic stimuli on the Avenacoleoptile, *Berichte der Deutschen Botanischen Gesellschaft* (*Reports of the German Botanical Society*) 31:559-566 (1913).

結論　ダーウィンの実験は子葉鞘の先端だけが光を感知することを示唆する．しかし，光屈性による屈曲は光を感知した場所（先端）から離れた場所で起こる．ボイエン=イエンセンの結果は，屈曲のためのシグナルが光によって活性化される移動性の化学物質であることを示す．

どうなる？➤どの色の光が最も光屈性による屈曲を起こすかを実験的に調べるには，どのようにすればよいか．

▼図 39.6

研究　シュートの先端から基部へのオーキシン極性移動は何によって起こるのか

実験　オーキシンがいかにして一方向に輸送されるのかを調べるため，レオ・ゲルワイラー Leo Gälweiler らは，オーキシン輸送タンパク質の局在を明らかにする実験を計画した．オーキシン輸送タンパク質に結合する抗体を黄緑色の蛍光分子で標識した．彼らは抗体をシロイヌナズナの茎の縦断切片に処理した．

結果　左の顕微鏡写真は，オーキシン輸送タンパク質が木部の柔組織だけに存在し，他のどの組織にも存在しないことを示している．右の高倍率の顕微鏡写真は，オーキシン輸送タンパク質がおもに細胞の基部側に局在していることを示している．

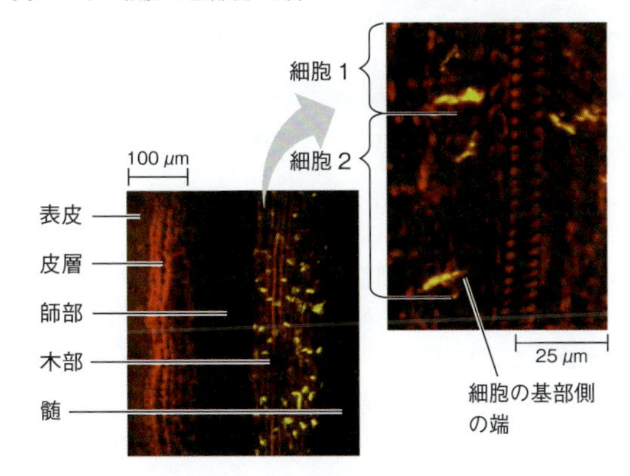
細胞 1
細胞 2
100 μm
表皮
皮層
師部
木部
髄
25 μm
細胞の基部側
の端

データの出典　L. Gälweiler et al., Regulation of polar auxin transport by AtPIN1 in *Arabidopsis* vascular tissue, *Science* 282:2226-2230 (1998).

結論　この結果は，オーキシン輸送タンパク質が細胞の基部側に集中していることがオーキシン極性輸送の原因であるという仮説を支持している．

どうなる？➤もしオーキシン輸送タンパク質が細胞の両端に均等に存在していたとすれば，オーキシンの極性輸送は可能か．また，その理由を説明しなさい．

る（図 39.6）．オーキシンには，細胞の伸長や植物体の構築の制御などさまざまな働きがある．

細胞伸長におけるオーキシンの役割　オーキシンの中心的な機能は若い発達途上のシュートでの細胞伸長を促進することである．オーキシンは，シュート先端から細胞伸長領域へと移動し（図 35.16 参照），おそらく細胞膜の受容体に結合して細胞伸長を促進する．オーキシンが成長を促進するのはおよそ 10^{-8}～10^{-4} M という決まった濃度範囲においてのみである．それよりも高濃度だと，伸長を抑制するホルモンであるエチレン生産を誘導するため，オーキシンは伸長を阻害する．エチレンの項でこうしたホルモン間相互作用について再び論じる．

「酸成長仮説」というモデルによれば，プロトンポ

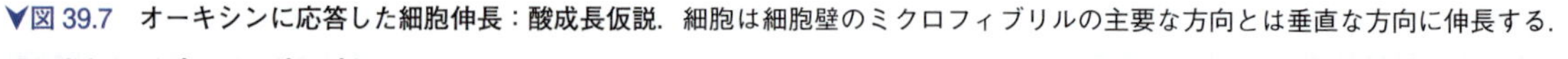

▼図 39.7　オーキシンに応答した細胞伸長：酸成長仮説．細胞は細胞壁のミクロフィブリルの主要な方向とは垂直な方向に伸長する．

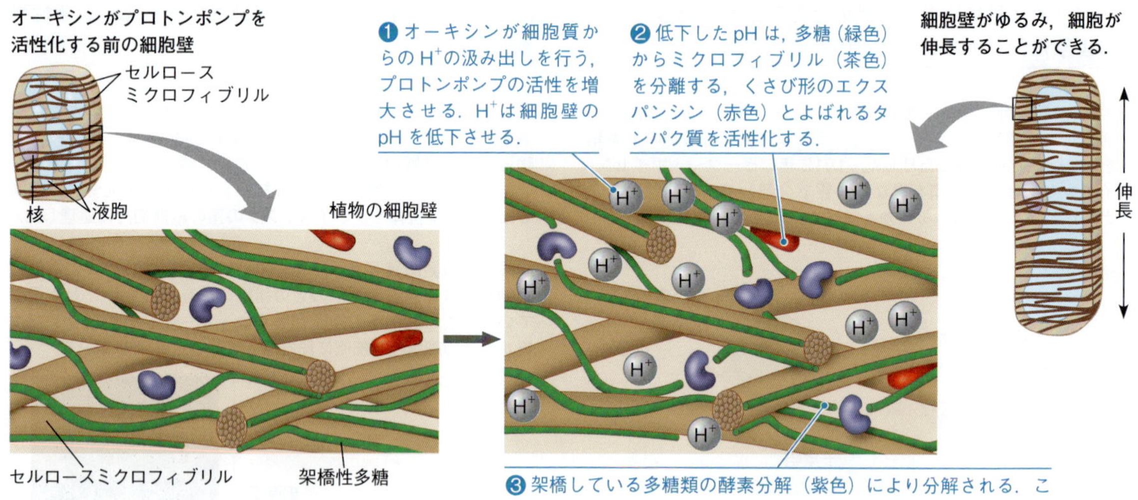

オーキシンがプロトンポンプを
活性化する前の細胞壁
セルロース
ミクロフィブリル
核
液胞
植物の細胞壁
セルロースミクロフィブリル
架橋性多糖
❶ オーキシンが細胞質からのH^+の汲み出しを行う，プロトンポンプの活性を増大させる．H^+は細胞壁のpHを低下させる．
❷ 低下したpHは，多糖（緑色）からミクロフィブリル（茶色）を分離する，くさび形のエクスパンシン（赤色）とよばれるタンパク質を活性化する．
細胞壁がゆるみ，細胞が
伸長することができる．
伸長
H^+
❸ 架橋している多糖類の酵素分解（紫色）により分解される．この過程でミクロフィブリルがゆるめられ，細胞壁はより柔軟になる．水の取り込みと膨圧の上昇が，細胞の伸長を引き起こす．

ンプがオーキシンの細胞成長反応に重要な役割を果たしている．シュートの伸長領域でオーキシンは細胞膜のプロトン（H^+）ポンプを刺激する．H^+の汲み出しにより，細胞膜の電位差（膜電位）は増大し，数分以内に細胞壁の pH を低下させる．細胞壁の酸性化は**エクスパンシン expansin** という酵素を活性化する．エクスパンシンはセルロースミクロフィブリルとその他の細胞壁構成物間の架橋（水素結合）を切断し，細胞壁の構造をゆるめる（図 39.7）．膜電位の増大は，細胞内へのイオンの流入を拡大し，その結果，浸透圧による水の流入が起こり，膨圧が高まる．高まった膨圧と細胞壁の可塑性の増加により，細胞は伸長する．

オーキシンは，遺伝子発現を迅速に変え，伸長領域の細胞で新たなタンパク質合成を数分以内に誘導する．これらのタンパク質の中には短い寿命の転写因子があり，これが他の遺伝子を活性化したり抑制したりする．最初の急激な成長の後に持続的な成長を維持するには，細胞はより多くの細胞質と細胞壁物質をつくらなければならない．オーキシンはまたこの持続的な成長応答も促進する．

植物の発生におけるオーキシンの役割　オーキシンの極性輸送は植物の発生における空間構築もしくは「パターン形成」を制御する中心因子である．オーキシンはシュート先端で合成され，個々の枝の形成，大きさ，環境に関する統合的情報をもっている．オーキシンの流量は個別の分枝パターンを制御する．たとえば，ある枝からのオーキシンの流量の減少は，その枝が十分に生産的でないことを示している．つまり新しい枝がどこか他に必要である．そうなると，その枝の下方の側芽が休眠を解かれ，成長を始めるのである．

オーキシンの輸送は「葉序」の形成（図 36.3 参照），つまり茎に対して葉がどのように配置されるかを決める重要な役割を果たしている．現在のモデルでは，茎頂先端でのオーキシンの極性輸送が局所的な濃度の高いところをつくり出し，これが葉原器の形成部位を決め，これによって自然界の異なる葉序を決定しているとされている．

葉縁からのオーキシンの極性輸送は葉脈のパターンを決めている．極性輸送の阻害剤で処理すると，葉柄から連続した維管束が葉で失われ，幅広でゆるくつながった一次葉脈と多数の二次葉脈を形成し，また葉縁に隣接して不定形の維管束細胞の密な領域を形成する．

木部を形成する分裂組織である維管束形成層の活性もまた，オーキシン輸送の制御下にある．植物が成長期を終えて休眠状態に入るとき，オーキシン輸送やオーキシン輸送タンパク質の発現は減少する．

被子植物の発生へのオーキシンの効果は，見慣れた胞子体にあるだけでなく，最近の研究によれば微小な雌性配偶体もオーキシンの濃度勾配によって制御されているという．

オーキシンの実用例　天然でも合成品であってもオーキシンは，さまざまな商業に応用されている．たとえば，天然のオーキシンであるインドール酪酸（indolebutyric acid：IBA）は，挿し木による植物の栄養繁殖に利用されている（本来の植物の側根形成では IAA よりも IBA のほうが重要である）．切り取った葉や茎にIBAを含む薬品を塗ると，切断面近くに不定根をよく生じる．

2, 4-D（2, 4-ジクロロフェノキシ酢酸）などの合成オーキシンは，除草剤として広く使われている．トウモロコシや芝草などの単子葉植物は，すみやかにこれらの合成オーキシンを不活性化できる．しかし，双子葉植物は分解できず，オーキシンの過剰投与のために枯れてしまう．穀類の畑や芝生に2, 4-Dを散布すると，双子葉植物の雑草を除去することができる．

発達中の種子はオーキシンを合成し，これが果実の成長を促進する．温室で栽培したトマトの植物ではしばしば形成される種子が少なく，結果として果実の発達が悪くなる．しかし，温室のトマトの植物に合成オーキシンを噴霧すると，正常な果実の発達が起こるので，温室栽培トマトの商品化が可能になった．

サイトカイニン

サイトカイニン cytokinin は，組織培養した植物細胞の成長・分化を促進する化学物質を探し出す試行錯誤の結果，発見された．1940年代，ココナッツの巨大な種子からとれる液状の内胚乳であるココナッツミルクを培地に添加すると植物胚の成長がよくなることが発見された．またその後の研究で，DNAの分解産物の添加により，タバコ培養細胞の分裂が誘導されることが見出された．両実験の物質の実体は，核酸の成分であるアデニンが何らかの修飾を受けたものと判明した．細胞質分裂を促進するため，この成長制御物質はサイトカイニン（サイトは細胞，カイニンは分裂を意味するキネシスからとられた）と名づけられた．天然サイトカイニンのうち最もよく見られるのはゼアチンで，トウモロコシ *Zea mays* で最初に発見されたため，この名がついた．サイトカイニンの細胞分裂や分化，頂芽優勢および老化などへの効果についてはよく研究されている．

細胞分裂と細胞分化の制御

サイトカイニンは活発に成長している組織，特に根，胚および果実で合成される．根で生産されたサイトカイニンは木部液に乗って地上部へ移動し，標的組織に到達する．サイトカイニンはオーキシンと協調して働き，細胞分裂を刺激し，細胞分化の経路に影響を及ぼす．培養細胞に対するサイトカイニンの効果は，この種のホルモンが植物の芽生えでどのように機能するかのヒントをもたらしてくれる．茎の柔組織片をサイトカイニン欠乏培地で培養すると，細胞は非常に大きくはなるが分裂しない．しかし，サイトカイニンをオーキシンとともに添加すると，大きくなった細胞が分裂する．サイトカイニン単独ではまったくこの効果を示さない．すなわち，オーキシンとの相対量によってサイトカイニンは細胞分化を制御している．この2つのホルモンがある濃度にあるとき，多数の細胞は成長を続けるが，それらはカルス（図38.15参照）という未分化の細胞塊のままである．サイトカイニン量を上げると，カルスからシュートの芽が分化し，オーキシン量を上げると根が形成される．

頂芽優勢の制御　頂芽優勢とは，頂芽が腋芽の発達を抑制することであり，糖とサイトカイニン，オーキシンとストリゴラクトンという植物ホルモンにより制御されている．シュート先端における糖の要求性は，頂芽優勢の維持に必須である．頂芽を切り取ると頂芽における糖の要求性が解除され，腋芽における糖（スクロース）の利用が急速に高まる．この糖の増加は芽の発芽を開始する．しかしすべての腋芽が同じように成長するわけではない．通常，切断面に一番近いたった1つの腋芽が，新たな頂芽として成長を引き継ぐ．

オーキシン，サイトカイニン，ストリゴラクトンの3つの植物ホルモンが，どの腋芽が伸長するかについて，決定する役割をもつ（図39.8）．完全な植物体に

▼図39.8　**頂芽除去による頂芽優勢の影響．** 頂芽優勢は，植物のシュートの頂芽により，側芽の成長を阻害することを意味する．頂芽の除去は側枝の成長を可能にする．オーキシン，サイトカイニン，ストリゴラクトンを含む複数のホルモンが，この過程で働く．

頂芽は優先的な糖シンクであり，オーキシン合成の主要な部位である．
オーキシンは頂芽から下方向に移動して，側芽の成長を抑制するストリゴラクトンを生成する．
根からくるサイトカイニンは，オーキシンおよびストリゴラクトンの作用と拮抗して，側芽の成長量を制限することを許す．したがって，頂芽から最も遠い側芽は伸長が増加する．
頂芽の除去は，残っている芽が成長のための糖を受け取ることを許す．オーキシンおよびストリゴラクトンの量も，特に切断面の近くで減少する．この減少は，最も頂上に近い側芽が成長して，新たな頂芽として引き継ぐことを許す．
完全な頂芽をもつ植物
頂芽を切除された植物

おいて，頂芽から下がってきたオーキシンは腋芽の成長を「間接的に」抑え，腋芽の枝分かれよりもシュートを伸ばす．シュートの下側へのオーキシン極性輸送は，ストリゴラクトンの合成を誘導し，これが芽の成長を「直接」阻害する．一方，根からシュートへ移動したサイトカイニンはオーキシンおよびストリゴラクトンの作用に拮抗して，腋芽に成長シグナルを送る．したがって，完全な植物体では，植物体の根本に近いサイトカイニン豊富な腋芽は，頂芽に近いオーキシン豊富な腋芽に比べて，長い傾向にある．サイトカイニン過剰生産変異体やサイトカイニン処理した植物体は，通常より生い茂る傾向にある．

オーキシン合成の主要な部位である頂芽を取り除くと，茎，特に切断面に近い領域の茎（図39.8参照）におけるオーキシンとストリゴラクトンの量が低くなる．これにより，切断面に最も近い腋芽の成長が最も盛んになり，これらの腋芽の1つが最終的に新たな頂芽として引き継ぐ．シュート先端の切断面にオーキシンを処理すると，腋芽の成長が阻害される．

抗老化効果　サイトカイニンは，タンパク質分解を抑えたり，RNAやタンパク質合成を促進したり，周囲の組織から代謝物を集積したりすることで，植物の器官の老化を遅らせる．葉を切除してサイトカイニン溶液に浸すと，しないものよりはるかに長く緑色を保つことができる．

ジベレリン

1900年代初めに，アジアの農民は，水田のイネの苗が高くひょろ長くなりすぎて，成熟する前に倒れてしまう病気に気づいた．1926年，ある種の菌類（ジベレラ属 *Gibberella*）がこの「馬鹿苗病（ばかなえ）」の原因であることが突き止められた．1930年代までに，菌類が化学物質を分泌してイネの茎を過剰に伸長させることが判明し，この物質は**ジベレリン gibberellin** と名づけられた[*2]．1950年代に，植物もジベレリン（GA）をつくることがわかった．これ以降，植物体内から天然ジベレリンは100種以上も同定されている．ただし，植物種ごとに存在するジベレリンの種類ははるかに少ない．「馬鹿苗病のイネ」は，ジベレリンを過剰に摂取していたらしい．ジベレリンは茎の伸長，果実の肥大，種子の発芽など，多様な効果をもつ．

＊2（訳注）：馬鹿苗病の原因の菌類を突き止めたのは，黒沢英一，物質を結晶化してジベレリンと命名したのは，薮田貞次郎と住木諭介である．

▼図39.9　ジベレリンの茎伸長と果実の肥大効果．

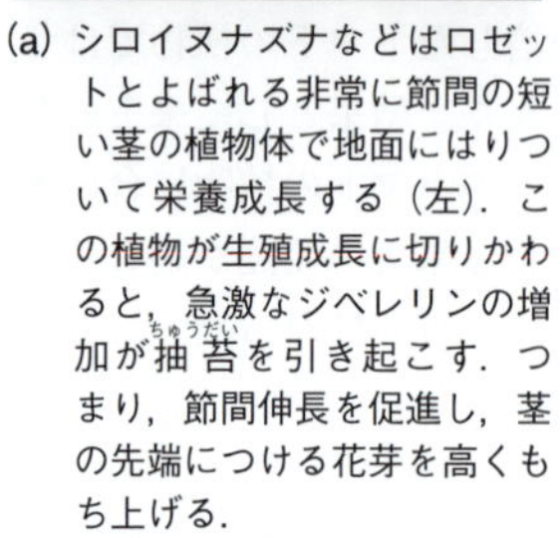

(a) シロイヌナズナなどはロゼットとよばれる非常に節間の短い茎の植物体で地面にはりついて栄養成長する（左）．この植物が生殖成長に切りかわると，急激なジベレリンの増加が抽苔（ちゅうだい）を引き起こす．つまり，節間伸長を促進し，茎の先端につける花芽を高くもち上げる．

(b) 種なしブドウのトンプソン種のブドウの房で，左は無処理のもの，右は果実の発達時にジベレリンを散布した樹のものである．

茎の伸長　根と若葉がジベレリン生産のおもな場である．ジベレリンは細胞伸長と細胞分裂の両方を促進して，葉と茎の成長を促進する．ある仮説では，ジベレリンは細胞壁を柔らかくする酵素を活性化し，エクスパンシンなどのタンパク質の細胞壁への取り込みを助けるという．つまり，ジベレリンはオーキシンと協調して茎の伸長を制御している．

ジベレリンの茎の伸長促進効果は，さまざまな矮性（わいせい）品種（突然変異体）をジベレリン処理するとよくわかる．たとえば，エンドウの矮性種（メンデルが研究した種を含む；14.1節参照）は，ジベレリン処理すると正常な高さにまで伸びる．しかし，野生型の植物をジベレリン処理しても，何の効果もないことが多い．明らかに，こうした植物はすでに最適なホルモン量を合成しているためである．ジベレリンの茎伸長効果の最も劇的な例は，「抽苔（ちゅうだい）」という花茎の急激な成長である（図39.9 a）．

果実の肥大　多くの植物では，オーキシンとジベレリンの両方が果実の発達に必要である．ジベレリンの最も重要な商業的利用は，種なしブドウのトンプソン種への散布である（図39.9 b）．ジベレリンによって個々の実は大きくなる．これは，消費者に喜ばれる形質である．また，ジベレリンは房の節間伸長も促し，個々の実が大きく成長できるスペースができる．この空間は房の間の空気の循環をよくし，酵母菌その他の微生物が果実に感染しにくくなる．

▼図 39.10 ジベレリンはオオムギなど穀類の種子の発芽中に養分を移動させる．

❶種子が吸水すると，胚はジベレリン（GA）を放出し，内胚乳の薄い最外層である糊粉層細胞にシグナルを送る．

❷糊粉層細胞は GA に応答して，消化酵素を合成，分泌し，内胚乳の貯蔵養分を加水分解する．その一例がデンプンを加水分解する α-アミラーゼである．

❸糖やその他の養分は内胚乳から胚盤（子葉に相当）に吸収され，胚が芽生えへと成長する間に消費される．

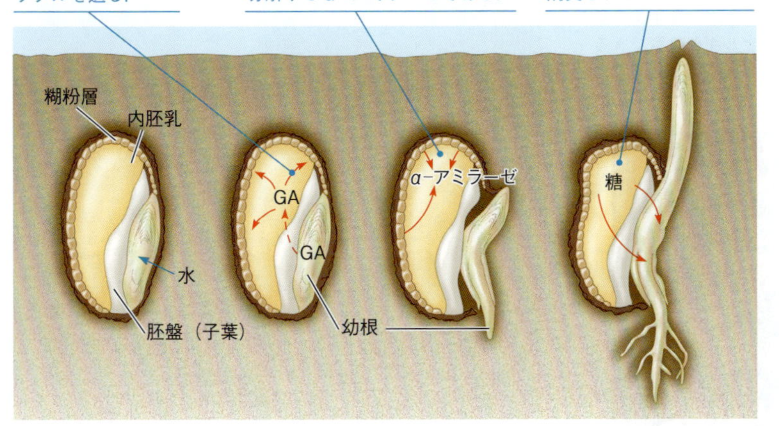

糊粉層
内胚乳
水
胚盤（子葉）
GA
GA
幼根
α-アミラーゼ
糖

発芽　種子の胚にはジベレリンが豊富にある．吸水後，胚からのジベレリン放出が合図となって種子は休眠打破し，発芽する．発芽に特別な環境条件，たとえば光や低温などを必要とする種子の中にも，ジベレリン処理をすると休眠打破するものがある．ジベレリンは，貯蔵養分を分解する α-アミラーゼのような消化酵素の合成を促進することによって穀物類の芽生えの成長を助ける（図 39.10）．

アブシシン酸

1960 年代，落葉樹の芽の休眠と葉の脱離に先立って起こる化学変化を研究していたチームと，綿の実の脱離に先立って起こる化学変化を研究していたチームがそれぞれ，同じ物質である**アブシシン酸 abscisic acid（ABA）**を単離した．皮肉にも ABA は現在では，芽の休眠と葉の脱離においては主要と考えられていないが，その他の機能においては非常に重要である．これまで学んできた成長を促進するホルモン（オーキシン，サイトカイニン，ジベレリンおよびブラシノステロイド）とは異なり，ABA は成長を遅くする．ABA はしばしば成長ホルモンの作用に拮抗し，ABA とこれらの成長ホルモンの相対量が最終的な生理反応を決定する．ABA の多様な効果のうち，2 つについて熟考しよう．それは種子の休眠と乾燥耐性である．

種子の休眠　種子の休眠は，生存に必要な光・温度・湿度条件（38.1 節参照）のときに限って発芽する可能性を高めてくれる．秋に散布した種がすぐに発芽して冬の寒さで死ぬことがないようにしているのは，何であろうか．どのようなしくみで，種子が春まで発芽しないようになっているのだろうか．さらにいえば，暗く湿った果実内部で種子が発芽しないしくみは何だろうか．それは ABA によってである．ABA 濃度は種子の成熟時に 100 倍にもなる．成熟種子における高濃度の ABA が発芽を阻害し，種子の成熟に伴って起こる過剰な脱水から保護する特別なタンパク質の合成を誘導する．

なんらかの形で ABA が除去または不活化されると，休眠種子の多くは発芽する．砂漠の植物の種子には，豪雨が種子の ABA を洗い流したときだけ休眠打破するものがある．また，ABA の不活化に，光や長期間の低温環境を必要とする．しばしば，ジベレリンと ABA の比率によって，種子は休眠するか発芽するかのどちらかを決定づけられる．発芽しかかっていた種子に ABA を添加すると，種子は再び休眠状態に戻る．ABA がなくなるか大きく減少すると，種子の早期発芽が引き起こされる（図 39.11）．たとえば，穂軸上でも発芽してしまう穀粒をつけるトウモロコシの突然変異体に，ABA が遺伝子の発現を誘導するために必要な転写因子を欠いているものがある．アメリカヒルギの種子の早期発芽は，低レベルの ABA が原因であり，これは木から落ちた種子が柔らかい泥地にダーツの矢のように突きささることで，自らの苗木を親植物のそばで繁殖させる手助けとなる．

乾燥耐性　ABA は乾燥のシグナル伝達で重要な役割を果たしている．植物が萎れ始めると，ABA が葉に蓄積し，すぐに気孔を閉じて蒸散やさらなる水の損失を防ぐ．ABA はカルシウムなどの二次メッセンジャーを介して孔辺細胞の細胞膜のカリウムチャネルを開き，細胞からカリウムイオンを大量に放出させる．これに伴って浸透圧的に起こる水分の喪失によって孔辺細胞の膨圧は減少し，気孔は閉じる（図 36.14 参照）．ある場合には水不足がシュート系よりも先に根系を圧迫し，根から ABA が「早期警告システム」として葉へ送られる．萎れやすい突然変異体は多くの場合，ABA の生産に欠陥がある．

▼図 39.11　**アメリカヒルギの野生型とトウモロコシの突然変異体の種子の早期発芽.**

◀アメリカヒルギ *Rhizophora mangle* の種子は ABA 生産がわずかであるため，種子はまだ樹についている間に発芽する．この場合，早期発芽は有用な適応である．種子は下に落ちたとき，矢のような形の芽生えの幼根は，アメリカヒルギが生育できる柔らかい泥地に深く突きささることができる．

子葉鞘

▲トウモロコシの突然変異体の早期発芽は，ABA 作用に必要な転写因子の欠失によるものである．

▼図 39.12　**エチレンによって誘導されるトリプルレスポンス.** 気体の植物ホルモンのエチレンに応答して，暗所で発芽したエンドウの芽生えは，トリプルレスポンス，つまり，茎の伸長阻害，茎の肥大成長，茎の水平方向への成長を示す．これらの応答は，エチレンの濃度に応じて強くなる．

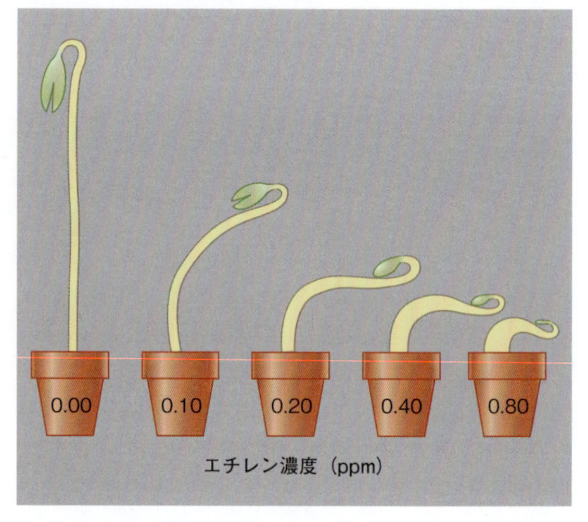
0.00
0.10
0.20
0.40
0.80
エチレン濃度（ppm）

図読み取り問題▶もし *ein* 一重突然変異が，エチレン過剰生産（*eto*）突然変異と組み合わさったとき，二重突然変異の表現型は，一重突然変異の表現型と異なるだろうか．説明しなさい．

エチレン

石炭ガスが街灯に使われていた1800年代，ガス管から漏れ出た物質のせいで，近くの街路樹の葉が未成熟のまま落ちてしまった．1901年に気体の**エチレン ethylene** が石炭ガスに含まれる活性因子であることが示された．しかし，エチレンが植物ホルモンであるという考えは，ガスクロマトグラフィーの出現によって測定が簡素化されて，初めて広く受け入れられるようになった．

植物は乾燥，冠水，機械的ストレス，傷害および感染などのストレスに応答してエチレンを産生する．また，果実の成熟やプログラム細胞死においてもエチレンを産生する．さらに，外から過剰に投与した高濃度オーキシンに対してもエチレンを産生する．事実，根の伸長阻害などオーキシンについて先に述べた多くの効果は，オーキシンに誘導されたエチレン産生によるものである．エチレンのもつ多くの効果のうちの4つに焦点を絞る．それは，機械的ストレス，老化，葉の脱離（落葉）および果実の成熟である．

機械的ストレスへのトリプルレスポンス　エンドウの芽生えが土の中を成長していて石に突き当たったときを想像してみよう．石に押し当たると，そのストレスを感じて芽生えの先端部でエチレンが合成される．エチレンは**トリプルレスポンス triple response** という特殊な成長を引き起こし，シュートは障害物を回避しようとする．この3つの応答は，茎の伸長阻害，茎の肥大成長（茎が堅固になる）および茎の水平方向への成長を引き起こす屈曲である．最初のエチレン生産の波が過ぎて低下すると，茎は上方向への成長を回復する．もしまだ石があれば，さらにエチレン生産が起こり，茎は水平に成長を続ける．しかし，上側に何もなければ，エチレン量は減少し，障壁のない上方への成長を取り戻す．このように茎を水平に成長させるのは，物理的障壁そのものではなく，エチレンなのである．そのため，物理的抵抗がまったくない場所で成長する正常な芽生えにエチレンを投与すると，芽生えはトリプルレスポンスを起こす（図 39.12）．

異常なトリプルレスポンスを示すシロイヌナズナ突然変異体の研究は，生物学者がどのようにしてシグナル変換経路を同定していくかを示す一例である．学者らはエチレンにさらされてもトリプルレスポンスを起こさないエチレン非感受性（*ein*）突然変異体を単離した（図 39.13 a）．ある種の *ein* 突然変異体は，エチレン受容体を欠損しているためにエチレンを感知できない．その他の突然変異体は，土壌から外へ出て物理的障害のない大気中でもトリプルレスポンスを起こす．

▼図 39.13　**エチレンのトリプルレスポンスの突然変異体／シロイヌナズナ.**

ein 突然変異体

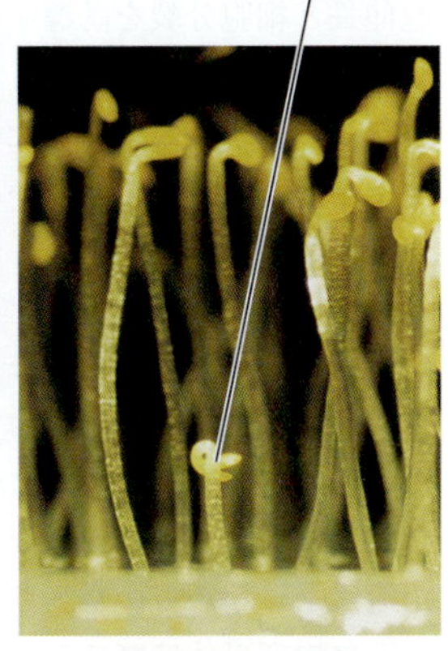
ctr 突然変異体

(a) ***ein* 突然変異体.** エチレン非感受性（*ein*）突然変異体はエチレン存在下でもトリプルレスポンスを示すことができない.

(b) ***ctr* 突然変異体.** 構成的トリプルレスポンス（*ctr*）突然変異体はエチレンがなくても，構成的にトリプルレスポンスを示す.

この種の突然変異体には，エチレン生産を制御できないため，野生型の20倍ものエチレンを産生するものがある．こうしたエチレン過剰生産（*eto*）突然変異体は，エチレン合成阻害剤で処理すると野生型の表現型を回復する．しかし，構成的なトリプルレスポンス（*ctr*）突然変異体は，エチレン合成阻害剤にも応答せず，大気中でもトリプルレスポンスを起こす（図 39.13 b；構成的遺伝子とは，その生物のすべての細胞でいつも同じように発現しているものを指す）．*ctr* 突然変異体では，エチレンが存在しないにもかかわらず，エチレンシグナル伝達がいつもオンになっている．

ctr 突然変異体で変異していた遺伝子は，タンパク質キナーゼをコードしていた．この変異がエチレン応答を活性化するということは，野生型の対立遺伝子がコードする正常なキナーゼは，エチレンシグナル伝達の負の制御因子であることを示唆している．つまり，エチレンが受容体に結合すると，このキナーゼの不活化が起こり，キナーゼが負の制御因子であるため，トリプルレスポンスに関与するタンパク質の合成が起こる．

老化　秋の落葉や1年草が花成の後に枯死するときを考えてみよう．また，道管要素が分化するとき，生細胞の内容が破壊され，中空の管が残るときでもよい．このような現象は**老化 senescence**，つまり，細胞や器官，植物体全体のプログラム細胞死である．遺伝的に死ぬようにプログラムされた細胞や器官，植物体は，たんに細胞機能を止め，死を待っているのではない．むしろ，アポトーシスといわれるプログラムされた細胞死の発動は，細胞の一生の中でも新たな遺伝子発現を必要とする非常に忙しい時期にある．アポトーシスでは，新しく産生された酵素がクロロフィル，DNA，RNA，タンパク質および膜脂質など多くの物質を分解する．植物はそうした多くの分解物を回収する．エチレンの爆発的増加は，ほぼいつも老化における細胞のアポトーシスを引き起こす．

葉の脱離　落葉樹が秋に葉を落とすのは，根から吸水できなくなる冬季に植物体を乾燥から守るためである．葉を落とす前に，多くの栄養分が回収され，茎の柔組織細胞に貯蔵される．この養分は翌春の葉の成長時に再利用される．紅葉は，新たにつくられた赤色の色素と，もとから葉にあった黄色およびオレンジ色のカロテノイド（10.2 節参照）が濃緑色のクロロフィルの分解によって際立つようになったものである．

秋に落葉するとき，葉が離れる部位は葉柄の基部近くで発達する離層である（図 39.14）．離層の小さな柔組織細胞の細胞壁は非常に薄く，維管束組織周辺には繊維細胞がまったくない．さらに，この細胞壁の多糖類が酵素によって加水分解され，離層は弱くなる．最終的には，葉の重みと風によって離層内で分断される．落葉する前から，コルク層が発達して離層の枝側に葉痕を形成し，病原菌の侵入を防ぐ．

エチレンとオーキシンの比率が器官脱離を制御する．葉は老化するにつれオーキシン量を減らす．このため離層の細胞はよりいっそうエチレンに感応するようになる．離層に対するエチレンの影響が支配的になるに

▼図 39.14　**カエデの落葉.** 落葉はエチレンとオーキシンの比率により制御される．この縦断面で，葉柄（ようへい）基部に縦の帯として見えるものが離層である．落葉後，コルクの保護層が発達して葉痕（ようこん）となり，病原体の侵入を防ぐ（LM 像）．

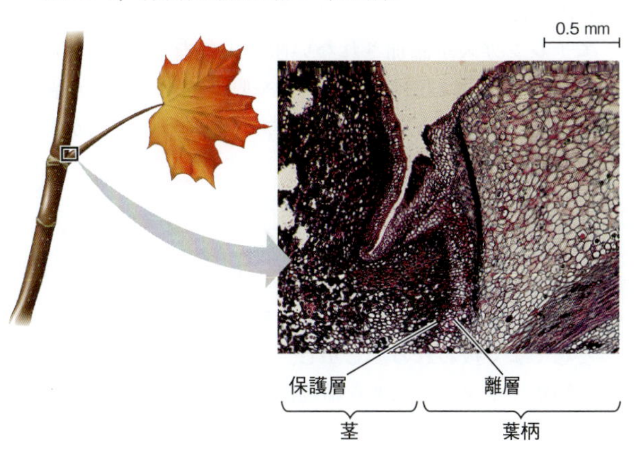
0.5 mm
保護層
離層
茎
葉柄

つれ，細胞はセルロースと細胞壁成分を分解する酵素を産生する．

果実の成熟　未成熟だが多肉質な果実は，酸っぱく，硬く，緑色であることで，発達中の種子を動物から守っている．しかし成熟すると，熟した果実は種子を拡散してくれる動物を惹きつける（図30.10，図30.11を参照）．多くの場合，エチレンの増加が果実の成熟過程の引き金となる．細胞壁成分の酵素による分解は果実を柔らかくし，デンプンと酸性物質の糖への変換は果実を甘くする．新しい香りや色の変化は，実を食べて中の種子を散布してくれる動物に成熟したことを誇示する．

ある種の連鎖反応が果実の成熟過程で起きている．すなわち，エチレンが成熟の引き金となり，成熟はさらなるエチレン産生の引き金となる．この結果，エチレンの爆発的増加が起こる．エチレンは気体であるため，この成熟シグナルは果実から果実へと伝播する．青い果実を収穫したり購入したりしたとき，その果実を袋に入れて，エチレンがたまるようにすれば成熟を早めることができる．商業的に多くの果実が，エチレンの充満する巨大コンテナの中で熟成されている（訳注：バナナはその一例）．一方，天然エチレンによる熟成を遅らせる処置もとられている．たとえばリンゴは二酸化炭素が循環している貯蔵庫に保管される．空気の循環がエチレンの蓄積を防ぎ，二酸化炭素は新たなエチレン合成を阻害する．このように保管することで秋に収穫したリンゴを，翌年の夏に出荷することが可能になる．

果実の収穫後の生理においてもエチレンが重要であることを考えると，エチレンシグナル変換経路の遺伝子工学には商業的応用の可能性がある．たとえば，分子生物学者は，エチレン合成に必要な遺伝子の転写を抑えることで，その成熟を自在に操れるトマトをつくり出した．こうしたトマトは緑色のうちに収穫しても，エチレンガスが添加されない限り未熟なままである．現在，米国では収穫された果物や野菜の半分近くが腐ってしまうという問題があるが，このような手法が洗練されればそれも減るだろう．

最近に発見された植物ホルモン

オーキシン，ジベレリン，サイトカイニン，アブシシン酸，エチレンは5つの「古典的な」植物ホルモンとしてよく扱われる．しかし，より最近に発見された植物ホルモンが，重要な植物調整物質の表を増やすこととなった．

ブラシノステロイド brassinosteroid は，コレステロールや動物の性ホルモンと似たステロイドの1種である．これは 10^{-12} M という低濃度で茎と芽生えの細胞伸長と細胞分裂を誘導する．また，葉の脱離を遅らせ，木部分化を促進する．これらの効果は質的にオーキシンの効果と似ているため，ブラシノステロイドはオーキシンの1種ではないと植物生理学者らが断定するのに何年もかかった．

ブラシノステロイドはシロイヌナズナの突然変異体の研究によって植物ホルモンと認定された．その変異体の芽生えは暗所で生育しても，明所で生育したような形態的特徴を示した．この突然変異は，ステロイド合成にかかわる哺乳類の酵素をコードする遺伝子に似た遺伝子に起きていた．さらに，このブラシノステロイド欠損変異体にブラシノステロイドを添加することで，野生型表現型を回復することができた．

ジャスモン酸 jasmonate には，「ジャスモン酸（JA）」と「ジャスモン酸メチル（MeJA）」が含まれ，植物の防御（39.5節参照）と，ここで議論する植物の発達の双方に重要な役割を果たす，脂肪酸由来の分子である．化学者は，最初にジャスミン *Jasminum grandiflorum* の花から，うっとりさせる香りを生成する鍵となる成分として，MeJAを単離した．ジャスモン酸に対する関心は，ジャスモン酸が傷つけられた植物で生成され，植食昆虫や病原菌に対する植物の防御を調整する重要な役割を果すことが認識されて，増大した．ジャスモン酸のシグナル伝達系の変異体や，植物に対するジャスモン酸処理の効果の研究により，ジャスモン酸とその誘導体が植物の多様な生理過程を制御することが，すぐに明らかになった．それらは，蜜の分泌，果実の成熟，花粉形成，開花時期，種子発芽，根の成長，塊茎の形成，菌根共生，つるの巻きつきが含まれる．植物のプロセスを制御するうえで，ジャスモン酸はまたフィトクロムやGA，IAA，エチレンなどの多様なホルモンと相互作用する．

ストリゴラクトン strigolactone は，木部を移動する化学物質で，種子発芽を促進し，不定根の形成を抑制し，菌根の共生樹立を助け，すでに述べたように，頂芽優勢の制御を助ける．その最近の発見は，他の植物の根に侵入して栄養物を横取りし，宿主の生存を脅かす，根をもたない寄生植物の面白い属名 *Striga*（Strigaはルーマニアの伝説における吸血鬼のような生物で，25年おきに栄養をとれば何千年も生きるという生物である）にちなんだ研究に関係している．魔女の草（witchweed）という名でも知られる *Striga* はアフリカでの食料生産の最大の脅威で，穀物の生産畑の3分の2をダメにしている．*Striga*の植物体は何万という微小な種子をつくり，適した宿主が現れるまで何年も土の中で種子は休眠できる．このため，*Striga*は穀類以外の作物を数年間耕作しても撲滅できない．宿主生物の根から漏れ出すストリゴラクトンは，*Striga*の種子の発芽を誘導する化学シグナルとして，最初は同定された．

概念のチェック 39.2

1. フシコクシンはカビの毒素で，植物細胞膜のH^+ポンプを活性化する．この物質は切断した茎片の伸長にどのような影響を与えるか．
2. **どうなる？**➤もし，ある植物に*ctr*と*ein*の二重変異があるとすると，トリプルレスポンスはどのようになるか．また，その理由を述べなさい．
3. **関連性を考えよう**➤果実の成熟過程で起きるエチレン生成のフィードバックとはどのようなものか．その理由を述べなさい（図1.10参照）．

（解答例は付録A）

39.3

光応答は植物の成功にとって決定的に重要である

植物の生存において光は特に重要な環境要因である．光合成に必要であるのに加えて，光は植物の成長と分化における多くの重要な反応の引き金となる．植物の形態に対する光の影響を**光形態形成 photomorphogenesis**という．また，光の受容によって植物は，日々および季節の経過を測ることができる．

植物は光の有無を感知するだけでなく，光がくる方向，強度および波長（色）も感知する．**作用スペクトル action spectrum**というグラフは，特定の反応を進める光の波長ごとの相対的効果を表すもので，図10.10bは光合成の作用スペクトルを示す．作用スペクトルは，光屈性のように光に依存する反応であれば何にでも有効である．さまざまな植物の応答の作用スペクトルを比較することで，どの応答が同じ光受容体（色素）によるものかがわかる．また，作用スペクトルを色素の吸収スペクトルと比較し，両者が似ていれば，その色素が応答にかかわる光受容体であると推測される．作用スペクトルの研究から，赤色光と青色光が植物の光形態形成の制御において最も重要であることが明らかになっている．こうした研究によって，2つの重要な光受容体，つまり，**青色光受容体 blue-light photoreceptor**と，おもに赤色光を吸収する**フィトクロム phytochrome**が発見された．

青色光受容体

青色光は植物にさまざまな応答を起こさせる．それは，光屈性や光によって誘導される気孔の開口（図36.13参照）と，芽生えが地上に出たときに起こる光による胚軸成長の阻害などである．1970年代に植物生理学者らがその青色光受容体を「クリプトクロム」とよび始めるほど，その生化学的性質は謎であった（ギリシャ語で「隠された」を意味する*kryptos*，「色素」を意味する*chrom*に由来）．1990年代になり，シロイヌナズナの突然変異体を解析していた分子生物学者らは，植物は少なくとも3つの異なる色素を青色光の検知に使っていることを発見した．「クリプトクロム」はDNA修復酵素の類縁タンパク質で，青色光で誘導される胚軸の伸長阻害にかかわる．これは，たとえば，芽生えが初めて土から外に出たとき起きる．「フォトトロピン」はタンパク質キナーゼであり，青色光による気孔開口や光に応答する葉緑体運動，またダーウィン父子らが研究した光屈性やなどに関係している（図39.15）．

光受容体フィトクロム

本章の前半に植物のシグナル変換について紹介した際，脱黄化過程におけるフィトクロムという植物色素の役割について論じた．フィトクロムは，もう1つのクラスの光受容体であり，多くの植物において発芽や避陰を含む光応答を制御する．

フィトクロムと種子発芽

種子発芽の研究からフィトクロムが発見された．種子の貯蔵養分は限られているため，小さな種子は特に，光の条件が最適に近いときにのみ発芽する．光条件がよくなるまで，何年も休眠する種子もある．たとえば，光をさえぎる樹木の枯死や土地の耕作は，種子の発芽に好ましい光環境をつくり出すかもしれない．

1930年代に，米国農務省の科学者らは，レタス種子の発芽を誘導する光の作用スペクトルを測定した．彼らは，吸水させた種子にさまざまな波長の単色光（単一波長の光）を数分間照射した後，種子を暗所に置き，2日後，波長ごとに発芽した種子を数えた．すると，660 nmの赤色光では最も多くの種子が発芽し，730 nmの遠赤色光（人が見ることができるぎりぎりの波長の赤色）は，対照の暗条件と比較しても，発芽

▼図 39.15　**トウモロコシの子葉鞘の青色光による光屈性の作用スペクトル**．光に向かった屈曲は青色光と紫色光，特に青色光に応答する光受容体であるフォトトロピンによって制御される．

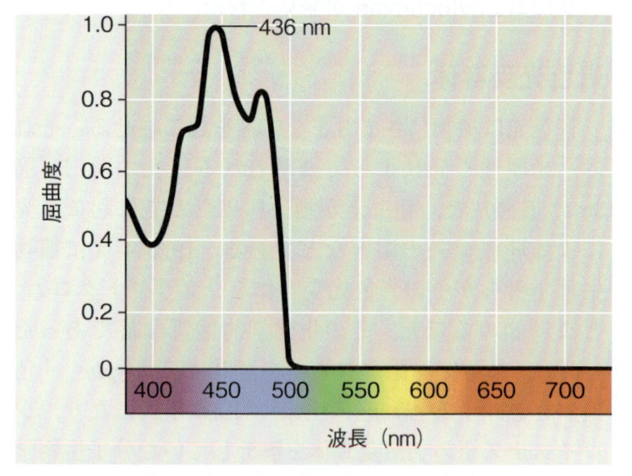

1.0
0.8
0.6
0.4
0.2
0
屈曲度
436 nm
400
450
500
550
600
650
700
波長（nm）

(a) この作用スペクトルは 500 nm 以下の波長の光だけ（青色光と紫色光）だけが屈曲を誘導することを示す．

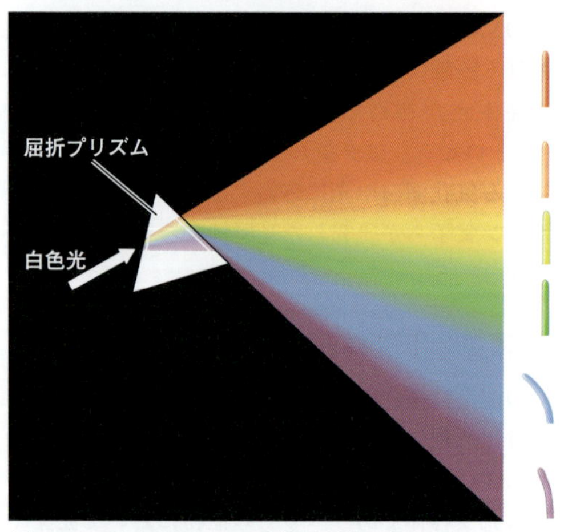

屈折プリズム
白色光

(b) ここに示すように，子葉鞘が多様な波長の光にさらされたとき，紫色の光はわずかに光に対する屈性を誘導し，青色の光が最も強い屈性を誘導する．他の色の光はどのような屈性も誘導しない．

▼図 39.16

研究　赤色光と遠赤色光の照射順の種子発芽への効果

実験　米国農務省の研究者は，レタスの種子に短い赤色光もしくは遠赤色光を照射し，発芽への効果を調べた．この光照射の後，種子は暗所に置き，光照射しなかった対照群の種子と比較した．

結果　各写真の下に，赤色光，遠赤色光と暗期の順番を示す．発芽率は，光照射の最後に赤色光照射した実験群で非常に高かった（左）．また，最後に遠赤色光照射した実験群では，発芽は阻害された（右）．

暗期（対照群）
赤色光　暗期
赤色光　遠赤色光　暗期
赤色光　遠赤色光　赤色光　暗期
赤色光　遠赤色光　赤色光　遠赤色光

データの出典　H. Borthwick et al., A reversible photoreaction controlling seed germination, *Proceedings of the National Academy of Sciences USA* 38:662–666 (1952).

結論　赤色光は発芽を促進し，遠赤色光は阻害する．連続した光照射の最後の光照射が重要である．また，赤色光と遠赤色光の効果は可逆的である．

どうなる？➤フィトクロムは遠赤色光よりも赤色光に速く応答する．もし，レタスの種子に赤色光もしくは遠赤色光を照射した後で，暗期の代わりに白色光の下に置くと，結果はどうなるか．

を抑制した[*3]（図 39.16）．短い赤色光を照射した後に遠赤色光を照射するか，逆に，遠赤色光の後に赤色光を照射すると，レタス種子の発芽はどうなるだろうか．結果は，最後の光照射が種子の発芽を決定する．言い換えれば，赤色光と遠赤色光の効果は可逆的である．

赤色光と遠赤色光の相反する効果を担っている光受容体はフィトクロムである．これまで，研究者は，シロイヌナズナからポリペプチド部分がそれぞれ若干異なっている，5種類のフィトクロムを同定している．ほとんどのフィトクロムの発色団は光可逆的で，照射された光の色に依存して2種類の異性体の間を相互変換する．フィトクロムの赤色光吸収型（P_r）は，赤色光（r）をおもに吸収して，遠赤色光吸収型（P_{fr}）に変換する．P_{fr} 型は遠赤色光を吸収して，P_r 型に変換する（図 39.17）．この $P_r \leftrightarrow P_{fr}$ の相互変換は，植物の一生にわたってさまざまな光誘導現象を制御するスイッチ機構である応答を引き起こす．たとえば，レタス種子の P_r 型は赤色光によって P_{fr} 型に変換され，発芽を促進する細胞応答を引き起こす．しかし，この種子にさらに遠赤色光を当てると，P_{fr} 型は P_r 型に戻り，発芽応答を抑制する．

＊3（訳注）：正確には，暗黒条件でほとんど発芽しないので，比較相手は暗黒条件ではなく，赤色光照射した種子と比較して，遠赤色光照射は，発芽を阻害する．

▼図 39.17　**フィトクロムの分子スイッチ機構.** P_r 型は赤色光を吸収して P_{fr} 型に変換される．遠赤色光はこの反応の逆反応を起こす．ほとんどの場合，色素の P_{fr} 型が植物の生理的応答や発生的応答を誘導する．

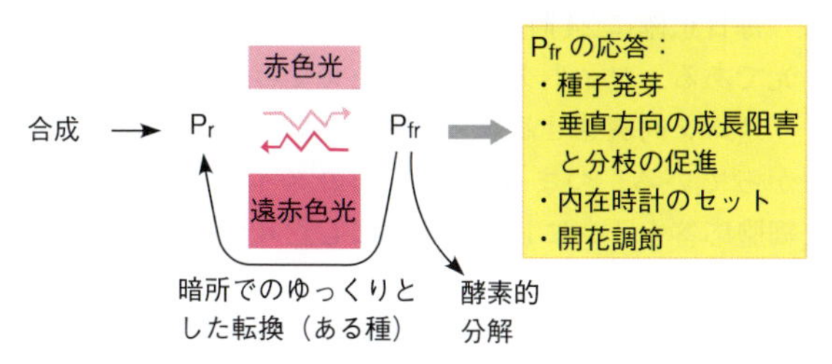
赤色光
合成
Pr
Pfr
遠赤色光
暗所でのゆっくりとした転換（ある種）
酵素的分解
Pfr の応答：
・種子発芽
・垂直方向の成長阻害と分枝の促進
・内在時計のセット
・開花調節

▼図 39.18　**インゲンマメ *Phaseolus vulgaris* の就眠運動.** 就眠運動は，葉の運動器官である葉枕の両側の細胞が可逆的な膨圧変化を起こすことによって生じる．

正午

午後 10 時

フィトクロムのスイッチ機構は自然界における光誘導発芽をどのように説明できるだろうか．植物はフィトクロムを P_r 型として合成するので，種子が暗所にある間はフィトクロムの大半は P_r 型のままである（図 39.17 参照）．太陽光は赤色光と遠赤色光をともに含むが，P_{fr} への変換は P_r への変換より速い．そのため，太陽光の下では，P_{fr} 型と P_r 型の比が高くなる．種子が適切な太陽光を受けると，P_{fr} 型が蓄積し発芽を引き起こす．

フィトクロムと避陰

フィトクロムはまた，光の質に関する情報をもたらす．太陽光は赤色光と遠赤色光の両方を含んでいるので，昼間 $P_r \leftrightarrow P_{fr}$ の光可逆反応は動的な平衡に達しており，この 2 つの型の比が赤色光と遠赤色光の相対量を表す．この感知機構のおかげで，植物は光条件の変化に適応できる．比較的強い光を必要とする樹木の「避陰（ひいん）」応答を考えてみよう．森の他の樹木がこの木を日陰にすると，そのフィトクロムの比は P_r 型寄りになる．なぜなら，林冠が遠赤色光よりも赤色光をさえぎるためである．これは，林冠の葉のクロロフィルが赤色光を吸収し，遠赤色光を透過することによる．赤色光と遠赤色光の比の変化が木に作用して，高く成長するほうに多くの資源を配分させる．反対に，直射日光は P_{fr} の比率を増加させ，P_{fr} は上に伸びる成長を抑え，枝分かれを引き起こす．

フィトクロムは植物の光感知を助けることに加え，1 日の経過や季節の移り変わりを検知することにも役立っている．植物の時間管理におけるフィトクロムの役割を理解するためには，まずは時計そのものを理解しなければならない．

生物時計と概日リズム

蒸散や酵素の合成など植物が行う多くの過程は，毎日，振動している．このような周期的変動の中には，24 時間の昼夜周期に伴った光強度や温度，湿度の変化に応答するものもある．光，温度および湿度の条件を一定にした培養室で植物を育てれば，これらの外的要因を除外できる．しかし，人工的に一定に維持された条件下でさえ，気孔開閉や光合成酵素の産生など多くの生理的過程は，約 24 時間周期で振動する．たとえば，マメ科植物の多くは，葉を夜には下向きにし，朝には上向きにする（図 39.18）．たとえば，インゲンマメは，一定の明あるいは暗にあっても，この「就眠運動」を続ける．つまり，葉は単に日の出や日没に応答しているのではない．およそ 24 時間の周期で，既知の環境変数によって直接支配されない就眠運動のようなサイクルは，**概日リズム** circadian rhythm（ラテン語で「およそ」を意味する *circa*，「1 日」を意味する *dies* に由来）とよばれる．

最近の研究は，概日時計の分子的「装置」は確かに内在的なものであり，地磁気や宇宙線などの微妙だが広範な環境周期に対する日周応答ではないという仮説を支持している．植物もヒトも，鉱山の縦坑（たてこう）の深部や人工衛星など，微妙な地球物理学的な周期性を変えるところに置かれても，リズムを刻み続ける．しかし，概日時計は，日々の環境からのシグナルによって正確に 24 時間周期に同調されている（時刻合わせをする）．

生物は定常環境に置かれると，その概日リズムは 24 時間周期（周期とは 1 周に要する時間）からずれていく．この，いわゆる自走周期は，特定のリズム応答に応じて，約 21 時間から 27 時間まで違っている．たとえば，インゲンマメの就眠運動は，仮に植物体が連続的暗所で自由継続条件下に置かれた場合，26 時間周期になる．正確な 24 時間からずれるのは，生物時計が迷走したためではない．自走時計はきちんと時間を維持しているが，外の世界と同調していないのである．概日リズムを制御するしくみを理解するためには，時計とそれが支配する周期的過程とを区別しなければならない．たとえば，図39.18のインゲンマメの葉は，時計の「針」ではあっても，時計の本体そのものではない．その葉を何時間か固定した後に自由にすると，葉は1日の本来の時刻にあるべき位置をとるだろう．1つの生物リズムを止めることはできても，時計本体は変わりなく時を刻み続けるのである．

概日リズムを引き起こす分子機構の心臓部は，ある特定の遺伝子群の転写の振動である．数学モデルの解析によれば，この24時間周期は数種の「時計遺伝子」の転写を含む，負のフィードバックループから生じるという．この時計遺伝子のあるものは，一定時間の遅れの後で，それ自身の遺伝子の転写を抑制する転写因子をコードしているらしい．このような負のフィードバックループと適切な時間の遅れがあれば，振動をつくり出すのに十分である．

研究者らは新しい手法を使ってシロイヌナズナの概日時計の突然変異体を同定した．植物は顕著な概日リズムの1つとして，光合成関連タンパク質を日周依存的に合成する．分子生物学者らは，このリズムを追跡し，そのタンパク質群の遺伝子の転写を制御するプロモーターにたどり着いた．彼らは時計の突然変異体を同定するため，ルシフェラーゼという酵素の遺伝子を切り出し，光合成タンパク質の制御プロモーター配列につないだ．ルシフェラーゼはホタルの生物発光を担う酵素である．生物時計がシロイヌナズナのゲノム中でこのプロモーターのスイッチをオンにすると，ルシフェラーゼの生成もまたオンになる．こうした植物は概日周期性をもって発光し始める．時計の突然変異体は，通常より長いか短い周期で発光する株として単離された．これらの突然変異体のいくつかで見られた変異遺伝子は，野生型では光受容体に結合するタンパク質のものであった．おそらくこうした特定の変異が，生物時計をリセットする光依存のメカニズムを崩壊させたのだろう．

生物時計に対する光の影響

前述したように，インゲンマメの就眠運動という概日リズムの自由継続周期は26時間である．あるインゲンマメが夜明けとともに，72時間暗黒の培養室に置かれたとしよう．葉は，2日目の夜明けの時刻を迎えてから2時間経つまで起き上がらず，3日目の夜明けの時を迎えてから4時間経つまで起き上がらないだろう．このように環境変化から遮断された植物は周期がずれてくる．周期のずれはまた，私たちが飛行機に乗って，時間帯をいくつも越える旅行をする際にも起こる．目的地に着くと，私たちの体内の時計と壁の時計は一致していない．多くの生物は，おそらく時差ぼけになりやすい．

毎日正確に24時間に生物時計を同調させる要因は，光である．フィトクロムと青色光受容体は植物の概日リズムを同調させるが，フィトクロムの作用はよくわかっている．つまり，$P_r \leftrightarrow P_{fr}$ のスイッチによって，細胞応答をオンにしたりオフにしたりするしくみがある．

図39.17に示す光可逆的機構についてもう一度考えてみよう．暗所では，細胞内のフィトクロムが新規に合成されたものに置き換えられていく結果，フィトクロム比は P_r 型に徐々に傾いていく．フィトクロムは P_r 型として合成され，P_r 型よりも P_{fr} 型のほうが分解されやすい．ある植物種では，日没のときに存在していた P_{fr} 型は徐々に P_r 型へと変換される．暗所では P_r 型が P_{fr} 型に再変換されることはないが，光を受ければ P_{fr} 型はすぐに P_r 型から変換され，再び増加する．毎朝 P_{fr} 型が増加することで，生物時計はリセットされる．インゲンマメの葉は夜明けから16時間後に完全な夜型になる．

自然では，フィトクロムと生物時計の相互作用によって植物が昼夜の経過を測ることができる．しかし，昼夜の相対的長さは（赤道直下を除いて）1年の間で変化する．植物はこの変化を利用して，季節と同調した活動を調節している．

光周期と季節応答

受粉媒介者が存在しないときに植物が花をつけたり，落葉樹が真冬に芽吹いたりしたら，どうなるだろうか．季節的な現象は大部分の植物の生活環上，きわめて重要なことである．種子の発芽，花芽分化，芽の休眠の開始と打破は，すべて1年の特定の時期に起こる．1年のどの時期かを検知するのによく植物が利用する環境刺激は，「光周期」，すなわち昼夜の相対的長さである．花芽分化のような光周期に対する生理応答は，**光周性**（こうしゅうせい）photoperiodism とよばれる．

光周性と花芽分化の制御

植物がどのように季節を感知するかについて，最初のヒントは，夏季に背が高く成長するが花芽分化しないメリーランドマンモスというタバコの突然変異種から得られた．結局そのタバコは12月に温室で花を咲かせた．温度や湿度や無機栄養物などを変えて花芽分化を早めようと試みたが，冬の短日が刺激となってこの変種のタバコが花芽分化することがわかった．光がもれない箱にこの植物を入れて，照明で「昼」と「夜」を操作すると，昼の長さが14時間かそれ以下になったときだけ花が咲いた．メリーランド州の緯度では，夏は昼が長すぎたため，タバコの花は咲かなかったのである．

研究者らはメリーランドマンモスを**短日植物 short-day plant** とよんだ．というのは，花芽分化に，一定の日長よりも短い光周期を必要とするからである．キク，ポインセチアおよびダイズのいくつかの変種も，夏の終わりや秋，もしくは冬に花が咲く短日植物である．別グループの植物は，光周期がある一定時間よりも長いときにだけ花芽分化する．これらは**長日植物 long-day plant** で，春の終わりや初夏に花が咲く．ホウレンソウは昼が14時間かそれ以上の長さになると咲く．ダイコン，レタス，アイリス，および多くの穀類も長日植物である．**中性植物 day-neutral plant** は光周期に影響されず，ある成熟度に達すると昼の長さに関係なく咲く．トマト，イネ[*4]，タンポポなどがその例である．

限界暗期　1940年代，研究者らは花芽分化などの光周期に対する応答が昼の長さではなく，実際には夜の長さによって制御されていることを発見した．研究材料として，昼の長さが16時間以下（したがって夜の長さが最低8時間）のときに花をつける短日植物であるオナモミ *Xanthium strumarium* がよく使われた．光周期の明期を，ごく短い暗期によって中断しても花芽分化には何の影響もなかった．しかし，暗期にわずか数分でも弱い光を照射すると花は咲かない．これは他の短日植物にもいえることが明らかになった（図39.19 a）．オナモミは「昼」の長さには無反応で，最低8時間以上の「連続暗期」を花芽分化に必要とする．短日植物は実は長夜植物であるが，古いよび方が植物生理学の専門語として堅固に根づいている．同様に，長日植物は実は短夜植物である．長日植物は，長い暗期の光周期では通常は花芽分化を誘導しないが，連続暗期が2〜3分間の短い光で中断されても花芽分化する（図39.19 b）．

注意してほしいことは，短日植物と長日植物を区別するのは，夜の長さそのものではなく，花芽分化に必要な「限界暗期」の長さが最大時間（長日植物）を設定するか，あるいは最小時間（短日植物）を設定するかによっている．どちらの場合にも，限界暗期の時間数は，各植物種に固有である．

赤色光は光周期の暗期を中断するのに最も効果的である．作用スペクトルと光可逆性の実験から，フィトクロムが赤色光の受容体であることを示している（図39.20）．たとえば，暗期中の短い赤色光（r）に続いて短い遠赤色光（fr）を照射すると，植物は暗期が分

＊4（訳注）：熱帯原産のイネは中性植物であるが，短日植物の品種もあり，長日植物のシロイヌナズナと比較してよく研究されている．

▼図39.19　**花形成の光周期による調節．**

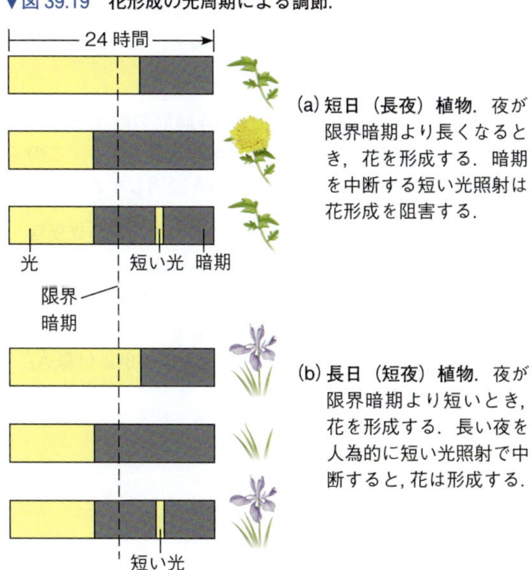
24時間
光
短い光
暗期
限界暗期
(a) 短日（長夜）植物．夜が限界暗期より長くなるとき，花を形成する．暗期を中断する短い光照射は花形成を阻害する．
(b) 長日（短夜）植物．夜が限界暗期より短いとき，花を形成する．長い夜を人為的に短い光照射で中断すると，花は形成する．
短い光

▼図39.20　**赤色光と遠赤色光の光周性応答への可逆的効果．** 赤色光（r）の短時間の光照射は暗期を短縮する．その直後の遠赤色光（fr）は赤色光効果を打ち消す．

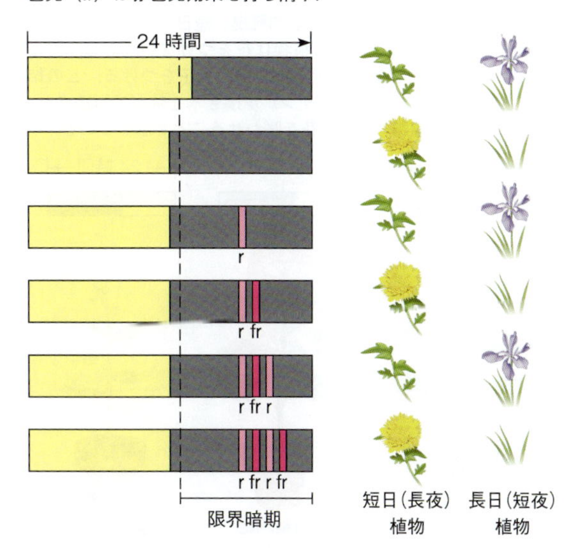
24時間
r
r fr
r fr r
r fr r fr
限界暗期
短日（長夜）植物
長日（短夜）植物

図読み取り問題▶ 長日条件（一番上のパネルに示す）あるいは短日条件（2番目のパネルに示す）において，暗期における遠赤色光の1回のパルス照射は花形成にどのような効果を及ぼすだろうか．

断されたとは感知しない．フィトクロムが制御する種子発芽の場合と同じように，赤色光／遠赤色光の光可逆性が観察される．

植物はとても正確に夜の長さを検知する．短日植物の中には，限界時間よりも1分短いだけでも花芽分化しないものがある．植物によってはつねに毎年同日に花が咲く．植物は，フィトクロムを用いて夜の長さに基づいて生物時計をリセットし，毎年のその季節を知っているようである．花を生産する花卉産業は，この知見を応用して季節はずれの花を生産している．キクは通常，秋に花が咲く短日植物だが，1つの長い暗期を光照射で中断して2つの短い暗期にすることにより，次の年の5月の母の日まで開花を止めておくことができる．

植物には，花形成に必要な光周期として，光照射を1回するだけで，花が咲くものがある．また，適切な光周期が何日か連続しないと咲かないものもある．前もって，低温など別の開花要因が満たされたときだけ，光周期に応答する植物もある．たとえば，冬コムギは，10℃以下の低温に数週間さらされないと花をつけない．花を咲かせるためのこのような低温処理を**春化処理 vernalization**（ラテン語で「春」を意味する）という．冬コムギの場合は，春化処理した数週間後であれば，長日（短夜）の光周期で花形成を誘導することができる．

▼図 39.21　**花成ホルモンの実験的証拠．**短日条件に置くと，短日植物は花をつけるが，長日植物は花をつけない．もし，両者を接ぎ木して，短日条件に置くと両者とも花をつける．この結果は，花成誘導物質（フロリゲン）が接ぎ木を越えて伝達され，短日植物と長日植物の両方に花を咲かせることを示している．

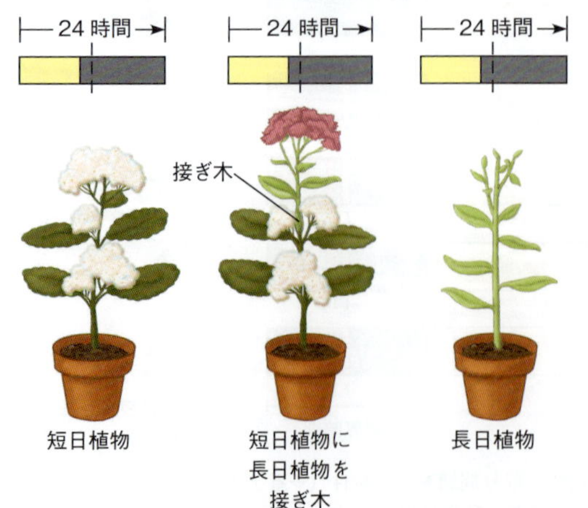
24時間
24時間
24時間
接ぎ木
短日植物
短日植物に長日植物を接ぎ木
長日植物

どうなる？➤もし接ぎ木をした両方の植物で花形成が抑制されたとすれば，どのような結論を出せるか．

花芽を誘導するホルモン（花成ホルモン）とは

花は頂芽や腋芽の分裂組織から生じるが，光周期の変化を感知し，芽を花に発達させるようにするシグナル分子をつくるのは，葉である．短日植物でも長日植物でも多くの種で，花を咲かせるのにたった1枚の葉を適切な光周期にさらすだけで十分である．実際，たった1枚の葉だけを残しても，植物は光周期を感知し，花芽は誘導される．すべての葉が取られてしまうと，植物は光周期を感受しなくなる．

古典的な実験によれば，花芽形成シグナルは，光周期処理した植物体から，接ぎ木を越えて，光周期処理していない植物体に移動し，花を咲かせる．しかも，花芽形成シグナルは，短日植物と長日植物で正反対の光周期条件が花形成に必要であるにもかかわらず，その花形成シグナルは同じものらしい（図 39.21）．この仮想的な花形成のシグナル分子は，**フロリゲン florigen** とよばれるが，70年以上も研究者はホルモンのような低分子ではないかと探してきたが，見つからないままであった．ところが，mRNAやタンパク質などの高分子も原形質連絡を介してシンプラストを移動し，植物の発生を制御することができる．フロリゲンはタンパク質であることが明らかになっている．*FT*（*FLOWERING LOCUS T*）遺伝子は花形成条件で葉の細胞で転写が活性化され，FTタンパク質はシンプラストを通って，シュートの頂芽分裂組織まで移動し，栄養成長から花形成への転換を開始する．

概念のチェック 39.3

1. 野外のダイズの葉のある酵素が1日の昼ごろ最高活性を，深夜に最低活性をもつとすると，この酵素活性は概日リズムの制御下にあるといえるか．
2. どうなる？➤10時間の明期と14時間の暗期をもつ制御された培養室で，ある植物が花を咲かせる．この植物は短日植物か．またその理由を説明しなさい．
3. 関連性を考えよう➤植物は光の色環境を，青色光受容体と赤色光を吸収するフィトクロムによって感知している．図10.10を見て，なぜ植物はこれらの光に特に感受性があるのか，理由を述べなさい．

（解答例は付録A）

39.4

植物は光以外のさまざまな刺激にも応答する

植物は動けないが，自らの発生や生理機構を介して幅広い環境条件に対処するしくみを自然選択によって進化させてきた．光は植物の生活にとって非常に重要なので，植物の光受容と光応答については前節ですでに述べた．本節では，植物が共通して直面する，他の環境刺激に対する植物の応答を見てみよう．

重　力

植物は太陽光からエネルギーを得ている生物であるため，日光に向かって成長する機構が進化したことはごく当然なことである．しかし，完全に地下にあって感知する光もない場合，若い芽生えのシュートはどのような環境刺激を受けて上方に成長するのだろうか．同様に，幼根はどのような環境要因に促されて下向きに成長するのだろうか．どちらも答えは重力である．

植物を横向きに置くと，成長を調節して，シュートは上向きに曲がり，根は下向きに屈曲する．重力に対する応答，すなわち**重力屈性 gravitropism** において，根は正の重力屈性を示し（図 39.22 a），シュートは負の重力屈性を示す．重力屈性は種子が発芽するとすぐに機能し，根は土壌中に向かって伸長し，シュートは日光に向かって成長する．この場合，種子の着地姿勢は関係ない．

▼図 39.22　根の正の重力屈性：平衡石仮説．

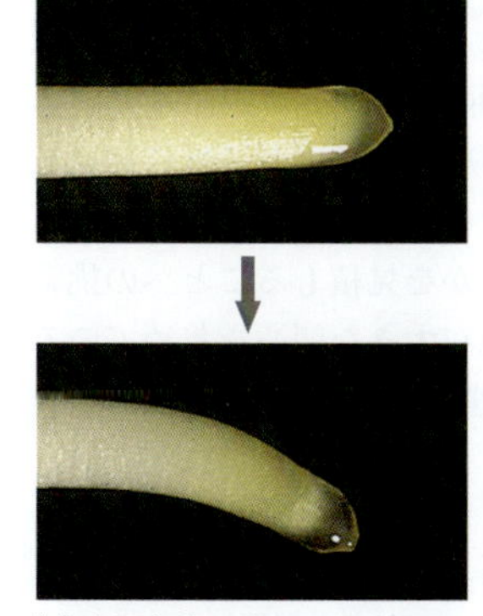

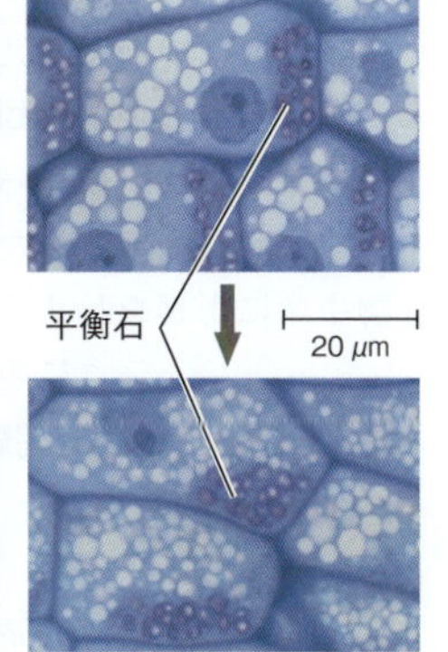
平衡石
20 μm

(a) 水平方向に置いたトウモロコシの一次根は，先端が垂直方向に向くまで時間をかけて，重力屈性によって成長とともに屈曲する（LM 像）．

(b) 根を水平に置いて数分後には，根冠の平衡石は細胞の下部に集まってくる．この平衡石の移動が重力感知機構であり，オーキシンの再分布を起こし，根の上側と下側で異なる細胞伸長を導く（LM 像）．

植物は，**平衡石 statolith** という細胞内の重い顆粒が重力の影響で細胞の下方に集まるということで，重力を感知している．維管束植物の平衡石は重いデンプン粒をもつ特殊な色素体（訳注：アミロプラストという）である（図 39.22 b）．根では，平衡石は根冠の特定の細胞に局在する．ある仮説によると，これらの細胞の下部に平衡石が集積すると，カルシウムイオンの移動を引き起こし，そのため根の横方向へのオーキシン輸送を起こす．カルシウムとオーキシンは根の伸長領域の下側に蓄積する．高濃度のオーキシンは細胞伸長を抑制するので，根の下側部位の伸長を遅くする．つまり，横向きになった根の上側の細胞伸長が相対的に速くなり，根は成長とともに下方へ屈曲する．

しかし，平衡石の沈降は重力屈性に必要ないかもしれない．たとえば，シロイヌナズナやタバコの平衡石を欠いたある種の突然変異体では，野生型に比べて応答は鈍いものの，重力屈性を示すことができる．細胞全体が，プロトプラストを細胞壁に固定しているタンパク質を機械的に引っ張ることで，細胞の「上側」のタンパク質を伸ばし，「下側」のタンパク質を圧縮することが，根の重力感知のしくみであるかもしれない．デンプン粒に加えて，重い細胞小器官も重力によって引っ張られ，細胞骨格を乱すことで貢献しているかもしれない．平衡石はその重さによって，平衡石が存在しないときには単にゆっくりと働く重力感知のメカニズムを促進しているようである．

機械的刺激

風の通る山端に立つ木は通常，風が当たりにくい場所に立つ同種の木よりも短く，よりずんぐりした幹をもつ．この堅固な形態の利点は，それによって樹木は強風に対抗してしっかり地に根づくことができることである．**接触形態形成 thigmomorphogenesis** という言葉（「接触」を意味するギリシャ語 *thigm* に由来）は，機械的ストレスによって起こる形態変化を指す．植物は非常に機械的ストレスに敏感である．すなわち，定規で葉の長さを測定する行為でさえ，その後の生育を変化させてしまう．若い植物の茎を毎日数回こすると，こすらなかった対照群よりも背丈が低い植物になる（図 39.23）．

ある種の植物は進化の過程で，「接触スペシャリスト」になった．機械的刺激に対する鋭敏な応答は，植物の「生存戦略」上，不可欠である．大半のブドウやツタ植物は，支持体にすばやく巻きつくつるをもつ（図 35.7 参照）．この巻きつく器官は通常，何かに接

▼図 39.23　**シロイヌナズナにおける接触屈性**．右の背丈の低い植物は毎日2回こすられた．こすられなかった植物（左）はずっと背が高くなった．

触するまでまっすぐ生育し，接触は巻きつき応答を引き起こし，つるの両側の細胞の異なる成長を促す．接触に応答して方向性をもって成長することは**接触屈性 thigmotropism** という．この性質によって，ブドウは，どんな機械的支持体に出くわそうとも森林の林冠に向かって上方へのぼっていくことができる．

接触スペシャリストのもう1つの例は，機械的刺激に応答してすばやく葉の運動をする植物である．たとえば，オジギソウ *Mimosa pudica* の複葉は，触るとくたっとなり，小葉は折りたたまれてしまう（図 39.24）．この応答は1〜2秒で起こるが，葉の結合部分にある特別な運動器官である葉枕内の細胞が急速に膨圧を失うために起こる．この運動細胞は刺激後一瞬でたるむが，細胞がカリウムを失い，そのため，浸透圧によって細胞から水が抜け出ていく．約10分後，細胞は膨圧を回復し，「刺激を受ける前」の葉の状態に戻る．この鋭敏なオジギソウの機能については推測の域を出ないが，おそらく，強い風に吹かれたときに，葉をたたんで表面積を減らすことで植物が水分を保持する．あるいは，葉の折りたたみにより茎のとげを露出し，そのすばやい応答によって草食動物を避けるのかもしれない．

すばやい葉の運動の特徴は，植物体内の刺激伝達の様式であろう．1枚の小葉が触られると，その小葉がまず反応し，それから隣の小葉が反応する．これが次々と起き，やがてすべての小葉が折りたたまれる．この応答を起こすシグナルは，刺激点からおよそ毎秒1 cm の速さで伝達される．葉に電極を取りつけてみると，電気信号が同じ速度で伝達されることがわかる．この信号は，**活動電位 action potential** といい，動物の神経信号に似ているが，植物の活動電位は何千倍も遅い．活動電位は多くの海藻や植物で発見されていて，体内コミュニケーションとして幅広く利用されているかもしれない．たとえば，食虫植物のハエトリソウ *Dionaea muscipula* では，活動電位は感覚毛からハエ取り器を閉じる反応をする細胞へ伝達される（図 37.16 参照）．オジギソウでは，熱した針で葉を刺すというような，強い刺激ですべての葉と葉状部が閉じるが，この全身の応答は，傷ついた部位からシュートの他の部分に放出される化学シグナルによっている．

環境ストレス

洪水，干ばつ，異常気温などの環境ストレスは，植物の生存，成長および生殖に，非常に不利な影響を与える．自然生態系では，環境ストレスに耐えられない植物は死ぬか，他の植物に駆逐される．したがって，環境ストレスは植物の地理的な生育範囲を決定するのに重要である．本章最後の項では，病原菌や草食動物など植物共通の**生物的 biotic**（生物の）ストレスに対する防御応答について考える．ここでは，植物が遭遇する，共通の**非生物的 abiotic**（非生物の）ストレスについて考えよう．これらの環境ストレスは作物収量の主要な決定要因であるため，地球気候変動がどれだけ作物生産に影響を与えるかを見積もることへの挑戦に現在大きな関心を集めている（問題解決演習を参照）．

▼図 39.24　オジギソウ *Mimosa pudica* の迅速な膨圧運動．

(a) 刺激前の状態（小葉は開いている）

(b) 刺激状態（小葉は折りたたまれる）

乾　燥

晴れて乾燥した日は，土壌からの水の吸水よりも蒸散速度のほうが速いため，植物は萎（しお）れてしまう．もちろん，乾燥が長引くと植物を殺してしまうが，植物はきわめて過酷な水不足にもうまく対処できるような制御機

問題解決演習

気候変動はどのように作物の生産性に影響するだろうか

植物の成長は大気の温度，水の利用性，太陽放射により有意に制限を受ける．これら３つの気候の変数が，植物の成長に適しているときの年間の日数は，作物の生産性を予測するうえでの有用なパラメータである．カミロ・モラ Camilo Mora（ハワイ大学マノア校）らは，2100年までに気候変動が植物の成長に適した日にどのような影響を与えるかを予測するために，地球気候モデルを解析した．

この演習では，作物の生産性に与える気候変動の予想される影響を調べて，その結果，人類に与えるインパクトを明らかにする．

方法　地図と表を解析して，下記の質問に答えなさい．

データ　研究者は，植物の成長に適した日数の年変化について，気温，水の利用性，および太陽放射という，３つの気候の変数に対して予測を行った．彼らは予想される将来の平均値（2091〜2100年）から，最近の平均値（1996〜2005年）を差し引いた．地図は，もし気候変動を減らすような評価を考慮しなかった場合の，予想される変化を示す．数字は，15の最も人口の多い国の位置を示す．表は，その経済がおもに産業（🏭）あるいは農業（🌱）のどちらに依存するのかと，１人あたりの年間の収入の分類を示す．

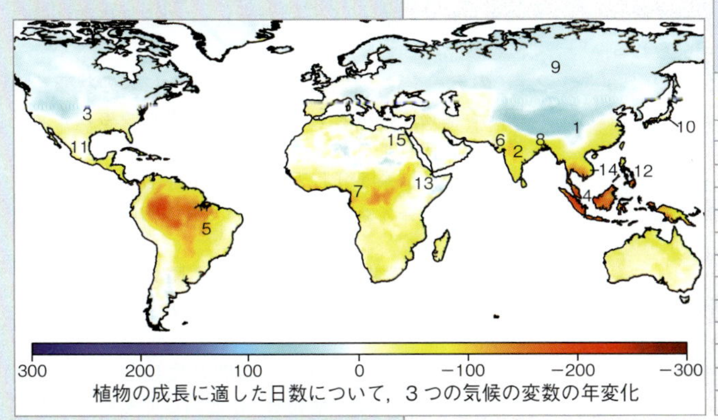
9
3
1
10
11
15
6
8
2
14
12
7
13
4
5
300
200
100
0
−100
−200
−300

植物の成長に適した日数について，３つの気候の変数の年変化

地図データの出典　Camilo Mora, et al. Days for Plant Growth Disappear under Projected Climate Change: Potential Human and Biotic Vulnerability. *PLoS Biol* 13(6): e1002167 (2015).

国	地図上の数字	2014年の推定される人口（100万人）	経済のタイプ	収入の分類*
中　国	1	1350	🏭	$$$
インド	2	1221	🌱	$$
米　国	3	317	🏭	$$$$
インドネシア	4	251	🌱	$
ブラジル	5	201	🌱	$$$
パキスタン	6	193	🌱	$$
ナイジェリア	7	175	🌱	$$
バングラデシュ	8	164	🌱	$
ロシア	9	143	🏭	$$$$
日　本	10	127	🏭	$$$$
メキシコ	11	116	🌱	$$$
フィリピン	12	106	🌱	$$
エチオピア	13	94	🌱	$
ベトナム	14	92	🌱	$
エジプト	15	85	🌱	$$

＊世界銀行の分類に基づく：$＝低層：<$1035；$$＝低中層：$1036〜$4085；$$$＝中上層：$4086〜$12 615；$$$$＝上層：>$12 615.

解析

1. カミロ・モラは，気候変動は氷点以上の日数が増えるために植物の成長をよくすると主張する人と話したことから，この研究を開始した．地図のデータに基づいて，この主張にどのような応答をするか．
2. 表のデータは，予想される変化の人類に対するインパクトについて，何を示しているか．

構をそなえている．

水不足に対する植物の多くの反応は，蒸散速度の低下によるもので，植物が水を保持することを助ける．葉の水不足は，気孔を閉じて蒸散を劇的に遅くする（図36.14参照）．水不足は葉における，アブシシン酸の合成と放出を増やすように促進する．すなわち，アブシシン酸は孔辺細胞膜に作用して気孔をずっと閉じたままにする．葉は他にもいくつかの方法で水不足に応答している．たとえば，イネ科植物の葉が水不足で萎れると，葉は巻物状になるが，これは乾いた空気や風にさらされる葉の表面を少なくして蒸散を抑えるためである．オコティロのような植物（図36.15参照）は，乾期に落葉する．これらの応答は植物の水分保持に働く一方，光合成も低下させる．このため干ばつでは作物の収量が減少するのである．植物は隣り合わせた萎れた植物から，化学シグナルの形で放たれる早期の警告を利用することさえ可能であり，差し迫った乾燥ストレスによりすみやかかつ強力に応答するようにそなえる（**科学スキル演習**を参照）．

科学スキル演習

棒グラフから実験結果を解釈する

乾燥ストレスを受けた植物は近隣の植物にその条件を伝えるだろうか　研究者たちは，植物が近隣の植物に，乾燥により誘導されたストレスを伝えられるかどうか，そして，もしそうなら，地下あるいは地上のどちらのシグナルを使うのかを知りたいと考えた．この演習では，植物から植物に乾燥誘導ストレスが伝えられるかどうかを調べることを目的として，気孔の開いている幅に関する棒グラフを解釈する．

実験方法　11のポットに植えたエンドウ *Pisum sativum* 植物体が，同じ距離で一列に並べられた．植物6～11の根系は，すぐ隣の植物体とチューブでつながれ，化学物質が1つの植物体の根から隣の植物体の根に，土壌を通して移動することなく，移動できるようになっている．植物1～6の根系はつながれていない．天然糖で，維管束植物への擬似的な乾燥ストレスに通常用いられる，高濃度のマンニトール溶液を用いて，浸透圧ショックが植物6に課された．

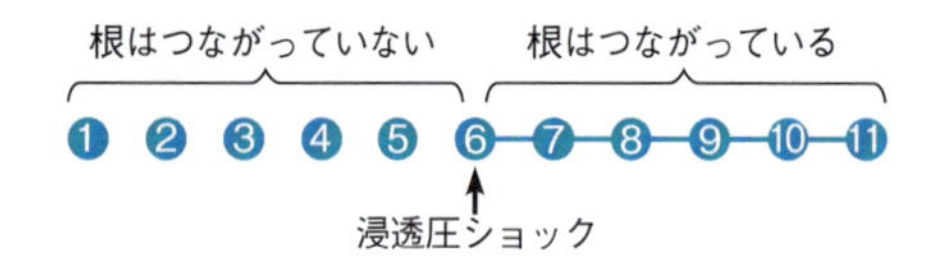
根はつながっていない
根はつながっている
1
2
3
4
5
6
7
8
9
10
11
浸透圧ショック

植物6への浸透圧ショックの15分後に，研究者たちはすべての植物の葉における気孔の開いている幅を測定した．対照実験はマンニトールの代わりに水を植物6に与えることで行われた．

実験データ

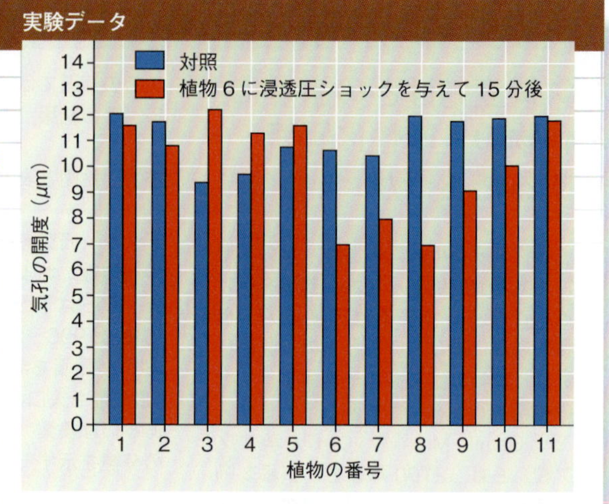
対照
植物6に浸透圧ショックを与えて15分後
気孔の開度（μm）
0
1
2
3
4
5
6
7
8
9
10
11
12
13
14
植物の番号
1
2
3
4
5
6
7
8
9
10
11

データの出典　O. Falik et al., Rumor has it ...: Relay communication of stress cues in plants, *PLoS ONE* 6(11):e23625 (2011).

データの解釈

1. この実験において，他の植物と比べて，植物6～8と植物9，10の気孔の開度はどのような幅になっているか．これは植物6～8と9，10のどのような状態を示しているか（グラフについての追加情報は付録Fを参照）．
2. このデータは，植物がその乾燥ストレスの状態を隣接する植物体に伝えることができるという考えを支持するか．もしそうなら，このデータは伝達がシュート系あるいは根系を介していることを示しているか．双方の質問に答えるデータについて具体的に言及しなさい．
3. どうして化学物質がある植物から隣の植物に土壌を通して移動しないことを確かにしておく必要があったのか．
4. 実験を15分ではなく，1時間処理したとき，植物9～11の気孔開度が植物6～8と同じであることを除いて，結果はほとんど同一であった．その理由を示しなさい．
5. どうして，対照実験において，マンニトールの代わりに水を植物6に処理したのか．どうして，対照実験の結果を示しているのか．

冠　水

水は多すぎても植物にとって問題となる．鉢植え植物に水をやりすぎると，根に酸素を供給する土壌内の空隙がなくなるため，窒息死を起こすことがある．植物には構造的に過湿環境に適応しているものもある．たとえば，沿岸の湿地帯に生息するマングローブという樹木は一部の根が水没しているが，空気中に出ている根とつながっており，その根を介して酸素を利用している（図35.4参照）．しかし，水生環境にあまり特化していない植物は，浸水した土壌で酸素欠乏にどのように対処しているのだろう．酸素欠乏は植物ホルモンのエチレン生産を促進し，根の皮層細胞をアポトーシス（プログラム細胞死）へと向かわせる．このような細胞破壊によって空洞ができ，その空洞が冠水した根に酸素を供給する「シュノーケル（通気管）」として機能する（図39.25）．

塩　害

土壌中の過剰なNaClまたはその他の塩類は，2つの理由から植物にとって脅威である．まず，塩は土壌溶液の水ポテンシャルを下げるので，土壌水分が豊富であるにもかかわらず植物は水不足となる．土壌溶液の水ポテンシャルが低くなるにつれ，土壌から根への水ポテンシャル勾配も低くなり，その結果，吸水力も下がる（図36.12参照）．塩分の多い土壌のもう1つ

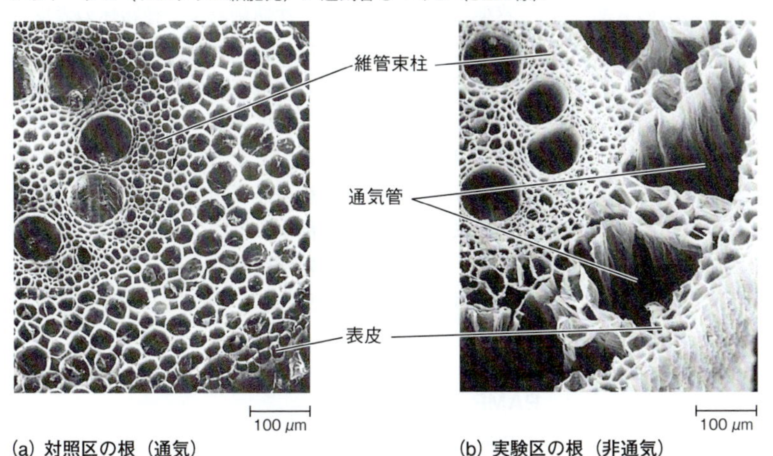
維管束柱
通気管
表皮
100 μm
100 μm

▼図 39.25　**冠水と酸欠に対するトウモロコシの根の発達応答．**(a) 通気水耕栽培で育てた対照区の根の横断面．(b) 非通気水耕栽培で育てた実験区の根．エチレンで促進されるアポトーシス（プログラム細胞死）が通気管をつくる（SEM 像）．

(a) 対照区の根（通気）　(b) 実験区の根（非通気）

の問題は，ナトリウムや他のイオン濃度が高すぎると，毒となることである．ある程度の塩に対しては，多くの植物は高濃度で蓄えられる溶質をつくることによって，耐えることができる．ほとんどの場合，この溶質は有機化合物で，有害な量の塩を取り入れることなく細胞の水ポテンシャルを土壌溶液よりも低く保つ．しかし，ほとんどの植物は長期間の塩害に耐えることはできない．例外は塩生植物という塩耐性植物で，塩類腺などにより適応している．この腺は塩を葉の表皮を通して排出している．

熱ストレス

過剰な熱は酵素を変性するため植物に有害で，致命的となることもある．蒸散機能の1つは，気化冷却である．たとえば暖かい日は葉の温度は周辺気温より3〜10℃低くなるかもしれない．もちろん，暑く乾燥した気候では，多くの植物は水不足になりやすい．水ストレスに応答して気孔閉鎖により水分を保持しようとすると，気化冷却できなくなる．このジレンマこそ，非常に暑くて乾燥した日にほとんどの植物が被害を受ける理由である．

ほとんどの植物は熱ストレスを生き延びるために，予備のしくみをそなえている．温暖な地域に生息する植物のほとんどにとっては40℃あたりになるが，ある一定の温度を超えると，植物細胞は，熱から他のタンパク質を守る**熱ショックタンパク質 heat-shock protein** を合成し始める．このような応答は，熱ストレスを受けた動物や微生物でも起きる．いくつかの熱ショックタンパク質は，ストレスがないときは，他のタンパク質が活性のある構造に折りたたまれるのを助ける一時的な足場として働いている．熱ショックタンパク質としての役割は，おそらくこれらの分子が酵素や他のタンパク質を取り囲み，変性を防ぐのに役立っていると考えられる．

低温ストレス

環境の温度が低下したとき植物が直面する問題は，細胞膜の流動性の低下である．膜が臨界温度以下まで冷えると，脂質は結晶構造をとり膜の流動性が失われる．これによって膜を通過する溶質輸送が変化し，膜タンパク質の機能に悪い影響を与える．植物は膜の脂質成分を変化させることで低温ストレスに対処している．たとえば，膜脂質の不飽和脂肪酸の割合を多くする．不飽和脂肪酸の形状は，結晶形成を阻害するので，低温でも膜の流動性を保つことができる．このような膜の改変には，数時間から数日を要する．このため，一般的に突然の低温のほうが，季節的な気温のゆっくりとした低下よりも，植物にとって強いストレスとなる．

凍結も低温ストレスの1つである．氷点下になると，細胞壁や細胞間隙に氷がつくられる．自然条件の温度低下速度では，サイトゾルはふつう凍結しない．というのも，細胞質は細胞壁の非常な希薄溶液より多くの溶質を含んでおり，この溶質が溶液の氷点（凝固点）を降下させるからである．氷の形成による細胞壁中の水分減少は，細胞外の水ポテンシャルを下げ，細胞質から水を奪う．結果として細胞質のイオン濃度が増加して細胞に害を与えたり，細胞死に至らしめたりする．細胞が生存できるか否かは，細胞が脱水にどのように抵抗性をもつかに大きく依存する．厳冬の地域に自生する植物は，凍結ストレスに耐える特殊な適応をしている．たとえば，冬の到来前に，多くの耐霜性植物の細胞は，糖などの特定の溶質を細胞質に蓄える．この溶質は高濃度でも植物が耐えられ，細胞外の凍結による脱水を抑えるのに役立つ．膜脂質の不飽和化も増加し，適切な膜流動性を保つ．

進化　ある種の脊椎動物や菌類，細菌，そして多くの植物は，氷の結晶の成長を抑えることで，凍結障害を回避する特殊なタンパク質をもっている．1950年代に北極海の魚類で見つかった「不凍タンパク質」は

0℃以下の温度でも，生物の生存を可能にする．不凍タンパク質は小さい氷の結晶に結合して，その成長を抑える．また，植物では氷の結晶化を抑えるものもある．5種類の主要不凍タンパク質は，アミノ酸配列がかなり異なっているが，似た3次元構造をもっており，収斂（しゅうれん）進化したことをうかがわせる．驚いたことに，フユライムギの不凍タンパク質は，本章の後半で扱うPRタンパク質という抗菌タンパク質と似ている．しかし，それは低温と短日条件で誘導され，菌類の感染では誘導されない．不凍タンパク質をゲノムに導入することで，農作物の耐凍性を増強する研究が進行中である．

概念のチェック 39.4

1. サーマルイメージとは，物体から放出される熱の写真である．研究者らは植物のサーマルイメージを用いてアブシシン酸を過剰に産生する突然変異体を単離した．ストレスのない条件下では，この突然変異体が野生型よりも温かい理由を推測しなさい．
2. 温室作業員は，最も通路側にある鉢植えのキクがしばしば台の真ん中にあるキクよりも丈が低いことを知っている．園芸作業でよく起こるこの「エッジ効果」を説明しなさい．
3. どうなる？➤もし，根の根冠を除去すると，その根はそれでも重力に応答するだろうか．説明しなさい．

（解答例は付録A）

39.5

植物は植食者および病原菌から自らを防御する

自然選択によって，植物は生物群集において他の生物種とさまざまな相互作用を進化させている．種間相互作用には，相互利益となる菌根菌と植物の共生（図37.15参照）や，受粉仲介者との連携（図38.4，図38.5を参照）などがある．しかし，植物が他の生物と交わす相互作用のほとんどは，植物にとって利益とならない．植物は一次生産者として，食物連鎖の基礎にあり，植物を食べるさまざまな動物（植食者）の攻撃を受ける．植物の組織に傷害を与えたり，ときには枯死させたりする多様なウイルスや細菌，菌類の感染も受けやすい．植物は植食行為を抑止するしくみや，感染を防ぐ，もしくは感染した病原菌と闘う防御機構によって対抗している．

病原菌に対する防御

感染に対する植物の一次防御線は，植物体の表皮やその下に形成される周皮という物理的防壁である（図35.19参照）．しかし，この最前線の防御機構は，まったくの不可侵ではない．たとえば，食害による葉の物理的傷口は病原体の侵入口となる．植物体に傷がないときでも，ウイルス，細菌，菌類の胞子や菌糸は，気孔など表皮の自然開口部から植物体内へ入り込むことがある．物理的な防御線が突破されると，植物の次の防御線はPAMP誘導免疫とエフェクター誘導免疫の2つの免疫反応である．

PAMP誘導免疫

病原菌が植物への侵入に成功すると，植物は2つの一連の免疫反応の最初の反応を開始する．それは究極的に病原菌を単離させ，感染した場所から拡大することを防ぐための化学的な攻撃である．この最初の一連の免疫反応は「PAMP誘導免疫」とよばれ，植物が，病原菌に特異的な分子配列である，**病原体関連分子パターン pathogen-associated molecular pattern**（PAMP；以前は「エリシター」とよばれていた）を認識する能力に依存している．たとえば，細菌の鞭毛（べんもう）の主要なタンパク質である，「細菌フラジェリン」はPAMPである．病原性の種を含む，多くの土壌細菌は，雨粒により植物のシュートに飛び散る．もしこれらの細菌が植物に侵入すると，フラジェリンの特異的なアミノ酸配列はToll様受容体によって受容される．この受容体は動物においても見つかり，自然免疫系において鍵となる役割を果たす（43.1節参照）．自然免疫系は進化的に古い防御戦略であり，植物，菌類，昆虫，そして原始的な多細胞生物における主要な免疫系である．脊椎動物とは異なり，植物は適応免疫系をもたない．植物は抗体やT細胞応答のどちらも生成せず，病原菌を検出して攻撃する移動性の細胞ももたない．

植物のPAMP認識は，連鎖的なシグナル反応を引き起こし，最終的に「フィトアレキシン」とよばれる，広いスペクトルをもつ抗菌化学物質を局所的に生成する．この物質は抗カビ剤および殺菌剤の性質を有している．また，植物の細胞壁は固くなり，病原菌のさらなる侵入を防ぐ．同様にさらに強力な防御が第2の植物免疫反応である，エフェクター誘導免疫により開始される．

エフェクター誘導免疫

進化　進化の過程を通して，植物と病原菌は軍拡競争を繰り広げてきた．PAMP 誘導免疫は植物による検出を逃れるような病原菌の進化により，打ち負かされることがある．これらの病原菌は，植物の自然免疫系を無力にする病原菌がコードするタンパク質である，**エフェクター effector** を直接，植物細胞に運搬する．たとえば，ある細菌は植物細胞内にエフェクターを運搬し，フラジェリンの受容を阻害する．したがって，これらのエフェクターは，病原菌が宿主の代謝を病原菌に有利になるように変えることを可能にする．

病原菌のエフェクターによる PAMP 誘導免疫の抑制は，「エフェクター誘導免疫」の進化を引き起こした．何千というエフェクターが存在するため，通常は，この植物の防御には何百という病原抵抗性の遺伝子（*R*）によって構築される．それぞれの *R* 遺伝子は，特異的なエフェクターにより活性化され得る R タンパク質をコードしている．その後，シグナル変換系は防御応答の兵器群を誘導する．これらには「過敏応答」とよばれる局所的な防御や「全身獲得抵抗性」とよばれる一般的な防御が含まれる．病原菌への局所的な応答も全身応答も，遺伝子発現の大幅な変化と細胞資源の投入が必要となる．したがって，植物はこれらの防御応答を，侵入してくる病原菌を検出したときのみ発動する．

過敏応答　感染部位の近くの細胞や組織が死ぬことで，感染がまわりに広がることを阻止する防御応答を，**過敏応答 hypersensitive response** という．過敏反応は病原菌の拡大を制限する場合もあるが，他の場合には全体的な防御応答の単なる結果に見えることもある．図 39.26 に示すように，過敏応答はエフェクター誘導免疫の一部として開始する．過敏応答は病原菌の細胞壁の完全性，代謝，増殖を損なう，タンパク質や化学物質の生成を含む，複雑な防御の一部である．エフェクター誘導免疫はまた，リグニンの沈着や植物細胞壁内の分子の架橋を促進することで，病原菌が植物体の他の部位に広がることを阻止する．図の右上に示す葉の病変は，過敏応答である．このように「病変」はあっても，葉は生き続け，その防御応答は残りの植物体を守るのに役立つ．

全身獲得抵抗性

過敏応答は，局所的で特異的である．しかし，すでに述べたように，病原菌の侵入によってまた，植物体全体に感染の「警告を知らせる」化学シグナルを産生する．こうして発動する**全身獲得抵抗性 systemic acquired resistance** では，植物個体全体で防御遺伝子が発現する．この応答は非特異的で，これによって何日にもわたって多様な病原菌に対して抵抗性となる．

▼図 39.26　**病原菌に対する防御応答．** 植物は，しばしば過敏応答を引き起こすことで，感染の全身への拡大を阻止する．この応答は，感染部位のまわりに「環状の細胞死」という病変をつくることで，病原菌を封じ込める．

❶ 葉の細胞は病原菌にしばしば感染して，PAMP 誘導免疫を回避するタンパク質である，エフェクターを分泌する．

❷ エフェクターに反応して，感染した場所の中および近辺の細胞中で過敏反応が起こる．この細胞は抗菌分子をつくり，細胞壁を修飾して感染域を封じ込め，自らは死ぬ．この局所的な応答は，死んだ組織で病原菌から栄養を奪い，病変をつくり出し，それによって感染した葉の他の領域を防御することを助ける．

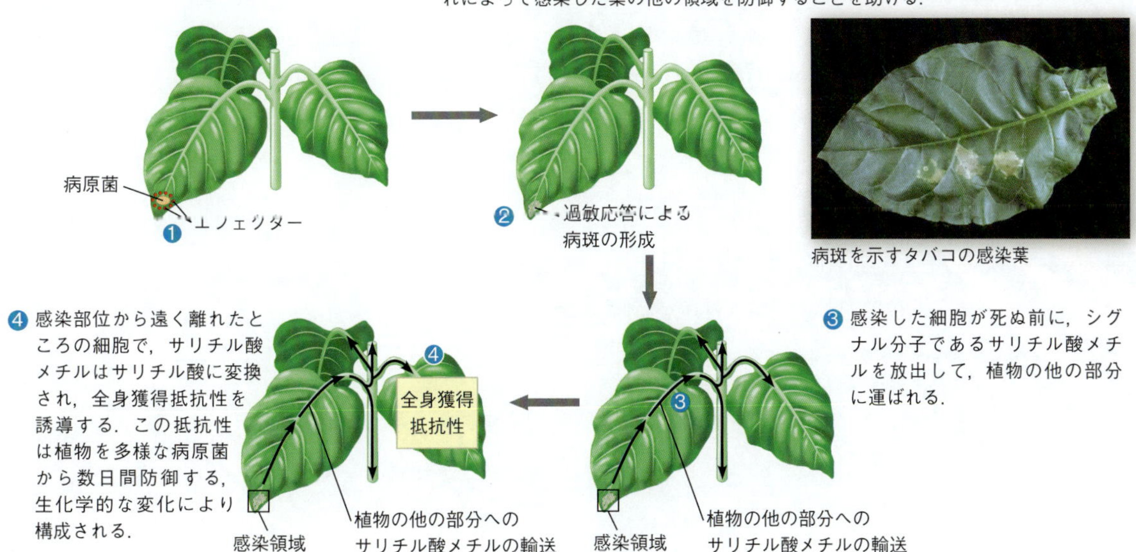
病原菌
エフェクター
❶
❷ 過敏応答による
病斑の形成
病斑を示すタバコの感染葉
❹ 感染部位から遠く離れたところの細胞で，サリチル酸メチルはサリチル酸に変換され，全身獲得抵抗性を誘導する．この抵抗性は植物を多様な病原菌から数日間防御する，生化学的な変化により構成される．
❹
全身獲得
抵抗性
感染領域
植物の他の部分への
サリチル酸メチルの輸送
❸
感染領域
植物の他の部分への
サリチル酸メチルの輸送
❸ 感染した細胞が死ぬ前に，シグナル分子であるサリチル酸メチルを放出して，植物の他の部分に運ばれる．

▼図 39.27 関連性を考えよう

植食者に対する植物の防御のレベル

植物を食べる動物である植食者は自然の中に遍在している．植物の植食者に対する防御は，生物の過程が，分子，細胞，組織，器官，生物個体，個体群，コミュニティという，生物を構成する多様なレベルで観察できることを示す例である（図 1.3 参照）．

ケシの果実

分子レベルの防御

分子のレベルで，植物は攻撃者を妨げる化学化合物を生成する．これらの化合物は典型的には，テルペノイド，フェノール物質およびアルカロイドである．テルペノイドは，昆虫ホルモンを真似て，昆虫に未熟な脱皮を起こさせて殺す．フェノール物質の例はタンニンであり，不味い味をもち，タンパク質の分解を妨げる．その合成は攻撃後にしばしば促進される．ケシ *Papaver somniferum* は，麻薬のアルカロイドである，モルヒネ，ヘロイン，コデインの元となる．これらの薬物は，乳管とよばれる，分泌細胞に蓄積して，植物が損傷を受けると乳白色のラテックス（アヘン）を分泌する．

細胞レベルの防御

植物細胞には植食者を妨げることに特化しているものがある．葉や茎のトリコームは噛む昆虫の接近を阻止する．乳管，そしてより一般的には，植物の中央の液胞は，植食者を阻止する化学物質を貯蔵する倉庫として機能する．「異形細胞」は，タロ *Colocasia esculenta* を含む多くの種の葉と茎で見つかる特殊化された細胞である．異形細胞の中には，「束晶」とよばれるシュウ酸カルシウムの針状結晶をもつものがある．それらは舌や口蓋などの柔らかい組織を浸透して，植物によって生成される刺激物を容易につくり出す．おそらくタンパク質分解酵素で，動物の組織に入ると，唇や口，喉の一過的な腫れを引き起こす．結晶は刺激物の運び屋として働き，植食者の組織の深くまで行き渡らせる．この刺激物は調理により分解する．

タロ植物の束晶の結晶

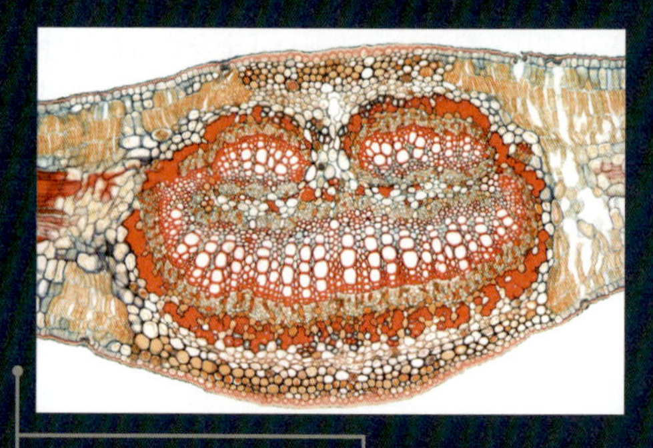

組織レベルの防御

葉の中には，厚壁組織を厚く，固く，非常に成長させることで，特に噛むことを難しくして，植食者を妨げるものがある．このオリーブ *Olea europaea* の葉の主葉脈の断面図で見られる，分厚い細胞壁をもつ明るい赤色の細胞は，頑丈な厚壁組織の繊維である．

器官レベルの防御

植物器官の形は，痛みを与えたり，植物を魅力なく見せたりすることで，植食者を妨げているかもしれない．葉針（葉が変形したもの）や茎針（茎が変形したもの）は植食者に対する機械的な防御を提供する．あるサボテンの葉針の剛毛は，恐るべき返しがついており，抜くときに肉を切り裂く．トレウェシア *Trevesia palmata* の葉は，まるで部分的に食べられたように見え，こうすることによって魅力なくさせている．植物の中には，葉の上に昆虫の卵があるように見せかけ，昆虫がそこに卵を産みつけることを思いとどまらせる．たとえば，トケイソウ（*Passiflora*）種の葉の腺は，ドクチョウの明るい黄色の卵に非常に似ている．

サボテンの葉針の剛毛

トレウェシアの葉

トケイソウの葉における卵の擬態

個体レベルの防御

植食者による機械的な損傷は，さらなる攻撃を妨げるために，植物の全体的な生理を大きく変え得る．たとえば，*Nicotiana attenuata* とよばれる野生のタバコ種は，食植により，開花の時期を変える．この花は通常，夜に開花して，送粉者であるスズメガを引きつける化学物質ベンジルアセトンを放出する．植物にとって残念なことに，蛾は受粉する際に，しばしば植物の葉に卵を産みつけ，その幼虫は植食者である．植物はあまりに幼虫からの被害がひどくなると，化学物質の生成を止めて，蛾が去ってしまう夜明けに花を開く．そして，それらはハチドリにより送粉される．研究結果は，モグモグと食べる幼虫の口からの分泌物が，開花の時期の劇的な変化を誘導することを示している．

野生タバコに送粉するハチドリ

集団レベルの防御

ある種では，集団レベルでの協調した行動が，植食者に対する防御を助ける．植物の中には，攻撃による苦痛を，同じ種の近接する植物体に警告を伝える分子を放出する．たとえば，ハダニに被害を受けたアオイマメ *Phaseolus lunatus* は，被害を受けていないアオイマメの植物体に攻撃のニュースを知らせる化学物質のカクテルを放出する．それに応答して，隣接する植物は攻撃に対してより感受性を低くするような生化学的な変化を引き起こす．他の群衆レベルの防御は，ある種で起こる，集団が長期的な間隔の後に大量の種子をいっせいにつくる，マスティングとよばれる現象である．環境条件に関係なく，内在の時計が集団のそれぞれの植物に花が咲くときだとシグナルを伝える．たとえば，タケの集団は何十年も栄養成長を行うが，突然全体で開花して，種をつけ死ぬ．1 ha あたり 8 トンものタケの種子が放出され，この量はその地域の植食者であるおもに齧歯類が食べる量よりはるかに多い．その結果，種の中には植食者の注意を引かずに発芽して，成長するものがある．

開花するタケ

群集レベルの防御

植物種の中には，特異的な捕食者からの植物の防御を助ける捕食動物を募る．たとえば，寄生バチは植物を食べる毛虫の体の中に卵を注入する．卵は毛虫の中で孵化して，毛虫の有機含有物を内側から食べる．幼虫はその後，成虫のハチになる前に，宿主の表面に蛹を形成する．この植物はこのドラマで積極的な役を演じる．毛虫による損傷を受けた葉は寄生バチをよび寄せる化合物を放出する．この応答のための刺激は，毛虫の噛みつきによる葉への物理的な損傷と，毛虫の唾液の中の特異的な化合物の組み合わせである．

宿主である毛虫上の寄生バチのまゆ

まゆから出てきたハチの成虫

関連性を考えよう➤植食者に対する植物の適応では，他の生物学的な過程が，生物を構成する複数のレベルに含まれ得る（図 1.3）．分子（10.4 節），組織（36.4 節），および生物個体（36.1 節）レベルでの，光合成適応に特化した修正の例について，考察しなさい．

サリチル酸メチルとよばれるシグナル分子は感染部位のまわりでつくられ，師部を通して植物体全体に運ばれ，感染部位から遠く離れたところで，**サリチル酸 salicylic acid** に変換される．サリチル酸はシグナル変換経路を活性化し，他の感染に対してすみやかに応答する防御系とのつり合いをとる（図 39.26 の段階❹を参照）．

流行性の植物感染症は，1840 年代のアイルランドのジャガイモ飢饉（ききん）を引き起こしたジャガイモ胴枯れ病（28.6 節参照）のように，人類にはかりしれない災難をもたらす．他にも，クリ胴枯れ病（31.5 節参照）や急性ナラ枯れ病（54.5 節参照）などの病気が，生態系の構造を根本から変えてしまったことがある．植物感染症の流行は，感染した植物や材木が世界中に不注意で流通されることで起きる．世界的な商取引が増えてくると，このような流行がますます起こりやすくなる．このようなことに対処するためには，植物科学者は，作物植物に近縁の野生型の種子を特別な保存施設に貯蔵している．科学者たちは，栽培化されていない野生型の植物が，次にくるかもしれない流行性感染症を抑え込む遺伝子をもっていると期待している．

植食者に対する防御

動物が植物を食べる**植食 herbivory** は，どの生態系においても植物が直面するストレスである．植食者による機械的な損傷は植物のサイズを減少させ，資源を獲得する能力を妨げる．多くの植物では，植食者による防御にある程度のエネルギーを転じるため，成長が抑制される．また食害は，ウイルス，細菌，カビによる感染の門を開く．植物は棘（とげ）やトリコーム（図 35.9 参照）などの物理的防御，不味（まず）い，あるいは毒となる物質の生産のような化学的防御を含む，生物学的組織化のすべてのレベル（階層）にわたる方法を駆使して，過剰な食害から身を守る（「章のまとめ」の前の図 39.27）．

概念のチェック 39.5

1. すべての昆虫を殺す殺虫剤を耕作地に散布することの欠点は何か．
2. 草食の昆虫は機械的傷害を植物に与え，光合成できる葉の表面積を減らす．さらに，これらの昆虫は植物を病原菌の攻撃に対してより弱くする．理由を推測しなさい．
3. 多くの病原性菌類は植物細胞をゆるくして，養分を細胞外スペースに漏出させ，利用する．宿主植物を殺して，すべての養分を漏出させることは，この菌類にとって有利か．
4. どうなる？➤ある科学者は，風の強い地域に育つ集団が風のない場所の同種集団に比べて昆虫による食害を受けやすいことを発見した．この観察を説明する仮説を述べなさい．

（解答例は付録 A）

39 章のまとめ

重要概念のまとめ

39.1

シグナル変換経路はシグナル受容と応答とを結びつける

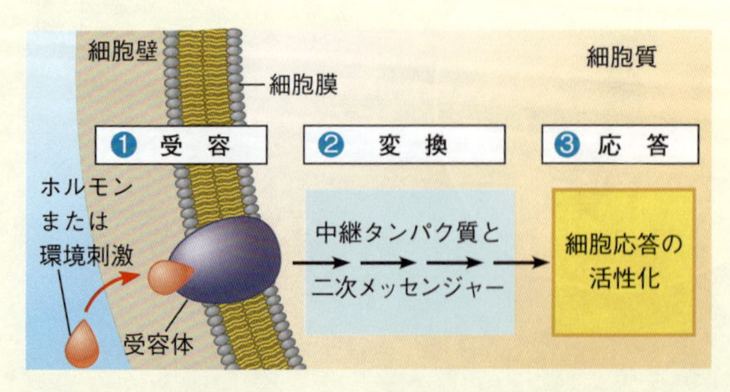
細胞壁
細胞膜
細胞質
❶ 受　容
❷ 変　換
❸ 応　答
ホルモンまたは環境刺激
中継タンパク質と二次メッセンジャー
細胞応答の活性化
受容体

❓ 特定の酵素の活性を上げるとき，よく使われるシグナル変換経路の 2 つの方式を答えなさい．

39.2

植物ホルモンは成長，分化および刺激応答を統御する

- **植物ホルモン**は，細胞分裂や伸長，分化を変えることによって，植物の成長や発達を制御する．環境刺激への応答を仲介する植物ホルモンもある．

植物ホルモン	おもな反応
オーキシン	細胞伸長を促進；分枝と器官の屈曲を制御
サイトカイニン	細胞分裂を促進；芽の成長後期の促進；器官の老化抑制
ジベレリン	茎の伸長促進；種子の休眠打破；貯蔵物質の利用
アブシシン酸	乾燥に応答して気孔閉鎖を促進；種子の休眠の促進
エチレン	果実の成熟およびトリプルレスポンス
ブラシノステロイド	動物の性ホルモンと化学構造が似ている；細胞伸長や分裂を誘導

ジャスモン酸	植食者の昆虫に対する植物の防御；多様な生理過程の制御
ストリゴラクトン	頂芽優勢，種子発芽と菌根菌との相互作用の促進

? 「1個の腐ったリンゴは，すべてのリンゴをダメにする」という古い格言は正しいか.

39.3

光応答は植物の成功にとって決定的に重要である

- **青色光受容体**は胚軸伸長，気孔開閉，光屈性を制御する.
- **フィトクロム**は分子の「オン／オフ」スイッチのように作用する．赤色光はフィトクロムを「オン」にし，遠赤色光は「オフ」にする．フィトクロムは被陰回避や多様な種子の発芽を制御する.

赤色光

P_r ⇄ P_{fr} → 応答

遠赤色光

- フィトクロムの光変換はまた，昼と夜の相対的な長さ（**光周期**）の情報をもたらす．光周性は多くの種で開花時期を制御する．**短日植物**は限界暗期より長い夜を開花に必要とする．**長日植物**は限界暗期より短い夜を開花に必要とする.
- 植物の行動の多くの日周リズムは，体内の概日時計によって制御されている．自由継続の**概日リズム**は約24時間で，明け方と夕方のフィトクロムへの効果によって，正確に24時間に調整されている.

? どのような根拠で，植物生理学者は開花のスイッチを入れるシグナル分子（フロリゲン）の存在を仮定したか.

39.4

植物は光以外のさまざまな刺激にも応答する

- **重力屈性**は重力に応答した器官の屈曲である．根は正の重力屈性を示し，茎は負の重力屈性を示す．**平衡石**として機能するのはデンプンを蓄積した色素体で，植物の根が重力を感知することを助けている.
- 植物は物理的接触に非常に敏感である．**接触屈性**は接触に対する成長の応答である．すばやい葉の運動には，活動電位という電気パルスの伝達がかかわっている.
- 植物は，乾燥，冠水，高塩，高温や低温などの環境ストレスに敏感である.

環境ストレス	おもな反応
乾燥	アブシシン酸を産生し，気孔を閉じて水の損失を減らす
冠水	通気管を形成し，根を酸素欠乏から守る
塩	特別な溶質を高濃度に蓄積し，浸透圧による水の損失を避ける
熱	熱ショックタンパク質を合成し，高温でのタンパク質の変性を減らす
低温	膜の流動性を調節する；浸透圧による水の損失を避ける；不凍タンパク質を産生する

? 乾燥ストレスに順化した植物は，凍結ストレスに対してもしばしば耐性を増している．その理由を推測して述べなさい.

39.5

植物は植食者および病原菌から自らを防御する

- **過敏応答**は感染を封じ込め，病原菌と植物細胞自身の両方を殺す．**全身獲得抵抗性**は感染部位から遠く離れた器官での一般的な防御応答である.
- 棘や毛などの物理的防御に加えて，植物は味の悪い物質や毒性物質を産生し，また草食動物を殺す肉食動物を引き寄せる誘引物質を産生する.

? 昆虫はどのように植物を病原菌に感染しやすくするか.

理解度テスト

レベル1：知識／理解

1. 植物の乾燥応答にかかわるホルモンは，次のうちどれか.
   (A) オーキシン　(C) サイトカイニン
   (B) アブシシン酸　(D) エチレン
2. オーキシンが細胞伸長を促進するしくみのうち，**該当しない**ものは次のうちどれか.
   (A) 溶質の取り込みの促進
   (B) 遺伝子の活性化
   (C) 細胞壁のタンパク質の酸性化による変性
   (D) 細胞壁のゆるみ
3. チャールズ・ダーウィン，フランシス・ダーウィン父子が発見したことは，次のうちどれか.
   (A) オーキシンが光による屈曲（光屈性）にかかわること
   (B) 赤色光がシュートの光屈性に最も効果があること
   (C) 光でオーキシンが壊れること

(D) 光は子葉鞘の先端で感知されること

4. 深刻な熱ストレスに対して，植物はどのように応答するか.
 (A) 葉の向きを変えて，気化冷却を促進する.
 (B) 通気管を形成して，通気をよくする.
 (C) 熱ショックタンパク質を産生し，植物体のタンパク質を熱変性から防御する.
 (D) 細胞膜の不飽和脂肪酸の割合を増やして，膜の流動性を上げる.

レベル2：応用／解析

5. 長日植物の花芽誘導に必要なシグナル分子が，通常より早く放出されるフラッシュ（短い光）照射の条件は次のうちどれか.
 (A) 夜間の遠赤色光の照射
 (B) 夜間の赤色光の照射
 (C) 夜間の赤色光とこれに続く遠赤色光の照射
 (D) 昼間の赤色光の照射

6. ある長日植物の限界暗期が9時間とすると，次のどの24時間周期は花形成を誘導しないか.
 (A) 16時間明／8時間暗
 (B) 14時間明／10時間暗
 (C) 4時間明／8時間暗／4時間明／8時間暗
 (D) 8時間明／8時間暗／フラッシュ照射／8時間暗

7. 正常な重力屈性を示すが，色素体にデンプンを蓄積しない植物の変異体は，重力屈性における____の役割を見直すことを求めている.
 (A) オーキシン　(C) 平衡石
 (B) カルシウム　(D) 偏差成長

8. **描いてみよう**　以下の条件に応答した芽生えの形態を，まっすぐな芽ばえ，もしくはトリプルレスポンスを示したものとして描きなさい.

	対照	エチレン添加	エチレン合成阻害剤
野生株			
エチレン非感受性 (*ein*)			
エチレン過剰生産株 (*eto*)			
構成的トリプルレスポンス株 (*ctr*)			

レベル3：統合／評価

9. **進化との関連**　一般則として，光感受性発芽は，小型の種子のほうが大型のものより厳密である．その理由を推測して述べなさい.

10. **科学的研究**　植物生物学者たちは，熱帯性の低木の葉が毛虫によって食べられるとき，特徴的なパターンを示すことを観察している．毛虫は1枚の葉を食べると，その近くの葉をスキップして，少し離れた葉を食べる．単にその葉を取り去るだけでは，近くの葉を食べるようにはならない．生物学者たちは，昆虫の食害を受けた葉から近くの葉へ化学物質が送られていると予想している．この仮説を検証するためには，どのようにすればよいか.

11. **科学，技術，社会**　植物の制御システムに関する知識を，農学や園芸学にどのように応用すればよいか，述べなさい.

12. **テーマに関する小論文：相互作用**　より多くの光を受けるために，シュートの成長を変える現象におけるフィトクロムの役割を，300〜450字で記述しなさい.

13. **知識の統合**

このミュールジカは灌木（かんぼく）のシュート先端を食べている．この出来事がどのように植物の生理，生化学，構造，そして健康に変化を与えるか，そしてどのホルモンや他の化学物質がこれらの変化を形づくるうえで含まれているかを説明しなさい.

(一部の解答は付録A)

第7部　動物の形態と機能

ハラルド・ツア・ハウゼン Harald zur Hausen 博士は1936年生まれ．ドイツで大学を卒業し，医学の勉強をした．分子生物学に関する3年の奨学金を得てフィラデルフィアに移り，ウイルスがどのように染色体の切断を誘導するかについて研究を行った．ドイツに戻りハウゼン博士は，ウイルスがもしかしたら子宮頸がんを引き起こすのではないかというアイディアに着目した．彼は性行為で感染するウイルスの役割について注目し，たとえば子宮頸がんは修道女の中にはいないという1842年の報告に彼は発奮した．1983年，彼は子宮頸がんの発症は，ある種のヒトパピローマウイルス（HPV）への感染と関係していることを発表した．この発見により，子宮頸がんだけでなく男女双方が罹患するある種の喉頭がんを予防するHPVワクチンに対する基礎的知見がもたらされた．2008年，ハウゼン博士はノーベル生理学・医学賞を受賞した．

ハラルド・ツア・ハウゼン博士へのインタビュー

博士はなぜ，若い医者のときに，がんにおけるウイルスの役割の研究を始めたのですか？

医者になるトレーニングの間，バクテリオファージが感染した微生物中に自分のゲノムを残し，微生物の性質を変化させてしまうことを示したデータに気づくようになりました．このことで，がんもまた同じストーリー，つまり正常細胞はウイルスのゲノムを回復させ，ウイルスのゲノムが維持されてがんの発生に寄与するのかもしれない，というアイディアの引き金になりました．少し素朴なアイディアでしたが，50年以上のキャリアを通して私はそれを追ってきました．

博士のモデルや発見は正しいことが証明されましたが，その過程では抵抗にもあわれました．そのことについて少しお話ください．

1960年代の終わり，2型単純ヘルペスウイルスが子宮頸がんに役割を果たすかもしれないという考えが出てきました．それで私は，子宮頸がんの生体組織を観察し，100近くについて検査を行いました．しかし，どの生検組織にも2型単純ヘルペスウイルスはいませんでした．1974年の学会で，著名な研究者が1つの子宮頸がんの生体組織に2型単純ヘルペスウイルスのDNA断片を見出したと主張しました．私は同じ学会で自分の仕事を発表しましたが，何人かの研究仲間が指摘したように，私は医学畑の人間で，分子生物学のバックグラウンドをもっていなかったので，研究者は簡単には私のネガティブデータを信用しませんでした．私にとってその学会は，それまでで最も酷い職業上の経験でしたし，後の人生を含めてもそうだと言わざるを得ません．

どのようにして，ヒトパピローマウイルスの仕事を始めたのですか？

私は，性器疣贅（ゆうぜい）（訳注：生殖器の表面に生じる隆起）を含むパピローマがどのようにして発達するのかについて記述した，パピローマウイルスに関する総説が頭をよぎりました．私も，性器疣贅がときに悪性腫瘍に転換することを示す研究を見つけていました．それが私を後押ししました．私は個々の疣贅からウイルスのDNAを単離する研究を始めました．7年かかって私たちは，ラベル法に用いるのに十分なDNAを単離できる標本を手に入れました．私たちは，多くの性器疣贅にパピローマウイルスが存在していることを見つけましたが，がっかりしたことに，子宮頸がんには性器疣贅ウイルスを見出すことはできませんでした．しかし，ラベルしたDNAを用い，HPV-11と私たちが名づけた，関連ウイルスを単離することができたのです．

この発見からブレイクスルーまでの道のりはどのようなものだったのでしょうか？

子宮頸がんの生検組織に対してHPV-11のDNAをプローブに使うことで，いくつかの腫瘍由来のサンプルに，かすかなシグナルを見出しました．そのことが，これらの腫瘍の中に，一緒ではないが類似した何かがあるというアイディアの引き金となりました．そのとき研究室に，非常に優秀な学生と研究者が入りました．彼らはすぐ，すべての子宮頸がんの50%に見出されることがわかったHPV-16のDNAを単離し，そして生検標本の20%に存在するHPV-18を，そのすぐ後に単離しました．この論文は1983年，1984年に発表され，ワクチンは2006年に登録商標され，いまや何百万人もの若者に免疫されています．

博士のトレーニングと職歴を振り返って，私たちの生徒に何かアドバイスはありますか？

多くの若い優秀な人々がメンターとして同じ分野にとどまります．ちょっとした科学の同系繁殖ですね．自分がもつ専門的知識を使い，もっと自分を魅惑することがあるかどうかを見るため，他の分野ものぞいてみて下さい．そして批判的な精神で学び，すべての教義を信じないでください．たとえば，最近私たちは牛から単離された1本鎖DNAウイルスが赤肉（訳注：牛肉，羊肉など）の消費と関連して大腸がんのリスクを増やすことに寄与するかどうかを調べています．

「批判的な精神で学び，
すべての教義を信じないでください．」

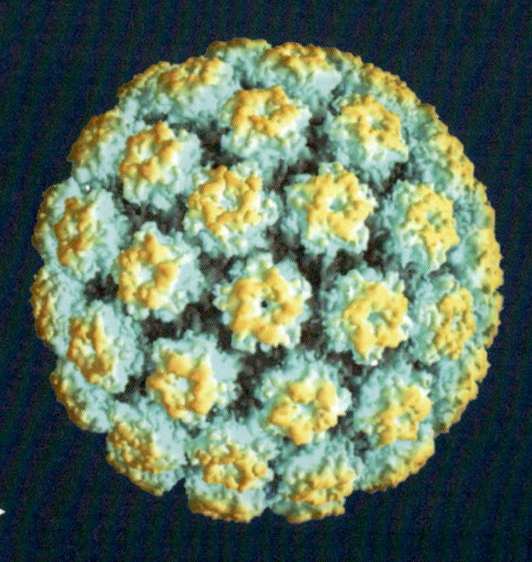

HPVのコンピュータモデル➤

動物の形態と機能の基本原理

40

▲図 40.1　長い脚は，この腐肉食動物が照りつける砂漠の熱の中で生き延びることにどのように関係しているのだろうか．

重要概念

40.1　動物の形と機能はあらゆるレベルの構造において相関している

40.2　フィードバック調節は多くの動物の内部環境を維持する

40.3　体温調節のホメオスタシスには，形態，機能，行動が関係する

40.4　エネルギー要求は動物のサイズ，行動，環境に関係する

多様な形態，共通の課題

図 40.1 の砂漠アリ（ウマアリ *Cataglyphis* 属）は，サハラ砂漠の昼の太陽熱にやられた昆虫をあさる．太陽に照らされた砂の表面温度が，ほぼすべての動物の制限温度以上である 60℃（140°F）を超えると，アリは餌となる死体を集めるため探しまわらねばならない．このような状況下で砂漠アリはどのように生き延びることができるのだろうか．この質問に答えるためには，生物の**解剖学 anatomy** 的な内部構造や形と，生存との関係について考える必要がある．

砂漠アリを研究する中で，研究者はアリの支柱状の脚が不相応に長い点に注目した．アリはこの脚を使って体を砂の 4 mm 上にもち上げることで，自身の体がさらされる温度は地表より 6℃低くなる．研究者はまた，砂漠アリがその足を使って，すべての節足動物で最も速い 1 m/秒ものスピードで走ることができることを発見した．スピーディーに走ることで，アリが巣の外に出て太陽にさらされる時間を最小にすることができる．したがって，食物をめぐる競争や捕食の危険性が非常に低いとき，砂漠アリの長い脚は，日中暑い中での活動を可能にする適応なのである．

一生の間ずっとアリは，ヒドラやタカ，ヒトを問わずどの動物にも共通する基本的な問題に直面する．すべての動物は栄養と酸素を得て，感染を退け，子どもを産まなければならない．こういった基本的な必要条件を共有しているのに，なぜ，生物は体の組織化（構造）や外見がこれほど異なっているのだろうか．この答えは自然選択と適応にある．自然淘汰は，相対的な適応（23.4 節参照）を増やす集団内での多様性を好む．生存を可能にする進化的適応は，環境や種によってさまざまであるが，しばしば砂漠アリの脚に見られるように，形態が機能と緊密に相関する

結果となる．

形と機能は相関しているので，解剖学的な調査は，**生理学 physiology**，すなわち生物学的な機能に対する手がかりをしばしば提供する．本章では，動物の形態と機能の学習を，組織化のレベルや，体の個々の部分の活動を調整するシステムを調べることからまず始めよう．次に，体温調節を例に用い，動物がどのように内部環境をコントロールするかについて説明する．最後に，解剖学や生理学が，どのように環境と動物との相互作用やエネルギー利用のマネジメントと関係するのかについて明らかにする．

40.1

動物の形と機能はあらゆるレベルの構造において相関している

動物のサイズと形は，動物が環境と相互作用するやり方に大きく影響する，形態上の基本的特徴である．サイズと形は「ボディープラン」または「体の設計の要素」とみなされるかもしれないが，このボディープランは意図的な創作過程ではない．動物のボディープランは，長年の進化の産物であるゲノムによってプログラムされた，発生様式の結果である．

動物のサイズと形の進化

進化　多くの異なるボディープランは進化の過程で生じたが，これらのバリエーションはある範囲に集約される．強度，拡散，運動，そして熱交換を支配する物理法則は，動物の形の範囲を制限している．

物理法則が進化の幅を制限する例として，水がもついくつかの特性が高速で遊泳する動物の取り得る形をどのように拘束するか考えてみよう．水は，空気より約1000倍も重いうえ，はるかに粘性があるため，泳ぐ際に抵抗となる体表面のあらゆる突起が，走ったり飛んだりするとき以上に障害となる．マグロなどの条鰭類は最高80 km/時の速度で泳ぐことができる．サメ，ペンギン，イルカやアシカもまた，高速で遊泳する．図 40.2 で3つの例を示すように，これらの動物はみな流線型，つまり両端がせばまったような形をしている．このような，動きの速い脊椎動物間で共通した形が見出されるのは，収斂進化の例である（22.3 節参照）．多様な生物が同じ環境に挑戦（泳ぐ際，抵抗を克服するといった）するとき，自然選択はしばしば類似した適応を結果として引き起こす．

物理法則はまた，動物の体の最大サイズに影響を与える．体が大きくなるにつれ，体を十分に支えるため，より太い骨格が必要となる．この制限は，昆虫や他の節足動物の外骨格だけでなく脊椎動物のような内骨格にも影響を及ぼす．そのうえ，体が大きくなるにつれ，総体重に占める，移動に必要な筋肉の割合をますます増やさなければならない．またある大きさを越えると，機動性は制限される．体全体に占める脚の筋肉の割合，そして，筋肉が生み出す力を考慮に入れることによって，科学者はさまざまなボディープランに対し，最大速度を推定することができる．次のような計算がある．6 m 以上の体高があったティラノサウルス *Tyrannosaurus rex* は，おそらく 30 km/時で走ることができたと思われる．これは，ヒトの最高速度とほぼ同じである．

環境との物質交換

動物は栄養，老廃物，そしてガスを環境との間で交換しなければならない．この要求を満たすため，動物のボディープランには新たな制限が加えられる．物質交換は，水溶液中の溶質が各々の細胞膜を通過する形で行われる．単細胞生物（たとえば図 40.3 a のアメーバ）は，必要な交換をすべて実行するための，環境と接する十分な膜表面積をもつ．対照的に，動物は多細胞から成り立っており，それぞれの細胞膜を通して交換を行わなければならない．交換率は交換にかかわる細胞の表面積に比例する．一方，交換が必要な物質の量は体の体積に比例する．多細胞生物は，すべての細胞が水性の環境（体内であれ体外であれ）に接していなければ生きられない．

単純な内部構造をもつ動物の多くは，ほとんどの細胞が外部環境と直接交換できるようなボディープランをもつ．たとえば，袋状構造をもつヒドラは，わずか細胞2層分の体壁しかもたない（図 40.3 b）．胃水管腔が外部環境に開いているため，外層の細胞も内層の細胞も池の水に絶えず接触している．平らな形もまた，周囲の溶液への露出を最大にするもう1つの共通するボディープランである．たとえば，長

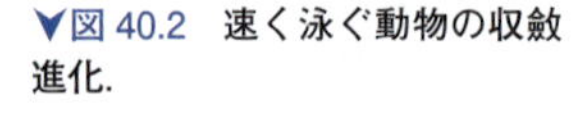
▼図 40.2　速く泳ぐ動物の収斂進化．

アザラシ
ペンギン
マグロ

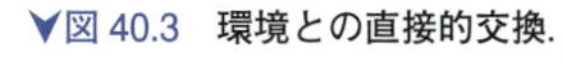

▼図 40.3　**環境との直接的交換.**

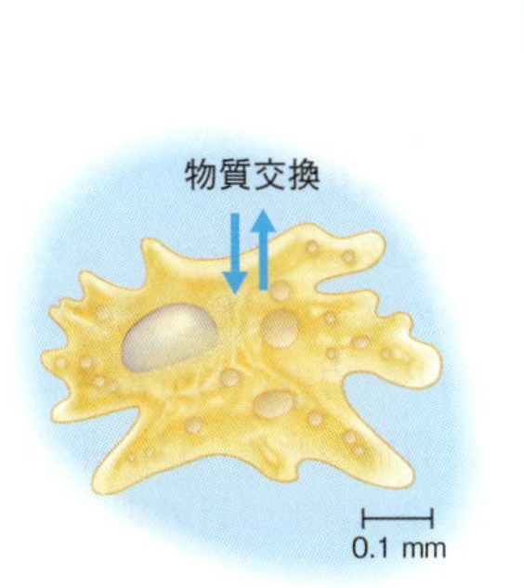
物質交換
0.1 mm

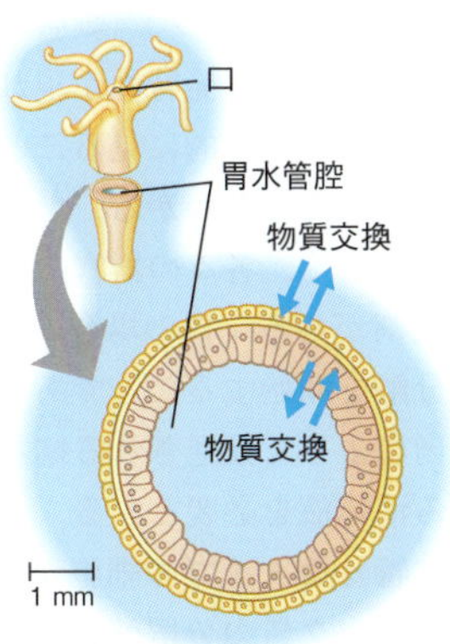
口
胃水管腔
物質交換
物質交換
1 mm

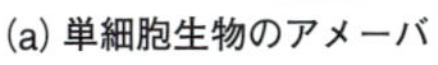

(a) 単細胞生物のアメーバ　(b) 2 層の細胞をもつ動物のヒドラ

さが数メートルに達する条虫（図 33.12 参照）を考えてみよう．その細く平らな形によって，条虫のほとんどの細胞は，特定の環境，つまり宿主である脊椎動物の栄養に富んだ消化管の液に直接接触できる．

ヒドラや条虫よりはるかに複雑な内部構造をもつ大部分の動物の体は，私たちを含め小さい細胞から成り立っている．そのため，細胞の数を増やすと，体全体に占める，外部に接触している細胞の比率が低下してしまう．極端な比較として，クジラにおける外表面比は，ミジンコの数十万倍も少ない．それでも，クジラのすべての細胞は液体に浸され，酸素や栄養分，その他の資源を取りいれなければならない．このようなことは，どうすれば成し遂げられるのだろうか．

クジラを含むほとんどの動物は，進化的適応によって，広範囲に枝分かれしたり折りたたまれた特殊化した表面を発達させ，環境との十分な物質交換を可能にしている（図 40.4）．ほぼすべての場合，これらの交換界面は体内にある．この配置は，デリケートな組織を摩耗や脱水から保護し，流線型の輪郭にすることを可能とする．枝分かれや折りたたみは表面積を大きく増加させる（図 33.9 参照）．たとえばヒトでは，消化，呼吸，血液循環のための内部交換面はそれぞれ皮膚の 25 倍以上ある．

体内の体液は，交換面と体細胞を結びつける．細胞と細胞の間の空間は，多くの動物の場合，**間質液 interstitial fluid**（ラテン語で「仲立ちする」の意）とよばれる液体で満たされている．複雑なボディープランはまた，循環液（たとえば血）を含んでいる．間質液と循環液との交換によって，体中の細胞は，栄養分を得て，そして廃棄物を取り除くことができる（図 40.4 参照）．

環境との物質交換という，より大きな課題にもかかわらず，複雑なボディープランは単純なものにはない

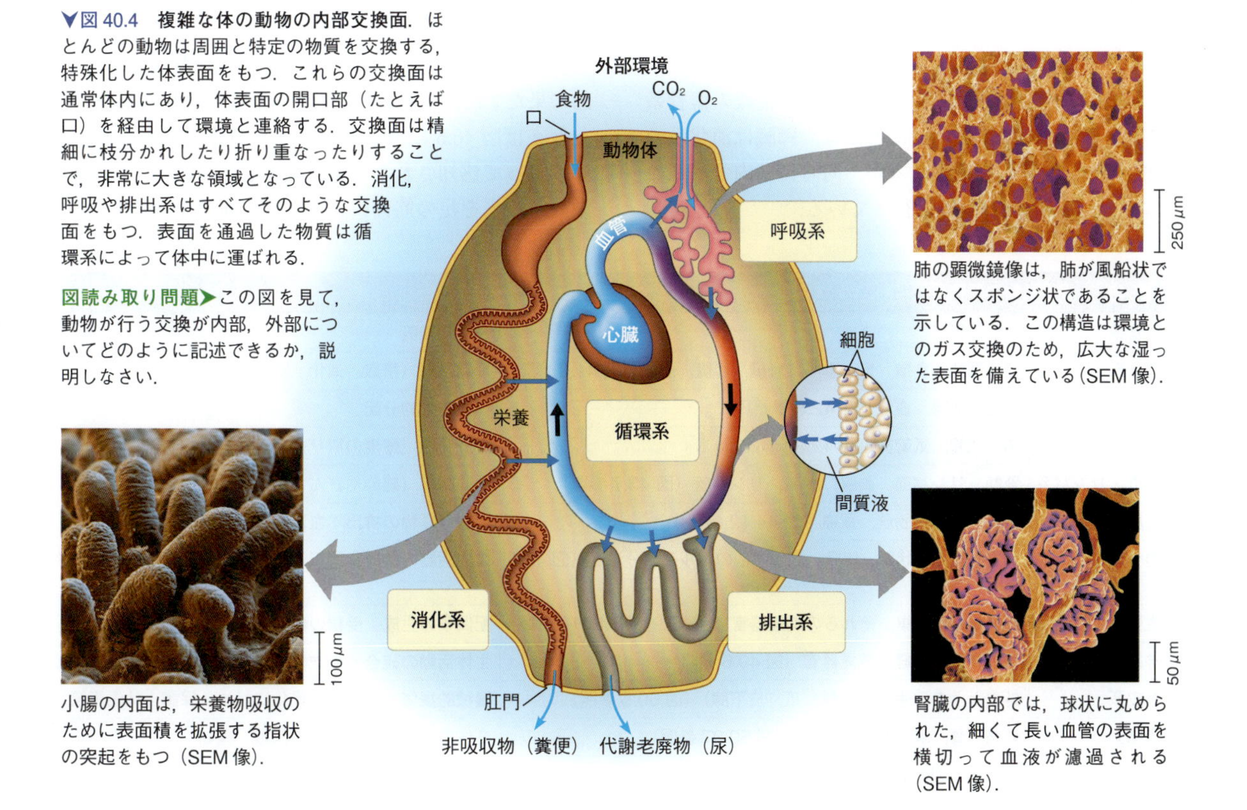
外部環境
食物
CO_2
O_2
口
動物体
血管
呼吸系
心臓
細胞
栄養
循環系
間質液
消化系
排出系
肛門
非吸収物（糞便）
代謝老廃物（尿）
250 µm
100 µm
50 µm

▼図 40.4　**複雑な体の動物の内部交換面.** ほとんどの動物は周囲と特定の物質を交換する，特殊化した体表面をもつ．これらの交換面は通常体内にあり，体表面の開口部（たとえば口）を経由して環境と連絡する．交換面は精細に枝分かれしたり折り重なったりすることで，非常に大きな領域となっている．消化，呼吸や排出系はすべてそのような交換面をもつ．表面を通過した物質は循環系によって体中に運ばれる．

図読み取り問題➤ この図を見て，動物が行う交換が内部，外部についてどのように記述できるか，説明しなさい．

肺の顕微鏡像は，肺が風船状ではなくスポンジ状であることを示している．この構造は環境とのガス交換のため，広大な湿った表面を備えている（SEM 像）．

小腸の内面は，栄養物吸収のために表面積を拡張する指状の突起をもつ（SEM 像）．

腎臓の内部では，球状に丸められた，細くて長い血管の表面を横切って血液が濾過される（SEM 像）．

利点がある．たとえば，外骨格は捕食者から身を守ることができるし，感覚器官は環境に関する詳細な情報を受け取ることができる．内部の消化器官は徐々に食物を消化することで，保存されたエネルギーの放出をコントロールすることができる．そのうえ，特殊化された濾過システムは，動物の体細胞を浸す体液の組成を調節することができる．このように，動物は変わりやすい外部環境で生活しているという事実にもかかわらず，比較的安定した内部環境を維持することができる．複雑なボディープランは，外部環境が非常に変動しやすい陸上で暮らす動物にとって，特に有利である．

ボディープランの階層構造

細胞は，創発特性を通して活動する動物の体をつくる．創発特性は，連続した階層の構造的・機能的な組織化によって生み出される（1章参照）．つまり，細胞は，似た外観と共通する機能をもつ細胞集団である**組織 tissue** を構築する．異なる種類の組織は，さらに**器官 organ** とよばれる機能単位を構築する［ただし，最も単純な動物（たとえばカイメン）は器官または組織さえもたない］．一緒に働く複数の器官は，さらに上の階層での組織化と協調による**器官系 organ system** をつくり上げる（表 40.1）．たとえば皮膚は，感染からの保護と体温管理の役割をもつ外皮器官系である．

多くの器官は，複数の生理的役割をもつ．もし役割をきちんと区別できれば，1つの器官が複数の器官系に属すると考えてもよい．たとえば，膵臓は消化系の機能に重要な酵素を産生するが，同時に，内分泌系の1つである血糖値の制御も行っている．

「ボトムアップ」（細胞から器官系）的に体の構造を見ることで創発特性が現れるように，階層構造を「トップダウン」的に見ることで各階層の特殊化が多層的であることがわかる．たとえば，ヒトの消化系を考えてみよう．各々の器官には，食物消化のための特定の役割がある．胃の場合，1つの機能は，タンパク質の分解を開始することである．このプロセスは，胃の筋肉によって推進される蠕動運動と，胃壁から分泌される消化液を必要とする．また，胃液の産生には，非常に特殊なタイプの細胞が必要である．1つ目の細胞はタンパク質の分解酵素を分泌し，2つ目の細胞が濃塩酸をつくり出し，そして3つ目の細胞が粘液を産生し，胃壁を保護する．

動物の，特化した複雑な器官系は，限られたタイプの細胞と組織からつくり上げられる．たとえば，肺と血管は異なった機能をもつが，同じタイプであり多くの特徴を共有する組織によって，それぞれの内側が覆われている．

動物の組織には，おもに4つのタイプ，すなわち上皮組織，結合組織，筋肉組織，神経組織がある．図 40.5 では，それぞれのタイプの構造と機能に迫る．これらの組織が各々の器官系の機能にどのように関与するかについては後の章で議論する．

協調と制御

動物の組織や器官系はその特殊化された機能を効率的に果たすため，互いに協力し合わなければならない．たとえば図 40.5 に示したオオカミが狩りをするとき，鼻によって感知された刺激に反応して，脳が，適切な栄養と酸素を足の筋肉に運ぶように血流を制御し，足

表 40.1　脊椎動物の器官系

器官系	おもな器官	おもな機能
消化系	口，咽頭，食道，胃，小腸，肝臓，膵臓，肛門（図 41.8 参照）	食物処理（摂取，消化，吸収，排出）
循環系	心臓，血管，血液（図 42.5 参照）	物質の内的分配
呼吸系	肺，気管，気管支（図 42.24 参照）	ガス交換（酸素の取り込みと二酸化炭素の排出）
免疫・リンパ系	骨髄，リンパ節，胸腺，脾臓，リンパ管（図 43.7 参照）	生体防御（感染やがんと闘う）
泌尿系	腎臓，尿管，膀胱，尿道（図 44.12 参照）	代謝老廃物の排出；血流の浸透圧調節
内分泌系	脳下垂体，甲状腺，膵臓，副腎，他のホルモン分泌腺（図 45.8 参照）	体内活動の共同作用（消化や代謝）
生殖系	卵巣または精巣，それらの関連器官（図 46.9，図 46.10 参照）	配偶子の生成；受精の促進；発生する胚の支持
神経系	脳，脊髄，神経，感覚器官（図 49.6 参照）	生体活動の統合；刺激の検出と応答の系統化
外皮系	外皮とその派生物（毛髪，爪，皮下腺）（図 50.5 参照）	機械的損傷，感染，乾燥化に対する保護；体温調節
骨格系	骨格（骨，腱，靭帯，軟骨）（図 50.37 参照）	身体の支持，内部器官の保護，運動
筋肉系	骨格筋（図 50.26 参照）	運動，移動

▼図 40.5　探究　動物の機能と構造

上皮組織

シート状の細胞である**上皮組織 epithelial tissue**，あるいは**上皮 epithelium**（複数形は epithelia）は，体の外側，体内の器官や体腔の内側を覆う．上皮細胞はしばしば密着結合によって密接に結合するので，物理的なけが，病原体，あるいは水分の損失に対する防御壁として機能する．上皮はまた，環境との間で能動的に物質交換を行う接触面ともなる．たとえば鼻腔の内側を覆う上皮は，においを感知する嗅覚のために重要である．異なる細胞の形とその構成がどのように異なった機能と相関するかに注意すること．

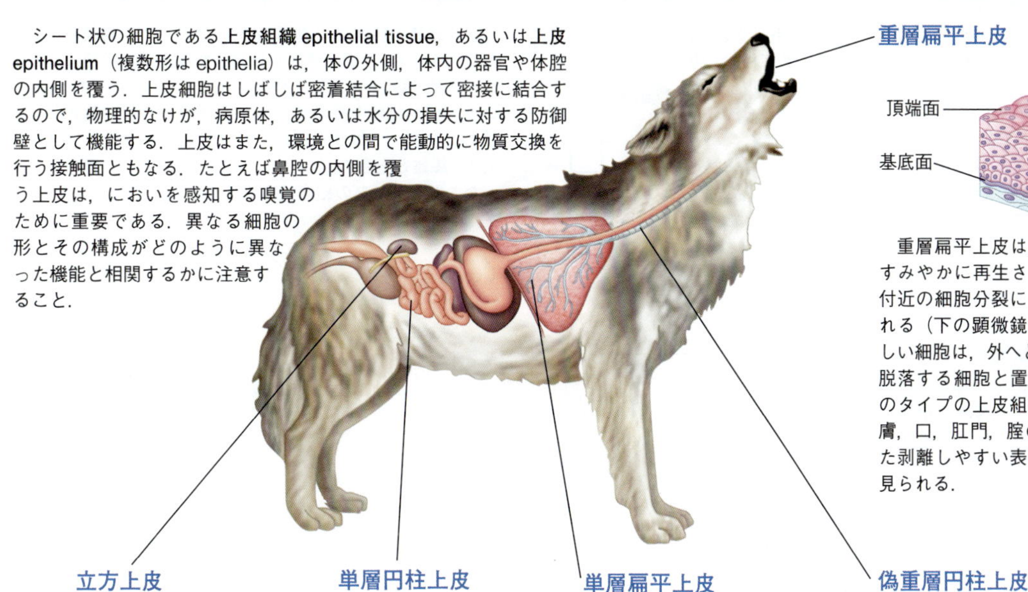
重層扁平上皮
頂端面
基底面
立方上皮
単層円柱上皮
単層扁平上皮
偽重層円柱上皮

重層扁平上皮は，多層でありすみやかに再生される．基底膜付近の細胞分裂によって形成される（下の顕微鏡像を参照）新しい細胞は，外へと押し出され，脱落する細胞と置き換わる．このタイプの上皮組織は外側の皮膚，口，肛門，膣の内層といった剥離しやすい表面に共通して見られる．

サイコロ状の細胞からなる立方上皮は，分泌のための特殊化した細胞をもち，腎臓の細管や甲状腺や唾液腺を含む多くの分泌腺の上皮を形成している．

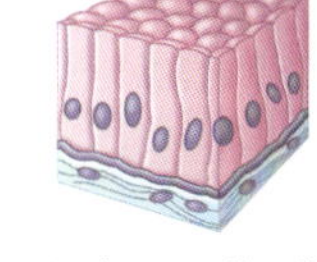

大きなブロック状の単層円柱上皮は，分泌や積極的な吸収が必要な場所にしばしば見出される．たとえば，単層円柱上皮は腸管を裏打ちしており，消化液を分泌したり栄養分を吸収したりする．

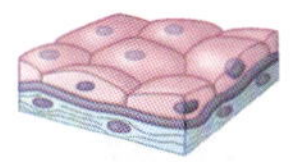

単層扁平上皮を形成する単層の板状細胞は，拡散による物質の交換において機能を果たす．このタイプの上皮は薄くて漏出性であり，栄養やガスの拡散が重要である血管や肺の気嚢の内側に並んでいる．

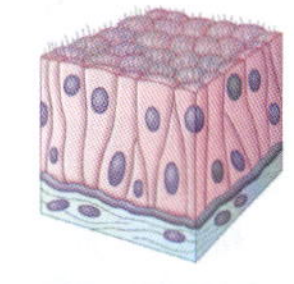

偽重層円柱上皮は高さや核の位置がまちまちな単層の細胞からなる．多くの脊椎動物において，繊毛細胞の偽重層上皮は呼吸管の内側の粘膜を形成する．連続打動する繊毛は，表面に沿って薄層の粘液を洗い流す．

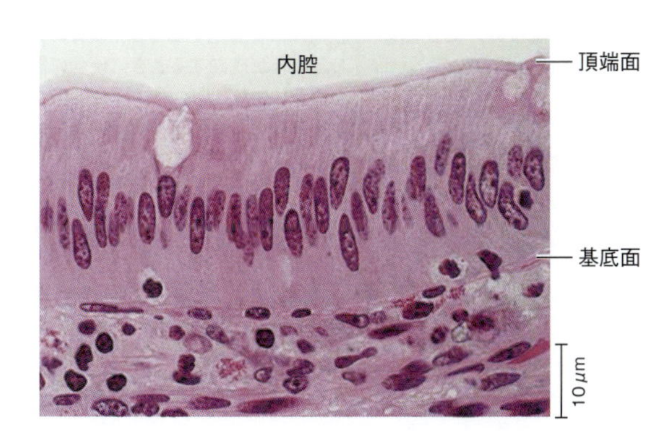
内腔
頂端面
基底面
10 μm

上皮の極性

すべての上皮は極性をもつ．これは，上皮に２つの異なる側面があることを意味する．「頂端」面はルーメン（内腔）または器官の外側に面するため，液体や空気にさらされる．特殊化した突起がしばしばこの表面を覆う．たとえば，小腸の内側を覆っている上皮の頂端面は，栄養の吸収に利用される表面積を増やす突起である微絨毛で覆われている．上皮の反対側は，「基底」面である．

▼図40.5（続き）探究　動物の機能と構造

結合組織

結合組織 connective tissue は細胞外マトリクス内にまばらに分布する細胞からなり，多くの組織や器官を集めて1つの場所に保持する．細胞外マトリクスは一般に，液体，ゲル状，あるいは固体の基盤に埋められる網状の繊維から成り立っている．細胞外マトリクス内には，繊維タンパク質を分泌する**繊維芽細胞 fibroblast**（線維芽細胞ともいう）や，食作用によって外来の小片や細胞片をのみ込む**マクロファージ macrophage** といった多数の細胞が存在する．

結合組織の繊維は3種類ある．「コラーゲン繊維」は強度と柔軟性を与え，「網状繊維」は結合組織を隣接組織につなぎとめ，「弾性繊維」は組織を伸縮自在にする．手の甲をつねると，コラーゲン繊維と網状繊維は皮膚が骨から引き離されるのを防ぐ．一方，つねりを緩めると弾性繊維は皮膚を最初の形に戻す．繊維と土台の混じり合いの違いによって，下に示すようなおもなタイプの結合組織がつくられる．

疎性結合組織

脊椎動物の体で最も一般的な結合組織は「疎性結合組織」である．上皮を下にある組織に結びつけたり，器官を適所に保ったりする．疎性結合組織は，繊維の粗い織り込みに基づいた用語である．皮膚や体中で見出される．

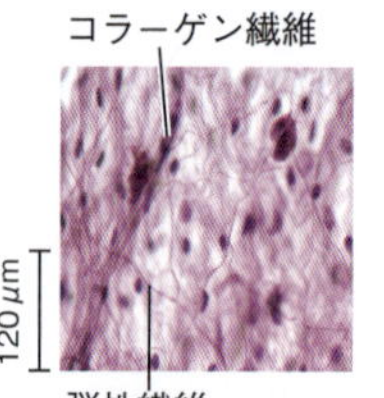
コラーゲン繊維
120 μm
弾性繊維

繊維性結合組織

「繊維性結合組織」は，コラーゲン繊維が密集している．繊維性結合組織は，筋肉が骨に付着する**腱 tendon** や関節で骨を互いに連結する**靱帯 ligament** に見られる．

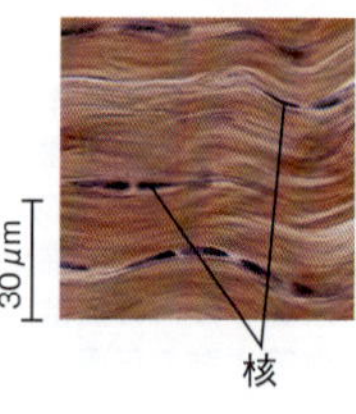
30 μm
核

骨

ほとんどの脊椎動物の骨格は，無機質化した結合組織である**硬骨（骨）bone** からつくられる．「造骨細胞」とよばれる骨形成細胞は細胞外マトリクスにコラーゲンを沈着させる．カルシウム，マグネシウム，リン酸のイオンが細胞外マトリクス内の鉱質に結合する．哺乳類の骨の微細構造は，「骨単位」とよばれる反復単位からなる．各骨単位は，骨に寄与する血管と神経を含む中心導管の周囲に沈着する，無機質化した細胞外マトリクスの同心円層である．

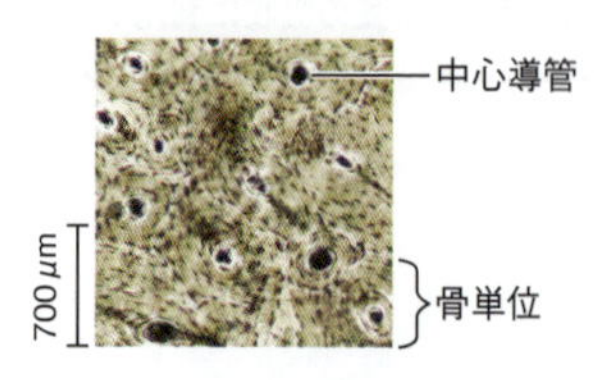
中心導管
700 μm
骨単位

血液

血液 blood は，水，塩類，種々の可溶性タンパク質からなる血漿とよばれる液状の細胞外マトリクスをもつ．血漿に浮遊しているのが赤血球，白血球，血小板とよばれる細胞断片である．赤血球は酸素を運び，白血球は生体防御に機能を果たし，血小板は血液凝固を補助する．

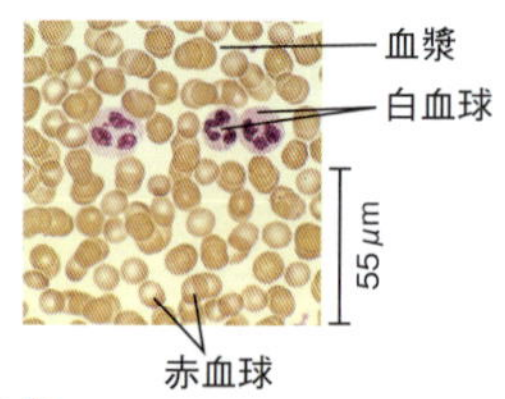
血漿
白血球
55 μm
赤血球

脂肪組織

脂肪組織 adipose tissue は，細胞外マトリクス内に分布する脂肪細胞に脂肪を貯蔵する疎性結合組織の特殊化した形態である．脂肪組織は体のクッションになったり，脂肪分子としてエネルギー源を蓄える．各脂肪組織は大きな脂肪滴を含み，脂肪が蓄積すると膨らみ，体が脂肪を燃料として用いると縮む．

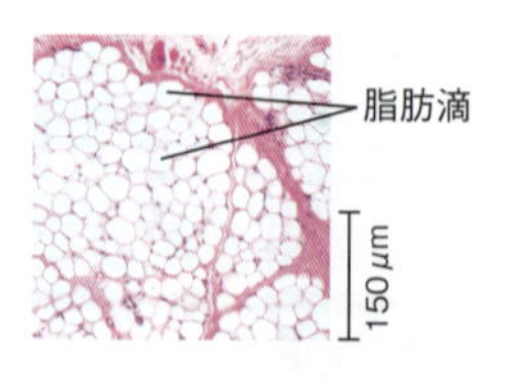
脂肪滴
150 μm

軟骨

軟骨 cartilage には，コンドロイチン硫酸とよばれる弾性に富むタンパク質−炭水化物複合体が埋め込まれたコラーゲン繊維が含まれる．「軟骨細胞」とよばれる細胞は，コラーゲンやコンドロイチン硫酸を分泌し，それらは一緒になって軟骨を丈夫ながら柔軟性をもつ支持体にする．多くの脊椎動物の胚期は軟骨骨格であるが，軟骨のほとんどは胚が成熟するときに硬骨に置き換わる．しかし，軟骨は脊椎間のクッションとして作用する盤のように，特定の位置に保持される．

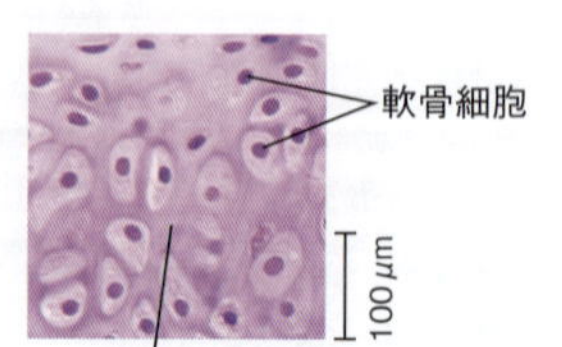
軟骨細胞
100 μm
コンドロイチン硫酸

筋肉組織

ほぼ全種類の運動に必要とされる組織が**筋肉組織** muscle tissue である．すべての筋細胞は，アクチンとミオシン，2種のタンパク質を含む繊維からなり，筋肉の収縮を可能にする．脊椎動物の体には骨格筋，平滑筋，心筋という3種類の筋肉がある．

骨格筋

腱によって骨に付着する，「横紋筋」ともよばれる**骨格筋** skeletal muscle は，体の随意運動を担う．骨格筋は筋繊維とよばれる細長い細胞からなる．発生の間，骨格筋の束は多くの細胞の融合によって形成されるため，各々の筋細胞や繊維は多核である．サルコメアともよばれる，筋繊維に沿った収縮単位の配向は，縞状（横紋）の外見を与える．哺乳類の成体では，細胞の数を増やすのではなく，サイズを大きくすることで筋肉を構築していく．

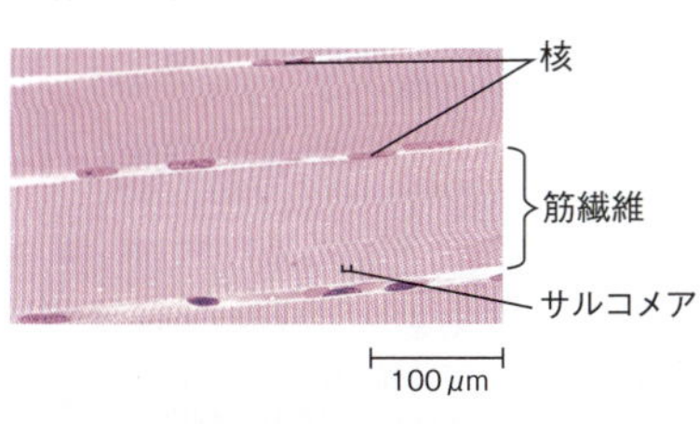
核
筋繊維
サルコメア
100 μm

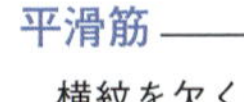

平滑筋

横紋を欠く**平滑筋** smooth muscle は，消化管，膀胱，動脈などの内部器官の内壁に見られる．細胞は紡錘状である．平滑筋は胃の攪拌運動や動脈の収縮のような，不随意運動を担う．

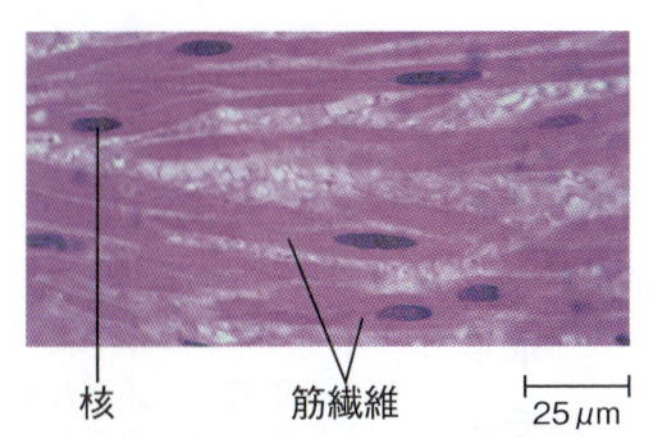
核
筋繊維
25 μm

心筋

心筋 cardiac muscle は，心臓の収縮壁を形成する．骨格筋のように横紋があり，骨格筋と類似した収縮特性をもつ．しかし，心筋は細胞から細胞へのシグナルを中継したり心拍の同調を助ける介在板によって互いを連結する繊維をもつ．

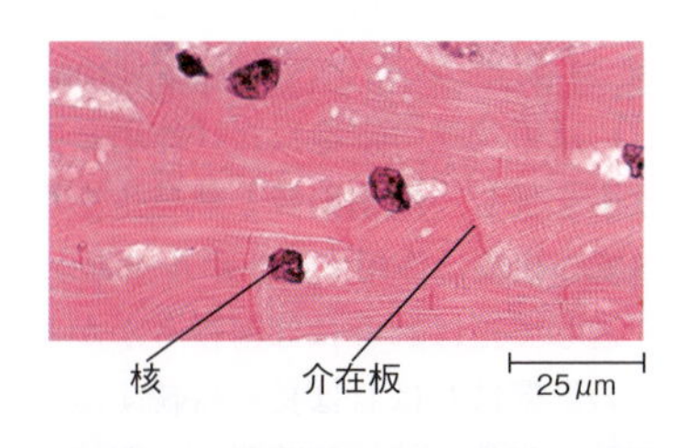
核
介在板
25 μm

神経組織

神経組織 nervous tissue は，情報の受容，処理，伝送において機能する．神経組織には神経インパルスを伝達する**ニューロン** neuron（神経細胞），**グリア細胞**（**グリア**）glial cell とよばれる支持細胞が含まれる．多くの動物において，神経組織の集中によって情報処理センターである脳を形成する．

ニューロン

ニューロンは神経性の基本単位である．ニューロンは細胞体と樹状突起とよばれる多数の伸長部分を介して他のニューロンに神経インパルスを伝達する．ニューロンは軸索がしばしば束ねられて神経となる．軸索とよばれる伸長部分を介して他のニューロンや筋肉あるいは他の細胞にインパルスを伝える．

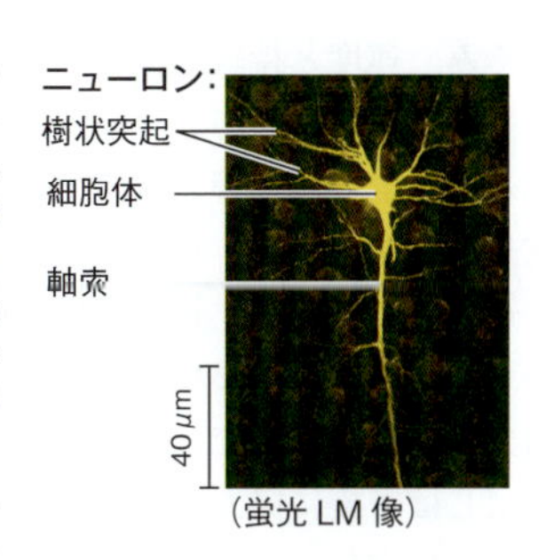
ニューロン：
樹状突起
細胞体
軸索
40 μm

（蛍光 LM 像）

グリア

さまざまな種類のグリアは，ニューロンの成長，絶縁，補充を助け，場合によっては，ニューロンの機能を調整する．

グリア　15 μm
ニューロンの軸索
血管

（共焦点 LM 像）

の筋肉を活性化する．動きを協調させるために，どんなシグナルが使われるのだろうか．また，どのようにしてシグナルは体の中を移動するのだろうか．

動物は，刺激に対する応答に協調しコントロールするためのシステムを，おもに2つもっている．それは内分泌系と神経系である（図 40.6）．**内分泌系 endocrine system** では，内分泌細胞が血流に放出したシグナル分子は，体のすみずみに運ばれる．**神経系 nervous system** では，ニューロンは体の特定の部分につながる専用のルートに沿ってシグナルを伝達する．それぞれのシステムでは，シグナルのターゲットが体の端であろうと，せいぜい細胞数個分の距離しかなかろうと，使われる経路のタイプは同じである．

内分泌系によって体中に伝達されるシグナル分子は，**ホルモン hormone** とよばれる．異なるホルモンは異なった影響を引き起こし，特定のホルモンに対する受容体をもっている細胞だけが反応する（図 40.6 a）．そのホルモンに対する受容体をどの細胞がもっているか次第で，ホルモンは体の1ヵ所に作用するかもしれないし，体中に作用するかもしれない．たとえば，甲状腺刺激ホルモン（thyroid-stimulating hormone：TSH）は甲状腺の細胞にだけ作用して甲状腺ホルモンの放出を促し，酸素消費と熱発生を増やすため，ほぼすべての組織に作用する．ホルモンが血流に放出され，体を通して運ばれるには何秒もかかる．しかし，ホルモンの影響はしばしば長く持続する．それはホルモンが何秒，何分，時に何時間もの間，血流にとどまるからである．

神経系において，シグナルはおもに軸索からなる神経繊維に沿って特定の標的細胞まで伝わっていく（図 40.6 b）．神経インパルスは他のニューロンや筋細胞，そして分泌物質を産生する細胞や腺に作用することができる．内分泌系とは違い，神経系はシグナルを伝える「経路」によって情報を伝達する．たとえば，人は異なる音程を聞き分けることができるが，それは各々の音程の周波数が耳から脳につながる異なるニューロンを活性化するためである．

神経系の伝達は通常，複数種のシグナルを必要とする．神経インパルスは，電圧の変化として時には長い距離を軸索に沿って伝わっていく．逆に，あるニューロンから次のニューロンへの情報の伝達には非常に短距離の化学シグナルがかかわる．全体として，神経系における伝達は非常に速い．神経インパルスは標的に到達するにはほんのわずかしかかからず，その持続もほんのわずかの間である．

2つの主要な伝達システムはシグナルの種類，伝達のしくみ，速度と持続期間において異なるため，それぞれ異なる機能に適応していることに驚きはない．内分泌系は，全身に影響を及ぼす段階的な変化（たとえば成長や発達，再生，代謝プロセスや消化）の調節によく適合しているし，神経系は反射や俊敏な動きのような，即時的で迅速な反応に適している．

▼図 40.6　内分泌系と神経系のシグナル伝達．

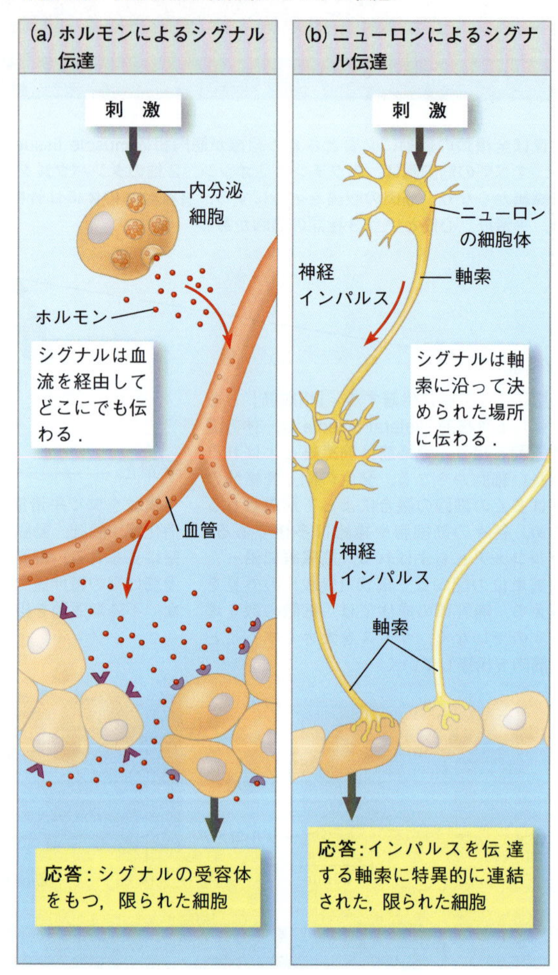
(a) ホルモンによるシグナル伝達
刺　激
内分泌細胞
ホルモン
シグナルは血流を経由してどこにでも伝わる．
血管
応答：シグナルの受容体をもつ，限られた細胞
(b) ニューロンによるシグナル伝達
刺　激
ニューロンの細胞体
神経インパルス
軸索
シグナルは軸索に沿って決められた場所に伝わる．
神経インパルス
軸索
応答：インパルスを伝達する軸索に特異的に連結された，限られた細胞

図読み取り問題➤ 2つの模式図を比較し，なぜ1つの神経インパルスに対しては1つの物理的経路しかもたないのにホルモン分子は複数の物理的経路をもつのか，説明しなさい．

内分泌系と神経系では機能が異なっているが，両者はしばしば密接に協力し合う．双方が安定した内部環境の維持に寄与するが，これは次に議論する．

概念のチェック 40.1

1. すべてのタイプの上皮がもつ特徴は何か．

2. **図読み取り問題➤**図 40.4 において理想化した動物について考える．外部環境から体細胞の細胞質に酸素が移動するとき，どの部分で細胞膜を通過しなければならないだろうか．

3. **どうなる？➤**崖の端に立ち，急に足を滑らせたとすると，どうにかしてバランスを取ろうとし，落下を避けようとする．心拍数が上がるにつれ，エネルギーが燃焼するように感じるが，その理由の 1 つは血流の急増が筋肉の拡張した血管に流れ込み，血中グルコース濃度が上昇するためである．この「闘争–逃走（fight-or-flight）」反応が神経系と内分泌系のシステムを両方必要とするのはなぜか，予想しなさい．

（解答例は付録 A）

40.2

フィードバック調節は多くの動物の内部環境を維持する

多くの器官系は，動物の内部環境を制御するうえで役割を果たしていて，それは大きな課題となる．熱いシャワーを浴びたり，いれたてのコーヒーを飲むたびに，体温が上昇したらどうなるだろう．環境の変動に直面したとき，動物は調節あるいは順応によって内部環境を維持する．

調節と順応

図 40.7 にある 2 つのデータを比較してみよう．カワウソの体温は周囲の水温と独立している．一方，オオクチバスの体温は周囲の水温が変化すると変化する．私たちはカワウソを**調節体 regulator**，オオクチバスを**順応体 conformer** とよぶことで，これら 2 つの体温の傾向を伝えることができる．もし外部の変動に直面しても体内のしくみによって体内の変動を調節する場合は，その動物は環境変化に対する調節体であり，逆に，体内の状態を特定の外部変化に合わせて変えることができるなら，その動物は順応体である．

動物は，ある体内の状態を調節し，別の状態を環境に順応させる．たとえば，オオクチバスが周囲の水温に順応したとき，一方で血液や間質液の溶質濃度を制御する．加えて，順応は体内の変数の変化を必ずしも伴わないことがある．たとえば，クモガニ（*Libinia* 属）といった多くの海産無脊椎動物は，海洋環境の比較的安定した溶質濃度（塩濃度）に体内の濃度を順応させている（訳注：外液と同じ塩濃度にしている）．

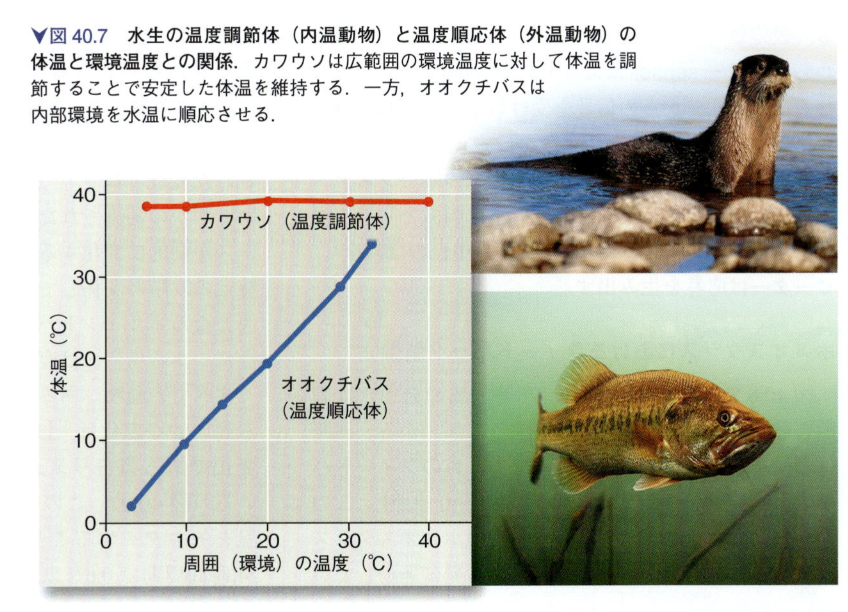
40
30
20
10
0
体温（℃）
カワウソ（温度調節体）
オオクチバス
（温度順応体）
0
10
20
30
40
周囲（環境）の温度（℃）

▼図 40.7　水生の温度調節体（内温動物）と温度順応体（外温動物）の体温と環境温度との関係．カワウソは広範囲の環境温度に対して体温を調節することで安定した体温を維持する．一方，オオクチバスは内部環境を水温に順応させる．

ホメオスタシス

カワウソで一定に保たれる体温や淡水魚での一定な溶質濃度は，「恒常性」つまり内部バランスの維持を意味する**ホメオスタシス homeostasis** の一例である．ホメオスタシスを達成するため，動物は外的環境がかなり変化したとしても内的環境をほぼ一定に保つ．

多くの動物は物理的・化学的な範囲までホメオスタシスを示す．たとえば，ヒトの体温はたいてい約 37℃，血液と間質液は pH 7.4 ± 0.1 の範囲に維持される．また，血中グルコース濃度も血液 100 mL あたり 70〜110 mg の範囲でおおむね維持される．

ホメオスタシスのメカニズム

ホメオスタシスには制御システムが必要である．動物のホメオスタシスを探究する前に，非生物の例を考えることでどのように制御システムが働くか図にしてみよう．通常の活動に快適な温度である 20℃に部屋を維持したいと仮定する．制御機器，たとえばサーモスタットを 20℃に調節し，サーモスタットの温度計は室温をモニターする．もし室温が 20℃より下がると，サーモスタットはラジエーター，暖炉，他のヒー

▼図 40.8　**非生物における温度調節の例：室温制御．** 室温の制御は温度変化を検出し，その変化を打ち消す機構を促進する制御中枢（サーモスタット）に依存する．

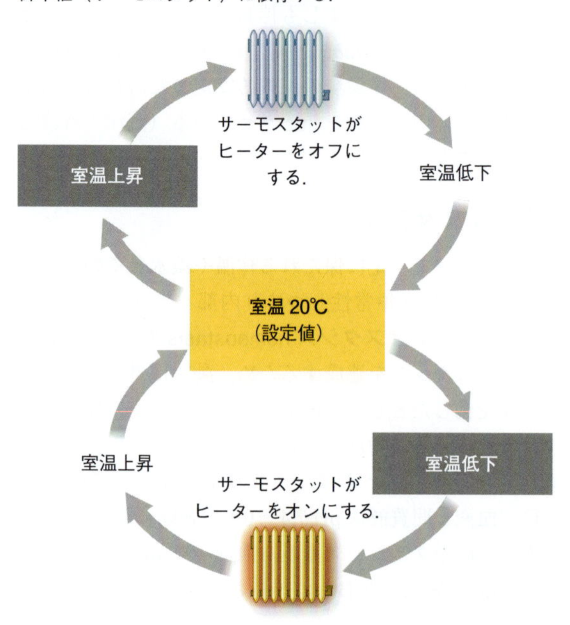
サーモスタットが
ヒーターをオフに
する．
室温上昇
室温低下
室温 20℃
（設定値）
室温上昇
室温低下
サーモスタットが
ヒーターをオンにする．

描いてみよう➤図の中にある，刺激，応答，そして制御中枢に対応するものはどれかその名前をつけなさい．エアコンをこのシステムに加えるため，あなたはこの図をどのように改変するか．

ターをオンにする（図 40.8）．室温が 20℃を上回ると，サーモスタットはヒーターのスイッチをオフにする．そして温度が 20℃を再び下回ると，サーモスタットは次の温度サイクルを活性化する．

家の暖房システムと同様，動物は体温や塩濃度のような変数を，ある特別な値，すなわち**設定値 set point** で維持することによってホメオスタシスを獲得している．設定値の上下に変数が変動すると，受容体，すなわち**センサー sensor** によって**刺激 stimulus** が感知される．センサーからの信号を受け取ると，「制御中枢」が**応答 response**，つまり変数を設定値に戻す助けとなるような生理的活性を誘起する．家の暖房システムの例では，設定値を下回る温度低下は刺激として作用し，サーモスタットがセンサーや制御中枢の役割をし，ヒーターは応答を生み出す．

ホメオスタシスにおけるフィードバック制御

図 40.8 の回路を調べると，応答（熱の発生）は刺激（設定点以下の室温）を減らすことがわかる．回路は刺激を弱める制御メカニズムである**負のフィードバック negative feedback** を示す（図 1.10 参照）．このタイプのフィードバック制御は動物のホメオスタシスに重要な役割を果たす．たとえば，活発に運動しているときは，熱が生み出され，体温が上昇する．神経系はこの温度上昇を感知して発汗を促す．汗をかくにつれ，皮膚からの水分蒸発によって体温が下がり，設定値に戻すことを助け，そして刺激を除去する．

ホメオスタシスは動的平衡であり，内部環境を変化させがちな外部要因とこのような変化に対抗する内的制御機構との間の相互作用である．刺激への生理学的な応答は，暖炉のスイッチをオンにしてもすぐには部屋が暖まらないように，瞬時ではない．結果として，ホメオスタシスは内部環境の変化を緩和はするが除去はしない．もしある変数が，単一の設定値ではなく「正常な範囲」，つまり上限と下限があると，追加の変動が起こる．これは室温が 19℃に下がるとき，ヒーターをオンに，21℃に達するとオフにするサーモスタットと同じである．設定値であれ正常範囲であれ，たとえば温度の場合における断熱や pH の場合の生理学的緩衝のような，変動を減らす適応によってホメオスタシスは強められる．

負のフィードバックと違い，**正のフィードバック positive feedback** は刺激を増幅する制御機構である．動物では，正のフィードバックは刺激を減らすのではなく，増幅する制御機構である．動物における正のフィードバックループはホメオスタシスのおもな役割ではないが，その代わりにプロセスを終わらせる助けとなる．たとえば分娩時，子宮開口部近くにある受容体に新生児の頭部の圧力がかかることで，子宮に収縮するよう刺激が与えられる．この収縮は，子宮開口部に大きな圧力を生じさせ，子宮収縮を強めさせて，さらに大きな圧力を生じさせる．これは新生児が生まれるまで続く．

ホメオスタシスの変化

ホメオスタシスの設定値と正常範囲は，さまざまな環境下で変化し得る．実際，内部環境における「制御された変化」は正常な体の機能に必要不可欠である．いくつかの制御された変化は，思春期にホルモンバランスが劇的に変化するように，生命活動におけるある特定の段階と関係している．ヒト女性の月経周期の原因となるホルモンレベルの変化（図 46.14 参照）のように，ある場合には変化が周期的である．

すべての動物，あるいは植物において，代謝における周期的な変化は，ほぼ 24 時間の生理学的な一連の変化である**概日リズム circadian rhythm** を反映している（図 40.9）．このリズムを調べる 1 つの方法は体温をモニターすることであり，ヒトの体温はふつう 24 時間周期で 0.6℃以上の周期的な上がり下がりをし

▼図 40.9 ヒトの概日リズム.

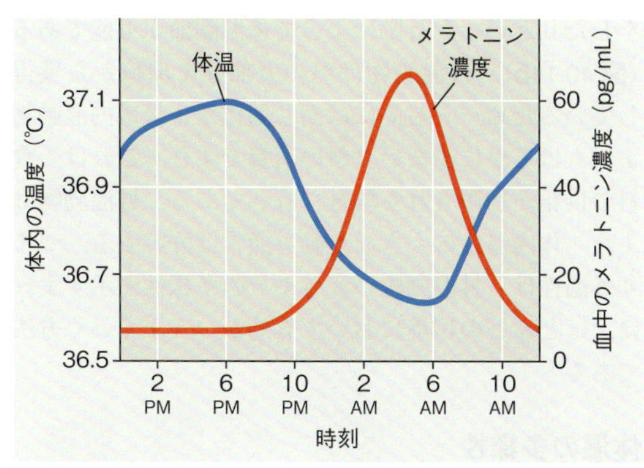
体温
メラトニン
濃度
37.1
36.9
36.7
36.5
60
40
20
0
体内の温度（℃）
血中のメラトニン濃度（pg/mL）
2 PM
6 PM
10 PM
2 AM
6 AM
10 AM
時刻

(a) **体内温度と血中メラトニン濃度の変化.** 一定の温度・弱光の隔離された部屋の中にいる，休息状態だが起きている被験者について，2 つの変数を測定した（メラトニンは睡眠・覚醒のサイクルにかかわるとされるホルモンである）.

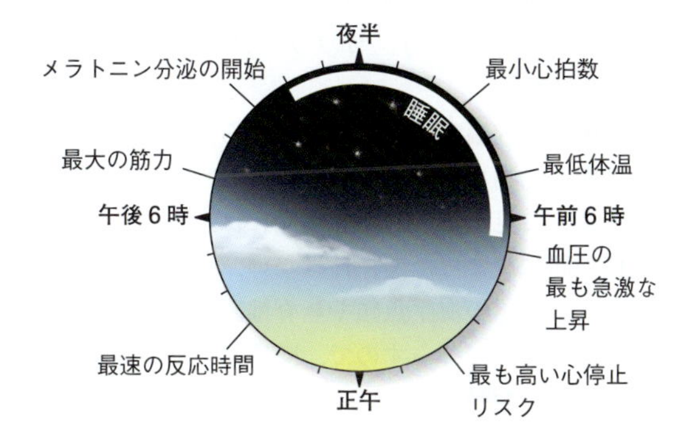
夜半
メラトニン分泌の開始
最小心拍数
睡眠
最大の筋力
最低体温
午後 6 時
午前 6 時
血圧の
最も急激な
上昇
最速の反応時間
正午
最も高い心停止
リスク

(b) **人間の概日時計.** 代謝活動が概日時計に応答して 1 日周期で進む．朝起床して正午頃昼食をとり，夜寝るという典型的な人について図示したように，これらの周期の変化は 24 時間を通して起こる.

ている．注目すべきは，たとえ人間活動・室温・照度の変動が少なく抑えられても，生物時計はリズムを維持する（図 40.9 a 参照）．したがって概日リズムは体に本来備わっているといえる．その一方，生物時計は通常，環境における明暗の周期と協調している（図 40.9 b 参照）．たとえば，メラトニンというホルモンは夜に分泌されるが，夜の長くなる冬にはより多く放出される．外部の刺激は生物時計をリセットできるが，その効果はすぐには出ない．飛行機に乗っていくつかの時間帯を横断すると時差ぼけが起きるのは，生物時計がきちんとリセットされるまで生物時計と環境との間にミスマッチが残っているためである.

恒常性は時として**順化 acclimatization**，すなわち外部環境の変化に対する動物の生理学的な調節によって変化する．たとえば，ヘラジカや他の哺乳類は平地

▼図 40.10 登山者は高山を登るとき，高山病のリスクを減らすため登頂途中でキャンプをして体を順化させる．山の中腹で時間を過ごすことで，呼吸系・循環系は低酸素下でより効率的に酸素を受け取り体に行き渡らせることができる.

から山へと移動する際，高山で酸素濃度が低くなると，動物はより速く，より深く呼吸する．その結果，呼気を通して二酸化炭素がより多く失われ，血液の pH が通常の範囲より上昇する．動物が順化するにつれ，腎機能の変化によりアルカリ性の尿を排出し，血中 pH がもとの範囲に戻る．ヒトなど他の哺乳類も劇的な高度の変化に順化する能力をもっている（図 40.10）.

ここで注意したいのは，動物の一生の間で一時的に起こる変化である順化と，適応，つまり多くの世代を越えて作用する選択によってもたらされる集団における変化のプロセスとを混同してはいけないということである.

概念のチェック 40.2

1. **関連性を考えよう**➤温度制御における負のフィードバックは酵素触媒的な生合成経路におけるフィードバック阻害とどのように違うか（図 8.21 参照）

2. もし家にサーモスタットをつける場所を決めようとしていたとすると，どのような要素がその決定を左右するか．またこれらの要素は，ヒトにおける多くのホメオスタシスの調節センサーが脳に存在するという事実とどのように関連するか.

3. **関連性を考えよう**➤動物と同様，シアノバクテリアも概日リズムをもつ．生物時計を維持する遺伝子を解析することで，科学者はヒトとシアノバクテリアの 24 時間周期が収斂進化を反映していると結論づけることができた（26.2 節参照）．どのような証拠がこの結論

を支持したか．説明しなさい．

（解答例は付録 A）

40.3

体温調節のホメオスタシスには，形態，機能，行動が関係する

本節では，動物の形態と機能が，どのようにして内部環境の調節に協働するのかについて，体温調節を例にして考察する．ホメオスタシスに関する他の生理学的なしくみについては，本章の後半で述べる．

体温調節 thermoregulation は，動物が体内温度を許容範囲に維持するプロセスである．体温が許容範囲外になると，酵素反応の効率が下がり，細胞膜の流動性が変化し，生死にかかわる結果をもたらすような他の温度感受的な生化学プロセスに影響が出る．

外温性と内温性

体内の代謝と外部環境は体温調節に対する熱源となる．鳥類や哺乳類はおもに**内温的 endothermic** である．これは，主として代謝によって生じる熱によって温められていることを意味する．いくつかの魚類や昆虫，そして少数の爬虫類もまたおもに内温的である（訳注：マグロ，ウミガメなど）．逆に，両生類，多くの爬虫類や魚類，そして無脊椎動物はおもに**外温的 ectothermic** である．これは，外からほとんどの熱を得ることを意味する．しかし，内温性と外温性は互いに排他的な体温調節の様式ではない．たとえば，鳥類はおもに内温性であるが，寒い朝には外温動物であるトカゲがするように太陽で体を温める．

内温動物は，たとえ外温の大きな変動に直面しても体温を一定に維持する．寒冷環境において，内温動物は周囲よりも体をしっかりと温め続けるのに十分な熱を生み出す（図 40.11a）．高温環境では，内温動物は体を冷やすしくみをもち，ほとんどの外温動物では耐えられないような暑さにも耐えることができる．

多くの外温動物は，日陰を探したり，ひなたぼっこをしたりといった行動によって体温調節が可能である（図 40.11b）．外温動物は熱の大部分を環境から獲得しているため，一般的には同じ個体サイズの内温動物よりもはるかに少ない食料の消費ですむ．これは，食料の供給が制限される場合に有利である．外温動物はまた，体内温度の大きな変動を通常は許容する．つまり外温性は，外温動物の多さやその多様性が示すように，ほとんどの環境において有効かつうまくいく方法である．

体温の多様性

動物はまた，体温が変温または恒温どちらかによっても違う．環境によって体温が変動する動物は「変温動物」とよばれる．逆に，「恒温動物」は比較的安定した体温を維持する動物を指す．たとえば，オオクチバスは変温動物であり，カワウソは恒温動物である（図 40.7 参照）．

外温動物と内温動物という表現から，すべての外温動物は変温動物であり，すべての内温動物は恒温動物であるように見える．しかし実際には，熱源と体温の安定性の間に決まった関係性はない．外温動物として分類される多くの海生魚類や無脊椎動物は，とても安定な温度の水中で暮らすので，哺乳類や他の内温動物よりも体温の変動が少ない．逆に，いくつかの内温動物の体温は比較的変動する．たとえば，ある種のコウモリは冬眠に入ると，体温が 40℃ も下がる．

外温動物が「冷血」で，内温動物が「温血」であるというのも，一般的に誤った概念である．外温動物が

▼図 40.11　**内部，あるいは外部の熱源による体温制御．** 内温動物は内部代謝から熱を得る．一方，外温動物は外的環境からの熱に頼る．

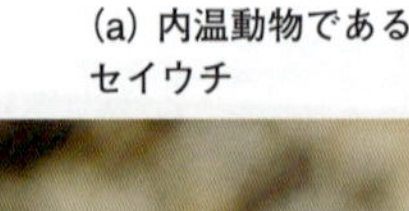

(a) 内温動物であるセイウチ

(b) 外温動物であるトカゲ

低体温であるという必然性はない．逆に，外温動物である多くのトカゲ類の体温は，日光に当たっているときには哺乳類の体温よりも高い．しばしば誤解を招くので，科学者の間では「冷血」や「温血」という言葉は避けられる．

▼図 40.12 生物と環境間の熱交換．

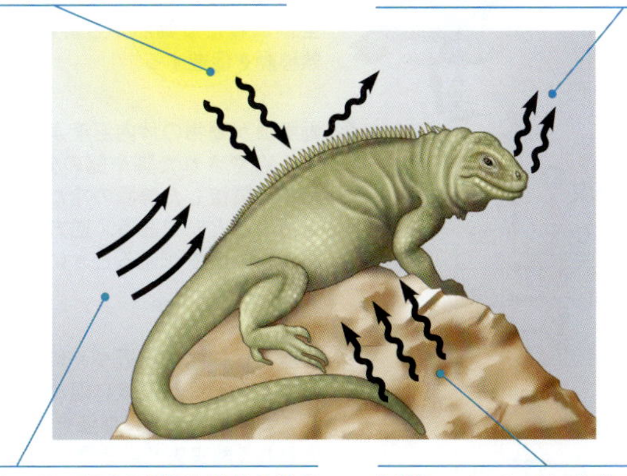
放射 radiation は，絶対零度よりも高い全対象物による電磁波の放射である．ここではトカゲが遠く離れた太陽から放射される熱を吸収し，その一部のエネルギーをまわりの空気に放射している．
蒸発 evaporation では，液体の表面からその分子が気体として失われるとき，熱が奪われる．環境に露出したトカゲの湿った体表面からの水の蒸発には，強力な冷却効果がある．
対流 convection は，表面の空気や液体の動きによる熱の移動である．空気の流れがトカゲの乾いた皮膚から熱を受けたり，血液が熱を体の奥から外に運んだりする．
伝導 conduction は，物体が互いに接しているとき，その分子間の熱運動（熱）の直接移動である．トカゲは熱い岩の上にうずくまって温められている．

図読み取り問題▶もしこの図がトカゲではなく内温動物であるセイウチを示していたら，矢印のいくつかは違う方向を指し示すだろうか．説明しなさい．

熱喪失と熱獲得のバランス

熱制御は動物が環境との熱交換をコントロールする能力に依存している．このような熱交換は，4つの物理的プロセス，すなわち放射，蒸発，対流，伝導によって起こり得る（図 40.12）．熱はいつも高温の物体から低温の物体に移動する．

体温調節の本質は，熱喪失率と熱獲得率を同じに維持することである．動物はこのことを，熱交換を減らす，あるいは特定の方向へ熱を運ぶことで行う．哺乳類では，これらのメカニズムの中に，体の外側を包む皮膚や体毛，爪（ある種ではかぎつめやひづめ）などの**外皮系** integumentary system が含まれる．

断 熱

哺乳類や鳥類における体温調節のおもな適応は，動物と環境間の熱の流れを減らす，いわゆる断熱である．断熱は，毛髪や羽毛といった表面や，脂肪組織によってつくられる脂肪層といった内面で見出すことができる．それに加え，動物によっては，水をはじくような油性の物質を分泌して羽毛や毛の断熱能力を守る．たとえば鳥は身づくろいをするとき，羽に使うための油分を分泌する．

動物は体温をさらに制御するため，しばしば断熱層を調整することができる．たとえば，ほとんどの陸生哺乳類や鳥類は，体毛を逆立てることによって寒さに反応する．この行動は，より厚い空気層を保持し，体毛や羽毛層の断熱能力を向上させている．ヒトは羽毛や毛をもたないので，断熱のためにはまず脂肪に頼らなければいけない．しかし私たちは，「とり肌」，つまり毛で覆われた祖先から受け継いだ，毛を立たせることの痕跡をもっている．

断熱はクジラやアザラシのような海生哺乳類にとっては特に重要である．これらの動物は，体温よりも低温の水中で泳ぎ，多くの種は少なくとも1年のある期間を0℃に近い極海付近で過ごす．さらに，水への熱移動は，空気への移動よりも50～100倍も速い．このような状況下での生存は，皮膚下にある非常に厚い脂肪性断熱組織をもつという進化的適応によって可能となっている．この皮下脂肪の断熱効果はとても優れているので，海生哺乳類は同じ大きさの陸生哺乳類よりはるかに多くのエネルギーを食料から得なくても体温を36～38℃に維持することができる．

循環系の適応

循環系は体の内外の熱の流れの重要な経路となる．体表近くの血流量を制御したり，体内の熱を保持したりするといった適応は，体温調節において重要な役割を果たす．

多くの動物では，環境の温度の変化に反応して体の内部と皮膚との間に流れる血液（および熱）の量を変える．血管壁の筋肉を弛緩する神経シグナルは体表面近くにある血管の表面積を広げる「血管拡張」を引き起こす．血管の直径拡大に伴い，体内部と体表間の血流は増える．内温動物は，血管拡張によって放射や伝導，対流による環境への体熱移動を増やす（図 40.12 参照）．逆の作用である「血管収縮」では，体表面近くの血管の直径を細くして血流と体熱移動を減らす．

▼図 40.13　**対向流熱交換**．対向流熱交換は体内部の熱をとらえ，冷たい水に浸かったり，氷や雪に接触したりして体表面から喪失する熱を減少させる．つまり，体内部から出る動脈血の熱は，環境に失われることなく，心臓に戻る静脈血に直接移動する．

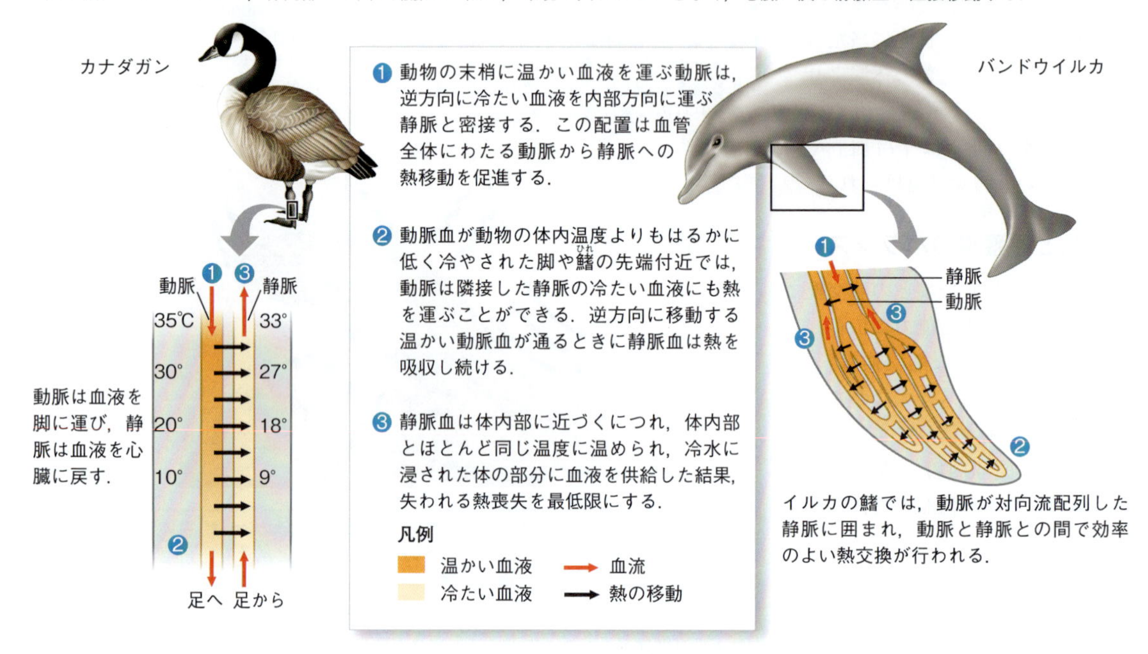
カナダガン
動脈
静脈
35℃
33°
30°
27°
20°
18°
10°
9°
動脈は血液を脚に運び，静脈は血液を心臓に戻す．
足へ
足から
❶ 動物の末梢に温かい血液を運ぶ動脈は，逆方向に冷たい血液を内部方向に運ぶ静脈と密接する．この配置は血管全体にわたる動脈から静脈への熱移動を促進する．
❷ 動脈血が動物の体内温度よりもはるかに低く冷やされた脚や鰭の先端付近では，動脈は隣接した静脈の冷たい血液にも熱を運ぶことができる．逆方向に移動する温かい動脈血が通るときに静脈血は熱を吸収し続ける．
❸ 静脈血は体内部に近づくにつれ，体内部とほとんど同じ温度に温められ，冷水に浸された体の部分に血液を供給した結果，失われる熱喪失を最低限にする．
凡例
温かい血液
冷たい血液
血流
熱の移動
バンドウイルカ
静脈
動脈
イルカの鰭では，動脈が対向流配列した静脈に囲まれ，動脈と静脈との間で効率のよい熱交換が行われる．

内温動物と同様，外温動物の中にも血流の制御によって熱交換をコントロールするものがいる．たとえば，ガラパゴス諸島のウミイグアナが冷たい海を泳ぐとき，特別な血管が血管収縮を起こす．この過程で，より多くの血液が体の内部を流れ，体熱を保持する．

多くの鳥類や哺乳類では，**対向流交換 countercurrent exchange** とよばれる，逆方向に流れる液体の間で熱（や溶質）を交換する方法に頼って体からの熱喪失を減らす．対向流交換体においては，動脈と静脈は近接して存在する（図 40.13）．動脈を通る血流と静脈を通る血流は逆方向に流れるので，この配置は熱交換を非常に効率よくすることができる．温かい血液が動脈中を体幹から流れるにつれ，熱は静脈の先端から戻ってくる冷たい血液に伝わる．最も重要なのは，熱は熱交換体全長にわたって伝わるので，熱交換率が最大に，環境への熱喪失が最小限となる．

ある種のサメ，魚類，そして昆虫もまた対向流熱交換を行う．ほとんどのサメや魚類は温度順応者であるが，ホオジロザメ，クロマグロ，メカジキのような強力な遊泳者には対向流交換が見出される．遊泳用の筋肉を温かく保つことで，強健で持続的な活動を可能にする．同様に，多くの内温性昆虫（マルハナバチ，ミツバチ，ある種の蛾）は，飛翔筋のある胸部で高い温度を維持するのを助けるような対向流交換体をもっている．

気化熱喪失による冷却

多くの哺乳類や鳥類は，体温調節に冷却や加温が必要となる場所で生活している．環境温度が体温より高ければ，蒸発は体温上昇を防ぐ唯一の方法である．水は蒸発するときにかなりの熱を吸収する（気化熱；3.2 節参照）．この熱は水の蒸発とともに体表面や血管から運び去られる．

いくつかの動物は，蒸発による冷却（気化冷却）をおおいに増大させることができるよう適応している．ヒトや馬などいくつかの哺乳類は，汗腺をもっている（図 40.14）．他の多くの哺乳類や鳥類は，「あえぎ呼吸」が重要である．口部床に血管が張り巡らされた袋をもつ鳥類がいて，袋を早く不規則に鼓動させて蒸発を増大させる．ハトは水分が十分にあれば，60℃にもなる気温の中で体温を 40℃付近に保持するために，気化冷却を用いることができる．

行動的適応

外温動物，そして時には内温動物も，環境の変化に対して行動的に応答することで体温を調節する．寒いときには暖かい場所を探し，熱源方向に体を向け，体表面を熱源にさらす（図 40.11 b 参照）．暑いときには，水浴したり，涼しい場所に移動したり，あるいは太陽と別方向に体の向きを変え，太陽からの熱吸収を最小限にする．たとえば，トンボの「オベリスク」姿

▼図 40.14　**蒸発による冷却の促進．** ウマやヒトは体中に分布する汗腺が体温制御を容易にする数少ない動物に含まれる．

勢は太陽，つまり熱にさらす体表面積を最小にする適応である（図 40.15）．これらの行動は比較的シンプルだが，多くの外温動物の体温をほぼ一定に保たせることを可能にする．

ミツバチ類は，社会行動に依存する温度調節機構を用いる．寒冷気候では熱生成を増大させ，群がって熱を保持する．個体は，群れの冷たい外端と温かい中心の間を移動して熱を循環・分配する．群がっているときにも，ミツバチは長期の寒冷気候に対して暖かさを保持するため多量のエネルギーを費やさねばならない（これが蜂蜜の形で巣箱に蓄えられている多量の燃料の主要な役割である）．暑い天候には水を運搬したり翅(はね)であおいだりして蒸発と対流を促進することによって，巣箱の温度を制御する．こうして，ミツバチの集団は個々の動物に見られる温度調節機構の多くを用いている．

▼図 40.15　**トンボにおける体温調節行動．** トンボは腹部の細い先を太陽に向けることで，太陽光による温度上昇を最小限にする．

代謝熱生成の調節

内温動物は，概して環境よりもかなり高い体温を維持しているので，絶え間ない熱喪失を防がなければならない．内温動物は，変化する熱喪失速度に応じて「熱産生」を変える．熱産生は，動きや震え（身震い）のような筋肉活動によって増加する．たとえば，アメリカコガラは体重がわずか 20 g しかないが，熱産生に必要な多量のエネルギーを供給する食物が十分にあれば，−40℃にもなる環境温度中で活動し，体温を 40℃ほぼ一定に保つことができる．

ある哺乳類では，内分泌シグナルがミトコンドリアの代謝活性を増大させ，ATP の代わりに熱を産生させる．この「震えなし熱産生」は体内の至るところで行われる．頸部(けいぶ)や肩部に「褐色脂肪」とよばれる迅速な熱産生に特化した熱源組織をもつ動物もいる（過剰なミトコンドリアが存在することで褐色細胞特有の色になる）．褐色脂肪は多くの哺乳類の幼児に見られ，ヒトの幼児では全体重の 5%にもなる．冬眠する哺乳類の成体に見られることは長く知られていたが，近年，ヒトの成体でも褐色脂肪が見出された（図 40.16）．存在量はさまざまであるが，寒冷環境に 1ヵ月さらされると，褐色脂肪の量が増大する．このような熱産生へのさまざまな適応によって，鳥類や哺乳類は代謝熱産生を 5〜10 倍に増やすことができる．

爬虫類では，ある環境にいるいくつかの大型種で内温性が観察されてきた．たとえばある研究者は，抱卵した雌のビルマニシキヘビ *Python molurus bivittatus* が周囲の空気よりも体温をおおむね 6℃高く保つことを見出した．この熱はどこからくるのだろうか．さらなる研究により，このようなニシキヘビは哺乳類や鳥類のように，震えによって体温を上昇させることが示された（図 40.17）．ある種の恐竜類が同じく内温性であったかどうかは，活発な論点の 1 つである．

▼図 40.16　**寒冷ストレスを受けている間の褐色脂肪細胞の活動．** この PET スキャン（訳注：陽電子放射断層撮影）は，頸部を取り囲む，代謝的に活発な褐色脂肪細胞の蓄積（矢印）を示している．

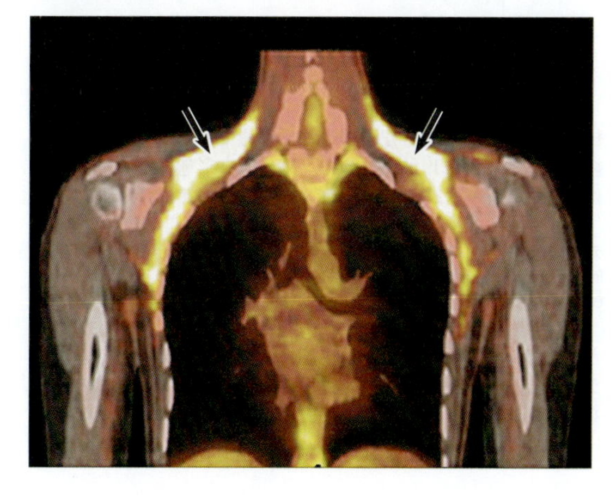

体温調節における順化

順化は，多くの動物における体温調節に寄与している．鳥類や哺乳類では，季節の温度変化への順化は，たとえば冬には厚い毛皮を増大させたり，夏には脱毛したりといったように，しばしば断熱の調節を含む．このような変化によって，内温動物は体温を1年中一定に保つ．

外温動物における順化には，しばしば細胞レベルの調節が含まれる．細胞は，同じ機能をもつが最適温度が違う酵素を生成したり，膜の飽和脂肪酸と不飽和脂肪酸の比率を変えたりする．不飽和脂肪酸は低温下での流動性を維持する助けとなる（図7.5参照）．

特にいくつかの外温動物では，細胞内に氷の形成を防ぐ「抗凍結」タンパク質を生成することで，氷点下でも生きながらえることができる．これらのタンパク質があることで，凍結保護がされていない体液の凍結温度を下回る−2℃という海水中でも，ある種の魚は両極海で生き延びることができるのである．

▼図 40.17

研究　ビルマニシキヘビは卵を温める際，どのようにして熱を発生させるか

実験　ニューヨーク・ブロンクス動物園のハーンドン・ドーリング Herndon Dowling らは，雌のビルマニシキヘビが自分の体で周囲を覆って卵を温める際，自分の体温を上昇させ，しばしばとぐろの筋肉を収縮させることを発見した．この収縮が体温を上昇させていくかどうかを知るため，彼らはヘビと卵を部屋の中に置いた．部屋の温度を変化させながら，ヘビの筋肉の収縮と細胞呼吸率の指標となる酸素消費量を計測した．

結果　ヘビの酸素消費量は，室温が下がるに従って増加した．酸素消費量はまた，筋肉の収縮頻度の上昇とともに増加した．

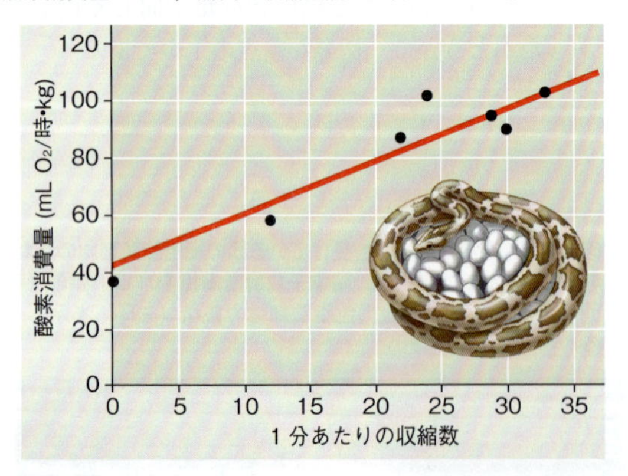
酸素消費量 (mL O2/時・kg)
120
100
80
60
40
20
0
0
5
10
15
20
25
30
35
1分あたりの収縮数

結論　細胞呼吸を通じた酸素消費によって熱が発生し，筋肉収縮頻度が直線的に増加するので，震えの一形態である筋肉収縮はビルマニシキヘビの体温上昇の源であると結論づけた．

データの出典　V. H. Hutchison, H. G. Dowling, and A. Vinegar, Thermoregulation in a brooding female Indian python, *Python molurus bivittatus*, *Science* 151: 694-696 (1966).

どうなる？➤卵を置かずに，空気の温度を変えて雌のビルマニシキヘビの酸素消費量を測定したとしよう．震えの行動を示さなくなったとすると，酸素消費量が環境温度によってどのように変化すると期待されるか．

生理的なサーモスタットと熱

ヒトなどの哺乳類では，体温調節に必要なセンサーは，体内時計を制御する脳の領域である**視床下部 hypothalamus** に集中している．視床下部では，一群の神経細胞がサーモスタットとして機能し，正常範囲を外れた体温に反応して，熱喪失や熱獲得を促進する機構を活性化する（図40.18）．

血液の温度が上下したとき，それぞれのセンサーは視床下部のサーモスタットにシグナルを伝える．体温が正常範囲を下回ったとき，サーモスタットは熱喪失機構を阻害する一方，皮膚の血管を収縮させるといった熱の保存，あるいは震えのような熱発生機構を活性化する．体温の上昇に対応して，サーモスタットは加温機構を停止し，血管拡張や発汗，あえぎ呼吸によって体の冷却を促進する．

ある種の細菌やウイルス感染によって，哺乳類や鳥類は発熱し，体温が上昇する．さまざまな実験によって，発熱は生物的サーモスタットの設定値上昇を反映していることが示されている．たとえば，感染した動物で視床下部の温度を人為的に上げると，なんと他の部分の発熱が下がる．

ある内温動物では，感染による体温上昇は行動熱とよばれるものを反映している．たとえば，サバクイグアナはある細菌に感染すると，より温暖な環境を探し，体温を2〜4℃上昇させた状態を保つ．似た現象は魚や両生類，さらにゴキブリでさえも見出されるが，これは発熱が内温動物だけでなく外温動物とも共通した特徴であることを示している．

体温調節について見てきたいま，動物がエネルギーを配分し，利用し，蓄えるためのさまざまな方法を考えることによる，動物の形態と機能についてのイントロダクションを終えることにする．

概念のチェック 40.3

1. 同じ温度では静止した空気より流動した空気のほうが涼しく感じる「空冷」は，熱交換のどの方式が関係するだろうか．説明しなさい．
2. どのくらいの日光を吸収するかは，花によって異なる．ある冷えた朝に蜜を探すハチドリにとって，このこと

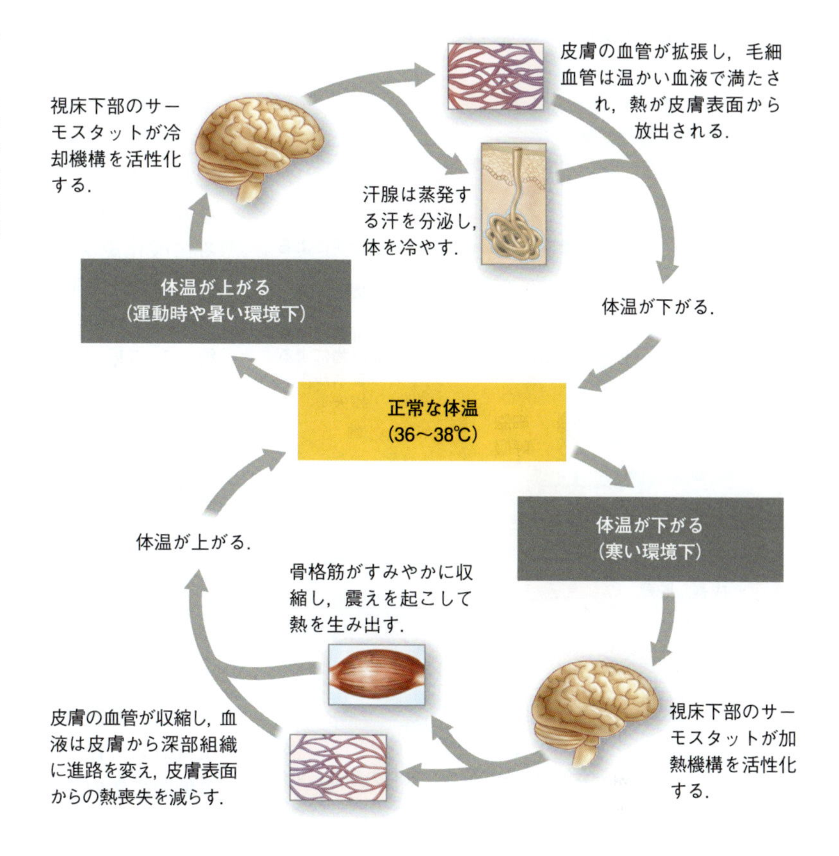

視床下部のサーモスタットが冷却機構を活性化する.
皮膚の血管が拡張し，毛細血管は温かい血液で満たされ，熱が皮膚表面から放出される.
汗腺は蒸発する汗を分泌し，体を冷やす.
体温が上がる（運動時や暑い環境下）
体温が下がる.
正常な体温（36〜38℃）
体温が下がる（寒い環境下）
体温が上がる.
骨格筋がすみやかに収縮し，震えを起こして熱を生み出す.
皮膚の血管が収縮し，血液は皮膚から深部組織に進路を変え，皮膚表面からの熱喪失を減らす.
視床下部のサーモスタットが加熱機構を活性化する.

➤図 40.18 ヒトの体温調節における視床下部のサーモスタット機能.

どうなる？➤ある暑い日に激しく走った後，クーラーボックスに飲み物がないことに気づいたとしよう．もし，やけになって，頭をクーラーボックスに突っ込んだら，氷水は，体温を正常に戻す時間にどのような影響を与えるだろうか.

がなぜ重要となるだろうか.

3. どうなる？➤震えが発熱の徴候として適当であるのはなぜか.

（解答例は付録 A）

40.4

エネルギー要求は動物のサイズ，行動，環境に関係する

1.1 節で紹介した生物学の共通テーマの1つは，生命体がエネルギーの転移と変換を必要とするということである．他の生物同様，動物は成長，修復，運動，生殖に化学エネルギーを必要とする．動物体におけるエネルギーの流れを扱う**生体エネルギー論 bioenergetics** は，どれくらいの食物が必要であるかを決めており，これは動物のサイズ，行動，環境と関係している.

エネルギーの配分と利用

生命体は，どのようにしてエネルギーを獲得するかによって分類できる．植物のような「独立栄養生物」は，エネルギーの豊富な有機分子を合成するために光エネルギーを利用し，その有機分子をエネルギー源にする．一方，動物のような「従属栄養生物」は，他の生物が合成した有機分子を含む食物から化学エネルギーを得る.

動物は代謝や運動の燃料にするため食物からエネルギーを摂取する．食物は，酵素による加水分解によって消化され（図 5.2 b 参照），エネルギーを含有する分子が体細胞によって吸収される（図 40.19）．細胞の呼吸と発酵でつくられた ATP は細胞の活動に力を発揮し，細胞，器官および器官系に，動物が活動を続ける機能を果たせるようにする．ATP という形態でのエネルギーは体の成長や修復，脂肪などの貯蔵物質の合成，配偶子形成といった生合成にも用いられる．ATP が産生されたり利用されたりすると熱を発生し，最終的には熱を周囲に放出する.

▼図 40.19　**動物の生体エネルギー論：概論.**

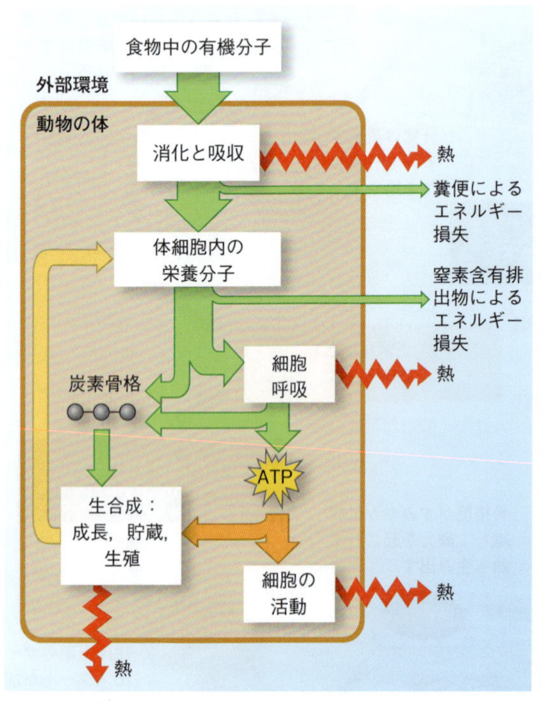
食物中の有機分子
外部環境
動物の体
消化と吸収
熱
糞便による
エネルギー
損失
体細胞内の
栄養分子
窒素含有排
出物による
エネルギー
損失
細胞
呼吸
熱
炭素骨格
ATP
生合成：
成長，貯蔵，
生殖
細胞の
活動
熱
熱

関連性を考えよう➤なぜ熱が栄養分の吸収，細胞の呼吸，生体高分子の合成で生じるのかを説明するため，エネルギー共役の考えを用いてみよう（8.3 節参照）.

エネルギー利用の定量化

動物が生存するために食物から得る総エネルギー量はどれくらい必要だろうか．歩行，走行，遊泳や飛行に消費されるエネルギーはどれくらいだろうか．生殖に利用できるエネルギーはどれほどか．生理学者は，これらの問いに答えるために，動物のエネルギー消費速度を計測し，その速度が状況によってどのように変化するかを調べている．

単位時間あたりに用いられる動物のエネルギー総量は**代謝率 metabolic rate** とよばれる．エネルギーは，ジュール（J），またはカロリー（cal）とキロカロリー（kcal）で測定される（1 kcal は 1000 cal であり 4184 J である．栄養学者がよく用いる大文字の C で表されるカロリーという単位は，実際には kcal である）.

代謝率は，いくつかの方法で測定できる．細胞呼吸に利用される化学エネルギーのほぼ全量が最終的に熱として放出されるので，代謝率は動物の熱喪失速度を計測することによって測定できる．小動物の代謝率を測定するため，動物の熱喪失を記録する装置をもつ密閉・断熱された容器，すなわち熱量計を用いることができる．代謝率を測定するためのさらに間接的な方法は，酸素消費量や動物の細胞呼吸によって生じる二酸化炭素量を測定することである（図 40.20）．長期間の代謝率を測定するため，食物消費率，食物のエネルギー量（タンパク質または炭水化物 1 g あたり約 4.5〜5 kcal，および脂肪 1 g あたり約 9 kcal），そして排出物中の化学エネルギー（糞便と尿中のエネルギー喪失）が記録される（糞便や他の窒素排出物）.

最低代謝率と体温調節

動物は，細胞の維持や呼吸，循環器のような基本的な機能に対する，最低限の代謝を維持しなければならない．研究者はこの最低代謝率を内温動物と外温動物それぞれについて測定している．休息状態で空腹，かつストレス状態にない成長期でない内温動物の最低代謝率は，**基礎代謝率 basal metabolic rate（BMR）**とよばれる．BMR は「快適な」温度の範囲，すなわち最低限の熱の発生や発散のみが必要とされる範囲で測定される．外温動物の最低代謝率はある特定の温度で決められる．なぜなら，環境の温度変化は体温を変え，そして代謝率を変えるからである．外温動物の休息，空腹，非ストレス時の特定温度での代謝率は，**標準代謝率 standard metabolic rate（SMR）**とよばれる.

最低代謝率を比較すると，内温動物と外温動物ではエネルギー収支が異なっていることがわかる．ヒト BMR の 1 日あたりの平均は成人男子では 1600〜1800 kcal，成人女子では 1300〜1500 kcal である．この BMR は，約 75 ワットの電球を 1 日中点灯するエネルギー効率に相当する．逆に，アメリカアリゲーターの

▼図 40.20　**遊泳するサメによる酸素消費量率の測定.** 研究者が，若いシュモクザメが入っている水槽を循環する水の酸素量低下を計測している.

SMRは20℃で1日あたりわずか60 kcalである．これは，同じサイズのヒトに換算して20分の1以下であり，外温動物が必要とするエネルギー量は内温動物よりも顕著に少ないことは明らかである．

代謝率に対する影響

代謝率は動物が内温性か外温性かということ以外の要因によっても影響される．いくつかの要因は年齢，性別，体のサイズ，活動性，温度，そして栄養状態である．ここでは体のサイズと活動性の影響について検証する．

体のサイズと代謝率

大きな動物になるほど，体重も重くなり，より多くの化学エネルギーが必要となる．特に代謝率と体重の関係は，図40.21aに示したさまざまな脊椎動物の体のサイズや体型全般にわたって一定である．実際，細菌からシャチまでと，よりサイズの幅を広げたとしても，代謝率はおおまかに体重の4分の3乗に一致する．科学者は，内温動物と同様，外温動物にも当てはまるこの関係の基本原理をいまなお研究している．

代謝率の体のサイズとの関係は，体の細胞や組織によるエネルギー消費に影響を与える．図40.21bに示すように，体重1gを維持するために必要なエネルギー量は体のサイズと逆比例する．たとえば，マウスの体重1gが必要とするカロリーはゾウの体重1gが必要とするカロリーの約20倍である（当然のことながら，ゾウ全体はマウス全体よりもはるかに多いカロリーを消費する）．小動物の組織の大きな代謝率は速い酸素の運搬を要求する．この需要に合わせるため，小動物は呼吸数，血液量，心拍数が高くなければいけない．

生体エネルギー論において体のサイズを考えることで，どのようにしてトレードオフがボディープランの進化を具現化したかが明らかとなる．体が大きくなればなるほどグラムあたりのエネルギー量は減少するが，体のより多くの部分が交換・支持・動きのために必要となる．

活動性と代謝率

外温動物も内温動物も，活動性は代謝率に大きく影響を受ける．私たちが机に向かって静かに読書しているときや，昆虫が羽をピクッと動かすときですら，BMRやSMR以上のエネルギーを消費する．最大代謝率（最高率のATP利用）は重量挙げや跳躍，高速遊泳のような最大活動中に生じる．概して，動物の最大代謝率は活動の持続性と逆比例関係にある．

▼図40.21　代謝率と体のサイズとの関係．

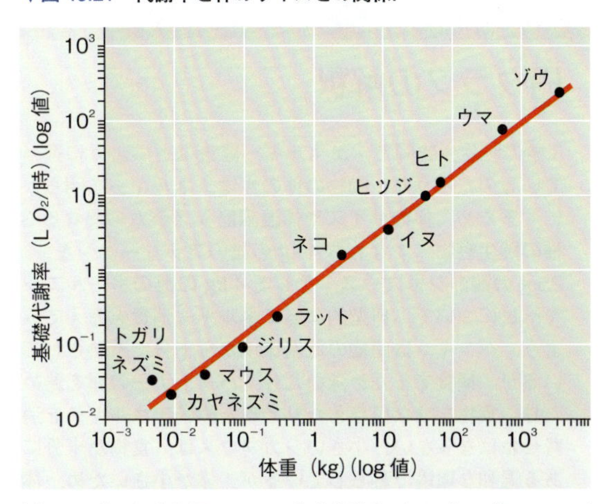

基礎代謝率（L O₂/時）(log値)
体重（kg）(log値)
ゾウ
ウマ
ヒト
ヒツジ
イヌ
ネコ
ラット
ジリス
トガリネズミ
マウス
カヤネズミ

(a) さまざまな哺乳類における基礎代謝率（BMR）と体のサイズとの関係．トガリネズミからゾウに至るまで，体のサイズは100万倍に増加する．

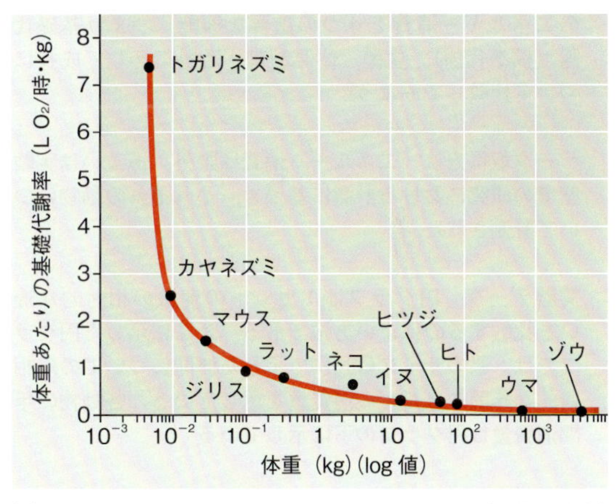

体重あたりの基礎代謝率（L O₂/時・kg）
体重（kg）(log値)
トガリネズミ
カヤネズミ
マウス
ラット
ネコ
ジリス
イヌ
ヒツジ
ヒト
ウマ
ゾウ

(b) (a)と同じ哺乳類における，1 kgあたりのBMR（基礎代謝率）と体のサイズとの関係．

データの解釈▶ (a)のグラフに基づき，ある研究者は100匹のジリスと1匹のイヌの基礎代謝率が同じであると言った．このグラフを見た2人目の研究者はそれに同意しなかった．どちらが正しいだろうか．そしてそれはなぜか．

大部分の陸生動物（内温動物と外温動物の両者）では，エネルギー消費の日平均率はBMRまたはSMRの2〜4倍である．先進国の人類は，通常はBMRの1.5倍という低い日平均代謝率――比較的座っていることの多い生活様式の現れ――である．

活動に費やされる動物のほんの一部のエネルギー「経費」は，環境，行動，サイズ，そして体温調節といった多くの要因に依存する．**科学スキル演習**では，陸生動物3種の総エネルギー経費のデータを解釈することになるだろう．

科学スキル演習

円グラフの解釈

3種の陸生生物間で，エネルギー経費はどのように違っているのだろうか　動物の体の生体エネルギーを明らかにするため，体のサイズや体温調節システムの異なる3種の陸生動物，すなわち4kgの雄のアデリーペンギン，25gの雌のシカマウス，そして4kgの雌のボールニシキヘビについて，典型的な総エネルギー消費を考えてみよう．ペンギンは南極の低温環境から十分に断熱されているが，捕食するため泳いだり，パートナーの卵を温めたり，食物をひなに与えたりするためにエネルギーを消費せねばならない．小さいシカマウスは，食物が十分にある温和な環境で暮らしているが，体が小さいため，体温が急速に失われる．ペンギンやネズミと異なり，ヘビは外温動物であり，一生を通じて成長し続ける．ヘビは卵を産むが，抱卵しない．この演習では，これらの動物のエネルギー消費を4つの重要な機能，つまり基礎代謝（標準代謝），生殖，体温制御，活動，そして成長について比較してみよう．

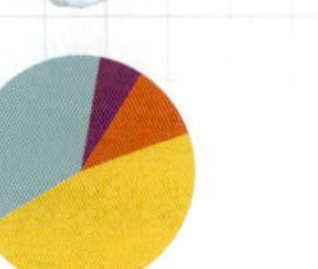

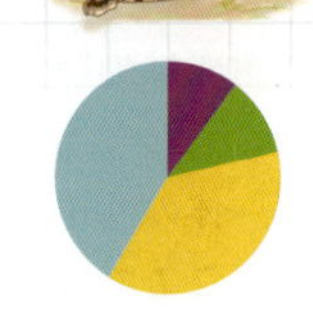

アデリーペンギン
4 kg 雄
340 000 kcal/年
シカマウス
0.025 kg 雌
4000 kcal/年
ボールニシキヘビ
4 kg 雌
8000 kcal/年
凡例
基礎代謝
生殖
体温調節
活動
成長

データの出典　M. A. Chappell et al., Energetics of foraging in breeding Adélie penguins, *Ecology* 74:2450-2461（1993）; M. A. Chappell et al., Voluntary running in deer mice: speed, distance, energy costs, and temperature effects, *Journal of Experimental Biology* 207:3839-3854（2004）; T. M. Ellis and M. A. Chappell, Metabolism, temperature relations, maternal behavior, and reproductive energetics in the ball python（*Python regius*）, *Journal of Comparative Physiology B* 157:393-402（1987）.

データ取得方法　エネルギー消費は野外，あるいは実験室での研究における計測に基づき，それぞれの動物について計測された．

実験データ　円グラフは1セットの変数の相対的な違いを比較するのによい方法である．ここに示した円グラフでは，扇のサイズは凡例で示した機能についての，相対的な年間エネルギー消費量を示している．各動物の年間消費量は円グラフの下に示している．

データの解釈

1. グラフの円全体は100%，半分は50%を表すことを思い出し，円グラフのそれぞれの扇の寄与を見積もることができる．ネズミのエネルギー消費の何パーセントが基礎代謝に使われるか．ペンギンの消費の何パーセントが活動にあてられるか．
2. 扇の大きさを考えないとすると，円グラフが含んでいる機能は3つのグラフでどのように違っているか．これらの違いを説明しなさい．
3. ペンギンやネズミは，体温調節により多くのエネルギーを消費しているだろうか．それはなぜか．
4. 各動物の年間総エネルギー消費量を見てみよう．ペンギンは，同じ体のサイズのヘビに比べ，年間あたりどれくらい多くのエネルギーを消費しているか．
5. どの動物が体温調節のために年間最も多くのカロリーを消費しているか．
6. ペンギンのエネルギー割り当てを，1年を通してではなく数ヵ月間だけ計測したとすると，「成長」が円グラフの多くを占めていることがあるかもしれない．もし成体のペンギンはそれ以降成長しないとすると，あなたはこの発見をどのように説明するか．

休眠とエネルギー保存

ホメオスタシスを維持するための多くの適応にもかかわらず，動物は熱やエネルギーと食物とのバランスを保つための厳しい課題に遭遇する場合がある．たとえば，年間の一定の季節（または1日の一定時間）に温度が極度に高くなったり，低くなったり，食物が手に入れられなくなったりする．このように困難な状況に直面したとき，動物がエネルギーを保存するおもな適応は，活動や代謝を減少させる生理的状態の**休眠** torpor である．

多くの小型哺乳類と鳥類は，摂食様式に適応すると見られる日周性休眠を示す．たとえば，あるコウモリは夜間に摂食し，昼間に休眠に入る．同様に，アメリカコガラ類やハチドリ類は日中に摂食し，寒夜にはしばしば休眠に入る．

日周性休眠に入るすべての内温動物はすべて相対的に小型であり，活動するときには代謝率が高いので，エネルギー消費は非常に高率である．体温の変化とそれゆえのエネルギー節約はしばしば無視できない．アメリカコガラ類の体温は，夜間に10℃にまで低下し，ハチドリ類の体内温度は25℃以上も下がる．

▼冬眠中のヤマネ
Muscardinus avellanarius

冬眠 hibernation は，冬の寒さと食物不足に対する適応としての長期休眠である．哺乳類が冬眠に入るとき，サーモスタットの設定値が低くなり，体温も下がる．ある冬眠動物の体温は1〜2℃となり，少なくとも1種，ホッキョクジリスは，体温が0℃以下に降下する過冷却状態に入ることができる．周期的，おそらく2週間くらいごとに冬眠動物は目を覚まし，体温を上昇させ，冬眠を再開するまでの少しの間，活発になる．それでもなお，冬眠によるエネルギー節約は大きい．

冬眠の間の代謝率は，36〜38℃に正常体温を維持するよりも20分の1以下に低くできる．結果としてジリスのような冬眠動物は，体組織に貯蔵したり巣穴に蓄えたりした食物からの制限された供給エネルギーで，非常に長期間生存することができる．同様に，夏季の休眠である「夏眠」は，高い温度と水の供給不足の間，動物を生存させることを可能にする．

冬眠動物の概日リズムはどのように引き起こされるのだろうか．過去には何人かの研究者が，冬眠動物における日周期を検出したと報告したこともあった．しかし，ある場合において，動物はおそらく，「深い」冬眠というよりはすぐに起きることのできる休眠の状態にあった．最近フランスの研究グループがこの疑問に別の方法，つまりそれを制御するリズムそのものではなく生物時計のしくみを調べることによって，答えを出した（図 40.22）．ヨーロッパハムスターを使った研究で，冬眠の間，時計の周期を止めるような分子の存在を見出した．これらの発見は，少なくともこの種においては，冬眠の間，概日リズムの作動を停止しているという仮説を支持する．

組織の種類から恒常性まで，本章では動物全体に焦点を当ててきた．また，動物はどのように物質を環境と交換し，体のサイズや活動性がどのように代謝率に影響を与えるかを調べた．第7部の残りの部分では，特化した器官や器官系がどのようにして生命の基本的な課題にうまく対処できるのかが明らかになるだろう．第6部では，植物がどのようにして同じような課題に対処するか調べた．次の見開きの図 40.23 では，植物と動物の進化的適応の類似点と相違点について取り上げる．すなわち，この図は第6部の復習かつ第7部のイントロダクションであり，そして最も重要なのは，生命の無数の形を統一するために両者を連結する図だということである．

▼図 40.22

研究　休止状態，概日時計には何が起こるか

実験　24時間周期の生物時計は，休眠の間も続くのかどうかを決めるため，フランス・ストラスブールにあるルイ・パスツール大学のポール・ペベット Paul Pévet らは，ヨーロッパハムスター *Cricetus cricetus* における概日時計の分子成分を研究していた．彼らは，暗所においたときの，通常の活動期と冬眠期における *Per2* と *Bmal1* という2つの時計遺伝子の RNA 量を計測していた．RNA サンプルは，概日リズムを制御する哺乳類の脳における1対の構造である視交叉上核から採取した．

結果

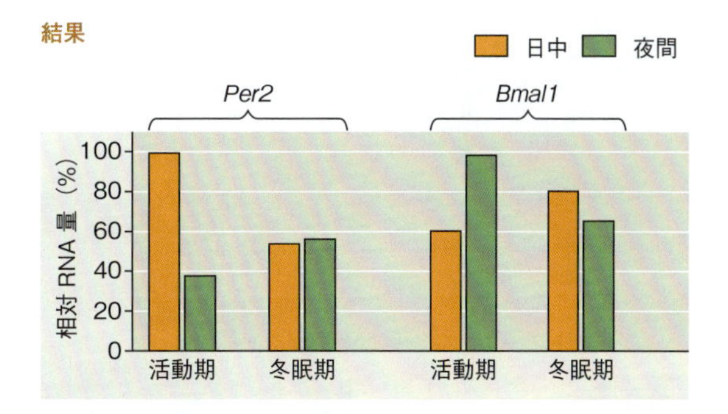
日中
夜間
Per2
Bmal1
相対 RNA 量（%）
100
80
60
40
20
0
活動期
冬眠期
活動期
冬眠期

結論　休眠はハムスターの時計遺伝子の RNA 量における概日周期の変化を阻害した．さらなる実験によって，非冬眠状態のハムスターの RNA 量は，日中暗所に置かれた場合も明所に置かれた場合と同じであったことから，この阻害はたんに冬眠状態の間，暗所に置かれていたことによるものではないことが示された．彼らは，ヨーロッパハムスター，そしておそらく他の冬眠動物においても，冬眠時には生物時計を止めるということを結論づけた．

データの出典　F. G. Revel et al., The circadian clock stops ticking during deep hibernation in the European hamster, *Proceedings of the National Academy of Sciences USA* 104: 13816-13820 (2007).

どうなる？➤ 新しいハムスターの遺伝子を発見し，その遺伝子の RNA 量が冬眠時には一定であることを見つけたとしよう．この遺伝子における日中，夜間の RNA 量は活動期においてどうなると結論づけることができるだろうか．

概念のチェック 40.4

1. もしマウスと同じ体重の小さなトカゲを（両方とも休息している）同じ環境条件下で部屋に置くと，どちらの動物が酸素を多く消費するか．説明しなさい．
2. イエネコと動物園のオリにいるアフリカのライオンとでは，どちらの動物が，体重に対する1日あたりの食物摂取量の比率が大きいか．

▼図 40.23　関連性を考えよう

動物・植物の挑戦と解決法

多細胞生物は共通の困難に直面する．植物と動物で進化してきた解決法を比較すると，これら２つの系統を通した両者の共通性（共有する要素）と多様性（異なる特徴）がわかる．

栄養様式

すべての生物は，成長し，生存し，そして子孫を残すためにエネルギーと炭素を環境から摂取しなければならない．植物は独立栄養生物であり，光合成によってエネルギーを，無機物から炭素を，それぞれ得る．一方，動物は従属栄養生物であり，エネルギーや炭素は食物から得る．植物や動物の進化的適応は異なる栄養様式を支える．多くの葉が広い表面（左）をもつことで，光合成のための光受容を支える．狩りをするとき，ボブキャットはステルス（忍び），スピード，そして鋭い爪を頼りにする（右）（図 36.2，図 41.16 を参照）．

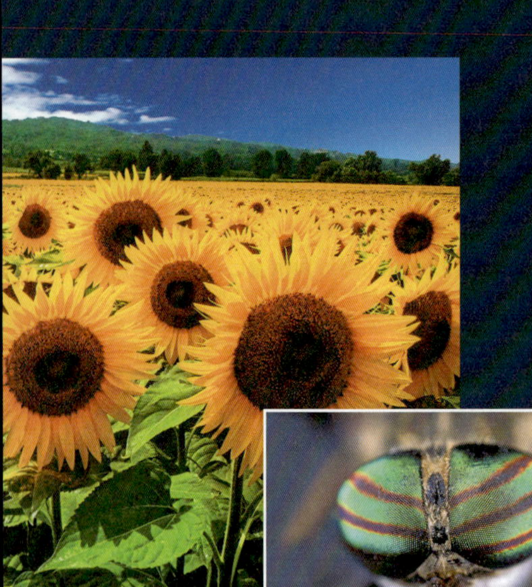

成長と制御

植物も動物も，成長や生理機能はホルモンによって制御されている．植物では，ホルモンはある一部分だけで働くか，そうでなければ体の中を輸送される．それらは成長パターン，開花，果実の生長などを制御する（左）．動物では，ホルモンは体中を循環し，特異的な標的組織で働く．そしてホメオスタシスの過程や脱皮のような発生上のイベントを制御する（下）（図 39.9，図 45.12 を参照）．

環境応答

すべての生物は，環境における状況を適切に受容し，それに応答する必要がある．特殊化された器官は環境シグナルを感知する．たとえば，ヒマワリの花（左）と昆虫の眼（右）は双方とも光受容体をもち，光を感知する．環境シグナルは特異的な受容体タンパク質を活性化し，シグナル伝達経路をオンにして化学的・電気的な伝達でコーディネートされた細胞応答を開始する（図 39.19，図 50.15 を参照）．

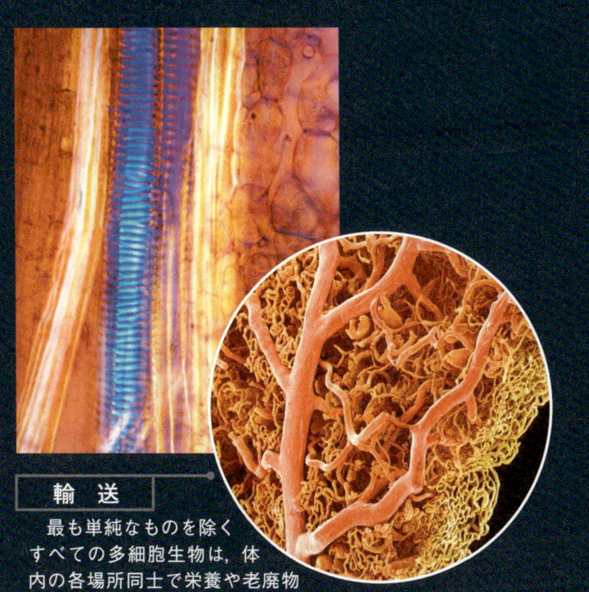

輸 送

最も単純なものを除くすべての多細胞生物は，体内の各場所同士で栄養や老廃物を輸送しなければならない．チューブ状の管は，循環のしくみはさまざまではあるが，共通した進化的解決策である．植物は特殊化した管（道管や師管）を通して水，無機物，そして糖を輸送するために太陽エネルギーを利用する（左）．動物は，血管を通して循環液をポンプ（心臓）によって動かす（右）（図 35.10，図 42.9 を参照）．

生 殖

生殖においては，特殊化した組織や構造が配偶子を生み出し交換する．生み出された子どもには一般に，急速な成長や発生を促すための栄養も一緒に供給される．たとえば，種子（左）は若い幼植物にエネルギーを供給するための貯蔵物質を蓄えてきたし，ミルクは哺乳類の子どもに栄養を提供している（右）（図 38.8，図 46.7 を参照）．

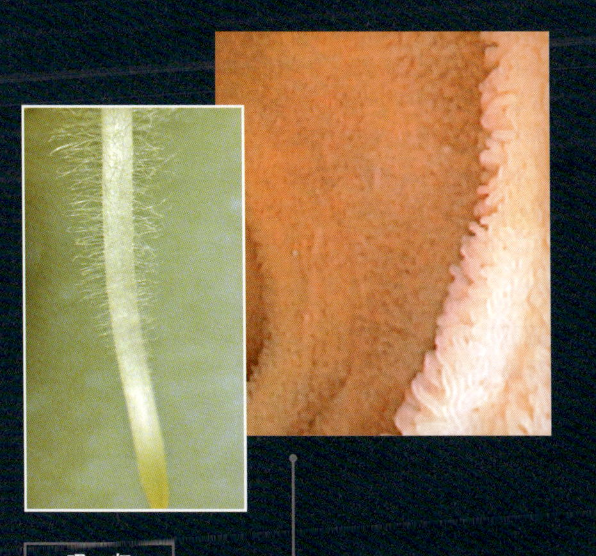

吸 収

生物は，栄養を吸収する必要がある．植物の根毛（左）や脊椎動物の小腸に並ぶ絨毛（突起）（右）は，吸収に使える表面の面積を増やしている（図 35.3，図 41.12 を参照）．

ガス交換

環境とのガス交換は生物に必須である．植物や動物による呼吸は酸素（O_2）を摂取し二酸化炭素（CO_2）を放出する．光合成では，交換の総量は逆の方向に起こる．つまり，CO_2 が吸収され，O_2 が排出される．植物も動物も，ガス交換に使える領域を増やすため，葉のスポンジ状の葉肉（左）や肺の肺胞（右）のような，高度に入りくんだ表面が進化してきた（図 35.18，図 42.24 を参照）．

関連性を考えよう➤植物や動物が高温や寒冷環境で生きていくことを可能にしている適応を比較しなさい（39.4 節，40.3 節を参照）．

3. **どうなる？➤**動物園の動物が快適に休息していて，その間に夜の気温が下がったとしよう．もし温度変化が代謝率の変化を起こすに十分なほどだったとすると，ワニやライオンのために何が変化すると考えられるか．（解答例は付録 A）

40 章のまとめ

重要概念のまとめ

40.1

動物の形と機能はあらゆるレベルの構造において相関している

- 物理法則は動物の体のサイズと形態の進化を制限する．このような制限は，動物の体をつくるうえで収斂進化に向かわせる．
- 動物の各細胞は，まわりの液体に接していなければならない．単純な2層の嚢状や扁平な形態が，まわりの液体（水や体液）への露出を極限まで増大させる．さらに複雑化したボディープランは，物質を交換するために特化した高度に折り重なった内部表面をもつ．
- 動物の体は，細胞，**組織**，**器官**，そして**器官系**といった階層に基づいている．**上皮組織**は体の外表面や器官の内側などを覆う重要な接触面を形成する．**結合組織**は他の組織をつなぎとめ支持する．**筋肉組織**は収縮し，体の一部分を動かす．**神経組織**は動物の体中に神経シグナルを伝達する．
- **内分泌系**と**神経系**は，体の異なる場所間の情報伝達の2つの方法である．内分泌系は**ホルモン**とよばれるシグナル分子を，血流を介してあらゆる場所に伝達するが，ある特定の細胞だけがそれぞれのホルモンに応答できる．神経系はある特定の場所に情報を送るため，電気的，化学的シグナルを含む専用細胞回路を用いる．

? 大型の動物が球形のボディープランをとったとき，環境との物質交換にどのような問題が生じるか．

40.2

フィードバック調節は多くの動物の内部環境を維持する

- 動物は，もし内部変数を制御するならば**調節体**であるし，内部変数を外部の変動にあわせることが可能であれば，それは**順応体**である．**ホメオスタシス**とは，内的・外的変化にもかかわらず，一定状態を保たせることである．
- ホメオスタシスのメカニズムは一般的に，**応答**により**刺激**を減少させる，**負のフィードバック**に基づいている．逆に，**正のフィードバック**は応答によって刺激を増幅させることにかかわり，妊娠から出産に至る切り替えのように，しばしば状態の変化をもたらす．

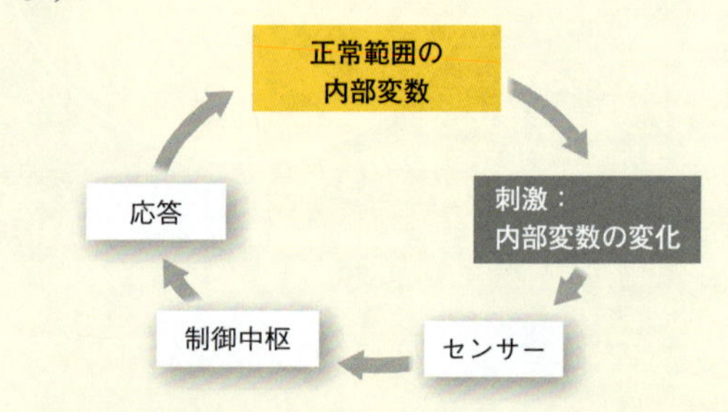
正常範囲の
内部変数
刺激：
内部変数の変化
センサー
制御中枢
応答

- 内部環境の制御された変化は，正常な機能にとって必要不可欠である．**概日リズム**は環境における明暗サイクルに同調した代謝や行動における日周変化である．他の環境変化は定常状態における一時的な変化である**順化**の引き金となる．

? ホメオスタシスを「安定した内部環境」と定義するのは正確か．説明しなさい．

40.3

体温調節のホメオスタシスには形態，機能そして行動が関係する

- 動物は**体温調節**によって許容範囲内で内部温度を維持する．**内温動物**はほとんどの場合，代謝によって生み出された熱によって温められる．**外温動物**はほとんどの熱を環境から獲得する．内温動物は，より大きなエネルギー消費を必要とする．体温は，「変温動物」のように環境に応じて変化する場合，もしくは「恒温動物」のように比較的安定する場合がある．
- 体温調節においては，生理学的・行動的な調整によって熱の獲得と喪失のバランスがとれる．これらは，伝導，蒸発，対流，放射によって引き起こされる．断熱や**対向流交換**は熱喪失を減少させる一方，あえぎ呼吸，発汗，水浴は蒸発を増加させ，体を冷やす．外温動物や内温動物の多くは，血管拡張・収縮や行動的な応答によって周囲との熱交換率を調節する．

- 多くの哺乳類や鳥類は，環境温度の変動に応答して体の断熱量を調節する．外温動物は温度変化に順応するため，細胞レベルでさまざまな変化を生み出す．
- **視床下部**は哺乳類の体温制御におけるサーモスタットとして働く．体の発熱は，細菌感染に反応してこのサーモスタットを高めに設定し直すことを反映している．

? 人間が体温調節することを考慮し，体内に比べて皮膚がなぜ冷たいかを説明しなさい．

40.4

エネルギー要求は動物のサイズ，行動，環境に関係する

- 動物は食物から化学エネルギーを得る．大部分のエネルギーは，細胞の働きを促進するATPとして蓄えられる．動物の**代謝率**とは，時間単位で用いられる全エネルギー量である．
- 体のサイズが同じで，かつ同じ条件下では，動物の内温動物の**基礎代謝率**は，外温動物の**標準代謝率**よりも実質的には高い．体重1gあたりの最低代謝率は，類似した動物間では体の大きさに反比例する．動物は基礎（または標準）代謝，活動，ホメオスタシス，成長および生殖にエネルギーを用いる．
- 活動や代謝が減少する**休眠**は，極限的な環境下でエネルギーを保持する．動物は睡眠（日周性休眠），冬季休眠（**冬眠**），夏季休眠（夏眠）に入る．

? なぜ小動物は大型動物より呼吸が速いのだろうか．

理解度テスト

レベル1：知識／理解

1．細胞外の物質でおもに成り立っている体の組織は，次のうちのどれか．
(A) 上皮組織　(C) 筋肉組織
(B) 結合組織　(D) 神経組織

2．以下のうち，動物と外部環境間の熱交換率が上昇するのはどれか．
(A) 羽毛，あるいは体毛
(B) 血管収縮
(C) 体表面を吹き抜ける風
(D) 対向流熱交換

3．ヒト，ゾウ，ペンギン，マウス，ヘビのエネルギー経費を考えよう．1年間の総エネルギー消費量が最も多いのは____であり，単位体重あたりのエネルギー消費量が最も多いのは____である．
(A) ゾウ，マウス　(C) マウス，ヘビ
(B) ゾウ，ヒト　(D) ペンギン，マウス

レベル2：応用／解析

4．ある小さな細胞を，同じ形の大きな細胞と比較すると，大きな細胞は，
(A) 表面積が小さい．
(B) 単位体積あたりの表面積が小さい．
(C) 表面積と体積の比が同じ．
(D) 細胞質に対する核の比が小さい．

5．以下のどの場合に，動物のエネルギーと物質の取り込みはその放出を超えるか．
(A) 動物が高い代謝率のためにエネルギーをつねに取り込み続けなければならない内温動物である場合
(B) 食物を活発に探し求める場合
(C) 成長中で生物量（バイオマス）を増加させている場合
(D) そのようなことは決してない．ホメオスタシスがこれらのエネルギーと物質費をつねにつり合わせている

6．相対的に安定した高い体温を有する熱帯性大型爬虫類について調べてみよう．この動物が内温性であるか外温性であるかについて，どのようにして決められるか．
(A) 内温性動物であるに違いないと思われる，高度に安定した体温からわかる．
(B) この爬虫類を実験室でさまざまな温度に置くと，体温と代謝率が周辺温度とともに変化することが認められる．その結果から外温動物であると結論づける．
(C) 熱帯環境が高い安定した気温であることに注目し，体温は環境温度と調和するので，外温動物であると結論づける．
(D) 爬虫類の代謝率を測定し，温帯林に生活する類似種よりも高いので，この爬虫類は内温動物であり，類似種は外温動物であると結論づける．

7．ホメオスタシス調節に費やされるエネルギー経費の割合が最も大きいのは以下のどの動物か．
(A) 海生のクラゲ（無脊椎動物）

(B) 温帯森林のヘビ
(C) 砂漠の昆虫
(D) 砂漠の鳥

8. **描いてみよう**　上り下りのある山道を，ほぼ一定の速度で自動車を運転するために必要な制御回路のモデルを描きなさい．また，センサー，刺激，応答を表す各特徴を示しなさい．

レベル3：統合／評価

9. **進化との関連**　1847年，ドイツの生物学者クリスチャン・ベルクマン Christian Bergmann は，高緯度に生活する哺乳類と鳥類が低緯度に見られる類似種よりも概して大きかったり，巨大であることに注目した．この観察に対する進化的仮説を提案しなさい．

10. **科学的研究**　ヒガシオビカレハガ *Malacosoma americanum* の幼虫は，かなり大きな群れになってサクラの樹木に張った糸でつくったテント状の巣で生活する．この蛾は，早春に，最初に活動的になる昆虫である．早春は，日中の気温が凍るような寒さから非常に暑くなるときまで大きく変動する．1日中コロニーを観察すると，群れ行動に著しい相違が見られる．早朝には，テントの東に向いた表面に密集した群れになっている．昼間は，それぞれの毛虫は多数ある脚のいくつかによって，テントの下面にぶら下がっている．この行動を説明する仮説を提案しなさい．また，どのようにそれを検証できるか．

11. **科学，技術，社会**　医学研究者は，さまざまな組織に代わる人工的代替組織の可能性について研究している．なぜ人工血液や人工皮膚は有用か．これらの代替人工組織が，体内で機能するために必要な特性は何か．なぜ，本物の組織のほうがよく機能するのか．よりよく働くのならば，なぜ本物の組織を用いないのか．他の有用な人工組織は何か．人工組織の開発と適用に予期される問題は何か．

12. **テーマに関する小論文：エネルギーと物質**　エネルギー転移と変換について書き，冬眠の有利な点，不利な点について300～450字で記述しなさい．

13. **知識の統合**

写真のニホンザル *Macaca fuscata* は日本の降雪地帯にある温泉に浸かっている．これらの動物のホメオスタシスに貢献する形態，機能，そして行動は何か．

(一部の解答は付録A)

動物の栄養
41

▲図 41.1　どのようにラッコはカニを自分の毛皮につくり変えているのだろうか.

重要概念

41.1　動物の食物は, 化学エネルギー, 有機化合物, 必須栄養素の供給源である

41.2　食物処理の主要な段階は摂取, 消化, 吸収, 排泄である

41.3　食物処理の各段階に特化している器官が哺乳類の消化系を構成している

41.4　脊椎動物の消化系の進化的適応は食物と相関する

41.5　フィードバック回路は, 消化, エネルギー貯蔵と食欲を制御している

摂食の必要性

ラッコのディナータイムがきた（図 41.1；逆にカニにとっては恐怖の時間である）. ラッコに食べられたカニの肉やその他の部分は, ラッコの消化系の酸や酵素によって細かく分解され, 最後はラッコ自身に小分子として吸収される. これらすべてを, 動物の**栄養** nutrition といい, 食物を摂取, 分解し, さらにそれらを自身の体に取り入れる過程である.

魚, カニ, ウニ, アワビなどがラッコの食事の内容だが, すべての動物は死体であれ生体であれ, 全体または一部を摂食している. 動物は, 新しい分子, 細胞, 組織を再構成するために, エネルギーと有機化合物を食物から摂取する必要があるが, 植物にはその必要がない. 動物はこのような共通の必要性があるが, 摂取する食物は多様である. たとえば, **草食類** herbivores であるウシ, ナマコ, 芋虫は, 植物や藻類をおもに食べる. 一方, **肉食類** carnivores であるラッコやタカ, クモは, 他の動物をおもに食べる. また, ラットをはじめとする**雑食類** omnivores（「すべて」を意味するラテン語 *omni* に由来）は, どんなものでも食べるわけではないが, 動物と植物または藻類を日常的に食べる. 私たち人間は, まさに雑食類であり, ゴキブリやカラスと同じである.

「草食類」,「肉食類」,「雑食類」という語は, おもにその動物が摂取する餌の種類を表している. しかしほとんどの動物は日和見的に餌を食べており, いつも食べている餌がないときは, それ以外の餌も食べることも忘れてはいけない. たとえば, シカは草食類であるが, 草などの植物の他に, 昆虫やミミズ, 鳥の卵もときどき食べることがある. また, すべての餌の中には微生物が存在しており, それらを摂取しないで餌だけを食べることはできない.

以上のように, 生き残り, 子孫を残すためには, 動物は食物を摂取す

る他に，貯蔵や消費のバランスを取る必要がある．たとえば，ラッコは毎日自分の体重の25％ほどの量を摂取して高い代謝速度を保持している．少食や過食，または悪い成分が入っている食物を食べると，健康に悪影響を及ぼす．本章では，動物の栄養の必要性を検討し，食物を獲得・分解するために多様に適応進化したことを学び，さらにエネルギーの摂取・消費調節を調べていく．

41.1

動物の食物は，化学エネルギー，有機化合物，必須栄養素の供給源である

全体的に見ると，適切な食事とは細胞活動に必要な化学エネルギー，高分子をつくるための有機化合物，そして必須栄養素という3つの栄養学的必要性を満たす必要がある．

動物の細胞，組織，器官，個体の活動は，食物の化学エネルギー源に依存し，このエネルギーはATPを生産するのに利用される．ATPは，DNAの複製や細胞分裂，さらに視覚や飛行などの過程にも利用される（8.3節参照）．動物は継続的なATP供給を行うために，炭水化物やタンパク質，脂質を含む栄養を摂取・消化し，細胞内呼吸やエネルギーの貯蔵を行っている．

動物はATP生産の燃料としてだけではなく，生合成のための原材料を必要としている．個体の成長・維持・生殖に必要な複雑な分子を合成するために，動物は食物からおもに2種類の有機分子を摂取する必要がある．有機炭素源（砂糖のような）と有機窒素源（タンパク質のような）である．このような材料を利用して，動物は非常に多くの種類の有機分子を合成することができる．

必須栄養素

動物の食物に必要な第3の物質は，**必須栄養素 essential nutrient**である．動物には必要だが，これらは単純な有機分子からは合成できない．食物中の必須栄養素には，必須アミノ酸，必須脂肪酸，ビタミン類，無機塩類がある．必須栄養素は，生合成反応中の酵素の基質になったり補酵素や補因子として働き，細胞で重要な機能を果たしている（図41.2）．

一般に動物は，植物や他の動物を餌とすることによって，すべての必須アミノ酸，必須脂肪酸ならびにビタミン類，無機塩類を摂取することができる．特定の栄養素を必要とするかどうかは，種によって異なる．たとえば，ヒトを含む数種の動物は食事からアスコルビン酸（ビタミンC）を摂取しなければいけないが，ほとんどの動物は他の栄養素から合成することができる．

必須アミノ酸

すべての生物は一連のタンパク質をつくるために20種類のアミノ酸が必要である（図5.16参照）．植物と微生物は，通常この20種類すべてのアミノ酸をつくることができるが，大部分の動物種は食物で摂取した硫黄と有機窒素から約半数のアミノ酸を合成できる酵素しかもっていない．残りのアミノ酸は，そのままの状態で食物から摂取しなければならないので**必須アミノ酸 essential amino acid**とよばれている．成人のヒトを含めたほとんどの動物は，食物から8種類の必須アミノ酸を必要としている．それらは，イソロイシン，ロイシン，リシン，メチオニン，フェニルアラニン，トレオニン，トリプトファン，バリンである（ヒトの幼児は，ヒスチジンを加えた9種類が必要）．

肉・卵・チーズのような動物製品中のタンパク質には必要な

▼図41.2　**必須栄養素の役割．** この生合成反応の例は必須栄養素の共通の機能を示している．不飽和化酵素によるリノール酸からγ-リノレン酸への変化には青字で示した4つの必須栄養素がすべて絡んでいる．この図の不飽和化酵素の一部の配列に示すように，動物のほぼすべての酵素やタンパク質に必須アミノ酸が含まれている．

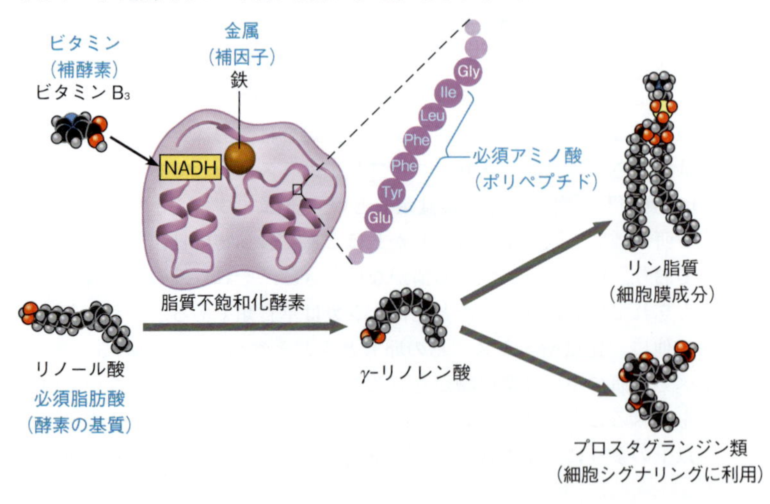
ビタミン
（補酵素）
ビタミンB3
金属
（補因子）
鉄
NADH
Gly
Ile
Leu
Phe
Phe
Tyr
Glu
必須アミノ酸
（ポリペプチド）
脂質不飽和化酵素
リン脂質
（細胞膜成分）
リノール酸
必須脂肪酸
（酵素の基質）
γ-リノレン酸
プロスタグランジン類
（細胞シグナリングに利用）

割合で必須アミノ酸のすべてが含まれているが，ほとんどの植物性タンパク質には1種以上の必須アミノ酸が含まれていない．たとえば，トウモロコシは，トリプトファンとリシンが不足しており，大豆はメチオニンが足りない．しかしながら菜食主義者はさまざまな野菜を食べることで，すべての必須アミノ酸を容易に摂ることができる．

必須脂肪酸

動物は，膜のリン脂質，シグナル分子，貯蔵脂肪など多様な細胞成分を合成するために脂肪酸を必要としている．動物は多くの脂肪酸を生合成できるが，特定の必須脂肪酸の中にある二重結合をつくる酵素が欠けている．その代わり，これらの分子は食物から摂取しなければならず，**必須脂肪酸 essential fatty acid** と考えられている．哺乳動物では，その中にリノール酸がある（図41.2参照）．動物は普段食べている食物中の種子や穀物・野菜から十分な必須脂肪酸を得ている．

ビタミン類

ビタミンCの発見者であるアルバート・セント＝ジェルジ Albert Szent-Györgyi は「ビタミンを摂取しなければ病気になる」と指摘した．**ビタミン類 vitamins** は食物中にほんの少量（ビタミンによって必要量が1日あたり約0.01〜100 mgと異なるが）必要である．

ヒトは13種類のビタミンを必要としている（表41.1）．たとえば，ビタミンB_2は水溶性のビタミンで，体内でFADなど（多くの代謝経路・細胞内呼吸で利用される補酵素）に変換される（図9.12参照）．結合組織の合成に必要なビタミンCもまた水溶性である．

脂溶性ビタミンには，眼の視色素に含まれているビタミンAやカルシウム吸収と骨形成を助けるビタミンDがある．他のビタミンと違い，ビタミンDの食物摂取の必要性は人によって異なる．なぜなら，ビタミンDは皮膚が日光に当たると他の分子から生合成できるので，食物からの摂取の必要性は少なくなる．

バランスの悪い食生活を送っている人が，1日推奨摂取量のビタミンをサプリメントで補うことは理にか

表41.1 ヒトにおけるビタミン要求性

ビタミン	主要食物源	主要機能	欠乏症状
水溶性ビタミン			
ビタミンB_1（チアミン）	豚肉，豆類，落花生，穀類（全粒）	有機化合物からCO_2の除去に用いられる補酵素	脚気（しびれ，神経失調，心機能低下）
ビタミンB_2（リボフラミン）	乳製品，肉類，穀類，野菜類	補酵素FADおよびFMNの成分	口角が裂けるような皮膚障害
ビタミンB_3（ナイアシン）	ナッツ，肉類，穀類	補酵素NAD^+および$NADP^+$の成分	皮膚および胃腸障害，妄想，錯乱
ビタミンB_5（パントテン酸）	肉類，乳製品，穀類（全粒），果物，野菜類	補酵素Aの成分	疲労感，冷え，手足のうずき
ビタミンB_6（ピリドキシン）	肉類，野菜類，穀類（全粒）	アミノ酸代謝に用いられる補酵素	過敏種，けいれん，筋肉激痛，貧血
ビタミンB_7（ビオチン）	豆類，野菜類，肉類	脂肪，グリコーゲン，アミノ酸の合成に用いられる補酵素	落剥皮膚炎，神経筋疾患
ビタミンB_9（葉酸）	緑色野菜，オレンジ，ナッツ，豆類，穀類（全粒）	核酸およびアミノ酸代謝に用いられる補酵素	貧血，発達障害
ビタミンB_{12}（コバラミン）	肉類，鶏卵，乳製品	核酸や赤血球の合成	貧血，冷え，運動失調
ビタミンC（アスコルビン酸）	柑橘類やブロッコリー，トマト	コラーゲン合成に利用；抗酸化作用	壊血病（皮膚，歯の変性），創傷治癒の遅れ
脂溶性ビタミン			
ビタミンA（レチノール）	緑黄色野菜や果物，乳製品	視覚色素の成分；上皮組織維持	視覚障害，皮膚の変性，免疫力低下
ビタミンD	乳製品，卵黄	カルシウムとリンの吸収と利用の促進	小児のくる病（骨奇形），成人の骨軟化
ビタミンE（トコフェロール）	植物油，ナッツ，種子	抗酸化作用；細胞膜損傷防護の促進	神経系の変性
ビタミンK（フィロキノン）	緑色野菜，茶，結腸内細菌でも合成される	血液凝固に重要	不完全血液凝固

表 41.2　ヒトの無機塩類要求性

	無機塩類	主要食物源	体内での主要機能	欠乏症状
1日あたりの必要量が200 mg以上	カルシウム（Ca）	乳製品，緑色野菜，豆類	硬骨および歯の形成，血液凝固，神経および筋肉機能	成長遅延，骨密度の不足
	リン（P）	乳製品，肉類，穀類	硬骨および歯の形成，酸–塩基平衡，ヌクレオチド合成	虚弱体質，硬骨のミネラル不足，カルシウム不足
	硫黄（S）	多くのタンパク質源	特定アミノ酸の構成成分	成長遅延，疲労，むくみ
	カリウム（K）	肉類，乳製品，多くの果実と野菜類，穀類	酸–塩基平衡，胃酸形成，神経機能，浸透平衡	筋肉けいれん，食欲減退
	塩素（Cl）	食卓塩	酸–塩基平衡，胃液形成，神経機能，浸透平衡	筋肉けいれん，食欲減退
	ナトリウム（Na）	食卓塩	酸–塩基平衡，水平衡，神経機能	筋肉けいれん，食欲減退
	マグネシウム（Mg）	穀類（全粒），青菜類	酵素補助因子，ATP 生体エネルギー転換	神経系障害
鉄（Fe）		肉類，鶏卵，豆類，穀類（全粒），青菜	ヘモグロビンおよび電子伝達系の成分，酵素補助因子	イオン欠乏貧血，虚弱体質，免疫力低下
フッ素（F）		飲料水，茶，海産物	歯の構造の維持	高頻度の歯の腐食
ヨウ素（I）		海産物，ヨウ素添加塩	甲状腺ホルモンの成分	甲状腺腫（甲状腺肥大）

*これらに加えて，微量金属としてクロム（Cr），コバルト（Co），銅（Cu），マンガン（Mn），モリブデン（Mo），セレン（Se），亜鉛（Zn）も必要である．これらの無機塩類は，過剰な摂取もまた有害である．

なっている．しかし，実際ビタミンの大量摂取によって，健康に利益があるのか，また安全なのかについてははっきりわかっていない．水溶性ビタミンの少々過度の摂取はおそらく危害はなく，摂取しすぎるとこれらビタミンは尿になって排出される．しかし，脂溶性ビタミンは体脂肪に蓄えられるため，過剰摂取によって毒性のレベルに到達するかもしれない．

無機塩類

食物に含まれている**無機塩類 minerals** は，鉄，硫黄といった有機物ではない栄養素で，1日の必要性は 1 mg 以下から 2500 mg くらいの少量でよい．表 41.2 のように，無機塩類は動物生理においてさまざまな機能をもつ．いくつかはタンパク質の構成要素となっており，たとえば鉄はいくつかの酵素や酸素キャリアであるヘモグロビンに含まれている（図 41.2 参照）．一方，ナトリウム，カリウム，塩素は，神経・筋機能や細胞内外の浸透圧平衡の維持に重要である．脊椎動物ではヨウ素が代謝速度調節を行う甲状腺ホルモンに取り込まれる．また，骨の形成維持のためにカルシウムとリンを比較的多く必要とする．

特定の無機塩類を大量に摂取すると，ホメオスタシスのバランスが崩れ健康を害することがある．たとえば，過剰な塩分（塩化ナトリウム）を摂ると高血圧になる．米国では，多くの人たちが必要なナトリウム摂取量の 20 倍に相当する塩分を摂取していることが問題となっている．市販の調理食品の中にはあまり塩味はしないのにもかかわらず，多くの塩分が含まれているので注意が必要である．

栄養不足

1つ以上の必須栄養素，または体が必要とする化学エネルギーを満たさない食事をしていると，「栄養失調」になる．栄養失調は世界の子どもたちの4人に1人に影響を及ぼしており，健康や生存を脅かす．

必須栄養素の不足

必須栄養素が不足すると，体の奇形，病気，ついには死に至ることがある．たとえば，シカなどの草食類

➤図 41.3　**必須栄養素を奇妙な場所から獲得する．** 草食類である若いシャモア *Rupicapra rupicapra* は，生息地であるアルプスの岩に付着している塩分をなめて摂取している．このような行動は，土壌や植物に無機塩類が欠乏している地域に生息している草食類に共通して見られる．

は，リン不足の土壌で育った植物を食べていると骨粗しょう症になる．そのような環境では，濃縮された塩分や他の無機塩類を摂取して不足を補うものもいる（図 41.3）．また，ある種の鳥はカタツムリの殻から養分を補充し，カメは無機塩類を石から摂取している．

他の動物のようにヒトは，食物中に必須栄養素が不足することがある．ヒトの中で最も多い栄養失調が，1つ以上の必須アミノ酸が不足した食事によるタンパク質欠乏である．たとえば，子どもの食事を母乳からタンパク質をあまり含まない米のような食事に変えるとタンパク質欠乏が起こる．このような子どもたちは，仮に幼児期を生き延びても，身体的および精神的な発達がしばしば遅れる．

栄養不良

前にも述べたように，十分な化学エネルギー源となる食物が不足すると栄養失調になる．こうなると，体は燃料として蓄えてあった炭水化物や脂肪を最初に消費する．その後，自身のタンパク質を燃料として分解し始める．しだいに筋肉が細くなり，脳はタンパク質不足になる．もしエネルギー摂取がエネルギー消費よりも下回り続けると，動物は最終的に死に至る．深刻な栄養不良に陥った動物が生き延びても，いくつかの不可逆的な後遺症が残るだろう．

干ばつや戦争，その他の危機で深刻な食糧不足に陥ると，人類は栄養不足になる．AIDS 感染が郊外や都市で大流行しているサハラ以南の国々では，およそ2億人の子どもや大人が食糧不足にあえいでいる．

他にも栄養不良は食糧が十分にある集団でも摂食障害によって起こる．たとえば拒食症では，年齢や身長から考えると不健康なまでの体重減少を引き起こしており，これは誤った身体イメージに関係すると考えられている．

栄養素の必要性を評価する

人類にとって理想的な食事がどのようなものであるかを決めることは大切である．しかし，これは科学者にとって非常に難しい問題でもある．これを研究の目標としてさまざまな試みがなされている．実験動物と違ってヒトは一般に遺伝的多様性が高い．さらにヒトの場合，動物実験での比較に用いる一定環境ではなく大きく変化した環境に暮らしている．また倫理的な考えがさらに障壁となっている．たとえば，子どもの成長や発達に害を与えるような方法で，子どもたちに必要な栄養素を調べることは許されない．

ヒト集団レベルで病気や健康を研究する学問である「疫学」から，ヒトの栄養について多くの知見が得られている．たとえば1970年代，低所得層の女性から生まれた子どもたちに神経管の形成異常がよく見られることが発見された．この神経管の形成異常は，脳と脊髄の発生過程で神経管が閉鎖しないことで起こる（47.2 節参照）．英国の科学者であるリチャード・スマイセルズ Richard Smithells は，女性たちの栄養失調がその発生異常の原因かもしれないと考えた．図 41.4 のように，ビタミン補充が神経管形成異常のリスクを緩和することを彼は見つけた．他の研究において，彼は葉酸（ビタミン B_9）がこの異常の原因であるビタミンである可能性を示唆し，他の研究者たちによってこれが確認された．この発見から，米国では，1998年より，パンやシリアル，他の食品に使われていた栄養穀物製品に葉酸を加えることが求められた．その後の調査の結果，この計画の有効性が示され，神経管形成異常を減らすことができた．顕微手術や複雑な診断イメージングが主流であるときに，葉酸補充などの単

▼図 41.4

研究　先天性異常の頻度に食物はどれくらい影響するのだろうか

実験　英国にあるリーズ大学のリチャード・スマイセルズは，神経管異常のリスクへのビタミン補充の効果を調べた．異常のある子どもが1人以上いる女性を2つの群に分け，妊娠する少なくとも4週間前からマルチビタミンを摂取する実験群にし，ビタミンを摂取しない人たちを対照群にした．後者の対照群には，すでに妊娠していた人やビタミンの摂取を断った人を含めた．そして妊娠の際に起こる神経管異常の数を各群ごとに数えた．

結果

群	乳児，胎児の数	神経管異常のある乳児，胎児の数
ビタミン摂取（実験群）	141	1
ビタミン非摂取（対照群）	204	12

データの出典　R. W. Smithells at al., Possible prevention of neural-tube defects by periconceptional vitamin supplementation, *Lancet* 315: 339-340 (1980).

結論　この対照実験を含めた結果より，ビタミン摂取は少なくとも最初の妊娠以降，神経管異常に対して効果があることがわかった．その後の研究により，さらに葉酸のみの摂取で同等の保護効果があることがわかった．

データの解釈➤　葉酸補充が米国でスタンダードになった後，神経管異常の頻度は平均して誕生5000人に1人と低下した．この頻度がスマイセルズの実験群のほうが高かった理由について，2つの説明を考えなさい．

純な食生活の変化が人類におおいなる健康をもたらしてくれるのである．

概念のチェック 41.1

1. 20種類すべてのアミノ酸が，動物のタンパク質をつくるために必要である．なぜ，動物の食物には全20種類のアミノ酸が必要不可欠ではないのか．
2. **関連性を考えよう**➤8.4節にある酵素機能を復習し，なぜビタミンが微量必要なのか説明しなさい．
3. **どうなる？**➤十分に食事を与えられている動物園の動物が栄養失調の症状を示したら，どのような栄養素が食物中に不足しているか，あなたならどのように調べるか述べなさい．

（解答例は付録A）

41.2

食物処理の主要な段階は摂取，消化，吸収，排泄(はいせつ)である

ここでは栄養要求の話に代わって，動物が食物をどのような機構で処理するかを見ていく．食物処理の過程は，摂取，消化，吸収，排泄の4段階に分けることができる．

第1段階の**摂取** ingestion は餌を食べることである．図41.5に示すように多くの動物の餌の食べ方は4つの基本的タイプに分類できる．

食物処理の第2段階の**消化** digestion は，体が食物を吸収できる小さな分子にまで分解することで，機械的消化と化学的消化の2つに分けられる．機械的消化は，噛み砕くなど食物を断片化して表面積を増やす．食物分子は次に化学的消化に回され，巨大な分子が小成分に切断される．

化学的消化は，食物に含まれているタンパク質，炭水化物，核酸，脂肪，リン脂質を動物はそのまま利用できないため必要不可欠である．これらの分子は大きすぎるために細胞膜を通過できず，動物にとって組織や機能に必要な分子かどうかも一様ではない．しかし，食物中の大きな分子が小さな成分に分解されれば，動物はこれらの消化産物を使って必要な巨大分子をつくり出すことができる．たとえば図41.5に示すように，ザトウクジラやツェツェバエの食物はまったく異なるが，両者とも食物を同じ20種類のアミノ酸に分解し，体のすべてのタンパク質をこれらのアミノ酸から組み立てることができる．

細胞は，高分子や脂肪を小さな成分から縮合反応（1つの水分子を除いて共有結合を形成する；脱水反応ともいう）によってつくり出している．酵素による化学的な消化はこの反応の逆であり，加水分解によって共有結合を切断する（図5.2参照）．このような分解反応を，「酵素的加水分解」という．ここでスクロースを例に示すように，多糖類や二糖類は単糖類に分解される．

▼二糖類の酵素的消化

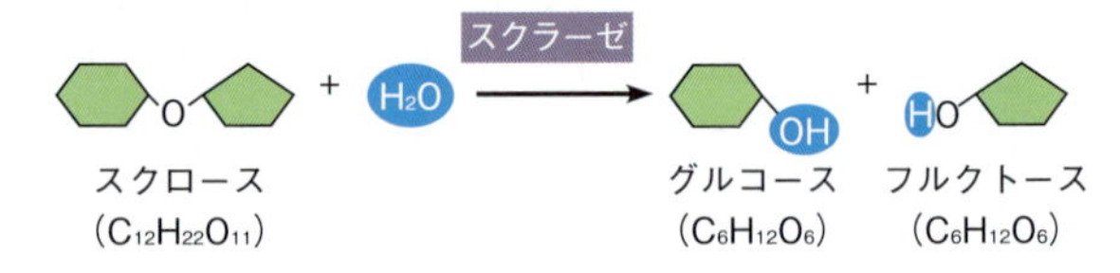
スクラーゼ
O
+
H_2O
OH
+
HO
スクロース
($C_{12}H_{22}O_{11}$)
グルコース
($C_6H_{12}O_6$)
フルクトース
($C_6H_{12}O_6$)

同様にタンパク質は小ペプチドやアミノ酸に，そして核酸はヌクレオチドやそれらの構成要素に分解される．さらに酵素的加水分解は，脂肪やリン脂質から脂肪酸や他の構成要素をつくり出す．多くの動物では消化管に生息する細菌が化学的消化の一部を担っている．

食物処理の残り2段階は食物が消化された後に起こる．第3段階の**吸収** absorption では，動物細胞はアミノ酸や単糖類などの小分子を取り込む．第4段階は，不消化物が消化管から出ていく**排泄**(はいせつ) elimination で，これですべてが完了する．

消化区画

いままで消化酵素が，私たち動物自身をつくり上げている生体物質（タンパク質，脂肪，炭水化物）を加水分解することを見てきた．それでは自分たちの細胞や組織を分解せずに，どのように食物だけを分解しているのだろうか．動物が自己消化を避けている進化的な適応とは，特別な細胞内または細胞外区画で食物処理をするということである．

細胞内消化

食胞とは，食物を分解する加水分解酵素が含まれている細胞内小器官であり，最も単純な消化区画である．食胞での食物の加水分解を細胞内消化といい，細胞が食作用によって固体状の食物，または飲作用によって液体状の食物を飲み込んだ後に始まる（図7.19参照）．新しくできた食胞は，加水分解酵素を含む細胞小器官であるリソソームと融合し，食物とこの酵素群を混合させるとともに，保護膜によって囲まれた区画内で消化を安全に行わせる．カイメンのような動物では，この細胞内消化によってほぼすべての食物を消化している（図33.4参照）．

▼図 41.5 探究 動物たちの4つの主要な摂食機構

濾過食

ヒゲ

多くの水生動物は水中に懸濁している小さな生物や食物粒子を食べる**濾過食者 filter feeders** である．上に示すザトウクジラはその一例である．クジラの上顎には鯨鬚とよばれる櫛状板があり，大量の水，そしてときには泥から小さな無脊椎動物や魚を濾し取っている．水中での濾過食は懸濁物食の一種で，捕獲によって周囲の液体から懸濁した食物粒子を隔離することである．

基質食

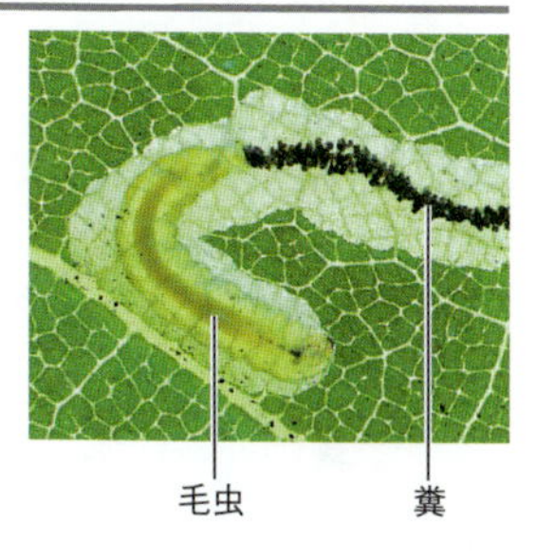
毛虫
糞

基質食者 substrate feeders は食物源となる生物の内部や表面で生活する動物である．蛾の幼虫であるこのハモグリムシは，ナラの葉の柔らかい葉肉を通過しながら食べ，通った後に糞の黒い航跡を残している．他の基質食者としては，動物の死体に潜伏するウジムシ（ハエの幼虫）がある．

液状物食

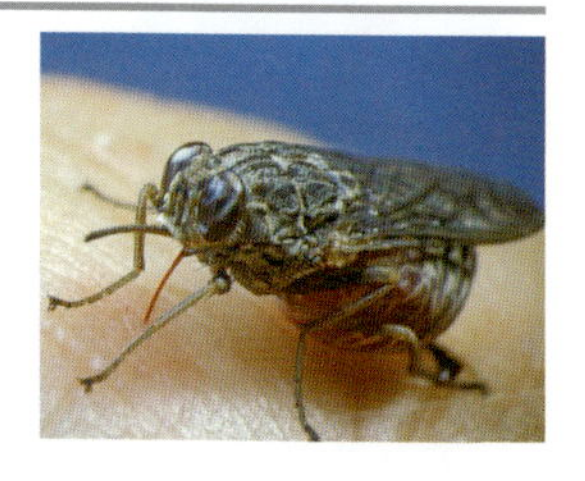

液状物食者 fluid feeders は，生きている宿主から栄養が豊富な液体を吸い取る．このツェツェバエはヒトの皮膚を中空になった針状の口部で刺して，血液を消化管に満たしている．同様に，アブラムシ類は植物の師部の液汁を吸う液状物食者である．これらの寄生性生物とは反対に，宿主のためになる相利性のものもある．たとえば，ハチドリ類やミツバチ類は花蜜を吸うときに花から花へと花粉を運ぶ．

大型餌食

ヒトを含めたほとんどの動物は比較的大きな食物片を摂食する**大型餌食者 bulk feeders** である．その適応には，獲物を殺傷したり肉や植物を断片に切り裂く触手，はさみ，鉤爪，毒牙，顎，歯のように多様な用具が発達している．この驚くべき光景は，アフリカニシキヘビが捕らえて殺したガゼルを摂食し始めているところである．ヘビ類は食物を断片に噛み切ることができないため，獲物がヘビの直径より大きくても獲物を丸のみしなければならない．このような摂食行動ができるのは，ヘビでは下顎と頭蓋骨が伸縮性の靭帯でゆるくつながっているため，口とのどを非常に大きく開けることができるからである．しかしながら，獲物をのみ込むのに1時間以上かかり，さらにそれを消化するために2週間以上を費やす．

▼図 41.6　**ヒドラの消化.** 消化は胃水管腔内で始まり，小さな食物粒子が胃上皮層の特殊化された細胞によって貪食された後に，細胞内で完了する.

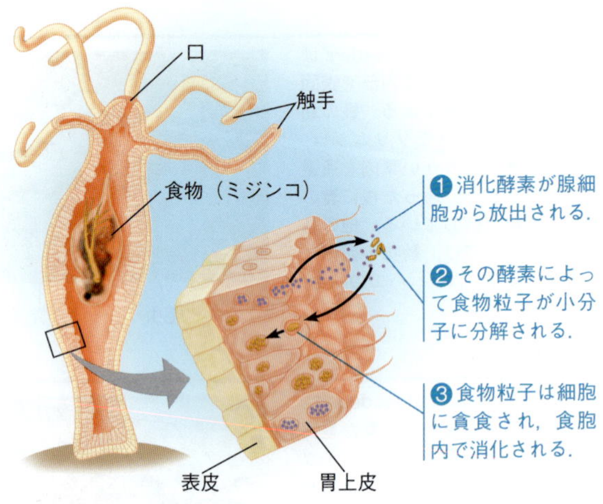

口
触手
食物（ミジンコ）
❶消化酵素が腺細胞から放出される.
❷その酵素によって食物粒子が小分子に分解される.
❸食物粒子は細胞に貪食され，食胞内で消化される.
表皮
胃上皮

描いてみよう➤ヒドラの口に食物が入ってから1つの触手の先の外側にある細胞に栄養素が届くまでの経路を，簡単な模式図に示しなさい.

細胞外消化

ほとんどの動物は外部からつながっている消化器官をもっており，そこで細胞外消化が起こって食物が加水分解される．このような消化用の細胞外区画があると，食作用（ファゴサイトーシス）で取り込めるより大きな食物を飲み込むことができる.

比較的ボディープランが単純な多くの動物は，開口部を1つもつ消化嚢をもつ（図 41.6）．この袋を**胃水管腔 gastrovascular cavity** といい，消化と体全体に栄養素を配分する機能がある．淡水刺胞動物のヒドラは胃水管腔がどのように機能しているか観察しやすい．肉食類であるヒドラは触手で獲物を刺して口から胃水管腔に入れる．胃水管腔を裏打ちしている組織層である胃腔上皮の特殊化した腺細胞は，獲物の軟組織を微小片に分解する消化酵素を分泌する．別の胃腔上皮細胞が，食物断片を取り込み，高分子の加水分解の大部分がカイメンと同様に細胞内で行われる．ヒドラが食物を消化した後，胃水管腔に残った不消化物質（小さな甲殻類の外骨格など）は口から捨てられる．多くの扁形動物も，このような胃水管腔をもっている（図 33.10 参照）.

複雑なボディープランをもつ動物は，胃水管腔ではなく口と肛門の2つの開口部をもつ消化管を備えている（図 41.7）．そのような管は，**完全消化管 complete digestive tract**，または簡略化して **alimentary canal** とよばれている．食物は消化管内を一方向に移動するため，管は消化と栄養吸収を順次行う特殊化した領域に編成されている．完全消化管をもつ動物は，先に取り込んだ食物が完全に消化される前に新たな食物を摂取できるが，この芸当は胃水管腔をもつ動物には難しい.

▼図 41.7　**完全消化管の多様性.** これらの例から，消化，貯蔵，吸収のための区画の配置や構造が動物によって異なることがわかる.

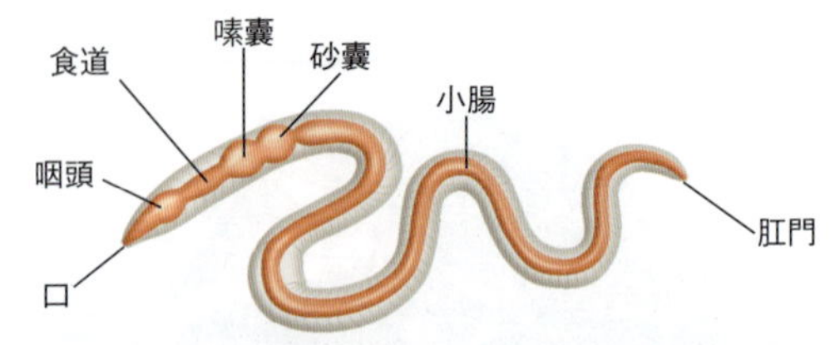

食道
嗉嚢
砂嚢
小腸
咽頭
肛門
口

(a) **ミミズ.** ミミズの完全消化管には，口から食物を吸い込むための筋肉性の咽頭がある．食物は食道を通って嗉嚢（そのう）に蓄えられて湿り気を帯びる．物理的消化は，小刃の役目をする砂や砂礫（されき）を含む筋肉性の砂嚢で行われる．さらなる消化と吸収は小腸で行われる.

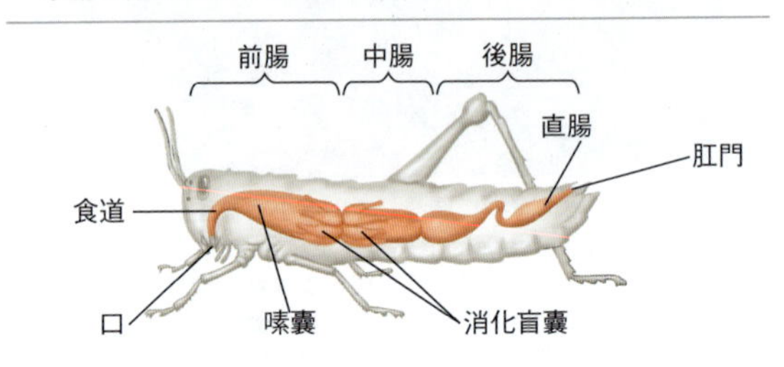

前腸
中腸
後腸
直腸
肛門
食道
口
嗉嚢
消化盲嚢

(b) **バッタ.** バッタの消化管は，食道と嗉嚢のある前腸，および中腸，後腸の3つのおもな区域に分けられる．食物は嗉嚢で湿り気を帯びて蓄えられるが，消化の大部分は中腸で行われる．中腸から伸びる小袋の消化盲嚢では消化と栄養の吸収が起こる.

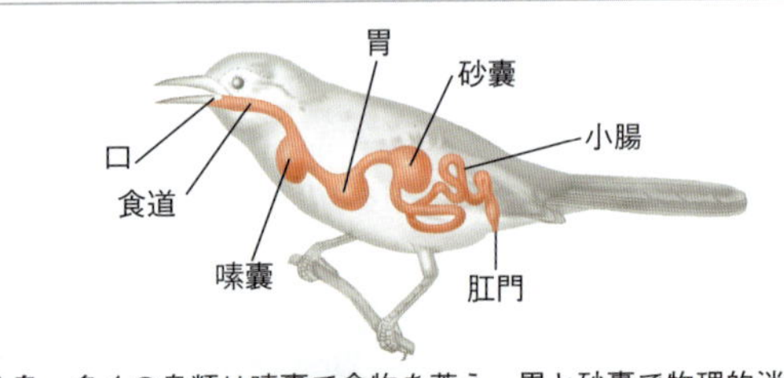

胃
砂嚢
小腸
口
食道
嗉嚢
肛門

(c) **鳥.** 多くの鳥類は嗉嚢で食物を蓄え，胃と砂嚢で物理的消化を行う．化学的消化と栄養吸収は小腸で行われる.

哺乳類を含むほとんどの動物は完全消化管をもっているので，次節では，哺乳類の消化システムを見ながら食物処理の一般的な原理を明らかにしよう.

概念のチェック 41.2

1. 胃水管腔と完全消化管の構造上の相違点を述べなさい.
2. 食べたばかりの食物の栄養素が，食物処理の吸収段階の前（消化を終えた段階）では，まだ体内に到達していないということはどういうことか.

3. どうなる？➤動物の体で起こっている消化と，車で起こっているガソリンの燃焼とで何か広い意味での類似点を考えなさい（自動車のメカニクスを知る必要はない）.

（解答例は付録 A）

41.3

食物処理の各段階に特化している器官が哺乳類の消化系を構成している

哺乳類では，多くの付属腺が導管を経て完全消化管に消化液を分泌し，食物処理をサポートしている．哺乳類の消化系の付属腺は，3 対の唾液腺と，膵臓（すいぞう），肝臓，胆嚢（たんのう）の 3 つの個別の分泌腺からなる．ヒトの消化系をモデルに，付属腺と完全消化管の協調した機能を調べるため，食物が完全消化管を流れていく様子を見ながら，より詳細に各段階を検証していくことにしよう.

口腔，咽頭，食道

口，すなわち**口腔 oral cavity** に食物が入りひと噛みすると食物処理が始まる（図 41.8）．種々の形状の歯が食物を切断，破砕，摩滅して，食物を小片に切断する．機械的な咀嚼は食物の表面積を増やして化学的分解を受けやすくするだけでなく，飲み込みも促進する．一方，口腔に食物が入ってきたり，また入りそうになると，**唾液腺 salivary gland** から口腔内へ唾液が分泌される.

唾液は多くの生理機能をもつ物質の混ざり合ったものである．1 つの主成分は**粘液 mucus** で，粘性のある水分，塩類，細胞，そしてなめらかな糖タンパク質（糖とタンパクの複合体）からなる．粘液はすべりやすくして食物の嚥下（えんげ）を助け，歯茎を摩耗から保護する．これにより，味覚や嗅覚も鋭敏になる．唾液は酸を中和して歯の腐食を防ぐ緩衝剤として，また食物とともに口に入ってきた菌を殺菌するリゾチーム（図 5.16 参照）などの抗菌剤も含んでいる.

唾液には，デンプン（植物由来のグルコース重合体）やグリコーゲン（動物由来のグルコース重合体）を分解する**アミラーゼ amylase** が大量に存在することに，研究者たちは長い間頭を悩まされてきた．ほとんどの化学的消化は，口ではなく小腸で行われるが，ここにもアミラーゼが存在する．それなら，なぜ唾液中にこんなに多くのアミラーゼが存在するのだろう．現在の仮説は，唾液中のアミラーゼが歯にくっついた食物粒子を離すために使われ，栄養素が口の中にすむ微生物に使われないようにする，というものである.

舌もまた，食物処理に重要な役割を果たしている．舌はきれいなホテルに入る人をさえぎったり助けたりするドアマンのように，消化される食物を評価し，どの食物はこれ以上処理し通過させてよいかを区別することで，消化の過程を助ける．（50.4 節の味覚に関する議論を参照）．受け入れ可能とみなされた食物は咀嚼し始められ，舌の動きによって唾液と食物は丸い**食物塊 bolus** にされる（図 41.9）．飲み込む間，舌は食物を口腔から咽頭へ押し出すのを助ける.

食物塊は**咽頭 pharynx** またはのどとよばれる領域に送られる．そこには，食道と気管の 2 つの開口部がある．**食道 esophagus** は胃へとつながる筋肉の管であり，気管は肺へとつながっている．それゆえ嚥下は，食物や液体物を通して，気管に入って窒息しないように注意深く行わなければならない．食物が気管に詰まると，肺への空気が遮断されるので，激しく咳き込んだり，背中を何度もたたいたり横隔膜を上にあげて無理やり詰まったものを外へ出すこと（ハイムリック法）を行わないと，致命的になる.

食道では，食物は平滑筋の収縮と弛緩の交互の繰り

▼図 41.8 **ヒトの消化系.** 咀嚼された食物は嚥下した後，わずか 5〜10 秒で食道を通過して胃に入り，そこで部分的に消化されるまでに 2〜6 時間を要する．最終的な消化と栄養吸収は小腸で 5〜6 時間かけて行われる．12〜24 時間以内に不消化物は大腸を通り，肛門から排泄される.

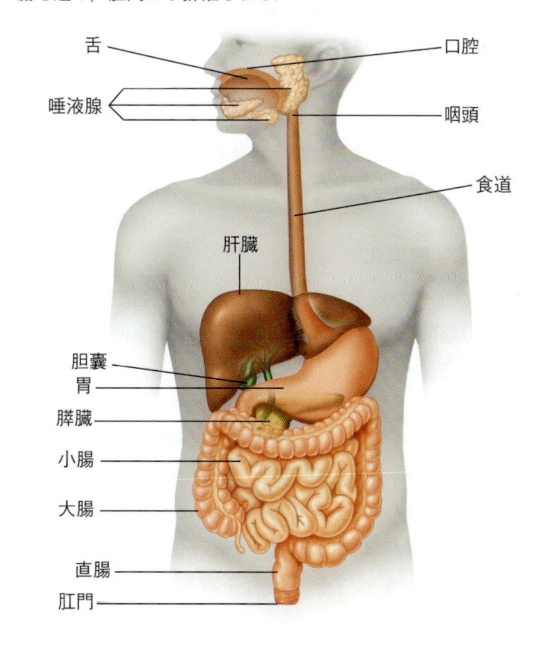
舌
口腔
唾液腺
咽頭
食道
肝臓
胆嚢
胃
膵臓
小腸
大腸
直腸
肛門

▼図 41.9 **ヒトの気道と消化管の断面図．** ヒトでは咽頭は気管と食道につながっている．(a) ほとんどの場合，食道括約筋が収縮して食道は閉じられ，気管は開いたままである．(b) 食物塊が咽頭に達すると，嚥下反射が引き起こされる．気管の上部にある喉頭が動いて喉頭蓋とよばれるふたを下げ，食物が気管に入らないようにする．同時に，食道括約筋が弛緩し食物塊を食道に通す．気管が次に再び開いて食道が波状収縮し，食物塊が胃に移動する．

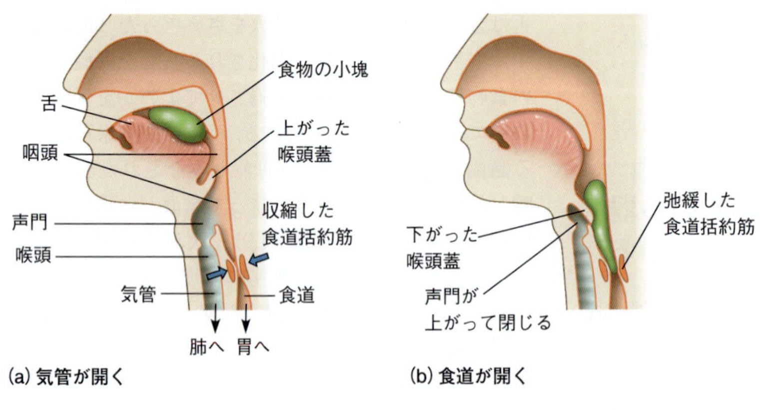

食物の小塊
舌
上がった
喉頭蓋
咽頭
収縮した
食道括約筋
声門
喉頭
気管
食道
肺へ
胃へ
(a) 気管が開く
弛緩した
食道括約筋
下がった
喉頭蓋
声門が
上がって閉じる
(b) 食道が開く

図読み取り問題➤水を飲んでいるときに笑うと，液体は外鼻孔から噴出するだろう．笑いが呼気を含むことを考慮して，この図を使いながら，なぜこれが起こるかを説明しなさい．

返しである**蠕動**（ぜんどう） **peristalsis** によって押し出される．食道の先端に到着すると，食物塊は筋肉でできたリング状の弁である**括約筋 sphincter** に出合う（図 41.10）．括約筋は袋の口を閉める引きひものように働いて，次の区画である胃へ取り込まれた食物を通過させる機能を調節している．

胃での消化

横隔膜直下にある**胃 stomach** には，2つの大きな役割がある．1つは食物の貯蔵で，アコーディオン状のしわと非常に弾性のある壁をもつ胃は拡大でき，約2Lもの飲食物を収容できる．2つ目の大きな機能は食物を処理して，液状の懸濁液をつくることである．図 41.10 に示すように，胃は**胃液 gastric juice** とよばれる消化液を分泌して食物と混合し，**糜汁**（びじゅう） **chyme** とよばれる混合物をつくる．

胃での化学的消化

胃液の2つの成分が胃での食物の液状化を助ける．1つ目の塩酸（HCl）は，肉や野菜の細胞同士を結合させている細胞外マトリクスを分解する．塩酸の濃度は非常に高く，胃液の pH は約2で鉄くぎも溶かすほどの強酸であり，ほとんどの細菌は死ぬ．この低 pH によってタンパク質は変性し，食物中のペプチド結合がより多く露出する．そして2つ目の成分であるタンパク質分解酵素（**プロテアーゼ protease**）である**ペプシン pepsin** がペプチド結合を攻撃する．多くの酵素と異なり，ペプシンは酸性環境で働く．ペプチド結合の切断によって，タンパク質はより小さなポリペプチドになり，摂取した食物の内部がさらに露出してよく混ぜ合わせられる．

胃液の構成成分は，胃腺にある2種類の細胞によって合成される．「壁細胞」は ATP 駆動ポンプを使ってプロトン（水素イオン）を内腔に放出する．同時に塩素イオンは壁細胞の特異的膜チャネルから内腔に拡散していく．それゆえ，内腔でのみ水素イオンと塩化物イオンが結合して塩酸がつくられる（図 41.10 参照）．一方，ペプシンは**ペプシノーゲン pepsinogen** という不活性化した状態で胃腺にある「主細胞」から放出される．ペプシノーゲンは HCl によって活性部位を覆っていた小ペプチドが切り離されると，活性のあるペプシンになる．このようにペプシンと HCl は，胃腺細胞内で合成されるのではなく，胃の内腔でつくられる．その結果，壁細胞と主細胞が胃液をつくるが，各区画が消化されることはないのである．

少量のペプシノーゲンが塩酸によって活性化されてペプシンになると，そのペプシン自体が残ったペプシノーゲンを活性化する．ペプシンは，塩酸同様ペプシノーゲンを切断し活性部位を露出させる．これによって多くのペプシンがつくられ，またそれがペプシノーゲンを活性化して多くの活性型酵素をつくる．この一連の出来事は正のフィードバックの例である（40.2 節参照）．

塩酸とペプシンは，なぜ胃の細胞を分解しないのだろうか．実際，胃腺の細胞が粘液を分泌することによって自己消化を防いでいる（図 41.10 参照）．さらに，細胞分裂によって3日に1層の割合で上皮層が新たに追加され，消化液によって腐食された細胞に取って代わる．これらの防御策にもかかわらず，胃潰瘍（いかいよう）とよばれる胃のダメージを受けた領域が現れ得る．何十年も，科学者はこの胃潰瘍が心理的ストレスによる胃酸の過剰な分泌によるものだと考えてきた．しかし，オーストラリア人研究者バリー・マーシャル Barry Marshall とロビン・ウォーレン Robin Warren は耐酸性細菌であるヘリコバクター・ピロリ *Helicobacter pylori*（ピロリ菌）の感染によって胃潰瘍が引き起こされること

▼図 41.10 胃とその分泌物.

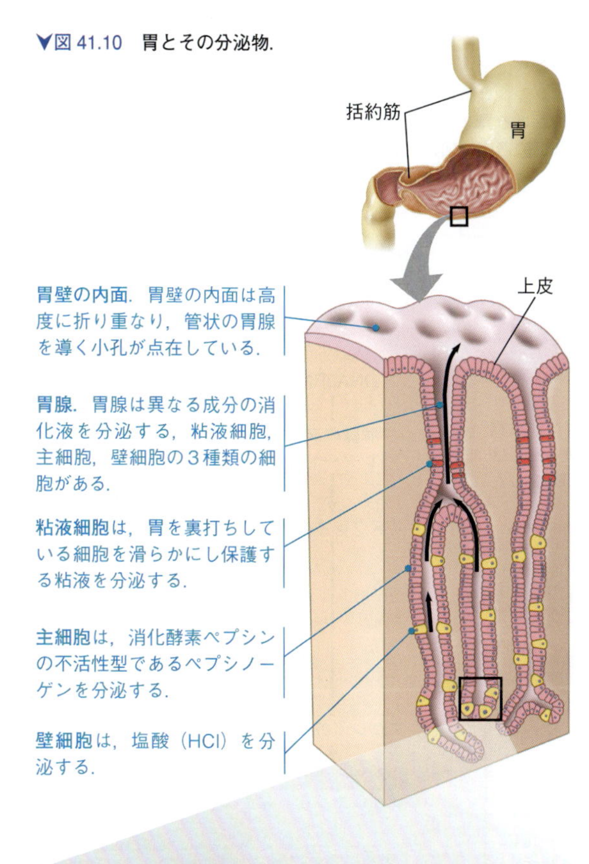
括約筋
胃
上皮
胃壁の内面. 胃壁の内面は高度に折り重なり，管状の胃腺を導く小孔が点在している.
胃腺. 胃腺は異なる成分の消化液を分泌する，粘液細胞，主細胞，壁細胞の３種類の細胞がある.
粘液細胞は，胃を裏打ちしている細胞を滑らかにし保護する粘液を分泌する.
主細胞は，消化酵素ペプシンの不活性型であるペプシノーゲンを分泌する.
壁細胞は，塩酸（HCl）を分泌する.

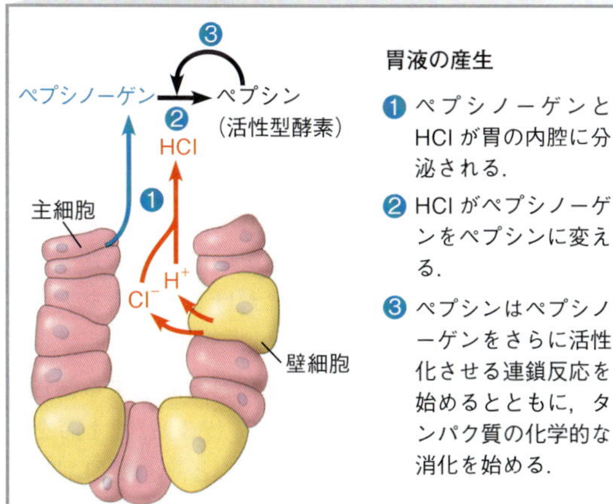
ペプシノーゲン
ペプシン
（活性型酵素）
HCl
H⁺
Cl⁻
主細胞
壁細胞
胃液の産生
❶ ペプシノーゲンとHCl が胃の内腔に分泌される.
❷ HCl がペプシノーゲンをペプシンに変える.
❸ ペプシンはペプシノーゲンをさらに活性化させる連鎖反応を始めるとともに，タンパク質の化学的な消化を始める.

を報告した．彼らはまた，抗生物質の治療によりほとんどの胃潰瘍を治癒させることができることを実証した．これらの発見により，彼らは2005年にノーベル賞を受賞した．

胃のダイナミクス

胃液による食物の分解は胃の蠕動運動によって促進される．筋肉の収縮と弛緩が協調して起こる「攪拌」は20秒ごとに胃と腸の内容物を混ぜ合わせる．攪拌によって胃から分泌された胃酸と食物が接触して化学的な消化が促進される．その結果，胃に送り込まれた食物はここから酸性の糜汁として知られる栄養分豊富な肉汁となり始める．

胃の筋肉の収縮は，内容物が完全消化管を通過するのを助ける．特に，蠕動的収縮によって胃の内容物は，普通は食後2〜6時間以内に小腸に移動する．胃から小腸への出口に位置する括約筋は小腸へ少しずつ糜汁を通すように調節している．

しかし，時折，食道と胃の間の括約筋が開き，糜汁が胃から食道の下端まで逆流する．この酸性の逆流によって引き起こされる食道の炎症は，通常，「胸焼け」とよばれる．

小腸での消化

いくつかの栄養素の化学的消化は口腔あるいは胃から始まるが，食物からの高分子の酵素的加水分解の多くは小腸で起きる（図 41.11）．小腸の名前は大腸と比べて直径が小さいことを反映しているのであって，長さではない．ヒトで6 m（20フィート）を超える長さの**小腸** small intestine は，完全消化管の最長の区画である．小腸のはじめの25 cm（10インチ）ほどは**十二指腸** duodenum を形成している．ここで，胃からの糜汁（びじゅう）が，膵臓，肝臓，胆嚢，そして腸壁自身の腺細胞からの消化液と混合される．41.5節で学ぶが，胃と十二指腸から放出されたホルモンは完全消化管の消化にかかわる分泌を制御している．

糜汁が十二指腸に到達すると，ホルモンであるセクレチンが分泌され，**膵臓**（すいぞう） pancreas から炭酸水素塩が分泌される．炭酸水素塩は糜汁の酸性を中和し，小腸の化学的消化のための緩衝液として働く．膵臓は多くの消化酵素も小腸に分泌する．その中には，プロテアーゼであるトリプシンとキモトリプシンが含まれており，十二指腸へ非活性型で分泌される．ペプシノーゲンの活性化と似た連鎖反応によって，これらは安全に十二指腸の内腔で活性化される．

十二指腸を裏打ちする上皮は，他の消化酵素の源である．いくつかは十二指腸の内腔に分泌され，他のものは上皮細胞の表面に結合する．膵臓からの酵素と一緒になって消化のほとんどは十二指腸で完了する．

脂肪の消化には，特別のしくみが必要である．脂肪は水に不溶で，消化酵素による効果的な攻撃を免れるように巨大な小滴を形成する．ヒトや他の脊椎動物では，脂肪の消化は脂肪滴を分割する乳化剤（界面活性剤）として働く胆汁酸塩によって促進される．胆汁酸塩は，**肝臓** liver から分泌されて**胆嚢**（たんのう） gallbladder で貯

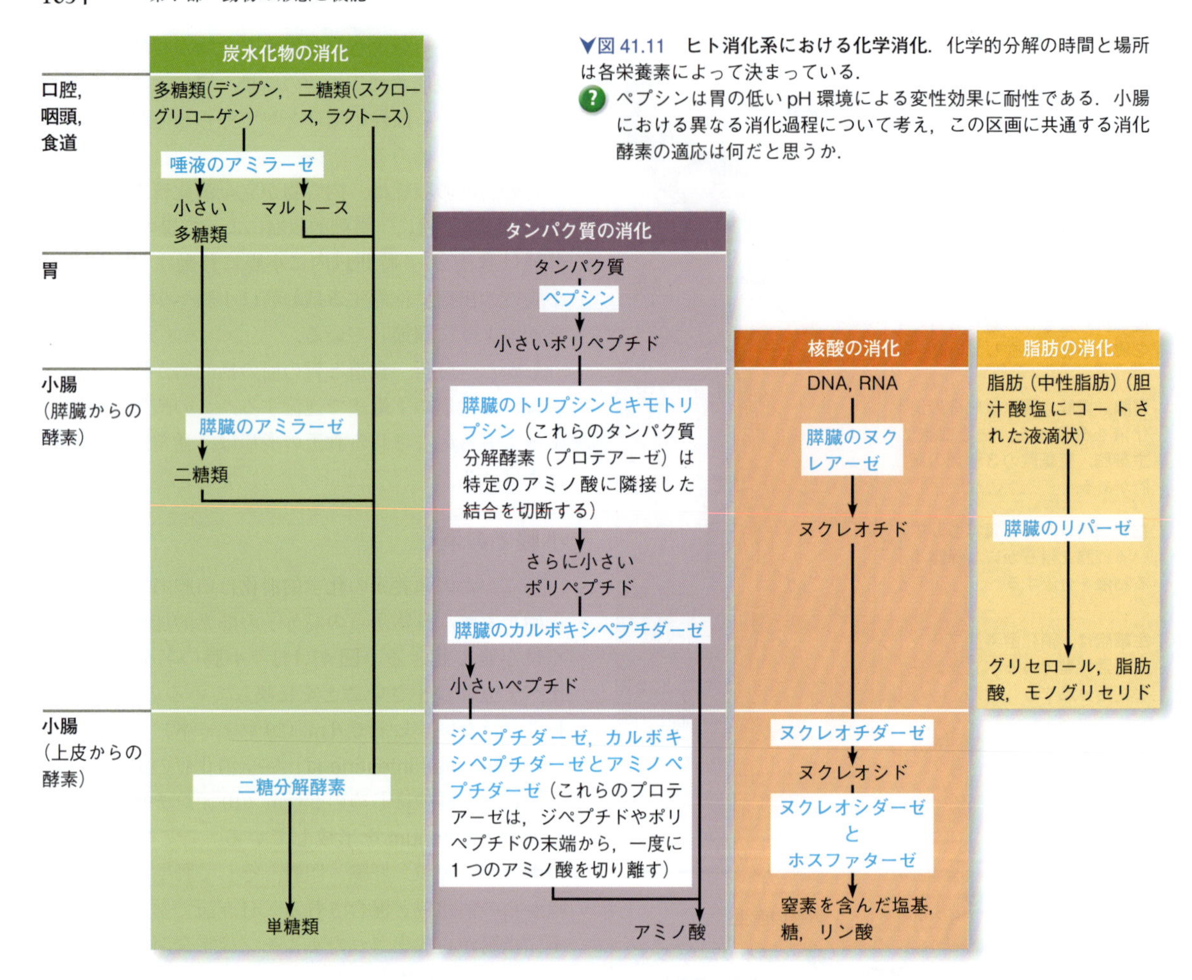

炭水化物の消化
タンパク質の消化
核酸の消化
脂肪の消化
口腔，咽頭，食道
胃
小腸（膵臓からの酵素）
小腸（上皮からの酵素）
多糖類(デンプン，グリコーゲン)
二糖類(スクロース，ラクトース)
唾液のアミラーゼ
小さい多糖類
マルトース
膵臓のアミラーゼ
二糖類
二糖分解酵素
単糖類
タンパク質
ペプシン
小さいポリペプチド
膵臓のトリプシンとキモトリプシン（これらのタンパク質分解酵素（プロテアーゼ）は特定のアミノ酸に隣接した結合を切断する）
さらに小さいポリペプチド
膵臓のカルボキシペプチダーゼ
小さいペプチド
ジペプチダーゼ，カルボキシペプチダーゼとアミノペプチダーゼ（これらのプロテアーゼは，ジペプチドやポリペプチドの末端から，一度に1つのアミノ酸を切り離す）
アミノ酸
DNA, RNA
膵臓のヌクレアーゼ
ヌクレオチド
ヌクレオチダーゼ
ヌクレオシド
ヌクレオシダーゼとホスファターゼ
窒素を含んだ塩基，糖，リン酸
脂肪（中性脂肪）（胆汁酸塩にコートされた液滴状）
膵臓のリパーゼ
グリセロール，脂肪酸，モノグリセリド

▼図 41.11　**ヒト消化系における化学消化**．化学的分解の時間と場所は各栄養素によって決まっている．

？ペプシンは胃の低いpH環境による変性効果に耐性である．小腸における異なる消化過程について考え，この区画に共通する消化酵素の適応は何だと思うか．

蓄，濃縮される**胆汁** bile の主成分である．

胆汁の生産には，肝臓のもう1つの重要な機能が不可欠である．それは十分に機能しなくなった赤血球の破壊である．赤血球解体によって放出された色素は，その後，便として体外に排出される．ある種の肝臓や血液の疾患では，胆汁の色素が皮膚に蓄積し，黄疸（おうだん）とよばれる特徴的な黄変を生じる，

小腸における吸収

消化がほとんど完了すると，十二指腸の内容物は蠕動によって小腸の残りの領域「空腸」と「回腸」に運ばれ，栄養吸収が小腸裏打ち細胞で行われる（図 41.12）．裏打ちの大きな折りたたみが腸管を取り囲み，**絨毛**（じゅうもう） **villi** とよばれる指状の突起が散りばめられている．そして，絨毛の上皮細胞はどれもその頂端膜側に多くの微小な突起，**微絨毛 microvilli** をもっており，腸管腔に突き出している．この隣接して並んだ多くの微絨毛は腸管上皮細胞に刷子（ブラシ）状の外観をもたらしているので，「刷子縁（さっしえん）」とよばれる．小腸の折りたたみと絨毛，そして微絨毛すべてあわせた表面積は 200～300 m^2 で，テニスコートほどにもなる．この広大な表面積は，栄養の吸収率を劇的に増加させた進化的適応である（多くの生物における表面積を大きくした例と説明については図 33.9 を参照）．

栄養分の種類によって，上皮細胞を通過する輸送は受動的にも能動的にもなり得る（7.3 節，7.4 節を参照）．糖のフルクトースを例にとると，濃度勾配による促進拡散によって小腸の内腔から上皮細胞に移動する．そこから，フルクトースは基底面に出て，それぞれの絨毛の中心部で毛細血管に吸収される．他の栄養素，たとえばアミノ酸や小ペプチド，ビタミンや多くのグルコース分子は，絨毛の上皮細胞により濃度勾配に逆らって汲み上げられる．この能動輸送は，受動的拡散単独より多くの栄養素の吸収を可能にしている．

栄養に富んだ血液を運ぶ毛細血管と静脈は，絨毛から肝臓に直結する**肝門脈 hepatic portal vein** に収束する．そして肝臓から，血液は心臓に行き，他の組織や器官に移動する．この順序は2つの重要な機能をも

▼図 41.12 **小腸における栄養素の吸収.** アミノ酸や糖などの可溶性の栄養素は血流に入るが，脂肪はリンパ系に輸送される.

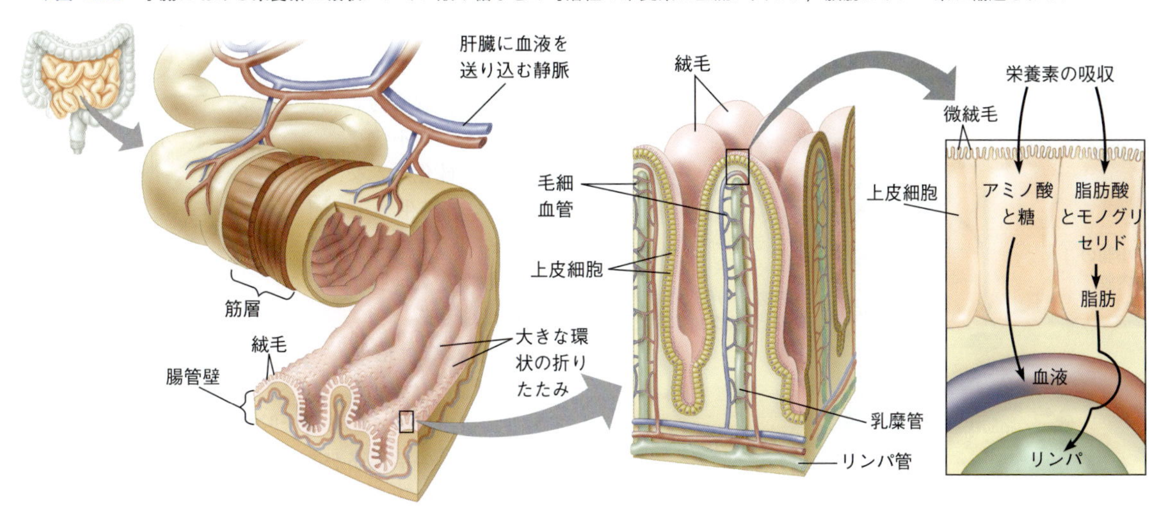
肝臓に血液を
送り込む静脈
筋層
絨毛
腸管壁
大きな環
状の折り
たたみ
絨毛
毛細
血管
上皮細胞
乳糜管
リンパ管
栄養素の吸収
微絨毛
上皮細胞
アミノ酸
と糖
脂肪酸
とモノグリ
セリド
脂肪
血液
リンパ

? サナダムシはときどきヒトの完全消化管に寄生して，自らの体を小腸の壁につなぎとめる．哺乳類の完全消化管で消化がどう区画化されているのかという事実に基づいて，この寄生虫にはどのような消化機能をもつことが期待されるだろうか．

つ．1つ目は，肝臓によって体の他の部分への栄養分配の制御が可能になったことである．肝臓は多くの有機分子を他で使いやすいように相互変換することができるため，肝臓を出る血液の栄養バランスは肝門脈を通って肝臓に入ってきた血液のそれと比べて大きな違いがある．2つ目は，この配置によって肝臓は，血液が全身を循環する前に有毒物質を取り除くことができることである．肝臓は，薬剤や特定の代謝老廃物などを含む，体にとって異質な多くの有機分子の解毒を行う主要な部位である．

多くの栄養素は血流に乗って小腸を離れ，肝臓を通って処理されるが，脂肪からの生産物（トリグリセリドまたはトリアシルグリセロール）消化は異なった道筋を通る（図 41.13）．小腸においてリパーゼによって加水分解された脂肪は，脂肪酸とモノグリセリド（1個の脂肪酸と結合したグリセロール）を生成する．これらの産物もまた上皮細胞によって吸収され，トリグリセリドに再構成される．トリグリセリドはその後，リン脂質，コレステロール，タンパク質によってくるまれて，**キロミクロン chylomicron** とよばれる親水性の小球を形成する．

腸管を出る際，キロミクロンは最初に上皮細胞から**乳糜管**（にゅうび） **lacteal**（絨毛の中心にある血管）に輸送される．乳糜管は脊椎動物のリンパ系の一部で，透明な液体であるリンパ液に満たされている．乳糜管をスタートしたキロミクロンを含んだリンパ液は，大きなリンパ管を通り，最終的に血液を心臓に戻す大静脈に入る．

栄養を吸収することに加えて，小腸は水分とイオンを回収する．毎日私たちは，2Lの水を消費し7Lの消化液を完全消化管内腔に分泌している．通常，0.1Lを残して大半の水は腸で吸収され，そのほとんどが小腸からである．水分の能動輸送系はないが，その代わりに，ナトリウムや他のイオンが腸の内腔から汲み出される際に浸透圧によって水分が再吸収される．

大腸での処理

完全消化管は，結腸，盲腸，直腸で形成される**大腸 large intestine** で終わる．小腸は大腸とT字形に結合する（図 41.14）．T字の一方の腕は1.5m長の**結腸 colon** で，直腸と肛門につながっている．他方の腕は嚢状になっており，**盲腸 cecum** とよばれる．盲腸は摂取した物質の発酵に重要で，大量の植物を食べる動物にとって特に重要である．他の多くの哺乳類と比べて，ヒトは小さな盲腸をもつ．**虫垂 appendix** は指状のヒト盲腸の伸長部であり，共生微生物の貯蔵所と考えられている．これらについては，41.4節で議論する．

結腸は，小腸で始まった水分の回収が完了するところである．消化系の残留物，つまり**糞便**（ふんべん） **feces** は蠕動によって結腸を運ばれるにつれ，しだいに固形になる．物質が結腸の全長を移動するためには，およそ12〜24時間かかる．もし結腸の裏打ちが，たとえばウイルスや細菌の感染によって刺激された場合，通常より水の再吸収が少なくなるため，結果として下痢になる．反対の問題である便秘は，糞便が結腸内をあまりに遅く移動した場合に起こる．過剰の水が再吸収され，糞

▼図 41.13　**脂肪の吸収.** 脂肪は水に不溶なので，小腸内腔で分解され，上皮細胞で再構築されてキロミクロンとよばれる水溶性の塊で輸送される．キロミクロンは乳糜管とよばれる細管を通ってリンパに入り，後に肝臓や心臓につながる大静脈へと運ばれる．

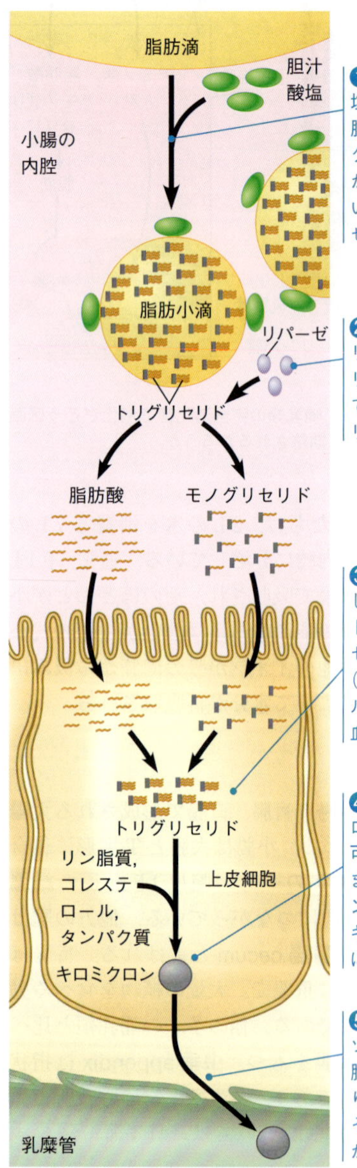
脂肪滴
胆汁酸塩
小腸の内腔
脂肪小滴
リパーゼ
トリグリセリド
脂肪酸
モノグリセリド
トリグリセリド
リン脂質，コレステロール，タンパク質
上皮細胞
キロミクロン
乳糜管
❶小腸の内腔で胆汁酸塩は大きな脂肪滴を脂肪小滴に分解し，トリグリセリド（脂肪分子）が加水分解を受けやすいように表面に露出させる．
❷加水分解の間，酵素リパーゼは露出したトリグリセリドを分解して脂肪酸とモノグリセリドにする．
❸上皮細胞の中に拡散した後，モノグリセリドと脂肪酸はトリグリセリドに再構築される（いくらかのグリセロールと脂肪酸は直接毛細血管に入っていく）．
❹トリグリセリドはキロミクロンとよばれる可溶性の小球に取り込まれる．表面にあるリン脂質とタンパク質は，キロミクロンを可溶性にしている．
❺キロミクロンはエキソサイトーシスで上皮細胞を離れ，乳糜管に入り，リンパ液によってその後心臓に直接つながる大静脈に運ばれる．

図読み取り問題➤この図の矢印の２つ（訳注：小腸内腔→細胞，細胞→乳糜管）は，細胞と外界の間の物質の動きを示している．どちらがエネルギーを必要としているか，説明しなさい．

便は固められる．

セルロース繊維といった未消化の物質も糞便に含まれる．ヒトにとってのカロリー価値（エネルギー）はないが，繊維は食物を完全消化管に沿って移動することを助ける．

ヒト結腸の非吸収性の有機物質にすみ着いている細菌群は，糞便乾燥重量のおよそ３分の１を占める．大腸内の多くの細菌は，代謝副産物として，メタンや不快な匂いをもつ硫化水素などのガスを発生させる．これらのガスと経口摂取した空気は肛門から排出される．

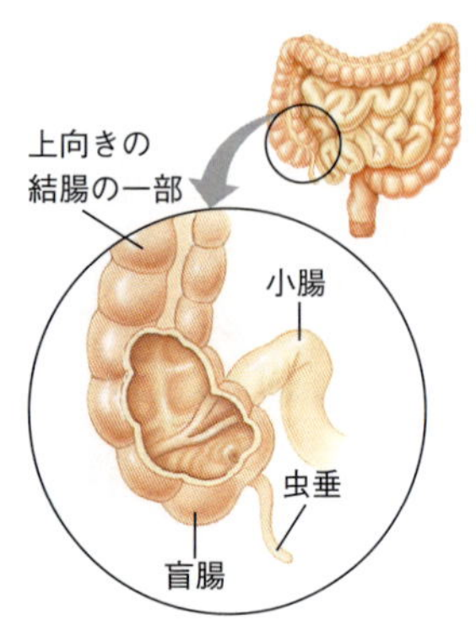
上向きの結腸の一部
小腸
虫垂
盲腸

▲図 41.14　**小腸と大腸の結合部.**

大腸の末端は**直腸 rectum** であり，ここで糞便は排出可能になるまで貯蔵される．直腸と肛門の間には２つの括約筋があり，内側のものは不随意筋で外側のものは随意筋である．定期的な結腸の強い収縮が便意の衝動をつくる．胃が満たされると結腸の収縮率を増加させる反射を引き起こすので，食後に便意をよく催す．

これまで一度の食事について，消化管の１つの入り口（口）からもう１つの入り口（肛門）まで追いかけてきた．次にいろいろな動物で，どのようにして一般的消化プランが適応してきたのかについて見ていくことにしよう．

概念のチェック 41.3

1. なぜプリロセック（Prilosec）のようなプロトンポンプ阻害薬が胃酸の逆流の症状を改善するのか説明しなさい．
2. 私たちの栄養必要性と摂取行動を考えて，なぜアミラーゼが他の消化酵素と違って口腔に分泌されるのかの進化的説明を述べなさい．
3. **どうなる？➤**もし胃液と粉砕した食物を試験管で混合したら何が起こるだろうか．

（解答例は付録 A）

41.4

脊椎動物の消化系の進化的適応は食物と相関する

進化　脊椎動物の消化系は，共通の形をしているがそこにも差異がある．しかしそこには多くの興味深い適応があり，しばしば動物の食物と相関している．形がどのようにして機能に当てはまるのかを強調するために，それらのいくつかを紹介しよう．

▼図 41.15 歯列と食事.

肉食類

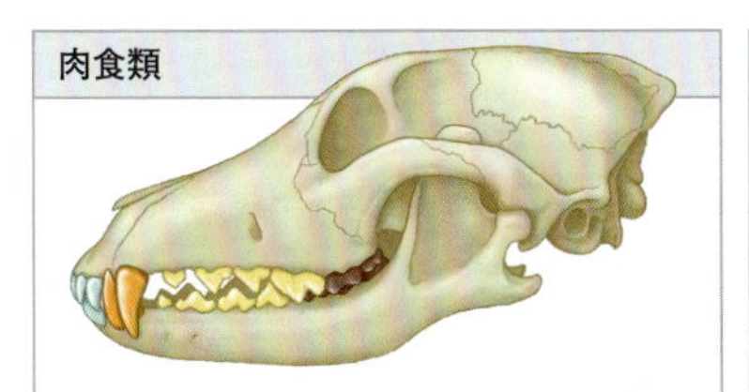

イヌ科やネコ科の肉食類は，一般的に大きな先の尖った切歯と犬歯をもち，獲物を殺し，その肉を裂いて切り離すのに使われる．ギザギザした小臼歯と臼歯は食物を細かく砕く．

草食類

ウマやシカなどの草食類は通常広くて凸凹した表面の小臼歯と臼歯をもっており，丈夫な植物材料をすりつぶす．切歯と犬歯は一般的に植物の小片を食いちぎるために改変されている．草食類の中には犬歯がない種もある．

雑食類

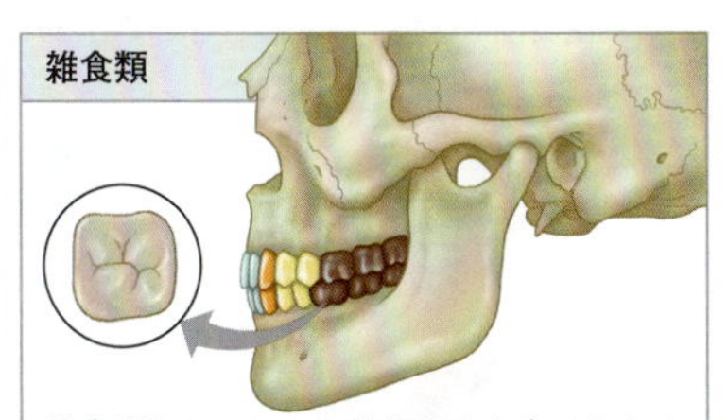

雑食類としてヒトは植物も肉も食べられるように適応してきた．成人は32本の歯をもつ．口の両側に沿って，前から後ろに噛みつくための4本の切歯，裂くための尖った1対の犬歯，すりつぶすための4本の小臼歯，そして押しつぶすための6本の臼歯である（挿入図を参照）．

凡例　切歯　犬歯　小臼歯　臼歯

歯の適応

動物の歯並び，すなわち歯列は食事を反映した構造的多様性の一例である（図 41.15）．異なる種類の食物を処理する歯の進化的適応は，哺乳類が成功してきたおもな理由の1つである．たとえば図 41.1 のラッコは鋭い犬歯をカニのような餌を引き裂くのに用い，少し丸い臼歯を貝殻をつぶすのに用いている．哺乳類以外の脊椎動物は一般に特化した歯列はもっていないが，興味深い例外がある．たとえば，ガラガラヘビのような毒ヘビは牙をもつが，これは被食者に毒液を注入する歯が変形したものである．牙には注射針のように穴のあいたものもある．この他に，歯の表面の溝に沿って毒をしたたらせるものもいる．

胃と腸の適応

食物の違いへの進化的適応は，消化器官の容積の違いに現れている．たとえば，大きくて拡張可能な胃は肉食類の脊椎動物に共通である．これは，食間の時間が長くても待たなければならないためであり，獲物を捕まえたときにできる限り多く食べなければいけないからだと考えられる．胃を拡張すれば，アフリカニシキヘビは1頭のガゼルを飲み込むことができ（図 41.5 参照），200 kg のアフリカライオンは一度の食事で 40 kg もの肉を摂取することができる！

脊椎動物の消化系の長さも，適応の例である．一般に，草食類と雑食類は体の大きさに比べて肉食類より長い完全消化管をもつ（図 41.16）．植物は細胞壁をもつために肉より消化しにくい．長い消化管は消化に時間をかけることができ，さらに多くの栄養素を吸収するために大きな表面積をもつ．一例として，コアラとコヨーテを考えてみよう．この2つの哺乳類はほとんど同じ大きさであるが，コアラの腸のほうがはるかに長い．これは，タンパク質に乏しいユーカリの葉からコアラが実質的にすべての食物と水分を得ているためで，繊維の処理を促進するためである．

相利共生の適応

ヒトの消化管には 10～100 兆個の細菌がすみ着いて

▼図 41.16 肉食類（コヨーテ）と草食類（コアラ）の完全消化管．コヨーテの比較的短い消化管は肉を消化して栄養素を吸収するには十分である．それに反して，コアラの完全消化管は，ユーカリの葉を消化するために特化している．十分な咀嚼によって葉は小さな破片に切り刻まれ，消化液にさらされやすくなる．長い盲腸と，結腸の上部では，共生細菌が細断された葉を消化しコアラが吸収しやすい栄養素に変えている．

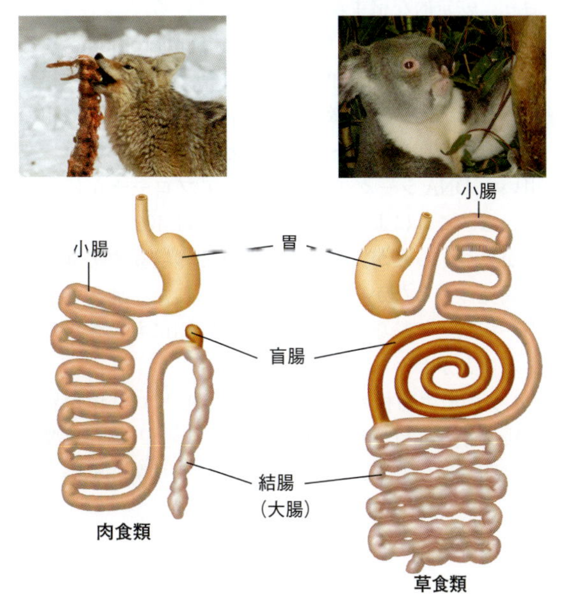
小腸
胃
小腸
盲腸
結腸
（大腸）
肉食類
草食類

▼図 41.17　ヒトの成長過程による腸内微生物相の違い． ヒトの小腸から得たサンプル中の細菌の DNA 配列によって，ヒト腸を構成する細菌集団を性格づけすることができる．

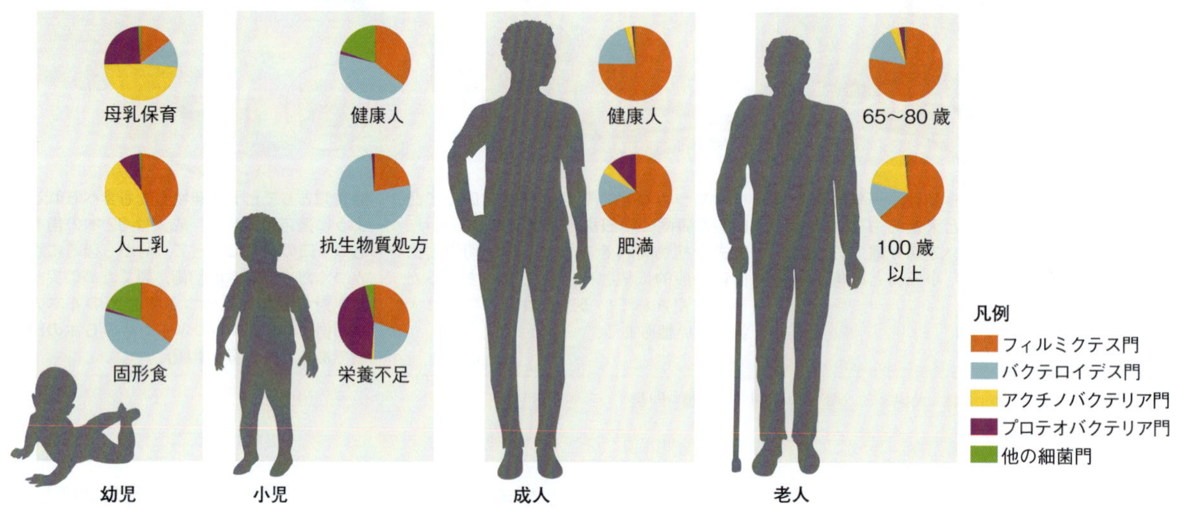
母乳保育
人工乳
固形食
健康人
抗生物質処方
栄養不足
健康人
肥満
65～80 歳
100 歳
以上
凡例
フィルミクテス門
バクテロイデス門
アクチノバクテリア門
プロテオバクテリア門
他の細菌門
幼児
小児
成人
老人

データの解釈➤ 健康成人の腸内微生物相のアクチノバクテリア門の量を健康な胃のそれと比較しなさい（図 41.18 参照）．なぜ小腸と胃がつながっているのに，2 つの臓器の微生物相の組成が違うのか，可能な説明をしなさい．

いる．居住者の 1 つである大腸菌は消化器系では非常によく見られるため，その存在は湖や小川の未処理下水の汚染の指標として有用である．

ヒトと多くの腸内細菌の共存は，互いに有益な 2 種間の相互作用である相利共生の一例である（54.1 節参照）．たとえば，腸内細菌のいくつかはビタミン K，ビオチン，葉酸などのビタミンをつくっており，これが食事摂取から血液に吸収される量を補完している．また腸内細菌は，腸上皮の発育や自然免疫の機能を調節している．細菌は逆に，定常的に栄養供給を受けており，安定的な宿主環境を保持している．

最近になり，私たちの**微生物相*** **microbiome** やその遺伝物質に関する知識は格段に増えた．微生物相とは体表や体内にいる微生物の総体である．微生物相の研究には，ポリメラーゼ連鎖反応（図 20.8 参照）を用いた DNA シークエンシングのアプローチが使われている．これによりヒトの消化管には 400 種以上の細菌が見つかったが，通常の研究室での培養や実験では到底見つからなかったほどの数であった．加えて，食事，病気，年齢などによって微生物相にも大きな差があることがわかってきた（図 41.17）．

1 つの微生物相の研究により，なぜピロリ菌が胃の健康を損ない胃潰瘍を引き起こすのか，という重要な点が明らかになった．すなわち，ピロリ菌非感染の人と感染した人から胃の組織を取り，各サンプル内の細菌の種類を明らかにしたところ，ピロリ菌の感染が他の細菌を胃からほぼ完全に一掃したことがわかった（図 41.18）．特定の病気に関連した微生物相の差異についての研究により，新しい効果的な治療法の開発が約束される．

*（訳注）：「微生物叢」ともいうが，本書では「微生物相」を用いる．

▼図 41.18　胃の微生物相． ヒトの胃から得たサンプル中の細菌 DNA 配列によって，ヒト胃の微生物相を構成する細菌集団を性格づけすることができる．ピロリ菌 *Helicobacter pylori* に感染した患者サンプルでは，95％以上の配列がプロテオバクテリア門に属する種であった．非感染者の胃の微生物相は，もっと多様性があった．

ピロリ菌

胃の細菌の割合（％）
100
80
60
40
20
0
非感染個体
ピロリ菌感染個体
アクチノバクテリア
フィルミクテス
バクテロイデス
プロテオバクテリア
フソバクテリウム
門

いまや，微生物相の変化が肥満，栄養失調，糖尿病，心臓疾患，そして消化器系の炎症疾患に重要な役割をもつことがはっきりしてきた．また，脳機能や気分にも影響がある．たとえば，マウスの消化系から微生物を除くと，ストレスホルモンであるコルチコステロンの血中濃度が高まる．そのうえ，動きを拘束されるとこのようなマウスは対照マウスよりもストレス反応がより高まる．

ヒトの消化器系の微生物相には，その個体の細胞がもつ遺伝子よりも100倍以上の遺伝子がある．この遺伝子数の圧倒的な差を考えると，細菌の遺伝子がヒトの健康や病気の生理に大きな役割を果たすという重要な新発見がなされるだろう．

草食類における相利共生の適応

微生物との相利共生関係は，草食類において特に重要である．草食類の食事における多くの化学エネルギーは植物細胞壁のセルロースによるものだが，動物はセルロースを加水分解する酵素を生産しない．代わりに，多くの脊椎動物（大量のセルロースよりなる木材を食事とするシロアリも同様）は大量の共生細菌と原生生物を完全消化管の発酵室内に収容している．これらの共生細菌は，セルロースを動物が吸収可能な単糖や他の化合物に消化できる酵素をもっている．多くの場合，微生物は消化されたセルロース由来の糖を使って，動物に必須な栄養素，たとえばビタミンやアミノ酸などを生産している．

ウマ，コアラ，ゾウなどは，共生微生物を大きな盲腸に飼っている．これに対して，南米の熱帯雨林に生息するツメバケイとよばれる草食類の鳥は，大きな筋肉でできた嗉嚢（食道の嚢；図41.7参照）に共生微生物を生息させている．嗉嚢の固い隆線は植物の葉を小さな破片に粉砕し，微生物がセルロースを分解する．

ウサギやいくつかの齧歯類では，共生微生物は盲腸と同様に大腸にも生息している．ほとんどの栄養は小腸で吸収されるので，大腸にいる細菌の発酵による栄養豊富な副産物は，最初は糞として排出される．ウサギと齧歯類はこれらの栄養を「食糞」によって補い，自らの糞便を食べることで完全消化管を再度通過させる．よく見られるウサギの「ペレット」は2回消化管を通って排出された糞便で，もうこれ以上摂食されることはない．

最も精巧に適応した草食類の食事は，シカやヒツジ，ウシといった「反芻類」で進化してきた（図41.19）．

これまで脊椎動物について注目してきたが，消化に関連した適応は他の動物でも広く観察されている．3 mもの長さを超えるジャイアント・チューブワームはその注目すべき一例で，260気圧の深海の熱水噴出孔周辺にすんでいる（図52.15参照）．これらの動物には口や消化器系がない．その代わりに彼らは，すべてのエネルギーと栄養素を体内に生息する共生細菌から得ている．細菌は，噴出孔で入手可能な炭酸ガス，酸素，硫化水素，硝酸塩を使って化学合成を行っている（27.3節参照）．したがって，無脊椎動物と脊椎動物も同様に，共生微生物との相利共生関係は動物が使用できる栄養源を増やすための普遍的な戦略として進化してきた．

▼ジャイアント・チューブワーム

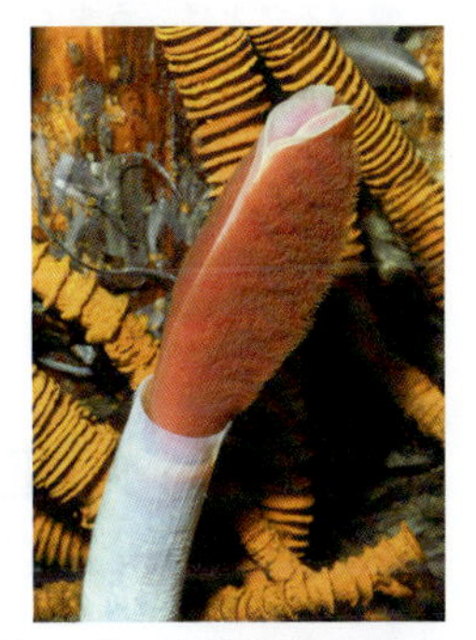

動物がどのようにして食事から栄養素の抽出を最適

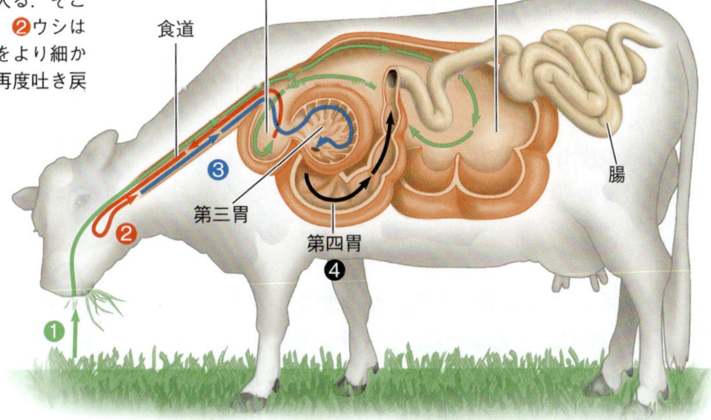
第二胃
第一胃
食道
腸
第三胃
第四胃

➤図41.19 **反芻類の消化．** ウシの胃には4つの部屋がある．❶咀嚼し飲み込んだ草は最初に第一胃と第二胃に入る．そこで共生微生物が植物材料のセルロースを消化する．❷ウシは定期的に第二胃から「吐き戻して」咀嚼し，繊維をより細かく分解して微生物が反応しやすいようにする．❸再度吐き戻したものは第三胃を通り，水分が除かれる．❹次に第四胃を通り，ウシ自身の酵素によって消化される．このようにしてウシは重要な栄養素を草と第一胃で安定な細胞数を保つ共生微生物から得ている．

化するか調べてきたが，次に栄養素使用のバランスについて見てみよう．

概念のチェック 41.4

1. 消化の難しい植物材料を処理するために，長い完全消化管をもつことの２つの利点は何か．
2. 共生微生物にとって魅力的なすみかとなっているのは，哺乳類の消化器系のどのような特徴によるものか．
3. どうなる？➤「ラクトース不耐性」の人では，牛乳に含まれるラクトースを分解する酵素であるラクターゼ活性がない．結果として，彼らは乳製品の摂取によってときどき，けいれん，腹部膨満や下痢などの症状を呈す．そのような人がラクターゼを生産する細菌を含んだヨーグルトを食べたとしよう．なぜヨーグルトを食べることは，うまくいったとしても一時的な症状の改善しか見られないのだろうか．

（解答例は付録 A）

41.5

フィードバック回路は，消化，エネルギー貯蔵と食欲を制御している

動物の栄養に対する考察の最後に，栄養の摂取と消費の過程がどう動物環境とエネルギー需要に合致しているのかを考えてみよう．

消化の制御

多くの動物では食間の時間が長くなるため，消化器系が連続的に活動状態である必要はない．その代わり，食物が完全消化管の新しい区画に到着するたびに消化液が分泌され，その次の段階への処理，というように活動は段階的に起こる．加えて，筋収縮が食物を管に沿って先に推し進める．たとえば，食物が口腔に入ると，神経反射が唾液の分泌を刺激し，咽頭に達した食物塊の飲み込み反応を協調して行うことはすでに学んだ通りである．同じように，食物が胃に到着すると攪拌と胃液の放出を引き起こす．神経系の分枝の１つに消化器官に働く「腸管神経系」とよばれるところがあり，小腸と大腸の蠕動運動と一緒にこれらの活動を制御している．

内分泌系は消化制御でも重要な役割を果たしている．図 41.20 に示したように，胃や十二指腸から一連のホルモンが放出されている．これは消化酵素などの分泌が必要なときにだけ働くようにするためである．

▼図 41.20 消化におけるホルモン制御．

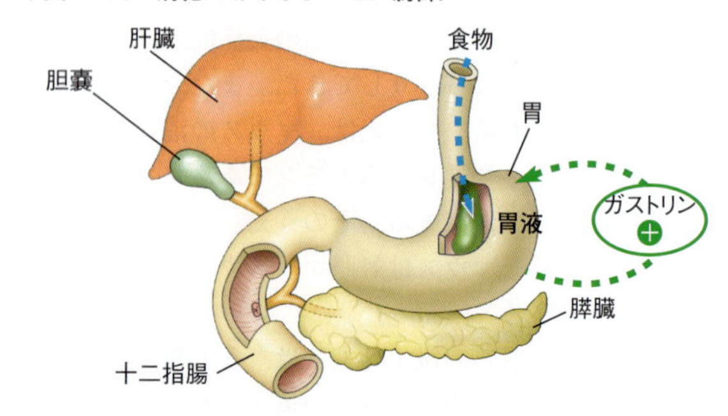
肝臓
胆嚢
食物
胃
ガストリン
胃液
膵臓
十二指腸

❶ 食物が胃に到達すると，胃壁を伸展させ，ホルモンである「ガストリン」の放出を引き起こす．ガストリンは血流に乗って胃に循環して戻り，胃液の産生を促進する．

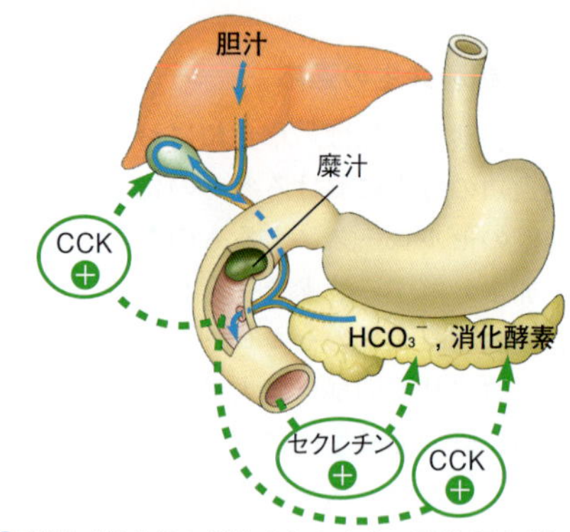
胆汁
糜汁
CCK
HCO_3^-，消化酵素
セクレチン
CCK

❷ 糜汁（部分的に消化された食物の酸性混合物）は，やがて胃から十二指腸に移動する．十二指腸は反応して消化ホルモンのコレシストキニンとセクレチンを放出する．「コレシストキニン（cholecystokinin：CCK）」は膵臓からの消化酵素と胆嚢からの胆汁の分泌を促進する．「セクレチン」は膵臓から糜汁を中和する炭酸水素イオンの放出を促進する．

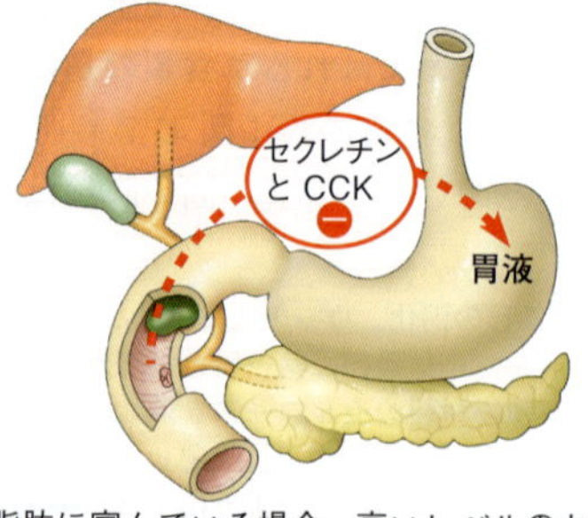
セクレチン
と CCK
胃液

❸ 糜汁が脂肪に富んでいる場合，高いレベルのセクレチンと CCK が放出され，胃に作用して蠕動と胃液の分泌を抑え，それによって消化を遅くする．

凡例 ⊕ 刺激 ⊖ 阻害

すべてのホルモンと同じように，これらのホルモンは血流に輸送される．これは標的と分泌が同じ器官（胃）であるホルモン，ガストリンでも同様である．

エネルギー貯蔵の制御

動物は代謝や活動に必要な分以上のエネルギーに富んだ分子を摂取した際，過剰なエネルギーを貯蔵する(40.4 節参照)．ヒトにおいて，最初にエネルギー貯蔵場所として使われるのは肝臓と筋細胞である．これらの細胞では，食事からの過剰なエネルギーはグリコーゲンという多くのグルコース単位からなる重合体の形で蓄えられる（図 5.6 b 参照)．いったんグリコーゲン貯蔵所がいっぱいになると，さらに過剰となったエネルギーは通常，脂肪として脂肪細胞に蓄えられる．

消化されるより少ないカロリーを摂取した場合，おそらく連続した強い強度の運動や食糧不足によるものだろうが，ヒトの体は一般的に肝臓のグリコーゲンを先に使い，その後に筋グリコーゲンや脂肪が続く．脂肪は特にエネルギーが豊富である．1 g の脂肪を酸化すると，同量の炭水化物あるいはタンパク質を酸化したときと比べて 2 倍ものエネルギーを取り出すことができる．この理由から，脂肪組織は最も空間的に効率よく大量のエネルギーを貯蔵する方法を提供していることになる．健康なヒトのほとんどは何週間か食糧なしでも生き延びるのに十分なエネルギーを蓄えている．

グルコースホメオスタシス

グリコーゲンの合成と分解は，エネルギー貯蔵だけでなくグルコースホメオスタシスを通して代謝バランスを保つためにも重要である．ヒトでは，血液中のグルコース濃度の正常範囲は 70～110 mg/100 mL である．グルコースは細胞呼吸のおもな燃料であり，生合成のための炭素骨格の主要な材料なので，血液中のグルコース濃度を正常範囲に維持することが重要となる．

グルコースホメオスタシスは，インスリンとグルカゴンという 2 つのホルモンの相反する働きに大きく依存している（図 41.21)．血中グルコース濃度が正常範囲よりも上昇した場合には，**インスリン insulin** の分泌によって血液中から細胞内にグルコースの取り込みが引き起こされる．血中グルコース濃度が正常範囲より低下すると，**グルカゴン glucagon** の分泌が起こり，肝臓グリコーゲンなどのエネルギー貯蔵庫から血液へとグルコースの放出が促進され，血中のグルコース濃度が上昇する．

肝臓はインスリンとグルカゴン両方の鍵となる働き場所である．たとえば炭水化物に富んだ食事の後には，インスリン濃度が上昇しグルコースは肝門脈から肝臓に入りグリコーゲンへの生合成が促進される．食間で肝門脈中のグルコース濃度が低いときには，グルカゴンは肝臓を刺激してグリコーゲンの分解を促進し，アミノ酸やグリセロールをグルコースに変え，グルコースの血中への放出を促す．インスリンとグルカゴンの相反する効果により，肝臓より排出される血液中のグ

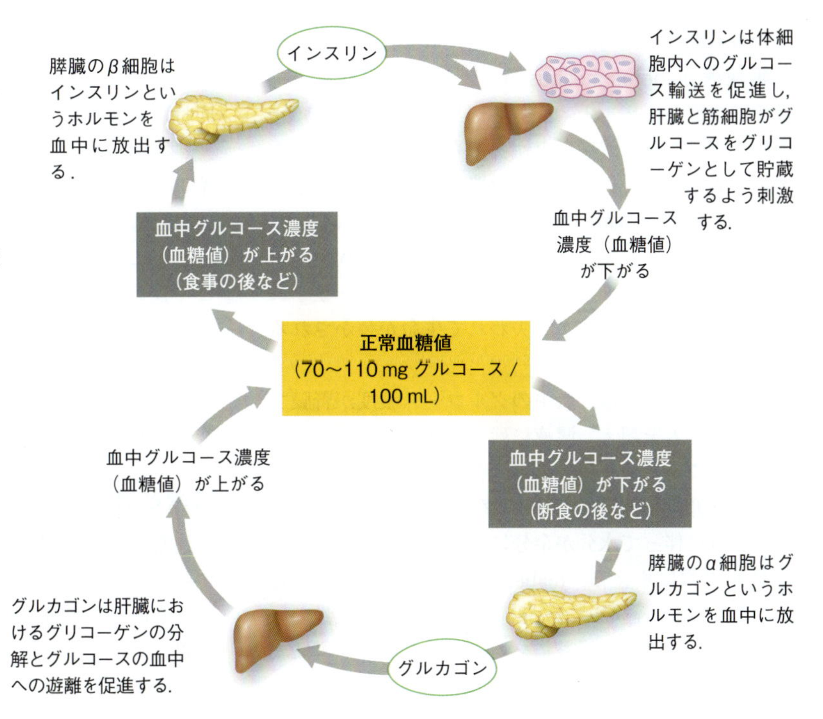
膵臓のβ細胞はインスリンというホルモンを血中に放出する．
インスリン
インスリンは体細胞内へのグルコース輸送を促進し，肝臓と筋細胞がグルコースをグリコーゲンとして貯蔵するよう刺激する．
血中グルコース濃度（血糖値）が下がる
血中グルコース濃度（血糖値）が上がる（食事の後など）
正常血糖値（70～110 mg グルコース / 100 mL）
血中グルコース濃度（血糖値）が上がる
血中グルコース濃度（血糖値）が下がる（断食の後など）
膵臓のα細胞はグルカゴンというホルモンを血中に放出する．
グルカゴン
グルカゴンは肝臓におけるグリコーゲンの分解とグルコースの血中への遊離を促進する．

➤図 41.21 **細胞燃料の恒常性制御．** 食物が消化された後，グルコースとその他の単量体は消化管から血液中に吸収される．人体は主要な細胞燃料であるグルコースの貯蔵と使用を制御している．

関連性を考えよう➤どのような形のフィードバック制御がそれぞれの制御回路を反映しているのだろうか（40.2 節参照)．

ルコース濃度は常時正常範囲を保っている．

インスリンはまた，体中のほぼすべての細胞で血液からのグルコース取り込みを促進している．1つの重要な例外が脳細胞で，インスリンの有無にかかわらずグルコースを取り込むことができる．この進化的適応によって，たとえ供給量が少なくても脳はほぼいつでも循環している燃料にアクセスできる．

グルカゴンとインスリンは，どちらも膵臓でつくられる．膵島とよばれる分泌細胞の集まりがその臓器に散らばっており，グルカゴンを合成するのが「α細胞」でインスリンを合成するのが「β細胞」である．すべてのホルモン同様，インスリンとグルカゴンは間質液中に分泌され，循環系へと入っていく．

ホルモン分泌細胞は膵臓全体の1〜2%を占めるにすぎず，膵臓の他の細胞は炭酸水素イオンや腸内で活性化される消化酵素を分泌している（図41.11参照）．これらの分泌物は小管に放出され，小腸につながる膵管へと注いでいる．このように，膵臓は内分泌系としても消化器系としても機能している．

糖尿病

グルコースホメオスタシスにおけるインスリンとグルカゴンの役割を議論するとき，私たちは健康な代謝状態のみに焦点を当ててきた．しかし，いくつかの疾患はグルコースホメオスタシスを攪乱し，その結果，心臓，血管，眼，腎臓などに重大な影響を及ぼす可能性がある．このような疾患の中で，最もよく知られ，また最も頻繁に見られる疾患が糖尿病である．

糖尿病 diabetes mellitusは，インスリン不足または標的組織のインスリン応答性の低下によって起きる．血中のグルコース濃度が上がっても，細胞は代謝の需要に見合うだけのグルコースを取り込むことができない．その代わり，脂肪が細胞呼吸のおもな基質になる．重篤な場合には，脂肪の分解で生じた酸性の代謝産物が血中に蓄積し，血液のpHを低下させ，ナトリウムやカリウムイオンが体から失われて生命が脅かされる事態になる．

糖尿病の患者では，血中のグルコース濃度が腎臓での再吸収能力を超え，濾液に残ったグルコースは排出される．このため，尿中の糖の存在がこの疾患の診断の1つに用いられる．尿中のグルコースが濃くなると，それに伴って水分が余分に排出され，結果として尿量が異常に増える．diabetes（「通り抜ける」を意味するギリシャ語*diabainein*に由来）はこの大量の尿を意味し，mellitus（「蜜」を意味するギリシャ語*meli*に由来）は尿中の糖の存在を指す．

糖尿病には主要な2つの型がある．1型と2型である．どちらも高血糖が特徴だが，原因はまったく異なる．

1型糖尿病　「1型糖尿病」，別名インスリン依存性糖尿病は，免疫系が膵臓のβ細胞を破壊する自己免疫疾患である．1型糖尿病は通常幼少期に起き，膵臓のインスリン産生機能が破壊される．治療法はインスリンの投与で，典型的には日に数回の注射がなされる．過去にはインスリンは動物の膵臓から抽出されていたが，いまではヒト型インスリンが遺伝子組換え細菌から比較的安価に得られるようになっている（図20.2参照）．幹細胞研究によって代替β細胞をつくり，膵臓によるインスリン生産を回復させて1型糖尿病を治すことが，いつの日か可能になるかもしれない．

2型糖尿病　「2型糖尿病」，別名インスリン非依存性糖尿病は，標的細胞が正常にインスリンに応答できないのが特徴である．インスリンは生産されるのだが，標的細胞はグルコースを血中から取り込めず，血中グルコース濃度は高いままとなる．2型糖尿病には遺伝が関係する可能性があるが，過体重と運動不足が危険性を高めるのは確かである．この型の糖尿病は一般的には40歳以上で現れるが，子どもであっても過体重や運動不足の生活によってこの病気になり得る．糖尿病患者の90%以上が2型である．多くの人は規則的な運動と健康食によって血中グルコース濃度を調節できるが，医療を必要とする人もいる．それにもかかわらず2型糖尿病は米国の死亡原因の第7位を占めると同時に，世界的にも公衆衛生上の問題になりつつある．

2型糖尿病でインスリンシグナル抵抗性が出るのは，インスリン受容体あるいはインスリン応答経路の遺伝的欠陥による場合もある．しかし多くの場合，標的細胞で起こる事象が，ふつうならば機能的応答経路で起こる反応を抑制してしまう．この抑制の原因の1つは，自然免疫系によって発せられる炎症シグナルらしい（43.1節参照）．肥満と運動不足がこの抑制とどのように関係しているのか，ヒトや実験動物を用いた研究が行われている．

食欲と消費の制御

通常の代謝で体が必要とする以上のカロリーを摂取することを「過栄養」といい，これは脂肪の過剰な蓄積，すなわち肥満を引き起こす．肥満は，2型糖尿病，大腸がんや乳がん，心臓発作や脳卒中につながる循環器系疾患を含む多くの健康問題に関与している．米国

科学スキル演習

遺伝的変異体を用いた実験から得られたデータの解釈

ob と db 遺伝子の食欲制御における役割とは何か 変異した遺伝子の正常機能を調べるために，生理機能を破壊した変異がしばしば用いられる．理想的には，特定の遺伝子だけが変異した個体（異常）と野生型（正常）の標準セットを比較する．このようにして表現型の違い，すなわち生理機能が測定され，それが変異のあるなしという遺伝子型の違いを反映するとされる．食欲制御にかかわる特定の遺伝子群を研究するため，研究者たちはこれらの遺伝子の既知の変異をもつ実験動物を用いた．

ob または *db* 遺伝子の両方のコピーが不活化された劣性変異をもつマウスは，貪欲に食べ，野生型のマウスよりはるかに大きく成長する．下の写真では右側が野生型で，左の肥満マウスでは両方の *ob* 遺伝子に不活性型変異がある．

ob と *db* 遺伝子の正常な役割について，カロリー摂取が十分なときに食欲を抑制するホルモン経路にかかわっているのではないかという仮説が提唱されている．可能性のあるホルモンの分離を行う前に，研究者たちはこの仮説を遺伝学的に検討した．

実験方法 研究者たちは，さまざまな遺伝子型の若いマウスの体重を測り，外科的に対象マウスの循環系を他のマウスに接続した．この方法によって，それぞれのマウスの血流を循環するどんな因子も対になっているマウスに移動する．8 週間後，対象マウスの体重を再度計測した．

実験データ

遺伝子型（赤は変異型遺伝子を示す）			対象の平均体重変化（g）
ペア	対象	ペアの相手	
(a)	ob^+/ob^+, db^+/db^+	ob^+/ob^+, db^+/db^+	8.3
(b)	ob/ob, db^+/db^+	ob/ob, db^+/db^+	38.7
(c)	ob/ob, db^+/db^+	ob^+/ob^+, db^+/db^+	8.2
(d)	ob/ob, db^+/db^+	ob^+/ob^+, db/db	−14.9*

＊顕著な体重減少と衰えのため，この接続相手の対象マウスは 8 週間後より前に再度体重計測している．

データの出典 D. L. Coleman, Effects of parabiosis of obese mice with diabetes and normal mice. *Diabetologia* 9: 294-298 (1973).

データの解釈

1. 最初に，データ表に示された遺伝子型の情報を読み取りなさい．たとえば，(a) のペアは互いに両方の遺伝子が正常なマウス同士である．同様に，(b) (c) (d) のペアがどうなっているか述べなさい．また，各ペアが実験計画にどのようにかかわっているか説明しなさい．
2. ペア (a) とペア (b) で認められた結果を表現型で比較しなさい．もし 2 つのペアで結果が同じだったら，この実験計画について何がいえるだろうか．
3. ペア (c) とペア (b) で見られた結果を比較しなさい．これらの結果から，*ob* 遺伝子産物は食欲を促進しているか抑制しているか．説明して答えなさい．
4. ペア (d) の結果を述べなさい．この結果はペア (b) で見られたものとは違うことに注意しなさい．この違いがどこからくるか，仮説を述べなさい．この実験で使用したマウスを用いて，どうしたらあなたの仮説を証明できるだろうか．

だけで肥満は毎年 30 万人の死因に推定されている．

研究者は体重制御を担ういくつかの恒常性維持機構を発見した．フィードバック回路として作用することで，これらの機構は脂肪の貯蔵と代謝を制御している．ニューロンのネットワークが消化器系からの情報を中継・統合してホルモンの放出を制御し，長期的あるいは短期的に食欲を制御している．これらのホルモンは，脳の「満腹中枢」に働きかけている（図 41.22）．たとえば胃壁から分泌される「グレリン」は食事前に空腹感を発生させる．逆に，食事の後に小腸から分泌されるインスリンや「PYY」などのホルモンは食欲を抑制する．脂肪組織から分泌されるホルモン「レプチン」も食欲を抑制し，体脂肪レベルを調節する重要な役割を担っているらしい．**科学スキル演習**には，マウスにおけるレプチンの産生と機能に影響する遺伝子についての実験的データの解釈を学ぶ．

食物を摂取し，消化し，栄養を吸収することは，動物がどのように燃料を活動に生かすか，という大きなストーリーの一部である．体に栄養を供給するということは，栄養分を分配すること（循環）であり，代謝のために栄養素を使用するには環境との間で呼吸ガス交換が必要である．そのような分配と交換を促進する

▼図 41.22　**いくつかの食欲制御ホルモン**．多様な臓器や組織によって分泌されるホルモンは，血流に乗って脳に到達する．これらのシグナルは「満腹中枢」とよばれる脳の領域に働きかけ，神経の活動電位を生じ，私たちに空腹もしくは満腹を感じさせる．ホルモンのグレリンは食欲増進に働き，以下に示した他の3つのホルモンは食欲抑制物質である．

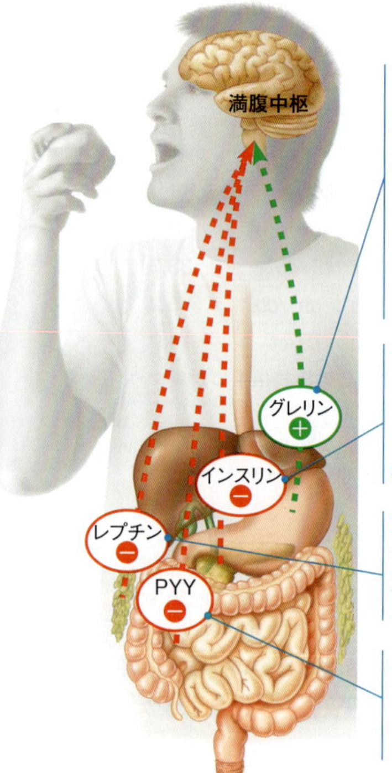
満腹中枢
グレリン
インスリン
レプチン
PYY

胃壁から分泌されるグレリンは，食事時が近づくと空腹を感じるよう促すシグナルの1つである．体重を落とすダイエットをしている人たちでは，このグレリンのレベルが上昇しており，これがダイエットを続けることが難しい理由の1つとなっている．

食後の血糖値の上昇は，膵臓にインスリン分泌を促す．さらにその他の機能として，インスリンは脳に働きかけて食欲を抑制する．

脂肪組織よりつくられるレプチンは食欲を抑制する．体脂肪の量が減るとレプチンレベルは低下し，食欲が増す．

ホルモン PYY は食後に小腸から分泌され，食欲抑制物質として食欲増進物質のグレリンとは逆に作用する．

これらの過程と適応は，42章で学ぶことにする．

概念のチェック 41.5

1. 食事性脂肪の摂取が炭水化物の摂取と比べて低いのにもかかわらずヒトが肥満になる理由を説明しなさい．
2. どうなる？➤レプチン経路に遺伝的異常をもつ2集団のヒトを研究しているとしよう．一方の集団ではレプチンレベルが異常に高く，他方の集団では異常に低い．長い期間，低カロリー食の環境下に置かれた場合，両集団のレプチンレベルはどう変化するだろうか．説明しなさい．
3. どうなる？➤インスリノーマは膵臓β細胞ががん化したもので，インスリンを分泌するもののフィードバック機構には応答しない．インスリノーマは血中グルコース濃度や肝臓の活性にどう影響すると思うか．

（解答例は付録 A）

41 章のまとめ

重要概念のまとめ

- 動物の食物は多様である．**草食類**はおもに植物を，**肉食類**はおもに他の動物を，そして**雑食類**はそのいずれをも摂取する．動物は食物の消費と貯蔵，そして使用のバランスを保たなければならない．

41.1

動物の食物は，化学エネルギー，有機化合物，必須栄養素の供給源である

- 食物は動物に，ATP生成のためのエネルギー，生合成のための炭素骨格，**必須栄養素**（あらかじめ合成された形で供給される必要のある栄養素）を提供する．必須栄養素には，動物が合成できない特定のアミノ酸や脂肪酸，有機分子の**ビタミン類**，および**無機塩類**が含まれる．
- 栄養不良は，必須栄養素の不適切な摂取と化学エネルギー源の欠乏から起こる．集団レベルでの疾患研究は，ヒトの食事性栄養要求を決定するヒントとなる．

? なぜほんの一部の動物でだけ，必須プロセスに必要な酵素の補因子が必須栄養素となるのだろうか．

41.2

食物処理の主要な段階は摂取，消化，吸収，排泄である

- 動物は食物の入手方法と摂取方法が異なる．ほとんどの動物は食物を大きな塊で食べる**大型餌食者**である．その他には，**濾過食者**，**基質食者**，**液状物食者**がいる．
- 消化区画は自己消化を避けるために必要である．細胞内消化では，食物粒子が食作用によって飲み込まれ，リソソームと融合した食胞内で消化される．ほとんどの動物で行われている細胞外消化は，**胃水管腔**や**完全消化管**の細胞の外側で行われている．

? 食物処理における3つの最初の段階のうち，1つが不要となるような人工の食物を考えなさい．

41.3

食物処理の各段階に特化している器官が哺乳類の消化系を構成している

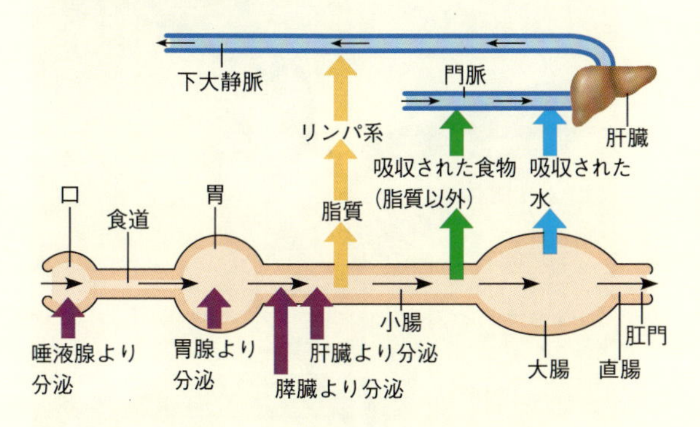

下大静脈
門脈
リンパ系
肝臓
吸収された食物
(脂質以外)
吸収された
水
口
胃
食道
脂質
小腸
肛門
唾液腺より
分泌
胃腺より
分泌
肝臓より分泌
膵臓より分泌
大腸
直腸

? 胃より小腸でより栄養を吸収しやすいのは，どのような構造的特徴によるものか．

41.4

脊椎動物の消化系の進化的適応は食物と相関する

- 脊椎動物の消化器系は多くの食物と関連した進化的適応を示している．たとえば，歯列は概してその食物と関連がある．さらに，多くの草食類には共生微生物がセルロースを消化するための発酵室がある．また草食類は通常肉食類よりも長い完全消化管をもつが，これは植物を消化するのに必要な長い時間を反映している．

? なぜ解剖学的に私たちの霊長類祖先は厳密な草食ではなかったと示唆しているのか．

41.5

フィードバック回路は，消化，エネルギー貯蔵と食欲を制御している

- 栄養は複数のレベルで制御されている．食物が消化管に入ると神経とホルモン応答を引き起こして消化液の分泌を引き起こすとともに，摂取された物質の消化管内での移動を促進する．ホルモンである**インスリン**と**グルカゴン**がグリコーゲンの合成と分解を制御し，グルコースの利用可能性を調節する．
- 脊椎動物は余分なカロリーをグリコーゲンとして肝臓や筋細胞に，脂肪として脂肪細胞に貯蔵する．これらの貯蔵されたエネルギーは，消費するカロリーが摂取するカロリーを上回った際に使用することができる．しかし，自身が通常代謝するより多くのカロリーを摂取した場合，過剰な栄養は肥満の原因になる．
- インスリンやレプチンといったいくつかのホルモンは，脳の満腹中枢に働きかけて食欲を制御する．

? 食事を抜いた際に胃がゴロゴロ鳴る理由を説明しなさい．

理解度テスト

レベル1：知識／理解

1. 脂肪が消化されると脂肪酸とグリセロールになる．タンパク質の消化によってアミノ酸ができる．その両方の消化過程は，
   (A) ほとんどの動物の細胞内で起こる．
   (B) 結合を切断するのに加水分解が必要である．
   (C) 塩酸生産による低 pH が必要である．
   (D) ATP を消費する．
2. 哺乳類の気管と食道は両方とも＿＿に通じる．
   (A) 咽頭　(C) 大腸
   (B) 胃　(D) 直腸
3. 器官と機能の間違った組み合わせは，次のうちどれか．
   (A) 胃——タンパク質消化
   (B) 大腸——胆汁生成
   (C) 小腸——栄養素吸収
   (D) 膵臓——酵素生成
4. 胃の主要な活動ではないものは次のうちどれか．
   (A) 保存　(C) 栄養素吸収
   (B) 塩酸産生　(D) 酵素分泌

レベル2：応用／解析

5. 次の事象をヒトの消化器系で起こる順に並べるとすると，3番目にくるのは，
   (A) 胃壁細胞が水素イオンを放出する．
   (B) ペプシンがペプシノーゲンを活性化する．
   (C) 塩酸がペプシノーゲンを活性化する．
   (D) 一部消化された食物が小腸に移動する．
6. 胆嚢を外科的に除去した後は，特に＿＿の食事制限を注意深く行わなければならない．
   (A) デンプン　(C) 糖
   (B) タンパク質　(D) 脂肪

7. 昼食後の数時間後に，1 km ほどジョギングしたとすると，使われる貯蔵燃料は次のうちどれか.
　(A) 筋タンパク質
　(B) 筋肉と肝グリコーゲン
　(C) 肝臓に貯蔵された脂肪
　(D) 脂肪組織に貯蔵された脂肪

レベル3：統合／評価

8. **描いてみよう**　部分的に消化された食物が胃を離れた直後から起こる事柄をフローチャートに示しなさい．なお，以下の言葉を使用しなさい．
炭酸水素分泌，循環，酸性度の減少，酸性度の増加，セクレチン分泌，シグナル検知.
それぞれの言葉が関係する区画を明示しなさい．なお，言葉は何度でも使用してよい.

9. **進化との関連**　トカゲやヘビは鼻腔と食道をつなぐ接続が口腔内にあるために食物を飲み込むときには呼吸できない．反対に哺乳類は口腔で食物を噛んでも，呼吸し続けることができる．しかし，空気と食物が交差すると窒息することがある．活発な吸熱反応の高い酸素要求性を考慮し，一部の羊膜類の「不完全な」形態を遺伝的に説明しなさい.

10. **科学的研究**　北ヨーロッパ起源のヒト集団では，成人 200 人に 1 人が食物中の鉄の過剰摂取によって引き起こされる血色素症とよばれる疾患を患っている．成人では男性はおそらく女性より 10 倍鉄過剰に敏感である．ヒトでの性周期を考慮し，両性における疾患の違いについて仮説を立てなさい.

11. **テーマに関する小論文：組織化**　髪はほとんどがケラチンでできている．タンパク質を含むシャンプーがなぜ損傷した髪のタンパク質を交換するのに効果的でないかを 300〜450 字で記述しなさい.

12. **知識の統合**

ハチドリは花から甘い蜜を得るのに適応しているが，この個体が行っているようにそのエネルギーを昆虫やクモを餌にするのに用いる．どうして，このような略奪が必要なのか説明しなさい.

(一部の解答は付録 A)

42 循環とガス交換

▲図 42.1　羽のような付属物はこの動物の生存をどのように助けるのだろうか.

重要概念

42.1 循環系は交換界面と体中の細胞とをつなぐ

42.2 心臓収縮の協調的な周期が哺乳類の二重循環を駆動する

42.3 血圧と血流のパターンは血管の構造と配置を反映する

42.4 血液の構成要素は物質交換，輸送，生体防御に働く

42.5 ガス交換は特化した呼吸界面を介して起こる

42.6 呼吸は肺を換気する

42.7 ガス交換のための適応には，ガスと結合して運搬する呼吸色素が含まれる

交換の場所

図 42.1 の動物は，SF 映画からの架空の生物のように見えるかもしれないが，メキシコ中央の浅い池に生息するサンショウウオ，アホロートルである．このアルビノの成体の頭部から突き出た，羽のような赤い付属器官は鰓である．外鰓は動物の成体では珍しいが，アホロートルにとって外鰓は，体を構成する細胞と環境との間の物質交換を手助けする．この物質交換は，すべての動物にとって共通のプロセスである，

アホロートルや他の動物にとって，環境との間の物質移動は，最終的には細胞レベルで起こる．栄養素や酸素といった細胞に必要とされる物質は，細胞膜を通って細胞質に入る．二酸化炭素のような老廃物は同じ膜を通って細胞から出ていく．単細胞生物は直接外部環境との間で物質交換を行う．しかしほとんどの多細胞生物では，すべての細胞と環境の間で，物質を直接交換することは不可能である．その代わりに，私たちや他のほとんどの動物は，環境との交換のための特殊化した呼吸器系，ならびに交換の場と体の他の部分との間の物質輸送を担う循環系に依存している．

ァホロートルの鰓の赤みがかった色と枝分かれした構造は，物質交換と輸送との間に密接な関連があることを示している．鰓のそれぞれのフィラメント（糸状の部分）表面近くには，微小な血管が存在している．この表面を通して，周囲の水から酸素が血液に移動し，二酸化炭素は血液から周囲の水へと移動する．物質交換にかかわる距離が短いことは，迅速な拡散を可能にする．アホロートルの心臓は，酸素に富んだ血液を鰓弁から体のすべての組織に送る．体組織では，栄養素や酸素，二酸化炭素や他の老廃物を，より短い距離で交換する．

体内での輸送とガス交換は，アホロートルだけでなく，ほとんどの動

物で機能的に関連するため，本章では循環系と呼吸器系を合わせて論じる．さまざまな種における循環系と呼吸器系の例を考えることによって，共通要素とともに，形や構成の顕著なバリエーションを探究しよう．さらには，循環系と呼吸器系のホメオスタシス，すなわち体内平衡の維持における役割にも注目しよう（40.2 節参照）．

42.1

循環系は交換界面と体中の細胞とをつなぐ

動物が環境との間で行う分子のやり取り，すなわち酸素や栄養素を得て二酸化炭素や他の老廃物を放出することは，最終的には体のすべての細胞で起こる必要がある．細胞内あるいは細胞周囲に存在する酸素や二酸化炭素を含む小分子は，ランダムな熱運動である**拡散 diffusion** を起こす（7.3 節参照）．たとえば細胞とそのすぐ周囲の間に濃度差が存在する場合，拡散によって正味の移動が引き起こされる．しかし，数 mm 以上の距離では，そのような移動は非常に遅い．これは，物質が，ある場所から別の場所に拡散する時間が距離の「2 乗」に比例するからである．たとえば，ある量のグルコースが 100 μm 拡散するのに 1 秒かかるとすると，同量が 1 mm 拡散するのに 100 秒，1 cm 拡散するのには約 3 時間も要するのである．

拡散による正味の移動が非常に短い距離においてのみ速いことを考えると，動物の個々の細胞はどのようにして物質交換を行えるのだろうか．自然選択は，すべての動物の細胞が効率的に物質交換を行うことが可能になるよう，2 つの基本的な適応をもたらした．

効率的な物質交換のための 1 つの適応は，多くのあるいはすべての細胞が環境とじかに接する単純なボディープランである．そのため，各々の細胞は取り巻く液体と直接，物質交換を行うことができる．このような配置は，刺胞動物や扁形動物を含む一部の無脊椎動物の特徴である．単純なボディープランを欠く動物は，効率的な物質交換のためのもう 1 つの適応，すなわち循環系をもつ．体の組織と各々の細胞周囲との間で溶液を移動させる．その結果，環境との物質交換と，体の組織との物質交換の両方が，非常に短い距離で起こる．

胃水管腔

まずは，その体の形から，多くの細胞が環境と接し，そのため明確な循環系をもたなくても生きられる動物から見ていこう．ヒドラやクラゲ，他の刺胞動物では，中央の**胃水管腔 gastrovascular cavity** が消化だけでなく，体中への物質の分配を行っている（図 41.6 参照）．片側の末端の開口部が，胃水管腔と周囲の水とをつないでいる．ヒドラでは，胃水管腔の細い分枝が触手内に広がっている．クラゲやある種の他の刺胞動物では，胃水管腔はさらに精巧な分枝パターンをもつ（図 42.2 a）．

胃水管腔をもつ動物では，液体が内側と外側の組織層の両方を浸しており，ガスや細胞からの老廃物の交換を促進する．胃水管腔の内側を覆う細胞のみが消化により生じた栄養素を直接手に入れることができる．しかしながら，体壁は 2 層の細胞のみからなるので，栄養素は短い距離を拡散するだけで外側の細胞層にも

▼図 42.2　胃水管腔での内部輸送．

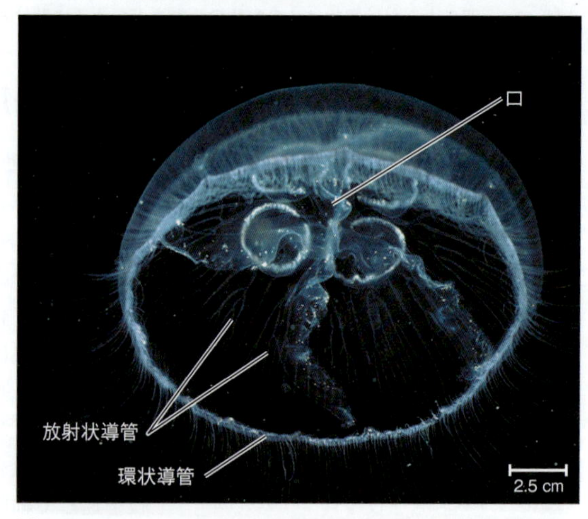
口
放射状導管
環状導管
2.5 cm

(a) 刺胞動物のミズクラゲ（*Aurelia* 属）．下側（口側）から見たクラゲ．口は，環状導管に出入りする放射状導管からなる複雑な胃水管腔につながっている．導管を裏打ちする繊毛の生えた細胞が，液体を腔の内部で循環させる．

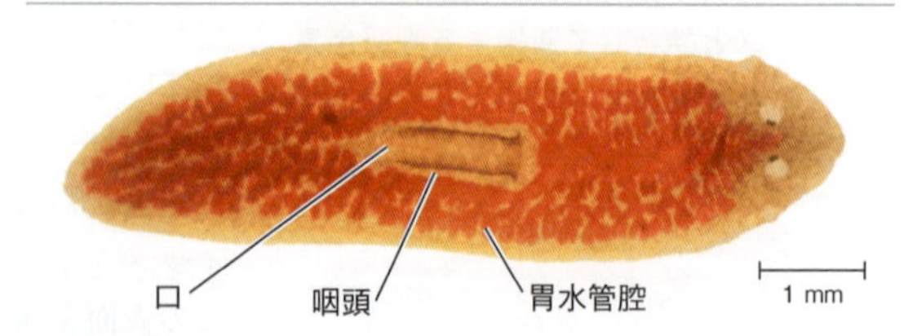
口
咽頭
胃水管腔
1 mm

(b) 扁形動物のプラナリア（*Dugesia* 属）．腹側の口と咽頭は，この標本では濃赤色に染色されている，高度に分岐した胃水管腔につながる（LM 像）．

どうなる？➤もし胃水管腔が両端で開口しており，片方の開口から液体が入り，もう一方から出ていくとする．このことはガス交換や消化という胃水管腔の機能にとって，どのような影響があると考えられるか．

届く．

プラナリアや大部分の扁形動物も，循環系をもたずに生きていける．体の扁平な形状と胃水管腔の組み合わせは，環境との物質交換に適している（図 42.2 b）．扁平な体は表面積を増やして拡散距離を最小にでき，物質交換に最適である．

開放血管系と閉鎖血管系

循環系は3つの基本的な構成要素からなる．すなわち，循環液，相互接続のための血管，筋肉性のポンプである**心臓 heart**，である．心臓は循環液の静水圧を上昇させることで駆動力を供給し，その圧は周囲の血管の循環液に影響を与える．循環液は血管を通って流れ，心臓に戻る．

循環系は体中に液体を運搬することにより，体細胞の周囲の水環境を，ガス交換や栄養素吸収，老廃物排出を担う器官と機能的に連結させている．たとえば哺乳類の肺では，吸い込まれた空気からの酸素は，わずか2層の細胞を拡散により通過するだけで血液に到達する．循環系は，酸素に富む血液を体のすべての部分に運ぶ．血液は体中の組織の微細な血管を流れるので，血液中の酸素はわずかな距離を拡散するだけで，細胞を直接浸している溶液に移動できる．

循環系は，開放系か閉鎖系のどちらかである．**開放血管系 open circulatory system** では，**血リンパ hemolymph** とよばれる循環液が，体の細胞を浸す「間質液」でもある．バッタのような節足動物や二枚貝を含むいくつかの軟体動物は，開放血管系をもつ．心臓の収縮が，血リンパを循環血管を介して，器官を取り囲む間隙である血液洞に押し出す（図 42.3 a）．血液洞では，血リンパと体の細胞との間でガスや他の化学物質の交換が行われる．心臓が弛緩するときには血リンパは孔を通って戻り，この孔は弁をもつために心臓が収縮するときには閉じる．周期的に血液洞を圧搾する体の動きが血リンパの循環を促す．ロブスターやカニのような大型の甲殻類では，開放血管系は補助的なポンプや，より大規模な血管系をもつ．

閉鎖血管系 closed circulatory system では，**血液 blood** とよばれる循環液は血管内に制限され，間質液とは区別される（図 42.3 b）．1つあるいは複数の心臓が血液を太い血管に送り込み，血管は細い血管に枝分かれして，組織や器官に入り込む．化学物質の交換は血液と間質液，間質液と体細胞の間で起こる．環形動物（ミミズ類を含む），頭足類（イカ類やタコ類を含む）とすべての脊椎動物が閉鎖血管系をもつ．

開放血管系と閉鎖血管系の両方が動物に広く普及している事実は，双方が有利さを備えていることを示唆している．開放血管系に一般に見られる低い静水圧は，閉鎖血管系よりも少しのエネルギーしか使用しない．ある種の無脊椎動物では，開放血管系は付加的な機能をもつ．たとえば，クモ類は開放血管系により生じる静水圧を，脚を伸ばすことにも用いる．閉鎖血管系の利点としては，大型でより活動的な動物において，酸素や栄養素を効率的に届けることが可能な，十分に高い血圧がある．たとえば軟体動物では，大型で最も活動的なイカ類やタコ類が閉鎖血管系である．また本章の後半で学ぶように，閉鎖血管系は異なる器官への血液の分配を調節することに非常に適している．では，脊椎動物に焦点を当て，閉鎖血管系の詳細を調べていこう．

▼図 42.3 開放血管系と閉鎖血管系．

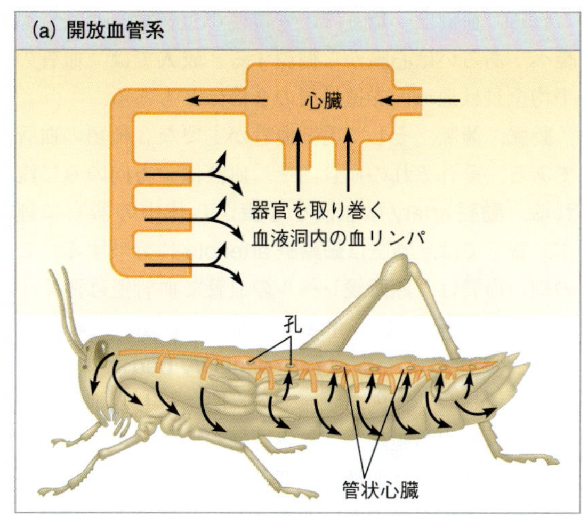
(a) 開放血管系
心臓
器官を取り巻く
血液洞内の血リンパ
孔
管状心臓

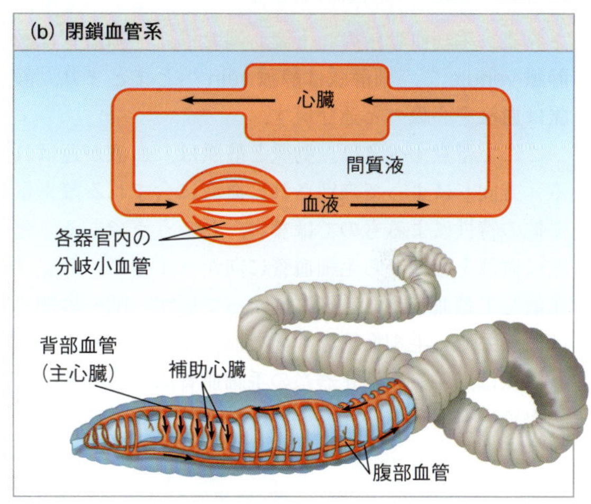
(b) 閉鎖血管系
心臓
間質液
血液
各器官内の
分岐小血管
背部血管
(主心臓)
補助心臓
腹部血管

脊椎動物の循環系の構成

心臓血管系 cardiovascular system という用語は，

しばしば脊椎動物の心臓と血管を記述することに用いられる．血液は，驚くほど大規模な血管網を通って心臓へ，あるいは心臓から循環する．成人では，血管の平均全長は地球の赤道外周の2倍ほどもある．

動脈，静脈，そして毛細血管が主要な3種類の血管である．それぞれの血管内を，血液は一方向のみに流れる．**動脈 artery** は血液を心臓から体中の器官に運ぶ．器官では，動脈は**細動脈 arteriole** に分岐する．この細い血管は，顕微鏡レベルの血管で血管壁は薄く小孔をもつ**毛細血管 capillary** に血液を運ぶ．毛細血管の網目状組織は**毛細血管床 capillary bed** とよばれ，組織に浸透し，体内のすべての細胞に対して細胞直径の数個分以内の距離のところを通過する．組織細胞を取り囲む間質液と血液との間で，溶存ガスや他の化学物質が，毛細血管の薄い壁を通して拡散によって交換される．毛細血管床の「下流」端では，毛細血管は**細静脈 venule** に，細静脈は**静脈 vein** へとまとまり，静脈は血液を心臓へと運び戻す．

ここで留意すべきは，動脈と静脈は，血液が運ばれる「方向」によって識別され，血液に含まれる酸素量や他の特性によるものではない，という点である．動脈は血液を心臓から毛細血管に向かって運び，静脈は血液を毛細血管から心臓に向かって戻す．唯一の例外は門脈系で，毛細血管床の間で血液を運ぶ．たとえば肝門脈は，血液を消化器系の毛細血管床から肝臓の毛細血管床へと運ぶ．

すべての脊椎動物の心臓は，2つあるいはそれ以上の筋肉性の小室をもつ．心臓に入ってくる血液を受ける室を**心房 atrium**（複数形は atria）とよぶ．心臓から血液を押し出すことに貢献する室を**心室 ventricle** とよぶ．次項で見ていくように，室の数や，室同士がどの程度分かれているかは，脊椎動物のグループ間でかなり異なっている．このような違いは，自然選択により生じた，機能に即した形態というものをよく反映している．

単一循環系

サメ類やエイ類，硬骨魚類では，1回の循環で血液は体中をめぐり，開始点に戻ってくる．このような配置を**単一循環 single circulation** とよぶ（図 42.4 a）．これらの動物の心臓は2つの室，すなわち1つずつの心房と心室からなる．心臓に入る血液は心房に集められ，心室に移送される．心室の収縮は血液を鰓の毛細血管床に送り出し，鰓では酸素が血液へと，二酸化炭素が血液から拡散する．血液が鰓から出るときに毛細血管はまとまり，体中の毛細血管床へと酸素を豊富に含んだ血液を運ぶ．毛細血管床でガス交換が行われた後，血液は静脈に入り，心臓へと戻る．

単一循環系では，心臓から出た血液は再び心臓に戻る前に2つの毛細血管床を通過する．本章で後ほど説明する理由により，血液が毛細血管床を流れるときに，血圧は大きく低下する．鰓での血圧の低下は，動物の

▼図 42.4　脊椎動物の循環系構成の例.

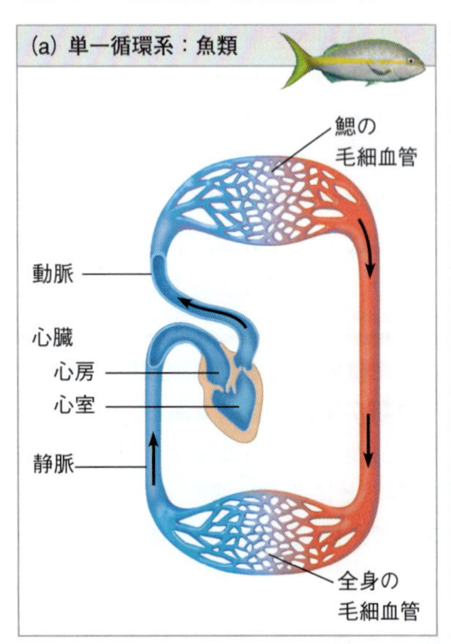
(a) 単一循環系：魚類
鰓の
毛細血管
動脈
心臓
心房
心室
静脈
全身の
毛細血管

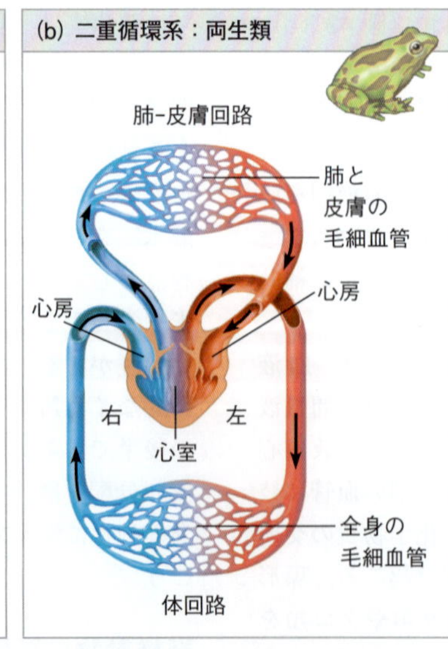
(b) 二重循環系：両生類
肺-皮膚回路
肺と
皮膚の
毛細血管
心房
心房
右
左
心室
全身の
毛細血管
体回路

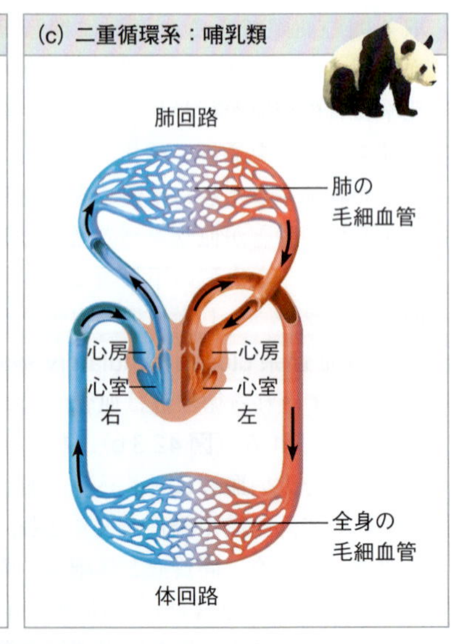
(c) 二重循環系：哺乳類
肺回路
肺の
毛細血管
心房
心房
心室
心室
右
左
全身の
毛細血管
体回路

凡例　富酸素血液
　　　貧酸素血液

（循環系は，動物がこちらを向いているように描かれていることに注意すること．心臓の右側は左に示されている．）

体の残りの部分を流れる血液の速度を制限する．ただし，動物が遊泳するときに筋肉が収縮および弛緩することで，比較的緩慢な循環速度は加速させられる．

二重循環系

両生類，爬虫類，哺乳類の循環系は，**二重循環 double circulation** とよばれる2つの血流回路をもつ（図 42.4 b,c）．二重循環系をもつ動物では，2つの回路のためのポンプは，単一の器官である心臓に一体化している．単一の心臓に両方のポンプをもつことで，2つのポンプの周期の連動を単純化している．

1つ目の回路では，心臓の右側にあるポンプが貧酸素の血液をガス交換組織の毛細血管床に運び，そこでは酸素を血液へ，二酸化炭素を血液からガス交換組織へと移動させる．爬虫類と哺乳類を含む多くの脊椎動物では，ガス交換が肺で行われるため，この回路は「肺回路」とよばれる．多くの両生類では，ガス交換が肺と皮膚の毛細血管で行われるため，この回路は「肺–皮膚回路」とよばれる．

「体回路」とよばれるもう1つの回路は左側の心臓から始まり，ガス交換組織を経て酸素が豊富になった血液を体中の器官や組織の毛細血管床へと送る．酸素と二酸化炭素，栄養素と老廃物を交換した後，貧酸素となった血液は心臓に戻り，この回路が完結する．

二重循環系では，血液が肺や皮膚の毛細血管床を通過した後に心臓が再び加圧するため，脳や筋肉，他の器官へ力強い流れの血液を供給できる．実際，体回路の血圧はガス交換回路の血圧よりもしばしば高い．対照的に，単一循環系では，ガス交換器官から他の器官へと，低下した血圧で直接血液を流す．

二重循環系の進化的多様性

進化 二重循環系をもつある種の脊椎動物は，間欠的な呼吸を行う．たとえば両生類と多くの爬虫類は周期的に肺を空気で満たし，ガス交換なしに，あるいは皮膚のような別のガス交換組織に頼って長時間を過ごす．間欠的な呼吸を行う動物に見られる多様な適応は，部分的あるいは全体的に，循環系に対して一時的に肺を迂回させることを可能にしている．

- カエルやその他の両生類は，3つの小室，すなわち2つの心房と1つの心室からなる心臓をもつ（図 42.4 b 参照）．心室内の隆起が，ほとんど（約 90%）の富酸素血液を左心房から体回路へ，ほとんどの貧酸素血液を右心房から肺–皮膚回路へと流す．カエルが水中にいるときには，心室の不完全な仕切りをうまく利用して，一時的に役に立たなくなる肺への血液の大部分を止めてしまう．皮膚への血液は維持され，カエルが水中にいる間のガス交換の唯一の部位として働く．
- カメ類，ヘビ類，トカゲ類の3室からなる心臓では，不完全な中隔が1つの心室を右室と左室へと部分的に分離している．大動脈とよばれる2つの主要な動脈が体循環へとつながる．両生類と同様，肺と体のその他の部分へと流れる血液の相対流量を，循環系は調節することができる．
- アリゲーター，カイマンとその他のワニ類では，完全な中隔が心室を分離しているが，肺回路と体回路は心臓を出る動脈の部位で連絡している．この連絡が，たとえば動物が水中にいるときに一時的に肺への血流を止めるような，動脈弁としての機能を可能にしている．

鳥類や哺乳類のように，ほぼ連続的に呼吸をする動物の二重循環系は，他の脊椎動物の二重循環系とは異なる．図 42.4 c のパンダの例に示すように，心臓は2つの心房と2つの完全に分かれた心室をもつ．心臓の左側は，富酸素血液のみを受け取り，送り出す．一方で，心臓の右側は，貧酸素血液のみを受け取り，送り出す．両生類や多くの爬虫類とは異なり，鳥類と哺乳類は体全体への血流を同時に変化させることなしに，肺への血流を変化させることはできない．

自然選択は，鳥類と哺乳類の二重循環系をどのように形づくってきたのだろうか．内温動物である鳥類と哺乳類は，同じ大きさの外温動物と比べて約 10 倍のエネルギーを利用する（40.4 節参照）．それゆえ彼らの循環系は，約 10 倍の燃料と酸素を組織に運搬し，10 倍の二酸化炭素やその他の老廃物を除去する必要がある．この大きな物質輸送量は，大きな心臓をもち，そして肺回路と体回路が分離して独立に動力が供給されることにより可能となった．強力な4室からなる心臓は，鳥類と哺乳類で別々の祖先から独自に生じたものであり，収斂進化を反映している（22.3 節参照）．

次項では哺乳類の循環系に焦点を当て，心臓という鍵となる循環器官の構造と生理を見ていく．

概念のチェック 42.1

1. 開放血管系での血リンパ液の流れは，屋外の噴水での水の流れとどのように似ているか．
2. 不完全な隔膜をもつ3室の心臓は，哺乳類の心臓と比べて循環機能への適応が低いとみなされていた．この観点が見落としている，この心臓の利点とは何か．

3. **どうなる？➤**正常に発生しているヒトの胎児では，右と左の心房の間に孔がある．この孔が出生前に完全には閉じないケースが存在する．もしこの孔を手術によって治療しないと，体回路に入る血液の酸素含量にどのように影響するか．

（解答例は付録 A）

42.2

心臓収縮の協調的な周期が哺乳類の二重循環を駆動する

体の器官に酸素を適時に送ることは重大な意味をもつ．たとえば，ある種の脳細胞は，もし酸素の供給がわずか数分間中断することでさえ死んでしまう．哺乳類の心臓血管系は，体の継続的な（変化するものの）酸素需要にどのように対処しているのだろうか．この質問に答えるためには，心臓血管系がどのように構成され，各部分がどのように働いているのかを理解する必要がある．

哺乳類の循環

まずは哺乳類の心臓血管系の全体の構成について，肺回路から見ていこう（丸で囲んだ番号は，図 42.5 の印がついた場所を示している）．右心室❶が血液を肺動脈❷を経て肺に送り出す．血液が左右の肺の毛細血管床❸を通過するときに酸素を取り込み，二酸化炭素を放出する．酸素に富む血液は，肺から肺静脈を経て左心房❹に戻る．次に，酸素に富む血液は左心室❺に流れ込む．左心室は，酸素に富む血液を体回路を通じて体組織に送り出す．血液は，左心室から大動脈❻を経て，血液を体中に導く動脈に運ばれる．大動脈の最初の分岐が，心筋自身に血液を供給する冠動脈（図示していない）である．次は頭部と腕（前肢）の毛細血管床❼への動脈との分岐である．動脈は腹部方向に下っていき，酸素に富む血液を腹部器官と脚（後肢）の毛細血管床❽につながる動脈に供給する．毛細血管では，酸素と二酸化炭素がその濃度勾配に従って拡散し，血液から組織に酸素を，細胞呼吸によって生成された二酸化炭素を血液へと移動させる．毛細血管は再び集まって細静脈を形成し，血液を静脈に運ぶ．頭部，頸部，前肢からの貧酸素血液は，上部（前部）大静脈❾とよばれる大きな静脈に運ばれる．下部（後部）大静脈❿とよばれる別の大きな静脈が，血液を体幹と後肢から運ぶ．2 本の大静脈は，貧酸素の血液を右心房⓫に注ぎ込み，そこから血液は右心室に流れ込む．

▼図 42.5　**哺乳類の心臓血管系：概観．**二重の回路は，図中の番号に沿って連続的に起こるのではなく，同時に働くことに注意すること．2 つの心室はほぼ同調して収縮し，等量の血液を送り出す．しかしながら，体回路中の総血液量は肺回路よりもかなり多い．

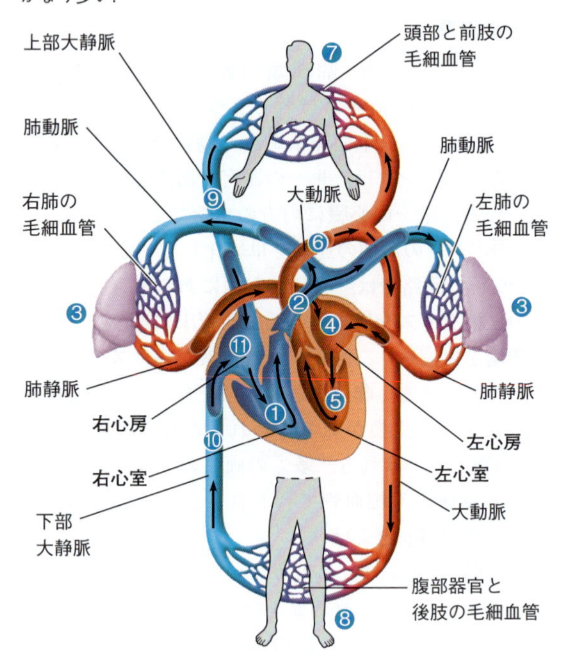
上部大静脈
頭部と前肢の
毛細血管
肺動脈
肺動脈
右肺の
毛細血管
大動脈
左肺の
毛細血管
肺静脈
肺静脈
右心房
左心房
右心室
左心室
下部
大静脈
大動脈
腹部器官と
後肢の毛細血管

図読み取り問題➤もし二酸化炭素分子の移動を，右親指の細動脈から始まり，呼気として体から出るまでを追跡する場合，二酸化炭素分子が毛細血管床を通過する最小の数はいくつか．説明しなさい．

哺乳類の心臓：詳細

ヒトの心臓を例に，どのようにして哺乳類の心臓が働くのかを詳細に見てみよう（図 42.6）．ヒトの心臓は胸骨の奥に位置し，およそ握りこぶしの大きさで，ほとんど心筋からなる（図 40.5 参照）．2 つの心房の壁は比較的薄く，肺や他の体組織から心臓に戻る血液の収集小室として機能する．心臓の 4 つすべての小室が弛緩したときに，心房に入った血液の大部分が心室に流れる．残りの血液は，心室が収縮を開始する前に，心房が収縮して心室へと移動する．心房と比べて心室の壁は厚く，強力に収縮し，特に左心室は血液を体回路を通じて体中に送り出すために，より力強く収縮する．左心室は右心室よりも強い力で収縮するが，左心室と右心室は同量の血液を送り出す．

心臓は律動周期的に収縮と弛緩を行う．血液は心臓が収縮するときに押し出され，弛緩するときに心臓の小室に満たされる．押し出しと充満の一連の過程を**心臓周期 cardiac cycle** とよぶ．周期の収縮相は**収縮期 systole**，弛緩相は**拡張期（弛緩期）diastole** とよばれ

▼図 42.6　**哺乳類の心臓：詳細．** 心臓内で血液の逆流を防ぐ弁の位置に注目．また，心房と左右の心室では，筋肉壁の厚さがいかに違うかにも注目しなさい．

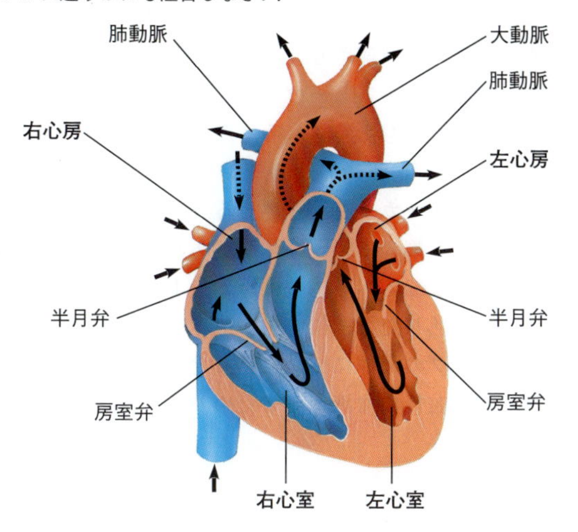

肺動脈
大動脈
肺動脈
右心房
左心房
半月弁
半月弁
房室弁
房室弁
右心室
左心室

▼図 42.7　**心臓周期．** 1 分間に心拍数約 72 拍の休息時の成人では，1 回の心臓周期は約 0.8 秒である．0.1 秒を除いては，心臓周期のほとんどの間，心房は弛緩しており，静脈を経て戻ってくる血液に満たされている．

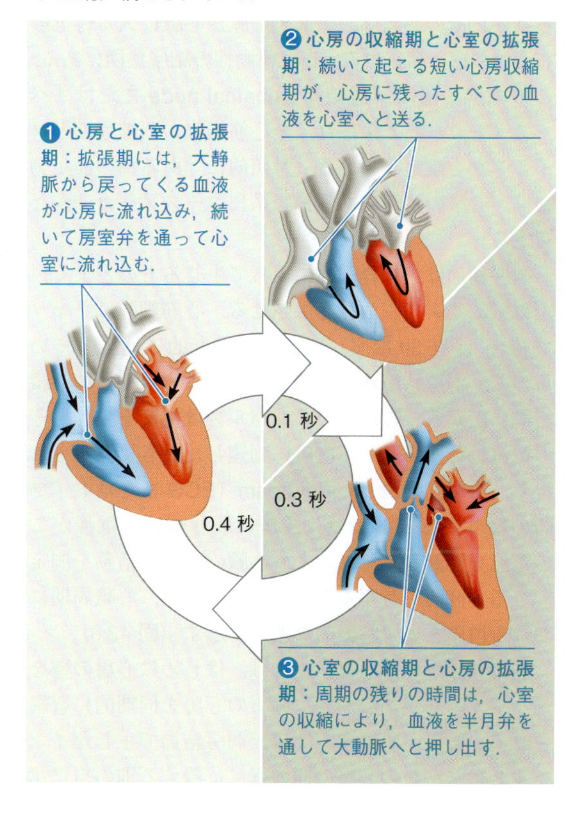

❶心房と心室の拡張期：拡張期には，大静脈から戻ってくる血液が心房に流れ込み，続いて房室弁を通って心室に流れ込む．
❷心房の収縮期と心室の拡張期：続いて起こる短い心房収縮期が，心房に残ったすべての血液を心室へと送る．
❸心室の収縮期と心房の拡張期：周期の残りの時間は，心室の収縮により，血液を半月弁を通して大動脈へと押し出す．
0.1 秒
0.3 秒
0.4 秒

る（図 42.7）．

それぞれの心室が押し出す毎分あたりの血液量は，**心拍出量 cardiac output** とよばれる．心拍出量は 2 つの要素に依存する．すなわち，収縮の速度または**心拍数**（毎分あたりの心拍数）**heart rate** と，心室が 1 回収縮することによって押し出される血液量，**1 回拍出量 stroke volume** である．ヒトの平均 1 回拍出量は約 70 mL である．この 1 回拍出量に毎分 72 拍の休息時心拍数を掛けると，心拍出量は毎分 5 L となり，これは体内の全血液量にほぼ相当する．激しい運動時には酸素の需要が増加するが，5 倍にも増加する心拍出量によりまかなわれる．

心臓の 4 つの弁が血液の逆流を防ぎ，血流を正しい方向に保つ（図 42.6，図 42.7 を参照）．これらの弁は結合組織の蓋でできており，ある方向から押されると開き，反対方向から押されると閉じる．心房と心室との間には**房室弁 atrioventricular valve** が存在する．房室弁は，心室の収縮期であっても反対側に曲がることを防ぐ強力な繊維によってつなぎ止められている．心室の力強い収縮によって生じる圧力が房室弁を閉じ，血液が心房へと逆流するのを防ぐ．**半月弁 semilunar valve** は，肺動脈が右心室から，大動脈が左心室から出ていく，心臓の 2 つの出口に位置する．半月弁は心室の収縮により生じる圧力によって押し開けられる．心室が弛緩するとき，肺動脈と大動脈中の血圧が半月弁を閉じ，血液が心室へと逆流することを防ぐ．

2 組の心臓弁の閉鎖は，聴診器を用いること，あるいは他人（あるいは愛犬）の胸に耳をぴったりと押し当てることによって知ることができる．心音のパターンは「ラブ–ダプ，ラブ–ダプ，ラブ–ダプ」で，第 1 心音（「ラブ lub」）は閉じた房室弁により血液が跳ね返ることによって生じ，第 2 心音（「ダプ dup」）は半月弁が閉じることで生じる振動による．

もし血液が障害のある弁から後方に噴き出すと，**心雑音 heart murmur** とよばれる異常な音を生じる．生まれながらに心雑音のある人や，弁が感染（たとえば，ある種の細菌への感染により心臓や他の組織が炎症を引き起こすリウマチ熱）によって障害を受けている人がいる．もし弁の不具合が健康被害を引き起こすほどならば，外科医は人工置換弁を移植するかもしれない．しかしながら，すべての心雑音が不具合によるわけではなく，ほとんどの弁の不具合は手術が必要なほど血流効率を低下させるものではない．

心臓の律動的拍動の維持

脊椎動物では，心拍は心臓自身によって生じる．心筋細胞には自己律動性の細胞があり，神経系からのシグナルなしに収縮と弛緩を繰り返すことができる．これらの細胞を心臓から取り出して研究室でシャーレに入れておいても，律動的な収縮を観察できる．これらの細胞それぞれが内因性の収縮リズムをもっているならば，なぜ正常な心臓では協調した収縮が起こるのだろうか．その答えは，上部大静脈が心臓に入る付近の右心房の壁に存在する，自己律動性の細胞集団にある．この細胞集団は**洞房結節 sinoatrial node** または「ペースメーカー」とよばれ，全心筋細胞の収縮速度とタイミングを設定している（対照的に，ある種の節足動物は，心臓の外側にある神経系にペースメーカーが存在する）．

洞房結節は，神経細胞によって生じるものとよく似た電気的インパルスを発生させる．心筋細胞はギャップ結合（図6.30参照）によって電気的に連結しているので，洞房結節からのインパルスはすみやかに心臓組織に広がる．これらのインパルスは電流を生じ，その電流は体液を通して皮膚に到達したときに測定され得る．**心電図 electrocardiogram**（ECGまたはドイツ語の綴りで**EKG**）では，皮膚に取りつけた電極がこの電流を記録し，それにより心臓の電気的活動を測定できる．時間に対する電流値のグラフは，心臓周期における段階を表す特徴的な波形を示す（図42.8）．

洞房結節からのインパルスは，はじめに心房の壁を通ってすみやかに広がり，両方の心房を同期的に収縮させる．心房が収縮する間に，洞房結節で生じたインパルスは，左右の心房の間の壁に位置する別の自己律動性細胞集団に達する．これらの細胞は，**房室結節 atrioventricular node** とよばれる中継点を形成する．ここで，インパルスは心尖（心臓の頂端）に広がる前に0.1秒間の遅れが生じる．この遅延は，心室が収縮する前に，心房を完全に空にするために十分な時間である．次に，房室結節からのシグナルは束枝とプルキンエ繊維とよばれる特化した構造により心尖に伝わり，心室の壁全体に広がる．

生理的な刺激は，洞房結節のペースメーカー機能を制御することによって心拍の速度を変化させる．交感神経と副交感神経という2組の神経系がこの制御に大きな役割を果たしている．これらは，車におけるアクセルとブレーキのような機能をもつ．たとえば，立ち上がって歩き出すと，交感神経はペースメーカーを加速させる．その結果として生じる心拍数の増加によって，筋肉の活動に必要な追加の酸素が供給される．その後，座ってくつろぐと，副交感神経がペースメーカーを減速させ，心拍数を下げてエネルギーを節約する．ペースメーカーは，血液に分泌されるホルモンによっても影響される．たとえば，副腎から分泌される「闘争–逃走」ホルモンであるアドレナリンは，ペースメーカーを加速させる．ペースメーカーに影響を及ぼす第3の要因は体温である．わずか1℃の体温上昇によって，心拍数は毎分約10拍数増加する．これは，発熱したときに心拍が速くなる理由である．

循環ポンプの動作について学んだところで，次節では各回路の血管に血液を流すための構造と力について見ていく．

概念のチェック 42.2

1. ともに静脈であるにもかかわらず，大静脈中の血液に比べて肺静脈中の血液が高い酸素濃度をもつ理由を説明しなさい．
2. 洞房結節と心房から心室へと伝わっていく電気インパルスを，房室結節が遅延させることがなぜ重要なのか．
3. どうなる？➤数ヵ月間，定期的に運動したとしよう．休息時心拍数は減少したが，休息時の心拍出量に変化はなかった．これらの観察に基づくと，その他に，休息時の心臓の機能にどのような変化が起こったと考えられるか．

（解答例は付録A）

▼図42.8　**心臓律動の調節．** インパルスが心臓内の決まった経路を流れ，心臓律動が成立する．下の模式図は，心臓周期における電気信号（黄色）の移動を追跡したもの．律動の調節にかかわる特殊化した筋細胞はオレンジ色で示した．それぞれの段階において，心電図の対応する部位を黄色で示している．段階❹では，心電図における「スパイク」（訳注：黄色部）の右側部分は，次回の収縮のために心室を再準備する電気的活動に相当する．

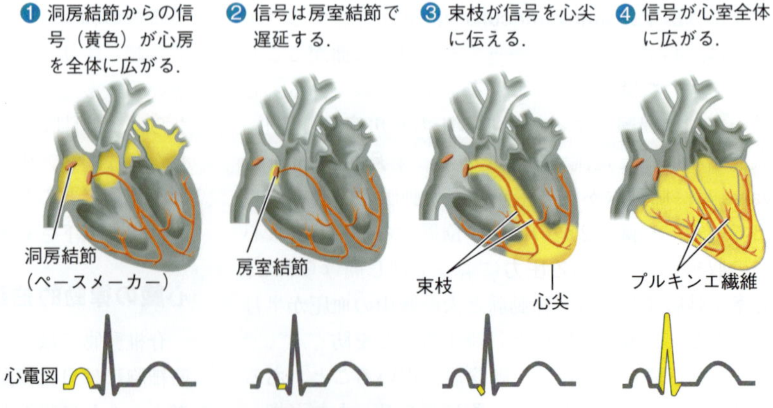
❶ 洞房結節からの信号（黄色）が心房を全体に広がる．
❷ 信号は房室結節で遅延する．
❸ 束枝が信号を心尖に伝える．
❹ 信号が心室全体に広がる．
洞房結節（ペースメーカー）
房室結節
束枝
心尖
プルキンエ繊維
心電図

どうなる？➤もし医師があなたの心電図記録のコピーをくれたなら，測定時の心拍数がどの程度だったのかをどのようにすれば決定することができるだろうか．

42.3

血圧と血流のパターンは血管の構造と配置を反映する

体全体に酸素と栄養素を供給し老廃物を除去するために，脊椎動物の循環系は血管に依存しており，血管の構造はその機能と密接な一致を示す．

血管の構造と機能

すべての血管は内腔をもち，内腔は単層扁平上皮細胞からなる**内皮 endothelium** に裏打ちされている．銅管の磨かれた表面のごとく，滑らかな内皮層は血液の流れに対する抵抗を最小にしている．内皮を取り巻く組織層は毛細血管，動脈，静脈で異なり，これらの血管が固有の機能をもつことへの構造的適応の結果を反映している（図 42.9）．

毛細血管は最も小さな血管で，その直径は赤血球よりもやや大きい程度である．毛細血管は非常に薄い血管壁をもち，その血管壁は内皮と，「基底膜」とよばれる内皮を取り巻く細胞外層のみからなる．毛細血管だけが物質交換を可能にするだけの十分な薄さの血管壁をもつため，血管と間質液との間の物質交換は毛細血管だけで起こる．

毛細血管とは異なり，動脈と静脈は内皮と，内皮を包む 2 層の組織からなる．外側の層は，血管が伸縮するための弾性繊維と強度を付与するコラーゲンを含む結合組織からなる．内皮に隣接する層は，平滑筋と弾性繊維を含んでいる．

動脈壁は厚くて強く，伸縮性がある．そのため動脈壁は，心臓によって高い血圧で押し出される血液に適している．すなわち，血液が入ってくるときには外側に膨らみ，収縮と収縮の間で心臓が弛緩するときにはもとに戻る．この後見ていくように，動脈壁のこのふるまいは，血圧を維持し，毛細血管に血液を流すために必須である．

動脈壁と細動脈壁における平滑筋は，血液の流路を調節することに役立つ．神経系からのシグナルあるいは血液中を循環しているホルモンは，動脈や細動脈の平滑筋に作用して，血管を拡張あるいは収縮させることで，体の異なる部分への血液の流れを調整する．

静脈は低い血圧で血液を心臓に戻すため，厚い血管壁は必要ない．同じ直径の血管で比較すると，静脈の血管壁は動脈の血管壁の約 3 分の 1 程度である．動脈と異なり静脈は弁をもち，このことにより低血圧にもかかわらず，静脈内の血液の一方向への流れが維持される．

次に，血管の直径，数，血圧が，体の中の異なる部分での血流速度にどのように影響するのかを考える．

血流速度

血管の直径が血流にどのように影響するのかを理解するために，蛇口につないだ壁厚のホースを通って水がどのように流れるかを考えてみよう．蛇口を開くと，水はホースのどの部分でも同じ速度で流れる．では，ホースの先端に，狭いノズルを取りつけると何が起こるだろうか．水は圧がかかっても圧縮されないため，

▼図 42.9　血管の構造．

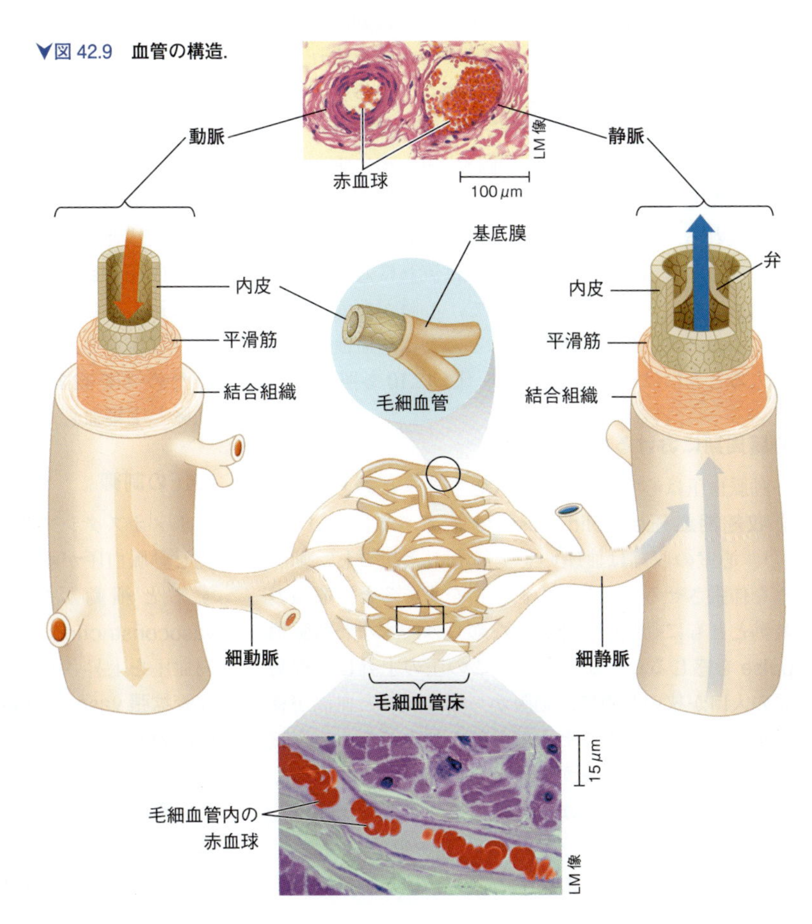

動脈
静脈
赤血球
LM 像
100 µm
基底膜
内皮
平滑筋
結合組織
毛細血管
弁
内皮
平滑筋
結合組織
細動脈
細静脈
毛細血管床
15 µm
毛細血管内の赤血球
LM 像

一定時間にノズルを通って出てくる水の量は，ホースの他の部分を流れる水量と同じはずである．ノズルの断面積がホースよりも小さいため，水の流れる速度はノズルの部分で上昇し，水はノズルからとても速く出てくる．

類似の状況が循環系にも存在する．ただし，動脈から細動脈，毛細血管へと移動するに従って，血液の流れは遅くなる．なぜだろうか．毛細血管の数は膨大であり，ヒトの体ではおよそ70億ほどである．各々の動脈は非常に多くの毛細血管に血液を運ぶため，毛細血管床の総断面積は動脈および循環系の他のどの部位よりもかなり大きい（図42.10）．断面積が極度に増加した結果として，動脈から毛細血管へ，速度が劇的に低下する．毛細血管（約0.1 cm/秒）では，大動脈（約48 cm/秒）の500分の1の速度で血液が流れる．毛細血管を通過して細静脈や静脈に入ると，総断面積が小さくなるため，血流速度は上昇する．

血　圧

すべての液体と同様，血液は圧力の高いほうから低いほうへと向かって流れる．心室の収縮は血圧を生み出し，四方八方に力を及ぼす．力の一部は動脈の長軸方向に作用し，最も高い圧の心臓から血液を流れ去らせる．また力の一部は，動脈壁を膨らんで伸ばすように作用する．心室の収縮の後に，動脈の弾性壁がもとに戻ろうとすることが血圧を維持するために重要な役割を果たし，このことによって，心臓周期を通して血液が流れる．血液が無数の小さな細動脈や毛細血管に入ると，これらの血管の狭い直径は流れに対して相当な抵抗を生む．この抵抗によって，心臓が血液を押し出すことにより生じた血圧のほとんどは，血液が静脈に入るときには消散してしまう（図42.10参照）．

心臓周期における血圧の変化

動脈血圧は心室収縮期に最大となる．このときの圧を**収縮期血圧 systolic pressure** とよぶ（図42.10参照）．心室の収縮は血圧の急上昇を引き起こし，動脈壁を伸張させる．手首の内側に指を当てると，心臓の鼓動とともに動脈壁の律動的な膨らみ，すなわち**脈拍 pulse** を感じることができる．この圧の上昇は，細動脈の入口が狭いために，動脈から細動脈へと血液が移動することを妨げることが部分的な理由である．心臓が収縮するとき，血液が動脈から出ていくよりも速く動脈に入ってきて，圧が上昇するために血管が膨らんで伸張する．

心臓拡張期には，動脈の弾性壁は急速にもとに戻る．

▼図42.10　血管の断面積，血流速度，および血圧の相互関係． 血管総断面積の増大の結果として，血流速度は細動脈で著しく低下し，毛細血管で最も遅くなる．血液を心臓から毛細血管へと運ぶための主要な駆動力である血圧は，大動脈やその他の動脈で最も高い．

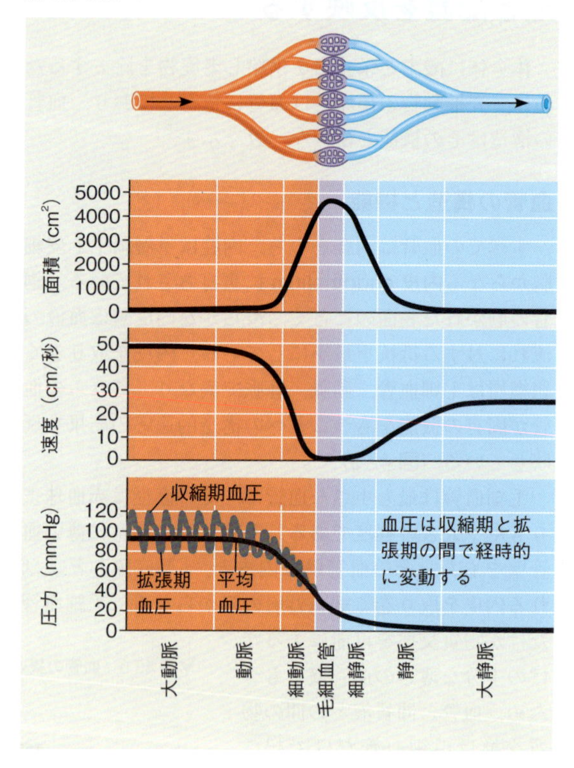

5000
4000
3000
2000
1000
0
面積（cm²）
50
40
30
20
10
0
速度（cm/秒）
収縮期血圧
120
100
80
60
40
20
0
圧力（mmHg）
拡張期血圧
平均血圧
血圧は収縮期と拡張期の間で経時的に変動する
大動脈
動脈
細動脈
毛細血管
細静脈
静脈
大静脈

結果として，心室が弛緩しているときにも，低いけれども依然として十分な血圧が存在する［**拡張期（弛緩期）血圧 diastolic pressure**］．多くの血液が細動脈に流れ込んで動脈内の圧が完全になくなる前に，心臓は再び収縮する．動脈は心臓周期を通して加圧されているため（図42.10参照），血液は途切れることなく細動脈と毛細血管へと流れ込む．

血圧の制御

ホメオスタシスの機構によって，細動脈の直径が変化し動脈血圧が調節される．細動脈壁の平滑筋が収縮すると細動脈は狭まり，この過程は**血管収縮 vasoconstriction** とよばれる．血管収縮は上流の動脈内血圧を上昇させる．平滑筋が弛緩すると，細動脈は**血管拡張 vasodilation** してその直径は大きくなり，動脈内の血圧が低下する．

血管拡張の主要な誘発物質として一酸化窒素（NO）という気体が，血管収縮の最も強力な誘発物質としてはエンドセリンというペプチドがそれぞれ同定されてきた．神経系とホルモン系からの指示が血管でのNO

とエンドセリンの産生を調節し，血管ではこれら分子の相反する作用が血圧のホメオスタシス制御をもたらす．

血管収縮と血管拡張は，血圧に影響を与える心拍出量の変化と連動している．調節機構同士の協調は，循環系への要求が変化したときに，適切な血流を維持することにつながる．たとえば，激しい運動時には，働いている筋肉中の細動脈は広がり，酸素に富む血液の流れを筋肉に増やす．これだけでは，筋肉への血流の増加は体全体の血圧の低下（そのために血流の低下も）を招くことになる．しかし同時に心拍出量が増加することで，血圧を維持し，必要な血流の増加を持続させられる．

血圧と重力

血圧は通常，心臓と同じ高さの腕の動脈で測定する（図 42.11）．20 歳の健康人の休息時では，典型的な体回路の動脈血圧は，収縮期が約 120 ミリメートル水銀柱（mmHg），弛緩時が約 70 mmHg であり，120/70 と表す（肺回路の動脈血圧は，体回路の 6 分の 1〜10 分の 1 である）．

重力は血圧に対して大きな影響を与える．たとえば直立している場合，頭部は胸部よりも約 0.35 m 高く，脳の動脈血圧は心臓の近くよりも約 27 mmHg 低い．この血圧と重力の関係は，失神という現象を理解するうえで鍵となる．失神という反応は，脳内の血圧が，適切な血流を供給するために必要なレベルよりも低いことを神経系が感知したときに引き起こされる．地面に倒れることによって，脳は心臓の高さに置かれ，脳への血流が急速に増加する．

長い首をもつ動物にとって，重力を克服するために要求される血圧は特に高い．たとえばキリンの場合，頭部に血液を送るために，心臓の近くでは 250 mmHg を超える収縮期血圧が必要である．キリンが水を飲むために頭を下げるときには，一方向性の弁や静脈洞，心拍出量を抑制するフィードバック機構などが頭部の血圧を低下させ，脳が損傷することを防ぐ．頸部の長さが 10 m にもなる恐竜では，頭部を完全にもち上げた場合，脳に血液を押し上げるために 760 mmHg 近くという非常に高い収縮期血圧が必要とされる．しかしながら，解剖学ならびに推測される代謝速度から計算すると，恐竜はそのように高い血圧を生み出すために十分な強さの心臓をもっていなかったと示唆される．頸部の骨格構造の研究ならびにこの証拠をもとに，ある生物学者たちは，首の長い恐竜は高いところではなく地上付近の葉を食べていたと結論づけている．

重力は静脈の血流，特に脚の静脈に関しても考慮すべき事柄である．立っているときあるいは座っているとき，重力は血液を脚に向かって下向きに導き，血液を心臓に向かって上向きに戻すことを妨げる．静脈内の血圧は比較的低いため，静脈内の弁の存在が，一方向に血液を流すことの維持に重要な機能を果たしている．さらに，細静脈と静脈の血管壁に存在する平滑筋の律動的な収縮や，運動に伴う骨格筋の収縮が，血液を心臓に戻すことを亢進する（図 42.12）．

まれな事例だが，ランナーや他の運動選手が激しい運動を突然やめたときに心不全を起こすことがある．脚の筋肉が突然収縮と弛緩をやめると，速い心拍が継続されている心臓には少量の血液しか戻らない．もし

▼図 42.11　**血圧の測定．** 血圧は，斜線で分けられた 2 つの数値として記録される．1 つ目の数値が収縮期血圧で，2 つ目が拡張期血圧である．

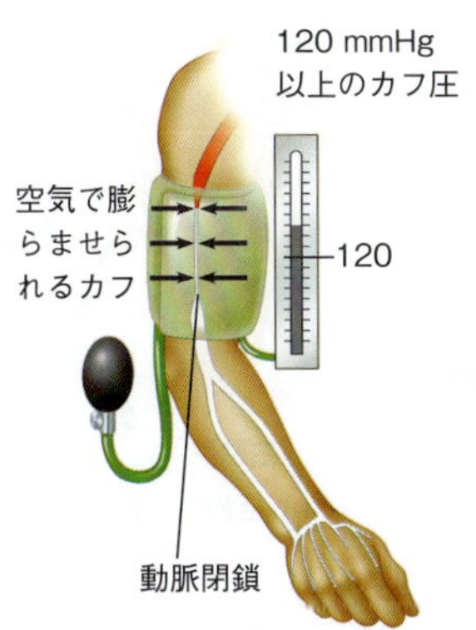
120 mmHg
以上のカフ圧
空気で膨らませられるカフ
120
動脈閉鎖

❶ 血圧計は，圧力ゲージと，そこに接続した空気を注入して膨らませるカフ（袖カバー）からなり，動脈の血圧を測定する．圧力によって動脈を閉ざすまでカフを膨らませると，血流がカフの下で流れなくなる．この状態では，カフによって及ぼされる圧力は動脈の血圧を超える．

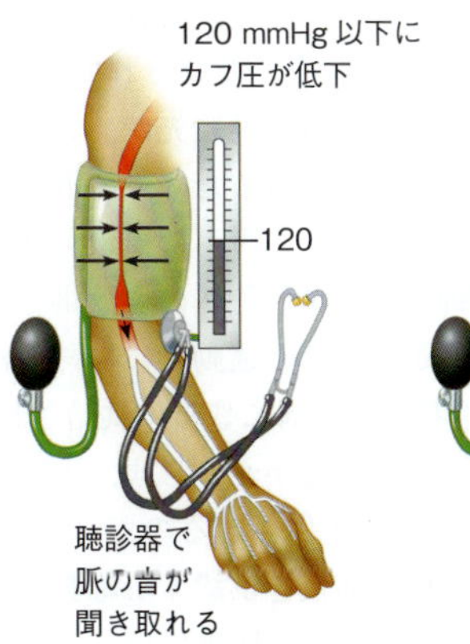
120 mmHg 以下に
カフ圧が低下
120
聴診器で
脈の音が
聞き取れる

❷ カフの空気を徐々に抜く．カフによる圧力が動脈の血圧よりも低くなった時点で，血流が前腕に流れ始め，聴診器で脈を打つ音が聞こえるようになる．この時点で測定される圧力が収縮期血圧である（この例では 120 mmHg）．

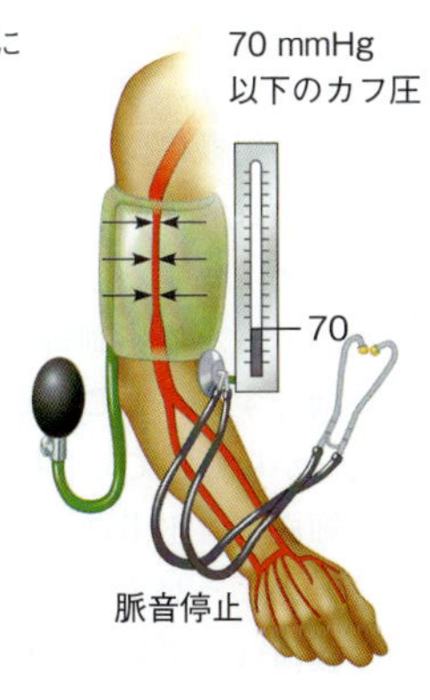
70 mmHg
以下のカフ圧
70
脈音停止

❸ カフの空気をさらに抜いていき，動脈を通して血液が自由に流れるようになると，カフの下の音が消える．この時点での圧力が拡張期血圧である（この例では 70 mmHg）．

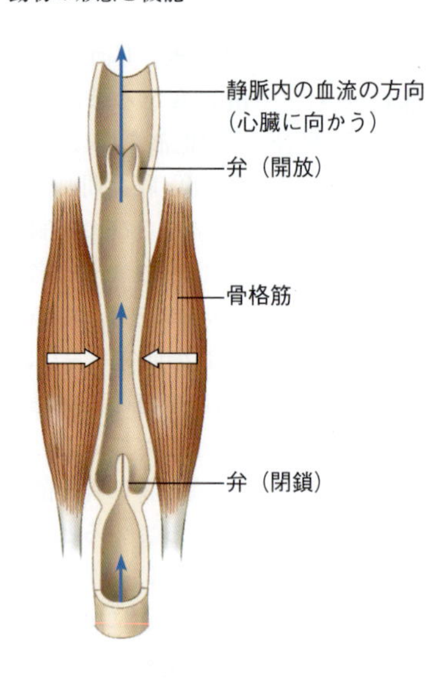
静脈内の血流の方向
(心臓に向かう)
弁（開放）
骨格筋
弁（閉鎖）

▶図 42.12　**静脈での血液の流れ．** 骨格筋の収縮は，静脈を圧搾して収縮させる．静脈内のふた状の組織が一方向性の弁として働き，血液を心臓に向けて流し続ける．長時間座り続けたり立ち続けたりすると，筋肉の活動が失われ，血液が静脈内に溜まって足がむくむ原因となる．

心臓が弱かったり損傷を受けていたりすると，この不適切な血液の流れは心臓の機能不全を引き起こすことがある．心臓に過剰なストレスを与える危険性を減らすため，激しい運動の後には，心拍数が休息時のレベルに落ち着くまで，ウォーキングといった適度の運動で「クールダウン」することが推奨される．

毛細血管の機能

どのようなときでも，血液が流れているのは体の毛細血管の約 5〜10%のみである．しかし，各組織には多くの毛細血管があるため，体のあらゆる部位に血液がつねに供給されている．脳，心臓，腎臓，肝臓の毛細血管は通常，許容量まで血液で満たされているが，その他の組織に関しては，血液の供給先が，ある場所から他の目的場所へと転用され得るため，血液の供給は刻々と変化する．たとえば，皮膚への血液は体温調節を助けるために制御され，消化管への血液供給は食後に増加する．ところが，激しい運動時には，血液は消化管から転じて，骨格筋や皮膚に豊富に供給される．

毛細血管は平滑筋を欠くにもかかわらず，毛細血管床はどのようにして血流を変化させるのだろうか．1つの機構は，毛細血管床に血液を供給する細動脈の収縮あるいは拡張である．2つ目の機構には，毛細血管床の入口に位置している，前毛細血管括約筋とよばれる平滑筋環がかかわっている（図 42.13）．この平滑筋環の開閉により，特定の毛細血管床に向かう血液の通路が調節，再構成される．これらの機構を用いて血流を制御するシグナルには，神経刺激，血流を循環するホルモン，局所的につくられる化学物質などがある．たとえば，傷口の細胞から放出される化学物質のヒスタミンは血管拡張を引き起こす．このことが血流を増加させ，侵入してくる微生物に対して，病気と闘う白血球のアクセスを増加させる．

前述の通り，血液と間質液との間での重要な物質交換は，毛細血管の薄い内皮壁を通して行われる．物質交換はどのようにして行われるのだろうか．いくつかの巨大分子については，飲作用によって内皮細胞が形成する小胞に取り込まれ，細胞の反対側で開口分泌により内容物が放出される．酸素や二酸化炭素のような小分子は，内皮細胞を介して，あるいはある種の組織では毛細血管壁の微細な孔を通って，単純拡散する．この微細な孔は，毛細血管内の血圧によって駆動される体液の漏出，さらには糖や塩，尿素といった小分子の溶質の輸送経路ともなる．

2つの拮抗する力が，毛細血管と周囲の組織との間の溶液の移動を調節している．血圧は溶液が毛細血管から漏出することを駆動し，血液タンパク質の存在が溶液を毛細血管に引き戻そうとする（図 42.14）．多くの血液タンパク質は（すべての血球も）内皮を容易に通過するには大きすぎるので，毛細血管内に残され

▼図 42.13　**毛細血管床での血液の流れ．** 前毛細血管括約筋は，毛細血管床への血液の通過を制御する．つねに開いている短絡路とよばれる流路があり，いくらかの血液はここを通って細動脈から細静脈へと直接流れる．

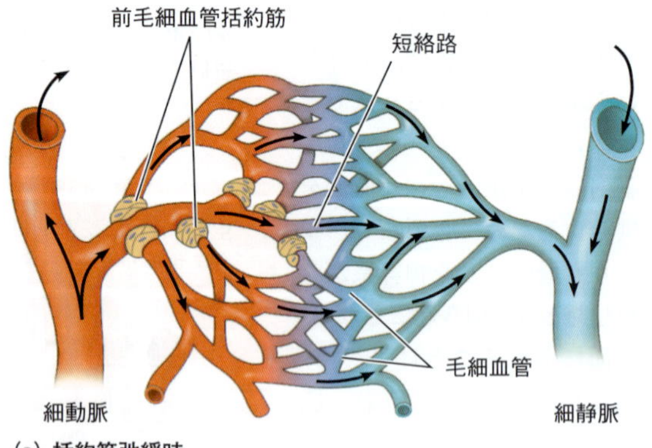
前毛細血管括約筋
短絡路
毛細血管
細動脈
細静脈

(a) 括約筋弛緩時

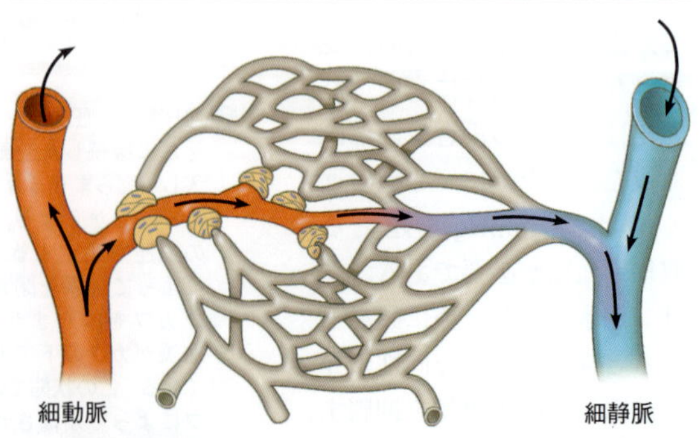
細動脈
細静脈

(b) 括約筋収縮時

▼図 42.14 **毛細血管と間質液の間の体液交換**．この図では，毛細血管の長さ全体を通して，血圧が浸透圧よりも高いと仮定している．毛細血管によっては，全長を通してあるいは部分的に，血圧は浸透圧よりも低い．

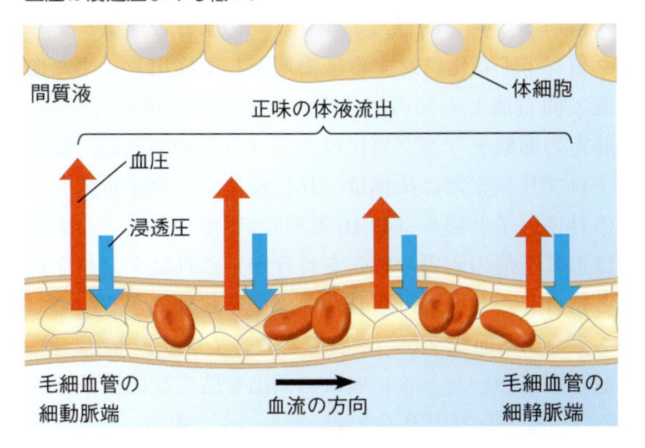
間質液
体細胞
正味の体液流出
血圧
浸透圧
毛細血管の
細動脈端
血流の方向
毛細血管の
細静脈端

▼図 42.15 **リンパ管と毛細血管の密接な関係**．

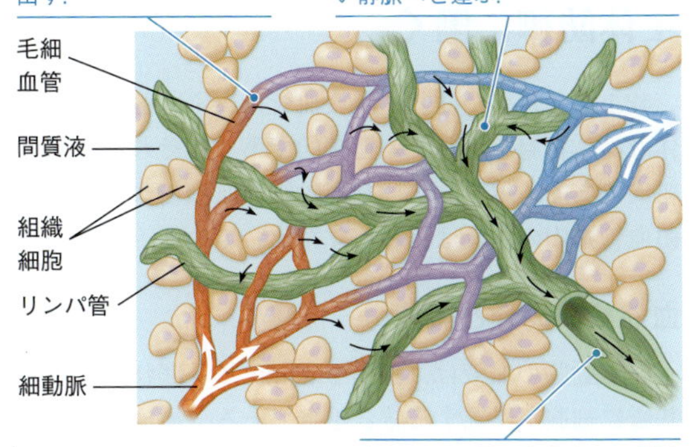
毛細血管から間質液へと溶液とタンパク質が漏れ出す．
リンパ管は漏れ出した溶液とタンパク質を回収し，頸部の根元で太い静脈へと運ぶ．
毛細
血管
間質液
組織
細胞
リンパ管
細動脈
太いリンパ管に存在する，溶液の逆流を防止するための弁．

る．これらの溶けているタンパク質は，血液の「浸透圧」の原因となる（膜を介して存在する2つの液の間で，異なる溶質濃度が生み出す圧力）．血液と間質液との間の浸透圧の違いが，毛細血管から出ていく体液の動きと拮抗する．平均すると，血圧は拮抗する力よりも大きいため，毛細血管からの体液の正味の減少をもたらす．血圧が最も高い，毛細血管の動脈側で，正味の減少は大きい．

リンパ系による体液の回収

毎日，成人の体では，およそ4〜8Lの溶液が毛細血管から周囲の組織へと漏出する．毛細血管壁は大きな分子に対して透過性がないにもかかわらず，血液タンパク質のある程度の漏出もある．失った溶液とタンパク質は**リンパ系 lymphatic system** を介して回収され血液に戻る（図 43.6 参照）．

溶液は，毛細血管と絡み合うように存在する微小な管を介してリンパ系へと拡散して入る（図 42.15）．**リンパ lymph** とよばれる回収された溶液は，リンパ系を循環し，その後頸部の根元で，心臓血管系の太い1対の静脈に流れ込む．このリンパ系と心臓血管系の連結により，毛細血管から失われた溶液の回収と，さらには小腸から血液への脂質の輸送が完結する（図 41.13 参照）．

リンパが末梢組織から心臓へと移動する機構は，静脈を血液が流れることとほぼ同じである．静脈のように，リンパ管は溶液の逆流を防止するための弁をもつ．管壁の律動的な収縮が，溶液が小さなリンパ管に入るのを助ける．加えて，骨格筋の収縮がリンパを動かす役割を果たす．

リンパの移動の障害は，影響を受けた組織にしばしば過剰な体液の蓄積，すなわち浮腫を引き起こす．ある種の状況では，その結果は深刻である．たとえば，ある種の寄生蠕虫（ぜんちゅう）がリンパ管に詰まるとリンパの流れを妨げ，象皮症として知られる，足や他の体の部位が極度に腫れる症状を引き起こす．

リンパ管に沿って，**リンパ節 lymph node** とよばれる器官があり，生体防御に重要な役割を果たしている．リンパ節の内側にはハチの巣状の結合組織があり，その間隙は防御機能を果たす白血球で満たされている．体が感染と闘うとき，白血球はすみやかに増殖し，そのためにリンパ節は膨らんで柔らかくなる．このことが，調子が悪くなったとき，医師が頸部や腋窩（えきか），鼠径（そけい）部の膨らんだリンパ節を確認する理由である．リンパ節は循環するがん細胞を捕捉する可能性もあるため，医師は病気の細胞の転移を発見するために，がん患者のリンパ節を調べる．

近年，リンパ系が喘息（ぜんそく）の原因のような，有害な免疫反応において役割を果たすことが明らかになってきた．上記の，さらにはそれ以外の発見により，1990年代までほとんど注目されなかったリンパ系が，有望で盛んな生物医学研究領域になってきている．

概念のチェック 42.3

1. 毛細血管において血流が遅い第1の原因は何か．
2. 動物が危険な状態から逃げるときに骨格筋を用いることに対して，心臓血管機能におけるどのような短期的変化が促進するか．
3. どうなる？➤もし体内に追加の心臓をもつとしたら，利点と不利な点を1つずつ挙げなさい．

（解答例は付録 A）

42.4

血液の構成要素は物質交換，輸送，生体防御に働く

42.1 節で述べた通り，開放血管系により輸送される体液は体細胞を包む液と連続的であり，それゆえ同じ組成である．対照的に，脊椎動物の血液のように，閉鎖血管系内の体液はきわめて特化している．

血液構成成分と機能

脊椎動物の血液は，**血漿** plasma とよばれる液状の基質に細胞が浮遊する結合組織である．血液構成成分を遠心分離機で分離すると，細胞要素（細胞と細胞断片）は，血液量の約 45% を占める（図 42.16）．残りが血漿である．

血　漿

血漿に溶けているものはイオンとタンパク質で，血球とともに浸透圧調節，輸送や生体防御に働く．溶解したイオンの形で存在する無機塩類は，血液の必須構成成分である．あるものは血液の緩衝作用に，他の多くは浸透圧平衡の維持に役立っている．加えて，血漿中のイオン濃度は間質液の組成に直接影響し，間質液のイオンの多くは筋肉と神経の活動に重大な役割をもつ．これらすべての機能を果たすため，血漿の電解質は狭い濃度範囲内に保たれる必要がある．

溶解イオンと同様，アルブミンのような血漿タンパク質は pH 変化に対する緩衝剤として作用し，また血液と間質液との間の浸透圧平衡の維持も助けている．特定の血漿タンパク質にはさらなる機能がある．免疫グロブリンまたは抗体は，体に侵襲するウイルスなどの外来因子と闘う（43.10 参照）．アポリポタンパク質は水に不溶の脂質の輸送を行うが，これはタンパク質と結合したときのみ脂質が血液中を移動できるためである．また血漿タンパク質であるフィブリノーゲンは，血管が傷ついたときに血液の漏出を防ぐ凝固因子である（血漿から凝固因子を除いたものを「血清」とよぶ）．

血漿は，輸送中の多様な物質，すなわち栄養素，代謝老廃物，呼吸ガス，ホルモンなども含んでいる．血漿は間質液よりもかなり高濃度のタンパク質を含むが，それ以外の組成は類似している（毛細血管壁にはタンパク質に対する透過性がないことを覚えておこう）．

細 胞 要 素

血液は，酸素を運ぶ赤血球と生体防御に機能する白血球という 2 種類の細胞（図 42.16 参照）を含む．やはり血漿に浮遊している**血小板** platelet は，凝固過程

▼図 42.16　**哺乳類血液の構成成分**．遠心した血液は３層，すなわち血漿，白血球と血小板，赤血球に分かれる．

血漿 55%	
構成成分	**主要機能**
水	溶媒
イオン（血液電解質） ナトリウム カリウム カルシウム マグネシウム 塩素 炭酸水素塩	浸透圧平衡， pH 緩衝作用， 膜透過性の調節
血漿タンパク質 アルブミン	浸透圧平衡， pH 緩衝作用
免疫グロブリン（抗体）	生体防御
アポリポタンパク質	脂質輸送
フィブリノーゲン	血液凝固
血液によって運ばれる物質 栄養素（グルコース，脂肪酸，ビタミンなど），代謝老廃物，呼吸ガス（酸素と二酸化炭素），ホルモン	

分離した血液の構成要素

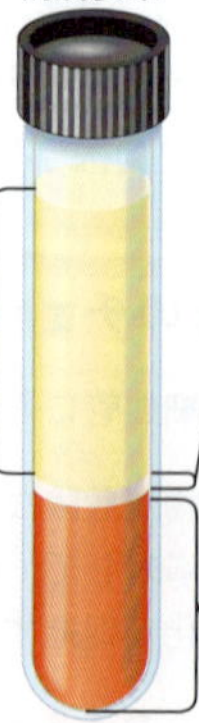

細胞要素 45%		
細胞の種類	**数 血液 μL(mm³) あたり**	**機能**
白血球 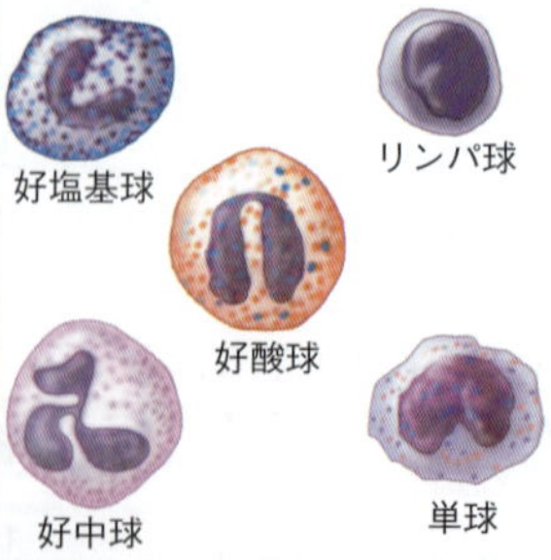 好塩基球，リンパ球，好酸球，好中球，単球	5000〜1 万	生体防御と免疫
血小板 	25 万〜40 万	血液凝固
赤血球 	500 万〜600 万	酸素と一部の二酸化炭素の運搬

に関与する細胞断片である．

赤血球　**赤血球 erythrocyte**（または red blood cell）は圧倒的に最も数の多い血液細胞である（図 42.16 参照）．赤血球の主要な役割は酸素の運搬で，その構造は機能との間に密接な関係がある．ヒト赤血球は，外側よりも中央部が薄く，両凹になった小さな円盤状（直径 7〜8 μm）の形である．この形状は表面積を増大し，赤血球の細胞膜を介する酸素拡散速度を高めている．哺乳類の赤血球は核を欠く．この独特の特徴は，鉄を含むタンパク質で酸素を運搬する**ヘモグロビン hemoglobin**（図 5.18 参照）のために，赤血球という小さな細胞の中に，より大きな空間を残している．赤血球はミトコンドリアも欠き，嫌気性代謝のみによって ATP を産生する．もし赤血球が好気的で，運搬する酸素を消費してしまうのでは，酸素運搬の効率は低い．

形状が小さいにもかかわらず，赤血球は 1 つの細胞あたり約 2 億 5000 万分子のヘモグロビン（Hb）を含む．各ヘモグロビンが 4 分子の酸素と結合するので，赤血球 1 個は約 10 億個の酸素分子を運搬できる．赤血球が肺や鰓などの呼吸器官の毛細血管床を通過するときに，酸素は赤血球内に拡散し，ヘモグロビンと結合する．全身の毛細血管では，酸素はヘモグロビンから解離し，体細胞内に拡散する．

鎌状赤血球症 sickle-cell disease では，異常な形状のヘモグロビン（Hb^S）が重合して凝集体を形成する．赤血球内のヘモグロビン濃度はとても高いため，このような凝集体は赤血球を鎌のように長く曲がった形に変形させるのに十分な大きさをもつ．この異常は，ヘモグロビンのアミノ酸配列が 1 ヵ所変わったことによる（図 5.19 参照）．

鎌状赤血球症は循環系の機能を著しく損なう．鎌状赤血球はしばしば細動脈や毛細血管で詰まり，酸素や栄養素の分配や二酸化炭素や老廃物の回収を妨げる．血管の閉塞と，結果として生じる器官の腫れは，頻繁に深刻な痛みを生じる．加えて，鎌状赤血球は高頻度で溶血してしまうので，酸素を運搬できる赤血球の数が減少する．鎌状赤血球の平均寿命はたった 20 日であり，これは正常な赤血球の 6 分の 1 の長さである．赤血球を失う速度に対して，赤血球の産生速度が追いつかない．短期的な治療は輸血による赤血球の補充などであり，長期的な治療としては，ほとんどの場合 Hb^S の凝集の抑制がその目的である．

白血球　血液は 5 つの主要な種類の**白血球 leukocyte**（または white blood cell）を含む．その機能は感染と闘うことにある．あるものは食細胞で，微生物や体自身の死細胞の破片を飲み込んで消化する．リンパ球とよばれる他の白血球は，外来物質に対して免疫反応をしかける（43.2 節，43.3 節で学ぶ）．通常，ヒト血液 1 μL あたり約 5000〜1 万の白血球を含むが，体が感染と闘わなければならないときには，その数が一時的に増加する．赤血球とは異なり，白血球は循環系の外にも存在し，間質液やリンパ系を巡回している．

血小板　血小板は，特殊化した骨髄細胞が破砕された細胞質断片である．血小板は直径が約 2〜3 μm で，核をもたない．血小板は血液凝固において，構造的，分子的な機能を果たす．

幹細胞と細胞要素の補充

赤血球，白血球，血小板はすべて，血液細胞集団の補充に特化した**幹細胞 stem cell** から生じる．20.3 節で述べた通り，幹細胞は無限に複製され，分裂により幹細胞として残る 1 つの娘細胞と，特殊化した機能をもつようになるもう 1 つの娘細胞へと分かれる．血液細胞の細胞成分を産生する幹細胞は，特に肋骨，脊椎骨，胸骨，骨盤内の赤色骨髄に存在する．幹細胞が分裂して自己複製する過程で，これらの幹細胞は，より限られた自己複製能力をもつ 2 種類の前駆細胞を生み出す（図 42.17）．1 つは，リンパ球を産生するリンパ

▼図 42.17　**血液細胞の分化．** 骨髄内の幹細胞の分裂により，2 つの分化した細胞系列が生じる．リンパ前駆細胞からは，おもに B 細胞と T 細胞からなるリンパ球とよばれる免疫細胞が生じる．骨髄前駆細胞からは，他の免疫細胞，赤血球，血小板とよばれる細胞断片が生じる．

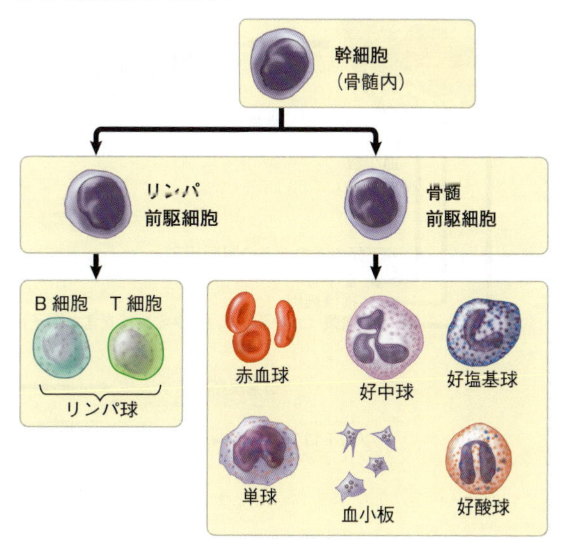
幹細胞
（骨髄内）
リンパ
前駆細胞
骨髄
前駆細胞
B 細胞
T 細胞
リンパ球
赤血球
好中球
好塩基球
単球
血小板
好酸球

前駆細胞である．もう1つは，他のすべての白血球，赤血球と血小板を産生する骨髄性前駆細胞である．

ヒトの生涯を通して，幹細胞は古くなった血液細胞要素を置き換える．赤血球は最も寿命が短く，平均わずか120日間循環して置き換えられる．酸素レベルを感知するフィードバック機構が赤血球の生成を制御している．もし酸素レベルが低下すると，腎臓が**エリスロポエチン erythropoietin（EPO）**とよばれる赤血球生成を刺激するホルモンを合成，分泌する．

組換えDNA技術により，現在ではEPOは培養細胞中で合成できる．「貧血」は，赤血球やヘモグロビン濃度が正常よりも低く，血液の酸素運搬能力が低下する状態のことを指し，医師はこの疾患を抱える人々の処置に組換えEPOを用いる．赤血球濃度を増大させるために，EPOの自己注射を行う運動競技者もいる．この行為はほとんどの主要スポーツ団体で違法とされているため，EPO関連薬物の使用により逮捕されたランナー，自転車競技者，その他の運動競技者は記録が剥奪され，将来の競技会への参加も禁じられた．

血液凝固

小さな切り傷や擦り傷のようなけがで血管が損傷したとき，血液の損失や感染症へのばく露を止めるために，破損した血管を迅速にふさぐ一連のイベントが血管を守る．この反応における重要なイベントは，血液の液体構成要素を固体の血餅に変換する，凝固である．

傷のない状態では，凝固剤，あるいは封止剤は，フィブリノーゲンとよばれる不活性体として循環している．血液凝固は，傷により，損傷した血管壁内のタンパク質が血液成分に露出されることで開始する．露出されたタンパク質は血小板を誘引し，血小板は損傷部位に集まり凝固因子を放出する．凝固因子は，不活性型のプロトロンビンから活性型酵素である「トロンビン」形成をもたらすカスケード反応の引き金を引く（図42.18）．次にトロンビンはフィブリノーゲンをフィブリンへと変換し，フィブリンは繊維へと凝集し，血餅の骨組みを形成する．凝固過程のいずれかの段階を阻害する変異は血友病を引き起こし，血友病ではわずかな切り傷や打撲でも過度の出血や内出血の原因となる（15.2節参照）．

図42.18に示すように，凝固反応は正のフィードバックループを含む．まず最初に，凝固反応は凝固部位において少量のプロトロンビンをトロンビンに変換する．しかしトロンビン自身が酵素カスケードを刺激するた

▼図42.18　血液凝固．

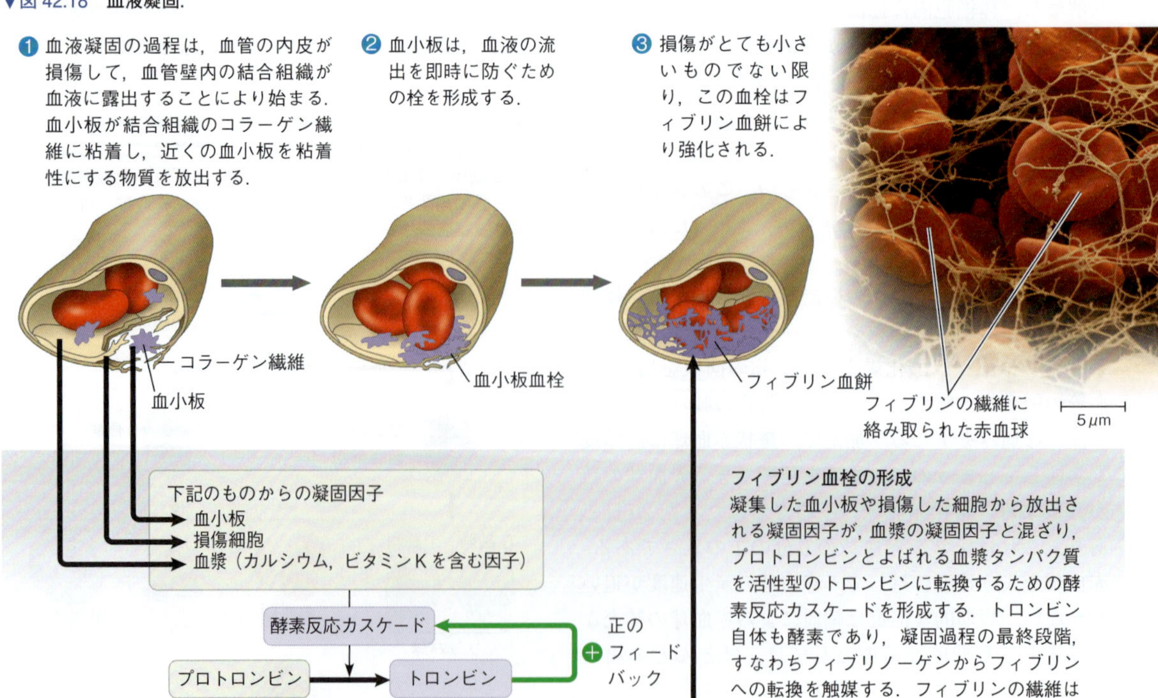
❶ 血液凝固の過程は，血管の内皮が損傷して，血管壁内の結合組織が血液に露出することにより始まる．血小板が結合組織のコラーゲン繊維に粘着し，近くの血小板を粘着性にする物質を放出する．
❷ 血小板は，血液の流出を即時に防ぐための栓を形成する．
❸ 損傷がとても小さいものでない限り，この血栓はフィブリン血餅により強化される．
コラーゲン繊維
血小板
血小板血栓
フィブリン血餅
フィブリンの繊維に絡み取られた赤血球
5 μm
下記のものからの凝固因子
血小板
損傷細胞
血漿（カルシウム，ビタミンKを含む因子）
酵素反応カスケード
正のフィードバック
プロトロンビン
トロンビン
フィブリノーゲン
フィブリン
フィブリン血栓の形成
凝集した血小板や損傷した細胞から放出される凝固因子が，血漿の凝固因子と混ざり，プロトロンビンとよばれる血漿タンパク質を活性型のトロンビンに転換するための酵素反応カスケードを形成する．トロンビン自体も酵素であり，凝固過程の最終段階，すなわちフィブリノーゲンからフィブリンへの転換を触媒する．フィブリンの繊維は血餅へと編み込まれていく（上の着色SEM像参照）．

め，さらに多くのプロトロンビンがトロンビンに変換されて凝固を完成させる．

傷のない状態では通常，血液中に存在する抗凝固因子が自然に起こる凝固を防いでいる．しかしながら，ときには凝固体が血管内で形成され，血流を妨げる．このような凝固体を**血栓** thrombus とよぶ．血栓がどのようにできて，どのような危険をもたらすかをこの後学ぶ．

心臓血管系疾患

米国では毎年，75万人以上の人が，心臓と血管の機能不全である心臓血管系疾患により死亡する．心臓血管系疾患は，静脈や心臓弁機能の軽度の障害から，心臓や脳への血流の障害といった命にかかわるようなものまで，多岐にわたる．

アテローム性動脈硬化症，心臓発作と脳卒中

健康な動脈は，血液に対する抵抗を減らすために滑らかな内壁をもつ．しかしながら損傷や感染は内壁をざらざらにし，脂肪沈着の集積により動脈が硬化する**アテローム性動脈硬化症** atherosclerosis を引き起こす．アテローム性動脈硬化症の発症において中心的役割を果たすのがコレステロールである．動物の細胞において，コレステロールは正常な膜流動性の維持に重要である（図7.5参照）．コレステロールは，おもにタンパク質と結合した数千のコレステロール分子および他の脂質からなる粒子の形で血液中を運ばれる．**低密度リポタンパク質** low-density lipoprotein（LDL）とよばれる粒子は，膜の生成のためにコレステロールを細胞に運ぶ．もう1つの型の**高密度リポタンパク質** high-density lipoprotein（HDL）は，過剰なコレステロールを除去して肝臓に戻す．LDL/HDL の比率が高い人は，アテローム性動脈硬化症のリスクが上昇する．

アテローム性動脈硬化症では，動脈内壁の損傷は，外傷に対する体の反応として知られる「炎症」を引き起こす．白血球は炎症を起こした部位に誘引され，コレステロールを含む脂質を取り込み始める．プラークとよばれる脂肪の沈着が，繊維性の結合組織とコレステロールを取り込みながら徐々に成長する．プラークが成長すると動脈壁は厚く堅くなり，動脈の閉塞が進行する．もしプラークが破裂すると動脈内に血栓が形成され得るため（図42.19），心臓発作や脳卒中を引き起こす可能性がある．

心臓発作 heart attack は「心筋梗塞（こうそく）」ともよばれ，酸素に富む血液を心筋に送る1本あるいは複数の冠動脈の閉塞に起因して，心筋組織が損傷あるいは死に至る．冠動脈は径が小さいため，アテローム性動脈硬化症プラークや血栓による閉塞に対して特に脆弱である．たえず拍動している心筋は安定した酸素供給を必要とするため，このような閉塞は心筋を急速に破壊する．もしかなり大きな部分の心臓が影響を受けると，心臓は拍動を停止するだろう．もし心肺救急蘇生（そせい）あるいは他の救急措置によって数分以内に心拍を回復させないと，このような心停止は死をもたらす．

脳卒中 stroke は酸素の欠乏による脳内の神経組織の死である．脳卒中は一般に，頭部の動脈の破裂や梗塞の結果である．脳卒中の影響と患者の生存の可能性は，障害を受けた脳組織の程度と位置に依存する．もし脳卒中が血栓による動脈の閉塞によるものならば，凝固体を溶かす薬をすみやかに投与することで損傷を最小限に抑えることができる可能性がある．

アテローム性動脈硬化症は多くの場合，重大な血流障害が起こるまで検出されないが，前兆が見られることもある．冠動脈の部分的な梗塞は，狭心症として知られる，時折の胸部痛を引き起こすことがある．その痛みは，ストレス時に心臓が激しく働くときに感じやすく，心臓の特定の部分が十分な酸素を受けていないことのシグナルである．閉塞してしまった動脈に対しては，ステントとよばれる網目状のチューブを挿入して動脈を拡げるか（図42.20），胸部あるいは手足の健康な血管を移植して血栓を迂回させる，といった手術が施される．

▼**図42.19 アテローム性動脈硬化症．** アテローム性動脈硬化症では，プラーク形成による動脈壁の肥厚が動脈を通る血流を制限する．もしプラークが裂けると，血栓が形成され，血流はさらに制限される．裂けたプラーク断片は血流に乗って移動することもあり，他の動脈内にとどまり詰まらせる．もし閉塞が心臓や脳に血液を供給する動脈で起こった場合，心臓発作や脳卒中をそれぞれ引き起こす．

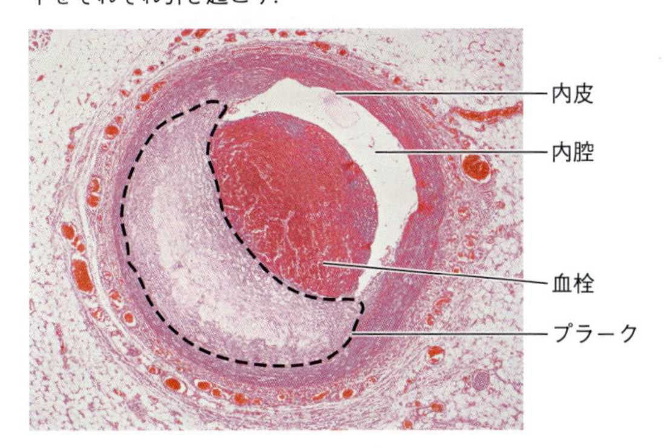
内皮
内腔
血栓
プラーク

心臓血管疾患の危険要因と治療

特定の心臓血管疾患になりやすい傾向は遺伝するが，生活習慣によっても強く影響を受ける．たとえば，運

▼図 42.20　**閉塞した動脈を拡張させるためのステントの挿入.**

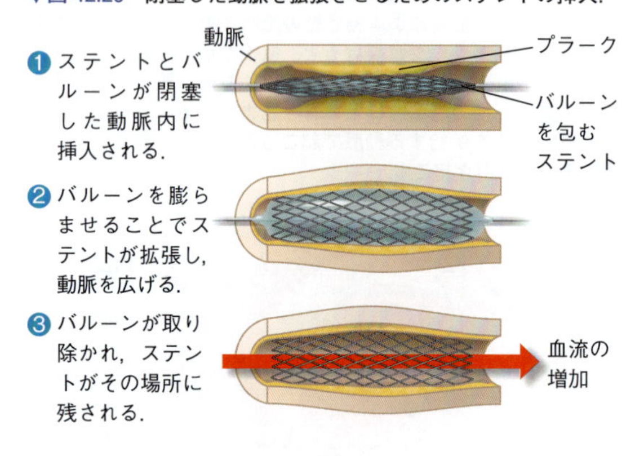
動脈
プラーク
❶ ステントとバルーンが閉塞した動脈内に挿入される.
バルーンを包むステント
❷ バルーンを膨らませることでステントが拡張し，動脈を広げる.
❸ バルーンが取り除かれ，ステントがその場所に残される.
血流の増加

動はLDL/HDL比を減少させ，心臓血管疾患の危険性を低下させる．対照的に，「トランス脂肪」とよばれるある種の加工植物油の摂取や喫煙は，LDL/HDL比を高める．高い危険性をもつ多くの人々にとって，スタチンとよばれる薬を処方することがLDLの値を下げ，そのことにより心臓発作の危険性を下げることができる．**科学スキル演習**では，遺伝的変異の血液中LDL値に対する影響を解釈してみよう．

炎症がアテローム性動脈硬化症や血栓の形成にとって中心的な役割をもつという認識も，心臓血管疾患の治療に影響を与えている．たとえば，炎症反応を抑制するアスピリンが，心臓発作や脳卒中の再発を防ぐことに役立つことがわかってきている．

高血圧 hypertension は，心臓発作や脳卒中のもう1つの要因である．ある仮説によれば，慢性の高血圧は動脈を裏打ちする内皮に損傷を与え，プラーク形成を促進する．成人における高血圧の一般的な定義は，収縮期血圧が140 mmHgを超えるか，あるいは弛緩期血圧が90 mmHgを超えるかである．幸いにも，高血圧は診断することが簡単で，食事の改善，運動，投薬，あるいはこれらの組み合わせによって通常は調節可能である．

概念のチェック 42.4

1. 感染の症状を示す患者のために，医師はなぜ白血球数の計測を指示するのか，説明しなさい．
2. 動脈血栓は心臓発作や脳卒中を引き起こす．ではなぜ，血友病患者の血液に凝固因子を処置することが道理にかなっているのか．
3. **どうなる？➤**ニトログリセリン（ダイナマイトの主要な原料）はときに心臓疾患患者に処方される．体内では，ニトログリセリンは一酸化窒素に変換される（42.3節参照）．なぜニトログリセリンが，心臓動脈の狭窄による胸部痛を軽減させると考えられるか．
4. **関連性を考えよう➤**成人の骨髄からの幹細胞と，胚性幹細胞とはどのように異なるのか（20.3節参照）．

（解答例は付録A）

42.5

ガス交換は特化した呼吸界面を介して起こる

本章の残りでは，**ガス交換 gas exchange** の過程に焦点を当てる．この過程は，しばしば呼吸交換あるいは呼吸とよばれるが，細胞呼吸のエネルギー変換と混同してはいけない．ガス交換は，環境からの酸素分子の取り込みと，環境への二酸化炭素の放出である．

ガス交換における分圧勾配

ガス交換の駆動力を理解するためには，混合ガス中において，ある特定のガスによってもたらされる圧力を意味する**分圧 partial pressure** を考えなければならない．分圧を決定することで，交換界面におけるガスの正味の移動を予想することができる．ガスの正味の拡散は，つねに高い分圧の場所から低い分圧の場所へと起こる．

分圧を計算するためには，混合ガスがもたらす圧力と，その混合比を知る必要がある．例として酸素を考えてみよう．海水面レベルでは，大気は水銀柱を760 mmの高さに押し上げるのに等しい下方への力をもたらす．それゆえ，海水面レベルでの大気圧は760 mmHgである．大気中には容積比で21%の酸素を含むので，酸素の分圧は0.21×760，つまり約160 mmHgである．この値は，酸素が貢献する大気圧部分なので，酸素「分圧」（P_{O_2}と略す）とよばれる．二酸化炭素分圧（P_{CO_2}と略す）はかなり低く，海水面レベルでわずか0.29 mmHgである．

分圧は，水のような液体に溶けているガスにも適用される．水が空気にさらされるとき，水中のそれぞれのガス分圧は，空気のガス分圧と等しい平衡状態に達する．したがって海水面レベルでは，大気にさらされた水のP_{O_2}は大気中と同様160 mmHgである．しかしながら，空気中に比べて酸素の水への溶解度はかなり低いため，空気中と水中の酸素「濃度」は大きく異なる（表42.1）．さらに，より温かい水や塩分の高い水では，溶存酸素量は下がる．

科学スキル演習

ヒストグラムの作成と解釈

PCSK9 酵素の不活性化は LDL レベルを低下させるか

心臓血管疾患へのなりやすさに影響する遺伝的要因に興味をもつ研究者が，1万5000人のDNAを調べた．研究者は，3%の人が，肝臓の酵素である*PCSK9*遺伝子の1つのコピーを不活性化する突然変異をもつことを発見した．PCSK9活性を高めるような突然変異は，血中のLDLコレステロールレベルを増加させることが知られていたため，研究者はこの遺伝子の不活性化突然変異はLDLレベルを低下させるのではないかという仮説を立てた．この演習では，彼らがこの仮説を検証するために行った実験結果を解釈してみよう．

実験方法　研究者は，*PCSK9*遺伝子の1つのコピーが不活性化された85人（実験群）ならびに，この遺伝子の2つのコピーがともに正常な機能をもつ3278人（対照群）の血漿中LDLコレステロールレベルを測定した．

実験データ

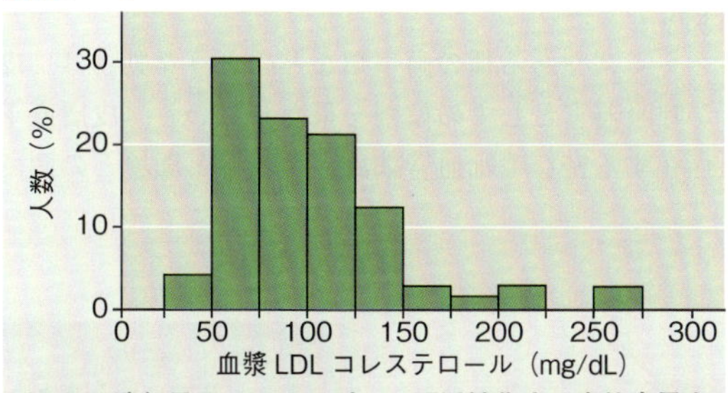
人数（%）
30
20
10
0
0
50
100
150
200
250
300
血漿 LDL コレステロール（mg/dL）

*PCSK9*遺伝子の1つのコピーに不活性化する突然変異をもつ人（実験群）

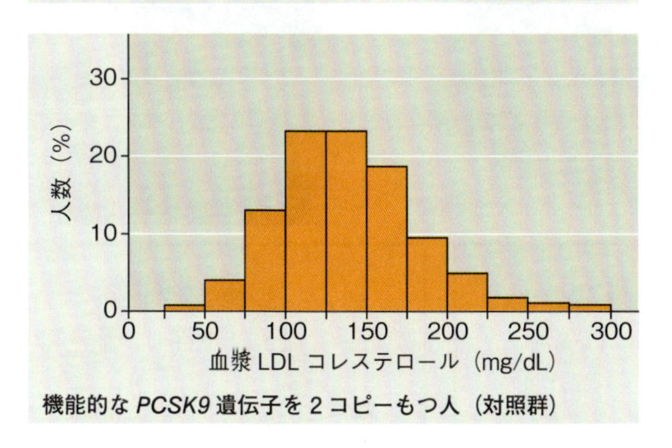
人数（%）
30
20
10
0
0
50
100
150
200
250
300
血漿 LDL コレステロール（mg/dL）

機能的な*PCSK9*遺伝子を2コピーもつ人（対照群）

データの解釈

1. 結果は，「ヒストグラム」とよばれる，棒グラフの変形を用いて示されている．ヒストグラムでは，x軸上の変数は範囲ごとにまとめられている．このヒストグラムにおける各々のバーの高さは，x軸上の特定の範囲に分類されるサンプルの割合を示している．たとえば，上のヒストグラムでは，調べた人の約4%が25〜50 mg/dLの範囲の血中LDLコレステロールをもつ．実験群ならびに対照群で，LDLレベルが100 mg/dL以下である人の割合を計算するために，該当するバーにパーセントで数字を記入しなさい（ヒストグラムに関するより詳しい情報は，付録Fを参照）．
2. 2つのヒストグラムを比較して，研究者の仮説を支持する結果が見られたか．説明しなさい．
3. データをグラフ化する代わりに，もし研究者が血中LDLコレステロール濃度の範囲を実験群と対照群で比較したとしたらどうなるか．結論はどのように変わるだろうか．
4. 2つのヒストグラムがかなり重なり合うという事実は，PCSK9が血中のLDLコレステロールレベルを決定する度合いに関して，どのようなことを示唆するか．
5. これら2つのヒストグラムを比較することで，研究者はPCSK9の突然変異が血中のLDLコレステロールレベルに対する影響に関して結論を導き出すことができた．ともに血中のLDLコレステロールレベルが160 mg/dLである2人，すなわち実験群ならびに対照群それぞれ1人ずつを考えてみる．心臓血管疾患を発生させる相対的なリスクについて，どのように予測するか．どのようにその予測にたどり着いたのか，説明しなさい．その予測を立てるうえで，ヒストグラムはどのような役割を果たしたのか．

データの出典　J. C. Cohen et al., Sequence variations in *PCSK9*, low LDL, and protection against coronary heart disease, *New England Journal of Medicine* 354:1264-1272 (2006).

呼吸媒体

ガス交換の条件は，酸素の供給源である呼吸媒体が空気か水かによって大きく変化する．すでに述べた通り，容量にして地球の大気の約21%を構成するように，酸素は空気中に豊富に存在する．表42.1に示す通り，水と比べると，空気は密度や粘性がかなり低いため，小さな通路を通して移動したり送ったりすることが容易である．結果として，空気呼吸は比較的容易で，特に効率的である必要はない．たとえばヒトでは，

表 42.1　呼吸媒体としての空気と水の比較			
	空気（海面レベル）	水（20℃）	比（空気対水）
酸素分圧	160 mm	160 mm	1：1
酸素濃度	210 mL/L	7 mL/L	30：1
密度	0.0013 kg/L	1 kg/L	1：770
粘性	0.02 cP	1 cP	1：50

吸い込んだ空気に含まれる酸素のわずか約25％を取り出すだけである．

水は空気と比べて，かなり過酷なガス交換媒体である．一定量の水に溶けている酸素の量は変動するが，つねに等容量の空気中の酸素よりも低い．多くの海水ならびに淡水生息域の水は，1Lあたりわずか約7mLの溶存酸素を含んでいるだけで，空気中の濃度の約30分の1である．水の低い酸素含量，大きな密度と粘性は，魚やロブスターのような水生動物がガス交換を行うために，かなりのエネルギーを費やさなければならないことを意味している．このような背景から，大部分の水生動物はきわめて効率的なガス交換を行えるよう適応進化してきた．これらの適応の多くは，ガス交換を行う界面の構造が関係している．

呼吸界面

ガス交換のための特殊化は，動物体の中でガス交換を行う場所，すなわち呼吸界面の構造において明らかである．すべての生細胞と同様，ガス交換を行う細胞も細胞膜をもち，水溶液と接している必要がある．それゆえ呼吸界面はつねに湿っている．

呼吸界面を介した酸素と二酸化炭素の移動は，拡散によって起こる．拡散速度は，拡散が起こる表面積に比例し，分子が移動しなければならない距離の2乗に逆比例する．言い換えれば，ガス交換は拡散のための面積が大きく，通過する距離が短いほど速い．結果として，呼吸界面は薄く拡大する傾向にある．

海綿動物や刺胞動物，扁形動物のような比較的単純な動物では，体を構成するすべての細胞が外部環境と十分に接しており，すべての細胞が環境との間ですばやくガスを交換できる．しかし多くの動物では，体の細胞の大半は環境と直接接していない．これらの動物の呼吸界面は薄く湿った上皮であり，呼吸器官を構成している．

ミミズやある種の両生類などのような動物は，皮膚が呼吸器官としての役割を果たしている．皮膚直下に存在する密な毛細血管網は，循環系と環境との間での

▼図 42.21　ガス交換に働く鰓の構造の多様性．

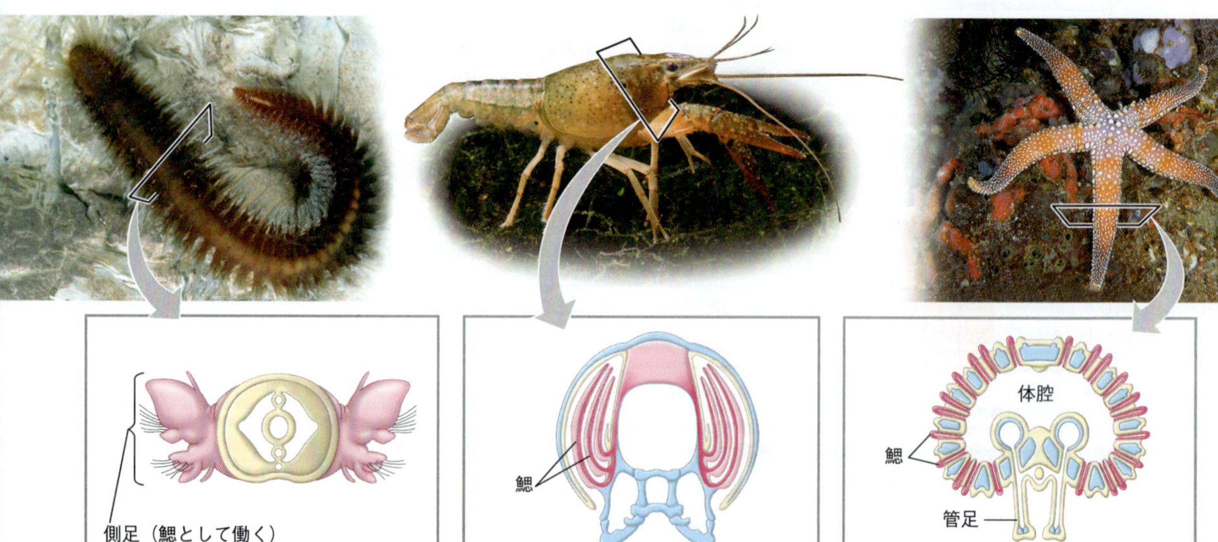
側足（鰓として働く）
鰓
体腔
鰓
管足

(a) ゴカイ．多くの多毛類（環形動物門）は，各体環節に存在する側足とよばれる1対の平らな付属肢をもつ．側足は鰓として働くとともに，歩行や遊泳にも機能する．

(b) ザリガニ．ザリガニや他の甲殻類は，外骨格に覆われた長く羽毛状の鰓をもつ．特化した付属肢が鰓表面に水を送る．

(c) ヒトデ．ヒトデの鰓は，皮膚の単純な管状突起である．各鰓の中空の芯は，体腔の拡張部である．ガス交換は鰓表面を介した拡散によって起こり，体腔液は鰓の中空内部を循環してガスの運搬を助ける．管足の表面もガス交換に働く．

ガス交換を促進する．しかし大部分の動物にとって，通常の体表面は，体全体で必要とするガスを交換するために十分な広さではない．この制約を進化的に解決したのは，広範に折りたたまれたり枝分かれしたりして，ガス交換のための界面領域を広くした呼吸器官である．鰓や気管，肺がそのような器官である．

水生動物の鰓

鰓は，水中に浮かんだ，外に向かって襞（ひだ）を構成する体表である．図 42.21（ならびに図 42.1）に示すように，体全体での鰓の分布には，生物によってかなり違いがある．分布に関係なく，鰓の全表面積は多くの場合，残りの体表面積よりも大きい．

呼吸界面上の呼吸媒体の動き，すなわち**換気（換水）ventilation** とよばれる過程が，ガス交換のために必要な鰓を介した酸素と二酸化炭素の分圧勾配を維持している．換水を促進するために，鰓をもつ大部分の動物は，鰓を水中で動かすか，あるいは鰓の周囲の水を動かすことを行う．たとえば，ザリガニやロブスターは，櫂（かい）状の付属肢で鰓の周囲の水流を駆動し，イガイやハマグリなどは繊毛により水を動かす．タコやイカは，水を取り込んだり排出したりすることで鰓を換水し，そこにはジェット推進という重要な副効用もある．魚は，泳ぎの動作あるいは口と鰓蓋（さいがい）の協調的な動きを使って鰓を換水する．どちらの場合でも，水の流れは口から入って咽頭の細長い開口部を通り，鰓の周囲を流れて体外に出る（図 42.22）．

魚では，**対向流交換 countercurrent exchange** によりガス交換の効率が最大化されている．対向流交換は，反対方向に流れる 2 つの溶液の間で，物質や熱を交換するしくみである．魚の鰓では，2 つの溶液は血液と水である．鰓を流れる血液は，鰓の周囲を通過する水とは反対方向に流れるため，血液が流れていくすべての点において，血液中の酸素飽和度は接している水よりも低い（図 42.22 参照）．血液が鰓の毛細血管に入るとき，鰓を通過し終わる水と接する．溶存酸素のほとんどが取り込まれてしまってはいるが，この水は入ってくる血液よりも高い P_{O_2} をもっており，酸素の移動が起こる．血液が流れていく部位を連続的に見ると，血液が流れていくとともに，鰓を通る水流の，より前の部位と接していくことになる．したがって，血液が流れるとともに血中の P_{O_2} は徐々に上昇するものの，接している水の P_{O_2} も上昇する．結果として，毛細血管の全長にわたって，酸素の拡散に好都合な分圧勾配が，水から血液に向かって存在する．

対向流交換機構は非常に効率的である．魚の鰓では，水に溶けている酸素の 80% 以上が，水が呼吸界面を通過するときに取り込まれる．対向流機構は他にも，体温調節および，哺乳類の腎臓の機能に対しても重要である（40.3 節，44.4 節を参照）．

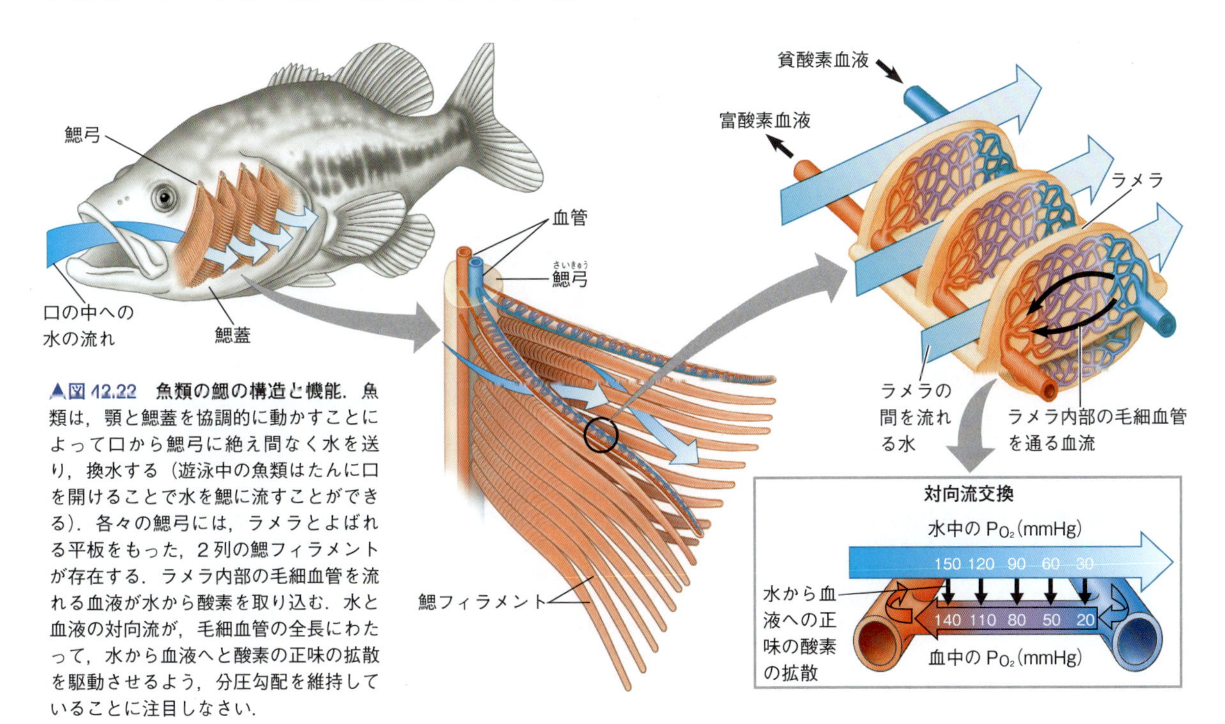

鰓弓
口の中への水の流れ
鰓蓋
血管
鰓弓（さいきゅう）
鰓フィラメント
貧酸素血液
富酸素血液
ラメラ
ラメラの間を流れる水
ラメラ内部の毛細血管を通る血流
対向流交換
水中の P_{O_2}(mmHg)
150 120 90 60 30
水から血液への正味の酸素の拡散
140 110 80 50 20
血中の P_{O_2}(mmHg)

▲図 42.22 **魚類の鰓の構造と機能．** 魚類は，顎と鰓蓋を協調的に動かすことによって口から鰓弓に絶え間なく水を送り，換水する（遊泳中の魚類はたんに口を開けることで水を鰓に流すことができる）．各々の鰓弓には，ラメラとよばれる平板をもった，2 列の鰓フィラメントが存在する．ラメラ内部の毛細血管を流れる血液が水から酸素を取り込む．水と血液の対向流が，毛細血管の全長にわたって，水から血液へと酸素の正味の拡散を駆動させるよう，分圧勾配を維持していることに注目しなさい．

昆虫の気管系

大部分の陸生動物は，呼吸界面を体内に収容し，細い管を通してのみ外気に開口している．そのような配置をもつ最もなじみ深い例は肺だが，実は最もよく見られる例は昆虫の**気管系 tracheal system** である．気管系は，体中に枝分かれする空気の管からなっており，気管とよばれる最も大きな管が外界に開いている（図 42.23）．最も細い気管小枝の先端では，裏打ちする湿った上皮を介して，拡散によりガス交換が行われる．気管系は，昆虫のほぼすべての体細胞のごく近くまで空気を運べるため，酸素と二酸化炭素の交換に開放血管系の関与は必要ない．

気管系は，生体でのエネルギーの変換と関連した適応を示すことが多い．たとえば，休息時よりも 10～200 倍もの酸素を消費する，飛んでいる昆虫を考えてみよう．多くの飛翔昆虫では，飛行筋の収縮と弛緩の周期を通して，空気が気管系を通してすみやかに出し入れされる．この空気の出し入れが気管系の換気を向上させ，飛行筋の高い代謝率を支えるために密に詰め込まれたミトコンドリアに対して，十分な量の酸素を供給する（図 42.23 参照）．

肺

昆虫の体内に枝分かれする気管系とは異なって，**肺 lung** は局所的な呼吸器官である．体表の陥入の例とされるように，肺は多数のくぼみに細分されている．肺の呼吸界面は，体の他の部位とじかに接していないので，循環系がそのギャップを橋渡しし，肺とその他の部分との間でガスを運搬している．肺は脊椎動物ならびに，クモ類や陸生巻貝類といった開放血管系をもつ生物の両方で発達した．

鰓をもたない脊椎動物において，ガス交換のための肺の使用はさまざまである．両生類は，肺があっても比較的小さく，皮膚のような外部体表面を介した拡散に，ガス交換の多くを依存している．これに対して，大部分の爬虫類や鳥類，ならびにすべての哺乳類は，ガス交換を肺に完全に依存している．カメ類は例外で，口と肛門の湿った上皮面を介したガス交換によって，肺呼吸を補完している．肺と空気呼吸は，酸素不足の水で生活するため，あるいは空気にさらされてしまう一定の期間（たとえば池の水位が低下するとき）を過ごすための適応として，少数の水生脊椎動物でも発達した．

哺乳類の呼吸系：詳細

哺乳類では，枝分かれした管系が，肋骨と横隔膜に包まれた「胸腔」に位置する肺へと空気を運搬する．空気は鼻孔から入り，鼻毛によって濾過され，暖められ，湿気を帯びて，鼻腔内の迷路空間を流れるときににおいが検知される．鼻腔は，空気と食物の通路が交わる交差点である咽頭へとつながる（図 42.24）．食物が嚥下されるとき，**喉頭 larynx**（気道の上部）が上方に動き，喉頭蓋を声門（**気管 trachea** の開口部）に被せる．これにより，食物が食道を通って胃に降りる（図 41.9 参照）．その他のときには声門は開いていて，呼吸ができる．

▼図 42.23　**気管系．**

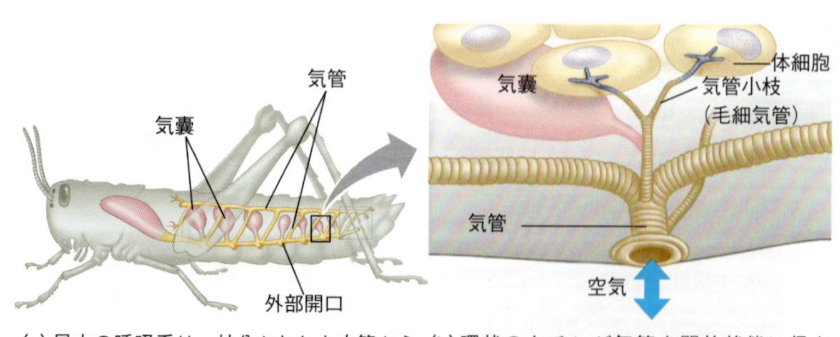
気管
気嚢
外部開口
気嚢
体細胞
気管小枝
(毛細気管)
気管
空気

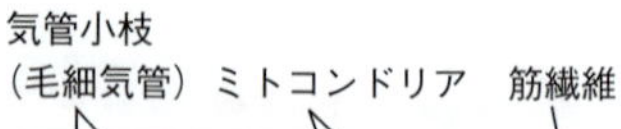
気管小枝
(毛細気管)
ミトコンドリア
筋繊維

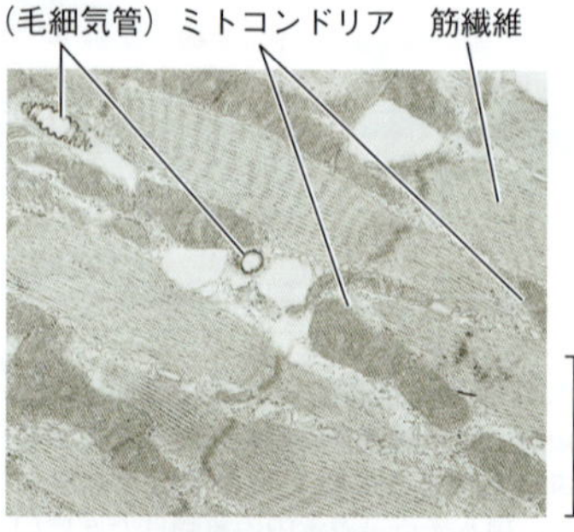
2.5 μm

(a) 昆虫の呼吸系は，枝分かれした内管からなる．気管とよばれる最大の管は，昆虫の体表に沿って間隔をあけて存在する外部開口部とつながっている．気管が拡張した部分である気嚢は，大量の酸素供給を必要とする器官の近傍に存在する．

(b) 環状のキチンが気管を開放状態に保ち，空気を開口部から気管小枝（毛細気管）とよばれる細い管へと通す．分岐した気管小枝は空気を体中の細胞に直接運ぶ．気管小枝は体液で満たされた閉端（青灰色）をもつ．動物が活動状態で，より多くの酸素を利用するときには体液の大部分は体内に戻され，細胞と接する空気で満たされた気管小枝の表面積を増大させる．

(c) この透過型電子顕微鏡像は，昆虫の飛行筋内の，気管小枝の横断面を示す．筋細胞内の多数のミトコンドリアが，気管小枝から 5 μm 以内に存在している．

空気は喉頭から気管に入る．軟骨が喉頭と気管の壁を強化し，気道のこの部分をいつも開放している．大部分の哺乳類の喉頭内では，吐き出される空気は，声帯襞（ヒトでは声帯）とよばれる，1対の筋肉の弾性帯によって勢いよく流れる．音声は，喉頭の筋肉が緊張し，声帯を引き延ばして振動するときに生じる．高い音声は，狭く引き延ばされた声帯が急速に振動することに起因し，低い音声は緊張の少ない声帯を緩慢に振動させることによる．

気管は両肺につながる2本の**気管支 bronchus**（複数形は bronchi）に分岐する．気管支は肺の内部で**細気管支 bronchiole** とよばれる微細な管に枝分かれを繰り返す．全気管系は，気管を幹とする，逆さになった樹木の外観を呈している．この呼吸樹の主要な分枝を裏打ちしている上皮は，繊毛と粘液の薄い皮膜で覆われている．粘液が塵埃や花粉などの粒子状混入物を捕獲し，打動する繊毛が粘液を咽頭へと移動させ，咽頭から食道に嚥下させる．「粘液エスカレーター」とよばれるこの過程は，呼吸系の洗浄に必須の役割を果たしている．

哺乳類でのガス交換は，**肺胞 alveolus**（複数形は alveoli，図 42.24 参照）とよばれる，最も小さな細気管支の先端に存在する房状の気嚢（きのう）で起こる（訳注：後述する鳥類の気嚢とは異なる）．ヒトの肺は非常に多くの肺胞をもち，その総表面積は約 100 m^2 と，皮膚の表面積の50倍にもなる．肺胞に入った空気に含まれる酸素は，肺胞の内側表面を裏打ちする湿った被膜に溶け，上皮を介して肺胞を取り巻く毛細血管網にすみやかに拡散する．二酸化炭素は，毛細血管から肺胞の上皮を介して空気域へと，逆方向に拡散する．

肺胞は繊毛をもたず，その表面から粒子を取り除くのに十分な空気の流れももたないため，肺胞は雑菌の混入に対して感染しやすい．白血球が肺胞をパトロールして，異物を飲み込む．しかしながら，もしあまりにも多くの粒子状物質が肺胞に入ってしまうと，防御系は圧倒され，炎症や回復不可能な損害をもたらす．たとえば，タバコの煙からの粒子状物質は肺胞に入り，肺の能力の恒久的な低下を引き起こす．炭坑作業員は，大量の炭塵を吸い込むことにより珪肺（けいはい）を引き起こす．これは，無力感を伴う不可逆的で，ときには命にもかかわる肺疾患である．

肺胞を裏打ちする液体の被膜は，液体の表面積を最小にするように働く引力，すなわち表面張力にさらされている（3.2 節参照）．肺胞の小さな直径（約 0.25 mm）を考えると，肺胞は強い表面張力によって破綻してしまうのではないかと考えられる．しかしながら

▼図 42.24　**哺乳類の呼吸系．** 鼻腔と咽頭から吸い込まれた空気は，喉頭，気管，気管支，細気管支を通って，薄く湿った上皮で裏打ちされた微細な肺胞に至る．肺動脈の分枝が貧酸素血液を肺胞に運び，肺静脈の分枝が肺胞から富酸素血液を心臓に戻す．

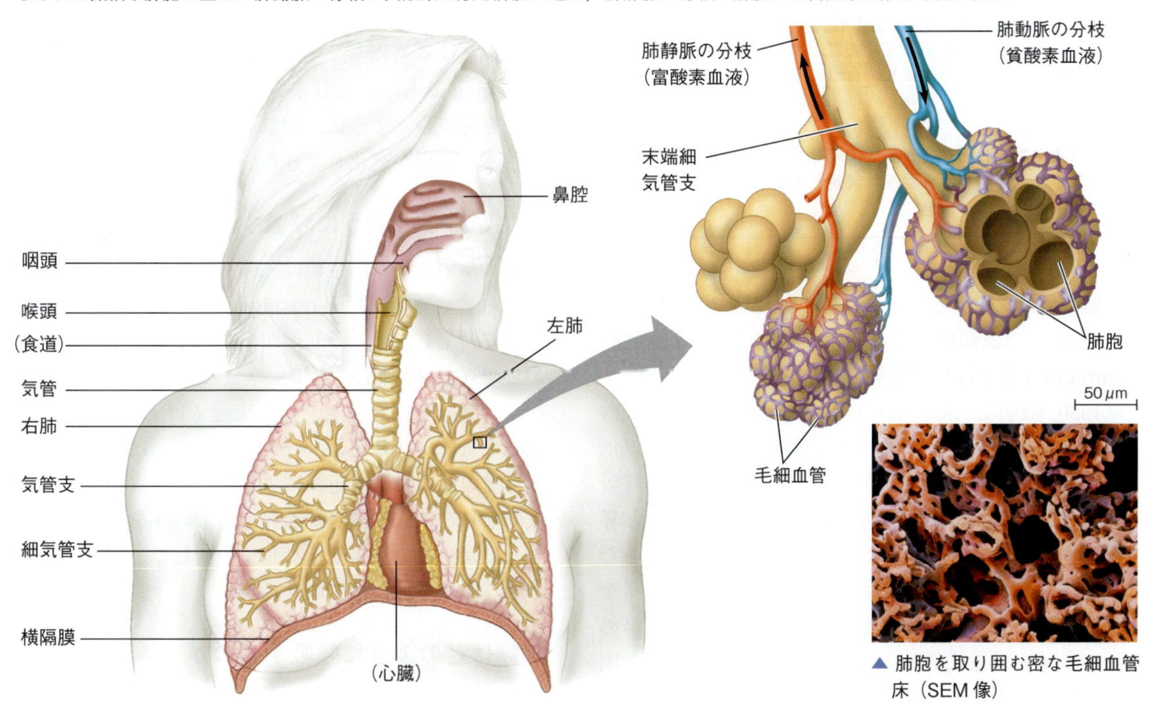

鼻腔
咽頭
喉頭
（食道）
気管
右肺
気管支
細気管支
横隔膜
（心臓）
左肺
肺静脈の分枝
（富酸素血液）
肺動脈の分枝
（貧酸素血液）
末端細
気管支
肺胞
毛細血管
50 μm

▲肺胞を取り囲む密な毛細血管床（SEM像）

▼図 42.25

研究　何が呼吸窮迫症候群を引き起こすのか

実験　ハーバード大学の研究員であったメアリ・エレン・エイヴリーは，界面活性物質の欠損が早期産児の呼吸窮迫症候群（respiratory distress syndrome：RDS）を引き起こすという仮説を立てた．この仮説を検証するために，彼女は，RDS で死亡した乳児あるいはその他の原因で死亡した乳児の肺の剖検サンプルを集めた．サンプルから物質を抽出し，水面にフィルムを形成させた．続いて，エイヴリーは水面の表面張力を測定し，それぞれのサンプルで計測された最小の表面張力を記録した．

結果　エイヴリーは，乳児の体重，すなわち 1200 g 未満か 1200 g 以上かでサンプルを分けたときに見られるパターンに気づいた．

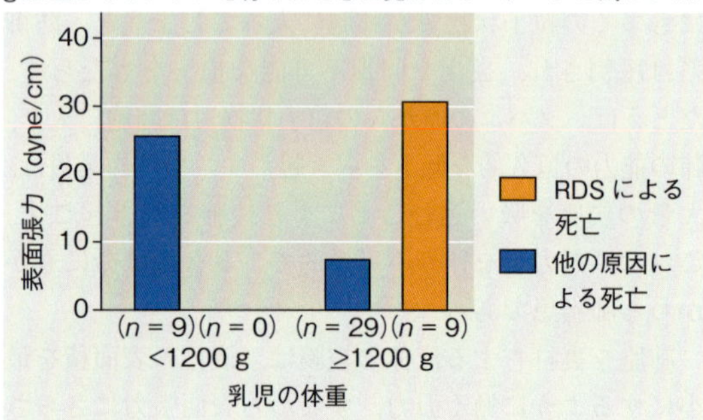

表面張力（dyne/cm）
40
30
20
10
0
(n = 9)
(n = 0)
(n = 29)
(n = 9)
<1200 g
≥1200 g
乳児の体重
RDS による死亡
他の原因による死亡

データの出典　M. E. Avery and J. Mead, Surface properties in relation to atelectasis and hyaline membrane disease, *American Journal of Diseases of Children* 97:517-523 (1959).

結論　1200 g 以上の体重の乳児では，RDS で死亡した乳児の肺から抽出した物質は，他の原因により死亡した乳児からの物質と比べて，非常に高い表面張力を示した．エイヴリーは，乳児の肺が，現在では界面活性物質とよばれる表面張力を減少させる物質を通常含み，この物質の欠損が RDS を引き起こすことを推論した．体重 1200 g 未満の乳児からの結果は，RDS で死亡した乳児の結果と類似していたことから，界面活性物質は通常胎児がこの体重に達するまではつくられないことを示唆している．

どうなる？➤もし研究者が乳児の肺サンプル中の界面活性物質量を測定した場合，界面活性物質量と乳児の体重の間にどのような関係が予測されるか．

肺胞は，リン脂質とタンパク質の混合物で，肺胞の表面を覆って表面張力を低下させる，**界面活性物質 surfactant** とよばれる物質をつくることが判明した．

1950 年代に，メアリ・エレン・エイヴリー Mary Ellen Avery は，予定日よりも 6 週あるいはそれ以上の早産による未熟児に共通する疾患，すなわち「呼吸窮迫症候群」（あるいは呼吸促迫症候群，RDS）と界面活性物質の欠損とをつなげる初めての実験を行った（図 42.25；ヒトでは，妊娠の臨月は平均 38 週）．その後の研究で，界面活性物質が通常妊娠 33 週以降の肺でつくられることが示された．1950 年代には米国で年間 1 万人ほどの新生児が RDS のために死亡していたが，現在では，人工の界面活性物質を早期未熟児に対して処方することができるようになった．出産時体重が 900 g 以上の新生児であれば，この処置によって通常長期の健康問題なしに生存できるようになった．この功績により，エイヴリーはアメリカ国家科学賞を受賞した．

本節では私たちが呼吸をしたときに空気が通る経路を学んできたが，次節では呼吸自体の過程を学ぶ．

概念のチェック 42.5

1. ガス交換組織が体内に存在することが，陸生動物にとってなぜ有利になるのか．
2. 大雨の後，ミミズは地上に出てくる．ミミズのガス交換に対する要求と関連づけて，この行動をどのように説明するか．
3. **関連性を考えよう**➤対向流交換系が，魚で呼吸を促進することと，ガチョウで体温調節を促進すること（40.3 節）の類似性について，記述しなさい．

（解答例は付録 A）

42.6

呼吸は肺を換気する

魚類と同様に，陸生動物もガス交換界面での高酸素濃度と低二酸化炭素濃度の維持を換気に依存している．肺を換気する過程が，空気の交互の出入りである**呼吸 breathing** である．これから両生類，鳥類，哺乳類の呼吸を見ていくように，空気を出し入れするためのさまざまな機構が進化してきた．

両生類はどのように呼吸するのか

カエルのような両生類は，強制的な空気の流れで肺を膨らませる**陽圧呼吸 positive pressure breathing** によって換気している．筋肉が口腔の床部を下げ，鼻孔から空気を引き込むことで，空気の吸い込みが始まる．次に，鼻孔と口を閉じ，口腔床を上げることにより，空気を気管に送り込む．空気の吐き出しは，肺の弾性と体壁の筋肉による圧縮により起こる．雄のカエルが攻撃ならびに求愛表現において自分の体を膨らませるときには，この呼吸サイクルを中断して，空気を吐くことなしに数回続けて取り込む．

鳥類はどのように呼吸するのか

鳥類が呼吸するとき，空気を一方向にのみ，ガス交換界面上を通す．肺の前後に存在する気嚢がふいごのような役割を果たし，空気が肺の中を流れるようにさせる．肺の中では，「副気管支」とよばれる微細な導管がガス交換の場所である．肺と気嚢という系の全体を空気が通るためには，吸い込みと吐き出しというサイクルを２回行うことが必要である（図 42.26）．

鳥類の換気は効率がよい．１つの理由は，鳥類は呼吸のときに，ガス交換界面上を一方向にしか空気を通過させないためである．さらに，取り入れる新鮮な空気を，すでにガス交換を行った空気と混ぜないことであり，これらのことによって肺を流れる血液との分圧差を最大にしている．

哺乳類はどのように呼吸するのか

哺乳類がどのように呼吸するのかを理解するために，注射器に空気を満たすことを考えてみよう．プランジャーを引き戻すことによって，注射器内の圧力を下げ，気体や液体を針を通して注射器内に引き込む．同様に，哺乳類は**陰圧呼吸 negative pressure breathing**，すなわち空気を肺に押し込むのではなく吸い込むことによって，肺に空気を入れる（図 42.27）．胸腔を積極的に拡げるための筋収縮により，哺乳類は肺内部の空気圧を体外の大気圧よりも低くする．ガスは気圧の高いところから低いところに流れるので，肺内部の空気圧を下げることで空気は鼻孔と口を通って入り，呼吸管を通って肺胞に流れ込む．

空気を吸い込むときに胸腔を拡げることには，肋骨の筋肉と**横隔膜 diaphragm** がかかわる．横隔膜は，胸腔の底壁を形成する骨格筋の薄板である．肋骨筋を収縮させることで，肋骨を上方に，胸骨を外側に引っ張る．このことによって，胸腔の前方壁である胸郭を拡げる．同時に，横隔膜が収縮して胸腔を下方に拡げる．横隔膜が下がる動きは，注射器からプランジャーを引き出すことと似ている．

つねに吸気は能動的で，呼気は通常受動的である．吐き出すときには，胸腔を制御する筋肉が弛緩し，容積が減少する．肺胞内の空気圧の上昇が，空気を呼吸管を通して体外へと押し出す．

胸腔内では，２層の膜が肺を取り囲んでいる．２層のうちの内層の膜は肺の外側に付着しており，外層の膜は胸腔壁に付着している．体液で満たされた薄い間隙が２層を分けており，水の被膜によって隔てられている２枚のガラス板のように，体液の表面張力が２つの層を密着させている．２つの層は，ずれを生じるように滑らかにすべることができるが，容易には引き離すことはできない．その結果として，胸腔の容積と肺の容積の変化は一致する．

休息時に肺の容積を変化させることは，肋骨筋と横隔膜で十分である．運動時には，頸部，背部，胸部の筋肉が胸郭をもち上げることによって，胸腔の容積を増大させる．カンガルーなどの種では，運動が胃や肝

▼図 42.26　**鳥類の呼吸系**．この図は，鳥類の呼吸系において，吸った空気が移動する経路をたどったものである．

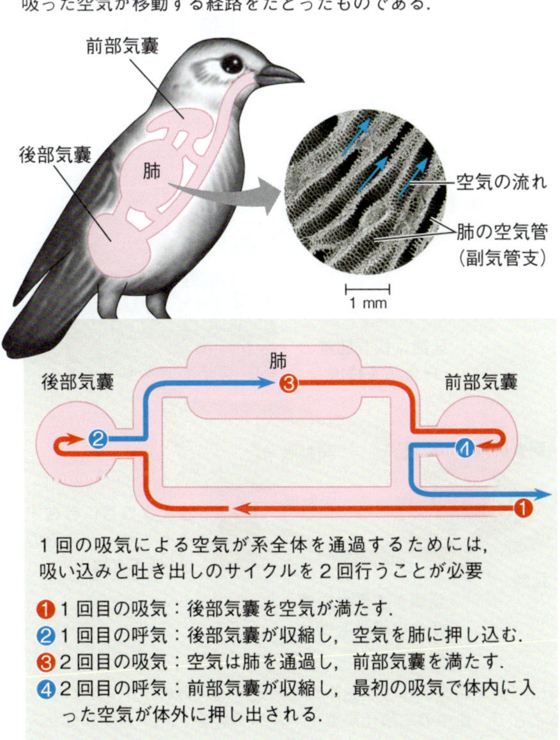
前部気嚢
後部気嚢
肺
空気の流れ
肺の空気管
（副気管支）
1 mm
肺
後部気嚢
前部気嚢
1 回の吸気による空気が系全体を通過するためには，
吸い込みと吐き出しのサイクルを２回行うことが必要
❶ 1 回目の吸気：後部気嚢を空気が満たす．
❷ 1 回目の呼気：後部気嚢が収縮し，空気を肺に押し込む．
❸ 2 回目の吸気：空気は肺を通過し，前部気嚢を満たす．
❹ 2 回目の呼気：前部気嚢が収縮し，最初の吸気で体内に入った空気が体外に押し出される．

▼図 42.27　**陰圧呼吸**．哺乳類は，肺の中の空気圧を，外部の大気圧に対して相対的に変化させることで呼吸を行う．

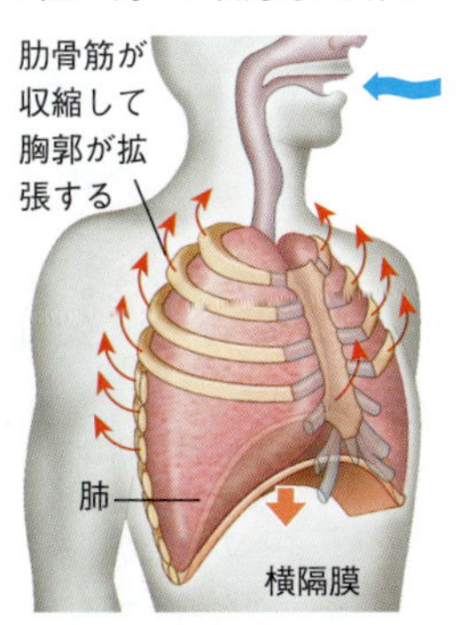
肋骨筋が
収縮して
胸郭が拡
張する
肺
横隔膜
❶ 吸気：横隔膜が収縮
（下がる）．

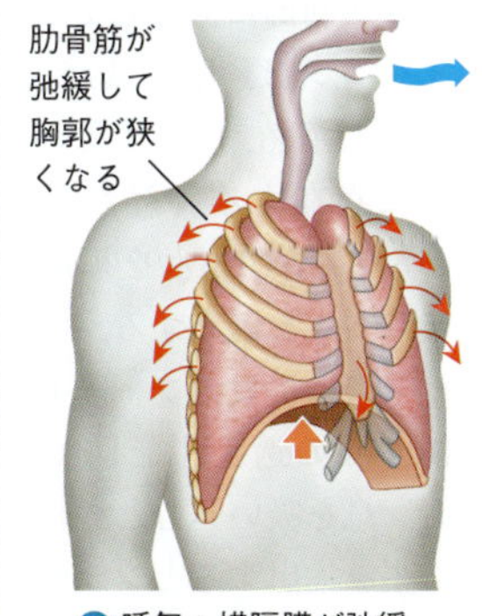
肋骨筋が
弛緩して
胸郭が狭
くなる
❷ 呼気：横隔膜が弛緩
（上がる）．

どうなる？➤肺胞は，呼吸に伴い拡張，収縮できるように弾性繊維をもっている．もし肺胞がこの弾性を失った場合，肺でのガス交換にどのような影響を及ぼすと考えられるか．

臓といった腹部器官の律動的な動きを引き起こす．結果として起こるピストン様のポンプ運動が横隔膜を押し引きし，肺を出入りする空気の容積をさらに増大させる．

一度の呼吸で吸い出しされる空気の容量を**換気（呼吸）量 tidal volume** とよぶ．ヒトの休息時では平均約 500 mL である．深呼吸による最大換気量が**肺活量 vital capacity** で，青年男女でそれぞれ平均 4.8 L と 3.4 L である．強制的に吐き出した後に残っている空気を**残余量 residual volume** とよぶ．加齢に伴い肺は弾力を失い，残余量が増大して肺活量が減少する．

哺乳類の肺は呼吸時に完全に空にはならず，吸い込みと吐き出しは同じ気道を通って起こるため，吸い込みにおいては新鮮な空気が酸素の欠乏した残空気と混ざり合う．結果として，肺胞内の最大 P_{O_2} はつねに大気の P_{O_2} よりもかなり低い．鳥類では，空気は肺の中を一方向に流れるため，哺乳類の肺の最大 P_{O_2} は鳥類よりも低い．このことが，高地において，哺乳類が鳥類と比べて十分に活動ができない理由の1つである．たとえば，ヒマラヤのような高地を登るとき，ヒトは十分な酸素を得ることが難しい．しかしながら，インドガンや他の数種の鳥は，渡りにおいてヒマラヤの高地を容易に越えて飛んでいく．

ヒトの呼吸制御

私たちは随意的に息を止めたり，呼吸を速くしたり深くしたりすることはできるが，ほとんどの時間，呼吸は不随意的な機構により制御されている．このような制御機構により，ガス交換が血液循環ならびに代謝要求と協調することを確実にしている．

呼吸制御に主としてかかわるニューロンは，脳の基底部に近い，延髄に存在する（図 42.28）．延髄に存在する神経回路は1対の「呼吸制御中枢」を形成して，呼吸リズムを確立する．深呼吸したときには，負のフィードバック機構が肺の過膨張を防ぐ．すなわち，息を吸い込むときには，肺の拡張を検出するセンサーが延髄の制御回路に神経インパルスを送り，さらに息を吸い込むことを抑制する．

呼吸の制御において，延髄が浸っている溶液の pH を，血液の二酸化炭素濃度の指標として用いる．pH がこのように用いられる理由は，血液の二酸化炭素が脳と脊髄を取り囲む脳脊髄液の pH の主要な決定因子だからである．二酸化炭素（CO_2）は血液から脳脊髄液に拡散し，水と反応して炭酸（H_2CO_3）を形成する．炭酸はその後，炭酸水素イオン（HCO_3^-）と水素イオン（H^+）に解離する．

$$CO_2 + H_2O \rightleftharpoons H_2CO_3 \rightleftharpoons HCO_3^- + H^+$$

運動時のように代謝活性が上昇するときを考えてみる．代謝の増加は，血液ならびに脳脊髄液中の二酸化炭素濃度を上昇させる．上の式に示した反応により，二酸化炭素濃度の上昇は H^+ 濃度を上昇させ，pH を低下させる．主要血管ならびに延髄に存在するセンサーがこの pH 変化を検出する．このことに反応して，延髄の制御回路が呼吸の深さと速度を上昇させる（図 42.28 参照）．過剰な二酸化炭素が空気とともに吐き出され，pH が正常な値に戻るまで，呼吸の深さと速度は上昇したままを維持する．

血液中の酸素濃度は通常，呼吸制御中枢にほとんど影響を及ぼさない．しかしながら，酸素濃度が著しく低下するとき（たとえば高度の上昇），大動脈と頸動脈の酸素センサーが呼吸制御中枢に信号を送り，呼吸率を上昇させる．呼吸制御は，延髄に隣接する脳領域である橋（きょう）に存在する神経回路によっても変化する．

呼吸の調節は，換気が肺胞の毛細血管を通る血液の流れと調和したときのみ効果的である．たとえば運動

▼図 42.28　呼吸のホメオスタシス制御．

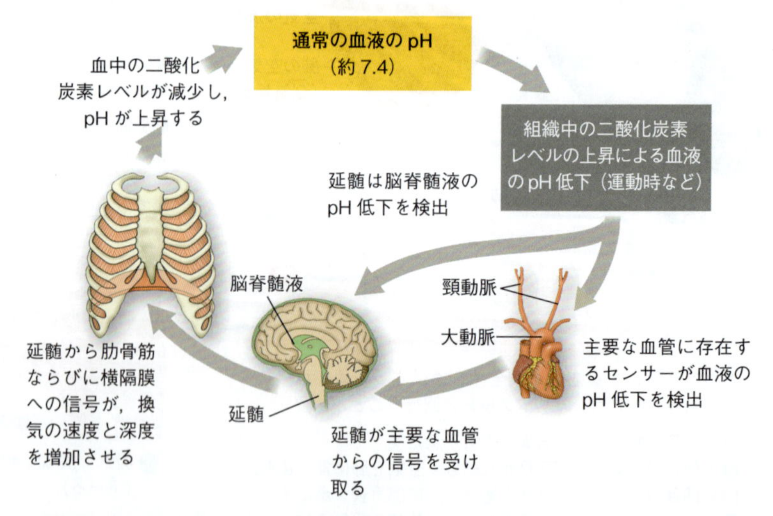
通常の血液の pH
（約 7.4）
血中の二酸化炭素レベルが減少し，pH が上昇する
組織中の二酸化炭素レベルの上昇による血液の pH 低下（運動時など）
延髄は脳脊髄液の pH 低下を検出
脳脊髄液
頸動脈
大動脈
主要な血管に存在するセンサーが血液の pH 低下を検出
延髄から肋骨筋ならびに横隔膜への信号が，換気の速度と深度を増加させる
延髄
延髄が主要な血管からの信号を受け取る

図読み取り問題▶休息時に，とても速い呼吸を始めたと仮定する．負のフィードバック調節回路に沿ってたどることで，血中の二酸化炭素レベルへの影響と，ホメオスタシスが回復するまでのステップを示しなさい．

時には，酸素を取り込み二酸化炭素を除去する呼吸速度の上昇と，心拍出量の上昇とが協調している．

概念のチェック 42.6

1. 血液中の二酸化炭素濃度の上昇は，どのように脳脊髄液の pH に影響するのか．
2. 血液の pH の低下は心拍数の上昇を引き起こす．この調節機構の働きは何か．
3. どうなる？➤もし傷害によって肺を取り巻く膜に小さな穴が空いた場合，肺の機能にどのような影響が予想されるか．

（解答例は付録 A）

42.7

ガス交換のための適応には，ガスと結合して運搬する呼吸色素が含まれる

多くの生物は，その高い代謝要求のため，多量の酸素と二酸化炭素の交換を必要とする．本節では，呼吸色素とよばれる血液中の分子が，酸素と二酸化炭素との相互作用を通して，どのようにこの交換を促進するのかを学ぶ．また，高い代謝負荷あるいは限られた P_{O_2} 下で動物が活動できる生理学的適応についても学ぶ．これらのトピックを学びながら，ヒトでの基本的なガス交換回路をまとめよう．

循環とガス交換の協調

ガス交換系と循環系がどのように協調して働いているかを理解するために，これらの系を通して酸素と二酸化炭素の分圧が変化する様子を追跡しよう（図 42.29）．❶息を吸い込むとき，新鮮な空気が肺に残存している空気と混ざる．❷新鮮な空気が混ざることにより，肺胞内の P_{O_2} は，肺胞の毛細血管を通る血液の P_{O_2} よりも高くなる．その結果，酸素の正味の拡散が起こり，肺胞内の空気と血液の間の酸素分圧勾配が低下する．一方で，肺胞において毛細血管内の P_{CO_2} は空気中よりも高いので，二酸化炭素の正味の拡散が血液から空気へと起こる．❸血液が肺を出て肺静脈に入るまでに，血液中の P_{O_2} と P_{CO_2} は肺胞内の空気中の値と等しくなる．この血液は心臓に戻った後，体循環へと送り出される．

❹組織の毛細血管では，分圧勾配が血液からの酸素の拡散と，血液への二酸化炭素の拡散を促進する．毛細血管付近に存在する細胞では，ミトコンドリアにおける細胞呼吸のために周囲の間質液から酸素を吸収し，間質液に二酸化炭素を放出するため，このような分圧勾配が生じる．❺血液は酸素を放出して二酸化炭素を取り込んだ後に心臓に戻り，再び肺へと送り出される．❻肺では肺胞の毛細血管を通して交換が起こり，吐き出される空気では酸素が減少して二酸化炭素が豊富になる．

呼吸色素

水（それゆえ血液も）への酸素の溶解度が低いことは，循環系に酸素の運搬を依存する動物にとって問題となる．たとえば，激しい運動時にはヒトは毎分約 2 L の酸素を必要とし，すべて肺から活動する組織へと血液を介して運ばれなければならない．しかしながら，通常の体温と気圧では，1 L の血液に対してたった 4.5 mL の酸素が肺において溶け込むことができるだけである．もし溶存酸素の 80% が組織に届けられたとしても，心臓は毎分 555 L の血液を送る必要がある．

▼図 42.29　呼吸ガスの付加と解離．

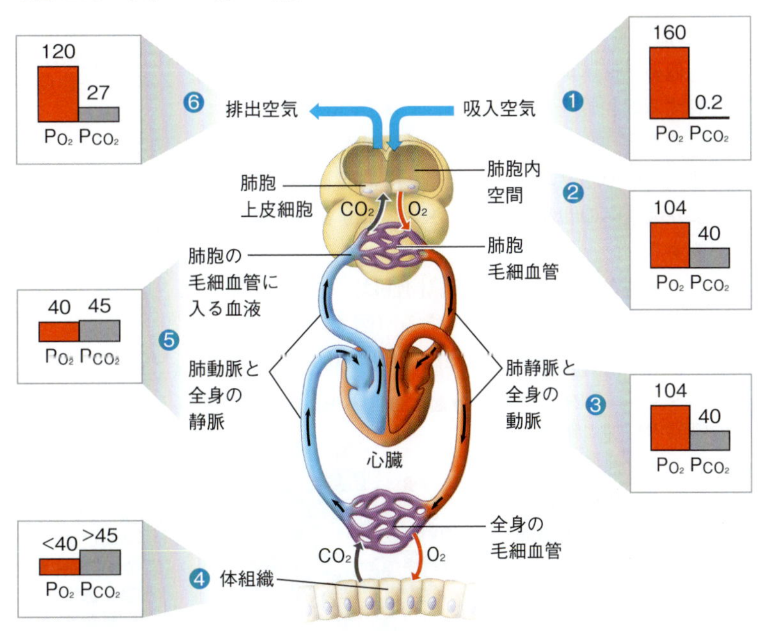

120
27
PO2 PCO2
❻
排出空気
吸入空気
❶
160
0.2
PO2 PCO2
肺胞
上皮細胞
CO2
O2
肺胞内
空間
❷
104
40
PO2 PCO2
肺胞の
毛細血管に
入る血液
肺胞
毛細血管
40 45
PO2 PCO2
❺
肺動脈と
全身の
静脈
肺静脈と
全身の
動脈
❸
104
40
PO2 PCO2
心臓
全身の
毛細血管
<40 >45
PO2 PCO2
CO2
O2
❹
体組織

どうなる？➤もし毎回，肺から意識的により多くの空気を吐き出すとすると，図に示した値はどのように影響を受けるだろうか．

実際には，動物は大部分の酸素を**呼吸色素 respiratory pigment** とよばれるタンパク質に結合させて運搬する．呼吸色素は血液あるいは血リンパとともに循環し，多くの場合，特化した細胞内に含まれる．呼吸色素は循環液により運ぶことのできる酸素量をおおいに増大させる（哺乳類の血液1Lあたり4.5 mLから約200 mLの酸素まで増やす）．ヒトの運動時の組織への酸素伝達効率を80％と仮定すると，呼吸色素の存在は酸素運搬に必要な心拍出量を毎分12.5 Lと，対処可能な量にまで減少させる．

動物では多様な呼吸色素が進化してきた．いくつかの例外を除き，分子は独自の色をもち（それゆえ「色素」とよばれる），金属と結合したタンパク質である．その一例が青色素の「ヘモシアニン」で，酸素と結合する構成要素として銅をもち，節足動物と多くの軟体動物に認められる．

多くの無脊椎動物とほとんどすべての脊椎動物の呼吸色素はヘモグロビンである．脊椎動物では，ヘモグロビンは赤血球に含まれ，4つのサブユニットからなる．それぞれのサブユニットは，ポリペプチド鎖と，中心に鉄原子をもつヘム基とよばれる補助因子からなる（図42.30）．各々の鉄原子が酸素1分子と結合するので，1つのヘモグロビン分子は4分子の酸素を運ぶことができる．他のすべての呼吸色素と同様，ヘモグロビンは可逆的に酸素と結合する．肺や鰓では酸素を付加し，体の他の部位では解離する．この過程は，ヘモグロビンサブユニット間の協同性により強められる（8.5節参照）．酸素が1つのサブユニットと結合すると，他のサブユニットはわずかに形を変化させ，酸素に対する親和性を増大させる．4分子の酸素が結合しているとき，1つのサブユニットが酸素を解離すると，他の3つのサブユニットはそれに付随した形の変化により酸素への親和性を低下させ，より容易に酸素を解離する．

酸素との結合や解離における協同性は，ヘモグロビンの解離曲線において明らかである（図42.31a）．解離曲線が急勾配を示すP_{O_2}の範囲では，P_{O_2}のわずかな変化でさえ，かなりの量の酸素の付加と解離を引き起こす．曲線の急勾配の部分が，体の組織でみとめられるP_{O_2}の範囲に相当する．たとえば運動時のように，ある特定部位の細胞が一生懸命に働くとき，酸素が細胞呼吸によって消費されるので，細胞近傍のP_{O_2}が下がる．サブユニットの協同により，P_{O_2}のわずかな減少は，血液が解離する酸素量を大きく増加させる．

▼図42.30　ヘモグロビン．

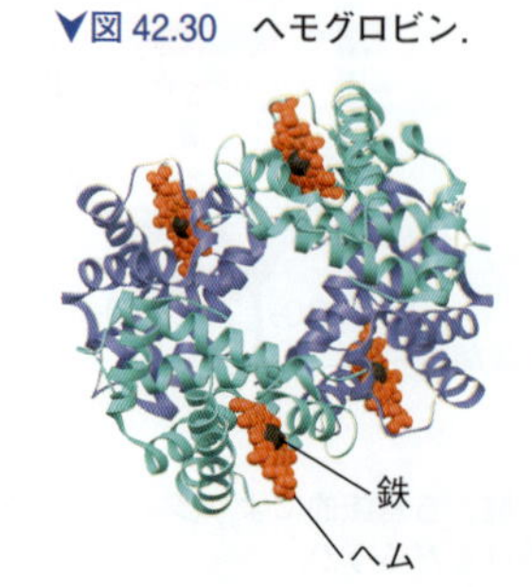
鉄
ヘム

ヘモグロビンは，盛んに酸素を消費している組織に酸素を運ぶことに対して，特に効率的である．しかしながら，この効率の増加は酸素の消費によるものではなく，二酸化炭素の生成による．細胞呼吸により組織が酸素を消費するとき，二酸化炭素もつくられる．す

▼図42.31　37℃でのヘモグロビンの解離曲線．

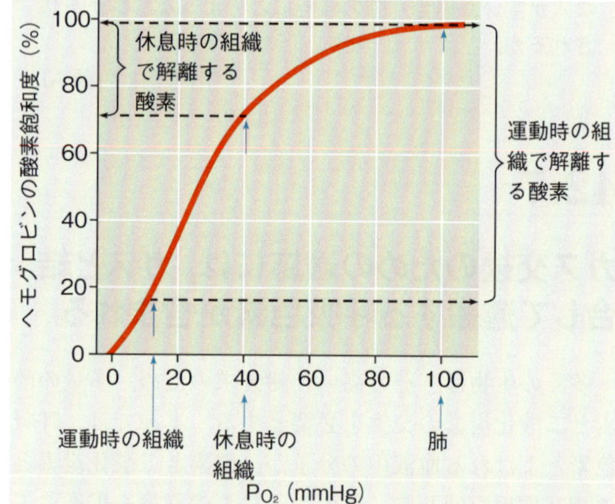
ヘモグロビンの酸素飽和度（%）
100
80
60
40
20
0
休息時の組織で解離する酸素
運動時の組織で解離する酸素
0
20
40
60
80
100
運動時の組織
休息時の組織
肺
P_{O_2} (mmHg)

(a) **pH 7.4での酸素分圧とヘモグロビン解離**．この解離曲線は，異なるP_{O_2}の溶液にさらされたときの，ヘモグロビンに結合する酸素の相対量を示す．肺の典型的なP_{O_2}である100 mmHgにおいて，ヘモグロビンの酸素飽和度は約98％である．休息時組織の典型的なP_{O_2} 40 mmHgでは，ヘモグロビンの酸素飽和度は約70％であり，解離によりほぼ3分の1の酸素が放出される．上のグラフに示されている通り，運動時の筋組織のような，代謝が非常に活発な組織では，ヘモグロビンはより多くの酸素を放出できる．

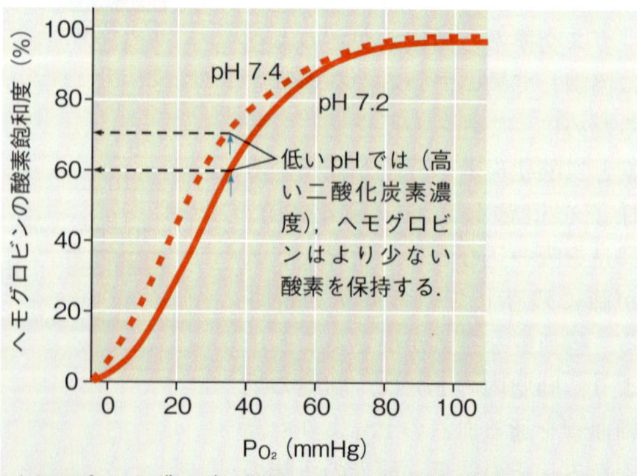
ヘモグロビンの酸素飽和度（%）
100
80
60
40
20
0
pH 7.4
pH 7.2
低いpHでは（高い二酸化炭素濃度），ヘモグロビンはより少ない酸素を保持する．
0
20
40
60
80
100
P_{O_2} (mmHg)

(b) **pHとヘモグロビン解離**．非常に活動的な組織では，細胞呼吸によって生成される二酸化炭素が水と反応して炭酸になり，pHを低下させる．水素イオンはヘモグロビンの構造に影響を与えるので，pHの低下は酸素解離曲線を右側に移動させる（ボーア効果）．あるP_{O_2}において，ヘモグロビンは低いpHにおいてより多くの酸素を放出し，細胞呼吸の増大を支える．

でに学んだ通り，二酸化炭素が水と反応すると炭酸を形成して周囲のpHを低下させる．低下したpHは，ヘモグロビンの酸素に対する親和性を低下させ，この効果は**ボーア効果 Bohr shift**とよばれる（図42.31b）．このように，多量の二酸化炭素が生成される場所ではヘモグロビンがより多くの酸素を放出し，より高い細胞呼吸をサポートする．

ヘモグロビンは血液の緩衝作用の助けにもなり，pHの有害な変化を防ぐ．さらに，次項で探究する通り，二酸化炭素の輸送においてもある程度の役割を果たす．

二酸化炭素の輸送

細胞呼吸により放出される二酸化炭素の7%のみが血漿に溶けて運ばれる．残りは血漿から赤血球に拡散によって入り，水と反応してH_2CO_3を形成する（炭酸脱水酵素により促進される）．H_2CO_3はすぐにH^+とHCO_3^-に解離する．大部分のH^+はヘモグロビンや他のタンパク質と結合し，血液のpH変化を最小にする．大部分のHCO_3^-は赤血球から血漿中に拡散し，血漿中を肺に向かって運ばれる．約5%の二酸化炭素に相当する，残りのHCO_3^-はヘモグロビンに結合して赤血球とともに運ばれる．

血液が肺を流れるとき，二酸化炭素の相対的分圧によって，二酸化炭素を拡散により血液から放出する．二酸化炭素が肺胞に拡散すると血液中の二酸化炭素量は減少する．この減少は化学平衡をHCO_3^-から二酸化炭素へ転換する方向へと変化させ，さらに肺胞へ二酸化炭素が拡散することを可能にする．全体として，P_{CO_2}の勾配は，血液が肺を通過する間にP_{CO_2}をおよそ15%減らすことに十分なものである．

潜水する哺乳類の呼吸適応

進化　たとえば空気呼吸を行う哺乳類が水中を泳ぐときのように，通常の呼吸媒体に接しない環境で過ごすための能力は，動物によってさまざまである．ヒトの場合，熟練したダイバーであっても，2〜3分以上息を止めたり20mよりも深く泳いだりすることはほとんど不可能であるのに対して，南極のウェッデルアザラシは日常的に200〜500mまで急に潜り，そこで20分から1時間以上という時間とどまる．アカボウクジラという別の潜水を行う哺乳類は，2900mの深さまで到達し，2時間以上も水中にとどまることができる．何がこのような離れ業を可能にしたのだろうか．

潜水する哺乳類が長い時間潜っていられるための進化的適応の1つが，大量の酸素を体内に貯めておける能力である．ウェッデルアザラシは，体重1kgあたりの血液量がヒトの約2倍である．さらに，アザラシや他の潜水を行う哺乳類の筋肉中には，**ミオグロビン myoglobin**とよばれる酸素を貯蔵するタンパク質を高濃度にもつ．その結果，ウェッデルアザラシはヒトと比べて，体重1kgあたり約2倍の酸素を貯めておくことができる．

▲ ウェッデルアザラシ

潜水する哺乳類は，比較的多量の酸素を抱えるだけでなく，酸素を節約するための適応も行う．彼らはわずかな筋肉の労力で，受動的に滑空するように長時間泳ぐ．潜水中は心拍数や酸素消費率を低下させ，ほとんどの血液を脳，脊髄，眼，副腎に，そして妊娠中の個体は胎盤といった生存に欠かせない組織に送るよう制御する．筋肉への血液供給を制限し，長時間の潜水の場合には遮断してしまう．このような潜水では，ウェッデルアザラシの筋肉はミオグロビンに貯めておいた酸素を使い果たしてしまい，呼吸の代わりに嫌気的な発酵によってATPを得る（9.5節参照）．

このような適応は，進化の過程でどのようにして生じたのだろうか．ヒトを含むすべての哺乳類は，飛び込んだときや水に落ちたときに引き起こされる，潜水反応をもつ．顔を冷たい水につけたとき，心拍数はすみやかに低下し，四肢への血流は減少する．このような反応を増強させるような遺伝的変化が，アザラシの祖先に水中で採餌するための選択的優位性を与えたのかもしれない．また，血液量やミオグロビン濃度といった特徴を増やすような遺伝的変化が，潜水能力を向上させ，何世代にもわたる選択において有利に働いてきたのだろう．

概念のチェック 42.7

1. 酸素や二酸化炭素が毛細血管内に拡散するか，あるいは毛細血管から外に拡散をするのかを決定しているものは何か．説明しなさい．
2. ボーア効果は，いかにして酸素を活動的な組織に供給することを助けているのか．

3. **どうなる？➤**医師は，非常に激しく呼吸を行っている患者に，炭酸水素イオン（HCO_3^-）を与えることがある．患者の血液化学について，医師は何を想定しているのだろうか．

（解答例は付録A）

42 章のまとめ

重要概念のまとめ

42.1

循環系は交換界面と体中の細胞とをつなぐ

- 単純なボディープランをもつ動物では，**拡散**による環境と細胞との間の物質交換を，**胃水管腔**が仲介する．長い距離を拡散するには時間がかかるため，ボディープランの複雑な動物には，環境との物質交換を行う器官と細胞との間で溶液を移動させる，循環系が存在する．節足動物や大部分の軟体動物は，**血リンパ**が器官を直接浸す**開放血管系**をもつ．脊椎動物は，**血液**がポンプと管による閉鎖的なネットワークの中を循環する，**閉鎖血管系**をもつ．
- 脊椎動物の閉鎖血管系は，血液と**血管**，そして2つから4つの小室をもつ**心臓**から構成される．血液は心臓の**心室**から送り出されて，**動脈**を通り，血液と間質液の間で化学的物質交換を行う場である**毛細血管**に入る．**静脈**は血液を毛細血管から**心房**に戻し，心房は心室に血液を送る．硬骨魚，サメ，エイはその循環系に単一のポンプをもつ．空気呼吸をする脊椎動物は1つの心臓へと合体した2つのポンプをもつ．心室の数と分離における変化は，異なる環境や代謝要求への適応を反映している．

❓ 閉鎖血管系内の溶液の流れは，移動する距離，移動する方向，駆動力に関して，細胞とその環境との間の分子の動きと比べてどのように異なるのか．

42.2

心臓収縮の協調的な周期が哺乳類の二重循環を駆動する

- 右心室は血液を肺へと送り出し，肺では血液は酸素を付加して二酸化炭素を解離させる．肺からの酸素を豊富に含む血液は左心房に入り，左心室から体組織へと送り出される．血液は，右心房を通って心臓へと戻る．

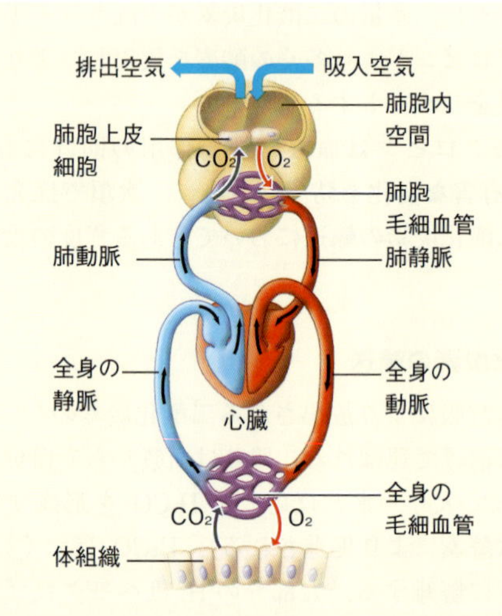
排出空気
吸入空気
肺胞内空間
肺胞上皮細胞
CO_2
O_2
肺胞毛細血管
肺動脈
肺静脈
全身の静脈
全身の動脈
心臓
全身の毛細血管
CO_2
O_2
体組織

- 心臓からの押し出しと充満の一連の過程である**心臓周期**は，**収縮期**とよばれる収縮相と，**拡張期**（**弛緩期**）とよばれる弛緩相からなる．心臓の機能は，**脈拍**（1分間で何回心臓が拍動するか）および**心拍出量**（1分間にそれぞれの心室が押し出す血液の量）を測定することにより評価できる．
- 心拍は，右心房の**洞房結節**（ペースメーカー）でのインパルスに起因する．インパルスは心房の収縮を引き起こし，**房室結節**では遅延が生じ，束枝とプルキンエ繊維に沿って伝わり，心室の収縮を引き起こす．神経系やホルモン，体温がペースメーカーの活動に影響を与える．

❓ 障害をもつ心臓弁を手術によって取り替えた後，心臓機能にはどのような変化が起こると期待されるか．

42.3

血圧と血流のパターンは血管の構造と配置を反映する

- 血管はその機能に適応した構造をもっている．毛細血管は狭い直径と薄い壁をもち，物質交換を促進する．その大きな総断面積の結果として，血流の速さは毛細血管床で最も遅い．動脈は血圧を維持するための厚い弾性壁をもつ．静脈は血液を心臓に戻すことに寄与する一方向性の弁をもつ．血圧は，心拍出量の変化や細動脈の収縮の変化により変動する．
- 体液は毛細血管から漏れ出し，**リンパ系**によって血液へと戻される.

? 腕を頭の上に置いた場合，その腕の中の血圧はどのように変化すると考えられるか．説明しなさい．

42.4

血液の構成要素は物質交換，輸送，生体防御に働く

- 血液は，**血漿**とよばれる液性の基質に，細胞や細胞断片（**血小板**）が浮遊したものである．血漿タンパク質は血液の pH，浸透圧，粘性に影響し，脂質の輸送や免疫（抗体），血液凝固（フィブリノーゲン）などに働く．**赤血球**は酸素を運搬する．5 種類の**白血球**は，血液中の細菌や異物に対する生体防御に働く．血小板は，血漿中のフィブリノーゲンをフィブリンに変換するカスケード反応である血液凝固に働く．
- さまざまな疾病は循環系の機能を害する．**鎌状赤血球症**では，**ヘモグロビン**の異常な形状が赤血球の形や機能を損ない，微細な血管を詰まらせたり血液の酸素運搬能力を低下させたりする．心臓血管疾患では，動脈の内壁の炎症が，内壁に脂質や細胞を沈着させ，心臓や脳に対して生命にかかわるような損傷を引き起こす可能性がある．

? 感染していない状態では，ヒトの血液の細胞のどのぐらいの割合が白血球か．

42.5

ガス交換は特化した呼吸界面を介して起こる

- すべての**ガス交換**部位において，ガスは**分圧**の高いところから低いところに向かって正味の拡散をする．空気は水よりも酸素含量が高く，低密度，低粘度であるため，水よりもガス交換の伝導性が高い．
- 呼吸界面の形状と構成は動物種によって異なる．鰓は，水中でのガス交換に特化した，外に向かって襞を構成する体表である．魚類を含めた鰓においては，ガス交換効率は**換水**や血液と水との間の**対向流交換**により上昇する．昆虫は**気管系**にガス交換を依存しており，細かく枝分かれした管が細胞に直接酸素を供給する．クモ類や陸生巻貝類，ほとんどの陸生脊椎動物は，体内に**肺**をもつ．哺乳類では，鼻孔を通して吸い込んだ空気が咽頭を通って，**気管**，**気管支**，**細気管支**，そして行き止まりの**肺胞**へと移動し，肺胞でガス交換が起こる．

? なぜ，動物がガス交換を通して二酸化炭素を除去する能力に対して，高度はほとんど影響しないのか．

42.6

呼吸は肺を換気する

- 呼吸のメカニズムは脊椎動物の間で大きく異なる．両生類は，空気を気管に押し込む**陽圧呼吸**によって肺を換気する．鳥類は気嚢のシステムを用い，肺の中を一方向のみに空気が流れるようにし，入ってくる空気と出ていく空気が混ざらないようにする．哺乳類は，空気を肺に引き込む**陰圧呼吸**によって換気する．肋骨筋と**横隔膜**が収縮したとき，肺に空気を引き込む．入ってくる空気と出ていく空気が混ざり，換気効率が低下する．
- センサーが脳脊髄液の pH を感知し（血中の二酸化炭素濃度を反映する），脳内の制御中枢が代謝要求に見合った呼吸速度と深度に調節する．血中の二酸化炭素（血液の pH を介して）と酸素のレベルを監視する，大動脈と頸動脈に存在するセンサーによって，さらなる入力が制御中枢にとどく．

? 吸気において，肺の中に存在する空気は体に入ってくる新鮮な空気とどのように異なるのか．

42.7

ガス交換のための適応には，ガスと結合して運搬する呼吸色素が含まれる

- 肺では，分圧の勾配が血液への酸素の拡散と，血液からの二酸化炭素の拡散を促進する．体の他の部位では，これと反対の状況が存在する．ヘモシアニンやヘモグロビンといった**呼吸色素**は酸素と結合し，循環系により運搬される酸素の量をおおいに増大させる．
- ある種の動物は，進化的な適応によって驚くべき酸素要求をかなえている．深く潜水する哺乳類は酸素を血液や他の組織に貯め込み，ゆっくりと使い切る．

? 呼吸色素の役割は，酵素とどのように似ているか．

理解度テスト

レベル 1：知識／理解

1. 血液の供給と密接に関連していない呼吸系は次のうちどれか．
   (A) 脊椎動物の肺　(C) 昆虫類の気管系
   (B) 魚類の鰓　(D) ミミズの皮膚

2. 哺乳類において，心臓に戻る肺静脈の血液は，はじめに____に流れ込む．
(A) 左心房　(C) 左心室
(B) 右心房　(D) 右心室
3. 脈拍は____の直接的な測定である．
(A) 血圧　(C) 心拍出量
(B) 1回拍出量　(D) 心拍数
4. 呼吸を止めたときに，以下の血液中ガスの変化のうち，最初に呼吸を促すものはどれか．
(A) 酸素の上昇　(C) 二酸化炭素の上昇
(B) 酸素の低下　(D) 二酸化炭素の低下
5. 両生類とヒトが共通してもつ特徴の1つは，次のうちどれか．
(A) 心臓小室の数
(B) 循環系のために完全に分離した回路
(C) 循環系の回路の数
(D) 体循環における低い血圧

レベル2：応用／分析

6. 左の足指で血液中に放出された二酸化炭素分子が鼻から吐き出されたとすると，二酸化炭素分子は____を除く下記のすべての経路を通るはずである．
(A) 肺静脈　(C) 右心房
(B) 肺胞　(D) 右心室
7. 活動的な筋細胞のまわりの間質液と比較して，これらの細胞に達する動脈の血液は____を有している．
(A) より高い P_{O_2}
(B) より高い P_{CO_2}
(C) より高い炭酸水素濃度
(D) より低い pH

レベル3：統合／評価

8. **描いてみよう**　ヒトの1回の心臓周期に関して，時間に対する血圧の変化をグラフに表しなさい．大動脈，左心室，右心室における圧を異なる線で描くこと．時間軸の下には，心房圧が最大となると期待される時間を示す垂直矢印を書き込みなさい．
9. **進化との関連**　映画の怪物のゴジラが闘う敵の1つが，数十mの翼幅をもつガに似た架空生物のモスラである．かつて生息した最大の昆虫類は，翼幅0.5mの古生代のトンボ類である．呼吸とガス交換に焦点を当て，なぜ巨大昆虫類が存在しないと考えられるのか，説明しなさい．
10. **科学的研究・データの解釈**　ヒト胎児のヘモグロビンは成人のヘモグロビンとは異なる．グラフ中の，2つのヘモグロビンの解離曲線を比較しなさい．2つのヘモグロビンがどのように異なるのかを記述し，その違いの利点を説明する仮説を提案しなさい．

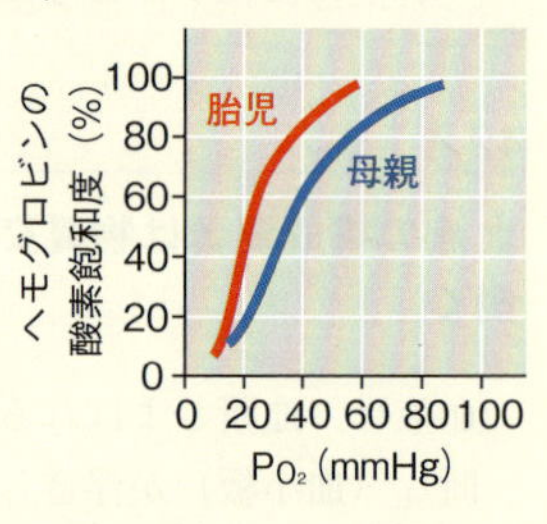
ヘモグロビンの酸素飽和度（%）
100
80
60
40
20
0
0
20
40
60
80
100
P_{O_2} (mmHg)
胎児
母親

11. **科学，技術，社会**　多数の研究が，喫煙を心臓血管疾患や肺疾患と関係づけている．健康に関するほとんどの専門家によれば，喫煙は米国の予防可能な早死の原因となっている．タバコの広告を完全禁止することに賛成する論拠は何か．反対の論拠は何か．禁止に賛同するかあるいは反対するか．説明しなさい．
12. **テーマに関する小論文：相互作用**　ある運動選手は，競技会に備えて P_{O_2} を低く保ったテントの中で睡眠をとる．登山家は非常に高い峰に登るとき，純酸素のボトルから息を吸う．これらの行動を，ヒトの体での酸素運搬メカニズムや気体環境との生理学的な相互作用と関連させて，300〜450字で記述しなさい．
13. **知識の統合**

ミズグモ *Argyroneta aquatica* は水中で，絹糸の網の中に空気を貯める．なぜこの適応は鰓をもつよりも，より有利だと考えられるのか．動物間におけるガス交換媒体とガス交換器官の違いを考慮に入れ，説明しなさい．

(一部の解答は付録A)

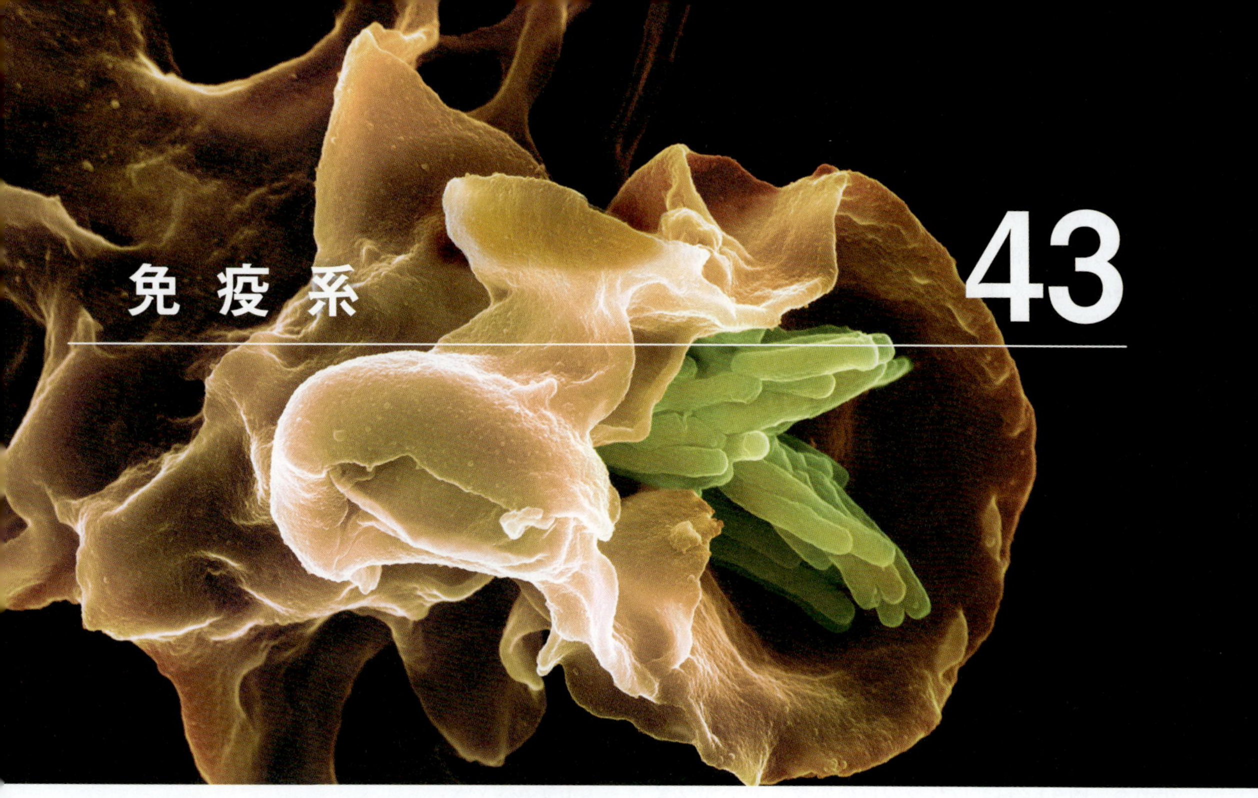
免疫系
43

▲図 43.1　免疫細胞が細菌塊に攻撃を引き起こした原因は何か．

重要概念

43.1 自然免疫では，病原体群の共通特性をもとに認識と反応が行われる

43.2 適応免疫では，受容体によって病原体が特異的に認識される

43.3 適応免疫には，体液性と細胞性の防御機構がある

43.4 免疫系の破壊は，疾患の発症や悪化に結びつく

認識と反応

動物の体内は，細菌，菌類，ウイルスなどの**病原体 pathogen** にとって，栄養確保の容易さや外的環境変化からの保護，新環境への移動といった理由で，好都合な環境である．風邪やインフルエンザのウイルスからしてみれば，私たちは格好の宿主ということになるだろう．一方私たちの観点から見れば，このようなことは理想的であるとはいえない．幸運なことに，さまざまな侵入者たちから動物の体を守るしくみが進化の過程で獲得されてきた．

多くの動物では，体液や組織に存在している献身的ともいえる免疫細胞が，侵入してきた病原体に特異的に結合してそれらを破壊する．たとえば，図 43.1 は，マクロファージとよばれる免疫細胞（茶色で着色）が桿状の細菌（緑色）を飲み込もうとしている様子を示す．免疫細胞のタイプに，リンパ球とよばれる白血球細胞がある．多くのリンパ球は特異的なタイプの病原体を認識して反応する．体の防御システム総体として**免疫系 immune system** が構成され，動物が病原体に感染することを防ぎ，感染の可能性を低減する．免疫系が発動するためには，必ずしも外来の分子や細胞が病原性をもっていなくてもよいが，本書では病原体からの防御における免疫系の役割に焦点を絞る．

免疫系が提供する第一防衛線は体外からの病原体の侵入を防ぐのに役立っている．たとえば，皮膚や殻のような外被バリアなどは多くの病原体の侵入を防いでいる．しかしながら，動物は呼吸などのガス交換や栄養の取り込み，生殖など，外部環境へのばく露を伴う活動を行うため，体全体を完全に外部から遮蔽することは不可能である．体への入口や出口で体液を分泌することで病原体を補捉または殺傷して防御を行うほか，消化管の内皮や気道，また外界とのやり取りをする体表面も，感染に対

して付加的な障壁として機能する．

病原体がバリアを破って体内に侵入すると，攻撃をかわす方法は大幅に変わってくる．体液や組織の中に入り込んでしまえば，病原体はもはや外部者ではない．感染と戦うためには，動物の免疫系はまず，体内に存在する外来の粒子や細胞を検出しなければならない．言い換えると，正常に機能している免疫系は，自己と非自己を認識するのである．どうやって認識しているのだろうか．免疫細胞は，外来細胞やウイルスに由来する分子に特異的に結合する受容体を合成し，防御反応を引き起こしているのである．外来物質に対する免疫受容体の特異的結合は一種の「分子認識」であり，その中心的な活動は非自己の分子や粒子，細胞を見つけ出すことである．

動物に見られる2つのタイプの免疫系の基礎をなす2つの分子認識機構として，すべての動物に共通に見られる自然免疫と，脊椎動物にのみ存在する適応免疫がある．図43.2は，これらの自然免疫と適応免疫をまとめたもので，本質的な類似性と相違について強調している．

自然免疫（先天性免疫）innate immunity には，防御バリアが含まれる．ウイルスや細菌，その他の病原体に共通に存在するが，動物には見られない分子や構造を認識する少数の受容体タンパク質に依存する．自然免疫受容体が外来分子に結合すると，体内の防衛システムが活性化され，非常に広範囲の病原体に対して反応することができるようになる．

適応免疫 adaptive immunity では，無数の兵器ともいえる受容体をつくり出す．それら受容体の1つひとつは，それぞれ決まった病原体の特定分子の特定部位を特異的に認識する．結果として，適応免疫における認識と反応は顕著な特異性を示すことになる．

▼図43.2　**動物の免疫系の概要．** 自然免疫はすべての動物や昆虫の第1の防衛を担うほか脊椎動物の適応免疫の舞台を整える．

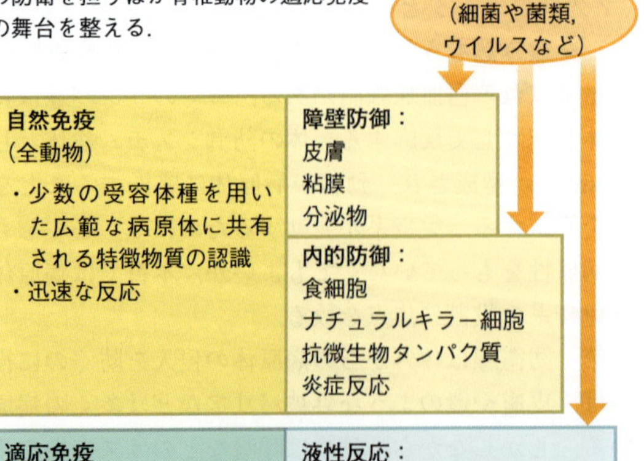
病原体
（細菌や菌類，
ウイルスなど）
自然免疫
（全動物）
・少数の受容体種を用いた広範な病原体に共有される特徴物質の認識
・迅速な反応
障壁防御：
皮膚
粘膜
分泌物
内的防御：
食細胞
ナチュラルキラー細胞
抗微生物タンパク質
炎症反応
適応免疫
（脊椎動物のみ）
・多様な受容体による特定の病原体に特異的な特徴物の認識
・遅い反応
液性反応：
体液感染に対する抗体による防御
細胞性反応：
体細胞の感染に対する細胞傷害性細胞による防御

獲得免疫としても知られている適応免疫は，自然免疫が活性化した後に発動し，時間をかけて確立されていく．この「適応」や「獲得」という修飾語が用いられているのは，かつて感染したことがある病原体に遭遇すると，免疫系がよりいっそう強く反応するからである．適応免疫の例としては，細菌の産生する毒素を中和するタンパク質の合成や，ウイルスに感染した細胞を標的とした殺傷作用などが挙げられる．

本章では，それぞれの免疫システムがどのようにして動物を病気から守っているのかを学ぶ．また，病原体がどのようにしてこれらの免疫システムを回避したり，凌駕したりするのか，さらには免疫系の欠損がどのようにして動物の健康状態を危うくするのかについても学んでいく．

43.1

自然免疫では，病原体群の共通特性をもとに認識と反応が行われる

自然免疫はすべての動物に（植物にも）備わっている．自然免疫を学ぶにあたり，感染に対して自然免疫でしか対抗・抗戦することができない無脊椎動物についてまず学んでいく．その後に脊椎動物に戻り，急性の免疫反応と適応免疫の双方に利用される自然免疫の役割について学んでいく．

無脊椎動物の自然免疫

無数の微生物に満ちた水生・陸生環境において，昆虫が偉大なる繁栄を遂げている理由の1つに，無脊椎動物の効率的な自然免疫の存在が挙げられる．水生・陸生環境のどちらでも，昆虫は感染に対する第1の防御壁として外骨格を用いる．外骨格は主成分として多糖質のキチンを含み，大多数の病原体に対して効果的な防御壁として機能する．キチンを含む防御壁は昆虫の腸にも存在し，食物と一緒に取り込まれた多くの病原体の感染から昆虫を防御する．**リゾチーム lysozyme** は細菌の細胞壁を破壊し，昆虫の消化器系を感染から守っている．

病原体が昆虫の防御壁を破って侵入すると，昆虫体内の多数の免疫防御系に遭遇することになる．広範な病原体には共通の分子が存在するが，昆虫の免疫細胞

はこの共通分子に結合する一連の認識タンパク質を合成する．共通分子の多くは菌類や細菌がもつ細胞壁の成分である．これらの分子は通常動物細胞には見られないため，病原体を認識するための目印として機能する．昆虫の認識タンパク質がこれらの共通分子に結合すると，自然免疫反応が開始される．

昆虫の主要な免疫細胞は「ヘモサイト」とよばれる．ヘモサイトの一部は，まるでアメーバのように細菌や他の外来物質を飲み込んで，消化・分解する．これは，**食作用（ファゴサイトーシス）phagocytosis** とよばれる働きである（図 43.3）．ある種のヘモサイトは，マラリア原虫 *Plasmodium*（蚊に寄生してヒトにマラリアを引き起こす単細胞の原生生物）のような大きな病原体を捕捉する防御物質を産生する．他の多くのヘモサイトは，「抗微生物ペプチド」を分泌する．抗微生物ペプチドは体液循環を通して体中に行き渡り，菌類や細菌の細胞膜を破壊して，微生物を殺傷したり，不活化したりする．

昆虫の自然免疫は，種々の病原体それぞれに特異的に反応する．たとえば菌類が昆虫に感染すると，免疫細胞の認識タンパク質が菌類の細胞壁分子に結合し，Toll とよばれる膜貫通型受容体を活性化する．その後 Toll は抗微生物ペプチドの合成と分泌を活性化し，細胞膜を破壊するなどにより菌類や細菌を特異的に殺傷する．注目すべきことに，哺乳類の食細胞は，Toll 受容体に非常によく似た受容体タンパク質を用いてウイルス，真菌，および細菌成分を認識する．これらの発見については，2011 年のノーベル生理学・医学賞が授与されている．

▼図 43.3　**食作用．** この図は，代表的な食細胞によって微生物が取り込まれ，破壊される過程を示す．

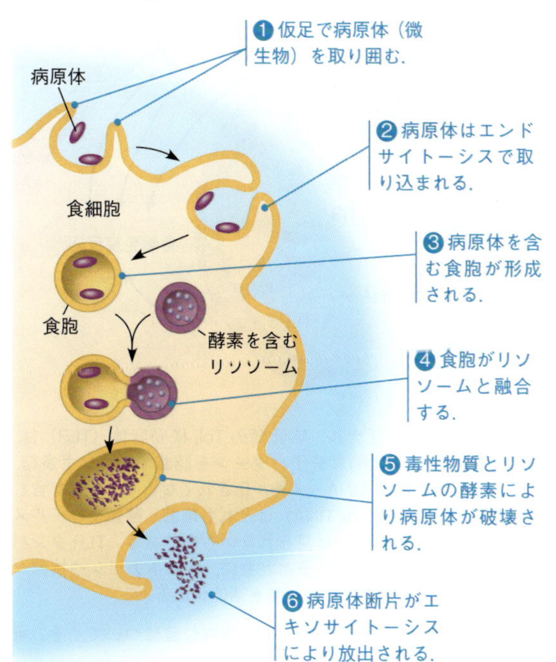
❶仮足で病原体（微生物）を取り囲む．
病原体
❷病原体はエンドサイトーシスで取り込まれる．
食細胞
❸病原体を含む食胞が形成される．
食胞
酵素を含むリソソーム
❹食胞がリソソームと融合する．
❺毒性物質とリソソームの酵素により病原体が破壊される．
❻病原体断片がエキソサイトーシスにより放出される．

昆虫にはウイルス感染に対する特定の防御手段がある．多くの昆虫ウイルスは，RNA 1 本鎖からなるゲノムをもつ．宿主細胞内でウイルスが複製する際，この RNA 鎖を鋳型として 2 本鎖 RNA が合成される．動物は 2 本鎖 RNA を生成しないので，その存在は図 43.4 に示すように，侵入ウイルスに対して特異的な防御反応を引き起こすことができる．

脊椎動物の自然免疫

有顎脊椎動物の自然免疫防御系は，より新しく進化した適応免疫系と共存している．脊椎動物の自然免疫に関する発見のほとんどがヒトとネズミに関する研究によるものなので，ここでは哺乳類の自然免疫に話を絞る．本項ではまず，無脊椎動物と同様の自然防御のしくみ，すなわち障壁防御，食作用（ファゴサイトーシス），そして抗微生物ペプチドについて考える．次に，ナチュラルキラー細胞，インターフェロン，炎症反応など，脊椎動物に特有な自然免疫の側面についても見ていく．

障壁防御

病原体の侵入を阻止する哺乳類の障壁防御として，粘膜および皮膚が挙げられる．消化管，呼吸気管，尿路，生殖器官などを覆う粘膜は，病原体および他の粒子を捕捉する粘り気のある液体，粘液を産生する．気管では，繊毛上皮細胞が繊毛運動によって微生物を取り込んだ粘液を押し上げ，肺の感染防御に一役買っている．露出した上皮を覆う唾液や涙，粘液などの分泌物は，洗浄効果を有し，菌類および細菌によるコロニー形成を阻害する．

体がもつ分泌機能は，微生物の侵入を阻害するという物理的な役割だけでなく，多くの微生物に対して敵対的な環境を生み出している．涙や唾液，粘液に含まれるリゾチームは，感受性のある細菌が眼や上気道などの開口部から侵入した場合，その細胞壁を破壊する．食物や水に含まれる微生物，あるいは粘液にからめ取られた微生物は，胃の酸性環境（pH 2）と闘わなければならない．なぜなら胃の酸性条件では，侵入した大半の微生物が小腸に至る前に死滅してしまうからである．また，皮脂腺や汗腺からの分泌物も，ヒトの皮膚の pH を 3 から 5 という弱酸性環境下に保ち，多くの

▼図 43.4　**昆虫の抗ウイルス防御．** RNA ウイルスの感染を防御するため，昆虫細胞はウイルスゲノムを小さな断片に切断し，ウイルスのメッセンジャー RNA（mRNA）を認識して破壊するためのガイド分子として用いる．

ウイルス感染

感染時，1 本鎖ウイルス RNA ゲノムが複製され，その過程でウイルス RNA 2 本鎖が短い期間形成される．

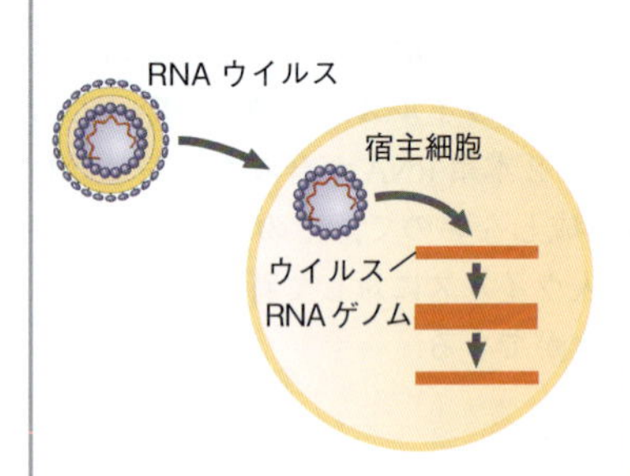
RNA ウイルス
宿主細胞
ウイルス
RNA ゲノム

図読み取り問題➤この図と付随する文章に基づいて，Dicer-2 および Argo 酵素の特異性について，基質のサイズ，鎖の本数，および結合・作用する RNA 分子上の配列という観点から定義しなさい．

宿主防御

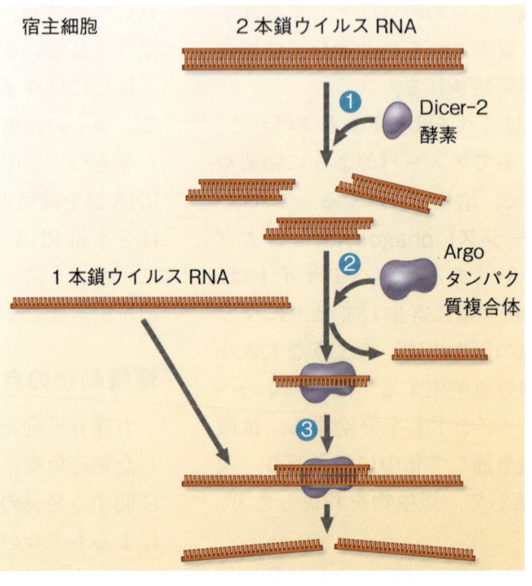
宿主細胞
2 本鎖ウイルス RNA
Dicer-2
酵素
Argo
タンパク
質複合体
1 本鎖ウイルス RNA

❶ 宿主の酵素 Dicer-2 は，RNA ウイルスの複製過程で生成される 2 本鎖 RNA 構造を認識する．Dicer-2 はウイルス RNA を短い断片（各 21 ヌクレオチド長）に切断する．

❷ 宿主の酵素 Argo を含むタンパク質複合体は，上記の RNA 断片に結合し，2 本鎖のうちの一方を解離させる．

❸ Argo 複合体は，結合した 1 本鎖 RNA 断片をガイドとして使用し，ウイルス mRNA 中の相補的な配列と対合させる．Argo 複合体はウイルス mRNA を切断して不活性化し，ウイルスタンパク質の合成を阻害する．

微生物の成育を阻害する働きをもっている．

細胞性の自然免疫

哺乳類にも，昆虫と同様に，侵入した病原体を検出，貪食，破壊する自然免疫細胞が存在する．その過程で，自然免疫細胞は昆虫の Toll タンパク質に似た哺乳類認識タンパク質である **Toll 様受容体 Toll-like receptor（TLR）**を用いる．病原体を認識した TLR タンパク質は，侵入した微生物に最適な反応を誘発する．

個々の受容体は，一連の病原体に特徴的な成分に結合する（図 43.5）．たとえば，エンドサイトーシスによって形成される小胞表面に存在する TLR3 は，ある種のウイルスが特徴的に保有する 2 本鎖 RNA のセンサーとして機能する．免疫細胞の細胞膜上に存在する TLR4 は，多くの細菌の細胞壁に含まれているリポ多糖を認識する．同様に TLR5 は，細菌の鞭毛の主要構成タンパク質であるフラジェリンを認識する．

哺乳類の体内には，好中球とマクロファージという 2 つの主要な食細胞が存在する．**好中球 neutrophil** は体内を巡回しており，感染した組織から発せられるシグナルに引き寄せられて，感染した病原体を包み込んで破壊する．**マクロファージ macrophage**（「大食細胞」）は，図 43.1 に示すように，大きな食細胞である．体内を移動するものもあれば，病原体に遭遇しそうな組織や器官に永続的に留まっているものもある．たとえば，ある種のマクロファージは血液中の病原体がし

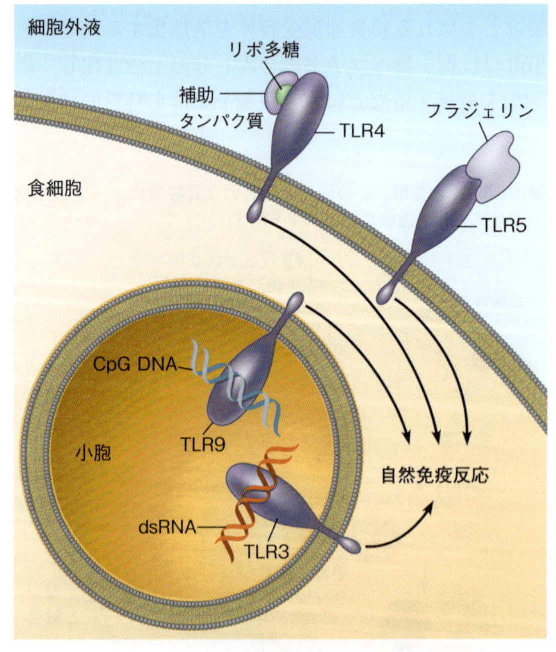
細胞外液
リポ多糖
補助
タンパク質
TLR4
フラジェリン
食細胞
TLR5
CpG DNA
TLR9
小胞
dsRNA
TLR3
自然免疫反応

▲図 43.5　**TLR シグナル．** 哺乳類の Toll 様受容体（TLR）は，一群の病原体に特徴的な分子パターンを認識する．リポ多糖，フラジェリン，CpG DNA（メチル化されてない CG 配列を含む DNA），2 本鎖 RNA（ds RNA）はどれも細菌，菌類やウイルスに見られるが動物細胞には見られないものである．TLR タンパク質は，他の認識・反応因子とともに，サイトカインや抗菌ペプチドの生産などの自然免疫防御を活性化する．

図読み取り問題➤TLR タンパク質の存在位置について，その可能な利点を考えなさい．

ばしば捕捉される脾臓に存在する．

他の２つのタイプの食細胞──樹状細胞と好酸球──も，自然免疫において役割を果たす．**樹状細胞 dendritic cell** は外部環境に接する皮膚などの組織に存在している．この後で学ぶが，樹状細胞は病原体に遭遇してそれらを取り込むと，適応免疫を活性化する．「好酸球」はしばしば粘膜面下部に見られ，弱い食作用を示すが，寄生虫などの多細胞性の侵入物に対して重要な防御機能を果たす．寄生虫に遭遇すると，好酸球は破壊的作用のある酵素を放出する．

脊椎動物の細胞性自然免疫には，**ナチュラルキラー細胞（NK 細胞）natural killer cell** も含まれる．NK 細胞は体内をめぐって，ウイルスに感染した細胞や，がん細胞の表面に特徴的に現れる異常に配列したタンパク質を検出する．NK 細胞は傷害を受けた細胞を飲み込むことはしない．その代わりに，細胞死を誘発する化学物質を放出し，ウイルスやがんの拡大を阻止する．

脊椎動物の細胞性自然免疫の多くは，リンパ液を体全体に運搬するネットワーク，すなわちリンパ系とかかわっている（図 43.6）．マクロファージの何割かはリンパ節という構造に潜んでおり，そこで間質液からリンパ液に流れ込んできた病原体を貪食する．樹状細胞はリンパ系から離れた位置に存在するが，病原体と相互作用した後にリンパ節まで移動する．樹状細胞はリンパ節の内部で他の免疫細胞と相互作用し，適応免疫を刺激する．

抗微生物ペプチド・タンパク質

哺乳類の体が病原体を認識すると，病原体を攻撃したり，増殖を妨げたりする種々のペプチドやタンパク質が合成・放出される．昆虫の場合と同様，これらの防御分子のいくつかは抗菌ペプチドとして機能し，膜を破壊することによって広範囲の病原体にダメージを与える．その他は，インターフェロンや補体などで，脊椎動物の免疫系に特有なものである．

インターフェロン interferon は，ウイルスの感染を妨害する自然免疫タンパク質である．ウイルスが感染した細胞はインターフェロンを分泌する．そのインターフェロンは，近隣の未感染細胞に働きかけてウイルスの増殖を阻害する物質の合成を促す．このようにして，インターフェロンは体内のウイルスが細胞から細胞へ伝播していくのを制限し，風邪やインフルエンザなどのウイルス感染の統制を助けている．白血球の一部は，マクロファージの活性化を助ける異なるタイプのインターフェロンを分泌し，マクロファージの食作用を促進する．現在，医薬企業は遺伝子組換え技術を

▼図 43.6　ヒトのリンパ系．リンパ系はリンパ管（緑色で示す）からなり，これを介してリンパが循環する．またこの構造は外来物質を捕捉する．これらの構造はリンパ節（オレンジ色）とリンパ器官（黄色）（すなわちアデノイド，扁桃，胸腺，脾臓，パイエル板および虫垂）からなる．リンパは❶〜❹の段階を経て体内を循環する．またこれらの段階では，リンパ節が適応免疫の活性化に重要な役割を果たすことも示されている（42.3 節のリンパ系と循環系の関係に関する記述も参照）．

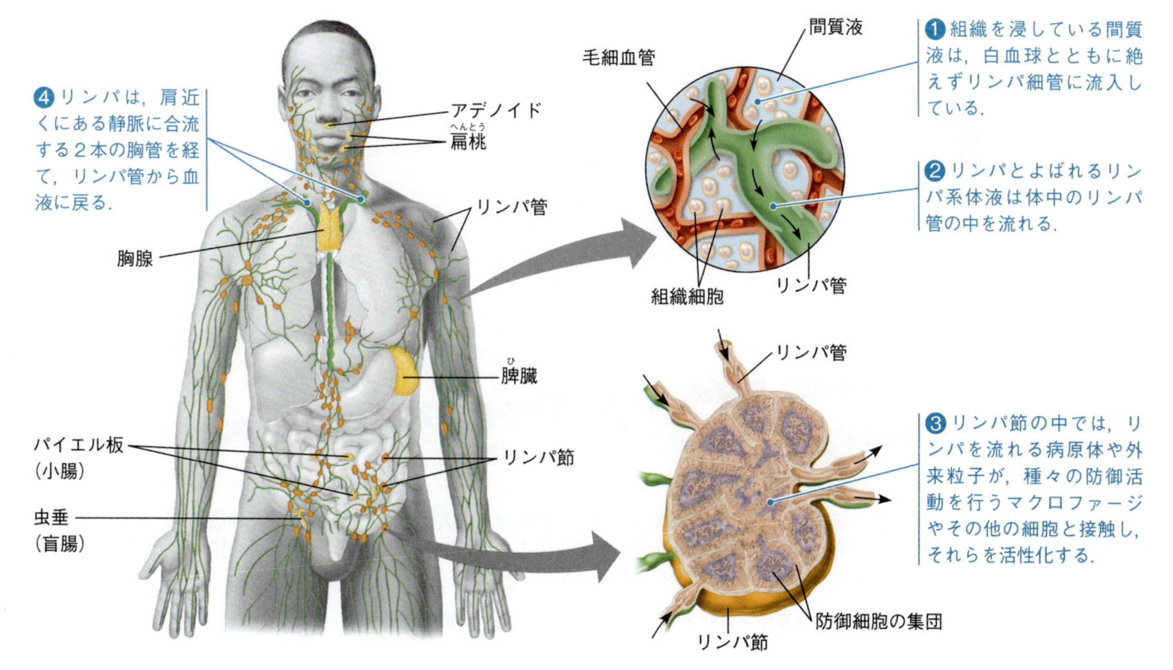

❹リンパは，肩近くにある静脈に合流する２本の胸管を経て，リンパ管から血液に戻る．
アデノイド
扁桃
リンパ管
胸腺
脾臓
パイエル板
（小腸）
リンパ節
虫垂
（盲腸）
毛細血管
間質液
❶組織を浸している間質液は，白血球とともに絶えずリンパ細管に流入している．
❷リンパとよばれるリンパ系体液は体中のリンパ管の中を流れる．
組織細胞
リンパ管
リンパ管
❸リンパ節の中では，リンパを流れる病原体や外来粒子が，種々の防御活動を行うマクロファージやその他の細胞と接触し，それらを活性化する．
防御細胞の集団
リンパ節

用いてインターフェロンを大量合成しており，C型肝炎ウイルスなどのウイルス感染治療に利用している．

感染と戦う**補体系 complement system** は，およそ30種類ほどの血清タンパク質から構成されている．通常これらのタンパク質は不活性な状態で循環しているが，微生物の表面の物質によって活性化される．この活性化は生化学カスケード反応の引き金を引き，最終的に侵襲細胞の融解（破裂）をもたらす．補体系は次項の炎症反応においても，また本章の後半で取り上げる適応免疫でも重要な役割を果たす．

炎症反応

皮膚にとげが刺さると，やがて腫（は）れて熱をもってくる．この痛みや熱は，傷や感染によって放出されたシグナル分子によって生じる，一連の局所的な**炎症反応 inflammatory response** の結果である（図43.7）．活性化されたマクロファージは，傷害または感染の部位に好中球をよび込む働きをするシグナル伝達分子，「サイトカイン」を放出する．さらに，結合組織に見られる免疫細胞である「肥満細胞」は，損傷部位でシグナル伝達分子の**ヒスタミン histamine** を放出する．ヒスタミンは，損傷部位近くの血管を膨張させ，血管壁の透過性を高める．結果として局所的な血流が増大し，炎症反応によく見られる発赤や発熱を引き起こす．

炎症が起きている間，何回もシグナル刺激と応答が繰り返され，炎症部位に変化が生じてくる．活性化された補体タンパク質は，さらなるヒスタミンの合成を促す．これにより多くの食細胞が刺激され，損傷を受けた組織によび込まれ，さらなる食作用を行わせる（図43.7参照）．これと同時に，損傷部位で増大した血流は抗微生物ペプチドを運び込む．その結果として，白血球や死んだ病原体，損傷組織から出た細胞破片が多く含まれる「膿（うみ）」が蓄積する．

小さな傷や感染は局所的な炎症反応を引き起こすが，重篤な組織損傷や感染症は全身性の組織的反応を引き起こす．傷や感染した組織の細胞は，しばしば骨髄からの好中球の増員を促す物質を分泌する．髄膜炎や虫垂炎などの重篤な感染症では，最初の感染から数時間のうちに血中の白血球数が数倍に増大する．

もう1つの全身性の免疫反応は発熱である．病原体に反応して活性化したマクロファージは，体温調節器に働きかけて体温を上昇させる（40.3節参照）．発熱のメリットについてはいまだに議論の的である．仮説の1つに，体温上昇によって食作用が昂進し，かつ化学反応速度が上昇することで組織の修復が加速されるという説がある．

ある種の細菌の感染は，圧倒的な全身性の炎症反応を引き起こし，命を脅かすことで知られる「敗血性ショック」につながる．この症状の特徴は，非常に高い発熱と，低血圧，そして毛細血管の血流の低下である．敗血症ショックは，高齢者と幼年者に特に多く見られる．致死率は3分の1以上で，米国だけで年間20万人もの死者が出ている．

慢性的な（持続的な）炎症も人命を脅かす存在であ

▼図43.7　局所炎症反応の主要な出来事．

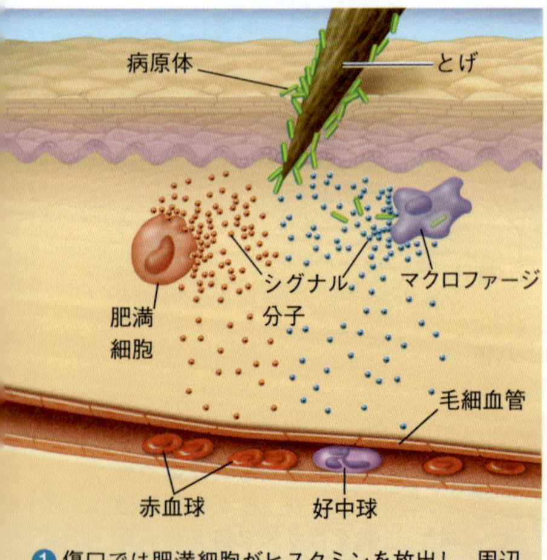
病原体
とげ
肥満細胞
シグナル分子
マクロファージ
毛細血管
赤血球
好中球

❶傷口では肥満細胞がヒスタミンを放出し，周辺の毛細血管を拡張する．マクロファージは好中球を引き寄せる他のシグナル分子を放出する．

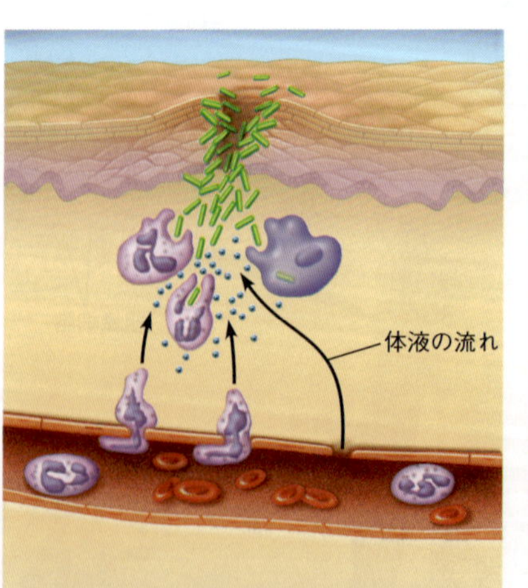
体液の流れ

❷毛細血管が拡張し，血管壁の透過性が高まると，好中球や抗微生物ペプチドを含む体液が組織中に流入する．

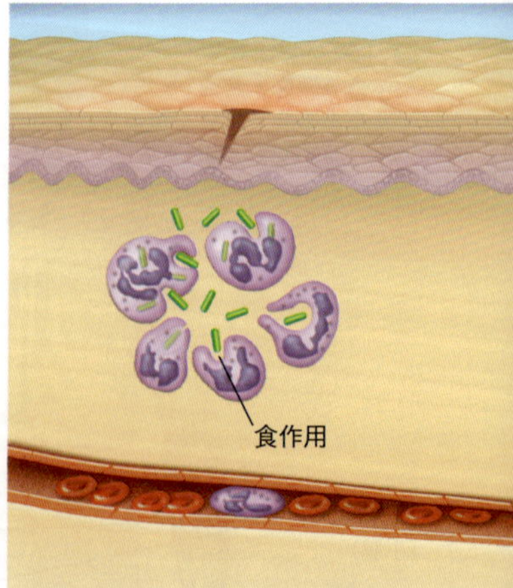
食作用

❸好中球は病原体や細胞の破片を傷口で消化し，組織が治癒する．

❓ とげが刺さったときの経験から，炎症反応を媒介するシグナルの寿命が長いか短いかを推論しなさい．また，その理由を説明しなさい．

る．たとえば，世界中の数百万人もの人々がクローン病や潰瘍（かいよう）性大腸炎に罹患している．これらは暴走した炎症反応が腸の機能を破壊する衰弱性の疾患である．

病原体による自然免疫の回避

病原体のあるものは，進化の過程で宿主の食細胞による破壊から免れる方法を獲得している．たとえば，ある種の細菌の細胞外被は，宿主の自然免疫系による分子認識や食作用を妨害する．そのような細菌の一例が，ヒトの肺炎および髄膜炎の主要な原因となる肺炎連鎖球菌 *Streptococcus pneumoniae* である（16.1 節参照）．

ある種の細菌は宿主の細胞に取り込まれると，リソソーム内での破壊に抵抗性を示す．一例が結核（tuberculosis：TB）を起こす結核菌である（図 43.1 参照）．この細菌は宿主細胞に取り込まれた後に破壊されないばかりか，宿主の自然免疫系から効果的に身を隠し，成長・増殖することができる．この感染の結果が，肺および他の組織を攻撃する疾患である結核（TB）である．世界中で結核は年間 100 万人以上の死者をもたらしている．

概念のチェック 43.1

1. 膿は感染の兆候であるとともに免疫反応が進行中であることを示している．その内容を説明しなさい．

2. **関連性を考えよう**➤脊椎動物の TLR シグナル変換経路を活性化する分子が，その他の多くの経路にかかわるリガンドとどのように異なるか，説明しなさい（11.2 節参照）．

3. **どうなる？**➤寄生バチは他の宿主昆虫の幼虫に卵を注入する．宿主の免疫系がハチの卵を殺さない場合，その卵が孵化して宿主の幼虫を食べてしまう．ある種の昆虫は寄生バチの卵に自然免疫反応を起こすが，起こさない昆虫種も存在する．それはなぜか．

（解答例は付録 A）

43.2

適応免疫では，受容体によって病原体が特異的に認識される

脊椎動物は，自然免疫に加えて適応免疫を有する点が特徴的である．適応免疫反応は T 細胞と B 細胞によって担われている．この 2 種の細胞は**リンパ球 lymphocyte** とよばれる白血球の仲間である（図 43.8）．すべての血液細胞同様，リンパ球は骨髄の幹細胞から派生したものである．リンパ球のあるものは，骨髄から胸腔の心臓近くにある臓器である**胸腺 thymus** へ移動する（図 43.6 参照）．これらのリンパ球は最終的に **T 細胞 T cell** へと成熟する．骨髄に残って成熟するリンパ球は，**B 細胞 B cell** へと分化する（第 3 のタイプのリンパ球は，血液中に残り，自然免疫で活躍する NK 細胞に変化する）．

▼図 43.8　B リンパ球と T リンパ球．

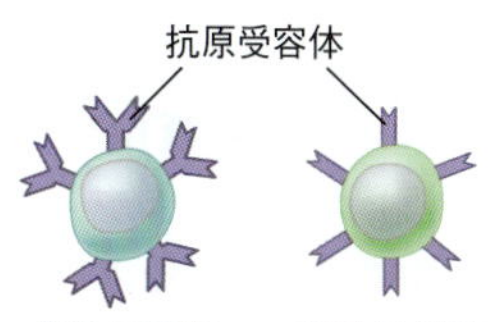
抗原受容体
成熟 B 細胞
成熟 T 細胞

B 細胞や T 細胞に反応を誘起する分子のことを**抗原 antigen** という．適応免疫においては，**抗原受容体 antigen receptor** とよばれる B 細胞や T 細胞のタンパク質が，細菌やウイルスのタンパク質などの抗原と結合することで，認識が生じる．その際，1 つの抗原受容体は，細菌株やウイルス株などを構成する 1 つの分子の 1 つの部分に特異的に結合する．

免疫系細胞は数百万の異なる抗原受容体を産生するが，1 つの B 細胞または T 細胞がつくり出す抗原受容体はすべて同一である．ウイルスや細菌，その他の病原体が宿主に感染すると，その病原体に特異的な抗原受容体を介して，特定の B 細胞と T 細胞が特異的に活性化される．ここで示す B 細胞や T 細胞では数個の抗原受容体が描かれているが，実際には 10 万個ぐらいの多数の抗原受容体が B 細胞・T 細胞の細胞表面に配列している．

抗原は通常，タンパク質や多糖類などの巨大外来分子である．抗原の多くは，外来の細胞やウイルスの表面から突き出た状態で存在し，その他の抗原，たとえば細菌毒素は，細胞外である体液中に放出される．

抗原受容体に結合する抗原上の小さな領域のことを，**エピトープ（抗原決定基）epitope** とよぶ．一例としては特定のタンパク質中の部分アミノ酸配列が挙げられる．1 つの抗原はふつういくつかの異なるエピトープをもち，そのそれぞれに対して異なる受容体が異なる親和性で結合する．1 つの B 細胞もしくは T 細胞が産生する抗原受容体はすべて同一であるので，それらは同じエピトープに結合することになる．このようにして，B 細胞もしくは T 細胞は，特定のエピトープに対する「特異性」を示し，同一のエピトープを含む任意の病原体に対して B 細胞または T 細胞が反応することができるようになっている．

B 細胞と T 細胞の抗原受容体は，同じ構成要素を有しているが，抗原に対して異なる様式で対応する．次にこの 2 つの過程について見ていくことにする．

B 細胞の抗原認識と抗体

個々のB細胞受容体は，4本のポリペプチド（それぞれ2つの**重鎖 heavy chain**と**軽鎖 light chain**からなる）が，ジスルフィド結合で互いに連結し合い，Y字型の分子構造をとっている（図 43.9）．

軽鎖と重鎖は，それぞれ「定常領域（C領域）」を有する．この領域（C領域）では，異なるB細胞上の受容体間ではほとんど配列に違いがない．重鎖のC領域には，受容体を膜に留めておく膜貫通ドメインが含まれる．軽鎖と重鎖のそれぞれには，「可変領域（V領域）」が存在する．この名称は，異なるB細胞間でこの部分の配列が著しく異なることに由来する．重鎖のV領域と軽鎖のV領域はともに，1つの抗原に対して非対称形の結合部位を形成する．それゆえ，個々のB細胞受容体は2つの同一の抗原結合部位を有することになる．

B細胞受容体への抗原の結合はB細胞活性化の初期段階であり，その後細胞は可溶性の抗原受容体を分泌するようになる（図 43.10 a）．この分泌タンパク質のことを**抗体 antibody**もしくは**免疫グロブリン immunoglobulin（Ig）**とよぶ．抗体はB細胞受容体と同様にY字型の構造をしているが，膜に留まらないため，分泌される．後に学ぶが，抗体は体液中の病原体からの直接的な防御に役立っている．

膜結合型受容体や抗体の抗原結合部位は，特徴的な構造をしており，特定のエピトープに対して鍵と鍵穴のように特異的に結合する．抗原結合部位の表面とエピトープ間には多数の非共有結合性の結合が生じ，これにより安定的な相互作用がもたらされる．可変領域のアミノ酸配列の違いが抗原結合部位の多様性を生み出し，高度に特異的な結合を可能としている．

B細胞受容体と抗体は血液やリンパ中の分解を受けていないそのままの抗原と結合する．図 43.10 b に示すように，抗体は病原体表面の抗原や溶液中に遊離した抗原に結合することができる．

T 細胞による抗原認識

T細胞の受容体は，「α鎖」と「β鎖」という2つの異なるポリペプチド鎖からなり，両者はジスルフィド結合で連結している（図 43.11）．T細胞の抗原受容体（たんにT細胞受容体ともよばれる）の基部近くには，膜貫通ドメインがあり，この分子を細胞膜に固定している．分子の外側の端には，α，β鎖の可変（V）領域があり，両者で抗原結合部位を形成している．残りの部分は定常領域である．

B細胞抗原受容体が，体液中を循環する病原体に露

▼図 43.9　B 細胞受容体の構造．

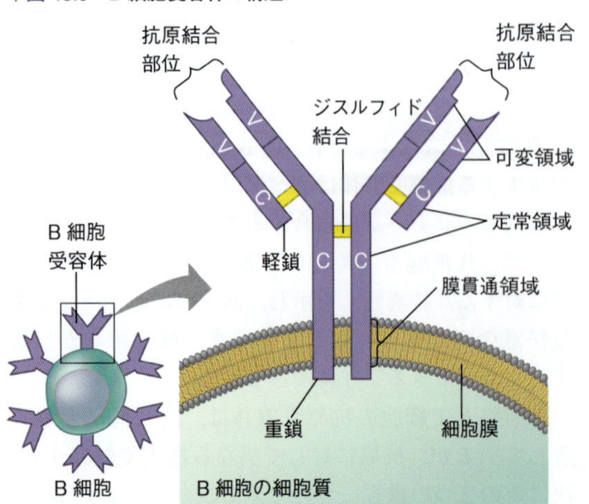
抗原結合部位
抗原結合部位
ジスルフィド結合
V
V
V
V
C
C
C
C
可変領域
定常領域
軽鎖
膜貫通領域
B 細胞受容体
B 細胞
重鎖
細胞膜
B 細胞の細胞質

▼図 43.10　B 細胞と抗体による抗原の認識．

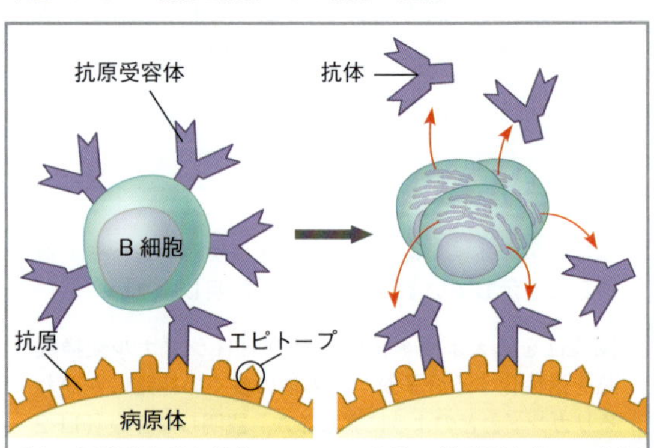
抗原受容体
抗体
B 細胞
抗原
エピトープ
病原体

(a) **B 細胞受容体と抗体**．1つのB細胞の抗原受容体は，抗原の特定部位であるエピトープに結合する．結合後，B細胞は可溶性型の抗原受容体を分泌するようになる．この可溶性受容体は抗体とよばれ，もとのB細胞と同一のエピトープを特異的に認識する．

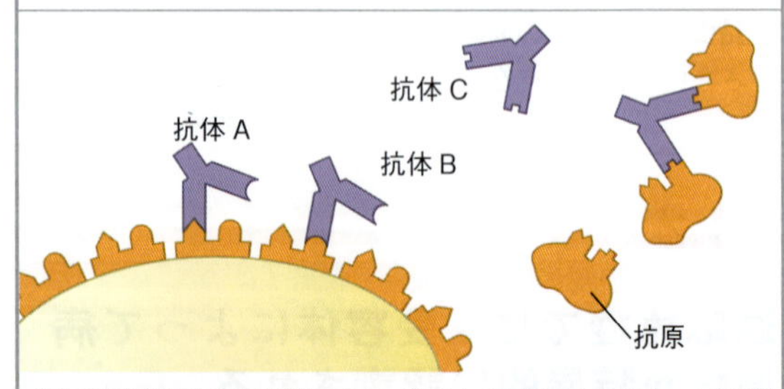
抗体 C
抗体 A
抗体 B
抗原

(b) **抗原受容体の特異性**．同一抗原上の異なるエピトープを異なる抗体が認識する．抗体はさらに遊離の抗原や病原体表面の抗原を認識することができる．

関連性を考えよう➤ここで示された相互作用には，図 5.17 が示すような，抗原と受容体間の高度に特異的な結合が関与する．図 8.15 に示された酵素-基質間相互作用とどのような点が似ているか．

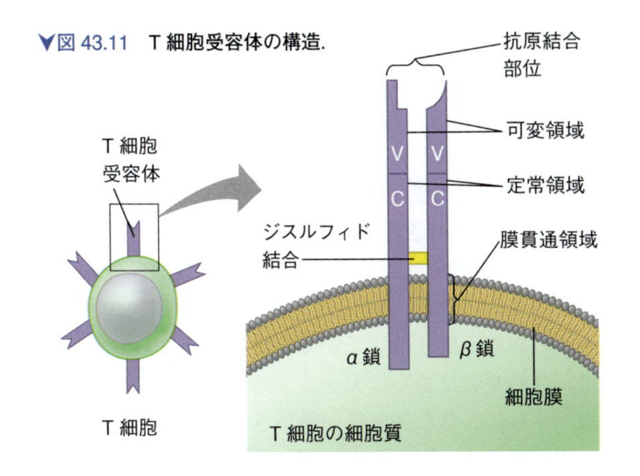
抗原結合
部位
可変領域
T 細胞
受容体
V
V
定常領域
C
C
ジスルフィド
結合
膜貫通領域
α 鎖
β 鎖
細胞膜
T 細胞
T 細胞の細胞質

▼図 43.11　T 細胞受容体の構造.

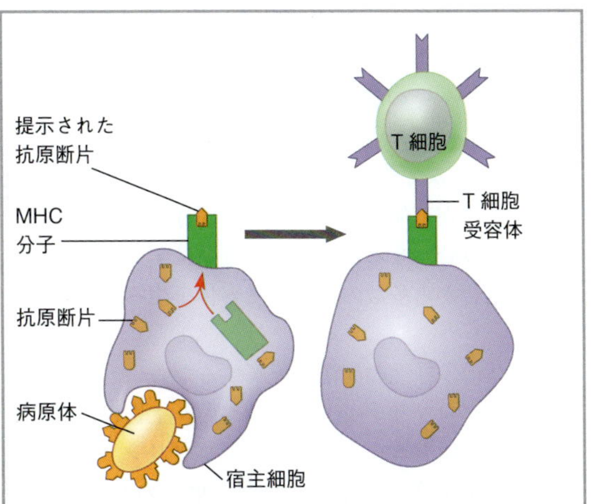
提示された
抗原断片
T 細胞
MHC
分子
T 細胞
受容体
抗原断片
病原体
宿主細胞

▼図 43.12　T 細胞による抗原認識.

(a) **T 細胞による抗原認識.** 宿主細胞内で病原体由来の抗原断片が MHC 分子に結合し，細胞表面に移動し，提示される．MHC 分子と抗原断片の結合した状態を T 細胞が認識する．

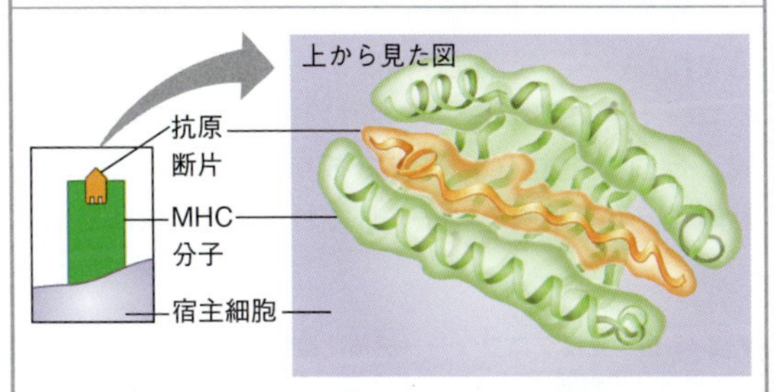
上から見た図
抗原
断片
MHC
分子
宿主細胞

(b) **抗原提示の拡大像.** このリボンモデルで示されるように，MHC 分子の上部では両手で抱くように抗原断片を提示する（ちょうどホットドッグのパンのような状態になる）．1 つの MHC 分子は多くの異なる抗原断片を提示できるが，1 つの T 細胞抗原受容体が認識できるのは 1 つの抗原断片に限られる．

出している断片化されていないそのままの抗原のエピトープを認識するのに対し，T 細胞抗原受容体は宿主細胞の表面に露出，または「提示」された断片化を受けた抗原に対してのみ結合する．この断片化された抗原を細胞膜上に提示する宿主側のタンパク質のことを，**主要組織適合性複合体分子 major histocompatibility complex molecule（MHC 分子）**という．MHC 分子は，抗原提示という T 細胞の抗原認識に不可欠な働きをする．

T 細胞によるタンパク質抗原の認識は，病原体ないしは病原体の一部が宿主細胞に感染したり，取り込まれたりするときに開始される（図 43.12 a）．宿主細胞の内部では，細胞内の酵素が抗原を小さなペプチドに分解する．個々の抗原断片は MHC 分子に結合し，細胞膜表面に輸送される．この現象を**抗原提示 antigen presentation** といい，MHC 分子の露出した溝に抗原を乗せたような状態になる．図 43.12 b は，その抗原提示の拡大像を示す．抗原提示は，宿主細胞が外来の物質を取り込んでいるという事実を知らせている過程である．抗原断片を提示している細胞が，その抗原にぴったり合った特異性をもつ T 細胞に遭遇すると，図のように T 細胞受容体は抗原断片と MHC 分子の双方に結合する．この MHC 分子，抗原断片，抗原受容体の三者の相互作用は，43.3 節で学ぶ適応免疫反応を開始する．

B 細胞と T 細胞の分化

これまでに，B 細胞と T 細胞がどのように抗原を認識するかを学んできた．次に，適応免疫の 4 つの大きな特徴について考えてみよう．第 1 に，リンパ球と受容体には莫大な多様性があり，これによって免疫系はかつて遭遇したことがない病原体を認識することができる．第 2 に，適応免疫は通常自己に対しては寛容である．つまり，その動物自体がもつ分子や細胞に対しては，適応免疫は反応しない．第 3 に，1 つの抗原の刺激に対して B 細胞と T 細胞が活性化されると，これらの細胞増殖が始まり，抗原に特異的に反応する免疫細胞数が非常に増大することである．第 4 は，本章の後半でくわしく学ぶ「免疫記憶」という現象で，一度遭遇した抗原に対して，二度目以降はより強く，より迅速に免疫反応が起こることである．

受容体の多様化と免疫寛容は，リンパ球の成熟時に起こる．細胞増殖と免疫記憶は，リンパ球が特異抗原に結合した後，しばらく経ってから起こる．これら 4 つの特徴について，その発生順に見ていくことにする．

B 細胞と T 細胞の多様化

1 人の人間は 100 万種以上の B 細胞受容体と，1000 万種類以上の T 細胞受容体をもっている．ヒトゲノムにはたかだか2万個の遺伝子しか存在しないにもかかわらず，である．では，どのようにしてこのような抗原受容体の著しい多様性を生み出すことかができるのだろうか．その答えは組み合わせにある．3種類のサイズと6種類の色の選択肢がある携帯電話を選ぶことを考えてみよう．この場合，$3 \times 6 = 18$通りの電話の選び方が可能である．これと同様に，可変領域の要素を組み合わせることで，免疫系はずっと少数のパーツの集合から多数の異なる受容体を生み出すのである．

受容体の多様性の起源を理解するために，分泌型抗体（免疫グロブリンIg），または膜結合型B細胞抗原受容体の軽鎖をコードする免疫グロブリン（Ig）遺伝子について考えてみよう．今回は単一のIg軽鎖遺伝子について考えるが，いずれのB細胞およびT細胞の抗原受容体も非常によく似た変化をする．

多様性を生み出す能力は，Ig遺伝子の構造に組み込まれている．軽鎖受容体は3つの遺伝子部分によってコードされている．可変（*V*）領域，結合（*J*）領域，そして定常（*C*）領域である．*V*と*J*の領域は受容体鎖の可変領域をコードしており，*C*領域は定常領域部をコードしている．（訳注：生殖細胞や未分化B細胞のゲノムDNA配列においては，）軽鎖遺伝子には単一の*C*領域，40個の異なる*V*領域，そして5つの異なる*J*領域が含まれる．*V*領域と*J*領域からそれぞれ1つずつが選ばれ，組み合わされて，一連の*V*–*J*領域がつくり出される（図43.13）．抗体遺伝子として機能する配列は，それぞれ1つの*V*配列，*J*配列，*C*配列を用いているので，合計200（$40V \times 5J \times 1C$）通りの異なる抗体遺伝子ができることになる．重鎖の組み合わせ数はさらに大きく，両者の組み合わせの結果，さらに大きな多様性が獲得される．

機能的なIg遺伝子はDNAの組換えによってつくられる．B細胞分化の初期に，「組換え酵素」とよばれる酵素が，1つの軽鎖*V*遺伝子断片と1つの*J*鎖遺伝子断片を連結する．この組換え反応によって，両遺伝子断片間の長い配列が取り除かれ，*V*部分と*J*部分からなる1つのエキソンが形成される．

組換え酵素は40個の*V*領域，5個の*J*領域のうち1つずつをランダムに選んで連結する．重鎖についても同じような再編成が生じる．軽鎖および重鎖のDNA再編成は，1つの細胞の中にある2つの抗体対立遺伝

▼図43.13　免疫グロブリン（抗体）遺伝子の再編成． ランダムに選択された*V*領域と*J*領域（ここではV_{39}とJ_5）の結合により，B細胞受容体の軽鎖ポリペプチドをコードする機能性遺伝子がつくり出される．この遺伝子が発現され，スプライシングと翻訳を経て，軽鎖が合成される．この軽鎖と，独立に再編成によって形成された重鎖が結合し，機能をもつ受容体が生み出される．体じゅうの，すべての核をもった細胞は厳密に同じDNAをもつのだが，成熟したB細胞（T細胞）はその例外である．

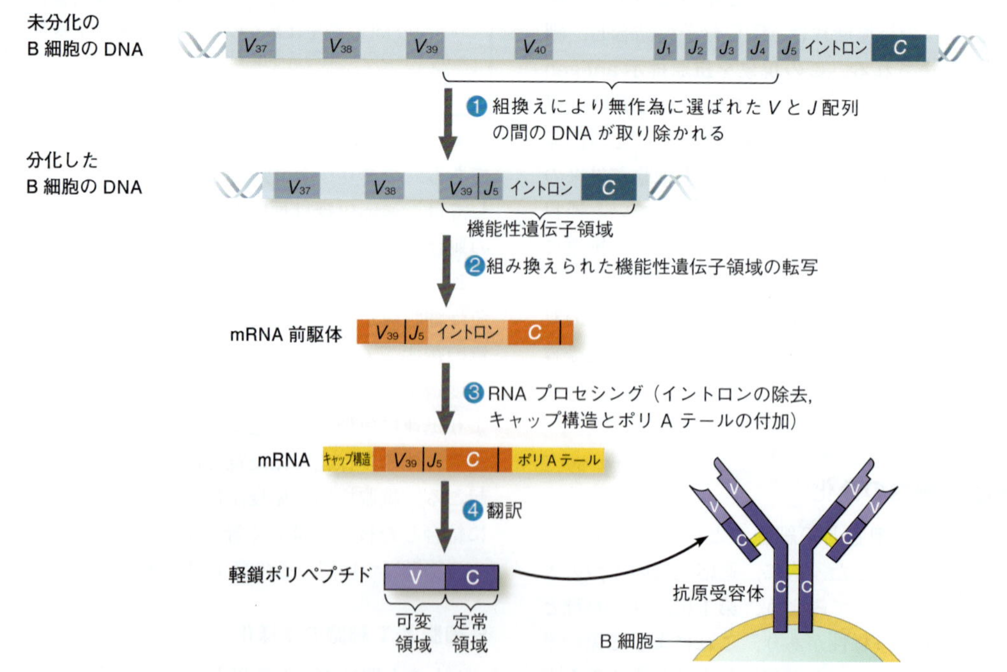

未分化の
B細胞のDNA
V37
V38
V39
V40
J1
J2
J3
J4
J5
イントロン
C
❶組換えにより無作為に選ばれたVとJ配列の間のDNAが取り除かれる
分化した
B細胞のDNA
機能性遺伝子領域
❷組み換えられた機能性遺伝子領域の転写
mRNA前駆体
❸RNAプロセシング（イントロンの除去，キャップ構造とポリAテールの付加）
mRNA
キャップ構造
ポリAテール
❹翻訳
軽鎖ポリペプチド
V
C
可変領域
定常領域
抗原受容体
B細胞

関連性を考えよう➤選択的スプライシングと組換えによる*V*領域と*J*領域の結合により，限られた遺伝子領域から多様な遺伝子産物が生み出される（図18.13参照）．これらの過程はどのように異なるのか説明しなさい．

子のうち片方のみで行われる．さらに，一度組換えによって再編成された抗体遺伝子は恒常的に維持され，リンパ球が分裂する際に娘細胞に継承される．

軽鎖と重鎖の抗体遺伝子が再編成されると，抗原受容体が合成されるようになる．再編成を受けた抗体遺伝子は転写され，さらに翻訳される．翻訳後，重鎖と軽鎖のポリペプチド鎖が集合し，抗原受容体が形成される（図 43.13 参照）．ランダムな抗体遺伝子再編成で生じる重鎖と軽鎖のペアは，異なるタイプの抗原結合部位を生み出す．人体中の B 細胞の総数をもとに，このような組み合わせを計算すると 3.5×10^6 通りと推定される．また，*VJ* 組換え時に別途生じる突然変異（訳注：体細胞突然変異）により多様性が増大し，抗原結合部位の特異性の数はさらに莫大になる．

自己寛容の起源

適応免疫系はどのように自己と非自己を認識しているのだろうか．抗原受容体遺伝子は無作為に選ばれて再構成されるため，未成熟のリンパ球のあるものは，その生物自身がもつ分子のエピトープを認識する受容体を産生する．もし，これらの自己反応性のリンパ球が除かれず，不活化もされなければ，免疫系は自己と非自己の区別をすることができなくなる．そして，自らの体のタンパク質，細胞，組織を攻撃することになるであろう．実際はそれとは異なり，リンパ球が骨髄や胸腺で成熟する際に，その抗原受容体が自己反応性をもつかテストされる．自己の体の成分に対して結合する受容体を産生する B 細胞や T 細胞の相当数は，プログラム細胞死である「アポトーシス」によって破壊される（11.5 節参照）．残った自己反応性のリンパ球は，たいてい不活性化され，外来抗原に反応するもののみが残される．このようにして，人体は通常自己抗原に反応する成熟リンパ球をもたないようになっており，そのため免疫系は「自己寛容」を示すといわれるのである．

B 細胞と T 細胞の増殖

莫大な種類の抗原受容体が存在しているものの，そのうち特定のエピトープと特異的に反応するものはわずかにすぎない．それでは，適応免疫系はどうやって効率的に機能するのであろうか．まず抗原は，組み合わせがつくられるまでリンパ節内を流れるリンパ球に提示される（図 43.6 参照）．その後，最適な抗原受容体とエピトープの組み合わせが遭遇すると，その受容体をもつリンパ球は活性化を受けるようになる．

一度活性化が行われると，B 細胞も T 細胞もしばらく細胞分裂を継続する．それぞれの活性化された細胞が増殖すると，その細胞とまったく同じコピーであるクローンが形成される．このクローンの一部の細胞は**エフェクター細胞 effector cell** に変化する．エフェクター細胞とは，たいていは短寿命だが，抗原やその抗原を産生している病原体にすみやかに作用する細胞のことである．B 細胞由来のエフェクター細胞は「プラズマ細胞」といい，抗体を産生する．T 細胞由来のエフェクター細胞は，ヘルパー T 細胞と細胞傷害性 T 細胞とよばれるもので，その機能は 43.3 節で詳しく調べることになる．クローンの残りは**記憶細胞（メモリー細胞）memory cell** に変化する．記憶細胞は長寿命で，動物が後に同じ抗原に遭遇した際，エフェクター細胞に変化する性質をもっている．

B 細胞または T 細胞は，特異的抗原および免疫細胞のシグナルに反応してクローン増殖する．抗原への遭遇により特定のエピトープに特異的に反応する細胞が「選択」され，数千個の「クローン」集団にまで分裂するこの過程は，**クローン選択 clonal selection** とよばれている．なお，他の抗原に特異的な抗原受容体を有する細胞は反応しない．

図 43.14 では，抗原に結合した後にリンパ球がクローンにまで増殖する様子について，プラズマ細胞と記憶細胞を生み出す B 細胞を例に示している．T 細胞がクローン選択を受けると，記憶 T 細胞とエフェクター T 細胞（細胞傷害性 T 細胞とヘルパー T 細胞）が生じる．

免 疫 記 憶

免疫記憶は，過去に感染したことがある水痘（すいとう）のような多数の疾患に対する長期的な防御に関係している．この種の防御システムについては，ギリシャの歴史家トゥキディデスが約 2400 年前にすでに記載している．彼は，一度ペストに感染して回復した人間は，ペスト患者を看病しても問題ないことを見出していた．曰（いわ）く「一度罹患した者は二度罹患することがない――少なくとも死ぬことはない」．

抗原に事前に接触していると，二度目の接触時には免疫反応のスピード，強度，持続時間が変わってくる．抗原への最初の接触でリンパ球クローンから生み出されるエフェクター細胞は，**一次免疫反応 primary immune response** を引き起こす．一次免疫反応は最初の抗原接触から 10〜17 日間でピークを迎える．その感染者がその後再び同じ抗原に接触すると，その後の免疫反応はより早く（通常接触後 2〜7 日間），より強い強度で，そしてより長くなる．これを**二次免疫反**

▼図 43.14　**クローン選択.**

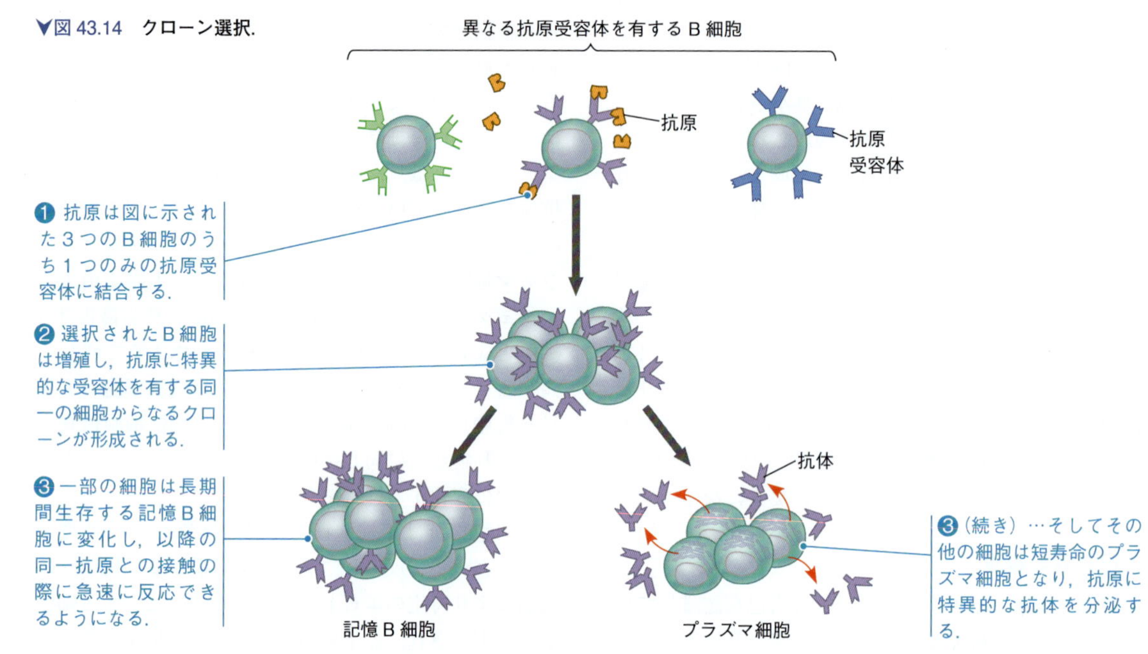

異なる抗原受容体を有する B 細胞
抗原
抗原
受容体
❶ 抗原は図に示された3つのB細胞のうち1つのみの抗原受容体に結合する.
❷ 選択されたB細胞は増殖し，抗原に特異的な受容体を有する同一の細胞からなるクローンが形成される.
❸ 一部の細胞は長期間生存する記憶B細胞に変化し，以降の同一抗原との接触の際に急速に反応できるようになる.
抗体
❸（続き）…そしてその他の細胞は短寿命のプラズマ細胞となり，抗原に特異的な抗体を分泌する.
記憶 B 細胞
プラズマ細胞

図読み取り問題➤この図では説明のために，各タイプの細胞または分子のほんの少数を示している．43.2 節の内容に基づいて，異なる B 細胞の数，および各 B 細胞上の抗原受容体の数を推定しなさい．

▼図 43.15　**免疫記憶の特異性.** 抗原 A に対する一次免疫反応で生成される長寿命の記憶 B 細胞により，同一の抗原に対して高レベルの二次反応が起こるようになる．しかしこの記憶 B 細胞は，異なる抗原 B に対する一次反応に影響しない．

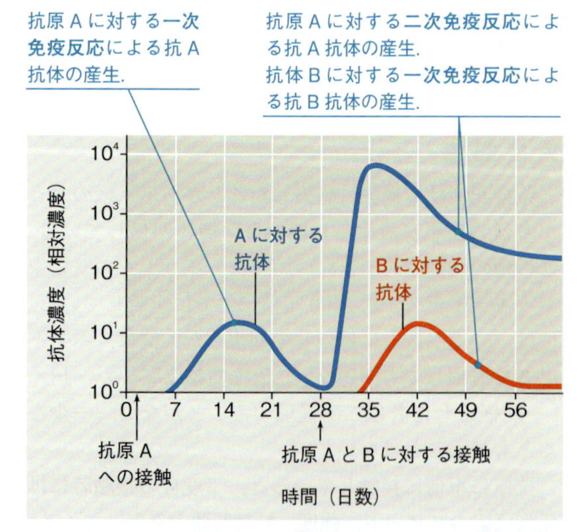

抗原 A に対する一次免疫反応による抗 A 抗体の産生.
抗原 A に対する二次免疫反応による抗 A 抗体の産生.
抗体 B に対する一次免疫反応による抗 B 抗体の産生.
抗体濃度（相対濃度）
10⁴
10³
10²
10¹
10⁰
A に対する抗体
B に対する抗体
0
7
14
21
28
35
42
49
56
抗原 A への接触
抗原 A と B に対する接触
時間（日数）

データの解釈➤16 日目において，体内の B 細胞のうち平均で 10^5 個に 1 個の細胞が抗原 A に特異的に反応するものであり，また，特異的抗体を産生する B 細胞の数とその抗体の濃度が比例関係にあると仮定する．36 日目に抗原 A に特異的な B 細胞の頻度を予測しなさい．

応 secondary immune response という．一次と二次の免疫反応の違いは，時間を追って血中の抗体濃度を測定することで簡単に把握できる（図 43.15）．

二次免疫反応は，最初の抗原への接触後に生じた記憶 T 細胞および記憶 B 細胞の蓄積量に依存する．これらの細胞は長寿命なので，数十年も持続する免疫記憶の土台を提供している（ほとんどのエフェクター細胞はより短寿命である）．もし，同じ抗原に再度接触すると，記憶細胞は数千ものエフェクター細胞からなるクローンを急速に形成する．そして，非常に強化された免疫防御が確立するのである．

抗原認識，クローン選択，そして免疫記憶は B 細胞，T 細胞とも同じように行われるが，これら 2 種のリンパ球は次節で述べるように，異なる様式と方法で感染と闘う．

概念のチェック 43.2

1. **描いてみよう➤**B 細胞受容体をスケッチしなさい．そして重鎖と軽鎖の *V* 領域，*C* 領域を明示しなさい．また，抗原結合部位，ジスルフィド結合，そして膜貫通領域の位置を明示しなさい．これらの機能は *V* 領域と *C* 領域のどちらに位置するか答えなさい．

2. 免疫記憶が存在すると，病原体が 2 回目に感染した際にどのようなメリットがあるか説明しなさい．

3. どうなる？➤もし1つのB細胞（二倍体）で，軽鎖と重鎖の抗体遺伝子の両方のコピーで遺伝子再編成が起きたら，B細胞の分化にどのような影響があるか考察しなさい.

（解答例は付録A）

43.3

適応免疫には，体液性と細胞性の防御機構がある

これまでにリンパ球のクローンがどのように生じるかについて学んできた．次に，リンパ球がどのように病原体による感染と闘うのか，またどのように病原体による攻撃を最小化するのかについて学ぶ．B細胞とT細胞による防御には，体液性免疫反応と細胞性免疫反応の2つがある．**液性（体液性）免疫反応 humoral immune response** は血液とリンパ液（この2つはかつて「体液」とよばれていた）の中で行われる．液性免疫反応では，抗体が血液やリンパ液中の毒素や病原体を中和したり排除したりする．**細胞性免疫反応 cell-mediated immune response** は，特殊なT細胞が感染した宿主細胞を破壊するものである．両者ともに一次・二次免疫反応があり，二次反応を可能とする記憶細胞をもっている.

ヘルパーT細胞：適応免疫を活性化する

ヘルパーT細胞 helper T cell とよばれる細胞は，液性・細胞性免疫反応の双方の引き金を引く．適応免疫反応をヘルパーT細胞が活性化するためには，2つの条件が合致する必要がある．第1に，そのヘルパーT細胞の抗原受容体が特異的に認識できる外来分子が存在すること，第2に，この抗原が**抗原提示細胞 antigen-presenting cell** の表面に提示されていることである．抗原提示細胞としては，樹状細胞やマクロファージ，B細胞などが挙げられる.

免疫細胞と同様に宿主細胞も感染した際に抗原を細胞膜上に提示する．では，抗原提示細胞の何が認識されるのであろうか．その答えは2種類のMHC分子にある．ほとんどの細胞はクラスⅠのMHC分子しかもっていない．しかし，抗原提示細胞はクラスⅠの他に，クラスⅡのMHC分子ももっている．このクラスⅡMHC分子は抗原提示細胞として認識される印の役割をする.

ヘルパーT細胞と，特異的なエピトープを提示した抗原提示細胞は，互いに複合体をつくる（図43.16）．ヘルパーT細胞の表面にある抗原受容体は抗原断片とともに，その断片を提示しているクラスⅡMHC分子の双方に結合する．これと同時に，ヘルパーT細胞上に存在する補助（アクセサリー）タンパク質

▼図43.16　**液性免疫と細胞性免疫の反応におけるヘルパーT細胞の中心的役割.** この例では，微生物抗原を提示する樹状細胞にヘルパーT細胞が反応している.

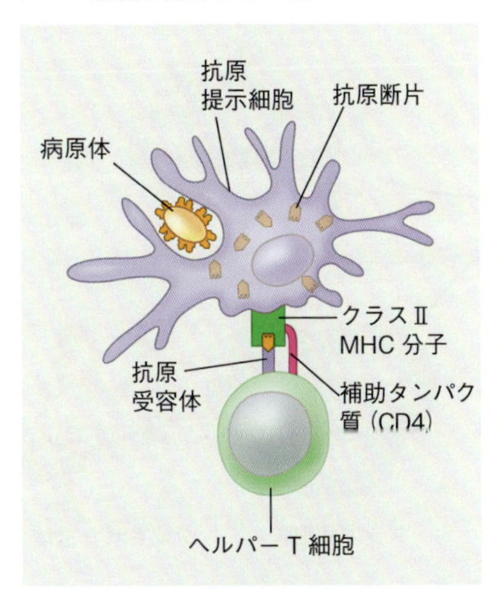
抗原
提示細胞
抗原断片
病原体
クラスⅡ
MHC分子
抗原
受容体
補助タンパク
質（CD4）
ヘルパーT細胞

❶ 抗原提示細胞が病原体を取り込み，分解した後，抗原断片がクラスⅡMHC分子と結合した状態で細胞表面に提示される．この抗原に特異的に結合する抗原受容体をもつヘルパーT細胞が，この抗原受容体とCD4とよばれる補助タンパク質を介して，この複合体に結合する.

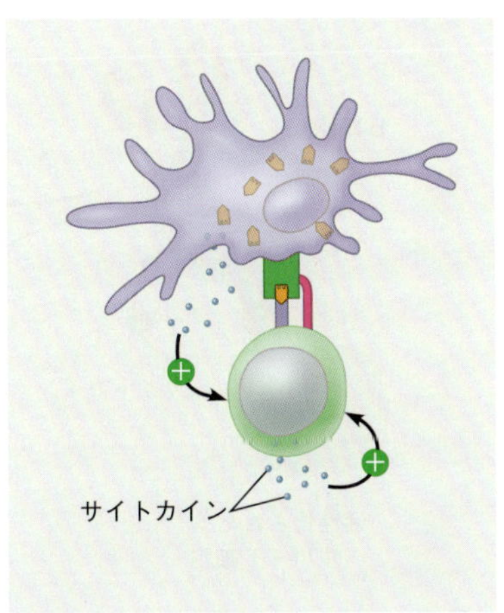
サイトカイン

❷ ヘルパーT細胞の結合は，抗原提示細胞のサイトカイン分泌を促進する．このサイトカインは，ヘルパーT細胞自体から分泌されるサイトカインとともにヘルパーT細胞を活性化し，その増殖を刺激する.

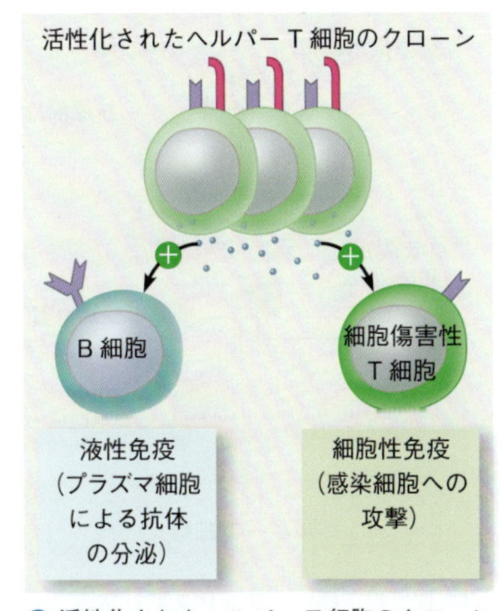
活性化されたヘルパーT細胞のクローン
B細胞
細胞傷害性
T細胞
液性免疫
（プラズマ細胞
による抗体
の分泌）
細胞性免疫
（感染細胞への
攻撃）

❸ 活性化されたヘルパーT細胞のクローンが，増殖して生み出される．クローン中の全細胞は，同一の抗原断片を含む複合体に対して特異的に結合する受容体を有する．これらの細胞は，B細胞および細胞傷害性T細胞を活性化するサイトカインを分泌する.

(CD4) も，クラスⅡ MHC 分子に結合し，2つの細胞を連結する．2つの細胞が相互作用すると，サイトカインの分泌という形で両者間にシグナルがやり取りされる．たとえば，樹状細胞から分泌されるサイトカインは，抗原によるシグナルと協力して，ヘルパーT細胞を刺激する．そして，ヘルパーT細胞は自身独自のサイトカインを分泌するようになる．また，広範囲な細胞表面での接触により，さらに多くの情報が交換できるようになる．

抗原提示細胞はヘルパーT細胞と数種の方法で相互作用する．樹状細胞またはマクロファージによる抗原提示は，ヘルパーT細胞を活性化する．そのヘルパーT細胞は増殖し，活性化ヘルパーT細胞のクローンを形成する．一方で，B細胞はすでに活性化されたT細胞に対して抗原を提示する．これによりB細胞自身も活性化を受けることになる．活性化されたT細胞は，後に学ぶ細胞傷害性T細胞の活性化も助ける．

B細胞と抗体：細胞外の病原体に対する反応

抗体の分泌は，液性免疫反応の一大特徴である．これは，B細胞の活性化が契機となる．

B細胞の活性化

図 43.17 に描かれているように，B細胞の活性化には，ヘルパーT細胞とそして病原体表面のタンパク質の双方が関与する．サイトカインと抗原の双方に刺激されることでB細胞は増殖し，記憶B細胞や抗体を産生するプラズマ細胞に分化する．

B細胞における抗原の加工や提示の経路は，その他の抗原提示細胞とは異なっている．マクロファージや樹状細胞は多様な種類のタンパク質抗原の断片を提示できるが，B細胞は特異的に結合する抗原しか提示しない．まず，抗原がB細胞表面の受容体に結合すると，細胞は受容体依存型のエンドサイトーシスにより，外来分子を内部に取り込む（図 7.19 参照）．次いで，B細胞のクラスⅡ MHC タンパク質が抗原断片をヘルパーT細胞に提示する．この直接的な細胞間接触が，B細胞の活性化にとって通常決定的に重要な意味をもつ（図 43.17 の段階❷を参照）．

B細胞の活性化は強い液性免疫反応を引き起こす．つまり，活性化された1個のB細胞が，数千の同一のプラズマ細胞を生み出す．これらのプラズマ細胞は，膜結合型の抗原受容体の発現を停止し，抗体を産生・分泌するようになる（図 43.17 の段階❸を参照）．個々

▼図 43.17　**液性免疫反応におけるB細胞の活性化．** タンパク質抗原の多くは，液性免疫反応を引き起こす過程で，活性化されたヘルパーT細胞の存在を必要とする．マクロファージ（上図）もしくは樹状細胞はヘルパーT細胞を活性化し，さらにB細胞を活性化して抗体を産生するプラズマ細胞を生み出す．

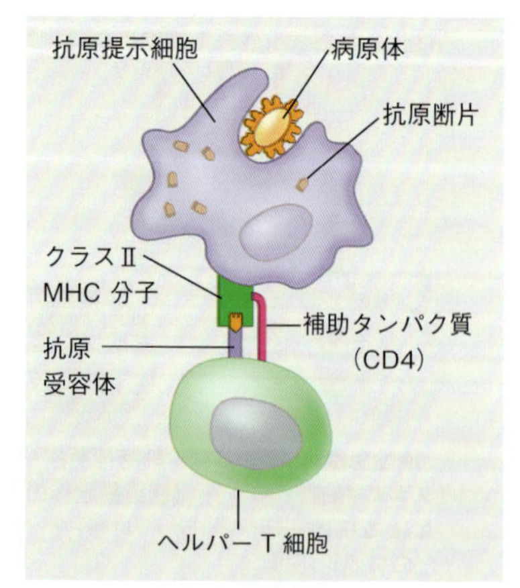
抗原提示細胞
病原体
抗原断片
クラスⅡ
MHC 分子
補助タンパク質
(CD4)
抗原
受容体
ヘルパーT細胞
B細胞
サイトカイン
活性化された
ヘルパーT細胞
記憶B細胞
プラズマ細胞
分泌された抗体

❶ 抗原提示細胞が病原体を取り込み，分解した後，抗原断片をクラスⅡMHC 分子と結合させて提示する．この複合体を認識するヘルパーT細胞は，抗原提示細胞が分泌するサイトカインの助けを借りて活性化を受ける．

❷ 同じエピトープに対する受容体をもつB細胞が抗原を細胞内に取り込むと，抗原断片をクラスⅡMHC 分子との複合体の形にして細胞表面に提示する．提示された抗原に特異的に結合する受容体をもつ活性化されたヘルパー T細胞はB細胞に結合し，B細胞を活性化する．

❸ 活性化されたB細胞は増殖・分化して記憶B細胞と抗体を分泌するプラズマ細胞になる．ここで分泌される抗体は，免疫反応を開始させた抗原に対する特異性をもっている．

? この図の各段階を見て，記憶B細胞がもつ細胞表面抗原受容体の機能を考えてみなさい．

のプラズマ細胞は，細胞寿命である4～5日間の間，毎秒約2000分子の抗体を分泌し，合計で約1兆個の抗体分子を生み出すことになる．さらに，B細胞によって認識される抗原の大部分は，複数のエピトープを有する．したがって，単一の抗原に一度さらされると，通常多種のB細胞が活性化され，同一抗原の異なるエピトープに対する抗体を産生するさまざまなプラズマ細胞が生じる．

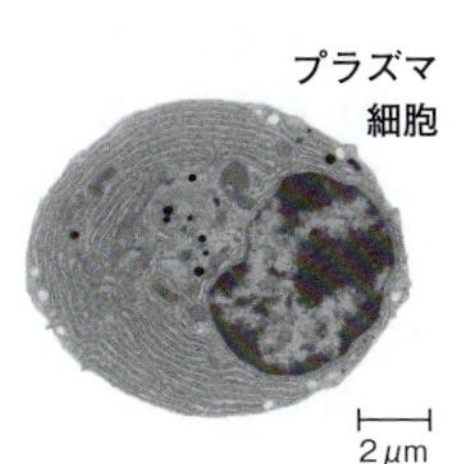
プラズマ
細胞
2 μm

抗体の機能

抗体は病原体を直接殺さないが，抗原と結合することで，不活性化や破壊のために病原体にさまざまなマークをつける．たとえば，ウイルスなどの表面の抗原に抗体が結合することで生じる「中和」という現象を考えてみよう（図 43.18）．この場合，抗原に抗体が結合すると宿主細胞への感染が抑制される．同様に，抗体はあるときは体液中に放出された毒素に結合し，その毒素が体内に入るのを防ぐ．

「オプソニン化」という反応では，抗体が細菌表面の抗原に結合すると，マクロファージや好中球によって容易に認識されるようになり，食作用が促進する（図 43.19）．抗体はそれぞれ2つの抗原結合部位をもっているので，細菌やウイルス粒子，その他の外来物質を結びつけて凝集体にすることもでき，これによって食作用を昂進することもできる．

オプソニン化で見られるように，抗体が食作用を促進する際，液性免疫の微調整の補助も行う．マクロファージと樹状細胞が，食作用を介してヘルパーT細胞に対して抗原提示や刺激を行うこと，また活性化したヘルパーT細胞が食作用を昂進する役割をもつ抗体を産生するB細胞を活性化することを考えてみよう．このような自然免疫と適応免疫間に見られる正のフィードバック機構により，感染に対して組織的で効果的な反応が可能になる．

抗体はときに，補体系のタンパク質とともに作用し，病原体を処理する（図 43.20；「補体」という名前は，これらのタンパク質が抗体の細菌への攻撃力を増大させる事実に基づく）．外来細胞上の抗原–抗体複合体に補体タンパク質が結合すると，「膜攻撃複合体」を形成し，これが外来細胞の細胞膜に穴をあける．すると，イオンや水が細胞内に流入し，細胞が膨潤し，溶解する．自然免疫によって活性化された場合でも，適応免疫によって活性化された場合でも，この補体系タンパク質のカスケード反応は，活発に外来細胞を溶解するほか，炎症を促進したり食作用を促したりする因子を合成する．

抗体は液性免疫反応の礎石であるが，感染細胞を殺傷するもう1つの機構がある．ウイルスが宿主細胞の生合成系を用いて自らのタンパク質を合成する際，そのウイルスタンパク質が細胞表面に現れる．これらのウイルスタンパク質のエピトープに特異的な抗体が結

▼図 43.18 中和．

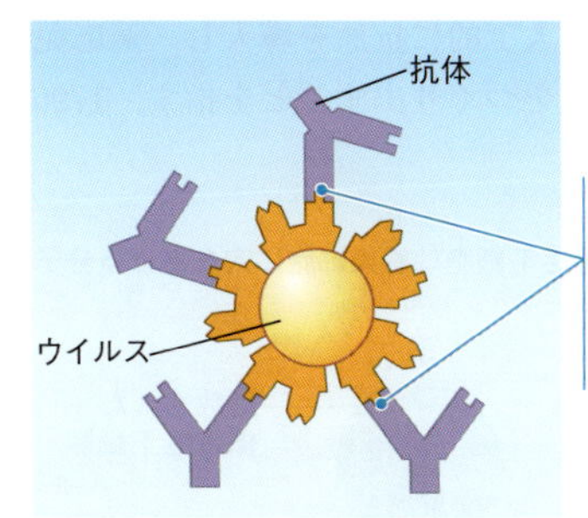
抗体
ウイルス
ウイルス表面の抗原に結合する抗体は，ウイルスが宿主細胞に結合するのを阻害して，その働きを中和する．

▼図 43.19 オプソニン化．

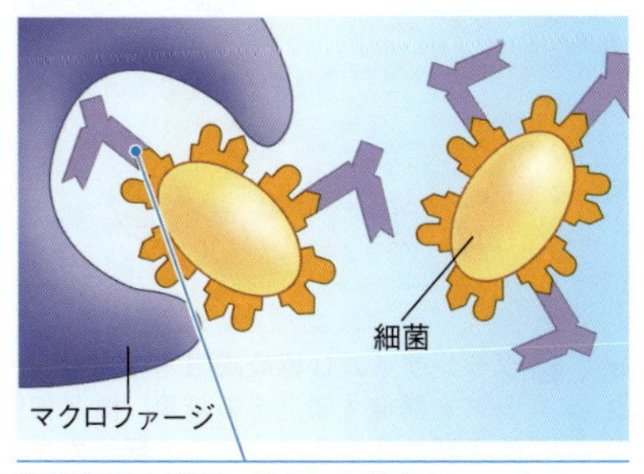
細菌
マクロファージ

細菌表面の抗原に結合した抗体は，マクロファージや好中球による食作用を促進する．

▼図 43.20 補体の活性化と膜孔形成．

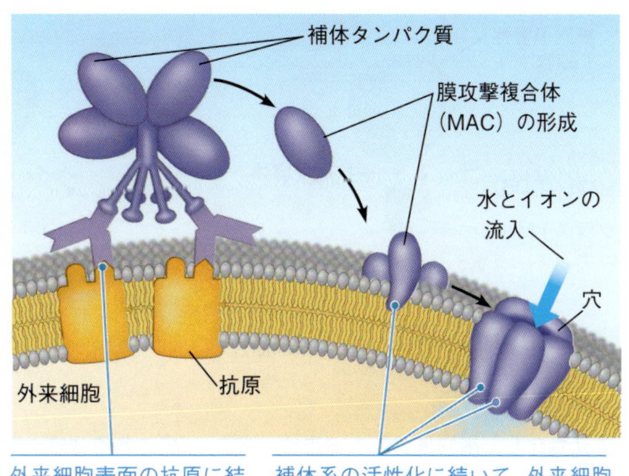
補体タンパク質
膜攻撃複合体
（MAC）の形成
水とイオンの
流入
穴
外来細胞
抗原

外来細胞表面の抗原に結合した抗体は補体系を活性化する．

補体系の活性化に続いて，外来細胞の膜に，膜攻撃複合体が穴をあける．これにより細胞内に水とイオンが流入する．細胞は膨張し，やがて溶解する．

合すると，細胞表面の抗原に結合した抗体はNK細胞をよび込むことが可能になる．その後，NK細胞は感染細胞にアポトーシスを誘導するタンパク質を放出する．ここでも自然免疫と適応免疫のシステムは互いに密に連携しているのである．

B細胞は，5つの異なるクラスの免疫グロブリン（IgA，IgD，IgE，IgG，IgM）を発現する．1つのB細胞を仮定すると，それぞれのクラスの抗体は，同一の抗原結合部位を有すが，それぞれ異なる重鎖C領域をもっている．IgDとして知られるB細胞抗原受容体は，膜結合型のみである．その他4種のクラスには可溶性のタイプがあり，血液中や涙，唾液，母乳などに含まれる抗体がその例である．

細胞傷害性T細胞：感染細胞への1つの応答

免疫反応がなければ，病原体は増殖して宿主細胞を殺傷することになる（図43.21）．細胞性免疫反応では，ウイルスや他の病原体が宿主細胞内で完全に完成するまでに，**細胞傷害性T細胞 cytotoxic T cell** が殺傷性タンパク質を用いて感染細胞を殺すことができる．この細胞が活性化されるためには，ヘルパーT細胞からのシグナル分子を受け取ることと，抗原を提示した細胞と相互作用することが必要である．

感染細胞が提示する外来タンパク質の断片がクラスⅠMHC分子と結合すると，細胞表面に提示され，細胞傷害性T細胞による認識が行われる．ヘルパーT細胞と同様に，細胞傷害性T細胞はMHC分子を結合する補助タンパク質をもっており，T細胞が活性化されている間，2つの細胞がずっと接触し続けるのを助けている．

細胞傷害性T細胞による感染細胞の特異的破壊は，細胞膜を破壊，または細胞死（アポトーシス，図43.21参照）を誘発するタンパク質を分泌することで実行される．宿主細胞を死滅させることにより，単に病原体の生育場所を取り除くだけでなく，体内を循環している抗体に細胞内容物を接触させ，それらに廃棄物としての目印をつけることもできる．

液性免疫と細胞性免疫のまとめ

以前に述べた通り，液性免疫反応と細胞性免疫反応の両者は，一次免疫と二次免疫の過程を有する．ヘルパーT細胞，B細胞，そして細胞傷害性T細胞の記憶細胞により，二次免疫反応を行うことができる．たとえば，過去に遭遇したことがある病原体に体液が再感染すると，記憶B細胞と記憶ヘルパーT細胞が液性免疫の二次反応を行う．図43.22は適応免疫の概要であり，液性免疫と細胞性免疫の開始について示している．この図では，体液中または細胞内の病原体に対する反応の差をハイライトし，ヘルパーT細胞の中心的役割も強調して見せている．

免疫感作

二次的な免疫反応によってもたらされる生体防御は，**免疫感作 immunization** の基礎となるものである．この免疫感作は，体内に人工的に抗原を導入し，適応免疫反応および記憶細胞をつくり出すことを指す．1796

▼図43.21　**感染した宿主細胞に対する細胞傷害性T細胞の細胞殺傷作用．** 活性化した細胞傷害性T細胞は感染細胞に穴をあける分子（パーフォリン）とタンパク質を分解する酵素（グランザイム）を放出し，細胞死を誘導する．

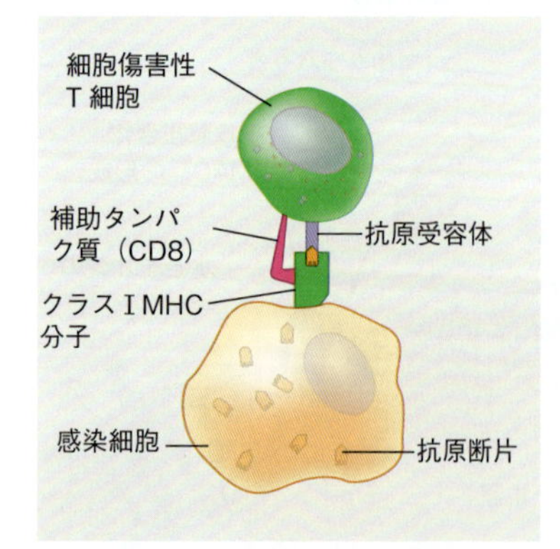
細胞傷害性
T細胞
補助タンパク質（CD8）
抗原受容体
クラスⅠMHC分子
感染細胞
抗原断片

❶活性化した細胞傷害性T細胞は，感染した細胞上のクラスⅠMHC-抗原断片複合体に，抗原受容体と補助タンパク質（CD8という）を介して結合する．

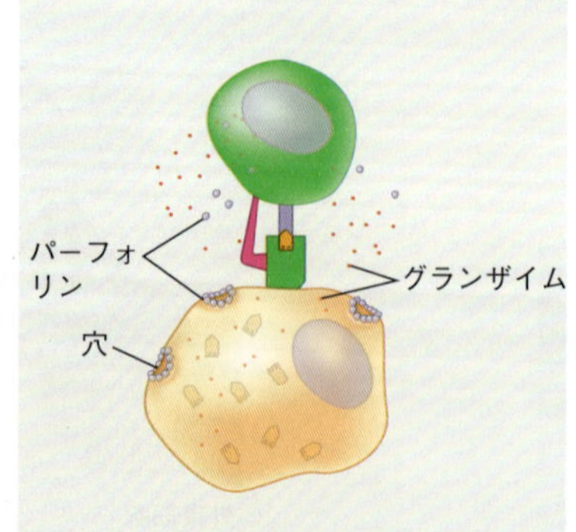
パーフォリン
グランザイム
穴

❷T細胞は感染細胞に穴を開けるパーフォリンという分子を放出する．また，タンパク質を分解するグランザイムも放出する．グランザイムはエンドサイトーシスによって感染細胞内に入る．

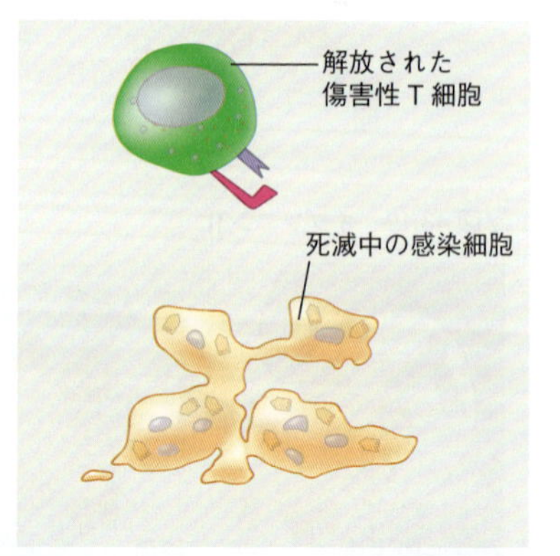
解放された
傷害性T細胞
死滅中の感染細胞

❸グランザイムは感染細胞内でアポトーシスを誘発する．その結果，核と細胞質の断片化が生じ，その後細胞死をまねく．解放された細胞傷害性T細胞は他の感染細胞を攻撃できる．

▼図 43.22　適応免疫の概要.

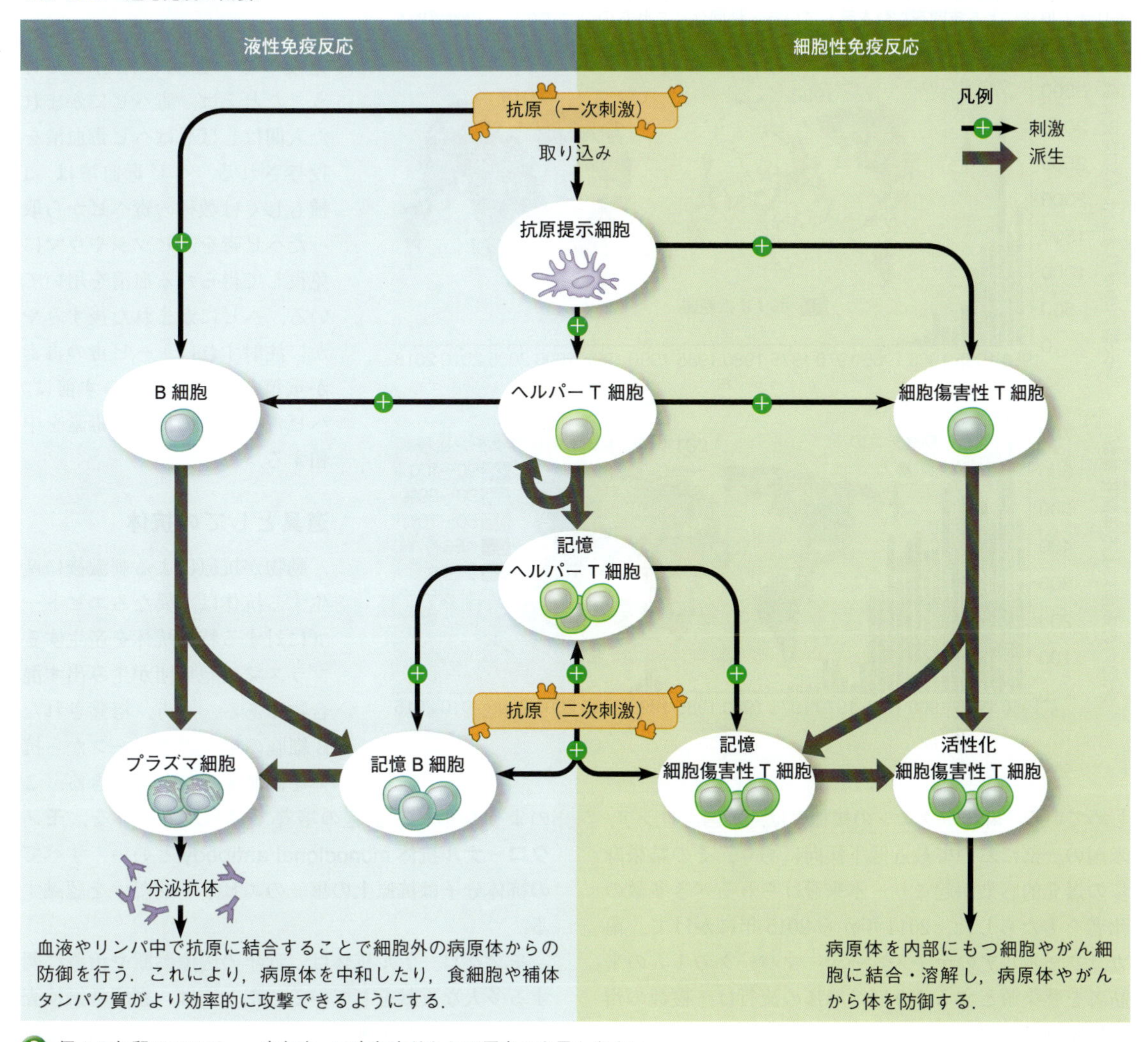

液性免疫反応
細胞性免疫反応
抗原（一次刺激）
凡例
刺激
派生
取り込み
抗原提示細胞
B 細胞
ヘルパー T 細胞
細胞傷害性 T 細胞
記憶
ヘルパー T 細胞
抗原（二次刺激）
プラズマ細胞
記憶 B 細胞
記憶
細胞傷害性 T 細胞
活性化
細胞傷害性 T 細胞
分泌抗体
血液やリンパ中で抗原に結合することで細胞外の病原体からの防御を行う．これにより，病原体を中和したり，食細胞や補体タンパク質がより効率的に攻撃できるようにする．
病原体を内部にもつ細胞やがん細胞に結合・溶解し，病原体やがんから体を防御する．

? 個々の矢印について，一次免疫・二次免疫どちらの反応かを示しなさい．

年，エドワード・ジェンナー Edward Jenner は，通常ウシにのみ見られる軽い病気である牛痘（ぎゅうとう）への感染歴をもつ搾乳師が，はるかに危険な天然痘を発症しないことを報告した．ジェンナーにより記録されている最古の免疫感作（もしくは「予防接種」）では，牛痘ウイルスを用いて，牛痘に非常によく似た天然痘ウイルスに対する適応免疫を人工的に刺激することに成功した．今日では，不活化した細菌毒素，殺傷化や弱毒化した菌や，微生物のタンパク質をコードする遺伝子など，さまざまな種類の抗原がワクチンとして利用されている．これらの抗原は一次免疫と免疫記憶を引き起こすので，ワクチンと同タイプの病原体が感染すると，急速かつ強力に二次免疫反応が起こる（図 43.15 参照）．

予防接種は多数の人間を殺傷し，あるいは再起不能にした感染症に対して有効に機能してきた．世界的な予防接種キャンペーンにより，天然痘は 1970 年後半に根絶された．先進工業国では，幼児と小児に対する定期的な免疫感作が行われ，ポリオや麻疹などの壊滅的な病気の発生率を劇的に減少させた（図 43.23）．残念ながら，すべての病原体が予防接種によって制圧されたわけではない．また，地球上の貧困地域では，かなりのワクチンの入手が容易でない．

ワクチンの安全性や発病リスクに関する間違った情報によって，公衆衛生上の重大な問題が生じている．麻疹を 1 つの例として考えてみよう．予防接種の副作用は非常にまれで，ワクチンに対してアレルギーを示す子どもは 100 万人に 1 人未満である．一方，この病気は非常に危険で，毎年 20 万人もの人間を死に至ら

▼図 43.23　**生命を脅かす2つの伝染病に対するワクチン防御**．グラフは，米国におけるポリオと麻疹による年間死亡数を示している．地図は，これらの2つの病気への世界的な対応の進歩の事例を示している．

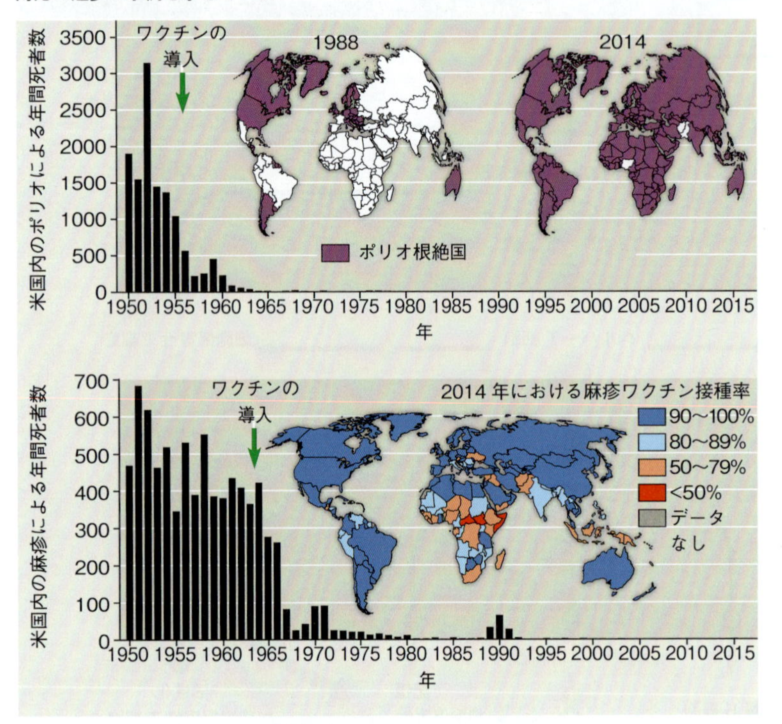
米国内のポリオによる年間死者数
ワクチンの
導入
1988
2014
ポリオ根絶国
3500
3000
2500
2000
1500
1000
500
0
1950 1955 1960 1965 1970 1975 1980 1985 1990 1995 2000 2005 2010 2015
年
米国内の麻疹による年間死者数
ワクチンの
導入
2014 年における麻疹ワクチン接種率
90〜100%
80〜89%
50〜79%
<50%
データ
なし
700
600
500
400
300
200
100
0
1950 1955 1960 1965 1970 1975 1980 1985 1990 1995 2000 2005 2010 2015
年

しめている．麻疹ワクチンの接種率は，英国，ロシア，米国の一部において最近低下傾向にあり，その結果麻疹の爆発的感染が起こり，本来避けられるべき多数の死者をもたらした．2014 年から 2015 年にかけて，南カリフォルニアのディズニーテーマパークの 1 人の来訪者を感染源とする 200 回の麻疹の流行は，複数の州に拡大することとなり，6 歳から 70 歳までの年齢層の人々に影響を与えた．

能動免疫と受動免疫

適応免疫に関するこれまでの議論では，病原体の感染時や免疫感作により早期に引き起こされる生体防御，すなわち**能動免疫 active immunity** に焦点を当ててきた．これとは異なり，母胎から胎盤を通って胎児へ流れる血液中の IgG 抗体を介した別タイプの免疫がある．この防御では，受容者（この場合，胎児）が得る抗体は，別の個人（この場合，母親）がつくり出したものであり，それゆえ**受動免疫 passive immunity** とよばれる．母乳に含まれる IgA 抗体は，乳児の免疫システムが発達するまでの間，乳児の消化管に追加的な受動免疫を提供する．受動免疫には受容者の B 細胞や T 細胞が関与しないので，移入された抗体の存続する間（数週間から数ヵ月）だけ有効である．

人工的な受動免疫は，免疫を確立した動物から得た抗体を，免疫のない動物に注射して行う．たとえば，毒ヘビにかまれた人間はしばしばヘビ毒血清を投与される．ヘビ毒血清は，1 種もしくは数種の毒ヘビから取ったヘビ毒を，ヒツジやウマに免役して得られる血清を用いている．ヘビにかまれた後すみやかに注射すれば，ヘビ毒の毒素が重篤な損傷をもたらす前に，ヘビ毒血清中の抗体が毒素を中和する．

道具としての抗体

動物が抗原による刺激後に産生する抗体は，異なるエピトープに対する特異抗体を産生するプラズマ細胞集団が生み出す混合物である．一方，培養された B 細胞の単一のクローンから抗体を調製することもできる．このような単一 B 細胞の培養で得られる抗体を，**モノクローナル抗体 monoclonal antibody** といい，すべての抗体分子は抗原上の単一のエピトープだけを認識する．

モノクローナル抗体は，近年の医療診断や治療に関する多大な貢献をしている．たとえば，家庭妊娠検査薬キットは，ヒト絨毛性ゴナドトロピン（hCG）に対するモノクローナル抗体を用いている．胎児が子宮に着床するとすぐに hCG が合成されるので（46.5 節参照），このホルモンが女性の尿中に存在するときは，妊娠の初期であると高い信頼性で判断することができる．また，臨床では，モノクローナル抗体はがんなどの多くの疾患の治療に用いられている．

最近開発された抗体ツールの 1 つでは，1 滴の血液だけで，その人が感染または予防接種によって遭遇したすべてのウイルスを特定するものがある．これらのウイルスに対する抗体を開発するために，研究者らは約 10 万個のバクテリオファージからなるライブラリーを作製している．これらのバクテリオファージには，ヒトに感染する約 200 種のウイルス由来のペプチドの 1 つがファージ粒子上に提示されるようになっている．図 43.24 に，この方法（ファージ・ディスプレイ法）の概要を示す．

▼図 43.24　**過去に遭遇したウイルスの包括的な検証．** DNA シーケンシングと抗体の抗原認識特異性を組み合わせることにより，研究者はある人の免疫システムが人生で遭遇した全ウイルスを同定することができる．

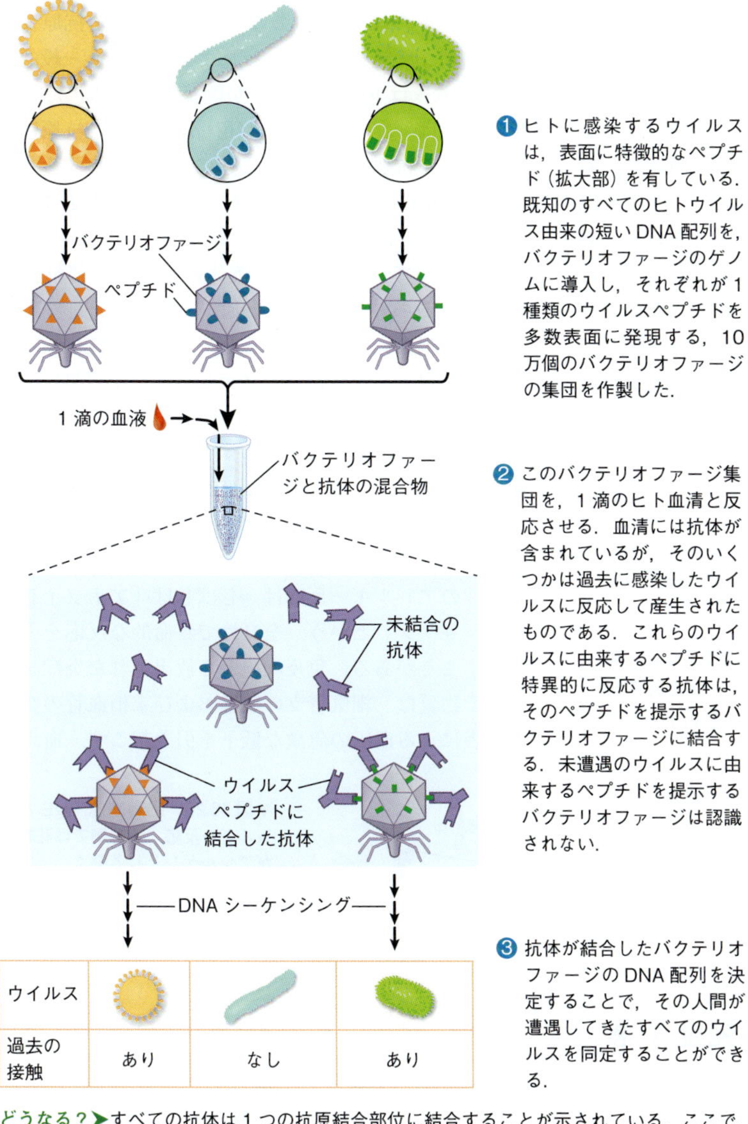

バクテリオファージ
ペプチド
1 滴の血液
バクテリオファージと抗体の混合物
未結合の抗体
ウイルスペプチドに結合した抗体
DNA シーケンシング
① ヒトに感染するウイルスは，表面に特徴的なペプチド（拡大部）を有している．既知のすべてのヒトウイルス由来の短い DNA 配列を，バクテリオファージのゲノムに導入し，それぞれが 1 種類のウイルスペプチドを多数表面に発現する，10 万個のバクテリオファージの集団を作製した．
② このバクテリオファージ集団を，1 滴のヒト血清と反応させる．血清には抗体が含まれているが，そのいくつかは過去に感染したウイルスに反応して産生されたものである．これらのウイルスに由来するペプチドに特異的に反応する抗体は，そのペプチドを提示するバクテリオファージに結合する．未遭遇のウイルスに由来するペプチドを提示するバクテリオファージは認識されない．
③ 抗体が結合したバクテリオファージの DNA 配列を決定することで，その人間が遭遇してきたすべてのウイルスを同定することができる．
ウイルス
過去の接触
あり
なし
あり

どうなる？➤すべての抗体は 1 つの抗原結合部位に結合することが示されている．ここで，単一の抗体が 2 つのバクテリオファージに結合する場合を考え，結果にどのような影響が生じるか答えなさい．

免疫拒絶反応

病原体同様，他人の細胞は体内で異物として認識され，免疫防御系の攻撃を受ける．たとえば，ある人間から遺伝的に同一でない別の人間へ皮膚移植を行うと，1 週間程度は問題なく見えるが，その後，受容者（移植を受けた人）の免疫反応で皮膚が破壊される（拒絶反応）．MHC 分子がこの拒絶反応の原因であることがわかっている．それはなぜだろうか．私たち個人個人は，1 ダース以上の異なる MHC 分子を発現している．さらにヒトの MHC 遺伝子には，100 以上の異なるバージョン，つまり対立遺伝子が存在している．結果として，一卵性双生児間以外では，細胞表面に現れる MHC 分子の組は個人個人で異なることになる．この違いが移植受容者の免疫反応を刺激するため，拒絶反応が起こるのである．移植拒絶反応を最小化するために，外科医はできるだけ受容者と MHC 分子のセットが合致している提供者（ドナー）を選ぶ．加えて，受容者は免疫反応を抑制する薬剤を処方される（しかし，その結果として受容者は感染に弱くなる）．

血液型

輸血の場合も，受容者の免疫システムが血液細胞の表面の糖鎖を異物として認識し，急速で壊滅的な反応を引き起こす．この危険を回避するために，受容者と提供者のいわゆる ABO 血液型を考慮する必要がある．A 型の糖鎖を細胞表面にもつ赤血球は A 型とよばれる．同様に，B 型の糖鎖を細胞表面にもつ赤血球は B 型とよばれる．AB 型赤血球には，A 型糖鎖と B 型糖鎖の両方が存在する．O 型赤血球にはいずれの糖鎖も存在しない（図 14.11 参照）．

なぜ免疫系は赤血球上の特定の糖鎖を認識するのだろうか．じつは，私たち人間は，赤血球表面の糖鎖と非常によく似たエピトープをもつ特定の細菌に頻繁に接触しているのである．血液型が A 型の人は，B 型糖鎖とよく似た糖鎖をもつ細菌に免疫系が反応し，B 型糖鎖に対する抗体をもつことになるので，輸血時に B 型血液に拒絶反応を起こすことになる．一方この人は，自分自身の体内にある A 型糖鎖とよく似た糖鎖をもつ細菌に反応する抗体をつくらない．これは，自分自身がもつ細胞や分子に対して反応するリンパ球が，発生時に不活性化されたり，除去されたりするからである.

ABO 血液型が輸血の際にどのように影響するのかを理解するために，B 型血液の輸血を受ける A 型受容者の例をさらに検討してみよう．輸血後の受容者の体内に存在する B 型抗原に対する抗体が，輸血された赤血球を溶解し，これによって悪寒，発熱，ショック，そして腎臓不全などが起こるだろう．同時に，輸血された B 型血液中に存在する A 型抗原に対する抗体も，受容者の赤血球に対して作用するであろう．同じ論理を適用すると，O 型血液をもつ人はどのタイプの血液型の人からも輸血を受けることができない．しかし，最近赤血球から A 型および B 型糖鎖を切除することが可能な酵素が発見されたので，この問題が解消されるかもしれない.

概念のチェック 43.3

1. もし胸腺のない子どもが生まれたとすると，どのような細胞や機能に欠損が出ると考えられるか，説明しなさい.
2. ある種のタンパク質分解酵素で抗体を処理すると，重鎖の部分を半分に分け，Y 字型分子の２つの腕の部分を分離することができる．この抗体はどのような機能を維持しているだろうか，説明しなさい.
3. ヘビ使いがある種の毒ヘビにかまれ，ヘビ毒血清を投与された．２回目に同じ治療をしたとき，有害な副作用があるが，その理由を説明しなさい.

（解答例は付録 A）

43.4

免疫系の破壊は，疾患の発症や悪化に結びつく

適応免疫は，広範な病原体に対して重要な防御機構として働くが，絶対確実なものではない．まず，適応免疫が阻害されたり，異常になったりした場合，どのような障害や病気が生じるか検証する．次に，宿主の免疫反応の効果を消失させる病原体の適応進化の事例をいくつか見ていくことにする.

免疫の過剰反応，自己免疫，免疫不全

リンパ球やその他の体細胞，外来物質間の高度な相互作用により，免疫反応は多くの病原体に対して卓越した防御を果たすことができる．アレルギーや自己免疫，そして免疫不全疾患は，このデリケートな均衡が破壊され，しばしば重篤な効果をもたらす.

アレルギー

アレルギーは，「アレルゲン」とよばれる抗原に対する過剰な（超感受性の）反応である．最も一般的なアレルギーは IgE 型の抗体が関係している．たとえば花粉症は，プラズマ細胞が花粉粒子表面の抗原に特異的な IgE 抗体を分泌することによって発症する（図 43.25）．IgE 抗体のあるものは，その基部で結合組織に存在する肥満細胞に結合する．花粉粒子は体内に入ると，やがてこれらの IgE 抗体の抗原結合部位に結合する．この結合により隣接する IgE 分子間で架橋が生じ，肥満細胞にヒスタミンや他の炎症性化学物質の放出を促す．これらのシグナルは多様な細胞に作用し，典型的なアレルギー症状，たとえばくしゃみ，鼻水，涙目，呼吸困難をもたらす平滑筋収縮などを引き起こす．抗ヒスタミン剤とよばれる医薬は，ヒスタミン受容体をブロックすることで，これらアレルギー症状（そして炎症）を緩和する.

急性のアレルギー反応は，しばしば「アナフィラキシーショック」という，全身性で致命的な反応を引き起こすことがある．免疫細胞から放出された炎症誘発性化学物質は，細気管支の収縮および末梢血管の突然の拡張による血圧の急激な低下を引き起こす．血流の

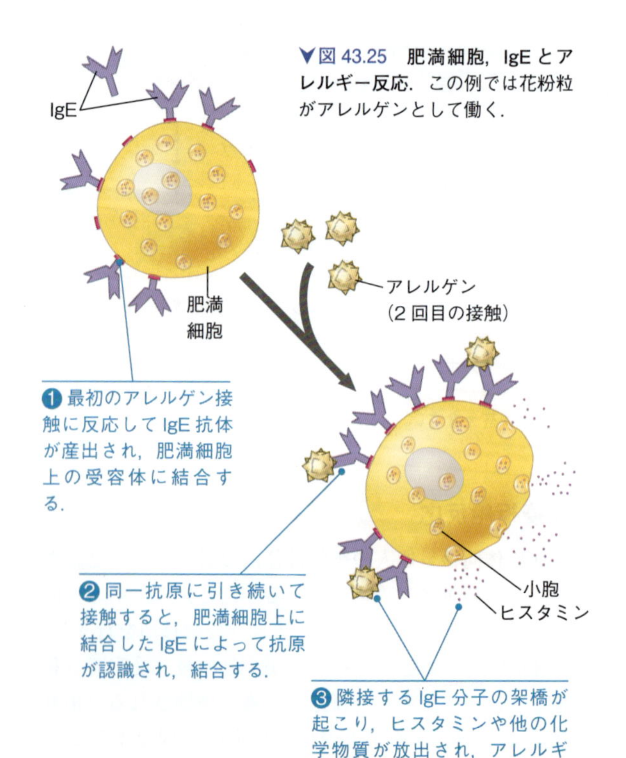
IgE
肥満
細胞
アレルゲン
（2 回目の接触）
小胞
ヒスタミン
❶最初のアレルゲン接触に反応して IgE 抗体が産出され，肥満細胞上の受容体に結合する.
❷同一抗原に引き続いて接触すると，肥満細胞上に結合した IgE によって抗原が認識され，結合する.
❸隣接する IgE 分子の架橋が起こり，ヒスタミンや他の化学物質が放出され，アレルギー症状が生じる.

▼図 43.25　**肥満細胞，IgE とアレルギー反応.** この例では花粉粒がアレルゲンとして働く.

停止と呼吸困難によって，数分後に死亡に至ることがある．アレルギー患者にアナフィラキシーショックを引き起こす可能性のある物質としては，ハチ毒やペニシリン，ピーナッツおよび甲殻類などがある．重大な超感受性をもつ人々は，アレルギー反応に対抗するアドレナリン（エピネフリン）を入れた注射器をしばしば携帯している．アドレナリンを注射すると，このアレルギー反応が急速に打ち消され，末梢血管を狭め，喉の気管内部のはれを軽減し，肺の筋肉も弛緩されて呼吸がしやすくなる（図 45.20 b 参照）．

自己免疫疾患

ある人々は，自分の体を構成する特定の分子に対して免疫系が作用し，**自己免疫疾患 autoimmune disease** を発症する．このような自己寛容の欠如は多くの形で現れる．一般的に「ループス（狼瘡(ろうそう)）」とよばれる全身性エリテマトーデス（全身性紅斑性狼瘡）では，細胞破壊時に放出されるヒストンや DNA に対する抗体が，免疫系によって産生される．これらの自己反応性の抗体は，皮膚発疹，発熱，関節炎，そして腎臓不全などを引き起こす．別の自己免疫疾患としては，インスリンを産生する膵臓ランゲルハンス島の β 細胞が自己免疫のターゲットとなるケース（1 型糖尿病）や，神経を包み込むミエリン鞘(しょう)が狙われるケース（多発性硬化症）などがある．

性別，遺伝的背景，そして環境のすべてが，自己免疫疾患の発症しやすさに影響を及ぼす．たとえば，ある家系の人々では，特定の自己免疫疾患の罹患率が増大する．さらに，自己免疫疾患は男性より女性を悩ませることが多い．女性は男性に比べて，9 倍ループスになりやすく，関節の軟骨や骨に痛みの伴う炎症をもたらす「関節リウマチ」に 2〜3 倍程度かかりやすい（図 43.26）．この性的バイアスの問題は，先進工業国で自己免疫疾患が増えていることとあわせて，活発な研究と議論の的となっている．

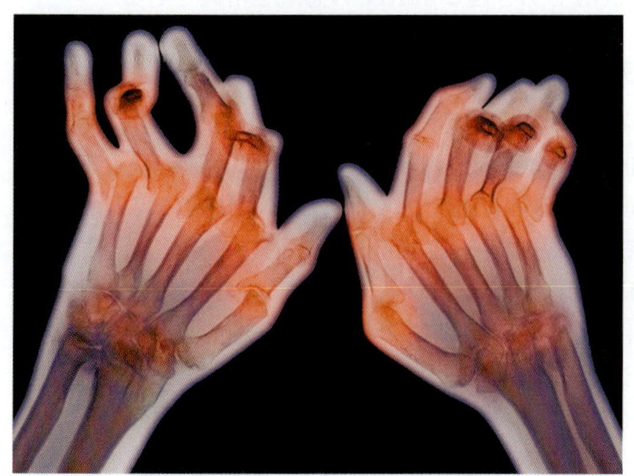

▼図 43.26　関節リウマチで変形した手の X 線像．

最近の自己免疫疾患研究で新たに注目されている点としては，Tregs というニックネームをもつ「制御 T 細胞」の活性がある．この特別な T 細胞は，免疫システムの調節を助けて，自己抗原に対する免疫反応を防ぐ働きがある．

運動，ストレスと免疫系

運動やストレスは，いろいろな形で免疫系に影響を及ぼす．たとえば，中程度の運動は免疫機能を改善し，風邪などの上気道感染症のリスクを明らかに低下させる．対照的に，極度の疲労を生じるほどの運動は，感染のリスクを増大させ，よりひどい症状をもたらす．マラソン選手の研究では，運動強度が重要な変数になっていることが明らかにされている．平均すると，マラソンランナーは中程度の運動をしているときはデスクワーク中心の同僚よりも感染症になりにくいが，へとへとに疲れ切るほどの激しいレースの直後では，著しく病気になりやすくなる．同様に，精神的ストレスも，ホルモンや神経，免疫系の協調を変化させることで，免疫系の制御を破壊することが示されつつある（図 45.20 参照）．最近の研究では，休息が免疫にとって重要であることが確認された．たとえば，成人で睡眠を 7 時間未満しかとらない人は，8 時間以上とる人に比べて，平均して 3 倍，風邪のウイルスによる病気になりやすい．

免疫不全疾患

抗原に対する免疫系の反応が不良であったり，欠損したりしている疾患のことを，免疫不全症という．その原因や素性にかかわらず，免疫不全は頻繁に再発性の感染を引き起こし，ある種のがんにもなりやすくなる．

「先天性免疫不全症」は，さまざまな免疫系細胞の分化過程での異常，もしくは特定のタンパク質，たとえば抗体や補体系のタンパク質などの合成不良に起因する．特定の遺伝的欠陥に依存して，適応免疫もしくは自然免疫，あるいはその双方が異常をきたす．重症複合免疫不全症（severe combined immunodeficiency：SCID）では，正常な機能をもつリンパ球はまれか，存在しない．適応免疫系が欠落していることで，SCID 患者はたとえば肺炎や髄膜炎に感染しやすくなっており，幼児期に死に至る．治療法は骨髄移植や幹細胞移植になる．

「後天性免疫不全症」は，化学物質や生物学的要因

にさらされたことで後年生じる．自己免疫疾患に作用する薬や，拒絶反応を抑える薬は，免疫系を抑制し，免疫不全状態を引き起こす．ある種のがんも免疫系を抑える．特にホジキン病はリンパ球システムを破壊する．後天的な免疫不全症には，身体的ストレスから来る一次的なものから，ヒト免疫不全ウイルス（HIV）によって引き起こされる致命的な後天性免疫不全症候群（AIDS）のようなものまで存在する．次の項でAIDSに関し，さらに学ぶことにする．

病原体の適応進化による免疫系の回避

進化　ちょうど動物で病原体を撃退するために免疫系が発達したように，病原体においても免疫反応を邪魔するしくみが進化してきた．人間に感染する病原体を例に，抗原多様化，潜伏，そして免疫系への直接攻撃といった共通の機構について調べてみよう．

抗原多様化

体の免疫防御を回避するしくみの1つに，病原体が免疫系に対する見え方を変化させることが挙げられる．免疫記憶は，動物が一度遭遇した外来エピトープを記録するものである．もし，このようなエピトープを病原体がもはや発現しなくなるとしたら，その病原体は，記憶細胞が提供する急速で強力な免疫反応を活性化することなく，同じ宿主に再感染して，生存することができることになる．このようなエピトープの発現変化は，「抗原変異」とよばれる．眠り病を引き起こすことで知られる寄生虫（トリパノソーマ）もその例である．その表面に出現するタンパク質には，1000通りもの異なる型があるが，トリパノソーマは，それを周期的に切り替えている．**科学スキル演習**では，このタイプの抗原変異と体の反応のデータを解釈することになる．

抗原変異は，インフルエンザや「風邪」のウイルスが，いまだに主要な公衆衛生上の問題となっている大きな要因である．ヒトインフルエンザウイルスが人から人へと感染して増える際に，ウイルスが変異する．宿主の免疫系による認識を弱めるいかなる変異も自然選択上の利点となり，表面タンパク質にその種の変異をもつウイルスが着実に増大する．そのため，インフルエンザウイルスに対するワクチンを毎年生産・配布する必要が生じるのである．さらに，ヒトのインフルエンザウイルスが，ブタやニワトリなどの家畜動物のウイルスと遺伝子を時折交換することである．この遺伝子交換が起こると，インフルエンザウイルスは，どのような人間の記憶細胞も認識できないような新しい株になる．この結果もたらされる感染拡大は致命的である．1918～1919年に起こったインフルエンザ大流行では，世界全体で2000万人もの死者が出た．

潜伏

宿主に感染した後，ウイルスの一部は潜伏とよばれるほとんど不活性な状態に移行する．このような休眠中のウイルスは，大半のウイルスタンパク質の合成を停止し，たいていの場合ウイルス粒子の形成が起こらない．その結果，適応免疫系が誘発されることがない．にもかかわらず，ウイルスのゲノムは，小さなDNA分子として，あるいは宿主の染色体内に組み込まれた形で核に残存している．ウイルスの伝播に好都合の条件が生じたり，もしくは宿主が別の病原体に感染したときなど，宿主の生存にとって不利な状況になったりするまで，潜伏状態が継続する．潜伏が終了すると，ウイルスタンパク質の合成とウイルス粒子の放出が開始され，新たな宿主への感染が可能になる．

人の感覚神経で増殖する単純ヘルペスウイルスは，潜伏のわかりやすい例である．1型ヘルペスウイルスは大半の口唇ヘルペスを引き起こし，2型ヘルペスウイルスは多くの場合，性器ヘルペスの原因となる．感覚神経はクラスⅠ MHC分子を比較的少量しか発現しないため，体液中を循環するリンパ球に対して十分量のウイルス抗原を提示することができない．発熱や精神的なストレス，または生理などを端緒として，ウイルスが再活性化して増殖を開始し，周囲の上皮組織に感染するようになる．1型ヘルペスウイルスの活性化は，口唇部に痛みを伴う疱疹（ほうしん）を形成させることがある．2型ヘルペスウイルスは性器に疱疹をつくることができる．しかし，1型または2型ヘルペスウイルスに感染した人は，しばしば何の症状も示さない．性交渉で伝染する2型ヘルペスウイルスは，ウイルスキャリアの母親から新生児への母子感染の脅威となるほか，AIDSを引き起こすHIVの感染を増大させる．

免疫系への攻撃：HIV

AIDSを引き起こす**ヒト免疫不全ウイルス human immunodeficiency virus（HIV）**は，適応免疫反応を回避するのに加え，攻撃もする．体内に侵入すると，HIVはヘルパーT細胞に効率的に感染する．これは，HIVが補助タンパク質CD4（図43.17参照）に特異的に結合するからである．一方で，HIVはマクロファージや脳の細胞など，低レベルのCD4しか細胞表面にもたないある種の細胞にも感染する．細胞の内部では，HIVのRNAゲノムはDNAに逆転写され，そのDNA

科学スキル演習

共通の x 軸の２つの変数を比較する

変化する病原体に免疫系がどのように応答するか　長い期間，宿主で低レベルの感染を維持することができる寄生虫は，自然選択で選ばれる可能性が高くなる．睡眠病を引き起こす単細胞の寄生虫であるトリパノソーマ *Trypanosoma* がその一例である．トリパノソーマの表面を覆う糖タンパク質の遺伝子は，ゲノム上で1000コピー以上増幅されるが，それぞれのコピーはわずかに配列が異なる．トリパノソーマは，これらの遺伝子を周期的に切り替えて発現することにより，異なる構造をもつ表面糖タンパク質を提示することができる．ここでは，トリパノソーマの表面糖タンパク質がつねに変化することが，宿主の免疫反応との関係においてどのような利点をもつかについて，２つのデータを用いて解釈してみる．

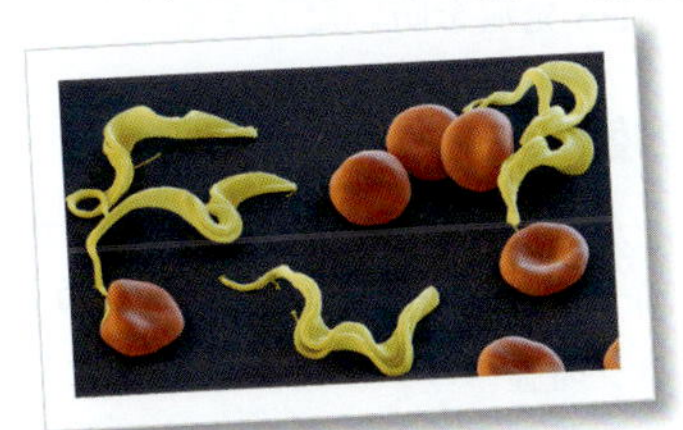

パートA：寄生虫レベルの研究データ　この研究では，慢性感染の最初の数週間における，患者１人の血液に存在する寄生虫の量を測定した．

日数	血液 1 mL あたりの寄生虫の数（100 万）
4	0.1
6	0.3
8	1.2
10	0.2
12	0.2
14	0.9
16	0.6
18	0.1
20	0.7
22	1.2
24	0.2

パートA：データの解釈

1. 表のデータを折れ線グラフにしなさい．どの列が独立変数で，どの列が従属変数か答え，独立変数を x 軸に示しなさい（グラフの追加情報は付録Fを参照）．
2. データをグラフで視覚的に表示することで，データの傾向を顕在化させることができる．描いたグラフから明らかになった傾向を記述しなさい．
3. 寄生虫の存在量の低下は，宿主が有効な免疫反応を行ったことを反映する．上記２で説明した傾向を説明する仮説を立てなさい．

パートB：抗体レベルの研究データ　トリパノソーマ感染時の存在量経過パターンを科学者が最初に観察してから何十年も経った後，研究者らは寄生虫が有する異なる表面糖タンパク質に対する特異抗体を同定した．以下の表は，トリパノソーマの慢性感染の初期における２種の抗体の相対存在量（非存在時を０とし，最大で１とする指標で表す）を示している．

日数	糖タンパク質変種Aに対する特異抗体	糖タンパク質変種Bに対する特異抗体
4	0	0
6	0	0
8	0.2	0
10	0.5	0
12	1	0
14	1	0.1
16	1	0.3
18	1	0.9
20	1	1
22	1	1
24	1	1

パートB：データの解釈

4. これらは，パートAでグラフに描いた寄生虫存在量データの収集時期と同時期，すなわち感染後4〜24日目に収集されたデータである．したがって，x 軸を共用してこれらの新しいデータを最初のグラフに記入することができる．ただし，抗体存在量のデータは寄生虫存在量のデータとは別の方法で測定されるため，グラフの右側に第２の y 軸ラベルを追加すること．次に，異なる色またはシンボルの組を用いて，２つの抗体のデータを記入しなさい．１つのグラフ上に２つの異なる y 軸を用いて異なるデータを描くことで，共有された１つの独立変数に対して，これら２つの変数がどのように変化するかを比較できるようになる．
5. 同期間の２つのデータを比較することで，見出したパターンを記しなさい．これらのパターンは，パートAで提唱した仮説を支持しているか，あるいはその仮説を証明しているか，説明しなさい．
6. 科学者は現在，抗体Aと抗体Bによって特異的に認識されるトリパノソームの存在量を区別することができる．このような情報を取り込むと，グラフがどのように変化するだろうか．

データの出典　L. J. Morrison et al., Probabilistic order in antigenic variation of Trypanosoma brucei, *International Journal for Parasitology* 35:961-972 (2005)；および L. J. Morrison et al., Antigenic variation in the African trypanosome: molecular mechanisms and phenotypic complexity, *Cellular Microbiology* 1:1724-1734 (2009).

は宿主細胞のゲノムに組み込まれる（図19.8参照）．ウイルスゲノムはこの状態で，新しいウイルス粒子の生産を指示することができる．

体内の免疫反応によって大半のHIV感染を十分に取り除くことができるものの，必ずHIVの一部が逃れてしまう．HIVが生き残る1つの理由は，その抗原変異率の高さにある．一部の変異ウイルスが有する変異型表面タンパク質では，抗体や細胞傷害性T細胞への結合力が弱まることがある．このようなタイプのウイルスは増殖し，そしてさらに変異が入ることになる．HIVウイルスはこのようにして体内で進化するのである．HIVウイルスのDNAが宿主の染色体に挿入され，新しいウイルスタンパク質や粒子を生産しなければ，潜伏状態になり，継続的にHIVが存続できる．この潜伏中のウイルスDNAは，免疫システムからだけでなく，現在使用されている抗HIVアンチウイルス剤からも守られている．なぜなら，これらの薬剤は活発に複製しているウイルスのみを攻撃するからである．

HIVに感染して治療しないでいると，HIVは時を経て適応免疫を回避するだけでなく，破壊してしまう（図43.27）．ウイルスの増殖とウイルスによる細胞死は，ヘルパーT細胞の喪失を招き，液性免疫反応と細胞性免疫反応の双方を損なうことになる．その結果は，感染症への抵抗性低下や，健康な免疫系ではふつう起こらないがんの発症などの症状を示す**後天性免疫不全症候群 acquired immunodeficiency syndrome（AIDS）**の発症である．たとえば，ニューモシスチス *Pneumocystis jirovecii* は，健康な人間には病気を引き起こすことがない一般的な真菌であるが，AIDS患者には重篤な肺炎をもたらす．これらの日和見感染症は，神経系の破壊や体力の消耗とともに，AIDS患者の主要な死因となっており，HIVウイルスそのものはおもな死因ではない．

▼図43.27　未治療のHIV感染後の推移．

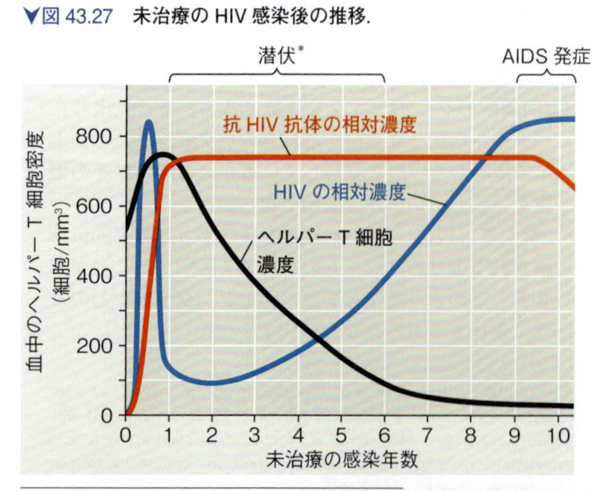
潜伏*
AIDS発症
抗HIV抗体の相対濃度
HIVの相対濃度
ヘルパーT細胞
濃度
血中のヘルパーT細胞密度
（細胞/mm³）
800
600
400
200
0
0 1 2 3 4 5 6 7 8 9 10
未治療の感染年数

＊（訳注）：図に示す「潜伏」はDNA組込みの時期を指す．

HIVの伝染には，患者の精液，血液，母乳などの体液を介して，人から人へウイルス粒子や感染した細胞が移転することが必要である．HIV感染の大多数は，非防護の性行為（すなわち避妊具を用いない性行為）や，HIVで汚染された注射針を介した（多くの場合，薬物の静脈注射ユーザー間の）伝染によるといわれている．HIVは，性交渉時には，膣の粘膜内層，外陰部，陰茎，直腸を通じて，オーラルセックス時には口を通じて，体内に侵入する．HIVに感染した人間は，血液検査で検出されるHIVに対する特異抗体を産生するより前の時期，つまり感染直後の数週間で他人に伝染可能になる．現在では，10〜50％のHIV新規感染者が，最近感染したばかりの人間からHIVを移されたものとされている．現時点では，HIV感染は治癒できないが，ある種の薬剤によりHIVの増殖を抑制したり，AIDS発症を防いだりすることができる．

がんと免疫

適応免疫が不活化されると，ある種のがんの発生率が劇的に増大する．たとえば，未治療のAIDS患者におけるカポジ肉腫のリスクは，健常者に対して2万倍も高くなる．この観察事実は予期せぬものであった．もし免疫系が非自己だけを認識するのであれば，がんの特徴である自己細胞の無制限増殖を認識できないはずである．しかしながら，ウイルスは人のがんの15〜20％にかかわっていることが明らかになった．免疫系はウイルスタンパク質を異物として認識できるので，免疫系はがんを引き起こすウイルスや，ウイルスをもつ細胞に対して防御を行うことができる．肝臓がんを引き起こすB型肝炎ウイルスに対するワクチンは1986年に開発され，人の特定のがんの予防効果がある最初のワクチンとなった．

ドイツのハイデルベルグで研究していたハラルド・ツア・ハウゼン Harald zar Hausen は，1970年代にヒトパピローマウイルス（HPV）が子宮頸がんを引き起こすと提唱した．最も一般的な性感染症病原体であるHPVによる感染が，がんを引き起こすという考えには，多くの研究者が懐疑的であった．しかしながら，10年以上の研究の結果，ツア・ハウゼンは子宮頸がんの患者から2種類の特定のHPVを単離した．彼は，すぐさま他の研究者が利用可能なサンプルを調製し，2006年にはHPVに対する効果的なワクチンが開発された．図43.28はHPV粒子のコンピュータグラフィクスであり，黄色く着色してある部分がワクチン抗原として利用されたウイルス殻（キャプシド）タンパク質である．

子宮頸がんは，毎年米国で 4000 人の女性に死をもたらしてきた．このがんは 5 番目に主要ながん死因となっている．若い成人に HPV ワクチン（ガーダシルまたはサーバリックス）を投与することで，子宮頸がんや口腔がん，および生殖器疣贅（ゆうぜい）を引き起こす HPV 感染の機会を大幅に減らすことができる．ツア・ハウゼンは 2008 年にノーベル生理学・医学賞を受賞した．

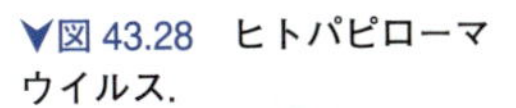
▼図 43.28　ヒトパピローマウイルス．

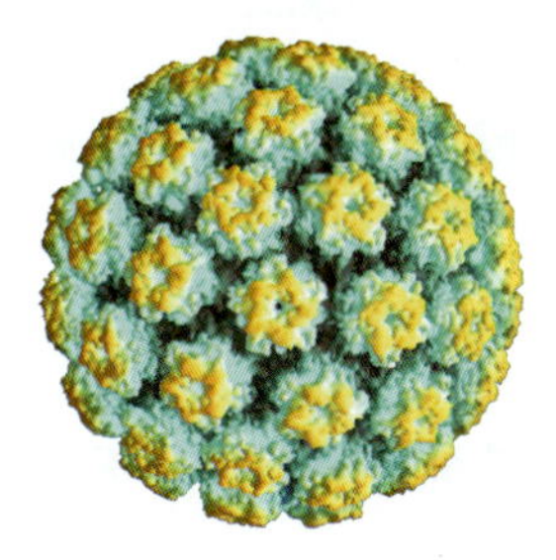

概念のチェック 43.4

1. 重症筋無力症では，抗体が筋肉細胞のある種の受容体に結合し，その働きを抑え，筋収縮を阻害する．この疾患は，免疫不全症，自己免疫疾患，あるいはアレルギー反応のいずれに分類されるか，最も適当なものを選び，説明しなさい．

2. 1 型ヘルペスウイルスをもつ人は，風邪や類似の感染症にかかると，しばしば口唇に疱疹（ほうしん）ができる．このような場所にウイルスがいることの利益は何か，説明しなさい．

3. どうなる？➤マクロファージの欠損は人体の自然免疫や適応免疫にどのような影響を与えるだろうか．

（解答例は付録 A）

43 章のまとめ

重要概念のまとめ

43.1

自然免疫では，病原体群の共通特性をもとに認識と反応が行われる

- 脊椎動物および無脊椎動物の**自然免疫**の手段としては，物理的・化学的障壁や，細胞依存性の防御系がある．自然免疫は，広範な病原体種を特異的に認識するタンパク質を介して活性化される．障壁防御を突破して侵入した微生物は，脊椎動物においては**マクロファージ**や**樹状細胞**などの食細胞によって捕食される．その他の防御系としては，ウイルスに感染した細胞を死滅させる**ナチュラルキラー細胞（NK 細胞）**がある．**補体系**タンパク質，**インターフェロン**，そして他の抗微生物ペプチドも微生物に対抗して作用する．**炎症反応**では，**ヒスタミン**や他の化学物質が傷害部位の細胞から分泌され，血管に変化が生じ，免疫細胞が到達しやすくなる．
- 病原体はときどき自然免疫をすり抜けることがある．たとえば，ある種の細菌の外被は自然免疫に認識されにくい構造をしており，またある細菌はリソソーム内での分解に耐性を示す．

? 哺乳類の消化管では，どのような自然免疫防御のしくみで防御が行われているのか，答えなさい．

43.2

適応免疫では，受容体によって病原体が特異的に認識される

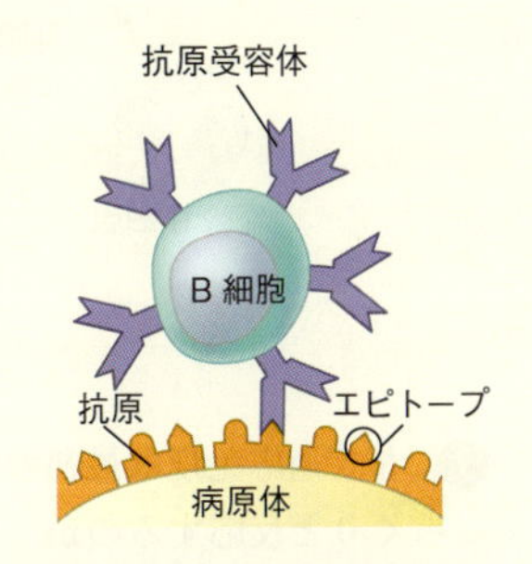
抗原受容体
B 細胞
抗原
エピトープ
病原体

- **適応免疫**は，骨髄の幹細胞に由来する 2 種類の**リンパ球**，すなわち **B 細胞**と **T 細胞**によって実行される．リンパ球は細胞表面に外来分子（抗原）を認識する**抗原受容体**をもつ．単一の B 細胞または T 細胞上の抗原受容体はすべて同一であるが，体内には異なる外来物質を認識する受容体をそれぞれ発現する数百万種の B 細胞や T 細胞が存在する．感染時には，病原体に特異的な B 細胞または T 細胞が活性化される．T 細胞のあるものは他のリンパ球を助け，その他は感染した宿主細胞を殺傷する．**プラズマ細胞**という B 細胞は，外来の物質や細胞に結合する**抗体**とよばれる可溶性の受容体を産生する．**記憶細胞**という活性化した B 細胞と T 細胞は，同一抗原による将来の再感染に対する防御を担う．
- B 細胞と T 細胞による外来分子の認識は，抗原上の小さな部位である**エピトープ**が抗原受容体の可変領域に結合することで行われる．B 細胞と抗体は，血液やリンパ液中を循環する抗原表面のエピトープを認識する．T 細胞は，宿主細胞表面に**主要組織適合性複合体（MHC）分子**とよばれるタンパク質を介して提示された抗原タンパク質由来の小断片（ペプチド）エピトープを認識する．この相互作用により，T細胞が適応免疫に関与することができるようになる．

- B細胞とT細胞の分化の主要な4つの特徴は，細胞多様性の生成，自己寛容，増殖，そして免疫記憶である．増殖と記憶は**クローン選択**に基づく．下図ではB細胞の事例を示す．

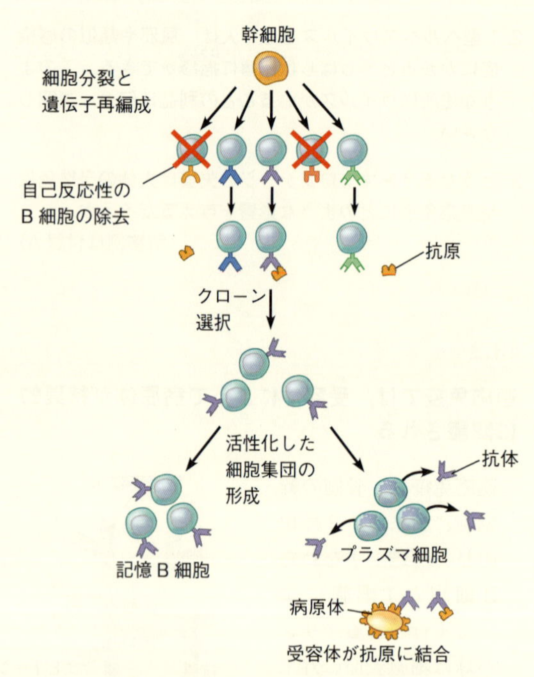
幹細胞
細胞分裂と
遺伝子再編成
自己反応性の
B細胞の除去
抗原
クローン
選択
活性化した
細胞集団の
形成
抗体
記憶B細胞
プラズマ細胞
病原体
受容体が抗原に結合

? なぜ適応免疫は最初の感染時に自然免疫よりもゆっくりと反応するのか．

43.3

適応免疫には，体液性と細胞性の防御機構がある

- **ヘルパーT細胞**は，樹状細胞，マクロファージ，B細胞などの**抗原提示細胞**上に，クラスII MHC分子を介して提示された抗原断片と結合する．活性化されたヘルパーT細胞は，他のリンパ球を刺激するサイトカインを分泌する．**細胞性免疫反応**においては，活性化された**細胞傷害性T細胞**が感染細胞の破壊を引き起こす．**液性免疫反応**では，食作用や補体系に依存した細胞溶解を介して，抗体が抗原を除去する．
- **能動免疫**は，感染に対する反応のほか，**免疫感作**によっても確立される．**受動免疫**における抗体の他個体への注入を行うと，迅速で短期間の防御が可能になる．
- ある人間から別の人間へ移植された臓器や細胞は，免疫拒絶反応を引き起こす．組織や器官移植では，MHC分子が拒絶反応を促進する．骨髄移植されたリンパ球は，対宿主性移植片反応を誘発する可能性がある．

? 自然の感染による免疫記憶と，予防接種による免疫記憶には，本質的な差があるか．説明しなさい．

43.4

免疫系の破壊は，疾患の発症や悪化に結びつく

- 花粉症などのアレルギーでは，抗原と抗体の相互作用により，免疫細胞がヒスタミンや他の生理活性因子を放出し，血管の変化やアレルギー症状を引き起こす．自己寛容の喪失は，多発性硬化症などの**自己免疫疾患**をもたらす．先天的な免疫不全症は，自然免疫，液性免疫，細胞性免疫を損なう欠陥が原因である．AIDSはHIVによって後天的に引き起こされる免疫不全症である．
- ある種の病原体は，抗原変異，潜伏，そして免疫系への直接攻撃などにより，免疫反応を妨げる．HIV感染はT細胞を破壊し，患者を病気に罹りやすくする．がんに対する免疫反応は，主としてがんを起こすウイルスや，そのウイルスを有するがん細胞に対して作動する．

? HIVに感染するということとAIDSであるということは同じ意味か，説明しなさい．

理解度テスト

レベル1：知識／理解

1. 下記より昆虫の免疫として不適当なものを選びなさい．
   (A) 微生物殺傷化学物質の酵素による活性化
   (B) NK細胞の活性化
   (C) ヘモサイトによる食作用
   (D) 抗微生物ペプチドの産生
2. 抗原受容体もしくは抗体のどの部分にエピトープが結合するか．
   (A) 尾部
   (B) 重鎖の定常領域のみ
   (C) 結合した重鎖と軽鎖の可変領域
   (D) 軽鎖の定常領域のみ
3. エフェクターB細胞（プラズマ細胞）と細胞傷害性T細胞の反応の違いとして最も適当な説明を下記から選びなさい．
   (A) B細胞は能動免疫を付与し，細胞傷害性T細胞は受動免疫を付与する．

(B) B細胞は病原体の最初の感染に反応し，細胞傷害性T細胞はそれ以降の感染に反応する.

(C) B細胞は病原体を認識する抗体を分泌し，細胞傷害性T細胞は病原体に感染した宿主細胞を殺傷する.

(D) B細胞は細胞性免疫反応を実行し，細胞傷害性T細胞は液性免疫反応を担当する.

レベル2：応用／解析

4. 以下のうち正しくない記述はどれか.

(A) 1つの抗体は1つ以上の抗原結合部位をもつ

(B) 1つのリンパ球は複数の異なる抗原に対する受容体をもつ

(C) 1つの抗原は異なるエピトープをもち得る

(D) 1つの肝臓または筋肉細胞は1種類のMHC分子を産生する

5. 一卵性双生児において同一なものを下記から選びなさい.

(A) 産生される抗体の総体

(B) 産生されるMHC分子の総体

(C) 産生されるT細胞受容体の総体

(D) 自己反応性として除去される免疫細胞の総体

レベル3：統合／評価

6. 予防接種は以下のどの数を増やすか.

(A) 1つの病原体を認識する異なる受容体の数

(B) その病原体に結合する受容体をもつリンパ球の数

(C) 免疫系が認識するエピトープの数

(D) 1つの抗原を提示するMHC分子の数

7. 下記のうちどれが，適応免疫反応の活性化を回避するウイルスの手段として不適当か.

(A) 表面タンパク質の遺伝子に頻繁に変異を入れる

(B) MHC分子をほとんど発現しない細胞に感染する

(C) 他のウイルスのタンパク質に酷似したタンパク質を産生する

(D) ヘルパーT細胞に感染して，殺傷する

8. **描いてみよう**　鉛筆のような形をした2つのエピトープ（「消しゴム」側をY，「尖った」側をZとする）をもつタンパク質を考えなさい．これらエピトープは，それぞれ抗体A1とA2によって認識される．マクロファージの食作用を促進するために，抗体がこの抗原を連結して複合体にする様子を図に描き，それぞれの部位を図に記入しなさい.

9. **関連性を考えよう**　獲得形質の遺伝を説いたラマルク説と，リンパ球のクローン選択説の違いを示しなさい（22.1節参照）.

10. **進化との関連**　無脊椎動物の防御系を1つ挙げ，それが脊椎動物でどのように適応進化してきたかを考察しなさい.

11. **科学的研究**　敗血症の主要な原因は，血液中の細菌からのリポ多糖（LPS）の存在である．精製されたLPSおよびいくつかの系統のマウスが利用可能であると仮定する．これらのマウス系統は，特定のTLR遺伝子を不活性化する突然変異を有している．TLRシグナル伝達を遮断する薬剤による敗血症性ショック治療法の検証するために，これらのマウスをどのように使用したらよいだろうか.

12. **テーマに関する小論文：情報**　すべての核をもつ体細胞の中で，B細胞とT細胞のみが分化や成熟過程でDNAを一部失う．このDNA喪失と生命情報遺伝物質としてのDNAの本質との関係について，細胞や組織の生成との類似性に焦点を当てつつ，300〜450字で記述しなさい.

13. **知識の統合**

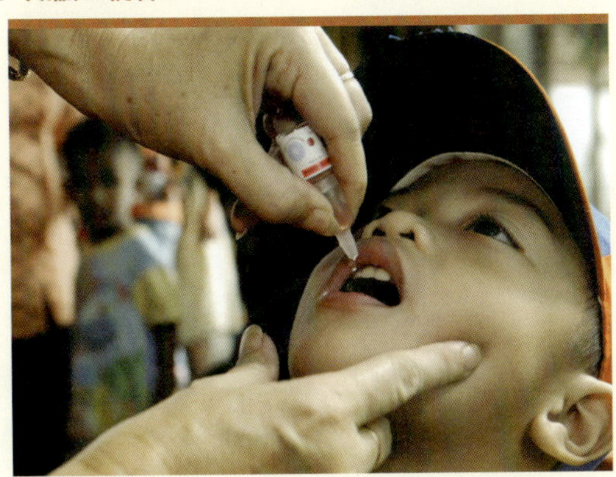

この写真は，ニューロンに感染するウイルスがもたらす疾患，ポリオに対する経口ワクチンを受けている子どもを示している．体内で大半のニューロンを容易に置き換えることができないことを考えたとき，ポリオワクチンが細胞性反応だけでなく液性反応も刺激することが重要な理由を答えなさい.

（一部の解答例は付録A）

浸透圧調節と排出
44

▲図 44.1　アホウドリはなぜ海水を飲んでも悪影響を受けないのか．

浸透圧調節と排出

重要概念

44.1 浸透圧調節は水と溶質の取り込みと喪失の平衡を保つ

44.2 動物の含窒素老廃物は動物の系統と生息場所を反映する

44.3 多様な排出系は細管構造が変形したものである

44.4 ネフロン（腎単位）は血液の濾液を段階的に処理する

44.5 ホルモン回路は腎機能と水平衡，血圧を結びつける

平衡作用

3.5 m というワタリアホウドリ *Diomedea exulans* の翼長は，現存する鳥類の中で最大である．しかしながら，アホウドリが注目を集めたのはその大きさだけではない．この大きな鳥は年中昼夜海上にとどまり，繁殖のためだけに陸に戻る．ヒトは海水しか飲めないと脱水により死んでしまうが，同じ状況に直面してもアホウドリは生存できる（図 44.1）．

ヒトもアホウドリも，組織の液性バランスを維持するためには，水や溶質の濃度をかなり狭い範囲に維持することが求められる．加えて，ナトリウムやカルシウムなどのイオンは，筋肉や神経，その他の細胞の正常な活動が可能な濃度に維持しなければならない．ホメオスタシスを維持するためには**浸透圧調節 osmoregulation** が必要であり，浸透圧調節とは動物が溶質の濃度や，水の獲得と喪失のバランスを調節するプロセスのことである．

水と溶質の調節には進化の過程で多くの機構が生じてきており，動物が生息する環境からもたらされるさまざまな，そしてしばしば過酷な，浸透圧調節にかかわる課題を反映している．たとえば，砂漠の乾燥した環境に生息する動物は，急速に体から水を失いかねない．アホウドリや他の海産動物も同様である．このような脱水を伴う環境で生存するためには，体内に水を保持すること，そして海生の鳥類や魚類にとっては過剰な塩類を除去することにも依存している．淡水生の動物は異なる課題に直面する．すなわち，塩分の薄い環境は体液を薄めてしまうおそれがある．これらの生物は溶質を保持し，環境から塩類を吸収することにより生存する．

体内の液性環境を守るためには，動物はアンモニアにも対処しなければならない．アンモニアは，主としてタンパク質や核酸といった「含窒

素分子」の分解により生成される有害な代謝産物である．含窒素代謝産物や他の代謝老廃物を体から取り除くためのいくつかの機構，すなわち**排出 excretion** とよばれるプロセスが進化してきた．多くの動物において，排出と浸透圧調節のしくみは構造的，機能的に関連があるため，本章ではこれら両方のしくみを考える．

44.1

浸透圧調節は水と溶質の取り込みと喪失の平衡を保つ

体温調節が熱の喪失と獲得（40.3 節参照）の平衡を保つことに依存しているように，体液の化学成分を調節することは水と溶質の取り込みと喪失の平衡を保つことに依存している．もし水の取り込みが過剰であると，動物の細胞は膨潤，破裂し，もし多くの水を喪失すると細胞は縮んで死ぬ．突きつめれば，動物でも他の生物でも，水と溶質の移動のための駆動力は，細胞膜を介した1つあるいは複数の溶質の濃度勾配である．

浸透とモル浸透圧濃度

総溶質濃度の異なる2つの溶液が膜によって隔てられているとき，水は浸透作用によって細胞を出入りする（図 44.2）．溶質濃度の測定のための単位が**モル浸透圧濃度 osmolarity** であり，溶液リットルあたりの溶質のモル数を表す．ヒト血液のモル浸透圧濃度は約 300 mOsm/L（1 L あたりのミリオスモル）で，海水は約 1000 mOsm/L である．

2つの溶液が同じモル浸透圧濃度であれば，それらは「等浸透圧性」であるという．もし選択的透過性をもつ膜がこれらの溶液を隔てている場合，水分子は両方向に同じ割合で継続的に膜を通過する．それゆえ，等浸透圧の溶液間に浸透作用による正味の水の移動はない．2つの溶液のモル浸透圧濃度が異なるとき，高濃度の溶質をもつ溶液を「高浸透圧性」とよび，より希釈された溶液を「低浸透圧性」という．水は浸透作用によって低浸透圧性溶液から高浸透圧性溶液に向かって流れ，その結果として溶質と自由水の濃度差が減少する（図 44.2 参照）．

本章では，「等張」「低張」「高張」という用語の代わりに，モル浸透圧濃度に対して用いられる「等浸透圧性」「低浸透圧性」「高浸透圧性」という用語を用いる．前者の用語は，既知の溶質濃度の溶液中で，動物の細胞が膨潤あるいは縮むといった応答をすることに対して用いられる．

浸透圧調節に関する課題とメカニズム

動物は2通りの方法で水の平衡を維持することが可能である．1つは**浸透圧順応型動物 osmoconformer** で，周囲と等浸透圧性である．すべての浸透圧順応型動物は海産動物である．浸透圧順応型動物の体内モル浸透圧濃度は環境と同じであるため，水を獲得あるいは喪失する性質は存在しない．多くの浸透圧順応型動物は安定した構成成分をもつ水中に生息し，それゆえ一定の体内モル浸透圧濃度を保つ．

水バランスを維持する2つ目の方法は，**浸透圧調節型動物 osmoregulator** で体内の浸透圧を外部環境とは独立に調節することである．浸透圧調節は，浸透圧順応型動物なら生息できない淡水や陸上といった場所での生息や，海水と淡水という環境の間の移動を可能にした（図 44.3）．

低浸透圧環境において，浸透圧調節型動物は過剰となる水を排出しなければならない．高浸透圧環境では，浸透作用による水の喪失を補うために水を取り込まなければならない．浸透圧調節は，多くの海産動物が，海水とは異なるモル浸透圧濃度に体内を維持すること

▼図 44.2　溶質の濃度と浸透作用．

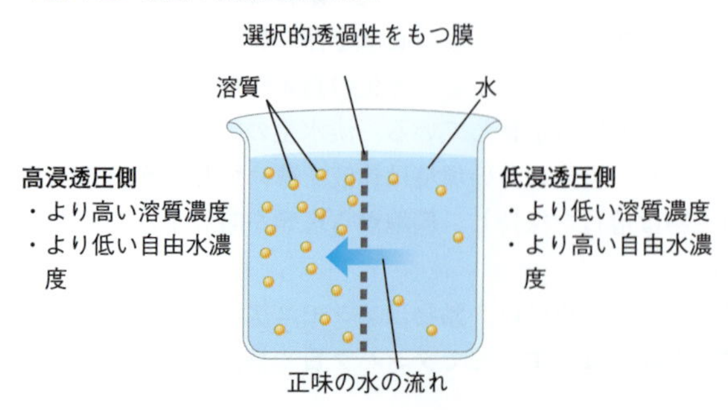
選択的透過性をもつ膜
溶質
水
高浸透圧側
・より高い溶質濃度
・より低い自由水濃度
低浸透圧側
・より低い溶質濃度
・より高い自由水濃度
正味の水の流れ

▼図 44.3　海洋と淡水環境を回遊する浸透圧調節型動物，ベニザケ *Oncorhynchus nerka*.

を可能にする．

浸透圧順応型動物であっても浸透圧調節型動物であっても，大部分の動物は外界の大きなモル浸透圧濃度の変化には耐えられず，「狭塩性」といわれる．これに対して，「広塩性」動物は，外界のモル浸透圧濃度が大きく変動しても生存可能である．広塩性の浸透圧順応型動物は河口に生息するフジツボやイガイなどであり，淡水と海水に交互にさらされる．広塩性の浸透圧調節型動物には，ストライプドバスやさまざまな種類のサケが含まれる（図 44.3 参照）．

次に，海産，淡水生および陸生動物で進化してきた，浸透圧調節に関する適応の例について見ていくことにする．

海 産 動 物

大部分の海産無脊椎動物は，浸透圧順応型動物である．その体内のモル浸透圧濃度は海水と同じである．それゆえ，彼らは水の平衡を保つことにおいて深刻な問題を抱えていない．しかしながら，これらの動物は特定の溶質を能動的に輸送しており，そのことにより血リンパ（循環液）中の濃度を海水とは異なるものとして確立している．たとえば，アトランティックロブスター *Homarus americanus* はホメオスタシス維持機構によってマグネシウムイオン（Mg^{2+}）濃度を 9 mM（ミリモル，10^{-3} mol/L）以下に維持しており，これは生息環境中の Mg^{2+} 濃度である 50 mM と比べてかなり低い．

海産の脊椎動物では，強力に脱水を引き起こす環境への対処として，2 つの浸透圧調節戦略を進化させた．その 1 つが，条鰭類と肉鰭類を含む海産の「硬骨魚類」に見られるものであり，もう 1 つが海産のサメ類を含むほとんどの軟骨魚類に見られるものである（34.3 節参照）*1．

図 44.4 a に示すタラや他の海産硬骨魚は，浸透作用によってたえず水を喪失する．このような魚類は，多量の海水を飲むことによって水喪失のバランスを取っている．海水の摂取により過剰となる塩類は，鰓や腎臓を通して除去される．

すでに言及したように，浸透圧調節はしばしば尿素のような含窒素老廃物の除去と関連する．高濃度の尿素はタンパク質を変性させ，細胞機能を阻害するため，尿素の除去は重要である．しかしながら，サメは体内に高濃度の尿素を保持している．なぜ尿素はこれらの動物で毒性をもたないのだろうか．その答えは，サメの組織で産生される有機分子であるトリメチルアミンオキシド（trimethylamine oxide：TMAO）にある．TMAO は尿素による変性作用からタンパク質を保護する．

TMAO はサメ類において，浸透圧調節というもう 1 つの機能をもつ．硬骨魚類と同様，サメは海水よりも低い体内の塩濃度をもつ．それゆえ，塩類が環境水から体内に，特に鰓を通して拡散する傾向がある．しかしながら，TMAO と塩類，尿素，その他の成分の組み合わせにより，サメの組織内の溶質濃度は 1000 mOsm/L よりもやや高い．そのため，水が浸透作用や食物（サメは飲水しない）によってサメの体内に少しずつ入る．

このサメの体内へのわずかな水の流入は，腎臓で生成される尿として処理される．尿はサメ類の体に拡散により流入するいくらかの塩類も除去する．その他は，糞として，あるいは特殊化した腺器官から分泌される．

淡水生動物

淡水生動物の浸透圧調節の問題は，海産動物とは正

＊1（訳注）：肉鰭類のシーラカンスは硬骨魚類ではあるが，軟骨魚類と同様の浸透圧調節を行う．

▼図 44.4 海生ならびに淡水生硬骨魚類の浸透圧調節：その比較．

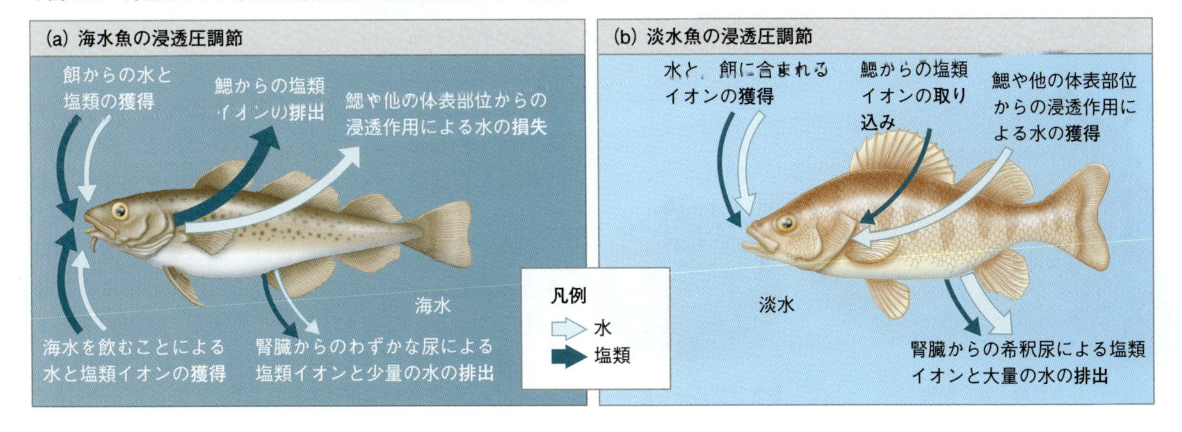
(a) 海水魚の浸透圧調節
餌からの水と
塩類の獲得
鰓からの塩類
イオンの排出
鰓や他の体表部位からの
浸透作用による水の損失
海水
海水を飲むことによる
水と塩類イオンの獲得
腎臓からのわずかな尿による
塩類イオンと少量の水の排出
凡例
水
塩類
(b) 淡水魚の浸透圧調節
水と，餌に含まれる
イオンの獲得
鰓からの塩類
イオンの取り
込み
鰓や他の体表部位
からの浸透作用に
よる水の獲得
淡水
腎臓からの希釈尿による塩類
イオンと大量の水の排出

反対である．動物の細胞は，湖や川の水のような低い塩濃度には耐えられないため，淡水生動物の体液は環境よりも高浸透圧性のはずである．淡水生動物は周囲よりも高い体内のモル浸透圧濃度をもつため，浸透作用によって水を獲得してしまうという問題を抱えている．図 44.4 b のパーチのような硬骨魚類を含む多くの淡水生動物は，水の平衡を保つために，ほとんど飲水をせず，非常に希釈した尿を大量に排出する．加えて，拡散や尿から失われる塩類は，食物や鰓からの取り込みによって補っている．

海水と淡水の間を回遊するサケや他の広塩性魚類は，浸透圧調節の状態を劇的に変化させる．河川で生活している間は，サケは他の淡水魚のように希釈した尿を大量につくり，鰓を通して塩濃度の低い環境から塩類を吸収する．海洋に移動すると，サケはその環境に適応する（40.2 節参照）．ステロイドホルモンであるコルチゾルをより多く生成し，特殊化した塩類排出細胞の数と大きさを増加させる．これらのことを含むさまざまな生理学的変化の結果として，海水中のサケは，一生を海水で過ごす硬骨魚類のごとく，過剰な塩類を鰓から排出し，ごく少量の尿をつくるようになる．

一時的な水環境で生活する動物

極度の脱水あるいは「乾燥」は，ほとんどの動物にとって致死的である．しかしながら，一時的にできる水溜まりや土壌粒子についた水の膜に生息するような数種の水生無脊椎動物は，体内の水分のほとんどすべてを失っても生存できる．これらの動物は，生息地が干上がるときには休眠状態に入る．この適応は，**無水生活様式 anhydrobiosis**（「水なしでの生活」）とよばれる．最も顕著な例は，体長が 1 mm 以下の微小な無脊椎動物である緩歩（かんぽ）動物のクマムシ類である（図 44.5）．活動的な水和状態では，この動物は体重の約85％の水分を含むが，2％以下まで脱水可能で，埃のように乾燥した非活動状態で 10 年以上も生存できる．水を加えるだけで数時間以内に再水和し，クマムシは動き回って摂食する．

▼図 44.5　**無水生活様式.** 一時的にできる水溜まりや，土壌や湿った植物についた水滴に生息する緩歩動物（SEM 像）．

50 μm
水和状態の緩歩動物
脱水状態の緩歩動物

無水生活様式の動物は，乾燥状態でも細胞膜を無傷に保つ適応が要求される．どのようにして緩歩動物が乾燥状態でも生存できるのかについては，まだ調べ始められたばかりだが，無水生活様式の線虫（線形動物門；33.4 節参照）での研究は，脱水された個体が多量の糖類を含むことを示している．特に，トレハロースとよばれる二糖が，膜脂質とタンパク質に結びつく水と置換することによって細胞を保護すると考えられている．冬季に凍結状態で生存する多くの昆虫類も，乾燥に耐える植物たちと同様に，膜保護剤としてトレハロースを利用する．

近年，無水生活様式の研究から学んだことを，科学者は生体物質の保存に応用し始めている．従来，タンパク質や DNA，細胞といったサンプルは超低温フリーザー（−80 ℃）に保存され，多くのエネルギーとスペースを消費してきた．しかし現在では，無水生活様式の生物から発見された保護物質をモデルにしてつくられた物質により，上記のようなサンプルが小型の入れ物の中で室温状態で保管できるようになってきた．

陸生動物

乾燥の脅威は，陸生の植物や動物にとって，さまざまな制約の中でも最も問題になることである．水の喪失を減らす適応が，陸上で生活するためには重要である．ロウ質のクチクラが陸上植物の繁栄に貢献しているように，ほとんどの陸生動物の体を覆う外皮は，脱水を防ぐことに役立っている．実例は昆虫の外骨格のロウ質層，陸生巻貝類の殻，ヒトを含む大部分の陸生脊椎動物を覆う角化した皮膚細胞である．多くの陸生動物，特に砂漠に生活する動物は夜行性である．これは，夜間の低い気温と高い湿度を利用して，蒸発による水の喪失を減らしている．

これらの適応にもかかわらず，大部分の陸生動物は尿，糞便，皮膚やガス交換器官の表面から水を喪失する．陸上動物は，飲水や湿った食物の摂取，細胞呼吸で生成した代謝水の利用によって，水の平衡を維持している．

砂漠に生息する多くの動物は，飲水なしに長い期間生きられるように，水喪失が最小限度になるような適応をしている．たとえばラクダの場合，体温の 7 ℃上昇に耐え，発汗による水の喪失量を顕著に抑制する．さらに，ラクダは体内の水の 25％を失っても生存で

科学スキル演習

定量データの記述と解釈

砂漠に生息するネズミはどのように浸透圧のホメオスタシスを維持するのか サンディアイランドマウス *Pseudomys hermannsburgensis* はオーストラリアの砂漠に生息する哺乳類で，水を飲まずに乾燥した種子により生存することができる．この動物の乾燥環境への適応を調べるため，研究者は飲み水を制限した研究室環境で実験を行った．この演習では，その実験からのいくつかのデータを解析してみよう．

実験方法 9匹のネズミを，環境が調節された実験室において，小鳥用の粒餌（重量比で10%の水を含む）を与えて飼育した．実験Aではネズミはいつでも水道水を飲める環境で，実験Bでは彼らの自然環境と同様，35日間まったく水を与えなかった．実験終了時には，血液と尿のモル浸透圧濃度ならびに尿素濃度を測定した．また，週に3回体重を測定した．

実験データ

水へのアクセス	平均モル浸透圧濃度 (mOsm/L)		平均尿素濃度 (mM)	
	尿	血液	尿	血液
実験A：無制限	490	350	330	7.6
実験B：なし	4700	320	2700	11

実験Aでは，ネズミは毎日体重の約33%の水を飲んだ．実験期間中の体重の変化はいずれのネズミでも無視できる程度であった．

データの解釈

1. 以下の項目について，水を自由に与えた群と水を与えなかった群の間でデータがどのように異なるのか，文章で記述しなさい．
   (a) 尿のモル浸透圧濃度
   (b) 血液のモル浸透圧濃度
   (c) 尿中の尿素濃度
   (d) 血液中の尿素濃度
   (e) このデータセットはホメオスタシス制御に関する証拠を提供するか．説明しなさい．
2.
   (a) 水を自由に与えたネズミにおいて，血液のモル浸透圧濃度に対する尿のモル浸透圧濃度の比を計算しなさい．
   (b) 上記の比を，水を与えなかったネズミについて計算しなさい．
   (c) これらの比から，どのような結論を導き出すか．
3. もしこれらの2つの条件でつくられる尿量に違いがあるとすると，2における計算にどのように影響するか．説明しなさい．

データの出典 R. E. MacMillen et al., Water economy and energy metabolism of the sandy inland mouse, *Leggadina hermannsburgensis*, *Journal of Mammalogy* 53:529-539 (1972).

きる（これに対して，ヒトはこの量の半分を失った場合でも心不全により死亡するだろう）．**科学スキル演習**では，砂漠に生息する別の種であるサンディアイランドマウスにおける水の平衡について学ぶ．

浸透圧調節のエネルギー論

動物の体内と外環境との間の浸透圧差を維持することは，エネルギーコストを伴う．拡散は濃度を等しくする方向に働くため，浸透圧調節型動物は，水の出入りを引き起こすような浸透圧勾配を維持しようとすると，エネルギーを消費しなければならない．彼らは，体液中の溶質濃度を調節するために能動輸送を利用する．

浸透圧調節に要するエネルギーは，動物のモル浸透圧濃度と外界との違いの程度，動物の体表を通じての水と溶質の動きやすさ，および膜を通して溶質を取り込むあるいは汲み出すための仕事量に依存する．浸透圧調節は，多くの魚類の休息時代謝率の5%あるいはそれ以上を占める．きわめて高い塩濃度の湖に生息する小型甲殻類のブラインシュリンプにとって，体内外の浸透圧勾配は非常に大きく，浸透圧調節に要するエネルギーは休息時代謝率の30%と非常に高い．

動物が水と塩類の平衡を維持するためのエネルギーコストは，生息環境の塩濃度に体液を近づけていくことで抑えられる．それゆえ，淡水（0.5〜15 mOsm/L）に生息する大部分の動物の体液は，海水（1000 mOsm/L）に生息する近縁種の体液よりも溶質濃度が低い．たとえば，海産軟体動物の体液が約1000 mOsm/Lの溶質濃度であるのに対して，ある種の淡水生軟体動物の体液モル浸透圧濃度は，わずか40 mOsm/Lである．それぞれ，体液と外環境の間の浸透圧差を最小限にすることで，浸透圧調節に費やすエネルギーコストを減らしている．

浸透圧調節における輸送上皮

浸透圧調節の最終的な機能は細胞の溶質濃度を調節することにあるが，大部分の動物は，細胞が浸っている体液の溶質量を制御することによって，間接的に調節している．開放循環系をもつ昆虫類や他の動物では，細胞を取り巻く体液は血リンパである．閉鎖循環系をもつ脊椎動物や他の動物では，細胞は，血液によって間接的に溶質成分が制御される間質液中に浸っている．これらの体液成分の維持は，溶質の移動を調節する個々の細胞から，脊椎動物の腎臓のような複雑な器官まで，種々の構造物に依存している．

大部分の動物では，浸透圧調節と代謝老廃物除去は**輸送上皮 transport epithelium** に依存している．輸送上皮は1層または数層の特化した上皮細胞からなり，特定の溶質を特定の方向に，調節された量だけ移動させる．一般的には，輸送上皮は広大な表面積をもつ細管網として存在する．輸送上皮のあるものは外部環境に直接面しており，あるものは体表に開口することで外部につながる管を裏打ちしている．

アホウドリや他の海生鳥類が洋上で生存することを可能にする輸送上皮は長年発見されなかった．この疑問を探るため，研究者は飼育下の海生鳥類が海水だけを飲めるようにした．鳥の尿にはごく少量の塩が出てきたのみであったが，くちばしの先から滴り落ちる溶液が塩（NaCl）を濃縮した液であることを見出した．この溶液の起源は輸送上皮が詰まった1対の鼻塩類腺であった（図 44.6）．ウミガメやウミイグアナにも存在する塩類腺は，イオンの能動輸送によって海水よりも塩分の濃い液を分泌する．海水の飲水によって多量の塩類を摂取しても，海生の脊椎動物は塩類腺によって最終的に水を得ることができる．反対に，ヒトが海水を飲んだ場合，入ってきた塩類を排出するためには飲水によって得られた以上の量の水を使用しなければならず，結果として脱水されてしまう．

水平衡の維持に働く輸送上皮は，しばしば代謝老廃物の処理にも働く．次節では，ミミズや昆虫の排泄系や脊椎動物の腎臓において，水平衡の維持と老廃物処理の協調作用を見ていくことにする．

▼図 44.6　**海鳥の鼻腺における塩の分泌．** 輸送上皮が塩を血液から分泌細管へと移動させ，分泌された塩は鼻孔につながる中心管へと流れ込む．

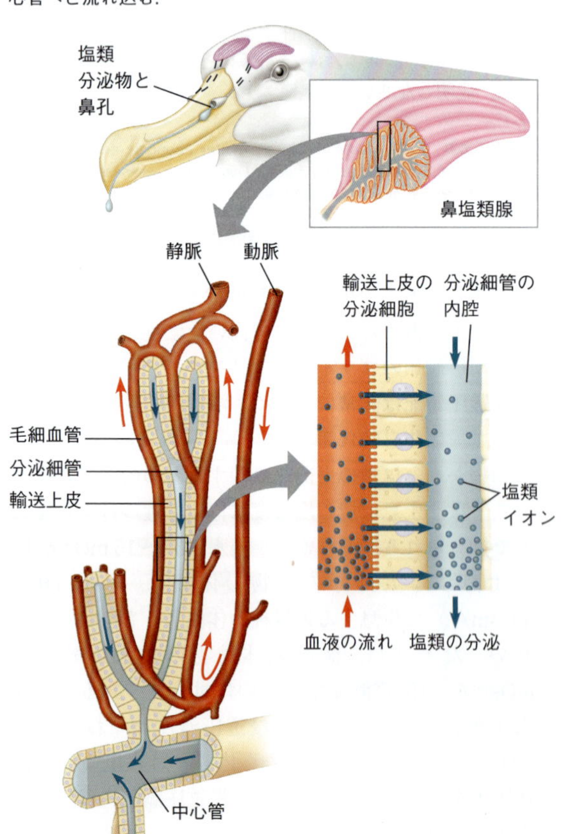

塩類
分泌物と
鼻孔
鼻塩類腺
静脈
動脈
輸送上皮の
分泌細胞
分泌細管の
内腔
毛細血管
分泌細管
輸送上皮
塩類
イオン
血液の流れ
塩類の分泌
中心管

概念のチェック 44.1

1. 周囲の水分から淡水魚の血液への塩類の移動は，ATP の形でエネルギーを要する．それはなぜか．
2. 浸透圧順応型の淡水生動物がいないのはなぜか．
3. どうなる？➤研究者は，毛を刈られたラクダが日なたにいた場合，刈られていないラクダと比べて，体温が同じであるのに，より多くの水分を必要とすることを見出した．浸透圧調節と毛による断熱との間の関連を，どのように結論づけられるか．

（解答例は付録 A）

44.2

動物の含窒素老廃物は動物の系統と生息場所を反映する

大部分の代謝老廃物は，体から除去されるときに水に溶けていなければならないので，老廃物の種類と量は，動物の水平衡の維持に大きな影響を及ぼす．この点において，最も重要な老廃物のうちのいくつかは，タンパク質と核酸の含窒素分解産物である．タンパク質や核酸がエネルギー獲得のために分解されたり，炭水化物や脂肪に置換するときに，酵素は窒素を**アンモニア ammonia**（NH_3）の形で除去する．アンモニウムイオン（NH_4^+）が酸化的リン酸化を妨げることもあり，アンモニアは非常に毒性が強い．アンモニアを直接排出する動物もいるが，多くの種はエネルギーを使ってアンモニアを毒性が少ない別の化合物に変えてから排出する．

含窒素老廃物の種類

動物は，アンモニア，尿素，あるいは尿酸として含窒素老廃物を排出する（図 44.7）．これらの異なる分子種は，毒性と生成のためのエネルギーコストが異なる．

アンモニア

アンモニアは毒性が強いため，ごく低濃度しか許容できず，アンモニアを排出する動物は多量の水の利用を必要とする．そのために，アンモニア排出は水生動物で最も一般的である．アンモニア分子はアンモニウムイオンとの間で相互変換され，可溶性が非常に高いため，膜を容易に通過し，環境水に拡散によって容易に排出される[*2]．多くの無脊椎動物では，アンモニア排出は体の表面全体で起こる．

▼図 44.7 動物間での含窒素老廃物の多様性．

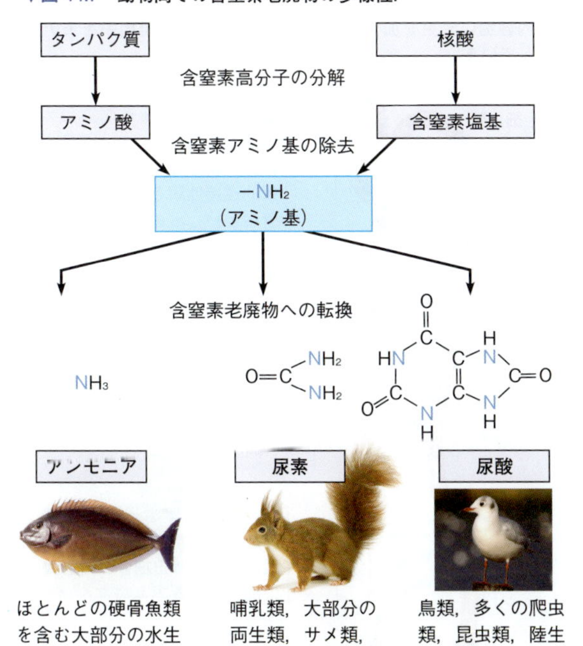
タンパク質
核酸
含窒素高分子の分解
アミノ酸
含窒素塩基
含窒素アミノ基の除去
−NH₂
（アミノ基）
含窒素老廃物への転換
NH₃
アンモニア
尿素
尿酸
ほとんどの硬骨魚類を含む大部分の水生動物
哺乳類，大部分の両生類，サメ類，ある種の硬骨魚類
鳥類，多くの爬虫類，昆虫類，陸生の巻貝類

＊2（訳注）：近年，Rh 糖タンパク質がアンモニア輸送体であり，鰓でのアンモニア排出にかかわることが明らかになっている．

尿　素

多くの水生動物ではアンモニア排出がうまく機能するが，陸生動物にはほとんど適さない．アンモニアは非常に毒性が強いので，多量の非常に薄い溶液としてのみ，安全な輸送と体外への排出が可能である．大部分の陸生動物と多くの海産動物にとって，日常的にアンモニア排出のために十分な水を利用することは，単純に困難である．その代わりとして，そのような動物は主として別の含窒素老廃物である**尿素 urea** を排出する．脊椎動物において尿素は，エネルギーを消費する肝臓の代謝回路により生成され，アンモニアに二酸化炭素が結合した物質である．

含窒素老廃物の排出において尿素のおもな利点は，非常に低い毒性にある．尿素のおもな不利な点は，そのエネルギーコストである．動物がアンモニアから尿素を生成するためにはエネルギーを必要とする．生体エネルギー論的な観点から，水中と陸上の両方で生活の一部を過ごす動物は，アンモニア（それによってエネルギーを節約）と尿素（排出による水喪失を減少）の排出を切り替えることが想定される．実際に，多くの両生類は水生のオタマジャクシであるときは主としてアンモニアを排出し，陸上生活する成体では主として尿素排出に切り替える．

尿　酸

昆虫類や陸生巻貝類，鳥類や多くの爬虫類は，おもな含窒素老廃物として**尿酸 uric acid** を排出する（鳥の糞あるいは「鳥糞石」は白い尿酸と茶色の糞の混合物である）．尿酸は比較的無毒で，水にきわめて溶けにくい．それゆえ，尿酸は半固形物として非常に少量の水喪失を伴うだけで排出される．しかしながら，尿酸は尿素よりも生成に要するエネルギー量が大きく，アンモニアからの合成に ATP をかなり必要とする．

主要な尿酸生産者ではないが，ヒトやある種の他の動物も代謝により少量の尿酸を生じる．このプロセスに影響を与えるような病気は，代謝産物が不溶性であることによる問題を引き起こす．たとえば，遺伝的欠陥により，ダルメシアン犬は膀胱（ぼうこう）に尿酸の結石ができやすくなる．ヒトでは，成人男性は尿酸結晶の沈着が原因となる，痛みを伴う関節炎である「痛風」を特に起こしやすい．ある種の恐竜も同様に影響を受けていたらしい．ティラノサウルス *Tyrannosaurus rex* の骨の化石が痛風に特徴的な関節の損傷を示している．

含窒素老廃物に対する進化と環境の影響

進化 自然選択の結果，産生される含窒素老廃物の種類と量は，動物が生息する環境と合致している．生息場所において鍵となる1つの要因は，どの程度水が利用できるかである．たとえば，陸生のカメ類（しばしば乾燥地域に生息している）はおもに尿酸を排出するが，水生のカメ類は尿素とアンモニアの両方を排出する．

ある場合には，動物の卵が接する環境が，排出される含窒素老廃物の種類と関係する．殻をもたない両生類の卵では，アンモニアや尿素を卵から単純に拡散させられる．同様に，哺乳類の胚が産生する可溶性の老廃物は母親の血液によって除去できる．しかし，鳥類や爬虫類では，卵は殻に包まれ，ガスを透過するが液体は通過しない．結果として，胚が可溶性の含窒素老廃物を放出すると卵殻内に溜め込まれ，危険なレベルまで蓄積する．このため爬虫類では，不溶性の老廃産物として尿酸を用いることが，選択的に有利である．無害な固体として尿酸を卵殻内に溜めておき，孵化（ふか）するときにそのまま置き去りにできる．

含窒素老廃物の種類にかかわらず，生成される老廃物の量は動物が使用するエネルギー量と関連している．内温動物はエネルギーを高い比率で用いるので，食物を多く摂取し，外温動物よりも含窒素老廃物を多く生成する．含窒素老廃物の量は，食物とも関連している．タンパク質からエネルギーの多くを獲得する肉食動物は，エネルギー源を主として炭水化物や脂肪に依存する動物よりも多量の含窒素老廃物を排出する．

ここまで含窒素老廃物の種類と生息域やエネルギー消費との関連を見てきたが，次に老廃物を排出するために動物が用いるプロセスを見ていくことにする．

概念のチェック 44.2

1. 乾燥した環境において，尿酸が含窒素老廃物として有利な点は何か．
2. どうなる？➤鳥とヒトがともに痛風をもつと仮定する．食物からプリン体を減らすことが，鳥よりもヒトで助けになるであろうことはなぜか．

（解答例は付録A）

44.3

多様な排出系は細管構造が変形したものである

動物が陸上，塩水，淡水のいずれの環境に生息するかにかかわらず，水平衡の維持は体液と外部環境との間での溶質の移動の制御に依存している．この移動の多くは，排出系によってまかなわれている．排出系は，代謝老廃物を排出すると同時に体液の組成を調節するので，ホメオスタシスの中心的存在である．

排出過程

多岐にわたる種の動物が，図44.8に示すような基本的な数段階の過程を経て，尿とよばれる液を生成する．まず，体液（血液，体腔液や血リンパ）が輸送上皮の選択的透過膜の近傍に集められる．ほとんどの場合，静水圧（多くの動物では血圧）が**濾過**（ろか） **filtration** の過程を引き起こす．細胞，タンパク質や他の巨大分子は上皮性の膜を通過できず，体液にとどまる．対照的に，水や塩類，糖類，アミノ酸，含窒素老廃物のような小分子は膜を通過し，**濾液 filtrate** とよばれる溶

▼図44.8 **排出系の機能の重要な段階：概観．** 大部分の排出系は，体液を圧によって濾過することで濾液を生成し，次に濾液の内容物に変更を加える．この図は脊椎動物の排出系をモデルとしている．

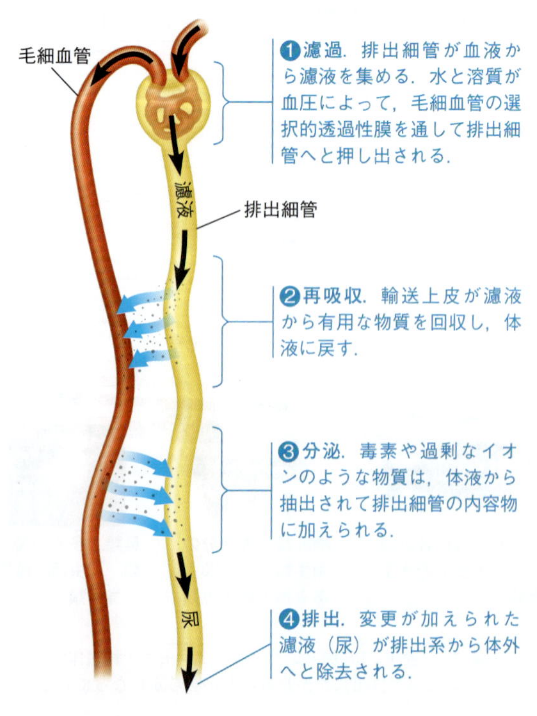
毛細血管
濾液
排出細管
尿
❶濾過．排出細管が血液から濾液を集める．水と溶質が血圧によって，毛細血管の選択的透過性膜を通して排出細管へと押し出される．
❷再吸収．輸送上皮が濾液から有用な物質を回収し，体液に戻す．
❸分泌．毒素や過剰なイオンのような物質は，体液から抽出されて排出細管の内容物に加えられる．
❹排出．変更が加えられた濾液（尿）が排出系から体外へと除去される．

液を形成する．

濾液から，あるいは濾液に向けて物質が輸送されることにより，濾液は老廃物の液へと変化する．この選択的**再吸収 reabsorption** とよばれる過程では，有用な低分子や水が濾液から回収され，体液に戻される．グルコースや特定の塩類，ビタミン，ホルモン，アミノ酸などの有用な溶質は，能動輸送により再吸収される．不要な溶質や老廃物は濾液に残されるか，能動輸送による選択的**分泌 secretion** によって濾液に加えられる．さまざまな溶質の輸送は，その次の段階として浸透作用による濾液からの水の出入りを決定することになる．最終段階として，含窒素老廃物を含む処理された濾液は，尿として体から排出される．

排出系の概観

排出機能を果たす器官系は動物群の間で大きく異なっている．しかしほとんどの場合，排出器官系は細管の複雑なネットワークにより構成され，この細管ネットワークは水や含窒素老廃物を含む溶質の交換のために広大な表面積をもたらす．ここからは，細管ネットワークの進化的な変異の例として，扁形動物，ミミズ類，昆虫，そして脊椎動物の排出系を見ていくことにする．

原腎管

図 44.9 に示した通り，体腔をもたない扁形動物（扁形動物門）は**原腎管 protonephridium**（複数形は protonephridia）とよばれる排出系をもつ．原腎管は体内への開口部を欠く盲状細管ネットワークを形成し，体中に分枝している．原腎管の枝管の先端は炎球とよばれる細胞単位に覆われている．細管細胞と帽細胞からなる個々の炎球は，細管内に突き出す繊毛の房をもつ．

濾過の過程で，繊毛の打動は水と溶質を間質液から炎球を通して集め，細管系に濾液を放出する（打動する繊毛がゆれる炎に似ているので，「炎球」の名称がある）．濾液は細管を通して運ばれ，体外への開口部から尿として捨てられる．淡水生扁形動物が排出する尿の溶質濃度は薄いため，尿の生成は環境からの水の浸透圧差による吸収と平衡を保つことに役立っている．

原腎管はワムシ類やある種の環形動物，軟体動物の幼生，ナメクジウオにもみとめられる（図 34.4 参照）．淡水生扁形動物では，原腎管はおもに浸透圧調節に機能している．ほとんどの代謝老廃物は体表面から拡散するか，または胃水管腔に排出されて口から除去される（図 33.10 参照）．対照的に，寄生性扁形動物は宿主の体液と等浸透圧性であり，原腎管の主要な役割は含窒素老廃物の除去である．このように，自然選択が，異なる環境において原腎管が異なる役割を果たすよう適応させてきた．

▼図 44.9　プラナリアの原腎管．

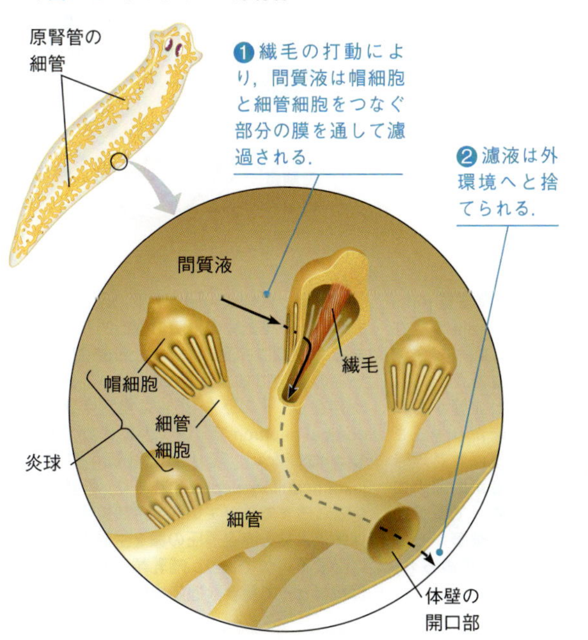
原腎管の
細管
❶繊毛の打動により，間質液は帽細胞と細管細胞をつなぐ部分の膜を通して濾過される．
❷濾液は外環境へと捨てられる．
間質液
繊毛
帽細胞
細管
細胞
炎球
細管
体壁の
開口部

後腎管

ミミズを含む大部分の環形動物は，体腔から直接体液を集める排出器官である**後腎管 metanephridium**（複数形は metanephridia）をもつ（図 44.10）．ミミズの各体節に 1 対の後腎管が存在し，後腎管は体液に

▼図 44.10　ミミズの後腎管．ミミズの各体節には，隣接した前部体節から体腔液を集める 1 対の後腎管がある．黄色く強調された部分には，1 対のうちの 1 つの後腎管の構造を示しており，もう 1 つはその裏に存在する．

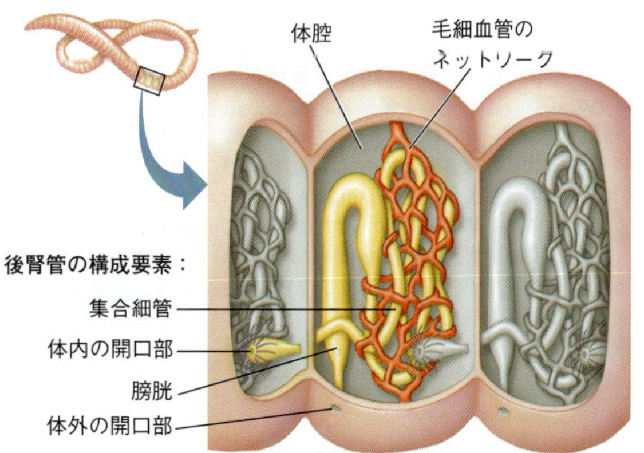
体腔
毛細血管の
ネットワーク
後腎管の構成要素：
集合細管
体内の開口部
膀胱
体外の開口部

浸されて毛細血管のネットワークに取り囲まれている．繊毛の生えた漏斗構造が，個々の後腎管の体内の開口部を取り囲んでいる．繊毛が波打つと，溶液は外部に開口する膀胱をもつ集合細管へと流れ込む．

ミミズ類は湿った土壌に生息し，通常は皮膚から浸透作用によって正味の水分吸収を行っている．ミミズ類の後腎管は，薄い尿（体液に対して低浸透圧性）を生成することによって，水の流入との平衡を保っている．低浸透圧性の濾液を生成するにあたって，輸送上皮がほとんどの溶質を再吸収し，毛細血管内の血液に戻す．一方で含窒素老廃物は細管に残され，環境中に排出される．このように，ミミズの後腎管には排出と浸透圧調節の両方の機能がある．

マルピーギ管

昆虫類や他の陸生の節足動物は，**マルピーギ管 Malpighian tubule** とよばれる器官をもち，含窒素老廃物の除去と浸透圧調節に機能する（図 44.11）．マ

▼図 44.11　**昆虫のマルピーギ管．** マルピーギ管は消化管の膨出部であり，含窒素老廃物を除去し，浸透圧調節の機能をもつ．

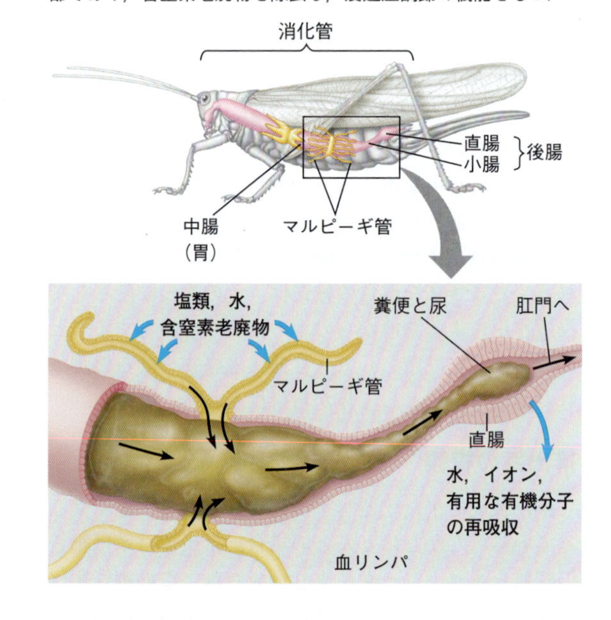
消化管
直腸
小腸
後腸
中腸
（胃）
マルピーギ管
塩類，水，
含窒素老廃物
糞便と尿
肛門へ
マルピーギ管
直腸
水，イオン，
有用な有機分子
の再吸収
血リンパ

▼図 44.12　探究　哺乳類の排出系

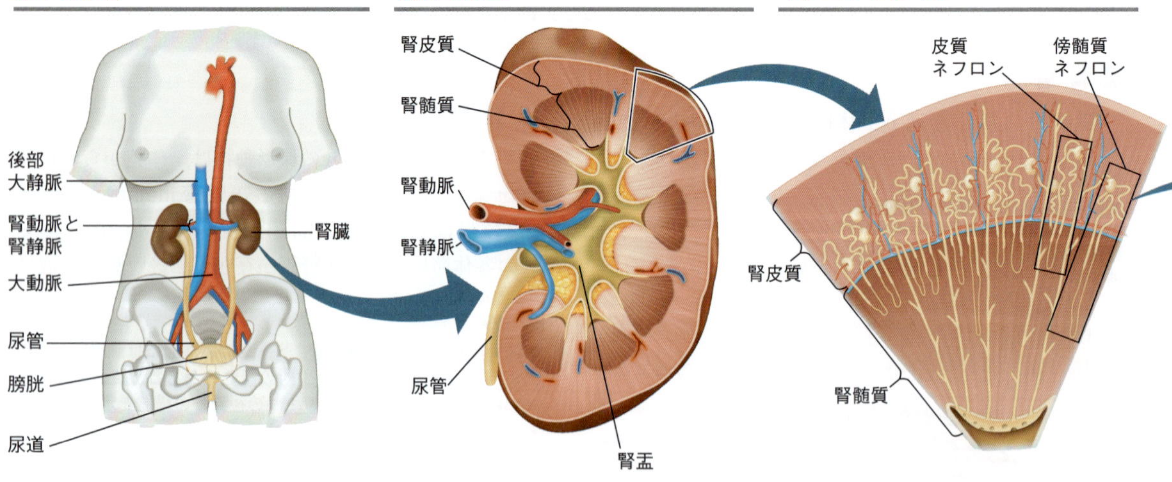
排 出 器 官
後部
大静脈
腎動脈と
腎静脈
腎臓
大動脈
尿管
膀胱
尿道
腎臓の構造
腎皮質
腎髄質
腎動脈
腎静脈
尿管
腎盂
ネフロンのタイプ
皮質
ネフロン
傍髄質
ネフロン
腎皮質
腎髄質

ヒトでは，排出器官は約 10cm 長ほどの 1 対の豆型の器官である**腎臓** kidney と，尿を輸送･貯蔵する器官からなる．左右の腎臓でつくられた尿は**尿管** ureter とよばれる導管を通って出ていき，**膀胱** urinary bladder とよばれる 1 つの嚢に集められる．排尿に伴って，尿は膀胱から**尿道** urethra とよばれる管を通って女性では腟の近くの外側に，男性では陰茎を通って放出される．膀胱と尿道の接合部近くに存在する括約筋が排尿を調節する．

それぞれの腎臓には，外側の**腎皮質** renal cortex と内側の**腎髄質** renal medulla が存在する．両部位ともに，腎動脈によって血液が供給され，腎静脈によって血液が出ていく．皮質と髄質には排出細管と血管が密に詰まっている．腎臓に入る血液から生成される濾液は，排出細管により運ばれ処理される．濾液中のほとんどの溶液が周囲の血管へと再吸収され，腎静脈を通って腎臓から出ていく．残った溶液は排出細管から尿として内側の**腎盂** renal pelvis に集められ，腎臓から膀胱へと出ていく．

腎皮質と腎髄質の間を上下に通り抜けるものが，脊椎動物の腎臓の機能的な単位である**ネフロン（腎単位）** nephron である．ヒトの腎臓にはおよそ 100 万のネフロンが存在し，そのうち 85% は**皮質ネフロン** cortical nephron で，髄質内にはわずかにしか伸びない．残りが**傍髄質ネフロン** juxtamedullary nephron であり，髄質の深いところまで伸びている．傍髄質ネフロンは体液よりも高浸透圧の尿を生成するために必要不可欠であり，哺乳類における水の保持にとって重要な適応機構である．

ルピーギ管は，血リンパに浸された盲状の先端から消化管に開く盲管である．他の排出系に共通する濾過段階は存在しない．その代わりマルピーギ管内層の輸送上皮が，含窒素老廃物を含む特定の溶質を血リンパからマルピーギ管の内腔に分泌する．水は浸透作用によって，溶質に付随してマルピーギ管に入る．

溶液が管から直腸に移動する過程で，ほとんどの溶質は血リンパに戻され，水はそれに伴って浸透作用により再吸収される．主として不溶性の尿酸である含窒素老廃物は，ほぼ乾燥した物質として糞便とともに排泄される．昆虫の排出系は非常に効率的に水を保持できる能力があり，このことは昆虫が陸上環境で見事に成功するための鍵となる適応であった．

腎　臓

脊椎動物では**腎臓 kidney** という緻密な器官が浸透圧調節と排出の両方に機能する．大部分の動物門の排出器官と同様に，腎臓は細管で構成されている．腎臓の細管は高度に構築された様式で並んでおり，毛細血管のネットワークと密接にかかわっている．腎臓の細管から，そして最終的には体から尿を排出するために，脊椎動物の排出系は管ならびに他の構造物から構成されている．

脊椎動物の腎臓は，典型的な非体節型器官である．しかしながら，無顎類（34.2 節参照）のヌタウナギ類の腎臓は体節状に並んだ排出細管をもつ．ヌタウナギと他の脊椎動物の祖先は共通の脊索動物であることから，脊椎動物の祖先の排出系が体節に分かれていたことを示唆している．

排出器官に関するこの導入部は，哺乳類の腎臓と付随する構造物の解剖の探究で終わりとする（図 44.12）．この図にある用語と図解を把握することは，本章の次節で焦点を当てる，腎臓での濾液の処理を理解するための基盤となるだろう．

ネフロンの構造

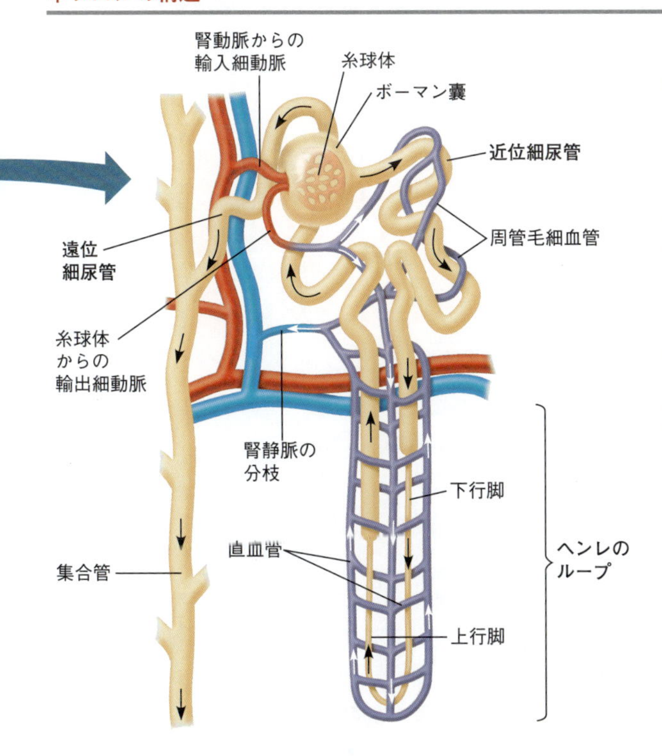

腎動脈からの
輸入細動脈
糸球体
ボーマン嚢
近位細尿管
周管毛細血管
遠位
細尿管
糸球体
からの
輸出細動脈
腎静脈の
分枝
下行脚
直血管
ヘンレの
ループ
集合管
上行脚

それぞれのネフロンは，単一の長い細管と，**糸球体 glomerulus** とよばれる毛細血管の球体からなる．細管の盲端は**ボーマン囊**（のう） **Bowman's capsule** とよばれるカップ状のふくらみを形成し，糸球体を包んでいる．濾液は，血圧によって糸球体内の血液からボーマン囊の内腔に向かって溶液が押し出されることでつくられる．濾液の処理は，濾液が 3 つのおもなネフロン部位を通過するときに起こる．すなわち，**近位細尿管 proximal tubule**，**ヘンレのループ loop of Henle**（下行脚と上行脚をもつヘアピンループ）と**遠位細尿管 distal tubule** である．**集合管 collecting duct** は，多数のネフロンから処理された濾液を受け取り，腎盂へと運ぶ．

それぞれのネフロンは「輸入細動脈」によって血液が供給される．輸入細動脈は腎動脈の側枝であり，枝分かれして糸球体の毛細血管を形成する．毛細血管は糸球体を出るときにまとまり，「輸出細動脈」を形成する．輸出細動脈は枝分かれして，近位細尿管と遠位細尿管を取り巻く**周管毛細血管 peritubular capillary** を形成する．他の血管分枝は下方に向かって伸びて，**直血管 vasa recta** を形成する．直血管はヘアピン状の毛細血管で，傍髄質ネフロンの長いヘンレのループを含む腎臓髄質に血液を供給する．

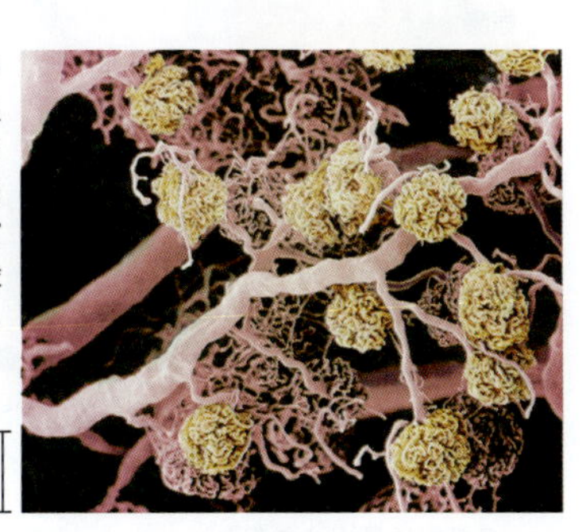

200 μm

▶ このヒト腎臓の密に詰まった血管の SEM 像では，細動脈と周管毛細血管をピンク色で，糸球体を黄色で示している．

概念のチェック 44.3

1. 扁形動物，ミミズ類，昆虫の排出系に代謝老廃物が入るための方法を比較，対比しなさい．
2. 脊椎動物の腎臓では，濾液はどこから，どのようにして由来するのか．また，どのような2つの経路によって濾液の構成成分が腎臓から出ていくのか．
3. どうなる？➤腎不全ではしばしば血液透析が行われる．ここでは，体からの血液を濾過して半透膜の片側部分に流す．透析液とよばれる液を，半透膜の別の側を逆向きに流す．この透析を機能的な腎臓における溶質の再吸収や分泌に置き換えるためには，開始時点の透析液の組成が重大な意味をもつ．どのような初期の溶質組成が適しているだろうか．

（解答例は付録A）

44.4

ネフロン（腎単位）は血液の濾液を段階的に処理する

ヒトの腎臓では，血流からボーマン嚢の内腔へと溶液が通過することにより濾液が形成される．糸球体の毛細血管とボーマン嚢の特殊化した細胞は，血球や血漿タンパク質のような大分子は通さないが，水と小分子の溶質を通す．それゆえ，ボーマン嚢で生成された濾液は塩類，グルコース，アミノ酸，ビタミン，含窒素老廃物，他の小分子を含む．これらの分子は糸球体の毛細血管からボーマン嚢へと自由に通過するため，最初の段階の濾液中におけるこれらの物質濃度は，血漿中の濃度に等しい．

正常な状態では，毎日ヒトの1対の腎臓には約1600 Lの血液が流れ，約180 Lの初期濾液が生じる．このうちの約99%の水，ほぼすべての糖，アミノ酸，ビタミン，他の有機栄養素が再吸収されて血液に戻され，約1.5 Lの尿だけが膀胱へと送られる．

▼図44.13　**ネフロンと集合管：輸送上皮の局所的な機能．** この図中の番号は，本文中の腎機能に関する考察の丸囲み数字と一致している．

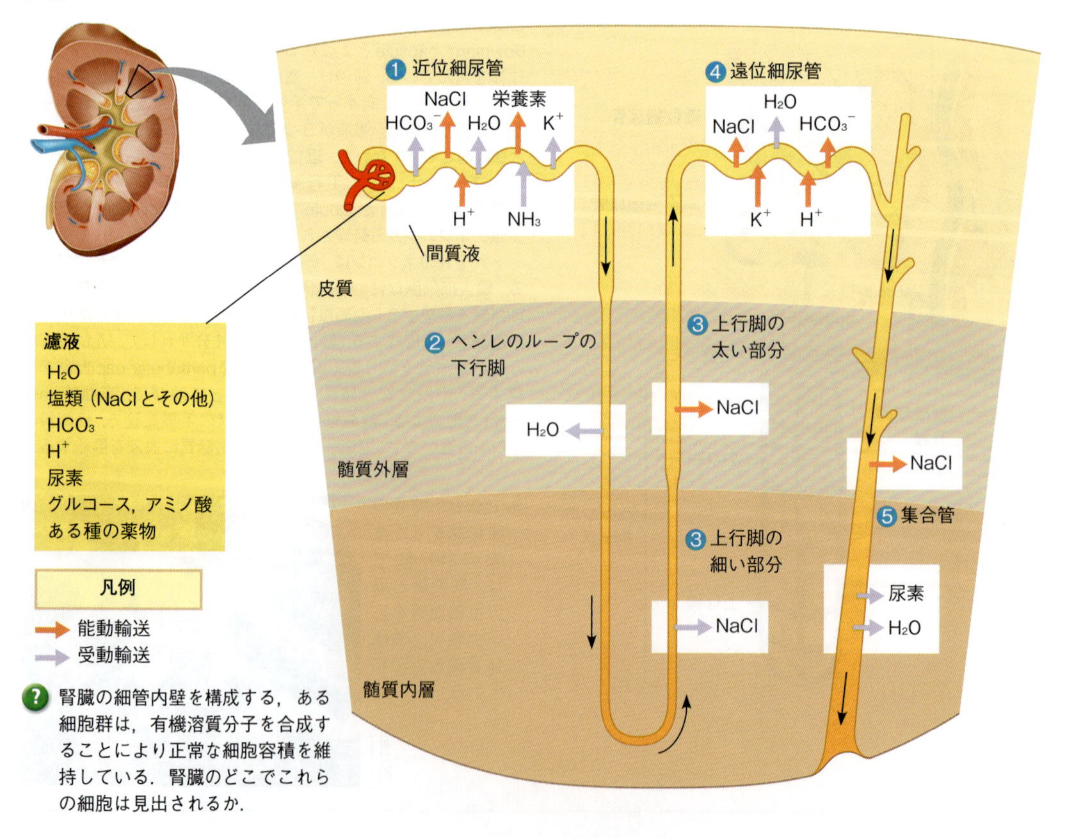

①近位細尿管
NaCl　栄養素
HCO_3^-　H_2O　K^+
H^+　NH_3
間質液
皮質
④遠位細尿管
H_2O
NaCl　HCO_3^-
K^+　H^+
②ヘンレのループの下行脚
H_2O
③上行脚の太い部分
NaCl
NaCl
髄質外層
⑤集合管
③上行脚の細い部分
NaCl
尿素
H_2O
髄質内層
濾液
H_2O
塩類（NaClとその他）
HCO_3^-
H^+
尿素
グルコース，アミノ酸
ある種の薬物
凡例
能動輸送
受動輸送

? 腎臓の細管内壁を構成する，ある細胞群は，有機溶質分子を合成することにより正常な細胞容積を維持している．腎臓のどこでこれらの細胞は見出されるか．

血液から尿へ：詳細な観察

濾液がどのようにして尿へと処理されていくのかを調べるため，濾液がネフロンを流れる様子を追跡しよう（図 44.13）．それぞれの青丸の数字は，濾液が腎臓の皮質と髄質を移動していくときに，輸送上皮で起こる処理を示している．

①近位尿細管．近位尿細管での再吸収は，多量の当初の濾液からイオンや水，有用な栄養素を取り戻すために重大な意味をもつ．濾液中の NaCl は促進的拡散と共輸送機構によって輸送上皮の細胞に入り，能動輸送（7.4 節参照）により間質液へと輸送される．このときの陽電荷の輸送は Cl^- の受動的輸送を駆動する．

塩類が濾液から間質液に移動するとき，水は浸透作用により塩類とともに移動し，濾液量が顕著に減少する．濾液から出た塩類と水は，間質液から細管周囲の毛細血管へと拡散する．グルコースやアミノ酸，カリウムイオン（K^+）や他の有用な物質も能動的あるいは受動的に濾液から間質液に輸送され，周囲の毛細血管へと移動する．

近位細尿管での濾液の処理は，体液の pH を一定に維持することにも役立っている．輸送上皮の細胞は H^+ を細管の内腔に分泌するが，アンモニアも合成，分泌し，アンモニアは H^+ を捕捉してアンモニウムイオン（NH_4^+）になることで緩衝剤として働く．濾液がさらに酸性になると，細胞はさらにアンモニアを生成，分泌し，このために哺乳類の尿は通常アンモニアをいくらか含んでいる（ほとんどの含窒素老廃物は尿素として排出されるのだが）．近位細尿管は，緩衝作用をもつ炭酸水素イオン（HCO_3^-）の約 90% を再吸収し，体液の pH 平衡の維持に貢献している．

濾液が近位細尿管を通過するとき，排出するべき物質は濃縮される．多くの老廃物は非選択的な濾過の過程で体液から出ていき，水や塩類が再吸収される一方で，老廃物は濾液中にとどまる．たとえば，尿素は水や塩類よりもかなり低い割合で再吸収される．加えて，いくらかの物質は周囲の組織から濾液へと能動的に分泌される．たとえば，薬剤や肝臓で処理された毒物は，細尿管の周囲をとりまく毛細血管から間質液へと移動する．これらの分子は，次に近位細尿管の輸送上皮によって近位細尿管の内腔へと能動的に分泌される．

②ヘンレのループの下行脚．近位細尿管を出ると，濾液はヘンレのループに入り，そこでは他とは明確に区別できる水と塩類の移動によって濾液量がさらに減少する．ループの最初の部分である下行脚では，**アクアポリン** aquaporin タンパク質が形成する多数の水チャネルにより，輸送上皮を水が自由に通過する．対照的に，塩や他の小分子溶質に対するチャネルはほとんど存在せず，これらの物質に対する透過性はとても低い．

浸透作用によって水が細尿管外に移動するためには，細尿管が浸っている間質液が濾液に対して高浸透圧になっていなければならない．間質液のモル浸透圧濃度は腎臓の皮質から髄質に向けて徐々に上昇するため，その高浸透圧性という状態が下行脚の全長にわたって備わっている．結果として，下行脚を移動する間中，濾液は水を失い，溶質濃度が上昇する．最大のモル浸透圧濃度（約 1200 mOsm/L）はヘンレのループの屈曲部で生じる．

③ヘンレのループの上行脚．濾液はループ先端に達し，上行脚を通って皮質に戻る．下行脚とは対照的に，上行脚の輸送上皮は水チャネルをもたない．その結果，上行脚で濾液と接する上皮細胞膜は水に対して不透性である．

上行脚には 2 つの特殊化した部位が存在する．すなわち，ループ先端に近い細い部位と，遠位細尿管に近い太い部位である．濾液が細い部位を上行するとき，下行脚で非常に濃縮された NaCl が，NaCl に対する透過性をもつ細管を通って間質液へと拡散する．この移動は，髄質内の間質液の高いモル浸透圧濃度を維持することに役立つ．

濾液からの塩の流出は，上行脚の太い部位でも継続する．しかしながら，ここでは輸送上皮が NaCl を間質液へと能動的に輸送する．水を伴わない塩の輸送によって，濾液は上行脚を皮質に向かって移動するうちに徐々に希釈される．

④遠位細尿管．遠位細尿管は，体液の K^+ と NaCl 濃度を調節するために重要な役割を果たしている．この調節は，濾液に分泌される K^+ の量と，濾液から再吸収される NaCl の量を変えることによる．遠位細尿管も H^+ の分泌と HCO_3^- の再吸収を調節することによって pH 制御にも寄与している．

⑤集合管．集合管は濾液をさらに処理して尿を生成し，腎盂（じんう）（図 44.12 参照）へと運ぶ．濾液が集合管の輸送上皮を通過するとき，ホルモンにより膜の透過性と輸送が調節され，どの程度尿を濃縮するかが決まる．

腎臓が水を保持する場合には，集合管上皮のアクアポリンチャネルが水分子を通過させる．同時に，上皮は塩に対して不透過性であり，皮質では尿素不透過性である．集合管は，腎臓内をモル浸透圧濃度の勾配に沿って通り抜けるため，高浸透圧性の間質液に対する浸透作用によりどんどん水を失い，濾液は濃縮度が高まる．髄質内層では，管は尿素に対しても透過性をもつ．この時点で濾液は高濃度の尿素をもつため，ある程度の尿素は間質液に拡散する．NaCl とともに，この尿素は髄質内の間質液の高浸透圧性に寄与する．最終的な結果として，体液よりも高浸透圧の尿がつくられる．

濃縮尿ではなく希釈尿を生成する場合，浸透作用による水の再吸収を伴わずに，集合管は塩類を能動的に吸収する．このようなとき，上皮は水チャネルを欠き，NaCl を濾液から能動的に輸送する．後で見ていくように，集合管上皮における水チャネルの存在は，血圧や血液量，浸透圧の調節にかかわるホルモンによって調節されている．

溶質の勾配と水の保持

哺乳類の腎臓が水を保持する能力は，陸上環境への適応のための鍵である．ヒトでは血液のモル浸透圧濃度は約 300 mOsm/L であるが，腎臓は4倍の約 1200 mOsm/L までの濃縮尿を排出できる．それ以上に濃縮できる哺乳類もいる．乾燥した砂漠域に生息するオーストラリアトビネズミ類は，この動物の血液の 25 倍という 9300 mOsm/L に濃縮した尿を生成することができる．

哺乳類の腎臓で高浸透圧性の尿を生成することは，濃度勾配に逆らって溶質を能動的に輸送することに対してかなりのエネルギーを消費することによって，初めて可能である．ネフロン，特にヘンレのループはエネルギーを消費する装置と考えられ，集合管内の濾液から水を回収するための浸透圧勾配を生み出す．モル浸透圧濃度に影響する2つの基本的な溶質は，ヘンレのループによって腎臓髄質に濃縮される NaCl と，髄質内層の集合管上皮を通って移動する尿素である．

哺乳類腎臓における尿濃縮

哺乳類の水保持器官としての腎臓の生理学をさらに理解するために，排出細管を通過する濾液の流れを見直してみよう．ここでは，傍髄質型のネフロンがどのようにしてヘンレのループの周囲組織に存在する浸透圧勾配を維持しているのか，高浸透圧性の尿をつくる

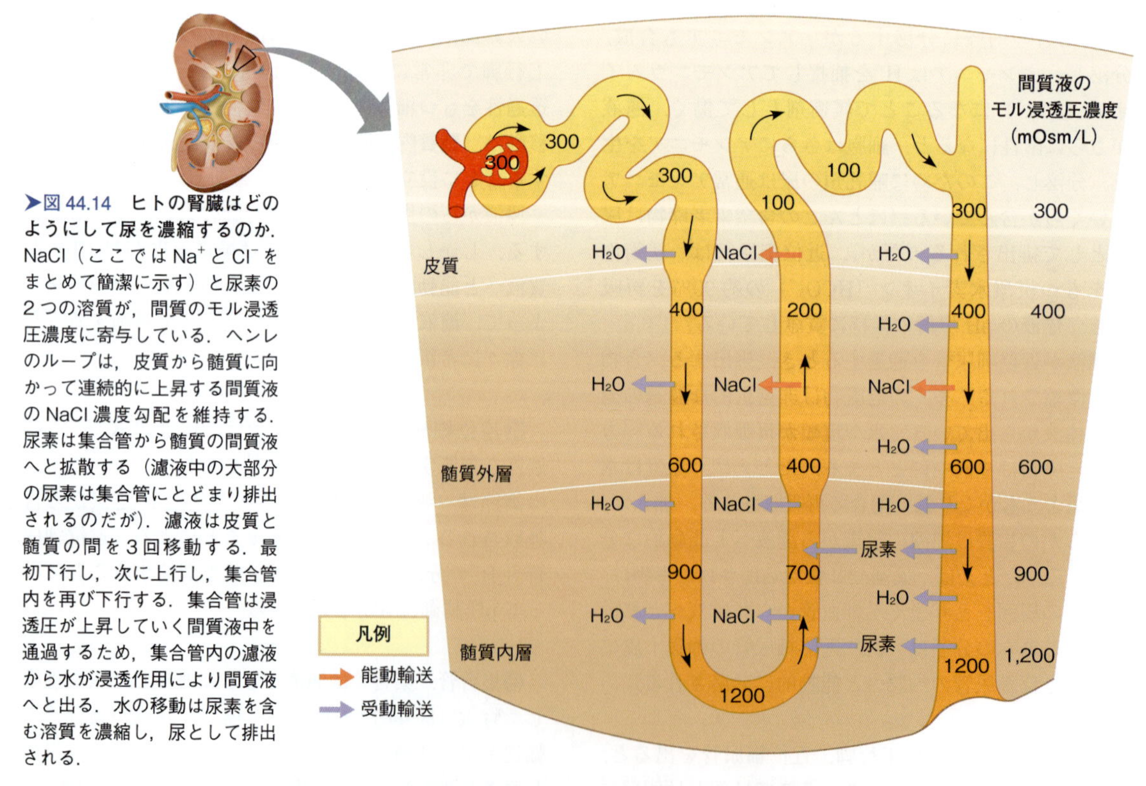

間質液の
モル浸透圧濃度
(mOsm/L)
300
300
300
100
100
300
300
皮質
H2O
NaCl
H2O
400
200
400
400
H2O
H2O
NaCl
NaCl
H2O
髄質外層
600
400
600
600
H2O
NaCl
H2O
尿素
900
700
900
H2O
H2O
NaCl
尿素
凡例
能動輸送
受動輸送
髄質内層
1200
1,200
1200

▶図 44.14　ヒトの腎臓はどのようにして尿を濃縮するのか．NaCl（ここでは Na^+ と Cl^- をまとめて簡潔に示す）と尿素の2つの溶質が，間質のモル浸透圧濃度に寄与している．ヘンレのループは，皮質から髄質に向かって連続的に上昇する間質液の NaCl 濃度勾配を維持する．尿素は集合管から髄質の間質液へと拡散する（濾液中の大部分の尿素は集合管にとどまり排出されるのだが）．濾液は皮質と髄質の間を3回移動する．最初下行し，次に上行し，集合管内を再び下行する．集合管は浸透圧が上昇していく間質液中を通過するため，集合管内の濾液から水が浸透作用により間質液へと出る．水の移動は尿素を含む溶質を濃縮し，尿として排出される．

どうなる？▶フロセミドという薬物は，ヘンレのループの上行脚において Na^+ と Cl^- の共輸送体を阻害する．この薬物は尿量に対してどのような影響を与えると考えられるか．

ためにどのように浸透圧勾配を利用しているのか，に焦点を当てよう（図 44.14）．ボーマン嚢から近位細尿管へと通過する濾液は，血液と同じモル浸透圧濃度である．濾液が腎臓皮質の近位細尿管を流れるときに，多量の水と塩が再吸収される．結果として，濾液量はかなり減少するが，モル浸透圧濃度は同じままである．

濾液がヘンレのループの下行脚を皮質から髄質に流れるとき，水は浸透作用によって細尿管から漏出する．NaCl を含む溶質がより濃縮されるので，濾液のモル浸透圧濃度は上昇する．濾液が屈曲部を回り上行脚に入ると，塩には透過性があるが水には透過性がないため，細尿管外への塩の拡散は最大となる．上行脚からの NaCl の拡散は，腎臓髄質の間質液を高いモル浸透圧濃度に維持するように働く．

ヘンレのループとそれを取り囲む毛細血管は，髄質と皮質の間に急な浸透圧勾配を生み出すための対向流系として働く．ある内温動物は熱喪失を減らすために対向流熱交換系をもつことや，魚の鰓における対向流ガス交換系が酸素吸収を最大にすることを思い出してみよう（図 40.13，図 42.21 を参照）．それらの場合，対向流機構には酸素濃度勾配や熱勾配に沿った受動的な移動が関与している．これに対して，ヘンレのループの対向流系には能動輸送，そしてそれゆえエネルギー消費を要する．ループ上行脚の上部における濾液からの NaCl 能動輸送は，腎臓内部の高い塩濃度を維持し，腎臓が濃縮尿をつくることを可能にしている．このような，濃度勾配を創出するためにエネルギーを要する対向流系は，**対向流増幅系 countercurrent multiplier system** とよばれる．

髄質間質液に存在する高濃度の NaCl を，直血管の毛細血管が運び去ることによって濃度勾配が消失してしまうのを防いでいるのは何だろうか．図 44.12 に示したように，直血管の下行血管と上行血管は，腎臓のモル浸透圧濃度勾配の中を，血液を逆方向に運ぶ．下行血管が血液を髄質内層へと運ぶにつれて，水が血液から喪失し，NaCl が血中に拡散する．これらの移動は，血液が直血管の上行血管を皮質へ向かって戻るときに逆転し，水が血液に再入し，塩は拡散して出ていく．このように，直血管は腎臓内のモル浸透圧濃度勾配を妨げることなく，血液によって運ばれる栄養素や他の重要な物質を腎臓に供給することができる．

ヘンレのループと直血管に存在する対向流様の特性は，髄質と皮質の間の浸透圧急勾配を生み出すことを助けている．しかし，エネルギー消費による勾配維持なしには，動物組織内のいかなる浸透圧勾配も拡散によって最終的には消失してしまう．腎臓では，このエネルギー消費は，NaCl を細尿管から能動輸送するヘンレのループの太い上行脚で主として起こる．対向流交換系の恩恵があるとしても，他の腎臓内能動輸送系とともに，この過程はかなりの ATP を消費する．このため，その大きさの割には，腎臓は最も高い代謝率をもつ組織の1つである．

太い上行脚で NaCl が能動輸送によって運び出されるために，遠位細尿管に達するときには，濾液は体液に対して低浸透圧性である．次に，濾液は髄質に向かって集合管内を再び下行していくが，ここでは水は透過するが，塩は透過しない．濾液が皮質から髄質へと通過していくにつれて間質液のモル浸透圧濃度が上昇し，それゆえ濾液から水が浸透作用によって回収される．この過程によって，濾液中の塩，尿素，その他の溶質が濃縮される．ある程度の尿素は集合管のより深い部位から漏れ出て，髄質内層の間質モル浸透圧濃度を高める一因となる（この尿素はヘンレのループへの拡散によって細管に戻るが，集合管からの持続的な漏出が間質の尿素を高い濃度に保つ）．腎臓が尿を最大に濃縮するとき，尿のモル浸透圧濃度は，髄質内層の間質液のモル浸透圧濃度である 1200 mOsm/L に達する．尿は髄質内層の間質液に対して「等浸透圧性」であるが，血液や体の他の部分の間質液に対しては「高浸透圧性」である．この高モル浸透圧濃度によって，尿中に残る溶質は最小限の水の喪失とともに体から排出される．

脊椎動物の腎臓の多様な環境への適応

進化 脊椎動物は熱帯雨林から砂漠まで，また非常に塩分の高い水域から高山の湖の純水に近い水まで，広範な生息場所を占めている．異なる環境という観点から脊椎動物を比較することで，ネフロンの構造と機能における適応変化を示してくれる．たとえば哺乳類の場合，傍髄質ネフロンの存在が重要な適応であり，これによって陸生動物である哺乳類は水を浪費することなく，塩と含窒素老廃物を除くことができる．傍髄質ネフロンのヘンレのループの長さや傍髄質ネフロンと皮質性ネフロンの相対数における種間での差異が，特定の生息域ごとに浸透圧調節を微調整することに役立っている．

哺 乳 類

オーストラリアトビネズミ，北米のカンガルーネズミや他の砂漠生哺乳類のように，最も高い浸透圧尿を排出する哺乳類は，髄質に深く伸びるヘンレのループを備えた多数の傍髄質ネフロンをもつ．長いループは腎臓の浸透圧急勾配を維持し，尿が皮質から髄質まで集合管内を通過するときに非常に濃縮される．

これに対して，ほとんどの時間を淡水中で過ごすビーバー，ニオイネズミや他の水生哺乳類は，脱水の問題にほとんど直面することがない．彼らがもつネフロンはほとんどが皮質性ネフロンであり，尿濃縮の能力はかなり低い．湿潤な条件で生活する陸生哺乳類は，中間的な長さのヘンレのループをもち，淡水生哺乳類と砂漠生哺乳類が生成する尿の中間的な濃度の尿を生成する能力をもつ．

事例研究：チスイコウモリにおける腎臓の機能

図 44.15 に示す南米のチスイコウモリは，哺乳類腎臓の多様な能力を示すよい例である．この種は夜間に大型の鳥や哺乳類の血液を吸う．このコウモリは鋭い歯を使って獲物の皮膚に小さな切り口をつくり，傷口から血液を吸う（通常，獲物となる動物は深刻な傷を受けない）．コウモリの唾液中の抗凝固剤は血液が凝固するのを防ぐ．

チスイコウモリは適切な獲物を探し出すのに長時間にわたって探索し，長い距離を飛ぶ可能性がある．獲物を見つけたときには，可能な限り多量の血液を吸う．しばしば自分の体重の半分以上の量の血液を吸うため，吸血後にコウモリ自身が重くなりすぎて飛べなくなるほどである．しかし吸血後にコウモリの腎臓は大量の薄い尿を排出し，その排出量は1時間あたり体重の24%にも達する．離陸するために重量を十分に減らすと，コウモリは洞窟や木の洞穴のねぐらへ飛び帰り，その日はそこで過ごす．

ねぐらでは，チスイコウモリは異なる調節の問題を抱える．血液から得る栄養素のほとんどはタンパク質である．タンパク質の消化は大量の尿素を生じるが，ねぐらのコウモリはそれを薄めるための飲み水を利用できない．その代わりに，コウモリの腎臓は非常に濃縮した尿（4600 mOsm/L まで上げる）を少量生成するように切り替わる．これは，可能な限り水を保持しつつ，尿素を処理するための調整である．チスイコウモリが，大量の薄い尿と少量の非常に高い浸透圧性の尿の生成をすみやかに交替させる能力は，独特の食物源に適応するために不可欠なものである．

➤図 44.15　**独特な排出課題に挑む哺乳類のチスイコウモリ** *Desmodus rotundas.*

鳥類と爬虫類

アホウドリ（図 44.1 参照）やダチョウ（図 44.16）を含むほとんどの鳥類は，脱水を引き起こすような環境に生息している．哺乳類と同様，鳥類は傍髄質ネフロンを備えた腎臓をもつ．しかし鳥類では，ネフロンのヘンレのループは哺乳類のものと比べて髄質に深くは伸びていない．それゆえ鳥類の腎臓は，哺乳類の腎臓によって達せられるほど高いモル浸透圧濃度には尿を濃縮できない．鳥類は高浸透圧尿を生成できるが，鳥類の主要な水保持適応は含窒素老廃物分子として尿酸をもつことである．

爬虫類の腎臓は皮質性ネフロンのみをもち，体液とほぼ等浸透圧あるいは低浸透圧性の尿を生成する．しかし，総排泄腔の上皮が尿と糞便から水を再吸収し，体液を保持することができる．鳥類のように，大部分の爬虫類は含窒素老廃物を尿酸として排出する．

淡水生魚類と両生類

淡水生魚類は周囲に対して高浸透圧性であるので，非常に薄い尿を大量に生成する．皮質性ネフロンが詰まった腎臓は多量の濾液を生成する．遠位細尿管において濾液からイオンを再吸収することで塩類を保持する．

両生類の腎臓の機能は，淡水生魚類とほぼ同様であ

▼図 44.16　**乾燥環境によく適応した動物である** ダチョウ *Struthio camelus.*

る．カエルが淡水中にいるときには腎臓は薄い尿を排出し，一方で皮膚は能動輸送によって水から特定の塩類を取り込む．陸上では，脱水が浸透圧調節の最も切迫する問題であり，カエルは膀胱の上皮を介して水を再吸収することにより体液を保持する．

海産硬骨魚類

淡水生魚類と比べて海産魚類のネフロンは小型で少なく，遠位細尿管を欠く．加えて，海産魚類の腎臓の糸球体は小さく，糸球体をまったく欠くものもいる．このような特徴と一致して，海産魚類の腎臓は濾過率が低く，非常に少量の尿を排出する．

海産硬骨魚類の腎臓のおもな機能は，カルシウム（Ca^{2+}），マグネシウム（Mg^{2+}）や硫酸イオン（SO_4^{2-}）といった2価イオンを除去することにある．海水魚は海水を絶え間なく飲むことにより2価イオンも取り込んでしまう．海産魚類はそれらのイオンをネフロンの近位細尿管で分泌し，尿として排出することで除去する．海産硬骨魚類の浸透圧調節にとって，鰓の特化した細胞である「塩類細胞」も重要である．塩類（NaCl）を海水中に分泌できるようなイオン勾配を確立することで，塩類細胞はNa^+やCl^-のような1価イオンの適正なレベルを維持している．

イオン勾配をつくり出し，細胞膜を介してイオンを移動させることは，海産硬骨魚類が塩類と水の平衡を保つための中核をなす．しかしながらこれらの事象は決して海産硬骨魚類に固有のものでもなければ，ホメオスタシス維持に固有のものでもない．図 44.17 に例を示すように，塩類細胞による浸透圧調節は，膜を介してイオンが移動することによって駆動される多様な生理学的過程の中の1つなのである．

概念のチェック 44.4

1. 魚類のネフロンの数と長さは，魚類の生息場所について何を示唆しているか．それらは尿の生成とどのように関係しているか．

2. 多くの薬剤が集合管の上皮の水に対する透過性を低下させる．このような薬剤の摂取は腎臓からの排出にどのように影響するか．

3. どうなる？➤もし，糸球体への輸入細動脈の血圧が下がった場合，ボーマン嚢内での血液濾過の割合にどのように影響を及ぼすか．説明しなさい．

（解答例は付録 A）

44.5

ホルモン回路は腎機能と水平衡，血圧を結びつける

哺乳類では，尿の量と尿のモル浸透圧濃度は，水と塩の平衡と尿素生成速度に応じて調節されている．塩類の高摂取ならびに水が少ししか得られない状態では，哺乳類は少量の高浸透圧性の尿として尿素と塩を排出することができ，このことにより水の喪失を最小にする．もし塩が不足して水の摂取量が多ければ，腎臓は低浸透圧性の尿を多量に生成することで，少量の塩の喪失とともに過剰な水を除くこともできる．この場合，尿を 70 mOsm/L まで希釈することができ，これはヒトの血液浸透圧の4分の1以下である．

どのようにして，尿量と尿のモル浸透圧濃度はそのように効果的に調節されるのだろうか．本章の最後で見ていくように，異なる刺激に対して応答する2つの主要な制御回路が，正常な水と塩類の平衡を維持・回復させる．

腎臓のホメオスタシス制御

神経系とホルモンによる調節が連携することで，哺乳類の腎臓における浸透圧調節機能が成し遂げられている．神経系とホルモンは，尿量と尿のモル浸透圧濃度を変化させることで，血圧と血液量のホメオスタシス維持に貢献する．

抗利尿ホルモン

腎臓における重要なホルモンの1つが，**抗利尿ホルモン antidiuretic hormone（ADH）**であり，「バソプレシン」ともよばれる．ADH は脳下垂体後葉から放出され，集合管を構成する細胞の膜に存在する受容体に結合して活性化する．活性化された受容体は情報伝達カスケードを起動させ，集合管を構成する細胞の膜にアクアポリンタンパク質を挿入させる（図 44.18）．より多くのアクアポリンチャネルが挿入されることは，より多くの水を取り戻す結果となり，尿量が減少する（多量の尿が生成されることを利尿とよぶ．それゆえ ADH は抗利尿ホルモンとよばれる）．

ADH による調節回路を理解するために，まず塩分の高い食事や発汗による水喪失などにより，血液の浸透圧が上がったときに起こることを考えてみよう（図 44.19）．浸透圧が正常範囲（285～295 mOsm/L）を超えて上昇すると，視床下部の浸透圧受容器の細胞が，脳下垂体後葉からの ADH 放出を増加させる引き金を

▼図 44.17　関連性を考えよう

イオンの移動と勾配

細胞膜を介したイオンの輸送はすべての動物，すべての生物における基本的な活動である．イオン勾配を生み出すことにより，体液の塩類やガスの調節から環境の感知や運動まで，イオン輸送はさまざまなプロセスを駆動する位置エネルギーを供給する．

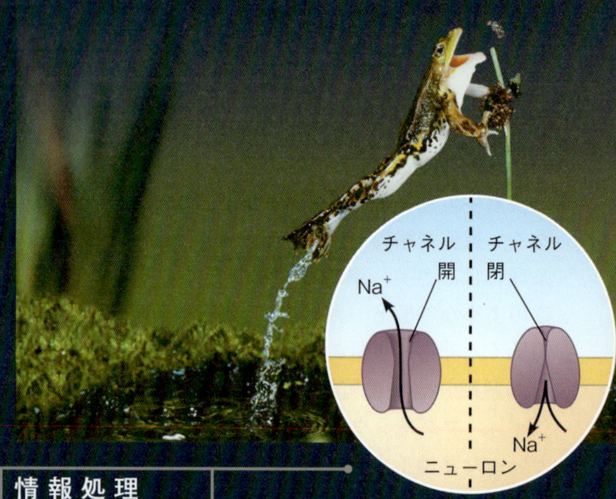
チャネル
開
チャネル
閉
Na^+
Na^+
ニューロン

情報処理

ニューロンにおいて，神経インパルスとしての情報伝達は，ナトリウムあるいは他のイオンに選択的なチャネルの開閉により起こる．このような情報伝達は神経系が入力を受け取って処理し，この餌をとろうとしているカエルが跳躍するように，適切な出力を指示することを可能にする（48.3 節，50.5 節を参照）．

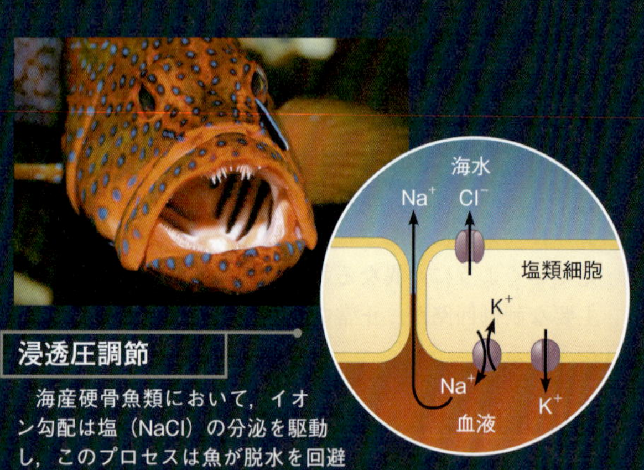
海水
Na^+
Cl^-
塩類細胞
K^+
Na^+
K^+
血液

浸透圧調節

海産硬骨魚類において，イオン勾配は塩（NaCl）の分泌を駆動し，このプロセスは魚が脱水を回避するために必須である．鰓では，特殊化した塩類細胞に存在するポンプ分子，共輸送体，チャネルが協調して働き，鰓の上皮を介して血液から周囲の海水へと塩を運ぶ（図 44.4 参照）．

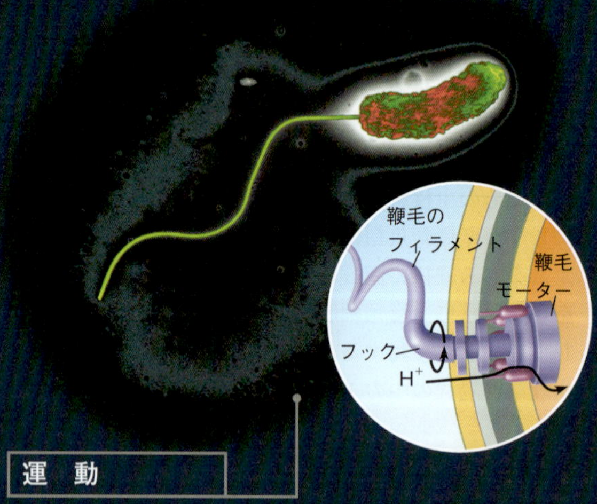
鞭毛の
フィラメント
鞭毛
モーター
フック
H^+

運　動

H^+の勾配は細菌の鞭毛に動力を供給する．電子伝達系がこの勾配を生み出し，細菌の細胞の外側に高いH^+濃度が築かれる．細胞に再入する水素イオンが鞭毛モーターの回転を引き起こす．回転するモーターが湾曲したフック部を回転させ，フックにつながるフィラメントを介して細胞を推進させる（9.4 節，図 27.7 を参照）．

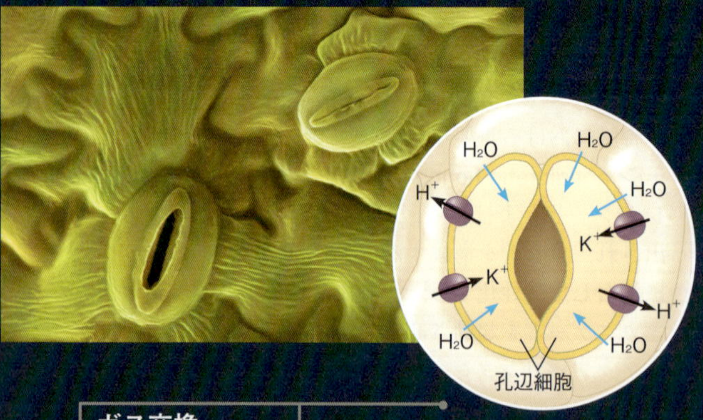
H_2O
H_2O
H_2O
H^+
K^+
K^+
H^+
H_2O
H_2O
孔辺細胞

ガス交換

イオン勾配は孔辺細胞によって植物の気孔を開くための基盤を与える．能動輸送による孔辺細胞からのH^+の排出が，K^+の内向きの移動を駆動する電位差（膜電位）を生み出す．この電位差によりK^+が孔辺細胞に取り込まれ，このことが浸透作用による水の取り込み，細胞の形の変化，孔辺細胞の外側への湾曲，結果として気孔の開口を引き起こす（36.4 節参照）．

関連性を考えよう➤細胞膜を介したイオンの動きを駆動する一連の力は，なぜ電気化学的勾配として記述されるのか，説明しなさい（7.4 節参照）．

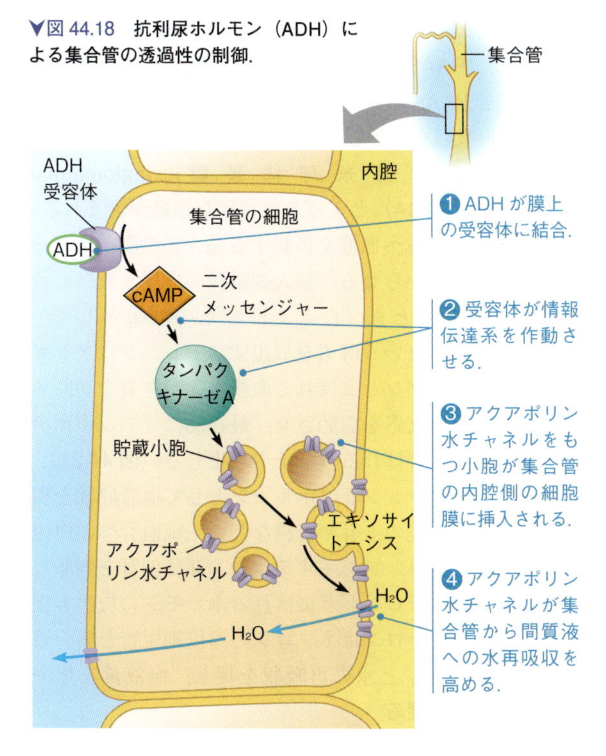
集合管
ADH
受容体
内腔
集合管の細胞
ADH
cAMP
二次
メッセンジャー
タンパク
キナーゼA
貯蔵小胞
エキソサイ
トーシス
アクアポ
リン水チャネル
H2O
H2O
❶ ADH が膜上の受容体に結合.
❷ 受容体が情報伝達系を作動させる.
❸ アクアポリン水チャネルをもつ小胞が集合管の内腔側の細胞膜に挿入される.
❹ アクアポリン水チャネルが集合管から間質液への水再吸収を高める.

▼図 44.18 **抗利尿ホルモン（ADH）による集合管の透過性の制御.**

引く．その結果として，集合管での水の再吸収が促進されて尿が濃縮され，尿量が減少し，血液のモル浸透圧濃度を設定値に向けて下げる．血液の浸透圧が低下すると，負のフィードバックによって視床下部の浸透圧受容細胞の活動が弱まり，ADH の分泌が低下する．

もし塩類を摂取したり過度に汗をかいたりする代わりに，大量の水を飲んだ場合には何が起こるだろうか．血液のモル浸透圧濃度が設定値よりも低下し，ADH の分泌が非常に低いレベルまで落ちる．結果として起こる集合管の透過性減少が水の再吸収を減少させ，薄い尿を多量に放出することとなる．

通説に反して，カフェイン入りの飲料は等量の水と比べて尿の生成を増やすことはない．コーヒーや紅茶を飲む人たちでの多くの研究は，カフェインに利尿効果は見出せなかった．

通常，血液のモル浸透圧濃度と ADH 放出，そして腎臓での水再吸収はフィードバック回路で結びついており，ホメオスタシスの維持に寄与している．この回路を妨げるようないかなることも，水分の平衡を乱すこととなる．たとえば，アルコールは ADH 放出を抑制し，尿からの過剰な水喪失と脱水を引き起こす（このことが二日酔いのいくつかの症状を引き起こす可能性がある）．

ADH の産生を妨げたり，ADH 受容体遺伝子を不活性化するような変異は，集合管を構成する細胞膜におけるアクアポリンチャネルの挿入を妨げ，ホメオスタシスを乱す．このことによる疾患は，多量の希釈尿の生成による深刻な脱水と溶質の平衡異常を引き起こす．これらの症状は「尿崩症（にょうほうしょう）」とよばれる疾患である．アクアポリン遺伝子の変異は類似の影響をもつだろうか．図 44.20 では，この疑問に取り組んだ実験方法について示す．

▼図 44.19 **腎臓での体液保持の調節.** 視床下部に存在する浸透圧受容器は，拡散による受容細胞での水の出入りの変化を検知することにより血液浸透圧をモニターしている．血液浸透圧が上昇したときには，浸透圧受容器からの信号が脳下垂体後葉からの ADH 放出ならびに渇きを引き起こす．集合管における水再吸収と飲水が正常な血液浸透圧を回復させ，さらなる ADH の分泌を抑制する．

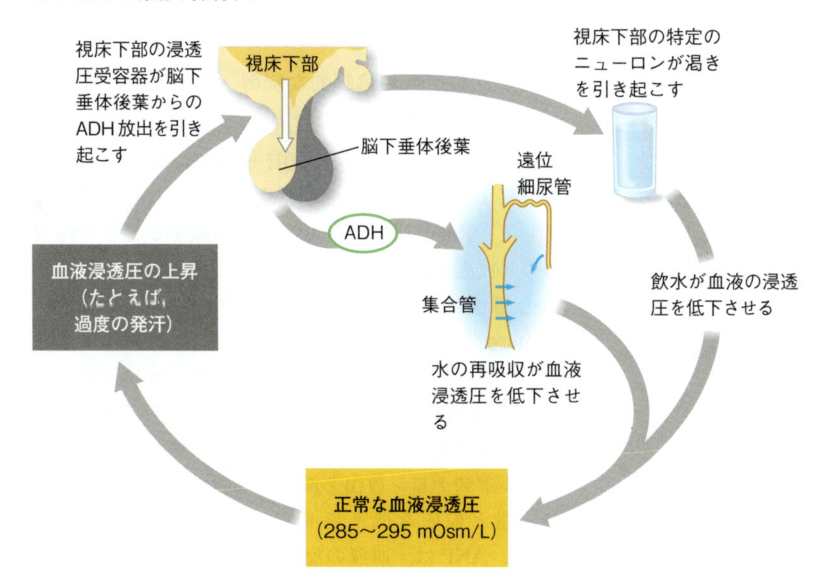
視床下部の浸透圧受容器が脳下垂体後葉からのADH放出を引き起こす
視床下部
脳下垂体後葉
視床下部の特定のニューロンが渇きを引き起こす
遠位細尿管
ADH
集合管
飲水が血液の浸透圧を低下させる
血液浸透圧の上昇（たとえば，過度の発汗）
水の再吸収が血液浸透圧を低下させる
正常な血液浸透圧（285〜295 mOsm/L）

レニン-アンギオテンシン-アルドステロン系

ADH の放出は，体が過剰の水喪失や不適切な水の摂取により脱水したときの血液のモル浸透圧濃度の増加に反応して起こる．しかし，たとえば外傷とか激しい下痢といった，塩類と体液の両方の過度の喪失はモル浸透圧濃度の増加**なし**に血液量を低下させる．このことは ADH 放出には影響しないと考えると，体はどのように反応するのだろうか．**レニン-アンギオテン**

▼図 44.20

研究　アクアポリンの変異が尿崩症を引き起こすのか

実験　研究者は，正常なADH受容体遺伝子をもつものの，アクアポリン-2遺伝子に2つの変異対立遺伝子（AとB）をもつ尿崩症患者を調べていた．下の表には，患者のDNAにおける変異を他の動物種のタンパク質配列とともに並べて示す．

アクアポリン-2遺伝子構造のソース	コードされたタンパク質における183～191*番目のアミノ酸	コードされたタンパク質における212～220*番目のアミノ酸
カエル（*Xenopus laevis*）	MNPARSFAP	GIFASLIYN
トカゲ（*Anolis carolinensis*）	MNPARSFGP	AVVASLLYN
ニワトリ（*Gallus gallus*）	MNPARSFAP	AAAASIIYN
ヒト（*Homo sapiens*）	MNPARSLAP	AILGSLLYN
保存された残基	MNPARSxxP	xxxxSxxYN
患者の遺伝子：対立遺伝子A	MNPACSLAP	AILGSLLYN
患者の遺伝子：対立遺伝子B	MNPARSLAP	AILGPLLYN

*アミノ酸残基の番号はヒトのアクアポリン-2タンパク質配列に基づく

それぞれの変異は，アクアポリンタンパク質の保存性の高い部位に変化を生じさせていた．この変化が機能に影響するという仮説を検証するため，研究者はアフリカツメガエルの卵母細胞を用いて研究を行った．この細胞は雌の成体から容易に集めることができ，外来のmRNAを発現させることができる．

❶ 野生型と変異体のアクアポリン遺伝子から転写したmRNAをツメガエルの卵母細胞に注入し，アクアポリンタンパク質を発現させる．

❷ 卵母細胞を200 mOsmから10 mOsmの溶液に移す．水透過性の指標として，卵母細胞の膨潤率を測定する．

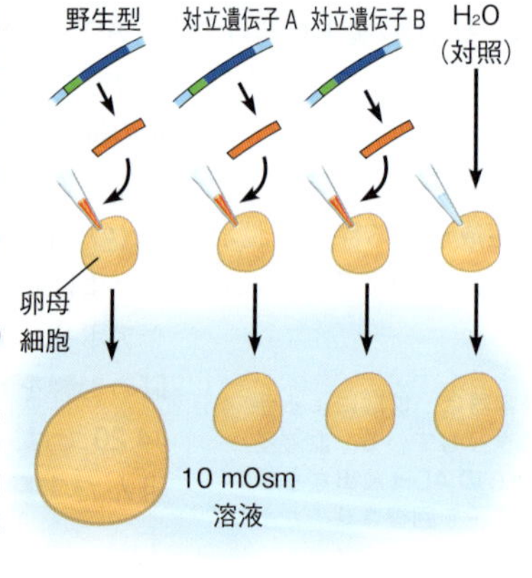
野生型
対立遺伝子A
対立遺伝子B
H_2O
(対照)
卵母
細胞
10 mOsm
溶液

結果

注入したmRNAのソース	膨潤率（μm/秒）
ヒト野生型	196
患者の対立遺伝子A	17
患者の対立遺伝子B	18
なし（水だけの対照）	20

結論　それぞれの変異はアクアポリンの水チャネルとしての活性をなくしてしまうため，これらの変異が患者に共通の疾患を引き起こしたと結論づけた．

データの出典　P. M. Deen et al., Requirement of human renal water channel aquaporin-2 for vasopressin-dependent concentration of urine, *Science* 264:92-95 (1994).

どうなる？➤もし，ADH受容体に変異をもつ患者ならびにアクアポリンに変異をもつ患者のADHレベルを測定した場合，野生型の受容体とアクアポリンをもつ人と比べてどのようなことが見つかると思うか．

シン-アルドステロン系 renin-angiotensin-aldosterone system（RAAS）とよばれる内分泌回路も腎機能を調節する．RAASは血液量と血圧の低下に応答して水とNa^+の再吸収を増加させる．

RAASには，**傍糸球体装置 juxtaglomerular apparatus（JGA）**とよばれる特別な組織が含まれる．JGAは腎糸球体へ血液を供給する輸入細動脈およびその周囲の細胞からなる．輸入細動脈の血圧または血液量が低下したとき（たとえば脱水の結果として），JGAはレニンという酵素を放出する．レニンはアンギオテンシノーゲンとよばれる血漿タンパク質を切断する一連の化学反応を開始させ，最終的に「アンギオテンシンⅡ」とよばれるペプチドを生じる（図 44.21）．

アンギオテンシンⅡはホルモンとして血管収縮を引き起こし，血圧の上昇や腎臓などの毛細血管への血流量を減少させる．アンギオテンシンⅡは副腎を刺激して「アルドステロン」とよばれるホルモンの放出も促す．アルドステロンはネフロンの遠位細尿管と集合管に作用してNa^+と水の再吸収を促し，血液量を増やし，血圧を上げる．

アンギオテンシンⅡは血圧の上昇を引き起こすため，アンギオテンシンⅡの産生を妨げる薬物は，高血圧症（慢性的な高い血圧）への対処に広く用いられる．これらの薬物の多くは，アンギオテンシンⅡ産生を触媒するアンギオテンシン転換酵素（ACE）の特異的阻害剤である．

RAASはフィードバック回路を形成する．血圧と血液量の低下はレニン放出を引き起こす．結果として起こるアンギオテンシンⅡの産生とアルドステロン放出は血圧と血液量の上昇を引き起こし，JGAからのレニン放出を低下させる．

塩類と水の平衡の協調的な制御

ADHとRAASはどちらも腎臓での水再吸収を増加させる．しかしながら，ADH単独では腎臓での水再吸収によって血液中のNa^+濃度が低下してしまうのに対して，RAASはNa^+の再吸収を刺激することで体液のモル浸透圧濃度を設定値に維持してくれる．

心房性ナトリウム利尿ペプチド atrial natriuretic peptide（ANP）はRAASとは相反するホルモンである．心臓の心房壁は，血液量と血圧の上昇に反応してANPを放出する．ANPはJGAからのレニン放出を抑制し，集合管でのNaClの再吸収を抑制し，副腎からのアルドステロン放出を減少させる．これらの作用は血液量と血圧を低下させる．このように，ADHとRAAS，ANPは，血液の浸透圧，塩濃度，血液量，血

➤図 44.21 レニン-アンギオテンシン-アルドステロン系（RAAS）による血液量と血圧の調節.

図読み取り問題➤ホルモンの分泌を表す矢印に印をつけなさい.

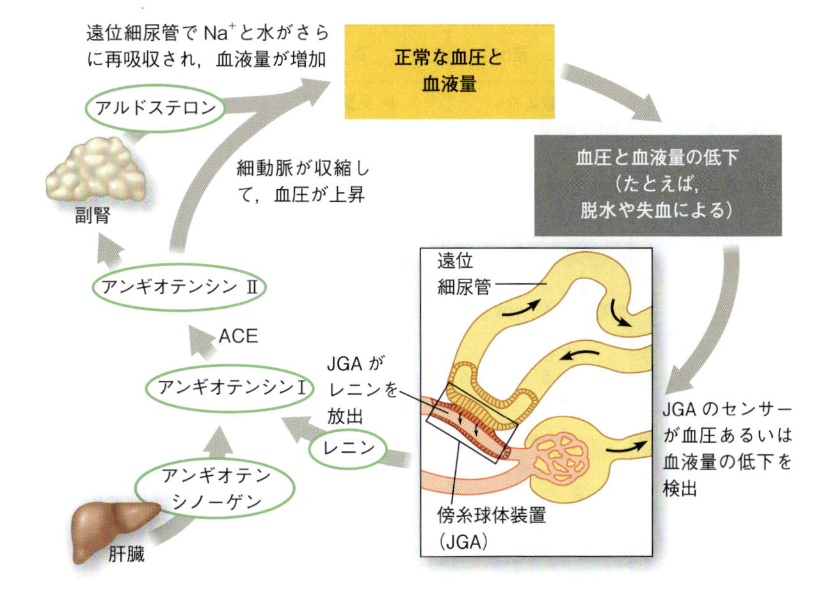
遠位細尿管で Na^+ と水がさらに再吸収され，血液量が増加
正常な血圧と血液量
アルドステロン
副腎
細動脈が収縮して，血圧が上昇
血圧と血液量の低下（たとえば，脱水や失血による）
遠位細尿管
アンギオテンシン II
ACE
JGA がレニンを放出
アンギオテンシン I
レニン
JGA のセンサーが血圧あるいは血液量の低下を検出
アンギオテンシノーゲン
肝臓
傍糸球体装置（JGA）

圧の調節にかかわる腎臓の機能を制御するための，精巧な監視・調節系をつくっている.

渇きは水と塩類の平衡の調節に必要不可欠な役割を果たしている．近年，視床下部で渇きを調節するニューロンが同定された．マウスにおいてある部位のニューロンを刺激すると，そのマウスは十分に水を摂取しているにもかかわらず，強い飲水行動を引き起こした．別の部位のニューロンを刺激すると，脱水させられた動物であっても飲水を即時に中止した．これらのニューロンと行動反応とを結びつける細胞経路ならびに分子経路の同定に焦点を当てた研究が進められている.

概念のチェック 44.5

1. アルコールは体内の水平衡の制御にどのように影響を及ぼすのか.
2. なぜ短時間のうちにきわめて大量の水を飲むことが危険となり得るのか.
3. **どうなる？➤**コン症候群は，腫瘍化した副腎皮質から，非制御様式でアルドステロンが多量に分泌されることにより引き起こされる症状である．この疾患の主要な症状はどのようなことだと考えられるか.

(解答例は付録 A)

44 章のまとめ

重要概念のまとめ

44.1

浸透圧調節は水と溶質の取り込みと喪失の平衡を保つ

- **浸透圧調節**とは，体内溶液と外部環境との間で起こる制御された溶質の移動と，浸透作用による水の移動に基づく過程であり，細胞は浸透圧調節を通して水の獲得と喪失の平衡を保つ.
- **浸透圧順応型動物**は海水環境と等浸透圧で，体内の**モル浸透圧濃度**を調節しない．対照的に，**浸透圧調節型動物**は低浸透圧環境では水の取り込みを，高浸透圧環境では水の損失を調節する．水を保持しながら排出を行う器官が，生命を脅かす乾燥から陸上動物を守っている．一時的にできる水に生息する動物は，その生息環境が干上がったときには**無水生活様式**とよばれる休眠状態に入る.
- **輸送上皮**は特殊化した上皮細胞をもち，老廃物の除去や浸透圧調節にとって必要な溶質の移動を制御する.

? どのような環境下で，水は浸透作用により細胞内に移動するのか.

動物	流入／流出	尿
淡水魚．体液よりも濃度の低い水に生息する；水を得て塩類を失う	水を飲まない 塩類を取り込む（鰓による能動輸送） 水が入る 塩類が出る　水を出す	▶多量の尿 ▶尿は体液よりも低い濃度
海産硬骨魚類．体液よりもより濃度の高い水に生息する；水を失い塩類を得る	水を飲む 塩類が入る　水が出る 塩類を出す（鰓による能動輸送）	▶少量の尿 ▶尿は体液よりもわずかに低い濃度
陸生脊椎動物．陸上環境；体内の水を空気中に失う	水を飲む 塩類が入る（口から） 水と塩類が出る	▶中程度の量の尿 ▶尿は体液よりもかなり濃度が高い

44.2

動物の含窒素老廃物は動物の系統と生息環境を反映する

- タンパク質と核酸の代謝は**アンモニア**を生じる．大部分の水生動物はアンモニアを排出する．哺乳類と，両生類の成体の大部分はアンモニアを毒性の低い**尿素**に変換する．尿素は最小限の水とともに排出される．昆虫や多くの爬虫類，鳥類はアンモニアを**尿酸**に変換する．尿酸はほとんど水に溶けず，糊状の尿として排出される．
- 排出される含窒素老廃物の種類は動物の生息環境に依存する．一方，含窒素老廃物の量は，動物のエネルギー収支と摂取する食物中のタンパク質量と連動している．

描いてみよう➤次のことをまとめた表を作成しなさい．3つの主要な含窒素老廃物と，それらの相対毒性，産生のためのエネルギーコスト，排出時の水の損失．

44.3

多様な排出系は細管構造が変形したものである

- 大部分の排出系は，**濾過**，**再吸収**，**分泌**と**排出**を行う．無脊椎動物の排出系には，扁形動物の**原腎管**，ミミズの**後腎管**と昆虫の**マルピーギ管**が含まれる．脊椎動物の**腎臓**は排出と浸透圧調節の両方に機能する．
- 哺乳類の腎臓には，排出系の細管（**ネフロン**と**集合管**からなる）と血管が存在する．血圧が**糸球体**中の血液から**ボーマン嚢**の内腔へと溶液を押し出す．再吸収と分泌の後，濾液は集合管へと流れ込む．**尿管**は尿を**腎盂**から**膀胱**へと運ぶ．

? 排出系における濾過段階の役割とは何か．

44.4

ネフロン（腎単位）は血液の濾液を段階的に処理する

- ネフロンでは，**近位細尿管**での選択的分泌と再吸収が濾液の量と組成を変化させる．**ヘンレのループ**の「下行脚」は水を透過するが塩類は透過させず，水は浸透作用により間質液へと移動する．「上行脚」は塩類を透過させるが水を透過させず，塩類は拡散と能動輸送により濾液から出る．**遠位細尿管**と集合管は体液の K^+ と NaCl レベルを制御する．
- 哺乳類では，ヘンレのループを含む**対向流増幅系**が腎臓内の塩類の濃度勾配を維持する．集合管から漏れ出す尿素は腎臓の浸透圧勾配に寄与する．
- 自然選択は，動物の生息環境における浸透圧調節の課題に対して，脊椎動物のネフロンの構造と機能を適合するように形づくってきた．たとえば，最も高浸透圧の尿を排出するような砂漠に生きる哺乳類は，**腎臓髄質**の深くに伸びるヘンレのループをもつが，湿った環境に生息する哺乳類は短いループをもち，より希釈された尿を排出する．

? 栄養素の再吸収と尿の濃縮に関して，皮質性ネフロンと傍髄質性ネフロンはどのように異なるのか．

44.5

ホルモン回路は腎機能と水平衡，血圧を結びつける

- 脳下垂体の後葉は，水の摂取が不十分なときなど，血液のモル浸透圧濃度が設定点よりも上昇すると**抗利尿ホルモン**（**ADH**）を放出する．ADH は上皮細

胞の**アクアポリン**チャネルの数を増加させることにより，集合管の水透過性を上昇させる．

- 輸入細動脈の血圧あるいは血液量が低下すると，**傍糸球体装置**がレニンを放出する．レニンに応答して生成されるアンギオテンシンIIは細動脈を収縮させ，アルドステロンというホルモンの放出を引き起こすことで，血圧を上昇させてレニンの放出を減少させる．この**レニン-アンギオテンシン-アルドステロン系**はADHと部分的に重複した機能をもち，**心房性ナトリウム利尿ペプチド**とは逆の機能をもつ．

? なぜ，尿崩症患者の一部だけがADH処理によって効果が見られるのか．

理解度テスト

レベル1：知識／理解

1. ミミズの後腎管と異なり，哺乳類のネフロンは，
(A) 毛細血管網と密接に連携している．
(B) 浸透圧調節と排出の両方の機能をもつ．
(C) 体腔液の代わりに血液から濾液を受け取る．
(D) 輸送上皮をもつ．

2. 以下のうち，ネフロンのどの過程が最も選択性が低いか．
(A) 濾過　(C) 能動輸送
(B) 再吸収　(D) 分泌

3. 一般的に尿の生産量が最も低いのは次のうちどの動物か．
(A) チスイコウモリ　(C) 海産の硬骨魚類
(B) 淡水中のサケ　(D) 淡水生の扁形動物

レベル2：応用／分析

4. 腎臓髄質の高い浸透圧は，以下の____以外のすべてのことによって維持される．
(A) 上行脚の上部域からの塩の能動輸送
(B) 傍髄質性ネフロンの空間的配置
(C) 集合管からの尿素の拡散
(D) ハンレのループの下行脚からの塩の拡散

5. 自然選択により傍髄質性ネフロンの比率が最大になった種は，次のうちどれか．
(A) カワウソ
(B) 温帯の広葉樹林に生活するネズミ種
(C) 砂漠に生活するネズミ種
(D) ビーバー

6. 小さな淀んだ淡水池にしばしば見られるアフリカハイギョは含窒素老廃物として尿素をつくる．この適応にはどのような利点があるか．
(A) 尿素はアンモニアよりも合成するエネルギーが少ない．
(B) 小さな淀んだ池は毒性の高いアンモニアを希釈するために水が十分でない．
(C) 尿素は不溶性の沈殿物を形成する．
(D) 尿素は池に対してハイギョの組織を低浸透圧性にする．

レベル3：統合／評価

7. **データの解釈**　以下のデータを用いて，カンガルーネズミとヒトにおける水の獲得ならびに水の喪失を表す4つの円グラフを描きなさい．

	カンガルーネズミ	ヒト
水の獲得（mL）		
食物から摂取	0.2	750
液体として摂取	0	1500
代謝から	1.8	250
水の喪失（mL）		
尿	0.45	1500
糞便	0.09	100
蒸散	1.46	900

水の獲得ならびに喪失において，カンガルーネズミではヒトと比べてどの経路が多くの割合を占めているか．

8. **進化との関連**　メリアムカンガルーネズミ *Dipodomys merriami* は，北米の湿潤な寒冷地から酷暑の乾燥地まで広範囲に生息している．メリアムカンガルーネズミの集団間で水保持に適応的な差異が生じているという仮説に基づいて，乾燥環境と湿潤環境に生息する個体群の間で，蒸発による水喪失率にどのような違いが生じているか，提案しなさい．カンガルーネズミによる蒸発水分喪失を検出するために湿度センサーを用い，どのようにその予測を検証できるだろうか．

9. **科学的研究**　あなたはカンガルーネズミの腎機能を研究しており，尿の量とモル浸透圧濃度，尿中の塩化物イオン（Cl^-）と尿素の量を測定している．もし，動物が得られる水を水道水から2% NaCl溶液に切り替えたとすると，尿のモル浸透圧濃度にはどのような変化が生じると考えるか．もしこの変化がCl^-あるいは尿素の排出の変化によるものだとしたら，どのようにそのことを決定できるか．

10. **テーマに関する小論文：組織化**　浸透圧調節の過程で，哺乳類腎臓のヘンレのループと集合管の膜構造が，どのようにして濾液からの水の回収を可能にするかを300〜450字で比較しなさい．

11. 知識の統合

写真のウミイグアナ *Amblyrhynchus cristatus* は長時間水中で海藻を食べ，体液のホメオスタシス維持のために腎臓と塩類腺の双方に依存している．この動物の生息環境における浸透圧調節に関する課題に対して，どのようにして腎臓と塩類腺が協調しながら対応しているのか，記述しなさい．

（一部の解答は付録A）

45 ホルモンと内分泌系

▲図 45.1　何がゾウアザラシの雄と雌の外観をこれほど異ならせるのだろうか.

重要概念

45.1 ホルモンや，その他のシグナル伝達分子は，標的受容体に結合して特定の反応経路の引き金を引く

45.2 ホルモン経路において，フィードバック制御と神経系による調節が一般的である

45.3 内分泌腺は多様な刺激に反応してホメオスタシス，発達，および行動を調節する

▼雄ゾウアザラシのぶつかり合い

体内での遠距離調節因子

私たちは，しばしば異なる種の動物をその外観によって区別しているが，多くの種において，雌と雄は，かなり異なって見える．そのようなことは，図 45.1 に示すように，ゾウアザラシ *Mirounga angustirostris* に当てはまる．雄は雌よりもはるかに大きく，雄だけが大きくなった鼻をもつことから，ゾウアザラシと名づけられた．雄はまた，雌よりも縄張り意識が強く，攻撃的である．Y 染色体上の性決定遺伝子は，アザラシの胚を雄にする．しかし，この遺伝子の存在が雄の大きさや形，そして行動をどのように引き起こすのだろうか．こうした多くの生物学的変化を引き起こすのは，**ホルモン hormone**（「引き起こす」を意味するギリシャ語 *horman* に由来）とよばれる分子である．

動物では，ホルモンは細胞外液に分泌され，血リンパや血液によって体内を循環し，体のすみずみまで調節信号を伝達する．ゾウアザラシの場合，思春期に特定のホルモンの分泌量が増えると，性成熟を引き起こすだけでなく，「性的二型性」，すなわち，成人した雌と雄の独特の外観を生じる．ホルモンは，性行動や生殖に大きな影響を与えるだけではない．たとえば，ゾウアザラシ，ヒト，その他哺乳類がストレス，脱水，低血糖などの状況に置かれたとき，ホルモンは，体内のバランスを回復させるためのさまざまな生理的反応を調節する．

各ホルモンに対しては，体内に特異的な受容体が存在する．どのホルモンも体内のすべての細胞に到達するが，そのホルモンに対する受容体をもつ細胞は限られている．それぞれのホルモンは，それに適合する受容体をもつ特定の「標的細胞」にだけ働いて，代謝の変化などの反応を引き起こす．そのホルモンに対する受容体を欠く細胞は影響を受けない．

ホルモンによる化学的シグナル伝達に働いているのは**内分泌系**

endocrine system である．これは，体内での情報伝達と制御に働く2つの基本的なシステムのうちの1つである．もう1つの情報伝達と調節の重要な系が**神経系 nervous system** である．神経系ではニューロンという特殊化した細胞が専用の経路を通じてシグナルを伝える．これらのシグナルはニューロン，筋肉および内分泌細胞を調節する．ニューロンによるシグナル伝達はホルモンの分泌も制御するので，神経系と内分泌系の機能は重複することが多い．

本章では，はじめに動物における化学的シグナル伝達のさまざまな型を概観し，内分泌系と神経系がどのように協調しているかを見る．次いで，ホルモンが標的細胞をどのように制御するか，ホルモンの分泌はどのように調節されるか，およびホルモンがホメオスタシスをどのように助けるのかを探究する．終わりに，内分泌系および神経系の活動がどのように調節されているのか，またホルモンが成長や発生をどのように制御しているのかについても扱う．

45.1

ホルモンや，その他のシグナル伝達分子は，標的受容体に結合して特定の反応経路の引き金を引く

まずはじめに，動物細胞が化学的シグナルを用いて情報伝達するさまざまな方法について見ていく．

細胞間コミュニケーション

動物細胞間の情報伝達は，2つの基準に基づいて分類されることが多い．1つは分泌細胞のタイプであり，もう1つはシグナルが標的に至るルートである．図45.2は，この基準に基づいて分類された5つの情報伝達様式を示している．

内分泌によるシグナル伝達

図45.2 a に示すように，内分泌細胞によって細胞外液に分泌されたホルモンは，血流（または血リンパ）を経由して標的細胞に到達する．内分泌シグナルの1つの機能は，ホメオスタシスを維持することである．ホルモンは，血圧および血液量，エネルギー代謝やエネルギー分配，体液中の溶質濃度などを調節する．また，内分泌シグナルは，環境変化に対する応答を仲介するだけでなく，成長および発達や，前述のように，性成熟および生殖の基礎となる行動的，肉体的変化を引き起こす．

▼図 45.2　**分泌された分子による細胞間コミュニケーション．** どの型のシグナル伝達でも，分泌された分子（●）は標的細胞で発現された特異的な受容体タンパク質（◡）に結合する．受容体によっては細胞内に存在する場合もあるが，ここではすべて細胞表面に描かれている．

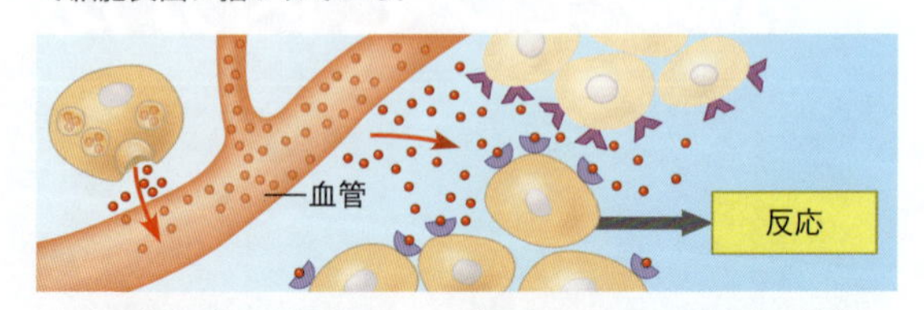
血管
反応

(a) **内分泌シグナル伝達**では，分泌された分子は血流中に拡散し，標的細胞が体のどこにあっても反応を引き起こす．

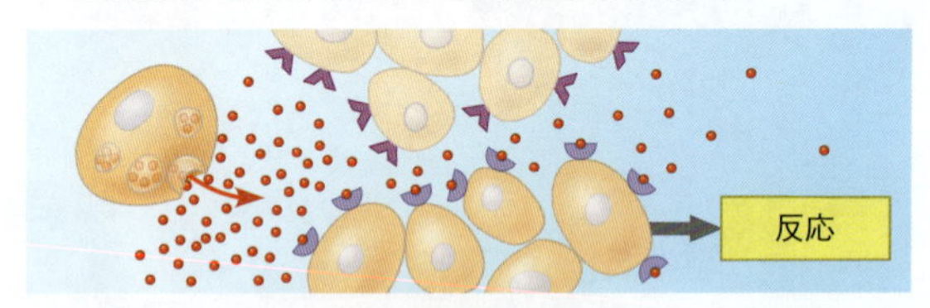
反応

(b) **パラクリン型シグナル伝達**では，分泌された分子は局所的に拡散し，隣接する細胞に反応を引き起こす．

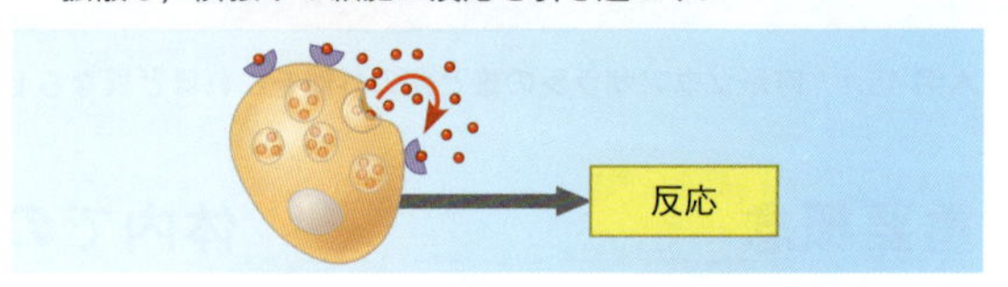
反応

(c) **オートクリン型シグナル伝達**では，分泌された分子は局所的に拡散し，分泌した細胞の反応を引き起こす．

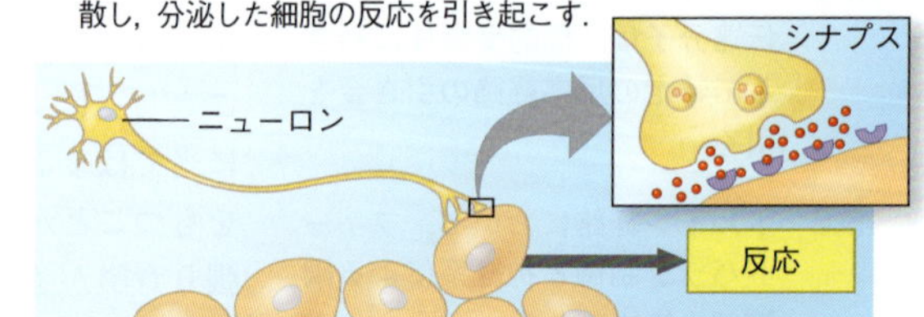
シナプス
ニューロン
反応

(d) **シナプスでのシグナル伝達**では，神経伝達物質がシナプスを横切って拡散し，標的組織（ニューロン，筋肉，または腺）の細胞の反応を引き起こす．

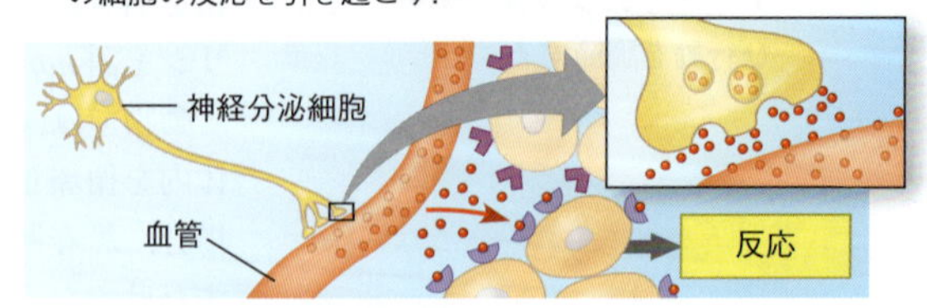
神経分泌細胞
血管
反応

(e) **神経内分泌でのシグナル伝達**では，神経ホルモンが血流中に拡散し，標的細胞が体のどこにあっても反応を引き起こす．

パラクリン（傍分泌）型およびオートクリン（自己分泌）型のシグナル伝達

多くの種類の細胞が**局所調節因子 local regulator** を生産し分泌する．局所調節因子とは，近距離で作用し，拡散のみによって数秒もしくは数ミリ秒以内に標的細胞に達する分子のことである．局所調節因子は，たとえば血圧調節や神経系の機能や生殖など，多種多様な生理的過程を調節する．

標的細胞が何かによって，局所調節因子のシグナル伝達はパラクリン型またはオートクリン型のどちらかになる．**パラクリン paracrine**（「そばに」を意味するギリシャ語 *para* に由来）型シグナル伝達では，標的細胞は分泌細胞の近くに存在する（図 45.2 b 参照）．**オートクリン autocrine**（「自身」を意味するギリシャ語 *auto* に由来）型シグナル伝達では，標的細胞は分泌細胞自身である（図 45.2 c 参照）．

多様で広範な機能を有する局所調節因子の 1 つに，**プロスタグランジン prostaglandin** がある．たとえば，免疫系において，プロスタグランジンは，炎症および傷害に応答する痛みの感覚を促進する．アスピリンやイブプロフェンなどのプロスタグランジン合成を阻止する薬は，これらの活性を妨げ，抗炎症作用と鎮痛作用の両方をもたらす．

プロスタグランジンは血餅の形成の段階の 1 つである血小板の凝集に関係している．血餅が心臓への血流を妨害すると心臓発作を起こすので（42.4 節参照），医師によっては心臓発作の危険性のある人に，定期的にアスピリンを服用することを勧めている．

シナプスおよび神経内分泌におけるシグナル伝達

神経系の機能においては，分泌される分子の働きが不可欠である．ニューロンは他のニューロンや筋肉細胞などの標的細胞との間にシナプスとよばれる特殊な接合部を形成する．シナプスでは，ニューロンは**神経伝達物質 neurotransmitter** とよばれる分子を分泌し，それはきわめて短距離（細胞直径程度の範囲）を拡散して標的細胞の受容体に結合する（図 45.2 d 参照）．「シナプスでのシグナル伝達」は，48～50 章で探究するように，感覚，記憶，認知および運動で中心的役割をもつ．

「神経内分泌でのシグナル伝達」では，神経分泌細胞とよばれる特殊なニューロンが分泌した**神経ホルモン（神経分泌ホルモン）neurohormone** が神経細胞の末端から血液中に拡散する（図 45.2 e 参照）．神経ホルモンの一例として，抗利尿ホルモンがあり，腎機能や水バランス，さらに求愛行動に重要である．本章の後半では，内分泌シグナル伝達におけるさまざまな神経ホルモンによる調節について紹介する．

フェロモンによるシグナル伝達

シグナル分子は，体内で働くものばかりではない．同種の動物の仲間同士は，ときに**フェロモン pheromone** とよばれる，外部環境に放出される化学物質を介して情報交換を行う．たとえば，餌を探すアリが新しい餌

▼図 45.3　フェロモンによるシグナル伝達． ハシリハリアリの 1 種 *Leptogenys distinguenda* は，低く下げた触角を使って，フェロモンで標識された道筋をたどりながらさなぎや幼虫を新しい巣へ運ぶ．

場を発見すると，巣への帰り道に沿って，特定のフェロモンで印をつける．また，アリはコロニーが新たな場所に移動する際にも，フェロモンを誘導に用いる（図 45.3）．

フェロモンの作用は多岐にわたっており，縄張りの境界を定めたり，捕食者の存在を警報したり，異性個体を誘引したりすることにも用いられる．ポリフェムスヤママユ *Antheraea polyphemus* という蛾の雌が空気中に放出する性フェロモンが 4.5 km も遠くの同種の雄を誘引するのは，その驚くべき一例である．フェロモンのさらなる機能については，51 章「動物の行動」においても取り上げる．

局所調節因子とホルモンの化学的分類

どのような種類の分子が，動物の体内で情報を伝えるのだろうか．それでは，見ていこう．

局所調節因子の分類

プロスタグランジンは，脂肪酸に化学的修飾が加わった物質である．プロスタグランジン以外の局所調節因子のうち，たとえば，免疫細胞間での情報伝達を可能にするサイトカイン（図 43.16，図 43.17 を参照）や，細胞増殖，細胞分裂，胚発生を調整する成長因子などは，ポリペプチドである．また，いくつかの局所調節因子は，気体である．

気体である**一酸化窒素 nitric oxide（NO）**は体内で神経伝達物質および局所調節因子として働く．血中の酸素レベルが低下すると，血管壁の内皮細胞が一酸化窒素を合成し放出する．周囲の平滑筋に拡散した一酸化窒素は，周囲の平滑筋を弛緩させる酵素を活性化する．その結果，血管が拡張し，組織への血流が増大す

る．

ヒトの男性では，一酸化窒素の血管拡張促進作用は，陰茎への血流を増加させて勃起を起こさせるという生殖機能にも働く．バイアグラ（シルデナフィルクエン酸塩）という，男性の勃起不全に用いられる薬剤は，一酸化窒素への反応経路の活性を長引かせることによって勃起を維持する．

ホルモンの化学的分類

ホルモンは，大きく3つの種類，つまりポリペプチド，ステロイド，そしてアミンに分類することができる（図45.4）．たとえば，ポリペプチドホルモンであるインスリンは，2つのポリペプチド鎖からできている．ステロイドホルモンであるコルチゾル（コルチゾール）は，4つの融合した炭素環をもつ脂質である．これらはすべて，コレステロール（図5.12参照）というステロイドに由来する．アドレナリン（エピネフリン）とチロキシンはアミンホルモンで，チロシンという単一のアミノ酸から合成される（訳注：チロキシンはカルボキシ基を含むので，厳密にいえばアミノ酸である）．

図45.4に示すように，ホルモンは水あるいは脂質に富む環境への溶解性が異なる．ポリペプチドや多くのアミンは水溶性であるが，ステロイドホルモンや，チロキシンのような非極性（疎水性）の強いホルモンは脂溶性である．

▼図45.4　ホルモンの構造と溶解性の違い．

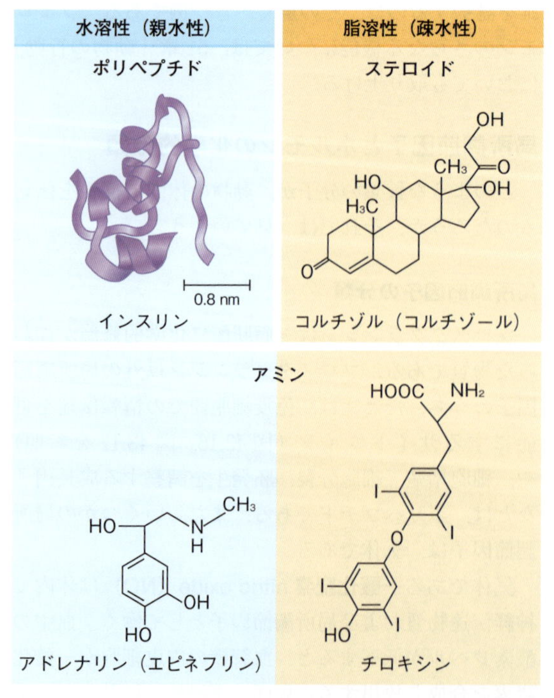
水溶性（親水性）
脂溶性（疎水性）
ポリペプチド
ステロイド
0.8 nm
インスリン
OH
CH_3
O
HO
OH
H_3C
O
コルチゾル（コルチゾール）
アミン
HOOC
NH_2
I
I
O
I
I
HO
HO
N
H
CH_3
OH
HO
アドレナリン（エピネフリン）
チロキシン

関連性を考えよう➤細胞は，アミノ酸のチロシンからアドレナリンを合成する（図5.14参照）．チロシンのα炭素がどの部分に対応するのか，アドレナリンの構造図に矢印を記入してみよう．

細胞のホルモンに対する反応経路

水溶性ホルモンと脂溶性ホルモンとでは，反応の経路にいくつかの違いがある．その1つは標的細胞の受容体の存在場所の違いである．水溶性ホルモンはエキソサイトーシス（開口分泌または開口放出）によって分泌され，そのままの形で血流に乗って運ばれる．水溶性ホルモンは脂質に不溶なため，標的細胞の細胞膜を透過できない．そのため，これらのホルモンは細胞膜表面の受容体に結合して，細胞質中の分子の変化を引き起こし，ときには遺伝子の転写に変化をもたらす（図45.5 a）．これとは対照的に，脂溶性のホルモンは内分泌細胞の膜を通過して外へ拡散する．細胞外ではこれらは輸送タンパク質に結合することによって水性

▼図45.5　ホルモン受容体の存在場所の異なり．

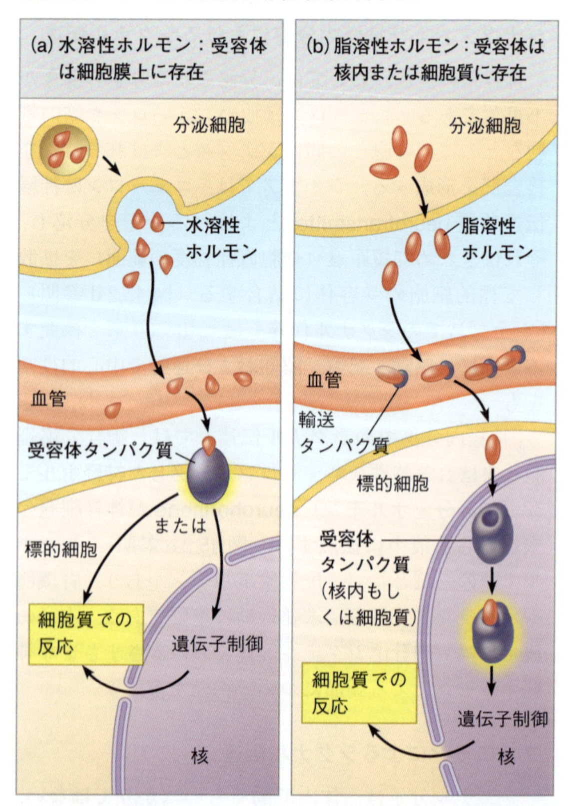
(a) 水溶性ホルモン：受容体は細胞膜上に存在
分泌細胞
水溶性ホルモン
血管
受容体タンパク質
または
標的細胞
細胞質での反応
遺伝子制御
核
(b) 脂溶性ホルモン：受容体は核内または細胞質に存在
分泌細胞
脂溶性ホルモン
血管
輸送タンパク質
標的細胞
受容体タンパク質（核内もしくは細胞質）
細胞質での反応
遺伝子制御
核

どうなる？➤あなたがあるホルモンに対する細胞の反応を研究していると仮定しなさい．あなたはその細胞が転写を阻害する物質で処理されても反応し続けることを知った．そのホルモンおよび受容体について，あなたはどのように推測できるか．

の血流に溶けることができる．血流を離れると標的細胞内へ拡散し，細胞質あるいは核内のシグナル受容体に結合し，遺伝子の転写に変化を引き起こす（図 45.5 b）．

水溶性および脂溶性ホルモンの細胞への作用を明確にするため，2つの反応経路を順を追って調べていく．

水溶性ホルモンへの反応経路

水溶性ホルモンの細胞表面の受容体タンパク質への結合は，細胞の反応を引き起こす．細胞の反応とは，ある酵素の活性化であったり，特定の分子の取り込みや分泌であったり，細胞骨格の再構成であったりする．加えて，細胞表面の受容体の中には，細胞質のタンパク質を核内に移動させ，特定の遺伝子の転写を変化させるものもある．

細胞外の化学シグナルを，それに対応する細胞内の反応に転換する一連の細胞タンパク質の変化は，**シグナル変換 signal transduction** とよばれる．たとえば，短期間のストレスに対する反応の1つを例に挙げてみよう．あなたが，たとえば発車しそうなバスに乗るために走っているときなどのようにストレスのかかる状況にあると，あなたの腎臓の上にある副腎は，水溶性ホルモンである**アドレナリン adrenaline**（**エピネフリン epinephrine** ともいう）を分泌する．アドレナリンは，肝臓を含むさまざまな臓器の機能を調節するが，標的細胞の細胞膜上のGタンパク質共役型受容体に結合する．図 45.6 に示すように，アドレナリンの受容体への結合により，一連の反応が進行し，そこにはサイクリック AMP（cAMP）という短命な「二次メッセンジャー」の生成も含まれる．cAMP は，タンパク質キナーゼ A を活性化し，それによってグリコーゲンの分解に必要な酵素の活性化と，グリコーゲン合成に必要な酵素の不活性化が起きる．最終的に，肝臓はグルコースを血流に放出し，走り出そうとするバスにあなたが追いつくための追加のエネルギーを供給する．

脂溶性ホルモンへの反応経路

脂溶性ホルモンに対応する細胞内受容体は，シグナル変換のすべての仕事を細胞内で行う．ホルモンは受容体を活性化し，受容体が直接に細胞の反応を引き起こす．ほとんどの場合，脂溶性ホルモンへの反応は遺伝子発現の制御である．

ほとんどのステロイドホルモンの受容体は，ホルモンと結合するまでは細胞質中に存在する．ステロイドホルモンが細胞質中の受容体に結合すると，ホルモン・受容体複合体が形成され，それが核内へ移動する（図 18.9 参照）．そこでは，複合体の受容体部が特定の DNA 結合タンパク質または DNA の応答配列と相互作用を行い，遺伝子の転写を制御する（一部の細胞においてステロイドホルモンは，細胞表面上に存在する他の種類の受容体タンパク質とも相互作用することによって，さらなる細胞応答を引き起こす）．

ステロイドホルモンに対する受容体のうち，その機能が最もよく解明されているものとして，脊椎動物の雌の生殖機能に必要なエストロゲンに対するエストロゲン受容体がある．たとえば，鳥やカエルの雌では，エストロゲンの1種であるエストラジオールに対する特異的な受容体が肝臓の細胞に存在する．エストラジオールがこの受容体に結合すると，ビテロゲニンというタンパク質の遺伝子の転写が活性化される（図 45.7）．メッセンジャー RNA の翻訳によって，ビテロゲニンは産生・分泌され，血流によって生殖系に運ばれ，卵黄の生成に用いられる．

チロキシン，ビタミン D，およびステロイドホルモン以外の脂溶性ホルモンは，核内に存在する受容体をもつのが一般的である．このような受容体は血流から細胞膜と核膜の両方を通って拡散してきたホルモンと結合する．ホルモンと結合した受容体は DNA の特定の場所に結合し，特定の遺伝子の転写を起こさせる．

▼図 45.6　**細胞表面のホルモン受容体はシグナル変換を引き起こす．**

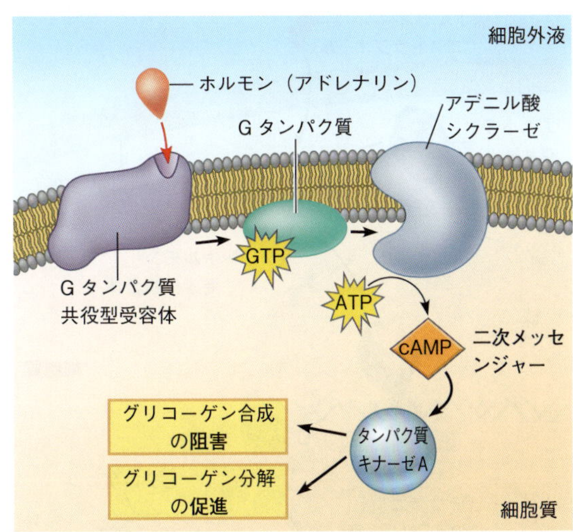
細胞外液
ホルモン（アドレナリン）
Gタンパク質
アデニル酸
シクラーゼ
GTP
Gタンパク質
共役型受容体
ATP
cAMP
二次メッセ
ンジャー
グリコーゲン合成
の阻害
グリコーゲン分解
の促進
タンパク質
キナーゼA
細胞質

図読み取り問題➤一連の矢印は，アドレナリンからタンパク質キナーゼ A が活性化されるまでの経路を示している．ATP と cAMP との間の矢印によって表される反応は，他の 4 つのものと，どのように異なるか説明しなさい．

▼図 45.7　ステロイドホルモンは遺伝子発現を直接制御する．

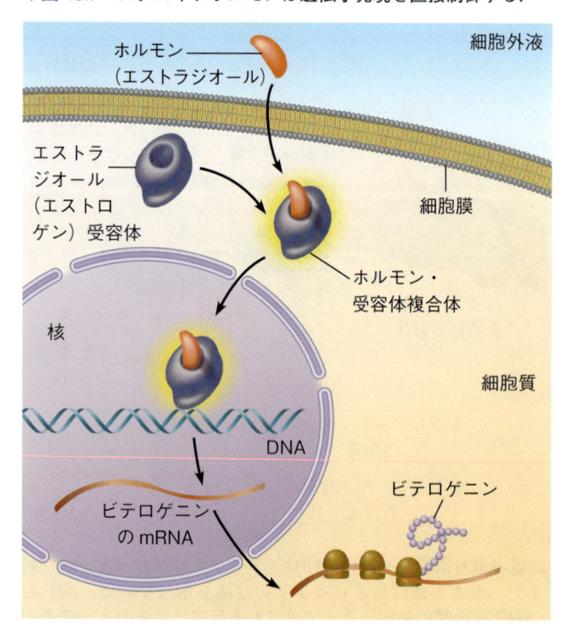
ホルモン
(エストラジオール)
細胞外液
エストラ
ジオール
(エストロ
ゲン) 受容体
細胞膜
ホルモン・
受容体複合体
核
細胞質
DNA
ビテロゲニン
ビテロゲニン
の mRNA

ホルモンに対する多様な反応

ホルモンは，特定の受容体に結合するが，なかでもある種のホルモンは，細胞によってさまざまな反応を引き起こす．標的細胞において，受容体の種類や反応を引き起こす分子群が異なれば，あるホルモンがさまざまな反応を引き起こすことができる．このようにして，1つのホルモンが，刺激に協調的な反応をもたらす一連の活動を誘発することができる．たとえば，アドレナリンの多様な効果は，45.3 節で述べるように，ストレスへの迅速な対応である「闘争–逃走」反応の基礎を形成する．

内分泌組織および器官

内分泌系の細胞の中には，他の器官系に属する器官の中に存在するものもある．たとえば，ヒトの消化器官系に属する胃には，内分泌細胞が散在しており，ガストリンというホルモンを分泌し，消化過程を制御している．多くの場合，甲状腺や副甲状腺，雄の精巣や雌の卵巣などのように，内分泌細胞が**内分泌腺 endocrine gland** とよばれる，導管をもたない器官の中に集団で存在する (図 45.8)．

内分泌腺はホルモンを直接周囲の体液に分泌することに注意してほしい．内分泌腺と対照的に，「外分泌腺 exocrine gland」には，汗や唾液などの分泌物質を体表面または体腔に分泌する導管がある．この区別は

▼図 45.8　ヒトの内分泌腺と分泌されるホルモン．この図は，ヒトの主要な内分泌腺の位置と主要な機能を示す．内分泌組織および細胞は，胸腺，心臓，肝臓，胃，腎臓および小腸にも存在する．

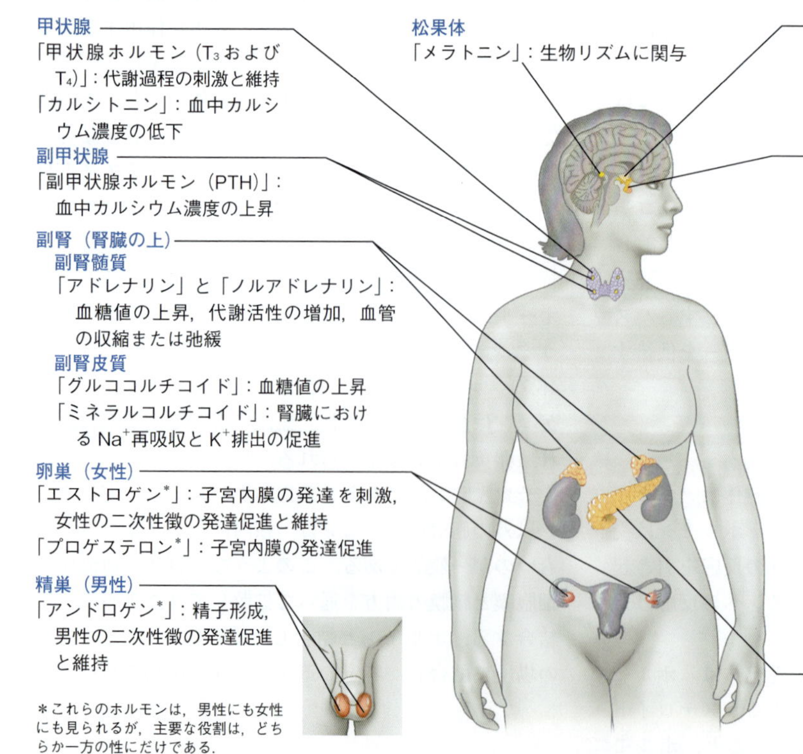
甲状腺
「甲状腺ホルモン (T_3 および T_4)」: 代謝過程の刺激と維持
「カルシトニン」: 血中カルシウム濃度の低下
副甲状腺
「副甲状腺ホルモン (PTH)」: 血中カルシウム濃度の上昇
副腎 (腎臓の上)
副腎髄質
「アドレナリン」と「ノルアドレナリン」: 血糖値の上昇，代謝活性の増加，血管の収縮または弛緩
副腎皮質
「グルココルチコイド」: 血糖値の上昇
「ミネラルコルチコイド」: 腎臓における Na^+ 再吸収と K^+ 排出の促進
卵巣 (女性)
「エストロゲン*」: 子宮内膜の発達を刺激，女性の二次性徴の発達促進と維持
「プロゲステロン*」: 子宮内膜の発達促進
精巣 (男性)
「アンドロゲン*」: 精子形成，男性の二次性徴の発達促進と維持
*これらのホルモンは，男性にも女性にも見られるが，主要な役割は，どちらか一方の性にだけである．
松果体
「メラトニン」: 生物リズムに関与
視床下部
脳下垂体後葉から放出されるホルモン (下記参照)
「放出ホルモン」と「抑制ホルモン」の放出: 下垂体前葉を調節するホルモンの放出
脳下垂体
脳下垂体後葉
「オキシトシン」: 子宮および乳腺細胞の収縮を刺激
「バソプレシン (抗利尿ホルモン, ADH)」: 腎臓による水の保持の促進，社会行動やつがい形成への影響
脳下垂体前葉
「卵胞刺激ホルモン (FSH)」，「黄体形成ホルモン (LH)」: 卵巣と精巣を刺激
「甲状腺刺激ホルモン (TSH)」: 甲状腺を刺激
「副腎皮質刺激ホルモン (ACTH)」: 副腎皮質を刺激
「プロラクチン」: 乳汁の生産・分泌を刺激
「成長ホルモン (GH)」: 性徴と代謝機能を刺激
「メラニン細胞刺激ホルモン (MSH)」: 表皮のメラノサイトの色を調節
膵臓
「インスリン」: 血糖値の低下
「グルカゴン」: 血糖値の上昇

名称にも反映されている．ギリシャ語の *endo*（内部の）と *exo*（外部の）は体液内あるいは体液外への分泌を表し，*crine*（分離する）は分泌細胞から離れていくことを意味している．膵臓（すいぞう）の場合，内分泌および外分泌組織は同じ腺に見られる．すなわち導管のない組織はホルモンを分泌し，膵管を伴う組織は酵素および炭酸水素塩を分泌する．

概念のチェック 45.1

1. 水溶性ホルモンと脂溶性ホルモンとでは，標的細胞での反応機構はどのように異なるか．
2. どのような種類の腺がフェロモンを分泌すると思われるか．説明しなさい．
3. どうなる？➤水溶性ホルモンを標的細胞の細胞質に注入した場合，どのような反応が起こるだろうか．

（解答例は付録 A）

45.2

ホルモン経路において，フィードバック制御と神経系による調節が一般的である

ホルモンの構造，認識機構，細胞の反応について述べてきたが，ここからは，ホルモンの分泌を調節する制御経路がどのように構成されているかを考えよう．

単純な内分泌制御経路

「単純な内分泌制御経路」では，内分泌細胞は体内または環境からの刺激に直接反応して特定のホルモンを分泌する．分泌されたホルモンは血流に乗って標的細胞に達し，特定の受容体と相互作用を行う．標的細胞内のシグナル変換によって生理的反応が起きる．

小腸の最初の部分である十二指腸に存在する内分泌細胞の反応は，単純な内分泌制御経路を理解するための非常に有用な例である．消化において，胃から分泌される強酸の消化液を含む部分的に消化された食物は，十二指腸へ運ばれる．さらなる消化が起こる前に，この酸性内容物は，中和されなければならない．図 45.9 は，この酸性内容物の中和を確実にするための単純な内分泌制御経路の概要を示している．

酸性の消化物が十二指腸に運ばれると，十二指腸にある S 細胞という内分泌細胞がそれを感受し，「セクレチン」というホルモンを血中に分泌する．そして，循環器系を介してセクレチンは，膵臓に達する．膵臓にあるセクレチン受容体を発現する標的細胞が反応し，炭酸水素塩を十二指腸に通じる管へ分泌する．十二指腸に分泌された炭酸水素塩は，十二指腸内の pH を上昇させ，胃酸を中和する．

単純な神経内分泌制御経路

「単純な神経内分泌制御経路」では，刺激は内分泌組織ではなく感覚ニューロンで感受され，感覚ニューロンが神経内分泌細胞を刺激する．それによって神経内分泌細胞が神経ホルモンを分泌する．他のホルモンと同様に，神経ホルモンも血中に拡散して標的細胞に運ばれる．

単純な神経内分泌制御経路の例として，哺乳類の授乳時に見られる乳汁の放出がある（図 45.10）．乳児による吸引が乳首の感覚ニューロンを刺激し，それがシグナルとして神経系を経て視床下部に達する．そして視床下部からの神経インパルスが脳下垂体後葉からの**オキシトシン oxytocin** という神経ホルモンの分泌を起こさせる．オキシトシンは乳腺細胞の収縮を引き起こし，乳腺から乳汁を放出させる．

フィードバック制御

反応から，それを引き起こした刺激へと逆戻りにつなげるフィードバックの閉鎖回路は，制御経路に見られる特徴である．多くの場合，反応が最初の刺激を抑制する**負のフィードバック negative feedback** の回路が存在する．たとえば，セクレチンによる膵臓からの炭酸水素塩の分泌が十二指腸の pH を上昇させ，その結果セクレチン分泌刺激が取り除かれ，セクレチンの分泌が停止する（図 45.9 参照）．このように，ホルモンのシグナル伝達を低下あるいは停止させることによって，負のフィードバック制御は経路の過剰な活性を防いでいる．

負のフィードバックが刺激を弱めるのに対して，**正のフィードバック positive feedback** は刺激を強化し，より強い反応を引き起こす．たとえば，図 45.10 に示したオキシトシンの反応経路において，オキシトシンに反応して乳腺は乳汁を放出する．オキシトシンへの反応で放出された乳汁は乳児の吸乳をさらに促すので，刺激はさらに続く．この反応経路の活性化は，乳児が吸うのをやめるまで維持される．オキシトシンの別の機能として，分娩時の子宮筋の収縮を起こさせ，この経路にも正のフィードバックが働く．

負のフィードバックと正のフィードバックを比較した際，負のフィードバックのみが刺激が与えられる前の状態に戻るのを助ける．そのため，ホメオスタシスに関係するホルモンの制御経路が，負のフィードバッ

▼図 45.9 **単純な内分泌制御経路.** 内分泌細胞は体内または体外の変化（刺激）に反応してホルモン分子を分泌し，ホルモンは標的細胞の特異的反応を引き起こす．セクレチンのシグナル伝達では，この単純な内分泌経路は自己統制的である．なぜなら，セクレチンへの反応（炭酸水素塩の分泌）が刺激（pH の低下）を負のフィードバックによって減少させるからである．

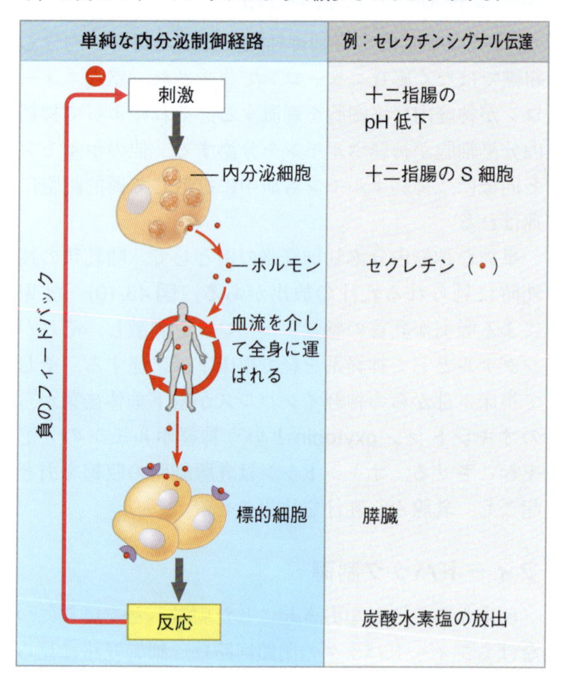
単純な内分泌制御経路
例：セレクチンシグナル伝達
刺激
十二指腸の
pH 低下
内分泌細胞
十二指腸の S 細胞
ホルモン
セクレチン（•）
血流を介して全身に運ばれる
負のフィードバック
標的細胞
膵臓
反応
炭酸水素塩の放出

▼図 45.10 **単純な神経内分泌制御経路.** 刺激に反応した感覚神経が神経分泌細胞にインパルスを送り，神経ホルモンの分泌を引き起こす．血流を経て標的細胞に達した神経ホルモンは受容体に結合し，シグナル変換を引き起こし，特定の反応へと導く．オキシトシンのシグナル伝達における神経内分泌経路では，反応が刺激を増加させるので，経路中のシグナル伝達が増幅する正のフィードバック回路が働く．

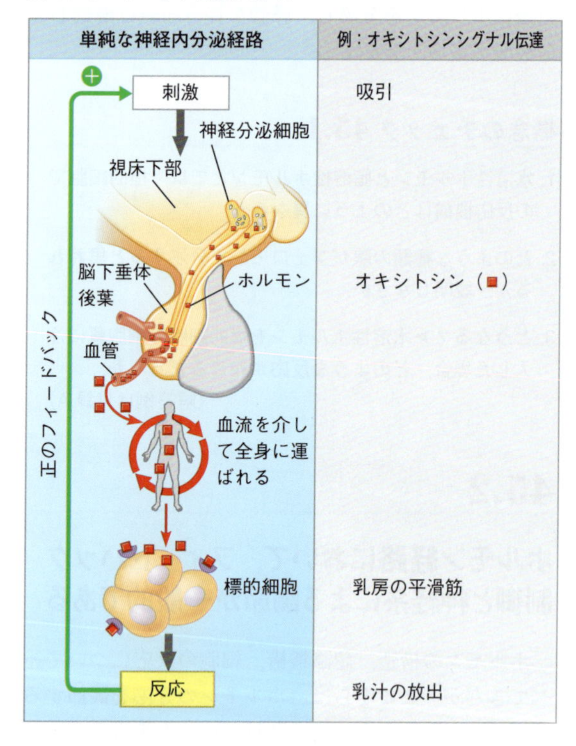
単純な神経内分泌経路
例：オキシトシンシグナル伝達
刺激
吸引
神経分泌細胞
視床下部
脳下垂体後葉
ホルモン
オキシトシン（■）
血管
正のフィードバック
血流を介して全身に運ばれる
標的細胞
乳房の平滑筋
反応
乳汁の放出

クを示すことは驚くべきことではない．しばしば，負のフィードバックと正のフィードバックは対になっており，よりバランスのとれた制御を提供している．たとえば，血液中のグルコース濃度は，インスリンとグルカゴンの相反する作用によって調節されている（図 41.21 参照）

内分泌系と神経系の協調

広範囲の動物において，脳内の内分泌器官は，内分泌系と神経系との機能を統合する．それでは，無脊椎動物および脊椎動物におけるこのような統合機能について見ていこう．

無脊椎動物

ガの発生の制御は，無脊椎動物における神経内分泌による協調的な作用を説明するよい例である．図 45.11 に示すヤママユガ *Hyalophora cecropia* の毛虫のような幼虫は，段階的に成長する．ガの外骨格は伸長できないため，幼虫は定期的に脱皮し，古い外骨格を捨てて，新しい骨格を分泌しなければならない．脱皮を制御する内分泌経路は，幼虫の脳に存在する（図 45.12）．脳内の神経分泌細胞が，ポリペプチドの神経分泌ホルモンである前胸腺刺激ホルモン（prothoracicotropic hormone：PTTH）を産生する．このPTTH に反応して，脳の後方にある前胸腺とよばれる内分泌腺が「エクジステロイド」を分泌する．このエクジステロイドが，一連の脱皮を引き起こす．

▼図 45.11 **ヤママユガの幼虫.**

エクジステロイドは，変態とよばれる形態の著しい変化を制御する．幼虫の内部には，将来，成虫の眼，羽，脳，その他の構造になる組織の集団が存在する．幼虫が十分に大きくなると，幼虫は動かなくなり，さなぎに変化し，前胸腺の細胞群がその後の機能を引き継ぐ．そして，前胸腺の細胞集団が完全に発生を終えると，幼虫由来の組織は，プログラム細胞死する．その結果，毛虫から自由に飛ぶことができるガへと変身する．

エクジステロイドが脱皮と変態の両方を引き起こすとなると，変態の起きるタイミングは何によって決定されるのだろうか．答えは脳の後方にある他の1対の内分泌腺（訳注：アラタ体）から分泌される幼若ホル

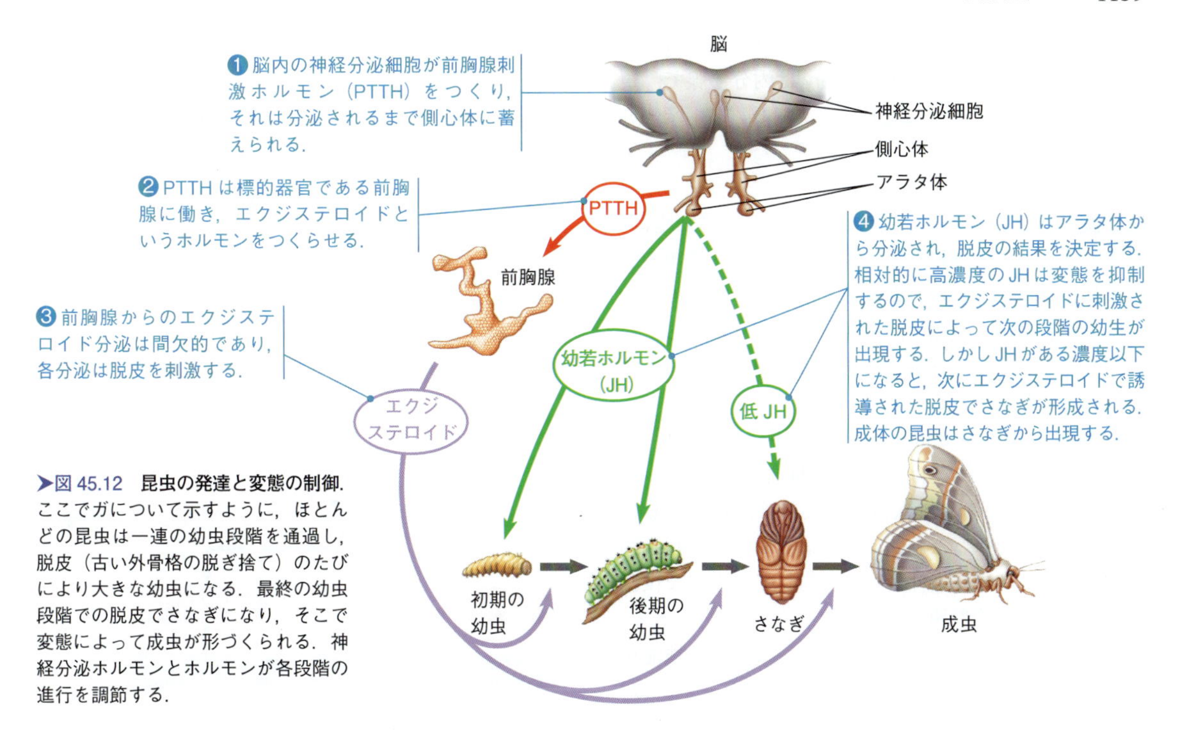
脳
❶ 脳内の神経分泌細胞が前胸腺刺激ホルモン（PTTH）をつくり，それは分泌されるまで側心体に蓄えられる．
神経分泌細胞
側心体
アラタ体
❷ PTTH は標的器官である前胸腺に働き，エクジステロイドというホルモンをつくらせる．
PTTH
前胸腺
❸ 前胸腺からのエクジステロイド分泌は間欠的であり，各分泌は脱皮を刺激する．
エクジステロイド
幼若ホルモン（JH）
低 JH
❹ 幼若ホルモン（JH）はアラタ体から分泌され，脱皮の結果を決定する．相対的に高濃度の JH は変態を抑制するので，エクジステロイドに刺激された脱皮によって次の段階の幼生が出現する．しかし JH がある濃度以下になると，次にエクジステロイドで誘導された脱皮でさなぎが形成される．成体の昆虫はさなぎから出現する．
初期の幼虫
後期の幼虫
さなぎ
成虫

➤図 45.12　**昆虫の発達と変態の制御．** ここでガについて示すように，ほとんどの昆虫は一連の幼虫段階を通過し，脱皮（古い外骨格の脱ぎ捨て）のたびにより大きな幼虫になる．最終の幼虫段階での脱皮でさなぎになり，そこで変態によって成虫が形づくられる．神経分泌ホルモンとホルモンが各段階の進行を調節する．

モンである．幼若ホルモンはエクジステロイドの作用を変調させる．幼若ホルモンのレベルが高く保たれている期間は，エクジステロイドは幼虫脱皮を刺激する（つまり，幼若の幼虫の状態を維持する）．幼若ホルモンのレベルが低下すると，エクジステロイドはさなぎの形成を誘導し，さなぎの中で変態が起きる．

昆虫における内分泌系と神経系間の協調に関する知識は，農業での害虫駆除への重要な応用を可能にする．たとえば，害虫を防除するための 1 つのツールは，エクジステロイド受容体に結合する合成化学物質を使用することで，幼虫は未熟な状態で脱皮をして死ぬ．

脊 椎 動 物

脊椎動物では，**視床下部 hypothalamus** が内分泌シグナルを統合するうえで非常に重要な機能を果たしている（図 45.13）．視床下部は，体内の情報を神経を介して受容する．それらへの反応として，視床下部は環境の状態に見合った神経内分泌シグナル伝達を行う．たとえば多くの脊椎動物では，季節的な変化の情報を神経シグナルとして脳から視床下部へ伝える．すると視床下部は繁殖期に必要な生殖関連ホルモンの分泌を制御する．

視床下部からのシグナルは，すぐ下方に位置する**脳下垂体 pituitary gland** という腺に送られる（図 45.13 参照）．形や大きさがライ豆[*1]に似ている脳下垂体は，前部と後部の 2 つが融合してできた腺で，すなわち前葉と後葉とにはっきりと分かれていて，それぞれ別のホルモン群を分泌する．**脳下垂体後葉 posterior pituitary** は，視床下部の伸長部である．視床下部からの神経軸索が脳下垂体後葉に達していて，そこから視

▼図 45.13　**ヒトの脳の内分泌腺．** 脳の側面図に視床下部，脳下垂体および松果体の位置を示す（松果体は生物リズムの調節に働く）．

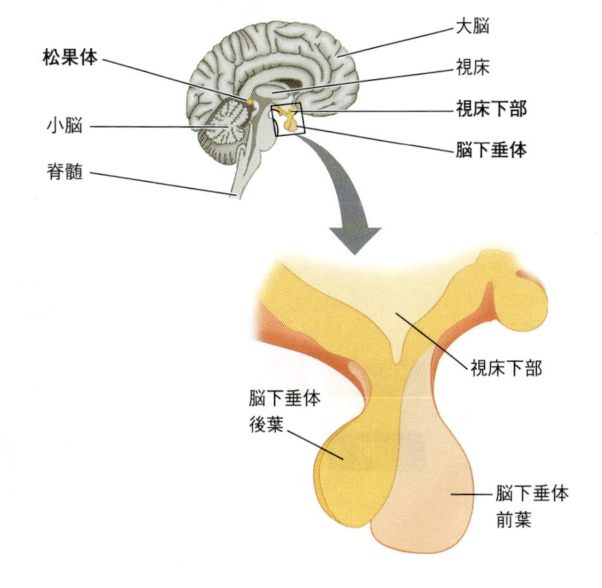
大脳
松果体
視床
視床下部
小脳
脳下垂体
脊髄
視床下部
脳下垂体
後葉
脳下垂体
前葉

＊1（訳注）：北米で広く栽培されている 2 cm ぐらいの大きさの豆．なお，このたとえはヒトの脳下垂体には当てはまるが，脊椎動物全体を見れば大きさはさまざまである．

床下部でつくられた神経ホルモンを分泌する．対照的に，**脳下垂体前葉** anterior pituitary は内分泌腺で，視床下部からのシグナルに反応してホルモンを生産・分泌する．

脳下垂体後葉ホルモン　視床下部の神経分泌細胞は，オキシトシンおよび抗利尿ホルモンという２種類の脳下垂体後葉ホルモンを合成する．これらのホルモンは神経分泌細胞の長い軸索内を通って後葉へ移動し，そこに蓄えられ，視床下部に伝達された神経インパルスに反応して分泌される（図 45.14）．

抗利尿ホルモン antidiuretic hormone（ADH），別名「バソプレシン」は，腎臓の機能を制御する．ADH は，腎臓での水の保持を増大させ，結果として血液の浸透圧を正常な範囲に保つように働く（44.5 節参照）．ADH はまた，社会行動に関しても重要な役割を演じる（51.4 節参照）．

オキシトシンは，生殖に関して，さまざまな機能を有する．これまで見てきたように，オキシトシンは，哺乳類の雌において，乳腺からの乳汁放出や分娩時の子宮収縮を調節する．これらに加えて，オキシトシンは脳内にも標的をもち，母性行動（子の世話）やつがい形成，さらには性行動などにも影響を与える．

脳下垂体前葉ホルモン　脳下垂体前葉から分泌されるさまざまなホルモンは，人体において代謝，浸透圧調節，生殖などを含む多様な過程を制御する．図 45.15 に示すように，脳下垂体前葉から分泌されるホルモンの多くは，内分泌腺や内分泌組織の機能を調節する．

視床下部が分泌するホルモンは，脳下垂体前葉から放出されるホルモンの分泌を制御する．視床下部の各ホルモンは「放出ホルモン」あるいは「抑制ホルモン」

▼図 45.14　**脳下垂体後葉ホルモンの生産と分泌．** 脳下垂体後葉は視床下部が延長したものである．視床下部の神経分泌細胞の一部が抗利尿ホルモン（ADH）とオキシトシンをつくり，これらは脳下垂体後葉に運ばれて蓄えられる．これらの神経ホルモンは脳からの神経シグナルによって分泌される．

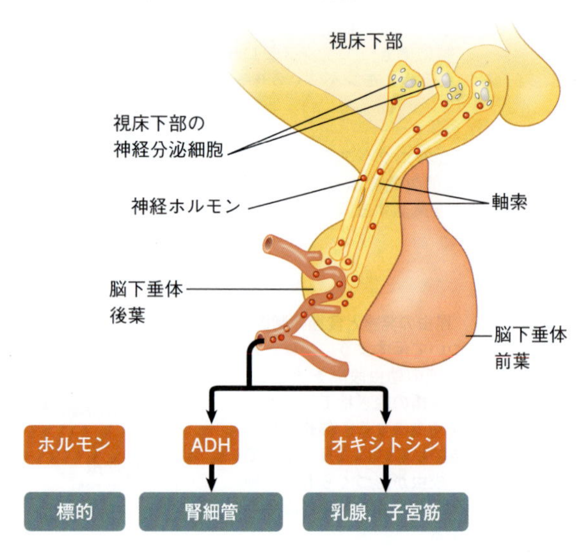
視床下部
視床下部の
神経分泌細胞
神経ホルモン
軸索
脳下垂体
後葉
脳下垂体
前葉
ホルモン
ADH
オキシトシン
標的
腎細管
乳腺，子宮筋

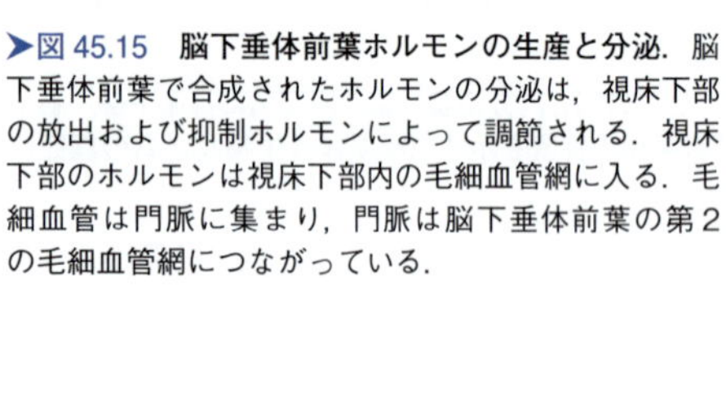
➤図 45.15　**脳下垂体前葉ホルモンの生産と分泌．** 脳下垂体前葉で合成されたホルモンの分泌は，視床下部の放出および抑制ホルモンによって調節される．視床下部のホルモンは視床下部内の毛細血管網に入る．毛細血管は門脈に集まり，門脈は脳下垂体前葉の第２の毛細血管網につながっている．

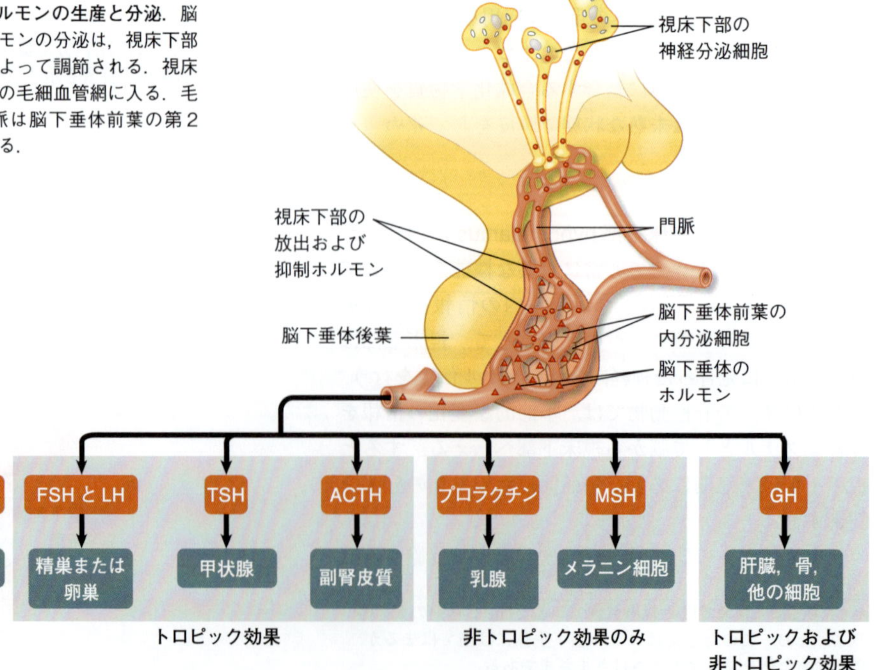
視床下部の
神経分泌細胞
視床下部の
放出および
抑制ホルモン
門脈
脳下垂体後葉
脳下垂体前葉の
内分泌細胞
脳下垂体の
ホルモン
ホルモン
標的
FSH と LH
精巣または
卵巣
TSH
甲状腺
ACTH
副腎皮質
プロラクチン
乳腺
MSH
メラニン細胞
GH
肝臓，骨，
他の細胞
トロピック効果
非トロピック効果のみ
トロピックおよび
非トロピック効果

のどちらかである．この語は，それらのホルモンが脳下垂体前葉の特定の1つまたはそれ以上のホルモンの分泌を促進または抑制する作用をもつことを示している．たとえば，「プロラクチン放出ホルモン」は，脳下垂体前葉からの**プロラクチン prolactin** の分泌を刺激する視床下部ホルモンである．プロラクチンは乳汁の生産を促すなどの作用をもつ*2．脳下垂体前葉の各ホルモンは，少なくとも1つの放出ホルモンによって調節されている．プロラクチンを含むいくつかのホルモンは，放出ホルモンと抑制ホルモンの両方によって調節される．

視床下部の放出ホルモンと抑制ホルモンは，視床下部の底部の毛細血管近くで分泌される．毛細血管は門脈とよばれる短い血管に合流し，門脈は脳下垂体前葉内で第2の毛細血管網に分かれる．このようにして，放出および抑制ホルモンは調節する対象まで直接達することができる．

神経内分泌制御経路において，視床下部，下垂体前葉および標的内分泌腺から分泌されるホルモンの組み合わせは，複数の内分泌組織の機能を調節し，連続したシグナル伝達を引き起こす「ホルモンカスケード」を構成する．脳へのシグナルは，視床下部を刺激して，特定の脳下垂体前葉ホルモンの放出を刺激，もしくは抑制するホルモンを分泌させる．そして脳下垂体前葉ホルモンは，標的の内分泌組織を刺激して，その内分泌組織から別のホルモンを分泌させ，特定の標的組織に影響を与える．たとえば，生殖において，視床下部は，脳下垂体前葉から卵胞刺激ホルモン（follicle-stimulating hormone：FSH）および黄体形成ホルモン（luteinizing hormone：LH）ホルモンを分泌させる．分泌されたFSHおよびLHは，生殖腺（卵巣または精巣）に作用し，生殖腺からのホルモン分泌を調節する．

ある意味ホルモンカスケード経路とは，視床下部からのシグナルを他の内分泌組織へ向け直すことである．このような作用から，脳下垂体前葉ホルモンは，トロピックホルモンとよばれ，このような作用をトロピック効果という．「トロピック」とは，ギリシャ語の「屈曲」または「旋回」を意味するトロポス *tropos* が由来である．つまり，生殖腺刺激ホルモンであるFSHやLHは，視床下部から生殖腺へのシグナルを伝える．トロピックホルモンとホルモンカスケード経路の詳細については，次項で述べる．

＊2（訳注）：プロラクチンは乳腺の腺細胞での乳汁の生産と導管への分泌を刺激する．一方，オキシトシンは蓄えられている乳汁を筋収縮によって放出させる．

▼図 45.16　**甲状腺ホルモン分泌の制御：ホルモンカスケード経路．**

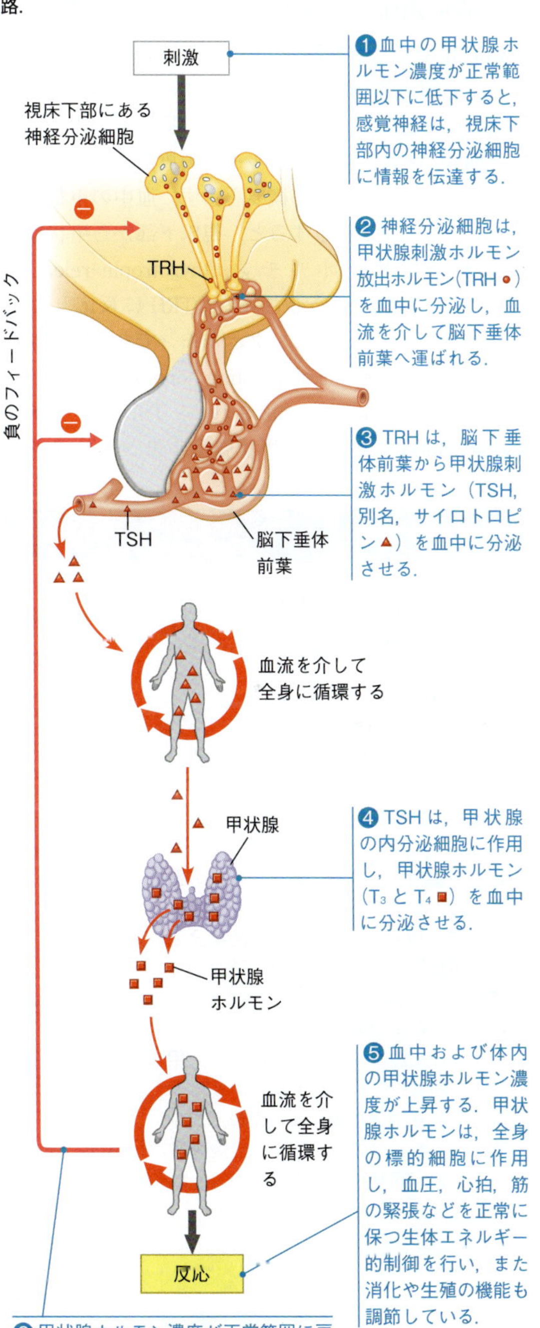
刺激
視床下部にある神経分泌細胞
TRH
TSH
脳下垂体前葉
負のフィードバック
血流を介して全身に循環する
甲状腺
甲状腺ホルモン
血流を介して全身に循環する
反応
❶血中の甲状腺ホルモン濃度が正常範囲以下に低下すると，感覚神経は，視床下部内の神経分泌細胞に情報を伝達する．
❷神経分泌細胞は，甲状腺刺激ホルモン放出ホルモン(TRH ●)を血中に分泌し，血流を介して脳下垂体前葉へ運ばれる．
❸TRHは，脳下垂体前葉から甲状腺刺激ホルモン（TSH，別名，サイロトロピン▲）を血中に分泌させる．
❹TSHは，甲状腺の内分泌細胞に作用し，甲状腺ホルモン（T3とT4■）を血中に分泌させる．
❺血中および体内の甲状腺ホルモン濃度が上昇する．甲状腺ホルモンは，全身の標的細胞に作用し，血圧，心拍，筋の緊張などを正常に保つ生体エネルギー的制御を行い，また消化や生殖の機能も調節している．
❻甲状腺ホルモン濃度が正常範囲に戻ると，甲状腺ホルモンは視床下部からのTRH分泌と脳下垂体前葉からのTSH分泌を抑制する．この負のフィードバックによって甲状腺ホルモンの過剰生産が防止される．

甲状腺の調節：ホルモンカスケード経路

哺乳類では，**甲状腺ホルモン thyroid hormone** は，血圧，心拍，筋の緊張などを正常に保つ生体エネルギー的制御を行い，また消化や生殖の機能も調節している．図 45.16 に，甲状腺ホルモンの放出を調節するホルモンカスケード経路の概要を示す．血中の甲状腺ホルモンのレベルが低下すると，視床下部から甲状腺刺激ホルモン放出ホルモン（thyrotropin-releasing hormone：TRH）が分泌される．TRH に反応した脳下垂体前葉から，トロピックホルモンである甲状腺刺激ホルモン（thyroid-stimulating hormone：TSH，別名サイロトロピン）が分泌される．TSH は，**甲状腺 thyroid gland** を刺激して甲状腺ホルモンを分泌させる．甲状腺は気管の腹側表面に位置する器官で，2つのふくらんだ部分からできている．分泌された甲状腺ホルモンは代謝率を上昇させる．

他のホルモンカスケード経路と同様に，さまざまなレベルでのフィードバック機構が存在する．たとえば，甲状腺ホルモンは脳下垂体前葉の TSH 分泌および視床下部の TRH 分泌を抑制するので，この負のフィードバックによって甲状腺ホルモンの過剰生産が防止される（図 45.16 参照）．

甲状腺の機能と調節の障害

甲状腺ホルモンの産生および調節機能の破綻は，重篤な障害を引き起こす．そのような障害は，体内で合成されるヨウ素を含む唯一の珍しい分子である甲状腺

問題解決演習

この患者において甲状腺機能は正常だろうか

正常な健康状態を維持するためには，甲状腺による適切な調節が必要である．甲状腺機能低下症は，甲状腺ホルモン（T_3 および T_4）が少ないために，体重増加，嗜眠，および成人の寒さへの不耐性を引き起こす．

一方，甲状腺ホルモンの過剰分泌は，甲状腺機能亢進症（こうしんしょう）として知られ，高体温，多汗，体重減少，筋力低下，過敏症，および高血圧を引き起こす．

甲状腺刺激ホルモン（TSH）は，甲状腺を刺激して甲状腺ホルモン（T_3 および T_4）を放出する．そのため，血中 T_3，T_4，および TSH レベルを検査することで，病状の診断に役立つ．

ここでは，甲状腺機能障害によって麻痺を起こして救急救命室に運ばれてきた 35 歳男性が甲状腺機能障害をもっているかどうか診断する．

方法　救急救命医として，甲状腺の機能を測定するために 4 つの項目について血液検査を行った．患者の甲状腺機能が正常であるかどうかを判断するために，患者の血液検査結果を健常者の正常値と比較する．

データ

#	血液検査項目	患者	正常範囲	コメント
a.	総トリヨードチロニン（T_3）	2.93 nmol/L	0.89～2.44 nmol/L	
b.	遊離チロキシン（T_4）	27.4 pmol/L	9.0～21.0 pmol/L	
c.	甲状腺刺激ホルモン	5.55 mU/L	0.35～4.94 mU/L	
d.	TSH 受容体自己抗体	0.2 U/mL	0～1.5 U/mL	

解析

1. 各血液検査項目について，患者の検査値が正常範囲に対して高値，低値，または正常であるかどうか決定しなさい．次に，表のコメント欄に，高値，低値，または正常を記入しなさい．
2. 血液検査項目の a.～c. の結果に基づいて，この患者は，甲状腺機能低下症または，甲状腺機能亢進症のどちらか．
3. 血液検査項目の d. は，TSH 受容体に結合して，TSH 受容体を活性化する自己抗体（自己反応性）レベルを測定するものである．高レベルの自己抗体は，持続的な甲状腺ホルモン生産を引き起こし，グレーヴス病（バセドウ病）とよばれる自己免疫疾患を引き起こす．この患者は，グレーヴス病を発症しているのだろうか．説明しなさい．
4. 甲状腺腫瘍では，T_3 および T_4 を分泌する細胞が増加するが，脳下垂体前葉内の腫瘍では，TSH を分泌する細胞を増加させる．患者の血液検査結果から，この患者はどちらに当てはまると考えられるか．説明しなさい．

ホルモンによって引き起こされる.「甲状腺ホルモン」は,実際にはアミノ酸のチロシンに由来する2つのよく似たホルモンの総称である.その1つの「トリヨードチロニン(T_3)」は3つのヨウ素原子を含み,もう1つの「チロキシン(T_4)」は4つのヨウ素原子を含む(図45.4参照).

ヨウ素は海産食品やヨウ素添加食塩から容易に摂取できるが,世界ではヨウ素の不足した食事しかとれない地域が多い.ヨウ素が不足すると,甲状腺は不十分な量のT_3,T_4しか合成できないので,血中のT_3,T_4の濃度が低下して,視床下部や脳下垂体前葉への負のフィードバックを正常に行えなくなる.その結果,脳下垂体はTSHを分泌し続ける.TSH濃度の上昇は甲状腺の肥大につながり,首の部分に特徴的な腫れの見られる甲状腺腫を引き起こす.問題解決演習において,甲状腺機能障害の不思議についてさらに見てみよう.

ホルモンによる成長調節

脳下垂体前葉から分泌される**成長ホルモン growth hormone(GH)**は,トロピックホルモンとしても非トロピックホルモンとしても作用して,成長を促進する.主要な標的である肝臓はGHに反応して「インスリン様成長因子(insulin-like growth factor:IGF)」を放出する.IGFは血流に入り,骨や軟骨の成長を刺激する(IGFはまた,多くの動物種での加齢現象に重要な役割を演じているようである).GHがないと,幼い動物の骨格は成長を停止する.GHはまた,血糖値の上昇につながる,さまざまな代謝に影響を与えることによって,インスリンと反対の働きをする.

GHの産生に異常が生じると,さまざまな症状が現れる.どのような症状かは,いつそれが起きるか,および分泌過多,分泌減退のどちらが関係するかによって異なる.子どもの時期の分泌過多は巨人症を引き起こすが,体の均整は比較的正常に保たれる(図45.17).成人になってからの分泌過多では,このホルモンへの反応性が残っている少数の組織での骨の成長が刺激される.それらは主として顔,手,足なので,末端部の異常成長,すなわち末端肥大症が起こる.

GHの分泌減退が幼少期に起こると長骨の成長が遅れ,下垂体性低身長症になる.この症状では,体の各部分の均整は,大部分は正常だが,身長は約1.2 mほどにしかならない.思春期以前に正しく診断できれば,下垂体性低身長症はヒトGH(HGHともいう)の投与によって治療することができる.現在では,遺伝子組換え技術でつくり出されたHGHで治療することが日常的である.

▼図45.17 **成長ホルモンの過剰産生の影響.** 家族に囲まれているロバート・ワドロー Robert Wadlowは,22歳で身長は2.7 mであり,人類の歴史上最も身長が高い.彼の高身長は,脳下垂体から分泌される成長ホルモンの過剰分泌によるものであった.

概念のチェック 45.2

1. 乳腺の機能調節のおけるオキシトシンとプロラクチンの役割は何か.

2. 脳下垂体の接合している2つの腺の機能はどのように異なるか.

3. どうなる?➤特定のホルモン経路に障害をもつ人では,一般にその障害が視床下部や脳下垂体ではなく,最後の内分泌腺に現れるのはなぜかを説明しなさい.

4. どうなる?➤甲状腺ホルモンの過剰産生と診断された2人の患者において,1人は,血中TSH濃度が上昇していたが,残りの患者ではそのようなことはなかった.1人の患者の診断は間違っていたのだろうか.説明しなさい.

(解答例は付録A)

45.3

内分泌腺は多様な刺激に反応してホメオスタシス，発達，および行動を調節する

本章の残りの部分では，ホメオスタシス，発達および行動における内分泌機能に焦点を当てる．まずは，単純な内分泌制御経路の別の例として，循環系におけるカルシウムイオン濃度調節について見てみよう．

副甲状腺ホルモンとビタミンD：血中カルシウムの調節

カルシウムイオン（Ca^{2+}）は，あらゆる細胞が正常に機能するために必要不可欠なので，血中カルシウム濃度のホメオスタシスを保つことはきわめて重要である．もし血中Ca^{2+}濃度がある程度にまで下がると，骨格筋はけいれん的な収縮（れん縮）を起こし，命にかかわる状態になる．もし血中Ca^{2+}濃度が上がりすぎると，体組織でリン酸カルシウムの沈殿が生じ，広範囲の器官損傷につながる．

哺乳類では，**副甲状腺 parathyroid gland** という，甲状腺（図45.8参照）の背側にはまり込んだ4つの小さな構造からなる腺が，血中Ca^{2+}の調節に主要な役割を果たす．血中Ca^{2+}濃度が約10 mg/100 mLという標準値よりも下がると，この腺は**副甲状腺ホルモン parathyroid hormone（PTH）**を分泌する．

PTHは直接的および間接的作用によって血中Ca^{2+}濃度を上げる（図45.18）．骨に作用すると石灰化した基質が分解してCa^{2+}が血中に放出される．腎臓では尿細管でのCa^{2+}の再吸収を直接促進する．PTHは腎臓に間接的な効果も及ぼす．それはビタミンDの活性型への変換を促進する作用である．ステロイド由来の分子であるビタミンDの不活性型は，食物から得られ，また，日光にさらされた皮膚でも合成される．ビタミンDの活性化は肝臓で開始され，腎臓で完結するが，この過程がPTHによって促進される．活性型ビタミンDは腸に直接作用して食物からのCa^{2+}の取り込みを刺激し，PTHの効果を増強する．血中Ca^{2+}濃度が上がれば，負のフィードバックが副甲状腺からのPTH分泌を抑制する（図45.18では，フィードバックのループは図示されていない）．

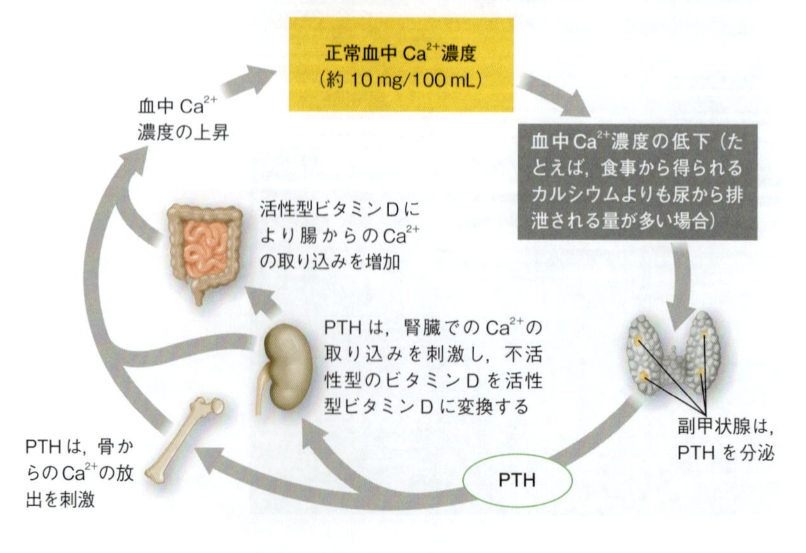
正常血中Ca2+濃度
（約10 mg/100 mL）
血中Ca2+濃度の低下（たとえば，食事から得られるカルシウムよりも尿から排泄される量が多い場合）
副甲状腺は，PTHを分泌
PTH
PTHは，腎臓でのCa2+の取り込みを刺激し，不活性型のビタミンDを活性型ビタミンDに変換する
活性型ビタミンDにより腸からのCa2+の取り込みを増加
PTHは，骨からのCa2+の放出を刺激
血中Ca2+濃度の上昇

▼図45.18　哺乳類の血中カルシウム濃度調節における副甲状腺ホルモン（PTH）の働き．

甲状腺もカルシウムのホメオスタシスに貢献している．血中Ca^{2+}濃度が標準値よりも上昇すると，甲状腺は**カルシトニン calcitonin**というホルモンを分泌する．カルシトニンは骨の再吸収を阻害し，腎臓でのCa^{2+}の排出を促進する．魚類，ネズミ類および他のいくつかのグループでは，カルシトニンはCa^{2+}のホメオスタシスに不可欠であるが，ヒトでは幼少期の骨の急速な成長の期間にだけ必要であると思われる．

副腎のホルモン：ストレスへの反応

脊椎動物の副腎は，ストレス，すなわちホメオスタシスを変調させるもの，に反応するために重要な役割を果たす．腎臓の上に位置する**副腎 adrenal gland**は，1対ある副腎はどちらも，異なる機能と発生起源をもつ細胞で構成される2つの腺，すなわち外側の「副腎皮質」と，中心部の「副腎髄質」から構成されている．副腎皮質を構成するのは真の内分泌細胞であるが，副腎髄質の分泌細胞は胚発生時に神経組織から派生したものである．したがって，副腎は脳下垂体と同様に，内分泌腺と神経内分泌腺が融合したものである．

副腎髄質の役割

あなたが夜の森を歩いていて，近くでうなる声を聞いたとする．「熊か？」と驚いたとき，心拍や呼吸が速くなり，筋肉は緊張し，いろいろな考えが頭を駆けめぐる．危険を感じたときのこのようなすばやい反応は「闘争–逃走」反応，言い換えれば急性ストレス反

▼図 45.19　ストレスと副腎.

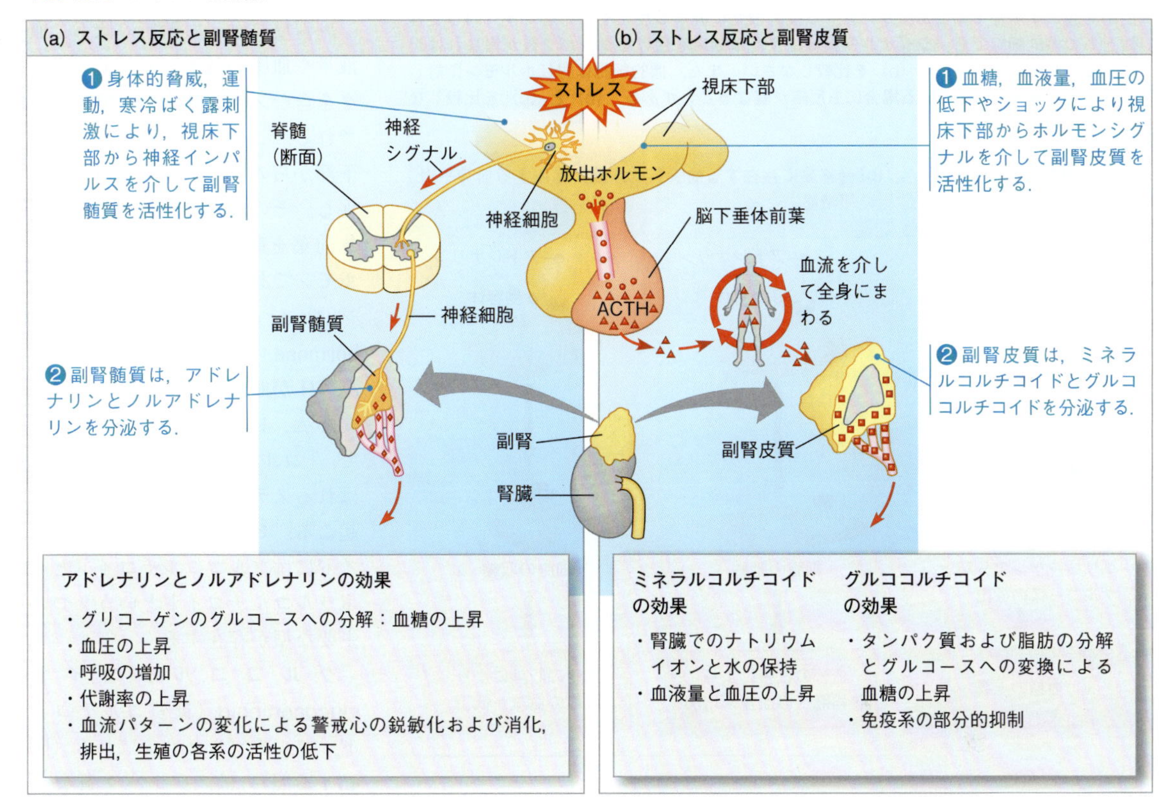
(a) ストレス反応と副腎髄質
(b) ストレス反応と副腎皮質
❶ 身体的脅威，運動，寒冷ばく露刺激により，視床下部から神経インパルスを介して副腎髄質を活性化する.
ストレス
視床下部
❶ 血糖，血液量，血圧の低下やショックにより視床下部からホルモンシグナルを介して副腎皮質を活性化する.
脊髄（断面）
神経シグナル
放出ホルモン
神経細胞
脳下垂体前葉
血流を介して全身にまわる
ACTH
神経細胞
副腎髄質
❷ 副腎髄質は，アドレナリンとノルアドレナリンを分泌する.
❷ 副腎皮質は，ミネラルコルチコイドとグルココルチコイドを分泌する.
副腎
副腎皮質
腎臓
アドレナリンとノルアドレナリンの効果
・グリコーゲンのグルコースへの分解：血糖の上昇
・血圧の上昇
・呼吸の増加
・代謝率の上昇
・血流パターンの変化による警戒心の鋭敏化および消化，排出，生殖の各系の活性の低下
ミネラルコルチコイドの効果
・腎臓でのナトリウムイオンと水の保持
・血液量と血圧の上昇
グルココルチコイドの効果
・タンパク質および脂肪の分解とグルコースへの変換による血糖の上昇
・免疫系の部分的抑制

応なのである．この協調した生理的変化の引き金を引くのは，副腎髄質の 2 つのホルモン，アドレナリンと**ノルアドレナリン noradrenaline** であり，2つとも「カテコールアミン」とよばれる種類のアミンであり，アミノ酸のチロシンから合成される．48.4 節で述べるように，アドレナリンとノルアドレナリンは神経伝達物質としても働く．

アドレナリンとノルアドレナリンの主要な働きは，即座に利用できる化学エネルギーの量を増大させることである（図 45.19 a）．アドレナリンもノルアドレナリンも肝臓および骨格筋のグリコーゲン分解の速度を上昇させ，肝臓からのグルコース放出や，脂肪組織からの脂肪酸放出を促進する．放出されたグルコースと脂肪酸は血中を循環し，体細胞が燃料として用いることができる．

カテコールアミン（ノルアドレナリンとアドレナリン）は，心臓血管系および呼吸系に大きな影響を与える．具体的には，心拍と拍出量の両方を増加させるとともに，肺の細気管支を拡張して体細胞への酸素供給を加速する．医師が，心臓を刺激するため，あるいは喘息(ぜんそく)の発作のときに気道を開くためにアドレナリンを処方するのはこの効果によっている．カテコールアミンは血管を場所によっては収縮させたり拡張させたりして血流のパターンを変える．つまり，全体的な効果として，カテコールアミンは，皮膚，消化管，および腎臓への血液供給を低下させ，心臓，脳および骨格筋への供給を増加させる．

アドレナリンの多様な効果：詳細　個々の組織に幅広い影響を与えるストレスに対して，アドレナリンはどのように作用するのだろうか．この問いには，さまざまな標的細胞の応答経路を調べることで答えることができる（図 45.20）．

- 肝細胞には β 型のアドレナリン受容体があって，この受容体はタンパク質キナーゼ A という酵素を活性化する．その酵素がグリコーゲン代謝にかかわる諸酵素を制御し，グルコースを血液中に放出させる（図 45.20 a）．このシグナル変換経路は図 45.6 にも示している．
- 骨格筋に血液供給を行う血管の平滑筋では，β 型のアドレナリン受容体によって活性化されたタンパク質キナーゼ A が筋肉の特定の酵素を不活性化する．その結果血管平滑筋が弛緩し，血流が増加する（図

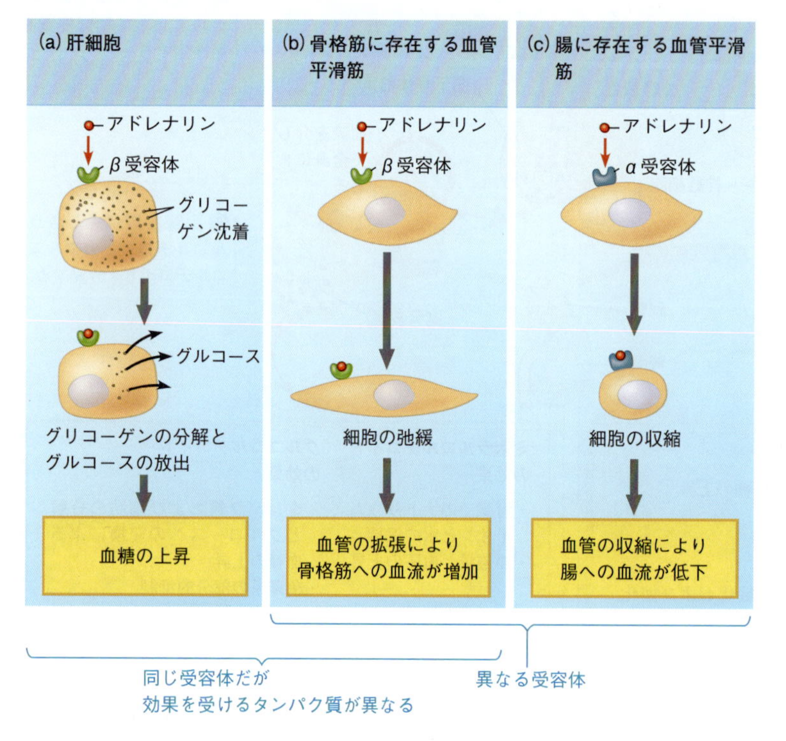
(a) 肝細胞
(b) 骨格筋に存在する血管平滑筋
(c) 腸に存在する血管平滑筋
アドレナリン
β受容体
グリコーゲン沈着
グルコース
グリコーゲンの分解とグルコースの放出
血糖の上昇
アドレナリン
β受容体
細胞の弛緩
血管の拡張により骨格筋への血流が増加
アドレナリン
α受容体
細胞の収縮
血管の収縮により腸への血流が低下
同じ受容体だが効果を受けるタンパク質が異なる
異なる受容体

▼**図 45.20　1つのホルモンによる異なる効果.** アドレナリンは基本的には「闘争–逃走」反応を起こすホルモンであるが，異なる標的細胞に異なる反応を引き起こす．同じ受容体をもつ標的細胞でも，シグナル変換経路または効果を受けるタンパク質が異なれば起こる反応が異なる．(a) と (b) を比較しなさい．また，標的細胞は同じホルモンに対して異なる受容体をもっている場合にも反応が異なることがある．(b) と (c) を比較しなさい．

45.20 b).

- 腸の血管には α 型のアドレナリン受容体がある (図 45.20 c)．α 型のアドレナリン受容体は，タンパク質キナーゼ A を活性化するのではなく，別の G タンパク質および別の酵素が関係するシグナル伝達経路の引き金を引く．その結果，平滑筋が収縮して，腸への血流が抑制される．

したがって，アドレナリンは，その標的細胞の受容体型が異なる場合や細胞応答を生じる分子が異なる場合，多様な効果を引き起こす．上述の例で示したように，このような応答の多様性は，アドレナリンがさまざまなストレスに対してすばやい応答をもたらすことを可能にするために，重要な役割を果たしている．

副腎皮質の役割

副腎髄質と同様に，副腎皮質はストレスに応答するためにホルモンを分泌する (図 45.19 b)．しかしながら，副腎の2つの部位は，反応を引き起こすストレスの種類と放出されるホルモンが標的とする細胞が異なる．

副腎皮質は，血糖値の低下，血液量や血圧の低下，そしてショックを含むストレス状態下で活性化される．このような刺激は，視床下部からの放出ホルモンの分泌を促し，その放出ホルモンが脳下垂体前葉を刺激して，トロピックホルモンである副腎皮質刺激ホルモン (adrenocorticotropic hormone : ACTH) を分泌させる．ACTH が血流を経て副腎皮質に達すると，内分泌細胞が刺激されて，「コルチコステロイド」とよばれるステロイドの産生と分泌が起こる．ヒトではコルチコステロイドにはグルココルチコイドとミネラルコルチコイドという2つの主要な型が存在する．

グルココルチコイド glucocorticoid (糖質コルチコイド，コルチゾルともよばれる (図 45.4 参照)) は，タンパク質などの非炭水化物からのグルコース合成を促進し，燃料となるグルコースをより多く生み出す．また，グルココルチコイドは骨格筋にも作用して筋タンパク質の分解を起こさせる．それらによって生じたアミノ酸は肝臓や腎臓に運ばれ，そこでグルコースに変換されて血中に放出される．筋タンパク質からのグルコースの合成は，肝臓が貯蔵グリコーゲンから供給する以上のグルコースを体が要求するときに燃料を補給する手段となる．

グルココルチコイドを正常値の範囲を超えて体内に導入すると，免疫系の作用の一部が抑制される．この抗炎症作用によって，グルココルチコイドはときに関節炎などの炎症性疾患の治療に用いられる．しかし長期にわたる使用は，グルココルチコイドが代謝に強い効果を及ぼす結果，重大な副作用が生じるおそれがある．このような理由で，慢性の炎症性疾患の治療にはアスピリンやイブプロフェンなどの非ステロイド性抗炎症薬のほうが好んで用いられる．

ミネラルコルチコイド mineralocorticoid (鉱質コルチコイド) は，主として塩類と水のバランスを調節する．たとえば，「アルドステロン」というミネラルコルチコイドは血液でのイオンと水のホメオスタシス

科学スキル演習

対照を含む実験*3 を設計する

夜間の ACTH 分泌は，睡眠時間とどのように関連するのだろうか　ヒトでは，正常な睡眠の後期に副腎皮質刺激ホルモン（ACTH）の分泌量が増え，特に自発的な覚醒時にその分泌のピークが起こる．ACTH の分泌は，ストレス刺激によって起こる．そこで研究者は，覚醒時の ACTH 分泌は，睡眠から活動的な状態への移行に伴うストレスに対する事前応答であると仮定した．もしそうであれば，ある特定の時間に目を覚まさせることで，ACTH 分泌のタイミングに影響を与える可能性がある．では，どのようにすれば，その仮説を検証できるだろうか．この練習では，この仮説を検証するにはどのように対照を含む実験を設計すればよいかを練習する．

実験方法　研究者は，20 代の健康な 15 人のボランティアに対し，3 泊以上にわたり実験を行った．研究者は，各被験者に毎晩，午前 6 時もしくは午前 9 時に起床させることを事前に伝え，被験者は，午前零時に就寝した．被験者は，「短時間」睡眠（午前 6 時起床）グループと「長時間」睡眠（午前 9 時起床）グループに振り分けられた．また一部の被験者は，「不意打ち」グループに振り分けられた．これは，午前 9 時に起床させることを事前に伝えておいたが，実際には 3 時間早い午前 6 時に起床させるというものである．設定した時間における血中 ACTH 濃度を測定するために，血液サンプルを回収した．また，覚醒後の ACTH 濃度変化量（Δ）を測定するために，研究者は，起床 30 分後の血液サンプルを回収した．

実験データ

睡眠グループ	起床予定時間	実際の起床時間	平均血中 ACTH 濃度（pg/mL）		
			午前 1:00	午前 6:00	起床 30 分後におけるΔ
短時間	午前 6:00	午前 6:00	9.9	37.3	10.6
長時間	午前 9:00	午前 9:00	8.1	26.5	12.2
不意打ち	午前 9:00	午前 6:00	8.0	25.5	22.1

データの出典　J. Born et al.Timing the end of nocturnal sleep, *Nature* 397:29-30 (1999).

データの解釈

1. 実験設計における「不意打ち」グループの役割について説明しなさい．
2. 各被験者は，3 泊ごとに異なるグループに割り当てられた．また，割り当てるグループの順序は被験者によって異なる．そのため，被験者たちの 3 分の 1 ずつは，同じグループに割り当てられた．研究者は，この実験設計によって，どのような因子を制御したのか，説明しなさい．
3. 短時間睡眠グループの覚醒時の平均 ACTH 濃度について答えなさい．次に，表の右から 2 つの列の値を用いて，起床後 30 分の平均 ACTH 濃度を計算しなさい．また，起床後 30 分間の変化率は，午前 1 時から 6 時までの間の変化率よりも速いのか，または遅いのか．
4. 「不意打ち」グループの午前 1 時から 6 時の間の ACTH 濃度変化は，「短時間」や「長時間」グループと比較してどのように違うのか．この結果から，研究者の仮説は裏づけられたのか，説明しなさい．
5. 表の右から 2 つの列の値を用いて，「不意打ち」グループの起床後 30 分の平均 ACTH 濃度を計算しなさい．そして，上記問 3 のあなたの解答と比較しなさい．その比較した結果から，覚醒直後のヒトの生理反応についてどのようなことがいえるだろうか．
6. 今回の実験で制御できなかったいくつかの要因は何であるか．またその要因について，補足実験を行うことで検証できるだろうか．

＊3（訳注）：対照を含む実験とは，変数が 1 つだけ異なる 2 つ以上の実験をセットで行うもの（ここでは，3 つの睡眠グループを扱っており，短時間グループは長時間グループと相互に対照群となっている）．

に働く（図 44.22 参照）．グルココルチコイドと同様に，ミネラルコルチコイドはストレスに応答するだけでなく，代謝のホメオスタシスにも関与する．**科学スキル演習**では，ヒトが睡眠から目を覚ます際の ACTH 分泌量の変化を調べる実験について調べてみる．

性ホルモン

性ホルモンは成長，発達，生殖周期，および性行動に影響を与える．副腎も少量の性ホルモンを分泌するが，主要な分泌源は雄の精巣と雌の卵巣である．これら生殖腺は，ステロイドホルモンの 3 つの主要なグループであるアンドロゲン，エストロゲン，およびプロゲステロンの産生・分泌を行う．雄にも雌にもこれら 3 グループのホルモンすべてが存在するが，量的比率は雌雄で大きく異なる．

精巣は数種の**アンドロゲン（雄性ホルモン）androgen**

▼図 45.21　性ホルモンは，ヒトの内生殖器構造の形成を調節する．男性（XY）胚では，両能性生殖腺（2 つの形態のいずれかに成長し得る生殖腺）が精巣となり，テストステロンおよび抗ミュラー管ホルモン（AMH）を分泌する．テストステロンは，精子を運ぶ管（精管および精嚢）の形成を調節し，AMH はミュラー管を退化させる．これらの精巣由来のホルモンが存在しない場合，ウォルフ管は退化し，ミュラー管は，卵管，卵巣，子宮および膣の構造が形成される．

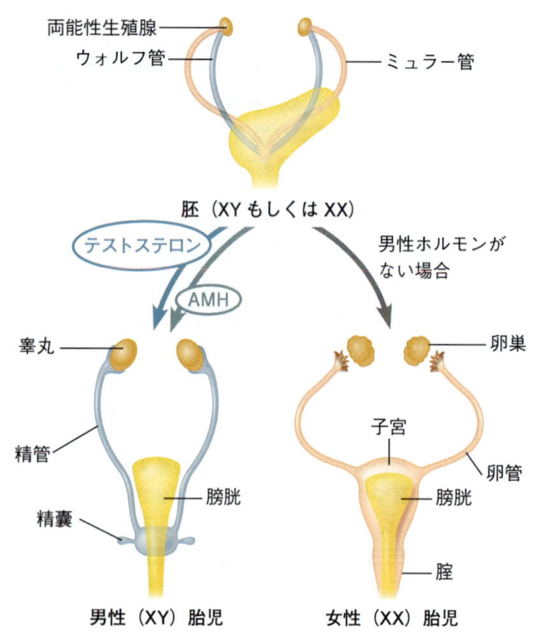
両能性生殖腺
ウォルフ管
ミュラー管
胚（XY もしくは XX）
テストステロン
AMH
男性ホルモンが
ない場合
睾丸
精管
精嚢
膀胱
卵巣
子宮
卵管
膀胱
膣
男性（XY）胎児
女性（XX）胎児

図読み取り問題➤この図から，なぜ生殖腺だけが，両能性を有するのか，説明しなさい．

を産生するが，そのうち最も主要なのは**テストステロン testosterone** である．ヒトにおいてテストステロンは，まず出生前に作用し，男性生殖器の発生を促進する（図 45.21）．アンドロゲンはヒトの思春期に再び作用し，男性の二次性徴の発達を支配する．濃度が上昇したアンドロゲンは低い声，男性型の体毛成長，筋肉および骨の発達をもたらす．テストステロンやそれに近いステロイドがもつ筋肉増強効果，別名アナボリック効果に惹かれ，それを用いたがる運動選手もいるが，ほとんどのスポーツでは使用が禁止されている．アナボリックステロイド[*4]を使用すると，筋肉増強に効果はあるが，同時ににきびの大発生や肝臓障害，精子数や精巣の大きさの減少が引き起こされる．

エストロゲン（雌性ホルモン）estrogen で最も重要なのは**エストラジオール estradiol** であり，雌の生殖系の維持と，雌の二次性徴の発達をつかさどる．哺乳類では，**プロゲステロン progesterone** は，胎児の成長や発生を支えるための子宮組織の準備や維持に関与する．

エストロゲンなどの性ホルモンはホルモンカスケード経路に組み込まれている．これらのホルモンの合成は脳下垂体前葉由来の生殖腺刺激ホルモン（FSH と LH）によって調節されている（図 45.15 参照）．そしてFSH と LH の分泌は視床下部からの放出ホルモンである GnRH（生殖腺刺激ホルモン放出ホルモン）によって調節されている．生殖腺の性ホルモンを制御しているフィードバック機構については，46 章で詳しく調べることにする．

内分泌攪乱（かくらん）物質

1938 年から 1971 年の間，合併症の危険がある妊婦にジエチルスチルベストロール（diethylstilbestrol：DES）という合成エストロゲンが処方されていた．1971 年になってようやく，DES がそれにさらされた胎児の生殖系の発生に変化をもたらすことが明らかになった．DES で治療された女性の娘で，膣や子宮頸管部のがんを含む生殖系の異常，生殖器官の形態的変化，流産の危険性の増加などが，より高い頻度で見られたのである．現在では，DES は「内分泌攪乱（かくらん）物質」，すなわちホルモン経路の正常な機能を妨害する外来物質，とみなされている．

近年，環境中の分子についても，内分泌攪乱物質として作用する可能性が論議されている．たとえばプラスチックの原料に用いられるビスフェノール A が，正常な生殖や発生を妨げる可能性があるという研究がなされている．他にも，大豆その他の植物食品に含まれるエストロゲン類似の分子が乳がんのリスクを低下させることが示唆されている．しかし，そのような効果を明確に知るのはきわめて困難であることもわかってきた．その理由の 1 つは，そのような物質が消化管を経由して体内に入っても，肝臓の酵素がその性質を変えてしまうからである．

ホルモンと生物リズム

修飾されたアミノ酸である**メラトニン melatonin** は，光，および日長の変化を伴う季節に関係した機能を調節する．メラトニンは，哺乳類の脳の中央部近くにある小さな組織の塊である**松果体 pineal gland**（図 45.13 参照）で合成される．

メラトニンは多くの脊椎動物で皮膚の色素にも影響を与えるが，主要な機能は生殖や毎日の活動レベルと結びつく生物リズム（バイオリズム）に関するものである（図 40.9 参照）．メラトニンは夜間に分泌され，

＊4（訳注）：タンパク質同化ステロイドともいう．テストステロンに類似しているが男性化作用が弱く，タンパク質同化作用が強い人工ステロイドを指すのがふつうである．

その分泌量は夜の長さに依存している．たとえば昼が短く夜が長い冬には，メラトニンは多く分泌される．また，毎晩上昇するメラトニン濃度が睡眠の促進に重要な役割を演じているという証拠も挙がっている．

松果体からのメラトニン分泌は，視床下部にある視交叉上核とよばれる一群のニューロンによって調節されている．視交叉上核は生物時計として働いていて，眼の網膜にある特殊な光感受ニューロンからの入力を受け取る．視交叉上核は24時間の明暗周期を通じてメラトニン分泌を制御するが，メラトニンもまた視交叉上核の活動に影響を与える．生物リズムについては，49.2節でさらに詳しく述べ，そこでは視交叉上核の機能についての実験の解析も行う．

ホルモンの機能の進化

進化　進化の過程を経る間に，ホルモンの働きが種によって異なるようになった例は多い．その一例は甲状腺ホルモンである．このホルモンは多くの系統にまたがって代謝の調節に働いているが（図45.16参照），カエルでは，甲状腺ホルモン（チロキシン，T_4）は独特な機能を獲得している．それは変態の期間に起こる，オタマジャクシの尾の縮退を刺激することである（図45.22）．

脳下垂体前葉の「プロラクチン」は，特に広範囲の活性をもつ．哺乳類では，プロラクチンは乳腺の発達と乳汁の合成を刺激するが，鳥では代謝と生殖を調節し，両生類では変態を遅らせ，淡水魚では塩類と水のバランスを調節する．このような多様な作用から考えて，プロラクチンは古くからのホルモンで，脊椎動物が進化する過程でその作用が多様化したのだと思われる．

メラニン細胞刺激ホルモン melanocyte-stimulating hormone（MSH）も，異なる系統においてそれぞれ独特の機能をもつ脳下垂体前葉ホルモンの例である．両生類，魚類および爬虫類では，MSHは表皮にあるメラニン細胞（訳注：メラノサイト，黒色素胞ともいう）内の色素の配置を制御することによって体色を変化させる．哺乳類では体色に関係する以外に，飢えや代謝に関係した機能ももつ．

哺乳類の脳で進化したMSHの特殊な作用は，特に

▼図45.22　**カエルの変態におけるホルモンの特殊な働き．** チロキシンはカエルが成体の形になるとき，オタマジャクシの尾の縮退に働く．

▲ オタマジャクシ

▲ カエルの成体

医学的に重要であると思われる．末期のがん，AIDS，結核，および老化による障害を病む患者の多くは，カヘキシー（悪液質）とよばれる極度の衰弱状態に見舞われる．体重減少，筋肉の退化，食欲の喪失などが特徴のカヘキシーは，現状ではあまり有効な治療法はない．しかし，脳内のMSH受容体の1つが活性化されると，カヘキシーに見られる脂肪代謝の促進と重度の食欲不振が起きることが明らかになった．突然変異によって発がんしてカヘキシーになるマウスの脳に，MSH受容体の働きを阻害する薬剤を投与すると，がんにはなったがカヘキシーにはならなかった．このような薬剤がヒトのカヘキシーの治療に使えるかどうかについては，現在活発に研究されている．

概念のチェック 45.3

1. ホルモン経路が刺激に対して一過的な反応を引き起こす場合，刺激持続時間が短くなることは負のフィードバックにどのような影響を与えるだろうか．

2. **どうなる？➤**炎症を起こした関節内にグルココルチコイドの1つであるコルチゾンの注射を受けたと仮定する．これは，グルココルチコイドのどのような活性を利用した治療であるか．もし，グルココルチコイドの錠剤も同様に炎症の治療に効果をもつとして，それでもこの薬剤を局所的に用いるほうが好ましい理由は何か．

3. **関連性を考えよう➤**アドレナリンと植物ホルモンのオーキシンは，性質や効果にどのような類似点があるか（39.2節参照）．

（解答例は付録A）

45 章のまとめ

重要概念のまとめ

45.1

ホルモンや，その他のシグナル伝達分子は，標的受容体に結合して特定の反応経路の引き金を引く

- 動物の細胞間コミュニケーションの方式は，分泌細胞の型と，シグナルが標的に向かってたどる道筋によって異なる．**内分泌**シグナル，すなわち**ホルモン**は内分泌細胞または導管をもたない腺によって細胞外液に分泌され，循環系を経て標的細胞に達する．ホルモンが特異的な受容体に結合することで，標的細胞の応答が引き起こされる．**パラクリン型**シグナルは近傍の細胞に作用し，**オートクリン型**シグナルは分泌細胞自身に作用する．**神経伝達物質**もまた局所的に作用するが，**神経ホルモン**は体全体に行き渡る．**フェロモン**は同種動物個体間のコミュニケーションのために環境に放出される．
- パラクリン型およびオートクリン型のシグナル伝達を行う**局所調節因子**には，サイトカインのほか，成長因子（タンパク質／ペプチド），**プロスタグランジン**（修飾された脂肪酸），および**一酸化窒素**（気体）が含まれる．
- ポリペプチド，ステロイド，およびアミンは，動物における主要なホルモンである．それらホルモンが水溶性であるか脂溶性であるかによって，ホルモンの作用する経路は異なる．ホルモンを分泌する内分泌細胞は，腺に存在し，内分泌シグナル伝達に部分的もしくは全体的に関与する．

関連性を考えよう➤どのようなシグナルが免疫反応におけるヘルパーT細胞を活性化するのか．

45.2

ホルモン経路において，フィードバック制御と神経系による調節が一般的である

- 「単純な内分泌制御経路」において，内分泌細胞は刺激に直接応答する．一方「単純な神経内分泌制御経路」では，感覚ニューロンが刺激を感受する．
- ホルモン経路は刺激を低下させる**負のフィードバック**，または刺激を増幅して反応を完了へ導く**正のフィードバック**によって調節されていることが多い．

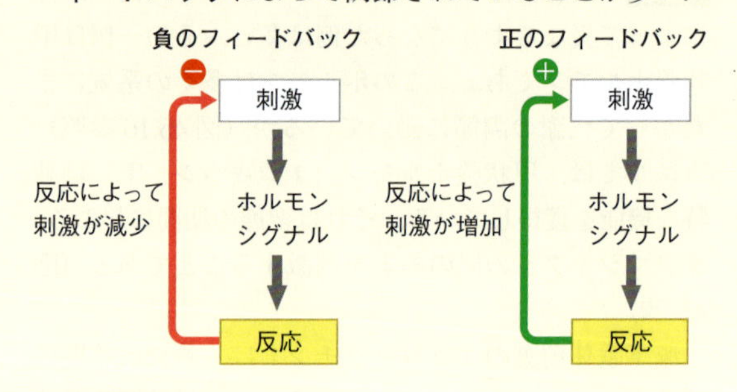
負のフィードバック
刺激
ホルモン
シグナル
反応
反応によって
刺激が減少
正のフィードバック
刺激
ホルモン
シグナル
反応
反応によって
刺激が増加

- 昆虫では，脱皮と発育がPTTH，PTTHの刺激で分泌されるエクジステロイド，および幼若ホルモンによって調節される．神経系と内分泌系のシグナルの協調と，ホルモン活性の他のホルモンによる調整とによって，成虫に至る正確な連続的発生段階がもたらされる．
- 脊椎動物では，**視床下部**の神経分泌細胞の一部は，**脳下垂体後葉**から分泌される2種類のホルモンを産生する．**オキシトシン**は，子宮の収縮と乳腺からの乳汁の放出を促し，**抗利尿ホルモン（ADH）**は腎臓での水再吸収を促進する．
- 視床下部の神経分泌細胞が産生したホルモンは，**脳下垂体前葉**へ運ばれ，そこで特定のホルモンの分泌を促進または抑制する．
- 脳下垂体前葉のホルモンの多くはカスケード的に働く．甲状腺刺激ホルモン（TSH）の場合には，TSH分泌は甲状腺刺激ホルモン放出ホルモン（TRH）によって調節される．そしてTSHは**甲状腺**を刺激して**甲状腺ホルモン**を分泌させる．甲状腺ホルモンはヨウ素を含むT_3およびT_4というホルモンからなる．これらの甲状腺ホルモンは代謝を刺激し，発達や成熟に影響を与える．

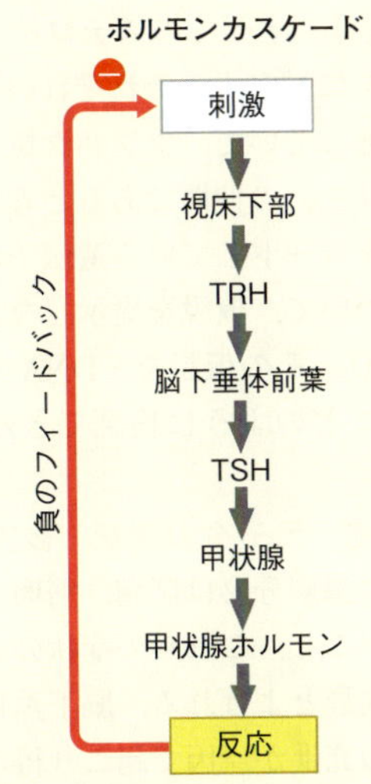
ホルモンカスケード
刺激
視床下部
TRH
脳下垂体前葉
TSH
甲状腺
甲状腺ホルモン
反応
負のフィードバック

- 脳下垂体前葉のホルモンの多くはトロピックホルモンで，他の内分泌組織または内分泌腺に作用してホルモン分泌を調節する．脳下垂体前葉のトロピックホルモンには，TSH，卵胞刺激ホルモン（FSH），黄体形成ホルモン（LH），および副腎皮質刺激ホルモン（ACTH）が含まれる．**成長ホルモン**（GH）にはトロピックホルモンと非トロピックホルモンの両方の作用がある．このホルモンは直接成長を促進し，代謝に多様な作用を及ぼすと同時に，他の組織に働いて成長因子の産生を刺激する．

? 図 45.8 で説明した主要な内分泌器官のうち，視床下部および脳下垂体とは関係なく調節されているのはどれか．説明しなさい．

45.3

内分泌腺は多様な刺激に反応してホメオスタシス，発達，および行動を調節する

- **副甲状腺**から分泌される**副甲状腺ホルモン**（PTH）は，骨から血中への Ca^{2+} の放出を促し，腎臓では Ca^{2+} の再吸収を刺激する．PTH はまた，腎臓でのビタミン D の活性化を促す．活性化ビタミン D は，腸での Ca^{2+} の取り込みを促進する．甲状腺から分泌される**カルシトニン**は骨と腎臓で PTH と逆の作用をする．カルシトニンは脊椎動物のいくつかのグループでは成体でのカルシウムのホメオスタシスにとって重要であるが，ヒトではそうではない．
- ストレスに反応して，副腎髄質の神経分泌細胞から**アドレナリン**と**ノルアドレナリン**が分泌され，さまざまな「闘争–逃走」反応を引き起こす．副腎皮質は，コルチゾルなどの**グルココルチコイド**と，アルドステロンに代表される**ミネラルコルチコイド**を分泌する．前者はグルコース代謝や免疫系に作用し，後者は塩分と水分のバランスの維持を助ける．
- 性ホルモンは，成長，発達，生殖そして性行動を調節する．副腎皮質も少量の性ホルモンを産生するが，生殖腺，すなわち精巣と卵巣が性ホルモンのほとんどを産生する．**アンドロゲン**，**エストロゲン**，**プロゲステロン**という 3 種のホルモンは雌雄のどちらでもつくられるが，その比率は雌雄で異なる．
- **松果体**は脳の中にあり，生殖や睡眠と関係する生物リズムに働く**メラトニン**を分泌する．メラトニンの分泌は，脳の中で生物時計として働く視交叉上核によって調節される．
- ホルモンは進化の過程で，ときには種によって異なる作用を獲得した．**プロラクチン**は哺乳類では乳汁の産生を促進するが，他の脊椎動物では多様な効果を発揮する．**メラニン細胞刺激ホルモン**（MSH）は，脊椎動物のいくつかのグループでは表皮の色素形成に関係するが，哺乳類では脂肪の代謝にも影響を及ぼす．

? ADH とアドレナリンは，血中に分泌されたときはホルモンとして作用し，ニューロン間のシナプスに放出された場合は神経伝達物質として作用する．これら 2 つの分子を産生する内分泌腺にはどのような類似点があるか．

理解度テスト

レベル 1：知識／理解

1. 以下の記述のうち，誤っているのはどれか．
   (A) ホルモンは，循環系を通って標的器官に達する化学伝達物質である．
   (B) ホルモンはしばしば拮抗作用によってホメオスタシスを調節する．
   (C) 化学的に同じ種類に属するホルモンは同じ機能をもつ．
   (D) ホルモンは多くの場合，フィードバックループによって調節される．
2. 視床下部は，
   (A) 脳下垂体で産生されるホルモンをすべて合成する．
   (B) 脳下垂体の片側の葉の機能だけに影響を与える．
   (C) 抑制ホルモンだけを合成する．
   (D) 生殖と体温の両方を制御する．
3. 局所調節因子である成長因子は，

(A) 脳下垂体前葉でつくられる.
(B) 骨と軟骨の成長を刺激する修飾された脂肪酸である.
(C) がん細胞の表面にあり，異常な細胞分裂を引き起こす.
(D) 細胞表面の受容体に結合し，標的細胞の成長と発達を刺激する.

4. ホルモンとその作用の組み合わせで誤っているのは次のうちどれか.
(A) オキシトシン——分娩時に子宮の収縮を刺激する.
(B) チロキシン——代謝過程を調節する.
(C) ACTH——副腎皮質のグルココルチコイド分泌を刺激する.
(D) メラトニン——生物リズムや季節性繁殖を調節する.

レベル2：応用／解析

5. ステロイドホルモンとペプチドホルモンの共通点は次のうちどれか.
(A) 細胞膜への溶解性
(B) 血流で運ばれる必要性
(C) 受容体の存在場所
(D) 細胞内でのシグナル変換への依存性

6. 血中ヨウ素濃度は正常なのに甲状腺機能低下症である患者では，何が推測されるか.
(A) T_3 が T_4 よりも多く産生されている
(B) TSH の分泌の低下
(C) MSH の過剰分泌
(D) 甲状腺のカルシトニン分泌の減少

7. 昆虫ホルモンのエクジステロイドと PTTH との関係は，どのような現象の例といえるか.
(A) 内分泌系と神経系の相互作用
(B) 正のフィードバックによるホメオスタシスの達成
(C) 拮抗的ホルモンによって維持されるホメオスタシス
(D) ホルモン受容体の競合阻害

8. **描いてみよう**　哺乳類では，乳腺での乳汁の生産はプロラクチンとプロラクチン放出ホルモンによって調節されている．このホルモン経路を，分泌腺，組織，ホルモン，ホルモンの移動経路および効果を含めて簡潔なスケッチで描きなさい.

レベル3：統合／評価

9. **進化との関連**　すべてのステロイドホルモンと甲状腺ホルモンに対応するそれぞれの細胞内受容体は構造的に似通っていて，タンパク質の1つの「スーパーファミリー」の仲間であると考えられる．これらの受容体をコードしている遺伝子がどのように進化したかについて，仮説を提示しなさい（ヒント：図 21.13 参照）．その仮説を，DNA の塩基配列のデータを用いてどのように検証できるかを述べなさい.

10. **科学的研究　データの解釈**　慢性的なグルココルチコイドの過剰分泌は肥満，筋肉の衰弱，抑うつなどを引き起こし，これらの症状の組み合わせはクッシング症候群とよばれる．脳下垂体か副腎のいずれかの機能の亢進が原因で起こり得る．ある患者について，どちらの内分泌腺に異常があるかを調べるため，医師はデキサメタゾンという，ACTH 分泌を抑制する合成グルココルチコイドを使用した．グラフに基づいて，患者 X ではどちらの腺が冒されているかを述べなさい.

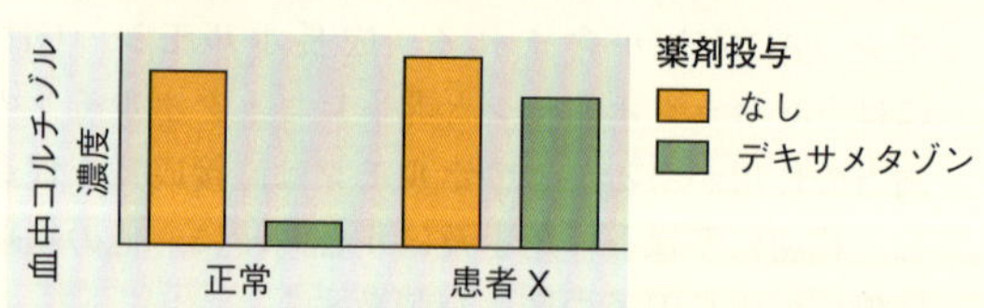

血中コルチゾル濃度
正常
患者 X
薬剤投与
なし
デキサメタゾン

11. **テーマに関する小論文：相互作用**　環境の変化に対する動物の反応に，ホルモンが果たす役割について，特定の例を挙げて 300〜450 字で記述しなさい.

12. **知識の統合**

左のカエルは MSH の注射に伴い，色素顆粒が急速に皮膚の細胞（メラニン細胞）内で再分布するため，数分で皮膚の色が変化した．神経内分泌シグナル伝達に関する知識を用いて，カエルが MSH を用いてどのように皮膚の色を周囲の色に合わせるのか，説明しなさい.

（一部の解答は付録 A）

動物の生殖
46

▲図 46.1　小さな丸いものは何で，どこへ向かっているのだろうか．

重要概念

46.1　動物界では無性生殖と有性生殖の両方が存在する

46.2　受精は同種の精子と卵を出会わせる機構に依存する

46.3　生殖器官は配偶子を生産し輸送する

46.4　哺乳類の生殖は刺激ホルモンと性ホルモンの相互作用によって調節される

46.5　有胎盤哺乳類では，胚は母親の子宮内で発生を完了する

何種類あるだろうか

図 46.1 では小さな丸いものが上から落ちてきていると思うかもしれないが，実際には下ではなく，上へと漂いのぼっている．この丸いものには精子と卵が詰まっており，ピンクオレンジ色のサンゴの表面に点在するポリプから放出されたものである．海水中を上昇して海水面に到達すると精子と卵は自由になり，多くは融合して胚をつくり，幼虫となり，やがて海底へと漂い戻り新しいサンゴコロニーをつくる．

ヒトである私たちは，生殖といえば雄と雌の交配による精子と卵の接合であると考えがちである．しかし，動物の生殖には多くの方式がある．性がかかわらない生殖もあるし，種によっては一生の間に性を変えるものもある．ある種のサンゴのように，同じ個体が同時に雄でも雌でもあるような種もある．ミツバチのような社会性昆虫には，大きな集団の中でごく少数の個体だけが生殖を行うという形の生殖もある．

集団は，現存の個体群から新しい個体群を生み出す生殖によってのみ存続する．本章では，動物界で進化してきた多様な生殖機構を比較する．そのうえで，哺乳類，特にヒトの生殖を詳細に検討する．ここでは主として親の生殖生理に焦点を絞り，胚発生の詳細については次章に回す．

46.1

動物界では無性生殖と有性生殖の両方が存在する

動物界には，有性生殖と無性生殖という2つの生殖様式が存在する．**有性生殖 sexual reproduction** では，一倍体配偶子の接合によって二倍体の細胞である**接合子 zygote** が生じ，接合子から発生した動物が次にまた減数分裂によって配偶子をつくる（図13.8参照）．雌性配偶子である**卵 egg** は，大型で運動性のない細胞である．一方，雄性配偶子すなわち**精子 sperm** は，はるかに小型で運動性のある細胞である．**無性生殖 asexual reproduction** は，卵と精子の接合なしで起こる新個体の生産である．無性生殖を行う動物のほとんどでは，生殖は有糸分裂のみによっている．動物では有性生殖も無性生殖もどちらも一般的に見られる．

無性生殖の機構

無性生殖にはさまざまな方式があるが，そのうちいくつかの単純な方式は無脊椎動物でのみ見られる．その1つは「出芽」で，親の体の一部が突出して新個体が生じる（図13.2参照）．たとえばサンゴでは出芽した個体は親に付着したままになる．その結果，何千もの個体が結合した群体は直径1m以上にもなる．**分裂 fission** もまた無脊椎動物でよく見られるが，これは親個体がほぼ同じ大きさの2個体に分離するものである．

また，さらに別の無性生殖様式では，2つの段階を経る．まず体がいくつかの断片に分かれる「断片化」が起こり，次いで断片において，体の欠けている部分の「再生」が起こる．もし2つ以上の断片で成長が起きて完全な動物体になるなら，結果として生殖したことになる．たとえば環形動物の中には，体をいくつかの部分に断片化し，すべての断片が1週間以内に完全な個体に再生するものがいる．多くのサンゴ，海綿動物，刺胞動物，およびホヤ類でも，断片化と再生による生殖が見られる．

特に興味深い無性生殖に**単為生殖 parthenogenesis** がある．これは卵が受精せずに発生するものである．無脊椎動物では，単為生殖は特定の種類のミツバチやスズメバチ，およびアリで起こる．子どもは一倍体の場合もあれば，二倍体の場合もある．ミツバチの場合，雄は単為生殖で生じた生殖能力のある一倍体である．対照的に雌は，生殖できないワーカー（働き蜂）も生殖できる女王蜂も受精卵から発生した二倍体である．

脊椎動物では，単為生殖は存在密度が低い場合に見られるまれな例であると考えられている．たとえば，動物園でコモドオオトカゲ，およびシュモクザメの雌を同種の雄と隔離して飼育した場合に単為生殖をすることを飼育員が見出している．2015年には，DNA塩基配列解析により，野生の，雌のノコギリエイの集団が遺伝的にまったく同一であることがわかり，脊椎動物の単為生殖の例として報告された．

有性生殖のさまざまな様式

ヒトを含めた多くの動物種では，有性生殖は雌と雄の交配によってなされる．しかし多くの有性生殖をする動物種にとって，生殖の相手を見つけるのは困難な仕事である．種によっては，進化の過程で起きた適応によって，雌雄のはっきりした区別をあいまいにすることによってこの困難を克服している．そのような適応の1つの型は，フジツボなどの固着性動物，ハマグリのような穴居（けっきょ）性動物，およびサナダムシなどの寄生動物で見られる．これらの動物は，配偶者を発見する機会がきわめて限られる．この問題の1つの解決法は，各個体が雄と雌の両方の生殖系をもつ**雌雄同体性 hermaphroditism** である（*hermaphrodite* という語は，ギリシャ神話の男神と女神の名であるヘルメス Hermes とアフロディーテ Aphrodite を合わせたものである*1）．

雌雄同体の個体は雄としても雌としても生殖できるので，どの個体とも交配可能である．図46.2のウミウシのように，交尾によってどちらの個体も精子を渡し，また受け取る．多くのサンゴのように，自家受精もできる雌雄同体動物も存在し，この場合は配偶者を必要としない有性生殖が可能となる．

ベラの1種であるブルーヘッド *Thalassoma bifasciatum* は，変わった有性生殖の様式をとる．サンゴ礁に生息するこの魚は，1個体の雄と数個体の雌で構成されるハレムを形成する．1個体しかいない雄が死ぬと，有性生殖はできなくなるはずである．しかしこのとき，雌の中の一番大きな個体が性転換をし，

＊1（訳注）：正確にはこの両者の間の子である Hermaphroditus が両性をあわせもったことに由来する．

➤図46.2　**雌雄同体個体間の生殖．** ここに示すウミウシの交配では，雌雄同体の個体が互いに精子を渡して相手の卵を受精させる．

1週間以内に卵ではなく精子をつくるようになる．ベラの進化において，どのような選択圧によって最も大きな雌が性転換するという結果が導かれたのだろうか．ハレムを侵入者から守るのは雄なので，生殖の成功を保証するうえで体が大きいということは，雄にとってより特に重要なのかもしれない．

カキの仲間にも性転換をする種がある．カキの場合，個体ははじめ雄として，後に体のサイズが最大になってから雌として生殖する．つくられる配偶子の数は，雄よりも雌において，体のサイズに応じて増加するので，このような性転換は配偶子生産を最大化する．その結果，繁殖成功率が高まる．なぜなら，カキは固着性の動物で，配偶子は交尾で直接渡されるのではなく，海中に放出されるので，配偶子を多く放出するほどより多くの子を残す可能性があるからである．

生殖周期

有性生殖であれ無性生殖であれ，多くの動物は生殖活動の周期をもち，その周期は季節変化に関連していることが多い．生殖活動の周期はホルモンによって調節されており，ホルモンの分泌は外部環境によって制御されている．それによって，動物は資源を保持し，十分なエネルギー源が利用できて環境条件が子の生存に好適な時期にのみ生殖する．たとえばヒツジの雌は15〜17日の生殖周期を示し，成熟卵が卵巣から出る**排卵 ovulation** が，各周期の中間点で起こる．雌ヒツジのこの周期は秋から初冬にかけてのみ現れ，妊娠期間は5ヵ月である．そのため，ほとんどの子ヒツジは，生存に最も好適な早春に生まれる．

気温の季節的変動が生殖の重要な要因となることが多いので，気候の変動は繁殖成功率を低下させる可能性がある．デンマークの研究者たちはカリブー（野生のトナカイ）でそのような影響を明らかにした．春になるとカリブーは出産場所に移動し，生え始めた草を食べ，出産して子の世話をする．1993年より以前は，カリブーの出産場所への到着は，草が栄養十分で消化しやすい短い期間と一致していた．その後2006年にかけて，出産場所の春の平均気温が4℃以上あがり，植物は2週間も早く芽吹くようになった．移動の引き金を引くのは日長の変化であり気温ではないため，草の芽吹きとカリブーの出産のタイミングが合わなくなった．そのため子育てをする雌は十分な栄養が得られなくなり，出生数は1993年と比較して75％も減ってしまったのである．気候変動がカリブーや他の動物に与えた影響については，図56.29の「関連性を考えよう」でさらに学ぶ．

生殖周期は有性生殖と無性生殖の両方が可能な動物においても見られる．例としてミジンコ（*Daphnia* 属）について見てみよう．ミジンコの雌は2つの型の卵をつくることができる．1つは受精して発生する卵で，もう1つは受精を必要とせず，単為生殖で発生する卵である．無性生殖は環境条件が好適な期間に行われ，有性生殖は環境ストレスがかかる時期に行われる．結果として有性生殖と無性生殖との切り替えは，大まかではあるが季節と連動している．

無性生殖だけを行うムチオトカゲの中には，生殖行動の周期が過去の性進化を反映しているように見えるものもある．そのような動物である *Aspidoscelis* 属のムチオトカゲは，ほぼ無性生殖しか行わず，雄は存在しない．しかし，求愛と交尾の行動は，同じ属で有性生殖をする他の種と同様に行う．繁殖期には，配偶ペ

▼図46.3 **単為生殖するトカゲの性行動**．トカゲの1種 *Aspidoscelis uniparens* は雌しかいない動物種である．この爬虫（はちゅう）類は未受精卵から発生する単為生殖により増えるが，排卵は交配行動により促される．

(a) この写真のトカゲはどちらも雌の *A. uniparens* である．上に乗っている個体は雄の役を演じる．個々の個体は繁殖期の間に性的役割を2〜3回切り替える．

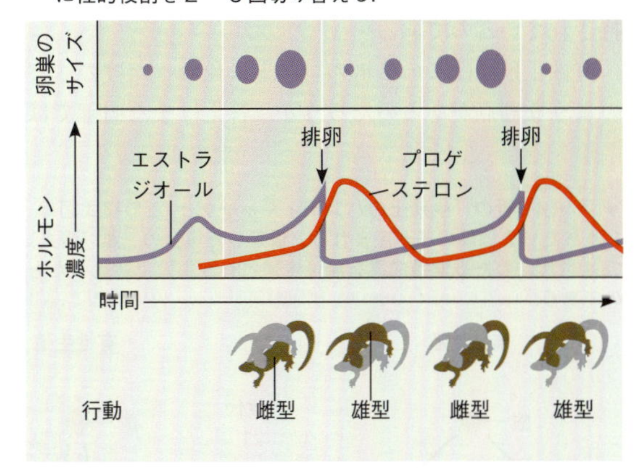
卵巣のサイズ
ホルモン濃度
エストラジオール
排卵
プロゲステロン
排卵
時間
行動
雌型
雄型
雌型
雄型

(b) 個々の *A. uniparens* の性行動の切り替えは，排卵周期と性ホルモンであるエストラジオールとプロゲステロンの量の周期的変化に連動して起こる．この模式図ではある1個体のトカゲ（茶色）の卵巣の大きさとホルモン量と性行動を追っている．

データの解釈➤灰色のトカゲのホルモン濃度をグラフに示す場合，(b) のグラフとはどこが異なるか．

アの一方の雌が雄の行動を真似る（図 46.3 a）．繁殖期間中，ペアの2匹は2回か3回その役割を交代する．個体は雌性ホルモンのエストラジオールが多く分泌される排卵前の時期には雌の行動を示し，排卵後のプロゲステロン分泌が最も盛んな時期には雄的行動に切り替える（図 46.3 b）．雌は，ホルモンの周期の特定の段階で別個体に背乗りされると，排卵する確率が高まる．隔離された個体は，性的行動を経た個体に比べて少数の卵しか産まない．このような観察から，これらの単為生殖のトカゲが両性の存在する有性生殖の種から進化し，いまだに最大の繁殖成功をおさめるためには性的な刺激を必要としているのだという仮説が支持される．

有性生殖：進化の謎

進化　私たちヒトを含む多くの生物が有性生殖により繁殖するが，そもそも有性生殖が存在すること自体が不可解である．このことを理解するために，雌の半数が有性生殖で半数が無性生殖をする，ある動物の集団を考えてみよう．どちらの雌も同じ数の子，この場合は2個体，を産むものとする．無性生殖の雌が産む2個体の子はどちらも雌で，それらはいずれまた2個体ずつ子を産むだろう．対照的に，有性生殖の雌の子の半数は雄になるだろう（図 46.4）．有性生殖の場合，生殖するには雄と雌の両方が必要であるため，子孫の数は世代を経ても同じ数に留まる．このようにして，世代ごとに無性生殖個体の頻度が増大していくことになる．このような「2倍のコスト」がかかるにもかかわらず，性は，無性生殖も可能な種においてさえも維持されているのである．

有性生殖にはこの2倍のコストに見合うだけの，どのような利点があるのだろうか．答えはまだ明確ではない．これについての仮説の大半は，減数分裂時の組換えや受精に際して起こる親の遺伝子の組み合わせに注目したものである．さまざまな遺伝子型の子をつくることによって，病原体などの環境要因が急速に変化するような場合でも，親の繁殖成功を高めることができるかもしれない．それに対して，無性生殖はその環境に適した遺伝子型を忠実かつ正確に存続することができることから，安定した好ましい環境では有利であると考えられる．

有性生殖で生じる独特の遺伝子組み合わせがなぜ有利なのかについては，いくつもの理由が挙げられる．その1つは，組換えによって生じる有利な遺伝子組み合わせが適応を加速するだろうというものである．この考えは簡明ではあるが，理論的にはこの利点は有利な変異の割合が高く，かつ個体群のサイズが小さい場合に限って認められる．もう1つの考えとして，有性生殖での遺伝子の混ぜ合わせによって，有害な遺伝子の組み合わせを集団中から排除しやすくなるというものがある．

▼図 46.4　性の「生殖上のハンディキャップ」．この模式図は，1雌あたり2個体の子が産まれると仮定した場合の，雌（青丸）の4世代にわたる繁殖成果を無性生殖と有性生殖で対比したものである．

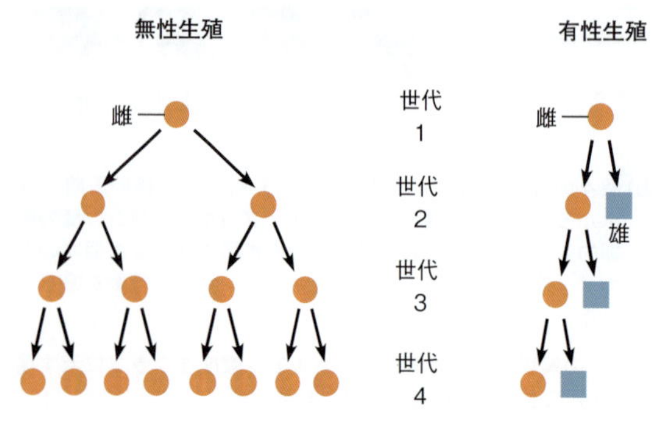
無性生殖
有性生殖
雌
世代 1
世代 2
世代 3
世代 4
雄

概念のチェック 46.1

1. 無性生殖と有性生殖とで，生じる子について比較し，違いを述べなさい．
2. 単為生殖は，普段は有性生殖をする動物が無性生殖をする場合に最もよく見られる様式である．このことを説明する単為生殖の特徴は何か．
3. **どうなる？➤**雌雄同体の動物が自家受精したら，生まれる子はすべて親と遺伝的に同一になるか．説明しなさい．
4. **関連性を考えよう➤**植物の生殖の中で，動物の無性生殖の様式によく似ている例を挙げなさい（38.2 節参照）．

（解答例は付録 A）

46.2
受精は同種の精子と卵を出会わせる機構に依存する

精子と卵との一体化，すなわち**受精 fertilization** は体外でも体内でも起こり得る．「体外受精」をする種では，雌は環境中に卵を放出し，それを雄が受精させる（図 46.5）．「体内受精」の場合には，精子は雌の生殖管の中，またはその近くに入れられ，受精は生殖管の中で起こる（受精についての細胞レベルおよび分子レベルの詳細は 47.1 節で述べる）．

▼図 46.5 **体外受精**．両生類では多くの種が体外受精で繁殖する．これらの種のほとんどでは，雌が産卵するとき雄がそこにいるような行動的適応が見られる．写真では，雌ガエル（下）は雄に抱きつかれることに反応して卵塊を産む．雄は同時に精子（写真では見えない）を放出し，これによって水中での体外受精はすでに起きている．

体外受精には，湿った環境が要求される．それは配偶子の乾燥を防ぎ，精子を卵まで泳いで行かせるためである．水生の無脊椎動物の多くは単純に卵と精子を体の周囲に放出し，受精は雌雄の肉体的接触なしに行われる．しかし，成熟した精子と卵が出会うためには放出のタイミングが重要になる．

体外受精をする動物の中には，多くの個体が同じ場所に集まって配偶子を同時に放出する「放卵放精」を行う種もある．種によっては，個体が配偶子とともに放出する化学シグナルが，他の個体の配偶子放出の引き金を引く．また，温度や日長などの環境要因が集団全体の配偶子放出を同時に引き起こすこともある．たとえば，図 46.1 に示した南太平洋のサンゴ礁に生息するパロロ虫[*2] は放卵放精のタイミングが季節および月周期によって決定される．10 月と 11 月の下弦の月の時期に，パロロ虫の体は半分に切れ，配偶子の詰まった後半部が海面に向かって泳ぎ上がり，放卵放精を行う．その数が膨大であるため，海面はミルクを流したように白濁する．精子は浮かんでいる卵をすばやく受精させ，パロロ虫の年 1 回の狂乱的生殖は数時間で完了する．

体外受精が集団全体では同時に起こらない場合は，1 個体の雌の卵が 1 個体の雄の精子を受精できるよう，特定の「求愛」行動を示すこともある（図 46.5 参照）．このような行動によって精子と卵の放出の引き金が引かれることにより，受精の確率が増す．

＊2（訳注）：環形動物多毛類に属する動物で，*Palolasiciliensis* の生殖型は太平洋パロロとよばれる．

体内受精は，環境が乾燥していても精子を効率的に卵に到達させるための適応である．体内受精では，交尾に至る協調的行動が必要であり，精巧で調和した生殖系をもつ必要がある．雄の交尾器官が精子を運び，雌は多くの場合，精子を貯蔵して成熟した卵に届けるための貯蔵場所をもつ．

受精がどのような形をとるかにかかわらず，「フェロモン」を用いる動物がかなり存在する．フェロモンとは，個体が放出して同種の他個体の生理や行動に影響を与える化学物質である．フェロモンは小さな揮発性または水溶性の分子で，環境中に拡散し，ホルモンと同様に微量でも活性を発揮する（45.1 節参照）．多くのフェロモンは配偶者を誘引する働きをもち，昆虫の雌では 1 km 以上離れた雄によって検知されるような効果をもつ場合がある．

ヒトがフェロモンをもつかどうかは，いまだ諸説ある．一時は女性同士が同居していると，フェロモンによって生理周期が同調するという説が出されたが，その後の統計学的解析はその説を支持していない．

子の生存の保証

一般的には，体内受精をする動物は体外受精をする動物に比べて，より少数の配偶子しかつくらないが，接合子は高い確率で生き残る．接合子（受精卵）の高い生存率は，部分的には体内で受精した卵が捕食者から隠されていることによっている．しかし，体内受精はさらに，胚に対する強い保護および子に対する親の世話とも強く結びついている．たとえば，体内で受精する鳥類や爬虫類の受精卵は内側に膜のある殻をもち，体外での発生期間中の水分の喪失や物理的損傷を防いでいる（図 34.26 参照）．対照的に，魚類や両生類の受精卵はゼラチン状の覆いだけで，内部の膜はない．

保護のための卵殻を分泌する代わりに，動物によっては胚を発生中の一定期間，雌の生殖管中に保持する．カンガルーやオポッサムのような有袋類の胚は，子宮内には短期間しかいない．その後胚は外に這い出し，母親の袋の中で乳腺に付着して胎児期の発生を完了する．ヒトなどの真獣類（有胎盤哺乳類）では胎児は発生期の終わりまで子宮に留まる．子宮では，一時的な器官である胎盤を介して母親の血液によって養われる．魚やサメの中にも体内で発生を完了するものがある．

カリブーやカンガルーの赤ちゃんが産まれたとき，あるいはワシのひなが孵化(ふか)したとき，産まれたての仔はまだ独立して生きられる存在ではない．哺乳類は子に授乳し，親鳥はひなに食物を与える．実際には親による子の世話は無脊椎動物も含め，広い範囲の動物で

▼図 46.6　**無脊椎動物で見られる子の世話．**他の多くの昆虫に比べると，ナンベイオオタガメ（*Belostoma* 属）は子の数が比較的少ないが，子をより手厚く保護する．体内受精に続いて，雌は受精卵を雄（写真）の背中に貼りつける．雄は卵を何日間も持ち運び，卵に水を送ることによって湿り気と酸素を供給し寄生虫からも守る．

見られる（図 46.6）．

配偶子の生産と輸送

動物の有性生殖には，卵や精子の前駆体となる細胞群の存在が必要である．この細胞群はしばしば胚発生のごく初期に確立されるが，体制（ボディープラン）が整うまでは活性をもたない．その後，成長と有糸分裂の繰り返しによって卵や精子の生産に用いられる細胞が増加する．

この前駆細胞から配偶子を生産し，それらを受精可能にするために，動物はさまざまに異なった生殖系をそなえている．多くの動物には配偶子をつくる器官である**生殖腺 gonad** をもつが，すべての動物が生殖腺をもつわけではない．パロロ虫などはこの例外にあたる．パロロ虫や他の多くの多毛類（環形動物門）は性をもつが，はっきりとした生殖腺をもたず，卵および精子は体腔を裏打ちしている未分化の細胞からできる．配偶子は成熟すると体壁から離れて体腔にたまる．種によって，配偶子は排出口から出されたり，大量の卵が体の一部を破ったりして周囲の環境へと放出される．

もっと精巧な生殖系では，配偶子を輸送し，栄養を与え，保護し，ときには胚を発生させるような管や腺が備わっている．たとえばショウジョウバエをはじめとする多くの昆虫には性別があり，それぞれ複雑な生殖系をもつ（図 46.7）．多くの昆虫の雌の生殖系には1つ以上の**受精嚢**（のう） **spermatheca**（複数形は spermathecae）が存在し，この袋に精子を長期間，種によっては1年以上も生きたまま蓄える．雌は適切な刺激にだけ反応して受精嚢から雄性配偶子を放出するため，受精は胚

▼図 46.7　**昆虫の生殖系の構造．**丸数字は精子および卵の移動順序を示す．

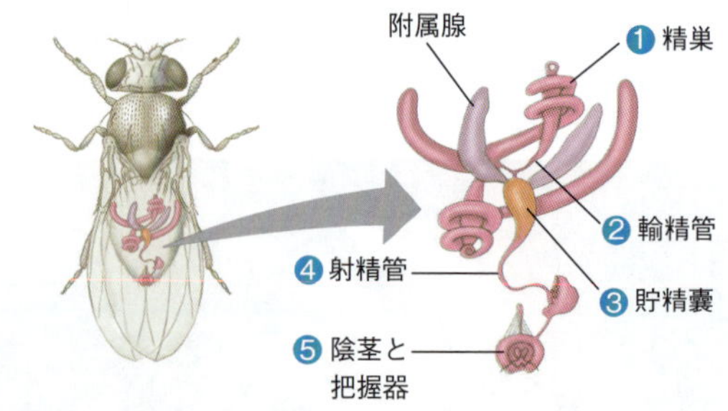
附属腺
❶ 精巣
❷ 輸精管
❸ 貯精嚢
❹ 射精管
❺ 陰茎と
把握器

(a) **雄のショウジョウバエ．**精巣からの精子は輸精管を通って貯精嚢に蓄えられる．雄は精子を附属腺からの液とともに射精する（昆虫や他の節足動物では種によって交尾中に雌をつかむための把握器という附属肢をもつものがある）．

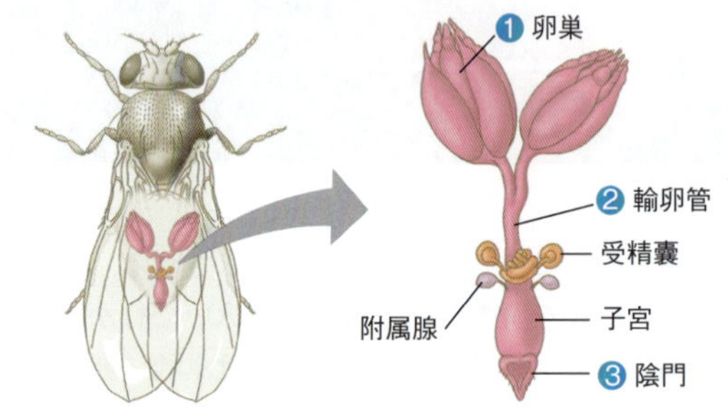
❶ 卵巣
❷ 輸卵管
受精嚢
附属腺
子宮
❸ 陰門

(b) **雌のショウジョウバエ．**卵は卵巣で発達し，輸卵管を通って子宮へ移動する．交尾後，精子は子宮に短い管でつながった受精嚢に蓄えられる．雌は各卵が子宮に入ったときに蓄えた精子で受精させ，その後で陰門を通して卵を産み出す．

図読み取り問題➤この２つの図を学んでから，ショウジョウバエの精子の形成から受精までの動きを説明しなさい．

発生に好適な条件のときにだけ起きる．

脊椎動物の生殖系は，基本的な設計は非常によく似ているものの，いくつかの重要な違いが見られる．脊椎動物では，子宮が２つの部屋に分かれているものもいれば，ヒトや鳥類のように子宮が単一の構造になっているものもいる．哺乳類以外の多くの脊椎動物では，消化系，排出系，および生殖系が共通の開口部，すなわち**総排出腔 cloaca** をもつ．おそらくすべての脊椎動物の祖先もそうであったと思われる．このような脊椎動物は発達した陰茎をもたず，総排出腔を裏返して射精する．これとは対照的に，哺乳類には一般的に総排出腔はなく，消化管は別の開口部をもつ．それに加えて，哺乳類の雌の大部分では排出系と生殖系も別々の開口部をそなえている．

受精は１個の卵と精子の合体であるが，動物はしばしば複数の異性と交配する．実際には，特定の相手との性的パートナーシップの持続，すなわち単婚は動物界では比較的まれであり，ほとんどの哺乳類も同様で

ある．しかし，雄については，相手の雌との繁殖成功を高め，その雌が他の雄と交配するのを妨げるような機構が進化した．たとえばいくつかの種の昆虫の雄は，交尾時に求愛行動への感受性を低くする分泌物を雌に渡し，雌の再交尾を起こりにくくしている．

雌も相手の繁殖成功に影響を与えているのだろうか．ヨーロッパの2人の共同研究者がこの問題に取り組んだ．彼らは，続けて2匹の雄と交尾した雌のショウジョウバエについて，最初の交尾で渡された精子がどうなったかを追跡した．図46.8に示すように，複数交尾の生殖成果を決定するのに，雌が主役を演じていることが明らかになった．生殖の間に配偶子あるいは個体が競争する過程については，いまだに活発な研究分野であり続けている．

▼図46.8

研究　ショウジョウバエの雌が2度交尾したとき，精子の利用に偏りが生じるのはなぜか

実験　ショウジョウバエの雌が2度交尾すると，生まれる子の80％は2度目の交尾をした雄の子である．科学者たちは，2度目の交尾で射精された精液がそれまでたまっていた精子を排除するのだろうという仮説を立てた．この仮説を検証するため，シェフィールド大学のロンダ・スヌーク Rhonda Snook とチューリッヒ大学のデイビッド・ホスケン David Hosken は生殖系が変化した突然変異雄を用いた．「無射精」雄は交尾するが精子も精液も雌に移行させない．「無精子」雄は交尾して精液を出すが精子はつくらない．研究者たちは雌に野生型の雄と交尾させ，その後で野生雄，無精子雄，無射精雄のいずれかと交尾させた．対照の数匹の雌は1回しか交尾させなかった．その後で彼らは雌を顕微鏡下で解剖し，主要な精子貯蔵器官である受精嚢の精子の有無を記録した．

結果

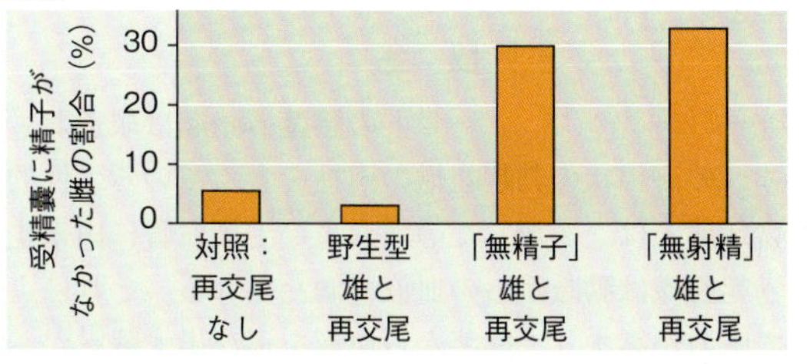
受精嚢に精子がなかった雌の割合（%）
30
20
10
0
対照：再交尾なし
野生型雄と再交尾
「無精子」雄と再交尾
「無射精」雄と再交尾

結論　再交尾で精子や精液が移行しなくても貯蔵精子が減少したので，再交尾の精液が貯蔵精子を排除するという仮説は誤りである．代わりに考えられるのは，雌が再交尾に反応して貯蔵していた精子を捨てることがあるという可能性である．これは，雌が適応度の減少した可能性のある貯蔵精子を新鮮な精子に取り替えるための手段であるということを示しているのかもしれない．

データの出典　R. R. Snook and D. J. Hosken, Sperm death and dumping in *Drosophila*, *Nature* 428:939-941 (2004).

どうなる？➤もし1回目に交尾した雄が小眼という優性表現型の対立遺伝子を突然変異でもっていたとしたら（14.1節参照），どのくらいの割合の雌が小眼の子を産むだろうか．

概念のチェック 46.2

1. 体内受精は陸上での生存をどのように助けているか．
2. (a) 体外受精と (b) 体内受精では，子が成体にまで生き延びるのを助けるために，それぞれどのようなしくみが進化してきたか．
3. **関連性を考えよう**➤昆虫の子宮と被子植物の子房の機能について，共通点と相違点を述べなさい（図38.6参照）．

（解答例は付録A）

46.3

生殖器官は配偶子を生産し輸送する

動物の生殖について，全般的な特色を見てきたが，本章の残りはヒトに焦点を絞る．まず男女の生殖系の構造から見ていく．

男性の生殖系の構造

男性の外部生殖器官は陰嚢と陰茎である．内部生殖器官は，精子と生殖ホルモンを産生する生殖腺，精子の運動に不可欠な物質を分泌する附属腺，および精子と分泌物とを輸送する管で構成されている（図46.9）．

精　巣

男性の生殖腺である**精巣 testis**（複数形は testes）には，**精細管 seminiferous tubule** という密に巻かれた管があり，その中で精子がつくられる．多くの哺乳類では，精巣の温度が体の他の部分の温度よりも低いときにのみ精子が正常につくられる．ヒトや他の多くの哺乳類では，**陰嚢 scrotum** という体壁のひだが，精巣を体温より2℃ほど低い温度に保つ．

精巣は体腔で発生し，出生直前に陰嚢へ下降する（陰嚢に入った精巣を睾丸ともよぶ）．齧歯（げっし）類では，繁殖期以外には精巣を体腔内に引き上げ，精子の成熟を中断するものが多い．クジラやゾウなど，体温が精子の成熟に十分なほど低い動物では，精巣は体腔内に留め置かれる．

導　管

精子は，精巣の精細管から**精巣上体 epididymis** の曲がりくねった導管へと導かれる．ヒトでは，精子が

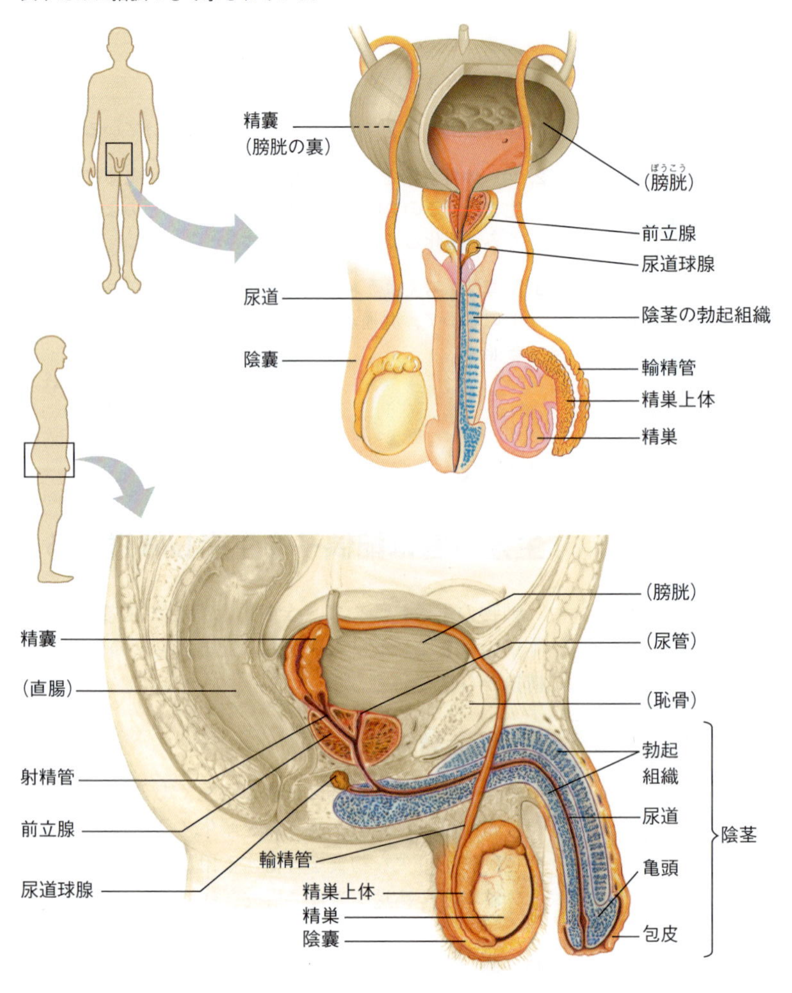
精嚢
(膀胱の裏)
(膀胱)
前立腺
尿道球腺
尿道
陰茎の勃起組織
陰嚢
輸精管
精巣上体
精巣
(膀胱)
精嚢
(尿管)
(直腸)
(恥骨)
勃起
組織
射精管
尿道
前立腺
陰茎
輸精管
亀頭
尿道球腺
精巣上体
精巣
陰嚢
包皮

▼図 46.9　**ヒト男性の生殖系の構造．** 生殖にかかわらないいくつかの構造が，位置関係を表すために括弧つきで示されている．

この6mほどの導管を通過するのに3週間かかり，この通過の過程で精子は成熟を完了し，運動能を獲得する．受精能を獲得するには雌の生殖系の化学的環境にさらされる必要がある．**射精 ejaculation** に際しては，精子は精巣上体から筋肉質の管である**輸精管 vas deferens** を通って進む．左右の輸精管（それぞれ左右の精巣上体からつながっている）は膀胱の後ろに回り込み，そこで精嚢からの導管と合流して，「射精管」という短い管を形成する．射精管は，排出系と生殖系の両方の流出管である**尿道 urethra** に合流する．尿道は陰茎の中を通って陰茎先端で開口する．

附 属 腺

3組の附属腺，すなわち精嚢，前立腺，および尿道球腺が分泌物をつくり，それらが精子と合わさって**精液 semen** を形成し，これが射精される．2個ある**精嚢 seminal vesicle** は，精液の60%の量をつくる．精嚢からの液体は濃厚で黄色みがかっていてアルカリ性である．粘液，フルクトース（糖の1種で精子の主要なエネルギー源となる），凝固に働く酵素，アスコルビン酸，および局所調節因子であるプロスタグランジン（45.1節参照）を含む．

前立腺 prostate gland は分泌物を短い導管を通して直接尿道へ分泌する．液体は希薄で乳濁しており，抗凝固酵素とクエン酸（精子の栄養になる）が含まれる．「尿道球腺」は前立腺の下方で尿道に沿って存在する，1対の小さな腺である．射精に先立って，透明な粘液を分泌し，この液は尿道に残っている酸性の尿を中和する．尿道球腺の分泌液はまた，射精前に出された少量の精子を運搬しており，中絶性交（性交を途中でやめること）が避妊手段として失敗率が高いのは，1つにはこのためである．

陰　茎

ヒトの**陰茎 penis** は尿道および3つの海綿状の勃起組織の円柱を含んでいる．性的興奮状態では，変形した静脈および毛細血管に由来する勃起組織は動脈からの血液で満たされる．それによって圧力が高まり，陰茎から血液を運び出す静脈がふさがれてしまうので，陰茎は充血する．そのようにして起きた勃起によって陰茎を腟（ちつ）に挿入できるようになる．アルコール，ある種の薬剤，情緒的障害，および加齢はいずれも勃起が起きなくなる症状（勃起不全）の原因になる．長期の勃起不全に用いられるバイアグラなどの薬剤は，局所調節因子である一酸化窒素（NO；45.1節参照）の血管拡張作用を促進し，その結果，陰茎の血管の平滑筋が弛緩して勃起組織への血流を増強する．すべての哺乳類は交尾のために陰茎の勃起を必要とするが，ネズミ類，アライグマ類および他のいくらかの哺乳類の陰茎には，陰茎骨という骨があり，これが交尾に必要な陰茎の硬さをさらに増してい

る．

陰茎の主軸は比較的厚い皮膚で覆われている．先端の**亀頭** **glans** は被覆がきわめて薄く，そのため刺激に対する感受性が高い．ヒトの亀頭は**包皮** **prepuce** という皮膚のひだに覆われているが，割礼を受けた男性では包皮が取り除かれている．

女性の生殖系の構造

女性の外部生殖器の構造は陰核，および陰核と膣口を囲む2組の陰唇（いんしん）である．内部の器官は卵と生殖ホルモンを生産する卵巣と，配偶子を受け取って輸送し，胚と胎児を収容する管と小室の系である（図 46.10）．

卵　巣

女性の生殖腺は1対の**卵巣** **ovary** で，子宮の側方にあり，体腔内に吊されている．卵巣の外層には**卵胞** **follicle** がぎっしりと並んでいる．各卵胞には発達中の卵である**卵母細胞** **oocyte** が1個含まれ，それを保護細胞群が取り囲んでいる．この細胞群は卵の形成と発達の期間中，卵母細胞に栄養を与えるとともに，保護の役目を果たす．

輸卵管と子宮

輸卵管 **oviduct**，別名ファロピーオ管は子宮から左右の卵巣に向かって伸び，卵巣に向かって漏斗（ろうと）状に開口している．管の直径は場所によって異なり，子宮の近くでは管の内径はヒトの毛髪ほどまで狭くなっている．排卵時，輸卵管上皮の繊毛が体腔液を引き寄せることによって体腔内に放出された卵を卵管に収容する．輸卵管の波状の収縮も助けになって，繊毛が卵を**子宮** **uterus** へと運搬する．子宮は分厚い筋肉質の器官で，妊娠中には4 kgにもなる胎児を収容できるまでに拡張できる．子宮の内層である**子宮内膜** **endometrium** には血管が密に分布している．子宮の頸（けい）部にあたる**子宮頸** **cervix** は膣へと開口する．

膣と陰門

膣 **vagina** は筋肉質でかつ弾力に富んだ小室で，性交時に陰茎が挿入され精子が出される場所である．分娩時に子が通過する産道としても機能する膣は，女性の外部生殖器の総称である**陰門** **vulva** に開口する．

1対の厚くて脂肪質のひだである**大陰唇**（いんしん） **labia majora** が陰門全体を包んで保護している．膣口とそれとは離れた尿道口とは，1対の薄い皮膚のひだである**小陰唇** **labia minora** で仕切られた腔所に位置する．ヒトでは「処女膜」とよばれる薄い組織が誕生時に膣口を部分的に覆っているが，徐々に薄くなり，一般には運動によって摩耗消失する．小陰唇の

▼図 46.10　**ヒト女性の生殖系の構造．** 生殖にかかわらないいくつかの構造が，位置関係を表すために括弧つきで示されている．

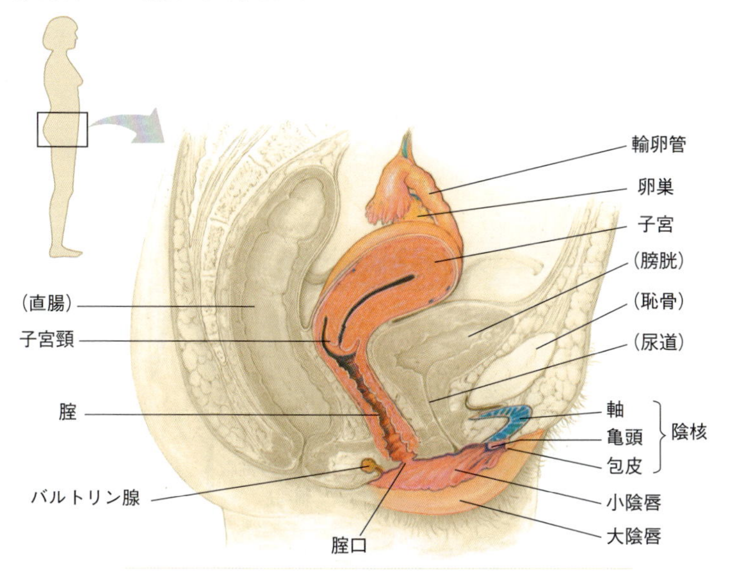
輸卵管
卵巣
子宮
（膀胱）
（恥骨）
（尿道）
（直腸）
子宮頸
膣
軸
亀頭
包皮
陰核
バルトリン腺
小陰唇
大陰唇
膣口

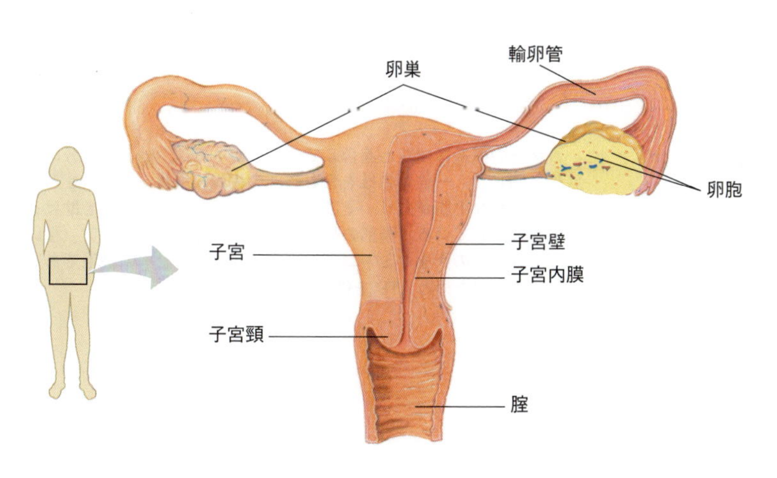
卵巣
輸卵管
卵胞
子宮
子宮壁
子宮内膜
子宮頸
膣

▼図 46.11　探究　ヒトの配偶子形成

精子形成

精子をつくり出す幹細胞は精細管の外縁近くに存在する．精子形成の進行とともに細胞は，精母細胞，精細胞と段階を経るにつれて中心部へ向けて移動し，精子が管の内腔（液で満たされた腔所）へ解き放たれる．精子は精細管を通って精巣上体に達し，そこで運動性を獲得する．

幹細胞は，胚の精巣の始原生殖細胞が分裂して分化して生じたものである．成熟した精巣では，幹細胞が有糸分裂をして**精原細胞 spermatogonium**（複数形は spermatogonia）を形成する．精原細胞からは，これも有糸分裂で精母細胞がつくられる（この図では有糸分裂の結果得られた細胞のうち1細胞のみが描かれている）．各精母細胞からは，減数分裂によって染色体数が二倍体（ヒトでは $2n = 46$）から一倍体（$n = 23$）に減少した4つの精細胞が生じる．精細胞は細胞の形および構成が大きく変化して精子に分化する．

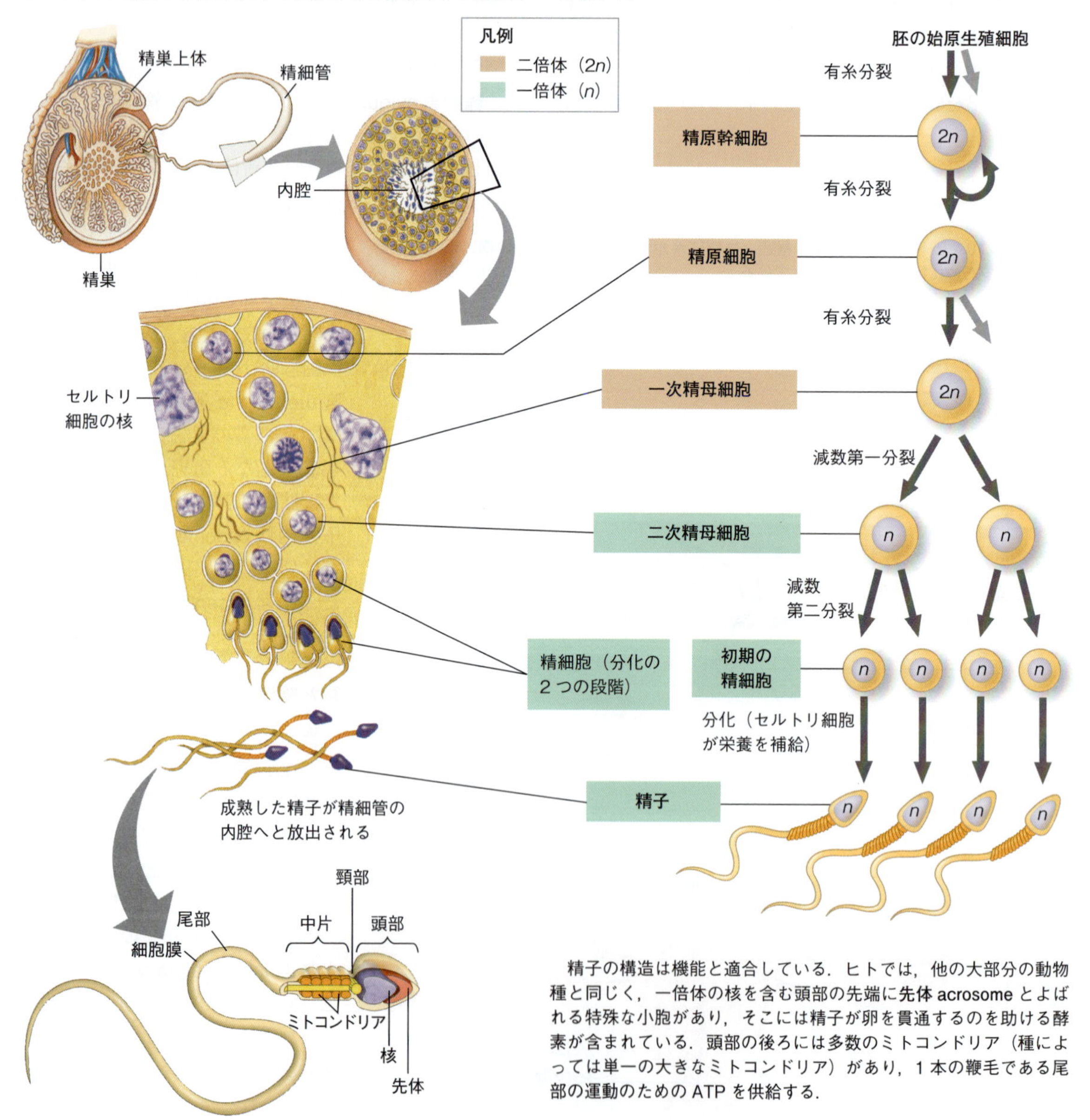
凡例
二倍体（2n）
一倍体（n）
精巣上体
精細管
内腔
精巣
セルトリ細胞の核
胚の始原生殖細胞
有糸分裂
精原幹細胞
2n
有糸分裂
精原細胞
2n
有糸分裂
一次精母細胞
2n
減数第一分裂
二次精母細胞
n
減数第二分裂
精細胞（分化の2つの段階）
初期の精細胞
n
分化（セルトリ細胞が栄養を補給）
精子
n
成熟した精子が精細管の内腔へと放出される
頸部
尾部
中片
頭部
細胞膜
ミトコンドリア
核
先体

精子の構造は機能と適合している．ヒトでは，他の大部分の動物種と同じく，一倍体の核を含む頭部の先端に**先体 acrosome** とよばれる特殊な小胞があり，そこには精子が卵を貫通するのを助ける酵素が含まれている．頭部の後ろには多数のミトコンドリア（種によっては単一の大きなミトコンドリア）があり，1本の鞭毛である尾部の運動のための ATP を供給する．

卵形成

卵形成は女の子となる胚で始原生殖細胞から**卵原細胞 oogonium**（複数形は oogonia）がつくられるところから始まる（この図では有糸分裂の結果得られた細胞のうち1細胞のみが描かれている）．卵原細胞は有糸分裂を行い，減数分裂をする細胞をつくるが，その減数分裂は出生前に前期Iで停止する．この抑止された細胞は**一次卵母細胞 primary oocyte** とよばれ，小さな卵胞，すなわち保護細胞に囲まれた腔所に存在する．出生時には2つの卵巣にはあわせて100万～200万個の一次卵母細胞が存在するが，そのうち500個が思春期から閉経の間に完全な成熟を遂げる．

現在の私たちの知識では，女性は生涯もち得るすべての一次卵母細胞をもって誕生する．しかし，成体のマウスで卵巣中に増殖する卵原細胞が存在し，それが卵母細胞になることが2004年に発見されたことによって，この原則が他の大多数の哺乳類についても同じであるとされていた結論は覆された．もし同じことがヒトでもいえるなら，加齢による女性の妊性の顕著な減退は，卵原細胞の枯渇と加齢卵母細胞の退化の，両方の結果であるのかもしれない．

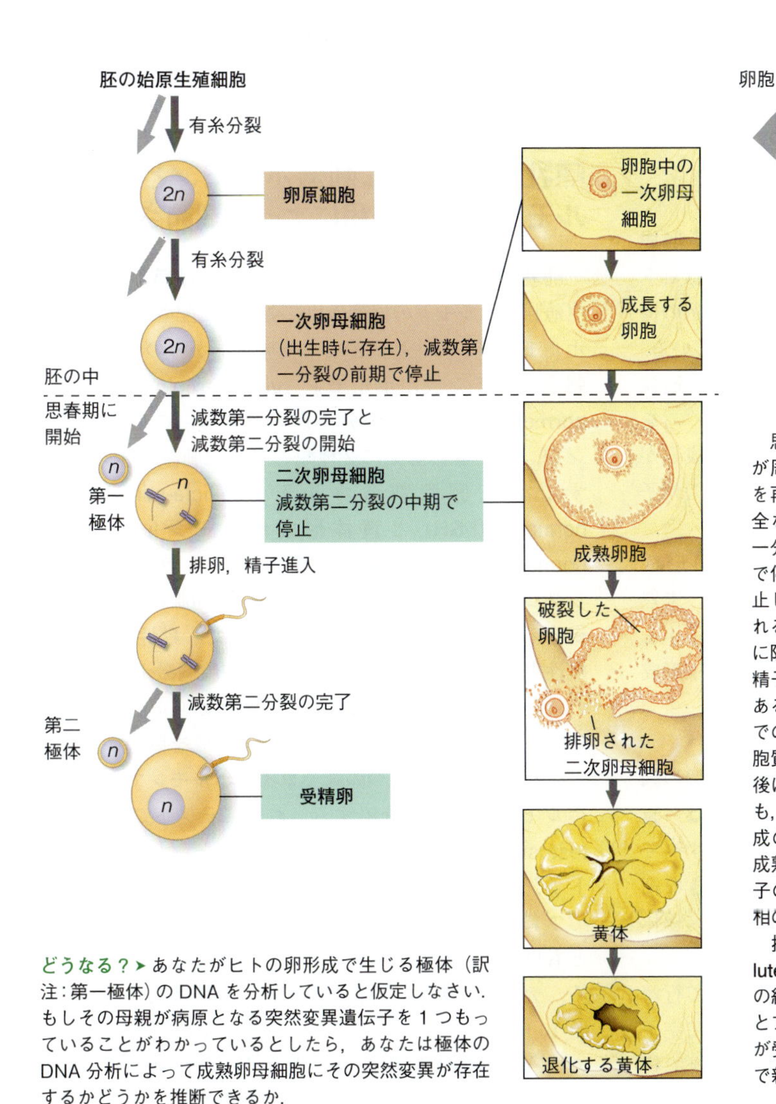
卵巣
卵胞
胚の始原生殖細胞
有糸分裂
2n
卵原細胞
有糸分裂
2n
一次卵母細胞
（出生時に存在），減数第一分裂の前期で停止
胚の中
思春期に開始
減数第一分裂の完了と減数第二分裂の開始
n
第一極体
n
二次卵母細胞
減数第二分裂の中期で停止
排卵，精子進入
減数第二分裂の完了
第二極体
n
n
受精卵
卵胞中の一次卵母細胞
成長する卵胞
成熟卵胞
破裂した卵胞
排卵された二次卵母細胞
黄体
退化する黄体

どうなる？➤ あなたがヒトの卵形成で生じる極体（訳注：第一極体）のDNAを分析していると仮定しなさい．もしその母親が病原となる突然変異遺伝子を1つもっていることがわかっているとしたら，あなたは極体のDNA分析によって成熟卵母細胞にその突然変異が存在するかどうかを推断できるか．

思春期が始まると，卵胞刺激ホルモン（FSH）が周期的に少数の群の卵胞を刺激して成長と発達を再開させる．ふつうは毎月ただ1つの卵胞が完全な成熟を遂げ，卵胞内の一次卵母細胞は減数第一分裂を完了する．減数第二分裂が始まるが，中期で停止する．このように減数第二分裂の途中で停止した**二次卵母細胞 secondary oocyte** は卵胞が破れると排卵される．卵母細胞は精子が進入した場合に限り，減数第二分裂を再開する（他の動物種では，精子は同様に中期IIの卵母細胞に進入する場合もあるが，減数分裂のもっと早い，あるいは遅い段階での進入もある）．どちらの減数分裂も不均等な細胞質分裂を伴い，小さいほうの細胞は極体となり最後には退化する（第一極体はもう一度分裂することも，しないこともある）．このように，完全な卵形成の機能的産物は，精子の頭部を内包した単一の成熟卵である．私たちはしばしば受精を，卵への精子の進入というが，受精の厳密な定義は精子の単相の核と二次卵母細胞の核との融合である．

排卵の後に残った破裂した卵胞は**黄体 corpus luteum** へと発達する．黄体は妊娠期間中子宮内膜の維持に寄与するホルモンであるエストラジオールとプロゲステロンを分泌する．放出された卵母細胞が受精しなかった場合は，黄体は退化し，次の周期で新たな卵胞が成熟する．

上端にある**陰核 clitoris** は，包皮という皮膚の覆いに包まれた亀頭と，それを支える勃起組織で構成される．性的に興奮すると陰核，腟，小陰唇はすべて充血して大きくなる．神経が密集している陰核は，性的刺激に最も敏感な部位の1つである．性的興奮は腟口近くのバルトリン腺からの潤滑粘液の分泌を促し，これによって性交が容易になる．

乳　腺

乳腺 mammary gland は両性に存在するが，乳汁を生産するのは雌のみである．生殖器官系には属さないが，雌の乳腺は生殖にとって重要である．乳腺内では，上皮組織の小胞が乳汁を分泌し，乳汁は一連の導管を通って乳首から出される．乳房は乳腺に加えて結合組織や脂肪組織を含む．

配偶子形成

以上の解剖学的な概要を頭に入れ，**配偶子形成 gametogenesis** について検討しよう．図 46.11 はヒトの男性，女性における配偶子形成過程を，生殖系の構造や機能との密接な関係を明確にしながら描いている．

精子形成 spermatogenesis は，成人男性では連続的に，そして大量に行われる．2つの精巣でとぐろを巻いている精細管の全長にわたって細胞分裂と成熟が進行し，毎日数億もの精子が形成される．個々の精子については，この過程は7週間で完了する．

成熟卵母細胞（卵）の発達，すなわち**卵形成 oogenesis** は，ヒトの女性では長い過程を経る．未熟な卵は胚の卵巣で形成されるが，その発達が完了するのは数年後，多くの場合は数十年後である．精子形成は以下の3つの点で卵形成とはっきり異なる．

- 第1に，精子形成では，減数分裂でできた4個の細胞はすべて成熟した配偶子になる．卵形成では，減数分裂での細胞質分裂が不均等で，ほとんどすべての細胞質が1個の娘細胞に集中する．この大きな細胞が卵になるよう運命づけられ，もう一方の，極体とよばれる小さな細胞は退化する．
- 第2に，精子形成は思春期から成人期を通して行われる．女性の卵形成では，有糸分裂は誕生前に完了すると考えられ，成熟配偶子の形成は約50歳で終わる．
- 第3に，精子形成では，前駆細胞から成熟精子への形成過程は連続しているが，卵形成には長期の中断が存在する．

概念のチェック 46.3

1. 熱い風呂に頻繁に入浴する夫婦に子ができにくくなる可能性があるのはなぜか．
2. 卵形成は，しばしば減数分裂による一倍体の卵の形成と記述される．しかし，ヒトを含むいくつかの動物群では，この記述は完全に正確ではない．そのことを説明しなさい．
3. どうなる？➤男性の左右の輸精管を手術でふさいだとしたら，性的反応や射精物の組成にどのような変化が生じると思うか．

（解答例は付録 A）

46.4

哺乳類の生殖は刺激ホルモンと性ホルモンの相互作用によって調節される

哺乳類の生殖は，視床下部，脳下垂体前葉，および生殖腺のホルモンの協調作用によって支配されている．ホルモンによる生殖調節は，視床下部からの「生殖腺刺激ホルモン放出ホルモン（gonadotropin-releasing hormone：GnRH）」の分泌から始まる．このホルモンが，脳下垂体前葉に2種類の生殖腺刺激ホルモン，すなわち**卵胞刺激ホルモン follicle-stimulating hormone**（FSH）と**黄体形成ホルモン luteinizing hormone**（LH）を分泌させる（図 45.15 参照）．これら2つのホルモンは，内分泌細胞や生殖腺の活性を制御する「刺激ホルモン」である．また，雄性生殖腺，雌性生殖腺に作用することから「生殖腺刺激ホルモン」と総称される．FSH と LH は，生殖腺からの性ホルモンの産生を促すことによって配偶子形成を調節する．

生殖腺はおもに3つのステロイドホルモンである性ホルモンを産生し分泌する．おもに**テストステロン testosterone** である「アンドロゲン」と，おもに**エストラジオール estradiol** である「エストロゲン」，そして**プロゲステロン progesterone** である．3ホルモンとも男性にも女性にも存在するが，濃度はかなり異なる．テストステロンの血中濃度は，男性は女性のおよそ10倍高い．逆に，エストラジオールの濃度は女性のほうが男性よりも10倍ほど高く，プロゲステロンの最高濃度もまた女性のほうがかなり高い．性ホルモンはおもに生殖腺から分泌されるが，副腎からも少量分泌される．

哺乳類では，性ホルモンの生殖に関しての機能は胚発生時に始まる．特に，男児になる胚でつくられるア

科学スキル演習

推測と実験計画

哺乳類が雌や雄になるために，ホルモンはどのような役割を担っているか 産卵しない哺乳類では，雌は2本のX染色体をもち，雄は1本のX染色体と1本のY染色体をもつ．1940年代に，フランスの生理学者アルフレッド・ヨースト Alfred Jost は，哺乳類の胚が，もっている染色体の通りに雌あるいは雄として発生するために，生殖腺がつくるホルモンの作用が必要かどうか疑問に思った．この演習では，ヨーストがこの疑問に答えるために行った実験の結果を解釈する．

実験方法 母の子宮内にいる，性の分化がまだ見られない発生初期のウサギ胚から，ヨーストは後に卵巣や精巣が形づくられる領域を外科的に切り取った．仔ウサギが産まれた後，ヨーデルはそれぞれについて染色体の性と生殖器構造の性別を記録した．

実験データ

染色体組	生殖器の外観	
	外科的処置なし	胚の生殖腺切除
XY（雄）	雄	雌
XX（雌）	雌	雌

データの出典 A. Jost, Recherches sur la differenciation sexuelle de l'embryon de lapin (Studies on the sexual differentiation of the rabbit embryo), *Archives d'Anatomie Microscopique et de Morphologie Experimentale* 36:271-316 (1947).

データの解釈

1. この実験は，研究者よく行う実験方法の一例であり，通常の過程が阻害された場合に何が起こるかを見ることよって，通常ものごとがどのような機構で成されているかを推測する．ヨーストの実験では，通常のどのような過程を阻害したのか説明しなさい．この結果から，生殖腺が生殖器の発達調節に対してどのような役割を果たしていると推測できるか．
2. ヨーストの実験結果は，生殖腺を取り除いたことではなく，それ以外の外科的処置が雌の生殖器の発達をもたらした，と説明することもできる．ヨーストの実験をもう一度行う場合，こうした説明の妥当性を検討するためにどのようなことを行えばよいか．
3. もし雌の発生も生殖腺からのシグナルを必要とする場合には，ヨーストの実験結果はどのようなものになったと考えられるか．
4. 雄の発生を制御するシグナルがホルモンであるかどうかを調べるための別の実験を計画しなさい．必ず仮説を立て，結果を予測し，データ収集の方法を立案し，比較対照実験を行うこと．

▼図 46.12 **アンドロゲンに依存したヘラジカの雄の生体構造と行動．** ここに示すヘラジカのつがいの雄と雌は生体構造も生理機能も異なっている．雄体内の高濃度のテストステロンのため，枝角などの二次性徴としての外見の変化が起こり，求愛行動，縄張り争いをするようになる．

▼図 46.13 **ホルモンによる精巣の調節．**

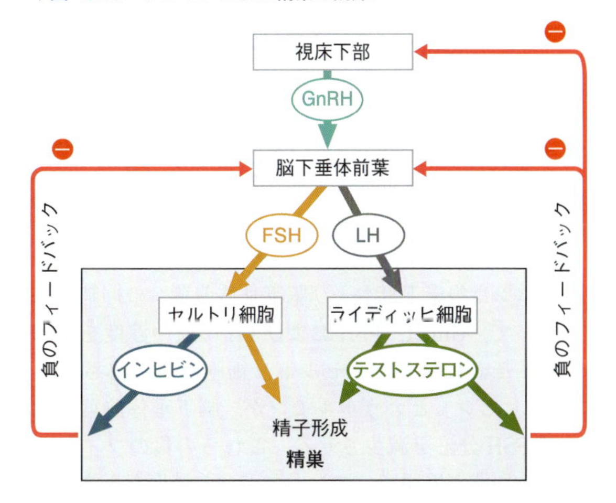
視床下部
GnRH
脳下垂体前葉
FSH
LH
セルトリ細胞
ライディッヒ細胞
インヒビン
テストステロン
精子形成
精巣
負のフィードバック
負のフィードバック

ンドロゲンは男性の一次性徴，つまり生殖に直接関係する器官形成を促進する．前立腺およびそれに付随する導管の形成，および外部生殖器の形成などがその例である．**科学スキル演習**では，哺乳類における生殖器官の発生についての実験結果を解釈する．

性成熟を迎える思春期には，性ホルモンは男性にも女性にも二次性徴（生殖系には直接関係のない肉体的，行動的特徴）の形成を促進する．二次性徴によりその種における雄と雌の外観の違いが明確となる性的二型が生じる（図 46.12）．ヒト男性ではアンドロゲンにより声が低くなり，顔の毛や陰毛が生え，筋肉が発達する（タンパク質合成の促進による）．アンドロゲンはまた，特定の性行動や性衝動を高めるとともに，一般的な攻撃性をも強める．エストロゲンも女性において多様な効果を示す．思春期にはエストラジオールの作用により乳房や陰毛の発達を刺激する．また，エストロゲンは女性の性行動に影響を与え，乳房や尻の脂肪の蓄積を促進し，水分の保持を高め，カルシウム代謝を変化させる．

哺乳類が性成熟に達すると，性ホルモンと生殖腺刺激ホルモンは配偶子形成に必須の働きをもつ．まずは比較的簡単な雄についての生殖のホルモン調節を見ていこう．

男性の生殖系のホルモン調節

精子形成の調節では，FSH と LH が精巣内の 2 種類の細胞に作用する（図 46.13）．FSH は「セルトリ細胞」の活性を促進する．この細胞は精細管の内部にあり，発達中の精子を養育する（図 46.11 参照）．LH は精細管同士の隙間の結合組織に存在する「ライディッヒ細胞」を制御する．ライディッヒ細胞はテストステロンや他のアンドロゲンを分泌し，それらのホルモンが精細管内の精子形成を促進する．

男性の性ホルモン産生は，2 つの負のフィードバック機構によって調節される（図 46.13 参照）．テストステロンは視床下部および脳下垂体前葉への抑制効果によって，GnRH，FSH および LH の血中濃度を制御する．それに加えて，セルトリ細胞から分泌される「インヒビン」というホルモンが，脳下垂体前葉に働いて FSH 分泌を減少させる．これらの負のフィードバック回路が協同で，アンドロゲンの濃度を正常範囲に保つ．

ライディッヒ細胞はテストステロン産生以外の役割も担っており，テストステロンの他に，オキシトシン，レニン，アンジオテンシン，副腎刺激ホルモン放出因子，成長因子，プロスタグランジンなどの多種類のホルモンや局所制御因子を少量ずつ分泌している．こうしたシグナルが，生殖活動のための成長，代謝，ホメオスタシス，行動を協調させている．

女性の生殖周期のホルモン調節

男性では継続的に精子形成が起こるが，女性には 2 つの連携した生殖周期が存在する．どちらも周期的な内分泌系の活性によって調節されている．

卵巣で起きる周期的現象は**卵巣周期 ovarian cycle** という．1 周期ごとに卵胞が成熟し排卵が起こる．子宮での変化は**子宮周期 uterine cycle** であり，ヒトや他の霊長類では**月経周期 menstrual cycle** とよばれる．月経周期ごとに子宮の内膜が肥厚して血液供給が増え，妊娠が起こらなかった場合は肥厚した子宮内膜がはがれ，子宮頸部と腟を通って流れ出る．ホルモン活性は卵巣周期と月経周期を結びつけることによって，排卵の時期と胚が着床，発生できるよう子宮内膜の準備が整うタイミングを同調させる．

卵が受精せず妊娠が成立しなかった場合，子宮内膜ははがれ落ち，次の卵巣周期，子宮周期が始まる．周期的に血液に富んだ内膜細胞が子宮からはがれ落ち，子宮頸部と腟を通って流れ出る現象は**月経 menstruation** とよばれる．月経周期の平均の長さは 28 日であるが，周期には約 20～40 日とばらつきがある．

図 46.14 は女性の性周期のおもな過程を，体内のさまざまな組織との関係性を示しながら概説している．

卵 巣 周 期

ヒトの女性の生殖周期の調節も，男性と同様に視床下部が中心的な役割を果たしている．卵巣周期は❶視床下部からの GnRH の分泌で始まる．GnRH は脳下垂体前葉を刺激し，❷少量の FSH および LH を分泌させる．❸卵胞刺激ホルモンは LH の補助を受けながら卵胞の成長を刺激し，❹卵胞の細胞でエストラジオールの産生が始まる．卵胞の成長と卵母細胞の成熟とが進行するこの期間，すなわち「卵胞期」には，エストラジオールの量はゆっくりと上昇する（この間，いくつかの卵胞が同時に成長するが，ふつうは 1 個だけが成熟し，他は退化する）．低濃度のエストラジオールは脳下垂体のホルモン分泌を抑制して，FSH と LH の濃度を比較的低く保つ．周期のこの部分でのホルモン調節は，男性で見られる調節ときわめてよく似ている．

❺成長する卵胞からのエストラジオール分泌が急激に上昇し始めると，❻ FSH と LH の濃度も顕著に増加する．これはなぜだろうか．低濃度のエストラジオ

▼図 46.14 **ヒト女性の生殖周期**．図では，(c) 卵巣周期と (e) 子宮（月経）周期が，(a) (b) (d) に図示した血中ホルモン濃度の変化によってどのように調節されているかが示されている．最下部の時間尺度は (b)～(e) で共通である．

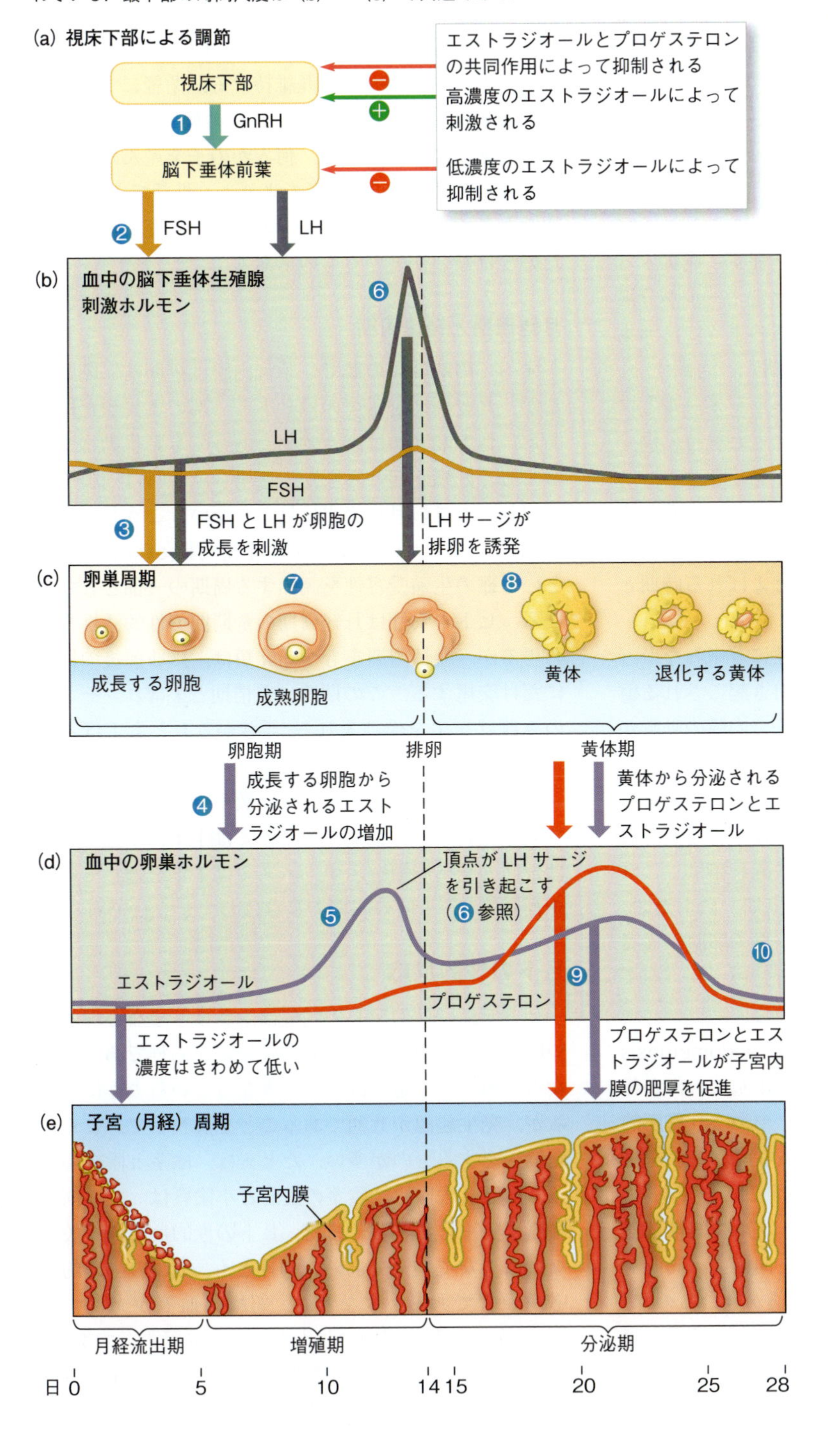

(a) 視床下部による調節
視床下部
GnRH
脳下垂体前葉
エストラジオールとプロゲステロンの共同作用によって抑制される
高濃度のエストラジオールによって刺激される
低濃度のエストラジオールによって抑制される
FSH
LH
(b) 血中の脳下垂体生殖腺刺激ホルモン
LH
FSH
FSH と LH が卵胞の成長を刺激
LH サージが排卵を誘発
(c) 卵巣周期
成長する卵胞
成熟卵胞
黄体
退化する黄体
卵胞期
排卵
黄体期
成長する卵胞から分泌されるエストラジオールの増加
黄体から分泌されるプロゲステロンとエストラジオール
(d) 血中の卵巣ホルモン
頂点が LH サージを引き起こす（6 参照）
エストラジオール
プロゲステロン
エストラジオールの濃度はきわめて低い
プロゲステロンとエストラジオールが子宮内膜の肥厚を促進
(e) 子宮（月経）周期
子宮内膜
月経流出期
増殖期
分泌期
日 0
5
10
14 15
20
25
28

ールは脳下垂体の生殖腺刺激ホルモンの分泌を抑制するが，高濃度になると反対の働きをするためである．つまり，視床下部に働いて GnRH の分泌を促すことによって生殖腺刺激ホルモン分泌を刺激する．さらに，高濃度のエストラジオールが脳下垂体にある LH 分泌細胞の GnRH 感受性を増大させるため，LH の濃度が上昇する．

❼成熟した卵胞は液体で満たされた腔所をもち，大きくなって卵巣表面に膨らみをつくる．卵胞期は，LH サージ（訳注：サージは大波の意で，急激な上昇を指す）の約 1 日後に起こる排卵で終了する．LH 濃度が頂点に達したことに反応して，卵胞とその近傍の卵巣壁が破れ，二次卵母細胞を放出する．女性は排卵時付近に，下腹部の排卵した卵巣のある側に，特有の痛みを感じる場合がある．

排卵に続いて，卵巣周期の「黄体期」が始まる．❽ LH は，卵巣に残った卵胞組織を刺激して，腺構造をもつ黄体へと変化させる．LH の刺激が続くことにより，黄体はプロゲステロンとエストラジオールを分泌する．プロゲステロンとエストラジオールの濃度が上昇すると，これらのステロイドホルモンの組み合わせによって視床下部と脳下垂体に負のフィードバックが働く．負のフィードバックにより，LH と FSH の分泌がきわめて低く抑えられ，妊娠がすでに進行中である場合に，次の卵の成熟を防止することにつながる．

妊娠が成立しなかった場合，黄体期が終わりに近づくと，生殖腺刺激ホルモンの低下が黄体の退縮を引き起こし，エストラジオールとプロゲステロンの濃度が急降下する．卵巣のステロイドホルモンのこのような減少によって，視床下部と脳下垂体はこれらのホルモンの負のフィードバック効果から解放される．脳下垂体は卵巣の新しい卵胞の成長を刺激するのに十分な量のFSHを分泌できるようになり，次の卵巣周期が開始される．

子宮（月経）周期

排卵に先立って，卵巣のステロイドホルモンは子宮を刺激して胚を支持するための準備を促す．成長する卵胞から分泌量を増しながらエストラジオールが分泌され，子宮内膜の肥厚を指令する．このように，卵巣周期の卵胞期は，子宮周期の「増殖期」と同調する．排卵後，❾黄体から分泌されるエストラジオールとプロゲステロンが引き続き子宮内膜の発達と維持に働くと同時に，動脈を拡張させ，腺構造を発達させる．この腺は初期胚を，たとえまだ着床前であっても養える栄養分を含んだ液を分泌する．このように，卵巣周期の黄体期は，子宮周期の「分泌期」とよばれる時期と同調している．

分泌期の終わりまでに胚が子宮内膜に着床しなかった場合，黄体が退化する．その結果引き起こされる❿卵巣ホルモンの急激な減少により，子宮内膜の動脈が収縮する．血液循環が減ることによって子宮内膜の広い部分が崩壊し，子宮はプロスタグランジンの分泌に反応して収縮する．内膜の小血管は収縮して血液を放出し，血液は内膜組織や液体とともに流れ出す．これが月経であり，子宮周期の「月経流出期」にあたる．通常は数日続く月経の間に，新しく一群の卵胞が成長を開始する．通常，月経の初日が，新しい子宮（および卵巣）周期の第1日と定義されている．

生殖年齢の女性の約7%が**子宮内膜症 endometriosis** に悩まされている．これは子宮内膜の細胞の一部が体腔へと異常な移動を起こしてしまった，つまり**異所的 ectopic**（ギリシャ語で「ある場所から離れる」を意味する *ektopos* に由来）に腹腔に存在する疾患である．卵管や卵巣や大腸などに移動した後，異所性組織は血中のホルモンに応答する．子宮内膜と同様に，異所的組織も卵巣周期に呼応して肥大と崩壊が起こるので，骨盤痛や腹腔内出血の原因となる．研究者は子宮内膜症の起こる原因をまだ突き止めてはいないが，ホルモン療法や手術によって苦痛を和らげることはできる．

閉　経

約500回の周期の後，女性は排卵と月経の終了である**閉経 menopause** を迎える．閉経は一般的に46歳から54歳の間に起こる．この期間中に，卵巣はFSHとLHに対する反応性を失い，その結果エストラジオールの産生が低下する．

閉経は異常な現象である．他のほとんどの種では，雌雄ともに生殖能力を生涯維持する．閉経について進化的に説明できるだろうか．1つの興味深い仮説は，ヒトの進化の早い時代に，何人かの子を産んだ後に閉経を迎えた母親は，子や孫をよりよく世話できたので，彼女と多くの遺伝子を共有する個体の生存率が上がったのではないかというものである．

月経周期と発情周期

すべての哺乳類の雌で，子宮内膜は排卵前に肥厚するが，月経周期を示すのはヒトと一部の霊長類だけである．他の哺乳類は家畜動物であっても野生動物であっても，妊娠が起こらなかった場合，子宮は内膜を再吸収し，大量の月経流出は見られない．こうした動物では，子宮の周期的な変化は**発情周期 estrous cycle** という雌の生殖受容性を調節する周期の一部として起こる．ヒトの女性は月経周期の全期間で性的活性をもち得るが，発情周期をもつ哺乳類は，排卵前後の期間にだけ交尾する．この期間は発情期とよばれ，そこでのみ雌は交尾を受け入れる．「さかり」ともよばれるこの期間，雌の体温はわずかに上昇する．

哺乳類の発情周期の長さや回数や特性は，種によって大きく異なる．クマやオオカミは1年に1回，ゾウは数回の発情周期を示す．ネズミは1年を通して周期を繰り返し，1回の周期の長さはわずか5日である．

ヒトの性的反応

ヒトでは，性的関心の覚醒は，さまざまな心理的かつ肉体的要因が関連した非常に複雑な過程である．男女の生殖系の構造ははっきり異なっているように見えるが，発生起源が共通であることを反映して，よく似た働きをするものが多い．たとえば，陰茎と陰核の亀頭，陰嚢と大陰唇，陰茎の皮膚と小陰唇は，胚の同じ組織に由来している．また，ヒトの性的反応の一般的な型は男女で共通である．両性とも，2つの生理的反応が顕著である．すなわち，組織に血液が充満する「血管充血」と，筋肉の張力が増す「筋緊張」である．

性的反応の周期は，興奮期，プラトー期，オーガズム期，および消散期の4期に分けることができる．興奮期の重要な機能は膣と陰茎の，「性交」へ向けての準備である．この期には，血管充血が特に陰茎や陰核の勃起に顕著に見られるほか，精巣，陰唇，乳房の大きさが増し，膣は粘液で潤滑になる．筋緊張も起こり，乳首の勃起や腕，脚の緊張を生じさせる．

プラトー期には生殖器への直接的刺激の結果，前述の反応が継続する．女性では腟の開口側3分の1は充血するが，奥の3分の2はいくらか拡張する．この変化は，子宮が上方に上がることと相まって，腟の奥に精子を受け入れるための低圧力を生み出す．呼吸は速くなり，心拍はときには1分間に150回まで上がる．これは性活動の肉体運動への反応だけではなく，自律神経系（図49.9参照）の刺激に対する不随意反応でもある．

「オーガズム」（性的興奮の最高潮期）は，両性の生殖系の律動的で不随意の収縮が特徴である．男性のオーガズムには2つの段階がある．第1は生殖輸管の収縮によって精液を尿道に押し出す輸精であり，第2は尿道の収縮によって精子を射出する射精である．女性のオーガズムでは，子宮と，腟の開口側は収縮するが，腟の内側3分の2は収縮しない．オーガズム期は性的反応の周期では最短で，一般的には数秒しか続かない．両性とも，収縮は約0.8秒間隔で起こり，これには肛門括約筋やいくつかの腹筋も加わる．

消散期は周期の終わりであり，反応は初期に戻る．充血した器官は平常の大きさと色に戻り，筋肉は弛緩する．消散期の変化の大部分は5分以内に完了するが，1時間ほどもかかる部分もある．オーガズムに続いて，男性では一般的には数分から数時間の不応期に入り，その間は勃起にもオーガズムにも達し得ない．一方，女性には不応期はなく，短時間の間に複数回のオーガズムに達することが可能である．

概念のチェック 46.4

1. 雄と雌とで，これらのFSHとLHが示す働きはどの点が似ているか

2. 発情周期は，月経周期とどのように異なるか．この2種類の周期について，それぞれを示す動物を挙げなさい．

3. **どうなる？➤**ある女性が新しい月経周期の開始直後にエストラジオールとプロゲステロンの服用を始めたとしたら，排卵はどのように影響されるか．説明しなさい．

4. **関連性を考えよう➤**ヒト女性の生殖周期においても，エンベロープ（外被）をもつRNAウイルスの増殖周期（図19.7参照）においても，諸現象間の協調が特徴である．それぞれの周期における協調とはどのようなものか．

（解答例は付録A）

46.5

有胎盤哺乳類では，胚は母親の子宮内で発生を完了する

ヒトの女性の卵巣周期と子宮周期を調べてきたが，ここで生殖そのものについて見ていくことにする．まず，卵から胚への変化から始めることにしよう．

受胎，胚発生，誕生

ヒトでは性交で2～5 mLの精液が受け渡され，そ

▼図46.15 ヒト受精卵の形成と受精後の初期過程．

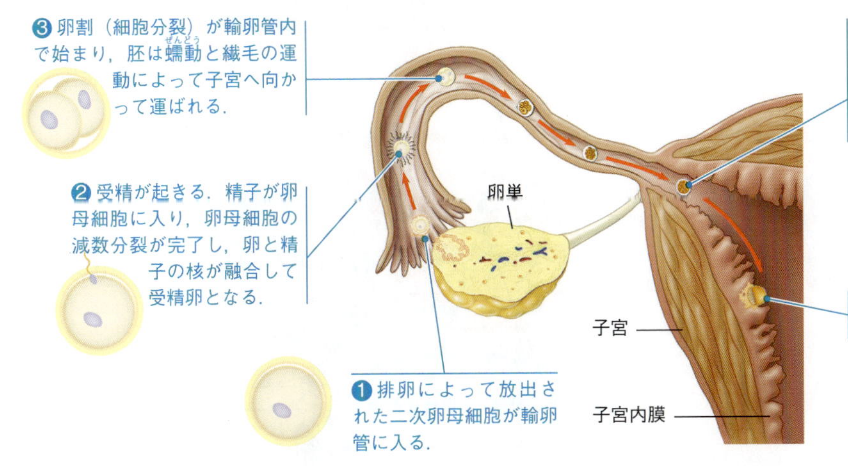
③卵割（細胞分裂）が輸卵管内で始まり，胚は蠕動と繊毛の運動によって子宮へ向かって運ばれる．
②受精が起きる．精子が卵母細胞に入り，卵母細胞の減数分裂が完了し，卵と精子の核が融合して受精卵となる．
卵巣
子宮
子宮内膜
①排卵によって放出された二次卵母細胞が輸卵管に入る．
④卵割は継続する．胚が子宮に到達する時点では球状の細胞塊である．数日間子宮内を浮遊し，子宮内膜の分泌物から栄養を受ける．胚盤胞になる．
⑤胚盤胞は受精の約7日後に子宮内膜に着床する．
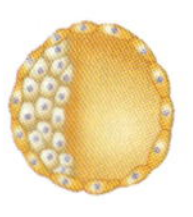

図読み取り問題➤もし女性の卵を試験管内で受精させる必要がある場合，受精卵を子宮に戻すのは簡単であるが非常に細い輸卵管に戻すのは容易ではない．この模式図に基づき，妊娠を成立させる確率の最適化のためには，受精卵をどのような条件で培養したらよいか説明しなさい．

こには数億の精子が含まれる．射精されると，精液はまず凝固するが，これは精子が子宮頸部に達するまで射精物がその場に留まるのに役立つと思われる．すぐ後に，抗凝固物質が精液を液状化し，精子は子宮および輸卵管を通って泳ぎ始める．受精はヒトでは**受胎 conception** ともよばれるが，これは輸卵管内で1個の精子が卵（成熟卵母細胞）と合体することで起こる（図 46.15）．

約24時間後，受精卵は卵割とよばれる分裂を始める．さらに4日後，胚は**胚盤胞 blastocyst** とよばれる段階に至る．胚盤胞は中心の腔所を細胞が球状に取り囲んだ構造をしている．胚盤胞の形成から数日後，胚は子宮内膜に着床する．1つ以上の胚が子宮内に着床した状態を**妊娠 pregnancy**（または gestation）という．ヒトの妊娠期間は卵の受精からは平均266日（38週），最後の月経の初日からでは40週である．平均妊娠期間は多くの齧歯類では21日，ウシでは平均280日だが，ゾウでは600日以上である．約9ヵ月続くヒトの妊娠期間は，便宜的に3つの「3ヵ月期」に分けることができる．

最初の3ヵ月期

最初の3ヵ月期に，胚はホルモンを分泌して存在を知らせ，ホルモン刺激により母体の生殖系を制御する．胚が分泌するホルモンの1つは「ヒト絨毛膜性生殖腺刺激ホルモン（human chorionic gonadotropin：hCG）」で，脳下垂体のLHと同様に作用して，妊娠の最初の数ヵ月間，黄体によるプロゲステロンとエストロゲンの分泌を持続させる．hCGの一部は尿に排出されるので，尿中のこのホルモンの存在は早い時期での妊娠テストに利用される．

すべての胚が最後まで発生できるわけではない．染色体異常や発生異常により，妊娠が自然に終了する例は多い．もっと少ない例ではあるが，受精卵が輸卵管に着床する卵管妊娠（子宮外妊娠）も起こる．このような妊娠は持続できず，輸卵管が破裂して重大な内出血を起こすこともある．分娩時，医療行為，また「性感染症」として生じた細菌の感染が輸卵管を傷つけ，子宮外妊娠が生じやすくなる．

発生の最初の2〜4週間は，胚は栄養を直接内膜から得ている．その間に，**栄養芽層 trophoblast** とよばれる胚盤胞の外層が外側に向けて成長し，内膜と混ざ

▼図 46.16　**胎盤の血液循環**．発生4週目から出産までの間，母親および胎児の組織が結合した胎盤が，胚または胎児と母親との間で栄養素，呼吸ガス，および老廃物の運搬を行う．母親の血液は動脈を通って胎盤に入り，子宮内膜の血液プールを流れ，静脈を通って離れる．血管中に保たれた胚または胎児の血液は，動脈によって胎盤に入り，指状の漿膜絨毛内の毛細血管を流れ，ここで酸素や栄養素を得る．図に示すように，胎児の（または胚の）毛細血管と絨毛は胎盤の母性部分に突き出ている．胎児の血液は静脈によって胎児へ戻る．物質の交換は，胎児毛細血管床と母性の血液プールとの間で，拡散，能動輸送，および選択吸収によって行われる．

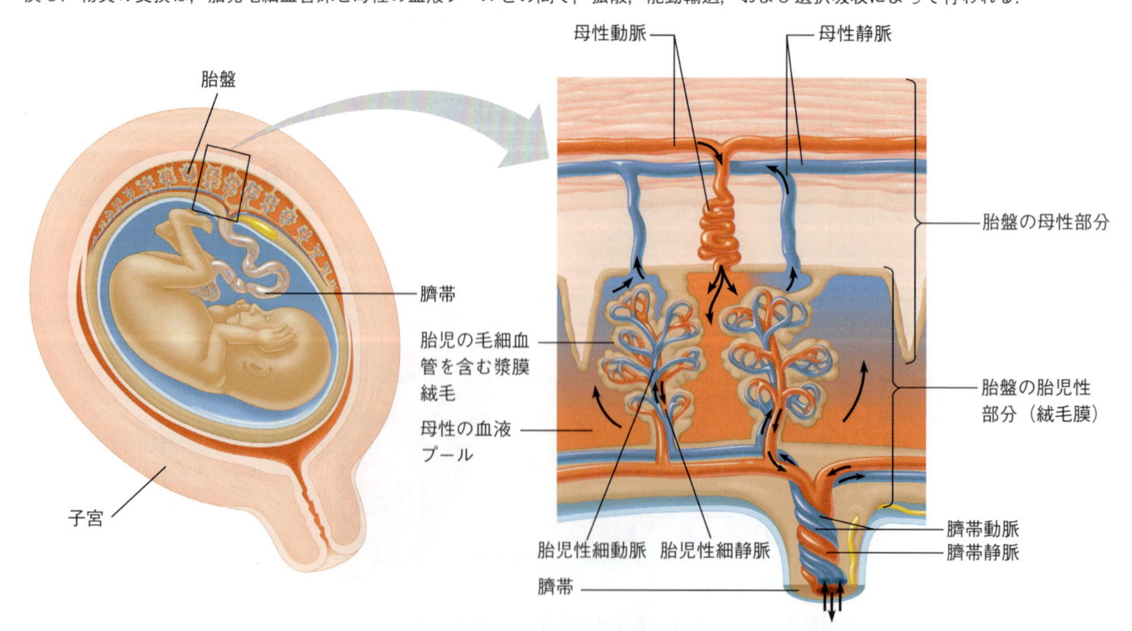
胎盤
臍帯
子宮
母性動脈
母性静脈
胎盤の母性部分
胎児の毛細血管を含む漿膜絨毛
母性の血液プール
胎盤の胎児性部分（絨毛膜）
臍帯動脈
臍帯静脈
胎児性細動脈
胎児性細静脈
臍帯

？ 特定の酵素の欠損によってテストステロン生産が増加するという，まれな遺伝的疾患が存在する．胎児がこの疾患をもつと，母親には妊娠中に男性に似た体毛パターンが発達する．このことを説明しなさい．

▼図 46.17　第一および第二３ヵ月期のヒト胎児の発生段階.

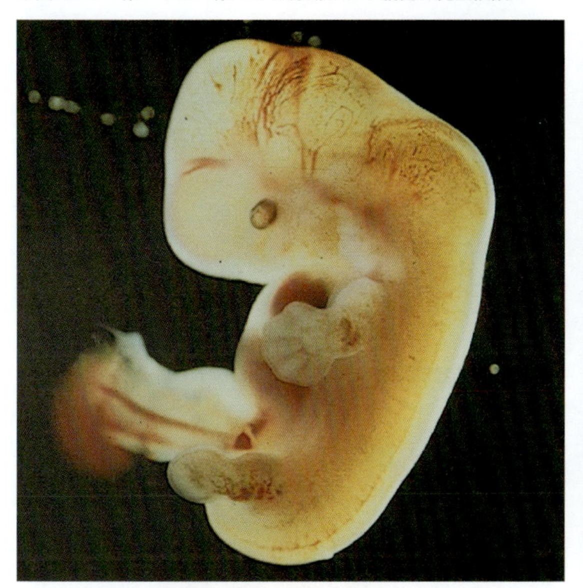

(a) 5週目. 肢芽(しが), 眼, 心臓, 肝臓, および他のすべての器官の原基が, 体長わずか約1cmの胚で発生を開始している.

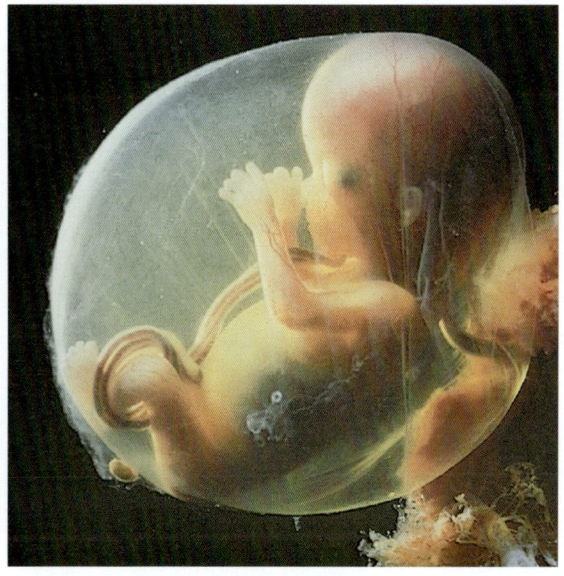

(b) 14週目. いまや胎児とよばれる子どもの成長と発生は, 第二の3ヵ月の間も続く. この胎児は体長約6cmである.

り合って, 最終的には**胎盤 placenta**の形成を助ける. この円盤状の器官は胚と母親の両方の血管を含み, 重さは生まれるときには1kg近くにもなる. 母親と胚の循環系の間に拡散した物質は栄養素を補給し, 免疫的保護を提供し, 呼吸ガスを交換し, 胚の代謝老廃物を除去する. 胚からの血液は臍帯(さいたい)の動脈を通って胎盤に運ばれ, 臍帯静脈を通って胚に戻る (図 46.16).

発生の最初の1ヵ月の間に, 胚が2つに分かれると,「一卵性」双生児になる.「二卵性」双生児はまったく異なる様式で生じる. 同じ周期の中で2つの卵胞が成熟し, 別々に受精, 着床して, 遺伝的には異なる2つの胚になる.

この最初の3ヵ月期は**器官形成 organogenesis**, すなわち体の諸器官の発生にとって主要な期間である (図 46.17 a). 器官形成の期間には, 胚は損傷を特に受けやすい. たとえば, アルコールは胎盤を通過して胚の発生中の中枢神経系に達し, 胎性アルコール症候群を引き起こす可能性がある. 胎性アルコール症候群は精神遅滞や他の重篤な先天性疾患をもって生まれることにつながる. 心臓は4週目に拍動を始め, 8〜10週で検知できるようになる. 8週目には成体の主要な構造のすべてが, 未発達な形ではあるが存在し, 胚は**胎児 fetus**とよばれるようになる. 最初の3ヵ月期の終わりには, 胎児は分化は進んでいるが, 体長はまだ5cmである.

この期間, プロゲステロンの高い濃度によって母親にも急激な変化が起こる. 子宮頸部の粘液が増加し栓のようになって感染を防ぐ. 胎盤の母性部分が発達し, 乳房と子宮は大きくなり, 排卵や月経の周期は停止する. 最初の3ヵ月期, 妊娠女性の4分の3は「つわり」とよばれる吐き気を経験する.

第二, 第三の3ヵ月期

第二の3ヵ月期の間に胎児は体長30cmほどに成長する. 発生が進んで指に爪ができ, 外性器が形成され, 外耳ができる (図 46.17b). 母親は早ければ第二の3ヵ月期の最初の月に胎児の動きを感じるようになる. 胎児の活動は1〜2ヵ月後には体壁を通して外からも見えるようになる. hCGは減少し, ホルモン濃度は安定化する. 黄体は退化し, 代わって胎盤が妊娠を維持するホルモンであるプロゲステロンの産生を担うようになる.

第三の3ヵ月期の間に, 胎児は体重3〜4kg, 体長50cmにまで成長する. 隙間を満たしてしまうので, 胎児の運動性は減少することが多い. 胎児が成長し, それを囲む子宮が拡張するので, 母親の腹部の諸器官は圧迫され, 押しやられて, 頻尿や消化阻害が生じる.

誕生は, 子宮に起こる一連の強い律動的な収縮である「陣痛」によって始まる. これによって胎児と胎盤は母体の外へと押し出される. いったん陣痛が始まると, 局所調節因子 (プロスタグランジン) とホルモン (主としてエストラジオールとオキシトシン) の作用が,さらなる子宮の収縮を誘起し，制御する（図46.18）．ホルモンの作用の中心は正のフィードバックのループであり（45.2節参照），子宮の収縮はオキシトシンの分泌を刺激し，それによって分泌されたオキシトシンがさらに収縮を引き起こす．

陣痛は一般に3つの段階を経るといわれている（図46.19）．第1段階は子宮頸部が薄くなり弛緩する段階である．第2段階は分娩である．連続する強い収縮によって胎児は子宮から膣を通って外に出される．陣痛の最後の段階は胎盤の放出である．

出生後の世話に関して，哺乳類に特有なのは「泌乳」すなわち母親による乳汁の生産である．新生児の吸乳刺激に反応し，同時に産後のエストラジオール分泌の変化に反応して視床下部は脳下垂体前葉にシグナルを送り，プロラクチンを分泌させる．プロラクチンは乳腺を刺激して乳汁を生産させる．吸乳刺激は脳下垂体後葉からのオキシトシン分泌も刺激する．オキシトシンは乳腺からの乳汁の放出を引き起こす（図45.14参照）．

胚および胎児に対する母親の免疫寛容

妊娠は免疫学的には謎である．胚の遺伝子の半分は父親から受け継いだものであるから，胚の表面に存在する化学マーカー（標識）の多くは母親にとって異物である．では，なぜ母親は，他人から組織や器官を移植された場合には拒絶するのに，胚を拒絶しないのだろうか．興味深い手がかりが，ある種の自己免疫疾患と妊娠との関連から得られている．たとえば，関節の自己免疫疾患である慢性関節リウマチの症状は妊娠中は軽減する．このように，免疫系の全体的調節機構が生殖過程によって変化するらしい．これらの変化を調べ上げ，それらによって胎児がどのように守られているかを知ることが，免疫学者たちの活発な研究の対象となっている．

▼図46.18　分娩時の正のフィードバック．

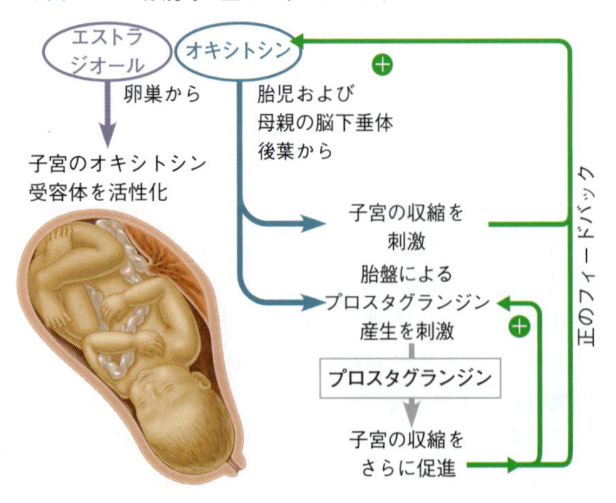
エストラジオール
オキシトシン
卵巣から
胎児および母親の脳下垂体後葉から
子宮のオキシトシン受容体を活性化
子宮の収縮を刺激
胎盤によるプロスタグランジン産生を刺激
プロスタグランジン
子宮の収縮をさらに促進
正のフィードバック
+
+

図読み取り問題▶ここに示すフィードバック回路に基づき，妊娠39週の女性にオキシトシンを1回投与したときの効果を予測しなさい．

▼図46.19　分娩の3段階．

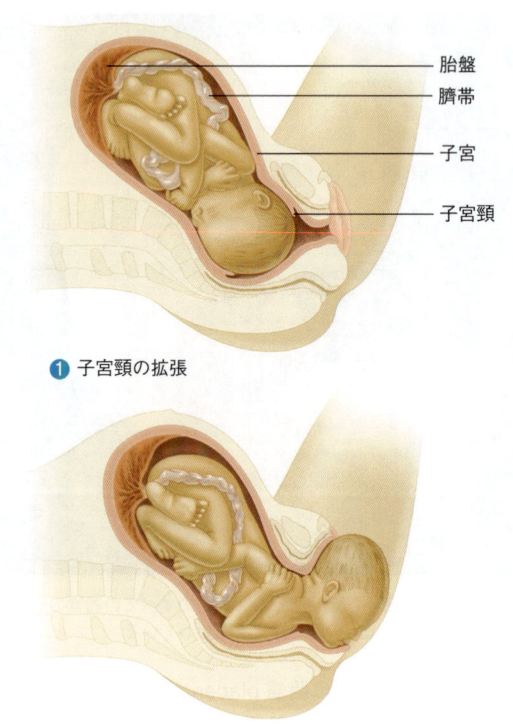
胎盤
臍帯
子宮
子宮頸

❶ 子宮頸の拡張

❷ 排出：幼児の分娩

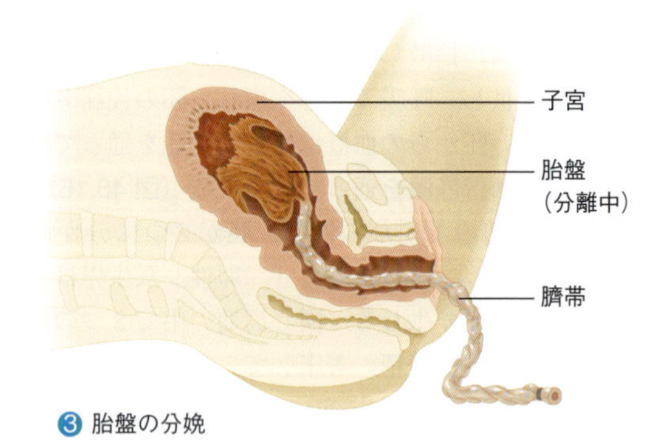
子宮
胎盤
（分離中）
臍帯

❸ 胎盤の分娩

避妊と妊娠中絶

妊娠を計画的に防止する**避妊 contraception**は，いくつもの方法で可能である．避妊法には，女性または男性の配偶子形成や配偶子の生殖腺からの放出を防ぐ方法，精子と卵を引き離して受精を防ぐ方法，さらには胚の着床を妨げる方法などがある．避妊法について完全な情報が知りたければ，健康管理の専門家に相談

▼図 46.20 **数種の避妊法のしくみ**．赤矢印はこれらの方法，器具，あるいは薬剤が，精子および一次卵母細胞の形成から，着床し発生中の胚に至るまでの諸事象のうち，どこを妨害するかを示している．

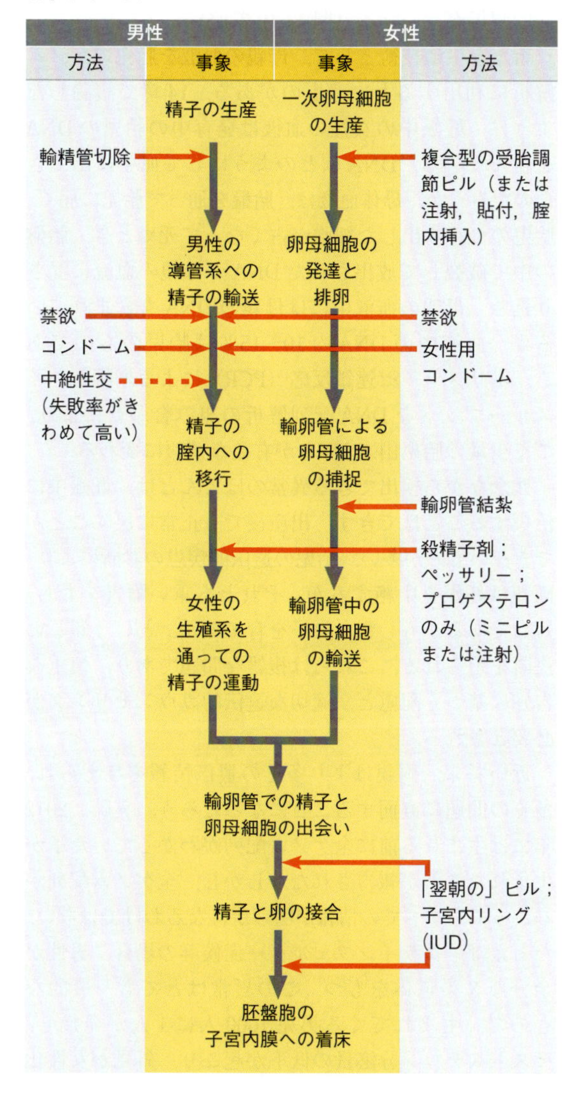

男性
女性
方法
事象
事象
方法
精子の生産
一次卵母細胞の生産
輸精管切除
複合型の受胎調節ピル（または注射，貼付，膣内挿入）
男性の導管系への精子の輸送
卵母細胞の発達と排卵
禁欲
禁欲
コンドーム
女性用コンドーム
中絶性交（失敗率がきわめて高い）
精子の膣内への移行
輸卵管による卵母細胞の捕捉
輸卵管結紮
殺精子剤；ペッサリー；プロゲステロンのみ（ミニピルまたは注射）
女性の生殖系を通っての精子の運動
輸卵管中の卵母細胞の輸送
輸卵管での精子と卵母細胞の出会い
「翌朝の」ピル；子宮内リング（IUD）
精子と卵の接合
胚盤胞の子宮内膜への着床

すべきである．以下に示すのは最も一般的な方法についての簡単な生物学的入門とそれに対応する模式図（図 46.20）であって，避妊のマニュアルではない．

受精は，性交の節制（禁欲）や，精子と卵の接触を防ぐいくつかの障壁によって防止できる．一時的な禁欲は，「自然家族計画」（訳注：日本ではオギノ式避妊法として知られる）とよばれ，受胎が最も起こりやすい期間に禁欲する方法である．卵は輸卵管内で24～48時間，精子は最高5日間生存するので，一時的禁欲をする場合は排卵の前後のかなりの日数の間，性交すべきでない．妊娠しやすさを基準とする避妊のためには，子宮頸部の粘液の変化など排卵の時期に起こる変化についての知識が必要となる．注意すべきは，自然家族計画を実行しているカップルでの妊娠率が10～20％と報告されていることである（妊娠率とは，特定の避妊法を行っている女性100人の中で，年間に妊娠した女性の人数を百分率で表したものである）．

受精防止の方法としては，「中絶性交」（射精前に陰茎を膣から出す）は信頼できない．前に射精した精子の残りが射精前の分泌物とともに出てくる可能性があるからである．さらに，タイミングや決断の一瞬の遅れが数千万もの精子を送り込んでしまいかねない．

精子を卵に出会わせないようにするいくつかの障壁法は，妊娠率が10％以下である．「コンドーム」は薄いラテックスまたは天然素材の膜でできた鞘で，陰茎を覆って精子を貯めるようになっている．性的に活発な人にとっては，ラテックスのコンドームはAIDSを含む「性感染症（sexually transmitted disease：STD，または sexually transmitted infection：STI）」を予防するのに高い効果をもつ唯一の避妊具である．しかし防護効果は絶対ではない．もう1つのよく使われる障壁用具は「ペッサリー」（ダイアフラム）という，ドーム型のゴム製のキャップで，性交前に膣の奥に挿入される．これら2種類の用具は，泡状またはゼリー状の殺精子剤と併用することで妊娠率を下げることができる．他の障壁具としては，膣に入れる袋状の「女性用コンドーム」がある．

完全な禁欲や不妊化（詳しくは後述）を除けば，避妊に最も有効な方法は子宮内避妊器具（intrauterine device：IUD）（リング）および避妊用ホルモン剤である．IUDは妊娠率が1％以下であり，可逆的な避妊法として米国以外では最もよく用いられている．医師によって子宮内に入れられるIUDは，受精と着床を妨げる．**受胎調節ピル birth control pill**（訳注：ピルは錠剤の意）として知られるホルモン避妊薬も妊娠率は1％以下である．

最も一般的に処方される受胎調節ピルは，合成エストロゲンと合成プロゲスチンというプロゲステロン類似のホルモンが組み合わされた複合剤になっている．この組み合わせは卵巣周期での負のフィードバックと同様に作用し，視床下部のGnRH分泌を停止させることで脳下垂体からのFSHとLHの分泌も抑制する．LH分泌の抑制は排卵を阻止する．そのうえ，ピルに含まれる低量のエストロゲンは卵胞の発達を抑える．

ホルモンを用いたもう1種類の避妊薬は，プロゲスチンだけを含む．プロゲスチンは女性の子宮頸部の粘液を濃厚にして精子の子宮への進入を妨害する．プロゲスチンはまた，排卵の頻度を減らすとともに，もし受精がなされたとしても，子宮内膜に変化を起こさせて着床を妨害する．プロゲスチンは3ヵ月効果が持続する注射の形でも，毎日服用する錠剤（「ミニピル」）としても使われる．

ホルモンを用いた避妊薬には有益な効果と有害な効果の両方がある．複合剤のピルを服用する女性にとって最も重大なのは心臓血管系の問題である．ピルの服用は心臓血管系の疾患での死亡率が非喫煙者では軽度に，日常喫煙する女性は3～10倍も高まる．一方では妊娠による危険をなくしてくれる．ピルを服用している女性の死亡率は妊娠女性の約半分である．さらに，ピルは卵巣や子宮内膜ががんになる危険性を減らす．一方，男性用のホルモン避妊薬は存在しない．

不妊化は，配偶子の生産または放出の永久的な防止手段である．女性での**輪卵管結紮**（けっさつ） **tubal ligation** では，両側の輪卵管を部分的にふさいだり縛ったり（結紮）して，卵が子宮へ行かないようにする．同様に，男性の**輸精管切除 vasectomy** は，両側の輸精管を切断，結紮して精子が尿道に入るのを妨げる．不妊化手術はどちらも性ホルモン分泌や性機能には影響がなく，女性の月経周期にも男性の射精量にも変化はない．輪卵管結紮や輸精管切除の効果は永久的と考えられているが，どちらも多くの場合，顕微手術によってもとに戻すことができる．

進行中の妊娠の終了は**流産 abortion** とよばれる．自然流産はごくふつうであり，すべての妊娠の3分の1で起こり，しばしば女性が妊娠に気づく前に起こる．それに加えて，米国では毎年約70万人の女性が，医師によって行われる流産を選択している．

ミフェプリストン，別名RU486という薬剤は，妊娠7週以内であれば非外科的に妊娠を中断する．RU486は子宮のプロゲステロン受容体をブロックして，プロゲステロンが妊娠を維持するのを妨げる．この薬は，子宮の収縮を引き起こすプロスタグランジンと併用される．

最新の生殖医療技術

最近の化学的，技術的進歩によって，遺伝的疾患や不妊を含む，さまざまな生殖上の問題への取り組みが可能になった．

妊娠中の異常の検知

多くの遺伝的疾患および発生上の問題について，いまでは胎児が子宮内にいる間に診断できる．可聴範囲を超えた波長の音を用いて画像を映し出す超音波画像処理は，胎児の大きさや状態を分析するためによく用いられている．羊水穿刺（せんし）や繋膜絨毛サンプリングは，注射針を用いて，胚を取り巻く液体または組織から胎児の細胞を得る技術であり，得られた細胞をもとに遺伝的解析が行われる（図14.19参照）．

新たな生殖技術として，母親の血液を胎児のゲノム解析に利用するというものがある．14章で議論したように，妊娠中の女性の血液は発育中の胎児のDNAを含んでいる．DNAはどのようにして血中に出てきたのだろうか．母体血液は，胎盤を通って胎児に届く．胎児のつくり出した細胞が古くなって死ぬとき，胎盤の中で破裂して放出されたDNAが母親の血流に混ざり込む．母親の血液中には母親のDNAも含まれているが，血流中のDNAの10～15%は胎児のものである．ポリメラーゼ連鎖反応（PCR）による増幅とハイスループットなDNA配列解析の組み合わせにより，ごく少量の胎児由来DNAが有益な情報に変わる．

残念ながら検出できる異常のほとんどは，妊娠中に治療することはできず，出産後でも正常に戻すことができないものが多い．胎児の遺伝的疾患の診断により，両親は妊娠を中絶するか，それとも重い障害をもち，短命であるかもしれない子を育てるか，という難しい決断を迫られる．これらは複雑な問題であり，慎重な告知に基づく配慮と，適切な遺伝的カウンセリングが必要とされる．

近い将来，両親はより多くの遺伝情報を与えられ，多くの問題に直面することになるだろう．実際，2012年には生まれる前に全ゲノム配列がわかっていた子が生まれたことが報告された．しかし，全ゲノム配列がわかってもすべての情報が明らかになるわけではない．たとえば，クラインフェルター症候群の場合，男性が余分なX染色体をもつ．この異常はとても一般的なもので，生まれてくる男児1000人に1人が発症し，テストステロン分泌量の低下が起こり，外見が女性化し不妊になる可能性がある．しかし，余分なX染色体をもつ男性には衰弱性疾患となる人がいる一方で，症状がとても軽く，そうとは気づかないほどの人もいる．糖尿病や心臓疾患やがんのような他の疾患については，ゲノム配列は発症の危険性を示唆するにすぎない．発育中の子どもについてのこうした情報を両親がどのように使うかについては，明確な正解がない．

不妊と体外受精

子どもを妊娠することのできない不妊は，きわめてよく見られ，米国でも世界全体でも10分の1の夫婦で見られる．不妊の原因はさまざまで，生殖的欠陥が起こる率は男女でほぼ同じである．しかし女性では，生殖が困難になったり，胎児に遺伝的な異常が見られたりする確率は，35 歳を過ぎると確実に増加する．卵母細胞が減数分裂に費やす時間が延びることがこのような危険度の増加に大きく関係していると考えられる．

予防可能な不妊原因としては，性感染症（STD）が最も重要である．米国では 15～24 歳の女性について，毎年およそ 83 万件ものクラジミア感染や淋病（りんびょう）が報告されている．クラジミアや淋病を引き起こす細菌に感染しても，多くの女性には何も症状が出ないことから，感染に気づかないと考えられるため，実際の感染者数はこれよりもかなり多いと推定される．クラジミアや淋病を治療していない場合，40％もの女性は炎症性疾患を発症し，これが不妊や胎児の合併症につながる可能性がある．

不妊は治療可能なものもある．ホルモン治療によって精子や卵を増やすことができる場合があり，また正常に形成されていない，あるいはふさがった導管を外科手術により矯正することができる．場合によっては医師が実験室内で卵母細胞と精子を混合する**体外受精 *in vitro* fertilization**（IVF）を勧める．受精卵は少なくとも 8 細胞になるまで培養され，その後その女性の子宮内へ着床するよう戻される．もし成熟した精子に欠陥があったり，少数であった場合には，精子全体あるいは精細胞の核を直接卵に注入する（図 46.21）．費用はかかるが，IVF によってこれまでに 100 万組以上の夫婦が子を授かることができた．

どのような方法で受精が行われるにしても，発生のプログラムは単細胞の接合子が多細胞の生物体に変わっていくように進行する．ヒトおよび他の動物における，この注目すべき発生プログラムが 47 章の主題となる．

▼図 46.21 **体外受精**（IVF）．ここに示す IVF では，技術者が卵をピペットで保持し（左側），非常に細い針を使って精子を卵の細胞質中に注入する（訳注：顕微授精 ICSI という）（着色 LM 像）．

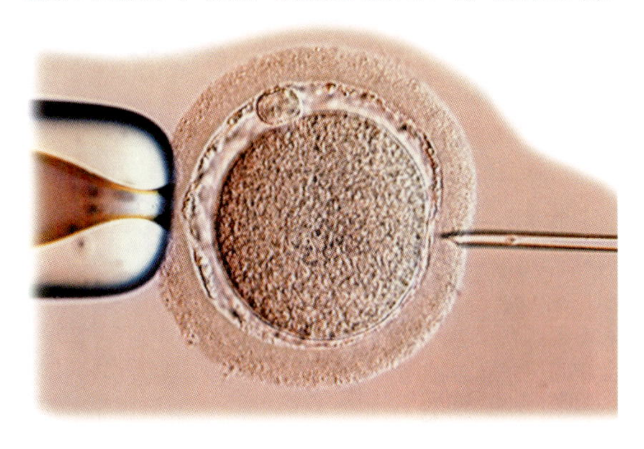

概念のチェック 46.5

1. hCG（ヒト絨毛膜性生殖腺刺激ホルモン）の検査は，妊娠初期の妊娠テストには使えるが，妊娠の遅い時期には使えないのはなぜか．妊娠における hCG の機能は何か．
2. 輸卵管結紮と輸精管切除はどのような点で似ているか．
3. どうなる？➤精細胞の核を卵に注入すると，精子形成と受胎のどの段階が飛ばされることになるか．

（解答例は付録 A）

46 章のまとめ

重要概念のまとめ

46.1

動物界では無性生殖と有性生殖の両方が存在する

- **有性生殖**では，雄性および雌性配偶子が融合して二倍体の**接合子**を形成する必要がある．**無性生殖**では配偶子の融合なしで子孫をつくる．無性生殖のしくみには，**分裂**，出芽，断片化と再生がある．生殖法の変形が，**単為生殖**，**雌雄同体性**および性転換で見られる．ホルモンと環境因子が生殖周期を調節する．

? 単為生殖で生まれた子同士は遺伝的に同一か．

46.2

受精は同種の精子と卵を出会わせる機構に依存する

- 精子と卵がどちらも体外に放出される場合，体外で**受精**が起こり，雄によって届けられた精子が雌の生殖器官内にある卵を受精させる場合には，体内で受精が起こる．受精は母親の体外または体内で起こる．どちらの場合も環境の手がかり，フェロモン，あるいは求愛行動を介した，タイミングの同調が受精にとって必要である．体内受精は一般的に，子の数は少なく，親による保護が手厚い．配偶子の生産と輸送の系は，体腔の未分化細胞という単純なものから，配偶子や胚を運んだり保護したりする導管や腺を伴う複雑な**生殖腺**までさまざまである．有性生殖は協力という要素を含むが，同時に個体間および配偶子間の競争も生じさせる．

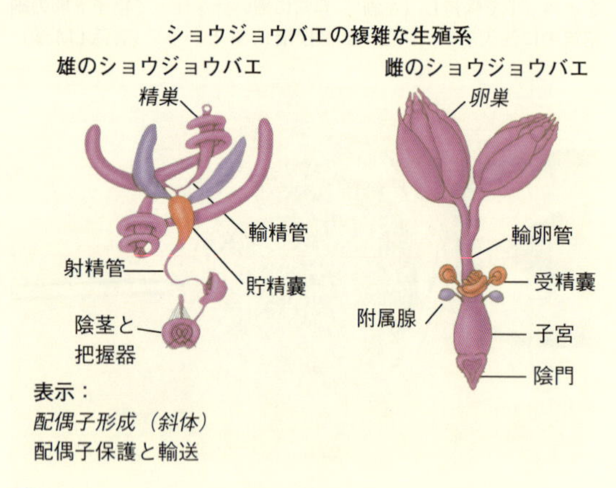
ショウジョウバエの複雑な生殖系
雄のショウジョウバエ
精巣
輸精管
射精管
貯精嚢
陰茎と
把握器
雌のショウジョウバエ
卵巣
輸卵管
受精嚢
附属腺
子宮
陰門
表示：
配偶子形成（斜体）
配偶子保護と輸送

? 次のうち，哺乳類に特有なのはどれか．雌の子宮・雄の輸精管・長期の体内での発生・新生児の親による世話．

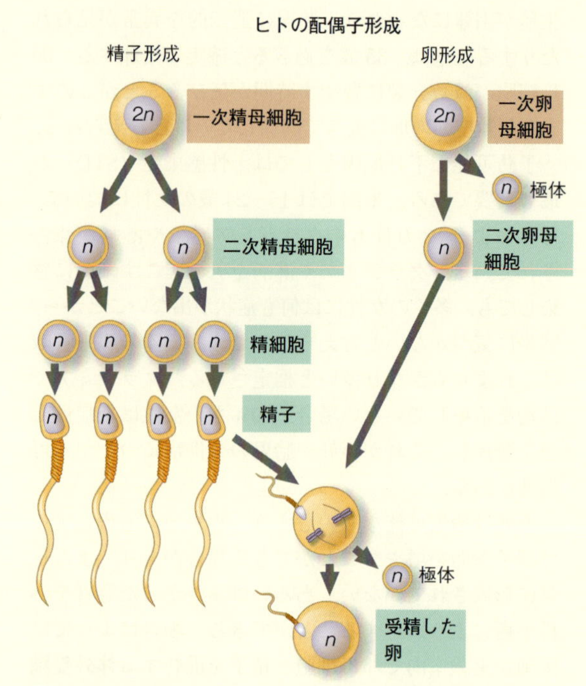
ヒトの配偶子形成
精子形成
卵形成
2n
一次精母細胞
一次卵母細胞
n
極体
二次精母細胞
二次卵母細胞
精細胞
精子
受精した卵

? 精子と卵で細胞の大きさと細胞内含有物が異なるのは，両者の生殖における機能とどのように関係しているか．

46.3

生殖器官は配偶子を生産し輸送する

- ヒト男性では，**精子**は体外に吊り下がった**陰嚢**の中にある**精巣**でつくられる．陰嚢から伸びる導管が精巣と附属腺，さらには**陰茎**の出口とをつなぐ．ヒト女性の生殖系は主として，外部は**陰唇**と**陰核**の**亀頭**，内部は**膣**，**子宮**，**輸卵管**，および**卵巣**で構成されている．**卵**は卵巣でつくられ，受精すると子宮で発生する．
- **配偶子形成**には雄の**精子形成**と雌の**卵形成**とがある．ヒトでは，精子形成は連続的に行われ減数分裂ごとに4個の精子が形成される．卵母細胞の成熟は非連続的かつ周期的であり，減数分裂ごとに1個の卵を形成する．

46.4

哺乳類の生殖は刺激ホルモンと性ホルモンの相互作用によって調節される

- 哺乳類では，視床下部からのGnRHが，脳下垂体前葉の**FSH**および**LH**という2つのホルモンの放出を調節している．雄では，FSHとLHはアンドロゲン（おもに**テストステロン**）の分泌と精子形成を制御している．雌では，FSHとLHの周期的な分泌がエストロゲン（おもに**エストラジオール**）と**プロゲステロン**を介して**卵巣周期**と**子宮周期**を同調させる．発達中の**卵胞**と**黄体**もホルモンを分泌し，正および負のフィードバックによって子宮および卵巣の周期を協調させる．

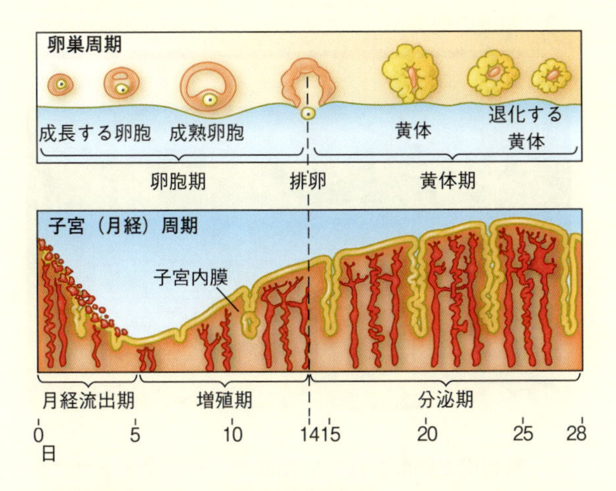
卵巣周期
成長する卵胞
成熟卵胞
黄体
退化する黄体
卵胞期
排卵
黄体期
子宮（月経）周期
子宮内膜
月経流出期
増殖期
分泌期
0
5
10
14
15
20
25
28
日

- **発情周期**では，**子宮内膜**ははがれずに再吸収され，性的受容性はさかりの時期に限られる．起源を同一にする生殖器官をもつことから，ヒトの男女では性的興奮とオーガズムの多くの特性が共通している．

? アナボリックステロイド（筋肉増強剤）が精子数を減少させるのはなぜか．

46.5

有胎盤哺乳類では，胚は母親の子宮内で発生を完了する

- 輸卵管内で受精と減数分裂を済ませた受精卵は，子宮内膜への着床以前に卵割分裂を繰り返し，**胚盤胞**にまで発生する．主要な器官のすべては，8週目までに発生を開始する．妊娠女性が「異物」である子を許容するのは，母体の免疫反応の部分的抑制によるらしい．
- **避妊**法は，生殖腺からの成熟配偶子の放出，受精，もしくは胚の着床のいずれかを防止するものである．**流産**（中絶）は進行中の妊娠の中途終了である．
- 生殖医療技術は出産前に問題点を検出し，不妊のカップルを助ける．不妊はホルモン治療や手術，**体外受精**によって克服できる可能性がある．

? 母親の血中の酸素はどのような道筋を通って胎児の体細胞に到達するか．

理解度テスト

レベル1：知識／理解

1. 単為生殖の特徴は次のうちどれか．
 (A) 個体が生涯のうちに性を変えることがある．
 (B) 特殊化した細胞群が新個体に育つ．
 (C) 個体は最初は雄で，次いで雌になる．
 (D) 卵は受精せずに発生する．
2. 哺乳類の雄で，排出系と生殖系が共有するのは次のうちどれか．
 (A) 輸精管 (C) 精嚢
 (B) 尿道 (D) 前立腺
3. 不適切な組み合わせは次のうちどれか．
 (A) 精細管――子宮頸部
 (B) 輸精管――輸卵管
 (C) テストステロン――エストラジオール
 (D) 陰嚢――大陰唇
4. LH と FSH の産生は，以下のどの時期に最高になるか．
 (A) 子宮周期の月経流出期
 (B) 卵巣周期の卵胞期のはじめ
 (C) 排卵直前の時期
 (D) 月経周期の分泌期
5. ヒトの妊娠期間中，未発達ながらすべての器官が発生するのはいつか．
 (A) 最初の3ヵ月期 (C) 第三の3ヵ月期
 (B) 第二の3ヵ月期 (D) 胚盤胞の期間

レベル2：応用／解析

6. 以下の記述で正しいものはどれか．
 (A) すべての動物に月経周期がある．
 (B) 子宮内膜は月経周期でははがれ落ちるが，発情周期では再吸収される．
 (C) 発情周期は月経周期よりも頻繁に回転する．
 (D) 発情周期では，排卵は子宮内膜が肥厚する前に起こる．
7. 精子形成と卵形成で，数が同じなのはどれか．
 (A) 減数分裂の中断の回数
 (B) 減数分裂によって生じる機能的配偶子の数
 (C) 配偶子の生産に必要な減数分裂の回数
 (D) 減数分裂で生じる細胞の型の数
8. ヒトの生殖に関して誤った記述は次のうちどれか．
 (A) 受精は輸卵管内で起きる．
 (B) 精子形成と卵形成では，異なる温度を必要とする．
 (C) 卵母細胞は，精子が進入した後で減数分裂を完了する．
 (D) 精子形成の初期段階は精細管の内腔近くで行われる．

レベル3：統合／評価

9. **描いてみよう** ヒトの精子形成では，幹細胞が有糸分裂すると，分かれた細胞の1つは幹細胞のまま

留まり，もう一方の細胞が精原細胞になる．
(a) 幹細胞の4回の有糸分裂を描き，娘細胞に名称をつけなさい．(b) 1個の精原細胞について，1回の有糸分裂とそれに続く減数分裂で生じる細胞を描きなさい．各細胞に名称をつけ，有糸分裂と減数分裂の区別も書き入れなさい．(c) もし幹細胞が精原細胞と同様の分裂をするとしたら，どのようなことが起こるだろうか．

10. **進化との関連**　雌雄同体性は固着生活の動物に多く見られる．運動性のある種では雌雄同体であることは少ない．なぜか．

11. **科学的研究**　あなたは産卵する新種の虫を発見した．4匹の成体を解剖したところ，いずれも卵母細胞と精子の両方をもっていた．生殖腺以外の細胞は5対の染色体を含んでいた．遺伝的な多様性が見あたらないとして，この虫が自家受精できるかどうかを，あなたはどのようにして決められるか．

12. **テーマに関する小論文：エネルギーと物質**　カエル，ニワトリ，およびヒトについて，それぞれに異なるエネルギー投資が繁殖成功にどのように役立っているかを300〜450字で記述しなさい．

13. **知識の統合**

動物園で隔離されていた雌のコモドオオトカゲが子どもを産んだ．どの子どもも，ゲノム中のすべての遺伝子が2つの同一のコピー（同一の対立遺伝子）をもっていた．しかし，子ども同士のゲノムは同一ではなかった．単為生殖と減数分裂についての知識を用いて，これらの事実を説明する仮説を述べなさい．

(一部の解答は付録A)

動物の発生 47

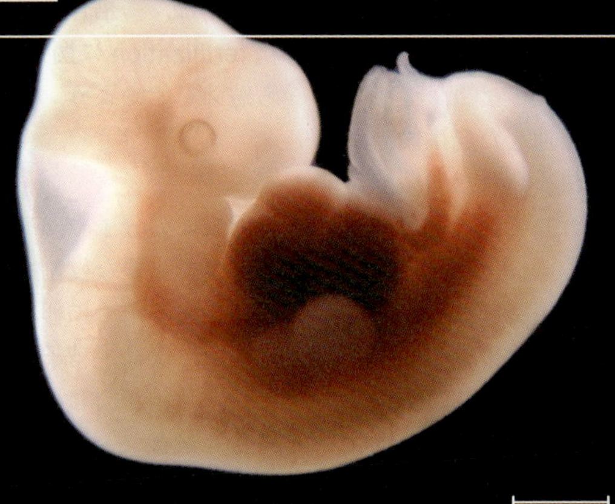
1 mm

▲図 47.1 どのように単一の細胞からこの入り組んだ緻密な胚ができたのだろうか．

重要概念

47.1 受精と卵割により胚発生が開始する

47.2 動物の形態形成は細胞形状，位置そして生存の特異的変化を含む

47.3 細胞質の決定因子と誘導シグナルが細胞の予定運命を制御する

▼ニワトリ胚

ボディー構築プラン

図 47.1 に示した 5 週齢のヒト胚は，発生過程の多くの重要な段階をすでに通過している．中央で赤い点として見える心臓は拍動し，消化管は体を長さ方向に縦断している．脳が頭部（写真の左上）に形成され，脊髄を生み出す一群の組織が背中に沿って並んでいる．

ここに示すヒトとニワトリの胚で明らかなように，生物学者は異なる種の胚を調べることで，初期発生の共通の特徴を記してきた．ごく近年，胚における特異的な遺伝子の発現パターンが発生の間に細胞を異なる機能に適用させていくことを実験によって示してきた．さらに，大きく異なるボディープランを示す動物でさえも，多くの基本的な発生メカニズムを共有しており，しばしば共通の制御遺伝子のセットを用いる．たとえば，脊椎動物胚でどこに眼をつくるか決める遺伝子は，ショウジョウバエ *Drosophila melanogaster* でほぼ同じ機能をもつ，類似した相同遺伝子がある．実際，マウスの遺伝子を実験的にハエの胚に導入すると，それがどこで発現しようとマウスの遺伝子は眼の形成を促す．

胚発生のプロセスやメカニズムは多くの共通の特徴をもっているので，個々の動物の研究から学んだことは，しばしば広く適用することができる．このため発生学の研究では，実験室で容易に研究できるよう選ばれた**モデル生物 model organism** が用いられやすい．たとえばショウジョウバエは有用なモデル動物である．生活環が短く，突然変異体がすでに同定・研究されているからである（15.1 節，18.4 節を参照）．本章では，他の 4 つのモデル動物，ウニ，カエル，ニワトリ，線虫に焦点を当てる．また，ヒトの胚発生のいくつかの局面についても探究する．ヒトはモデル動物ではないが，私たちはもちろん自分自身の生物種にも興味があるはずである．

研究される生物種にかかわらず，発生は動物の生活環（図 47.2）の中の複数の時点で起こる．たとえば，カエルにおける主要な発生段階の１つは変態，つまり幼生（オタマジャクシ）が成体に変わる段階である．成体の生殖腺で起こる別の発生段階では，精子と卵（配偶子）が生み出される．しかし本章では，胚発生の段階における発生に焦点を絞る．

多くの動物種における胚発生は共通した発生段階が含まれており，それはあらかじめ決められた順序で起こる．その最初は，精子と卵が接合して接合子をつくる受精である．次は卵割期であり，一連の細胞分裂，つまり卵割によって胚が分割し，多細胞になる．これらの卵割は一般に急速で，細胞の成長は平行して起こらず，胚を胞胚とよばれる中空状の細胞塊に変える．胞胚はそれ自体の上で折り重なり，原腸形成とよばれる過程で３層の胚（原腸胚）へと再編成される．胚発生の最後の主要段階である器官形成では，個々の細胞の形状と位置を大規模に変化させることによって，成体へと成長するための基本的な器官を生み出す．

胚発生の探究は，ほとんどの動物に共通な基本段階の記述から始め，次いで，体の形を生み出す細胞メカニズムを見ていく．最後に，１つの細胞がどのように独自の特殊化された役割を与えていくかについて考察する．

▼図 47.2　カエルの生活環における発生現象．

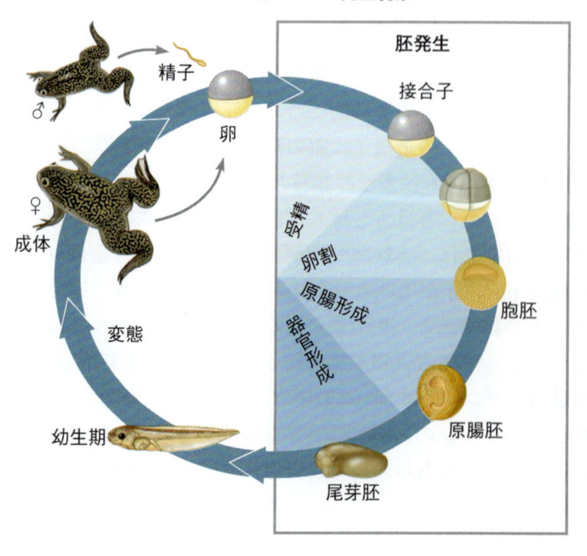
胚発生
精子
♂
卵
接合子
♀
成体
受精
卵割
原腸形成
器官形成
胞胚
変態
原腸胚
幼生期
尾芽胚

47.1

受精と卵割により胚発生が開始する

まずは，一倍体の精子と卵から二倍体を生み出す**受精 fertilization** に関連する現象にかかわる発生段階から勉強を始めよう．

受　精

卵表面の分子や，そこで起こる現象は，受精の各ステップで重要な役割を果たす．まず精子は，卵細胞膜に到達するために卵を包むあらゆる保護膜を溶解し貫通する．次に，精子表面の分子が卵表面の受容体に結合し，受精が同じ種の精子と卵が確実に起こるようにする．最後に，**多精 polyspermy**，すなわち１つの卵に複数の精子核が進入することを防ぐため，卵表面が変化する．もし多精が起こると，胚の染色体数異常が引き起こされ胚性致死となる．

受精中に起こる細胞表面の現象については，棘皮（きょくひ）動物門のウニ（図 33.47 参照）で最も活発に研究が行われてきた．ウニの配偶子は容易に集めることができ，受精は動物個体の外で起こるため，実験室の海水中で卵と精子を混ぜ合わせるだけで，受精やその後の発生を観察することができる．

先体反応

ウニは，海水中に配偶子を放出して体外受精する．卵を囲むゼリー層は，卵に向かって泳ぐ精子を引きつける可溶性分子の供給源である．精子の頭部がゼリー層に接触するとすぐ，卵を囲むゼリー層に存在する分子が**先体反応 acrosomal reaction** を引き起こす．図 47.3 で詳しく示すように，この反応は，精子の先端にある特化した小胞，**先体 acrosome** から加水分解酵素を放出することによって始まる．これらの酵素は，ゼリー層の一部を分解する．そうして「先体突起」とよばれる精子の構造が延び，ゼリー層の外被を貫通できるようになる．先体突起の先端にあるタンパク質は，卵細胞膜にある特異的な受容体タンパク質と結合する．この受容体の「鍵と鍵穴」認識は，特にウニなどの体外受精を行う生物の場合に重要である．なぜなら，精子や卵が放出された水には，他種の配偶子が存在するかもしれないからである（図 24.3 g 参照）．

精子と卵が認識し合うと，両者の細胞膜の融合が起こる．そして，精子核が卵の細胞質へ進入するが，このとき卵細胞膜のイオンチャネルが開く．するとナトリウムイオンが卵内に拡散し，「脱分極」とよばれる，

▼図 47.3 **ウニにおける先体と表層の反応**．単一の精子と卵の接触に続く現象は，ただ1つの精子核が卵の細胞質に進入することを確かなものとする．

上のアイコンはウニ成体を単純化した絵である．本章を通じ，このような，ウニ，カエル，ニワトリ，線虫，そしてヒトのアイコンは，図で紹介されている胚の動物種を示している．

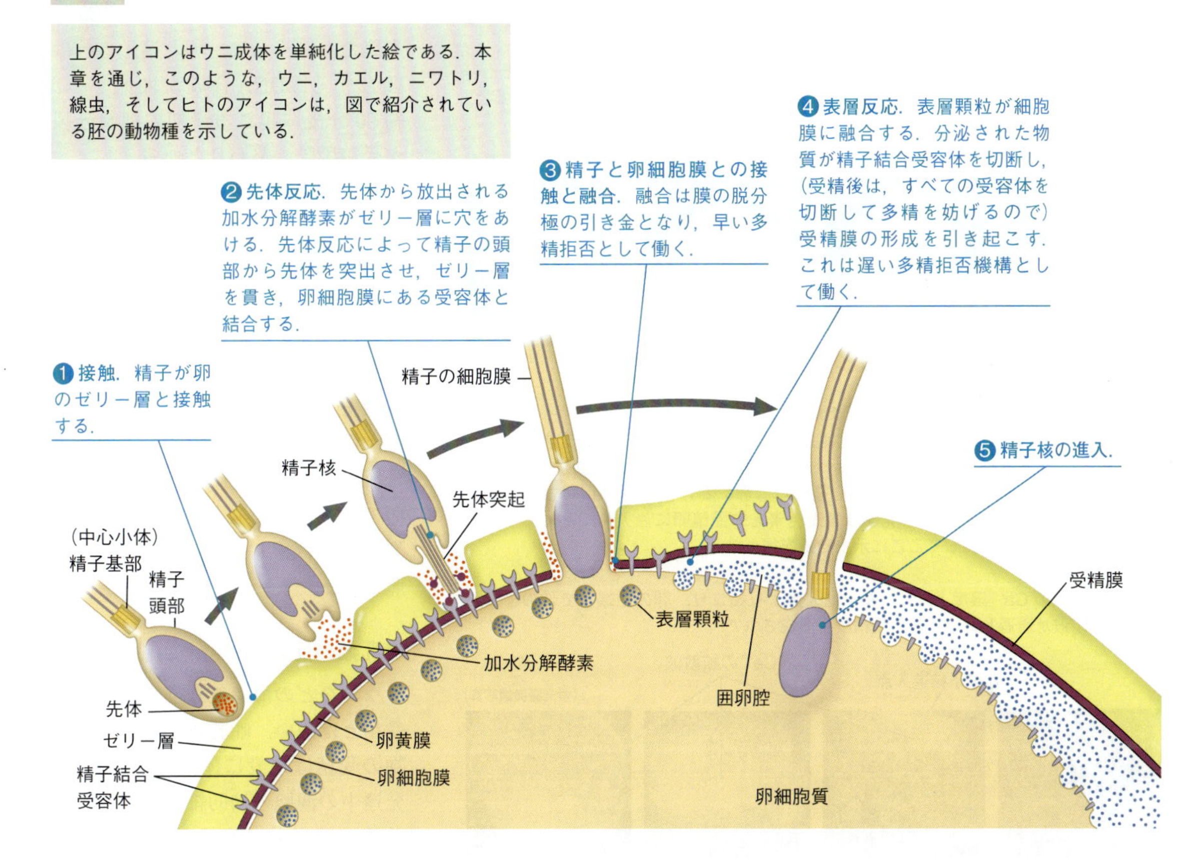
❶接触．精子が卵のゼリー層と接触する．
❷先体反応．先体から放出される加水分解酵素がゼリー層に穴をあける．先体反応によって精子の頭部から先体を突出させ，ゼリー層を貫き，卵細胞膜にある受容体と結合する．
❸精子と卵細胞膜との接触と融合．融合は膜の脱分極の引き金となり，早い多精拒否として働く．
❹表層反応．表層顆粒が細胞膜に融合する．分泌された物質が精子結合受容体を切断し，(受精後は，すべての受容体を切断して多精を妨げるので)受精膜の形成を引き起こす．これは遅い多精拒否機構として働く．
❺精子核の進入．
精子の細胞膜
精子核
先体突起
(中心小体)
精子基部
精子
頭部
表層顆粒
加水分解酵素
受精膜
囲卵腔
先体
ゼリー層
卵黄膜
卵細胞膜
精子結合
受容体
卵細胞質

膜電位の上昇が起こる（7.4 節参照）．脱分極は精子と卵の結合後 1〜3 秒以内に起こる．他の精子が卵細胞膜と融合するのを防ぐため，この脱分極は「早い多精拒否」として作用する．

表層反応

ウニの膜の脱分極は1分ほどしか続かないが，多精を拒否するための，より長期に持続する変化がある．この「遅い多精拒否」は，細胞質の外側の縁，つまり表層にある小胞によって確立される．精子が卵に結合すると数秒以内に，表層顆粒とよばれるこれらの小胞が卵細胞膜と融合する（図 47.3 ❹参照）．表層顆粒は，細胞膜と，細胞外マトリクスから構成される卵黄膜（訳注：卵膜とよばれることも多いが，図 47.13 の chorion（卵膜）と区別するためここでは卵黄膜とする）との間に含有物を放出する．酵素や他の顆粒含有物は，卵黄膜を卵からもち上げて引き離し，卵黄膜を硬くして受精膜にする「表層反応」を引き起こす．

受精膜の形成には，卵内における高濃度のカルシウムイオン（Ca^{2+}）が必要である．Ca^{2+}濃度の変化は表層反応の引き金となるのだろうか．この疑問に答えるため，研究者はカルシウム反応性色素を用い，受精前，そして受精時の卵において，Ca^{2+}がどのように分布しているかを調べた．図 47.4 に示すように彼らは，Ca^{2+}が受精膜の出現と連動し，卵を横切るように波のように広がることを発見した．

さらなる研究で，精子が卵と結合することでシグナル伝達経路が活性化され，小胞体から細胞質への Ca^{2+} 放出が引き起こされることが示された．その結果 Ca^{2+} 量が増え，表層顆粒が卵細胞膜と融合する．Ca^{2+}によって引き起こされる表層反応は，魚類や哺乳類といった脊椎動物でも起こる．

卵の活性化

受精は代謝反応を開始してスピードアップさせ，一連の胚発生，つまり卵の「活性化」をもたらす．たとえば，精子の核の進入後，卵内の細胞呼吸やタンパク質合成の速度は顕著に増加する．その後すぐ，卵と精

▼図 47.4

研究　卵における Ca^{2+} の分布は受精膜の形成と協調しているか

実験　ウニの卵と精子を混ぜ10〜60秒待った後に固定液を加え，細胞の構造をそのまま固定した．それぞれのサンプルの光学顕微鏡写真を，固定時間に従って並べると，それらは1つの卵から受精膜が形成される段階を示すことになる．

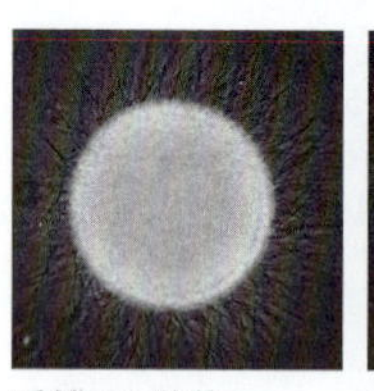
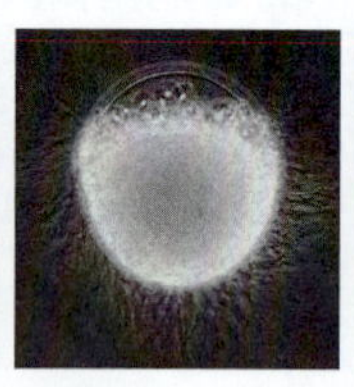
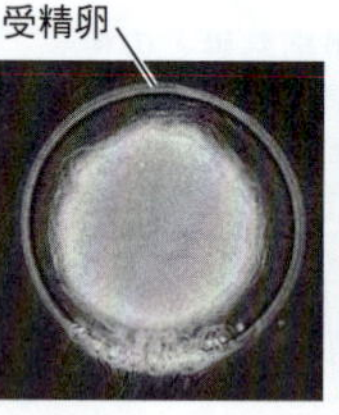
受精卵
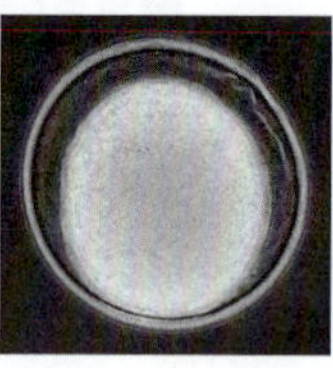

受精10秒後　25秒後　35秒後　1分後　500 μm

カルシウムイオン（Ca^{2+}）によるシグナル伝達は神経伝達物質の放出，インスリン分泌，植物の花粉管形成における小胞と細胞膜との融合を制御する．研究者らは，カルシウムシグナル経路は受精膜形成においても似た役割を果たすと仮説を立てた．この仮説を検証するため，彼らは精子結合後のウニ卵における遊離 Ca^{2+} の放出を追跡した．Ca^{2+} に結合すると蛍光を発する蛍光色素を未受精卵に注入し，それにウニの精子を加え，蛍光を観察してここに示す結果を得た．

結果　細胞質の Ca^{2+} 濃度上昇は，精子進入点より始まり，卵の逆端まで波のように広がった．波が通過したすぐ後，受精膜が形成された．

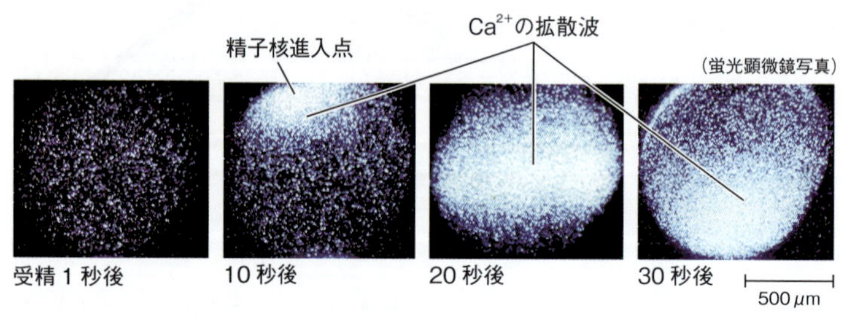
Ca2+の拡散波
精子核進入点
(蛍光顕微鏡写真)

受精1秒後　10秒後　20秒後　30秒後　500 μm

結論　Ca^{2+} 放出は，受精膜形成と対応していた．このことは，Ca^{2+} 量の上昇が表層顆粒の融合の引き金となるという仮説を支持する．

データの出典　R. Steinhardt et al., Intracellular calcium release at fertilization in the sea urchin egg, *Developmental Biology* 58:185-197 (1977); M. Hafner et al., Wave of free calcium at fertilization in the sea urchin egg visualized with Fura-2, *Cell Motility and the Cytoskeleton* 9:271-277 (1988).

どうなる？➤ある特別な分子が卵に入って Ca^{2+} に結合し，その機能を阻害すると仮定しよう．Ca^{2+} 量の上昇が表層顆粒の融合の引き金となるという仮説を検証するため，この物質をどのように使えばよいか．

子の核が融合し，DNA合成と細胞分裂の周期が始まる．

それでは，卵の活性化の引き金になるのは何だろうか．ウニや他の多くの生物の未受精卵が Ca^{2+} の注入によって活性化されるという実験から，重要な因子が浮かび上がってきた．この発見に基づき，研究者は，Ca^{2+} 濃度の上昇は表層反応を引き起こすだけでなく，卵の活性化をも引き起こすと結論づけた．さらなる発見により，活性化に必要なタンパク質やmRNAは未受精卵の細胞質中にすでに存在していることも示されている．

精子核がウニ卵に進入して20分も経たないうちに，卵と精子の核は融合する．DNA合成が開始され，約90分後に起こる最初の細胞分裂が受精段階の終わりとなる．

他の種の受精もウニ卵の過程と多くの特徴を共有する．しかし，卵が受精に達する減数分裂期のように，種間で異なっていることもある．ウニ卵は放卵される時期には減数分裂を完了している．他の多くの種では減数分裂のある特定の段階で停止し，精子の頭部が進入するまで減数分裂は完了しない．たとえば，ヒト卵では，精子が進入するまで減数分裂中期で停止している（図46.11参照）．

哺乳類の受精

ウニなどの海産無脊椎動物の体外受精とは違い，哺乳類を含む陸生動物の受精は一般に体内受精である．発達中の濾胞（ろほう）の補助細胞は，排卵の前後で哺乳類の卵を取り囲む．図47.5に示すように，精子は，卵の細胞外マトリクスである**透明帯 zona pellucida** に達する前にまず濾胞細胞の層を通過しなければならない．そこでは，精子が精子受容体に結合することで，先体反応が始まり，精子進入が促進される．

ウニの受精と同様，精子の結合は表層顆粒から細胞外に酵素を放出する表層反応の引き金となる．これらの酵素は透明帯の変化を触媒し，遅い多精拒否として機能する（早い多精拒否については，哺乳類ではわかっていない）．

総じて哺乳類の受精の過程はウニよりもはるかにゆっくりである．第1卵割は，ウニの90分と比較すると，哺乳類では精子と結合してから12〜36時間後に起こる．細胞分裂は受精の完了を表し，次の段階である卵割の始まりとなる．

▼図 47.5 **哺乳類の受精.** ここで示す精子は濾胞細胞と透明帯を遊泳してきて卵と融合している. 表層反応が始まり, 単一の精子核だけが卵に進入することを確かなものとする一連の過程が開始する.

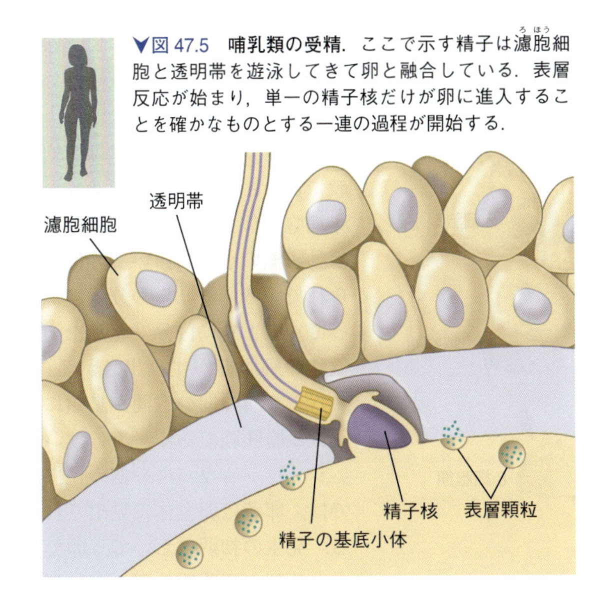
透明帯
濾胞細胞
精子核
表層顆粒
精子の基底小体

卵 割

新しく受精した卵がもつ1つの核に含まれるDNAは, 細胞が必要とする新しいタンパク質のために必要なmRNAの量をつくり出すには少なすぎる. 代わりに, 最初の発生は卵形成のときに卵に蓄えられたmRNAやタンパク質によって行われる. しかしそれでもなお, 細胞のサイズとDNA含量のバランスをもとに戻す必要がある. この課題に答える過程が, 初期発生間の一連の細胞分裂, **卵割 cleavage** である.

卵割の間, 細胞周期は最初, S期 (DNA合成期) とM期 (有糸分裂期) からなる (細胞周期は図12.6を参照). G_1期とG_2期 (間期) は基本的にスキップされ, 新しいタンパク質合成はほとんど起こらない. 結果として, 卵の総量は増えない. その代わり, 大きな受精卵の細胞質は区切られ, **割球 blastomere** とよばれる, より小さなたくさんの細胞となる. それぞれの割球は卵全体よりはるかに小さいので, 核はさらなる発生をプログラムするためのRNAを十分つくることができる.

はじめの5~7回の卵割で, 溶液で満たされた**胞胚腔 blastocoel** を取り囲む中空の球である**胞胚 blastula** がつくられる. ウニや他の棘皮動物を含むいくつかの動物種では, 分裂パターンは胚を通して一定である (図47.6). カエルなど他の動物はパターンが不均一であり, 胚の領域によって, 新しく生み出される細胞の数や大きさが異なる.

カエルにおける卵割パターン

カエル (や他の多くの動物) の卵では, **卵黄 yolk** とよばれる貯蔵栄養が一方の極, いわゆる**植物極 vegetal pole** に集中し, 対極である**動物極 animal pole** からは離れている. こういった卵黄の偏った分布のため, 2つの半球, つまり動物半球と植物半球は異なる色となるが, これらは卵割のパターンにも影響を与える. その理由は次に明らかとなる.

動物半球の細胞が分裂するとき, 細胞質分裂が細胞を半分に分割するにつれて「卵割溝」とよばれる溝が細胞表面に形成される (図47.7). カエル胚では, 最初の2回の卵割溝は動植物極を結ぶ線 (子午線) と平行に形成される. これらの分裂の間, 重い卵黄は細胞質分裂の完了の速度をゆるめる. 結果として, 2回目の細胞分裂が始まるとき, 最初の卵割溝はいまだ植物半球の卵黄に富む細胞質を分割している途中である.

▼図 47.6 **棘皮動物の胚.** 卵割は一連の有糸分裂で, 受精卵を割球とよばれる細胞から構成される中空の球である胞胚へと変化させる. それぞれの写真は胚の上から, 胚の赤道付近の細胞が見えるような焦点面で撮影されている.

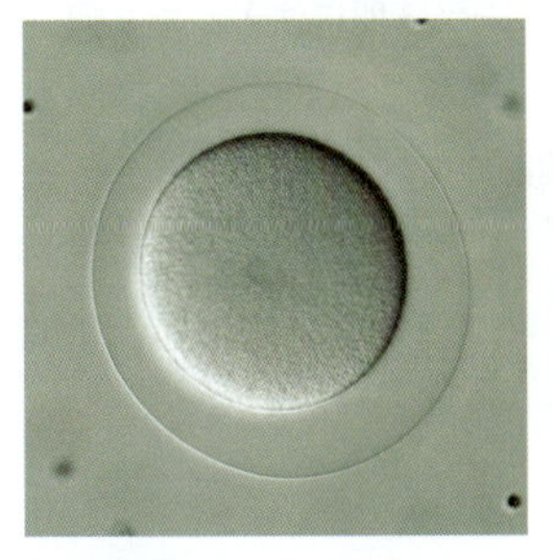

(a) **受精卵.** ここで示すのは第1卵割直前の接合体であり, 受精膜に囲まれている.

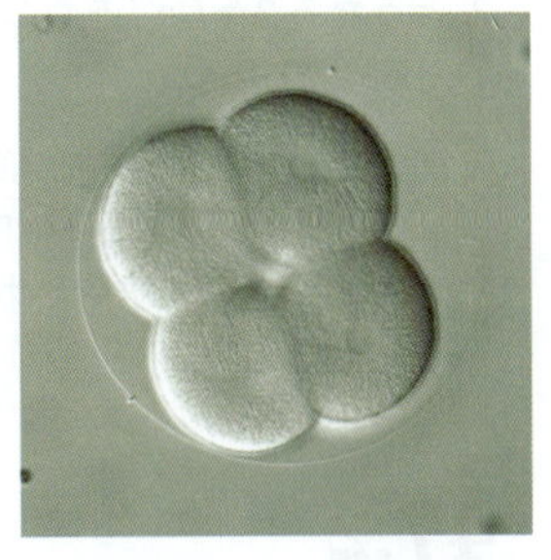

(b) **4細胞期.** 第2卵割が終了したばかりの2ペアの細胞の間に, 紡錘糸の名残が見える.

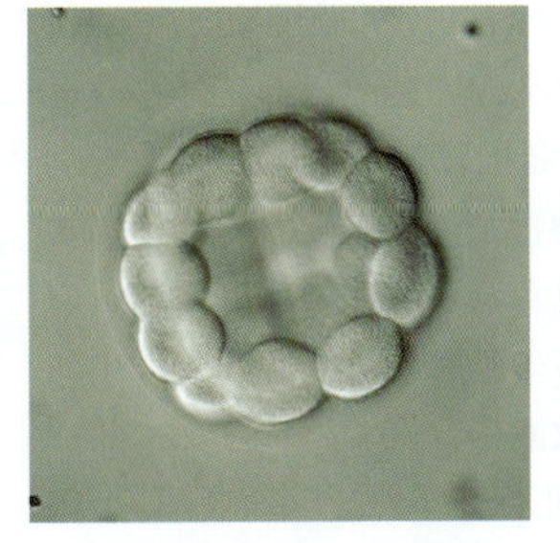

(c) **初期胞胚期.** さらに卵割が進むと, 胚は多細胞の球体となるが, まだ受精膜に囲まれている. 胞胚腔が中心に形成され始めた.

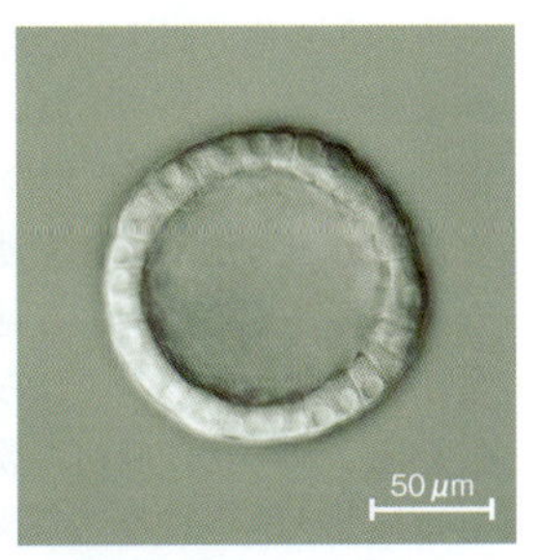
50 µm

(d) **後期胞胚期.** 大きな胞胚腔のまわりの単層の細胞が取り囲む (ここでは見えないが, 受精膜はまだこの段階では存在している).

図読み取り問題➤ (c), (d) の胚を赤道面から極に至る途中の焦点面で撮影したら, 観察結果はどのように変わるだろうか.

▼図 47.7　カエル胚の卵割． 第1卵割面と第2卵割面は動物極と植物極から伸張する．しかし，第3卵割面は動物極–植物極を結ぶ軸と垂直である．いくつかの生物種では，第1卵割は精子進入点の逆側に出現する灰色三日月環（図の淡色領域）を二分する．

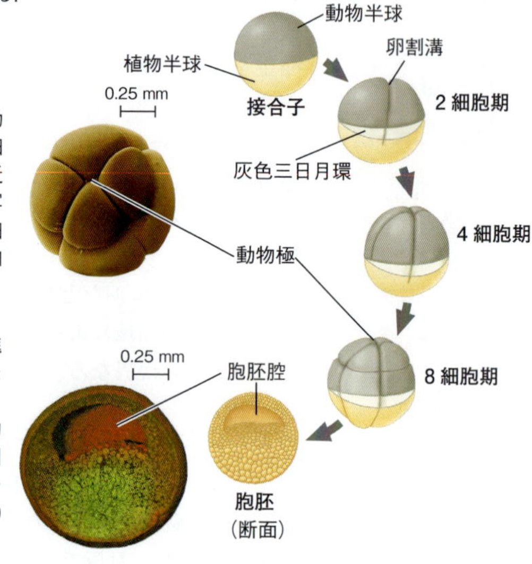
動物半球
植物半球
卵割溝
0.25 mm
接合子
2 細胞期
灰色三日月環
4 細胞期
動物極
8 細胞期
0.25 mm
胞胚腔
胞胚
（断面）

8 細胞期（動物極から見た図）． 卵黄の大部分は第3卵割で動物極からなくなり，2段の細胞群を形成する．動物極付近にある4つの細胞は（この写真の手前側）は他の4つの細胞よりも小さい（着色 SEM 像）．

胞胚（128 細胞期）． 卵割が進むにつれ，液体で満たされた胞胚腔が胚内に形成される．不等割のため，胞胚腔は動物半球の中に位置する．模式図と顕微鏡像（蛍光イメージから再構築された）は約 4000 個からなる胞胚の断面を示している．

こうして，同じ大きさをもつ4つの割球は動物極から植物極までの広がりをもつ．

3回目の分裂では，卵黄は2つの半球から生み出される細胞の大きさに影響を与え始める．この分裂は，緯割（動植物極を結ぶ線に垂直）であり，8つの割球を生み出す．しかし，4つの割球それぞれがこの分裂を開始するにつれ，植物極付近の卵黄は分裂装置と卵割溝を赤道から動物極側に押し出す．この結果，動物半球の割球は植物半球の割球よりも小さいサイズになる．卵黄による押し出し効果は次の分裂でも続いて起こるため，結果として胞胚腔が動物極側に形成される（図 47.7 参照）．

他の動物の卵割パターン

カエルや他の両生類の卵のどこに卵割が起こるかに卵黄が影響を与えるとはいえ，卵割溝は卵全体に行き渡る．そのため，両生類の発生における卵割は「全割」とよばれる．全割は棘皮動物，哺乳類そして環形動物など他の多くの動物にも見られる．卵における卵黄の量が相対的に少ないこれらの動物では，胞胚腔は中央に形成され，特に最初に数回の分裂では，割球はしばしば同じ大きさになる（図 47.6 参照）．これはヒトの場合もそうである．

鳥類，爬虫類，多くの魚類や昆虫の卵では，卵黄は多くの部分を占め，卵割に最も大きな影響を与える．これらの動物では，卵黄の量が非常に多く，卵割溝は卵全体を通過することができず，卵黄のない部分だけで卵割が進む．卵黄の多い卵の，この不完全な卵割は「部分割」とよばれる．

ニワトリや他の鳥類では，一般に黄身とよばれる卵の部分が卵細胞全体を占める．細胞分裂は動物極の小さい白い部分に限られている．これらの分裂によって，上下層に区分けされた小盤状の細胞群が生み出される．これら2層の間の空間が鳥類における胞胚腔である．

ショウジョウバエや他の昆虫では，卵黄は卵全体に見出される．発生の初期において，卵で有糸分裂が細胞質分裂なしに何回も起こる．言い換えると，核のまわりには細胞膜が形成されない．最初の数百個の細胞核は卵黄の中に散らばって存在し，その後胚の外周端に移動する．さらに数回の有糸分裂を経て，細胞膜が各々の核を取り囲み，ここでようやく胞胚に相当する胚が，卵黄塊を囲む約 6000 個の単層の細胞から構成される状態となる（図 18.22 参照）．動物によってさまざまな，いくつかの卵割を見てきたが，それでは何が卵割期の最後を決めているのだろうか．**科学スキル演習**では，この疑問に答える1つのランドマーク的な実験が明らかとなる．

概念のチェック 47.1

1. ウニの受精膜はどのように形成されるか．その機能は何か．
2. **どうなる？➤**Ca^{2+} をウニの未受精卵に注入したら何が起こるだろうか．
3. **関連性を考えよう➤**細胞周期について，図 12.16 を振り返ろう．卵割の間 MPF（卵成熟促進因子）活性は一定に保たれると期待されるだろうか．説明しなさい．

（解答例は付録A）

47.2

動物の形態形成は細胞形状，位置そして生存の特異的変化を含む

形態形成 morphogenesis とよばれる，動物の体を

科学スキル演習

スロープの変化を解釈する

S M
卵割期の
細胞周期

G_1 S G_2 M
卵割期後の
細胞周期

カエル胚の卵割を終わらせるものは何か 卵割期のカエル胚では，細胞周期はおもにS期（DNA合成）とM期（細胞分裂）から構成される．しかし，第12卵割後，G_1，G_2 期が出現し，細胞は成長し，タンパク質や細胞小器官を生み出す．何がこの変化の引き金になっているのだろうか．

実験方法 研究者は，細胞分裂回数を数えるしくみが，卵割の終わりを決めるという仮説を立てた．彼らはカエル胚に放射性同位体で標識されたヌクレオチドのチミジン（DNA合成を測定）あるいはウリジン（RNA合成を測定）を取り込ませた．そして，この実験をサイトカラシンB［卵割溝や細胞質分裂を阻害することで細胞分裂をブロックする化学物質（訳注：アクチン重合阻害剤）］の存在下で繰り返した．

実験データ

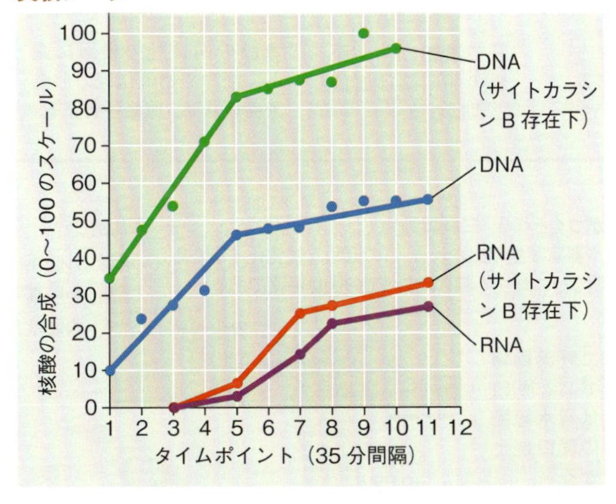

100
90
80
70
60
50
40
30
20
10
0
核酸の合成（0〜100のスケール）
1 2 3 4 5 6 7 8 9 10 11 12
タイムポイント（35分間隔）
DNA（サイトカラシンB存在下）
DNA
RNA（サイトカラシンB存在下）
RNA

データの解釈

1. 特定の標識ヌクレオチドを使うことによって，どのようにしてDNAとRNAの合成を独立に測定することが可能になるのだろうか．
2. 卵割の終わりに起こる合成の変化について記述しなさい（タイムポイント5はちょうど第12卵割と一致する）．
3. サイトカラシンBの有無でDNA合成の早さを比較し，研究者はこの物質がチミジンの胚内への拡散を増加させるという仮説を立てた．この理屈について説明しなさい．
4. このデータは，卵割終了のタイミングは細胞分裂回数に依存するという仮説を支持しているだろうか．説明しなさい．
5. 別の実験で，研究者は多精拒否を阻害し，胚に7〜10の精子核をもつ胚をつくった．卵割終了時，これらの胚は正常胚と同じ核–細胞質比率だったが，12回ではなく10回の卵割で終了した．この結果は，卵割終了のタイミングについて，どのようなことを示しているか．

データの出典 J. Newport and M. Kirschner, A major developmental transition in early *Xenopus* embryos: I. Characterization and timing of cellular changes at the midblastula stage, *Cell* 30:675–686 (1982).

形づくる細胞・組織ベースの過程は，胚発生の最後の2つの段階にわたって引き起こされる．**原腸形成 gastrulation** では，胞胚の表面付近にある一群の細胞が胚の内側に移動し，細胞層が構築されて原始消化管ができる．さらなる移動が**器官形成 organogenesis** の間に起こる．次は，いくつかのモデル生物の発生に焦点を絞り，これら2つの段階について議論する．

原腸形成

原腸形成は，中空状の胞胚から**原腸胚 gastrula** とよばれる二胚葉あるいは三胚葉の胚への劇的な再構築である．すべての動物，そして唯一動物の胚だけが原腸形成を行う．原腸形成のあいだ細胞は動き，新しい位置につき，新しい近隣環境を獲得する．図47.8では，これらの複雑な3次元的変化を視覚的に示している．生み出された細胞層はまとめて胚の**胚葉 germ layers**（「芽」や「芽生え」を意味するラテン語 *germen* に由来）とよばれる．後期原腸胚においては，**外胚葉 ectoderm** は原腸胚の外層を形成し，**内胚葉 endoderm** は消化管の裏打ちを形づくる．数少ない放射相称動物では，これら2つの胚葉だけが原腸形成の間に形成される．このような動物は二胚葉動物とよばれる．逆に，脊椎動物や他の左右相称動物は三胚葉動物である．これらの動物では，3番目の胚葉である**中胚葉 mesoderm** が内胚葉と外胚葉の間に形成される．

▼図 47.8　ビジュアル解説　原腸形成

原腸形成は動物の体を生み出す基本的なプロセスである．細胞は位置を変える：一部は胚の中に入り込み，その他は表面を包み込む．それらの結果，中空の胚は2つ，あるいは3つの細胞層をもつ胚に再編される．この図は，異なるタイプの動物における個々の過程を知る前に，原腸形成の基本的な「振りつけ」を視覚的に理解する助けとなる．

動物胚の3次元的な再構成

原腸形成は通常，1層の細胞シートが中に巻き込まれる陥入から始まる．ここでは，表面から見た図と断面図の両方で示す．原腸形成の結果生じる，胚を包み込む上皮の変化は，軽く膨らんだ風船の一方から逆の端まで指で押し込んだときに起こることと似ている．

外形図

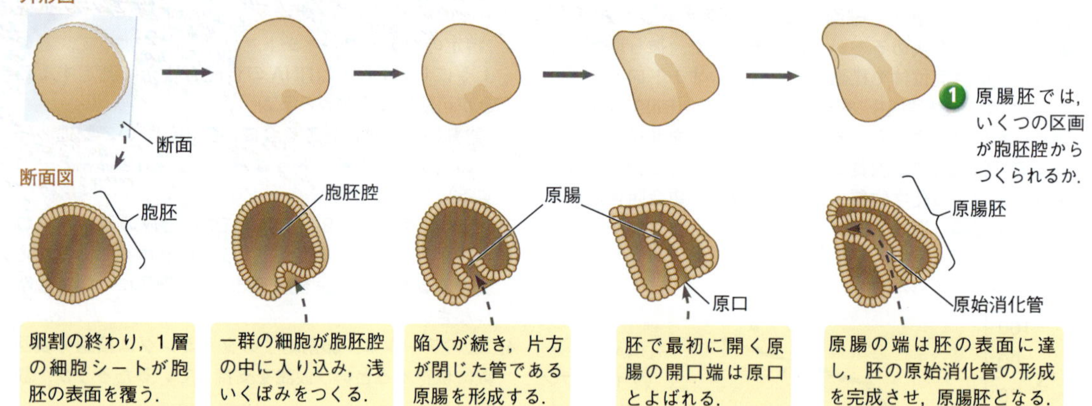
断面
断面図
胞胚
胞胚腔
原腸
原口
原腸胚
原始消化管
卵割の終わり，1層の細胞シートが胞胚の表面を覆う．
一群の細胞が胞胚腔の中に入り込み，浅いくぼみをつくる．
陥入が続き，片方が閉じた管である原腸を形成する．
胚で最初に開く原腸の開口端は原口とよばれる．
原腸の端は胚の表面に達し，胚の原始消化管の形成を完成させ，原腸胚となる．

1 原腸胚では，いくつの区画が胞胚腔からつくられるか．

動物の体の一次細胞層の形成

二胚葉動物では，原腸形成によって2つの胚葉，外胚葉と内胚葉がつくられる．三胚葉動物では，3つ目の胚葉，つまり中胚葉ができる．胚発生の終わり，それぞれの胚葉から独自の組織や器官が生み出される．この過程を視覚化するため，それぞれの動物について各胚葉の細胞運命を追跡しよう（表面が透明なウニ幼生を除き，すべての図は断面である）．

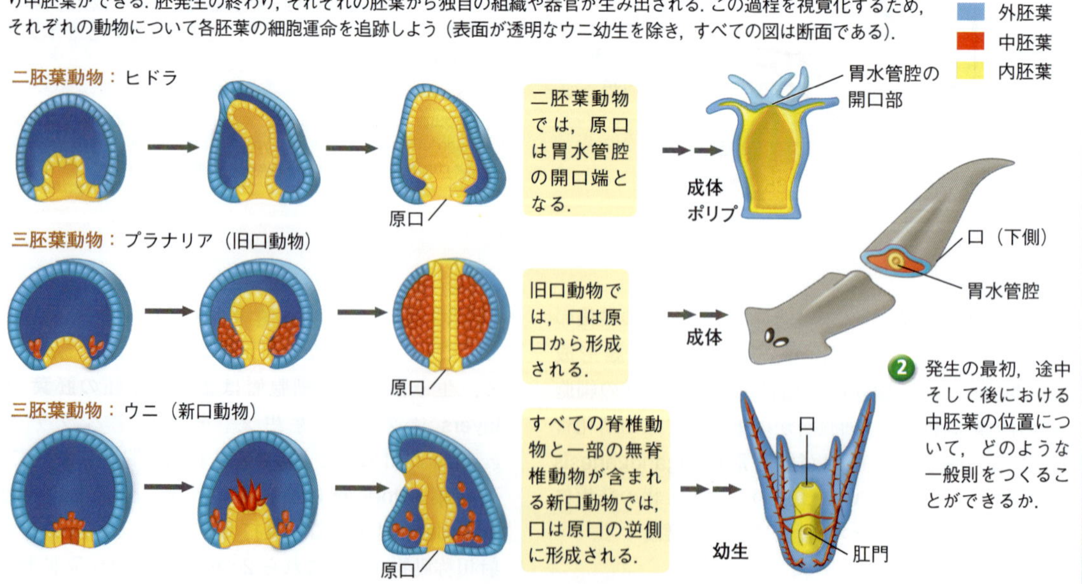
凡例
外胚葉
中胚葉
内胚葉
二胚葉動物：ヒドラ
原口
二胚葉動物では，原口は胃水管腔の開口端となる．
胃水管腔の開口部
成体ポリプ
三胚葉動物：プラナリア（旧口動物）
原口
旧口動物では，口は原口から形成される．
成体
口（下側）
胃水管腔
三胚葉動物：ウニ（新口動物）
原口
すべての脊椎動物と一部の無脊椎動物が含まれる新口動物では，口は原口の逆側に形成される．
幼生
口
肛門

2 発生の最初，途中そして後における中胚葉の位置について，どのような一般則をつくることができるか．

カエルの原腸形成

図 47.9 に示すように，胚の各胚葉は成体の動物における別々の構造に寄与する．胚における胚葉の構成はしばしば成体にも反映される．外胚葉は神経や表皮に，中胚葉は筋肉や骨に，そして内胚葉は多くの臓器や管を裏打ちする．しかし，これらには多くの例外がある．

図 47.10 はカエルの原腸形成の詳細を描いている．カエルや他の三胚葉動物の胞胚は背側（上側）と腹側（下側），そして前端と後端を有する．❶に示すように，原腸形成を開始する細胞運動は，精子が進入した場所の逆側である背側で起こる．カエルの肛門は原口から発達する．そして口は原腸の逆側で貫通する．

ニワトリの原腸形成

ニワトリの原腸形成の始まりでは，上部，下部の細胞層，つまり胚盤葉上層と胚盤葉下層が卵黄の頂端に

▼図 47.9　脊椎動物における三胚葉に由来するおもな構造．

外胚葉（胚の外層）	中胚葉（胚の中間層）	内胚葉（胚の内層）
・皮膚の表皮とその派生物（汗腺，毛胞など） ・神経と感覚器官 ・松果体と副腎髄質 ・顎と歯	・骨格系と筋肉系 ・循環系とリンパ系 ・排泄系と生殖系（生殖細胞以外） ・皮膚の真皮 ・副腎皮質	・消化管とその付属器官の上皮による裏打ち ・呼吸器系，泌尿器系，生殖管の上皮による裏打ち ・胸腺，甲状腺，副甲状腺

配置される．胚を形成する細胞はすべて，胚盤葉上層に由来する．原腸形成の間，いくつかの胚盤葉上層の細胞は正中線に向かって動き，解離し，卵黄に向かって内側に移動する（図 47.11）．正中線を内側に移動する細胞が集積し，「原条」とよばれる肥厚をつくり出す．これらの細胞のいくつかは下側に移動して内胚葉を形成し，胚盤葉下層を端に追いやる．一方，それ

▼図 47.10　**カエルの原腸形成．** カエルの胞胚では，胞胚腔が動物極側に配置され，数細胞分の厚みをもつ壁に取り囲まれる．

❶ 原腸形成は，背側の細胞が小さな湾曲したくびれをつくり出すために陥入することで始まる．くびれの上の部分は**原口背唇部** dorsal lip とよばれる．原口が形成されるにつれ，1 層の細胞シートが動物半球を覆い始め，原口背唇部の上を内側に巻き込み（陥入），内側に移動する（点線の矢印で示している）．胚内では，これらの細胞は内胚葉と，内胚葉層を内側にもつ中胚葉を形成する．一方，動物極の細胞は形を変え，卵全体に広がり始める．

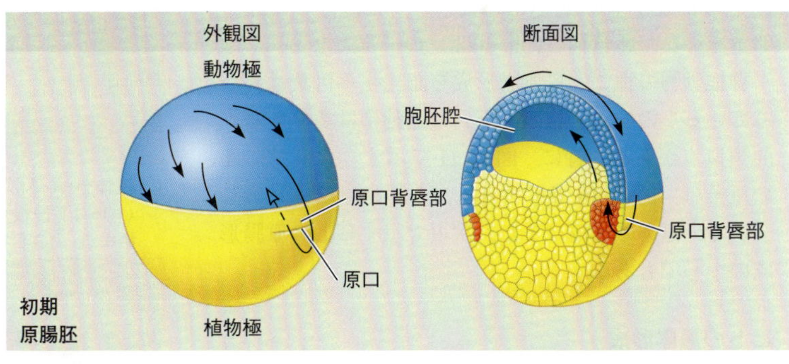
外観図
断面図
動物極
胞胚腔
原口背唇部
原口
原口背唇部
植物極
初期
原腸胚

❷ 細胞がさらに陥入するにつれ，原口は胚の両側面へと広がる．終端が会合すると原口は環状となり，外胚葉の表面が下方に広がるとともに，原口は小さくなる．内部では，巻き込みが続いて内胚葉と中胚葉が広がり，原腸が形成され，胞胚腔は小さくなり最後にはなくなる．

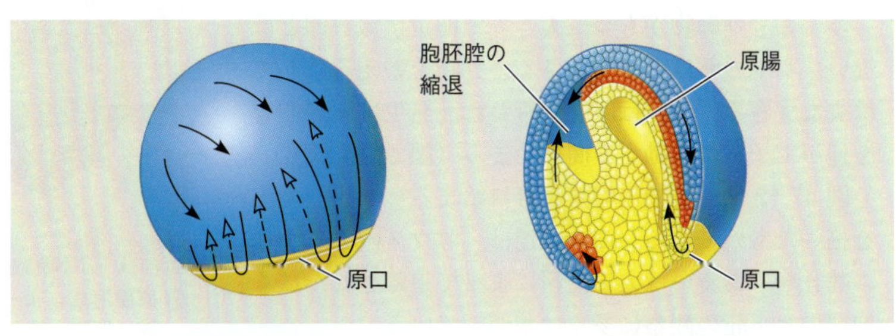
胞胚腔の
縮退
原腸
原口
原口

❸ 原腸形成の後期，表面に残った細胞は外胚葉をつくり上げる．内胚葉は内部のほとんどの層であり，中胚葉は外胚葉と内胚葉の間に位置する．環状の原口は卵黄が充填された細胞の栓を取り囲む．

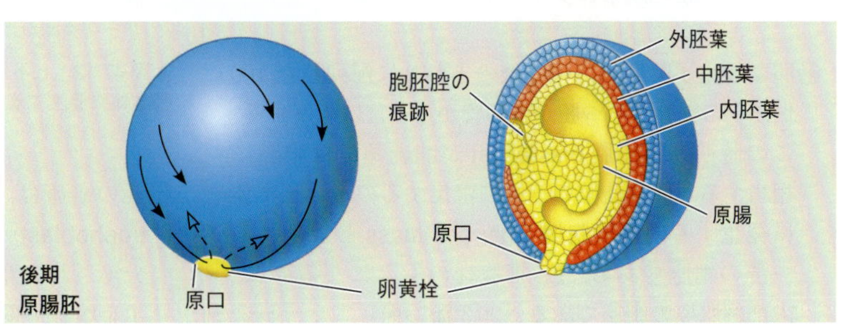
外胚葉
中胚葉
内胚葉
胞胚腔の
痕跡
原腸
原口
卵黄栓
原口
後期
原腸胚

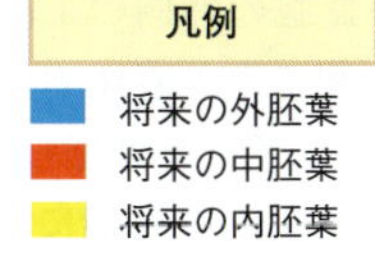
凡例
将来の外胚葉
将来の中胚葉
将来の内胚葉

▼図 47.11　**ニワトリ胚の原腸形成.** これは原腸形成している胚の断面を前方から見た図である.

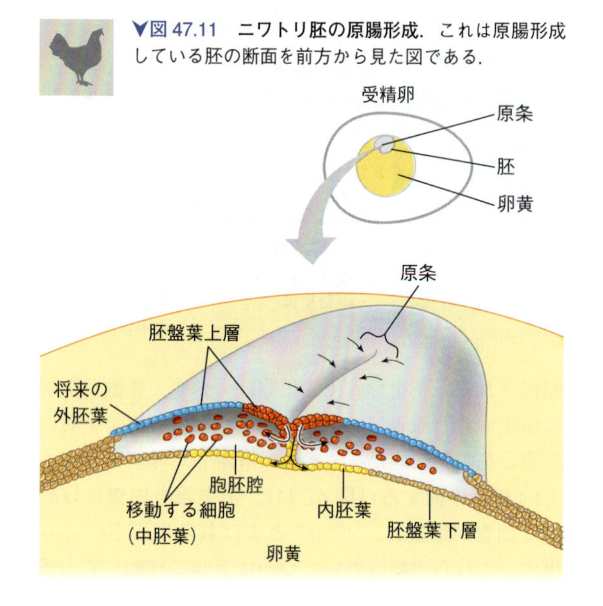
受精卵
原条
胚
卵黄
原条
胚盤葉上層
将来の
外胚葉
胞胚腔
移動する細胞
(中胚葉)
内胚葉
胚盤葉下層
卵黄

以外の細胞は横側に移動し，中胚葉を形成する．原腸形成終了時，表面に残された細胞は外胚葉となる．胚盤葉下層の細胞は後に内胚葉から脱離し，最後には卵黄を取り囲む卵黄嚢（yolk sac）の一部，そして胚の卵黄をつなぐ卵黄柄（yolk stalk）の一部となる．

脊椎動物の種ごとに原腸形成を記述する言葉は異なっているものの，細胞の再配列や運動には多くの基本的類似点がある．特に，図 47.11 で示すニワトリの胚の原条は，図 47.10 で示すカエルの胚の原口に対応している．原条の形成はまた，次項で示すヒトの原腸形成の中心でもある．

ヒトの原腸形成

多くの脊椎動物がもつ，大きくて卵黄に富む卵とは違い，ヒトの卵はとても小さく，食物を蓄えるにしては少なすぎる．受精は卵管で行われ，発生は胚が卵管を通って子宮に移動する間に始まる（図 46.15 参照）．

図 47.12 は，受精後約 6 日目に始まるヒト胚の発生を描いたものである．この記述は，マウスのような他の哺乳類，あるいは人工授精によって追跡されたごく初期のヒト胚の観察に多くは基づいている．

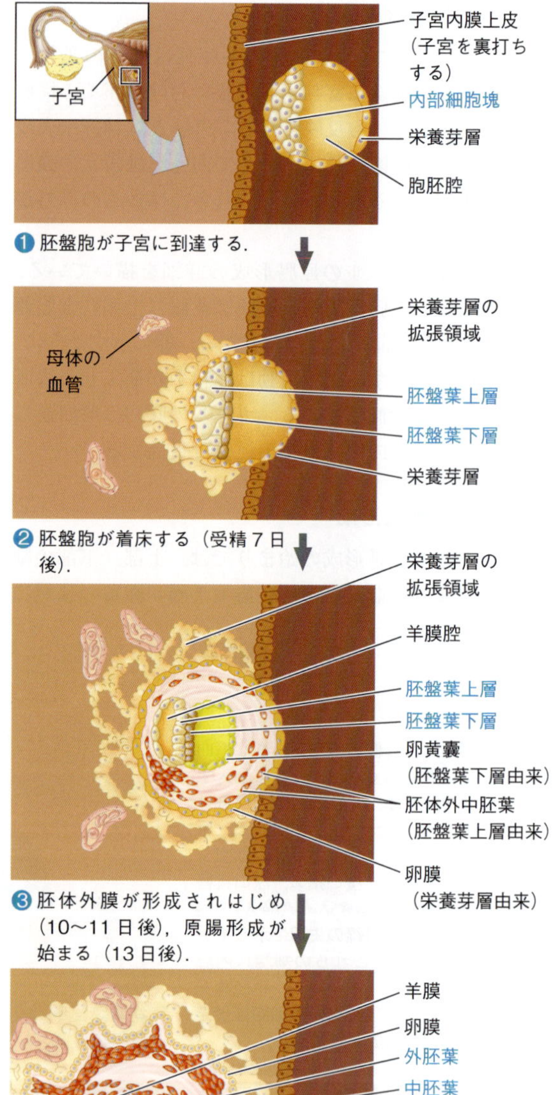
子宮
子宮内膜上皮
(子宮を裏打ちする)
内部細胞塊
栄養芽層
胞胚腔
❶ 胚盤胞が子宮に到達する.
栄養芽層の
拡張領域
母体の
血管
胚盤葉上層
胚盤葉下層
栄養芽層
❷ 胚盤胞が着床する（受精 7 日後）.
栄養芽層の
拡張領域
羊膜腔
胚盤葉上層
胚盤葉下層
卵黄嚢
(胚盤葉下層由来)
胚体外中胚葉
(胚盤葉上層由来)
卵膜
(栄養芽層由来)
❸ 胚体外膜が形成されはじめ（10〜11 日後），原腸形成が始まる（13 日後）.
羊膜
卵膜
外胚葉
中胚葉
内胚葉
卵黄嚢
胚体外中胚葉
尿膜

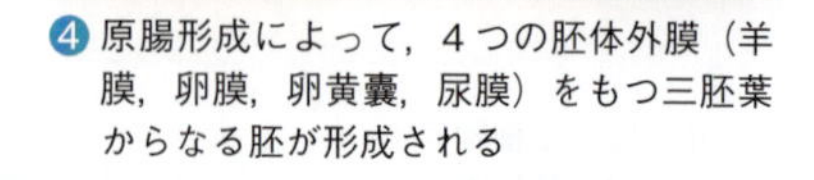
❹ 原腸形成によって，4 つの胚体外膜（羊膜，卵膜，卵黄嚢，尿膜）をもつ三胚葉からなる胚が形成される

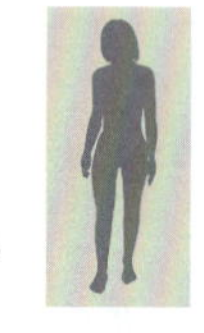

▲図 47.12　**ヒト胚の初期発生における 4 つの段階.** 胚本体に発生する組織の名前は青字で示している.

❶卵割の完了時期に，中心腔のまわりに配列した 100 個以上の細胞をもつ胚が輸卵管から子宮に降下する．この時期の**胚盤胞 blastocyst** が哺乳類では胞胚に相当する．胚盤胞腔の一端に密集するのが，胚本体に発生する**内部細胞塊 inner cell mass** とよばれる一群の細胞である．ES 細胞株のもとになるのは，内部細胞塊の細胞である（20.3 節参照）．

❷胚の着床は，胚盤胞の外側の上皮である**栄養芽層 trophoblast** から起こる．着床の間に栄養芽層から分泌される酵素が，子宮を裏打ちする子宮内膜の分子を壊し，胚盤胞の進入を可能にする．栄養芽層は，

指のような形に広がって子宮内膜に毛細血管を生み出すことで，栄養芽層の組織が受け取れる血液を子宮内膜に流れ出させる．着床の時期，胚盤胞の内部細胞塊は上層の「胚盤葉上層」と下層の「胚盤葉下層」で平板を形成する．鳥類と同じように，ヒト胚はほとんどすべて，胚盤葉上層細胞から発生する．

❸着床に続いて栄養芽層は子宮内膜に広がり続け，4つの新しい膜が出現する．これらの**胚体外膜** **extraembryonic membrane** は胚に由来するものの，胚の外側でこれら特殊な構造を包み込む．着床が終了すると，原腸形成が始まる．細胞は胚盤葉上層から原条を通って内側に移動し，ちょうどニワトリと同じように中胚葉と内胚葉を形成する（図 47.11 参照）．

❹原腸形成の終わりまでに，胚の三胚葉が形成され，胚体外中胚葉と4つの胚体外膜が胚を取り囲む．発生が進むにつれ，進入してきた栄養芽層，胚盤葉上層，そして近傍の子宮内膜組織はすべて胎盤の形成に寄与する．この不可欠な器官は，胚と母胎の間で栄養，ガス，窒素性廃棄物の交換を仲立ちする（図 46.16 参照）．

羊膜類の発生学的適応

進化 胚発生の間，哺乳類や鳥類を含む爬虫類は4つの胚体外膜，すなわち卵膜，尿膜，羊膜，卵黄嚢をもつ（図 47.13）．このような膜は，これらのグループすべてのさらなる胚発生に「生命維持機構」を提供する．では，なぜこのような適応が，魚類や両生類といった他の脊椎動物ではなく，爬虫類や哺乳類の進化の歴史に登場したのだろうか．私たちは，胚発生についてのいくつかの基本的な事実を考えることによって，合理的な仮説を立てることができる．すべての脊椎動物胚は，発生に水環境を必要とする．魚類や両生類の場合には，卵は周囲の海や池に産みつけられ，水に満たされた特別な囲いを必要としない．しかし，陸上の脊椎動物は乾燥環境で生殖するため構造の進化を必要とした．現存する構造は2つある．すなわち，(1) 鳥類と爬虫類，少数の哺乳類（単孔類）の殻のある卵と，(2) 有袋哺乳類と真獣（胎盤）哺乳類の子宮である．これらの動物の胚は，殻や子宮内で羊膜とよばれる胚外膜の1つによってつくられた嚢の中で，内部の液体によって覆われる．そのため，爬虫類や鳥類，哺乳類は**羊膜類 amniote** とよばれる（34.5 節参照）．

ほとんどの部分について，胚体外膜は哺乳類や爬虫類で同じ機能をもつ．これは，共通の進化的起源をもつことと一致している．（図 34.25 参照）．卵外膜はガ

▼図 47.13 爬虫類の殻に囲まれた卵．

(a) 爬虫類卵における4つの胚体外膜．

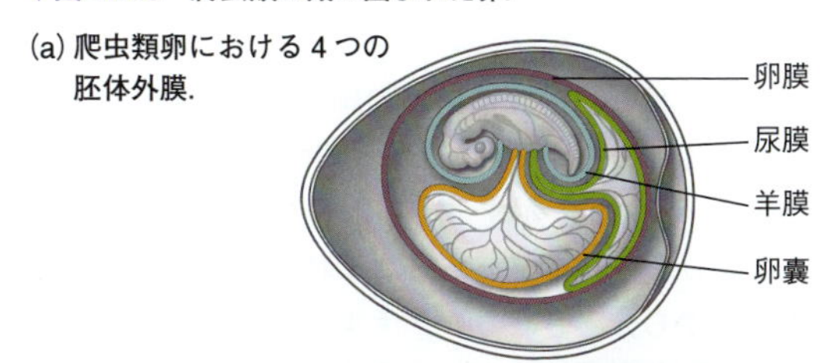
卵膜
尿膜
羊膜
卵嚢

(b) 保護された卵から孵化した子どものホソツラナメラ *Gonyosoma oxycephala*.

ス交換の場所である．羊膜が保持する羊水は発生途上の胚を物理的に保護する（羊水は出産直前の妊婦の「破水」時に膣から放出される）．尿膜は，爬虫類では卵の中の排泄物を処分するが，哺乳類では臍帯（さいたい）に取り込まれている．そこでは，臍帯は血管を形成し，酸素と栄養分を胎盤から胚に輸送し，二酸化炭素と窒素廃棄物を廃棄する．4番目の胚体外膜である卵黄嚢は，爬虫類の卵では卵黄を保持する．哺乳類では，卵黄嚢は初期の血球細胞を形成する場所であり，やがてその血球細胞は胚本体へ移動する．それゆえ，爬虫類や哺乳類で共通の胚体外膜は卵殻や子宮の中で発生するために特有な適応を示している．

原腸形成が完了し，すべての胚体外膜が形成されると，次の胚発生の段階がスタートする．器官形成である．

器官形成

器官形成の過程で，三胚葉のさまざまな領域が器官の原基を発生させる．しばしば2種類あるいは3種類の胚葉が単一の臓器の形成に参加する．このとき，異なる胚葉の細胞が相互作用し，細胞運命を決める手助けとなる．個々の発生運命が決まると，次に細胞は形や環境を変え，体の他の場所に移動する．これらの過程がどのように器官形成に寄与するかを知るため，次に私たちは神経形成，つまり脊椎動物で脳や脊髄ができる最初のステップについて考えよう．

神経形成

神経形成は背側中胚葉由来の細胞が**脊索 notochord**を形成するところから始まる．脊索は，カエルの例について図 47.14 a で示すように，脊索動物胚の背側に沿って延びる棒状構造である．これらの中胚葉細胞や他の組織から分泌されるシグナル分子が，脊索の上部にある外胚葉を「神経板」に分化させる．それゆえ神経板の形成は，**誘導 induction**，つまりある細胞群や組織が近い距離での相互作用を通して他の細胞や組織の発生に影響を与える過程の1つの例である（図 18.17 b 参照）．

神経板ができた後，神経板は形を変え内側に湾曲する．このような中で，胚の前後軸に沿って走る**神経管 neural tube**へと神経板は巻き込まれる（図 47.14 b）．神経管は頭部の脳とその後部の脊髄で構成される中枢神経系になる．逆に脊索は，一部を除いて誕生の前までに消失する．なお，脊索の一部は成体の脊椎骨の板状構造（訳注：脊柱円板とよばれる）の内側の部分として残る（これらは背中の痛みを引き起こすヘルニアになり得る円板である）．

他の発生段階と同様，神経形成はときに不完全である．たとえば，米国で最も一般的な先天的機能障害である「二分脊椎」は，神経管の一部が正しく発生しなかったり閉塞しなかったりしたときに生じる．脊椎が開いたままだと，神経へのダメージを引き起こし，結果としてさまざまな重症度の下半身麻痺の原因となる．神経管開放は生後直後だと外科的に修復が可能だが，神経障害は一生涯続く．

器官発生における細胞運動

器官発生の間，いくつかの細胞は長い距離を移動する．この中には，脊椎動物の神経管の近くで発生する，2組の細胞が含まれる．1つ目は**神経堤 neural crest**とよばれる帯状の細胞群であり，外胚葉からくびれ切れる境界に沿って発生する（図 47.14 b 参照）．神経堤細胞は続いて胚のさまざまな場所に移動し，末梢神経や歯，頭蓋骨など多くの種類の組織を形成する．

▼図 47.14　カエル胚の神経形成．

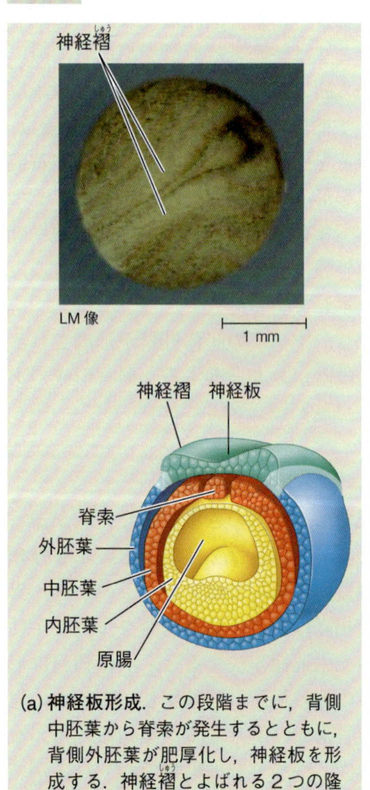
神経褶
LM 像
1 mm
神経褶
神経板
脊索
外胚葉
中胚葉
内胚葉
原腸

(a) **神経板形成**．この段階までに，背側中胚葉から脊索が発生するとともに，背側外胚葉が肥厚化し，神経板を形成する．神経褶とよばれる2つの隆起が神経板の側端に形成される．これらは全胚の LM 像で見える．

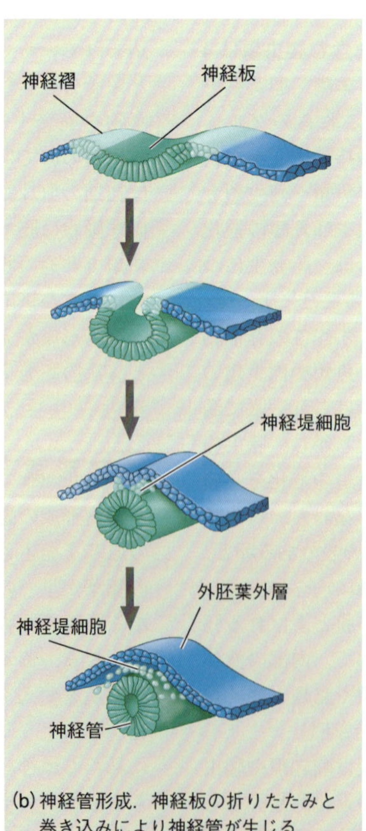
神経褶
神経板
神経堤細胞
外胚葉外層
神経堤細胞
神経管

(b) **神経管形成**．神経板の折りたたみと巻き込みにより神経管が生じる．

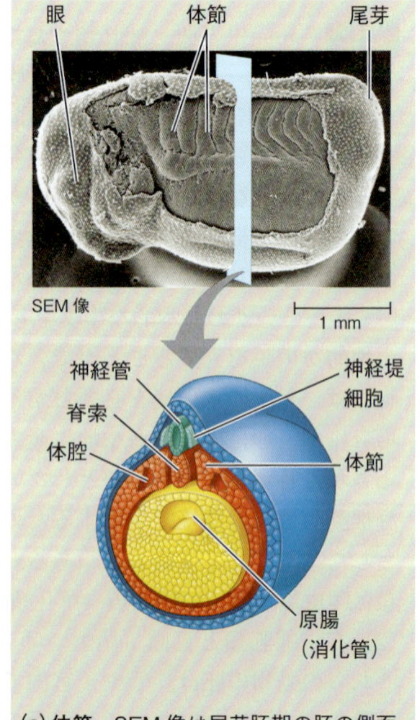
眼
体節
尾芽
SEM 像
1 mm
神経管
神経堤細胞
脊索
体腔
体節
原腸（消化管）

(c) **体節**．SEM 像は尾芽胚期の胚の側面図である．外胚葉の一部が分離し，脊髄のような分節構造を生み出す．模式図は，胚を切って横断面が見えたときの，同時期の胚を示している．中胚葉から生じる体節は，脊索と隣り合う．

2つ目の移動性の細胞は，脊索の側方にある一群の中胚葉細胞が**体節** somite とよばれる区画に分割されるときに形成される（図 47.14 c）．体節は脊椎動物の体の体節構造を構築するうえで重要な役割を果たす．体節の一部は間充織細胞に向け分離する．そのいくつかは脊椎を形成し，他は脊柱に付随する筋肉や肋骨となる．

脊椎，肋骨，そして付随する筋肉の形成に寄与することで，体節は成体における繰り返し構造を形づくる．それゆえ私たちを含む脊索動物も，エビや他の分節化された無脊椎動物ほど明確ではないものの，分節構造をもっている．

ニワトリや昆虫の器官形成

ニワトリにおける初期の器官形成は，カエルと似ている．たとえば，ニワトリの胚盤葉の片縁は下側に向けて折り込まれて閉じ合わされ，3層からなる管状構造となって体の中央の下部で卵黄と連結される（図 47.15 a）．3日目胚までには，脳，眼，心臓など主要な器官の原基がすでに明確となる（図 47.15 b）．

無脊椎動物と脊椎動物の器官形成を比べると，パターンや外見の違いのために一見わからないような，メカニズムの基本的な類似点がしばしば明らかになる．たとえば神経形成を考えてみよう．昆虫では，神経系の組織は胚の背側ではなく腹側の端に形成される．しかし，前後軸に沿った外胚葉はちょうど脊椎動物の神経形成のように，胚の内部に巻き込まれて管状構造となる．さらに，異なる位置にあるにもかかわらず似た現象をもたらす分子シグナル伝達経路は，多くの段階で共通しており，進化的な歴史を共有していることを強調している．

原腸形成と同様，脊椎動物でも無脊椎動物でも，器官形成は細胞の形や運動の変化におおむね依存している．次に私たちは，これらの変化がどのようにして起こるかを明らかにしていこう．

形態形成における細胞骨格

動物では，細胞の一部が運動することで，細胞形状の変化がもたらされたり，細胞を胚内のある場所から別の場所に移動させることができる．これらの現象に必須な細胞成分は，細胞骨格を構成する微小管や微小繊維の集まりである（表 6.1 参照）．

形態形成における細胞形状の変化

細胞骨格の再構成は，発生の間に細胞形態の変化を引き起こすおもな力となる．一例として，神経形成に戻ってみよう．神経管形成が始まるとき，シート状の外胚葉細胞の中で微小管が背側から腹側に配向することによって，細胞は背腹軸に沿って長く伸びることができる（図 47.16）．各細胞の背側（訳注：頂端部）には横に向いたアクチンフィラメントの平行列がある．これらは収縮して細胞をくさび状にし，外胚葉層を内側に曲げる．

アクチンフィラメントの頂端収縮によってくさび形の細胞を生み出すのは，細胞層を陥入させるための，発生における共通のメカニズムである．たとえば，キイロショウジョウバエ *Drosophila melanogaster* における原腸形成では，腹側表面に沿ってくさび型細胞ができることで，中胚葉を形成する管状の細胞が生み出される．

ニワトリの原腸形成では，原条は延びて細くなる．この形状の変化は，収束伸長とよばれる細胞の動きと

➤図 47.15
ニワトリ胚の器官形成．

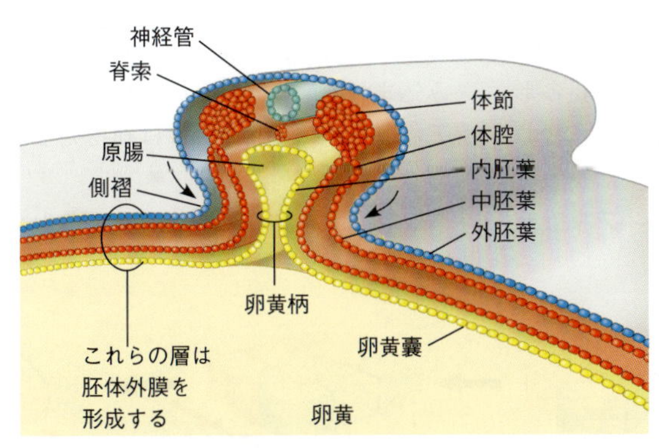
神経管
脊索
原腸
側褶
体節
体腔
内胚葉
中胚葉
外胚葉
卵黄柄
卵黄嚢
これらの層は
胚体外膜を
形成する
卵黄

(a) 初期の器官形成．原腸は側褶が胚を卵黄から切り取る際に生じる．断面図で示すように，胚は卵黄に対して開いたままで，卵黄柄に接する．

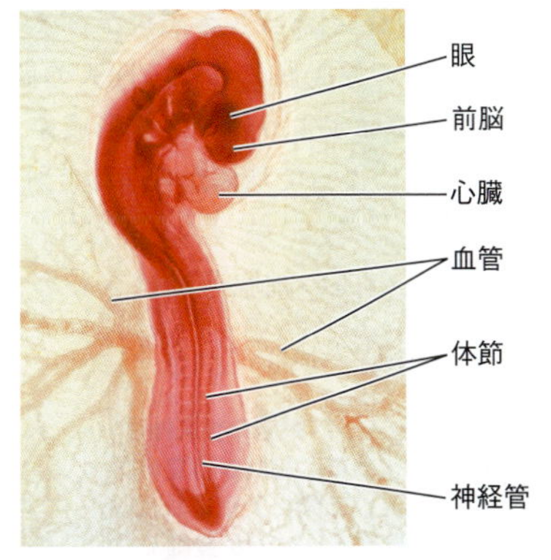
眼
前脳
心臓
血管
体節
神経管

(b) 後期の器官形成．ほとんどの主要な器官の原基が，受精後3日のニワトリ胚にすでに形成されている．LM 像に見られるように，胚から延びる血管が胚体外膜を供給する．

▼図 47.16　**形態形成の間に起こる細胞形状の変化．** ここに示すように，細胞骨格の再構成は胚組織における形態形成の変化を伴う．

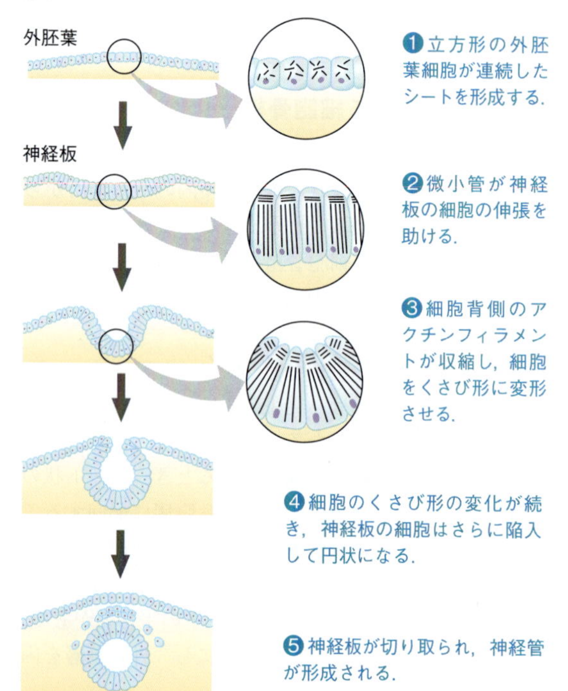
外胚葉
❶立方形の外胚葉細胞が連続したシートを形成する．
神経板
❷微小管が神経板の細胞の伸張を助ける．
❸細胞背側のアクチンフィラメントが収縮し，細胞をくさび形に変形させる．
❹細胞のくさび形の変化が続き，神経板の細胞はさらに陥入して円状になる．
❺神経板が切り取られ，神経管が形成される．

並び替えによって起こる．発生においてどのような形が生み出されるかを調べれば，この過程のメカニズムがすぐわかる．

細胞骨格はまた，**収束伸長**（収斂（しゅうれん）伸長）**convergent extension** とよばれる，シート状の細胞群が細くなったり（収束），長くなったり（伸長）するといった細胞の再配列を引き起こす．このような収束や伸長は原腸形成でしばしば起こる．この中には，ニワトリの受精卵における原条の形成（図 47.11 参照）や，ウニ卵の原腸の伸長（図 47.8 参照）が含まれる．収束伸長は，カエルの原腸胚における陥入の間も重要である．図 47.14 c で示すように，原腸形成をしている胚の形は収束伸長によって球体から角のとれた三角形に変わる．

収束伸長の間の細胞運動はきわめてシンプルである．細胞は自らが動く方向にその先端をとがらせ，互いの間でくさびの形になって細胞の列を少なくする（図 47.17）．それは，いままさに劇場に入ろうと前に進む群衆が一列になっていくようなものである．

形態形成における細胞運動

細胞骨格は細胞形状の変化のみならず細胞運動の原因ともなる．脊椎動物の器官形成の間，神経堤や体節由来の細胞は胚全体に移動する．細胞は，細胞骨格繊維を使うことで細胞突起を伸ばしたり引っ込めたりして胚内を這（は）っていく．このタイプの運動は，アメーバ運動と似ている（図 6.26 b 参照）．「細胞接着分子」とよばれる膜貫通型の糖タンパク質は，細胞間の相互作用を促進することで，細胞運動において重要な役割を果たす．また，細胞膜の外に配置される分泌型の糖タンパク質や高分子の網目状構造である「細胞外マトリクス」も細胞運動にかかわる（図 6.28 参照）．

細胞外マトリクスは，個々の細胞運動や細胞シートの形状変化といった，多くのタイプの運動を誘導する助けとなっている．移動経路の道筋となる細胞は，細胞外マトリクスに特異的な分子を分泌することで移動細胞の運動を制御する．こういった理由のため，研究者らは損傷を受けた組織や器官を修復したり置換したりする足場を提供する，人工的な細胞外マトリクスを生み出そうとしている．1つの有力なアプローチは，本来の細胞外マトリクスの重要な特性を模倣した素材を，ナノファイバー技術で創出することである．

プログラム細胞死

ちょうど胚の細胞の中には形や場所を変えるようプログラムされているものがあるように，細胞の中には死ぬようにプログラムされているものもある．発生のさまざまな時期に，個々の細胞，1セットの細胞，あるいは組織全部が発生をやめて死に，近くの細胞に飲み込まれる．ゆえに，「プログラム細胞死」，あるいは**アポトーシス apoptosis** は動物発生の共通した特徴である．

プログラム細胞死が起こる1つの状況は，構造が幼

➤図 47.17　**シート状細胞の収束伸張．** この概略図のように，細胞が特定の方向に伸張し，互いの間に入り込む（収束）．それに伴ってシートが長細くなる（伸張）．

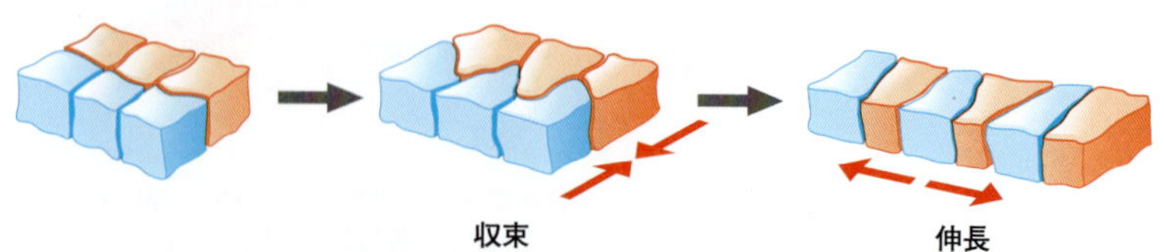
収束
細胞は伸び互いの間に入り込む．
伸長
細胞シートは長く，細くなる．

生や他の未成熟形のときのみ機能するときである．1つのわかりやすい例は，カエルの自由遊泳する幼生期であるオタマジャクシの尾である．尾は初期発生の間に形成され，幼生が成長する間の運動を可能にする．そして，変態し成体となる間になくなる（図 45.22 参照）．

アポトーシスは，たくさんのセットの細胞が形成され，そのうちの一部だけが特定の機能に必要な特性をもっているときにも起こる．それは，神経や免疫システムの発生の場合である．たとえば脊椎動物の神経系においては，成体で存在するよりも多くのニューロンがつくり出される．典型的には，他のニューロンと機能的に結合したものだけが生き残り，残りはアポトーシスを受ける．同様に，適応免疫機構では，自己に応答する細胞，つまり侵入する病原体ではなく自分自身を攻撃する能力をもつ細胞が，しばしばアポトーシスによって除去される．

アポトーシスを受ける細胞は何も機能をもっていないように見える．そのような細胞はなぜつくられるのか．答えは，両生類，鳥類，そして哺乳類の進化を考えることで見出せる．これらのグループが進化の間に多様化し始めたとき，脊椎動物の体をつくるための発生プログラムはすでに決められていて，現在の体制の違いは，その共通の発生プログラムの修正を通して生み出された．たとえば，共通の発生プログラムによって胎児の指の間の水かきはつくられる．しかし多くの鳥やヒトを含む哺乳類では，この水かきはアポトーシスによってなくなってしまう（図 11.21 参照）．これは，異なる形をもつそれぞれの成体が，似ているように見える初期の脊椎動物胚から生み出される1つの理由である．

これまで見てきたように，細胞のふるまいやその根拠となる分子メカニズムは胚の形態形成に重要である．次節では，共通の細胞生物学・遺伝学的なプロセスが，個々の種類の細胞を正しい場所に落ちつかせるいくつかの方法について学ぶ．

概念のチェック 47.2

1. カエルの卵において，収束伸長によって脊索が伸長する．収束と伸長という言葉はこの過程にどのように当てはまるかを説明しなさい．
2. どうなる？➤もし神経管形成の直前に，すべての細胞でアクチンフィラメントの機能を阻害するような薬剤で処理したとき，何が起こるかを予想しなさい．
3. 関連性を考えよう➤他のいくつかの先天性疾患とは異なり，神経管の形成異常は予防が可能である．その理由を説明しなさい（図 41.4 参照）．

（解答例は付録 A）

47.3

細胞質の決定因子と誘導シグナルが細胞の予定運命を制御する

胚発生の間，細胞は分裂によって増加し，体の決められた場所に移動して，特殊化された構造や機能をもつようになる．細胞がどこに落ち着き，どのように出現し，一緒に何を行うか，が細胞の「予定運命」を決める．発生生物学者は，単一あるいは一群の細胞が特定の運命だけに決定づけられる過程を**決定 determination** とよび，構造や機能の特殊化が結果として生じることを**分化 differentiation** とよぶ．「決定」が大学の専攻を決めること，「分化」が専攻で必要とされる授業を受けることにそれぞれたとえて考えると，理解の役に立つかもしれない．

動物の発生過程で形成されるすべての二倍体細胞は同じゲノムをもつ．ある成熟した免疫細胞を除けば，遺伝子セットは細胞の一生を通して同じである．ではいったいどのようにして，細胞は異なる運命を獲得するのだろうか．18.4 節で議論するように，それぞれの組織，そしてしばしば同じ組織中の細胞は同じゲノム由来の異なる組み合わせの遺伝子を発現することによって互いを区別している．

発生生物学でおもに注目すべき点は，発生運命の根底にある遺伝子発現の違いを生み出すメカニズムを明らかにすることである．このゴールに向けた1つのステップとして，科学者はしばしば組織や細胞を追跡し，初期胚に戻ってそれらの起源を知ろうとする．

予定運命のマッピング

胚の細胞がどこに由来しているかを追跡する唯一の方法は，顕微鏡を使った直接的な観察である．このような研究で，胚の各部位からどのような構造ができるかを示した模式図である**予定運命図 fate map** が最初につくられた．1920 年代に，ドイツの発生学者ヴォルター・フォークト Walther Vogt は，胞胚におけるどのグループの細胞が原腸胚のどこになるかを決めるため，このアプローチを用いた（図 47.18 a）．後の研究者がこの手法を発展させた．卵割期に個々の割球を標識すると，細胞から分裂した子孫細胞すべてにマーカーが分配されることから，マーカー追跡が可能とな

▼図 47.18　2種類の脊索動物の予定運命.

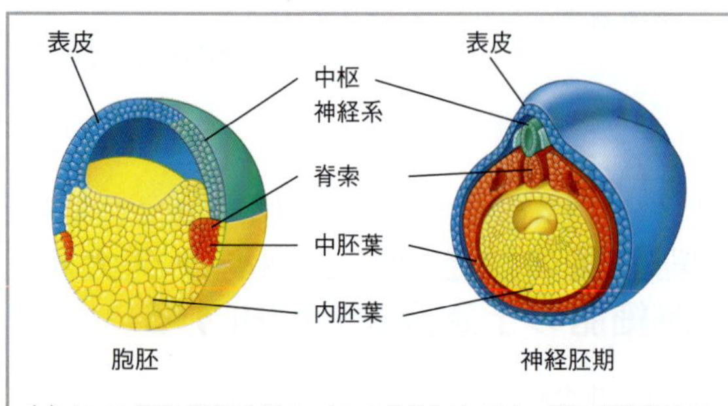
表皮
中枢
神経系
脊索
中胚葉
内胚葉
表皮
胞胚
神経胚期

(a) **カエル胚の予定運命図.** カエル胞胚における一群の細胞運命は，毒性のない色素で胞胚の異なる場所を標識し，後の発生段階で色素がどこに現れるかを観察することによって決められた．ここに示す2つの発生段階の色分けは，類似する多くの研究結果を象徴している．

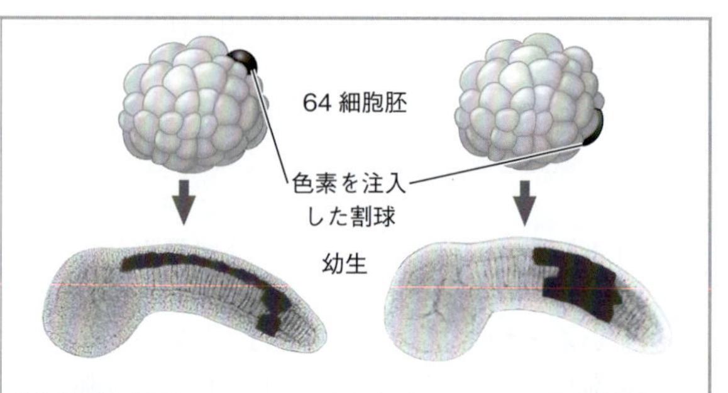
64 細胞胚
色素を注入
した割球
幼生

(b) **非嚢類**（訳注：ホヤなどの尾索動物）**における細胞系譜解析.** 系譜解析においては，卵割期に色素を個々の割球に注入する（上）．幼生の LM 像（下）における黒い領域は，上図における2つの異なる割球から発生した細胞に一致する．

った（図 47.18 b）.

予定運命をマッピングするための，もっと総括的なアプローチは，図 47.19 に示すように線虫 *Caenorhabditis elegans* を用いて行われてきた．この線形動物は体長約 1 mm であり，数種類の細胞しかもたない単純で透明の体をもち，実験室ではたった3日半で雌雄同体の成虫に育つ．これらの特性によって，シドニー・ブレナー Sydney Brenner，ロバート・ホロヴィッツ Robert Horvitz，ジョン・サルストン John Sulston は線虫すべての細胞の完全な発生由来，つまり細胞「系譜」を決めることができた．彼らは，どの成体も正確に 959 個の体細胞をもち，同じように受精卵から生み出されることを発見した．すべての発生ステージにおける，線虫の顕微鏡による注意深い観察と，レーザー照射や突然変異により個々の細胞や細胞群を死滅させる実験とを組み合わせることで，図 47.19 に示したような細胞系譜の図がつくられるに至った．この細胞系譜を用いると，1つの細胞の子孫をすべて同定することができる．それはちょうど，先祖から子孫を追跡するために家系図をたどるようなものである．

ある特定の細胞運命の例として，卵や精子を生み出す特殊な細胞である「生殖細胞」について考えよう．研究されたすべての動物において，RNA とタンパク

▼図 47.19　線虫 *Caenorhabditis elegans* における細胞系譜. *C. elegans* 胚は透明であるため，接合子から成虫に至るまですべての細胞の系譜を追うことができる．模式図では，腸の詳細な系譜のみが描かれている．これは，接合子から形成される最初の4つの細胞のうちの1つのみから生み出される．

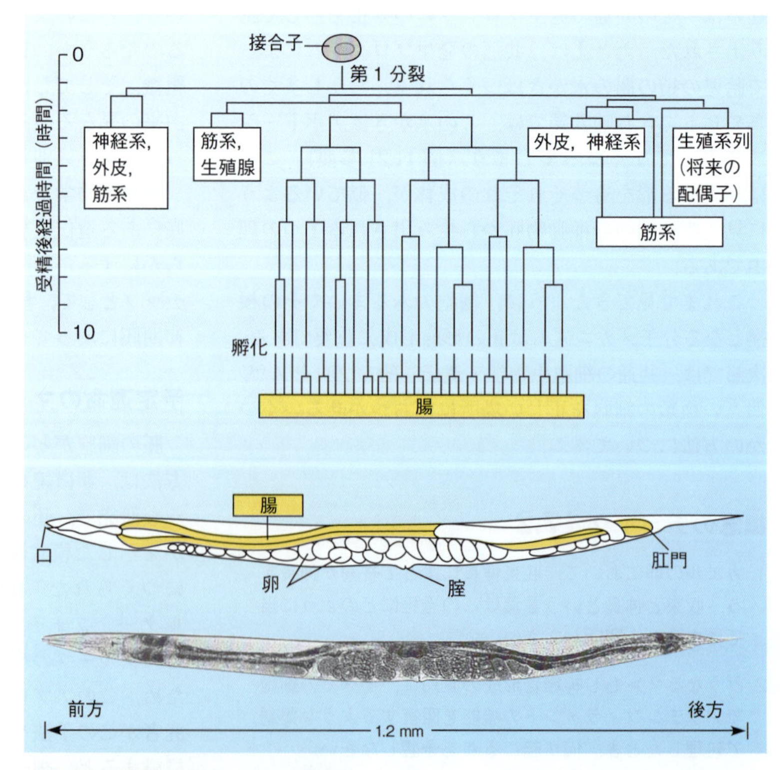
接合子
第1分裂
0
10
受精後経過時間（時間）
神経系，
外皮，
筋系
筋系，
生殖腺
外皮，神経系
生殖系列
（将来の
配偶子）
筋系
孵化
腸
腸
口
卵
膣
肛門
前方
後方
1.2 mm

図読み取り問題➤分裂パターンは正確にどの *C. elegans* 胚でも同じである．受精卵から何回の分裂で口に最も近い腸の細胞が生み出されるか．

▼図 47.20 線虫における生殖細胞の運命決定． *C. elegans* のＰ顆粒タンパク質を特異的な蛍光抗体で標識することで（緑色），新しく孵化した幼生の４つの細胞にＰ顆粒が取り込まれていることが示されている（この図では，４個のうちの２個が見えている）．

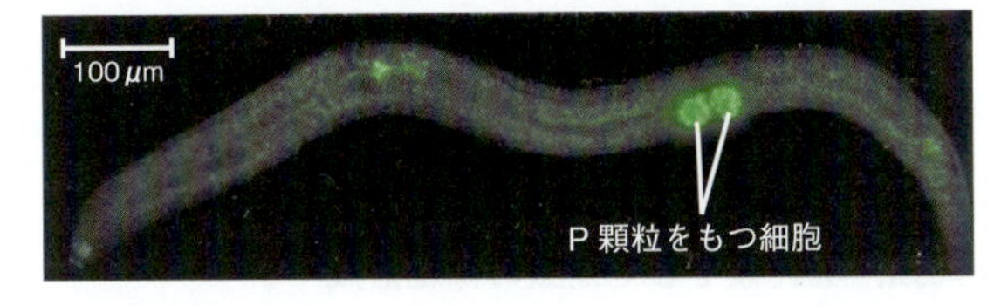
100 μm
Ｐ顆粒をもつ細胞

質の複合体が生殖細胞の運命決定に関与している．線虫ではこのような複合体を「Ｐ顆粒」とよび，新しく孵化した幼生の４つの細胞（図 47.20）や，精子や卵を生み出す成体の生殖腺の中に見られる．

Ｐ顆粒の位置を追跡することで，どのようにして細胞が発生の間に特異的な運命を獲得するか，非常に重要な図を得ることができる．図 47.21 の❶と❷に示すように，Ｐ顆粒は受精直後の卵では全体に分布するが，第１卵割の前までに，卵の後端に移動する．❸その結果，第１卵割によってできた２つの細胞のうち，後ろ側の細胞だけがＰ顆粒を含む．❹Ｐ顆粒は続く卵割の間も，不均一な局在を続ける．それゆえ，Ｐ顆粒は細胞質にある決定因子として働き（18.4 節参照），線虫の発生のごく初期の段階で生殖細胞の運命を固定する．

線虫の予定運命図は，プログラム細胞死についても主要な発見に道筋をつけた．細胞系譜解析によって，正確に 131 個の細胞が正常発生の過程で死滅することが示された．1980 年代に入り，ある１つの遺伝子を不活性化する突然変異によって，131 個の細胞すべてが生き残ることが発見された．さらに，この遺伝子はヒトを含む広い種類の動物で，アポトーシスを制御し実行する経路の一部を構成することが明らかになった．2002 年，ブレナー，ホロヴィッツ，サルストンには，プログラム細胞死と器官形成の研究における線虫の予定運命図の利用に対してノーベル賞が贈られた．

初期発生における予定運命図を得たことで，胚の基本軸がどのように確立されるかといった，体軸形成として知られる過程についての根本となるメカニズムに対する疑問に答える体勢が整った．

体軸形成

左右対称性のボディープランは，線虫や棘皮動物，脊椎動物を含むさまざまな動物を通して見出される（32.4 節参照）．図 47.22 a のカエル幼生で示されるように，このボディープランは背腹軸，前後軸に沿って

▼図 47.21 線虫 *C. elegans* の発生におけるＰ顆粒の局在． 位相差顕微鏡像（左）によって，最初の２回の細胞分裂における，核と細胞の境界が示されている．蛍光顕微鏡像（右）は，Ｐ顆粒タンパク質を特異的な蛍光抗体で標識した，同じ発生段階の胚を示している．

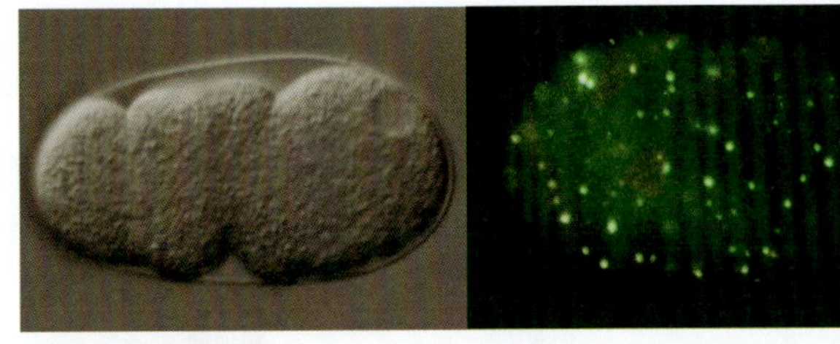
20 μm

❶ 新しく受精した卵

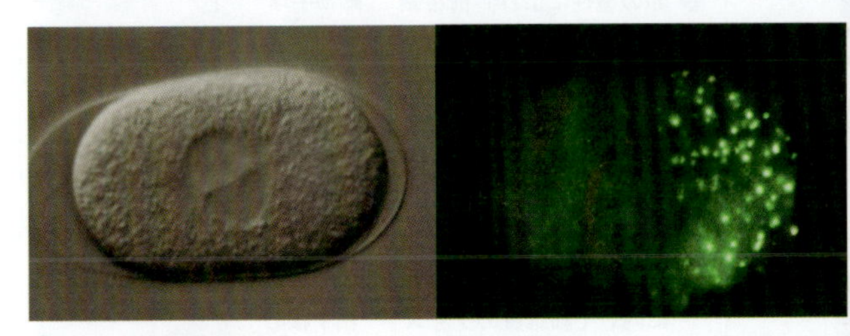

❷ 第１卵割前の接合子

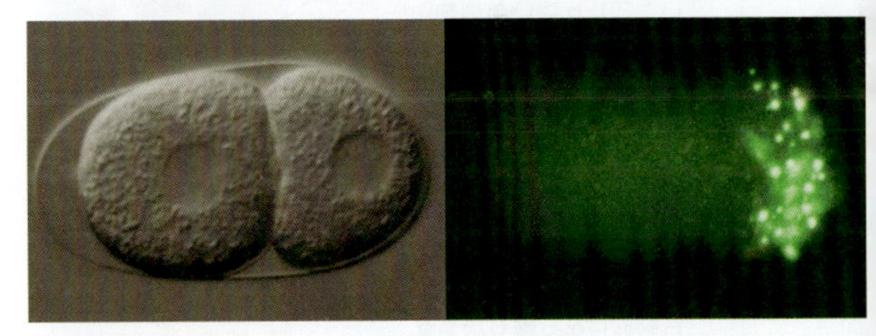

❸ 2 細胞胚

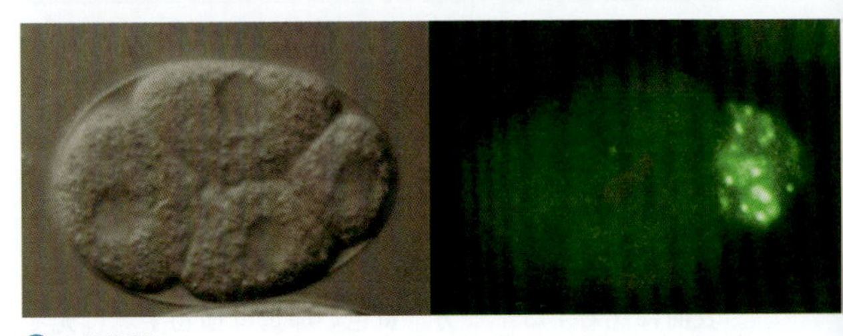

❹ 4 細胞胚

非対称性を示す．左右軸は，両側が互いにほぼ鏡像であるため，おおむね対称的である．これら３つの体軸はいつ確立するのか．この問いには，カエルを考えることで答えていこう．

カエルの体軸形成

カエルにおいて，前後軸は卵形成のときに決まる．卵の非対称性は２つの異なる半球が形成されることか

▼図 47.22　**両生類における体軸とその形成.** 3つの体軸はいずれも，接合子が卵割を始める前に形成される.

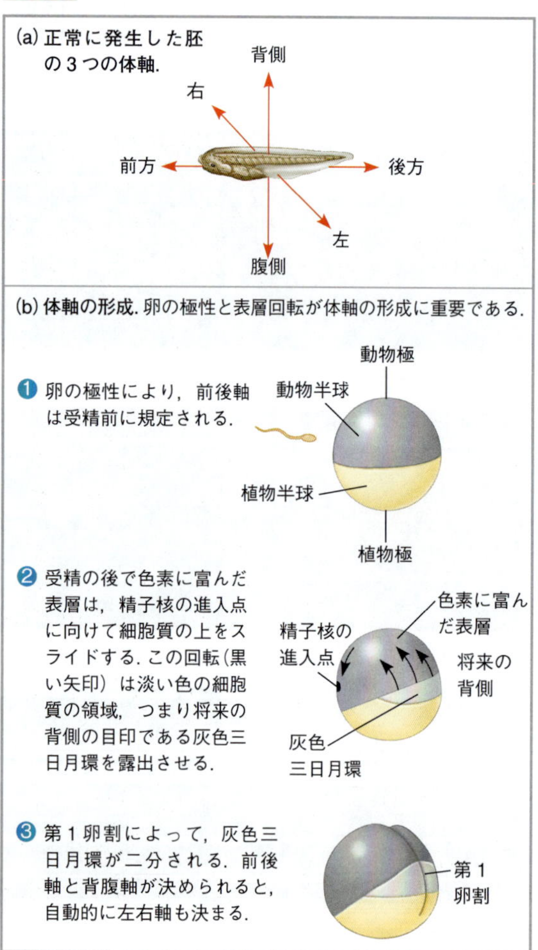
(a) 正常に発生した胚の3つの体軸.
背側
右
前方
後方
左
腹側
(b) 体軸の形成. 卵の極性と表層回転が体軸の形成に重要である.
動物極
❶ 卵の極性により，前後軸は受精前に規定される.
動物半球
植物半球
植物極
❷ 受精の後で色素に富んだ表層は，精子核の進入点に向けて細胞質の上をスライドする. この回転（黒い矢印）は淡い色の細胞質の領域，つまり将来の背側の目印である灰色三日月環を露出させる.
色素に富んだ表層
精子核の進入点
将来の背側
灰色三日月環
❸ 第1卵割によって，灰色三日月環が二分される. 前後軸と背腹軸が決められると，自動的に左右軸も決まる.
第1卵割

どうなる？➤正常な表層回転を起こしてから無理やり逆側に表層回転させると，双頭胚ができた. 表層回転が体軸形成にどのように影響を与えるかを考えたうえで，この発見はどのように説明できるか.

ら明らかである．色の濃いメラニン色素は動物半球の表面に沈着する．一方，黄色い卵黄は植物半球に充填される．動物極–植物極の非対称性は前後軸が胚内のどこに形成されるかを示している．しかし，前後軸と動物極–植物極の軸は同じではない．つまり，胚の頭部と動物極は一致しないことに注意が必要である．

驚くことに，カエル胚の背腹軸はランダムに決められる．具体的には，精子が動物半球のどの場所に進入しようと，その進入場所で背腹軸がどこにつくられるかが決まる．ひとたび卵と精子が融合すると，卵の表面——細胞膜とそれに接する表層——が内部の細胞質に対して回転する．いわゆる「表層回転」とよばれる運動である．動物極から俯瞰すると，回転はいつも精子進入点のほうに向かっている（図 47.22 b）．結果として植物半球側の表層と動物半球内部の細胞質にあるそれぞれの物質が相互作用し，制御タンパク質を活性化する．ひとたび活性化されると，ある遺伝子セットは背側で，別のセットの遺伝子は腹側で発現が促される．

鳥類，哺乳類そして昆虫の体軸形成

結局，動物の胚が体軸を確立する過程はいろいろあることがわかる．哺乳類では，精子が体軸を決めているようであるが，カエルとは方法が違っている．特に，融合前の卵核と精子核の向きは，最初の卵割面の位置に影響を与える．ニワトリでは，孵化直前の卵が雌のニワトリの卵管を下降する間にかかる重力によって前後軸が規定される．ゼブラフィッシュでは，胚内のシグナルが1日以上かけて徐々に前後軸を決めていく．昆虫ではさらに他のしくみがある．そこでは，胚を横切って形成される，活性化された転写因子の勾配が，前後軸と背腹軸の両方を決める（18.4 節参照）．

ひとたび前後軸や背腹軸が決まると，左右軸の位置は固定される．とはいえ，特別な分子メカニズムによって，どちらが左でどちらが右かを決めねばならない．脊椎動物では，内臓の位置，心臓や脳の構成・構造が左右で明らかに異なっている．近年の研究で，繊毛が左右の非対称性の構築に関係していることが示された．このことは，本章の終わりで議論する．

発生ポテンシャルの限定

特定の細胞運命の決定についてはすでに述べた通りである．受精卵はすべての細胞運命を生み出す．細胞には，発生過程の間，どのくらいこの能力が残っているだろうか．ドイツの動物学者ハンス・シュペーマン Hans Spemann は 1938 年，この問題に答えた．正常発生を乱すような胚操作を行い，その後の細胞運命を調べることによって，彼は細胞の「発生ポテンシャル」，すなわちその細胞が生み出せる構造の範囲を調べることができた（図 47.23）．シュペーマンらの研究によって，両生類胚の最初の2つの割球は**分化全能性 totipotent**，つまりその動物種のすべての種類の細胞にそれぞれの割球が発生できることを示した．

哺乳類では，胚細胞は他の多くの動物よりずっと長く，8細胞期まで全能性を残している．しかし最近の研究では，ごく初期の細胞は（最初の2細胞ですら）正常胚において完全に均質ではないことが示されている．むしろ，分離したときにも細胞が全能性をもつこ

▼図 47.23

研究　灰色三日月環は，どのようにして最初の２つの娘細胞の発生ポテンシャルに影響を与えるか

実験　ドイツのフライブルク大学のハンス・シュペーマンは 1938 年，物質が灰色三日月環の中で不均一に存在するかどうかを調べるために以下の実験を行った．

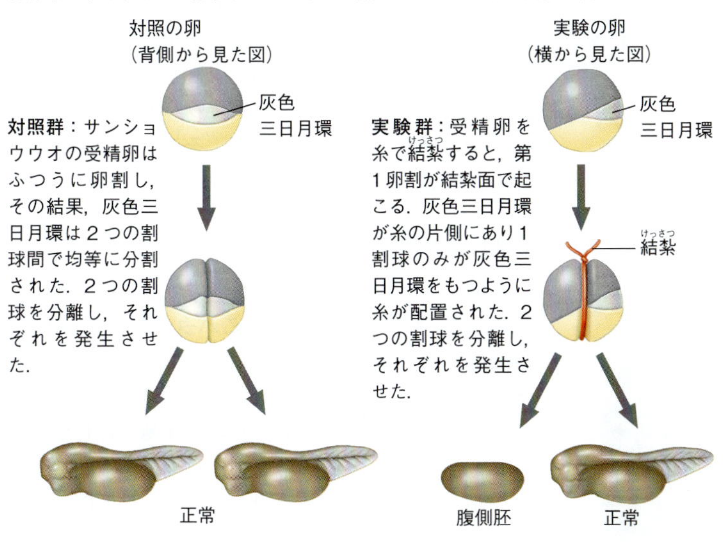
対照の卵
（背側から見た図）
灰色
三日月環
対照群：サンショウウオの受精卵はふつうに卵割し，その結果，灰色三日月環は２つの割球間で均等に分割された．２つの割球を分離し，それぞれを発生させた．
正常
実験の卵
（横から見た図）
灰色
三日月環
実験群：受精卵を糸で結紮すると，第１卵割が結紮面で起こる．灰色三日月環が糸の片側にあり１割球のみが灰色三日月環をもつように糸が配置された．２つの割球を分離し，それぞれを発生させた．
結紮
腹側胚
正常

結果　灰色三日月環に存在する物質の半分，またはすべてを受け取った割球は正常に発生したが，まったく受け取らなかった割球からは背側構造を欠く異常な胚が生み出された．シュペーマンはこれを「belly piece（膨らんだ卵片）」とよんだ．

結論　第１卵割までの間に正常に形成された２つの割球の発生ポテンシャルは，灰色三日月環に存在する細胞質中の決定因子を獲得するかどうかに依存する．

データの出典　H. Spemann, *Embryonic Development and Induction*, Yale University Press, New Haven, CT (1938).

描いてみよう➤何も操作をしない場合，受精卵に生じる第１細胞分裂の面を線で示しなさい．

どうなる？➤この 40 年以上前に行われた同じような実験で，胚発生学者のウイルヘルム・ルー Wilhelm Roux は，第１卵割後に片方の割球だけを針で殺してみた．すると残された割球（と死んだ細胞の残骸）から発生した胚は，半胚と似たような異常な胚であった．なぜルーの結果はシュペーマンの実験結果と違ったのかを説明する仮説を提示しなさい．

とは，胚の環境に応じて細胞の運命を制御できることをおそらくは意味している．胚が 16 細胞期に到達すると，哺乳類の細胞の運命は栄養芽層と内部細胞塊に決定される．移植やクローン実験で示されているように，これらの細胞の発生ポテンシャルは，この時点から先には制限されるとしても，核はまだ全能性を有している（図 20.17，図 20.18 を参照）．

ヒトの胚発生の初期における細胞の全能性は，あなたや友人に双子がいるかもしれない理由となる．胚の細胞が分離されると同一性の（一卵性の）双子ができる．もし分離が栄養芽層と内部細胞塊が分化する前に起こると，それぞれの卵膜と羊膜をもった２つの胚が成長する．これは，一卵性双生児の約３分の１のケースである．残りのケースでは，成長する２つの胚は卵膜を共有し，特に遅く分離が起こった非常にまれなケースでは，羊膜も共有する．

どれだけ同一，あるいは多様な細胞が初期胚にあるとしても，発生の進行とともに発生ポテンシャルが限定されていくのは，すべての動物における発生の一般的な特徴である．一般的に，細胞の組織特異的な運命は，たいていは初期原腸胚期でなく後期原腸胚期に固定される．たとえば，両生類の初期原腸胚の背側外胚葉が同じ原腸胚の他の領域由来の外胚葉に置き換わっても，移植された組織は神経板を形成する．しかし，同じ実験を後期原腸胚で行うと，移植された外胚葉は新しい環境に応答できず，神経板を形成しない．

細胞運命の決定と誘導シグナルによるパターン形成

胚発生が進むにつれ，ある細胞は誘導によって別の細胞の運命に影響を及ぼす．分子レベルでは，誘導シグナルに対する応答は通常，受容細胞を特定の組織に分化させるような遺伝子セットのスイッチをオンにすることである．ここでは，ほとんどの動物の多くの組織の発生に必要不可欠なプロセスである誘導について，２つの例を検証しよう．

シュペーマンとマンゴルドの「オーガナイザー」

カエルの受精卵を用いた全能性に関する研究の前，シュペーマンは原腸形成時の細胞運命決定について研究を行っていた．これらの実験の中で，彼とその学生であったヒルデ・マンゴルド Hilde Mangold は初期原腸胚期間で組織移植を行った．図 47.24 に要約した最も有名な実験の中で，彼らは特筆すべき発見をした．移植された原口背唇部はそのまま原口背唇部となり続けるだけでなく，まわりの細胞の原腸形成の引き金と

▼図 47.24

研究　原口背唇部は，両生類胚の他の細胞の予定運命を変化させることができるだろうか

実験　1924年，ドイツのフライブルグ大学のハンス・シュペーマンとヒルデ・マンゴルトは，原腸胚の原口背唇部の誘導能力を研究していた．イモリを用い，彼らは一方の原腸胚の原口背唇部を，別の原腸胚の腹側に移植した．ドナー（供与）胚はアルビノで色素を欠いているので，どのようにして，移植片がレシピエント（宿主）胚の予定運命を変えるかを視覚的に追跡することができた．

結果　この写真は，アフリカツメガエル *Xenopus laevis* を用い，この古典的な実験を再現したものである．上のオタマジャクシはコントロール胚から発生したものである．実験胚がアルビノの供与胚由来の原口背唇部を移植されたとき（左下），宿主胚は2つ目の脊索と神経管を移植された部位に形成し，最後にはほとんどの二次胚が発生した（右下）．

アルビノの原腸胚由来の
原口背唇部

結論　移植された原口背唇部は宿主胚の異なる場所にある細胞を誘導し，正常の運命とは違う構造を生み出すことができた．つまり，移植された背唇部は新たにできた胚すべての，その後の発生を「オーガナイズ」したのである．

データの出典　H. Spemann and H. Mangold, Induction of embryonic primordia by implantation of organizers from a different species, Trans. V. Hamburger (1924). Reprinted in *International Journal of Developmental Biology* 45:13-38 (2001) and E. M. De Robertis and H. Kuroda, Dorsal-ventral patterning and neural induction in *Xenopus* embryos, *Ann. Rev. Cell Dev. Biol.* 20:285-308 (2004).

どうなる？➤原口背唇部を移植したことで，宿主胚の組織は，もし何もしなければ他のものになっていたことから，原口背唇部からなんらかのシグナルが受け渡されたはずである．もしそのシグナル分子として候補となるタンパク質を同定したとすると，実際にそのシグナルとして機能するかどうかをどのように検証するか．

もなった．2人は，初期原腸胚期の原口背唇部が，周囲の組織に脊索や神経管，その他の器官の形成を導く変化を誘導する，胚のボディープランの「オーガナイザー」として機能すると結論づけた．

1世紀近く経過したいまも，発生生物学者は「シュペーマンのオーガナイザー」による誘導の基礎について精力的な研究を行っている．重要な手がかりは，骨形成タンパク質4（BMP-4）とよばれる成長因子の研究によってもたらされた．オーガナイザーを構成する細胞のおもな機能の1つは，胚の背側のBMP-4を不活性化させることのようである．BMP-4が不活性化されることで，背側の細胞が脊索や神経管のような背側構造をつくることができる．BMP-4関連タンパク質やその阻害因子は，ショウジョウバエのような無脊椎動物にも同じように見出され，そこでも背腹軸の形成を制御している．

脊椎動物の四肢の形成

誘導シグナルは，3次元空間の決められた場所に器官や組織を配置する過程である**パターン形成 pattern formation**に主要な役割を果たしている．**位置情報 positional information**とよばれるパターン形成を制御する分子の指令は細胞に，動物の体軸に対して自分がどこにいるのかを伝え，その細胞や子孫細胞が胚発生の間に，分子シグナルに対してどのように応答するかを決める手助けをする．

18.4節では，ショウジョウバエの発生におけるパターン形成について論じた．脊椎動物におけるパターン形成の研究に対して，ニワトリ外肢の発生が古典的モデル系となってきた．すべての脊椎動物の外肢と同様，ニワトリの翼と肢は肢芽とよばれる組織の隆起に始まる（図47.25 a）．ニワトリ肢の特定の骨や筋肉といった各構成要素は，図47.25 bに示すように，3軸，つまり遠近軸（「肩-指先」軸），前後軸（「親指-小指」軸），背腹軸（「指関節部-手掌」軸）で関連づけられた位置と方向に従って発生する．

肢芽の2つの重要な形成体領域は，外肢の発生に重要な作用を及ぼす．このような領域の1つは，肢芽の先端の外胚葉が厚くなった領域すなわち**外胚葉性頂堤 apical ectodermal ridge**である（図47.25 a参照）．外胚葉性頂堤を除去すると，遠近軸に沿った肢の形成が阻害される．それはなぜだろうか．外胚葉性頂堤は肢芽の成長を促進する繊維芽成長因子（fibroblast growth factor：FGF）とよばれるタンパク質のシグナルを分泌するからである．もし外胚葉性頂堤がFGFに浸したビーズに置き換えられても，ほぼ正常な肢が発生する．

第2の主要な肢芽形成体領域は，中胚葉組織の特殊化された塊である**極性化活性帯 zone of polarizing activity**である（図47.25 a参照）．極性化活性帯は肢の前後軸に沿った発生を制御する．極性化活性帯に最も近い細胞はニワトリの最後部の指（ヒトの小指に相

▼図 47.25　脊椎動物の肢の発生.

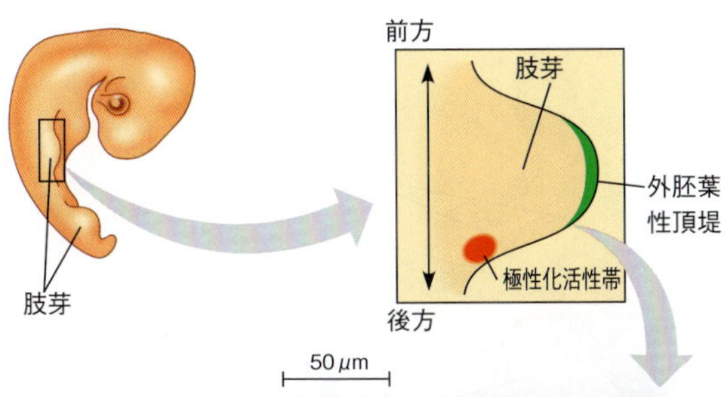
前方
肢芽
外胚葉
性頂堤
極性化活性帯
肢芽
後方
50 μm

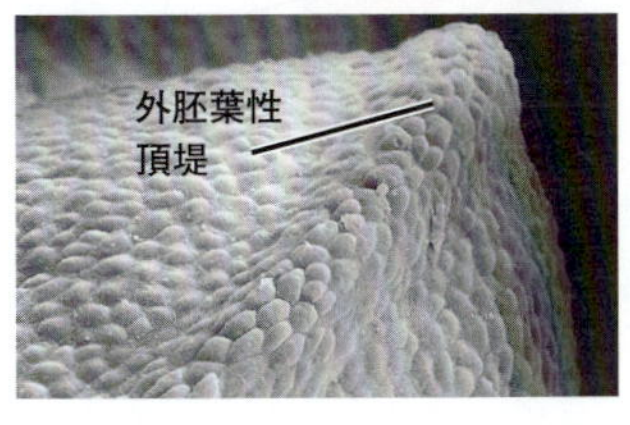
外胚葉性
頂堤

(a) **オーガナイザー領域.** 脊椎動物の肢は，肢芽とよばれる突起から成長する．それぞれの肢芽における2領域，外胚葉性頂堤（SEM像に示されている）と極性化活性帯は，肢のパターン形成におけるオーガナイザーとして重要な役割を果たす.

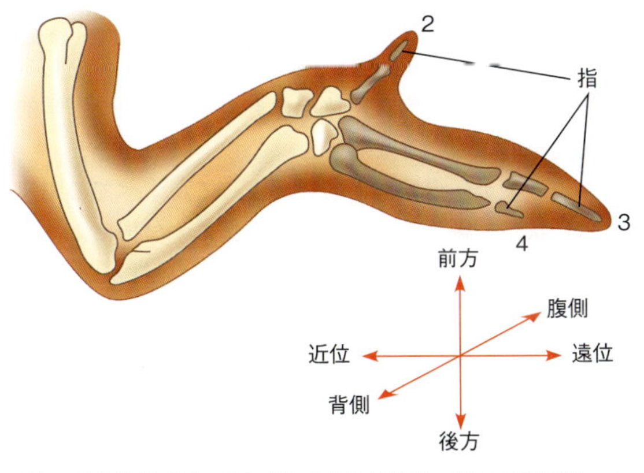
2
指
3
4
前方
腹側
近位
遠位
背側
後方

(b) **ニワトリ胚の羽.** それぞれの胚の細胞は，肢の3軸に沿った場所を示す位置情報を受け取る．外胚葉性頂堤と極性化活性帯は，この情報を提示する手助けとなる分子を分泌する（数字は，脊椎動物の肢について決められている慣行に基づき，それぞれの指に対して割り当てられている．ニワトリの羽には4つの指しかない．第1指は後方に向いていて，この模式図には示されていない）.

当する）といった後部構造を形成し，極性化活性帯から最も遠い細胞はニワトリの最前部の指（親指に相当する）を含む前部構造をつくる．このモデルに対する鍵となる証明は，図 47.26 で概略を示すような一連の組織移植実験である.

外胚葉性頂堤同様，極性化活性帯はタンパク質のシグナルを分泌することで発生に影響を与える．極性化活性帯から分泌されるシグナルは，テレビゲームのキャラクターにちなみ，またショウジョウバエで発生を制御するタンパク質に似ているところから名づけられたソニックヘッジホッグ Sonic hedgehog（Shh）である[*1]．Shh を遺伝的につくり出すようにした細胞を正常な肢の前部に移植すると，あたかも極性化活性帯をそこに移植したかのような，鏡像対称の肢が形成される．さらに，マウスの実験から，通常は Shh を発現していない肢芽の一部で Shh を発現させると過剰指

▼図 47.26

研究　極性化活性帯は脊椎動物の肢のパターン形成にどのような役割を果たすか

実験　1985 年，ある研究者らは，極性化活性帯の性質について意欲的に研究していた．彼らは極性化活性帯組織をニワトリの供与胚から，別のニワトリ（宿主）の肢芽の前端部の外胚葉に移植した.

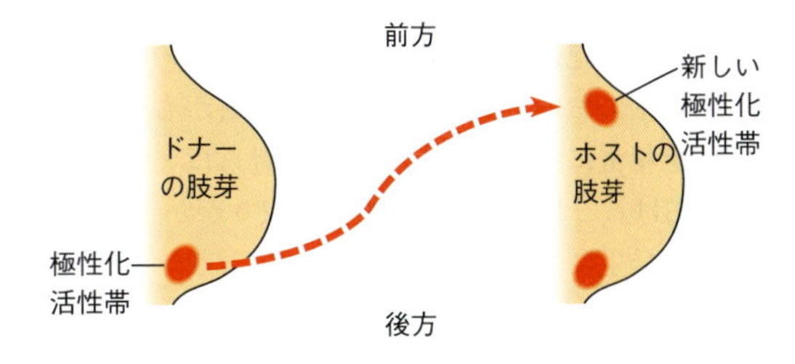
前方
ドナー
の肢芽
極性化
活性帯
新しい
極性化
活性帯
ホストの
肢芽
後方

結果　宿主胚の肢芽からは，正常な指とは鏡像対称の並びで余分な指が発生し形成された（正常なニワトリの翼を示した図 47.25 b と比較しなさい）.

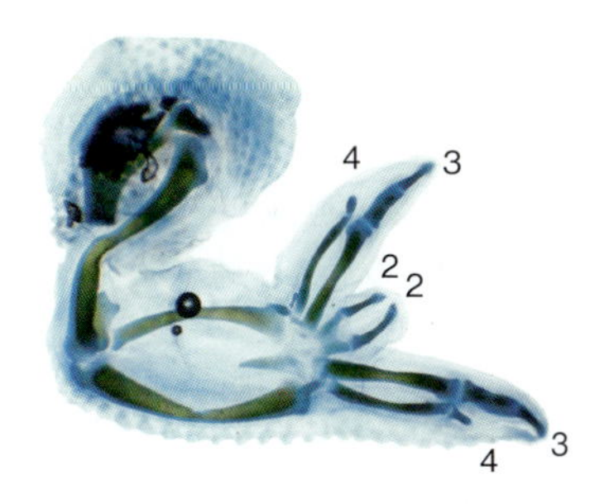
4
3
2
2
4
3

結論　この実験で観察された鏡像重複の結果から，極性化活性帯の細胞は拡散して「後方」であることを示す位置情報を伝えるシグナルを分泌することが示唆された．極性化活性帯からの距離が遠ざかるにつれ，シグナルの濃度は減少し，より前方の指が成長する.

データの出典　L. S. Honig and D. Summerbell, Maps of strength of positional signaling activity in the developing chick wing bud, *Journal of Embryology and Experimental Morphology* 87:163-174 (1985).

どうなる？➤外胚葉性頂堤の後に極性化活性帯が形成されることがわかり，外胚葉性頂堤が極性化活性帯の形成に必要であるという仮説を立てるに至ったとしよう．外胚葉性頂堤と極性化活性帯で発現する分子についての情報が与えられたとして，仮説をどのように検証することができるか.

＊1（訳注）:「ソニック・ザ・ヘッジホッグ」もしくは「ソニック」として日本のアニメ・テレビゲームなどでよく知られていた主人公.

が形成されることが示されている．

外胚葉性頂堤と極性化活性帯は肢芽の軸を制御しているが，肢芽が前肢になるか後肢になるかは，いったい何が決めているのだろうか．そのような情報は，それぞれの体の領域における異なる発生運命を決める *Hox* 遺伝子の空間的発現によって提示される（図21.20参照）．

BMP-4，FGF，ShhそしてHoxタンパク質は，動物における細胞運命を支配する多くの分子の一例である．胚発生においてこれらのタンパク質がもつ基本的な機能を精密に示したことで，研究者らはいま，器官発生におけるこれらの分子の役割に取りかかっており，特に脳の発生に着目している．

繊毛と細胞運命

近年研究者らは，繊毛とよばれる細胞小器官がヒト胚の細胞運命を決めることに必須であることを見出した．他の哺乳類と同様，ヒトは，一定の速度で動く繊毛をもつ（図6.24参照）．静止した一次繊毛である「単繊毛」は，ほとんどすべての細胞の表面上に同じ方向を向いて存在する．逆に，運動性繊毛は気管上皮細胞のような，表面の液体流動を促す細胞や，精子（精子の運動を推進する鞭毛という形態で）に限定される．静止した繊毛も運動性繊毛も，発生に重要な役割を果たす．

遺伝学的な解析によって，発生における単繊毛の役割に決定的に重要な手がかりが得られた．2003年，ある研究者は，マウスの神経発生を阻害する遺伝変異が単繊毛の形成に役割を果たす遺伝子にも影響を与えることを発見した．別の遺伝学者は，マウスにおける重篤な腎臓疾患の原因となる突然変異が，繊毛の中を行き来する物質の輸送に重要な遺伝子を変化させることを見出した．加えて，単繊毛の機能を阻害するヒトの遺伝変異は先天的な嚢胞性腎臓疾患ともリンクしていた．

発生において，単繊毛はどのように機能するのだろうか．単繊毛はShhを含む複数のシグナルタンパク質の刺激を受け止める，細胞表面のアンテナとして機能することを示す証拠がある．一群の受容体タンパク質を制御するメカニズムによって，繊毛は特異的なシグナルに同調する．単繊毛が欠損すると，シグナル伝達も阻害される．

発生における運動性繊毛の役割は，カルタゲナー症候群とよばれる，ある一連の症状がしばしば同時に起こる疾患の研究から明らかになった．これらの症状は，不動精子による男性の不妊や，男女ともに見られる副鼻腔や気管支への感染を含む．しかし，カルタゲナー症候群において最も興味をそそる特徴は，胸や腹にある器官の左右非対称性の逆転である「内臓逆位」である（図47.27）．たとえば，心臓は左側よりもむしろ右側に位置する（内臓逆位そのものは，重要な医学的な問題を引き起こさない）．

▼図47.27　**内臓逆位．胸部と腹部において，左右性が逆転する．**

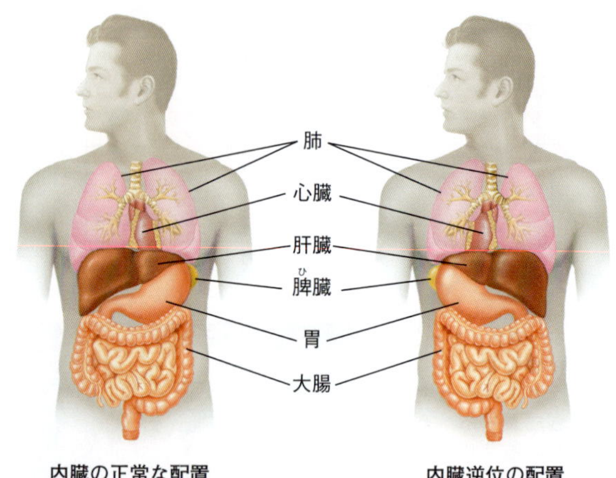
肺
心臓
肝臓
脾臓
胃
大腸
内臓の正常な配置
内臓逆位の配置

カルタゲナー症候群の研究によって，すべての関連する症状が，繊毛の不動性を引き起こす欠損によってもたらされることが明らかになった．運動性がないと，精子は鞭毛打を打つことができないし，気道は粘液や病原菌を外に掃き出すことができない．しかし，内臓逆位はどのようにして起こるのだろうか．最近のモデルでは，胚の特異的な場所で繊毛が動くことが正常発生に必要不可欠であることが提唱されている．ある証拠から，繊毛の動きは左向きの液体の流れを生み出し，左側と右側の対称性を崩していることが示されている．この流れがないと，左右軸に沿った非対称性がランダムになり，影響を受けた半分の胚は内臓逆位の状態で発生する．

発生を全体として考えると，シグナル伝達と分化のサイクルによって特徴づけられた一連の事象が見えてくる．はじめに細胞が非対称性をもつことで，異なる種類の細胞が互いに影響を与え合い，結果として特定の遺伝子群が発現する．これらの遺伝子産物は細胞を特定の種類の細胞に分化するように方向づける．パターン形成や形態形成運動を通して，分化細胞は複雑に整えられた組織や器官を最後にはつくり上げ，適切な位置で他の細胞や組織，器官と協調しながらそれぞれが機能する．

概念のチェック 47.3

1. 軸形成とパターン形成はどのように異なるか.
2. 関連性を考えよう➤影響を与える一群の細胞との関連で，モルフォゲン勾配は細胞質の決定因子や誘導物質との相互作用とどのように異なるか（18.4 節参照）.
3. どうなる？➤もしカエルの初期神経胚の腹側の細胞に，実験的に BMP-4 を阻害するタンパク質を大量に発現させたとすると，二次軸はできるだろうか．説明しなさい.
4. どうなる？➤もし極性化活性帯を肢芽から除去し，その肢芽の中央に Shh タンパク質を含むビーズを置くと，どのような結果が最も妥当だろうか.

（解答例は付録 A）

47 章のまとめ

重要概念のまとめ

47.1

受精と卵割により胚発生が開始する

- **受精**は二倍体の接合子を形成し，胚発生を開始させる．**先体反応**は精子先端から加水分解酵素を放出し，卵のまわりの物質を分解する.

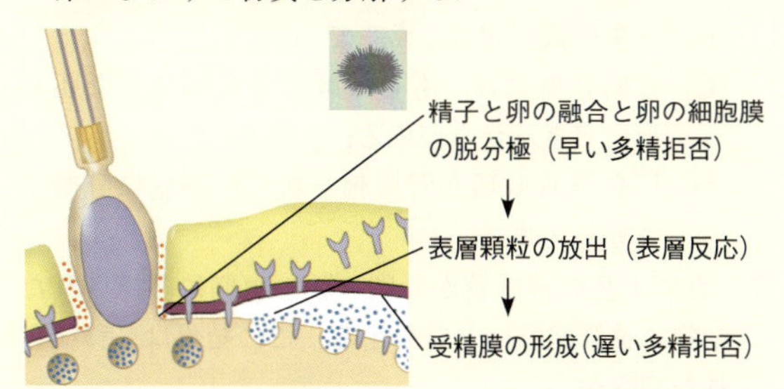

精子と卵の融合と卵の細胞膜の脱分極（早い多精拒否）
表層顆粒の放出（表層反応）
受精膜の形成（遅い多精拒否）

哺乳類の受精において，表層反応は**透明帯**を変化させ，遅い多精拒否として働く.

- 受精の後，**卵割**が起こる．この時期には細胞分裂が成長なしに行われ，**割球**とよばれる細胞を数多く生み出す．**卵黄**の量と分布は卵割のパターンに大きな影響を与える．多くの動物種では，卵割が終了すると，液体に満たされた空間である**胞胚腔**を含む**胞胚**が生み出される.

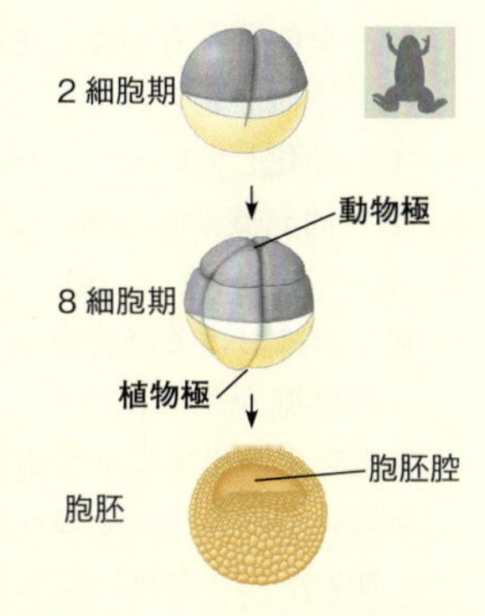

2 細胞期
動物極
8 細胞期
植物極
胞胚腔
胞胚

❓ 精子が，違う動物種の卵と接触したとすると，細胞表面のどのような出来事がうまくいかないだろうか.

47.2

動物の形態形成は細胞形状，位置そして生存の特異的変化を含む

- **原腸形成**によって，胞胚は**原腸胚**になる．そこでは，原始的な原腸と**三胚葉**が形成される．**外胚葉**（青色）は胚の表層を，**中胚葉**（赤色）は中間層を，そして**内胚葉**（黄色）は最も内側の組織を生み出す.

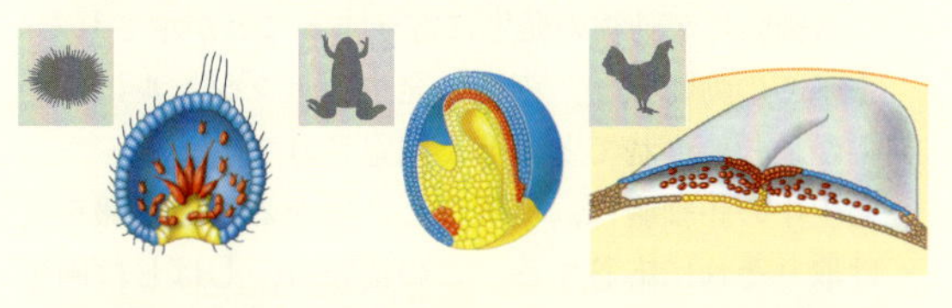

- 哺乳類における原腸形成と器官形成は，鳥類や他の爬虫類と似ている．卵管で受精と最初の卵割が終わった後，**胚盤胞**は子宮に着床する．**栄養芽層**は胎盤の重要な部分をつくり始める．そして胚は胚盤胞の内側にある単層の細胞である胚盤葉上層から発生する.
- 鳥類や爬虫類，哺乳類の胚は殻や子宮に含まれる液体で満たされた嚢内で発生する．これらの生物では，三胚葉は胚組織にのみでなく，羊膜，卵膜，卵嚢，尿膜の 4 つの**胚体外膜**のもとになる.
- 動物の器官は 3 つの胚葉層の特異的な部位から発生する．脊椎動物の**器官形成**の初期の事象には，神経形成がある．これには，背側中胚葉の細胞による脊索の形成，外胚葉性神経板の折りたたみによる**神経管**の発生が含まれる.

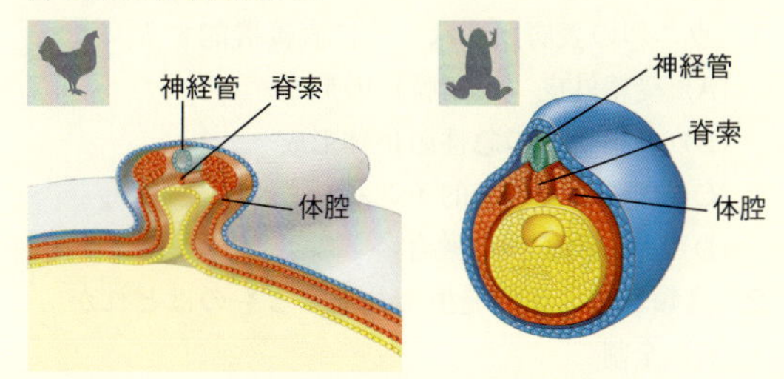

神経管
脊索
体腔
神経管
脊索
体腔

- 細胞骨格の再構成は，陥入や**収束伸長**のような，原腸形成や器官形成における細胞運動の根拠となる細胞形状の変化の原因となる．細胞骨格はまた，細胞運動にもかかわっており，細胞接着分子や細胞外マトリクスに依存して細胞が目的地に到達することを助ける．移動性の細胞は，神経堤や**体節**から生み出される．
- 動物発生のいくつかの過程では，プログラム細胞死である**アポトーシス**が必要とされる．

? 発生におけるアポトーシスの役割は何か．

47.3

細胞質の決定因子と誘導シグナルが細胞の予定運命を制御する

- 実験的に得られた胚の**予定運命図**は，接合子や胞胚の特定の領域が，その後の胚の特異的な部位に発生することを示している．完全な細胞系譜は線虫 *C. elegans* によって研究されてきた．そして，プログラム細胞死が動物の発生に寄与することが示された．すべての動物種で，細胞の発生ポテンシャルは胚発生が進むにつれてどんどん限定されていく．
- 発生中の胚細胞は，場所ごとに異なる**位置情報**を受け取りそれに応答する．この情報は，しばしば両生類の原腸胚の原口背唇や脊椎動物の肢芽の**外胚葉性頂堤**と**極性化活性帯**のような，胚の特別な領域にある細胞から分泌されるシグナル分子よって形成される．シグナル分子は，それを受け取る細胞の遺伝子発現に影響を及ぼし，胚の特定の構造の分化と発生を導く．

? 2種類のマウスの突然変異体が発見されたと仮定しよう．1つは肢の発生のみに影響を与えるもの，もう1つは肢と腎臓両方の発生に影響を与えるものであるとする．どちらの変異体が単繊毛の機能を変化させると思われるか．説明しなさい．

理解度テスト

レベル1：知識／理解

1. ウニ卵の表層反応は____に直接機能する．
   (A) 受精外皮（受精膜）の形成
   (B) 多精受精の急性阻止体形成
   (C) 卵による電気的インパルスの生成
   (D) 卵と精子核の融合
2. 鳥類と哺乳類の発生で共通するものはどれか．
   (A) 全割
   (B) 胚盤葉上層と胚盤葉下層
   (C) 栄養芽層
   (D) 灰色三日月環
3. 原腸は____に発生する．
   (A) 中胚葉　(C) 胎盤
   (B) 内胚葉　(D) 消化管の内腔
4. 水環境ではなく乾燥環境で卵を産むニワトリの構造的適応は何か．
   (A) 胚体外膜　(C) 卵割
   (B) 卵黄　(D) 原腸胚

レベル2：応用／解析

5. 卵を，Ca^{2+} や Mg^{2+} に結合する化学物質であるEDTAで処理すると，
   (A) 先体反応が阻害される．
   (B) 精子と卵核の融合が阻害される．
   (C) 早い多精拒否が起こらない．
   (D) 受精膜が形成されない．
6. ヒトにおいて，一卵性双生児が生まれるのは，
   (A) 胚外の細胞が接合子の核と相互作用するからである．
   (B) 収束伸張が起こるからである．
   (C) 初期胚盤葉は，もし分離できたら完全な胚を形成できるからである．
   (D) 灰色三日月環が背腹軸を新しい細胞に分割するからである．
7. カエル胚の神経管から別の胚の腹側に移植された細胞は神経組織へと発生する．この結果は，移植された細胞が，
   (A) 全能性をもつことを示している．
   (B) 運命決定されていることを示している．
   (C) 分化していることを示している．
   (D) 間充織細胞であることを示している．
8. **描いてみよう**　図中のそれぞれの青丸は，ある細胞系譜における細胞を示している（訳注：図では4つの細胞が生み出されている）．それでは，3つの細胞を生み出すような細胞系譜のバージョンを2種類描いてみよう．そのうちの1つではアポトーシスを使い，死んだ細胞にXをマークしよう．

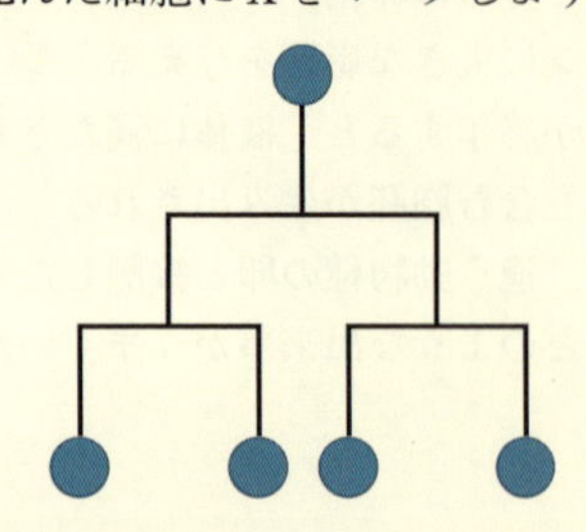

レベル 3：統合／評価

9. **進化との関連** 昆虫類や脊椎動物の進化は，体節の繰り返し重複と，それに続くいくつかの体節の融合やそれらの構造と機能の特化と関連している．では，脊椎動物において体節構造を反映している解剖学的な特徴は何か．

10. **科学的研究** サンショウウオの「鼻」の部分には，バランサーとよばれる，髭のような形をした構造がある．一方，オタマジャクシにはそれがない．若いサンショウウオの組織をカエル胚の鼻に移植したとすると，成長したオタマジャクシはバランサーをもつが，少し成長したサンショウウオ胚をドナー（供与体）に用いるとバランサーができない．これらの事実を説明する仮説を立て，その仮説をどのように検証するかを説明しなさい．

11. **科学・技術・社会** 科学者はいまや，乳牛からペットの猫に至るまで，さまざまな動物のクローンやコピーを生み出すことができる．胚発生に関する発見をこのように応用することに対するいくつかの賛成意見・反対意見を提示してみなさい．

12. **テーマに関する小論文：組織化** 原腸胚の細胞に現れる形質がどのように胚発生に向かわせるか，300～450字で記述しなさい．

13. **知識の統合**

まれに，このカメのような双頭動物が生まれる．双子の出現と全能性について考えたうえで，このようなことがどのようにして起こるか，説明しなさい．

（一部の解答は付録A）

48 神経，シナプス，シグナル

▲図 48.1　何がこの貝を恐ろしい捕食者にしているのだろうか．

重要概念

48.1 神経組織と神経構造は情報伝達の機能を反映している

48.2 イオンポンプとイオンチャネルがニューロンの静止電位を決める

48.3 活動電位は軸索を伝導するシグナルである

48.4 ニューロンはシナプスで他の細胞と連絡する

▼イモガイの毒性ペプチドのリボンモデル

情報の回線

熱帯産のイモガイ *Conus geographus*（図 48.1）は小型でゆっくり移動する動物であるが，危険なハンターでもある．この肉食性の海産の貝は魚を捕えて，殺し，そしてごちそうを得る．中空になっている銛（もり）のような歯の内部を毒液で満たし，獲物に注入する．この毒液によって，あっという間に自由遊泳する獲物を麻痺させ，捕食する．毒は非常に強力なので，何人ものスキューバダイバーが，この貝に１回刺されただけで死に至ったことがある．毒の何がこのすばやい作用と致命的な死をもたらすのだろうか．その答えは生体内の情報伝達を担う神経細胞すなわち**ニューロン neuron** の機能を止めてしまう，複数の分子にある．毒はほとんど瞬間的に歩行や呼吸にかかわる神経機構を破壊してしまうので，このイモガイによって攻撃された動物は，防御することも逃げることもできなくなってしまうのである．

ニューロンによるコミュニケーションは，長距離にわたる電気シグナルと短距離の化学シグナルにより行われる．ニューロンは，電流パルスを感受し，情報を伝達し，生体内での長距離にわたる情報の伝達を制御するために，その構造を特殊化させている．細胞から細胞に情報を伝えるときは，短距離で作用する化学的なシグナルを用いる．イモガイの毒が特別に強い作用をもつ理由は，これらニューロンの電気的かつ化学的なシグナル伝達をともに遮断するためである．

電気シグナルは，どんなニューロンでも細胞内では同じ様式に従って伝えられている．匂いの情報を伝えるニューロンは，体のある部分を動かすニューロンと同様に，情報を軸索に沿って伝える．活性化されたニューロンがつながる特定の神経結合が，いま伝えている情報の種類を決めている．それゆえ，神経系は，複雑な神経経路とニューロン間の結合パターンを読み出すことによって，情報の種類を解釈する．より複雑な動物では，この高次の情報処理は，**脳 brain** や**神経節 ganglia** などに組織化されたニューロン集団によって実行される．

本章では，ニューロンの構造を調べ，ニューロンのシグナルを支配している分子や，物理的原理を探っていくことにする．残りの章では，感覚系と運動系について調べ，それらの働きがどのようにして，動物の行動発現に至るのか考えていく．

48.1

神経組織と神経構造は情報伝達の機能を反映している

神経系を理解するための最初のステップは，ニューロンである．ニューロンは，進化の過程でよく見られる，形態と機能がうまく適合した細胞のよい例である．

ニューロンの構造と機能

ニューロンが情報を受け取り伝達する能力は，それらの精巧に組織化された構造に支えられている（図 48.2）．核をはじめとする細胞内器官は，**細胞体 cell body** 内に配置されている．細胞体からは，多数の**樹状突起 dendrites**（「木」を意味するギリシャ語 *dendron* に由来）が分岐しており，この樹状突起と細胞体で，他のニューロンから情報を受け取る．またニューロンは1本の**軸索 axon** をもち，他の細胞に情報を伝える．軸索は，樹状突起よりも長く，キリンの場合，脊髄から足の筋肉にいく軸索は1 m を超える．細胞体につながる軸索部分は円錐形をしており，軸索小丘とよばれている．ここは軸索を伝導する活動電位が最初に発生する場所である．軸索の終末は多数に分岐している．

軸索の終末のそれぞれの場所で，次の細胞に情報が伝達される．この場所は**シナプス synapse** とよばれる．この特殊な接合部で見られる軸索の末端部位は「シナプス終末」とよばれている．シナプスでは，**神経伝達物質 neurotransmitter** とよばれる化学物質が次の細胞に情報を伝える（図 48.2 参照）．情報を送る側のニューロンは，「シナプス前細胞」，情報を受け取る側のニューロンや筋肉細胞，腺細胞などは，「シナプス後細胞」とよばれている．

脊椎動物と無脊椎動物の多くのニューロンは，**グリア細胞 glial cell** あるいは**グリア glia**（「にかわ」を意味するギリシャ語 *glue* に由来）とよばれる支持細胞を必要としている（図 48.3）．哺乳類の脳ではグリア細胞はニューロンのおよそ10倍から50倍の数がある．グリア細胞は，ニューロンに栄養を与え，軸索を絶縁し，ニューロン周囲の液環境を制御している．さらにグリア細胞はあるニューロン集団を補充する機能や，情報の伝達にも関与している（本章の最後と 49.1 節で論議する）．

情報処理序論

神経系による情報処理には3つの段階がある．感覚入力，統合，そして運動出力である．例として，本章の最初で論じたイモガイの餌の検出と捕食行動について考察してみよう．感覚情報を神経系へ伝えるために，イモガイは筒状の水管によって周囲の環境を探り，近くにいる魚の匂いを検出する（図 48.4）．この情報は，

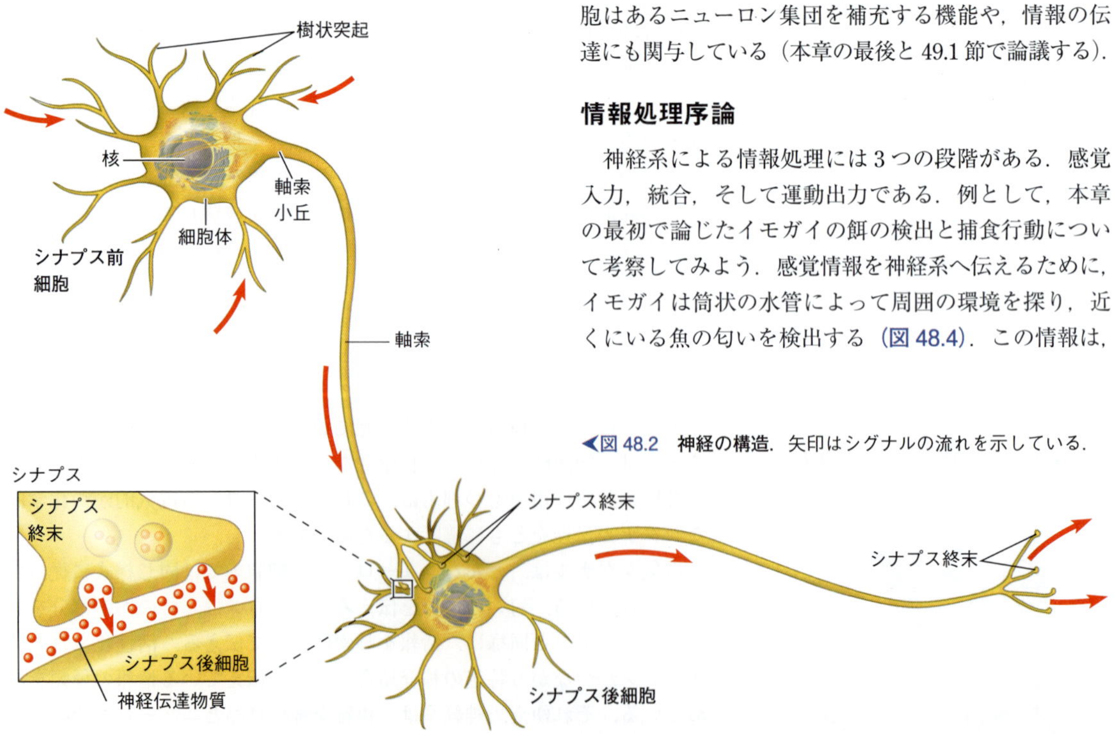

◀図 48.2　**神経の構造**．矢印はシグナルの流れを示している．

▼図 48.3　**哺乳類の脳に見られるグリア細胞．** この顕微鏡写真（蛍光標識した共焦点画像）はグリア細胞と介在ニューロンが密集しているラットの脳部位を示している．グリア細胞は赤色で，核内 DNA は青色で，ニューロンの樹状突起は緑色で標識してある．

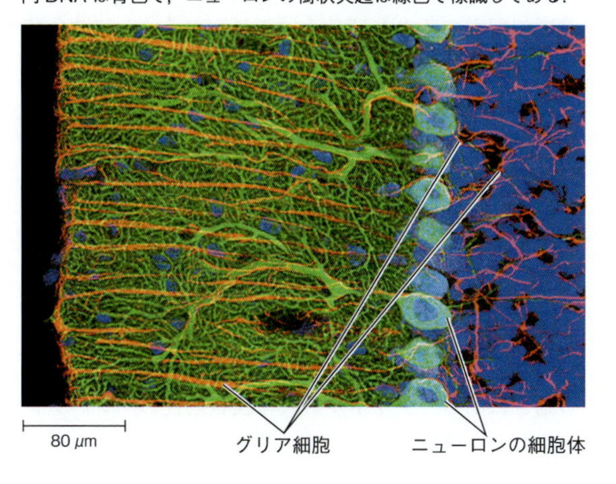
80 μm
グリア細胞
ニューロンの細胞体

ニューロン回路で統合，処理され，魚が実際そこにいるか否かを判断し，もしいるなら，その場所を特定する．この処理過程を経た運動出力によって，攻撃が開始され，獲物に向けて銛状の歯が放たれる．

最も単純な動物を除いて，多くの動物では，情報処理のそれぞれの段階で特別なニューロン集団がその処理にあたっている．

- **感覚ニューロン** sensory neuron は，イモガイの水管に見られたように光，触覚，匂いなどの外界の刺激や，血圧や筋張力など，体内の刺激に関する情報を伝達する．
- **介在ニューロン** interneuron は，脳あるいは神経節内で，局所回路を形成している．介在ニューロンは感覚入力の統合（分析と解釈）に関与する．
- **運動ニューロン** motor neuron は，信号を筋細胞に伝え，収縮させる．別の運動ニューロンは腺の活動を引き起こす．

▼図 48.4　**神経系による情報の進行．** イモガイの水管はセンサーとして働き，貝の頭部にある神経回路に情報を伝える．餌と判断すると，この回路は運動指令を発して筋肉活動を制御し，銛の形をした歯を吻部から放出する．

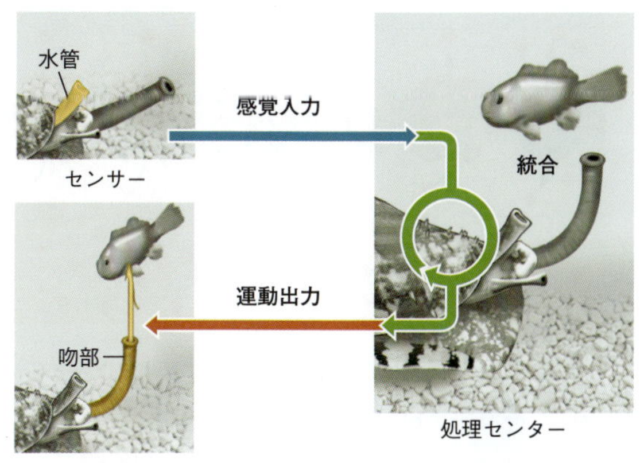
水管
感覚入力
センサー
統合
運動出力
吻部
効果器
処理センター

▼図 48.5　**ニューロン形態の多様性．** 細胞体と樹状突起は黒色で，軸索は赤色で示されている．

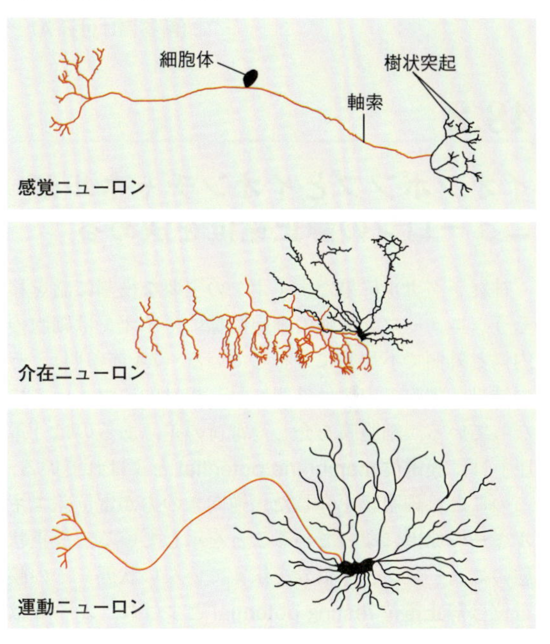
細胞体
樹状突起
軸索
感覚ニューロン
介在ニューロン
運動ニューロン

多くの動物では，統合にかかわるニューロンは脳と脊髄からなる**中枢神経系** central nervous system（CNS）に組織化されている．CNS に入力，出力するニューロンが**末梢神経系** peripheral nervous system（PNS）を構築している．束になったニューロンは一般に**神経** nerve とよばれる．

情報処理の役割に依存して，ニューロンの形は単純なものから複雑なものまでさまざまである（図 48.5）．樹状突起が多い介在ニューロンは，数万のシナプスから入力を受け取ることができる．同様に分岐が多い軸索ほど，より多くの標的細胞に情報を伝えることができる．

概念のチェック 48.1

1. 軸索と樹状突起の形態と機能について比較，対比しなさい．
2. 誰かがあなたの名前をよんだときに，あなたは頭を振り向かせる．このときニューロンで起こる基本的な情報の伝達経路について述べなさい．

3. どうなる？➤軸索の分岐の増加は，神経系の情報伝達において，どのような統合的役割をもつと考えるか．
（解答例は付録 A）

48.2

イオンポンプとイオンチャネルがニューロンの静止電位を決める

神経シグナルに果たすイオンの主要な役割に話を移そう．ニューロンも他の細胞同様に，イオンは細胞の内側と外側で不均等に分布している（7.4 節参照）．その結果，細胞の内側は外側に対し相対的にマイナスになっている．細胞膜を介した電荷の差，あるいは「電圧」は，**膜電位 membrane potential** とよばれている．このことは細胞膜を介した，逆向きの力が電位差エネルギーの原因になっていることを示している．静止状態のニューロン――信号を伝えていない状態――の膜電位は**静止電位 resting potential** とよばれ，ふつうは −60 mV から −80 mV の値である．

ニューロンが刺激を受けると，膜電位が変化する．この膜電位の急速な変化は，私たちが複雑なクモの巣の形を見たり，歌を聴いたり，自転車に乗ったりすることを可能にしている．これらの変化は「活動電位」として知られている．48.3 節でこれについて議論する．活動電位がどのようにして情報を運ぶのか理解するためには，膜電位がいかにして形成，維持され，また変化するのかを知る必要がある．

静止電位の形成

カリウムイオン（K^+）とナトリウムイオン（Na^+）は静止膜電位の形成に重要な役割を果たしている．それぞれのイオンはニューロンの膜の内外に濃度勾配がある（表 48.1）．多くのニューロンでは，K^+の濃度は細胞内で高く，Na^+は細胞外で高い．Na^+とK^+に見られるこの濃度勾配は膜上にある**ナトリウム-カリウムポンプ sodium-potassium pump** によって形成される（図 7.15 参照）．このポンプは ATP の加水分解エネルギーを使って Na^+を細胞の外側に，また K^+を細胞の内側に輸送している（図 48.6）．塩化物イオン（Cl^-）もその他の陰イオンと同様に，表 48.1 に示すような濃度勾配がある．しばらくはこれらのイオンについては無視することにする．

ナトリウム-カリウムポンプは 3 個のナトリウムイオンを細胞の外側に，2 個のカリウムイオンを内側に輸送する．このポンプ作用によって正味，プラスの電圧が膜の外側に発生するが，ポンプはゆっくりと活動する．これにより発生する電圧は非常にわずかで，たった数 mV である．ではなぜ，60〜80 mV もの大きな電圧が静止状態のニューロンに生じるのであろうか．その答えは**イオンチャネル ion channel** を通るイオンの動きにある．チャネルの穴は膜貫通性のタンパク質が集合して構成されている．イオンはイオンチャネルを自由に出入りすることができる．イオンがイオンチャネルを拡散するときに，電荷が運ばれる．さらに，イオンはイオンチャネルを高速で移動する．これが起きるとき，電流が流れ――正電荷，負電荷の総合的な

表 48.1　哺乳類ニューロンに見られる細胞内外のイオン濃度

イオン	細胞内濃度（mM）	細胞外濃度（mM）
カリウムイオン（K^+）	140	5
ナトリウムイオン（Na^+）	15	150
塩化物イオン（Cl^-）	10	120
細胞内側の巨大陰イオン（A^-）	100	（適用外）

▼図 48.6　**膜電位の基礎．**ナトリウム-カリウムポンプは表 48.1 に示したように Na^+ と K^+ の濃度勾配をつくり維持する．Na^+ の濃度勾配は，静止状態のニューロンでは，ほとんど Na^+の拡散を引き起こさない．なぜなら，わずかなナトリウムチャネルしか開いていないからである．反対に，多くのカリウムチャネルが開いているので，K^+ が外に拡散する．膜は Cl^-や他の陰イオンは通さないので K^+ の外向きの流れは，細胞内をマイナスにする．

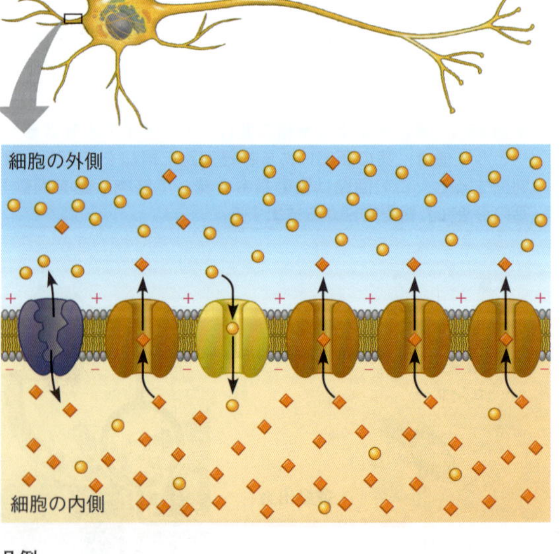
細胞の外側
細胞の内側

凡例

Na^+
K^+

ナトリウム-
カリウム
ポンプ

カリウム
チャネル

ナトリウム
チャネル

電荷の移動——膜電位あるいは膜を介した電圧が発生する．

膜を介したK^+とNa^+の濃度勾配は，ポテンシャルエネルギーの化学的形態である．この化学エネルギーが細胞機能に利用される（図44.17参照）．ニューロンでは，化学エネルギーを電気エネルギーに変換するイオンチャネルがこれを担う．なぜなら，イオンチャネルは「選択的透過性」をもち，特定のイオンのみを通すことができるからである．たとえば，カリウムチャネルはK^+を膜を介して，拡散により透過させるが，Na^+やCl^-のような他のイオンは通さない．

カリウムチャネルがつねに開いていて（「リークチャネル」とよばれることもある）K^+が拡散することが静止電位の形成に重要である．細胞内のK^+は140 mMであるのに対し，細胞外のK^+はたった5 mMである．この化学的濃度勾配がK^+の外側への流出に重要である．静止状態のニューロンでは，多くのカリウムチャネルが開いており，ナトリウムチャネルはほとんど開いていない．Na^+やその他のイオンは膜を横切れないのでK^+の細胞外への流出は細胞内側をマイナスにする．ニューロンの内側に発生するこのマイナスの電圧が膜電位の主たる原因となる．

マイナスの電位の増加を止めるものは何だろうか．細胞内側が過剰にマイナスになると，K^+のさらなる流出を妨げる力が働く．このときK^+の濃度勾配とつり合った電位勾配が発生するのである．

静止膜電位のモデル

ニューロンの外側へのK^+の流出は拡散力とクーロン力がつり合うまで続く．私たちはこの過程を，人工膜で仕切られた2つの区画を仮定したモデルで考えることができる．はじめに，膜にK^+しか通さない，多くの開口したイオンチャネルがあると仮定してみよう（図48.7 a）．哺乳類のニューロンのようなK^+の濃度勾配をつくるため，内側の区画に140 mMのKClを，外側の区画に5 mMのKClを入れる．K^+は濃度勾配に従って外側の区画に拡散するだろう．しかし，塩化物イオン（Cl^-）は膜を透過しないので，内側の区画はマイナスとなる．

モデルニューロンが平衡に達すると，電気的勾配が化学的勾配とつり合いをとるようになり，K^+の流出はもはやそれ以上起きなくなる．ある特定なイオンがこうした平衡状態にあるときの膜電位が**平衡電位 equilibrium potential**（E_{ion}）とよばれるものである．あるイオンの平衡電位（E_{ion}）は「ネルンスト式」とよばれる式で計算できる．ヒトの体温を37℃とすると，K^+やNa^+などの1価のイオンでは，ネルンスト式は

$$E_{ion} = 62\ \mathrm{mV}\left(\log \frac{[\text{イオン}]_{\text{外側}}}{[\text{イオン}]_{\text{内側}}}\right)$$

K^+で考えるとK^+の平衡電位（E_K）は−90 mV（図48.7 a参照）である．マイナスの符号は外側に対して内側が90 mVマイナスのときに平衡状態になっていることを示している．

Kの平衡電位は−90 mVであるが，実際の哺乳類のニューロンの静止電位は，それよりややプラス側になっている．この違いはわずかであるがナトリウムチャネルを通って定常的にNa^+が透過しているからである．Na^+の濃度勾配はK^+のそれと逆になっている（表48.1参照）．それゆえ，Na^+は細胞内に拡散して細胞内側のマイナスの電位を減らすのである．もしモデル

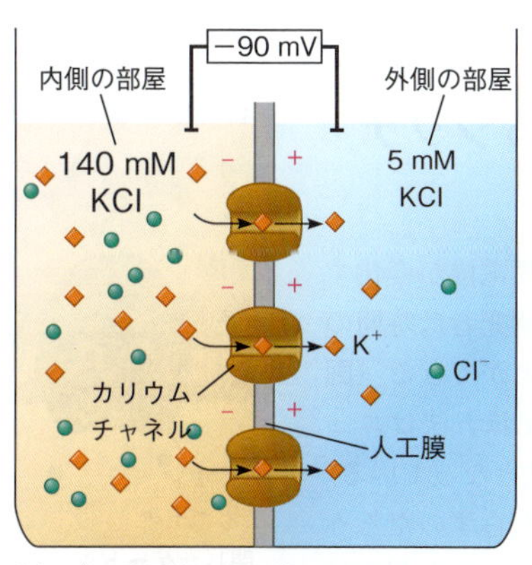
−90 mV
内側の部屋
外側の部屋
140 mM
KCl
5 mM
KCl
K^+
Cl^-
カリウム
チャネル
人工膜
(a) K^+に透過性のある膜
37℃におけるK^+の平衡電位を示すネルンスト式：
$E_K = 62\ \mathrm{mV}\left(\log\frac{5\ \mathrm{mM}}{140\ \mathrm{mM}}\right) = -90\ \mathrm{mV}$

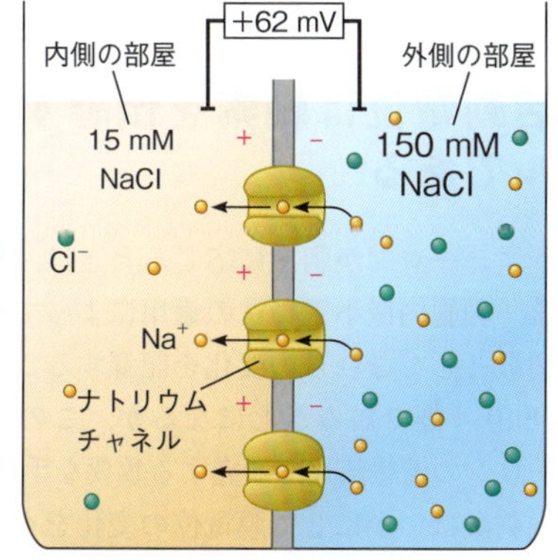
+62 mV
内側の部屋
外側の部屋
15 mM
NaCl
150 mM
NaCl
Cl^-
Na^+
ナトリウム
チャネル
(b) Na^+に透過性のある膜
37℃におけるNa^+の平衡電位を示すネルンスト式：
$E_{Na} = 62\ \mathrm{mV}\left(\log\frac{150\ \mathrm{mM}}{15\ \mathrm{mM}}\right) = +62\ \mathrm{mV}$

▶図48.7　哺乳類のニューロンモデル． 静止状態にあるニューロン膜のモデルでは，容器は人工膜によって2つの部屋に分かれている．イオンチャネルは特定のイオンの自由拡散を可能にしており，矢印で示したイオンの流れを引き起こす．(a) 開口したカリウムチャネルはK^+を選択的に透過し，内側の部屋は外側の部屋より，28倍高いK^+を含んでいる．平衡状態では，膜の内側は外側に対して−90 mVである．(b) 膜はNa^+を選択的に透過し，内側の部屋は外側よりも10倍低い濃度のNa^+を含む．平衡状態では，膜の内側は外側に対して+62 mVである．

どうなる？▶ (b) の膜に，カリウムチャネルか塩化物イオン（Cl^-）チャネルを加えたら，膜電位はどう変化するか．

膜がNa^+だけを通すと仮定すると，外側のNa^+の濃度は内側より10倍高いので平衡電位は+62 mVになることがわかる（図48.7 b）．実際のニューロンでは，静止電位（−60〜−80 mV）はE_{Na}よりE_Kにより近い．なぜなら，カリウムチャネルは開いているがナトリウムチャネルはほとんど開いていないからである．

静止電位の状態では，K^+もNa^+も平衡状態になっていないので，それぞれのイオンの流れ（電流）が膜を介して発生する．静止電位はつねに一定の電位であるが，それは同じ大きさのK^+電流とNa^+電流が反対方向に流れているためである．膜の両側のイオン濃度も一定である．それはなぜだろうか．静止電位を発生させるイオンの動きは非常に少なく，濃度勾配を変えてしまうような大きさではないからである．

膜がNa^+を通す場合，膜電位はE_Kから遠ざかってよりE_{Na}に近づく．次章で述べるが，このことは神経インパルスの発生時に起こっていることである．

概念のチェック 48.2

1. どのような環境であれば，イオン濃度の低い場所からイオン濃度の高い場所に，イオンがイオンチャネルを通って流れるだろうか．
2. どうなる？➤膜電位が−70 mVから−50 mVに変化したとする．細胞のK^+とNa^+の透過性のどのような変化が，この変化をもたらすか．
3. 関連性を考えよう➤図7.10は，色素分子の拡散を示している．拡散によって電荷をもった色素の濃度勾配はなくなるか．説明しなさい．

（解答例は付録A）

48.3

活動電位は軸索を伝導するシグナルである

ニューロンが刺激に応じるときは，膜電位が変化する．細胞内微小電極法の適用によって研究者は時間の関数としてこれらの変化を記録することができる（図48.8）．後で知ることになるが，この記録方法はニューロンの情報伝達を研究する重要な手法となっている．

刺激はいかにして膜電位の変化をもたらすのだろうか．膜電位の変化が起こるのは，ニューロンが刺激に対して開閉する**ゲート型イオンチャネル gated ion channel**をもつためである．ゲート型イオンチャネルが開閉すると，ある特定のイオンに対する膜の透過性が変化する（図48.9）．このイオン透過性の変化が，膜電位を変化させるのである．

ゲート型イオンチャネルは，異なる刺激に対し応答する．たとえば，図48.9は，**電位依存性イオンチャネル voltage-gated ion channel**を示している．このチャネルは，細胞膜を介した電圧の変化によって開閉する．本章の最後では，化学物質によって制御されるイオンチャネルについて論議する．

▼図48.8

研究方法　細胞内記録

適用　電気生理学者は，ニューロンやその他の細胞の膜電位を計測するために細胞内記録を行う．

技術　微小電極はガラス管からつくられる．中には電気を通す塩溶液が満たされる．電極の先端は極端に細い（直径1 μm以下）．実験者は顕微鏡下に，微動装置を動かして細胞に微小電極を刺入する．電圧記録計（ふつうはオシロスコープもしくはコンピュータに接続する）は細胞内に置かれた微小電極先端の電位と細胞外側に置かれた基準電極の間の電位差を計測する．

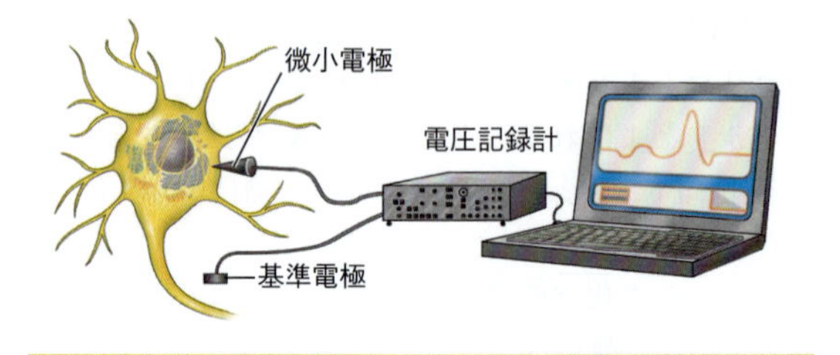
微小電極
電圧記録計
基準電極

過分極と脱分極

閉じていた電位依存性チャネルが，刺激によって開くとき，ニューロンでは何が起こっているのか考えて

▼図48.9　**電位依存性イオンチャネル．**膜電位のある方向の変化（実線矢印）は電位依存性チャネルを開口する．逆向きの変化（破線矢印）はチャネルを閉じる．

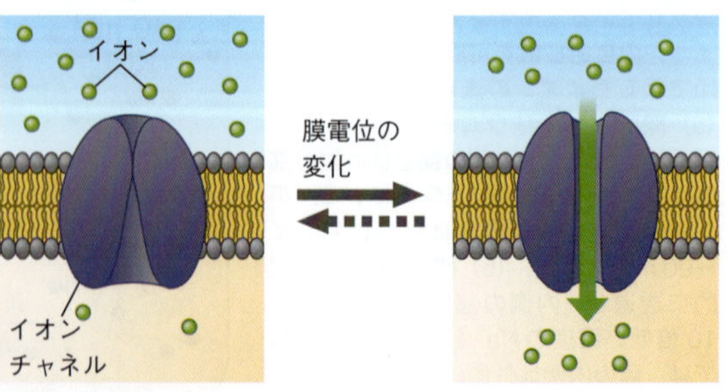
イオン
膜電位の
変化
イオン
チャネル

閉じたゲート：イオンは膜を流れない　　**開口したゲート**：イオンがチャネルを流れる

図読み取り問題➤ゲート型イオンチャネルはイオンをどちらの方向にも流せる．この図の情報に基づいて，チャネルが開いたとき，なぜイオンの動きがあるか説明しなさい．

みよう．静止状態にあるゲート型カリウムチャネルが刺激を受け開口すると，膜の K^+ 透過性が高まる．その結果，外に出た K^+ は，膜電位を K^+ の平衡電位に近づけ（−90 mV，37℃），膜電位は大きくなる．これは**過分極 hyperpolarization** とよばれ，細胞内はより負の電位となる（図 48.10 a）．静止状態にあるニューロンにおいては，刺激によって発生する過分極は，陽イオンの外向きの流れ，あるいは陰イオンの内向きの流れによって生じる．

静止時のニューロンにおいて，カリウムチャネルの開口は過分極を起こすが，別のイオンチャネルでは逆の効果をもたらすことがある．すなわち，膜の内側のマイナスの電位を減らす効果をもたらす（図 48.10 b）．この膜電位の減少は**脱分極 depolarization** とよばれている．ニューロンの脱分極はナトリウムチャネルによる．刺激がナトリウムチャネルを開口させると，膜の Na^+ に対する透過性が高まる．Na^+ は濃度勾配に従って細胞内に拡散し，膜電位を脱分極して Na^+ の平衡電位へと近づける（+62 mV，37℃）．

段階的電位と活動電位

過分極や脱分極の反応が，膜電位の連続的な変化である場合がある．この変化は**段階的電位 graded potential** とよばれる．この電位の大きさは刺激の強さに依存して変化する．すなわち大きい刺激はより大きい膜電位の変化をもたらす（図 48.10 a,b 参照）．段階的電位は，膜に沿って外側に流れ出る小さな電流を発生する．そのため，時間とともに減衰し，刺激源から離れるにつれ減衰する．

大きい脱分極が起こると**活動電位 action potential** とよばれる電位変化が起こる．段階的電位と違って活動電位はつねに一定の大きさをもち，近接する膜に同じ変化を発生させることができる．それゆえ活動電位は軸索膜上を伝わり，長距離にわたって信号を送るのに適している．

活動電位が発生するのは，ニューロンのイオンチャネルが電位依存性であるためである（図 48.9 参照）．脱分極が**閾値**（いきち）**threshold** とよばれるレベルに達すると，電位依存性ナトリウムチャネルが開口する．Na^+ が細胞内に流入し，脱分極が大きくなる．ナトリウムチャネルは電位依存性なので，この脱分極の増加はさらに多くのナトリウムチャネルを開き，さらなる電流の流れを起こす．これは正のフィードバック過程とよばれ，多くの電位依存性ナトリウムチャネルの急速な活性化と，大きい一過性の膜電位変化を引き起こす．これが活動電位とよばれるものである（図 48.10 c）．

多くの哺乳類のニューロンでは，膜電位が −55 mV の閾値以上になると，脱分極とチャネルの開口の間に正のフィードバックループが働き，活動電位が発生する．いったん発生すると，活動電位は刺激の強さに無関係につねに一定の大きさで発生する．活動電位は，完全な形で出現するか，まったく出現しないかのどち

▼図 48.10　ニューロンに見られる段階的電位と活動電位.

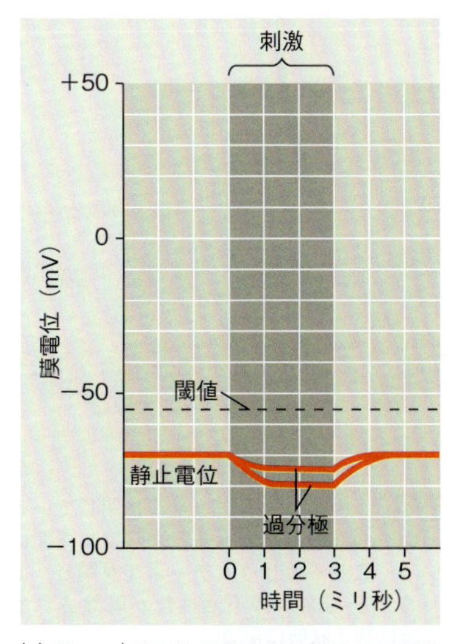
刺激
+50
0
−50
−100
膜電位（mV）
閾値
静止電位
過分極
0 1 2 3 4 5
時間（ミリ秒）
(a) 膜の K^+ 透過性を増大させる２つの刺激によって起こる段階的過分極．大きな刺激は大きな過分極を起こす．

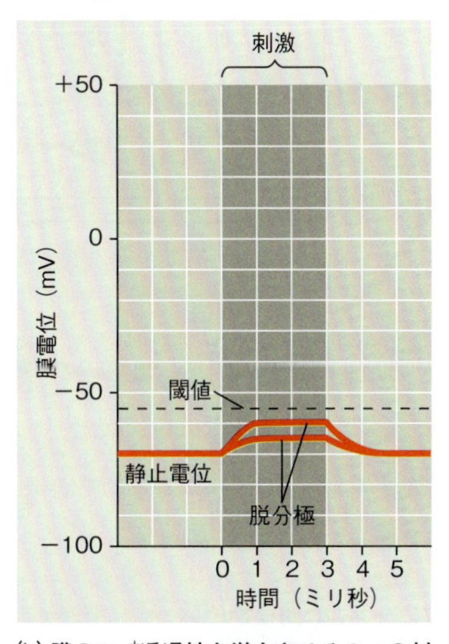
刺激
+50
0
−50
−100
膜電位（mV）
閾値
静止電位
脱分極
0 1 2 3 4 5
時間（ミリ秒）
(b) 膜の Na^+ 透過性を増大させる２つの刺激によって起こる段階的脱分極．大きな刺激は大きな脱分極を起こす．

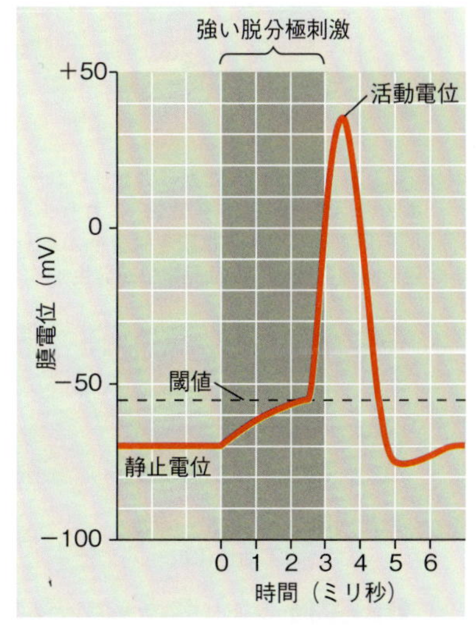
強い脱分極刺激
+50
活動電位
0
−50
−100
膜電位（mV）
閾値
静止電位
0 1 2 3 4 5 6
時間（ミリ秒）
(c) 脱分極が閾値に達すると引き起こされる活動電位.

描いてみよう▶図（c）の縦軸の大きさを変えてグラフを描き直し，E_K と E_{Na} の場所を表示しなさい.

らかである．すなわち，活動電位は刺激に対して「全か無」の反応を示す．

活動電位の発生：詳細

活動電位の特徴的な形は，膜電位の変化を反映しており，電位依存性ナトリウムチャネルと電位依存性カリウムチャネルを介したイオンの動きによりつくられる（図 48.11）．膜の脱分極は両チャネルを開口するが，それぞれは独立して，しかも時間差をもって応答する．最初にナトリウムチャネルが開き活動電位が立ち上がる．活動電位が進行すると，ナトリウムチャネルは「不活性化」する．チャネルタンパク質の一部である不活性化ループが動き，イオンの流れを止めてしまうのである．ナトリウムチャネルは静止電位に戻るまで不活性化されたままになっている．一方，カリウムチャネルはナトリウムチャネルよりゆっくり開き始め，活動電位が終わるまで開き続ける．

電位依存性チャネルがいかにして活動電位の形状を決定しているのか，より詳しく知るため，活動電位の各ステップを時間を追って考察していくことにしよう（図 48.11）．❶軸索膜が静止膜電位の状態では，ほとんどの電位依存性ナトリウムチャネルは閉じている．わずかのカリウムチャネルは開いているが，ほとんどの電位依存性カリウムチャネルは閉じている．❷刺激

▼図 48.11　活動電位発生における電位依存性イオンチャネルの役割． 中央の図の丸番号と活動電位の各相についた色は，ニューロンの電位依存性ナトリウムチャネルとカリウムチャネルの状態を示す5つの図と対応している．

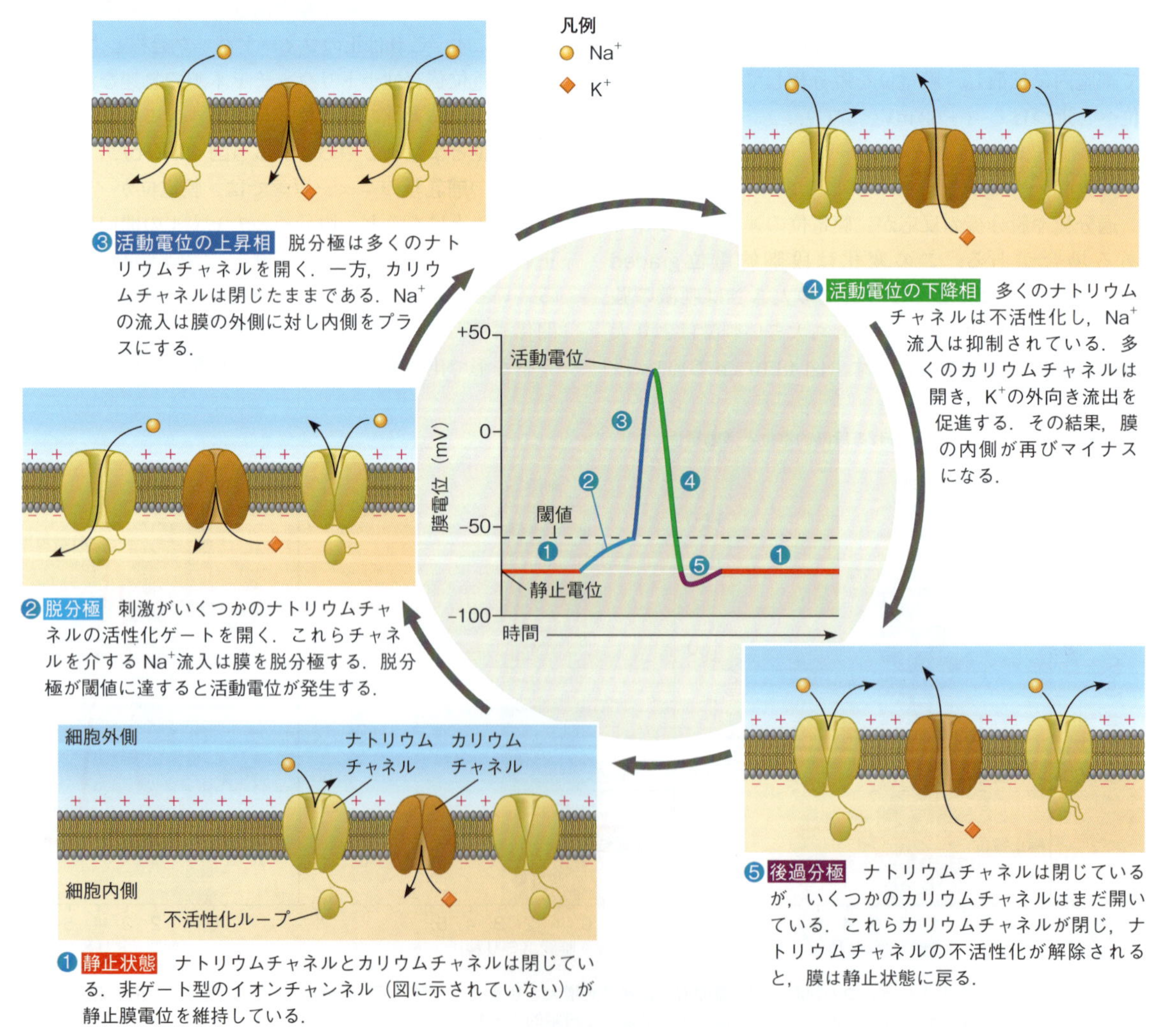
凡例
Na⁺
K⁺
❸活動電位の上昇相　脱分極は多くのナトリウムチャネルを開く．一方，カリウムチャネルは閉じたままである．Na⁺の流入は膜の外側に対し内側をプラスにする．
❹活動電位の下降相　多くのナトリウムチャネルは不活性化し，Na⁺流入は抑制されている．多くのカリウムチャネルは開き，K⁺の外向き流出を促進する．その結果，膜の内側が再びマイナスになる．
+50
0
−50
−100
膜電位（mV）
活動電位
閾値
静止電位
時間
❷脱分極　刺激がいくつかのナトリウムチャネルの活性化ゲートを開く．これらチャネルを介するNa⁺流入は膜を脱分極する．脱分極が閾値に達すると活動電位が発生する．
細胞外側
細胞内側
ナトリウムチャネル
カリウムチャネル
不活性化ループ
❶静止状態　ナトリウムチャネルとカリウムチャネルは閉じている．非ゲート型のイオンチャンネル（図に示されていない）が静止膜電位を維持している．
❺後過分極　ナトリウムチャネルは閉じているが，いくつかのカリウムチャネルはまだ開いている．これらカリウムチャネルが閉じ，ナトリウムチャネルの不活性化が解除されると，膜は静止状態に戻る．

描いてみよう➤図には，イオンの流れ，膜電位，そしてチャネルの開口，閉鎖，不活性化の3つの事象が示されている．これらを用いて活動電位の上昇相に見られる正のフィードバックについて簡単な回路図を描きなさい．

によって膜が脱分極すると，ナトリウムチャネルが開き Na^+ が細胞内に流入する．この Na^+ 流入がさらなる脱分極を促進してより多くのナトリウムチャネルが開口するようになる．その結果，より多くの Na^+ が細胞内に流入する．❸ひとたび閾値に達すると，正のフィードバックが働き膜電位は Na^+ 平衡電位に近づく．活動電位のこの段階は「上昇相」とよばれる．❹2つの要因が Na^+ 平衡電位に達することを阻んでいる．1つは，電位依存性ナトリウムチャネルの不活性化で，Na^+ 流入が止まる．もう1つは電位依存性カリウムチャネルの開口による K^+ の外向き流である．両者の作用によって膜電位は E_K に近づく．この段階は「下降相」とよばれる．❺活動電位の後半は「後過分極」とよばれる．この相では，膜の K^+ に対する透過性は静止時より高くなっている．その結果，膜電位は静止電位から E_K に近づく．カリウムチャネルは最終的に閉じ，膜電位は静止電位に戻る．

活動電位の発生中，なぜ不活性化が必要なのだろうか．ナトリウムチャネルは電位活性化型なので，膜電位が -55 mV 以上になると開口し，静止電位に戻るまで閉じることがない．それゆえ，活動電位の発生中開口することになる．しかし，Na^+ の流入が止まらない限り静止電位に戻ることができない．これが不活性化によって達成されるのである．ナトリウムチャネルは「開口」状態を維持する．しかし，不活性化すれば Na^+ の流入が止まる．Na^+ 流入が止まった後，膜を再分極するための K^+ の外向き流が起こる．

ナトリウムチャネルは活動電位の下降相や後過分極の初期では，まだ不活性化したままである．その結果，この期間に第2の脱分極刺激がきても，次の活動電位を発生することができない．次の活動電位が「発生できないこの期間」を，**不応期 refractory period** とよぶ．不応期はナトリウムチャネルの不活性化によるものであり，膜を介するイオンの濃度勾配の変化ではないということに気をつけなければならない．活動電位発生中のイオンの動きは，膜の両側のイオン濃度を変えるほど大きなものではない．

活動電位の伝導

単一の活動電位の出来事について述べた後は，いかにして活動電位が軸索に沿って伝わっていくのかを説明する．活動電位が発生する場所（通常は軸索小丘）では，上昇相で流れる Na^+ は軸索膜の隣接した部域を脱分極する電流を発生する（図 48.12）．隣接部域の脱分極が十分大きく閾値に達すると，新たにその場所から活動電位が発生する．この過程は軸索膜に沿って何回も繰り返される．活動電位は全か無の現象なので，その大きさと持続時間は軸索のどの場所でもつねに一定である．その結果，活動電位は細胞体からシナプス終末まで伝わることができる．それはちょうど，最初のドミノを倒すとそれが繰り返されて伝わっていくドミノ倒しに似ている．

軸索小丘で発生した活動電位は，軸索上をシナプス終末の方向にのみ向かって伝わる．これはいったいな

▼図 48.12 活動電位の伝導． この図は活動電位が左から右に移動したとき，軸索のそれぞれの場所で起きる出来事を3つの図に示している．軸索の各場所で，電位活性化チャネルは図 48.11 で示したように連続的な変化をする．細胞膜に示している色は，図 48.11 に示した活動電位の各相に対応している．

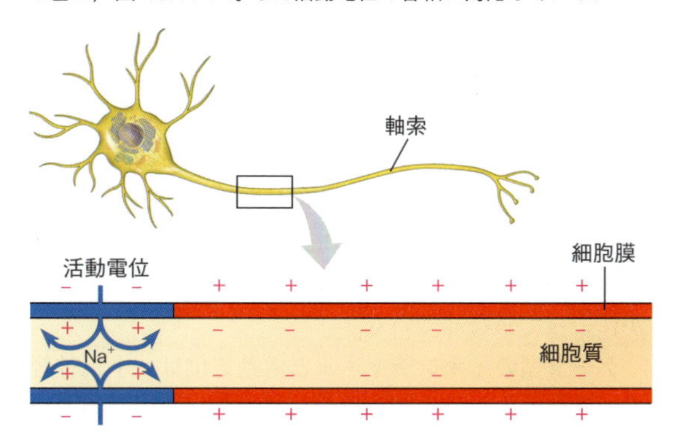
軸索
活動電位
細胞膜
細胞質
Na+

活動電位は膜の一点に Na^+ が流入することによって開始する．

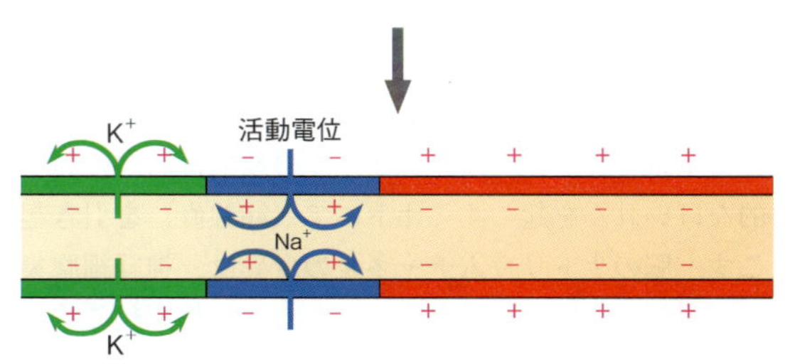
K+
活動電位
Na+
K+

活動電位の脱分極は隣接する膜部域に広がり，そこで活動電位が再び始まる．活動電位が終了した場所では，K^+ が膜の外側へ流れ再分極している．

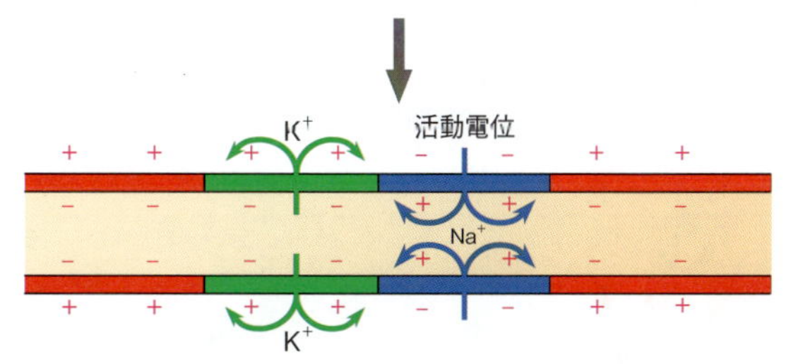
K+
活動電位
Na+
K+

脱分極と再分極の過程は膜の隣接部域で繰り返される．このようにして，膜を横切る局所電流が活動電位を発生し，軸索に沿って伝導する．

描いてみよう➤図に示した3つの軸索の場所，最左端，中央部，最右端側において，それぞれの場所で，活動電位が左から右方向に軸索を移動したとき，起こる膜電位の変化を描きなさい．

ぜだろうか．活動電位が伝わり，Na^+流入によって脱分極している場所のすぐ後ろの部域は，ナトリウムチャネルが不活性化された状態にあり，一時的に膜は次の刺激に対して応答不応状態にある．したがって，隣接する膜を脱分極する電流は，「後方部域」（活動電位が直前に発生していた場所）には活動電位を発生させることができない．このことによって活動電位は，細胞体の方向には伝導できなくなっている．

不応期を過ぎると，軸索小丘の脱分極は次の活動電位を引き起こす．多くのニューロンでは，活動電位は2ミリ秒以内で起こり，そのためその発火頻度は1秒間に数百に達する．

活動電位の発火頻度は，情報を伝えることができる．あるニューロンの発生する活動電位の頻度は，その細胞に入力する信号の強さに比例する．たとえば聴覚では，大きい音は，耳から脳へ伝えるニューロンにより高頻度の活動電位を伝える．同様に，骨格筋を支配するニューロンの発火頻度の増加は，筋肉の張力を増加させる．ある時間帯の活動電位の発火頻度の違いは，情報が軸索に沿って，いかに符号化され，伝達されるかによって異なっている．

ゲート型のイオンチャネルと活動電位は，中枢神経系の機能に中心的役割を果たしている．そのためイオンチャネルタンパク質をコードする遺伝子の突然変異は，神経，脳，あるいは筋肉，心臓などの病気の原因となる．病気の種類はイオンチャネルタンパク質が発現している体の場所によって異なる．たとえば骨格筋の電位依存性ナトリウムチャネルの変異は筋肉の周期的なけいれんを起こすミオトニア（筋強直）を引き起こす．脳のナトリウムチャネルの変異は，神経細胞集団が過剰に同期して発火するてんかん発作を起こす．

軸索構造の進化的適応

進化　軸索を活動電位が伝わる速さは，動物がいかにして危険な状況から回避するかという問題と関連している．自然選択は結果として，伝導速度を上げるための解剖学的適応を起こした．この適応の1つが軸索直径の増加である．太いホースは細いホースよりも水の抵抗が低いように，太い軸索は細い軸索よりも活動電位の発生に伴って流れる電流に対して抵抗が低い．

無脊椎動物では，伝導速度は細い軸索の秒速数cmから節足動物や軟体動物の巨大神経の秒速30 mまで，幅がある．1 mm以上の直径をもつ巨大軸索は，イカが獲物に急接近するときの筋肉収縮のような緊急を要する行動反応に役立っている．

脊椎動物の軸索は直径が細いが，活動電位の伝導速度は速い．いかにしてこのことが実現しているのだろうか．脊椎動物の軸索の早い伝導を可能にしている進化的適応は，電気的隔絶である．それはちょうど，電線をプラスチックで覆って絶縁することに似ている．絶縁することによって，活動電位に伴って流れる脱分極性の電流を軸索の遠方にまで波及させることができるのである．すなわちより遠く離れた場所を一瞬にして閾値までもっていけるのである．

脊椎動物の軸索周囲の電気的絶縁は**ミエリン鞘**（しょう）**myelin sheath**（図48.13）とよばれている．ミエリン鞘は2種類のグリア細胞によって形成される．中枢神経系（CNS）では**オリゴデンドロサイト oligodendrocyte**が，末梢神経系（PNS）では**シュワン細胞 Schwann cell**が関与する．発生過程でこれらのグリア細胞は軸索膜を多層にわたって包む．層を形成する膜はほとんどが脂質であり，それは電流を流さない絶縁体である．

ミエリン鞘をもつ軸索では，電位依存性ナトリウムチャネルは**ランビエ絞輪 node of Ranvier**とよばれる間隙部位に密集している（図48.13参照）．このランビエ絞輪部分だけが外液と接している．その結果，活動電位は絞輪と絞輪の間では発生できない．ある絞輪で活動電位の立ち上がり時に流れる内向き電流は，次

▼図48.13　**シュワン細胞とミエリン鞘．**末梢神経系では，シュワン細胞とよばれるグリア細胞が軸索の周囲を包みミエリンの層を形成する．シュワン細胞間の隙間はランビエ絞輪とよばれる．TEM像は，ミエリン鞘をもつ軸索の横断面を示す．

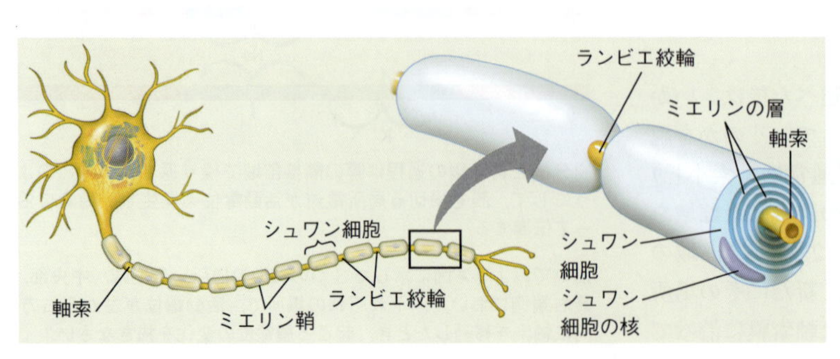
ランビエ絞輪
ミエリンの層
軸索
シュワン細胞
シュワン細胞
シュワン細胞の核
軸索
ミエリン鞘
ランビエ絞輪

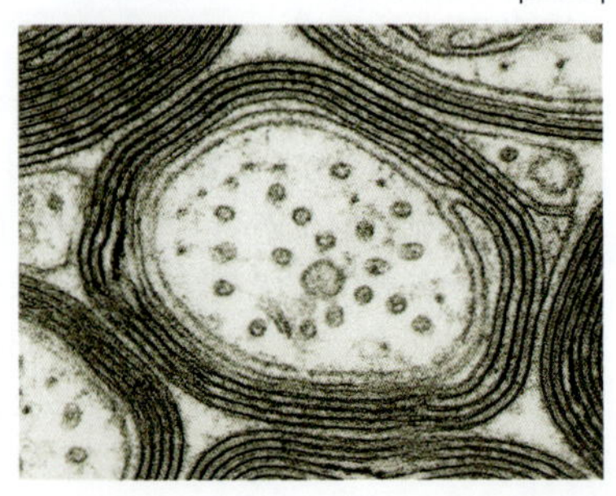
0.1 μm

の絞輪に流れ，そこで膜を脱分極してその絞輪部に新たに活動電位を発生させる（図 48.14）．

ミエリン鞘をもつ軸索では，活動電位はより早く伝導する．それは，イオンチャネルの開閉変化が軸索膜上の限られた場所で起こるからである．この活動電位の伝導は，**跳躍伝導 saltatory conduction**（「跳ぶ」を意味するラテン語 *saltare* に由来）とよばれる．なぜなら活動電位は絞輪から絞輪へジャンプして伝わるからである．

ミエリン化の最も有利な点は，空間スペースを効率よく利用できる点にある．20 μm のミエリン軸索はそれより 40 倍の直径をもつイカの巨大軸索よりも伝導速度が速い．さらに巨大軸索の中には 2000 本以上のミエリン軸索を納めることができるのである．

ミエリン鞘をもつ軸索でももたない軸索でも，活動電位の軸索終末への伝導は，次の神経信号を引き起こす，すなわち，他の細胞への情報の伝達である．この情報は，次のトピックであるシナプス部域で起こる．

概念のチェック 48.3

1. 活動電位と段階的電位変化はどこが異なっているか．
2. 多発性硬化症ではミエリン鞘が硬化し崩壊する．このことは神経系の機能にどのような影響を与えるか．
3. 活動電位が発生している間，正のフィードバックと負のフィードバックは膜電位の変化に対しどのように関与しているか．
4. どうなる？➤電位依存性ナトリウムチャネルの活動電位後の不活性化が長引く変異が見つかったとする．この変異は活動電位の発生頻度に対してどのような影響を与えるか．説明しなさい．

（解答例は付録 A）

48.4

ニューロンはシナプスで他の細胞と連絡する

ニューロンから他の細胞への情報伝達はシナプスといわれる場所で行われる．シナプスの伝達は，電気的あるいは化学的なものである．「電気シナプス」では，ギャップ結合（図 6.30 参照）によって，電流が直接次のニューロンに流れる．電気シナプスは，あるニューロンの活動と行動がほぼ同時に起こるような役割を担っている．たとえば，イカやザリガニの巨大神経軸索がつくる電気シナプスは，逃避行動のようなすばやい行動を制御する．電気シナプスは，脊椎動物の心臓や脳にも存在している．

実際にはシナプスのほとんどは，「化学シナプス」である．シナプス前ニューロンから神経伝達物質が放出され，標的細胞に情報が送られる．神経伝達物質は，休止状態にあるときシナプス前ニューロンの終末部で合成され，「シナプス小胞」とよばれる膜状の袋に充填される．シナプス終末に活動電位が到達すると，膜は脱分極して電位依存性チャネルが開口し，Ca^{2+} がシナプス終末の膜内に流入する（図 48.15）．終末における Ca^{2+} の濃度上昇はシナプス小胞の神経終末膜への融合を引き起こし，神経伝達物質が放出される．

シナプス終末から放出された神経伝達物質は「シナプス間隙」を拡散する．シナプス間隙はシナプス前ニューロンとシナプス後ニューロンの間の隙間のことである．拡散に要する時間は非常に短い．なぜなら，この隙間は 50 nm ほどしかないからである．シナプス後膜に達した神経伝達物質はシナプス後膜上にある特定の受容体に結合しそれを活性化する．

化学シナプスの情報伝達は，神経伝達物質の放出量を増やすか，あるいはシナプス後細胞の反応性を変え

▼図 48.14　**ミエリン軸索の跳躍伝導．** ミエリン軸索では，1 つのランビエ絞輪で生じた活動電位による脱分極性電流が軸索内部を通って隣の絞輪（青い矢印）に伝わる．そこで電位依存性ナトリウムチャネルが活性化し活動電位が発生する．このように，活動電位は絞輪から絞輪へ跳躍して軸索を伝わる（赤い矢印）．

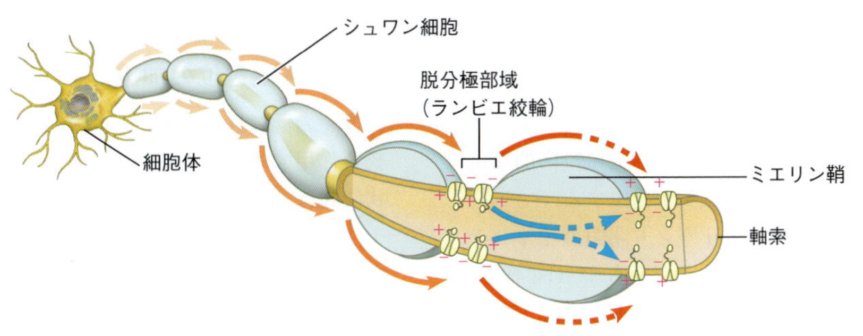
シュワン細胞
脱分極部域
（ランビエ絞輪）
細胞体
ミエリン鞘
軸索

▼図 48.15　**化学シナプス**．この図は，神経インパルスからシナプス伝達に至る一連の出来事を示している．神経伝達物質の結合に反応して，シナプス後膜のリガンド開閉型イオンチャネルが開く（この例では）あるいは一般的ではないが閉じる場合もある．シナプス伝達は神経伝達物質がシナプス間隙からなくなると終結する．これには，シナプス前終末への取り込み，グリア細胞への取り込み，酵素による分解などが関与する．

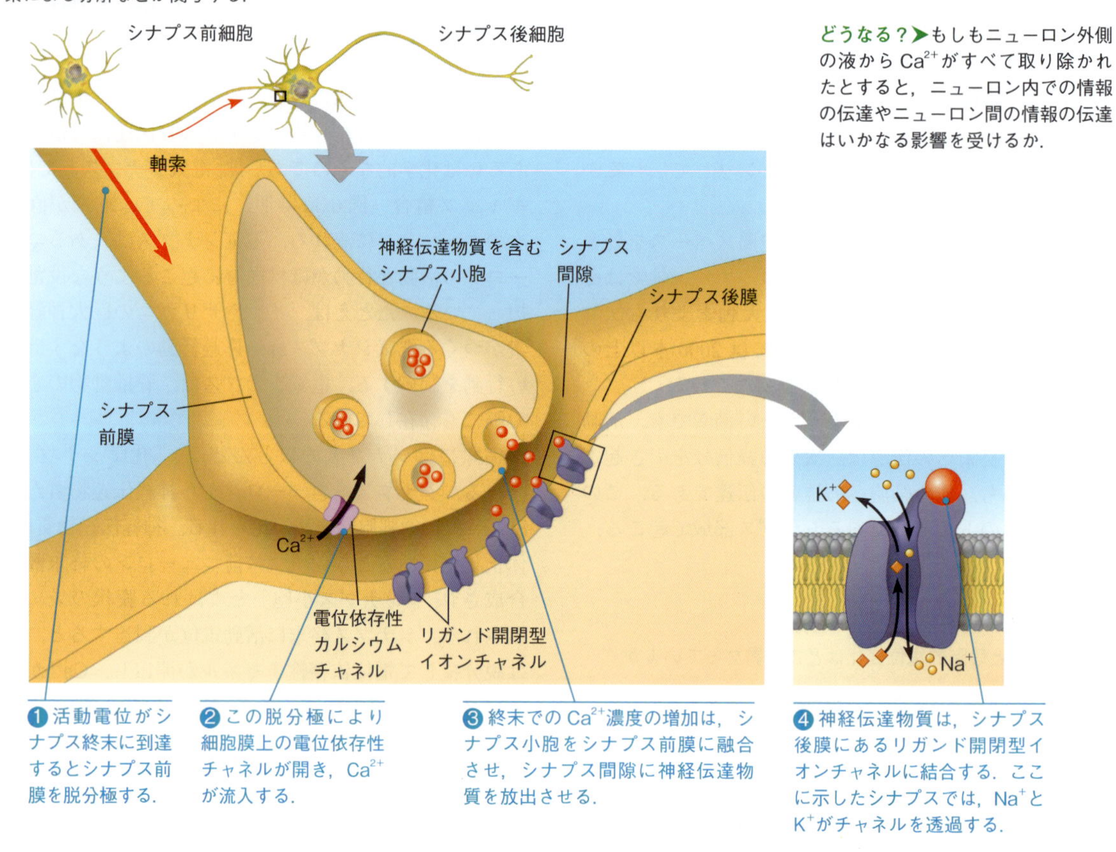
シナプス前細胞
シナプス後細胞
軸索
神経伝達物質を含む
シナプス小胞
シナプス
間隙
シナプス後膜
シナプス
前膜
Ca2+
電位依存性
カルシウム
チャネル
リガンド開閉型
イオンチャネル
K+
Na+
❶ 活動電位がシナプス終末に到達するとシナプス前膜を脱分極する．
❷ この脱分極により細胞膜上の電位依存性チャネルが開き，Ca2+が流入する．
❸ 終末でのCa2+濃度の増加は，シナプス小胞をシナプス前膜に融合させ，シナプス間隙に神経伝達物質を放出させる．
❹ 神経伝達物質は，シナプス後膜にあるリガンド開閉型イオンチャネルに結合する．ここに示したシナプスでは，Na+とK+がチャネルを透過する．

どうなる？➤もしもニューロン外側の液から Ca^{2+} がすべて取り除かれたとすると，ニューロン内での情報の伝達やニューロン間の情報の伝達はいかなる影響を受けるか．

ることによって修飾することができる．このような修飾は，動物の環境の変化に対して行動を切り替える能力や，学習・記憶を形成するときの基礎過程となっている．このことは49.4節で学ぼう．

シナプス後電位の発生

化学シナプスにおいて，神経伝達物質が結合し，反応を起こす受容体タンパク質は**リガンド開閉型イオンチャネル ligand-gated ion channel** とよばれる．「イオノトロピック受容体」とよぶこともある．これらの受容体はシナプス後細胞の膜上にかたまって存在している．その位置はちょうどシナプス終末と相対している．受容体のある部位に神経伝達物質が結合すると，チャネルが開口しシナプス後細胞の膜を介してイオンが流れる．この結果，シナプス後細胞に段階的な電位変化である「シナプス後電位」が発生する．

ある化学シナプスでは，リガンド開閉型イオンチャネルは K^+ と Na^+ の両方に透過性をもつ（図48.15参照）．このチャネルが開くと膜電位はおおよそ E_K と E_{Na} の中間の値にまで脱分極される．このような脱分極は膜電位を閾値近くにまでもっていくので**興奮性シナプス後電位 excitatory postsynaptic potential（EPSP）**とよばれる．

別の化学シナプスでは，リガンド開閉型イオンチャネルは K^+ あるいは Cl^- を選択的に通す．このチャネルが開くとシナプス後膜は過分極する．この様式で発生した過分極は，**抑制性シナプス後電位 inhibitory postsynaptic potential（IPSP）**とよばれる．なぜなら，それは膜電位を閾値から遠ざける方向に変化させるからである．

シナプス後電位の加重

多くの興奮性と抑制性の入力の相互作用が神経系の統合作用の本質である．シナプス後細胞の細胞体と樹状突起は，数百，数千のシナプス終末からなる化学シナプスから入力を受け取る（図48.16）．このような多くのシナプスは情報の伝達にどのように関与しているのだろうか．

1個1個のシナプスからくる入力は，通常シナプス後細胞に活動を引き起こすには不十分である．その理由を知るため，1個のシナプスからくるEPSPについて考えてみよう．段階的電位であるEPSPは，シナプスから遠ざかるほど小さくなる．それゆえ，あるEPSPが軸索小丘に達したときには，EPSPは小さくなってシナプス後細胞に活動電位を発生させることができない（図48.17 a）．

場合によっては，個々のシナプス後電位が，一緒になって大きいシナプス後電位を発生することがある．これは**加重** summation とよばれる．たとえば，2つのEPSPがあるシナプスで，連続的に発生したとする．もし，第2のEPSPが，シナプス後電位が静止電位に戻る前に到着すると，EPSPが「時間的加重」によって足し合わされる．この加重されたシナプス後電位が，軸索小丘の閾値まで脱分極すると，活動電位が発生するのである（図48.17b）．加重は，同じシナプス後細胞上の複数の異なるシナプスによっても起こる．もしこれらのシナプスが同時に活性化したら，EPSPは「空間的加重」によって足し合わされる（図48.17c）．

加重効果はまたIPSPの場合にも適用できる．2つあるいはそれ以上のIPSPがほぼ同時に，あるいは連続して起これば，単一のIPSPよりもより大きな過分極効果をもたらすことができる．加重を通してIPSPはEPSPの効果を弱めることができる（図48.17d）．

軸索小丘は神経の統合センターである．この場所では，瞬間瞬間に，膜電位がそのときのEPSPとIPSPの加重効果により変化している．軸索小丘の膜電位が閾値に達すれば，活動電位が発生し軸索から神経終末に伝わる．ニューロンは不応期の後，軸索小丘が再び閾値に達すると，再び活動電位を発生することができる．

▼図48.16　シナプス後細胞の細胞体上に見られるシナプス終末（着色SEM像）．

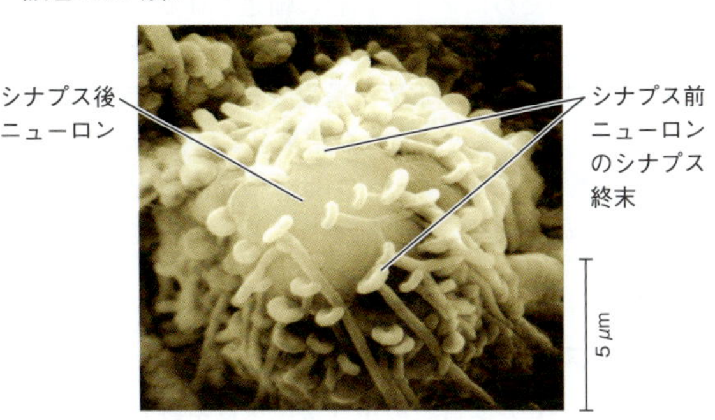
シナプス後
ニューロン
シナプス前
ニューロン
のシナプス
終末
5 μm

神経伝達の終結

反応開始後，化学シナプスはもとの状態に戻る．これはどのようにしてなされるのだろうか．重要なのは，シナプス間隙から神経伝達物資を一掃することである．ある伝達物質は，酵素による分解反応によって不活性化され（図48.18 a），あるものは，シナプス前ニューロンによって回収される（図48.18 b）．この回収の

▼図48.17　**シナプス後電位の加重**．ここで示すトレースはシナプス後細胞の軸索小丘における膜電位変化を示す．矢印は2つの興奮性シナプス（緑色で示したE_1とE_2）と抑制性シナプス（赤色で示したI）で生じたシナプス後電位の発生時期を示す．多くのEPSPに見られるように，E_1とE_2それぞれ単独で生じたEPSPは軸索小丘の閾値に到達しない．両者は加重して初めて閾値に到達する．

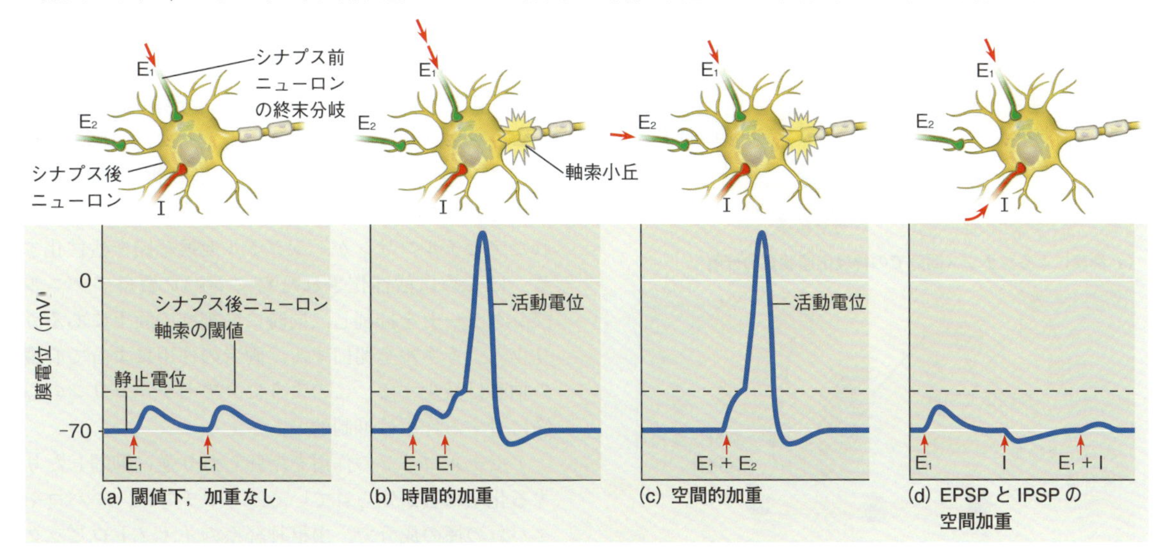
E₁
E₂
シナプス前
ニューロン
の終末分岐
シナプス後
ニューロン
I
軸索小丘
0
-70
膜電位（mV）
シナプス後ニューロン
軸索の閾値
静止電位
活動電位
E₁
E₁ + E₂
E₁ + I
(a) 閾値下，加重なし
(b) 時間的加重
(c) 空間的加重
(d) EPSPとIPSPの
空間加重

図読み取り問題➤これらの図を使い，すべての加重効果はある意味で時間的であることの議論を展開しなさい．

後，伝達物質はシナプス小胞に再充填されるか，代謝や再利用のためにグリア細胞に輸送される．

シナプス間隙から伝達物質をなくすことは，神経系の情報伝達にとって重要な過程である．実際，この過程をブロックすると，重大な結果をまねくことになる．たとえば，神経ガスのサリンは骨格筋を支配する神経伝達物質の分解酵素を抑制することによって麻痺や死を招く．

シナプスでの信号変調

これまで私たちは，シナプスに焦点を絞り話をしてきた．そこでは，神経伝達物質がイオンチャネルに直接結合してチャネルを開口した．しかしながら，神経伝達物質の受容体がイオンチャネルではないシナプスもある．これらのシナプスでは，神経伝達物質はGタンパク質結合型受容体に結合し，シナプス後細胞の二次メッセンジャーを介したシグナル伝達経路を活性化する（11.3節参照）．イオンチャネルはこのシグナル変換の経路過程で開閉が制御されるので，Gタンパク質結合型受容体は，「代謝型受容体」ともよばれる．

Gタンパク質結合型受容体は，シナプス後細胞の反応性や活動性をさまざまな方法で調節している．たとえば，神経伝達物質のノルアドレナリンについて考察してみよう．ノルアドレナリンがGタンパク質結合型受容体に結合すると，Gタンパク質を活性化して，アデニル酸シクラーゼを活性化しATPからcAMPがつくられる（図11.11参照）．cAMPはタンパクキナーゼAを活性化し，シナプス後ニューロンに存在するイオンチャネルをリン酸化する．その結果，チャネルの開閉が調節される．この増幅作用のおかげで，1分子のノルアドレナリンは，多数のイオンチャネルの開閉を制御することができる．

▼図48.18　神経伝達を終結させる2つのメカニズム．

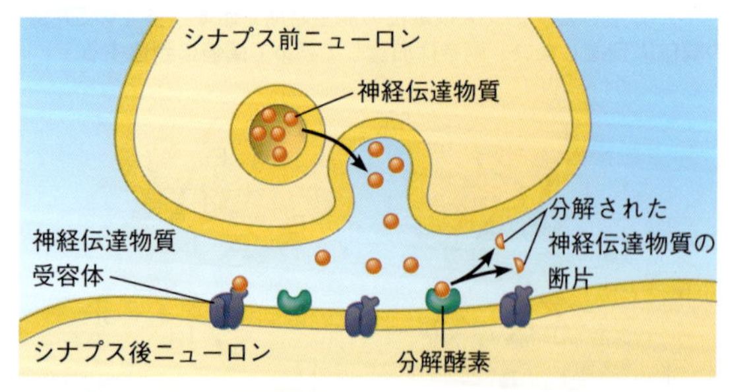
シナプス前ニューロン
神経伝達物質
分解された
神経伝達物質の
断片
神経伝達物質
受容体
シナプス後ニューロン
分解酵素

(a) 酵素によるシナプス間隙での神経伝達物質の分解

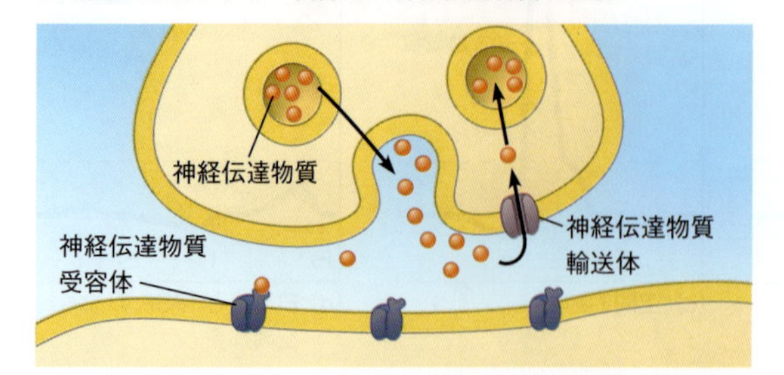
神経伝達物質
神経伝達物質
輸送体
神経伝達物質
受容体

(b) シナプス前ニューロンによる神経伝達物質の回収

多くの神経伝達物質は，イオノトロピック受容体と代謝型受容体をもっている．リガンド活性型チャネルが起こすシナプス後電位と比べると，Gタンパク経路の作用は，ゆっくりとした立ち上がり，長く持続するという特徴をもっている．

神経伝達物質

シナプスで起こる反応は，シナプス前膜から放出される神経伝達物質とシナプス後膜に発現する受容体に依存している．神経伝達物質は，複数の異なる受容体に結合することができる．実際に，同じ神経伝達物質が，ある受容体を発現しているシナプス後細胞を興奮させるが，別の受容体を発現しているシナプス後細胞を抑制する．例として，**アセチルコリン acetylcholine** の場合を取り上げよう．この物質は無脊椎動物と脊椎動物に共通に見られる．

アセチルコリン

アセチルコリンは，筋収縮，記憶形成，学習など神経系の機能にとって重要な物質である．脊椎動物には2種類のアセチルコリン受容体が存在する．1つはリガンド開閉型イオンチャネルである．その機能は運動神経と骨格筋間のシナプスである「神経筋接合部」でよく研究されている．運動神経から放出されたアセチルコリンがこの受容体に結合すると，イオンチャネルが開きEPSPを発生する．この興奮性の影響は，シナプス間隙に存在するアセチルコリン分解酵素のアセチルコリンエステラーゼによってただちに消失する．

Gタンパク質結合型受容体は脊椎動物のCNSや心臓に存在している．心筋では，ニューロンから放出されたアセチルコリンが，シグナル変換経路を活性化する．はじめに活性化されたGタンパク質はアデニル酸シクラーゼを抑制し，同時に筋細胞の膜上にあるカリウムチャネルを開口する．両者の作用によって心臓の拍動は減少する．このように，アセチルコリンの心筋に対する作用は抑制的である．

アセチルコリンの作用を増強したり逆に抑制したりする化学物質が知られている．ニコチンは，タバコやタバコの煙の成分で，中枢神経系のイオノトロピックアセチルコリン受容体に結合する刺激剤である．はじめに論議したが，神経毒ガスのサリンはアセチルコリンを分解する酵素を抑制する．第3の例は，ボツリヌス毒素である．この毒素はシナプス前細胞からのアセチルコリンの放出を抑制する．その結果，ボツリヌス中毒とよばれる食中毒を起こす．ボツリヌス毒素が，アセチルコリンの放出を抑制して呼吸に必要な筋収縮が起きなくなると致命傷となる．今日ではこのボツリヌス毒素が整形外科領域でふつうに使われるようになっている．ボトックスとよばれるこの毒素の注入は，顔面筋を支配する運動神経のシナプス伝達を抑制することによって眼や口周辺のしわ取りに使われている．

アセチルコリンは多くの役割をもっているが，100種類以上知られている神経伝達物質の1つにすぎない．表48.2に示したように，残りの伝達物質は4つに分類できる．すなわちアミノ酸，生体アミン，神経ペプチド，そしてガス状分子である．

アミノ酸

「グルタミン酸」は神経伝達物質として働くアミノ酸の1つである．無脊椎動物の神経・筋接合部では，アセチルコリンではなくグルタミン酸が神経伝達物質である．脊椎動物のCNSにおいては，グルタミン酸は，一般的な神経伝達物質である．グルタミン酸を神経伝達物質にもつシナプスは，49.4節で述べるように，長期記憶の形成に重要な役割を果たしている．

CNSにおいては2種類のアミノ酸が抑制性の神経伝達物質として働いている．「グリシン」は脳以外の中枢神経系の抑制性シナプスで作用する．「γ-アミノ酪酸（GABA）」は脳に多く見られる抑制性シナプスの神経伝達物質である．GABAが受容体に結合すると，膜の塩化物イオンに対する透過性が高まり，IPSPが発生する．臨床でよく使われる薬剤のジアゼパム（バリウムともいう）はGABA受容体のある場所に結合して不安を軽減する．

表48.2　おもな神経伝達物質

神経伝達物質	構造
アセチルコリン	$H_3C-C(=O)-O-CH_2-CH_2-N^+(CH_3)_3$
アミノ酸	
グルタミン酸	$H_2N-CH(COOH)-CH_2-CH_2-COOH$
GABA（γ-アミノ酪酸）	$H_2N-CH_2-CH_2-CH_2-COOH$
グリシン	H_2N-CH_2-COOH
生体アミン	
ノルアドレナリン	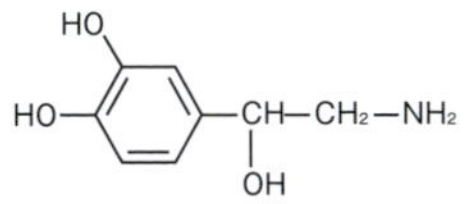 HO, HO–(ベンゼン環)–$CH(OH)-CH_2-NH_2$
ドーパミン	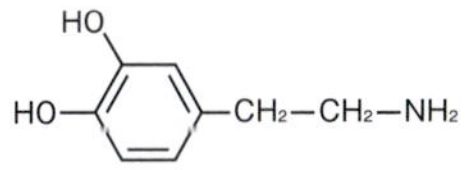 HO, HO–(ベンゼン環)–$CH_2-CH_2-NH_2$
セロトニン	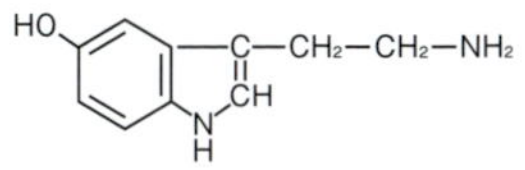 HO–(インドール環: C, CH, NH)–$C-CH_2-CH_2-NH_2$
神経ペプチド（最も種類の多いグループ，2種類のみ示した）	
サブスタンスP	Arg—Pro—Lys—Pro—Gln—Gln—Phe—Phe—Gly—Leu—Met
メチオニンエンケファリン（エンドルフィン）	Tyr—Gly—Gly—Phe—Met
気体	
一酸化窒素	N=O

生体アミン

「生体アミン」と称される神経伝達物質には，アミノ酸のチロシンからつくられる「ノルアドレナリン」などがある．ノルアドレナリンは，自律神経系の興奮性神経伝達物質であり，末梢神経系で機能している．神経系外のノルアドレナリンはホルモンとして機能している．よく似たホルモンに「アドレナリン」（45.3節参照）がある．

「ドーパミン」（チロシンからつくられる）と「セロトニン」（トリプトファンからつくられる）は脳の多くの場所で放出されており，睡眠，気分，注意，そして記憶などに影響を及ぼす．向精神薬のLSDとメスカリンは，脳内にあるこれらの神経伝達物質の受容体に結合して幻覚を起こす．

生体アミンは，神経疾患やその治療に重要な役割を果たしている（49.5節参照）．進行性のパーキンソン病は脳内のドーパミンの欠乏と関連している．うつ病の治療には脳内の生体アミンを増やす薬が使われている．たとえばプロザックはセロトニンの取り込みを阻害することによってセロトニンの作用を強めている．

神経ペプチド

神経ペプチド neuropeptideは，比較的短いアミノ酸の鎖でできており，Gタンパク質結合型受容体を介して作用する．ペプチドは，巨大タンパク質の切断によってつくられる．「サブスタンスP」は痛みの感覚を伝える興奮性神経伝達物質である．**エンドルフィン endorphin**とよばれる神経ペプチドは痛みの感覚を減らす自然の鎮痛剤である．

エンドルフィンは，出産時のような情動ストレスが

科学スキル演習

科学的表記法で示された数値データを説明する

脳はアヘンの特別なタンパク質受容体をもっているか
研究者は，哺乳類の脳でオピエート（アヘンの有効成分）の受容体を研究していた．薬物ナロキソンはオピエートの麻薬作用を阻害することが知られていた．彼らは，ナロキソンはオピエート受容体を活性化することなく脳のオピエート受容体に強く結合してオピエートの拮抗薬として作用すると考えた．この演習では，研究者が彼らの仮設を検証するため行った実験結果を説明する．

実験方法　彼らは，放射性標識したナロキソンを用意し，ネズミの脳から抽出したタンパク質と培養した．もし，ナロキソンに結合するタンパク質が存在すれば，あるいはナロキソンと結合する他のタンパク質が存在すれば，放射活性はタンパク質混合体と相関するはずである．結合が特異的なオピエート受容体によるかどうか調べるため，彼らは他の薬物を調べた．研究者はオピエートとそれ以外の薬物の結合活性阻害能力を比較することによって，特定の受容体が存在するか否か決定した．

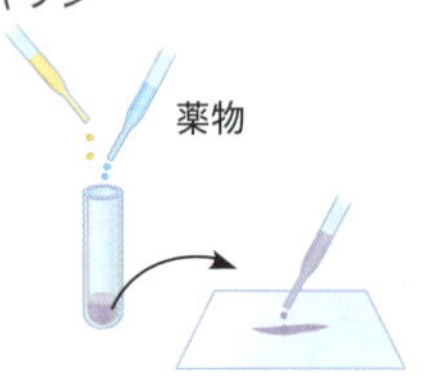
放射性標識した
ナロキソン
❶ 放射性標識したナロキソンと試験薬物をタンパク質混合体とともにインキュベートする．
薬物
❷ タンパク質がフィルター上に捕えられる．結合したナロキソンを放射活性を測定して検出する．

実験データ

薬　物	アヘン	ナロキソン結合をブロックする濃度
モルヒネ	阻害する	6×10^{-9} M
メタドン	阻害する	2×10^{-8} M
レボファノール	阻害する	2×10^{-9} M
フェノバルビタール	阻害しない	10^{-4} M で効果なし
アトロピン	阻害しない	10^{-4} M で効果なし
セロトニン	阻害しない	10^{-4} M で効果なし

データの出典　C. B. Pert and S.H. Snyder, Opiate receptor: demonstration in nervous tissue, *Science* 179: 1011-1014 (1973).

データの解釈

1. 上の表のデータは科学的表記で表現されている．数値は10の掛け算になっている．10のマイナスの累乗は1より小さいことを思い出してほしい．たとえば，10^{-1} M は 0.1 M と書くことができる．表中のモルヒネとアトロピンの濃度をこの様式で書きなさい．
2. 表中のメタドンとフェノバルビタールの濃度を比較しなさい．どの濃度が高いか．それはどのくらいか．
3. フェノバルビタール，アトロピン，あるいはセロトニンはナロキソン結合を 10^{-5} M で阻害するか．なぜそうなるか，ならないのか説明しなさい．
4. この実験では，どの薬物がナロキソン結合を阻害したか．これらの実験結果は，ナロキソンの脳内受容体について何を示唆しているか．
5. 研究者が，脳でなく内臓筋の組織を使ったとしたら，彼らはナロキソンの結合を見出せなかった．この哺乳類の筋肉のオピエート受容体について何を示唆するか．

かかる間に，脳内で産生される．痛みを緩和するだけでなく，尿量を減らし，呼吸を抑制し，多幸感を生む．オピエート（モルヒネやヘロインのような薬物）はエンドルフィンと同じ受容体に結合するので，オピエートは，エンドルフィンとよく似た生理的効果を引き起こす（図2.16参照）．**科学スキル演習**で，あなたはオピエート受容体*の研究でデザインされた実験のデータを説明することができる．

＊（訳注）：オピエート受容体（別名アヘン受容体）は，アヘンに由来する物質（オピエート）に結合する受容体である．一方，オピオイドは天然物だけでなく合成化合物，エンドルフィンなどの内因性物質を含み，オピエートより幅広い概念であり，オピエート受容体をオピオイド受容体ということもある．

ガ　ス

他の多くの細胞に見られるように，脊椎動物のあるニューロンは，不溶性の気体で，局所調節物質である一酸化窒素（NO）を放出する．たとえば，男性の性的興奮の間，あるニューロンはペニスの勃起組織にNOを放出する．勃起組織の血管壁の平滑筋細胞は弛緩し，血管が拡がり，海綿体が血液で満たされ勃起が起こる．男性の勃起不全治療薬バイアグラは，NOの作用を弱める酵素を抑制することによって勃起の達成と維持能力を高める．

多くの神経伝達物質と異なりNOは，細胞質の小胞に貯蔵されることはない．それが必要なときにだけ合成される．NO は隣接する標的細胞に拡散し，変化を引き起こす．そして数秒のうちに消失する．NO の標的となる平滑筋細胞などでは，NO はホルモンのように働き，細胞の代謝に直接影響を与える二次メッセンジャーを合成する酵素を刺激する．

一酸化炭素（CO）を含む気体を吸入すれば死に至るが，脊椎動物は体内で少量の CO を産生している．そのうちのいくつかは，神経伝達物質として働く．たとえば，脳内でつくられた CO は，視床下部ホルモンの分泌を制御している．

次章では，私たちがこれまで論議してきた細胞，生化学的機構が神経系の機能にいかに関与しているかを論議する．

概念のチェック 48.4

1. ある神経伝達物質が異なる組織に対して，逆の作用をもつことは可能か．
2. ある殺虫剤は神経伝達物質のアセチルコリンを分解する酵素，アセチルコリンエステラーゼを抑制する．この殺虫剤はアセチルコリンによって発生する EPSP に対してどのような作用を及ぼすか．
3. 関連性を考えよう➤卵の受精時と神経伝達物質の放出時に共通して起こる膜の活動を 1 つ以上述べなさい（図 47.3 参照）．

（解答例は付録 A）

48 章のまとめ

重要概念のまとめ

48.1

神経組織と神経構造は情報伝達の機能を反映している

- 多くの**ニューロン**は，他のニューロンからシグナルを受け取る**樹状突起**と，他の細胞に情報を伝える**軸索**をもっている．シグナルは**シナプス**で伝えられる．ニューロンが機能するためには，**グリア細胞**が必要である．グリア細胞は栄養供給，電気的絶縁，調節制御などの役目を担っている．

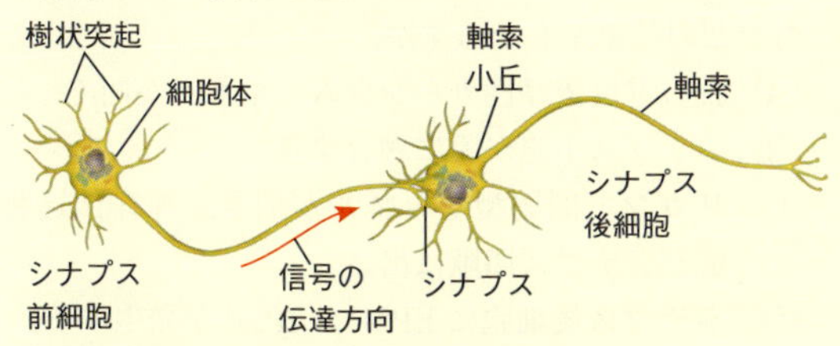
樹状突起
細胞体
軸索
小丘
軸索
シナプス
後細胞
シナプス
前細胞
信号の
伝達方向
シナプス

- **中枢神経系**（CNS）と**末梢神経系**（PNS）は 3 段階で情報を伝える．感覚入力，統合，効果器細胞への運動出力である．

❓ ニューロンにおいて軸索を切断すると情報の流れにどのような影響を及ぼすか．

48.2

イオンポンプとイオンチャネルがニューロンの静止電位を決める

- イオンの濃度勾配が細胞の膜を介した電位差，すなわち**膜電位**を発生する．Na^+ 濃度は細胞内より細胞外で高く，K^+ はちょうどその逆となっている．静止状態のニューロンでは，たくさんのカリウムチャネルが開いているが，ナトリウムチャネルはほとんど開いていない．イオンの拡散，特にカリウムチャネルを通る K^+ が，細胞内側を外側に対してマイナスにする**静止電位**を形成する．

❓ 組織から分離したニューロンを正常な溶液に入れる．次にこの細胞を，Na^+ の欠如した溶液に移したとすると，静止電位はどうなるだろうか．

48.3

活動電位は軸索を伝導するシグナルである

- ニューロンは**ゲート型イオンチャネル**をもっている．それは刺激に対して反応し開閉する．その結果，膜電位の変化が起こる．膜電位の増加が**過分極**である．その逆の膜電位の減少が**脱分極**である．刺激の大きさに依存して，連続的に変化する膜電位の変化は**段階的電位**とよばれる．
- **活動電位**はニューロンの細胞膜で起こる，短期間の全か無の様式の脱分極のことである．段階的な脱分極が**閾値**に達すると，多くの**電位依存性イオンチャネル**が開き，Na^+ の流入が起こり，細胞内の電位がプラスに変化する．ナトリウムチャネルの不活性化と電位依存性カリウムチャネルの活性化による K^+ の外向きの流れにより，再び静止電位に戻る．**不応期**はナトリウムチャネルが不活性化している期間に対応している．

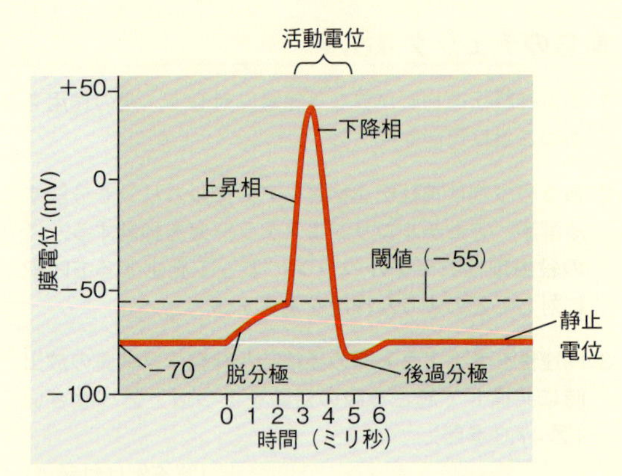
活動電位
+50
0
−50
−100
膜電位 (mV)
下降相
上昇相
閾値（−55）
静止
電位
−70
脱分極
後過分極
0 1 2 3 4 5 6
時間（ミリ秒）

- 神経インパルスは軸索小丘から発生し軸索に沿って伝導し，シナプス終末まで伝えられる．伝導速度は軸索の直径が太くなると速くなる．多くの脊椎動物の軸索はミエリン化している．ミエリン軸索を伝わる活動電位は**ランビエ絞輪**の間を跳躍して進む．これは**跳躍伝導**とよばれる．

データの解釈➤不応期が活動電位（上のグラフを見る）の長さと同じと仮定すると，活動電位の最大発火頻度はいくつになるか．

48.4

ニューロンはシナプスで他の細胞と連絡する

- 電気シナプスにおいては，1つの細胞から別の細胞に直接電流が流れる．化学シナプスにおいては，脱分極がシナプス小胞の神経終末膜への融合を起こし，**神経伝達物質**がシナプス間隙に放出される．
- 多くのシナプスでは，神経伝達物質はシナプス後膜の**リガンド開閉型イオンチャネル**に結合し，**興奮性**（EPSP）あるいは**抑制性シナプス後電位**（IPSP）が発生する．シナプス間隙を出た神経伝達物質は，周囲の細胞に取り込まれるか，酵素によって分解される．1個のニューロンは樹状突起や細胞体上に多くのシナプスをもっている．軸索小丘での EPSP と IPSP の時間的および空間的**加重**が活動電位を発生させるか，させないかを決定する．
- 同じ神経伝達物質でも受容体によって異なる反応を示す．ある神経伝達物質はシナプス後細胞に長時間にわたる変化を引き起こすシグナル伝達経路を活性化する．主たる神経伝達物質は**アセチルコリン**，GABA，グルタミン酸，グリシン，生体アミン，**神経ペプチド**，NO などのガス状分子などである．

? 多くの神経疾患の治療に使われる薬物，脳機能に影響を与える薬剤は，なぜ特定の神経伝達物質でなく受容体を標的としているのだろうか．

理解度テスト

レベル1：知識／理解

1. 静止電位にあるニューロンが脱分極したとき，何が起こるか．
   (A) 細胞の外に Na^+ が拡散する．
   (B) K^+ の平衡電位（E_K）がよりプラス側になる．
   (C) ニューロンの膜電位がよりプラスになる．
   (D) 細胞内側が外側よりマイナスになる．
2. 活動電位の一般的な特徴は，次のうちどれか．
   (A) 最初に膜は過分極し，次に脱分極する．
   (B) 時間的，空間的加重を起こす．
   (C) 閾値に達する脱分極によって開始する．
   (D) 軸索に沿って同じ速度で伝わる．
3. 神経伝達物質受容体はどこに存在しているか．
   (A) 核膜
   (B) ランビエ絞輪
   (C) シナプス後膜
   (D) シナプス小胞の膜

レベル2：応用／解析

4. なぜ，活動電位は通常一方向に伝導するのか．
   (A) イオンが軸索に沿って一方向に流れるから
   (B) 短い不能期が電位依存性ナトリウムチャネルの再開口を妨げるから
   (C) 軸索小丘が軸索終末よりも膜電位が深いから
   (D) 電位依存性のナトリウムチャネルとカリウムチャネルは一方向にしか開かないから
5. 軸索終末であるシナプス前膜の脱分極は，次のうちのどの結果をもたらすか．
   (A) 膜の電位依存性カルシウムチャネルが開く．
   (B) シナプス小胞が膜に融合する．
   (C) リガンド開閉型チャネルが開き，神経伝達物質がシナプス間隙に出る．
   (D) シナプス後細胞に EPSP か IPSP が発生する．
6. ある神経伝達物質がシナプス後細胞 X に IPSP，シナプス後細胞 Y に EPSP を起こしたとする．適切な説明は次のうちどれか．
   (A) シナプス後膜の閾値は X と Y で異なる．
   (B) X の軸索はミエリン化しているが Y はしていない．
   (C) Y のみが神経伝達物質の作用を終結させる酵素を産生する．
   (D) X と Y はこの特別な神経伝達物質に対する異なる受容体を発現している．

レベル3：統合／評価

7. **どうなる？** ウアバインは，植物由来の物質で，毒矢で狩猟に用いる文化があるが，この毒は，ナトリウム-カリウムポンプをブロックする．もしあなたがニューロンをウアバインで処置したら，静止膜電位はどうなるか説明しなさい．
8. **どうなる？** 中枢神経系（CNS）においてある薬物がGABAの作用を模倣できたとしよう．行動に対してはどのような変化を起こすと考えるか，説明しなさい．
9. **描いてみよう** 研究者が，イカから分離した軸索の中央部域に2本の電極を刺入したとする．脱分極刺激を与えそれぞれの部位を閾値まで脱分極した．このとき，それぞれの場所で発生した活動電位はどこに伝わるか，1枚か2枚の図に図示しなさい．

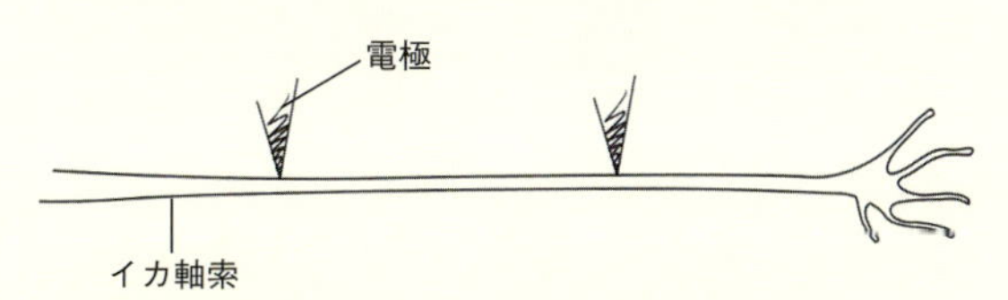
電極
イカ軸索

10. **進化との関連** 活動電位は全か無の現象である．このオン／オフシグナル方式は，動物が，複雑な環境を感知し行動するための進化的適応の結果と考えられる．もし活動電位が刺激の大きさによって段階的に変化すると考えるとすると，オン／オフシグナルが，段階的シグナルの方式よりも進化的に有利だった点は何か．
11. **科学的研究** 活動電位とシナプスに関するあなたの知識に基づいて，多くの麻酔薬がいかにして痛覚を遮断するかについて，2つの仮説を立てなさい．
12. **テーマに関する小論文：組織化** 脊椎動物のニューロンの構造と電気的性質は，いかにして他の動物細胞との類似性，相違性を反映しているか，300〜450字で記述しなさい．
13. **知識の統合**

ガラガラヘビは，先端にある尾を振りガラガラと音をたてて敵に警告する．信号がヘビの頭部から尾まで伝わり，さらにそこの神経から尾を動かす筋肉へ伝えるまでに果たすゲート型イオンチャネルの役割について述べなさい．

（一部の解答は付録A）

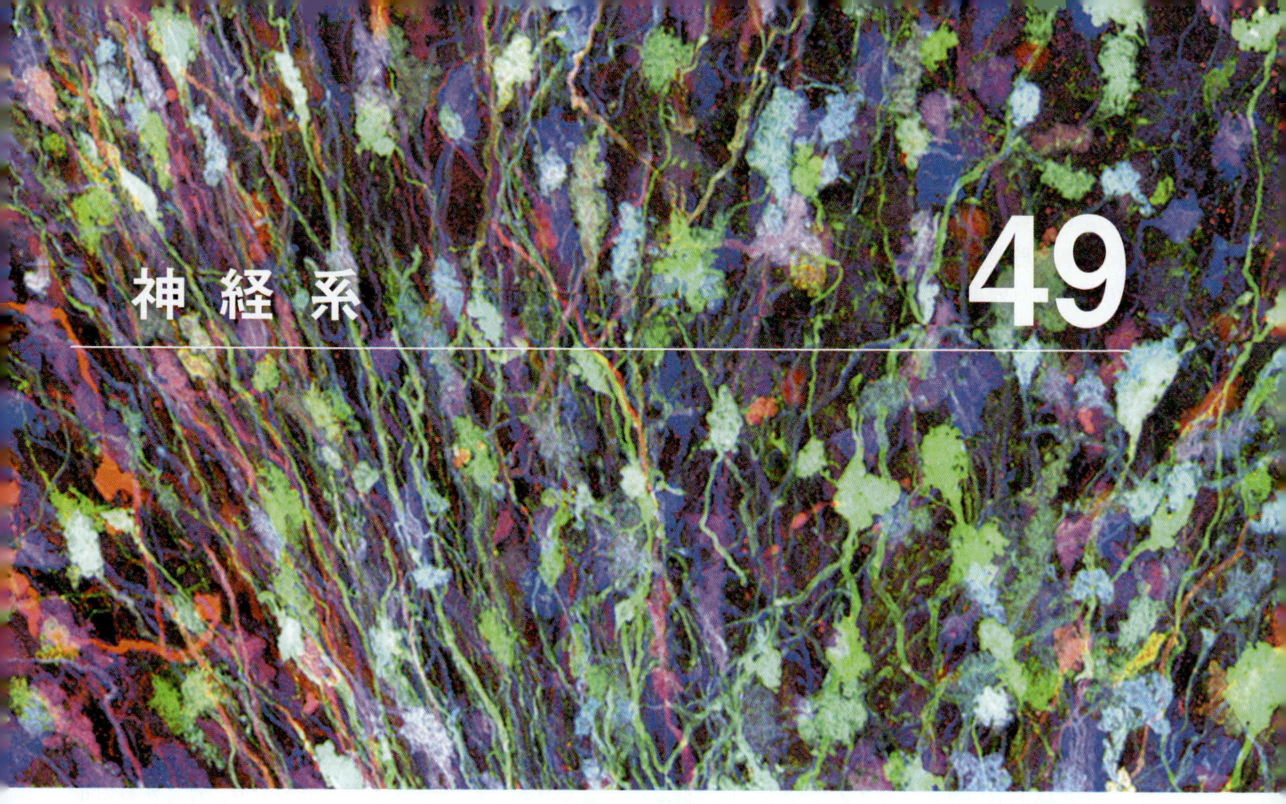

神 経 系
49

▲図 49.1　研究者はどのようにして脳内の個々のニューロンを識別するか．

重要概念

49.1 神経系は神経回路と支持細胞からなる

49.2 脊椎動物の脳は部位特異的である

49.3 大脳皮質は随意運動と認知機能を司る

49.4 シナプス結合の変化が，記憶や学習の基礎過程にある

49.5 神経疾患は分子の言葉で説明可能である

指令と調節中枢

数学の問題を解いたり，音楽を聴いたりしているとき，あなたの脳の中では何が起こっているのだろうか．科学者はつい最近まで，この疑問に答えることができなかった．ヒトの脳はおよそ1000億個のニューロンでできている．ニューロンが結合してつくる回路は，最強のスーパーコンピュータのそれよりもはるかに複雑である．しかし，最近の画期的な技術の進歩は，脳で起こっている情報処理の細胞機構の解明を可能にし，思考や感情などの基礎過程も明らかにしつつある．

脳研究における1つの大きな進歩は，活動している脳の働きを調べる脳機能イメージング技術である．研究者はヒトがある課題を実行しているとき（たとえば，話をしているとき，絵を鑑賞しているとき，ヒトの顔を想像しているときなど），脳のさまざまな場所から，その活動をモニターすることができるようになった．この技術を用いて，ある課題と脳の特定部域の活動との相関関係を調べることができるようになった．

もう1つの大きな進歩の1つは，蛍光タンパク質をランダムに発現させて，脳内の個々のニューロンを色分けし，区別できるようにする「ブレインボウ（brainbow）[*1]」とよばれる技術である．図 49.1 のようにブレインボウのマウスの脳のニューロンは，4つの蛍光タンパク質の組み合わせにより90以上の異なる色で区別することできる．神経科学者はこの技術を使い，脳内でニューロンがどのように結合しているか，その詳細な地図を作製したいと望んでいる．

本章では，動物の神経系の構築と進化について議論する．ある課題を行うのに関与する特定の神経回路において，ニューロンのグループがど

＊1（訳注）：脳 brain と虹 rainbow を組み合わせた造語．

のように機能しているかを探っていく．はじめに，脊椎動物の脳の特殊化した部位に焦点を当てる．そして脳活動が情報を貯蔵し，組織化する方法について述べる．最後に，今日の重要な研究課題となっている神経疾患について考察する．

49.1

神経系は神経回路と支持細胞からなる

感覚を生じ，それに反応する能力は，数十億年前の原核生物に起源をもつ．彼らは環境の変化を認識し，それに反応することで，生存と繁殖の成功を増大させることができた．単純な認知と反応が，進化の過程で改良されることにより，後に多細胞生物に見られる細胞間の交信のためのメカニズムが用意されることになった．5億年以上前のカンブリア大爆発までに（32.2節参照），神経系はほぼ現在に近い形にまででき上がった．これにより動物は周囲の知覚とすばやい運動が可能になった．

ヒドラやクラゲなどの刺胞動物は，最も単純な神経系をもつ動物である．刺胞動物は，胃水管腔の収縮と拡張を制御するニューロンが，「神経網」（図 49.2 a）を形成している．より複雑化した動物の神経系では，繊維状に伸びた神経の軸索が束となり**神経 nerve** を形成している．この繊維状の構造は，神経系において，特定な経路に沿って情報を送ることを可能にした．たとえば，ヒトデはそれぞれの腕の中に，中央の神経環につながる放射神経をもっている（図 49.2 b）．それぞれの放射神経は，中央の神経網につながっており，そこで入力を受け取ったり，筋収縮を制御する信号を送ったりしている．

体の長軸方向に長く伸びた左右相称の動物は，特殊化した神経系を発達させている．このような動物には「頭部集中化」が見られる．頭部集中化とは，感覚ニューロンや介在ニューロンが体の前方端近くに集中する進化的傾向のことである．前端部に集中しているニューロンは，体のどの細胞（たとえば，体の後端部域に伸びる神経索のニューロン）とも情報のやりとりができる．

多くの動物では，情報の統合にかかわるニューロンは**中枢神経系 central nervous system（CNS）**を形成している．またそこに情報を送ったり，そこから情報を送るニューロンは**末梢神経系 peripheral nervous system（PNS）**を形成している．図 49.2 c に示した体節構造をもたない，プラナリアのような動物では，小型の脳と長軸方向に走る神経索が最も単純な CNS を構築している．他の体節構造をもたない動物で，よく研究されているのが線虫 *Caenorhabditis elegans* である．線虫の成体（雌雄同体）は，302 個のニューロンをもっており，その数はこれ以上でも以下でもない．

▼図 49.2　**神経系の組織．**（a）ヒドラでは個々のニューロン（紫色）が神経網を形成している．（b〜h）より洗練された神経系をもつ動物では，ニューロン集団（水色）は神経と神経節，脳に組織化されている．

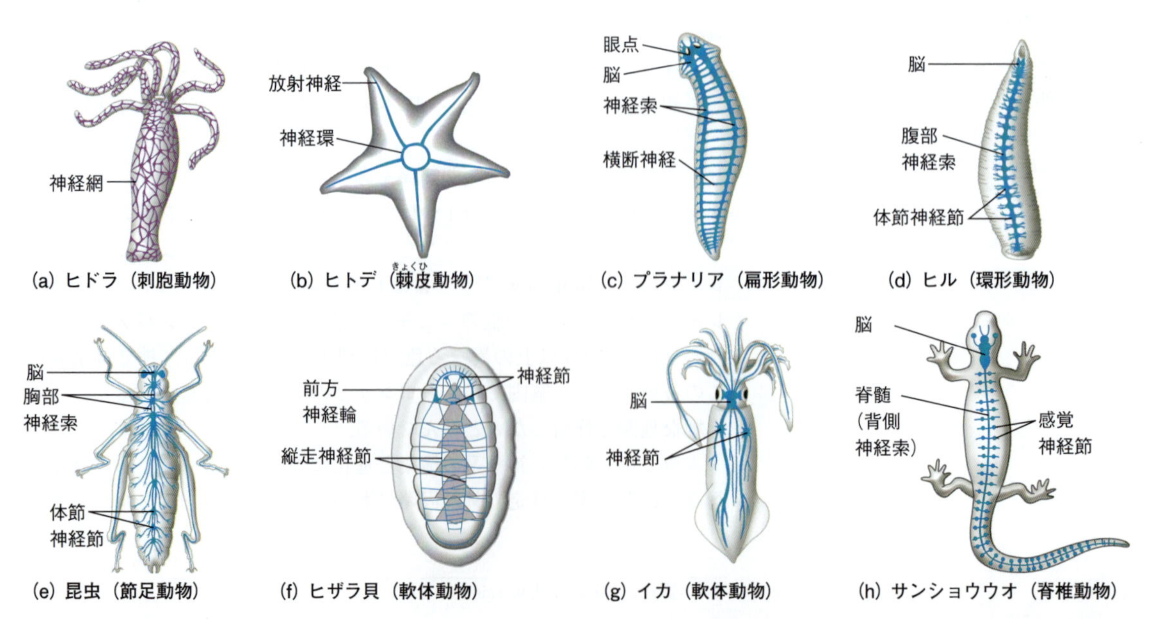
神経網
放射神経
神経環
眼点
脳
神経索
横断神経
脳
腹部
神経索
体節神経節
脳
胸部
神経索
体節
神経節
前方
神経輪
縦走神経節
神経節
脳
神経節
脳
脊髄
（背側
神経索）
感覚
神経節

(a) ヒドラ（刺胞動物）　(b) ヒトデ（棘皮動物）　(c) プラナリア（扁形動物）　(d) ヒル（環形動物）
(e) 昆虫（節足動物）　(f) ヒザラ貝（軟体動物）　(g) イカ（軟体動物）　(h) サンショウウオ（脊椎動物）

一方，より複雑化した無脊椎動物の環形動物（図 49.2 d）や節足動物（図 49.2 e）のニューロン数は多い．これら無脊椎動物の行動は，より複雑化した脳と腹部神経索，そして情報伝達の中継点としてニューロンが密集している**神経節 ganglia** によって制御されている．

神経系の構築と動物の生活様式とは密接に関連している．たとえば，二枚貝やヒザラガイのような固着性で，ゆっくり動く軟体動物は，単純な感覚器官しかもたず，頭部集中化（図 49.2 f）も見られない．それに対して，タコやイカ（図 49.2 g）のような活動的な捕食性軟体動物は，無脊椎動物の中でも最も洗練された神経系をもっている．タコは，ものの形を認識できる大きな眼と 100 万個のニューロンからできた脳をもち，複雑な視覚パターンを認識でき，壺の中の内容物を食べるために，フタをあけたりするような複雑な課題をこなすこともできる．

脊椎動物（図 49.2 h）では，脳と脊髄が CNS を形成し，神経節とそこから伸びる神経が PNS を形成している．部位による特異化は両システムの特徴である．これについては，本章全体を通して見ていくことにしよう．

グリア

48.1 節で議論したように，脊椎動物や多くの無脊椎動物の神経系は，ニューロンと，**グリア細胞 glial cell** あるいは**グリア glia** から成り立っている．グリアの例として，PNS ではシュワン細胞が，CNS ではオリゴデンドロサイトがある．これらの細胞は，軸索の周囲をミエリン鞘(しょう)で囲んでいる．図 49.3 は，成体の脊椎動物のおもなグリアの種類を示している．また，グリアがニューロンに栄養を与え，支持し，ニューロンの機能を制御している様子を概観している．

胚では，2 種類のグリアが神経系の発生に重要な役割を果たしている．ラジアルグリアとアストロサイトである．「ラジアルグリア」とよばれる細胞は，新しくできるニューロンが神経管から移動するときの道案内を行う（図 47.14 参照）．その後「アストロサイト」とよばれるグリアが CNS 内の毛細血管に並ぶ細胞を誘導し，「血液脳関門」の形成に関与する．血液脳関門は CNS 内への多くの物質の移動を制限し，細胞外の化学物質が細胞内に侵入するのを厳密に制御している．

ラジアルグリアとアストロサイトは，分裂して新しいニューロンや他の細胞をつくる幹細胞としても働いている．マウスの研究から，脳の幹細胞は，ニューロンの成長や，ニューロンの特定部位への移動を助け，神経回路に組み込ませる働きをもつことを明らかにしている（図 49.4）．研究者は，これらのグリアを，機能を失ったニューロンを再生する手法として使えると考えている．

▼図 49.3　脊椎動物神経系のグリア．

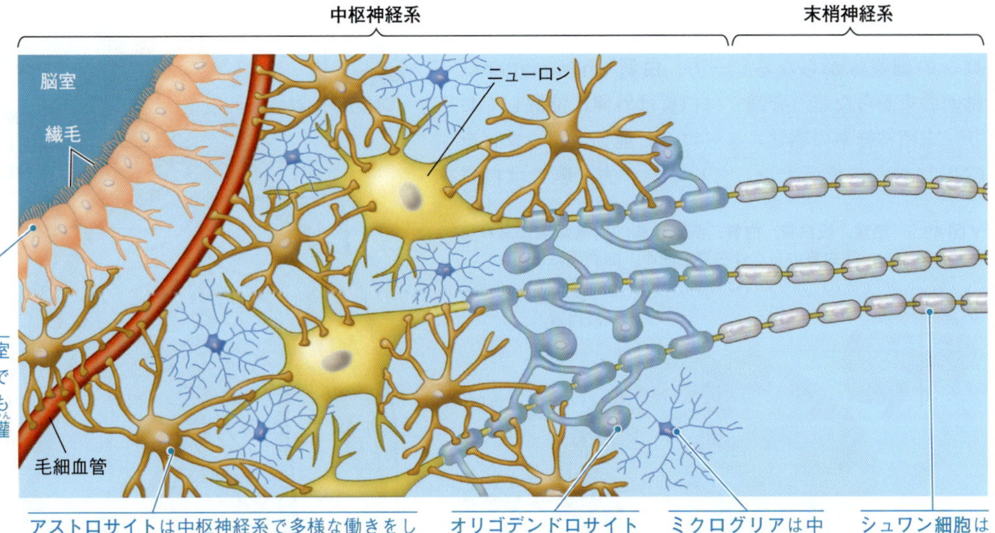
中枢神経系
末梢神経系
脳室
繊毛
ニューロン
毛細血管
上衣細胞は脳室に沿って並んでいる．繊毛をもち脳脊髄液を灌(かん)流(りゅう)している．
アストロサイトは中枢神経系で多様な働きをしている．情報伝達の促進，細胞外液のイオン濃度調節，ニューロン近傍の血流増加，血液脳関門形成の手伝い，そして，ニューロンを補充するための幹細胞としての機能などである．
オリゴデンドロサイトは中枢神経系の軸索をミエリン化する．ミエリン化は活動電位の伝導速度を増加させる．
ミクログリアは中枢神経系で異物進入を防御する免疫細胞である．
シュワン細胞は末梢神経系の軸索をミエリン化する．

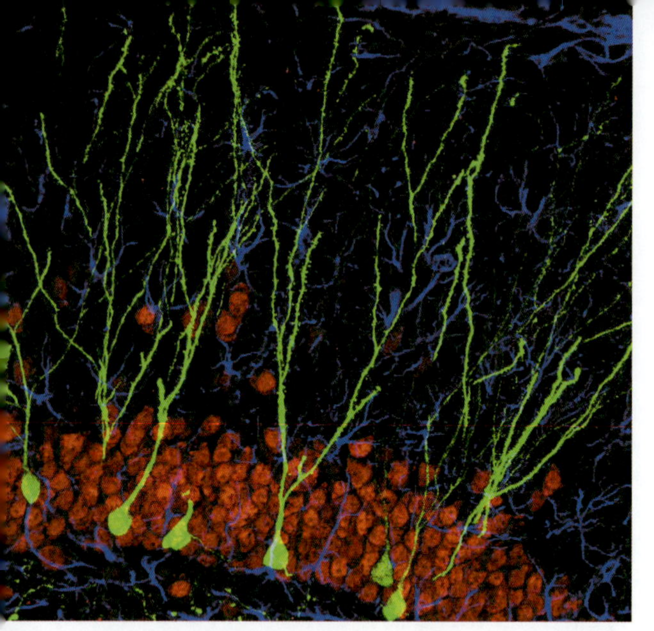

▲図 49.4　**成体マウスの脳に見られる新生ニューロン．** 成体の幹細胞からできた新生ニューロンは緑色蛍光タンパク質（GFP）で標識されている．すべてのニューロンは DNA に結合する赤い色素で標識されている（LM 像）．

脊椎動物の神経系組織

脊椎動物の胚発生の過程で，中枢神経系は，背側の胚神経索から発生する（図 34.3 参照）．神経索の空洞は脊髄の「中心管」と脳の「脳室」になる（図 49.5）．中心管と脳室は，脳内で血液の濾過作用によってつくられた「脳脊髄液」で満たされている．脳脊髄液は中心管と脳室の間をゆっくり循環しており，静脈につながっている．この循環によって，脳に栄養とホルモンが供給され老廃物が運び出される．

脳と脊髄は，脳脊髄液で満たされたこれらの空間に加え，さらに灰白質および白質（図 49.5 参照）から成り立っている．**灰白質 gray matter** はおもにニューロンの細胞体からなる．一方，**白質 white matter** は軸索の束からなる．脊髄では白質は外側に位置しており，末梢神経系の感覚ニューロンと運動ニューロンを CNS につなぐ場所となっている．一方，脳では白質は内側に位置しており，ニューロン間の信号の伝達，たとえば，学習，情動，感覚情報の伝達，運動指令の伝達などの場所となっている．

▼図 49.5　**脳室，灰白質，白質．** 脳室は脳の内側深部にあり脳脊髄液を含む．灰白質の多くは白質を囲み，脳表面にある．

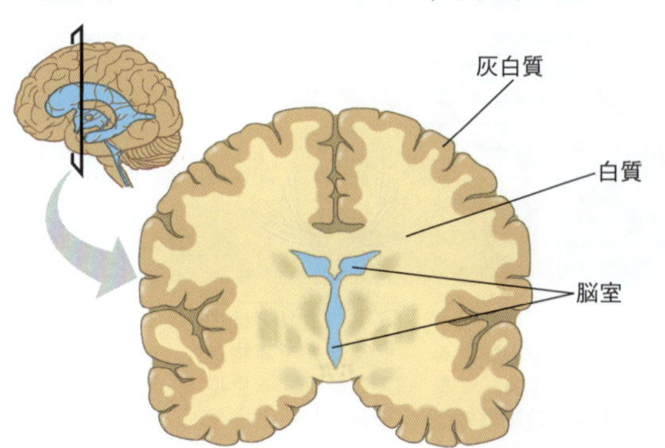
灰白質
白質
脳室

脊椎動物では，脊髄は脊椎（図 49.6）とよばれる脊柱内を走行する．脊髄は脳から送られてくる信号，脳へ送り出す信号を運び，また歩行に関与する神経の基本的な活動パターンをつくり出す．脊髄はまた脳と独立して，**反射 reflex**（ある刺激に対する生体の自動反応）を生む単純な回路としても動作している．

反射によって，ある刺激がきたときに急速な不随意的反応が起こり，体を防御することができる．反射が早いのは，感覚情報が脊髄から脳へ伝わる前に，運動ニューロンを直接活性化するからである．熱い炎に手をふれたときは，痛みの感覚がくる前に，手を引き込む反射が起こる．予期しなかったような重いものをもち上げるときにも，この膝蓋腱（しつがいけん）反射がすばやい防御反応を引き起こす．このとき，膝が曲がったとしよう．すると，膝にかかった張力は，大腿部の筋肉を収縮させる反射を引き起こす．その結果，あなたは姿勢を保ち，重さに耐えることができる．医者は健康診断のとき，この膝蓋腱反射を金槌（かなづち）を使って誘発し，中枢神経系の機能を診断している（図 49.7）．

▼図 49.6　**脊椎動物の神経系．** 中枢神経系は脳と脊髄（黄色）から成り立っている．左右一対ある脳神経，脊髄神経と交感神経幹が末梢神経系（濃い黄色）を構成する．

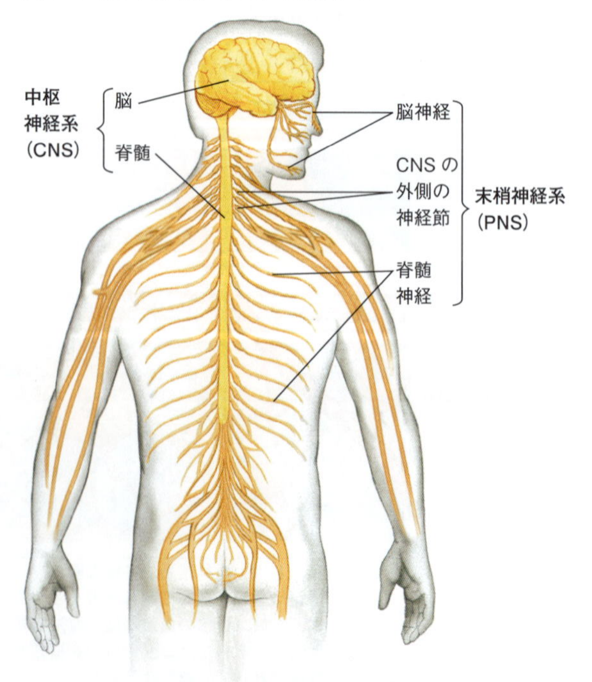
中枢
神経系
(CNS)
脳
脊髄
脳神経
CNS の
外側の
神経節
脊髄
神経
末梢神経系
(PNS)

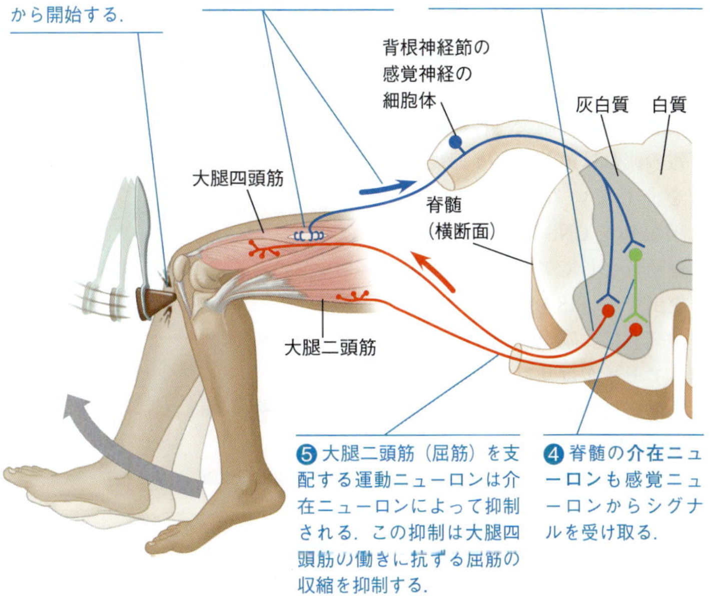
❶反射（ここでは右足の動きを示す）は大腿四頭筋の腱をたたくことから開始する．
❷感覚器は大腿四頭筋の急な伸展を検出し，感覚ニューロンが脊髄に情報を伝える．
❸感覚ニューロンの信号に反応して，運動ニューロンが大腿四頭筋にシグナルを送ると収縮が起こり膝が伸ばされる．
背根神経節の感覚神経の細胞体
灰白質
白質
大腿四頭筋
脊髄（横断面）
大腿二頭筋
❺大腿二頭筋（屈筋）を支配する運動ニューロンは介在ニューロンによって抑制される．この抑制は大腿四頭筋の働きに抗する屈筋の収縮を抑制する．
❹脊髄の介在ニューロンも感覚ニューロンからシグナルを受け取る．
凡例　感覚ニューロン　運動ニューロン　介在ニューロン

➤図 49.7　**膝蓋腱反射**．多くのニューロンがこの反射にかかわる．簡単のためにこの図では各タイプのうち１つのニューロンを示している．

関連性を考えよう➤この反射における大腿二頭筋と大腿四頭筋への神経信号を１つの例として，嚥下反射中に見られる食道の平滑筋収縮制御に関するモデルを提唱しなさい（図 41.19 参照）．

末梢神経系

末梢神経系は末梢から中枢神経系あるいは中枢神経系から末梢へ向けて情報を伝達し，動物の運動や内部環境を制御するうえで重要な役割を果たしている（図 49.8）．感覚情報は「求心性」ニューロンとよばれる末梢神経系ニューロンを介して中枢神経系へ伝えられる．中枢神経系で情報の加工がなされ，その指示が筋肉や腺，内分泌細胞に「遠心性」ニューロンとよばれる末梢神経系ニューロンを介して運ばれる．ほとんどの神経は求心性と遠心性の両方のニューロンを含んでいることに注意してほしい．

末梢神経系は２つの遠心性成分からできている．運動系と自律神経系（図 49.8 参照）である．**運動系 motor system** は骨格筋へシグナルを送るニューロンからなる．骨格筋の制御は，何かを質問するときに手を上げるような随意的な場合と，膝蓋腱反射のように不随意的な場合がある．それに対して，**自律神経系 autonomic nervous system** による，平滑筋，心筋の制御は，一般に不随意的である．交感神経と副交感神経は，一緒になって，消化管，心臓や血管，外分泌，内分泌器官を制御している．**腸管神経系 enteric nervous system** とよばれるもう１つのニューロンのネットワークは，消化管，膵臓，胆嚢を直接あるいは部分的に独立して制御している．

自律神経系の交感神経と副交感神経は各器官を拮抗的に制御している（図 49.9）．**交感神経 sympathetic division** の活性化は覚醒とエネルギー産生（「闘争–逃走反応」）に関係する．たとえば，心臓の拍動は早くなり，消化は抑制され，肝臓はグリコーゲンをグルコースに変換し，副腎髄質からのアドレナリン（エピネフリン）分泌が促進される．一方，**副交感神経 parasympathetic division** の活性化は一般に逆の反応を起こし，休息状態と自己維持機能を促進する．心拍数は減少し，消化は促進され，グリコーゲン産生は増大する．しかしながら生殖活動の制御においては，副交感神経は交感神経に拮抗するのではなく，むしろ補完的な役割をしている（図 49.9 参照）．

交感神経と副交感神経は，その機能が違うだけでなく，構造や放出されるシグナル分子についても違いがある．副交感神経系の神経は脳や脊髄の基部近くから

▼図 49.8　脊椎動物末梢神経系の機能的分類．

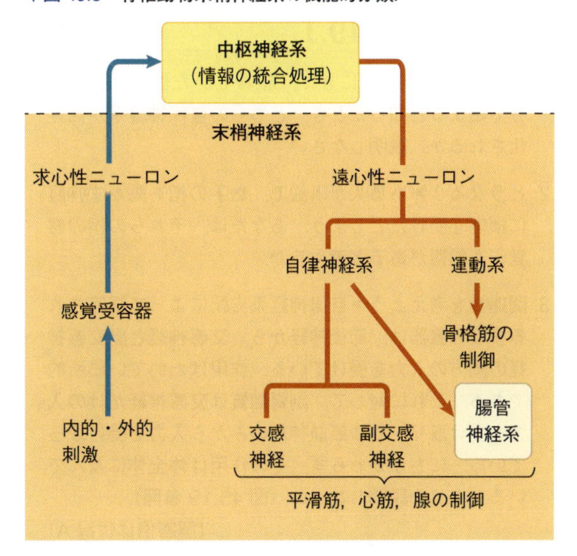
中枢神経系
（情報の統合処理）
末梢神経系
求心性ニューロン
遠心性ニューロン
自律神経系
運動系
感覚受容器
骨格筋の制御
腸管神経系
内的・外的刺激
交感神経
副交感神経
平滑筋，心筋，腺の制御

出て，各器官の近傍あるいは内側にある神経節にシナプスを形成している．一方，交感神経系の神経は脊髄から出て，脊髄外側にある神経節にシナプスを形成している．

交感神経系と副交感神経系の情報の流れは節前神経と節後神経を介している．「節前神経」は細胞体を CNS にもち，神経伝達物質としてアセチルコリンを放出する（48.4 節参照）．「節後神経」は，副交感神経の場合は，アセチルコリン，交感神経系の場合は，ノルアドレナリンを放出する．肺，心臓，内臓筋，膀胱などの器官に見られる交感神経と副交感神経の拮抗的制御を可能にしているのは，これら神経伝達物質の違いによる．

運動系と自律神経系はしばしばホメオスタシスのために協調して働く．たとえば体温の低下に反応して，視床下部は運動系に対し震えを起こすようにシグナルを送り，熱の産生を引き起こす．同時に，視床下部は自律神経系に対し皮膚表面の血管収縮を引き起こすシグナルを送り，熱の損失を抑える．

▼図 49.9　**自律神経系の副交感神経と交感神経．** 自律神経系のおもな経路は，２種類のニューロンから成り立つ．最初のニューロンの軸索は中枢神経系の細胞体から出るもので末梢神経系のニューロンに枝を伸ばす．末梢神経系の細胞体は神経節に集まっている．これらの軸索はその指令を各臓器器に伝える．それぞれの臓器の内側で平滑筋，心筋や腺細胞にシナプスを形成している．

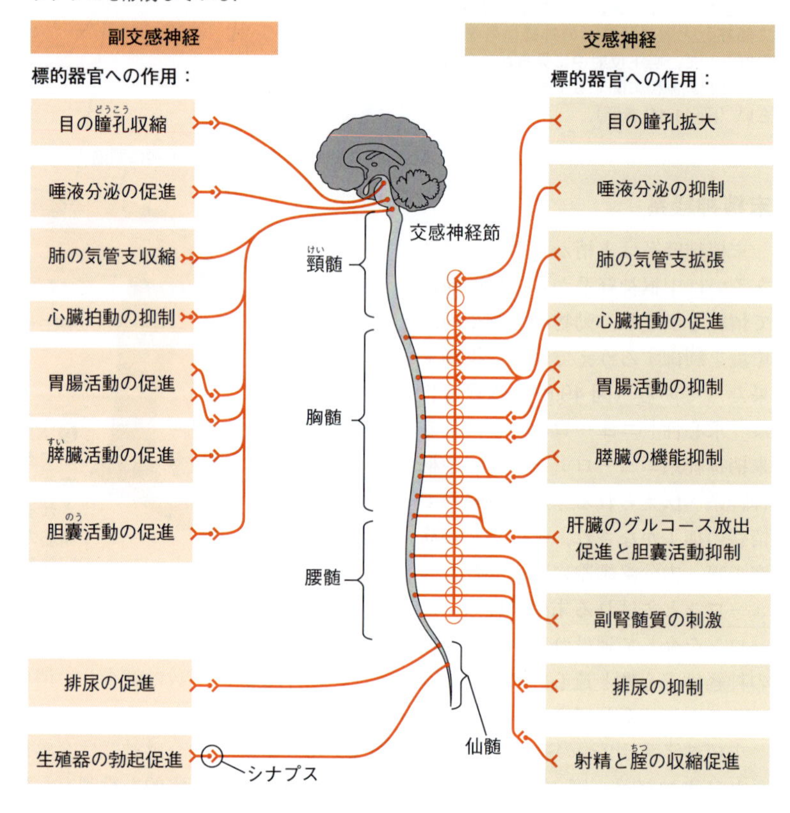
副交感神経
標的器官への作用：
目の瞳孔収縮
唾液分泌の促進
肺の気管支収縮
心臓拍動の抑制
胃腸活動の促進
膵臓活動の促進
胆囊活動の促進
排尿の促進
生殖器の勃起促進
シナプス
頸髄
胸髄
腰髄
仙髄
交感神経節
交感神経
標的器官への作用：
目の瞳孔拡大
唾液分泌の抑制
肺の気管支拡張
心臓拍動の促進
胃腸活動の抑制
膵臓の機能抑制
肝臓のグルコース放出
促進と胆囊活動抑制
副腎髄質の刺激
排尿の抑制
射精と膣の収縮促進

概念のチェック 49.1

1. もしあなたが教室にきて，忘れていた試験があと５分で始まると知ったとき，どちらの自律神経系が活性化されるか．説明しなさい．

2. **どうなる？➤** ある人が事故で，右手の指を動かす神経に損傷を受けたとしよう．あなたは，それらの指の感覚にも影響があると考えるか．

3. **関連性を考えよう➤** 自律神経系支配によって調節される多くの臓器は，節後神経から，交感神経と副交感神経の両方の入力を受けている．作用はたいてい局所的である．これに対して，副腎髄質は交感神経だけの入力を受け取り，かつ節前神経のみから入力を受け取っている．にもかかわらず，その作用は体全体に及んでいる．なぜか説明しなさい（図 45.19 参照）．

（解答例は付録 A）

49.2

脊椎動物の脳は部位特異的である

ここでは再び脳に話を戻そう．脳は，大きく前脳，中脳，後脳の３つの部位に分けられる（ここでは条鰭類の脳の例が示されている）．

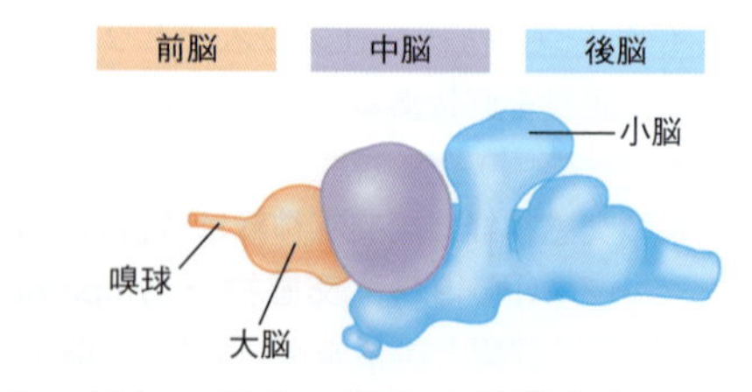
前脳
中脳
後脳
小脳
嗅球
大脳

それぞれの部位の働きは特殊化している．**前脳 forebrain** には，匂い，睡眠，学習や，その他の複雑な処理に関与する，「嗅球」と「大脳」が含まれる．**中脳 midbrain** は脳中央部にあり，感覚入力の経路を調整する．**後脳 hindbrain** の一部は，「小脳」を形成し，血流などの不随意活動や歩行などの運動活動を調節している．

進化　脊椎動物の系統樹を比較してみると，前脳，中脳，後脳の相対的な大きさが異なっているのがわかる（図 49.10）．この大きさの違いは，脳の機能の違いの重要性を反映していることがわかる．たとえば，条鰭類の場合を考えよう．彼らは環境世界を，嗅覚，視覚，そして，水流，電気刺激，体の位置を知る側線系を使って探査している．水中の匂い物質を検出する嗅球は，相対的にサイズが大きい．視覚と側線系からの入力を伝えるのは中脳である．逆に，複雑な処理，学習を必要とする大脳は相対的に小さい．このように進化は機能にきわめてよく適した構造をつくり出し，特に脳の特定部位の大きさは，その種にとっての神経系の機能，つまり種の生存と生殖などの重要度と関連している．

脳の大きさと機能の関連性は小脳の場合にも見ることができる．マグロのような自由遊泳する魚（条鰭類）では，水の中では，3 次元の動きを制御しており，そのため相対的に大きい小脳をもっている．一方，ヤツメウナギのような遊泳しない種では，小脳は小さい．

進化の初期に脊椎動物の共通の祖先から分化した鳥類と哺乳類を比較してみると，2 つの傾向をみることができる．1 つは，鳥類と哺乳類の前脳は両生類，魚類その他の脊椎動物と比べ，脳のかなりの部分を占有していることである．第 2 は，鳥類と哺乳類は，他のどのグループよりも，体サイズに対する脳の比率が大きいことである．実際，鳥類と哺乳類の体重に対する脳の比率は祖先系に比べて 10 倍大きい．脳サイズや前脳の相対的大きさの違いは，鳥類と哺乳類の認知や理性に関する高い能力を反映している．本章の最後のところでもう一度戻ってみる．

ヒトの場合，1000 億個のニューロンが 100 兆個の神経接続をしている．なぜこのように多くの細胞が，組織化された回路をつくり，高度な情報処理をし，貯蔵と読み出しを行うのか，この問題に答えるために，ヒトの脳の構築を説明した図 49.11 から始めてみよう．ここでは，脳の構造が胚発生の過程でいかにして出来上がってくるのか，成体における各構造の大きさ，形，位置を示し，さらにそれらのよく知られている機能について要約してある．

脳の組織と機能との関連を深く学ぶため，私たちははじめに脳の活動サイクルと情動の生理学的基礎について考察する．そして 49.3 節では，大脳に見られる機能局在について注意を向けることにする．

覚醒と睡眠

講義を聴いているときに（あるいは本を読んでいるときに）眠りに誘われたら，注意力が一瞬ごとに変化することを経験していることだろう．このような変化は，覚醒と睡眠を制御する脳幹と大脳によって調節されている．覚醒は，外部世界について気づいている状態である．睡眠は外部世界は受容しているが意識によって知覚されていない状態である．

感覚的な印象と違って，睡眠は脳にとって少なくとも活動的な状態である．頭皮上に多くの電極を置いて，脳波とよばれる電気活動のパターンを脳波（electroencephalogram：EEG）として記録することができる．この記録により，脳波の周波数は眠りに入ると変化することが明らかになった．

睡眠は生存に欠かせないものであるが，私たちはまだその機能については十分知り得ていない．1 つの仮説は，睡眠と夢は，記憶と学習を強化させる役割があるとするものである．この仮説は次に述べる 2 つの観察から支持される．1 つはヒトが 36 時間覚醒状態に置かれると，たとえカフェインで「元気」にした状態であってもある出来事がいつ起こったかを思い出す能力が低下してしまうという事実，

▼図 49.10　脊椎動物の脳構造と進化． 脊椎動物の脳の主要構造の相対的大きさの違いを強調するため，同一スケールで並べている．脊椎動物の進化過程ででき上がった脳構造の相対的大きさの違いは，脊椎動物の各グループに対応した脳の機能の重要性と関連している．

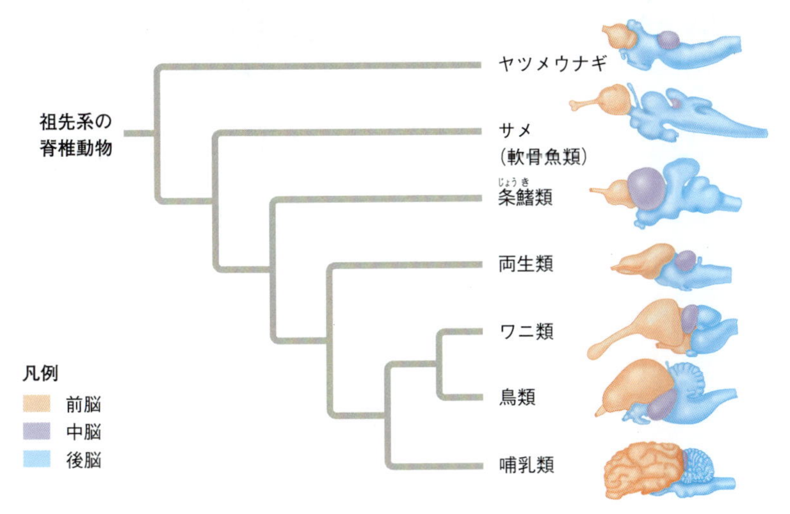
祖先系の
脊椎動物
ヤツメウナギ
サメ
（軟骨魚類）
じょうき
条鰭類
両生類
ワニ類
鳥類
哺乳類
凡例
前脳
中脳
後脳

▼図 49.11　探究　ヒト脳の構築

脳は人体の中で最も複雑な器官である．脳は厚い頭蓋骨に囲まれており，明瞭ないくつかの部域に分けることができる．その部域のいくつかは，右に示した成人の頭部の磁気共鳴画像（MRI）において見ることができる．下の図は，胚の発生過程を示したものである．それらのおもな機能は本文で説明されている．

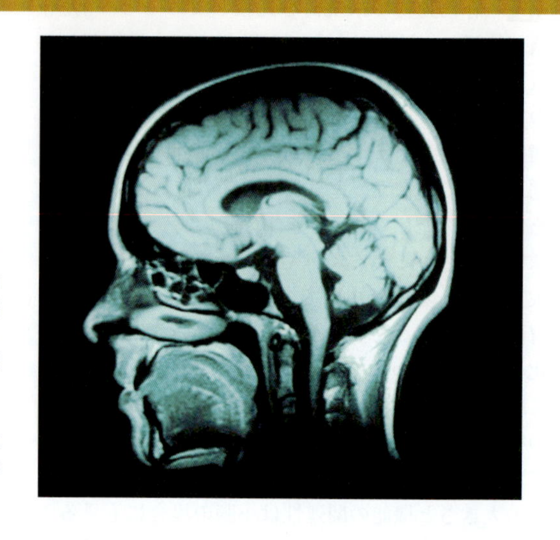

ヒト脳の発生

ヒトの胚が発生していくにつれ，神経管は３つに分かれる．前脳，中脳，後脳である．それらが成人の脳をつくる．中脳と後脳の一部が，**脳幹 brainstem** になる．脳の基部で脊髄と連結する．後脳の残り部分は，**小脳 cerebellum** になり，脳幹の後部に位置する．３番目の前方の膨らみ，前脳は，間脳胞と終脳胞になる．間脳胞は，神経分泌組織を含み，終脳胞は，**大脳 cerebrum** になる．発生の２ヵ月から３ヵ月目の間に起こる，急激な終脳胞の拡大成長が，大脳の外側の層，皮質をつくり，これが広がって，脳の他の多くの部分を囲むようになる．

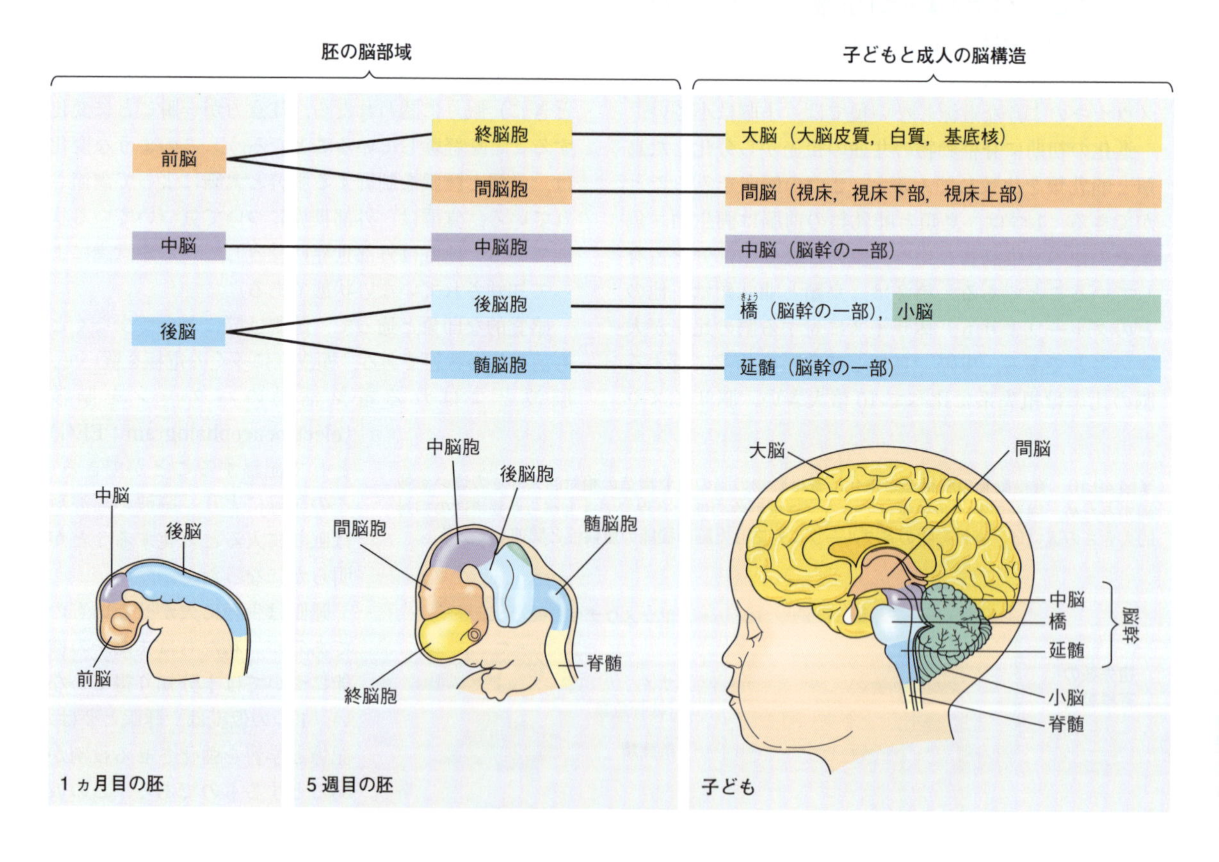

胚の脳部域
子どもと成人の脳構造
前脳
終脳胞
大脳（大脳皮質，白質，基底核）
間脳胞
間脳（視床，視床下部，視床上部）
中脳
中脳胞
中脳（脳幹の一部）
後脳
後脳胞
橋（脳幹の一部），小脳
髄脳胞
延髄（脳幹の一部）
中脳
後脳
前脳
1ヵ月目の胚
中脳胞
後脳胞
間脳胞
髄脳胞
脊髄
終脳胞
5週目の胚
大脳
間脳
中脳
橋
延髄
脳幹
小脳
脊髄
子ども

大 脳

大脳は，骨格筋の収縮を制御する．また，学習，情動，記憶，知覚の中枢でもある．左右の「大脳半球」に分かれている．**大脳皮質** cerebral cortex は，知覚，随意運動，学習などに不可欠である．大脳は左右の半球からなる．左半球は体の右側の情報を受け取り，体の右側の動きを制御する．**脳梁** corpus callosum として知られる軸索の太い束は左右の大脳半球の間の連絡を担っている．白質の深部には「基底核」とよばれるニューロンの集団があり，運動の企画と学習にかかわる中枢として働く．発生過程でこれらの場所が損傷を受けると，大脳の麻痺を起こし，筋肉への運動指令ができなくなる．

小 脳

小脳は運動やバランスを調節し，運動技能の習得と記憶に関与している．小脳は関節の位置，筋肉の長さ，聴覚や視覚系の入力を受け取る．小脳はまた，大脳により組織化された運動指令を監視している．小脳はこのときの情報を，運動と知覚の間の誤差をチェックして調節している．手と眼の呼応は小脳制御の1例である．もし小脳が損傷を受けると，眼は動く物体を追尾できるが，物体と同じ位置に眼をとめることができない．物体に向かっての手の追尾も不規則になってしまう．

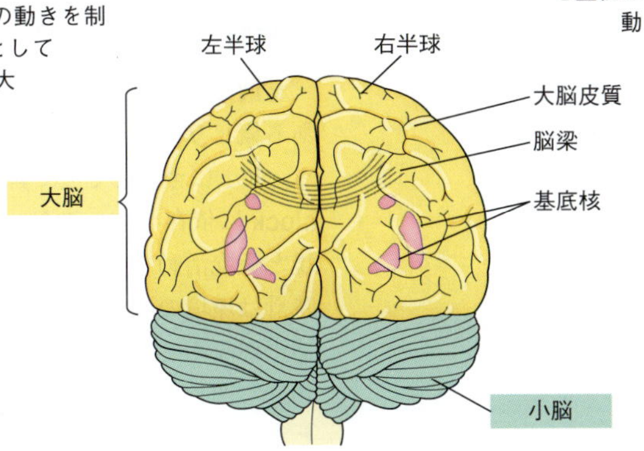

後方から見た成人の脳

間 脳

間脳は，視床，視床下部，視床上部に分けられる．**視床** thalamus は感覚情報が大脳皮質に向かう途中の入力中枢である．すべての感覚からやってくる情報と大脳皮質からくる情報は視床で区分され，さらなる処理に向けて適切な大脳の場所に送られる．視床は2つの塊からなる．それぞれは，クルミの大きさと形に似ている．さらにもっと小さい構造の**視床下部** hypothalamus は体内時計と体温調節器をもっている．視床下部は脳下垂体の制御を介して，飢え，のどの渇き，性行動，闘争–逃走を制御している．視床下部はまた脳下垂体後葉のホルモンや脳下垂体前葉に作用する放出ホルモンのもとである．「視床上部」にはメラトニンを分泌する松果体がある．

脳 幹

脳幹は，中脳，**橋** pons と**延髄** medulla oblongata からなる．中脳はある種の感覚情報を受容し，統合して，前脳の特別な部域に情報を送る．聴覚を含むすべての感覚軸索は中脳に終末するか，あるいはそこを通過して大脳に向かう．中脳はまた，視覚反射の中枢でもある．末梢視覚反射では，動いた物体の方向に頭部が回転する．橋と延髄の最も重要な機能は，末梢神経系と中脳，末梢神経系と前脳の間の情報の伝達である．橋と延髄はまた，走ったり登ったりするときの体全体の動きを調整する．これらの動きを生じさせる指令を運ぶ軸索は，中枢神経系の片側から出て，延髄で交差する．その結果，右脳は体の左側を支配することになる．左脳はその反対である．延髄のもう1つの機能は，呼吸，心臓血管の活動，嚥下，嘔吐，消化などの自動的な制御，恒常性機能の制御である．これらの活動には橋も関与していて，たとえば，延髄の呼吸中枢の調節などを行っている．

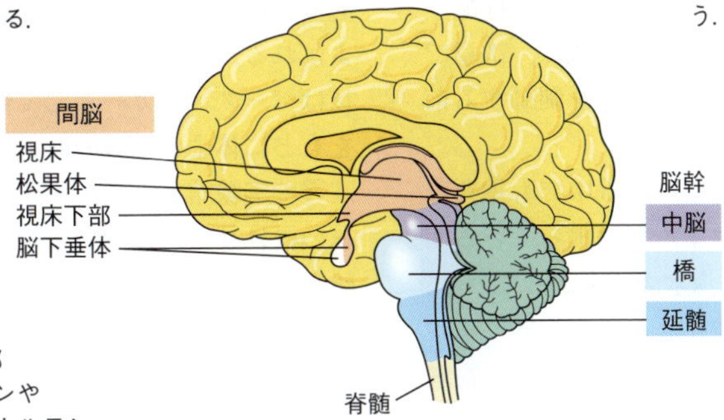

側面から見た成人の脳
(左側が前)

▼図 49.12　**網様体．**かつて網様体は散在した単一のニューロンのネットワークと考えられていたが，現在は，ニューロンは多数の集合体に分かれて散在していることが知られている．これら役割の1つは，感覚入力（青色矢印）に対するフィルターとして働くというものである．繰り返し入ってくる同様な情報は，たえず神経系に流れ込んでくるが，それをブロックしているのである．網様体は，感覚フィルターを通過した入力信号だけを大脳皮質へ送る（緑色の矢印）．

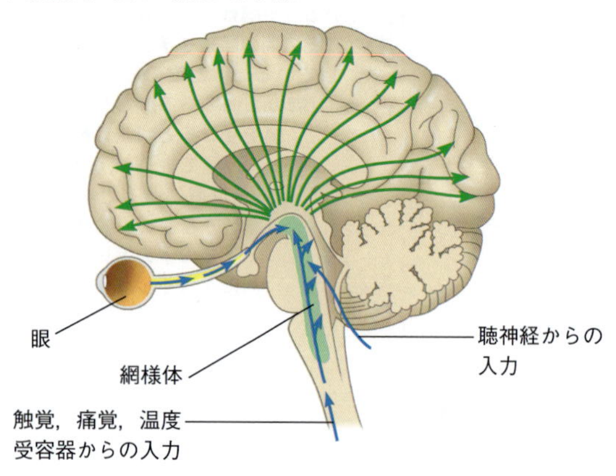
眼
網様体
触覚，痛覚，温度
受容器からの入力
聴神経からの
入力

もう1つは，学習している間に活性化される脳部位は，睡眠中でも再び活性化されるという事実である．

覚醒と睡眠は「網様体」による制御も受けている．網様体は，おもに中脳と橋に散在したニューロンネットワークである（図 49.12）．これらのニューロンは，急速な眼球運動（REM）や鮮明な夢によって特徴づけられる睡眠の長さを制御している．睡眠は，次章で論議する生物時計や，睡眠の強さと長さを制御する前脳の部域によっても制御されている．

ある動物は進化的適応によって，睡眠中でも重要な活動を行う．たとえばバンドウイルカは眠っている間にも泳ぎ，空気呼吸するために海水面に上がっていく．どうしてこの巧妙な行動が可能になるのだろう．イルカの脳は，ヒトやその他の哺乳類と同じように，物理的，機能的に左右の半球に分かれている．イルカは，片目を開け，もう片側は閉じて眠ることに注意してほしい．研究者は，イルカは，片側の脳だけが眠っている状態であることを示唆した．眠っているイルカの両半球からのEEG記録は，この仮説を支持している（図 49.13）．

▼図 49.13　**イルカは睡眠と覚醒を同時に行うことができる．**イルカの左右の大脳半球から別々にEEGが記録された．片側の半球には低周波の活動が記録された一方で，もう片側の半球には，覚醒時に見られる高周波の活動が記録された．

凡例

睡眠時に特徴的な低周波の脳波

覚醒時に特徴的な高周波の脳波

場　所	時間：0時	時間：1時間後
左半球		
右半球		

生物時計による支配

覚醒と睡眠のサイクルは生物活動の1日のリズムである概日リズムのよい例である．このリズムは細菌から，ヒトに至るまで広く観察され，**生物時計 biological clock** に依存している*2．時計はピリオド遺伝子の発現と細胞活動を指揮する分子メカニズムによる．生物時計は環境の明暗サイクルに同調するが，外部からの補正がなくても，ほぼ24時間の周期を維持する．（図 49.9 参照）たとえば，ヒトは一定の環境に置かれると，24.2時間のサイクルを示す．個人差はほとんどない．

何が動物の生物時計を明と暗の環境サイクルに結びつけているのだろうか．哺乳類では，概日リズムは，視床下部（図 49.11 参照）のあるニューロン集団によって調節されている．これらニューロンは，**視交叉上核 suprachiasmatic nucleus**（SCN：中枢神経系内のある場所にニューロンが集合している場所は「核」とよばれる）とよばれる構造を形成している．視交叉上核はペースメーカーとして働き，眼からくる感覚情報をもとに体中の細胞の時計を同調させる．**科学スキル演習**で実験結果からデータを解釈し，さらにハムスターの概日リズムにおける視交叉上核の役割を調べる実験を提案することができる．

情　動

生物時計は脳の1ヵ所の構造によって支配されているのに対して，情動の生成や経験は，扁桃体（へんとうたい），海馬（かいば），視床の一部を含む多くの脳の構造に依存している．図 49.14 に示したように，これらの構造は哺乳類では，脳幹に近い位置にあり，「大脳辺縁系」とよばれている．

大脳辺縁系は似たような状況に遭遇したときに読み出される記憶として情動体験を貯蔵する役割にかかわっている．あなたが喧嘩したときの出来事を思い出したとき，いまは何も脅かすものはないのに，心拍数が

＊2（訳注）：この遺伝子を特定し，そのメカニズムを発見したホール（Jeffrey C. Hall）博士とロスバシュ（Michael Rosbash）博士，ヤング（Michael W. Young）博士に2017年度のノーベル生理学・医学賞が授与された．

科学スキル演習

変異体を用いた実験を計画する

SCN はハムスターの概日リズムを制御しているか 研究者は視交叉上核を外科的に切除し，SCN が概日リズムに必要なことを証明した．しかしこれらの実験は概日リズムが SCN に由来しているかどうかは明らかにしなかった．この疑問に答えるため，研究者は野生型と変異型のゴールデンハムスター *Mesocricetus auratus* に SCN の移植実験を行った．野生型のハムスターは外部からの修正なしに 24 時間の概日リズムをもつのに対して，τ（タウ）変異をもつハムスターは，20 時間の周期を示す．この演習で，あなたはこの実験計画を評価し，さらなる知見を得るための実験を考えることができる．

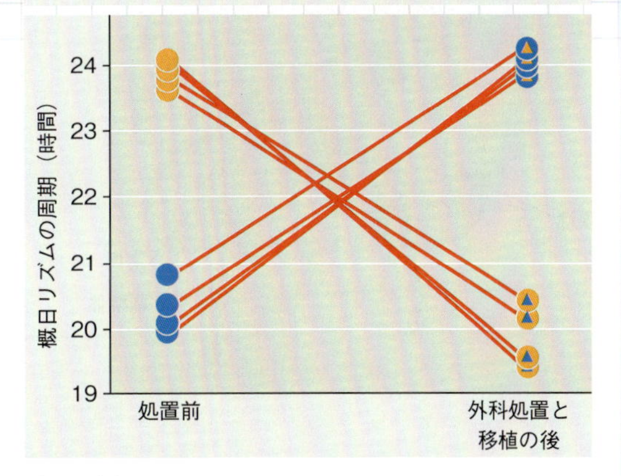

野生型ハムスター
タウ変異をもつハムスターから視交叉上核を移植された野生型ハムスター
タウ変異をもつハムスター
野生型ハムスターから視交叉上核を移植されたタウ変異をもつハムスター
概日リズムの周期（時間）
24
23
22
21
20
19
処置前
外科処置と移植の後

データの出典 M. R. Ralph et al., Transplanted suprachiasmatic nucleus determines circadian period, *Science* 247:975-978 (1990).

実験方法 共同研究者は，野生型とタウ変異型ハムスターの SCN を外科的に切除した．数週間後，それらのハムスターに，反対の遺伝子型をもつハムスターからとった SCN を移植した．移植を受ける前と後のハムスターのリズム活動を知るため，研究者は 3 週間にわたって活動状態を観察し，図 40.9 a の様式に従って，それぞれの日に得られたデータをプロットし，概日リズムを計算した．

実験データ SCN を切除されたハムスターの 80％は，他のハムスターからの SCN の移植によってリズム活動が回復した．SCN を移植されたハムスターは概日リズムを回復した．2 つの処置（SCN の切除と移植）の概日リズムに対する総合的効果を右上のグラフに示した．それぞれの赤線は，個々のハムスターのデータをつなげたものである．

データの解釈

1. 対照実験において，研究者は，1 回に 1 つの変数を扱う．この研究では何が変数になっているか．なぜ研究者はそれぞれの実験で 1 匹以上のマウスを用いるのか．処置グループでは個々のハムスターはどのような特徴が維持されているか．
2. タウ変異型の SCN をもらった野生型のハムスターでは，どのような実験的制御が適切であるか．
3. 移植されたハムスターの概日リズムについて，上のグラフはどのような一般的傾向を示しているか．その傾向は野生型とタウ変異型で異なっているか．これらのデータに基づいて概日リズムを決定する SCN の役割についてどのようなことを結論づけられるか．
4. ハムスターの 20％は SCN 移植してもリズム活動が見られないものがある．このことの考えられる原因は何か．80％のデータから SCN の役割について結論を確信できるか．
5. 研究の過程で，研究者がリズム活動を欠いたハムスターの変異体を見つけたとしよう．すなわち概日リズムは規則的なパターンを示さない．野生型とタウ変異型マウスの SCN 移植をしたとしよう．問 3 のあなたの結論を参考にして，これらの実験の結果を予測しなさい．

増え，汁が出ることの理由である．このような情動記憶の貯蔵と読み出しは，大脳の底部にありアーモンドの形をした神経細胞の集まりである**扁桃体 amygdala** の機能に依存している．

情動の発生や体験には，辺縁系に加えて他の脳の領域が必要である．たとえば，笑ったり泣いたりする行動で感情を表す際には，大脳辺縁系と前脳の感覚野の間の相互作用が必要である．同様に，前脳にある構造は情動的「感情」を基本的な生存にかかわる機能につなげている．これらは，脳幹によって制御されているもので，攻撃，摂食，性行動などである．

ヒトの扁桃体の機能を研究するため，研究者は大人の被験者に弱い電気ショックなどの不快体験とともに 1 つの絵を提示する．何度かこの課題を繰り返していると，被験者はその絵を見ただけで心拍や発汗の増大が起こる「自動興奮」を体験するようになる．扁桃体のみが脳損傷を負った被験者は，記憶は正確に保存されているため，絵をよび起こすことはできる．しかしながら，彼らは自動興奮を示すことはない．このことは，扁桃体の損傷が情動記憶の記憶容量を減少させた

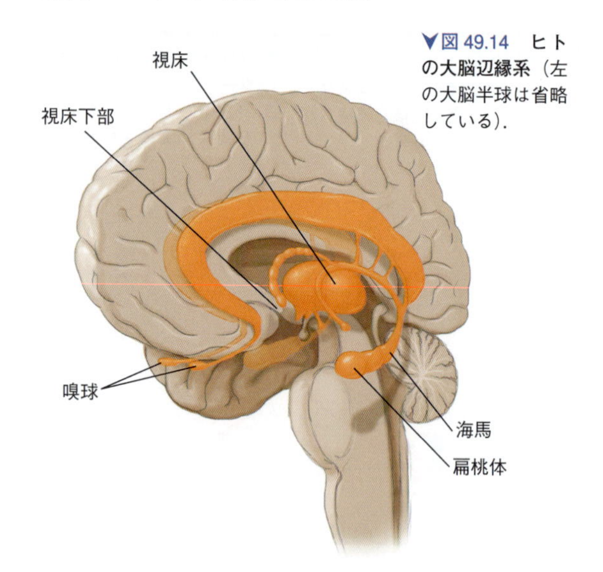
視床
視床下部
嗅球
海馬
扁桃体

▼図 49.14　ヒトの大脳辺縁系（左の大脳半球は省略している）.

▼図 49.15　脳活動時の脳機能イメージング．被験者が楽しいと感じる音楽と，悲しいと感じる音楽を聴いているときの関連する脳領域を fMRI で調べた（それぞれの画像は脳の1断面の活動を上から見たものである）.

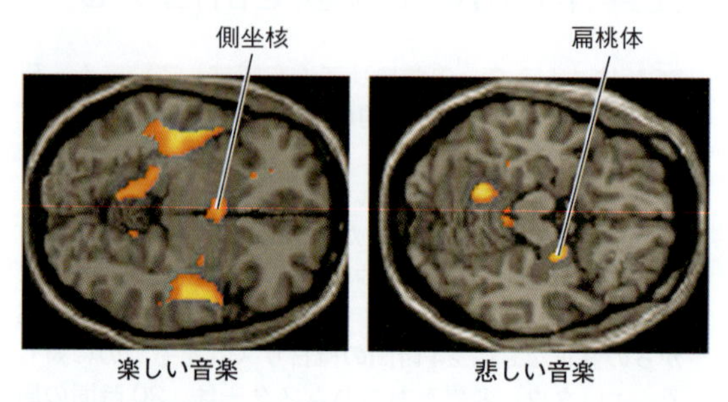
側坐核
扁桃体
楽しい音楽
悲しい音楽

図読み取り問題➤ 2つの脳機能イメージング画像は，脳の異なる水平断面の活動を明らかにした．あなたはこのことを2枚の写真からどのように説明するか．側坐核と扁桃体の場所についてあなたはどう結論づけることができるか.

ことを示唆している.

脳機能イメージング

最近，脳機能イメージング法により扁桃体やその他の脳構造の研究ができるようになってきた．研究者は，ヒトの顔を思い出しているようなある課題を行っている間，脳を走査することによってある特定の機能を脳の特定部域の活動と関連づけることができる.

複数の技術が脳機能イメージングに使われている．最初に広く使われた技術が陽電子放射トモグラフィー（PET）であった．放射性標識したグルコースを血中に注入し，脳の代謝活性をモニターできる．今日では，機能的磁気共鳴画像法（functional magnetic resonance imaging：fMRI）が最もよく使われている．fMRI においては，被験者は頭を大きなドーナツ型の磁石の中心に置いて横たわる．脳活動は活性化した脳部位で起こる血液の酸素濃度の変化として記録される.

fMRI を用いたある実験で，研究者は音楽によって生じる脳の活動が，被験者が楽しいと感じる音楽と，悲しいと感じる音楽を聴いているときの脳の地図を作製した（図 49.15）．その違いははっきりと現れた．脳の異なる場所が，これらの真逆の情動体験と連動して活性化された．悲しい音楽を聴くときは，扁桃体，楽しい音楽を聴くときは，「側坐核」の活動が増加していた．側坐核は，快楽の知覚に重要な部位である.

本章の最初で論議したように，脳機能イメージング法は，私たちの脳の機能の理解を一変させようとしている．さらにこの方法は，医学領域でもその応用が可能になりつつある．今日，病院では，脳卒中後の回復過程，偏頭痛の異常部位地図の作成，脳外科手術への有効性などその応用範囲を広げている.

概念のチェック 49.2

1. あなたが右手を振ったとき，あなたの脳のどの場所が最初に活動するか.

2. 酔っている人は眼を閉じている状態で鼻のてっぺんに指先を触れることができない．アルコールによって影響を受ける脳部位はどこであると推定されるか.

3. **どうなる？➤** 中枢神経系に障害をもった2つのグループを想定する．1つは昏睡状態（無意識の状態が長引く）のグループ，もう1つは，全身麻痺（体中の骨格筋が働かなくなる）のグループである．中脳と橋の位置に照らし合わせると，それぞれの患者の障害部域がどこにあると推定されるか．説明しなさい.

（解答例は付録 A）

49.3

大脳皮質は随意運動と認知機能を司る

これからは大脳について見ていこう．大脳は，私たちの外部環境の受容，言語，認識，記憶，知覚に必要な領域である．図 49.11 に示すように，大脳はヒトの脳で最も大きな部位である．脳全体についてもいえるが，大脳では領域ごとに特殊な機能がある．最も広い領域をもつ認知機能は大脳皮質に存在する．大脳皮質とは，大脳の外層のことである．大脳皮質内では，「感覚野」で感覚情報を受容して処理し，「連合野」で

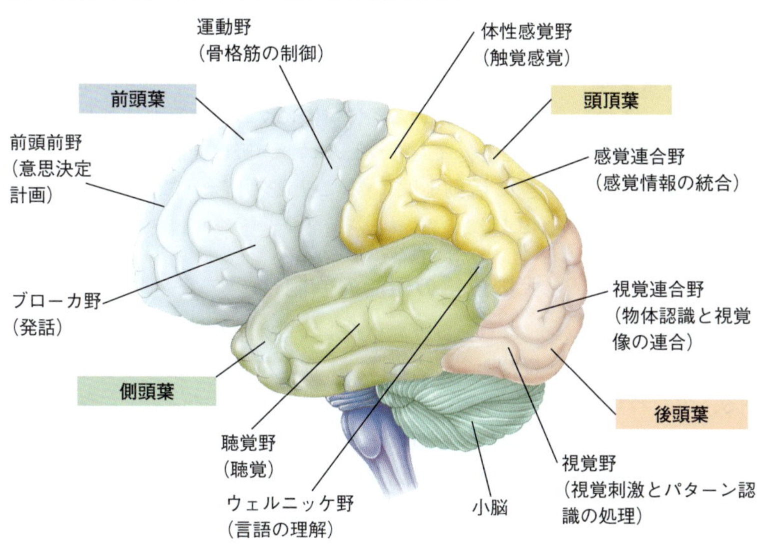
運動野
(骨格筋の制御)
体性感覚野
(触覚感覚)
前頭葉
頭頂葉
前頭前野
(意思決定
計画)
感覚連合野
(感覚情報の統合)
ブローカ野
(発話)
視覚連合野
(物体認識と視覚
像の連合)
側頭葉
後頭葉
聴覚野
(聴覚)
視覚野
(視覚刺激とパターン認
識の処理)
ウェルニッケ野
(言語の理解)
小脳

▼図 49.16　**ヒトの大脳皮質.** 大脳皮質の各半球は4つの葉に区分されており，各葉は特殊な機能を担っている．左半球（この図は左半球を示している）にあるいくつかの連合野は，右半球（図はなし）のそれとは異なった機能をもつ．

情報を統合し，「運動野」で体の各部位へと指令を出す．

大脳皮質の機能の局在について論じる際，神経科学者は領域の目印として，4つの領域「葉（よう）」を使う．前頭葉，側頭葉，後頭葉，頭頂葉という．それぞれの名前は，近くにある頭蓋骨にちなんで名づけられている（図 49.16）．

情報処理

大まかにいって，ヒトの大脳皮質は，2種類の感覚情報を受け取っている．1つは，手や頭皮，他の体表部位の受容体からの入力である．これらの「体性感覚」の受容体は，触覚，痛覚，圧覚，温度感覚，そして筋肉や骨の位置に関する情報を提供する．もう1つは，眼や鼻などの特殊な感覚器官にある受容器からの入力である．

ほとんどの感覚情報は，視床を通って一次感覚野に入る．一次感覚野で受け取られた情報は，近接する関連領域へと伝えられ，そこで情報から特定の特徴が読み取られる．たとえば，後頭葉では，一次視覚野のニューロンのいくつかのグループは，特定の方向の光に特に敏感である．視覚連合野では，この光に関連する情報を統合して，顔のような複雑な像を認識できる．

統合された感覚情報は，前頭前野に送られ，行動や動きの意思決定がなされる．次に大脳皮質はここで運動指令を発し，これが行動につながる．たとえば，手を動かしたり，こんにちはといったりする行動である．これらの指令は，運動野のニューロンからの活動電位による．運動野は，前頭葉の後方にある（図 49.16 参照）．活動電位は軸索を伝導して，脳幹，脊髄へと伝わる．そして脳幹，脊髄内で運動ニューロンを興奮させ，最終的には骨格筋を収縮させる．

体性感覚野と運動野では，ニューロンは体の部位ごとに配列していて，感覚を生じさせ，運動を指令している（図 49.17）．たとえば，脚や足からの感覚情報の処理は，中線に最も近い体性感覚野で処理される．脚や足の筋肉の動きを制御するニューロンは，運動野

▼図 49.17　**運動野と体性感覚野の体部位局在.** これらの皮質の断面地図において，各々の体の部位に対応する皮質表面の部域は，イメージ画で相対的な大きさとして表現されている．

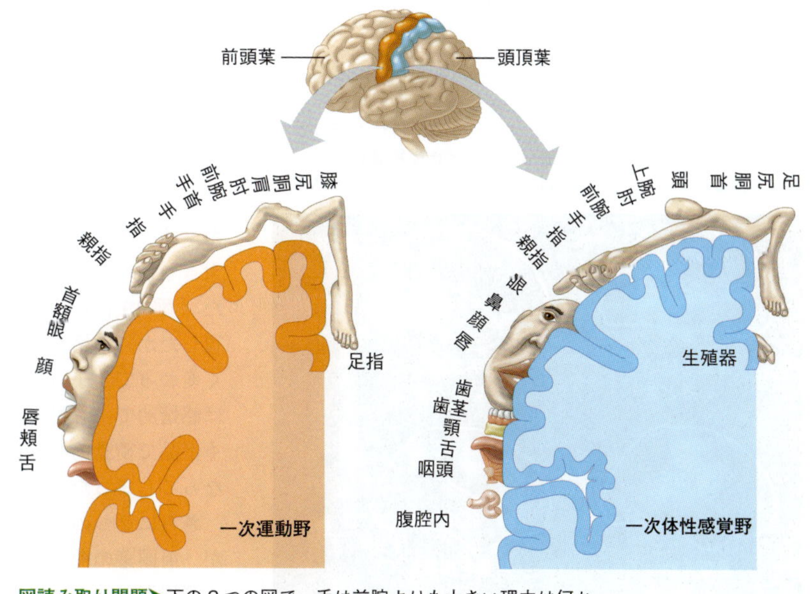
前頭葉
頭頂葉
膝
尻
胴
肩
肘
前腕
手首
手
指
親指
首
額
眼
顔
唇
頬
舌
足指
一次運動野
足
尻
胴
首
頭
上腕
肘
前腕
手
指
親指
眼
鼻
顔
唇
歯
歯茎
顎
舌
咽頭
腹腔内
生殖器
一次体性感覚野

図読み取り問題➤下の2つの図で，手は前腕よりも大きい理由は何か．

の対応する領域にある．図 49.17 を見てわかるように，体の各部位に対応する大脳皮質表面の領域は，各部位の大きさには依存しない．表面領域のサイズは，（運動野においては）それに関係する神経支配の多さと関係し，（体性感覚野においては）その領域に軸索を伸ばしている感覚ニューロンの数と関係している．このように，顔に関係する運動野の表面領域は，体幹部よりも広い．これは，顔の筋肉がコミュニケーションと密接な関係をもつことを示している．

ここではヒトに焦点を当てたが，感覚情報処理の過程は脊椎動物間で異なる．たとえば条鰭類の場合，相対的に大きな中脳（図 49.10 参照）は視覚刺激の第一次中枢になっている．このような違いは，認知機能に関する進化的傾向の違いを反映している．すなわち，脊椎動物の，サメ類（軟骨魚類）から条鰭類，両生類，爬虫類そして哺乳類への系統樹をたどると，感覚情報処理における前脳の役割が着実に増加していることが見てとれる．

言語と発話

高次の認識機能が脳の特異的な部位に局在していることを脳地図に表す研究は，1800 年代に始まった．医者はその頃，脳の特定の部位が傷ついたり，脳卒中になったり，腫瘍ができたりした患者の行動がどのように変わるかについて情報を得るようになった．ピエール・ブローカ Pierre Broca は，言葉は理解できるが発話はできない患者の死後の脳を調べた．彼は，こうした患者の多くが，左脳の前頭葉の小さな領域（今日ではブローカ野として知られている）に損傷があるのに気がついた．カール・ウェルニッケ Karl Wernicke は左脳の側頭葉の後方に損傷があると，会話を理解することはできなくなるが発話はできることを発見した．この領域は現在，「ウェルニッケ野」とよばれている．PET（陽電子放射トモグラフィー）を用いた研究は，会話をしている際に実際にブローカ野が活動していることを，また，ウェルニッケ野は会話を聞いているときに活動していることを明らかにしている（図 49.18）．

▼図 49.18　**大脳皮質における言語領域の地図．** これらの PET 画像は，ある人の左側の言語に関する脳の活動状態を示している．言葉を聞いているときはウェルニッケ野，言葉を話しているときはブローカ野，文字を読んでいるときは視覚野，そして言葉を構築しているときは前頭前野の活動の増加が見られる．

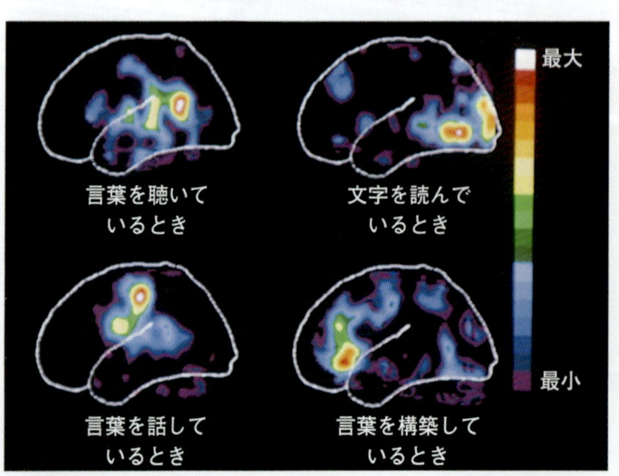
最大
言葉を聴いて
いるとき
文字を読んで
いるとき
最小
言葉を話して
いるとき
言葉を構築して
いるとき

大脳皮質の機能の偏側性

ブローカ野もウェルニッケ野も，大脳の左半球の皮質にある．これは，大脳の左側が右側よりも言葉に関して重要な機能をもつことを示している．左脳は数学や論理性のある作業に関係しているのに対し，右脳は顔やパターン認識，空間認識，言語によらない思考過程に優位性を示す．ヒト脳におけるこれらの右脳左脳の違いを**偏側性 lateralization** という．

脳の左右の半球は通常，脳梁の繊維によって情報が行き来している（図 49.11 参照）．脳梁を外科的手術によって切断すると（重度のてんかん発作を起こす患者でこのような処置をほどこす），「分割脳」の症状を呈する．この患者は，左右の半球が独立して働く．たとえば，左の視野に，なじみのある単語を見せても彼らはそれを読むことができない．左視野から入った感覚情報は右半球に伝わるが，それが左半球にある言語中枢には伝わらないためである．

前頭葉の機能

1848 年に鉄道工事現場で起きたおそろしい事故が，気性と意思決定にかかわる前頭前野の機能を明らかにした．フィニアス・ゲージ Phineas Gage は，鉄道の工事現場で現場監督として働いていた．爆発が起こり，鉄の棒が彼の頭部を貫いた．鉄の棒は直径が 3 cm 以上あり，彼の頭蓋骨を左目の真下から頭頂部まで貫いた．そして彼の前頭葉の大きな領域が障害を受けた（図 49.19）．彼は回復したが，性格がまったく変わってしまった．彼は感情的で，忍耐力がなく下品で衝動的な性格となってしまった．

▼図 49.19　**フィニアス・ゲージの頭蓋骨傷害．**

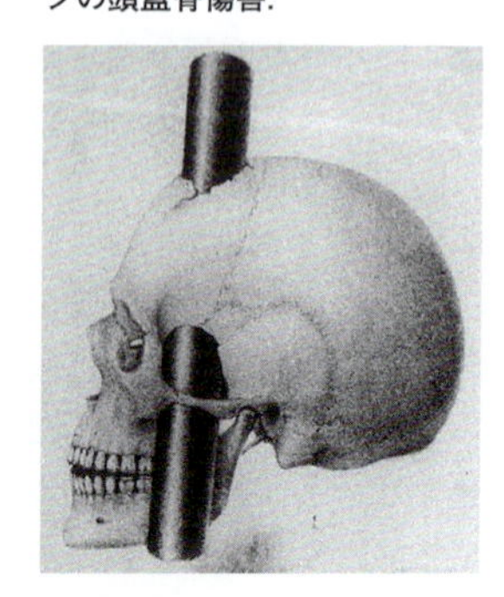

さらに 2 つの観察結果が，前頭葉の機能に関する脳損傷と彼の性格の変

化に関する仮説を支持することとなった．1つ目は，前頭葉にできた腫瘍の症状が，ゲージの場合と似ていることである．知力や記憶は正常のようだが，判断には欠陥があり，感情的な反応が低下してしまう．2つ目は，同様の問題が，前頭前野と辺縁系との間の連絡を外科的に切除したときに起こることである（この前頭葉ロボトミーはかつては重度の行動障害に対する治療法として一般的であった．しかし，後に医療行為として行われなくなった）．これらの見解はともに，前頭葉が，しばしば，「実行機能」とよばれる機能を果たしている証拠を提示している．

脊椎動物における認知の進化

進化　多くの脊椎動物の脳は基本的に似た構造をしている（図49.10参照）．このような類似した構造にもかかわらず，より発達した認知機能，つまり知識を組み立てて行う理解と推理の能力が，どのようにして進化過程であるいくつかの種に芽生えたのであろうか．研究者は，ヒト，ヒト以外の類人猿，クジラ目（クジラ，イルカ，ネズミイルカ）などに見られる高度な推理力には，複雑な大脳皮質の進化が必要であったと考えている．実際，ヒトの大脳皮質は，脳容量のおよそ80%を占めている．

これまで鳥類は発達した大脳皮質をもたないため，知的能力が低いと考えられてきた．しかし最近の研究成果はこの説を覆している．西部の雑木林にすむカケス *Aphelocoma californica* は，餌をためておいたり隠したりした後に，経過した時間がどれだけかを記憶することができる．ニューカレドニアのカラス *Corvus moneduloides* は，ヒトといくつかの類人猿だけがもつとされる能力である道具をつくったり使ったりする高い技術をもつ．ヨウム（アフリカ産の大型のオウム）*Psittacus erithacus* は，数の概念や抽象的な概念を理解することができ，「同じ」なのか「違う」のかを区別し，また，「無」という考えもつかめている．

鳥類に見られる，高度に洗練された情報処理の解剖学的な基盤は，脳の頂上部，あるいは外側の部位である「外套（がいとう）」に，ニューロンが集合している構造にある（図49.20 a）．このようなニューロンの配列は，ヒトの大脳皮質とは異なっている（図49.20 b）．ヒトでは大脳皮質は6層の細胞層からなる．このように，進化は脊椎動物の脳に2種類の異なる脳の構造をつくり上げた．いずれも複雑で柔軟な脳の機能を支えている．

鳥の外套とヒトの大脳皮質の違いは進化の過程でどのように生じてきたのだろうか．最近の見方では，鳥類と哺乳類の共通の祖先は，現在の鳥に見られるような，ニューロンが組織化された核をもっていたと考えられている．初期の哺乳類でこの核（集合）をつくるニューロンが，まず1つの層に移行した．この移行の過程にも連結性が維持された．たとえば，視覚，聴覚，触覚に関係する感覚入力は視床に集まり，この情報が鳥類では外套に，哺乳類では大脳皮質に送られるのである．

高度な情報処理は脳の全体的な構造にのみ依存するのではなく，もっと規模の小さなレベルでの変化にも依存している．たとえば学習や記憶の保持などがその例である．次節では，ヒトにおけるこうした変化の様子を見ていこう．

▼図49.20　**鳥とヒトの脳の高次認知にかかわる部位の比較．** 構造的に異なっているが，(a) さえずりをする鳥の外套，(b) ヒトの脳の大脳皮質は，認知機能に関して類似した役割を果たしている．脳の他領域との結合関係にも類似性が見られる．

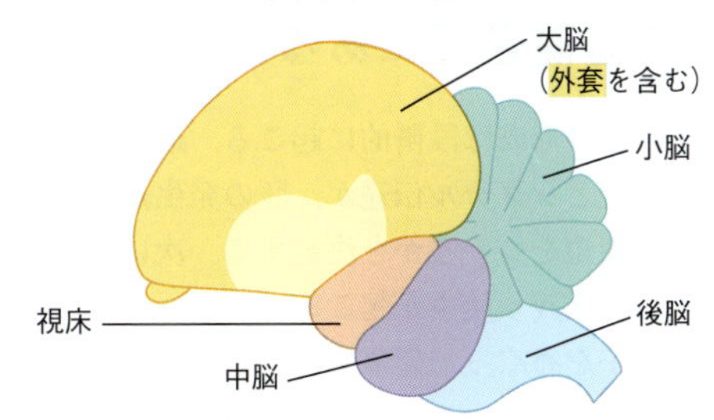
大脳
（外套を含む）
小脳
視床
後脳
中脳

(a) 鳥類の脳（横断切片）

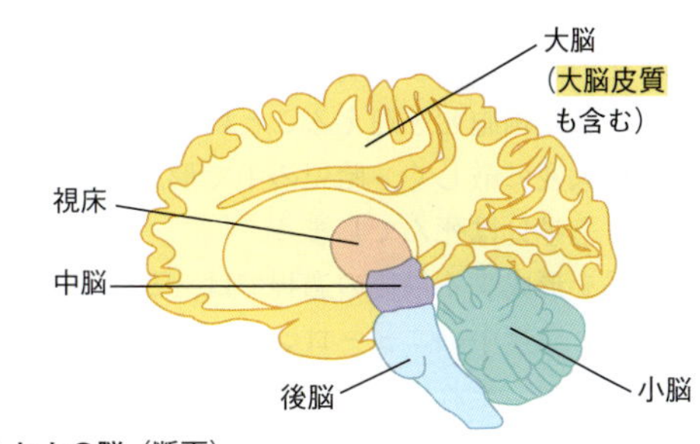
大脳
（大脳皮質
も含む）
視床
中脳
後脳
小脳

(b) ヒトの脳（断面）

概念のチェック 49.3

1. 脳の特定の領域に損傷を受けた患者を調べることで，どのようにしてその領域の正常な機能を知ることができるだろうか．

2. ブローカ野とウェルニッケ野は，大脳皮質内で周囲の皮質の活動と関係してどのような機能をもつだろうか．

3. どうなる？➤脳梁を切断された女性が，見慣れた人の顔の写真を見ているとしよう．まず，彼女の左視野に，そして次に右視野に写真を提示する．彼女はその顔の人の名前を思い出すことが難しいが，それはなぜだろうか．

（解答例は付録A）

49.4

シナプス結合の変化が，記憶や学習の基礎過程にある

神経系の形成は段階的に起こる．最初に，調節遺伝子の発現とシグナル伝達が，胚の発生過程でどこに神経系の構造をつくるかを決定する．次に，ニューロン同士の生き残り競争が起こる．ニューロンは成長を支える因子をめぐって競争する．その因子は，ニューロンの成長を支配する組織から，限られた量だけ生成される．ニューロンが正しい位置まで到達できない場合には，そのような因子を受け取ることができず，プログラムされた細胞死を迎えることになる．この生き残り競争は大変に厳しく，胎児の中で形成されたニューロンのうち半分は死んでしまう．

神経系を形成する最後の過程では，シナプスの減少が起こる．発達中のニューロンはたくさんのシナプスを形成するが，それは，適正な機能を果たすために必要な数よりも多い．ひとたびニューロンが機能し始めると，ニューロンの活動は，あるシナプスを安定化させ，他のシナプスを不安定化させる．胚発生の終わりには，ニューロンは平均して，最初にあったシナプスのうちの半数以上を失っている．ヒトでは，この不必要な接続の消失は，「シナプス刈り込み」といわれ，誕生後も幼少期を通して継続する．

要約すると，神経の発生とニューロン死，シナプス消失によって，生涯に必要な細胞間の基本的なネットワークと神経回路が形成される．

神経の可塑性

中枢神経系の全般的な形成は，胚発生の途中で起こるが，誕生してから後にもニューロン間の接続に変化は起こり得る．この神経系の再構築の能力は，特に神経系自体の活動に反応して起こるもので，**神経可塑性 neural plasticity** とよばれる．

神経系の再構築は，多くの場合シナプスにおいて起こる．有益な情報とつながる回路は維持されるが，あまり意味のない情報の回路は失われていく．あるシナプスの活動が他のシナプスの活動と同期すると，そのシナプスの接続は強化され，反対に同期しないときには，そのシナプス接続は弱まることが知られている．

図 49.21a は，この過程がシナプスを新たにつくったり，失ったりする様子を示している．神経系のシグナルを高速道路の交通にたとえるならば，こういった変化は，高速入口のランプを新たにつけたり，取り去ったりすることにたとえられる．全体としての効果は，ニューロンの特定のペアの間でのシグナルを増やし，それ以外のペア間でのシグナルを減らす．図 49.21b に示すように，変化はシナプスでのシグナル伝達を強化させることも，弱めることもできる．交通との類似点でいうと，このことは入口のランプを広げたり，狭めたりすることに対応する．

▼図 49.21　**神経可塑性**．シナプス結合はシナプスの活動レベルに依存して強化されたり減弱したりする．

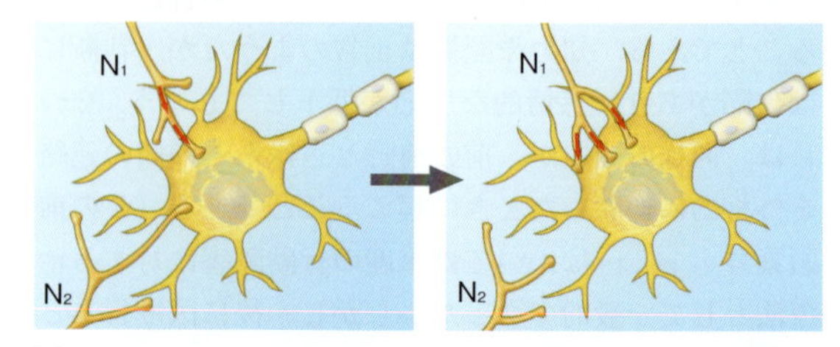
N₁
N₂
N₁
N₂

(a) ニューロン間の結合はシナプスの活動状態に依存して強化されたり減弱したりする．シナプス前ニューロン N_1 によってシナプス後ニューロンの活動レベルが増大すると，新たな軸索終末が追加される．一方，シナプス前ニューロン N_2 により活動レベルが低下すると軸索終末が消失する．

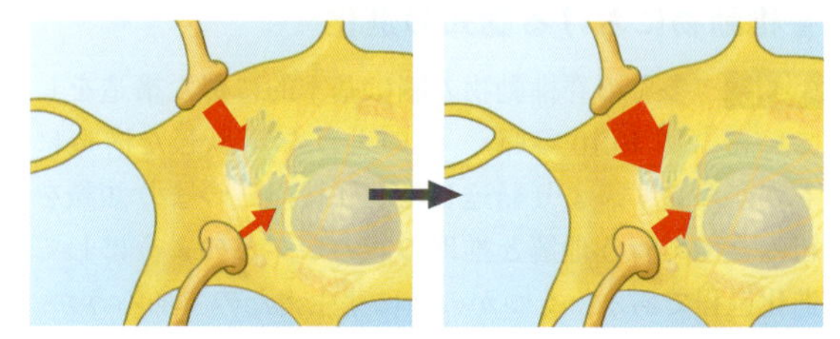

(b) 同一のシナプス後細胞に存在する２つのシナプスが頻繁にしかも同期して活動すると，いずれのシナプスでも後膜の反応性が増大する．

この神経可塑性の欠損が「自閉症」の基礎にあると考えられる．自閉症の子どもは，型にはまった行動や繰り返し行動は見られるが，コミュニケーションが少なく，社会的な相互作用も少ない．現在，この病気はシナプスを再構築するための活動が妨げられているために起こることがわかりつつある．

自閉症の原因は不明だが，この病気および関連する病気には，遺伝的要因が強い．広範囲にわたる調査では，危険因子とされたワクチンに含まれる防腐剤とは関係がないことが示されている．自閉症に関連して神経可塑性が減じていることがさらに理解されれば，この病気に対する理解も処置法も改善されるだろう．

記憶と学習

神経可塑性は記憶の形成にとって重要である．私たちはいま起こっている出来事を，直前に起こった出来事と照らし合わせてチェックしている．私たちは，短

い時間の情報を**短期記憶 short-term memory** の領域に保存する．そして，それが必要なくなれば消去する．人の名前や，電話番号，その他の事実といった情報を保持したい場合は，**長期記憶 long-term memory** の機構が働く．後で名前を思い出す必要があるときには，それを長期記憶の部位からよび起こし，短期記憶の部位へと移行させる．

短期記憶と長期記憶は大脳皮質に保管される．短期記憶では，この情報へのアクセスは，海馬への一時的な接続を介して行われる．記憶が長期型に変わるとき，海馬を介さずに，大脳皮質内だけの接続になる．はじめに議論したが，記憶の強化のあるものは眠っている間に起こると考えられている．さらに，記憶の強化に必要な海馬の再活性化は，私たちが夢を見ている状態をつくり出すようである．

記憶に関する最近の知見によれば，海馬は，新たな長期記憶の形成に必要であるが，その維持には必要ではないと考えられる．この仮説は，海馬に損傷を受けた患者の調査結果から裏づけられる．患者は，損傷を受ける前の出来事が思い出せるのに，新しく記憶をすることができないのだ．その結果，正常な海馬の機能を失われた人は，過去にとらわれてしまうのである．

短期記憶と長期記憶とが別々に形成されることの進化的な利点はなんだろうか．最近の考え方では，大脳皮質におけるシナプス接続の形成に見られる遅れは，長期記憶をすでに存在している知識と経験の保管場所に徐々に統合させていき，より意味のある連想のための土台を準備することにあるというものである．新しい情報をすでに長期記憶として蓄えられている情報に関連づけると，短期記憶から長期記憶への移行が増強される．このことも上記の仮説を支持している．たとえば，新しいカードゲームを覚える際，すでに他のカードゲームで遊んだ経験があれば，「カードの勘」をもっているので，覚えやすい．

運動技能，たとえば歩くこと，靴ひもを結ぶこと，書くことは，たいてい繰り返し学ぶ．これらの技能を行うのは，1つひとつの動作を思い出して，正しく課題をこなそうとしなくてもできるだろう．自転車に乗るときに必要な動作，技術を学ぶときには，ちょうど脳の成長と発達が起こるときと類似した細胞機構が関与していることがわかってきた．このような場合，ニューロンは新しい接続をつくるのである．対照的に，電話番号や，物事，場所を記憶するときには――この記憶はすばやく起こり，一時的に必要で，わずかな時間だけ保持すればよい――すでにあるニューロンの接続を強化することで，たいていは行うことができる．次に，この強化が起こるしくみを見ていこう．

長期増強

記憶の生理学的基礎を探究する過程で，研究者はシナプス接続が変化する過程に重点を置いてきた．シナプス接続の変化は，ニューロン間の連絡をより効果的にしたり，反対に減少させたりする．ここでは，**長期増強 long-term potentiation（LTP）**，シナプス伝達が強化され，その強化が持続する現象に焦点を当ててみよう．

はじめ，海馬のスライス標本で見つかった長期増強の現象は，シナプス前ニューロンが，興奮性神経伝達物質のグルタミン酸を放出することと関係している．長期増強が起こるときには，このシナプス前ニューロンには高頻度の活動電位が発生していることが必要である．さらに，この活動電位がシナプスの末端に到達するとき，同時に，シナプス後ニューロンが，他のシナプスで脱分極刺激を受け取っている必要がある．その正味の作用は他の入力の活動と一致したシナプスを強化することである（図 48.17 a 参照）．

長期増強には，2つのタイプのグルタミン酸受容体がかかわっている．それぞれ，受容体を人為的に活性化させる分子の名前にちなんで，NMDA 型，AMPA 型受容体とよばれる．図 49.22 に示すように，受容体のセットはシナプス後膜に存在していて，活動するシナプスや脱分極刺激に応じて変化する．長期増強が起こる結果として，シナプス後電位の大きさが安定して大きくなる．長期増強は，分離組織において数日間もしくは，数週間も持続するため，記憶の蓄積や学習の成立の基礎過程の1つになっていると考えられている．

概念のチェック 49.4

1. 成人においてニューロンの間の情報の伝達が増強する2つのメカニズムについて，その概略を説明しなさい．
2. 脳の特定の領域が損傷を受けた人の症例が，脳の機能の研究におおいに役立っている．意識については，これが適用できないのはなぜだろうか．
3. どうなる？➤海馬に損傷を受けた人は，新しく長期記憶を獲得することができない．なぜ短期記憶も同様に獲得しにくくなってしまうのだろうか．

（解答例は付録 A）

▼図 49.22　脳におけるシナプスの長期増強（LTP）.

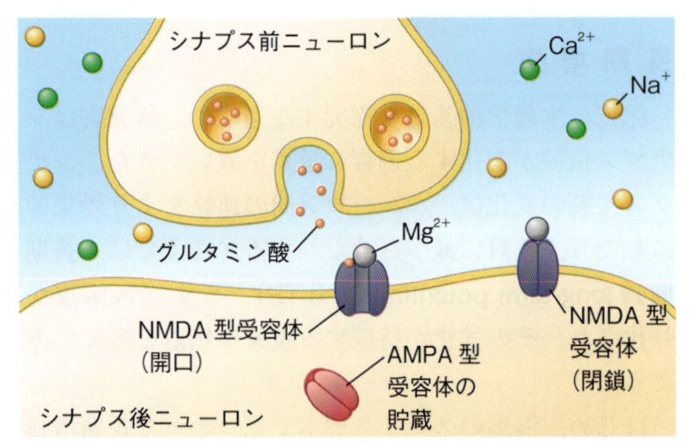
シナプス前ニューロン
Ca^{2+}
Na^{+}
Mg^{2+}
グルタミン酸
NMDA 型受容体
（開口）
AMPA 型
受容体の
貯蔵
NMDA 型
受容体
（閉鎖）
シナプス後ニューロン

(a) LTP 前のシナプス．NMDA 型グルタミン酸受容体はグルタミン酸により開口するが，Mg^{2+}によってブロックされている．

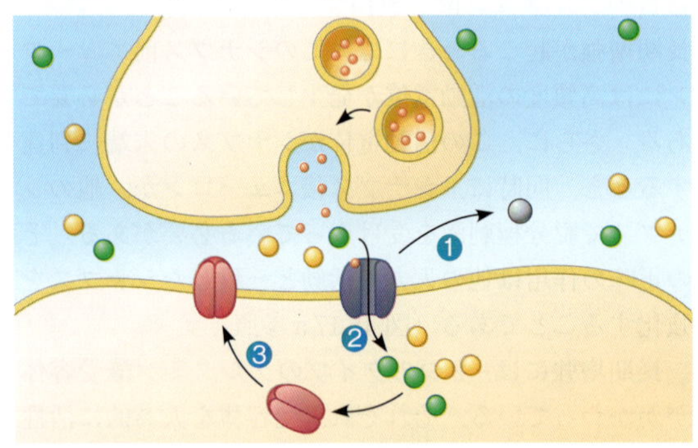

(b) LTP の成立．近くのシナプスの活動によりシナプス後膜が脱分極すると❶Mg^{2+}が NMDA 型受容体から離れる．そしてブロックされていない受容体がグルタミン酸に反応し❷Na^{+}とCa^{2+}が流入する．その中の流入Ca^{2+}が❸貯蔵されていた AMPA 型グルタミン酸受容体をシナプス前膜に埋め込むきっかけをつくる．

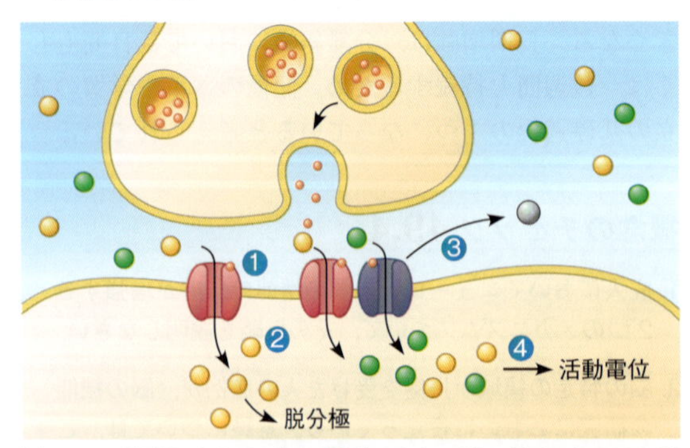
活動電位
脱分極

(c) LTP の成立したシナプス．❶グルタミン酸の放出が AMPA 型受容体を活性化し❷膜を脱分極させる．❸脱分極は NMDA 受容体の抑制を解除する．❹AMPA 型受容体と NMDA 型受容体は一緒になってシナプス後膜に大きなシナプス後電位を発生させ，他のシナプス入力なしに活動電位を発生させる．同時に，タンパク質キナーゼによる受容体の修飾型などのしくみも LTP の成立に貢献する．

49.5

神経疾患は分子の言葉で説明可能である

統合失調症，うつ病，薬物依存，アルツハイマー病，パーキンソン病などの神経疾患は今日，重要な公衆衛生学上の問題である．米国ではこれらの病気で入院する患者は，心臓疾患やがんよりも多い．つい最近まで，これらの病気の治療は，入院が最も一般的であり，多くの患者は人生の残りを病院で過ごしていた．しかし今日では，気分や行動に変化を与える病気は薬物療法によって処置できるようになり，病院の入院期間も数週間ですむようになった．しかしながら，アルツハイマー病やその他の神経細胞死を招く病気の解明はこれからである．

多くの研究が，神経系の病気を起こす原因遺伝子あるいは関連遺伝子の解明に向けられている．このような遺伝子が見つかれば，病気の原因や結果の予測，効果的な治療方法などが期待できる．しかし多くの神経疾患では，遺伝子の関与はごく一部の病気にしか認められてない．多くは環境要因が重要なのである．しかしながら，環境要因を特定することはきわめて困難である．

遺伝的要因と環境的要因を区別するため，科学者は家系研究を行う．この研究では，研究者は家族の構成員が遺伝的につながり，家族の誰が発症したか，同じ家族で誰が一緒に育ったかなどを，追跡調査する．これらの研究では，病気になったヒトが一卵性双生児であったか，二卵生双生児であったかなどの情報が有益な情報を提供する．こうした家系研究の結果から，統合失調症のような神経疾患は，遺伝的要素が強いことが示唆されている．しかしながら，図 49.23 に示したように，この病気に対する環境の影響は課題として残されている．なぜなら，100％同じ統合失調症の遺伝子をもつ双子の病気発症率はたった 48％であるからである．

統合失調症

世界人口の 1％の人々が**統合失調症 schizophrenia**（ギリシャ語で「分裂」を意味する *schizo*，「精神」を意味する *phren* に由来）で苦しんでいる．この病気は現実感の喪失を特徴とする重篤な精神疾患である．患者はしばしば，幻覚症状（その人にしか聞こえない「声」が聞こえるというような）や妄想（たとえば，誰かが危害を加えようと陰謀を企てているというよう

▼図 49.23 **統合失調症に対する遺伝的寄与．** 統合失調症のいとこ，おじ，おばをもつ人はそうでない人に比べて２倍高いリスクをもつ．血縁度が高くなるにつれてリスクは高くなる．

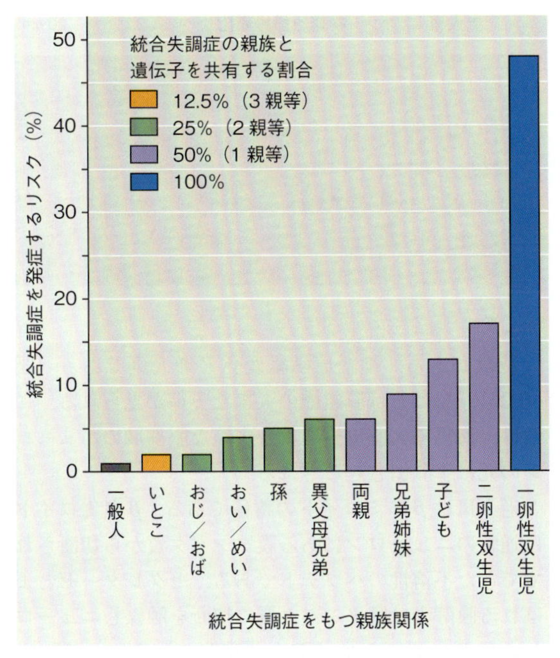

統合失調症の親族と
遺伝子を共有する割合
12.5%（3 親等）
25%（2 親等）
50%（1 親等）
100%
統合失調症を発症するリスク（%）
50
40
30
20
10
0
一般人
いとこ
おじ／おば
おい／めい
孫
異父母兄弟
両親
兄弟姉妹
子ども
二卵性双生児
一卵性双生児
統合失調症をもつ親族関係

データの解釈➤ 二卵性双生児の場合，統合失調症を発症する可能性はどのくらいか．もし DNA 検査で二卵性双生児に統合失調症に関与する遺伝的変異が見つかった場合，発症率はどう変化するだろうか．

な）を体験する．ふつうのものの考え方をもっているように見えても，ときに統合失調症は分離した性格を示すことがある．「統合失調症」の名称は，通常は統合されている脳機能が分裂しているという意味なのである．

現在，統合失調症ではドーパミンを神経伝達物質にもつ神経経路が崩壊しているとする仮説がある．この仮説を支持する１つの証拠は，統合失調症の症状を軽減する薬がドーパミン受容体をブロックするという事実である．もう１つは，ドーパミンの放出を刺激する薬物のアンフェタミン（「スピード」ともいう）が統合失調症と同じ病状を引き起こすという事実である．最近の遺伝学的研究は，統合失調症と免疫に関連したタンパク質 C4（補体第 4 成分）との間に関連があることを示唆している．

うつ病

うつ病[*3]は，睡眠や食欲，活動レベルの異常だけでなく，落ち込んだ気分により特徴づけられる疾患である．大きく２つの型が知られている．うつ病と双極性障害である．**うつ病（大うつ病）major depressive disorder** の人は，喜びを感じたり物事に対する興味が低下し，活動性も低下する時期が数ヵ月間続く．精神疾患の中でも最も多く見られるうつ病は７人に１人がかかり，女性は男性の２倍かかる．

双極性障害 bipolar disorder あるいは躁（そう）うつ病は，気分が高揚した状態から落ち込んだ状態へ変化する．世界人口の約 1%の人々が冒されている．躁うつ病では，躁の状態は，高度な自己評価，高い活動力，絶え間ない着想，過剰な語り，さらに，惨事を招くような危険行動などによって特徴づけられる．躁の軽度なものは，しばしば偉大な創造性と関連する．よく知られた芸術家，音楽家，文学者（ゴッホ，シューマン，バージニアウルフ，ヘミングウェイなど）は，躁の状態で激しい芸術活動の時期があった．うつ状態では，喜びを感じる能力が減退し，興味の喪失，睡眠障害，価値を感じなくなる感覚をきたす．躁うつ病のある人はうつの状態で自殺しようと試みる．

うつ病と双極性障害は治療効果が最も高い精神疾患でもある．多くの薬剤がこの病気に使われている．たとえばフルオキセチン（プロザック）は，脳内の生体アミンの活性を増加させる．

脳の報酬系と薬物依存症

情動は脳の「報酬系」とよばれる神経回路の影響を強く受ける．報酬系は，空腹に対する摂食，喉の渇きに対する飲水，性的興奮に対する性行為を行うなどの動機づけを高める働きをしている．図 49.24 に示したように，報酬系は，脳の底部近くにある「腹側被蓋野（ひがいや）(ventral tegmental area：VTA)」とよばれる部位のニューロンから情報を受け取っている．VTA が活性化されると，ニューロンはそのシナプス終末から，側坐核や前頭前野などの大脳の部域へドーパミンを放出する（図 49.15，図 49.16 を参照）．

脳の報酬系は薬物依存症によって劇的な影響を受ける．薬物依存症は，強迫感にとらわれて薬物を消費したり，薬物吸入の制限が効かなくなったりする症状が特徴となる病気である．この常習性の薬物にはアルコール，コカイン，ニコチン，ヘロインなどがある．これらの薬物はすべて，ドーパミン経路の活性を高める（図 49.24 参照）．薬物依存症が進行すると，報酬系の神経回路に長期的変化が起こる．その結果，薬物を消費して得る快楽と別に，薬物に対して渇望状態に陥る．

＊3（訳注）：うつ（病）depression は，本文のように大うつ病ともいわれるものと，躁うつ病ともいわれる双極性障害に分かれ，治療も異なる．

▼図 49.24　**哺乳類脳の報酬系に対する常習性薬物の作用．** 常習性薬物は脳の基部近くにある腹側被蓋野（VTA）のニューロンにより形成される神経経路の伝達を変化させる．

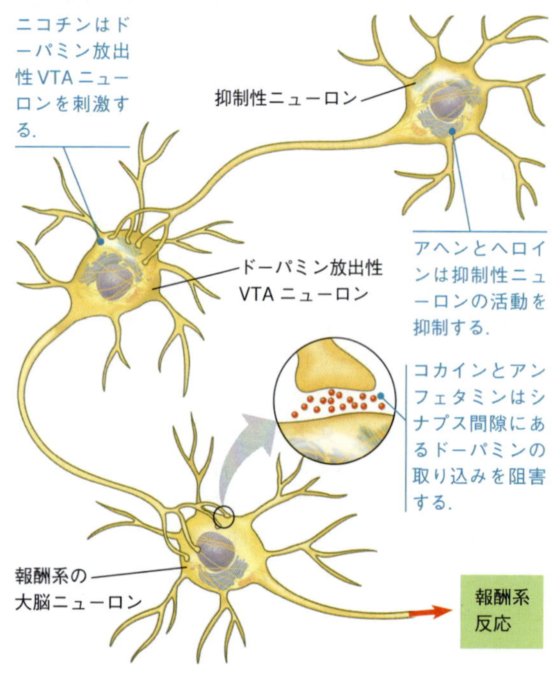

ニコチンはドーパミン放出性VTAニューロンを刺激する．
抑制性ニューロン
ドーパミン放出性VTAニューロン
アヘンとヘロインは抑制性ニューロンの活動を抑制する．
コカインとアンフェタミンはシナプス間隙にあるドーパミンの取り込みを阻害する．
報酬系の大脳ニューロン
報酬系反応

関連性を考えよう➤VTA（48.3節参照）のニューロンを脱分極したらどのような効果があるとあなたは思うか．

実験動物は薬物依存症のモデルとしてまた研究上，きわめて有用である．おりの中に置かれたラットは，レバー押しと薬物の自動供給システム装置が用意された．そしてコカイン，ヘロイン，アンフェタミンが与えられた．その結果，ラットは常習性の行動を示し，飢餓状態になっても食物を探すことよりも，薬物を摂取することに専念した．

科学者は脳の報酬系やさまざまな常習性に関する知見を広げているので，将来，より効果的な予防法や処置法の開発につながるという期待がある．

アルツハイマー病

アルツハイマー病 Alzheimer's disease は錯綜，記憶消失，その他の病状によって特徴づけられる精神疾患である．その発症は年齢依存的であり65歳で10%，85歳で35%と増加していく．病気が進行すると患者はしだいに，機能不能となり，ついには他人に着替えや入浴，食事の世話をしてもらうことになる．人格も多くの場合，悪化する．患者はしばしば人に対する認識能力を失い，親族や家族に対しても，認識能力がなくなり疑いと敵意をもって接するようになる．

アルツハイマー病で死んだ人の脳を調べると，2つ

▼図 49.25　**アルツハイマー病の顕微鏡像所見．** アルツハイマー病の臨床所見は，βアミロイドでできた老人斑とそれを取りまく神経原繊維変化である（LM像）．

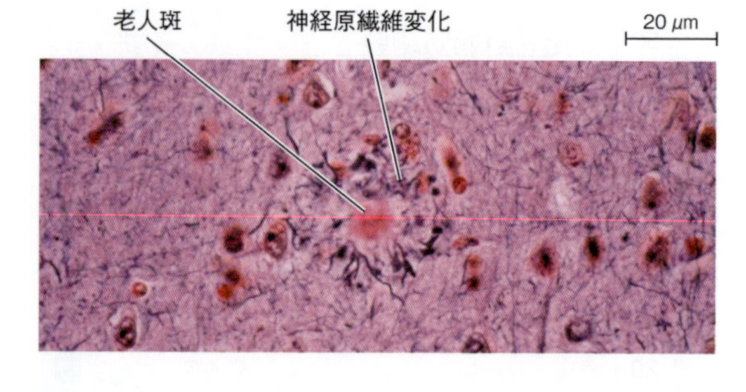

老人斑
神経原繊維変化
20 μm

の特徴がある．神経原繊維変化と老人斑である（図49.25）．しばしば脳組織の大きな萎縮が見られる．これは，海馬や大脳皮質を含む広範な脳部域のニューロンの死により引き起こされる．

老人斑はβアミロイドの蓄積である．βアミロイドは通常のニューロンにある膜タンパク質から切断されてできた不溶性のペプチドである．セクレターゼとよばれる膜酵素は膜タンパク質の切断を触媒しニューロンの外側にβアミロイドを蓄積して斑をつくる．斑は周辺のニューロンの死を誘導するようである．

アルツハイマー病に見られる神経原繊維はタウタンパク質からできている．（このタンパク質はハムスターの概日リズムに影響を与えるタウ変異とは関係ない）．タウタンパク質は，微小管の集合を助けたり，軸索に沿って栄養物を輸送する微小管の維持などにかかわっている．アルツハイマー病では，タウはそれ自身が結合して神経原繊維の塊を形成する．このタウの変化が初期アルツハイマー病の発症に関連していることを示した証拠がある．この病気は若い人には発症しにくい．

現在アルツハイマー病の治療方法はない．しかし多くの研究者の努力によって，病状を軽減する効果的な薬剤の開発がなされている．医師たちは，またアルツハイマー病の初期症状を診断するため，脳機能イメージング法を使い始めている．

パーキンソン病

運動系の疾患である**パーキンソン病 Perkinson's disease** は，筋肉の震え，不安定なバランス，屈曲姿勢，よろよろした足取りの症状を示す運動疾患である．顔の筋肉は堅くなり顔による表現が制約されてしまう．認知機能の低下も見られる．アルツハイマー病のようにパーキンソン病は進行性の脳の疾患で，加齢に伴い発症する．パーキンソン病の発症率は65歳で1%，

85歳で5%である．米国ではおよそ100万人の人々がこの病気で苦しんでいる．

パーキンソン病は中脳にあるニューロンの死により起こる．このニューロンは，大脳基底核のシナプスでドーパミンを放出している．アルツハイマー病のように，あるタンパク質が凝集している．パーキンソン病の多くは，はっきりとした原因が見つからない．しかしながら比較的若い人に発症する場合は遺伝的な原因がある．分子生物学的研究によって，パーキンソン病の初期に，あるミトコンドリアの機能に関係する遺伝子が破壊されていることが示されている．現在，研究者はミトコンドリアのこの障害が，病気の発症に関係しているかどうかを調べている．

現段階では，パーキンソン病の対症療法はあるが，根治療法はない．この病気の治療には，脳外科手術，脳深部の電気刺激，L-ドーパを使った薬物治療がある．L-ドーパはドーパミンと異なり，血液脳関門を通過できる．脳内で，酵素ドーパデカルボキシラーゼは，L-ドーパをドーパミンに変換し，パーキンソン病の症状を軽減する．

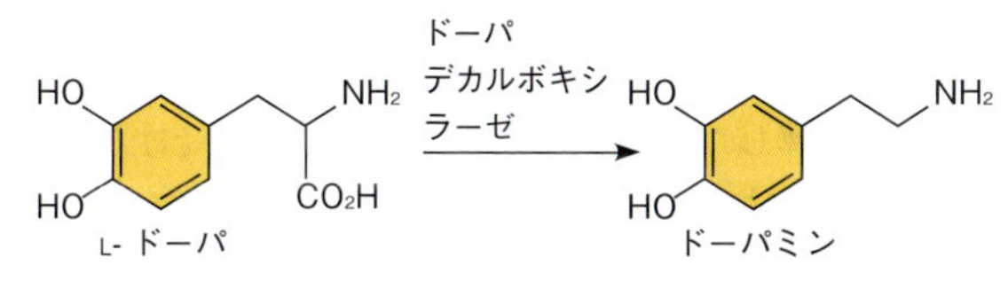
HO
HO
NH2
CO2H
L- ドーパ
ドーパ
デカルボキシ
ラーゼ
HO
HO
NH2
ドーパミン

1つの強力な治療法がある．それはドーパミン分泌ニューロンの中脳あるいは，大脳基底核への移植である．実験室での研究では，次のことが明確になっている．パーキンソン病の症状を誘発したラットに，ドーパミン分泌ニューロンを移植したところ運動制御の回復を導くことができたのである．この再生医療の応用が，ヒトでも適用可能であるかは現代の脳研究の重要な疑問の1つである．

未来に向けて

2014年，国立衛生研究所（NIH）と米国政府は12年間にわたるブレインイニシアチブ（BRAIN Initiative）プロジェクトを立ち上げた．目的は，かつての人類の月面着陸や，ヒトゲノム解析のように巨大科学を推進しようとするものである．その計画とは脳の神経回路地図を明らかにし，その回路網の活動を記録してどのように思考や行動を引き起こすかを解明することにある．アポロ計画やヒトゲノム計画と同じように，この創造的技術の発展と応用は重要な役割を果たすことになるであろう．

概念のチェック 49.5

1. アルツハイマー病とパーキンソン病を比較しなさい．
2. ドーパミンの活動と統合失調症，薬物依存症，パーキンソン病とはどのように関連しているか．
3. どうなる？➤もしあなたが初期のアルツハイマー病に気づくことができたなら，まだそれほど広範囲でなくとも，この病気で死んだ人に見られるものに似た脳の変化が見られると予想されるか．説明しなさい．

（解答例は付録A）

49 章のまとめ

重要概念のまとめ

49.1

神経系は神経回路と支持細胞からなる

- 無脊椎動物の神経系の複雑さには幅があり，単純な神経網だけのものから，複雑な脳や腹部神経節をもつ集中神経系をもつものまでいる．

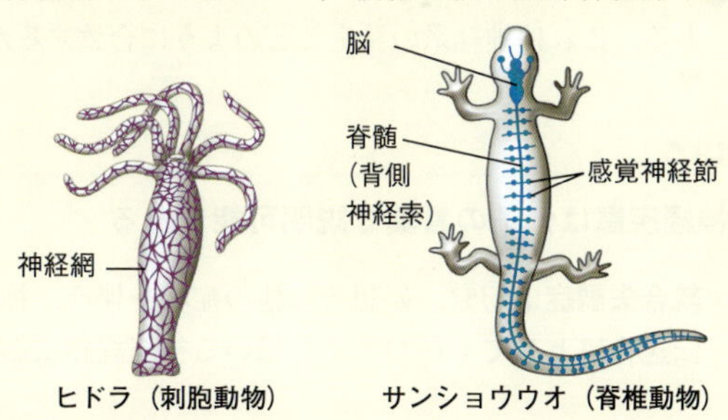
神経網
ヒドラ（刺胞動物）
脳
脊髄
（背側
神経索）
感覚神経節
サンショウウオ（脊椎動物）

- 脊椎動物においては，**中枢神経系**（**CNS**）は，脳と脊髄からなり，情報を統合する．一方，**末梢神経系**（**PNS**）の**神経**は，CNSと体の間で感覚と運動のシグナルを伝達する．脊椎動物の神経系の最も単純な回路は，**反射**反応を制御するものである．反射においては，感覚ニューロンは脳を経由しないで直接運動ニューロンに接続している．

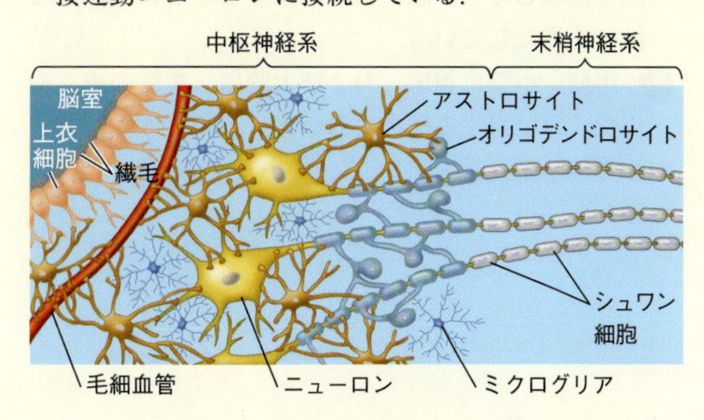
中枢神経系
末梢神経系
脳室
上衣
細胞
繊毛
アストロサイト
オリゴデンドロサイト
シュワン
細胞
毛細血管
ニューロン
ミクログリア

- 求心性神経は感覚信号を CNS に送る．遠心性神経は骨格筋を支配する**運動系**と，平滑筋，心筋を支配する**自律神経系**において機能する．**腸管神経系**は多くの消化器官を支配する．一方，自律神経系の**交感神経**と**副交感神経**は，標的器官を拮抗的に支配している．
- 脊椎動物のニューロンはアストロサイト，オリゴデンドロサイト，シュワン細胞などの**グリア**によって支持されている．

? 反射の回路はいかにして速い反応を引き起こしているのか．

49.2

脊椎動物の脳は部位特異的である

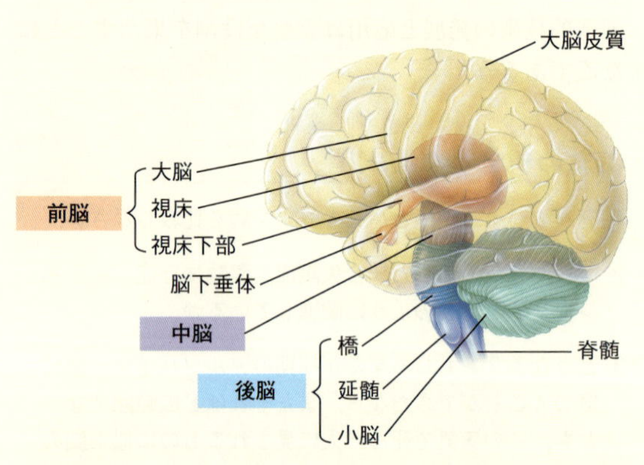

大脳皮質
前脳
大脳
視床
視床下部
脳下垂体
中脳
後脳
橋
延髄
小脳
脊髄

- 大脳は，2つの半球をもっている．それぞれの半球は**灰白質**と**白質**と基底核からなる．基底核は，運動の計画と学習に重要な役割を果たしている．**橋**と**延髄**は末梢神経系と大脳をつなぐ中継地点になっている．網様体は**脳幹**内の神経ネットワークで，睡眠や覚醒を支配している．**小脳**は運動，知覚，認知を調節する役割を果たしている．**視床**は，感覚情報を**大脳**へ中継する主要なセンターである．**視床下部**は，恒常性を制御し，生存にかかわる行動を制御している．視床下部の**視交叉上核**（**SCN**）は概日リズムのペースメーカーとして機能している．**扁桃体**は情動を認識したり，思い出したりすることに中心的な役割を果たしている．

? 中脳，小脳，視床，および大脳は，視覚の成立や視覚入力に対する反応において，どのような役割をしているか．

49.3

大脳皮質は随意運動と認知機能を司る

- それぞれの**大脳皮質**は，4つの葉部からなる．前頭葉，側頭葉，後頭葉，頭頂葉である．そこには第一次感覚野，連合野がある．連合野は異なる感覚野からの情報を統合する．ブローカ野とウェルニッケ野は，言語の発声や言語の理解に重要な役割を果たしている．これらの機能は左の**大脳半球**に局在している．左半球は，数学や論理的作業にもかかわる．右半球はパターン認識や非言語的な思考にかかわる．
- 体性感覚野と運動野では，感覚入力を発生させる部分，運動指令を受けて動く部分，といった体の各部位に従って，ニューロンが分布している．
- 霊長類やクジラ類は高度な認知機能をもち，大脳皮質の最外層に，複雑に入り組んだ新皮質をもっている．鳥類では外套とよばれる部位にニューロンが集合化した核があり，これは哺乳類の大脳皮質と類似の機能を担っている．ある種の鳥類は，問題を解くことも抽象概念を理解することもでき，高度な認知機能をもつことが示唆されている．

? ある事故の後，患者は言語に障害が生じ，体の片側が麻痺した．脳のどちらの側が障害を受けたか．またそれはなぜか．

49.4

シナプス結合の変化が，記憶や学習の基礎過程にある

- 発生過程では，成体よりも多くのニューロンやシナプスが存在している．胚におけるニューロンのプログラム死やシナプスの消滅が，神経系の基本構造をつくり上げる．成体においては，神経系の再形成はシナプスの消失と増加，あるいは，シナプスにおける伝達の強化と減弱が関与する．この再形成能力は**神経可塑性**とよばれる．**短期記憶**は，海馬に一時的に記憶される．**長期記憶**では，これらの一時的な記憶が大脳皮質内の神経結合に置き換えられる．

? 多言語を学ぶのは大人より子どものほうが容易である．これは神経系の発生とどのように合致するか．

49.5

神経疾患は分子の言葉で説明可能である

- **統合失調症**は幻覚，妄想その他の症状を伴う．神経伝達物質としてドーパミンを用いる神経経路に影響

を与える．脳内の生体アミンの活性を増加させる薬物は**双極性障害**や**うつ病**の治療に使われる．麻薬常用癖に見られる強制的な薬物使用は，脳の報酬系の活性を変化させる．報酬系は正常な状態では，生存や生殖にかかわる行動の動機づけを行っている．

- **アルツハイマー病**と**パーキンソン病**は神経変性と加齢に関係する．アルツハイマー病は，神経原繊維の変化とアミロイドの蓄積による精神疾患である．パーキンソン病は，ドーパミン分泌ニューロンの死とタンパク質の凝集を伴う運動疾患である．

? アンフェタミンとPCPはいずれも統合失調症の症状に対して同じような効果をもつ．この事実は，この病気が複雑な機構をもつ可能性を示唆する．これを説明しなさい．

理解度テスト

レベル1：知識／理解

1. 自律神経系のうち副交感神経の活性化は，
(A) 心拍数の増加
(B) 消化の促進
(C) アドレナリン放出の促進
(D) グリコーゲンをグルコースに変換

2. 次のうち脳の構造と機能の組み合わせで間違っているものはどれか．
(A) 辺縁系――発話中枢
(B) 延髄――恒常性維持
(C) 小脳――運動とバランスの調節
(D) 扁桃体――情動記憶

3. ウェルニッケ野が損傷を受けた患者が困難になるのは次のうちどれか．
(A) 足の強調的動き　(C) 顔の認識
(B) 言語の発生　(D) 言語の理解

4. 大脳皮質の働きについて間違っているのはどれか．
(A) 短期記憶　(C) 概日リズム
(B) 長期記憶　(D) 呼吸を抑える

レベル2：応用／分析

5. 脳卒中を患った後，ある患者は，対象物が目の前のどこにあっても見ることはできたが，注意を向けられるのは，右視野にあるものだけになった．これらの対象物について尋ねると，その大きさやそこまでの距離を判断できなかった．脳のどの部位が損傷を受けたと考えられるか．
(A) 左の前頭葉　(C) 右の頭頂葉
(B) 右の前頭葉　(D) 脳梁

6. 視床下部の一部の損傷は，以下のどれを障害するか．
(A) 体温調節　(C) 意思決定の機能
(B) 短期記憶　(D) 感覚情報の選別

7. **描いてみよう**　あなたが鋭い物で指を刺されたときに，手を引き込める反射は，脊髄での2つのシナプスを介した単純な神経回路によって起こる．(a) 脊髄の断面を円で描き，ニューロンの種類と，情報の流れる方向，シナプスの位置を示しなさい．(b) 脳の簡単な絵を描き，痛覚の受容場所を示しなさい．

レベル3：統合／評価

8. **進化との関連**　科学者は他の動物の知性を評価するために，「高次の思考」の尺度を用いる．たとえば鳥は，道具を使用し，抽象的概念を活用できるために，洗練された思考過程をもっていると判断される．こうした方法で知性を定義することには，どのような問題があるとあなたは考えるか．

9. **科学的研究**　手話を使いこなしていた米国人が，左半球に障害を負ったと仮定する．障害を負った後，この人は手話を理解することはできたが，自分の考えを表現することができなくなってしまった．このことを説明できる2つの仮説を述べよ．またこの2つの仮説を見分けるにはどのようにしたらよいか．

10. **科学，技術，社会**　科学者は脳活動を調べる技術の発達によって，個人を対象にして情動や思考のプロセスを体の外から調べることができるようになった．このような技術が，容易に利用できるようになると，どのような利点と欠点が出てくるとあなたは想像するか．説明しなさい．

11. **テーマに関する小論文：情報**　ゲノムだけで成体の神経系が設計されたとするとそれはどのくらい不完全なものか．300〜450語で記述しなさい．

12. **知識の統合**

大衆の前であなたはマイクの前に立っていると想像しよう．まわりをチェックしながらあなたは話を始める．本章の情報に基づいて，あなたが最初に話すことを可能にする，脳の特定の場所で起こる一連の出来事を順番に述べなさい．

(一部の解答は付録A)

50 感覚と運動のメカニズム

▲図 50.1　星の形をした鼻は何に使われているのだろうか.

重要概念

50.1　感覚器は刺激のエネルギーを変換し，中枢神経系に情報を伝える

50.2　聴覚と平衡覚を受容する機械受容器は，液体の流れや平衡石の動きを検出する

50.3　多様な動物の視覚受容器は，光を吸収する色素の違いによる

50.4　味覚と嗅覚の感知は類似した複数の感覚受容器に依存する

50.5　タンパク質繊維の物理的相互作用が筋機能に重要である

50.6　骨格系は，筋肉の収縮を体の動きへと変換する

感覚と識別

北米の東にある湿地帯で，地面にトンネルを掘り生活しているホシバナモグラ *Condylura cristata* は，真っ暗な地中にすんでいる．彼らはほとんど眼が見えないが，餌を見つけると，わずか 120 ミリ秒ほどで，獲物を検知し捕食できる．この優れた能力の中心をなすものは，鼻から突き出している 11 対の付属器で，ピンク色の星の形をつくっている（図 50.1）．その形は指のようにも見えるが，何かをつかむためのものではなく，また匂いを検知するためのものでもない．これは，触覚検知のために特殊化したものなのだ．その表面のすぐ下には 2 万 5000 個の触覚受容器が存在する．その数は，あなたの手全体よりも多い．これら受容器からの触覚情報は，10 万個を超えるニューロンを介してモグラの脳へと伝えられる．

感覚情報の検出と処理，そして運動反応は，動物の行動に生理学的な基礎を与えている．本章では，脊椎動物と無脊椎動物の感覚と行動について探究する．はじめに，外部環境と内部環境の情報を脳に伝える感覚の過程について見ていく．次に，脳や脊髄の指令を受け，運動を実行する筋肉や骨格の構造と機能について考察する．最後に，動物の移動についてその多様な機能を調べてみる．これらの話題は，51 章で動物の行動を議論する際にも役に立つだろう．

50.1

感覚器は刺激のエネルギーを変換し，中枢神経系に情報を伝える

感覚の過程はすべて刺激から始まる．そしてすべての刺激はエネルギーという形をとる．感覚器官は刺激のエネルギーを膜電位の変化に変換し，活動電位を発生して，中枢神経系（central nervous system：CNS）へと伝える．この情報はCNS内で解読され感覚が生じる．

刺激が受容されCNSに伝えられると，運動反応が生じる．最も単純な刺激–反応の回路が，反射である．図49.7に示した膝蓋腱（しつがいけん）反射はそのよい例である．しかし多くの行動においては感覚入力の後に，より複雑な神経過程が介在している．たとえば，ホシバナモグラが，そのトンネルの環境下で餌を探すときのことを考えてみよう（図50.2）．モグラの鼻がトンネルの中で物体に触れたとき，鼻にある触覚受容器が活性化する．これらの受容器は，物体についての情報，たとえば動いているかどうかについての情報を脳へと伝える．脳内の回路が入力情報を統合し，2つの反応経路のうちの1つが活性化される．その物体を獲物あるいは食べられる物と判断すれば，脳は骨格筋に運動指令を送り，モグラは歯でそれに噛みつく．もし，そうでないと判断すれば，脳はトンネル内を進行し続けるよう指令を送る．

▼図50.2　単純な反応経路：ホシバナモグラの餌探し．

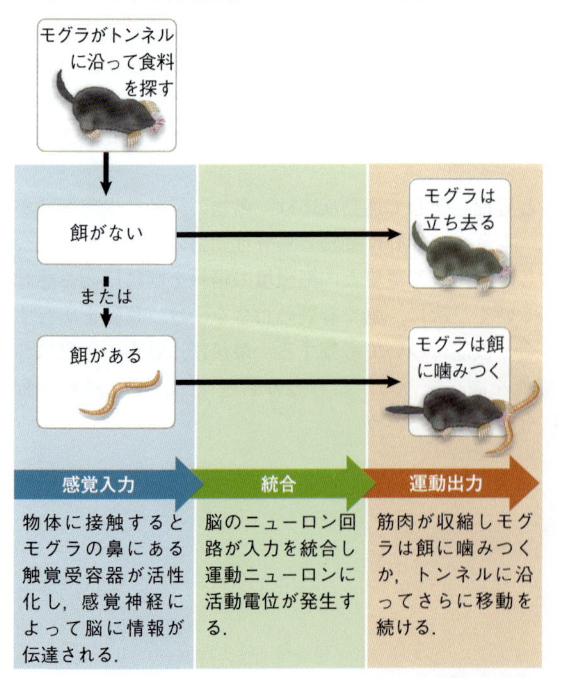
モグラがトンネルに沿って食料を探す
餌がない
または
餌がある
モグラは立ち去る
モグラは餌に噛みつく
感覚入力
統合
運動出力
物体に接触するとモグラの鼻にある触覚受容器が活性化し，感覚神経によって脳に情報が伝達される．
脳のニューロン回路が入力を統合し運動ニューロンに活動電位が発生する．
筋肉が収縮しモグラは餌に噛みつくか，トンネルに沿ってさらに移動を続ける．

これらの知識をふまえて，動物の感覚系の一般的な働きについて調べていこう．ここでは感覚経路に共通する4つの基本的な機能，すなわち，感覚受容，感覚変換，伝達そして知覚に的を絞ってみる．

感覚受容と感覚変換

感覚の経路は，**感覚受容 sensory reception**，すなわち感覚細胞による刺激の検出から始まる．感覚細胞には，それ自身がニューロンである場合と，ニューロンを制御する非ニューロン性の細胞である場合がある（図50.3）．感覚細胞は単独で存在するか，図50.1の例で示したモグラの星の形をした感覚器官の中に配置されて存在するかのどちらかである．

感覚受容器 sensory receptor という言葉は，感覚細胞，感覚器官，あるいは刺激を受容する細胞内構造について用いられる．感覚細胞には，血圧や体の位置など体内の刺激を検出するものや，熱，光，圧力，化学物質など外界の刺激を検知するものがある．受容器の中には，刺激の最小単位を検出できるものもある．たとえば多くの光受容器は，1光子を検出することができる．

動物は多様な刺激の種類に応じて，多様な感覚受容器をそなえているが，いずれの場合においても，その作用はイオンチャネルを開かせるか閉じさせるかである．細胞膜を介したイオンの流れが起こると，膜電位

▼図50.3　感覚受容器の種類．

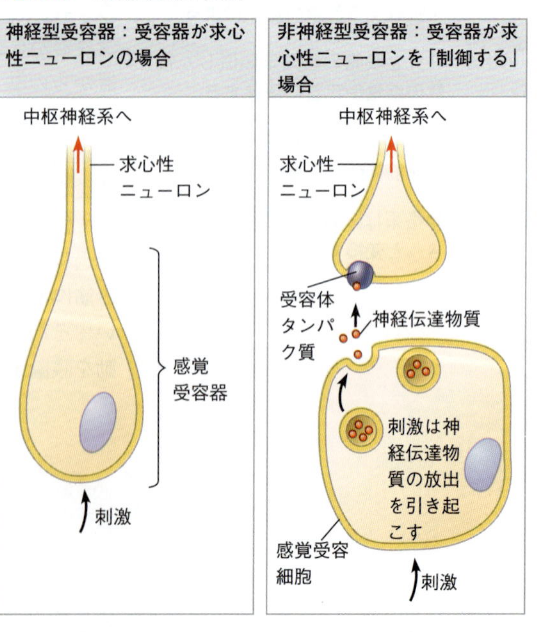
神経型受容器：受容器が求心性ニューロンの場合
中枢神経系へ
求心性ニューロン
感覚受容器
刺激
非神経型受容器：受容器が求心性ニューロンを「制御する」場合
中枢神経系へ
求心性ニューロン
受容体タンパク質
神経伝達物質
刺激は神経伝達物質の放出を引き起こす
感覚受容細胞
刺激

が変化する．この膜電位の変化は，**受容器電位 receptor potential** とよばれている．刺激の受容器電位への変換は**感覚変換 sensory transduction** とよばれる．受容器電位は，段階的な電位変化で，その大きさは刺激の強さに応じて変化することに注意してほしい．

伝　達

感覚情報は，活動電位として神経系を伝わる．感覚受容器がニューロンである場合は，活動電位を発生し，軸索を介して中枢神経系（CNS）に情報を伝える（図50.3参照）．一方，ニューロンでない場合，活動電位は発生しないが，化学シナプスを介して，感覚（求心性）ニューロンに情報を伝える．この化学的な信号伝達は，求心性ニューロンの活動電位の発生頻度を調節している．したがって，非ニューロン性の感覚受容細胞であっても，情報は活動電位の形でCNSへ送られる．

受容器電位の大きさは刺激の強さに依存して変化する．受容器がニューロンである場合，大きい受容器電位は，より高い頻度の活動電位を発生させる（図50.4）．受容器がニューロンでない場合，大きい受容器電位は，伝達物質の放出量を増大させる．

多くの感覚ニューロンは，自発的に低頻度の活動電位を発生している．これらのニューロンでは，刺激は活動電位を発生させるか否かを決めているのではなく，活動電位の発生「頻度」を決めている．このようにしてニューロンは，刺激強度の変化を神経系に伝えている．

感覚情報の生成は，活動電位がCNSへ伝達される前にも，また途中でも，後でも絶えず進行している．多くの場合，感覚情報の「統合」は，情報の受容と同時に始まる．同じ受容細胞の異なる部位から運ばれた刺激によって発生する受容器電位は，加重効果を通じて統合される（図48.17参照）．短く論じるにとどめるが，眼などの感覚器官はその構造が高度な統合を行えるつくりになっていて，脳はそこから送られてきた情報をさらに統合している．

▼図50.4　単一感覚受容器に見られる刺激強度の符号化．

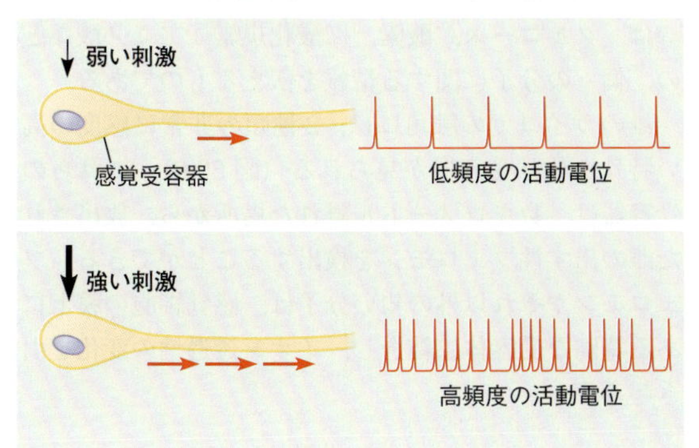
弱い刺激
感覚受容器
低頻度の活動電位
強い刺激
高頻度の活動電位

知　覚

活動電位が感覚ニューロンを介して脳に到達すると，ニューロンの回路がこの入力を処理する．そして，刺激に対する**知覚 perception** が生じる．光が眼の中に差し込んできたときに発生する活動電位も，耳で空気の振動によって発生する活動電位もその性質は同じである．ではなぜ，私たちは，視覚，聴覚，その他の刺激を区別することができるのだろうか．その答えは，感覚受容器と脳との接続にある．感覚受容器からの活動電位は，特定の刺激に応じた特異的なニューロンによって伝えられる．これらのニューロンは，脳や脊髄の中にある別のニューロンとシナプス接続する．結果として，脳は，活動電位が伝わってくる経路の違いから，視覚刺激なのか聴覚刺激なのかを見分けることができる．

知覚――たとえば，色，匂い，音，味といった――は，脳内で構築され，その外には存在しない．木が倒れたとしよう．そしてそこに音を聞く動物がいないとする．はたしてそこに音は存在するのだろうか．倒れた木は確かに，空気振動を引き起こす．しかし，動物が振動を感知し，脳がそれを処理しなければ，音は存在しないのである．

増幅と順応

感覚受容器における刺激の変換は，2つのタイプの調節を受ける――増幅と順応である．**増幅 amplification** とは，感覚変換の過程で感覚情報を増幅することである．この効果は大きい．たとえば，ヒトの眼では，わずか2，3の光子のエネルギーが10万倍に増幅され，活動電位の発生に至る．

感覚受容細胞で起こる増幅は，酵素による触媒反応が関与する情報変換の経路で起こる（11.3節参照）．単一の酵素分子は多数の分解産物を生成するため，これらの経路は信号を十分に増幅できる．増幅は，感覚器官にある構造を修飾することによっても起こる．たとえば，耳の中では，3つの耳小骨が，てこの原理によって，内耳に到達するまでに，音圧を20倍に増幅している．

持続的な刺激にさらされると，多くの受容細胞は，**感覚の順応 sensory adaptation** とよばれる反応の低下を起こす（「適応」という進化学用語と混同しないように）．感覚の順応は，私たち自身のあるいは周囲の環境の知覚に大変重要な役割を果たしている．感覚の順応がないと，あなたは，自分自身の心臓が打つごとに，衣服が動かされるのを感じていなければならないだろう．順応は，環境において刺激の強度が大きく変化しても，その変化を見たり，聞いたり，匂いをかいだりすることを可能にしているのである．

感覚受容器の種類

感覚受容器は，刺激の種類によって5つに分類できる．機械受容器，化学受容器，電磁受容器，温度受容器，痛覚受容器である．

機械受容器

圧力，接触，伸展，動き，音などに対する反応は，機械的エネルギーによって引き起こされた物理的変形を感知する**機械受容器 mechanoreceptor** に依存している．機械受容器は，細胞の外側に伸びた「毛」（繊毛）のような構造や，細胞骨格のような細胞内の構造と結びついたイオンチャネルをそなえている．細胞の外に突き出た構造が曲がったり，伸ばされたりすると張力が発生する．この張力がイオンチャネルの透過性を変化させる．このイオン透過性の変化は，膜電位を変化させ，結果として，脱分極や過分極が発生する（48.3 節参照）．

脊椎動物の伸展受容器は，筋肉の動きを検知し，よく知られた膝蓋腱反射（図 49.7 参照）を起こす．脊椎動物の伸展受容器は，感覚ニューロンの樹状突起で，少数の骨格筋繊維の中央部をらせん状にとり巻いている．筋肉が伸ばされると，感覚ニューロンが脱分極し，発生した活動電位は，脊髄に伝わり運動ニューロンを活性化して反射運動を引き起こす．

感覚ニューロンの樹状突起にある機械受容器は，哺乳類の触覚感覚にも関与している．触覚受容器は，その多くが結合組織の中に埋め込まれている．結合組織の構造と受容器の局在は，それを刺激する機械エネルギーの種類（軽い接触，振動，より強い圧力）に対して大きな影響をもつ（図 50.5）．軽度の接触や振動を検知する受容器は，皮膚の表面近くに存在する．それらは，ごくわずかな機械エネルギーの入力を受容器電位へと変換する．一方，より強い圧力や振動に応じる受容器は，皮膚の深い層に存在する．

機械受容器をその環境の認識に使っている動物もいる．たとえば，ネコもネズミもそのヒゲの根元には非常に繊細な機械受容器をもっている．ホシバナモグラの付属肢のように，ヒゲは，触覚感覚器官として働いている．ヒゲを一方向に曲げると，活動電位が発生して，脳に送られるが，異なるヒゲの情報は脳の異なる

▼図 50.5　**ヒト皮膚の感覚受容器．** 真皮にある多くの受容器は結合組織によって取り囲まれている．上皮（表皮）の受容器は裸の樹状突起である．毛の根元の周囲に巻きついて毛の動きを受容している．

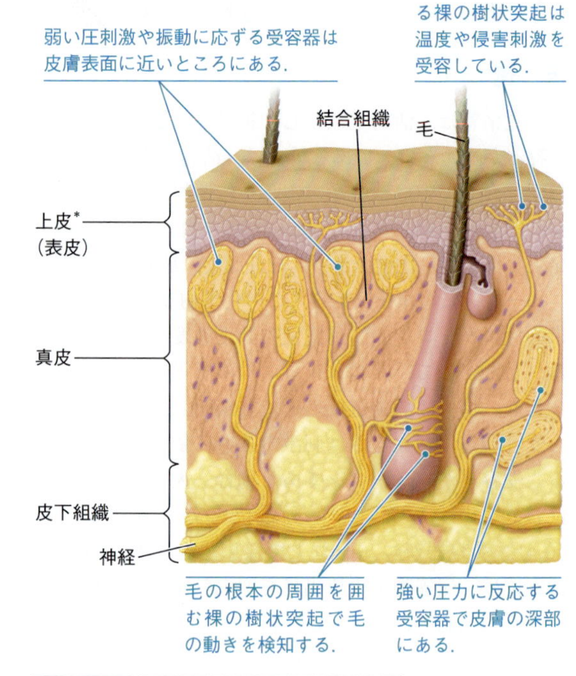
弱い圧刺激や振動に応ずる受容器は
皮膚表面に近いところにある．
上皮（表皮）にある裸の樹状突起は温度や侵害刺激を受容している．
結合組織
毛
上皮*
（表皮）
真皮
皮下組織
神経
毛の根本の周囲を囲む裸の樹状突起で毛の動きを検知する．
強い圧力に反応する受容器で皮膚の深部にある．

＊（訳注）：体表面の上皮は表皮ということが多いが（英語ではどちらも epidermis），40 章での上皮の紹介に基づき，ここでは上皮（表皮）とする．

部位に送られる．その結果，動物のヒゲは，近くの食物や物体に関する詳細な「触覚地図」を脳に作成することができる．

化学受容器

化学受容器 chemoreceptor には，2種類ある．1つは溶質全体の濃度に関する情報を伝えるものである．たとえば，哺乳類の脳にある浸透圧受容器は，血液中の溶質全体の濃度の変化を検知し，浸透圧の上昇があれば，喉の渇きを起こさせる（図 44.19 参照）．もう1つは，グルコース，酸素，二酸化炭素，アミノ酸などの，個々の分子に関する情報を伝えるものである．

雄のカイコガの触角には，2種類の非常に感度の高い特殊な化学受容器が見られる（図 50.6）．これらの受容器は，数キロメートル離れた場所から，放出された雌の出す性フェロモンを検出することができる．フェロモンやそれ以外の匂い分子は，感覚細胞の膜上にある特別な受容体に結合し，イオン透過性の変化を引き起こす．

▼図 50.6 **昆虫の化学受容器.** カイコガ *Bombyx mori* の雄の触角は感覚毛で覆われている. 感覚毛は SEM で拡大して初めて見ることができる. 毛には雌によって放出される性フェロモンに非常に敏感な化学受容器が存在する.

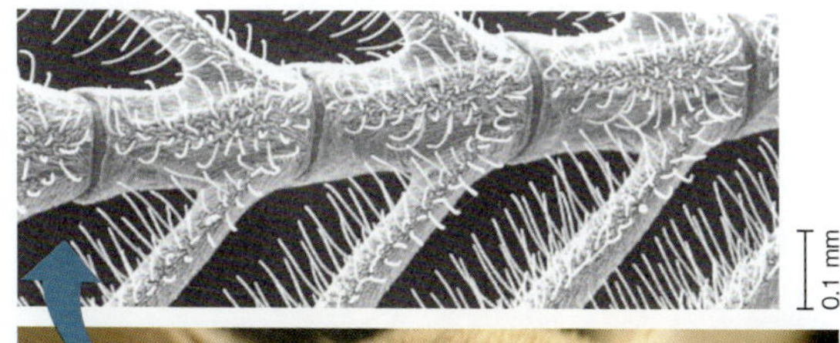
0.1 mm

▼図 50.7 **電磁受容器と温度受容器の例.**

(a) シロイルカのような移動性の動物は, 地球の磁場を感知しこの情報と他の感覚とを合わせて方向定位を行う.

眼
熱を感知する器官

(b) ガラガラヘビとクサリヘビは, 1 対の温度受容器 (各々の眼と鼻孔の間にある) をもっている. この器官は, 1 m 離れているマウスが発する赤外線を検出できる. ヘビは赤外線が左右の受容器によって等しく検知されるまで, 頭を動かし正面に獲物がいることを認識する.

電磁受容器

電磁受容器 electromagnetic receptor は, さまざまな電磁エネルギーの形態を検知する受容器である. 眼に見える光, 電気, 磁気などである. たとえば, カモノハシは, 電気受容器をそのくちばしにもっていて, 甲殻類やカエル, 小さな魚やその他の獲物の筋肉が発する電場を検知することができる. 電気刺激を受容する動物自体が, その発生源であることもある. たとえば, ある魚は電流を発生させて, その電流を乱す獲物やその他の物体がないか, 自分の電気受容器を用いて調べている.

多くの動物は, 地球の磁場 (地磁気) を用いて, 移動の方向を判断している (図 50.7a). 2015 年, 研究者は, 地球の磁場を感知するセンサーと考えられる 1 対のタンパク質を同定した. オオカバマダラ (長距離移動するチョウ), ハト, ミンククジラなどの多くの動物は地球の磁場によって定位している. タンパク質の 1 つは, 鉄に結合する性質をもち, もう 1 つは, 光感受性のある受容器のファミリーに属している.

温度受容器

温度受容器 thermoreceptor は, 熱と冷たさを検知する. ある種の毒ヘビは温血動物の獲物が放射する赤外線を検出するために温度受容器を利用している. これはヘビの頭部に 1 対あるピット器官に存在する (図 50.7 b). ヒトの温度受容器は皮膚と視床下部前方部に存在している.

私たちの温度受容に対する理解は, 科学者の努力と辛い食べ物のおかげで近年大きく進歩した. ハラペーニョやカイエンペッパーの味は, 「熱い」と表現されるが, それはもともとカプサイシンという物質が含まれているからである. カプサイシンが感覚ニューロンに作用すると, カルシウムイオンの流入が起こる. 科学者は, カプサイシンが結合する受容体タンパク質を同定したとき, 興味深い発見をした. すなわち, その受容体は, カルシウムチャネルを開口させるが, それはカプサイシンだけでなく, 高い温度 (42℃以上) によっても開くものだったのである. 辛い食べ物は「熱い」と感じるが, これは同じ受容体が, 辛い食べ物によってもまた熱いスープやコーヒーによっても活性化されるためである.

哺乳類は, ある決められた温度受容範囲をもつ多数の温度受容器をもっている. カプサイシン受容体と他の少なくとも 5 種類の温度受容体は, イオンチャネルタンパク質の中の TRP (transient receptor potential : 一過性受容器電位) ファミリーに属している. TRP タイプのうち高い温度を受容するものは, カプサイシンに対しても感受性が高い. 28℃以下の温度に対して働く受容体は, メンソール (植物の生成物で私たちが

「冷たい」味を知覚するもの）によっても活性化する．

痛覚受容器

高い圧力や温度は，ある種の化学物質と同様に，動物の組織を害する可能性がある．それらの有害な（もしくは有毒な）刺激を検知するのに，動物は，**侵害受容器 nociceptor** を備えている（「傷つける」を意味するラテン語 *nocere* に由来）．または，**痛覚受容器 pain receptor** ともよばれる．危険から手をひっこめるなどの防御反応を誘導するうえで，痛覚の知覚は重要な役割を果たしている．哺乳類のカプサイシン受容体は，有害となる高温度を検知すると同時に痛覚受容器としても機能している．

動物の体内でつくられる化学物質は，ときに，痛み受容の感度を上げる．たとえば，傷ついた組織は，プロスタグランジンを産生し，これはその部位に炎症を起こさせる（45.1節参照）．プロスタグランジンは，痛覚刺激に敏感な侵害受容器の感度を上げて痛みを悪化させる．アスピリンとイブプロフェンは，プロスタグランジンの生成を抑えて痛みを和らげる．

次に，感覚系を見ていこう．はじめに，姿勢の維持と音を検知するシステムについて述べることにする．

概念のチェック 50.1

1. 感覚受容器の５つのカテゴリーのうち，外界からの刺激に限って受容するのはどれか．
2. なぜ辛い（「熱い」）香辛料がヒトに汗をかかせるのか．
3. どうなる？➤もし，感覚ニューロンを電気的に刺激すると，その刺激はどのような知覚を生むか．

（解答例は付録 A）

50.2

聴覚と平衡覚を受容する機械受容器は，液体の流れや平衡石の動きを検出する

聴覚と平衡覚は多くの動物で共通した機構が存在する．どちらも粒子の動きや液体の動きによって細胞表面の構造にゆがみが生じたときに，機械受容器が受容器電位を発生する．

無脊椎動物の重力と音の感知

重力を感知して，平衡を維持するために，多くの無脊椎動物は，**平衡胞 statocyst** とよばれる器官に存在する機械受容器を用いている（図 50.8）．代表的な平衡胞では，繊毛をもつ受容細胞の層が，１つまたはそれ以上の**平衡石 statolith** がおさめられた空間を取り巻いている．平衡石は粒状の砂か，密度の高い顆粒である．平衡石が空間の低い位置に動くと，その位置で機械受容器を刺激する．

▼図 50.8　**無脊椎動物の平衡胞．** 平衡胞の底面に置かれた平衡石はその場所の受容細胞の繊毛を屈曲させ，重力に対する体の位置に関する情報を脳に伝える．

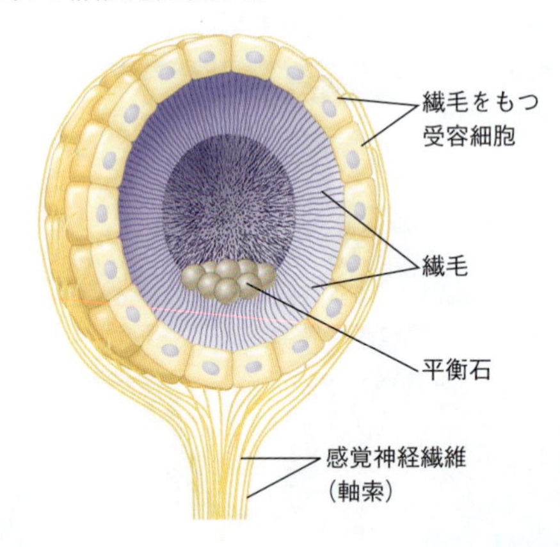
繊毛をもつ
受容細胞
繊毛
平衡石
感覚神経繊維
（軸索）

研究者たちは，平衡石の再配置が，重力方向に対する体の位置情報を提供しているという仮説を，いかにして検証したのだろうか．１つの重要な実験は，平衡石を金属片に置き換えるものであった．研究者たちは触覚の基部にある平衡胞の上端を磁石を使って引っ張ることにより，ザリガニを逆さまに泳がすことができたのである．

多くの（おそらくはほとんどの）昆虫には体に毛が生えており，音波に応じて振動する．異なる硬さ，長さをもつ毛は，異なる周波数で振動する．たとえば，雄の蚊の触角上にある毛は，特殊な方法で振動する．それは，雌の蚊が飛んでいる羽によって生じる音に応

▼図 50.9　**昆虫の「耳」――肢上にある．** SEM で見たコオロギ前肢の鼓膜器官．音波に応じて振動する．振動は，鼓膜の内部に付着している機械受容器を刺激する．

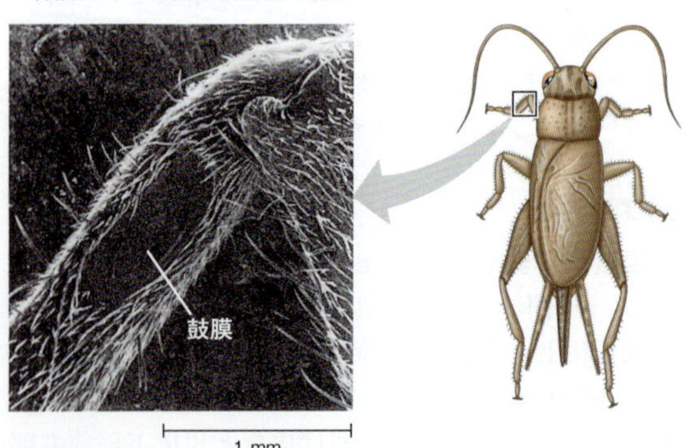
鼓膜
1 mm

▼図 50.10　探究　ヒトの耳の構造

1　耳の構造の概観

外耳 outer ear は耳介と外耳道よりなり，音波を集め，**鼓膜** tympanic membrane に導く．鼓膜が中耳と外耳の境となる．**中耳** middle ear には，3 つの小さな骨，槌骨，砧骨，鐙骨がある．これらの振動は鐙骨に接する**卵円窓** oval window に伝える．中耳は**エウスタキオ管** Eustachian tube とつながっている．この管は，咽頭につながっていて，中耳と大気の間の圧力が等しくなるようにしている．**内耳** inner ear は液体で満たされており，平衡機能に関与する**三半規管** semicircular canal と，聴覚に関与する**蝸牛** cochlea（「カタツムリ」を意味するラテン語に由来）からなる．

2　蝸　牛

蝸牛には 2 つの大きな迷路がある．上階の前庭階と下階の鼓室階である．両者は小さな蝸牛管によって仕切られている．両迷路は液体で満たされている．

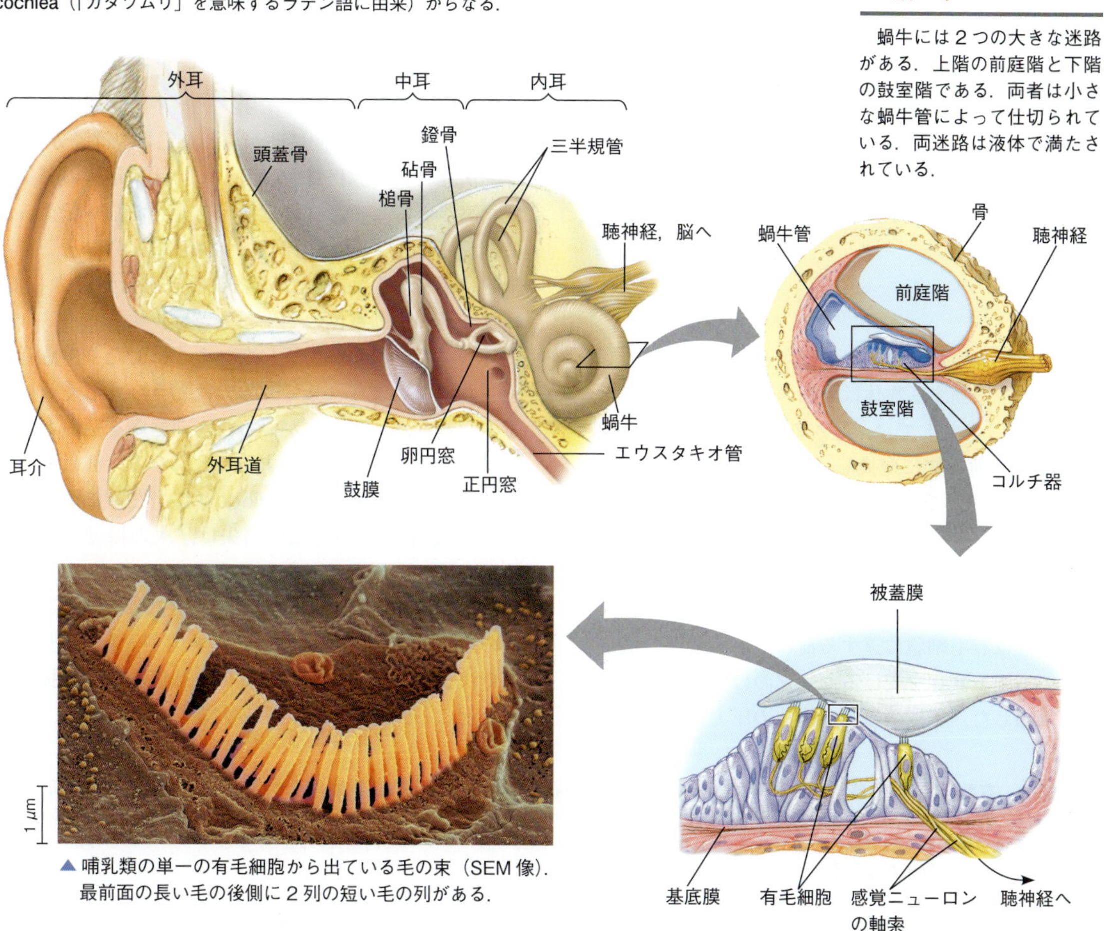
外耳
中耳
内耳
頭蓋骨
鐙骨
砧骨
槌骨
三半規管
聴神経，脳へ
耳介
外耳道
鼓膜
卵円窓
正円窓
エウスタキオ管
蝸牛
蝸牛管
骨
聴神経
前庭階
鼓室階
コルチ器
被蓋膜
基底膜
有毛細胞
感覚ニューロン
の軸索
聴神経へ
1 μm

▲ 哺乳類の単一の有毛細胞から出ている毛の束（SEM 像）．最前面の長い毛の後側に 2 列の短い毛の列がある．

4　有 毛 細 胞

有毛細胞から突出しているのはロッド型をした「毛」の束である，それぞれの「毛」の中心部にはアクチンフィラメントがある．音によって基底膜が振動すると，有毛細胞が動き，周囲の液体に対して，また被蓋膜に対して毛を曲げる．束の中の毛が動くと，機械受容器が活性化され，有毛細胞の膜電位が変化する．

3　コ ル チ 器

蝸牛管の床である，基底膜はコルチ器 organ of Corti を形成する．そこには耳の機械受容器である有毛細胞がある．有毛細胞の毛の部分は蝸牛管に突き出ている．有毛細胞の多くはコルチ器官の上を屋根のように覆っている被蓋膜に接している．音波は基底膜を振動させ，有毛細胞の毛を屈曲させ脱分極を起こす．

じて振動することができる．この感覚系の重要性は，交尾のために雄を雌に引き寄せることにあり，これを実証するのは非常に簡単である．つまり，雌の羽と同じ周波数で振動する音叉はそれだけで雄を引き寄せる．

多くの昆虫は，鼓膜とつながった振動受容器をもっている．鼓膜は，内部の空気を含む区画へとつながっている（図 50.9）．ゴキブリは鼓膜をもたないが，ヒトの足が下りてくるときに生ずる気流変化を検知する振動受容器を備えている．

哺乳類の聴覚，平衡覚

哺乳類では，他の陸上脊椎動物と同様に，聴覚と平衡覚の感覚器官は耳の中で近接して存在している．図 50.10 は，ヒトの耳にあるこれらの器官の構造と器官である．

聴　覚

ギターを弾いたり，ヒトが話すとき声帯を震わせたりすると，振動する物体は周囲の空気中に振動波をつくり出す．「聴覚」では，耳がこの機械刺激（振動波）を神経の活動電位に変換し，脳が音として知覚する．音楽や話し声，その他環境からくる音は，**有毛細胞 hair cell** によって検知される．有毛細胞は毛のような突起が細胞の表面から伸びていて，動きを検知する感覚受容器である．

振動波は有毛細胞に達する前に，いくつかの構造によって増幅，変化を受ける．聴覚のはじめは，耳の構造と関係した，空気の振動を液体の圧力波へと変換する過程である．外耳に到達した空気の振動は，鼓膜の振動を引き起こす．中耳の3つの骨が振動を卵円窓という蝸牛管との境界の膜に伝える．これら3つの耳小骨のうち鐙骨（あぶみこつ）は卵円窓を振動させ，蝸牛管内の液体に圧力波を生じさせる．

前庭階に入ると，圧力波は蝸牛管と基底膜を押す．それに応じて，基底膜と有毛細胞が上下に振動する．振動している有毛細胞の毛は，そのすぐ上にあって固定されている被蓋膜によって曲げられる（図 50.10 参照）．振動するたびに，毛は一方向に曲がり，次はその反対の方向に曲がり，イオンチャネルの開閉を引き起こす．毛がある方向に曲がると有毛細胞は脱分極し，神経伝達物質の放出量が増大して，活動電位の発生頻度が高くなる．これは聴覚神経を介して脳へ伝えられる（図 50.11）．また毛が反対方向に曲がると，有毛細胞は過分極し，神経伝達物質の放出量が減少して，聴覚神経の活動電位の発生頻度が減少する．

耳の中で圧力波が反響しないようにしたり，感覚が延長されないようにしているのはどういうしくみによるのだろうか．圧力波がいったん前庭階を通ると，それは，蝸牛の頂点を通過することになる．波は鼓室階まで達し，**正円窓（せいえんそう） round window** に当たると消失する（図 50.12 a）．この音波の消失は，次の振動が到着するために，装置をリセットする意味がある．

耳は，脳へ2つの重要な音に関する要素を伝える．音の大きさと高さである．音の大きさ，「音量」は振幅で決まる．大きな振幅の音は，基底膜の強い振動を引き起こし，有毛細胞の毛を大きく曲げさせる．そし

▼図 50.11　**有毛細胞による感覚受容．** 聴覚と平衡覚に関与する脊椎動物の有毛細胞は，周囲の液体が動くと屈曲する．有毛細胞はシナプスを介し感覚ニューロンに向けて興奮性神経伝達物質を放出する．これにより感覚ニューロンは活動電位を CNS に伝える．ある方向へ毛を曲げると膜が脱分極し，より多くの伝達物質を放出し，感覚ニューロンの活動電位の頻度が増加する．それとは逆の方向に毛を曲げると，逆の効果が起こる．

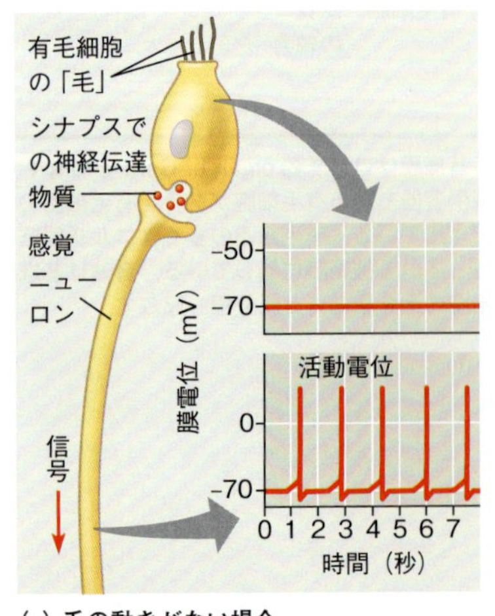

有毛細胞の「毛」
シナプスでの神経伝達物質
感覚ニューロン
信号
膜電位（mV）
-50
-70
活動電位
0
-70
0 1 2 3 4 5 6 7
時間（秒）

(a) 毛の動きがない場合

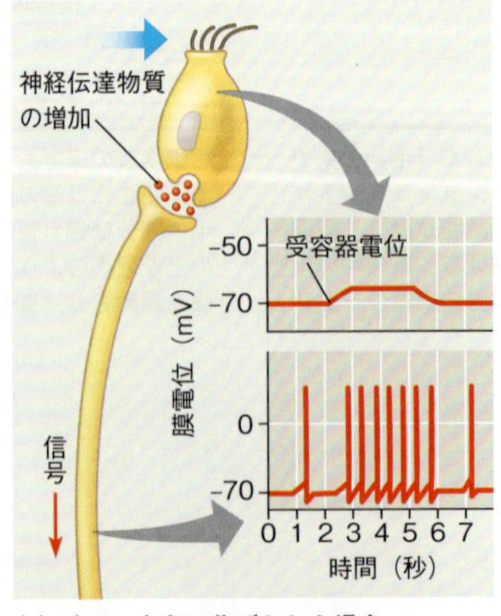

神経伝達物質の増加
受容器電位
信号
膜電位（mV）
-50
-70
0
-70
0 1 2 3 4 5 6 7
時間（秒）

(b) 毛が一方向に曲げられた場合

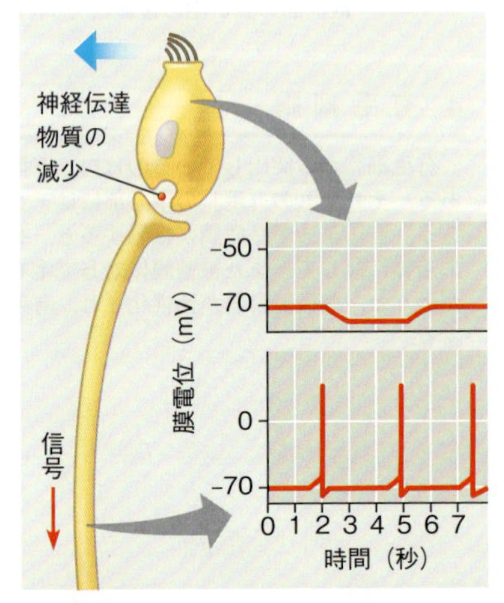

神経伝達物質の減少
信号
膜電位（mV）
-50
-70
0
-70
0 1 2 3 4 5 6 7
時間（秒）

(c) 毛が反対方向に曲げられた場合

▼図 50.12 **蝸牛での感覚変換.**

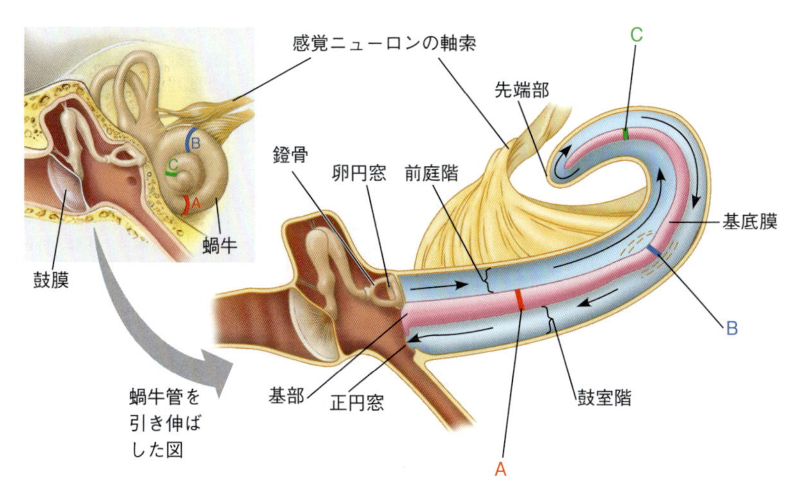
感覚ニューロンの軸索
先端部
C
B
C
A
蝸牛
鼓膜
鐙骨
卵円窓
前庭階
基底膜
B
基部
正円窓
鼓室階
A
蝸牛管を
引き伸ば
した図

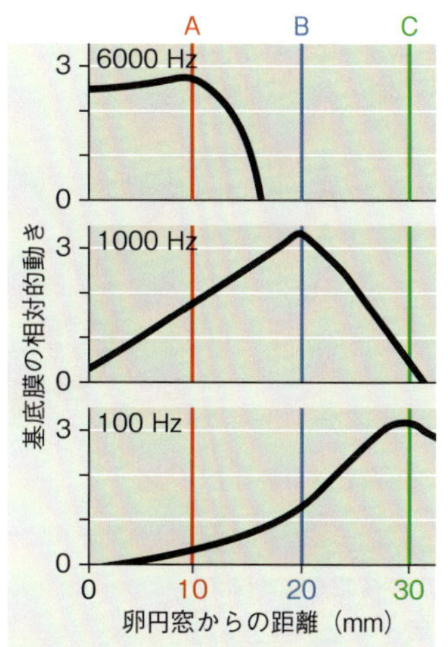
A
B
C
6000 Hz
1000 Hz
100 Hz
3
0
基底膜の相対的動き
0
10
20
30
卵円窓からの距離 (mm)

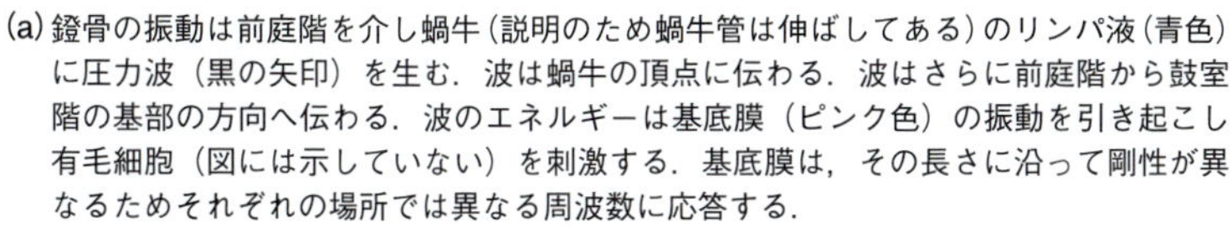
(a) 鐙骨の振動は前庭階を介し蝸牛(説明のため蝸牛管は伸ばしてある)のリンパ液(青色)に圧力波(黒の矢印)を生む. 波は蝸牛の頂点に伝わる. 波はさらに前庭階から鼓室階の基部の方向へ伝わる. 波のエネルギーは基底膜(ピンク色)の振動を引き起こし有毛細胞(図には示していない)を刺激する. 基底膜は, その長さに沿って剛性が異なるためそれぞれの場所では異なる周波数に応答する.

(b) グラフは3つの異なる周波数(上段は高周波数, 中段は中間周波数, 下段は低周波数)に対する基底膜の振動パターンを示している. 周波数が高くなるほど, 振動は卵円窓に近くなる.

データの解釈➤和音は異なる周波数の音波でつくられる複数の音から成り立っている. 和音が100, 1000, および6000 Hzの音をもつ場合, 基底膜ではどんなことが起こるか. またこのことは和音を聞いたときどのような感覚をもたらすか.

て, 感覚ニューロンにより多くの活動電位を発生させる.「音の高さ」は, 音の周波数(1秒間あたりの振動数)に依存している. 音の周波数の検出は蝸牛で行われる. それは蝸牛の非対称的な構造に基づいている.

蝸牛は音の高さを識別できる. その理由は, 基底膜がその全長に沿って均一ではないためである. 蝸牛基部の卵円窓近くでは幅が狭く硬いが, 頂点のところでは広くて柔軟性がある. 基底膜のそれぞれの場所は特定の振動数に反応する(図 50.12 b). さらに, それぞれの場所は, 軸索を介して大脳皮質の異なる部位に投射している. その結果, ある音が基底膜の特定の場所を振動させると, 神経インパルスは, 大脳皮質の特定の場所に伝えられ, その音の高さを知覚するのである.

平衡覚

ヒトや多くの哺乳類の内耳にあるいくつかの器官は, 体の位置と平衡を感知する. たとえば卵円窓の奥の前庭には,「卵形嚢(のう)」と「球形嚢」とよばれる, 2つの部屋があり, 重力に対する位置や直線的な動きを感知している(図 50.13). 卵円窓の奥の前庭にあるこれらの小部屋のそれぞれには, ゼラチン状の物質内に感覚毛を伸ばした有毛細胞が存在する. このゲルの中に埋まっているのは, 小さな炭酸カルシウムの粒子で,「耳石(じせき)」とよばれる. あなたが頭を傾けると, 耳石はゲル内に突き出した感覚毛を押す. 有毛細胞の受容体を通じて, この感覚毛の傾きは感覚ニューロンの出力の変化へと変換され, 脳において, あなたの頭が傾いている角度が感知される. 耳石は, 加速度を感知する能力にも関係がある. たとえば, 静止した車に乗っていて, 前進したときの加速度を感じとることができる.

液体で満たされた三半規管は, 卵形嚢に接続していて, 頭の回転や角加速度を感知できる. それぞれの半規管内の有毛細胞は, ひとかたまりになっていて, その感覚毛は, クプラ(図 50.13 参照)とよばれるゼラチン状の物質の中に伸びている. 3つの管は, 空間的に3つの面に配置されているので, どの方向の頭の動きも検出できる. もし, 同じところであなたが回転すると, 液体と三半規管は結果として平衡に達し, あなたが止まるまで同じ状態を維持する. あなたが止まったときに液体の動きが起こって静止していたクプラを動かし, 私たちがめまいとよぶ偽りの回転の動きが感知される.

他の脊椎動物の聴覚と平衡覚

魚類は, 水環境の中で, 動くものや振動などを検出するシステムを発達させている. その1つが, 耳石と

▼図 50.13　**内耳の平衡感覚器官.**

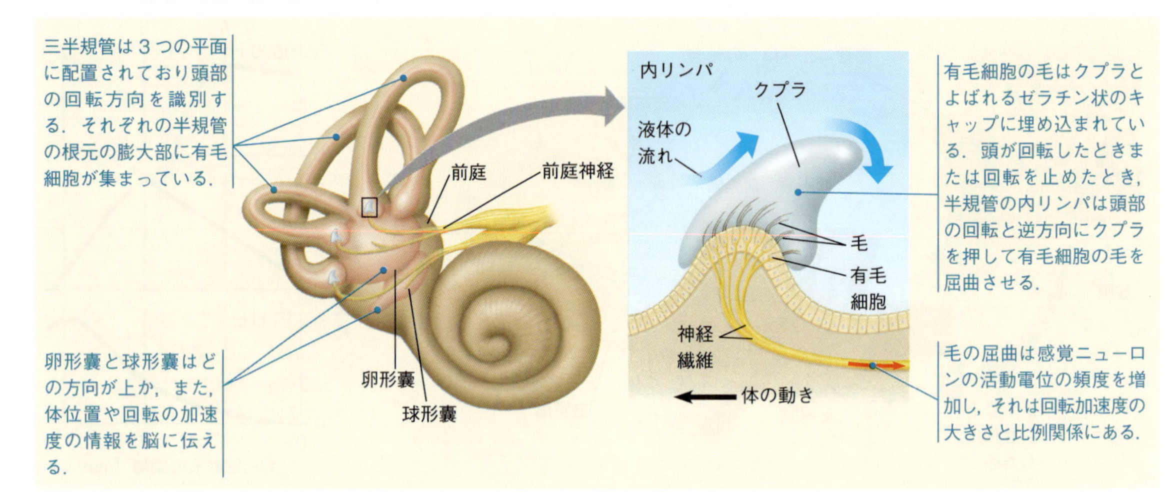
三半規管は3つの平面に配置されており頭部の回転方向を識別する．それぞれの半規管の根元の膨大部に有毛細胞が集まっている．
前庭
前庭神経
卵形嚢と球形嚢はどの方向が上か，また，体位置や回転の加速度の情報を脳に伝える．
卵形嚢
球形嚢
内リンパ
クプラ
液体の流れ
毛
有毛細胞
神経繊維
体の動き
有毛細胞の毛はクプラとよばれるゼラチン状のキャップに埋め込まれている．頭が回転したときまたは回転を止めたとき，半規管の内リンパは頭部の回転と逆方向にクプラを押して有毛細胞の毛を屈曲させる．
毛の屈曲は感覚ニューロンの活動電位の頻度を増加し，それは回転加速度の大きさと比例関係にある．

有毛細胞からなる1対の内耳である．哺乳類の聴覚器官とは異なり，魚類の耳は体の外側に開いてはいない．鼓膜も蝸牛管ももたない．音波により引き起こされた水の振動は，頭の骨格を通じて，内耳に入る．ある種の魚類は，浮き袋から内耳へ振動を伝える一連の骨をもっている．

ほとんどの魚類と水生の両生類は，体の両側面に走る**側線系 lateral line system** を使って低周波の波を検出している（図 50.14）．私たちの三半規管と同様に，受容器は，ひとかたまりになった有毛細胞から形成されていて，その感覚毛はクプラの中にうまっている．体の周囲から，たくさんの孔を通じて側線系に水が入りクプラを動かすと，有毛細胞の脱分極が起こって，活動電位を発生させる．このようにして魚類は，自身が水の中を動いているときの動きや，自身の体を流れる水の流れの方向，速度を感知している．側線系は，餌や捕食者など，他の動くものによって生じる水の動きや振動をも感知することができる．

カエルやヒキガエルの耳では，空気中の音波は，体の表面にある鼓膜と中耳の1つの骨によって内耳に伝えられる．鳥類や爬虫類も哺乳類と同様である．ただし彼らは蝸牛管をもっている．

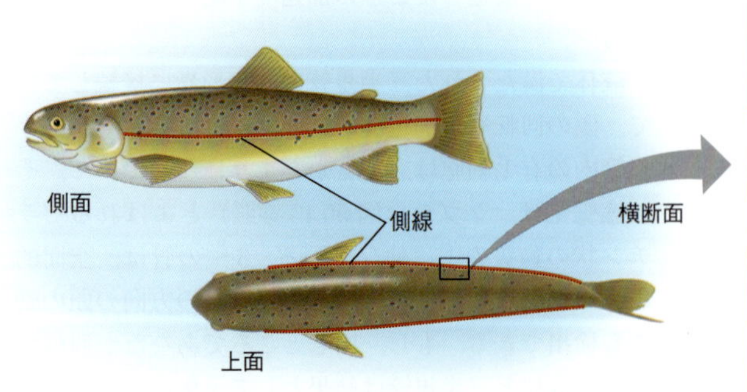
側面
側線
横断面
上面

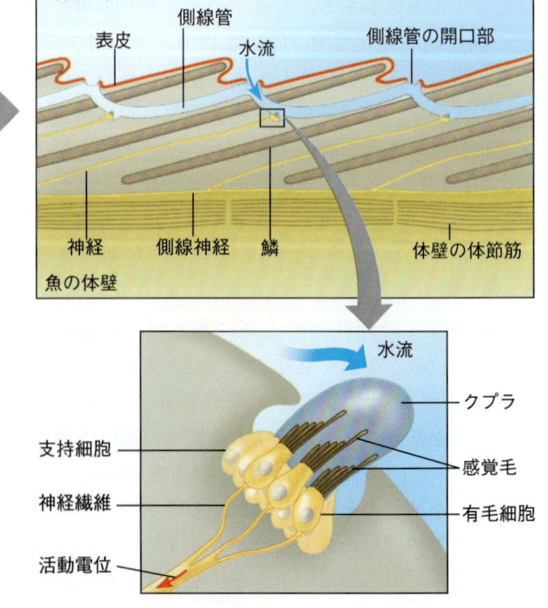
外側の水
側線管
表皮
水流
側線管の開口部
神経
側線神経
鱗
体壁の体節筋
魚の体壁
水流
クプラ
支持細胞
感覚毛
神経繊維
有毛細胞
活動電位

▲図 50.14　**魚の側線系.** 側線の感覚器官は魚の両サイドに頭部から尾まで走っている．水流は側線管内で，ゼラチン状のクプラを動かし有毛細胞を屈曲する．有毛細胞は受容器電位を発生し，活動電位を誘発して脳に伝達する．側線系により魚は動く物体や水によって発生する低周波の音，水流，圧力波などを監視できる．

概念のチェック 50.2

1. ホシバナモグラのような地中にすむ哺乳類にとって，平衡胞による適応はどのようなものだろうか．
2. どうなる？➤あなたの蝸牛管での圧力波を考えてみよう．基底膜を振動させ，その波が基部から頂点へと伝わっていくとする．あなたの脳はどのようにこの刺激を解釈するだろうか．
3. どうなる？➤もし，鐙骨が，他の内耳の骨や卵円窓とくっついてしまったら，聞くことに対してどのような影響が出るだろうか．説明しなさい．
4. 関連性を考えよう➤植物は重力感知のため平衡石を利用している（図 39.22 参照）．植物と動物で平衡石が存在する部屋の性質は，どのように違っているか．また重力を受容する生理機構はどのように異なっているか．

（解答例は付録 A）

50.3

多様な動物の視覚受容器は，光を吸収する色素の違いによる

光を検知する能力は，すべての動物や，自身をとりまく環境との相互作用の中で，中心的な役割をもっている．視覚に利用される器官は，動物間で多様化しているが，光をとらえる基本的な機構は共通している．このことは進化的に共通の起源をもつことを示唆している．

▼図 50.15　プラナリアの単眼と定位行動．

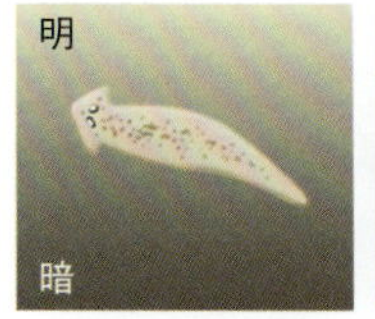
明
暗

(a) プラナリアの脳は 2 つの単眼からの感覚が等しくかつ最小になるまで，体の向きを変えるよう指示する．これにより，プラナリアは光から回避することができる．

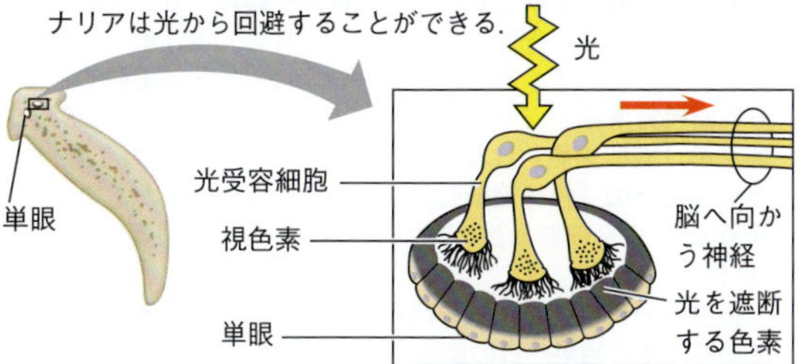
光
単眼
光受容細胞
視色素
単眼
脳へ向かう神経
光を遮断する色素

(b) 単眼の前方に入った光は光受容細胞を興奮させるが，後部に入った光は色素によりブロックされる．こうして単眼は光源の方向を知らせ，その結果，光回避行動が誘発される．

視覚の進化

進化 動物界で光の検出器は，光の方向だけを感知する簡単なものから，像を構成する複雑な器官まで多様である．この多様な光検出器には，すべて**光受容細胞 photoreceptor** という光を吸収する色素分子を含んだ細胞が含まれている．さらに，胚発生の段階で，どこで，いつ光受容細胞が現れるかを決める遺伝子は，扁形動物，環形動物，甲殻類，脊椎動物など多様な動物の間で保存されている．よって，すべての光受容細胞の遺伝子の基盤が，初期の左右相称動物の現れた頃からすでに存在していたと考えられる．

光を検出する器官

ほとんどの無脊椎動物は，光検出器官をもっている．最も単純なものは，プラナリア（図 50.15）のもので 1 対の単眼，あるいは眼点とよばれ，頭部に存在する．それぞれの単眼の光受容細胞は，色素細胞のない開口部を通じた光だけを受容する．プラナリアの脳は 2 つの単眼からくる活動電位の割合を比較して，影になる位置まで移動し，光源から遠ざかることができる．その結果，そこに石や物体があれば，身を隠して捕食者から逃れることができる．

▼図 50.16　複眼．

(a) 実体顕微鏡で撮影されたハエ頭部の正面にある眼．

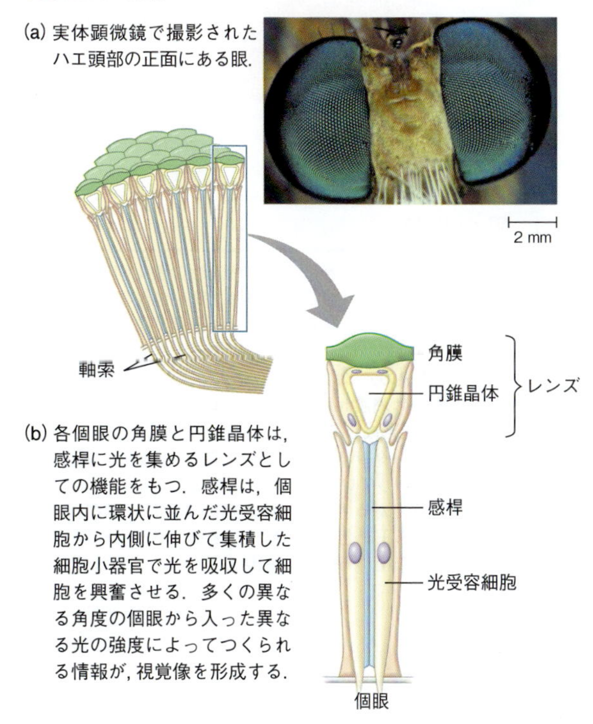
2 mm
軸索
角膜
円錐晶体
レンズ
感桿
光受容細胞
個眼

(b) 各個眼の角膜と円錐晶体は，感桿に光を集めるレンズとしての機能をもつ．感桿は，個眼内に環状に並んだ光受容細胞から内側に伸びて集積した細胞小器官で光を吸収して細胞を興奮させる．多くの異なる角度の個眼から入った異なる光の強度によってつくられる情報が，視覚像を形成する．

複　眼

昆虫，甲殻類および一部の多毛類は**複眼** compound eye をもつ．複眼は，**個眼** ommatidia（図 50.16）とよばれる光検出器が数千集まったものである．それぞれの個眼には，光を透過させるレンズがある．個眼は，視野（眼が前方を向いたときに見える全領域）の狭い領域からの光を検出する．複眼は，動きを検出するのに非常に優れていて，飛翔する昆虫や，いつも捕食者にねらわれている小さな動物にとっては重要な適応であると考えられる．多くの複眼はハエの例で図 50.16 に示したが，広い視野をもっている．

昆虫は優れた色覚をもっている．ハチを含むある種の昆虫は，電磁波スペクトルの中の紫外線を見ることができる．紫外線はヒトには見えないので，ハチや他の昆虫と違って，私たちは環境の変化を見逃すこともある．動物の行動について学ぶとき，私たちは私たちの感覚世界を，他の種の感覚世界に単に当てはめることはできない．異なる動物には異なる感覚があり，異なる脳の構成があるからである．

単レンズ眼

無脊椎動物の**単レンズ眼** single-lens eye は，クラゲや多毛類のいくつか，クモ，軟体動物の多くで見られる．単レンズ眼は，カメラに似た原理で働く．たとえば，タコやイカの眼は，小さな開口部である**瞳孔** pupil をもち，そこを通じて光が入ってくる．カメラの絞りと同様，**虹彩** iris が閉じたり開いたりして，瞳

▼図 50.17　探究　ヒトの眼の構造

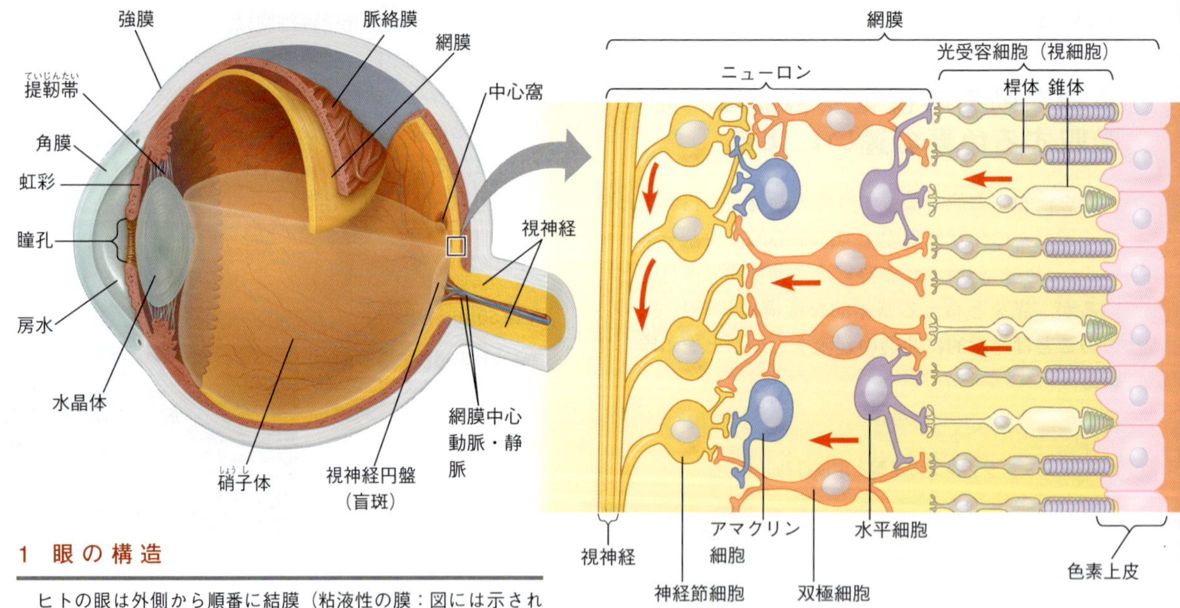
強膜
脈絡膜
網膜
提靭帯
中心窩
角膜
虹彩
瞳孔
視神経
房水
水晶体
網膜中心
動脈・静
脈
硝子体
視神経円盤
（盲斑）
網膜
光受容細胞（視細胞）
ニューロン
桿体 錐体
視神経
アマクリン
細胞
水平細胞
神経節細胞
双極細胞
色素上皮

1　眼 の 構 造

ヒトの眼は外側から順番に結膜（粘液性の膜：図には示されていない），強膜（結合組織），脈絡膜（薄い色素層）で覆われている．眼の前方では，強膜は透明な「角膜」になり，脈絡膜は色のついた「虹彩」になる．虹彩はその大きさを変えることによって虹彩中央の穴にあたる瞳孔に入る入射光量を調節する．脈絡膜の内側には**網膜** retina のニューロンと光受容器があり，眼球の最も内側を形成している．視神経は視神経円盤にある．

レンズ lens は，タンパク質でできた透明な円盤で，眼を前後2つの区画に分割している．レンズの前方は「房水」で，透明な水溶性の物質である．この液体を排出する管が塞がれると，緑内障になる．眼圧が上がり，視神経を損傷させ，視覚が奪われる．レンズの後方は，「硝子体」（眼球の下のほうに示してある）．

2　網　膜

光は（上の図では左からくる）桿体や錐体に到達する前にニューロンの透明な細胞層を通過する．桿体，錐体細胞は形も機能も異なっている．網膜のニューロンは，光受容細胞でとらえられた視覚情報を，赤い矢印で示す経路で，視神経，脳に伝える．個々の「双極細胞」は複数の桿体と錐体から，入力を受ける．そして個々の「神経節細胞」は，複数の双極細胞からの入力を集める．「水平細胞」と「アマクリン細胞」は，網膜の横方向の統合にかかわる．

網膜の一部である，視神経円盤（盲斑）は光受容細胞を欠いている．その結果，この部域は光が受容されない，「盲斑」を形成している．

孔の直径を変え，入射光量を調節する．瞳孔の後ろには単レンズがあり，光を光受容細胞の層に集める．カメラの焦点を合わせるのと同様，無脊椎動物の単レンズの眼はレンズを前後に動かして，異なる距離にある物体に焦点を合わせる．

すべての脊椎動物の眼は単レンズをもっている．魚類では，焦点を合わせる方法は無脊椎動物と同様で，レンズを前後に動かす．哺乳類を含め他の種では，レンズの形状を変えることで焦点を合わせる．

脊椎動物の視覚系

ヒトの眼は，脊椎動物の視覚のモデルとなり得る．図 50.17 に詳しく示すように，視覚の始まりは，光子が目の中に入り，桿体（かんたい）細胞と錐体細胞を刺激することである．ここでそれぞれの光子のエネルギーがとらえられ，レチナール分子の化学結合の配置が1つ変化する．

眼の中の光の検知は，視覚の第1段階であって，実際は脳において「見る」ことになる．よって，視覚を理解するためには，レチナールによってとらえられた光がどのようにして活動電位の発生を変化させるのか，そしてどのようにして脳の視覚中枢に信号が伝えられ，像が構成されるのかを調べなければならない．

眼における感覚の変換

視覚情報の神経系への伝達は，桿体と錐体細胞内で，シス–レチナールからトランス–レチナールへの変換から開始する．対になったシス–トランスの異性体は，

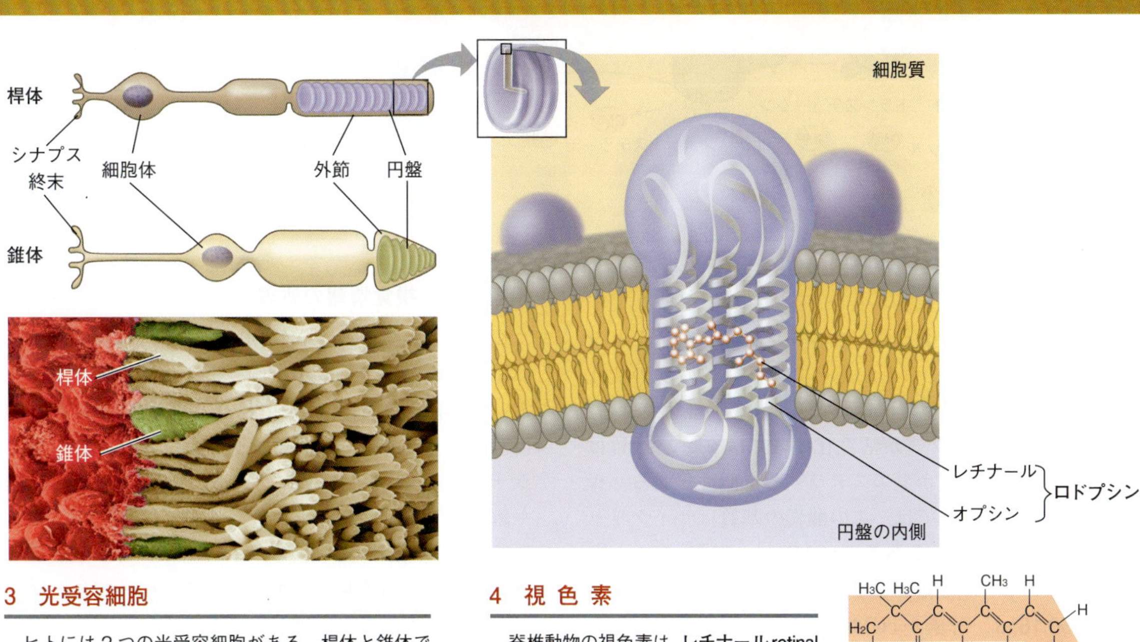

桿体
シナプス終末
細胞体
外節
円盤
錐体
細胞質
桿体
錐体
レチナール
オプシン
ロドプシン
円盤の内側

3　光受容細胞

ヒトには２つの光受容細胞がある．桿体と錐体である．桿体と錐体の外節の中の円盤膜の中に「視色素」が埋め込まれている，**桿体 rod** は光に感受性が高いが色は識別できない．桿体のおかげで夜間にものを見ることができるが白黒にしか見えない．**錐体 cone** は，色覚を提供している．しかし，感度は高くないため，夜の視覚には寄与していない．３種類の錐体がある．それぞれは，異なる光スペクトラムをもち，赤，緑，青に感受性がある．

上に示した着色 SEM 像では，錐体（緑），桿体（黄褐色），隣接するニューロン（赤）が見える．上皮の色素はこの標本では除いてある．あるとすれば右に見える．

4　視 色 素

脊椎動物の視色素は，**レチナール retinal**（ビタミンAの誘導体）とよばれる光を吸収する分子が**オプシン opsin** とよばれる膜タンパク質に結合したものである．オプシン分子の７つのαヘリックスが円盤膜を貫通している．ここで示した桿体の視色素は**ロドプシン rhodopsin** とよばれている．

レチナールは２つの異性体として存在する．光の吸収はレチナールをシス型からトランス型に変化させ，分子を曲がった形状からまっすぐな形状に変化させる．この変化はオプシンタンパク質を活性化する．

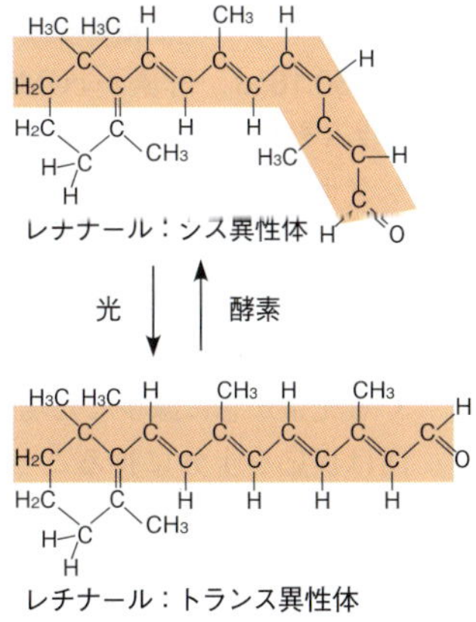

レチナール：シス異性体
光
酵素
レチナール：トランス異性体

図読み取り問題➤レチナールの異性体は，同数の原子で結合しているが，炭素の二重結合（C=C）の構造が１ヵ所異なる．それぞれの異性体でその場所を丸で囲みなさい．その結合の周囲の原子を見て，シスとトランスが原子のどの部分を指しているか述べなさい．

▼図 50.18　**光受容細胞の光に対する応答.** 光は桿体細胞（この図に示す）と錐体細胞に受容器電位を発生させる. ただしこの場合, 受容器電位は過分極である点に注意しなさい.

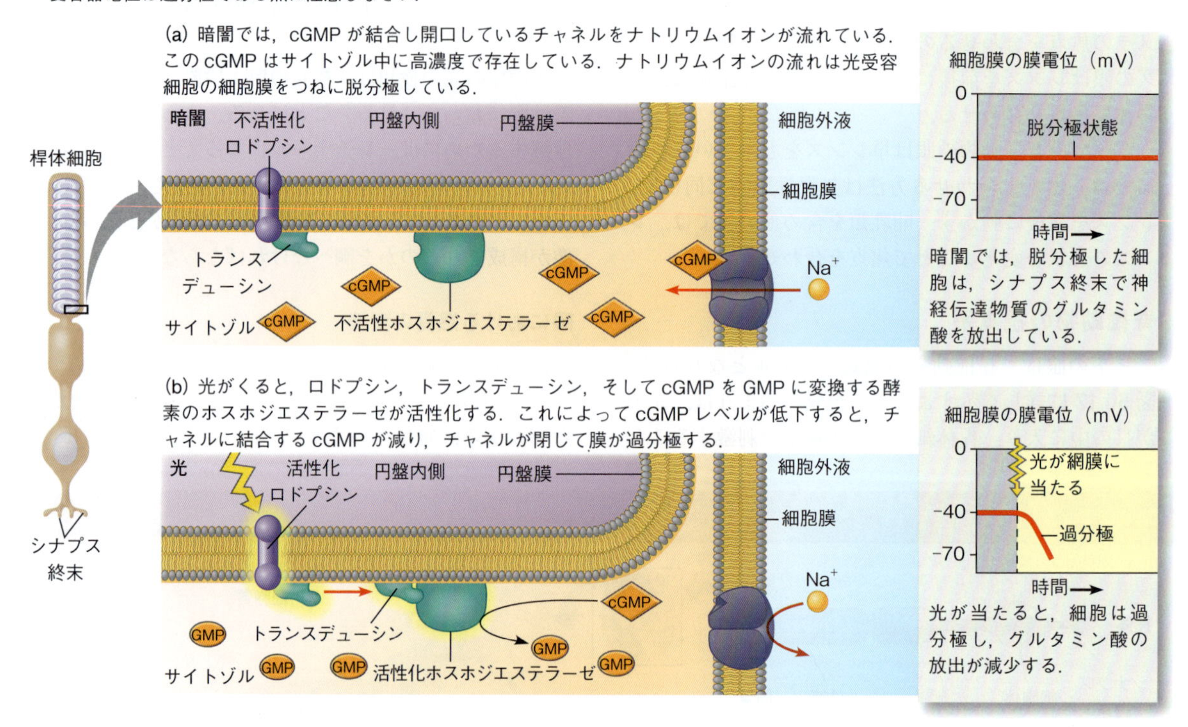
(a) 暗闇では, cGMP が結合し開口しているチャネルをナトリウムイオンが流れている. このcGMP はサイトゾル中に高濃度で存在している. ナトリウムイオンの流れは光受容細胞の細胞膜をつねに脱分極している.
桿体細胞
暗闇
不活性化ロドプシン
円盤内側
円盤膜
細胞外液
細胞膜
トランスデューシン
cGMP
不活性ホスホジエステラーゼ
サイトゾル
Na+
細胞膜の膜電位（mV）
0
-40
-70
脱分極状態
時間
暗闇では, 脱分極した細胞は, シナプス終末で神経伝達物質のグルタミン酸を放出している.
(b) 光がくると, ロドプシン, トランスデューシン, そしてcGMP を GMP に変換する酵素のホスホジエステラーゼが活性化する. これによってcGMP レベルが低下すると, チャネルに結合するcGMP が減り, チャネルが閉じて膜が過分極する.
光
活性化ロドプシン
円盤内側
円盤膜
細胞外液
細胞膜
シナプス終末
GMP
トランスデューシン
活性化ホスホジエステラーゼ
サイトゾル
Na+
細胞膜の膜電位（mV）
光が網膜に当たる
過分極
時間
光が当たると, 細胞は過分極し, グルタミン酸の放出が減少する.

炭素の二重結合の分子の配置が異なっている（図 4.7 参照）.

図 50.17 に示すように, トランス-レチナールとシス-レチナールはその形が違っている. この形の変化が視色素（桿体細胞ではロドプシン）を活性化させる. 最初に G タンパク質が活性化する. G タンパク質は次に, 酵素のホスホジエステラーゼを活性化する. 桿体細胞と錐体細胞では, この酵素の基質はサイクリック GMP（cGMP）である. cGMP は, 暗所ではナトリウムチャネルと結合して, 開口状態を維持している（図 50.18 a）. 酵素が cGMP を加水分解すると, ナトリウムチャネルが閉じ, 細胞は過分極する（図 50.18 b）. シグナル変換が進むと酵素の活動がやみ, 再びシス型に戻り視色素は不活性化する.

明るい光の中で, ロドプシンが活性化したままだと, 桿体細胞の反応が飽和してしまう. もし, 入ってくる光量が急に減少した場合には, 桿体細胞は, 数分間は反応を十分に得ることができなくなる. これが, あなたが明るいところから急に映画館や他の暗い環境に移ったときに, 一時的に眼が見えなくなる理由である（光による活性化は, ロドプシンの色を紫から黄色に変えるので, 光受容が飽和した状態の桿体細胞は「漂白された」などと表現される）.

網膜上での視覚情報の処理

視覚情報の処理は, 網膜内で始まる. 桿体細胞も錐体細胞も網膜内で, 双極細胞とシナプスを形成している（図 50.17 参照）. 暗所では, 桿体細胞と錐体細胞は脱分極し, 持続的に神経伝達物質のグルタミン酸をシナプスに放出している（図 50.19）. 光が桿体細胞や錐体細胞を刺激すると, それらは過分極し, グルタミン酸の放出が抑えられる. このグルタミン酸放出量の減少が, 双極細胞の膜電位の変化を引き起こし脳への活動電位の伝達を制御している.

桿体細胞と錐体細胞からのシグナルは, 網膜内で, 複数の異なる経路を介して伝えられる. ある情報は, 光受容細胞から直接, 双極細胞と神経節細胞へ伝わるが, 他の場合では, 水平細胞が情報を 1 つの桿体細胞あるいは錐体細胞から, 他の光受容細胞へ, また複数の双極細胞へ伝えている.

視覚情報に複数の経路があることの適応的意義は何だろうか. 1 つの例を考えてみよう. 光の当たった桿体, 錐体細胞が水平細胞を刺激すると, 水平細胞は, より遠くにある光受容細胞や双極細胞が興奮しないように抑制する. 結果として光を受容した領域だけが明るく見え, まわりは暗く見える. このような情報の統

▼図 50.19 桿体細胞の明暗に対するシナプス活動.

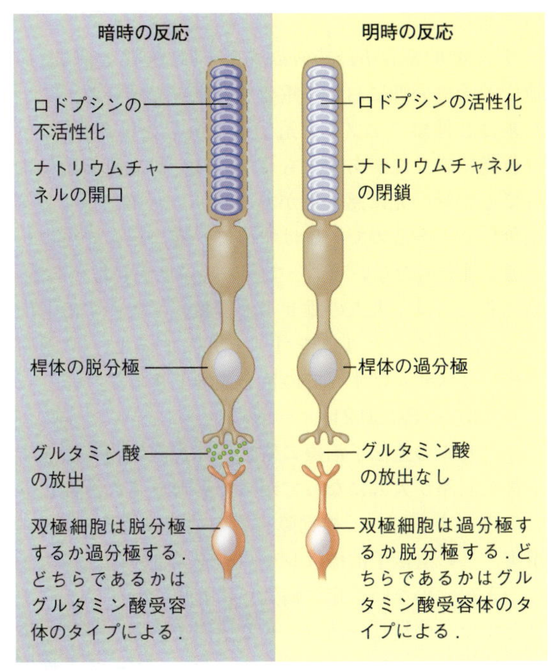
暗時の反応
明時の反応
ロドプシンの不活性化
ナトリウムチャネルの開口
桿体の脱分極
グルタミン酸の放出
双極細胞は脱分極するか過分極する. どちらであるかはグルタミン酸受容体のタイプによる.
ロドプシンの活性化
ナトリウムチャネルの閉鎖
桿体の過分極
グルタミン酸の放出なし
双極細胞は過分極するか脱分極する. どちらであるかはグルタミン酸受容体のタイプによる.

? 桿体と同様に錐体はオプシン分子が不活性化すると脱分極する. 錐体の場合, これを暗応答と呼ぶと誤解を受けることになりやすいのはなぜか.

合の形は「側方抑制」とよばれ, 縁をはっきりさせ, コントラストを強調する. アマクリン細胞は1つの双極細胞からの情報を複数の神経節細胞に伝えている. 側方抑制は, アマクリン細胞と神経節細胞の相互作用においても繰り返し起こり, 脳での視覚過程全般で見られる.

1つの神経節細胞は, ある組み合わせの桿体細胞と錐体細胞から情報を受け取る. それぞれは, 特定な場所からの光を受け取っている. 1つの神経節細胞に情報を送る桿体と錐体細胞の組み合わせが「受容野」を決定する. それは, 1つの神経節細胞が反応できる視覚の領域のことである. 1つの神経節細胞に情報を伝える桿体細胞と錐体細胞の数が少ないほど, その領域も狭くなる. 受容野が狭くなると, それに伴って像が明確になる. なぜなら, 網膜に光が当たった場所がより正確になるからである. 中心窩の神経節細胞は, 非常に小さな受容野をもつので, 中心窩での像の解像度は高い.

脳での視覚情報の処理

神経節細胞の軸索は, 視神経を形成して, 眼から脳へと感覚情報を伝える (図 50.20). 2つの視神経は, 大脳皮質の基底核近くにある「視交叉(しこうさ)」で交わる. 視神経内の軸索は視交叉を通り, それによって, 両眼の左視野からの情報は脳の右側に入り, 右視野からの情報は, 脳の左側に入る (それぞれの視野は, 右であれ, 左であれ, 両方の眼からの入力であることに注意).

▼図 50.20 視覚の神経経路. 左右の視神経はそれぞれ約 100 万の軸索からなり, 外側膝状体の介在ニューロンとシナプス接続する. そこからの軸索は一次視覚野に情報を伝達する. 一次視覚野は私たちの視知覚にかかわる多くの脳中枢のうちの1つにすぎない.

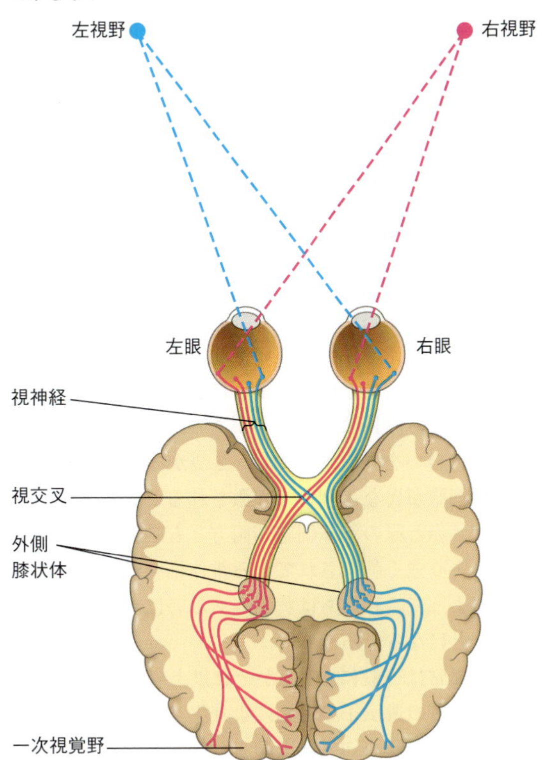
左視野
右視野
左眼
右眼
視神経
視交叉
外側膝状体
一次視覚野

脳内では, 多くの神経節細胞の軸索が「外側膝状体(がいそくしつじょうたい)」に向かう. 外側膝状体のニューロンはその軸索を, 大脳の「一次視覚野」に伸ばしている. そこからのニューロンは, 大脳皮質の他の部位にある, より高次の視覚中枢へと情報を伝えている. 研究者は, 大脳皮質には数億のニューロンがおそらく十数個ある統合中枢に含まれているが, そのうち 30% 以上が実際に「見る」ということに関与すると見積もっている. これらの中枢がどのようにして私たちの視覚における色, 動き, 深さ, 鋭さ, 細部に至るまでの成分を統合しているのかを明らかにすることが現在の研究の中心テーマである.

色 覚

脊椎動物のうち, ほとんどの魚類と両生類, 爬虫類,鳥類は，非常に優れた色覚をもっている．ヒトや他の霊長類も色覚をもつが，この能力をもつものは，哺乳類の中で少数派である．ネコやその他の多くの哺乳類は夜行性で，網膜に多くの桿体をもつ．これは夜の視覚を鋭敏にする適応である．これら夜行性動物の色覚は限られており，おそらく日中は淡い色の世界を見ているのだろう．

ヒトでは，色の知覚は，3種類の錐体がもとになっている．それぞれは異なる視色素――赤，青，緑をもっている．3つの視色素は「フォトプシン」とよばれ，レチナールが，それぞれ異なるオプシンタンパク質と結合することによって形成される．オプシンタンパク質のわずかな違いが，それぞれのフォトプシンが最もよく吸収する光の波長の違いを生み出している．視色素は，赤，緑，青といったように表されるが，実際には，吸収する波長には重なりがある．このため，脳で中間の色合いを知覚するのは，2つかそれ以上の種類の錐体細胞が異なる割合で刺激されることによる．たとえば，赤と緑の錐体細胞が両方とも刺激されているとき，より強く刺激されている錐体細胞がどちらの種類かによって，私たちは黄色，あるいはオレンジ色を見ることになるだろう．

色覚異常は一般に，1個かそれ以上のフォトプシンタンパク質の遺伝子の変異により生じる．ヒトの色覚異常は，赤と緑の知覚に影響を及ぼしており，しかも一方の性に偏っている（男性の5〜8%，女性は1%以下）．なぜだろうか．ヒトの赤，緑色素の両方の遺伝子は，X染色体に位置しているため，男性ではこれらの遺伝子が1つ欠損するだけで視覚が異常になってしまう．一方，女性では両方の遺伝子が欠損したときのみ色覚異常になる（青色色素の遺伝子はヒト第7染色体にある）．

リスザル *Saimiri sciureus* を用いた色覚の研究は，遺伝子治療分野において重要な貢献をしている．このサルは2種類のオプシン遺伝子しかもたない．1つは青色光に感受性があり，もう1つは，対立遺伝子によって赤か緑の光に感受性がある．赤／緑の遺伝子はX染色体上にあるので，雄はすべて，赤か緑の一方にしか感受性をもたない．よって赤，緑の色覚異常である．研究者たちは，大人の雄ザルの網膜に，欠如する遺伝子をもたせたウイルスを注入した．すると，20週間の後，リスザルはすべての色を識別できるようになったのである（図50.21）．

リスザルの遺伝子治療の研究は，視覚情報を伝達する神経回路が大人になってからでも形成され活性化されることを実証し，視覚障害者の治療に道を開いた．事実，この遺伝子治療はレーバー先天性黒内障（生まれつき視覚のない重症の病気）に適用されている．イヌとマウスの視覚を回復させる遺伝子治療を行った後で，研究者は，ヒトに機能をもったレーバー先天性黒内障の遺伝子をウイルスベクターにもたせて注入し，病気の治療に成功したのである（図20.22参照）．

▼図50.21　**視覚の遺伝子治療．** 色覚の欠如した大人の雄ザルに対し，遺伝子治療をほどこしたところ，サルは，赤と緑を区別することができるようになった．

関連性を考えよう➤ リスザルもヒトも赤緑色覚異常遺伝子はX染色体上にある（図15.7参照）．ヒトの遺伝様式はなぜ，リスザルほど顕著でないのか．

▼図50.22　**哺乳類の眼における焦点調節．** 毛様体筋は水晶体の形を調節する．水晶体は光を屈折させ網膜上に焦点を合わせる．レンズが厚くなればなるほど光は鋭く屈折する．

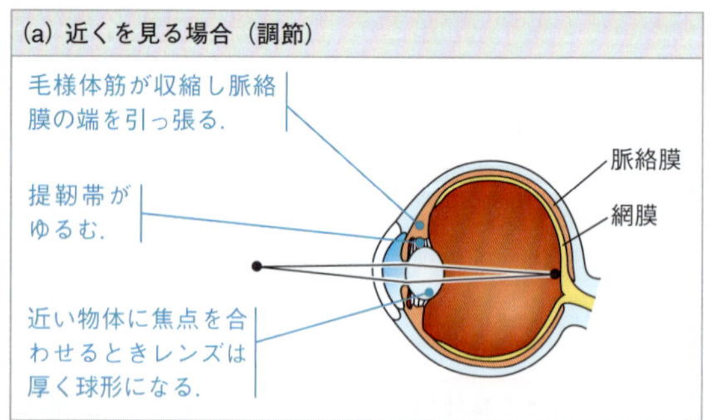
(a) 近くを見る場合（調節）
毛様体筋が収縮し脈絡膜の端を引っ張る．
提靭帯がゆるむ．
近い物体に焦点を合わせるときレンズは厚く球形になる．
脈絡膜
網膜

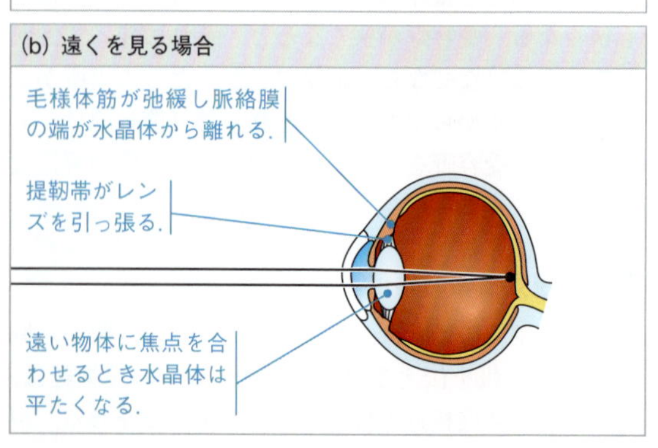
(b) 遠くを見る場合
毛様体筋が弛緩し脈絡膜の端が水晶体から離れる．
提靭帯がレンズを引っ張る．
遠い物体に焦点を合わせるとき水晶体は平たくなる．

視覚野

脳は視覚情報を処理するだけでなく，どんな情報を得るかということも制御している．重要な制御の1つは焦点を合わせることである．ヒトでは，すでに見てきたように，レンズの形を変えることによって行われる（図50.22）．近くにある物体に焦点を合わせるときには，レンズはほとんど球形になる．一方，遠くにあるものを見るときにはレンズは薄くなる．

私たちの眼の視野はほぼ180°の範囲を見渡すことができるが，光受容細胞の分布によって，私たちが見えるものは制限され，またどの程度詳しく見えるかも制限される．ヒトの網膜には全体で1億2500万個の桿体と約600万個の錐体がある．**中心窩**（ちゅうしんか）**fovea**（視野の中心となるところ）には桿体はないが，1 mm^2 あたり約15万個の錐体細胞がある．錐体に対する桿体の比率は，中心窩から離れるにつれて，増加する．周辺部には桿体細胞しかない．昼間の光の中では，あなたは対象をまっすぐに見ることによって明瞭な視界を得ることができるだろう．なぜなら，光線が，中心窩に最も高い密度で存在する錐体細胞に届くからである．しかし夜，かすかな光の星をまっすぐに見てもそれを見出すことはできないだろう．なぜなら，より感受性の高い光受容体である桿体細胞は，中心窩の周辺部にあるためである．したがって，たとえば，かすかな星の光を見るには，網膜の周辺部で焦点を合わせるのがよい．

概念のチェック 50.3

1. プラナリアとハエの光を検出する器官を比較しなさい．それぞれの動物の生活様式にどのように適応しているか．

2. 老眼とよばれる状態では，レンズが弾性を失い，つねに平板な状態にある．この状態がヒトの視覚に及ぼす影響について説明しなさい．

3. **どうなる？**➤暗闇では，光受容細胞は多くの神経伝達物質を放出しているにもかかわらず，眼が光を受容したとき，なぜ脳が受け取る活動電位は増えるのだろうか．

4. **関連性を考えよう**➤眼のレチナールと植物のクロロフィル色素の機能を比較しなさい（10.2節参照）．

（解答例は付録A）

50.4

味覚と嗅覚の感知は類似した複数の感覚受容器に依存する

多くの動物は，異性を見つけたり，マーキングされた縄張りを認識したり，移動時のナビゲーションを助けたりするときに化学感覚を利用している．アリやハチのような社会性昆虫にとって，化学物質を介した「会話」はきわめて重要である．

すべての動物にとって化学感覚は，摂食行動に重要である．**味覚 gustation**（味）と**嗅覚 olfaction**（匂い）の感覚はどちらも外界の特定な化学物質を検知する化学受容器によるものである．陸上の動物の場合には，味覚は溶液中の**味物質 tastant** の検出であり，嗅覚は空気中に運ばれる**匂い物質 odorant** の検出である．水生の動物には味と匂いの間に区別はない．

昆虫の味受容器は，足と口器にある感覚毛に存在する．これらの動物は味の感覚を使って餌を選んでいる．感覚毛には，砂糖や塩のような刺激となる化学物質の種類に応じた複数の化学受容器が存在する．昆虫は触覚の上にある嗅毛を使って空気中の匂いを感知することもできる（図50.6参照）．化学物質デイートDEET（*N*, *N*−diethyl-*m*-toluamide）は，虫の忌避剤として市販されているものであるが，ヒトの匂いを検知できる蚊の嗅受容器を抑制することによって虫除けの効果を発揮する．

哺乳類の味覚

ヒトや他の哺乳類は5種類の味覚を認識できる．甘味，酸味，塩味，苦味，そしてうま味である．うま味（英語でもumami）は，アミノ酸のグルタミン酸によって引き起こされる．グルタミン酸は香りの増強剤のグルタミン酸ナトリウムの重要な成分で，肉や熟成チーズに多く含まれており，「風味」を与えてくれる．

長年にわたって，多くの研究者は，味細胞は1種類以上の受容体をもっていると考えていた．これに対して，1個の味細胞は1種類の受容体だけをもち，5味の中の1つの味を識別しているのだという考えもあった．この仮説の検証のため，科学者たちは，クローニングした苦味受容体を遺伝子操作によってマウスに発現させた（図50.23）．この研究をきっかけに，研究者は個々の味細胞は1種類の受容体を発現しており5味の中の1つを受容していることを明らかにした．

哺乳類の味受容細胞は上皮細胞が変化してできた**味蕾**（みらい）**taste bud** とよばれる構造に存在している．それら

▼図 50.23

研究　哺乳類はいかにして異なる味を識別するのか

実験　哺乳類の味覚の基礎を調べるため，研究者はフェニル-β-D-グルコピラノシド（phenyl-β-D-glucopyranoside：PBDG）とよばれる物質を用いた．ヒトはPBDGの味をきわめて苦いと感じる．しかしながら，マウスはPBDGの受容体をもたない．マウスは他の苦味物質を含む水を飲むことを避けるが，PBDGを含む水を避けることはない．

分子クローニングの手法を用いて，研究者は通常は甘味受容体あるいは苦味受容体を発現する細胞において，ヒトのPBDG受容体を発現するマウスを作製した．マウスには2本の瓶が与えられ，1つは純水，もう1つは異なる濃度のPBDGが入っている．研究者は，マウスがPBDGを好むか回避するか観察した．

結果

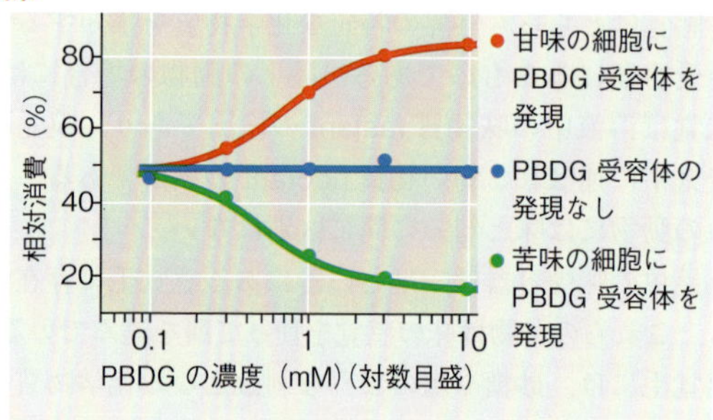

相対消費（%）
80
60
40
20
0.1
1
10
PBDGの濃度（mM）（対数目盛）
甘味の細胞にPBDG受容体を発現
PBDG受容体の発現なし
苦味の細胞にPBDG受容体を発現

結論　研究者たちは甘味を感じる細胞に苦味受容体が存在する場合は，マウスは苦味物質に惹かれることを見出した．彼らは，哺乳類の脳が甘味と苦味を知覚するのは，どの感覚ニューロンが活性化されるかによると結論づけた．

データの出典　K. L. Mueller et al., The receptors and coding logic for bitter taste, *Nature* 434: 225-229 (2005).

どうなる？➤研究者がPBDG受容体ではなく人工甘味料に特異的な受容体を用いたとしよう．通常はこの甘味をヒトはほしがるが，マウスは気がつかない．この場合，実験の結果はどのように異なるだろうか．

▼図 50.24　ヒトの味覚受容器．

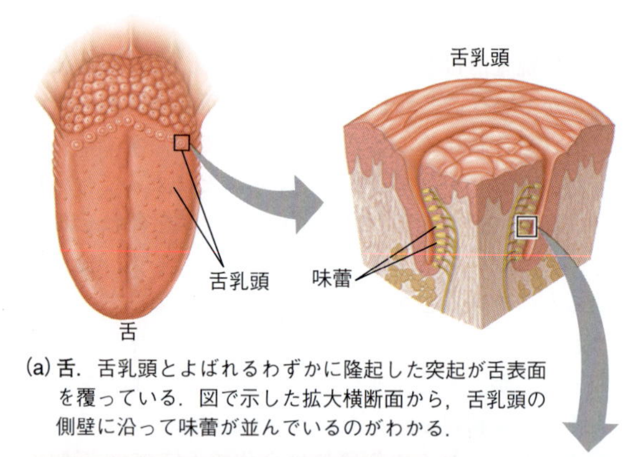

舌乳頭
舌乳頭
味蕾
舌

(a) 舌．舌乳頭とよばれるわずかに隆起した突起が舌表面を覆っている．図で示した拡大横断面から，舌乳頭の側壁に沿って味蕾が並んでいるのがわかる．

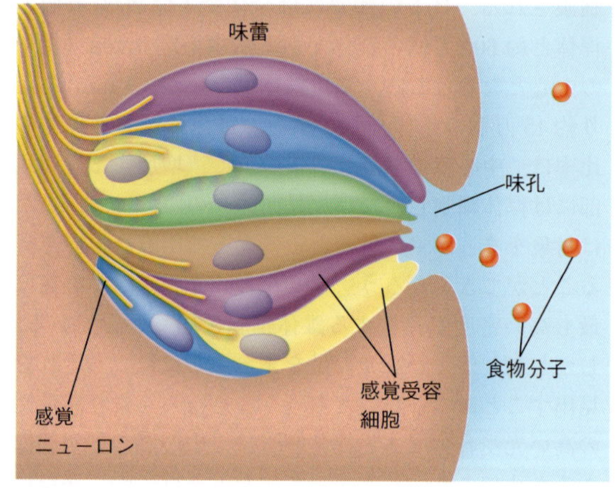

味蕾
味孔
食物分子
感覚受容細胞
感覚ニューロン
凡例
甘味
苦味
うま味
塩味
酸味

(b) 味蕾．舌のあらゆる味蕾には，5味にそれぞれ特異的な感覚受容細胞が存在する．

は舌，口の複数の場所に散在している（図 50.24）．舌にある味蕾は舌乳頭とよばれる乳首の形をした突起と結びついている．舌の味蕾は舌のどの場所でも，5味のいずれの味も識別可能である（この点，従来からいわれている舌の「味地図」は正確なものではない）．

研究者は，5つの味覚にかかわる受容体タンパク質を同定している．甘味，うま味，苦味の感覚はGタンパク質共役型受容体（G-protein-coupled receptor：GPCR）である（図11.7，図11.8を参照）．ヒトでは甘味とうま味については，それぞれ1種類の受容体しかない．それぞれは異なるGPCRの組み合わせになっている．反対に，ヒトでは苦味について30以上の異なる受容体がある．それぞれは複数の苦味を認識することができる．一方，その他のGPCRタンパク質は，ここでは簡単に述べるが嗅覚にとって重要である．

酸味の受容器はTRPファミリーに属しておりカプサイシン受容体や温度受容体のタンパク質と似ている．味蕾では，酸味受容体のTRPタンパク質は味細胞の細胞膜にチャネルを形成している．酸やその他の酸味物質が受容体に結合すると，イオンチャネルの変化が起こる．その結果，膜の脱分極が起こり感覚神経が興奮する．

塩味受容器はナトリウムチャネルを形成している．私たちが料理で味つけに用いるNaClのようなナトリウム塩を識別している．

ヒトの嗅覚

嗅覚は味覚と異なり，感覚細胞はニューロンである．嗅受容細胞は鼻腔の上部に並ぶニューロンで，インパルスはその軸索を伝わって直接脳の嗅球へと送ら

▼図 50.25　**ヒトの嗅覚．** 匂い分子は化学受容器の細胞膜上にある特異的な受容体タンパク質に結合し，活動電位が発生する．個々の嗅受容細胞は 1 つの嗅受容体しかもたない．図に示したように，異なる嗅受容体を発現している細胞は，異なる匂いを識別する．

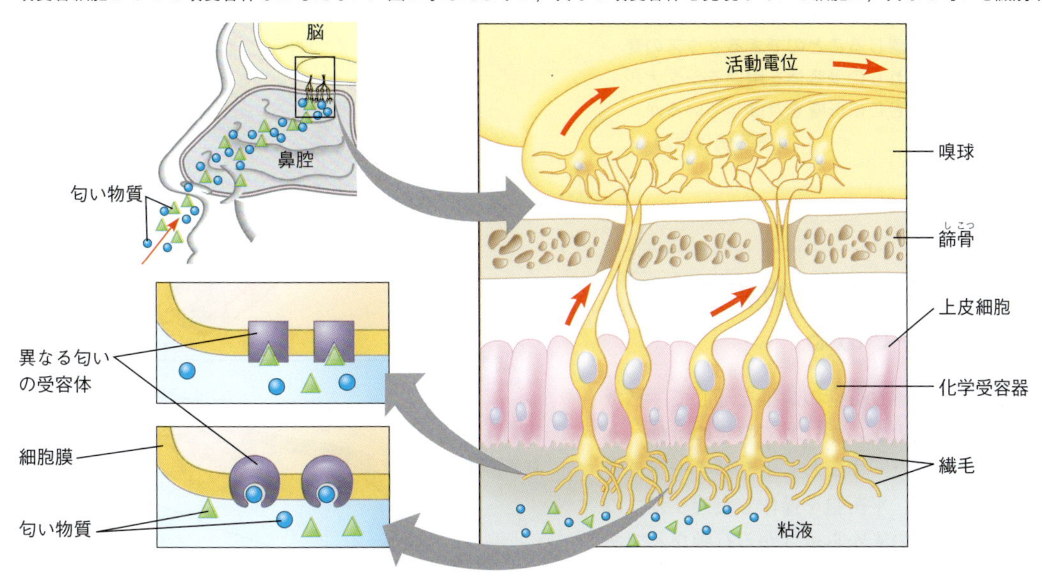

脳
鼻腔
匂い物質
活動電位
嗅球
篩骨
上皮細胞
化学受容器
繊毛
粘液
異なる匂いの受容体
細胞膜
匂い物質

どうなる？➤カビくさい部屋で「芳香剤」をスプレーしたとき，あなたがカビくさい匂い分子を検出し，伝達し，知覚する機構は，芳香剤によって影響を受けるだろうか．

れる（図 50.25）．嗅細胞の受容器末端は嗅腔の粘液層に伸びる繊毛をもち，匂い物質や臭気物質がこの部域に拡散してくると，嗅繊毛の細胞膜上に存在する嗅受容体（olfactory receptor：OR）とよばれる GPCR タンパク質に結合する．この結合により，シグナル伝達が作動しサイクリック AMP（cAMP）が産生される．cAMP は細胞膜上のイオンチャネルを開口し Na^+ と Ca^{2+} の透過性が高まる．その結果，これらのイオンが細胞内に流入し，膜が脱分極して，活動電位が発生する．

哺乳類は化学構造の異なる数千の異なる匂いを識別することができる．どのようにしてこの識別が可能になるのだろうか．リチャード・アクセル Richard Axel とリンダ・バック Linda Buck は，マウスを使いこの問題に答えを出した．彼らは 1200 もの異なる OR 遺伝子を発見し，2004 年のノーベル賞に輝いた．ヒトは 380 個の OR 遺伝子をもつがその数はマウスのそれよりはるかに少ない．しかし，ヒトゲノムの約 2% に当たる．匂いの同定は嗅覚系のもつ 2 つの基本的性質に依存している．1 つは，それぞれの嗅受容細胞はたった 1 つの受容体遺伝子を発現しているということである．もう 1 つは，同じ嗅受容体遺伝子を発現している細胞は，嗅球の同じ部域に活動電位を伝達するということである．

匂いが識別され嗅受容細胞からの情報が集められ，さらに統合される．マウス，線虫，ハエを用いた遺伝学的研究は，神経系からのシグナルがこの過程を制御し，ある匂いに対する反応が変動することを知らせる．その結果，動物は匂い物質の濃度が低くても高くても食物のある場所を検出できる．

モデル生物を用いた研究は，複数の匂い物質はそれぞれの単純な加算として処理されるものではないことを明らかにしている．むしろ，脳は異なる受容体からの嗅覚情報を統合し，単一の感覚へとつなげている．これらの感覚は，現在の環境の知覚や，出来事，情動などの記憶に関与する．

味覚と嗅覚の受容体と神経経路は独立しているが，これら 2 つの感覚は相互に作用し合う．実際，私たちが味覚とよんでいるものは，匂いであることが多い．もし風邪などで嗅覚系が抑制されると，味覚の知覚は急激に減少する．

概念のチェック 50.4

1. 味受容細胞と嗅受容細胞は G タンパク質共役型受容体を用いているが，なぜ嗅覚神経だけが活動電位を発生できるのか．
2. G タンパク質が関係する経路では，シグナル変換の過程で，シグナルの強さを増幅させることができる．この変化は増幅といわれる．これは嗅覚においてどのように役立っているか.

3. どうなる？➤甘味，苦味，うま味を感じることはできないが，酸味，塩味を感じることのできるマウスの変異体が見つかった．これらの受容体を用いるシグナル伝達経路でこの変異はどこに影響を及ぼしているか.

(解答例は付録 A)

50.5

タンパク質繊維の物理的相互作用が筋機能に重要である

これまで述べてきた感覚機構の論議を通して，私たちは神経系への感覚入力がいかにして特定の行動へとつながるのかを見てきた．すなわちホシバナモグラの触覚に依存した餌探し，平衡胞を操作したザリガニの逆さ泳ぎ，プラナリアの光から遠ざかる行動などである．動物の多岐にわたる行動には，共通の基本機構がある．すなわち摂食，遊泳，逃避はすべて中枢神経系への入力に反応した筋肉の活動を必要としている.

筋細胞の収縮は，細いフィラメント，太いフィラメントとよばれるタンパク質構造の相互作用に依存している．**細いフィラメント thin filament** の主要要素は，球状タンパク質のアクチンである．細いフィラメントでは，2本のアクチン重合分子がコイル状に絡み合ってできている．アクチンフィラメントとよばれる同様なアクチン構造は細胞運動で機能している．**太いフィラメント thick filament** は，ミオシン分子が互いにずれながら配列している．筋収縮は化学エネルギーによって開始されるフィラメントの運動の結果である．一方，筋肉の伸展は受動的に行われる．フィラメントがいかにして筋の収縮をもたらすかを理解するために，まず脊椎動物の骨格筋を調べてみよう.

脊椎動物の骨格筋

脊椎動物の**骨格筋 skeletal muscle** は，骨と体を動かす，マクロからミクロへと変化する階層性によって特徴づけられる（図 50.26）．骨格筋は筋の長軸に沿って走る繊維の束からなる．それぞれの繊維は単一の細胞である．1個の細胞は多核で，筋芽細胞の分裂と癒合によって形成されたものである．1本の筋繊維はそれより小さな単位の**筋原繊維 myofibrils** からなる束で，長軸方向に走っている.

筋繊維を構成する筋原繊維は，**筋節（サルコメア）sarcomere** とよばれる繰り返しの構造からなり，骨格筋収縮の基本単位である．筋節の境は，隣接する筋原繊維と並んでおり，光学顕微鏡で見える明帯，暗帯のパターンを形成している．このため，骨格筋は「横紋筋」ともよばれる．細いフィラメントは，筋節の端でZ帯に結合し，一方，太いフィラメントは筋節の中央（M線）につながっている.

▼図 50.26　骨格筋の構造.

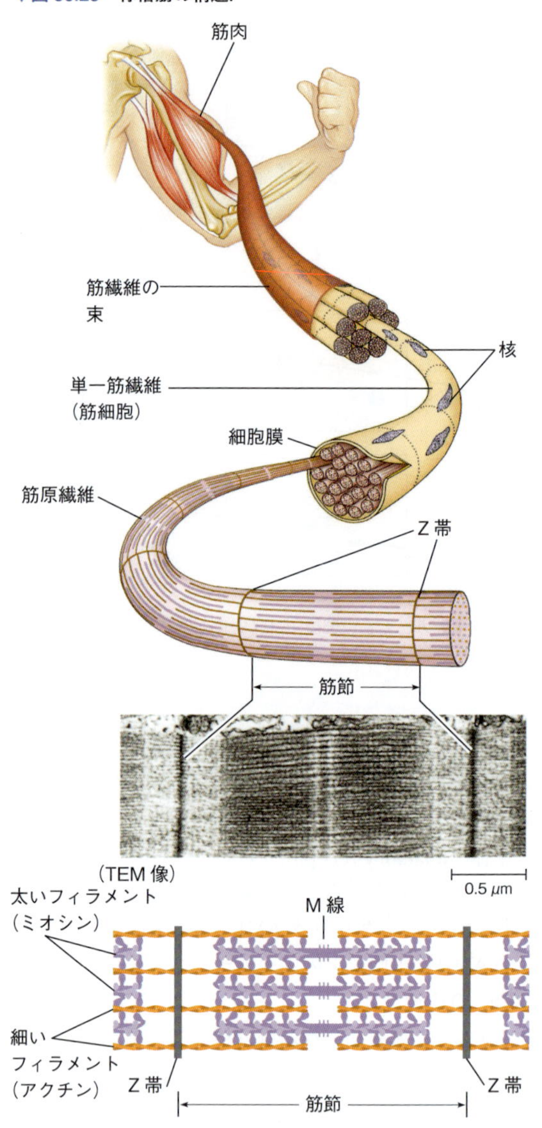
筋肉
筋繊維の束
核
単一筋繊維（筋細胞）
細胞膜
筋原繊維
Z帯
筋節
(TEM 像)
0.5 μm
太いフィラメント（ミオシン）
M線
細い フィラメント（アクチン）
Z帯
Z帯
筋節

図読み取り問題➤図を見て1本の筋原繊維に多数の筋節があるのか，単一の筋節に多数の筋原繊維があるのかどちらであるか，説明しなさい.

休止（弛緩）状態の筋においては，太いフィラメントと細いフィラメントは一部分で重なっている．筋節の端近くの場所には，細いフィラメントしかない一方，中心部分には太いフィラメントしかない．この太いフィラメントと細いフィラメントの配置は筋節がすなわ

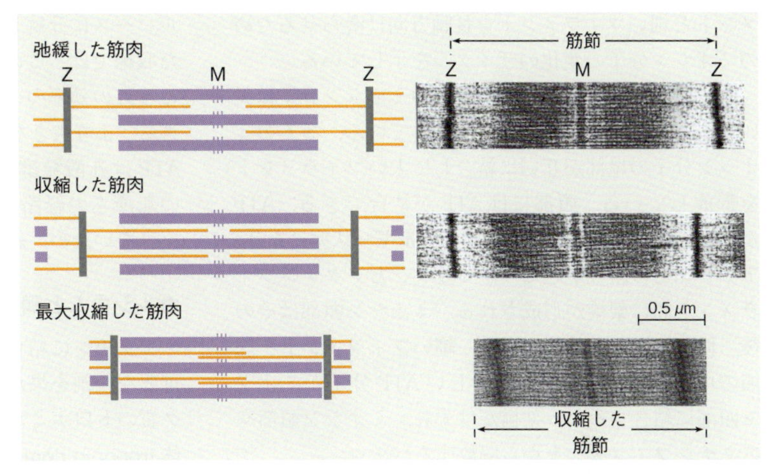

弛緩した筋肉
Z
M
Z
筋節
Z
M
Z
収縮した筋肉
最大収縮した筋肉
0.5 μm
収縮した
筋節

➤図 50.27 **筋収縮の滑り説.** 左の図は太い（ミオシン）フィラメント（紫色）と細い（アクチン）フィラメント（オレンジ色）の長さが，筋繊維の収縮時においても変化しないことを示している.

ち筋全体がいかにして収縮するかの鍵となる.

筋収縮の滑り説

筋は収縮すると短縮するが，収縮を引き起こすフィラメント自身の長さは変わらない．この矛盾を説明するために，単一の筋節に焦点を絞ってみる．図 50.27 に示したように，フィラメントは望遠鏡の筒のように，互いに滑り合う．現在受け入れられている**滑り説 sliding-filament model** によれば，細いフィラメントは，ミオシン分子の働きによって，中心部にたぐり寄せられる.

図 50.28 は，ATP の化学エネルギーが太いフィラ

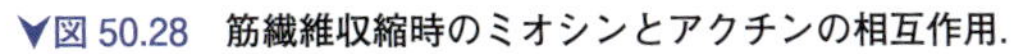

▼図 50.28 **筋繊維収縮時のミオシンとアクチンの相互作用.**

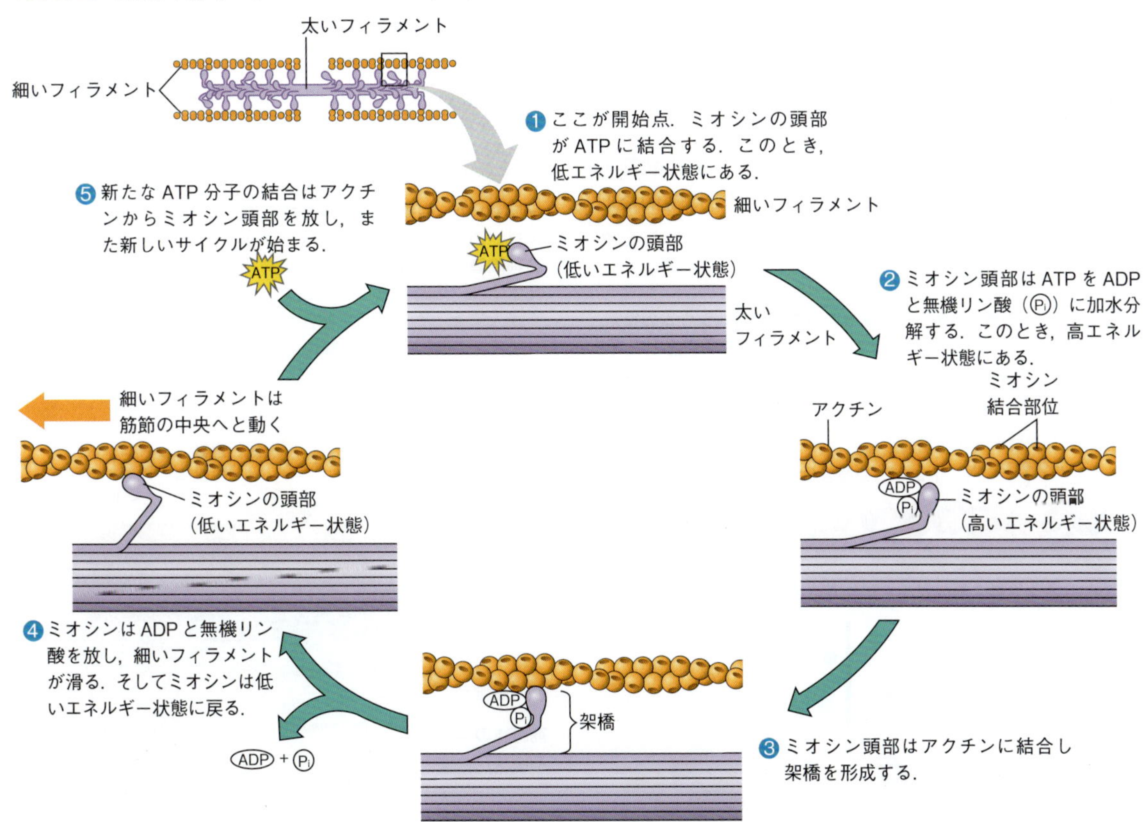

太いフィラメント
細いフィラメント
❶ここが開始点．ミオシンの頭部がATPに結合する．このとき，低エネルギー状態にある.
細いフィラメント
ATP
ミオシンの頭部
（低いエネルギー状態）
太い
フィラメント
❷ミオシン頭部はATPをADPと無機リン酸（Pi）に加水分解する．このとき，高エネルギー状態にある.
アクチン
ミオシン
結合部位
ADP
Pi
ミオシンの頭部
（高いエネルギー状態）
❸ミオシン頭部はアクチンに結合し架橋を形成する.
架橋
❹ミオシンはADPと無機リン酸を放し，細いフィラメントが滑る．そしてミオシンは低いエネルギー状態に戻る.
ADP + Pi
細いフィラメントは
筋節の中央へと動く
ミオシンの頭部
（低いエネルギー状態）
❺新たなATP分子の結合はアクチンからミオシン頭部を放し，また新しいサイクルが始まる.
ATP

? ATP が結合したとき，フィラメントが滑った状態からもとの位置に戻るのを妨げるのは何か.

メントと細いフィラメントを長軸方向に滑らせるためのミオシン分子の変化のサイクルを示している．

図に示されているように，個々のミオシン分子は長い「尾部」と球状の「頭部」をもっている．多くのミオシン分子の尾部が互いに結合して太いフィラメントを形成している．頭部にはATPが結合できる．ATPが加水分解するとミオシンは高エネルギー状態になり，アクチンとの結合が起こり，ミオシンとアクチンフィラメント間に架橋が形成される．ミオシン頭部はその後，低エネルギー状態に戻り，細いフィラメントを筋節の中央部位に引き込む．新しいATP分子がミオシン頭部に結合すると，架橋がはずれ，ミオシン頭部をアクチンフィラメントから解放する．

筋収縮は，結合と解離の繰り返しである．この繰り返しサイクルの中で，架橋を形成していない頭部は新たなATPを分解し細いフィラメントに沿って次のアクチン分子の新しい結合部位に結合する．細いフィラメントは筋節の中心に向かって動くので，新しい結合部位についたミオシン頭部はさらに細いフィラメントに沿って進む．太いフィラメントの各末端には約300個の頭部があり，毎秒約5回架橋を形成する．

休止状態の典型的な筋は，2，3回の収縮に必要なATPしかもっていない．繰り返しの収縮のために必要なエネルギーは，他の2つの化合物に蓄えられている．クレアチンリン酸とグリコーゲンである．クレアチンリン酸はリン酸基をADPに転移することによってすばやくATPをつくることができる．静止状態のクレアチンリン酸の供給により約15秒間持続的な収縮を起こすことができる．ATPはグリコーゲンをグルコースに分解しても得られる．持続的でゆっくりした収縮では，このグルコースは，有酸素呼吸に使われる．この効率のよい代謝系は1時間近く収縮を維持できる．より大きな収縮では，酸素供給は限られるため，ATPは乳酸発酵により産生される（9.5節参照）．この無酸素の経路は，即効的であり，十分なATPはつくれないため，約1分間しか持続できない．

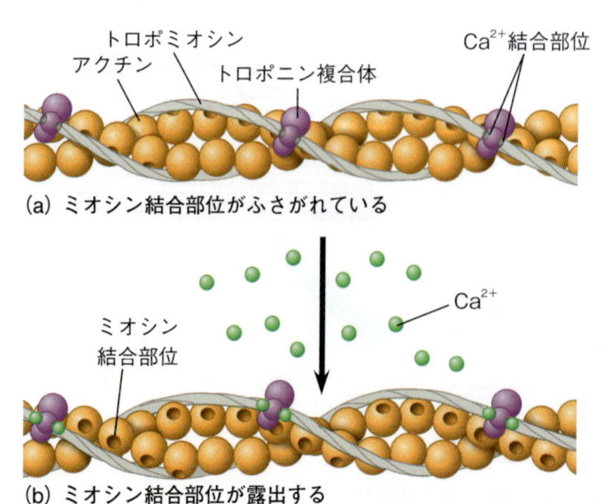
トロポミオシン
アクチン
トロポニン複合体
Ca^{2+}結合部位
(a) ミオシン結合部位がふさがれている
ミオシン
結合部位
Ca^{2+}
(b) ミオシン結合部位が露出する

▼図 50.29　**筋繊維収縮時の調節タンパク質とカルシウムの役割．** 1本の細いフィラメントはアクチンからなる2本のひも状分子，2本の長いトロポミオシン分子，そして一定間隔で並ぶトロポニン複合体分子からできている．

カルシウムと調節タンパク質の役割

アクチンに結合するタンパク質が筋の収縮と弛緩に重要な役割を果たしている．静止筋では，調節タンパク質の**トロポミオシン tropomyosin** と**トロポニン複合体 troponin complex** は細いフィラメントのアクチン上に結合している．トロポミオシンはミオシン結合部位を覆っており，アクチンとミオシンの相互作用を阻止している（図 50.29 a）．

運動ニューロンは筋細胞内にCa^{2+}の放出を引き起こして，アクチンとミオシンの相互作用を可能にする．細胞質内でCa^{2+}がトロポニン複合体に結合すると，ミオシンのアクチン結合部位が露出される（図 50.29 b）．ここでCa^{2+}の作用は間接的であることに注意してほしい．

細胞質内Ca^{2+}濃度が増加すると，架橋形成サイクルが開始される．細いフィラメントと太いフィラメントが互いに滑り，筋は収縮する．Ca^{2+}濃度が下がると，結合部位は覆われて収縮がストップする．

運動神経は，細胞質のCa^{2+}の移動をきっかけに，

▼図 50.30　**筋繊維収縮時の筋小胞体とT管の役割．** 運動ニューロンのシナプス終末からアセチルコリンが放出され，筋繊維の細胞膜が脱分極する．この脱分極は活動電位（赤の矢印）を発生する．活動電位は筋繊維を伝わり横行小管に沿って内部深く侵入する．そして筋小胞体からサイトゾルに向けてカルシウムイオンを放出させる（緑色の点）．カルシウムイオンはミオシンとアクチンの結合のきっかけをつくり，フィラメント間の滑り運動が起こる．

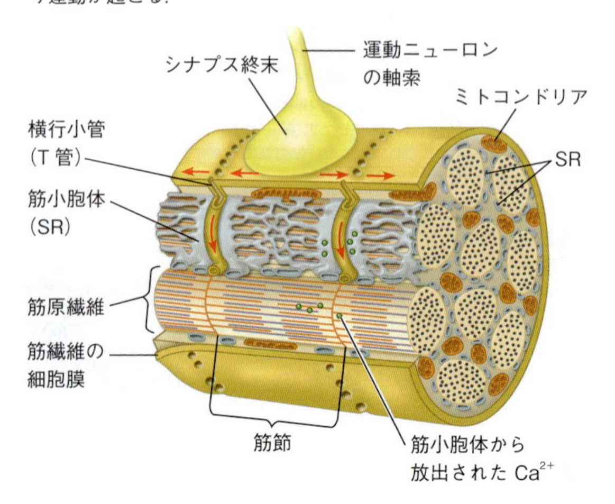
シナプス終末
運動ニューロン
の軸索
ミトコンドリア
横行小管
(T 管)
SR
筋小胞体
(SR)
筋原繊維
筋繊維の
細胞膜
筋節
筋小胞体から
放出された Ca^{2+}

▼図 50.31　骨格筋収縮の概略.

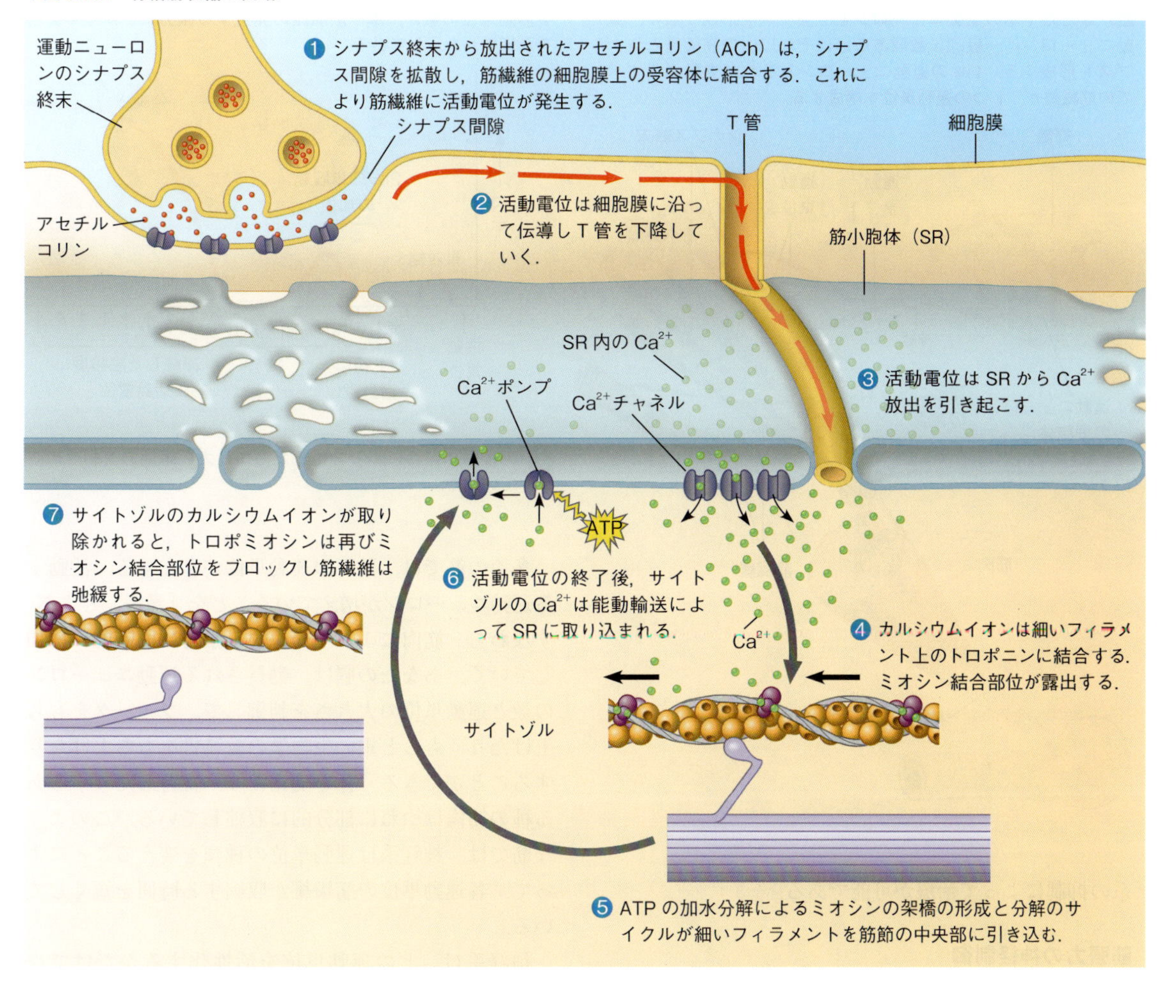
運動ニューロンのシナプス終末
❶ シナプス終末から放出されたアセチルコリン（ACh）は，シナプス間隙を拡散し，筋繊維の細胞膜上の受容体に結合する．これにより筋繊維に活動電位が発生する．
シナプス間隙
T管
細胞膜
アセチルコリン
❷ 活動電位は細胞膜に沿って伝導しT管を下降していく．
筋小胞体（SR）
SR内のCa^{2+}
Ca^{2+}ポンプ
Ca^{2+}チャネル
❸ 活動電位はSRからCa^{2+}放出を引き起こす．
❼ サイトゾルのカルシウムイオンが取り除かれると，トロポミオシンは再びミオシン結合部位をブロックし筋繊維は弛緩する．
ATP
❻ 活動電位の終了後，サイトゾルのCa^{2+}は能動輸送によってSRに取り込まれる．
Ca^{2+}
❹ カルシウムイオンは細いフィラメント上のトロポニンに結合する．ミオシン結合部位が露出する．
サイトゾル
❺ ATPの加水分解によるミオシンの架橋の形成と分解のサイクルが細いフィラメントを筋節の中央部に引き込む．

複数の段階を経て筋収縮を引き起こす（図 50.30）．骨格筋収縮の例が図 50.31 に要約されている．最初に，運動神経終末に活動電位が到達すると，❶神経伝達物質のアセチルコリンが放出される．アセチルコリンが筋繊維膜上の受容体に結合すると脱分極が起こり活動電位が発生する．この活動電位は，筋繊維の**横行小管（T管）transverse（T）tubule** とよばれる細胞膜の陥入構造に沿って，内部深くに伝わっていく．❷T管は**筋小胞体 sarcoplasmic reticulum（SR）**とよばれる特殊化した小胞に近接している．活動電位がT管に伝わるとSRの膜にあるCa^{2+}チャネルが開く．❸SRに貯蔵されているカルシウムイオンはこのCa^{2+}チャネルを通ってサイトゾル側に放出され，❹トロポニン複合体に結合し，❺筋繊維の収縮が起こる．

運動ニューロンの活動がやむと，フィラメントは最初のスタート位置に戻り，筋は弛緩する．弛緩はSRのCa^{2+}ポンプがCa^{2+}をサイトゾルから❻SRに取り組むことから開始する．サイトゾルのCa^{2+}が低くなると，細いフィラメントに結合していた調節タンパク質は最初の位置に戻る．❼もう一度ミオシン結合部位をブロックする．このとき，同時にサイトゾルからSRに取り込まれ蓄積されたCa^{2+}は次の活動電位に反応できるように利用される．

ある種の病気では，運動神経による骨格筋繊維の興奮が阻止されることにより麻痺が起こる．筋萎縮性側索硬化症（amyotrophic lateral sclerosis：ALS）という病気では，脊髄と脳幹の運動ニューロンが退行して，それらがシナプス接続する筋繊維が萎縮してしまう．ALSは徐々に進行し病気発症後5年以内に致命傷となる．重症筋無力症（マイオセニア）では，骨格筋のアセチルコリン受容体の抗体が産生される．病気の進行とともに，受容体の数が減少し運動ニューロンと筋繊維の間のシナプス伝達が弱くなってしまう．重症筋無力症は，アセチルコリンエステラーゼの抑制や，免疫

▼図 50.32　**脊椎動物骨格筋の運動単位．** それぞれの筋繊維（細胞）はただ1本の運動ニューロンとシナプスを形成するが，運動ニューロンは一般的に数個あるいはそれ以上の筋繊維とシナプスを形成する．1本の運動ニューロンとそれが支配するすべての筋繊維が，1つの運動単位を構成する．

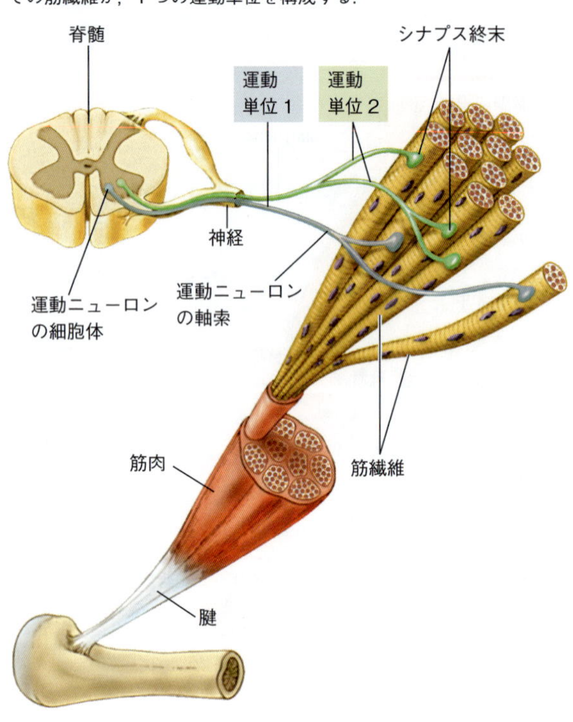
脊髄
シナプス終末
運動単位1
運動単位2
神経
運動ニューロンの細胞体
運動ニューロンの軸索
筋肉
筋繊維
腱

▼図 50.33　**単収縮の加重．** このグラフは，短期間の間に発生する活動電位の数が，単一筋繊維の発生する張力にいかなる影響を及ぼすかを示している．

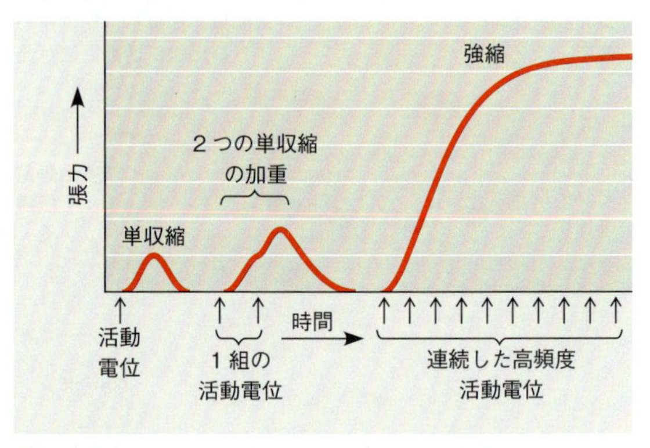
張力
強縮
2つの単収縮の加重
単収縮
活動電位
1組の活動電位
時間
連続した高頻度活動電位

? 神経系はいかにして骨格筋がもつ最大収縮能力を引き出しているか．

系の抑制によって治療が可能である．

筋張力の神経制御

単一骨格筋繊維の収縮は短い時間の全か無の単収縮であるが，筋全体の収縮はたとえば上腕二頭筋でわかるように段階的である．あなたは自由に収縮の大きさと強さを変えることができる．神経系が筋全体の収縮を段階的に制御する方法には2つある．1つは収縮する筋繊維の数を変える方法，もう1つは筋繊維刺激の頻度を変える方法である．それぞれのメカニズムについて考察していこう．

脊椎動物では，運動ニューロンの分枝は多くの筋繊維とシナプスをつくる．それぞれの繊維は1本の運動ニューロンにより支配されている．筋全体では，数百の運動ニューロンがあり，それぞれが筋繊維をまとめて支配している．**運動単位 motor unit** は1本の運動ニューロンとそれが支配するすべての筋繊維のことである（図 50.32）．運動ニューロンが活動電位を発生すると，その運動単位のすべての筋繊維が1つのまとまりとして収縮する．そのときの収縮の強さは，その運動ニューロンが何本の筋繊維を支配していたかによる．

多くの筋では，数百の運動単位が存在する．活動する運動ニューロンが増えていくことを「漸増」とよぶ．すなわち，筋肉によって発生する張力は段階的に増加していく．あなたの脳は，動員される運動ニューロンの数と運動単位の大きさを制御して，フォークをもち上げたり，もっと重い生物学の教科書をもち上げたりすることができる．体を支えたり，維持したりするある種の筋肉はつねに部分的に収縮している．このような筋では，神経系は運動単位の種類を変えることによって，各運動単位の筋繊維が収縮する時間を短くしている．

神経系は，どの運動単位を活性化するかだけでなく，刺激頻度を変えることによっても筋収縮を制御できる．単一の活動電位は100ミリ秒かそれ以下の持続する単収縮を起こす．もし第2の活動電位が筋繊維が完全に弛緩する前にやってくると，2つの単収縮は加算され，大きな張力を発生する（図 50.33）．刺激頻度が増加すれば，加重はさらに大きくなる．刺激頻度が高いと筋肉は刺激の間，弛緩することができず，単収縮は融合して**強縮 tetanus**（テタヌスは破傷風菌の毒素により制御不能になる収縮の病名でもある）とよばれる平坦な収縮になる．

骨格筋繊維の種類

脊椎動物骨格筋の一般的な性質に焦点を絞ってみよう．骨格筋の中には，特殊な機能をもつものがある．科学者はこれらの変わった筋繊維を，筋活動のエネルギーとなるATP，あるいは筋の収縮速度に基づいて分類している（表 50.1）．

表 50.1 骨格筋繊維の種類

	遅筋の酸素繊維	速筋の酸素繊維	速筋の解糖繊維
収縮速度	遅い	速い	速い
ATP の主要供給源	有酸素系	有酸素系	解糖系
疲労速度	遅い	中間	速い
ミトコンドリア	多い	多い	少ない
ミオグロビン含有量	高い（赤筋）	高い（赤筋）	低い（白筋）

酸素繊維と解糖繊維　酸素呼吸に頼る繊維は酸素繊維とよばれる．酸素繊維は定常的に供給されるエネルギーを利用するために特殊化している．それらは多くのミトコンドリアをもち，豊富な血液供給があり，**ミオグロビン myoglobin** とよばれる酸素を結合したタンパク質を大量にもっている．ミオグロビンは赤褐色の色素でヘモグロビンより強固に酸素を結合する．そのため，血液から効果的に酸素を得ることができる．酸素繊維と異なり，解糖繊維は ATP の供給源として解糖系を利用している．解糖繊維は直径が大きく，酸素筋よりミオグロビンは少なく，したがって容易に疲労する．解糖繊維は家禽類や魚類によく見られる．赤黒い肉はミオグロビンに富んだ酸素繊維から，薄赤色の肉は解糖繊維からできている．

速筋繊維と遅筋繊維　筋肉が収縮するときの速さは筋繊維の種類で異なっている．**速筋繊維 fast-twitch-fiber** は**遅筋繊維 slow-twitch-fiber** よりも 2～3 倍速く張力を発生できる．速筋は，短く，急速で強力な収縮を行う．遅筋は姿勢を維持する筋肉に見られ，長時間持続して収縮することができる．遅筋繊維は速筋繊維よりも，筋小胞体が少なく，Ca^{2+} ポンプの活性も遅い．そのためカルシウムは細胞質に長く残る．これにより，遅筋繊維は速筋繊維よりも 5 倍も長い単収縮を起こすことができる．

遅筋繊維と速筋繊維の収縮速度の差は，ミオシン頭部が ATP を加水分解する速さを反映している．しかしながら，収縮速度と ATP との間には 1：1 の関係はない．一方，すべての遅筋繊維は酸素繊維であるが，速筋繊維は解糖繊維か酸素繊維である．

ヒトの骨格筋は速筋繊維と遅筋繊維の両者を含んでいる．眼や手の筋肉はもっぱら速筋であるが，速筋繊維と遅筋繊維を両方ともつ筋肉は両者の比率は遺伝的に決められている．しかしながら，そのような筋肉でも，高い持久力を要求されるような活動に繰り返し使われていると，速筋の解糖繊維から速筋の酸素繊維に発展する筋肉が出てくる．速筋の酸素繊維は速筋の解糖繊維よりも疲労するのが遅いので，筋全体は疲労に対して抵抗性をもつようになる．

▼図 50.34　**特殊化した骨格筋．**雄のアンコウ *Opsanus tau* は求愛コールに超速筋を用いる．

脊椎動物のあるものは，ヒトのどの筋肉よりもすばやく収縮する骨格筋繊維をもっている．たとえば，超速の筋肉はガラガラヘビのガラガラやハトのクークー鳴く声を生じさせる．しかしこのような筋肉の中で最も早く収縮するものは，雄のアンコウの体内にある気体で満たされた浮き袋を囲んでいる筋肉である（図 50.34）．特徴的な「小型船の汽笛」のようなブーンという求愛コールを発生させる際，アンコウは 1 秒間に 200 回以上これらの筋肉を収縮弛緩させている．

その他の筋肉

筋収縮の基本的な機構は筋肉の種類によらず類似している．すなわち，アクチンとミオシンフィラメントとの間に起こる滑りである．脊椎動物には骨格筋以外に心筋，平滑筋がある（図 40.5 参照）．

脊椎動物の**心筋 cardiac muscle** は心臓にだけ存在し，骨格筋のように横紋構造が見られる．しかしながら，骨格筋と違い，心筋は，神経からの指令なしに周期的な脱分極と収縮を発生できる．心臓のある部位の細胞は収縮を開始するためのペースメーカーとして働いている．ペースメーカーから出る信号は，心臓全体に広がる．それは，隣接する心筋細胞同士が，「介在板」とよばれる特別な部位を介して電気的に結合しているからである．心臓のある場所で発生した活動電位が，心臓全体に波及するのはこの電気的結合があるからである．これらの活動電位は，骨格筋より 20 倍長い持続時間をもっているが，長い不応期は加重や強縮の発生を防いでいる．

脊椎動物の**平滑筋 smooth muscle** は，血管，消化管，生殖系のような中空の臓器に存在する．平滑筋は眼にも見られ，焦点調節や瞳孔径の調節にかかわっている．平滑筋には横紋構造がないが，それはアクチンとミオシンが細胞の長軸方向に沿って規則的に配列していないからである．代わりに，太いフィラメントは細胞質全体に分散しており，細いフィラメントはデンスボディーとよばれる構造に付着している．場合によっては細胞膜に付着する場合もある．骨格筋に比べるとミオシンが少なく，ミオシンは特定のアクチンと結合していない．ある平滑筋は自律神経系の神経細胞によって刺激されたときだけ収縮する．また他の平滑筋は，細胞同士が電気的に結合しており，神経の入力がなくても自発的に活動電位を発生できる．平滑筋は，骨格筋に比べゆっくりと収縮，弛緩する．

Ca^{2+}は，平滑筋の収縮を制御しているが，平滑筋はトロポニン複合体をもたない，またT管もなく，筋小胞体もあまり発達していない．活動電位の間，Ca^{2+}は細胞膜を介して細胞質に流入する．Ca^{2+}はカルモジュリンに結合し，ミオシン頭部がリン酸化されると架橋が形成され収縮する．

無脊椎動物は脊椎動物の骨格筋と平滑筋に似た筋細胞をもっている．節足動物の骨格筋は脊椎動物のそれとほとんど同じである．しかしながら，昆虫の飛翔筋は独自にリズミカルな収縮ができ，そのためある種の昆虫の翅は，実際に中枢神経系から活動電位が到着するよりも速く，翅を上下させることができる．他の興味深い進化的適応が二枚貝を閉じる筋肉で発見された．これらの筋肉にあるタンパク質は，少ないエネルギー消費で，1ヵ月もの間，収縮を持続させることができる．

概念のチェック 50.5

1. 骨格筋と平滑筋の収縮におけるCa^{2+}の役割について比較しなさい．
2. どうなる？➤死んだ直後の動物の筋肉はなぜ硬くなるのか．
3. 関連性を考えよう➤筋収縮におけるトロポミオシンとトロポニンの作用の仕方を酵素反応における競合的阻害剤の作用と比較しなさい（図8.18b参照）．

（解答例は付録A）

▼図 50.35　**運動時に見られる筋肉と骨格の相互作用．** 体の前後の動きはたいてい拮抗筋によってなされる．この体制は，哺乳類の内骨格でも昆虫の外骨格でも変わらない．

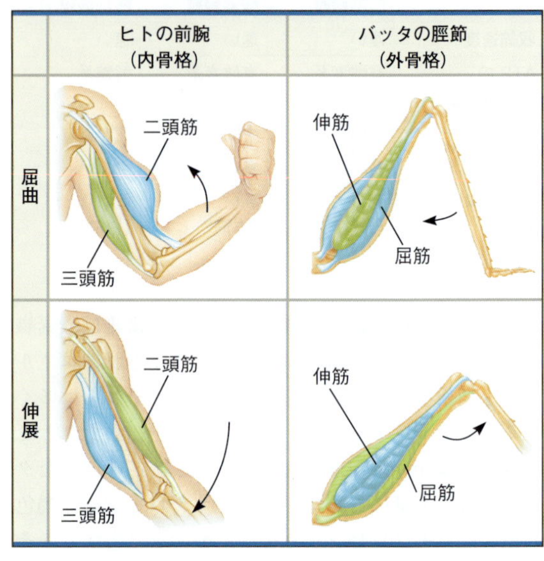
ヒトの前腕
（内骨格）
バッタの脛節
（外骨格）
屈曲
伸展
二頭筋
三頭筋
伸筋
屈筋
二頭筋
三頭筋
伸筋
屈筋
凡例　収縮した筋肉　弛緩した筋肉

50.6

骨格系は，筋肉の収縮を体の動きへと変換する

筋収縮を運動に変換するには筋肉が付着できる固い構造すなわち骨格が必要である．動物は，骨格の2ヵ所に結合した筋肉を収縮させることにより，その形，位置を変化させている．筋肉は多くの場合，腱とよばれる結合組織を介して間接的に骨に結合している．

筋肉は収縮している間だけ力を発生するので，体の部分を対峙する方向に動かすためには，筋肉は骨格に拮抗的な対をなして配置されていなければならない．このような筋肉の配置は，ヒトの上腕の筋肉やバッタの肢の筋肉に見ることができる（図 50.35）．このような筋肉は互いに拮抗筋とよばれるが，それらの機能は神経系によって制御されている．たとえば，あなたが腕を伸ばすときには，運動ニューロンは上腕三頭筋を収縮させ，神経の入力がない上腕二頭筋は弛緩する．

運動に不可欠な，動物の骨格は体の支持や保護にも使われる．多くの陸上動物は，自分の体重を支える骨格がなければ，つぶれてしまう．水中動物でさえ，その姿勢を維持するための骨格のしくみをもっていなければ，もはやその姿勢を維持することはできなくなってしまう．多くの動物では，骨格は柔らかい組織を保護する役割ももっている．たとえば，脊椎動物の頭蓋骨は脳を保護し，陸上脊椎動物の肋骨は心臓，肺その他の内臓器を保護するかごのような形をしている．

骨格系の種類

私たちは骨格というと体の内部の骨の組み合わせのことを考えがちであるが，骨格は多様な形態を示す．外骨格，内骨格，そのいずれでもないもの（体腔液に依存した流体静力学的骨格）がある．

流体静力学的骨格

流体静力学的骨格 hydrostatic skeleton は，閉じられた体内の空間の圧力のもとで体を支える体液からなる．これは，ほとんどの刺胞動物，扁形動物，線虫，環形動物（33.3 節参照）においておもな骨組みとなっている．これらの動物は，液体で満たされた体の各区画の形を，筋肉を使って変えることにより体形や運動を調節している．たとえば刺胞動物の一種のヒドラは，その口を閉じ，体壁にある収縮性の細胞を使って，胃水管の腔所を締めつけることによって体を伸ばすことができる．水は圧縮されにくいので，腔所の直径が小さくなると，その長さが増し，伸びることになる．

ミミズは，周囲環境の中を動くときに，多様な方法で流体静力学的骨格を利用している．プラナリアやその他の扁形動物は，おもに体壁にある筋肉が流体静力学的骨格に対して局所的に及ぼす力を用いて行われている．線虫（線形動物）では体腔（擬体腔）周囲で収縮する縦走筋が波のような動きをつくることによって，前進させる．ミミズや多くの環形動物では，輪走筋および縦走筋を働かせて，それぞれの体液をもつ分節の形を変える．このような形の変化は**蠕動運動 peristalsis** を引き起こす．これは前後に動く筋肉のリズム収縮によって生じる地上を這う動きである（図 50.36）．

▼図 50.36 **蠕動運動による移動**．縦走筋の収縮によってミミズは太く短くなる．輪走筋の収縮によって細く長くなる．

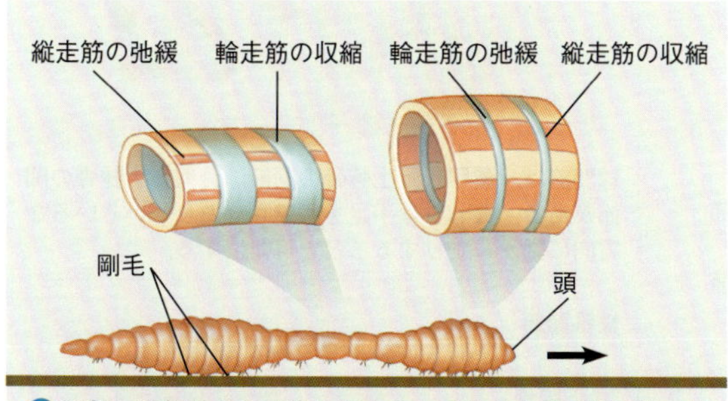
縦走筋の弛緩
輪走筋の収縮
輪走筋の弛緩
縦走筋の収縮
剛毛
頭

❶ 頭部と後部近くの体節は短くそして太くなる（縦走筋の収縮と輪走筋の弛緩）．剛毛によって地面に体を固定する．他の体節は細く長くなる（輪走筋の収縮と縦走筋の弛緩）．

頭

❷ 頭部体節の輪走筋が収縮するため頭部が前方へ動く．頭部の後ろと体後方の体節は太くなりそこで体を固定する．このため，ミミズは後ろに滑らなくてすむ．

頭

❸ 頭部の体節は再び太くなり，新しい場所でまた体は固定される．後ろの体節は地面に固定されている状態から開放され前方へ引っ張られる．

流体静力学的骨格は，水中の環境に生きる生物には適している．この骨格は体内の器官を衝撃から守るクッションにもなるし，陸上動物においては，這う動き，穴にもぐり込むような動きを起こすことができる．しかし，流体静力学的骨格は，体を地面から起こして支えている陸上動物の，歩いたり走ったりする運動を生じさせることはできない．

外骨格

あなたが海岸で見つける貝殻は，かつて，**外骨格 exoskeleton** として働いていたものである．二枚貝や他の多くの軟体動物の殻は，外套膜から分泌される石灰質（炭酸カルシウム）でできている．外套膜とは体壁がシートのように伸びたものである（図 33.15 参照）．ハマグリやその他の二枚貝は，外骨格に内側から接着している筋肉を使って貝を閉じる．動物は成長するにつれて，その外側の縁につけ加えることによって殻を大きくさせる．

昆虫やその他の節足動物は「クチクラ」とよばれる外骨格をもっている．これは表皮から分泌される非生物的な外被である．節足動物のクチクラのおよそ 30〜50％の成分は**キチン chitin** で，これはセルロースと同様の多糖類である（図 5.8 参照）．キチンの繊維はタンパク質でできた基質にしっかりと付着していて，強固さと柔軟性を兼ね備えた複合的な素材となっている．体の保護が最も重要であるため，クチクラは有機物やときにはカルシウム塩によってさらに強固になっている．これに対し，脚の関節のような部位ではキチンは薄くて柔軟なものでなければならない．そのような部位では架橋するタンパク質も，無機塩類の沈着も少なくなっている．節足動物はその外骨格を脱ぐ（脱皮する）必要があり，その都度より大きな骨格をつくらなければならない．

内骨格

海綿動物から哺乳類に至るまで，動物は硬い内部骨格，**内骨格 endoskeleton** をもっている．内骨格は動物体内の軟らかい組織の中に埋め込まれている．海綿動物では，内骨格は無機物の硬い骨片や，タンパク質でできた柔らかい繊維によって体制が強化されている．棘皮動物では小骨とよばれる炭酸マグネシウムと炭酸カルシウムの結晶からなる硬い板が内骨格として働いている．ウニでは，小骨は硬く結合しているのに対し，ヒトデではゆるく結合しているため，ヒトデはその腕の形を変えることができる．

脊索動物門は軟骨と硬骨，あるいはこれらの組み合わされたものからなる内骨格をもっている（図40.5参照）．哺乳類の内骨格は，200以上の骨から構成されており，あるものは互いに縫合され，あるものは関節部分で靭帯によって結合されて自由な運動を可能にしている（図50.37と図50.38）．「骨芽細胞」とよばれる細胞は骨基質を分泌し骨を構築，修復している（図40.5参照）．一方，「破骨細胞」は逆の機能をもち，骨の成分を吸収し，骨格筋の再構築に関与する．

内骨格はどのくらいの厚みが必要であろうか．私たちはこの疑問に対し，建築学の考え方を適用して答えることができる．ビルの重さは単位次元の3乗に比例して増加する．しかしながら，ビルを支持する強度は断面積に依存する．それは直径の2乗に従って増加する．したがって，もしマウスをそのままゾウのサイズにまで拡大したら，巨大マウスの足はその細さゆえに，

▼図 50.37　ヒト骨格の骨と関節．

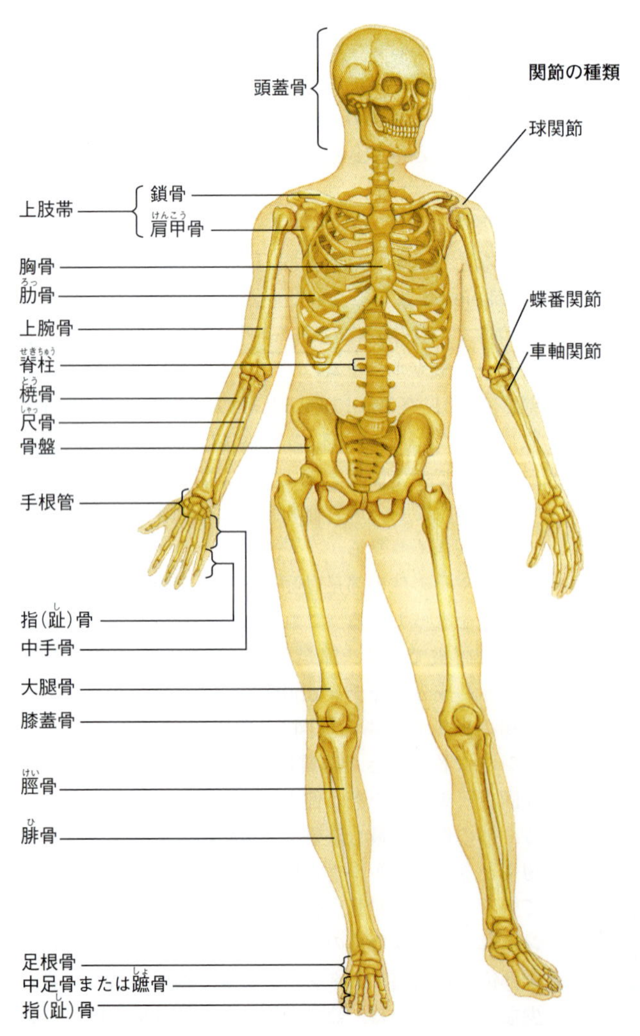
頭蓋骨
関節の種類
球関節
上肢帯
鎖骨
肩甲骨
胸骨
肋骨
上腕骨
蝶番関節
車軸関節
脊柱
橈骨
尺骨
骨盤
手根管
指(趾)骨
中手骨
大腿骨
膝蓋骨
脛骨
腓骨
足根骨
中足骨または蹠骨
指(趾)骨

▼図 50.38　関節の種類．

球関節

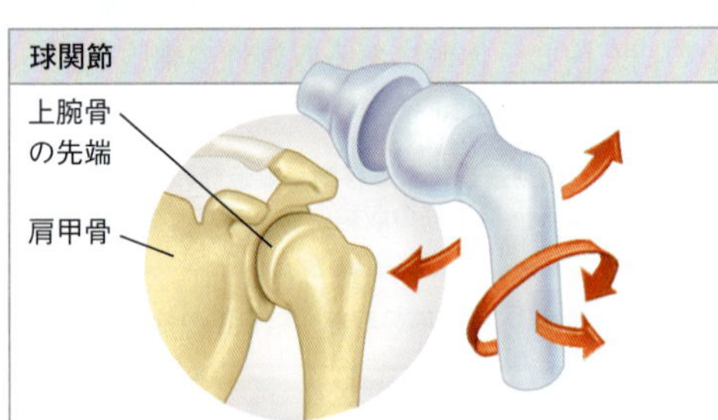
上腕骨の先端
肩甲骨

球関節は，肩甲骨と上腕骨の関節，骨盤と大腿骨の関節がある．これらは手足を回転させたり，いろいろな方向に動かしたりすることを可能にする．

蝶番関節

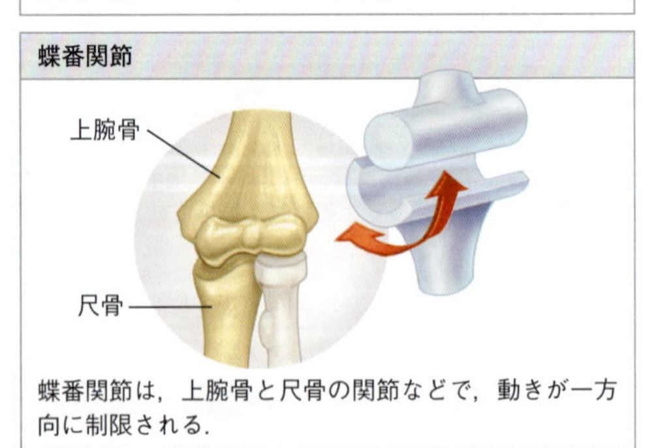
上腕骨
尺骨

蝶番関節は，上腕骨と尺骨の関節などで，動きが一方向に制限される．

車軸関節

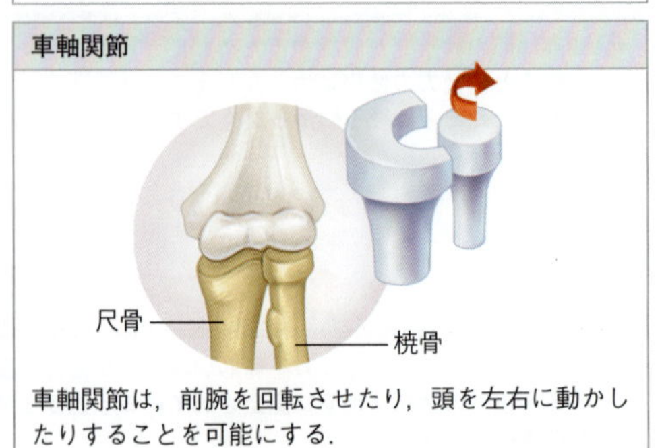
尺骨
橈骨

車軸関節は，前腕を回転させたり，頭を左右に動かしたりすることを可能にする．

重さに耐えられなくなり歪んでしまうことだろう．実際，大きな動物は小動物とはまったく異なる体型をしている．

建築物との類似性を適用すると，動物の脚の骨の大きさはその体重によってかかる負荷につり合ったものでなければならないということである．しかしながら，この予測は不正確である．なぜなら，動物の体は複雑で建築物のように硬いものではないからである．少なくとも哺乳類と鳥類では体重を支えるうえで重要なのは，脚の大きさより体の姿勢つまり，脚の位置が体の中心に対してどこに位置するかが重要だと考えられる．大きな哺乳類の脚は，まっすぐで体の真下に位置し，筋肉と腱（筋肉を骨につなげる結合組織）がこれを支え，その負荷に耐えられるようにしている．

▲図 50.39　**エネルギー効率のよい地上での移動．** カンガルーの家族は，大きな後脚でジャンプして移動する．それぞれのジャンプの直後，腱に貯蓄された運動エネルギーは，次のジャンプのために利用される．実際，大きなカンガルーが時速 30 km で移動するときは，時速 6 km で移動するときよりもエネルギーを使わないのである．巨大な尾は，座っているときはもちろんジャンプするときにも体のバランスを保つのを助けている．

移動の種類

運動は動物の特徴である．固着性の動物でさえ，部分的には体を動かしている．カイメンは，繊毛を揺らすことによって水流を起こし，小さな食物を得る．固着性の刺胞動物は触手を波打ち，餌を捕獲する．しかしながら多くの動物は，食物を探すこと，危険から回避すること，配偶者を探すために移動することに，多くの時間とエネルギーを費やす．これらの活動には能動的な場所移動である**歩行運動 locomotion** が含まれる．

摩擦と重力は動物を静止した状態にとどめておく力として働く．それゆえ，これらは移動に対抗するものである．移動を可能にするためには，動物はこれら 2 つの力に打ち勝つためのエネルギーを使わなければならない．次に見るように，摩擦や重力に抗するために必要なエネルギーは，動物の体形（ボディープラン）により減少している．ボディープランは特別な環境下で動くために適応したものになっている．

地上での移動

地上では，歩き，走り，跳び，這う動物は，重力に逆らって，自分自身を支えなければならない．少なくとも通常の速度では空気はほとんど抵抗とはならない．地上の動物が歩き，走り，跳ぶとき，その脚の筋肉はエネルギーを使って，体を前進させ，倒れないようにしなければならない．一歩進むごとに，動物の脚の筋肉は立ったままの状態から，慣性に逆らって脚を加速させねばならない．地上で動くためには，水中での流線形の姿勢より，強力な筋肉と強靭な骨格が重要なのである．

地上を走るための多様な適応がさまざまな脊椎動物で見られる．たとえば，カンガルーは後脚に大きく強力な筋肉をもち，跳躍運動に適している（図 50.39）．カンガルーが着地するとき，後脚の腱はほんのしばらくの間，エネルギーを貯蔵する．さらにジャンプすると，より多くのエネルギーが腱に蓄えられる．ホッピング遊具の圧縮されたバネのように，腱に貯蔵されたエネルギーは次のジャンプに使われる．そして動物が走るために費やす総エネルギー量を減少させる．昆虫，イヌ，ヒトの脚もまた，歩行もしくは走行中にカンガルーより少ないがエネルギーを蓄えている．

バランスを維持することも，歩行や走行，跳躍を行うために不可欠である．ネコ，イヌ，ウマは歩行時，地面に 3 脚をつくって支えている．同様にヒトや鳥のような二足動物は，歩行するとき，地面に少なくとも 1 本の脚をついて支えている．走行時は，足の接地より推進力が体を支えるため，短時間すべての足が地面を離れても問題ない．カンガルーの巨大な尾は，後脚とともに安定した 3 脚を形成し，座ったり，ゆっくり動いたり，跳躍したりするときの体のバランス維持に役立っている．最近の研究は，尾が跳躍時に大きい力を発生し，前進移動を推進することに役立っていることを明らかにしている．

這う姿勢は非常に状況が異なる．這う動物では，体のほとんどが地面に接触しているので，摩擦に打ち勝つかなりの努力をしなければならない．ミミズは蠕動運動によって這うことはすでに学んだ．逆に多くのヘビは体全体を端から端まで波状に動かして這う．体をくねらせる波は，頭から尾に伝播する．このとき，体のそれぞれの場所は，頭と首と同じ波状の経路をたどるように働く．ボアやニシキヘビなどの大蛇はまっすぐ前へ這って進むが，これは腹部の鱗が筋肉によって地面からもち上げられ，鱗が前に傾けられ，次に地面

科学スキル演習

対数グラフを説明する

移動にかかるエネルギーコストとは　1960年代に，デューク大学の動物生理学者，クヌート・シュミット=ニールセン Knut Schmidt-Nielsen は，多様な動物が移動するときに使われるエネルギーについて一般則があるかどうかについて疑問を抱いた．この疑問に答えるため，彼は他の研究者のデータをまとめ，さらに彼自身が独自に研究を行った．

実験の概要　研究者は，動物がトレッドミルを走行するとき，水中を泳ぐとき，風洞内を飛翔するときの，酸素消費量あるいは二酸化炭素発生量を計測した．プラスチック製の顔マスクにはチューブがつながれ，飛んでいる間に吐き出す空気を集めた（写真参照）．これらの測定により，シュミット=ニールセンは，それぞれの動物で体重に応じて一定の距離を移動するのにかかるエネルギー消費量を計算した．

実験データ　シュミット=ニールセンは，走行，飛翔，および遊泳中のエネルギーコストを体重の対数に対してプロットした．彼はさらにデータポイントにフィットする最適直線を描き，それぞれの移動様式で比較した（このグラフ上に個々のデータポイントが示されている）．

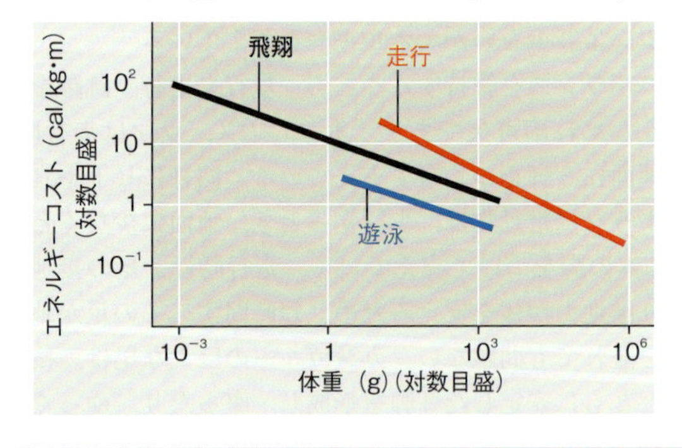
飛翔
走行
遊泳
エネルギーコスト（cal/kg·m）（対数目盛）
10^2
10
1
10^{-1}
10^{-3}
1
10^3
10^6
体重（g）（対数目盛）

データの解釈

1. これらの実験で用いられた動物の体重は，0.001～1 000 000 g の範囲にある．エネルギーの比率は，0.1～100 cal/(kg·m) であった．もしこれらのデータを対数でなく線形でグラフにプロットしたとすると，すべてのデータを可視化できるようにするためにどのように軸を描くか．広範囲のデータをプロットするために対数表示する利点は何か（グラフについての追加情報は付録 F を参照）．
2. グラフによれば，体重 1 g の動物に比べ，0.001 g の体重の動物の飛翔コストはどのくらい大きいか．多くの移動様式の中で，どの方法が最も効率的か．大型動物か小型動物か．
3. 飛翔と遊泳の傾斜は，類似している．質問 2 に対する答えを基礎にして，もし 2 g の遊泳動物のエネルギーコストが 1.2 cal/(kg·m) とすると，2 kg の遊泳動物のエネルギーコストはいくらか．
4. 体重 100 g の動物で，高エネルギーコストから低エネルギーコストの 3 つの移動様式を順番にランクづけしなさい．これらは，あなた自身の経験に基づく予想通りの結果か．走るときのコストは飛翔や遊泳と比べて，どのように説明できるか．
5. シュミット=ニールセンは，マガモの遊泳のコストを計算し，同じ体重のサケの遊泳のそれと比べ 20 倍高いことを発見した．サケの高い遊泳効率をどのように説明するか．

データの出典　K. Schmidt-Nielsen, Locomotion: Energy cost of swimming, flying, and running, *Science* 177:222-228 (1972). Reprinted with permission from AAAS.

の後方へ押されることによって行われている．

遊　泳

水中では浮力が働くため，泳ぐ動物にとっては，重力に打ち勝つことは，地上あるいは空中を動く種よりも，さほど大きな問題にならない．一方，水は空気よりも密度が高く，粘性が高いので，摩擦力は水生動物にとって，重要な問題となる．魚雷のようななめらかで紡錘状の形は，速い遊泳のための適応である（図 40.2 参照）．

動物は多様な方法で泳ぐ．たとえば，多くの昆虫と 4 本足の脊椎動物は，水に対抗して進むために，彼らの足をオールとして使う．サメと硬骨魚は体と尾をひねって動かすことで泳ぐ．一方，クジラと他の水生哺乳類は体を波状に，尾を上下に動かすことにより移動する．イカ，ホタテガイ，そしてある種の刺胞動物は水を取り込み，それを一気に噴出してジェット推進で進む．一方，クラゲは低圧の水流を起こして前方に移動する．

飛　翔

能動的に行う飛翔は，木の上から滑空するのとは対照的に，ごく少数の動物で進化してきた．昆虫，鳥類を含む爬虫類，哺乳類のコウモリなどである．飛翔する爬虫類のグループの1つ，プテロサウルスは数千万年前に死滅し，飛翔する脊椎動物で現存するのは鳥類とコウモリだけである．

飛翔するため，動物の翅は，重力による下向きの力に抗してもち上げられるように発達していなければならない．この問題解決の鍵となるのは翅の形である．あらゆるタイプの翅は，飛行機翼のように働く．その構造は空気流を変化させ動物や飛行機の機体を空中にとどめるようにできている．翅をもつ体にとって，紡錘上の形は水中でそうであるように，空気抵抗を減らすことに役立っている．

飛翔する動物は相対的に軽く，体重にすると1g以下（昆虫）から20kg（飛翔鳥類）の範囲である．多くの飛翔する動物は体の重さを減らすために構造的に適応している．たとえば，鳥が膀胱や歯を欠いているのはそのためである（図34.30参照）．

飛翔，走行，遊泳はそれぞれ異なるエネルギー要求度にさらされている．**科学スキル演習**において，これら3つの移動形態に必要なエネルギーコストを比較したグラフが説明できる．

概念のチェック 50.6

1. 遊泳と飛翔について動物が直面する問題と，その問題を解決する適応について比較しなさい．
2. **関連性を考えよう➤**蠕動運動は多くの環形動物の移動，消化管の食物輸送（41.3節参照）に関与している．蠕動運動のモデルとして，あなたの手の筋肉と歯磨きのチューブを使って，2つのプロセスの違いを証明できるか．
3. **どうなる？➤**あなたが椅子に座るために腕を使うとき，あなたは二頭筋を使わずに腕を曲げる．どうしてこれが可能であるか説明しなさい（ヒント：拮抗する力としての重力について考えなさい）．

（解答例は付録A）

50 章のまとめ

重要概念のまとめ

50.1

感覚器は刺激のエネルギーを変換し，中枢神経系に情報を伝える

- 感覚細胞による刺激の検出は，**感覚変換**，すなわち刺激に対する**感覚受容器**の膜電位変化から始まる．発生した**受容器電位**は，CNSに向かう活動電位の伝達を支配する．そこで感覚情報は統合され，**知覚**が引き起こされる．軸索の活動電位の頻度と活動する軸索の数が刺激の強さを決定する．どの軸索がシグナルを運ぶかによって刺激の質が処理される．
- **機械受容器**は，圧力，接触，動き，音などの刺激に反応する．**化学受容器**は，溶液の総濃度あるいは特定の分子を検出する．**電磁受容器**は，異なる種類の電磁放射の種類を検知する．**温度受容器**は，体の表面と中心部の温度を伝える．痛覚は**侵害受容器**によって検知される．侵害受容器は，過剰な熱，圧力，ある種の化学物質に反応する．

? 感覚受容器を分類するとき，侵害受容器だけ分類から外すのはなぜだろうか．

50.2

聴覚と平衡覚を受容する機械受容器は，液体の流れや平衡石の動きを検出する

- 多くの無脊椎動物は，**平衡胞**を利用して，重力に対して空間定位を行っている．哺乳類では**有毛細胞**が聴覚やバランスを，魚類や水生両生類では水の動きを感知する．哺乳類では**鼓膜**（耳のドラム）は音波を**中耳**にある3つの骨に伝える．音波はそこから**卵円窓**に伝わり**内耳**の**蝸牛**に伝わる．液内を伝わる圧力波は基底膜を振動させ，有毛細胞を脱分極し活動電位を誘発して聴神経を介して脳に伝わる．基底膜のそれぞれの場所は，特定の周波数に応じ大脳皮質聴覚野の特定の場所を活性化する．内耳の受容体は，バランスと平衡に機能する．

? 音楽の音の大きさと音の高さは，どのように脳にシグナルとして処理されるか．

50.3

多様な動物の視覚受容器は，光を吸収する色素の違いによる

- 無脊椎動物にはさまざまな光検出器が発達している．単純な光受容の眼点から，像形成ができる**複眼**，**単眼**などがある．脊椎動物の眼では，1個の**レンズ**が**網膜**の**光受容細胞**に焦点を合わせるために使われる．**桿体**と**錐体**には**レチナール**とよばれる色素が**オプシ**

ンというタンパク質に結合している．レチナールによる光の吸収は，シグナル変換経路を作動させる．その結果，光受容細胞は過分極し神経伝達物質の放出量が減ることになる．光受容細胞からの情報はシナプスで伝達され，視神経を構成する軸索によって脳へ伝えられる．

? 脊椎動物の脳に送られる視覚情報の伝達は，聴覚や味覚とどのように異なっているか．

50.4

味覚と嗅覚の感知は類似した複数の感覚受容器に依存する

- **味覚**と**嗅覚**は，いずれも液体に溶けている小さな分子による化学受容器の刺激によって起こる．ヒトでは，**味蕾**にあるそれぞれの細胞は5基本味である甘味，酸味，塩味，苦味，うま味（グルタミン酸により引き起こされる）に対応する1種類の受容体を発現している，嗅受容細胞は，鼻腔の天井部分に並んでおり，1000以上の遺伝子が**匂い分子**特異的に結合する膜タンパク質をコードしている．そしてそれぞれの嗅受容細胞はそれらの遺伝子のうちの，1つのものしか発現していない．

? 風邪をひくとなぜ食物の味がなくなってしまうのか．

50.5

タンパク質繊維の物理的相互作用が筋機能に重要である

- 脊椎動物**骨格筋**の筋細胞（繊維）は，筋原繊維の集まりである．**筋原繊維**はアクチンからなる**細いフィラメント**とミオシンからなる**太いフィラメント**からなる．これらのフィラメントは調節タンパク質とともに，繰り返し構造の単位である**筋節**を構築している．ATPの加水分解によるエネルギーにより活性化したミオシンの頭部は，細いフィラメントに結合し，架橋を形成する．その後新たなATPを得て，ミオシン頭部はアクチンから離れる．このサイクルが繰り返され，太いフィラメントと細いフィラメントが互いに滑り，筋節を短縮して，筋繊維が収縮する．

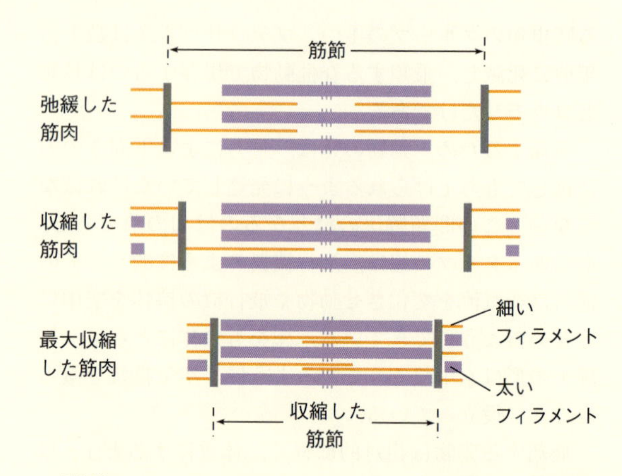
筋節
弛緩した筋肉
収縮した筋肉
最大収縮した筋肉
細いフィラメント
太いフィラメント
収縮した筋節

- 運動ニューロンはアセチルコリンを遊離し，筋繊維に活動電位を誘発する．活動電位は**筋小胞体**からCa^{2+}を放出する．Ca^{2+}が**トロポニン複合体**に結合すると，細いフィラメント上の**トロポミオシン**が再配置して，アクチンに対してミオシン結合部位が露出し，架橋が形成される．**運動単位**は1本の運動ニューロンとそれが支配する筋繊維からなる．単収縮は運動ニューロンの1回の活動電位で発生する．骨格繊維は，**遅筋繊維**，**速筋繊維**，酸素繊維，解糖繊維の4つに分類できる．
- **心筋**は心臓にのみ見られ，横紋筋である．筋細胞同士は，**介在板**によって電気的に結合している．神経系の入力は心臓拍動の頻度を調節するが，収縮そのものに関与していない．**平滑筋**は，筋自身でも，自律神経系のニューロンの刺激によっても収縮できる．

? 骨格筋収縮制御においてATPが果たす2つの役割は何か．

50.6

骨格系は，筋肉の収縮を体の動きへと変換する

- 骨格筋は，拮抗的な対になって存在し，収縮，弛緩して骨格を動かし運動がもたらされる．骨格にはミミズに見られる**流体静力学的骨格**，昆虫に見られる**外骨格**，脊椎動物に見られる**内骨格**がある．
- **歩行運動**の形態には，遊泳，地上歩行，飛翔がある．たとえば，遊泳する動物は摩擦抵抗に打ち勝つ必要があるが，地上歩行や飛翔する動物に比べて重力に対する問題は少ない．

? 筋繊維の微視的および巨視的な構造はいかにしてあなたのひじを曲げることを可能にするか説明しなさい．

理解度テスト

レベル1：知識／理解

1. 以下の感覚受容細胞との組み合わせで間違っているものはどれか．
   (A) 有毛細胞——機械受容器
   (B) ヘビのピット器官——温度受容器
   (C) 味受容器——化学受容器
   (D) 嗅受容器——電磁受容器
2. 中耳は以下のどれを変換するか．
   (A) 空気圧を液圧波へ
   (B) 空気圧を神経インパルスへ
   (C) 液圧波を神経インパルスへ
   (D) 圧力波を有毛細胞の動きへ
3. 脊椎動物の骨格筋が収縮するとき，カルシウムイオンは，
   (A) ATPの分解により架橋を壊す．
   (B) トロポニンに結合し，その形を変え，アクチンへのミオシン結合部位が露出される．
   (C) 運動ニューロンから，筋繊維に活動電位を伝達する．
   (D) T管を介して活動電位を広げる．

レベル2：応用／解析

4. ニューロンの特性の違いによって識別できない感覚の組み合わせは次のうちどれか．
   (A) 白と赤
   (B) 赤と緑
   (C) 大きい音と小さい音
   (D) 塩味と甘味
5. 音波の活動電位への変換が生じるのは次のうちのどれか．
   (A) 被蓋膜の内側で有毛細胞が刺激されるとき．
   (B) 有毛細胞が被蓋膜に対して曲げられ脱分極を起こし，神経伝達物質を放出して感覚ニューロンを刺激したとき．
   (C) 基底膜が振動し，音の大きさの変化に伴い，基底膜が異なる周波数で振動するとき．
   (D) 中耳で，振動が槌骨，砧骨，鐙骨によって増幅されるとき．

レベル3：統合／評価

6. ある種のサメは噛みつく直前に，眼を閉じるが，獲物にしっかり噛みつくことができる．研究者たちは，サメが間違って金属の物体に噛みつくので，砂の下にある乾電池を見つけることができることに着目した．この証拠は，サメが，獲物の動いた跡を追跡できることを示唆している．この方法は以下のいずれと同様のものか．
   (A) ガラガラヘビが穴にいるマウスを見つける．
   (B) 昆虫が足で踏まれるのを回避する．
   (C) ホシバナモグラが地中で獲物を見つける．
   (D) カモノハシが濁った川で獲物に近づく．
7. **描いてみよう** 教科書に基づいて，次のグラフに1つは桿体，もう1つは錐体を線で表しなさい．

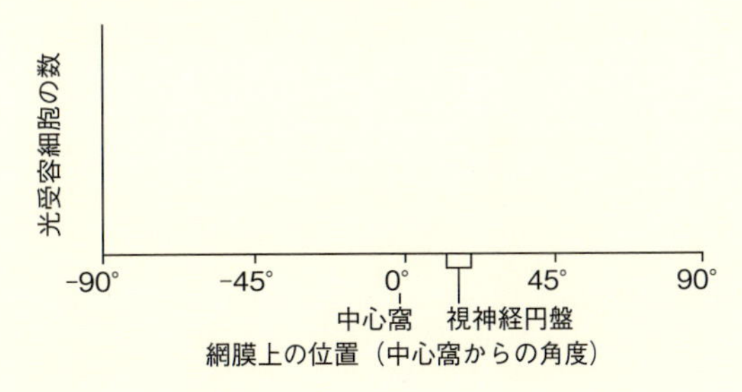
光受容細胞の数
-90°
-45°
0°
45°
90°
中心窩
視神経円盤
網膜上の位置（中心窩からの角度）

8. **進化との関連** 一般に，地上の移動は水中での移動より多くのエネルギーを必要とする．第7部で動物について学んだことを総合して，地上の移動のために高いエネルギー要求を支える哺乳類の進化的適応について論議しなさい．
9. **科学的研究：データの解釈** 学生たちに，跳躍しているときに，どのくらい腱にエネルギーが蓄えられるかを理解してもらうため，指導者は，学生たちにボランティアで，「自然」と感じる頻度でジャンプしてもらい，その後休憩した後，その半分の頻度でジャンプしてもらった．ジャンプは標準の高さで行い，測定は酸素消費量と二酸化炭素の排出量で行った．ここに，学生たちの測定結果が示されている．

頻度（ジャンプ数 / 秒）	消費エネルギー（J/ 秒）
1.85	735
0.92	716

学生は立っているときは1秒間に159 J消費した．それぞれの頻度のジャンプにおいて，使われるエネルギーの値から，立っているときの値を引き算しなさい．そして，1回の跳躍にかかるエネルギー消費量を計算するため，その値を跳躍の頻度で割り算しなさい．1回の跳躍あたりのエネルギー消費量は2つの頻度の間で違っているか．またこのことが腱へのエネルギー貯蔵にどのように関係するか．

10. **テーマに関する小論文：組織化** ヒトの眼のレンズの構造が視覚機能に適応している少なくとも3つの方法について，300〜450字で記述しなさい．

11. 知識の統合

警察犬は，日が過ぎても，匂いの跡を追うことに長けているが，警察犬は他のイヌ以上の嗅受容体遺伝子をもつわけではない．警察犬がもつ匂いの追跡能力について，彼らの感覚と神経系が他のイヌとどのように違っているか仮定しなさい．

（一部の解答は付録A）

動物の行動 51

▲図 51.1　何がシオマネキの雄を駆り立てて，大きなはさみを誇示させるのだろうか．

重要概念

51.1　単純な行動も複雑な行動も個々の感覚入力によって刺激される

51.2　学習が経験と行動を特異的に結びつける

51.3　さまざまな行動は個体の生存と繁殖への自然選択で説明できる

51.4　遺伝解析と包括適応度の概念が行動の進化の研究の基礎を与える

動物行動における「どのように」と「なぜ」

多くの動物とは違って，雄のシオマネキ（*Uca* 属）の体は極端に非対称的である．一方のはさみが体全体の半分に達するほど大きく発達する（図 51.1）．英語で「バイオリン弾きガニ」とよばれるのは，干潟で海藻を食べるときの様子に由来する．小さいほうのはさみが大きなはさみの前にある口へと行ったり来たりするからである．しかし，ときには大きなはさみを空中で繰り返し振り動かす（訳注：和名のシオマネキはこの動きに由来する）．何がこの行動を引き起こすのだろうか．そしてこの行動は何のために役立っているのだろうか．

雄のシオマネキによるはさみ振りには 2 つの機能がある．武器としても使えるはさみを振ることで，自分の巣穴に近づきすぎた他の雄を追い払うことができる．またはさみを激しく振ることで，配偶者を求めて群れの中を歩き回る雌を誘引することにも役立つ．雌を自分の巣穴に誘い入れると，雄は交尾の準備のために雌を泥や砂で覆い隠す．

動物の行動は，それが単独行動であろうと社会的であろうと，また固定的な動きであろうと変化に富んだものであろうと，すべて生理的なしくみとその働きが基礎になっている．個々の**行動 behavior** は，神経系の支配下にある筋肉によってもたらされる活動である．のどの筋肉を使ってさえずることや，縄張りを誇示する匂いを放出すること，単純にはさみを振ることなどがその例である．行動は，食物を得たり，繁殖のため相手を見つけたりするうえでは不可欠な要素である．行動はまた，温度を保つために密集するミツバチに見られるように，ホメオスタシス（恒常性）にも貢献する（40.3 節参照）．要するに，動物のすべての生理が行動に寄与し，動物の行動はすべての生理に影響するのである．

生存と繁殖に不可欠であるため，行動は時間とともに自然選択の支配を強く受けることになる．この選択による進化的過程は体の構造にも影響を与える．なぜなら，多くの行動の根底にある認知やコミュニケーションは体型や外形に依存しているからである．したがって，雄のシオマネキのはさみの巨大化は，それを誇示することで同種他個体に認知されることが必須のため生じた適応といえる．同様に，このカニの眼が柄の先の高いところに位置しているのは，侵入者を遠くから発見できるのに役立つからである．

本章では，行動がどのように調節されているか，動物の一生の間にどのように発達するか，そしてどのように遺伝子と環境とに影響されるかについて調べる．また，長い世代の間に行動が進化した道筋についても探究する．動物の体内の働きから外界との相互作用へと焦点を移行することによって，第8部のテーマである生態学の準備にもなる．

51.1

単純な行動も複雑な行動も個々の感覚入力によって刺激される

行動がどのようにして起き，どのような働きをするかについて，生物学者はどのようなアプローチを用いるだろうか．動物行動研究の先駆者の1人，オランダの科学者ニコ・ティンバーゲン Niko Tinbergen は，どのような行動であれ，それを理解するには以下にまとめた4つの質問に答える必要があると示唆した．

1. どんな刺激がその行動を引き起こしたのか．どんな生理機構がその反応を仲介したか．
2. 動物の成長や発達の間の経験は，その反応にどのように影響したか．
3. その行動は生存や繁殖にどのように役立っているか．
4. その行動の進化的な歴史はどうであったか．

ティンバーゲンの最初の2つの問いは「至近要因」，すなわちある行動が「どのようにして」生じるか，あるいは変化するか，についての問いである．後の2つの問いは「究極要因」，すなわちある行動が「なぜ」自然選択の状況下で生じたのか，についての問いである．

ティンバーゲンによる至近要因の研究は，1973年の共同でのノーベル賞をもたらした．本章の前半では，ティンバーゲンの問いとそれに関連する実験を考えてみよう．究極要因の概念は**行動生態学 behavioral ecology** の中心となっており，この学問は動物の行動の生態的，進化的な基盤となっている．現代の生物学研究の中でも活気に満ちたこの分野については，本章の後半で学ぶことになる．

▼図 51.2　**古典的な固定的動作パターンでの信号刺激．** イトヨの雄は，巣のまわりの縄張りに侵入する他の雄を攻撃する．侵入雄の赤い腹（左）は，攻撃行動を引き起こす信号刺激の作用を示す．

? この行動がなぜ進化したかを説明してみなさい．

固定的動作パターン

ティンバーゲンが立てた1番目の質問である，行動の引き金となる刺激の性質について，私たちはよくわかっている刺激への行動的反応から話を始めよう．

ティンバーゲンは研究のためにイトヨ *Gasterosteus aculeatus* を水槽で飼っていた．雄だけが腹部が赤く，雌は赤くない．この雄は，自分の営巣縄張りに侵入してくる他の雄を攻撃する（図 51.2）．ティンバーゲンはやがて雄のイトヨが水槽から見える近くを通る赤いトラックに対しても攻撃行動をとることに気づいた．この偶然の観察にヒントを得た彼は実験を行って，侵入者の腹部の赤色が攻撃行動を直接に引き起こす刺激であることを示した．雄のイトヨは，腹の赤くない魚を攻撃することはないが，非現実的な模型でも赤い部分があれば攻撃する．

縄張りに関連した雄のイトヨの反応は，**固定的動作パターン fixed action pattern**，すなわち，単純な刺激に直接結びついて起こる，学習不要の一連の動作の例である．固定的動作パターンは基本的には不変であり，いったん開始されると完了するまで続けられる．この種の行動の引き金を引くのは，**信号刺激 sign stimulus** とよばれる外界からの刺激であり，雄のイトヨの攻撃行動を引き起こす赤い物体はその例である．

渡　り

環境からの刺激は，行動の引き金となるだけでなく，動物がその行動を遂行するのに利用する合図をも提供する．たとえば，さまざまな種類の鳥や魚やその

▼図 51.3 **移住.** ウシカモシカの群れは，雨季と乾季に合わせて草を食む土地を変えて，毎年２回，長距離移住する.

他の動物は，**渡り migration**[*1] という定期的な長距離移動を行う際に，環境からの合図を利用している（図 51.3）. 渡りをする間に，多くの動物は，これまで遭遇したことのない環境を通過することがある．では，そのような未知の状況の中でどのように行く方向を見つけることができるのだろうか.

渡りをする動物によっては，太陽と比較した自分の位置によって方向を定めるものがいる．太陽の地球に対する位置は１日を通して変化するにもかかわらずである．動物はこの変化に対して「概日時計」によって調整できる．概日時計とは，24 時間の活動リズムまたは周期を維持する体内機構のことである（49.2 節参照）．たとえば，渡りをしている鳥の実験では，１日の別々の時刻で太陽に対して違う角度で定位することが示されている．夜行性の動物では，夜空で動かない北極星を利用するものもある.

太陽や星は航路を決定するのに有用な手がかりではあるが，雲がこれらの標識を見えなくすることもある．渡り中の動物はどのようにしてこの問題を克服するのだろうか．帰巣するハトについての簡単な実験によって１つの答えが得られている．曇りの日には，頭に小さな磁石をつけられたハトは効率よく帰巣することができなくなる．このことから研究者たちは，ハトが地球の磁界に対する自分の相対的な位置を感知することができ，太陽や星の手がかりなしに航路を決めると結論づけた.

行動のリズム

概日時計は，渡りをするいくつかの種では小さいながらも重要な働きを担っているが，それよりも，すべての動物の日常の活動に大きな役割を演じている．40.2 節と 49.2 節で述べたように，この時計は毎日の活動と休息の概日リズムを担っている．この時計は通常は環境の明暗周期に同調しているが，たとえば冬眠中のような一定の環境条件下でも周期的な活動を維持できる.

渡りや繁殖など，いくつかの行動は，概日リズムよりも長い周期をもつ生物リズムに基づいている．１年の季節の周期に結びついた生物リズムは「概年リズム」とよばれる．渡りや繁殖は一般的には食物の得やすさと相関してはいるものの，これらは食物摂取の変化に対する直接の反応ではない．概年リズムは概日リズムと同様に，環境の昼と夜の時間によって影響される．たとえばいくつかの種の鳥では，人工的な環境下で昼の長さを延長することで，季節はずれの渡り行動を引き起こすことができる.

すべての生物リズムが環境の明暗周期に結びついているわけではない．たとえば，図 51.1 のシオマネキについて見てみよう．雄のはさみを振る求愛行動は，日長ではなく新月と満月の時期に連動している．このタイミングが子の発育を手助けするからである．シオマネキは幼生として干潟で生活し始める．潮の満ち引きが幼生をより深い海に分散させてくれて，そこで泥地の干潟に戻るまで初期の発達段階を比較的安全に完了する．新月と満月の時期を数えることで，シオマネキは繁殖を大潮の満ち引きに合わせているのである.

動物の信号とコミュニケーション

求愛中のシオマネキのはさみ振りは，１個体（雄ガニ）が刺激を発し，その刺激が他個体（雌ガニ）の行動を導く例である．動物では，個体から他個体へ伝達される刺激は**シグナル（信号）signal** とよばれる．個体間の信号の伝達と受容によって**コミュニケーション communication** が成立し，これはしばしば行動を引き

＊1（訳注）：日本では「渡り」は鳥に対して用い，魚には「回遊」が使われる．両者を併せる場合は「移住」ともいうが，ここでは「渡り」とした.

起こす至近要因の役割を示す．

動物のコミュニケーションの様式

動物のコミュニケーションには，おもに視覚的，化学的，触覚的，および聴覚的信号による4種類の様式があり，それらを紹介するために，キイロショウジョウバエ *Drosophila melanogaster* の求愛行動を調べてみよう．

キイロショウジョウバエの求愛は「刺激–反応連鎖」で構成され，これは，個々の刺激に対する反応がそのまま次の行動への刺激になるというものである．まず最初に，雄は視野に入る雌を認知して体を雌のほうに定位する．雌が同種であることを確認するため，雄の嗅覚は雌が空気中に放出する化学物質を感知する．雄は次に雌に接近し，前脚で雌を軽く叩く（図51.4）．この接触，すなわち触覚コミュニケーションが雌に雄の存在を気づかせる．求愛の第3段階では，雄は片方の翅を広げて振動させ，求愛ソングを奏でる．この聴覚コミュニケーションのソングが，雄が同種であることを雌に伝える．これらすべてのコミュニケーションが成功して，初めて雌は雄の交尾を受け入れる．

一般に，進化するコミュニケーションのパターンは，動物の生活様式と環境に密接に関係する．たとえば，ほとんどの陸生哺乳類は夜行性で，そのため視覚による誇示はさほど効果的ではない．その代わり，これらの種は嗅覚と聴覚の信号を使っていて，これは暗がりでも明るいときと同じくらいに効果的である．対照的に，ほとんどの鳥は昼行性（おもに昼間に活発）であり，視覚および聴覚でコミュニケーションをしている．ヒトも鳥と同様に昼行性であり，おもに視覚と聴覚でコミュニケーションをしている．よって，私たちは鳥がコミュニケーションに使うさえずりや鮮やかな羽毛を見つけ出し認識できるが，哺乳類がその行動の基礎としている多くの匂いは見逃してしまうのである．

動物のコミュニケーションで用いられる情報の中身は，じつに変異に富んでいる．最も驚異的な例の1つはミツバチ *Apis mellifera* の象徴言語であり，1900年代のはじめにオーストリアの研究者カール・フォン・フリッシュ Karl von Frisch によって発見された．ガラス板を張った観察巣箱を用いて，彼と弟子たちは数十年間にわたってミツバチの観察を続けた．ハチの動きを綿密に記録することによってフォン・フリッシュは，帰ってきた採餌者が他個体に餌場までの距離と方角を伝達する「ダンス言語」を解読することに成功した．

▼図51.4　ショウジョウバエの雌を前脚でそっと叩いている雄．

うまく蜜を取って戻ってきたハチは，その動きや羽音やにおいによりすぐに他のハチ（追随者）の注目の的となる（図51.5）．巣板の鉛直な壁に沿って採餌者は「尻振りダンス」の動きを示すが，これは追従者に餌場と巣の相対的位置の方向と距離を教えている．こ

▼図51.5　ミツバチのダンス言語．巣に戻ったミツバチは餌場の場所を抽象的なダンス言語で伝達する．

ワーカーたちは採餌の旅から戻ったばかりのハチのまわりに群がる．

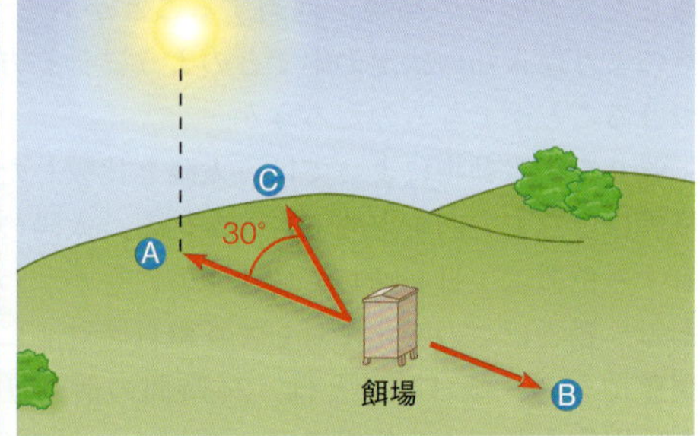
C
30°
A
餌場
B

位置A：餌場は太陽と同じ方角にある．

位置B：餌場は太陽と反対の方角にある．

30°

位置C：餌場は太陽から右へ30°の方角にある．

尻振りダンスは蜜源が遠いときに見られる．尻振りダンスは8の字形に似ており，距離は直線部分の尻振り回数で示される．太陽からの方位は直線部分と巣板の鉛直からの角度で示される．

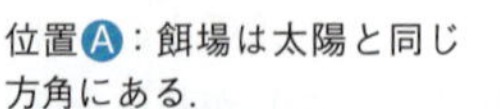

図読み取り問題➤尻振りダンスの直線部分はどのような情報を担っているのか，説明しなさい．

のダンスは，まず一方向回りに半円を描き，次いである方向に尻を振りながら直進し，そこから最初とは反対方向回りに半円を描くものである．フォン・フリッシュとその仲間が解読したことは，巣の鉛直面に対する直進路の角度が水平面での餌場と太陽との角度と同じになる．たとえば，戻ってきたハチが鉛直方向から右に30°の角度で直進すれば，追随者たちは水平面での太陽の方向から30°右の方角へ飛んでいく．

尻振りダンスでは餌場への距離をどのように伝えるのだろうか．直進の時間が長いほど，したがって直進中の尻振りの回数が多いほど，餌場がより遠いことを表す．追随者たちは巣から出ると，尻振りダンスが示した地域にほとんどまっすぐに飛んでいき，花のにおいやその他の手がかりを利用してその近くの餌場を探し当てるのである．

もし餌場が巣から近い場合（50 m 以内）は，尻振りダンスは少し異なる形になり，蜜源が近くにあることをおもに知らせるものとなる．この異なる形をフォン・フリッシュは「円形ダンス」と名づけたが，戻ってきた採餌蜂は尻を左右に振りながら小さな円を描く．これを見た追従者は巣を出て，近くに咲いている蜜の多い花をあらゆる方角で探す．

フェロモン

匂いや味を介してコミュニケーションする動物は，**フェロモン pheromone** とよばれる化学物質を放出する．フェロモンは哺乳類や昆虫類で特に一般的であり，その多くは繁殖行動に関係している．たとえば，フェロモンはショウジョウバエの求愛における化学コミュニケーションの基礎となっている（図51.4参照）．しかし，フェロモンは至近距離の信号伝達にとどまらない．雄のカイコガの受容器は雌が出すフェロモンを数 km も遠くで感知できる（図50.6参照）．

ミツバチのコロニーでは，女王やその娘たちであるワーカー（働き蜂）の出すフェロモンが巣内の複雑な社会的秩序を維持する．それらのフェロモンの1つ（かつて女王物質とよばれた）は特に広範な働きをもつ．それはワーカーを女王の下へ誘引し，ワーカーの卵巣の発達を抑制し，婚姻飛行の際には雄バチを誘引する．

フェロモンは警報信号としても働く．たとえばヒメハヤやナマズが傷つくと，表皮から物質が出て水中に拡散し，他の魚の恐怖反応を引き起こす．近くにいたこれらの魚は用心深くなり，川や湖では攻撃に対してより安全な底近くで密集した群れをつくることが多い（図51.6）．フェロモンはきわめて低い濃度でも強い効果をもつ．たとえば，アブラハヤの皮膚 1 cm^2 には，58 000 L の水中で恐怖反応を起こさせるのに十分な量の警報物質が含まれる．

▼図 51.6　**警報物質の存在に対するヒメハヤの反応．**

❶ 警報物質が導入される前は，ヒメハヤは水槽全体に広がって泳いでいる．

❷ 警報物質が導入されて数秒以内に，ヒメハヤは水槽の底に集まって動かなくなる．

ここまで，さまざまな行動を直接引き起こすタイプの刺激について調べてきたが，これはティンバーゲンの第1の問いの前半に相当する．この問いの後半，すなわち諸反応を介した生理的なしくみは，神経系，筋肉系，骨格系が関係する．刺激は感覚系を活性化し，中枢神経系で処理され，行動を構成する運動出力となる．よって，ティンバーゲンの第2の問い，経験は行動にどのように影響するかに焦点を当てる準備は整ったといえる．

概念のチェック 51.1

1. ハイイロガンの母親は，卵が巣から転がり出ると，くちばしと頭で巣へ引き戻す．研究者がこの過程の途中で卵を取り除いたりボールに取り替えたりしても，母ガンはくちばしと頭で引き戻す上下動作を続ける．この行動がどのように，またなぜ起こるかを説明しなさい．

2. どうなる？➤ヒメハヤの警報物質をヒメハヤが生息する環境から採集したさまざまな種の魚に与えたと仮定する．なぜある種はヒメハヤと同じ反応をし，ある種は活動性が高まり，また別のある種は変化を示さなかったことについて，その自然選択を推論しなさい．

3. **関連性を考えよう**➤月と関連したシオマネキの求愛のリズムと，植物の開花の季節的なタイミングとは，機構と機能の面でどのように似ているか（39.3 節参照）.
（解答例は付録 A）

51.2

学習が経験と行動を特異的に結びつける

固定的動作パターンや求愛の刺激–反応連鎖，あるいはフェロモンによる信号伝達など，いくつかの行動では，集団のほとんどすべての個体が同一の行動を示す．発達時にこのように固定される行動は**生得的行動 innate behavior** として知られている．だが一方で，経験に依存して変化し，それゆえに個体間で異なる行動も見られる.

経験と行動

ティンバーゲンの第2の問いは，成長や発達過程での経験は刺激への反応にどのように影響するか，である．有力な取り組みの1つとして**交換里子研究 cross-fostering study** がある．これは，動物の子を別種の親に，同一あるいは似た環境で育てさせる方法である．そのような状況下で子の行動がどの程度まで変化するかを調べれば，社会的，身体的環境がどのように行動に影響するかを知ることができる.

あるノネズミ類は種によって異なる行動を示すので，交換里子研究に向いている．カリフォルニアシロアシマウス *Peromyscus californicus* の雄は，他個体にきわめて攻撃的であると同時に，熱心に子の世話をする．これとは対照的にシロアシマウス *Peromyscus leucopus* の雄はあまり攻撃的でなく，子の世話もあまりしない．両種の生まれたばかりの子を交換して育てさせると，どちらの側にもいくつかの行動に変化が見られた（表 51.1）．たとえば，シロアシマウスに育てられたカリフォルニアシロアシマウスの雄は，侵入者に対してあまり攻撃的ではなかった．このように，発達過程での経験はこれらの齧歯(げっし)類の攻撃行動に影響を与えるのである.

マウス類の交換里子研究での重要な発見は，経験による行動への影響が子孫に伝えられるという事実である．里子に出されたカリフォルニアシロアシマウスが親になったとき，同種に育てられた個体に比べて，巣から出た子を連れ戻す行動をあまりしなかった．このように，発達過程での経験は親としての行動を変更するように生理機構を変え，その影響は次世代まで延長されたのである.

ヒトについては，行動への遺伝と環境の影響が**双生児研究 twin study** によって調べられており，これは一卵性双生児が離ればなれに育った場合と一緒に育った場合とで行動を比較するものである．双生児研究は，不安障害，統合失調症，アルコール依存症などの行動疾患を研究するのに役立っている.

▼別々に育てられた一卵性双生児

学　習

環境条件が行動に強く影響を与えるのは**学習 learning** を通してであり，学習とは特定の経験に基づく行動の変化を指す．学習能力は，ゲノムにコードされた指令に従った発生過程での神経系の機構に依存する．学習自体は，神経連絡での特異的変化による記憶形成と関連する（49.4 節参照）．そのため，学習への不可欠な挑戦的研究は，生まれ（遺伝）か育ち（環境）かを決めることではなく，むしろ生まれと育ちの両方が学習の形成，もっと一般的には行動にどう貢献するかを探究することである.

刷り込み

ある種では，子が親を認知する能力と親による子の認知は生存に必須となる．子においては，この学習はしばしば**刷り込み imprinting** の形をとる．これは特定の個体または物体に対する長期間持続する行動反応である．刷り込みは感受期とよばれる一生の特定の時期に形成される．刷り込みは，発達の過程の限られた期間にだけ起きるという点で他の学習とは異なる．この限られた期間を**感受期 sensitive period** という（臨界期ともいう）．感受期の間に子は親に刷り込まれ，自

表 51.1　雄のマウス類への交換里子の影響*

種	侵入者への攻撃	中立的状況での攻撃	父性行動
シロアシマウスに育てられたカリフォルニアシロアシマウス	減少	差なし	減少
カリフォルニアシロアシマウスに育てられたシロアシマウス	差なし	増加	差なし

＊比較は同種に育てられたマウスに対してのもの.

分の種の基本的な行動を学習する．一方，親は自分の子を認識することを学習する．たとえばカモメ類では，親がひなとの絆を結ぶ感受期は孵化して1〜2日である．この感受期に，ひなは親を刷り込み基本的な諸行動を学習し，親はひなを学習して認知する．もし絆が形成されなければ，親はひなを世話しないので，ひなにとっては死が，親にとっては繁殖成功度の低下がもたらされる．

では，ひなは誰に，あるいは何に刷り込まれるべきかをどうやって知るのだろうか．多くの種の水鳥の実験によって，これらのひなたちは「母親」を生得的に認知するのではないことが示された．むしろ，彼らは生まれて初めて出会う，ある特徴をもつ対象を母親とみなすのである．1930年代に行われた古典的実験で，ハイイロガン *Anser anser* での主たる刷り込み刺激は，ひなの近くにいてひなから遠くへ移動していく対象であることを示した．孵卵器で孵化したハイイロガンのひなが，最初の数時間を母親のガンではなく人間と過ごすと，その人間が脳に刷り込まれ，それ以後は断固としてその人の後を追った（図51.7）．さらに，ひなは実際の母親は認めようとはしなかった．

刷り込みは，たとえばアメリカシロヅル *Grus americana* のような絶滅危惧種を救う計画の重要な要素となっている．科学者は，管理下でアメリカシロヅルを里親のカナダヅル *Grus canadensis* に育てさせた．しかし，アメリカシロヅルは里親に刷り込まれたため，同種の配偶者と「つがいの絆」を形成できなかったのである．このような問題を避けるために，いまでは管理下での繁殖計画ではひなのツルを隔離して，同じ種の群れの映像を見せたり鳴き声を聞かせたりしている．

最近まで科学者たちはさらに，管理下で生まれたアメリカシロヅルに安全な航路を渡ることを教えるのにも刷り込みを利用している．ひなのツルに，「親ヅルに仮装した」人間を刷り込ませ，その「親」の人間が乗った超軽量飛行機が選ばれた渡りのルートに沿って飛ぶのを，ツルに追わせている．2016年に入って，この繁殖計画は人間の関与を最小限にし，持続可能なツル個体群の養育を目指す全体戦略の一部とする方向に変更された．

空間学習と認知地図

どんな自然環境も，巣，危険な場所，食物，将来の配偶者候補などの所在に空間的な違いがある．したがって，環境の空間的構造を反映する記憶を確立する**空間学習 spatial learning** の能力があれば，その動物の適応度は向上するだろう．

ティンバーゲンが空間学習に好奇心をそそられたのはオランダで大学院生だった頃である．その頃，彼は砂丘に小さな巣穴を掘るジガバチの1種 *Philanthus triangulum* の雌バチを研究していた．ティンバーゲンは，ハチが巣を離れて狩りに出かけるとき，侵入者から巣を隠すために入口を砂で覆うことに気づいた．戻ってきたハチは，近くにいくつもの巣があるにもかかわらず，まっすぐに自分の巣の場所に行った．どうやって，雌バチはこの早わざを達成しているのだろう．ティンバーゲンは，ハチが地上の目印と巣の位置との関係を学習して巣に帰る，という仮説を立てた．この仮説を検証するため，彼はこのハチの自然の生息場所で実験を行った（図51.8）．巣の周囲の物体に手を加えることによって，ジガバチが空間学習を行っていることを示した．この実験はきわめて単純であると同時に有用な知見を含んでいたので，簡潔にまとめることが可能であった．1932年のティンバーゲンの博士論文は32ページで，これはいまだにライデン大学が受理したものの中で最短の論文である．

動物によっては，空間学習には**認知地図 cognitive**

▼図51.7 **刷り込み**．ハイイロガンのひなたちはこの人間に刷り込まれている．

どうなる？➤この図のガンが飼育されたと考えよう．この人間への刷り込みはどのように次世代のひなに影響するだろうか．説明しなさい．

map の形成が関係する場合もあり，これは周囲の対象物の空間的な位置関係を神経系の中に表示する地図である．認知地図を用いる驚異的な例がハイイロホシガラス *Nucifraga columbiana* で見つかっている．この鳥は，ワタリガラス，カラス，カケスなどの近縁種である．秋になると，ハイイロホシガラスは松の実を隠し場所に分けて貯蔵し，冬の間に掘り出して餌とする．研究者はカラスの環境において実験的に目印間の距離を変えることによって，この鳥は隠して貯めておいた餌を見つけるために，固定的な距離ではなく，目印間の中間点を把握できることを明らかにした．

▼図 51.8

研究　ジガバチは巣を見つけるのに地標を利用しているか

実験　雌のジガバチは，採餌するときは巣穴をふさぐが，30 分以上経って帰ってくると巣の場所を正しく探し当てる．ニコ・ティンバーゲンは，ジガバチが巣を離れる前から存在する，巣の位置の目印となる視覚的な地標を学習する，という仮説の検証を試みた．彼はまず，ハチが巣穴の中にいる間に，巣を松かさの環で標識した．巣を離れたハチは正しく巣に戻った．

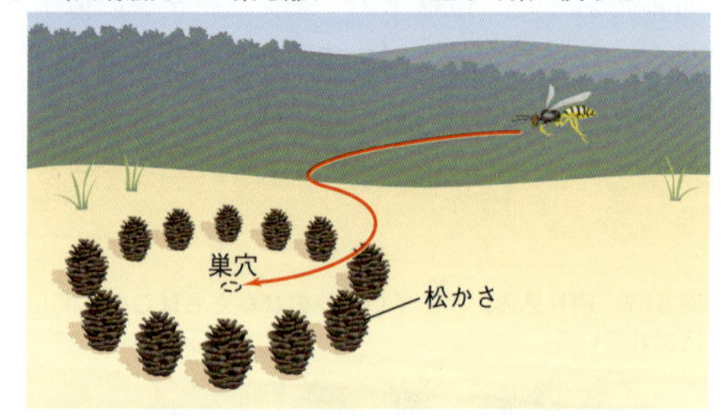
巣穴
松かさ

2 日後，ハチが巣を離れた後で，ティンバーゲンは松かさの環を離れたところに移動し，戻ってくるハチの行動を観察した．

結果　戻ってきたハチは，自分の巣にではなく，松かさの環の中心へ向かった．この実験を多数のハチで繰り返したが，同じ結果が得られた．

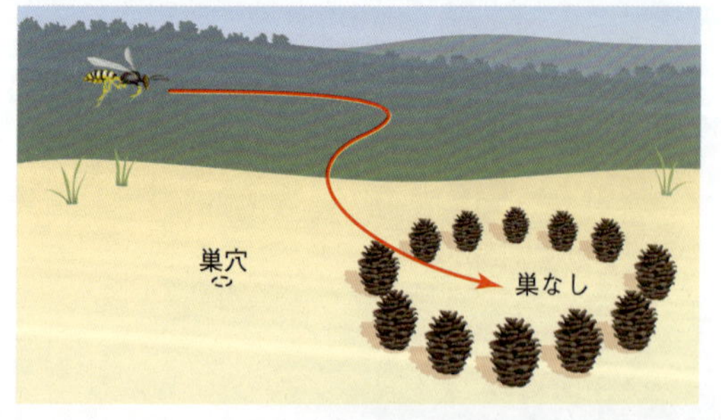
巣穴
巣なし

結論　実験は，ジガバチが巣への正しい航路を保つために視覚的な地標を利用しているという仮説を支持した．

データの出典　N. Tinbergen, *The Study of Instinct*, Clarendon Press, Oxford (1951).

どうなる？➤ジガバチが，松かさが移動した後も正しい巣の場所に戻ったと仮定しなさい．どのようにしてハチが巣の場所を見つけたか，また松かさはなぜハチを誤らせなかったかについて，あなたはどのような代わりの仮説を提唱するか．

連合学習

学習はしばしば経験同士を連合させる．たとえば，アオカケス *Cyanocitta cristata* が色彩鮮やかなオオカバマダラ *Danaus plexippus* を食べたとしよう．このチョウが食草のトウワタから体内に蓄積させていた物質が，即座にアオカケスの嘔吐を引き起こす（図 51.9）．このような経験の後は，アオカケスはオオカバマダラやそれに似たチョウを襲わなくなる．環境の 1 つの特徴（色彩など）をもう 1 つの特徴（まずい味など）と連合させる能力を**連合学習** associative learning とよぶ．

動物行動の中でも，連合学習は特に実験室での研究に適している．なぜならそのような研究には古典的条件づけまたはオペラント条件づけが関係しているのが一般的だからである．「古典的条件づけ」では，任意の 1 つの刺激が特定の結果と連合される．ロシアの生理学者イワン・パブロフ Ivan Pavlov は古典的条件づけの初期の実験で，イヌに食事を与える前にいつも鐘を鳴らすことによって，最終的にはイヌが鐘の音を聞くと食事を期待して唾液を分泌するようになることを示した．「オペラント条件づけ」（試行錯誤学習ともいう）においては，動物はまず，ある行動を報酬や罰と結びつけて学習し，その行動を繰り返すようになったり，避けるようになったりする（図 51.9 参照）．米国でのオペラント条件づけ研究の先駆者 B・F・スキナー B. F. Skinner はこの学習過程を実験室で探究した．たとえば，ラットにレバーを押させることによって餌

▼図 51.9　**連合学習．**オオカバマダラを食べて嘔吐することで，アオカケスはたぶん，このチョウを避けることを学習したであろう．

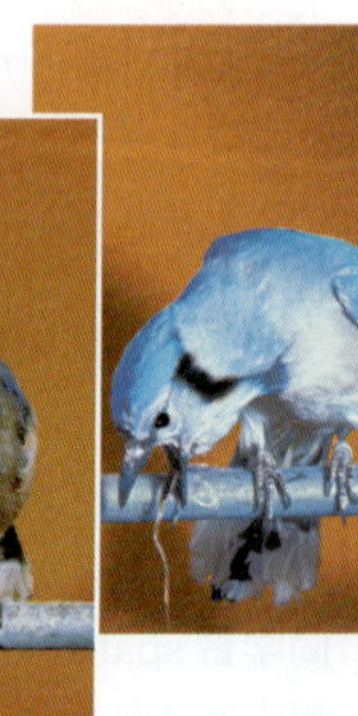

を得ることを，試行錯誤を経て学習させた．

さまざまな研究によって，動物は環境の多くの特徴同士を結びつけるが，結びつけることができない場合もあることがわかった．たとえばハトは，危険を音とは連合できるが，色とは連合できない．しかし，色と餌とを連合することはできる．このことにはどのような意味があるのだろうか．これにはハトの神経系が発生し構築されるとき，形成可能な連合は制限されているらしい．このような制限は鳥に限ったことではない．たとえばラットは，病気になるような餌は匂いを手がかりに避けることは学習できるが，光景や音をもとには学習できない．

行動の進化を考えれば，動物が特定の連合を学習できないという事実は納得がいく．動物が容易に形成できる連合は自然界で起こる関係を反映していることが多い．反対に，形成できない連合は，形成されたとしても自然環境においてはあまり有利になるとは思えないだろう．たとえば自然界でラットにとって有害な餌は，特定の視覚と結びつけられるよりは，特定の匂いをもっている可能性のほうが大きい．

認知と問題解決

学習の最も複雑な形態が**認知** cognition との関連である．認知とは注意，推論，想起，および判断と関連する知ることそのものの過程である．かつては霊長類といくつかの海生哺乳類だけが高度の思考過程をもつといわれたが，いまでは昆虫を含む多くの分類群の動物が，実験研究下で認知能力を示すことがわかっている．たとえば，Y字迷路を用いた実験で，ミツバチの抽象的な思考の事実が得られた．ある迷路は色に違いがあり，別の迷路は白黒の縞模様に縦か横かの違いがある．ミツバチを2群に分け，色の迷路で訓練した．迷路に入るに際し，ハチは見本の色を見て，次いで枝分かれの所で同じ色か，あるいは違う色か行く方向を選ぶ．どちらか一方だけに報酬の餌がある．第1群のハチは見本と同じ色のほうへ飛ぶことで報酬を得た（図 51.10❶）．第2群は違う色を選ぶことで報酬を得た．次に，これらのハチは縞模様の迷路でテストされた．この迷路には餌の報酬はない．ハチは見本の縞を見た後，同じ模様か違う模様かを選ぶ．第1群のハチは大部分が同じ模様を選び（図 51.10❷），第2群はおおむね違う模様を選んだ．

この迷路実験は，ミツバチが「同じ」と「違う」を根拠にした識別ができるという仮説に対する強い実験的支持となっている．注目すべきことに，2010年に公表された報告では，ミツバチはヒトの顔を識別することも学習できることが示された．

神経系の情報処理能力は，現実あるいは見せかけの障害に直面したとき，ある状態から次の状態へと進む方法を工夫する認知活動，すなわち**問題解決 problem solving** においても明らかとなる．たとえば，チンパンジーが部屋に入れられ，床にいくつかの箱があり，手の届かない高さにバナナが吊られていると，チンパンジーはこの状況を理解して箱を積み重ね，バナナを得ることができる．このような問題解決行動は哺乳類の一部，特に霊長類とイルカ類で高度に発達している．鳥類でも，特にカラス科で注目すべき例が観察されている．ある研究では，ワタリガラスに木の枝からひもで吊るされた餌を提示した．飛びながら餌をつかむのに失敗した後，1羽が枝にとまり，ひもをたぐっては脚で押さえることを繰り返して餌を得た．他の何羽かのカラスも最終的に同様の解決に至った．それにもかかわらず，何羽かは問題を解決できなかった．このことは，この種では問題解決の成功度には個体の経験と

▼図 51.10 **ミツバチの抽象思考についての迷路テスト**．これらの迷路は，ミツバチが「同じ」と「違う」を区別できるかどうかをテストするために考案された．

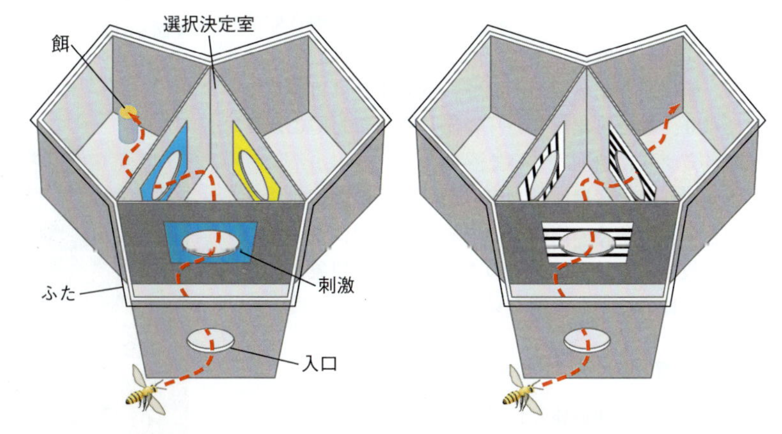
選択決定室
餌
刺激
ふた
入口

❶ **ハチは色の迷路で訓練された**．図に示すように，同じ色の刺激を選ぶ第1群は報酬を与えられた．

❷ **ハチは模様の迷路でテストされた**．前もって同じ色を選ぶことによって報酬を得た第1群の大部分は，次のテストでは線模様の方向が同じものを刺激として選んだ．

図読み取り問題▶白黒パターンの向きへの各個体の遺伝的な好き嫌いを制御するため，どのようにこの迷路パターンを配置したらよいかを述べなさい．

能力に差異があることを示している．これは他の種にも同様にいえることである．

学習行動の発達

これまで見てきた学習行動の多くは，短期間のうちに発達する．しかし，行動によってはもっとゆっくり発達するものもある．たとえば，いくつかの鳥類はさえずりを段階的に学習する．

ミヤマシトド *Zonotrichia leucophrys* の場合，第1段階のさえずり学習はごく初期，巣立ちびなが初めてさえずりを聞いたときに起きる．もし幼鳥が孵化後50日の間に本物または録音されたさえずりを聞かなかった場合は，この種本来の成鳥のさえずりを発達させることはできない．この感受期には幼鳥自身はさえずらないが，他のミヤマシトドがさえずるのを聞いてこの種本来のさえずりを記憶する．感受期の間，幼鳥は他種のさえずりよりも自種のさえずりに反応してピーピー鳴く．このように，幼いミヤマシトドは後に成鳥になってから鳴くさえずりを学習するが，その学習は遺伝的に支配された好みと結びつけられているらしい．

自種のさえずりを記憶する感受期の次に第2段階の学習期があり，このとき若鳥がサブソングとよばれる試行的なさえずりをする．若鳥は自分のさえずりを聞き，感受期に記憶したそのさえずりと比較する．自分のさえずりが記憶のさえずりと一致すると，それは最終的なものとして「固定化（結晶化）」され，後はその成鳥のさえずりだけを生涯歌い続ける．

このさえずりの学習過程は他の鳥類とはかなり異なる．たとえばカナリアは1回の感受期しかもたないわけではない．若いカナリアはサブソングから鳴き始めるが，完成した歌はミヤマシトドのようには固定化しない．繁殖期と繁殖期の中間で，さえずりは再び可塑的になり，雄は毎年新しい「音節」を学習してこれまでのさえずりに追加していく．

さえずりの学習は，動物がいかに同種他個体から学ぶかという，多くの例の1つである．学習についての探究の最後に，社会的学習のより一般的な現象について，さらにいくつかの例を見てみよう．

社会的学習

多くの動物は他個体の行動を観察することによって問題解決を学習する．他個体を観察するこのような学習を**社会的学習 social learning** とよぶ．たとえば幼い野生のチンパンジーは，アブラヤシの種子を2つの石を使ってどのように割るかを，経験を積んだチンパンジーの真似をすることによって学ぶ（図51.11）．

▼図51.11　若いチンパンジーが年長者を観察することによって，アブラヤシの実の割り方を学習している．

社会的学習が行動をどのように変化させるかについて別の例が，ケニアのアンボセリ国立公園のベルベットモンキー *Chlorocebus pygerythrus* で観察されている．ネコほどの大きさであるベルベットモンキーは，複雑な警戒声を発する．アンボセリのベルベットモンキーは，捕食者であるヒョウ，ワシ，ヘビを見かけると，それぞれに応じて違う警戒声を出す．ヒョウを見ると大きな吠え声を挙げ，ワシを見ると2音節の咳のような声を出し，ヘビの場合は「ちぇっ」のような声である．群れの他個体はそれぞれの警戒声に際しては，適切な行動をとる．ヒョウへの警戒声では木に駆け上がる（ベルベットモンキーは樹上ではヒョウより俊敏である）．ワシの警報では上を見上げ，ヘビの警報では下を見る（図51.12）．

幼いベルベットモンキーも警戒声を発するが，それ

▼図51.12　ベルベットモンキーは警戒声の正しい使い方を学習する． ニシキヘビ（手前）を発見したベルベットモンキーは独特の「ヘビ」警報を発し（挿入写真），群れの仲間は立ち上がって下を見る．

は比較的無差別なものである．たとえば，彼らは無害なハチクイを含むあらゆる鳥に対して「ワシ」の警報を叫び，齢を重ねるにつれて正確さが増す．事実，大人のベルベットモンキーは，彼らを襲う2種のワシを見たときだけワシの警報を発する．おそらく幼い個体は，群れの他個体を観察し，また社会的確認を得ることによって，正しい声の出し方を学習するのだろう．幼児が正しい状況，たとえばワシが上空にいるときにワシ警報を出せば，群れの他個体もワシ警報を出す．しかしハチクイが飛んできたとき警報を出しても，群れの大人たちは黙ったままである．このように，ベルベットモンキーは環境中で脅威になるかもしれない対象に対してまずは声を発するという，学習を必要としない性質を生まれつきもっている．警戒声の微調整を学習することで，大人になると真の危険にだけ反応して警戒声を出すようになり，それがまた次世代の警戒声の微調整に働くのである．

社会的学習は**文化 culture** の根源となる．文化とは，集団における個体の行動に影響を与える，社会的学習または教示による情報伝達のシステムである．文化の情報伝達は，行動の表現型を変え，それによって個体の適応度にも影響を与える．

自然選択による行動の変化のほうが，学習による変化よりもはるかに長期の時間スケールにわたって起きる．51.3 節では，特定の諸行動と生存および繁殖に関する自然選択の過程との関係について調べてみよう．

概念のチェック 51.2

1. 連合学習は，さまざまな種の苦い餌や針で刺す虫が似たような色彩になる理由をどのように説明するか．
2. どうなる？➤動物が認知地図を使って餌のありかを覚えているかを実験室でいくつかの対象物を配置して検証するとき，どのようにしたらよいか．
3. 関連性を考えよう➤学習された行動が種分化（24.1 節参照）にどのように寄与するだろうか．

（解答例は付録 A）

51.3

さまざまな行動は個体の生存と繁殖への自然選択で説明できる

進化 ここで，ティンバーゲンの第3の問い，すなわちどのように行動は集団内で個体の生存および繁殖成功を高めるかという問題を取り上げよう．焦点は至近要因——「どのように」質問——から，究極要因——「なぜ」質問へと移る．まず，餌獲得の活動を考えることから始めよう．餌獲得の行動，つまり**採餌 foraging** 行動は，摂食だけでなく，餌を探し認知し獲得するために使うあらゆる活動を含む．

採餌行動の進化

採餌行動がどのように進化したかを知る1つの手がかりがキイロショウジョウバエ *D. melanogaster* から得られている．このハエの幼虫の採餌行動は *forager*（*for*）と名づけられた多型の遺伝子によって支配される．対立遺伝子 for^R（「Rover：歩き回り型」）をもつ幼虫は，for^s（「sitter：居座り型」）をもつ幼虫に比べて，平均で2倍近く遠くまで移動して採餌する．

for^R と for^s 対立遺伝子は野生集団にも存在している．一方あるいは他方に有利なのはどんな状況だろうか．答えは，このハエを何世代にもわたって，低いか高いかのいずれかの集団密度で飼育する実験によって明らかになった．2つの集団の幼虫は，採餌経路の平均長という点で行動がはっきりと分かれたのである（図 51.13）．低密度で何代も飼われた幼虫は，高密度で飼われたものより短い距離を採餌した．さらに，遺伝的解析によって，低密度集団では for^s の頻度が増加し，高密度集団では for^R の頻度が増加したことが示された．これらの結果は理にかなう．低密度集団では短い距離の採餌で十分な食物が得られる一方，長い距離を採餌するのはエネルギーの無駄な消費につながる．しかし高密度下では，長い距離の採餌は食物欠乏の地域を越えての移動を可能にする．まとめると，行動にお

▼図 51.13 **キイロショウジョウバエの実験室集団における採餌行動の進化．** キイロショウジョウバエを低密度と高密度で74代飼育すると，幼虫の採餌経路は低密度集団（R1～R3）では高密度集団（K1～K3）より有意に短くなった．

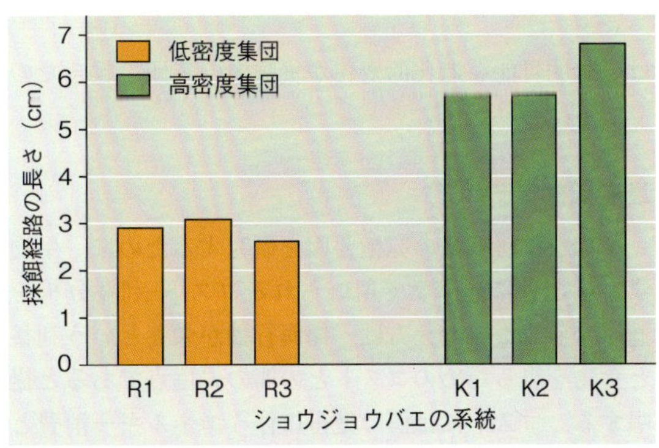

低密度集団
高密度集団
採餌経路の長さ（cm）
7
6
5
4
3
2
1
0
R1
R2
R3
K1
K2
K3
ショウジョウバエの系統

データの解釈➤RとKの3系統の系統内よりも系統間で見られるあり得ない対立仮説は何だろうか．

科学スキル演習

定量的なモデルで得られた仮説の検証

ウミベガラスは最適採餌行動のようにふるまっているか
カナダのブリティッシュコロンビア州沖の島々で，ウミベガラス *Corvus caurinus* は岩の多い潮だまりでバイガイという巻貝を探す．バイガイを見つけるとくちばしにくわえて飛び上がり，岩に向かって落とす．うまくいけば貝が割れ，中の肉を食べることができる．割れなければ，カラスは割れるまで何度も飛び上がって落とす作業を繰り返す．どれくらいの高さまで飛ぶかを何が決めているのだろうか．カラスの採餌行動に対する自然選択に，エネルギーの問題が優先的に関係するならば，カラスが飛び上がる高さの平均は，より高く飛ぶことのコストと，より多い成功という利益とのトレードオフ（折り合い）を反映している可能性がある．この演習では，最適採餌モデルが野外で見られる平均投下点の高さをどのくらいうまく予測しているかを検証する．

ウミベガラスの投下高度と模擬実験の結果

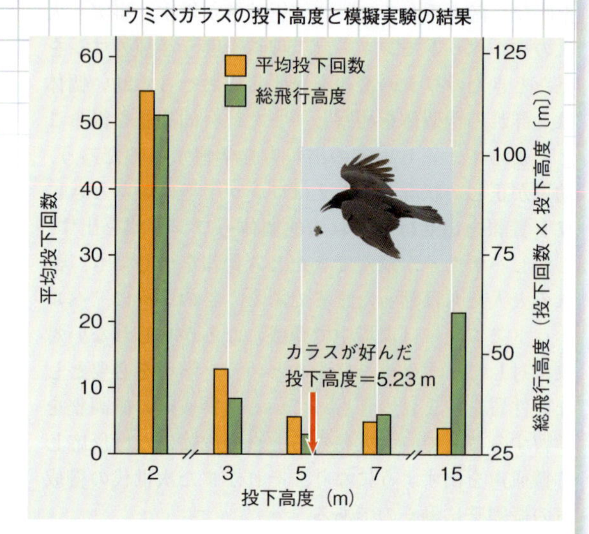
平均投下回数
総飛行高度
平均投下回数
総飛行高度（投下回数 × 投下高度〔m〕）
カラスが好んだ
投下高度＝5.23 m
投下高度（m）
60
50
40
30
20
10
0
125
100
75
50
25
2
3
5
7
15

データの出典　R. Zach, Shell-dropping: Decision-making and optimal foraging in northwestern crows, *Behavior* 68:106–117（1979）.

実験方法　ウミベガラスが貝を投下する高度は，研究者たちが側に垂直に立てた標識つきポールで計測した．検証実験では，カラスの行動は，高い足場からバイガイを岩に投下する道具を用いた模擬実験として実行された．さまざまな高さの足場でバイガイが割れるまでの平均投下回数が記録され，各高度に平均投下回数を掛けた値として平均総飛行高度が計算された．

実験データ　実験結果は図にまとめられている．

データの解釈

1. バイガイが割れるまでの平均投下回数は，5 m 以内ではどのように足場の高さに依存するか．5 m 以上ではどうなるか．
2. 総飛行高度はバイガイの殻を割るために必要な総エネルギーの尺度だと考えられるか．なぜ総飛行高度は 5 m 付近は 2 m や 15 m よりも低い値なのか．
3. カラスが貝を投下する好みの高さと，足場から落として貝を割った図の総飛行高度とを比較しなさい．データは最適採餌モデルによる仮説と一致しているか．説明しなさい．
4. 最適採餌モデルの検証では，投下高度の変化は総飛行高度のエネルギー量の変化だけと仮定された．あなたは，これは現実の条件だと思うか．あるいは，高さによって影響されるエネルギー総量以外に何か関係しているかもしれないと考えるか．
5. 研究者はカラスが大きなバイガイだけ集めて投下していることを観察している．カラスが大きなバイガイを好む理由は何か．
6. 貝が割れる確率は，最初に落とされたバイガイと，それまで何回か落とされて割れなかったバイガイとでは，同じになっていることがわかった．もしそうではなく，代わりにこの貝が割れる確率が増加するとすれば，カラスの行動で何が変わったと予測するか．

ける説明可能な進化的変化が実験中の集団で起きたのである．

最適採餌モデル

多様な採餌戦略の究極要因を研究するために，生物学者はときに経済学で用いられるコスト–利益分析を適用する．この考え方は，採餌行動が栄養という利益と食物を得るためのコストとの間の妥協点であると提唱する．コストには餌の獲得に伴うエネルギー消費と採餌中に襲われるリスクが含まれる．この**最適採餌モデル optimal foraging model** に立脚すれば，自然選択は採餌のコストを最小にし，得られる利益を最大にするよう作用するはずである．**科学スキル演習**では，このモデルが野外の動物にいかに適用され得るかの事例を示している．

リスクと報酬のバランス

採餌者にとって，天敵に捕食されるリスクは最も重要な潜在的コストとなる．獲得エネルギーを最大化し，消費エネルギーを最小化しても，もしその行動が採餌者を捕食者の餌食にする可能性を高めるなら，利益はほとんどない．したがって，捕食のリスクが採餌行動に影響するだろうと考えるのは当然である．北米西部の山地に生息するミュールジカ *Odocoileus hemionus* でそのような例が見られる．研究者たちは，ミュールジカの食物は，林のない開けた場所ではいくぶん少ないものの，採餌できそうなところはどこでもほぼ均一であった．対照的に，捕食のリスクは場所によって大きく異なり，主要な捕食者であるピューマ *Puma concolor* は林縁で最も多数のミュールジカを捕食し，開けた場所や林の中では少数しか捕食しない．

ミュールジカの採餌行動は場所によって異なる捕食リスクをどのように反映しているだろうか．ミュールジカは主として開けた場所で食物をとるのである．つまり，ミュールジカの採餌行動は捕食リスクの大きな違いに左右され，食物の豊富さの小さな差異には反映されないと考えられる．この結果は，行動が拮抗する選択圧の妥協の産物であることを強く示している．

配偶行動と配偶者選び

採餌が個体の生存に不可欠であるのと同様に，配偶行動と配偶者選びは，繁殖成功度を決定するのに重要な役割を果たしている．これらの行動には，配偶者を探したり誘引したりする行動，配偶候補者の選好，配偶者をめぐっての競争，それに子の世話などが含まれる．

配偶システムと性的二型

配偶システムについては，私たちは単なる雄と雌の結合と考えがちだが，「配偶システム」，すなわち雌雄の関係性の長さと数に関しては種によってとても多様である．ある動物種では配偶は雌雄に強い絆のない「乱婚」であるが，配偶者同士が長期間ともに過ごす種では，その関係は**単婚（一夫一妻）monogamous**（一雄が一雌と配偶）または**複婚 polygamous**（片方の性の1個体が他方の性の複数と配偶）のどちらかである．複婚は「一夫多妻」と「一妻多夫」からなる．

雌雄の外見の違い，すなわち「性的二型」がどの程度顕著かは，一般的には配偶システムに応じて異なる（図 51.14）．一夫一妻の種では，雌雄はしばしば形態的によく似ている．それとは対照的に，複婚の種では，相手を多く惹きつける性が，典型的には他方の性よりも派手で体も大きい．この違いについての進化的基盤を少し考えてみよう．

配偶システムと子の世話

配偶システムの進化を制約する重要な要因の1つは，子が何を必要としているかである．たとえば大部分の鳥では，孵化したばかりのひなは自活できない．それどころか，彼らは大量の餌を継続的に要求し，それは片親ではまかなうことが困難である．このような事例では一方の配偶者は，立ち去って他のさらなる配

▼図 51.14 配偶システムと雌雄の形態との関係．

(a) 単婚（一夫一妻）

このニシカモメのような単婚の種では，雌雄を外部の特徴だけでは区別するのが困難である．

(b) 一夫多妻（複婚）

アカシカのような一夫多妻の種では，雄（右）が高度に装飾されていることが多い．

(c) 一妻多夫（複婚）

アメリカヒレアシシギのような一妻多夫の種では，雌（左）が雄よりも装飾されているのが一般的である．

偶者を探すよりも，そこに留まってもう一方の配偶者を助けるほうが，結果として生存力のある子をより多くもうけることになるだろう．このことで，大部分の鳥が一夫一妻であることが説明できるだろう．これとは対照的に，孵化してすぐに自分で餌をとり，自活できるようなひなをもつ鳥では，雄は伴侶とともに留まってもあまり得をしない．このような種，たとえばキジやウズラの雄は他の配偶者を求めることによって自分の繁殖成功度を最大化できる．このような鳥では一夫多妻が比較的多い．哺乳類では哺乳をする雌が子にとっての唯一の食物源であることが多いので，雄は通常は子育てに何の役割ももたない．ライオンのように雄が雌や子を守る種では，単独または少数の雄が多数の雌のハレムをまとめて面倒を見るのがふつうである．

配偶行動や子の世話に影響を与えるもう1つの要因は，「父性の確実性」である．雌が産んだ子や卵は確実にその雌の遺伝子をもっている．しかし，たとえ一夫一妻の関係にあっても，つがいの雄以外の雄が子の父になる可能性がある．体内受精する種では，配偶行動と出産（または配偶行動と産卵）の時間的間隔が長いので，父性の確実性は比較的低くなる．鳥や哺乳類で雄だけが子育てをする種がまれな理由は，このことによって説明できるだろう．しかし，体内受精をする種の多くでは，雄が父性の確実性を向上するように行動する．これらの行動には，雌の護衛，交尾に際して雌の生殖器官からの他の雄の精子の除去，大量の精子の注入による他雄の精子の排除などが含まれる．

父性の確実性は体外受精のように，産卵と配偶が同時に起きる場合には高くなる．水生無脊椎動物，魚類，両生類などで子の世話をする種においては，雄が世話をする例が雌がするのと同じくらい多いのはこのためとも考えられる（図51.15；図46.6も参照）．魚類と両生類では，雄による子の世話は体内受精をする種の10%弱でしか見られないのに対して，体外受精の種では半分以上で見られる．

重要なのは，父性の確実性といっても，動物がそれを意識してなんらかの行動をしているわけではないという点である．父性の確実性と相関した行動が存在するのは，それが自然選択によって多くの世代を経て強化されたからである．しかしながら，父性の確実性と雄による子の世話との関係は，好奇心をそそる論争を伴った活発な研究分野であり続けている．

▼図51.15　**雄のジョーフィッシュによる子の世話．**熱帯の海に生息するジョーフィッシュ（アゴアマダイ科）は，自分が受精させた卵を口の中に保持し，稚魚が孵化するまで換水をするとともに卵をねらう捕食者から守る．

性選択と配偶者選び

種内での性的二型は性選択の結果であり，性選択とは，個体間の繁殖成功の違いが交尾成功の差異の結果であるような自然選択をいう（23.4節参照）．性選択には，一方の性が異性の特徴，たとえば求愛ソングをもとに配偶者を選ぶような「性間選択」をとる場合と，一方の性の個体間で配偶者をめぐって競争が生じる「性内選択」とがある．

雌による配偶者選び　雌が示す配偶者に対する選好性は，性間選択による雄の行動および形態の進化に中心的な役割を演じることもある．例としてシュモクバエの求愛行動を見てみよう．この昆虫の眼は柄の先についていて，柄の長さは雌よりも雄のほうが長い．求愛のとき，雄は雌に真っ先に近づいていく．研究によって，雌はより長い眼柄をもつ雄と交尾する傾向が示されている．なぜ雌はこのような，一見どうでもよさそうな形質を好むのだろうか．このハエの長い眼柄や鳥の雄の鮮やかな色彩は一般的に雄の健康と生命力に相関している．健康な雄を配偶者として選ぶ雌は，繁殖するまで生き延びる子をより多くつくる可能性が高い．結果として，雄同士は互いに儀式化された雌の注視を惹きつける競演で競争し合っている（図51.16）．雄同士のにらみ合いで，眼柄が短い雄はたいていは平和裡のうちに退散するの

▼図51.16　**雌をめぐって顔を突き合わせているシュモクバエの雄．**

◀図 51.17 **野生でのキンカチョウの外見**．雄（左）は雌よりも模様が多く，色彩にも富んでいる．

である．

配偶者選びに刷り込みが影響を与えるかどうかは，キンカチョウ *Taeniopygia guttata* を用いた実験で明らかになっている．キンカチョウは両性とも通常は頭上に飾り毛はない（図 51.17）．遺伝的影響とは独立に，親の外見が子世代の配偶者選びに影響するかを調べるために，研究者たちは人工的な飾りをつけたキンカチョウを用意した．ひなの眼が開く 2 日前の 8 日齢のときに，2.5 cm の長さの赤い羽を両親のどちらか一方，または両方にテープで貼りつけた．対照群のひなは飾りをつけない両親に育てられた．ひなが成熟した時点で，配偶候補者として赤い羽で人工的に飾られた異性と，飾られていない異性を提示した（図 51.18）．雄はまったく選好性を示さなかった．雌も，飾りのない父親に育てられた場合は選好性を示さなかった．しかし，飾りのある雄に育てられた雌は，自身の配偶者として飾りのある雄を好んだのである．このように，雌のキンカチョウは配偶者選びの手がかりを父親から得ているらしい．

配偶者選びの模倣 mate-choice copying は集団内で他個体の配偶者選びを模倣する行動がグッピー *Poecilia reticulata* で研究されている．雌のグッピーは，他の雌がいない状況で雄を選ぶ場合は，ほとんどいつもオレンジ色の斑紋がより多い雄を選ぶ．この選好性に他の雌の行動が影響を与えるかどうかを調べるために，生きた雌と，人工的な模型雌を用いた実験が行われた（図 51.19）．もし雌がオレンジ色の少ない雄と「求愛行動をする」模型雌を観察すると，その雌はしばしば模型雌の選好性をまねる．すなわち，雌は模型雌と一緒にいた雄のほうを，オレンジ色の多い他の雄よりも好むのである．これには例外があるが，それもまた示唆に富む．一般の配偶者選びの行動は，複数の雄間でのオレンジ色の差が特に大きい場合は変わらず行われるのである．このことから，配偶者選びの模倣は，違い（この場合は雄の色彩の違い）がある閾値以下である場合には，遺伝的に支配されている選好性を隠すのである．

社会的学習の一形態である配偶者選びの模倣は，他のいくつかの魚や鳥種でも観察されている．このようなしくみにはどのような選択圧が作用しているのだろうか．1 つの可能性としては，他の雌たちから見ても魅力的な雄と配偶した雌は，生まれた子の雄も同じように魅力的になり，高い繁殖成功度を得る確率が増すことが考えられる．

▼図 51.18 **刷り込みに影響される性選択**．実験によって，雌のキンカチョウのひなは，人工的に飾りをつけた父親に刷り込まれると，成長後に飾りのある雄を配偶者として好んだ．全実験群で，雄は雌の飾りの有無に好みの差を示さなかった．

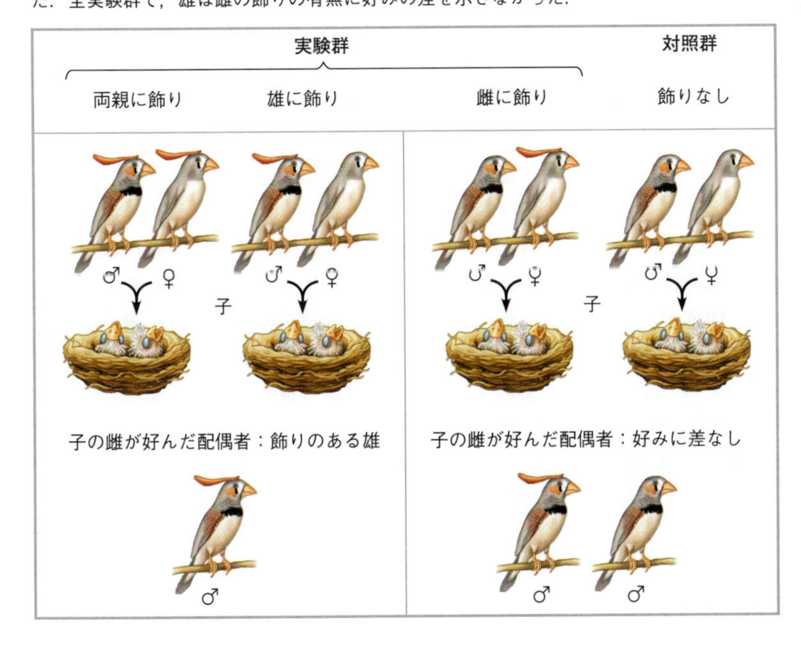
実験群
対照群
両親に飾り
雄に飾り
雌に飾り
飾りなし
♂
♀
子
子の雌が好んだ配偶者：飾りのある雄
子の雌が好んだ配偶者：好みに差なし

配偶者をめぐる雄の競争　上述の例は，それぞれの状況下で雌の選好によって最上のタイプの雄へと選択が進むので，結果としては雄の形質の変異の幅は小さくなることを示している．同様に，配偶者をめぐる雄間闘争も雄間の変異を減少させるだろう．このような競争には，しばしば儀式化された「対立闘争」，すなわち勝ち残り闘争が含まれ，個体のどちらが食物や配偶者を獲得するかを決める（図 51.20；図 51.16 も参照）．

雄の競争は，可能性としては変異を減少させる方向への選択

▼図 51.19　雌のグッピー *Poecilia reticulata* による配偶者選びの模倣． 他の雌がいない場合（対照区），グッピーの雌は一般にオレンジ色の斑紋が多い雄を選ぶ．しかし，模型の雌が近くで雄と一緒にいる場合は（実験区），たとえ雄のオレンジ色の斑紋が他の雄より少なくても，グッピーの雌はしばしば模型による偽の配偶者選びを模倣する．他の雄のオレンジ色の斑紋がずっと多いときのみ，雌は模型の効果を無視した．

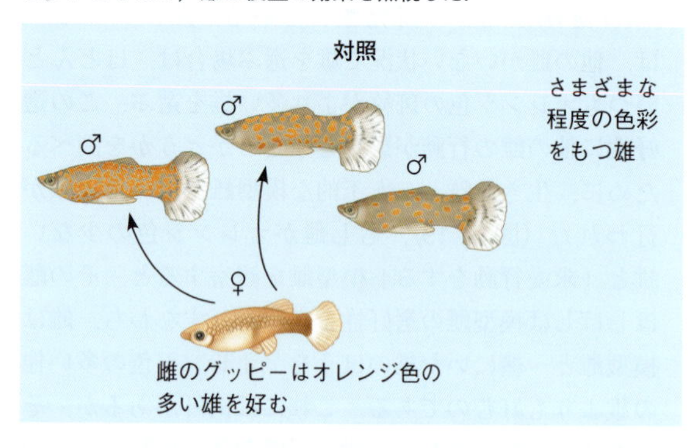
対照
さまざまな
程度の色彩
をもつ雄
♂
♂
♂
♀
雌のグッピーはオレンジ色の
多い雄を好む

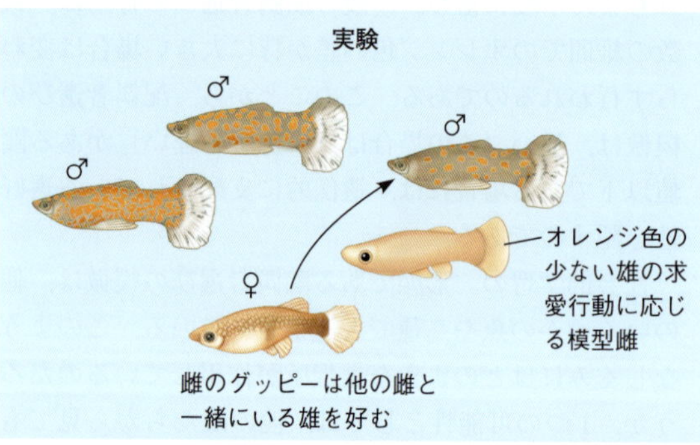
実験
♂
♂
♂
♀
オレンジ色の
少ない雄の求
愛行動に応じ
る模型雌
雌のグッピーは他の雌と
一緒にいる雄を好む

として働くが，それにもかかわらず雄の行動や形態のきわめて高い変異が，魚やシカなどを含む脊椎動物の種や，広い範囲の無脊椎動物で見られる．種によっては，性選択によって雄には代替型の配偶行動や形態が進化している．2種類以上の配偶行動が，いずれも繁殖成功に結びついている状況を分析するにはどうすればよいか．1つの方法はゲームを支配する理論を使えばよいだろう．

ゲーム理論の適用

特定の行動の表現型は，しばしば集団中の他の行動の表現型に影響される．このような問題を研究する場合，行動生態学者はさまざまな手法を用いるが，ゲーム理論もその1つである．人間の経済行動をモデル化するために，米国のジョン・ナッシュ John Nash やその他の数学者によって開発された**ゲーム理論 game theory** は，ある戦略を用いたときの結果が，その状況下で関係するすべての個体の戦略に依存して決まる代替戦略を評価するのに利用される．

配偶行動にゲーム理論を応用する例として，カリフ

▼図 51.20　競技的相互作用． 雄のオオカンガルー *Macropus giganteus* はしばしば，どちらが雌と配偶できるかを決めるための「ボクシング」を行う．典型的な形は，一方の雄が大きく鼻を鳴らして相手の頭やのどを前脚で打つ．多くの場合，続いてさらに鼻を鳴らして平手打ち，つかみ合いが見られる．攻撃された雄が引き下がらないと，戦いはエスカレートし，尾でバランスを取りながら後脚の鋭い爪で相手を蹴る．

ォルニアに生息するイグアナ科のトカゲの1種 *Uta stansburiana* を見てみよう．このトカゲの雄は遺伝的変異としてのどがオレンジ，青，黄の3色のどれかに分かれている（図 51.21）．自然選択が3タイプのどれか1つが有利だと思うかもしれないが，にもかかわらず3タイプとも集団中で永続している．なぜだろうか．答えは各々の色が異なる行動パターンに対応していることと関連しているようだ．のどがオレンジの雄は最も攻撃的で，広い縄張りを守り多くの雌を囲っている．青い喉の雄も縄張りをもつが，その縄張りは狭く，雌も少ない．黄色いのどの雄は縄張りをもたず，雌に擬態して「こっそりふるまう」戦術によって配偶者を得る．

研究の結果，それぞれの型の雄の繁殖成功は，他の型の雄がどれだけいるかによって影響されることがわかった．これは頻度依存選択の例である．調査対象の1つの集団では，個体数の多い型が数年の間に青からオレンジへ，オレンジから黄へ，そしてまた青へと変化した．

このトカゲの雄間の競争を子どものじゃんけんゲームと比較することによって，科学者たちはトカゲ集団における周期的な変異の説明をあみ出した．じゃんけんゲームでは紙は石に勝ち，石ははさみに勝ち，はさみは紙に勝つ．それぞれの手の形は他の2つに対して

一方には勝つが他方には負ける．同様に，それぞれの型の雄トカゲは他の2型の一方に対しては有利である．のどが青い雄が多数だと，彼らは狭い縄張り内の少数の雌を，こっそり屋の黄色いのどの雄から守ることができる．しかし，青いのどの雄は極度に攻撃的なオレンジののどの雄から縄張りを守ることはできない．いったんのどがオレンジの雄が最多になると，各縄張りにいる雌が多数になるため，黄色いのどの雄が「こっそり戦術」によって繁殖成功度を高めていく．その結果，黄色いのどの雄は最多になるが，やがて青いのどの雄が取って代わり，彼らの小さな縄張りを守る戦術が最大の成功を収めるようになる．このようにして，時間がたった集団では，3つの型ともに集団に共存していて，どの型が最多になるかが周期的に入れ替わる様を見ることになるのだ．

ゲーム理論は複雑な進化の問題を考える方法を提供するもので，そこでは表現型の絶対的な性能ではなく相対的な性能（他の表現型が混在する状況での相対的な繁殖成功度）が行動の進化を理解する鍵を握っているのである．この点でゲーム理論は重要な道具となっている．なぜなら他の表現型と比較したときのある表現型の相対的能力が，ダーウィン流の適応度の尺度となっているからである．

概念のチェック 51.3

1. 受精の様式が，父親による子の世話の有無と相関しているのはなぜか．

2. 関連性を考えよう➤平衡選択は遺伝子座で変異を維持する（23.4節参照）．本章で紹介した採餌の実験をもとに，自然界のショウジョウバエの集団で for^R と for^s という対立遺伝子が共存していることを説明する簡潔な仮説を考案せよ．

3. どうなる？➤本章に出てきたトカゲの集団に感染が起こり，雄が雌より多数死亡したと仮定しなさい．この直後，繁殖成功度をめぐっての雄の競争にはどんな影響が生じるだろうか．

（解答例は付録A）

▼図51.21 トカゲの1種 *Uta stansburiana* の雄の多型．左：のどがオレンジ色の雄，中央：のどが青い雄，右：のどが黄色の雄．

51.4

遺伝解析と包括適応度の概念が行動の進化の研究の基礎を与える

進化 ここでは，ティンバーゲンの第4の問い*2，すなわち行動の進化的歴史に焦点を当てることにする．最初に，行動の遺伝的支配を見てみよう．次に，特定の行動の進化の土台となる遺伝的変異について調べる．そして最後に，適応度の定義を個体の生存を超えた範囲に広げることによって，「無私の」行動がどのように説明可能かを学ぶ．

行動の遺伝的基盤

行動の遺伝的基盤を調べる手はじめに，図51.4に模式化されている雄ショウジョウバエの求愛行動を見てみよう．求愛中，雄は多数の感覚刺激に反応して，一連の複雑な個々の行動を見せる．遺伝学的研究によって，この求愛儀式の全体が *fru* とよばれる単一の遺伝子によって支配されていることが明らかになっている．*fru* 遺伝子が突然変異で不活性化すると，雄は雌に求愛も交尾もしなくなる（*fru* という名称は，*fruitless*，つまり雄の変異体に子ができないという事実に由来する）．正常な雄と雌とは，それぞれ別の型の *fru* 遺伝子を発現する．雌を遺伝的に操作して雄型の *fru* を発現させると，その雌は他の雌に求愛し，通常なら雄が演じる役を演じるようになる．

単一の遺伝子が，どのようにしてこんなにも多くの行動や動きを支配できるのだろうか．いくつかの研究室が協同して行った実験で，*fru* は，もっと限られた機能をもつ多くの遺伝子の発現や活性を指令する主調節遺伝子であることが示された．また，*fru* 遺伝子に

＊2（訳注）：「ティンバーゲンの4つの問い」は一般に，①直接的原因の視点，②行動の発達過程あるいは個体発生の視点，③適応的利点あるいは機能からの視点，④進化史あるいは系統発生の視点である．4番目の問いは，20世紀終わりから21世紀に分子系統樹の分析が高性能の計算機によって広範に利用されるようになったことで急速に進展している．特徴のある行動形質の進化の道筋は，系統樹上での祖先形質復元法によって分析可能になった．原著では，この④の視点（51.4節）を③の視点（血縁選択と包括適応度，行動の遺伝的基盤など）と大きく誤解している．④の視点の研究例は，『デイビス・クレブス・ウェスト行動生態学 原著第4版』（野間口・山岸・巌佐 共訳，共立出版，2015年）で多数の系統樹とともに進化の道筋が分析されているので，参考にしてほしい．

▼図 51.22　**密着するプレーリーハタネズミ *Microtus ochrogaster* のつがい．** プレーリーハタネズミの雄は，ここに示すように雌と密接に結びつき，子育てにもしっかり貢献する．

よって制御される複数の遺伝子群は，ハエの神経系の性特異的な発生をも調節する．結果として *fru* 遺伝子は，中枢神経系の配線を雄に特有なものになるよう調整することによって，雄の求愛行動をプログラムしているのである．

多くの事例において，行動の違いが遺伝子の不活性化によるのではなく，遺伝子産物の活性や量の違いに基づいている．驚くべき1つの例が，近縁な2種のハタネズミで見られる．アメリカハタネズミ *Microtus pennsylvanicus* の雄は単独で暮らし，配偶者と継続的な関係を築くことはない．交尾後も子に注意を払うことはほとんどない．これとは対照的にプレーリーハタネズミ *Microtus ochrogaster* の雄は，交尾後にその雌とつがいの絆を形成する（図 51.22）．雄は子の上にかぶさり，子をなめたり運んだりするなど子を世話する一方，侵入者に対しては攻撃的にふるまう．

神経伝達物質がつがい形成や父性行動にとって決定的な影響をもっている．**抗利尿ホルモン antidiuretic hormone**（ADH）別名**バソプレシン vasopressin**（44.5節参照）として知られるペプチドが交尾時に放出され，中枢神経系の特定の受容体に結合する．雄のプレーリーハタネズミの脳にバソプレシン受容体阻害剤を投与すると，交尾後につがいの絆を形成できなくなった．

バソプレシン受容体遺伝子がプレーリーハタネズミの脳ではアメリカハタネズミよりもずっと多く発現しているのである．脳内に存在するバソプレシン受容体の量がハタネズミの交尾後の行動を支配しているのかどうかを検証するため，研究者たちはプレーリーハタネズミのバソプレシン受容体遺伝子をアメリカハタネズミのゲノムに挿入した．この遺伝子をもったアメリカハタネズミは，脳内のバソプレシン受容体量が増えただけでなく，つがいの絆など多くの配偶行動がプレーリーハタネズミと同様に変化した．よって，つがいの絆の形成や父性行動には多くの遺伝子が影響するにしても，どちらの父性行動パターンが発達するかを決めているのはバソプレシン受容体の発現量という単一の要因である．

遺伝的変異と行動の進化

アメリカハタネズミとプレーリーハタネズミのように，近縁種で行動に違いが見られるのはふつうのことである．種内でも同様に行動に違いが見られることはあるが，しばしばあまりはっきりとは見えにくい．同種でも集団間で環境の違いに対応した行動の変異が見られれば，それは過去に進化が生じたことの証拠になるだろう．

事例研究：獲物選好性の変異

遺伝的基盤をもつ行動の種内変異の例として，ガーターヘビ *Thamnophis elegans* の獲物選びが挙げられる．この種が自然界でとる食物は，生息地であるカリフォルニア州の地域によって大きく異なる．沿岸部の集団はおもにバナナナメクジ *Ariolimax californicus* を食べる（図 51.23）．内陸部の集団はカエル，ヒル，魚を食べるが，バナナナメクジは食べない．実際，内陸部の生息地にはバナナナメクジはまれに，あるいは

図 51.23　**バナナナメクジを食べる，沿岸部のガーターヘビ．** 実験によって，このヘビのバナナナメクジへの好みは，環境よりむしろ主として遺伝に影響されていることが示された．

まったくいないのである.

研究者がそれぞれの集団にバナナナメクジを与えてみると，沿岸部のヘビはすぐに食べたが，内陸部のヘビは拒否する傾向が見られた．各集団の遺伝的変異はバナナナメクジへの好みにどの程度かかわっているのだろうか．この問いに答えるため，研究者たちは両方の集団から妊娠したヘビ（訳注：ガーターヘビは卵胎生）を捕獲して，実験室で別々に隔離して飼育した．生まれた子がまだごく若い段階で，バナナナメクジの小片を 10 日間与え続けてみた．沿岸部の母親から生まれた子の 60％以上は 10 日間のうち 8 日以上食べたが，内陸部の母親の子のうち，1 回でも食べたのは 20％以下であった．驚くべきことではないかもしれないが，これによってバナナナメクジへの選好性は遺伝的に決められたものであると思われる.

遺伝的に決められた摂食の好みは，どのようにしてヘビの生息場所に適合したのだろうか．沿岸部と内陸部の集団では，バナナナメクジから出るにおい物質を感知して反応する能力にも違いがあることもわかった．研究者たちは，1 万年以上前に内陸のヘビが沿岸に移入した時点で，いくらかの個体はバナナナメクジをにおいで認識できていたという仮説を立てた．これらのヘビはこの食物源で有利になり，この餌を無視する個体より高い適応度を獲得した．何百何千世代の間に，沿岸部集団の中でバナナナメクジを獲物と認識できる個体の頻度が上昇した．今日見られる両集団間の行動の顕著な違いは，過去に起こった進化の証拠になるだろう.

事例研究：渡りのパターンの変異

行動の変異の研究に適した別の種の事例は，ヒタキ科の小さな渡り鳥，ズグロムシクイ *Sylvia atricapilla* である．ドイツで繁殖したズグロムシクイは，冬には通常南西のスペインへ，さらに南のアフリカへと渡る．1950 年代に少数の鳥がイギリスで越冬するようになった．年を経るにつれ，イギリスで越冬する集団は何千羽となって増加した．足環（あしわ）による調査で，これらの鳥の一部は前にはドイツ中部から西へと渡っていた．渡りのパターンに生じた変化は自然選択の結果だったのか．もしそうなら，英国で越冬する鳥たちは渡り行動に遺伝的変異をもっていなければならない．この仮説を検証するため，ドイツのラドルフツェルにあるマックス・プランク鳥類研究所の研究者たちは，渡りの方位を実験室で調べる装置を考案した（図 51.24）．その結果，西方面と南西方面の渡りパターンが異なるのは，両集団の遺伝的差異によっていることが示された.

▼図 51.24

研究　種内での渡りの航路の差異は遺伝的に決まっているか

実験　ズグロムシクイという小鳥は，冬のドイツでは他の地方に移っている．ほとんどはスペインからアフリカに渡るが，少数は英国にも渡り，都会の人々が出した食物を見つけている．ドイツの研究者ペーター・ベルトルト Peter Berthold と共同研究者たちは，この渡りパターンが遺伝的に決まっているかどうかに興味を覚えた．この仮説を検証するため，英国で越冬しているズグロムシクイを捕獲して，ドイツの屋外のケージで飼育した．彼らは同様に巣内のひなをドイツで捕獲し，屋外のケージで育てた．秋になって，英国で捕獲されケージで飼育されたズグロムシクイは，ガラスで覆われた大きな漏斗型のケージに移された．このケージの内側にはカーボン紙を敷いてある．漏斗型ケージを夜間に野外に置くと，鳥は動き回り，カーボン紙にその跡がついて，鳥が渡りをしようと試みる方角がわかる.

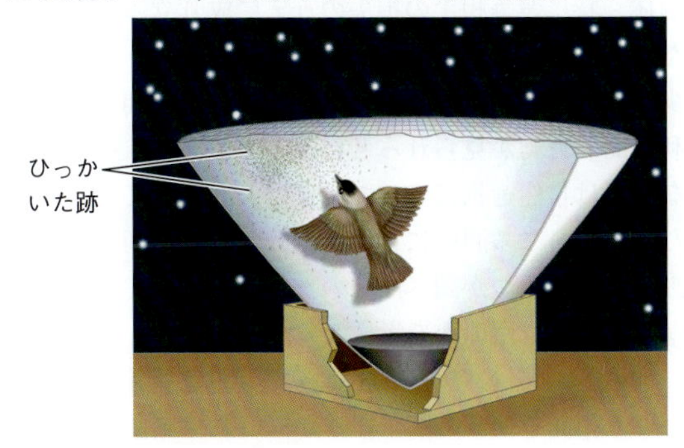
ひっかいた跡

結果　英国で越冬中に捕らえられた成鳥およびその子は，どちらも西へ渡ろうとした．対照的にドイツで巣から集められた若鳥は南西へ渡ろうとした.

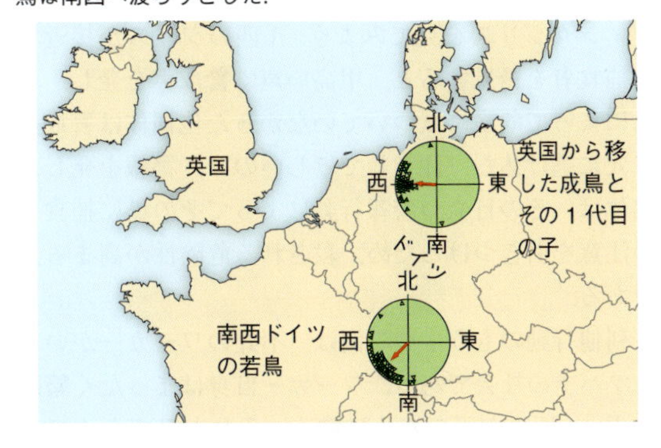
英国
北
西
東
南
英国から移した成鳥とその 1 代目の子
ドイツ
北
南西ドイツの若鳥
西
東
南

結論　英国のズグロムシクイの若鳥と，ドイツの若鳥（対照群）は同じ条件下で育てられたが，渡りの定位は大きく異なっていた．これは渡りの定位が遺伝的基盤によっていることを示す.

データの出典　P. Berthold et al., Rapid microevolution of migratory behavior in a wild bird species, *Nature* 360: 668-690 (1992).

どうなる？➤これらの実験で鳥たちの定位に違いが見られなかったと仮定しよう．この行動が遺伝的基盤をもたないと結論づけられるだろうか．説明しなさい.

西ヨーロッパのズグロムシクイの研究によって，渡り行動の変化が最近急速に起きたことがわかっている．1950年以前には，ドイツのズグロムシクイが西へ渡ることは知られていなかったのに，1990年代までにはドイツのズグロムシクイ集団の7〜11%が西へ渡るようになっている．いったん西への渡りが始まると，おそらく英国で冬鳥用の給餌台が普及したためと，渡りの距離が短くて済むため，その渡りパターンが持続し，数も増加した．

利他行動

概して，私たちは行動は利己的なものであると考える．つまり，行動がその個体に利益をもたらすのは他個体，特に競争相手の損失のうえに成り立っているのだから．たとえば採餌能力に優れた個体は，他個体に少ししか食物を残さないだろう．しかし，問題は「非利己的」行動が見られるということである．そのような行動は自然選択によって，どのようにして生じたのだろうか．この問いに答えるため，まず非利己的な行動の例をいくつか調べ，そのうえでどうしてそのような行動が生じたのかを考えよう．

非利己性を論じるに当たって，**利他行動 altruism** という術語を使うことになるが，これは集団内で個体の適応度を減少させ，代わりに他個体の適応度を増加させるような行動である．例として，米国西部に生息し，コヨーテやタカなどの捕食者に襲われやすいベルディングジリスを見てみよう．1匹のジリスが接近する捕食者を発見すると，甲高い声で警戒声を発し，それによって危険に気づいていなかった他個体は警戒して穴に逃げ込む．注意してほしいのは，警報を発した個体は，その目立つ警報行動によってその場に捕食者の注意を引きつけるため，殺される危険性が高まる点である．

利他行動のもう1つの例は，不妊のワーカーがいるミツバチの社会である．ワーカー自身はまったく繁殖せず，1匹の女王のために働く．それだけでなくワーカーは侵入者を刺し，それは巣を守る役に立つが，刺したワーカーは死んでしまう．

ハダカデバネズミ *Heterocephalus glaber* でも利他行動が見られる．この種はアフリカの南部と北東部に生息し（訳注：実際は赤道以北のエチオピア，ケニア，ソマリアなど），地下につくった部屋やトンネルで暮らす高度に社会的な齧歯類である．ほとんど毛がなく，盲目に近いハダカデバネズミは，20〜300個体が集団で暮らしている（図51.25）．1つの集団には生殖する雌（女王）が1匹だけで，女王は1〜3匹の雄（王）と交尾する．残りの雌と雄は生殖せず，地下の根や球根を採餌し，女王，王，および生まれた子の世話をする．非生殖個体は侵入するヘビなどの捕食者から女王や王を守るために自らを犠牲にすることもある．

包括適応度

ベルディングジリスやミツバチ，ハダカデバネズミの例を念頭に置いて，どのように利他行動は進化の最中に発生してきたのか，という疑問に立ち返ってみよう．考えるのが最も容易な事例は，親が子どものために犠牲になる場合である．親が自らの幸福を犠牲にして子を産して手助けするときは，この行為は，集団内で遺伝子の発現を最大化し，実際に親の適応度を上げる．この論理によれば，たとえ自己犠牲の行為がその生存や繁殖成功度を強化しなくても，利他行動は進化によって維持されることになる．

では，個体が自らの子でない他者を手助けするときは，どんな状況だろう．親と子のような直接の関係ではなく，もっと広い近縁者を考えることで，生物学者ウィリアム・ハミルトン William Hamilton はこの解答を見出した．彼は，個体が自分にとって最も近接した個体を助けることで，自らの遺伝的表現を次世代に増やすことができることを提案することから始めた．親と子のように，完全兄弟（訳注：父親と母親が同一の兄弟姉妹）は遺伝子を半分共有している．よって，兄弟を世話するか，あるいは兄弟の親がより多くの兄弟を産するように世話するなら，自然選択上，有利となるだろう．この考え方で，ハミルトンは**包括適応度 inclusive fitness** の概念にたどり着いた．包括適応度とは，ある個体が自らの子を生産することによるその遺伝子の増加と，近縁個体を援助して子の生産を増やすことの総計の効果である．

▼図51.25　**利他行動を示す社会性哺乳類のハダカデバネズミ．** この写真には他の個体に囲まれながら子を養う女王が写っている．

ハミルトンの法則と血縁選択

ハミルトン仮説の能力は，利他行動の適応度への効果を測る，つまり定量的な尺度を与えたことである．ハミルトンによれば，利他行動の鍵を握る3つの変数は，利他行動を受ける個体の利益，利他行動を提供する個体のコスト，および血縁度である．利益Bは利他行動によって受益者が余分につくることのできる子の平均数である．コストCは利他行動をする個体がそれによって減らす自らの子の数である．**血縁度 coefficient of relatedness** rは遺伝子を共有する確率である．自然選択上，利他行動が有利となるのは，利他行動の受益者の利益に血縁度を掛けた値が，利他行動する個体のコストより高いとき，言い換えると$rB > C$である．この式は**ハミルトン則 Hamilton's rule**とよばれる．

ハミルトン則をわかりやすくするために，子の平均数が2人であるようなヒトの集団（訳注：平均2人は集団サイズ一定を保証する産子数）を考えてみよう[*3]．いま，若い男性が高波でおぼれそうになり，その姉が命がけで泳いでいって弟を安全なところまで引き戻したとする．弟はもし溺死したなら子の数はゼロであったろうに，姉のおかげで助かり，平均2人の子の父となれる．したがって弟の利益は2人の子（$B=2$）である．では姉のコストについてはどうか．弟を助けようとして溺死する確率が25%であると仮定すれば，そのコストは0.25を姉が浜に留まっていればつくれるはずの子の数である2に掛けたもの（$C=0.25\times2=0.5$）になる．最後に，姉弟が平均で遺伝子の半分を共有すること（$r=0.5$）に注意しよう．どうしてそうなるかは，配偶子の減数分裂のときに起こる相同染色体の分離を考えればわかる（図51.26；図13.7も参照）．

これで，この仮想のシナリオで利他行動が自然選択によって有利になるかどうかを，B，C，およびrの数値を使って評価できる．この浜辺の救出劇では，$rB=0.5\times2=1$であり，一方，$C=0.5$である．rBがCより大きいので，ハミルトン則に当てはまる．つまり，自然選択はこの利他行為を有利とする．

多くの個体と世代を平均すれば，この状況に直面した姉のどの遺伝子も，救助のために危険を冒したほうが，救助をしなかった場合よりも多くの子に伝えられるのである．近縁者の繁殖成功度を上げるような利他行動に有利に働く自然選択を**血縁選択 kin selection**とよぶ．

血縁選択は遺伝的離れ度（訳注：「遺伝的距離」は集団遺伝学では別の意味あり）に応じて弱まる．きょうだいではrは0.5であるが，叔母と姪とでは$r=0.25$（1/4）になり，いとこ同士では$r=0.125$（1/8）になる．血縁度が減少すれば，ハミルトンの不等式のrBも減少する．いとこを救助する場合，自然選択は味方するだろうか．波がもっと穏やかなら，というような条件はつかない．同じ条件なら，$rB=0.125\times2=0.25$になり，これはCの値（0.5）の半分でしかない．イギ

＊3（訳注）：この部分の原著の記述はわかりにくい．弟を助ける行動を取るか決めるのは姉なので，姉の利他行動の適応度を考える．血縁度の効果は，弟，その子など，1親等離れるごとに0.5ずつ掛け算で表せる．

最初に簡単にするため，姉が助けない場合は確実に弟が死ぬ（死亡確率$P=1$）とする．

(1) 姉が浜に留まる場合
・姉が自分の子を介して直接得られる適応度：0.5×2人＝1
・弟の子（甥・姪）を介して間接的に得られたはずの適応度（弟死亡）：0.5×0.5×0＝0
よって，(1)の適応度合計＝1

(2) 姉が助けに行く場合：2人で溺れ死ぬ確率＝0.25，2人で生還する確率＝0.75
・姉が自分の子を介して直接得られる適応度の期待値：0.5×2人×0.75＝0.75
・弟の子を介して間接的に得られる適応度の期待値：0.5×0.5×2人×0.75＝0.375
よって，(2)の適応度合計＝1.125

ゆえに，(2)＞(1)なので，助けに行くほうが有利となる．
弟の死亡確率が0＜P＜1の場合については，読者自ら計算してみてほしい．

▼図51.26　きょうだい間の血縁度． 赤い帯は親Aの相同染色体の1つにだけ存在する特定の対立遺伝子を表す．子1はその対立遺伝子を親Aから受け継いだ．子2が同じ対立遺伝子を親Aから受け継ぐ確率は1/2である．どちらの親でも同じ染色体に存在する対立遺伝子は同様にふるまう．したがって，きょうだい間の血縁度は1/2（0.5）になる．

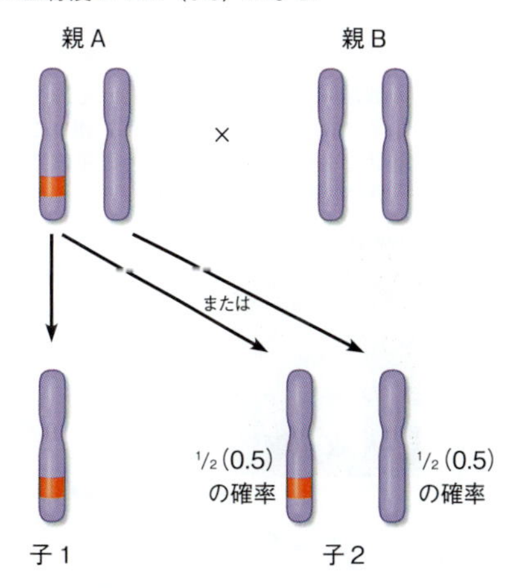
親A
親B
×
または
1/2 (0.5)
の確率
1/2 (0.5)
の確率
子1
子2

どうなる？➤ある個体にとって，両親を同じくするきょうだい（一卵性双生児は除く）との血縁度と，どちらかの親との血縁度はどちらも0.5である．この数値は一夫多妻や一妻多夫の場合でも変わらないか．

リスの遺伝学者Ｊ・Ｂ・Ｓ・ホールデン J. B. S. Haldane は，この概念を先取りしていたらしく，冗談として，自分はきょうだい１人のためには命を捨てないが，きょうだい２人かいとこ８人のためなら捨てるだろう，と述べた．

もし血縁選択で利他行動が説明できるとしたら，多様な動物で見られる利他行動は血縁者を対象にしたものであるはずだ．確かにそうなのだが，それはしばしば複雑な形をとる．たいていの哺乳類と同様に，ベルディングジリスでは雌は生まれた場所の近くに留まるが，雄は離れたところに定着する（図 51.27）．警戒声のほとんどすべては雌が発するので，血縁者を助ける可能性が高い．ミツバチのワーカーはすべて不妊だが，彼女らが巣全体のために行う利他行動は，唯一の永住者で生殖可能なメンバー，すなわち彼女らの母親である女王にのみ利益を提供する．

ハダカデバネズミでは，DNA 分析によって同じコロニーの全個体が血縁関係にあることがわかっている．遺伝的には女王は王の姉妹か，娘かまたは母であり，非生殖個体は女王の直系の子孫かきょうだいかである．したがって非生殖個体は，女王または王の生殖の機会を高めれば，利他行動する個体は自身と同じ遺伝子のいくらかを次世代に伝える機会が増すことになる．

互恵的利他行動

動物によっては，血縁者以外の個体に利他的にふるまうことがある．ヒヒは血縁のない個体を助けて闘うことがあるし，オオカミは血縁者でなくても餌を分け与えたりする．このような行動は，助けられた個体が後でお返しに助けてくれるようなら適応的といえる．

▼図 51.27　**ベルディングジリスでの血縁選択と利他行動．** このグラフは，ジリスの雌雄間での利他行動の違いを説明するのに役立つ．離乳後（乳児は約１ヵ月間養われる），雌は血縁者の近くで暮らす傾向が雄よりも強い．これらの血縁者に警告する警戒声は，雌の利他行動の包括適応度を高める．

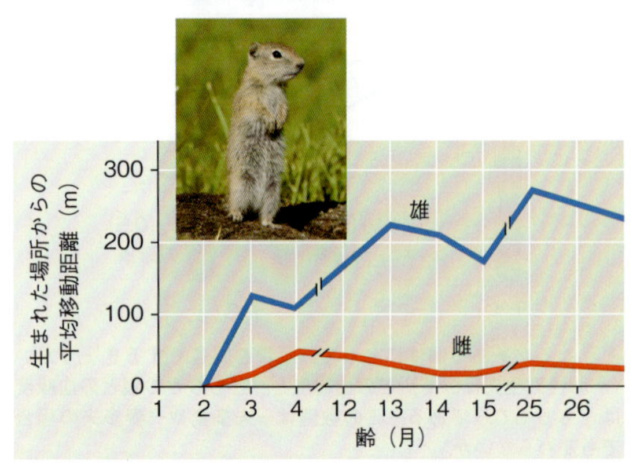
生まれた場所からの平均移動距離（m）
300
200
100
0
1
2
3
4
12
13
14
15
25
26
齢（月）
雄
雌

互恵的利他行動 reciprocal altruism とよばれるこの種の援助交換は，血縁のない人間同士での利他行動を説明するのによく引き合いに出される．他の動物では互恵的利他行動はまれで，個体同士が助け合う機会が多い安定した社会集団をもつ種（チンパンジーなど）に限られる．個体同士が再会したとき，過去に助けられた個体が何もお返しをしないという場合もありそうに思える．このような行動パターンを行動生態学者は「だまし」とよぶ．

「だまし」行動は「だまし屋」に多大の利益をもたらすであろうことを考えると，互恵的利他行動はどうして進化し得るだろうか．ゲーム理論によって，「しっぺ返し」と名づけられた行動戦略はあり得る答えとして提唱された．しっぺ返し戦略では，個体は前回出会ったとき相手が自分にしたのと同じことをし返す．この行動をとる個体は，最初に出会った相手には利他的であり，相手が互恵的である限り利他的であり続ける．しかし，お返しがないときはしっぺ返し戦略を採用している個体はただちに報復するが，相手が協力的になればすぐに協力行動に戻る．このしっぺ返し戦略は，吸った血を分け合うチスイコウモリ[*4]から霊長類の社会的毛づくろいに至る，動物で明らかになっている数少ない互恵的利他行動を説明するのに用いられている．

進化とヒトの文化

動物と同じく，ヒトも行動する（時には間違った行動も示す）．ヒトは形態的な容貌が大きく変化して，さまざまな変異を伴う行動を誇示する．身体的形質を伴う遺伝子型から表現型への道筋には環境が干渉するが，行動的形質にはもっと深い環境による干渉が加わる．さらに，ヒトの学習の驚異的な能力の結果，ヒトはおそらくどんな動物よりも新しい行動や技術（訳注：道具の使用など）を多く獲得しているだろう．

ヒトの活動には，生存や繁殖にかかわる機能を定義するにあたって，たとえば採餌や求愛などのようには容易に定義できないものがいくつか含まれる．その１つが遊び（play）である．遊びはときにそれが無目的の行動のようにも定義されてきた．私たちは，子どもの遊びを認識できるし，他の脊椎動物の子どもの遊びについても私たちは遊びだと考えている．行動生物学者はいくつもの遊びを記述してきたが，たとえばチンパンジーの葉っぱ遊びのような「物を使った遊び」や，レイヨウの軽業のような「かけっこ遊び」，子ライオ

＊4（訳注）：本種が血を分け与えるのは，血縁者か，寝場所が近くて顔をよく合わせる個体のみである．

ン同士の相互作用とじゃれ合いのような「群れの遊び」などである．しかし，このような区別は，私たちに遊びの機能についてはほとんど教えてくれはしない．1つの考えとしては，遊びはある特殊な技術を生み出したり経験を積むようなものではなく，むしろ，思いもよらずコントロールもできない現象や状況への準備として役に立つのでは，というものだ．

ヒトの行動と文化は，**社会生物学 sociobiology** という分野で進化理論と関連づけられている．社会生物学では，ある行動形質が存在するのは，それが自然選択によって長く存続した遺伝子の発現によるからだという前提に立っている．E・O・ウィルソン E. O. Wilson は，1975 年の独創性に富んだ著書『社会生物学：新しい総合（*Sociobiology: The New Synthesis*）』において，各種の社会行動の進化的基礎について思索している．この中に，ヒトの文化についてのいくつかの例が含まれていたため，論争の火の手が上がり，現在でもそれは続いている．

私たちは最近の進化の歴史の中で，政府，法律，文化的価値観，宗教を含む，多様に体系化された社会を築いてきた．そこでは，どれが許容され，どれが許容されない行動であるかが決められている．たとえ個人のダーウィン適応度を上げる可能性のある行動であっても，許容されないものはされないのである．おそらく，私たちの存在を独特なものとし，ヒトと他の動物との間に連続性がほとんどないような性質を与えているのは，私たちの社会と文化の制度だろう．そのような性質の1つとして，互恵的利他行動の重要な能力は，たとえば個人と社会全体の利益がしばしば相反しそうな地球レベルの気候変動なども含めて，これからますます必須となってくるだろう．

概念のチェック 51.4

1. ガーターヘビの獲物選好性が自然選択によって進化した行動であると思われる理由を説明しなさい．
2. ある個体が血縁個体の子の生存と繁殖成功度を助けたと仮定する．この行動はその個体がもっている遺伝子に対し，どのように間接的選択をもたらすだろうか．
3. どうなる？➤ハミルトンの論理を一方の個体が生殖年齢を過ぎている場合に適用すると仮定する．この場合でも利他的行動に対する自然選択は働くか．

（解答例は付録 A）

51 章のまとめ

重要概念のまとめ

51.1

単純な行動も複雑な行動も個々の感覚入力によって刺激される

- **行動**は体外および体内刺激への反応を合わせたものである．行動の研究では，至近的問い，すなわち「どのように」の問いは行動を起こさせる刺激，および行動の基礎となる遺伝的，生理的および形態的機構に関するものである．究極的問い，すなわち「なぜ」の問いは，行動の進化的意義についてのものである．
- **固定的動作パターン**は**信号刺激**という単純な刺激によって起き，ほとんど変動のない行動である．**渡り**の行動には，太陽，月，または地球の磁場に関連して方位を決定する航路決定が含まれる．動物行動のいくつかは環境の明暗の日周期または概日周期に同調するか，または季節を越えて回る環境要因の周期に同調する．
- **信号**の伝達と受容によって**コミュニケーション**が成立する．動物は視覚的，聴覚的，化学的および触覚的信号を用いる．**フェロモン**とよばれる化学物質は，採餌から求愛までに及ぶ行動において，種特異的な情報を伝達する．

? 概年周期に基づく渡りは地球規模の気候変動への適応には向いていないのはなぜか．

51.2

学習が経験と行動を特異的に結びつける

- **交換里子研究**は，社会環境および経験が行動に及ぼす影響を調べるために行われる．
- 経験に基づいて行動が変化すること，すなわち**学習**には多くの型がある．

刷り込み
学習と
問題解決
空間学習
認知
連合学習
社会的学習

? ガンの刷り込みや小鳥のさえずりの発達は，その後の行動をどのように変えるか．

51.3

さまざまな行動は個体の生存と繁殖への自然選択で説明できる

- 室内での対照を含む実験は，解釈可能な行動の進化的変化を引き起こす．
- **最適採餌モデル**は，**採餌**のコストを最小化し，利益を最大化するような採餌行動が自然選択によって選ばれるはずであるという考えに基づいたものである．
- 性的二型は雌雄間の配偶関係の様式と相関している．配偶システムには**単婚（一夫一妻）**と**複婚**が含まれる．配偶システムと受精の様式の変異は父性の確実性に影響し，父性の確実性は配偶行動や子の世話に大きな影響を及ぼす．
- **ゲーム理論**は，集団内での特定の行動表現型の適応度が他の行動表現型の影響を受けるような状況下での進化についての思考方法を提供する．

? ある種のクモでは，交尾後すぐに雌が雄を食べてしまう．進化の視点から，この行動はどのように説明できるだろうか．

51.4

遺伝解析と包括適応度の概念が行動の進化の研究の基礎を与える

- 昆虫での遺伝学的研究で，複雑な行動を支配する主調節遺伝子の存在が明らかにされている．階層性をもつ複数の遺伝子が求愛ソングのような特異的な行動に影響を与える．2種のハタネズミの研究では，単一の遺伝子の変異が配偶や子の世話を含む複雑な行動の違いを決定することが示されている．
- 種内での行動の変異が環境の違いに対応している場合は，過去に起きた進化の証拠である可能性がある．
- **利他行動**は**包括適応度**の概念で説明され，この概念は，自分の遺伝子を広める効果は，自身の子をつくることと，血縁者が子をつくるのを助けることの，総和であるとする．**血縁度**と**ハミルトン則**によって，「無私の」行動のコストに対抗する利他行動を有利にする自然選択の強さを測ることができる．**血縁選択**は，血縁者の繁殖成功を高めるような利他行動を有利にする．血縁のない個体への利他行動は，助けられた個体が後で助け返すならば適応的であり得る．このような援助交換は互恵的利他行動とよばれる．

? ハエの求愛の突然変異やハタネズミのつがいの絆の変異の効果の研究から，行動の遺伝的基盤についてどのような洞察が得られたか．

理解度テスト

レベル1：知識／理解

1. 生得的行動について正しい記述は，次のうちどれか．
   (A) 遺伝子にはごくわずかしか影響されない．
   (B) 環境の刺激があってもなくても起きる．
   (C) 集団中のほとんどの個体で見られる．
   (D) 無脊椎動物と一部の脊椎動物で見られるが，哺乳類では見られない．
2. ハミルトン則によれば，
   (A) 自然選択は利他行動をする個体に死をもたらす利他行動には有利には働かない．
   (B) 自然選択は，血縁度によって補正された受益者の利益が利他行動者のコストを上回る場合には利他行動に有利に働く.

(C) 自然選択は，きょうだいに利益を与える利他行動よりも，子に利益を与える利他行動のほうに有利に働く.

(D) 血縁選択の効果は個体に対する直接の自然選択の効果より大きい.

3. アメリカイソシギの雌は雄に攻撃的に求愛し，交尾後は卵を雄に温めさせて巣を離れる．同じ行動を違う雄と何度も繰り返し，相手になる雄がなくなると最後の卵は自分で温める．この行動を最もよく表現する語は何か.

(A) 複婚　(C) 乱婚

(B) 一妻多夫　(D) 父性の確実性

レベル 2：応用／解析

4. カナリアの前脳部のある部位は非繁殖期には退縮し，繁殖期が始まると大きくなる．この変化とおそらく関連している毎年起きる現象は，次のどれか

(A) カナリアのさえずりのレパートリーに対する新しい音節の追加

(B) 成鳥のさえずりへのサブソングの固定化

(C) 新しい子への親の刷り込みの感受期

(D) 前年のさえずりのために記憶されていた鋳型の消去

5. チンパンジーの多くはアブラヤシの実のある環境に生息しているが，いくつかの集団のメンバーだけが石を使って実を割る．あり得る説明は次のうちどれか.

(A) 行動の違いは集団間の遺伝的な違いによっている.

(B) 集団によって栄養の必要度が異なる.

(C) 実を割るのに石を使用するという文化的伝統がいくつかの集団のみで生じた.

(D) 集団によってメンバーの学習能力が異なる.

6. 行動の形質が自然選択によって進化するための必須条件で**ない**のは次のうちどれか.

(A) 各個体で，行動の型はすべて遺伝子によって決定されている.

(B) 行動は個体間で異なる.

(C) 個体の繁殖成功度は，どのように行動するかに一部依存している.

(D) 行動の構成要素のいくつかは遺伝的に受け継がれる.

レベル 3：統合／評価

7. **描いてみよう** あなたは海浜に生息してイガイという貝を食べるミヤコドリについて，2種類の最適採餌モデルを考慮中である．モデルAでは，エネルギーの報酬はイガイの大きさにのみ応じて増加する．モデルBでは，大きなイガイほど開けるのが難しいことを考慮に入れる．各モデルについて，報酬（エネルギー利益を 0〜10 の目盛りで）とイガイの長さ（0〜70 mm の目盛りで）との関係をグラフで表しなさい．ただし，10 mm 以下のイガイは利益がないので鳥は無視するものとする．また，イガイが 40 mm に達すると開けにくくなりはじめ，70 mm では開けるのが不可能になるものとする．描いたグラフを考慮に入れて，2つのモデルのどちらがより正確かを決めるために，どんなミヤコドリの生息地での観察と計測が行いたいかを示しなさい.

8. **進化との関連** 私たちは自分の行動を，主観的感情，動機，理由などという言葉で説明することが多いが，進化的な説明は繁殖適応度を基礎に置いている．この2通りの説明は互いにどんな関係にあるだろうか．たとえば，「恋に落ちる」というような行動についての人間的説明は，進化的説明とは両立し得ないか.

9. **科学的研究** アメリカカケスの研究で，ひなを育てているつがいを「ヘルパー」が補助することが発見された．その代わり彼らは縄張り所有者がひなのために餌を集めるのを助ける.

(A) 自身の縄張りや配偶者を求める代わりに，このような行動をするヘルパーにはどのような利益があるかを説明する仮説を立てなさい.

(B) その仮説をあなたはどのように検証するか．もし仮説が正しいとしたら，検証によってどのような結果が得られると期待するか.

10. **科学，技術，社会** 研究者たちは，生まれてすぐ引き離され，別々に育てられた一卵性双生児の研究に非常に興味を抱いている．これまでに，このような双生児は，個性，くせ，習慣，趣味などにおいて互いに似ていることが多いというデータが得られている．このような双子研究によって，研究者はどのような問いに答えたいとあなたは考えるか．この研究に一卵性双生児がよい対象になるのはなぜか．この研究の落とし穴はどのようなものが考えられるか．このような研究が批判的に評価されないと，どんな悪用が生じる可能性があるか．あなたの考えを説明しなさい.

11. **テーマに関する小論文：情報** 学習は，経験に

基づく行動の変化と定義されている．刷り込みおよび連合学習からの例を用いて，学習の獲得における遺伝的情報の役割について，300〜450字で記述しなさい．

12. 知識の統合

ドングリキツツキ *Melanerpes formicivorus* はドングリを自ら掘った貯蔵穴にこっそりと隠す．これらのキツツキが繁殖するとき，前年からの子はしばしば親の義務を手伝う．これら非繁殖ヘルパーの活動は，卵を温め，貯めたドングリを防衛することである．これら一連の行動の至近要因と究極要因について，行動生物学者が問える質問を提案しなさい．

(一部の解答は付録A)

第8部　生態学

「トカゲの女性研究者」と知られているトレーシー・ラングカイルド Tracy Langkilde 博士は，ペンシルバニア州立大学の生物学科の准教授で，アメリカ生態学会の権威あるジョージ・マーサー賞を受賞した．ラングカイルド博士は，オーストラリアのジェームスクック大学で学位を取得し，シドニー大学における生態学・進化生物学の研究で博士の学位（Ph.D.）を取得した．彼女と彼女の学生は，種間相互作用の環境変化に対する応答が時間に伴ってどのように変化するのか研究している．活気に満ちた彼女の研究室では，現在いくつかの研究プロジェクトが進行しており，その1つは，侵入種（ある地理的地域において本来は分布していなかった種）であるヒアリ *Solenopsis invica* の到達が，在来種のハリトカゲ *Sceloporus undulatus* の行動，形態，生理に与える影響である．

トレーシー・ラングカイルド博士へのインタビュー

あなたの研究の大部分はヒアリとハリトカゲに関するものです．このような特異な生物を研究対象にした理由は何でしょうか？

種間の相互作用は時間とともに変化します．私はこのような変化を明らかにするため，たとえば，侵略的外来種であるヒアリの侵入のような最近の攪乱（かくらん）に対して，ハリトカゲを含む生物群集がどのように応答するのかについて研究しています．ヒアリは1930年代後半に米国に到達しました．ヒアリは人を刺傷するので，人々はヒアリの侵入をすぐに報告します．そのため私たち研究者は，ヒアリがいつどこの地域に侵入したのか，そして，在来のハリトカゲと相互作用し始めた時期などを知ることができます．このような情報に基づいて，異なる地域のハリトカゲがヒアリに対してどのように反応したのか，検証できます．

ハリトカゲ個体群においてヒアリに対する適応は進化したのですか？

侵入種の脅威に直面したとき，ハリトカゲの通常の反応は，じっとして凝視し，その脅威が過ぎ去ることを願うことです．しかし，ヒアリは決して立ち去りません．それどころか，一部のヒアリはハリトカゲの成体を，1分も経たない間に殺してしまいます．したがって，ハリトカゲ個体群では，しだいに，ヒアリに対処する新たな方法が進化していきました．じっとしている代わりに，ハリトカゲは体をすばやく震わせ，後ろ足でヒアリを掻き，360度の後ろ宙返りをするようになりました．これらの行動はいずれも，体にたかるヒアリをミサイルのように弾き飛ばします．ハリトカゲの足もまた進化して長くなり，このような行動をより効果的にしています．

あなたの研究は社会においてどのような役に立ちますか？

一部の侵入種は在来種に害を与え，あるいは，毎年数百億円もの経済的損失を与えます．そのような侵入種を除去するのは大変困難です．ヒアリやオーストラリアのオオヒキガエルを根絶するつもりはありません．侵入種の問題においては，根絶を考えない傾向にあります．私の研究が示唆するのは，侵入種の個体数密度を在来種が絶滅させられない程度まで減少させる努力をすべきことです．侵入種の個体数管理によって，ハリトカゲがヒアリの攻撃に適応したように，在来種は自然に対処する十分な時間を得ることができます．

世界中の多くの場所でフィールドワークをされていますが，忘れられない経験について教えて下さい．

オーストラリアの大学の学部生のころ，タイパン（コブラ科）とよばれる毒ヘビが密生している地域で調査する機会がありました．それ以来，私はヘビ恐怖症でした．ですので，私の博士課程の指導教授が「一緒に調査に行って，1万匹のヘビと一緒に仕事をしたいかい？」と言ったとき，私は「死んでしまうかもしれない」と思いました．しかし，その野外調査はすばらしい経験でした．私たちは，カナダのマニトバにあるガーターヘビの巣における雄の求愛行動について調査していました．巣は洞窟にあり，ガーターヘビはそこで越冬します．春になると数万匹ものヘビが，数週間にわたって巣から出てきます．私たちは，1 つの巣に入って，ひとかかえ 100 匹の雄を採集しました．雄ヘビは，雌かどうかを確認するため顎をこすりつける以外，私たちをほとんど無視します．このような経験で，すぐに私はヘビ恐怖症を克服しました．

あなたの仕事で最も報われることは何ですか？

私の研究に関係するさまざまなことが大好きです．すばらしい場所に旅行する機会があり，自分のやりたい事を自分で決められます．また，学生がうまく研究して面白い発見できるように手助けすることも大好きです．学生たちは「フィールドは得意だが，データ解析は楽しくない」とよく言います．しかし，学生たちは，いったんデータを収集したら，データ解析するのを待つことはできず，データから何が読み取れるのか考え始めます．教授として働くことは，個人的な発見ももたらしてくれました．たとえば，私は子育てしながら研究することを心配していました．しかし，私は以前より効率的に仕事ができるようになりました．子どもをもつことで，広い視野で物事を見られるようになり，私の生活はバランスがよくなり，研究にもプラスの影響がありました．私は息子を学会やフィールドに連れて行ったため，息子はそれが大好きになったようです．

「侵入種の個体数密度を減少させれば，
在来種の個体群は自然に対処する
十分な時間を得ることができます．」

ヒアリがハリトカゲの頭部の鱗をこじ開けて，表皮の下に毒を注入しようとしている．

生態学の入門と生物圏 52

▲図 52.1　この小さなカエルの分布を制限する要因は何か．

重要概念

52.1 地球上の気候は緯度と季節によって異なり，急速に変化している

52.2 気候と攪乱が陸域バイオームの分布を決定する

52.3 地球の大部分を覆う水域バイオームは多様かつ動的な系である

52.4 生物と環境の相互作用が種の分布を制限する

52.5 生態的変化と進化は，長期的あるいは短期的な時間スケールで互いに影響している

生態学の発見

2008 年，コーネル大学の学部生ミカエル・グランドラー Michael Grundler はパプアニューギニアの小川のほとりでひざまずいて，カチッという音を連続して聞いていた．近くのコオロギの鳴き声だと，彼は思った．しかしよく見ると，小さなカエルが求愛のため鳴嚢（めいのう）を膨らませていた．後になって，グランドラーはその地域で未発見だった 2 種のカエル，*Paedophryne swiftorum* と *Paedophryne amauensis*（図 52.1）のうちの 1 種を発見したことを知る．*Paedophryne* 属は，ニューギニア東部のパプア半島だけに分布している．この属のカエルの成体はわずか 8 mm ほどの大きさで，地球上の脊椎動物の中で最も小さい．

どのような環境要因が *Paedophryne* の地理的分布を制限しているのだろうか．カエルの食物供給の変異，あるいは捕食者や病気のような他種との相互作用は，*Paedophryne* 個体群にどのような影響を及ぼしているのだろうか．このような問いは，生物と環境の相互作用に関する科学的研究である**生態学 ecology**（ギリシャ語で「家」を意味する *oikos*,「論理」を意味する *logos* に由来）のテーマである（本書を通じて,「環境」という用語は，ある生物を取り巻く物理的側面だけでなく，他の生物がもたらす生物的環境を含むことに注意してほしい）．生態学者が研究する相互作用は，個体から地球までさまざまな階層のスケールで生じる（図 52.2）．

本章の最初では，いかに地球の気候と他の物理的条件が，陸域や海域における主要な生物圏の分布を決定しているのかを考える．それから，生態学者が種の分布を規定する要因を，どのように解明してきたのかを検証する．次の 4 つの章では，個体群，群集，生態系，地球生態学に焦点を当てる．そして，生態学者が，生物学的な知識を用いて，人間活動

▼図 52.2　探究　生態学的研究の領域

生態学者は，生物の個体から地球まで，生物学的な階層のさまざまなレベルで研究をする．階層の各レベルにおけるいくつかの研究の問いを，以下に示した．

個体生態学

個体生態学 organismal ecologyは，生理学，進化生態学，行動生態学を含んでおり，生物個体の構造，生理，行動が，環境からの影響にどう対応しているのかに関するものである．

◀ フラミンゴはどのように配偶者を選択しているのだろうか．

個体群生態学

個体群 population[*1] とは，ある空間に生育する同種の個体の集合である．**個体群生態学 population ecology** は，個体数に影響する要因や，個体数が時間に伴ってどのように変化するのかを分析する．

◀ フラミンゴの繁殖率に影響する環境要因は何だろうか．

群集生態学

群集 community とは，ある空間における異なる種の個体群の集合である．**群集生態学 community ecology** は，捕食や競争のような，群集構造や群集形成に影響する種間の相互作用を検証する．

◀ このアフリカの湖において相互作用する種の多様性に影響する要因は何だろうか．

生態系生態学

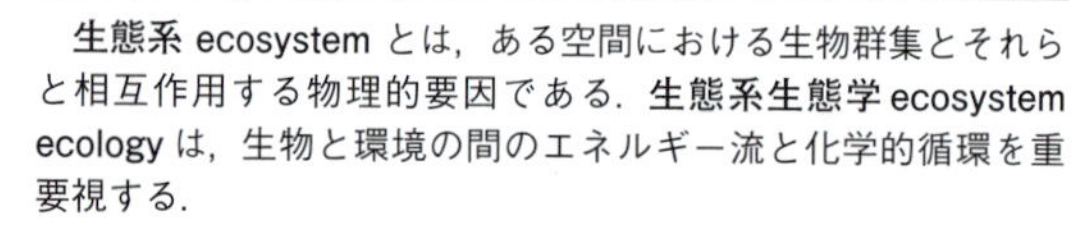

生態系 ecosystem とは，ある空間における生物群集とそれらと相互作用する物理的要因である．**生態系生態学 ecosystem ecology** は，生物と環境の間のエネルギー流と化学的循環を重要視する．

◀ この水域生態系の光合成生産を決定する要因は何だろうか．

景観生態学

景観 landscape（または海洋景観）は連結した生態系のモザイクである．**景観生態学 landscape ecology** の研究は，複数の生態系を横断したエネルギーや物質のやり取りや生物の入れ替わりを制御する要因に焦点を当てる．

◀ 陸域生態系からの栄養素は，湖の生物にどのような影響を与えるのだろうか．

地球生態学

生物圏 biosphere は地球規模の生態系で，地球上のすべての生態系や景観の総和である．**地球生態学 global ecology** は，エネルギーや物質の地域的なやり取りが，生物圏を横断した生物の機能や分布に及ぼす影響を検証する．

◀ 大気循環の地球的パターンは，生物の分布にどのように影響しているのだろうか．

＊1（訳注）：population の訳語は，他の生物分野では「集団」を用いるが，生態学分野では「個体群」を使用している．

が地球環境に及ぼす影響をいかに予測し，地球の生物多様性をどのように保全しようとしているのかを考える．

52.1

地球上の気候は緯度と季節によって異なり，急速に変化している

陸地の生物の分布に最も影響するのは**気候 climate** であり，各地域において長期にわたって支配的な気象条件である．4つの物理的要因，温度，降水量，日照，風が特に重要な気候の要因である．気候や気候変化が生物に与える影響を理解するために，気候のパターンを地球，地域，局所レベルで見てみよう．

地球規模の気候のパターン

地球規模の気候パターンは，太陽エネルギーの入力と地球の宇宙における運行によって，おもに決定される．太陽は，大気，陸，水を温める．これが，温度の変化，大気や水の移動，水分の蒸発を引き起こし，緯度によって大きく異なる気候を生み出す．図 52.3 は，地球の気候パターンとそれらが形成されるしくみを示している．

気候に対する地域的，局所的影響

気候は季節的によって異なり，水域や山岳などの要因によって変化する．これらの要因をより詳細に見てみよう．

季 節 性

地球が地軸を傾けて自転していることと太陽のまわりを公転していることで，中緯度から高緯度にかけて，日長，太陽放射，温度に季節的な大きな変化が生じる（図 52.4）．年間を通じた日光の入射角度の変化も，局所的な環境に影響を与える．たとえば，赤道の南北にある湿った空気の帯と乾いた空気の帯は，太陽の角度の変化に応じて，わずかに南北に移動して，北緯 20° と南緯 20° 付近に顕著な雨季と乾季をもたらす．このため，これらの地域には，多くの熱帯性の落葉広葉樹林が発達する．さらに，風の季節的な変化は，海流を変化させ，ときには深海から冷たい海水を上昇させる．この栄養豊富な海水は，海面付近のプランクトンやそれを採餌する生物の生育を促進する．このような湧昇流の海域は海洋面積の数パーセントにすぎない．しかし，全世界の漁獲量の 4 分の 1 以上が湧昇流の海域で得られている．

水 域

海流は，陸地へ流れる空気を暖めたり冷やしたりすることで，大陸の沿岸沿いの気候に影響を与える．沿岸地域は，同じ緯度にある内陸部よりも，一般的に湿度が高い．北米西部に沿って南へ流れる冷たいカリフォルニア海流は，冷涼で湿潤な気候をもたらし，大陸の太平洋岸沿いの大部分に針葉樹の多雨林の生態系や，南部では巨大なセコイアの森を発達させる．逆に，北ヨーロッパの西岸では，メキシコ湾流が赤道から北大西洋へ暖かい海水を運ぶため，温暖な気候になる（図 52.5）．結果として，北西ヨーロッパの冬は比較的暖かい．南に位置するカナダ南東部（グリーンランド沿岸から南へ流れるラブラドル海流によって冷やされる地域）よりも，北西ヨーロッパの冬は温暖である．

水の比熱は大きいので（3.2 節参照），海洋や大きな湖は近隣の陸地の気候を穏やかにする．暑い日中の間，陸地は水よりも高温になり，陸地の上の空気は暖められて上昇し，水域からの涼しい風を引き寄せる（図 52.6）．しかし，夜になると，陸地の温度は水域よりも早く低下する．このため，水域の上の空気のほうが暖かくなって上昇し，陸地から涼しい空気を引き寄せ，沖の暖かい空気と入れ替わる．このような局所的な気候の緩和は，沿岸地域に限られる．南カリフォルニアや南西オーストラリアのような地域では，夏の間，冷たく乾いた海風が，陸に当たって暖められ，湿気を吸収して，数 km 内陸まで暑くて乾燥した気候を生み出す（図 3.5 参照）．このような気候パターンは，地中海沿岸でも見られ，「地中海性気候」と名づけられている．

山 岳

大きい水域と同じように，山岳は陸地の空気の流れに影響する．暖かく湿った空気が山に近づくと，空気は上昇して冷却され，山頂の風上側で湿気を放出する（図 52.6 参照）．風下側では，より冷たく乾いた空気が下降して湿気を吸収し「雨陰（ういん）」を生み出す．このような風下の雨陰では，多くの砂漠が見られる．北米西部のモハベ砂漠，アジアのゴビ砂漠などである．

山岳は，ある地域に到達する日射量にも影響し，そのため局所的な温度や降雨にも影響する．北半球の山岳の南側斜面は，北側斜面よりも多くの日光を受けるため，暖かく乾燥している．このような物理的な環境の違いは，種の局所的な分布に影響を与える．北米西部の多くの山岳では，トウヒなどの針葉樹はより冷涼

▼図 52.3　探究　地球の気候パターン

日光の強さの緯度による変化

地球は球面であるため日光の強さは緯度によって異なる．**熱帯 tropics**（北緯 23.5°から南緯 23.5°の間の地域）では日光が垂直に照らすので，単位地表面積にもたらされる熱と光は最も大きくなる．高緯度では日光は斜めの角度で当たるので光のエネルギーは地表では広く分散する．

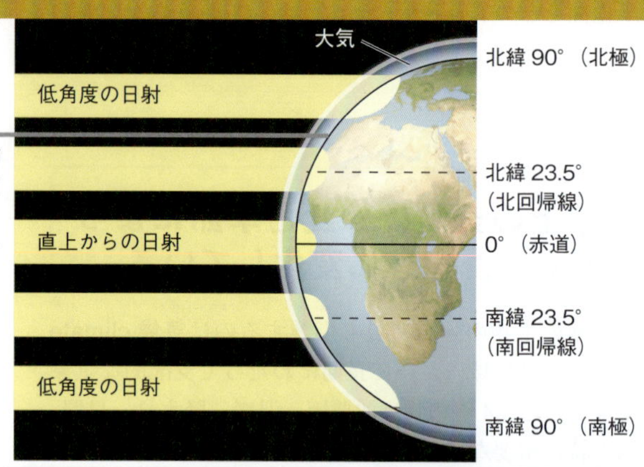

大気
北緯 90°（北極）
低角度の日射
北緯 23.5°
（北回帰線）
直上からの日射
0°（赤道）
南緯 23.5°
（南回帰線）
低角度の日射
南緯 90°（南極）

地球の大気循環と降雨のパターン

赤道付近の強い日射が地球規模の大気循環と降雨のパターンを生み出す．熱帯の高温は，地表から水を蒸発させ，暖かく湿った空気の塊（気団）を上昇させ（青の矢印），両極のほうへ流れる．気団は上昇するにつれて冷却されるので，水分の多くを放出し，熱帯で多量の雨をもたらす．上空の高いところに達した乾いた気団は，北緯および南緯 30°付近で下降して（黄色の矢印），陸地の湿気を吸収し，乾いた気候をつくり出す．これは，その緯度付近でよく見られる砂漠の発達に結びついている．下降した空気の一部は極の方向へ流れる．北緯および南緯 60°付近では，気団は再び上昇し豊富な雨を降らせる（熱帯ほどの多雨ではない）．低温で乾燥した上昇気団は，それから極へ流れ，極付近で下降して赤道に向かって流れる．これが極地域の比較的雨の少ない極寒の気候を生み出す．

下降する乾いた空気が湿気を吸収する
北緯 30°
乾燥地帯
上昇する湿った空気が水分を放出する
0°

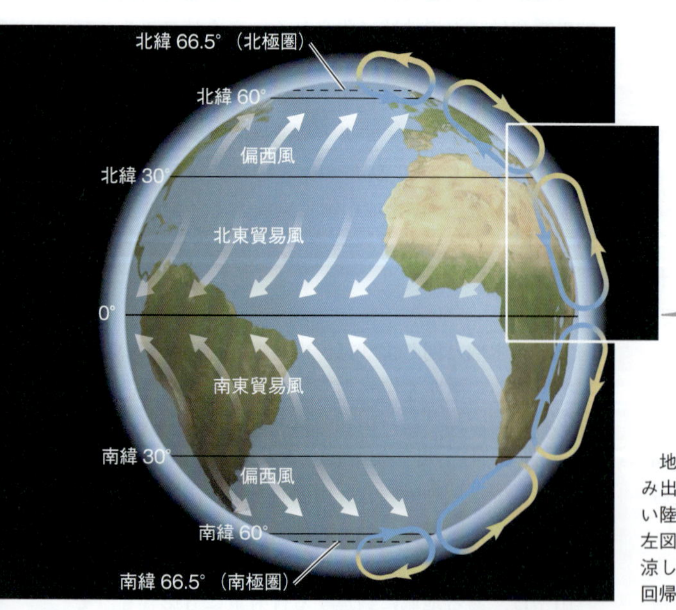

北緯 66.5°（北極圏）
北緯 60°
偏西風
北緯 30°
北東貿易風
0°
南東貿易風
南緯 30°
偏西風
南緯 60°
南緯 66.5°（南極圏）

地球表面に近い気流は，予測可能な地球的な風のパターンを生み出す．地球が自転するとき，極付近の陸地に比べて，赤道に近い陸地はより速く動くので，上図で示した南北方向の風の流れを，左図で示したように，東寄りあるいは西寄りの流れに変化させる．涼しい貿易風は，熱帯を東から西へ吹き，偏西風は温帯（南北の回帰線と両極圏の間の地域）を西から東へ吹く．

▼図 52.4 **日光の強さの季節変化.** 地球の地軸は太陽を公転する軌道面に対して傾いている．そのため，太陽放射の強さは季節的に変化する．季節変化は熱帯で最も小さく，極へ向かうほど大きくなる．

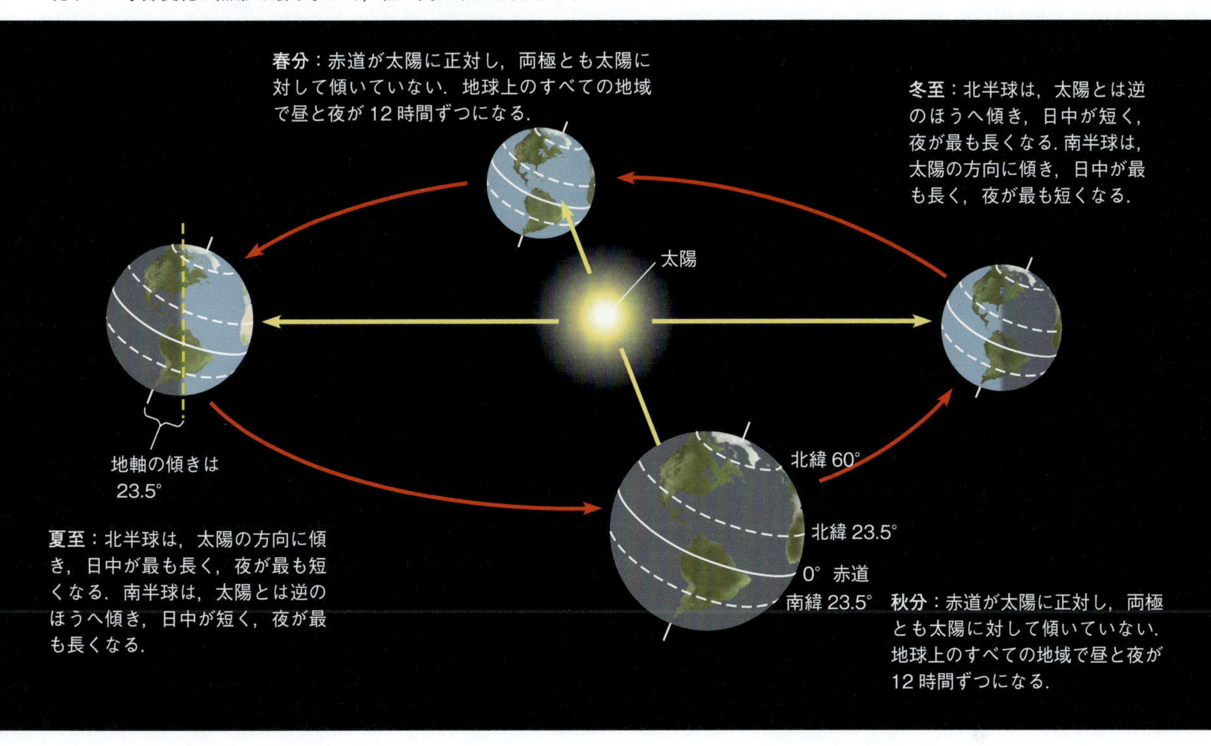
春分：赤道が太陽に正対し，両極とも太陽に対して傾いていない．地球上のすべての地域で昼と夜が 12 時間ずつになる．
冬至：北半球は，太陽とは逆のほうへ傾き，日中が短く，夜が最も長くなる. 南半球は，太陽の方向に傾き，日中が最も長く，夜が最も短くなる．
太陽
地軸の傾きは 23.5°
北緯 60°
北緯 23.5°
0° 赤道
南緯 23.5°
夏至：北半球は，太陽の方向に傾き，日中が最も長く，夜が最も短くなる．南半球は，太陽とは逆のほうへ傾き，日中が短く，夜が最も長くなる．
秋分：赤道が太陽に正対し，両極とも太陽に対して傾いていない．地球上のすべての地域で昼と夜が 12 時間ずつになる．

▼図 52.5 **海洋の表層水の地球循環.** 海水は赤道で温められ，北と南の極の冷たい海域へ向かって流れる．還流の循環の方向と貿易風の方向（図 52.3）は類似していることに注意してほしい．

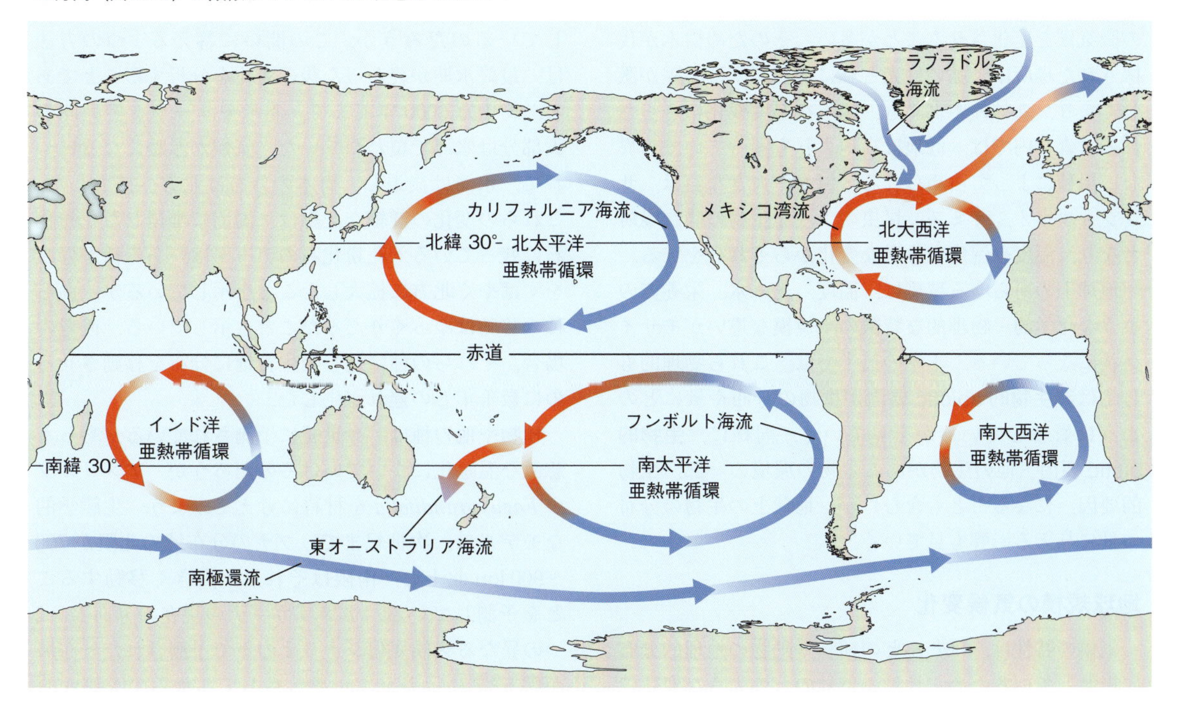
ラブラドル海流
カリフォルニア海流
メキシコ湾流
北緯 30°
北太平洋亜熱帯循環
北大西洋亜熱帯循環
赤道
インド洋亜熱帯循環
フンボルト海流
南大西洋亜熱帯循環
南緯 30°
南太平洋亜熱帯循環
東オーストラリア海流
南極還流

▼図 52.6 **大きな水域や山岳は，いかに気候に影響するのだろうか．**この図は，暑い夏の日に起きることを示している．

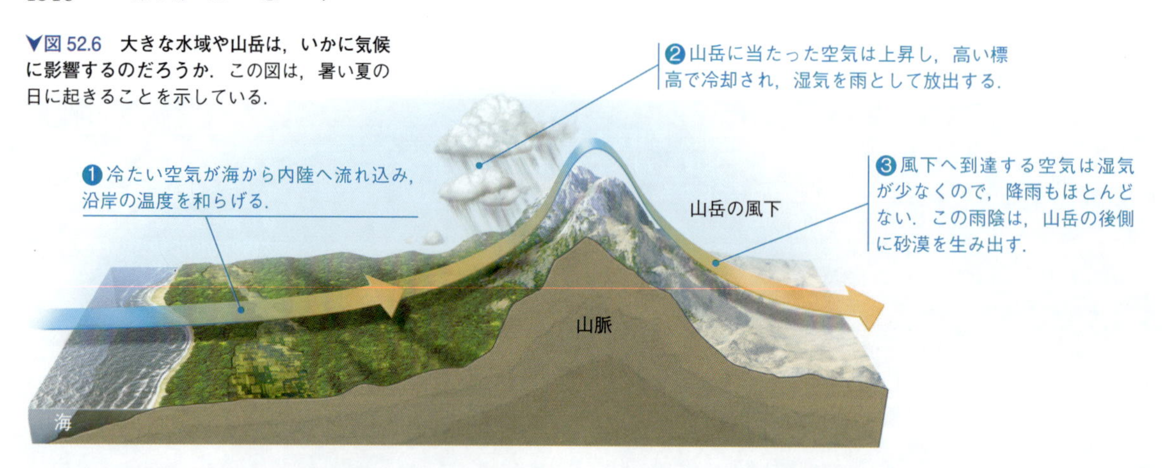
❷山岳に当たった空気は上昇し，高い標高で冷却され，湿気を雨として放出する．
❶冷たい空気が海から内陸へ流れ込み，沿岸の温度を和らげる．
❸風下へ到達する空気は湿気が少なくので，降雨もほとんどない．この雨陰は，山岳の後側に砂漠を生み出す．
山岳の風下
山脈
海

な北側斜面に分布し，低木で乾燥に強い植物は南側斜面に分布する．さらに山岳では，標高が 1000 m 上がると平均気温は約 6 ℃下がり，緯度方向で 880 km 北上したのと同じような気候変化が起きる．これが，赤道近くの高い標高の生物群集と，赤道から遠く離れた低い標高の生物群集が類似している理由である．

微 気 候

より小さなスケールでは**微気候 microclimate** があり，気候条件にとても微細な局所的なパターンをもたらす．環境の多くの性質は，影をつくったり，土壌からの蒸散に影響したり，風向きを変えたりして，微気候に影響を与える．たとえば，森林の樹木は，その下の微気候を変化させることが多い．そのため樹木が伐採された場所は，強い日光と風によって寒暖の差が激しくなり，森林の中よりも，極端な温度変化にさらされる．森林内では，低地は高地よりも湿っていて，異なる樹種によって占められる．倒木や大きな石は，サンショウウオ，ミミズ，昆虫のような生物の隠れ場所となり，温度や湿度の急激な変化からそれらを守る．

地球上のあらゆる環境は，温度，光，水，栄養素のような化学的・物理的な特徴の小規模な違いがモザイク状になっている．本章の後半では，これら物理的もしくは**非生物的 abiotic** 要因が生物の分布や量にどのように影響しているかを見ていく．同様に，**生物的 biotic** 要因（他の生物がある生物の環境の一部，生物的要因，になることも含む）が，地球上の生物の分布や量に与える影響も見ていく．

地球規模の気候変化

気候の特性は，ほとんどの植物や動物の地理的分布に影響しているため，地球の気候のどのような変化でも，生物圏に大きな影響を与える．実際，広域的な気候「実験」のようなことが行われているのである．化石燃料の燃焼や森林伐採は，二酸化炭素やその他の温暖化ガスの大気中の濃度を上昇させている．これは**気候変動 climate change** を引き起こしており，地球的気候の方向的な変化（温暖化）を 30 年以上継続させている（これは，短期的な気象の変化とは異なる）．その詳細は 56.4 節で見ていくが，地球は，1900 年以来，平均 0.9℃上昇し，2100 年までに 1〜6 ℃温暖になると予測されている．気候変動は他の面でも見られる．たとえば，風や降雨のパターンが変化し，干ばつや嵐のような極端な気象現象がいままでよりも頻繁に生じている．

そのような気候変動は生物の分布にどのように影響しているのだろうか．この問いに答える 1 つの方法は，最終氷期が終わった後の変化を分析することである．約 1 万 6000 年前まで，北米やユーラシア大陸の大部分は氷河で覆われていた．気候が温暖になるにつれて，氷河は後退し，樹木の分布は北方へ拡大した．これらの変化の詳細な記録は，湖沼に堆積した花粉化石に残っている．花粉化石のデータは，ある種が分布をすばやく北方に拡大したことを示しているが，ある種の移動はゆっくりだったことも示している．後者の場合，それらの種に適した生育地に分布を移動させるのに数千年もの遅れが生じた．

植物や他の種は，今世紀に予測されている，もっと急激な温暖化についていけるのだろうか．アメリカブナ *Fagus grandifolia* を材料に考えてみよう．生態学的なモデルは，次世紀まで，ブナの分布域の北限が 700〜900 km 北上し，南限はそれ以上大きく移動することを予測している．アメリカブナの現在の分布と，2 つの異なる気候変化シナリオの下で予測された分布域が図 52.7 に示されている．もし，これらの予測が将来の分布域を近似しているとすると，アメリカブナは

▲アメリカブナ
Fagus grandifolia

▼図 52.7 アメリカブナの現在の分布域と，2つの気候変化シナリオの下で予測された分布域.

(a) 現在の分布域

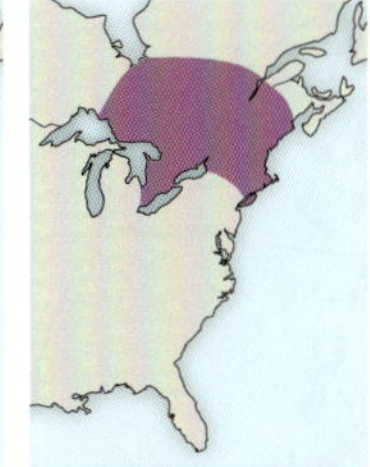

(b) 次世紀に4.5℃温暖化した場合の予測分布域

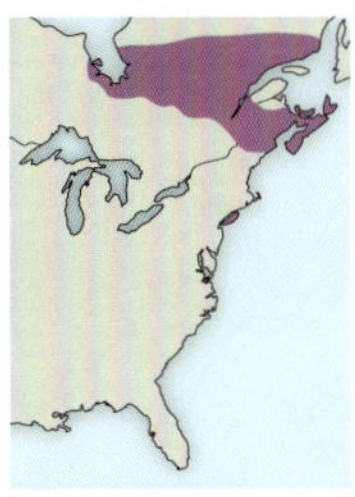

(c) 次世紀に6.5℃温暖化した場合の予測分布域

? 各シナリオで予測された分布域は気候要因だけに基づいている. 他のどのような要因がアメリカブナの分布に影響するだろうか.

温暖化に対応して年間 7〜9 km 北上しなければならない. しかし，最終氷期が終わって以来，アメリカブナは年間 0.2 km の速度でしか移動していない. 新たな生育地への移動を人間が手助けしない限り，アメリカブナのような種は，分布域がとても小さくなり，場合によっては絶滅するかもしれない.

実際，すでに生じている気候変動は，陸域，海域，淡水域における数百種の地理的分布に影響を与えている. たとえば，気候の温暖化に伴い，ヨーロッパで調査された 35 種のチョウのうち 22 種の分布北限が，最近数十年の間に 35〜240 km 北方へ移動した. 他の研究は，太平洋の珪藻の 1 種 *Neodenticula seminae* が，ここ 80 万年で初めて，最近，大西洋に分布拡大したことを示している. このような研究例やその他多くの研究が示しているように，気候変動は，ある種の分布域を新たな地域に拡大させ得るが，すでにそこに分布している別の種にとっては害となる可能性がある（図 56.30 参照）.

さらに，気候変動によって，ある種は生育に適した場所が不足し，またある種は，すばやく移動できない. たとえば，2015 年のある論文では，北半球のマルハナバチ 67 種の分布域が縮小していることが報告されている. マルハナバチは，本来の分布の南限からいなくなり，北方地域へ分布を拡大できなかった（図 52.8）. 結論として，気候変動は，多くの種の個体群サイズを小さくし，あるいは消失させている（図 1.12 参照）. 種の分布を決定する気候の重要性について，次節でさらに探究してみよう.

➤図 52.8 マルハナバチの 1 種（ラスティーパッチド・バンブルビー *Bombus affinis*）. この種は分布域を拡大することができず，現在，絶滅の危機にある.

概念のチェック 52.1

1. 日光が，地球の地表を不均一に暖め，北緯・南緯 30° 付近に砂漠を発達させるしくみを説明しなさい.

2. 何も植えられていない農地と，その近くにある樹木に覆われた小川の，微気候の違いをいくつか挙げて説明しなさい.

3. どうなる？➤最終氷期が終わった後の地球の気候変化は，数百年から数千年をかけてゆるやかに生じた. もし，現在の地球温暖化が予測されているように，とても急速に起きたなら，世代時間が短い 1 年生植物に比べて，長寿命の樹木が進化するための能力にどのような影響を与えるだろうか.

4. 関連性を考えよう➤地球温暖化に伴い，C_4 植物の地球規模の分布は拡大するだろうか，あるいは縮小するだろうか. 温度の影響に焦点をしぼって考えて，その理由を説明しなさい（10.4 節参照）.

（解答例は付録 A）

52.2

気候と攪乱（かくらん）が陸域バイオームの分布を決定する

地球の生物はバイオーム biome という大きなスケールで分布している. おもな生物の分布は，陸域バイオームでは植生タイプで特徴づけられる. なお，52.3 節で学んだように，水域では物理的環境によって特徴づけられる. これらのバイオームの分布を決めるものは何だろうか.

気候と陸域バイオーム

気候は，植物の分布に大きく影響するので陸域バイオームの分布を決定するおもな要因である（図 52.9）. バイオームの分布に対する気候の重要性をはっきりと示す1つの方法は，クライモグラフ climograph をつ

▼図 52.9 主要な陸域バイオームの分布.

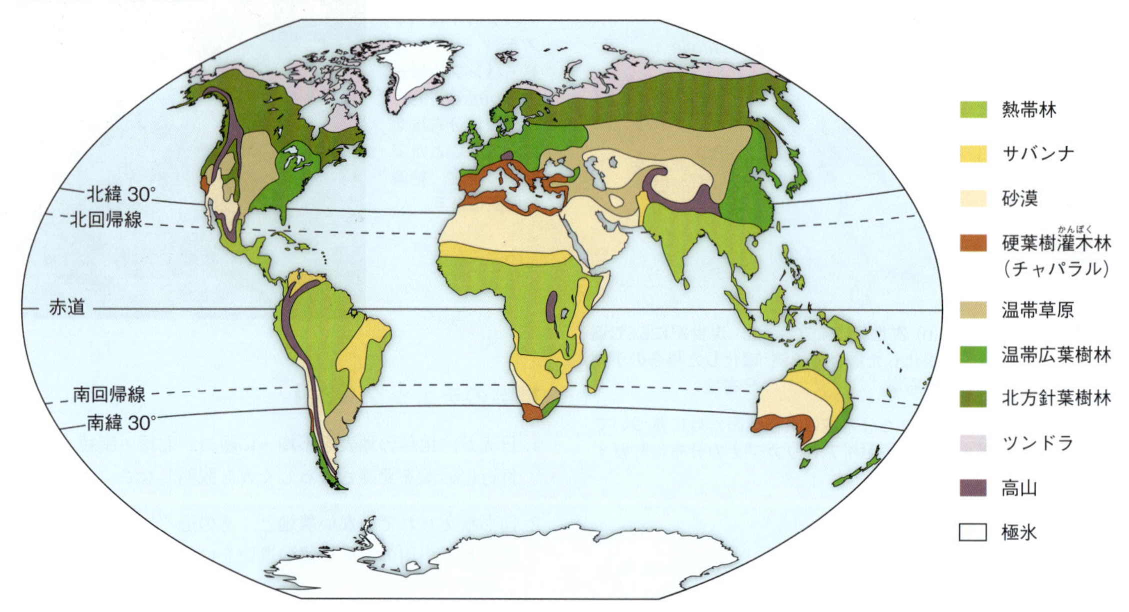
北緯 30°
北回帰線
赤道
南回帰線
南緯 30°
熱帯林
サバンナ
砂漠
硬葉樹灌木林（チャパラル）
温帯草原
温帯広葉樹林
北方針葉樹林
ツンドラ
高山
極氷

くることである．それは，特定の地域ごとの年平均気温と降水量の関係をグラフとして表したものである．図 52.10 は北米で観察されるいくつかのバイオームに関するクライモグラフである．たとえば，北方の針葉樹林と温帯林の降水量は同じ範囲だが，温帯林の温度範囲はより暖かいことがわかる．草原はどちらの森林地帯よりも乾燥していて，砂漠はさらに乾燥している．

平均気温と降水量以外の要因も，バイオームの分布の決定に影響している．たとえば，北米のある地域は，温度と降水量の特定の組み合わせが温帯広葉樹林を発達させるのに，他の地域では同じ組み合わせが針葉樹林を発達させる（図 52.10 の重複している部分を参照）．この違いをどう説明すればよいのだろうか．まず，クライモグラフは年の「平均値」に基づいたものであることを考えてほしい．平均の気候だけでなく，気候の変動パターンもしばしば重要である．たとえば，ある地域では年間を通じて規則的に雨が降るのに対して，他の地域では明瞭な雨季と乾季に分かれていることがある．

陸域バイオームの一般的特徴

ほとんどの陸域バイオームは，主要な物理的あるいは気候的特徴と，優占する植生をもとに名づけられている．たとえば，温帯草原は，一般的に，熱帯や極地より気候が穏やかな中緯度地域に見られ，さまざまな草本が優占している．各バイオームは，その環境に適応した微生物，菌類や動物によっても特徴づけられる．温帯草原には森林よりも，多くの内生菌根菌（図 37.15 参照）や多くの大型草食動物が生息している．

図 52.9 はバイオーム間の明瞭な境界を示しているが，陸域バイオームはお互い広い面積にわたって徐々

▼図 52.10 北米の主要なバイオームについてのクライモグラフ．各バイオームの年平均の気温と降水量の範囲が図示されている．

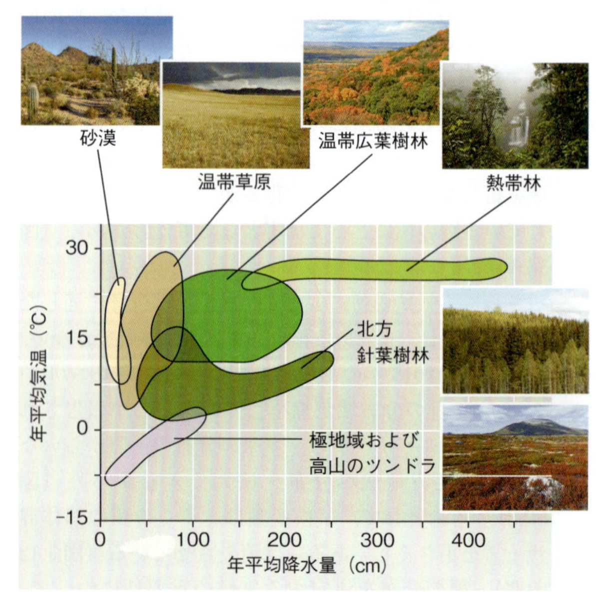
砂漠
温帯草原
温帯広葉樹林
熱帯林
北方
針葉樹林
極地域および
高山のツンドラ
年平均気温（℃）
30
15
0
-15
0
100
200
300
400
年平均降水量（cm）

データの解釈➤極地域のツンドラ生態系は，砂漠のようにほとんど降雨がないが，比較的，植生がとても豊かである．どのような気候要因がこのような違いをもたらしているのだろうか．説明しなさい．

に移行するのが一般的である．移行帯は**エコトーン ecotone** とよばれ，広い場合も狭い場合もある．

植生の垂直方向の階層構造は，陸上生態系の重要な特徴である．多くの森林では，最上部から下層までの階層は，**林冠 canopy**，低木層，草本層，林床の落葉・落枝層，根層からなる．森林以外のバイオームにも，明瞭ではないが同じような階層構造が存在する．植生の階層構造は，動物にとって多くの異なる生育場所を提供する．動物は食性によってグループ分けされることがあり，林冠で採餌する昆虫食の鳥類やコウモリ類，落葉・落枝層や根層で採餌する小型哺乳類，無数のミミズ，節足動物が分布する．

どの型のバイオームでも，種組成は場所によって異なる．たとえば，北米の北方針葉樹林（タイガ）の場合，東部ではアカトウヒがふつうに見られるが，他の地域には分布せず，クロトウヒとシロトウヒが多く見られる．図 52.11 で示されているように，北米・南米の砂漠に生育するサボテンは，アフリカの砂漠で見られるトウダイグサ属の植物と形態的によく似ている．しかし，サボテンとトウダイグサ属は異なる進化的な系統に属しており，それらの類似性は収斂進化による．

攪乱（かくらん）と陸域バイオーム

バイオームは動的で，安定よりもむしろ攪乱がふつうである．生態学の用語で**攪乱（かくらん） disturbance** は，嵐，火災，人為活動のように，生物を群集から除去し，資源の利用可能性を改変して群集を変化させる出来事である．頻繁な火災は，気候的には森林を発達させる地域でも，木本植物を死滅させ，サバンナの植生にしてしまう．ハリケーンや嵐は，熱帯林や温帯林において，新しい種が生育できる空き地をつくり森林の種組成を変化させる．2005 年に米国のメキシコ湾岸を襲ったハリケーン・カトリーナによって，湿地林の優占種は，耐風性のあるイトスギ *Taxodium distichum* やアメリカヌマミズキ *Nyssa aquatica* に変化した．攪乱の結果として，バイオームは空間的な異質性に富むものになり，どの地域でもいくつかの異なる生物群集を含むものになる．

多くのバイオームでは，優占している植物でさえ，周期的な攪乱に依存している．自然の火災は，草原，サバンナ，硬葉樹灌木林（チャパラル）および多くの針葉樹林にとって必要な構成要素である．農地や都市が開発される以前，米国南東部の大部分はダイオウマツという針葉樹が優占していた．周期的な火災がなくなって，広葉樹がダイオウマツに置き換わるようになった．いまでは，森林管理者が，多くの針葉樹林を維持するための手段として火を使っている．

図 52.12 は陸域バイオームのおもな特徴をまとめたものである．各バイオームの特徴を把握し，人間が，地球上の大部分にわたって自然の生物群集を都市や農地に置き換えたことを理解してほしい．たとえば，米国中央部は草原として分類され，かつてその大部分は高茎草原（プレーリー）だった．しかし，現在では，本来の草原はほとんどなくなり，農地に改変された．

概念のチェック 52.2

1. 図 52.10 のクライモグラフから判断して，温帯草原と温帯広葉樹林を区分けするおもな要因を説明しなさい．
2. 図 52.12 を用いて，あなたが暮らしている地域の自然バイオームを答え，そこの非生物的および生物的特徴をまとめなさい．それらの特徴は，あなたの実際の環境に当てはまるかどうかを考えて，それを説明しなさい．
3. どうなる？➤もし，地球温暖化が，今世紀中，地球の平均気温を 4℃上昇させたなら，ある地域のツンドラを置き換えるバイオームはどれかを予想し，それを説明しなさい．

（解答例は付録 A）

▼図 52.11 **サボテンとトウダイグサ属の収斂進化．** アメリカのサボテン *Cereus* と，アフリカの北西岸沖のカナリー諸島に自生するトウダイグサ属の 1 種 *Euphorbia canariensis*.

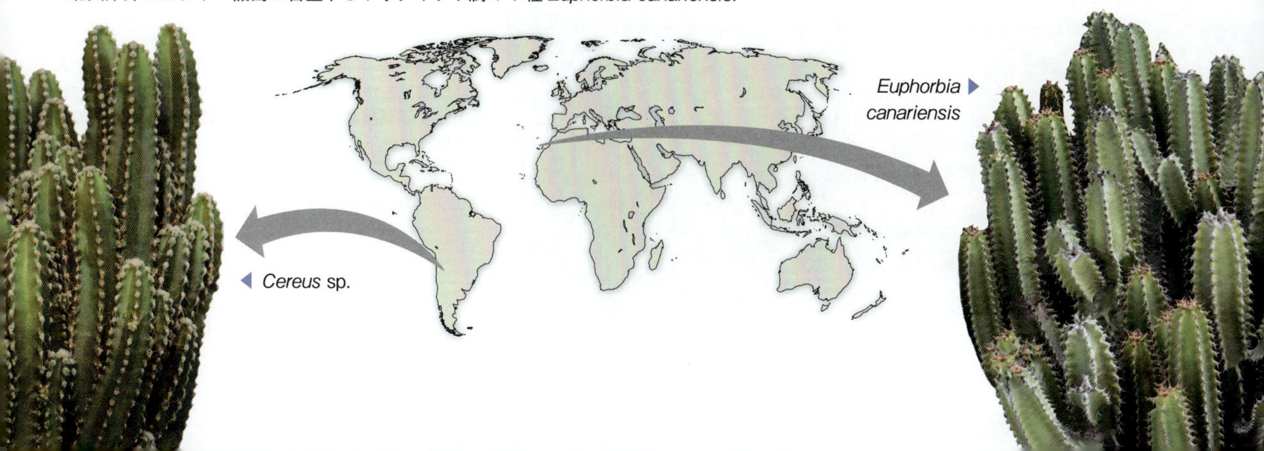
Euphorbia canariensis
Cereus sp.

▼図 52.12　探究　陸域バイオーム

熱 帯 林

分布　熱帯林は赤道帯および亜赤道帯に分布する.

降水量　熱帯多雨林 tropical rain forest では比較的一定の降雨があり，年間で 200 ～ 400 cm である．熱帯乾燥林 tropical dry forest では降雨は季節的に変化し，年間 150 ～ 200 cm，6～7ヵ月の乾季がある.

気温　年間を通じて暖かく，平均 25 ～29℃で季節的変化はあまりない.

植物　熱帯林は垂直的な階層があり，光をめぐる競争が激しい．多雨林の階層は，林冠から突出した樹木，および林冠，1つまたは2つの亜高木層，低木層，草本層（小さくて木化しない植物）で構成される．熱帯乾燥林では一般に階層の数が少ない．熱帯多雨林では広葉性の常緑樹が優占するが，熱帯乾燥林の樹木は乾季には落葉する．アナナスやランなどの着生植物が樹木を覆うのがふつうだが，乾燥林ではあまり多くない．熱帯乾燥林ではとげのある低木や，多肉植物がよく見られる.

動物　熱帯林は数百万の生物種の生息場所であり，500 万～ 3000 万種の未記載の昆虫，クモ，その他の節足動物が分布すると推測されている．実際，熱帯林の動物の多様性は他のどの陸域バイオームよりも豊かである．両生類，鳥類，爬虫類，哺乳類，節足動物を含む熱帯林の動物は，垂直的に階層化された環境に適応し，目立たないことが多い.

人間の影響　人間は，昔は熱帯林の中で共同体をつくって繁栄していた．熱帯林はさまざまな土地利用のために伐採され，農地や都市などに転換されつつある.

コスタリカの熱帯多雨林

砂　漠

分布　砂漠 desert は北緯および南緯 30° 付近の地帯に存在するか，または大陸の内部では他の緯度（たとえばアジア中央部のゴビ砂漠）でも存在する.

降水量　降水量は少なく，変化が激しい．年間降水量は 30 cm 未満がふつうである.

気温　気温は季節的あるいは1日の中で変化する．暑い砂漠では最高気温が 50℃を超えることもあり，寒い砂漠では－30℃以下になることがある.

植物　砂漠の景観は，低性で広く散在する植生で優占される．他の陸域バイオームに比べて裸地の割合が高い．植物は，サボテンやトウダイグサ科の多肉植物，深く根を張る低木，不定期な湿潤期間にだけ生える草本類などである．砂漠の植物の適応は，暑さと乾燥への耐性，水の貯蔵，葉の表面積の減少などである．とげなどによる物理的防御や低木の葉にある毒などの化学的防御がふつうに見られる．多くの植物は C_4 または CAM 型光合成である.

動物　砂漠によく見られる動物は，ヘビやトカゲ，サソリ，アリ，甲虫，移動性または定住性の鳥類，種子食の齧歯(げっし)類などである．多くの種が夜行性である．水分の保持に適応しているのがふつうで，一部の種は種子に含まれる炭水化物を分解することで水を得て生きている.

人間の影響　水の長距離輸送や深い井戸によって，人間は砂漠でもかなりの人口を維持できるようになった．都市化や灌漑農業への転換によって，一部の砂漠の生物多様性は低下している.

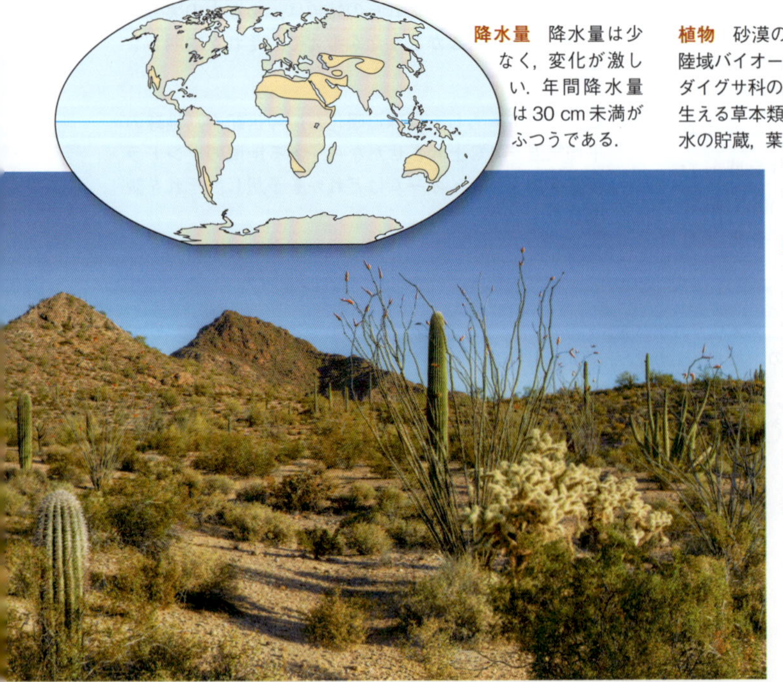

アリゾナのオーガンパイプカクタス国定公園

サバンナ

分布　サバンナは赤道帯および亜赤道帯に分布する.

降水量　降雨は季節性があり，年間平均は 30 ～ 50 cm. 乾季は 8 ～ 9 ヵ月続く.

気温　サバンナ savanna は年間を通じて暖かく，平均 24 ～ 29℃ だが，熱帯林よりは季節変化が大きい.

植物　サバンナにさまざまな密度で散在する樹木は，小型の葉で，とげ状のものが多く，乾燥条件への外見上の適応である. 乾季には火災がよく発生し，優占する植物種は火災に適応し，季節的な乾燥にも耐性がある. 草や小型の木化しない植物（広葉草本）が，地面の大部分を覆い，それらは季節的な降雨に反応して急速に成長し，大型哺乳類や他の草食者に食べられても耐性がある.

ケニアのサバンナ

動物　ヌー（ワイルドビースト），シマウマなどの大型草食哺乳類と，肉食者であるライオン，ハイエナなどが一般的な生息者である. しかし，最も優占している草食者は昆虫で，特にシロアリである. 乾季には，草食哺乳類はより多くの草があり，水たまりのある場所へ移動するのがふつうである.

人間の影響　初期の人類はサバンナで暮らしていたと考えられる. 人為的な火災はこのバイオームの維持の助けになっていたかもしれないが，過度の火災は実生や稚樹を殺し，樹木の更新を減少させる. 家畜の放牧と過度の狩猟は，大型哺乳類の数を減少させている.

硬葉樹灌木林（チャパラル）

分布　このバイオームは，いくつかの大陸の中緯度沿岸地域に存在し，広範な分布のため多くのよび名がある. 北米では硬葉樹灌木林（チャパラル chaparral），スペインやチリでは「マトーラル」，南フランスでは「ガリグ」および「マッキー」，南アフリカでは「フィンボス」と，それぞれのよび名がある.

降水量　降水量は季節変化が大きく，冬に雨が多く，夏は長期にわたって乾燥する. 年間降水量は一般に 30 ～ 50 cm である.

気温　秋，冬および春は涼しく，平均で 10 ～12℃である. 夏の平均気温は 30℃に達し，日中の最高気温が 40℃を超えることもある.

植物　硬葉樹灌木林は，さまざまな種類の草本とともに，灌木や低木が優占する. 植物多様性は高く，多くの種が特定の比較的狭い地域に局在する. 木本植物の乾燥への適応として，水の喪失を抑える硬い常緑の葉が挙げられる. 火災への適応も顕著である. 一部の低木種は，熱い火災の後で発芽する種子をつくる. また，火災に抵抗性のある根に栄養を蓄えて，火災の後，すばやく再萌芽し，火災で放出された栄養素を利用する樹種もある.

動物　土着の動物としては，木本植物の小枝や芽を食べるシカやヤギ，それにとても多様な小型哺乳類が挙げられる. 硬葉樹灌木林帯は，多様な両生類，鳥類および他の爬虫類，および昆虫類も支えている.

人間の影響　硬葉樹灌木林帯は，人間の居住地域としてとてもよく利用され，農業や都市に転用されて減少している. 人間は，硬葉樹灌木林を焼き払う火災に寄与している.

カリフォルニアの硬葉樹灌木林

次ページに続く

図 52.12　探究　陸域バイオーム（続き）

温帯草原

モンゴルの草原

分布　南アフリカの「ヴェルト」，ハンガリーの「プスタ」，アルゼンチンとウルグアイの「パンパス」，ロシアの「ステップ」，北米中央部のプレーンとプレーリーは，**温帯草原 temperate grassland** の例である．

降水量　降水量はとても季節性があり，比較的乾燥した冬と湿った夏がある．年間降水量は平均で 30 ～ 100 cm である．周期的な干ばつがふつうに見られる．

気温　冬は一般に寒く，平均気温は－10℃以下になる．夏は平均で 30℃近くになることも多く暑い．

植物　優占植物はイネ科のような草本と広葉植物で，草丈は数 cm から 2 m になる高茎草原までさまざまである．草原の多くの植物は，周期的で長引く乾燥と火災に対して生き残れるように適応している．たとえば，草本は，火災の後すばやく萌芽できる．大型哺乳類の採餌は，低木や高木の定着を防ぐ効果がある．

動物　土着の動物は，バイソンや野生のウマなどの大型草食者である．穴を掘って生息する哺乳類も多様で，北米のプレーリードッグはその一例である．

人間の影響　温帯草原の深くて肥沃な土壌は，農業，特に穀物栽培には理想的な場所である．そのため，北米のほとんどの草原やユーラシアの多くの草原が農地に転換された．一部の乾燥した草原では，ウシやその他の草食動物がこのバイオームを砂漠に変えてしまった．

北方針葉樹林

分布　北米とユーラシアの北部から，極のツンドラの端に至る広い帯状の**北方針葉樹林 northern coniferous forest**（「タイガ」）は，地球上最大の陸域バイオームである．

降水量　年間降水量は一般に 30 ～ 70 cm で，周期的乾燥がふつうに見られる．しかし，米国の北西太平洋沿岸の一部の針葉樹林 は，年間 300 cm 以上の降雨がある温帯多雨林である．

気温　冬は寒いのが一般的で，夏は暑い場合もある．シベリア地方の針葉樹林では，地域によっては冬の－50℃から夏の 20℃以上まで幅がある．

植物　マツ，トウヒ，モミ，ツガなどの球果類が北方の針葉樹林を優占する．これらの樹種のいくつかは，火災に依存して更新する．多くの針葉樹は円錐形の樹形なので，雪が降り積もって枝が折れることはあまりなく，針状や鱗状の葉は水の損失が少ない．針葉樹林の低木層や草本層の多様性は，温帯広葉樹林よりも低い．

動物　多くの渡り鳥が北方の針葉樹林で営巣するが，一部の鳥は，年間を通じて定着している．哺乳類も多様で，ヘラジカ，ヒグマ，シベリアトラなどがいる．優占樹種を摂食する昆虫が定期的に大発生し，広い範囲の樹木を枯死させる．

人間の影響　人間が密に居住することはなかったが，北方の針葉樹林は危険なまでの速度で伐採され続けており，老齢林はもうすぐ消失するかもしれない．

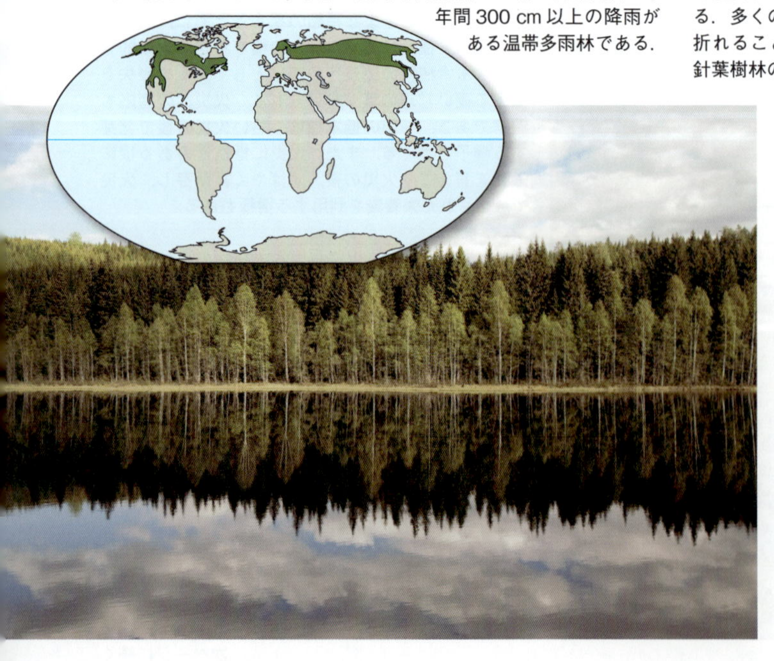
ノルウェーの針葉樹林

温帯広葉樹林

ニュージャージーの温帯落葉樹林

分布　温帯広葉樹林は，おもに北半球の中緯度に見られるが，チリ，南アフリカ，オーストラリア，ニュージーランドのごく一部の地域にも存在する．

降水量　年平均で約70 cmから200 cm以上の範囲にある．夏の雨と，一部の森林における冬の雪を含めて，すべての季節でかなりの降雨がある．

気温　冬の気温は平均で0℃である．夏は最高35℃になり，暑くて湿気がある．

植物　成熟した**温帯広葉樹林 temperate broadleaf forest** は，明瞭な階層が見られる．閉鎖した林冠，次いで1つまたは2つの下層樹木の層，低木層，草本層で構成されている．着生植物は少ない．北半球では優占するのは落葉樹である．落葉樹は，低温で光合成が減少し，凍った土から水を吸い上げるのが困難になる冬の前に葉を落とす．オーストラリアにおけるこのような森林では常緑のユーカリが優占する．

動物　北半球では多くの哺乳類が冬に冬眠し，鳥の多くはもっと暖かい気候の地域へ渡る．哺乳類，鳥類，昆虫類が，この森林のすべての階層を利用する．

人間の影響　温帯広葉樹林はすべての大陸で，人間によって居住されている．農業や都市開発のための伐採や土地改変によって，北米では実質的には原生的な落葉樹林が破壊された．しかし，植物自身の回復力によって，これらの森林はもとの範囲に戻りつつある．

ツンドラ

分布　ツンドラ **tundra** は地球の地表の20%を占める広大な北極圏を覆っている．熱帯を含むすべての緯度にある高山の山頂部も強風と低温という共通の条件があるので，ツンドラとよく似た植物群集が見られ，これらは「高山ツンドラ」とよばれる．

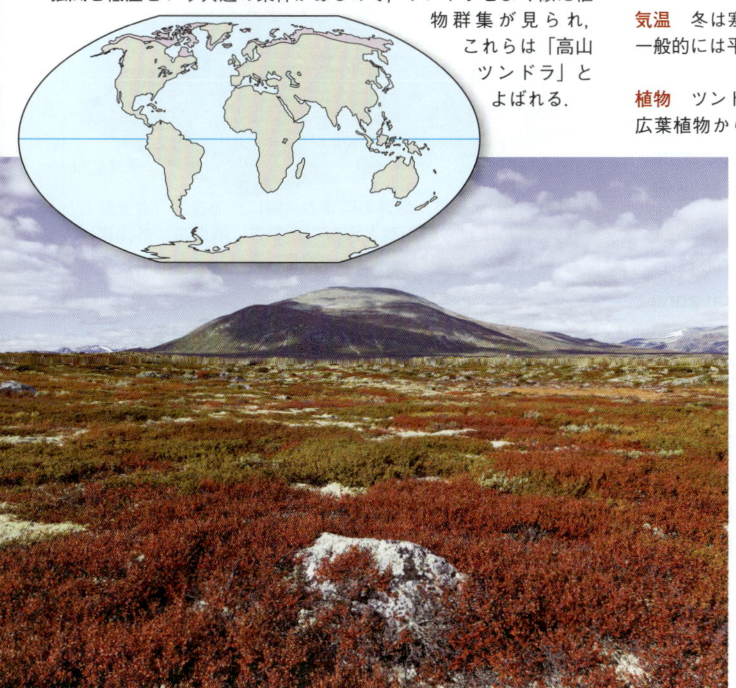

ノルウェーのトロンデラーグ国立公園

降水量　北極ツンドラでは年間平均降水量は20～60 cmであるが，高山ツンドラでは100 cmを超えることもある．

気温　冬は寒く，場所によっては平均で−30℃以下になる．夏は一般的には平均10℃以下である．

植物　ツンドラの植生のほとんどは草本類で，コケ類，イネ科草本，広葉植物からなり，いくらかの低木や樹木，地衣類も存在する．永久凍土層とよばれるつねに凍っている土壌の層が，植物の根の成長を制限する．

動物　大型草食者で定住するのはジャコウウシで，カリブーやトナカイは移動性である．捕食者としてはクマ，オオカミ，キツネなどがいる．多くの鳥は渡り鳥で，夏の間ツンドラを利用して営巣する．

人間の影響　ツンドラへの居住はまばらであるが，近年では鉱物や石油の採掘地として注目されるようになっている．

52.3

地球の大部分を覆う水域バイオームは多様かつ動的な系である

▼図 52.13　水界環境の区分.

(a) 湖の区分

湖の環境は一般に，３つの物理的基準で分けられる．それらは，光の透過（有光層と無光層），岸からの距離と水深（沿岸帯と沖帯），開けた水の層（沖層）か水底（底域）かである．

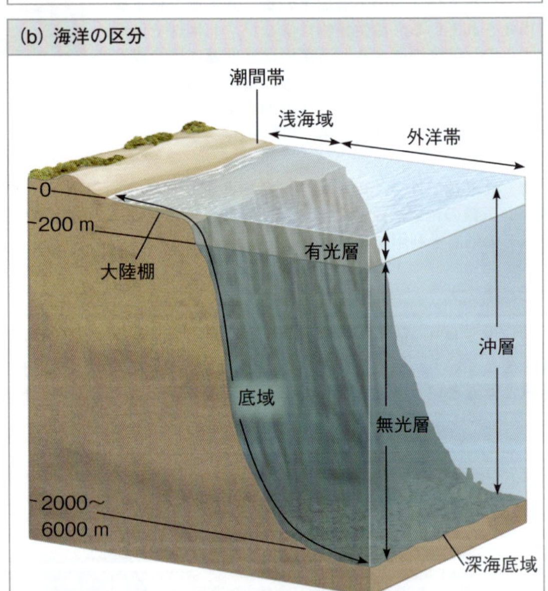
(b) 海洋の区分
潮間帯
浅海域
外洋帯
0
200 m
有光層
大陸棚
沖層
底域
無光層
2000〜
6000 m
深海底域

湖の場合と同様に，海洋の環境も一般に光の透過（有光層と無光層），岸からの距離と水深（潮間帯，沿岸帯，外洋帯），および開けた水の層（沖層）か水底（底域，深海底域）かによって分けられる．

陸域バイオームと違い，水域バイオームはおもに物理的環境と化学的環境によって特徴づけられる．水域バイオームは，すべての種類が世界中に分布しており，緯度に伴う変化もあまり顕著でない．たとえば，海水バイオームは一般に，塩の濃度が平均3%で，淡水バイオームはふつう，塩の濃度が0.1%以下である．

海洋は最大の海水バイオームで，地球表面の約75%を占める．その広大さのため，海水バイオームは生物圏に大きな影響を与えている．海洋から蒸発した水は，地球上の降雨の大部分を供給する．海の藻類や光合成細菌も，地球上の酸素のかなりの量を供給し，大気中の二酸化炭素の相当量を消費している．海水温は地球の気候や風向に大きな影響を与える（図 52.3 参照）．海洋は大きな湖と同じように，近隣の陸の気候を穏やかにする傾向がある．

淡水バイオームは，それを取り囲む陸域バイオームの土壌や生物的要素と密接に結びついている．淡水バイオームの特徴は，淡水の流れのパターンや流速，およびそこの気候によっても影響される．

水域バイオームの区分

多くの水域バイオームは，物理的そして化学的に，垂直的に階層化あるいは水平的に区分されている．図 52.13 は，湖と海の環境を図示している．光は，水や光合成生物によって吸収され，その結果，水深が深くなるに伴い光の強度は減少する．**有光層 photic zone** は光合成のための十分な光のある上層で，**無光層 aphotic zone** はほとんど光が透過してこない下層である．有光層と無光層が**沖層** pelagic zone を形成している．無光層の深い部分は**深海底域** abyssal zone で，水面の下 2000〜6000 m の部分である．深さに関係なくすべての水域バイオームの底は，**底域** benthic zone とよばれる．そこは，砂，有機物，無機物の堆積物からなり，**底生生物** benthos とよばれる生物群集によって占められている．多くの底生生物の主要な食物は，**デトリタス（有機堆積物）** detritus とよばれる死んだ生物の有機物で，それらは水面近くの生産性のある有光層から「降って」くる．

日光による熱エネルギーは，日光が透過する深さの表層の水を温めるが，より深い層の水は低温のままである．海やほとんどの湖では，**変温層** thermocline とよばれる温度が急激に変化する薄い層があり，それを境にして，上方のより均一で暖かい層と，下方のより均一で低温の層に分かれている．湖は，特に夏と冬の間，温度が層状になる．しかし，多くの温帯の湖では，年２回の水温の変化に伴って，各層の水の攪拌が起きる（図 52.14）．これは**ターンオーバー** turnover とよばれ，春と秋に，湖の表面から底へ酸素の豊富な水や，底から表面へ栄養素の多い水を，それぞれ供給する．

淡水環境でも海水環境でも，生物群集は，水深，光の透過の程度，岸からの距離，外洋か水底などに応じ

▼図 52.14　**冬に氷で覆われる湖で生じる季節的ターンオーバー．** 季節的なターンオーバーは，春と秋に，湖のすべての深さに酸素を送り込む．冬と夏には，湖の水は水温による温度構造が生じ，深さに伴って酸素濃度が減少する．

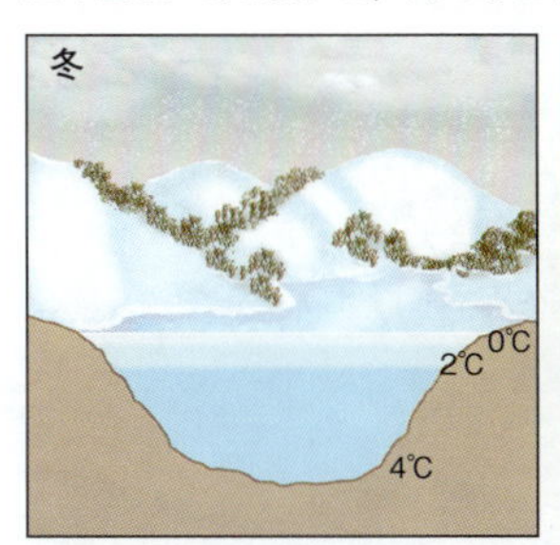
冬
0℃
2℃
4℃

❶ 冬には，最低温の水（0℃）は湖面の氷のすぐ下にあり，深くなるにつれて水温は上がり，底では約 4℃である．

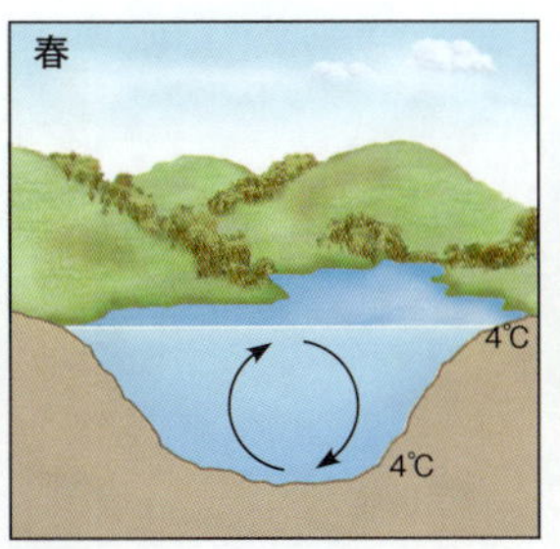
春
4℃
4℃

❷ 春は，表面の水は 4℃まで温まり，下層の冷たい水と混ざって温度層をなくす．春の風が水を攪拌するのを助け，酸素を底の水に運び栄養素を表層に運ぶ．

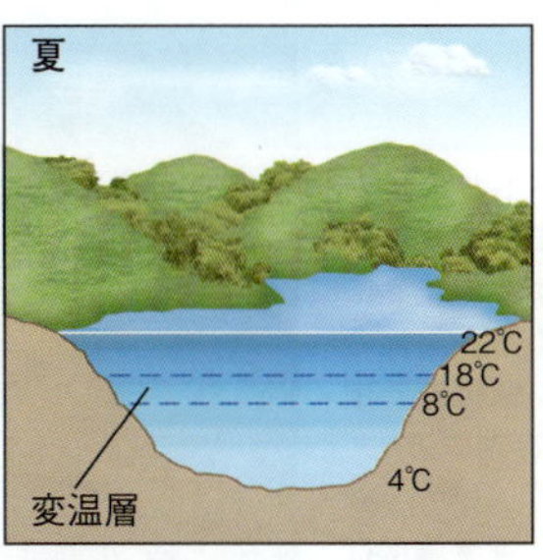
夏
22℃
18℃
8℃
4℃
変温層

❸ 夏には再び明瞭な温度層ができる．暖かい表層の水と冷たい底の水は，変温層とよばれる急激に温度が変わる薄い層によって分けられる．

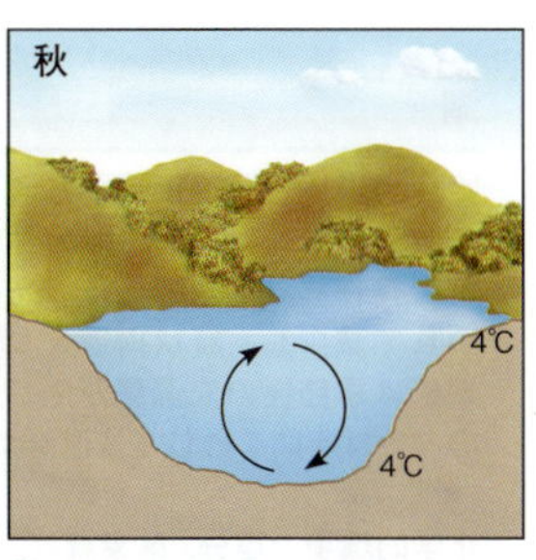
秋
4℃
4℃

❹ 秋には表層の水が急速に冷やされ，下の層に沈んで水をかき混ぜる．これは表面が凍りはじめるまで続き，やがて冬の温度構造が確立する．

て分布する．特に，海の生物群集は，これらの非生物的要因によって種の分布が制限される事実をよく表している．プランクトンや多くの魚種は，比較的浅い有光層に分布する（図 52.13 b 参照）．水は光をとてもよく吸収し，そして海はとても深い．そのため，海洋の体積の大部分は実質的に光のない世界（無光層）なので，生物はほとんど存在しない．

図 52.15 は，地球上の主要な水域バイオームの特徴を示している．

概念のチェック 52.3

1. 海洋沖層で優占する光合成生物は，なぜ植物プランクトンなのか．なぜ底生藻類や根を発達させる水生植物ではないのか（図 52.15 参照）．

2. **関連性を考えよう**➤河口域に生育する多くの生物は，毎日，潮の干満によって淡水と海水にさらされる．このような環境条件の変化が，河口域の生物の生存に与える影響を説明しなさい（44.1 節参照）．

3. **関連性を考えよう**➤図 52.15 に示されたように，湖における栄養素の付加は藻類の大発生を引き起こす．この藻類が死滅した場合，その遺体の複雑な分子は，好気呼吸する分解者によって分解される．これが湖の酸素濃度を減少させる理由を説明しなさい．

（解答例は付録 A）

52.4

生物と環境の相互作用が種の分布を制限する

種の分布は，生態学的要因と進化的な歴史の結果である．たとえば，カンガルーはオーストラリアには見られるが，地球上の他の地域には分布しない．化石記録によると，カンガルーとその近縁種は，約 500 万年前にオーストラリアに起源した．その当時，オーストラリア大陸は現在の場所に近いところに移動しており，他の陸塊とはつながっていなかった（25.4 節の大陸移動を参照）．よって，カンガルーがオーストラリアにだけ分布するのは，地理的に孤立した大陸で起源したためで，部分的には歴史の偶然による．

一方で，生態学的要因も重要である．いままで，カンガルーは他の大陸に分散せずに，彼らが起源したオーストラリア大陸にとどまっている．さらに，カンガルーの分布は，オーストラリアの中でも一部の地域に限られている．たとえば，アカカンガルーは，オーストラリア中央部の乾燥草原に分布し，オーストラリア東部の開けた森林には分布していない．さらに，カンガルーの分布で興味深いのは，すべてのカンガルーの種が一部の地域でのみ見られる点である．よって，生態学者は，どこにその種が分布しているか，ということだけでなく，なぜその種がそこに分布しているのか，という点にも興味をもつ．種の分布を決定する生態学的要因（生物的あるいは非生物的なもの）とは，何だろうか．

多くの場合，生物的要因と非生物的要因の両方が種の分布に影響している．たとえば，サグアロサボテン

▼図 52.15　探究　主要な水域バイオームの分布

湖

物理的環境　面積が数平方メートルの池から数千平方キロメートルの湖にまで及ぶ静水の存在する場所である．光は深くなるにつれて減少し，層状構造をつくる．温帯の湖には季節性の変温層が生じ，熱帯の低地の湖では年間を通じて変温層が存在する．

化学的環境　塩分，酸素濃度，栄養素濃度は湖によって大きく異なり，季節によってもかなり変動する．**貧栄養湖 oligotrophic lake** は栄養素が少なく，酸素は一般に豊富である．**富栄養湖 eutrophic lake** は栄養素に富み，冬季に結氷したときや，夏季の深層部で酸素濃度が低下することが多い．水底の堆積物中の分解可能な有機物量は貧栄養湖では少なく，富栄養湖では多い．富栄養湖の深い層における高い分解率は，周期的な酸素不足をもたらす．

地学的特性　貧栄養湖は，富栄養湖に比べて，水深に対する表面積の割合が低い傾向にある．貧栄養湖は，流入によって堆積物や栄養素が加われば，長期的には富栄養になり得る．

光合成生物　根を張ったり浮かんだりする水生植物は**沿岸帯 littoral zone**，すなわち岸近くの浅くて日当たりのよいところに生える．岸から遠く離れた**沖帯 limnetic zone** は，水が深くて根を張る植物は存在できず，さまざまな植物プランクトンやシアノバクテリア（ラン藻）が分布する．

アルバータ州ジャスパー国立公園の貧栄養湖（カナダ）

従属栄養生物　沖帯では，小さな浮遊性の従属栄養生物，動物プランクトンが植物プランクトンを食べている．水底は，さまざまな無脊椎動物が生育し，その種組成は部分的には酸素濃度に関係している．魚類は十分な酸素があれば，すべての帯に分布する．

ボツワナのオカバンゴ・デルタの富栄養湖

人間の影響　施肥された農地や廃棄物からの排水は，栄養素の増加となり藻類の大発生，酸素の枯渇，魚類の死滅を招くことがある．

湿　原

物理的環境　**湿地 wetland** とは，少なくともある一定期間は冠水し，水で飽和した土壌に適応した植物が生育する場所である．湿原によって，常時冠水しているところ，あるいは，ときどき洪水に見舞われるところがある．

化学的環境　植物による高い有機物生産と微生物などによる分解のため，水も土壌も周期的に酸素濃度の低下が起こる．湿地は溶解した栄養素や化学汚染物質を濾過（ろか）する能力が高い．

地学的特性　「盆地域湿地」は，台地の窪みから堆積が進んだ湖や池を含む．浅い盆地で発達する「河川域湿地」は，浅瀬や周期的な洪水による氾濫原に形成される．沿岸域湿地は，大きな湖や海の岸に沿って形成され，湖水面の上昇や潮の干満によって，水流が出入りする．したがって，そこには淡水バイオームと海洋バイオームの両方が含まれる．

光合成生物　湿地は地球上で生産力が最も高いバイオームである．水で飽和した土壌は，スイレン，ガマ，スゲ類，ヌマスギ，クロトウヒなどの生育に適している．そのような植物は，空気にさらされていない水が存在するため定期的に無気的になる土壌に適応している．湿原では木本植物が優占するが，沼地ではミズゴケが優占する．

従属栄養生物　湿地はさまざまな無脊椎動物や鳥類など，多様な生物群集が分布している．甲殻類，水生昆虫の幼生，マスクラットなどの草食者が藻類，デトリタス，植物を消費する．肉食者も多様で，トンボ，カワウソ，カエル，ワニ，アオサギなどが含まれる．

人間の影響　湿原は，水質浄化や洪水を緩和する機能をもつ．排水と埋め立てによって，湿地の90%近くが破壊されている．

英国の盆地域湿地

河　川

物理的環境　河川の最も顕著な物理的特徴は水流の速度と量である．一般的に，上流では水流は冷たく，透明度が高く，乱流を生じ，速く流れる．下流では多くの支流が合流し，水は比較的温かく，堆積物が運ばれてくるため濁っている．河川は垂直な層状構造をもつ．

化学的環境　河川の水の塩と栄養素の濃度は，源流から河口にかけて増加していく．一般的に，上流は酸素に富んでいる．下流も，富栄養化がなければ，酸素を十分に含んでいる．河川における有機物の大部分は，不溶性あるいは細かく破砕された物質で，水流によって森林から運ばれてくる．

地学的特性　上流は狭く，川底は岩盤で，浅瀬と深い淵を交互に繰り返しながら流れる．下流は広く，曲がりくねる．川底は長期にわたる堆積によって粘土質であることが多い．

光合成生物　草原や砂漠を流れる上流域では，光合成プランクトンや有根の水生植物が豊富に存在する．

ワシントンの源流

従属栄養生物　汚染されていない河川には，多様な魚類と無脊椎動物が生息し，それらの生物は，垂直な層状構造に応じて，あるいは，それらすべての層に分布する．温帯林や熱帯林を流れる川では，陸上の植生からの有機物が水生消費者の主要な食物源となる．

人間の影響　都市化や農業および工業による汚染は，水質を悪化させ，水生生物を死滅させる．ダム建設や洪水調節は，河川生態系の自然の機能を損ない，サケなどの回遊魚種を脅かしている．

源流から遠く離れたロワール川（フランス）

河 口 域

物理的環境　**河口域 estuary** は，川と海の間の移行域である．満ち潮時には海水が川をさかのぼり，引き潮時には流れ下る．ほとんどの場合，密度の大きい海水が底層を占め，密度の小さい川の淡水が表層を占めるが，両者は少ししか混ざり合わない．

化学的環境　河口の場所によって，塩は淡水に近い濃度から海水に近い濃度まで変化する．塩濃度は潮の満ち引きによっても変わる．川からの栄養素により，河口は湿地と同じくらい，最も生産力の高いバイオームである．

地学的特性　河口域の水流は，川や海の潮汐水によって運ばれた堆積物と合わさって，水路，島，沖積堤および干潟の複雑なネットワークをつくり出す．

光合成生物　塩湿地の草本と植物プランクトンを含む藻類が，河口域の主要な生産者である．

従属栄養生物　河口域は，豊富な環形動物，カキ，カニ，および人間が消費する多くの魚種を支えている．多くの海生無脊椎動物や魚は，河口域を繁殖場所として利用し，河口域から上流の淡水域まで移動するものもある．また，河口域は，水鳥や一部の海生哺乳類の採餌場所としても重要である．

人間の影響　埋め立てや浚渫（しゅんせつ），上流からの汚染によって，河口域は世界中で破壊されている．

南スペインの河口域

次ページに続く

▼図 52.15　探究　主要な水域バイオームの分布（続き）

潮間帯

物理的環境　潮間帯 intertidal zone は，潮の満ち引きによって1日に2回周期的に海水に水没したり現れたりする場所である．上層は空気にさらされる時間が長く，温度や塩濃度の変化が大きい．上層から下層にかけての物理的条件の変化が，写真に示されているように，多くの生物の分布を特定の層に制限している．

化学的環境　酸素と栄養素の濃度は一般に高く，潮の満ち引きで更新される．

地学的特性　潮間帯の基質は，通常，岩または砂で，そこに生息する生物の行動や構造を選択している．湾や海岸線の形状は，潮位や，波の強さに対する潮間帯生物の露出に影響する．

光合成生物　岩礁性の潮間帯の特に下層では，付着性藻類が多様で生物量も大きい．砂地で波の力が強い潮間帯では，付着性の植物や藻類は見られないが，波の少ない湾内や潟湖の砂地では海草や藻類が豊富に存在することもある．

従属栄養生物　岩礁性の潮間環境の動物の多くは，固い基質に付着できる構造的適応を身につけている．潮間帯の上層から下層にかけて，動物の種組成，密度および多様性は大きく変化する．砂地や泥地にいる懸濁物食の環形動物や貝類，捕食性の甲殻類などは，砂や泥に潜って，潮が運んでくる餌を食べている．その他よく見られる動物は，カイメン，イソギンチャク，棘皮動物，小型の魚類である．

人間の影響　油による汚染が，多くの潮間帯を破壊している．波や高潮による浸食を抑えるための岸壁や防壁の建設が，さまざまな場所で潮間帯を破壊している．

オレゴン州沿岸の岩礁性の潮間帯

海洋沖層

物理的環境　海洋沖層 oceanic pelagic zone は，広大な青い海の世界で，風の力で起こる海流によって絶えず撹拌されている．水の透明度が高いため，沿岸部の海水よりも，有光層がずっと深いところにまで達している．

化学的環境　酸素濃度は一般的に高い．栄養素の濃度は，沿岸部より低いのがふつうである．熱帯域では年間を通じて水温による層が存在するため，一部の熱帯の海洋沖層は，温帯域より栄養素濃度が低い．温帯域や高緯度の海洋では，秋から春にかけてのターンオーバーによって有光層の栄養素が更新される．

地学的特性　このバイオームは地球の表面積の約70％を占め，深さは平均で約4000 mある．海洋の最も深い地点は，海面から10 000 mよりも下にある．

光合成生物　最も優占する光合成生物は，光合成細菌を含む植物プランクトンで，彼らは海流に乗って浮遊する．温帯の海洋における春のターンオーバーは栄養素を更新し，植物プランクトンの大発生を引き起こす．このバイオームは広大なので，光合成プランクトンによる光合成生産は，地球全体の光合成活動の約半分を占める．

従属栄養生物　このバイオームで最も豊富に存在する従属栄養生物は，動物プランクトンである．これらは，原生動物，環形動物，カイアシ類，オキアミ，クラゲ，無脊椎動物や魚の小さな幼生などで，植物プランクトンを食べている．大型のイカ，魚類，ウミガメ，海産哺乳類などの泳ぎ回ることのできる動物もいる．

人間の影響　過度の漁獲が，世界中の海の魚類資源を減少させている．海洋生物は，汚染，海洋酸性化，地球温暖化によっても汚染されている．

アイスランド近くの外洋

サンゴ礁

物理的環境　サンゴ礁 coral reef は，おもにサンゴの炭酸カルシウムの骨格からできている．浅海性の造礁サンゴは，島や大陸の沿岸部分で，透明度が高い比較的安定な熱帯の海の有光層に生育している．彼らは 18 ～ 20℃以下および 30℃以上の水温に影響を受けやすい．深海性サンゴ礁は 200 ～ 1500 m の深さに見られ，浅海性サンゴほど知られていないが，浅海性サンゴと同じくらい多様性が高い．

化学的環境　サンゴは高い酸素濃度を必要とし，淡水や栄養素が大量に入り込むと存在できなくなる．

地学的特性　サンゴは付着できる固い基質を必要とする．典型的なサンゴ礁は，若くて標高のある島に接した「裾礁（きょしょう）」として発達が始まり，島が年老いて沈下するに従って，島から離れた「保礁」になり，ついには「環礁」になる．

光合成生物　サンゴの組織中には渦鞭毛藻類が生育し，サンゴに有機分子を提供する相利的共生関係にある．サンゴ礁に生育する多様な多細胞性の紅藻類や緑藻類も，光合成のかなりの部分に貢献している．

紅海のサンゴ礁

従属栄養生物　サンゴは刺胞動物の多様なグループで，サンゴ礁の優占動物である．しかし，魚類や無脊椎動物も著しく多様である．全体としてのサンゴ礁の動物多様性は，熱帯多雨林の多様性に匹敵する．

人間の影響　サンゴの骨格の収集や過度の漁獲が，サンゴや魚類の個体群を減少させている．地球温暖化や汚染も，大規模なサンゴの死滅に関係しているかもしれない．沿岸域のマングローブを養殖場として開発することも，多くのサンゴ礁魚類の産卵場所を減少させている．

海底層

物理的環境　海底域 marine benthic zone は，浅海域 neritic zone や浅海帯，沖帯や外洋の海底からなっている．浅い沿岸域を除いて，海底域は光を受けない．水温は深さが増すにつれて低下し，一方水圧は上昇する．その結果，非常に深い海底域，すなわち深層の生物は，恒常的な低温（約 3℃）と極度に高い水圧に適応している．

化学的環境　有機物に富んでいる場所を除けば，酸素は多様な動物を支えるのに十分な濃度がある．

地学的特性　ほとんどの海底域は，軟らかい沈積物に覆われている．しかし，サンゴ礁や海底山脈，海底火山によってつくられた新しい海底地殻には岩石の基質が存在する．

独立栄養生物　光合成生物，おもに海藻や糸状の藻類は，光が十分に当たる浅い海底域に限られる．中央海嶺にある火山由来の深海の**熱水噴出孔 hydrothermal vent** の周辺には，独特の生物群集が見られる．この暗黒で熱い環境では，食物生産者は化学的独立栄養の原核生物であり，彼らは溶解した硫酸イオン（SO_4^{2-}）と熱水との反応でできた硫化水素（H_2S）を酸化してエネルギーを得ている．

従属栄養生物　陸棚の海底の生物群集は，多数の無脊椎動物と魚類からなる．有光層を超える深さでは，ほとんどの消費者は上方から降ってくる有機物にすべて依存している．深海の熱水噴出孔にいる動物には，（左の写真に示されたような）1 m 以上になる巨大なチューブワーム（ハオリムシ）が含まれる．彼らは，体内に共生している化学合成原核生物から栄養を提供されている．熱水噴出孔の周辺には，節足動物や棘皮動物などの他の無脊椎動物も豊富に存在している．

人間の影響　過度の漁獲は，ニューファンドランド沖のグランドバンクスのタラのような重要な底生魚の個体群を激減させている．有機廃棄物の投棄は，酸素が欠乏した海底をつくり出している．

深海の熱水噴出孔の生物群集

Carnegiea gigantea は，そのほとんどが米国南西部とメキシコ北西部のソノラ砂漠に分布する（図 52.16）．北になるにつれて，その分布は非生物的要因，つまり温度で制限される．サグアロサボテンは短い時間（半日程度）であれば，氷点下の気温に耐えることができる．しかし，－4℃以下の気温では生きることができない．同じような理由で，サグアロサボテンは標高 1200 m 以上には，めったに分布しない．

しかし，温度だけでサグアロサボテンの分布を説明することはできない．では，サグアロサボテンが，ソノラ砂漠の西部に分布しない理由は何だろうか．これには水の利用可能性が重要である．植物の芽生え（実生）が生存するには湿潤な条件が連続した年数継続する必要があり，そのようなことは 100 年に数回しかない．生物的要因も同様にサグアロサボテンの分布に影響する．ネズミ類やヤギのような植食性動物は，実生を摂食し，コウモリは夜に咲く白い大きな花に訪花して植物の受粉を助ける．サグアロサボテンの例と同様に，その他多くの種の分布を説明するために，生態学者は，複数の要因あるいは代替的な仮説を検討する必要がある．

生態学者がどのようにして結論に到達するのかを理解するため，図 52.17 のフローチャートにある一連の問いで示された生態学的要因を考えてみよう．

ソノラ砂漠
サグアロサボテンが見られる場所

▲図 52.16　**北米におけるサグアロサボテンの分布．** 氷点下の温度がサグアロサボテンの分布をとても制限しているが，その他の生物的，非生物的要因も重要である．

分散と分布

生物の全球的な分布にとても影響する要因は**分散 dispersal**，すなわち，個体あるいは配偶子の起源した場所もしくは個体数密度の高い地域からの分散や移動である．たとえば，陸地に縛りつけられたカンガルーは，自分たちの力ではアフリカには到達できなかった．一方，一部の鳥類のように，比較的容易に分散できる生物もいる．生物の分散は，現在の生物分布の広域的なパターン（たとえば，本章の最初で説明した太平洋における珪藻の種の分布）や，進化における地理的隔離の役割（24.2 節参照）を理解するうえで重要なプロセスである．

自然の分布拡大と適応放散

分散の重要性は，生物が以前は分布していなかった場所に到達したときに，最も明らかになる．いわゆる分布拡大である．たとえば，アマサギ *Bubulcus ibis* は，200 年前はアフリカと南西ヨーロッパにだけ分布していた．しかし，1800 年代の後半には，大西洋を越えて南米の北東部に定着した．そこから，アマサギは，南と北へ徐々に分布を拡大し，中米を通じて北米へ侵入し，1960 年までにフロリダへ到達した（図

▼図 52.17　**地理分布を制限する要因のフローチャート．** 生態学者が，種の分布を制限する要因を研究する場合，ここに示されたような一連の問いを検討する．複数の要因が種の分布に関係しているので，図中の「はい」の矢印で導かれるように，生態学者はこれらすべての問いを考えるだろう．

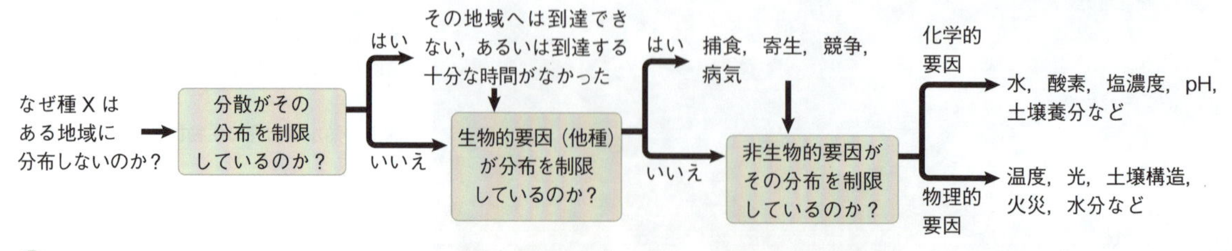
なぜ種 X はある地域に分布しないのか？
分散がその分布を制限しているのか？
はい
その地域へは到達できない，あるいは到達する十分な時間がなかった
いいえ
生物的要因（他種）が分布を制限しているのか？
はい
捕食，寄生，競争，病気
いいえ
非生物的要因がその分布を制限しているのか？
化学的要因
水，酸素，塩濃度，pH，土壌養分など
物理的要因
温度，光，土壌構造，火災，水分など

？ 水界と陸上の生態系で，さまざまな非生物的要因の重要性はどのように異なるのだろうか．

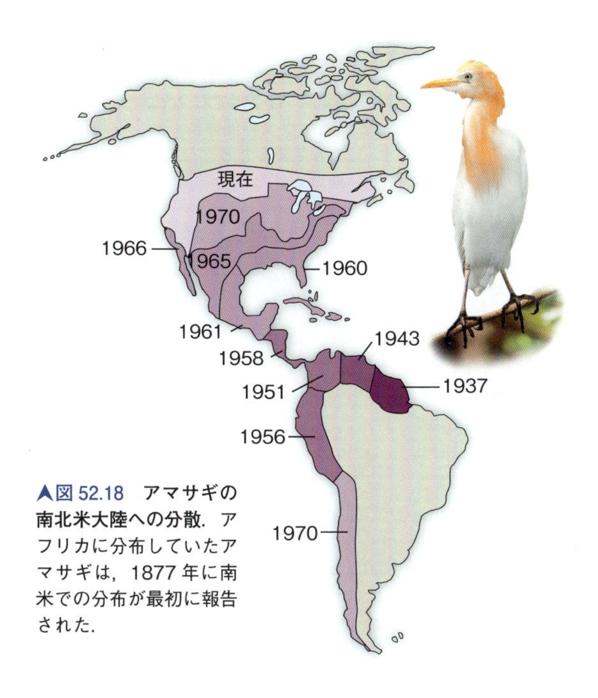
現在
1970
1966
1965
1960
1961
1943
1958
1937
1951
1956
1970

▲図 52.18 **アマサギの南北米大陸への分散.** アフリカに分布していたアマサギは，1877 年に南米での分布が最初に報告された．

▼図 52.19 **ウニによる被食が海藻の分布に与える影響.** ウニが除去された場所（実験区）における海藻の被度は，ウニが除去されていない対照区に比べて，非常に大きくなった．

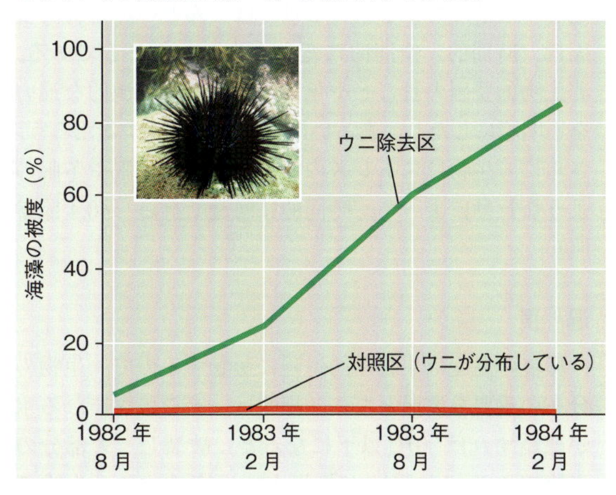
100
80
60
40
20
0
海藻の被度（%）
ウニ除去区
対照区（ウニが分布している）
1982 年 8 月
1983 年 2 月
1983 年 8 月
1984 年 2 月

52.18）．今日，アマサギの繁殖個体群は，西は米国の太平洋岸から北はカナダ南部にまで達している．

まれではあるが，そのような長距離分散は，祖先種が多くの生態学的ニッチに分化した新種を急速に進化させ，適応放散を引き起こすこともある．ハワイの銀剣草類の多様性は適応放散の一例で，北米のタールソウが祖先種でハワイへ長距離分散した（図 25.22 参照）．

自然な分布域の拡大は，分散が分布に与える影響を明瞭に示している．しかし，そのような直接的な分散を観察する機会はまれである．そのため，生態学者は，分散が種の分布を制限していることをよりよく理解するために，実験的な方法を用いることが多い．

種の移入

分散が種の分布を制限する鍵となる要因かどうかを検証するため，生態学者は，ある種が以前は分布していなかった場所へ意図的あるいは偶然的に移入した結果を観察する．移入が成功したとみなす場合，その生物が新たな場所で生存するだけでなく，そこで持続的に繁殖しなければならない．もし，移入が成功したなら，そのとき，種の潜在的な分布域は，現実の分布域よりも大きくなり，つまり，その種は現在分布していない場所でも生育できると結論づけられる．

新たな地理的な場所へ導入された種は，在来の群集や生態系を撹乱することがよくある（56.1 節参照）．よって，生態学者が，新たな地理的な場所へ種を移動させることはめったにない．それよりもむしろ，ある種がなんらかの目的（たとえば，病虫害管理のための捕食者導入の目的，あるいは偶然）で移入されたときに生じた結果について報告する．

生物的要因

次の問いは生物的要因，すなわち他種が分布に関係しているかどうかである．多くの場合，種の生存や繁殖する能力は，捕食者（被食者を殺す生物）あるいは植食者（植物や藻類を食べる生物）によって制限される．図 52.19 は，植食者であるウニ *Centrostephanus rodgersii* が餌生物の種の分布を制限している例を示している．ある海洋生態系において，ウニの量と海藻（ケルプのような多細胞性の藻類）の量の間には，しばしば負の相関関係があることが知られている．海藻や藻類を食べるウニがたくさんいる場所では，海藻の大群落は成立しない．図 52.19 で示されているように，オーストラリアの研究者は，ウニが海藻の分布を制限する生物的要因であるという仮説を検証した．実験区からウニを除去すると，海藻が劇的に増加し，ウニが海藻の分布を制限していることが示された．

捕食や植食に加えて，花粉媒介者の在・不在，食物資源，寄生，病気，競争種なども，種の分布に影響する生物的制限要因となる．このような生物的な制限は，自然界では一般的である．

非生物的要因

図 52.17 のフローチャートの最後の問いは，温度，水，酸素，塩，日光，土壌などの非生物的要因が種の分布を制限するかどうかである．もし，ある場所の物

理的条件がある種の生存や繁殖を許さないならば，その種はその場所で見られないだろう．ここでの議論を通して理解してほしいことは，ほとんどの非生物的要因は，時間的，空間的に変動するということである．非生物的要因の日ごとや年間の変動は，地域的な違いを不明瞭にしたり，あるいは際立たせたりするだろう．さらに，生物はストレスのある条件を，休眠や冬眠のような行動によって，時間的に回避できる（40.4 節参照）．

温　度

環境の温度は生物学的過程に影響するので，生物の分布の重要な要因となる．細胞は，そこに含まれる水が凍結すれば（0℃以下になると）破裂し，大部分の生物のタンパク質は 45℃以上では変性する．生物の機能は，ある範囲内の環境の温度において最高となる．哺乳類や鳥類では，外界の温度が体内の温度を調節するためにエネルギーを消費する（図 40.17 参照）．好熱性の原核生物では，他の生物が生存できる範囲を超えた温度でも生育できるという驚くべき適応が見られる．

前にも説明したように，気候変化は数百の種の地理的分布域を変化させている．ある種の分布域の変化は，他の種の分布にも大きく影響する．海水温の上昇がウニ *C. rodgersii* の分布域に与えた影響を考えてみよう．オーストラリア南部のタスマニアの沿岸の海水温は，1950 年以来，11.5℃から 12.5℃へ上昇した．*C. rodgersii* の幼生は温度が 12℃以下でしか正常に発達できない．したがって，海水温の上昇は *C. rodgersii* の分布域を南へ拡大させた（図 52.20）．このウニは，ケルプなどの海藻を大量に摂食する．よって，ウニの分布拡大によって，多様な生物の生育場所であった海藻群集は，完全に破壊されてしまった（図 52.20 のオレンジ色の線で示された沿岸域）．

水と酸素

水の利用可能性が生育場所間で大きく異なることは，種の分布を決めるもう 1 つの重要な要因である．海岸あるいは塩性湿地に生育する種は，潮が引くと乾燥する．陸上の生物は，絶えず脱水に脅かされており，その分布は，水の摂取能力や水の保持能力を反映している．図 52.1 の小さなカエルのような，多くの両生類は，湿った繊細な皮膚でガス交換をするので，特に乾燥に弱い．砂漠の生物は，乾燥した環境で水を摂取し保持するための多様な適応を示す（44.4 節参照）．

水は，水中の環境や冠水した土壌における酸素の利用可能性に影響する．酸素は，水中をゆっくりと拡散するので，細胞の呼吸やその他の生理的過程を制限する．酸素濃度は，深海や深い湖そして有機物の豊富な堆積物中などで，特に低い．冠水した湿地の土壌も酸素濃度は低いだろう．マングローブなどは，水の上に突出し根系が酸素を吸収できるように特殊化した根をもっている（図 35.4 参照）．多くの冠水した湿地とは異なり，河川の表層の水は，大気とのガス交換がすみやかなので酸素濃度は高い．

▼図 52.20　**ウニの分布域拡大．** 1950 年代以来，タスマニア沿岸の海水温が上昇し，ウニ *C. rodgersii* の分布域を南へ拡大させている．太いオレンジ色の線は，各年代で *C. rodgersii* の移入が観察された場所を示している．ウニの個体群が新たな場所にいったん定着したら，ウニはケルプ群集を崩壊させた．

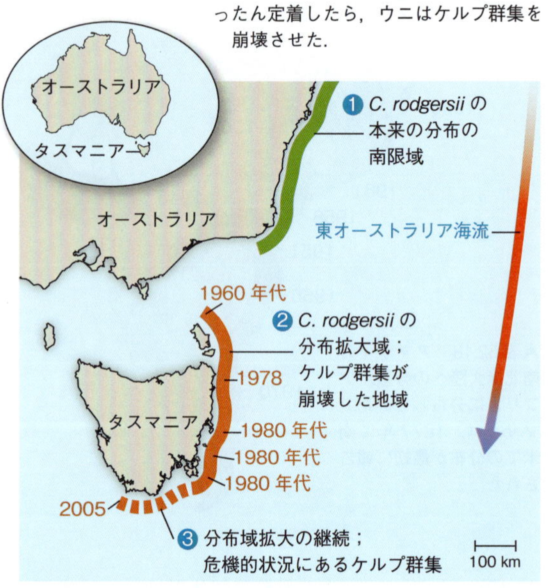

オーストラリア
タスマニア
① *C. rodgersii* の本来の分布の南限域
オーストラリア
東オーストラリア海流
1960 年代
② *C. rodgersii* の分布拡大域；ケルプ群集が崩壊した地域
1978
タスマニア
1980 年代
1980 年代
1980 年代
2005
③ 分布域拡大の継続；危機的状況にあるケルプ群集
100 km

塩　分

水中の塩濃度は，浸透圧を通して生物の水分調節に影響する．ほとんどの水生生物は，浸透圧調節に限界があるため，淡水か海水かどちらかの生育場所に制限されている（44.1 節参照）．ほとんどの陸上生物は，特殊化した腺や糞や尿によって塩分を排出する．塩床や塩濃度の高い場所には，植物や動物の種はほとんど分布しないのがふつうである．**科学スキル演習**で，植物の分布に対する塩濃度の影響を実験で検証したデータを見てみよう．

サケは淡水と海の間を移動し，浸透圧調節のための行動的，生理的しくみをもっている．サケは，体内の塩濃度を保つため大量の水を摂取し，鰓（えら）によって，淡水では塩分を摂取し，海では塩分を排出するように切り替えている．

科学スキル演習

棒グラフと線グラフを作成してデータを解釈する

塩濃度と競争は河口域の植物の分布にどのように影響しているのだろうか　野外観察によると，*Spartina patens*（塩湿地のイネ科草本）は塩湿地の優占種で，ホソバヒメガマ *Typha angustifolia* は淡水湿地の優占種である．この演習では，非生物的要因と生物的要因（競争）が，これら２種の植物の成長に与えた影響に関する実験結果をグラフ化して，それを解釈してみよう．

▲ *Spartina patens*　▲ ホソバヒメガマ

実験方法　*S. patens* とホソバヒメガマは，それぞれ近接する個体ある状態（個体間競争あり）とない状態（個体間競争なし）で，野外の塩湿地と淡水湿地の実験区に植栽された．２シーズン（1.5 年）の後，それぞれの実験区で各種の生物量が測定された．さらに，温室における６つの塩濃度で，これら２種の植物を生育させ，８週間後に各塩濃度における生物量が測定された．

野外実験データ

（実験区は 16 反復で，表中の数字は平均値）

	平均生物量（g/100 cm^2）			
	Spartina patens		ホソバヒメガマ	
	塩湿地	淡水湿地	塩湿地	淡水湿地
近接個体あり	8	3	0	18
近接個体なし	10	20	0	33

温室実験データ

塩濃度（千分率）	0	20	40	60	80	100
%最大生物量（*S. patens*）	77	40	29	17	9	0
%最大生物量（*T. angustifolia*）	80	20	10	0	0	0

データの出典　C. M. Crain et al., Physical and biotic drivers of plant distribution across estuarine salinity gradients, *Ecology* 85: 2539-2549 (2004).

データの解釈

1. 野外実験のデータを棒グラフにしてみよう（グラフに関する追加の情報として，付録 F を参照）．グラフから，*S. patens* とホソバヒメガマの耐塩性について考えてみなさい．
2. 野外実験のデータに基づいて，競争が成長に与える影響を考えてみよう．競争によって成長がより制限されているのは，どちらの種だろうか．
3. 温室実験のデータを線グラフにしてみよう．表に示された塩濃度と生物量の変数のどちらを独立変数あるいは従属変数にすべきか考えて，それらをグラフの縦軸と横軸にしてみなさい．
4. (a) 野外において *S. patens* は，ふつう淡水湿地に分布しない．これは，塩濃度が原因なのか競争が原因なのか，実験データに基づいて考えなさい．(b) ホソバヒメガマは塩湿地には生育していない．これは，塩濃度が原因なのか競争が原因なのか，実験データに基づいて考えなさい．

日　光

日光は，ほとんどの生態系を駆動させるエネルギーで，日光があまりに少ないと光合成を行う種の分布を制限する．森林では，樹上の葉が光をさえぎるため，光をめぐる競争を激しくする．これは，特に，林床に生育する実生にとって顕著である．水中の環境では，水深 1 m ごとに，そこを通過する赤色光の約 45% と青色光の約 2% が吸収される．したがって，光合成のほとんどは，水面近くで行われる．

過度の光も生物の分布を制限する．砂漠のような一部の生態系では，植物や動物が光を避けたり，蒸散によって自身の体を冷却できなければ，強い光によって温度ストレスが増加する（図 40.12 参照）．高い標高では紫外線を吸収する空気が薄いため，太陽光線によって DNA やタンパク質が損傷されやすくなる．他の非生物的ストレスと合わさって，紫外線による損傷は，樹木がある標高以上で生存することを妨げる．これにより，山の斜面には森林限界線が形成される（図 52.21）

岩石と土壌

陸上の環境では，岩石や土壌の pH，鉱物組成，物理的構造が，植物やそれを食べる動物の分布を制限し，

▼図 52.21　**カナダのバンフ国立公園における高山の森林限界線.** 高地に生育する生物は，強い紫外線だけでなく，氷点下の気温，水分不足，強風にもさらされる．森林限界線より上部では，そのような要因が複合的に，樹木の成長や生存を制限する．

陸上の生態系の空間的な異質性を生み出す．土壌のpHは，極端な酸性やアルカリ性の条件を通して，生物の分布を直接的に制限し，あるいは，栄養素や毒素の溶解性に影響して間接的に生物の分布を制限する．たとえば，土壌のリンは，塩基性土壌では難溶性で，植物が利用できない形態で供給される．

河川では河床を形成する岩石や土壌の組成が，水の化学的性質に影響し，ひいてはそこに生息する生物に影響を与える．淡水や海の環境では，基質の構造によって，そこに付着したり穴を掘ったりする生物が決まる．

概念のチェック 52.4

1. 人間の行為が（a）種の分散や（b）生物的な相互作用を介して，種の分布を拡大させる例を挙げなさい．
2. **どうなる？➤**シカは樹木の実生を選好して食べることにより，樹木種の分布を制限する，ということを予想した．この仮説を検証する方法を述べなさい．
3. **関連性を考えよう➤**ハワイの銀剣草類は，ハワイ島が形成されて間もない頃に，その祖先種が移入してから，驚くほど適応放散した（図 25.22）．南北アメリカ大陸に移入したアマサギも（図 52.18 参照），同様に適応放散すると予想されるだろうか，考察しなさい．

（解答例は付録 A）

52.5

生態的変化と進化は，長期的あるいは短期的な時間スケールで互いに影響している

生物学者は，生態学的な相互作用が進化的な変化を引き起こす，あるいはその逆もあることをずっと考えてきた（図 52.22）．生命の歴史には数多くの事例があり，生態学的相互作用と進化の相互的な効果が，長い時間をかけて生じることを示している．ここで，植物の起源と多様化を考えてみよう．29.3 節で説明したように，植物の起源は，炭素の化学循環を変化させ，大気から大量の二酸化炭素を除去した．時間とともに植物の適応放散が進むにつれ，新たな植物種の出現が，昆虫などの動物の新たな生息場所や食物を提供した．さらに，新たな生息場所や新たな食物資源は，動物の種分化の爆発を引き起こし，さらなる生態的変化をもたらした．その他にも多くの例があり，生態的変化と進化的変化は継続し，互いに大きく影響を与えた．

植物の起源で示されたように，生態的変化と進化的変化の相互関係は数百万年にわたって生じる．数百年から数千年のスケールで生じる「生態–進化フィードバック」も，よく知られている．たとえば，24.2 節で解説したカダヤシやミバエなどである．しかし，生態的変化と進化的変化の相乗効果は，より短い時間スケールでも一般的なのだろうか．前章で見たように，数年から数十年のスケールで，生態的変化は進化的変化を引き起こす．たとえば，ムクロジムシの口吻（こうふん）の長さの変化（図 22.13 参照）や新たなヒマワリの種の形成（図 24.18 参照）などである．

最近の研究から，因果関係には両方の道筋があることがわかっている．速い進化も生態的変化を引き起こす．たとえば，トリニダードのグッピー *Poecilia reticulata* の個体群は，捕食者が除去されると，体色が急速に進化し（22 章の「科学スキル演習」参照），大きな子どもを少数産むようになる．一方，より大きな体サイズの進化は，河川生態系における窒素の利用可能性を変化させる（図 52.23）．小さな魚よりも，大きな体サイズの魚はより多くの窒素を排出するので，藻類のような一次生産者の成長に貢献する．つまり，これらの研究例は，生態的変化と進化は潜在的に，互

▼図 52.22　**生態学的変化と進化的変化の相互的効果.** 捕食者の分布拡大のような生態学的変化は，被食者個体群の選択圧を改変する．これは，被食者個体群における新たな防御機構の頻度の増加のような，進化的変化を引き起こす．そのような変化は，さらに生態学的相互作用の結果を変化させる．

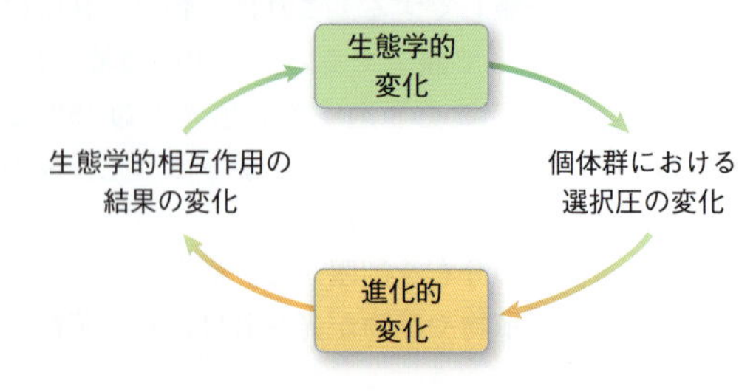
生態学的
変化
個体群における
選択圧の変化
進化的
変化
生態学的相互作用の
結果の変化

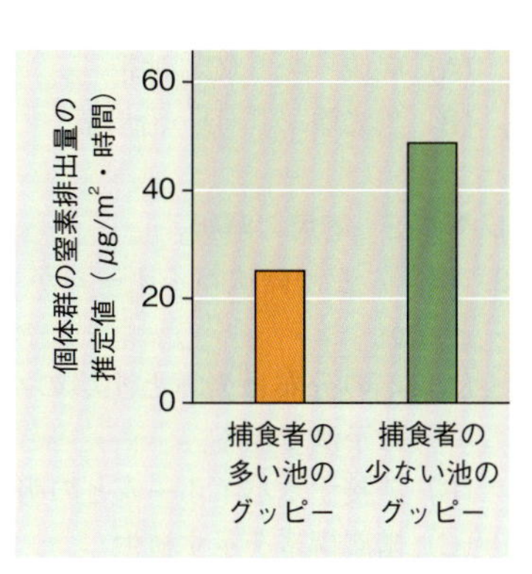
個体群の窒素排出量の推定値（μg/m²・時間）
60
40
20
0
捕食者の多い池のグッピー
捕食者の少ない池のグッピー

➤図 52.23　**相互的な生態–進化的フィードバックの例．** 捕食者の少ない池では，グッピー *Poecilia reticulata* は体サイズが大きくなる方向へ進化する．これら大きな体サイズの個体群は，捕食者の多い池の小さな体サイズ個体群より，多くの窒素を排出する．

いにすみやかなフィードバック効果をもっていることを示している．生態的変化と進化の複雑な関係性については，人間の影響などが自然界に与える影響を予測する場合にも考える必要がある．

概念のチェック 52.5

1. 生態的変化と進化が互いにどのように影響し合っているか，例を挙げて説明しなさい．
2. 関連性を考えよう➤漁業では，老齢でより大きな体サイズのタラを対象に漁獲するので，それが選択圧となり，タラの繁殖を若齢化し体サイズを小さくする．また，若くて小さなタラの産卵数は，老齢の個体に比べて少ない．漁獲に応答した進化は，タラ個体群の乱獲に対する資源回復力にどのような影響を与えるだろうか，予想しなさい．その他の相互的な生態–進化フィードバックは，どのようなことを引き起こすだろうか（23.3 節参照）．

（解答例は付録 A）

52 章のまとめ

重要概念のまとめ

52.1

地球上の気候は緯度と季節によって異なり，急速に変化している

- 地球的な**気候**のパターンは，太陽エネルギーの入力と地球の公転によっておもに決定される．
- 1年を通した太陽の角度の変化，水域，山岳などが，気候に季節的，地域的，局所的な影響を与える．
- 日光や温度のような物理的もしくは**非生物的**要因の微細規模での違いが，**微気候**を決定する．
- 大気中の温室効果ガスの濃度の上昇は，地球を温暖にし，多くの種の分布を変化させる．一部の種は，生息地として適した場所へ分布域をすみやかに移動させることができないだろう．

? 地球的な大気循環が，突然，逆流したシナリオを考えてみよう．湿った空気が北緯・南緯 30° で上昇し，赤道で下降した．この場合，どの緯度帯で砂漠が最も形成されやすいだろうか．

52.2

気候と撹乱が陸域バイオームの分布を決定する

- **クライモグラフ**は温度と降水量が**バイオーム**と関係していることを示している．その他の要因もバイオームの場所や，バイオームの重複に影響している．
- 陸域のバイオームは，おもな物理的要因や気候的要因にちなんで命名されていることが多い．階層構造は，陸域バイオームの重要な特徴である．
- **撹乱**（自然撹乱や人為撹乱）は，バイオームの植生タイプに影響を与える．人間は，地表の大部分を改変し，図 52.12 で示されたように，本来の陸上の生物群集を都市や農地に転換してきた．
- 気候の変動パターンは，それぞれのバイオームが成立する場所を決定するうえで，平均的な気候と同じくらい重要である．

? サバンナ生態系とそこに生育する植物にとって，撹乱がいかに重要だろうか．

52.3

地球の大部分を覆う水域バイオームは多様かつ動的な系である

- 水域バイオームは，気候よりも，おもに物理的環境で特徴づけられ，光の透過，水温，生物群集によって階層化されていることが多い．海洋バイオームは，淡水バイオームよりも塩濃度が高い．
- 海や多くの湖では，**変温層**とよばれる水温が急激に変化する層が，上方のより均一で暖かい層と下方のより均一で冷たい層を分けている．
- 多くの温帯の湖では，春と秋に**ターンオーバー**が生じ水を撹拌する．これにより，深い層にある栄養素の豊かな水が表層に運ばれ，浅い層にある酸素濃度が高い水が深い層に運ばれる．

? 無光層で見られる水域バイオームは何か．

52.4

生物と環境の相互作用が種の分布を制限する

- 生態学者は，種がどこに分布するのかだけでなく，なぜそこにその種が分布するのかについても探究する．

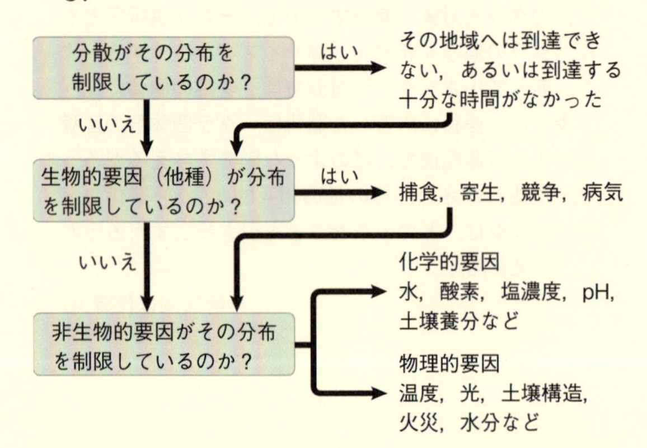
分散がその分布を制限しているのか？
はい
その地域へは到達できない，あるいは到達する十分な時間がなかった
いいえ
生物的要因（他種）が分布を制限しているのか？
はい
捕食，寄生，競争，病気
いいえ
化学的要因
水，酸素，塩濃度，pH，土壌養分など
非生物的要因がその分布を制限しているのか？
物理的要因
温度，光，土壌構造，火災，水分など

図読み取り問題➤あなたが生態学者で，種の分布に関する化学的あるいは物理的な制限要因を研究していた場合，種の分布制限を検証するこのフローチャートを，どのように再構成するか．

52.5

生態的変化と進化は，長期的あるいは短期的な時間スケールで互いに影響している

- 生態学的相互作用は進化的変化を引き起こす．たとえば，捕食者は被食者個体群における自然選択を引き起こす．
- 同様に，進化的変化は生態学的相互作用の効果を変化させる．たとえば，被食者個体群における新たな防御機構を発達させる機会を増加させる．

? 人間が新たな大陸にある種を導入したら，そこには，その種の捕食者や寄生者はほとんどいなかった．この場合，どのような生態–進化フィードバックをもたらすだろうか．

理解度テスト

レベル1：知識／理解

1. 下記の諸分野の中で，生態系間のエネルギー，生物および物質の交換に焦点を当てて研究する分野は，次のうちどれか．
(A) 生物生態学　(C) 生態系生態学
(B) 景観生態学　(D) 群集生態学

2. 非常に浅い湖には，次のうちどれが欠けているか．
(A) 底域　(C) 沖帯
(B) 無光層　(D) 沿岸帯

レベル2：応用／解析

3. ほとんどの陸域バイオームがもつ特徴は次のうちどれか．
(A) その分布は岩石と土壌のパターンによってほぼ予測できる
(B) 隣接するバイオームとの明確な境界
(C) 階層構造を示す植生
(D) 寒冷な冬

4. 海洋が生物圏に与える影響として，間違っているのはどれか．
(A) 生物圏の酸素の大部分を生産する．
(B) 大気から二酸化炭素を除去する．
(C) 陸域バイオームの気候を穏やかにする．
(D) 淡水バイオームと陸上の地下水のpHを調節する．

5. 分散についての以下の記述で，間違っているものはどれか．
(A) 分散は植物および動物の生活環における共通した要素である．
(B) 洪水や火山の噴火で荒廃した地域への生物の移入は分散に依存する．
(C) 分散は進化的時間スケールでのみ起こる．
(D) 分散能力は種の地理的分布を拡大させる．

6. 登山をすると生物群集の移り変わりを観察できる．この変化は次のどれと類似しているか．
(A) 緯度の違いによるバイオームの変化
(B) 海洋における海の深さに伴う変化
(C) ある生物群集における季節に伴う変化
(D) ある生態系における時間に伴う進化

7. 鳥の種数がおもにその環境における垂直的な階層の数によって決まるとしたら，最も種数が多く見られるのは次のどのバイオームか．
(A) 熱帯多雨林　(C) 砂漠
(B) サバンナ　(D) 温帯広葉樹林

レベル3：統合／評価

8. **どうなる？**　もし地球の自転が逆転した場合，最も起こり得ることは次のうちどれか．
(A) 1年の長さの大幅な変化
(B) 赤道付近で西から東の風が吹く
(C) 高緯度で季節的な変動がなくなる
(D) 海流の消失

9. **データの解釈**　図52.19を見た後，ラッコとウニ

とケルプの摂食関係を研究することを思い立ったとしよう．あなたは，ラッコがウニを食べ，ウニがケルプを食べることを知っている．4ヵ所の海岸で，あなたはケルプの量を測定し，各場所で1日を使って，日中の間5分おきに，ラッコがいるかいないかを調べた．以下に示されたデータを用いて，ケルプの量（*y*軸）とラッコの密度（*x*軸）のグラフを描きなさい．そして，このグラフのパターンを説明する仮説を立てなさい．

場所	ラッコの密度（1日あたりの目視数）	ケルプの量（被度%）
1	98	75
2	18	15
3	85	60
4	36	25

10. **進化との関連**　種の分布は進化的歴史と生態的要因に影響される．現在進行中の進化的変化も，種の分布に影響するだろうか，説明しなさい．

11. **科学的研究**　ワシントンのカーネギー研究所のジェンズ・クラウセン Jens Clausen らは，シエラネバダの山腹に生育するノコギリソウ *Achillea lanulosa* の大きさが，標高に伴ってどのように変異するのかを研究した．以下の図で示されたように，彼らは，低地のノコギリソウは高地の個体より概して大きいことを発見した．

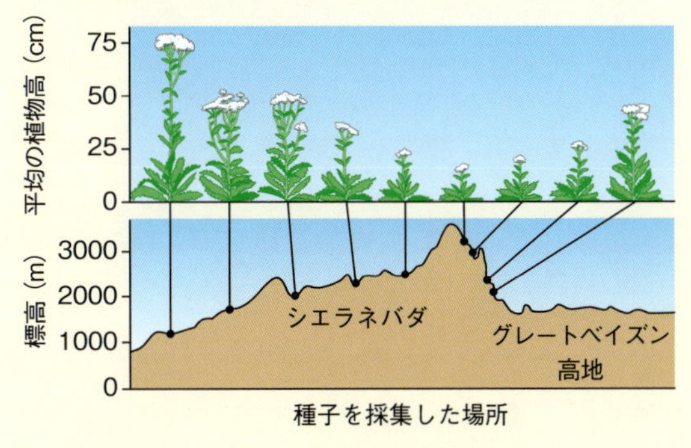
平均の植物高（cm）
75
50
25
0
標高（m）
3000
2000
1000
0
シエラネバダ
グレートベイズン
高地
種子を採集した場所

データの出典　J. Clausen et al., Experimental studies on the nature of species. III. Environmental responses of climatic races of *Achillea*, Carnegie Institution of Washington Publication No. 581 (1948).

クラウセンらは，種内の変異について2つの仮説を提示した．(1) 異なる標高の植物個体群は遺伝的に異なっている．(2) この種は成長に可塑性があり，形態的に大きくなったり小さくなったりできる．あなたが，低地と高地のノコギリソウから採集した種子をもっていた場合，これら2つの仮説を検証するために，どのような実験を行うだろうか．

12. **テーマに関する小論文：相互作用**　地球温暖化は北極の海や陸上の生態系で急速に生じている．そこでは，日光を反射する白い雪や氷床は，急速かつ広範に溶けて，暗い色の海水や植物や岩石が露出している．この過程がどのように正のフィードバックを引き起こすかを，300～450字で記述しなさい．

13. **知識の統合**　タンザニアのキリマンジャロを登っていくと，低地のサバンナ，山腹の森林，頂上近くの高山ツンドラなど，いくつかの植生（生物の生育地）を通過する．そのような多様な生育地が，なぜ赤道近くの場所で見られるのだろうか，説明しなさい．

（一部の解答は付録A）

個体群生態学
53

▲図 53.1　ウミガメの幼体の生存が，年によって変動するのは，なぜだろうか．

53 個体群生態学

重要概念

53.1 生物的要因と非生物的要因が個体群の密度，分布，動態に影響する

53.2 指数関数モデルは理想的な制限のない環境での個体群成長を表す

53.3 ロジスティック成長モデルは個体群が環境収容力に近づくとその成長がゆるやかになることを表す

53.4 生活史特性は自然選択の産物である

53.5 密度依存的要因が個体群成長を調節する

53.6 地球の人口はもはや指数的に成長していないが，いまだ急速に増加している

ウミガメの足跡

毎年，フロリダ海岸では，卵から孵化(ふか)した数千個体のアカウミガメ *Caretta carette* の幼体が砂浜をかき分けて，生まれて初めて大洋へ旅立っていく（図 53.1）．どれくらいの個体がうまく孵化に成功し，砂浜を通り抜けて海に到達するのだろうか．この数は，年によって大きく変動する．たとえば，卵はアライグマなどの捕食者に食べられる．地表に這い出てきた一部の幼体は，光で方向を見失って海から離れてしまい，鳥やカニによって捕食される．

捕食者や光のような要因がアカウミガメ個体群の大きさに与える影響を調査するのは，個体群と環境の関係を研究する**個体群生態学 population ecology** の一例である．個体群生態学は，生物的要因と非生物的要因が個体群の個体数，分布，齢構造に与える影響を探究する．

自然選択が遺伝する特性の個体間変異に作用し，遺伝子や表現型の頻度を変化させる場合，個体群は進化する（23.3 節参照）．生態学で個体群を見る場合でも，進化は依然中心的なテーマである．

本章では最初に，個体群の基本的な特徴を見ていく．それから，生態学者が個体群やそれを調節する要因を分析するための方法やモデルについて探究する．最後に，個体群生態学に関する基本的な概念を適用して，人間の個体群（人口）の大きさと構造に関する最近の傾向を考える．

53.1

生物的要因と非生物的要因が個体群の密度，分布，動態に影響する

個体群 population とは，ある同じ地域に生育する，1つの種の個体の集団を指す．個体群の構成個体は同じ資源に依存し，類似した環境要因によって影響され，互いに影響し繁殖する．

個体群は，一般に，それらの分布の境界や大きさ（境界内に生育している個体の数）によって定義される．生態学者は，研究対象の生物や検証する問いに応じて，任意に境界を定義して個体群を調査し始めることが多い．個体群の境界は，島や湖のような場合は自然に定義できるかもしれない．しかし，ミネソタ州のある地域におけるオークの木の研究のような場合には，調査者によって任意に個体群が定義されるだろう．

密度と分布

個体群の**密度 density** は，単位面積あたりあるいは単位体積あたりの個体の数である．たとえば，ミネソタ州のある郡の $1\ \text{km}^2$ あたりのオークの木の数であったり，試験管の 1 mL あたりの大腸菌 *Escherichia coli* の数である．**分布 dispersion** とは，個体群の境界内における個体の散らばり（距離のおきかた），すなわち，分布のパターンである．

密度：動的な視点

個体群の境界内のすべての個体を数えて個体数と密度を把握できる場合もある．たとえば，潮だまりのヒトデをすべて数えることはできるだろう．ゾウのような群れで暮らす大型哺乳類も，飛行機の上から個体を数えることができる場合がある．

しかし，ほとんどの場合，1つの個体群のすべての個体を数えるのは非現実的，あるいは不可能である．その代わり，生態学者はさまざまな標本抽出法を用いて，密度と全個体数を推定する．たとえば，いくつかの 100×100 m の調査区をランダムに設置し，その中のオークの木の数を数える．そして調査区における平均密度を計算し，それを外挿して全地域の個体数を推定する．このような推定は，標本調査区の数が多く，生育場所が均一な場合，とても正確なものとなる．他の方法として，生態学者は個々の生物を数える代わりに，巣，穴，足跡，糞などの数を個体数の指標として密度を推定する．生態学者は，野生動物の個体数を推定するために，**標識再捕獲法 mark-recapture method** も用いる（図 53.2）．

密度は，静的な特性ではなく，個体群に個体が加わったり除かれたりして変化するものである（図 53.3）．個体群への個体数の付加は，出生（ここではあらゆる

▼図 53.2

研究方法　標識再捕獲法を用いて個体数を推定する

適用　生態学者は，研究対象となる生物がすばやく移動したり，視界から隠れたりすると，個体群のすべての個体を数えることはできない．そのような場合，研究者は標識再捕獲法を用いて個体群の大きさを推定する．オタゴ大学のアンドリュー・ゴルムレイ Andrew Gormley と彼の同僚は，この推定方法をニュージーランドのバンクス半島近くの絶滅危惧種セッパリイルカ *Cephalorhynchus hectori* の個体群に適用した．

▲セッパリイルカ

技術　通常，科学者は，個体群の個体を無作為に選んで捕獲して，各個体に標識あるいは「しるし」をつけて放す．ある種の場合，研究者は個体を捕獲しなくても個体を識別できる．たとえば，ゴルムレイらは，ボートからイルカの特徴的な鰭（ひれ）を写真撮影して，180 頭のセッパリイルカを識別した．

標識された個体あるいは識別された個体を個体群に戻して，数日もしくは数週間経過してから，2度目の個体の捕獲あるいは個体の識別を行う．バンクス半島では，ゴルムレイの研究チームは，2回目の調査で 44 頭のイルカに遭遇し，そのうちの7頭が最初に写真撮影された個体だった．2回目の調査で捕獲された標識個体の数（x）を，2回目の調査の総捕獲個体数（n）で割った値は，最初の調査で標識して逃がした個体数（s）を推定個体数（N）で割った値と等しくなる．

$\frac{x}{n}=\frac{s}{N}$　これを推定個体数 N で整理すると，$N=\frac{sn}{x}$

この推定方法は，標識された個体と標識されていない個体が，同じ確率で捕獲あるいは識別されることを仮定している．また，標識された個体が個体群に完全に混じり合い，再調査されるまでの間に個体が出生，死亡，移入，移出しないことを仮定している．

結果　調査のデータによると，バンクス半島のセッパリイルカの推定個体数は，180×44/7=1131 頭となった．ゴルムレイらは反復調査によって，真の個体数は 1100 頭に近いことを示唆した．

データの出典　A. M. Gormley et al., Capture-recapture estimates of Hector's dolphin abundance at Banks Peninsula, New Zealand, *Marine Mammal Science* 21: 204-216 (2005).

データの解釈➤ 2回目の調査で遭遇した 44 頭のイルカのどれもが，1回目の調査で識別されていなかった場合を考えてみよう．N に関する式を解けるだろうか．個体群の大きさについて，どのように結論づけられるだろうか．

▼図 53.3 個体群動態．

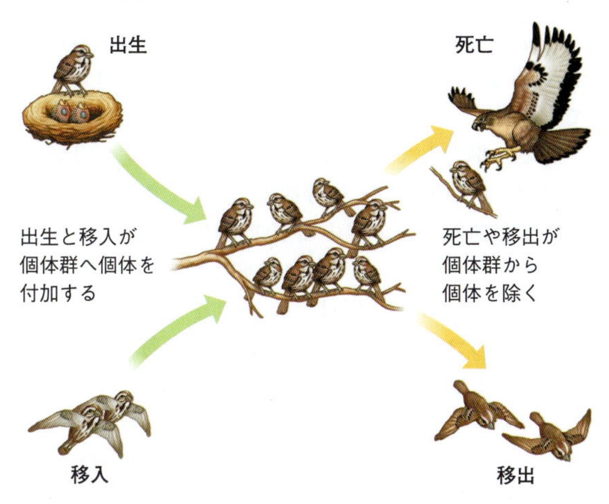
出生
死亡
出生と移入が
個体群へ個体を
付加する
死亡や移出が
個体群から
個体を除く
移入
移出

繁殖様式を含むと定義する）と**移入 immigration**（他の場所からの新たな個体の加入）によって起きる．ある個体群から個体が除かれる要因は，死亡と**移出 emigration**（ある個体群から他の場所への移動）である．

出生率と死亡率はあらゆる個体群の密度に影響し，移入と移出も多くの個体群の密度を変化させる．ニュージーランドのセッパリイルカ（図 53.2 参照）の研究は，移入が毎年の全個体数の約 15% を占めることを示した．この地域のイルカの移出は冬季に生じ，海岸から遠くまで移動する．移入と移出は，長期的には重要な生物学的交換になる．

分布のパターン

1つの個体群の地理的分布域の中でも，局所的な密度はかなり異なり，対照的な分布パターンを生み出している．局所的密度の違いは，生物的要因や非生物的要因が個体に与える影響を考える手がかりになるので，個体群生態学者にとっては重要な特徴になる．

最もふつうに見られる分布は，個体がパッチ状に集合する「集中分布」である．植物や菌類は，土壌などの環境要因が発芽や成長に適している所に集中分布することが多い．たとえば，キノコが朽ち木の中や表面に密集しているような場合がそうである．昆虫やサンショウウオは，倒木の下に集中することが多いが，それはそこの湿度が開けた場所より高いからである．潮だまりにヒトデが集団になって分布する理由は，その場所で食物が得やすく，うまく繁殖できるからである（図 53.4 a）．集団をつくることは，捕食や防御の効率も増加させる．たとえば，オオカミの群れは，単独でいるよりも，ヘラジカのような獲物を得やすく，鳥の群れは，1羽でいるよりも，捕食者の攻撃を警戒しやすくなる．

個体群の個体間に直接的な相互作用があると「一様分布」，あるいは均等に距離を置いた分布になることがある．ある植物は，資源をめぐる競争個体が近くで発芽して成長するのを妨げる物質を分泌する．動物では，**縄張り性 territoriality**（仕切られた物理的空間を他個体の侵入から防衛）のような，社会的対立関係によって一様分布が生じることが多い（図 53.4 b）．

「ランダム分布」（予測できない散らばりかた）では，各個体の位置が他個体と独立である．この分布パターンは，個体間に強い誘引や排他性がない場合や，個体の分布に影響する物理的・化学的要因がその地域で均一な場合に起こる．たとえば，タンポポのように風散布種子で定着する植物は，比較的均一な生息地では，ランダム分布することがある（図 53.4 c）．

▼図 53.4 個体群の地理的範囲内での分布パターン．

(a) 集中分布

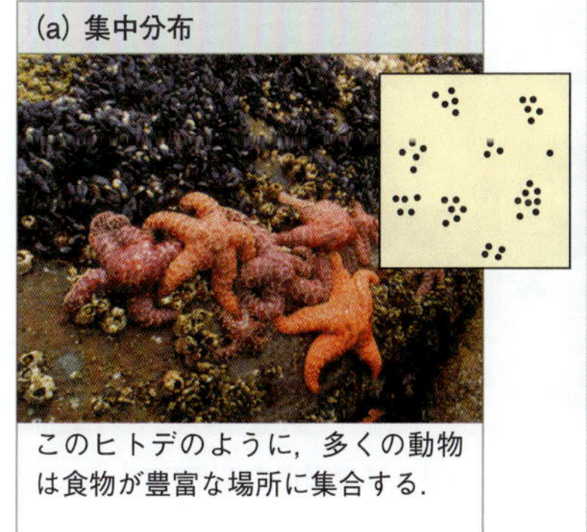

このヒトデのように，多くの動物は食物が豊富な場所に集合する．

(b) 一様分布

キングペンギンのように，小さな島で営巣する鳥は，近接個体間の攻撃的相互作用によって，一様な空間配置を示すことが多い．

(c) ランダム分布

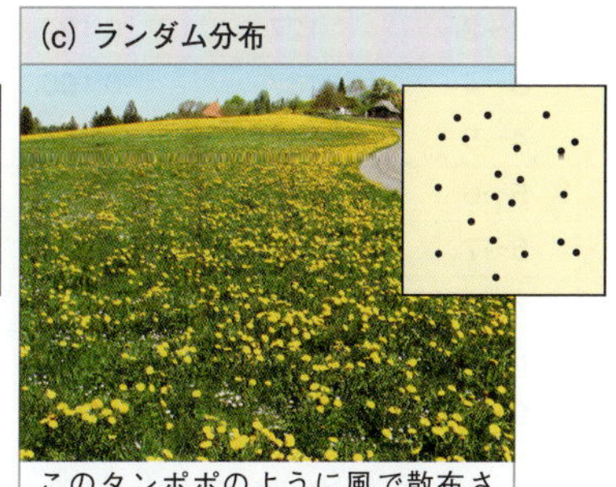

このタンポポのように風で散布される種子をもつ多くの植物は，ランダムに着地した場所で発芽する．

? 分布パターンは空間スケールに依存する．海上の飛行機からペンギンの分布を観察したら，どのような分布に見えるだろうか．

人口学（デモグラフィー）

個体群の密度や分布に影響する生物的要因や非生物的要因は，個体群のその他の特徴（出生，死亡，移入率などを含む）にも影響を及ぼす．**人口学（デモグラフィー）demography** は，個体群の動的な統計と，その時間的変動を研究する分野である．個体群の動的な情報をまとめる有効な方法は，生命表を作成することである．

生命表

生命表 life table は，個体群におけるある齢の個体のグループにおける生存率と繁殖率をまとめたものである．生命表を作成する場合，同齢の個体のグループである**コホート（同時出生集団）cohort** について，出生からすべてが死亡するまでの経過を追うことが一般的である．生命表をつくるには，各齢グループで，ある齢から次の齢まで生き残るコホートの割合を計算しなければならない．また，各齢における雌個体の産子数を調査しつづけることも必要である．

有性生殖する種を研究している人口学者は，個体群における雄は無視し，雌に注目することが多い．それは雌だけが子をつくるからである．つまり，個体群とは新たな雌をつくる雌とみなすことができる．表 53.1 は，カリフォルニア州のシエラネバダ山脈におけるベルディングジリス個体群の研究で明らかになった生命表である．生命表に示されたデータについて，より詳しく見てみよう．

生存曲線

生命表に示された生存率をグラフに表した**生存曲線 survivorship curve** がある．これは，各齢のコホートで生存している個体の割合または個体数を表すグラフである．例として，表 53.1 のベルディングジリスの雌のデータを用いて，生存曲線を描いてみよう．一般に，生存曲線は個体群中の 1000 個体のコホートから始める．ベルディングジリスの個体群の場合，毎年の生存率（表 53.1 の 3 列目）に 1000 を掛けることで仮のはじめのコホートとした．その結果，毎年の最初に生きている個体数が得られる．この数を雌の年齢に対してプロットすると図 53.5 が得られる．ほぼ直線に近い線は，死亡率が比較的一定であることを示している．

図 53.5 は自然個体群が示すさまざまな生存パターンの 1 つにすぎない．生存曲線は多様ではあるが，大きく 3 つの型に分けることができる（図 53.6）．Ⅰ型の曲線は，一生のはじめと中頃は死亡率が低いことを反映して，最初の若齢時は平坦で，そして，老齢になると死亡率が増すため，急激に下降する．少数の子を産んで子の世話をよくするヒトや，多くの大型哺乳類ではこの型が多い．

これと対照的に，Ⅲ型の曲線は，若いときの死亡率がきわめて高いことを反映して最初に急激な下降を示すが，ある時期まで生き残った少数の個体では死亡率が減少するので平坦になる．この型の曲線は，とても多数の子をつくるがその世話をほとんど，あ

表 53.1　ベルディングジリスの生命表（カリフォルニア・シエラネバダのティオガ峠）

齢（年）	年の最初の生存個体数	年の最初の生存個体数の割合*	死亡率†	雌個体あたりの産子雌数の平均値
0〜1	653	1.000	0.614	0.00
1〜2	252	0.386	0.496	1.07
2〜3	127	0.197	0.472	1.87
3〜4	67	0.106	0.478	2.21
4〜5	35	0.054	0.457	2.59
5〜6	19	0.029	0.526	2.08
6〜7	9	0.014	0.444	1.70
7〜8	5	0.008	0.200	1.93
8〜9	4	0.006	0.750	1.93
9〜10	1	0.002	1.00	1.58

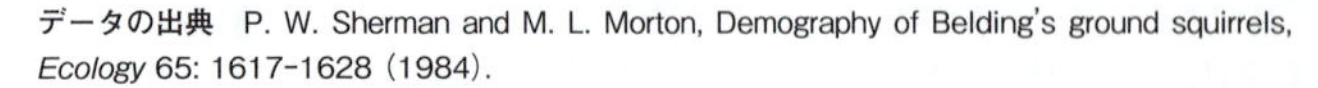

データの出典　P. W. Sherman and M. L. Morton, Demography of Belding's ground squirrels, *Ecology* 65: 1617-1628 (1984).

＊は，最初の時点の生存個体数（653 個体）に対する相対的割合を示している．
†死亡率はある期間に死亡した個体の割合に基づいている．

▲ベルディングジリスを捕獲調査する研究者

▼図 53.5 **ベルディングジリスの雌の生存曲線.** *y* 軸を対数目盛にして，生存個体数の全体の範囲（2〜1000 個体）がグラフに示されるようにしてある．

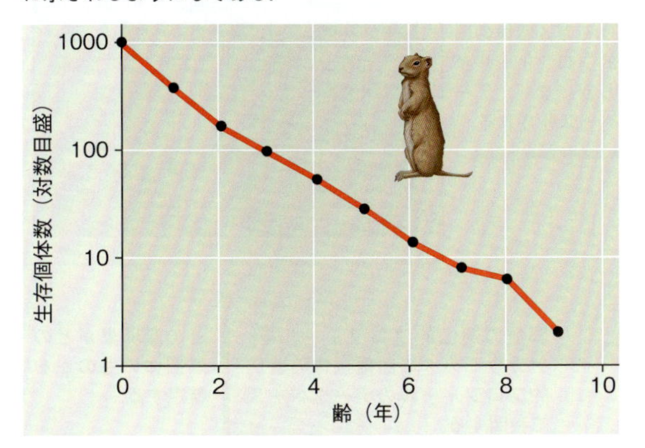
1000
100
10
1
生存個体数（対数目盛）
0
2
4
6
8
10
齢（年）

? 3歳まで生存する雌の割合はどれくらいだろうか．

るいはまったくしない生物で見られる．たとえば，カキは数百万個の卵を産むが，孵化した幼生の大部分は，捕食などにより死亡する．適した基盤に付着して硬い殻をつくるまで生き延びた少数の個体は，比較的長期間生きる．Ⅱ型の曲線は中間型で，一生を通じて死亡率が一定である．この型はベルディングジリスや他の齧歯（げっし）類の一部，さまざまな無脊椎動物，トカゲや一年生植物などで見られる．

多くの種はこれらの基本的な生存曲線の型のどれかに当てはまるか，あるいはこれらの型の複合になる．鳥類ではひなのときの死亡率がしばしば高い（Ⅲ型の曲線のようになる）が，親になると死亡率はほぼ一定になる（Ⅱ型）．カニのような一部の無脊椎動物の中には，「階段状」の曲線になる．これは脱皮のときに短期的に死亡率が上がり，外骨格が硬い期間は死亡率が低下するからである．

移入や移出がない個体群では，生存率は，個体数の

▼図 53.6 **理想化した生存曲線のⅠ型，Ⅱ型およびⅢ型.** *y* 軸は対数目盛，*x* 軸は相対的な目盛にしてある．これによって寿命が大きく異なる種を同じグラフで比較することができる．

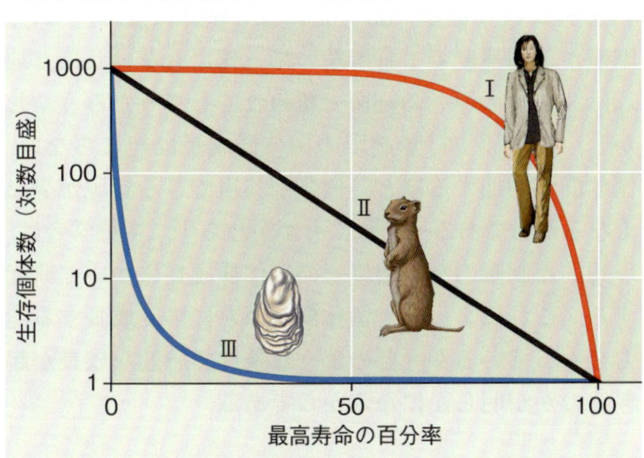
1000
100
10
1
生存個体数（対数目盛）
Ⅰ
Ⅱ
Ⅲ
0
50
100
最高寿命の百分率

変動を決定する2つの鍵となる要因の1つとなる．個体数の変動を決定するもう1つの要因は，繁殖率である．

繁 殖 率

前に説明したように，個体群動態（人口学）の研究者は，個体群における雄は無視し，雌に注目するのがふつうである．それは雌だけが子をつくるからである．個体群動態学者は，新たな雌をつくる雌という観点から個体群をとらえる．個体群の繁殖のパターンを記述する最も単純な方法は，産子数が，繁殖する雌の数や雌の齢に伴って，どのように変化するかを調べることである．

生態学者は個体群において繁殖する雌の数をどのように推定するのだろうか．可能な手段として，直接的に個体数を数える方法，標識再捕獲法がある（図 53.2 参照）．近年では，分子生物学的手法も用いられる．たとえば，ジョージア州で調査をしている研究者は，2005 年から 2009 年にかけて，アカウミガメの雌 198 個体から皮膚のサンプルを採集し，PCR（ポリメラーゼ連鎖反応）法で核の 14 遺伝子座のマイクロサテライト（20.4 節参照）を増幅し，各雌個体の遺伝的プロフィールを明らかにしている（図 53.7）．そして，彼らは，砂浜におけるウミガメの産卵巣から採集した卵殻から DNA を抽出して，各産卵巣がどの雌のものかを特定している．この方法によって，雌の産卵を邪魔することなく，198 個体の雌のうち何頭が繁殖し，何個の卵を産卵しているかが明らかになった．

鳥類や哺乳類のような有性生殖する生物では，繁殖量はある齢グループにおける雌が産んだ雌の子数の平均値である．一部の生物の場合，各雌個体の産子数を直接的に数えることができる．代替的な手法として，分子生物学的手法がある（図 53.7 参照）．研究者は，ベルディングジリスの産子数を直接的に数えることができる．ベルディングジリスについていえば，1歳から繁殖しはじめ，4〜5 歳で繁殖量が最高に達し，それ以上の年齢になるとしだいに減少する（表 53.1 参照）．

齢に依存した繁殖率は種によって大きく異なる．たとえば，リスは 10 年以下の期間，年に 1 回 2〜6 匹の子を産むが，オークの木は毎年数千個のドングリを数十年から数百年間落とす．二枚貝などの無脊椎動物は，1 回の産卵期に数百万個の卵や精子を放出する．しかし，生まれた子が成長や生存するのに理想的な条件が整わなければ，高い繁殖率は急速な個体群成長にはつながらない．これについては，次節で見ていく．

▼図 53.7　アカウミガメの卵殻から抽出した遺伝情報で，産卵した雌個体を特定する．

パート1：データベースの作成

TAC TAC TAC TAC TAC
GTG GTG GTG GTG GTG GTG
TTG TTG TTG TTG

アカウミガメの雌個体から皮膚のサンプルを採集する．

実験室で，各皮膚サンプルからDNAを抽出して，PCR法で14遺伝子座のマイクロサテライトを増幅する．

各ウミガメ個体の遺伝的プロファイルが明らかになり，データベース化される．

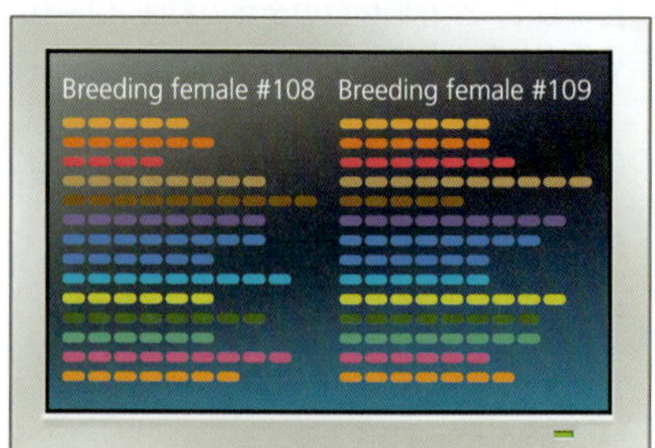
Breeding female #108
Breeding female #109

パート2：卵殻サンプルをデータベースで参照する

TAC TAC TAC TAC TAC TAC
GTG GTG GTG GTG GTG GTG
TTG TTG TTG TTG TTG TTG TTG

アカウミガメの卵巣から卵殻を採集する．

実験室で，各卵殻サンプルからDNAを抽出して，PCR法で14遺伝子座のマイクロサテライトを増幅する．

各卵殻の遺伝的プロファイルが明らかになる．

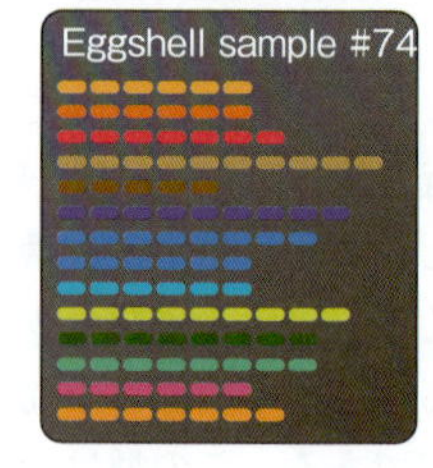
Eggshell sample #74

卵殻の遺伝的プロフィールを，アカウミガメの雌親個体の遺伝的プロフィールのデータベースで参照する．

どの産卵巣がどの雌個体のものかを特定する．

図読み取り問題➤図に示された遺伝的プロフィールを用いて，卵殻サンプル74番の産卵巣の卵を産んだ雌親個体を特定しなさい．

概念のチェック 53.1

1. **描いてみよう➤**ある魚種の雌の個体は，1年に数百万個の卵を産む．この種に最も当てはまる生存曲線を描いて，その理由を説明しなさい．

2. **どうなる？➤**表53.1を参考にして，異なるベルディングジリス個体群の生命表を作成してみよう．0〜1歳の年の最初の生存個体数は485個体で，1〜2歳の年の最初に生存していたのは218個体だった．これら各年の最初の生存個体数の割合はいくつだろうか（表53.1の3列目を参照）．

3. **関連性を考えよう➤**雄のトゲウオは，営巣している縄張りに侵入する他の雄を攻撃する（図51.2a参照）．雄のトゲウオの空間分布のパターンを予想しなさい．また，その理由も説明しなさい．

（解答例は付録A）

53.2

指数関数モデルは理想的な制限のない環境での個体群成長を表す

あらゆる種の個体群は，資源が豊富であれば大きく増加する可能性がある．個体群増加の潜在力を評価するため，理想的な実験環境で細菌が20分ごとに分裂することを考えてみよう．細菌は20分後に2個体，40分後には4個体，60分後には8個体になる．もし，繁殖がこの速度で1日半続いて，死亡もなければ，地球は30 cmの厚さの細菌で覆われてしまうだろう．しかし，自然界では無制限の個体群成長は起こらない．個体群が増加するほど，個体が利用できる資源が少なくなるからである．それにもかかわらず，生態学者は，理想的な制限のない環境での個体群成長について研究する．これによって，個体群がいかに早く成長する能力をもっているか，どのような条件で急速な成長が起きるのかが明らかになるからである．

個体数の変化

理想的で制限のない環境における，少数の個体からなる個体群を考えてみよう．この条件下では，個体がエネルギーを得て，成長し繁殖する能力に外的な制約はない．個体群は，個体の出生と他の個体群からの移入に応じて数を増加させ，同時に，個体の死亡と他の個体群への移出に応じて数を減少させる．したがって，ある一定の時間内での個体数の変化は，下のような言葉の式で表すことができる．

個体数の変化 = 出生数 + 個体群に加入する移入個体数 − 死亡数 − 個体群から出ていく移出個体数

話を単純にするため，ここでは移入と移出の影響を無視することにする．

数学的な表記法を使えば，この関係をもっと簡潔に表すことができる．個体数を N とし，時間を t とすると，ΔN が個体数の変化，Δt が個体群成長を調査した時間間隔（その種の寿命または世代時間に見合ったもの）となる（ギリシャ文字のデルタ Δ は，時間変化のような変化を表す）．その時間内の個体群における出生個体数を B，死亡個体数を D とすると，次のように表すことができる．

$$\frac{\Delta N}{\Delta t} = B - D$$

通常，生態学者は個体数の変化に最も関心があるので，ある時間内に個体群に加わる個体数あるいは個体群から差し引かれる個体数を R とする．ここで R は，ある時間内における出生数と死亡数の「差」を意味する．よって $R=B-D$ となり，上式を以下のように書き換えることができる．

$$\frac{\Delta N}{\Delta t} = R$$

次に，この個体数の変化を表すモデルを，個体あたりのモデルに変えてみる．個体数の「1 個体あたり」の変化（$r_{\Delta t}$）は，個体群の平均的なある個体の，ある一定時間 Δt における，個体数への寄与（増加や減少にどれくらいかかわっているか）である．たとえば，1000 個体からなる個体群で，年あたり 16 個体の増加があったとすれば，1 年の 1 個体あたりの変化率は 16/1000，または 0.016 となる．もし個体数の 1 個体あたりの変化率がわかれば，$R=r_{\Delta t}N$ の式を使えばその個体群の年あたりの増加数（あるいは減少数）を計算できる．たとえば，$r_{\Delta t}=0.016$ で，個体数が 500 個体の場合は以下のようになる．

$$R = r_{\Delta t}N = 0.016 \times 500 = 8 \text{（1 年あたり）}$$

個体群に付加されたり差し引きされる個体数（R）を，$R=r_{\Delta t}N$ のように 1 個体あたりで表すことで，個体群成長の式を以下のように書き表すことができる．

$$\frac{\Delta N}{\Delta t} = r_{\Delta t}N$$

この式は，特定の時間間隔（1 年の場合が多い）について表したものであることに注意してほしい．しかし，多くの生態学者は，時間の瞬間ごとの変化率で個体群成長を表すために微分方程式を用いることを好む．

$$\frac{dN}{dt} = rN$$

この場合，r は個体数の 1 個体あたりの変化で，時間の瞬間ごとに生じるものである（$r_{\Delta t}$ はある時間間隔 Δt で生じる 1 個体あたりの変化）．もし微分法を学んでいなくとも，最後の式を見て恐れる必要はない．この式は，基本的にはその前の式と同じであり，時間間隔 Δt が非常に短いので dt で表されているところが違うだけである．実際，t が短くなると，$r_{\Delta t}$ と r は同じ値に近づく．

指数関数的成長

豊富な食物を利用でき，生理的に許容される繁殖を自由に行える個体群について，これまで述べてきた．生物の個体群は，時間ごとに一定の割合で個体数を増加させることがある．このような場合に生じる個体群成長のパターンは，**指数関数的個体群成長 exponential population growth** という．指数関数的成長の式は，前項の最後に示されたものである．

$$\frac{dN}{dt} = rN$$

この式の dN/dt は，ある時間の瞬間において個体数が増加する率を表している．車のスピードメータがその時点の速度を表すのと類似している．式に示されているように，dN/dt は現時点の個体数に定数 r を掛けた値と等しい．生態学者は r を**内的自然増加率 intrinsic rate of increase**（潜在的にもち得る最大の増加率）とよび，指数関数的に増加する個体群における 1 個体あたりの個体数の変化率である．

指数関数的に成長する個体群の個体数は，個体あたり一定の率で増加するので，個体数を時間に対してプロットすると J 字型の成長曲線になる（図 53.8）．個体群成長の 1 個体あたりの変化率が一定，そして r が等しい場合でも，大きな個体群は小さな個体群より多

▼図 53.8 **指数関数モデルで予測される個体群成長.** このグラフでは，$r = 1.0$（青色の曲線）の個体群と $r = 0.5$（赤色の曲線）の個体群を比較している.

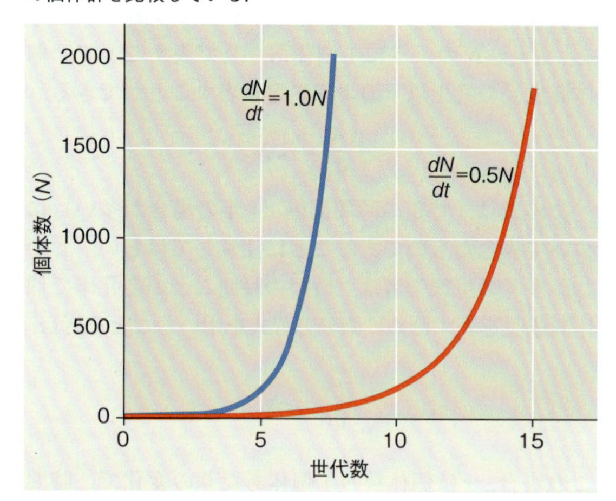

2000
1500
1000
500
0
個体数（N）
dN/dt=1.0N
dN/dt=0.5N
0
5
10
15
世代数

? これらの個体群が 1500 個体に達するのに，どれくらいの世代数を要するだろうか.

くの新個体が付加される．したがって，図 53.8 の曲線は，時間とともに勾配が急になる．これは，個体群成長が r に依存すると同時に，N にも依存するからで，1 個体あたりの変化率が同じでも，大きな個体群は小さな個体群より多くの個体が付加される．また，図 53.8 から明らかなように，最大増加率の高い個体群（$dN/dt = 1.0N$）は，最大増加率の低い個体群（$dN/dt = 0.5N$）より速く成長する.

J 字型の指数関数的増加は，新しい環境に導入された個体群や，破壊的な攪乱によって個体数が激減した後に個体数が回復するとき，特徴的に見られる．たとえば，南アフリカのクルーガー国立公園のゾウ個体群は，狩猟が最初に禁止された後，約 60 年の間に指数関数的に増加した（図 53.9）．ゾウの個体数の急激な増加は，しだいに国立公園の植生に被害を与えるようになり，ゾウの食料源が枯渇するようになった．よって公園の管理官は，他の種や生態系を保護するため，ゾウの出生制限や他国へゾウを移出してゾウ個体群の調節を行った.

▼図 53.9 **南アフリカ，クルーガー国立公園のアフリカゾウ個体群の指数関数的成長.**

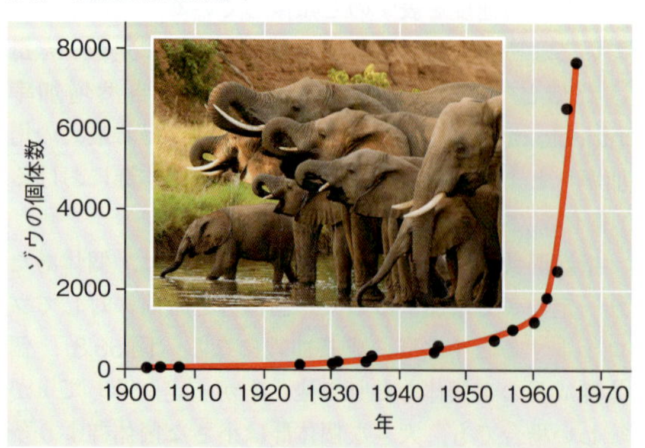

8000
6000
4000
2000
0
ゾウの個体数
1900 1910 1920 1930 1940 1950 1960 1970
年

概念のチェック 53.2

1. 個体群の 1 個体あたりの成長率（r）が一定の場合，個体群成長のグラフが J 字型になる理由を説明しなさい.
2. ある植物の個体群が指数関数的に成長するのはどのような場所だろうか．火災によって破壊された森林，成熟した攪乱されていない森林のいずれか，その理由も説明しなさい.
3. どうなる？➤2014 年，米国の人口は約 3 億 2000 万人だった．もし，1 人あたりの年増加率（$r_{\Delta t}$）が 0.005 だった場合，その年に何人が新たに付加されただろうか．なお，移入や移出は無視する．米国が，現在も指数関数的に人口が増加しているがどうかを判断するためには，何を知る必要があるだろうか，説明しなさい.

（解答例は付録 A）

53.3

ロジスティック成長モデルは個体群が環境収容力に近づくとその成長がゆるやかになることを表す

指数関数モデルは資源が無限にあることを仮定しているが，これは実際の世界ではめったにない．一般的には，個体数が増加するにつれ，各個体が利用できる資源は少なくなる．最終的には，ある生息場所を占めることのできる個体数には制限が生じる．生態学者は，ある特定の環境が支えることのできる最大の個体数を**環境収容力 carrying capacity** と定義し，記号 K で表す．環境収容力は，制限となる資源の豊富さによって空間的にも時間的にも変動する．エネルギー，すみか，捕食者からの隠れ場所，栄養素の利用可能性，水，営巣に適した場所など，すべてが制限要因になり得る．たとえば，コウモリの環境収容力は，飛翔性の昆虫やねぐらとなる場所が豊富な場所では高くなるが，食物が豊富でもねぐらとなる場所が少なければ低下するだろう.

個体の混み合い度と資源の制限は，個体群の成長率に重大な影響を与える．もし個体が，繁殖するのに十分な資源を得られなければ，1 個体あたりの出生率は減少するだろう．同様に，もし病気や寄生が密度とともに増加するならば，1個体あたりの死亡率は増加するだろう．1個体あたりの出生率の低下，あるいは，1個体あたりの死亡率の上昇は，個体群成長の1個体あたりの増加率を低下させ，指数関数的に成長する個体群（1個体あたりの増加率 r が一定）で見られた状況とはまったく異なる．

ロジスティック成長モデル

指数関数的成長モデルを改変することで，1個体あたりの個体群成長は N が増加するにつれて減少する．**ロジスティック個体群成長 logistic population growth** モデルでは，個体群の1個体あたりの増加率は，個体数が環境収容力（K）に近づくとゼロになる．

ロジスティックモデルを構築するために，指数関数的成長モデルから出発して，これに，N が増加するにつれて1個体あたりの増加率が減少する式を加える．環境収容力を K とすると，$K-N$ はその環境でまだ支えられる個体数になる．そして $(K-N)/K$ は，個体群成長に利用可能な K の割合を表す．個体群の指数関数的成長 rN に $(K-N)/K$ を掛ければ，N の増加に伴う個体数の変化を表すことができる．

$$\frac{dN}{dt}=rN\frac{(K-N)}{K}$$

N が K に比べて小さいときは，$(K-N)/K$ の項は1に近くなる．この場合，1個体あたりの個体群成長率 $r(K-N)/K$ は，指数関数的成長で見られた最大増加率に近くなる．しかし，N が大きく，資源が限られていると $(K-N)/K$ はゼロに近くなり，1個体あたりの増加率は小さくなる．N が K に等しいと，個体群成長は停止する．表 53.2 は，年あたり個体あたり $r=1.0$ のロジスティックモデルに従って成長している仮想の個体群について，さまざまな個体数における個体群成長率を計算したものである．注目してほしいのは，個体数が750個体のとき，すなわち環境収容力の半分の個体数のときに，年間あたり375個体の加入があり，個体群の全体的成長率が最大になることである．個体数が750個体のとき，個体あたりの増加数は比較的高いまま（最高の増加率 r の半分）に保たれており，個体数が少ないときに比べてより多くの繁殖個体が存在する．

表 53.2　仮想的な個体群（K=1500）のロジスティック成長

個体数 (N)	最大増加率 (r)	$\frac{K-N}{K}$	1個体あたりの成長率：$r\frac{(K-N)}{K}$	個体群の成長率*：$rN\frac{(K-N)}{K}$
25	1.0	0.983	0.983	+25
100	1.0	0.933	0.933	+93
250	1.0	0.833	0.833	+208
500	1.0	0.667	0.667	+333
750	1.0	0.500	0.500	+375
1000	1.0	0.333	0.333	+333
1500	1.0	0.000	0.000	0

*近い整数に丸めてある．

▼図 53.10　ロジスティックモデルで予測される個体群成長． 個体群成長率は個体数（N）が環境収容力（K）に近づくにつれて低下する．赤線は r=1.0 および K=1500 でロジスティック成長する個体群を示す．青線は比較のため，同じ r で指数関数的に成長する個体群を示す．

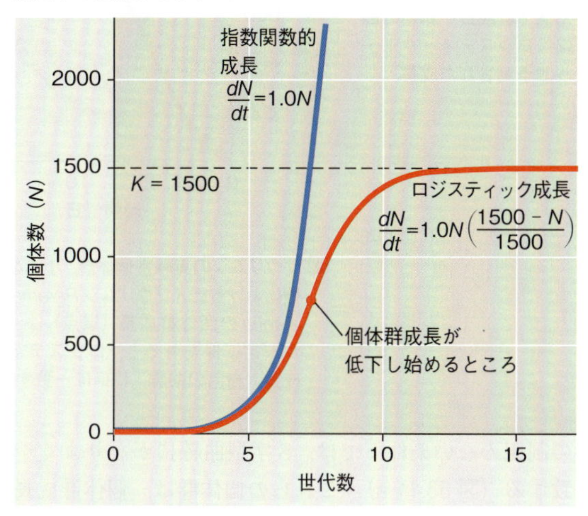
指数関数的
成長
dN/dt=1.0N
2000
1500
1000
500
0
K = 1500
ロジスティック成長
dN/dt=1.0N((1500 − N)/1500)
個体数（N）
個体群成長が
低下し始めるところ
0
5
10
15
世代数

図 53.10 に示されているように，個体群成長のロジスティックモデルは，N を時間に対してプロットしたグラフでは，成長曲線がシグモイド（S字型）になる（赤色の線）．個体数が中くらいのときに，新しい個体が最も急速に加わる．このときは，繁殖個体が多いだけでなく，環境中に空間や資源などが十分に残っている．N が K に近づくにつれて，個体群に新たに加わる個体数は急激に低下する．N が K に近づくと，個体群成長率（dN/dt）も減少する．

ここまで，N が K に近づくと個体群成長率が低下する理由については，何も述べなかったことに注意してほしい．ある個体群の成長率が低下するには，出生率が低下すること，死亡率が上昇すること，あるいはその両方が必要になる．本章の後半に，出生率と死亡率に影響する要因，つまり病気，捕食，食物などの資源の制限について考えることにする．

ロジスティックモデルと現実の個体群

甲虫や甲殻類などの小さな動物や，細菌，ゾウリムシ，酵母などの微生物の実験室個体群の成長は，環境

➤図 53.11　**これらの個体群はロジスティック成長モデルにどれくらい当てはまるのか．**各グラフの黒点は実際に測定された個体群成長，赤色の曲線はロジスティックモデルで予測された成長．

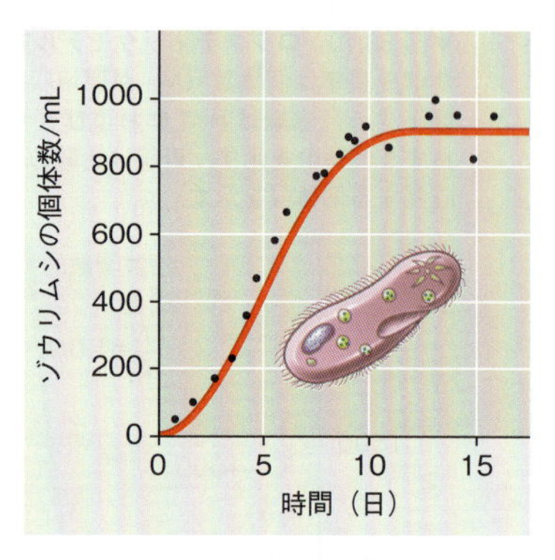
ゾウリムシの個体数/mL
1000
800
600
400
200
0
0
5
10
15
時間（日）

(a) **ゾウリムシの実験室個体群．**小さな培養槽におけるヒメゾウリムシ *Paramecium aurelia* の個体群成長（黒点）は，環境が一定に保たれると，ロジスティック成長（赤色の曲線）にほぼ一致する．

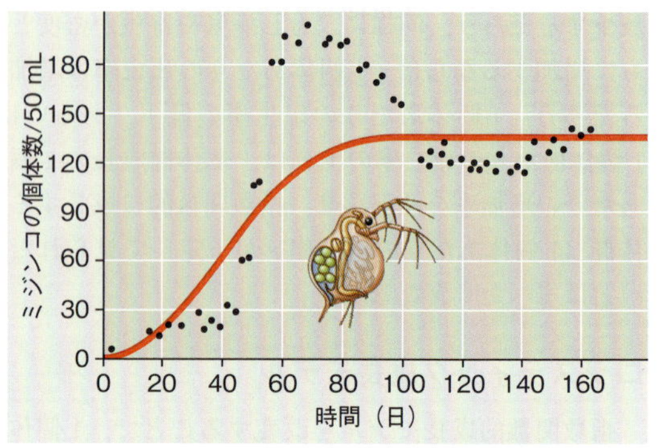
ミジンコの個体数/50 mL
180
150
120
90
60
30
0
0
20
40
60
80
100
120
140
160
時間（日）

(b) **ミジンコの実験室個体群．**小さな培養槽におけるミジンコ *Daphnia* の個体群成長（黒点）は，ロジスティックモデル（赤色の曲線）にあまり一致しない．この個体群は人工環境の収容力を超えて成長し，その後減少してほぼ安定した個体数に落ち着く．

の制限のない条件下では，S字型曲線にかなりよく一致する（図 53.11 a）．これらの個体群は，個体群成長を減少させる捕食者や競争種のいない一定の環境で育てられるが，自然界ではそのような条件は滅多に存在しない．

ロジスティックモデルに組み込まれている基本的な仮定のいくつかは，すべての個体群には明らかに適用できない．ロジスティックモデルは，個体群がその成長に瞬時に対応して，スムーズに環境収容力に近づいていくことを仮定している．実際には，個体数の増加による負の効果が生じるのには，時間の遅れがある．たとえば，もし食物が個体群を制限すれば，繁殖はやがて低下するだろう．しかし，雌たちは自分の蓄えたエネルギーを使って，しばらくの間は子を産み続けるかもしれない．その場合，図 53.11 b のミジンコの例のように，個体数はいったん環境収容力を超えて増加するだろう．**科学スキル演習**で，N が K を超えた場合の個体群に起こることをモデル化してみよう．個体群によっては個体数の変動が大きくて，環境収容力を定義することさえ難しい場合もある．そのような個体数変動の理由については，章の後半で考える．

ロジスティックモデルは，個体群成長のパターンを考えたり，より複雑な個体群成長モデルを考えるための出発点として有用である．この点は，個体群の進化を考えるハーディ・ワインベルグモデルの役割と類似している．ロジスティックモデルは保全生物学にとっても重要である．個体数が減少してしまったある種の個体群がどれだけ早く回復するかを予測し，野生生物個体群の持続的な収穫率を推定することに役立つ．保全生物学者は，シロサイ *Ceratotherium simum* の北方亜種のような，ある個体群がそれ以下になると絶滅してしまう臨界個体数を推定するために，ロジスティックモデルを用いることができる（図 53.12）．

▼図 53.12　**シロサイの母親と子ども．**この写真の2頭は南方亜種の個体で，2万頭以上の個体数がある．北方亜種は絶滅寸前で，わかっている個体数は数頭である．

概念のチェック 53.3

1. ロジスティック成長モデルに当てはまる個体群が，少ない個体数あるいは多くの個体数の場合よりも，中程度の個体数で個体群が急速に成長する理由を説明しなさい．

2. **どうなる？**➤日射の強さは緯度による違いがある（図 52.3 参照）．高緯度の植物種に比べて，赤道の植物種の環境収容力はどのようになるだろうか．予想しなさい．

3. **関連性を考えよう**➤環境条件の突然の変化が，ある個体群の環境収容力をとても低下させた場合を考えてみよう．自然選択や遺伝的浮動は，この個体群にどのように影響するだろうか（22.2 節参照）．予想しなさい．

（解答例は付録 A）

科学スキル演習

ロジスティック関数で個体群成長をモデル化する

▶ミジンコ *Daphnia*

個体数が環境収容力を超えた場合，個体群にはどのようなことが生じるだろうか ロジスティック個体群成長モデルにおいて，個体数 N が環境収容力 K に近づくにつれて，個体群の個体あたりの増加率はゼロに近づく．しかし，条件によっては，ある個体群が K を，少なくとも一時的に上回ることもある．たとえば，食物が個体群の制限になる場合，繁殖が減少するまでに時間的な遅れが生じるかもしれない．この演習では，ロジスティック関数を使って，表 53.2 の仮想的な個体群について，$N>K$ の場合の成長をモデル化してみよう．

データの解釈

1. $r=1.0$，$K=1500$ における，$N=1510$，1600，1750，2000 それぞれの場合の個体群成長率を計算しなさい．なお，最初に，表 53.2 に示された個体群成長率に関する式を書きなさい．そして，4 つの個体数 N を代入して，それぞれの個体数における個体群成長率を計算しなさい．個体群成長率が最も大きくなるのは，どの場合か．
2. r が 2 倍，$r=2.0$ の場合，問 1 の 4 つの個体数 N それぞれの個体群成長率はどれくらいになるか計算しなさい．なお $K=1500$ である．
3. 実際のミジンコ個体群の成長は，どのように，このモデルと対応するのか見てみよう．図 53.11 b に示されたミジンコ個体数の時間変化の実験において，あなたが計算した個体群増加率に相当するのは実験の何日目だろうか．実験の後半のほうで，個体数が環境収容力を一時的に下回る理由に関する仮説を考えなさい．

53.4

生活史特性は自然選択の産物である

進化 自然選択は，生物の生存や繁殖成功の機会を改良する特性に有利に作用する．あらゆる種において，生存と繁殖の頻度やつくる子の数（植物の種子生産数，動物の産子数）あるいは子の世話への投資のような繁殖特性の間には，トレードオフ（二者択一の関係）がある．生物の繁殖や生存のスケジュールに影響する特性は，その**生活史 life history** を構成する．生物の生活史特性は発生や生理および行動を反映した，進化的な結果である．

生活史の多様性

生活史の 3 つの要素に焦点を当てる．つまり，いつ繁殖するか（最初に繁殖ができるようになる齢，あるいは成熟齢），どれくらいの頻度で繁殖するか，1 回の繁殖でどれくらいの数の子をつくるか，である．生命の多様性を説明する進化の基本的な考えは，自然界に見られる生活史の幅の広さに現れている．たとえば，繁殖を開始する齢は，生物間で大きく異なる．アカウミガメはふつう約 30 歳になって，産卵のために砂浜に上陸する（図 53.1 参照）．対照的に，ギンザケ *Oncorhynchus kisutch* はわずか 3〜4 歳で産卵する．

また，繁殖の頻度も生物によって異なる．ギンザケは，ビッグバン型の「1 回」だけの繁殖様式，つまり **1 回繁殖型 semelparity**（ラテン語で「1 回」を意味する *semel*，「子をもうける」を意味する *parere* に由来）の典型的な例である．サケは川の上流で孵化して太平洋へ回遊し，1〜4 年で成熟する．最終的に，サケは産卵のために生まれた淡水の川に戻り，1 回の繁殖で数千個の卵を産んでから死ぬ．このような 1 回繁殖型は，リュウゼツラン（センチュリープラント）のような一部の植物でも見られる（図 53.13 a）．リュウゼツランは一般的に，不規則な降雨で乾燥した気候で貧栄養の土壌で生育する．リュウゼツランは何年もの間成長して，まれに起きる湿潤な年まで，組織中に栄養素を蓄積する．湿潤な年がきたら，巨大な花茎を伸ばし，種子を生産して死ぬ．このような生活史は，リュウゼツランの厳しい砂漠の環境への適応である．

1 回繁殖型と対照的なのが，**多数回繁殖型 iteroparity**（「繰り返す」を意味するラテン語 *iterare* に由来），すなわち，繰り返し繁殖する生物である．たとえば，アカウミガメは，年間 4 回，合計 300 個の卵を産む．それから次の産卵までは 2〜3 年かかる．これは，毎年多くの卵を産卵するために十分な資源が不足するからだろう．成熟したウミガメは，最初に産卵してから

▼図 53.13　1回繁殖型と多数回繁殖型.

(a) **1回繁殖型.** リュウゼツラン *Agave americana* は1回繁殖型の一例である. 巨大な花茎の基部に見えているのが, この植物の葉である. 花茎はリュウゼツランの一生の最後に1回だけ生産される.

(b) **多数回繁殖型.** バーオーク *Quercus macrocarpa* は多数回繁殖型の一例である. 1本のオーク樹木は, 数十年にわたり年あたり数千個のドングリを生産する.

30年間は卵を産み続けるだろう. ウマなどの大型哺乳類も繰り返し繁殖する. 多くの魚類, ウニ, カエデやオークのような長寿命の樹木も多数回繁殖する (図 53.13 b).

最後に, 産子数も生物間で異なる. シロサイ (図 53.12 参照) のような生物は1回の繁殖で1頭の子を産むが, ほとんどの昆虫や多くの植物は膨大な数の子をつくる. このような産子数の違いは, その他の特性にも関係している. たとえば, 多数の子をつくる種に比べて, 少数の子をつくる種は, 子の世話をよくする.

「トレードオフ」と生活史

シロサイと同じように子の世話をする生物が, 数千の子をつくることはできない. 産子数と親が子に提供できる資源の間にはトレードオフ (二者択一の関係) がある. そのようなトレードオフは, 生物が資源を無制限に利用できないために生じる. したがって, ある機能 (たとえば繁殖) に資源を用いたら, その他の機能 (たとえば生存) を支えるのに必要な資源が減少する. ヨーロッパチョウゲンボウの研究例で, 多くの子を育てることが親の生存率を低下させることが示されている (図 53.14). もう1つの研究例はスコットランドのアカシカで, 夏に子を産んだ雌は, 繁殖しなかった雌に比べて次の冬の間の死亡率が高いことが明らかになっている.

選択圧も, 子の数と子の大きさの間のトレードオフ関係に影響する. 若齢のときに高い死亡率にさらされる植物や動物は, 体の小さい子を多数つくるのがふつうである. たとえば, 撹乱された環境に移入する植物は, 多数の小さな種子をつくり, その中のごく一部の種子が生育適地に到達する. 小さな種子は, より遠く離れた広範な生育地まで散布されるので, 実生の定着の可能性も高める (図 53.15 a). ウズラ, イワシ, ネズミのように, 高い捕食率にさらされる動物も数多くの子をつくる傾向がある.

その他の生物の中には, 親が余分の投資

▼図 53.14

研究　子育てはヨーロッパチョウゲンボウの親の生存にどのような影響を与えるのか

実験　オランダのコール・デイジクストラ Cor Dijkstra らは, ヨーロッパチョウゲンボウの親の子育ての影響を5年間にわたって調べた. 彼らは, 巣の間でひなを取り換えて, ひな数を3〜4個体に少なくした場合, 通常の5〜6個体, 7〜8個体に多くした場合を, 実験的に調節した. それから彼らは, 翌冬の雄と雌の親鳥の生存率を調べた (ヨーロッパチョウゲンボウは, 雄と雌ともに子育てをする).

結果

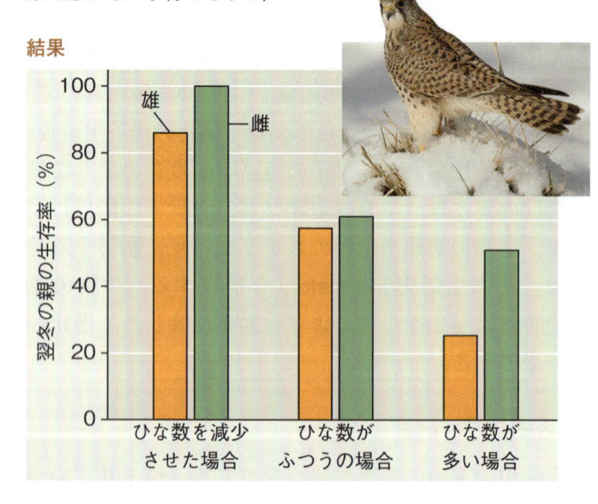
100
80
60
40
20
0
翌冬の親の生存率 (%)
雄
雌
ひな数を減少させた場合
ひな数がふつうの場合
ひな数が多い場合

結論　ひな数が多かったチョウゲンボウの生存率が低くなったことは, 子育てが親の生存に負の影響を与えたことを示している.

データの出典　C. Dijkstra et al., Brood size manipulations in the kestrel (*Falco tinnunculus*) : effects on offspring and parent survival, *Journal of Animal Ecology* 59: 269-285 (1990).

データの解釈➤ いくつかの鳥種の雄は子育てをしない. もし, ヨーロッパチョウゲンボウでもそうだとすると, ここで示された実験結果はどのようになるだろうか.

▼図 53.15 **植物の種子生産数と種子の大きさの違い.**

(a) タンポポは成長が速く，多数の小さな果実（各果実には 1 個の種子が含まれる）を散布する．大量の種子を生産することによって，少なくともいくつかは，最終的に種子をつくるまで成長することを保証している．

(b) ブラジルナッツ（右図）のような植物は，大きな種子をほどよい数だけつくる（上図）．各種子の大きな内乳が胚に栄養を与え，種子の大部分が生存できるような適応となっている．

をすることで子の生存率をおおいに高めているものもある．クルミやブラジルナッツは多量の栄養を含んだ大きな種子をつくり，実生が定着するのを助けている（図 53.15 b）．霊長類は 1 回に 1～2 頭の子を産むのがふつうである．親による世話と，生後数年間の長い学習期間が，霊長類の子の適応度にとってきわめて重要なものになっている．このような親による子への栄養の投資や子育ては，個体群密度の高い生育地において，特に重要になる．

生活史特性の違いを分類する一つの方法は，53.3 節で学んだロジスティック成長モデルと結びつけることである．個体群密度が高い場合に有利になる特性の選択は，**K 選択 *K*-selection** である．対照的に，低密度の環境で繁殖成功を最大化する特性に作用する選択は **r 選択 *r*-selection** とよばれる．これらの名称は，ロジスティック式の変数に由来する．K 選択は，資源の利用が制限された環境収容力に近い個体密度で，個体間競争が激しい状況で生育している個体群に作用するといわれる．極相林の成熟した樹木は，K 選択された生物の一例である．対照的に，r 選択は個体あたりの個体群成長率 r を最大化し，個体数が環境収容力より十分少ない，あるいは個体間競争がほとんどない状況で作用するといわれる．そのような条件は，攪乱された生育地でしばしば観察される．放棄された耕作地に生育する雑草は，r 選択された生物の一例である．

K 選択と r 選択の概念は，実際の生活史の幅における両端を表している．K 選択と r 選択の枠組みは環境収容力の考えに基づいており，前述した重要な問いにも関係している．なぜ個体群成長率は，個体数が環境収容力に近づくにつれて，減少するのだろうか．この問いに答えることが，次節の焦点である．

概念のチェック 53.4

1. 生活史特性の 3 つの重要な要素を示しなさい．そして，それらの特性が生物の間で大きく異なることを，例を挙げて説明しなさい．
2. イトヒキベラ *Symphodus tinca* とよばれる魚の雌は，一部の卵を広範に散布し，一部の卵を巣に産む．後者は，親の世話を受ける．この行動が示す，繁殖におけるトレードオフを説明しなさい．
3. どうなる？➤食物不足のようなストレスを受けるネズミは，自分の子を放棄することがある．この行動がどのように進化したのかについて，繁殖のトレードオフと生活史の概念に基づいて説明しなさい．

（解答例は付録 A）

53.5

密度依存的要因が個体群成長を調節する

どのような環境要因が，個体群が無限に成長することを制限しているのだろうか．なぜ，ある個体群は個体数が安定しているのに，別の個体群は安定していないのだろうか．

このような問いに答えることは，実務的な応用において重要である．農家は，病虫害を減らしたい，あるいは急速に繁茂する侵入性の雑草の成長を停止させたいだろう．保全生態学者は，シロサイやアメリカシロヅルのような絶滅に瀕した種の採餌や繁殖の場所に関する環境要因を把握する必要がある．有害な生物の個体群を減少させたり，絶滅の危機にある種の個体群を増加させるためには，個体群の大きさに影響する要因を理解することが有効である．

個体群の変化と個体群密度

個体群の成長が停止するしくみを理解するために，

生態学者は，個体群密度の増加に伴う出生率，死亡率，移入率，移出率がどのように変化するのかを研究する．もし移入と移出が互いに打ち消し合っているならば，個体群は出生率が死亡率を上回っているときは成長し，死亡率が出生率を上回れば減少する．

出生率または死亡率が個体群密度によって変化しなければ，それは**密度非依存 density independent** であるという．たとえば，砂丘に生育するイネ科ウシノケグサ属植物 *Vulpia fasciculata* の死亡率は，主として物理的要因によるもので，個体群の密度に関係なく一定の割合で局所的な個体群を死滅させる．植物の根が移動する砂で覆われていないときに生じる乾燥ストレスは，密度非依存的な死亡要因である．対照的に，個体群密度の増加に伴って死亡率が増加したり，出生率が減少したりすることを，**密度依存 density dependent** であるという．砂丘のウシノケグサの繁殖は，密度の増加に伴って減少することも明らかになっている．このように，この個体群の出生率を調節する鍵となる要因は密度依存的で，死亡率はおもに密度非依存的要因によって調節されている．図 53.16 は，密度依存的な繁殖と密度非依存的な死亡の組み合わせが個体群成長をどのように停止させ，砂丘のウシノケグサのような種の個体群密度が平衡に達することを示している．

温度や降雨のような密度非依存的要因のばらつきは，個体群密度に劇的な変化をもたらす．たとえば，乾燥や熱波は死亡率を急激に上昇させ，個体数を大きく減少させる．しかし，ある特定の密度非依存的要因が，大きな個体群の個体数を減少させたり，あるいは小さな個体群の個体数を増加させるわけではない．そ

▼図 53.16　**個体群密度の平衡点の決まり方**．この単純なモデルは，出生率と死亡率だけを考慮している（移入率と移出率は，どちらも 0 か，あるいは等しいと仮定している）．この例は，出生率が個体群密度とともに変化し，死亡率は一定の場合である．平衡密度（*Q*）において，出生率と死亡率は等しい．

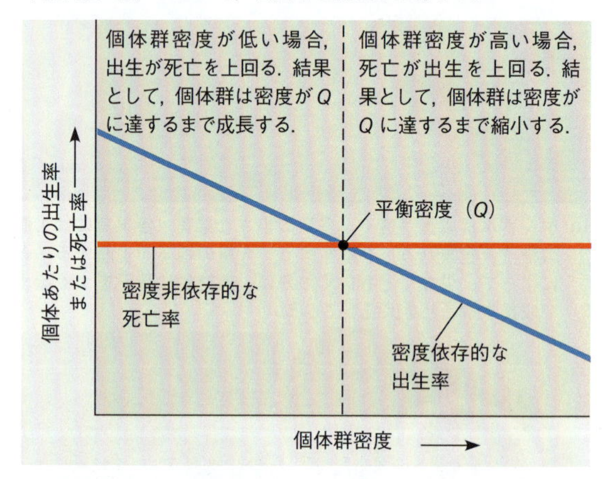
個体群密度が低い場合，出生が死亡を上回る．結果として，個体群は密度が Q に達するまで成長する．
個体群密度が高い場合，死亡が出生を上回る．結果として，個体群は密度が Q に達するまで縮小する．
個体あたりの出生率または死亡率 ⟶
平衡密度（Q）
密度非依存的な死亡率
密度依存的な出生率
個体群密度 ⟶

描いてみよう➤ 多くの種で観察されるような，出生率と死亡率がともに密度依存的な場合について，この図を描き直しなさい．

▼図 53.18　探究　密度依存的調節のメカニズム

個体群密度が増加するにつれて，多くの密度依存的メカニズムが，出生率を減少させたり死亡率を増加させたりして，個体群成長を減少あるいは停止させる．

資源をめぐる競争

個体群密度の増加は，栄養素などの資源をめぐる競争を激しくし，繁殖率を減少させる．農家は，施肥によって穀物の収量に対する資源制限を減少させ，資源競争がコムギ *Triticum aestivum* などの穀物の成長に与える影響を，最小にする．

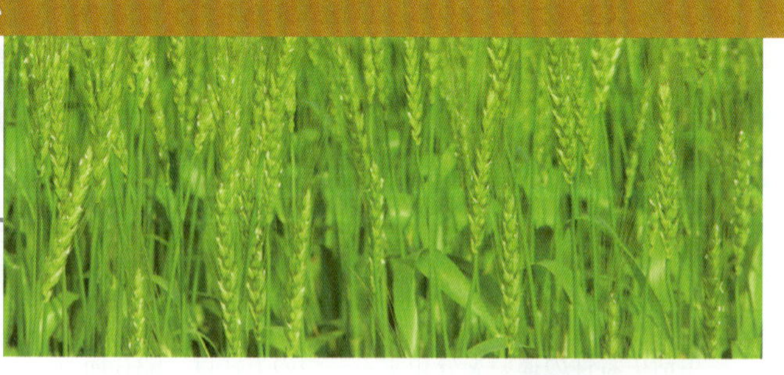

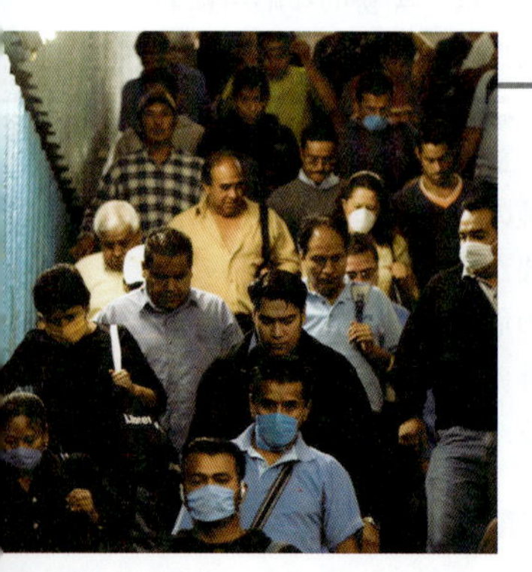

病　気

より混み合っている個体群ほど，ある病気の感染率が増加したら，病気の影響は密度依存的になる．ヒトの場合，インフルエンザや結核のような呼吸器系の病気は，感染した人がくしゃみや咳をしたときに空気を通じて広がる．両方の病気ともに，田舎に比べて，人口密度の高い都市部の多くの人々に打撃を与える．

捕　食

捕食は密度依存的な死亡率の重要な要因である．たとえば，被食者の個体群密度が増加するにつれて，捕食者がより多くの餌種を選好的に捕食する場合である．レミング *Dicrostonyx groenlandicus* 個体群の増加は，シロフクロウ *Bubo scandiacus* のような捕食者による密度依存的な捕食を引き起こす．

のような，個体数の一貫した変化を引き起こすのは，密度依存的要因だけである．すなわち，個体群の「調節」とは，1つあるいは複数の密度依存的要因によって，個体群が大きいときに個体数が減少すること（あるいは個体群が小さいときに個体数が増加すること）を意味する．

密度依存的な個体群調節のメカニズム

フィードバック調節の法則（40.2節参照）は，個体群動態に当てはまる．個体群密度と出生率および死亡率の間に，なんらかの負のフィードバックがなければ，個体群の成長は決して停止しないだろう．しかし，無限に成長する個体群はない．最終的に，大きな個体群では，密度依存的な調節によって負のフィードバックが生じ，出生率を減少させたり死亡率を増加させたりするメカニズムを通して，個体群成長を停止させる．たとえば，ウミタナゴ *Brachyistius frenatus* 個体群の研究は，個体群密度の増加に比例して死亡率が増加することを示した（図53.17）．魚の隠れ場所になるケルプが十分にない場合，ウミタナゴはケルプバス *Paralabrax clathratus* に捕食されやすかった．捕食やその他の密度依存的調節については，さらに図53.18で探究する．

負のフィードバックによる個体群調節に関するこれらさまざまな例は，密度の増加が，繁殖，成長，生存に影響することにより，個体群成長がどのように減少するのかを示している．負のフィードバックは，個体群成長を停止させるしくみを説明するのに役立つ．しかし，このことは，ある個体群が劇的に変動し，他の個体群が比較的安定に維持されるしくみについては何も説明しない．

▼図53.17　**捕食による密度依存的調節．** ウミタナゴの密度が増加するにつれて，ケルプバスによる捕食が増加した．これにより，ウミタナゴの死亡率は高くなった．

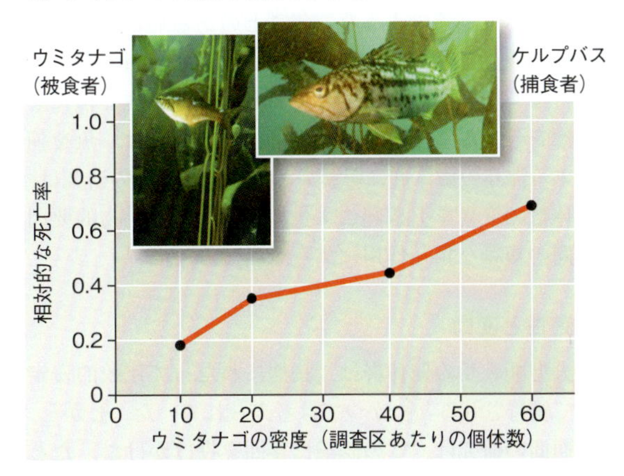
ウミタナゴ
（被食者）
ケルプバス
（捕食者）
相対的な死亡率
1.0
0.8
0.6
0.4
0.2
0
0
10
20
30
40
50
60
ウミタナゴの密度（調査区あたりの個体数）

縄張り性

空間が個体間競争の資源になる場合，縄張り性は個体群密度を制限する．チーター *Acinonyx jubatus* は尿を化学的標識として用い，自分の縄張りの境界に近づく他個体に警告を発する．余剰な非繁殖個体の存在は，縄張り性が個体群成長を制限していることのよい指標になる．

毒性老廃物

醸造用酵母 *Saccharomyces cerevisiae* のような酵母は，ワイン製造で炭水化物をエタノールに変換させるために利用される．ワインに蓄積するエタノールは，酵母に対しては毒で，酵母の個体数の密度依存的調節に寄与する．ワインのアルコール濃度は，通常13%以下である．これは，ワインをつくるほとんどの酵母が耐えることのできるエタノールの最大濃度のためである．

5 μm

内的要因

内的な生理的要因も個体群密度を調節することがある．野外の小さな囲いでシロアシネズミ *Peromyscus leucopus* を飼うと，食物や隠れ場所が十分にある場合でさえ，繁殖率は減少する．高い個体群密度での繁殖率の低下は，攻撃的な相互作用，および性成熟や免疫系を衰えさせるホルモンの変化と関係している．

個体群動態

あらゆる個体群は，程度の差はあるものの個体数の変動を示す．そのような，年ごとのあるいは場所間の個体群変動は**個体群動態 population dynamics** とよばれ，多くの要因に影響されており，それは他の種にも影響を与える．たとえば，魚個体群の変動は，魚を捕食する海鳥の個体群に影響する．個体群動態の研究は，個体数の変異を引き起こす生物的要因と非生物的要因の間の複雑な相互作用に焦点を当てる．

安定性と変動

大型哺乳類の個体群は，長期にわたって比較的安定して維持されると，かつては考えられていた．しかし，長期間の研究は，この認識に疑問を投げかけた．たとえば，スペリオル湖のロイヤル島のヘラジカ個体群は，1900年頃以来，大きく変動してきた．当時，（島から25 kmの距離がある）本土のヘラジカが凍結した湖を渡ってこの島に移入した．ヘラジカをおもな餌とするオオカミも，1950年頃に移入した．最近は湖面が凍結しなくなったので，両種の個体群は移入も移出もない孤立した状態にある．それにもかかわらず，ヘラジカ個体群は，最近50年の間に，2回の大きな個体数増加と個体群の崩壊を経験している（図53.19）．

どのような要因が，ヘラジカ個体群の劇的な変化を引き起こすのだろうか．厳しい気候，特に寒くて大雪を伴う冬がヘラジカを弱らせ，利用可能な食物を減少させ，個体数を減少させる．ヘラジカの数が少なく気候が穏和な場合，食物を容易に得ることができ個体群は急速に増加する．逆に，ヘラジカの数が多い場合，捕食やダニのような寄生虫の密度の増加のような要因が個体群の縮小を引き起こす．これらの要因のいくつかの効果は，図53.19に見ることができる．最初の個体群崩壊は，1975〜1980年にオオカミの個体数がピークに達した時期と一致している．2回目の崩壊は1995年あたりで，厳しい冬の年と一致し，それがヘラジカのエネルギーの必要性を増加させ，深い積雪が餌探しを困難にした．

▼図53.19　**ロイヤル島における1959〜2011年のヘラジカとオオカミの個体群の変動．**

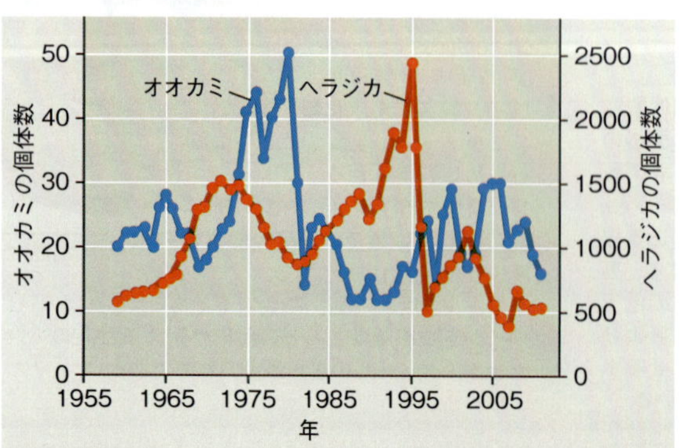
オオカミ
ヘラジカ
オオカミの個体数
ヘラジカの個体数
50
40
30
20
10
0
2500
2000
1500
1000
500
0
1955
1965
1975
1985
1995
2005
年

個体群周期：科学的研究

多くの個体群が不規則な間隔で変動する一方，ある個体群は規則的な大発生と崩壊の周期を示す．ネズミやレミングのような小型の植食性哺乳類は3〜4年周期で個体数が変動し，エリマキライチョウやライチョウなどの鳥は9〜11年の周期で増減する．

個体群周期の顕著な例の1つは，カナダとアラスカの極北の森林に生育するカンジキウサギ *Lepus americanus* とカナダオオヤマネコ *Lynx canadensis* の10年周期の増減である．カナダオオヤマネコはカンジキウサギをおもに捕食するので，カナダオオヤマネコの個体数はカンジキウサギの個体数に応じて増減すると予想されるだろう（図53.20）．しかし，カンジキウサギの個体数は，なぜ10年周期で増減するのだろうか．2つの仮説が提唱された．第1の仮説は，個体数変動の周期は，冬季の食物不足によって生じる，というものである．ウサギは冬の間ヤナギやカバノキなどの枝先を食べるが，この食物供給が10年周期で変動するかどうかは不明である．第2の仮説は，個体

▼図53.20　**カンジキウサギとカナダオオヤマネコの個体群周期．** 個体数データは，わな猟師がハドソンベイ社に売り渡した毛皮の数に基づいている．

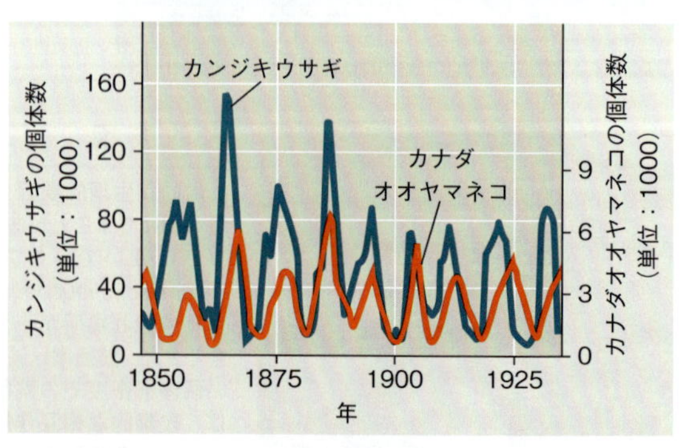
カンジキウサギ
カナダ
オオヤマネコ
カンジキウサギの個体数（単位：1000）
カナダオオヤマネコの個体数（単位：1000）
160
120
80
40
0
9
6
3
0
1850
1875
1900
1925
年

データの解釈➤オオヤマネコの個体数とウサギの個体数のピークの相対的な時期から，何が読み取れるだろうか．このデータから説明できることは何だろうか．

群変動の周期は，捕食者と被食者の相互作用によって生じる，という考えである．しかし，オオヤマネコ以外にも多くの捕食者がウサギを食べるので，彼らが過剰にウサギを捕食するかもしれない．

これら2つの仮説の証拠を考えてみよう．もし，ウサギ個体群の周期が冬季の食物不足によるとしたら，野外の個体群に余剰の食物を与えたら周期性はなくなるだろう．研究者はそのような実験をカナダのユーコン地域において20年間（ウサギ個体群の2回の周期の長さに該当する期間）行った．余剰の食物を与えられたウサギ個体群は，約3倍の密度まで増加したが，周期性は，食物を与えていない対照個体群と同じように，継続した．つまり，食物供給だけが図53.20に示されているような，ウサギ個体群の周期性を引き起こしているのではない．よって，1番目の仮説は棄却される．

生態学者は，電波発信機を用いてウサギの行動を追跡し，死亡要因を特定した．ウサギの95%が，オオヤマネコ，コヨーテ，タカ，フクロウなどの捕食者によって殺されており，飢餓によって死亡している個体はまったくないように見えた．これらのデータは2番目の仮説を支持する．生態学者は，電気柵によってある地域から捕食者を排除すると，ウサギの個体群周期の減少段階で，通常は生じる生存率の急落がほとんど起きなくなった．よって，捕食者による過剰な捕食が，カンジキウサギ個体群周期のおもな要因と考えられた．つまり，捕食者がいなければ，カナダ北部におけるウサギ個体群の周期性は生じないだろう．

移入，移出とメタ個体群

これまでの個体群動態の探究は，おもに出生と死亡に焦点を当ててきた．しかし，移入と移出も個体群に影響する．個体群が混み合って資源をめぐる競争が激しくなると，移出が増加することが多い．

移入や移出は，局所的な個体群が連結して**メタ個体群 metapopulation** を形成している場合，特に重要である．メタ個体群の局所個体群は，周辺を海に囲まれた島のように，生育に適した個々のパッチ（生育適地）を占有している個体群ととらえることができる．各パッチは，大きさ，質，他のパッチからの孤立度などが異なり，パッチの局所個体群の間の個体の移動（どれくらいの個体数がパッチ間を行き来するのか）に影響を与える．もし，ある局所個体群が絶滅したら，そのパッチは他の個体群からの移入によって再び入植される．

グランヴィルヒョウモンモドキ *Melitaea cinxia* は，局所個体群の間の個体の移動を例示している．このチョウは，フィンランドのオーランド諸島における500ヵ所の草原に見られる．しかし島嶼(とうしょ)におけるこのチョウの潜在的な生育場所はもっと大きく，約4000ヵ所の生育可能なパッチがある．新たなチョウ個体群が規則的に出現し，すでに分布していた個体群が絶滅していき，チョウが移入した500ヵ所のパッチの場所は絶えず変化している（図53.21）．この種は絶滅と移入のバランスを保っている．

ある個体が局所個体群間を移動する能力は，遺伝的性質を含む多くの要因に依存している．グランヴィルヒョウモンモドキの移動能力に強い影響を与えているのは *Pgi* 遺伝子で，それはある酵素（ホスホグルコースイソメラーゼ）をコードしている．ホスホグルコースイソメラーゼは解糖の第2段階を触媒し（図9.9参照），チョウの呼吸による二酸化炭素の生産率と相関している．そこで，生態学者は，グランヴィルヒョウモンモドキの *Pgi* 遺伝子のヌクレオチド多型のヘテロ接合型あるいはホモ接合型の個体を用いて研究を行った．彼らは，レーダートランスポンダ（レーダーに応答して信号を発信する装置）でチョウの移動を追跡した．2時間のチョウの移動は，10 mから4 kmまで広い範囲に及んでいた．ホモ接合型の個体に比べて，ヘテロ接合型の個体は午前の低い気温の間に2倍以上も飛翔していた．この結果は，低温においてヘテロ接合型の個体が適応的に有利であること，そして，ヘテロ接合型の個体が，メタ個体群における新たなパッチに

▼図53.21 **グランヴィルヒョウモンモドキのメタ個体群．** オーランド諸島では，このチョウの局所個体群（黒丸）は，ある時点で生育可能なパッチのごく一部にしか見られない．チョウは局所個体群の間を移動し，このチョウに占有されていないパッチ（白丸）に移入する．

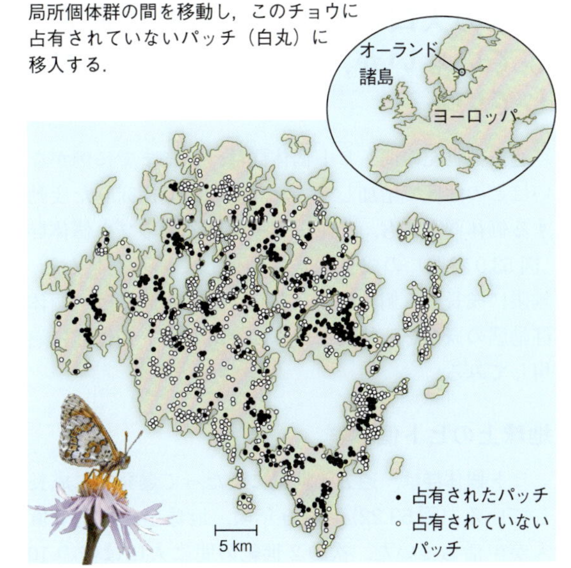
オーランド諸島
ヨーロッパ
• 占有されたパッチ
◦ 占有されていないパッチ
5 km

移入しやすいことを示している．

メタ個体群の概念は，グランヴィルヒョウモンモドキの個体群やその他多くの種個体群における移入と移出の重要性をはっきりと示している．これは，生態学者が個体群動態やパッチ状の生育場所の遺伝子流動を理解することに役立ち，生育場所の断片や保護区のネットワークに分布する種の保全のための枠組みを提供する．

▼個体追跡のためレーダートランスポンダを装着したグランヴィルヒョウモンモドキ *Melitaea cinxia*.

概念のチェック 53.5

1. 個体群密度や移入率と移出率に影響を与える，生育パッチの3つの特徴を説明しなさい．

2. どうなる？➤あなたが約10年の個体群周期をもつ種を研究していると想定する．この種の個体群密度が減少しているかどうかを判断するためには，何年間調査する必要があるだろうか，説明しなさい．

3. 関連性を考えよう➤負のフィードバックは，生物学的な系を調節する過程である（40.2節参照）．砂丘に生育するウシノケグサの密度依存的な出生率が負のフィードバックをもたらすことを説明しなさい．

（解答例は付録A）

53.6

地球の人口はもはや指数的に成長していないが，いまだ急速に増加している

過去数世紀の間，ヒト個体群は，いままでに例がないほどの速度で増加してきた．53.5節で探究した変動する個体群よりも，クルーガー国立公園のゾウ個体群（図53.9参照）の成長様式に類似している．しかし，無限に成長する個体群は存在しない．本節では，個体群動態の概念を，特異なケースであるヒト個体群に適用してみる．

地球上のヒト個体群

ヒト個体群は，過去4世紀にわたって爆発的に成長している（図53.22）．1650年頃，地球全体で約5億人が生活していた．次の2世紀の間に人口は倍の10億人になり，1930年までにまた倍増して20億人，そして1975年にはさらに倍増して40億人を超えた．私たちの人口が倍増するのに要する時間は，1650年当時は200年だったのが，1930年にはたった45年にまで短くなっている点に注意してほしい．つまり，歴史的に見ると，私たちの人口は指数関数的成長よりも速く成長してきた．指数関数的成長は一定の増加率なので，個体群が倍増する時間も一定である．

▼図53.22　ヒトの個体群成長（2015年のデータによる）．地球の人口は歴史を通してほぼ連続的に増加してきたが，産業革命後に急上昇した．このグラフの目盛のスケールでは明瞭ではないが，最近数十年間は，主として世界中の出生率の低下によって人口増加率は低下しつつある．

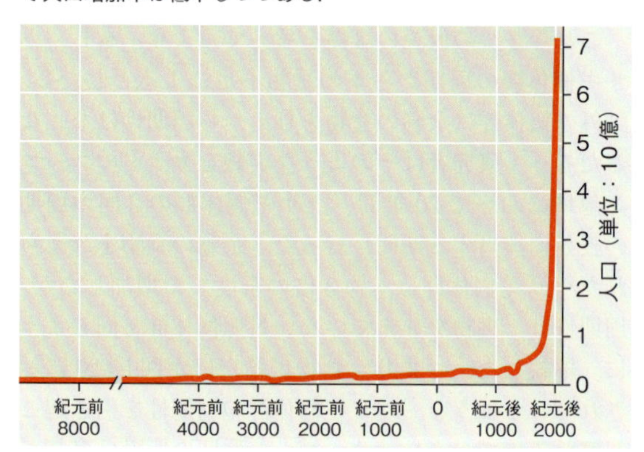

7
6
5
4
3
2
1
0
人口（単位：10億）
紀元前 8000
紀元前 4000
紀元前 3000
紀元前 2000
紀元前 1000
0
紀元後 1000
紀元後 2000

現在の地球の人口は72億人を超え，毎年7800万人ずつ増え続けている．1日あたりにすると20万人以上増加しており，これはテキサス州アマリロ市が毎日新しく加わっているのと同じである．この増加率だと，米国の人口と同じ数が加わるのには4年しかかからない．生態学者は2050年までに地球の人口は81〜106億人に増加すると予想している．

地球の人口は増え続けているが，増加率は1960年代から低下し始めている（図53.23）．地球の人口の年間増加率は1962年の2.2%をピークに，2014年までには1.1%まで低下した．現在のモデルの予測では，2050年までに約0.5%まで低下し，それでも毎年4500万人増加し人口は90億人に達すると考えられている．過去40年の成長率の低下は，人口増加が指数関数的成長から予測されるよりもゆるやかになっていることを示している．この変化は，エイズのような病気や自発的な人口調節などによる人口動態の基本的な変化の結果である．

人口変化の地域的パターン

これまで地球の人口について述べてきたが，人口動態は地域によって大きく異なる．地域の人口が安定な

▼図 53.23 地球の人口の年間増加率（2014 年のデータによる）. 1960 年代の急激な落ち込みは主として約 6000 万人が死亡した中国の飢饉による.

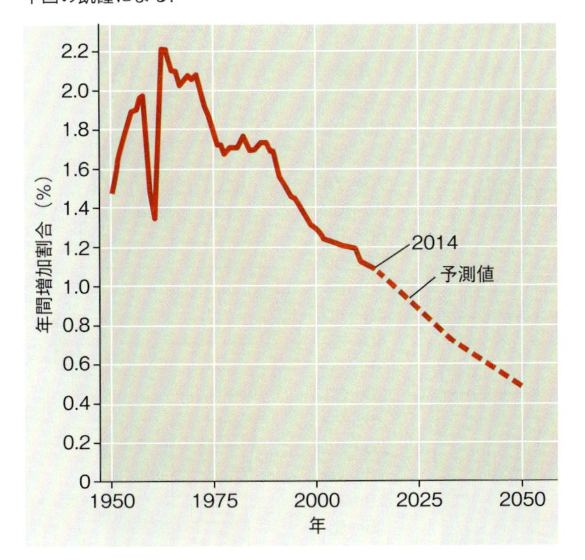

年間増加割合（%）
2.2
2.0
1.8
1.6
1.4
1.2
1.0
0.8
0.6
0.4
0.2
0
1950
1975
2000
2025
2050
年
2014
予測値

場合，出生率と死亡率が等しい（移入と移出の影響を無視した場合）．安定な人口にも，次の 2 つの状態がある．

人口増加がゼロ＝高出生率－高死亡率
または
人口増加がゼロ＝低出生率－低死亡率

高出生率と高死亡率から低出生率と低死亡率への移行は，工業化と生活条件の改善を伴う傾向がある．これは**人口転換 demographic transition** とよばれる．スウェーデンでは，人口転換するのに 1810 年から 1975 年まで約 150 年かかり，出生率が最終的に死亡率と等しくなった．メキシコではいまだ人口は急速に増加し続けており，人口転換は少なくとも 2050 年までかかると予測されている．人口転換は，健康管理や衛生状態の質の向上，および，特に，女性に対する教育の改善と結びついている．

1950 年以降，多くの開発途上国の死亡率は急速に低下したが，出生率の低下の程度はさまざまである．出生率の低下が最も劇的だったのは中国である．1970 年には，中国の出生率，すなわち女性 1 人あたりが生涯に産む子の平均数（合計特殊出生率）は 5.9 人と予測されていたが，2011 年までには，おもに政府の厳しい一人っ子政策によって，合計特殊出生率は 1.6 人になった．アフリカの一部の国で，出生率の急速な低下への転換が見られるが，サハラ砂漠以南の国々の大部分では高い出生率が維持されている．

このようなさまざまな出生率は世界の人口増加にどのように影響するだろうか．先進国では人口は平衡に近く，合計特殊出生率は 2.1 人/女性で出生率が補充のレベルに近い．カナダ，ドイツ，日本，英国など，多くの先進国では出生率は補充を下回っている．これらの地域の人口は，もし移入がなく出生率も変化しなければ，最終的には減少するだろう．事実，ヨーロッパの東部や中央部の多くの国々では人口がすでに減少しつつある．現在の地球の人口の増加の大部分は，全人口の約 80％が暮らす開発途上国に集中している．

ヒトの人口増加に特徴的なのは，家族計画や自発的避妊によって調節が可能であるという点である．多くの文化において，社会的な変化と女性の教育や経歴への願望が，結婚や出産を遅くさせている．出産が遅くなれば人口増加を低下させることにつながり，社会が低出産率と低死亡率の下での人口増加ゼロに向かう助けになる．しかし，地球規模の家族計画をどれだけ支援するかについては，意見に大きな隔たりがある．

齢 構 造

人口増加に影響するもう 1 つの重要な要因は，国の**齢構造 age structure** である．これは各年齢の人口を相対値で表したものである．齢構造は図 53.24 のように「ピラミッド」のように描かれることが多い．アフガニスタンの場合，ピラミッドの基部が大きく若い年齢層のほうへ偏っている．これらの若い人々が成長して子どもをつくれば爆発的人口増加を維持するだろう．米国の齢構造は，子どもをつくり終えた高齢層まで比較的均一である．米国の現在の合計出生率は女性 1 人あたり 2.1 人で，ほとんど補充率に等しいのだが，人口は移入によって 2050 年まではゆるやかに増加すると予測されている．イタリアの場合，ピラミッドの基部が小さく，生殖年齢より若い層が人口全体の中で少ないことを示している．このような齢構造は，将来，イタリアの人口減少を引き起こすだろう．

齢構造の図は，人口増加の傾向を予測するだけでなく，社会状況をも照らし出す．図 53.24 に基づくと，たとえばアフガニスタンでは，近い将来，雇用や教育が重要な問題となることが予測できる．イタリアや米国では，若い労働年齢層の割合が減少する中で，今後退職する「ベビーブーム世代」の増加を支えなければならない．このような人口統計上の特徴によって，米国では将来の社会保障や医療制度が重要な政治課題となっている．齢構造を理解することは，将来を計画する助けになる．

▼図 53.24　3つの国における人口の齢構造ピラミッド（2010年のデータによる）．アフガニスタンの年増加率は約2.6%，米国の年増加率は約1.0%，イタリアの年増加率は約0.0%である．

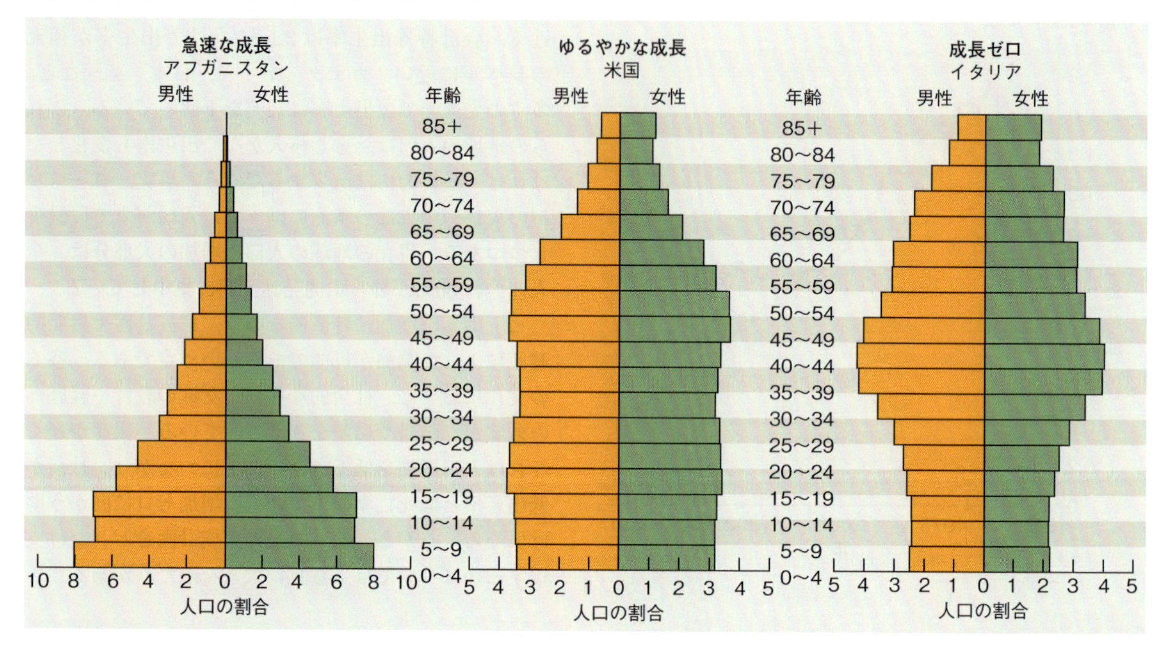

急速な成長
アフガニスタン
男性
女性
年齢
ゆるやかな成長
米国
男性
女性
年齢
成長ゼロ
イタリア
男性
女性
85+
80~84
75~79
70~74
65~69
60~64
55~59
50~54
45~49
40~44
35~39
30~34
25~29
20~24
15~19
10~14
5~9
0~4
10 8 6 4 2 0 2 4 6 8 10
人口の割合
5 4 3 2 1 0 1 2 3 4 5
人口の割合
5 4 3 2 1 0 1 2 3 4 5
人口の割合

乳児死亡率と平均寿命

「乳児死亡率」すなわち1000人の出生あたりの乳児の死亡数，および出生時に予測される平均余命である「平均寿命」は，国の間で大きく異なっている．たとえば2011年では，アフガニスタンの乳児死亡率は149人（14.9%）だが，日本ではわずか2.8人（0.28%）である．一方，平均寿命は，アフガニスタンではわずか48年，日本では82年である．これらの違いは子どもが誕生時に直面する生活の質を反映し，両親の家族計画に影響を与える．もし乳児死亡率が高ければ，大人まで生存する子を確保するため，両親はより多くの子どもをもとうとする．

世界の平均寿命は1950年頃から長くなりつつあるが，最近では旧ソ連の国々やサハラ以南のアフリカ諸国を含む多くの地域で低下している．これらの地域では，社会動乱，経済基盤の衰退，エイズや結核などの感染症が平均寿命を低下させている．たとえばアフリカのアンゴラでは，2011年の平均寿命は約43年であり，これは日本，スウェーデン，イタリア，スペインの約半分である．

地球の環境収容力

将来の人口よりも重要な生態学的な問いはない．前述したように，人口生態学者は，2050年の地球の人口を約81〜106億人と予測している．これは，人口増加の惰性によって今後40年間に10〜40億人が加わることを意味する．しかし，どれだけの人口が生物圏によって支えられるのだろうか．2050年には人口過剰になるのだろうか．それともすでに過剰なのだろうか．

3世紀にわたって科学者たちは，地球におけるヒトの環境収容力を推定しようとしてきた．知られている最初の推定は1679年のアントニ・ファン・レーウェンフック Antoni van Leeuwenhoek（ドイツ人科学者で原生生物の発見者でもある．28章参照）による134億人である．これ以来推定された値は10億人以下から1兆人以上までさまざまである．

環境収容力の推定は難しく，科学者たちはそれぞれ異なる方法で推定している．現在のある研究者は，ロジスティック式（図53.10参照）で表されるような曲線を用いて，将来の人口の最大値を予測している．他の研究者は，現存する「最大」人口密度をもとにして，これに生息可能な土地の面積をかけて推定している．さらに他の方法として食物のような単一の制限要因に基づき，これに農地の量，平均収穫量，普及している食事（菜食か肉食か），および1日あたりヒトが必要なカロリー数などを考慮して推定している．

人口の制限

地球の環境収容力を推定する，より包括的な方法は，ヒトが複数の制約を負っているという認識に基づいている．私たちは食料，水，燃料，建築材料，その

▼図 53.25 世界の国々のエコロジカルフットプリント.

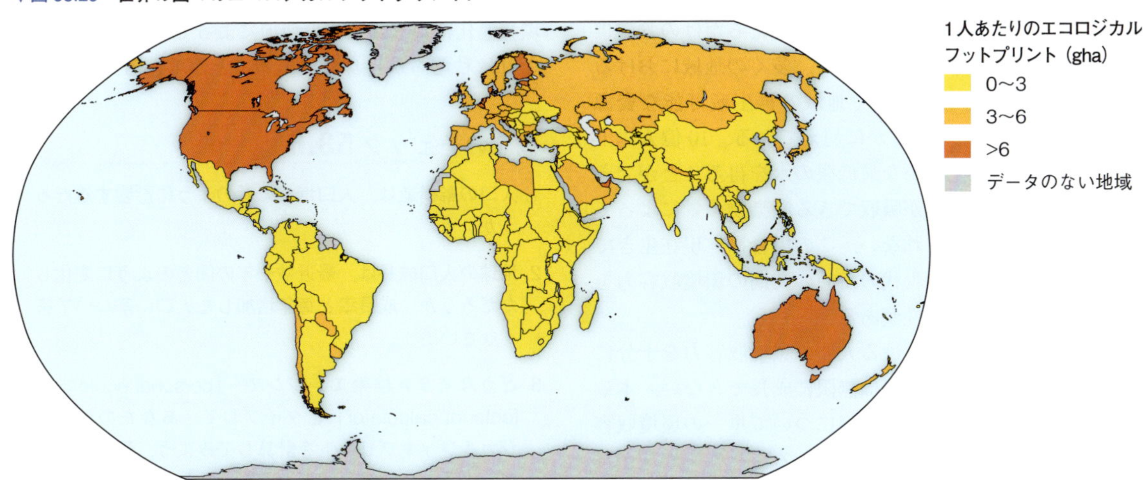
1人あたりのエコロジカル
フットプリント (gha)
0〜3
3〜6
>6
データのない地域

? 地球上の生産可能な土地面積は 119 億 gha である. 平均的なエコロジカルフットプリントが 1 人あたり 8 gha (米国の値) だった場合, 地球が支えることができる人口はどれくらいだろうか.

他衣料や輸送などを必要としている. **エコロジカルフットプリント ecological footprint** の概念は, 個人あるいは市や国で消費するすべての資源を生産し, その結果生じる廃棄物のすべてを吸収するために必要な陸地および水域の総面積をまとめたものである.

全人口のエコロジカルフットプリントを推定する1つの方法は, 地球上の生態学的に生産可能な土地を合計して, それを人口で割ることである. この計算には「グローバルヘクタール (global hectares)」という単位を用いる. 1グローバルヘクタール (gha) は, 地球における平均的な生物生産力をもつ陸地や水域の 1ha である. この計算によると, 1人あたりの割り当ては 1.7 gha で, 実際のエコロジカルフットプリントを比較する場合の基準になる. 1人あたり 1.7 gha 以上を必要とする資源を消費することは, 持続可能でない資源利用といえる (図 53.25). たとえば, 米国の1人あたりのエコロジカルフットプリントは 8 gha である.

地球に対する人間の影響は, 土地面積の代わりに, エネルギー使用のような別の基準でも評価される. 平均的なエネルギー使用は, 国によって大きく異なる (図 53.26). 米国, カナダ, ノルウェーの典型的な人は, 中央アフリカの人に比べて, 約 30 倍ものエネルギーを使用する. さらに, 石油, 石炭, 天然ガスのような化石燃料は, その 80% 以上が先進国で使用されている. 詳細は 56 章で見ることになるが, 持続的でない化石燃料への依存は, 地球の気候を変化させ, 私たちが生み出す廃棄物の量を増加させている. 結局, 1人あたりの資源利用と人口密度の組み合わせが, 私たちのエコロジカルフットプリントを決定する.

どのような要因が人口成長を最終的に制限するのだろうか. おそらく食糧が主要な制限要因となるだろう. 栄養失調や飢餓は一部の地域では日常的だが, これは食糧生産が不十分であるからというよりは, むしろ食

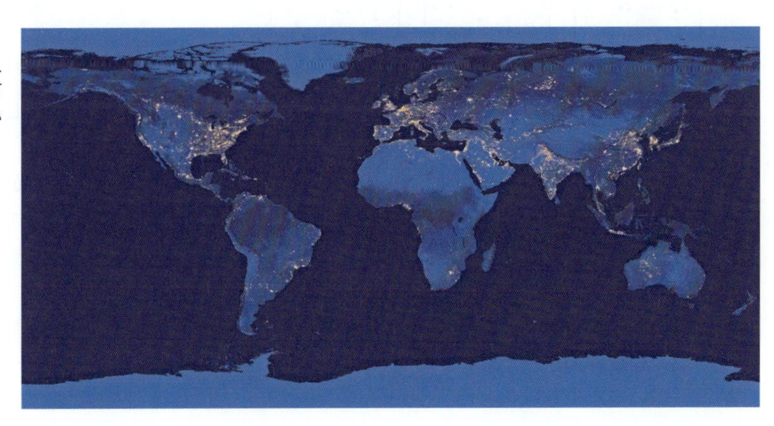

➤図 53.26 世界の不均一な電力使用量. この画像は宇宙から撮影されたもので, 人間によるエネルギー消費の一面である夜灯の密度が, 世界的に異なることを示している.

糧の不平等な分配が原因である．これまでは，農業の技術改善が地球規模の人口増加を支えるだけの食糧供給を可能にしてきた．対照的に，多くの地域における人口の要求は，ある場所や地域の再生産可能な資源（水など）の供給をはるかに超えている．10億人以上の人々が，衛生上必要な最低限の水を得ることができない．人口は，環境が吸収できる廃棄物の量によっても制限されるかもしれない．この場合は，現在生きている人々が，将来の世代のための長期の環境収容力を低下させている可能性がある．

科学技術は地球における人間の環境収容力を十分に増加させてきたが，人口は無限に成長できない．本章を読み終えたら，地球の人口について単一の環境収容力を決定できないことが理解できるだろう．地球がどれくらいの人口を支えられるのかは，私たち個々の生活の質や，人や国の間の富の分布に依存する．これは，大きな関心と政策的な論争となる話題である．人口増加ゼロの状態を，人間の選択に基づく社会の変革によって達成するか，それとも資源の制限，伝染病，戦争，環境悪化による死亡率の増加によって受け入れるのか，これは私たちが自身で決めることができる．

概念のチェック 53.6

1. 人口の齢構造は，人口増加にどのように影響するだろうか．

2. 地球の人口成長は，最近数十年の間どのように変化しただろうか．成長率と毎年増加した人口に基づいて答えなさい．

3. どうなる？➤検索エンジンで，「personal ecological footprint calculator」とタイプして，あなたのエコロジカルフットプリントを計算してみよう．現在のあなたの生活は，持続可能だろうか．もし，そうでない場合，エコロジカルフットプリントを小さくするには，どのようなことができるだろうか．

（解答例は付録 A）

53 章のまとめ

重要概念のまとめ

53.1

生物的要因と非生物的要因が個体群の密度，分布，動態に影響する

- 個体群**密度**，つまり，単位面積または単位体積あたりの個体数は，出生，死亡，移入，移出の相互作用を表している．環境的，社会的な要因は個体の**分布**に影響している．

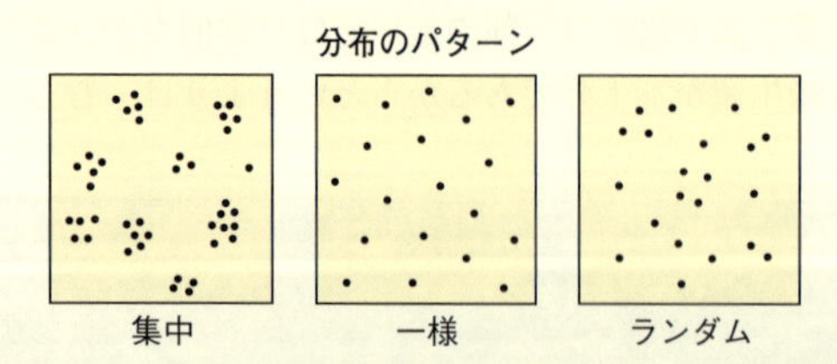
分布のパターン
集中
一様
ランダム

- 個体群は，出生と**移入**によって増加し，死亡と**移出**によって減少する．**生命表**と**生存曲線**は**人口学**（**デモグラフィー**）の特徴的な傾向を要約している．

❓ コククジラ *Eschrichtius robustus* は毎年冬になると，子を産むためにバハカリフォルニア（メキシコ北部）近海にやってくる．このような行動は，生態学者がこの種の出生率や死亡率を推定することを容易にしている．それはなぜだろうか．

53.2

指数関数モデルは理想的な制限のない環境での個体群成長を表す

- もし移入や移出を無視したら，個体群の個体あたりの成長率は出生率から死亡率を引いた値と等しい．
- **指数関数的成長**の式 $dN/dt = rN$ は，資源が比較的豊かな場合の個体群成長を表している．r は個体あたりの**内的自然増加率**で，N は個体群の個体数である．

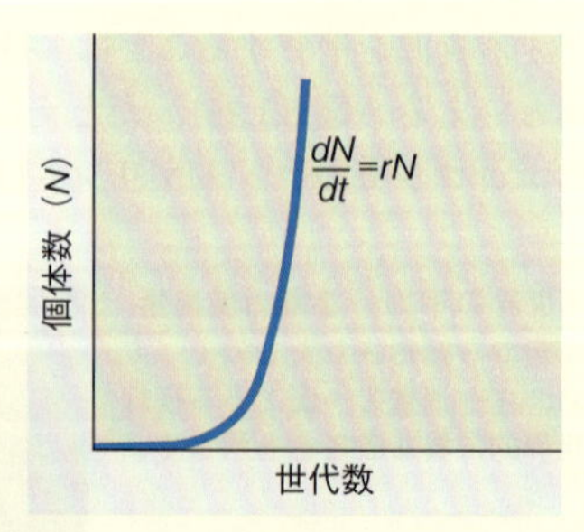
個体数（N）
$\frac{dN}{dt}=rN$
世代数

❓ ある個体群が，別の個体群に比べて2倍の r だったとする．これら2つの個体群の時間に伴う個体数の増加や最大個体数はどのようになるか，指数関数モデルに基づいて考えてみなさい．

53.3

ロジスティック成長モデルは個体群が環境収容力に近づくとその成長がゆるやかになることを表す

- 指数関数的成長は，どのような個体群であろうと長期間は続かない．より現実的な個体群モデルは，**環境収容力**（K）を考慮した，つまり環境が支えることができる最大個体数によって成長が制限されるモデルである．
- **ロジスティック成長**の式 $dN/dt = rN(K-N)/K$ に従うと，個体数が環境収容力に近づくにつれて個体群成長は小さくなる．

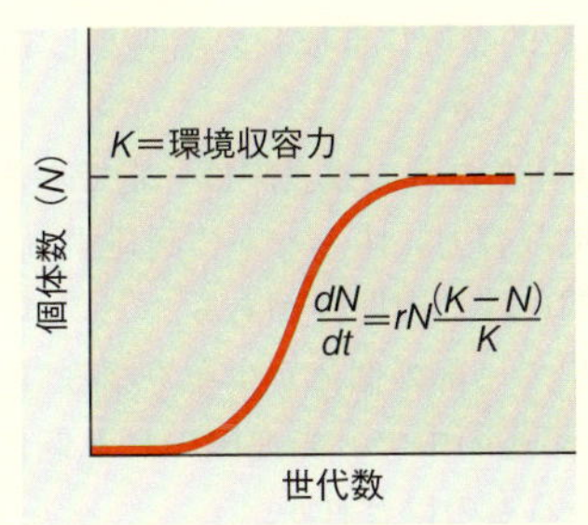
K＝環境収容力
個体数（N）
$\frac{dN}{dt}=rN\frac{(K-N)}{K}$
世代数

- ロジスティックモデルは，実際の個体群に完全に当てはまることはめったにないが，個体群成長のパターンを推定するうえで有用である．

? 野生生物の保護区を管理する生態学者として，絶滅危惧種の環境収容力を増加させたい場合，どのようなことを行えばよいだろうか．

53.4

生活史特性は自然選択の産物である

- **生活史**特性は，生物の発生，生理，行動が反映された進化的な結果である．
- ビッグバン型つまり**1回繁殖型**の生物は，繁殖を1回だけ行った後に死亡する．**多数回繁殖型**の生物は，繰り返し繁殖する．
- 産子数，繁殖齢，親による子の世話のような生活史特性は，時間，エネルギー，栄養素に対する要求のトレードオフ関係を表す．2つの仮想的な生活史パターンは，**K 選択**と **r 選択**である．

? 生態学的トレードオフが一般的な理由を説明しなさい．

53.5

密度依存的要因が個体群成長を調節する

- **密度依存的**な個体群の調節では，密度の増加に伴い，死亡率は増大し，出生率は減少する．出生率や死亡率が密度に応じて変化しないことを，**密度非依存的**という．
- 出生率や死亡率の密度依存的な変化は，負のフィードバックを通して個体群の増加を抑え，最終的に環境収容力の近くで個体群を安定させる．密度依存的な制限要因は，限られた食物や空間をめぐる同種内競争，捕食の増加，病気，生物個体の生理的要因，毒物質の蓄積などを含む．
- 環境条件の変化が周期的に個体群を攪乱すると，あらゆる個体群の個体数はいくらか変動する．多くの個体群は，規則的な大発生と崩壊の周期を繰り返し，それは生物的要因と非生物的要因の複雑な相互作用によって影響されている．**メタ個体群**は，移入と移出によって結びついた個体群のグループである．

? 人口の年変動に寄与する生物的要因と非生物的要因をそれぞれ1つ挙げなさい．

53.6

地球の人口はもはや指数的に成長していないが，いまだ急速に増加している

- 1650年以来，世界の人口は指数関数的に増加してきた．しかし，最近の50年間は，成長率が半分近くにまで落ちている．国による**齢構造**の違いは，ある国の人口は急速に増加し，また別の国は安定もしくは減少していることを示している．幼児の死亡率と出生時の余命は，先進国と開発途上国で大きく異なる．
- **エコロジカルフットプリント**とは，個人やあるグループの人たちのすべての資源を供給し，廃棄物を吸収するために必要となる土地や水域の面積である．ヒトの地球上における環境収容力ははっきりしないが，これは，私たちが地球の環境収容力にどれくらい近づいているかを計る手だてになる．世界の人口が72億人になる中で，私たちは持続不可能なやりかたで多くの資源を使用し続けている．

? 自分たちの環境収容力を選択するという能力において，ヒトは他の種とどのように異なるのだろうか．

理解度テスト

レベル1：知識／理解

1. 個体群生態学者が，同齢の個体のグループ（コホート）の運命を追跡する目的は，次のうちどれか．
   (A) 個体群の環境収容力を把握するため．

(B) 個体群中の各グループの出生率と死亡率を把握するため．

(C) 個体群が密度依存的過程に調節されているかどうかを把握するため．

(D) 個体数を制御する要因を把握するため．

2. 個体群の環境収容力について正しい記述は，次のうちどれか．

(A) 環境条件が変化すれば変わる．

(B) ロジスティック成長モデルを用いて正確に計算できる．

(C) 1 個体あたりの成長率が減少すれば増加する．

(D) 個体数がそれを超えることは決してない．

3. カンジキウサギとその捕食者であるカナダオオヤマネコの個体群周期に関する研究から明らかになったのは，次のうちどれか．

(A) 被食者の個体群周期は，おもに捕食者によって制御されている．

(B) ウサギとオオヤマネコは互いにとても依存し合っているので，どちらも相手がいないと生存できない．

(C) ウサギとオオヤマネコの個体群は，どちらもおもに非生物的要因によって制御されている．

(D) ウサギ個体群は r 選択，オオヤマネコ個体群は K 選択を受けている．

4. エコロジカルフットプリントの分析で得られた結論は，次のうちどれか．

(A) 個人あたりの肉消費量が増えれば地球の環境収容力は増加する．

(B) 工業化した国々の資源に対する需要は，それらの国々のエコロジカルフットプリントよりはるかに小さい．

(C) 科学技術の進歩によって地球におけるヒトの環境収容力を上げるのは不可能である．

(D) 個人あたりの資源消費量が大きいので，米国のエコロジカルフットプリントは大きい．

5. 現在の人口成長率に基づいた場合，2019 年の地球上の人口は，以下のどれに近いか．

(A) 250 万人　　(C) 75 億人

(B) 45 億人　　(D) 105 億人

レベル 2：応用／解析

6. ある個体群の個体が均一に分布しているという観察は何を示しているか．

(A) 資源が不均一に分布している．

(B) 個体間で資源をめぐる競争がある．

(C) 個体間には誘引も排他性もない．

(D) 個体群密度が低い．

7. ロジスティック成長式に従って成長している個体群について，正しい記述は次のうちどれか．

$$\frac{dN}{dt} = rN\frac{(K-N)}{K}$$

(A) 単位時間あたり加わる個体数は N がゼロに近いとき最大となる．

(B) 1 個体あたりの成長率は N が K に近づくほど増加する．

(C) 個体群成長は N が K に等しいときゼロになる．

(D) K が小さいとき，個体群は指数関数的に成長する．

8. 指数関数的な個体群成長の説明として正しいのは，次のうちどれか．

(A) 1 個体あたりの成長率は一定である．

(B) 環境収容力にすみやかに到達する．

(C) 時間に伴う周期性がある．

(D) 移出で一部の個体が少なくなる．

9. 以下の記述の中で，先進国のヒト個体群について誤っているものはどれか．

(A) 出生率と死亡率が高い．

(B) 平均的に比較的小家族である．

(C) 個体群は人口転換を経ている．

(D) 生存曲線はⅠ型である．

レベル 3：統合／評価

10. **データの解釈**　雌個体群において最も雌を産む齢コホートを推定する場合，コホートにおける個体あたりの産子数，および，生きている個体数に関する情報が必要である．ベルディングジリスについてこれを推定するには，年初の雌個体数（表 53.1 の 2 列目）と雌 1 個体あたりの産子数（表 53.1 の 2 列目）を掛ければよい．x 軸に雌の年齢（0～1，1～2 など）をとり，y 軸に各年齢の雌の合計の産子数をとり棒グラフを描きなさい．ベルディングジリスの雌において，最も多くの雌個体を産むコホートはどれだろうか．

11. **進化との関連**　環境収容力 K に近い高密度の個体群と低密度の個体群において，それぞれ作用する選択圧を比較しなさい．

12. **科学的研究**　ある植物種の個体群密度の増加が，その植物に対する病原菌の感染率を増加させる，という仮説を検証したい．その菌は，葉に目に見える傷を引き起こすので，植物が感染しているかどうかを簡単に識別できる．仮説を検証するための実験を計画しなさい．どのように実験群と対照群の設定やデータの収集を行い，どのような結果に基づいて，仮説が正しいか否かを検証するのか，説明しなさい．

13. **科学，技術，社会**　ある人たちは，開発途上国における人口の急速な増加が最も深刻な環境問題であると認識している．一方，先進国の個体群成長は小さいものの，環境上の大きな脅威である，と考える人たちもいる．(a) 開発途上国と (b) 先進国それぞれの人口成長によって引き起こされる問題とはいかなるものか，どちらがより深刻な脅威となるか，理由も含めて説明しなさい．

14. **テーマについての小論文：相互作用**　ヒトの個体群の密度依存的な人口調節にとって重要と考えられる要因は何か．図 53.18 に挙げられた要因に基づいて 300～450 字で記述しなさい．

15. **知識の統合**

イナゴ（*Acrididae* 科のバッタ）は周期的に大発生し，巨大な群れとなる．写真は，アフリカの西海岸沖のカナリー諸島における大発生である．図 53.18 に示された密度依存的調節のメカニズムの中から，イナゴの大発生に当てはまる 2 つの要因を選び，それぞれその理由を説明しなさい．

（一部の解答は付録 A）

54 群集生態学

▲図 54.1　この相互作用から，どちらの種が利益を得るのだろうか．

重要概念

54.1 群集の相互作用は，関係する種が利益を与えるか，害を与えるか，何も影響を与えないかによって分類される

54.2 多様性と栄養構造は生物群集を特徴づける

54.3 攪乱は種多様性と種組成に影響する

54.4 生物地理的要因は群集の多様性に影響する

54.5 病原体は群集構造を局所的あるいは広域的に改変する

変動する群集

一見すると，ドクウツボの口の中に入り込んでいるホンソメワケベラは悲惨な状況下にある思えるかもしれない（図 54.1）．サンゴ礁における貪欲な捕食者であるドクウツボは，ひと噛みで，ホンソメワケベラを簡単に押しつぶして飲み込むことができる．しかし，ホンソメワケベラが，ドクウツボの夕食になる危険はない．はるかに大きなドクウツボは口を開けたままで，小さなホンソメワケベラを自由にして，口の中や表皮に生息する小さな寄生虫を食べてもらう．

この相互作用では，両方の生物に利益がある．ホンソメワケベラは食物を得ることでき，ドクウツボは自分を弱めたり病気を広げたりする寄生虫を掃除できる．左下の写真のアカシマシラヒゲエビにも示されているように，海洋の生息地では「掃除屋」と「お客」のような相利関係の例が多くある．しかし，その他の種間相互作用は，関係する他方の種にとってあまり有益でない，あるいは，関係する両方の種の繁殖や生存に負の影響を与える場合もある．

53 章では，ある個体群の個体が同種の他個体に与える影響について学んだ．本章では，異なる種の個体群間の生態学的な相互作用を探究する．互いに相互作用するのに十分近接して生育している異なる種の個体群のグループは，**生物群集 community** とよばれる．生態学者は，ある群集の境界を，自分たちの研究の問いに応じて定義する．腐朽している倒木の分解者などの生物群集を研究することもあれば，スペリオル湖の底生群集，あるいはカリフォルニアのセコイア国立公園における樹木や低木の群集を研究するかもしれない．

本章は，図 54.1 のホンソメワケベラとドクウツボのような群集を構成する種間で生じる相互作用の種類を探究することから始める．それか

ら，ある場所に生育する種数がどのように決定されるのか，どんな特徴的な種が分布し，それら各種の相対的な優占度はどのように決定されるのかなど，群集の形成において最も重要ないくつかの要因を考える．最後に，群集生態学のいくつかの理論を，人間の病気の研究に当てはめて考えてみる．

54.1

群集の相互作用は，関係する種が利益を与えるか，害を与えるか，何も影響を与えないかによって分類される

生物の生活においていくつかの鍵となる関係は，群集における他種個体との相互作用である．これらの**種間相互作用 interspecific interaction** は，競争，捕食，植食，寄生，相利共生，片利共生などである．本節では，これらの相互作用のそれぞれを定義して解説し，相互作用に関係する2種それぞれの生存や繁殖に与える正の影響（＋）と負の影響（－）に応じて，相互作用を分類する．

たとえば，捕食は＋/－の相互作用で，捕食者個体群には正の影響，被食者個体群には負の影響となる．相利共生は，両種の生存と繁殖が互いの存在で増加するので，＋/＋の相互作用である．なお，ゼロは相互作用によってどちらの種も影響を受けないことを表す．よって，私たちが考える生態学的相互作用は，競争（－/－），搾取（＋/－），正の相互作用（＋/＋あるいは＋/0）の大きく3つである．

歴史的には，多くの生態学的研究は，少なくとも一方の種に負の効果があるような相互作用（競争や捕食など）に焦点を当ててきた．しかし，これから本章で見ていくように，正の相互作用も多くの例があり，それが群集の構造に大きな影響を与えている．

競　争

種間競争 competition は－/－の相互作用で，異なる種の個体が，それらの生存と繁殖を制限する資源をめぐって競争するときに生じる．庭に生育する雑草は，庭に植えられた植物と栄養素や水をめぐって競争する．アラスカやカナダの北方林では，オオヤマネコとキツネがカンジキウサギなどの餌生物をめぐって競争する．対照的に，酸素のような資源は陸上において不足することは滅多にないので，ほとんどの陸上種が同じ資源を利用するにもかかわらず競争は起こらない．

競 争 排 除

限られた資源をめぐって2種が競争する場合，群集には何が起こるだろうか．1934年，ロシアの生態学者G・F・ガウゼ G. F. Gause はこの問いを検証するため，近縁の2種の原生生物，ヒメゾウリムシ *Paramecium aurelia* とゾウリムシ *Paramecium caudatum* を用いて実験をした（図 28.17 a 参照）．彼はこれらの生物を安定した条件下で培養し，毎日同じ量の餌を与えた．ガウゼが2種を別々に培養したときは，どちらの個体群も急速に成長し，培養槽の環境収容力と思われるレベルで個体数が安定した（図 53.11 a 参照．ゾウリムシ個体群のロジスティック成長が示されている）．しかし，2種を一緒に培養したところ，ゾウリムシは培養槽から絶滅してしまった．ガウゼは，ヒメゾウリムシが餌を獲得する競争で優位だったと考え，限りのある同じ食物を争う2種は同じ場所には永続的に共存できないと結論づけた．攪乱(かくらん)がない場合，一方の種が，他種より資源を効率的に利用し急速に増殖する．たとえ種間の繁殖の有利性の差が小さくても，最終的には劣ったほうの競争相手は局所的に絶滅する．これが**競争排除 competitive exclusion** とよばれる競争の結果である．

生態学的ニッチと自然選択

進化　限りある資源をめぐる競争は，個体群における進化的変化をもたらす．これがどのように生じるかを検証する1つの方法は，生物の**生態学的ニッチ ecological niche**，すなわち環境において，ある種が利用する生物的資源および非生物的資源すべてを合わせたものに注目することである．たとえば，熱帯のアノールトカゲのニッチは，アノールトカゲが耐えることのできる温度範囲，休む枝の太さ，活動時間帯，食べる昆虫の大きさと種類などからなる．そのような要因が，アノールトカゲのニッチを，あるいは生態学的役割（生態系にいかに適合しているのか）を定義する．

ニッチの概念を用いて，競争排除則を言い換えることができる．2種のニッチが同じならば，それらの種は群集において永続的に共存できない．しかし，生態学的に類似した種でも，時間の経過に伴ってそれらの種のニッチにいくつかの有意な違いが生じれば，共存は可能である．自然選択による進化は，異なる組み合わせの資源を利用する種や，類似した資源を1日や年の異なる時間で利用する種を生み出す．ニッチの分化は，類似した種が群集で共存することを可能にする，それは**資源分割 resource partitioning** とよばれる（図 54.2）．

▼図 54.2 **ドミニカ共和国におけるトカゲの資源分割.** 7種のアノールトカゲ（*Anolis* 属）が近接して生育し，全種が昆虫や他の小さな節足動物を食べている．しかし，種間の採餌場所は異なり，各種が明瞭に異なるニッチを占めているため，食物をめぐる競争は軽減されている．

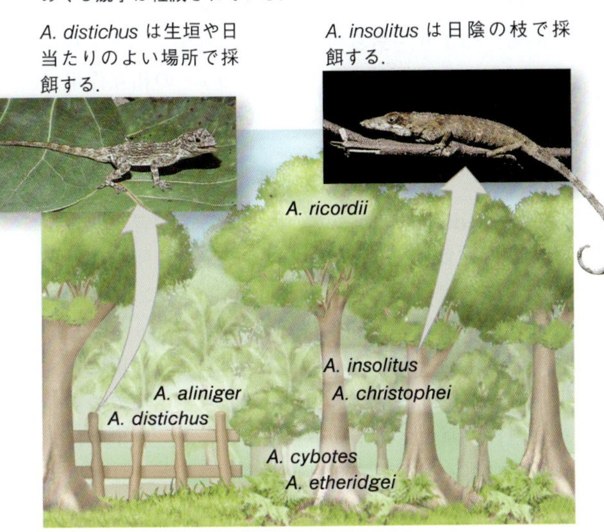

A. distichus は生垣や日当たりのよい場所で採餌する．
A. insolitus は日陰の枝で採餌する．
A. ricordii
A. insolitus
A. christophei
A. aliniger
A. distichus
A. cybotes
A. etheridgei

競争の結果，ある生物種の「基本ニッチ」（その種によって占められる可能性のあるニッチ）は，その「実現ニッチ」（実際にその種が占めているニッチ）とは異なる場合がある．生態学者は，競争種のいない条件で，ある種が成長し繁殖できる環境条件の幅を検証することで，その種の基本ニッチを特定することができる．また，ある種の競争種を除去して，その後，利用可能な空間を占有するかどうかを観察することによって，潜在的な競争種がその種の実現ニッチを制限しているかどうかも検証できる．図 54.3 に示された古典的な実験は，フジツボ2種の競争が，一方の種の基本ニッチの一部を占有するのを妨げていることを示している．

種は自分たちのニッチを，アノールトカゲやフジツボのように，空間的に分けているだけでなく，時間的にも分けている．カイロトゲマウス *Acomys cahirinus* とキンイロトゲマウス *Acomys russatus* は中東やアフリカの岩場に生育し，類似した生育場所や食物資源を共有している．彼らが共存している場所では，カイロトゲマウスは夜行性で，キンイロトゲマウスは昼行性である．驚くべきことに，実験室の研究では，キンイロトゲマウスは夜行性であることが示されている．キンイロトゲマウスが日中に活動するには，カイロトゲマウスの存在に応じて生物時計をがらりと変えなければならない．イスラエルの研究者たちは，ある自然の生育場所におけるカイロトゲマウスの個体をすべて除去し，実験室の結果と同じように，キンイロトゲマウスが夜行性になることを明らかにした．このような行動の変化は，これら2種のマウスの間に種間競争が存在すること，彼らの行動時間の分割が2種の共存を促すことを示唆している．

◀キンイロトゲマウス *Acomys russatus*

▼図 54.3

研究　種のニッチは種間競争に影響されるか

実験　生態学者のジョゼフ・コネル Joseph Connell は，スコットランドの海岸の岩に階層的に分布している2種のフジツボ，*Chthamalus stellatus* と *Balanus balanoides* を研究した．*Balanus* に比べて，*Chthamalus* は岩の上部によく見られる．*Chthamalus* の分布が *Balanus* との種間競争によるかどうかを検証するため，コネルはいくつかの岩礁から *Balanus* を除去した．

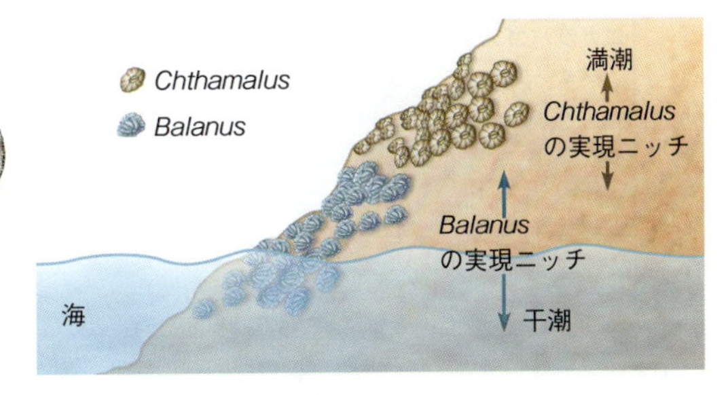

Chthamalus
Balanus
満潮
Chthamalus
の実現ニッチ
Balanus
の実現ニッチ
海
干潮

結果　*Chthamalus* は，除去実験前に *Balanus* が占有していた場所に広がった．

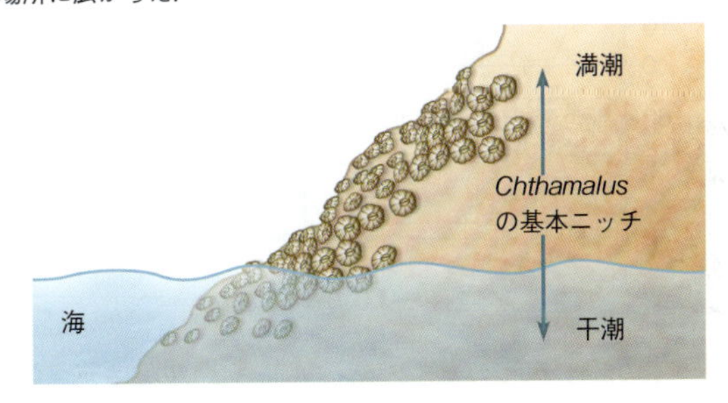

満潮
Chthamalus
の基本ニッチ
海
干潮

結論　種間競争は，*Chthamalus* の実現ニッチを，その基本ニッチよりも小さくしている．

データの出典　J. H. Connell, The influence of interspecific competition and other factors on the distribution of the barnacle *Chthamalus stellatus*, *Ecology* 42: 710-723 (1961).

どうなる？▶ また，他の研究結果は，*Balanus* は，干潮時に乾燥する岩礁上部では生存できないことを示している．*Balanus* の実現ニッチは，その基本ニッチに比べてどのようになっているだろうか．

▼図 54.4　**形質置換：過去の競争の間接的な証拠.** ロスヘルマノス島とダフネ島に異所的に分布するコガラパゴスフィンチ *Geospiza fuliginosa* とガラパゴスフィンチ *Geospiza fortis* は，くちばしの形態が似ており（上２つのグラフ），おそらく似たような大きさの種子を食べている．しかし，これら２種が同所的に分布するサンタマリア島とサンクリストバル島では，コガラパゴスフィンチは薄くて小さなくちばしをもつのに対して，ガラパゴスフィンチは厚くて大きなくちばしをもつ（下のグラフ）．この違いは，この２種が異なる大きさの種子を食べるように適応していることを示している．

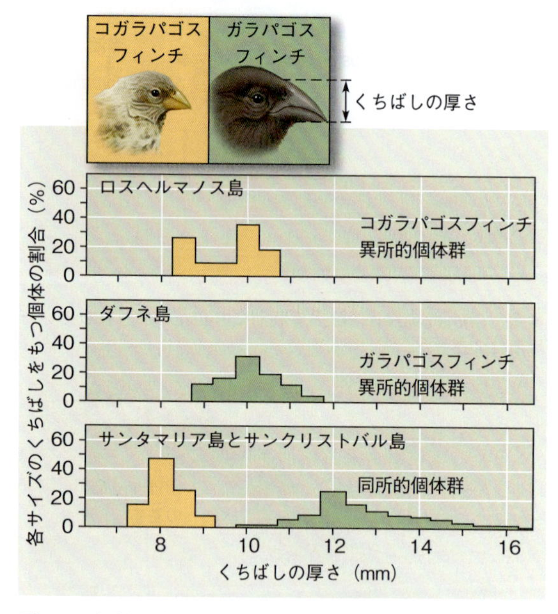

コガラパゴスフィンチ
ガラパゴスフィンチ
くちばしの厚さ
ロスヘルマノス島
コガラパゴスフィンチ
異所的個体群
ダフネ島
ガラパゴスフィンチ
異所的個体群
サンタマリア島とサンクリストバル島
同所的個体群
各サイズのくちばしをもつ個体の割合（%）
60
40
20
0
8
10
12
14
16
くちばしの厚さ（mm）

データの解釈➤ガラパゴスフィンチのくちばしの長さが，くちばしの厚さより12%ほど長い場合を考えてみよう．サンタマリア島とサンクリストバル島で観察されたコガラパゴスフィンチにおけるくちばしの厚さが最も小さい個体では，くちばしの厚さはどのようになるだろうか．

形質置換

異所的分化（地理的に分離；24.2 節参照）あるいは同所的に分化（地理的に重複）した近縁種の個体群は，群集形成において競争が重要であるという証拠を提供する．異所的に分化した種は，お互い形態的に似ており，類似した資源を利用する．対照的に，同所的に分化した種は，資源をめぐって競争する可能性があり，形態や利用する資源に違いがある．異所的に分化した2種に比べて，同所的に分化した種のほうが，形質がより多様化する傾向は**形質置換 character displacement** とよばれる．形質置換の例は，コガラパゴスフィンチ *Geospiza fuliginosa* とガラパゴスフィンチ *Geospiza fortis* で見られる．これらの種のくちばしの太さは，異なる場所に生育する個体群の間では類似しているが，同所的に生育する個体群ではとても異なっている（図 54.4）．

搾　取

光合成をしないすべての生物は，摂食する必要があり，すべての生物は食べられる危険がある．よって，自然界におけるドラマの多くは**搾取 exploitation** 的関係である．つまり，ある種が他種を摂食することで利益を得て，食われる種は害を受ける＋/－の相互作用である．搾取的な相互作用は，捕食，植食，寄生を含む．

捕　食

捕食 predation は，一方の種である捕食者が他方の種である被食者を殺して食べる＋/－の種間相互作用である．捕食という語は，ライオンがアンテロープ（カモシカの仲間）を襲って食べる，といったことを思い起こさせるが，もっと広い範囲の相互作用に当てはまる．たとえば，ワムシ（小型の水生生物で多くの単細胞性の原生生物より小さい）もまた，原生生物を殺して食べる捕食者である．食べることと，食べられるのを避けることは繁殖成功の前提であるので，捕食者も被食者も自然選択によって精緻な適応を遂げている．**科学スキル演習**で，自然選択が捕食者と被食者の相互関係に与える影響についてデータを見て考えてみよう．

捕食者の捕食への重要な適応の多くは，明白でなじみ深い．多くの捕食者は，潜在的な被食者の居場所やその種類を特定するための鋭敏な感覚をもっている．たとえば，ガラガラヘビなどのマムシ亜科のヘビは，両眼と鼻孔の中間に熱を感じる１対の器官（図 50.7 b 参照）で被食者を見つける．フクロウは，夜に被食者を見つけやすいように，特徴的な大きな眼をもっている．また，多くの捕食者は，被食者を捕えて，それらを食物にするために，爪，牙，毒のような適応形質をもっている．被食者を追跡する捕食者は一般的に速く俊敏で，一方，じっと待ち伏せをする捕食者は環境に隠蔽するような特徴をもつ．

捕食者が餌を捕えるための適応を示すのと同様に，被食者のほうも食べられるのを避けるのに役立つ適応を身につけている．動物におけるいくつかの行動的な防御は，隠れること，逃げること，群れや集団を形成することである．積極的な自己防衛はあまり一般的ではないが，一部の大型草食哺乳類は自分たちの子を，捕食者から勇ましく防衛する．

動物はさまざまな形態的・生理的な防衛適応を示す．ヤマアラシやスカンクに見られる機械的あるいは化学的防御は，その種を守ることに役立つ（図 54.5 a,b）．ヨーロッパのファイアサラマンダー（サ

科学スキル演習

棒グラフと散布図をつくる

在来の捕食種は，導入された被食種にすぐに適応できるだろうか　オオヒキガエル *Bufo marinus* は，害虫駆除のため1935年にオーストラリアに導入された．それ以来，オオヒキガエルはオーストラリア北東部に分布を拡大し，いまでは，2億匹以上の個体群になっている．オオヒキガエルは，ヘビなどの潜在的な捕食者に対して有害な毒を分泌する腺をもっている．この演習では，オーストラリア在来の捕食者がオオヒキガエルの毒に対抗できるようなったかどうかを検証する2つの実験結果について，グラフを描いてデータを解釈してみよう．

実験方法　最初の実験では，オオヒキガエルが40〜60年間にわたって生息している地域と，オオヒキガエルが分布していない地域，それぞれから12個体のヘビ（レッドベリードブラックスネーク *Pseudechis porphyriacus*）を採集した．そして，在来のカエル（*Limnodynastes peronii*）と，毒腺を除去して無毒化したオオヒキガエルのどちらを捕食するか，その割合を調べた．なお，実験で用いたカエルは，殺されたばかりのものである．次の実験では，オオヒキガエルが5〜60年にわたって分布している地域からヘビを採集した．そして，オオヒキガエルの毒が，ヘビの生理的な特性に与える影響を検証するため，ヘビの胃にオオヒキガエルの毒を少量注入して，小さいプールでヘビの泳ぐ速度を計測した．

実験1のデータ

与えられた餌のタイプ	各タイプの餌を捕食したヘビの割合（%）	
	オオヒキガエルが40〜60年間生息している地域	オオヒキガエルがいない地域
在来のカエル	100	100
オオヒキガエル	0	50

実験2のデータ

オオヒキガエルが生息するようになった年数	5	10	10	20	50	60	60	60	60	60
ヘビの泳ぐ速度の減少率（%）	52	19	30	30	5	5	9	11	12	22

データの出典　B. L. Phillips and R. Shine, An invasive species induces rapid adaptive change in a native predator: cane toads and black snakes in Australia, *Proceedings of the Royal Society B* 273: 1545-1550 (2006).

データの解釈

1. 実験1のデータを棒グラフにしてみよう（グラフについての追加情報は付録Fを参照）.
2. 作成したグラフが示唆することは何だろうか．オオヒキガエルがヘビの捕食行動に与えた影響は，オオヒキガエルが生息している地域と生息していない地域で異なるだろうか.
3. オオヒキガエルにさらされたヘビ個体群で，オオヒキガエルの毒を無毒化する新たな酵素が進化したことを考えてみよう．実験1を繰り返した場合，この実験結果はどのように変化するだろうか予想しなさい.
4. 実験2における従属変数と独立変数を定義して散布図を作成しなさい．ヘビがオオヒキガエルにさらされることはヘビにとって選択圧になったのだろうか．作成した散布図から，どのような結論が導かれるか説明しなさい.
5. 実験1のデータを示すうえで，棒グラフは適切だろうか．実験2のデータを示すうえで，散布図は適切だろうか．それぞれ理由を説明しなさい.

ンショウウオ）のような一部の動物は，毒を合成することができる．また別の生物は食べた植物に含まれる毒素を蓄積して化学的防御に使う．効果的な化学防御のできる動物の多くは，ヤドクガエルのように鮮やかな**警告色 aposematic coloration** をもっている（図54.5 c）．そのような体色も適応的であると考えられる．なぜなら捕食者は鮮やかな色彩をもつ餌を避ける傾向があるからである．**隠蔽色 cryptic coloration**，つまりカムフラージュは捕食者を見つかりにくくする（図54.5 d）.

ある被食者は，他種の外観に似た形態をとることによって身を守る．たとえば，**ベイツ型擬態 Batesian mimicry** では，美味しい，あるいは無害な種が，不味い，あるいは有害な種（系統的に近縁でない種）に擬態する．スズメガ *Hemeroplanes ornatus* の幼虫は，攻撃を受けると小さな毒ヘビに似た頭部を持ち上げる（図54.5 e）．この場合は，行動的擬態も見られ，幼虫はヘビのように頭部を前後に揺らし，シューッという音まで発する．このようなベイツ型擬態は自然選択の結果で，害のない種の個体が，有害な種にとても類似するほど，有害な餌を食べないことを学習した捕食者から避けることができる．無害な種は，時間の経過に伴い，有害な種に類似した形質を進化させる．**ミュラー型擬態 Müllerian mimicry** では，キマダラハナバチ

図 54.5　動物の防御の適応の例.

(a) 機械的防御

▶ ヤマアラシ

(b) 化学的防御

▶ スカンク

(c) 警告色

▶ ヤドクガエルの1種

(d) 隠蔽色：カモフラージュ

▶ アマガエルの1種

(e) ベイツ型擬態：無害な種が有害な種に擬態する.

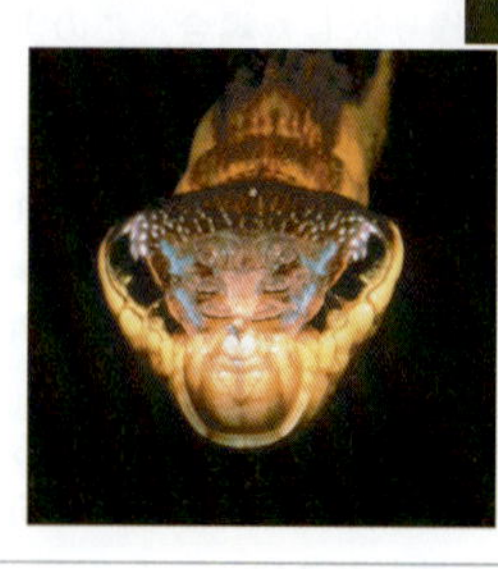

▲ 有毒のグリーンパロットスネーク

◀ 無毒のスズメガの幼虫

(f) ミュラー型擬態：食べるのに適さない2種が互いに擬態し合う.

▲ キイロスズメバチ

◀ キマダラハナバチ

関連性を考えよう➤無害な種が，系統的に遠縁の有害な種に類似することに，自然選択はどのように関与しているのだろうか．擬態が進化する過程を説明しなさい．無害な種が，系統的に近縁な有害な種に類似する場合，選択に加えて他にどのような要因が考えられるだろうか（22.2 節参照）.

とキイロスズメバチのように，2種あるいはそれ以上の不味い種が互いに類似する（図 54.5 f）．おそらく，不味い被食種の個体数が多いほど，捕食者はよりすみやかにそれに学習して，特定の色彩を避けるようになるだろう．擬態は多くの捕食者でも進化してきた．ミミックオクトパス *Thaumoctopus mimicus* は，カニ，ヒトデ，ウミヘビ，魚類，エイのような数多くの海洋動物の外見や動きに化けることができる（図 54.6）．このような能力は，たとえば，カニの姿に擬態してカニに近づいて捕食するなど，被食者に近づくことを可能にする．また，擬態によって捕食者から身を守ることもできる．スズメダイから攻撃を受けた場合，ミミックオクトパスは，スズメダイの捕食者である縞模様のウミヘビにすばやく擬態する.

植　食

生態学者は**植食 herbivory** を，ある生物が植物や藻類の一部を食べてそれらに害を与える＋/－の相互作用，と定義する．ウシ，ヒツジ，スイギュウなどの大型草食哺乳類が最もよく知られているが，ほとんどの植食動物はバッタ，イモムシ（鱗翅目の幼虫），甲虫などの無脊椎動物である．海ではウニ，一部の熱帯魚，海生哺乳類などが植食者である（図 54.7）.

捕食者の場合と同様に，植食者も多くの特殊化した適応を獲得している．多くの植食性昆虫は肢に化学的センサーがあり，植物の毒性や栄養価を識別する．ヤギのような一部の草食哺乳類は，嗅覚で植物を調べ，食べることのできる植物を選好する．また，彼らは，

▼図 54.6　ミミックオクトパス．(a) 6 つの触手を海底の穴に隠して，残り 2 つの触手をたなびかせてウミヘビに擬態している．(b) 体を平らにして，触手を背後に引きずってカレイのような魚に擬態している．(c) 触手のほとんどを平らにして，1 つの触手を背後に伸ばしてエイに擬態している．

(a) ウミヘビに擬態している
(b) カレイのような魚に擬態している
(c) エイに擬態している

花など植物の特定の部分を食べることもある．多くの植食者は，植物を食べて消化するために適応した歯や消化器官を備えている（41.4 節参照）．

動物とは異なり，植物は被食から逃げることができない．その代わり，植食者に対抗するための武器として，化学的な毒や棘（とげ）や針のような構造のような武器をそなえている．化学的防御となる植物の化合物には，熱帯のつる植物 *Strychnos toxifera* がつくる毒性のストリキニーネ，タバコのニコチン，さまざまな植物が合成するタンニン類などが含まれる．シナモン，クローブ，ペパーミントなどのなじみのある香りは，人間にとっては無毒であるが，多くの植食者にとっては不味い物質である．ある植物は，それを食べた昆虫の形態発生を異常にする物質をつくるものもある．植物がいかに自分たちを防御しているかという多くの例については，図 39.27「関連性を考えよう　植食者に対する植物の防御のレベル」を参照してほしい．

寄　生

寄生 parasitism は＋/－の搾取的な相互作用で，**寄生者** parasite がその**宿主** host から栄養分を奪い，宿主がそれによって害を受ける関係をいう．サナダムシのように，宿主の体内で生活する寄生者を**内部寄生者** endoparasite といい，ダニやシラミのように宿主の

▼図 54.7　植食性の海産哺乳類．この写真のフロリダのアメリカマナティー *Trichechus manatus* は，導入された外来のクロモ属 *Hydrilla* を食べている．

外部表面で摂食するものを**外部寄生者** ectoparasite という．捕食寄生とよばれる特殊な寄生では，昆虫，主として小型のハチが生きている宿主の体外や体内に産卵し，幼虫は宿主の体を食べて，最後には殺してしまう．一部の生態学者は，地球上の全生物種の少なくとも 3 分の 1 が寄生者であると推定している．

多くの寄生者は関係する複数の宿主も含めて複雑な生活環をもっている．現在世界で約 200 万人の感染者がいる住血吸虫の生活環には，その発達時期に応じて，ヒトと淡水生の貝の 2 種が宿主になる（図 33.11 参照）．ある寄生者は，宿主の行動を変化させ，次の宿主に移る確率を増加させるものもある．たとえば鉤頭虫（こうとうちゅう）に寄生された甲殻類の宿主は，防御の殻を脱いで開けたところへ移動し，鉤頭虫の第 2 の宿主になる鳥に食べられやすくなる．

寄生者は，宿主の生存，繁殖および個体群密度に，直接的あるいは間接的に大きな影響を与える．たとえば，ヘラジカの外部寄生者であるダニは吸血によって宿主を弱らせ，脱毛を促す．そのため，弱ったヘラジカは，寒さによるストレスやオオカミの捕食によって死亡する確率が増加する．

正の相互作用

自然界はドラマチックでぞっとするような搾取的相互作用に富んでいるが，生態学的群集は**正の相互作用** positive interaction にも大きく影響されている．これは，＋/＋の相互作用として表されるか，＋/0 と表される．少なくとも一方の種にとっては利益だが，他方の種には害も利益もない関係である．正の相互作用は，

相利共生や片利共生を含む．これから見ていくように，正の相互作用は生態学的群集で観察される種の多様性に影響する．

相利共生

相利共生 mutualism は，両方の種に利益のある種間相互作用（＋/＋）である．前章に例を示したように，自然界には多くの相利共生がある．シロアリや哺乳類の反芻（はんすう）哺乳類の消化系における微生物によるセルロースの分解，植物の受粉や種子を散布する動物，菌類と植物の根の合体した菌根での栄養分の交換，サンゴ体内の単細胞藻類による光合成などである．ある相利共生では，図 54.8 のアカシアとアリの関係のように，それぞれの種の生存や繁殖は他方の種に依存している．しかし，また別の相利共生では，双方の種はそれぞれ自力で生存することができる．

▼図 54.8　アカシアとアリの相利共生.

(a) 中央および南米のある種のアカシアは，*Pseudomyrmex* 属のアリを生育させる中空の棘をもっている．アリは木から出る蜜と，葉の端にあるタンパク質に富んだ突起（写真のオレンジ色の部分）を食べる．

(b) 好戦的なアリは，アカシアの木に触れるものなら何にでも襲いかかる．よってアカシアは，菌類の胞子，小型の植食者，ごみなどを除去してもらうことができ，利益を得ている．アリは，アカシアのそばに生える草なども刈り取る．

相利共生における双方のパートナーは，利益と同様に損失もこうむる．たとえば，根粒（こんりゅう）菌の場合，植物は炭水化物を菌に提供し，菌類は植物にリンのような必須栄養素を提供する．双方は利益を受けるが，損失も受ける．つまり，他方に提供する物質は，自身の成長や代謝を支えるためにも用いられるからである．相利共生と考えられる相互作用は，互いの受け取る利益が，他者への提供による損失を上回る必要がある．

片利共生

一方の種にとっては利益だが，他方の種には害も利益もない相互作用は（＋/0），**片利共生 commensalism** とよばれる．相利共生と同様に，片利共生も自然界ではよく見られる．たとえば，低い照度に適応して成長する多くの野草は，森林における日陰の林床にだけ見られる．そのような耐陰性の「スペシャリスト」は，自分たちより大きな樹木の存在（樹木が提供する薄暗い生育場所）に完全に依存している．しかし，樹木の生存や繁殖は，そのような野草には影響されていない．つまり，これらの種に関係は，＋/0 の相互作用で，野草は利益を受けるが，樹木は何の影響も受けない．

片利共生のもう1つの例は，アマサギが，バイソン，ウシ，ウマなどの草食動物によって駆り出された昆虫を食べることである（図 54.9）．鳥にとっては，草食者について回れば摂食率が増加するので，鳥は明らかにこの関係から利益を受ける．草食者は，ほとんどの場合，この関係から影響を受けないだろう．しかし，彼らもときには利益を得るかもしれない．この鳥たちは，草食者の外部寄生者のダニなどを食べることもあるだろうし，捕食者が近づいたときには警告を発

▼図 54.9　アマサギとアフリカスイギュウの片利共生の関係.

▼図 54.10 ニューイングランドの塩湿地におけるクロイ *Juncus gerardii* の扶助．クロイは湿地の上中域に生育する植物の種数を増加させている．

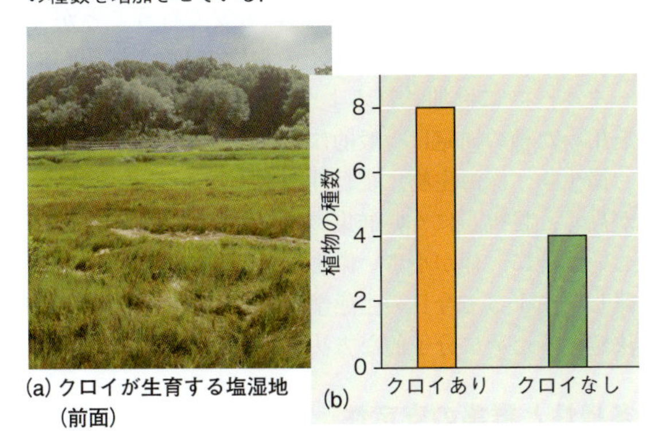
植物の種数
8
6
4
2
0
クロイあり
クロイなし

(a) クロイが生育する塩湿地（前面）　(b)

してくれるかもしれない．この例は，生態学的相互作用について，もう 1 つの重要な点を示している．相互作用の影響は場合に応じて変化する．この鳥と草食動物の関係の場合，相互作用は＋/0（片利共生）だが，ときには＋/＋（相利共生）になるだろう．

正の相互作用は生態学的群集の構造に大きな影響を与える．たとえば，ニューイングランドの塩湿地の一部に生育するクロイ *Juncus gerardii* は，他の植物にとって土壌をより生育しやすくする（図 54.10 a）．クロイは土壌表面を被陰して水分の蒸発を減少させ，土壌における塩の集積を阻止する．また，その地下の根系に酸素を運ぶことによって，塩湿地の土壌が酸素不足になることも阻止する．ある研究では，クロイを潮間帯の上中部で除去したところ，そこの植物種が半分以下になったことが明らかになっている（図 54.10 b）．

本章を通じた例が示すように，正の相互作用と同様に，競争や搾取（捕食，植食，寄生）も生態学的群集の構造に大きな影響を与えている．

概念のチェック 54.1

1. 競争，捕食，相利共生が，相互作用する 2 種の個体群に及ぼす影響はどのように異なるだろうか．

2. 競争排除則によると，同じニッチをもつ 2 種がある資源をめぐって競争した場合，どのような結果になるだろうか．理由も含めて説明しなさい．

3. 関連性を考えよう➤図 24.14 は交雑帯が時間が経つに従ってどのように変化するか示している．2 種のフィンチが，ある島に移入し交雑すること（交配して子をつくること）を考えてみよう．その島には 2 種の植物が分布し，一方の種は大種子，もう一方は小種子で，それぞれ孤立した場所に生育している．もし，2 種のフィンチが異なる植物種を食べるように特殊化したら，交雑帯における繁殖の障壁は，強化されるだろうか，弱くなるだろうか，あるいは変わらないだろうか．

（解答例は付録 A）

54.2

多様性と栄養構造は生物群集を特徴づける

生態学的群集は，群集を構成する種の多様性や，種間の食う食われるの関係などで特徴づけられる．場合によっては，少数の種が，群集構造，特に種組成，種の相対的割合や多様性を強力に制御することもある．

種多様性

群集の**種多様性 species diversity**，すなわち群集を構成する生物の種類の多様性には，2 つの要素がある．1 つは**種の豊かさ species richness** で，群集内の異なる種の数である．もう 1 つは異なる種の**相対優占度 relative abundance** で，群集を構成する各種の個体数の全個体数における割合である．

2 つの小さな森林群集を考えてみよう．どちらも 100 個体で 4 種の樹木種（A，B，C，D）が以下のような割合で群集を構成している．

群集 1：25A，25B，25C，25D
群集 2：80A，5B，5C，10D

▼図 54.11 どちらの森林がより多様か．生態学者は，群集 1 のほうが種多様性が高いというであろう．種多様性の尺度には，種の豊かさと種の相対的割合の両方が考慮されている．

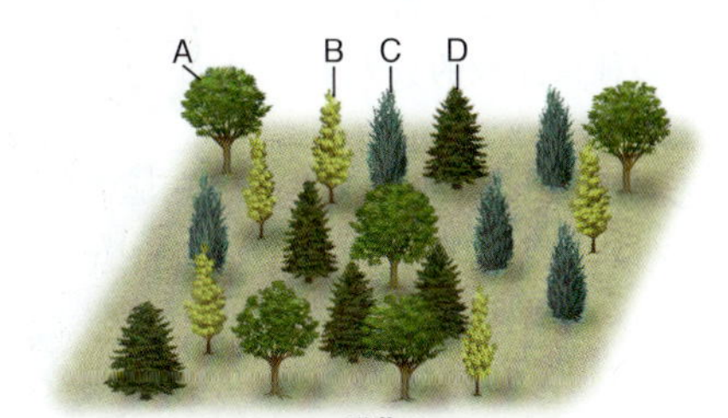
A
B
C
D

群集 1
A 種：25%　B 種：25%　C 種：25%　D 種：25%

群集 2
A 種：80%　B 種：5%　C 種：5%　D 種：10%

どちらの群集も4種で，種の豊かさは同じである．しかし，相対優占度はとても異なっている（図54.11）．群集1を見た場合，それが4種から構成されることは簡単に気づくだろう．しかし，群集2の場合，注意して見なければ，数の多いA種しか目に入らないだろう．たいていの人は，群集1のほうがより多様な群集だと思うだろう．

生態学者は，群集の多様性の時間的あるいは空間的な違いを定量的に比較するため，多くの手法を用いる．種の豊かさと種の相対優占度に基づいた多様性の指標を計算することが多い．よく用いられる指標の1つは，**シャノン多様度 Shannon diversity**（H）で以下のように計算される．

$$H = -(p_A \ln p_A + p_B \ln p_B + p_C \ln p_C + \cdots)$$

A，B，Cは群集の構成種，pは各種の相対的割合，lnは自然対数である．pを対数に変換するには，関数電卓の「ln」を用いればよい．Hが大きいほど多様な群集である．この式を用いて，図54.11にある2つの森林群集のシャノン多様度を計算してみよう．群集1の場合，各種の相対的割合pは0.25なので，

$$H = -4(0.25 \ln 0.25) = 1.39$$

群集2の場合，

$$H = -[0.8 \ln 0.8 + 2(0.05 \ln 0.05) + 0.1 \ln 0.1] = 0.71$$

これらの計算結果は，群集1がより多様に見えた私たちの直観と一致する．

▼2つの紅藻のサンプルは同じ種だった

ある群集における種数と種の相対優占度を，実際に特定するのは難しい．群集内の多くの種は比較的数の少ない希少種である．よって，それらを定量するために十分に大きい標本数（あるいは調査区の面積）を調査するのは困難である．また，群集によっては種を同定することも難しい．未知の生物の場合，形態だけで種を同定することはできないので，その種の遺伝情報を，すでに記載されている生物のDNAの塩基配列のデータベースで参照することが有効である．たとえば，図に示されているような2つの紅藻は異なる種のように見えるが，DNAの標準化された短い領域の塩基配列（DNA「バーコード」領域）をデータベースで比較したら，それら2つの紅藻は同じ種に属していた．DNA塩基配列の分析は経費的にも安く行うことができるようになり，また，多くの生物のDNA情報がデータベースに付加されるようになり，DNA塩基配列を用いた種の同定は一般的になりつつある．

微生物，深海生物，夜行性の生物のように，移動性が高く，目視しにくい群集の構成種を調査するのは難しい．特に，体が小さい微生物は，採集することさえ難しい．よって今日の生態学者は，微生物の多様性を決定するために分子的な方法を用いる（図54.12）．

多様性と群集の安定性

種多様性を測定することに加えて，生態学者は自然下や実験室において，実験的に群集の多様性を操作する．このような操作実験によって，多様性の潜在的な利益，つまり多様性に伴う生産性の増加や多様性に伴う生物学的群集の安定性を検証する．

ミネソタのシーダークリーク生態系科学保全地域の研究者たちは，20年間以上にわたり植物群集の多様性を実験的に操作してきた（図54.13）．多様性の高い群集は一般的に，生産性が高く，耐性があり，乾燥のような環境ストレスから回復することができた．多様な群集ほど，年ごとの生産性も安定的だった．たとえば，シーダークリークにおける10年間の野外実験の1つでは，研究者が設置した168個の調査区に，それぞれ1，2，4，8，16種の多年生草本が生育していた．最も多様な調査区は，単一種の調査区に比べて，毎年生産される**生物量 biomass**（ある生育地におけるすべての生物の合計量）がより安定していた．

多様性の高い群集ほど，**侵入種 invasive species**（原産地以外で生育するようになった種）の定着を退けることが多い．コネチカット沖のロングアイランド湾で研究している科学者たちは，ホヤ（図34.5参照）のような固着性の海生無脊椎動物からなる多様性の異なる実験群集を作成した．それから，外来ホヤ類の侵入に対して，これらの実験群集がどれくらい脆弱かを検証した．多様性の高い群集より，多様性の低い群集において，外来ホヤ類の生存率は4倍以上に達した．研究者たちは，比較的多様な群集では，系内の利用可能な資源がより効率的に利用されており，侵入種が利用できる資源があまり残っておらず，侵入種の生存が減少すると結論づけた．

▼図 54.12

研究方法　分子生物学的な方法で微生物の多様性を特定する

適用　生態学者は，野外で採集したサンプルの微生物の多様性や豊かさを決定するために，分子生物学的な方法を用いるようになりつつある．1 つの方法として，リボソーム RNA の小サブユニットをコードしている DNA 配列の変異に基づいて微生物群の DNA プロファイルを作製する．デューク大学のノア・フィエラー Noah Fierer とロブ・ジャクソン Rob Jackson は，この方法を用いて北・南米の 98 ヵ所の土壌微生物の多様性を比較し，微生物の多様性の高さと関係している環境要因を明らかにした．

技術　研究者は最初に，各サンプルの微生物群集から DNA を抽出する．そして，ポリメラーゼ連鎖反応法（PCR；図 20.8 参照）によって，リボソーム DNA を増幅し蛍光色素で DNA を標識する．増幅して標識した DNA を，制限酵素によって切断し，異なる長さの断片にする．それらはゲル電気泳動法によって分離される（写真はゲルの 1 つ；図 20.6 と 20.7 も参照）．断片の数や量がサンプルの DNA プロファイルの特徴を表す．これらの分析に基づき，フィエラーとジャクソンは各サンプルのシャノン多様度（H）を計算した．そして彼らは，各採集地の H といくつかの環境変数（植生タイプ，平均気温，降水量，土壌の酸性度）の相関を見た．

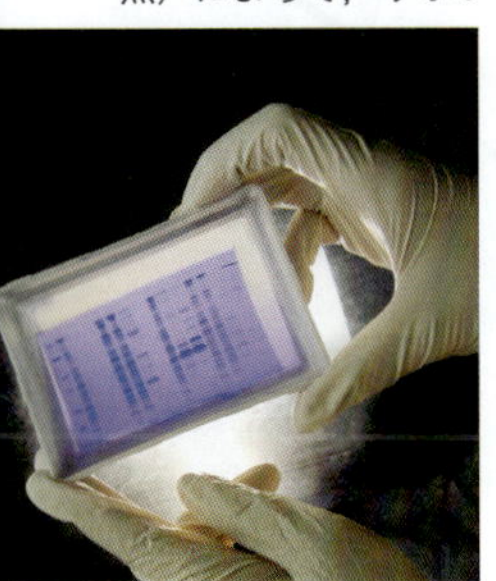

結果　土壌微生物の多様性は，土壌 pH と強く関係していた．シャノン多様度は，中性土壌で最も高く，酸性土壌で最も低かった．植物や動物の多様性がとても高いアマゾンの多雨林は酸性土壌で，微生物の多様性は最も低かった．

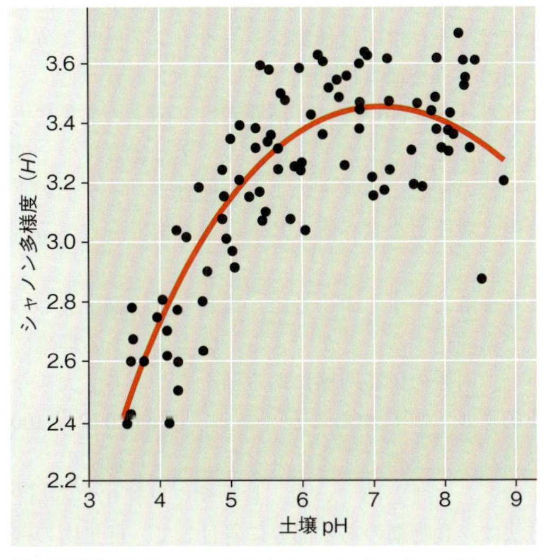
シャノン多様度（H）
3.6
3.4
3.2
3.0
2.8
2.6
2.4
2.2
3
4
5
6
7
8
9
土壌 pH

データの出典　N. Fierer and R. B. Jackson, The diversity and biogeography of soil bacterial communities, *Proceedings of National Academy of Sciences USA* 103: 626－631 (2006).

➤図 54.13　シーダークリーク生態系科学保全地域の調査地．植物多様性を操作した長期実験サイト．

栄養構造

群集の構造と動態は，種多様性だけでなく，生物間の食う食われる関係，つまり群集の**栄養構造 trophic structure** にも依存する．食物エネルギーが，その源である植物や他の光合成生物（一次生産者）から，植食者（一次消費者），肉食者（二次消費者，三次消費者，四次消費者）を経て，最終的に分解者へ栄養段階を移行することを**食物連鎖 food chain** という（図 54.14）．食物網における生物の位置を**栄養段階 trophic level** とよぶ．

▼図 54.14　**陸上および海洋の食物連鎖の例．**矢印は，生物が他の生物を食べることによって群集の栄養段階を通じて，食物が移行する経路を示す．すべての栄養段階の生物を「食べる」分解者は，ここには示されていない．

四次消費者
三次消費者
二次消費者
一次消費者
一次生産者
肉食者
肉食者
肉食者
植食者
植物
陸上の食物連鎖
肉食者
肉食者
肉食者
動物プランクトン
植物プランクトン
海洋の食物連鎖

図読み取り問題➤動物プランクトンを摂食する肉食者の個体数が大きく増加した場合を考えてみよう．植物プランクトンの個体数はどのような影響を受けるだろうか．この図を用いて考察しなさい．

▼図 54.15　**南極海の食物網.** 矢印は生産者（植物プランクトン）から栄養段階を通じてのぼっていく食物の移行を示している. 単純化するため分解者は除外してある. 過去200年のさまざまな時代において, ヒトはこの食物網における魚類, オキアミ, クジラの消費者として, 大きな影響を与えた.

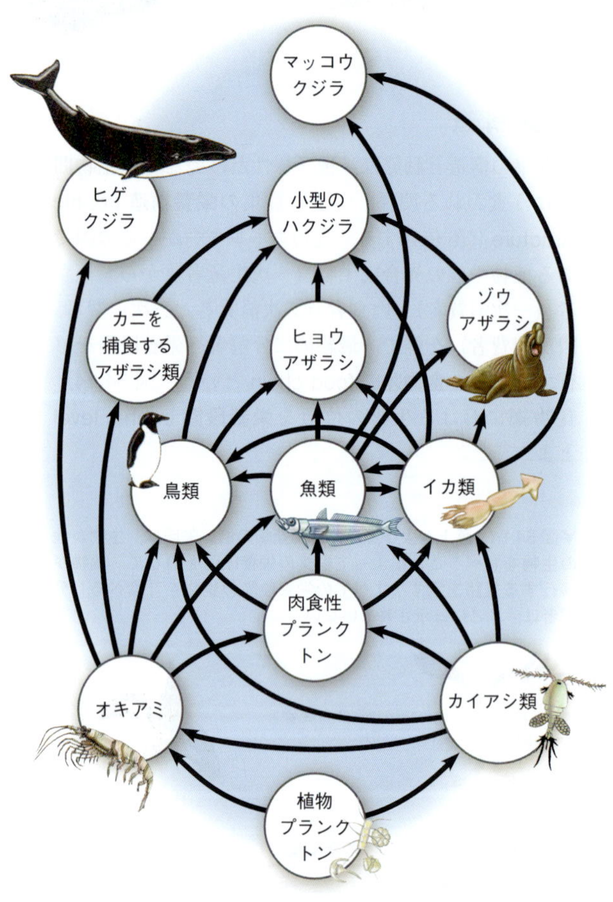
マッコウ
クジラ
ヒゲ
クジラ
小型の
ハクジラ
カニを
捕食する
アザラシ類
ヒョウ
アザラシ
ゾウ
アザラシ
鳥類
魚類
イカ類
肉食性
プランク
トン
オキアミ
カイアシ類
植物
プランク
トン

図読み取り問題➤この食物網において各生物が摂食する他の生物の数はいくつだろうか. 互いに捕食者であり被食者でもある生物はどれだろうか.

食　物　網

ある1つの食物連鎖は, 群集におけるその他の摂食関係から隔離された単位ではない. 食物連鎖のグループは, **食物網 food web** として互いに連結している. 生態学者は, どの種がどの種を食べるのかに基づいて, 種の間を矢印で結んだ図によって群集の栄養関係を表す. たとえば, 南氷洋の沖層の群集の場合, 一次生産者は植物プランクトンで, それが優占している動物プランクトン, 特に甲殻類のオキアミやカイアシ類の食物になる（図 54.15）. これらの動物プランクトンは, さまざまな肉食者である他のプランクトン, ペンギン, アザラシ, 魚, ヒゲクジラなどに食べられる. 魚や動物プランクトンを食べるイカ類は, アザラシやハクジラに食べられるので, この食物網におけるもう1つの重要なつなぎ目になっている.

▼図 54.16　**チェサピーク湾河口部の部分的食物網.** ヤナギクラゲ属の1種 *Chrysaora quinquecirrha* とシマスズキ *Morone saxatilis* の幼魚は, カタクチイワシ *Anchoa mitchilli* などの稚魚の主要な捕食者である. このクラゲは動物プランクトンを食べるときは二次消費者だが, 動物プランクトンを食べる二次消費者の稚魚を食べるときは, 三次消費者であることに注意してほしい.

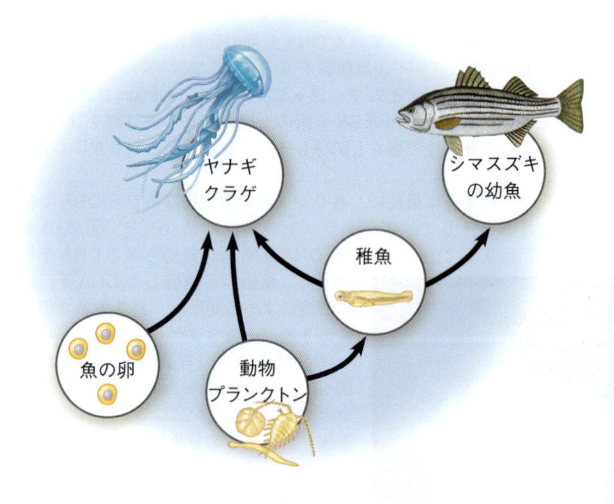
ヤナギ
クラゲ
シマスズキ
の幼魚
稚魚
魚の卵
動物
プランクトン

食物連鎖はどのように食物網に結びついているのだろうか. ある種が, 1つ以上の栄養段階において食物網に編み込まれることがある. 図 54.15 に示された食物網では, オキアミは植物プランクトンと同時にカイアシ類のような植食性動物プランクトンも食べる. このような「独占的でない」消費者は, 陸上の群集にも見ることができる. たとえば, キツネは雑食性で, 液果類や他の植物, ネズミのような植食者, イタチのような肉食者などを食べる. ヒトは最も何でも食べる雑食者である.

より理解しやすくするため, 複雑な食物網は2つの方法で単純化することができる. 第1に, ある群集において, 同様の栄養関係にある種をまとめて, 大きな機能的グループにすることである. 図 54.15 では100種以上もいる植物プランクトンを, その食物網の一次生産者としてまとめている. 食物網を単純化する第2の方法は, 食物網のある部分に着目して, 群集内の残りの部分とあまり相互作用のないものを除いてみることである. 図 54.16 はチェサピーク湾のヤナギクラゲ属の1種とシマスズキの幼魚についての部分的な食物網を示している.

▼図 54.17 **食物連鎖の長さの制限に関するエネルギー仮説の検証.** 研究者はオーストラリアのクイーンズランドで，実験的な樹洞群集への落葉量を３段階に変えることによって，実験的な樹洞の生物群集の生産力を人為的に操作した．エネルギー入力が減少すると食物連鎖長も減少し，その結果はエネルギー仮説を支持した．

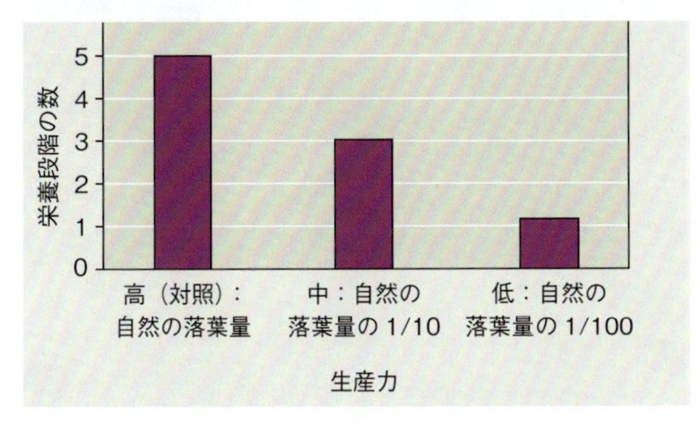
栄養段階の数
5
4
3
2
1
0
高（対照）：
自然の落葉量
中：自然の
落葉量の 1/10
低：自然の
落葉量の 1/100
生産力

食物連鎖の長さの制限

食物網の中の各食物連鎖は２つから３つの連鎖でできているのがふつうである．図 54.15 の南氷洋の食物網では，生産者からどの頂点の捕食者まで見ても，7 つ以上の段階はまれであり，ほとんどの食物連鎖ではもっと少ない．実際，いままで研究されてきた食物網のほとんどは，5 つ以下の段階からなっている．

なぜ食物連鎖は比較的短いのだろうか．最も一般的な説明は**エネルギー仮説 energetic hypothesis** として知られている．連鎖の長さは，連鎖の過程で生じるエネルギー移行の非効率性によって制限されるというものである．平均すると，各栄養段階の有機物に蓄えられたエネルギーのわずか約 10% が，次の栄養段階の有機物に変換される（55.3 節参照）．したがって，100 kg の植物質からなる生産者段階は，約 10 kg の植食者の生物量（現存量）と 1 kg の肉食者の生物量を支えることができる．エネルギー仮説に従えば，光合成の生産力が高い生息場所では一次生産者に蓄えられるエネルギー量が多いので，光合成生産が低い場所と比べて，食物連鎖が比較的長くなることが予測される．

生態学者は，熱帯林の「樹洞（じゅどう）」の群集を再現した実験で，エネルギー仮説を検証した．多くの木では枝跡が腐って幹に穴ができる．この樹洞には水が溜まり，落葉を食べる微生物や昆虫，および捕食性の昆虫などで構成される小さな群集の生息場所になる．図 54.17 は，研究者が人工的な樹洞（樹木の周囲に設置した水を満たしたポット）の落葉量を変化させて生産力を操作した一連の実験の結果を示している．なお，ポットに成立した生物群集は，自然の樹洞における群集と類似していることが，以前の研究で示されている．エネルギー仮説から予測された通り，落葉が最も多いポットで，つまり生産者の段階での食物供給が最も多い場合に，食物連鎖が最長になった．

食物連鎖の長さを制限するもう１つの要因は，食物連鎖の肉食者が連続する栄養段階において比較的大型になる傾向があることである．肉食者の体サイズは，口で摂食できる食物の大きさに上限を与える．少ない例外を除けば，大きな肉食者は非常に小さな餌では生きていけない．なぜなら，餌が小さいと，ある時間内に彼らの代謝の要求に見合うだけの十分な食物を調達できないからである．例外はヒゲクジラで，この巨大な濾過（ろか）食者はオキアミなどの小さな生物を大量に消費するための適応を身につけている（図 41.5 参照）．

大きな影響力をもつ種

ある特定の種は，とても量が多く，群集動態の中心的役割を担うため，群集全体の構造に特に大きな影響を与える．そのような種の影響は，栄養的な相互作用を通して生じ，群集の物理的環境にも及ぶ．

群集の**優占種 dominant species** とは，最も個体数の多い種，あるいは総計で最も多い生物量（現存量）をもつ種である．ある種が群集内で優占種になる理由は，単純には説明できない．1 つの仮説は，優占種が水や栄養素などの限られた資源をめぐる獲得において，競争的に優位であると考える．もう 1 つの仮説は，優占種は捕食や病気の影響を最もうまく回避できるというものである．後者の説は，クズのような侵入種によってある環境の生物量が増加することを説明する（図 56.8 参照）．そのような侵入種は，個体数を抑える捕食者や病気に直面することがないのだろう．

優占種の影響を検証する 1 つの方法は，群集からそれを除去することである．たとえば，1910 年以前の北米東部の落葉樹林では，アメリカグリが優占種で，成熟した樹木（林冠）の 40% 以上を占めていた．その後，人間により，アジアから輸入された苗木を介して，クリ胴枯れ病とよばれる菌類による病気が，偶然にニューヨーク市にもち込まれた．1910 年から 1950 年の間に，この菌類は北米東部のほとんどすべてのクリを死滅させた．この場合，優占種の除去は，ある種にはあまり影響がなく，また別の種には深刻な影響を与えた．もとから分布していたオーク，ヒッコリー，ブナ，アメリカハナノキなどの樹種が優占度を増加させ，クリに取って代わった．哺乳類や鳥類も，クリの消失によって重大な影響は受けなかったようである．しかしクリ（の葉）を摂食していた 7 種のチョウや蛾が絶滅してしまった．

▼図 54.18

研究　ヒトデの１種 *Pisaster ochraceus* はキーストーン捕食者だろうか

実験　北米西部の岩礁潮間帯では，あまり個体数の多くないヒトデの１種 *Pisaster ochraceus* が，優占種で空間をめぐる競争種であるイガイの１種 *Mytilus carifornianus* を捕食する．

ワシントン州立大学のロバート・ペイン Robert Paine は，ある潮間帯からヒトデを除去して，その種が群集の種の豊富さ（種数）に与える影響を検証した．

結果　ヒトデがいない実験区では，イガイが岩礁表面を独占し，他の無脊椎動物や藻類を駆逐して，種数が減少した．ヒトデが除去されていない対照区では，種数はほとんど変化しなかった．

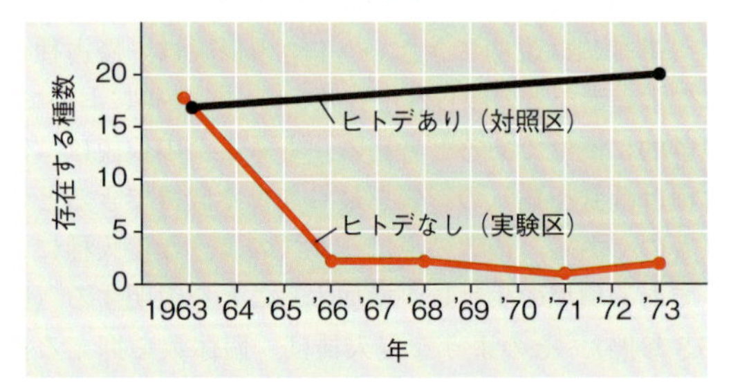
存在する種数
20
15
10
5
0
ヒトデあり（対照区）
ヒトデなし（実験区）
1963 '64 '65 '66 '67 '68 '69 '70 '71 '72 '73
年

結論　ヒトデはキーストーン種としての役割を担い，その優占度は少ないにもかかわらず群集に影響を及ぼしている．

データの出典　R. T. Paine, Food web complexity and species diversity, *American Naturalist* 100: 65-75 (1966).

どうなる？➤侵入種の菌類が，これらの岩礁におけるほとんどのイガイ個体を死滅させたとしよう．ヒトデが除去された場合，種多様性はどのような影響を受けるだろうか，予想しなさい．

優占種とは対照的に，**キーストーン種 keystone species** は群集内で優占していない．キーストーン種は量的に群集構造を制御するのではなく，その生態学的役割によって群集構造を強く制御する．図 54.18 はキーストーン種であるヒトデが，潮間帯群集の多様性を維持するうえでの重要性を示している．

ある生物種は，栄養的な相互作用を介せず，物理的な環境を変化させることによって自分たちの影響を群集に及ぼす．環境を劇的に改変する種を**生態系エンジニア ecosystem engineer** あるいは，意図的な意味をさけるため「基礎種」ともよばれる．よく知られている生態系エンジニアはビーバーである（図 54.19）．生態系エンジニアの他種への影響は，他種の要求性に応じて，正あるいは負になる．

▼図 54.19　**生態系エンジニアであるビーバー．**木を倒し，ダムを築いて池をつくることによって，ビーバーは森林の広い面積を氾濫湿地に改変してしまう．

ボトムアップとトップダウン制御

近接した栄養段階の互いの関係は，生物群集の組織化を説明するための役に立つ．たとえば，植物（植生 vegetation の V）と植食者（herbivore の H）の間の３つの可能な関係について考えてみよう．

$$V \rightarrow H \qquad V \leftarrow H \qquad V \leftrightarrow H$$

矢印は，一方の栄養段階の生物量の変化が，他方の栄養段階の変化を引き起こすことを示す．$V \rightarrow H$ は植物の増加が，植食者の個体数や生物量を増加させ，その逆はないことを意味する．この状況では，植食者は植物によって制約を受けるが，植物は植食者による制約は受けない．対照的に，$V \leftarrow H$ は植食者の生物量の増加が，植物の生物量を減少させることを意味する．双方向の矢印は，どちらの栄養段階も他方の生物量の変化に反応することを示す．

群集の組織化では２つのモデル，すなわち，ボトムアップモデルとトップダウンモデルが一般的である $V \rightarrow H$ の関係は**ボトムアップモデル bottom-up model** を意味し，低次の栄養段階から高次の栄養段階への一方向的効果を仮定している．この場合には，無機栄養素（N）の有無が植物（V）の数を調節し，植物が植食者（H）の数を，植食者が捕食者（P）の数を制御する．したがって，単純化したボトムアップモデルは，

▼図 54.20　**群集組織化のトップダウン制御のある湖における生態系操作の結果．**動物プランクトンを食べる魚の個体数の減少は，藻類の減少を引き起こし，水質を改善する．

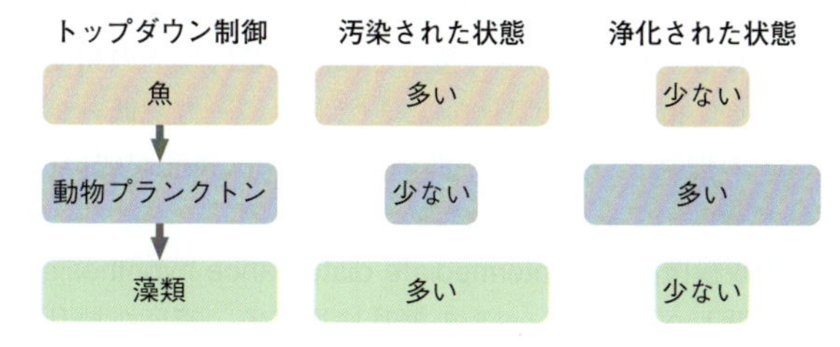
トップダウン制御
汚染された状態
浄化された状態
魚
多い
少ない
動物プランクトン
少ない
多い
藻類
多い
少ない

$N \rightarrow V \rightarrow H \rightarrow P$ となる．ボトムアップ群集の群集構造を変えるには，低次の栄養段階の生物量の変化が，食物網を通じて高次の栄養段階へ波及する必要がある．たとえば，無機栄養素を加えることで植物の成長を刺激すれば，それより高次の栄養段階でも生物量が増加する．しかし，捕食者を変化させても，その効果は低次の栄養段階には波及しない．

対照的に，**トップダウンモデル top-down model** は逆のことを仮定している．これは，捕食がおもに群集構造を制御すると考える．つまり，捕食者が植食者を，植食者が植物を，植物が栄養素の吸収を通じて栄養レベルをそれぞれ制限する．単純化したトップダウンモデル $N \leftarrow V \leftarrow H \leftarrow P$ は，「栄養カスケードモデル」ともよばれる．4 つの栄養段階をもつ湖の群集では，このモデルによれば，頂点の肉食者を除去すれば一次肉食者の量が増え，それによって植食者の数が減るので植物プランクトンが増え，結果として無機栄養素の濃度は減少するだろう．つまり，肉食者の在・不在の効果は，栄養構造の高次から低次の段階へ＋/－効果に応じて波及していく．

生態学者は，藻類が大発生した湖の水質浄化にトップダウンモデルを適用してきた．このアプローチは**生物操作 biomanipulation** とよばれ，湖の高次消費者の密度を改変し，藻類の大発生を防ぐ試みである．3 つの栄養段階をもつ湖の場合，魚を除去すれば動物プランクトンの密度が増加し，それによって藻類個体群が減少し，水質が改善されるだろう（図 54.20）．4 つの栄養段階をもつ湖の場合，最上位の捕食者を増やせば同じ効果を期待できるだろう．

フィンランドの生態学者は，ヴェシ湖を浄化するために生態系操作を用いた．ヴェシ湖は大きい湖で，都市の下水と工業廃水によって 1976 年まで汚染されていた．汚染の規制によって汚水の流入が止まった後，湖の水質は回復し始めた．しかし，1986 年までシアノバクテリア類の大発生が起き始めた．これらの大発生は，コイ科の魚であるローチの個体群の増加と一致していた．ローチは，シアノバクテリア類や藻類の増加を食い止めていた動物プランクトンを捕食する．これをもとに戻すため，生態学者は 1989 年から 1993 年までの間に，約 100 万 kg のローチをヴェシ湖から除去し，もとの約 80% にまでローチの数を減らした．同時に，生態学者は 4 番目の栄養段階として，パイクパーチというローチを捕食する魚を付加した．これらの生態系操作によって，湖の水質は浄化され，シアノバクテリア類の大発生は 1989 年が最後となった．生態学者は，湖のシアノバクテリア類や低酸素濃度について湖のモニタリングを継続している．ヴェシ湖は，ローチの除去が 1993 年に終了した後もきれいに保たれている．

これらが示すように，群集はボトムアップ制御とトップダウン制御それぞれの程度に応じて変化する．私たちは，農業生態系，公園，貯水池，漁業を管理するために，個別に各群集の動態を理解する必要がある．

概念のチェック 54.2

1. 群集の種多様性に寄与する 2 つの要素とは何だろうか．同じ種数からなる 2 つの群集の種多様性がどのような理由で異なるのかについて，説明しなさい．

2. 食物連鎖は食物網とどのように異なるのか，説明しなさい．

3. どうなる？➤ 5 つの栄養段階，すなわち植物，ネズミ，ヘビ，アライグマ，ボブキャットからなる草原を考えてみよう．もし，付加的なボブキャットを草原に放した場合，植物の生物量はどのように変化するだろうか．ボトムアップモデルを適用した場合，トップダウンモデルを適用した場合，それぞれについて説明しなさい．

4. 関連性を考えよう➤大気中の二酸化炭素濃度の上昇は海洋酸性化（図 3.12 参照）や海水温上昇を引き起こし，オキアミの量を減少させる．オキアミの量の減少は，図 54.15 に示されている食物網のその他の生物にどのような影響を与えるだろうか，予測しなさい．どの生物が特に危険だろうか，説明しなさい．

（解答例は付録 A）

54.3

攪乱は種多様性と種組成に影響する

数十年前には，ほとんどの生態学者は，生物群集は人間の活動で過度に攪乱されない限り平衡状態にあり比較的安定した平衡を保っている，という伝統的な見方を支持していた．この「自然の平衡」という見方は，群集の組成を決定し，その安定性を維持する重要な要因として種間競争に焦点を置いていた．本書では「安定性」とは，群集が比較的一定の種組成に達し，それを維持する傾向にあるという意味で用いる．

「自然の平衡」という見方の最初の提案者の1人は，ワシントンのカーネギー研究所のF・E・クレメンツ F. E. Clements で，彼はある場所の植物群集は，おもに気候によって決定される単一の平衡状態の「極相群集」をもつことを1900年代初頭に提唱した．クレメンツによると，生物学的な相互作用によって，種が群集において超有機体のように統合されるように機能する．彼の議論は，たとえば米国北東部の落葉広葉樹林では，オーク，カエデ，カバノキ，ブナがグループになっているように，ある種の植物がまとまって一緒に生育するという観察結果に基づいていた．

他の生態学者らは，群集の多くが平衡状態あるいは統合体のように機能するかどうかについて，疑問を示した．オックスフォード大学のA・G・タンズレー A. G. Tansley は，極相群集の概念に異議を唱え，土壌や地形などさまざまな要因によって，同じ地域内でも安定状態にあるさまざまな種組成の群集が形成されることを考察した．シカゴ大学のH・A・グリーソン H. A. Gleason は，群集とは超有機体のようなものでなく，さまざまな種が偶然に形成した集合体とみなした．なぜなら，群集を構成する種の非生物的な要求性は，たとえば，温度，降水量，土壌タイプなどは，類似していることが多いからである．グリーソンやその他の生態学者は，多くの群集の種多様性や種組成は，攪乱によって平衡状態に到達することが抑制されていることにも気づいた．**攪乱**（かくらん）**disturbance** とは，嵐，火災，洪水，乾燥，人為活動など，群集から生物を除去し，群集における資源の利用可能性を改変し，群集を変化させる出来事である．

群集における変化が強調されるようになり，**非平衡モデル nonequilibrium model**，すなわち，群集の多くは攪乱による影響で絶えず変化している，という見方をもたらした．比較的安定した群集でさえ非平衡な状態に急速に変化する．それでは，攪乱が群集の構造と組成にどのように影響するのか見てみよう．

攪乱の定義

攪乱の種類，攪乱の頻度や強度は群集間で異なる．嵐はほぼすべての群集を攪乱する．海洋群集でさえ，嵐による波の動きによって攪乱される．火災は重大な攪乱である．実際，硬葉樹灌木林（チャパラル）や一部の草原などのバイオームにとって，群集の構造や種組成を維持するためには，定期的な火災が必要である．多くの河川や池は，季節的な洪水や干ばつによって攪乱される．高いレベルの攪乱とは，一般的にその頻度が高く，攪乱の強度が強いことである．一方，低いレベルの攪乱とは，頻度が低い，あるいは強度が弱い，のどちらかである．

中規模攪乱仮説 intermediate disturbance hypothesis は，低レベルや高レベルの攪乱に比べて，適度な攪乱がより高い種多様性の群集を形成するという説である．高レベルの攪乱は，多くの種が耐えることのできない環境ストレスをもたらしたり，あるいは，成長や繁殖の遅い種を排除したりして，群集の種多様性を減少させる．逆に，低レベルの攪乱は，競争力のある優占種が競争力のない種を排除するのに十分な条件や時間を与え，結果的に群集の種多様性を減少させる．一方，中規模の攪乱は，競争力のない種が占有できる生育地を提供し，群集の種多様性をより高くする．また，そのような中程度の攪乱レベルは，多くの種が耐えられない環境ストレスではなく，種の個体群の回復率を上回る頻度にはならない．

中規模攪乱仮説は，陸上や水界の多くの群集における研究で支持されている．そのような研究の一例として，ニュージーランドの生態学者は，河床における無脊椎動物の多様性を，洪水の頻度や強度が異なる河川で比較した（図 54.21）．洪水が高頻度あるいは低頻度の場合，無脊椎動物の多様性は低かった．高頻度の洪水は，一部の種が河床に定着するのを困難にし，低頻度の洪水は競争力のある種による競争排除を引き起こしていた．中規模攪乱仮説で予測された通り，洪水の頻度や強度が中程度の河川で無脊椎動物の多様性はピークを示した．

▼図 54.21　**中規模攪乱仮説の検証．** 研究者たちはニュージーランドの27本の各河川2ヵ所において無脊椎動物の種あるいは属を同定した．研究者たちは，河床の攪乱の指標を用いて，各調査地の洪水の強度も定量した．無脊椎動物の多様性は，洪水の強度が中レベルの場所でピークを示した．

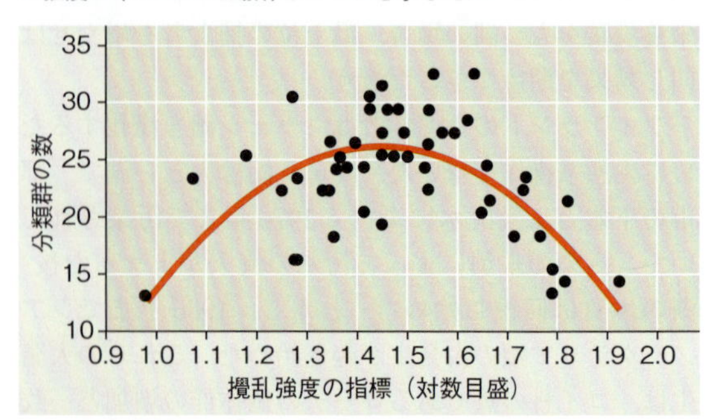
35
30
25
20
15
10
分類群の数
0.9 1.0 1.1 1.2 1.3 1.4 1.5 1.6 1.7 1.8 1.9 2.0
攪乱強度の指標（対数目盛）

中程度レベルの攪乱は種多様性を最大にするように見えるが，小レベルや高レベルの攪乱が群集構造に重大な影響を与えることもある．小規模攪乱は，景観上に異なる環境の生育場所のパッチをもたらす．そのようなパッチ構造は，群集の多様性の維持に寄与する．大規模攪乱も多くの群集において自然の一部である．たとえば，イエローストーン国立公園の大部分はコントルタマツという，定期的な山火事に依存して更新する樹種で優占されている．コントルタマツの球果は高温の熱にさらされるまで閉じたままである．山火事がコントルタマツを焼くと，球果が開き種子が散布される．コントルタマツの新たな世代は，燃えた樹木から放出された栄養素を利用し，もはや高木によって被陰されることもなく日光を得て更新することができる．

1988 年の夏，イエローストーンはひどい干ばつに見舞われ，その大部分が山火事で燃えた（図 54.22 a）．1989 年までに，公園内の山火事跡地は新たな植生によってほぼ覆われ，この群集を構成する種が，山火事後の急速な回復に適応していることを示唆した（図 54.22 b）．実際，イエローストーンやその他北部地域のコントルタマツ林は，数千年にわたって周期的に大規模な火災によって攪乱されてきた．対照的に，南部のマツ林は，歴史的に，低い強度の火災によって頻繁に影響されてきた．そのような森林では，最近 100 年間，人間の介入によって小規模な火災が鎮火されるようになり，一部の地域では，本来の自然にはない燃料の蓄積が進み，種が適応できないような大規模な山火事の危険が高まっている．

イエローストーンなどの森林群集における研究は，自然攪乱や成長と繁殖のような内的な過程によって群集が絶えず変化し，非平衡であることを示している．攪乱による非平衡な条件は，ほとんどの群集において当たり前であることを，多くの証拠が示唆している．

▼図 54.22 **大規模な攪乱の後の回復**．1988 年のイエローストーン国立公園の山火事はコントルタマツが優占していた森林の広い面積を破壊した．

(a) **山火事の直後**．写真の前方に山火事で焼けた樹木，遠くには焼けなかった樹木が見える．

(b) **山火事の 1 年後**．群集が回復し始めている．以前の森林の種組成とは異なる，さまざまな草本が地表を覆っている．

生態学的遷移

陸上群集の組成や構造における変化は，火山噴火や氷河形成のように，存在した植生が全滅した激しい攪乱の後で最も顕著になる．攪乱された跡地には，さまざまな種が移入し，定着した種は，しだいに他の種に置き換わっていく．この過程は，**生態学的遷移 ecological succession** とよばれる．新しい火山島や氷河が後退した後に残された瓦礫（がれき）（氷成堆積物，モレーン）のように，土壌がまだ形成されていなくて生物がまったく分布しない地域で始まる場合，この過程は**一次遷移 primary succession** とよばれる．

一次遷移の場合，最初に存在するのは原核生物や原生生物だけである．このような場所に移入する目に見える生物は，風散布された胞子から成長する地衣類やコケ類などの光合成生物である．岩の風化や，初期の移入者の遺体が分解されて，土壌が徐々に発達する．いったん土壌が形成されれば，近くの地域から風散布された種子や動物によって持ち込まれた種子から発芽した草本，低木，樹木が，地衣類やコケ類に取って代わる．最終的には，その地域に，ふつうに見られる植生を構成する植物によって占有される．一次遷移によるそのような群集の形成は数百年あるいは数千年を要することもある．

遷移の初期に移入する種と，後期に入植する種は，3 つの重要な過程のどれかと関係している．初期に移入する種は環境条件を改善して，たとえば，土壌の肥沃度を向上させて，後期の種の出現を「扶助する」かもしれない．あるいは，初期種は，後期種の定着を「阻害する」かもしれない．この場合，後期種の移入

▼図 54.23　**アラスカのグレーシャー湾における氷河の後退と一次遷移**．地図上の青色の濃さの違いは，歴史資料に基づいた1760年からの氷河の後退を年代順に示している．

1941
1907
1860
グレーシャー湾
アラスカ
1760
0 5 10 15
km
❶ 先駆的な（パイオニア）段階
❷ チョウノスケソウの段階
❸ ハンノキの段階
❹ トウヒの段階

がうまくいくかどうかは，初期種の活動とは関係がない．さらに，初期種は，後期種とはまったく独立なこともある．この場合，後期種は遷移初期の環境条件に「耐える」ことができ，初期種によって扶助されることも阻害されることもない．

生態学者はアラスカ南東部のグレーシャー湾で，遷移に関する大規模な研究を行ってきた．ここの氷河は，1760年以来100 km以上後退している（図 54.23）．湾の入口からの距離が異なる地点，つまり氷河の後退跡地（モレーン）で群集を調査することによって，遷移の異なる段階を検証することができる．❶露出したモレーンには，まずゼニゴケ類，コケ類，ヤナギランが移入し，チョウノスケソウ属（マット状に広がる矮小低木），ヤナギ類などが散在する．❷約30年後には，チョウノスケソウ属が植物群集を優占する．❸その数十年後には，ハンノキ属が侵入し，高さ9 mに達する密生林を形成する．❹次の200年の間，これらのハンノキ林はベイトウヒに取って代わられ，さらにその後2種のツガ（アメリカツガとマウンテンヘムロック）が侵入する．水はけの悪い場所では，ミズゴケが侵入して大量の水を保持するため土壌が酸性化し，最終的に樹木を死滅させる．そのため，氷河が後退して約300年が経過すると，水はけの悪い平坦地はミズゴケの湿原，水はけのよい斜面はトウヒ−ツガ林になる．

▼ハンノキの根　窒素固定細菌を含む根粒のかたまり

氷河のモレーン上の遷移は，植生の転移によって生じる環境変化と関係している．氷河が後退して露出した裸地は窒素量が少ないので，遷移初期のほとんどの先駆種は，窒素不足によって成長が悪く葉が黄色みがかっている．例外はチョウノスケソウ属とハンノキ属で，これらの種の根は，空気中の窒素を固定する共生細菌をもっている（この頁の写真と図 37.12 参照）．土壌中の窒素量は，ハンノキ属の遷移段階で急速に増加し，トウヒ属の遷移段階までその増加が維持される（図 54.24）．先駆種は，土壌特性を改変することによって，遷移における新たな植物種の移入を扶助している．

一次遷移と対照的に，**二次遷移 secondary succession** は，イエローストーンにおける1988年の山火事の後（図 54.22 参照）のように，そこに存在していた群集がなんらかの攪乱によって一掃され，土壌はそのまま

▼図 54.24 グレーシャー湾の遷移における土壌窒素量の変化.

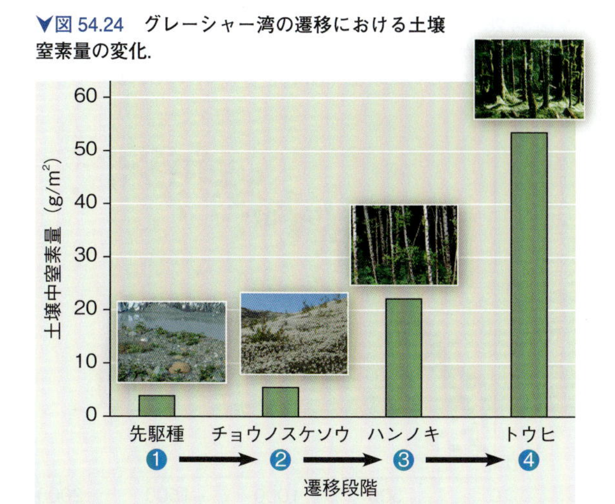
土壌中窒素量 (g/m²)
60
50
40
30
20
10
0
先駆種
チョウノスケソウ
ハンノキ
トウヒ
1
2
3
4
遷移段階

関連性を考えよう➤図 37.12 を含む窒素固定細菌の説明は，自由生活者と根粒菌を紹介している．一次遷移の最初の段階で，つまり植物が移入する前の段階では，どちらの種類の窒素固定細菌が分布するだろうか，理由も含めて説明しなさい．

▼図 54.25 トローリング（底引き網）による海底の攪乱． これらの写真は，オーストラリア北西の海底を示している．上の写真はトローリング前で，下の写真は深海トロール漁船が通過した後である．

◀ トローリング前

トローリング後 ▶

残った場合に起こる．そのような攪乱の後，その場所はもとの状態へ回復することもある．たとえば，森林が皆伐されて農地になり，その後，放棄された場合，最初に再移入する植物は風散布や動物散布される草本種であることが多い．もしその場所が燃やされたり，過度に放牧されなければ，時間に伴って，低木が草本に取って代わり，最終的には森林性の高木が低木に置き換わる．

人為攪乱

生態学的遷移は環境の攪乱に対する反応であり，今日の最も強力な攪乱は人間活動である．農業開発は，北米の広大な草原を崩壊させた．熱帯多雨林は木材生産や放牧地や農地をつくるために皆伐されて急速に消滅しつつある．アフリカ各地では，何世紀にもわたる過度の放牧や農耕による攪乱が，季節性の草原を広大な不毛の地に変えてしまい，それにより飢饉を引き起こしている．

人間活動は陸域生態系と同様に，海洋生態系も攪乱している．海のトローリング，つまり，おもりのついた網で海底を曳く底引き網漁業は，森林を皆伐し農地を耕作することと似ている（図 54.25）．底引き網は海底やそこの堆積物に生育するサンゴなどの生物などを削り，取り除いてしまう．トロール漁船は，年間にして南米と同じ面積にも及ぶ海底を攪乱している．それは年間に皆伐される森林面積の 150 倍以上である．

人間活動による攪乱は激しいことが多いため，多くの群集の種多様性を低下させる．56 章で，人間活動による群集の攪乱が生命の多様性にどのように影響するかを詳しく見ていくことにする．

概念のチェック 54.3

1. 高レベルの攪乱と低レベルの攪乱が群集の種多様性を減少させることが多い理由を説明しなさい．中程度レベルの攪乱が種多様性を高くする理由を説明しなさい．
2. 遷移において，初期種が他の種の移入を扶助するしくみとはどのようなものだろうか．
3. **どうなる？➤**多くの草原は，定期的な数年ごとの火災によって攪乱されている．もしこれらの攪乱が比較的穏やかな場合，100 年間まったく火災が生じなかったら草原の種多様性はどのようになるだろうか．

（解答例は付録 A）

54.4

生物地理的要因は群集の多様性に影響する

これまで，種間相互作用，優占種，さまざまな攪乱様式のような，比較的小規模で局所的な要因が群集の多様性に及ぼす影響を探究してきた．大規模な生物地理的要因も，生物群集における広域的な多様性パターンに影響している．2つの生物地理的要因，特に群集の位置する緯度と群集の占有する面積が種多様性に及ぼす影響については，100年以上にわたって研究されてきた．

緯度勾配

1850年代に，チャールズ・ダーウィン Charles Darwin とアルフレッド・ウォーレス Alfred Wallace は，熱帯では地球上の他の地域より動植物が豊富で種類も多いことを指摘した．それ以来多くの研究者がこの観察を検証してきた．ある研究は，熱帯マレーシアの 6.6 ha（1 ha は 10 000 m^2）の森林調査区には 711 種もの樹木種が出現するのに，ミシガンの落葉樹林における 2 ha の調査区には 10〜15 種しか出現しないことを示している．動物の多くのグループでも同様な緯度に伴う勾配がある．たとえば，ブラジルには 200 種を超えるアリがいるが，アラスカではわずか 7 種である．

種の豊かさの緯度勾配をもたらす2つの重要な要因は，進化的な歴史と気候である．進化的な時間に伴って種分化が多く生じるほど，群集における種の豊かさは増加するだろう（24.2 節参照）．熱帯の生物群集は，より古いのが一般的である．なぜなら，温帯や極地の群集では，氷河作用のような大きな攪乱によって，何度もの「はじめからのやり直し」があった．したがって，温帯や極地の群集よりも，熱帯では種分化が生じる時間が十分にあり，熱帯の種の豊かさが最も高くなった．

気候は，種の豊かさや多様性の緯度勾配のもう1つの要因である．陸上群集の多様性と相関する2つの主要な気候要因は，日射と降水量である．これら2つとも熱帯で高いレベルを示す．これらの要因は，群集の**蒸発散 evapotranspiration**，すなわち地表と植物からの蒸散を測定することによってあわせて考えることができる．日射量，温度，水の利用可能性の関係性として表される蒸発散は，気温が低い，あるいは降水量が少ない場所に比べて，降水量が多くて気温が高い場所で大きくなる．「可能蒸発散量」，つまり水の利用可能性が高いことを仮定した潜在的な水分消失は，日射量と温度で算定される．したがってこの数値は日射量と温度が高い地域で最高となる．植物や動物の種の豊富さは，図 54.26 の脊椎動物の例で示されているように，可能蒸発散量と相関する．

面積効果

1807年，ナチュラリストで探検家のアレキサンダー・フォン・フンボルト Alexander von Humboldt は，種多様性のパターンに関する最初の発見となる**種数–面積曲線 species-area curve** を記載した．他の条件が同じならば，群集の地理的面積が広いほど種数が多いということである．このようなパターンが生じる説明は，広い面積は狭い面積よりも多様な生息場所や微小生息場所を提供する，というものである．保全生物学では，種数–面積曲線を群集中の重要な分類群に適用することで，生息場所のある面積が失われた場合に，群集の多様性にどのような影響が及ぶのかを予測する助けになっている．

種数と面積の関係に関する数学的説明は，100年も前に提唱され，それはいまも広く使われている．

$$S = cA^z$$

この式の S は，ある生育地における種数，A は生育地の面積，c は定数である．べき指数 z は生育地の面積が増加するに伴って，種数がどれくらい増加するかを示す．S と A を両方とも対数目盛にしてグラフにすると，この式は一次関数になり z はその式の傾きを表す．なお，$z=1$ の場合，種数と面積は線形となり，生育地の面積が 10 倍になると種数も 10 倍になる．

1960年代に，ロバート・マッカーサー Robert MacArthur と E・O・ウィルソン E. O. Wilson は，異なる島嶼（とうしょ）における動物や植物の種数を分析して，種数–面積関係の予測を検証した．たとえば，マレーシアのスンダ諸島の場合，鳥の種数は，$z=0.4$ で鳥の面積が増加するのに対応していた（図 54.27）．マッカーサーとウィルソンの分析やその他の研究から，z は 0.2 から 0.4 の値をとることが明らかになった．

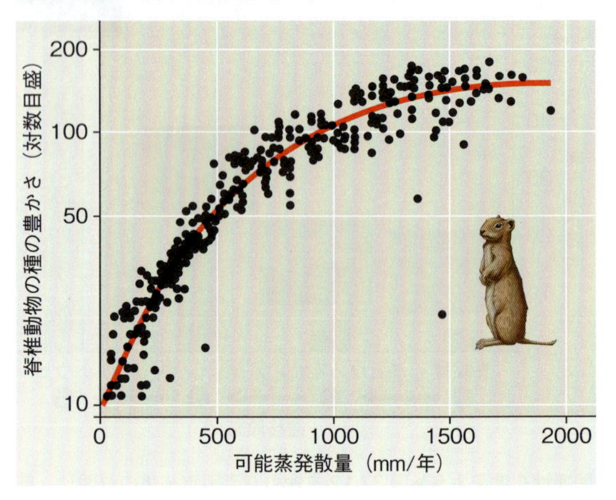
脊椎動物の種の豊かさ（対数目盛）
200
100
50
10
0
500
1000
1500
2000
可能蒸発散量（mm/年）

▼図 54.26　**エネルギー，水，そして種の豊かさ．** 北米の脊椎動物の種の豊かさは，可能蒸発散量の増加に伴って増加する．蒸発散の数値は年間の降水量（mm）として表されている．

図 54.27 種数と島面積. マレーシアのスンダ諸島における鳥の種数は，島の面積に伴って増加する．データに最もよく当てはまる直線式の傾き（z）は約 0.4 である．

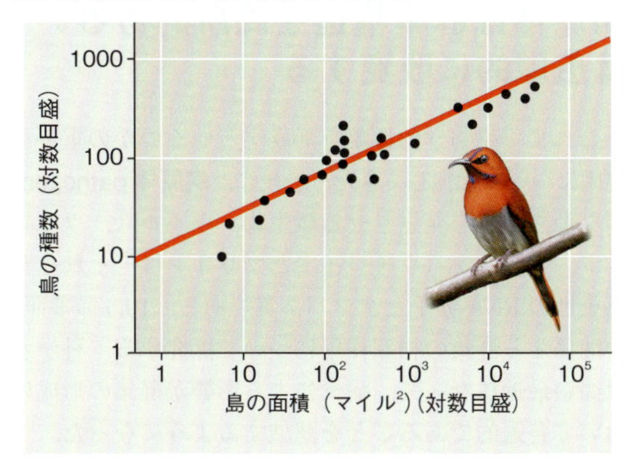
1000
100
10
1
島の種数（対数目盛）
1
10
10^2
10^3
10^4
10^5
島の面積（マイル^2）（対数目盛）

種数–面積曲線の傾きは，調査対象の分類群や群集によってさまざまであるが，面積の増加に伴って多様性が増加するという基本的な考えは，ニューギニアのアリの多様性の研究や，異なる面積の島における植物種数の研究など，さまざまな事例に当てはまる．

島の平衡モデル

島は隔離され，限られた大きさなので，群集の種多様性に影響する生物地理的要因を研究するために絶好の機会を提供する．「島」といっても海洋の島だけでなく，湖，低地によって隔てられた場所や山の頂上など，島状の生育地も意味する．言い換えれば，種にとって生育するのに適さない環境に囲まれた生育地のパッチはすべて「島」である．マッカーサーとウィルソンは種数–面積関係の研究を行う一方で，島における種の豊かさ（種数）を予測するモデルを発展させた（図 54.28）．彼らの考えは，島に新たに移入する種数とすでに島にいる種の絶滅のつり合いで，島の種数が決定されるというものである．

図 54.28 に示されているように，島の種数が「増加」するにつれて，新たな種の移入率は「減少」し，一方，絶滅率は高くなることに注目してほしい．この理由を理解するため，海洋に新しく形成された島が，遠く離れた本土からの移入種を受け入れる場合を考えてみよう．島への移入率と島での絶滅率は，すでに島に存在している種の数につねに影響される．島の種数の増加に伴って新たな種の移入率が減少する理由は，新しい個体がやってきても，島にすでにいる種である可能性が高いからである．また，島の種数が多い島では競争的排除が起こりやすくなるので，絶滅率も高くなる．

さらに，島の面積と本土からの距離という 2 つの物理的特徴が，移入率と絶滅率に影響する．小さな島では一般に移入率は低い．移入できる種でも，小さな島には到着しにくいからである．また，小さな島は一般的に資源も少なく，生息場所の多様性も低いので，絶滅率も高くなる．本土からの距離も重要である．遠く離れた島に比べて，本土に近い島のほうが移入率は高く，絶滅率は低くなる．本土に近い島では，新たに到達する同種の移入者によって種が存続しやすく絶滅しにくくなるからである．

図 54.28 マッカーサーとウィルソンの島の平衡モデル. ある島の平衡種数は，新たな種の移入（赤い曲線）とすでに島に存在する種の絶滅（黒い曲線）のつり合いで決定される．黒の三角は平衡点の種数を表す．

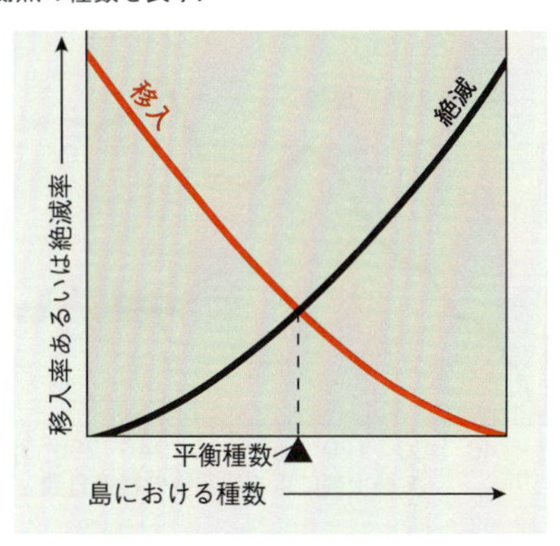
移入
絶滅
移入率あるいは絶滅率
平衡種数
島における種数

どうなる？➤ 海水面の上昇が島の面積を小さくする場合を考えてみよう．(a) 島にすでに存在している種の個体群の大きさは，どのような影響を受けるだろうか．(b) グラフに示されている絶滅曲線はどのようになるだろうか．(c) 予測される平衡種数はどうなるだろうか．

マッカーサーとウィルソンのモデルは「島の平衡モデル」とよばれる．それは移入率が絶滅率と等しくなれば，最終的に島の種数が平衡に達するからである．この平衡点での種数は，島の面積と本土からの距離と相関している．他の生態的平衡と同じく，この平衡種数も動的である．種数は一定の値で安定するが，移入と絶滅は継続して生じるので，島の種組成は厳密には時間に伴って変化するだろう．

1967 年，ハーバード大学の大学院生ダン・シンバーロフ Dan Simberloff はウィルソンとともに，フロ

図 54.29 マングローブの島. シンバーロフとウィルソンが実験を行った島はとても小さく，1 本あるいは数本のマングローブが生育している．

▼図 54.30　**島の平衡モデルを検証する．**このグラフは，野外実験が行われた島における結果の1つを示している．節足動物の種数は時間に伴って240日まで増加し，最終的には実験が開始される前の種数に近似するようになった．

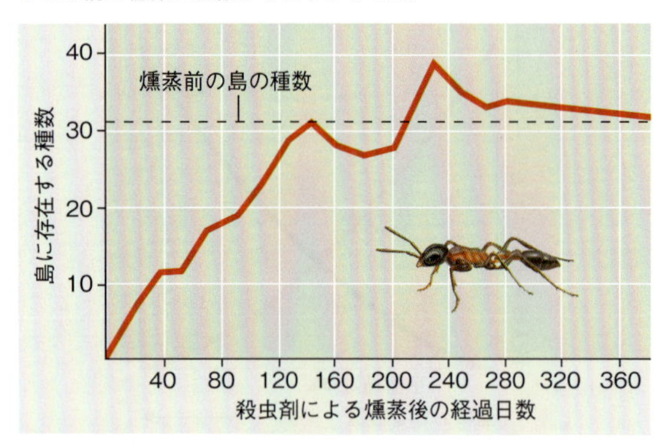
燻蒸前の島の種数
島に存在する種数
40
30
20
10
40 80 120 160 200 240 280 320 360
殺虫剤による燻蒸後の経過日数

リダキーズにおける6つの小さなマングローブ林で野外実験を行って，島の平衡モデルを検証した（図54.29）．シンバーロフとウィルソンは実験の最初，入念に島のすべての節足動物を種同定し，島の種数を明らかにした．彼らは，島の平衡モデルが予測するように，面積が大きく本土に近い島ほど，島に存在する種数は多いことを発見した．それから，彼らは，島を臭化メチル（殺虫剤）で燻蒸して，島の節足動物をすべて殺処理した．約1年後，これらの島の節足動物の種数は，殺虫剤による燻蒸前の状態まで回復した（図54.30）．本土に最も近い島が最初に回復し，最も遠い島が最もゆっくりと回復した．なお，殺虫剤による実験処理を行わなかった2つの島，すなわち対照区における節足動物の種数は調査期間中ほぼ一定だった．

期間が長くなると，嵐などの非生物的な攪乱，進化的適応による変化，そして種分化が島の種組成と群集構造を変化させるだろう．しかし，島の平衡モデルは生態学の応用に広く適用されている．特に，保全生物学者は，生育地の保護区の設計，あるいは，生育地の消失が種多様性に与える影響を予測するための出発点を提示するために，島の平衡モデルを用いる．

概念のチェック 54.4

1. 温帯や極地に比べて，熱帯の種多様性が高くなる理由に関する2つの仮説を説明しなさい．

2. 島の面積と島の本土からの距離が，島の種数にどのように影響するのかを説明しなさい．

3. どうなる？➤マッカーサーとウィルソンの島の平衡モデルに基づいて，島のヘビやトカゲの種数に比べて，島の鳥の種数がどのようになるか説明しなさい．

（解答例は付録A）

54.5

病原体は群集構造を局所的あるいは広域的に改変する

これまで生物学的群集を形成するいくつかの重要な要因について探究してきた．最後に，**病原体 pathogen**，すなわち病気を発生させる微生物，ウイルス，ウイロイド，プリオン（ウイロイドとプリオンは，それぞれ感染性のRNA分子とタンパク質である．19.3節参照）が関係する群集の相互作用について探究する．科学者はつい最近になって，病気による影響が群集の形成において普遍的であることを認識するようになった．

特に，新たな生育地に病原体が導入された場合，クリ胴枯れと菌類の場合のように（54.2節参照），病原菌は明瞭な影響を与える．病原体は新たな生育地では特に伝染力が強い．なぜなら，その生育地の新たな宿主は，その病原体に対する抵抗力を自然選択によって獲得することがなかったからである．たとえば，侵略的なクリ胴枯れ菌の場合，その菌が自生するアジアのクリに与える影響より，アメリカグリに甚大な影響を与えた．人間も同様に，経済のグローバル化が進むにつれて，新興感染症の影響を受けやすくなっている．

病原体と群集構造

病気の生態学的な重要性は，病原体がサンゴ礁群集に与えた影響の例から明らかになるだろう．感染した部分が白い線状になる病気（white-band disease）は，いまだよくわかっていない病原体で，カリブ海のサンゴ礁の構造や組成を劇的に変化させた．この病気は，サンゴの枝の基部から先端の組織を線状に剥離させてサンゴ自体を死滅させる．この病気によって，ミドリイシサンゴの1種スタッグホーンサンゴ *Acropora cervicornis* は1980年代以降，カリブ海から事実上消滅した．同じ地域で，エルクホーンサンゴ *Acropora palmata* も大きく減少した．そのようなサンゴは，ロブスターやフエダイ類などの魚にとって重要な生育場所を提供している．サンゴが死滅すると藻類によって急速に覆われる．藻類を食べるニザダイ科の魚などが，魚類群集で優占するようになる．最終的に，嵐などの攪乱によってサンゴは崩壊する．複雑な3次元構造のサンゴ礁は消滅し，生物多様性は激減する．

病原体は陸域生態系の群集構造にも影響する．急性ナラ枯れを見てみよう．最近発見されたこの病気は，原生生物の1種 *Phytophthora ramorum*（28.6節参照）によって発生する．急性ナラ枯れは，最初1995年カリフォルニアで報告された．ハイキングをしている人が，サンフランシスコ湾の周辺で樹木が枯死しているのに気づいたのである．2014年までに，その急性ナラ枯れはカリフォルニア中央部からオレゴン南部にかけて1000 km以上にわたって拡大し，100万本以上のナラなどの樹木を枯死させた．ナラの消失は，ドングリキツツキやハイエボシガラなど少なくとも5種類の鳥の個体数を減少させた．それらの鳥は，食物や生育場所をナラに依存していた．いまのところ，急性ナラ枯れを治す方法はないが，科学者たちは最近，*P. ramorum* の遺伝子を解読し，この病原体と闘う方法を見つけようとしている．

人間の活動は，いままでにない速さで，病原体を世界中に移動させている．DNA解読による遺伝子分析は，*P. ramorum* が園芸品の売買を通じてヨーロッパから北米にやってきた可能性を示唆している．同様に，人間の病気を引き起こす病原菌も，経済のグローバル化によって拡散している．人間の「ブタインフルエンザ」を引き起こすH1N1ウイルスは，2009年のはじめ頃，最初にメキシコのベラクルズで確認された．感染した人々が飛行機で他国へ移動したため，感染は世界中に急速に拡大した．2010年の中頃まで，このH1N1インフルエンザの流行によって1万7000人以上が亡くなったことが確認されている．なお，インフルエンザの症状で死亡した人たちの多くはH1N1の感染を検査されてないので，H1N1インフルエンザの流行による実際の死亡者数はもっと多かったかもしれない．

群集生態学と人獣共通感染症

人間の感染症と多くの重度の病気の4分の3は，**人獣共通病原体 zoonotic pathogen** である．人獣共通病原体は，動物との直接的あるいは間接的な接触を通じて，または，**ベクター vector** とよばれる中間的な生物を介して，他の動物から人間へ感染する病原体と定義される．人獣共通感染症を拡散させるベクターは，ダニ，ノミ，蚊のように，寄生性であることが多い．

病原体の宿主やベクターの群集を特定することが，病気を抑えることに役立つ．たとえば，ライム病はダニによって拡散する．長年の間，科学者たちは，シロアシネズミがライム病の最初の宿主であると考えていた．なぜなら，シロアシネズミが若齢のダニにひどく寄生されているからである．そこで研究者は，ライム病のワクチンをネズミに接種して自然に放してみた．しかし，ネズミに寄生するダニの数はほとんど変化しなかった．ニューヨークの生物学者たちのさらなる分析によって，ライム病に感染したダニの半数以上の宿主は，目立たない2種のトガリネズミであることが明らかになった（図54.31）．病原体の主要な宿主を特定することは，病気を拡散させる主要因である宿主を防除するための有益な情報となる．

生態学者は，人獣共通病原体の拡散を追跡するため，群集の相互作用の知見も活用する．たとえば鳥インフルエンザは，鳥の唾液や排泄物を介して，感染性のきわめて強いウイルスによって発生する（19.3節参照）．このウイルスのほとんどは野鳥にはあまり影響を与えないが，飼育されている鳥には重度の影響を与え，人間への主要な感染源になることが多い．2003年以来，H5N1とよばれるウイルス株が数百万羽のニワトリを殺し，300人以上の人々を死亡させている．たとえば，2015年に米国中の養鶏場に拡散して4000万羽以上を殺した鳥インフルエンザの3分の1はH5N1型だった．なお，この病気の流行は養鶏産業には大打撃を与えたが，人間には被害がなかった．

もし鳥インフルエンザが野鳥の移動を介して自然に拡散するのであれば，感染症の疾病管理計画として，家禽（かきん）を検疫し家禽の移動を監視することは無意味かもしれない．2003年から2006年にかけて，H5N1型ウイルス株は東南アジアからヨーロッパや米国にかけて急速に拡大した．感染した野鳥が米国に侵入する場合，最も可能性の高い場所はアラスカで，毎年アジアからベーリング海を渡ってくるカモ，ガン，海鳥などの入

▼図54.31 **予想もしなかったライム病の宿主．** 生態学的データと遺伝子分析の組み合わせによって，科学者たちはライム病の病原体をもつダニの半数以上が，2種のトガリネズミ（プラリナトガリネズミ，マスクトガリネズミ）に寄生していることを明らかにした．

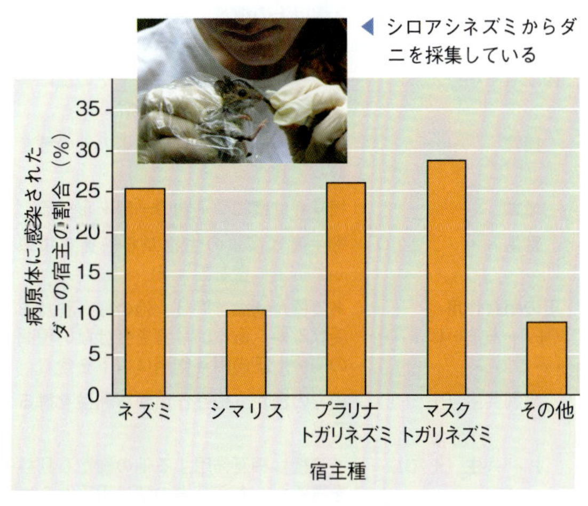
◀ シロアシネズミからダニを採集している
病原体に感染されたダニの宿主の割合（%）
35
30
25
20
15
10
5
0
ネズミ
シマリス
プラリナトガリネズミ
マスクトガリネズミ
その他
宿主種

関連性を考えよう➤23.1節は個体群間の遺伝的変異を説明している．異なる場所間でのトガリネズミ個体群の遺伝的変異は，病原体に感染されたダニの数にどのような影響を与えるだろうか．

➤図 54.32　**鳥インフルエンザを追跡する**．ある大学院生が，鳥インフルエンザの拡大を監視するプロジェクトの一環として，シロハヤブサの若鳥に標識をつけている．

口である．生態学者は，アラスカの渡り鳥や留鳥を捕獲して調査しウイルスの拡散を研究している（図 54.32）．

これまで見てきたことは群集生態学の視点に基づいているが，病原体は物理的環境の変化によっても大きく影響される．したがって，病原体やそれらが引き起こす病気を防除するには，生態系の視点が必要になる．つまり，病原体とその他の種との相互作用や，病原体とそれらを取り巻く環境との関係に関する詳細な知見である．生態系は 55 章のテーマである．

概念のチェック 54.5

1. 病原体とは何か．
2. どうなる？➤哺乳類のウイルス病である狂犬病は，現在英国では見つかっていない．もし，あなたが英国の疾病防除の責任者だった場合，狂犬病ウイルスの侵入を阻止するために，どのような対策をとるだろうか．

（解答例は付録 A）

54 章のまとめ

重要概念のまとめ

54.1

群集の相互作用は，関係する種が利益を与えるか，害を与えるか，何も影響を与えないかによって分類される

- **種間相互作用**は，それに関係する種の生存や繁殖に影響を与える．以下の表に示されているように，大まかに，競争，搾取，正の相互作用の 3 つに分類される．

相互作用	説　明
競争（−/−）	2 種以上の種が，供給の制限された資源をめぐって競争すること．
搾取（+/−）	ある種が他の種を摂食してその種に害を与え，自身は利益を受けること．
捕食	捕食者のある種が，被食者の他の種を殺して食べること．
植食	植食者は植物や藻類の一部を食べる．
寄生	寄生者は宿主の生物から栄養を摂取し，宿主に害を与える．
正の相互作用（+/+あるいは+/0）	ある種が利益を受け，他の種も利益を受けるか，あるいは害を受けない種間の関係．正の相互作用は以下を含む．
相利共生（+/+）	両方の種が，相互作用から利益を得ること．
片利共生（+/0）	ある種は相互作用する他の種から利益を得るが，もう一方の種は相手からまったく影響を受けないこと．

- **競争排除**は，同じ資源をめぐって競争する 2 種が同じ場所に永続的に共存できないことを示している．**資源分割**とは，同じ群集で種が共存することを可能にする，**生態学的ニッチ**の分化である．

? 表に示されている相互作用それぞれについて，実際に相互作用している種のペアの例を挙げなさい．

54.2

多様性と栄養構造は生物群集を特徴づける

- **種多様性**は群集の種数（**種の豊かさ**）と構成種の**相対優占度**に関係している．
- 多様性の低い群集に比べて，多様性の高い群集はより多くの**生物量**（現存量）を生産し，成長の年変動が小さく，また，外来種の侵入に対して抵抗性がある．
- **栄養構造**は群集動態の鍵となる要因である．**食物連鎖**は生産者から頂点の肉食者までの栄養段階を結びつけている．食物連鎖の分岐や複雑な栄養段階の相互作用は，**食物網**を形成している．
- **優占種**は，群集で最も豊富な種である．**キーストーン種**は，量的には豊富でないにもかかわらず，群集構造に大きな影響を及ぼす種である．**生態系エンジニア**とは，物理的な環境に影響を与えることによって，群集構造に影響を与える種である．
- **ボトムアップモデル**は，栄養段階の下方から上方への一方向的な影響を仮定し，栄養素などの非生物的要因が群集構造を決定することを表す．**トップダウンモデル**は，各栄養段階が上方の栄養段階によって制御されることを仮定し，肉食者が植食者を制御し，次に，植食者が一次生産者を制御することを表す．

? シャノン多様度のような指標を用いると，種数の少ない群集に比べて，種数の多い群集はつねに多様性が高いという評価になるだろうか．

54.3

攪乱は種多様性と種組成に影響する

- ほとんどの群集において，安定性や平衡よりむしろ，**攪乱**や非平衡が一般的であることは，多くの証拠によって示唆されている．**中規模攪乱仮説**によると，低いレベルの攪乱や高いレベルの攪乱に比べて，中程度の攪乱は種多様性を高める．
- **生態学的遷移**は，攪乱後の群集の発達過程や生態系の変化である．**一次遷移**とは，土壌がない状態から遷移が始まることである．**二次遷移**とは，攪乱の後，土壌がある状態から遷移が始まることである．

? 図 54.25 の写真の攪乱は，一次遷移を引き起こすだろうか，あるいは二次遷移を引き起こすだろうか，説明しなさい．

54.4

生物地理的要因は群集の多様性に影響する

- 熱帯から極への緯度勾配に伴って，種の豊かさは減少する．気候はエネルギー（熱や光）や水を介して多様性の勾配に影響する．熱帯の環境が長期にわたって安定していることも，熱帯における種の豊かさに寄与しているだろう．
- 種の豊かさは，群集の地理的な面積と直接的に関係している．これは，**種数-面積曲線**として定式化されている．
- 島における種の豊かさは，島面積と本土からの距離に依存する．島の平衡モデルは，生態学的な島における種の豊かさが，新たな種の移入と島での種の絶滅のつり合いによって，平衡に達することを示す．

? 氷河期は生物多様性の緯度勾配のパターンにどのような影響を与えただろうか．

54.5

病原体は群集構造を局所的あるいは広域的に改変する

- 最近の研究は，陸上群集や海洋群集の形成過程における**病原体**の果たす役割を明らかにした．
- **人獣共通病原体**は，他の動物から人間に感染し，重度の新興感染症を引き起こす．群集生態学は，病原体のように感染症に関係した鍵となる種間相互作用を特定するための枠組みを提供し，病原体の追跡やその拡散を防除することに役立つ．

? 病原体がキーストーン種を攻撃した場合を考えてみよう．これは，群集構造にどのような影響を与えるだろうか．

理解度テスト

レベル 1：知識／理解

1. 群集における種間の摂食関係は群集の何を決定するか．次の中から選びなさい．
   (A) 二次遷移　(C) 種の豊かさ
   (B) 生態学的ニッチ　(D) 栄養構造
2. 競争排除則とは次のうちどれか．
   (A) 同じ生息場所には 2 つの種は共存できない．
   (B) 2 つの種の間の競争は，つねにどちらかの種の絶滅または移出を引き起こす．
   (C) まったく同一のニッチを占める 2 つの種は群集中で共存できない．
   (D) 2 つの種は，どちらかの種が生育場所からいなくなるまで繁殖を停止する．
3. 中規模攪乱仮説によると，群集の種多様性はどのような要因によって増加するか．
   (A) 頻繁な大規模な攪乱
   (B) 攪乱のない安定した条件
   (C) 中程度の攪乱
   (D) 人間の介入による攪乱の阻害
4. 島の平衡モデルによれば，種の豊かさが最も大きくなるのはどのような島か．
   (A) 大きくて遠く離れた島
   (B) 小さくて遠く離れた島
   (C) 大きくて本土に近い島
   (D) 小さくて本土に近い島

レベル 2：応用／解析

5. キーストーン種である捕食者は以下のどれによって群集の種多様性を維持するか．
   (A) 他の捕食者を競争的に排除する．
   (B) 群集中の優占種を捕食する．
   (C) 群集が攪乱される回数を減らす．
   (D) 群集で最も少ない種を捕食する．
6. 食物連鎖が短くなる理由は以下どれか．
   (A) 1 種の植食者だけが各種の植物を摂食するから．
   (B) ある種の局所的な絶滅は，食物連鎖で結ばれていた他種の絶滅を引き起こすため．

(C) ある栄養段階のエネルギーは，次の上位の栄養段階に移行するとき，その大部分が失われるため．

(D) 生産者の大部分は食べるのに適さないため．

7. ある草原群集におけるトップダウン制御として妥当なものは次のうちどれか．

(A) 降水量による植物の現存量の制限

(B) 気温が植物の種間競争に与える影響

(C) 土壌の栄養素が植物の種間の相対優占度に与える影響

(D) バイソン（野牛）による食害強度が植物種の多様性に与える影響

8. 温帯よりも熱帯の種の豊かさが高いことを説明する最も妥当な仮説は次のうちどれか．

(A) 熱帯の群集はより若い．

(B) 熱帯では利用できる水が多く，日射量も多い．

(C) 高い温度がより高いほど種分化がより速く進む．

(D) 蒸発散が減少するに伴い生物多様性が増す．

9. 群集1は4種（それぞれ5個体，5個体，85個体，5個体）の生物100個体から構成されている．群集2は3種（それぞれ30個体，40個体，30個体）の生物100個体から構成されている．それぞれの群集のシャノン多様度（H）を計算し，どちらの群集がより多様だろうか．

レベル3：統合／評価

10. **どうなる？**　チェサピーク湾の河口域において，アオガニは雑食で，貝だけでなく，アマモなどの一次生産者も食べる．また，同種の他個体を捕食する共食いでもある．さらに，このアオガニは人間や絶滅危惧種のヒメウミガメに食べられる．これらの情報をもとに，アオガニを含む食物網を描きなさい．この系にトップダウンモデルが当てはまることを仮定した場合，もし人間がアオガニを食べることをやめたら，アマモの優占度はどのようになるだろうか．

11. **進化との関連**　特定の生物における種間競争への適応は，必ずしも形質置換を引き起こすとは限らない．競争する2種に形質置換が生じていることを結論づけるには，研究者はどのようなことを示さなければならないか．

12. **科学的研究**　砂漠の植物を研究している生態学者が次のような実験を行った．彼女は，2つの調査区を選んだ．どちらの調査区も，同じようにヨモギ類と小型の一年生植物が生育している．彼女はどちらの調査区でも5種の植物がほぼ同じ数ずつ存在することを見出した．その後，一方の調査区を柵で囲い，この地域でふつうに見られる種子食者であるカンガルーネズミが入れないようにした．2年後には，柵で囲まれた調査区では4種の植物が消えて，残る1種の数がとても増加していた．対照区では種多様性に変化はなかった．群集生態学の諸原則に基づいて，彼女の研究結果を説明する仮説を示しなさい．その仮説を支持するには，どのような証拠をつけ加えればよいだろうか．

13. **テーマについての小論文：相互作用**　ベイツ型擬態では，美味しい種（天敵に被食される種）は不味い種（毒などの防御で被食されない種）に擬態することによって被食を回避する．美味しくてきれいな色の模様をもついくつかの個体が，風で運ばれて遠く離れた3つの島に到達したとする．1番目の島には，その種の捕食者は存在しない．2番目の島には，捕食者が存在するが，その種と類似した模様の不味い種は存在しない．3番目の島には，捕食者とその種と類似した模様の不味い種の両方とも存在する．各島における美味しい種の色の模様は，進化的な時間が経過した場合，どうなるだろうか．なお，色の模様は遺伝的に決定されている性質である．あなたの予想を300〜450字で記述しなさい．

14. **知識の統合**

この写真に示されている3種の生物間に生じていると予想される生態学的相互作用の2つの種類を説明しなさい．この写真における最も高次の栄養段階と思われる種の形態的な適応は，どのようなものだろうか．

（一部の解答は付録A）

55 生態系と復元生態学

▲図 55.1　キツネはどのようにして草原をツンドラに変えたのか．

重要概念

55.1　物理法則が生態系のエネルギー流と物質循環を支配する

55.2　エネルギーと他の制限要因が生態系の一次生産を決める

55.3　栄養段階間のエネルギー転換効率は一般的に 10％ほどである

55.4　生物的および地球化学的な過程が生態系の物質循環と水循環を動かす

55.5　復元生態学者は劣化した生態系を自然の状態に再生する

▼主要なグアノ生産者であるキョクアジサシ

草原がツンドラに変わる

ホッキョクギツネは，北米，ヨーロッパ，アジアの北極圏に分布する捕食者である（図 55.1）．その毛皮を利用するため，アラスカとロシアの間に位置する数百という島々に 1900 年頃に移入されたが，それは，予期しない結果をもたらした．島々にあった草原がツンドラに変わってしまったのである．

ホッキョクギツネの存在が，どうやって島の植生を変えてしまったのだろうか．ホッキョクギツネは，島に生息する海鳥を旺盛に捕食し，キツネのいない島に比べて海鳥の密度を 100 分の 1 ほどまで減らしたのである．海鳥の減少は，島の植物が必要とする栄養素の主要な源であるグアノ（排泄物）の減少をもたらした．研究者たちは，栄養素の不足によって栄養要求の高い草の成長を制限し，代わりにツンドラに特徴的な成長の遅い広葉草本（イネ科以外の草本）と灌木が増えたと考えている．この仮説を検証するため，キツネの影響を受けている島のツンドラをポットに入れて肥料を与えたところ，3 年後にはもとの草原の植生が戻ってきたのである．

これらの「ホッキョクギツネのいる島々」やそこにいる生物群集は，**生態系 ecosystem** の一例である．生態系とは，ある場所にすむ生物すべてとそれを取り囲む環境の集合である．生態系は，湖，森，島のように広い面積をもつこともあるし，倒木の下の空間や砂漠の小さな泉のようなミクロコズムであることもある（図 55.2）．個体群や生物群集と同様に，生態系の境界はいつも明瞭であるとは限らない．多くの生態学者は，地球上のさまざまな生態系を集めた生物圏全体を 1 つの大きな生態系と見ている．

生態系は，その大きさにかかわらず，エネルギー流と物質循環という，

▲図 55.2　砂漠にある湧水地の生態系.

2つの重要な創発特性をもっている．エネルギーは，ほとんどの生態系には太陽光の形で入る．この光エネルギーは，独立栄養生物によって化学エネルギーに変換され，有機物として従属栄養生物に取り込まれ，熱として放出される．物質循環では，炭素や窒素といった元素が，生態系の生物と環境の間を行き来する．光合成生物と化学合成生物が，大気，土壌，水からこれらの元素を無機態として吸収して生物体に変え，その一部が動物に食べられる．これらの元素は，生物の代謝や有機物や生物の枯死体を分解する分解者によって無機態に変えられて環境に戻る．

エネルギーと物質は，光合成と食う–食われるの関係によって生態系の中で形を変える．しかし，物質と違ってエネルギーは循環しない．そのため，生態系は絶えず外部からのエネルギー流入を必要とし，それは多くの場合太陽からである．後述するように，エネルギーは生態系を流れていくが，物質は生態系の中で循環する．

生態系のさまざまな過程によって，食料から呼吸に必要な酸素に至るまで，人間の生存や福利に重要な資源が供給される．本章では，エネルギー流と物質循環の動態について，生態系実験の結果を用いながら解説する．また，人間活動がエネルギー流と物質循環に与える影響についても考える．最後に，劣化した生態系をより自然な状態に戻そうとする復元生態学についても述べる．

55.1

物理法則が生態系のエネルギー流と物質循環を支配する

細胞は，熱力学の法則に従って，エネルギーや物質を変換する（8.1 節参照）．細胞生物学者は，細胞小器官や細胞で起こるこれらの変換を研究し，細胞の境界から出ていくエネルギーや物質の量を測定する．生態系生態学者は，基本的には同じことを，「細胞」ではなく生態系の境界に注目して研究する．食う–食われるの関係に基づいて栄養段階を決めたり（54.2 節参照），生物が物理環境とどう相互作用しているかを研究したりすることで，生態学者は，生態系内のエネルギーの変換を調べ，物質循環を図に描くことができる．

エネルギーの保存

生態系生態学者は，物理学や化学の諸法則に基づいて，エネルギー流と物質循環を研究する．熱力学の第1法則によると，エネルギーは生み出されることも消失することもなく，移行されるか変換されるだけである（8.1 節参照）．植物やその他の光合成生物は，太陽エネルギーを化学エネルギーに変えるが，エネルギーの総量に変化はない．有機物に蓄えられるエネルギー量は，植物が受けた太陽エネルギーの総量から，植物から反射したエネルギー量と熱として失ったエネルギー量を差し引いた量に等しい．生態系生態学者は，生態系内や生態系間でのエネルギーの流れを測定するが，それは，ある生育地が支えることのできる生物の個体数やある場所から収穫できる食料の多さを理解することに役立つ．

熱力学の第2法則によると，エネルギーの変換はエントロピーをいつも増大させ，エネルギー変換は完全にはできず非効率なものである．つねに一部のエネルギーが熱として失われる．その結果，生態系に入ったエネルギーは，最終的には熱として失われる．つまり，エネルギーは生態系の中を流れるが，長い時間をかけて生態系の中を循環することはない．生態系を流れたエネルギーはついには熱として失われるので，太陽がたえず地球にエネルギーを供給しなければ，ほとんどの生態系は消滅するだろう．

物質の保存

エネルギーと同様に，物質はつくられることも破壊されることもない．この**質量保存の法則 law of conservation of mass** は，熱力学の法則と同じように生態系にとって重要である．質量は保存されるので，生態系において物質がどれくらい循環しているのか，あるいは，時間に伴って，生態系によってどれほどの物質が取り込まれたり，生態系から喪失したりするのかを把握することができる．

エネルギーとは異なり，物質は生態系の中をたえず循環している．たとえば，二酸化炭素中のある炭素原子は，分解者によって土壌から放出され，光合成によって草に取り込まれ，植食動物に食べられ，動物の排泄物として土壌へ戻るかもしれない．

元素は，生態系の中を循環するほかに，生態系に元素が取り込まれたり，生態系から失われたりする．たとえば，ある森林で植物が土壌から吸収した必須の栄養素は，塵として，雨水中の溶質として，あるいは地表の岩が風化することで，森林に入る．さらに窒素は，窒素固定の生物過程を通しても供給される（図 37.12 参照）．元素の消失に関しては，気体となって大気に戻ったり，水や風に運ばれて失われる．生物と同じように，生態系は開放系であり，エネルギーや物質を吸収し，熱や排出物を放出する．

生態系の中を循環している元素の量に比べると，生態系から出たり入ったりする元素の量は少ない．とはいえ，入力と出力のバランスは，生態系がある元素を蓄えるのか失うのかを決めることになる．特に，もし栄養素の消失が流入を上回る場合，その栄養素は最終的には生態系の生産を制限するだろう．人間活動は生態系への元素の入力と出力のつり合いを大きく変化させるが，それは本章の後半と 56.4 節で紹介する．

エネルギー，物質，栄養段階

生態学者は，食う−食われるの関係に基づいて，生物を各栄養段階に割り振る（54.2 節参照）．すべての栄養段階を支える基礎の栄養段階は独立栄養生物からなり，**一次生産者** primary producer とよばれる．独立栄養生物のほとんどは光合成生物で，光エネルギーを利用して糖や他の有機物を生産し，それらを細胞呼吸や成長に必要な物質生産に用いている．植物，藻類および光合成細菌は主要な独立栄養生物である．しかし，深海の熱水噴出孔（図 52.15 参照）の生態系，地下深くや氷河下の場所では，化学合成をする原核生物が一次生産者である．

一次生産者より上位の栄養段階の生物は従属栄養生物で，そのエネルギー源は一次生産者の生産物に直接あるいは間接に依存している．植物やその他の一次生産者を食べる植食者は，**一次消費者** primary consumer である．植食者を食べる肉食者は**二次消費者** secondary consumer で，さらにそれを食べる肉食者は**三次消費者** tertiary consumer である．

もう 1 つの従属栄養生物のグループは**腐食者** detritivore あるいは**分解者** decomposer である．本書ではこれらを，デトリタスからエネルギーを得る消費者として同じ意味で用いる．**デトリタス** detritus とは，生物の遺骸，排泄物，落葉，枯木のような，生きていない有機物である．ミミズなどの動物がデトリタスを食べることもあるが，主要な腐食者は，原核生物と菌類である（図 55.3）．これらの生物は有機物を消化する酵素を分泌し，分解産物を吸収する．逆に，多くの腐食者は，二次消費者や三次消費者に食べられる．たとえば森林では，落葉やそれに付着した原核生物や菌類を食べていたミミズが鳥に食べられる．最初に植物が生産した物質が，落葉になり腐食者に届き，最終的には鳥に届くのである．

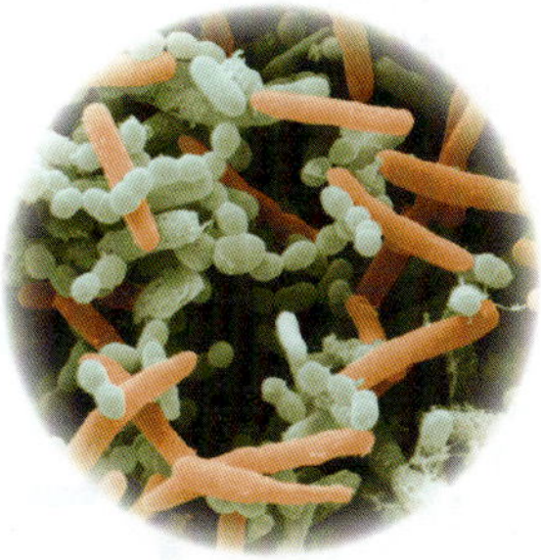

▲ コンポスト中の桿状と球状の細菌（着色 SEM 像）

▼ 枯死した木を分解する菌類

▲図 55.3　腐食者たち．

腐食者は，物質を一次生産者へ循環させることで，生態系における栄養関係で重要な役割を担っている（図 55.4）．腐食者は，すべての栄養段階から出てきた有機物を無機物へ変換し，一次生産者が利用できるようにする．腐食者が老廃物を排出したり死んだりすると，これらの無機物が土壌に帰る．そして，生産者がこれらの物質を吸収して再び有機物を生産する．もし分解が止まってしまったら，デトリタスは山積みになり，有機物を生産するために必要な材料の供給は枯渇するだろう．

概念のチェック 55.1

1. 生態系でのエネルギーの移行が，エネルギー循環ではなくエネルギー流とよばれるのはなぜか．

2. どうなる？➤アフリカのセレンゲティ草原で窒素循環を研究しているとしよう．実験期間中，ヌーの群れが来て調査区の植物を食べた．ヌーが調査区の窒素バランスに及ぼした影響を定量するためには，何を調べるとよいか．

3. 関連性を考えよう➤熱力学の第 2 法則を使って．生態系へのエネルギー供給がたえず続かなければいけない理由を説明しなさい（8.1 節参照）．

（解答例は付録 A）

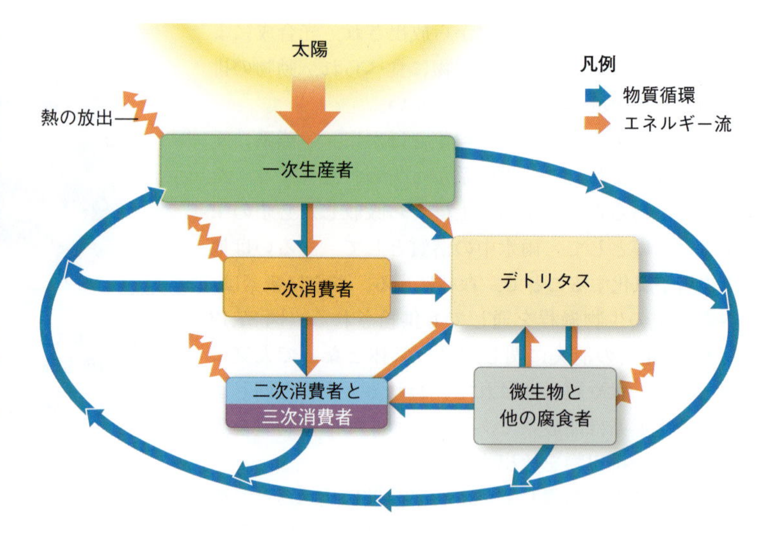
太陽
凡例
物質循環
エネルギー流
熱の放出
一次生産者
一次消費者
デトリタス
二次消費者と
三次消費者
微生物と
他の腐食者

➤図 55.4　**生態系におけるエネルギーと栄養素の動態（概要）**．エネルギーは生態系に入ってその中を流れ，系外に出ていくが，栄養素は生態系の中で循環する．エネルギー（オレンジ色の矢印）は太陽からの放射として入り，化学エネルギーとして食物網を移行していく．これらのエネルギーは，最終的には熱として宇宙空間へ出ていく．栄養段階を通って移行する栄養素（青色の矢印）の大部分は最終的にデトリタスに行き着き，そこから栄養素は循環してまた一次生産者へ戻る．

図読み取り問題➤この図では，1 つの青矢印が「一次消費者」に向かっていて，3 つの青矢印が一次消費者から出ている．4 つの青矢印のそれぞれについて，それが意味する栄養素の移行の例を説明しなさい．

55.2

エネルギーと他の制限要因が生態系の一次生産を決める

エネルギー変換は，すべての生物学的相互作用にかかわっている（1.1 節参照）．独立栄養生物によって一定時間内に化学エネルギー（有機物）に変換される光エネルギーの量を，その生態系の**一次生産** primary production という．一次生産者が化学合成の独立栄養生物である生態系では，最初のエネルギー入力は無機物質であり，微生物によって最初の有機物が生産される．

生態系のエネルギー収支

多くの生態系では，一次生産者はエネルギーに富んだ有機物を生産するのに光エネルギーを利用し，消費者はその有機物を，食物網を通して二次的に（あるいは三次的，四次的に）獲得する（図 54.15 参照）．したがって，光合成生産の総量が，生態系全体のエネルギー収支での「支出の上限」となる．

地球規模でのエネルギー収支

毎日，地球は 10^{22} ジュール（J）（1 J = 0.239 cal）の太陽放射を浴びている．これは，2013 年のエネルギー消費レベルで地球上の全人口が必要とするエネルギーを，19 年間供給するのに十分な量である．地球に届く太陽エネルギーの強さは緯度によって異なり，熱帯域で最大となる（図 52.3 参照）．太陽放射の約 50% は，大気中の雲や塵によって吸収，散乱，反射される．最終的に地表に到達する太陽放射量が，生態系の光合成出力の上限を決定する．

しかし，地表に到達する太陽放射量のごく一部だけが，実際の光合成に利用される．太陽放射の多くは，氷や土壌のような光合成をしない物質に届く．光合成生物に到達する放射の中で，光合成色素に吸収される波長は一部である（図 10.9 参照）．残りの波長の放射は，透過したり，反射したり，熱として失われる．結果として，光合成生物によって化学エネルギーに変換されるのは，可視光のわずか 1% ほどである．それでも，地球上の一次生産者は，1 年間に約 1500 億トン（1.5×10^{14} kg）もの有機物を生産する．

総生産と純生産

生態系での一次生産の総量を，その生態系の**総一次生産** gross primary production（GPP）という．これは単位時間あたり光合成によって化学エネルギーに変換された光エネルギーの量（あるいは，化学合成の独立栄養生物によって変換された化学エネルギーの量）である．この生産のすべてが一次生産者の有機物として蓄えられるわけではない．なぜなら，一次生産者はその生産物の一部を自分自身の呼吸に用いるからである．**純一次生産** net primary production（NPP）は，一次生産者が自身の呼吸のために使ったエネルギー量（R_a）を総一次生産から差し引いたものに等しい．

$$NPP = GPP - R_a$$

平均的に，純一次生産は総一次生産の約半分である．生態学者にとって，純一次生産は重要な測定値になる．なぜなら，それは消費者たちがその生態系で利用できる化学エネルギーの量を表すからである．給料にたとえると，純一次生産（NPP）は手取り分で，給与の額面にあたる総一次生産（GPP）から税金などにあたる呼吸量（R_a）を引いたものになる．

純一次生産は，単位時間あたり単位面積あたりでのエネルギー量（J/m^2・年）として，あるいは単位時間あたり単位面積あたりの増加生物量（植生の重量）（g/m^2・年）として表すことができる（生物量は，通常，有機物の乾燥重量で表される）．生態系の純一次生産を，ある時点で存在する光合成生物の総生物量と混同してはならない．純一次生産は，一定時間内に新しく加わった生物量である．たとえば，森林は膨大な現存量を有するが，その純一次生産は草原のそれより少ない場合もある．草原の草は動物にすぐ食べられたり，樹木よりも早く分解されるので，森林のように大きな現存量を蓄積することはない．

人工衛星は，地球上の一次生産のパターンを研究するうえで重要なツールとなっている．人工衛星のデータから合成された画像は，生態系によってその純一次生産が大きく異なることを示している（図 55.5）．たとえば，熱帯雨林は最も生産の高い陸上生態系で，地球の純一次生産に大きく寄与している．河口域やサンゴ礁の純一次生産もとても高いが，地球全体で見ると，それらの寄与は小さい．なぜなら，河口域やサンゴ礁の生態系が占める面積は，熱帯雨林の 10 分の 1 ほどにすぎないからである．対照的に，外洋は比較的生産性が低いが，その面積が広大なので，陸上生態系と同じくらい地球全体の純一次生産に寄与している．

純一次生産が，ある時間内に一次生産者として加わった新たな生物量を表すのに対し，**純生態系生産 net ecosystem production（NEP）**は，ある時間内に蓄積したすべての「生物量の総量」を示す．純生態系生産は，総一次生産から系内の全生物による呼吸の総量（R_T）を差し引いたものと定義される．この R_T には，一次生産者の呼吸だけでなく，分解者やその他の従属栄養生物の呼吸も含まれる．

$$\mathrm{NEP} = \mathrm{GPP} - R_T$$

純生態系生産は，時間に伴って生態系が炭素を吸収しているのか，あるいは炭素を放出しているのかを定量できるので，生態学者にとっては便利な指標である．ある森林はプラスの純一次生産を示すかもしれないが，もし，一次生産者が二酸化炭素を有機物に同化するより，従属栄養生物が二酸化炭素をより速く放出するのであれば，その森林は全体として炭素を放出することになるだろう．

純生態系生産を推定する最も一般的な方法は，生態系に出入りする二酸化炭素や酸素の純フラックス（流れ）を測定することである．もし，二酸化炭素の吸収が放出を上回れば，その生態系は炭素を蓄積していることになる．酸素の放出は光合成や呼吸と直接的に関係しているので（図 9.2 参照），酸素を放出している生態系も炭素を蓄積していることになる．陸上では，二酸化炭素の純フラックスだけを測定するのが一般的である．なぜなら，大気の酸素プールが大きいので，酸素のわずかな出入りを検出するのが難しいからである．

次に，どのような要因が生態系の生産が制限するのか，まずは水域生態系から見てみよう．

水域生態系での一次生産

水域（海洋と淡水）生態系では，光と栄養素が一次生産を制御する重要な要因である．

光による制限

太陽放射によって光合成が起きるので，光が海洋の一次生産を制御する鍵を握っていると考えるだろう．事実，光の透過する深さが，海や湖の有光層の一次生産に影響している（図 52.13 参照）．太陽放射の約半

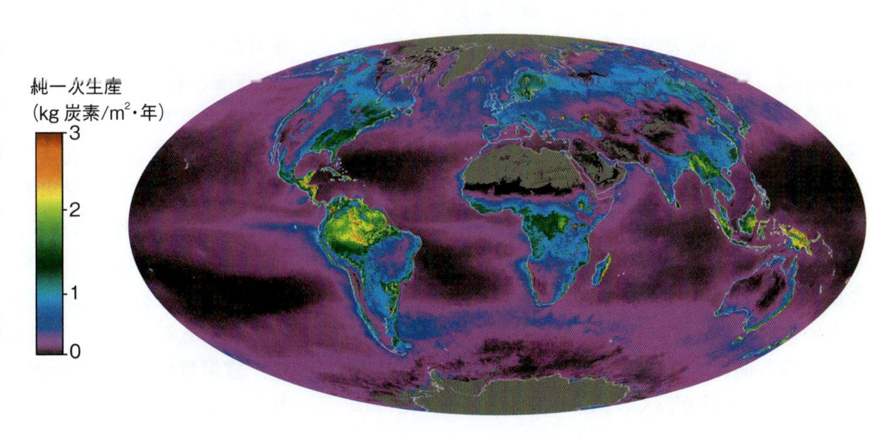

純一次生産
(kg 炭素/m²・年)
3
2
1
0

➤図 55.5　**地球の純一次生産．**この地図は，人工衛星によって収集された，植生が吸収した日光の量などのデータに基づいている．熱帯の陸域が最も大きな生産量であることに注目してほしい（地図上の黄色と赤色の部分）．

図読み取り問題➤この地図は，湿原，サンゴ礁，沿岸域のような生産性の高い生態系の重要性を正確に表しているだろうか．

分は，表層15 mで吸収される．たとえ「透明度の高い澄んだ」水であっても，75 mの深さまで届く太陽放射はたった5〜10%である．

もし光が海洋の一次生産を制限する主要な要因であるなら，一次生産は極地から赤道までの勾配に沿って増加することが予想される．しかし，図55.5を見ればわかるように，そのような緯度勾配は見られない．どんな別の要因が，海洋の一次生産に影響しているのだろうか．

栄養素による制限

ほとんどの海洋や湖の一次生産を制限しているのは，光よりも栄養素である．**制限栄養素 limiting nutrient** とは，それが増えると一次生産を増加させる元素のことをいう．海洋の一次生産を最も頻繁に制限している栄養素は，窒素またはリンである．これらの栄養素の濃度は，有光層では非常に低い．なぜなら，植物プランクトンがそれらの栄養素をすぐに取り込み，その後，デトリタスとして沈降するからである．

図55.6に詳細に示すように，栄養添加実験によって，ニューヨーク州ロングアイランドの南岸では，窒素が植物プランクトンの成長を制限していることが示された．この研究の成果は，植物プランクトンにとって栄養となる過剰な窒素の流入が引き起こす藻類のブルーム「大発生」を防ぐために応用されている．藻類のブルームを防ぐのが重要なのは，それが，多くの生物にとって致死的なほど酸素濃度が低い大規模な「デッドゾーン（死の海）」の形成につながるからである．

水域生態系の一次生産を制限する栄養素は，主要栄養素の窒素とリンだけではない．いくつかの広大な面積の海洋では，窒素濃度が比較的高いにもかかわらず植物プランクトンの密度が低い．大西洋の亜熱帯域にあるサルガッソ海は，植物プランクトンの密度が低いため，世界で最も透明度が高い海域の1つである．その海域での栄養添加実験により，微量栄養素である鉄が一次生産の制限要因であることが明らかになった（表55.1）．陸地から風で運ばれる塵が，海洋へ供給される鉄の大部分を占めるが，サルガッソ海や他の海域では，海洋全体に比べると，鉄の供給が少ないのである．

一方，栄養素に富んだ深海の水が海洋表面に循環する「湧昇」域では，例外的に一次生産が高い．このことは，栄養素の利用性が海洋の一次生産を決定しているという仮説を支持している．湧昇は海洋の食物網の基礎となる植物プランクトンの成長を促進するため，湧昇域には生産性が高く多様性が高い生態系が見られ，

▼図55.6

研究　ロングアイランド沿岸における植物プランクトンの生産量を制限しているのはどの栄養素か

実験　モリッチズ湾周辺に集中しているアヒル農場からの汚染が，ニューヨークのロングアイランド沖の海水に窒素とリンを増加させている．ウッズホール海洋研究所のジョン・ライサー John Ryther とウイリアム・ダンスタン William Dunstan は，植物プランクトンの増殖を制限する栄養素を特定するため，植物プランクトン（*Nannochloris atomus*）をいくつかの場所（A〜G）から採集した海水で培養した．彼らは，培養液にアンモニウムイオン（NH_4^+）あるいはリン酸イオン（PO_4^{3-}）を加えた．

結果　アンモニウムイオンを加えると植物プランクトンの急激な増殖が起こったが，リン酸イオンを加えてもそのような増殖は起こらなかった．

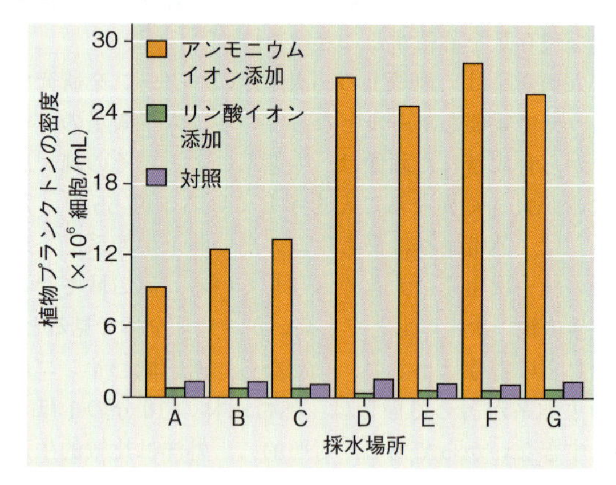
植物プランクトンの密度（×10⁶ 細胞/mL）
30
24
18
12
6
0
アンモニウムイオン添加
リン酸イオン添加
対照
A
B
C
D
E
F
G
採水場所

結論　リンを添加しても *Nannochloris* の増殖は促進されなかったのに対し，窒素の添加は植物プランクトン密度を劇的に増加させたため，研究者たちは，この生態系における植物プランクトンの増殖を制限している栄養素は窒素であると結論づけた．

データの出典　J. H. Ryther and W. M. Dunstan, Nitrogen, phosphorus, and eutrophication in the coastal marine environment, *Science* 171: 1008-1013 (1971).

どうなる？➤ もし，新たにできたアヒル農場が海への栄養負荷量を大きく増加させた場所の海水を使った場合，実験結果はどのように変わるだろうか．説明しなさい．

優れた漁場となっている．最も広い湧昇域は，南氷洋（南極海ともよばれる），赤道付近，ペルー・カリフォルニア・西アフリカの一部の沖沿岸域に存在する．

淡水の湖でも，栄養素による制限は一般に見られる．1970年代に，科学者たちは，下水や農場や芝地から流出した肥料によって，湖に大量の栄養素が加わって一次生産が増加していることを示した．その一次生産者が死ぬと，腐食者がそれらを分解し，水中の酸素の多くあるいはすべてを消費してしまう．この過程は，**富栄養化 eutrophication**（「よく栄養分を与えられた」を意味するギリシャ語 *eutrophos* に由来）とよ

表 55.1 サルガッソ海の海水を用いた栄養添加実験

実験で添加された栄養素	植物プランクトンが取り込んだ ^{14}C の相対値*
なし（対照）	1.00
窒素（N）＋リン（P）	1.10
N＋P＋微量金属〔鉄（Fe）を除く〕	1.08
N＋P＋微量金属（Fe を含む）	12.90
N＋P＋Fe	12.00

＊ ^{14}C の取り込み量は一次生産量の指標になる.

データの出典 D. W. Menzel and J. H. Ryther, Nutrients limiting the production of phytoplankton in the Sargasso Sea, with special reference to iron, *Deep Sea Research* 7: 276-281 (1961).

データの解釈➤モリブデン（Mo）は，海洋の一次生産を制限する別の微量栄養素である．もし研究者が，モリブデンの添加実験をして下記の結果を得たとしたら，植物プランクトンの増殖にとってモリブデンの相対的重要性をどう結論づけるか．

N＋P＋Mo 6.0
N＋P＋Fe＋Mo 72.0

ばれ，湖の多くの魚が死滅することもある（図 52.15 参照）．

富栄養化を制御するには，どの栄養素が問題か特定する必要がある．湖では窒素が一次生産の制限要因になることはまれである．湖全体を用いた多くの全湖実験により，リンがシアノバクテリアの増殖を制限しており，窒素が一次生産を制限することはまれであることが示された．これらの生態学的研究によって，リンを含まない無リン洗剤の使用や，その他の水質改善策が講じられることになった．

陸上生態系の一次生産

地域的あるいは地球規模では，陸上生態系の一次生産を決定しているおもな要因は，温度と水分である．熱帯多雨林は植物の成長を促進する暖かく湿った条件をもち，陸上生態系の中で最も生産力が高い（図 55.5 参照）．対照的に生産性の低い陸上生態系は，多くの砂漠のように一般的に暑く乾燥しているか，北極圏のツンドラのように寒く乾燥している．これら両極端の間に，温帯樹林や草原の生態系があり，穏やかな気候と中程度の生産性を示す．

気候条件の降水量と温度は，陸上生態系の純一次生産を予測することにとても役立つ．たとえば，純一次生産と年間降水量の関係に示されているように，湿潤な生態系ほど一次生産は大きい（図 55.7）．また，一次生産は，蒸発量と発散量に影響する温度と太陽放射量に伴っても増加する．

栄養制限とそれに対する適応

進化 土壌の栄養素も陸上の一次生産を制限することがある．水域生態系と同じように，窒素やリンは，陸上における一次生産を制限する最も一般的な栄養素である．地球規模では，窒素が植物の成長を最も制限している．リンによる生産の制限は，多くの熱帯の生態系で見られるように，リンが水によって溶脱したより古い土壌で生じることが多い．ある栄養素がその存在量が少ないからといって，必ずしも一次生産を制限する栄養素ではないことに注意が必要である．一方，生産を制限している栄養素を添加すると，その他の栄養素が制限要因になるまで，生産は増大するだろう．

植物は，制限となる栄養素をより多く取り込めるよう，さまざまな適応を進化させてきた．1つの重要な適応は，植物の根と窒素固定細菌の相利共生である．もう1つの重要な相利共生は，植物の根と菌類の間の菌根関係で，リンやその他の制限となる栄養素を植物に供給する（図 37.15 参照）．植物は根と土壌の接する面積を大きくするために，細根やその他の形態的な特徴をもっている（図 33.9，図 35.3 を参照）．また，多くの植物は酵素やさまざまな物質を土壌に放出し，制限となる栄養素の利用可能性を大きくする．たとえば，より大きな分子のリン酸エステルを加水分解する酵素のホスファターゼや，鉄のような微量栄養素を土壌中で溶けやすくするキレート機能をもつ物質などである．

▼図 55.7 地球上のさまざまな陸上生態系における純一次生産と平均年間降水量の関係．

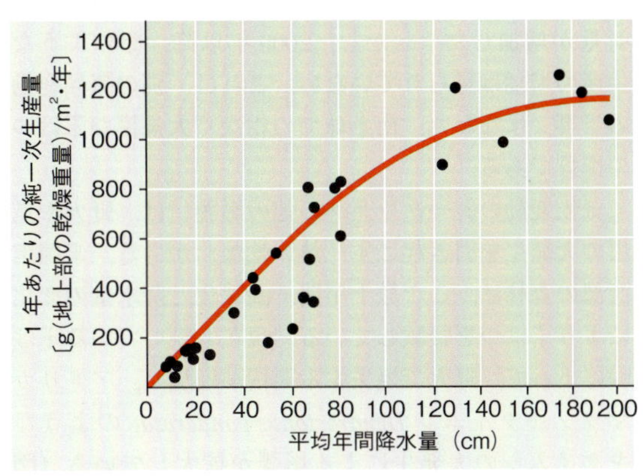
1 年あたりの純一次生産量
〔g（地上部の乾燥重量）/m²・年〕
1400
1200
1000
800
600
400
200
0
20
40
60
80
100
120
140
160
180
200
平均年間降水量（cm）

気候変動による一次生産への影響

すでに述べたように，温度や降水量といった気候条件は陸上の純一次生産に影響する．そのため，気候変動は陸上生態系の一次生産に影響すると予想されるし，事実そうである．たとえば，人工衛星による観測は，1982 年から 1999 年の期間に陸上生態系の純一次生産が 6% 増加したことを示している．この増加の約半分はアマゾンの熱帯林で起こっており，そこでは気候変動によって雲の量が減って一次生産者に対する太陽放射量が増加した．しかし，2000年以降，そのような生産の増加は見られていない．これは，別の気候変動の影響，すなわち，南半球での相次ぐ大規模な干ばつの影響である．

気候変動の純一次生産への他の影響には，野火や昆虫の大発生を引き起こす「熱い乾燥」がある．米国南西部の森林は，ここ数十年間，温暖化と降水量の変化により干ばつを経験している．現在も続いている干ばつによって，野火で焼失する面積が増加し，アメリカマツノキクイムシ *Dendroctonus ponderosae* のようなキクイムシの大発生による影響が拡大している（図55.8）．その結果，樹木の死亡率が高くなり，純一次生産は減少した．

気候変動は，生態系が炭素を蓄積するか，それとも，放出するかにも影響する．先に述べたように，純生態系生産（NEP）は，一定時間内に生態系に蓄積する全生物量を示す．NEPが正の場合は，生態系は炭素を失うよりも多く獲得し，そのような生態系は炭素を蓄積するので炭素の「シンク」とよばれる．一方，NEPが負の場合は，生態系は炭素を獲得するより多く失うので，そのような生態系は炭素の「ソース」とよばれる．

近年の研究により，気候変動が生態系を炭素のシンクからソースに変換することがあることがわかった．たとえば北極域の生態系では，気候の温暖化により，土壌中の微生物による代謝が増加し，呼吸によって放出される二酸化炭素の量が増える傾向にある．その結果，これらの生態系は，以前は炭素のシンクだったのが，現在は炭素のソースとなっている．これが起こると，吸収するより多くの二酸化炭素を放出することにより，生態系が気候変動を助長することになる．**問題解決演習**にあるように，昆虫個体群の大発生が森林生態系の純生態系生産にどう影響するか考えてみよう．

▼図55.8　**気候変動と野火と昆虫の大発生．** 米国南西部の森林は，夏の高温による乾燥と，冬の降雪量の減少を経験している．干ばつストレスの指標は，これらの環境条件により木々が大きく影響を受けていることを示しており，この指標が上がると干ばつの増加を意味する．高い干ばつストレスは，野火による焼失面積（上）と相関しており，干ばつストレスを受け防御が弱くなった木を特にねらうキクイムシ（下）に影響を受ける．

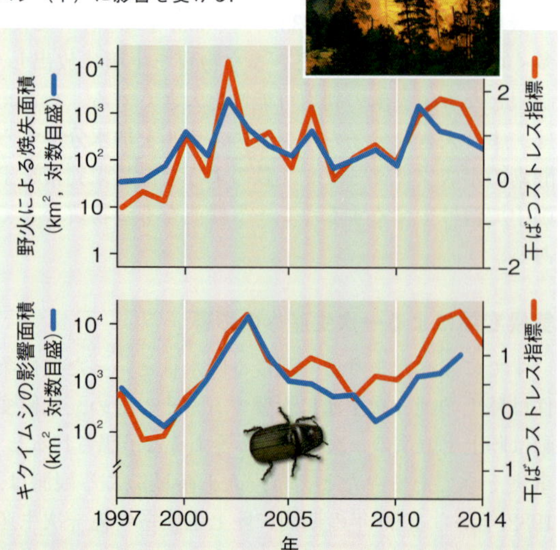
野火による焼失面積
(km², 対数目盛)
干ばつストレス指標
キクイムシの影響面積
(km², 対数目盛)
干ばつストレス指標
10⁴
10³
10²
10
1
2
0
−2
1
−1
1997
2000
2005
2010
2014
年

概念のチェック 55.2

1. なぜ，地球の大気にあたる太陽エネルギーのごく一部しか，一次生産者に蓄積されないのだろうか．

2. 生態系の一次生産を制限する要因を決定するために，生態学者はどのような実験をするだろうか．

3. **どうなる？➤** 森林が野火により大規模に焼失したとする．この前後で純生態系生産（NEP）はどう変化するか予測しなさい．

4. **関連性を考えよう➤** 一次生産をしばしば制限する窒素やリンの栄養素が，光合成で働くカルビン回路に必要な理由を説明しなさい（10.3節参照）．

（解答例は付録A）

55.3

栄養段階間のエネルギー転換効率は一般的に10%ほどである

消費者が食べた餌に含まれる化学エネルギーのうち，一定時間内に消費者自身の新たな生物量に転換される化学エネルギーの量を，生態系の**二次生産 secondary production** という．一次生産者から一次消費者である植食者への有機物の移行について考えてみよう．ほとんどの生態系では，植食者は生産された植物のごく一部を食べている．地球規模で見た場合，植食者が消費するのは，植物生産全体のわずか約6分の1ほどである．そして，牧場の中を歩いた人なら誰にでもわかるように，彼らは食べた植物質のすべてを消化することはできない．一次生産の大部分は，最終的には腐食者に利用されるのである．エネルギー移行過程について，もっと詳しく分析してみよう．

問題解決演習

昆虫の大発生は，森林が大気からCO_2を吸収する能力を脅かすか

気候変動への対策の1つは，木を植えることである．なぜなら，木は大気から大量のCO_2を吸収し，光合成によってそれを生物量に変換するからである．しかし，昆虫個体群が爆発的に増えたとき，木に生物量として蓄えられた炭素はどうなるだろうか．そのような昆虫の大発生は，気候変動に伴ってより頻繁に起きるようになってきた．

▲アメリカマツノキクイムシ（拡大写真）の大発生を示す，木に開いた数々の穴

この演習では，アメリカマツノキクイムシ *Dendroctonus ponderosae* の大発生が，森林が大気から吸収したり大気へ放出したりするCO_2の量を変化させるかどうかを検証してみよう．

方法　この研究で大事なのは，どの生態系もCO_2を吸収もするし放出もすることである．純生態系生産（NEP）は，ある生態系が炭素のシンク（大気へ放出するより多くのCO_2を吸収する．NEP>0のとき起きる）か，炭素のソース（吸収するより多くのCO_2を放出する，NEP<0）かを示す．アメリカマツノキクイムシがNEPに影響するかどうかを検討するため，この昆虫大発生の前と後で，森林のNEPを測定する．

データ　2000年から2006年の間に，カナダのブリティッシュコロンビア州では，アメリカマツノキクイムシの大発生により数百万の木が死んだ．このような昆虫大発生の影響によって，森林が炭素を蓄えるのか（NEP>0），それとも炭素を失うのか（NEP<0）については，ほとんどわかっていない．そのため，生態学者が，この昆虫大発生の前後で，純一次生産量（NPP）と分解者や他の従属栄養生物による呼吸量（R_h）を推定した．そのデータを使って，$NEP = NPP - R_h$ の式により，森林のNEPを計算できる．

	純一次生産量（NPP）[g/(m²·年)]	呼吸量（R_h）[g/(m²·年)]
昆虫大発生の前	440	408
昆虫大発生の後	400	424

解析
1. 昆虫大発生の前に，この森林は炭素のシンクであったか，それともソースであったか．また，昆虫大発生の後はどうだったか．
2. NEPは，$NEP = GPP - R_T$ の式で表されることが多い．GPPは総一次生産量で，R_Tは独立栄養生物による呼吸量（R_a）と従属栄養生物による呼吸量（R_h）を足したものである．$NPP = GPP - R_a$ の関係を使って，NEPについての上記の2つの式が同等であることを示しなさい．
3. 上記1の結果に基づき，アメリカマツノキクイムシの大発生が地球規模の気候に影響を与えるかどうかについて予測しなさい．また，その理由も説明しなさい．

生産効率

まず，毛虫という1匹の生物における二次生産について調べることから始めよう．1匹の毛虫が植物の葉を食べるとき，葉に含まれるエネルギー200Jのうち，その6分の1のわずか33Jほどが二次生産もしくは成長に使われる（図55.9）．その他，毛虫は，後で呼吸に使われる有機物に相当するエネルギーを吸収し，それ以外は糞として捨ててしまう．糞に含まれるエネルギーは，生態系に一時的に保持されるが，腐食者によって消費された後，そのほとんどは熱として失われる．毛虫が呼吸で使ったエネルギーもまた，熱として生態系から失われる．植食者の成長や子の生産を通して，生物量として蓄えられた化学エネルギーだけが，二次消費者の食物として利用可能なのである．

エネルギー転換者としての動物の効率は，次の式で表すことができる．

$$生産効率 = \frac{純二次生産量 \times 100\%}{一次生産物の同化量}$$

純二次生産量は，成長や繁殖を通して生物量に蓄えられたエネルギーである．同化量は，動物が食べた後，成長，繁殖および呼吸に用いられた総エネルギー量である．よって，**生産効率 production efficiency** とは，同化された食物のエネルギーのうち，呼吸は除いて，

▼図 55.9 食物連鎖の一段階におけるエネルギー分配.

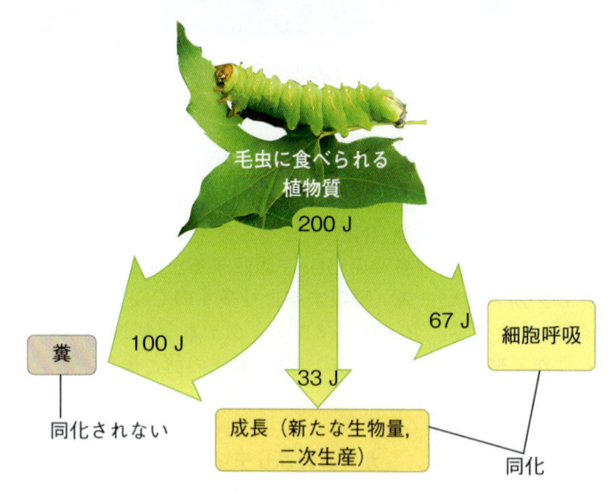
毛虫に食べられる
植物質
200 J
100 J
67 J
33 J
糞
細胞呼吸
同化されない
成長（新たな生物量，
二次生産）
同化

データの解釈➤毛虫の食物のうち，実際に二次生産（成長）に使われるのは何%か.

成長と繁殖に使われた割合である．図 55.9 の毛虫の場合，生産効率は 33%である．同化されたエネルギー 100 J のうち，67 J は呼吸に使われている（糞に含まれ消化されなかった 100 J のエネルギーは同化量には加えない）．鳥類や哺乳類の場合，生産効率は 1〜3%と低い．これは，彼らが一定の高い体温を維持するために多大なエネルギーを使うためである．外温性（40.3 節参照）の魚類は，生産効率は約 10%である．昆虫類や微生物はもっと効率的で，生産効率は平均 40%以上である．

栄養効率と生態ピラミッド

次に，個々の消費者の生産効率から栄養段階を通じたエネルギー流に話を広げてみよう．

栄養効率 trophic efficiency とは，ある栄養段階から次の栄養段階へ移行する生産物の割合である．栄養効率は生産効率よりもつねに小さい．これは，呼吸で失われるエネルギーや糞に含まれるエネルギーだけでなく，低次の栄養段階にある有機物のエネルギーのうちで次の栄養段階により消費されなかった分も栄養効率の計算に入れるためである．栄養効率は生態系の種類によって異なるが，一般的に約 10%にすぎず，大まかにいって 5〜20%の幅がある．言い換えれば，ある栄養段階のエネルギーの 90%は次の段階へは移行しない．この損失は，食物連鎖が長くなるほど掛け合わさって増幅される．たとえば，一次生産者から利用可能なエネルギーの 10%が，毛虫のような一次消費者に移り，そのエネルギーの 10%が肉食者の二次消費者に移ると，純一次生産のわずか 1%が二次消費者にとって利用可能なエネルギーということになる（10%の 10%）．**科学スキル演習**で，塩性湿地帯でのエネルギー流の生態効率などを計算してみよう．

科学スキル演習

定量的データを解釈する

塩性湿地帯の生態系におけるエネルギー転換はどう効率的か　ジョン・ティール John Teal が行った有名な実験により，塩性湿地における生産者から消費者と分解者に至るエネルギーの流れが研究された．ここでは，その研究のデータを使って，この生態系での栄養段階間のエネルギー転換のいくつかを計算してみよう．

研究方法　ティールは，ジョージア州において，塩性湿地に入る太陽放射の量を 1 年間にわたって測定した．また，彼は，主要な一次生産者であるイネ科植物の地上生物量を測定したほか，昆虫やクモやカニを含む消費者の生物量と，湿地から周辺の沿岸域に流出するデトリタス量も測定した．それぞれの生物量におけるエネルギー量を求めるため，彼は，試料を乾燥させた後，熱量計で燃やして発生する熱量を測定した．

研究データ

エネルギーの形態	kcal/(m²・年)
太陽放射	600 000
イネ科植物の総一次生産	34 580
イネ科植物の純一次生産	6585
昆虫の総生産	305
昆虫の純生産	81
湿地から出ていくデトリタス	3671

データの出典　J. M. Teal, Energy flow in the salt marsh ecosystem of Georgia, *Ecology* 43: 614-624 (1962).

データの解釈

1. 湿地に届いた太陽放射のうち総一次生産に取り込まれたのは何%か．また，純一次生産に取り込まれたのは何%か．
2. この生態系では，一次生産者の呼吸によりどれだけのエネルギーが失われたか．また，昆虫の呼吸によりどれだけが失われたか．
3. もし湿地から出ていくデトリタスがすべて植物由来であるなら，純一次生産のうち何%が毎年湿地からデトリタスとして出ていくか．

▼図 55.10 理想化したエネルギーのピラミッド．この例では，食物連鎖の各段階における栄養効率を 10%と仮定している．一次生産者は，利用可能なエネルギーのわずか約 1%しか純一次生産に転換していないことに注意してほしい．

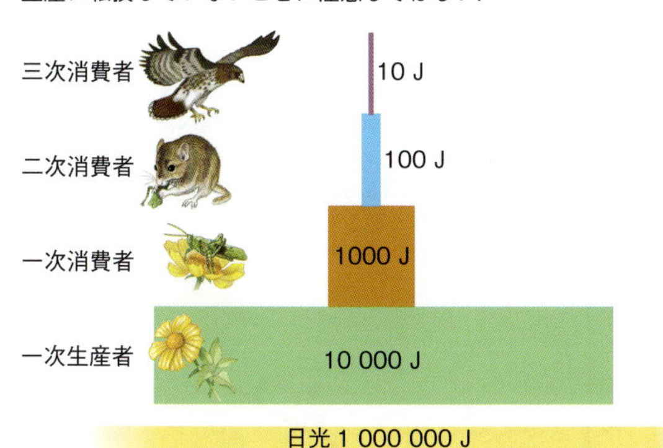
三次消費者
10 J
二次消費者
100 J
一次消費者
1000 J
一次生産者
10 000 J
日光 1 000 000 J

食物連鎖に沿ったエネルギーの段階的な損失は，その生態系が支えることのできる頂点の肉食者の個体数を制限する．光合成で固定された化学エネルギーのうち，食物網を通ってヘビやサメなどの三次消費者に達するのは約 0.1%にすぎない．これが，ほとんどの食物網が 4 つから 5 つの栄養段階しかもたない理由である（図 54.15 参照）．

食物連鎖の各段階におけるエネルギーの損失は，各栄養段階における純生産を積み上げた「エネルギーのピラミッド」として表すことができる（図 55.10）．各階層の幅は，エネルギーの単位（ジュール）で表した各栄養段階の純生産に対応している．最上位は頂点の肉食者を表し，比較的少ない個体数からなる．頂点の肉食種の個体数が一般的に少ないことは，彼らが絶滅しやすい理由である（同時に，23.3 節で述べたように，小さな個体群が進化的にたどる過程に当てはまりやすい）．

低い栄養効率がもたらす重要な生態学的影響の 1 つは，「生物量ピラミッド」で表すことができる．ここでは，各階層はその栄養段階の総乾燥重量を示している．ほとんどの生物量ピラミッドは，栄養段階間のエネルギー移行がとても非効率的であるために，基部の一次生産者から頂点の肉食者にかけて急激に先細っていく（図 55.11 a）．しかし，いくつかの水域生態系では，一次消費者が生産者を上回る逆転した生物量ピラミッドが見られる（図 55.11 b）．このような逆転した生物量ピラミッドは，生産者（植物プランクトン）が急速に成長・増殖し，しかも動物プランクトンによってすぐに消費されるために，大きな生物量に達しない場合に生じる．植物プランクトンは速い速度で生物量を交換し続けるので，植物プランクトンの生物量よりも大きな動物プランクトンの生物量を支えることが

▼図 55.11 生物量のピラミッド．数字は，各栄養段階の全生物の乾燥重量を示す．

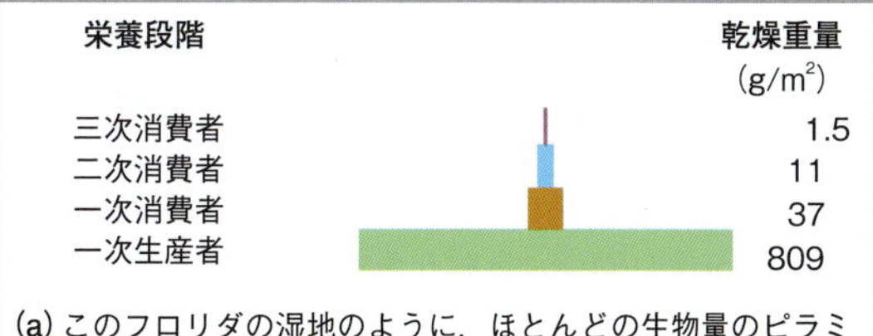
栄養段階
乾燥重量
(g/m²)
三次消費者 1.5
二次消費者 11
一次消費者 37
一次生産者 809

(a) このフロリダの湿地のように，ほとんどの生物量のピラミッドは，栄養段階が上がるにつれて各段階の現存量が急激に減少する．

栄養段階	乾燥重量 (g/m^2)
一次消費者（動物プランクトン）	21
一次生産者（植物プランクトン）	4

(b) このイギリス海峡のように，一部の水域生態系では，一次生産者（植物プランクトン）の少ない生物量が，生物量の大きい一次消費者（動物プランクトン）の現存量を支えている．

できるのである．また，植物プランクトンの増殖は動物プランクトンよりかなり速く生産量も高いので，「エネルギー」のピラミッドは，図 55.10 のように基部が大きくなる．

生態系におけるエネルギー流の動態は，人間にとって重要な意味をもつ．肉を食べるのは，光合成生産を利用する方法としては比較的非効率である．人がタンパク質を摂取するために食べる大豆を，もしウシに与えた場合，肉になるのはその 5 分の 1 以下にすぎない．実際，もし人間が，植物質を食べる一次消費者のようにもっと効率的に食事すれば，世界の農業はもっと少ない農地面積でより多くの人口を十分に支えることができるだろう．

概念のチェック 55.3

1. ある昆虫が 100 J のエネルギーを含む植物の種子を食べて，そのうちの 30 J を呼吸のエネルギーとして利用し，50 J を糞として排出していたとしよう．この昆虫の純二次生産量はいくらか．また，生産効率はいくらか．

2. タバコの葉は有毒物質であるニコチンを含んでおり，植物がそれを合成するのはエネルギー的に負担が大きい．植物がニコチンを生産するために一部の資源を投資することは，その植物にとってどのような利益があるのだろうか．

3. どうなる？➤腐食者は，デトリタスからエネルギーを得る消費者である．図 55.10 で示した生態系では，腐食者に利用され得るエネルギーはどれくらいあるか．

（解答例は付録 A）

55.4

生物的および地球化学的な過程が生態系の物質循環と水循環を動かす

ほとんどの生態系は十分な太陽エネルギーを受けているが，元素については限りある量しか利用できない．したがって，地球上の生命は必須な元素の循環に依存している．生物の体を構成している元素の大部分は，栄養素の同化と老廃物の放出によって，たえず入れ替わっている．生物が死ぬと，生物体に含まれていた原子は，分解者によって大気，水または土壌に戻される．この分解によって無機栄養素がつくられ，植物や他の独立栄養生物が新しく有機物をつくるのに使われる無機栄養素のプールが補充される．

分解と栄養素循環の速度

分解者は，デトリタスからエネルギーを獲得する従属栄養生物である．分解者の成長は，生態系の一次生産を制限するのと同じ要因の温度，水分，栄養素によって制限される．分解者は，温暖な生態系ほど，より速く成長し，より速く物質を分解する（図 55.12）たとえば，熱帯多雨林では有機物のほとんどは2～3ヵ月から2～3年で分解してしまうが，温帯林では平均で4年から6年かかる．この違いは，おもに熱帯多雨林での高温と降水量の多さによっている．熱帯多雨林では分解が速く進むので，林床に落葉として蓄積する有機物の量は比較的少ない．このような生態系では，栄養素の約75%は樹木の幹に存在し，約10%が土壌に含まれるにすぎない．このように，熱帯多雨林の土壌でいくつかの栄養素の濃度が比較的低いのは，循環が速いためであり，これらの元素がこの生態系に全体として欠乏しているからではない．分解が比較的ゆっくりと進む温帯林では，生態系のすべての有機物の50%が土壌に含まれることもある．温帯林のデトリタスや土壌に存在する栄養素は，植物に同化されるまで3～5年間かかる．

陸上での分解も，分解者が生存するのに乾燥しすぎていたり，十分な酸素を供給できないほど湿りすぎていたりすると，遅くなる．泥炭地のような寒くて湿った生態系は，大量の有機物を蓄積している．そのような生態系では，分解者の増殖はゆっくりで，純一次生産は分解を大きく上回る．

水域生態系では，嫌気的な泥の中での分解には50年以上もかかることがある．水底の堆積物は陸上生態系のデトリタス層に相当するが，藻類や水生植物は，

▼図 55.12

研究 温度は，生態系における落葉の分解にどのような影響を与えるのか

実験 カナダ森林局の研究者たちは，同じ有機物（落葉）の試料をカナダ中の21ヵ所の地面に設置した．彼らは，3年後にそれらを回収し，どれくらい分解されたのかを調べた．

結果 最も寒い気候の生態系に比べて，最も暖かい気候の生態系の落葉の重量は，4倍速く減少していた．

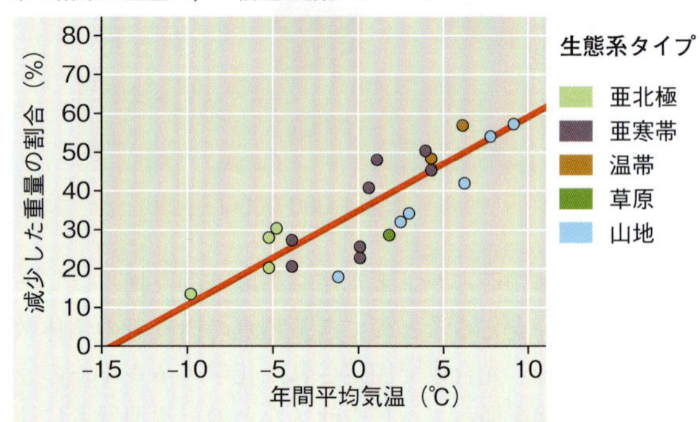

減少した重量の割合（%）
80
70
60
50
40
30
20
10
0
−15
−10
−5
0
5
10
年間平均気温（℃）
生態系タイプ
亜北極
亜寒帯
温帯
草原
山地

結論 カナダ中で比較すると，分解速度は温度に伴って増加した．

データの出典 J. A. Trofymow and the CIDET Working Group, *The Canadian Intersite Decomposition Experiment: Project and Site Establishment Report* (Information Report BC-X-378), Natural Resources Canada, Canadian Forest Service, Pacific Forestry Centre (1998) and T. R. Moore et al., Litter decomposition rates in Canadian forests, *Global Change Biology* 5: 75-82 (1999).

どうなる？➤温度以外で，これら21地点の間で変化していた環境要因は何だろうか．温度以外の環境要因の地点間の違いは，この結果の解釈にどのような影響を与えるだろうか．

通常，水中から直接栄養素を同化する．したがって多くの場合，堆積物は栄養素のシンクとなり，水域生態系は底層と表層の水の交換が起こったときだけ，とても高い生産量を示す（先に述べた，湧昇域で生じるような現象）．

生物地球化学循環

栄養素の循環には生物的および非生物的要素の両方が関与するので，この循環は**生物地球化学循環 biogeochemical cycle** とよばれる．一般に，地球規模と局所的な規模の2つの生物地球化学循環がある．気体の形をとる炭素，酸素，硫黄，窒素は大気中にあり，これらの元素の循環は基本的に地球規模である．たとえば植物が空気から CO_2 として取り込む炭素と酸素は，遠く離れた場所の生物の呼吸によって大気に放出されたものかもしれない．その他の元素，たとえばリン，カリウム，カルシウムなどは，塵として移動

することはあるが，重くて地表を気体として動くことはない．陸上生態系では，これらの元素は局所的に循環し，土壌から植物の根に吸収され，最後には分解者によってまた土壌に戻る．しかし，水域生態系では，これらの元素は水に溶けて海流で運ばれ，より広域的に循環する．

元素の主要な貯蔵庫と，貯蔵庫間の元素の移行過程を表した栄養素循環の一般モデルを最初に見てみよう（図 55.13）．生きている生物とデトリタスに含まれる栄養素（貯蔵庫 A）は，消費者が食べたり分解者が消費したりすることで，他の生物に利用される．低い pH や低い酸素濃度は，湿地の湿った堆積物の分解を抑制し，泥炭が形成される．これにより，死んだ生物の有機物が貯蔵庫 A から貯蔵庫 B に移行し，泥炭は最終的には，石炭や石油の化石燃料に変化する．水溶性あるいは土壌や大気に存在する無機物（貯蔵庫 C）は，生物にとって利用可能である．ほとんどの生物は，岩石に含まれる無機元素（貯蔵庫 D）を直接利用することはできないが，この貯蔵庫の元素は，風化や浸食によってゆっくりと利用できるようになる．

図 55.14 は，水，炭素，窒素，リンの循環の詳細を示している．それぞれの循環において，どの段階が生物学的過程によっておもに動かされているかを考えてみよう．たとえば炭素循環では，植物，動物，その他の生物が，光合成や分解など重要な段階の多くを動かしている．一方，水の循環では，海洋からの蒸発などの重要な段階は，物理的な過程が動かしている．化石燃料の燃料や肥料の生産などの人間活動が，炭素と窒素の地球規模の循環に大きな影響を与えてきたことも気づくだろう．

生態学者は，さまざまな生態系において，化学循環の詳細をどのようにして明らかにしてきたのだろうか．1つの一般的な方法は，自然に存在する非放射性の同位体（安定同位体）が，生態系の生物的な有機物の要素と非生物的な無機物の要素の動きを追跡することである．もう1つの方法は，ある元素の放射性同位体を微量だけ添加して，その元素の動きを追跡する方法である．また，科学者は，1950 年代と 1960 年代初頭の核実験で大気中に放出された放射性炭素（^{14}C）も用いてきた．このような ^{14}C の急増を利用して，植物，

▼図 55.13　ビジュアル解説　生物地球化学循環

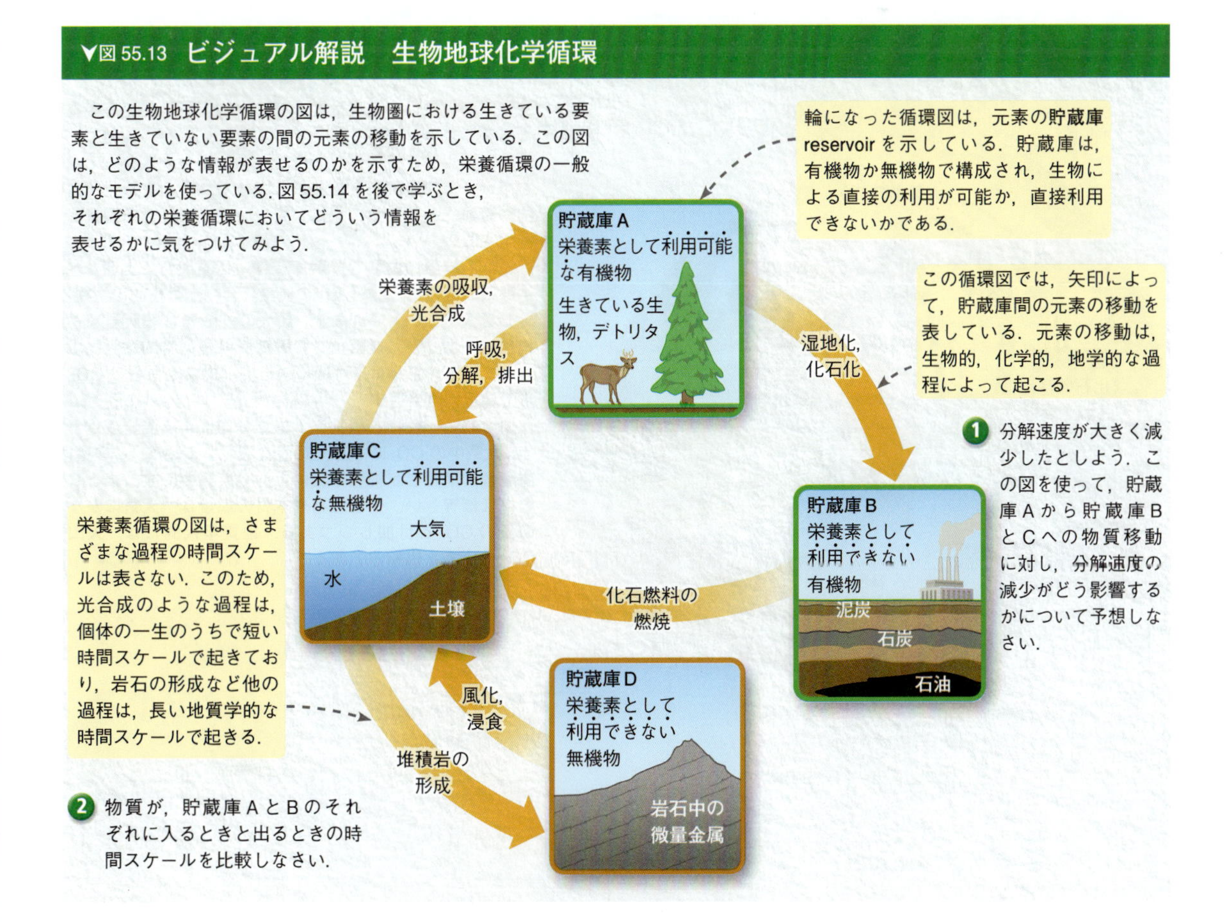
この生物地球化学循環の図は，生物圏における生きている要素と生きていない要素の間の元素の移動を示している．この図は，どのような情報が表せるのかを示すため，栄養循環の一般的なモデルを使っている．図 55.14 を後で学ぶとき，それぞれの栄養循環においてどういう情報を表せるかに気をつけてみよう．
輪になった循環図は，元素の貯蔵庫 reservoir を示している．貯蔵庫は，有機物か無機物で構成され，生物による直接の利用が可能か，直接利用できないかである．
貯蔵庫 A
栄養素として利用可能な有機物
生きている生物，デトリタス
栄養素の吸収，光合成
呼吸，分解，排出
湿地化，化石化
この循環図では，矢印によって，貯蔵庫間の元素の移動を表している．元素の移動は，生物的，化学的，地学的な過程によって起こる．
1 分解速度が大きく減少したとしよう．この図を使って，貯蔵庫 A から貯蔵庫 B と C への物質移動に対し，分解速度の減少がどう影響するかについて予想しなさい．
貯蔵庫 C
栄養素として利用可能な無機物
大気
水
土壌
貯蔵庫 B
栄養素として利用できない有機物
泥炭
石炭
石油
化石燃料の燃焼
栄養素循環の図は，さまざまな過程の時間スケールは表さない．このため，光合成のような過程は，個体の一生のうちで短い時間スケールで起きており，岩石の形成など他の過程は，長い地質学的な時間スケールで起きる．
風化，浸食
堆積岩の形成
貯蔵庫 D
栄養素として利用できない無機物
岩石中の微量金属
2 物質が，貯蔵庫 A と B のそれぞれに入るときと出るときの時間スケールを比較しなさい．

▼図 55.14 探究 水と栄養素の循環

水，炭素，窒素，リンの循環の詳細について，主要な貯蔵庫と循環を動かす過程に注目して見てみよう．図の矢印は，生物圏における水や栄養素の移動経路を示し，矢印の幅は，それらの相対的な貢献度をおおまかに表している．

水の循環

生物学的重要性　水はすべての生物に不可欠であり，水の利用可能性は生態系の諸過程の速度，特に，陸上生態系の一次生産と分解の速度に影響する．

生物が利用できる形態　すべての生物は環境と直接に水のやり取りができる．一部の生物は水蒸気を取り込むが，生物にとって水が利用されるおもな物理的な相は液体である．土壌の水の凍結は，陸上植物の水の利用可能性を制限する．

貯蔵庫　海洋には，生物圏の水の97%がある．約2%が氷河や両極にある氷として存在し，残りの1%が湖，川，および地下水にある．大気中の水の量は無視できるほどしかない．

重要な過程　水の循環を引き起こす主要な過程は，太陽エネルギーによる水の蒸発，水蒸気から雲への凝縮，そして降雨である．陸上植物による蒸散も，大量の水を大気へ移動させる．地表と地下の水の流れによって水は海に戻り，その循環が完結する．

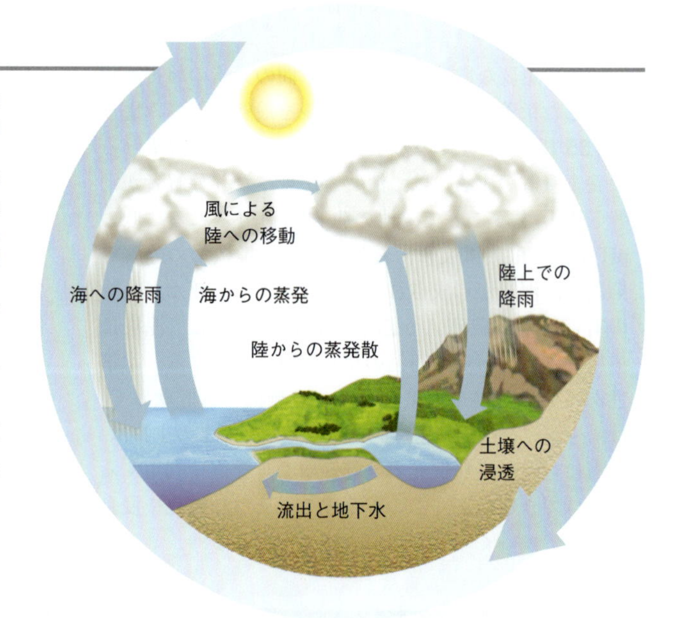
風による
陸への移動
海への降雨
海からの蒸発
陸上での
降雨
陸からの蒸発散
土壌への
浸透
流出と地下水

炭素の循環

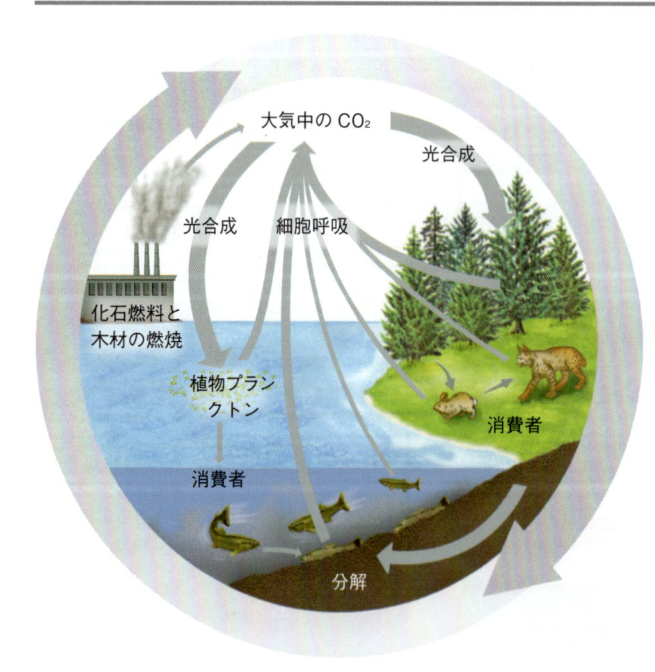
大気中の CO2
光合成
光合成
細胞呼吸
化石燃料と
木材の燃焼
植物プラン
クトン
消費者
消費者
分解

生物学的重要性　炭素はすべての生物に不可欠な有機物の骨格をつくる．

生物が利用できる形態　光合成生物は光合成において CO_2 を用い，その炭素を有機物に転換する．その有機物が，動物や菌類，従属栄養の原生生物や原核生物などの消費者に利用される．

貯蔵庫　炭素の主要な貯蔵庫には，化石燃料，土壌，水域生態系の堆積物，海洋(溶存の炭素化合物)，動植物の生物量，そして大気（CO_2）がある．最大の貯蔵庫は石灰岩などの堆積岩であるが，炭素はこの貯蔵庫に長い時間ありつづける．すべての生物は，呼吸によって，炭素をもとの CO_2 の形で環境に直接返す．

重要な過程　植物と植物プランクトンによる光合成は，毎年，大気中の CO_2 のかなりの量を吸収している．この量は，生産者や消費者が細胞呼吸によって大気中に放出する CO_2 量にほぼ等しい．化石燃料や木材の燃焼は，大気にかなりの量の CO_2 を付加しつつある．地質年代的には，火山も CO_2 の大きな供給源である．

窒素の循環

生物学的重要性：窒素は，アミノ酸，タンパク質および核酸の構成成分であり，植物にとって制限栄養素となることが多い．

生物が利用できる形態　植物は，アンモニウムイオン（NH_4^+）と硝酸イオン（NO_3^-）という２種類の無機物と，アミノ酸のような一部の有機物を吸収（利用）できる．さまざまな細菌は，これらに加えて，亜硝酸イオン（NO_2^-）も利用できる．動物は，窒素の有機化合物しか利用できない．

貯蔵庫　窒素の主要な貯蔵庫は大気であり，大気の 80％が窒素ガス（N_2）である．無機窒素および有機窒素の化合物の他の貯蔵庫としては，土壌や，湖・川・海の堆積物，地表水や地下水，生きている生物の生物量がある．

重要な過程　窒素が生態系に入る重要な過程は，「窒素固定」，すなわち N_2 が有機窒素化合物の合成に利用される形に変換される過程である．特定の細菌，稲妻，火山活動によっても，自然に窒素が固定される．人間活動による窒素の付加は，陸上で自然に固定される窒素の量を上回っている．その主要な２つの要因は，産業的に生産される肥料と，マメ科作物の根粒に共生する細菌による窒素固定である．土壌中の他の細菌は，窒素を別の形態へ転換する．その例には，アンモニウムイオンを硝酸イオンに転換する硝化細菌，硝酸イオンを窒素ガスに転換する脱窒細菌がある．人間活動によっても，窒素酸化物のような活性窒素ガスが大量に大気へ放出されている．

大気中のN_2（窒素）
活性窒素ガス（気体）
産業による固定
脱窒
窒素肥料
固定
流出
NO_3^-（硝酸イオン）
溶存有機窒素
NH_4^+
NO_3^-（硝酸イオン）
（アンモニウムイオン）
水域での循環
分解と堆積
陸上での循環
N_2（窒素）
脱窒
同化
分解
根粒菌による固定
アミノ酸の吸収
NO_3^-（硝酸イオン）
アンモニア化
硝化
NH_4^+（アンモニウムイオン）

リンの循環

生物学的重要性　生物は，核酸，リン脂質，および ATP やその他のエネルギー貯蔵分子の主要な構成成分として，また骨や歯の無機的成分として，リンを必要とする．

生物が利用できる形態　生物学的に最も重要な無機物としてのリンの形態は，リン酸イオン（PO_4^{3-}）である．植物はこれを吸収して有機化合物の合成に利用する．

貯蔵庫　リンの最大の蓄積場所は，海洋起源の堆積岩である．土壌中，海洋（溶存した形態で），生物中にも大量に存在する．土壌の粒子がリン酸イオンを吸着するので，リンの再循環は生態系中できわめて局所的である．

重要な過程　岩石の風化によって PO_4^{3-} は，徐々に土壌に加わる．その一部は，地下水や地表水に流出し，最終的には海に至る．リン酸イオンは生産者に取り込まれ，有機物質に組み込まれて消費者に食べられる．リン酸イオンは，生物量の分解や消費者からの排出によって土壌や水に帰る．リンを含む気体はほとんどないので，大気中を移動するリンの量は少なく，塵や波しぶきなどでわずかに運ばれるにすぎない．

風に運ばれる塵
地質的な隆起
岩石の風化
流出
消費
分解
プランクトン
溶存の PO_4^{3-}
吸収
植物による PO_4^{3-} の取り込み
浸出
堆積
分解

土壌，および海洋で炭素がどこに，どれだけ速く動くのかを明らかにできる．

事例研究：ハバード・ブルック実験林における栄養素循環

生態学者のジーン・ライケンス Gene Likens とその共同研究者たちは，ニューハンプシャー州ホワイトマウンテンのハバード・ブルック実験林において，1963 年以来，栄養素循環を研究してきた．彼らの研究地点は 6 つの小さな谷をもつ落葉樹林で，それぞれの谷に支流が 1 つずつ流れている．また，森林の土壌の下には，水を通さない岩盤がある．

研究チームはまず，6 つの谷それぞれの元素の収支を把握するため，いくつかの重要な栄養素の流入と流出を測定した．彼らは，いくつかの地点で降水を採集し，生態系に加入する水量と雨に溶け込んでいる無機物の量を測定した．水や無機物の消失量を定量するため，V 字型のはけ口のある小さなコンクリートのダムを谷の最下流につくった（図 55.15 a）．調査の結果，雨や雪として生態系に加入する水の約 60% は支流を通って出ていき，残りの 40% は蒸発散によって失われることがわかった．

予備的な研究によって，この生態系の内部循環により，無機栄養素のほとんどが保持されることが確かめられた．たとえば，カルシウム（Ca^{2+}）は雨水によって加わる量より，わずか 0.3% 多い量が支流を経て失われる．そしてこの少ない純損失は，岩盤の化学的分解によって補充される．どの年においても，この森林は窒素を含むいくつかの無機栄養素については，少ないながら純増が記録された．

ある集水域の森林を実験的に伐採すると，その集水域から流出する水や無機物の量を急増した（図 55.15 b）．対照区の集水域と比較して，森林伐採された集水域からの水の流出量は 3 年間にわたって 30〜40% 増加した．これは明らかに土壌から水を吸収・蒸散する植物が存在しなかったからである．最も顕著だったのは硝酸イオンの流出で，その支流での濃度は 60 倍にまで増加し，飲み水として不適と考えられるレベルにまで達した（図 55.15 c）．ハバード・ブルックの伐採実験は，手つかずの森林生態系から流出する無機物の量が，おもに植物によって制御されていることを明らかにした．生態系に保持される栄養素は，生態系の生産性を維持することに役立つほか，過剰な栄養素の流下により藻類の大発生やその他の問題の発生を防ぐことにも役立つだろう．

概念のチェック 55.4

1. 描いてみよう➤図 55.14 に示された 4 つの生物地球化学循環のそれぞれについて，ある原子が非生物的な貯蔵庫から生物的な貯蔵庫へ移行し，それが再び非生物的な貯蔵庫へ戻る経路を図示しなさい．
2. 集水域の森林伐採が，集水域から流出する川の硝酸イオン濃度を増加させた理由を説明しなさい．
3. どうなる？➤熱帯多雨林の栄養素の利用可能性が，森林伐採によって特に影響される理由を説明しなさい．

（解答例は付録 A）

▼図 55.15　ハバード・ブルック実験林での栄養素の循環：長期生態学研究の一例．

(a) 集水域の底部を流れる小川を横切るコンクリートのダムと堰をつくることによって，生態系からの水と栄養素の流出を測定できる．

(b) 植生の消失が水の流出や栄養素の循環に与える影響を調べるため，ある集水域の森林が皆伐された．伐採されたすべての植物は，そこで分解されるよう放置された．

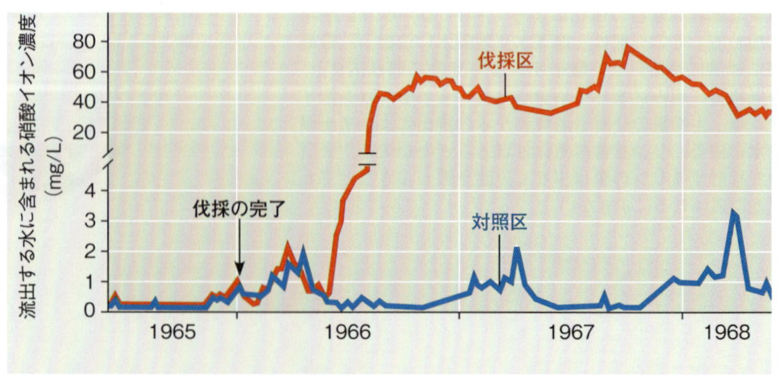
流出する水に含まれる硝酸イオン濃度
(mg/L)
80
60
40
20
4
3
2
1
0
伐採区
伐採の完了
対照区
1965
1966
1967
1968

(c) 伐採された集水域から流出する水に含まれる硝酸イオン濃度は，対照区（伐採していない）の集水域の 60 倍だった．

55.5

復元生態学者は劣化した生態系を自然の状態に再生する

生態系は，たいていの攪乱（ハバード・ブルックで行われたような実験的な伐採を含む）から，生態学的遷移（54.3 節参照）により自然に回復できる．しかし，その回復には，時に数百年かかることもある．特に人間が環境を劣化させた場合などはそうである．農地開発のために植生が刈りはらわれた熱帯地域は，栄養素の消失によって生産性が急速に低下する．鉱物の採掘は数十年継続することもあり，その跡地は劣化した状態で放棄されることが多い．灌漑（かんがい）により土壌に塩が集積したり，有毒な化学物質や，石油の流出によっても生態系は損傷される．生態系の損傷を回復あるいは修復することを手助けすることを，生物学者はますます求められている．

復元生態学者は，劣化した生態系の回復を始めさせたり促したりしようとする．基本的に，環境の損傷は少なくとも部分的にはもとに戻ることを仮定している．しかし，この楽観的な視点は，生態系は際限なく復元するものではないという仮定によってバランスを取らなければならない．よって，復元生態学者は，生態系が攪乱から回復することを最も制限する過程を把握し，それを操作しようとする．攪乱があまりに深刻で生育場所のすべてを回復させることが現実的でない場合，生態学者は，時間的・金銭的制約の中で，できるだけ多くの生育場所や生態学的な過程を回復させようとする．

極端な場合，生物学的な修復を行う前に，生態系の物理的構造を回復させる必要があるかもしれない．もし，河川が郊外をすみやかに流れるように直線化された場合，復元生態学者は土手を浸食する水流を遅くするため，蛇行した流れを再生しようとするかもしれない．露天掘りの跡地を復元するためには，最初に重機で傾斜をゆるやかにし，斜面に表土をまく必要があるだろう（図 55.16）．

いったん，生態系の物理的な復元が完了すると，次の段階は生物学的な復元になる．生態系復元の長期的な目標は，劣化した生態系を劣化前の状態にできるだけ近づくよう回復させることである．図 55.17 は，4 つの野心的でかつ成功した生態系復元プロジェクトについて述べている．これを含む多くの世界中の生態系復元プロジェクトには，2 つの重要な戦略がある．それはバイオレメディエーションとバイオオーグメンテーションである．

バイオレメディエーション

汚染された生態系を除染するために生物，通常は原核生物，菌類，または植物を利用することを**バイオレメディエーション bioremediation** という．重金属を含む土壌に適応したある種の植物や地衣類は，鉛やカドミウムなど毒性をもつ金属を高濃度で蓄積することができる．復元生態学者はそのような植物を，鉱山やその他の人間活動で汚染された場所に導入し，それを刈り取ることによって生態系から金属を除去できる．たとえば，英国の研究者は，地衣類の 1 種が鉱山から出たウランの塵で汚染された土壌で生育することを発見した．この地衣類はウランを黒い色素中に濃縮するので，汚染のモニタリングや汚染の浄化役としても利用できる．

生態学者は，土壌や水のバイオレメディエーションを行うために，すでに多くの原核生物の能力を利用し

▼図 55.16 ニュージャージーにおける砂利と粘土の採掘地の再生前と再生後．

(a) 再生前の 1991 年

(b) 再生完了間近の 2000 年

▼図 55.17　探究　世界各地の復元生態学

ここに挙げてあるのは，世界中で行われている復元生態学プロジェクトのごく一部である．

フロリダ州キシミー川

キシミー川は1960年代に，洪水調節のため，曲がりくねった川から90 kmの水路に改修された．この水路によって水が氾濫原から遠のき，湿地を乾燥化させ，多くの魚や湿地帯の鳥の個体群を脅かすことになった．キシミー川の復元事業で，排水路のうち12 kmが埋め立てられ，本来の167 kmの自然水路のうち24 kmが再生された．写真は，キシミー水路が埋め立てられた部分（右側の広くて明るい色の帯）を写しており，流れは写真中央のもとあった川の流路に戻された．このプロジェクトで自然の流れが復元され，それによって湿地の鳥や魚の個体群が自立的に存続できるようになるだろう．

南アフリカのサッキュレント・カルー

南アフリカの砂漠地帯のサッキュレント・カルーでは，他の多くの乾燥地帯と同様に，家畜の過放牧によって広い面積が被害を受けてきた．南アフリカの民間の土地所有者と政府機関は，この独特な地域を広い面積にわたって復元中である．植生を回復させ，より持続的な資源管理を採用している．写真は，サッキュレント・カルーの非常に高い植物多様性のごく一部を示している．ここには5000種の植物が分布し，多肉植物は世界最高の多様性が見られる．

ニュージーランドのマウンガタウタリ

イタチ，ネズミ，ブタなどの移入種は，ニュージーランドに在来する植物や動物，たとえば飛べない地表徘徊性の鳥類であるキーウィなど，に深刻な脅威を与えている．マウンガタウタリの復元プロジェクトの目標は，火口丘の森林に設置された3400 haの保護区から，すべての外来動物を駆除することである．この保護区の周辺には特殊なフェンスが設置され，在来の動物にも害を与える罠の設置や毒の使用を続ける必要がなくなった．2006年，絶滅危惧種であるタカヘ（飛べないクイナ科の鳥）のつがいが保護区に放され，ニュージーランド北島に生育するこの色鮮やかな鳥の繁殖個体群が再定着することが期待されている．

日本沿岸

海藻や海草が繁茂する海底は，さまざまな魚や貝にとって重要な生育場所である．かつては広大であったそのような場所は，現在では開発によって減少し，日本の沿岸地域では復元が進められている．復元技術としては，好適な海底生息場所の造成，人工基質を使った海藻と海草の群落の移植，そして種子の播種（写真）などが含まれる．

▼図 55.18　米国テネシー州のオークリッジ国立研究所におけるウランで汚染された地下水のバイオレメディエーション．

(a) ウランを含む廃棄物が，これら 4 つの覆いのない窪地（土と地下水が入っている）に 30 年以上にわたって捨てられている．

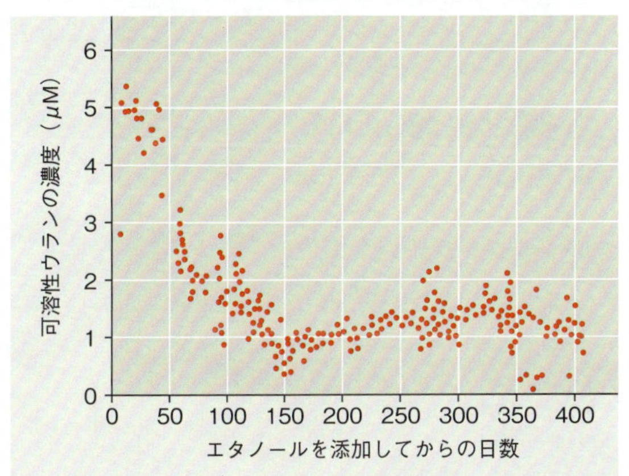
可溶性ウランの濃度（μM）
6
5
4
3
2
1
0
0 50 100 150 200 250 300 350 400
エタノールを添加してからの日数

(b) エタノールが添加された後，微生物の活動によって，窪地の近くの地下水における可溶性ウランの濃度が減少した．

ている（27.6 節参照）．科学者たちは，潜在的にバイオレメディエーションの能力をもつ，少なくとも 10 種の原核生物のゲノムを解読した．その中の 1 種である細菌シュワネラ *Shewanella oneidensis* は特に有望である．この細菌は好気あるいは嫌気条件で 10 以上の元素を代謝できる．それによって，可溶性のウラン，クロム，窒素を不溶性の物質に変換し，河川や地下水に浸出しないようにできる．米国テネシー州のオークリッジ国立研究所の研究者は，ウランで汚染された地下水に細菌のエネルギー源となるエタノールを加えることで，ウランを減少させるシュワネラやその他の細菌を増殖させた．たった 5 ヵ月のうちに，可溶性ウランの濃度は 80％減少した（図 55.18）．

バイオオーグメンテーション

生態系から有害物質を除去する方法であるバイオレメディエーションとは対照的に，**バイオオーグメンテーション biological augmentation** では，劣化した生態系に必要な物質を「添加」するために生物を利用する．生態系過程を増強するためには，どのような要因，たとえばどんな栄養素がその生態系から消失し，生態系の回復速度を制限しているのかを把握しなければならない．

貧栄養の土壌で繁茂する植物の成長を促進すると，遷移や生態系の回復を速められることが多い．米国西部の高山生態系では，鉱山やその他の人間活動によって撹乱された土壌に，ルピナスのような窒素固定植物を植栽し，土壌中の窒素濃度を増加させることが多い．このような窒素固定植物が定着すると，他の在来植物も生存するために十分な土壌窒素を得ることができる．土壌が激しく撹乱されたり，表土が完全に消失した生態系では，植物の根は栄養素の吸収を手助けしてくれる菌根共生菌を失っているかもしれない（31.1 節参照）．生態学者は，ミネソタの高茎イネ科植物の草原を復元する際にこの点に気づき，種子を播種した土壌に菌根共生菌も付加し，在来植物の回復を速めた．

生態系の物理構造や植物群集を復元しても，動物が再び移入してきて定着するとは限らない．動物は，受粉や種子分散など重要な生態系サービスをもたらすので，生態系を回復させるために野生生物の定着を促すこともある．復元された場所に動物を放したり，復元された場所と動物が分布している場所を連結する回廊を設置したりする．鳥のために人工的なとまり木を設置することもある．このような努力は，復元された生態系の生物多様性を改善し，生物群集を存続させることに役立っている．

生態系：まとめ

図 55.19 は，北極のツンドラ生態系におけるエネルギー流，物質循環，そのほかの重要な過程を示している．この図と，図 10.23 の「働く細胞」には，概念的な共通性が見られる．2 つの図の規模は違うが，物理法則や生物学的な規則は両方のシステムに同様に見られる．

概念のチェック 55.5

1. 復元生態学のおもな目的は何か．
2. どうなる？➤図 55.17 にあるキシミー川プロジェクトは，どのような点で，マウンガタウタリのプロジェクトより進んだ生態系復元であるか．

（解答例は付録 A）

▼図 55.19　関連性を考えよう

働く生態系

この北極のツンドラ生態系は，毎年夏にくる短い2ヵ月間の成長期には生命であふれている．この図が示しているように，生態系では，生物が互いに相互作用し，さまざまに環境と関係している．

① トナカイ
② ハクガン
⑤ 植食
ホッキョクギツネ
③
④ 捕食
ハクガン

個体群はダイナミックである（53章）

① 個体数は，出生と死亡，移入と移出によって変化する．トナカイは，毎年，子育て場所で出産するために，ツンドラ中を移動する（図53.3参照）．

② ハクガンなど多くの生物が，夏に豊富な餌が食べられる北極に向けて毎年春に移動する（51.1節参照）．

③ 出生率と死亡率が生物個体数に影響する．ツンドラではさまざまな死亡要因があり，捕食，資源競争，冬の餌不足が含まれる（図53.18参照）．

生物はさまざまに相互作用する（54章）

④ 捕食では，一方の種の個体が他方の種の個体を殺して食べる（54.1節参照）．

⑤ 植食では，一方の種の個体が植物の一部や他の一次生産者を食べる．トナカイが地衣類を食べるのはその一例である（54.1節参照）．

⑥ 相利共生では，2種が互いに利益を与えるように相互作用する．一部の相利共生では，2種が直接接触していて共生関係をもっている．たとえば，地衣類は，菌類と藻類やシアノバクテリアが共生関係をもったものである（54.1節，図31.22，図31.23を参照）．

⑦ 競争では，個体が同じ制限資源を獲得しようとする．たとえば，ハクガンとトナカイはどちらもワタスゲを食べる（54.1節参照）．

生物は，生態系において
エネルギーと物質を動かす（55章）
8 一次生産者は，太陽光のエネルギーを光合成によって化学エネルギーに変換する．一次生産者の成長は，低い温度，少ない土壌栄養素，冬の光不足など非生物的要因によって制限されることが多い（図10.6, 図52.12, 図55.4を参照）．
9 ツンドラでの一次生産は他の多くの生態系より少ないので，ツンドラでは食物連鎖は一般的に短い（図54.14参照）．
10 ある生物が他の生物を食べるとき，ある栄養段階から次の栄養段階へのエネルギー転換は，一般的に10%しかない（図55.10）．
11 腐食者は，元素を一次生産者に戻すよう循環させる（図55.3, 図55.4を参照）．
12 炭素や窒素といった元素は，物理的環境と生物の間を行ったり来たりする（図55.13，図55.14を参照）．
窒素循環
N2
脱窒
生物
窒素固定
12
炭素循環
CO2
細胞
呼吸
光合成
二次消費者
（オオカミ）
9
10
一次消費者
（トナカイ）
元素
一次生産
（植物と地衣類）
7 競争
8
腐食者
11（土壌中の菌類
と原核生物）
6 相利共生
藻類細胞
菌糸
地衣類
関連性を考えよう➤人間活動は気候変動を引き起こしており，地球の生態系に影響を与えている．その中でも最も大きく影響を受けているのは，北極の生態系である．どのようにして，気候変動が北極のツンドラにいる生物の進化を引き起こすかについて，仮説を立てなさい（1.1節，22.2節，25.4節を参照）．

55章のまとめ

重要概念のまとめ

55.1

物理法則が生態系のエネルギー流と物質循環を支配する

- **生態系**は群集中のすべての生物，およびそれらが相互作用するすべての非生物的環境条件から構成される．エネルギーは保存されるが，生態系から熱として放出される．その結果，エネルギーは，生態系内を循環することなく流れさる．
- **質量保存の法則**に基づいて，元素が生態系を出入りし，生態系の中を循環する．循環する量に比べて，出入りは一般的に小さい．しかし，出入りのバランスが，時間に伴って生態系が元素を得ているのか，あるいは失っているかを決定する．

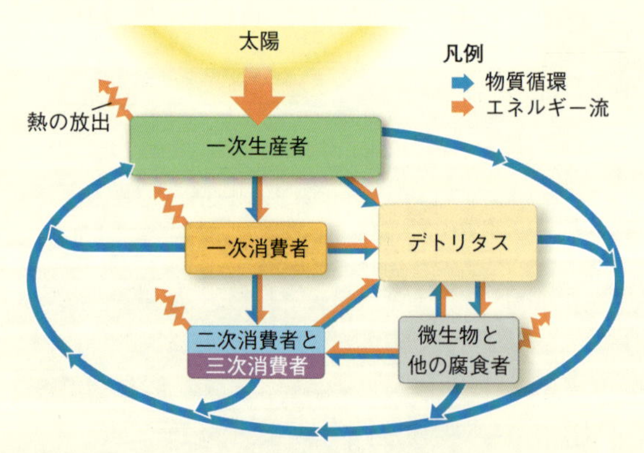

太陽
凡例
物質循環
エネルギー流
熱の放出
一次生産者
一次消費者
デトリタス
二次消費者と
三次消費者
微生物と
他の腐食者

? 熱力学の第2法則によると，生態系における一次生産者の生物量は，同じ生態系の二次生産者の生物量に比べて，大きくなるだろうか，小さくなるだろうか，理由も含めて説明しなさい．

55.2

エネルギーと他の制限要因が生態系の一次生産を決める

- **一次生産**は，地球規模のエネルギー収支での支出上限を決定している．**総一次生産**（GPP）は，生態系がある一定時間に同化した全エネルギー量である．**純一次生産**（NPP）は独立栄養生物に蓄積されたエネルギー量で，総一次生産から一次生産者の呼吸で消費したエネルギーを差し引いたものである．**純生態系生産**（NEP）は，生態系に蓄積した全生物量で，総一次生産から生態系全体の呼吸を差し引いたものである．
- 水域生態系では，光と栄養素が一次生産を制限している．陸上生態系では，温度や水分のような気候要因が，大きな空間スケールでの一次生産の違いをもたらすが，局所的な空間スケールでは土壌の栄養素が一次生産の制限要因となることが多い．

? 純一次生産がわかったとして，純生態系生産を求めるには，他にどのような値を知らないといけないか．また，たとえば外洋の場合，その値を測定することが困難な理由は何か．

55.3

栄養段階間のエネルギー転換効率は一般的に10%ほどである

- 各栄養段階で利用可能なエネルギー量は，純一次生産と**生産効率**によって決定される．生産効率とは，食物連鎖の各連鎖において食物のエネルギーが生物量に転換される効率である．
- ある栄養段階から次の栄養段階へ移行するエネルギーの割合を，**栄養効率**といい，一般的に10%ほどである．エネルギーと生物量のピラミッドは，栄養効率が小さいことを表している．

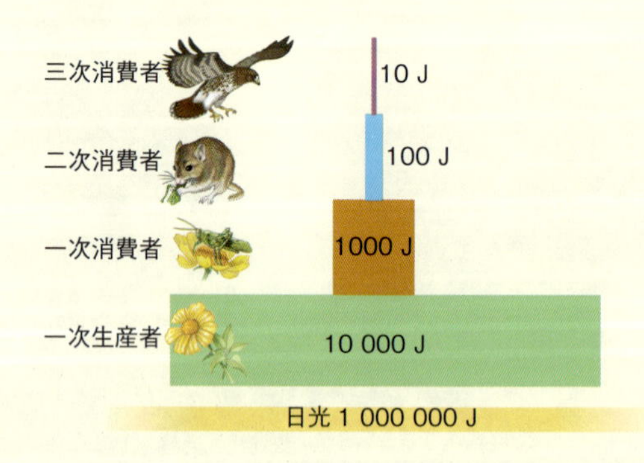

三次消費者
10 J
二次消費者
100 J
一次消費者
1000 J
一次生産者
10 000 J
日光 1 000 000 J

? ランナーが長距離を走っているときの生産効率は，動かないときに比べて低いのはなぜか．

55.4

生物的および地球化学的な過程が生態系の物質循環と水循環を動かす

- 水は太陽エネルギーによって地球を循環している．炭素循環は，基本的に，光合成と呼吸の相互的な過程を反映している．窒素は大気からの降下や原核生物による窒素固定によって，生態系に加入する．
- 栄養素がどのような形態でどのような割合で存在するのかは，生態系によって異なる．これは，有機物の分解速度の違いによるところが大きい.

- 窒素循環は植生によって強く制御されている．ハバード・ブルックの事例は，森林伐採が水の流出を増加させ，それによって無機物の喪失を大きくすることを示した.

? より温暖な生態系において，分解者が急速に増殖し，物質をすばやく分解するのであれば，暑い砂漠で分解が遅いのはなぜか.

55.5

復元生態学者は劣化した生態系を自然の状態に再生する

- 復元生態学者は生物を利用した**バイオレメディエーション**によって，汚染された生態系を除染する.
- **バイオオーグメンテーション**では，生態系に必須の物質を加えるために生物を用いる.

? 露天掘りの跡地を復元させるための準備として，すべての土壌を除去して一緒にかき混ぜるより，表土と深い層の土壌を分けて作業するのはなぜか.

理解度テスト

レベル 1：知識／理解

1. 以下の生物と栄養段階の組み合わせの中で間違っているのはどれか.
   (A) シアノバクテリア——一次生産者
   (B) バッタ——一次消費者
   (C) 動物プランクトン——一次生産者
   (D) 菌類——腐食者

2. 以下の生態系のうちで，1 m^2 あたりの純一次生産が最も低いのはどれか.
   (A) 塩性湿地　(C) サンゴ礁
   (B) 外洋　(D) 熱帯多雨林

3. 生態学の諸原則を応用して，劣化した生態系をより自然な状態に再生しようとする研究分野は，次のうちどれか.
   (A) 復元生態学　(C) 富栄養化
   (B) 熱力学　(D) 生物地球化学

レベル 2：応用／解析

4. 硝化細菌は主としてどのような作用によって窒素循環にかかわっているか.
   (A) 窒素ガスをアンモニアに変える.
   (B) 有機物からアンモニアを分離して土壌に戻す.
   (C) アンモニウムイオンを，植物が吸収できる硝酸イオンに変える.
   (D) 窒素をアミノ酸や有機物に取り込む.

5. 生態系における物質循環の速度に最も大きな影響を与えるのは，次のうちどれか.
   (A) 生態系内の分解速度
   (B) 生態系の消費者の生産効率
   (C) 生態系の栄養効率
   (D) 生態系内の栄養素貯蔵庫の存在場所

6. ハバード・ブルックの集水域における森林伐採実験で得られた結果として間違っているのは，次のうちどれか.
   (A) 多くの無機物は森林生態系の中で再循環していた.
   (B) 伐採された場所の土壌のカルシウム量は高いまま保たれた.
   (C) 森林伐採により水の流失が増大した.
   (D) 伐採された地域から流出する水の硝酸イオン濃度が危険なほど高くなった.

7. バイオレメディエーションの例と考えられるのは，次のうちどれか.
   (A) 劣化した生態系における窒素の利用可能性を増加させるため窒素固定細菌を添加する.
   (B) 採掘跡地の斜面をならすためにブルドーザを使う.
   (C) 川の流路を再配置する.
   (D) クロムに汚染された土壌にクロムを蓄積する植物の種子を播種する.

8. トウモロコシ畑に殺菌剤を散布した場合，分解速度や純生態系生産はどのように変化するだろうか.
   (A) 分解速度と純生態系生産の両方とも減少する.
   (B) 両方とも変化しない.
   (C) 分解速度は増加し，純生態系生産は減少する.
   (D) 分解速度は減少し，純生態系生産は増加する.

レベル 3：統合／評価

9. **描いてみよう** (a) 地球上の水循環を，海洋，陸上，大気，陸から海へ流出する過程として簡潔に描きなさい．そして，以下に示す年間の水のフラックス（流れ）をその図に描き加えなさい.
   - 海からの蒸発量　425 km^3
   - 海からの蒸発量のうち降雨として海に戻る量　385 km^3
   - 海からの蒸発量のうち陸上に降雨する量　40 km^3
   - 植物や土壌から蒸発散し陸上に降雨する量　70 km^3
   - 陸から海へ流出する量　40 km^3

   (b) 海から蒸発して陸上に降る雨の量と，陸から海へ流出する量の比率は何か．

(c) この比率は氷河期にはどう変化するか，また，それはなぜか．

10. **進化との関連**　一部の生物学者は，生態系は創発的で進化する「生きている」システムであることを示唆してきた．この考えの一例は，ジェームズ・ラブロック James Lovelock のガイア仮説で，地球自体が生きていて恒常性をもつ存在，すなわち一種の超生物であるという考えである．生態系は進化できるのか．もしそうなら，ダーウィン進化の一形態といえるか．なぜそうか，あるいは，なぜそうでないか，説明しなさい．

11. **科学的研究**　森林の中にある近接する2つの池を研究対象とした場合，落葉が池の純一次生産に与える影響を測定するための対照を含む実験（生態学では「操作実験」ともいう）を計画しなさい．

12. **テーマについての小論文：エネルギーと物質**　分解は，湿潤な熱帯林においてすばやく進む．しかし，一部の湿潤な熱帯林の土壌では滞水し，時間の経過に伴って泥炭とよばれる有機物が蓄積する．このような生態系での，純一次生産，純生態系生産，分解の関係を考察し，300～450字で記述しなさい．純一次生産と純生態系生産は正の相関を示すだろうか．もし，土地所有者が熱帯泥炭から水を排水し，有機物が空気にさらされた場合，純生態系生産はどのように変化するだろうか．

13. **知識の統合**

この写真の *Scarabaeus* 属の糞虫は，ケニアで大型哺乳類の草食者の糞を集めて埋めようとしている．なぜこの過程が栄養素の循環と一次生産にとって重要かを説明しなさい．

（一部の解答は付録A）

保全生物学と地球規模の変化 56

▲図 56.1　新種として記載されたこのトカゲの運命はどうなるのだろう．

重要概念

56.1　人間活動は地球上の生物多様性を脅かす

56.2　個体群の保全では，個体数，遺伝的多様性，重要な生息地に注目する

56.3　景観や地域的な保全は生物多様性の維持に役立つ

56.4　地球は人間活動によって急速に変化している

56.5　持続可能な開発により生物多様性を保全しながら人間生活を改善できる

▼ランの 1 種 *Dendrobium daklakense*

サイケデリックな宝

岩の上を走っていた 1 匹のトカゲが，陽のあたるひと隅に突然止まった．それを見たひとりの保全生物学者は，その虹色の色彩を散りばめたヤモリに興奮した．体の青色に，足と尻尾の明るいオレンジ色が隣り合い，頭から首にかけて黄色と緑のまだら模様が見える．このトカゲは，ゲンカクマルメスベユビヤモリ *Cnemaspis psychedelica* で，東南アジアのメコン地域での調査で 2010 年になって新発見されたものである（図 56.1）．その生息地は，南ベトナムのたった 8 km^2 しかない島に限られている．一連の調査で発見された新種には，ランの 1 種の *Dendrobium daklakense*（発見地のダクラク省にちなんで名づけられた）も含まれる．2000 年から 2010 年にかけて，このメコン地域だけで 1000 種以上の新種が発見されたのである．

現在までに，約 180 万種の生物が，科学者によって記載され種名がついている．これらの記載種に加えて，多くの未発見の種があり，それらを含めた現存生物の種数は 500 万種から 1000 万種とも推定されている[*1]．最も生物種数が多いのは，熱帯である．残念なことに，急増する人口を支えるために，熱帯林はおそるべき速さで伐採されている．ベトナムの森林伐採は世界でもトップレベルにある（図 56.2）．もしこの森林伐採が続いたら，ゲンカクマルメスベユビヤモリや他の新種たちはどうなるのだろうか．

生物圏の至るところで，人間活動は，私たち人間や他のすべての生物を支えている生態系のさまざまな過程（自然の攪乱（かくらん），食物網，エネルギー流，そして物質循環）を改変している．これまでに人間は，地球の陸上面積の約半分を物理的に改変してきたし，利用可能な淡水全体の半分

＊1（訳注）：この推定値は過小評価であり，多くの推定では 1000 万種を超えている．

▲図 56.2　ベトナムの熱帯林伐採．この丘はかつて熱帯林に覆われていたが，緩斜面の棚田など農地をつくるために多くが伐採された．

以上を使っている．海では，ほとんどの主要な漁業資源は乱獲のために縮小している．人間が絶滅に追いやっている生物種数は，隕石衝突が引き起こした6600万年前の白亜紀末の大量絶滅より多いともいわれる（図 25.18 参照）．

本章では，**保全生物学 conservation biology** に焦点を当て，地球上で起きつつある変化について見ていこう．保全生物学は，生態学，生理学，分子生物学，遺伝学，進化生物学を統合し，生物多様性をあらゆる階層で保全するための学問分野である．生態系の諸過程を維持し，生物多様性の喪失を緩和させる努力は，社会科学，経済学，人文学にも関係している．

本章では，生物多様性の危機に注目し，種の消失する速度を減少させるために実行されているいくつかの保全戦略を見ていく．また，人間活動が，気候変動，オゾン層の破壊，その他の地球規模の過程を通して，環境をいかに改変させているのかについても探究する．そして，長期的な保全優先に関する現在の意思決定が地球上の生物に与える影響について考える．

56.1

人間活動は地球上の生物多様性を脅かす

絶滅は自然現象であり，生命が最初に進化して以来，起こってきた．今日の生物多様性の危機をもたらしているのは，絶滅速度の速さである．過去400年のうちに1000種以上が絶滅したが，その絶滅速度は，化石記録に見られる一般的な「背景」絶滅速度の100倍から1000倍にもなる（25.4 節参照）．こう比べると，今日の絶滅速度が速く，人間活動が地球上の生物多様性をあらゆる階層で脅かしていることがわかるだろう．

生物多様性の3つの階層

生物学的な多様性，短くいうと生物多様性は，遺伝的多様性，種の多様性，および生態系の多様性という，3つの階層で考えられる（図 56.3）．

遺伝的多様性

遺伝的多様性は，1つの個体群内の個体間の遺伝的変異だけでなく，局所的な条件に適応していることの多い個体群間の遺伝的変異も含む．もし1つの個体群が絶滅すれば，その種は小進化を可能にする遺伝的多様性の一部を失うことになるだろう．遺伝的多様性のこのような消失は，種としての適応可能性を減少させることになる．

▼図 56.3　生物多様性の3つの階層．最上段の図中の拡大された染色体は，個体群内の遺伝的多様性を表している．

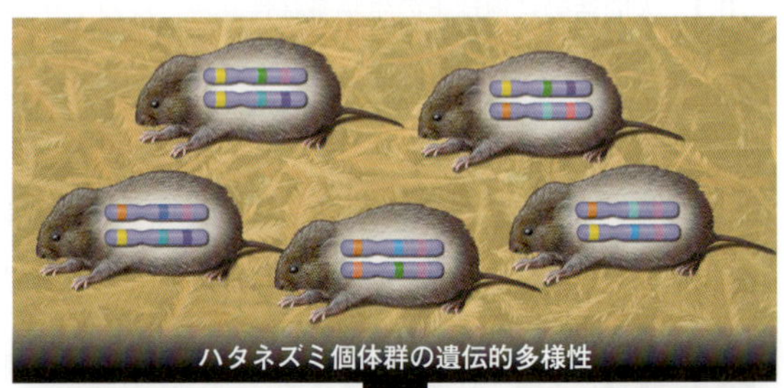
ハタネズミ個体群の遺伝的多様性

沿岸セコイア林の生態系における種の多様性

ある地域の景観に広がる群集と
生態系の多様性

▼図 56.4 **絶滅寸前の種たち**. これらの生物は，ハーバード大学の生物学者 E・O・ウィルソン E. O. Wilson が名づけた絶滅寸前クラブ（Hundred Heartbeat Club）のメンバー，すなわち地球上に 100 個体以下しかない残っていない種である．ヨウスコウカワイルカは絶滅したと考えられていたが，2007 年に数頭の個体が確認された．

フィリピンワシ

ヨウスコウカワイルカ

? ある種が実際に絶滅したことを示すには，何を示す必要があるだろうか．

種の多様性

生物多様性の危機に関する一般の関心は，種の多様性，つまり，ある生態系または生物圏全体での種の数に集中している．特に注目されるのが，絶滅のおそれがある種である．米国の種の保存法において，**絶滅の危機にある種（絶滅危急種）endangered species** は「生息範囲の全域または大部分で絶滅の危機にある種」であり（図 56.4），**絶滅のおそれがある種（絶滅危惧種）threatened species** は，近い将来に絶滅危急になる可能性のある種である[*2]．ここで，種の消失の問題を指摘しているいくつかの統計結果を挙げておく．

- 国際自然保護連合（IUCN）によれば，鳥類の知られている約 1 万種中の 12％と哺乳類の知られている約 5500 種中の 21％が絶滅危惧にある．
- 米国植物保全センター（Center for Plant Conservation）が行った調査は，米国で知られている植物約 2 万種のうち，記録に残っているだけで 200 種がすでに絶滅し，他に 730 種が米国内で絶滅危急種または絶滅危惧種になっている．
- 北米では 1900 年以降，淡水性の動物の少なくとも 123 種が絶滅し，さらに数百種が絶滅危惧にある．北米の淡水動物相の絶滅速度は，陸上動物の絶滅速度の約 5 倍に及ぶ．

＊2（訳注）：絶滅危惧種のカテゴリーについては，国際自然保護連合（IUCN）や日本の環境省が定めたものもある．それらでは，絶滅危惧 I A 類（critically endangered，CR），絶滅危惧 I B 類（endangered，EN），絶滅危惧 II 類（vulnerable，VU）をまとめて，絶滅危惧種（threatened species）という．これらは，本書が準拠する米国の種の保護法とは用語が異なっている．

ある種の局所的な個体群が絶滅に追いやられることもある．たとえば，ある種の個体群が 1 つの川で絶滅しても，近くの別の川では生き残っている場合がある．地球上での種の絶滅は，その種が生育するすべての生態系からの消失を意味し，生態系を永久に貧弱にすることを意味する．

生態系の多様性

地球上での生態系の多様性は，生物多様性の 3 番目の階層である．ある生態系の中では多くの種がさまざまに相互作用しているので，ある種の個体群の絶滅は生態系の他の種に負の影響を与えることもある（図 54.18 参照）．たとえば，「飛ぶキツネ」ともいわれるコウモリは，太平洋島嶼（とうしょ）において重要な花粉媒介者であり種子散布者であるが，嗜好的な食物として捕獲が増加している（図 56.5）．保全生物学者は，コウモリの絶滅がサモア諸島の在来植物にも影響することをおそれている．サモア諸島では樹木種の 80％は，その受粉や種子散布をコウモリに依存している．

いくつかの生態系はすでに人間によって大きく影響され，他の生態系は急速に改変されつつある．ヨーロッパからの入植以降，米国にあった湿地の半分以上の面積が乾燥化され，農地などに改変されてきた．カリフォルニア，アリゾナ，ニューメキシコ州では，河畔生態系の約 90％が，過放牧，洪水調節，流路変更，地下水面の下降，および外来植物の侵入によって改変

▼図 56.5 **絶滅危惧種のマリアナオオコウモリ *Pteropus mariannus* は重要な花粉媒介者である．**

されてきた.

生物多様性と人間の福利

なぜ私たちは生物多様性の消失を心配しなければならないのだろうか. 1つの基本的な理由は,「バイオフィリア（生命愛)」とよばれる自然とあらゆる生命に対する連帯感覚である. また, 他の生物も生きる権利をもつという信念は, 多くの宗教の命題であり, 生物多様性を守るべきであるという倫理的主張の基礎になっている. また, 未来の世代の人類についての懸念も存在する. ノルウェーの前首相G・H・ブルントラント G. H. Brundtland は, 古いことわざを言い換えて次のように話した.「私たちは, この惑星を祖先からの贈り物と考えるのではなく, 子どもたちから借りているものと考えるべきである.」これらの哲学的あるいは倫理的な理由に加えて, 種の多様性や遺伝的多様性は, 多くの実用的な利益を私たちにもたらしている.

種の多様性および遺伝的多様性の恩恵

絶滅危惧にある多くの種は, 医薬品, 食料, 繊維として役立つ可能性があり, 生物多様性は重要な自然資源となっている. アスピリンから抗生物質に至る医薬品は, もとは自然資源に由来している. もし農作物に近縁な植物の野生種個体群を失ってしまうと, 耐病性などのように, 作物種の性質を改善する可能性のある遺伝的資源を失うことになる. たとえば, 1970年代に, イネ *Oryza sativa* に感染するグラッシースタントウイルスの壊滅的な大発生に対処するため, 植物の育種家は, 7000ものイネとその近縁種の個体群を精査し, このウイルスへの抵抗性を調べた. 近縁種の1つであるインドイネ *Oryza nivara* のある個体群が, そのウイルスへの抵抗性をもつことがわかり, 科学者たちはその形質を農業に使うイネ品種に組み込む育種に成功した.

米国では, 薬局で調剤された処方薬の約25%が, 植物に起源をもつ物質を含んでいる. たとえば, マダガスカル島に生育するニチニチソウから, がん細胞の増殖を抑制するアルカロイドが発見された（図56.6). この発見は, ホジキンリンパ腫と小児白血病という2つの致死性の高いがんの治療に役立ち, 多くの患者の症状緩和をもたらした. マダガスカルには他にも5種のニチニチソウ属植物が生息しており, そのうち1種は絶滅しかかっている. これらの種の消失は, それらが提供するかもしれない医薬品の恩恵を消失することを意味するだろう.

➤図 56.6 ニチニチソウ *Catharanthus roseus* は多くの人々の命を救う植物である.

ある種の消失は, その種に特有な遺伝子の消失を意味するが, その遺伝子の一部は非常に有用なタンパク質をコードしているかもしれない. *Taq* ポリメラーゼという酵素は, イエローストーン国立公園の温泉で発見された細菌の *Thermus aquaticus* からもともと抽出された. この酵素はポリメラーゼ連鎖反応（PCR）に不可欠である. なぜなら, この酵素は, 自動化されたPCRに必要な高い温度で安定であるためである（図20.8参照). その他, さまざまな環境に生育する多くの原核生物に由来するDNAが, 新薬, 食料, 石油代替燃料, 化学物質, その他の製品にかかわるタンパク質の大量生産に使われている. しかし, 多くの原核生物種が, 私たちがそれらを発見する前に絶滅するかもしれず, 私たちは, それらの生物がもつ特有の遺伝子ライブラリーに含まれている貴重な遺伝的可能性を失うのを待つのみである.

生態系サービス

個々の種が人間に提供する恩恵は大きいが, 個々の種を保護するのは生態系を保護する理由の一部でしかない. 人類は地球の生態系の中で進化してきたのであり, 私たちは, これらの系とそこにすむ生物に依存している. **生態系サービス ecosystem service** とは, 人間生活の維持に役立っている自然生態系の諸過程のすべてを指す. 生態系は, 私たちの廃棄物を解毒したり分解したりし, 極端な気象や洪水の影響を緩和する. 生態系の生物は, 作物の受粉を媒介し, 作物の病気を抑制し, 土壌をつくりそれを保つ. さらに, これらの多様なサービス（恩恵）は, 無償で提供されている.

もし自然生態系が提供する生態系サービスに値段をつけたら, いくらになるだろうか. 1997年に, 科学者たちは, 地球の生態系サービスは年あたり33兆ドルになると推定したが, これは世界中の国の国民総生産（18兆ドル）の2倍に近い. もっと小さな規模で算定するほうが, より現実的かもしれない. 1996年に, ニューヨーク市は, 市の水道の大部分の水源地となっているキャッツキル山地の土地購入と再生のために10億ドル以上を投資した．この投資は，増えつつある下水や農薬や肥料による水の汚染を考えると，その価値はさらに増える．水を自然に浄化する生態系サービスにより，ニューヨーク市は，新たな浄水施設を建設するための80億ドルと，その施設を稼働させるための年間3億ドルもの支出を節約できた．

生態系の機能とそれらが生み出すサービスが，生物多様性に結びついていることを示す証拠が積み重ねられている．人間活動が生物多様性を減少させるに伴い，私たち自身の生存に欠かすことのできない働きをする生態系の能力を低下させていることになる．

生物多様性への脅威

多くのさまざまな人間活動が，局所的，地域的および地球規模の生物多様性を脅かしている．人間活動による主要な脅威は，生息地の破壊，外来生物，乱獲，地球規模の変化の4つである．

生息地の破壊

生息地の人間による改変は，生物圏全体の生物多様性に対する最大の脅威である．生息地の破壊は，農業，都市開発，林業，鉱業，そして汚染によってもたらされている．本章の後半で述べるように，地球規模の気候変化は，すでに今日の生息地を改変し，今世紀の終わりにかけてより大きな影響を与えるだろう．代わりとなる生息地が利用できない場合，あるいはその種がそこに移動できない場合，生息地の破壊は絶滅を意味するだろう．国際自然保護連合（IUCN）は，すでに絶滅した種，絶滅危惧種，あるいは最近数百年で希少になった種の73％は，生息地の破壊が原因であることを示唆している．

生息地の破壊や分断は，広大な地域でも起こり得る．中米とメキシコの熱帯乾燥林の約98％がこれまでに伐採された．メキシコのヴェラクルス州では，主としてウシの牧場のために熱帯多雨林が伐採され，もとの森林の90％以上が消失し，孤立した小さな森林のパッチが残っているだけである．その他の自然の生息地も，人間活動によって分断化されてきた（図56.7）．

分断された生息地の小さな個体群は絶滅の可能性が高いので，生息地の分断化は種の消失をしばしば招く．ヨーロッパ人が初めて北米にやってきたときは，ウィスコンシン州南部はその80万haが草原だったが，いまではたった800 haになっており，もとの草原だったところは作物を育てるために使われている．ウィスコンシン州に残存した54の草原で，植物多様性の調査が1948〜1954年と1987〜1988年に行われ，この2回の調査の間に，植物種の8〜60％が消失していた．

▼図56.7 **ロサンゼルスの丘陵における生息地の分断化．** 谷の開発は，丘陵斜面の狭い帯にすむ生物を閉じ込めている．

生息地の破壊は，水域の生物多様性に対しても大きな脅威となっている．地球で最も種数の豊かな水域の生物群集であるサンゴ礁の約70％が，人間活動によって被害を受けている．現在の破壊速度からすると，今後30〜40年で，海の魚種の3分の1が生息地としているサンゴ礁の40〜50％が失われてしまうだろう．また，淡水の生息地も消失しつつある．それは，ダム，貯水池，流路変更，および流量調整などが，世界中の河川に影響を与えた結果である．たとえば，米国南東部のモービル川流域に建設された30基以上のダムや水門は，川の深さや流れを変化させた．これらのダムや水門は水力発電や船の航行に便利であるが，一方で，40種以上のイガイや巻貝を絶滅に追いやってしまった．

移入種

移入種 introduced species は，非在来種あるいは外来種ともよばれ，人間によって意図的にあるいは偶然に，その種が在来である場所から新しい地域に移入された種を指す．船や飛行機による旅行は，種の移入を加速させた．本来の生息場所では個体数を抑制していた捕食者，寄生者，病原体から解放され，移入種は新しい地域で急速に分布を広げることがある．

一部の移入種は，在来種を捕食したり資源をめぐって在来種を競争排除したりすることで，移入先の生物群集を破壊する．ミナミオオガシラというヘビは，第二次世界大戦後に南太平洋の他の地域から，軍用貨物にまぎれた「密航者」として偶然にグアム島に持ち込まれた．それ以後，このヘビの捕食によって12種の鳥と6種のトカゲが，グアム島で絶滅した．破壊的な影響を与えるカワホトトギスガイは懸濁物食者の軟体動物で，おそらくヨーロッパからの船のバラスト水に紛

▼図 56.8　移入種のクズは米国南東部で増えている．

れ込んで移入され，北米の五大湖で 1988 年に最初に見つかった．カワホトトギスガイは高密度なコロニーをつくり，淡水生態系を攪乱し，在来種を脅かしている．この貝はまた，取水口をふさぐことによって，水道や工業用水の供給に数十億ドルもの被害を与えている．

人間は，まっとうな目的で多くの種を意図的に移入したのに，悲惨な結果を招いてしまっている．米国農務省が土壌侵食を防ぐ目的で南部に移入したクズとよばれるアジア原産の植物は，景観の広大な範囲を覆い尽くしてしまった（図 56.8）．ホシムクドリは，シェイクスピアの劇中で語られるすべての動植物を移入しようと計画したある市民グループによって，1890 年にニューヨークのセントラルパークに意図的に持ち込まれた．ホシムクドリは急速に北米中に広がり，現在その個体数は 1 億羽を超え，多くの在来の鳴鳥類に取って代わった．

移入種は世界的な問題であり，1750 年以降に記録された絶滅の約 40％にかかわっており，その被害額と被害防止のための費用は，年間数十億ドルに上っている．米国だけでも 5 万種以上の移入種が存在している．

乱　獲

「乱獲」とは，一般的に，その個体群が回復する速度を超えて生物を捕獲することをいう．小さな島にいる生物のような生息域が限定された種は，特に乱獲の影響を受けやすい．そのような種の 1 つが，北大西洋の島嶼に分布する大型で飛ぶことのできないオオウミガラスである．1840 年代までに，その羽毛，卵，肉の需要を満たすために，人間はオオウミガラスを狩猟によって絶滅させた．

他にも乱獲の影響を受けやすいのは，ゾウ，クジラ，サイなどの，繁殖速度の遅い大型生物である．地球上最大の陸上動物であるアフリカゾウの減少は，乱獲の影響についての古典的な例である．おもに象牙の取引のために，ゾウの個体数は過去 50 年間，アフリカのほとんどの地域で減り続けてきた．新規の象牙売買は国際的に禁止されたが，それによって密猟が増加したため，この国際的な取り決めは，中央および東アフリカの大部分でほとんど効果を上げていない．南アフリカだけは，かつて多くが殺されていたゾウの群れが 1 世紀近く良好に保護されたため，その個体数は安定化または増加している（図 53.9 参照）．

保全生物学者は，絶滅の危機にある種から収穫された組織の由来を追跡するために，分子遺伝学的手法をますます利用するようになっている．たとえば，研究者たちは，ゾウの糞から抽出した DNA を用いて，アフリカゾウの DNA 配列の参照地図を構築した．この DNA 参照地図を，合法的あるいは密猟によって収穫された象牙から抽出した DNA と比較することによって，ゾウが殺された場所を数百キロメートルの範囲で特定できる（図 56.9）．ザンビアで行われた検査により，密猟がかつて推測されていたより 30 倍も多いことが判明し，ザンビア政府による密猟対策の改善につながった．同様に，ミトコンドリア DNA の系統分析によって，日本の水産市場で取引されていたクジラの肉の一部が，絶滅が危惧されているナガスクジラやザトウクジラの密猟由来であることが判明した（図 26.6 参照）．

▼図 56.9　生態科学捜査とゾウの密猟．これらの切断された象牙は，2002 年にアフリカからシンガポールへ密輸される際に押収されたものの一部である．DNA 分析により，これらの象牙が，アフリカ中で広く密猟されたものではなく，ザンビアを中心とする東西の狭い地域で密猟された数千頭のゾウのものであることがわかった．

関連性を考えよう➤図 26.6 は，保全生物学者が DNA 分析により捕獲されたクジラの肉のサンプルと参照となる DNA データベースの比較を行った同様の例を示している．これら 2 つの事例は，どう似ていて，また，どう違っているか．また，このような科学捜査の手法を他の密猟が疑われる事例で用いるには，どのような限界があるか．

▼図 56.10 乱獲．北大西洋クロマグロが日本の魚市場でせりにかけられている．

商業的に重要な魚個体群の多くは，かつては無尽蔵にあると考えられていたが，乱獲によって衰退している．増加する人口による高タンパク源の需要は，はえなわ漁や近代的なトロール漁などの新たな漁法とともに，これらの魚の個体数を，漁獲を維持できない水準まで低下させてきた．数十年前までは，大西洋クロマグロはスポーツフィッシングの対象で商品価値はほとんどなく，キャットフードの原料として1ポンドがわずか数セントであった．しかし，1980年代になると，卸売業者が新鮮な冷凍したクロマグロを寿司や刺身の材料として日本に空輸し始めた．日本の市場ではこの魚はいまや1ポンド100ドルにまで値上がりしている（図 56.10）．このような高い取引価格によって漁獲が増加し，大西洋クロマグロの個体数は，たった10年間で1980年の個体数の20%以下にまで減少した．

地球規模の変化

生物多様性に対する4番目の脅威は地球規模の変化で，地球の生態系の構成を地域的あるいは地球規模で改変する．地球規模の変化とは，気候変化，大気組成の変化，そして広域的な生態系の変化のような，生命を支える地球の環境容量を減らすものである．

問題を引き起こす地球的な変化の最初の事例の1つは「酸性雨」で，pHが5.2以下の雨，雪，みぞれ，霧である．木材や化石燃料の燃焼によって，硫黄や窒素の酸化物が放出され，それが大気中で水と反応して硫酸や硝酸となる．これらの酸性物質は最終的に地表に降下し，栄養素の供給を減らし毒性金属の濃度を上昇させる化学反応を引き起こす．それにより，土壌や水が変化し，水域生態系と陸域生態系の生物に害を及ぼす．

1960年代に，生態学者は，カナダ東部の湖沼に生息する生物が，米国中西部の工場からの大気汚染物質のために死滅していっていることを発見した．たとえば，新しく孵化したレイクトラウトは，pHが5.4以下になると死滅する．ノルウェー南部やスウェーデンの湖沼や河川では，英国や中央ヨーロッパで発生した大気汚染によって魚が減少していた．1980年までに，北米やヨーロッパの広大な地域の降雨のpHは平均して4.0～4.5になり，場合によっては3.0まで低下した（3.3節のpHの解説を参照）．

▼図 56.11 米国ニューハンプシャー州のハバード・ブルック実験林における降雨のpHの変化．

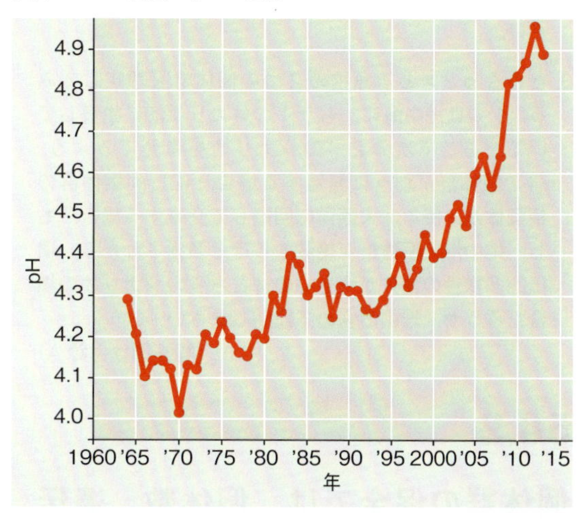
4.9
4.8
4.7
4.6
4.5
4.4
4.3
4.2
4.1
4.0
pH
1960 '65 '70 '75 '80 '85 '90 '95 2000 '05 '10 '15
年

関連性を考えよう➤pHと酸性度の関係を示しなさい（3.3節参照）．この実験林の降雨は，全体的に，より酸性になっているか，あるいはそうでないか．

環境規制や新たな技術によって，多くの国で最近数十年の二酸化硫黄の排出が減少した．米国の二酸化硫黄の放出は，1990～2013年の間に75%以上減少し，降雨の酸性度はしだいに改善されつつある（図 56.11）．しかし，生態学者は，水域生態系が回復するには数十年の時間がかかると予測している．一方，窒素酸化物の放出は米国で増加しており，二酸化硫黄の排出と酸性雨はヨーロッパ中部や東部において，依然，森林に損害を与え続けている．

56.4節では，気候変動やオゾン層の破壊のような地球規模の変化が，地球の生物多様性に対していかに大きな影響を与えるのかについて，より詳細に探究する．次に，科学者が危機にある個体群や種をどう保全しようとしているかについても，詳しく見てみよう．

概念のチェック 56.1

1. 生物多様性の危機を，たんに種の消失と定義することが，あまりに狭い見方である理由を説明しなさい．

2. 生物多様性に対する4つの脅威を挙げ，それぞれが多様性にどのように影響を与えているのかを説明しなさい．

3. どうなる？➤ある魚種の2つの個体群を想定してみる．1つは地中海に，もう1つはカリブ海に生育している．ここで次の2つのシナリオを考えてみよう．(1) 個体群が別々に繁殖する場合，(2) 両個体群の親個体が，毎年北大西洋に回遊して交雑する場合．もし，地中海の個体群が絶滅するほど漁獲されたら，遺伝的多様性の損失が大きいのはどちらのシナリオの場合だろうか．理由も含めて説明しなさい．

(解答例は付録 A)

56.2

個体群の保全では，個体数，遺伝的多様性，重要な生息地に注目する

生物学者が個体群レベルと種レベルで生物を保全しようとするとき，2つの主要な方法を使う．1つは，個体数が少なく脆弱な個体群（集団）に注目する方法である．もう1つの方法は，個体数が小さくなくても，それが急激に減少しつつある個体群（集団）に着目する．

小集団に対するアプローチ

小集団は，乱獲，生息地の消失，および，56.1節で見たような生物多様性に対するその他の脅威に，特に影響を受けやすい．それらの要因が個体数を減少させてしまうと，個体数が少なくなったこと自体が，その集団を絶滅へ向かわせる可能性がある．小集団を対象とするアプローチでは，いったん個体数が非常に減少してしまった集団を絶滅に向かわせるさまざまな過程に着目する．

絶滅の渦：小集団がもつ進化的な意味

進化　小集団は近親交配と遺伝的浮動に影響されやすいので，個体数は減少に減少を重ね，**絶滅の渦 extinction vortex** を下っていき，ついには生存する個体が存在しなくなる（図 56.12）．絶滅の渦を引き起こす重要な要因は，遺伝的変異の喪失であり，それによって新たな系統の病原体の出現のような環境変化に進化的に対応することができなくなる．近親交配と遺伝的浮動の両方が遺伝的変異の喪失の原因となり（23.3節参照），どちらの効果も集団が縮小するほどより有害になる．近親交配で生まれた子は，有害な劣性形質を発現させるホモ接合体になりやすいので，適応

▼図 56.12　絶滅の渦に巻き込まれていく過程．

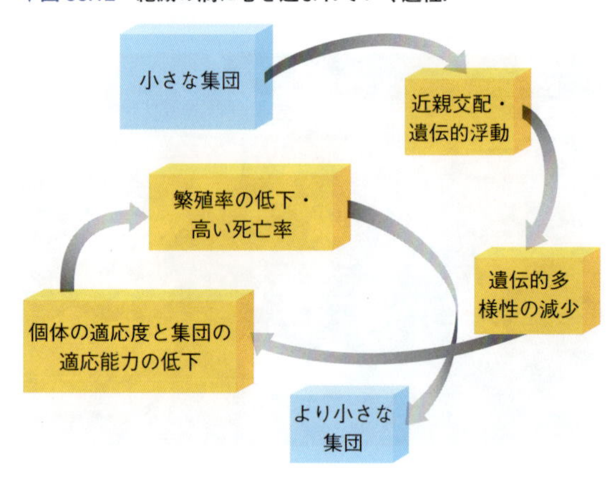
小さな集団
近親交配・
遺伝的浮動
遺伝的多
様性の減少
個体の適応度と集団の
適応能力の低下
繁殖率の低下・
高い死亡率
より小さな
集団

度が低下することが多い．

すべての小集団が遺伝的多様性の減少によって悪影響を受けるとは限らない．また遺伝的変異が少ないからといって，集団がつねに小さくなるわけではない．たとえば，キタゾウアザラシは乱獲によって1890年代にたった20頭にまで減少した．これは明らかに遺伝的変異の減少を伴うビン首（ボトルネック）状態であった．しかしその後，キタゾウアザラシの集団は，遺伝的変異が比較的小さいままであるにもかかわらず，今日では15万頭にまで回復している．

事例研究：ソウゲンライチョウと絶滅の渦

ヨーロッパ人が北米にやってきた頃は，ソウゲンライチョウ *Tympanuchus cupido* はニューイングランドからバージニア州にかけて，および，北米大陸西部の草原によく見られる鳥であった．23.11節で学んだように，農業のための土地開発によって，この種の集団は分断され，個体数が急速に減少した．イリノイ州では，19世紀には数百万羽が生育していたが，1993年までに50羽以下に減少した．研究者は，イリノイ州の個体数減少が，遺伝的変異の減少と繁殖力の低下に関係していることを発見した．絶滅の渦仮説を検証するために，他地域のもっと大きな集団から271羽の個体を移植して，遺伝的変異を増加させた（図 56.13）．その結果，イリノイ州の個体数は大きく回復し，遺伝的変異の導入によって救われる以前は，そこの集団が絶滅の渦に入り込んでいたことが確認された．

最小存続可能個体数

どれくらい個体数が少なくなれば，絶滅の渦に突入するのだろうか．その答えは生物の種類やその他の要因に依存する．食物連鎖の上位に位置する大型の捕食者は，広い生活範囲を必要とするので，集団密度は低

▼図 56.13

研究 イリノイ州のソウゲンライチョウの激減は，何が原因か

実験 研究者たちはソウゲンライチョウ集団の崩壊が，卵の孵化率から求めた繁殖率の低下と関係していることを突き止めた．イリノイ州ジャスパー郡の集団の DNA を，博物館の複数の標本の羽から抽出した DNA と比較したところ，集団の遺伝的変異が減少していたことが判明した（図 23.11 参照）．1992 年に，ロナルド・ウエストマイア Ronald Westemeier と共同研究者は，遺伝的変異を増加させるため，近隣の州からソウゲンライチョウを移植し始めた．

結果 移植（黒矢印）の後，卵の生存率は急速に改善し，個体数が回復し始めた．

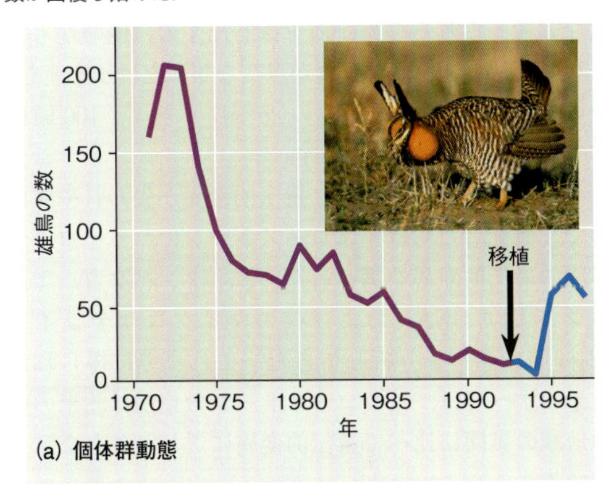
雄鳥の数
200
150
100
50
0
1970
1975
1980
1985
1990
1995
年
移植

(a) 個体群動態

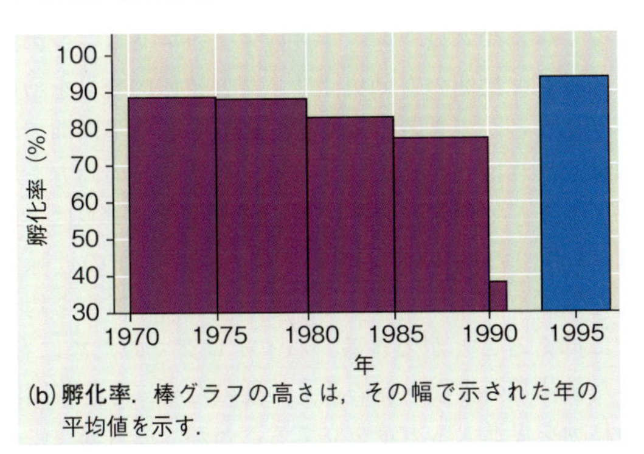
孵化率（%）
100
90
80
70
60
50
40
30
1970
1975
1980
1985
1990
1995
年

(b) 孵化率．棒グラフの高さは，その幅で示された年の平均値を示す．

結論 遺伝的変異の低下が，ジャスパー郡のソウゲンライチョウ集団を絶滅の渦に巻き込んだ．

データの出典 R. L. Westemeier et al., Tracking the long-term decline and recovery of an isolated population, *Science* 282: 1695-1698 (1998).

どうなる？➤イリノイ州で孵化率を増加させる手段として移植が成功したが，イリノイ州にさらなる個体を移植することに，あなたは賛成するか．なぜ賛成するか，あるいは，なぜ賛成しないのかも説明しなさい．

いことが多い．このような種は数が少ないかもしれないが，保全生物学者がそれを心配することはほとんどない．しかし，すべての集団には，存続するのに必要な最少の個体数がある．

ある種が個体数を維持できる最少の個体数を，**最小存続可能個体数 minimum viable population（MVP）**という．最小存続可能個体数は通常，多くの要因を組み込んだコンピュータモデルを使って推定される．この計算には，たとえば，嵐のような自然災害により小集団の中でどれだけの数の個体が死ぬかという推定も含まれる．いったん絶滅の渦に入り込めば，すでに最小存続可能個体数を下回っている集団は 2，3 年の連続した悪天候によって絶滅してしまうだろう．

有効集団サイズ

遺伝的変異は，小集団に対するアプローチにおいて重要である．集団の全個体数は間違った結論を導くかもしれない．なぜなら，繁殖に成功し，次世代に自分たちの遺伝子を受け渡すのは，集団のごく一部の個体にすぎないからである．よって，最小存続可能個体数を正確に推定するには，その集団の繁殖可能性に基づいて**有効集団サイズ effective population size** を決定しなくてはならない．

下の式は，有効集団サイズ（N_e）を計算する 1 つの方法を示している．

$$N_e = \frac{4\,N_f\,N_m}{N_f + N_m}$$

ここで，N_f と N_m は，それぞれ繁殖に成功する雌の個体数と雄の個体数である．この式を 1000 個体のサイズをもつ理想の集団に当てはめてみよう．もしすべての個体が繁殖し，性比が雌 500：雄 500 だとすれば，N_e は $N_e = (4 \times 500 \times 500)/(500 + 500) = 1000$ である．この状態から偏りが生じると（すべての個体が繁殖するのではない，あるいは性比が 1：1 でないとすると）N_e は減少する．たとえば，集団の全個体数が 1000 でも，繁殖するのが雌 400 と雄 400 だとしたら，$N_e = (4 \times 400 \times 400)/(400 + 400) = 800$ となり，集団全個体数の 80% になる．多くの要因が N_e に影響する．成熟年齢，個体間の遺伝的近縁度，遺伝子流動の効果，個体群変動などを組み込んだより発展的な計算式が考案されている．

実際の研究対象となる集団では，N_e はつねに集団の全個体数の一部でしかない．よって，ある小集団の全個体数を数えても，その集団が絶滅を逃れるに十分な大きさをもっているかどうかを示す指標になるとは限らない．全個体数を存続させようとする保全計画は，可能な限り，繁殖可能な個体を最小存続可能な数だけ保全しようとする．保全の目標を，最小存続可能個体数よりむしろ有効集団サイズ（N_e）の維持に置く考えは，集団が環境変化に十分適応可能な遺伝的多様性を保つことの重要性に基づいている．

集団の最小存続可能個体数は，集団存続可能性分析に用いられることが多い．この分析の目的は，ある1つの集団が生き残れる確率を予測することであり，通常その確率は，特定の期間内（たとえば100年）での生存確率（たとえば95%）として示される．このようなモデル分析手法は，保全生物学者がさまざまな代替的な管理計画の可能性を検討することに役立つ．

事例研究：ハイイログマ集団の分析

最初の集団存続可能性分析の1つは，マーク・シェイファー Mark Shaffer が1978年に実施したもので，イエローストーン国立公園とその周辺に生息するハイイログマの長期研究の一部として行われた（図56.14）．米国の絶滅危惧種の1種であるハイイログマ *Ursus arctos horribilis* は，現在では連続する48州のうち，わずかに4州に分布するだけである．これらの州での集団は急激に縮小し，分断化されている．1800年には推定で10万頭のハイイログマが5億haの生息地に分布していたが，現在ではたった1000頭が6つの孤立化した地域（合計で500万ha以下）に分布するだけである．

シェイファーはイエローストーンのハイイログマ集団について，存続可能な個体数を推定しようと試みた．イエローストーンの個体についての12年間に及ぶ生活史データをもとに，彼は，生存と繁殖への環境要因の影響をシミュレーションした．彼のモデルの予測によれば，イエローストーンのハイイログマ集団の場合，適した生息場所があれば，70〜90頭の集団が100年間存続する可能性が約95%であり，100頭より少し多い個体数であれば200年を95%の確率で存続するという．

▼図56.14　**ハイイログマ集団の長期研究．** 生態学者が麻酔をしたハイイログマに電波発信機のついた首輪を装着している．それにより，このクマの行動を，イエローストーン国立公園内の集団の他の個体の行動と比較できる．

シェイファーの推定した最小存続可能個体数と比べて，実際のイエローストーンの個体数はどうなっているのだろうか．現在の推定によれば，イエローストーンとその周辺生態系における個体数は約400頭である．この個体数と有効集団サイズ（N_e）の関係は，いくつかの要因によって左右される．たいていの場合，数個体の支配的な雄のみ繁殖に参加し，生息範囲は広大なので，これらの雄が雌を探し出すのは困難かもしれない．さらに，雌は食物が豊富な年にだけ子を産む．その結果，N_e は全個体数の25%にすぎず，100頭ほどである．

小集団では時間とともに遺伝的変異が失われやすいので，研究者たちはイエローストーンのハイイログマ集団の遺伝的変異を調べるために，タンパク質，ミトコンドリアDNA，および核のマイクロサテライト（21.4節参照）を分析してきた．これまでに得られた結果のすべては，イエローストーンの集団は北米の他の地域の集団に比べて遺伝的変異に乏しいことを示している．

保全生物学者は，どうすればイエローストーンのハイイログマ集団の有効集団サイズと遺伝的変異を増加させることができるだろうか．孤立化した集団間での移動があれば，有効集団サイズと総個体数の両方を増やすことができるだろう．コンピュータモデルによれば，100頭の集団に10年ごとにわずか2頭の近縁でない個体を導入するだけで，遺伝的変異の減少を約半分に抑えることができる．ハイイログマのためにも，また個体数の少ない他の多くの種のためにも，集団間の移動を促進する方策を立てることが，最も緊急に必要な保全対策の1つであろう．

この事例研究やソウゲンライチョウの事例研究では，小集団モデルと実際の保全方策がつながっている．次に，絶滅の生物学を理解するためのもう1つのアプローチについて見てみよう．

減少集団に対するアプローチ

減少集団に対するアプローチでは，たとえ最小存続可能個体数をはるかに上回る個体数であっても，個体数が減少傾向にあるような危機的な集団に注目する．減少集団（それは必ずしも小集団ではない）と小集団（必ずしも減少してはいない）がどう区別されるかは重要ではなく，この2つのアプローチが何を優先するかの違いが重要なのである．小集団に対するアプローチは，集団を絶滅へ導く究極的原因である集団が小さいこと自体に着目するが，減少集団に対するアプローチは，個体数減少を引き起こす環境要因に最初に注目する．たとえば，ある地域の森林を伐採すれば，遺伝的変異が維持されていようといまいと，森林に依存していた種は個体数を減らすだろう．

減少集団に対するアプローチでは，個体数の減少をもたらす要因を改善する手立てを取る前に，減少の原因を注意深く評価することが要求される．このアプローチの重要な一歩は，減少集団が必要とする環境要因を明らかにするために，科学論文の文献調査も含めて，自然史を研究することである．この情報は，人間活動と自然事象を含む減少要因に関して，仮説を立案し検証することに後に役立つ．下記の事例研究では，絶滅危惧種の保全に減少集団に対するアプローチがどう適用されてきたかを見てみよう．

事例研究：ホオジロシマアカゲラの減少

ホオジロシマアカゲラ *Picoides borealis* は，米国南東部にだけ分布する種である．この種は成熟したマツ林を必要とし，特にダイオウマツが優占する森林を生息場所として好む．重要なもう1つの生息場所要因は，マツの幹周辺の下層植生の丈が低いことである（図 56.15 a）．マツを取り巻く植生が密で，高さが約 4.5 m を越えるような場所では巣を放棄する傾向がある（図 56.15 b）．この鳥は，営巣木から近くの採餌場所の地面までの飛翔経路が開けていることを必要としているようである．周期的な火事が，これまでずっとダイオウマツ林を焼き払ってきたので，下層植生は低く保たれてきた．

加えて，キツツキ類の多くは枯木に巣をつくるが，ホオジロシマアカゲラは成熟した生きているマツに穴をあけて巣をつくる．また，巣穴の入口のまわりに小さな穴を多数あけるので，そこから樹脂がしみ出て幹を伝って流れ落ちる．この樹脂は，卵やひなを食べるアカダイショウなどの捕食者を撃退する役に立つらしい．

ホオジロシマアカゲラの減少を招いた要因の1つは，木材利用や農業のための好適な生息地の破壊または分断である．生息場所としての重要な要因が把握できたことで，一部のダイオウマツ林を保存し，下層植生が繁茂しないように人為的に焼き払うことによって，存続可能な個体数を維持するために必要な生息場所の回復が保全管理者たちによって進められてきた．

▼図 56.15　**ホオジロシマアカゲラの生息場所要求．**

(a) ホオジロシマアカゲラを維持できる森林は，下層植生の高さが低い．

(b) ホオジロシマアカゲラが維持できない森林は，下層植生は高くて密で，採餌場所の地面への接近が妨げられている．

? このキツツキの長期存続にとって，生息地の攪乱はなぜ絶対的に必要なのだろうか．

保全管理者たちは，回復された生息地にこの種が移動してくることも手伝う．ホオジロシマアカゲラが巣穴を木に掘るのに数ヵ月もかかるので，研究者たちは，人工的に巣穴をつくることでその場所に生息するようになるかどうかを確かめる実験を行った．研究者たちは，20ヵ所のマツ林に人工的な巣穴をつくったが，その結果は劇的であった．20ヵ所のうち18ヵ所の巣穴でホオジロシマアカゲラの生息が確認され，新たな繁殖が見られたのはこれらの場所だけであった．この実験結果をもとにして，保全管理者たちは，人為的な焼き払いと新しい巣穴を掘ることを含む生息地維持計画を開始し，この絶滅危惧種が個体数を回復し始めることを可能にした．

対立する要求の比較検討

個体数や生息地に必要な要因を把握することは，種を救う戦略の一部でしかない．科学者たちは，種の存続のための要因と，それと対立する他の要求を比較検討することも必要である．保全生物学は，しばしば科学，技術，および社会の関係を鮮明にする．たとえば，米国西部では，オオカミ，ハイイログマ，およびブルトラウトの生息地保護と，牧草地や資源採掘産業における雇用機会との間に，激しい論争がいまも続いている．イエローストーンにオオカミを再導入した計画は，人間の安全を憂慮する人々や，公園外の家畜への被害を心配する牧畜家からは批判されている．

大型で人目を引く脊椎動物だけが，このような対立の焦点になっているわけではなく，生息地をどう利用するかがつねに問題となる．新しい高速道路の橋の建設が，そこだけにしかいない淡水二枚貝の生息場所を破壊するとしたらどうするか．あなたがコーヒー園の持ち主で，明るい日光を好む品種を栽培していたとしよう．そのとき，多くの鳴鳥を支えてくれる樹木の下で生育できるが，コーヒーの生産性が低い耐陰性の品種に切り替えたいと思うだろうか．

考慮が必要なもう1つの重要なことは，種が果たす生態的役割である．私たちはすべての絶滅危惧種を救うことはできないので，全体的な生物多様性を保全するにはどの種が最重要であるかを決めなければならない．キーストーン種を把握し，それらの集団を維持する方法を見出すことが，群集や生態系の維持にとっての中心課題となるだろう．多くの場合，保全生物学者は，単一の種だけを見るのでなく，群集全体と生態系とを生物多様性の重要な単位として考慮しなければならない．

概念のチェック 56.2

1. 小集団での遺伝的変異の減少が絶滅を引き起こしやすくなるのはなぜか．

2. 全体で100羽いるソウゲンライチョウの集団で，30羽の雌と10羽の雄が繁殖する場合，有効集団サイズ（N_e）は何羽だろうか．

3. どうなる？➤2005年に，イエローストーンとその周辺生態系では，人との接触によって，少なくとも10個体のハイイログマが殺された．これらの死亡の主要因は，自動車との衝突，別の動物を目的にしたハンターが子グマを連れた雌グマに攻撃された際の射撃，そして，繰り返し家畜を襲ったクマの保護管理者による駆除，である．もしあなたが保護管理者だった場合，イエローストーンでのハイイログマと人の接触を最小にするために，どのような対策を実施するか．

（解答例は付録A）

56.3

景観や地域的な保全は生物多様性の維持に役立つ

保全の努力は，これまでは個々の種を救うことに焦点が当てられてきたが，今日では，群集全体，生態系，景観の生物多様性を保持することに努力が注がれている．そのような幅広い視点には，生態学の原理を適用するだけでなく，人口動態や経済の側面も必要になる．

景観構造と生物多様性

ある景観の生物多様性は，その景観の物理的特徴（「構造」）に大きく影響される．景観の構造を把握するのは，保全においてきわめて重要になる．なぜなら，多くの種が複数の生態系を利用し，多くの種が生態系間の境界で生育しているからである．

分断化と周縁

生態系間（たとえば湖とそれを囲む森の間，または耕作地と郊外居住区域の間）の境界あるいは「周縁」は，景観の特徴を明確に表す（図56.16）．周縁は，そのどちらの隣接地とも異なる独自の物理環境をもっている．森林のパッチと火事の焼け跡との間にある周縁の土壌表面は，森林内部よりも強い日光を浴び，より高温で乾燥しているが，焼け跡の土壌表面よりは涼しく湿っている．

一部の生物は，隣接する両方の場所から資源を獲得できるために，周縁の生物群集において繁栄する．エリマキライチョウ *Bonasa umbellus* は，営巣場所，冬季の食物，および隠れ場所として森林環境を必要とす

▼図56.16　シベリアにおける生態系間の周縁．

図読み取り問題➤この写真には，どんな周縁が見られるか．

▼図 56.17 **森林分断化の生物動態研究プロジェクトでつくり出されたアマゾンの多雨林の分断.**

るが，夏季の食物を得るために低木や草が茂った開けた場所も必要とする.

人間活動により周縁がつくられた生態系では生物多様性が減少することが多いが，周縁に適応した種を増やすこともある．たとえば，オジロジカ *Odocoileus virginianus* は，低木を食べることのできる周縁で繁栄し，森が伐採され周縁がつくられると，オジロジカの個体群が分布拡大することが多い．コウウチョウ *Molothrus ater* は周縁に適応した鳥で，他の鳥，特に渡りをする鳴鳥の巣に卵を産む（托卵(たくらん)する)．コウウチョウは，托卵できる他の鳥の巣がある森林も，昆虫を採餌できる開けた場所も，両方を必要とする．よって，森が伐採されて分断され，周縁の生息場所と開けた場所が増えると，この鳥の個体数が増加する．コウウチョウの托卵の増加と生息地の消失は，コウウチョウの宿主となる鳥類の個体群減少と相関している.

分断化が群集構造に及ぼす影響については，森林分断化の生物動態研究プロジェクトという長期研究によって，1979 年以来調べられている．アマゾン川流域の中心部に設定された研究地は，周辺の連続した森林から 80〜1000 m 離れている孤立化した熱帯多雨林で構成されている（図 56.17)．この研究プロジェクトに参加した多くの研究者たちが，コケ植物から甲虫，鳥類にまでに及ぶ分類群について分断化の影響を明らかにした．彼らの発見は一貫して，森林内部の環境に適応している種は，森林パッチが小さくなるほど大きく減少することを示した．このことは，小さく分断された景観は少ない種数しか維持できないことを示唆している.

▼図 56.18 **人工的な回廊.** オランダの高速道路を横切る橋は，人間がつくった障壁を動物たちが越えていくのを助けている.

分断された生息場所をつなぐ回廊

分断された生息地では，隔離されたパッチを結ぶ生息場所の狭い帯または小さな一連のかたまりからなる**移動回廊 movement corridor** が，生物多様性を保全するうえできわめて重要になる．河畔の生息地は回廊として役立つことが多く，いくつかの国では，政府が河畔生息地の改変を禁止している．人が大規模に開発している地域では，人工的な回廊がつくられることもある．たとえば，橋やトンネルをつくることによって，道路を横切ろうとして轢死(れきし)する動物の数を減らすことができる（図 56.18).

移動回廊は，移動分散を促進し，減少しつつある個体群での近親交配を減らす．回廊は，チョウ，ハタネズミ，水生植物などの個体群において個体の移動を促進させることが示されてきた．季節に応じて異なる生息場所を移動する種にとって，回廊は特に重要である．しかし，回廊は有害なこともある．たとえば病気の蔓延(まんえん)を許してしまうことである．2003 年の研究で，スペインのサラゴサ大学の研究者は，北スペインにおける森林パッチ間の回廊が，病気を運ぶダニの移動を促進することを示した．回廊の効果は，そのすべてがわかったとはいえず，保全生物学での活発な研究対象となっている.

保護区の設置

現在，各国政府は世界の陸地の約 7% をさまざまな形の保護区に指定している．自然保護区を設置する場所の選択と，その設置計画の立案には，多くの難しい問題がある．絶滅のおそれのある種に対する火事や捕食による危険性を最小化するために保護区を管理するべきだろうか．あるいは，保護区は，できるだけ自然のままで放置され，落雷による火事などが自然に起こるのを待てばよいのであろうか．これは，国立公園や他の保護区の健全性に共通目的をもつ人々の間で交わされる論争の一例にすぎない．

生物多様性ホットスポットの保全

保全の優先度が最も高い地域を決めるために，生物学者は生物多様性のホットスポットに注目することが多い．**生物多様性ホットスポット biodiversity hot spot** とは，数多くの固有種（世界の他の地域には見られない種）と多数の絶滅危惧種が存在する比較的狭い地域を指す（図 56.19）．鳥類のすべての種の 30％近くが，陸地の 2％を占めるにすぎないホットスポットに分布している．総合すると，陸上の生物多様性ホットスポットの中でも「最もホット」な地域は，陸地面積の 1.5％以下であり，そこに植物，両生類，爬虫類，鳥類，哺乳類の全種数の 3 分の 1 以上が生活しているのである．水域生態系にも，サンゴ礁や特定の河川流域にホットスポットがある．

生物多様性ホットスポットは，自然保護区のよい候補地となるが，それがどこであるかを把握するのは簡単ではない．問題の 1 つは，チョウのようなある特定の分類群のホットスポットが，鳥のような他の分類群のホットスポットと一致しないかもしれない点である．ある地域を生物多様性ホットスポットに指定する場合，脊椎動物や植物の保全に偏ることが多く，無脊椎動物や微生物にはあまり注意が払われない．一部の生物学者は，ホットスポットを中心に据える保全戦略では，保全の努力が地球上のあまりにも狭い範囲に集中することを懸念している．

地球規模の変化は，ホットスポットを保全する手法をより難しいものにしている．なぜなら，ある生物群集に適した環境が，将来も同じ場所にあるとは限らないからだ．オーストラリアの南西部の生物多様性ホットスポット（図 56.19 参照）には，数千種に及ぶ固有の植物や多くの固有の脊椎動物が分布している．最近，研究者たちは，彼らが調査した植物種の 5～25％が 2080 年までに絶滅するかもしれないと指摘した．それらの絶滅が危惧される植物は，この地域で予測されているより乾燥した環境に耐えることができないからである．

自然保護区の哲学

自然保護区は，人間活動によって改変され劣化した生息場所の海に浮かぶ生物多様性の「島」のようなものである．保護区は永遠に不変であるよう手付かずで保全されなければならないという初期の方針は，生態系が平衡のとれた自律的単位であるという概念に基づいている．しかし，すべての生態系では攪乱がふつうに起こる（54.3 節参照）．自然の攪乱を無視する管理策も，攪乱を防ごうとする管理策も，たいていは失敗する．たとえば，高茎草原，硬葉樹灌木林（チャパラル），あるいは乾燥地のマツ林のような，火事に依存した群集を保全する場合，保護する意図で定期的な火事を防止してしまったら保護にはならない．火事のような攪乱がなければ，火事に適応した種は，他種との競争に負け，生物多様性は減少することになる．

保全に関する大きな問いの 1 つは，数少ない大きな保護区をつくるべきか，あるいは，数多くの小さな保護区をつくるべきか，というものである．小さな連続していない保護区であれば，病気の拡散を遅らせるかもしれない．広大な保護区を主張する意見としては，ハイイログマのように，大型で広い行動範囲をもつ低

➤図 56.19　陸上と海洋の生物多様性ホットスポット．

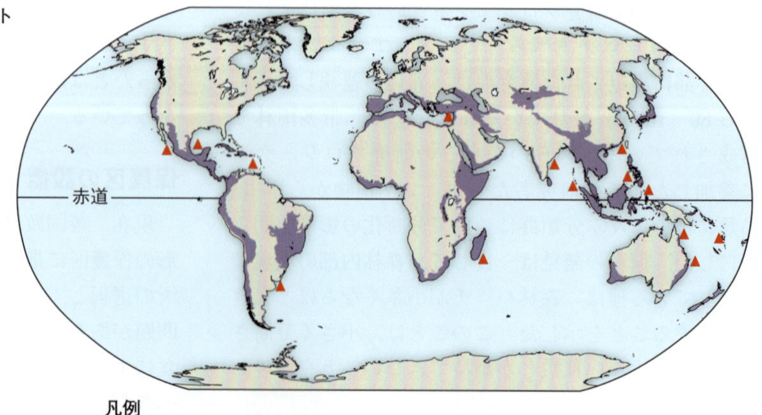
赤道
凡例
陸上の生物多様性ホットスポット
海洋の生物多様性ホットスポット

密度の動物は広大な生息場所を必要とするというものである．また，狭い保護区に比べて，広い保護区はその周囲長が相対的に短くなり，周縁の効果を受けにくい．

保全生物学者が，絶滅危惧種を最小存続可能個体数まで増やすのに必要な条件について理解を深めるにつれ，ほとんどの国立公園や他の保護区があまりにも小さすぎることが明らかになってきた．たとえば，イエローストーンのハイイログマ個体群の長期的な存続には，イエローストーン国立公園の面積の 11 倍以上が必要である．保護区を囲む私有地や公有地が，生物多様性の保全に貢献する必要があるだろう．

ゾーニング型保護区

いくつかの国では，景観の管理にゾーニングした保護区計画を導入している．**ゾーニング型保護区 zoned reserve** とは，人間による攪乱を比較的受けていない区域と，それを取り囲む，人間活動によって改変された区域や，経済的利益のために利用されている区域から構成される広大な地域である．ゾーニング型保護区計画の重要な課題は，コアとなる保護区の長期的存続と両立するように，それを囲む地域の社会的および経済的状況をつくることである．保護区域の周辺では人間活動が続けられるが，保護区域に害を与えそうな大きな改変は規制される．結果として，保護区域の周辺は，攪乱されていない地域へのさらなる侵略を防ぐ緩衝地帯として機能する．

中米のコスタリカは，ゾーニング型保護区の設置に関して世界のリーダーになっている．1987 年に始まったコスタリカの国際債務を減免する合意の引き換えに，保護区設置が行われた．コスタリカの国土は，陸域と海洋にある国立公園や他の保護区を含む，11 の「保全地域」に分けられる（図 56.20）．コスタリカは，ゾーニング型保護区の管理に向けて前進しており，緩衝地帯は，地域の雇用にもなる持続可能な農業や観光を支えているほか，林産物，水，水力発電による電力の安定した持続的な供給ももたらしている．

コスタリカはこのようなゾーニング型保護区によって在来種の少なくとも 80% を維持しようとしているが，何も問題がないわけではない．1960〜1997 年までの土地利用の変化が 2003 年に解析された結果，コスタリカの国立公園では森林伐採はほとんど見られず，公園の周囲 1 km 以内の緩衝地帯では森林の増加が見られた．しかし，すべての国立公園の周囲 10 km の緩衝地帯では，かなりの森林が失われており，公園を孤立化した生息場所の島にしてしまうおそれがあることがわかった．

▼図 56.20 コスタリカの保護区．

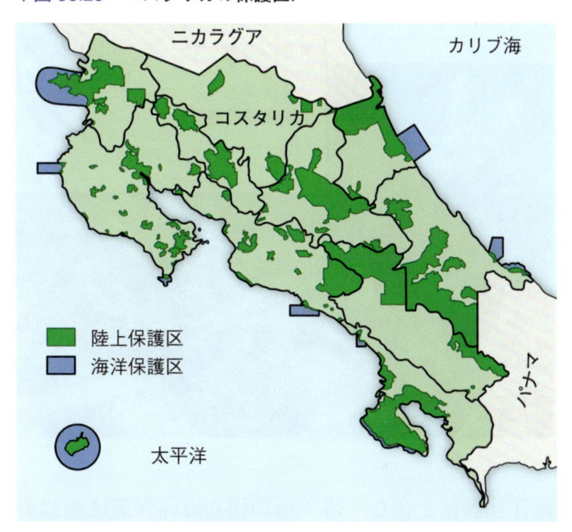
ニカラグア
カリブ海
コスタリカ
陸上保護区
海洋保護区
パナマ
太平洋

(a) 保全地域とその境界（黒い実線）．

(b) コスタリカの保護区の 1 つで，生命の多様性に目を見張る観光客．

海洋生態系も人間の開発によって大きな影響を受けてきたが，海洋の保護区は陸上の保護区に比べて，あまり一般的でない．漁法の発達によって，ほとんどあらゆる漁場で魚を獲ることが可能になるにつれ，世界中の多くの魚類個体群は崩壊してきた．このような現状を受けて，英国ヨーク大学の科学者たちは，世界中に入漁禁止の海洋保護区を設けることを提案した．彼らは，海洋保護区をパッチ状につくれば，保護区内では魚類個体数が増えるだけでなく，保護区外の近くの海域でも漁獲量が増えるという強力な証拠を提示している．彼らの提案した計画は，フィジーに 1 世紀も前から存在する，ある区画を長らく禁漁にしておくという慣習を現代的に応用したものである．これは，ゾーニング型保護区の概念の伝統的な例といえる．

米国は，1990 年に設置されたフロリダキーズ国立

メキシコ湾
フロリダ
フロリダキーズ
国立海洋保護区
50 km

▼図 56.21　フロリダキーズ国立海洋保護区でサンゴを調査するダイバー．

▼図 56.22　都市を流れるギチョン川で外来植物を除去する作業をするボランティア．

海洋保護区を含む，13ヵ所の国立海洋保護区を設置する計画を採択した（図 56.21）．魚類やロブスターなどの海洋生物の個体群は，9500 km^2 の保護区で漁獲が禁止された後，急速に回復した．大型でより多くの魚が，稚魚を生産するようになり，サンゴ礁にその個体群を再生させ，保護区外の漁獲を改善している．保護区内の海洋生物の増加により，レクリエーションのダイバーの人気が増し，このゾーニングされた保護区の経済的価値も増加させている．

都市生態学

前述のゾーニング型保護区は，人間活動による撹乱が少ない生息地と，経済のために人間が集約的に利用する場所が組み合わさっている．生態学者は，都市の中でさえ，種の保全への注目を増している．**都市生態学 urban ecology** は，都市の環境と生物を研究する学問である．

歴史上初めて，地球上の人口の半分以上が都市に住むようになった．2030年までに，50億の人々が都市環境に住むと予測されている．都市の数やその大きさが増すにつれ，かつては都市から外れた場所にあった保護地域が，都市景観の中に含まれるようになる．現在の生態学者は，都市を生態学的な実験室として研究し，生物種の保全や他の生態学的な要求を，人間の要求と調整しようとしている．

1つの重要な研究対象は，都市を流れる河川であり，河川水の水質や水流とそこにすむ生物が含まれる．都市河川は，降雨後の水位の上昇と下降が，自然の河川よりも速い．この水位の急激な変化は，都市におけるコンクリートや他の不浸透表面と，洪水を防ぐために都市からできるだけ速く水を流し出そうとする排水システムのために起こる．また，都市河川は，栄養素と汚染物質が高濃度になる傾向があり，流路が直線化されることが多く，地下の暗渠となることさえある．

ブリティッシュコロンビア州バンクーバーの近くでは，生態学者とボランティアが，劣化した都市河川であるギチョン川の再生に取り組んだ．彼らは，川の土手を修復し，外来植物を除去し，在来の樹木や低木を川沿いに植えた（図 56.22）．彼らの努力により，水の流れが戻り，河川環境が劣化する前の50年前に近い無脊椎動物群集や魚類群集が戻ってきた．数年前には，生態学者が，カットスロートトラウトの再定着に成功し，現在は個体数が増えつつある．

都市は周囲の景観へ拡大し続けており，都市拡大の生態学的影響の理解は，重要さを増すばかりである．都市における生息地の研究と保全は，今後も発展するだろう．

概念のチェック 56.3

1. 生物多様性ホットスポットとは何か．
2. ゾーニング型保護区は，保護区域を長期にわたって保全するために，どのような経済的インセンティブをもたらすだろうか．
3. どうなる？➤ある開発者が，2つの公園をつなぐ回廊となる森林を伐採することを提案したとしよう．その補償として，開発者は，伐採するのと同じ面積の森林を，その2つの公園の片方に加えることも提案した．専門の生態学者として，あなたは，この回廊を存続させるために，どのような主張をするだろうか．

（解答例は付録 A）

56.4

地球は人間活動によって急速に変化している

本章で見てきたように，景観や地域の保全は生息地や種を保全することに役立つ．しかし，人間活動による環境の変化は，新たな問題をつくっている．たとえば，人間が引き起こした気候変動の結果，絶滅危惧種が現在分布している場所が，将来にわたっても保全されるべき場所とはならないかもしれない．もし，地球上の多くの生息地が急激に変化し，10 年，50 年，100 年後に，現在の保護区がそこを生育地にしている種に適さなくなった場合，どのようなことが起きるのだろうか．そのようなことが生じる可能性は大きくなっている．

本節の残りの部分では，人間が引き起こした 4 つの環境変化，つまり，富栄養化，毒性物質の蓄積，気候変動，オゾン層の破壊について説明する．このような環境変化の影響は，都市や農地のような人間が優占する生態系だけでなく，地球上の最も辺鄙(へんぴ)な生態系でも顕在化している．

富栄養化

人間活動はしばしば，生物圏の一部から栄養素を取り除き，それを別の場所に添加する．誰かがワシントン DC でブロッコリーを食べることは，数日前までカリフォルニアの土壌中にあった栄養素を消費していることになる．しばらくすると，消費された栄養素の一部は，その人の消化器系と地域の下水処理場を通って，ポトマック川の中にあるだろう．同様に，農地の栄養素は河川や湖沼へ流出し，ある場所の栄養素を枯渇させるとともに別の場所の栄養素を増加させ，両方の場所で物質循環を改変する．

農業は，人間活動が富栄養化をもたらす一例である．自然植生が刈りはらわれた後，土壌中に貯蔵されていた栄養素は，作物の収穫によって農地の外に持ち出されることで枯渇する．作物生産がない期間，すなわち，肥料をまいて土壌に栄養素を補充する必要がない期間は，場所によって大きく異なる．北米の草原の一部が最初に耕作されたとき，土壌中には大量の有機物が貯蔵されており，それが徐々に分解されて栄養素を供給したので，数十年の間はかなりの収穫があった．対照的に，熱帯の森林伐採された土地では，土壌中に蓄えられた栄養素の量が少ないので，1〜2 年しか耕作できない．そのような場所による違いにかかわらず，集約的な農業が行われれば，どんな場所でも，自然にある栄養素の貯蔵庫は最終的に枯渇する．

▼図 56.23　**トウモロコシ畑への施肥．** 作物として持ち出された栄養素に代わって，農家は肥料をまく必要がある．肥料には，厩肥(きゅうひ)や腐葉土などの有機肥料，あるいは，この写真のような化学肥料がある．

農業により失われる主要な栄養素である窒素について考えてみよう（図 55.14 参照）．土壌を耕すことは，有機物の分解を促進させ，窒素を無機化させて植物が利用できるようにし，その窒素は作物が収穫されるときに除去される．植物が吸収できる硝酸塩や他の窒素を含む肥料は，失われた窒素の補充に使われる（図 56.23）．しかし，作物が収穫された後，土壌から硝酸塩を吸収する植物はほとんど残っていない．図 55.15 で見たように，硝酸塩を吸収する植物がいないと，多くの硝酸塩が生態系から流出してしまう．

最近の研究では，人間活動による窒素の付加は，生態系で自然に固定されて一次生産者に利用される窒素量の 2 倍以上に上ることが示されている．産業的な肥料は，最も大きな窒素付加の源である．化石燃料の燃焼も，窒素酸化物を放出し，それは大気に入って雨水に溶け，その窒素は最終的に硝酸として生態系に添加される．窒素固定細菌を共生させるマメ科植物の栽培の増加は，固定窒素の量を土壌中に増加させる 3 つ目の要因である．

生態系の状態が悪影響を受けることなく植物が吸収することのできる窒素やリンの栄養負荷の量を，**臨界負荷量 critical load** といい，それを上回った場合には問題が発生する．たとえば，土壌中の無機窒素が臨界負荷量を上回れば，最終的に無機窒素は地下水に流れ出したり，淡水や海洋生態系に流入して，水道などの供給源を汚染したり魚を死滅させたりする．地下水における硝酸塩の濃度は，多くの農業地域で増大しつつあり，飲料水として安全でない水準に達している場合もある．

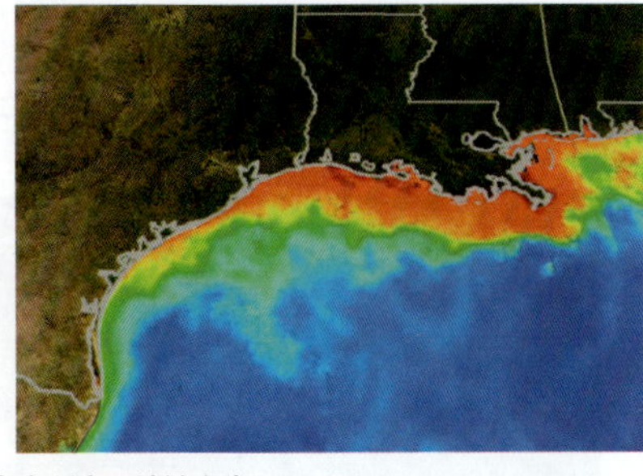

➤図 56.24　ミシシッピ川流域からの窒素負荷によって発生した植物プランクトンの大発生がデッドゾーンをつくる．この2004年の人工衛星画像で，赤色とオレンジ色は，メキシコ湾における植物プランクトン密度が高い地域を表している．

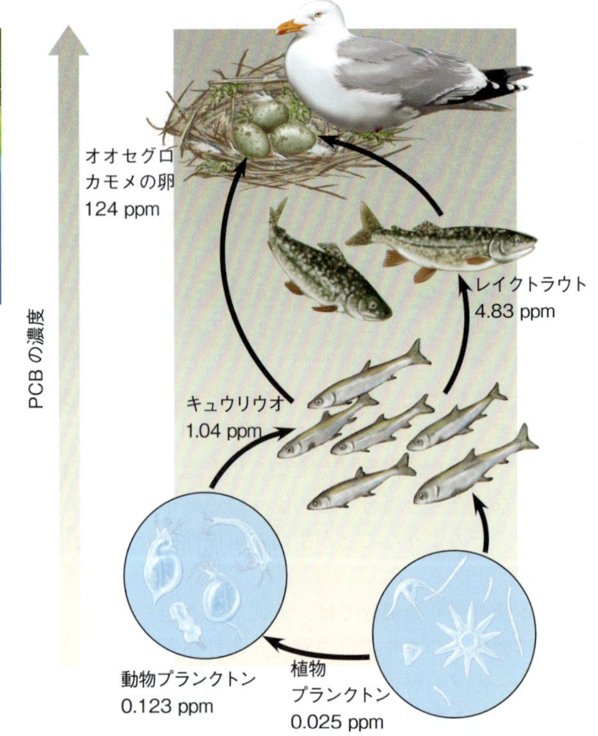
オオセグロカモメの卵
124 ppm
レイクトラウト
4.83 ppm
PCBの濃度
キュウリウオ
1.04 ppm
動物プランクトン
0.123 ppm
植物プランクトン
0.025 ppm

▲図 56.25　**五大湖における PCB の生物濃縮．**（ppm は百万分率）
? この食物網の各ステップで PCB 濃度がどれだけ増加しているか計算しなさい．

農地から流出した硝酸塩やアンモニウム塩の濃度が高い多くの河川や，下水道の排水が大西洋に注いでおり，その最大の流入源は北ヨーロッパや米国中央部である．ミシシッピ川はメキシコ湾を窒素で汚染し，毎夏に，植物プランクトンの大発生（ブルーム）を引き起こしている．植物プランクトンが死ぬと，それらの遺骸が酸素を使って生物に分解されることで，沿岸域に酸素濃度の低い広大な「デッドゾーン（酸欠の死の海）」がつくられる（図 56.24）．それが起きると，魚やその他の海洋動物が，米国の最も経済的に重要な水域の一部から消え去ることになる．デッドゾーンの範囲を減らすため，農家は肥料をより効率的に使用し始め，河川管理者はミシシッピ川流域の湿原を再生している．

栄養素の流入は湖沼の富栄養化も引き起こす（55.2節参照）．藻類やシアノバクテリアの大発生（ブルーム）とそれに続く死滅，また，その結果として生じる酸素不足は，海のデッドゾーンと同様の現象である．この状態は多くの生物の生存を脅かす．たとえば，エリー湖の富栄養化は魚の乱獲と組み合わさって，ブルーパイク，ホワイトフィッツュ，レイクトラウトなどの商業的に重要な魚を1960年代までに全滅させた．それ以来，湖への下水流入が厳しく規制され，一部の魚種個体群は回復してきたが，多くの在来の魚種や無脊椎動物は回復していない．

環境中の毒性物質

人間は，いままで自然になかった何千種類もの合成化学物質を含むとても多様な毒性化学物質を，生態学的な影響をあまり考えることなく，野外に放出している．生物は栄養素や水とともに毒性物質を環境から取り入れている．毒物の中には代謝されたり排出されるものもあるが，別の毒物は特定の組織，たいていは脂肪に蓄積される．蓄積された毒物が特に有害である理由の1つは，それらが食物網の栄養段階を経る過程で濃縮されていくからである．この現象は，**生物濃縮 biological magnification** とよばれ，ある栄養段階の生物量が，その下にある栄養段階から多量の生物を食べることで生産されるために起きる（55.3節参照）．したがって，環境中の毒性化学物質によって最も大きな影響を受けるのは食物網の頂点に位置する肉食者である．

有機塩素化合物は，生物濃縮が見られる工業的な合成化学物質の一群である．有機塩素化合物には，工業的に使われる化学物質の PCB（ポリ塩化ビフェニール）や，DDT など多くの殺虫剤が含まれる．最近の研究では，これらの化合物の多くが，ヒトを含む多くの動物種で内分泌系の機能を撹乱することが示されている．PCB の生物濃縮は五大湖の食物網で発見され，食物網の頂点にいるセグロカモメの卵の PCB 濃度が，食物網の基礎にある植物プランクトンの PCB 濃度の約5000倍であった（図 56.25）．

頂点の肉食者に害を与えた生物濃縮の中でも悪評なのが，蚊や農業害虫などを駆除するために使用される DDT である．第二次世界大戦後の10年間，DDT の使用は急速に増加した．この頃はまだ，DDT の生態学的影響はよく理解されていなかった．1950年代までに，科学者は，DDT が環境に残留し，それが使用

▶図 56.26 **レイチェル・カーソン**．彼女の著書と米国議会での証言を通して，生物学者であり作家でもあるカーソンは，新たな環境倫理の啓蒙に貢献した．彼女の尽力によって，米国では，DDT の使用が禁止され，その他の化学物質の使用もより強く規制された．

された場所から水によって遠い場所まで運ばれることを知るようになった．DDT が重大な環境問題を起こすという最初の兆候は，食物網の頂点にいるペリカン，ミサゴおよびワシなど鳥類の個体数の減少だった．これらの鳥の組織に濃縮された DDT（およびその分解物である DDE）は，卵殻にカルシウムが沈着するのを阻害する．これらの鳥が抱卵しようとすると，親の重みで卵が壊れるので，鳥の繁殖率が急激に低下した．レイチェル・カーソン Rachel Carson の著書『沈黙の春（*Silent Spring*）』が 1960 年代にこの問題に対する大衆の関心を喚起し（図 56.26），米国では 1971 年に DDT が禁止された．これに続いて，影響を受けていた鳥類の個体数は劇的に回復した．

多くの熱帯地域において，マラリアやその他の病気を媒介する蚊を駆除するために DDT は依然用いられている．そのような地域では，人の命を救うこととその他の生物を保全することの間のトレードオフに直面している．最もよい方法は，DDT の使用を限定して，蚊帳やその他の簡単な技術と組み合わせることだろう．DDT の複雑な歴史は，病気と社会の間の生態学的なつながりを理解する重要性を示している（54.5 節参照）．

製薬企業は，環境中で毒となる他の化学物質をつくり出しており，生態学者の懸念が増しつつある．市販薬や処方薬の使用は，特に先進国で，近年増えてきた．それらの薬を飲む人々の排泄物には薬が残留しており，未使用の薬がトイレや流しに不適切に捨てられる．下水処理場で分解されなかった薬は，処理場からの排水とともに川や湖に流れ出る．家畜に与えられた成長促進剤も，農場から流れ出る水とともに川や湖に入る．これらの結果，多くの薬が低濃度で世界の淡水生態系に拡散している（図 56.27）．

生態学者が研究している薬には，避妊に使われるエストロゲンなどの性ホルモンがある．一部の魚類は特定のエストロゲンにとても感受性が高く，水中濃度が数 ppt（1 兆分率）あると性分化が影響を受けて，性比が雌に偏ってしまう．カナダ・オンタリオ州の研究者は，湖に経口避妊薬の合成エストロゲンをごく低濃度（5〜6 ng/L）で添加する実験を 7 年間にわたって行った．その結果，湖にいるファットヘッドミノー *Pimephales promelas* への持続的なばく露が，雄を雌化させ，この魚の個体群がほとんど絶滅しそうになるほど少なくなった．

多くの毒性物質は，微生物によって分解されず，環境中に何年あるいは何十年も残留する．また，環境に放出された物質が比較的無害であっても，それが他の物質と化学反応したり，太陽光にばく露されたり，微生物に代謝されると，毒性の強い物質に変わることもある．水銀はプラスチックの製造や石炭火力発電の副産物であり，水に溶けない形で川や海にずっと捨てられていた．水底の泥にいる細菌が，この廃棄物を猛毒で水溶性のメチル水銀（CH_3Hg^+）に変える．メチル水銀は，それによって汚染された水に生育する魚を食べる人間を含め，生物の組織に蓄積される．

温室効果ガスと気候変動

人間活動によって，さまざまな気体の廃棄物が放出されている．かつては，膨大な大気がこれらの物質を無限に吸収すると，人々は考えていた．しかしいまでは，このような放出が**気候変動 climate change** を引き起こし，気象の短期的変化とは違って，過去 30 年以上にわたって地球規模での気候を一方向的に変化さ

▼図 56.27 **環境中における薬の発生源と移動．**

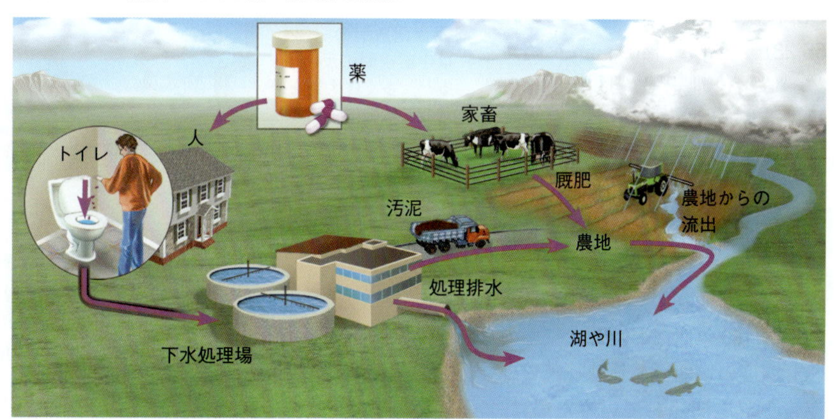
薬
人
トイレ
家畜
厩肥
汚泥
農地
農地からの
流出
処理排水
下水処理場
湖や川

▼図 56.28　**ハワイ・マウナロア山での大気中の CO_2 濃度の増加，および地球の平均気温.** 正常な季節的変動は別にして，1958 年から 2015 年にかけて CO_2 濃度（青線）は着実に増加してきた．同じ期間の地球の平均気温（赤線）は，変動が大きいものの明らかな温暖化の傾向が見られる．

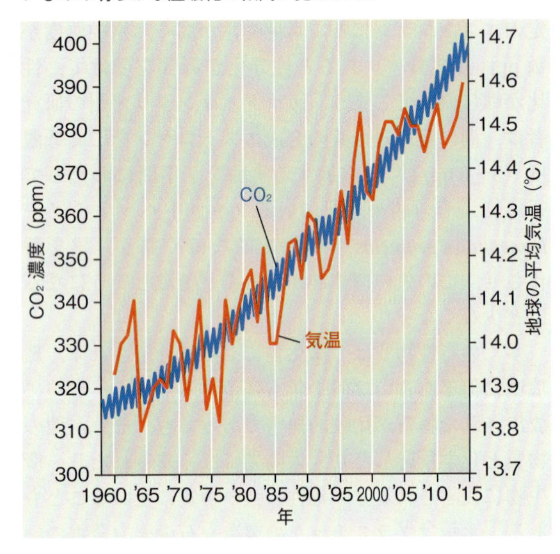

400
390
380
370
360
350
340
330
320
310
300
CO_2 濃度（ppm）
14.7
14.6
14.5
14.4
14.3
14.2
14.1
14.0
13.9
13.8
13.7
地球の平均気温（℃）
CO_2
気温
1960 '65 '70 '75 '80 '85 '90 '95 2000 '05 '10 '15
年

せていることを知っている．

大気中の二酸化炭素濃度の上昇

人間活動がどう気候変動を引き起こすかを見るために，大気中の CO_2 濃度を考えてみよう．過去 150 年にわたって，大気中の CO_2 濃度は，化石燃料の燃焼や森林伐採によって増加し続けてきた．科学者たちは，1850 年以前の大気中の CO_2 濃度は，平均で約 274 ppm だったと推定している．1958 年に，ハワイのマウナロア山頂の観測所がとても正確な測定を開始した．この場所は，都市から離れており，大気がよく攪拌されるのに十分な標高がある．当初，平均の CO_2 濃度は 316 ppm であった（図 56.28）．現在は，400 ppm を超えており，19 世紀半ば以降で 45% 以上増加したことになる．**科学スキル演習**で，1 年のうちの CO_2 濃度の変化と，より長期間の CO_2 濃度の変化について，グラフを書いてみるとともに，その変化について説明してみよう．

過去 150 年間にわたる大気中の CO_2 濃度の増加は，地球規模での温度上昇と関係しているために，科学者たちを心配させている．地球に当たる太陽放射の多くは，赤外放射として宇宙空間に放出される（「熱放射」と一般にいわれる）．大気中の CO_2，メタン，水蒸気などの温室効果ガスは可視光には透明であるが，地球が放出する赤外放射を遮断して吸収し，その多くを地球に放出し返す．この過程は，**温室効果 greenhouse effect** といわれ，太陽からの熱を保持することになる（図 56.29）．もしこの温室効果がなければ，地球表面の平均気温は極寒の－18℃になり，多くの生命は存在できないだろう．

CO_2 と他の温室効果ガスの濃度が上昇するにつれ，より多くの太陽熱が留まり，私たちの惑星の温度を上昇させる．1900 年以降，地球は平均で 0.9℃ 温暖化した．大気中の CO_2 と他の温室効果ガスが現在の速度で増え続ければ，21 世紀末までに少なくとも 3℃ のさらなる温暖化が起きると予測されている．

私たちの惑星が温暖化するにつれ，他の気候要因も変化している．風や降雨のパターンが変わりつつあり，極端な気象事象（干ばつや嵐）がより頻繁に起こっている．地球の気候変動はどのような影響をもたらすのだろうか．

気候変動の生物影響

多くの生物，特に植物は長距離をすばやく移動することはできないので，地球温暖化によって生じるであろう急速な気候変動を生きて切り抜けることができないかもしれない．さらに，今日の多くの生息地は，かつてないほど分断されており，多くの生物の現在と将

▼図 56.29　**温室効果.** 大気中の二酸化炭素と他の温室効果ガスは地表から放出された熱を吸収し，その多くを地球に放射し返す．

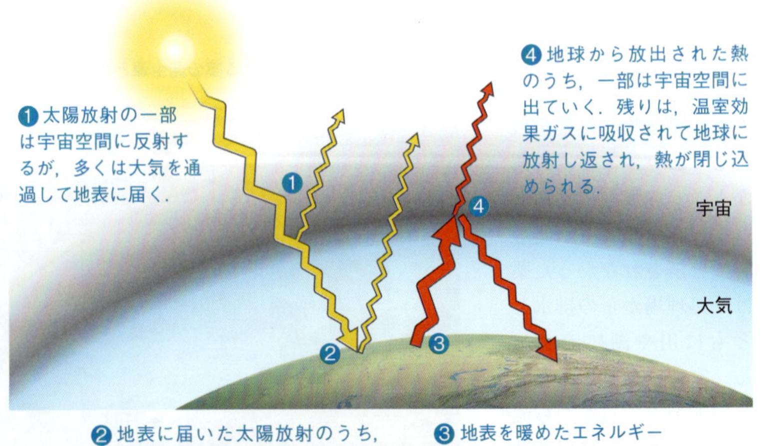

❶ 太陽放射の一部は宇宙空間に反射するが，多くは大気を通過して地表に届く．
❹ 地球から放出された熱のうち，一部は宇宙空間に出ていく．残りは，温室効果ガスに吸収されて地球に放射し返され，熱が閉じ込められる．
宇宙
大気
❷ 地表に届いた太陽放射のうち，一部は宇宙空間に反射する．残りは吸収され，地表を暖める．
❸ 地表を暖めたエネルギーの一部は，地球から熱として放出される．

科学スキル演習

振動するデータのグラフを描く

▶ ハワイのマウナロア観測所で大気を採集する研究者.

大気中の CO_2 濃度は1年のうちと数十年でどう変化しているか 図56.28の青線は，50年以上の期間に地球大気の CO_2 濃度がどう変化したかを表している．また，それぞれの年では2つのデータがプロットされており，1つは5月でもう1つは11月である．CO_2 濃度のより詳しい変化は，より頻繁な間隔で取られた観測値を見るとわかる．この演習では，3年間分の毎月取られた CO_2 濃度のデータをグラフに描いてみよう．

研究データ 下の表にあるデータは，マウナロアの観測所における1900年，2000年，2010年の月ごとの平均 CO_2 濃度（ppm，百万分率）である．

月	1990年	2000年	2010年
1月	353.79	369.25	388.45
2月	354.88	369.50	389.82
3月	355.65	370.56	391.08
4月	356.27	371.82	392.46
5月	359.29	371.51	392.95
6月	356.32	371.71	392.06
7月	354.88	369.85	390.13
8月	352.89	368.20	388.15
9月	351.28	366.91	386.80
10月	351.59	366.91	387.18
11月	353.05	366.99	388.59
12月	354.27	369.67	389.68

データの出典 National Oceanic & Atmospheric Administration, Earth System Research Laboratory, Global Monitoring Division.

データの解釈

1. 1つのグラフに，3年分のデータをそれぞれ別の線でプロットしなさい．これらのデータが見やすいようにグラフの種類を選びなさい．また，1年のうちと数十年での CO_2 濃度の変化が理解しやすいように，縦軸のスケールを選びなさい（グラフに関する詳細は付録Fを参照）．
2. 1年のうちで，CO_2 濃度はどのように変化するか．また，なぜそのようなパターンができるのか．
3. マウナロアでの測定値は，北半球における平均的な CO_2 濃度を示している．仮に，南半球において同様の条件で CO_2 濃度を測定したとしよう．そのとき，1年のうちの CO_2 濃度がどのように変化すると予想するか．説明しなさい．
4. 1年のうちでの変化に加えて，1990年から2010年にかけて CO_2 濃度はどう変化したか．それぞれの年で12ヵ月間の平均 CO_2 濃度を計算しなさい．この平均値は，1990年から2000年にかけてと，1990年から2010年にかけて，何%変化したか．

来の移動能力をさらに制限している．実際，現在までに起こった気候変動は，数百種の生物の地理的分布をすでに変えつつあり，個体数の減少や分布域の縮小が見られる種もいる（52.1節参照）．たとえば，67種のマルハナバチに関する2015年の研究では，気候の温暖化により，これらの重要な花粉媒介者の分布域が縮小していることが明らかにされた．

最も著しく気候が変化した生態系は，極北の生態系で，特に寒帯針葉樹林とツンドラである．雪や氷が融けて，暗い色で熱を吸収しやすい地表が露出するに伴い，これらの生態系は放射を大気に向けて反射しにくくなり，さらに暖かくなる（図56.29参照）．2012年夏の北極海の氷は，これまでの最小面積を記録した．気候モデルは，数十年以内に夏に氷がなくなることを予測し，ホッキョクグマ，アザラシ，海鳥の生息地が減少することを示唆している．さらに，55.2節で述べたように，一部の北極域での温度上昇は，その場所を CO_2 の「シンク」（大気に放出するより多くの CO_2 を大気から吸収する）から CO_2 の「ソース」（吸収より多くの CO_2 を放出する）に変えた．これは，さらなる温暖化をもたらすやっかいな変化である．

北米西部の針葉樹林もまた，高い気温，冬の降雪の減少，夏の乾燥の長期化によって大きな影響を受けてきた．その結果，20世紀の後半以降，かつては健全だった森林で，樹木の枯死率が毎年増加している．また，高い気温とより頻繁な乾燥は，火事を起こりやすくしている．北米西部やロシアの寒帯林では，ここ数十年で，山火事で燃える面積がこれまでの2倍にな

▼図 56.30　関連性を考えよう

気候変動はあらゆる生物学的階層に影響する

人間による化石燃料の燃焼により，大気中の二酸化炭素と他の温室効果ガスの濃度は急激に上昇した（図 56.28 参照）．これにより地球の気候が変化しつつある．地球の平均気温は 1900 年以降に約 1℃上昇したし，極端な気象事象が地球のいくつかの地域でより頻繁に起こっている．このような変化は，今日の地球上の生命にどう影響しているのか．

細胞への影響

温度は，酵素反応速度に影響するので（図 8.17 参照），DNA 複製速度，細胞分裂速度，その他の重要な細胞レベルの諸過程の速度が温度上昇の影響を受ける．

地球温暖化とその他の気候変動は，細胞レベルで起こる生物の防御反応も害することがある．たとえば，北米西部の広大な針葉樹林では，気候変動により，アメリカマツノキクイムシ *Dendroctonus ponderosae* の攻撃に対するマツの木の防御能力が減少した．

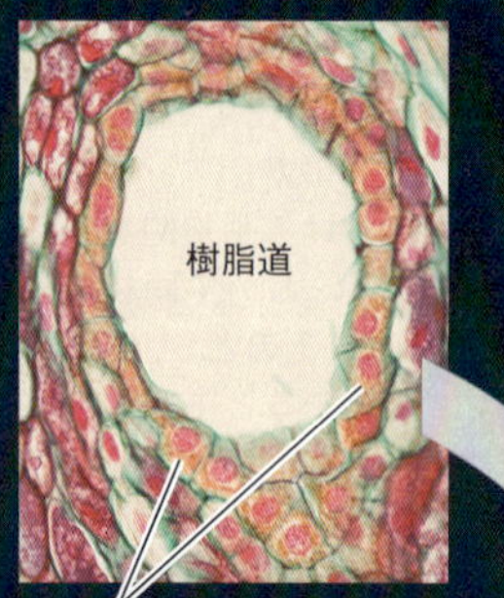
樹脂道
樹脂細胞
100 μm

◀ マツによる防御には，アメリカマツノキクイムシをとらえて死なせる粘性物質（樹脂）を分泌するのに特化した樹脂細胞がある．温度上昇や乾燥条件のストレスを受けると，樹脂細胞がつくる樹脂が少なくなる．

▶ マツノキクイムシがマツの細胞防御を突破すると，木にトンネルをつくる幼虫が数多くつくられ，大きな損害を与える．温度上昇は，マツノキクイムシの幼虫が成熟し繁殖するまでにかかる時間を短くし，より多くのマツノキクイムシを増やす．マツノキクイムシは，マツに有害な菌類も感染させ，木が青色に着色されたように見える．

◀ 空から見ると，ある北米の森林でアメリカマツノキクイムシによる破壊の様子がよくわかる．枯れた木は，オレンジ色や赤色に見える．

生物個体への影響

生物は比較的一定の内部環境を維持しなければならない（40.2 節参照）．たとえば，体温が高くなりすぎた個体は死んでしまうだろう．地球温暖化は，一部の種で過熱のリスクを増加させており，摂餌量を減らしたり，繁殖を失敗させたりしてきた．

たとえば，アメリカナキウサギ *Ochotona princeps* は体温が平常を 3℃上回っただけで死んでしまうが，これは，気候変動がすでに著しい温暖化をもたらしている地域ではすぐに起きてしまうだろう．

▶ 夏の気温が上昇するにつれ，アメリカナキウサギは熱を避けるためにより長い時間を巣穴で過ごす．そのため，餌を摂るための時間が短くなる．餌の不足は，死亡率を上昇させ出生率を低下させた．ナキウサギの個体群はだんだん縮小し，いくつかの個体群は絶滅するまで個体数が減った（図 1.12 に別の事例がある）．

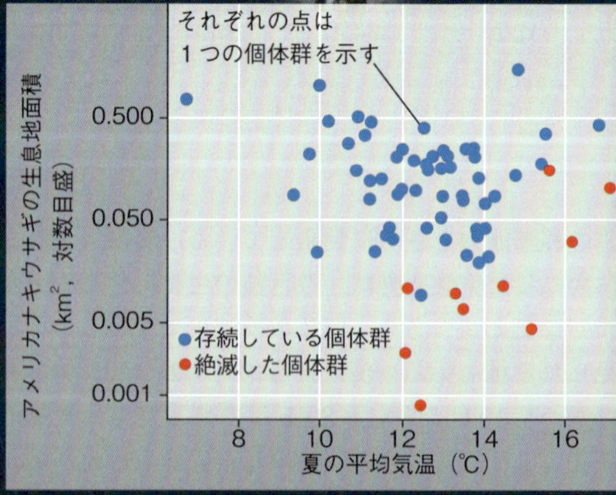
それぞれの点は
1 つの個体群を示す
アメリカナキウサギの生息地面積
（km², 対数目盛）
0.500
0.050
0.005
0.001
8
10
12
14
16
夏の平均気温（℃）
存続している個体群
絶滅した個体群

▲ このグラフは，過去にナキウサギの個体群が維持されていた 67 ヵ所の 2015 年時点の状況を示している．このうち 10 ヵ所の個体群はすでに絶滅した．ほとんどの絶滅は，夏の気温が高く，生息地面積が小さい場所で起こっていた．気温がさらに上昇すると，さらなる絶滅が予想される．

個体群への影響

気候変動は，いくつかの個体群の個体数を増やしたが，他の個体群では個体数を減らした（1.1 節，46.1 節を参照）．特に，気候が変化するにつれ，いくつかの種は成長，繁殖，移動の時期を調節してきたが，他の種では調節が見られず，食物の不足や生存・繁殖成功の低下をもたらしてきた．

一例では，研究者たちは，北極圏における温度上昇とトナカイ *Rangifer tarandus* 個体群の減少の関係を報告している．

▲ トナカイ個体群は春になると，出産と植物の新芽の摂餌のために北へ移動する．

▶ ミミナグサは春先に開花する植物で，トナカイのよい餌である．

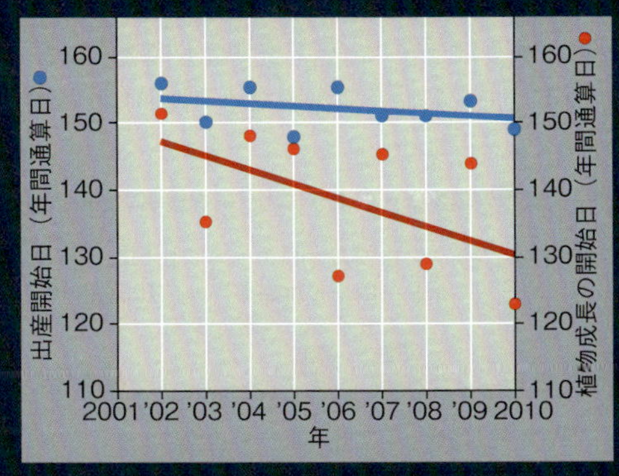

出産開始日（年間通算日）
植物成長の開始日（年間通算日）
160
150
140
130
120
110
2001 '02 '03 '04 '05 '06 '07 '08 '09 2010
年

▲ 気候が温暖化するにつれ，トナカイが食べる植物は春のより早い時期に出現するようになった．トナカイの移動と出産の時期は同様には変化してこなかった．その結果，トナカイは餌不足になり，出産数は 4 分の 1 まで少なくなった．

群集と生態系への影響

気候は，種の生息場所に影響する（図 52.9 参照）．気候変動は，数百種類の生物を新しい場所に移動させてきた．その結果，生物群集に大きな変化が起こった事例もある．また，気候変動は，生態系の一次生産（図 28.30 参照）や栄養循環も変えてきた．

ここで紹介する例では，温度上昇が，オーストラリアの沿岸域でウニの南方への侵入を可能にし，そこの海の生物群集に壊滅的な変化を引き起こしている．

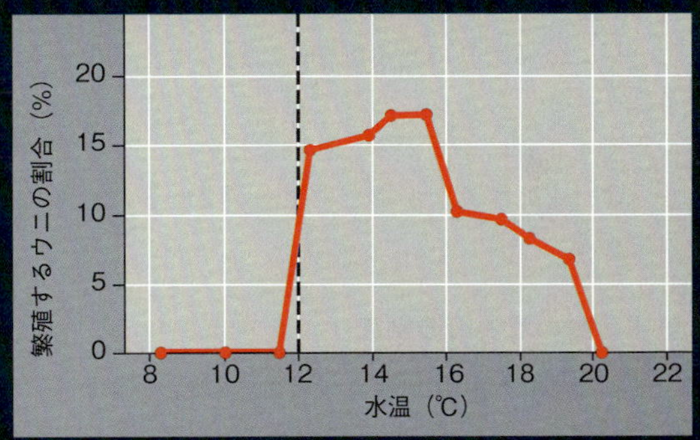

繁殖するウニの割合（%）
0
5
10
15
20
8
10
12
14
16
18
20
22
水温（℃）

▲ このグラフが示すように，ウニの 1 種 *Centrostephanus rodgersii* は，繁殖が成功するためには水温が 12 ℃より高くないといけない．この重要な水温以上に海が暖まるにつれ，このウニは南へ分布域を広げることができ，新しく移動した先ではケルプ類が激減した．

▲ ウニが南へ分布域を広げるにつれ，多様性の高いケルプ群集を破壊し，ウニの通った後にはウニ砂漠ともいえる何も生えていない場所が残った．

関連性を考えよう➤ 気候変動を起こすのに加え，CO_2 濃度の上昇は海洋酸性化をもたらしている（図 3.12 参照）．海洋酸性化がそれぞれの生物に与える影響について，説明しなさい．また，それが，生物群集にどのように大きな変化を引き起こすかについても，説明しなさい．

り，広い範囲で樹木の枯死率が上昇した．気候がより温暖になると，降雨の地理的分布が変化すると予測され，米国中部での農業地域が大きく乾燥化するだろう．

気候変動は，他の多くの生態系にもすでに影響を与えている．たとえば，ヨーロッパとアジアでは，植物は春のより早い時期に葉を展開するようになり，熱帯域では，一部のサンゴの成長と生残が水温上昇とともに減少している．その他にも気候変動の影響があり，図 56.30 で紹介している．これらの事例が示す重要なことは，気候変動のある影響が，別の生物変化をも引き起こすかもしれないことである．このような連鎖的な影響を正確に予測することは難しいが，より温暖化すると，より深刻な影響を生態系が受けることは明らかである．

▼図 56.31　南極上空の 10 月のオゾン層の厚さ（ドブソンとよばれる単位で表す）．

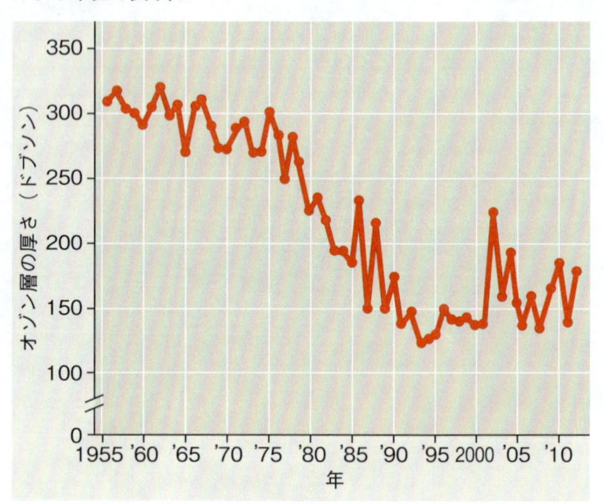
350
300
250
200
150
100
0
オゾン層の厚さ（ドブソン）
1955 '60 '65 '70 '75 '80 '85 '90 '95 2000 '05 '10
年

気候変動の解決策の探究

地球温暖化や他の気候変動を遅らせるためには，多くの対策が必要だろう．いち早い改善は，エネルギーの効率的な利用や，化石燃料を再生可能な太陽光発電や風力発電，あるいはより議論のある原子力発電に置き換えることで実現できる．今日，石炭，ガソリン，木材，その他の有機燃料は，工業化された社会の中心にあり，CO_2 を放出することなく燃焼させることができない．CO_2 排出を安定化させるには，個人のライフスタイルや産業上の諸過程の両方で，協調した国際的な努力と変化が必要である．国際的な交渉は，温室効果ガスの排出削減について地球規模の合意に達するまでには至っていない*3．

気候変動を遅らせるもう 1 つの重要な対策は，世界中の森林伐採，特に熱帯林の伐採を減少させることである．森林伐採は，現在の温室効果ガス排出の約 10 %を占めている．最近の研究では，森林伐採しない国へ補償することによって，10 年から 20 年以内に森林伐採率を半分にまで減少させられることが示されている．森林伐採の減少は，大気中の温室効果ガスの蓄積を緩和するだけでなく，自然林を維持し，生物多様性を保全することにもなり，すべてにおいてプラスの効果をもたらす．

オゾン層の減少

二酸化炭素やその他の温室効果ガスのように，大気中のオゾン（O_3）も，人間活動によってその濃度が変化してきた．地球上の生物は，高度 17〜25 km の成層圏にあるオゾン層によって，紫外線による損傷効果から守られている．しかし，人工衛星による大気の研究によって，南極上空の春季のオゾン層が，1970 年代半ば以来かなり薄くなっていることが明らかになった（図 56.31）．オゾン層の破壊は，主としてクロロフルオロカーボン（CFCs，フロン）の蓄積が原因で起こる．この化学物質は，かつて冷媒や工業過程で広く使用されていた．成層圏で，クロロフルオロカーボンから放出された塩素がオゾンと反応すると，オゾンは酸素分子（O_2）に還元される（図 56.32）．それに引き続く化学反応が塩素を遊離させ，さらにその他のオゾン分子と反応する触媒連鎖反応を引き起こす．

オゾン層の減少は，春の南極上空で最も顕著になる．南極上空の寒くて安定した空気のため，連鎖反応が継

▼図 56.32　大気中の塩素はどのようにオゾンを破壊するか．

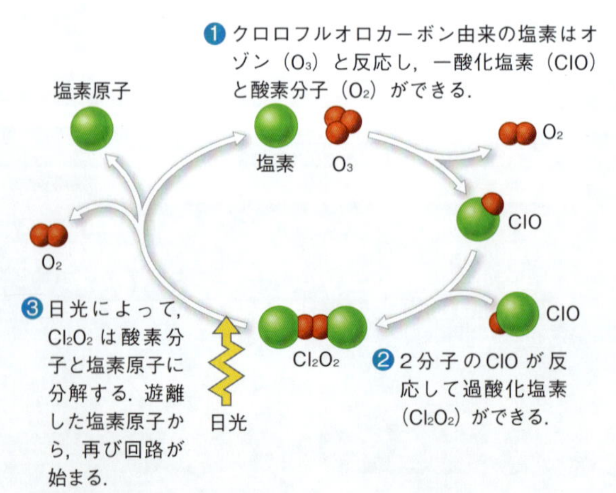
❶ クロロフルオロカーボン由来の塩素はオゾン（O₃）と反応し，一酸化塩素（ClO）と酸素分子（O₂）ができる．
塩素原子
塩素
O₃
O₂
ClO
O₂
ClO
Cl₂O₂
日光
❷ 2 分子の ClO が反応して過酸化塩素（Cl₂O₂）ができる．
❸ 日光によって，Cl₂O₂ は酸素分子と塩素原子に分解する．遊離した塩素原子から，再び回路が始まる．

＊3（訳注）：2015 年の気候変動枠組条約第 21 回締約国会議（COP21）において，パリ協定が採択された．パリ協定では，産業革命前からの世界の平均気温上昇を 2℃未満に抑えるなどの長期目標が設けられ，目標の実現に向けた国際交渉が続いている．

▼図 56.33 **地球のオゾン層の浸食**．大気組成データに基づくこの画像では，南極上空のオゾンホールが濃紺のパッチとして見える．

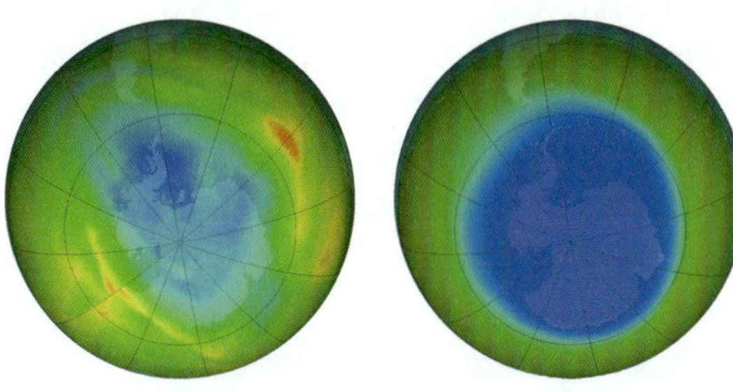
1979 年 9 月
2009 年 9 月

続する（図 56.33）．オゾン減少の規模とオゾンホールの大きさは過去 20 年間の平均と比べて近年では小さくなっているが，オゾンホールがオーストラリア，ニュージーランド，南米の南端部にまで拡大することは依然としてときどきある．もっと人口の多い中緯度地域では，オゾン層の水準は，過去 20 年の間に 2～10％減少した．

成層圏におけるオゾン濃度の減少は，地表に到達する紫外線の強度を増加させる．オゾン層の減少が地球上の生命に及ぼす影響は，植物，動物，微生物にとって重大である．科学者たちは，人間における致死性および非致死性の皮膚がんや白内障の増加を予測し，作物や自然の生物群集，特に地球の一次生産の大きな部分を担っている植物プランクトンに対して，予測不能な影響があると指摘している．

生態学者は，オゾン層の減少の影響を研究するため，太陽光の紫外線を減少あるいは遮断するフィルターを用いた野外実験を行ってきた．南米の南端近くの低木林生態系で行われた実験では，オゾンホールがその地域まで拡大したとき，地表に到達する紫外線量が急激に増加し，フィルターで保護されていない植物ではDNAがより損傷することが示された．海の植物プランクトンについても，南極海の上空にオゾンホールが毎年形成されるとき，同様の DNA 損傷や増殖の減少が示された．

オゾンホールに関するよい知らせは，多くの国がその問題に迅速に対応したことである．1987 年以来，米国を含む 197 ヵ国が，オゾン層を減少させる化学物質の使用を規制するモントリオール議定書に調印した．また，米国を含むほとんどの国がクロロフルオロカーボンの生産を中止した．これらの行動の結果，成層圏の塩素濃度は安定し，オゾン層の減少はゆるやかになっている．しかし，クロロフルオロカーボンの排出はいまではほとんどゼロだが，すでに大気中にある塩素分子は，少なくとも 50 年間は成層圏のオゾン濃度に影響を与え続けるだろう．

地球のオゾン層の部分的な破壊は，人間が生態系や生物圏の動態をどれだけ大きく攪乱し得るかを示すもう 1 つの例である．また，このことは，私たちが本気で取り組めば，私たちに環境問題を解決できる能力があることも明らかにしている．

概念のチェック 56.4

1. 過剰の無機栄養素を湖に付加することは，そこの魚類個体群をどのように脅かすのか．

2. **関連性を考えよう**➤世界中の北方針葉樹林やツンドラの土壌には，膨大な量の有機物が貯蔵されている．地球温暖化を研究する科学者が，これらの有機物の貯蔵を詳細に調査している理由を説明しなさい（図 55.14 参照）．

3. **関連性を考えよう**➤突然変異原は，DNA の突然変異を誘発する化学的あるいは物理的要因である（17.5 節参照）．成層圏のオゾン濃度の減少は，どのようにしてさまざまな生物の突然変異率を増加させるのだろうか．

（解答例は付録 A）

56.5

持続可能な開発により生物多様性を保全しながら人間生活を改善できる

生育地がますます消失して分断化し，地球の気候や物理的環境が変化し，人口がさらに増加することで（53.6 節参照），私たちは，世界の資源の管理において難しいトレードオフに直面する．すべての生息地のパッチを保全することは実現不可能であり，生物学者は，どの生育地が最も重要なのかを特定することで，社会が保全の優先順位を設定できるようにする必要がある．理想的には，優先順位に基づいて保全に取り組むことで，地域社会の人々の生活の質も改善すべきである．生態学者は，長期的な保全の優先順位を設定するために，「持続可能性」の概念を使う．

持続可能な開発

種を絶滅から守るとともに人間生活の質を改善したいのであれば，私たちは生物圏における相互関係を理解する必要がある．このため，多くの国，学会，その他の団体は，**持続可能な開発 sustainable development** の概念，すなわち，将来の世代が彼らの需要を満たす

▼図 56.34　コスタリカの乳児死亡率と平均寿命.

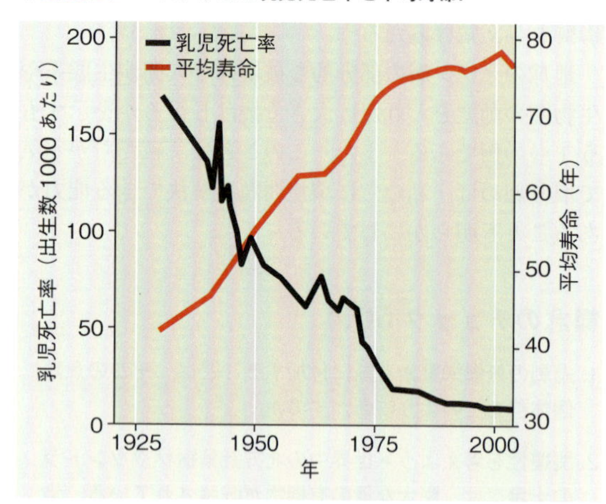
乳児死亡率
平均寿命
乳児死亡率（出生数 1000 あたり）
平均寿命（年）
年
0
50
100
150
200
30
40
50
60
70
80
1925
1950
1975
2000

能力を制限することなく，今日の私たちの需要を満たす経済的な発展という考え方を受け入れるようになった．たとえば，世界最大の生態学者の組織である米国生態学会は，持続可能な生物圏イニシアチブとよばれる研究計画を承認した．このイニシアチブの目標は，地球の資源をできる限りの責任をもって開発，管理，保全するために必要な基本的な生態学的情報を定義し，その情報を得ることである．この研究計画には，気候と生態学的諸過程の相互関係，生物多様性とそれが生態学的諸過程の維持に果たす役割，および自然・人工生態系の生産性を維持するための方策など，地球規模の変化に関する研究が含まれる．この研究計画には，強力な人的資源および経済的支援が必要とされている．

持続可能な開発を達成するのは野心的な目標である．生態系の諸過程を持続させ，生物多様性の喪失を食い止めるためには，生命科学を社会科学，経済学，および人文学と結びつける必要がある．また，私たち個人の価値観も再検討しなければならない．裕福な国々に暮らす私たちのような人々は，発展途上国で暮らす人々に比べて，より大きなエコロジカルフットプリントをもっている（53.6 節参照）．消費の長期的なコストを意思決定に加えることで，私たちを支えている生態系サービスの価値を学ぶことができる．次に述べる事例研究は，真に持続可能な世界を創出するうえで，科学的努力と個人的努力を組み合わせることがどんな重要な違いをもたらすかを示している．

事例研究：コスタリカでの持続可能な開発

コスタリカでの保全の成功（56.3 節参照）には，政府，非政府組織（NGO），および一般市民の間での連携が欠かせなかった．個人が設定した多くの自然保護区は，政府によって国立野生保護区に認定され，税の優遇措置がとられてきた．しかし，生物多様性の保全と再生は，持続可能な開発の一面にすぎず，もう 1 つの重要な面は人間の生活環境の改善である．

国が保全目標を追求するようになってから，コスタリカ国民の生活環境はどのように変化したのだろうか．生活環境の最も基本的な 2 つの指標は，乳児死亡率と平均寿命である（53.6 節参照）．図 56.34 にあるように，1930 年から 2010 年にかけて，コスタリカの乳児

▼図 56.35　過去と現在のバイオフィリア（生命愛）.

(a) フランス・ラスコーの 1 万 7000 年前の壁画に描かれた動物の詳細

(b) ドイツで発見された 3 万年前の水鳥の象牙彫刻

(c) 野生生物観察会を楽しむ自然愛好家

(d) 年少の生物学者が鳴鳥を見つめている

死亡率は出生数1000あたり170から9にまで減少した．同じ期間の平均寿命は，約43歳から79歳まで上昇した．生活条件を示すもう1つの指標は，識字率である．2011年のコスタリカの識字率は96％であり，中央アメリカの他の6ヵ国の平均82％より高かった．これらの統計値は，国が保全や再生に専念してきた期間に，コスタリカの生活環境が大きく改善されたことを示している．この結果が保全によって人間の福祉が改善したことを示しているとはいえないが，コスタリカの発展が自然と人々の両方に実現したとは，確かにいえる．

生物圏の未来

私たちの現代の暮らしは，狩猟や採集をして生きていた初期の人類の暮らしとまったく異なる．初期の人類の自然界に対する尊敬は，彼らが洞窟の壁に描いた野生生物の壁画（図56.35 a）や，骨や象牙を彫って表現した生命観（図56.35 b）に明らかに見られる．

私たちの暮らしには，祖先の自然や生命の多様性に対する愛着が受け継がれている．それは本章の最初のほうで紹介した「バイオフィリア（生命愛）」の概念である．私たちは，生物多様性に富んだ自然環境の中で進化し，いまでもそのような環境に親近感をもっている（図56.35 c, d）．実際，私たちのバイオフィリアは，環境との密接なつながりや植物や動物の恩恵に依存して生きている聡明なヒトという種に，自然選択が作用して進化した生得的な性質であるかもしれない．

私たちの生命に対する感謝の念は，今日の生物学を導いている．私たちは，それぞれの種を唯一のものにしている遺伝的暗号を解読することによって，生命を称賛している．私たちは，進化の歴史を記録するために化石やDNAを用いることで，生命を抱きしめている．私たちは，地球上の数百万の種を分類し保全する努力を通じて，生命を保全している．私たちは，人間の福利を改善するために責任感をもって敬虔な気持ちで自然を使うことで，生命を敬っている．

生物学は，自然を理解したいという私たちの望みを叶えるための科学的表現である．私たちは，私たちがすばらしいと思うものを守るだろうし，私たちが理解したものをすばらしいと思うだろう．私たちは，生命現象と生命の多様性を学ぶことで，私たち自身や生物圏での私たちの立場について，より深く知ることもできる．あなたのこの一生続く冒険において，本書があなたの役に立っていることを願う．

概念のチェック 56.5

1. 持続可能な開発とはどのような意味か．
2. 種を保全し生態系を再生させるために，バイオフィリアは私たちにどのように作用するだろうか．
3. どうなる？➤新たな漁業資源が発見され，あなたがその資源を持続的に開発する責任者だとしよう，その魚類個体群に関して，どのような生態学的データをあなたは把握したいか．また，その漁業資源の開発に，どのような規準をあなたは設けるだろうか．

（解答例は付録A）

56 章のまとめ

重要概念のまとめ

56.1

人間活動は地球上の生物多様性を脅かす

- 生物多様性は3つの階層で考えられる．

遺伝的多様性：環境変化への適応を可能にする
種の多様性：群集や食物網を維持する

生態系の多様性：生命の維持に貢献する

- 私たちのバイオフィリア（生命愛）は，私たち自身のために，生物多様性の価値を私たちに認識させる．多くの種が人間に，食物，繊維，薬などの**生態系サービス**を提供している．
- 生物多様性に対する4つの主要な脅威には，生息地の破壊，**移入種**，乱獲，地球規模の変化がある．

? 自然が人間に提供する重要な生態系サービスとして少なくとも3つの例を挙げなさい．

56.2

個体群の保全では，個体数，遺伝的多様性，重要な生息地に注目する

- ある個体群が**最小存続可能個体数**（**MVP**）を下回ると，ランダムでない交配や遺伝的浮動による遺伝的変異の喪失が，その個体群を**絶滅の渦**に巻き込んでいく．
- 減少集団に対するアプローチでは，個体数の多寡に関係なく，減少を引き起こす環境要因に焦点を当てる．それによって，段階的な保全戦略がとられる．
- 種の保全では，**絶滅の危機にある種**の生息地要求と人間の要求の間の対立を解決することが，しばしば求められる．

? 遺伝的多様性が低い集団に比べて，遺伝的多様性の高い集団では，その最小存続可能個体数が小さいのはなぜだろうか．

56.3

景観や地域的な保全は生物多様性の維持に役立つ

- 景観の構造は生物多様性に大きく影響する．生息地の分断が進行し，生息地の周縁が増えると，生物多様性は減少する傾向がある．**移動回廊**は，生物の移動分散を促進し，個体群を維持することに役立つ．
- **生物多様性ホットスポット**は，絶滅のホットスポットでもあり，最も保全すべき場所の候補である．自然公園や保護区の生物多様性を維持するには，それらの周辺景観での人間活動が保護された生息地に悪影響を与えないよう，管理する必要がある．**ゾーニング型保護区**は，多くの場合，人間活動によって大きく影響を受ける景観において保全努力がなされることを意識している．
- **都市生態学**は，都市の環境と生物についての研究である．

? 生息地の分断化が長期的に種に悪い影響をもたらし得る2つのしくみを説明しなさい．

56.4

地球は人間活動によって急速に変化している

- 農業は植物体に含まれる栄養素を生態系から持ち出すため，栄養素の大規模な補充がたいてい必要である．肥料に含まれる栄養素は，地下水や地表の水域生態系を汚染し，藻類の過剰な増殖（富栄養化）を引き起こし得る．
- 毒性の廃棄物や薬剤の放出は，長期間残留することが多く，有害な物質により，環境を汚染してきた．そしてこれらは食物網における高次の栄養段階にいくほど濃縮される（**生物濃縮**）．
- 化石燃料の燃焼や他の人間活動によって，大気中の CO_2 濃度やその他の温室効果ガスの濃度は着実に増加してきた．その増加は地球温暖化や降雨パターンの変化などの**気候変動**を引き起こした．気候変動は，すでに多くの生態系に影響している．
- オゾン層は，大気中の紫外線の透過を減少させる．人間活動，特に塩素を含む汚染物質の放出が，オゾン層を減少させてきた．しかし，国際的な政策が，この問題の解決に役立っている.

? 毒性物質の生物濃縮を考えた場合，栄養段階の低次のものと高次のもの，どちらを食べるほうがより健康的だろうか，説明しなさい.

56.5

持続可能な開発により生物多様性を保全しながら人間生活を改善できる

- 持続可能な生物圏イニシアチブの目標は，地球の資源を開発，管理，保全するために必要な生態学的情報を得ることである.
- 熱帯の生物多様性の保全に関するコスタリカの成功は，政府，他の組織，市民の連携を必要とした．コスタリカの人々の生活環境は，生態学的な保全に伴って改善されていった.
- 生物学的諸過程と生命の多様性を学ぶことで，私たちは，環境との密接なつながりや，同じ環境を使う他の生物の価値について，より深く知ることができる.

? 持続可能性が保全生物学者の重要な目標である理由を説明しなさい.

理解度テスト

レベル 1：知識／理解

1. 絶滅の渦に入っている個体群にあって，他の多くの個体群にはない特徴は次のうちどれか.
   (A) 希少種で上位捕食者である
   (B) 全個体数に比べて有効個体数が少ない
   (C) 遺伝的多様性がきわめて低い
   (D) 周縁の環境にうまく適応していない
2. 地球の大気中の CO_2 濃度が，過去 150 年にわたって増加しているおもな要因は次のうちどれか.
   (A) 一次生産の世界的な増加
   (B) 現存量の世界的な増加
   (C) 大気に吸収される赤外線放射量の増加
   (D) 木材や化石燃料を燃焼させる量の増大
3. 生物多様性にとっての最大の脅威を 1 つ選びなさい.
   (A) 商業的に重要な種の乱獲
   (B) 生息地の改変，分断化，破壊
   (C) 在来種と競争する移入種
   (D) 新たな病原体

レベル 2：応用／解析

4. 生物濃縮の結果として考えられるのはどれか.
   (A) 環境中の毒性物質は，一次消費者よりも上位捕食者に危険をもたらす.
   (B) 上位捕食者の個体数は，一般に一次消費者の個体数より少ない.
   (C) 生態系での生産者の生物量は，一般に一次消費者の生物量より大きい.
   (D) 生産者によって獲得されたエネルギーのごく一部だけが消費者に移行する.
5. 絶滅の渦に入っている個体群の遺伝的多様性を最も速く増やす方策はどれか.
   (A) その個体群の生息地を保全する保護区を設置する.
   (B) 同じ種の新たな個体を他の個体群から移入する.
   (C) 個体群中で最も適応していない個体を不妊化する.
   (D) その絶滅危惧にある個体群の捕食者や競争者の個体数を制限する.
6. 生物多様性を保全するために設置された保護区についての記述のうち，正しく**ない**ものはどれか.
   (A) 現在，地球の陸地面積の約 25% が保護されている.
   (B) 国立公園は，さまざまな種類の保護区のうちの 1 つである.
   (C) 保護区の管理は，そこを取り囲んでいる土地の管理と調整されなければならない.
   (D) 生物多様性ホットスポットの保護は特に重要である.

レベル 3：統合／評価

7. **描いてみよう**　あなたが森林保護区を管理していて，目標の 1 つが，そこにいる森林性の鳥類個体群をコウウチョウの托卵から守ることであるとしよう．あなたは，コウウチョウの雌がふつうは森の端から 100 m 以上は入っていかないことや，森林性鳥類が森林の周縁から離れた場所に営巣すればコウウチョウの托卵が減ることを知っている．あなたの保護区は，東西に 6000 m，南北に 3000 m 広がっている．保護区の西には森林伐採後につくられた放牧地が隣接しており，保護区の南西の角は 500 m にわたって農地に接し，周辺の他の部分は自然林に接している．あなたは，保護区の北から南に抜ける幅 10 m で長さ 3000 m の道路と，保護区内に 100 m^2 の面積を使う管理棟を建設しなければならない．保護区の地図を描き，周縁に沿って侵入するコウウチョウの影響を最小化するためには，どこに道路と管理棟をつくればよいかを示しなさい．また，その理由も説明しなさい．

8. **進化との関連**　化石の記録は，過去5億年のうちに5回の大量絶滅があったことを示している（25.4節参照）．多くの生態学者は，現在，6回目の大量絶滅に入りつつあると考えている．大量絶滅の歴史，および，種の多様性が進化の過程を経て回復するのにかかる一般的な時間について，簡潔に説明しなさい．また，このことが，現在見られる生物多様性の消失を緩和しようと動機づける理由についても説明しなさい．

9. **科学的研究**
   (a) 図56.28にあるデータを使って，1975年と2012年における平均の CO_2 濃度を推定しなさい．
   (b) 1975年から2012年にかけての平均の CO_2 増加速度（ppm/年）を求めなさい
   (c) 1975年から2012年の CO_2 増加速度が今後も続くと仮定したとき，2100年のおおよその CO_2 濃度を推定しなさい．
   (d) 1975年から2012年までの1年あたり平均の CO_2 濃度をグラフに実線で描き，推定される2012年から2100年までの変化を点線で描きなさい．
   (e) 現在の CO_2 濃度増加に影響する生態学的要因と人間の意思決定を挙げなさい．
   (f) どんな追加の科学的データがあれば CO_2 濃度の将来予測ができるかについて，議論しなさい．

10. **テーマに関する小論文：相互作用**　移入種個体群の急速な増殖をもたらす要因の1つは，その種が進化した地域において，その種の個体数を制限していた捕食者，寄生者，および病原体が，移入された先の地域にはいないことである．自然選択による進化によって，移入先の地域に在来の捕食者，寄生者，病原体が，移入種を攻撃する確率はどう変化するだろうか．300〜450字で記述しなさい．

11. **知識の統合**

この写真のアムールトラ *Panthera tigris altaica* のような大型のネコは，世界で最も絶滅が危惧されている哺乳類の1つである．本章で学んだことを使って，この動物を保護するために取ることができるいくつかの対策について議論しなさい．

（一部の解答は付録A）

付録 A 解 答

1章

図の問題

図 1.4 スケールバーの長さは約 8.5 mm で，これが 1 μm に対応する．原核細胞は約 20 mm である．スケールバーの長さで割ると，原核細胞の長さはバーの約 2.4 倍である．バーは 1 μm なので，原核細胞の長さは 2.4 μm となる．真核細胞は 82 mm（左下から右上までの長さ）なので，これをバーの長さで割ると 9.6 倍，つまり約 9.6 μm となる．

図 1.10 インスリンの応答は細胞によるグルコースの取り込みと肝細胞によるグルコースの貯蔵である．初期の刺激は高グルコース濃度であるが，グルコースが細胞に取り込まれると，刺激は低下した．

図 1.18

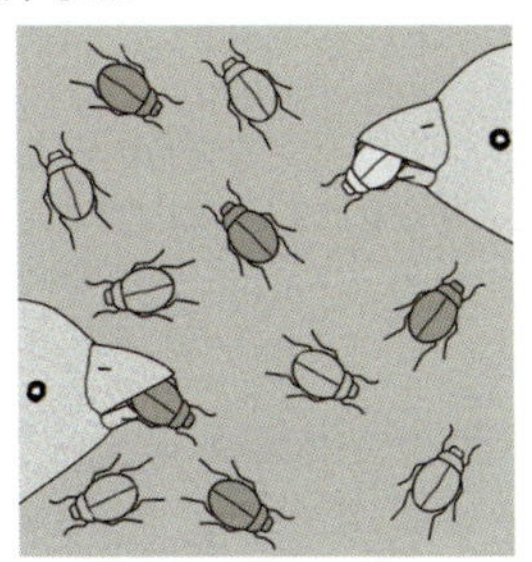

❺環境の変化は異なる形質をもった個体の生存を引き起こす．

土壌が徐々により明るい色に変化すると，その土壌の色と合っている甲虫は鳥から見えにくくなり，捕食されにくくなる．たとえば，土壌が中間色になると，より濃い色の甲虫もより明るい色の甲虫も，鳥は見つけて捕食できるようになる（すでに明るい色の甲虫は捕食され尽くしていたかもしれないが，集団の変異によって再び出現する）．こうして時間が経過すると，土壌の色の変化に対応して，甲虫の集団は明るい色に変化していく．

概念のチェック 1.1

1. 解答例：「原子」が互いに結合して，分子を構成する．それぞれの細胞小器官は，「分子」の秩序的な配置によっている．光合成をする植物の「細胞」には，葉緑体とよばれる「細胞小器官」が含まれる．組織は，同じような「細胞」の一群で構成される．たとえば心臓などの器官は，複数の「組織」から構成されている．複雑な多細胞生物は，植物であれば葉や根など，複数のタイプの「器官」をもつ．集団は，同じ種に属する「生物個体」の集まりである．群集は，特定の地域に生育するさまざまな種の「集団」で構成されている．生態系は，生物「群集」と，空気，土壌，水などの生命活動に重要な非生物要因で構成されている．生物圏は，地球上のすべての「生態系」で構成されている．
2. (a) 新しい特性が生物学的構成の階層を上位へ移ると出現する，つまり，構造と機能は相関している．(b) 生命のプロセスは，遺伝情報の発現と伝達を含んでいる．(c) 生命は，エネルギーと物質の伝達と変換を必要とする．
3. 解答例：「組織化（創発特性）」：血液を送り出すためのヒトの心臓の能力には，完全な心臓が必要である．心臓の組織や細胞のいずれか単独では送り出すことはできない．

   「組織化（構造と機能）」：オオカミの強く鋭い歯は，その獲物を捕らえ切り裂くのに適している．

   「情報」：ヒトの眼の色は両親から受け継ぐ遺伝子の組み合わせによって決定される．

   「エネルギーと物質」：たとえばイネ科草本のような植物は，太陽からエネルギーを吸収し，エネルギー源として働く分子に変換する．動物は，植物の一部を食べ，その食物のエネルギーを使用して活動する．

   「相互作用（分子）」：胃が満たされると，信号を脳に送り，食欲を減少させる．

   「相互作用（生態系）」：ネズミはナッツや草などの食料を食べ，その一部は糞や尿などとして排出される．巣の建設は物理的な環境を変え，その構成要素の一部の劣化を早める可能性がある．ネズミはまた，捕食者にとって食料としての役割を担っている．

概念のチェック 1.2

1. 集団中に自然に発生した遺伝的変異は，自然選択により「編集」される．なぜなら，環境により適した遺伝的形質をもつ個体は，他のものよりも，より生存と繁殖に成功するため，時間を経ると，より適した個体は生き残り，集団中の割合が増加し，あまり適していない個体は少なくなっていく，という集団の「編集」が起きるからである．
2. 解答例：ムシクイフィンチの祖先は，多数の昆虫が餌として得られた島に生息していた．その祖先集団に，くちばしの形と大きさに変異をもつ個体がいた．細長く鋭いくちばしをもつ個体は，昆虫を餌として捕るのにより成功したと思われる．こうして成功した個体は，太くて短いくちばしをもつ個体よりも多く子孫を残した．この子孫は細長く鋭いくちばしを受け継いでいた（ダーウィンは知らなかったが，遺伝情報が世代を越えて受け継がれるため）．それぞれの世代で，昆虫を捕らえるのにより適した形のくちばしをもつ子孫の鳥たちが，より多くの餌を得て，より多くの子孫を残した．結果として，今日のムシクイフィンチは，昆虫という餌によく合った細長いくちばしをもつに至った．
3.

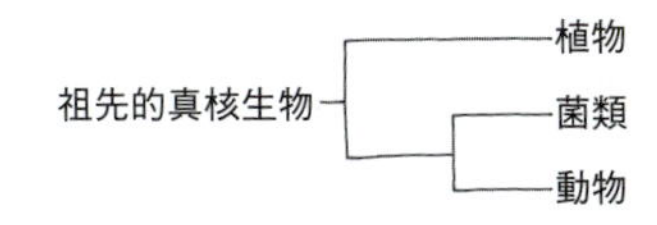
祖先的真核生物
植物
菌類
動物

概念のチェック 1.3

1. ネズミの体色は，海岸の集団も内陸の集団でも生息環境と一致している．

2. 帰納的推論は，特定の事例から一般化を行い，演繹的推論では，一般的な前提から特定の結果を予測する．
3. 仮説と比較して，科学の理論は，通常，はるかに多くの量のより一般的な証拠によって実証されている．自然選択は，すべての種類の生物に適用され，膨大な量のさまざまな種類の証拠により支持されている説明的概念である．
4. 図 1.25 に示されているネズミの体色結果に基づき，砂質の地域に生息する個体は明るい体色をもち，溶岩性の岩石地域に生息する個体は黒っぽい体色になるだろう（なお，このことは実際の研究によって確かめられている）．本来の体色をもつ個体はその生息地域ではそうでないものより捕食されにくいと予測できる（このこともすでに実際の研究で確かめられている）．2 種類の個体に似せて着色した模型ネズミを用意して，ヘクストラの実験を再現できると思われる．または，それぞれの個体集団の一部を本来の生息地でない場所へ移し，その数日後に再び捕獲して，ヘクストラの実験のように，4 種類の組み合わせの個体数を調べることもできる（着色した模型ネズミを使用するほうが，再度捕獲する方法よりもちろん簡単である！）．生きたネズミ集団を移住させる場合は，移されたネズミが本来の生息地でないところで違った行動をとるかもしれないという新たな変数を排除するための対照群が必要になる．たとえば，対照群として，岩石地域の黒っぽい個体も離れた別の岩石地域に移住させたものや，砂質地域の明るい個体も離れた別の砂質地域に移住させたものを用意する必要がある．

概念のチェック 1.4

1. 科学は，自然現象とその原理を理解することを目的としているが，技術は特別な目的のためや特定の問題を解決するために，科学の発見を応用する．
2. 自然選択が働いていると思われる．マラリアは，サハラ以南のアフリカに分布しているので，鎌状赤血球症型の遺伝子はマラリアから逃れて子孫にその遺伝子を渡すことができる点で利点があるかもしれない．マラリアが存在しない米国に住んでいるアフリカ系の人々の場合には，鎌状赤血球症型の遺伝子にまったく利点がないので，減少する方向に強い選択を受け，その結果，鎌状赤血球症型の遺伝子をもつ人はより少なくなるだろう．

重要概念のまとめ

1.1 指の動きは手の多くの構成要素（筋肉，神経，骨など）の協調に基づいている．それらは，その下位の生物学的階層レベル（細胞，分子）から「構成」されている．手の形成は，すべての細胞に存在する染色体にコードされている遺伝子の「情報」に支配されている．情報を送る指の動きは，筋肉や神経細胞は化学「エネルギー」を用いることにより，筋肉の収縮や神経パルスの増幅によって実現されている．文字情報の送信は実質的にはコミュニケーションであり，同一種の個体間の「相互作用」である．

1.2 海岸のネズミの祖先は，その体色にさまざまな変異があったかもしれない．視覚で獲物を探す捕食者が多く棲息していたので，海岸の生息地では保護色として効果のある明るい体色の個体がより長く生存でき，より多くの子孫を残した．長い時を経て，保護色として効果のある明るい体色の個体の割合がますます増加した．

1.3 データの収集と解釈は科学のプロセスにおいて中心的な作業であり，他の 3 つの科学のプロセスの舞台（調査と発見，コミュニティによる解析とフィードバック，社会の利益と要請）によって影響を受けるとともに，これらに影響を与える．

1.4 さまざまなレベルの自然現象を研究する科学者のとる異なるアプローチは互いに補完し合うので，研究しているそれぞれの問題についてより多くを学ぶことができる．科学者間の背景の多様性は，文化が混在し共存するところで重要な技術革新が頻繁に起こっているのと同様で，実りの多いアイディアにつながる可能性がある．

理解度テスト

1. B　2. C　3. C　4. B　5. C　6. A　7. D
8. 答えの図は（1）生物圏として，地球と矢印で示す熱帯の海洋，（2）生態系として，サンゴ礁の遠景，（3）群集として，サンゴ礁の動物（サンゴ虫，魚）と藻類（海藻），その他の生物，（4）集団として，同種の魚の一群，（5）個体として，群集から 1 匹の魚，（6）器官として，その魚の胃，（7）組織として，胃の内壁のよく似た細胞の一群，（8）細胞として，胃の組織の 1 細胞とこれに含まれる核といくつかの細胞小器官，（9）細胞小器官として，細胞の DNA のほとんどを含む核，（10）分子として，DNA の二重らせんを示せばよい．略図は非常におおまかでよい！

2 章

図の問題

図 2.7　原子番号 12，陽子 12 個，電子 12 個，電子殻 3 個，価電子 2 個

図 2.14　解答例：

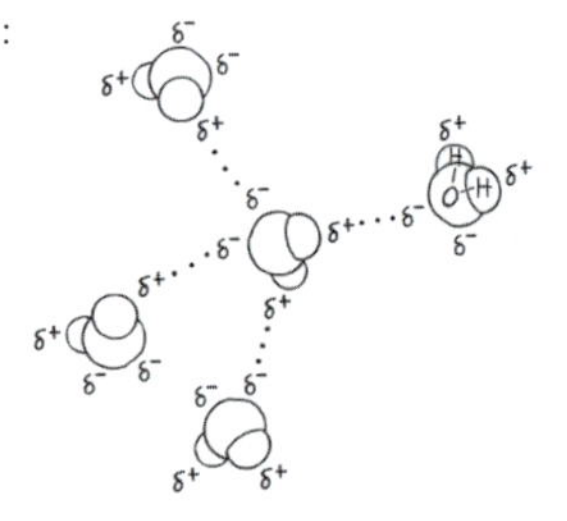
δ−
δ+
O
H

図 2.17

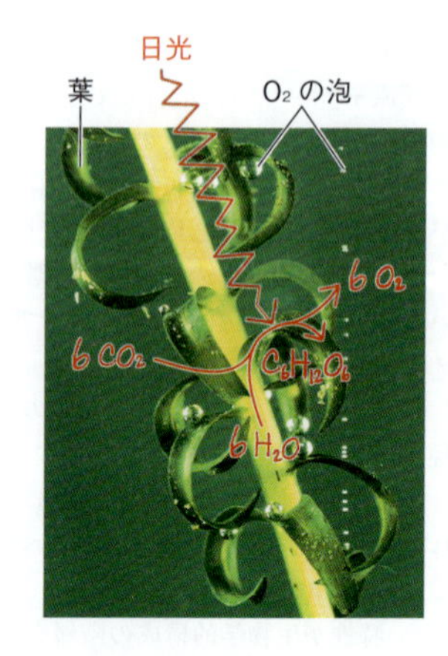
日光
葉
O_2 の泡
$6\ O_2$
$6\ CO_2$
$C_6H_{12}O_6$
$6\ H_2O$

概念のチェック 2.1

1. 食塩（塩化ナトリウム）はナトリウムと塩素からつくられる．私たちはこれを食べることで，塩化ナトリウムが金属（ナトリウム）や有毒気体（塩素）の性質とは異なっていることを示すことができる．
2. はい．なぜならば，生物は，ごくわずかであっても，微量元素を必要とするからである．
3. 鉄欠乏症の人は，おそらく，血中の低酸素に由来する疲労や他の症状を呈するであろう（このような症状を貧血症とよび，赤血球が少ない場合や異常ヘモグロビンによっても起こり得る）．
4. 有毒元素に耐性をもつ祖先型の変種は蛇紋岩土壌で成長し繁殖できた（非蛇紋岩土壌によく適応した植物は，蛇紋岩地域では生存できないと考えられる）．この変種の子孫はまた変種を生み，蛇紋岩条件で最もよく成長できるものが最もよく増殖できる．多くの世代を経て，これが今日私たちが見るような蛇紋岩によく適応した植物をおそらく生み出した．

概念のチェック 2.2

1. 7
2. $^{15}_{7}N$
3. 電子 9 個，2 つの電子殻，1*s*，2*s*，2*p*（3 個の軌道），価電子殻を満たすには電子 1 個が必要．
4. 同じ横列の元素はすべて，同数の電子殻をもつ．同じ縦列の元素はすべて，価電子殻に同数の電子をもつ．

概念のチェック 2.3

1. どちらの炭素原子も，必要とされる 4 本でなく，3 本の共有結合しかもたない．
2. 反対の荷電電荷をもつイオン間のイオン結合をつくる力．
3. もし，あなたがこのような構造を模倣した分子を合成できるとすれば，シグナル分子を合成できなくなって発症した病気や症状を治療できるかもしれない．

概念のチェック 2.4

1.

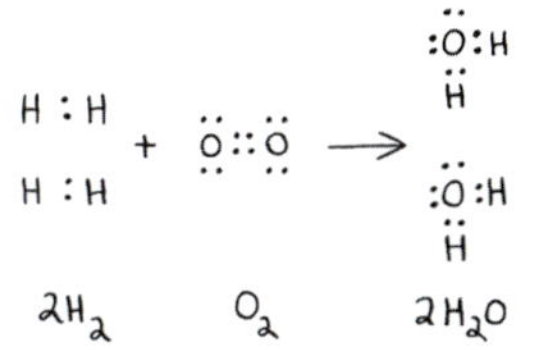

H : H
H : H + O :: O → H : O : H, H : O : H

2H₂ O₂ 2H₂O

2. 平衡点では，正反応と逆反応は同じ速度で進行する．
3. $C_6H_{12}O_6 + 6\ O_2 \rightarrow 6\ CO_2 + 6\ H_2O$ + エネルギー．グルコースと酸素が反応して二酸化炭素と水をつくり，エネルギーを取り出す．私たちは呼吸で酸素を取り入れるのは，この反応を起こすためである．私たちが呼吸で二酸化炭素を吐き出すのは，この反応の副産物であるためである（この反応は細胞呼吸とよぶ．詳しくは 9 章で学ぶ）．

重要概念のまとめ

2.1 化合物は，2 つ以上の元素が一定の割合で結合したもの．一方，元素は，それ以上小さくして別の物質にすることができない物質である．

2.2

ネオン ($_{10}Ne$)

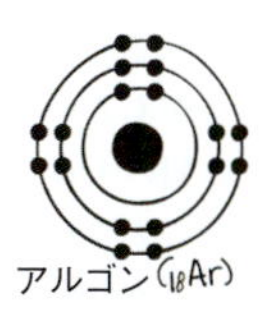
アルゴン ($_{18}Ar$)

ネオンもアルゴンも，8 個の電子で満たされた価電子殻をもつ．これらは，化学結合にかかわる不対電子をもたない．

2.3 非極性共有結合では，電子は 2 つの原子に均等に分布する．極性共有結合では，電気陰性度が強い原子に引きつけられている．イオンの形成では，電子はある原子から，電気陰性度がはるかに強い別の原子に完全に転移する．

2.4 添加した反応物は生成物に変換されるので，生成物の濃度は高くなる．最終的に，正反応と逆反応の速度が再び等しくなる平衡に達する．このとき，反応物と生成物の濃度の比は，反応物を添加する前の比と同じになる．

理解度テスト

1. A 2. D 3. B 4. A 5. D 6. B 7. C 8. D

9. *a*. H:O:C:C::O（上に H H，下に H）　すべての価電子殻は満たされており，すべての結合は正しい数の電子をもっているので，この構造は正しい．

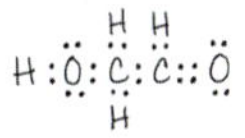

b.

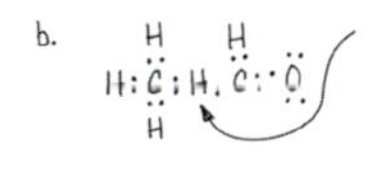

水素は電子を 1 個もつだけで，2 つの原子と結合をつくることはできないので，この構造は間違っている．

3 章

図の問題

図 3.2 解答例：

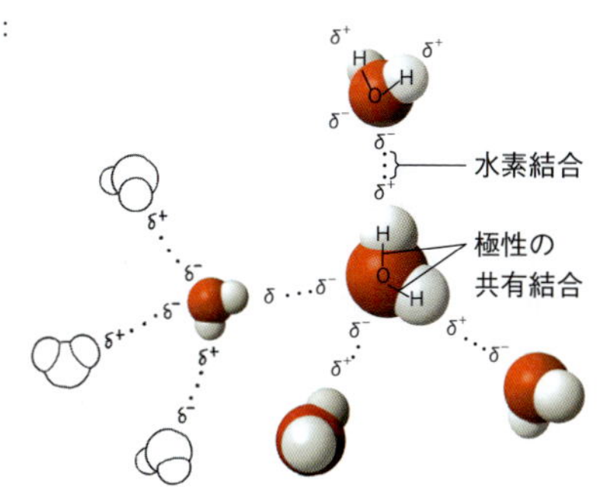
水素結合
極性の
共有結合

図 3.6 水素結合がなければ，水は他の低分子物質と同じようにふるまい，固相（氷）は液体の水より密度が高くなるだろう．氷は底に沈み，もはや水全体を断熱することはなくなる．やがて水全体は凍結し，南極海の凍結によってオキアミは生存できなくなるだろう．

図 3.8 溶液を熱すると，室温よりも速く蒸発する．蒸発の途中で，塩イオンを溶かす水が足りなくなり，塩は析出し始め，結晶を再形成するようになる．最終的に，すべての水は蒸発し，もとと同じ塩の山ができるだろう．

図 3.12 海洋に過剰の CO_2 が加わると，やがて（生物による）石灰化の速度は低下する．

概念のチェック 3.1

1. 電気陰性度は，共有結合の電子を原子が引きつける度合いをいう．酸素は水素より電気陰性度が強いので，H_2O の酸素原子は電子を引きつけ，酸素原子に部分的負電荷を，水素原子に部分的正電荷を生じる．隣接する水分子の反対の部分的電荷を帯びた原子が互いに引き合い，水素結合を形成する．

2. 水分子には 2 個の共有結合があるので，4 個の部分的電荷をもつ領域がある．つまり，2 個の水素原子にそれぞれ部分的正電荷があり，1 個の酸素原子に 2 つの部分的負電荷をもつ領域がある．これらはすべて，隣の水分子の反対の部分的電荷をもつ領域と水素結合をつくることができる．
3. 水分子の水素原子は正に部分的に帯電しており，隣り合う水分子の水素原子は互いに反発するはずである．
4. 水分子の共有結合は，極性がなくなり，水分子間で互いに水素結合をつくることはないであろう．

概念のチェック 3.2

1. 水素結合は隣同士の水分子を結びつける．この凝集によって，葉から水が蒸散するとき，通道細胞内の水分子の鎖が重力に対抗して上へ移動するのを助ける．水分子の通道細胞の壁への接着も，重力に対抗するのを助ける．
2. 高い湿度は，汗の蒸発を抑えることで，冷えることを邪魔する．
3. 水は凍結するとき，膨張するためである．これは，氷の結晶ができるとき，水分子がもっと離れることによる．岩の割れ目に水が入ると，凍結による膨張が岩を砕く．
4. 疎水性物質は水を疎外するので，おそらく脚の先端が水で覆われ，水の表面を壊すことを防ぐだろう．もし，親水性物質で覆われると，水が引きつけられ，おそらくアメンボが水の上を歩くことはもっと困難になるだろう．

概念のチェック 3.3

1. 10^5 もしくは 100 000
2. $[H^+] = 0.01\ M = 10^{-2}\ M$，つまり pH = 2
3. $CH_3COOH \rightarrow CH_3COO^- + H^+$
CH_3COOH は酸（H^+供与），CH_3COO^- は塩基（H^+受容）．
4. 水の pH は，7 から約 2 まで低下する（本文の記述による）．酢酸溶液の pH はわずかしか減少しない．その理由は，酢酸は（炭酸と同様に）弱酸であり，緩衝液として働くためである．問 3 で示す反応は左へ傾き，CH_3COO^- は H^+ を受容し，CH_3COOH をつくる．

重要概念のまとめ

3.1

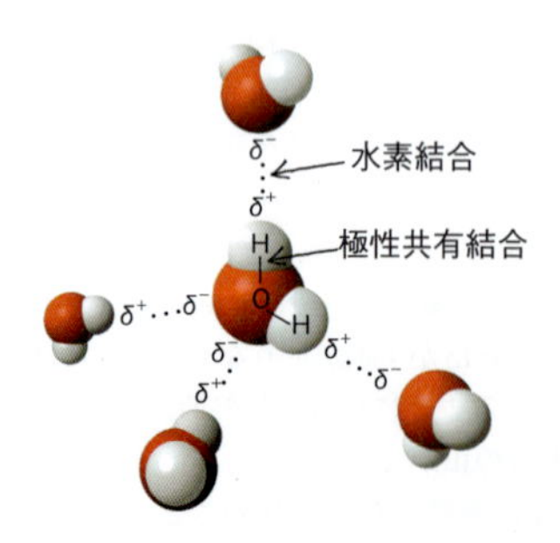
水素結合
極性共有結合

いいえ．共有結合は，2 つの原子間で電子を共有する強い結合である．水素結合は電子の共有を介さず，隣接する原子の正反対の部分的電荷の間で引き合う弱い結合である．

3.2　イオンが水に溶けるとき，極性の水分子の部分的電荷のうちイオンと反対の電荷の領域で，水分子はイオンに引きつけられ，イオンのまわりに水和殻を形成する．極性の分子が水に溶けるとき，水分子がその分子と水素結合をつくり，まわりを覆う．溶液は，溶質と溶媒の均質な混合物である．

3.3　水素イオン濃度は 10^{-11}，つまり pH は 11 となる．

理解度テスト

1. C　2. D　3. C　4. A　5. D

6.

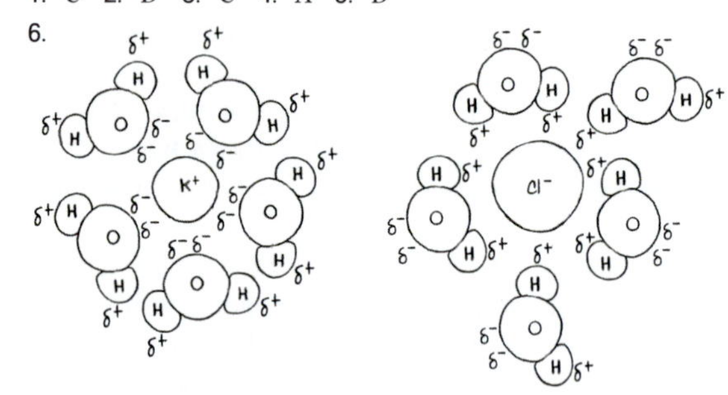
K+
Cl−

7. 水分子間の水素結合により，水は高い比熱（水の温度を 1℃上げるのに必要な熱量）をもつ．水が熱せられると，水分子の運動が増加し温度が上昇する前に，水素結合の切断に多くの熱が使われる．逆に，水が冷やされると，多くの水素結合が形成され，かなりの熱が放出される．この熱の放出が，植物の葉が凍結することを防ぎ，細胞を傷害から守ることになる．
8. 地球温暖化も海洋の酸性化もともに，化石燃料の燃焼による大気の二酸化炭素量の増加によって引き起こされる．

4 章

図の問題

図 4.2　2.4 節で述べたように，反応物の濃度は平衡に影響するので，窒素を含む反応物の気体の濃度が高くなると，CH_2O に比べて HCN が多くなるだろう．

図 4.4　Na·　·P·　·S:　·Cl:

図 4.6　脂肪の鎖の部分は比較的疎水性が強い炭素–水素結合だけを含む．この鎖は脂肪分子の大半を占めるので，分子全体が疎水性となり，水と水素結合をつくることができない．

図 4.7

概念のチェック 4.1

1. ウェーラーの実験の前は，生物だけが「有機」化合物を合成できるというのが主流の考えであった．ウェーラーは生物の関与なく有機化合物である尿素を合成できたから．
2. 電気放電は大気中の無機分子が互いに反応するのに必要なエネルギーをもたらした（エネルギーと化学反応に関しては 8 章で詳しく学ぶ）．

概念のチェック 4.2

1. a. H(H)C=C(H)H　b. H(Cl)C=C(Cl)H
2. (b) の C_4H_{10} は，構造異性体である．(c) のブテン（C_4H_8）も

構造異性体である．

3. 両方ともおもに，燃料となる炭化水素鎖からなるので．エンジンのためのガソリンと植物種子や動物のための脂肪はともに化学反応でエネルギーを供給する燃料である．
4. ない．プロパンには異性体をつくるには炭素が足りないため．3 個の炭素が線状に結合するには 1 通りしかない．二重結合がないので，シス-トランス異性体もできない．各炭素に少なくとも 2 個の水素が結合しているので，分子は対称的で，鏡像異性体もできない．

概念のチェック 4.3

1. アミン類をつくるアミノ基（$—NH_2$）とカルボン酸をつくるカルボキシ基（—COOH）を両方もっている．
2. ATP 分子はリン酸を 1 つ失い，ADP となる．
3. 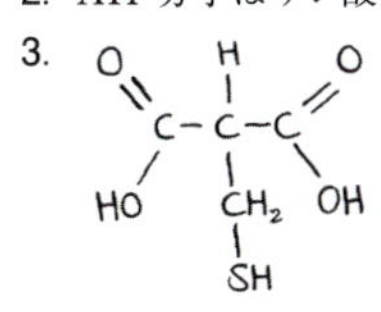

O H O
C-C-C
HO CH₂ OH
SH

塩基となる官能基が酸となる官能基に置換されたので，酸性度が上昇する．分子の形状も変化したので，相互作用する分子も変化する可能性が高い．もとのシステイン分子の中心には不斉炭素があったが，アミノ基をカルボキシ基に置換後はこの炭素は不斉ではなくなった．

重要概念のまとめ

4.1 ミラーは，原始地球に存在したと推定される物理的，化学的条件を再現して，有機分子がつくられることを示した．このような非生物的な有機分子の合成は，生命の自然発生の最初のステップであろう．

4.2 アセトンとプロパナールは構造異性体である．酢酸とグリシンには不斉炭素はないが，グリセロールリン酸には 1 個の不斉炭素がある．したがって，酢酸やグリシンには鏡像異性体はないが，グリセロールリン酸には鏡像異性体が存在する．

4.3 メチル基は非極性で反応性がない．他の 6 種は，化学反応に関与すること，つまり機能性官能基となることがある．また，6 種のうちチオール基を除くものはすべて親水性で，その官能基をもつ有機分子の水溶解度を上げる．

理解度テスト

1. B　2. B　3. C　4. C　5. A　6. B　7. A
8. 右側の分子の中央の炭素は不斉である．
9. ·Si·　ケイ素は炭素と同様に 4 個の価電子をもつ．したがって，ケイ素は巨大分子の骨格となる長鎖や分枝する分子をつくることができる．これは，価電子をもたないネオンや 3 個の価電子しかないアルミニウムと比べて，ケイ素が明らかに優れていることを示す．

5 章

図の問題

図 5.3　グルコースとフルクトースは構造異性体である．

図 5.4　線状の分子　環形成　環構造

炭素 5 の酸素がプロトン（H^+）を失い，カルボニルを形成していた炭素 2 がプロトンを獲得したことに注意しなさい．4 個の炭素はフルクトースの環構造上にあり，2 個は環の外にある（後者の 2 個は環上の炭素 2 と炭素 5 に結合している）．フルクトースの環構造は炭素 5 個の五員環であり，六員環のグルコースの環構造とは異なる（この図のフルクトース分子は図 5.5 b と比べて逆になっているので注意しなさい）．

図 5.5

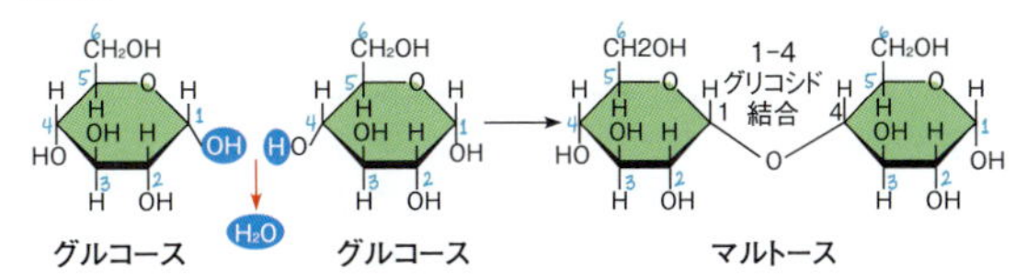

1-4
グリコシド
結合
グルコース
グルコース
マルトース

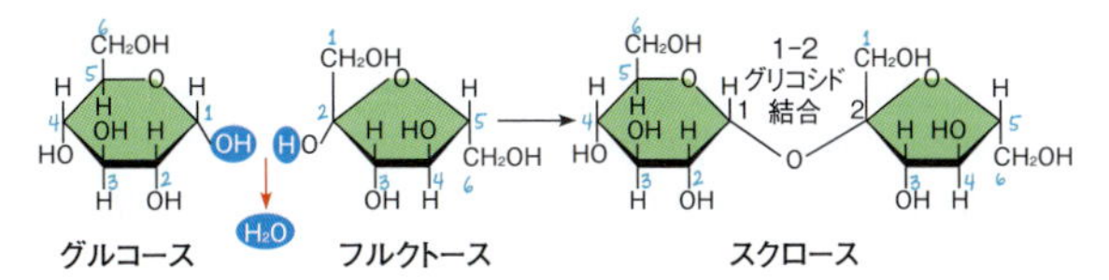

1-2
グリコシド
結合
グルコース
フルクトース
スクロース

(a) マルトースでは，左の単糖（グルコース）の炭素 1 が右の単糖（グルコース）の炭素 4 と結合しているので，1-4 グリコシド結合という．

(b) スクロースでは，左の単糖（グルコース）の炭素 1 が右の単糖（フルクトース）の炭素 2 と結合しているので，1-2 グリコシド結合という（フルクトース分子は図 5.5 b のグルコースや上の図 5.4 の解答の図とは異なる向きで描かれていることに注意しなさい．図 5.5 b と本解答では炭素 2 はグルコースの炭素 1 と結合している）．

図 5.11

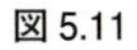

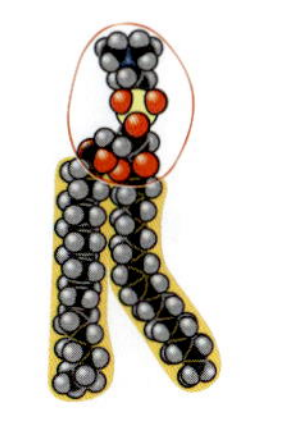

図 5.12

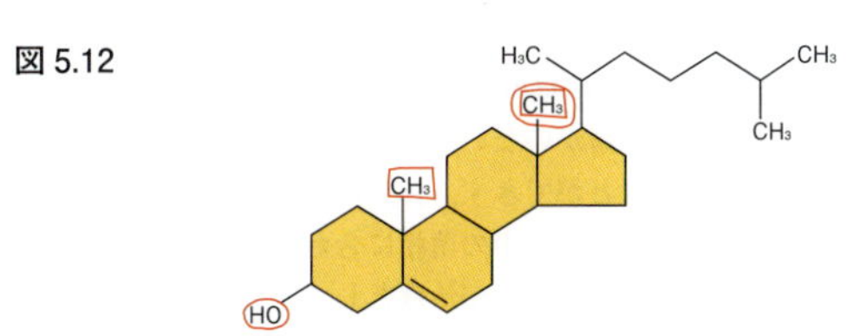

H₃C
CH₃
CH₃
CH₃
CH₃
HO

図 5.15

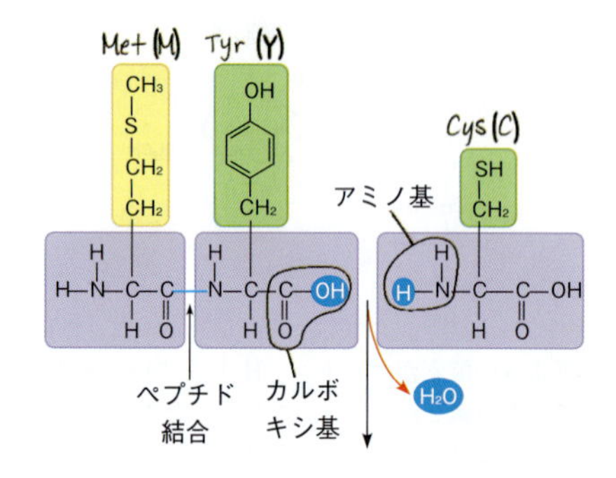
Met (M)
Tyr (Y)
Cys (C)
アミノ基
ペプチド結合
カルボキシ基
H₂O

図 5.16　(1) ポリペプチド骨格はリボンモデルが最もたどりやすい.

(2)

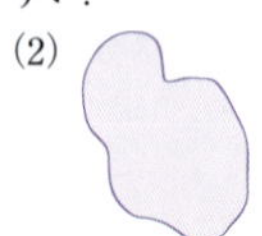

(3) この図の要点は, 膵臓の細胞がインスリンというタンパク質を分泌することを示すことにある. そのため, インスリンの形は, 図で示すプロセスにおいて重要ではない.

図 5.19　グルタミン酸の R 基（側鎖）は酸性で親水性, 一方, バリンの R 基は非極性で疎水性である. したがって, グルタミン酸がもつ分子内相互作用と同じことは, バリンにはできそうにない. このような相互作用の変化は分子構造を壊すかもしれない（現実に, 壊している）.

図 5.26　ゲノミクスの手法で, 生物種を同定する遺伝子情報を利用すること, 2 つの生物種間の進化的関係を明らかにすることができる. これは, すべての生物が進化の歴史に基づいて類縁であるためで, DNA 配列の場合も同様に進化の歴史を反映している. 発現された大量のタンパク質を解析するプロテオミクスによって, 特定の時間に個体や細胞が機能している状態や, 生物間で相互作用している状態を知ることができる.

概念のチェック 5.1

1. 4 種の主要なクラスは, タンパク質, 炭水化物, 脂質と核酸であり, 脂質は重合体ではない.
2. 9 個：1 個の水分子が各単量体ペア間の結合の加水分解に必要であるので.
3. 魚のタンパク質のアミノ酸は加水分解反応で遊離され, 脱水反応でヒトのタンパク質に取り込まれる.

概念のチェック 5.2

1. $C_3H_6O_3$
2. $C_{12}H_{22}O_{11}$
3. 抗生物質処理はウシの胃の中のセルロース分解菌を殺すと考えられる. これらの菌がいないと, ウシは食物を消化してエネルギーを取り出すことができず, 体重が減り, やがては死ぬかもしれない. つまり, 胃の中の菌相に合わせた適切な組み合わせで原核生物を導入することが治療として必要である.

概念のチェック 5.3

1. ともに脂肪酸を結合したグリセロールをもつ. しかし, 脂肪のグリセロールには 3 個の脂肪酸がついているが, リン脂質のグリセロールには 2 個の脂肪酸と 1 個のリン酸基がついている.
2. ヒトの性ホルモンはステロイドという疎水性の脂質である.
3. 油滴の表面膜は, 脂質の二重層ではなく, 1 層（訳注：単分子膜という）である. なぜならば, 膜のリン脂質の疎水性尾部が油分子の炭化水素と接するほうが安定である（訳注：二重層の表面のリン脂質の親水性頭部が炭化水素と接するのは安定でない）.

概念のチェック 5.4

1. 二次構造はポリペプチド骨格間の水素結合による. 三次構造は構成するアミノ酸の側鎖間の相互作用による.
2. グルコースの 2 種類の環状構造における α と β は, グリコシド結合において, ヒドロキシ基の位置を表す. タンパク質の二次構造として α ヘリックスと β シートがある. これらは, ポリペプチド骨格の側鎖ではなく主鎖の繰り返し構造の間の相互作用（水素結合）によって形成される構造である. ヘモグロビン分子は 2 種類のポリペプチドサブユニットからなる. つまり, α グロビンが 2 分子, β グロビンが 2 分子からできている.
3. これらはすべて非極性アミノ酸で, 折りたたまれたポリペプチドの内部に取り込まれ, 細胞の水環境には露出しないと考えられる.

概念のチェック 5.5

1. 5′ 端

5′C
3′C
OH

3′ 端

2. 5′-TAGGCCT-3′
3′-ATCCGGA-5′

概念のチェック 5.6

1. 生物が単細胞か多細胞かにかかわらず, その DNA はその生物のすべてのタンパク質の情報をもっており, タンパク質は細胞の活動を実行する. したがって, その生物の DNA の配列情報を知るということは, その生物のタンパク質の全カタログを手に入れることに等しい.
2. 究極的には, DNA の配列は特定の生物種の形質を決定するタンパク質すべてを合成する情報をもっている. もし, 2 つの種の形質がよく似ていれば, 形質を決めるタンパク質も似ていると予想できる. したがって, タンパク質を決定している遺伝子配列も互いによく似ていることが予想される.

重要概念のまとめ

5.1　大型の炭水化物（多糖），タンパク質，核酸という重合体は，単糖，アミノ酸，ヌクレオチドという，それぞれ異なる単量体からつくられる．

5.2　デンプンもセルロースも，グルコースの重合体であるが，グルコースの配向（炭素1のヒドロキシ基の配向，アノマーという）は，デンプンではα型，セルロースではβ型である．そのため，グリコシド結合もそれぞれ異なり，異なる形の重合体を生じ，その結果として特性も異なる．デンプンは植物のエネルギー貯蔵物質であり，セルロースは植物の細胞壁の構成成分である．ヒトはデンプンを加水分解してエネルギーを取り出すことができるが，セルロースを加水分解できない．セルロースはヒトの消化管内を他の食物が通過するのを助ける．

5.3　脂質は単量体の鎖がつながったものではないので，重合体ではない．そのため，脂質分子のサイズは，炭水化物やタンパク質，核酸のような高分子のサイズまで到達せず，高分子とはみなさない．

5.4　タンパク質では，何百というアミノ酸が特定の配列で並んでおり（一次構造），らせんやシート構造があり（二次構造），一見不規則な構造に折りたたまれており（三次構造），別のポリペプチドと非共有結合で会合することもある（四次構造）．異なる側鎖（R基）をもったアミノ酸の線状の配列が二次構造や三次構造を決定し，タンパク質ができあがる．こうしたタンパク質固有の3次元構造（形）は特異的で多様な機能の鍵となる．

5.5　DNAの2本鎖の相補的な塩基対形成は細胞分裂においていつも正確なDNAの複製を可能にする．こうして，遺伝情報を忠実に伝えることができる．ある種のRNAでは，相補的塩基対形成によって，RNA分子が多彩な機能をもつための特異的な3次元構造をとれるようにしている．

5.6　ヒトの遺伝子配列と最もよく似ているのはマウス（同じ哺乳類）のものであり，次に，魚（同じ脊椎動物）と似ており，最も似ていないのはショウジョウバエ（無脊椎動物）であろう．

理解度テスト

1. D　2. A　3. B　4. A　5. B　6. B　7. C

8.

	単量体または成分	重合体または大きな分子	結合様式
炭水化物	単糖	多糖	グリコシド結合
脂質	脂肪酸	トリアシルグリセロール	エステル結合
タンパク質	アミノ酸	ポリペプチド	ペプチド結合
核酸	ヌクレオチド	ポリヌクレオチド	ホスホジエステル結合

9.

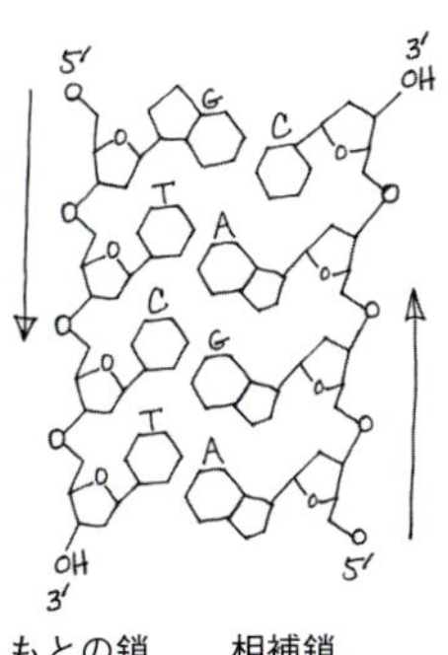

5′
3′ OH
G
C
T
A
C
G
T
A
OH 3′
5′
もとの鎖
相補鎖

6章

図の問題

図6.3　左上の繊毛は切片の面内で長軸方向に配向している．一方，右の繊毛は切片の面に対して垂直に配向している．したがって，前者は縦断切片であり，後者は横断切片である．

図6.4　最後の分画操作の，リボソームに富むペレットを使用すればよい．リボソームはタンパク質を翻訳する場である．

図6.6　TEM像の黒い線はリン脂質の親水性の頭部に対応する．一方，明るい線はリン脂質の疎水性の脂肪酸の尾部である．

図6.9　染色体のDNAはメッセンジャーRNA（mRNA）分子の合成を指示する．mRNAは細胞質へ出ていく．細胞質で，mRNAの情報が細胞の機能を担うタンパク質の生産をリボソーム上で行うために使われる．

図6.10　膜（小胞体膜）に結合したどのリボソームも，分泌されるタンパク質を合成し得るので，どの膜結合リボソームを丸で囲んでも間違いではない．

図6.22　それぞれの中心小体は9組の三連微小管をもつので，中心体全体（2つの中心小体）は54本の微小管をもつ．それぞれの微小管はチューブリン2量体のらせん状の配列からなる（表6.1参照）．

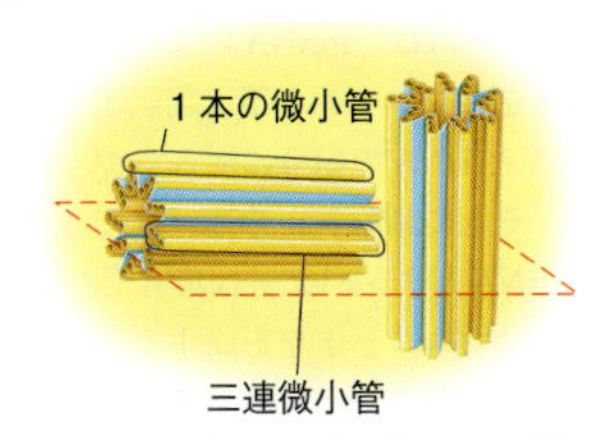

1本の微小管
三連微小管

図6.24　中央の2本の微小管は基底小体の上で終わっている．したがって，左図の電子顕微鏡写真の下方の赤い四角で示すように，基底小体を通る横断切片にはそれらの微小管は存在しない．

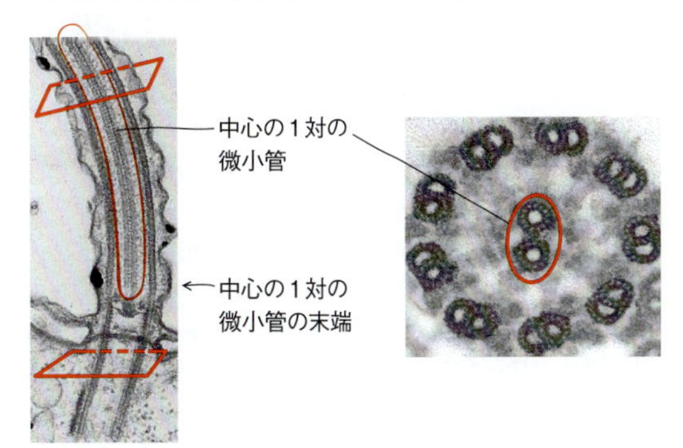

中心の1対の微小管
中心の1対の微小管の末端

図 6.32 (1) 核膜孔，リボソーム，プロトンポンプ，シトクロム *c*. (2) 図に示すように，RNAポリメラーゼという酵素がDNAに沿って移動する．こうして，遺伝情報がmRNAに転写される．RNAポリメラーゼがヌクレオソームよりもいくらか大きいと仮定すると，RNAポリメラーゼはヌクレオソームのヒストンタンパク質とDNAの間に収まることができないであろう．したがって，ヒストンタンパク質の集塊は，RNAポリメラーゼがDNAに接することができるようにするために，DNAから離れるか，またはDNAに沿って移動しなければならない．(3) ミトコンドリア．

概念のチェック 6.1

1. 光学顕微鏡観察で使用される染色剤は細胞の構成要素に結合し，光の透過を変化させる色素分子である．一方，電子顕微鏡観察で使用される染色剤は電子線の透過を変化させる重金属である．
2. (a) 光学顕微鏡，(b) 走査型電子顕微鏡

概念のチェック 6.2

1. 図 6.8 参照．
2.

125
1
1

この細胞は図 6.7 の 2 列目の細胞と 3 列目の細胞と体積が同じである．しかし，表面積は 2 列目の細胞のそれよりも大であり，3 列目の細胞のそれよりも小である．したがって，表面積対体積の比は 1.2 以上で，6 以下である．表面積を求めるには，6 つの面（上面，底面，左右の側面，前後の側面）の面積を足せばよい．つまり，125＋125＋125＋125＋1＋1＝502．表面積対体積の比は 502 を 125 で割った値，つまり 4.0 である．

概念のチェック 6.3

1. 細胞質のリボソームは，mRNAによって核のDNAから伝えられた遺伝情報をポリペプチド鎖に翻訳する．
2. 核小体はDNAとDNAの指令に従ってつくられたリボソームRNA（rRNA），そして細胞質から運ばれてきた複数のタンパク質からなる．rRNAとタンパク質は集合してリボソームの大サブユニットと小サブユニットを形成する（これらは核膜孔を通って細胞質に出て，そこでポリペプチドの合成にかかわる）．
3. それぞれの染色体は，多数のタンパク質と結合した 1 本の長いDNA分子からなる．この複合体はそのクロマチンとよばれる．細胞が分裂し始めると，それぞれの染色体は，ほどけた状態のクロマチン全体が何重にも巻くことによって「凝縮」していく．

概念のチェック 6.4

1. 粗面小胞体と滑面小胞体のおもな違いは，粗面小胞体にはリボソームが結合していることである．両方のタイプの小胞体ともリン脂質を合成するが，膜タンパク質（訳注：ただし，内膜系の膜タンパク質）と分泌タンパク質はすべて粗面小胞体のリボソームでつくられる．滑面小胞体には解毒，炭水化物代謝そしてカルシウムイオンの貯蔵といった機能もある．
2. 輸送小胞は膜と小胞内部の物質を内膜系の他の膜系に運ぶ．
3. そのmRNAは核で合成された後，核膜孔を通過して細胞質に入り，粗面小胞体に結合したリボソーム上で翻訳される．そのタンパク質は合成される過程で小胞体内腔に入り，そこでおそらく修飾を受ける．輸送小胞がそのタンパク質をゴルジ装置へ運ぶ．ゴルジ装置によってさらに修飾された後，別の輸送小胞によって小胞体へ返送され，小胞体でそのタンパク質の細胞での機能が果たされる．

概念のチェック 6.5

1. ミトコンドリアは細胞呼吸において，そして葉緑体は光合成において，ともにエネルギー変換にかかわる細胞小器官である．それらは複数の膜をもち，それらの膜によって内部が区画化されている．ミトコンドリアの内膜のひだ状構造であるクリステ，そして葉緑体のチラコイド膜のように，これらの細胞小器官の内膜の面積は大きく，これらの主要な機能を果たすための酵素群が組み込まれている．
2. 正しい．植物細胞は光合成によって糖を自らつくることができるが，その植物細胞のミトコンドリアは糖からATPをつくることができる細胞小器官である．そのATPは糖からエネルギーを取り出すというすべての細胞が必要とする機能に必要である
3. ミトコンドリアと葉緑体は小胞体に由来するものではない．また，内膜系の細胞小器官と物理的に結合したり，輸送小胞を介して連続したりしているものでもない．ミトコンドリアと葉緑体は一重膜で包まれた小胞体由来の膜とは構造的にまったく異なる．

概念のチェック 6.6

1. ATPによって駆動されるダイニンの腕は隣り合う二連微小管を互いに反対方向に移動させる．二連微小管は繊毛と鞭毛の内部で固定されており，また二連微小管同士も固定し合っているので，互いに反対方向に滑り合うのではなく，屈曲する．9 組の二連微小管の同調的な屈曲によって繊毛と鞭毛の屈曲が起こる．
2. このような人は繊毛と鞭毛の微小管による運動に欠陥がある．したがって，精子の鞭毛の機能に欠陥があるか，または鞭毛が存在しないので，精子は運動できない．そして，気管の内面を覆う繊毛の機能に欠陥があるか，または繊毛が存在しないため，肺からの粘液を除去できないので，気道が危険な状態になる．

概念のチェック 6.7

1. 最も顕著な違いは細胞質を直接結合する構造，すなわち植物細胞では原形質連絡，動物細胞ではギャップ結合が存在することである．これらの結合によって，隣り合う細胞の細胞質がつながる．
2. 細胞は正常に機能しなくなり，おそらくやがて死ぬだろう．なぜなら，細胞壁や細胞外マトリクスは細胞と外界との間で物質交換を行えるように透過性でなければならないから．エネルギーの産生と消費にかかわる分子は，細胞の環境についての情報を提供する分子と同様に，細胞に入ることが可能でなければならない．他の分子，たとえば，細胞によって合成されて外に運ばれる分子や，細胞呼吸の副産物は細胞外に出ることが可能でなければならない．
3. 水溶液に面したタンパク質の部分は極性または電荷をもった

（親水性の）アミノ酸をもっていると考えられる．一方，膜を貫通する部分は非極性（疎水性の）アミノ酸をもっていると考えられる．細胞質側のループ状の領域の両端（尾部）には極性または電荷をもったアミノ酸が存在すると推定される．尾部とループの間の膜を貫通する4つの領域には非極性（疎水性の）アミノ酸があると推定される．

概念のチェック 6.8

1. *Colpidium colpoda* は，「9+2」構造をとる微小管を包む細胞膜の突出部である繊毛を使って泳ぎ回る．モータータンパク質と微小管の相互作用によって繊毛の同調的な屈曲が引き起こされ，水中の細胞を推進する．この運動はATPによって駆動される．そのATPはミトコンドリアで行われる過程において栄養物の糖の分解によってもたらされる．*C. colpoda* は栄養源として細菌を取り込む．その過程はおそらく図6.31のマクロファージが使っているのと同じ糸状仮足がかかわる過程であろう．この過程は細菌を消化するために，アクチンフィラメントと他の細胞骨格がかかわっている．細菌は取り込まれると，リソソーム内の酵素によって分解される．これらのすべての過程にかかわるタンパク質は *C. colpoda* の核DNAにコードされている．

重要概念のまとめ

6.1　光学顕微鏡と電子顕微鏡はともに細胞を可視化して研究することを可能にするので，細胞内部の構造や細胞の構成要素の配置の理解に役立つ．細胞分画の技術によって細胞のさまざまな構成要素が分離され，分離された各構成要素はそれらの機能を明らかにするために生化学的に分析される．その同じ細胞画分の顕微鏡観察は，生化学的な機能に細胞のどの構成要素がかかわっているかを明らかにするのに役立つ．

6.2　異なる機能を異なる細胞小器官に分離させることには，いくつかの利点がある．反応物と酵素は細胞全体に分散させるのではなく，1つの領域に濃縮することができる．特異的な条件，たとえば低いpH値を必要とする反応を，特定の区画内で行うことができる．特異的な反応のための酵素は，細胞小器官を包んで区画化する膜に組み込まれていることが多い．

6.3　核は細胞の遺伝物質をDNAの形で保有する．そのDNAにはメッセンジャーRNA（mRNA）がコードされ，mRNAはタンパク質合成のための指令を出す（そのタンパク質にはリボソームを構成するタンパク質も含まれる）．DNAはまたリボソームRNA（rRNA）もコードしている．rRNAは核内でタンパク質と複合体をつくってリボソームのサブユニットを構成する．細胞質で，リボソームはmRNAと結合し，mRNAの遺伝情報を使ってポリペプチドを合成する．

6.4　輸送小胞は粗面小胞体でつくられたタンパク質と膜をゴルジ装置に運ぶ．そこでそれらはさらに修飾され，細胞膜やリソソーム，あるいは細胞内の他の部位に運ばれる．また，小胞体に戻されるものもある．

6.5　細胞内共生説によると，ミトコンドリアは真核細胞の祖先細胞に取り込まれた酸素を利用する原核細胞に起源する．時を経て，その宿主と細胞内共生体は1つの生物へと進化した．葉緑体はミトコンドリアを有する少なくとも1つの真核細胞が光合成を行う原核細胞を取り込み，そして保持したことがその起源である．

6.6　細胞内において，モータータンパク質は細胞骨格の構成要素と相互作用して細胞のある部分を運動させる．モータータンパク質は小胞を微小管に沿って「歩かせる」ことができる．細胞内の細胞質の運動にはミオシンというモータータンパク質とアクチンフィラメント（マイクロフィラメント）の相互作用がかかわっている．鞭毛や繊毛の急速な屈曲運動によって細胞全体が移動することができる．その運動は，鞭毛と繊毛内部の微小管同士の，モータータンパク質によって駆動される滑りによって引き起こされる．細胞運動は，細胞の一端に偽足が形成され（アクチンが重合してアクチン繊維の網状構造が形成されることによって偽足が形成される），その後，細胞がその末端に向かって収縮することによっても起こる．この運動はアクチンフィラメントとミオシンの相互作用によって駆動される．筋細胞でのモータータンパク質とアクチンフィラメントの相互作用は，たとえば歩行や泳動のように個体全体を運動させることが可能である．

6.7　植物の細胞壁はおもにセルロース以外の多糖やタンパク質の間に埋め込まれたセルロース微繊維からなる．動物細胞の細胞外マトリクスはおもにコラーゲンとフィブロネクチンや糖タンパク質などのタンパク質繊維からなる．これらの繊維は炭水化物に富むプロテオグリカンの網状構造の間に埋め込まれている．植物の細胞壁は細胞を構造的に支持し，そして全体として植物体を支持している．構造の支持に加えて，動物細胞の細胞外マトリクスは環境変化を細胞内に伝えることを可能にしている．

6.8　核は染色体を収納している．染色体はそれぞれタンパク質と1つのDNA分子からなる．遺伝子は染色体DNAに沿って存在し，細菌細胞の取り込みにかかわるタンパク質をつくるのに必要な情報をもっている．そのようなタンパク質には，偽足（糸状仮足）を形成するアクチンフィラメントのアクチンや，必要なエネルギーの供給にかかわるミトコンドリアのタンパク質，リソソームに存在する細菌細胞を消化する酵素がある．

理解度テスト

1. B　2. C　3. B　4. A　5. D　6. 図6.8参照．

7章

図の問題

図7.2

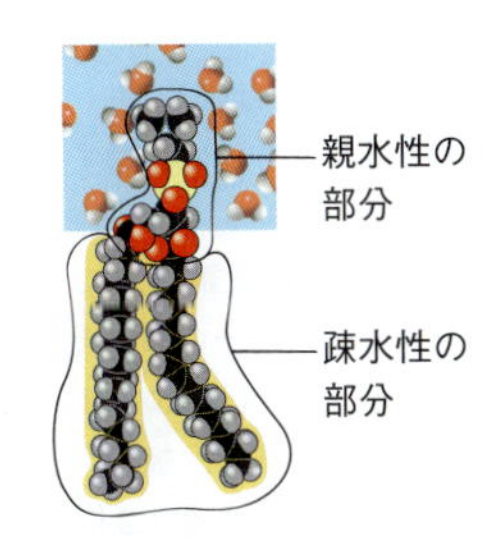
親水性の
部分
疎水性の
部分

親水性の部分は水溶性の環境（サイトゾルまたは細胞外液）に接し，疎水性の部分は二重層内部の他のリン脂質の疎水性の部分と接している．

図7.4　同一種の膜内でのタンパク質の移動は否定できない．ある生物種の膜の脂質とタンパク質は，他の生物種のそれらとはなんらかの不和合性のために混じり合うことができないと説明することができる．

図 7.7　(f) の 2 量体のような膜貫通型タンパク質は，ある特定の細胞外マトリクス分子と結合すると形を変えるかもしれない．新しい形をとることによって，(c) に示すように，そのタンパク質の内部の領域が，細胞外マトリクスの情報を細胞内に中継する細胞質の 2 番手のタンパク質と結合できるようになるかもしれない．

図 7.8　HIV 表面の，あるタンパク質の形は CD4 という受容体に相補的な形と似ている．さらにまた，CCR5 という補助受容体の形とも似ている．HIV 表面のタンパク質に形が似た分子は CCR5 と結合することができるので，HIV の結合を妨げる（別の解答として考えられる分子は，CCR5 に結合して CCR5 の形を変えることによって，HIV が結合できなくする分子であろう．事実，マラビロクの作用機構はこの通りである）．

図 7.9

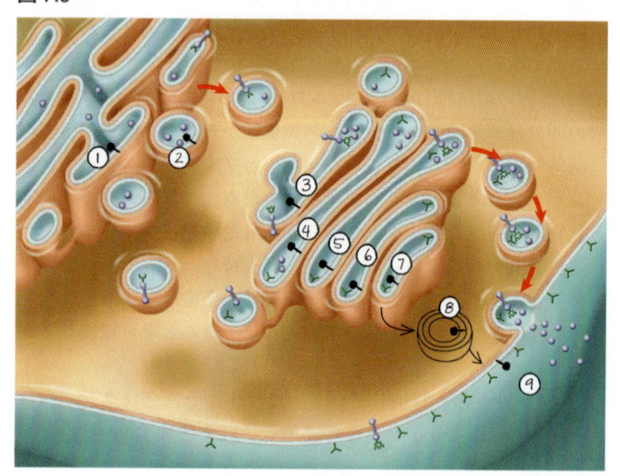
1
2
3
4
5
6
7
8
9

そのタンパク質は細胞外液に接することになるであろう（そのタンパク質の一端は小胞体内腔の中にあるので，そのタンパク質のどの部分も細胞質には延びていない）．そのタンパク質の膜内に存在しない部位は小胞体内腔内に延伸している．小胞が細胞膜と融合すると，内腔に面した小胞体膜の「内側」は細胞外液に接する細胞膜の「外側」になる．

図 7.11　オレンジ色の色素は膜の両側の溶液内で全体に均一に拡散するであろう．溶液の水位は影響を受けない．なぜなら，オレンジ色の色素は膜を通過して拡散できるのでその濃度は両側で同じになる．したがって，どちらの方向にもさらに浸透が起こることはない．

図 7.16　四角の記号の溶質は細胞内（下方）に移動する．丸の記号の溶質は細胞外（上方）に移動する．両方とも濃度勾配に逆らって移動している．

図 7.19　(a) 藻類細胞の顕微鏡写真で，藻類細胞の直径は，5 μm に相当するスケールバーのおよそ 2.3 倍の長さである．したがって，藻類細胞の直径はおよそ 11.5 μm である．

(b) 被覆小胞の顕微鏡写真で，被覆小胞の直径は，0.25 μm に相当するスケールバーのおよそ 1.2 倍の長さである．したがって，被覆小胞の直径はおよそ 0.3 μm である．

(c) したがって，藻類細胞を囲んでいる食胞は被覆小胞よりもおよそ 40 倍大きい．

概念のチェック 7.1

1. それらは輸送小胞の膜の内側についている．
2. 冷涼な地域に生育するイネ科草本植物は膜内により多くの不飽和脂肪酸を含むと考えられる．その理由は，それらの脂肪酸は低温下でも流動性を維持するからである．温泉のすぐ近くに生育するイネ科草本植物の場合，飽和脂肪酸をより多く含むと考えられる．飽和脂肪酸はより密に集合することができるので，膜の流動性を低下させ，それゆえ高温下でも膜を傷害のない状態に保つことができる（コレステロールは膜の流動性に対する温度の影響を緩和するためには使われない．なぜなら，動物細胞に比べて，植物細胞の膜にははるかにわずかしか存在しないため）．

概念のチェック 7.2

1. O_2 と CO_2 はともに膜内部の疎水性領域を容易に通過できる非極性分子である．
2. 水は極性分子なので，リン脂質二重層の中間の疎水性領域をあまり速く通過できない．
3. ヒドロニウムイオンは電荷をもっているが，グリセロールはそうではない．アクアポリンのチャネルによって排除される理由としては，おそらく大きさよりも電荷のほうが重要なのであろう．

概念のチェック 7.3

1. CO_2 は細胞膜を通って拡散できる非極性分子である．CO_2 が拡散で散逸している限り，その細胞外の濃度は低く保たれているので，CO_2 はこのようにして細胞外に出続けるであろう（本節で述べたように，このことは O_2 については逆である）．
2. ゾウリムシ *Paramecium* の収縮胞の活動は低下するであろう．収縮胞のポンプは細胞内に貯まった過剰な水を排出する．水の蓄積は低張環境下でのみ起こる．

概念のチェック 7.4

1. そのポンプは ATP を使う．電位差を形成するために，イオンはその勾配に逆らって輸送されなければならない．その輸送にはエネルギーを要する．
2. 各イオンは電気化学的勾配に逆らって輸送されている．もし，どちらかのイオンがその電気化学的勾配に従って輸送されているのならば，共輸送であると考えられるだろう．
3. リソソームの内部環境は酸性なので，その H^+ 濃度は細胞質よりも高い．したがって，リソソームの膜には，H^+ をリソソームに汲み入れるための図 7.17 に示されているようなプロトンポンプが存在すると考えられる．

概念のチェック 7.5

1. エキソサイトーシス．輸送小胞が細胞膜と融合すると，小胞の膜は細胞膜の一部になる．
2.

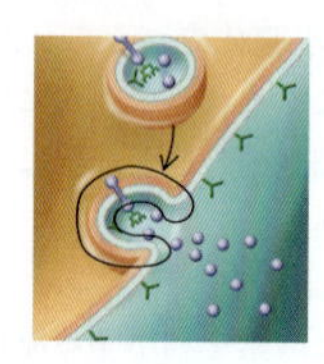

3. 糖タンパク質は小胞体内腔で合成され，ゴルジ装置を経由して，小胞に入った状態で細胞膜に運ばれ，細胞膜でエキソサイトーシスが行われ，そして細胞外マトリクスの一部になる．

重要概念のまとめ

7.1 細胞膜は細胞の構成要素を外部環境から隔てることによって細胞の境界を定める．したがって，さまざまな分子の出入りと，さらに細胞の機能を制御する細胞膜のタンパク質によって細胞内の条件の制御が可能になる（図 7.7 参照）．生命活動のさまざまな過程は細胞という制御された環境の中で行われるので，膜は決定的に重要である．真核生物では，膜は細胞質をさまざまな区画に分割する機能ももつ．それらの区画では異なる過程が異なる条件下（たとえば pH）で進行可能である．

7.2 アクアポリンは膜の水分子に対する透過性を格段に増加させるチャネルタンパク質である．水分子は極性分子なので，膜内部の疎水性部分を拡散によって透過するのが容易ではない．

7.3 水の細胞から高張液への拡散による正味の流出がある．自由水の濃度は溶液内よりも細胞内のほうが高い（細胞外の溶液中では，多くの水分子が高濃度の溶質粒子のまわりに集まって結合しているので，自由水は細胞内より濃度が低い）．

7.4 共役輸送運搬体によって輸送される溶質の 1 つはその濃度勾配に逆らって能動輸送される．この輸送のためのエネルギーは他方の溶質の濃度勾配に由来する．この濃度勾配は，エネルギーを使って他方の溶質を，膜を通過して輸送する電位差形成性ポンプによって形成されたものである．この過程全体を駆動するためにはエネルギーを必要とするので，過程全体は能動輸送とみなされる．なぜなら，その濃度勾配を形成するためには ATP を使うからである．

7.5 受容体を介したエンドサイトーシスでは，特異的な分子が細胞膜の，被覆小胞がつくられる領域の受容体に結合する．被覆ピットによって小胞が形成され，結合した分子を細胞内に運ぶ際に，細胞はそれらの分子をまとめて大量に得ることになる．

理解度テスト

1. B **2.** C **3.** A **4.** C **5.** B

6. (a)

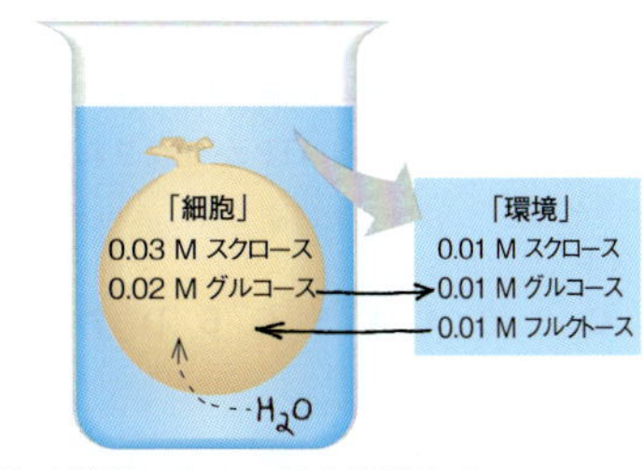
「細胞」
0.03 M スクロース
0.02 M グルコース
「環境」
0.01 M スクロース
0.01 M グルコース
0.01 M フルクトース
H_2O

(b) 外の溶液は低張である．膜を透過しないスクロースの濃度が低い．

(c) (a) の答えを参照しなさい．

(d) この人工細胞はより張り切った状態になる．

(e) 最終的に，2 つの溶液の溶質濃度が同じになる．スクロースが膜を通過できなくても，水が流入（浸透）して等張になる．

8 章

図の問題

図 8.5 プロトンポンプによって（図 7.17），ATP に蓄えられたエネルギーは，プロトンを膜の一方から他方へ汲み上げ，細胞外のプロトン濃度をより高く（無秩序さがない）するために使われる．そのため，この過程は高い自由エネルギーをもたらす．水素イオンに似た溶質分子が，(b) の下図のランダムな分散と同様に均一に分散している．この系は (b) の上の場合よりも自由エネルギーが少ない．下図の系は仕事ができない．プロトンポンプ（図 7.17）によって生み出された濃度勾配は高い自由エネルギーを表しているので，この系は膜の一方の側でプロトン濃度が高くなると仕事をすることができる能力をもつことになる（図 9.15 参照）．

図 8.10 グルタミン酸は R 基の末端にカルボキシ基を 1 つもつ．グルタミンは，R 基の —O^- の位置にアミノ基があることを除けば，グルタミン酸とまったく同じ構造をもつ（R 基の酸素原子はこの合成反応で外れる）．したがって，この図では，Gln（グルタミン）は Glu（グルタミン酸）に NH_2 を結合した形で描いてある．

図 8.13

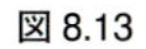

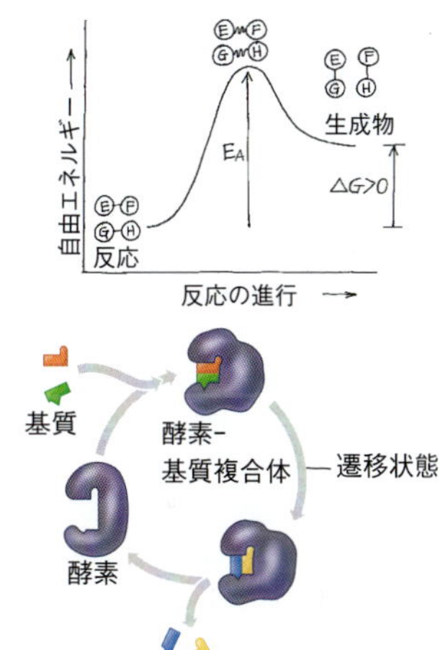
自由エネルギー →
反応
生成物
E_A
$\Delta G>0$
反応の進行 →
基質
酵素-
基質複合体
遷移状態
酵素
産物

図 8.16

概念のチェック 8.1

1. 第 2 法則は無秩序化，つまりエントロピーの増加についての法則である．膜の両側の物質濃度が同じ場合，その分布が不均等な場合に比べて無秩序さが大きい．ある物質が，濃度が高い領域から低い領域へ拡散することはエントロピーを増加することになる．その過程によって第 2 法則で述べられているようにエネルギー的により有利（自発的）な状態になる．このことは，図 7.10 で示した過程の説明になっている．

2. そのリンゴは木にぶら下がっているその位置でのポテンシャルエネルギーをもっている．そして，リンゴに含まれる糖や他の栄養物も化学エネルギーをもっている．そのリンゴは木から地上に落下する際には，運動エネルギーをもつ．最後に，リンゴが消化されて，含まれている物質が分解されると，ある量の化学エネルギーが仕事に使われ，残りは熱エネルギーとして失われる．

3. その糖の結晶は，溶解して水の中でランダムに分散すると，その秩序の程度を減少させる（エントロピーが増加する）．時間が経つと水が蒸発し，残りの水の体積では糖を溶液の状態に留めておくことができなくなり，結晶が再形成される．糖の結晶が再び現れることは秩序を「自発的」に増加していることを（エントロピーの減少）示しているように見えるが，水分子の秩序の減少（エントロピーの増加）とつり合っているのである．つまり，水分子は，比較的まとまった状態である液体の水から，水蒸気というもっと分散した無秩序な形に変化したのである．

概念のチェック 8.2

1. 細胞呼吸では自発的で，発エルゴン過程である．グルコースから放出されたエネルギーは細胞内で仕事に使われるか，または熱として失われる．
2. 異化では，図 8.5 c の上から下への変化のように，有機物が分解され，その化学エネルギーが放出され，より多くのエントロピーをもつ，より小さな分子を生じる過程である．
3. その反応は，エネルギーを放出しているので（この場合，光の形で）発エルゴン反応である（これは図 8.1 で見られる生物発光に類した非生物学的な例である）．

概念のチェック 8.3

1. ATP は通常，他の分子をリン酸化（リン酸基の付加）することによって吸エルゴン過程にエネルギーを転移する（発エルゴン過程では，ADP をリン酸化して ATP を再生する）．
2. 2つの反応からなる一連の反応によって，最初の組み合わせから2番目の組み合わせへの変換が可能である．これは全体として発エルゴン過程であるので，ΔG は負であり，したがって最初の組み合わせのほうがより多くのエネルギーをもっていなければならない（図 8.10 参照）．
3. 能動輸送：溶質は濃度勾配に逆らって輸送されている．その輸送は ATP の加水分解によって供給されるエネルギーを必要とする．

概念のチェック 8.4

1. 自発過程の反応は発エルゴン反応である．しかし，高い活性化エネルギーがほとんど得られないならば，反応速度は小さい．
2. 特異的な基質のみが酵素の活性部位，つまり酵素が反応を触媒する部位に正しく結合する．
3. マロン酸の存在下で，本来の基質（コハク酸）の濃度を上げて反応速度が大きくなるかどうかを見る．その通りであれば，マロン酸は競合阻害剤である．
4.

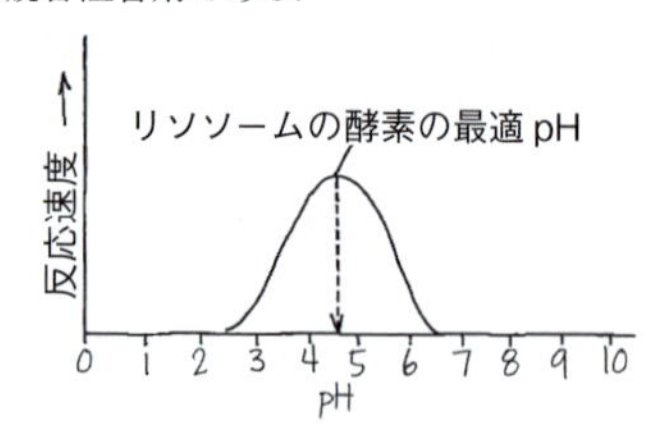
リソソームの酵素の最適 pH
反応速度
0 1 2 3 4 5 6 7 8 9 10
pH

概念のチェック 8.5

1. 活性化因子は酵素の活性型の形を安定化させるような仕方で結合し，一方，阻害剤は不活性型の形を安定化させる．
2. 異化経路では，有機物を分解し，生じるエネルギーを ATP 分子に蓄える．このような経路でのフィードバック阻害では，ATP（産物の1つ）はこの異化過程の初期段階を触媒する酵素のアロステリック阻害剤として作用するだろう．ATP が大量にあるとき，この反応系は停止して何も合成されないだろう．

重要概念のまとめ

8.1 細胞構造の「秩序化」の過程は宇宙のエントロピー，言い換えれば宇宙の無秩序さを増すことである．たとえば，動物細胞はその構造をつくり，維持するための素材とエネルギー源として高度に秩序化された有機分子を取り入れる．しかし，その同じ過程で，細胞は熱と単純な分子である二酸化炭素と水を環境に放散する．後者の過程でのエントロピーの増加は前者のエントロピーの減少を相殺する．

8.2 自発的な反応は負の ΔG をもち，発エルゴン過程である．自由エネルギーの正味の放出（$-\Delta G$）を伴って進行する化学反応では，エンタルピー，言い換えれば系の全エネルギーの減少（$-\Delta H$）と，エントロピーあるいは無秩序さの増加（$-T\Delta S$ の負の絶対値の増加）のどちらか，またはその両方が必ず起こる．自発的な反応は細胞が仕事をするためのエネルギーを供給する．

8.3 ATP の加水分解によって放出される自由エネルギーは1個のリン酸基を反応物の分子に転移し，より活性化されたリン酸化中間体を形成することによって，吸エルゴン反応を駆動し得る．ATP の加水分解はまた，細胞の機械的な仕事や輸送の仕事を駆動する．それらの仕事は多くの場合，仕事にかかわるモータータンパク質の形の変化にエネルギーが使われる．細胞呼吸，つまりグルコースの異化という分解過程は，ADP と無機リン酸から ATP を吸エルゴン的に再生するためにエネルギーを供給する．

8.4 活性化エネルギーの障壁は，自由エネルギーに富む細胞内の複雑な分子が秩序さの少ない，より安定な分子へと自発的に分解されるのを阻止する．酵素は特異的な基質と結合して，その化学反応の細胞内での E_A（活性化エネルギー）を選択的に低くする酵素–基質複合体を形成することによって代謝の制御を可能にしている．

8.5 細胞はエネルギーと物質の必要性の変化に応答してそのさまざまな代謝経路を厳密に制御する．アロステリック酵素の制御部位に活性化因子や阻害剤が結合することによって，そのサブユニットを活性化型または不活性化型の状態に安定化する．たとえば，過剰に ATP をもつ細胞で，異化酵素に ATP が結合すると，その異化経路が阻害される．このようなフィードバック阻害は細胞内の化学的な資源を維持するであろう．ATP の供給が減ると，異化酵素の制御部位に ADP が結合して異化経路を活性化し，より多くの ATP が合成されることになる．

理解度テスト

1. B　2. C　3. B　4. A　5. C　6. D　7. C

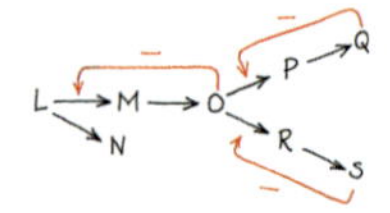
L
M
N
O
P
Q
R
S
−
−

9.
生成物量
時間
A. 基質分子が膵臓の細胞内に入るが，産物はまだつくられていない．
B. 十分な基質があるので，反応は最大の速度で進行する．
C. 基質が消費されるに伴い，反応速度が低下する（勾配がゆるやかになる）．
D. 基質が新たに追加されず，したがって新たな産物が生じないので，曲線は平らになる．

9章

図の問題

図 9.4 還元型は2個の電子とともに水素原子をさらに1個もつ．

それはニコチンアミドの上端の炭素（Nの反対側）に結合している．2つの型で二重結合の数が異なる．酸化型は環の中に3つの二重結合があるが，還元型では2つしかない（有機化学で学んでいるか，あるいはこれから学ぶことになるであろうが，環の中の3つの二重結合は，「共鳴」状態，言い換えれば電子の環の状態を可能にする．3つの共鳴二重結合をもつ場合は，環の中に二重結合を2つしかもたない場合よりも，より「酸化」されている）．酸化型において，Nに1個の正電荷（+）があるが（4個の電子対を共有しているので），還元型では，電子を3対しか共有していない（共有していない電子は2個もつ）．

図9.7　その反応には外からのエネルギー源がないので，発エルゴン反応である．したがって，反応物は生成物よりもエネルギーレベルは必ず高い．

図9.9　除去すると解糖はおそらく停止するか，または速度が低下する．その理由は，除去すると❺の平衡が下方，すなわちDHAP側にずれることになるため．利用できるグリセルアルデヒド3-リン酸が少なかったり，なかったりする場合，❻の反応は低下，または停止するであろう．

図9.15　複合体Ⅲまでは電子伝達が進行し，わずかながらプロトン勾配が形成されるので，最初に，いくらかのATPがつくられ得る．しかし，すぐに，複合体Ⅲに電子が渡されなくなる．なぜなら，複合体Ⅲが複合体Ⅳに電子を渡さなくなるので，複合体Ⅲは再酸化されることがないため．

図9.16　第1に，ピルビン酸の酸化によって生じる2 NADHとクエン酸回路で生じる6 NADHがある．すなわち，8 NADH×2.5 ATP/NADH=20 ATP．第2に，クエン酸回路で生じる2 $FADH_2$がある．すなわち，2 $FADH_2$×1.5 ATP/$FADH_2$=3 ATP．第3に，解糖で生じる2 NADHは往復経路（シャトル系）の2つのタイプのうちの1つによってミトコンドリアに入る．2 NADHからそれらの電子がFADに渡され，2 $FADH_2$が生じる．その結果，3 ATPを生じるか，または2 NAD^+に電子が渡されて，2 NADHを生じ，その結果5 ATPを生じる．したがって，すべてのNADHと$FADH_2$から生じるATPは，20+3+3=26 ATP，または，20+3+5=28 ATP．

概念のチェック 9.1

1. 両過程とも解糖，クエン酸回路，酸化的リン酸化を含む．好気呼吸では，最終的な電子受容体は分子状酸素（O_2）である．一方，無気呼吸では，最終的な電子受容体にはさまざまな物質がある．
2. $C_4H_6O_5$は酸化され，NAD^+は還元される．

概念のチェック 9.2

1. NAD^+は❻で酸化剤として機能し，グリセルアルデヒド3-リン酸から電子を受け取る．したがって，グリセルアルデヒド3-リン酸は還元剤として機能する．

概念のチェック 9.3

1. NADHと$FADH_2$．これらは電子伝達鎖に電子を渡す．
2. CO_2は解糖の最終産物であるピルビン酸から，そしてクエン酸回路の過程から放出される．
3. 両過程において，前駆体分子はCO_2を失い，そして酸化の段階で電子伝達体に電子を渡す．また，産物は補酵素A（CoA）に結合することによって活性化された．

概念のチェック 9.4

1. 酸化的リン酸化は最終的に完全に停止し，その結果，この過程によるATP生成はない．電子が電子伝達鎖を「降下」するのに必要な酸素がなければ，H^+はミトコンドリアの膜間区画へ汲み出されず，化学浸透は起こらない．
2. pHの低下はH^+の増加を意味する．これによって電子伝達鎖の機能がなくてもプロトン勾配形成されるので，ATP合成酵素が機能してATPを合成すると期待される（実際，このような実験によって化学浸透がエネルギー共役機構であるという説が支持された）．
3. 電子伝達鎖の1つの構成要素であるユビキノン（Q）は膜内を拡散できなければならない．そうでなければ，膜は1つの場所に強固に固定されていることになる．

概念のチェック 9.5

1. アルコール発酵におけるアセトアルデヒドのようなピルビン酸の類縁物質や，乳酸発酵におけるピルビン酸そのもの．酸素．硫酸イオン（SO_4^{2-}）のような別の電子伝達鎖の最後の電子受容体．
2. 細胞は好気的環境下に比べて16倍の速度でグルコースを消費する必要がある（細胞呼吸では32 ATPがつくられるのに対して，発酵では2 ATPがつくられる）．

概念のチェック 9.6

1. 脂肪は還元されている程度がきわめて高い．脂肪は多くの—CH_2—単位をもち，これらの結合のすべてにおいて電子が均等に分配されている．炭水化物分子の電子は，かなりの数の電子が酸素に結合しているので，すでにある程度酸化されている（結合において不均等に分配されている．つまり，脂肪よりも多くのC—O結合とO—H結合をもつ）．脂肪におけるように均等に分配された電子は，炭水化物の場合のように電子が不均等に分配されている場合に比べて高いエネルギーレベルにある．
2. 代謝過程に必要な量以上に食物を消費すると，私たちの体はエネルギーを貯蔵して，後で利用する手段として脂肪を合成する．
3. AMPが蓄積し，ホスホフルクトキナーゼの活性を促進する．その結果，解糖の速度が増加する．酸素が存在しないので，その筋細胞は乳酸発酵の過程でピルビン酸を乳酸に変換して，ATPの供給を行う．
4. 酸素存在下では，脂肪のエネルギーの大部分をもっている脂肪酸の鎖が酸化され，クエン酸回路と電子伝達鎖に投入される．しかし，激しい運動を行っている間は，筋細胞中の酸素が欠乏しているので，ATPは解糖のみによって合成されなければならない．脂肪分子の中の非常に小さな部分であるグリセロール骨格は解糖の過程で酸化されるが，この部分から放出されるエネルギーの量は脂肪酸鎖から放出されるエネルギーに比べれば無視できる程度である（これが，穏やかな運動，つまり心拍数が最大の70%以下に保たれた運動が脂肪を燃やすためにはよいという理由である．なぜなら，十分な酸素を筋肉が利用できるからである）．

重要概念のまとめ

9.1　細胞呼吸でつくられるATPのほとんどは酸化的リン酸化に由来する．酸化的リン酸化では，電子伝達鎖の酸化還元反応で放出されるエネルギーがATP生産に使われる．基質レベルのリン酸化では，酵素がリン酸基を中間体からADPに直接転移する．解糖でのすべてのATP合成は基質レベルのリン酸化によって行われる．この様式のATP合成はクエン酸回路の中の1つの段階でも行われる．

9.2　三炭糖のグリセルアルデヒド3-リン酸の酸化によってエネルギーが得られる．この酸化において，電子とH^+がNAD^+に渡されて，NADHが生成し，1個のリン酸基が酸化された基質に結合する．その後，このリン酸基がADPに転移されて，基質レベルのリン酸化によってATPが生成する．

9.3　6分子のCO_2の放出はグルコースの完全酸化を意味する．2分子のピルビン酸がそれぞれアセチルCoAに変換される過程で，完全に酸化されたカルボキシ基（$-COO^-$）が2つのCO_2として放出される．残りの4つの炭素はクエン酸回路でクエン酸が酸化されてオキサロ酢酸に戻る際に放出される．

9.4　ATP合成酵素複合体を通過するH^+の流れによって，回転子と回転子に接続した車軸の回転が引き起こされ，ノブの部分のADPとリン酸イオンからATPを合成する触媒部位を露出させる．ATP合成酵素はミトコンドリア内膜，細菌の細胞膜，そして葉緑体の内部の膜（チラコイド膜）に存在する．

9.5　嫌気呼吸は（訳注：発酵よりも）より多くのATPを生じる．解糖での基質レベルのリン酸化によってつくられた2分子のATPは発酵で得られる全エネルギーである．NADHは「高エネルギー」電子をピルビン酸またはその類縁分子に渡してNAD^+を再生し，解糖を継続させる．嫌気呼吸では解糖の過程でつくられたNADHとピルビン酸の酸化の際につくられたNADHがATP分子を生産するために使われる．電子伝達鎖による一連の酸化還元反応を経てNADHの電子のエネルギーが獲得される．最終的に，その電子は酸素以外の電気陰性度の高い分子に伝達される．

9.6　異化経路でつくられたATPは同化経路を駆動するために使われる．また，解糖とクエン酸回路の多くの中間体も細胞のさまざまな分子の生合成の際に使われる．

理解度テスト

1. C　2. C　3. A　4. B　5. D　6. A　7. B

8. 解糖の過程全体でATPの正味の生産が行われるので，ATP量が十分多いときには解糖の速度は低下することがわかるであろう．つまり，ATPがホスホフルクトキナーゼをアロステリックに阻害すると推定される．

9. 図7.17と図7.18のプロトンポンプは，プロトンをその濃度勾配に逆らって汲み上げるためにATPの加水分解を利用して能動輸送を行っている．ATPを必要とするので，これはプロトンの能動輸送である．図9.14のATP合成酵素はプロトンの濃度勾配に従った流れを使ってATP合成反応を駆動している．プロトンがその濃度勾配を下るように移動しているので，その移動にはエネルギーを必要としない．したがってそれは受動輸送である．

10.

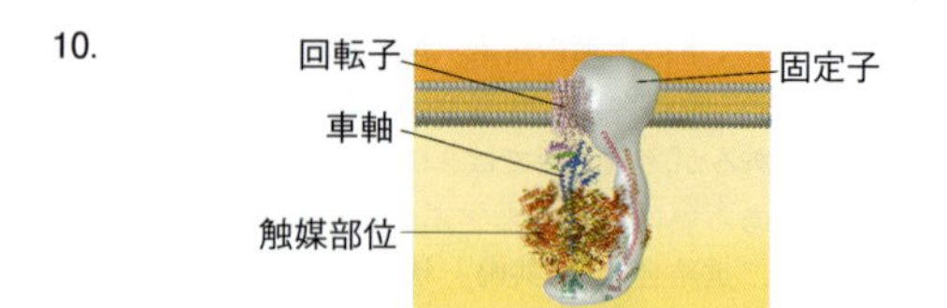
回転子
固定子
車軸
触媒部位

12.

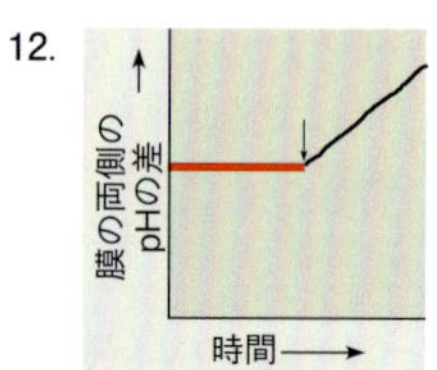
膜の両側のpHの差
時間

プロトンは膜を横切って汲み上げ続けられるだろう．その結果，マトリクスのpHと膜間区画のpHの差は大きくなる．プロトンはATP合成酵素を通過して逆流できないだろう．なぜなら，この酵素は毒物によって阻害されているため，膜を介した濃度差を一定に維持するのではなく，濃度差は大きくなり続けるであろう（最終的には，膜間区画のプロトン濃度はそれ以上汲み上げることができないほどの高さにまで達するであろう．しかし，このことはこのグラフには示されていない）．

10章

図の問題

図10.3　容器に入れた藻類をCO_2の放出源近くに配置することは，藻類が光合成を行うためにCO_2を必要とするので理にかなっている．光合成速度が高いほど，藻類はより多くの植物油を生産する．同時に，藻類は工業施設や自動車のエンジンから排出されるCO_2を吸収して，大気中に放出されるCO_2量を減少させるだろう．

図10.12　葉内では，光子によって励起されたクロロフィルの電子のほとんどが光合成の反応を駆動するために使われる．

図10.16　光化学系Ⅰの塔のてっぺんにいる人は電子をバケツに向けて投げ入れない．その代わり，光化学系Ⅱの塔のすぐ隣の斜面に向けて投げる．その電子は斜面を転がり落ち，そして光子によって勢いがつけられて，その人のところに戻ってくる．このサイクルは光が利用できる限り継続する（これが環状電子伝達とよばれる理由である）．

図10.17　(a) ミトコンドリアの外側のpHを下げる（したがって，H^+濃度が上昇する）．
(b) 葉緑体ストロマのpHを上げる（したがって，H^+濃度が低下する）．両方の場合とも，ATP合成酵素がATPを合成するように，膜を隔てたH^+濃度勾配が形成される．

図10.23　ヘキソキナーゼをコードする遺伝子は，核の染色体DNAの一部である．そこで，遺伝子はmRNAに転写された後，細胞質に輸送され，そこで遊離のリボソームによってポリペプチドに翻訳される．このポリペプチドは二次，三次構造と機能的なタンパク質へと折りたたまれる．機能的になると，細胞質において解糖系の最初の反応を触媒する．

概念のチェック 10.1

1. CO_2は気孔を通って葉内に入り，非極性の分子となって，葉の細胞膜および葉緑体膜を透過できるようになり，葉緑体のストロマに到達する．

2. ^{16}Oより重い同位体の^{18}Oをラベルとして利用して，研究者は，光合成の過程でつくられる酸素が二酸化炭素からではなく，水から生じるというファン・ニールの仮説を確かめることができた．

3. 明反応は，カルビン回路で生成する $NADP^+$，ADP，Ⓟi なしには NADPH と ATP をつくり続けることができない．2つの反応経路は相互に依存しているからである．

概念のチェック 10.2

1. 緑色．緑色光は光合成色素を最もよく透過し，反射して，吸収されないため．
2. 水（H_2O）は最初の電子供与体である．$NADP^+$は電子伝達鎖の最後で電子を受け取り，NADPH に還元される．
3. この実験では，ATP 合成の速度は低下し，結局は反応が停止する．加えた化合物は膜を介したプロトン勾配の形成を阻害するので，ATP 合成酵素は ATP 合成反応を触媒することができない．

概念のチェック 10.3

1. 6，18，12
2. 分子が蓄えているポテンシャルエネルギーが多いほど，その分子を合成するために，より多くのエネルギーと還元力を必要とするため．グルコースは高度に還元されており，その電子に大量のポテンシャルエネルギーが蓄えられている．CO_2 を還元してグルコースにするためには，大量のエネルギーと還元力のそれぞれを多数の ATP と NADPH 分子という形で必要とする．
3. 明反応には ADP と $NADP^+$が必要である．これらは，カルビン回路が停止したら ATP と NADPH から十分な量を生成できない．
4. 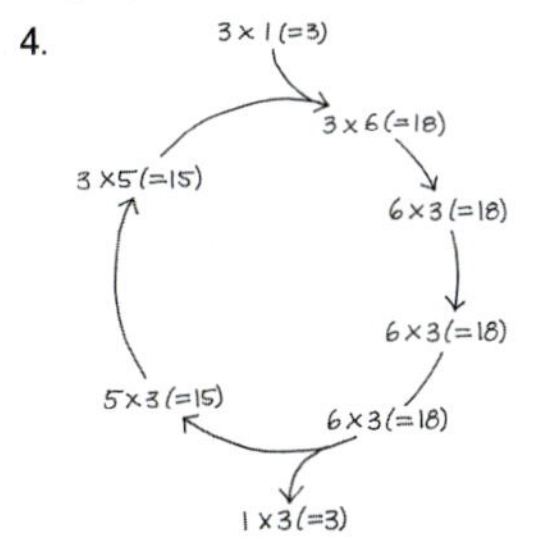
3×1(=3)
3×6(=18)
6×3(=18)
6×3(=18)
6×3(=18)
5×3(=15)
3×5(=15)
1×3(=3)
3つの炭素原子が個々の CO_2 分子として1個ずつ回路に入り，回路を3回まわるごとに炭素3個の分子（G3P）を回路の外に出していく．
5. 解糖では，G3P は中間体としての役割を果たす．六炭糖のフルクトース 1, 6-ビスリン酸は2個の三炭糖に分解され，そのうちの1つが G3P である．もう1つはジヒドロキシアセトンリン酸とよばれる異性体で，イソメラーゼによって G3P に変換可能である．G3P は次の酵素の基質なので，つねに減少する．したがって，反応の平衡状態に向かってジヒドロキシアセトンリン酸が G3P へとさらに変換される．カルビン回路では，G3P は中間体と産物の両方の役割を果たす．カルビン回路に入る CO_2 3分子あたり6分子の G3P が生成する．そのうちの5分子は回路に留まって，五炭糖の RuBP 分子を再生するために再編成される．残りの1分子の G3P が産物になる．これは3分子の CO_2 を「還元した」結果とみなすことができる．

概念のチェック 10.4

1. 光呼吸はカルビン回路に対して，二酸化炭素ではなく酸素を付加することによって光合成の生産量を低下させる．結果として，糖が合成されず（炭素が固定されず），O_2 は発生するのではなく，むしろ消費される．
2. 維管束鞘細胞では光化学系Ⅱがないので，O_2 が発生しない．これによって，ルビスコへの CO_2 の結合に O_2 が競合するという問題が，これらの細胞では回避されることになる．
3. 両方の問題とも化石燃料の燃焼による地球大気の大きな変化によって引き起こされる．CO_2 濃度の上昇は海洋の pH 低下による化学的変化を引き起こす．したがって，海産生物による石灰化に影響を与える．陸上では，CO_2 濃度と温度は植物が適応してきた環境条件なので，これらの環境条件の変化によって植物の光合成に甚大な影響を及ぼす．したがって，これらの2つの重要な要因の変化は，地球上のすべてのさまざまな生存圏の生物に重大な影響を及ぼす．
4. C_4 植物と CAM 植物の植物種が C_3 植物の多くの種に取って代わるだろう．

概念のチェック 10.5

1. はい．植物は細胞呼吸により糖（グルコースの形で）を分解することで，吸エネルギー性の化学反応である，膜通過性の物質輸送や細胞内での分子の移動など，多様な細胞過程のための ATP を生成する．ATP はいくつかの植物細胞では，細胞原形質流動での葉緑体移動にも使われる（図 6.26 参照）．

重要概念のまとめ

10.1　CO_2 と H_2O は呼吸の産物である．これらは光合成では反応物である．呼吸では，グルコースが酸化されて CO_2 になり，そのとき電子が電子伝達鎖を経由してグルコースから O_2 に伝達されて H_2O が生成する．光合成においては，H_2O は電子の供給源であり，それらの電子は光によって高エネルギー状態になり，NADPH に一過的に蓄えられ，そして CO_2 を還元して有機物をつくるために利用される．

10.2　光合成の作用スペクトルはクロロフィル *a* によって吸収されなかった光でも，ある波長の光は光合成を起こさせる効果があることを示している．光合成の光捕集系複合体にはクロロフィル *b* やカロテノイドなどの補助色素が含まれており，それらはさまざまな波長の光を吸収して，クロロフィル *a* に伝える．そのため，光合成に有効な光のスペクトルは広がりをもつ．

10.3
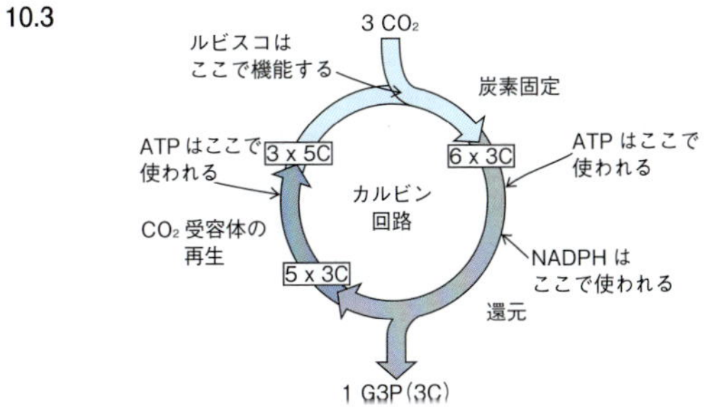
3 CO₂
ルビスコは
ここで機能する
炭素固定
ATP はここで
使われる
3 x 5C
6 x 3C
ATP はここで
使われる
カルビン
回路
CO₂ 受容体の
再生
NADPH は
ここで使われる
5 x 3C
還元
1 G3P (3C)

カルビン回路の還元段階において，ATP によって炭素3個の化合物がリン酸化され，次にこの化合物が NADPH によって還元されて G3P になる．ATP は受容体再生の段階で，G3P 5分子が炭素5個の化合物である RuBP 3分子に変換される際にも使われる．ルビスコは，炭素固定の最初の段階である，RuBP への CO_2 の付加を触媒する．

10.4　C_4 光合成も CAM 光合成の両方とも，CO_2 の固定の最初の段階で炭素4個の化合物の合成が行われる．この過程は，C_4 植物では葉肉細胞で行われ，CAM 植物では夜間に行われる．これらの化合物はその後分解して CO_2 を放出する．この過程は，C_4 植物では維管束鞘細胞で行われ，CAM 植物では昼の間に行われる．最初にCO_2に結合するために使われた分子を再生するために，ATPが必要である．これらの光合成経路は，高温乾燥の昼間に気孔を閉じるときに起こる光呼吸によって，ATPが消費され，光合成の生産を減少するのを回避する．したがって，C_4植物とCAM植物は高温乾燥気候に適応している．

10.5　光合成生物は他のすべての生物に食物（炭化水素の形で）を，直接的あるいは間接的に供給する．それらは，太陽のエネルギーを利用して炭化水素を構築するが，それを非光合成生物が行うことはできない．光合成はまた，好気呼吸する生物に必要な酸素（O_2）を生成する．

理解度テスト

1. D　**2.** B　**3.** C　**4.** A　**5.** C　**6.** B　**7.** C

10.

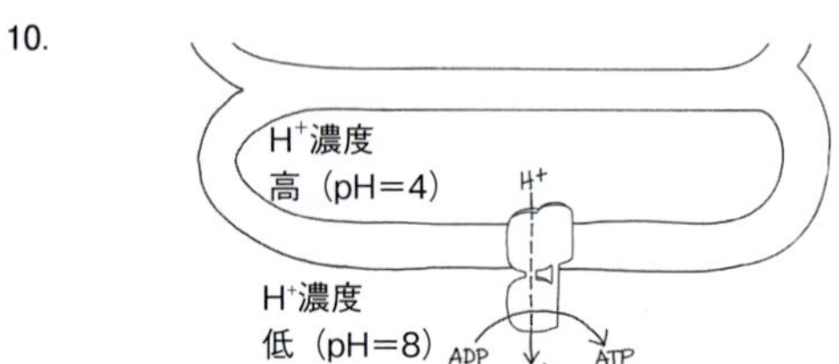
H^+濃度
高（pH=4）
H^+
H^+濃度
低（pH=8）
ADP
+
Ⓟi
H^+
ATP

ATPはチラコイドの外側に生じる．チラコイドによって暗所でATPがつくられる理由は，研究者がチラコイド膜を介したプロトン濃度の勾配を人工的につくったからである．そのため，ATP合成酵素が必要とするH^+勾配の形成に明反応が必要なかった．

11章

図の問題

図11.6　アドレナリンはシグナル分子である．細胞膜表面の受容体タンパク質に結合すると推定される．

図11.8　これは受動輸送の例である．そのイオンは濃度勾配を下って移動しており，エネルギーを必要としない．

図11.9　アルドステロン分子はステロイドの1つで疎水性なので，細胞膜の脂質二重層を直接通過して細胞内に入ることができる（親水性分子は，これは不可能である）．

図11.10　リン酸化カスケードの全体が作動しないだろう．シグナル分子が結合するか否かにかかわらず，タンパク質キナーゼ2はつねに不活性型で，細胞応答を導く紫色のタンパク質を活性化することはできないだろう．

図11.11　シグナル伝達分子（cAMP）は活性型のままで，シグナル伝達を継続するであろう．

図11.12

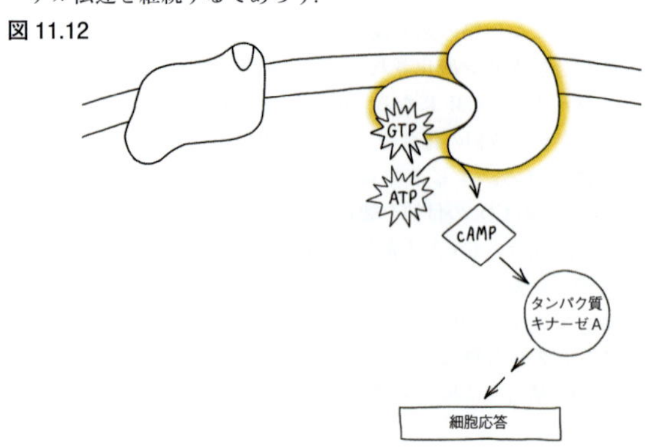
GTP
ATP
cAMP
タンパク質
キナーゼA
細胞応答

図11.16　1億（10^8）個のグルコース分子が放出される．最初の段階で100倍の増幅（1個のアドレナリンが100個のGタンパク質を活性化する）．次の段階では，応答は増幅されない．その次の段階では，100倍に増幅される（10^4個の環状AMPに対して10^2個のアデニル酸シクラーゼ）．その次の段階では，応答は増幅されない．その次の2つの段階では，それぞれ10倍ずつ増幅され，最後の段階では，100倍に増幅される．

図11.17　図11.14のシグナル伝達経路によって，PIP_2が分割されて二次メッセンジャーであるDAGとIP_3を生じる．この2つは異なる応答をもたらす（DAGによって引き起こされる応答は述べられてはいるが，図には示されてはいない）．細胞Bの経路は，分岐して2つの応答を導くので，図11.14の経路に似ている．

概念のチェック 11.1

1. 2つの細胞は互いに反対の接合型（**a**と**α**）で，それぞれある決まったシグナル分子を分泌する．それらのシグナル分子は反対の接合型の細胞がもつ受容体にのみ結合する．したがって，接合因子**a**は別の**a**細胞には結合できない．そしてその**a**細胞を最初の**a**細胞（接合因子**a**を分泌した細胞）の方向に成長させることもできない．**α**細胞のみがそのシグナル分子を「受け取って」，その方向に成長するという応答を行うことができる．
2. グリコーゲンホスホリラーゼは第3段階，つまり，アドレナリンによるシグナル伝達の応答の段階で機能する．
3. グルコース1-リン酸はつくられない．なぜなら，その酵素の活性化には，細胞膜に無傷の（インタクトな）受容体と無傷の（インタクトな）シグナル変換経路をもった無傷の（インタクトな）細胞が必要だからである．その酵素は試験管内でシグナル分子と直接相互作用させても活性化させることができない．

概念のチェック 11.2

1. NGFは水溶性（親水性）なので，ステロイドホルモンのようには，脂質膜を通過して細胞内の受容体に到達するということができない．したがって，NGF受容体は細胞膜に存在すると考えられ，実際その通りである．
2. 欠陥のある受容体をもつ細胞はシグナル分子が存在していても，それに正しく応答することができない．このようなことはその細胞にとって悲惨な結末をもたらすだろう．なぜなら，細胞の活動に対するこの受容体による制御が正しく行われないからである．
3. 受容体へのリガンドの結合によって，受容体の形が変化し，受容体のシグナル伝達の能力が変化する．アロステリック制御因子が酵素に結合すると酵素の形が変化し，酵素活性の促進，または阻害が起こる．

概念のチェック 11.3

1. タンパク質キナーゼはATPのリン酸基をタンパク質に転移する酵素であり，一般に，リン酸化によってそのタンパク質を活性化する（別のタンパク質キナーゼを活性化する場合が多い）．多くのシグナル変換経路では，リン酸化されたタンパク質キナーゼが次のタンパク質キナーゼを順次連鎖的にリン酸化するという一連の相互作用が行われる．このようなリン酸化のカスケードによって，細胞外のシグナルが，細胞内のある応答を引き起こすタンパク質に伝えられる．

2. タンパク質ホスファターゼはキナーゼと逆の働きをもつ．シグナル分子が，その受容体に連続的に再結合を繰り返すほど高濃度でなければ，すべてのキナーゼ分子はホスファターゼによって不活性の状態に戻るだろう．
3. 変換されていくシグナルは，シグナル分子が細胞表面の受容体に結合しているという「情報」である．情報はタンパク質間の一連の相互作用という仕方で変換される．そして，その相互作用によってタンパク質の形が変化し，その結果，シグナル，すなわち情報が順次伝えられていく過程で，それらのタンパク質が活性化される．
4. IP_3 依存性ゲートつきチャネルが開くことによって，カルシウムイオンが小胞体から細胞質に流出し，サイトゾルの Ca^{2+} 濃度が上昇する．

概念のチェック 11.4

1. 連鎖的な活性化のカスケードの各段階で，1個の分子またはイオンが次の段階で機能する多数の分子を活性化する．これによって，各反応段階での応答が増幅され，最終的に最初のシグナルが格段に増強されるという結果になる．
2. 足場タンパク質はシグナル伝達経路の成分分子をそれぞれ複合体の形で備えている．異なる足場タンパク質がそれぞれ異なるタンパク質の一揃えをもち，それらが2つの細胞で分子間の異なる相互作用を促進し，異なる細胞応答を導くのであろう．
3. タンパク質ホスファターゼが機能しないと，特定の受容体または中継分子を脱リン酸化できなくなる．その結果，シグナル伝達経路はいったん活性化されると完了できなくなる（実際，ある研究によって，直腸の腫瘍の25%で，細胞内のタンパク質ホスファターゼが変異していることがわかっている）．

概念のチェック 11.5

1. 哺乳類の手や足の形成では，それらの指の間の部域の細胞でアポトーシスが起こるようにプログラム化されている．これによって手足の指が水かきのない形になる（水鳥においてはこれらの領域でアポトーシスが起こらないため水かきのある足になる）．
2. 死に至らしめるシグナル分子の受容体タンパク質に欠陥があって，死のシグナル分子がなくても活性化されるなら，正常ではアポトーシスが起こらないときにアポトーシスが起こることになる．シグナル伝達経路のどんなタンパク質でも同様の欠陥があると，その経路の前段階のタンパク質や二次メッセンジャーとの相互作用なしに，中継分子あるいは応答の段階のタンパク質を活性化することになる．逆に，経路のどのタンパク質も，それより前の段階のタンパク質や他の分子，あるいはイオンと相互作用できなければアポトーシスが正常に起こるべきときに起こらなくなる．たとえば，死に至らしめるシグナル伝達のリガンドに対する受容体タンパク質は，リガンドが結合しても活性化することができない．これによって，そのシグナルの細胞内での変換が停止してしまう．

重要概念のまとめ

11.1 細胞はあるホルモンに対して，細胞表面または細胞内にそのホルモンと結合できる受容体タンパク質をもっている場合にのみ応答することができる．ホルモンに対する応答は，特異的な細胞応答を導く細胞内の特異的なシグナル変換経路に依存する．その応答は細胞のタイプによってさまざまに変わり得る．

11.2 GPCR（Gタンパク質共役型受容体）もRTK（受容体チロシンキナーゼ）も，そのポリペプチドにはシグナル分子（リガンド）に対する細胞外の結合部位と膜を貫通する1つまたはそれ以上のαらせん領域がある．GPCRは一般に単体で機能するが，RTKは2量体またはもっと大きな集まりを形成する場合が多い．GPCRは一般に単一のシグナル変換経路を開始させるが，RTK 2量体の複数の活性化されたチロシンはいくつかの異なる変換経路を同時に開始させ得る．

11.3 タンパク質キナーゼはリン酸基を他のタンパク質に付加する酵素である．タンパク質キナーゼはシグナル変換のリン酸化カスケードの一員である場合が多い．二次メッセンジャーはタンパク質以外の小さな分子またはイオンで，迅速に拡散し，細胞全体にシグナルを中継する．タンパク質キナーゼと二次メッセンジャーはともに同じ経路で働くことができる．たとえば，二次メッセンジャーのcAMPはタンパク質キナーゼAを活性化する場合が多い．活性化されたタンパク質キナーゼAは他のタンパク質を活性化する．

11.4 Gタンパク質共役型経路では，Gタンパク質のGTPアーゼ部位によってGTPがGDPに変換され，その結果Gタンパク質が不活性化される．タンパク質ホスファターゼは活性化されたタンパク質からリン酸基をはずす．その結果，タンパク質キナーゼのリン酸化カスケードが停止する．ホスホジエステラーゼはcAMPをAMPに変換し，シグナル変換経路でのcAMPの効果を減少させる．

11.5 制御された細胞の自死の基本的な機構は，真核生物の進化の初期に獲得され，その経路の遺伝的基礎は動物の進化の過程で保存されてきた．このような機構はすべての動物の発生と形態の維持に必須である．

理解度テスト

1. D　2. A　3. B　4. A　5. C　6. C　7. C
8. 下図はその経路の作図の一例である（これに類する図であればよい）．

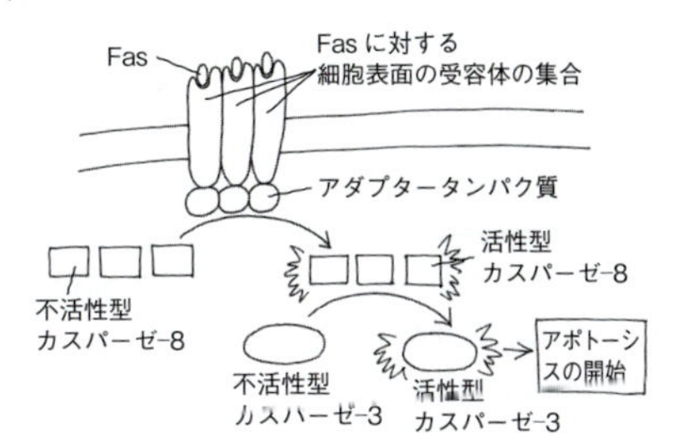
Fas
Fasに対する
細胞表面の受容体の集合
アダプタータンパク質
活性型
カスパーゼ-8
不活性型
カスパーゼ-8
アポトーシスの開始
不活性型
カスパーゼ-3
活性型
カスパーゼ-3

12章

図の問題

図 12.4　1本の姉妹染色分体　もう一方の姉妹染色分体を囲んでも正解．

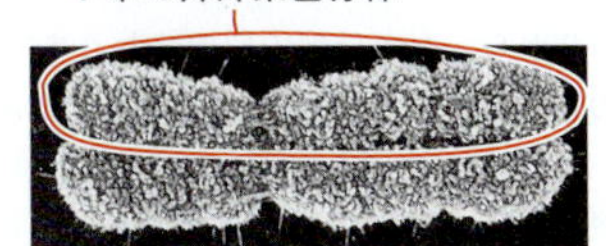

図 12.5　その染色体は4本の腕をもつ．段階2の1つの倍加した染色体は段階3で2つの倍加していない染色体になる．段階

2の倍加した染色体は1つの染色体とみなされる.

図 12.7 12；2；2；1

図 12.8

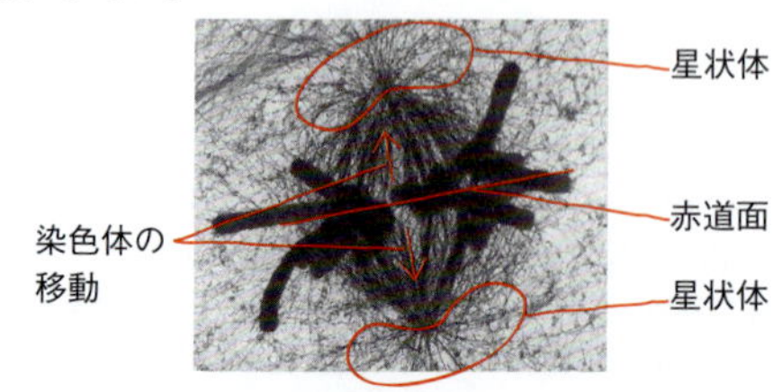
星状体
赤道面
染色体の
移動
星状体

図 12.9 その目印は近いほうの極側に向かって移動する．極とその目印の間の蛍光標識した微小管の長さは減少したであろう．しかし染色体とその目印の間の長さは変わらないであろう．

図 12.14 両方の場合とも，G_1期の核は，正常にS期に進入するまではG_1期のままである．染色体の凝縮と紡錘体の形成はS期とG_2期が完了するまで起こらない．

図 12.16 模式図中のG_2期チェックポイント通過はグラフの「時間」軸（横軸）の起点に対応し，分裂期（模式図では黄色の時期）への進入は，グラフのMPF活性とサイクリン濃度のピークに対応する（ピークの上の黄色矢印を見なさい）．模式図のG_1期とS期の時期は，サイクリンはないが，Cdkは存在していることを示している．したがってグラフでは，サイクリン濃度とMPF活性の両方とも低くなっている．模式図中の紫色の矢印はサイクリン濃度の上昇を示している．このことはグラフではS期の終わりからG_2期全体で見られる．続いて細胞周期が再び始まる．

図 12.17 その細胞は分裂すべきでない条件下でも分裂するであろう．娘細胞とその子孫細胞もチェックポイントを無視して分裂するならば，早晩異常な細胞塊が生じるだろう（このような分裂すべきでない条件下での細胞分裂は，がんの発生の要因になる）．

図 12.18 PDGFを含む培養器中の細胞は成長因子というシグナルに応答することができないので分裂しないであろう．その培養はPDGFを添加していないのと似たものになる．

概念のチェック 12.1

1. 1；1；2 2. 39；39；78

概念のチェック 12.2

1. 6本の染色体．倍加（複製）されている．12本の染色分体．
2. 植物細胞でも動物細胞でも，有糸分裂に続いて細胞質分裂が起こり，その結果，遺伝的に同一の2つの娘細胞を生じる．しかし，細胞質分裂の機構は動物と植物で異なる．動物細胞では，細胞質分裂はくびれ込み，つまり，親細胞がアクチンフィラメントからなる収縮環によって二分されることによって起こる．植物細胞では，細胞板が細胞の中央に形成され，それが成長していき，最後に親細胞の細胞膜と融合する．新しい細胞壁は細胞板の内部で成長し，このようにして最終的に2つの細胞の仕切りになる．
3. 間期のS期の終わりから，有糸分裂中期の終わりまで．
4. 真核細胞の分裂の過程で，チューブリンは紡錘体形成と染色体移動にかかわる．一方，アクチンは細胞質分裂において機能する（訳注：動物細胞には当てはまるが，植物細胞には当てはまらない）．細菌の二分裂では，反対にアクチン様の分子は細菌の娘細胞の染色体を細胞の両端に移動させると考えられているが，チューブリン様の分子は娘細胞の二分に関与すると考えられている．
5. 動原体は紡錘体（モーター；モータータンパク質を有することに気づきなさい）を染色体（移動する荷物）に結合させる．
6. チューブリンで構成される微小管は細胞内で，小胞や他の細胞小器官の移動のための「レール」を提供する．その移動は，モータータンパク質と微小管のチューブリンの相互作用に基づいている．筋細胞では，アクチンフィラメントのアクチンがミオシンフィラメントと相互作用して筋収縮を起こさせる．

概念のチェック 12.3

1. 右の核はもともとG_1期にあったので，染色体の倍加は行われていない．左の核はM期にあったので，染色体はすでに倍加していた．
2. MPFは細胞がG_2期チェックポイントを通過するのに十分な量存在している必要がある．G_2期チェックポイントの通過は，Cdkと結合して（活性をもつ）MPFを構成するサイクリンの蓄積によって起こる．
3. 細胞内受容体は，活性化されると，核内で転写因子として機能することができるであろう．そしてチェックポイントを通過して細胞分裂を起こさせる遺伝子を発現させるであろう．RTK受容体はリガンドによって活性化されると，2量体を形成し，そのサブユニットはそれぞれ他方をリン酸化するであろう．このようにして，一連のシグナル変換の段階が誘導され，最終的に核内の遺伝子が発現される．エストロゲン受容体の場合のように，その遺伝子は細胞分裂を誘導するのに必要なタンパク質をコードしているであろう．

重要概念のまとめ

12.1 真核細胞のDNAは「染色体」とよばれる構造に詰め込まれている．各々の染色体は1本の長いDNA分子である．そのDNAは数百から数千の遺伝子を担い，染色体構造の維持と遺伝子機能の制御にかかわるタンパク質と結合している．このDNA-タンパク質複合体は「クロマチン」とよばれる．個々の染色体のクロマチンは細胞が分裂していないときは長く，細い．細胞分裂に先立って，各染色体は倍加し，その姉妹「染色分体」の1対はセントロメア領域でタンパク質によって結合している．また，多くの種では，全長にわたって互いに接着している（これは姉妹染色分体の接着とよばれる）．

12.2 染色体は間期のG_1期と有糸分裂の後期と終期には1個のDNA分子として存在している．S期の間にはDNA複製が行われて姉妹染色分体がつくられる．姉妹染色分体は間期のG_2期と有糸分裂の前期，前中期，中期を通して存在する．

12.3 チェックポイントは，細胞が細胞周期の次の段階に進む準備をすべきかどうかを決めるための監視機構が機能することを可能にする．内部または外部のシグナルによって，細胞はこれらのチェックポイントを通過する．G_1期チェックポイントは，細胞が細胞周期を完了してさらに分裂するか，あるいはG_0期に転換するかを決定する．このチェックポイントを通過させるシグナルは多くの場合成長因子のような外部シグナルである．G_2期チェックポイントの通過には，活性型MPFが十分量存在することが必要である．活性型MPFはG_2期チェックポイントを通過させ，そして有糸分裂のいくつかの過程が組織的に進行するように導く．MPFはその構成要素であるサイクリンの分解も誘導して，M期を終了させる．M期は次のS期とG_2期で十分な量のサイクリンが合成されるまで，再び開始することはない．M期チェックポイントを通過させるシグナルは，すべての染色体が動原体微小管と結合し，赤道面に配置されるまでは活性化されない．活性化されて初めて，姉妹染色分体の分離が起こる．

理解度テスト

1. B　2. A　3. C　4. C　5. A　6. B　7. A　8. D
9. おもな過程の説明には，図12.7を参照しなさい．各時期について1個の細胞しか示していないが，この顕微鏡写真には，それら以外にも該当する細胞がある．

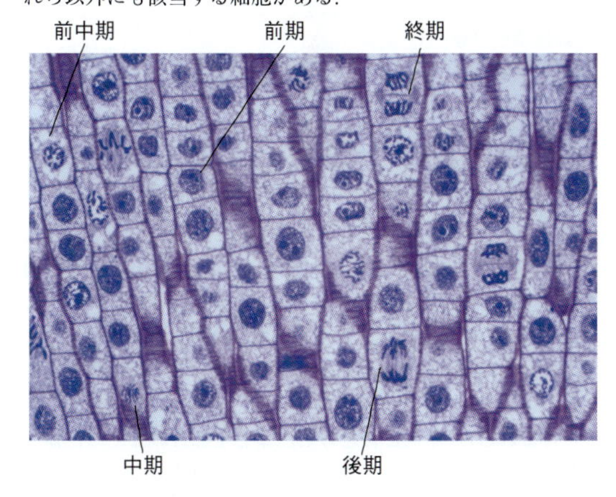
前中期
前期
終期
中期
後期

10.

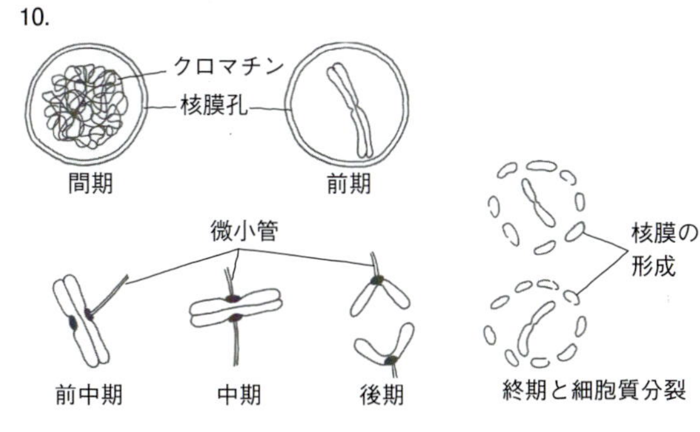
クロマチン
核膜孔
間期
前期
微小管
核膜の形成
前中期
中期
後期
終期と細胞質分裂

13章

図の問題

図13.4　2組の染色体が描かれている．3対の相同染色体対がある．

図13.6　(a) 一倍体細胞は有糸分裂を行わない

(b) 一倍体の胞子が有糸分裂を行い配偶体をつくる．また配偶体中の一倍体細胞が有糸分裂を行い配偶子をつくる．

(c) 一倍体細胞は有糸分裂を行い多細胞の個体または新たな一倍体単細胞を生み出し，その一倍体細胞が有糸分裂を行い配偶体をつくる．

図13.7

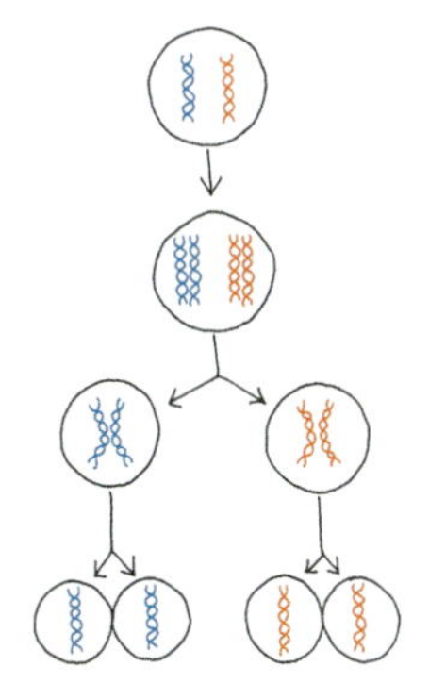

（この図では簡略化のため短いDNA鎖が描かれているが，実際には各々の染色体または染色分体には非常に長い，折りたたまれたDNA分子が含まれている．）

図13.8　6本の染色体をもつ細胞が2回の有糸分裂を行うと，4個の細胞はそれぞれ6本の染色体をもつことになるが，図13.8の減数分裂で生成する4個の細胞はそれぞれ3本の染色体をもつ．有糸分裂では前期に入る前にDNA複製（染色体の複製）が起こり，娘細胞は親細胞と同数の染色体をもつ．これに対して減数分裂では，前期Iの前にだけDNA複製が起こる（前期IIの前には起こらない）．そのため，2回の有糸分裂では染色体の複製と細胞分裂が2回ずつ起こるが，減数分裂では染色体の複製は1回で細胞分裂が2回起こる．

図13.10　他の組み合わせもあり得る．終期Iに示される6本の染色体（1個の細胞に3本）は，それぞれ非組換え型の染色分体1本と組換え型の染色分体1本からなる．そのため，左の細胞の染色体には8通りの組み合わせが生じ，右の細胞の染色体にも8通りの可能性が生じる．

概念のチェック 13.1

1. 両親は遺伝子を子どもに伝える．その遺伝子からメッセンジャーRNA（mRNA）の合成を介し，細胞に特異的な酵素などのタンパク質を生産させ，これらのタンパク質の作用の積み重ねにより，その個人に遺伝的な形質が形成される．
2. 有糸分裂により繁殖する生物から生み出される子孫のゲノムは，（突然変異を除けば）両親のゲノムの正確なコピーである．
3. クローニングするべきである．得られた株を他の株と交雑すると，他の形質を含む子孫の株が産生するため，せっかく得られた理想的な組み合わせの形質をもつランは二度と得られない．

概念のチェック 13.2

1. 6本の染色体は複製されているので，それぞれの染色体には二重らせんを形成する2本のDNA分子が含まれており，細胞内には12のDNA分子が含まれる．一倍体数nは3．1組はつねに一倍体．
2. 23対の染色体があり，全部で2組ある．
3. このような生物の生活環は図13.6cに示されている．菌類，原生生物，および藻類の一部が該当する．

概念のチェック 13.3

1. 有糸分裂と減数分裂の染色体は，各々が2本の姉妹染色分体から構成されている点と，中期の中期板への整列の仕方が類似している．一方，有糸分裂では各々の染色体の姉妹染色分体は遺伝的に同一であるが，減数分裂では減数第一分裂の過程で起こる交差のため姉妹染色体が遺伝的に異なるものとなっている点が相違している．さらに，有糸分裂中期の染色体は生物種により二倍体または一倍体の両方の場合があるが，減数第二分裂中期の染色体はつねに一倍体である．

2. 交差が起こらなかった場合，2本の相同染色体は接着しなくなる．このため，それぞれの姉妹染色分体は全長にわたって母系または父系のままとなり，姉妹染色分体同士は接着しているが，非姉妹染色分体間の接着がなくなる．その結果，減数第一分裂中期（中期Ⅰ）に相同染色体が適切に整列せず，最終的に異常な数の染色体を含む配偶子が形成される原因になる．

概念のチェック 13.4

1. 遺伝子の内部に突然変異が生じると，その遺伝子の異なる型（対立遺伝子）が生じる．
2. 交差が起こらない場合，減数第一分裂における染色体の独立分配により理論的には 2^n 通りの一倍体配偶子が生成し，それぞれがランダムに受精することによって $2^n \times 2^n$ 通りの二倍体の接合子が生成される可能性がある．バッタの一倍体数（n）は23であり，ショウジョウバエの一倍体数（n）は4であることから，2匹のショウジョウバエよりも2匹のバッタのほうがはるかに多様な接合子が生じる可能性があると考えられる．
3. 母方の染色分体と父方の染色分体の交差により交換される領域が遺伝的に同一，つまりすべての遺伝子について2つの対立遺伝子が同一である場合，組換え型の染色体は両親の染色体と遺伝的に等価となる．交差が遺伝的な多様性を増加させるのは，異なる対立遺伝子の入れ替わりを引き起こす場合である．

重要概念のまとめ

13.1 遺伝子は特定の形質をプログラムしており，子どもは遺伝子を両親から受け継ぐことから，子どもの外見が両親のどちらかに似ていることが説明できる．ヒトは有性的に生殖し，確実に新たな組み合わせの遺伝子（すなわち形質）を子どもに伝える．そのため，子どもは親のクローンではない（もし，ヒトが無性生殖するならば子どもは親のクローンとなる）．

13.2 動物と植物は有性的に生殖し，減数分裂と受精を交互に行う．動物も植物も一倍体の配偶子が融合して二倍体の接合子を生じ，接合子が有糸分裂を繰り返して二倍体の多細胞の個体が発生する．動物では一倍体の細胞は配偶子となり有糸分裂しないが，植物では減数分裂により生じた一倍体の細胞が有糸分裂を繰り返すことにより，配偶体とよばれる一倍体の多細胞の個体を形成する．このような個体は一倍体の配偶子を形成する（樹木などの植物では配偶体は非常に小さいため，通常はほとんど目につかない）．

13.3 減数第一分裂の終了時に1対の相同染色体は別々の細胞に分配されるため，前期Ⅱでは対合して交差を起こすことはできない．

13.4 第1に，減数第一分裂中期（中期Ⅰ）に，相同染色体のそれぞれの対が独立して中期板に整列することにより独立に分配され，減数第一分裂により娘細胞はそれぞれ母系の染色体と父系の染色体をランダムに受け継ぐ．第2に，交差のためそれぞれの染色体は完全に母系と父系というわけではなく，非姉妹染色分体（もう一方の相同染色体の染色分体）に由来する染色分体の末端の領域が含まれている（染色分体の第1の交差が起こった点よりも末端に近い領域で第2の交差が起こると，非姉妹染色分体の一部がある染色分体の内部に位置することになる）．交差により，対立遺伝子の組み合わせに膨大な多様性が加わることになる．第3に，膨大な遺伝的組み合わせをもつ多数の精子のいずれかが，同様に膨大な遺伝的組み合わせをもつ卵をランダムに受精させることにより，さらに多様性が生じることになる．

理解度テスト

1. A　2. B　3. A　4. D　5. C

6. (a)

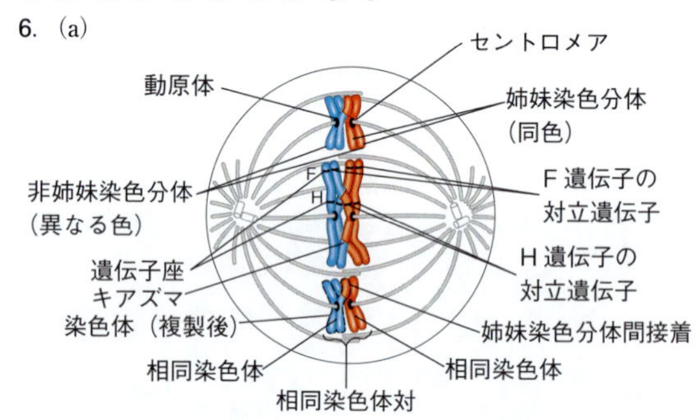
セントロメア
動原体
姉妹染色分体
(同色)
F
H
非姉妹染色分体
(異なる色)
F遺伝子の
対立遺伝子
H遺伝子の
対立遺伝子
遺伝子座
キアズマ
染色体 (複製後)
姉妹染色分体間接着
相同染色体
相同染色体
相同染色体対

(b) 1組の一倍体染色体は，1本の長い染色体と1本の中間長の染色体と1本の短い染色体からなり，色は関係ない．たとえば，赤色の長い染色体と青色の中間長染色体と赤色の短い染色体の3本で一倍体染色体組となる（交差が起こった場合，同色からなる一倍体染色体組の染色体に，別の色の染色分体の断片が含まれる）．赤色と青色の染色体を全部合わせて二倍体の組が構成される．

(c) 中期Ⅰ

7. この細胞では中期板において相同染色体が互いに接着している．これは有糸分裂では起こらないことから，この細胞は減数分裂を行っていると推定される．また，キアズマが観察されることから交差が起こったことがわかる．これも減数分裂に特有の過程である．

14章

図の問題

図14.3 すべての子孫の株は紫色の花をつける（出現比率は紫花：白花＝1：0）．P世代の株は純系であるから，紫花の株同士の交配は自家受粉と同じ結果となるので，すべての子孫の株は同じ形質を示す．もしメンデルが F_1 世代で実験をやめていたら，白花の因子は完全に消えてしまい二度と現れることはないと結論づけたかもしれない．

図 14.8

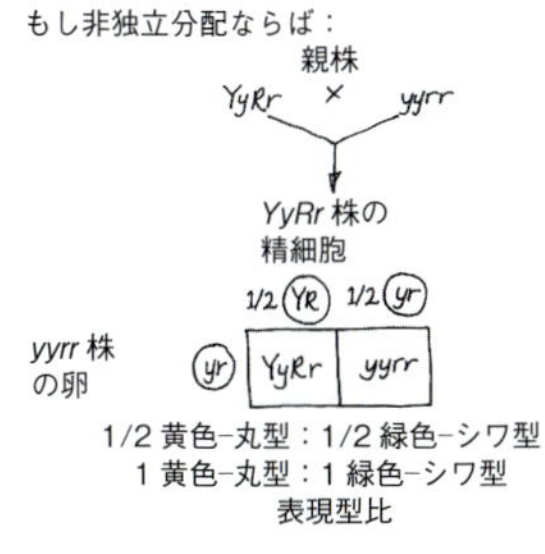

もし非独立分配ならば：
親株
YyRr × yyrr
YyRr 株の
精細胞
1/2 YR 1/2 yr
yyrr 株
の卵
yr
YyRr
yyrr
1/2 黄色–丸型：1/2 緑色–シワ型
1 黄色–丸型：1 緑色–シワ型
表現型比

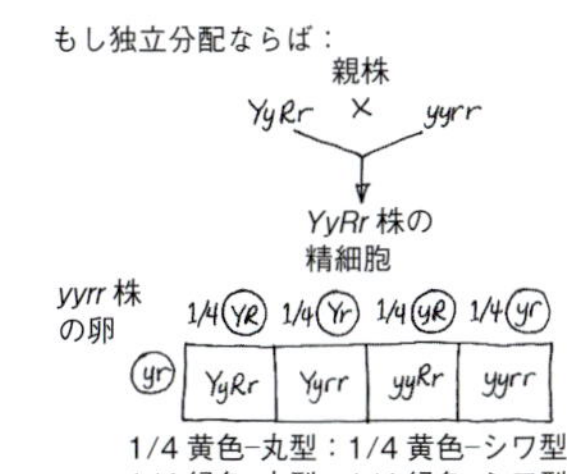

もし独立分配ならば：
親株
YyRr × yyrr
YyRr 株の
精細胞
yyrr 株
の卵
1/4 YR 1/4 Yr 1/4 yR 1/4 yr
yr
YyRr
Yyrr
yyRr
yyrr
1/4 黄色–丸型：1/4 黄色–シワ型
1/4 緑色–丸型：1/4 緑色–シワ型
1 黄色–丸型：1 黄色–シワ型 1 緑色–丸型：1 緑色–シワ型
表現型比

この交雑法でもメンデルは2つの仮説に対して異なる予測を立てることができるので，どちらの仮説が正しいか判別できる．

図 14.10 クラスメイトは F_1 世代のキンギョソウの交雑株がホモ接合体の両親の中間型の表現型を示したことに注目し，この結果が混合仮説を支持していると考えたと思われる．それに対して，あなたは F_1 交雑株を交配したときにはピンク色の F_1 交雑株と同様の表現型ではなく，白花の表現型が再び出現したことから，次世代への遺伝の過程で形質が混合したという仮説は支持されないと反論することができる．

図 14.11 I^A 対立遺伝子と I^B 対立遺伝子は両方とも，糖鎖が結合しない i 対立遺伝子に対して優性である．I^A 対立遺伝子と I^B 対立遺伝子は互いに共優性であり，ヘテロ接合体 I^AI^B の表現型には両方の対立遺伝子が現れて血液型が AB 型となる．

図 14.12 この交配では，通常の交配結果の 9：3：3：1 の，最後の「3」と「1」が同じ表現型になる．なぜなら，*ee* をもつ犬は色素が定着しないため，遺伝子型に *B* をもつ（通常は黒色になる）犬であっても *bb*（通常は茶色になる）をもつ犬であっても見分けがつかなくなるためである．

図 14.16 パネットスクエアによると，正常な肌の色の娘3人のうち2人がキャリアーであることから，キャリアーである確率は 2/3 である（確率を計算するときには，わかっているすべての情報を考慮に入れなければならない．肌の色が正常な娘の遺伝子型は *aa* ではないので，考慮すべき遺伝子型は3通りしかない）．

概念のチェック 14.1

1. 独立分配の法則によると，25 株（子孫の株の 1/16 に相当する）が両方の形質について劣性の *aatt* の遺伝子型をもつことが予想される．実際の結果は，この予測値から多少変動することが多い．

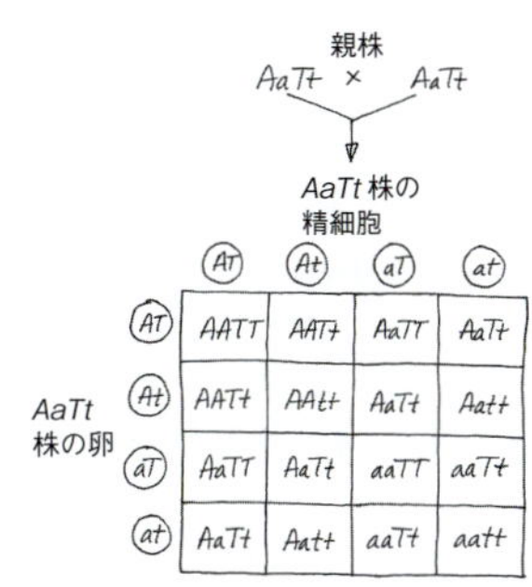

親株
AaTt × AaTt
AaTt 株の
精細胞
AT
At
aT
at
AaTt
株の卵
AT
AATT
AATt
AaTT
AaTt
At
AATt
AAtt
AaTt
Aatt
aT
AaTT
AaTt
aaTT
aaTt
at
AaTt
Aatt
aaTt
aatt

2. 親株は 8 通りの配偶子（*YRI*, *YRi*, *YrI*, *Yri*, *yRI*, *yRi*, *yrI*, *yri*）を形成する．すべての型の配偶子について自家受粉の可能性を考慮するためには，縦 8 マス横 8 マスのパネットスクエアが必要である．このパネットスクエアには，生じる子孫について 64 通りの配偶子の接合を示すマス目がある．
3. 自家受粉では配偶子の形成時に減数分裂が行われ，受精により配偶子が融合することから，自家受粉は有性生殖である．その結果，自家受粉により生じる子孫は親とは遺伝的に異なる（14.1 節の脚注に示した通り，説明を簡略化するため単一のエンドウの株を親としている．専門的には，花の中の配偶体は 2 つの「親」である）．

概念のチェック 14.2

1. 1/2 優性のホモ接合体（*AA*），0 劣性のホモ接合体（*aa*），1/2 ヘテロ接合体（*Aa*）．
2. 1/4 *BBDD*，1/4 *BbDD*，1/4 *BBDd*，1/4 *BbDd*．
3. この条件を満たす遺伝子型は，*ppyyIi*, *ppYyii*, *Ppyyii*, *ppYYii*, *ppyyii* の 5 通り．乗法法則により各々の遺伝子型が出現する確率を計算し，加法法則によりこの問題の条件に合致するすべての場合の確率を求める．

ppyyIi	1/2（*pp* の確率）×1/4（*yy*）×1/2（*ii*）=1/16
ppYyii	1/2（*pp*）×1/2（*Yy*）×1/2（*ii*）=2/16
Ppyyii	1/2（*Pp*）×1/4（*yy*）×1/2（*ii*）=1/16
ppYYii	1/2（*pp*）×1/4（*YY*）×1/2（*ii*）=1/16
ppyyii	1/2（*pp*）×1/4（*yy*）×1/2（*ii*）=1/16
2 つ以上の劣性形質をもつことが予想される割合	$=\frac{6}{16}$ または $\frac{3}{8}$

概念のチェック 14.3

1. 不完全優性は単一の遺伝子の 2 つの対立遺伝子の関係に関する用語であり，上位性は 2 つの遺伝子（およびそれぞれの遺伝子に関する個別の対立遺伝子）の遺伝的な関連に関する用語である．
2. 子どもの半数は A 型となり，残りの半数は B 型となると予想される．
3. 白羽の対立遺伝子と黒羽の対立遺伝子は不完全優性であり，ヘテロ接合体のヒナ鳥の羽は灰色となる．灰色羽の雄鳥と黒羽の雌鳥の交雑により，ヒナ鳥は灰色羽と黒羽がほぼ半数ずつ出現すると予想される．

概念のチェック 14.4

1. 1/9（嚢胞性線維症は劣性の対立遺伝子により引き起こされることから，ベスとトムの嚢胞性線維症を発症した兄弟の遺伝子型は劣性のホモ接合である．したがって，ベスの両親とトムの両親は全員この劣性の対立遺伝子のキャリアーである．ベスもトムも嚢胞性線維症ではないことから，彼らがキャリアーである可能性はそれぞれ 2/3 である．もしベスとトムが 2 人ともキャリアーならば，彼らの子どもが嚢胞性線維症を発症する可能性は 1/4 である．以上より，2/3×2/3×1/4＝1/9)．ベスがキャリアーでない場合，嚢胞性線維症の子どもが生まれる可能性は 0 である（嚢胞性線維症の子どもが生まれるためには，ベスとトムが 2 人ともキャリアーでなければならない．例外として，キャリアーではない人の精子や卵となる細胞の DNA に突然変異（変化）が生じ，嚢胞性線維症を引き起こす場合も考えられる）．

2. 正常なヘモグロビンは，6 番目のアミノ酸が酸性アミノ酸のグルタミン酸（Glu）である（側鎖に陰電荷をもっている）．鎌状赤血球症のヘモグロビンでは，このアミノ酸がグルタミン酸とは大きく異なる非極性アミノ酸のバリン（Val）に置換されている．タンパク質の一次構造（アミノ酸配列）が最終的なタンパク質の形状と機能を決定している．グルタミン酸からバリンへの置換によりヘモグロビン分子同士が相互作用するようになって長い繊維が形成され，タンパク質の機能不全と赤血球の変形をもたらす．

3. ジョアンの遺伝子型は *Dd* である．多指症の対立遺伝子（*D*）は指が 5 本の対立遺伝子（*d*）に対して優性であることから，多指症の形質は *DD* または *Dd* の遺伝子型をもつ人に現れる．ジョアンの父親は多指症ではないことから，彼の遺伝子型は *dd* であり，ジョアンは対立遺伝子 *d* を父親から受け継いでいることになる．以上より，多指症のジョアンはヘテロ接合体と推定される．

4. エンドウの花の色に関する 1 遺伝子雑種の交雑では出現比率は紫花 3.15：白花 1 であるが，ヒトの家系図では第 3 世代の PTC の味覚をもつ 1：もたない 1 である．この違いは，ヒトの家族では試料の数が少ない（2 名）ことに起因している．もし，この家系図の第 2 世代の夫婦がエンドウの交雑のように 929 人の子どもをつくることができるならば，出現比率は 3：1 に近づくと考えられる（表 14.1 でも厳密に 3：1 の出現比率となっているエンドウの交雑の例がないことに注目）．

重要概念のまとめ

14.1 対立遺伝子とよばれる異なる型の遺伝子が有性生殖により親から子へと伝えられる．紫花のホモ接合体と白花のホモ接合体の交雑により，F_1 世代の株は一方の親から紫花の対立遺伝子を受け継ぎ，もう一方の親から白花の対立遺伝子を受け継ぐため，すべてヘテロ接合体となる．紫花の対立遺伝子は優性であることから，F_1 世代の表現型はすべて紫花となり，白花の対立遺伝子の発現は覆い隠される．F_2 世代になると白花の対立遺伝子がホモ接合体となる可能性が生じ，白花の形質が発現することになる．

14.2

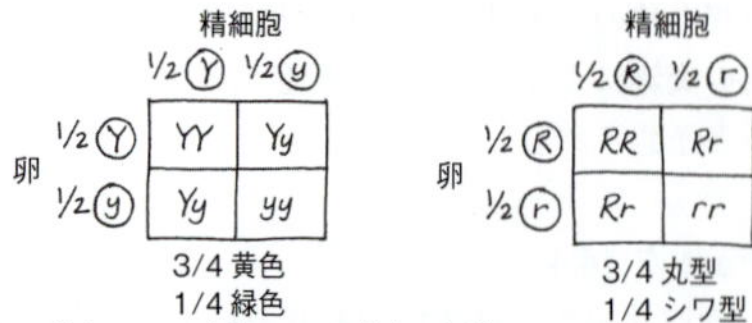

精細胞
1/2 Y　1/2 y
卵
1/2 Y　YY　Yy
1/2 y　Yy　yy
3/4 黄色
1/4 緑色
精細胞
1/2 R　1/2 r
卵
1/2 R　RR　Rr
1/2 r　Rr　rr
3/4 丸型
1/4 シワ型

3/4 黄色×3/4 丸型＝9/16 黄色−丸型
3/4 黄色×1/4 シワ型＝3/16 黄色−シワ型
1/4 緑色×3/4 丸型＝3/16 緑色−丸型
1/4 緑色×1/4 シワ型＝1/16 緑色−シワ型
＝9 黄色−丸型：3 黄色−シワ型：3 緑色−丸型：1 緑色−シワ型

14.3 ABO 式血液型は，単一の遺伝子が 3 つ以上の対立遺伝子（I^A，I^B，i）が存在する複対立遺伝子の例である．2 つの対立遺伝子 I^A と I^B は共優性であり，遺伝子型の中に両方の対立遺伝子が存在するときは A と B 両方の糖鎖が発現する．対立遺伝子 I^A と I^B はそれぞれ対立遺伝子 i に対して完全優性である．各々の対立遺伝子がはっきり区別できる表現型を表し，2 つの表現型の中間型を示さないことから，この状況は不完全優性ではない．血液型に関与する遺伝子は 1 個だけであることから，上位性や多遺伝子遺伝の例でもない．

14.4 4 番目の子どもが嚢胞性線維症を発症する可能性は 1/4 であり，子どもの誕生は独立の事象であることから，どの子どもについても可能性は同一である．両親が 2 人ともキャリアーであることが判明していることから，これまでの 3 人の子どもがキャリアーであろうとなかろうと次の子どもがこの病気を発症する確率には影響しない．両親の遺伝子型だけが意味のある情報を提供する．

理解度テスト

1.

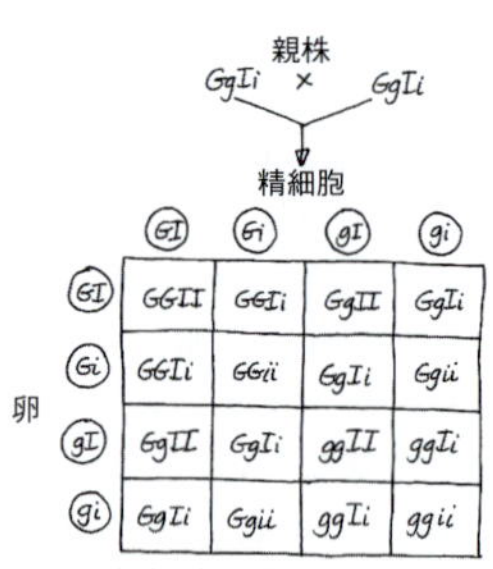

親株
GgIi × GgIi
精細胞
GI　Gi　gI　gi
卵
GI　GGII　GGIi　GgII　GgIi
Gi　GGIi　GGii　GgIi　Ggii
gI　GgII　GgIi　ggII　ggIi
gi　GgIi　Ggii　ggIi　ggii
9 緑色−膨張型：3 緑色−収縮型
3 黄色−膨張型：1 黄色−収縮型

2. 男性 I^Ai；女性 I^Bi；子ども ii．次の子どもの遺伝子型と出現比率は，1/4 I^AI^B，1/4 I^Ai，1/4 I^Bi，1/4 ii と予想される．

3. 1/2

4. Ii×ii の交雑により生じる子孫の遺伝子型の出現比率は 1 Ii：1 ii（2：2 も等価）であり，表現型の出現比率は 1 膨張型さや：1 収縮型さや（2：2 は等価の解答）．

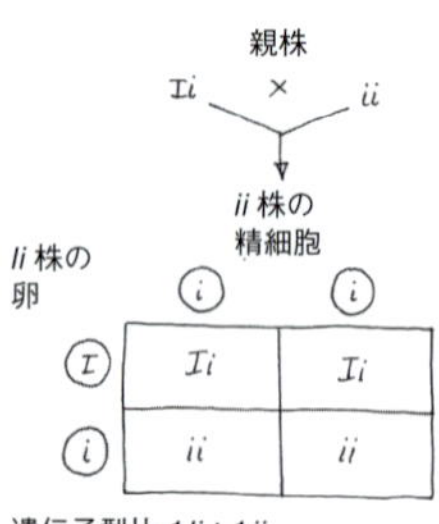

親株
Ii × ii
ii 株の精細胞
Ii 株の卵
i　i
I　Ii　Ii
i　ii　ii

遺伝子型比 1*Ii*：1*ii*
（2：2 と等価）
表現型比 1 膨張型：1 収縮型
（2：2 と等価）

5. (a) 1/64；(b) 1/64；(c) 1/8；(d) 1/32

6. (a) 3/4×3/4×3/4＝27/64；(b) 1−27/64＝37/64；(c) 1/4×1/4×1/4＝1/64；(d) 1−1/64＝63/64

7. (a) 1/256；(b) 1/16；(c) 1/256；(d) 1/64；(e) 1/128

8. (a) 1；(b) 1/32；(c) 1/8；(d) 1/2

9. 1/9

10. 最初の巻き耳のネコと純血の直耳のネコを交配させたとき，巻き耳の対立遺伝子が優性ならば F_1 世代には巻き耳と直耳の両方が生まれるが，巻き耳の対立遺伝子が劣性ならばF_1世代の子ネコは直耳だけとなる．巻き耳の形質が優性でも劣性でも，最初の巻き耳のネコと直耳のネコとの交配によって生まれたF_1世代のネコ同士の交配により，巻き耳の対立遺伝子のホモ接合体である純血の子ネコを得ることができる．巻き耳のネコ同士を交配させたとき，子ネコがすべて巻き耳ならばそのネコが純血であることが判明する．結果としては，巻き耳をもたらす対立遺伝子は優性であることが判明している．

11. 斜視となる確率は25%または1/4．斜視のトラの100%が白虎となる．
12. 優性の対立遺伝子IはP/p遺伝子よりも上位であり，F_1世代の遺伝子型の出現比率は，9 *I-P-*（無着色）: 3 *I-pp*（無着色）: 3 *iiP-*（紫色）: 1 *iipp*（赤色）となる．全体として穀粒の着色に関する表現型の出現比率は，12 無着色：3 紫色：1 赤色となる．
13. アルカプトン尿症の対立遺伝子は劣性なので，発症した人（アーリーン，トム，ウイルマ，カーラ）の遺伝子型はすべて劣性のホモ接合*aa*である．アーリーンとの間に発症した子どもがいることから，ジョージの遺伝子型は*Aa*である．サム，アン，ダニエル，アランは正常だが，両親の一方が発症していることから，遺伝子型は*Aa*である．マイケルもヘテロ接合体の妻アンとの間に発症した子ども（カーラ）がいることから，遺伝子型は*Aa*である．サンドラ，ティナ，クリストファーの遺伝子型は，*AA*または*Aa*の両方の可能性がある．
14. 1/6

15章

図の問題

図 15.2 出現比率は，1 黄色-丸型：1 緑色-丸型：1 黄色-シワ型：1 緑色-シワ型．

図 15.4 F_2世代のハエの約3/4が赤眼となり，残りの約1/4が白眼となる．白眼のハエの約半数は雌であり，約半数が雄である．同様に，赤眼のハエの約半数が雌であり，約半数が雄である（眼の色についての対立遺伝子をもつ相同染色体は，パネットスクエアの中では同型となり，各子孫は2つの対立遺伝子を受け継ぐ．ハエの性別は性染色体の遺伝とは別の様式で決まる．そのため，描くパネットスクエアは精子と卵子についてそれぞれ4つの可能性のある組み合わせをもつことになり，全部で16マスとなる）．

図 15.7 男の子はすべて色覚異常となり，女の子はすべてキャリアーとなる（別の言い方をすると，子の半分は色覚異常の男の子となり，半分はキャリアーの女の子となる）．

図 15.9 子孫のハエの大部分は純系のP世代のハエと同じ2つ表現型のいずれかを示すが，この場合，P世代の「親表現型」は灰色-短翅と黒色-正常翅の表現型となるため，この表現型を示すこととなる．

図 15.10 下図の左の2つの染色体はF_1世代の雌がP世代のハエからそれぞれ受け継いだ2つの染色体を示している．これらの染色体はF_1世代の雌により原型のまま子孫に受け継がれ，「親型」染色体とよばれる．右の2つの染色体はF_1世代の雌の減数分裂の過程で起こった交差により生じた染色体を示している．これらの染色体には対立遺伝子がF_1世代の雌の染色体には見られない組み合わせで含まれていることから，「組換え型」染色体とよばれる（この例では，組換え型の染色体の対立遺伝子は$b^+\ vg^+$と$b\ vg$であり，図15.9と図15.10に示される交雑では親世代に見られるものである．P世代の染色体上に存在する対立遺伝子の組み合わせを保有している染色体が親型の染色体とよばれる）．

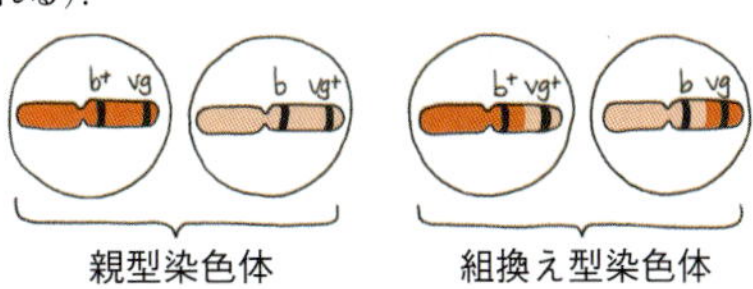

b+ vg
b vg+
b+ vg+
b vg
親型染色体
組換え型染色体

概念のチェック 15.1

1. 分離の法則は単一の形質に関する対立遺伝子の遺伝にかかわる法則である．対立遺伝子の独立分配の法則は，2つの形質に関する対立遺伝子の遺伝にかかわる法則である．
2. 分離の法則の物理的な根拠は，減数第一分裂後期に起こる相同遺伝子の分離である．一方，対立遺伝子の独立分配の法則の物理的な根拠は，減数第一分裂中期に相同染色体の対が独立して配置されることである．
3. 性染色体の遺伝子の突然変異の表現型が現れるために，雄ならば変異型対立遺伝子を1個もてばよいから．もしこの遺伝子が常染色体の対にあれば，ハエの個体に劣性の突然変異の表現型が現れるためには対立遺伝子が2個とも変異型である必要があり，出現の可能性が大幅に減少すると考えられる．

概念のチェック 15.2

1. この眼の色の形質に関与する遺伝子がX染色体上に存在することから，雌の子ハエはすべてヘテロ接合体の赤眼（$X^{W^+}X^{W}$）となり，雄の子ハエはすべて父親からY染色体を受け継いで白眼（$X^{W}Y$）となる（別の言い方をすれば，子の1/2は赤眼のヘテロ接合体（キャリアー）の雌となり，1/2は白眼の雄となる）．
2. 発病する確率は1/4（子どもが父親からY染色体を受け継いで男の子となる確率は1/2であり，母親からこの病気の対立遺伝子を受け継ぐ確率も1/2であるから，発病する確率は1/2×1/2＝1/4となる）．もし，男の子であればこの病気を発症する確率は1/2であり，女の子であれば発症する確率は0（ただし，1/2の確率でキャリアーとなる）である．
3. 優性の対立遺伝子により引き起こされる疾患であれば，この対立遺伝子を有する人は必ず疾患を発症することから，「キャリアー」というものが存在しない．疾患の対立遺伝子が優性ならば疾患に関連する対立遺伝子が1本あればこの疾患の発症に十分であるため，女性にはX染色体を2本もつことによる「利点」がなくなる．X染色体の優性の対立遺伝子をもつ父親は，すべての娘にこの染色体を伝えるため，娘も必ずこの疾患を発症する．この対立遺伝子をもつ母親（すなわち疾患を発症している）は，半数の息子と半数の娘にこの対立遺伝子を伝える．

概念のチェック 15.3

1. ヘテロ接合体である親ハエの減数第一分裂期に起こる交差のため，2つの遺伝子について組換え型の遺伝子型をもつ配偶子が生じる．この組換え型の配偶子が，二重変異体の親ハエから生じた劣性のホモ接合体の配偶子と受精することにより，組換え型の表現型をもつ子ハエが発生する．
2. いずれの場合も，図15.9の交雑では雄親は劣性の対立遺伝子を提供するだけなので，雌親に由来する対立遺伝子が子ハエの表現型を決定する．したがって，子ハエの表現型を調べることで，卵にどのような対立遺伝子が含まれていたかがわかる．

3. 決定できない．遺伝子の配置には A–C–B の場合と C–A–B の場合があり得る．どちらの可能性が正しいか決定するためには，B と C の間の組換え頻度を知る必要がある．

概念のチェック 15.4

1. 減数分裂の過程では結合した14–21番染色体は1つの染色体として挙動する．もし，配偶子が結合した14–21番染色体と正常な21番染色体を受け取り，この配偶子が正常な配偶子（21番染色体をもっている）と受精すると，21番染色体のトリソミーが生じることになる．
2. 推定できない．この子どもの遺伝子型は I^AI^Ai または I^Aii である．父親の減数第二分裂期に染色体不分離が発生した場合は，遺伝子型 I^AI^A の精子が生じる．また，母親の減数第一分裂期または減数第二分裂期に染色体不分離が発生した場合は，遺伝子型 ii の卵が生じる．
3. この遺伝子の活性化により，このチロシンキナーゼが過剰に生産される．このキナーゼが細胞分裂を始動するシグナル伝達経路に関与していた場合，過剰量のキナーゼが無制限の細胞分裂を引き起こし，がんの発生に結びつくと考えられる（この場合のがんは，ある型の白血球の異常増殖による白血病である）．

概念のチェック 15.5

1. 雌のX染色体の不活性化と遺伝的刷り込み．2本目のX染色体の不活性化により，X染色体上の遺伝子の実質的な発現量が雄と雌で同レベルに保たれる．また，遺伝的刷り込みの結果，特定の遺伝子について一方の対立遺伝子だけが発現して表現型に現れる．
2. 葉の色に関する遺伝子は細胞質中の色素体に存在している．通常は，雌株の色素体の遺伝子だけが子孫に伝達される．雌株が変種Bのときだけ斑入りの子孫が発生することから，変種Bには着色遺伝子について野生型と変異型の両方の対立遺伝子が含まれているために，斑入りの葉が発生すると結論づけられる（変種Aには野生型の着色遺伝子しか含まれていない）．
3. このミトコンドリアの遺伝子の突然変異は，色素体の遺伝子の突然変異により引き起こされる変異に類似している．個々の細胞は多数のミトコンドリアを含んでいるため，異常をもつ個体でも，ほとんどの細胞に正常なミトコンドリアと異常なミトコンドリアが入り混ざった状態で含まれている．この正常なミトコンドリアが，個体の生存を十分に維持できる呼吸を行っている（色素体の場合も同様である）．

重要概念のまとめ

15.1 性染色体は形態が異なっていて，性染色体により子孫の性別が決定されることから，モルガンは親型の染色体を追跡するために表現型のうえでの特徴の1つとして子孫の性別を用いることができた（モルガンは，X染色体とY染色体の形態が異なることから，顕微鏡により性別を追跡することができた）．同時にモルガンは眼の色についての対立遺伝子を追跡するために眼の色も記録した．

15.2 男性はY染色体をもつ代わりにX染色体を1本しかもっていないが，女性には2本のX染色体が存在する．Y染色体には非常に少数の遺伝子しか乗っていないが，X染色体には約1000個の遺伝子が存在する．疾患を引き起こす劣性の対立遺伝子が乗っているX染色体が母親から男児に伝えられると，対応する第2の対立遺伝子がY染色体上に存在しないため（男性はヘミ接合体である），この男児は疾患を発症する．女性にはX染色体が2本存在するため，女性がこの疾患を発症するためには劣性の対立遺伝子を2本受け継ぐ必要があり，このようなことはめったに起こらない．

15.3 交差により対立遺伝子の新たな組み合わせが発生する．交差はランダムに発生するため，2つの遺伝子の間の距離が長いほど交差が起こる確率が高くなり，対立遺伝子の新たな組み合わせが発生する可能性が高くなる．

15.4 逆位と相互転換型の転座では同一の遺伝物質が相対的に同量存在していて，その配置が異なっているだけである．染色体異数性，重複，欠失，非相互転換型の転座では遺伝物質の量的バランスが乱れ，大きな領域が欠失または2コピー以上存在することになる．この種のバランスの乱れは生物個体に大きな障害を与える（発生中の胎児にとって致死的でないとはいえ，相互転換型の転座により発生するフィラデルフィア染色体では重要な遺伝子の発現パターンが変化することにより，がんなどの深刻な状況が引き起こされる）．

15.5 このような遺伝子の場合，対立遺伝子を受け渡した親の性別が遺伝様式に影響する．刷り込まれた遺伝子は，父性または母性の対立遺伝子のどちらかが刷り込みに依存して発現する．ミトコンドリアと葉緑体の遺伝子については，卵の細胞質を通してこれらの細胞小器官が母親から子へと伝えられるため，母系の遺伝子のみが子孫の表現型に影響する．

理解度テスト

1. 血友病の娘が誕生する確率は0．息子が血友病となる確率は1/2．息子が4人とも血友病となる確率は1/16．
2. この疾患遺伝子は劣性である．もしこの疾患遺伝子が優性ならば，この疾患を発症する子どもの両親の少なくとも一方が発症しているはずである．この疾患が男児にしか発症していないことから，この疾患は伴性遺伝する．女の子がこの疾患を発症するためには，劣性の対立遺伝子を両方の親から受け継ぐ必要がある．この劣性対立遺伝子をX染色体にもつ男児は10代前半で死んでしまうため，このようなことはめったに起こらないと考えられる．
3. 17%．合致する．図15.9では，組換え頻度はやはり17%（同じ2つの遺伝子であり，その距離も変化していないことから同じ組換え頻度になる）．
4. 遺伝子 T と遺伝子 A の間の組換え頻度は12%．遺伝子 A と遺伝子 S の間の組換え頻度は5%．
5. 遺伝子 T と遺伝子 S の間の組換え頻度は18%．遺伝子の並び順は T–A–S となる．
6. 体色と眼の色の遺伝子間の組換え頻度は6%．野生型（灰色の体色と赤眼についてヘテロ接合体）×（紫眼と退化した翅をもつ劣性ホモ接合体）の交雑実験を行う．
7. 50%の子孫が交差により生じる表現型を示す．この結果は，A と B が同じ染色体に存在して**いない**場合の交雑の結果でも同じであり，連鎖していないと結論づける（同一染色体上の別の遺伝子を含む交雑により，連鎖と遺伝地図上の距離が明らかとなる）．

8. 親型の青色–楕円形株および白色–円形株が450株ずつ，組換え型の青色–円形株および白色–楕円形株が50株ずつ出現すると予想される．
9. 遺伝子*a*は，短翅の遺伝子座から茶眼の遺伝子座に向かって約1/3の位置にある．
10. バナナは3倍体なので，減数分裂の過程で相同染色体対が整列することができない．そのため，受精により3倍体数の染色体をもつ接合子をつくれるような配偶子を形成することができない．
12. (a) 各遺伝子対についてF_1 2遺伝子雑種のハエをつくる必要がある．*A*遺伝子と*B*遺伝子を例として用い説明する．P世代のハエとして，2遺伝子について優性ホモ接合であるハエ（*AABB*）と劣性ホモ接合であるハエ（*aabb*）のペア，または，*A*遺伝子が優性ホモ接合で*B*遺伝子が劣性ホモ接合のハエ（*AAbb*）と*A*遺伝子が劣性ホモ接合で*B*遺伝子が優性ホモ接合のハエ（*aaBB*）のペアを用いることによりF_1 2遺伝子雑種のハエを得て，それを2遺伝子ともに劣性ホモ接合のハエ（*aabb*）と検定交雑する．得られた子孫を，P世代（上述のどちらかのペア）の遺伝子型を参考にしながら親型と組換え型に分類する．組換え型の子孫の数を合計し，その値を子孫全体の数で割ると，組換え率が求まる（この場合は8%）．ここから8単位（8地図単位）の距離にあるとして地図を作成できる．
(b)

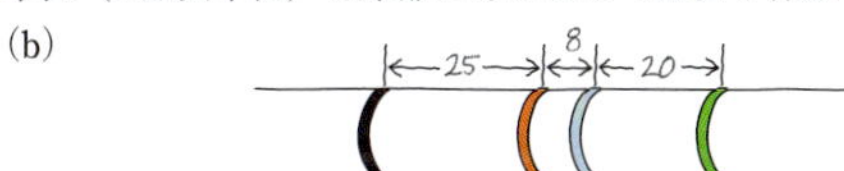
25
8
20

16章

図の問題

図16.2　血液サンプル中から見出された生きたS型細菌がさらにS型細菌を産生したことから，S型の形質は永久的なものであり，死んだS型細菌のカプセルを1回だけ再使用したものではなく，遺伝的な変化であることが示される．

図16.4　タンパク質が遺伝物質ならばタンパク質が細菌の細胞に侵入して遺伝的な設計図を書き換えなければならないので，タンパク質を放射性標識した（実験1）ときに菌体を含む沈殿物から放射能が検出されるはずである．その場合は，そのようなことはいまでは非常に考えにくいことではあるが，DNAがなんらかの構造的な役割を果たしてタンパク質の一部を細菌の細胞内に送り込み，DNAは細胞外に留まっていることになる（そのため実験2では菌体を含む沈殿物からは放射能が検出されない）．

図16.7　(1) 1本鎖DNA中のヌクレオチド同士は，あるヌクレオチドの3′炭素に結合している酸素と，隣り合うヌクレオチドの5′炭素に結合しているリン酸基との間の共有結合によって結合している．2本のDNA鎖をつなぎとめているのは，共有結合ではなく，一方の鎖をつくるヌクレオチドの窒素を含む塩基と，もう一方の鎖にある相補的な塩基の間の水素結合である（水素結合は共有結合よりも弱いが，DNA二重らせんには非常に多数の水素結合があるため2本の鎖をしっかり結合させることができる）．(2) 左の模式図が最も詳しい．それぞれの糖–リン酸骨格が糖（青い五角形）とリン酸（黄色い丸）が共有結合（黒線）でつながっている．中央の模式図は骨格については詳しく描いていない．左と中央の模式図はどちらも，塩基の種類を表示し，相補性を相補的な形をもつ図形（丸い出っ張りとへこみ，三角の出っ張りとへこみ）で表している．右の模式図は最も簡易的なもので，塩基対は対を成しているように描かれているがすべての塩基が同じ色と形で表されており，対の相補性や特異性については他の2つの模式図にあるような情報がない．左と右の模式図では，新しく合成されたほうのDNA鎖が明るい青色で示されている．どの模式図も，DNA鎖の5′と3′の端が示されている．

図16.11　1回目の複製時に中程度の密度をもつ^{15}N–^{14}Nの水色と濃青色の混合バンドが現れる点は変わらないが，2回目の複製時には2本の水色の鎖から構成される軽いバンドが出現しなくなる．その代わりに，2本の濃青色の鎖から構成される重いバンドが出現し，このバンドは保存的モデルで1回目の複製の終了時に予想されるバンドと同じ位置にくる．

図16.12　顕微鏡写真（b）の上部の複製バブルの中で，左端と右端の2つの複製フォークを示すように矢印を記入する．

図16.14　1本のDNA鎖について見てみると，一方の端が5′末端で，もう一方の端が3′末端である．たとえば左端のDNA鎖について，5′末端から3′末端の方向に見ていくと，リン酸基→糖の5′位のC原子→3′位のC原子→リン酸基→5′位のC原子→3′位のC原子の順序で分子が並んでいる．同じDNA鎖について逆方向にたどっていくと，分子の順序も逆転して3′位のC原子→5′位の原子→リン酸基となる．このように，DNA鎖の方向性は区別できるものであり，私たちがDNA鎖に方向性があるというときは，この方向性を意味している（必要であれば図16.5を復習すること）．

図16.17

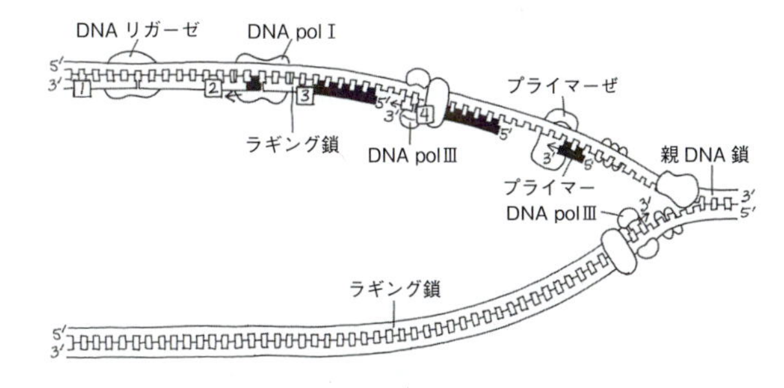
DNA リガーゼ
DNA pol Ⅰ
プライマーゼ
ラギング鎖
DNA polⅢ
親DNA鎖
プライマー
DNA polⅢ
ラギング鎖

図16.18

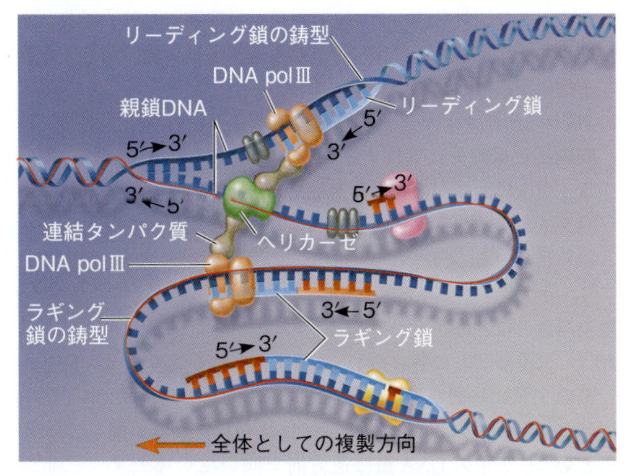
リーディング鎖の鋳型
DNA polⅢ
親鎖DNA
リーディング鎖
5′→3′
3′←5′
連結タンパク質
ヘリカーゼ
DNA polⅢ
ラギング鎖の鋳型
3′←5′
5′→3′
ラギング鎖
全体としての複製方向

図16.23　減数第一分裂の中期Ⅰの中期板には，互いに強固に接着した相同染色体対の2本の染色体（同じ色）が見られる．有糸分裂の中期には各々の染色体が個別に整列し，同じ色の2本

の染色体が中期板の異なる位置にくる点が異なる.

概念のチェック 16.1

1. どちらが5′末端であるか決めることはできない. リン酸基が付加した5′位の炭素原子（5′末端）とOH基が付加した3′位の炭素原子（3′末端）がどちら側の末端であるかを知る必要がある.
2. グリフィスは加熱殺菌したS型細菌と生きているR型細菌はどちらも単独でマウスを殺すことができないことから, 両者の混合物を注入されたマウスも生存することを予想していた.

概念のチェック 16.2

1. 相補的な塩基対合により, 2つの娘DNA分子が確実に親DNA分子の正確なコピーとなる. 親DNA分子の2本のDNA鎖が分離すると, それぞれのDNA鎖が鋳型となって塩基対合規則によりヌクレオチドを配列し, 新たな相補鎖を生成する.
2. DNAポリメラーゼⅢは, 新たに合成される鎖にヌクレオチドを共有結合し, 結合したヌクレオチドが正しい塩基対を形成しているか校正する.
3. 細胞周期の中では, 間期の G_1 期と G_2 期の間のS期にDNA合成が起こる. その結果, DNA複製は細胞分裂が開始する前に完了する.
4. リーディング鎖の伸長の開始に働いたRNAプライマーは, 除去されてDNAに置換されなければならない. この反応は細胞中のDNAポリメラーゼⅠが機能しないと遂行できない. 図16.17の全体像では, 複製開始点のすぐ左の領域で機能的なDNAポリメラーゼⅠがリーディング鎖のプライマー（赤色の領域）をDNAヌクレオチド（水色）に置換している. ヌクレオチドは上側のラギング鎖の最初の岡崎フラグメントの3′末端に付加される（複製バブルの右側半分）.

概念のチェック 16.3

1. ヌクレオソームは, 4つの型のヒストンが2分子ずつ合計8個のタンパク質分子にDNAが巻きついている. 隣接するヌクレオソームの間にはリンカーDNAが存在する.
2. ユークロマチンは間期に凝集度の低いクロマチンであり, 遺伝子の発現に関与する細胞内の分子機構が接触しやすくなっている. これに対し, ヘテロクロマチンは間期でも強く凝集したクロマチンであり, ここに含まれる遺伝子は発現に関与する分子機構が接触しにくい状態にある.
3. 核ラミナはタンパク質繊維によるネット状の構造であり, 核膜内部を機械的に支持することにより核の形態を維持している. さらに, 核の内部を貫通して張りめぐらされている核マトリクスとよばれるタンパク質繊維の存在を支持する証拠が多数得られている.

重要概念のまとめ

16.1 二重らせんの各々のDNA鎖には極性があり, リン酸基が糖の5′位の炭素原子に結合している末端を5′末端といい, OH基がリボースの3′位の炭素原子に結合している末端を3′末端という. 2本のDNA鎖は逆方向を向いているため, 二重鎖DNA分子の断端には5′末端と3′末端の両方が存在する. このような2本鎖の配置を「逆平行」という. もし, 2本鎖DNAが「平行」で各々のDNA鎖の5′→3′が同じ方向を向いているとすると, 2本鎖DNAの断端は2本とも5′末端となるか, 2本とも3′末端になる.

16.2 リーディング鎖とラギング鎖は双方とも, DNAポリメラーゼはプライマーゼにより合成されたRNAプライマーの3′末端にヌクレオチドを連結し, その後5′→3′方向にDNA鎖を合成していく. 親DNA鎖が逆平行であるため, リーディング鎖だけが複製フォークに向けて連続的DN合成を進行させることができる. 一方, ラギング鎖は複製フォークから離れる方向に少しずつ合成されて一連の短い岡崎フラグメントが形成され, 後からDNAリガーゼにより連結される. 鋳型DNA鎖にある程度の長さの1本鎖領域が確保されるとプライマーゼにより合成されたRNAプライマーの合成が開始され, 各々の岡崎フラグメントの合成が始まる. 両方のDNA鎖の合成は同じ速度で進行するが, 十分な長さの鋳型DNA鎖が1本鎖の状態で使えるようにならないと各々の岡崎フラグメントの合成が開始しないため, ラギング鎖の合成が遅れることになる.

16.3 間期の核内のクロマチンの大部分は凝集していない. クロマチンは10 nm繊維, 30 nm繊維あるいはループドメインとして存在する領域もある（このようなクロマチンの凝集レベルの相違は, この領域で起こっている遺伝子の発現の差異を反映していると考えられる）. さらに, クロマチンのセントロメアやテロメアなどを含む一部の領域は, ヘテロクロマチンとして高度に凝集されている.

理解度テスト

1. C　2. C　3. B　4. D　5. A　6. D　7. B　8. A

9. ヒストンと同様に, 大腸菌のタンパク質もリシンやアルギニンなどの塩基性アミノ酸（正電荷をもつ）を多数含んでいて, DNA分子の糖-リン酸骨格のリン酸基の負電荷と弱い結合を形成できるようになっていることが予想される.

11.

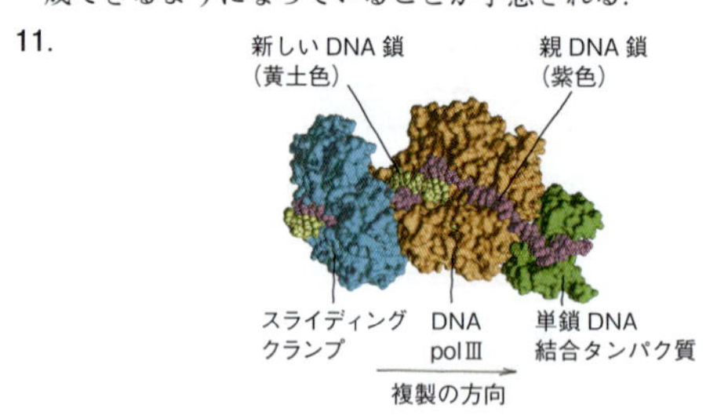

新しいDNA鎖
（黄土色）
親DNA鎖
（紫色）
スライディング
クランプ
DNA
polⅢ
単鎖DNA
結合タンパク質
複製の方向

17章

図の問題

図17.3 前駆体→オルニチン→シトルリン→アルギニンという従来の生合成経路は間違いだったことになる. 新たな結果は, 前駆体→シトルリン→オルニチン→アルギニンという代謝経路を支持している. さらに, クラスⅠ変異株は生合成経路の第2段階に欠陥があり, クラスⅡ変異株は第1段階に欠陥が生じていることになる.

図17.5 mRNAの配列（5′-UGGUUUGGCUCA-3′）は, 非鋳型鎖DNAの配列（5′-TGGTTTGGCTCA-3′）と同一だが, mRNAではU塩基のところがDNAではT塩基となる. 非鋳型鎖は, コドンを含めてmRNAと同じ配列となることから, DNA配列を表記するときに用いられる（これがコード配列とよばれる理由である）.

図 17.6　Arg（R）→ Glu（E）→ Pro（P）→ Arg（R）

図 17.8　転写過程と複製過程は，逆平行の DNA 鋳型鎖からポリメラーゼにより相補的なポリヌクレオチドが合成される点が類似している．複製過程では 2 本鎖 DNA が両方とも鋳型鎖として働くが，転写過程では一方の DNA 鎖だけが鋳型鎖として働く．

図 17.9　真核生物の RNA ポリメラーゼはプロモーターにさまざまな転写因子があらかじめ結合している必要があるが，細菌の RNA ポリメラーゼは直接プロモーターに結合する．

図 17.12

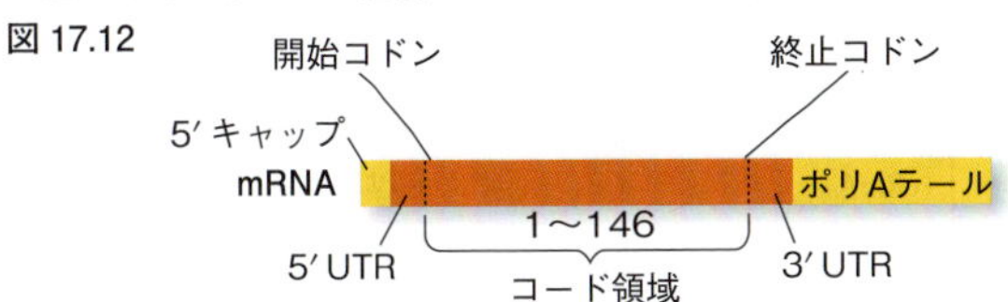
開始コドン
終止コドン
5′キャップ
mRNA
ポリAテール
1〜146
5′UTR
3′UTR
コード領域

図 17.16　tRNA のアンチコドンは 3′-AAG-5′ であり，mRNA のコドン 5′-UUC-3′ と対合する．このコドンはフェニルアラニン（Phe）をコードし，この tRNA が運んでくるアミノ酸である．

図 17.22　分泌タンパク質は小胞に詰め込まれてゴルジ体に輸送されて修飾を受け，さらに小胞を介して細胞膜に輸送される．小胞は細胞膜と融合してタンパク質を細胞外へ解放する．

図 17.24　右端の mRNA（最も長い）が最初に転写された mRNA である．一番上の最も DNA 鎖に近いリボソームが最初に翻訳を始めたリボソームであり，最も長いポリペプチドがついている．

概念のチェック 17.1

1. 劣性
2. 10 アミノ酸のグリシン（Gly）が連結したポリペプチド
3. 「鋳型配列」
（問題の非鋳型配列由来，
3′→5′ 方向に記述）：3′-ACGACTGAA-5′
mRNA 配列　　　：5′-UGCUGACUU-3′
翻訳　　　　　　：Cys-終止
もし非鋳型配列が mRNA の転写のときに鋳型として使用されたなら，mRNA から翻訳されたタンパク質はまったく異なる配列をもつことになり，機能しないと考えられる（上記の mRNA 配列中に UGA 終止コドンが存在し，mRNA 中に早々と終止コドンが現れることから，このタンパク質は短いものになると考えられる）．

概念のチェック 17.2

1. プロモーターは RNA ポリメラーゼが結合し，転写を開始する DNA 領域であり，遺伝子（転写単位）の上流に位置する．
2. 細菌の細胞では，RNA ポリメラーゼの一部分が遺伝子のプロモーターを認識して結合する．真核生物の細胞では，はじめに転写因子がプロモーターに結合し，次に RNA ポリメラーゼが結合する．どちらの場合も，プロモーター配列に RNA ポリメラーゼが正確に結合することにより，RNA ポリメラーゼが正しい位置から正しい方向で転写を開始する．
3. TATA 配列を認識する転写因子が結合できなくなり，RNA ポリメラーゼが結合できなくなるため，この遺伝子の転写が起こらなくなると考えられる．

概念のチェック 17.3

1. エキソンの選択的スプライシングにより，1 個の遺伝子から複数の異なる mRNA を転写することが可能であり，そのため複数の異なるタンパク質を合成することができる．
2. DVR に録画したテレビ番組を見るとき，あなたは番組（エキソン）だけを見てコマーシャルを早送りしてイントロンのように飛ばすだろう．しかし，イントロンとは違ってコマーシャルは DVR に残っているが，イントロンは RNA プロセシングの過程で RNA 転写産物から切り取られる．
3. mRNA が核から細胞質に出てきたとき，5′キャップは加水分解酵素による分解から mRNA を保護し，リボソームへの結合を促進する役割を果たしている．もし，5′キャップが mRNA からすべて失われると，細胞はもはやタンパク質を合成することができなくなり，やがて死滅すると考えられる．

概念のチェック 17.4

1. 第 1 の過程では，各々のアミノアシル tRNA 合成酵素が特異的に 1 種類のアミノ酸を認識し，適切な tRNA 分子に結合させる．第 2 の過程では，特定のアミノ酸が結合した tRNA のアンチコドンが，そのアミノ酸に対応する mRNA のコドンにだけ結合する．
2. 分泌されるポリペプチドの先頭のシグナルペプチドが合成されると，シグナル認識粒子に認識されて，翻訳中のリボソームごと小胞体膜上に運ばれる．リボソームが小胞体膜に接着すると，ポリペプチドの合成が進行して小胞体のルーメン（内部）に放出される．
3.

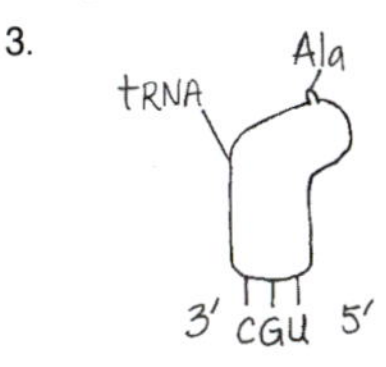
Ala
tRNA
3′ CGU 5′
GCA
5′ 3′
GCG
5′ 3′

「ゆらぎ」のため，この tRNA 分子はアラニン（Ala）をコードする 5′-GCA-3′ と 5′-GCG-3′ の両方に結合することができる．アラニンは tRNA 分子に結合している（図の右上）．

4. あるリボソームが翻訳を終了して解離したとき，2 つのサブユニットの近傍に mRNA のキャップがあれば，サブユニットの再会合が促進され，新たなポリペプチドの合成が開始する．こうして翻訳の効率が向上する．

概念のチェック 17.5

1. mRNA の中で欠失部位から下流の読み枠がずれるため（フレームシフト），合成されるポリペプチドの長い領域が誤ったアミノ酸の連続となる．ほとんどの場合，終止コドンが発生して未熟なままポリペプチドの合成が停止する．このようなポリペプチドはほとんど機能をもたない．
2. ヘテロ接合体の人も鎌状赤血球症の症状を示すといわれるが，野生型の対立遺伝子と鎌状赤血球症の対立遺伝子を 1 コピーずつもっている．両方の対立遺伝子が発現すると，この人は正常なヘモグロビン分子と鎌状赤血球症のヘモグロビン分子の両方をもつことになる．通常の環境では，2 つの型の β-グロビンが混合していても表現型には現れないが，血液中の酸素濃度が低い状態が長期間続くと（高度が高い地域など），このような人も鎌状赤血球症の症状を示すことがある．

3.
正常なDNA配列
（上段は鋳型鎖）：　3′-TACTTGTCCGATATC-5′
5′-ATGAACAGGCTATAG-3′

mRNA配列：　5′-AUGAACAGGCUAUAG-3′

アミノ酸配列：　Met-Asn-Arg-Leu-終止

変異したDNA配列
（上段は鋳型鎖）：　3′-TACTTGTCCAATATC-5′
5′-ATGAACAGGTTATAG-3′

mRNA配列：　5′-AUGAACAGGUUAUAG-3′

アミノ酸配列：　Met-Asn-Arg-Leu-終止

アミノ酸配列には影響しない．mRNAのコドン5′-CUA-3′と5′-UUA-3′は両方ともロイシン（Leu）をコードしているため，突然変異の前も後もアミノ酸配列はMet-Asn-Arg-Leuとなる（5番目のコドンは終止コドンである）．

重要概念のまとめ

17.1　遺伝子には塩基配列の形で遺伝情報が書き込まれている．遺伝子は最初にRNA分子に転写され，最終的にmRNA分子がポリペプチドに翻訳される．ポリペプチドはタンパク質の一部または全部を構成し，細胞内で機能を発揮して生物の表現型を発現させる．

17.2　細菌の遺伝子にも真核生物の遺伝子にも，最終的にRNAポリメラーゼが結合して転写を開始する領域であるプロモーターが存在する．細菌ではRNAポリメラーゼが直接プロモーターに結合するが，真核生物では転写因子が先にプロモーターに結合し，次にRNAポリメラーゼが転写因子と一緒にプロモーターに結合する．

17.3　5′キャップとポリAテールは，mRNAの核からの排出を支援し，細胞質ではmRNAの安定性を向上させてリボソームへの結合を促進する．

17.4　tRNAはリボソームとともに，mRNAの核酸の言語とポリペプチドのアミノ酸の言語との翻訳分子としての機能をもつ．tRNAは特定のアミノ酸を運搬するとともに，tRNA分子のアンチコドンがアミノ酸をコードするmRNAのコドンに相補的である．リボソームでは，tRNAがA部位に結合する．次に合成中のポリペプチド（そのときtRNAはP部位に移動する）に新たなアミノ酸が付加されて，新たな末端アミノ酸（C末端）が生成する．次に，A部位のtRNAがP部位に移動する．ポリペプチドに新たなtRNAが転移し，新たなアミノ酸がポリペプチドに移行する．空になったtRNAはE部位に移動し，リボソームから離脱する．

17.5　核酸の塩基が化学的に修飾されると，塩基対合の特異性が変化することがある．このようなことが起こると，次のDNA複製のときに誤ったヌクレオチドが相補鎖に取り込まれ，続くDNA複製によりこの突然変異が永続化することになる．この遺伝子が転写されるとき，突然変異したコドンが異なるアミノ酸をコードしていた場合は，合成されるタンパク質の機能を阻害または変化させることがある．化学的に修飾された塩基が次のDNA複製の前に発見されてDNA修復系により修復されれば，突然変異は起こらない．

理解度テスト

1. B　2. C　3. A　4. A　5. C　6. C　7. D

8. 起こらない．真核生物の細胞では，核膜のおかげで転写と翻訳は空間的にも時間的にも隔離されている．

9.

RNAの型	機　能
メッセンジャーRNA（mRNA）	ポリペプチドのアミノ酸配列を決定する情報をDNAからリボソームへ伝達する
トランスファーRNA（tRNA）	タンパク質の合成過程で翻訳分子として機能し，mRNAのコドンをアミノ酸に翻訳する
リボソームRNA（rRNA）	リボソームの中で構造的な役割とリボザイムとしての触媒機能を果たす（ペプチド結合の形成を触媒する）
一次転写産物	プロセシングを受ける前のmRNA，rRNA，tRNAの前駆体．イントロンRNAの中には，リボザイムとして自己のスプライシングを触媒する働きをもつものもある
スプライソソーム中の低分子RNA	タンパク質とmRNA前駆体をスプライスングするRNAとの複合体であるスプライソソームの中で，構造的および触媒的な役割を果たす

18章

図の問題

図18.3　細胞内のトリプトファン濃度が低下すると，やがて*trp*リプレッサー分子に結合するトリプトファンが枯渇する．その結果*trp*リプレッサー分子が不活性型となってオペレーターから解離し，オペロンの転写が再開できるようになる．トリプトファン生合成酵素が生産され，細胞内でトリプトファンの合成が再開する．

図18.9　2つのポリペプチドにはそれぞれ2つの領域がある．一方はMyoDのDNA結合ドメインを構成し，もう一方はMyoDの触媒ドメインを構成する．完全なMyoDタンパク質中の機能性ドメインは両方のポリペプチドの一部により構成されている．

図18.11　肝臓と水晶体の両方の細胞で，アルブミン遺伝子のエンハンサーには黄色，灰色，赤色の3つの制御領域が存在する．同一の生物個体の細胞であるから，肝臓と水晶体の細胞に含まれる塩基配列は同一である．

図18.18　変異型のMyoDタンパク質が*myoD*遺伝子を活性化することができない場合でも，シグナル伝達経路の他のタンパク質の遺伝子は活性化される（他の転写因子が筋細胞特異的タンパク質などの遺伝子の転写を活性化する）．このようにして分化が起こる．もし，MyoDタンパク質による*myoD*遺伝子活性化の消失を相補できる活性化因子が他に存在しないと，細胞は分化の状態を維持することができなくなる．

図18.22　前部の形成を維持する正常なBicoidタンパク質の注入により，母親により卵に残された変異型の*bicoid* mRNAの機能を相補することができる．そのため，頭部をもつ正常な発生が起こる．

図18.25　がん抑制遺伝子が2コピーとも変異して機能しないタンパク質が生産されたときだけ影響を及ぼすことから，がん抑制遺伝子の変異は劣性と考えられる．正常ながん抑制遺伝子が

1 コピー存在すれば，その産物が細胞周期を抑制することができると考えられる（ただし，優性の *p53* 遺伝子の突然変異も存在することが知られている）．

図 18.27 がんは通常の制御なしで細胞が分裂する病気である．細胞分裂は成長因子（図 21.18 参照）が細胞表層の受容体に結合することにより刺激される（図 11.8 参照）．がん細胞は正常な制御をくぐり抜け，成長因子なしでも分裂できることが多い（図 12.19 参照）．これより，受容体タンパク質などのシグナル伝達経路の成分になんらかの異常が発生するか（図 18.24 の Ras タンパク質などの例），またはこの図の受容体のように異常なレベルで発現する．哺乳類細胞の体内のある条件下では，エストロゲンやプロゲステロンなどのステロイドホルモンが細胞分裂を促進する．このような分子は 11.2 節で記述したように（図 11.9 参照）シグナル伝達経路でも使われる．シグナル受容体が細胞分裂を実行する引き金となることから，このようなタンパク質をコードする遺伝子が変異することが，がんの発生に重要な役割を果たすことも不思議ではない．このとき，その遺伝子に発生した突然変異はタンパク質産物の機能が変化する，または異常なレベルで発現するものであり，その結果シグナル伝達経路の全体的な制御が崩壊したと考えられる．

概念のチェック 18.1

1. *trp* コリプレッサー（トリプトファン）の結合により *trp* リプレッサーが活性化され，*trp* オペロンの転写が停止する．一方，*lac* インデューサー（アロラクトース）の結合により *lac* リプレッサーが不活性化されて *lac* オペレーターに結合していられなくなるため，*lac* オペロンの転写が誘導される．
2. グルコースが欠乏すると cAMP が CRP に結合し，CRP が *lac* プロモーターに結合して RNA ポリメラーゼが結合しやすくなる．ラクトースが存在しない場合，*lac* リプレッサーが *lac* オペレーターに結合して RNA ポリメラーゼの *lac* プロモーターへの結合を阻害する．これより，*lac* オペロンの遺伝子群が転写されなくなる．
3. ラクトースが存在しなくても β-ガラクトシダーゼおよびラクトースの代謝に用いられる 2 つの酵素の生産が続くため，細胞の成分が無駄遣いされることになる．

概念のチェック 18.2

1. 一般に，ヒストンのアセチル化は遺伝子の発現を促進し，ヒストンのメチル化は遺伝子の発現を抑制する．
2. 同じ酵素がヒストンと DNA 塩基の両方をメチル化することはできない．酵素は非常に特異的な構造をとるため，タンパク質のアミノ酸をメチル化する酵素は，同じ活性部位に DNA ヌクレオチドの塩基を基質として受け入れることはできない．
3. 基本転写因子はすべての遺伝子のプロモーター領域で転写開始複合体の形成に関与する．特異的転写因子は特定の遺伝子の制御領域に結合し，その遺伝子の転写を増加（転写活性化因子の場合）または減少（転写抑制因子の場合）する．
4. 翻訳開始，mRNA の分解，タンパク質の活性化（化学修飾など），およびタンパク質分解の制御．
5. 3 つの遺伝子はエンハンサー中に同一または類似した塩基配列の制御領域をもつと考えられる．この類似性のため，筋肉細胞内の同一の転写因子が 3 つの遺伝子のエンハンサーに結合し，協調して発現を誘導できると考えられる．

概念のチェック 18.3

1. miRNA と siRNA はどちらも低分子量の 1 本鎖 RNA であり，タンパク質と複合体を形成して相補的な配列をもつ mRNA と塩基対合する．この塩基対合により，mRNA の分解または翻訳停止が誘導される．酵母では，siRNA が別の複合体のタンパク質と相互作用してセントロメアのクロマチンに結合し，クロマチンを凝縮してヘテロクロマチンにする酵素を引き寄せる．miRNA と siRNA は双方とも 2 本鎖 RNA の前駆体からプロセシングされて生成するが，これらの前駆体 RNA の構造には微妙な違いがある．
2. 図 18.5 の mRNA が分解されずに細胞分裂を促進するタンパク質に翻訳され，細胞分裂が起こる．細胞分裂の抑制には無傷の miRNA が必要なので，この細胞分裂は不適切なものである．制御不能な細胞分裂により細胞の塊（腫瘍）が形成されて個体の正常な機能が阻害され，がんの発生に結びつく．
3. *XIST* RNA は不活性化される予定の X 染色体上の *XIST* 遺伝子から転写される．この *XIST* RNA が染色体に結合してヘテロクロマチン形成を誘導する．*XIST* RNA がなんらかの機構によりクロマチンを修飾する酵素をよび寄せて，ヘテロクロマチン形成を誘導するモデルが考えられる．

概念のチェック 18.4

1. 細胞は胚発生の過程で分化して異なる細胞となっていく．その結果，成体は高度に専門化された多数の細胞により構成されている．
2. シグナル分子が細胞表層の受容体に結合してシグナル伝達経路を起動する．ここでは二次メッセンジャーや転写因子などの細胞内タンパク質が関与して遺伝子の発現に影響を与える．
3. 母親から卵の中に注入された母性効果遺伝子の産物が，胚（最終的には成体）の前後軸および背腹軸を決定する．
4. 下側の細胞がシグナル分子を合成するのは，シグナル分子の遺伝子が活性化しているためであり，適切な特異的転写因子がこの遺伝子のエンハンサーに結合していることを意味している．このような特異的転写因子をコードする遺伝子がこの細胞で発現しているのも，このような遺伝子の発現を誘導できる転写活性化因子がこの細胞の前駆体で発現していたためである．受容体を発現している細胞についても同様に説明できる．発生の過程は卵の特定の領域に局在する特定の細胞質決定因子により開始される．このような細胞質決定因子は細胞分裂に伴って娘細胞に不均等に分配され，それぞれの娘細胞が異なる発生経路をたどることになる．

概念のチェック 18.5

1. がん原遺伝子に発生するがんを引き起こす突然変異は，その産物が過剰活性であることが多い．一方，がん抑制遺伝子に発生するがんを引き起こす突然変異は，その産物が機能を失っていることが多い．
2. がん遺伝子または突然変異したがん抑制遺伝子の対立遺伝子が遺伝により個人に受け継がれた場合．
3. アポトーシスは細胞が深刻な DNA 損傷を受けたときに p53 により誘導される．すなわち，アポトーシスはがん細胞になる可能性のある細胞を排除する防衛的な役割を担っている．アポトーシス経路の遺伝子に突然変異が起こってアポトーシスが起こらなくなると，DNA に損傷を受けた細胞が分裂を継続するようになり，やがて腫瘍が形成される．

重要概念のまとめ

18.1　コリプレッサーとインデューサーは，双方ともオペロンのリプレッサーに結合してリプレッサーの形状を変化させる低分子量化合物である．コリプレッサー（トリプトファンなど）の場合は，形状変化によりリプレッサーがオペレーターに結合し，オペロンの転写を抑制できるようになる．これに対してインデューサーの場合は，形状変化によりリプレッサーがオペレーターから解離し，オペロンの転写を開始できるようになる．

18.2　転写因子が接触する必要があるので，クロマチンは高度に凝縮してはならない．遺伝子の発現のためには，遺伝子のエンハンサー中の制御領域に適切な特異的転写因子（アクチベーター）が結合する必要があり，同時にリプレッサーが結合していないことが必要である．湾曲タンパク質によりDNA鎖が湾曲してアクチベーターがメディエーターのタンパク質群と接触し，プロモーターに結合した基本転写因子と複合体を形成する．ここで初めてRNAポリメラーゼが結合して転写が開始される．

18.3　miRNAはタンパク質のアミノ酸を「コード」していないので，翻訳されることはない．各々のmiRNAは一群のタンパク質と結合して複合体を形成する．この複合体が相補的な配列をもつmRNAと結合すると，mRNAは分解されるか，翻訳を阻止される．この過程は，機能をもつタンパク質に翻訳される可能性のある特定のmRNAの量を制御するものであり，遺伝子の発現制御の一環と考えることができる．

18.4　発生の最初の過程には，母親が卵の特定の部位に残していくmRNAとタンパク質である細胞質決定因子が関与する．初期の卵割により卵の異なる部位から形成された胚細胞は，それぞれ異なる細胞質決定因子を含むことになり，異なる遺伝子発現プログラムが指示される．2番目の過程には，隣接する細胞が分泌するシグナル分子に対する応答が関与する．細胞応答に関与するシグナル伝達経路により，個別の遺伝子発現パターンが誘導される．この2つの過程の協調により，発生中の胚の中で各々の細胞が個別の経路をたどることが可能となる．

18.5　がん原遺伝子のタンパク質産物は，通細胞分裂を促進する経路に関与することが多い．一方，がん抑制遺伝子のタンパク質産物は，通常は細胞分裂を抑制する経路に関与することが多い．

理解度テスト

1. C　**2.** A　**3.** B　**4.** C　**5.** C　**6.** D　**7.** A　**8.** C　**9.** B　**10.** D

11. (a)

エンハンサー　プロモーター　遺伝子1　遺伝子2　遺伝子3　遺伝子4　遺伝子5

紫色，青色，赤色のアクチベーターのタンパク質が存在する．

(b)

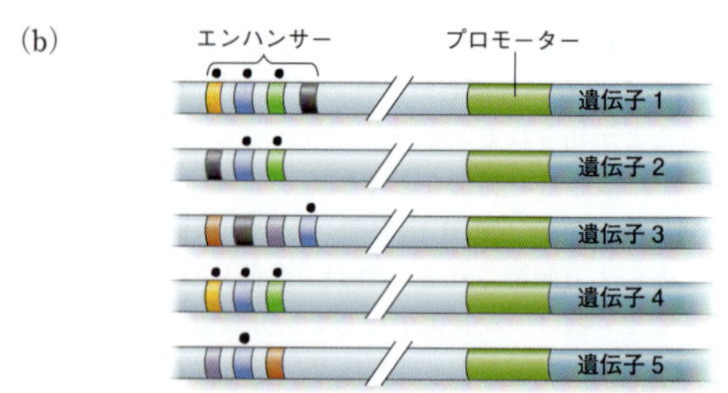
エンハンサー
プロモーター
遺伝子1
遺伝子2
遺伝子3
遺伝子4
遺伝子5

遺伝子4だけが転写される．

(c) 神経細胞では，遺伝子1，2，4の転写を活性化するためにオレンジ色，青色，緑色，黒色のアクチベーターが存在する必要がある．皮膚の細胞では，遺伝子3，5の転写を活性化するためには赤色，黒色，紫色のアクチベーターが必要である．

19章

図の問題

図19.2　ベイエリンクは，病原体は植物が生産する毒素であり，その毒素はフィルターを通過することができるが徐々に希釈されていくものであると結論したと考えられる．この場合，感染性の病原体は複製できないとベイエリンクは結論づけただろう．

図19.4

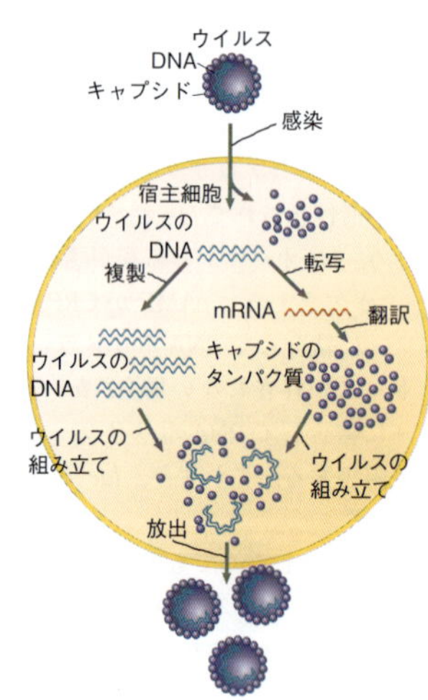
ウイルス
DNA
キャプシド
感染
宿主細胞
ウイルスの
DNA
複製
転写
mRNA
翻訳
ウイルスの
DNA
キャプシドの
タンパク質
ウイルスの
組み立て
ウイルスの
組み立て
放出

図19.9　HIVが結合する細胞表層の主要なタンパク質はCD4である．さらにHIVの感染には「共受容体」が必要であり，それはCCR5とよばれるタンパク質であることが多い．HIVはこれらのタンパク質に同時に結合することにより，細胞に取り込まれる．研究者は，HIVに何回も接触してもHIVに感染しない人を分析することにより，HIVの感染に必要な因子を発見した．このような人はCCR5をコードする遺伝子の変異のため，HIV感染時に共受容体として働かないため，HIVが感染細胞に侵入できないと考えられる．

概念のチェック19.1

1. TMVは，1分子のRNAがらせん状に並んだタンパク質に取り囲まれて構成されている．インフルエンザウイルスは8分子のRNAを保有し，それぞれが二重らせん配置のタンパク質に取り囲まれている．これらのウイルスのもう1つの違いは，インフルエンザウイルスにはエンベロープがあるが，TMVにはエンベロープがない点である．

2. T2ファージはDNAとタンパク質の殻だけで構成され，遺伝情報を運ぶ高分子としてはこの2つが候補であったことから，ハーシーとチェイスが実験に用いる材料としては非常に適していた．ハーシーとチェイスはそれぞれの分子を個別に放射性標識したT2ファージを作製し，別々に大腸菌に感染させる実験を実施した．ファージの感染の過程でDNAだけが大腸菌の細胞に侵入し，放射性標識されたDNAが子孫のファージに出現した．ハーシーとチェイスは，細菌の遺伝情報を書き換えて子孫のファージを生産させるのに必要な遺伝情報はファージのDNAに含まれていると結論した．

概念のチェック 19.2

1. 溶菌ファージは宿主の細胞を溶菌するだけだが，溶原ファージは宿主細胞の溶菌と宿主の染色体へのDNAの組み込みの両方を行うことができる．染色体に組み込まれた場合は，ファージのDNA（プロファージ）が宿主の染色体とともに複製される．特定の条件下でプロファージは宿主の染色体から抜け出して溶菌サイクルを開始する．
2. CRISPR-Casシステムと miRNAはどちらもRNA分子とタンパク質の複合体が「誘導装置」として働き，複合体が相補配列をもつDNAかRNAに結合できるようになっている．ただし，miRNAはRNAに働きかけることにより遺伝子の発現を制御するものだが，CRISPR-Casシステムは細菌が感染性のファージなどの侵入者から身を守る防御システムである．そのため，CRISPR-Casシステムは miRNAよりも免疫系に近い働きをもつ．
3. ウイルスのRNAポリメラーゼと図17.10のRNAポリメラーゼはどちらも鋳型鎖に相補的なRNA分子を合成する．図17.10のRNAポリメラーゼは二重らせんDNAの一方の鎖を鋳型とするが，ウイルスのRNAポリメラーゼはウイルスゲノムのRNA鎖を鋳型とする．
4. レトロウイルスはRNAゲノムを鋳型に用いてDNAを合成することからレトロウイルスとよばれる．ここでは，通常のDNA→RNAの情報の流れが逆「レトロ retro」になっている．
5. HIV感染経路を阻止するために標的となる段階がいくつもある．ウイルスの細胞への結合，逆転写の機能，宿主細胞の染色体への組み込み，ゲノムの合成（この場合は，染色体に組み込まれたプロウイルスからRNAへの転写），細胞内でのウイルスの組み立て，ウイルスの出芽の段階である（すべてではないにしても，これらの段階の多くがHIV感染者の症状の進行を食い止める戦いの中で実際に医療の標的となっている）．

概念のチェック 19.3

1. 突然変異により発生した新型のウイルス株に対して，もとのウイルス株に接触したことのある動物でも，その免疫系が効果的に対応できない場合．ウイルスがある生物種から新たな宿主への感染に成功した場合．孤立していた宿主の集団から希少なウイルスが拡散した場合．
2. 水平伝播では外部のウイルス源から植物に感染する．このようなウイルスは，草食動物や昆虫などの食害などにより損傷を受けた植物の表層から侵入する．垂直伝播では，植物は親株から感染した種子（有性生殖）または感染した株の挿し木（無性生殖）を通してウイルスを受け継ぐ．
3. ヒトはTMVの宿主域に含まれないので，愛煙家がこのウイルスに感染することはない（TMVはヒトの細胞の受容体に結合することも感染することもできない）．

重要概念のまとめ

19.1 ウイルスは宿主細胞の外では複製できず，代謝によりエネルギーを生産することもできないため，一般的には無生物とみなされる．ウイルスの複製と代謝は完全に宿主の酵素と物資に依存している．

19.2 1本鎖RNAウイルスはRNAを鋳型に用いてRNAを合成できるRNAポリメラーゼを必要とする（細胞のRNAポリメラーゼはDNAを鋳型に用いてRNAを合成する）．レトロウイルスはRNAを鋳型に用いてDNAを合成する逆転写酵素を必要とする（最初のDNA鎖が合成されると，同じ酵素が第2のDNA鎖を合成する）．

19.3 RNAポリメラーゼには校正機能がなく複製時の誤りを訂正することができないため，RNAウイルスのほうがDNAウイルスよりも突然変異の発生率が高い．突然変異が起こりやすいため，RNAウイルスはDNAウイルスよりも変化が早く，宿主域の変更や感染できる宿主の免疫防御の回避が起こりやすいため，新興ウイルスとなることが多い．

理解度テスト

1. C 2. D 3. C 4. D 5. B
6. 下図に示されるように，ウイルスのゲノムは直接キャプシドタンパク質とエンベロープの糖タンパク質に翻訳されるとともに，相補的RNA鎖のコピーが合成される．さらに，相補的RNA鎖が鋳型となってウイルスゲノムの新たなコピーが多数合成される．

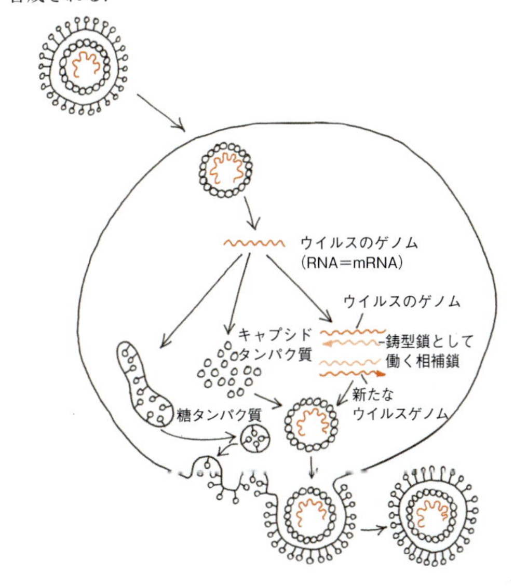

ウイルスのゲノム
(RNA＝mRNA)
ウイルスのゲノム
キャプシドタンパク質
鋳型鎖として働く相補鎖
新たなウイルスゲノム
糖タンパク質

20章

図の問題

図 20.5

5′ AAGCTT 3′ / 3′ TTCGAA 5′ —*Hind* III→ 5′ A 3′ / 3′ TTCGA 5′ + 5′ AGCTT 3′ / A 3′5′

図 20.16　左上図の4細胞期の胚から取り出した核を移植された卵からは，オタマジャクシがまったく発生しないと考えられる．さらに，核を移植された卵から，移植された核によって異なる一部の組織だけが発生することも予想される（これは，4個の細胞がなんらかの方法で連絡を取り合ってカエルの発生を遂行することを前提としている）．

図 20.21　iPS細胞から分化した細胞を用いた場合は，拒絶反応の危険がない点がiPS細胞の大きな利点である．提供者の細胞は患者自身に由来するため，患者に完全に適合するためである．患者の免疫系はこのような組織細胞を「自己」と認識するので，拒否反応を引き起こす攻撃をかけることはないと考えられる．一方，急速に分裂する細胞はある種の腫瘍を引き起こし，がんの発生へと進行する危険がある．

概念のチェック 20.1

1. 制限酵素によりDNA鎖中の糖とリン酸の共有結合が切断される．
2. 切断される．制限酵素 *Pvu*I は下図のようにDNA鎖を切断する（赤色の破線で示した位置）．

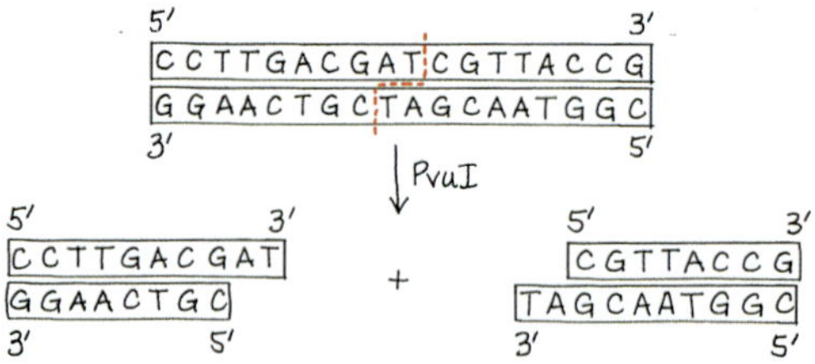

5′ CCTTGACGAT¦CGTTACCG 3′
3′ GGAACTGC¦TAGCAATGGC 5′

↓ PvuI

5′ CCTTGACGAT 3′　＋　5′ CGTTACCG 3′
3′ GGAACTGC 5′　　　3′ TAGCAATGGC 5′

3. 真核生物の遺伝子には大きすぎて細菌のプラスミドに組み込めないものがある．細菌は転写産物のRNAをプロセシングしてmRNAにすることができない．RNAプロセシングの問題をcDNAの利用により回避しても，細菌は多くの真核生物のタンパク質が機能を発揮するために必要とされる翻訳後の修飾を触媒する酵素を欠いている．これは，バイオテクノロジーの標的となることの多いヒトのタンパク質の生産でよく問題になる．
4. 直線状のDNA分子の複製過程（図16.20参照）では各々の新しいDNA鎖の5′末端にRNAプライマーが使われる．RNAプライマーは後にDNAヌクレオチドに置換される必要があるが，DNAポリメラーゼは新たなDNA鎖の5′末端から複製を開始することができないため，プライマーの分だけDNA分子が短くなる．PCRの場合はプライマーが最初からDNA鎖なので置換する必要がなく，新たなDNA鎖の末端が保持されている．そのため，PCRの過程では末端の複製の問題が発生せず，複製のたびにDNA分子が短くなる心配はない．

概念のチェック 20.2

1. 相補的な塩基対合により合成されるcDNAは，RT-PCR，DNAマイクロアレイ，RNA塩基配列決定の3つの技術には最初の段階で必要とされる．mRNAを鋳型として逆転写酵素がmRNAの塩基に相補的なヌクレオチドを連結することにより第1のDNA鎖が合成される．DNAポリメラーゼがcDNAの第2のDNA鎖を合成するときも相補的な塩基対合が必要である．さらに，RT-PCRではDNA混合物中の多数のDNA鎖の中で特定の領域に位置する標的配列に，プライマーが確実に結合しなければならない．DNAマイクロアレイ解析では，相補的核酸ハイブリダイゼーション（DNA-DNAハイブリダイゼーション）により標識されたDNAプローブが特定の標的配列だけに結合する．RNA-seqでは，cDNAの塩基配列決定を行うときに塩基の相補性が重要な役割を果たす．CRISPR-Cas9システムを用いたゲノム編集では，ゲノム編集に先立って，CRISPR-Cas9複合体中のガイドRNAがゲノム中の相補的配列（標的配列）に結合しなければならない．DNA鎖修復に相補鎖を用いるとき，修復系は塩基の相補性を利用する．
2. がんの発生機構に関心をもつ研究者としては，正常組織とがん組織との間で発現レベルが異なっている遺伝子として緑色または赤色のスポットで表される遺伝子の研究が興味深いだろう．このような遺伝子の中には，がんになった結果として発現レベルが変化したものもあるが，がんを引き起こす過程に関与する遺伝子も含まれているはずであり，双方とも研究対象として興味深い．

概念のチェック 20.3

1. 腸の細胞から取り出した核のクロマチン修飾の状態が受精卵の核のクロマチンとは明らかに異なっていることが，腸の細胞の核の再プログラム化がうまくいく可能性が非常に低い理由を説明している．これに対し，4細胞期の細胞から取り出した核のクロマチンは受精卵の核のクロマチンと修飾の状態がよく似ているため，はるかに容易に正常な発生を指令するように再プログラム化できる．
2. クローンでも同じ形にはならない．クローンが発生し成長してきた環境と，オリジナルのペットが生きてきた環境との違いにより微妙な（場合によっては大きな）形の違いが生じる（図20.18に記述される相違を参照）．これより倫理的な問題が生じる．ドリーなどの哺乳類を作製するとき，数百個の胚のクローンを試みてわずかに1頭だけしか成獣まで生き残らない．もし「拒絶された」イヌの胚が障害を抱えた仔イヌとして誕生したときは殺されてしまうのだろうか．障害を抱えるかもしれない動物をつくり出すことに倫理的に問題はないだろうか．あなたは他にも倫理的な問題を考えつくことができるだろう．
3. 筋細胞の分化の引き金を引くのがマスター制御遺伝子（*MyoD*）ならば，あなたがMyoDタンパク質または*MyoD*遺伝子を含む発現ベクターを幹細胞に導入したとき，分化が開始するだろう（この実験はうまくいかないと考えられる．図18.18の胚前駆体細胞は，あなたが扱ってきた幹細胞よりも分化が進んでいるので，他にもなんらかの変化がすでに生じているためである．しかし，手始めに行う実験としてはよい方法である．あなたは他の要因を考慮するだろう）．

概念のチェック 20.4

1. 幹細胞は幹細胞を再生産し続けるため，遺伝性疾患を矯正する遺伝子産物の継続的な生産が確実だから．
2. 除草剤耐性，害虫抵抗性，病害抵抗性，耐塩性，干ばつ耐性，熟成時期の遅延など．
3. A型肝炎ウイルスはRNAウイルスなので，患者の血液からRNAを単離してRT-PCRによりウイルスRNAのコピーの検出を行うことになる．まず，血液から単離したmRNAをcDNAに逆転写し，A型肝炎ウイルスの配列に特異的なプライマーを用いてPCRにより目的のcDNAを増幅する．PCR産物をゲル電気泳動にかければ，適切な大きさのバンドの出現によりあなたの仮説が支持される．別の方法として，患者の血液中のRNAをすべてRNA-seq法により塩基配列決定し，A型肝炎ウイルスの配列と一致するものがあるかどうか調べることもできる（あなたが探索する配列が1つだけなら，RT-PCR法がよい選択肢と考えられる）．

重要概念のまとめ

20.1 プラスミドベクターとクローニングする予定の外来DNA試料を同一の制限酵素を用いて切断し，粘着末端をもつDNA断片を生成する．ベクターと外来DNAの断片を混合して連結し，大腸菌に導入する．プラスミドには抗生物質耐性遺伝子が含まれているので，宿主に抗生物質を添加するとプラスミドを取り込んだ細胞だけが生育する（さらに，挿入DNA断片をもたないプラスミドを取り込んだ細胞と区別して，組換えプラスミドを含む細胞だけを選択する技術が開発されている）．

20.2 ある組織または細胞種で発現する遺伝子がタンパク質（または非コードRNA）を支配し，これが組織や細胞種の構造と機能の基盤となる．特異的な構造を樹立し特定の機能を発揮する，相互作用する遺伝子群について解析することは，組織の構成成分が協調して機能する機構の理解に結びつく．さらに，遺伝子発現の誤りが組織の機能不全に結びついて発症する病気に対しても，よりよい治療を行うことが可能となる．

20.3 (1) マウスの生殖クローニングでは，分化したマウスの細胞から取り出した核を，あらかじめ核を除去したマウスの卵に導入する．卵が卵割を開始し，代理母の胎内で胚発生が進行することにより，核を提供したマウスと遺伝的に同一なマウスが誕生する．この場合，分化した核は卵の細胞質に含まれる因子により再プログラム化されている．(2) マウスのES細胞は，マウスの胚盤胞の内部細胞塊から樹立される．この場合，細胞は生殖と発生の過程で「自然に」再プログラム化される（クローニングされたマウスの胚はES細胞の供給源として用いられる）．(3) iPS細胞は，胚を用いる代わりに成体のマウスの分化した細胞に特定の転写因子を注入することにより樹立することができる．この場合，転写因子が細胞を再プログラム化して多能性幹細胞にする．

20.4 遺伝子治療が可能となる必要条件は，第1に問題の疾患が単一の遺伝子により引き起こされ，その分子機構が理解されていること，第2に患者に注入される細胞が患者の体組織に組み込まれて増殖できること（さらに必要とされる産物を生産すること），第3にこれまでの遺伝子治療の試みによりがんが発生したケースがあることから，目的の遺伝子を標的細胞に安全な方法で導入することである（以上の手順をマウスを用いた試行により確認しておくことが必要である．ベクターの安全性を決定する因子についてはよくわかっていないが，この問題については本書の読者諸君が将来解決してくれることを期待している）．

理解度テスト

1. D 2. B 3. C 4. B 5. C 6. B 7. A 8. B

9. ゲノムDNAを用いてPCRにより目的遺伝子を増幅する．別の方法として，水晶体細胞からmRNAを単離し，逆転写酵素を用いて逆転写によりcDNAを調製する．いずれの場合も，遺伝子を発現ベクターに挿入して目的タンパク質を生産し，研究に用いる．

10. 交差により発生する組換えは偶発的な現象なので，2つの遺伝子座の間の距離が増すほど，2つの遺伝子座の間で交差が起こる確率が増大する．あるSNPが病気の原因となる対立遺伝子に非常に近接しているとき，遺伝的に連関しているという．この場合，問題の対立遺伝子とSNPの間で組換えが起こる確率は非常に低いので，特定の対立遺伝子の存在を示す遺伝的マーカーとしてこのSNPを利用することができる．

11.

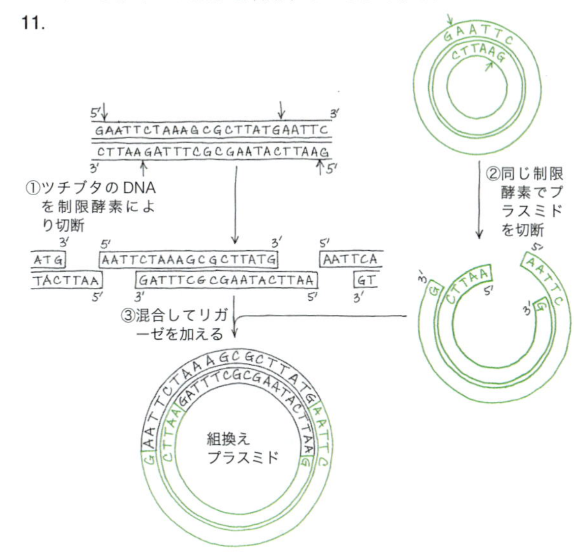
GAATTC
CTTAAG
5′
3′
GAATTCTAAAGCGCTTATGAATTC
CTTAAGATTTCGCGAATACTTAAG
3′
5′
①ツチブタのDNAを制限酵素により切断
②同じ制限酵素でプラスミドを切断
ATG
TACTTAA
AATTCTAAAGCGCTTATG
GATTTCGCGAATACTTAA
AATTCA
GT
CTTAA
AATTC
G
③混合してリガーゼを加える
組換えプラスミド

21章

図の問題

図21.2 図の第❷段階ではDNA断片の相互の位置関係がわかっていないので，後でコンピュータ解析して並び順を決定する．断片の位置関係がばらばらな状態が，この図の散乱した断片に反映されている．

図21.8 トランスポゾンはもとの位置にコピーを残さずにDNAが切り出される．そのため，トランスポゾンが切り出されて移動した後には，もとの位置にトランスポゾンのDNA配列を残さない形でトランスポゾンの移動が図に示されている．

図21.10 各々の転写単位でDNA鎖から伸びているRNA鎖は左のほうが短く，右のほうが長い．これはRNAポリメラーゼが転写単位の左端から出発して右に向かって移動していることを意味している．

図21.13

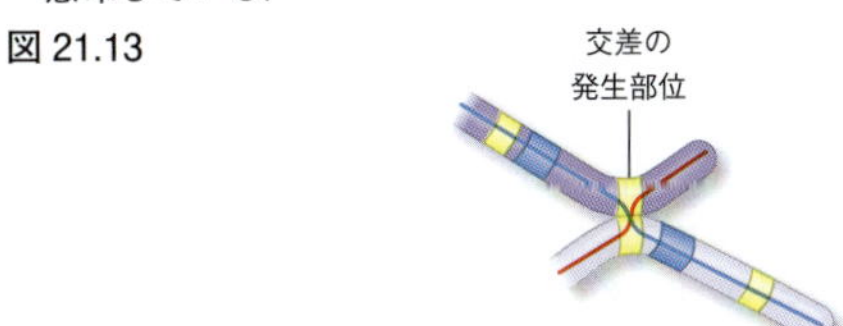
交差の
発生部位

図21.14 偽遺伝子は機能をもたない．偽遺伝子は重複した遺伝子の一方のコピーに突然変異が生じて遺伝子産物が機能しなくなることにより発生する．突然変異の例として，塩基の変化により終止コドンが遺伝子中に導入される，アミノ酸が変化する，遺伝子のプロモーター領域が変化して遺伝子が発現できなくなることなどが考えられる．

図21.15 リゾチームの5位のアミノ酸はR（アルギニン）だが，α-ラクトアルブミンの5位のアミノ酸はK（リジン）であり，

両方とも塩基性のアミノ酸である．

図 21.16　左図に示される *EGF* 遺伝子の EGF エキソンの左のイントロンに存在する転移因子と同じ転移因子がフィブロネクチン遺伝子の F エキソンの右のイントロンにも存在する．減数分裂中に起こる組換えの過程で図 21.13 に示されるように相同染色体の非姉妹染色分体の間で誤った対合が起こることがある．その結果，一方の遺伝子では EGF エキソンに F エキソンが隣接する．世代が経過するうちにさらに対合の誤りが発生して残りの遺伝子から 2 つのエキソンが分離し，単一または重複した K エキソンに隣接するようになる．一般に，イントロンの中または遺伝子の間に繰返し配列が存在すると非姉妹染色分体の間で誤った対合が起こりやすくなるため，このような過程が容易に進行し，新たなエキソンの組み合わせが生じる原因となる．

図 21.18　チンパンジーは会話できないがヒトは会話することから，ヒトの野生型 FOXP2 タンパク質とチンパンジーの FOXP2 タンパク質の間のアミノ酸配列の相違が FOXP2 タンパク質の機能に与える影響は興味深い（後述の通り，2 アミノ酸の違いがある）．実際に，この遺伝子に突然変異が生じた人は深刻な言語障害が生じることが判明している．このような人の *FOXP2* 遺伝子の突然変異により変化が認められるアミノ酸について，ヒトとチンパンジーのアミノ酸配列の違いと同じアミノ酸の変化の有無を調べることにより，より詳しく解析できる．もし，同じアミノ酸が変化しているのであれば，このアミノ酸が会話能力に関するタンパク質の機能に重要な役割を果たしていると考えられる．さらに，チンパンジーとマウスの FOXP2 タンパク質のアミノ酸配列について分析を行うと，会話できない動物同士であるチンパンジーとマウスのタンパク質のほうが，チンパンジーとヒトのタンパク質の間よりも高い類似性を示すかという点が興味深く思われる（実際にチンパンジーとマウスのタンパク質の間には 1 アミノ酸しか相違がなく，2 アミノ酸が相違するチンパンジーとヒトのタンパク質の間や，3 アミノ酸が相違するヒトとマウスのタンパク質の間よりも，チンパンジーとマウスのタンパク質の間のほうが高い類似性をもつことが判明している）．

概念のチェック 21.1

1. 全ゲノムショットガン法では，多数の制限酵素を用いてゲノム DNA を切断することにより短い DNA 断片を得る．得られた断片をクローニングし，塩基配列を決定し，コンピュータプログラムを用いて重複を見出すことにより整列統合する．

概念のチェック 21.2

1. GenBank などのデータベースと BLAST などの解析ソフトウェアは一元化され，インターネット上で自由に利用することができる．すべての情報を一元化されたデータベースとして容易にインターネット上で利用できるようになると，誤りが発生する可能性が最小限に抑えられ，他のデータベースを利用する研究者が少なくなる．すべての研究者が同じ解析ソフトウェアを用いることができるようになるため，各々の研究者が独自のソフトウェアを用いるよりも，科学研究のプロセスが合理化される．これにより情報の普及が加速し，誤りは時宜を得て可能な限り訂正されるようになる．他にもインターネットの効用について考えてみよう．
2. がんは多数の要因が原因となって発生する．単一の遺伝子や単一の欠陥に焦点を絞った研究法は，がんに影響する可能性のある他の要因を無視することになり，研究対象の遺伝子の挙動を明らかにすることさえも難しくなる．システム生物学の研究法は多数の要因を同時に考慮することから，がんの発生原因の理解および最も有益な治療法の開発に結びつく可能性が高いと思われる．
3. タンパク質のコード領域以外で転写される領域の一部はイントロンと考えられる．残りの領域は miRNA，siRNA，piRNA などの低分子 RNA を含む非コード RNA に転写される．このような RNA 分子は，翻訳の抑制，mRNA の分解の誘導，プロモーターへの結合による転写の抑制，クロマチン構造の再構築などにより，遺伝子の発現制御に働いている．一方，長鎖非コード RNA（lncRNA）は遺伝子の発現制御やクロマチンの再編成に働いていると考えられる．
4. ゲノム解析にはシステム生物学の研究法が用いられ，多数の 1 塩基多型（SNP）と心臓病や糖尿病などの特定の病気との関連のパターンが探索される．

概念のチェック 21.3

1. 遺伝子から転写された RNA の選択的スプライシングと生産されたポリペプチドの翻訳後のプロセシングにより，遺伝子の数よりも多数のタンパク質が生産される．
2. ウェブのページの最上段には，解析が完了したゲノムの数とドラフト配列の状態で終了したと思われるゲノムの数が，年ごとに棒グラフで示されている．スクロールすると，年ごとの完了または進行中のゲノム計画の数，年ごとの生物のドメイン別のゲノム計画の数（生物「ドメイン」ではないが，ウイルスとメタゲノムについてもゲノム計画の数が記載されている），細菌のゲノム計画の系統的分配，およびシーケンスセンターの計画について見ることができる．最後に，底辺近くで「細菌ゲノム計画の関連分野」の円グラフがあり，約 47% が医学関連であることが示されている．ウェブページの最後には，細菌と古細菌のゲノム計画のシーケンスセンターとしての活動が別の円グラフで示されている．
3. 一般に原核生物の細胞は真核生物の細胞よりも小さく，二分裂により増殖する．進化の過程はより早く増殖する細胞が自然選択されることであり，DNA の複製と分裂が早い原核生物の個体が有利となる．すなわち複製しなければならない DNA が少ないほど，増殖が早くなる．

概念のチェック 21.4

1. 哺乳類のほうが遺伝子の数が多いうえに非コード DNA の量が多いので，ゲノムが大きくなる．さらに，哺乳類の遺伝子にはイントロンが存在するため，平均の大きさが原核生物の遺伝子よりも大きい．
2. コピー・アンド・ペースト機構によるトランスポゾン転移とレトロトランスポゾンは，移動元にコピーが残る．
3. rRNA 多重遺伝子ファミリーは，3 つの異なる rRNA 産物を含む同一の転写単位が直列に繰り返している．多数の rRNA 遺伝子のコピーが存在するために，活発なタンパク質合成を行うために十分な数のリボソームの形成に必要な数の rRNA の生産が可能となっている．また，単一の転写単位に 3 つの rRNA が含まれているため，これらの rRNA 分子の相対的な生産量が揃うことになる．すなわち，1個のrRNAが合成されるたびに，他の2つのRNAのコピーも同様に生産される．一方，グロビン多重遺伝子ファミリーは，同一の転写単位が多数存在するのではなく，比較的少数の同一でない遺伝子群から構成されている．これらの遺伝子にコードされるグロビンタンパク質には相違があり，生物の発生の特定の時期にはそれぞれ適応したヘモグロビン分子が生産される．

4. エキソンは「エキソン」(1.5%）に分類される．遠隔制御配列を含むエンハンサー領域と，近接制御配列を含むプロモーターの近傍およびプロモーター自体は「制御配列」(5%）に分類される．イントロンは「イントロン」(20%）に分類される．

概念のチェック 21.5

1. 減数分裂が起こらなければ，1個の細胞にゲノム全体が2コピー含まれることになる．減数分裂中の交差に誤りが生じると，染色体上のある領域が重複し，もう一方の染色体ではその領域が欠失することになる．DNA複製の過程で鋳型鎖に後方への滑りが発生すると，その領域が2度複製されて重複する．
2. 各々の遺伝子について，減数分裂中の交差の誤りが2コピーの遺伝子の間に発生すると，一方の遺伝子は重複したエキソンをもつことになる（もう一方の遺伝子はエキソンが欠失する）．このような誤りが数回繰り返されると，各々の遺伝子の中で特定のエキソンが多コピー存在することになる．
3. ゲノム全体に散在する相同的な転移因子は，異なる染色体の間で組換えが発生する部位となっている．このような転移因子がある遺伝子のコード領域または制御配列に移動すると，その遺伝子の発現が変化して自然選択を左右するような表現型になんらかの影響を与えることがある．転移因子が移動するときに遺伝子そのものを一緒に運ぶことがあり，結果として遺伝子が分散し，遺伝子の発現パターンの変化を引き起こす．転移の過程でエキソンが移動して他の遺伝子に挿入されると，エキソンシャフリングが起こる（配偶子を生産する生殖細胞にこのような変化が起こると，子孫に変化が遺伝する）．
4. 逆位をもつ女性が多くの子どもを残すことから，この逆位には繁殖と発生の過程で優位性があると考えられる．その結果，逆位をもつ子どもの割合が増えていき，この逆位は存続して集団の間に拡散していくことが予想される（実際に，この研究により得られた証拠から，研究者はアイスランドの人口の中でこの逆位をもつ人の割合が増加していると結論している．集団遺伝学については第4部で詳しく学ぶ）．

概念のチェック 21.6

1. マカクとヒトはどちらも霊長目に属することから，マカクとヒトのゲノムのほうが，マカクとマウスのゲノムよりも大きな類似性があると考えられる．これはマカクの系統とヒトの系統が分岐するよりも以前に，マウスの系統が霊長目の系統から分岐した結果である．
2. ハエとマウスのホメオティック遺伝子は，ホメオティック遺伝子の産物と他の転写因子との相互作用に関与する非ホメオボックス配列が異なっているため，ホメオティック遺伝子により制御される遺伝子への影響が異なる．ハエとマウスの間では，このような非ホメオボックス配列が異なることから，ホメオボックス遺伝子の発現パターンも異なっている．
3. *Alu*配列はなんらかの理由でチンパンジーよりもヒトのゲノム中で活発に転移したと考えられる．*Alu*配列の数が増えたため，ヒトのゲノム中で組換えの誤りが発生しやすくなり，さまざまな領域の重複が生じてきた．ヒトとチンパンジーのゲノムの構成と内容の相違が大きくなるにつれて各々のゲノムの染色体の類似性が減少し，遺伝情報に不適合が発生するため交配により繁殖力のある子孫を残すことがしだいに少なくなり，2つの生物種の間の相違の増大が加速したと考えられる．

重要概念のまとめ

21.1 ヒトゲノム計画で注目すべき点の1つは，塩基配列決定の過程をスピードアップする塩基配列決定技術の進歩である．ゲノム計画期間中の多大な塩基配列決定技術の進歩により迅速な反応と産物の同定が可能となり，経費の削減にも結びついた．

21.2 ENCODE計画の最も重要な成果は，解析した細胞種の中の少なくとも1種の細胞でなんらかの時期にヒトゲノムの75%以上が転写されていることの発見である．ゲノムの少なくとも80%にはなんらかの機能のある要素が含まれ，遺伝子の発現制御やクロマチン構造の維持に参加していると考えられる．このように転写されるDNA成分の機能についてさらに解析するために，他の生物種を含めてENCODE計画が拡張された．実験研究に用いられる生物種のゲノムの分析に対しても，このような分析を実施する必要がある．

21.3 (a) 一般に，真核生物のゲノムに比較して細菌と古細菌のゲノムは，規模が小さく，遺伝子の数が少なく，遺伝子の密度が高い．
(b) 真核生物の間では，ゲノムの大きさと表現型の間に明確な体系的関連性はない．遺伝子の数はゲノムの大きさに比較して少ないことが多く，言い換えるとサイズの大きなゲノムは遺伝子の密度が低い（ヒトのゲノムが例である）．

21.4 転移因子関連の配列はゲノム中である部位から別の部位への移動が可能であり，このような配列には転移するときに自分自身の新たなコピーをつくり出すものがある．そのため，転移因子がゲノム中の大きな割合を占めていることも不思議ではないし，転移因子の割合は進化的な時間経過の中で増加していくと考えられる．

21.5 ある生物種に染色体再編が起こると，集団中の一部の個体が異なる染色体構造を有することになる．このような個体に減数分裂と配偶子の形成が可能であれば，異なる染色体配置をもつ配偶子が受精して生育可能な子が生まれることもある．しかし，このような子は減数分裂の過程で母性染色体と父性染色体が正確に対合できないため，不完全な染色体の組をもつ配偶子が形成される場合がある．このような配偶子から接合子（受精卵）が形成されても，正常に発生できないことのほうが多い．集団の個体の間に2種類の染色体構造が生じたとき，同一の染色体構造をもつ個体同士だけが交配して子孫を残せるような場合では，最終的には新たな生物種が出現したことになる．

21.6 近縁の生物種のゲノムの比較分析により，比較的新しい時代の進化的な事件に関する情報が得られ，これらの生物種を区別する形質を発生させた事件に関する情報も期待できる．一方，非常に遠縁の生物種のゲノムの比較分析では，太古の昔に発生した進化的な事件に関する情報が得られる．たとえば，非常に遠縁の2つの生物種が共有する遺伝子は，これらの生物種が分岐する以前に発生したものと推定できる．

理解度テスト

1. B　2. A　3. C

4.

1. ATETI … PKSSD … TSSTT … NARRD
2. ATETI … PKSSE … TSSTT … NARRD
3. ATETI … PKSSD … TSSTT … NARRD
4. ATETI … PKSSD … TSSNT … SARRD
5. ATETI … PKSSD … TSSTT … NARRD
6. VTETI … PKSSD … TSSTT … NARRD

(a) 第1列，3列，5列はそれぞれチンパンジーC，ゴリラG，アカゲザルR.

(b) 第4列がヒトの配列．上図を参照し，ヒトの配列とC，G，Rの配列との違いを探す．ヒトの配列で下線を引かれたアミノ酸Nは，C，G，Rの配列ではTとなっていて，ヒトの配列で下線を引かれたSは，C，G，Rの配列ではNとなっている．

(c) 第6列はオランウータンの配列.

(d) 上図を参照する．マウス（○印がついた第2列のE）とC，G，R（同じ位置にD）との間には1個のアミノ酸の相違がある．マウスとヒトの間では3個のアミノ酸が異なっている（マウスの配列では□印がついたE，T，Nの位置が，ヒトではそれぞれD，N，Sとなっている）．

(e) マウスとC，G，Rの系統が分岐してから6000万～1億年の間にわずか1個のアミノ酸の変化しか発生しなかったことから考えると，チンパンジーとヒトが分岐してからわずか600万年の間に2ヵ所のアミノ酸が変化したことは驚くべきことである．このことは，*FOXP*遺伝子がヒトの系統に他の霊長類の系統よりも早い進化をもたらしていることを示している．

22章

図の問題

図22.6　図1.20の左端にある枝を丸で囲む．この共通祖先の子孫のうち3種（*Certhidea olivacea*，*Camarhynchus pallidus*，*Camarhynchus parvulus*）は昆虫食者であるが，この祖先から生まれた他の3種は昆虫食者ではない．

図22.8　共通祖先は約550万年前に生きていた．

図22.12　これらのカマキリの色と体の形態により，周囲に溶け込むことができ，生物がその環境での生活に適応させる方法の例を提供する．カマキリは（他のカマキリと），6本の脚，把持前肢，そして大きな眼を互いに共有する．これらの共有する特徴は，共通の祖先からの子孫である結果生じる共通性という，生命についてもう1つの重要な観察を示している．これらのカマキリは，共通祖先から分岐して時間が経つにつれて，それぞれが異なる環境での生活に合った異なる適応を蓄積した．最終的には，カマキリ集団間に蓄積された差異が十分に大きくなり，新たな種が形成され，生命の膨大な多様性に貢献する．

図22.13　これらの結果は，卵の時期から飼育された植物種に適切なくちばしの長さを有する成虫には至らなかったことを示す．その代わりに，成虫のくちばしの長さは，おもに卵が得られた集団によって決定されたことを示している．フウセンカズラ集団からの卵は，おそらく長いくちばしの親をもっている一方で，モクゲンジ集団からの卵は，おそらく短いくちばしの親をもっていたため，これらの結果は，くちばしの長さが遺伝形質であることを示している．

図22.14　両方の戦略は，黄色ブドウ球菌が新しい薬剤に耐性をもつのにかかる時間を増やすであろう．黄色ブドウ球菌に害を及ぼす薬剤が，他の細菌を有害でない場合には，自然選択は，他種のその薬剤に対する耐性を増やすことはない．そのため，黄色ブドウ球菌が，他の細菌から耐性遺伝子を獲得する機会を減少させ，耐性の進化を遅らせるだろう．同様に，成長は遅くするが，黄色ブドウ球菌を殺さない薬剤耐性の選択は，黄色ブドウ球菌を殺す薬剤耐性の選択よりもはるかに弱いが，再び耐性進化を遅らせる．

図22.17　この進化系統樹に基づくと，ワニはトカゲ（祖先❹）よりも鳥類（先祖❺）とより直近の共通祖先を共有しているため，ワニは，トカゲよりも鳥類により近縁である．

図22.20　後肢の構造が，最初に起きた．ロドケトゥスは尾鰭を欠いていたが，その骨盤と後肢は，これらの骨の形と配置は，パキケトゥスから大幅に変化した．たとえば，骨盤と後肢はパキケトゥスでは歩行指向だったのに対し，ロドケトゥスでは，遊泳指向であると思われる．

概念のチェック22.1

1. ハットンとライエルは，過去の地質学的出来事は今日働いているのと同じプロセスにより，同じゆるやかな速さで引き起こされたということを提案した．この原理は，地球が19世紀初めに広く受け入れられていた数千年という年齢よりもずっと古くなければならないことを示唆した．ハットンとライエルの考えはまた，ダーウィンを刺激し，小さな変化のゆっくりとした蓄積により，最終的には化石記録に残されているような深遠な変化をつくり出すことができることを理由づけた．この文脈において，地球が非常に古くなかったなら，進化が起きるための十分な時間があったと想像できなかったため，地球の年齢はダーウィンにとって重要であった．
2. この基準によれば，キュビエの化石記録の説明と，ラマルクの進化仮説は，両方ともに科学的である．キュビエは，種は時間とともに進化しなかったと考えた．彼はまた，突然の壊滅的な出来事が特定の地域で絶滅を引き起こし，そのような地域は，後に他の地域から移住してきた異なった種の集まりで再構成されたと考えた．これらの主張は，化石記録によって検証することができる．ラマルクの用不用説は，新たな生息環境に適応したクジラの祖先のような一群の化石を，検証可能な予測を行うために使用することができる．ラマルクの用不用説と獲得形質の遺伝に関連する原理は，現生の生物で直接検証することができる．

概念のチェック22.2

1. 生物は，共通の祖先を共有しているため，共通の特徴をもつ（生命の共通性）．子孫生物が徐々に異なる環境に適応し，祖先と異なった新しい種が繰り返し形成されるため，生命の膨大な多様性が生じる．
2. 化石哺乳類種（またはその祖先）は，南米からアンデスに移住した可能性が最も高い．一方，現在アジアの山中で発見される哺乳類の祖先は，ほとんどはアジアの他の部分からそれらの山々へ移住したのだろう．結果として，アンデスの化石種は，アジアの哺乳類よりも南米の哺乳類とより最近の共通祖先を共有することになる．したがって，化石哺乳類の種の特性の多くは，おそらくアジアの山に生息している哺乳類よりも南米のジャングルに生息している哺乳類によりよく似ていることになる．しかし，アンデスの化石哺乳類種が，似た環境における似た適応への選択の結果，（化石とアジアの種が互いに類縁が遠いにもかかわらず）アジアの山の哺乳類に似ていることもある．

3. 白の表現型（遺伝子型 *pp* によってコードされる）に自然選択が有利に働き続けている限り，おそらく集団中の *p* の対立遺伝子の頻度は，時間の経過とともに増加する．もし白い個体の割合は紫色の個体に対して相対的に増加した場合，劣性の *p* 対立遺伝子の頻度はまた，紫色の個体のみに見られる *p* 対立遺伝子に対して相対的に増加する（その中のいくつかは *p* 対立遺伝子ももつ）．

概念のチェック 22.3

1. 薬剤などのような環境要因は，薬剤耐性などの新しい特徴を生成するのではなく，すでに集団に存在する形質を選択する．
2. (a) そのすべてが共通祖先で見出される構造の変化に由来するため，異なる機能にもかかわらず，哺乳類の前肢は構造的に類似している．それゆえ相同的構造である．
   (b) この場合，これらの哺乳類の特徴の類似は，収斂進化によって生じる相似の特徴である：フクロモモンガとムササビの間の類似性は，異なる祖先をもつにもかかわらず，同様の環境で同様の適応が選択されたことを示している．
3. 恐竜が誕生した時代は，地球の陸地は，単一の超大陸，パンゲアを形成していた．多くの恐竜が大きく，移動性が高かったので，これらの群の初期のメンバーは，パンゲアのさまざまな地域に生息していた可能性がある．パンゲアの分離が始まったとき，これらの生物の化石は，堆積した岩石と一緒に移動したであろう．結果として，初期の恐竜の化石は，広範な地理的分布をもっているだろうと予測される（この予測は支持されている）．

重要概念のまとめ

22.1 ダーウィンは，変化を伴う継承がゆるやかな，段階的プロセスとして起きたと考えた．地球は，（従来の知識が示唆するように）ほんの数千歳であった場合には，主要な進化的変化にとって十分な時間がないため，地球の年齢はダーウィンにとって重要だった．

22.2 すべての種は，環境が収容可能な数より多くの子孫を産出，すなわち過剰生産する可能性がある．子孫の多くは捕食される，飢える，病気になる，あるいはその他のさまざまな理由で繁殖することができないなど，ダーウィンが「生存競争」とよんだものがあることが保証される．集団の構成員は，遺伝的変異を示し，そのうちのいくらかは，その担い手が他の個体よりも子孫を残す可能性を高める（たとえば，担い手は，より効果的に捕食を逃れたり，環境の物理的な条件により耐えるかもしれない）．時間が経つにつれて，このような捕食者，食料不足，または環境の物理的条件などの要因から生じる自然選択は，集団中の有利な特性（進化的適応）を有する個体の割合を増やすことができる．

22.3 クジラ類が，陸生哺乳類に由来し，偶蹄類に近縁であるという仮説は，いくつかの証拠によって支持されている．たとえば，化石は，初期のクジラ類は，陸上哺乳類からの由来であることを示す後肢をもち，時間の経過とともに小さくなっていったことを物語っている．他の化石は，初期のクジラが偶蹄類が最も近縁な陸生哺乳類であるという強い証拠を提供する．すなわち，偶蹄類でのみ発見される種類の足首の骨をもっていたことを示している．DNA配列データは，偶蹄類が最も近縁な陸生哺乳類であることを示している．

理解度テスト

1. B 2. D 3. C 4. B 5. A

7. (a)

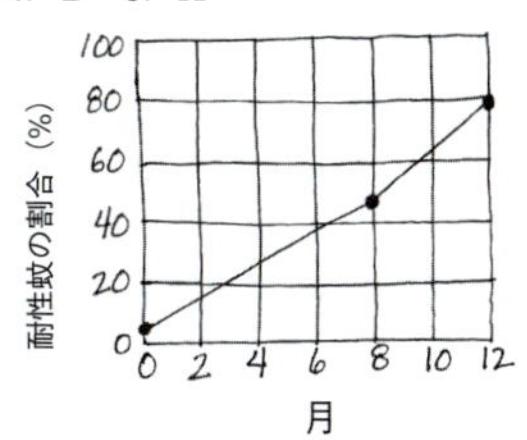
100
80
60
40
20
0
耐性蚊の割合（%）
0 2 4 6 8 10 12
月

(b) DDT耐性の蚊の割合の急激な上昇は，DDT耐性の蚊が生き残り繁殖したが，他の蚊はできなかったという，自然選択によって引き起こされた可能性が最も高い．

(c) DDT耐性の蚊が最初に出現したインドでは，自然選択により，時間の経過とともに耐性蚊の頻度の増加が起きただろう．耐性蚊がその後，世界の他の部分にインドから移動した場合は（たとえば，風や飛行機，列車，または出荷輸送），DDT耐性の蚊の頻度が同様に増加する．さらに，DDTに対する耐性がインド以外の蚊の集団で独立して生じると，それらの集団でもまたDDT耐性の頻度の増加が起こるであろう．

23章

図の問題

図23.4 遺伝暗号は冗長であり，複数のコドンが同じアミノ酸を特定できることを意味する．その結果，*Adh* 遺伝子のコード領域の特定の部位での置換は，コドンを変化させるのであって，翻訳されたアミノ酸やその結果である遺伝子がコードするタンパク質では変化がないかもしれない．エキソン中の挿入が，生成される遺伝子に影響を及ぼさない方法の1つは，エキソンの非翻訳領域に挿入される場合である（1703部位での挿入の場合のように）．

図23.7 24個の赤いボールがあるはずである．

図23.8 予測される頻度は，C^RC^R が36%，C^RC^W が48%，C^WC^W が16%である．

図23.9 全体的に見て，偶然により C^W 対立遺伝子の頻度は世代2では最初に増加し，次に世代3では0になり，C^R 対立遺伝子が固定される（100%の頻度に達する）．

図23.12 島集団における帯状の色パターン頻度はおそらく増加するだろう．本土の集団サイズが減少しないので，本土から島へ移入する個体数もおそらく減少しなかっただろう．結果として，島集団が縮小した後，本土から移入した帯状の彩色をコードする対立遺伝子は，島集団における遺伝子プールにおいてより大きな割合を占めるであろう．これは，島集団における帯状の色パターンの頻度を増加させる原因となる．

図23.13 方向選択．モクゲンジは，天然宿主であるフウセンカズラよりも小さい果物をもつ．したがって，モクゲンジを与えられたムクロジカメムシの集団では，短いくちばしをもつカメムシは利点があるため，短いくちばしの長さへの指向性選択が起きる．

図23.16 SCおよびLC雄の精子の両方で，単一の雌の卵を交配すると，両者の子孫の群れでは，母親の貢献が同じであるた

め，研究者が直接，次世代に対する雄の貢献の効果を比較することができる．この雄の影響に関する分離により，研究者は，SC および LC 雄間の遺伝的「質」の違いについての結論を引き出すことができる．

図 23.18　引き延ばされた低酸素条件下では，ヘテロ接合体の赤血球のいくつかが鎌状になり，有害な影響をもたらすことがある．これは，2 つの野生型ヘモグロビン対立遺伝子を有する個体では起こらず，マラリアのない地域（異型接合体の優位性が生じない）におけるヘテロ接合体に対する自然選択が存在することを示唆している．しかし，ヘテロ接合体は，ほとんどの条件下で健康であるため，それらに対する選択は強くない可能性が高い．

概念のチェック 23.1

1. 集団内で，個体間の遺伝的差違が自然選択や他のメカニズムが機能することが可能な素材を提供する．このような差違がなければ，対立遺伝子頻度は，時間とともに変化することができず，そのため集団は進化することができない．
2. 多くの変異は，配偶子を産生しない体細胞で発生し，生物が死ぬと失われる．配偶子を産生する細胞株で実際に起きた突然変異のうち，その多くは自然選択が働くことができる表現型の効果をもっていない．他は有害な効果をもっており，それらは保有者の繁殖成功を減少させるため，頻度が増加することはほとんどない．
3. その遺伝的変異（遺伝子レベルまたは塩基配列レベルで測定したかどうかにかかわらず）は，おそらく時間をかけて抜け落ちる．減数分裂時には，染色体の交差と独立した組み合わせは，対立遺伝子の多くの新しい組み合わせを生成する．さらに，集団には膨大な数の可能な交配の組み合わせがあり，受精は異なる遺伝的背景をもつ個体の配偶子を一緒にする．したがって，交差や，染色体および受精の独立した組み合わせにより，有性生殖は各世代の対立遺伝子の組み合わせを一新する．有性生殖なしでは，遺伝子の新しい組み合わせを形成する速度はたいへん遅く，遺伝的変異の全体量の低下が起きるだろう．

概念のチェック 23.2

1. 各個体は 2 つの対立遺伝子をもつため，対立遺伝子の総数は 1400 個である．対立遺伝子 A の頻度を計算するため，遺伝子型 AA の 85 個の個体のそれぞれが 2 つの，遺伝子型 Aa の 320 個体のそれぞれが 1 つの，遺伝子型 aa の 295 個体のそれぞれは 0 個の対立遺伝子 A を有する．したがって，対立遺伝子 A の頻度（p）は，

$$p=\frac{(2\times 85)+(1\times 320)+(0\times 295)}{1400}=0.35$$

　この集団には 2 つの対立遺伝子（A および a）しかないので，対立遺伝子 a の頻度は $q=1-p=0.65$ である．

2. 対立遺伝子 a の頻度は 0.45 であるので，対立遺伝子 A の頻度は 0.55 である．したがって，予想される遺伝子型頻度は，遺伝子型 AA については $p^2=0.3025$，遺伝子型 Aa については $2pq=0.495$，遺伝子型 aa については $q^2=0.2025$ である．
3. 集団には 120 個体が含まれるので，240 の対立遺伝子がある．これらのうち，32 は 16 の VV 個体から，92 は 92 の Vv の個体からの合計 124 の V 対立遺伝子がある．したがって，V 対立遺伝子の頻度は $p=124/240=0.52$ であり，したがって，a 対立遺伝子の頻度は $q=0.48$ である．ハーディ・ワインベルグの式に基づき，集団が進化しなかった場合は，遺伝子型 VV の頻度は $p^2=0.52\times 0.52=0.27$ となる．遺伝子型 Vv の頻度は $2pq=2\times 0.52\times 0.48=0.5$ である．遺伝子型 vv の頻度は $q^2=0.48\times 0.48=0.23$ となる．120 個体の集団では，これらの頻度で予想される遺伝子型頻度は，32 の VV 個体（0.27×120），60 の Vv 個体（0.5×120），28 の vv 個体（0.23×120）があるだろうと予測される．集団の実際の数字（16 VV，92 Vv，12 vv）は，これらの期待値から外れている（予想よりホモ接合体が少なく，ヘテロ接合体が多い）．これは，集団はハーディ・ワインベルグ平衡にはなく，この遺伝子座で進化が起きていることを示している．

概念のチェック 23.3

1. 自然選択はランダムではない方法で対立遺伝子頻度を変化させるという点で，より「予測可能」である．それは，その環境における生物の繁殖成功を高める対立遺伝子の頻度を増加させ，生物の繁殖成功度を低下させる対立遺伝子の頻度を減少させる傾向がある．遺伝的浮動の対象となった対立遺伝子は，有利であるかどうかにかかわらず，偶然によってのみ頻度が増減する．
2. 遺伝的浮動は，偶然の出来事により起き，対立遺伝子頻度を世代から世代へとランダムに変動させる可能性がある．集団内では，このプロセスは時間とともに遺伝的変異を減少させる傾向がある．遺伝子流動は，集団間の対立遺伝子の移動で，集団に新しい対立遺伝子を導入することができるため，集団の遺伝的変異を増加させる可能性のあるプロセスである（遺伝子流動率がしばしば低いので，その働きはわずかではある）．
3. 自然選択は，この遺伝子座では重要ではない．さらに，集団は小さくないため，遺伝的浮動の効果は顕著ではない．遺伝子流動は，花粉と種子の動きを介して行われる．したがって，これらの集団における対立遺伝子と遺伝子型の頻度は，遺伝子流動の結果として時間の経過とともにより同じようなものになる．

概念のチェック 23.4

1. ラバの相対適応度はゼロ．適応度には，次世代への繁殖貢献が含まれているため，不妊のラバは子孫をつくることができない．
2. 遺伝子流動と遺伝的浮動の両方が，集団に有利な対立遺伝子の頻度を増やすことができるが，それらはまた，有利な対立遺伝子の頻度を減らしたり，有害な対立遺伝子の頻度を増やすこともできる．自然選択のみが，一貫して生存率や繁殖能力を向上させる対立遺伝子の頻度の増加をもたらす．したがって，自然選択は，一貫して適応進化を引き起こす唯一のメカニズムである．
3. 自然選択の 3 つのモード（方向性，安定化，そして分断化）は，異なる遺伝子型ではなく，異なる「表現型」の選択的優位性の観点で定義されている．したがって，ヘテロ接合体優位によって代表される選択の種類は，ヘテロ接合体の表現型に依存する．この質問では，ヘテロ接合体は，どちらのホモ接合体よりも極端な表現型をもっているので，ヘテロ接合体優位は方向性選択を示す．

重要概念のまとめ

23.1　遺伝子座におけるヌクレオチドの変異の多くは，イントロン内で生じる．イントロンは遺伝子のタンパク質産物をコードしないので，これらの部位におけるヌクレオチド変異は典型的には表現型に影響を及ぼさない（注：特定の状況では，イントロンの変化がRNAスプライシングに影響を及ぼし，最終的に生物になんらかの表現型効果を及ぼす可能性があるが，そのようなメカニズムはこの入門書では扱わない）．エキソン内には多くの変異のあるヌクレオチド部位も存在する．しかし，エキソン内の変異部位の大部分は，遺伝子によってコードされるアミノ酸の配列を変化させない（したがって表現型に影響を与えない）DNA配列の変化を示す．

23.2　いいえ，これは循環論法の例ではない．観測された遺伝子型頻度からpとqを計算したとき，それらの遺伝子型頻度はハーディ・ワインベルグ平衡でなければならないことを意味するものではない．たとえば，195個体が遺伝子型*AA*，10個体が遺伝子型*Aa*，195個体が遺伝子型*aa*の集団を考えなさい．これらの値からpとqを計算すると$p=q=0.5$が得られる．ハーディ・ワインベルグの式を用いて，予測平衡頻度は遺伝子型*AA*は$p^2=0.25$，遺伝子型*Aa*は$2pq=0.5$，および遺伝子型*aa*は$q^2=0.25$．集団には400個体があるので，予測遺伝子型頻度は，100の*AA*個体，200の*Aa*個体，100の*aa*個体である．これはpとqを計算するために使用した値とは大きく異なる．

23.3　そのような2つの集団が同様の方法で進化するとは考えにくい．その環境は非常に異なっているので，自然選択によって有利になる対立遺伝子は，おそらく2つの集団間で異なるだろう．遺伝的浮動は，これらの小集団の各々で重要な影響を及ぼす可能性があるが，遺伝的浮動は対立遺伝子頻度の予測不可能な変化を引き起こすので，遺伝的浮動が集団を同様の方法で進化させることはほとんどない．両方の集団は地理的に隔離されているので，遺伝子流動がほとんどないことを示している（やはり，同様の方法で進化していく可能性が低い）．

23.4　雄に比べて，そのような種の雌はより大きく，よりカラフルに，より精巧な装飾（たとえば，孔雀の尾などの大きな形態学的特徴）に恵まれ，交配相手を誘引したり，配偶者を同性の他個体から守る目的の行動に従事する傾向がある．

理解度テスト

1. D　2. C　3. B　4. A　5. C

24章

図の問題

図24.7　このような処理が行われていない場合，「デンプンハエ」と「マルトースハエ」の同様に適応したハエと交尾する強い嗜好は，たんにその潜在的な交配相手が幼虫時に食べたものを検出でき（たとえば，嗅覚による），自分に似た香りをもつハエと交尾することが好ましいという理由のみでも起きる．

図24.12　雌が色を見分けにくい暗い海では，各種の雌が他種の雄と頻繁に交尾する可能性がある．したがって，これらの種間雑種は生存可能であり，繁殖可能であるため，2種の遺伝子プールは，時間の経過とともにより類似する可能性がある．

図24.13　グラフは，キバラヒキガエルの分布範囲に，ヨーロッパスズガエルの対立遺伝子の遺伝子流動があったことを示している．そうでなければ，グラフの交雑帯部分の左側にあるすべての個体は1に等しい対立遺伝子頻度をもつことになる．

図24.14　集団はこのプロセスのちょうどこの時点で互いに分岐し始めているので，既存の生殖障壁が時間の経過とともに弱くなることがあり得る．

図24.18　時間が経つにつれて，人工的に作出した雑種の染色体は*H. anomalus*のものと似たようになった．これは，実験条件が，*H. anomalus*が見つかる野外の条件と大きく異なっていても起き，実験条件での選択は強くないことを示している．したがって，人工的に作出した雑種の稔性率の上昇は，観測した実験条件下での生活での選択によるものであったとは考えにくい．

図24.19　*M. lewisii*の*yup*対立遺伝子をもつ*M. cardinalis*植物の存在は，マルハナバチがミゾホオズキの2種間で花粉を転送する可能性をより高めるだろう．結果として，交雑子孫の数が増加すると予想される．

概念のチェック 24.1

1. (a) 生物学的種概念を除いたすべては，生殖能力以外の特性に基づいて種を定義するため，無性生殖種と有性生殖の両者に適用することができる．対照的に，生物学的種概念は有性生殖種にのみ適用することができる．(b) 野外で適用できる最も簡単な種概念は，生物の外観のみに基づいている形態的種の概念であろう．生態学的な生育環境，あるいは生殖に関する追加情報は必要ない．
2. これらの鳥はかなり似た環境に生息していて，飼育下で正常に繁殖できる自然の生殖障壁は，おそらく接合前である．生息地の好みに関する種の違いを考えると，この障壁は，生息地隔離により生じるかもしれない．

概念のチェック 24.2

1. 異所的種分化では，親種から地理的に孤立して，新しい種が形成される．同所的種分化では，地理的隔離の非存在下での新しい種を形成する．地理的隔離は，集団間の遺伝子流動を大きく減らすことができる．一方，遺伝子流動は同所的集団では起こりやすい．その結果，異所的種分化は，同所的種分化より一般的である．
2. 同じ地域にすんでいる集団の部分集団間の遺伝子流動は，さまざまな方法で減らすことができる．ある種において，特に植物では，染色体数の変化は，遺伝子流動を遮断し，1世代で生殖隔離を確立することができる．遺伝子流動はまた，生息地の分化（リンゴミバエ*Rhagoletis*で見られるように）や性選択（ビクトリア湖のシクリッドで見られるように）により，同所的集団で減らすことができる．
3. 異所的種分化は，同じ大きさの隔離された島よりも，本土に近い島で起きる可能性が低くなる．この結果は，大陸の集団と近い島の集団間では継続的な遺伝子流動が期待され，異所的種分化が起きるために十分な遺伝的分化が生じる可能性を減らす．
4. すべての相同染色体が減数分裂の後期Iの間に分離に失敗した場合，いくつかの配偶子は染色体の余分なセット（他は染色体がなく終了する）をもつことになる．染色体の余分なセットをもつ配偶子が正常な配偶子と融合した場合，3倍体が生じる．染色体の余分なセットをもつ2つの配偶子が互いに融合した場合には，4倍体が生じる．

概念のチェック 24.3

1. 交雑帯は，異なる種の構成員が出会い，交配し，いくつかの混血の子孫がつくられる地域である．そのような地域では，科学者が直接，生殖隔離が生じる要因（または形成に失敗する要因）を観察することができるので，種分化を研究する「自然の実験室」ということができる．
2. (a) 雑種がつねに存続し，種内交雑の子孫に比べて不十分な生殖をする場合，強化が起きる可能性がある．それが起こらなかった場合，自然選択は，時間をかけて親種間の生殖の接合前障壁を補強し，不適応な雑種の産出を減少させ，種分化プロセスの完了に至る．(b) 雑種の子孫が，種内交配の子孫と同様に生き残り生殖する場合は，親種との間の無差別交配により多数の雑種子孫の生産につながる．これらの雑種は，互いに，あるいは両親種の構成員と交配し，親種の遺伝子プールは，分化のプロセスを逆にして，時間をかけて融合するだろう．

概念のチェック 24.4

1. 種分化イベント間の時間は，(1) 新たに形成された種の集団が互いに生殖的に分岐をし始めるのにかかる時間の長さと，(2) この分岐が始まり，種分化が完了するのにかかる時間が含まれる．集団が互いに分岐し始めたら，種分化が急速に起きる可能性があるが，分岐が開始されるために，何百万年もかかる場合がある．
2. 研究者は，それぞれの親種から他の種へ *yup* 遺伝子座の対立遺伝子（花色に影響を与える）を形質転換した．*M. cardinalis* の *yup* 対立遺伝子をもつ *M. lewisii* 植物は，通常よりもより多くの訪問をハチドリから受けた．ハチドリは，通常，*M. cardinalis* を受粉し，*M. lewisii* を避ける．同様に，*M. lewisii* の *yup* 対立遺伝子をもつ *M. cardinalis* 植物は，通常よりもマルハナバチからより多くの訪問を受ける．マルハナバチは，通常，*M. lewisii* を受粉し *M. cardinalis* を避ける．したがって，*yup* 遺伝子座の対立遺伝子は，これらの種間交配へのおもな障壁を提供する送粉者選択に影響を与えることができる．それにもかかわらず，実験では，*yup* 遺伝子座のみで，*M. lewisii* と *M. cardinalis* 間の生殖障壁を制御していることを証明していない．他の遺伝子が *yup* 遺伝子座の効果を高める（花色を換えることで），または生殖にまったく別の障壁が起きている可能性がある（たとえば，配偶子隔離または接合後障壁）．
3. 交差．交差が起きなかった場合は，実験的な雑種の各染色体は，F_1 世代のままである．片方の親種，あるいは他の親種の完全なDNAで構成される．

重要概念のまとめ

24.1 生物学的種概念によれば，種はその構成員間で交配可能で，繁殖力のある子孫をつくることのできる集団の群である．したがって，遺伝子流動は，種内の集団間で起きる．対照的に，異なる種の構成員間では交配せず，そのため，遺伝子流動は，集団間では起こらない．全体として，生物学的種概念において，種は遺伝子流動が起き**ない**ことにより決定され，それゆえ，遺伝子流動は生物学的種概念において中心的な重要性をもつ．

24.2 はい．同所的種分化は，倍数性，性選択，生息地シフトのような要因によって促進される．それらすべては，大規模な集団の分集団間の遺伝子流動を減らすことができる．しかし，このような要因は異所的集団でも起きる可能性があり，そのため，異所的種分化を促進することがある．

24.3 雑種が選択に対して不利な場合，親種からの個体が定期的に，雑種の子孫が生じるに交雑帯へ移動する場合には，交雑帯が持続する可能性がある．雑種が選択に対して不利ではない場合は，雑種の継続的な生産に対するコストはなく，たくさんの雑種子孫が生まれる可能性がある．しかしながら，異なる環境における生活に対する自然選択が2つの親種の遺伝子プールを維持し，それゆえ，親種の喪失（融合による）を防ぎ，もう一度，時間をかけて安定した交雑帯が生じる可能性がある．

24.4 オボロヅキ，バハマのカダヤシ，リンゴミバエが示すように，分化は今日も起き続けている．新しい種は，親種の集団間で遺伝子流動が減少したときに形成し始める．このような遺伝子流動の減少は，多くの方法で起きる可能性がある．新しく地理的に隔離された集団は，少数の移住者によって創生されるかもしれない．親種のある構成員は，新しい生息地を利用し始めるかもしれない．性選択は，以前は連結されていた集団や分集団を隔離するかもしれない．これらや他の多くのこのような出来事が今日起きている．

理解度テスト

1. B　2. C　3. B　4. A　5. D　6. C

7. 解答例：

($2n$=14) AA × BB ($2n$=14)
↓
AB (不稔)
↓ 減数分裂異常
($2n$=28) AABB × DD ($2n$=14)
↓
ABD (不稔)
↓ 減数分裂異常
AABBDD ($2n$=42)

25章

図の問題

図 25.2 タンパク質は，ほとんどの場合，図5.14に示すように，同じ20種類のアミノ酸で構成されている．しかし，多くの他のアミノ酸は，この実験あるいは他の実験で，潜在的にはつくることができた．たとえば，図5.14に記載されているものと異なるR基をもつどんな分子も，炭素，アミノ基，カルボキシ基を含んでいる限りアミノ酸ではあるが，一般に自然界に見られる20個のアミノ酸の1つではない．

図 25.4 このような分子の疎水性領域は互いに引きつけられ，水から排除されるが，親水性領域は水に対して親和性を有する．その結果，分子は，親水性領域が二重層の外側にあり（二重層の両側が水に接する），疎水性領域が互いに向かって（すなわち，二重層の内側に向かって）存在する二重層を形成する）．

図 25.6 ウラン238は45億年の半減期をもっているので，x 軸は，45，90，135，および180億年と目盛をつけ直す必要がある．

図 25.8 (1) カウントダウンタイマーと水平時間軸は，原核生物が35億年前に生まれたことと，陸上への進出が5億年前に

起こったことを示している．1時間の時間スケールでは，これは約46分前に原核生物が現れたことを示し，陸上への進出は7分前に行われた．(2) 35億年前から15億年前まで，地球上の生命は完全に単細胞生物であった．実際，35億年前から18億年前まで，地球の生物はすべて原核生物であった．18億年前から15億年前までに，これらの単細胞原核生物に単細胞真核生物が加わった．陸上への進出は5億年前までは起こらなかった．したがって，地球上の生命の最初の20億年の間，これらの単細胞生物のすべてまたはほとんどが海洋または淡水環境にすんでいたと推測できる．

図25.11 樹形図中の，棘皮動物／脊索動物の系統，および腕足類，環形動物，軟体動物，節足動物をもたらした系統につながる約6億3500万年前のノードを，丸で囲む必要がある．このノードによって表される祖先の年齢の最小推定値を決定するには，脊索動物と環形動物の最新の共通祖先は，少なくともその子孫と同じくらい古いものでなければならないことに注意しなさい．軟体動物の化石が約5億6000年前と年代決定されているので，丸で囲んだ分岐点で表される共通祖先は，少なくとも5億6000年前でなければならない．

図25.16 オーストラリアプレートの現在の移動方向は，過去6600万年にわたって移動した大陸の北東方向とほぼ同じである．

図25.26 *Pitx1* 遺伝子をコードしている配列は，海洋集団と湖集団間で異なるであろうが，遺伝子発現のパターンは異ならない．

概念のチェック 25.1

1. 初期の地球環境に関する仮説では，無機成分から有機分子の合成が可能であっただろう．
2. 開放系における溶液中の分子のランダムな混合とは対照的に，膜により分子系が隔離されることにより，生化学反応を補助する有機分子を集中させることが可能である．
3. 今日では，遺伝情報は通常，遺伝子のDNA配列が特定のタンパク質をコードするmRNAを合成するための鋳型として使用されるときのように，DNAからRNAへと流れる．しかし，HIVなどのレトロウイルスの生活環は，その遺伝情報を逆方向（RNAからDNAへ）に流すことができることを示している．これらのウイルスでは，逆転写酵素は，DNA合成の鋳型としてRNAを使用しており，同様の酵素は，RNAワールドからDNAワールドへの移行において重要な役割を果たしたことを示唆している．

概念のチェック 25.2

1. 化石記録は，生物のさまざまな群が，さまざまな時点で地球上の生命で優占したことや，多くの生物がかつて生き，いまは絶滅したことを示している．これらの時代の具体例は図25.5に記述されている．化石記録はまた，犬歯類の祖先からの哺乳類の起源が物語るように，生物の新たな群が，以前に存在した生物の漸進的な変化を通じて生じることを示している（図25.7参照）．
2. 2万2920年（4半減期：5730×4）

概念のチェック 25.3

1. 自由酸素が化学結合を攻撃し，酵素の働きを抑制し，細胞を損傷する可能性がある．その結果，大気中の酸素の出現により，おそらく嫌気的な環境で生まれた多くの原核生物が生き残り繁殖することが難しく，最終的にこれらの種の多くを絶滅させた．
2. すべての真核生物は，ミトコンドリアかその細胞小器官の痕跡をもつが，すべての真核生物は，色素体をもっていない．
3. 今日の生命の化石記録は，多くの固い体の部分をもつ生物（たとえば，脊椎動物と多くの海洋無脊椎動物など）を含んでいるだろう．しかし，小規模な地理的分布をもつものや集団のサイズが小さいような，なじみ深いいくつかの種を含まないかもしれない（たとえば，ジャイアントパンダ，トラ，サイなどいくつかの絶滅危惧種）．

概念のチェック 25.4

1. プレートテクトロニクス説は，地球の大陸プレートの動きを記述し，物理的な地理と地球の気候と同様に，生物の地理的隔離の程度を変更する．これらの要因は絶滅率と種分化率に影響を与えるため，プレートテクトロニクスは，地球上の生命に大きな影響を与える．
2. 大量絶滅，主要な進化的な革新，別の生物群の多様化（新たな食料源を提供），競合種が存在しない新しい場所への移住．
3. 理論的には，普通種と希少種の両方の化石は，壊滅的な出来事に至るまでは存在し，その後に消える．化石記録は完全ではないため，現実はもっと複雑である．したがって，種が大量絶滅するまで消滅しなかったとしても，その種の最も新しい化石は，大量絶滅の100万年前かもしれない．希少種は，化石がほとんどつくられず，発見されないため，このような事態は特に可能性がある．したがって，多くの希少種では，化石記録により，種が絶滅の直前まで生きていたことを（もしそうであっても）示すことはない．

概念のチェック 25.5

1. 異時性は，さまざまな形態学的変化を引き起こす可能性がある．たとえば，性成熟の開始時期が変化すると，幼生の特性が保持される場合がある（幼形進化）．幼形進化は，アホロートルに見られるように，小さな遺伝的変化が大きな形態の変化を引き起こすことがある．
2. 動物の胚において，*Hox* 遺伝子は，手足や採餌付属器官のような構造の発生に影響を与える．結果として，これらの遺伝子，あるいはこれらの遺伝子の調節の変化は，形態に大きな影響を与える可能性がある．
3. 遺伝学では，遺伝子調節は，転写因子が制御領域とよばれる非コードDNA配列にどのようにうまく結合するかによって変更されることがわかっている．そのため，形態の変化が遺伝子調節の変化によって頻繁に引き起こされている場合，制御領域を含む非コードDNAの一部は，自然選択によって強く影響を受けている可能性がある．

概念のチェック 25.6

1. 複雑な構造は，一度にすべてが進化するのではなく，自然選択が，以前の型の適応的変異体を選択することにより，少しずつ変化が起きるという進化により生じる．
2. 粘液腫ウイルスは非常に致死的であるが，当初はウサギの一部は耐性があった（感染したウサギの0.2%は死ななかった）．

したがって，抵抗性が遺伝形質と仮定すると，ウサギ集団では，ウイルスへの抵抗が増加傾向を示すと予想される．またウイルスは，致死性を減少させる進化傾向を示すと予想される．あまり致命的でないウイルスに感染したウサギは，蚊が刺し，潜在的に別のウサギにウイルスを伝染させせるのに十分なほど長生きする可能性が高くなるため，このような傾向が期待される（蚊が他のウサギにウイルスを伝染する前に，その宿主のウサギを殺すウイルスは，その宿主と一緒に死ぬ）．

重要概念のまとめ

25.1　モンモリロナイト粘土の粒子は，有機分子が濃縮され，それゆえに互いに反応しやすい表面を提供した可能性がある．モンモリロナイト粘土の粒子はまた，RNA の短鎖などの重要な分子の，小胞への輸送を促進したかもしれない．これらの小胞は，単純な前駆体分子から自発的に形成することができ，自分で「複製」と「成長」，周囲の環境と異なる内部の分子濃度を維持することができる．これらの小胞の特徴は，原始細胞や（最終的に）最初の生きた細胞の出現に重要なステップを示している．

25.2　1 つの課題は，生物は骨や殻を構築するのに，長い半減期を有する放射性同位元素を使用しないことである．その結果として，7 万 5000 年以上前の化石を直接年代決定することはできない．化石は，多くの場合，堆積岩に見られるが，これらの岩石は，典型的には異なる時代の層序の堆積物を含んでいるため，古い化石を年代決定しようとしたときに再び問題になる．これらの課題を回避するために，地質学者は，長い半減期をもつ放射性同位元素使用して古い化石を囲む火山岩の層の年代を決定する．この手法により，火山岩の 2 つの層の間に挟まれた化石の年代の最小値と最大値の推定値を提供する．

25.3　「カンブリア大爆発」は，多くの現代の動物門の形態が最初に化石記録に現れた，比較的短い間隔の時間（5 億 3500 万〜5 億 2500 万年前）を指す．大型捕食者とうまく防御された獲物のような，この時代に起きた進化的変化は，その後 5 億年以上にわたる生命の歴史の中の多くの重要なイベントのための舞台を設定したため重要である．

25.4　化石により記録されている広範な進化的変化は，生物の主要な群の繁栄と凋落を反映している．次々に，特定の群の繁栄と凋落は，種分化と絶滅のバランスから生じる．新たな種を生成する速度が，種が絶滅により失われる速度よりも大きい場合は，生物群のサイズが増加する．一方，絶滅率が種分化率よりも大きい場合は，生物群のサイズが縮小する．

25.5　はい．配列や発生遺伝子の調節の変更は，主要な形態変化を生成することができる．いくつかのケースでは，そのような形態学的変化は，生物が新たな機能をもったり，新しい環境に生息したりすることが可能になる．そのため，潜在的に適応放散と生物の新しい群の形成につながる．

25.6　進化的変化は，生物とそれらの現在の環境との相互作用の結果生じる．このプロセスには目標は含まれない．環境が時間とともに変化すると，自然選択に有利な特徴も変わるかもしれない．このようなことが起きたとき，かつて進化の「目標」（たとえば，以前は自然選択によって支持された機能の改善）のように見えた特徴は，利益がなくなり，有害になるかもしれない．

理解度テスト

1. B　2. A　3. D　4. B　5. C　6. C　7. A

26 章

図の問題

図 26.5　(1) カエルは，この系統樹のトカゲ，チンパンジー，およびヒトからなる群に最も近縁である．
(2) トカゲ，チンパンジー，およびヒトにつながる系統からカエルの系統の分岐点を丸で囲む．
(3) 4：チンパンジー–ヒト，トカゲ–チンパンジー / ヒト；カエル–トカゲ / チンパンジー / ヒト；サカナ – カエル / トカゲ / チンパンジー / ヒト．3 つの系統樹のそれぞれは，チンパンジーとトカゲが，ヒトの最近縁の 2 つとして示している．それらは，最近の共通祖先を共有している群である．
(4)

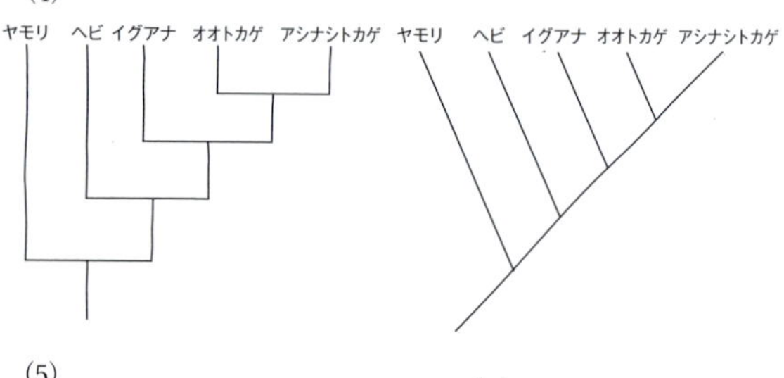
ヤモリ
ヘビ
イグアナ
オオトカゲ
アシナシトカゲ
ヤモリ
ヘビ
イグアナ
オオトカゲ
アシナシトカゲ

(5)

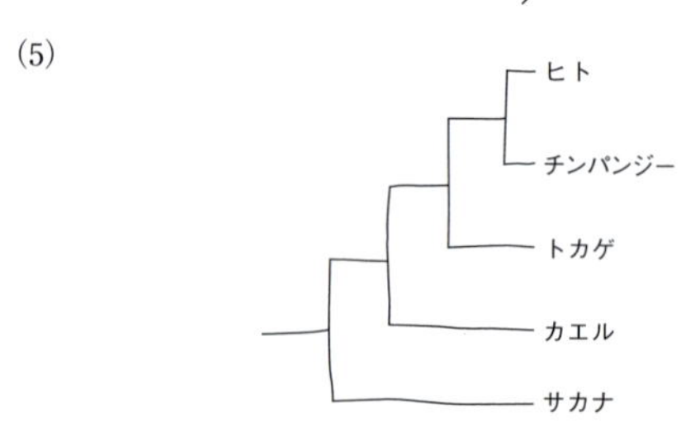
ヒト
チンパンジー
トカゲ
カエル
サカナ

図 26.6　未知の 1b（サンプル 1 の部分）と未知の 9〜13 のすべては，現在の系統樹で，ミンククジラ（南半球）と未知の 1a および 2〜8 につながる枝に配置される必要がある．

図 26.11　最も左側に遠くに描かれた分岐点（すべての分類群の共通の祖先）を丸で囲む．鯨類とアザラシの両方が哺乳類の陸生系統に由来していたことから，鯨類とアザラシの共通祖先は流線型の体型ではなく，したがって鯨類とアザラシの近縁群の一部ではないことが示された．

図 26.12　ちょうつがいをもつ顎は，カエル，カメ，ヒョウを含む群の共有祖先形質である．したがって，カエル，カメ，およびヒョウの系統を，最近の共通祖先とともに丸で囲む．

図 26.16　ワニは恐竜クレード（鳥類も含む）の姉妹群である．なぜなら，ワニと恐竜のクレードは他の群と共有されない共通祖先を共有しているからである．

図 26.21　この系統樹は，ミトコンドリアの rRNA および他の遺伝子の配列がプロテオバクテリアのものと最も近縁であるが，葉緑体遺伝子の配列はシアノバクテリアの配列と最も近縁であることを示している．これらの遺伝子配列の関係は，ミトコンドリアと葉緑体の両方が取り込まれた原核細胞であると推定する，細胞内共生説から予測されるものである．

概念のチェック 26.1

1. ヒトは，ドメインのレベルから綱のレベルまで，ヒョウと同じ分類群に入れられる．ヒョウとヒトの両方ともに哺乳類である．ヒョウは，食肉目に属するが，ヒトはそうでない．

2. （c）の系統樹は，異なる進化的関係を示している．（c）では，CとBが姉妹群であるが，（a）と（b）では，CとDが姉妹群である．

3. 図26.4の再描画図を下に示す．

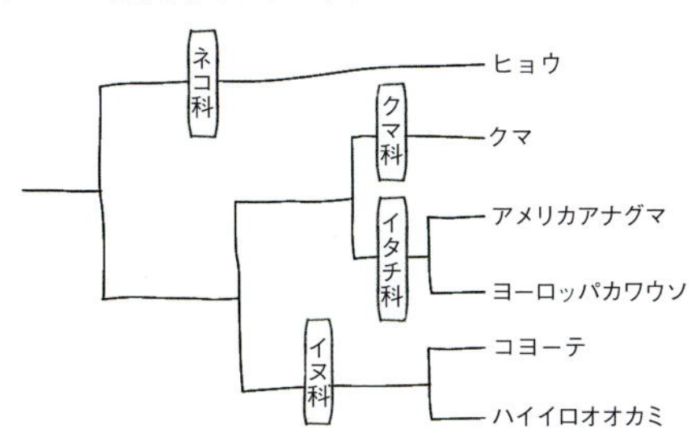

ネコ科
ヒョウ
クマ科
クマ
イタチ科
アメリカアナグマ
ヨーロッパカワウソ
イヌ科
コヨーテ
ハイイロオオカミ

概念のチェック 26.2

1. （a）相似．ヤマアラシとサボテンは近縁ではなく，他のほとんどの動物と植物は，類似した構造をもっていないため．

   （b）相同．ネコとヒトの両者は哺乳類であり，先端が手となる相同な前肢をもつ．

   （c）相似．フクロウやスズメバチは近縁ではなく，翼の構造は非常に異なっているため．

2. 種BとCは近縁である可能性が高い．小さな遺伝的変化（種BとCの間など）が，物理的に分化した外観をつくり出すことがあるが，多くの遺伝子が大きく変化している場合（種AとBのように），それらの系統はおそらく長い時間隔離されていたと考えられる．

概念のチェック 26.3

1. 有用な特徴ではない．毛はすべての哺乳類に共通の共有祖先形質であるため，哺乳類の異なるサブグループを区別する際には役に立たない．

2. 最節約法の原理によると，最初に調べるべき自然科学に関する仮説は，事実と一致する最も簡単な説明である．実際の進化関係は，収斂進化などの複雑な要因のため，節約原理で推論されるものと異なる場合がある．

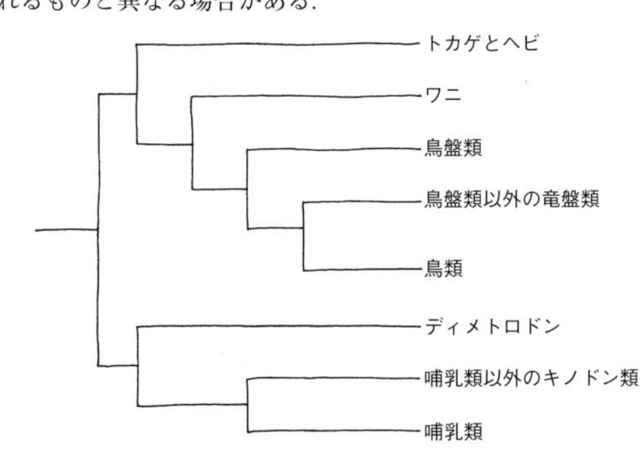

トカゲとヘビ
ワニ
鳥盤類
鳥盤類以外の竜盤類
鳥類
ディメトロドン
哺乳類以外のキノドン類
哺乳類

3. 伝統的な分類は，進化の歴史とあまり一致しないため，共通祖先に基づく分岐学の基本原理に合わない．鳥類と哺乳類の両方が伝統的な爬虫類から生じたため，（伝統的な分類の）爬虫類は側系統群となる．これらの問題は，ディメトロドンと犬歯類を爬虫類から除去し，鳥類を爬虫類の一群（具体的には，恐竜のグループなど）と考えることにより対処することができる．

概念のチェック 26.4

1. タンパク質は，遺伝子産物である．それらのアミノ酸配列は，遺伝子をコードしているDNAの塩基配列によって決定される．したがって，比較可能な2種のタンパク質間の違いは，種が互いから分岐してから蓄積してきた遺伝的な違いを反映している．その結果，タンパク質の違いは，種の進化の歴史を反映することが可能である．

2. これらの観察結果は，種1と種2へつながる進化系統は，1種での遺伝子重複イベントが遺伝子AからBの遺伝子をつくり出す前に，互いに分岐したことを示唆する．

3. RNAプロセシングにおいて，遺伝子のエキソンあるいはコーディング領域は，さまざまな方法で一緒に結合される．そのため，異なるmRNA，すなわち異なるタンパク質産物が得られる．その結果，異なるタンパク質が，同じ遺伝子から潜在的につくられることになり，それによって異なる組織において，異なる機能を実行できる．

概念のチェック 26.5

1. 分子時計は，オルソログ遺伝子における塩基の変化数に基づき，進化的イベントの実際の時間を推定する方法である．これは，比較しているゲノム領域が一定の速度で進化しているという仮定に基づく．

2. 遺伝子をコードしないゲノムの部分が多くある．これらの領域の塩基配列の変化を変化させる突然変異は，生物の適応度に影響を与えることなく，遺伝的浮動を通じて蓄積した可能性がある．ゲノムのコード領域においても，一部の変異は遺伝子やタンパク質に重大な影響を与えないかもしれない．

3. 分子時計に使用される遺伝子は，時計を標準化するために使用される種に比べて，これらの2分類群でよりゆっくり進化してきたかもしれない．結果として，これらの分類群が互いから分岐された時間が過小評価されるだろう．

概念のチェック 26.6

1. 原核生物界には，細菌や古細菌が含まれていたが，現在，これらの生物群は別々のドメインであることがわかっている．界は，ドメインの下位分類群であるため，異なるドメインからの分類群を含む単一の界（原核生物界のような）は有効ではない．

2. 遺伝子水平伝播のため，真核生物のいくつかの遺伝子は，細菌により近縁である一方，他の遺伝子は古細菌により近縁である．したがって，どの遺伝子を使用するかに応じて，DNAデータから構築した系統樹は矛盾する結果をもたらすことがある．

3. 真核生物は，従属栄養原核生物（古細菌宿主細胞）が，後にすべての真核生物に見出される細胞小器官（ミトコンドリア）となる細菌を取り込んだときに誕生したと仮定されている．時間が経つにつれて，古細菌の宿主細胞と細菌の細胞内共生体の融合が起こり，進化して単一の生物になった．その結果，真核生物の細胞には古細菌のDNAと細菌のDNAの両方が含まれることが期待され，真核生物の起源は遺伝子水平伝播の一例となる．

重要概念のまとめ

26.1 ヒトとチンパンジーは姉妹種であるという事実は，ヒトが現生霊長類の他の種よりも，チンパンジーとより新しい共通祖先をもつことを示している．しかし，それはヒトがチンパンジー，あるいはその逆から進化したことを意味するのではなく，ヒトとチンパンジーが共通祖先の子孫であることを示している．

26.2 相同な形質は共通祖先から生じる．生物が時間をかけて分化するとき，それらの相同形質のいくつかはまた分化するだろう．ずっと前に分岐した生物の相同形質は，通常，より最近分岐した生物の相同の形質よりも異なる．その結果，相同形質の違いは系統を推測することに使用することができる．これとは対照的に，収斂進化による相似形質は祖先を共有せず，誤った系統推定を導くことがある．

26.3 生物のすべての機能は，生命の歴史の中でいくつかの点で生じたものである．新機能が最初に発生している生物群においてその特徴は，クレードに固有のもので共有派生形質である．各共有派生形質が最初に現れる群を決定することができ，得られた入れ子状のパターンは，進化の歴史を推定するために使用することができる．

26.4 オルソログ遺伝子を使用すべきである．そのような遺伝子では，相同性が種分化により生じ，それゆえ進化の歴史を反映している．

26.5 分子時計の主要な仮定は，塩基置換が一定の割合で発生し，そのため2つのDNA配列間の塩基の違いの数は，それぞれの配列が分岐してからの時間に比例しているということである．分子時計にはいくつかの制限がある．どんな遺伝子も完全な精度で時間を表さない．自然選択は，特定のDNAの変化を他のものよりも増やすかもしれない．塩基置換率は，長期間で変化するかもしれない（分子時計による，遠い過去の出来事が起きた時間の推定が不正確になる）．同じ遺伝子でも異なる生物では異なる速度で進化することがある．

26.6 遺伝子データは，多くの原核生物は，互いに真核生物との違いと同じくらい異なっていたことを示した．これは生物が3つの「超界」，あるいはドメイン（細菌，古細菌，真核生物）にグループ化されるべきであることを示す．これらのデータはまた，以前の原核生物界（すべての原核生物が含まれていた）生物学的な意味をもたず，放棄されるべきであることを示した．後に，遺伝的および形態学的データはまた，ある種の原生生物は，他の原生生物よりも植物や菌類，動物により近縁であるため，原生生物界（おもに単細胞生物が含まれていた）は放棄されるべきであることも示した．

理解度テスト

1. A　2. C　3. B　4. C　5. D　6. A　7. D

9.

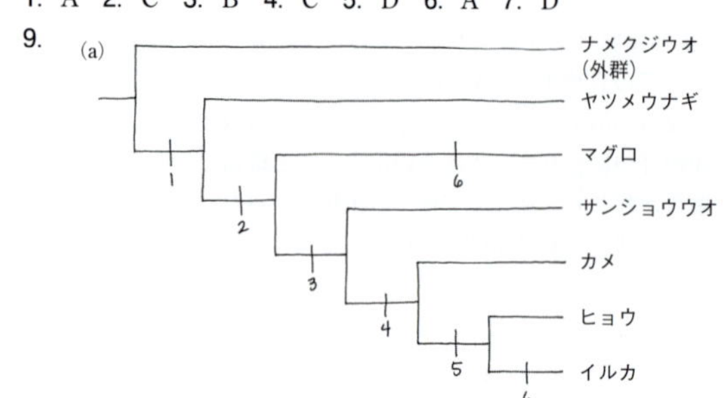

(a)
ナメクジウオ
(外群)
ヤツメウナギ
マグロ
サンショウウオ
カメ
ヒョウ
イルカ
1
2
3
4
5
6
6

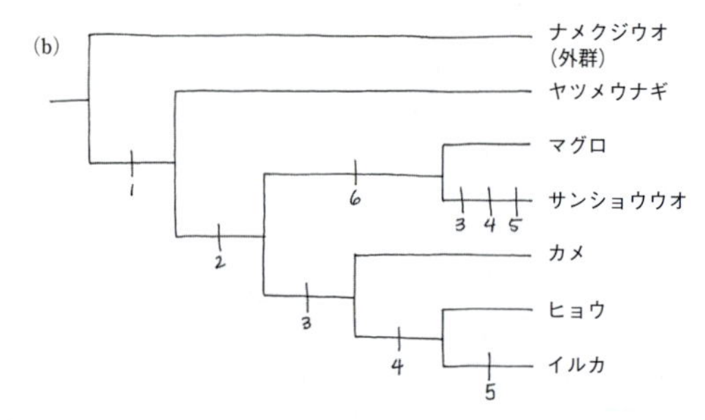

(b)
ナメクジウオ
(外群)
ヤツメウナギ
マグロ
サンショウウオ
カメ
ヒョウ
イルカ
1
2
3
4
5
6
3 4 5

(c) 系統樹（a）は7つの進化的変化が必要であるが，系統樹（b）は9つの進化的変化が必要である．それゆえ，系統樹（a）がより少数の進化的変化が必要なため，最節約系統樹である．

27 章

図の問題

図 27.7 フックに接している一番上のリングは，脂質二重層である外膜の疎水性部分中に埋没しているため，疎水性であると考えられる．同様に，脂質二重層である細胞膜に埋没している上から3番目のリングも，疎水性であると考えられる．

図 27.10 グルコース代謝に関与する遺伝子の，塩基配列または発現に変異が起こったと考えられる．またこのような環境ではすでに必要なくなった遺伝子にも，変異が起こった可能性もある．

図 27.11 供与体と受容体が異なる種である場合，形質導入の結果は遺伝子水平伝播となる．

図 27.15 真核生物

図 27.17 超好熱菌はきわめて高温の環境に生育しているため，他の生物の酵素に比べて高温で活性を保つ酵素をもつ可能性が高い．しかし低温下では，超好熱菌の酵素は他の生物の酵素と同様に機能することはできないかもしれない．

図 27.18 グラフから，株1，株2，株3を含む環境での植物のカリウム（K^+）取り込み量はそれぞれ0.72，0.62，0.96（mg）であると読み取れ，その平均は0.77 mgになる．もし細菌による影響がなければ，株1，株2，株3による取り込み量の平均は，細菌のいない環境での取り込み量である0.51 mgとほぼ同程度になるはずである．

概念のチェック 27.1

1. 莢膜（宿主の免疫系から細胞を守る）や内生胞子（過酷な環境での生存と環境が好転した際の復活を可能にする）．
2. 原核細胞には，真核細胞に見られる膜に囲まれた細胞小器官による複雑な細胞内の区画化が存在しない．原核生物のゲノムは真核生物のゲノムに比べてDNA量が少ない単一の環状染色体であり，膜で囲まれた核ではなく核様体に存在する．さらに多くの原核生物は，プラスミドとよばれる少数の遺伝子がコードされた小さな環状DNAももっている．
3. 葉緑体のような色素体は，細胞内共生した光合成原核生物に起源をもつと考えられている．より厳密には，図26.21に示した系統樹は色素体がシアノバクテリアに近縁であることを示している．以上のことから，葉緑体は細胞内共生者であったシアノバクテリアから進化してきたため，葉緑体のチラコイド膜とシアノバクテリアのチラコイド膜は類似していると考えられる．

概念のチェック 27.2

1. 世代時間が短いため，ふつう原核生物の集団サイズはきわめて大きい．このように原核生物の集団はきわめて多数の個体から構成されているため，各世代には新たな突然変異をもつ個体数が多いことが予想され，これによって集団の遺伝的多様性が増大する．
2. 形質転換では，環境中の裸の外来DNAが細菌細胞によって取り込まれる．形質導入では，ファージによって細菌の遺伝子が他の細菌細胞に運ばれる．接合では，2つの細胞を一時的につなぐ接合橋を通して，プラスミドまたは染色体DNAが細菌細胞間を転移する．
3. 接合能をもった個体は新たな環境において有利になる遺伝的組み合わせをもつ組換え体をつくり出す可能性があるため，接合能をもつ個体を含む個体群のほうがより有利であると考えられる．
4. 可能性がある．抗生物質耐性の遺伝子は（形質転換，形質導入または接合によって）非病原性細菌から病原性細菌へ転移してヒトの健康に，より重大な脅威となる可能性がある．一般的に，形質転換，形質導入または接合によって耐性遺伝子の拡散が助長されている．

概念のチェック 27.3

1. 光合成栄養生物は光からエネルギーを得るが，化学合成栄養生物は化学物質からエネルギーを得る．独立栄養生物は二酸化炭素や炭酸水素イオンなどを炭素源とするが，従属栄養生物はグルコースのような有機物を炭素源とする．この組み合わせによって4つの栄養様式，光合成独立栄養，光合成従属栄養（原核生物に特有），化学合成独立栄養（原核生物に特有），化学合成従属栄養に分けられる．
2. 化学合成従属栄養．この細菌は，光が存在しない環境に生育するため化学物質に依存している化学合成生物であり，二酸化炭素（または炭酸水素イオンのようなそれに関連する物質）以外の物質を炭素源とするため従属栄養生物である．
3. もしヒトが窒素固定することが可能ならば，空気中の窒素分子を用いてタンパク質を合成することが可能となり，肉や魚，大豆のような高タンパク質のものを食べる必要がなくなる．しかし，食物として無機塩類や水とともに炭素源は必要である．よって，無機塩類を含む果物や野菜とともに炭素源として炭水化物からなるものを食物とすることになるだろう．

概念のチェック 27.4

1. 分子系統学によって，かつて細菌に分類されていたいくつかの生物が実際には真核生物により近縁であり，独自のドメインである古細菌に属することが明らかとなった．また分子系統学によって，遺伝子水平伝播が普遍的であり，原核生物の進化に大きな役割を果たしたことが示された．メタゲノム解析は生物を培養することを必要としないため，それまで知られていなかった原核生物の巨大な多様性を明らかにした．メタゲノム解析による新たな生物の発見によって，原核生物の系統に関する私たちの理解は大きく書き換えられようとしている．
2. 現在知られている限り，すべてのメタン菌はユリアーキオータに属する古細菌である．このことは，この特異な代謝経路はユリアーキオータ内で進化してきたことを示唆している．細菌とアーキアは数十億年前に分かれた系統群であるので，細菌に属するメタン菌が発見されたとすると，水素を二酸化炭素で酸化する代謝能は古細菌（ユリアーキオータ）と細菌で2回独立に進化したと考えられる（この細菌が遺伝子水平伝播によってメタン生成にかかわる遺伝子を古細菌に属するメタン菌から獲得したと考えることも可能であるが，この代謝は多数の遺伝子を必要とし，また異なるドメイン間の遺伝子水平伝播は比較的まれであるので，可能性は低い）．

概念のチェック 27.5

1. 原核生物は小さな生物であるが，きわめて数が多く，大きな代謝能をもつため，老廃物の分解や化学物質の循環，他の生物が利用可能な栄養分濃度への影響などによって，生態系においてきわめて重要な役割を担っている．
2. シアノバクテリアは光合成の明反応において水を分解する際に酸素を生成する．またカルビン回路において，二酸化炭素を有機物に組み込んで糖を生成する．

概念のチェック 27.6

1. 解答例：私たちはヨーグルトやチーズのような発酵食品を食べている．汚泥処理によってきれいな水を得ている．細菌によって生成された薬品を使用している．
2. 不可能．この毒素が外毒素として分泌されていたら，生きている細菌は別の人に感染できる．しかしこれは内毒素の場合でも同様であり，感染する個体が毒素を放出した（すでに死んだ）細菌の子孫であるかもしれない点のみが異なる．
3. 腸管に生育する原核生物は，資源（あなたが食べたもの）をめぐって他の種と競争している．異なる原核生物の種は異なる適応をしているため，食生活の変化によって最も急速に増殖する種が変化し，その種構成が変わる．

重要概念のまとめ

27.1 原核生物が多様な環境に生育することを可能にする構造的特徴としては，細胞壁（形の保持と保護），鞭毛（走性を行う），鞘や内生胞子（どちらも過酷な環境に耐える）などがある．また原核生物は，高温や高塩分濃度などの極限環境を含む多様な条件で増殖できる生化学的適応能をもつ．

27.2 原核生物はきわめて急速に増殖し，その個体群はきわめて多数の個体からなる．そのため，突然変異はまれではあるが，なんらかの遺伝子に突然変異をもった子孫が多数形成される．さらに，原核生物は無性的に増殖するためその子孫の大半は遺伝的に親と同一であるが，形質転換や形質導入，接合によって個体群の遺伝的多様性が増大する．このような（非生殖的な）プロセスは，ある細胞から他の細胞へ（異なる種間でさえも）DNAを転移することによって遺伝的多様性を増大させる．

27.3 原核生物はきわめて広範囲な代謝的適応をしている．原核生物の中には4つの栄養様式（光合成独立栄養，化学合成独立栄養，光合成従属栄養，化学合成従属栄養）すべてが存在するが，真核生物にはそのうち2つ（光合成独立栄養，化学合成従属栄養）しか見られない．また原核生物は（これも真核生物とは異なり）さまざまな形の窒素を代謝でき，同種または異種の原核生物と代謝的協調を行う．

27.4 形や運動性，栄養様式のような形質からは，原核生物の進化史を明らかにすることはできなかった．一方，分子データは原核生物の主要なグループ間の系統関係を明らかにした．また分子データは環境中から直接得ることが可能であり，このようなデータを用いることによって原核生物の新たなグループを発見することにつながった．

27.5　原核生物は，すべての生物が依存する化学的循環においてきわめて重要な役割を果たしている．たとえば，原核生物は死骸や排泄物を分解する重要な分解者であり，他の生物が利用可能な形で栄養物を環境中に放出する．また原核生物は，無機物を他の生物が利用可能な形に変換する．生態的な相互関係という観点では，多くの原核生物が他の生物と相利共生関係を結んでいる．熱水噴出孔の生物群集などいくつかの生態系では，原核生物が他の多くの生物にエネルギー源を供給しており，原核生物がいなければ生物群集は崩壊してしまう．

27.6　ヒトの健康は相利共生している原核生物に依存しており，たとえば腸に生育する多くの原核生物が私たち自身では分解できない食物を分解してくれている．またヒトは，さまざまな有用物質の生産やバイオレメディエーションなどの形で原核生物の大きな代謝能を利用している．原核生物から被る害としては，病原性細菌によって引き起こされる病気がある．

理解度テスト

1. D　**2.** A　**3.** C　**4.** C　**5.** B　**6.** A

28 章

図の問題

図 28.2　図 28.2 を単純化して示したもの，ユニコンタを他のすべての真核生物の姉妹群としたものをそれぞれ下に示す．

4つのスーパーグループ間の関係を単純化して示した系統樹

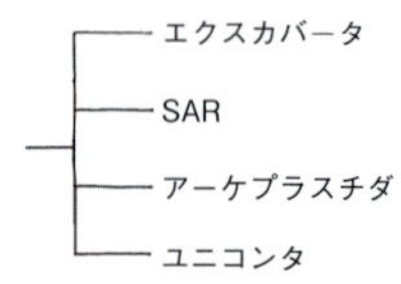
エクスカバータ
SAR
アーケプラスチダ
ユニコンタ

ユニコンタが他のすべての真核生物の姉妹群とした系統樹

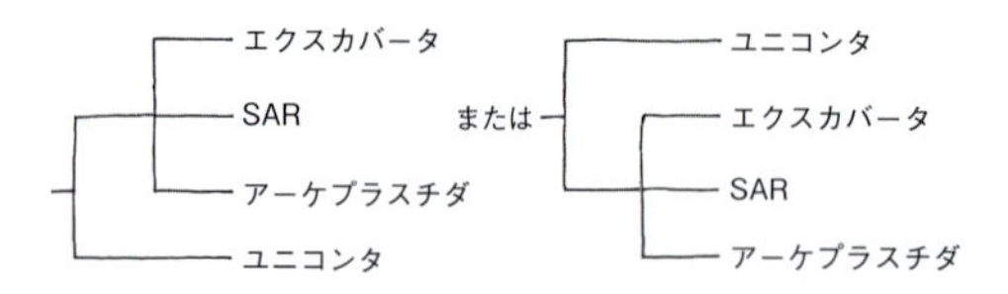
エクスカバータ
SAR
アーケプラスチダ
ユニコンタ
または
ユニコンタ
エクスカバータ
SAR
アーケプラスチダ

図 28.3　この図では，共通の二次共生によってストラメノパイルとアルベオラータが生じたとしている．このことは，両者が紅藻を取り込んだ従属栄養性原生生物である共通祖先（図では黄色で示されている）をもつことを意味する．一方，ユーグレナ藻とクロララクニオン藻は，それぞれ異なる従属栄養性原生生物（図ではそれぞれ灰色と茶色で示されている）に由来する．以上のことから，ストラメノパイルとアルベオラータの間のほうが，ユーグレナ藻とクロララクニオン藻の間よりも近縁であると考えられる（訳注：ただし図 28.3 の情報のみからではユーグレナ藻とクロララクニオン藻がより近縁であるとする仮説を棄却できない）．

図 28.13　図中の精子は雄性配偶体の細胞における無性的な体細胞分裂によって形成され，その雄性配偶体は単一の遊走子の無性的な体細胞分裂によって形成される．よって，すべての精子は 1 個の遊走子に起因し，遺伝的に同一である．

図 28.16　メロゾイトは単相のスポロゾイトの無性的な体細胞分裂によって形成され，同様にガメトサイトはメロゾイトの無性的な体細胞分裂によって形成される．よって，これら 3 つの時期の細胞は同じ遺伝子組成をもっており，形態的な違いは遺伝子発現の違いに起因していると考えられる．

図 28.17　これらの段階は，機能的に受精に相当する．ゾウリムシでもヒトでも，このときに遺伝的に異なる細胞に由来する単相核が融合して複相の核を形成する．

図 28.23　❻において，成熟した細胞が体細胞分裂によって 4 個またはそれ以上の娘細胞を形成する時期を丸で囲む．❼において遊走子が成熟した単相細胞へと成長する時期や，❷において成熟した細胞が配偶子となる時期では新しい娘細胞を形成していない．

図 28.24　もしこの仮定が正しければ，DHFR-TS 遺伝子の融合は 3 つのスーパーグループ（エクスカバータ，SAR，アーケプラスチダ）に共有された派生的な特徴であることを示している．しかし，もしこの仮定が正しくなければ，遺伝子融合の有無はこれら生物の進化史に関する証拠とはならない．たとえば，もし遺伝子融合が複数回独立に起こったとすると，これらの生物は共通祖先を有していたためではなく，収斂進化のためにこの特徴を共有するようになったと考えられる．また，もし融合遺伝子が二次的に分断されたとすると，分断された遺伝子をもつ生物は，実際には融合遺伝子をもつ生物に近縁であるにもかかわらず，（誤って）ユニコンタとしてまとめられることになる．

図 28.26　この細胞はもともと単相の単細胞アメーバであったので，単相である．

概念のチェック 28.1

1. 解答例：原生生物は単細胞，群体，多細胞生物を含む．光独立栄養，従属栄養，混合栄養生物を含む．無性生殖のみ，有性生殖のみ，および両方を行う種を含む．多様な形態的特徴と適応的な特徴を示す種を含む．
2. 宿主細胞（古細菌または古細菌に近縁な生物）がアルファプロテオバクテリアを取り込んで共生関係を築くことによって，ミトコンドリアが獲得されたと考えられている．同様に，紅藻と緑藻の葉緑体は，祖先的な従属栄養性原生生物に取り込まれたシアノバクテリアに起源をもつ．また二次共生も重要な役割を果たしており，さまざまな系統の原生生物が単細胞性の紅藻や緑藻を取り込んで色素体を得た．
3. 4 種類．まずクロララクニオン藻の最も基本的なゲノムは，核内の DNA に存在する．またクロララクニオン藻は，ヌクレオモルフ内に痕跡的な緑藻の核 DNA をもつ．さらにクオララクニオン藻は，（異なる）原核生物に由来する DNA をミトコンドリアと葉緑体内にもつ．

概念のチェック 28.2

1. これらの生物のミトコンドリアは電子伝達鎖をもっておらず，酸素呼吸ができないため．
2. この未知の原生生物はユーグレナ類よりもディプロモナス類に近縁であるため，ディプロモナス類と副基体類の共通祖先がユーグレナ類から分かれた後に生じたはずである．さらに，この未知種は，ディプロモナス類と副基体類には存在しない完全に機能するミトコンドリアをもっているため，ディプロモナス類と副基体類の最近接共通祖先より前に生じたと考えられる．

概念のチェック 28.3

1. 有孔虫の殻は炭酸カルシウムで補強されているため，海洋の沈殿物や堆積岩中に化石として長く残りやすい．
2. 真核生物の色素体は細胞内共生したシアノバクテリアに起源をもつという広く支持されている仮説に基づけば，色素体DNAはシアノバクテリアのDNAにより類似しているはずである．
3. 図13.6 b．世代交代を行う藻類と植物では，単相世代と複相世代の両方が多細胞である．他の2つの世代交代では，単相世代と複相世代のどちらかが単細胞である．
4. 光合成を行っている間，好気性の藻類は酸素を生成し，二酸化炭素を使用する．酸素分子は明反応の副産物として生じるが，二酸化炭素はカルビン回路に組み込まれる（最終産物は糖）．また好気性藻類は，酸素を使用して二酸化炭素を排出する酸素呼吸も行う．

概念のチェック 28.4

1. 多くの紅藻はフィコエリスリンとよばれる補助色素をもつため赤色を呈し，比較的深い海で光合成ができる．さらに褐藻とは異なり，紅藻は生活環を通じて鞭毛を欠いており，受精のために配偶子が運ばれる際に水流に頼っている．
2. アオサの藻体は多数の細胞からできており，葉のような葉状部と根のような仮根に分化している．イワヅタの藻体は隔壁を欠く多核体であり，基本的には1個の巨大な細胞からなる．
3. 紅藻は生活環を通じて鞭毛をもつ時期を欠くため，配偶子が運ばれるためには水流が必要である．生物学的に，この特徴は陸上での生活を困難にしている．対照的に，緑藻の配偶子は鞭毛をもっており，水の薄い層の中を移動することが可能である．またさまざまな緑藻は，細胞質，細胞壁，または接合子の外被中に強光などの陸上環境から身を守る化学物質をもっている．このような物質の存在によって，緑藻の子孫は陸上環境で生き延びることができたのかもしれない．

概念のチェック 28.5

1. アメーボゾアは葉状または管状の仮足をもつが，有孔虫は糸状の仮足をもつ．
2. 粘菌は胞子散布のための子実体を形成する点で菌類的であり，運動能があって捕食する点で動物的である．しかし，粘菌は系統的に菌類や動物よりも，ツブリナ類やエントアメーバに近縁である．
3.

ユニコンタ
エクスカバータ
SAR
アーケプラスチダ

概念のチェック 28.6

1. 光合成原生生物は生産者として水圏生態系の基盤を構成しているため，多くの水生生物は直接的または間接的な食物として光合成原生生物に依存している（さらに，地球上の酸素のかなりの部分が光合成原生生物の光合成によって生成されている）．
2. いくつかの原生生物は他の生物と相利共生的または寄生的な関係を結んでいる．たとえば，サンゴのポリプと相利共生する光合成渦鞭毛藻，シロアリと相利共生する副基体類，オークの木の寄生者であるストラメノパイルの1種 *Phytophthora ramorum* が挙げられる．
3. サンゴは必要とする栄養物を渦鞭毛藻共生者に依存しているため，サンゴの白化はサンゴに死をもたらす可能性がある．サンゴが死滅すると，魚などサンゴを食べる生物の食物が減少する．その結果，これらの種の集団は縮小し，さらにこれらの種を捕食する生物の集団も縮小する．
4. この2つのアプローチでは，異なる進化的変化が生じると考えられる．蚊に害を与えずにマラリア抵抗性を付与するボルバキアの株は，おそらく蚊の集団内に急速に広がる．この場合，ボルバキアによる抵抗性を克服したマラリア原虫が，自然選択によって選ばれるだろう．殺虫剤を用いた場合，殺虫剤に対する耐性をもった蚊が，自然選択によって選ばれるだろう．したがって，ボルバキアを用いた場合にはマラリア原虫集団に，殺虫剤を用いた場合には蚊の集団に，それぞれ進化的変化をもたらすと考えられる．

重要概念のまとめ

28.1 解答例：原生生物と陸上植物，動物，菌類の細胞は，原核生物の細胞と異なり，核や膜で囲まれた細胞小器官をもつ点で共通している．このような細胞小器官が存在するため，真核生物の細胞は原核生物の細胞よりも複雑な構造をしている．また原生生物と他の真核生物は，細胞が非対称な形を維持することや捕食や移動，成長する際に変形することが可能にする発達した細胞骨格をもつ点でも，原核生物とは異なる．一方，多くの原生生物は単細胞性である点で動物や陸上植物および大半の菌類と異なる．また原生生物は他の真核生物に比べて栄養様式が多様である．

28.2 多くのエクスカバータが特徴的な細胞骨格を共有している．さらにエクスカバータのいくつかの種は，グループ名の語源ともなった「凹んだ（excavated）」捕食溝をもっている．さらに近年のゲノム研究からは，エクスカバータの単系統性が支持されている．

28.3 ストラメノパイルとアルベオラータは，共通の二次共生に起源をもつと考えられている．この仮説のもとでは，この2つのスーパーグループの共通祖先は色素体（紅藻起源）をもっていたと考えることができる．したがって，アピコンプレクサ（およびアルベオラータまたはストラメノパイルの原生生物）は色素体をもっているか，もしくは進化の過程で色素体を失ったと考えられる．

28.4 さまざまな証拠から，紅藻，緑藻，および陸上植物は，シアノバクテリアを細胞内共生者として取り込んだ従属栄養性原生生物であった共通祖先に由来すると考えられる．そのため，同じスーパーグループに分類される．

28.5 ユニコンタは多様性に富んだ真核生物の一群であり，動物，菌類とともに多くの原生生物を含む．ユニコンタに属する原生生物の多くはアメーボゾアに属し，（リザリアに見られる糸状仮足ではなく）葉状または管状仮足をもつ．ユニコンタに属する他の原生生物はオピストコンタに属し，菌類に近縁なものと動物に近縁なものがある．

28.6 解答例：生態的に重要な原生生物として，共生相手であるサンゴ礁をつくるサンゴにエネルギー源を供給する光合成渦鞭毛藻がある．他の重要な共生性原生生物として，シロアリが木材を分解することを可能にする共生性原生生物や，マラリアを引き起こすマラリア原虫などが挙げられる．また珪藻のような光合成原生生物は水圏生態系において最も重要な生産者の1つであり，水界に生育する他の多くの生物は食物として彼らに依存している．

理解度テスト

1. D　2. B　3. B　4. D　5. D　6. C

7.

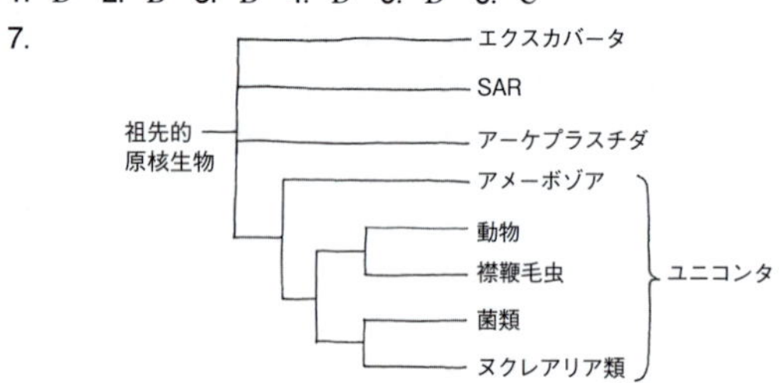

エクスカバータ
SAR
祖先的
原核生物
アーケプラスチダ
アメーボゾア
動物
襟鞭毛虫
ユニコンタ
菌類
ヌクレアリア類

最近までヒトと祖先を共有していた（つまり近縁な）病原生物は，ヒトと同じ代謝的および構造的特徴を共有している可能性が高い．薬は病原生物の代謝や構造的特徴を標的とするので，ヒトに近縁な病原生物には効くが，ヒト（患者）には影響しない薬を開発するのは困難になる．ここで描いた系統樹をもとに，異なる分類群に属する病原生物がどの順でヒトに近縁であるか決めることができる．これによって，病原性の動物，襟鞭毛虫，菌類とヌクレアリア，アメーボゾア，他の原生生物，そして最後に原核生物の順に薬の開発が困難であると予測できる．

29 章

図の問題

図 29.3　図 13.6 b の植物とある種の藻類の生活環は世代交代をもつが，他の生活環はもたない．動物の生活環（図 13.6 a）とは異なり，植物と藻類の生活環では，減数分裂により配偶子ではなく胞子がつくられる．これらの単相胞子は有糸分裂により連続的に分裂し，最終的には配偶子を産生する多細胞の単相個体をつくる．動物の生活環には多細胞の単相段階はない．生活環における世代交代は多細胞の複相段階をもつが，図 13.6 c に示したほとんどの菌類とある種の原生生物はもたない．

図 29.6　植物，維管束植物，および種子植物は，それぞれの群がその群の共通祖先および共通祖先からのすべての子孫を含むため，単系統群である．他の2つのカテゴリーの植物，非維管束植物および無維管束植物は，側系統群である．すなわち，これらの群は，群の最新の共通祖先のすべての子孫を含まない．

図 29.7　はい．図に示されているように，融合する精子と卵のそれぞれは，同じ胞子体によりつくられた胞子の有糸分裂によりつくられる．しかしながら，これらの胞子は，子孫細胞の遺伝的変異をつくり出す細胞分裂プロセスである減数分裂によりつくられるため，遺伝的にそれぞれ異なる．

図 29.9　コケは生態系からの窒素損失を減らすため，典型的にはコケより後に移入する種は，おそらくコケが存在しないときよりも高い窒素含量を含む土壌に生える．その結果生じる利用可能な窒素量の増加は，窒素がしばしば供給不足になる必須栄養素であるため，それらの種の利益になるだろう．

図 29.12　風散布の精子をもつシダは受精に水を必要としないだろう．それゆえ，乾燥環境に生育するとき直面する困難を取り除く．シダは地上に精子をつくるような強い選択圧にさらされるだろう（シダの配偶体が地下に位置する現状とは反対に）．

概念のチェック 29.1

1. 植物は，シャジクモ藻類とのみいくつかの重要な特徴を共有する．リング状のセルロース合成複合体，精子構造の類似，そして細胞分裂時のフラグモプラスト形成．核と葉緑体，ミトコンドリア DNA の配列比較は，車軸藻藻類のあるグループ（ホシミドロやコレオケーテ）が植物に最も近縁であることを示す．
2. スポロポレニンにより頑丈になっている胞子壁（過酷な環境条件から保護する）；多細胞の従属胚（発生中の胚に栄養を供給し保護する）；クチクラ（水の損失を減らす）；気孔（ガス交換と水分喪失の減少）
3. 生活環の多細胞の複相段階は配偶子をつくらない．その代わり，減数分裂により雌雄の単相胞子がつくられる．これらの胞子は，（私たちのもつ）単細胞の単相段階とは大きく異なる，多細胞の雌雄の単相段階となる．多細胞の単相段階は配偶子をつくり，有性的に生殖する．ヒトの生活環における多細胞の単相段階は私たちに似ているか，あるいはまったく異なるかもしれない．

概念のチェック 29.2

1. ほとんどのコケ植物は維管束系をもたない．そして，生活環で優先するのは胞子体ではなく配偶体である．
2. 解答例．原糸体の大きな表面積は水や無機栄養の吸収を強化する．壺形の造卵器は受精中の卵を保護し，胎座輸送細胞を通じた胚へ栄養を輸送する．柄のような蒴柄は，配偶体から胞子がつくられる蒴へ栄養を運ぶ．蒴歯はゆっくりとした胞子の散布を可能にする．気孔は水分の損失を最小限にして CO_2 と O_2 の交換を可能にする．軽量の胞子は風による散布に適している．
3. 地球温暖化が泥炭地に及ぼす影響は，プロセスの最終産物が自らの生産を増加させる正のフィードバックをもたらす可能性がある．この場合，地球温暖化は一部の泥炭地の水位を低下させることが予測される．これにより泥炭が空気にさらされて分解され，貯蔵していた CO_2 を大気に放出する．貯留していた CO_2 を大気に放出すると地球温暖化が進み，水位がさらに低下し，さらに CO_2 が大気に放出され，さらなる温暖化などが発生する可能性がある．

概念のチェック 29.3

1. 種子植物とシダ植物（シダとその近縁群）が大葉をもっているのに対し，ヒカゲノカズラ植物は小葉をもっている．シダ植物と種子植物はまた，既存の根の長軸に沿ったさまざまな点で新しい根の分岐の開始など，ヒカゲノカズラ植物では見られない他の特性を共有する．
2. 無種子維管束植物とコケ植物の両方が受精に水分を必要とする鞭毛を有する精子をもつ．この共有の類似性は，乾燥地域でこれらの種の課題となっている．おもな相違点に関しては，無種子維管束植物は，胞子体が高く成長することを可能にし，（森林の形成を介して）地球上の生命を変えてきた特徴である，木化してよく発達した維管束組織をもつ．無種子維管束植物はまた，蘚苔類と比較すると，光合成のためにより広い表面積を提供し土壌から栄養分を抽出する能力を向上させる，真の葉と根をもっている．

3. 染色体の独立した仕分け，交差，ランダムな受精，の3つの機構は，有性生殖の遺伝的変異の生産に貢献する．もし受精が同じ配偶体からの配偶子の間で起きた場合には，子孫のすべてが遺伝的に同一になるだろう．これは，精子と卵を含む配偶体によって生成されるすべての細胞が，単一の胞子の子孫であるためであり，したがって遺伝的に同一である．交差と染色体の独立した分離は，胞子（最終的に配偶体になる）形成の間，遺伝的変異を生成し続けるであろうが，全体的に，有性生殖によって生成される遺伝的変異の量が低下する．

重要概念のまとめ

29.1

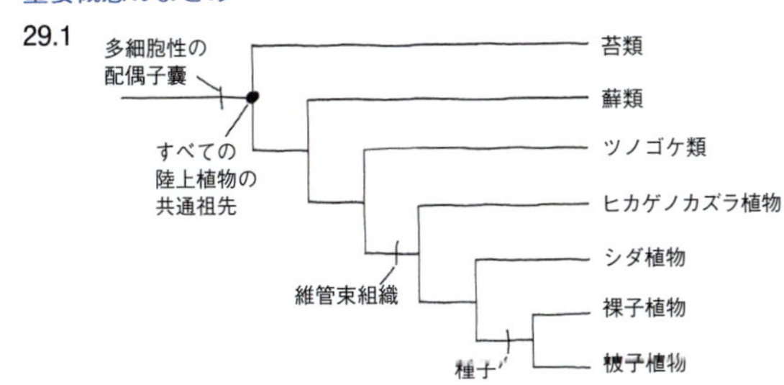
多細胞性の
配偶子嚢
すべての
陸上植物の
共通祖先
維管束組織
種子
苔類
蘚類
ツノゴケ類
ヒカゲノカズラ植物
シダ植物
裸子植物
被子植物

29.2 砂質土壌の裸地に生えるいくつかのコケは，低窒素の環境において窒素を増加し保持させる．他のコケは，生態系における利用可能な窒素量を向上させる窒素固定シアノバクテリアを宿す．ミズゴケはしばしば泥炭（部分的に腐った有機物質）の堆積物の主要な成分である．泥炭地として知られている泥炭の厚い層をもつ沼地の地域は，広い地理的地域を覆い，炭素の大規模な貯蔵庫となっている．泥炭地は，大量の炭素を貯蔵することにより，実質的に大気中から二酸化炭素を除去し，地球の気候に影響を与えるため，生態学的に重要である．

29.3 木質化した維管束組織は，植物の地上から高い位置の部分に水や栄養を輸送する手段だけでなく，重力に対抗して背の高い植物を支持するために必要な強度を提供した．根は，植物を地面に固定し，背が高く成長する植物のためにさらなる構造的な支持を提供する，もう1つの重要な形質であった．背の高い植物は，それにより，低い植物を日陰にして，光をめぐる競争に打ち勝った．背の高い植物の胞子は，低い植物の胞子より遠くに分散させるので，背の高い植物が低い植物よりもより早く新しい生育地へ移住する可能性も高い．

理解度テスト

1. B 2. D 3. C 4. A 5. B

6. (A) 複相；(B) 単相；(C) 単相；(D) 複相

7. 主要な植物群の進化に関する現在の理解に基づくと，系統はここに示した4つの分岐点をもつ．

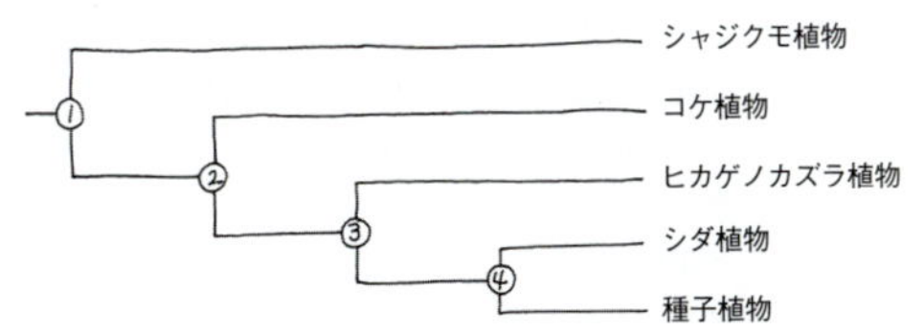
1
2
3
4
シャジクモ植物
コケ植物
ヒカゲノカズラ植物
シダ植物
種子植物

シャジクモ類と植物のクレード（分岐点1で示される）のユニークな派生形質はセルロース合成複合体の環，鞭毛精子の構造，およびフラグモプラストが挙げられる．植物のクレード（分岐点2）のユニークな派生形質は世代交代，胞子嚢で産生される有壁胞子，および多細胞性の胞子嚢が含まれる．維管束植物のクレード（分岐点3）のユニークな派生形質は，胞子体が支配的な生活環，複雑な維管束系（木部と師部）とよく発達した根や葉が含まれる．シダ植物と種子植物のクレード（分岐点4）のユニークな派生形質は大葉と既存の根の長軸に沿ってさまざまな場所で分枝する根が含まれている．

8. (a)

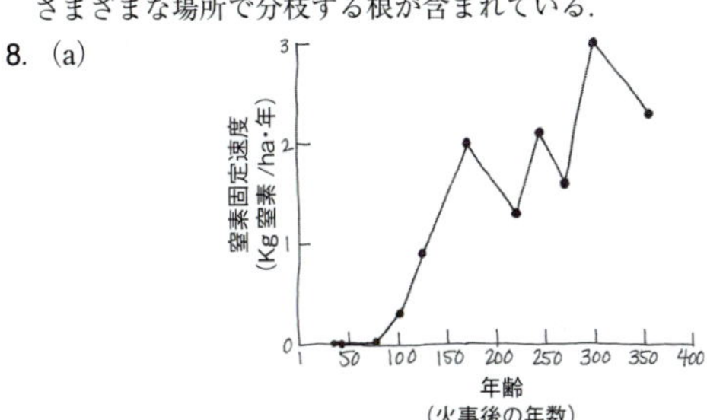
窒素固定速度
(Kg 窒素 /ha・年)
0
1
2
3
50
100
150
200
250
300
350
400
年齢
(火事後の年数)

(b) 火事後の最初の40年間は，窒素固定速度は0.01 kg/ha・年であり，大気から堆積した窒素量の1%未満であった．したがって，火災後の最初の数十年で，タチハイゴケ属 *Pleurozium* のコケとそれが宿す窒素固定菌は森林に追加される窒素量に比較的ほとんど影響を与えなかった．しかし，時間とともにタチハイゴケ属のコケとその共生窒素固定細菌はますます重要になった．火事の後の170年では，コケで覆われている地表の割合は約70%に増加し，対応した共生細菌の個体数の増加につながった．この結果から予測されるように，古い森林では，大気から堆積したよりもかなり多くの窒素（130〜300%）が窒素固定によって追加された．

30章

図の問題

図30.2 胞子体内に配偶体を保持することは，卵を含む配偶体を紫外線から保護することになる．紫外線は，変異原性物質である．そのため，胞子体内に保持される配偶体で生成される卵内では，突然変異の発生がより少ないと予想される．ほとんどの突然変異は有害である．よって，有害な突然変異を運ぶ胚が少なくなり，胚の適応度が増加するだろう．

図30.3 種子は3つの世代を含む：(1) 現在の胞子体（種皮と，胞子壁を包む小胞子嚢の残骸に見られる複相の細胞）；(2) 雌性配偶体（栄養源に見られる単相の細胞）；(3) 次世代の胞子体（胚に見られる複相の細胞）

図30.4 有糸分裂．1つの単相の大胞子は，有糸分裂によって分裂し，多細胞の単相雌性配偶体を形成する（同様に1つの単相の小胞子は，有糸分裂によって分裂し，多細胞の単相雄性配偶体を形成する）．

図30.9

図30.14 いいえ．基部被子植物へつながる系統やモクレン類は

1億5000万年より前に出現したが，その年代のこれらの系統群の化石がまだ発見されていない場合でも，表示された分岐順序は依然として正しいだろう．このような状況では，系統樹に表示された，1億4000万年という被子植物の起源の年代が間違っている．

概念のチェック 30.1

1. 無種子植物の有鞭毛精子は，卵に到達するために水の膜を通って，通常数cm未満の距離を泳ぐ必要がある．これとは対照的に，種子植物の精子は，風や動物の送粉によって長距離を移動することができる花粉内に生成されるので，水を必要としない．いくつかの種では鞭毛をもつものの，花粉管が直接，花粉が置かれた地点（胚珠付近）から卵に運ぶために，種子植物の精子（精細胞）は運動性を必要としない．
2. 種子植物の退化した配偶体は，胞子体から栄養をもらい，干ばつや紫外線などのストレスから保護されている．スポロポレニンを含む壁をもつ花粉は，風や動物による送粉時の保護を提供する．種子は，胞子壁よりも環境ストレスからのより多くの保護を提供し生存率を向上させる保護組織である1つまたは2つの層の種皮をもつ．種子にも養分が保存されており，休眠が打破され胚が実生として出現された後の成長のための栄養を提供する．
3. 種子では，休眠に入ることができなかった場合，胚が受精した後に成長し続けるだろう．その結果，胚は急速に大きくなるため，その輸送や分散が制限させる可能性がある．条件が良好になるまで成長を遅らせることができないと，胚の生存の機会も減少する可能性がある．

概念のチェック 30.2

1. 裸子植物は，その種子が子房や果実に囲まれないという点で類似しているが，それらの種子をつける構造が大きく異なる．イチョウやグネツムなどの一部の裸子植物では，果実のように見える小さな球果をもっているのに対し，たとえば，ソテツは，果実ではないにもかかわらず，大きな球果をもっている．葉形もまた，多くの針葉樹の針状から，ソテツの手のひらのような葉，被子植物のように見えるグネツムの葉まで大きな変異がある．
2. 雌性球果が大胞子を生産し，雄性球果が小胞子を生成するというように，マツの生活環は異形胞子性を示す．退化した配偶体は，小胞子から発達する微視的花粉と，大胞子から発生する微細な雌性配偶体の形である．卵は胚珠内で発達することが示されており，花粉管は精子を運ぶことが示されている．また，この図では，種子の保護と栄養補給機能が示されている．
3.

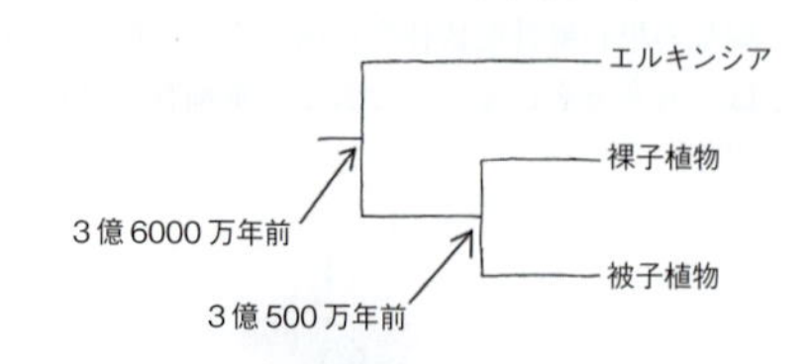
エルキンシア
裸子植物
被子植物
3億6000万年前
3億500万年前

概念のチェック 30.3

1. ナラの生活環では，木（胞子体）が，花粉と胚珠の中に配偶体が含まれている花を生産する．胚珠内の卵は受精し，成熟した子房はドングリとよばれる堅果に発達する．ナラの生活環は，ドングリの種子が発芽するときに始まり，胚が実生になり，最後に花とより多くのドングリを生成する成木になるものとして表示することができる．
2. 松ぼっくりと花の両者は，胞子をつくり出す胞子葉，すなわち変形葉をもつ．マツの木は，雄性球果（花粉）と雌性球果（種鱗の内部胚珠をつける）をもつ．花では，花粉は雄ずいの葯によって生成され，胚珠が心皮の子房内にできる．松ぼっくりとは異なり，多くの花では花粉と胚珠の両方が生成される．
3. 左右相称の花をもつクレードがより多くの種をもつという事実は，花形と植物の種分化率との相関関係を立証する．形状（つまり，左右相称または放射相称）は，観測結果の実際の原因であったもう1つの要因と相関している可能性があるため，花の形は必ずしも結果の原因ではない．しかしながら，植物の系統において，19の異なる植物系統のペア間での平均をとったときにも，花形と種分化率の増加が相関していたことに注目しなさい．これら19系統のペアは互いに独立しているので花形の違いが種分化率の違いを示唆している（しかし，立証はされない）．一般的には，因果関係の強力な証拠は，制御された対象を含む実験により得ることができるが，そのような実験は，過去の進化イベントの研究では通常不可能である．

概念のチェック 30.4

1. 植物は人間に多くの重要な利点を提供するため，植物の多様性は資源とみなすことができる．種が絶滅して失われた場合，その損失は永久的であるため，資源としての植物の多様性は再生不能である．
2. 種子植物の詳細な系統解析は，種子植物の多くの異なった単系統群を識別するだろう．この系統樹を使用して，研究者は，医学的に有用な化合物がすでに発見された種が含まれているクレードを探すことができる．そのようなクレードの識別により，種子植物の25万以上の既存種からランダムに選択された種ではなく，研究者が新しい薬用化合物を求めての検索をクレードの構成員に集中させることができるだろう．

重要概念のまとめ

30.1 胚珠の珠皮は，保護機能をもつ種子の種皮に発達する．胚珠の大胞子は，単相の雌性配偶体へと発生し，種子の2つの部分は，その配偶体に関連している．種子の栄養供給は，単相の配偶体細胞に由来し，種子の胚は，雌性配偶体の卵が精細胞により受精された後で発生する．胚珠の大胞子嚢の名残は，種子の栄養供給源と胚を内包する胞子壁を取り囲んでいる．

30.2 裸子植物は，約3億500万年前に生まれ，進化の寿命の面で成功したグループをつくり出した．裸子植物は，すべての種子植物に共通する5個の派生形質（退化した配偶体，異形胞子性，胚珠，花粉と種子）をもち，それらがうまく陸上での生活に適応した．最後に，裸子植物は今日，広大な地域を優占しているので，この群は地理的分布でも大きな成功を収めている．

30.3 ダーウィンは，生存中に知られていた化石に基づき，化石記録における被子植物の比較的急速で地理的に広範な出現によって悩まされた．最近の化石の証拠によると，被子植物が生まれたのは，ダーウィンの生存中に知られている化石よりも古く，2000万～3000万年間に多様化し始めた．化石の発見はまた，裸子植物よりも被子植物に近縁と考えられている木本性種子植物の絶滅した系統を明らかにした．そのような1群であるベネチテス類は，昆虫によって受粉されたかもしれない花に似た構造を有していた．さらに，系統解析により，木本種のアンボレラ *Amborella* が現存する被子植物の最も基部的な系統であることが確認されている．被子植物の絶滅した種子植物祖先と現存する被子植物の最も基本的な分類群の両方が木本であったという事実は，被子植物の共通祖先も木本であったことを示唆している．

30.4 熱帯林の消失は，地球温暖化を促進する．人々はまた，多くの製品やサービスを地球の生物多様性に依存しており，それゆえに，世界の残りの熱帯雨林が伐採された場合に発生する種の喪失によって損害を受けることになる．大量絶滅の可能性に関しては，熱帯林は地球上の種の少なくとも50%を包含する．残りの熱帯林が破壊された場合は，これらの種の多数が，化石記録に記載されている5大絶滅イベントで発生したような損失に匹敵する，絶滅に駆り立てられるだろう．

理解度テスト

1. C 2. A 3. B 4. D 5. C

6.

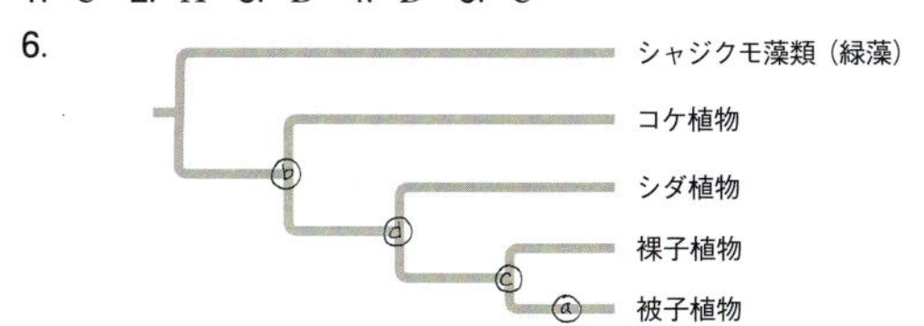
シャジクモ藻類（緑藻）
コケ植物
シダ植物
裸子植物
被子植物
ⓑ
ⓓ
ⓒ
ⓐ

8. (a)

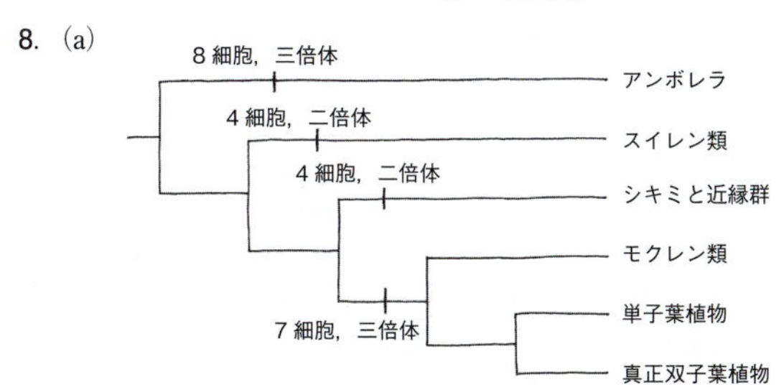
8細胞，三倍体
アンボレラ
4細胞，二倍体
スイレン類
4細胞，二倍体
シキミと近縁群
モクレン類
単子葉植物
7細胞，三倍体
真正双子葉植物

(b) 系統樹は，基部被子植物が雌性配偶体と胚乳の倍数性の細胞の数の面で，他の被子植物とは異なっていることを示している．このデータのみから，被子植物の祖先状態を決定することはできない．それは，被子植物の共通祖先は，7単細胞性の雌性配偶体と三倍体の胚乳をもっていた可能性があり，その場合，基部被子植物で見つかった8細胞性と4細胞性は，それぞれの系統での派生形質である可能性がある．あるいは，8細胞または4細胞状態のどちらかが，祖先状態を表しているのかもしれない．

31章

図の問題

図 31.2 もしこれらのキノコそれぞれが単一の菌糸ネットワークの一部であるならば（また写真からはそのことが示唆される），これらのキノコのDNAは同一のはずである．

図 31.5 生活環の有性生殖器で形成された単相の胞子は，減数分裂によって形成された単相核に由来する．減数分裂の間に遺伝的組換えが起こるため，これらの胞子は遺伝的に互いに異なる．対照的に，生活環の無性生殖器で形成された単相の胞子は，有糸分裂によって形成された核に由来するため，これらの胞子は遺伝的に互いに同一である．

図 31.15 以下に述べるどちらかまたは両方の方法：DNAの解析によって子嚢菌に含まれることを明らかにする，または有性生殖における子嚢菌の特徴（たとえば子嚢や子嚢胞子）を明らかにする．

図 31.16 背後の矢印の色（青色）が示すように，この菌糸の核相は単相である．

図 31.18 キノコは二核性の菌糸からできた担子器果（または子実体）であるから，柄の細胞は二核相（$n+n$）のはずである．

図 31.20 2つの対照実験はE−P−とE+P−である．E−P−の結果はE−P+の結果と比較することが可能であり，E+P−の結果はE+P+の結果と比較することができる．これら2つの比較によって，疫病菌によって葉の枯死率が上がるか否かを示すことができる．またE−P−の結果をもう1つの対照実験（E+P−）と比較することによって，内生菌が植物に対して負の影響を与えるか否かを示すこともできる．

概念のチェック 31.1

1. 菌類もヒトも従属栄養生物である．多くの菌類は酵素を分泌することによって食物を体外で分解し，その結果生じた低分子物質を吸収する．他の菌類はこのような低分子物質を直接環境から吸収する．対照的に，ヒト（およびほとんどの動物）は比較的大きな食物片を食べ，それを体内で分解する．
2. この相利共生者の祖先は，宿主である昆虫の体を分解する強力な酵素を分泌していた可能性が高い．おそらくこのような酵素は生きている宿主に対して有害であるため，相利共生者となった菌はこのような酵素を分泌しなくなったか，あるいは限定的な使用しかしなくなったと思われる．
3. 気孔を通して入った炭素は，光合成によって糖として固定される．この糖の一部は植物とともに菌根を形成している菌類によって吸収され，他の糖は植物体内で使用される．よってこの炭素は植物と菌類の両方に蓄積される．

概念のチェック 31.2

1. 菌類は生活環の大部分を単相体として過ごすが，ヒトは生活環の大部分を複相体として過ごす．
2. この2つのキノコは同一の菌糸体の生殖構造である（つまり同一個体），または同一の親の無性生殖（たとえば遺伝的に同一な2個の無性胞子）によって生じた2個体であるため同一の遺伝情報をもつ．

概念のチェック 31.3

1. DNAデータは，菌類と動物およびそれに近縁な原生生物がオピストコンタとよばれる単系統群を形成することを示している．さらに，菌類の初期分岐群であるツボカビ類などの生物は，他の多くのオピストコンタと同様，後方へ伸びる鞭毛をもっている．このことは，ツボカビ類が分かれた後に他の菌類が鞭毛を失ったことを示唆している．
2. 菌根菌は，陸上植物が自身で行うよりも効率的に栄養を吸収できるように菌糸ネットワークを土壌中に張りめぐらす．このような関係は，おそらく最初期の陸上植物（根をもっていなかった）においても非常に重要であった．菌根共生が古い起源をもつ証拠としては，アーバスキュラー菌根をもつ初期の陸上植物であるアグラオフィトンの化石の存在や，苔類など陸上植物の初期分岐群も菌根形成に必要な遺伝子をもつという事実があ

る．

3. 菌類は従属栄養生物である．陸上植物が上陸する以前には，陸生の菌類はおそらく他の生物（またはその死骸）が存在している場所に生育し，それを食物源としたと考えられる．よって，もし菌類が植物より前に上陸していたならば，現在見られるように植物や動物ではなく，陸上もしくは水辺に生育する原核生物か原生生物を食物源としていたのだろう．

概念のチェック 31.4

1. 鞭毛をもつ胞子（遊走子）の存在．分子系統学的な研究もツボカビ類が菌類の中で初期に分岐した系統であることを示している．
2. 解答例：接合菌に見られる耐久性のある厚い壁をもつ接合胞子嚢は，過酷な環境に耐えることを可能にし，その後に環境が好転すれば核融合と減数分裂を行って生殖を行う．グロムス類がもつ特殊な形の菌糸（樹枝状体）は植物の根とアーバスキュラー菌根を形成することを可能にしている．子嚢菌は分生子柄の先端に鎖状または塊状に無性胞子（分生子）をつけるため，風によって容易に散布される．またいくつかの子嚢菌が形成する杯状の子嚢果は，有性胞子を形成する子嚢を保護している．担子菌では，担子器をつける広い表面積を支持し保護する担子器果を形成し，そこから胞子が分散される．
3. 子嚢菌においてこのような変異が起こると，1回の細胞質融合の結果形成される子嚢胞子の数や遺伝的多様性が減少すると考えられる．このような変異が起こると1回の細胞質融合によってたった1個の子嚢しか形成されなくなるため，子嚢胞子の数が減少する．また子嚢菌では，ふつう1回の細胞質融合から多数の2核細胞が形成され，そこから子嚢が形成される．そのため，それぞれの子嚢で遺伝的組換えや減数分裂が独立に起こる．しかし1個の子嚢しか形成されなくなると，これも不可能になるため子嚢胞子の遺伝的多様性は減少する．さらにもしこの子嚢菌が子嚢果を形成するとしたら，（子嚢果はふつう細胞質融合と核融合の間に形成されるため）変異株における子嚢果の形態は通常のものと大きく異なるものになると思われる．

概念のチェック 31.5

1. 生育に適した環境，水や無機塩類の保持，強光からの保護，捕食からの保護．
2. さまざまな機構によって新たな宿主へ散布され得る耐久性のある胞子を形成する能力．宿主のもつ資源を効率的に利用するために好適な環境で急速に成長できる能力．
3. さまざまな影響が考えられる．現在菌類と相利共生関係を結んでいる生物は，共生者である菌類が行っている機能を自身で行う能力を獲得したかもしれないし，菌類以外の生物（細菌など）と相利共生関係を結ぶようになったかもしれない．あるいは現在菌類と相利共生的な関係を結んでいる生物は，彼らが生育する環境に対して大きな影響を与えない存在になっていたかもしれない．たとえば陸上植物の上陸はより困難になっていただろう．もし陸上植物が菌類との相利共生なしに上陸したとすれば，自然選択によって（菌根の役割を肩代わりするために）より発達した根を形成するようになったかもしれない．

重要概念のまとめ

31.1　多細胞性の菌類の体はふつう菌糸とよばれる細い糸状体である．このような糸状体は絡み合った塊（菌糸体）を形成し，菌類が栄養を吸収し成長する基質に入り込む．個々の菌糸は細いため，菌糸体の体積に対する表面積の割合が最大化されており，栄養物の吸収効率を上げている．

31.2

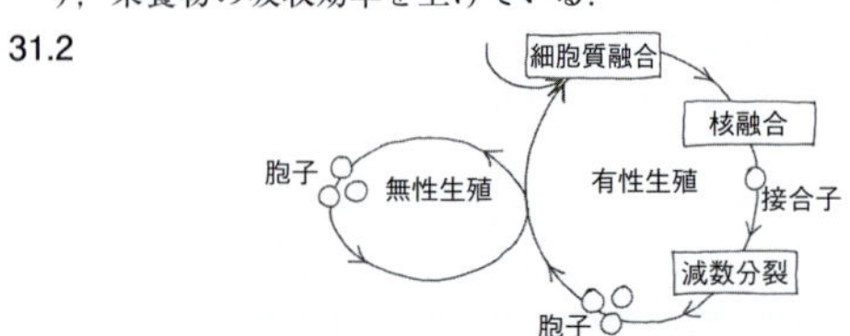
細胞質融合
核融合
胞子
無性生殖
有性生殖
接合子
減数分裂
胞子

31.3　分子系統解析から，菌類と動物は他の多細胞性真核生物（陸上植物や多細胞性の藻類など）に対してよりも互いに近縁であることが示されている．またこのような解析は，菌類が動物よりもヌクレアリア類のような単細胞性原生生物に近縁であり，動物が菌類よりも襟鞭毛虫のような単細胞性原生生物に近縁であることも示している．これらの結果を総合すると，菌類と動物は異なる単細胞性の祖先から独立の多細胞化を遂げたと考えられる．

31.4

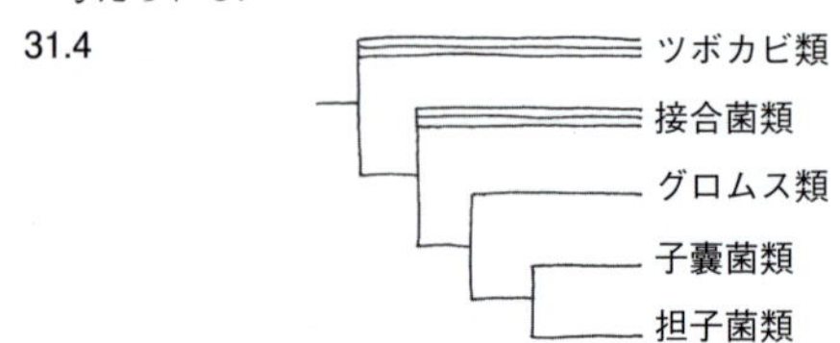
ツボカビ類
接合菌類
グロムス類
子嚢菌類
担子菌類

31.5　菌類は分解者として生物の死骸を分解し，生物と非生物の間の物質循環を行っている．もし菌類や細菌の働きがなければ，必須栄養物は有機物に固定されたままになり，生命は死に絶えてしまっただろう．また菌類は相利共生者としても重要であり，その一例として陸上植物との相利共生によって形成される菌根がある．菌根によって陸上植物の成長と耐性が向上しており，間接的に陸上植物に依存する他の生物（ヒトを含む）に影響を及ぼしている．さらに菌類の中には，病原体として他の生物に害を与えるものもいる．その中には，アメリカグリのように寄生性の菌類によって広い地域で宿主個体群の減少が起こることもある．

理解度テスト

1. B　2. D　3. A　4. D

32 章

図の問題

図 32.3　❶と❷で述べたように，襟鞭毛虫と多くの動物が襟細胞をもっている．襟細胞は植物や菌類，襟鞭毛虫以外の原生生物には見られない．これは襟鞭毛虫が他の真核生物よりも動物により近いことを示唆している．もし，襟鞭毛虫が他の真核生物のグループよりも動物に近いなら，襟鞭毛虫と動物は，他の真核生物には見られない特徴をもっと共有しているはずである．❸で示されたデータは，この予測と一致する．

図 32.10　新口動物の発生では初期胚の細胞の発生運命は，特定のものに限定されていないことが多い．一方，旧口動物の初期胚では，特定の発生運命に限定されていることが多い．そのため，新口動物の初期胚はどのようなタイプの細胞も生み出すことができる幹細胞を含んでいる可能性が高い．

図 32.11　刺胞動物が姉妹群である．

概念のチェック 32.1

1. ほとんどの動物では，接合子（受精卵）は細胞分裂し，胞胚を形成する．次に原腸形成で，胚の一方から細胞層が内側に入り込んで，胚葉が形成される．胚葉の細胞が分化することによって，非常に多様な動物の形がつくられる．動物の形は多様であるが，多くの動物群で，発生は共通した *Hox* 遺伝子ファミリーによって調節されている．
2. このような想像上の植物には，動物の筋肉や神経と似た細胞からなる組織が必要である．「筋肉組織」は，この植物が獲物を追いかけるのに必要であり，「神経組織」は獲物を追いかけるときに，運動を調節するのに必要である．捕えた獲物を消化するために，この植物は，体外，または消化器官（ハエジゴクのように，葉を変形したもの）や体内の腔所に，消化酵素を分泌して，栄養分を吸収する必要もある．土から外部の栄養分を取り込みながら，獲物を追いかけるためには，固定された根以外のものが必要となる．たとえば，出し入れできる「根」や，土を分解する器官などである．光合成を行うためには，植物は葉緑体を必要とするだろう．結局，このような想像上の植物は，葉緑体と出し入れできる根以外は，動物と非常によく似たものとなるだろう．

概念のチェック 32.2

1. c，b，a，d
2. 系統樹で赤く示された部分は，10億～7億7000万年前に生存していた祖先を示している．これらは，菌類よりも動物に近縁だが，動物には分類されない．この赤色の部分に相当する生物の1つとして，襟鞭毛虫と動物の共通祖先を挙げることができる．
3. 変化を伴う継承により，生物は祖先と共通した特徴（祖先を共有していることに基づく）をもつが，祖先とも異なる（時間を経るにつれて，環境に適応して違いを蓄積していく）．一例として，多細胞体制獲得の鍵となったカドヘリンタンパク質の例を見てみよう．このタンパク質に変更を伴う継承の2つの側面を見ることができる．動物のカドヘリンタンパク質には，襟鞭毛虫のカドヘリン様タンパク質と多くの共通したドメインが見られるが，その一方で「CCD」ドメインという襟鞭毛虫には見られない特有のドメインも見られる．

概念のチェック 32.3

1. グレードをまとめる形質は，進化史に関係なく複数の系統が共有しているものである．グレードの形質のいくつかは何度も独立に進化してきたようである．クレードをまとめるのは，共有派生形質である．それは，1つの共通祖先に起源し，子孫に受け継がれる．
2. カタツムリはらせん卵割と決定性卵割を行い，ヒトは放射卵割と非決定性卵割を行う．カタツムリでは，中胚葉の塊に腔所ができて真体腔が形成されるが，ヒトでは，原腸の腔所から真体腔が形成される．カタツムリでは，原口が口になり，ヒトでは原口が肛門となる．
3. ほとんどの真体腔の三胚葉動物では，消化管につながる2つの開口部，口と肛門がある．そのため，その体はドーナツと似た構造からなる．消化管（ドーナツの穴に当たる）は口から肛門につながり，そのまわりをいろいろな組織（ドーナツの堅い部分）が囲む．ドーナツ状の構造は発生の初期段階によくわかる．

概念のチェック 32.4

1. 刺胞動物はカイメンにはない真の組織をもつ．また，カイメンと違って，体の対称性を示す．ただし，刺胞動物は放射相称で，他の動物門のように左右相称ではない．
2.

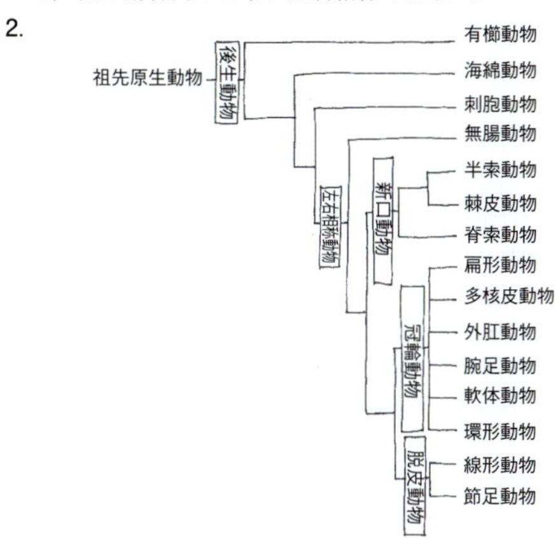
祖先原生動物
後生動物
左右相称動物
新口動物
冠輪動物
脱皮動物
有櫛動物
海綿動物
刺胞動物
無腸動物
半索動物
棘皮動物
脊索動物
扁形動物
多核皮動物
外肛動物
腕足動物
軟体動物
環形動物
線形動物
節足動物

有櫛動物が後生動物の基部動物とすると，カイメンは他のすべてのメンバーが組織をもつクレードに含まれることになり，組織をもつ動物がクレードを形成しないことになってしまう．

3. 図32.11の系統樹では，軟体動物は，左右相称動物の3つのクレードの1つである冠輪動物（他の2つのクレードは新口動物と脱皮動物）に含まれている．図25.11に見られるように，化石記録によれば，軟体動物はカンブリア大爆発以前の10億年前に存在していた．したがって，カンブリア大爆発のずっと以前に，冠輪動物のクレードが形成されており，新口動物と脱皮動物とは独立した系統として進化の歴史を歩んできた．図32.11の系統樹に基づくと，新口動物と脱皮動物の系統も，カンブリア大爆発以前に分岐していたと考えられる．左右相称動物の3つの主要なクレードとなった系統は，カンブリア大爆発以前に分岐しているので，カンブリア爆発は1系統で起こったわけではなく，3つの系統で「爆発」があったと考えられる．

重要概念のまとめ

32.1 動物は従属栄養生物で，食物を消化して有機化合物を得る．これと違って，植物は独立栄養生物であり，菌類は従属栄養生物だが，食物の上で育ち，そこから栄養を吸収する．植物や細菌がもつ細胞壁を動物は欠いている．動物は植物や菌類には見られな筋肉や神経をもつ．さらに動物の精子や卵は減数分裂によってつくられるが，植物や菌類では有糸分裂によってつくられる．また，動物の形態形成は *Hox* 遺伝子によって制御されるが，植物や菌類ではこの遺伝子群は見つかっていない．

32.2 カンブリア大爆発の原因としては，新たな捕食者と非捕食者の関係が生じたこと，大気中の酸素濃度の増加，*Hox* 遺伝子やその他の遺伝子の出現による発生の柔軟性の獲得などが考えられている．

32.3 ボディープランは，生物を比較し，対比するために役に立つ．しかしながら，系統解析の結果はよく似たボディープランが異なった動物群で独立に生じたことを示している．このように，似たボディープランは収斂進化によって生じたのかもしれず，進化的関係については情報をもたないかもしれない．

32.4 ヒトを含むグループを最も大きな分類群から小さな分類群へと並べていくと，後生動物，左右相称動物，新口動物，脊索動物となる．

理解度テスト

1. A 2. D 3. C 4. B

33章

図の問題

図 33.8 オベリアの生活環は，図 13.6 a に示した生活環に最も似ている．オベリアではポリプもクラゲも二倍体である．単細胞の配偶子だけが一倍体で，これは動物に典型的である．それに対して，植物や一部の藻類（図 13.6 b）では多細胞の一倍体と多細胞の二倍体をもつ．また，真菌類や一部の原生生物（図 13.6 c）では，二倍体の時期は単細胞であることで，オベリアとは異なる．図中のピンク色の矢印で示されているように，摂食ポリプも，クラゲも二倍体である．クラゲは一倍体の配偶子をつくる．

図 33.9 解答例としては，小胞体（扁平化，生合成をする領域の拡大），ミトコンドリアのクリステ（折りたたみ，細胞呼吸に使える表面の拡張），根毛（突出，吸収のための領域拡大），心臓血管系（枝分かれ，組織の物質交換のための領域拡大）など．

図 33.11 水の供給源に肥料を加えると，藻類が増えて，藻類を食べる巻貝も増える可能性が高くなる．もし，水が住血吸虫に感染したヒトの大便で汚染されていると，巻貝の増加は，その貝を中間宿主とする住血吸虫も増加させるだろう．その結果，住血吸虫症の患者も増えると考えられる．

図 33.22 淡水生二枚貝が絶滅すると，二枚貝が餌としていた細菌や光合成をする原生生物が増加するだろう．これらの生物は水中の食物網の基部に位置するので，それらの増加は水生生物群集に大きな影響（他の種の増加および減少の両方）を及ぼすと考えられる．

図 33.30 そのような結果は，「*Hox* 遺伝子の *Ubx* および *abd-A* が，節足動物における多様な体節構造の進化に中心的な役割を果たした」という仮説と矛盾しない．しかし，そのような結果は，「これらの遺伝子の存在が，節足動物における体節構造の多様化（多様性の増加）に関連がある」ことを示したにすぎない．つまり，「これらの遺伝子の獲得が，節足動物における体節構造の多様化（多様性の増加）を引き起こした」という直接的で実験的な証拠とはいえない．

図 33.36 昆虫，ムカデエビ，その他の甲殻類からなるクレードおよび，それらの共通祖先を丸で囲むのが正解．

概念のチェック 33.1

1. 襟細胞の鞭毛は襟を通して水を引き込み，食物粒子を襟で捕える．食物粒子は食作用によって取り込まれ，襟細胞あるいは遊走細胞によって消化される．
2. カイメン類の襟細胞は襟鞭毛虫の細胞にきわめて似ている．このことは，「動物とその姉妹群である原生生物の共通祖先が，襟鞭毛虫に似た生物であったこと」を示唆する．しかし，Mesomycetozoa が動物の姉妹群である可能性は残されている．この系統関係が正しいならば，襟細胞のない Mesomycetozoa では，その細胞は進化過程で襟鞭毛虫とはまったく似ていない形態に変化したのかもしれない．また別の解釈としては，「カイメン類と襟鞭毛虫がよく似た襟細胞をもつのは収斂進化の結果である」と考えることもできる．

概念のチェック 33.2

1. ポリプとクラゲはいずれも，体が外側の表皮と内側の胃層とから構成され，表皮と胃層はゼラチン質の中膠で隔てられている．ポリプは円筒形の型で，口の反対側で基質に固着する．クラゲは扁平で，口を下に向けた型で水中を自由に動く．
2. （訳者解答例）ポリプ，クラゲいずれも二倍体である．
3. 生物の進化は目指すべき終着点が決まっているわけではない．したがって，過去5億6000万年の間に形態があまり変化していないからといって「刺胞動物は高度に進化した生物ではない」とはいえない．むしろ，何億年にもわたって刺胞動物が生き続けたということは，「刺胞動物のボディープランが十分に成功したものである」ことを示している．

概念のチェック 33.3

1. 条虫類は体壁を通して環境から食物を吸収し，アンモニアを体外に放出することができる．これを可能にしているのは，体が扁平なことであるが，体腔がないことも寄与している．
2. 内部の管は，体全体を走る消化管である．外側の管は，体壁である．これら2つの管は体腔によって隔てられる．
3. すべての軟体動物は共通祖先から相同な足を受け継いでいる．しかし，軟体動物では，それぞれのグループ（綱）ごとに，自然選択によって，長い時間をかけて足の構造を変化させてきた．腹足類では足を，基質に固く付着するか，その表面をゆっくりと這うために使う．頭足類では足は，触手の一部および水を噴出するための漏斗（それにより反対方向へ移動する）に変形してきた．

概念のチェック 33.4

1. 線形動物（線虫類）には体節と真体腔がないが，環形動物はその両方をもっている．
2. 節足動物の外骨格は，彼らがまだ海で生活していた頃に進化したが，陸上に進出した種が水分を保持したり，陸上で体を支持することを可能にした．翅の獲得は，急速な分散を可能にし，新しい生息地，食物，交尾相手をすばやく探せるようになった．気管系の獲得により，外骨格があっても効率のよいガス交換ができるようになった．
3. 検証できる．伝統的な仮説では，環形動物と節足動物の体節はよく似た *Hox* 遺伝子によって制御されていることが期待される．しかし，最近の研究が示すように，「環形動物が冠輪動物の一員で，節足動物が脱皮動物の一員である」ならば，体節構造はそれぞれのクレードで独立に進化したことになる．この場合には，2つのクレードでは異なる *Hox* 遺伝子が体節形成を制御していることが期待される．

概念のチェック 33.5

1. 管足は瓶嚢と歩足からなる．瓶嚢が縮むと，内部にある水が歩足に押しやられて，歩足が伸びて基質に接触する．すると歩足の基部から接着性の化学物質が分泌されて，それにより歩足は基質にくっつく．
2. 昆虫と線虫は，左右相称動物の3大クレードの1つである脱皮動物に属する．したがって，ショウジョウバエと *Caenorhabditis* に共通する特徴は，そのクレードに属する他の動物にとっては意味をもつが，別のクレードである新口動物にとっては意味をもつとは限らない．むしろ，図 33.2 は，「ヒトと他の脊椎動物を研究するために比較対象となる無脊椎動物のモデル」としては棘皮動物や脊索動物に含まれる種が適していることを示唆する．

3. 棘皮動物には体制が大きく異なる種が含まれている．しかし，形態が大きく異なるように見える棘皮動物（たとえば，ヒトデとナマコ）でさえも，水管系や管足のような棘皮動物に特有の特徴を共有している．棘皮動物門内に見られる種間の違いは生命の多様性を示し，棘皮動物に共通の特徴は生命の共通性を示す．棘皮動物における環境への適応の例としては，体外に反転して突出できるヒトデの胃（口よりも大きな餌を消化することができる）やウニが海草を食べるときに使う複雑な顎のような構造が挙げられる．

重要概念のまとめ

33.1 カイメン類の体は2層の細胞層からなり，どちらの層も水に接している．そのため，ガス交換や老廃物の排出は細胞内あるいは細胞外への物質の拡散として起きる．襟細胞や遊走細胞は外界の水から食物粒子を摂取する．襟細胞は遊走細胞に食物粒子を渡し，遊走細胞はそれを消化して栄養を他の細胞に輸送する．

33.2 刺胞動物のボディープランは袋状で，胃水管腔とよばれる消化区画が体の中心にある．その区画への唯一の開口部は，口と肛門の両方の機能をもつ．そのボディープランには2つの基本型がある．固着性のポリプ（口／肛門の反対側で基質に接着する）と可動性のクラゲ（ポリプを扁平にして口を下に向けたような型で，水中を自由に動きまわる）である．

33.3 ない．冠輪動物の一部は触手冠（繊毛の生えた触手の冠で，摂食器官として機能する）をもつが，他の冠輪動物はトロコフォア幼生とよばれる独特な段階を経て発生する．他の多くの冠輪動物は，これらの特徴のいずれかを欠く．その結果として，このクレードは形態学的な類似性ではなく，DNA 塩基配列の類似性で定義される．

33.4 線虫類の多くの種は土や水底の沈殿物の中に生息する．これらの自由生活性種は分解や窒素循環において重要な役割を果たしている．他の線虫類は寄生性で，植物の根や動物（ヒトを含む）に被害を与える．節足動物は，生態学的にはどのような観点においても強い影響を及ぼしている．水中では甲殻類が，藻類の消費者，腐肉食者，捕食者として生態学的に重要な役割を果たしており，さらにオキアミはクジラや他の脊椎動物の重要な餌となっている．陸上では，昆虫や他の節足動物（クモやダニ）の影響をまったく受けていない世界を思い浮かべることはできないほどである．地球上には100万種以上の昆虫が生息しており，それら多くは草食者，捕食者，寄生者，分解者，病気の媒介者として生態学的には膨大な影響を及ぼしている．昆虫はまた，多くの生物の食料源であり，地域によってはヒトの食料にもなっている．

33.5 棘皮動物と脊索動物は，左右相称動物の3大クレードの1つである新口動物の一員である．したがって，脊索動物（ヒトを含む）は，本章で扱われている他のどの動物門よりも，棘皮動物に近縁である．しかし，棘皮動物と脊索動物は5億年以上にもわたって別々に進化してきた．このことは，両者が近縁であることと矛盾しないのみならず，「近縁」という概念が相対的であることを明快に示している．すなわち，脊索動物と棘皮動物の類縁関係は，新口動物に含まれない他の動物と脊索動物（または棘皮動物）との関係よりも，近縁なのである．

理解度テスト

1. A 2. C 3. B 4. D 5. C 6. D

34章

図の問題

図 34.2

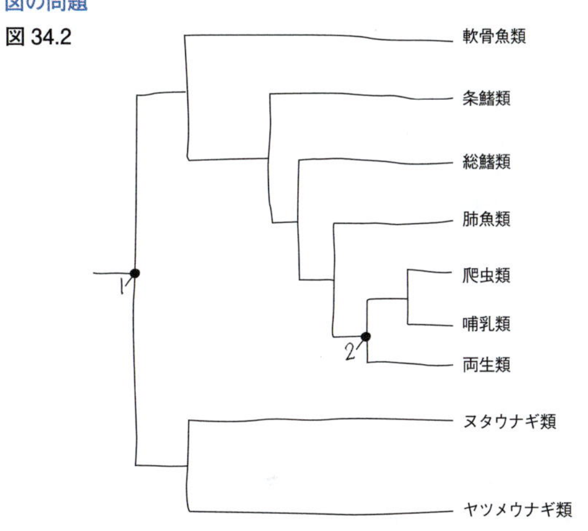
軟骨魚類
条鰭類
総鰭類
肺魚類
爬虫類
哺乳類
両生類
ヌタウナギ類
ヤツメウナギ類
1
2

描き直された系統樹では，（ヒトを含む）哺乳類が脊椎動物の系統樹の真ん中にある．このように系統樹を描くと，脊椎動物の進化がヒトに「向かって」階段状に進んできた歴史ではないことがわかる．

図 34.6 これらの図で示された結果から，*Hox* 遺伝子とその発現の順序が，進化の過程でよく保存されていることがわかる．

図 34.20 ティクタアリク *Tiktaalik* は，魚類と四肢類の両方の形質をもつ肉鰭類である．魚類のように鰭，鱗，鰓をもつ．ダーウィンが「変化を伴う継承」と自身の考えについて述べたように，これらの形質は，祖先から子孫へ，つまり魚類からティクタアリクへ受け継がれたものである．ティクタアリクは扁平な頭骨，首，一揃いの肋骨，鰭の骨格構造のように，魚類ではなく四肢類に見られる特徴ももっている．これらの形質は，「変化を伴う継承」の変更の部分を表すもので，祖先の特徴が時間をかけて変わってきたかを示すものである．

図 34.21 およそ3億7000万～3億4000万年前．トゥレルペトンと現生の四肢類の共通祖先が出現したのが3億7000万年前，両生類の知られている最も古い化石が3億4000万年前として，推定した．

図 34.25 翼竜はすべての恐竜の共通の祖先から派生したわけではないので，恐竜ではない．しかし，鳥類は恐竜の共通祖先から派生しており，恐竜と鳥類は単系統群を形成する．したがって，鳥類は恐竜である．

図 34.37 細胞の酸素呼吸のような代謝の過程で，グルコースなどの有機物が酸素と反応すると，副産物として水が生じる．カンガルーラットはこのような水を保持し，利用して，飲水を減らしている．

図 34.38 はじめはある機能をもっていた構造が，中間的な段階

を経て，異なる機能をもつようになる，これを一般に外適応という．どの中間的な段階も生物の中でなんらかの機能を果たしていた．関節骨と方形骨が哺乳類の耳に組み込まれたのは，外適応の例である．これらの骨はもともと顎の一部として進化し，顎の関節として機能していたが，しだいに音の伝達というもう１つの機能を担うようになった．

図 34.44　この系統樹で，ヒトとチンパンジーは異なる枝の末端に描かれている．このように，ヒトとチンパンジーは600万～700万年前の共通祖先から分岐して以降，独立に進化を遂げてきた．したがって，チンパンジーからヒトが進化したと考えるのは（あるいはその逆も）適切ではない．たとえば，ヒトがチンパンジーの子孫だとすると，鳥類が恐竜の系統に含まれているように（図 34.25 参照），ヒトはチンパンジーの系統の中に含まれているであろう．

図 34.51　化石記録から，ネアンデルタール人はアフリカには生息していなかった．そのため，アフリカでヒトとネアンデルタール人の交雑（遺伝子流入）が起こったとは考えにくい．しかし，アフリカを離れたヒトがネアンデルタール人と最初に出会った場所，中東で交雑が起こった可能性は高い．その後ネアンデルタール人の遺伝子をもったヒトが他の場所へと移動したと考えると，ネアンデルタール人の遺伝子が，フランス人，中国人，パプアニューギニア人で同程度見られることも説明できる．

概念のチェック 34.1

1. 4つの特徴は，脊索，背側神経管，咽頭裂あるいは咽頭溝，肛門の後ろに伸びる筋肉質の尾である．
2. ヒトでは，これらの特徴は胚の時期にのみ存在する．脊索は椎間板となり，背側神経管は脳と脊髄に，咽頭溝は発生過程でさまざまな成体の構造物となり，尾はほぼ完全に失われる．
3. 条鰭類，総鰭類，肺魚類，両生類，爬虫類，哺乳類は肺またはその派生物をもっていると考えられる．この派生形質（肺）が出現した共通祖先から右側（つまり共通祖先から派生した）にある．

概念のチェック 34.2

1. 寄生性のヤツメウナギは，円くやすり状の口で，魚にとりつく．非寄生性のヤツメウナギは幼生のときだけ摂餌する．幼生は，ナメクジウオのような姿をしており，懸濁物食を行う．コノドントは2セットの石灰化した歯をもち，獲物を噛んで引き裂いていたと考えられる．
2. この発見は初期のいくつかの系統で，頭部をもつ生物が自然選択されたことを示唆する．しかしながら，頭部をもつことが有利であるという仮説は，化石だけでは証明できない．
3. 甲皮無顎魚類では，骨は捕食者から体を守る外骨格としてもっていた．捕食や腐肉食のための歯が石灰化する種もいた．

概念のチェック 34.3

1. 両者は顎口類で，顎，4つの *Hox* 遺伝子クラスター，大型化した前脳，側線系をもつ．サメの骨格はおもに軟骨からなるが，マグロの骨格は硬骨である．サメ類はまた腸にらせん弁をもつ．マグロは鰭を支える鰭条だけでなく，鰓蓋骨と鰾をもつ．
2. 水生の顎口類は顎（捕食への適応）と対鰭と尾（遊泳への適応）をもつ．また，水生の顎口類の多くは，効率のよい泳ぎのために流線形の体をしており，鰾や他のしくみ（サメの場合は油をためる）により浮力を調節する．
3.

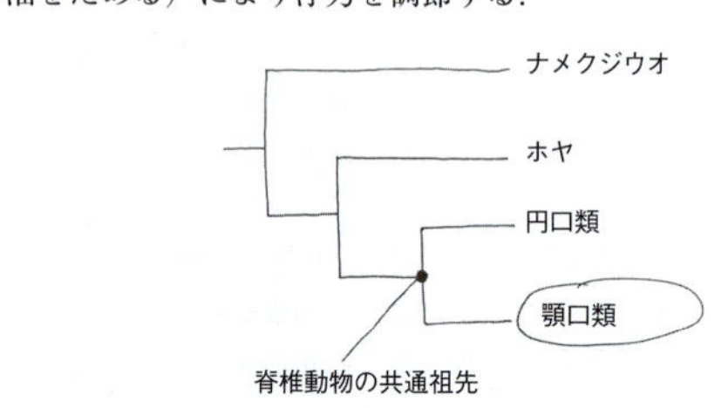
ナメクジウオ
ホヤ
円口類
顎口類
脊椎動物の共通祖先

4. 起きた可能性がある．肉鰭類以外の水生の顎口類も対の付属肢をもっており，それは四肢の進化の出発点となったであろう．肉鰭類以外の水生の顎口類による陸上への進出は，空気呼吸を可能にする肺をもつ系統によって果たされていたかもしれない．

概念のチェック 34.4

1. 四肢類は約3億6500万年前に出現したと考えられている，このとき，肉鰭類の鰭が四肢類の手足に進化した．四肢類の派生的特徴は，名前の由来である指のある四肢の他の特徴に，首（頭部と残りの体を隔てる椎骨），背骨に癒合した腰帯をもつこと，鰓裂が失われたことである．
2. 一部の完全に水生の種は，幼形進化し，成体でも幼生の特徴を留め，一生水中で生活する．乾燥した環境に生息している種は，土に潜って乾燥を防ぎ，湿った落ち葉に下に潜り込む．また，泡巣で卵を守ったり，胎生になったりなどして，乾燥に適応するものもいる．
3. 多くの両生類はその生活史のある時期を水中環境で，その後陸上環境で過ごす．そのため，水や空気の汚染や水環境・陸上の生息場所の消失や劣化などの多くの環境問題にさらされている．さらに，両生類は非常に水分を通しやすい皮膚をもつため，まわりの環境から防御されておらず，その卵も卵を守る殻をもたない．

概念のチェック 34.5

1. 羊膜卵は胚を保護し，陸上での発生を可能にし，繁殖のための水環境が必要でなくなった．もう1つの重要な適応は，胸郭による換気である．これによって空気の取り込みが効率的になり，初期の羊膜類は皮膚呼吸に頼らなくてもよくなった．そのため，水を通しにくい皮膚を発達させ，水を保持できるようになった．
2. 四肢類である．ヘビ類は四肢を欠くが，四肢のあるトカゲ類の子孫である．一部のものは痕跡的な腰帯と四肢骨を残しており，四肢をもつ祖先から進化したことの証拠となっている．
3. 鳥類は軽量化の変形を行い，歯，膀胱，片方の卵巣がなくなっている．翼と羽毛は飛行のための適応で，効率的な呼吸器系と循環器系が高い代謝率を支えている．
4. (a) 単弓類，(b) ムカシトカゲ，(c) カメ類

概念のチェック 34.6

1. 単孔類は卵を産む．有袋類は非常に小さな子どもを産む．その子どもは母親の袋の中の乳首に吸いついて，発生を完了する．真獣類はより発生の進んだ子どもを産む．

2. ものをつかむのに適応した手足，平爪，大きな脳，平たい顔面に前方を見る眼，親による育児，長い指と親指．

3. 哺乳類は内温性で，幅広い環境で生活できる．バランスのとれた栄養を含む乳を子どもに与え，毛と皮下脂肪で体温を維持する．哺乳類では，歯が分化していて，多様な食物を食べることができる．また，比較的大きな脳をもち，多くの種が学習能力を備えている．白亜紀末の大絶滅によって大型の地上性恐竜類がいなくなったため，哺乳類には多くの新たな生態的地位が開かれ，それが哺乳類の放散を促した．また，大陸移動によって多くの哺乳類のグループが分断され，多くの新しい種が生まれた．

概念のチェック 34.7

1. 類人猿クレードに含まれるヒト類は，他の類人猿よりもヒトに近縁なすべての種とヒトを含むクレードである．ヒト類の共有派生形質は二足歩行と脳の大型化である．

2. ヒト類の二足歩行は，脳の大型化よりずっと前に進化した．たとえば，ホモ・エルガスターは完全な二足歩行で，現代人と同じくらい背が高かったが，脳は有意に小さかった．

3. 両方とも正しいことがあり得る．化石記録から示されたように，11万5000年前にはアフリカから外に定着したホモ・サピエンスの集団がいた．しかし，その集団はほとんどあるいはまったくその子孫を残さなかったと思われる．遺伝的なデータが示すように，現代人は5万年前にアフリカから広がったアフリカ人の子孫だと考えられる．

重要概念のまとめ

34.1 ナメクジウオ類（頭索動物）は現生の脊索動物の基部グループで，脊索動物の重要な派生形質が成体でも見られる．これは脊索動物の祖先がナメクジウオ類に似ており，前方に口をもち，4つの派生形質，脊索，背側神経管，咽頭裂あるいは咽頭溝，肛門の後方に筋肉質の尾を備えていた．

34.2 化石記録で最も初期の脊椎動物の中で，コノドント類は3億年以上前に非常に栄えていた．顎はないが，よく発達した歯は骨形成の最初の特徴である．別の顎のない脊椎動物は体の外側に甲皮を発達させた．これによって外敵から身を守ったのだろう．これらの種は，移動のための対の鰭をもっており，三半規管のある内耳が平衡感覚をつかさどっていた．甲皮に覆われた顎のない脊椎動物には多くの種がいたが，デボン紀末の3億5900万年前までにすべて絶滅してしまった．

34.3 顎の出現により，化石顎口類の餌の取り方が変化し，それが生態的な相互関係を大きな影響を与えた．捕食者は顎で獲物の肉を噛み切ることができた．逆に，餌となる動物には，それを防ぐ洗練された方法が進化することになった．このような変化の証拠は化石に見られる．10 mの強力な顎をもつ捕食者や，よろいに覆われ防御に優れた餌となる動物群の化石が発見されている．

34.4 両生類は繁殖のために水を必要とする．その体は湿って水を通しやすい皮膚に覆われており，急速に水を失ってしまう．卵には卵殻がなく，乾燥に弱い．

34.5 鳥類は獣脚類恐竜の子孫で，恐竜類とともに爬虫類の主要な2つのグループの1つ主竜類に含まれる．生き残ったもう1つの主竜類はワニ類で，トカゲ類のような主竜類以外の爬虫類よりも鳥類に近縁である．したがって，鳥類は爬虫類の仲間だと考えられる（もし，爬虫類が鳥類を含まないとすれば，爬虫類は側系統群となる）．

34.6 哺乳類は単弓類とよばれる羊膜類の一員である．哺乳類以外の初期の単弓類は，卵を産み，腹ばいで歩いていた．化石の証拠は哺乳類の特徴は，1億年以上かけて徐々に現れてきた．たとえば，哺乳類以外の単弓類の顎がゆっくりと哺乳類の顎に変化した．1億8000万年前に，最初に出現した初期の哺乳類には，多くの種がいたがほとんどは小型で，この時代の群集の中では少数派で，優勢ではなかった．哺乳類は恐竜類の絶滅まで，生態的に優勢にはならなかった．

34.7 450万～250万年前にヒト類の多様な種が直立して歩いていたが，その脳は比較的小さかったことが化石の証拠から示されている．約250万年前に最初にホモ属の種が現れた．これらの種は道具を使い，古いヒト類の種よりも大きな脳をもっていた．化石の証拠は，どの時代にも複数種のホモ属が生きていたことを示している．さらに約130万年前までこれらホモ属の種が，パラントロプス属のような古いヒト類の種と共存していた．体の大きさ，体型，脳の大きさ，歯の形態，道具の使用の程度が異なるヒト類の種が，同じ時代に生存していた．最終的にホモ・サピエンス以外のすべての種は絶滅した．このように，人類の進化は多くの枝に分かれた進化樹として描かれ，唯一生き残ったのが私たちホモ・サピエンスだったのである．

理解度テスト

1. D　2. C　3. B　4. C　5. D　6. A

8. (a) この系統では，脳の大きさはしだいに増加するので，自然淘汰は脳の大型化への進化を促進し，コストより利益がまさっていると結論づけられる．

(b) 脳を相対的に大型化するコストよりも利益が大きい限り大きな脳が進化できる．体の大きさに比べて相対的に大きな脳は繁殖相手を見つけたり，生き残るのに有利なため，自然選択されたのだろう．

(c)

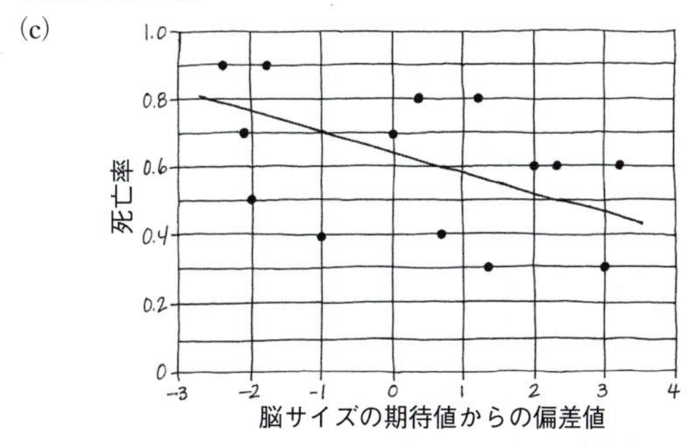
1.0
0.8
0.6
0.4
0.2
0
死亡率
−3
−2
−1
0
1
2
3
4
脳サイズの期待値からの偏差値

鳥類では成体の死亡率は脳が大きいほど低くなる傾向にある．

35章

図の問題

図35.11 (1)

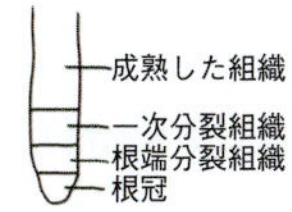
成熟した組織
一次分裂組織
根端分裂組織
根冠

(2)

X1	X2	X3	X4	X5	V	P3	P2	P1

X1	X2	X3	X4	X5	X6	X7	X8	X9	X10	V	P6	P5	P4	P3	P2	P1

二次木部の細胞を付加した結果，維管束形成層がさらに外側に押される．

図 35.15

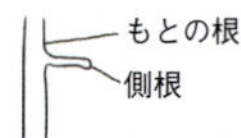
もとの根
側根

図 35.17　髄と皮層がそれぞれ，維管束組織より内側の基本組織と外側の基本組織として明確に区別される．単子葉類の茎の維管束は基本組織全体に散在しているので，維管束組織に対して内側か外側かという区別は明瞭ではない．

図 35.19　維管束形成層は茎と根の直径を増大させる成長をもたらす．維管束形成層の外側の組織は，その細胞がもはや分裂しないので，維管束形成層による成長に追いつけない．その結果，それらの組織は崩壊する．

図 35.23　周皮（おもにコルクとコルク形成層），一次師部，二次師部，維管束形成層，二次木部（辺材と心材），一次木部，髄．何百年もの年を経た古代セコイアの根元では，一次成長の残存部（一次師部，一次木部そして髄）はもはや取るに足らないほどであろう．

図 35.33　根の表皮細胞のすべてが根毛を発生する．

図 35.35　ホメオティック遺伝子の変異の別の例は，キイロショウジョウバエの触角の位置に脚の形成を起こさせる *Hox* 遺伝子の変異である（図 18.20 参照）．

図 35.36　(a)

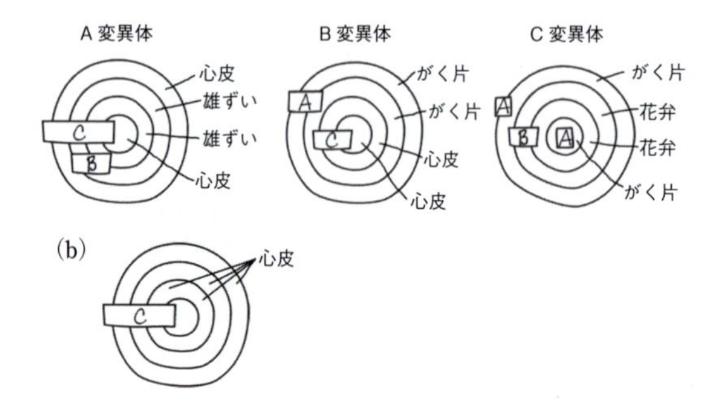
A 変異体
心皮
雄ずい
雄ずい
心皮
C
B
B 変異体
がく片
がく片
心皮
心皮
A
C
C 変異体
がく片
花弁
花弁
がく片
A
B
A
(b)
心皮
C

概念のチェック 35.1

1. 維管束組織系は葉と根を接続して，師管によって糖を葉から根へ輸送することを可能にし，道管によって水と無機塩類を根から葉へ輸送することを可能にする．
2. 光合成によって十分なエネルギーを得るためには，太陽に面した広い表面が必要である．水と無機塩類の供給源である土壌とつねに接続されていなければならない．端的にいうと，見た目も，行うことも，まさに植物のようになるであろう．
3. 植物細胞が増大するとき，一般に，溶質濃度が低い水液を含む巨大な中央液胞を形成する．中央液胞は植物細胞が成長するときに，形成する細胞質に対して最小の投資ですませることを可能にする．植物の細胞壁のセルロースミクロフィブリルがどのように配向するかは，細胞の成長パターンに影響する．

概念のチェック 35.2

1. 正．木本植物では，二次成長は茎や根の古い部分で起こり，一次成長は根端と茎頂で起こる．
2. 最も大きく，最も古い葉はシュートの最下部にあるだろう．それらはおそらく光がわずかしか当たらないので，その大きさにもかかわらず光合成を十分行わないだろう．有限成長は植物が，光合成産物をほとんどもたらさない器官に，つねに増え続けざるを得ない資源を投資しなくてもよいようにしてくれる．
3. 否．根に蓄えられた栄養物は花や果実，種子をつくるために消費されるので，ニンジンの根はおそらく 2 年目の終わりにはさらに小さくなっているだろう．

概念のチェック 35.3

1. 根では，一次成長は，先端から順に細胞分裂帯，伸長帯，分化帯（成熟帯）において，3 つの連続した段階で起こる．シュートでは，一次成長は頂芽の先端で起こり，その際に茎頂分裂組織の周縁に沿って葉原基の発生を伴う．最も盛んな伸長成長は茎頂の下の齢が進んだ節間で起こる．
2. 否．トウモロコシの葉のように垂直に配向した葉は両面で均等に光を受けることができるので，葉肉細胞は柵状組織と海綿状組織の層に分化しないだろう．これは典型的な場合である．また，垂直に配向した葉は，通常両面に気孔をもつ．
3. 根毛は根の表皮の表面積を増加させる細胞の延長部分であり，それによって無機塩類と水の吸収を促進する．微絨毛は腸の表面積を増加させて栄養物の吸収を促進する細胞の延長部分である．

概念のチェック 35.4

1. その印は依然として地面から 2 m である．なぜなら，印をつけた場所はもはや成長（一次成長）せず，伸びないからである．ただ，肥大成長（二次成長）するだけである．
2. 気孔は閉じることができなければならない．なぜなら，葉での体積対表面積比が樹の幹のそれよりも高いので，幹からの蒸散よりも葉からの蒸散のほうが格段に多いからである．
3. 熱帯では温度の変動がほとんどないので，熱帯の樹木の年輪は，湿潤な季節と乾燥した季節のはっきりした違いがある地域の樹木でない限り，年輪として識別するのが困難である．
4. その木は徐々に死に至るだろう．二次師部（樹皮の一部）を全周にわたって環状に剥ぐと，シュートから根への糖とデンプンの輸送が完全に阻止される（訳注：炭水化物はそもそもデンプンの形では輸送されない）．数週間後，根は蓄えられていた炭水化物を使い切って，そして死ぬだろう．

概念のチェック 35.5

1. 植物のすべての生きている栄養細胞は同一のゲノムをもっているが，発現する遺伝子が異なるため，異なる形態と機能をもつように分化する．
2. 植物は無限成長を行う．したがって，幼年期と成熟期の段階が同じ植物個体の中に見出される．植物での細胞分化は細胞の系譜よりも細胞の最終的な位置に対する依存性が強い．
3. ある仮説によれば，花の外側の 3 つの輪生帯域すべてに *B* 遺伝子が活性をもっていれば，tepal が発生し得る．

重要概念のまとめ

35.1　いくつかの例がある．葉と茎のクチクラはこれらの構造を乾燥から保護する．厚角組織と厚壁組織の細胞は植物体を支える厚い細胞壁をもっている．強固な，分岐した根系は植物体を土壌に固着させるのに役立つ．

35.2　一次成長は茎頂分裂組織で起こり，組織に形成と伸長をもたらす．二次成長は側部分裂組織で行われ，根と茎を太くす

る．

35.3 側根は内鞘から発生し，他の細胞を破壊しながら外に現れ出る．茎では，枝は腋芽から発生するが，他のどの細胞も破壊しない．

35.4 二次成長の進化に伴って，植物はより高く成長することができるようになり，競争者である他の植物をその陰に覆うことになった．

35.5 細胞壁の最内層のセルロースミクロフィブリルの配向は，1つの方向に沿った成長の原因になる．細胞質の表層の微小管が細胞の拡大の方向を制御する重要な役割を果たしている．なぜなら，その配向がセルロースミクロフィブリルの配向を決めているからである．

理解度テスト

1. D　2. C　3. C　4. A　5. B　6. D　7. D

8.

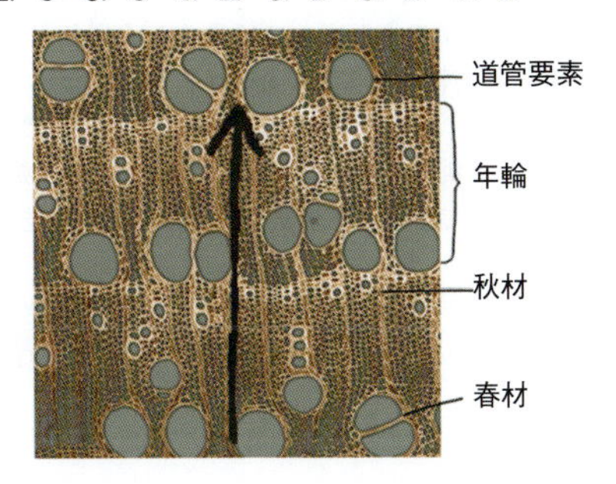
道管要素
年輪
秋材
春材

36 章

図の問題

図 36.2 細胞呼吸は，ミトコンドリアにおいて恒常的に CO_2 を放出し，O_2 を生成しながら，成長する植物のすべての部分でつねに起こっている．光合成を行う細胞では，日中にミトコンドリアで生成した CO_2 は葉緑体により消費され，葉緑体は大気中からも CO_2 を吸収する．一方，ミトコンドリアは葉緑体から O_2 を獲得し，葉緑体は大気にも O_2 を放出する．光合成が起こらない夜には，ミトコンドリアは葉緑体とよりもむしろ，大気とガス交換しなければならない．その結果，光合成を行う細胞は，夜は，大気中に CO_2 を放出し，大気中の O_2 を消費するという，日中とは反対のことが起こっている．

図 36.3 葉は反時計回りのらせんで形成されている．次の葉原基は，およそ葉 8 と 13 の間の内側に発生するだろう．

図 36.4 葉面積指数が高くなっても必ずしも光合成が増加するとは限らない．というのは，下位の葉が上位の葉によって被陰されるからである．

図 36.6 プロトンポンプの阻害剤は細胞膜を横切る H^+ の排出を阻害するので，膜電位が脱分極（増加）するだろう．H^+-スクロース共輸送体の阻害剤は，これらの共輸送体を介して，細胞内へ H^+ が戻ることを妨げるので，膜電位が過分極（減少）になるだろう．H^+-NO_3^- 共輸送体の阻害剤は，膜電位には影響を与えないと考えられる．これは，正電荷のイオンと負電荷のイオンの共輸送なので，阻害されても膜電位は変化しないためである．カリウムチャネルの阻害剤は，膜電位を低下させる．これは，K^+ の細胞外への輸送による正電荷の蓄積がなくなるためである．

図 36.8 葉脈から 3 細胞以上離れた葉肉細胞は，あっても非常に少ない．

図 36.9 カスパリー線は，水と栄養塩類が内皮細胞間や内皮の細胞壁の中を移動するのを阻止する．したがって，水と栄養塩類は内皮細胞の細胞膜を通過する必要がある．

図 36.18 道管は負の圧力（張力）を受けているので，仮道管や道管に挿入された口針を切断しても，おそらく細胞に外気が入ると思われる．正の根圧が強くなければ，道管液は染み出さないだろう．

概念のチェック 36.1

1. 維管束植物は，栄養塩類と水を根で吸収して，他のすべての部分へ輸送しなければならない．また，糖を生産する部位から消費する部位へ輸送しなければならない．
2. 茎の伸長は，上位の葉を高くする．葉の直立と側枝形成の抑制は，まわりの競争する植物からの被陰を減らす．
3. シュート先端を剪定すると，頂芽優勢を取り去るので，側芽が成長して側枝をつくる（分枝）（35.3 節参照）．分枝することによって，高い葉面積指数をもつ低木ができる．

概念のチェック 36.2

1. 細胞の Ψ_P は 0.7 MPa である．$\Psi = -0.4$ MPa の溶液と平衡状態になった細胞では，$\Psi_P = 0.3$ MPa となるだろう．
2. 細胞はそれでも浸透圧の変化に調整できるが，その応答は遅くなるだろう．アクアポリンは，膜を隔てた水ポテンシャルの濃度勾配には影響しないが，よりすみやかな浸透圧調節を可能にする．
3. もし仮道管や道管が成熟後も生きていれば，その細胞質は水の移動を抑制し，速い長距離輸送を阻害するだろう．
4. プロトプラストは破裂するだろう．なぜなら，細胞質には多量の溶質が含まれており，水は平衡に到達することなく入り続けるだろうから（細胞壁があれば，細胞壁がプロトプラストの過剰な膨張を抑える）．

概念のチェック 36.3

1. 夜明けには，根圧による正の圧力を受けた道管から水が染み出す．昼頃は，道管は負の圧力（張力）を受けており，茎を切ると，道管液は表面から中へ引き込まれる．根圧は昼頃の高い蒸散速度を維持できない．
2. おそらく根の質量が多いと，細胞膜の低い水透過性を補償できるのだろう．
3. カスパリー線と密着結合はともに，細胞の間を液体が移動できないようにしている．

概念のチェック 36.4

1. 夜明けに気孔が開くことには，光と CO_2，概日リズムが関与している．乾燥や高温，風などの環境ストレスは，昼間でも気孔を閉じる刺激を与える．水欠乏は植物ホルモンのアブシシン酸の放出を促し，孔辺細胞に働きかけて，気孔を閉じる．
2. 孔辺細胞のプロトンポンプの活性化によって，孔辺細胞は K^+ の取り込みを引き起こす．（訳注：そのため，浸透による水の取り込みが起こり）孔辺細胞の膨圧が増加し，気孔は開いた状態で固定され，葉から異常な蒸散が起きるだろう．
3. 花を切った後も，葉や花弁（葉の変形したもの）から蒸散が続き，水を道管から引き続ける．もし，切り花をそのまま花瓶に移せば，道管の中に残る気泡のために花瓶から花への水の移動が抑えられる．水の中で再度切断すれば，もとの切断部から数 cm 上であっても，気泡のある部分を除去できる．また，水滴があれば，花瓶に移すとき新たに気泡ができることを妨げる．

4. 水分子はそのときどきに異なる速度で，いつも動いている．この水粒子の平均速度は，水の温度に依存する．もし水分子が十分なエネルギーをもらえば，液体表面で最も大きなエネルギーをもつ分子は，十分な速度，つまり運動エネルギーを得て，ガス状の分子，つまり水蒸気として液体から飛び去っていく．最も高い運動エネルギーをもつ水粒子が蒸発するので，残った液体の平均運動エネルギーは低下する．液体の温度は分子の平均運動エネルギーに直接関係するので，蒸発すると液体は冷却される．

概念のチェック 36.5

1. どちらの場合も，長距離輸送は両端の圧力差による体積流である．師管液では，糖の積み込みと水の浸透流入によって，ソース側で圧力が生まれ，この圧力が師管液をソース側からシンク側へ押し流す．対照的に，蒸散は道管液を引き上げる負の圧ポテンシャルを生成する．
2. 主要な糖ソースは，十分成熟した葉（光合成による）と十分発達した貯蔵器官（デンプンの分解による）である．根，芽，茎，展開中の葉や果実は，成長しているものは，強力なシンクである．貯蔵器官は，夏はシンクとして炭水化物を蓄積し，春はソースとしてデンプンを分解し糖を成長中のシュート先端に送る．
3. 根圧が主であったり，師部の師管要素のように正の圧力が道管にあれば，能動輸送が必要となる．しかし，木部の長距離輸送のほとんどは，葉から水が蒸散することによって究極的に生じる負の圧力ポテンシャルにより駆動される体積流であり，生細胞を必要としない．
4. 幹の樹皮にらせん形の切り込みを入れると，根のシンクへの師管液の体積流を抑制する．したがって，師管液はソースの葉からシンクの果実へさらに流れ，結果としてリンゴは甘くなる．

概念のチェック 36.6

1. 原形質連絡はギャップ結合とは違って，RNA やタンパク質，ウイルスを隣の細胞へ通過させることができる．
2. 長距離のシグナル伝達は，すべての大型生物にとって，機能の統合のために重要である．しかし，この統合の速度は，植物ではそれほど重要でない．というのは，植物が環境に応答するとき，動物のようなすばやい運動を伴わないためである．
3. この戦略はウイルス感染の全身伝播を抑制できるが，植物の発生過程にも悪い影響を与えるだろう．

重要概念のまとめ

36.1　背が高い植物は，より高いところに葉をつけることができるので，背が低い競争相手より有利である．背が高い植物への選択圧の結果，葉は根からさらに遠く離れることになった．このように離れることで，根とシュートとの間の物質を輸送しなければならないという問題が生じた．木部細胞をもった植物は土壌の資源（水と無機塩類）をシュートに供給することに成功した．同様に，師部細胞をもった植物は糖シンクに炭水化物を供給することにさらに成功した．

36.2　通常，道管液は根圧によって押し上げられるよりも，蒸散によって引き上げられる．

36.3　水素結合は，水分子が互いに凝集するためにも，細胞壁など物質に水が吸着されるためにも必要である．水分子の凝集と吸着はともに，負の圧力条件での道管液の上昇にかかわっている．

36.4　気孔は植物の水の損失の大半の原因であるが，たとえば，光合成に必要な CO_2 の取り込みなどの，ガス交換に必要である．気孔を通しての水の損失はまた，根からの土壌栄養を植物の他の部分に運ぶ水の長距離輸送を駆動する．

36.5　師管液の移動は体積流に依存するが，師部の輸送を駆動する圧力勾配は，糖ソースにおける師部要素への糖の積み込みに対応した浸透による水の流入によってつくられる．師部の積み込みは，能動的なプロトンポンプによりつくられた H^+ 勾配に依存した H^+ との共輸送によって起きる．

36.6　細胞間の電圧，細胞質の pH，細胞質の Ca^{2+} 濃度，ウイルスの移行タンパク質はすべてシンプラストの情報交換に影響を与え，発生において生じる原形質連絡の数にも影響を与える．

理解度テスト

1. A　2. B　3. B　4. C　5. B　6. C　7. A　8. D

37 章

図の問題

図 37.3　陽イオン．低 pH では，より多くのプロトン（H^+）が負に荷電した土壌粒子から無機栄養の陽イオンに取って代わり，溶出させる．

図 37.4　表土を形成する A 層．

表 37.1　光合成において，CO_2 は炭水化物に固定されて，乾物量に貢献する．細胞呼吸では，O_2 は H_2O に還元されて，乾物量には貢献しない．

図 37.10　相利共生の他の例としては次のような関係が挙げられる．「ヒカリキンメダイと生物発光細菌」: 細菌は魚から栄養と保護を得る一方，生物発光は魚に餌や生殖相手を引きつける．

「被子植物と送粉者」: 動物は，蜜や花粉の食事の見返りに花粉を運ぶ．

「草食脊椎動物と消化器系の細菌」: 消化管の微生物はセルロースをグルコースに分解して，動物にアミノ酸やビタミンを供給することもある．一方，微生物は安定した食料供給と温かい環境を得る．

「ヒトと消化器系の細菌」: 細菌の中にはヒトにビタミンを与えるものがいる一方，細菌は消化した食事から栄養を得る．

図 37.12　アンモニアと硝酸の両方．動物の分解により，アミノ酸が土壌に放出され，アンモニア化細菌によりアンモニアに変換される．このアンモニアの一部は植物に直接使われる．しかし，アンモニアの大部分は，硝化作用をもつ細菌によって硝酸イオンに変換され，植物の根系によって吸収されるだろう．

図 37.13　細菌が固定した窒素を自分の根で吸収するという点で，マメ科植物には利点がある．細菌は，植物から光合成産物を獲得して恩恵を受ける．

図 37.14　3 つのすべての植物組織系が影響を受ける．根毛（皮膚組織）は，根粒菌の侵入を許可するように変更を受ける．皮

層（基本組織）と内鞘（維管束）が根粒形成の間に増殖する．根粒の維管束組織は，効率的な栄養交換を可能にするために根の維管束環に接続する．

概念のチェック 37.1

1. 過剰の給水は根の酸素を奪う．過栄養は無駄であり，土壌の塩類化と水質汚染につながる．
2. 刈り取った芝生が分解するとき，土壌に無機栄養を復元する．それらが削除された場合は，無機栄養が土壌から失われるので，施肥によって補充しなければならない．
3. 小さなサイズと負の電荷のため，粘土粒子は陽イオンと水分子の結合部位の数を増加させるだろう．したがって，土壌中の陽イオン交換と保水性を増加させるだろう．
4. 水分子間の水素結合のために，水は凍ると膨張し，これは岩石の機械的破砕を引き起こす．水はまた，多くの物体に凝集し，この凝集と重力などの他の力との組み合わせにより，岩から粒子を引き出すのを助けることができる．最後に，水は極性物質であるため，イオンを含む多くの物質が溶液中に溶解することができる優れた溶媒である．

概念のチェック 37.2

1. いいえ．主要栄養素は大量に必要とされるにもかかわらず，すべての必須元素は，植物がその生活環を完了するために必要である．
2. いいえ．ある元素を加えた結果，作物の成長速度が増加したという事実は，その元素が厳密にその生活環を完了するために，植物が必要であることを意味するものではない．
3. 水耕栽培植物における不適切な根への通気は，アルコール発酵を促進して，より多くのエネルギーを使い，発酵の副産物である有毒なエタノールの蓄積を引き起こす．

概念のチェック 37.3

1. 根圏は，生きている根のすぐ隣の，土壌中の領域である．根圏には，多くの土壌細菌が根系と互恵的な相利共生関係を形成している．土壌細菌の中には，病原菌から根を守る抗生物質をつくるものもいる．他には，有毒な金属を吸収したり，根により有益な栄養をつくったりするものもいる．さらに他には，窒素ガスを植物が使える形に変えたり，植物の成長を促進する化学物質を生成したりするものもいる．
2. 土壌菌と菌根は，植物に特定の無機栄養をよりよく利用できるようにすることにより，植物の栄養を強化する．たとえば，土壌細菌の多くの種類が窒素循環に関与しており，菌根の菌糸は，栄養塩，特にリン酸イオンの吸収のために大きな表面積を提供する．
3. 混合栄養は栄養のために，光合成と従属栄養を用いる戦略を意味する．ユーグレナ目はよく知られた混合栄養の原生生物である．
4. 飽和雨量は，土壌中の酸素を枯渇させることがある．土壌の酸素不足は，ピーナッツの根粒による窒素固定を阻害し，植物への可給態窒素を減少させることになる．あるいは，大雨は土壌からの硝酸を浸出させる．窒素欠乏の症状は古い葉の黄変である．

重要概念のまとめ

37.1「生態系」という語は，指定された地域の生物群集と，そのまわりの物理環境と生物群集との相互作用を指す．土壌は，細菌，菌類，動物，植物の根系を含む，多くの生物が生息している．これらの個々の群集の活力は，ミネラル，酸素，水などの非生物的要因だけでなく，さまざまな生物群集間の，正と負の両方の相互作用に依存する．

37.2 いいえ．植物が必要とするすべての無機栄養を適切な比率で含む通気した塩溶液で水耕栽培すれば，植物は，その生活環を完了することができる．

37.3 いいえ．いくつかの寄生植物は，他の生物由来の炭素栄養素を吸い取ることによってエネルギーを得る．

理解度テスト

1. B　2. B　3. A　4. D　5. B　6. B　7. D　8. C　9. D

10.

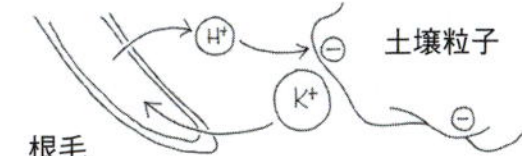
H+
K+
土壌粒子
根毛

38章

図の問題

図 38.4 間違った種の花に花粉が送粉されるのが少なくなるため，特定の送粉者をもつことは，より効率的である．しかし，それはまた危険な戦略である．送粉者の集団が，捕食，病気，または気候変動により，ある程度の異常が生じた場合には，植物は，種子を生産することができなくなるかもしれない．

図 38.6 被子植物の生活環の中で，最も細胞分裂が起こる部分は，種子発芽と成熟した胞子体の間の段階である．

図 38.8 関連性を考えよう 単一の子葉を有することに加えて，単子葉植物は，平行脈をもつ葉，茎の散在維管束，ひげ根系，または3か3の倍数の花器官数，単孔粒の花粉をもつ．これとは対照的に，双子葉植物には2枚の子葉，網状の葉脈，リング状の維管束，主根，4または5か，その倍数の花器官数，および三溝性の花粉をもつ（訳注：基部被子植物およびモクレン類は単溝性の花粉をもつ）．

図読み取り問題 インゲンの種子は成熟すると胚乳を欠く．胚乳は種子発達の間に消費され，その栄養は新たに子葉に蓄えられる．

図 38.9 マメは，土壌を押すために胚軸のフックを使用する．繊細な葉と茎頂分裂組織はまた，2つの大きな子葉の間に挟まれることによって保護されている．トウモロコシ実生の子葉鞘は，新葉を保護するのに役立つ．

概念のチェック 38.1

1. 被子植物では，受粉は葯から柱頭への花粉の移送である．受精は接合子を形成する卵と精子の融合である．なお，これは花粉管が成長した後でのみ起こる．
2. 長い花柱は，遺伝的に劣っていて正常に長い花粉管を成長させることができない花粉を排除するのに役立つ．
3. いいえ．植物の単相世代（配偶体）は多細胞であり，胞子から生じる．動物の生活環で単相は，減数分裂で直接生じた単細胞の配偶子（卵や精子）のみである．胞子はない．

概念のチェック 38.2

1. 被子植物は，異なる植物で雄花と雌花をもつ（雌雄異株），あるいは異なる植物で異なる高さの雄ずいと花柱をもつ（短花柱花と長花柱花）といった，自家不和合性により自殖を防ぐことができる．
2. 無性的に増殖する作物は，遺伝的多様性を欠く．遺伝的に多様な集団は，伝染病の流行に対しても，少数の個体が耐性をもつ可能性が高くなるので，絶滅する可能性が低くなる．
3. 短期的には，自殖は，分散してまばらで送粉の信頼性がたいへん低い集団では有利であるかもしれない．しかし，長期的には，遺伝的多様性の損失につながり，適応進化を妨げるため，自殖は進化の行き止まりである．

概念のチェック 38.3

1. 伝統的な育種と遺伝子工学は，両方ともに目的の形質を人為的に選択することを伴う．しかし，遺伝子工学的手法は，より迅速な遺伝子導入を容易にし，近縁な品種や種の間での遺伝子導入に限定されない．
2. *Bt* トウモロコシはあまり食害を受けない．そのため，*Bt* トウモロコシは傷を通じて植物に感染するフモニシン産生菌が感染する可能性が低くなる．
3. このような種では，葉緑体DNAに導入遺伝子を入れることでは花粉による拡散を防ぐことはできないだろう．このような方法は，葉緑体DNAが卵のみに限定される必要がある．したがって，雄性不稔，無配生殖，または自家受粉の閉鎖花など，導入遺伝子の拡散を防止するまったく別の方法が必要とされる．

重要概念のまとめ

38.1 受粉後，花は一般的に果実に変わる．花弁，がく片，雄ずいは，典型的には花から落ちる．雌ずいの柱頭は枯れ，子房が膨潤し始める．胚珠（胚性種子）は，子房内部で成熟し始める．

38.2 その環境によく適応している個々の植物が，子孫にそれらの遺伝子のすべてを渡すので，無性生殖は安定した環境で有利であろう．また，無性生殖は，一般的に有性生殖によってつくられる実生より丈夫な子孫をつくる．しかし，有性生殖は丈夫な種子による散布という利点を提供する．また，有性生殖では，不安定な環境では有利であるかもしれない遺伝的多様性をつくり出す．変化した環境の中で少なくとも1個体の子孫が生き残る可能性は，有性生殖で高くなる．

38.3 「ゴールデンライス」は，まだ商業的生産はされていないが，ビタミンAをより多く生産し，それによって米の栄養価を高めるように改変されている．土壌細菌からのプロトキシン遺伝子は，*Bt* トウモロコシに導入されている．このプロトキシンは，無脊椎動物に対しては致死であるが，脊椎動物には無害である．*Bt* 作物は少ない農薬噴霧しか必要とせず，真菌感染症が低レベルである．キャッサバの栄養価は，遺伝子工学の多くの方法で増加されている．タンパク質，鉄，β-カロテン（ビタミンA前駆体）の含有レベルが達成され，シアン産生化学物質が根からほとんど排除されている．

理解度テスト

1. A 2. C 3. C 4. C 5. D 6. D 7. D

8.

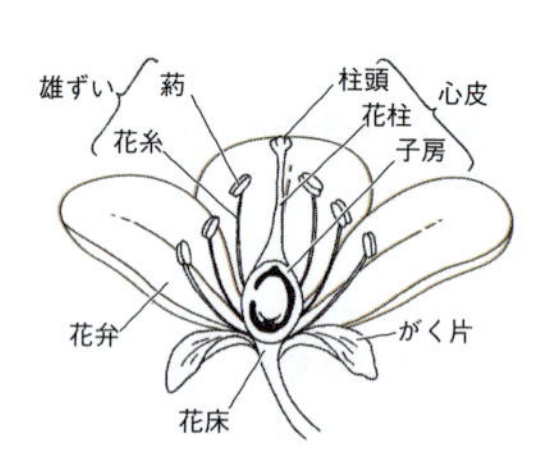
雄ずい
葯
花糸
柱頭
花柱
心皮
子房
花弁
がく片
花床

39 章

図の問題

図 39.4 図11.17Bは，枝分かれしたシグナル伝達経路を示しており，脱黄化にかかわるフィトクロム依存経路の枝分かれに似ている．

図 39.5 どの波長の光が最も光屈性に効果的かを調べるには，プリズムを用いて白色光を各色に分け，どの色の光が最も速く屈曲を起こすかを調べる（答えは青色光である；図39.15参照）．

図 39.6 できない．オーキシンの極性輸送は細胞の基部側に局在するオーキシン輸送タンパク質によるため．

図 39.12 できない．*ein* 変異は芽生えをエチレンに対して“盲目”にすることに似ているため，*eto* 変異を付加してエチレン生産を促進しても，*ein* 変異単独と比べても何の表現型も影響されないだろう．

図 39.16 正しい．白色光は赤色光を含むので，どちらの処理でも種子発芽を促進するはずである．

図 39.20 暗所と同様に，遠赤色光は赤色光吸収型フィトクロム（P_r 型）の蓄積を引き起こすため，夜間の遠赤色光の単一照射は，暗期のみによる花形成と同様で，何の効果もない．

図 39.21 もしこれが正しければ，フロリゲンは花成誘導物質ではなく，花成阻害物質となる．

図 39.27 光合成の適応は，C_3 植物が最初の二酸化炭素の固定にルビスコを使用するのに対して，C_4 およびCAM植物がPEPカルボキシラーゼを用いることからも明らかなように，分子レベルで起こり得る．組織レベルでの適応としては，植物が遺伝型および環境条件に基づいて，異なる気孔密度をもつことが挙げられる．器官レベルは，植物がシュートの構成を，光合成をより効率的に行うように変更することである．たとえば，下枝の枯れ上がりは光合成よりも呼吸が多い枝や葉を取り除く．

概念のチェック 39.1

1. 暗所で生育した芽ばえは黄化する．つまり，長い茎と未発達の根系，展開しない葉をもち，シュートにクロロフィルは蓄積しない．黄化現象は，地中のような暗色で発芽する種子には有利である．より多くのエネルギーをシュートの成長に投資し，葉の展開や根の成長には投資しないことによって，植物は貯蔵物質を使いきる前に，太陽光のあるところに到達できる可能性を高めている．
2. シクロヘキシミドは脱黄化に必要な新たなタンパク質の合成を阻害することによって，脱黄化を阻害する．
3. いいえ．本文に記されているサイクリックGMPを添加するのと同じように，バイアグラを投与すると，ほんの一部の脱黄化応答を引き起こすだろう．完全な脱黄化には，シグナル伝達経路のカルシウム経路の活性化が必要である．

概念のチェック 39.2

1. フシコクシンは細胞膜のプロトンポンプ活性を増強するので，オーキシン様の活性をもち，茎の細胞の伸長を促進する．
2. この植物は構成的なトリプルレスポンスを示す．つまり，本来はトリプルレスポンスを抑制するはずのキナーゼの機能がないので，エチレンがあってもエチレン受容体が働いていてもそうでなくても，植物はトリプルレスポンスを示す．
3. 正のフィードバック制御である．その理由は，エチレンがエチレン自身の合成も促すためである．

概念のチェック 39.3

1. 必ずしもいえない．温度や光など多くの環境要因も，その場で 24 時間周期で変化しているため．酵素が概日時計の支配にあることを確かめる必要がある．そのためには，環境条件が一定であっても，酵素活性が周期変動することを示せばよい．
2. これだけではわからない．この植物の開花の限界暗期を調べ，夜がこの暗期よりも長いときのみ花芽が誘導されることを確かめて，初めて短日植物といえる．
3. 光合成の作用スペクトルによれば，赤色光と青色光が光合成に効果的である．したがって，植物が光環境を赤色光や青色光を吸収する光受容体を用いて測っていることは，理にかなっている．

概念のチェック 39.4

1. ABA を過剰生産する植物体の気孔は，野生株ほど広く開かないので，気化冷却が少なくなるためである．
2. 通路側の植物は，作業員の通行や空調の影響のため，機械的ストレスを受けやすい．生育棚の中央に近い植物は，被陰や少ない蒸散ストレスのため，背が高くなりやすい．
3. 応答しない．根冠は重力感知にかかわるので，根冠を除去した根はほとんど重力に応答しなくなる．

概念のチェック 39.5

1. 有害な昆虫を食べたり，受粉を助けたりする昆虫もいる．
2. 機械的損傷は植物の感染防御の最前線である表皮組織を破る．
3. 有利ではない．宿主を殺してしまう病原菌は，すぐにその宿主を絶滅させ，自らも絶滅する可能性が高いため．
4. おそらく風は植物がつくる揮発性の防御物質の局所的な濃度を下げるのだろう．

重要概念のまとめ

39.1 シグナル伝達経路はしばしばタンパク質キナーゼという他のタンパク質をリン酸化する酵素を活性化する．タンパク質キナーゼはすでに存在している酵素をリン酸化することで直接的に活性化する場合や，特定の転写因子をリン酸化することで遺伝子の転写と酵素の産生を調節することがある．

39.2 正しい．1 個の腐ったリンゴは，すべてのリンゴをダメにするという古い格言は正しい．果実の成熟を促進する気体ホルモンであるエチレンは，傷を受けたり感染したり，過熟になった果実からつくられる．エチレンは健康な果実の 1 群にも拡散し，すみやかな成熟を促進する．

39.3 花成誘導処理を受けた植物が，花成誘導されない環境に置かれた植物と接ぎ木されていると，その植物にも花成を誘導することができる．この事実に基づいて，植物生理学者は花成誘導因子（フロリゲン）を想定した．

39.4 乾燥ストレスを受けた植物は，凍結ストレスにも耐性になることがある．というのは，この 2 つのストレスが似ているためである．細胞外スペースの水の凍結は，細胞外の自由水濃度を下げる．このとき，浸透圧によって，細胞内の自由水が外に出て，細胞質の脱水が起こる．これは，乾燥ストレスで起きる現象と似ているためである．

39.5 植物を食べる昆虫は，シュートの丈夫なクチクラを破壊し，病原菌が侵入しやすい傷口をつくるので，植物は感染を受けやすくなる．さらに，壊れた細胞から出てくる物質は，侵入する病原菌の栄養となる．

理解度テスト

1. B　2. C　3. D　4. C　5. B　6. B　7. C

8.

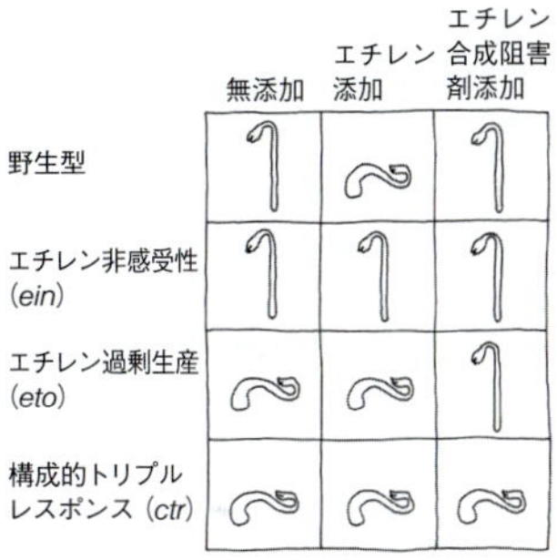

無添加　エチレン添加　エチレン合成阻害剤添加

野生型

エチレン非感受性 (*ein*)

エチレン過剰生産 (*eto*)

構成的トリプルレスポンス (*ctr*)

40 章

図の問題

図 40.4 内臓が体内にある点から考えると，交換面は内部である．しかし，環境と接触する外部の体表面とも開放部分でつながっている．

図 40.6 神経系のシグナルは通常，発出する細胞と受容する細胞との間にある直接の経路でやりとりをしている．逆に，標的細胞に到達するホルモンは，どの経路で到達するか，あるいは循環系を何回通ってきたかに関係なく効果を与えることができる．

図 40.8 刺激（灰色の四角）は，上側のループで増加するか，あるいは下側のループで減少する室温である．応答は，ヒーターをオフにして上側のループにおいて温度を下げることと，ヒーターをオンにして下側のループで温度を上げることを含んでいる．制御中枢はサーモスタットである．エアコンは 2 つ目の制御回路をもっており，室温が設定温度より上回ると家を冷却する．このような互いに逆の働きをもつ 1 組の制御回路は，ホメオスタシスのしくみの効率を増加させる．

図 40.12 伝導の矢印は逆の方向となり，熱はセイウチから氷に移動するだろう．なぜなら，セイウチは氷より暖かいからである．

図 40.17 雌のビルマニシキヘビは，抱卵していないと，他の外温動物と同様，温度が下がるとともに酸素消費も減少するだろう．

図 40.18 氷水は頭の組織を冷やす．血液もまた冷やされ，体を循環する．この影響によって，体温はより速く正常に戻るだろう．しかし，もし氷水が鼓膜に到達し視床下部に通じる血管を冷やしたら，視床下部のサーモスタットは発汗を抑えたり皮膚

の血管を収縮させるように応答し，体の冷却を遅くするだろう．

図 40.19　膜を通過する栄養分の輸送と RNA やタンパク質の合成は，ATP 加水分解と協調する．過剰なエネルギーを熱として放出することで自由エネルギーが全体的に低下するため，これらのプロセスは自律的に進行する．同様に，グルコース中の自由エネルギーの半分足らずは細胞呼吸の連鎖反応に取り込まれ，残りは熱として放出される．

図 40.22　どのようにも結論づけられない．活動期に概日変動を示す遺伝子が，休眠時 RNA 量は一定であるとしても，休眠時に発現が一定の遺伝子は，活動期の発現も一定かもしれない．

図 40.23　暑い環境では，植物も動物も，蒸発（植物）や発汗・浅い呼吸（動物）の結果として蒸散冷却を経験する．動物も植物も，熱ショックタンパク質を産生し，熱ストレスから他のタンパク質を守る．動物はまた，熱吸収を最小限にするため，さまざまな行動的な反応を示す．寒冷な環境では，植物も動物も，脂質膜における不飽和脂肪酸の比率を増やしたり，細胞内の氷の結晶形成を防いだり最小限にする不凍タンパク質を利用する．植物は細胞外が凍結する間，細胞内の水分喪失を抑える助けとなる特別な塩の細胞質濃度を上昇させる．動物は代謝熱産生を増やし，断熱や対交流交換のような循環系の適応，熱喪失を最小限にするための行動的な応答を利用する．

概念のチェック 40.1

1. すべての上皮は，表面に沿って並び，きつく詰め込まれ，基底膜上に位置し，外部環境との動的かつ防御的な接触面を形成するような細胞から構成される．
2. 循環系の交換表面で体の中に入るとき，循環系を出入りするとき，そして間質液から体細胞の細胞質に移動するとき，酸素分子は細胞膜を通過しなければならない．
3. 危険を知覚し落下を防ぐよう瞬間的に筋肉が反応するための神経系が必要となる．しかし，神経系は血管や肝臓のブドウ糖貯蔵細胞とは直結しておらず，その代わり，内分泌系によるホルモン（アドレナリンとよばれる）の放出を誘発する．これらの組織における変化は，ほんの数秒以内にもたらされる．

概念のチェック 40.2

1. 温度制御においては，経路の産物（温度変化）は刺激を減らすことで経路の活性を弱める．酵素で触媒される生合成経路では，経路の産物（この場合はイソロイシン）は自身の合成経路を阻害する．
2. サーモスタットは，過ごす場所の近くに置きたいだろう．それは直射日光のような環境の変化を受けない場所であり，暖房の排出口の通り道はよくない．同様にヒトの脳内にあるホメオスタシスセンサーは環境摂動から分離しており，重要かつ敏感な組織の状況をモニターすることができる．
3. 収斂進化においては，同じ生物学的特徴が 2 つ以上の種で独立して生み出される．遺伝子分析によって，独立した起源であるという証拠を提示することができる．特に，ある生物種における特徴の原因となる遺伝子において，もう 1 つの種で対応する遺伝子の塩基配列が有意に類似していなければ，2 種間で特徴の根拠となる遺伝的な基礎は別々であり，ゆえに独立した起源であると結論づけられる．概日リズムの場合，シアノバクテリア中の時計遺伝子は，ヒトのものとは関連がないようである．

概念のチェック 40.3

1. 「風速冷却」は，空気の移動が皮膚面からの熱喪失の原因となるといった，対流を通した熱交換が関係する．
2. 非常に小さな内温動物であるハチドリの代謝率は非常に高い．日光の吸収によってある花が蜜を暖めれば，これらの花を餌にするハチドリは，暖められた蜜のエネルギーを体温にあてることができる．
3. 体温を上げるため，視床下部は指令を出して筋収縮や震えによる熱産生を導く．発熱している人は，体温が通常より高いにもかかわらず悪寒を感じる．

概念のチェック 40.4

1. マウスは内温動物のため，より高効率に酸素を消費するので，基礎代謝率は外温動物であるトカゲの標準代謝率より高い．
2. イエネコ；動物は小さいほど体重あたりの代謝率が高いため，より大量の食料を必要とする．
3. ワニの体温は，環境の温度に伴って下がるだろう．代謝率も，化学反応が遅くなるため減少するだろう．逆に，ライオンの体温は変化しないだろう．震えの行動をとり熱を生み出すに従い，体温を一定に保つために代謝率が上昇するだろう．

重要概念のまとめ

40.1　動物は体表面を通して環境と物質を交換する．球形は単位体積につき最小限の表面積である．体のサイズが増加すればするほど，体容積に対する表面積比は減少する．

40.2　いいえ．たとえ動物が内部環境のいくつかの様相を制御したとしても，内部環境は設定値付近でわずかに変動する．ホメオスタシスは動的な状態であるうえ，発生のある特定の時期にホルモン量の劇的な増加を引き起こすといった，設定値の予定された変化すら存在する．

40.3　皮膚を通した熱交換は，体幹の温度を制御する最初の機構であるため，皮膚が体幹より冷たいという結果を伴う．

40.4　小動物は大型動物よりも単位重量あたりの BMR が高く，それゆえより多くの酸素を消費する．この増大する酸素消費を助けるため，より多くの呼吸数が必要となる．

理解度テスト

1. B　2. C　3. A　4. B　5. C　6. B　7. D

8.

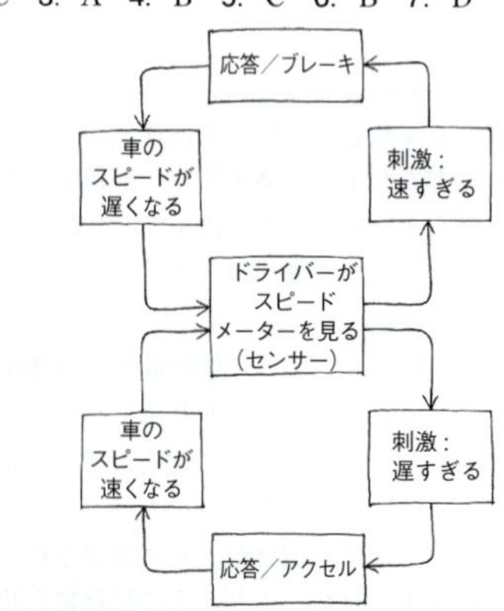
応答／ブレーキ
車の
スピードが
遅くなる
刺激：
速すぎる
ドライバーが
スピード
メーターを見る
(センサー)
車の
スピードが
速くなる
刺激：
遅すぎる
応答／アクセル

41章

図の問題

図41.6 図式には，ヒドラの口に入った食物が胃水管腔の広い部分で栄養素に消化されることを書かねばならない．その後栄養素は，胃水管腔の先に伸びている触手に拡散していく．そこで栄養素は胃上皮層の細胞に吸収され，触手の上皮細胞に運ばれる．

図41.9 息を吐くときには気道は開いていなければならない．喉頭蓋が上がると，口から入った牛乳は肺から押し出されてきた空気と出合い，鼻腔を通って鼻から飛び出てしまうからである．

図41.11 酵素自体がタンパク質で，タンパク質は小腸で加水分解されるため，小腸の消化酵素は，活性化に必要な切断を除いて，酵素的消化に耐性である必要がある．

図41.12 消化機能は必要ない．消化は小腸までに完全に行われているため，サナダムシは体表面からすでに消化された栄養素をただ吸収すればよい．

図41.13 はい．キロミクロンの排出はエネルギーをATPの形で使うエキソサイトーシスによって行われる．逆に，拡散によるモノグリセリドや脂肪酸の細胞への取り込みはエネルギーを消費しない受動的な過程である．

図41.21 インスリンもグルカゴンも，負のフィードバック回路に組み込まれている．

概念のチェック 41.1

1. 動物は，必須アミノ酸だけは他の分子から合成することができない．
2. 多くのビタミンは酵素の補欠因子として働いており，酵素自身と同様，化学反応によって変化しない．したがって，微量のビタミンで十分である．
3. 動物の食事に必須栄養素が不足していないかを特定するために，研究者は個々の栄養素を1つずつ与え，どの栄養素で栄養失調のサインが消えるかを決定する．

概念のチェック 41.2

1. 胃水管腔は食物の摂取と排泄が1つの出入口で行われている消化袋であるのに対して，完全消化管は口と肛門が対極の端にある消化管である．
2. 完全消化管の腔内に栄養素がある限り，栄養素は口から肛門まで外環境に続く区画に存在しており，まだ体内に入るための膜を通過していない．
3. どちらの場合も高エネルギーの燃料が消費され，複雑な分子が単純なものに分解され，残った生産物は排出される．加えてガソリンは食物のように特定の区画で分解されるため，自動車の残りの部分は解体を免れる．最後に，食物や老廃物が消化管の中で体外に居続けるように，ガソリンもその分解物も自動車の客室には入ってこない．

概念のチェック 41.3

1. 胃の傍細胞は，胃の内腔に水素イオンを運搬して塩素イオンとで塩酸をつくるので，プロトンポンプ阻害剤は糜汁の酸性度を減らし，糜汁が食道に逆流するときに起こる「胸焼け」を防ぐ．
2. 口でデンプンやグリコーゲンから糖をつくることで，アミラーゼはすぐにエネルギーをつくることができる材料として食物を認識している．
3. タンパク質は変性し，ペプチドに消化される．さらにアミノ酸まで消化されるには，小腸で分泌される酵素群が必要になる．炭水化物と脂肪の消化は起こらない．

概念のチェック 41.4

1. 完全消化管を通過する時間が増えることで，より完全な消化が行われ，管の表面積の増加によって吸収の機会が多くなる．
2. 動物の消化系は，唾液や胃液によって他の微生物から共生微生物を守り，酵素反応を行うために適温に保ち，栄養源を安定に補給してくれる環境を提供する．
3. ヨーグルト摂取が効果を得るためには，ヨーグルトに含まれる細菌がヒト小腸内の微生物と相利共生関係を構築する必要があり，二糖が分解されて糖が吸収されなければならない．小腸の環境はヨーグルトの環境とは非常に異なるため，ヨーグルトの細菌は小腸に届く前に死滅するか，消化を助けるほど十分に増殖することができないのかもしれない．

概念のチェック 41.5

1. 遠い昔から，体は脂肪に含まれる過剰なカロリー分を蓄えてきたが，これらのカロリーは食物に含まれる脂肪，炭水化物，またはタンパク質のどれかに由来している．
2. 通常の人では，飢餓状態ではレプチンのレベルが下がる．レプチンのレベルが低い人たちのグループではレプチン生成の欠如が考えられ，食物摂取の有無にかかわらずレプチンレベルは低いままとなる．レプチンレベルが高い人たちのグループでは，レプチンに対する応答の欠如が考えられるが，貯蔵された脂肪が使われるに従いレプチンの生産は止まるはずである．
3. インスリンの生産が過剰になると血糖値が正常の生理的レベルを下回るようになる．またこれによって肝臓におけるグリコーゲンの生合成が盛んになり，血糖の値がさらに下がる．しかし，低血糖になると膵臓のα細胞からグルカゴンの放出が促進され，グリコーゲン分解が始まる．このように，肝臓では相反する反応が繰り返される．

重要概念のまとめ

41.1 すべての動物において補助因子が必要であるため，食事中にこれらを必要としない動物は他の有機分子からこれらを合成できるに違いない．

41.2 グルコースやアミノ酸，他の構成要素を含む液体状の食物は，機械的·化学的消化の必要がなくても摂取，吸収され得る．

41.3 小腸は，胃より大きな表面積をもつ，

41.4 私たちの口内にある歯の種類や短い盲腸から，私たちの祖先の消化系は植物を消化するのに特化していたわけではないことがわかる．

41.5 食事の時間になると，脳から胃への神経伝達により，消化の準備である分泌や攪拌が行われる．

理解度テスト

1. B 2. A 3. B 4. C 5. B 6. D 7. B

8.

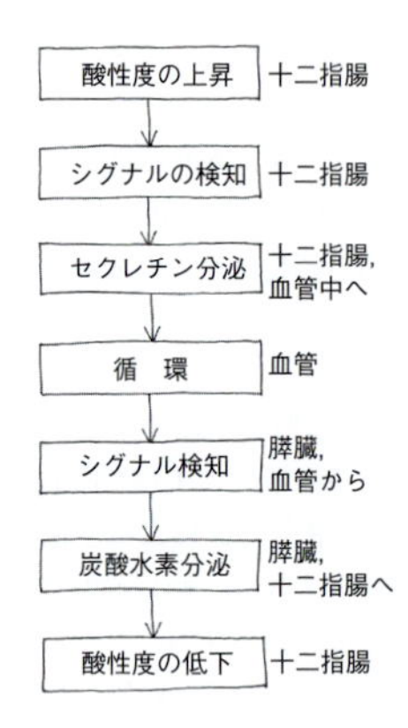
酸性度の上昇
十二指腸
シグナルの検知
十二指腸
セクレチン分泌
十二指腸，
血管中へ
循 環
血管
シグナル検知
膵臓，
血管から
炭酸水素分泌
膵臓，
十二指腸へ
酸性度の低下
十二指腸

42章

図の問題

図42.2 溶液が一定に，一方向に流れることにより，ガス交換は向上するかもしれないが，食物を消化して栄養素を吸収するための時間としては不適切であろう．

図42.5 2つの毛細血管床．二酸化炭素分子は右心房と右心室に戻る前に親指の毛細血管床に入る必要があり，その後，肺に移動して毛細血管床から肺胞へと拡散し，吐き出される．

図42.8 鋭く上昇するスパイクのような，心電図記録の各々の特徴は，心臓周期あたり一度生じる．x軸を利用して，連続するスパイク間の時間を秒で測定する．60をスパイク間隔（秒）で割ると，毎分の周期の数として心拍数が得られる．

図42.25 表面張力の減少は，界面活性物質が存在する結果である．それゆえ，RDSで死亡したすべての乳児に関して，界面活性物質量はほぼゼロだと予測される．他の原因で死亡した乳児については，体重が1200 g以下では界面活性物質量はほぼゼロであり，1200 gを超えた乳児は，界面活性物質量がゼロよりもはるかに高いことが予測される．

図42.27 呼気はおおむね受動的であるため，肺胞の弾性繊維の反動による収縮は，肺から空気を出すことを助ける．肺気腫疾患で起こるように，肺胞が弾性を失うと，少ない空気しか吐き出せない．より多くの空気が肺に残るため，より少量の新鮮な空気しか吸い込めない．その結果，より少量の空気しか交換できず，ガス交換を駆動する分圧勾配が低下する．

図42.28 代謝要求により必要とされるよりも高い率で呼吸をすることは（過換気あるいは過呼吸），血中のCO_2レベルを低下させるだろう．主要な血管や延髄におけるセンサーは呼吸制御中枢に信号を送り，横隔膜や肋骨筋の収縮速度を低下させて呼吸速度を減少させ，血液や他の組織のCO_2レベルを正常に戻そうとするだろう．

図42.29 結果として生じる換気量の増大は，肺の中の換気を高め，肺胞中のP_{O_2}を増大させ，P_{CO_2}を減少させる．

概念のチェック 42.1

1. 開放血管系と噴水の両方で，液は管を通して押し出され，プールに集められた後にポンプに戻される．
2. 動物が水中に潜ったときに，肺への血液の供給を止めてしまう能力．
3. 体回路から右心房に戻ってきた貧酸素血液のある程度が，左心房の富酸素血液と混ざるため，体回路に入る血液の酸素含量が異常なほど低下するだろう．

概念のチェック 42.2

1. 肺の毛細血管床は血液が酸素を蓄積する場所であり，肺静脈はそこを通ったばかりの血液を運ぶ．一方，体の残りの毛細血管床は血液が組織へと酸素を失う場であり，大静脈はそこを通ったばかりの血液を運ぶ．
2. 遅延は心房を完全に空にし，心室の収縮前に心室を完全に満たす．
3. 他の筋肉と同様，心臓は定期的な運動によってより強くなる．より強力な心臓は，より多くの1回拍出量をもち，心拍数の減少を引き起こしたのであろう．

概念のチェック 42.3

1. 毛細血管の大きな総断面積．
2. 血圧と心拍出量を増大させ，同時により多くの血液が骨格筋に送られるよう転換すること．これらにより，血液の循環速度を増加させ，より多くの酸素と栄養素を骨格筋に運ぶことで，行動能力を高める．
3. 追加の心臓は，足からの血液の戻りを向上させる．しかしながら，複数の心臓の活動を調和させること，ならびにガス交換器官から遠く離れた心臓へと適切な血流を維持することは困難であろう．

概念のチェック 42.4

1. 白血球数の増加は，その人が感染と闘っていることを示唆するであろうから．
2. 凝固因子は血液凝固を開始させるものではないが，凝固過程に必須のステップである．
3. 胸部痛は冠動脈の不適切な血流による．ニトログリセリンに由来する一酸化窒素による血管拡張は血流を増加させ，心筋にさらなる酸素を供給し，それゆえ痛みを軽減させる．
4. 胚性幹細胞は分化多能性というよりは分化万能性であり，いくつかの異なる細胞種に分化できるというよりも，多くの細胞種を生じさせることができることを意味している．

概念のチェック 42.5

1. 内部に存在することは，ガス交換組織を湿った状態にしておくことを助ける．もし肺の呼吸界面が陸上環境にまで広がっていた場合には，急速に乾いてしまい，呼吸界面を介した酸素と二酸化酸素の拡散は止まってしまうだろう．
2. ミミズはガス交換のために，皮膚を湿った状態で維持する必要があるが，この湿った体表の外側には空気が必要である．もし彼らが大雨の後に水浸しのトンネルにとどまった場合，空気から得るのとは異なり，水からは十分な酸素を得られないので窒息してしまうだろう．
3. 魚類では，鰓のまわりを通過する水は，鰓の毛細血管を通って流れる血液とは反対方向に流れ，交換界面の範囲全体を通して水から酸素を取り出す効率を最大にしている．同様に，いくつかの脊椎動物の四肢では，隣合う動脈と静脈では血液は反対方向に流れる．この対向流配置は，動脈中を体の中心から離れる方向に流れる血液から熱を最大限に回収し，寒冷な環境での体温調節に重要である．

概念のチェック 42.6

1. 血液中の二酸化炭素濃度の上昇は，脳脊髄液へと拡散する二酸化炭素の速度を上昇させる．脳脊髄液では，二酸化炭素は水と結合して炭酸を形成する．炭酸は解離して水素イオンを放出し，脳脊髄液の pH を低下させる．
2. 心拍数の増加は，二酸化炭素に富んだ血液を肺に運ぶ速度を上昇させ，二酸化炭素を除去する．
3. 穴は空気を二重膜の内層と外層の間の空間に入り込ませ，気胸とよばれる状況を引き起こす．2つの層は，もはや互いにくっついていられず，穴のある側の肺は破綻し，機能不全になるだろう．

概念のチェック 42.7

1. 毛細血管と周囲の組織あるいは媒体との間の分圧の違い．ガスの正味の拡散は高い分圧の場所から低い分圧の場所へと起こる．
2. ボーア効果は，ヘモグロビンがより低い pH において，より多くの酸素を解離させる．このような状態は細胞呼吸と二酸化炭素の放出を高い速度で行っている組織の近傍で見られる．
3. 医師は，速い呼吸は血液の低 pH への体の反応だと考えている．代謝の結果として血液の pH を低下させる代謝性アシドーシスには，ある種の糖尿病の合併症，ショック（極端に低い血圧）や中毒症を含む，多くの原因があり得る．

重要概念のまとめ

42.1　閉鎖血管系では，ATP により駆動される筋肉性のポンプが，溶液を一方向に，数 mm から数 m までのスケールで移動させる．細胞とその環境との間の物質交換は拡散に依存しており，拡散は分子のランダムな動きを伴う．交換界面を介した分子の濃度勾配が，1 mm あるいはそれ以下のスケールでの速い正味の拡散を駆動できる．

42.2　障害をもつ心臓弁を取り替えると，1 回拍出量が増加するはずである．それゆえ同じ心拍出量を維持するために，より少ない心拍数で十分になると期待される．

42.3　ふだん心臓と脳の間で見られる違いと同様，腕の血圧は 25～30 mmHg 落ちるだろう．

42.4　血液 1 μL 中には，約 500 万個の赤血球と 5000 個の白血球が含まれるので，感染していない状態では，白血球は細胞の約 0.1% を占めるだけである．

42.5　二酸化炭素は，大気ガスのうちのごくわずかであるため（0.29 mmHg/760 mmHg，あるいは 0.04% 以下），呼吸界面と環境との間の二酸化炭素分圧勾配は，つねに大気へと二酸化炭素を放出することに対して都合がよい．

42.6　肺は毎回の呼吸において完全に空にはならないため，入ってくる空気と出ていく空気は混ざる．したがって肺は新鮮な空気と古い空気の混ざったものをもつ．

42.7　酵素は，平衡を変化させることなく，また消費されることなく反応を加速させる．同様に，呼吸色素は平衡状態を変化させることなく，また消費されることなく，体内と外環境との間のガス交換を加速させる．

理解度テスト

1. C　2. A　3. D　4. C　5. C　6. A　7. A

8.

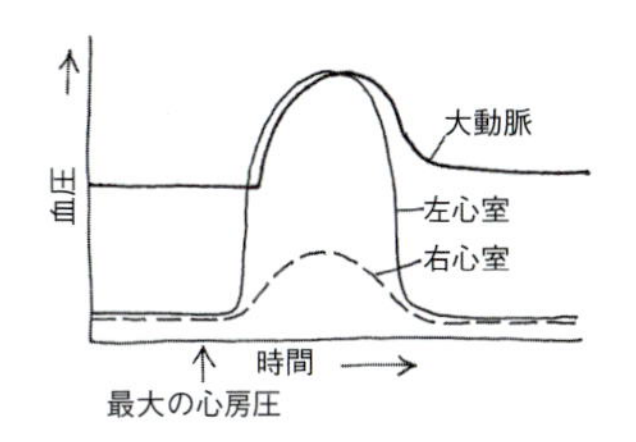

血圧
大動脈
左心室
右心室
時間
最大の心房圧

43 章

図の問題

図 43.4　Dicer-2 は，サイズや配列によらず，2 本鎖 RNA に結合し，21 塩基の長さの断片に分解する．Argo 複合体は，21 塩基の 2 本鎖 RNA に作用して 1 本鎖を解離し，次いでこの 1 本鎖 RNA を相補的な mRNA 中の特定の標的配列と対合させる．

図 43.5　細胞表面に存在する TLR は，病原体表面の分子を認識するが，小胞の TLR は，病原体の分解後に病原体内部の分子を認識する．

図 43.7　とげを皮膚から除去するとほとんどすぐに痛みは止まるので，炎症反応を媒介するシグナルはかなり短い期間で収束可能であると推測できる．

図 43.10　酵素や抗原受容体の一部は，全体形状を維持する構造的「骨格」を提供しているが，相互作用は基質または抗原に近接した表面部分で起こる．活性部位や結合部位で複数の非共有結合性の相互作用が複合的に起こることで，優れた高い親和性の相互作用を実現することができる．

図 43.13　遺伝子再構成後，リンパ球やその娘細胞は，単一種の抗原受容体をつくる．これに対し，選択的スプライシングによる多様性は，遺伝的に娘細胞に継承されることはなく，単一細胞内で多様な遺伝子産物を生み出すことに限られる．

図 43.14　1 個の B 細胞は，その表面に 10 万超個の同一の抗原受容体を有する．さらに，抗原特異性が異なる 100 万超種の B 細胞が存在する．

図 43.17　記憶細胞は，細胞表面のこれらの受容体を介して，抗原をヘルパー T 細胞に提示することができる．この抗原提示は，二次免疫反応で記憶細胞を活性化するために必要である．

図 43.22　一次反応：抗原（1 回目のばく露），抗原提示細胞，ヘルパー T 細胞，B 細胞，細胞傷害性 T 細胞，活性化された細胞傷害性 T 細胞から伸びる矢印．二次応答：抗原（2 回目のばく露），記憶ヘルパー T 細胞，記憶 B 細胞，記憶細胞傷害性 T 細胞，血漿細胞，活性細胞傷害性 T 細胞から伸びる矢印．

図 43.24　変化はないと考えられる．抗体の抗原結合部位は 2 つとも同じ特異性をもつので，結合した 2 つのバクテリオファージは，同じウイルスペプチドを提示するはずである，

概念のチェック 43.1

1. 膿は白血球，体液や細胞破片を含んでいるので，膿ができたことは，侵入した病原体に対して，活発あるいは少なくとも部分的に成立した炎症反応が起きたことを意味している．
2. TLR 受容体のリガンドは外来分子であるが，シグナル変換経路のリガンドは，生物自身が生産した分子である．
3. 免疫反応を誘起するには，宿主に見出されない分子的特徴を識別する必要がある．ある種の宿主だけが，必要な特異性をもつ受容体をもっている可能性がある．

概念のチェック 43.2

1. 図43.9を参照しなさい．膜貫通領域はジスルフィド架橋を形成する*C*領域内に存在する．これに対し，抗原結合部位は*V*領域に存在する．
2. 記憶細胞ができることで，特定のエピトープに特異的な受容体が用意されること，さらには抗原に遭遇したことがない宿主に比べて，その抗原に特異的に反応するリンパ球がより多く用意されることの両方を保証する．
3. それぞれのB細胞が，2つの異なる軽鎖および重鎖を発現すると，組み合わせにより4種の異なる抗原受容体が1つのB細胞で産生される可能性が出てくる．これらのいずれかが自己抗原に反応する場合，リンパ球は自己寛容の成立に際して排除されてしまうだろう．そのため，多くのB細胞が排除され，発現する受容体（および抗体）の多様性が少なくなるため，免疫系としては効果が弱まるだろう．

概念のチェック 43.3

1. 胸腺を欠損する子は，機能的なT細胞をもたないと考えられる．B細胞を活性化するヘルパーT細胞が存在しないので，子は細胞外の細菌に対する抗体を産生できないだろう．さらに，細胞傷害性T細胞やヘルパーT細胞がないので，子の免疫系はウイルスに感染した細胞を殺傷することはできない．
2. 抗原結合部位は無傷であるため，抗体断片はウイルスを中和し，細菌をオプソニン化することができる．
3. ヘビ使いが抗血清内のタンパク質に対する免疫を成立させていた場合，次回の血清注射は重度の免疫反応を引き起こす可能性がある．

概念のチェック 43.4

1. 重症筋無力症では，免疫系が自己の分子（筋細胞上の特定受容体）に対する抗体を産生しているので，自己免疫疾患と考えられる．
2. 風邪をひいている人は，ウイルスの伝染を促進する口や鼻からの分泌物を出しているだろう．さらに，病気は感染した個体の活動停止や死を引き起こすので，生理的ストレス時に宿主を出るようにウイルスがプログラムされていれば，現在の宿主が機能しなくなる前に，新しい宿主を見つけやすくなる．
3. マクロファージ欠損症の患者は頻繁に感染する．その原因はヘルパーT細胞に抗原を提示するマクロファージが不足しているため，食作用や炎症反応が減弱することに加え，貧弱な適応免疫反応に起因する生得的反応が低いことであろう．

重要概念のまとめ

43.1　唾液中に含まれるリゾチームは，細菌の細胞壁を破壊する．粘液の粘性は，細菌を捕捉するのに役立っている．胃の酸性環境は多くの細菌を殺傷する．消化管壁の強固に連結された細胞は，感染に対する物理的障壁になっている．

43.2　自然免疫反応を媒介するために，つねに十分な数の細胞が存在しているが，適応免疫反応の場合は，感染初期には病原体に特異的に反応できる細胞数は非常に少数で，その後に細胞集団の選択と増殖が必要である．

43.3　いいえ．自然感染後も予防接種後も非常に似た免疫記憶をもたらす．その後の感染において免疫系で認識され得る抗原には，わずかな差異が容認される．

43.4　いいえ．AIDSは，HIVに感染した個体に経時的に生じる免疫機能の喪失を指す．しかし，ある種の多剤の併用処方（「カクテル」）や，まれな遺伝的変異が，HIV感染個体がAIDSへと進行するのを妨げる．

理解度テスト

1. B　2. C　3. C　4. B　5. B　6. B　7. C

8. 1つの可能な答え：

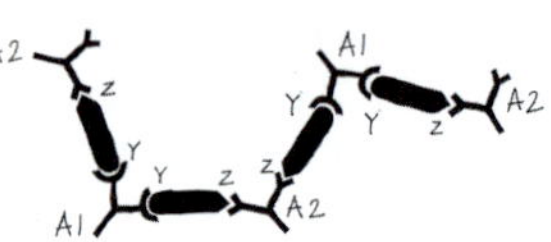
A2
A1
Z
Y
Y
Z
Y
Z
Z
Y
A1
A2
A2

44章

図の問題

図44.13　細管を裏打ちするそれらの細胞は，髄質内層を通過する場所で見出されると思われる．髄質内層の細胞外液はモル浸透圧濃度が非常に高いため，この部分の細管細胞による有機溶質の産生は細胞内のモル浸透圧濃度を高く維持し，その結果としてこれらの細胞では正常な細胞容積が維持される．

図44.14　フロセミドは尿量を増加させる．上行脚におけるイオン輸送の欠如は，濾液を非常に濃縮された状態のままにし，その後の遠位細尿管や集合管での十分な液量減少ができなくなる．

図44.17　細胞膜を介してイオン濃度が異なるとき，内外のイオンの濃度差は化学的な位置エネルギーを意味し，一方で結果として生じる内外の電荷の差は電気的な位置エネルギーを意味する．

図44.20　ADH受容体ならびにアクアポリンどちらの異常も，血液のモル浸透圧濃度を正常レベルに回復させるための水再吸収を阻害するため，どちらの変異をもつ患者もADHレベルは上昇しているだろう．

図44.21　「分泌」を表す矢印は，アルドステロン，アンギオテンシノーゲン，レニンの矢印である．

概念のチェック 44.1

1. 塩類を，濃度の低いところ（淡水）から濃度の高いところ（血液）に向かって濃度勾配に逆らって移動させるため．
2. 淡水での浸透圧順応型動物は，生命現象の過程を行うには体液があまりにも希釈されているため．
3. 断熱のための毛皮の層がないと，ラクダは体温を維持するために蒸発による水喪失の冷却効果を利用しなければならない．このように，温度調節と浸透圧調節はつながっている．

概念のチェック 44.2

1. 尿酸は水に対してほぼ不溶性のため，半ば固体のペーストとして排出され得る．それゆえ，動物の水喪失を減少させる．
2. ヒトは尿酸をプリン分解により生成し，食物中のプリン減少は多くの場合，痛風の重症度を低下させる．しかしながら，鳥類は一般的な窒素代謝の老廃物として尿酸を産生する．それゆえ彼らはプリンだけでなく，すべての含窒素化合物の少ない餌が必要だと考えられるため．

概念のチェック 44.3

1. 扁形動物では，繊毛をもつ細胞が老廃物を含む間質液を原腎管に送り込む．ミミズ類では，老廃物は間質液から体腔へと通過する．体腔からは，繊毛が老廃物を，後腎管の内部開口部を取り囲む漏斗構造を介して後腎管に移動させる．昆虫類では，マルピーギ管が血リンパから液を送り込む．血リンパはその循環の過程で細胞と物質交換を行い老廃物を受け取る．

2. 濾液は，ボーマン嚢の中で糸球体が腎動脈から血液を濾過するときにつくられる．濾液中のあるものは回収され，毛細血管に入り，腎静脈を通って出て行く．残りは濾液中に残り，腎臓から尿管を通って排出される．
3. ナトリウムイオンや他のイオン（電解質）が透析液に存在すると，透析において濾液から除去されるであろう電解質の程度が制限される．それゆえ開始時の透析液中の電解質を調整することは，血漿中の適切な電解質濃度を回復させることにつながる．同様に，開始時の透析液から尿素や他の老廃物を除いておくことは，濾液からそれらを除去することを促進させる．

概念のチェック 44.4

1. 淡水魚における多数のネフロンとよく発達した糸球体は，高い率で尿を生成する．一方，海産魚の少数のネフロンと小さな糸球体は，低い率で尿を生成する．
2. 腎臓髄質は少ない量の水しか吸収できなくなると考えられる．それゆえ，それらの薬剤は，尿への水の喪失量を増加させるだろう．
3. 輸入細動脈における血圧の低下は，血管から移動する物質の量を少なくするため，濾過の速度が低下するだろう．

概念のチェック 44.5

1. アルコールはADHの放出を抑制するので，尿からの水喪失を増加させ，脱水の可能性を増す．
2. 同時に溶質を取り込むことなしに，大量の水を短時間に摂取することは，血液中のナトリウムレベルを許容レベル以下にまで減少させ得る．低ナトリウム血症とよばれるこの症状は見当識障害を引き起こし，呼吸困難を引き起こすこともある．マラソン選手でスポーツ飲料ではなく水を飲む場合にこの症状が起こることがあった（新入生に対するしごきの結果としてクラブの新入生が死亡したり，水飲み競争の競技者が死亡することもあった）．
3. 高血圧．

重要概念のまとめ

44.1　細胞の外側の液が細胞内よりも低浸透圧であるとき（細胞質よりも低い溶質濃度をもつとき），水は浸透作用により細胞内に移動する．

44.2

老廃物の特性	アンモニア	尿素	尿酸
毒性	高い	とても低い	低い
生成のためのエネルギーコスト	低い	中程度	高い
排出時の水の損失	高い	中程度	低い

44.3　濾過により，その後の交換過程のための溶液がつくられる．濾過された溶液には，動物にとって有益で容易には再吸収できない細胞や巨大分子は存在しない．

44.4　両方のタイプのネフロンが近位細尿管をもち，栄養素を再吸収できる．しかし，傍髄質ネフロンだけが腎臓髄質深くに伸びるヘンレのループをもつ．それゆえ，傍髄質ネフロンをもつ腎臓だけが血液よりも濃縮された尿を生成できる．

44.5　ADHを産生できない患者の症状はホルモン処理によって緩和できるが，多くの尿崩症患者はADHに対する機能的受容体を欠如しているため．

理解度テスト

1. C　2. A　3. C　4. D　5. C　6. B

45章

図の問題

図 45.4

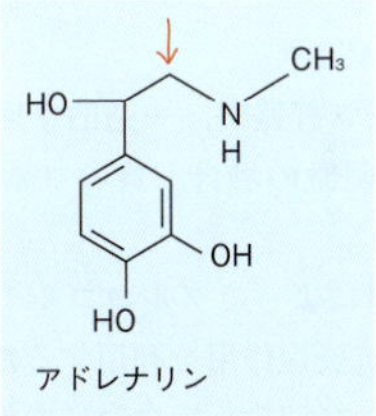

HO　CH_3　N H　OH　HO

アドレナリン

図 45.5　このホルモンは水溶性で細胞表面の受容体に結合する．この種の受容体は，脂溶性ホルモンの受容体とは異なり，遺伝子の転写なしに細胞の変化を引き起こすことができる．

図 45.6　ATPは酵素反応（アデニル酸シクラーゼ）によってcAMPに変換される．他の経路は，タンパク質間の結合によって起こる．

図 45.21　胚性生殖腺は精巣または卵巣になり得る．一方，ウォルフ管またはミュラー管は，特定の構造を形成するか，または変性し，膀胱は男性および女性の両方に形成される．

概念のチェック 45.1

1. 水溶性のホルモンは細胞膜を通過できず，細胞表面の受容体に結合する．この結合が細胞内のシグナル変換経路を活性化し，その結果細胞質にすでに存在していたタンパク質の活性を変化させたり核内の特定遺伝子の転写を制御したりする．ステロイドホルモンは脂溶性で細胞膜を通過して細胞内に入り，細胞質または核に存在する受容体と結合する．ホルモンと受容体の複合体が直接に転写因子として働き，特定遺伝子の転写を制御する．
2. 外分泌腺．フェロモンは血中には分泌されず，代わりに体表面もしくは環境中に分泌されると考えられるため．
3. 水溶性ホルモンの受容体は細胞表面で細胞外に面して存在しているので，細胞質に注入しても反応は引き起こされない．

概念のチェック 45.2

1. プロラクチンは母乳の産生を制御し，オキシトシンは母乳の分泌を制御する．
2. 視床下部の延長部である脳下垂体後葉は神経分泌細胞の軸索を含んでいて，オキシトシンおよび抗利尿ホルモン（ADH）という2種の神経分泌ホルモンの貯蔵・放出を行う．脳下垂体前葉は，最低6種類のホルモンをつくる内分泌細胞を含んでいる．前葉ホルモンの分泌は，視床下部から血管を経て前葉に達する視床下部ホルモンによって調節される．
3. 視床下部や脳下垂体は多様な内分泌系路に関係している．したがってこれらの部位の発達や組織形成にかかわる障害の多くは広い範囲の内分泌系路を乱してしまう．特定の障害，たとえば特定のホルモンの受容体に影響する突然変異のようなものであれば，ただ1つの内分泌系路が変化するだろう．経路の最後の内分泌腺が何かによって状況は異なる．甲状腺では，その機能に対するさまざまな障害が1つの経路だけを乱すこともあれば，いくつかの経路を同時に乱すこともある．

4. どちらの診断も正しい可能性がある．一方の症例では視床下部および脳下垂体前葉からのホルモン入力が正常であっても甲状腺がホルモンを過剰に産生している可能性があり，他方の症例ではホルモン入力の異常な上昇（TSH 濃度の上昇）が甲状腺の活性を異常に高めた可能性がある．

概念のチェック 45.3

1. もし，ホルモン経路が，一過的な反応を引き起こす場合，持続時間が短い刺激の場合，負のフィードバックに依存しにくい．
2. 局所的な注射によってグルココルチコイドを与えるのは，このホルモンの抗炎症作用を利用するためである．局所的に用いることにより，経口投与で全身に血液で運ばれた場合に起こるグルコース代謝への影響を避けることができる．
3. 動物のホルモンも植物のホルモンも，組織によって異なる反応を引き起こすホルモンである．「闘争–逃走」反応において，アドレナリンは，骨格筋への血流量を増やすが，消化器の平滑筋への血流量は減らす．頂端優位性を確立する際，オーキシンは先端芽の成長を促進し，側枝の成長を阻害する．

重要概念のまとめ

45.1　図 43.16 に示すように，ヘルパーＴ細胞は，オートクリンおよびパラクリンシグナルによって局所調節因子であるサイトカインによって活性化される．

45.2　膵臓，副甲状腺および松果体．

45.3　脳下垂体も副腎も神経組織と非神経組織の融合によって形成される．ADH は脳下垂体の神経分泌部位から分泌され，アドレナリンは副腎の神経分泌部位から分泌される．

理解度テスト

1. C　2. D　3. D　4. B　5. B　6. B　7. A

8.

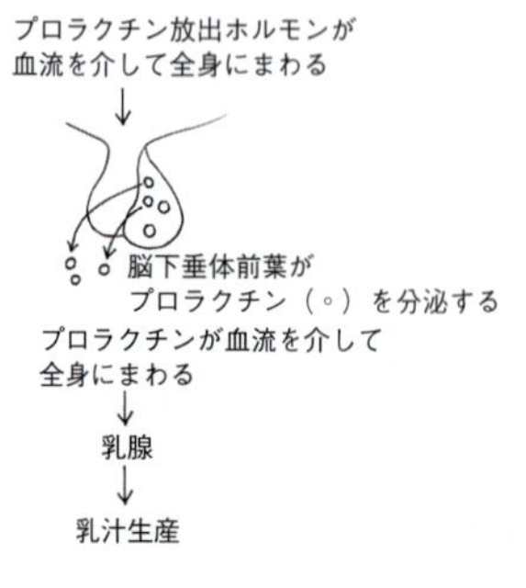
プロラクチン放出ホルモンが
血流を介して全身にまわる
脳下垂体前葉が
プロラクチン（◦）を分泌する
プロラクチンが血流を介して
全身にまわる
乳腺
乳汁生産

46 章

図の問題

図 46.7　新たにつくられた精子は精巣から貯精嚢へと入り，交尾の最中に射精管へと出て行く．交尾ののち精子は受精嚢へと入り，しばらく保存されたあと卵管へと放出されて子宮へと移動しつつある卵を受精させる．

図 46.8　2番目の雄との交配が成立した場合，その雄の遺伝子型によらず約3分の1の雌は最初の交尾で得た精子のすべてを自分で排除する．したがって3分の2は最初の交尾のときの精子をある程度保持している．このことから，3分の2の雌は最初の交尾相手の雄が有する小眼という優性突然変異形質をもつ子をある程度産むことが予測できる．

図 46.11　この分析は有用な情報を提供する．なぜなら極体（訳注：第一極体）は母親の遺伝子のうち，成熟卵に含まれることのないものすべてを含むからである．たとえば極体中に病原遺伝子が2コピー見つかれば，卵にはその遺伝子は存在しないことになる．この検査法は，母親から取り出した卵母細胞を試験管内で受精させる際に行われることがある．

図 46.15　胚は通常受精後1週間で着床するが，着床前の数日間は子宮内膜から影響を受けながら子宮内で過ごす．したがって，移植前に胚を数日間，子宮内膜が分泌するのと同様の栄養源を含む液体培養液中で，体温と同じ温度で培養する必要がある．

図 46.16　テストステロンは胎盤の血管系を介して胎児の血液から母親の血液に移動できるので，母親のホルモンバランスを一時的に乱すことになる．

図 46.18　オキシトシンは分娩を誘発すると考えられ，正のフィードバック回路が動き出して出産の終了まで継続すると予測できる．実際に妊娠が長引いて母親または胎児に危険が生じそうな場合には陣痛を誘発するために合成オキシトシンがよく用いられる．

概念のチェック 46.1

1. 有性生殖によって生まれる子のほうが遺伝的により多様である．しかし，無性生殖では何世代にもわたって，より多数の子をつくることができる．
2. 他の無性生殖の形式とは異なり，単為生殖には配偶子形成の過程が含まれる．一倍体の卵を受精させるか否かを調節することにより，ミツバチなどでは無性生殖と有性生殖とを簡単に切り替えることができる．
3. 同一にはならない．減数分裂時に染色体のランダムな分配が起こるため，それぞれの子が精子と卵を介して受け取るある染色体が，親がもっていた2つの染色体のどちらであるかはランダムに決まるため．さらに，減数分裂では相同染色体での遺伝的組換えが起き，遺伝子の組み合わせに変化が生じる．
4. 動物でも植物でも断片化が起こる．さらに，動物の出芽と植物の根からの不定根の成長は，どちらも親個体の一部の成長による増殖である．

概念のチェック 46.2

1. 体内受精では両性の配偶子が乾燥することなく受精することができる．
2. (a) 体外受精をする動物では一度に多数の配偶子を放出するものが多く，その結果膨大な数の接合子が生じる．これによっていくらかの子が成体になるまで生き延びるチャンスを増やしている．
   (b) 体内受精をする動物ではより少ない数の子をつくるが，一般的に胚や子をより手厚く保護する．
3. 昆虫の子宮と同様に，植物の子房は受精が行われる場となる．しかし，植物の子房とは異なり，子宮は卵形成の場ではなく，昆虫の卵形成は卵巣で行われる．さらに，昆虫の受精卵は子宮から外界に出されるが，植物の胚は子房内の種子の中で発生する．

概念のチェック 46.3

1. 精子形成は精巣が正常な体温より低温に保たれているときにのみ正常に起きる．熱い風呂に頻繁に入ると（あるいは密着度の高い下着を着用しすぎると）精子の質や数が低下する可能性がある．
2. ヒトでは二次卵母細胞が減数第二分裂を終了する前に精子と接合する．したがって，卵形成は受精前ではなく受精後に完結する．
3. 両側の輸精管を封印した場合は，射精物中に精子が存在しなくなるだけである．性的反応や射精物の量には変化はない．輸精管の切断と封鎖（「精管切除」）は子をつくることを望まない（あるいはこれ以上は望まない）男性のためによく行われる外科的手法である．

概念のチェック 46.4

1. 精巣では，FSH は発達中の精子を養うセルトリ細胞を刺激する．LH はアンドロゲン（主としてテストステロン）の産生を刺激し，アンドロゲンは精子形成を刺激する．雌雄の両方において，FSH は発達中の配偶子を養う細胞（雌では卵胞細胞，雄ではセルトリ細胞）の発達を促し，LH は配偶子形成を促進する性ホルモン（雌ではエストロゲン，特にエストラジオール，雄ではアンドロゲン，特にテストステロン）の産生を刺激する．
2. 大多数の哺乳類の雌に見られる発情周期では，妊娠が起こらなかった場合子宮内膜は再吸収される（脱落はしない）．発情周期は多くの場合，1年に1回または数回起こり，雌は排卵前後の限られた期間だけ交尾を受け入れる．月経周期はヒトおよび他の霊長類の一部にのみ見られる．子宮の支持組織の発達と崩壊を制御するが，性的感受性は制御しない．
3. エストラジオールとプロゲステロンの組み合わせは視床下部に負のフィードバック効果を及ぼし，GnRH の分泌を抑制する．それによって脳下垂体からの LH 分泌は抑えられるから，胞排卵が起こらない．これは一般的なホルモン避妊薬の作用の基礎になっている．
4. ウイルスの増殖周期では，新しいウイルスゲノムの生産はキャプシドタンパク質の発現および外被のためのリン脂質の生産と協調している．ヒト女性の場合は，卵の成熟と子宮の支持組織の発達とがホルモンによって協調している．

概念のチェック 46.5

1. 初期の胚が分泌する hCG は黄体を刺激して，妊娠維持を助けるプロゲステロンを分泌させる．しかし第二の3ヵ月期になると hCG は減少し，黄体は退化してプロゲステロン生産は胎盤によって完全に肩代わりされるようになる．
2. どちらも配偶子が生殖腺から受精場所に移動するのを阻止する．
3. 精巣上体での精子の運動能獲得，輸卵管内の卵までの運動，および卵との融合の過程が飛ばされることになる．

重要概念のまとめ

46.1 同一ではない．なぜなら単為生殖には減数分裂の過程が含まれるので，母親は自分の母および父から受け継いだ染色体をランダムな組み合わせで子に渡すからである．

46.2 どれも哺乳類に特有ではない．

46.3 小型で細胞質をもたないという精子の特徴は，DNA の運び役にふさわしい適応である．大型で細胞質に富むという卵の特徴は，胚の発生と発達を支えるのに役に立っている．

46.4 血流を循環するアナボリックステロイドはテストステロンのフィードバック制御と同様の働きをするので，脳下垂体から精巣へのシグナル伝達を遮断し，それによって精子形成に必要なシグナルが届かなくなる．

46.5 母親の動脈中の酸素に富んだ血液は子宮内膜の血液プールに流入し，酸素はそこから胎盤の漿膜絨毛内の胎児毛細血管へ移行して胎児の循環系に入る．

理解度テスト

1. D 2. B 3. A 4. C 5. A 6. B 7. C 8. D

9.

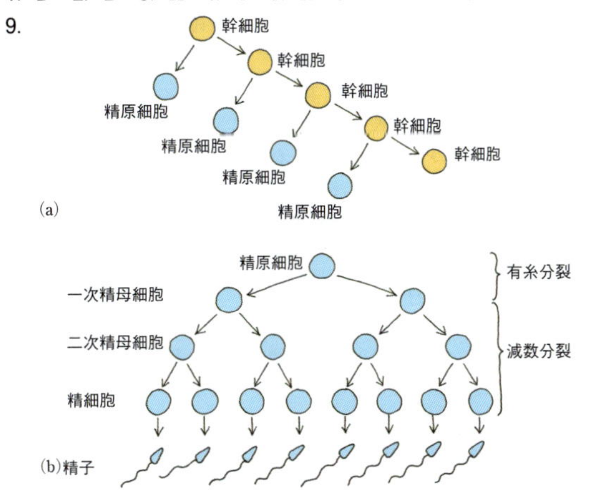
幹細胞
幹細胞
幹細胞
幹細胞
幹細胞
精原細胞
精原細胞
精原細胞
精原細胞
(a)
精原細胞
一次精母細胞
二次精母細胞
精細胞
(b)精子
有糸分裂
減数分裂

(c) 幹細胞の補給が続かなくなり，精子形成の続行は不可能になるだろう．

47章

図の問題

図 47.4 未受精卵にこの化学物質を注入し，卵を精子にさらし，受精膜ができるかどうかを見ることができる．

図 47.6 細胞は少なくなり，互いがより近接するだろう．

図 47.8 (1) 胞胚腔は，ドーナツが穴を取り囲むように，腸を取り囲む1つの区画を形成する．(2) 外胚葉は動物の体を覆う外表を形成し，内胚葉は消化管のような体内の器官を一列に配置する．中胚葉は2つの胚葉の間の空間の多くを埋める．

図 47.19 口に最も近い消化器系の細胞を生み出すためには8回の細胞分裂が必要である．

図 47.22 研究者は通常の表層回転を起こさせたとき，「背側決定因子」の活性化を導く．次に，逆の回転を無理に起こしてやると，逆側に同じような背側がつくり出される．通常の側にある分子がすでに活性化されているため，逆の回転を強制しても，最初の表層回転によってつくられた背側をキャンセルできなかった，と考えられる．

図 47.23　描いてみよう

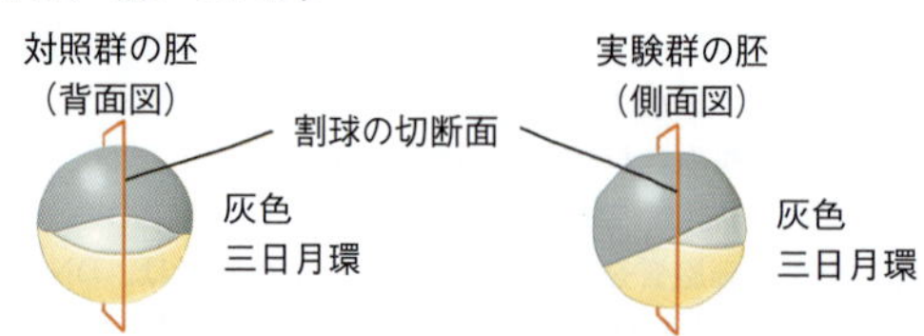
対照群の胚
（背面図）
割球の切断面
実験群の胚
（側面図）
灰色
三日月環
灰色
三日月環

どうなる？　シュペーマンの対照群の胚では，2つの割球は物理的に切り離され，各々が完全な胚になった．ルーの実験では，死んでいる割球が生きている割球とその後も接触し，半胚に成長した．そのため，死細胞に存在する分子が，生細胞にシグナルを与え続け，胚の構造全体を形成する妨げとなったと考えられる．

図 47.24　初期原腸胚の腹側の細胞に，単離したタンパク質，あるいはそれをコードする mRNA を注入することができる．もし背側構造が腹側にできたとすると，このタンパク質は，背唇部から分泌されるか，あるいは背唇部に存在するシグナル分子であるという考えが支持されるだろう．なお，注入するという行為だけでは背側構造を生じないことを確認する対照実験も行わなければならない．

図 47.26　極性化活性帯のマーカーとして，Sonic hedgehog mRNA またはタンパク質を使うことができる．外胚葉性頂堤を取り除いた後もしそのどちらも存在しなければ，その仮説は支持されるだろう．また，FGF の機能を阻害したり，極性化活性帯が形成されるかどうかを見たりすることもできるだろう．

概念のチェック 47.1

1. 表層顆粒が卵外に内容物を放出すると，受精膜が形成される．そして，卵黄膜が上がり，硬くなる．受精膜は，複数の精子による受精に対する障壁として使われる．
2. 卵内で Ca^{2+} 濃度が上昇すると，たとえ精子が侵入していなくても，表層顆粒が細胞膜と融合し内容物を放出して受精膜を形成する．このことは，受精を阻害するだろう．
3. 変動すると考えるだろう．MPF 活性の変動は，DNA 複製（S 期）と細胞分裂（M 期）の間の移行を促す．それは，省略された卵割期の細胞周期でもなお必要とされる．

概念のチェック 47.2

1. 脊索の細胞は，胚の正中線方向に移動し（収束），脊索の横幅がより少なくなるように自身を再編成する．その結果，全体としてより長くなる（伸長；図 47.17 参照）．
2. 細胞骨格繊維は縮小したり，細胞の一端を短くすることができないので，神経管の中央で内部に曲がることも，端でちょうつがい部位を外向きに曲げることも妨げられる．その結果，おそらく神経管はできないだろう．
3. ビタミンの1種である葉酸の摂取によって，神経管欠損の頻度を激減させるだろう．

概念のチェック 47.3

1. 軸形成によって，発生に座標を与える3軸の位置と極性が確立される．これらの座標によって定義される3次元空間において，特定の組織や器官がパターン形成により位置づけられる．
2. モルフォゲンの濃度勾配は，決定因子の量の変化を通して，細胞領域全体にわたって細胞運命を決定することに働く．よって，モルフォゲンの勾配は，細胞質の決定因子や細胞間の誘導的な相互作用より広い範囲に働く．
3. はい：BMP-4 活性の阻害はオーガナイザー移植と同じ影響をもつので，二次軸も成長することができる．
4. 成長した肢はおそらく鏡像対称に重複し，2本の後肢が真ん中に，前肢が両端にできるだろう．

重要概念のまとめ

47.1　卵表面における受容体の，精子への結合は非常に特異的であり，もし2つの配偶子が異なる種由来だと，このことはおそらく起こらない．精子の結合がないと，精子と卵膜は融合しない．

47.2　アポトーシスは，未成熟な形態のときのみ必要とされる構造，必要とされるよりも数が多い機能しない細胞，そして進化の過程で個体にとって適応的でない発生プログラムによって形成された組織を消失させるために働く．

47.3　肢と腎臓両方の発生に影響を及ぼす突然変異のほうが，より単繊毛の機能を変化させると思われる．なぜなら，これらの細胞小器官は複数のシグナル経路が重要であるからである．肢の発生には影響を及ぼすが腎臓の発生には影響を与えないような突然変異は，Hedgehog シグナルのように，単一の経路を変化させると思われる．

理解度テスト

1. A　2. B　3. D　4. A　5. D　6. C　7. B

8.

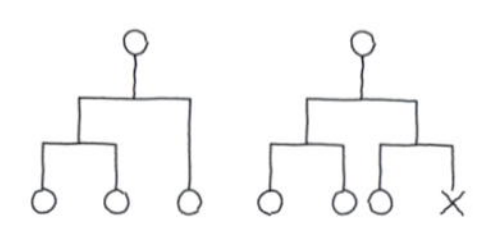

48 章

図の問題

図 48.7　塩化物イオン（Cl^-）チャネルを加えると，膜電位はマイナス方向に変化する．カリウムチャネルを加えても何も変化はない．なぜなら，カリウムイオンがないからである．

図 48.9　別の力が働かない条件下では，化学的濃度勾配がイオンの移動を決める．この場合，細胞の外側のイオン濃度が高いので，チャネルが開けばイオンは内側に移動する．

図 48.10

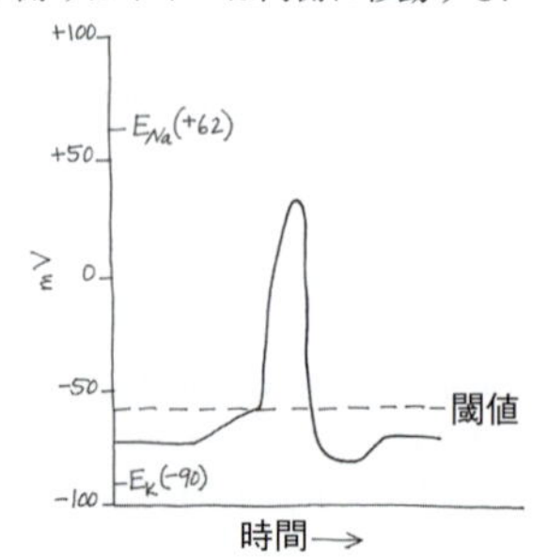
+100
+50
0
-50
-100
E_{Na}(+62)
V_m
閾値
E_K(-90)
時間→

図 48.11

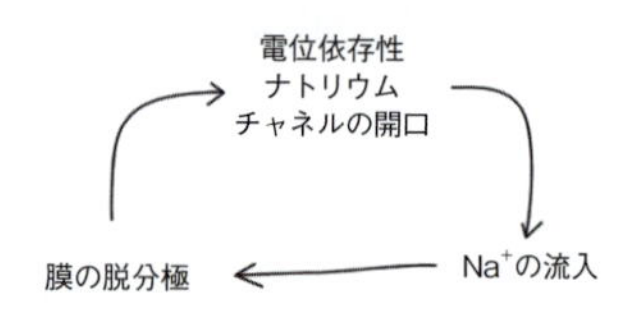
電位依存性
ナトリウム
チャネルの開口
Na^+の流入
膜の脱分極

図 48.12

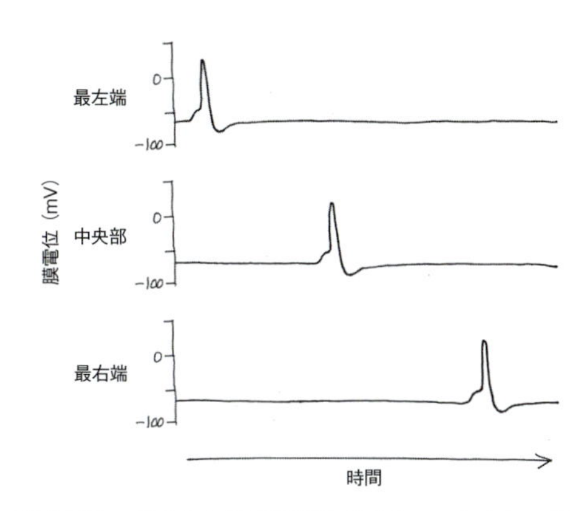
最左端
0
−100
膜電位（mV）
中央部
0
−100
最右端
0
−100
時間

図 48.15　活動電位の発生と伝導は影響を受けない．しかし，化学シナプス部域に到達した活動電位は神経伝達物質の放出を引き起こせない．シナプスにおける信号はここでブロックされる．

図 48.17　加重は入力が同時あるいはほぼ同時に起こったときに起こる．異なる2ヵ所から入力をもらう空間加重は，実質的には時間加重でもあるといえる．

概念のチェック 48.1

1. 細胞体から派生する軸索と樹状突起は，情報を伝える役割をもつ．樹状突起は細胞体へ情報を伝え，軸索は細胞体から情報を伝える．一般のニューロンは多数の樹状突起と1本の軸索をもつ．
2. あなたの耳のセンサーが情報を脳に送る．それを受けた中枢の介在ニューロンが活動し，自分の名前がよばれたことを認識させる．それに反応して運動ニューロンが活動し筋肉の収縮が起こってあなたは頭を振り向かす．
3. 分岐の増加は多くのシナプス後細胞に影響を与えることができ，神経信号の統合機能を強化できる．

概念のチェック 48.2

1. イオンに逆向きの電気的勾配があった場合，濃度勾配に逆らって流れることができる．
2. カリウムイオンの透過性の減少，ナトリウムイオンの透過性の上昇，あるいはその両者．
3. 電荷をもった色素分子は他の電荷をもった分子が膜を横切ったときのみ平衡に達することができる．そうでない場合は，膜電位は化学的勾配に対してバランスをとるように変化する．

概念のチェック 48.3

1. 段階的電位は刺激の強さに依存して変化するが，活動電位は刺激の強さに無関係に全か無かの応答を示す．
2. ミエリン鞘による電気的絶縁がなくなると軸索を伝導する活動電位は中断する．電位依存性ナトリウムチャネルはランビエ絞輪部に集中しているので，ミエリンによる絶縁効果がないと1つの絞輪に流入した内向き電流は隣接した絞輪を閾値まで脱分極することができない．
3. 正のフィードバックは，多くの電位依存性ナトリウムチャネルの開口を引き起こし，その結果，急激なナトリウムイオンの流入が起こり，活動電位の上昇相が形成される．膜電位が脱分極すると，電位依存性カリウムチャネルが開き，これが負のフィードバックとして働いて活動電位の下降相が形成される．
4. 不応期が延長するため，最大頻度は減少する．

概念のチェック 48.4

1. 別組織の異なる受容体に結合し，シナプス後細胞に別の反応を引き起こすことが可能である．
2. アセチルコリンがシナプス間隙に長く留まるため，これらの毒はEPSPの持続時間を延長するであろう．
3. 膜の脱分極，開口放出，そして膜の融合が受精時と神経伝達物質放出時に起こる．

重要概念のまとめ

48.1　細胞体から軸索への伝達が阻止される．

48.2　静止状態のニューロンではナトリウムチャネルはほとんど開いていない．したがって静止電位は変化しないか，わずかに過分極するだろう．

48.3　（訳者解答例）不応期が2ミリ秒なので $\dfrac{1}{2\times10^{-3}}=500.$

よって500Hz.

48.4　神経伝達物質は場所や活動性の異なる多くの受容体に作用している．薬物は神経伝達物質の放出を標的とするより受容体の活動を標的としたほうがより特異性があり，かつ副作用も少なくてすむ．

理解度テスト

1. C　2. C　3. C　4. B　5. A　6. D
7. ナトリウム−カリウムポンプの活動は静止電位の形成に重要である．このポンプ活性がなくなるとナトリウムとカリウムの濃度勾配がしだいに消失し，静止電位は減少していく．
8. GABAは中枢神経系の抑制性神経伝達物質なので脳活動を減少させる．その結果，行動の活動性を遅くし，弱めるだろう．多くの鎮静剤はこの様式で作用している．
9. この図に示すように活動電位はそれぞれの電極から両方向へ伝わっていく（活動電位は軸索の端から開始したときのみ一方向に伝わる）．しかし2つの電極の間で発生した活動電位が衝突すると不応期があるため，活動電位は消滅してしまう．このようにして1つの活動電位だけがシナプス終末に到達できる．

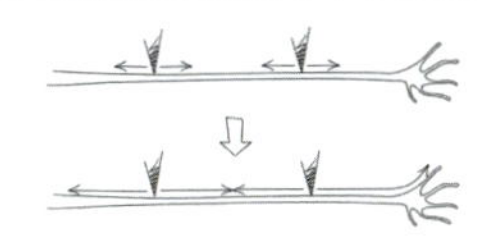

49章

図の問題

図 49.7　嚥下の間，食道の筋肉は収縮と弛緩を交互に繰り返し，蠕動運動を引き起こす．この交互性を説明する1つのモデルは膝外腱反射で，大腿二頭筋と大腿四頭筋が拮抗的に信号を受け取るように，興奮と抑制を交互に繰り返す神経インパルスを受け取るというものである．

図 49.15　灰色の領域は，異なる形，パターンなので，違う脳の平面であることを示す．この事実は，線条体と扁桃体の核は異なる平面にあることを示している．

図 49.17　手は前腕より広い領域を占めている．なぜなら手は前腕よりも，脳へ入力する感覚入力と脳から出る運動出力ともに

多くの神経支配を受けているからである．

図 49.24　もし脱分極が膜電位を閾値かそれを超える変化を起こせば活動電位が発生し，VTA ニューロンからドーパミンが分泌される．このことは自然な状態の脳の報酬刺激を模倣したことになり，高い意欲のある感覚や快楽の感覚をもたらすであろう．

概念のチェック 49.1

1. 交感神経が活性化される．ストレスがかかった状態では「闘争–逃走」反応が起こる．
2. 神経の束の中には，CNS から末梢にシグナルを伝える運動ニューロンと，末梢から CNS にシグナルを伝える感覚ニューロンの両方が含まれている．それゆえ運動と感覚はともに影響を受けると考えられる．
3. 副腎髄質のアドレナリン分泌細胞は交感神経の節前神経に反応して，アドレナリンとノルアドレナリンいうホルモンを分泌する．これらのホルモンは循環系を介して体中に伝わり多くの組織に反応をもたらす．

概念のチェック 49.2

1. 左半球の大脳皮質が体の右側の随意運動を開始する．
2. アルコールは小脳の機能を低下させる．
3. 昏睡状態は中脳と橋（網様体）と大脳の間の連絡による睡眠と覚醒のサイクルの混乱に原因がある．患者は中脳，橋，大脳，これら構造間のどの場所でも障害を受けている可能性がある．全身麻痺は大脳から脊髄への運動指令がうまくできないことによる．これらの患者は中脳や橋ではなく脊髄から中枢神経系に行く経路に障害があると考えられる．

概念のチェック 49.3

1. 行動，認知，記憶，その他の機能を破壊する脳損傷は，その損傷によって影響を受けた脳の部位が通常機能に重要であるという証拠を提供してくれる．
2. ブローカ野は言葉を話しているときに使われ，顔の筋肉を支配する一次運動野の近くにある．ウェルニッケ野は言葉を聞いているときに活動し，聴覚領のある側頭葉の近くにある．
3. 左右の大脳半球はその機能に関して役割分担がある．右脳は顔の認識，左脳は言語にかかわる．脳梁がないとどちらの半球も，対側の半球の能力をいかすことができなくなる．

概念のチェック 49.4

1. ニューロン間のシナプスの数の増加あるいは既存のシナプスの伝達効率の増加などがある．
2. 意識というものが脳の多くの領域の相互作用による創発的性質であるなら，部分的な脳損傷が意識に決定的な影響を与えるとは考えにくいから．
3. 海馬は新しく獲得した情報を組織化する役割を果たしている．海馬がないと新皮質から情報を引き出すことができなくなる．それゆえ，短期記憶も長期記憶も形成できなくなると考えられる．

概念のチェック 49.5

1. 両者は進行性の脳疾患である．その発症率は年齢とともに高くなる．両者は脳の神経細胞死によるものであり，ペプチドやタンパク質の凝集と関連がある．
2. 統合失調症はドーパミン放出を促進する薬物によって模倣することができる．脳の報酬系は薬物依存と関係しており，腹側被蓋野と大脳部位を接続するドーパミン放出ニューロンから成り立っている．パーキンソン病は，ドーパミン放出ニューロンの死によって起こる．
3. そうではない．死んだ脳に見られる老人斑，神経原繊維変化は二次的な影響でできたものであり，実際には脳で起こった見ることのできないその他の変化の結果と考えられる．

重要概念のまとめ

49.1　反射弓は少数のニューロンしか含まないので（最も単純なものでは感覚ニューロンと運動ニューロンのみ）情報の伝達経路は短く単純なため反応が速い．

49.2　中脳は視覚反射を制御している．小脳は視覚入力に依存する協調的な運動を制御している．視床は視覚情報の中継路として機能している．大脳は視覚入力を視覚イメージに変換するのに重要な役割を果たしている．

49.3　体の右側が麻痺した．なぜなら言語の発生と理解に関する中枢である左半球に支配されているためである．

49.4　新しい言語を学ぶためには発生初期の間に形成され，大人になる前に消失してしまうシナプスの維持が必要とされる．

49.5　アンフェタミンはドーパミンの分泌を刺激するが，PCP はグルタミン酸受容体をブロックする．このことは統合失調症がただ 1 つの神経伝達物質の機能の欠如により引き起こされるものではないことを示唆している．

理解度テスト

1. B　2. B　3. D　4. C　5. C　6. A

7.

(a)

指の痛覚受容器
指の痛覚受容器からの求心性感覚ニューロン
刺された指
脊髄
介在ニューロン
腕の筋肉のシナプス
手の引き込め
腕の筋肉へいく遠心性運動ニューロン

(b)

大脳の頭頂葉にある
体性感覚野の痛覚
受容部位
頭頂葉

50 章

図の問題

図 50.17　シス異性体では水素原子が炭素の二重結合の同じ側にあるが，トランス異性体では反対側にある．

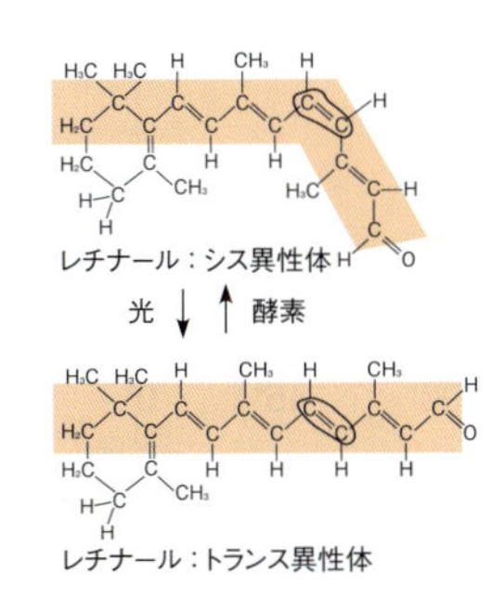
レチナール：シス異性体
光
酵素
レチナール：トランス異性体

図 50.19 3種類の錐体細胞はそれぞれ異なる波長の光に対し感度が高い．錐体はもし光が最適波長から離れている場合は最大限に脱分極しているため．（訳注：暗時に興奮することより，感じない波長の光で興奮することのほうが重要なため）

図 50.21 ヒトでは赤か緑のオプシン遺伝子を欠損したX染色体は正常な野生型のX染色体ほど一般的ではない．それゆえ色覚異常は欠損遺伝子が色覚異常の男性から保因者の娘に渡り，そして孫の息子に渡って，その息子が色覚異常になるというように1世代飛び越えて遺伝する．リスザルでは，X染色体はすべての色覚を与えることはできない．その結果，すべての雄は色覚異常であり異常な遺伝様式は観察されない．

図 50.23 実験結果は同じである．起こったことはある特定な組み合わせのニューロンの活性化であり，活性化の様式ではない．苦みの細胞からのいかなる信号も化合物の性質や含まれる受容体にかかわらず，脳によって苦味として解釈されるだろう．

図 50.25 知覚のみ影響を受ける．カビの匂い分子も芳香剤の匂い分子も受容体に結合し活動電位を引き起こしそれを脳へ送る．過剰なカビの分子の結合は順応を起こし反応を低下させるかもしれないが，芳香剤の分子の知覚によってカビ臭い匂いを感じなくすることができる．

図 50.26 前者．筋繊維は多くの筋原繊維の束からできており，多くの筋節が長軸方向につながってできている．筋節は多くの筋原繊維の収縮要素である．それぞれの筋原繊維は多くの筋節の一部である．

図 50.28 数百のミオシン頭部が滑り運動に寄与している．架橋の形成と解離は同期しないので多くのミオシン頭部は筋収縮の間，つねに細いフィラメントに力を与えている．

図 50.33 すべての筋肉に強縮を起こすのに十分な頻度の活動電位を運動ニューロンに引き起こすことによる．

概念のチェック 50.1

1. 電磁受容器は外部からの刺激を専用に受容している．化学受容器や機械受容器のような非電磁受容器は外部だけでなく，内部のセンサーとしても働く．
2. 香辛料に含まれるカプサイシンは高温度感受性の温度受容器を活性化する．高温度にさらされると神経系は気化熱で温度を下げようとして発汗を開始する．
3. 電気刺激はちょうど，感覚受容器が刺激されたときのような知覚を起こすであろう．たとえばメンソールによって活性化される温度受容器をもつ感覚神経の電気刺激は，局所的に冷やされた知覚を生じさせるであろう．

概念のチェック 50.2

1. 平衡胞は重力に対する動物の空間内の位置を検出し，光による手がかりがないとき，周囲環境に関する情報を提供する．
2. 高音から低音に段階的に変化する音として聞こえる．
3. 鐙骨とその他の中耳の骨は鼓膜から卵円窓へ振動を伝える．これらの骨が融合してしまう（骨硬化症とよばれる）とこの伝達は阻止され難聴となる．
4. 動物では平衡石は細胞の外にあるが，植物では細胞内器官にある．体位置を検出する方法も両者で異なる．動物では，繊毛をもった細胞の機械受容器が検出するが，植物では，カルシウムシグナルが関与している．

概念のチェック 50.3

1. プラナリアは単眼をもっている．像の形成はできないが光の強さと方向を検知できる．そのため陰影の場所を探すことができ，捕食者からの防御が可能になる．ハエは像を形成でき，かつ動きの検知能力に優れた複眼をもっている．
2. 遠距離にある物体に焦点を合わせることができるが近い物体にはできない．なぜなら近い距離に焦点を合わせるには，レンズが球形になる必要があるからである．この現象は50歳以上になるとふつうに見られる．
3. 桿体細胞と錐体細胞からのシグナルはグルタミン酸である．その放出は光により減少する．しかし，この減少は，網膜にある他の細胞に働き，脳へ伝わる活動電位の発火頻度を上昇させる．
4. 網膜のレチナールの光吸収では，シス（*cis*）からトランス（*trans*）への構造変化が起こり光の検出過程が開始する．それに反して，クロロフィルによって吸収されたフォトンは異性体変化を起こさず，電子を高エネルギーの軌道に上げ，ATPとNADPHを産生する電子伝達を開始する．

概念のチェック 50.4

1. 味細胞と嗅細胞は細胞膜上に特定な物質を結合する受容体タンパク質をもっており，Gタンパク質を介したシグナル伝達を介して膜の脱分極を導く．嗅細胞は感覚ニューロンであるが味細胞はニューロンでないから．
2. 動物は異性の探索，縄張りの形成，危険物質からの回避に化学感覚を用いている．そのため少数の匂い分子に確実に応じる嗅覚系をもっていることは適応的である．
3. 甘味，苦味，うま味にはGPCRタンパク質が必要であるが酸味にはない．したがって変異は異なるGPCRに共通するシグナル伝達系の分子にあると考えられる．

概念のチェック 50.5

1. 骨格筋繊維においてCa^{2+}はトロポニン複合体に結合し，トロポミオシンをアクチン上のミオシン結合部位から遠ざけ架橋が形成される．平滑筋細胞においてCa^{2+}はカルモジュリンに結合し，ミオシン頭部をリン酸化する酵素を活性化する．これによって架橋が形成される．
2. 死後硬直は骨格筋においてATPの完全な枯渇により起こる．ATPはアクチンからミオシンを離し，細胞質のCa^{2+}をポンプによって取り込むときに使われるので，筋肉は死後3～4時間で不可逆的な収縮状態になる．
3. 競合的阻害剤は同じ酵素の基質結合部位に結合する．それに対してトロポニンとトロポミオシン複合体はアクチン上のミオシン結合部位に結合するのではなく覆った状態をつくる．

概念のチェック 50.6

1. 遊泳における中心課題は摩擦力であり，紡錘状の形はこれを最小にしている．飛翔における中心課題は重力の克服である．航空翼のような羽の形は揚力を生み，空気の入った骨は体重を軽減している．
2. モデル化した蠕動運動では，手で歯磨き粉のチューブを押す場所を順番に変えていく．消化管の食塊の移動を見せるときは，チューブのふたを開け，蠕動運動がミミズの移動に関与していることを示すときは，チューブのふたを閉める．
3. 椅子に座ろうとして椅子の両端をつかむとき，あなたは重力に逆らって腕を伸ばした状態を維持するため上腕三頭筋を収縮させる．椅子にゆっくり座るとき，あなたは収縮している上腕三頭筋の運動単位を徐々に減らしていく．一方，椅子にすばやく座るときには，重力に逆らう必要がないため，上腕二頭筋が収縮する．

重要概念のまとめ

50.1　侵害受容器はそれらが受容する刺激の種類が他の受容器と重なっている．それらは刺激の受容の仕方が他の受容器と異なっている．

50.2　大きさは脳へ伝えられる活動電位の頻度によって符号化される．高さはどの軸索が活動電位を伝えるかで符号化される．

50.3　大きな違いは網膜のニューロンは脳へ情報を送る前に，あらかじめ感覚受容器（光受容器）からの情報を統合処理することである．

50.4　私たちの嗅覚感覚はいわゆる味覚に対しても影響をもつ．鼻風邪をひいているときやうっ血時には，鼻腔の中に並ぶ受容器への匂い分子の接近がブロックされる．

50.5　ATPの加水分解エネルギーはミオシンがアクチンと結合できるように高エネルギー状態に移行させるために使われる．また筋の弛緩の間，細胞質のCa^{2+}濃度を減らすCa^{2+}ポンプの活動のために使われる．

50.6　ヒトの体の動きは硬い内骨格に結合した筋肉の収縮に依存している．腱は骨に筋肉を付着させ，筋肉は筋節を基本単位とする繊維から成り立っている．細いフィラメントと太いフィラメントは筋節内で異なる位置に固定されている．神経系の運動指令に反応してミオシン頭部とアクチンとの間で架橋の結合と解離が起こり，細いフィラメントと太いフィラメントが互いに通り過ぎてしまわないように歯止めをかけている．フィラメントは固定されているため，この滑り運動は筋繊維を短縮させる．さらに筋繊維は筋肉の一部であり，それ自体が骨の末端についているため筋収縮は骨を拮抗的に動かすことができる．このようにフィラメントの構造的な支えが筋肉の機能を実現している．上腕二頭筋の収縮によりひじを曲げるときなどがそのよい例である．

理解度テスト

1. D　2. A　3. B　4. C　5. B　6. D

7.

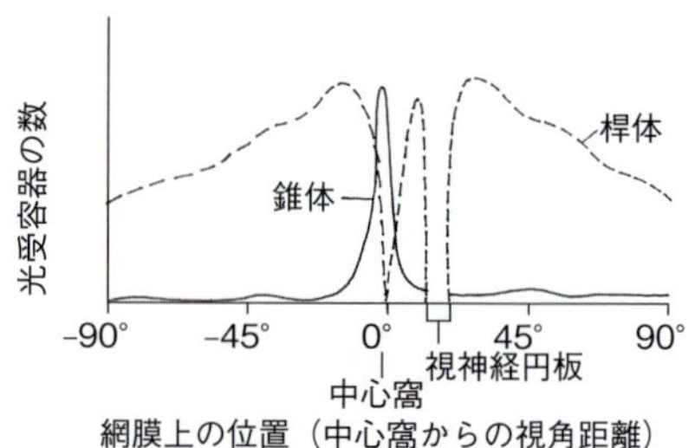
光受容器の数
桿体
錐体
-90°
-45°
0°
45°
90°
視神経円板
中心窩
網膜上の位置（中心窩からの視角距離）

図はヒトの眼の桿体と錐体の分布を示している．図は多少違っても次の性質が示されていることが大事である．中心窩では錐体のみである．*x*軸の両端，すなわち中心窩から離れた部位では，錐体が少なく桿体が多い．視神経円板には光受容器がない．

51章

図の問題

図51.2　赤い腹部という信号刺激に基づいた固定的動作パターンは，雄が同種の侵入雄を追い払うことを確実にする．この行動は防衛者の縄張り内の巣内の卵を他の雄に授精される確率を低下させる．

図51.5　直線歩行の部分は次の2つの情報を伝えている．巣板の鉛直からの歩行角度で示される方位と，直線歩行中の尻振り回数で示される距離である．最低でも，直線歩行ごとの尻振りダンスの活性量として特定できる．ダンスを踊る働きバチはまわりのハチに次々に接触するので，多くのハチたちに蜜源の情報を伝えることになる．

図51.7　影響はないはずだ．刷り込みは世代ごとに新たに起こる生得的行動である．巣が外的影響を受けなければ，人間に追随したハイイロガンの次世代の子は母ガンに刷り込まれるだろう．

図51.8　ジガバチは視覚的手がかりを用いないか，またはそこにいつもあった物体を認識し，松かさのような見慣れない物体は無視するのかもしれない．ティンバーゲンは松かさを用いた実験をする以前にこの可能性を調べている．彼が巣のまわりの小石や小枝を取り除いてしまうとハチは巣を発見できなくなる．自然の物体の配置はそのままで位置をずらすとハチの帰着点もずれた．また，巣のまわりの自然物体をハチが巣穴に入っている間に松かさで置き換えてみたところ，ハチは巣穴に戻ってこられなくなった．

図51.10　3つすべての区画で定位刺激を変更すれば，特定の方向への定位の遺伝的好みの好き嫌いを抑えることになるだろう．もし遺伝的好みやバイアスがなければ，変更後の実験はすべて均等に作用するはずだ．

図51.24　鳥たちは飛行中に受ける刺激がないと渡りの方向を定められないのかもしれない．もしそうなら，遺伝的プログラムが異なっていてもじょうご型ケージの実験では同じ定位を示す可能性がある．

図51.26　いくらかの個体間では変わらないが，すべての個体で不変ではない．一方の親が複数の配偶相手をもった場合には，片親が異なる子の間の血縁度は0.5より小さくなる．

概念のチェック 51.1

1. この固定的動作パターンについての至近的説明は，くちばしでそっと突いて引き戻す行動は巣の外にある物体という信号刺激によって引き起こされ，いったん開始されれば完了するまで続けられると説明できる．究極的説明としては，卵を巣の中に確保することが健康な子をつくる確率を高めるからであると説明できる．

2. 餌となる他の魚にとっては他種が傷ついたことで自分も危険にする可能性があるので，負傷した魚を検知する能力には自然選択が有利に作用するだろう．天敵の魚では，傷ついて不自由になった獲物が狙いやすいことで警戒物質への誘引には自然選択が有利に働くと考えられる．十分な防衛能力のある魚は，警戒物質に反応して無駄なエネルギーを浪費するよりも，無反応であるほうが自然選択上有利であれば反応しないだろう．
3. どちらも，環境の周期的変化の検知によって，生殖周期のタイミングを繁殖に最適な環境条件に合わせている．

概念のチェック 51.2

1. 捕食者が，ある色彩とまずい味あるいは針とを連合学習すると，種が違っても同じような色彩をもつものすべてを避けるようになるので，色彩が収斂する方向に自然選択が働いたと考えられる．
2. あなたは，たとえば「地標Aを通り過ぎて出発点からAまでと同じ距離」などという抽象的な規則が当てはまるように物体の配置を考えるだろう．この際，地標のすぐそばや地標から一定の距離に食物を置くことを避けることで，距離の関係をできるだけ固定化しないようにする．これでわかるように，この種の有益な実験を組み立てるのは容易なことではない．
3. 学習された行動は，生得的行動とまったく同様に生殖的隔離に貢献し，したがって種分化に貢献する．たとえば，学習された鳥のさえずりは求愛の際の種の認知に役立ち，それによって同種の個体同士の配偶を保証する助けになる．

概念のチェック 51.3

1. 父性の確実性は体外受精のほうが高くなる．
2. *for* 遺伝子座の2つの対立遺伝子は，集団の密度が世代によって変動するならば平衡選択によって維持される．集団密度が低いときはエネルギー消費の少ない「居座り型」の幼虫（対立遺伝子 for^s をもつ）が自然選択で有利になり，密度が高いときは運動性の高い「歩き回り型」の幼虫（for^R）が有利となる．
3. この状態では雌が雄よりはるかに多数存在するので，3つの型の雄はすべてある程度の繁殖成功を示すだろう．しかし，青いのどの雄がよって立つ「限られた数の雌をもつ縄張り」の有利さは失われるので，短期間の内に黄色いのどの雄の数が増加すると思われる．

概念のチェック 51.4

1. この地理的変異はガーターヘビの2つの生息場所での餌の利用度の違いに対応しているので，生息場所で豊富な餌を食べるという特徴は生存と繁殖成功を高めたと考えられる．このようにして自然選択により異なる採餌行動をもたらしたといえよう．
2. 個体は兄弟姉妹の子（人間でいえば姪や甥）といくつかの遺伝子を共有する事実は，姪や甥の繁殖成功度の増加が集団におけるそれらの遺伝子の発現を増やすことになる（有利に選択される）．
3. 老いた個体はもう子をもつことがないので受益者にはなり得ない．しかし，老いた個体はすでに生殖しているので（まだ子や孫を育てているかもしれないが），利他行動をすることのコストは低い．したがって生殖年齢を過ぎた個体が若い血縁者に対して行う利他行動は自然選択において有利になり得る．

重要概念のまとめ

51.1 概年周期は一般的に環境の明暗周期に基づいている．地球規模で気候が変動すると，上記のリズムによって渡りをする動物は局地的な環境条件が生殖や生存にとって最適になる前や後にやって来ることになってしまう．

51.2 ハイイロガンの場合は，獲得されるのは行動を向ける対象だけである．ミヤマシトドにおいては，行動そのものを形づくる学習が起きる．

51.3 雌に食べられることは雌の繁殖成功を高めるだろうから，犠牲になった雄の遺伝子は多数の子孫に受け継がれるだろう．

51.4 これらの行動の遺伝的基盤を研究することは，単一の遺伝子の変化が複雑な行動においても広範囲な影響を及ぼすことを明らかにしていくだろう．

理解度テスト

1. C 2. B 3. B 4. A 5. C 6. A

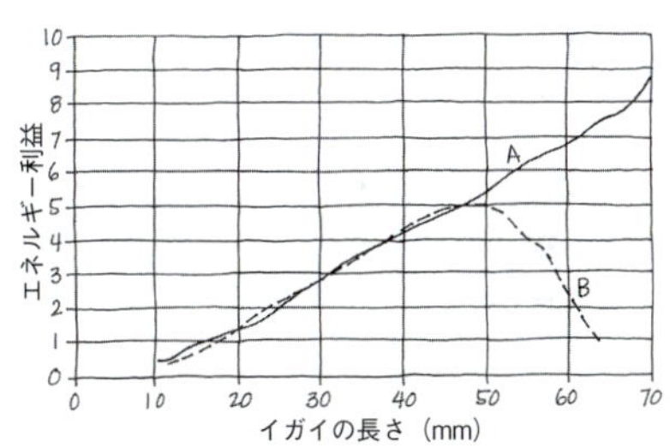
エネルギー利益
0
1
2
3
4
5
6
7
8
9
10
0
10
20
30
40
50
60
70
イガイの長さ（mm）
A
B

あなたはミヤコドリがうまく開けられるイガイのサイズを測定できて，それをこの生息場所でのイガイ全体のサイズ分布と比較できるはずだ．

52章

図の問題

図52.7 分散制限，人間活動（広域的に森林を農地に転換したり，択伐したりすること），その他の多くの要因など．これらは，本章の後半で議論される要因を含む（図52.17参照）．

図52.17 火災などいくつかの要因は，陸域に特徴的である．たとえば，水の利用可能性も陸上特有の要因である．しかし，海洋の潮間帯や湖の縁に生息する種も，乾燥による生理的ストレスを受ける．塩分ストレスは，一部の水界や陸域の種にとって重要である．酸素の利用可能性は，一部の水界や土壌中，堆積物中の種にとって，とても重要な要因である．

概念のチェック 52.1

1. 熱帯では，高い気温が水を蒸発させ，温暖で湿った空気を上昇させる．上昇する空気は冷却され，その水分の多くを雨として熱帯に放出する．その後，乾いた空気は，北緯30°あるいは南緯30°くらいの地域で下降し，それらの地域に砂漠をもたらす．
2. 周辺の何も植栽されていない農地と比較して，河川周辺の微気象は，冷涼で，水分が多く，日陰が多いのが特徴である．

3. 繁殖齢に達するまでに長い時間を要する樹木は，気候変動に対する適応進化はゆるやかで，一年生草本よりも進化が遅いと予想される．よって，急激な気候変動に対する樹木の潜在的な適応能力は，制限されていると考えられる．
4. C_4 光合成系をもつ植物は，地球温暖化が進むにつれて，その分布域を拡大させる可能性がある．C_4 光合成系は光呼吸を最小限にし，糖合成を増加させるため，C_4 植物が現在分布している温暖な地域で有利である．

概念のチェック 52.2

1. 2つのバイオームの間で最も大きく異なる点は降水量である．温帯草原に比べて，温帯広葉樹林は，平均年降水量がより多い．
2. あなたの住んでいる場所によって答えは異なるだろう．図52.12の情報や地図に基づいて考えてみよう．あなたの住んでいる地域が，自然の状態からどの程度改変されたかによって，あなたの住んでいるバイオームの特徴（植物や動物の種類）は影響されるだろう．
3. 北方針葉樹林は，これらのバイオームの境界に沿ってツンドラに置き換わるだろう．北方針葉樹林は，北米，北欧，アジアに広域的に分布するツンドラと接しており（図52.9参照），北方針葉樹林が分布している地域の気温は，ツンドラよりも高いことに注意してほしい（図52.10参照）．

概念のチェック 52.3

1. 海洋の沖帯では，海底は有光層の下に位置する．よって，底生の藻類や根をもつ植物が生育できるほどの光はない．
2. 水界生物は，浸透作用によって，つまり，生育している環境の浸透圧が体内の浸透圧と異なるかどうかによって，水を得たり失ったりする．水の吸収は細胞を膨張させ，水分の消失は細胞を収縮させる．河口に生育する生物は，細胞の体積を過剰に変化させないようにするため，淡水環境下で水の吸収，海水環境下で水の消失，これら両方をうまく調節する必要がある．
3. 分解者が好気呼吸して藻類の遺体を分解すると，酸素は反応物質になる．したがって，藻類が大発生して死亡した後，分解者はそれらの分解のための大量の酸素を消費し，湖の酸素濃度を低下させる．

概念のチェック 52.4

1. (a) 人間による生物の導入や移植は，地理的な障壁のため本来分布していなかった新たな地域に生物をもち込み，生物の分布を拡大させる要因となる．
   (b) 人間の捕獲（狩猟）や収穫による肉食者や植食者（たとえばウニ）のある空間からの除去は，それらの生物種に制御されていた生物の分布を拡大させる要因になるかもしれない．
2. 1つの検証方法は，その樹種が生育する地域のある区画を取り囲んで柵（フェンス）を設置して，調査区からシカを排除することである．それのような実験区によって，調査区の内と外で樹木の実生の量を長期にわたって比較し，シカの採餌行動が樹木種の分布に及ぼす効果を検証できる．
3. 銀剣草類の祖先種は，ハワイ島が形成された初期に移入したので，他の植物とほとんど競争することなく，生態的に空白なニッチを占有できた．対照的に，アマサギは，最近になってアメリカ大陸に到達し，すでに定着していた他の種と競争しなければならない．そのため，適応放散する機会はとても制限されているだろう．

概念のチェック 52.5

1. 生物間や生物と環境の相互作用における変化は，進化的変化を引き起こす．さらに，捕食者が被食者を見つけるための能力の改善のような進化的変化は，生態学的相互作用を変化させる．
2. タラは漁獲圧に対する適応で繁殖齢が若く大きさも小さくなり，毎年の産卵数が少なくなる．このため，タラの個体群はしだいに小さくなり，個体群の回復能力も衰える．個体群が小さくなるに伴い，遺伝的浮動の効果が重要になる．たとえば，遺伝的浮動は有害遺伝子の固定を引き起こし，タラ個体群が乱獲から回復する能力を阻害するだろう．

重要概念のまとめ

52.1　乾いた空気が，北緯30°および南緯30°で下降して，砂漠を形成するのに代わって，熱帯で下降した空気は，熱帯に沿って砂漠を分布させるようになるだろう（図52.3参照）．

52.2　サバンナ生態系の優占植物は火災や季節的な乾燥に適応する傾向がある．サバンナバイオームは周期的な火災（自然火災や人為的火災の両方）で維持される．しかし，人間は農業などの生産活動のためにサバンナを消失させている．

52.3　無光層は，湖や海洋の沖帯の深層や海洋の底層に最もよく見られる．

52.4　非生物的な制限要因（生物が生存できる物理的・化学的条件を決定する要因）で始まり，フローチャートに列挙されたその他の要因を通じて移動する様子を描くことができる．

52.5　新たな生育地に導入された種は捕食者や寄生者がほとんどいないため，そこに自生している在来種を競争排除し，新たな生育地で個体数や分布域を拡大させるだろう．導入された種の個体数が増加するにつれて，競争している在来種の個体群には自然選択が作用し，導入された種とより効率的に競争できる特性をもつ個体を有利にするような進化的変化を引き起こすだろう．自然選択は，在来種における潜在的な捕食者や寄生者の個体群にも進化を引き起こす．この場合は，新たな潜在的な食物資源（導入された種）に対処できる特性をもつ個体を有利にするような進化的変化である．このような進化的変化は，種間の生態学的相互作用の結果を変化させ，さらなる進化的変化をもたらす．

理解度テスト

1. B　2. B　3. C　4. D　5. C　6. A　7. A　8. B

53章

図の問題

図53.4　ペンギンが高密度で分布している島と，ペンギンがまばらにしか分布していない海を上から見たら，ペンギンの分布は集中分布しているように見えるだろう．

図53.5　雌の10%（100/1000個体）が3歳まで生存する．

図53.7　109

図53.8　$r=1.0$（青線）の個体群は7.5世代後に1500個体に達する．一方，$r=0.5$（赤線）の個体群は14.5世代後に1500個体に達する．

図 53.16

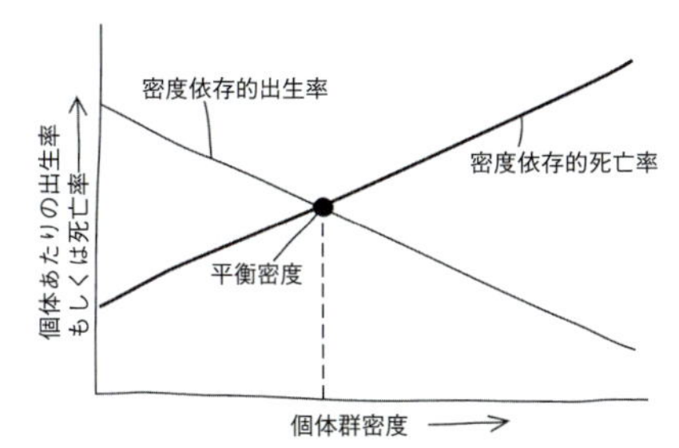
密度依存的出生率
密度依存的死亡率
個体あたりの出生率もしくは死亡率
平衡密度
個体群密度

図 53.25　平均のエコロジカルフットプリントが1人あたり8 gha の場合，地球が支えることができる持続可能な人口は約15億人である．この推定は，地球の生産可能面積（119億gha）を1人あたりが持続的に利用できる8 gha で割ることで得られる．計算すると14.9億人となる．

概念のチェック 53.1

1.

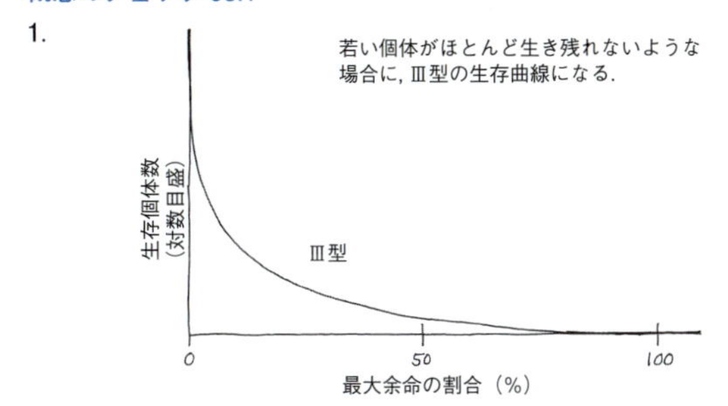
若い個体がほとんど生き残れないような場合に，Ⅲ型の生存曲線になる．
生存個体数（対数目盛）
Ⅲ型
0
50
100
最大余命の割合（%）

2. 0〜1歳の最初に生き残っている割合は485/485＝1.0である．1〜2歳の最初に生き残っている割合は218/485＝0.449である．
3. 雄のトゲウオは，個体間で敵対的な相互作用をするので，個体間距離が比較的一定に保たれる．よって，規則的な分布様式を示すだろう．

概念のチェック 53.2

1. r は一定だが個体数 N は増加している．よって，増加している大きな個体数 N に r を掛けると，個体群の成長（rN）は加速度的に大きくなり，個体数はJ字型の曲線をたどって増加する．
2. 指数関数的な成長は，森林が火災で破壊された跡地などで生じやすい．生育に適した場所を見つけて，最初に侵入した植物は，十分な生育空間，栄養素，光を独占できる．攪乱されていない森林では，植物間の資源をめぐる競争が激しい．
3. 毎年，新たに増加する人口は $\Delta N/\Delta t = r_{\Delta t}N$ である．したがって，2014年の人口増加率は，$\Delta N/\Delta t = 0.005 \times 320\,000\,000 = 1\,600\,000$ で，160万人となる．人口が指数関数的に増加しているかどうかを判定するには，$r>0$ で，それが複数年にわたって一定かどうかを確認すればよい．

概念のチェック 53.3

1. N（個体数）が小さい場合，子を産む個体は比較的少ない．N が大きい場合（環境収容力に近い場合），利用可能な資源が制限されるので，個体あたりの個体群成長率は比較的小さくなる．ロジスティック成長曲線の最も急な部分は，個体群内の多くの個体が繁殖しており，個体数自体がいまだ環境収容力に到達していない個体数の時期に相当する．
2. 植物種の環境収容力は，高緯度よりも熱帯で大きくなる．これは熱帯の日射量が大きいからである．
3. 環境条件の突然の変化は，自然選択が有利に作用する表現型形質を変化させる．新たに選択される形質は少なくとも部分的には遺伝的に決定されていることを仮定すると，自然選択は個体群の遺伝子頻度を変化させるだろう．さらに，個体群の環境収容力の大きな減少は，個体数の減少を引き起こす．この場合，遺伝的浮動の影響はより顕著になり，有害遺伝子の固定を促進し，個体数が回復する能力を阻害する．

概念のチェック 53.4

1. 生活史特性の3つの重要な要素は，いつから繁殖を開始するか（繁殖開始齢），どれくらいの頻度で繁殖するか（繁殖回数），1回の繁殖でどれくらいの数の子を産むか（繁殖子数），である．たとえば，ギンザケの繁殖開始齢は3〜4歳で，アカウミガメの繁殖開始齢は30歳である．リュウゼツランは生涯に1回だけ繁殖するが，ナラの樹木は生涯に何回も繁殖する．また，シロサイは1回の繁殖で1頭の子を産むが，ほとんどの昆虫は，繁殖のたびに多くの子をつくる．
2. イトヒキベラは，巣に産んだ卵に選択的に投資することによって，卵の生存率を増加させる．卵が広く分散し，親が卵の面倒を見られない場合，少なくとも一定の期間，卵の生存率は低くなる（この場合，親はすべての卵を同じ場所に置いておく危険を避けることができる）．
3. ストレスのある状況で子を育てることが，親の生存率を大きく減少させる場合，親にとっては，その子を放棄し，後でより健全な子をつくるほうが，適応度は増加するだろう．

概念のチェック 53.5

1. 生物の生息可能なパッチの3つの属性は，その面積，質，孤立度である．面積が大きくて質の高いパッチは，個体を引き寄せやすく，他のパッチへ個体を供給する源になりやすい．比較的孤立したパッチは，他のパッチとの間で，個体の交換（移出や移入）が生じにくい．
2. 時間に伴う変化を検証するうえで十分なデータを収集するため，1世代より長い期間（少なくとも10年から20年以上）にわたって，その個体群を研究する必要がある．そうでないと，観察された個体群サイズの減少が，長期にわたる傾向によるものなのか，通常の周期の一端なのかを判断できない．
3. 負のフィードバックでは，ある過程の結果や産物が，その過程の進行をゆるやかにする．砂丘のウシノケグサのような，密度依存的な出生率をもつ個体群では，個体密度の増加の結果，出生率が減少して，個体群の増加率がゆるやかになる．

概念のチェック 53.6

1. 齢構造の底辺が大きいこと，つまり，若齢層の人々が多いことは，若い人々が繁殖を開始するにつれて人口成長が継続する予兆を示す．対照的に，さまざまな年齢の人が均等に分布した齢構造は，人口が安定に推移することを予測する．また，高齢者が多い齢構造は，繁殖する若齢者が比較的少ないので，人口が減少することを予測する．
2. 地球の人口の成長率は，1962年の2.2%から今日の1.1%まで1960年代以来，約半分にまで低下した．それにもかかわらず，人口の増加はあまりゆるやかになっていない．なぜなら，人口自体が膨大なので，小さな成長率でも人口は増加し続けるからである．毎年，約7800万人も増え続けている．

3. 私たちそれぞれの生活がエコロジカルフットプリントに影響している．私たちが何を食べ，どれくらいのエネルギーを消費し，どれくらいの廃棄物を排出するか，また，何人の子をもつかによってエコロジカルフットプリントが決まる．資源に対する私たちの要求を小さくすることが，エコロジカルフットプリントを小さくすることに貢献する．

重要概念のまとめ

53.1 生態学者は，毎年新たに生まれる子の数を数えて出生率を推定でき，毎年の親個体の数の変化を見ることで死亡率を推定できる．

53.2 指数関数モデルでは，rの大きさとは無関係に，個体群は無限に成長することになる（図53.8参照）．

53.3 ある種の環境収容力を増加させるには多くの方法がある．たとえば，食物の供給を増加させたり，その種を捕食者（天敵）から守ったり，営巣や繁殖の場所をより多く供給することなどである．

53.4 生物は無限のエネルギーや資源を利用できるわけではないので，生態学的なトレードオフは一般的である．ある機能（たとえば繁殖）のために利用するエネルギーや資源は，その他の機能（たとえば成長や生存）を支えるためのエネルギーや資源を減少させる．

53.5 生物的要因の一例は，病原体による病気で，非生物的要因の例は，地震や洪水のような自然災害などである．

53.6 ヒトは，産児制限や家族計画によって，地球上の人口を減少させる潜在的な能力をもつ特異な存在である．ヒトは，自分たちの食料や生活様式を意図的に選択することもでき，これにより，地球が支えられる人口を調節することができる．

理解度テスト

1. B　2. A　3. A　4. D　5. C　6. B　7. C　8. A　9. A

54章

図の問題

図54.3 *Chthamalus*と異なり，*Balanus*の実現ニッチと基本ニッチは同じになるだろう．

図54.5 系統的に離れた有毒な種に類似した無害な種の個体は，類似していない無害な種に比べて，捕食者に攻撃されにくくなるだろう．したがって，有毒な種に類似した無害な種の個体は，より多くの子を次世代に残すことになる．やがて，捕食者による自然選択によって，有毒な種に類似した無害な種の個体数が増加する．なお，自然選択は，系統的に離れた2種に作用するだけでなく，無毒な種が系統的に近縁な有毒種に類似することにも関係する．この場合，これら2種は共通の祖先から派生し多くの特性（形態的特性など）を共有しているので，互いに類似する．

図54.14 動物プランクトンを捕食する肉食者の個体数の増加は，動物プランクトンの個体数を減少させるだろう．それによって植物プランクトンの個体数が増加を引き起こすだろう．

図54.15 それぞれの生物が摂食する生物の種類数は，植物プランクトンは0，カイアシ類，カニクイアザラシ，ヒゲクジラは1つ，オキアミ，動物プランクトン，ゾウアザラシ，マッコウクジラは2つ，イカ類，魚類，ヒョウアザラシは3つ，鳥と小型のハクジラは5つ．互いを捕食し被食する2つの生物は，魚類とイカ類である．

図54.18 優占種のイガイ（*Mytilus*属）の死亡は，他種が生育する空間を提供し，ヒトデ（*Pisaster*属）がいないときでさえ，種多様性を増加させるだろう．

図54.24 一次遷移の最初の段階では，土壌における原核生物が大気中の窒素（N_2）を取り込みアンモニア（NH_3）を合成する．共生細菌である窒素固定細菌は，植物が定着するまでそこに生息できない．

図54.28 (a) 利用できる資源や生育に適した場所が減少するので，個体数は減少するだろう．
(b) 小さな島は資源が少なく，生育場所の多様性も低く，収容できる個体数も小さいので，島の種数が増加するに伴い絶滅率はより急速に増加するだろう．
(c) 予測される平衡種数は，図54.28に示された値より小さくなるだろう．

図54.31 異なった場所や生息地におけるトガリネズミ個体群の遺伝的変異は，ライム病の病原体に対する感受性が異なることを示唆する．したがって，ライム病の病原体に耐性のあるトガリネズミ個体群では感染したダニは少なくなり，ライム病の病原体に耐性のないトガリネズミ個体群では感染したダニは多くなるだろう．

概念のチェック 54.1

1. 種間競争は両種に負の影響を与える（－/－）．捕食では，捕食者個体群は被食者個体群の犠牲によって利益を得る（＋/－）．相利共生では，両種ともに利益を得る（＋/＋）．
2. 競争している種のどちらか一方は，競争能力に優れて繁殖成功が大きくなるため，他方の種は局所的に絶滅するだろう．
3. それぞれのフィンチが別々の植物種の種子を食べることに特殊化し，2種のフィンチの個体は異なる場所に分かれて生育し互いに接触することが少なくなる．結果として，交雑帯における繁殖の障壁はより強化されるだろう．

概念のチェック 54.2

1. ある群集の種の豊かさ（種数）と種の相対優占度（群集を構成する各種の割合）の両方が種多様性を表す尺度になる．ある特定の1種が優占している群集に比べて，各種の優占度が均等な群集のほうが，より多様とみなされる．
2. 食物連鎖は，食物エネルギーが連続的に高次の栄養段階に移行する経路を表す．食物網は，複数の栄養段階の多くの種がかかわる食物連鎖が互いにどのように結びついているかを表す．
3. ボトムアップモデルに従うと，新たな捕食者（ボブキャット）を加えても，より低次の栄養段階（特に植物）には，ほとんど影響はないだろう．トップダウンモデルに従うならば，ボブキャットの増加はアライグマを減少させ，ヘビを増加させ，ネズミを減少させ，植物を増加させるだろう．
4. オキアミの個体数の減少は，オキアミが捕食する生物（植物プランクトンやカイアシ類）の個体数を増加させる一方，オキアミを食べる生物（ヒゲクジラ，カニクイアザラシ，海鳥類，魚類，肉食性プランクトン）の個体数を減少させるだろう．ヒゲクジラやカニクイアザラシはオキアミをおもに摂食するので，特に大きな影響を受けるだろう．しかし，これら多くの起こり得る変化は，予測するのが難しいその他の変化も引き起こすだろう．たとえば，オキアミの減少はカイアシ類の増加を引き起こすかもしれないが，それはその他の要因にも関係するかもしれない．なぜなら，カイアシ類はオキアミと同じように植物プランクトンを摂食し，肉食性プランクトンや魚類に捕食されるからである．

概念のチェック 54.3

1. 高レベルの撹乱は，とても破壊的なので群集から多くの種を除去し，撹乱に耐性のある数種の優占をもたらす．低レベルの撹乱は，競争能力の高い種が他種を競争排除することを可能にする．しかし，適度な中程度の撹乱は，競争能力の高い種が他種を排除して優占することを阻害するため，多くの種の共存を促進する．
2. 遷移初期の種は，さまざまな方法で，他種の定着を促進する．たとえば，土壌の栄養や保水力を増加させたり，風や強い日光から実生を守る避難場所を提供したりする．
3. 火災が100年間もないことは，低レベルの撹乱を意味する．中規模撹乱仮説に従うと，火災の頻度が変化することにより，競争能力の高い優占種が，競争能力の低い他種を排除するための十分な時間が生じ，草原の種多様性が低くなることが予想される．

概念のチェック 54.4

1. 生態学者は，熱帯の種多様性が高いのは，熱帯では生物が進化するための十分な時間があったこと（進化的歴史の長さ），太陽エネルギーの供給や水の利用可能性が大きいこと（エネルギーの多さ）を理由に挙げている．
2. 島への種の移入は，大陸から距離が離れるほど減少し，島の面積が大きくなるほど増加する．種の絶滅は，大きな島で孤立していない島ほど小さくなる．したがって，島の種数は，移入率と絶滅率の差によって決定されるため，大陸に近い大きな島で種数は最も多くなり，大陸から離れた小さい島で種数は最も少なくなる．
3. 移動能力の優れた鳥は，ヘビやトカゲよりも島に移入しやすいため，鳥の種数は多くなるだろう．

概念のチェック 54.5

1. 病原体とは，病気を引き起こす微生物，ウイルス，ウイロイド，プリオンなどである．
2. 狂犬病ウイルスの侵入を阻止するため，ペットを含むすべての哺乳類の輸入を禁止する．また，英国国内のすべての犬にウイルスに対するワクチンを接種する．さらに，英国政府が取るべき効果的な対策は，国内にもち込まれるすべてのペット（狂犬病の潜在的な運び屋）を検疫することだろう．

重要概念のまとめ

54.1 以下は解答例である．他の解答も正解の場合があることに注意してほしい．競争：キツネとボブキャットが被食者をめぐって競争する．捕食：シャチがラッコを食べる．植食：バイソンが草原で採餌する．寄生：寄生バチが毛虫に卵を産みつける．相利共生：菌類と藻類が地衣類を形成する．片利共生：カエデの森林に生育する林床植物とカエデの樹木．

54.2 必ずしもそうとは限らない．たとえば，種数がより豊かな群集でも，数種が優占していれば，多様性は低いという評価になる．

54.3 森林の皆伐や畑の耕作と同様に，一部の種は最初から生物が存在している．よって，写真の撹乱はその強度にかかわらず，二次遷移を引き起こす．

54.4 氷河は大きな撹乱で，温帯や極域の生物群集を完全に破壊した．したがって，熱帯の生物群集は温帯や極域よりも古く，種分化を生じさせる十分な時間があり，生物多様性が高くなった．

54.5 キーストーン種は生態学的に重要な役割をもつ．したがって，病原体はキーストーン種の個体数を減少させたり，害を与えることで，群集構造を変化させるだろう．たとえば，新規的な病原体がキーストーン種を局所的に絶滅させた場合，群集の種多様性は大きく変化するだろう．

理解度テスト

1. D　2. C　3. C　4. C　5. B　6. C　7. D　8. B

9. 群集1：$H = -(0.05 \ln 0.05 + 0.05 \ln 0.05 + 0.85 \ln 0.85 + 0.05 \ln 0.05) = 0.59$.
群集2：$H = -(0.30 \ln 0.30 + 0.40 \ln 0.40 + 0.30 \ln 0.30) = 1.1$．群集2のほうがより多様である．

10. カニの個体数は増加し，アマモの量を減少させる．

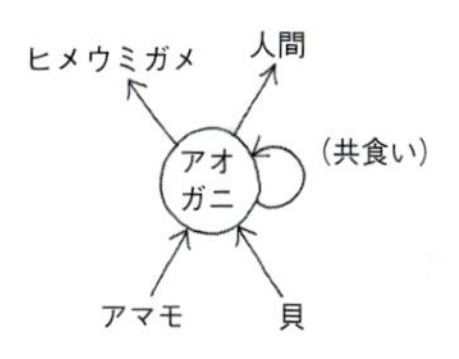
ヒメウミガメ
人間
アオガニ
(共食い)
アマモ
貝

55章

図の問題

図55.4 「一次消費者」に向かっている青矢印の一例は，バッタが植物を食べることである．「一次消費者」から「デトリタス」に向かっている青矢印の一例は，バッタのような一次消費者の遺骸がその生態系のデトリタスの一部になることである．「一次消費者」から「二次消費者と三次消費者」に向かっている青矢印の一例は，鳥（二次消費者）がバッタ（一次消費者）を食べることである．最後に，「一次消費者」から「一次生産者」に向かっている青矢印の一例は，バッタの細胞呼吸により出たCO_2が植物に吸収されることである．

図55.5 この地図は湿原，サンゴ礁，沿岸域の生産性を正確には表していない．なぜなら，これらの生態系が占める面積がとても小さいので，地球規模の地図ではっきり見ることができないからである．

図55.6 新しいアヒル農場から出てくる窒素とリンが，実験で使う海水サンプルに新たに加わるだろう．アヒル農場由来の新たに加わったリンは結果を変えないと予想される（なぜなら，もとの実験で，リンの濃度はすでに高く，リンを添加しても植物プランクトンの増殖が増えなかったから）．しかし，新しいアヒル農場由来の窒素の濃度がある程度まで高くなると，実験で窒素を添加しても植物プランクトンの密度は増加しなくなると予想される．

図55.12 水の利用可能性と光の量が，地点間で異なる環境要因

かもしれない．実験デザインに入っていなかったこれらの要因は，結果の解釈をより難しくするだろう．自然条件では，複数の要因が互いに関係することがあり，研究対象の要因が観測された結果を実際に引き起こすのか，あるいは，たんに要因と結果が相関しているだけなのかに，気をつけないといけない．

図 55.13　(1) もし分解速度が減少すると，より多くの有機物が貯蔵庫 A から貯蔵庫 B に移動し，最終的により多くの有機物が化石燃料になるだろう．加えて，分解速度の減少は，貯蔵庫 C の栄養素となる無機物の量を少なくさせ，生物による栄養素の吸収速度や光合成速度を低下させるだろう．(2) 貯蔵庫 A へ物質が入る移動と貯蔵庫 A から物質が出る移動は，貯蔵庫 B へ物質が入る移動に比べて，時間スケールはかなり短い．貯蔵庫 B にある物質は，とても長い時間そこに留まるか，人間が化石燃料を採掘して燃焼させることにより，速い速度で貯蔵庫 B から出ていく．

図 55.19　生物間の相互作用や環境の物理化学的条件との関係により，個体群は進化する．その結果として，環境を改変するどんな人間活動も，進化を引き起こす可能性をもっている．特に，気候変動は北極の生態系に大きく影響するので，気候変動は北極のツンドラにいる個体群の進化を引き起こすと予想される．

概念のチェック 55.1

1. エネルギーは，太陽光として生態系に入り，熱として生態系から出て行き，生態系を通過していく．エネルギーは生態系の中を再循環しないため．
2. ヌーたちが調査区で食べた生物量と，その生物量にどれだけ窒素が含まれているかを調べないといけない．また，ヌーの糞尿としてどれだけの窒素が調査区に落とされたかについても調べないといけない．
3. 熱力学の第 2 法則は，どのようなエネルギーの移動や転換でも，エネルギーの一部が熱として周囲の環境に失われることを示している．生態系が維持されるには，生態系から逃げていくエネルギーが，太陽放射の継続的なエネルギー流入によって埋め合わせられる必要がある．

概念のチェック 55.2

1. 太陽放射の一部しか植物や藻類に当たらないし，さらにその一部だけが光合成に適した波長であり，また，多くのエネルギーが植物や藻類から反射されたり熱として吸収されたりして失われる．
2. リンの濃度や土壌水分など，興味のある要因のレベルを操作して，それに対する一次生産者の反応を測定する．
3. 野火の後 NEP は減少するだろう．$NEP = GPP - R_T$ の関係を思い出してみよう（ここで，GPP は総一次生産量で，R_T は細胞呼吸の全体量である）．木や他の植物が死ぬことで，野火は GPP を以前より減らすことになるだろう．また，分解者が野火で死んだ木の残りを分解するので，分解者による呼吸量が増加し，生態系の細胞呼吸の全体量（R_T）は増加するだろう．
4. カルビン回路の最初の段階を触媒する酵素のルビスコは，地球上で最も豊富なタンパク質である．すべてのタンパク質と同様にルビスコにも窒素が含まれ，光合成生物は多くのルビスコを必要とするので，それをつくるために多くの窒素を必要とする．リンも，カルビン回路のいくつかの代謝物に必要であり，また，ATP と NADPH にも必要である（図 10.19 参照）．

概念のチェック 55.3

1. 20 J，40%
2. ニコチンが植物を植食者から防御する．
3. 純一次生産量の全体は，10 000 + 1000 + 100 + 10 J = 11 110 J である．これが，理論的に分解者が使い得るエネルギー量である．

概念のチェック 55.4

1. たとえば，炭素の循環については，下図となる．

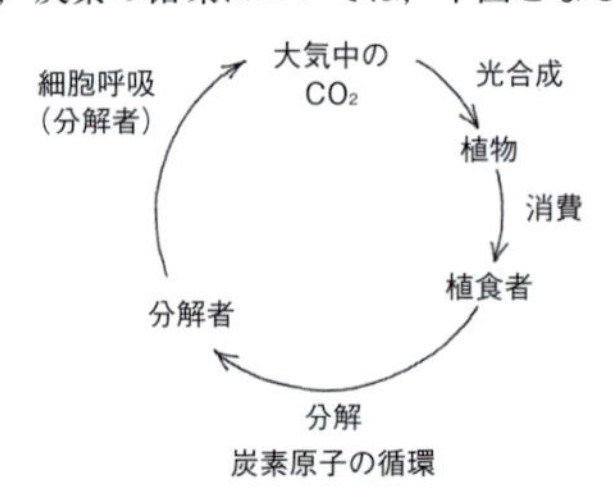
大気中の
CO_2
光合成
植物
消費
植食者
分解
分解者
細胞呼吸
（分解者）
炭素原子の循環

2. 樹木の伐採により土壌からの窒素吸収がなくなり，硝酸イオンが土壌中に蓄積する．その硝酸イオンが降雨によって流され川に入るため．
3. 熱帯多雨林における栄養素のほとんどは樹木中に存在しており，森林伐採により樹木を持ち去ると，生態系から栄養素が急激に失われることになる．また，土壌中に残っている栄養素は，豊富な降雨によってすぐに川や地下水に流されてしまう．

概念のチェック 55.5

1. おもな目的は，劣化した生態系を自然の状態に再生することである．
2. キシミー川プロジェクトでは，水の流れがもとの流路に戻され，持続性のある自然の流れが再生された．マウンガタウタリ保護区の生態学者は，絶えずフェンスの機能を維持しなくてはならず，長期的に見ると持続性があるとはいえない．

重要概念のまとめ

55.1　エネルギーの転換は完全ではなく，一部は熱として必ず失われる．そのため，一次生産者の生物量は，それより小さい生物量の二次生産者を支えることになると予想される．

55.2　純生態系生産を求めるには，一次生産者の呼吸量だけでなく，生態系におけるすべての生物の呼吸量を測定する必要がある．外洋のサンプルでは，一次生産者と他の生物がたいてい混じっているので，それぞれの呼吸量を分けることが難しい．

55.3　ランナーは，動かないときに比べて走っているときに，かなり多くのエネルギーを呼吸に使う．そのため，ランナーの生産効率が低くなる．

55.4　暑い砂漠では，水や栄養素の不足など温度以外の要因によって分解が遅くなる．

55.5　表土と深い層の土壌を分けておけば，深い層の土を最初に戻し，その後より肥沃な表土を戻すことができ，植生復元や他の復元努力を成功させやすいため．

理解度テスト

1. C 2. B 3. A 4. C 5. A 6. B 7. D 8. D

9. (a)

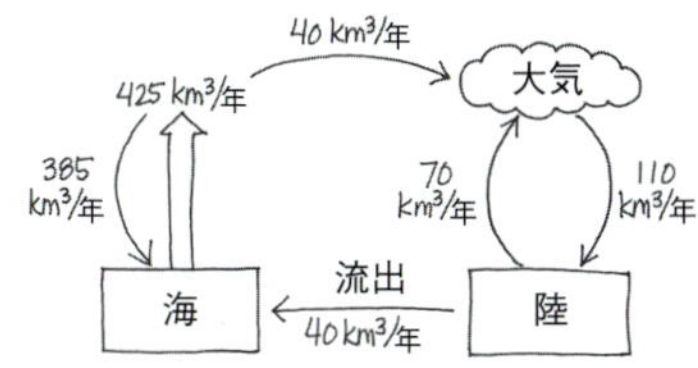
40 km³/年
大気
425 km³/年
385 km³/年
70 km³/年
110 km³/年
流出
海
陸
40 km³/年

(b) 平均での比率は1である．海から陸に移動して降雨となる水の量と，陸から海に流出する水の量が等しい．

(c) 氷河期においては，海からの蒸気が陸に降雨となる水の量が，陸から海に流れ戻る水の量より大きくなると予想され，この比率は1より大きくなるだろう．これらの差が陸に氷として蓄積するだろう．

56章

図の問題

図 56.4 その種の完全な分布域を知り，そのすべての場所でその種がいなくなったことを示す必要がある．また，その種が隠れていないことも明らかにしないといけない．動物だと地面の下に冬眠しているかもしれないし，植物だと種や胞子があるかもしれない．

図 56.9 2つの事例は，捕獲されたサンプルから採取したDNA断片を分析し，出どころのわかっている標本のDNA断片と比較するという点で似ている．相違点の1つは，クジラの研究者は，不法行為があったかどうかを確かめるために，種あるいは個体群レベルでの関係性を調べたが，ゾウの研究者は密猟場所を厳密に特定するために個体群レベルでの関係性を調べたことである．他の相違点は，クジラの場合はミトコンドリアDNAを使ったのに対し，ゾウの場合は核DNAが使われた点である．このような手法の限界は，参照となるデータベースが必要で（新たにつくらないといけない場合もある），サンプル間の関係性を判別できるくらい十分なDNAの変異を対象生物がもつ必要があることである．

図 56.11 pHが高いほど酸性度は低い．この実験林の降雨は，酸性度が低くなりつつある．

図 56.13 答えはいろいろだろうが，さらなる個体の移植を支持しない2つの理由がある．1つは，イリノイの個体群は他の地域の個体とは異なる遺伝的組成をもっており，イリノイ個体群にしかないような有益な遺伝子や対立遺伝子の頻度を最大限維持したいと思うだろう．2つ目は，他の州からの移植はすでに孵化率を劇的に上昇させており，さらなる個体の移植は必須ではないからである．

図 56.15 この生息地での自然の撹乱には頻繁な火事があり，それは下層植生を焼き払うが成熟したマツの木を死なせることはない．このような火事がなければ，下層植生がすぐに繁茂して，その場所はホオジロシマアカゲラにとって不適な生息地になる．

図 56.16 この写真には，森林生態系と草地生態系の間と，草地生態系と河川生態系の間に周縁がある．

図 56.25 PCB濃度は，植物プランクトンから動物プランクトンでは4.9倍に，植物プランクトンからキュウリウオでは41.6倍に，動物プランクトンからキュウリウオでは8.5倍に，キュウリウオからレイクトラウトでは4.6倍に，キュウリウオからオオセグロカモメの卵では119.2倍に，レイクトラウトからオオセグロカモメの卵では25.7倍に増加している．

図 56.30 海洋酸性化は，炭酸イオン（CO_3^{2-}）の利用性を下げる．サンゴや多くの他の海洋生物は，骨格や殻をつくるのに炭酸イオンを必要とする．殻をつくる生物は殻がないと生きられないので，海洋酸性化は多くの殻をつくる生物を死滅させると予測されている．さらに，殻をつくる生物の死亡率上昇は，生物群集に多くの他の変化をもたらすだろう．たとえば，サンゴの死亡率上昇は，サンゴ礁に保護されている多くの生物や，サンゴ礁にすむ生物を食べる多くの生物に有害だろう．

概念のチェック 56.1

1. 種の消失に加えて，生物多様性の危機には，個体群や種における遺伝的多様性の消失や，生態系全体の劣化も含まれる．
2. 森林伐採，河川の流路変更，自然生態系から農地や都市への改変などの生息地の破壊は，生物からすむ場所を奪う．移入種は，もとの分布域の外に人間が移動させた生物であり，新しい場所では自然の病原体や捕食者により制御されることがなく，競争や捕食によって在来生物の個体数を減らすことが多い．乱獲は，植物や動物の個体数を減らし，絶滅に追いやる．最後に，地球規模の変化は，生物を支える地球の収容力を減らすほど，環境を変えつつある．
3. 2つの個体群が別々に繁殖する場合，個体群間の遺伝子流動は起こらず，個体群間の遺伝的違いは大きいだろう．そのため，両個体群が交雑する場合より，別々に繁殖する場合のほうが，遺伝的多様性の損失はより大きい．

概念のチェック 56.2

1. 遺伝的変異の減少は，生息環境の変化などに対して個体群が進化する可能性を減らしてしまうため．
2. 有効集団サイズ N_e は，$4(30\times10)/(30+10)=30$ により，30羽である．
3. イエローストーンとその周辺生態系は，毎年，数百万の人々によって使われているので，人とクマのすべての接触をなくすことは不可能であろう．代わりに，クマが殺されるような機会を減らそうとするだろう．公園の道路での制限速度をより低くすることを提案したり，母グマと子グマへの遭遇を最小限にするために狩猟の時期や場所（公園外で狩猟が許可されている場所）を調整したり，家畜の所有者が家畜を守るために別の方法（番犬など）を使うことに経済的な支援をしたりするだろう．

概念のチェック 56.3

1. 数多くの固有種と多数の絶滅危惧種や絶滅のおそれのある種が存在する狭い地域．
2. ゾーニング型保護区は，木材製品，水，水力発電，教育の機会，観光による収入の持続的な供給をもたらすかもしれない．
3. 生息地の回廊は，生息地パッチ間の生物の移動率を上げ，個体群間の遺伝子流動を上げることになる．そのため，近交弱勢により適応度が下がることを防ぐ．また，生物が移動するときに生物と人間の接触を最小化することができる．クマや大型のネコ科のように捕食者を含む場合は，このような接触を最小化することが求められる．

概念のチェック 56.4

1. 栄養素の付加は，藻類の大増殖を引き起こし，その藻類を食べる生物も増やす．その結果，藻類，消費者，分解者の呼吸量が増えて，魚が必要とする湖内の酸素を枯渇させる．
2. 分解者は，細胞呼吸の燃料として有機物を使う消費者であり，副産物として CO_2 を放出する．高い温度では分解が速く進み，土壌中の有機物はより速く CO_2 に分解され，それがまた地球温暖化を加速する．
3. 成層圏のオゾン濃度の減少は，地球の表面とそこにすむ生物に届く紫外線の放射量を増やす．紫外線は，DNA にチミン 2 量体をつくって損傷させ，突然変異を引き起こす．

概念のチェック 56.5

1. 持続可能な開発は，人間社会の長期的な繁栄とそれを支える生態系に貢献する開発手法であり，それには，生物科学が社会科学，経済学，人文学と連携することが必要である．
2. 自然やすべての生き物とつながっているという意識であるバイオフィリアは，種の絶滅を避け生態系の破壊を避けようとする環境倫理の拡大に，重要な動機として働くだろう．もし，より熱心で有効な環境の擁護者でありたいなら，そのような倫理が求められる．
3. 最低限として，個体数と平均的な繁殖速度を知りたいだろう．その漁業を持続的なものにするには，もとに近い個体数を維持し，短期ではなく長期の漁獲を最大化するような漁獲率を見つけようとするだろう．

重要概念のまとめ

56.1　自然は私たちに多くの有益なサービスを提供しており，信頼できる清浄な水，食料や繊維の生産，汚染物質の希釈と無毒化などが含まれる．

56.2　遺伝的多様性の高い個体群ほど，病原体や環境変化による圧力に対抗しやすく，ある一定の時間にわたって絶滅しにくくなる．

56.3　生息地の分断化は，個体群を孤立させて，近交弱勢と遺伝的浮動をもたらし得る．また，物理的条件の変化や周縁に適応した種との競争や捕食が増すような周縁効果により，局所的な絶滅が起こりやすくなる．

56.4　低次の栄養段階を食べるほうがより健康的である．なぜなら，高次の栄養段階ほど生物濃縮により毒性物質の濃度が高くなるからである．

56.5　保全生物学の目標の 1 つは，できるだけ多くの種を保全することである．生息地の質を維持しようとする持続可能なアプローチは，生物の長期的な生存に必要である．

理解度テスト

1. C　2. D　3. B　4. A　5. B　6. A

7.

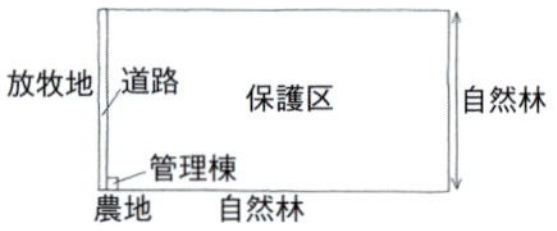

放牧地
道路
保護区
自然林
管理棟
農地
自然林

コウウチョウが侵入する森林の面積を最小化するためには，道路を，保護区の西端に置かないといけない（道路によりできる周縁が，森林伐採後の放牧地と農地に接するようにするため）．他の場所に道路があると，影響を受ける森林域が増えてしまうだろう．同様に，コウウチョウの影響を受ける面積を最小化するため，管理棟は，保護区の南西角に置くべきである．

付録 B 周期表

原子番号（陽子数）→ 6 / C ← 元素記号 / 12.01 ← 原子量（陽子数と全同位体の平均の中性子数の和に等しい）

金属元素　半金属元素　非金属元素

典型元素

アルカリ金属（1族）　アルカリ土類金属（2族）　ハロゲン（17族）　希ガス（18族）

族：同じ縦列の元素はすべて，価電子殻（最外殻）に同数の電子をもち，そのため，互いに似た化学的性質をもつ．

周期：同じ横列の原子はすべて，同数の電子殻をもつ．各元素は原子番号の順に並んでいる．

遷移元素（3〜12族）

周期	1族 1A	2族 2A	3 3B	4 4B	5 5B	6 6B	7 7B	8 8B	9 8B	10 8B	11 1B	12 2B	13族 3A	14族 4A	15族 5A	16族 6A	17族 7A	18族 8A
1	1 H 1.008																	2 He 4.003
2	3 Li 6.941	4 Be 9.012											5 B 10.81	6 C 12.01	7 N 14.01	8 O 16.00	9 F 19.00	10 Ne 20.18
3	11 Na 22.99	12 Mg 24.31											13 Al 26.98	14 Si 28.09	15 P 30.97	16 S 32.06	17 Cl 35.45	18 Ar 39.95
4	19 K 39.10	20 Ca 40.08	21 Sc 44.96	22 Ti 47.87	23 V 50.94	24 Cr 52.00	25 Mn 54.94	26 Fe 55.85	27 Co 58.93	28 Ni 58.69	29 Cu 63.55	30 Zn 65.38	31 Ga 69.72	32 Ge 72.64	33 As 74.92	34 Se 78.96	35 Br 79.90	36 Kr 83.80
5	37 Rb 85.47	38 Sr 87.62	39 Y 88.91	40 Zr 91.22	41 Nb 92.91	42 Mo 95.95	43 Tc (98)	44 Ru 101.1	45 Rh 102.9	46 Pd 106.4	47 Ag 107.9	48 Cd 112.4	49 In 114.8	50 Sn 118.7	51 Sb 121.8	52 Te 127.6	53 I 126.9	54 Xe 131.3
6	55 Cs 132.9	56 Ba 137.3	57* La 138.9	72 Hf 178.5	73 Ta 180.9	74 W 183.8	75 Re 186.2	76 Os 190.2	77 Ir 192.2	78 Pt 195.1	79 Au 197.0	80 Hg 200.6	81 Tl 204.4	82 Pb 207.2	83 Bi 209.0	84 Po (209)	85 At (210)	86 Rn (222)
7	87 Fr (223)	88 Ra (226)	89† Ac (227)	104 Rf (267)	105 Db (268)	106 Sg (271)	107 Bh (272)	108 Hs (277)	109 Mt (276)	110 Ds (281)	111 Rg (280)	112 Cn (285)	113 Nh (284)	114 Fl (289)	115 Mc (288)	116 Lv (293)	117 Ts (293)	118 Og (294)

*ランタノイド	58 Ce 140.1	59 Pr 140.9	60 Nd 144.2	61 Pm (145)	62 Sm 150.4	63 Eu 152.0	64 Gd 157.3	65 Tb 158.9	66 Dy 162.5	67 Ho 164.9	68 Er 167.3	69 Tm 168.9	70 Yb 173.0	71 Lu 175.0
†アクチノイド	90 Th 232.0	91 Pa 231.0	92 U 238.0	93 Np (237)	94 Pu (244)	95 Am (243)	96 Cm (247)	97 Bk (247)	98 Cf (251)	99 Es (252)	100 Fm (257)	101 Md (258)	102 No (259)	103 Lr (262)

元素名（元素記号）	原子番号	元素名（元素記号）	原子番号	元素名（元素記号）	原子番号	元素名（元素記号）	原子番号	元素名（元素記号）	原子番号
水素（H）	1	マンガン（Mn）	25	インジウム（In）	49	タンタル（Ta）	73	バークリウム（Bk）	97
ヘリウム（He）	2	鉄（Fe）	26	スズ（Sn）	50	タングステン（W）	74	カリホルニウム（Cf）	98
リチウム（Li）	3	コバルト（Co）	27	アンチモン（Sb）	51	レニウム（Re）	75	アインスタイニウム(Es)	99
ベリリウム（Be）	4	ニッケル（Ni）	28	テルル（Te）	52	オスミウム（Os）	76	フェルミウム（Fm）	100
ホウ素（B）	5	銅（Cu）	29	ヨウ素（I）	53	イリジウム（Ir）	77	メンデレビウム(Md)	101
炭素（C）	6	亜鉛（Zn）	30	キセノン（Xe）	54	白金（Pt）	78	ノーベリウム（No）	102
窒素（N）	7	ガリウム（Ga）	31	セシウム（Cs）	55	金（Au）	79	ローレンシウム（Lr）	103
酸素（O）	8	ゲルマニウム（Ge）	32	バリウム（Ba）	56	水銀（Hg）	80	ラザホージウム（Rf）	104
フッ素（F）	9	ヒ素（As）	33	ランタン（La）	57	タリウム（Tl）	81	ドブニウム（Db）	105
ネオン（Ne）	10	セレン（Se）	34	セリウム（Ce）	58	鉛（Pb）	82	シーボーギウム(Sg)	106
ナトリウム（Na）	11	臭素（Br）	35	プラセオジム（Pr）	59	ビスマス（Bi）	83	ボーリウム（Bh）	107
マグネシウム（Mg）	12	クリプトン（Kr）	36	ネオジム（Nd）	60	ポロニウム（Po）	84	ハッシウム（Hs）	108
アルミニウム（Al）	13	ルビジウム（Rb）	37	プロメチウム（Pm）	61	アスタチン（At）	85	マイトネリウム(Mt)	109
ケイ素（Si）	14	ストロンチウム（Sr）	38	サマリウム（Sm）	62	ラドン（Rn）	86	ダームスタチウム(Ds)	110
リン（P）	15	イットリウム（Y）	39	ユウロピウム（Eu）	63	フランシウム（Fr）	87	レントゲニウム(Rg)	111
硫黄（S）	16	ジルコニウム（Zr）	40	ガドリニウム（Gd）	64	ラジウム（Ra）	88	コペルニシウム(Cn)	112
塩素（Cl）	17	ニオブ（Nb）	41	テルビウム（Tb）	65	アクチニウム（Ac）	89	ニホニウム(Nh)	113
アルゴン（Ar）	18	モリブデン（Mo）	42	ジスプロシウム(Dy)	66	トリウム（Th）	90	フレロビウム(Fl)	114
カリウム（K）	19	テクネチウム（Tc）	43	ホルミウム（Ho）	67	プロトアクチニウム(Pa)	91	モスコビウム(Mc)	115
カルシウム（Ca）	20	ルテニウム（Ru）	44	エルビウム（Er）	68	ウラン（U）	92	リバモリウム(Lv)	116
スカンジウム（Sc）	21	ロジウム（Rh）	45	ツリウム（Tm）	69	ネプツニウム（Np）	93	テネシン(Ts)	117
チタン（Ti）	22	パラジウム（Pd）	46	イッテルビウム(Yb)	70	プルトニウム（Pu）	94	オガネソン(Og)	118
バナジウム（V）	23	銀（Ag）	47	ルテチウム（Lu）	71	アメリシウム（Am）	95		
クロム（Cr）	24	カドミウム（Cd）	48	ハフニウム（Hf）	72	キュリウム（Cm）	96		

付録 C 単位換算表

国際単位系(SI)の接頭語　10^{9} = ギガ (G)　10^{6} = メガ (M)　10^{3} = キロ (k)　10^{-2} = センチ (c)　10^{-3} = ミリ (m)
10^{-6} = マイクロ (μ)　10^{-9} = ナノ (n)　10^{-12} = ピコ (p)　10^{-15} = フェムト (f)

基本単位	単位と記号	メートル法表記	メートル法から ヤード・ポンド法への換算	ヤード・ポンド法から メートル法への換算
長さ	1 キロメートル(km)	= 1000(10^{3}) メートル	1km = 0.62 マイル	1 マイル = 1.61km
	1 メートル(m)	= 100(10^{2}) センチメートル = 1000 ミリメートル	1m = 1.09 ヤード 1m = 3.28 フィート 1m = 39.37 インチ	1 ヤード = 0.914m 1 フィート = 0.305m
	1 センチメートル(cm)	= 0.01(10^{-2}) メートル	1cm = 0.394 インチ	1 フィート = 30.5cm 1 インチ = 2.54cm
	1 ミリメートル(mm)	= 0.001(10^{-3}) メートル	1mm = 0.039 インチ	
	1 マイクロメートル(μm) (以前はミクロン，μ)	= 10^{-6} メートル (10^{-3} ミリメートル)		
	1 ナノメートル(nm) (以前はミリミクロン，mμ)	= 10^{-9} メートル (10^{-3} マイクロメートル)		
	1 オングストローム(Å)	= 10^{-10} メートル (10^{-4} マイクロメートル)		
面積	1 ヘクタール(ha)	= 10 000 平方メートル	1ha = 2.47 エーカー	1 エーカー = 0.405ha
	1 平方メートル(m^{2})	= 10 000 平方センチメートル	1m^{2} = 1.196 平方ヤード 1m^{2} = 10.764 平方フィート	1 平方ヤード = 0.8361m^{2} 1 平方フィート = 0.0929m^{2}
	1 平方センチメートル(cm^{2})	= 100 平方ミリメートル	1cm^{2} = 0.155 平方インチ	1 平方インチ = 6.4516cm^{2}
重量	1 トン(t)	= 1000 キログラム	1t = 1.103 トン	1 トン = 0.907t
	1 キログラム(kg)	= 1000 グラム	1kg = 2.205 ポンド	1 ポンド = 0.4536kg
	1 グラム(g)	= 1000 ミリグラム	1g = 0.0353 オンス 1g = 15.432 グレイン	1 オンス = 28.35g
	1 ミリグラム(mg)	= 10^{-3} グラム	1mg = およそ 0.015 グレイン	
	1 マイクログラム(μg)	= 10^{-6} グラム		
容積 (固体)	1 立方メートル(m^{3})	= 1 000 000 立方センチメートル	1m^{3} = 1.308 立方ヤード 1m^{3} = 35.315 立方フィート	1 立方ヤード = 0.7646m^{3} 1 立方フィート = 0.0283m^{3}
	1 立方センチメートル (cm^{3} または cc)	= 10^{-6} 立方メートル	1cm^{3} = 0.061 立方インチ	1 立方インチ = 16.387cm^{3}
	1 立方ミリメートル(mm^{3})	= 10^{-9} 立方メートル = 10^{-3} 立方センチメートル		
容積 (液体と 気体)	1 キロリットル(kL)	= 1000 リットル	1kL = 264.17 ガロン	
	1 リットル(L)	= 100 ミリリットル	1L = 0.264 ガロン 1L = 1.057 クウォート	1 ガロン = 3.785L 1 クウォート = 0.946L
	1 ミリリットル(mL)	= 10^{-3} リットル = 1 立方センチメートル	1mL = 0.034 液量オンス 1mL = およそ 1/4 ティースプーン 1mL = およそ 15～16 滴 (1 滴はおよそ 0.067mL)	1 クウォート = 946mL 1 パイント = 473mL 1 液量オンス = 29.57mL 1 ティースプーン = およそ 5mL
	1 マイクロリットル (μL または μℓ)	= 10^{-6} リットル (10^{-3} ミリリットル)		
圧力	1 メガパスカル (MPa)	= 1000 キロパスカル	1 MPa = 10 bars	1 bar = 0.1 MPa
	1 キロパスカル (kPa)	= 1000 パスカル	1 kPa = 0.01 bar	1 bar = 100 kPa
	1 パスカル (Pa)	= 1 ニュートン /m^{2} (N/m^{2})	1 Pa = 1.0 × 10^{-5} bar	1 bar = 1.0 × 10^{5} Pa
時間	1 秒(s または sec)	= 1/60 分		
	1 ミリ秒(ms)	= 10^{-3} 秒		
温度	摂氏温度(℃)（すべての分子の活動が止まるのは絶対ゼロ度 −273.15℃ である．摂氏とまったく同じ量であるケルビン[K]は絶対ゼロ度がゼロであり，0K= −273℃ である.）		℉ = 9/5℃ + 32	℃ = 5/9(℉ − 32)

付録 D 光学顕微鏡と電子顕微鏡の比較

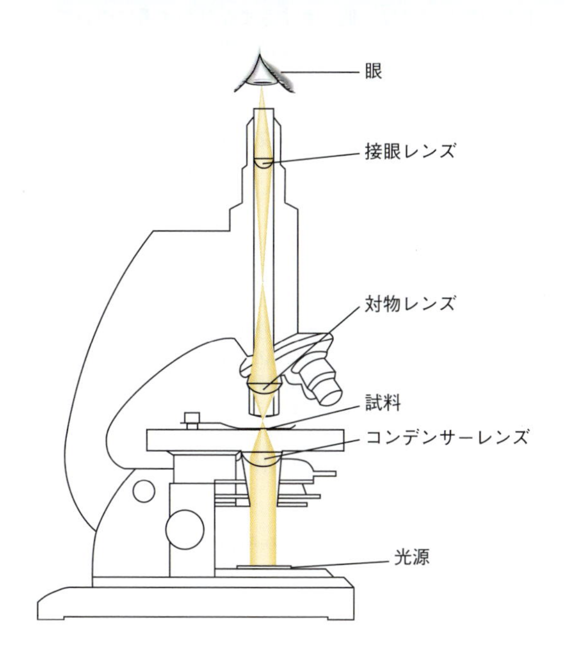

眼
接眼レンズ
対物レンズ
試料
コンデンサーレンズ
光源

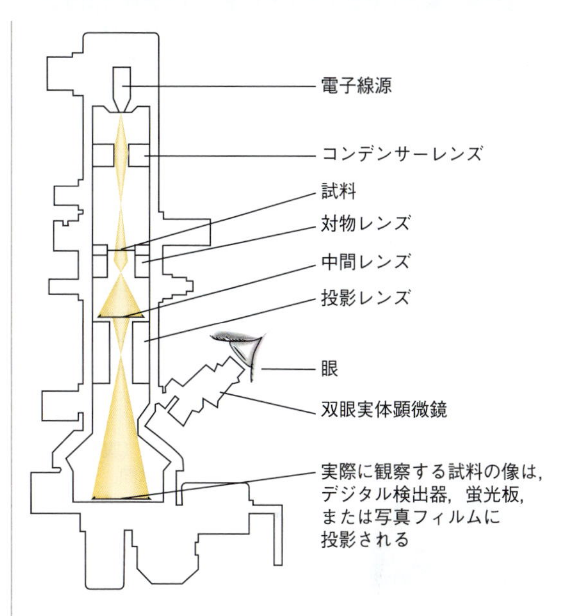

電子線源
コンデンサーレンズ
試料
対物レンズ
中間レンズ
投影レンズ
眼
双眼実体顕微鏡
実際に観察する試料の像は，
デジタル検出器，蛍光板，
または写真フィルムに
投影される

光学顕微鏡

光学顕微鏡では，ガラス製のコンデンサーレンズ（集光レンズ）によって，光が試料に集められる．試料の像は対物レンズと接眼レンズによって拡大され，眼，デジタルカメラ，ビデオカメラ，または写真フィルムに投影される．

電子顕微鏡*

電子顕微鏡では，光ではなく電子線（電子顕微鏡の最上部）が使われ，電磁石がガラスレンズの代わりに利用される．電子線がコンデンサーレンズによって試料に集められる．試料の像は対物レンズと接眼レンズ，さらに投影レンズによって拡大される．投影レンズはデジタル検出器，蛍光板，または写真フィルムに投影するために用いられる．

＊1（訳注）：電子顕微鏡は透過型と走査型に大別される．どちらも電子線を使うが，その結像原理は異なる．本図は透過型電子顕微鏡の模式図である．

付録 E 生物の分類体系

ここでは，本書で登場する主要な現生の生物群に関する分類体系を示す（すべての門を含んでいるわけではない）．ここに示した分類体系は，三大ドメイン体系に基づいており，原核生物を構成する2つの生物群である細菌と古細菌をそれぞれ独立のドメインとして扱う（真核生物は第三のドメインとなる）．

本書の第5部では，他のさまざまな分類体系についても解説している．分類学的な混乱は，界の数やその境界，また近年の分類学的発見をいかにしてリンネ式階層分類で表現するかなどの問題に起因している．またこの分類体系の中で，側系統群であることが示唆されている門は，アスタリスク（*）で示している．

細菌ドメイン

- **プロテオバクテリア**
- **クラミジア**
- **スピロヘータ**
- **シアノバクテリア**
- **グラム陽性細菌**

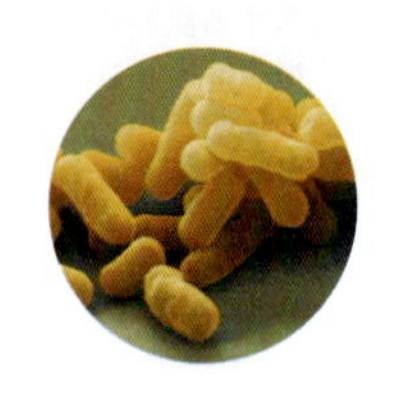

古細菌ドメイン

- **ユーリアーキオータ**
- **タウムアーキオータ**
- **アイグアーキオータ**
- **クレンアーキオータ**
- **コルアーキオータ**

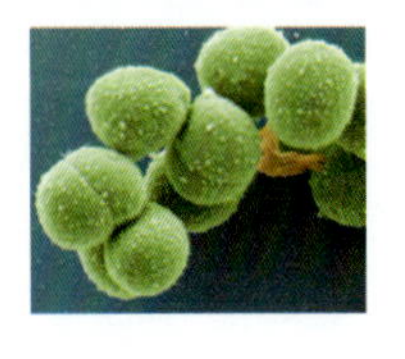

真核生物ドメイン

28章で紹介した系統仮説では，真核生物の主要な系統群は下記の太字で示した4つの「スーパーグループ」にまとめられる．一般的に原生生物と総称されるすべての真核生物は，以前は1つの界，原生生物界に分類されていた．しかし系統分類学の発展によって原生生物界は実際には多系統群であり，いくつかの原生生物は他の原生生物に対してよりも，陸上植物や菌類，動物にそれぞれ近縁であることが示された．その結果，原生生物界という分類群は棄却された．

エクスカバータ（腹溝生物）
- ディプロモナス類
- 副基体類（パラバサリア類）
- ユーグレノゾア類
  - キネトプラスト類（眠り病原虫など）
  - ユーグレナ類（ミドリムシなど）

SAR
- ストラメノパイル（不等毛類）
  - 黄金色藻類
  - 褐藻類（コンブ，ワカメなど）
  - 珪藻類

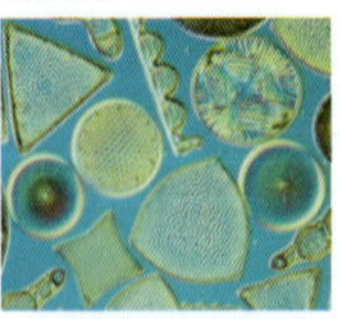

- アルベオラータ（表層胞生物）
  - 渦鞭毛藻類
  - アピコンプレクサ類（マラリア原虫など）
  - 繊毛虫類（ゾウリムシ，ツリガネムシなど）
- リザリア（根状仮足類）
  - 放散虫類
  - 有孔虫類
  - ケルコゾア類

アーケプラスチダ（古色素体類）
- 紅色植物（紅藻類）
- 緑藻植物（緑藻類の多く）
- *シャジクモ植物（緑藻類の一部）
- 植物界（陸上植物）

門		
苔植物門（ゼニゴケなど）	非維管束植物（コケ植物）	
蘚植物門（スギゴケなど）		
ツノゴケ植物門（ツノゴケ類）		
ヒカゲノカズラ植物門（小葉類）	無種子維管束植物	
大葉シダ植物門（シダ類，トクサ類，マツバラン類）		
イチョウ植物門（イチョウ）	裸子植物	種子植物
ソテツ植物門（ソテツ類）		
グネツム植物門（マオウなど）		
球果植物門（マツ，スギなど）		
被子植物門	被子植物	

真核生物ドメイン（続き）

ユニコンタ

- アメーボゾア類
  - 真正粘菌（変形菌）
  - 細胞性粘菌（タマホコリカビ類）
  - ツブリナ類
  - エントアメーバ類
- ヌクレアリア類
- 菌界（菌類）
  - *ツボカビ門
  - *接合菌門（ケカビ，クモノスカビなど）
  - グロムス門
  - 子嚢菌門（出芽酵母，アカパンカビ，トリュフなど）
  - 担子菌門（シイタケ，キクラゲ，サルノコシカケなど）

- 襟鞭毛虫類
- 動物界（後生動物，多細胞動物）
  - 海綿動物門（カイメン類）
  - 有櫛動物門（クシクラゲ類）
  - 刺胞動物門
    - クラゲ亜門（ヒドロ虫類，鉢虫類，箱虫類）
    - 花虫亜門（イソギンチャク類，多くのサンゴ類）
  - 板形動物門（センモウヒラムシ）
  - 無腸動物門（無腸類）
  - 冠輪動物（ロフォトロコゾア）
    - 扁形動物門
      - 小鎖状類（カテヌラ類）
      - 有棒状体類（プラナリア類，吸虫類，条虫類など）
    - 紐形動物門（ヒモムシ類）
    - 外肛動物門（コケムシ類）
    - 腕足動物門（シャミセンガイ，ホウズキガイなど）
    - 輪形動物門（ワムシ類と鉤頭虫類）
    - 有輪動物門
    - 軟体動物門
      - 多板綱（ヒザラガイ類）
      - 腹足綱（巻貝類）
      - 二枚貝綱
      - 頭足綱（イカ，タコ類）
    - 環形動物門
      - 遊在類（ゴカイなど）
      - 定在類（ミミズ，ヒルなど）
  - 脱皮動物（エクディソゾア）
    - 胴甲動物門（コウラムシ類）
    - 鰓曳動物門（エラヒキムシ類）
    - 線形動物門（線虫類）
    - 節足動物門（ここでは節足動物を1つの門にまとめているが，いくつかの門に分割する研究者もいる）
      - 鋏角類（カブトガニ類，クモ類）
      - 多足類（ヤスデ類，ムカデ類など）
      - 汎甲殻類（甲殻類，昆虫類）
    - 緩歩動物門（クマムシ類）
    - 有爪動物門（カギムシ類）
  - 新口動物（後口動物）
    - 半索動物門（ギボシムシ類など）
    - 棘皮動物門
      - ヒトデ綱
      - クモヒトデ綱
      - ウニ綱
      - ウミユリ綱
      - ナマコ綱
    - 脊索動物門
      - 頭索動物亜門（ナメクジウオ類）
      - 尾索動物亜門（ホヤ類）
      - 脊椎動物亜門
        - 円口類
          - ヌタウナギ綱
          - ヤツメウナギ綱
        - 顎口類
          - 軟骨魚綱（サメ類，エイ類，ギンザメ類）
          - 条鰭類（ほとんどの魚）
          - シーラカンス類
          - 肺魚類
          - 両生綱（カエル類，サンショウウオ類など）
          - 爬虫綱（ムカシトカゲ，トカゲ類，ヘビ類，カメ類，ワニ類，鳥類）
          - 哺乳綱

付録 F 科学スキルのまとめ

グ ラ フ

グラフは，数のデータを視覚的に示し，それらは，表で認識するのが簡単ではないデータのパターンやトレンド（傾向）を明らかにする．グラフは，データにおける1つの変数が他の変数とどのように関係があるか（あるいはないか）を示す模式図である．**独立変数 independent variable** は，研究者によって調整されたり変えられたりする要素で，**従属変数 dependent variable** は，独立変数との関係性の中で研究者が測定する要素である．通常独立変数は x 軸上に，従属変数は y 軸にプロットされる．生物学で多用されるタイプのグラフは散布図，折れ線グラフ，棒グラフ，そしてヒストグラムである．

➤**散布図 scatter plot** は，すべての変数のデータが数字でかつ連続的であるときに用いられる．各々のデータは点で表現される．**折れ線グラフ line graph** では，右のグラフのように各々のデータポイントは直線で次のデータポイントとつながっている（散布図と折れ線グラフを描いて解釈する練習をするには，2，3，7，8，10，13，19，24，34，43，47，49，50，52，54，56章の「科学スキル演習」を参照すること）．

従属変数（この場合は，存在する生物種の数）は，垂直軸（y 軸）上にプロットされている．

それぞれの軸には，その軸にプロットされた変数がわかるようにラベルがつけられている．

それぞれの軸は同じ間隔に分割され，数字の目盛がつけられている．

各測定値は，グラフ上で点として表されている．測定値の水平方向の位置は独立変数の値と，垂直方向の位置は従属変数の値とそれぞれ一致する．

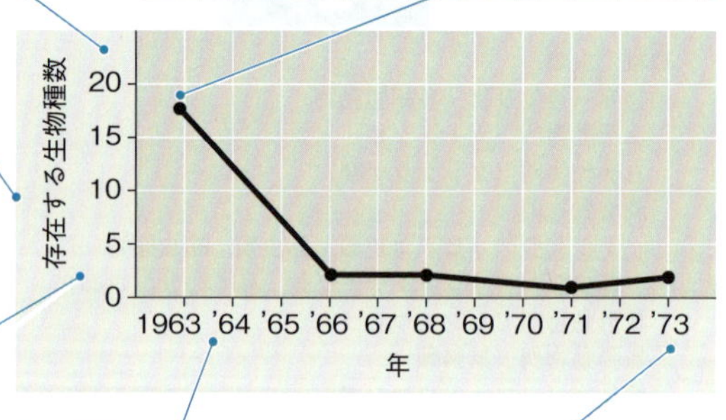
存在する生物種数
20
15
10
5
0
1963 '64 '65 '66 '67 '68 '69 '70 '71 '72 '73
年

独立変数（この場合は時間（年）を示す）は水平軸（x 軸）上にプロットされている．

それぞれの軸の範囲は，プロットされるすべてのデータをカバーしている．

▼データセットが2つ以上あるときは，2つの従属変数が同じ独立変数とどのような関連があるかを示すため，同じ折れ線グラフ上にプロットすることもできる（2つ以上のデータセットで折れ線グラフを描いて解釈する練習をするには，7，43，47，49，50，52，56章の「科学スキル演習」を参照すること）．

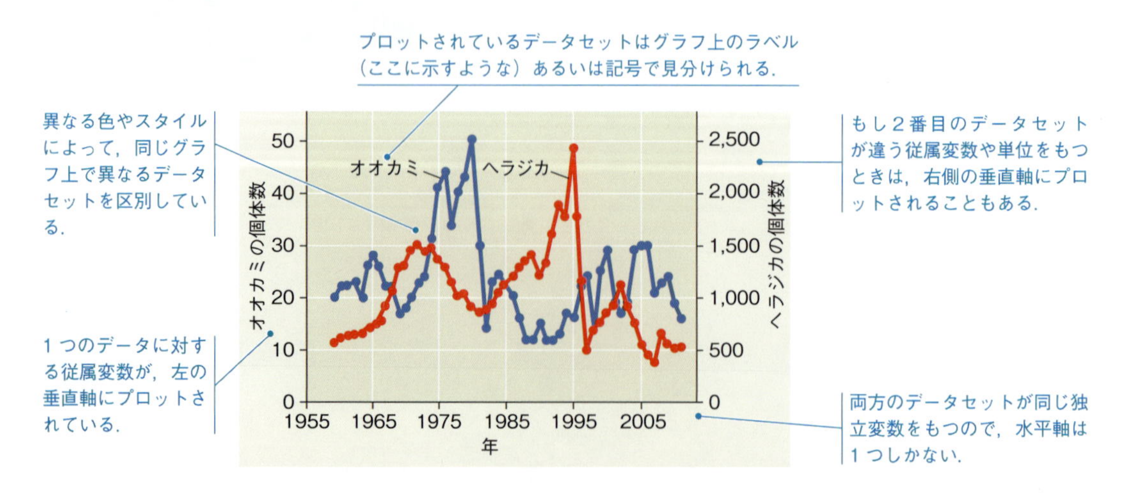
プロットされているデータセットはグラフ上のラベル（ここに示すような）あるいは記号で見分けられる．
異なる色やスタイルによって，同じグラフ上で異なるデータセットを区別している．
もし2番目のデータセットが違う従属変数や単位をもつときは，右側の垂直軸にプロットされることもある．
1つのデータに対する従属変数が，左の垂直軸にプロットされている．
両方のデータセットが同じ独立変数をもつので，水平軸は1つしかない．
オオカミ
ヘラジカ
オオカミの個体数
ヘラジカの個体数
50
40
30
20
10
0
2,500
2,000
1,500
1,000
500
0
1955 1965 1975 1985 1995 2005
年

▼いくつかの散布図では，データにおける一般的な傾向を示すために，全データセットを通して直線や曲線が描かれる．数学的にデータと最も合う直線は「回帰直線」とよばれる．あるいは，データに最も合う数学関数は曲線（しばしば「回帰曲線」とよばれる）で描かれることもある（回帰直線をつくって解釈することを練習するには，3，10，34 章の「科学スキル演習」を参照すること）．

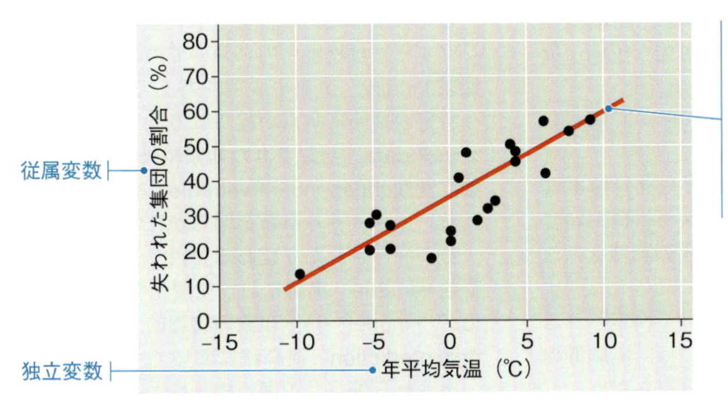

従属変数
失われた集団の割合（%）
80
70
60
50
40
30
20
10
0
−15
−10
−5
0
5
10
15
独立変数
年平均気温（℃）

回帰直線は数学的な方程式として表すことができる．それは，データセットの範囲の中の独立変数ならどんな値でも，そしてときにはデータ範囲外の従属変数の値も予測することができる．

▼**棒グラフ bar graph** は，独立変数がグループや数字ではないカテゴリーを表す種類のグラフで，従属変数の値は棒で示される（棒グラフを描いて解釈する練習をするには，1，9，18，22，25，29，33，35，39，51，52，54 章の「科学スキル演習」を参照すること）．

各測定値は，グラフ上の棒で表されている．棒の一番上は，従属変数の値に対応している．

複数のデータセットを同じ棒グラフにプロットするときは，違う色やスタイルで区別し，ラベルや記号で示す．

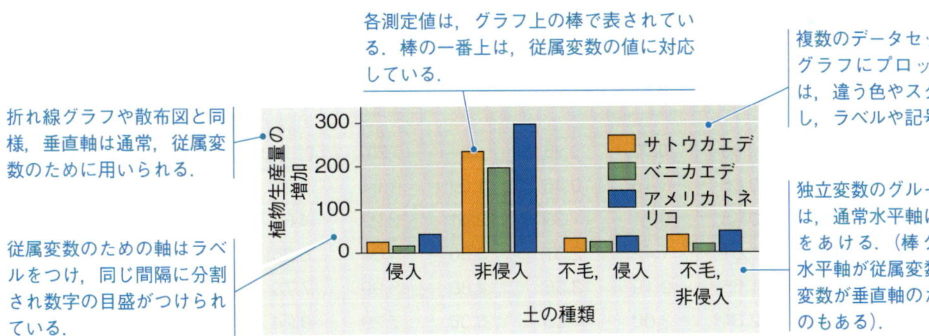

折れ線グラフや散布図と同様，垂直軸は通常，従属変数のために用いられる．
従属変数のための軸はラベルをつけ，同じ間隔に分割され数字の目盛がつけられている．
植物生産量の増加
300
200
100
0
サトウカエデ
ベニカエデ
アメリカトネリコ
侵入
非侵入
不毛，侵入
不毛，非侵入
土の種類

独立変数のグループやカテゴリーは，通常水平軸に沿って同じ間隔をあける．（棒グラフの中には，水平軸が従属変数のために，独立変数が垂直軸のために使われるものもある）．

➤**ヒストグラム histogram** とよばれる棒グラフは，数字のデータを「ビン」という等幅間隔のグループに分けてプロットしたもの．ビンは整数もしくは数の範囲であることが多い．右のヒストグラムでは，間隔は 25 mg/dL である．それぞれの棒の高さは，x 軸にプロットされる間隔の1つに特徴を記述できる実験対象の割合（あるいは数）を示す（棒グラフを描き解釈することを練習するには，12，14，42 章の「科学スキル演習」を参照すること）．

この棒の高さは，血漿中の LDL コレステロール量が x 軸に示される，この範囲に入っている人数の割合（約 4%）を示している．

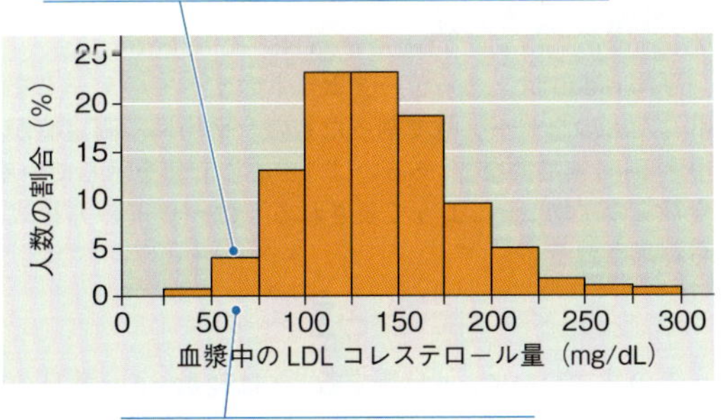

人数の割合（%）
25
20
15
10
5
0
0
50
100
150
200
250
300
血漿中の LDL コレステロール量（mg/dL）

この範囲は 50 ～ 74 mg/dL である．

科学的研究の用語集

科学的研究の過程に関する議論は，1.3 節を参照すること．

演繹法 deductive reasoning　結果を一般的な前提から予測するような論理形式．

仮説 hypothesis　利用できるデータに基づき，帰納的な推論によって導かれる観察に対する検証可能な説明．仮説は範囲が理論より狭い．

帰納法 inductive reasoning　個々の多くの観察に基づいて一般化されるような論理形式．

実験 experiment　科学的な検証試験．しばしば対照を含む条件で実施される．つまり，実験のシステムにおいてある1つの要因を操作し，その要因の変化の影響をみるためのもの．

実験群 experimental group　制御された実験で検定される特定の要因があるひと組の主題．理想的には，実験群の他の項目はすべて対照群と同一でなければならない．

従属変数 dependent variable　もう1つの要因（独立変数）の変化によって影響されるかどうか調べる実験において計測される要因．

対照群 control group　対照を含む実験において，検証対象の特定の要因をもたない一群の検体．理想的には，他の点について対照群は実験群と同一でなければならない．

対照を含む実験 controlled experiment　実験群を対照群と比較するために計画された実験．理想的には，2つのグループは検証要因においてのみ異なる．

探求 inquiry　情報や説明を与えるための検索．しばしば特定の疑問に焦点が絞られる．

データ data　記録された観察結果．

独立変数 independent variable　もう1つの要因（従属変数）に与えうる影響を明らかにする実験において，その量が操作されたり変わる要因．

変数 variable　実験において変化する要因．

モデル model　自然現象の物理的，概念的な表現．

予測 prediction　演繹法において，仮説から論理的に導き出される予言．予測の検証によって，実験は仮説を否定することができる．

理論 theory　仮説より範囲が広い説明であり，新しい仮説を生み出し，多くの証拠によって支えられる．

カイ二乗分布の表

この表を使うには，まず自分のデータセットにおける自由度と一致する列を見つける（自由度はカテゴリー数から1を引いた数）．次に，計算されたカイ二乗値が間に入る2つの列を探す．自分が求めたカイ二乗値に対する蓋然性は，それらの数から列の一番上に移動することでわかる．0.05 以下の蓋然性は，一般的に有意であるとみなされる（カイ二乗検定を使った練習をするには，15 章の「科学スキル演習」を参照すること）．

自由度（df）	蓋然性										
	0.95	0.90	0.80	0.70	0.50	0.30	0.20	0.10	0.05	0.01	0.001
1	0.004	0.02	0.06	0.15	0.45	1.07	1.64	2.71	3.84	6.64	10.83
2	0.10	0.21	0.45	0.71	1.39	2.41	3.22	4.61	5.99	9.21	13.82
3	0.35	0.58	1.01	1.42	2.37	3.66	4.64	6.25	7.82	11.34	16.27
4	0.71	1.06	1.65	2.19	3.36	4.88	5.99	7.78	9.49	13.28	18.47
5	1.15	1.61	2.34	3.00	4.35	6.06	7.29	9.24	11.07	15.09	20.52
6	1.64	2.20	3.07	3.83	5.35	7.23	8.56	10.64	12.59	16.81	22.46
7	2.17	2.83	3.82	4.67	6.35	8.38	9.80	12.02	14.07	18.48	24.32
8	2.73	3.49	4.59	5.53	7.34	9.52	11.03	13.36	15.51	20.09	26.12
9	3.33	4.17	5.38	6.39	8.34	10.66	12.24	14.68	16.92	21.67	27.88
10	3.94	4.87	6.18	7.27	9.34	11.78	13.44	15.99	18.31	23.21	29.59

平均値と標準偏差

平均 mean は，あるデータセットのすべてのデータを合計したものをデータ数で割ったもの．平均は，測定値が集中する，「典型的な」，あるいは「中心の」値を示している．変数 x の平均（$\bar{x}$ によって表される）は，以下の方程式から算出される．

$$\bar{x}=\frac{1}{n}\sum_{i=1}^{n}x_i$$

この式において，n は測定数，x_i は変数 x の i 番目の測定値である．シグマは測定数 n までの x_i 値が合計されていることを示している（平均値を計算する練習をするには，27，32，34 章の「科学スキル演習」を参照すること）．

標準偏差 standard deviation は，ひと組の測定値で見出されるばらつきの程度を表す．変数 x の標準偏差（s_x で示される）は，以下の方程式から算出される．

$$s=\sqrt{\frac{\sum_{i=1}^{n}(x_i-\bar{x})^2}{n-1}}$$

この式において，n は測定数，x_i は変数 x の i 番目の測定値，$\bar{x}$ は x の平均，シグマは測定数 n までの $(x_i-\bar{x})^2$ 値が合計されていることを示している（標準偏差を計算する練習をするには，27，32，34 章の「科学スキル演習」を参照すること）．

写真と図の出典

写真の出典

カバー・表紙 ヒマワリ Radius Images/Getty Images

前付 「第 11 版における新しい内容」図 23.12 挿入図 上 Kristin Stanford, Stone Laboratory, Ohio State University, Columbus; 挿入図 下 Kent Bekker/United States Fish and Wildlife Service; 図 34.53 From: *Homo naledi*, a new species of the genus *Homo* from the Dinaledi Chamber, South Africa. L. R. Berger et al. eLife 2015;4:e09560. Figs. 6 and 9.; 図 55.8 火災 A. T. Willett/Alamy Stock Photo
「大きい図を見る」図 22.1 William Mullins/Alamy Stock Photo; 枯葉蛾の幼虫 Reinaldo Aguilar, Vascular Plants of the Osa Peninsula, Costa Rica; 42 章知識の統合 Stefan Hetz/WENN.com/Newscom; 図 17.7 a Keith V Wood; 図 17.7 b Simon Lin/AP Images
「図解で関連性を考えよう」図 23.18 赤血球 Eye of Science/Science Source; 鎌状赤血球 Caroline Penn/Alamy Stock Photo; 蚊 国立感染症研究所ホームページ衛生昆虫写真館
「科学スキル演習」モルモット Photo Fun/Shutterstock; 5 章問題解決演習 ABC News Video
「インタビュー目次」Lovell Jones Lovell A. Jones; Elba Serrano Darren Phillips/New Mexico State University; Shirley Tilghman Denise Applewhite, Office of Communications, Princeton University; Jack Szostak Li Huang; Nancy Moran Courtesy of Nancy Moran, University of Texas, Austin; Philip Benfey Jie Huang; Harald zur Hausen DKFZ (German Cancer Research Center, Heidelberg)/T. Schwerdt; Tracy Langkilde Patrick Mansell/Penn State
「目次」図 1.17 タカ Steve Byland/Fotolia; ハジロウミバト Erni/Fotolia; 図 5.21 b Photo Researchers, Inc./Science Source; ゾウリムシ M.I. Walker/Science Source; 図 8.17 Jack Dykinga/Nature Picture Library; 染色体 Jane Stout and Claire Walczak, Indiana University, Winner of the GE Healthcare Life Sciences' 2012 Cell Imaging Competition; 受精 Don W. Fawcett/Science Source; 図 15.3 Martin Shields/Alamy Stock Photo; 図 17.1 ANGELO CUCCA/AFP/Getty Images; 図 19.10 Lei Sun, Richard J. Kuhn and Michael G. Rossmann, Purdue University, West Lafayette; エレファントシャーク Image Quest Marine; ウニ WaterFrame/Alamy Stock Photo; 図 22.1 William Mullins/Alamy Stock Photo; ガラパゴスゾウガメ Karin Duthie/Alamy Stock Photo; 図 26.1 Trapp/blickwinkel/Alamy Stock Photo; 図 28.10 Steve Gschmeissner/Science Source; 図 30.17 真正双子葉植物 Glam/Shutterstock; 菌類 Matthijs Wetterauw/Alamy Stock Photo; 図 33.1 Paul Anthony Stewart; 図 35.4 締めつける気根 Dana Tezarr/Photodisc/GettyImages; 図 37.16 ハエトリソウ Chris Mattison/Nature Picture Library; 図 38.12 ハマビシ California Department of Food and Agriculture's Plant Health and Pest Prevention Services; 図 42.1 John Cancalosi/Alamy Stock Photo; 図 45.11 Cathy Keifer/123RF; 図 46.1 Auscape/UIG/Getty Images; 図 47.13 Alejandro Diaz Diez/AGE Fotostock/Alamy Stock Photo; カニ Ivan Kuzmin/Alamy Stock Photo; 図 52.18 Sylvain Oliveira/Alamy Stock Photo; 図 54.1 Jeremy Brown/123RF; ランの 1 種 Eerika Schultz;

1 章 図 1.1 J. B. Miller/Florida Park Service; マウス Shawn P. Carey/Migration Productions; 図 1.2 ヒマワリ John Foxx/Image State Media Partners; タツノオトシゴ R. Dirscherl/OceanPhoto/Frank Lane Picture Agency; ジャックウサギ Joe McDonald/Encyclopedia/Corbis; 蝶 photolibrary; 芽生え Frederic Didillon/Garden Picture Library/Getty Images; ハエトリソウ Maximilian Weinzierl/Alamy Stock Photo; キリン Malcolm Schuyl/Frank Lane Picture Agency; 図 1.3 生物圏(地球) NASA/NOAA/GOES Project; 生態系 Terry Donnelly/Alamy Stock Photo; 群集，集団 Floris van Breugel/Nature Picture Library; 個体 Greg Vaughn/Alamy Stock Photo; 器官 Pat Burner/Pearson Education; 組織 Science Source; 細胞 Andreas Holzenburg/StanislavVitha, Dept. of Biology and Microscopy, Imaging Center, Texas A&M University, College Station; 細胞小器官 Jeremy Burgess/Science Source; p6 ハチドリ photolibrary; 図 1.4 原核細胞 Steve Gschmeissner/Science Source; 真核細胞 A.Barry Dowsett/Science Source; 図 1.5 左，右 Conly L. Rieder; 図 1.6 赤ちゃん Gelpi/Fotolia; 図 1.7a Photodisc/Getty Images; 図 1.8 眼 photolibrary; 眼の細胞 Ralf Dahm/Max Planck Institute of Neurobiology; 図 1.11 象 James Balog/Aurora/Getty Images; 図 1.12 Rod Williams/Nature Picture Library; 図 1.13a, b Eye of Science/Science Source; c 植物 photolibrary; 菌 Daksel/Fotolia; 動物 Anup Shah/Nature Picture Library; 原生生物 M. I. Walker/Science Source; 図 1.14 池 Basel101658/Shutterstock; ゾウリムシの繊毛 SPL/Science Source; 繊毛横断面 W. L.Dentler/Biological Photo Service; 気管細胞の繊毛 Omikron/Science Source; 図 1.15 Dede Randrianarisata/Macalester College; 図 1.16 種の起源 ARCHIV/Science Source; ダーウィン Science Source; 図 1.17 タカ Steve Byland/Fotolia; コマドリ Sebastian Knight/Shutterstock; フラミンゴ Zhaoyan/Shutterstock; ペンギン Volodymyr Goinyk/Shutterstock; 図 1.19 Frank Greenaway/Dorling Kindersley, Ltd; 図 1.21 Karl Ammann/Terra/Corbis; 挿入図 Tim Ridley/Dorling Kindersley, Ltd; 図 1.23 左 Martin Shields/Alamy Stock Photo; 中央 xPACIFICA/The Image Bank/Getty Images; 右下 Maureen Spuhler/Pearson Education; 左下 All Canada Photos/Alamy Stock Photo; 図 1.24 海岸 From: Darwin to DNA: The Genetic Basis of Color Adaptations. In Losos, J. *In the Light of Evolution: Essays from the Laboratory and Field*, Roberts and Co. Photo by Sacha Vignieri; 海岸ネズミ Hopi Hoekstra, Harvard University; 内陸 Shawn P. Carey/Migration Productions; 内陸ネズミ Vignieri Sacha; 図 1.25 左から右へ From: The selective advantage of cryptic coloration in mice. Vignieri, S. N., J. Larson, and H. E. Hoekstra.2010. *Evolution* 64:2153–2158. Fig. 1; 図 1.26 Jay Janner/Austin American-Statesman/AP Images; p. 26 左上 Photodisc/Getty Images; 右中央 James Balog/Aurora/Getty Images; 知識の統合 Chris Mattison/Alamy Stock Photo

第 1 部インタビュー Lovell A. Jones

2 章 図 2.1 Paul Quagliana/Bournemouth News & Picture Service; アリ Paul Quagliana/Bournemouth News & Picture Service; 図 2.2 左 Chip Clark; 中央，右 Stephen Frisch/Pearson Education; 図 2.3 群落 C. Michael Hogan; ユリ Rick York/California Native Plant Society; 蛇紋岩 Andrew Alden; 図 2.5 National Library of

Medicine; 科学スキル演習 Pascal Goetgheluck/Science Source; 図 2.13 左 Stephen Frisch/Pearson Education; p. 43 Martin Harvey/Photolibrary/Getty Images; 図 2.17 Nigel Cattlin/Science Source; 科学的研究 Rolf Nussbaumer/Nature Picture Library; 知識の統合 Thomas Eisner

3 章 図 3.1 Jeff Schmaltz/MODIS Rapid Response Team/NASA; p. 49 下 Erni/Fotolia; 図 3.3 中央 N.C. Brown Center for Ultrastructure Studies, SUNY, Syracuse; 図 3.4 photolibrary; 図 3.6 中央 Jan van Franeker, Alfred Wegener Institute fur Polar und Meeresforschung, Germany; 図 3.10 NASA/JPL-Caltech/University of Arizona; 図 3.11 レモン Paulista/Fotolia; コーラ Fotofermer/Fotolia; 赤血球 SCIEPRO/SPL/AGE Fotostock; 科学スキル演習 photolibrary; 知識の統合 photolibrary

4 章 図 4.1 Florian Mollers/Nature Picture Library; 科学スキル演習 左 The Register of Stanley Miller Papers (Laboratory Notebook 2, page 114, Serial number 655,MSS642, Box 122), Mandeville Special Collections Library, UC San Diego.; 右 Jeffrey Bada, Scripps Institution of Oceanography, University of California, San Diego; 図 4.6 左 David M. Phillips/Science Source; 知識の統合 photolibrary

5 章 図 5.1 Mark J. Winter/Science Source; p. 75 下 T. Naeser, Patrick CramerLaboratory, Gene Center Munich, Ludwig-Maximilians-Universitat Munchen, Munich, Germany; 図 5.6 左上 Dougal Waters/Photodisc/Getty Images; a Biological Photo Service; b Paul B. Lazarow; c Biophoto Associates/Science Source; 左下 John Durham/Science Source; 図 5.8 左 blickwinkel/Alamy Stock Photo; 図 5.10a photolibrary; b photolibrary; 図 5.13 卵 photolibrary; 筋組織 Nina Zanetti/Pearson Education; 図 5.16 右 PearsonEducation; 図 5.17 Peter M. Colman; p. 90 Dieter Hopf/Imagebroker/AGE Fotostock; p. 91 SCIEPRO/SPL/AGE Fotostock; 図 5.19 上 Eye of Science/Science Source; 下 Eye of Science/Science Source; 図 5.21a 上 CC-BY-3.0 Photo by Dsrjsr/Jane Shelby Richardson, Duke University; b Laguna Design/Science Source; 図 5.25 P. Morris/Garvan Institute of Medical Research; 図 5.26 DNA Alfred Pasieka/Science Source; ネアンデルタール人 Viktor Deak; 植物 David Read, Department of Animal and Plant Sciences, University of Sheffield, UK; クジラ WaterFrame/Alamy Stock Photo; ゾウ photolibrary; カバ Frontline Photography/ Alamy Stock Photo; 問題解決演習 ABC News Video; p. 100 バター photolibrary; オリーブ油 photolibrary

第 2 部インタビュー p.103 Darren Phillips, New Mexico State University; p.104 Elba Serrano

6 章 図 6.1 Don W. Fawcett/Science Source; ゾウリムシ M. I. Walker/Science Source; 図 6.3 明視野，位相差，微分干渉 Elisabeth Pierson, Pearson Education; 蛍光 Michael W. Davidson/The Florida State University Research Foundation; 共焦点 Karl Garsha; デコンボリューション Data courtesy of James G. Evans, Whitehead Institute, MIT, Boston and Hans van der Voort SVI.; 超高分解能 From:STED microscopy reveals that synaptotagmin remains clustered after synaptic vesicle exocytosis. Katrin I. Willig, Silvio O. Rizzoli, Volker Westphal, Reinhard Jahn & Stefan W. Hell. *Nature*, 440 (13) Apr 2006. Fig. 1d.; SEM J.L. Carson Custom Medical Stock Photo/Newscom; TEM 上 William Dentler/Biological Photo Service; TEM 下 CNRI/Science Source; 図 6.6 左上 Daniel S. Friend; 科学スキル演習 Kelly Tatchell; 図 6.8 動物細胞 左下 S. Cinti/Science Source; 菌類の細胞 左 SPL/Science Source; 菌類の細胞 右 A. Barry Dowsett/Science Source; 図 6.8 植物細胞 左下 Biophoto Associates/Science Source; 単細胞の真核生物 左 SPL/Science Source; 単細胞の真核生物 右 Flagellar microtubule dynamics in *Chlamydomonas*: cytochalasin D induces periods of microtubule shortening and elongation; and colchicine induces disassembly of the distal, but not proximal, half of the flagellum, W. L. Dentler, C. Adams. *J Cell Biol*.1992 Jun;117 (6) :1289-98. Fig. 10d.; p. 115 Thomas Deerinck/Mark Ellisman/NCMIR; 図 6.9 左上 Reproduced with permission from *Freeze-Etch Histology*, by L. Orci and A.Perrelet, Springer-Verlag, Heidelberg, 1975.; Plate 25, page 53. c 1975 by Springer-Verlag GmbH & Co KG; 中央左 Don W Fawcett/Science Source; 中央 Ueli Aebi; 図 6.10 左 Don W. Fawcett/Science Source; 右 Harry Noller; 図 6.11 下 R. W. Bolender; Don W. Fawcett/Science Source; 図 6.12 右 Don W. Fawcett/Science Source; 図 6.13a,b Daniel S. Friend; 図 6.14 下 Eldon H. Newcomb; 図 6.17a 右 Daniel S.Friend; 図 6.17b From: The shape of mitochondria and the number of mitochondrial nucleoids during the cell cycle of *Euglena gracilis*. Y. Hayashi and K. Ueda. *Journal of Cell Science*, 93:565–570, Fig. 3. c 1989 by Company of Biologists; 図 6.18 a 右 Jeremy Burgess/Mary Martin/Science Source; b Franz Golig/Philipps University, Marburg, Germany; 図 6.19 Eldon H. Newcomb; 図 6.20 Albert Tousson; 図 6.21b Bruce J. Schnapp; 表 6.1 左 Mary Osborn; 中央 Frank Solomon; 右 Mark Ladinsky; 図 6.22 下 Kent L. McDonald; 図 6.23 a Biophoto Associates/Science Source; b Oliver Meckes/Nicole Ottawa/Science Source; 図 6.24a OMIKRON/Science Source; b Dartmouth College Electron Microscope Facility; c From: Functional protofilament numbering of ciliary, flagellar, and centriolar microtubules. R. W. Linck, R. E. Stephens. *Cell MotilCytoskeleton*. 2007 Jul; 64 (7):489–95, Fig. 1B.; 図 6.25 From: Cross-linker system between neurofilaments, microtubules, and membranous organelles in frog axons revealed by the quick-freeze, deep-etching method. Hirokawa Nobutaka. *Journal of Cell Biology* 94(1): 129–142, 1982. Reproduced by permission of Rockefeller University Press.; 図 6.26 a Clara Franzini-Armstrong/University of Pennsylvania; b M. I. Walker/Science Source; c Michael Clayton/University of Wisconsin; 図 6.27 G. F. Leedale/Biophoto Associates/Science Source; 図 6.29 Wm. P. Wergin, courtesy of Eldon H. Newcomb; 図6.30 密着結合 Reproduced with permission from *Freeze-Etch Histology*, by L. Orci and A. Perrelet, Springer-Verlag, Heidelberg, 1975. Plate 32. Page 68. c 1975 by Springer-Verlag GmbH & Co KG; デスモソーム From: Fine structure of desmosomes., hemidesmosomes, and an adepidermal globular layer in developing newt epidermis. DE Kelly. *Journal of Cell Biology* 1966 Jan; 28 (1):51–72. Fig. 7.; ギャップ結合 From: Low resistance junctions in crayfish. Structural changes with functional uncoupling. C. Peracchia and A. F. Dulhunty, *The Journal of Cell Biology*. 1976 Aug; 70 (2 pt 1):419–39. Fig. 6. Reproduced by permission of Rockefeller University Press.; 図 6.31 Eye of Science/Science Source; 重要概念のまとめ 6.3 液胞 Eldon H. Newcomb; ペルオキシソーム Eldon H. Newcomb; 知識の統合 Susumu Nishinaga/Science Source

7 章 図 7.1 Bert L. de Groot; p. 141 下 Crystal structure of a mammalian voltage-dependent Shaker family K1 channel. S. B. Long, et al. *Science*. 2005 Aug 5; 309 (5736):897–903. Epub 2005 Jul 7; p. 144 下 camerawithlegs/Fotolia; 図 7.13 Michael Abbey/Science Source; 科学スキル演習 teddies Photo Fun/Shutterstock; 図 7.19 アメーバ Biophoto Associates/Science Source; 小胞 Don W. Fawcett/Science Source;

被覆ピット・被覆小胞 From: M.M. Perry and A.B. Gilbert, *Journal of Cell Science* 39: 257–272, Fig. 11 (1979). c 1979 The Company of Biologists Ltd.; p.142 Kristoffer Tripplaar/Alamy

Stock Photo

8章 図8.1 Doug Perrine/Nature Picture Library; 図8.2 Stephen Simpson/Getty Images; 図8.3a Robert N. Johnson/RnJ Photography; b Robert N. Johnson/RnJ Photography; 図8.4 左 Image Quest Marine; 右 asharkyu/Shutterstock; 図8.11b Bruce J. Schnapp; 図8.15a,b Thomas Steitz; 図8.17 Jack Dykinga/Nature Picture Library; 図8.22 Nicolae Simionescu; p.185 PayPal/Getty Images

9章 図9.1 Sue Heaton/Alamy Stock Photo; 図9.4 中央 Dionisvera/Fotolia

10章 図10.1 Aflo/Nature Picture Library; p. 213 下 photolibrary; 図10.2a STILLFX/Shutterstock; b Lawrence Naylor/Science Source; c M. I. Walker/Science Source; d Susan M. Barns; e National Library of Medicine; 図10.3 Qiang Hu; 図10.4 上 Andreas Holzenburg and Stanislav Vitha, Dept. of Biology and Microscopy & Imaging Center, Texas A&M University, College Station; 下 Jeremy Burgess/Science Source; W.P. Wergin/Biological Photo Service; 図10.12b Christine Case; 科学スキル演習 Ohio State Weed Lab Archive, The Ohio State University, Bugwood.org; 図10.21 左 Doukdouk/Alamy Stock Photo; 右 Keysurfing/Shutterstock; 図10.22 木 Andreas Holzenburg and Stanislav Vitha, Dept. of Biology and Microscopy & Imaging Center, Texas A&M University, College Station; 知識の統合 gary yim/Shutterstock

11章 図11.1 Federico Veronesi/Gallo Images/Alamy Stock Photo; アドレナリン molekuul.be/Shutterstock; 図11.3 上3 Dale A.Kaiser; 下 Michiel Vos; 問題解決演習 Bruno Coignard/Jeff Hageman/CDC; 図11.7 The Scripps Research Institute; 図11.19 Gopal Murti/Science Source; 図11.21 左から右へ William Wood

12章 図12.1 George von Dassow; 染色体 Jane Stout and Claire Walczak, Indiana University, Winner of the GE Healthcare Life Sciences' 2012 Cell Imaging Competition.; 図12.2 a Biophoto Associates/Science Source; b Biology Pics/Science Source; c Biophoto/Science Source; 図12.3 John M. Murray, School for Medicine, University of Pennsylvania, Philadelphia.; 図12.4 Biophoto/Science Source; 図12.5 中央 Biophoto/Science Source; 図12.7 Conly L. Rieder; 図12.8 右 J. Richard McIntosh, University of Colorado, Boulder; 左 Reproduced by permission from Matthew Schibler, from *Protoplasma* 137. c 1987: 29–44 by Springer-Verlag GmbH & Co KG; 図12.10 a Don W. Fawcett/Science Source; b Eldon H Newcomb; 図12.11 左から右へ Elisabeth/Pearson Education; 図12.18 下 Guenter Albrecht-Buehler, Northwestern niversity, Chicago; 図12.19 a,b Lan Bo Chen; 図12.20 乳がん細胞（着色SEM像） Anne Weston/Wellcome Institute Library; 科学スキル演習 Mike Davidson; 理解度テスト 問9 J.L. Carson/Newscom; 知識の統合 Steve Gschmeissner/Science Source

第3部インタビュー p.289 Denise Applewhite, Office of Communications, Princeton University; p.290 Shirley Tilghman, Princeton University

13章 図13.1 Mango Productions/Getty Images; p.291 下 Don W. Fawcett/Science Source; 図13.2a Roland Birke/Science Source; b George Ostertag/SuperStock; 図13.3 上 Ermakoff/Science Source; 下 CNRI/Science Source; 図13.12 Mark Petronczki and Maria Siomos; 図13.13 John Walsh, Micrographia; 知識の統合 Randy Ploetz

14章 図14.1 John Swithinbank/AGE Fotostock; p. 309 下 Mendel Museum Augustinian Abbey, Brno; 図14.14a Maximilian Weinzierl/Alamy Stock Photo; b Paul Dymond/Alamy Stock Photo; 図14.15a,b Pearson Education; 図14.16 Rick Guidotti/Positive Exposure; 図14.18 Michael Ciesielski Photography; 図14.19 CNRI/Science Source; 重要概念のまとめ 14.4 Pearson Education; 理解度テスト 黒ネコ Norma JubinVille/Patricia Speciale; 知識の統合 Rene Maletete/Gamma-Rapho/Getty Images

15章 図15.1 Peter Lichter and David Ward, *Science* 247 (1990). c 1990 American Association for the Advancemcent of Science; p. 339 下 Zellsubstanz, Kern und Zelltheilung, by Walther Flemming, 1882, Courtesy of Yale University, Harvey Cushing/John Hay Whitney Medical Library; 図15.3 Martin Shields/Alamy Stock Photo; 図15.5 Andrew Syred/Science Source; 図15.6b Li Jingwang/E+/Getty Images; c Kosam/Shutterstock; 図15.6d Creative Images/Fotolia; 図15.8 Jagodka/Shutterstock; 図15.15 左 CNRI/Science Source; 右 Denys_Kuvaiev/Fotolia; 図15.18 Phomphan/Shutterstock; 知識の統合 James K Adams

16章 図16.1 Andrey Prokhorov/E+/Getty Images; p. 363 下 A. Barrington Brown/Science Source; 図16.3 Oliver Meckes/Science Source; 図16.6 左 Library of Congress Prints and Photographs Division; 右 Cold Spring Harbor Laboratory Archives; 科学スキル演習 Scott Ling 図16.12a Micrograph by Jerome Vinograd. From:*Molecular Biology of the Cell*. 4th edition. DNA Replication Mechanisms. Figure 5–6.; b From: Enrichment and visualization of small replication units from cultured mammalian cells. DJ Burks et al. *Journal of Cell Biology*. 1978 Jun;77 (3):762-73. Fig 6A.; 図16.21 Peter Lansdorp; 図16.22 左から右へ Gopal Murti/Science Source, Victoria E. Foe, Barbara Hamkalo, U Laemmli/Science Source, Biophoto/Science Source; 図16.23a Thomas Reid, Genetics Branch/CCR/NCI/NIH; b Michael R. Speicher/Medical University of Graz; 科学的研究・知識の統合 Thomas A. Steitz/Yale University

17章 図17.1 ANGELO CUCCA/AFP/Getty Images; p. 387 下 Richard Stockwell; 図17.7a Keith V Wood; b Simon Lin/AP Images; 図17.17 右 下 Joachim Frank; 図17.23b Barbara Hamkalo; 図17.24 Oscar L. Miller/SPL/Science Source; 図17.26 細胞 Eye of Science/Science Source; 問題解決演習 ABC News Video; 知識の統合 Vasiliy Koval/Shutterstock

18章 図18.1 Andreas Werth; p. 419 下 Gallimaufry/Shutterstock; 図18.12 Medical University of Graz; 図18.16 a,b Mike Wu; 図18.20 左, 右 F. Rudolf Turner, Indiana University; 図18.21 上, 下 Wolfgang Driever, University of Freiburg, Freiburg, Germany; 図18.22 左上 Ruth Lahmann, The Whitehead Institution; 図18.27 Bloomberg/Getty Images; 知識の統合 PeterHerring/Image Quest Marine

19章 図19.1 Richard Bizley/Science Source; p. 457 下 Thomas Deerinck, NCMIR/Science Source; 図19.2 左, 右, 下 Peter von Sengbusch, Botanik; 図19.3a Science Source; b Linda M. Stannard, University of Cape Town/Science Source; c Hazel Appleton, Health Protection Agency Centre for Infections/Science Source; d Ami Images/Science Source; 図19.7 molekuul.be/Fotolia; 図19.9 上2枚 Charles Dauguet/Science Source; 下3枚 Petit Format/Science Source; 図19.10a National Institute of Allergy and Infectious Diseases (NIAID); b Cynthia Goldsmith/Centers for Disease Control; c Lei Sun, Richard J. Kuhn and Michael G. Rossmann, Purdue University, West Lafayette; 図19.11

Olivier Asselin/Alamy Stock Photo; 挿入図 James Gathany/Centers for Disease Control and Prevention; 図 19.12 Nigel Cattlin/Alamy Stock Photo;

20 章 図 20.1 Ian Derrington; p. 477 下 John Elk III/Alamy Stock Photo; 図 20.2 P. Morris, Garvan Institute of Medical Research; 図 20.6b Repligen Corporation; 図 20.9 Ethan Bier; 図 20.12 George S. Watts and Bernard W. Futscher, University of Arizona Cancer Center, Phoenix.; 図 20.17 Roslin Institute; 図 20.18 Pat Sullivan/AP Images; 図 20.19 脂肪細胞 Steve Gschmeissner/Science Source; 骨細胞 SPL/Science Source; 白血球細胞 Steve Gschmeissner/Science Source; 図 20.23 左，右 Brad DeCecco Photography; 図 20.24 Steve Helber/AP Images; 知識の統合 Galyna Andrushko/Shutterstock

21 章 図 21.1 Karen Huntt/Corbis; エレファントシャーク Image Quest Marine; 図 21.4 University of Toronto Lab; 図 21.5 GeneChip Human Genome U133 Plus 2.0 Array, courtesy of Affymetrix; 図 21.7 左 AP Images; 右 Virginia Walbot; 図 21.10 上 Oscar L Miller Jr.; 図 21.18 マウス Nicholas Bergkessel, Jr./Science Source; 左下から右へ From: Altered ultrasonic vocalization in mice with a disruption in the *Foxp2* gene.W. Shu et al. *Proc Natl Acad Sci U S A*. 2005 Jul 5; 102 (27): 9643–9648. Fig. 3.; p.534 ウニ WaterFrame/Alamy Stock Photo; 知識の統合 Patrick　andmann/Science Source

第 4 部インタビュー p.539 Li Huang; p.540 Janet Iwasa/Jack Szostak

22 章 図 22.1 William Mullins/Alamy Stock Photo; 枯葉蛾の幼虫 Reinaldo Aguilar, Vascular Plants of the Osa Peninsula, Costa Rica; 図 22.2 化石 Recherches sur les ossemens fossiles, Atlas G Cuvier, pl. 17 1836; ウミイグアナ Wayne Lynch/All Canada Photos/AGE Fotostock; スケッチ Alfred Russel Wallace Memorial Fund; ウォーレス The Natural History Museum/Alamy Stock Photo; 種の起源 American Museum of Natural History; 図 22.4 Karen Moskowitz/Stone/Getty Images; 図 22.5 ダーウィン ARCHIV/Science Source; ビーグル号 Science Source; 図 22.6 サボテン食 Michael Gunther/Science Source; 昆虫食 David Hosking/Frank Lane Picture Agency; 種子食 David Hosking/Alamy Stock Photo; 図 22.7 Darwin's Tree of Life sketch, MS. DAR.121:p36. Reproduced with permission of the Cambridge University Library; 図 22.9 芽キャベツ Arena Photo UK/Fotolia; ケール Željko Radojko/Fotolia; キャベツ photolibrary; 野生カラシナ Gerhard Schulz/Naturephoto; ブロッコリー photolibrary; コールラビ photolibrary; 図 22.10 Laura Jesse; 図 22.11 Richard Packwood/Oxford Scientific/Getty Images; 図 22.12 上 Lighthouse/UIG/AGE Fotostock; 下 Gallo Images/Brand X Pictures/Getty Images; 図 22.13 上 Scott P.Carroll; 図 22.16 左 Keith heeler/Science Source; 右 Omikron/Science Source; 図 22.18 左 ant Photo Library/Science Source; 右 Steve Bloom Images/Alamy Stock Photo; 図 22.19 a-d Chris Linz, Thewissen lab, Northeastern Ohio Universities College of Medicine (NEOUCOM); 知識の統合 John Cancalosi/Nature Picture Library;

23 章 図 23.1 Sylvain Cordier/Science Source; 図 23.3 David Stoecklein/Lithium/AGE Fotostock; 図 23.5 a,b Erick Greene; 図 23.6 左 Gary Schultz/Photoshot; 右 Patrick Valkenburg/Alaska Department of Fish and Game; 図 23.11 William Ervin/Science Source; 図 23.12 挿入図 上 Kristin Stanford, Stone Laboratory, Ohio State University, Columbus; 挿入図 下 Kent Bekker, United States Fish and Wildlife Service; 図 23.14 John Visser/Bruce Coleman/Photoshot; 図 23.15 Dave Blackey/All Canada Photos/AGE Fotostock; 図 23.18 正常な赤血球 Eye of Science/Science Source; 人 Caroline Penn/Alamy Stock Photo; 蚊 国立感染症研究所ホームページ衛生昆虫写真館

24 章 図 24.1 Joel Sartore/National Geographic/Getty Images; p. 585 ガラパゴスゾウガメ Karin Duthie/Alamy Stock Photo; 図 24.2 a 左 Malcolm Schuyl/Alamy Stock Photo; 右 Wave RF/Getty Images; 図 24.2 b 左上 Robert Kneschke/Kalium/AGE Fotostock; 中央上 Justin Horrocks/E+/Getty Images; 右上 Ryan McVay/Stockbyte/Getty Images; 左下 Dragon Images/Shutterstock; 中央下 arek_malang/Shutterstock; 右下 jaki good/Moment Open/Getty Images; 図 24.3 a,b Phil Huntley Franck; c Hogle Zoo; d Jerry A. Payne, USDA Agricultural Research Service, Bugwood.org; e Imagebroker/Alamy Stock Photo; f Reprinted by permission from: Evolution: single-gene speciation by left-right reversal. Ueshima R, Asami T. *Nature*. 2003. Oct 16; 425 (6959):679; Fig.1 c 2003 Macmillan Magazines Limited.; g William E. Ferguson; h Charles W. Brown; i Eyewire Collection/Getty Images; j Corbis; k Dawn YL/Fotolia; l Kazutoshi Okuno; 図 24.4 上 CLFProductions/Shutterstock; 中央 Boris Karpinski/Alamy Stock Photo; 下 Troy Maben/AP Images; 図 24.6 Brian Langerhans; 図 24.8 地図 Earth Observing System, NASA; エビ Arthur Anker, Florida Museum of Natural History; 図 24.11 Pam Soltis; 図 24.12 Ole Seehausen; 図 24.13 Jeroen Speybroeck, Research Institute for Nature and Forest; 蚊帳 Philimon Bulawayo/Reuters; 図 24.15 左上・右上，図 24.16 b Ole Seehausen; 図 24.17 Jason Rick and Loren Rieseberg; 図 24.19 a-d Reprinted by permission from: Allele substitution at a flower colour locus produces a pollinator shift in monkeyflowers.Bradshaw HD, Schemske DW. *Nature*. 2003 Nov 12; 426 (6963):176–8. Fig. 1. c 2003.Macmillan Magazines Limited.; 知識の統合 Thomas Marent/Rolf Nussbaumer Photography/Alamy Stock Photo

25 章 図 25.1 Juergen Ritterbach/Alamy Stock Photo; p. 607 下 B. O'Kane/Alamy Stock Photo; 図 25.3 左 NASA; 右 Deborah S. Kelley; 図 25.4 繁殖 F. M. Menger and Kurt Gabrielson; RNA の吸収 Experimental models of primitive cellular compartments: encapsulation, growth, and division. MM Hanczyc et al. *Science*. 2003 Oct 24;302 (5645):618–22. Fig.2i.; 図 25.5 ディメトロドン Maureen Spuhler/Pearson Education; ストロマトライト Roger Jones; ストロマトライト（縦断切片）S.M. Awramik/Biological Photo Service; fossil（化石）Sinclair Stammers/Science Source; ロマレオサウルス・ビクトル Franz Xaver Schmidt; ハルキゲニア Ted Daeschler/Academy of Natural Sciences; ディッキンソニア・コスタタ Chip Clark; タッパニア Lisa-Ann Gershwin/Museum of Paleontology; 縦断切片 Andrew H. Knoll; 図 25.12a,b From: Four hundred-million-year-old vesicular arbuscular mycorrhizae. Remy W, Taylor TN, Hass H, Kerp H. *Proc Natl Acad Sci U S A*. 1994 Dec 6;91 (25):11841-3. Figure 1 and 4.; 科学スキル演習 Biophoto Associates/Science Source; 図 25.22 ラクサ，銀剣草・リネアリス・スキャブラ・ワイアレアラエ Gerald D. Carr; ムイリイ Bruce G. Baldwin; 図 25.23 Jean Kern; 図 25.24 Juniors Bildarchiv GmbH/Alamy Stock Photo; 図 25.26 上 David Horsley; 下 From: Genetic and developmental basis of evolutionary pelvic reduction in threespine sticklebacks. MD Shapiro et al. *Nature*. Erratum. 2006 Feb 23; 439 (7079):1014; Fig1.; 図 25.27 Sinclair Stammers/Science Source

第 5 部インタビュー Nancy Moran, University of Texas, Austin

26 章 図 26.1 Trapp/blickwinkel/Alamy Stock Photo; 図 26.17a

Mick Ellison; 図 26.17b Ed Heck; 図 26.22 挿入図 Gerald Schoenknecht; 図 26.22 Gary Crabbe/Enlightened Images/Alamy Stock Photo; 科学スキル演習 Nigel Cattlin/Alamy Stock Photo;p. 660 David Fleetham/Nature Picture Library

27 章 図 27.1 Zastolskiy Viktor/Shutterstock; p. 661 下 NASA; 図 27.2a Janice Haney Carr/Centers for Disease Control and Prevention; 図 27.2b Kari Lounatmaa/Science Source; 図 27.2c Stem Jems/Science Source; 図 27.3 中央 L. Brent Selinger/Pearson; 図 27.4 Immo Rantala/SPL/Science Source; 図 27.5 H S Pankratz/T C Beaman/Biological Photo Service; 図 27.6 Kwangshin Kim/Science Source; 図 27.7 右 Julius Adler; 図 27.8a From: Taxonomic Considerations of the Family Nitrobacteraceae Buchanan: Requests for Opinions. Stanley W. Watson, *IJSEM* (*International Journal of Systematic and Evolutionary Microbiology* formerly (in 1971) *Intl. Journal of Systematic Bacteriology*), July 1971 vol. 21 no. 3, 254-270.Fig. 14; 図 27.8b Biological Photo Service; 図 27.9 Huntington Potter; 図 27.12 Charles C. Brinton, Jr.; 図 27.14 Susan M. Barns; 図 27.16 リゾビウム Biological Photo Service; *Nitrosomonas* Yuichi Suwa; *Thiomargarita namibiensis* National Library of Medicine; proteobacteria Patricia Grilione; ヘリコバクター・ピロリ A Barry Dowsett/Science Source; クラミジア Moredon Animal Health/SPL/Science Source; *Leptospira* スピロヘータ CNRI/SPL/Science Source; *Oscillatoria* CCALA/Institute of Botany CAS; ストレプトマイセス Paul Alan Hoskisson; マイコプラズマ David M. Phillips/Science Source; 図 27.17 Shaeri Mukherjee; 図 27.18 Pascale Frey-Klett; 図 27.19 Ken Lucas/Biological Photo Service; 図 27.20 左 Scott Camazine/Science Source; 中央 David M. Phillips/Science Source; 右 James Gathany/Centers for Disease Control and Prevention; 科学スキル演習 Slava Epstein; 図 27.21 a,b RNA-directed gene editing specifically eradicates latent and prevents new HIV-1 infection.W. Hu et al. *Proc Natl Acad Sci U S A*. 2014 Aug 5;111 (31):11461-6. Fig. 3D.; 図 27.22 Metabolix Media; 図 27.23 Accent Alaska/Alamy Stock Photo; p. 683 Biophoto Associates/Science Source

28 章 図 28.1 From: The molecular ecology of microbial eukaryotes unveils a hidden world, Moreira D, Lopez-Garcia P. *Trends Microbiol*. 2002 Jan;10 (1):31–8. Fig. 4. Photo by Brian S. Leander and Mark Farmer.; p. 685 下 Eric V. Grave/Science Source; 科学スキル演習 photolibrary p. 688 Joel Mancuso, University of California, Berkeley; p. 689 左上 M.I. Walker/Photoshot; 右上 Frank Fox/Science Source; 右上の挿入図 David J. Patterson; 左下 Howard J. Spero; 左下の挿入図 National Oceanic and Atmospheric Administration; 右下 Michael Abbey/Science Source; 図 28.4 Ken Ishida; 図 28.5 David M. Phillips/Science Source; 図 28.6 David J. Patterson; 図 28.7 Oliver Meckes/Science Source; 図 28.8 David J. Patterson; 図 28.9 Centers for Disease Control and Prevention; 図 28.10 Steve Gschmeissner/Science Source; 図 28.11 Stephen Durr; 図 28.12 Colin Bates; 図 28.13 J. R. Waaland/Biological Photo Service; 図 28.14 Guy Brugerolle; 図 28.15a Virginia Institute of Marine Science; 図 28.15b Science Source; 図 28.16 Masamichi Aikawa; 図 28.17a M. I. Walker/Science Source; 28.18 Robert Brons/Biological Photo Service; 図 28.10 Nature Picture Library; 図 28.20 Eva Nowack; 図 28.21a D. P. Wilson; Eric Hosking; David Hosking/Science Source; 図 28.21b Michael Guiry; 図 28.21c Biophoto Associates/Science Source; 図 28.21d photolibrary; 図 28.22a M. I. Walker/Science Source; 図 28.22b Laurie Campbell/Photoshot License Limited; 図 28.22c David L. Ballantine; 図 28.23 William L. Dentler; 図 28.25 Ken Hickman; 図 28.26 左 , 下 Robert Kay; 図 28.27 Kevin Carpenter and Patrick Keeling; 図 28.28 David Rizzo; p. 711 Greg Antipa/Biophoto Associates/Science Source

29 章 図 29.1 Exactostock/SuperStock; p. 714 中央 R. Malcolm Brown, Jr.; 図 29.3 ゼニゴケの胚 Linda E. Graham; 胎座輸送細胞 Karen S. Renzaglia; チョウチンゴケ属 Arterra Picture Library/Alamy Stock Photo; チョウチンゴケ属の胞子 Mike Peres RBP SPAS/CMSP Biology/Newscom; ゼニゴケ David John Jones; 根 Ed Reschke/Getty Images; 茎 Ed Reschke/Getty Images; 図 29.4 a,b Charles H Wellman; 図 29.5 From: A vascular conducting strand in the early land plant *Cooksonia*, D. Edwards, K. L. Davies & L. Axe. *Nature* 357, 683–685 (25 June 1992). Figure 1A.; 図 29.8 葉状体の苔類 Alvin E. Staffan/Science Source; 挿入図 Graham, Linda E.; 茎葉体の苔類 The Hidden Forest; ツノゴケ類 The Hidden Forest; 蘚類 Tony Wharton/Fundamental Photographs; p. 721 From : *Mosses and Other Bryophytes, an Illustrated Glossary* (2006), Bill and Nancy Malcolm, Micro-optics Press; 図 29.10 a John Warburton-Lee Photography/Alamy Stock Photo; b Thierry Lauzun/Iconotec/Alamy Stock Photo; 図 29.11 Hans Kerp; 科学スキル演習 Richard Becker/Fundamental Photographs; 図 29.12 上 Maureen Spuhler/Pearson Education; 下 FloralImages/Alamy Stock Photo; 図 29.13 小葉 Maureen Spuhler/Pearson Education; 図 29.13 大葉 FloralImages/Alamy Stock Photo; 図 29.14 ヒカゲノカズラ植物 左 Jody Banks, Purdue University, West Lafayette; 中央 Murray Fagg/Australian National Botanic Gardens; 右 Helga Rasbach; Kurt Rasbach ; シダ植物 左 John Martin/Alamy Stock Photo; 中央 Stephen P.Parker/Science Source; 右 Francisco Javier Yeste Garcia; 図 29.15 Open University, Department of Earth Sciences; bottom right Mike Peres RBP SPAS/CMSP Biology/Newscom; 知識の統合 Wilhelm Barthlott

30 章 図 30.1 Lyn Topinka, USGS, U.S. Geological Survey Library; ヤナギランの種子 , 挿入図 Marlin Harms; 科学スキル演習 Guy Eisner; 図 30.5 Rudolph Serbet, Natural History and Biodiversity Institute, University of Kansas, Lawrence; 図 30.6 Copyright ESRF/PNAS/C. Soriano; 図 30.7 ソテツ植物門 Warren Price Photography/Shutterstock; イチョウ植物門 Travis Amos/Pearson; イチョウ植物門 挿入図 Kurt Stueber; ウェルウィッチア属 Jeroen Peys/Getty Images; *Welwitschia*; 大胞子葉穂 Thomas Schoepke; グネツム属 Michael Clayton; マオウ属 Bob Gibbons/Frank Lane Picture Agency Limited; ベイマツ vincentlouis/Fotolia; セイヨウネズ Svetlana Tikhonova/Shutterstock; larch Adam Jones/Getty Images; セコイア Daniel Acevedo/AGE Fotostock/Alamy Stock Photo; ウォレミマツの化石 Jaime Plaza, Royal Botanic Gardens Sydney; ウォレミマツ Jaime Plaza/Wildlight Photo Agency/Alamy Stock Photo; イガゴヨウ Russ Bishop/Alamy Stock Photo; 図 30.9 放射相称 Zee/Fotolia; 左右相称 Paul Atkinson/Shutterstock; 図 30.10 トマト photolibrary; グレープフルーツ photolibrary; ネクリタン photolibrary; ヘーゼルナッツ Diana Taliun/Fotolia; トウワタ Maria Dryfhout/123RF; 図 30.11 種子 Mike Davis; カエデの果実 PIXTAL/AGE Fotostock; ネズミ Eduard Kyslynskyy/Shutterstock; オナモミ Derek Hall/Dorling Kindersley, Ltd.; 犬 Scott Camazine/Science Source; 図 30.13 David L. Dilcher and Ge Sun; 図 30.15 D. Wilder; 図 30.17 基部被子植物 左 Howard Rice/Dorling Kindersley, Ltd.; 中央 Floridata.com; 右 Jack Scheper/Floridata.com; モクレン類 Andrew Butler/Dorling Kindersley, Ltd.; 単子葉植物 左 Eric Crichton/Dorling Kindersley, Ltd.; 中央 John Dransfield; 右 kenjii/Fotolia; 真正双子葉植物 左 Maria Dattola/Getty Images; 中央 Glam/Shutterstock; 右 Matthew Ward/Dorling Kindersley, Ltd.; 図 30.18 NASA; 知識の統合 photolibrary

31 章 図 31.1 vvuls/123RF; p.753 下 Matthijs Wetterauw/Alamy

Stock Photo; 図 31.2 上 Nata-Lia/Shutterstock; 下 Fred Rhoades; 挿入図 George L. Barron; 図 31.4a G. L. Barron and N. Allin, University of Guelph/Biological Photo Service; 科学スキル演習 U.S. Department of Energy/DOE Photo; 図 31.6 左 Olga Popova/123RF; 右 Biophoto Associates/Science Source; 図 31.7 Stephen J. Kron; 図 31.9 Dirk Redecker; 図 31.10 ツボカビ類 John Taylor; 接合菌類 Ray Watson; グロムス門 Mutualistic stability in the arbuscular mycorrhizal symbiosis: exploring hypotheses of evolutionary cooperation. E. T. Kiers, M. G. van der Heijden. *Ecology*. 2006 Jul; 87 (7):1627-36. Fig. 1a. Image by Marcel van der Heijden, Swiss Federal Research Station for Agroecology and Agriculture.; ヒイロチャワンタケ blickwinkel/Alamy Stock Photo; ベニテングタケ Science Source; 図 31.11 William E. Barstow; 図 31.12 mold Antonio D' Albore/Getty Images; *Rhizopus* Alena Kubatova/Culture Collection of Fungi (CCF); 胞子嚢 George L. Barron; 接合胞子嚢 Ed Reschke/Getty Images; 図 31.13 George L. Barron/Biological Photo Service; 図 31.14 Biological Photo Service; 図 31.15 左 Bryan Eastham/Fotolia; 図 31.15 右 Science Source; 図 31.16 Fred Spiegel; 図 31.17 上 Frank Paul/Alamy Stock Photo; 中央 kichigin19/Fotolia; 下 Fletcher and Baylis/Science Source; 図 31.18 Biophoto Associates/Science Source; 図 31.19 University of Tennessee Entomology and Plant Pathology; 図 31.21 Mark Bowler/Science Source; 図 31.22 上 Benvie/Wild Wonders of Europe/Nature Picture Library; 中央 Geoff Simpson/Nature Picture Library; 下 Ralph Lee Hopkins/National Geographic/Getty Images; 図 31.23 Eye of Science/Science Source; 図 31.24a Scott Camazine/Alamy Stock Photo; 図 31.24b Peter Chadwick/Dorling Kindersley, Ltd.; 図 31.24c Blickwinkel/Alamy Stock Photo; 図 31.25 Vance T. Vredenburg/San Francisco State University; 図 31.26 Gary Strobel; 知識の統合 Erich G. Vallery/USDA Forest Service

32 章　図 32.1 Thomas Marent/Rolf Nussbaumer Photography/Alamy Stock Photo; 図 32.5a Lisa-Ann Gershwin/Museum of Paleontology; 図 32.5b Ediacaran fossils-*Kimberella* From: The Late Precambrian fossil *Kimberella* is a mollusc-like bilaterian organism. Mikhail A. Fedonkin and Benjamin M. Waggoner. *Nature* 388, 28 Aug 1997, 868-871 Fig. 1.; 図 32.6 From Predatorial borings in late precambrian mineralized exoskeletons. Bengtson S, Zhao Y. *Science*. 1992 Jul 17;257 (5068):367-9. Reprinted with permission from AAAS; 図 32.7 左 Chip Clark; 右 The Natural History Museum Trading Company Ltd; 図 32.12 Blickwinkel/Alamy Stock Photo; 知識の統合 WaterFrame/Alamy Stock Photo

33 章 図 33.1 Paul Anthony Stewart; 図 33. 3 海綿動物 Andrew J. Martinez/Science Source; クラゲ Robert Brons/Biological Photo Service; 無腸類 Teresa Zuberbuhler; センモウヒラムシ Stephen Dellaporta; クシクラゲ Gregory G. Dimijian/Science Source; 海産ヒラムシの 1 種 Ed Robinson/Perspectives/Getty images; *Plumatella repens* Hecker/blickwinkel/Alamy Stock Photo; ワムシの 1 種 M. I. Walker/Science Source; ホウズキガイの 1 種 Image Quest Marine; イタチムシの 1 種 Sinclair Stammers/Nature Picture Library; ヒモムシの 1 種 Erling Svensen/UWPhoto ANS; 有輪動物 Peter Funch; ゴカイの 1 種 Fredrik Pleijel; タコの 1 種 Photonimo/Shutterstock; 胴甲動物の 1 種 Reinhart Mobjerg Kristensen; エラヒキムシの 1 種 Erling Svensen/UWPhoto ANS; カギムシの 1 種 Thomas Stromberg; 線虫の 1 種 London Scientific Films/Oxford Scientific/Getty Images; クマムシの 1 種 Andrew Syred/Science Source; クモの 1 種 Reinhard Holzl/ImageBroker/AGE Fotostock; ギボシムシの 1 種 Leslie Newman & Andrew Flowers/Science Source; ホヤの 1 種 Robert Brons/Biological Photo Service; ウニの 1 種 Louise Murray/Robert Harding World Imagery; 図 33.4 Andrew J.Martinez/Science Source; 図 33.7a 左 Robert Brons/Biological Photo Service; 右 David Doubilet/National Geographic Creative/Getty Images; 図 33.7b 左 Neil G. McDaniel/Science Source; 右 Mark Conlin/V&W/Image Quest Marine; 図 33.8 Robert Brons/Biological Photo Service; 図 33.9 扁形動物 Amar and Isabelle Guillen, Guillen Photo LLC/Alamy Stock Photo; 急成長している菌糸 blickwinkel/Alamy Stock Photo; 葉緑体 From: Cytochemical localization of catalase in leaf microbodies (peroxisomes). SE Frederick, EH Newcomb. *Journal of Cell Biology* 1969 Nov; 43 (2):343-53. Fig. 6.; villi MedicalRF.com/AGE Fotostock; 図 33.11 Centers for Disease Control and Prevention; 図 33.12 Eye of Science/Science Source; 図 33.13 M. I. Walker/Science Source; 図 33.14 Holger Herlyn, University of Mainz, Germany; 図 33.15a blickwinkel/Alamy Stock Photo; 図 33.15b Image Quest Marine; 図 33.17 Image Quest Marine; 図 33.18a Lubos Chlubny/Fotolia; 図 33.18b Robert Marien/Corbis; 図 33 科学スキル演習 Christophe Courteau/Nature Picture Library; 図 33.19 Harold W. Pratt/Biological Photo Service; 図 33.21 上 Image Quest Marine; 中央 Photonimo/Shutterstock; 下 Jonathan Blair/Corbis; 図 33.22 左 Dave Clarke/Zoological Society of London; 右 The U.S. Bureau of Fisheries; 図 33.23 Fredrik Pleijel; 図 33.24 Wolcott Henry/National Geographic Creative/Getty Images; 図 33.25 Astrid Michler, Hanns-Frieder Michler/Science Source; 図 33.26 Photoshot; 図 33.27 London Scientific Films/Oxford Scientific/Getty Images; 図 33.28 Power and Syred/Science Source; 図 33.29 Dan Cooper; 図 33.30 Stephen Paddock; 図 33.32 Mark Newman/Frank Lane Picture Agency; 図 33.33 上 Tim Flach/The Image Bank/Getty Images; center Andrew Syred/Science Source; 下 Reinhard Holzl/Imagebroker/AGE Fotostock; 図 33.34 Tim Flach/The Image Bank/Getty Images; 図 33.35a PREMAPHOTOS/Nature Picture Library; 図 33.35b Tom McHugh/Science Source; 図 33.37 Maximilian Weinzierl/Alamy Stock Photo; 図 33.38 Peter Herring/Image Quest Marine; 図 33.39 Peter Parks/Image Quest Marine; 図 33.41 Meul/ARCO/Nature Picture Library; 図 33.42a Cathy Keifer/Shutterstock; 図 33.42b Cathy Keifer/Shutterstock; 図 33.42c Jim Zipp/Science Source; 図 33.42d Cathy Keifer/Shutterstock; 図 33.42e Cathy Keifer/Shutterstock; 図 33.43 イシノミ目 Kevin Murphy; シミ目 Perry Babin; コウチュウ目 PREMAPHOTOS/Nature Picture Library; ハエ目 Bruce Marlin; スズメバチ John Cancalosi/Nature Picture Library; ハチドリ Hans Christoph Kappel/Nature Picture Library; カメムシ目 Dante Fenolio/Science Source; バッタ目 Chris Mattison/Alamy Stock Photo; 図 33.44 Andrey Nekrasov/Image Quest Marine; 図 33.45 Daniel Janies; 図 33.46 Jeff Rotman/Science Source; 図 33.47 Louise Murray/Robert Harding World Imagery; 図 33.48 Jurgen Freund/Nature Picture Library; 図 33.49 Hal Beral/Corbis; 知識の統合 Lucy Arnold

34 章 図 34.1 Derek Siveter; 図 34.4 Natural Visions/Alamy Stock Photo; 図 34.5 Biological Photo Service; 図 34.8 Tom McHugh/Science Source; 図 34.9 Marevision/AGE Fotostock; 挿入図 A Hartl/AGE Fotostock; 図 34.10 Nanjing Institute of Geology and Palaeontology; 図 34.14 Field Museum Library/Premium Archive/Getty Images; 図 34.15a Carlos Villoch/Image Quest Marine; 図 34.15b Masa Ushioda/Image Quest Marine; 図 34.15c Andy Murch/Image Quest Marine; 図 34.17 キハダマグロ James D. Watt/Image Quest Marine; ハナミノカアゴ Jez Tryner/Image Quest Marine; オヒツジタツ George Grall/National Geographic/Getty Images; チリメンウツボ Fred McConnaughey/Science Source; 図 34.18 From: The oldest articulated osteichthyan reveals mosaic gnathostome characters. M. Zhu. *Nature*. 2009 Mar 26;458

(7237):469-74. doi: 10.1038/nature07855. Fig. 2.; 図 34.19 Laurent Ballesta/www.blancpain-ocean-commitment.com/www.andromede-ocean.com and iSimangaliso Wetland Park Authority; 図 34.20 頭;, 肋骨, 鱗 Ted Daeschler, Academy of Natural Sciences; 鰭の骨格 Kalliopi Monoyios Studio; 図 34.22a Alberto Fernandez/AGE Fotostock; 図 34.22b Paul A. Zahl/Science Source; 図 34.22c Zeeshan Mirza/photocorp/Alamy Stock Photo; 図 34.23a DP Wildlife Vertebrates/Alamy Stock Photo; 図 34.23b FLPA/Alamy Stock Photo; 図 34.23c John Cancalosi/Photolibrary/Getty Images; 図 34.24 Hinrich Kaiser/Victor Valley College; p. 840 左 David L. Brill Photography; 図 34.27 Nobumichi Tamura; 図 34.28 Chris Mattison/Alamy Stock Photo; 図 34.29a Heather Angel/Natural Visions/Alamy Stock Photo; 図 34.29b Matt T. Lee; 図 34.29c Matt T. Lee; 図 34.29d Nick arbutt/Nature Picture Library; 図 34.29e Carl & Ann Purcell/Corbis; 図 34.30a Visceralimage/Fotolia; 図 34.30b The Natural History Museum/Alamy Stock Photo; 図 34.32 Boris Karpinski/Alamy Stock Photo; 図 34.33 DLILLC/Corbis; 図 34.34 Mariusz Blach/Fotolia; 図 34.35 The Africa Image Library/Alamy Stock Photo; inset Paolo Barbanera/AGE Fotostock; 図 34.39 clearviewstock/Shutterstock; inset Mervyn Griffiths, Commonwealth Scientific and Industrial Research Organization; 図 34.36 Gianpiero Ferrari/Frank Lane Picture Agency Limited; 図 34.40a John Cancalosi/Alamy Stock Photo; 図 34.40b Martin Harvey/Alamy Stock Photo; 図 34.43 Imagebroker/Alamy Stock Photo; 図 34.45a Kevin Schafer/AGE Fotostock; 図 34.45b J & C Sohns/Picture Press/Getty Images; 図 34.46a Morales/AGE Fotostock; 図 34.46b Juniors Bildarchiv GmbH/Alamy Stock Photo; 図 34.46c T.J. RICH/Nature Picture Library; 図 34.46d E.A. Janes/AGE Fotostock; 図 34.46e Martin Harvey/Photolibrary/Getty Images; 図 34.48 David L. Brill Photography; 図 34.49a John Reader/Science Source; 図 34.49b John Gurche Studios; 図 34.50 Alan Walker; 図 34.52 Erik Trinkaus; 図 34.53 *Homo naledi*, a new species of the genus *Homo* from the Dinaledi Chamber, South Africa. L. R. Berger et al. eLife 2015;4:e09560, Fig. 6 and 9.; 図 34.54 C. Henshilwood; 知識の統合 photolibrary

第 6 部インタビュー p.867 Jie Huang, Duke University; p.868 Philip N. Benfey, Duke University & HHMI

35 章 図 35.1 O.Bellini/Shutterstock; 図 35.3 Jeremy Burgess/Science Source; 図 35.4 支柱根 Natalie Bronstein; 貯蔵根 Rob Walls/Alamy Stock Photo; 呼吸根 Geoff Tompkinson/SPL/Science Source; 締めつける気根 Dana Tezarr/Photodisc/Getty Images; 板根 Karl Weidmann/Science Source; 図 35.5 地下茎 Donald Gregory Clever; 匍匐枝 Dorling Kindersley, Ltd.; 塊茎 Imagenavi/sozaijiten/AGE Fotostock; 図 35.7 右上 Neil Cooper/Alamy Stock Photo; 左上 Martin Ruegner/Photodisc/Getty Images; 右下 Gusto Production/Science Source; 左下 Jerome Wexler/Science Source; 科学スキル演習 Matthew Ward/Dorling Kindersley, Ltd.; 図 35.9 Steve Gschmeissner/SPL/AGE Fotostock; 図 35.10 柔細胞 M I Spike Walker/Alamy Stock Photo; 厚角細胞 Clouds Hill Imaging/Last Refuge Limited; 厚壁細胞 Graham Kent/Pearson Education; 道管要素 N.C. Brown Center for Ultrastructure Studies; TEM Brian Gunning; 師管要素 Ray F.Evert; 師板 Graham Kent/Pearson Education; 有糸分裂 From: *Arabidopsis* TCP20 links regulation of growth and cell division control pathways. C. Li et al. *Proc Natl Acad Sci U S A*. 2005 Sep 6;102 (36):12978-83. Epub 2005 Aug 25. Photo: Peter Doerner; 図 35.14a,b Ed Reschke; c Natalie Bronstein; 図 35.15 Michael Clayton; 図 35.16 Michael Clayton; 図 35.17 b Ed Reschke; 図 35.18 b Ed Reschke; 図 35.18 c Ed Reschke; 図 35.20 a Michael Clayton; b Alison W. Roberts; 図 35.23 California Historical Society Collection (CHS-1177) ,University of Southern California on behalf of the USC Specialized Libraries and Archival Collections; 図 35.24 WILDLIFE GmbH/Alamy Stock Photo; 図 35.26 From: Natural variation in *Arabidopsis*: from molecular genetics to ecological genomics. D. Weigel.*Plant Physiol*. 2012 Jan;158 (1):2-22. doi: 10.1104/pp.111. Fig. 1A.; 図 35.27 From: Microtubule plus-ends reveal essential links between intracellular polarization and localized modulation of endocytosis during division-plane establishment in plant cells. P.Dhonukshe et al. *BMC Biol*. 2005 Apr 14;3:11. Fig. 4M.; 図 35.28 University of California, San Diego; 図 35.30 From: U. Mayer et al, *Development* 117 (1): 149-162. Fig. 1a c 1993 The Company of Biologists, Ltd; 図 35.31 左 B. Wells and K. Roberts; 右 From: Microtubule plus-ends reveal essential links between intracellular polarization and localized modulation of endocytosis during division-plane establishment in plant cells. P. Dhonukshe et al. *BMC Biol*. 2005 Apr 14;3:11. Fig. 4B.; 図 35.32 From: The dominant developmental mutants of tomato, Mouse-ear and Curl, are associated with distinct modes of abnormal transcriptional regulation of a Knotted gene. A. Parnis et al. *Plant Cell*. 1997 Dec;9 (12):2143-58. Fig. 1.; 図 35.33 Reproduced by permission from Hung et al, *Plant Physiology* 117:73-84, Fig. 2g. c 1998 American Society of Plant Biologists. Image courtesy of John Schiefelbein/University of Michigan; 図 35.34 James B. Friday; 図 35.35 From: Genetic interactions among floral homeotic genes of *Arabidopsis*. JL Bowman, DR Smyth, EM Meyerowitz. *Development*. 1991 May;112 (1):1-20; Fig. 1A.; p.896 描いてみよう From: Anatomy of the vessel network within and between tree rings of *Fraxinus lanuginosa* (Oleaceae). Peter B. Kitin, Tomoyuki Fujii, Hisashi Abe and Ryo Funada. *American Journal of Botany*. 2004;91:779-788.; 知識の統合 Biophoto Associates/Science Source

36 章 図 36.1 Dennis Frates/Alamy Stock Photo; ポプラの葉 Bjorn Svensson/Science Source; 図 36.3 SEM Rolf Rutishauser; p. 906 Nigel Cattlin/Science Source; 図 36.8 Holger Herlyn, University of Mainz, Germany; 挿入図 Benjamin Blonder and David Elliott; 図 36.10 Scott Camazine/Science Source; 図 36.13 a, b Power and Syred/Science Source; 図 36.15 オコティロ Gerald Holmes, California Polytechnic State University at San Luis Obispo, Bugwood.org; 挿入図 Steven Baskauf, Nature Conservancy Tennessee Chapter Headquarters; 葉がないオコティロ Kate Shane, Southwest School of Botanical Medicine; キョウチクトウの1種 Natalie Bronstein; キョウチクトウ Andrew de Lory/Dorling Kindersley, Ltd.; サボテン Danita Delimont/Alamy Stock Photo; 図 36.18 左から右へ M. H. Zimmerman, from P. B. Tomlinson, Harvard University; 図 36.19 From: A coiled-coil interaction mediates cauliflower mosaic virus cell-to-cell movement. L. Stavolone et al. *Proc Natl Acad Sci U S A*. 2005 Apr 26;102 (17) :6219-24. Fig. 5C.; 知識の統合 photolibrary

37 章 図 37.1 Noah Elhardt; 挿入図 Wilhelm Barthlott; p. 921 下 Bartosz Plachno; 図 37.2 ARS/USDA; 図 37.4 National Oceanic and Atmospheric Administration (NOAA); 図 37.5 USGS Menlo Park; 図 37.6 Kevin Horan/The Image Bank/Getty Images; 図 37.8 健康 View Stock RF/AGE Fotostock; 窒素欠乏 Guillermo Roberto Pugliese/International Plant Nutrition Institute (IPNI); リン酸欠乏 C. Witt/International Plant Nutrition Institute (IPNI); カリウム不足 M.K. Sharma and P. Kumar/International Plant Nutrition Institute (IPNI); 科学スキル演習 Nigel Cattlin/Science Source; 図 37.9 From: Changes in gene expression in *Arabidopsis* shoots during phosphate starvation and the potential for developing smart plants, J. P. Hammond et al. *Plant Physiol*. 2003 Jun;132 (2)

:578-96. Fig. 4.; 図 37.10 地衣類 David T. Webb/University of Montana; 光合成細菌 Ralf Wagner; パッファーフィッシュ Andrey Nekrasov/ Pixtal/AGE Fotostock; 浮遊性シダ Daniel L Nickrent; アリ Tim Flach/The Image Bank/Getty Images; ソルガム植物 USDA/Science Source; 防御アリ Alex Wild; ハキリアリ Martin Dohrn/Nature Picture Library; 図 37.11 Sarah Lydia Lebeis; 図 37.13 Scimat/Science Source; 図 37.15 左上 Mark Brundrett; 右上 Hugues B. Massicotte/University of Northern British Columbia Ecosystem and Management Program, Prince George, BC, Canada; 左下 Mark Brundrett; 図 37.16 着生植物 David Wall/Alamy Stock Photo; ヤドリギ Peter Lane/Alamy Stock Photo; ネナシカズラ Emilio Ereza/Alamy Stock Photo; ギンリョウソウ Martin Shields/ Alamy Stock Photo; モウセンゴケ Fritz Polking/ Frank Lane Picture Agency Limited; ウツボカズラ Philip Blenkinsop/Dorling Kindersley, Ltd.; アリ Paul Zahl/Science Source; ハエトリソウ Chris Mattison/Nature Picture Library

38 章 図 38.1 Ch' ien Lee; 図 38.4 ハシバミ Wildlife GmbH/ Alamy Stock Photo; ハシバミ雌花 Friedhelm Adam/Imagebroker/ Getty Images; タンポポ Bjorn Rorslett; 紫外光下のタンポポ Bjorn Rorslett; ユッカの花 Doug Backlund/WildPhotos-Photography.com; コウモリ Rolf Nussbaumer/Imagebroker/AGE Fotostock; スタペリア Kjell B. Sandved/Science Source; ハチドリ Rolf Nussbaumer/Nature Picture Library; 図 38.5 W. Barthlott and W. Rauh, Nees Institute for Biodiversity of Plants; 図 38.10 Blickwinkel/Alamy Stock Photo; 図 38.12 水による分散 Kevin Schafer/Alamy Stock Photo; ヒョウタンカズラ Aquiya/Fotolia; タンポポ Steve Bloom Images/Alamy Stock Photo; カエデの種子 Chrispo/Fotolia; 回転草 Nurlan Kalchinov/Alamy Stock Photo; ハマビシ California Department of Food and Agriculture' s Plant Health and Pest Prevention Services; 種子 Kim A Cabrera; リス Alan Williams/Alamy Stock Photo; アリ Benoit Guenard; 図 38.13 Dennis Frates/Alamy Stock Photo; 科学スキル演習 Toby Bradshaw; 図 38.14 a Marcel Dorken; 図 38.14 b Nobumitsu Kawakubo; 図 38.15 a-c Meriel G. Jones/University of Liverpool School of Biological Sciences; 図 38.16 Andrew McRobb/Dorling Kindersley, Ltd.; 図 38.17 Gary P.Munkvold; 図 38.18 Ton Koene/ Lineair/Still Pictures/Robert Harding World Imagery; 知識の統合 Dartmouth College Electron Microscope Facility

39 章 図 39.1 Courtesy of the De Moraes and Mescher labs; p.963 下 Emilio Ereza/Alamy Stock Photo; 図 39.2 a Natalie Bronstein; b Natalie Bronstein; 図 39.6 a,b From: Regulation of polar auxin transport by AtPIN1 in *Arabidopsis* vascular tissue. L. Galweiler et al. *Science*. 1998 Dec 18;282 (5397):2226-30; Fig. 4ac.; 図 39.9 a Richard Amasino; b Fred Jensen, Kearney Agricultural Center; 図 39.11 左 Mia Molvray; 右 Karen E. Koch; 図 39.13 a Kurt Stepnitz; b Joseph J. Kieber; 図 39.14 Ed Reschke; 図 39.16 左 Nigel Cattlin/Alamy Stock Photo; 上，右 Nigel Cattlin/Alamy Stock Photo; 図 39.18 左 Martin Shields/Alamy Stock Photo; 右 Martin Shields/Alamy Stock Photo; 図 39.22 a,b Michael L. Evans, Ohio State University, Columbus; 図 39.23 Gregory Jensen and Elizabeth Haswell; 図 39.24 a Martin Shields/Science Source; b Martin Shields/Science Source; 図 39.25 a J. L. Basq/M. C. Drew; b J. L. Basq/M.C. Drew; 図 39.26 New York State Agricultural Experiment Station/Cornell University; 図 39.27 ケシの果実 Johan De Meester/Arterra Picture Library/Alamy Stock Photo; 結晶 David T. Webb; 断面図 Steve Gschmeissner/Science Source; 剛毛 Susumu Nishinaga/Science Source; トレウェシア Giuseppe Mazza; トケイソウの葉 Lawrence E. Gilbert/University of Texas, Austin; ハチドリ Danny Kessler; タケ Kim Jackson/Mode Images/Alamy Stock Photo; まゆ Custom Life Science Images/ Alamy Stock Photo; 挿入図 Custom Life Science Images/Alamy Stock Photo; 知識の統合 Gary Crabbe/Alamy Stock Photo

第 7 部インタビュー p.995 T. Schwerdt, DKFZ (German Cancer Research Center in Heidelberg); p.996 Stephen C. Harrison, The Laboratory of Structural Cell Biology, Harvard Medical School

40 章 図 40.1 Matthias Wittlinger; p. 997 下 Premaphotos/Alamy Stock Photo; 図 40.2 上 Dave Fleetham/Robert Harding World Imagery; 中央 Duncan Usher/Alamy Stock Photo; 下 Andre Seale/ Image Quest Marine; 図 40.4 左 Eye of Science/Science Source; 右上 Susumu Nishinaga/Science Source; 右下 Susumu Nishinaga/ Science Source; 図 40.5 p.1001 Steve Downing/Pearson Education; 上から下へ Nina Zanetti/Pearson Education; Ed Reschke/Peter Arnold/Alamy Stock Photo; Nina Zanetti/Pearson Education; 図 40.5 p. 1002 中央 Nina Zanetti/Pearson Education; 図 40.5 p. 1002 右上から下へ Gopal Murti/Science Source; Chuck Brown/Science Source; 図 40.5 p. 1003 左上から右へ Nina Zanetti/Pearson Education; Ed Reschke/Photolibrary/Getty Images; Ed Reschke/Photolibrary/Getty Images; Ulrich Gartner; Thomas Deerinck; 図 40.7 上 Jeffrey Lepore/Science Source; 下 Neil McNicoll/Alamy Stock Photo; 図 40.10 Meiqianbao/ Shutterstock; 図 40.11a John Shaw/Science Source; 図 40.11b Matt T. Lee; 図 40.14 Carol Walker/Nature Picture Library; 図 40.15 Robert Ganz; 図 40.16 From: Assessment of oxidative metabolism in brown fat using PET imaging. Otto Muzik, Thomas J. Mangner and James G. Granneman. *Front. Endocrinol.*, 08 Feb 2012 | http://dx.doi.org/10.3389/fendo.2012.00015 Fig. 2.; 図 40.20 Jeff Rotman/Alamy Stock Photo; p. 1017 Andrew Cooper/ Nature Picture Library; 図 40.23 p. 1018 葉 Irin-K/Shutterstock; ヤマネコ Thomas Kitchin/Victoria Hurst/All Canada Photos/AGE Fotostock; ヒマワリ Phil_Good/Fotolia; ハエの目 WildPictures/ Alamy Stock Photo; 植物 Bogdan Wankowicz/Shutterstock; 脱皮 Nature' s Images/ Science Source; 図 40.23 p. 1019 木部 Last Refuge/Robert Harding Picture Library Ltd/Alamy Stock Photo; 血管 Susumu Nishinaga/Science Source; 植物の根毛 Rosanne Quinnell c The University of Sydney. eBot http://hdl.handle.net/102.100.100/1463; 小腸の絨毛 David M. Martin/Science Source; 豆 Scott Rothstein/Shutterstock; 子豚 Walter Hodges/ Lithium/AGE Fotostock; スポンジ状葉肉 Rosanne Quinnell; 肺胞 David M. Phillips/Science Source; p. 1022 photolibrary

41 章 図 41.1 Jeff Foott/Discovery Channel Images/Getty Images; 図 41.3 Stefan Huwiler/Rolf Nussbaumer Photography/Alamy Stock Photo; 図 41.5 ザトウクジラ Hervey Bay Whale Watch; ハモグリムシ Thomas Eisner; ツェツェバエ Peter Parks/Image Quest Marine; ニシキヘビ Gunter Ziesler/Photolibrary/Getty Images; 図 41.16 左 Fritz Polking/Alamy Stock Photo; 右 photolibrary; 図 41.18 Juergen Berger/Science Source;p. 1039 左 Peter Batson/Image Quest Marine; 科学スキル演習 The Jackson Laboratory; p. 1046 Jack Moskovita

42 章 図 42.1 John Cancalosi/Alamy Stock Photo; 図 42.2a Reinhard Dirscherl/Water-Frame/Getty Images; 図 42.2b Eric Grave/Science Source; 図 42.9 上 Indigo Instruments; 図 42.9 下 Ed Reschke/Photolibrary/Getty Images; 図 42.18 Eye of Science/ Science Source; 図 42.19 Image Source/Exactostock.1598/ SuperStock; 図 42.21a Peter Batson/Image Quest Marine; 図 42.21b lgysha/Shutterstock; 図 42.21c Jez Tryner/Image Quest Marine; 図 42.23 Hong Y. Yan, University of Kentucky and Peng Chai, University of Texas; 図 42.24 Motta/Macchiarelli, Anatomy Dept./Univ. La Sapienza, Rome/SPL/Science Source; 図 42.26

Hans-Rainer Duncker, Institute of Anatomy and Cell Biology, Justus-Liebig-University Giessen; p. 1075 Doug Allan/Nature Picture Library; p. 1078 Stefan Hetz/WENN.com/Newscom

43 章 図 43.1 SPL/Science Source; p. 1093 Steve Gschmeissner/Science Source; 図 43.26 CNRI/Science Source; 科学スキル演習 Eye of Science/Science Source; 図 43.28 Stephen C. Harrison/The Laboratory of Structural Cell Biology/Harvard Medical School; 知識の統合 Tatan YUFLANA/AP Images

44 章 図 44.1 David Wall/Alamy Stock Photo; 図 44.3 Mark Conlin/Image Quest Marine; 図 44.5 左 Eye of Science/Science Source; 右 Eye of Science/Science Source; 科学スキル演習 Jiri Lochman/Lochman Transparencies; 図 44.7 左 photolibrary; 中央 Eric Isselee/Fotolia; 右 photolibrary; 図 44.12 右 Steve Gschmeissner/Science Source; 図 44.15 Michael Lynch/Shutterstock; 図 44.16 v_blinov/Fotolia; 図 44.17 海生硬骨魚類 Roger Steene/Image Quest Marine; カエル F. Rauschenbach/F1online digitale Bildagentur GmbH/Alamy Stock Photo; 気孔 Power and Syred/Science Source; 細菌 Eye of Science/Science Source; p. 1129 Steven A. Wasserman

45 章 図 45.1 Phillip Colla/Oceanlight.com; p. 1131 下 Craig K. Lorenz/Science Source; 図 45.3 Volker Witte/Ludwig-Maximilians-Universitat Munchen; 図 45.11 Cathy Keifer/123RF; 図 45.17 AP Images; 図 45.22 左 Blickwinkel/ Alamy Stock Photo; 図 45.22 右 Jurgen and Christine Sohns/Frank Lane Picture Agency Limited; p. 1152 Eric Roubos

46 章 図 46.1 Auscape/UIG/Getty Images; 図 46.2 Colin Marshall/Frank Lane Picture Agency; 図 46.3 P. de Vries; 図 46.5 Andy Sands/Nature Picture Library; 図 46.6 John Cancalosi/Alamy Stock Photo; 科学スキル演習 Tierbild Okapia/Science Source; 図 46.12 Design Pics Inc./Alamy Stock Photo; 図 46.17ab Lennart Nilsson/Scanpix; 図 46.21 Phanie/ SuperStock; p. 1178 Dave Thompson/AP Images

47 章 図 47.1 Brad Smith/Stamps School of Art & Design, University of Michigan; p. 1179 下 Oxford Scientific/Getty Images; 図 47.4 上 From: Methods for quantitating sea urchin sperm-egg binding. V D Vacquier and J E Payne. *Exp Cell Res*. 1973 Nov; 82 (1):227-35.; 図 47.4 下 From: Wave of Free Calcium at Fertilization in the Sea Urchin Egg Visualized with Fura-2. M. Hafner et al. *Cell Motil. Cytoskel.*, 1988; 9:271-277; 図 47.6a-d George von Dassow; 図 47.7 上 Jurgen Berger; 下 Andrew J. Ewald; 図 47.8a Charles A. Ettensohn; 図 47.13b Alejandro Diaz Diez/AGE Fotostock/Alamy Stock Photo; 図 47.14 左 Huw Williams; 右 Thomas Poole; 図 47.15b Keith Wheeler/Science Source; 図 47.18b Hiroki Nishida; 図 47.19 Medical Research Council; 図 47.20, 図 47.21 MDC Biology Sinsheimer Labs; 図 47.24 From: Dorsal-ventral patterning and neural induction in *Xenopus* embryos. E. M. De Robertis and H. Kuroda. *Annu Rev Cell Dev Biol*. 2004;20:285-308. Fig. 1.; 図 47.25a Kathryn W. Tosney; 図 47.26 Dennis Summerbell; p. 1203 James Gerholdt/Getty Images

48 章 図 48.1 Franco Banfi/Science Source; 図 48.3 Thomas Deerinck; 図 48.13 Alan Peters; 図 48.16 Edwin R. Lewis, Y. Y. Zeevi and T. E, verhart, University of California, Berkeley; p. 1223 B.A.E. Inc./Alamy Stock Photo

49 章 図 49.1 Tamily Weissman; 図 49.4 Image by Sebastian Jessberger. Fred H. Gage, Laboratory of Genetics LOG-G, The Salk Institute for Biological Studies; 図 49.11 Larry Mulvehill/Corbis; 図 49.15 From: A functional MRI study of happy and sad affective states induced by classical music, M. T. Mitterschiffthaler et al. *Hum Brain Mapp*. 2007 Nov;28 (11):1150-62. Fig. 1.; 図 49.18 Marcus E Raichle; 図 49.19 From: Dr. Harlow' s Case of Recovery from the passage of an Iron Bar through the Head, H. Bigelow. *Am. J of the Med. Sci*. July 1850;XXXIX. Images from the History of Medicine (NLM).; 図 49.25 Martin M. Rotker/Science Source; p. 1247 photolibrary

50 章 図 50.1 Kenneth Catania; 図 50.6 上 CSIRO Publishing; 下 R. A. Steinbrecht; 図 50.7a Michael Nolan/Robert Harding World Imagery; 図 50.7b Grischa Georgiew/AGE Fotostock; 図 50.9 Richard Elzinga; 図 50.10 SPL//Science Source; 図 50.16a USDA/APHIS Animal and Plant Health Inspection Service; 図 50.17 Steve Gschmeissner/Science Source; 図 50.21 Neitz Laboratory, University of Washington Medical School, Seattle; 図 50.26 Clara Franzini-Armstrong; 図 50.27 H. E. Huxley; 図 50.34 George Cathcart Photography; 図 50.39 Dave Watts/NHPA/Science Source; 科学スキル演習 Vance A. Tucker; p. 1282 Dogs/Fotolia

51 章 図 51.1 Manamana/Shutterstock; p.1283 下 Ivan Kuzmin/Alamy Stock Photo; 図 51.2 Martin Harvey/Photolibrary/Getty Images; 図 51.3 Denis-Huot/Hemis/Alamy Stock Photo; 図 51.5 Kenneth Lorenzen; 一卵性双生児 Dustin Finkelstein/Getty Images; 図 51.7 Thomas D. McAvoy/The LIFE Picture Collection/Getty Images; 図 51.9 Lincoln Brower/Sweet Briar College; 図 51.11 Clive Bromhall/Oxford Scientific/Getty Images; 図 51.12 Richard Wrangham; 挿入図 Alissa Crandall/Encyclopedia/Corbis; 科学スキル演習 Matt Goff; 図 51.14 a Matt T. Lee; b David Osborn/Alamy Stock Photo; c David Tipling/Frank Lane Picture Agency Limited; 図 51.15 James D Watt/Image Quest Marine; 図 51.16 Gerald S. Wilkinson; 図 51.17 Cyril Laubscher/Dorling Kindersley, Ltd.; 図 51.20 Martin Harvey/Photolibrary/Getty Images; 図 51.21 Erik Svensson/Lund University, Sweden; 図 51.22 Lowell Getz; 図 51.23 Rory Doolin; 図 51.25 Jennifer Jarvis; 図 51.27 Marie Read/NHPA/Photoshot; 知識の統合 William Leaman/Alamy Stock Photo

第 8 部インタビュー p.1309 Patrick Mansell/Penn State; p.1310 Tracy Langkilde and Travis Robbins

52 章 図 52.1 Christopher Austin; p. 1311 下 Christopher Austin; 図 52.2 上から下へ Peter Blackwell/Nature Picture Library; Barrie Britton/Nature Picture Library; Oleg Znamenskiy/Fotolia; Juan Carlos Munoz/AGE Fotostock; John Downer/Nature Picture Library; 1xpert/Fotolia; p. 1317 アメリカブナ Rick Koval; 図 52.8 Susan Carpenter; 図 52.10 砂漠 Anton Foltin/123RF; 温帯草原 David Halbakken/AGE Fotostock; 温帯広葉樹林 Gary718/Shutterstock; 熱帯林 Siepmann/Imagebroker/Alamy Stock Photo; 針葉樹林 Bent Nordeng/Shutterstock; ツンドラ Juan Carlos Munoz/Nature Picture Library; 図 52.11 左 JTB Media Creation, Inc./Alamy Stock Photo; 右 Krystyna Szulecka/Alamy Stock Photo; 図 52.12 熱帯雨林 Siepmann/Imagebroker/Alamy Stock Photo; 砂漠 Anton Foltin/123RF; サバンナ Robert Harding Picture Library Ltd/Alamy Stock Photo; 硬葉樹灌木林 The California Chaparral Institute; 草原 David Halbakken/AGE Fotostock; 針葉樹林 Bent Nordeng/Shutterstock; 温帯広葉樹林 Gary718/Shutterstock; トロンデラーグ国立公園 Juan Carlos Munoz/Nature Picture Library; 図 52.15 左の湖 Susan Lee Powell; 右の湖 AfriPics.com/Alamy Stock Photo; 湿地 David Tipling/Nature Picture Library; 源流 Ron Watts/Corbis; 川 Photononstop/

SuperStock; 河口域 Juan Carlos Munoz/AGE Fotostock; 潮間帯 Stuart Westmorland/Danita Delimont/Alamy Stock Photo; 海洋沖層 Tatonka/Shutterstock; サンゴ礁 Digital Vision/Photodisc/Getty Images; 熱水噴出孔 William Lange/Woods Hole Oceanographic Institute; 図 52.16 JLV Image Works/Fotolia; 図 52.18 Sylvain Oliveira/Alamy Stock Photo; 図 52.19 Scott Ling; 科学スキル演習 左 John W. Bova/Science Source; 右 Dave Bevan/Alamy Stock Photo; 図 52.21 Daniel Mosquin

53 章　図 53.1 Harpe/Robert Harding World Imagery; 図 53.2 Todd Pusser/Nature Picture Library; 図 53.4a Bernard Castelein/Nature Picture Library/Alamy Stock Photo; 図 53.4b Michael S Nolan/AGE Fotostock; 図 53.4c Alexander Chaikin/Shutterstock; p. 1342 上 Jill M. Mateo; p. 1342 下 Jennifer Dever; 図 53.9 Villiers Steyn/Shutterstock; 図 53.12 Photolibrary/Getty Images; 科学スキル演習 Laguna Design/Science Source; 図 53.13a Stone Nature Photography/ Alamy Stock Photo; 図 53.13b 左 Kent Foster/Science Source; 挿入図 Robert D. and Jane L.Dorn; 図 53.14 挿入図 Dietmar Nill/Nature Picture Library; 図 53.15a Steve Bloom Images/Alamy Stock Photo; b Edward Parker/Alamy Stock Photo; 図 53.17 左の挿入図 Chris Menjou; 右の挿入図 Peter Brueggeman; 図 53.18 コムギ photolibrary; 人混み Jorge Dan/Reuters; フクロウ Hellio & Van Ingen/NHPA/Photoshot; チーター Gregory G. Dimijian/Science Source; マウス Nicholas Bergkessel Jr./Science Source; 酵母 Andrew Syred/Science Source; 図 53.20 Alan & Sandy Carey/Science Source; 図 53.21 挿入図 Niclas Fritzen; p. 1356 From: Tracking butterfly movements with harmonic radar reveals an effect of population age on movement distance. O.Ovaskainen et al. *Proc Natl Acad Sci U S A.* 2008 Dec 9;105（49）:19090-5. doi: 10.1073/pnas.0802066105. Epub 2008 Dec 5. Fig. 1.; 図 53.26 NASA; p. 1363 Reuters

54 章 図 54.1 Jeremy Brown/123RF; p. 1365 下 Kristina Vackova/Shutterstock; 図 54.2 *A.distichus* Joseph T. Collins/Science Source; *A. insolitus* National Museum of Natural History/Smithsonian Institution; p. 1367 下 Frank W Lane/Frank Lane Picture Agency Limited; 図 54.5a Tony Heald/Nature Picture Library; 図 54.5b Tom Brakefield/Getty Images; 図 54.5c Dante Fenolio/Science Source; 図 54.5d Barry Mansell/Nature Picture Library; 図 54.5e 左 Dante Fenolio/Science Source; 右 Robert Pickett/Papilio/Alamy Stock Photo; 図 54.5f 左 Edward S.Ross; 右 James K. Lindsey; 図 54.6a-c Roger Steene/Image Quest Marine; 図 54.7 Douglas Faulkner/Science Source; 図 54.8a Bazzano Photography/Alamy Stock Photo; 図 54.8b Nicholas Smythe/Science Source; 図 54.9 Daryl Balfour/Photoshot; 図 54.10a Sally D. Hacker; p. 1374 Gary W. Saunders; 図 54.12 上 Dung Vo Trung/Science Source; 図 54.13 Cedar Creek Ecosystem Science Reserve, University of Minnesota; 図 54.18 Genny Anderson; 図 54.19 Adam Welz; 図 54.22a National Park Service; 図 54.22b National Park Service; 図 54.23 左上から時計回り Charles D. Winters/Science Source; Keith Boggs; Terry Donnelly/Mary Liz Austin; Glacier Bay National Park and Preserve; p. 1382 Custom Life Science Images/Alamy Stock Photo; 図 54.24 左から右 Charles D. Winters/Science Source; Keith Boggs; Terry Donnelly; Mary Liz Austin; Glacier Bay National Park and Preserve; 図 54.25 上 R. Grant Gilmore/Dynamac Corporation; 図 54.25 下 Lance Horn, National Undersea Research Center, University of North Carolina, Wilmington; 図 54.29 Tim Laman/National Geographic/Getty Images; 図 54.31 Nelish Pradhan, Bates College, Lewiston; 図 54.32 Josh Spice; p. 1390 Jacques Roses/Science Source

55 章　図 55.1 Steven Kazlowski/Nature Picture Library; p. 1391 下 AGE Fotostock/Alamy Stock Photo; 図 55.2 Stone Nature Photography/Alamy Stock Photo; 図 55.3 左 Scimat/Science Source; 右 Justus de Cuveland/imagebroker/AGE Fotostock; 図 55.5 Image by Reto Stockli, based on data provided by the MODIS Science Team/Earth Observatory/NASA; 図 55.8 A. T. Willett/Alamy Stock Photo; p. 1399 Steven Katovich, USDA Forest Service, Bugwood.org; inset British Columbia Ministry of Forests, Lands and Natural Resource Operations; 科学スキル演習 David R. Frazier Photolibrary,Inc./Science Source; 図 55.15a,b Hubbard Brook Research Foundation/USDA Forest Service; 図 55.16a,b Mark Gallag her/Princeton Hydro, LLC/Ringoes, NJ; キシミー川 Kissimmee Division, South Florida Water Management District; サッキュレント・カルー Jean Hall/Holt Studio/Science Source; マウンガタウタリ Tim Day, Xcluder Pest Proof Fencing Company; 日本沿岸 Kenji orita/Environment Division, Tokyo Kyuei Co., Ltd; 図 55.18 U.S. Department of Energy; p. 1414 Eckart Pott/NHPA/Photoshot

56 章　図 56.1 Phung My Trung, vncreatures.net; p. 1415 下 Eerika Schultz; 図 56.2 Trinh Le Nguyen/Shutterstock; 図 56.4 上 Neil Lucas/Nature Picture Library; 下 Mark Carwardine/Photolibrary/Getty Images; 図 56.5 Merlin D. Tuttle/Science Source; 図 56.6 Scott Camazine/Science Source; 図 56.7 Michael Edwards/The Image Bank/Getty Images; 図 56.8 Chuck Pratt/Alamy Stock Photo; 図 56.9 Benezeth Mutayoba University of Washington Center for Conservation Biology; 図 56.10 Travel Pictures/Alamy Stock Photo; 図 56.13 William Ervin/Science Source; 図 56.14 Craighead Institute; 図 56.15a Chuck Bargeron, University of Georgia, Bugwood.org; 挿入図 William Leaman/Alamy Stock Photo; 図 56.15b William D. Boyer/USDA; 図 56.16 Vladimir Melnikov/Fotolia; 図 56.17 R. O. Bierregaard, Jr., Biology Department, University of North Carolina, Charlotte; 図 56.18b Frans Lemmens/Alamy Stock Photo; 図 56.20b Edwin Giesbers/Nature Picture Library; 図 56.21 Mark Chiappone; 図 56.22 Lower Mainland Green Team; 図 56.23 Nigel Cattlin/Science Source; 図 56.24 NASA/Goddard Space Flight Center; 図 56.26 Erich Hartmann/Magnum Photos; 科学スキル演習 Hank Morgan/Science Source; 図 56.30 樹脂管 Biophoto Associates/Science Source; トンネル Ladd Livingston, Idaho Department of Lands, Bugwood.org; 枯れた木々 Dezene Huber, University of Northern British Columbia, Canada; アメリカナキウサギ Becka Barkley, courtesy of Chris Ray, University of Colorado, Boulder; トナカイ E.A. Janes/Robert Harding World Imagery; *Cerastium alpinum* Gilles Delacroix/Garden World Images/AGE Fotostock; ウニ砂漠 Scott Ling; 図 56.33 左，右 NASA; 図 56.35a Serge de Sazo/Science Source; 図 56.35b Javier Trueba/MSF/Science Source; 図 56.35c Gabriel Rojo/Nature Picture Library; 図 56.35d Titus Lacoste/The Image Bank/Getty Images; p. 1444 Edwin Giesbers/Nature Picture Library

付録 A　図 6.24 左 OMIKRON/Science Source; 図 6.24 右 Dartmouth College Electron Microscope Facility; 図 12.4 Science Source; 図 12.8 J. Richard McIntosh; 12 章理解度テスト 9. J.L. Carson "CMSP Biology" /Newscom; 16 章理解度テスト 11. Thomas A. Steitz, Yale University, New Haven; 図 30.9 Paul Atkinson/Shutterstock; 35 章理解度テスト 8. From: Anatomy of the vessel network within and between tree rings of *Fraxinus lanuginose*（Oleaceae）. Peter B. Kitin, Tomoyuki Fujii, Hisashi Abe and Ryo Funada. *American Journal of Botany.* 2004;91:779-788.

付録 E　細菌，古細菌 Eye of Science/Science Source; 珪藻 M.I. Walker/Photoshot; lily Howard Rice/Dorling Kindersley, Ltd.; 菌

類 Phil A. Dotson/Science Source; ニホンザル photolibrary

イラストとテキストの出典

1 章 図 1.23 Adapted from *The Real Process of Science* (2013), Understanding Science website. The University of California Museum of Paleontology, Berkeley, and the Regents of the University of California. Retrieved from http://undsci.berkeley.edu/article/howscienceworks_02; 図 1.25 Data from S. N. Vignieri, J. G. Larson, and H. E. Hoekstra, The Selective Advantage of Crypsis in Mice, *Evolution* 64:2153–2158 (2010); 科学スキル演習 Data from D. W. Kaufman, Adaptive Coloration in *Peromyscus polionotus*: Experimental Selection by Owls, *Journal of Mammalogy*

2 章 科学スキル演習 Data from R. Pinhasi et al., Revised Age of late Neanderthal Occupation and the End of the Middle Paleolithic in the Northern Caucasus, *Proceedings of the National Academy of Sciences USA* 147:8611–8616 (2011). Doi 10.1073/pnas.1018938108.

3 章 図 3.7 Republished with permission of American Association for the Advancement of Science, from Boom & Bust in the Great White North *Science* by Eli Kintisch. Vol. 349, Issue 6248, Pages 578–581; permission conveyed through Copyright Clearance Center, Inc.; adapted from figure on page 580; 地 図 Based on NOAA Fisheries. Bowhead Whale (*Balaena mysticetus*); 図 3.9 Based on Simulating Water and the Molecules of Life by Mark Gerstein and Michael Levitt, from *Scientific American*, November 1998; 科学スキル演習 Data from C. Langdon et al., Effect of Calcium Carbonate Saturation State on the Calcification Rate of an Experimental Coral Reef, *Global Biogeochemical Cycles* 14:639–654 (2000).

4 章 図 4.2 Data from S. L. Miller, A Production of Amino Acids Under Possible Primitive Earth Conditions, *Science* 117:528–529 (1953); 科学スキル演習 Data from E. T. Parker et al., Primordial Synthesis of Amines and Amino Acids in a 1958 Miller H2S-rich Spark Discharge Experiment, *Proceedings of the National Academy of Sciences USA* 108:5526–5531 (2011). ww.pnas.org/cgi/doi/10.1073/pnas.1019191108; 図 4.7 Adapted from Becker, Wayne M.; Reece, Jane B.; Poenie, Martin F., *The World of the Cell*, 3rd Ed., c1996. Reprinted and electronically reproduced by permission of Pearson Education, Inc., Upper Saddle River, New Jersey.

5 章 図 5.11 Adapted from Wallace/Sanders/Ferl, *Biology: The Science of Life*, 3rd Ed., c1991. Reprinted and electronically reproduced by permission of Pearson Education,Inc., Upper Saddle River, New Jersey; 図 5.13 コラーゲン Data from Protein Data Ba ID 1CGD: "Hydration Structure of a Collagen Peptide" by Jordi Bella et al., from *Structure*, September 1995, Volume 3 (9); 図 5.16 空間充填モデル，リボンモデル Data from PDB ID 2LYZ: R. Diamond. Real-space Refinement of the Structure of Hen Egg-white Lysozyme. *Journal of Molecular Biology* 82 (3):371–91 (Jan. 25, 1974); 図 5.18 トランスサイレチン Data from PDB ID 3GS0: S.K. Palaninathan, N.N. Mohamedmohaideen, E. Orlandini, G. Ortore, S. Nencetti, A. Lapucci, A. Rossello, J.S. Freundlich, J.C. Sacchettini. Novel Transthyretin Amyloid Fibril Formation Inhibitors: Synthesis, Biological Evaluation, and X-ray Structural Analysis. *Public Library of Science ONE* 4:e6290–e6290 (2009); コラーゲン Data from PDB ID 1CGD: J. Bella, B. Brodsky, and H.M. Berman. Hydration Structure of a Collagen Peptide, *Structure* 3:893–906 (1995); ヘモグロビン Data from PDB ID 2HHB: G. Fermi, M.F. Perutz, B. Shaanan, R. Fourme. The Crystal Structure of Human Deoxyhaemoglobin at 1.74 A resolution. *J. Mol. Biol.* 175:159–174 (1984).

6 章 図 6.6 Adapted from Becker, Wayne M.; Reece, Jane B.; Poenie, Martin F., *The World of the Cell*, 3rd Ed., c1996. Reprinted and electronically reproduced by permission of Pearson Education, Inc. Upper Saddle River, New Jersey; 図 6.8 動物細胞 Adapted from Marieb, Elaine N.; Hoehn, Katja, *Human Anatomy and Physiology*,8th Ed., c 2010. Printed and electronically reproduced by permission of Pearson Education, Inc., Upper Saddle River, New Jersey; 図 6.9，図 6.10，図 6.11，図 6.12，図 6.13 細胞（サムネイル）Adapted from Marieb, Elaine N.; Hoehn, Katja, *Human Anatomy and Physiology*, 8th Ed., c2010. Printed and electronically reproduced by permission of Pearson Education, Inc., Upper Saddle River, New Jersey; 図 6.15 Adapted from Marieb, Elaine N.; Hoehn, Katja, *Human Anatomy and Physiology*, 8th Ed., c2010. Printed and electronically reproduced by permission of Pearson Education, Inc., Upper Saddle River, New Jersey; 図 6.17 細胞（サムネイル）Adapted from Marieb, Elaine N.; Hoehn, Katja, *Human Anatomy and Physiology*, 8th Ed.,c2010. Printed and electronically reproduced by permission of Pearson Education,Inc., Upper Saddle River, New Jersey; 表 6.1 Adapted from Hardin Jeff; Bertoni Gregory Paul, Kleinsmith, Lewis J., Becker' s *World of the Cell*, 8th Edition, c 2012, p.423.Reprinted and electronically reproduced by permission of Pearson Education, Inc.Upper Saddle River, New Jersey; 図 6.22 細胞（サムネイル）Adapted from Marieb, Elaine N.; Hoehn, Katja, *Human Anatomy and Physiology*, 8th Ed., c2010. Printed and electronically reproduced by permission of Pearson Education, Inc., Upper Saddle River, New Jersey; 図 6.24 細胞（サムネイル）Adapted from Marieb, Elaine N.; Hoehn, Katja, *Human Anatomy and Physiology*, 8th Ed., c2010. Printed and electronically reproduced by permission of Pearson Education, Inc., Upper Saddle River, New Jersey; 図 6.32 プロトンポンプ PDB ID 3B8C: Crystal Structure of the Plasma Membrane Proton Pump, Pedersen, B.P., Buch-Pedersen, M.J., Morth, J.P., Palmgren, M.G., Nissen, P. (2007) *Nature* 450: 1111–1114; カルシウムチャネル PDB ID 5E1J: Structure of the Voltage-Gated Two-Pore Channel TPC1 from *Arabidopsis thaliana*, Guo, J., Zeng, W., Chen, Q., Lee, C., Chen, L., Yang, Y., Cang, C., Ren, D., Jiang, Y. (2016) *Nature* 531: 196–201; アクアポリン PDB ID 5I32: Crystal Structure of an Ammonia-Permeable Aquaporin, Kirscht, A., Kaptan, S.S., Bienert, G.P., Chaumont, F., Nissen, P., de Groot, B.L., Kjellbom, P., Gourdon, P., Johanson, U. (2016) *Plos Biol.* 14: e1002411–e1002411; BRI1 SERK1 共輸送体 PDB ID 4LSX: Molecular mechanism for plant steroid receptor activation by somatic embryogenesis co-receptor kinases, Santiago, J., Henzler, C., Hothorn, M. (2013) *Science* 341: 889–892; BRI1 キナーゼドメイン PDB ID 4OAC: Crystal structures of the phosphorylated BRI1 kinase domain and implications for brassinosteroid signal initiation, Bojar, D., Martinez, J., Santiago, J.,Rybin, V., Bayliss, R., Hothorn, M. (2014) *Plant J.* 78: 31–43; BAK1 キナーゼドメイン PDB ID 3UIM: Structural basis for the impact of phosphorylation on the activation of plant receptor-like kinase BAK1, Yan, L., Ma, Y.Y., Liu, D., Wei, X., Sun, Y., Chen, X., Zhao, H., Zhou, J., Wang, Z., Shui, W., Lou, Z.Y. (2012) *Cell Res.* 22: 1304–1308; BSK8 偽キナーゼ PDB ID: 4I92 Structural Characterization of the RLCK Family Member BSK8: A Pseudokinase with an Unprecedented Architecture, Grutter, C., Sreeramulu, S., Sessa, G., Rauh, D. (2013) *J. Mol. Biol.* 425: 4455–4467; ATP 合成酵素 PDB ID 1E79: The Structure of the Central Stalk in Bovine F(1)-ATPase at 2.4 A Resolution, Gibbons, C., Montgomery, M.G., Leslie, A.G.W., Walker, J.E. (2000) *Nat.*

Struct. Biol. 7: 1055; **ATP 合成酵素** PDB ID 1C17: Structural changes linked to proton translocation by subunit c of the ATP synthase, Rastogi, V.K., Girvin, M.E. (1999) *Nature* 402: 263–268; **ATP 合成酵素** PDB ID 1L2P: The "Second Stalk" of *Escherichia coli* ATP Synthase: Structure of the Isolated Dimerization Domain, Del Rizzo, P.A., Bi, Y., Dunn, S.D., Shilton, B.H. (2002) *Biochemistry* 41: 6875–6884; **ATP 合成酵素** PDB ID 2A7U: Structural Characterization of the Interaction of the Delta and Alpha Subunits of the *Escherichia coli* F(1)F(0)-ATP Synthase by NMR Spectroscopy, Wilkens, S.,Borchardt, D., Weber, J., Senior, A.E. (2005) *Biochemistry* 44: 11786–11794; **ホスホフルクトキナーゼ** PDB ID 1PFK: Crystal Structure of the Complex of Phosphofructokinase from *Escherichia coli* with Its Reaction Products, Shirakihara, Y., Evans, P.R.(1988) *J. Mol. Biol.* 204: 973–994; **ヘキソキナーゼ** PDB ID 4QS8: Biochemical and Structural Study of *Arabidopsis* Hexokinase 1, Feng, J., Zhao, S., Chen, X., Wang, W.,Dong, W., Chen, J., Shen, J.-R., Liu, L., Kuang, T. (2015) *Acta Crystallogr., Sect. D* 71: 367–375; **イソクエン酸脱水素酵素** PDB ID 3BLW: Allosteric Motions in Structures of Yeast NAD^+ -specific Isocitrate Dehydrogenase, Taylor, A.B., Hu, G., Hart, P.J., McAlister-Henn, L. (2008) *J. Biol. Chem.* 283:10872–10880; **NADH ーキノン酸化還元酵素** PDB ID 3M9S: The architecture of respiratory complex I, Efremov, R.G., Baradaran, R., Sazanov, L.A. (2010) *Nature* 465: 441–445; **NADH ーキノン酸化還元酵素** PDB ID 3RKO: Structure of the membrane domain of respiratory complex I, Efremov, R.G., Sazanov, L.A. (2011) *Nature* 476: 414–420; **コハク酸デヒドロゲナーゼ** PDB ID 1NEK: Architecture of Succinate Dehydrogenase and Reactive Oxygen Species Generation, Yankovskaya, V., Horsefield, R., Tornroth, S., Luna-Chavez, C., Miyoshi, H., Leger, C., Byrne, B., Cecchini, G., Iwata, S. (2003) *Science* 299: 700–704; **ユビキノン** http://www.proteopedia.org/wiki/index.php/Image: Coenzyme_Q10.pdb; **シトクロム *bc1*** PDB ID 1BGY: Complete structure of the 11-subunit bovine mitochondrial cytochrome *bc1* complex, Iwata, S., Lee, J.W., Okada, K., Lee, J.K.,Iwata, M., Rasmussen, B., Link, T.A., Ramaswamy, S., Jap, B.K. (1998) *Science* 281:64–71; **シトクロム *c*** PDB ID 3CYT: Redox Conformation Changes in Refined Tuna Cytochrome *c*, Takano, T., Dickerson, R.E. (1980) *Proc. Natl. Acad. Sci. USA* 77: 6371–6375; **シトクロム *c* オキシダーゼ** PDB ID 1OCO: Redox-Coupled Crystal Structural Changes in Bovine Heart Cytochrome *c* Oxidase, Yoshikawa, S., Shinzawa-Itoh, K.,Nakashima, R., Yaono, R., Yamashita, E., Inoue, N., Yao, M., Fei, M.J., Libeu, C.P.,Mizushima, T., Yamaguchi, H., Tomizaki, T., Tsukihara, T. (1998) *Science* 280: 1723–1729; **ルビスコ** PDB ID 1RCX: The Structure of the Complex between Rubisco and its Natural Substrate Ribulose 1,5-Bisphosphate, Taylor, T.C., Andersson, I. (1997) *J.Mol. Biol.* 265: 432–444; **光化学系 II** PDB ID 1S5L: Architecture of the Photosynthetic Oxygen-Evolving Center, Ferreira, K.N., Iverson, T.M., Maghlaoui, K., Barber, J., Iwata, S. (2004) *Science* 303: 1831–1838; Plastoquinone: http://www.rcsb.org/pdb/ligand/ligandsummary.do?hetId=PL9; **光化学系 I** PDB ID JB0:Three-dimensional Structure of Cyanobacterial Photosystem I at 2.5 A Resolution, Jordan, P.,Fromme, P., Witt, H.T., Klukas, O., Saenger, W., Krauss, N. (2001) *Nature* 411: 909–917; **Fd, $NADP^+$ 還元酵素** PDB ID 3W5V: Concentration-Dependent Oligomerization of Cross-Linked Complexes between Ferredoxin and Ferredoxin-NADP(+) Reductase; **DNA** PDB ID 1BNA: Structure of a B-DNA Dodecamer: Conformation and Dynamics, Drew, H.R., Wing, R.M., Takano, T., Broka, C., Tanaka, S., Itakura, K.,Dickerson, R.E. (1981) *Proc. Natl. Acad. Sci. USA* 78: 2179–2183; **RNA ポリメラーゼ** PDB ID 2E2I: Structural basis of transcription: role of the trigger loop in substrate specificity and catalysis, Wang, D., Bushnell, D.A., Westover, K.D., Kaplan, C.D., Kornberg, R.D. (2006) *Cell* (Cambridge, Mass.) 127: 941–954; **ヌクレオソーム** PDB ID 1AOI:Crystal Structure of the Nucleosome Core Particle at 2.8 A Resolution, Luger, K.,Mader, A.W., Richmond, R.K., Sargent, D.F., Richmond, T.J. (1997) *Nature* 389: 251–260; **tRNA** PDB ID 4TNA: Further refinement of the structure of yeast tRNAPhe, Hingerty, B., Brown, R.S., Jack, A. (1978) *J. Mol. Biol.* 124: 523–534; **リボソーム** PDB ID 1FJF: Structure of the 30S Ribosomal Subunit, Wimberly, B.T., Brodersen, D.E., Clemons Jr., W.M., Morgan-Warren, R.J., Carter, A.P., Vonrhein, C., Hartsch, T.,Ramakrishnan, V. (2000) *Nature* 407: 327–339; **リボソーム** PDB ID 1JJ2: The Kink-Turn:A New RNA Secondary Structure Motif, Klein, D.J., Schmeing, T.M., Moore, P.B., Steitz, T.A. (2001) *EMBO J.* 20: 4214–4221; **微小管** PDB ID 3J2U: Structural Model for Tubulin Recognition and Deformation by Kinesin-13 Microtubule Depolymerases, Asenjo, A.B., Chatterjee, C., Tan, D., Depaoli, V., Rice, W.J., Diaz-Avalos, R., Silvestry, M., Sosa, H. (2013) *Cell Rep.* 3: 759–768; **アクチンフィラメント** PDB ID 1ATN:Atomic Structure of the Actin:DNase I Complex. Kabsch, W., Mannherz, H.G., Suck, D., Pai, E.F., Holmes, K.C. (1990) *Nature* 347: 37–44; **モータータンパク質（ミオシン）** PDB ID 1M8Q:Molecular Modeling of Averaged Rigor Crossbridges from Tomograms of Insect Flight Muscle, Chen, L.F., Winkler, H., Reedy, M.K., Reedy, M.C., Taylor, K.A. (2002) *J. Struct. Biol.* 138: 92–104; **グルコースリン酸イソメラーゼ** PDB ID 1IAT: The Crystal Structure of Human Phosphoglucose Isomerase at 1.6 A Resolution: Implications for Catalytic Mechanism, Cytokine Activity and Haemolytic Anaemia, Read, J., Pearce, J., Li, X., Muirhead, H., Chirgwin, J., Davies, C. (2001) *J. Mol. Biol.* 309: 447–463; **アルドラーゼ** PDB ID 1ALD: Activity and Specificity of Human Aldolases, Gamblin, S.J., Davies, G.J., Grimes, J.M., Jackson, R.M., Littlechild, J.A., Watson, H.C. (1991) *J. Mol.Biol.* 219: 573–576; **トリオースリン酸イソメラーゼ** PDB ID 7TIM: Structure of the Triosephosphate Isomerase-Phosphoglycolohydroxamate Complex: An Analogue of the Intermediate on the Reaction Pathway, Davenport, R.C., Bash, P.A., Seaton, B.A., Karplus, M., Petsko, G.A., Ringe, D. (1991) *Biochemistry* 30: 5821–5826; **グリセルアルデヒド 3-リン酸脱水素酵素** PDB ID 3GPD: Twinning in Crystals of Human Skeletal Muscle D-Glyceraldehyde-3-Phosphate Dehydrogenase, Mercer, W.D., Winn, S.I., Watson, H.C. (1976) *J. Mol. Biol.* 104: 277–283; **ホスホグリセリン酸キナーゼ** PDB ID 3PGK: Sequence and Structure of Yeast Phosphoglycerate Kinase, Watson, H.C., Walker, N.P., Shaw, P.J., Bryant, T.N., Wendell, P.L., Fothergill, L.A., Perkins, R.E., Conroy, S.C., Dobson, M.J., Tuite, M.F. (1982) *Embo J.* 1: 1635–1640; **ホスホグリセリン酸ムターゼ** PDB ID 3PGM: Structure and Activity of Phosphoglycerate Mutase, Winn, S.I., Watson, H.C., Harkins, R.N., Fothergill, L.A. (1981) *Philos. Trans. R. Soc. London, Ser. B* 293: 121–130; **エノラーゼ** PDB ID 5ENL: Inhibition of Enolase: The Crystal Structures of Enolase-Ca2 (+)-2-Phosphoglycerate and Enolase-Zn2 (+)-Phosphoglycolate Complexes at 2.2-A Resolution, Lebioda, L., Stec, B., Brewer, J. M.,Tykarska, E. (1991) *Biochemistry* 30: 2823–2827; **ピルビン酸キナーゼ** PDB ID 1A49: Structure of the Bis(Mg2+)-ATP-Oxalate Complex of the Rabbit Muscle Pyruvate Kinase at 2.1 A Resolution: ATP Binding over a Barrel, Larsen, T.M., Benning, M.M., Rayment, I., Reed, G.H. (1998) *Biochemistry* 37: 6247–6255; **クエン酸シンターゼ** PDB ID 1CTS: Crystallographic Refinement and Atomic Models of Two Different Forms of Citrate Synthase at 2.7 and 1.7 A Resolution, Remington, S., Wiegand, G., Huber, R.(1982) *J. Mol. Biol.* 158: 111–152; **スクシニル CoA シンテターゼ** PDB ID 2FP4: Interactions of GTP with the ATP-Grasp Domain of GTP-Specific Succinyl-CoA Synthetase, Fraser, M.E., Hayakawa, K., Hume, M.S.,

Ryan, D.G., Brownie, E.R. (2006) *J. Biol. Chem.*281: 11058-11065; **リンゴ酸脱水素酵素** PDB ID 4WLE: Crystal Structure of Citrate Bound MDH2, Eo, Y.M., Han, B.G., Ahn, H.C. To Be Published; **重要概念のまとめ 核** Adapted from Marieb, Elaine N.; Hoehn, Katja, *Human Anatomy and Physiology*,8th Ed., c2010. Printed and electronically reproduced by permission of Pearson Education, Inc., Upper Saddle River, New Jersey; **小胞体** Adapted from Marieb, Elaine N.; Hoehn, Katja, *Human Anatomy and Physiology*,8th Ed., c2010. Printed and electronically reproduced by permission of Pearson Education, Inc., Upper Saddle River, New Jersey; **ゴルジ装置** Adapted from Marieb, Elaine N.; Hoehn, Katja, *Human Anatomy and Physiology*, 8th Ed., c2010. Printed and electronically reproduced by permission of Pearson Education,Inc., Upper Saddle River, New Jersey.

7 章 **図 7.4** Data from L. D. Frye and M. Edidin, The Rapid Intermixing of Cell Surface Antigens after Formation of Mouse-human Heterokaryons, *Journal of Cell Science* 7:319 (1970); **図 7.6** Based on Similar Energetic Contributions of Packing in the Core of Membrane and Water-Soluble Proteins by Nathan H. Joh et al., from *Journal of the American Chemical Society*, Volume 131 (31); **科学スキル演習** Data from Figure 1 in T. Kondo and E. Beutler, Developmental Changes in Glucose Transport of Guinea Pig Erythrocytes, *Journal of Clinical Investigation* 65:1–4 (1980).

8 章 **科学スキル演習** Data from S. R. Commerford et al., Diets Enriched in Sucrose or Fat Increase Gluconeogenesis and G-6-pase but not Basal Glucose Production in Rats, *American Journal of Physiology—Endocrinology and Metabolism* 283:E545–E555 (2002); **図 8.19** Data from Protein Data Bank ID 3e1f: “Direct and Indirect Roles of His-418 in Metal Binding and in the Activity of Beta-Galactosidase (*E. coli*)” by Douglas H. Juers et al., from *Protein Science*, June 2009, Volume 18 (6); **図 8.20** Data from Protein Data Bank ID 1MDYO: “Crystal Structure of MyoD bHLH Domain-DNA Complex: Perspectives on DNA Recognition and Implications for Transcriptional Activation” from *Cell*, May 1994, Volume 77 (3); **図 8.22 細胞(サムネイル)** Adapted from Marieb, Elaine N.; Hoehn, Katja, *Human Anatomy and Physiology*, 8th Ed., c2010. Printed and electronically reproduced by permission of Pearson Education, Inc., Upper Saddle River, New Jersey.

9 章 **図 9.5** Adaptation of Figure 2.69 from *Molecular Biology of the Cell*, 4th Edition, by Bruce Alberts et al. Garland Science/Taylor & Francis LLC; **図 9.9** Figure adapted from *Biochemistry*, 4th Edition, by Christopher K. Mathews et al. Pearson Education, Inc.; **科学スキル演習** Data from M. E. Harper and M. D.Brand, The Quantitative Contributions of Mitochondrial Proton Leak and ATP Turnover Reactions to the Changed Respiration Rates of Hepatocytes from Rats of Different Thyroid Status, *Journal of Biological Chemistry* 268:14850–14860 (1993).

10 章 **図 10.10** Data from T. W. Engelmann, Bacterium *Photometricum. Ein Beitrag zur Vergleichenden Physiologie des Licht- und Farbensinnes, Archiv. für Physiologie* 30:95–124 (1883); **図 10.13 b** Data from Architecture of the Photosynthetic Oxygen-Evolving Center by Kristina N. Ferreira et al., from *Science*, March 2004, Volume 303 (5665); **図 10.15** Adaptation of Figure 4.1 from *Energy, Plants, and Man*, by Richard Walker and David Alan Walker. Copyright c 1992 by Richard Walker and David Alan Walker. Reprinted with permission of Richard Walker; **科学スキル演習** Data from D.T. Patterson and E. P. Flint, Potential Effects of Global Atmospheric CO2 Enrichment on the Growth and Competitiveness of C3 and C4 Weed and Crop Plants, *Weed Science* 28 (1):71–75 (1980).

11 章 **問題解決演習** Data from N. Balaban et al., Treatment of *Staphylococcus aureus* Biofilm Infection by the Quorum-Sensing Inhibitor RIP, *Antimicrobial Agents and Chemotherapy*, 51:2226–2229 (2007); **図 11.8** Adapted from Becker, Wayne M.; Reece, Jane B.; Poenie, Martin F., *The World of the Cell*, 3rd Edition, c 1996. Reprinted and electronically reproduced by permission of Pearson Education, Inc., Upper Saddle River, New Jersey; **図 11.12** Adapted from Becker, Wayne M.; Reece, Jane B.; Poenie, Martin F., *The World of the Cell*, 3rd Edition, c 1996. Reprinted and electronically reproduced by permission of Pearson Education, Inc., Upper Saddle River, New Jersey.

12 章 **図 12.9** Data from G. J. Gorbsky, P. J. Sammak, and G. G. Borisy, Chromosomes Move Poleward in Anaphase along Stationary Microtubules that Coordinately Disassemble from their Kinetochore Ends, *Journal of Cell Biology* 104:9–18 (1987); **図 12.13** Adaptation of Figure 18.41 from *Molecular Biology of the Cell*, 4th Edition, by Bruce Alberts et al. Garland Science/Taylor & Francis LLC; **図 12.14** Data from R. T. Johnson and P. N. Rao, Mammalian Cell Fusion: Induction of Premature Chromosome Condensation in Interphase Nuclei, *Nature* 226:717–722 (1970); **科学スキル演習** Data from K. K. Velpula et al., Regulation of Glioblastoma Progression by Cord Blood Stem Cells is Mediated by Downregulation of Cyclin D1, *PLoS ONE* 6 (3): e18017 (2011).

14 章 **図 14.3** Data from G. Mendel, Experiments in Plant Hybridization, *Proceedings of the Natural History Society of Brünn* 4:3–47 (1866); **図 14.8** Data from G. Mendel, Experiments in Plant Hybridization, *Proceedings of the Natural History Society of Brünn* 4:3–47 (1866).

15 章 **図 15.4** Data from T. H. Morgan, Sex-limited inheritance in *Drosophila, Science* 32:120–122 (1910); **図 15.9** Based on the data from “The Linkage of Two Factors in Drosophila That Are Not Sex-Linked” by Thomas Hunt Morgan and Clara J. Lynch, from *Biological Bulletin*, August 1912, Volume 23 (3).

16 章 **図 16.2** Data from F. Griffith, The Significance of Pneumococcal Types, *Journal of Hygiene* 27:113–159 (1928); **図 16.4** Data from A. D. ershey and M. Chase, Independent Functions of Viral Protein and Nucleic Acid in Growth of Bacteriophage, *Journal of General Physiology* 36:39–56 (1952); **科学スキル演習** Data from several papers by Chargaff: for example, E. Chargaff et al., Composition of the Desoxypentose Nucleic Acids of Four Genera of Sea-urchin, *Journal of Biological Chemistry* 195:155–160 (1952); **pp. 370–371 引用文** J. D. Watson and F. H. C. Crick, Genetical Implications of the Structure of Deoxyribonucleic Acid, *Nature* 171:964–967 (1953); **図 16.11** Data from M. Meselson and F. W. Stahl, The Replication of DNA in *Escherichia coli, Proceedings of the National Academy of Sciences USA* 44:671–682 (1958).

17 章 **図 17.3** Data from A. M. Srb and N. H. Horowitz, The Ornithine Cycle in *Neurospora* and Its Genetic Control, *Journal of Biological Chemistry* 154:129–139 (1944); **図 17.12** Adapted from Becker, Wayne M.; Reece, Jane B.; Poenie, Martin F., *The World of the Cell*, 3rd Edition, c 1996. Reprinted and electronically reproduced by permission of Pearson Education, Inc., Upper Saddle River, New Jersey; **図 17.14** Adapted from Kleinsmith, Lewis J., Kish, Valerie M.; *Principles of Cell and Molecular Biology*.

Reprinted and electronically reproduced by permissions of Pearson Education, Inc., Upper Saddle River, New Jersey; 図 17.18 Adapted from Mathews, Christopher K.; Van Holde, Kensal E.,*Biochemistry*, 2nd ed., c1996. Reprinted and electronically reproduced by permission of Pearson Education, Inc. Upper Saddle River, New Jersey; 科学スキル演習 Material provided courtesy of Dr. Thomas Schneider, National Cancer Institute, National Institutes of Health, 2012; 問題解決演習 Data from N. Nishi and K. Nanjo, Insulin Gene Mutations and Diabetes, *Journal of Diabetes Investigation* Vol. 2: 92–100 (2011).

18 章　図 18.9 Data from PDB ID 1MDY: P. C. Ma et al. Crystal structure of MyoD bHLH Domain-DNA Complex: Perspectives on DNA Recognition and Implications for Transcriptional Activation, *Cell* 77:451–459 (1994); 科学スキル演習 Data from J. N. Walters et al., Regulation of Human Microsomal Prostaglandin E Synthase-1 by IL-1b Requires a Distal Enhancer Element with a Unique Role for C/EBPb, *Biochemical Journal* 443:561–571 (2012);　図 18.26 Adapted from Becker, Wayne M.; Reece, Jane B.; Poenie, Martin F., *The World of the Cell*, 3rd Edition, c 1996. Reprinted and electronically reproduced by permission of Pearson Education, Inc., Upper Saddle River, New Jersey.

19 章 図 19.2 Data from M. J. Beijerinck, Concerning a Contagium Vivum Fluidum as Cause of the Spot Disease of Tobacco Leaves, *Verhandelingen der Koninkyke Akademie Wettenschappen te Amsterdam* 65:3–21 (1898). Translation published in English as *Phytopathological Classics Number 7* (1942), American Phytopathological Society Press, St. Paul, MN; 科学スキル演習 Data from J.-R. Yang et al., New Variants and Age Shift to High Fatality Groups Contribute to Severe Successive Waves in the 2009 Influenza Pandemic in Taiwan, *PLoS ONE* 6 (11): e28288 (2011).

20 章　図 20.7 Adapted from Becker, Wayne M.; Reece, Jane B.; Poenie, Martin F., *The World of the Cell*, 3rd Edition, c 1996. Reprinted and electronically reproduced by permission of Pearson Education, Inc., Upper Saddle River, New Jersey;　図 20.16 Data from J. B. Gurdon et al., The Developmental Capacity of Nuclei Transplanted from Keratinized Cells of Adult Frogs, *Journal of Embryology and Experimental Morphology* 34:93–112 (1975);　図 20.21 Data from K. Takahashi et al., Induction of pluripotent stem cells from adult human fibroblasts by defined factors, *Cell* 131:861–872 (2007).

21 章 図 21.3 Simulated screen shots based on Mac OS X and from data found at NCBI, U.S. National Library of Medicine using Conserved Domain Database, Sequence Alignment Viewer, and Cn3D;　図 21.8 Adapted from Becker, Wayne M.; Reece, Jane B.; Poenie, Martin F., *The World of the Cell*, 3rd Edition, c 1996. Reprinted and electronically reproduced by permission of Pearson Education, Inc., Upper Saddle River, New Jersey; 図 21.9 Adapted from Becker, Wayne M.; Reece, Jane B.; Poenie, Martin F., *The World of the Cell,* 3rd Edition, c 1996. Reprinted and electronically reproduced by permission of Pearson Education, Inc., Upper Saddle River, New Jersey; 図 21.10 ヘモグロビン Data from PDB ID 2HHB: G. Fermi, M.F. Perutz, B. Shaanan, and R. Fourme. The Crystal Structure of Human Deoxyhaemoglobin at 1.74 A resolution. *J.Mol. Biol.* 175:159–174 (1984); 図 21.15 a Drawn from data in Protein Data Bank ID 1LZ1: "Refinement of Human Lysozyme at 1.5 A Resolution Analysis of Non-bonded and Hydrogen-bond Interactions" by P. J. Artymiuk and C. C. Blake, from *Journal of Molecular Biology*, 1981, 152:737–762; b Drawn from data in Protein Data Bank ID 1A4V: "Structural Evidence for the Presence of a Secondary Calcium Binding Site in Human Alpha-Lactalbumin" by N. Chandra et al., from *Biochemistry*, 1998, 37:4767–4772; 科学スキル演習 Compiled using data from NCBI; 科学スキル演習 ヘモグロビン PDB ID 2HHB: G. Fermi, M.F. Perutz, B.Shaanan, and R. Fourme. The Crystal Structure of Human Deoxyhaemoglobin at 1.74 A Resolution. *J. Mol. Biol.* 175:159–174 (1984);　図 21.18 Data from W. Shu et al., Altered ultrasonic vocalization in mice with a disruption in the *Foxp2* gene, *Proceedings of the National Academy of Sciences USA* 102:9643–9648 (2005);　図 21.19 Adapted from *The Homeobox: Something Very Precious That We Share with Flies, From Egg to Adult* by Peter Radetsky, c 1992. Reprinted by permission from William McGinnis; 図 21.20 Adaptation from "*Hox* Genes and the Evolution of Diverse Body Plans" by Michael Akam, from *Philosophical Transactions of the Royal Society B: Biological Sciences*, September 29, 1995, Volume 349 (1329): 313–319.Reprinted by permission from The Royal Society.

22 章　図 22.8 Artwork by Utako Kikutani (as appeared in "What Can Make a Four-Ton Mammal a Most Sensitive Beast?" by Jeheskel Shoshani, from *Natural History*, November 1997, Volume 106 (1), 36–45). Copyright c 1997 by Utako Kikutani. Reprinted with permission of the artist;　図 22.13 Data from "Host Race Radiation in the Soapberry Bug: Natural History with the History" by Scott P. Carroll and Christin Boyd, from *Evolution*, 1992, Volume 46 (4);　図 22.14 Figure created by Dr. Binh Diep on request of Michael Cain. Copyright c 2011 by Binh Diep. Reprinted with permission;　科学スキル演習 Data from J. A. Endler, Natural Selection on Color Patterns in *Poecilia reticulata, Evolution* 34:76–91 (1980);　理解度テスト 問 7 Data from C. F. Curtis et al., Selection for and Against Insecticide Resistance and Possible Methods of Inhibiting the Evolution of Resistance in Mosquitoes, *Ecological Entomology* 3:273–287 (1978).

23 章　図 23.4 Based on the data from *Evolution*, by Douglas J. Futuyma. Sinauer Associates, 2006; and Nucleotide Polymorphism at the Alcohol Dehydrogenase Locus of *Drosophila melanogaster* by Martin Kreitman, from *Nature*, August 1983, Volume 304 (5925); 図 23.11　地図 Adapted Figure 20.6 from *Discover Biology*, 2nd Edition, edited by Michael L. Cain, Hans Damman, Robert A. Lue, and Carol Kaesuk Loon. W.W. Norton & Company, Inc.; 図 23.12 Data from Joseph H. Camin and Paul R. Ehrlich, Natural Selection in Water Snakes (*Natrix sipedon L.*) on Islands in Lake Erie, *Evolution* 12:504–511 (1958);　図 23.14 Based on many sources: *Evolution* by Douglas J. Futuyma. Sinauer Associates 2005; and *Vertebrate Paleontology and Evolution* by Robert L. Carroll.W.H. Freeman & Co., 1988; 図 23.16 Data from A. M. Welch et al., Call Duration as an Indicator of Genetic Quality in Male Gray Tree Frogs, *Science* 280:1928–1930 (1998);　図 23.17 Adapted from Frequency-Dependent Natural Selection in the Handedness of Scale-Eating Cichlid Fish by Michio Hori, from *Science*, April 1993, Volume 260 (5105); 理解度テスト 問 7 Data from R. K. Koehn and T. J. Hilbish, The Adaptive Importance of Genetic Variation, *American Scientist* 75:134–141 (1987).

24 章　図 24.6 Original unpublished graph created by Brian Langerhans;　図 24.7 Data from D. M. B. Dodd, Reproductive Isolation as a Consequence of Adaptive Divergence in *Drosophila pseudoobscura, Evolution* 43:1308–1311 (1989); 科学スキル演習 Data from S. G. Tilley, A. Verrell, and S. J. Arnold, Correspondence between Sexual Isolation and Allozyme Differentiation: A Test in

the Salamander *Desmognathus ochrophaeus, Proceedings of the National Academy of Sciences USA* 87:2715–2719 (1990); **図 24.12** Data from O. Seehausen and J. J. M. van Alphen, The Effect of Male Coloration on Female Mate Choice in Closely Related Lake Victoria Cichlids (*Haplochromis nyererei* complex), *Behavioral Ecology and Sociobiology* 42:1–8 (1998); **図 24.13 分布域** Based on *Hybrid Zone and the Evolutionary Process*, edited by Richard G. Harrison. Oxford University Press; **図 24.19 b** Data from Role of Gene Interactions in Hybrid Speciation: Evidence from Ancient and Experimental Hybrids by Loren H. Rieseberg et al., from *Science*, May 1996, Volume 272 (5262).

25 章 **図 25.2** Based on data from The Miller Volcanic Spark Discharge Experiment by Adam P. Johnson et al., from *Science*, October 2008, Volume 322 (5900); **図 25.4** Based on "Experimental Models of Primitive Cellular Compartments: Encapsulation, Growth, and Division" by Martin M. Hanczyc, Shelly M. Fujikawa, and Jack W. Szostak, from *Science*, October 2003, Volume 302 (5645); **図 25.6** Eicher, D. L, *Geologic Time*, 2nd Ed., c1976, p. 119. Adapted and electronically reproduced by permission of Pearson Education, Inc., Upper Saddle River, New Jersey; **図 25.7 単弓類, 獣弓類, 初期犬歯類, 後期犬歯類** Adapted from many sources including D.J. Futuyma, *Evolution*, Fig. 4.10, Sunderland, MA: Sinauer Associates, Sunderland, MA (2005) and from R.L. Carroll, *Vertebrate Paleontology and Evolution*. W.H. Freeman & Co. (1988); **末期犬歯類** Adapted from Z. Luo et al., A New Mammaliaform from the Early Jurassic and Evolution of Mammalian Characteristics, *Science* 292:1535 (2001); **図 25.8** Adapted from When Did Photosynthesis Emerge on Earth? by David J. Des Marais, from *Science*, September 2000, Volume 289 (5485). **図 25.9** Adapted from The Rise of Atmospheric Oxygen by Lee R. Kump, from *Nature*, January 2008, Volume 451 (7176); **科学スキル演習** Data from T. A. Hansen, Larval Dispersal and Species Longevity in Lower Tertiary Gastropods, *Science* 199:885–887 (1978); **図 25.15** Based on *Earthquake Information Bulletin*, December 1977, Volume 9 (6), edited by Henry Spall; **図 25.17** Based on many sources: D.M. Raup and J.J. Sepkoski, Jr., Mass Extinctions in the Marine Fossil Record, *Science* 215:1501–1503 (1982); J.J. Sepkoski, Jr., A Kinetic Model of Phanerozoic Taxonomic Diversity. III. Post-Paleozoic Families and Mass Extinctions, *Paleobiology* 10:246–267 (1984); and D.J. Futuyma, *The Evolution of Biodiversity*, p. 143, Fig. 7.3a and p. 145, Fig. 7.6, Sinauer Associates, Sunderland, MA; **図 25.19** Based on data from A Long-Term Association between Global Temperature and Biodiversity, Origination and Extinction in the Fossil Record by P.J. Mayhew, G.B. Jenkins and T.G. Benton, *Proceedings of the Royal Society B: Biological Sciences* 275 (1630):47–53. The Royal Society, 2008; **図 25.20** Adapted from Anatomical and Ecological Constraints on Phanerozoic Animal Diversity in the Marine Realm by Richard K. Bambach et al., from *Proceedings of the National Academy of Sciences USA*, May 2002, Volume 99 (10); **図 25.25** Based on data from The Miller Volcanic Spark Discharge Experiment by Adam P. Johnson et al., from *Science*, October 2008, Volume 322 (5900); **図 25.26** Data from Genetic and Developmental Basis of Evolutionary Pelvic Reduction in Threespine Sticklebacks by Michael D. Shapiro et al., from *Nature*, April 2004, Volume 428 (6984); **図 25.28** Adaptations of Figure 3-1 (a–d, f) from *Evolution*, 3rd Edition, by Monroe W. Strickberger. Jones & Bartlett Learning, Burlington, MA.

26 章 **図 26.6** Data from C. S. Baker and S. R. Palumbi, Which Whales Are Hunted? A Molecular Genetic Approach to Monitoring Whaling, *Science* 265:1538–1539 (1994); **図 26.13** Based on The Evolution of the Hedgehog Gene Family in Chordates: Insights from Amphioxus Hedgehog by Sebastian M. Shimeld, from *Developmental Genes and Evolution*, January 1999, Volume 209 (1); **図 26.19** Based on *Molecular Markers, Natural History, and Evolution*, 2nd ed., by J.C. Advise. Sinauer Associates, 2004; **図 26.20** Adapted from Timing the Ancestor of the HIV-1 Pandemic Strains by B. Korber et al., *Science* 288 (5472):1789–1796 (6/9/00); **図 26.23** Adapted from Phylogenetic Classification and the Universal Tree by W.F. Doolittle, *Science* 284 (5423):2124–2128 (6/25/99); **科学スキル演習** Data from Nancy A. Moran, Yale University. See N. A. Moran and T. Jarvik, Lateral transfer of genes from fungi underlies carotenoid production in aphids, *Science* 328:624–627 (2010).

27 章 **図 27.10 グラフ** Data from V. S. Cooper and R. E. Lenski, The Population Genetics of Ecological Specialization in Evolving *Escherichia coli* Populations, *Nature* 407:736–739 (2000); **図 27.18** Data from Root-Associated Bacteria Contribute to Mineral Weathering and to Mineral Nutrition in Trees: A Budgeting Analysis by Christophe Calvaruso et al., *Applied and Environmental Microbiology*, February 2006, Volume 72 (2); **科学スキル演習** Data from L. Ling et al. A New Antibiotic Kills Pathogens without Detectable Resistance, *Nature* 517:455–459 (2015); **理解度テスト 問 8** Data from J. J. Burdon et al., Variation in the Effectiveness of Symbiotic Associations between Native Rhizobia and Temperate Australian *Acacia*: Within Species Interactions, *Journal of Applied Ecology* 36:398–408 (1999).

28 章 **科学スキル演習** Data from D. Yang et al., Mitochondria l Origins, *Proceedings of the National Academy of Sciences USA* 82:4443–4447 (1985); **図 28.17** Adaptation of illustration by Kenneth X. Probst, from *Microbiology* by R.W. Bauman. Copyright c 2004 by Kenneth X. Probst; **図 28.24** Data from A. Stechmann and T. Cavalier-Smith, Rooting the Eukaryote Tree by Using a Derived Gene Fusion, *Science* 297:89–91 (2002); **図 28.30** Based on Global Phytoplankton Decline over the Past Century by Daniel G. Boyce et al., from *Nature*, July 29, 2010, Volume 466 (7306); and authors' personal communications.

29 章 **図 29.9** Data from "Inputs, Outputs, and Accumulation of Nitrogen in an Early Successional Moss (*Polytrichum*) Ecosystem" by Richard D. Bowden, from *Ecological Monographs*, June 1991, Volume 61 (2); **科学スキル演習** Data from T.M. Lenton et al, First Plants Cooled the Ordovician. *Nature Geoscience* 5:86–89 (2012); **理解度テスト 問 8** Data from O. Zackrisson et al., Nitrogen Fixation Increases with Successional Age in Boreal Forests, *Ecology* 85:3327–3334 (2006).

30 章 **科学スキル演習** Data from S. Sallon et al, Germination, Genetics, and Growth of an Ancient Date Seed. *Science* 320:1464 (2008); **図 30.14 a** Adapted from "A Revision of *Williamsoniella*" by T. M. Harris, from *Proceedings of the Royal Society B: Biological Sciences*, October 1944, Volume 231 (583): 313–328; **図 30.14 b** Adaptation of Figure 2.3, *Phylogeny and Evolution of Angiosperm*, 2nd Edition, by Douglas E. Soltis et al. (2005). Sinauer Associates, Inc.

31 章 **科学スキル演習** Data from F. Martin et al., The genome of *Laccaria bicolor* provides insights into mycorrhizal symbiosis, *Nature* 452:88–93 (2008); **図 31.20** Data from A. E. Arnold et al., Fungal Endophytes Limit Pathogen Damage in a Tropical Tree,

Proceedings of the National Academy of Sciences USA 100:15649–15654 (2003); 図 31.25 Adaption of Figure 1 from "Reversing Introduced Species Effects: Experimental Removal of Introduced Fish Leads to Rapid Recovery of a Declining Frog" by Vance T. Vredenburg, from *Proceedings of the National Academy of Sciences USA*, May 2004, Volume 101 (20). Copyright (2004) National Academy of Sciences, U.S.A.; 理解度テスト 問5 Data from R. S. Redman et al., Thermotolerance Generated by Plant/Fungal Symbiosis, *Science* 298:1581 (2002).

32 章 科学スキル演習 Data from Bradley Deline, University of West Georgia, and Kevin Peterson, Dartmouth College, 2013; 理解度テスト 問6 Data from A. Hejnol and M. Martindale, The Mouth, the Anus, and the Blastopore—Open Questions About Questionable Openings. In *Animal Evolution: Genomes, Fossils and Trees*, eds. D. T. J. Littlewood and M. J. Telford, Oxford University Press, pp. 33–40 (2009).

33 章 科学スキル演習 Data from R. Rochette et al., Interaction between an Invasive Decapod and a Native Gastropod: Predator Foraging Tactics and Prey Architectural Defenses, *Marine Ecology Progress Series* 330:179–188 (2007); 図 33.22 Adaptation of Figure 3 from "The Global Decline of Nonmarine Mollusks" by Charles Lydeard et al., from *Bioscience*, April 2004, Volume 54 (4). American Institute of Biological Sciences. Oxford University Press; 図 33.30 系統樹 Data from J. K. Grenier et al., Evolution of the Entire Arthropod *Hox* Gene Set Predated the Origin and Radiation of the Onychophoran/Arthropod Clade, *Current Biology* 7:547–553 (1997).

34 章 図 34.10 Adaptation of Figure 1a from "Fossil Sister Group of Craniates: Predicted and Found" by Jon Mallatt and Jun-yuan Chen, from *Journal of Morphology*, May 15, 2003, Volume 258 (1). John Wiley & Sons, Inc.; 図 34.12 Adapted from *Vertebrates: Comparative Anatomy, Function, Evolution* (2002) by Kenneth Kardong. The McGraw-Hill Companies, Inc.; 図 34.18 Adaptation of Figure 3 from "The Oldest Articulated Osteichthyan Reveals Mosaic Gnathostome Characters" by Min Zhu et al., from *Nature*, March 26, 2009, Volume 458 (7237); 図 34.21 Adaptation of Figure 4 from "The Pectoral Fin of *Tiktaalik roseae* and the Origin of the Tetrapod Limb" by Neil H. Shubin et al., from *Nature*, April 6, 2006, Volume 440 (7085). Macmillan Publishers Ltd.; 図 34.21 Acanthostega Adaptation of Figure 27 from "The Devonian Tetrapod *Acanthostega gunnari Jarvik:* Postcranial Anatomy, Basal Tetrapod Relationships and Patterns of Skeletal Evolution" by Michael I. Coates, from *Transactions of the Royal Society of Edinburgh: Earth Sciences*, Volume 87: 398; 図 34.38a Based on many sources including Figure 4.10 from *Evolution*, by Douglas J.Futuyma. Sinauer Associates, 2005; and *Vertebrate Paleontology and Evolution* by Robert L.Carroll. W.H. Freeman & Co., 1988; 図 34.47 Based on many photos of fossils. Some sources are *O. tugenensis* photo in "Early Hominid Sows Division" by Michael Balter, from *ScienceNow*, Feb. 22, 2001; *A. garhi* and *H. neanderthalensis* based on *The Human Evolution Coloring Book* by Adrienne L. Zihlman and Carla J. Simmons. HarperCollins, 2001; *Kplatyops* based on photo in "New Hominin Genus from Eastern Africa Shows Diverse Middle Pliocene Lineages" by Meave Leakey et al., from *Nature*, March 2001, Volume 410 (6827); *P. boisei* based on a photo by David Bill; *H. ergaster* based on a photo at www.museumsinhand.com; *S. tchadensis* based on Figure 1b from "A New Hominid from the Upper Miocene of Chad, Central Africa" by Michel Brunet et al., from *Nature*, July 2002, Volume 418 (6894); 科学スキル演習 Data from Dean Falk, Florida State University, 2013; 図 34.51 Data from R. E. Green et al., A Draft Sequence of the Neanderthal Genome, *Science* 328:710–722 (2010); 理解度テスト 問8 Data from D. Sol et al., Big-Brained Birds Survive Better in Nature, *Proceedings of the Royal Society B* 274:763–769 (2007).

35 章 科学スキル演習 Data from D. L. Royer et al., Phenotypic Plasticity of Leaf Shape Along a Temperature Gradient in *Acer rubrum, PLOS ONE* 4 (10):e7653 (2009); 図 35.21 Data from "Mongolian Tree Rings and 20th-Century Warming" by Gordon C. Jacoby, et al., from *Science*, August 9, 1996, Volume 273 (5276): 771–773.

36 章 科学スキル演習 Data from J. D. Murphy and D. L. Noland, Temperature Effects on Seed Imbibition and Leakage Mediated by Viscosity and Membranes, *Plant Physiology* 69:428–431 (1982); 図 36.18 Data from S. Rogers and A. J. Peel, Some Evidence for the Existence of Turgor Pressure in the Sieve Tubes of Willow (*Salix*), *Planta* 126:259–267 (1975).

37 章 図 37.11 b Data from D.S. Lundberg et al., Defining the Core *Arabidopsis thaliana* Root Microbiome, *Nature* 488:86–94 (2012).

38 章 科学スキル演習 Data from S. Sutherland and R. K. Vickery, Jr. Trade-offs between Sexual and Asexual Reproduction in the Genus *Mimulus. Oecologia* 76:330–335 (1998).

39 章 図 39.5 Data from C. R. Darwin, *The Power of Movement in Plants*, John Murray, London (1880). P. Boysen-Jensen, Concerning the Performance of Phototropic Stimuli on the Avenacoleoptile, *Berichte der Deutschen Botanischen Gesellschaft (Reports of the German Botanical Society)* 31:559–566 (1913); 図 39.6 Data from L. Galweiler et al.,Regulation of Polar Auxin Transport by AtPIN1 in *Arabidopsis* Vascular Tissue, *Science* 282:2226–2230 (1998); 図 39.15a Based on *Plantwatching: How Plants Remember, Tell Time, Form Relationships and More* by Malcolm Wilkins. Facts on File, 1988; 図 39.16 Data from H. Borthwick et al., A Reversible Photo Reaction Controlling Seed Germination, *Proceedings of the National Academy of Sciences USA* 38:662–666 (1952); 問題解決演習 Map data from Camilo Mora et al. Days for Plant Growth Disappear under Projected Climate Change: Potential Human and Biotic Vulnerability. *PLoS Biol.* 13 (6): e1002167 (2015); 科学スキル演習 Data from O. Falik et al., Rumor Has It …: Relay Communication of Stress Cues in Plants, *PLoS ONE* 6 (11):e23625 (2011).

40 章 図 40.17 Data from V. H. Hutchison, H. G. Dowling, and A. Vinegar, Thermoregulation in a Brooding Female Indian Python, *Python molurus bivittatus, Science* 151:694–696 (1966); 科学スキル演習 Based on the data from M. A. Chappell et al., Energetics of Foraging in Breeding Adelie Penguins, *Ecology* 74:2450–2461 (1993); M. A. Chappell et al., Voluntary Running in Deer Mice: Speed, Distance, Energy Costs, and Temperature Effects, *Journal of Experimental Biology* 207:3839–3854 (2004); T. M. Ellis and M. A. Chappell, Metabolism, Temperature Relations, Maternal Behavior, and Reproductive Energetics in the Ball Python *(Python regius), Journal of Comparative Physiology B* 157:393–402 (1987); 図 40.22 Data from F. G. Revel et al., The Circadian Clock Stops Ticking During Deep Hibernation in the European Hamster, *Proceedings of the National Academy of Sciences USA* 104:13816–13820 (2007).

41 章図 41.4 Data from R. W. Smithells et al., Possible Prevention of Neural-Tube Defects by Periconceptional Vitamin Supplementation, *Lancet* 315:339–340 (1980); 図 41.8 Adapted from Marieb, Elaine; Hoehn, Katja, *Human Anatomy and Physiology*, 8th Edition, 2010, p. 852, Reprinted and electronically reproduced by permission of Pearson Education, Upper Saddle River, New Jersey; 図 41.17 Adapted from Ottman N., Smidt H., de Vos W.M. and Belzer C. (2012) The function of our microbiota: who is out there and what do they do? *Front. Cell. Inf. Microbiol.* 2:104. doi: 10.3389/fcimb.2012.00104; 図 41.22 Republished with permission of American Association for the Advancement of Science, from Cellular Warriors at the Battle of the Bulge by Kathleen Sutliff and Jean Marx, from *Science*, February 2003, Volume 299 (5608); permission conveyed through Copyright Clearance Center, Inc.; 科学スキル演習 Based on the data from D. L. Coleman, Effects of Parabiosis of Obese Mice with Diabetes and Normal Mice, *Diabetologia* 9:294–298 (1973).

42 章 Data from J. C. Cohen et al., Sequence Variations in PCSK9, Low LDL, and Protection Against Coronary Heart Disease, *New England Journal of Medicine* 354:1264–1272 (2006); 図 42.25 Data from M. E. Avery and J. Mead, Surface Properties in Relation to Atelectasis and Hyaline Membrane Disease, *American Journal of Diseases of Children* 97:517–523 (1959).

43 章　図 43.6 Adapted from Marieb, Elaine N.; Hoehn, Katja, *Human Anatomy and Physiology*, 8th Ed., c 2010. Reprinted and electronically reproduced by permission of Pearson Education, Inc., Upper Saddle River, New Jersey; 図 43.7Adapted from *Microbiology: An Introduction*, 11th Edition, by Gerard J. Tortora, Berdell R. Funke, and Christine L. Case. Pearson Education, Inc.; 図 43.23 Based on multiple sources: *WHO/UNICEF Coverage Estimates 2014 Revision*. July 2015. Map Production: Immunization Vaccines and Biologicals (IVB). World Health Organization, 16 July 2015; *Our Progress Against Polio*, May 1, 2014. Centers for Disease Control and Prevention; 科学スキル演習 Data from sources: L. J. Morrison et al., Probabilistic Order in Antigenic Variation of *Trypanosoma brucei, International Journal for Parasitology* 35:961-972 (2005); and L. J. Morrison et al., Antigenic Variation in the African Trypanosome: Molecular Mechanisms and Phenotypic Complexity, *Cellular Microbiology* 1: 1724–1734 (2009).

44 章 科学スキル演習 Data from R. E. MacMillen et al., Water Economy and Energy Metabolism of the Sandy Inland Mouse, *Leggadina hermannsburgensis, Journal of Mammalogy* 53:529–539 (1972); 図 44.7 Adapted from Mitchell, Lawrence G., *Zoology*, c 1998. Reprinted and electronically reproduced by permission of Pearson Education, Inc., Upper Saddle River, New Jersey; 図 44.12 腎臓の構造 Adapted from Marieb, Elaine N.; Hoehn, Katja, *Human Anatomy and Physiology*, 8th Ed., 2010. Reprinted and electronically reproduced by permission of Pearson Education, Inc., Upper Saddle River, New Jersey; 図 44.13 腎臓の構造 Adapted from Marieb, Elaine N.; Hoehn, Katja, *Human Anatomy and Physiology*, 8th Ed., 2010. Reprinted and electronically reproduced by permission of Pearson Education, Inc., Upper Saddle River, New Jersey; 図 44.20 Data in tables from P. M. Deen et al., Requirement of Human Renal Water Channel Aquaporin-2 for Vasopressin-Dependent Concentration of Urine, *Science* 264:92–95 (1994); 重要概念のまとめの図 Adapted from Beck, *Life: An Introduction to Biology*, 3rd Ed., c1991, p. 643. Reprinted and electronically reproduced by permission of Pearson Education, Inc., Upper Saddle River, New Jersey; 理解度テスト 問 7 Data for kangaroo rat from *Animal Physiology: Adaptation and Environment* by Knut Schmidt-Nielsen. Cambridge University Press, 1991.

45 章 科学スキル演習 Data from J. Born et al., Timing the End of Nocturnal Sleep, *Nature* 397:29–30 (1999).

46 章　図 46.8 Data from R. R. Snook and D. J. Hosken, Sperm Death and Dumping in *Drosophila, Nature* 428:939–941 (2004); 科学スキル演習 Data from A. Jost, *Recherches Sur la Differenciation Sexuelle de l'embryon de Lapin* (Studies on the Sexual Differentiation of the Rabbit Embryo), *Archives d'Anatomie Microscopique et de Morphologie Experimentale* 36:271–316 (1947); 図 46.16 Adapted from Marieb, Elaine N., Hoehn, Katja, *Human Anatomy and Physiology*, 8th Ed., 2010. Reprinted and electronically reproduced by permission of Pearson Education, Inc., Upper Saddle River, New Jersey.

47 章　図 47.4 Data from "Intracellular Calcium Release at Fertilization in the Sea Urchin Egg" by R. Steinhardt et al., from *Developmental Biology*, July 1977, Volume 58 (1); 科学スキル演習 Data from J. Newport and M. Kirschner, A Major Developmental Transition in Early *Xenopus* Embryos: I. Characterization and Timing of Cellular Changes at the Midblastula Stage, *Cell* 30:675–686 (1982); 図 47.10 Adapted from Keller, R. E. 1986. The Cellular Basis of Amphibian Gastrulation. In L. Browder (ed.), *Developmental Biology: A Comprehensive Synthesis*, Vol. 2. Plenum, New York, pp. 241–327; 図 47.14 Based on "Cell Commitment and Gene Expression in the Axolotl Embryo" by T. J. Mohun et al., from *Cell*, November 1980, Volume 22 (1); 図 47.17 *Principles of Development*, 2nd Edition by Wolpert (2002), Fig. 8.26, p. 275. By permission of Oxford University Press; 図 47.19 Republished with permission of Garland Science, Taylor & Francis Group, from *Molecular Biology of the Cell*, Bruce Alberts et al., 4th Edition, c2002; permission conveyed through Copyright Clearance Center, Inc.; 図 47.23 Data from H. Spemann, *Embryonic Development and Induction*, Yale University Press, New Haven, CT (1938); 図 47.24 Data from H. Spemann and H. Mangold, Induction of Embryonic Primordia by Implantation of Organizers from a Different Species, Trans. V.Hamburger (1924). Reprinted in *International Journal of Developmental Biology* 45:13–38 (2001); 図 47.26 Data from L. S. Honig and D. Summerbell, Maps of strength of positional signaling activity in the developing chick wing bud, *Journal of Embryology and Experimental Morphology* 87:163–174 (1985); 図 47.27 Adapted from Marieb, Elaine N.; Hoehn, Katja, *Human Anatomy and Physiology*, 8th Edition, 2010. Reprinted and electronically reproduced by permission of Pearson Education, Inc., Upper Saddle River, New Jersey.

48 章　図 48.11 グラフ Based on Figure 6-2d from *Cellular Physiology of Nerve and Muscle*, 4th Edition, by Gary G. Matthews. Wiley-Blackwell, 2003; 科学スキル演習 Data from C. B. Pert and S. H. Snyder, Opiate Receptor: Demonstration in Nervous Tissue, *Science* 179:1011–1014 (1973).

49 章　図 49.9 Adapted from Marieb, Elaine N.; Hoehn, Katja, *Human Anatomy and Physiology*, 8th Ed., c 2010. Reprinted and electronically reproduced by permission of Pearson Education, Inc., Upper Saddle River, New Jersey; 図 49.13 Based on "Sleep in Marine Mammals" by L. M. Mukhametov, from *Sleep Mechanisms*, edited by Alexander A. Borberly and J. L. Valatx. Springer; 科学スキル演習 Data from M. R. Ralph et al., Transplanted Suprachiasmatic Nucleus Determines Circadian Period, *Science*

247:975–978 (1990); 図 49.20 Adaptation of Figure 1c from "Avian Brains and a New Understanding of Vertebrate Brain Evolution" by Erich D. Jarvis et al., from *Nature Reviews Neuroscience*, February 2005, Volume 6 (2); 図 49.23 Adaptation of Figure 10 from *Schizophrenia Genesis: The Origins of Madness* by Irving I. Gottesman. Worth Publishers.

50 章 図 50.12a Adapted from Marieb, Elaine N; Hoehn, Katja, *Human Anatomy and Physiology*, 8th Ed., c 2010 Reprinted and electronically reproduced by Permission of Pearson Education, Inc., Upper Saddle River, New Jersey; 図 50.13 Adapted from Marieb, Elaine N; Hoehn, Katja, *Human Anatomy and Physiology*, 8th Ed., c 2010 Reprinted and electronically reproduced by Permission of Pearson Education, Inc., Upper Saddle River, New Jersey; 図 50.17 眼の構造 Adapted from Marieb, Elaine N; Hoehn, Katja, *Human Anatomy and Physiology*, 8th Ed., c 2010 Reprinted and electronically reproduced by Permission of Pearson Education, Inc., Upper Saddle River, New Jersey; 図 50.23 Data from K. L. Mueller et al., The receptors and coding logic for bitter taste, *Nature* 434:225–229 (2005); 図 50.24a Adapted from Marieb, Elaine N; Hoehn, Katja, *Human Anatomy and Physiology*, 8th Ed., c 2010 Reprinted and electronically reproduced by Permission of Pearson Education, Inc., Upper Saddle River, New Jersey; 図 50.26 Adapted from Marieb, Elaine N; Hoehn, Katja, *Human Anatomy and Physiology*, 8th Ed., c 2010 Reprinted and electronically reproduced by Permission of Pearson Education, Inc., Upper Saddle River, New Jersey; 図 50.31 Adapted from Marieb, Elaine N; Hoehn, Katja, *Human Anatomy and Physiology*, 8th Ed., c 2010 Reprinted and electronically reproduced by Permission of Pearson Education, Inc., Upper Saddle River, New Jersey; 図 50.35 バッタ Based on Hickman et al., *Integrated Principles of Zoology*, 9th ed., p. 518, Fig. 22.6,McGraw-Hill Higher Education, NY (1993); 科学スキル演習 Data from K. Schmidt-Nielsen, Locomotion: Energy Cost of Swimming, Flying, and Running, *Science* 177:222–228 (1972).

51 章 図 51.4 Based on "*Drosophila*: Genetics Meets Behavior" by Marla B.Sokolowski, from *Nature Reviews: Genetics*, November 2001, Volume 2 (11); 図 51.8 Data from *The Study of Instinct*, N. Tinbergen, Clarendon Press, Oxford (1951); 図 51.10 Adapted from "Prospective and Retrospective Learning in Honeybees" by Martin Giurfa and Julie Bernard, from *International Journal of Comparative Psychology*, 2006, Volume 19 (3); 図 51.13 Adapted from Evolution of Foraging Behavior in *Drosophila* by Density Dependent Selection by Maria B. Sokolowski et al., from *Proceedings of the National Academy of Sciences USA*, July 8, 1997, Volume 94 (14); 科学スキル演習 Data from Shell Dropping: Decision-Making and Optimal Foraging in North-western Crows by Reto Zach, from *Behaviour*, 1979, Volume 68 (1–2); 51; 図 51.18 Reprinted by permission from Klaudia Witte; 図 51.24 実験 Adaptations of photograph by Jonathan Blair, Figure/PhotoID: 3.14, as appeared in *Animal Behavior: An Evolutionary Approach*, 8th Edition, Editor: John Alcock, p. 88. Reprinted by permission; 結果 Data from "Rapid Microevolution of Migratory Behaviour in a Wild Bird Species" by P. Berthold et al., from *Nature*, December 1992, Volume 360 (6405); 重要概念のまとめの図 Data from *The Study of Instinct*, N. Tinbergen, Clarendon Press, Oxford (1951).

52 章 図 52.18 Based on the data from *Ecology and Field Biology* by Robert L. Smith. Pearson Education, 1974; and *Sibley Guide to Birds* by David Allen Sibley. Random House, 2000; 図 52.19 Based on the data from W.J. Fletcher, Interactions among Subtidal Australian Sea Urchins, Gastropods and Algae: Effects of Experimental Removals, *Ecological Monographs* 57:89–109 (1987); 図 52.20 Based on S. D. Ling et al. Climate-Driven Range Extension of a Sea Urchin: Inferring Future Trends by Analysis of Recent Population Dynamics, *Global Change Biology* (2009) 15, 719–731, doi: 10.1111/j.1365-2486.2008.01734.x; 科学スキル演習 Based on the data from C. M. Crain et al., Physical and Biotic Drivers of Plant Distribution Across Estuarine Salinity Gradients, *Ecology* 85:2539–2549 (2004); 図 52.23 Based on Rana W. El-Sabaawi et al, Assessing the Effects of Guppy Life History Evolution on Nutrient Recycling: From Experiments to the Field, *Freshwater Biology* (2015) 60, 590–601, doi:10.1111/ fwb.12507; 理解度テスト 問 11 Based on the data from J. Clausen et al., Experimental Studies on the Nature of Species. III. *Environmental Responses of Climatic Races of Achillea*, Carnegie Institution of Washington Publication No. 581 (1948).

53 章 図 53.2 Data from A. M. Gormley et al., Capture-Recapture Estimates of Hector's Dolphin Abundance at Banks Peninsula, New Zealand, *Marine Mammal Science* 21:204–216 (2005); Table 53.1 Data from P. W. Sherman and M. L. Morton, Demography of Belding's Ground Squirrel, *Ecology* 65:1617–1628 (1984); 図 53.5 Based on Demography of Belding's Ground Squirrels by Paul W. Sherman and Martin L. Morton, from *Ecology*, October 1984, Volume 65 (5); 図 53.14 Data from Brood Size Manipulations in the Kestrel (*Falco tinnunculus*): Effects on Offspring and Parent Survival by C. Dijkstra et al., from *Journal of Animal Ecology*, 1990, Volume 59 (1); 図 53.16 Based on Climate and Population Regulation: The Biogeographer's Dilemma by J. T. Enright, from *Oecologia*, 1976, Volume 24 (4); 図 53.17 Based on the data from Predator Responses, Prey Refuges, and Density-Dependent Mortality of a Marine Fish by T.W. Anderson, *Ecology* 82 (1):245–257 (2001); 図 53.19 Based on the Data Provided by Dr. Rolf O. Peterson; 図 53.22 Based on U.S. Census Bureau International Data Base; 図 53.23 Based on U.S. Census Bureau International Data Base; 図 53.24 Based on U.S. Census Bureau International Data Base; 図 53.25 Based on Ewing B., D. Moore, S. Goldfinger, A. Oursler, A. Reed, and M. Wackernagel. 2010. *The Ecological Footprint Atlas 2010*. Oakland: Global Footprint Network, p. 33 (www.footprintnetwork.org).

54 章 図 54.2 Based on A. Stanley Rand and Ernest E. Williams. The Anoles of La Palma: Aspects of Their Ecological Relationships, *Breviora*, Volume 327: 1–19. Museum of Comparative Zoology, Harvard University; 図 54.3 Data from J. H. Connell, The Influence of Interspecific Competition and Other Factors on the Distribution of the Barnacle *Chthamalus stellatus, Ecology* 42:710–723 (1961); 科学スキル演習 Based on the data from B. L. Phillips and R. Shine, An Invasive Species Induces Rapid Adaptive Change in a Native Predator: Cane Toads and Black Snakes in Australia, *Proceedings of the Royal Society B* 273:1545–1550 (2006); 図 54.10 Based on the data from Sally D. Hacker and Mark D. Bertness, Experimental Evidence for Factors Maintaining Plant Species Diversity in a New England Salt Marsh. *Ecology*, September 1999, Volume 80 (6); 図 54.12 グラフ Data from N. Fierer and R. B. Jackson, The Diversity and Biogeography of Soil Bacterial Communities, *Proceedings of the National Academy of Sciences USA* 103:626–631 (2006); 図 54.15 Based on George A. Knox. Antarctic Marine Ecosystems, from *Antarctic Ecology*, Volume 1, edited by Martin W. Holdgate. Academic Press, 1970; 図 54.16 Adapted from Denise L. Breitburg et al., Varying Effects of Low Dissolved Oxygen on Trophic Interactions in an Estuarine Food Web. *Ecological Monographs*, November 1997, Volume 67 (4). Used by permission of the

Ecological Society of America; 図 54.17 Based on B. Jenkins et al., Productivity, Disturbance and Food Web Structure at a Local Spatial Scale in Experimental Container Habitats. *OIKOS*, November 1992, Volume 65 (2); 図 54.18 グラフ Data from R. T. Paine, Food web complexity and species diversity, *American Naturalist* 100:65–75 (1966); 図 54.21 Based on the data from C.R. Townsend, M.R. Scarsbrook, and S. Doledec, The Intermediate Disturbance Hypothesis, Refugia, and Biodiversity in Streams, *Limnology and Oceanography* 42:938–949 (1997); 図 54.23 Based on Robert L. Crocker and Jack Major. Soil Development in Relation to Vegetation and Surface Age at Glacier Bay, Alaska. *Journal of Ecology*, July 1955, Volume 43 (2); 図 54.24 Adapted from F. Stuart Chapin et al., Mechanisms of Primary Succession Following Deglaciation at Glacier Bay. *Ecological Monographs*, May 1994, Volume 64 (2). Ecological Society of America; 図 54.26 Adapted from D. J. Currie. Energy and Large-Scale Patterns of Animal- and Plant-Species Richness. *American Naturalist*, January 1991, Volume 137 (1): 27–49; 図 54.27 Adapted from Robert H. MacArthur and Edward O. Wilson, An Equilibrium Theory of Insular Zoogeography. *Evolution*, December 1963, Volume 17 (4). Society for the Study of Evolution; 図 54.30 Based on Daniel S. Simberloff and Edward O. Wilson. 1969. Experimental Zoogeography of Islands: The Colonization of Empty Islands. *Ecology*, Vol. 50, No. 2 (Mar., 1969), pp. 278–296.

55 章　図 55.4 Based on Figure 1.2 from Donald L. DeAngelis (1992), *Dynamics of Nutrient Cycling and Food Webs*. Taylor & Francis;　図 55.6 Data from J. H. Ryther and W. M. Dunstan, Nitrogen, Phosphorus, and Eutrophication in the Coastal Marine Environment, *Science* 171:1008–1013 (1971); Table 55.1 Data from D. W. Menzel and J. H. Ryther, Nutrients Limiting the Production of Phytoplankton in the Sargasso Sea, with Special Reference to Iron, *Deep Sea Research* 7:276–281 (1961);　図 55.7 Based on the data from Fig. 4.1, p. 82, in R.H. Whittaker (1970), *Communities and Ecosystems*. Macmillan, New York;　図 55.8 Based on Fig. 3c and 3d from Temperate Forest Health in an Era of Emerging Megadisturbance, Constance I. Millar and Nathan L. Stephenson, *Science* 349, 823 (2015); doi: 10.1126/science.aaa9933; 科学スキル演習 Data from J. M. Teal, Energy Flow in the Salt Marsh Ecosystem of Georgia, *Ecology* 43:614–624 (1962);　図 55.12 Data from J. A. Trofymow and the CIDET Working Group, *The Canadian Intersite Decomposition Experiment: Project and Site Establishment Report* (Information Report BC-X-378), Natural Resources Canada, Canadian Forest Service, Pacific Forestry Centre (1998) and T. R. Moore et al., Litter decomposition rates in Canadian forests, *Global Change Biology* 5:75–82 (1999); 図 55.14 Adapted Figure 7.4 from Robert E. Ricklefs (2001), *The Economy of Nature*, 5th edition. W.H. Freeman and Company;　図 55.18b Based on the data from Wei-Min Wu et al. (2006), Pilot-Scale in Situ Bioremediation of Uranium in a Highly Contaminated Aquifer. 2. Reduction of U(VI) and Geochemical Control of U(VI) Bioavailability. *Environmental Science Technology* 40 (12):3986–3995 (5/13/06); 重要概念のまとめ 55.1 Based on Figure 1.2 from Donald L. DeAngelis (1992). *Dynamics of Nutrient Cycling and Food Webs*. Taylor & Francis.

56 章 図 56.11 Based on data from Gene Likens; 図 56.12 Krebs, Charles J., *Ecology: The Experimental Analysis of Distribution and Abundance*, 5th Ed., c 2001. Reprinted and electronically reproduced by permission of Pearson Education, Inc., Upper Saddle River, New Jersey; 図 56.13 Data from "*Tracking the Long-Term Decline and Recovery of an Isolated Population*" by R.L. Westemeier et al., *Science* Volume 282 (5394):1695–1698 (11/27/98), AAAS;　図 56.19 Adapted from Norman Myers et al. (2000). Biodiversity Hotspots for Conservation Priorities, *Nature*, February 24, 2000, Volume 403 (6772);　図 56.28 Based on CO2 data from www.esrl.noaa.gov/gmd/ccgg/trends. Temperature data from www.giss.nasa.gov/gistemps/graphs/Fig.A.lrg.gif; 科学スキル演習 Based on data from National Oceanic & Atmospheric Administration, Earth System Research Laboratory, Global Monitoring Division; 図 56.31 Based on the data from "History of the Ozone Hole," from NASA website, February 26, 2013; and "Antarctic Ozone," from British Antarctic Society website, June 7, 2013;　図 56.34 Based on the data from Instituto Nacional de Estadistica y Censos de Costa Rica and Centro Centroamericano de Poblacion, Universidad de Costa Rica.

付録 A 図 5.11 Wallace/Sanders/Ferl, *Biology: The Science of Life*, 3rd Ed., c1991. Reprinted and electronically reproduced by permission of Pearson Education, Inc., Upper Saddle River, New Jersey.

用語解説

アルファベット順，五十音順に配列した．

1 遺伝子雑種 monohybrid　特定の1遺伝子についてヘテロ接合の個体．ある遺伝子の異なる対立遺伝子のホモ接合体の交雑によって生じた子はすべて1遺伝子雑種となる．例：両親の遺伝子型が *AA* と *aa* のとき，1遺伝子雑種の *Aa* の子が生じる．

1 遺伝子雑種交雑 monohybrid cross　観察対象の形質についてヘテロ接合である個体同士の交雑(またはヘテロ接合体の自家受粉)．

1 塩基多型(SNP) single nucleotide polymorphism　生物集団の中で，ゲノム配列中の少なくとも1%に変異が認められる特定の位置の1塩基対の多様性．

1 回拍出量 stroke volume　1回の収縮によって心室から押し出される血液量．

1 回繁殖型 semelparity　生涯に1回だけ繁殖すること．ビッグバン型繁殖ともよばれる．

1 本鎖 DNA 結合タンパク質 single-strand binding protein　DNA 複製過程で二重鎖をつくっていない DNA 鎖に結合するタンパク質．DNA の相補鎖が合成される間，1本鎖 DNA を鋳型とできるように安定に保持する

2 遺伝子雑種 dihybrid　特定の2つの遺伝子に関してヘテロ接合体である個体．それぞれ異なる2つの対立遺伝子のホモ接合体である両親から生まれた子はすべて2遺伝子雑種となる．例：両親の遺伝子型が *AABB* と *aabb* である場合，*AaBb* の2遺伝子雑種の子が生じる．

2 遺伝子雑種交雑 dihybrid cross　観察対象の2つの形質についてどちらもヘテロ接合である個体同士の交雑(または，2つの形質についてどちらもヘテロ接合である植物の自家受粉)．

5′ キャップ 5′ cap　mRNA 前駆体分子の 5′ 末端に付加された，修飾型のグアニンヌクレオチド．

α ヘリックス alpha helix　ポリペプチド鎖の側鎖ではなく骨格の原子間の規則的な水素結合によってつくられるらせん構造で，タンパク質の二次構造の1つ．

β 酸化 beta oxidation　脂肪酸を炭素2個の分子にまで分解する代謝経路．炭素2個の分解産物はアセチル CoA に変換されてクエン酸回路に入る．

β シート beta pleated sheet　伸びたポリペプチド鎖がつくるタンパク質の二次構造の1つ．ポリペプチド鎖の2つの領域が，互いに並行になり，側鎖でなく骨格の原子間の規則的な水素結合で結合したもの．β プリーツシートともいう．

A 部位(A サイト) A site　翻訳中に tRNA がリボソームに結合する3つの部位の1つ．A サイトには，ポリペプチド鎖に付加する予定の次のアミノ酸を運ぶ tRNA が保持される(「A」はアミノアシル tRNA に由来している)．

ABA abscisic acid　「アブシシン酸」を参照．

ABC 仮説 ABC hypothesis　花の形成にかかわる遺伝子として，3つのクラスの器官決定遺伝子が存在する，と主張するモデル．それらの遺伝子が花の4つの器官の形成を支配する．

ADH antidiuretic hormone　「抗利尿ホルモン」を参照．

AER apical ectodermal ridge　「外胚葉性頂堤」を参照．

AIDS acquired immunodeficiency syndrome　「エイズ」を参照．

ANP atrial natriuretic peptide　「心房性ナトリウム利尿ペプチド」を参照．

ATP(アデノシン三リン酸) adenosine triphosphate　アデニンをもつヌクレオシド三リン酸で，リン酸結合が加水分解されるとき自由エネルギーを放出する．このエネルギーは細胞の吸エルゴン反応に使われる．

ATP 合成酵素 ATP synthase　近接の電子伝達鎖とともに，水素イオン(プロトン)の濃度勾配のエネルギーを利用して，化学浸透の機構によって ATP を合成する機能をもついくつかの膜タンパク質からなる複合体．ATP 合成酵素は真核細胞のミトコンドリア内膜と原核細胞の細胞膜に存在する(訳注：葉緑体のチラコイド膜にも存在する)．

B 細胞 B cell　骨髄内で分化を完了し，液性免疫にかかわるエフェクター細胞になるリンパ球．

BMR basal metabolic rate　「基礎代謝率」を参照．

C_3 植物 C_3 plant　CO_2 を有機物に取り込む最初の段階としてカルビン回路を用いる植物．安定な初期産物として炭素3個の化合物を合成する植物．

C_4 植物 C_4 plant　カルビン回路に先立って，CO_2 を取り込んで炭素4個の化合物を生じる反応が行われ，その最終産物がカルビン回路に CO_2 を供給する植物．

CAM crassulacean acid metabolism　「ベンケイソウ型有機酸代謝」を参照．

CAM 植物 CAM plant　ベンケイソウ型有機酸代謝を行う植物．乾燥気候に適応した光合成を行う．CO_2 は夜間に開いた気孔から入り，有機酸に変換され，気孔が閉じている日中に，有機酸から CO_2 が放出されてカルビン回路に供給される．

cAMP cyclic AMP　「サイクリック AMP」を参照．

Cdk cyclin-dependent kinase　「サイクリン依存性キナーゼ」を参照．

cDNA complementary DNA　「相補的 DNA」を参照．

CNS central nervous system　「中枢神経系」を参照．

CRISPR-Cas9 システム CRISPR-Cas9 system　生きた細胞に対する遺伝子編集技術．Cas9 とよばれる細菌のタンパク質と目的とする遺伝子の配列と相補的なガイド RNA を組み合わせて用いる．

CVS chorionic villus sampling　「絨毛膜採取」を参照．

DAG diacylglycerol　「ジアシルグリセロール」を参照．

DNA(デオキシリボ核酸) deoxyribonucleic acid　通常，二重らせん構造をとる核酸分子．各ポリヌクレオチド鎖は，デオキシリボースと窒素含有塩基であるアデニン(A)，シ

トシン(C)，グアニン(G)，チミン(T)を含むヌクレオチド単量体で構成される．複製され，また細胞のタンパク質の構造を遺伝的に決定することができる．

DNA 塩基配列決定　DNA sequencing　遺伝子または DNA 領域の完全なヌクレオチド配列を決定すること．

DNA クローニング　DNA cloning　特定の DNA 領域のコピーの大量生産．

DNA テクノロジー　DNA technology　DNA の塩基配列を決定し操作する技術．

DNA 複製　DNA replication　DNA 分子のコピーが作成される過程．DNA 合成ともよぶ．

DNA ポリメラーゼ　DNA polymerase　すでに存在する DNA 鎖の 3′ 末端にヌクレオチドを付加することにより新しい DNA 鎖の伸長反応を触媒する酵素(例：複製フォークにおいて)．数種類の DNA ポリメラーゼが存在する．大腸菌では，DNA ポリメラーゼⅢと DNA ポリメラーゼⅠが DNA 複製に主要な役割を果たしている．

DNA マイクロアレイ解析　DNA microarray assay　数千個の遺伝子の発現の検出および発現量の測定を一度に実施する実験法．各々が別々の遺伝子に由来する多数の 1 本鎖 DNA 断片を少量ずつスライドグラス上に固定したものであり，標識された cDNA 試料とのハイブリダイゼーション実験に使用する．

DNA メチル化　DNA methylation　植物，動物，菌類の DNA の塩基(通常はシトシン)にメチル基が存在すること，もしくはメチル基を付加すること．

DNA リガーゼ　DNA ligase　DNA 複製に必須の結合酵素であり，DNA 断片の 3′ 末端(例：岡崎フラグメント)と別の DNA 断片の 5′ 末端(例：伸長中の DNA 鎖)の共有結合の形成を触媒する．

E 部位(E サイト)　E site　翻訳中にリボソームに tRNA が結合する 3 つの部位の 1 つ．E サイトからアミノ酸を放出した tRNA がリボソームから離れていく(E は出口の意味)．

ECM　extracellular matrix　「細胞外マトリクス」を参照．

EM　electron microscope　「電子顕微鏡」を参照．

EPO　erythropoietin　「エリスロポエチン」を参照．

EPSP　excitatory postsynaptic potential　「興奮性シナプス後電位」を参照．

ER　endoplasmic reticulum　「小胞体」を参照．

F_1 世代　F_1 generation　親世代(P 世代)の交雑により生じる第 1 世代目の雑種(ヘテロ接合)の子孫．

F_2 世代　F_2 generation　雑種の F_1 世代同士の交雑(または自家受粉)により生じ第 2 世代目の子孫．

F 因子　F factor　細菌において，性線毛を形成し接合によって供与体から受容体へ DNA を転送する能力を付与する DNA 領域．F 因子はプラスミドとして，または細菌の染色体に組み込まれて存在する．

F プラスミド　F plasmid　プラスミドの形の F 因子．

FSH　follicle-stimulating hormone　「卵胞刺激ホルモン」を参照．

G_0 期　G_0 phase　細胞周期から出て，細胞分裂を行わない時期．可逆的に細胞周期に戻る場合もある．

G_1 期　G_1 phase　細胞周期の中の，M 期と S 期の間の時期で，最初の成長期．間期の一部で，DNA 合成が始まる前の時期．

G_2 期　G_2 phase　細胞周期の中の，S 期と M 期の間の時期で，2 番目の成長期．間期の一部で，DNA 合成が行われた後の時期．

G3P　glyceraldehyde 3-phosphate　「グリセルアルデヒド 3-リン酸」を参照．

G タンパク質　G protein　G タンパク質共役型受容体という細胞膜のシグナル受容体から，細胞内の他のシグナル変換タンパク質にシグナルを中継する GTP 結合タンパク質．

G タンパク質共役型受容体(GPCR)　G protein-coupled receptor　細胞膜に存在するシグナル受容体タンパク質の 1 つ．シグナル分子の結合に応答して，G タンパク質の活性化をもたらす．G タンパク質結合型受容体ともよばれる．

GH　growth hormone　「成長ホルモン」を参照．

GM 生物(GMO)　genetically modified organism　「遺伝子組換え生物」を参照．

GPCR　G protein-coupled receptor　「G タンパク質共役型受容体」を参照．

GPP　gross primary production　「総一次生産」を参照．

GWAS　genome-wide association study　「ゲノムワイド関連解析」を参照．

HDL　high-density lipoprotein　「高密度リポタンパク質」を参照．

HIV　human immunodeficiency virus　「ヒト免疫不全ウイルス」を参照．

Ig　immunoglobulin　「免疫グロブリン」を参照．

***in situ* ハイブリダイゼーション**　*in situ* hybridization　標識されたプローブを用いた核酸ハイブリダイゼーションにより，丸ごとの生物体に局在する特定の mRNA を検出する技術．

***in vitro* 突然変異誘発**　*in vitro* mutagenesis　「試験管内突然変異誘発」を参照．

IP_3　inositol triphosphate　「イノシトール三リン酸」を参照．

IPSP　inhibitory postsynaptic potential　「抑制性シナプス後電位」を参照．

IVF　*in vitro* fertilization　「体外受精」を参照．

JGA　juxtaglomer apparatus　「傍糸球体装置」を参照．

***K* 選択**　*K*-selection　個体群密度に敏感な生活史特性に作用する選択圧．密度依存的選択ともよばれる．

LDL　low-density lipoprotein　「低密度リポタンパク質」を参照．

LH　luteinizing hormone　「黄体形成ホルモン」を参照．

LM　light microscope　「光学顕微鏡」を参照．

lncRNA　long noncoding RNA　「長鎖非コード RNA」を参照．

LTP　long-term memory　「長期記憶」を参照．

M 期　mitotic phase　「分裂期」を参照．

M 期促進因子　MPF　細胞が間期の末期から有糸分裂の過程に進入するのに必要なタンパク質複合体．活性型はサイクリンとタンパク質キナーゼからなる．

MHC　major histocompatibility complex molecule　「主要組織適合複合体分子」を参照．

miRNA　microRNA　「マイクロ RNA」を参照．

MPF　「M 期促進因子」を参照．

mRNA　messenger RNA　「メッセンジャー RNA」を参照．

MSH　melanocyte-stimulating hormone　「メラニン細胞刺激ホルモン」を参照．

MVP　minimum viable population

「最小存続可能個体数」を参照.

NAD$^+$　補酵素の1つで，ニコチンアミドアデニンジヌクレオチドの酸化型．電子を受け取ってNADHになる．NADHは細胞呼吸において一時的に電子を蓄える機能をもつ.

NADH　ニコチンアミドアデニンジヌクレオチドの還元型．細胞呼吸において一時的に電子を蓄える機能を持つ．NADHは電子に電子伝達鎖を与える役割をもつ.

NADP$^+$(ニコチンアミドアデニンジヌクレオチドリン酸：酸化型)　ニコチンアミドアデニンジヌクレオチドリン酸の酸化型．電子を受容してNADPHとなる電子運搬体．NADPHは明反応で生じた高エネルギー電子を一時的に蓄える.

NADPH(ニコチンアミドアデニンジヌクレオチドリン酸：還元型)　ニコチンアミドアデニンジヌクレオチドリン酸の還元型．明反応で生じた高エネルギー電子を一時的に蓄える．NADPHは「還元力」として働き，電子受容体に電子を渡すことで，還元する.

NEP　net ecosystem production　「純生態系生産」を参照.

NK細胞　natural killer cell　「ナチュラルキラー細胞」を参照.

NPP　net primary production　「純一次生産」を参照.

***p53*遺伝子**　*p53* gene　細胞周期を抑制するタンパク質の合成を促進する特異的な転写因子をコードする，がん抑制遺伝子の1種.

P世代　P generation　遺伝の研究において，F_1の1遺伝子雑種を作出するための純系の(ホモ接合体の)親の個体．Pは親(parent)に由来する.

P部位(Pサイト)　P site　翻訳中にリボソームにtRNAが結合する3つの部位の1つ．Pサイトには伸長中のポリペプチド鎖を保持するtRNAが結合する(Pはペプチジルpeptidyl tRNAの意味).

PAMP　pathogen-associated molecular pattern　「病原体関連分子パターン」を参照.

PCR　polymerase chain reaction　「ポリメラーゼ連鎖反応」を参照.

PEPカルボキシラーゼ　PEP carboxylase　「ホスホエノールピルビン酸カルボキシラーゼ」を参照.

pH　水素イオン濃度を$-\log[H^+]$で表したもの．0〜14の値をとる.

PNS　peripheral nervous system　「末梢神経系」を参照.

PS(Ⅰ,Ⅱ)　photosystem Ⅰ,Ⅱ　「光化学系Ⅰ」「光化学系Ⅱ」を参照.

PTH　parathyroid hormone　「副甲状腺ホルモン」を参照.

***r*選択**　*r*-selection　過密でない環境で繁殖成功を最大化させる生活史特性に作用する選択圧．密度非依存的選択ともよばれる.

Rプラスミド　R plasmid　特定の抗生物質に対する耐性を付与する遺伝子を含む細菌のプラスミド.

RAAS　renin-angiotensin-aldosterone system　「レニン-アンギオテンシン-アルドステロン系」を参照.

***ras*遺伝子**　*ras* gene　Rasとよばれる Gタンパク質をコードする遺伝子．Rasタンパク質は，細胞膜上の成長因子受容体から発せられた増殖シグナルを，タンパク質キナーゼのカスケードに中継し，最終的には細胞周期を促進する.

RNA　ribonucleic acid　「リボ核酸」を参照.

RNA干渉(RNAi)　RNA interference　特定の遺伝子の発現を抑制する機構．RNAi機構では，特定の遺伝子の配列と合致する2本鎖RNA分子は切断処理されてsiRNAとなり，特定の遺伝子のmRNAを分解または翻訳を阻止する．この過程はある種の細胞では自然に起こっているが，実験的に引き起こすことも可能である.

RNAスプライシング　RNA splicing　真核生物で一次転写産物RNAの合成後に，mRNAに含まれないRNA鎖の領域(イントロン)を除去し，残りの領域(エキソン)を連結する過程.

RNAプロセシング　RNA processing　一次転写産物RNA分子修飾過程であり，イントロンの除去，エキソンの連結および5′末端と3′末端の修飾を含む.

RNAポリメラーゼ　RNA polymerase　転写の過程で，DNA鋳型鎖との相補的な対合に基づいてリボヌクレオチドを伸長中のRNA鎖に連結する酵素.

RNA-seq　RNA sequencing　大量のRNAについて，cDNAを作製し塩基配列を決定して解析する技術.

rRNA　ribosomal RNA　「リボソームRNA」を参照.

RTK　receptor tyrosine kinase　「受容体チロシンキナーゼ」を参照.

RT-PCR　reverse transcriptase-polymerase chain reaction　「逆転写PCR」を参照.

S期　S phase　細胞周期の間期の一部で，DNAの複製が行われる.

SAR　SAR　現在提唱されている真核生物の系統仮説に基づく4つのスーパーグループのうちの1つ．3つのサブグループ(ストラメノパイル，アルベオラータ，リザリア)をから構成され，きわめて多様な現生生物を含む．「エクスカバータ」「アーケプラスチダ」「ユニコンタ」も参照.

SCN　suprachiasmatic nucleus　「視交叉上核」を参照.

SEM　scanning electron microscope　「走査型電子顕微鏡」を参照.

siRNA　small interfering RNA　長い直線上の2本鎖RNA分子から細胞内の機構により生成される多数の低分子の1本鎖RNA分子の1つ．siRNAは複数のタンパク質と複合体を形成して相補的な配列を含むmRNAの分解または翻訳の阻害を行う.

SMR　standard metabolic rate　「標準代謝率」を参照.

SNP　single nucleotide polymorphism　「1塩基多型」を参照.

SRP　signal-recognition particle　「シグナル認識粒子」を参照.

STR　short tandem repeat　「マイクロサテライト」を参照.

T管　transverse(T)tubule　「横行小管」を参照.

T細胞　T cell　胸腺で成熟するリンパ球で，細胞性免疫にかかわるエフェクター細胞と，液性・細胞性免疫の双方に必要なヘルパー細胞が含まれる.

TATAボックス　TATA box　転写開始複合体の形成に必須な真核生物中のプロモーター中のDNA配列.

TEM　transmission electron microscope　「透過型電子顕微鏡」を参照.

Toll様受容体(TLR)　Toll-like receptor　食細胞性の白血球細胞表面上に存在する受容体で，一群の病原体に共通する分子の断片を認識する.

tRNA　transfer RNA　「トランスファーRNA」を参照.

X線結晶解析法　X-ray crystallography　分子の3次元構造を研究する手法．結晶化された分子の個々の原子によるX線の回折から，構造を決定する.

X連鎖遺伝子　X-linked gene　X染色

体上に存在する遺伝子で，独特の遺伝様式を示す．

ZPA　zone of polarizing activity　「極活性化性帯」を参照．

アクアポリン　aquaporin　細胞の膜に存在するチャネルタンパク質で，膜を横切る自由水の拡散，すなわち，浸透を促進する．

悪性腫瘍　malignant tumor　遺伝子と細胞に重大な変化があり，新しい場所に侵入して生存できる細胞からなるがん性の腫瘍．悪性腫瘍は1つまたはそれ以上の器官の機能を破壊し得る．

アクチベーター　activator　「転写活性化因子」を参照．

アクチン　actin　アクチンフィラメント(マイクロフィラメント)を形成する球状タンパク質．つながって鎖を形成し，その2本が互いにらせんを巻き合ってアクチンフィラメントをつくる．

アクチンフィラメント　actin filament　ほとんどすべての真核細胞の細胞質に存在するアクチンタンパク質からなる，ケーブル状構造．細胞骨格の一部をなし，単独で機能するか，またはミオシンとともに機能して細胞の収縮を引き起こす．マイクロフィラメントとしても知られる．

アーケプラスチダ(古色素体類)　Archaeplastida　現在提唱されている真核生物の系統仮説に基づく4つのスーパーグループのうちの1つ．シアノバクテリアを取り込んだ(一次共生)祖先に由来する紅藻と緑藻および陸上植物を含む．「エクスカバータ」，「SAR」，「ユニコンタ」も参照．

足　foot　軟体動物の体を構成する3つの主要部分の1つ．筋肉質の構造で通常は移動に用いられる．「外套膜」，「内臓塊」も参照．

足場依存性　anchorage dependence　細胞分裂を開始するために，基層に接着している必要があること．

足場タンパク質　scaffolding protein　大きな中継タンパク質の1種で，他のいくつかの中継タンパク質を同時に結合させて，シグナル変換の効率を高める．

味物質　tastant　味蕾にある感覚受容細胞を刺激する化学物質．

アセチルCoA　acetyl CoA　アセチル補酵素A．細胞呼吸においてクエン酸回路に入る化合物．ピルビン酸の分解産物(2個の炭素からなる)に補酵素が結合して生じる．

アセチルコリン　acetylcholine　最も一般的な神経伝達物質．受容体に結合しシナプス後膜のイオンに対する透過性を変化させる．その結果，膜は脱分極あるいは過分極する．

圧ポテンシャル　pressure potential(cP)　水ポテンシャルのうち，溶液にかかる物理的圧力の成分で，正，ゼロ，負の値をとり得る．

アデニル酸シクラーゼ　adenylyl cyclase　細胞外シグナルに応答してATPをサイクリックAMPに変換する酵素．

アデノシン三リン酸　adenosine triphosphate　「ATP」を参照．

アテローム性動脈硬化症　atherosclerosis　プラークとよばれる脂質性沈着物が動脈の内壁中に発達する心臓血管疾患で，動脈をふさいだり硬化させたりする．

アドレナリン(エピネフリン)　adrenaline　カテコールアミンの1種で，副腎髄質からホルモンとして分泌され，短期ストレスに対して「闘争–逃走」反応を引き起こす．またある種のニューロンからは神経伝達物質として放出される．

アニオン　anion　負の電荷をもったイオン．陰イオンともいう．

アーバスキュラー菌根菌　arbuscular mycorrhizal fungus　菌糸が陸上植物の根の細胞壁内に侵入し，陥入した根の細胞膜で囲まれた空間で樹枝状体を形成する共生菌．

アピコンプレクサ　apicomplexan　アルベオラータに属する一群であり，動物の寄生者となる種を多く含む．いくつかの種(マラリア原虫など)はヒトに病気を引き起こす．

アブシシン酸(ABA)　abscisic acid　植物ホルモンの1種．成長ホルモンの作用にしばしば拮抗して，成長を抑える．重要な働きとして，種子の休眠や乾燥耐性を促進する．

アポトーシス　apoptosis　プログラム細胞死の1種で，細胞内の多くの化学物質を分解する酵素の活性化によって引き起こされる．

アポプラスト　apoplast　植物細胞の細胞膜の外側のすべてを指す．細胞壁，細胞間スペース，道管や仮道管などの死細胞のスペースなど．

アミノアシルtRNA合成酵素　aminoacyl-tRNA synthetase　各々のアミノ酸を対応するtRNAに結合する酵素．

アミノ基　amino group　窒素原子に2個の水素原子が結合した官能基．水溶液では塩基として水素イオンを受容し，1+の電荷を得る．

アミノ酸　amino acid　アミノ基とカルボキシ基をもつ有機分子．アミノ酸はポリペプチドをつくるときの単量体である．

アミラーゼ　amylase　デンプン(植物のグルコース重合体)やグリコーゲン(動物のグルコース重合体)を低分子多糖や二糖類のマルトースに加水分解する酵素．

アメーバ　amoeba　仮足をもつ原生生物．

アメーボゾア　amoebozoan　葉状または管状の仮足をもつ多くの生物が含まれる系統群に属する原生生物．

アルカリ性噴出孔　alkaline vent　高温でなく温かい(40〜90℃)水を放出する深海熱水噴出孔で，pHが高い(塩基性)．これらの噴出孔は，鉄などの触媒鉱物で覆われた小さな細孔からなり，一部の科学者が有機化合物の最も初期の非生物的合成の場所であったかもしれないという仮説を提唱している．

アルコール発酵　alcohol fermentation　解糖に続いて，ピルビン酸を還元してエタノールに変換する反応が加わった反応過程．その結果，NAD^+が再生され，二酸化炭素が放出される．

アルツハイマー病　Alzheimer's disease　年齢依存的な脳障害．錯乱，記憶障害の特徴をもつ．

アルベオラータ　alveolates　真核生物のスーパーグループの1つであるSARを構成する3つのサブグループのうちの1つ．細胞膜の直下に膜で囲まれた袋(アルベオル)をもつ．その起源には二次共生がかかわっていたかもしれない．

アレル　allele　「対立遺伝子」を参照．

アロステリック制御　allosteric regulation　ある制御分子が，あるタンパク質のある部位に結合することによって，そのタンパク質の別の部位での機能に影響を与えること．

アンチコドン　anticodon　tRNA分子の一端にある3塩基で，mRNA分子上の特定の相補的な配列をもつコドンと塩基対合する．

安定化選択　stabilizing selection　極端な表現型よりも中間の変異体が生存や繁殖に有利な自然選択．

安定性　stability　進化生物学では雑種が生産され続ける交雑帯の状態を指す用語．交雑帯は時間が経過しても持続するという意味で「安定」となる．

アンドロゲン　androgen　雄の生殖系や二次性徴の発達や維持を刺激するテストステロンなどのステロイドホルモンの総称．雄性ホルモンともいう．

アンモナイト　ammonite　貝殻をもつ頭足類の1グループで，白亜紀の最後(6550万年前)に絶滅するまでの数億年にわたって海中の主要な捕食者であった．

アンモニア　ammonia　窒素固定あるいはタンパク質と核酸の代謝老廃物として生成される，毒性のある小分子(NH_3)．

胃　stomach　食物を貯め消化の第一段階を行う消化器官．

胃液　gastric juice　胃から分泌される消化液．

イオン　ion　原子もしくは原子団が1個もしくはそれ以上の電子を失うか獲得するかして電荷をもったもの．

イオン化合物　ionic compound　イオン結合から生じた化合物で，塩(えん)ともいう．

イオン結合　ionic bond　反対の電荷をもったイオン間の引きつけ合う力から生じる化学結合．

イオンチャネル　ion channel　膜貫通型タンパク質からなるチャネル．このチャネルによって，特異的なイオンがその濃度勾配または電気化学的勾配に従って膜を横切って拡散によって通過する．

異化経路　catabolic pathway　複雑な分子を単純な分子に分解してエネルギーを放出する代謝経路．

異核共存体　heterokaryon　「ヘテロカリオン」を参照．

鋳型鎖　template strand　相補的な塩基対合により，RNA転写産物のヌクレオチドの配列について塩基の順序のパターンを鋳型として提供するDNA鎖．

維管束形成層　vascular cambium　木本植物の，二次木部(材)と二次師部とよばれる二次維管束組織の層を加える分裂組織．幹の周縁に存在するので筒状である．

維管束鞘細胞　bundle-sheath cell　C_4植物の光合成にかかわる細胞の1種で，葉脈の周囲を鞘状に密に包む．

維管束植物　vascular plant　維管束組織をもつ植物．維管束植物は，蘚類，苔類，ツノゴケ類以外のすべての現生の植物種が含まれる．

維管束組織　vascular tissue　維管束植物の植物体全体にわたる木部と師部から形成された構造．木部は水と無機物を輸送し，師部は光合成産物の糖を輸送する．

維管束組織系　vascular tissue system　維管束植物の植物体全体にわたる木部と師部から形成された構造．木部は水と無機物を輸送し，師部は光合成産物の糖を輸送する．

維管束柱　vascular cylinder　被子植物の根の中心柱のタイプで，道管と師管が分散しない芯状の中心柱．横断面で道管が「星形」配置されているので放射中心柱ともよばれる．

閾値　threshold　興奮性膜において活動電位の発生を起す限界の膜電位値．

異形　heteromorphic　陸上植物と一部の藻類に見られる生活環の一型であり，胞子体と配偶体が形態的に異なる．

異型胞子性　heterosporous　雄性配偶体となる小胞子と，雌性配偶体となる大胞子という，2種類の胞子をもつ植物種を指す用語．

胃腔　spongocoel　「海綿腔」を参照．

異時性　heterochrony　生物の発生のタイミングや比率における進化的変化．

異質細胞(ヘテロシスト)　heterocyst　一部の糸状シアノバクテリアにおいて，窒素固定を行う特殊化した細胞．heterocyteともよばれる．

異質倍数体　allopolyploid　2つの異なる種が交配して雑種子孫をつくることによって生じる，3組以上の染色体セットをもつ稔性(妊性)のある個体(訳注：稔性をもたない場合もある)．

移住　migration　「渡り」を参照．

移出　emigration　ある個体群からの個体の移動．

異所性　ectopic　異常な場所に出現すること．

異所的種分化　allopatric speciation　集団が，互いに地理的に隔離されることにより起きる新種形成．

胃水管腔　gastrovascular cavity　刺胞動物や扁形動物等の動物において体の中心にある腔所で，開口部が1つしかないもの．食物の消化および栄養を体内に輸送する機能がある．

異数性　aneuploidy　染色体異常の1つで，1本以上の染色体数の過剰または不足が生じている状態．

異性体　isomer　分子式は同じだが構造が異なり，性質も異なる化合物．

一次構造　primary structure　アミノ酸が線状につながった配列を指定するタンパク質の構造のレベル．

一次細胞壁　primary cell wall　若い植物細胞の細胞膜を覆う比較的薄く柔軟な細胞壁の層．

一次消費者　primary consumer　植食者．植物や他の独立栄養生物を餌にする生物．

一次生産　primary production　独立栄養生物によって一定時間内に化学エネルギー(有機物)に変換される光エネルギーの量．

一次生産者　primary producer　独立栄養生物で，たいていは光合成生物．独立栄養生物の集合であるこの栄養段階により，生態系における他のすべての栄養段階が支えられている．

一次成長　primary growth　頂端分裂組織によってもたらされる成長で，茎と根を伸長させる．

一次遷移　primary succession　生物や土壌もない状態から始まる群集の生態的遷移．

一次電子受容体　primary electron acceptor　葉緑体のチラコイド膜またはある種の原核生物の膜において，1対のクロロフィル*a*と反応中心複合体を構成し，そのクロロフィル*a*から電子を受け取るように特化した分子．

一次転写産物　primary transcript　遺伝子から転写された初期RNA転写産物．タンパク質をコードする遺伝子から転写された場合は，mRNA前駆体ともよばれる．

一次分裂組織　primary meristems　頂端分裂組織に由来する，前表皮，前形成層，基本分裂組織の3つの分裂組織的組織．

一次免疫反応　primary immune response　抗原に対する最初の適応免疫反応．抗原接触10～17日後から立ち上がる．

位置情報　positional information　個体の体軸に対する相対的位置を細胞に指示することにより，動物または植物の胚のパターン形成を制御する分子シグナル．このような分子シグナルが，発生を制御する遺伝子の応答を引き起こす．

一次卵母細胞　primary oocyte　減数

第一分裂を完了する前の卵母細胞.

一倍体細胞　haploid cell　1組の染色体セット(n)をもつ細胞.

一酸化窒素(NO)　nitric oxide　さまざまな細胞でつくられる気体分子で,局所調節因子および神経伝達物質として働く.

遺伝　heredity　ある世代から次の世代への形質の伝達.

遺伝学　genetics　遺伝や遺伝的な多様性に関する科学的学問分野.

遺伝学的地図　genetic map　遺伝子や遺伝子マーカーの遺伝子座を染色体上に並べて配置したリスト.

遺伝子　gene　DNA(ある種のウイルスではRNA)の特定の塩基配列からなる遺伝情報の個別単位.

遺伝子アノテーション　gene annotation　タンパク質をコードする遺伝子の同定および遺伝子産物の機能の決定を目的としたゲノム配列の分析.

遺伝子型　genotype　ある生物個体の遺伝的構成あるいは対立遺伝子の組.

遺伝子組換え(GM)生物　genetically modified organism(GMO)　人工的な手法により1個またはそれ以上の遺伝子を導入された生物個体.トランスジェニック生物ともよばれる.

遺伝子クローニング　gene cloning　遺伝子のコピーを多数作製すること.

遺伝子工学　genetic engineering　実用目的で直接遺伝子を操作する技術.

遺伝子座　locus(複数形はloci)　特定の遺伝子が位置する,染色体上の特異的な場所.

遺伝子水平伝播　horizontal gene transfer　トランスポゾンやプラスミド交換,ウイルスの活動,そしておそらく異種生物の融合などのメカニズムを通じて,あるゲノムから他への遺伝子の転移.

遺伝子治療　gene therapy　治療目的で遺伝性疾患の患者に正常な遺伝子を導入すること.

遺伝子ドライブ　gene drive　特定の対立遺伝子が他の対立遺伝子よりも効率よく伝わるような偏向した遺伝の過程により,結果的に集団の中に目的の対立遺伝子が拡散する(ように誘導する)こと.

遺伝子発現　gene expression　DNAがコードしている情報がタンパク質の合成や,ある場合にはタンパク質に翻訳されず,RNAとして機能するそのRNAの合成を導くプロセス.

遺伝子プール　gene pool　集団のすべての構成員の,すべての遺伝子座における対立遺伝子のすべてのタイプの全コピーの集合.遺伝子プールは,集団の1つあるいは少数の遺伝子座の集合という,より限定された意味でも使われる.

遺伝子プロファイル　genetic profile　個人に特有な一連の遺伝的マーカー.以前は電気泳動や核酸プローブにより検出されたが,現在では検出にPCRが用いられる.

遺伝子流動　gene flow　繁殖力をもつ個体や配偶子の移動の結果生じる,対立遺伝子のある集団から他の集団への転移.

遺伝的組換え　genetic recombination　両親のどちらとも異なる組み合わせの形質をもつ子ができることを示す遺伝学の一般的用語.

遺伝的刷り込み　genomic imprinting　ある対立遺伝子の発現が父親と母親のどちらに由来するかに依存して決まる現象.

遺伝的浮動　genetic drift　偶然の出来事が,次世代において集団中の対立遺伝子頻度の予期しない変動を起こすプロセス.遺伝的浮動の効果は小集団で顕著である.

遺伝的変異　genetic variation　個体が保有する遺伝子などのDNA領域の違いによる個体間の相違.

移動回廊　movement corridor　隔離された生息地のパッチを結ぶ,生息場所の狭い帯または小さな一連のかたまり.

移入　immigration　ある個体群に,他の地域から新たな個体が加入すること.

移入種　introduced species　人間によって意図的にあるいは偶然に,その種が在来である場所から新しい地域に移入された種.非在来種あるいは外来種ともいう.

イノシトール三リン酸(IP_3)　inositol trisphosphate　二次メッセンジャーの1つで,細胞質のCa^{2+}濃度の上昇を起こさせることによって,特定のシグナル分子と次の二次メッセンジャーであるCa^{2+}の間の仲介をする.

陰圧呼吸　negative pressure breathing　空気を肺に引き込む呼吸様式.

陰核　clitoris　小陰唇の上方交点にある器官.性的興奮時に充血して勃起する.

陰茎　penis　哺乳類の雄の交尾構造.

飲作用　pinocytosis　エンドサイトーシスの1種.細胞が細胞外の液体とそれに溶けている溶質を取り込む過程.

インスリン　insulin　膵臓β細胞から分泌されるホルモンで,血糖レベルを低下させる.体内の多くの細胞によるグルコースの取り込みを促進し,肝臓でグリコーゲンの合成と貯蔵,そしてタンパク質や脂肪の合成を促進する.

インターフェロン　interferon　抗ウイルス作用や免疫制御作用を有するタンパク質.ウイルスに感染した細胞が分泌するインターフェロンは,近傍の細胞に作用してウイルス感染に対抗する.

インテグリン　integrin　動物細胞の膜貫通型シグナル受容体タンパク質の1つ.2つのサブユニットをもち,細胞外マトリクスと細胞骨格の間に介在して,これらを互いに連絡する.

インデューサー(誘導物質)　inducer　低分子量の特異的な化合物で,細菌のリプレッサーと結合し,オペレーターに結合できないようにリプレッサータンパク質の形態を変化させて,オペロンの発現を誘導する.

咽頭　pharynx　(1) 脊椎動物の喉の一部で,空気と食物が一緒に通るところ.(2) 線虫では,腹部から突き出ていて口で終わる筋肉でできた管.

咽頭溝　pharyngeal cleft　脊索動物の胚の咽頭の両側に並んだ弓状の構造を仕切る溝.咽頭裂に発生することもある.

咽頭裂　pharyngeal slit　脊索動物の胚において咽頭溝が咽頭の外後側に開裂した開口部.多くの脊椎動物でその後鰓裂に発生する.

イントロン　intron　一次転写産物RNAの中でプロセシングにより除去される,タンパク質をコードしない介在配列.この配列に転写されるDNA領域もイントロンとよばれる.

陰嚢　scrotum　腹部の外側に膨らんだ袋状の皮膚で,内部に精巣をもつ.精巣を精子形成に必要な低温に保つ機能をもつ.

隠蔽色　cryptic coloration　潜在的な捕食者に対して,ある生物の体色が,背景との識別を難しくするように適応進化した色彩.

陰門　vulva　雌の外部生殖器の総称.

ウイルス　virus　細胞外では複製できない感染性粒子.タンパク質の殻(キャプシド)に包まれたDNAまたは

RNA ゲノムから構成される．膜のエンベロープをもつウイルスもある．

鰾(うきぶくろ) swim bladder　水生の硬骨魚類のもつ，水中での浮力を調節する空気の袋．

渦鞭毛藻（渦鞭毛虫） dinoflagellate　多くはセルロース性の鎧板で囲まれ，直交する溝に収まった 2 本の鞭毛をもつ単細胞の藻類．光合成を行うものもいるが，約半数は光合成能を欠く．

うつ病 major depressive disorder　悲しみ，自己喪失感，空虚感，すべての物事に対する興味の消失を伴う精神疾患．大うつ病．

ウミサソリ類 eurypterid　絶滅した肉食の鋏角類．ウミサソリともいわれる．

運動エネルギー kinctic energy　物体の相対運動に基づくエネルギー．方向性のないエネルギー．「熱」を参照．

運動系 motor system　脊椎動物の末梢神経系で遠心性分岐．外界からの刺激に反応し骨格筋にシグナルを送る運動ニューロンからなる．

運動単位 motor unit　1 本の運動ニューロンとそれが支配するすべての筋繊維．

運動ニューロン motor neuron　脳や脊髄から筋肉，腺にシグナルを伝達する神経細胞．

運命予定図 fate map　個々の細胞や組織が将来何になるかを示す，胚発生における領域の模式図．

エイズ（後天性免疫不全症候群，AIDS） acquired immunodeficiency syndrome　HIV 感染症の末期に発現する症状．特定の種類の T 細胞の減少と特徴的な二次感染症により診断される．

栄養 nutrition　生物が食物を摂取し，利用する過程．

栄養芽層 trophoblast　哺乳類の胚盤胞の外側の上皮層．胎盤の胚性部分となり胚発生を支えるが，胚そのものにはならない．

栄養構造 trophic structure　生態系における異なった摂食関係で，エネルギー流の経路や化学的循環のパターンを決定する．

栄養効率 trophic efficiency　ある栄養段階から次の栄養段階へ移行する生産量の割合．

栄養生殖 vegetative reproduction　無性的な植物の生殖．

栄養段階 trophic level　生態系の食物網におけるエネルギー移行の段階で，一次生産者，一次消費者，高次消費者や分解者などである．

栄養繁殖 vegetative propagation　人によって行われる，あるいは誘導される，無性的な植物の生殖．

エウスタキオ管 Eustachian tube　中耳と咽頭をつなげている管．

腋芽 axillary bud　側枝または枝を形成する潜在能力をもっている構造．芽は葉と茎の間のかどに発生する．

液状物食者 fluid feeder　他の生物から栄養分の豊富な液体を吸い取って生きる動物．

液性免疫反応 humoral immune response　適応免疫の 1 つで，B 細胞の活性化や，それに引き続く抗体の産生にかかわる．抗体は体液中の細菌やウイルスに対抗する．

エキソサイトーシス exocytosis　生体分子を含有する小胞と細胞膜の融合によって，細胞がその生体分子を分泌すること．

エキソトキシン exotoxin　「外毒素」を参照．

エキソン exon　一次転写産物 RNA の中で RNA プロセシングの後にも残存する配列．エキソンの配列に転写される DNA 領域もエキソンとよばれる．

液胞 vacuole　細胞の種類によって異なる特化した機能をもつ膜胞．

エクスカバータ Excavata　現在提唱されている真核生物の系統仮説に基づく 4 つのスーパーグループのうちの 1 つ．エクスカバータは特徴的な細胞骨格をもっており，また一部の種は細胞の片面に「凹んだ（excaveted）」捕食溝をもつ．「SAR」，「アーケプラスチダ」，「ユニコンタ」も参照．

エクスパンシン expansin　セルロースミクロフィブリルと他の細胞壁成分との架橋（水素結合）を切断する植物酵素で，細胞壁の構造をゆるめる．

エコトーン ecotone　あるタイプの生育地や生態系から，別の生育地や生態系へ移行する領域のこと．たとえば，森林から草原へ移行する地域．

エコロジカルフットプリント ecological footprint　個人，都市，国が消費する資源を供給したり，廃棄物を吸収するために，必要となる土地面積．

エストラジオール estradiol　雌の生殖系や二次性徴の発達・維持を刺激するステロイドホルモン．哺乳類の主要なエストロゲン．

エストロゲン estrogen　雌の生殖系や二次性徴の発達・維持を刺激するエストラジオールなどのステロイドホルモンの総称．雌性ホルモンともいう．

エチレン ethylene　気体の植物ホルモン．物理的ストレスやプログラム細胞死，落葉，果実の成熟に関与する．

エディアカラ生物群 Ediacaran biota　6 億 3500 万〜5 億 3500 万年前の間に見られる肉眼で見える軟体性の多細胞真核生物．

エネルギー energy　変化を起こす仕事量，とくに物体を力に抗して動かす仕事量．

エネルギー仮説 energetic hypothesis　食物連鎖の長さが，食物連鎖に沿ったエネルギーの変換効率の低さに制限されるという考え．

エネルギー共役 energy coupling　細胞の代謝において，発エルゴン反応によって放出されたエネルギーを利用して，吸エルゴン反応が駆動されること．

エピジェネティック（後成的）遺伝 epigenetic inheritance　塩基配列が関係しない機構により伝達される形質の遺伝．

エピトープ（抗原決定基） epitope　外部から接近しやすい抗原上の小領域で，抗原受容体や抗体が結合する．抗原決定基ともよばれる．

エピネフリン epinephrine　「アドレナリン」を参照．

エフェクター effector　宿主の自然免疫系を損なう，病原菌がコードするタンパク質．

エフェクター細胞 effector cell　(1) 筋肉あるいは腺組織に存在し，脳や，他の神経系処理中枢からの信号刺激に応じて身体を反応させる細胞．(2) クローン選択後のリンパ球で，適応免疫反応を実行可能な細胞．

エボデボ evo-devo　「進化発生学」を参照

襟細胞 choanocyte　カイメン類に見られる鞭毛のある摂食細胞．襟のような環状構造をもち，これによって鞭毛基部の食物粒子を捉える．

エリスロポエチン（EPO） erythropoietin　赤血球の産生を刺激するホルモン．体組織が十分な酸素を得ていないときに腎臓から分泌される．

エレクトロポレーション（電気穿孔法） electroporation　細胞を含む溶液に短時間の電気パルスを加えることにより，組換え DNA 分子を細胞に導入する技術．電気ショックにより一時的に細胞膜に開いた孔を通してDNAが細胞内に侵入する．

塩(えん) salt　イオン結合から生じた化合物で，イオン化合物ともいう．

遠位細尿管 distal tubule　脊椎動物の腎臓において，濾液を精製して集合管へと移動させるネフロン部位．

演繹的推論 deductive reasoning　特定の結果を一般的な仮定から推測する論理型．

沿岸帯 littoral zone　湖において，岸に隣接し浅くて光環境が良好な領域．

塩基 base　(1) 溶液中の水素イオン濃度を下げる物質．(2) ヌクレオチドの構成単位の1つで，アデニン，チミン，シトシン，グアニン，ウラシルがある．

塩基対置換 nucleotide-pair substitution　DNA鎖中の1塩基と相補鎖の対応する塩基が別の塩基対に置換するタイプの点突然変異．

円口類 cyclostome　脊椎動物の主要な2系統のうちの1つ．顎を欠く．ヤツメウナギやヌタウナギがここに含まれる．「顎口類」も参照．

炎症反応 inflammatory response　身体的傷害や組織への感染によって引き起こされる自然免疫防御反応．腫脹や白血球の浸潤を促進したり，組織の修復や侵入した病原体の破壊を助けたりする物質が放出される．

延髄 medulla oblongata　脊椎動物脳の最下位中枢．脊髄の前端にある後脳の肥厚部．呼吸，心臓血管系の機能，嚥下，消化，嘔吐などの自立神経機能，ホメオスタシス機能を制御する．

エンドサイトーシス endocytosis　細胞膜から小胞を形成することによって，細胞が生体分子や粒子状物質を取り込むこと．

エンドトキシン endotoxin　「内毒素」を参照．

エンドルフィン endorphin　脳と脳下垂体前葉でつくられ痛覚を遮断するホルモン．

エントロピー entropy　分子集団の無秩序さ，あるいは不規則性(ランダムな状態)の量的な尺度．

エンハンサー enhancer　多数の制御領域を含む真核生物のDNA領域で，通常は遺伝子から遠く離れた位置に存在し，その遺伝子の転写を制御する．

エンベロープ viral envelope　ウイルスゲノムを包むキャプシドを覆う膜．宿主の細胞膜に由来する．

黄化 etiolation　暗所で成長する植物の形態的適応．

横隔膜 diaphragm　哺乳類の胸腔の底部壁を形成する筋肉のシート．横隔膜の収縮は肺に空気を引き込む．

横行小管(T管) transverse (T) tubule　骨格筋細胞の細胞膜の陥入構造．

黄金色藻 golden alga　基本的に2本の鞭毛をもつ光合成原生生物であり，この名前はカロテノイドにより葉緑体が黄褐色を呈することに由来する．

黄体 corpus luteum　卵巣で排卵後に崩壊した卵胞から形成される分泌組織で，プロゲステロンを産生する．

黄体形成ホルモン(LH) luteinizing hormone　脳下垂体前葉で産生・分泌つされる刺激ホルモンで，雌では排卵を，雄ではアンドロゲンの分泌を刺激する．

応答 response　(1) 細胞間の情報連絡において，細胞外から伝達されたシグナルによって，特異的な細胞活動の変化が起こること．(2) フィードバック制御において，ある生理活性がある制御因子の変化によって引き起こされること．

大型餌食者 bulk feeder　比較的大きな塊を食べる動物．

岡崎フラグメント Okazaki fragment　DNA複製中に複製フォークから離れる方向に鋳型鎖上に合成される短いDNA断片．このようなDNA断片が多数連結されることにより，新たに合成されるDNAのラギング鎖が形成される．

オキシトシン oxytocin　視床下部でつくられ脳下垂体後葉から分泌されるホルモンの1つ．分娩のときに子宮筋の収縮を引き起こし，授乳の際は乳腺からの乳汁放出を促す．

オーキシン auxin　本来は，インドール酢酸(IAA)という自然の植物ホルモンを指す用語．植物の細胞伸長や発根，二次成長，果実の成長などさまざまな役割をもつ．

オートクリン autocrine　分泌された分子が，それを分泌した細胞に作用することをいう．自己分泌ともいう．

オピストコンタ opisthokont　菌類，動物およびいくつかの原生生物を含むきわめて多様性に富む系統群に属する生物．

オプシン opsin　光を吸収する色素分子に結合する膜タンパク質．

オペレーター operator　細菌またはファージDNAの中で，オペロンの転写開始点近傍に存在し，活性型のリプレッサーが結合するヌクレオチド配列．リプレッサーの結合により，RNAポリメラーゼのプロモーターへの結合が妨げられ，オペロンの遺伝子の転写が抑制される．

オペロン operon　細菌およびファージに見出される遺伝的機能の単位．共通の反応経路に含まれ，協調して制御される一群の遺伝子およびプロモーターとオペレーターから構成される．

親型 parental type　純系の親世代(P世代)のいずれかの表現型と一致する表現型を示す子，またはその表現型．

オリゴデンドロサイト oligodendrocyte　中枢神経のニューロンの軸索を被覆し，電気的に隔絶するグリア細胞．

オルガネラ organelle　「細胞小器官」を参照．

オルソログ遺伝子 orthologous gene　種分化により生じる，異なる種で見られる相同遺伝子．

折れ線グラフ line graph　データセット中の各データを隣同士で直線でつないだグラフ．

温室効果 greenhouse effect　地球が放出する赤外放射を吸収して，その一部を放射し返す働きをもつ二酸化炭素やその他の気体の蓄積により，地球が温暖化すること．

温帯広葉樹林 temperate broadleaf forest　中緯度地域に分布する陸域バイオームで，落葉広葉樹の高木の成長を支える十分な水がある．

温帯草原 temperate grassland　中緯度に分布する陸域バイオームで，草本の優占で特徴づけられる．

温度 temperature　原子や分子の平均運動エネルギー(熱エネルギー)の平均値で，度で表す．

温度受容器 thermoreceptor　熱や冷刺激に応答する受容器．

科 family　リンネの分類体系で，属より上位の分類カテゴリー．

界 kingdom　ドメインに次ぐ2番目に広範な分類カテゴリー．

外温性 ectothermy　体温維持のための熱を外部から取り込む生物．

外菌根 ectomycorrhiza(複数形は ectomycorrhizae)　菌類が根を包むが，宿主(植物)の細胞膜の陥入を起こさない，菌類と植物の根系との関係．

外菌根菌(外生菌根菌) ectomycorrhizal

fungus　陸上植物の根の表面を覆う菌糸の鞘状構造を形成し，根の皮層の細胞間隙にも菌糸を伸ばす共生菌.

外群　outgroup　研究対象の種群が含まれる系統の前に分岐していることが知られている進化系統に属する種あるいは種群．外群は，研究対象群に近縁であるが，対象群内の構成員が互いに近縁なほどではないものから選ばれる.

外肛動物　ectoproct　定着性で群体をつくる触手冠動物．苔虫動物ともよばれる.

外骨格　exoskeleton　軟体動物の貝殻や節足動物のクチクラのように，動物体の表面にある硬い構造．防御に役立つと同時に，筋肉の付着点にもなる.

介在ニューロン　interneuron　感覚ニューロンや運動ニューロンとシナプス接続し感覚入力と運動出力を統合する中枢のニューロン.

外耳　outer ear　爬虫類(鳥類を含む)，哺乳類の耳の3部域の1つ．外耳道と耳介(多くの鳥類と哺乳類)からなる.

概日リズム　circadian rhythm　外部の刺激がなくても維持される，約24時間の生理的周期性.

外生菌根菌　ectomycorrhizal fungus　「外菌根菌」を参照.

海底域　marine benthic zone　海洋の底.

解糖　glycolysis　グルコースを最終的にピルビン酸にまで分解する一連の反応過程．解糖はすべての生物で見られる代謝経路の1つである．発酵と好気呼吸の出発点になる.

外套腔　mantle cavity　軟体動物の体にある水で満たされた腔所で，その内部には鰓，肛門，排出口がある.

外套膜　mantle　軟体動物の体を構成する3つの主要部分の1つ．内臓塊を覆うひだ状の組織で，通常は貝殻を分泌する．「足」，「内臓塊」も参照.

外毒素(エキソトキシン)　exotoxin　一部の原核生物または他の病原生物によって分泌される毒性のタンパク質であり，病原生物が死滅しても外毒素が残っていると特定の症状を示す.

外胚葉　ectoderm　動物の胚の3つの胚葉のうち，最も外側の細胞層．外皮を形成し，動物によっては神経，内耳，眼のレンズなどを形成する.

外胚葉性頂堤(AER)　apical ectodermal ridge　肢芽先端の，肥厚した外胚葉領域で，肢芽の成長を促進する.

灰白質　gray matter　中枢神経系で細胞体が密集している部位.

外皮系　integumentary system　哺乳類の体を覆う外皮．皮膚，毛髪，爪，かぎ爪，ひづめを含む.

外部寄生者　ectoparasite　宿主の外表面で摂食する寄生者.

解剖学的構造　anatomy　個体の構造.

開放血管系　open circulatory system　循環系の1形態で，血リンパが直接的に組織や器官に達し，循環液と間質液との区別がない.

界面活性物質　surfactant　肺胞から分泌される物質で，肺胞の被膜を形成する液体の表面張力を低下させる.

海綿腔(胃腔)　spongocoel　カイメン類の体の中心にある腔所.

海洋沖層　oceanic pelagic zone　岸から遠く離れた海域の大部分で，たえず海流で攪拌されている領域.

海洋の酸性化　ocean acidification　過剰なCO_2が海水に溶解し炭酸(H_2CO_3)を形成するときに起きる海洋のpHが低下する現象.

科学　science　自然界を理解する1つのアプローチ.

化学エネルギー　chemical energy　化学反応において分子が放出することのできるエネルギー．ポテンシャルエネルギーの一形態.

化学結合　chemical bond　外殻の電子の共有もしくは原子が正反対の電荷をもつことによる2つの原子間の引力．この結合をもった原子の最外電子殻は閉じている，つまり完全な電子殻となる.

化学合成従属栄養生物　chemoheterotroph　エネルギー源および炭素源として有機物を必要とする生物.

化学合成独立栄養生物　chemoautotroph　無機物を酸化することによってエネルギーを獲得し，炭素源として二酸化炭素のみを必要とする生物.

化学受容器　chemoreceptor　溶質や匂いなどの化学刺激に反応する感覚受容器.

化学浸透　chemiosmosis　膜を横切る水素イオンの勾配の形で蓄えられたエネルギーを，ATP合成などの細胞の働きを駆動するために利用するエネルギー共役機構．好気条件下では，細胞のほとんどのATP合成は化学浸透によって行われる.

化学反応　chemical reaction　化学結合が形成もしくは解消される反応で，物質の組成を変える.

化学平衡　chemical equilibrium　化学反応において，進行する反応速度と逆反応の速度が等しくなった状態．したがって，反応物と生成物の相対濃度は，時間が経過しても変化しない.

蝸牛　cochlea　聴覚にかかわる複雑な渦巻状の器官．コルチ器を内部にもつ.

核　nucleus　(1) 原子の構造の中心．陽子と中性子を含む．(2) 真核細胞の遺伝物質をクロマチンからなる染色体の形で有する細胞小器官．(3) ニューロンの集合体.

核型　karyotype　大きさと形に従って並べた，1つの細胞由来の染色体の対の一覧.

顎口類　gnathostome　脊椎動物の主要な2つの系統の1つ．顎をもち，サメやエイ，条鰭類，シーラカンス，肺魚，両生類，爬虫類，哺乳類が含まれる．「円口類」も参照.

拡散　diffusion　液体，気体，固体の粒子のランダムな熱運動．濃度勾配あるいは電気化学的勾配が存在するとき，ある物質について，濃度の高い領域から低い領域への正味の移動が拡散によって起こる.

核酸　nucleic acid　多数のヌクレオチド単量体からなる重合体(ポリヌクレオチド)．タンパク質の設計図となり，またタンパク質の働きを通してすべての細胞活動の設計図ともいえる．DNAとRNAの2種の核酸がある.

核酸ハイブリダイゼーション　nucleic acid hybridization　1本鎖の核酸と相補的な配列をもつ別の核酸分子の1本鎖との間に形成される塩基対合.

核酸プローブ　nucleic acid probe　標識した1本鎖核酸分子を用いて核酸試料中の特異的な塩基配列を検出するDNAテクノロジー．放射線や蛍光により標識されたプローブ分子が相補的な配列と水素結合を形成することにより，核酸試料中のどこであっても標的配列の位置を検出することができる.

学習　learning　個別の経験による行動の変形.

核小体　nucleolus　染色体のリボソームRNA(rRNA)遺伝子を含む領域からなる核内部の特殊化した構造で，細胞質から核内に輸送されたリボソームタンパク質を伴う．リボソームRNAの合成とリボソームサブユニットの会合が行われる．「リボソーム」も参照．

拡張期（弛緩期） diastole　心臓小室が弛緩し血液を満たす心臓周期のステージ．

拡張期（弛緩期）血圧 diastolic pressure　心室が弛緩しているときの動脈内血圧．

隔壁 septum（複数形は septa）　菌類の菌糸において，細胞を仕切る壁のこと．隔壁にはふつうリボソームやミトコンドリア，ときには核も通り抜けられる孔が存在する．

がく片 sepal　開花前の花のつぼみを包み保護する被子植物の変形葉．

核膜 nuclear envelope　真核生物の核を包む二重の膜．細胞質との間での物質輸送を制御する孔が貫通している．外膜は小胞体膜と連続している．

核融合 karyogamy　菌類においては，両親に由来する２個の単相核が融合すること．有性生殖の一ステージであり，細胞質融合に続いて起こる．

核様体 nucleoid　原核細胞の DNA が集中する領域で，膜には包まれていない（訳注：ミトコンドリアと色素体の DNA 領域も核様体とよばれる）．

核ラミナ nuclear lamina　核膜の核内側表面を裏打ちするタンパク質繊維の網状構造．核の形の保持に寄与する．

攪乱 disturbance　生物群集を変化させる出来事で自然と人為的なものを含む．通常，一時的に，群集から生物を死滅させる．火災や嵐のような攪乱は，多くの群集の形成に重要な役割を果たす．

家系図 pedigree　両親から子へと何世代にもわたって受け継がれる形質の有無を，標準的な記号を用いて表した家系の樹形図．

河口域 estuary　河川が海に流れ込む領域．

化合物 compound　２種以上の元素が一定の比率で結合した物質．

仮根 rhizoid　コケ植物を地面に固定する長い管状細胞か糸状の細胞群．根とは異なり，仮根は組織をもたず，特殊化した通道細胞を欠き，水や無機栄養素の吸収が主要な役割ではない．

花糸 filament　被子植物における，花粉をつくる生殖器官である雄ずいの柄の部分．

可視光 visible light　電磁スペクトルの中の，ヒトの眼でさまざまな色に見える波長領域．およそ 380〜750 nm の範囲．

果実 fruit　花の子房が成熟した構造．果実は休眠種子を保護し，しばしば散布を補助する．

加重 summation　シナプス後細胞の膜電位が EPSP や IPSP の複合的効果によって決定される神経の統合機能．1つのシナプスで EPSP や IPSP が連続的に起こり加算される場合と，異なるシナプスで EPSP や IPSP が同時的に起こり加算される場合がある．

花序 inflorescence　密集して一塊に集まった花の群．

花床 receptacle　花の基部で，花器官がつく茎の部分．

加水分解 hydrolysis　水を付加することで，２つの分子間の結合を切る化学反応．重合体を単量体にする反応でもある．

ガス交換 gas exchange　環境からの酸素の取り込みと環境への二酸化炭素の排出．

カスパリー線 Casparian strip　細胞壁を通して中心柱に受動的に入る水と溶質を遮る不透性のロウの層．植物の根の内皮細胞のまわりをリング状に覆う．

化石 fossil　過去に生息していた生物の保存された遺体あるいは痕跡．

仮説 hypothesis　利用可能なデータに基づき，帰納的推論により導かれた一連の観察のための検証可能な説明．仮説は理論よりも適用範囲が狭い．

カチオン cation　正の電荷をもったイオン．陽イオンともいう．

花柱 style　花の心皮の柄の部分で，基部に子房を，先端に柱頭をもつ．

割球 blastomere　初期胚の卵割期の間に生じる細胞．

活性化エネルギー activation energy　化学反応の開始前に，その反応物があらかじめ吸収しなければならないエネルギーの量．活性化の自由エネルギーともよばれる．

活性部位 active site　酵素の基質と結合する特異的な部位．その部位はくぼみになっており，そこで触媒反応が起こる．

褐藻 brown alga　色素体に含まれるカロテノイドのため特徴的な褐色〜オリーブ色を呈する多細胞光合成原生生物．ほとんどの褐藻は海産であり，一部の種は陸上植物のような複雑な体をもつ．

活動電位 action potential　神経や他の興奮性細胞の細胞膜に沿って，一定の脱分極として伝わる電気シグナル．

滑面小胞体 smooth ER　小胞体の，リボソームが表面に付着していない領域．

括約筋 sphincter　食道と胃の間の通り道のように，体内にある開口部の大きさを調節する筋繊維の環状の輪．

価電子 valence electron　最外の電子殻の電子．

価電子殻 valence shell　原子の最外電子殻．その原子の化学反応にかかわる価電子を含む．

仮道管 tracheid　ほとんどすべての維管束植物の木部に見られる，細長い細胞．機能している仮道管は死細胞である．

下胚軸 hypocotyl　被子植物の胚において，子葉がついている場所より下で，幼根より上の部分．

カビ mold　糸状体として成長して目で見える程の菌糸体を形成し，体細胞分裂によって単相の胞子をつくる菌類に対する慣用名．

過敏応答 hypersensitive response　植物の病原菌に対する局所的な応答で，感染部位の周囲の細胞死を起こす．

花粉 pollen grain　種子植物において，花粉壁に包まれた雄性配偶体からなる構造．

花粉管 pollen tube　花粉の発芽後につくられる管であり，胚珠に精細胞を運ぶ機能をもつ．

過分極 hyperpolarization　細胞外側に対し細胞内側の電位がよりマイナスになる電位変化．過分極はニューロンの活動電位の発生を抑制する．

花弁 petal　被子植物の変形葉．花弁はしばしば，昆虫などの送粉者の注意を引く，花の中でカラフルな部分である．

芽胞 endospore　「内生胞子」を参照．

加法法則 addition rule　同時には起こらない２つ以上の事象のうちいずれかが起こる確率は，各々の事象が起こる可能性を加算することにより算出できる，という確率の法則．

鎌状赤血球症 sickle-cell disease　ヒトの血液の病気の１種．α グロビン遺伝子の１塩基の変異によって，ヘモグロビンが凝集しやすくなり，そのため，赤血球が変形し，さまざまな症状を引き起こす．

殻 test　有孔虫では，小孔をもつ細胞外被であり，有機質基質に炭酸カルシウムが沈着してできている．

カルシトニン calcitonin　甲状腺から分泌されるホルモンの1つ．骨へのカルシウム沈着および腎臓でのカルシウム排出を促進して血中カルシウム濃度を低下させる．ヒトの成人では不可欠ではない．

カルス callus　障害を受けた部位や細胞培養において，分裂を行う未分化な細胞塊．

カルビン回路 Calvin cycle　光合成の2つの主要な反応段階の2番目の反応(明反応に続く反応)．大気中の CO_2 を固定し，固定した炭素を炭水化物に還元する．

カルボキシ基 carboxyl group　有機酸に含まれる官能基で，1個の炭素原子に1個の酸素原子が二重結合し，さらに1個のヒドロキシ基が結合したもの．カルボキシル基ともいう．

カルボニル基 carbonyl group　アルデヒドやケトンに含まれる官能基で，1個の炭素原子に二重結合で酸素原子が結合したもの．

カロテノイド carotenoid　植物の葉緑体とある種の原核生物に見られる黄色または橙色の光合成補助色素．クロロフィルが吸収できない波長の光を吸収することによって，カロテノイドは光合成を駆動することができる可視光のスペクトルを広げる．

カロリー(cal) calorie　水1gの温度を1℃上昇させるのに必要な熱エネルギー量．水1gの温度が1℃下がるとき放出される熱エネルギー量でもある．大文字のCalは，食物のエネルギーをキロカロリーで示すことが多い．

感覚受容 sensory reception　感覚細胞による刺激の検出．

感覚受容器 sensory receptor　身体外および身体内の刺激に反応する組織，細胞あるいは細胞内構造．

感覚順応 sensory adaptation　繰り返しの刺激に対し感覚ニューロンの感度が低下していく現象．

感覚ニューロン sensory neuron　内部環境や外部環境からの情報を受けとり中枢神経系にシグナルを伝達する神経細胞．

感覚変換 sensory transduction　感覚受容器によって刺激エネルギーを膜電位に変換すること．

間期 interphase　細胞周期において分裂が行われない時期．間期においては，細胞の代謝活性が高く，染色体と細胞小器官が倍加し，細胞の大きさが増す．間期の長さは多くの場合，細胞周期のおよそ90%を占める．

換気(換水) ventilation　呼吸界面上に空気あるいは水を流すこと．

換気(呼吸)量 tidal volume　哺乳類が1回の呼吸において吸い込み，吐き出す空気の量．

環境収容力 carrying capacity　ある環境が支えることができる最大個体群サイズ．K で表される．

還元 reduction　酸化還元反応においてある物質に電子が完全にまたは部分的に与えられること．

がん原遺伝子 proto-oncogene　正常な細胞の遺伝子で，発がん遺伝子に変化する可能性を有するもの．

還元剤 reducing agent　酸化還元反応における電子供与体．

幹細胞 stem cell　比較的特殊化されていない細胞で，細胞分裂により2個の同一の幹細胞を生成することも，2つ以上の特殊化した細胞を生成することもできる細胞．特殊化した細胞はさらに各々のタイプの細胞に分化する．

間質液 interstitial fluid　ほとんどの動物における，細胞間の隙間を満たす液体．

間充ゲル mesohyl　「中膠」を参照．

感受期 sensitive period　発達中に特定の行動が学習される限られた期間．臨界期ともいう．

緩衝液 buffer　弱酸と塩基を含む溶液．緩衝液に酸や塩基を添加しても，pH変化は小さい．

環状電子伝達 cyclic electron flow　光合成の明反応の電子伝達の経路の1つ．光化学系Iのみがかかわり，ATPは生成するが，NADPHと酸素は生じない．

乾生植物 xerophyte　乾燥気候に適応した植物．

完全花 complete flower　4つの基本的器官である，がく片，花弁，雄ずい，心皮のすべてをもつ花．

完全消化管 alimentary canal　「消化管」を参照．

完全変態 complete metamorphosis　幼生(幼体)から，形態が大きく異なる成体へと変化すること．成体は，環境中での役割(生態的地位)が幼生とは大きく異なることが多い．

完全優性 complete dominance　ヘテロ接合体と優性ホモ接合体の表現型が識別できない状況．

肝臓 liver　脊椎動物の一番大きな器官で，胆汁の生成，グルコースレベルの維持，血液中の毒性化合物の解毒など多様な働きがある．

管足 tube foot　棘皮動物の水管系から出ている多数の突起のこと．管足は移動や摂食の機能を担う．

桿体 rod　脊椎動物の網膜にある棒状の細胞．弱い光に対し感受性が高い．

官能基 functional group　有機化合物の炭素骨格に結合する特定の共通構造をもった原子団で，化学反応にかかわることがある．

カンブリア大爆発 Cambrian explosion　多くの現代の動物門が化石記録として最初に現れる比較的短期間の地質年代の歴史．この進化的変化の爆発は，約5億3500万～5億2500万年前に起き，最初の大きな硬い体をもつ動物の出現が見られる．

肝門脈 hepatic portal vein　大きな血管で，栄養素を含んだ血液を小腸から肝臓に運搬する．肝臓は血液中の栄養素の量を調節する．

がん抑制遺伝子 tumor-suppressor gene　細胞分裂を阻害するタンパク質産物をコードする遺伝子．発がんに結びつく制御不能の細胞増殖を防ぐ．

冠輪動物 Lophotrochozoa　左右相称動物の3つの主要な系統の1つである．冠輪動物には触手冠とトロコフォア幼生が見られる．「新口動物」と「脱皮動物」も参照．

キアズマ chiasma(複数形はchiasmata)　減数第一分裂前期の初期に，相同染色体の非姉妹染色分体の間で交差が起こった箇所に生じる，顕微鏡下で観察されるX字型の構造．キアズマは，対合は解消したが，姉妹染色分体間の接着が保たれているために相同染色体が結合している状態になると，見えるようになる．

偽遺伝子 pseudogene　本物の遺伝子と非常に類似しているが機能のある産物を生産しないDNA領域．偽遺伝子は以前は遺伝子として機能していたが，特定の生物種では突然変異により不活性化した．

記憶細胞(メモリー細胞) memory cell　抗原刺激による一次免疫反応で生じ，リンパ組織内に留まって長期間生存するリンパ球クローン．同一抗原に再度接触すると活性化される．活性化された記憶細胞は二次免疫反応を行う.

偽果　accessory fruit　肉質部分が，大部分，あるいは全体が子房以外の組織から起源した果実あるいは果実の集合体.

機械受容器　mechanoreceptor　圧力，接触，伸展，動き，音などの物理的変形を検知する感覚受容器.

気化熱　heat of vaporization　1 g の液体を気体状態に変換するとき必要とされる熱量．蒸発熱ともいう.

気化冷却　evaporative cooling　気化において，より大きな運動エネルギーをもつ分子が液体から気体状態に移行するとき，物体の表面が冷却される現象.

器官　organ　いくつかの異なった種類の組織から構成された，特化した生体機能において中心的な役割をもつ部分.

気管　trachea　喉頭から気管支に至る気道の一部分.

器官系　organ system　不可欠な身体機能を果たすため協調的に働く器官のグループ.

気管系　tracheal system　昆虫類において，枝分かれして体中に広がった空気に満ちた管からなる系であり，酸素を細胞に直接運ぶ.

器官形成　organogenesis　原腸胚形成後，三胚葉から器官原基が発生する過程.

器官決定遺伝子　organ identity gene　植物のホメオティック遺伝子．位置情報に従って，分裂組織のどの発生場にどの花器官を発生させるかを決定する.

気管支　bronchus（複数形は bronchi）　気管から肺へと分岐する1対の呼吸管の1つ.

気候　climate　ある場所において長期的に卓越した気象条件.

気孔　stoma（複数形は stomata）　葉や茎の表皮に見られる孔辺細胞で囲まれた微小な孔で，外界と植物体内部のガス交換を可能にしている.

気候変動　climate change　少なくとも30年以上は継続する地球規模の気候の変化で，気温や降雨その他の気候特性などが一方向的に変化するもの.

基質　substrate　酵素が作用する反応物.

基質食者　substrate feeder　食物源の表面または内部に生活する動物で，その食物を食べている.

基質レベルのリン酸化　substrate-level phosphorylation　異化過程において，酵素の触媒作用によって基質の中間体から ADP にリン酸基を直接転移して ATP が合成されること.

技術　technology　多くは工業や商業のためであるが，基礎研究も含む，特定の目的のための科学的知識の応用.

キーストーン種　keystone species　群集における優占度が小さいにもかかわらず，その生態学的役割やニッチのため，群集構造に大きな影響を与える種.

寄生　parasitism　一方（寄生者）が，もう一方（宿主）の体内または体表で生育し，宿主に害を与えて自らは利益を得る共生関係（＋/－）.

寄生者（寄生生物，寄生菌，寄生虫）　parasite　他の生物（宿主）の体内または体表に生育し，その細胞，組織または体液から栄養を得て宿主に害を与える生物．寄生者は宿主に害を与えるが，ふつう宿主を殺すことはない.

偽足　pseudopodium　アメーバ様細胞の一部が外に延び出した部分．移動や摂食のために使われる.

基礎代謝率（BMR）　basal metabolic rate　適温時の，安息・空腹・非ストレスでの外温を維持する代謝率.

偽体腔（擬体腔）動物　pseudocoelomate　体腔が中胚葉や内胚葉に裏打ちされない動物.

キチン　chitin　アミノ糖からなる構造多糖で，多くの菌類の細胞壁や節足動物の外骨格をつくる.

基底小体　basal body　真核生物の細胞内構造の1つ．三連微小管の9+0構造からなる．繊毛と鞭毛の微小管の組織化に関与するらしい．中心小体と構造的によく似ている.

起電的ポンプ　electrogenic pump　イオンを能動輸送して，膜を介した電位差を形成する輸送タンパク質.

亀頭　glans　陰核または陰茎の先端にある丸みのある構造．性的興奮に関与する.

軌道　orbital　電子が90%の時間存在する3次元空間.

キネトプラスト類　kinetoplastid　組織化された DNA 塊を含む単一の大きなミトコンドリアをもつ原生生物であり，トリパノソーマなどが含まれる.

帰納的推論　inductive reasoning　大量の個々の観察に基づく一般化の論理形態.

基部被子植物　basal angiosperm　現生の被子植物の初期に分化した系統である3つのクレードの構成員．例として，アンボレラ，スイレン類，シキミとその近縁群がある.

基部分類群　basal taxon　ある特定の生物群で，その群の歴史の初期に分岐した進化系統の分類群.

基本組織系　ground tissue system　維管束組織でもなく表皮組織でもない植物組織で，貯蔵，光合成，支持のようないろいろな機能を果たしている.

逆位　inversion　ある染色体の断片が，その染色体に逆向きに再結合することによって生じる染色体の異常構造.

逆転写 PCR（RT-PCR）　reverse transcriptase-polymerase chain reaction　特定の遺伝子の転写量を測定する技術．試料中のすべての mRNA について逆転写酵素と DNA ポリメラーゼを用いて cDNA を合成し，この cDNA に対して目的の遺伝子に特異的なプライマーを用いて PCR 増幅を行う.

逆転写酵素　reverse transcriptase　特定のウイルス（レトロウイルス）にコードされる酵素で，RNA を鋳型として DNA を合成する.

逆平行　antiparallel　DNA の二重らせんの2本の鎖の糖リン酸骨格の配向．つまり，一方が5′→3′であれば，他方は3′→5′と逆になっていること.

ギャップ結合　gap junction　動物細胞における細胞間結合の1つ．孔の周縁のいくつかのタンパク質からなり，細胞間の物質の通過を可能にする.

キャプシド　capsid　ウイルスのゲノムを収納するタンパク質の殻．棒状や多面体，またはさらに複雑な形態をとるものもある.

キャリアー　carrier　ある劣性の遺伝性疾患に関する遺伝子座についてヘテロ接合体の個体を指す遺伝学の用語．ヘテロ接合体の個体は一般的にその疾患は発症せず表現型は正常だが，劣性対立遺伝子を子孫に伝える可能性がある.

吸エルゴン反応　endergonic reaction　環境から自由エネルギーを吸収する自発的には起こらない化学反応.

嗅覚　olfaction　匂いの感覚.

球果類　conifer　裸子植物最大の門のメンバー．ほとんどの球果類は，マツやトウヒのように球果をつける木本である.

旧口動物型の発生　protostome development　原口が口に分化する

発生様式，らせん卵割や中胚葉が開裂して体腔が形成されるなどの特徴も見られる．

吸収　absorption　動物における食物処理の第三段階．生物の体内に低分子の栄養素を取り込むこと．

吸収スペクトル　absorption spectrum　ある色素が吸収できるさまざまな波長の光の範囲．また，その波長の範囲を表すグラフ．

吸水　imbibition　構造の内部への表面からの水の物理的吸収．

休眠　(1) dormancy　極端に低い代謝と成長や発生を抑止した状態．(2) torpor　活動が少なくなり代謝が減少する生理状態．

橋　pons　延髄の呼吸中枢の制御など自律神経，内部恒常性調節に関与する脳部位．

強化　reinforcement　進化生物学において，自然選択により生殖の受精前隔離を増強され，そのため雑種形成の機会を減らすプロセス．このようなプロセスは，雑種子孫が両親種の構成員よりも，より適応的でない場合に起こりやすい．

鋏角　chelicera（複数形は chelicerae）　鋏角類に特徴的な 1 対の鉤爪状の付属肢で，摂食に用いられる．

鋏角類　chelicerate　鋏角をもち，体が頭胸部と腹部に分かれている節足動物．現生の鋏角類にはウミグモ，カブトガニ，サソリ，ダニ，クモなどが含まれる．

競合阻害剤　competitive inhibitor　ある酵素の基質と構造がよく似ているために，その基質の代わりに酵素の活性部位に結合して，酵素活性を減少させる物質．

凝集　cohesion　水素結合などで，よく似た分子が互いに集合すること．

凝集-張力仮説　cohesion-tension hypothesis　木部液上昇の支配的な仮説．蒸散が木部を陰圧にして，上から引っぱり，水分子の凝集力がこの張力を根から葉までの木部全体に伝えるとする．

強縮　tetanus　連続刺激による高頻度の活動電位で起こる骨格筋の持続性で最大の収縮．

共進化　coevolution　2 つの相互作用する種の協調した進化で，それぞれが相手の種に起きた自然選択に応答する．

共生　symbiosis　2 つの異なる種の生物が密接な関係を持って近接して生きている生態的相互関係．

共生者　symbiont　共生関係においてより小さな生物であり，より大きな宿主の中または体表で生育している．

胸腺　thymus　脊椎動物の胸腔中にある小さな組織で，T 細胞の成熟が行われる．

鏡像異性体　enantiomer　不斉炭素をもつため，形が異なるが，互いに鏡像関係となる化合物．エナンチオマーともいう．

競争排除　competitive exclusion　限られた同じ資源を巡って競争する 2 種の個体群があり，一方の種の個体群が資源をより効率的に獲得でき，繁殖する上で有利であれば，最終的に，その種が他方の種個体群を競争排除するという考え方．

協同性　cooperativity　アロステリック制御の 1 種．タンパク質の 1 つのサブユニットに基質が結合すると，その立体構造が変化し，その変化が他のすべてのサブユニットに伝播して，他のサブユニットへの基質の結合が促進される．

莢膜　capsule　多くの原核生物において，細胞壁を取り囲む多糖またはタンパク質性の明瞭な粘液質の層であり，細胞を保護し基質や他の細胞に接着することを助ける．

共輸送　cotransport　ある物質の勾配に従った拡散と，別の物質の濃度勾配に逆らった輸送が共役した輸送．

共有結合　covalent bond　強力な化学結合の 1 つ．2 つの原子が 1 対以上の価電子を共有する．

共優性　codominance　2 つの対立遺伝子がそれぞれ表現型に識別可能な別個の影響を与えるため，ヘテロ接合体に両方の対立遺伝子の表現型が現れている状況．

共有祖先形質　shared ancestral character　特定のクレードで共有されるが，クレードの構成員ではない共通祖先において生じた形質．

共有派生形質　shared derived character　特定のクレードに独自の進化で生じた新しい形質．

恐竜類　dinosaur　非常に多様な爬虫類のクレードのメンバーで，多様な体形，大きさ，生息域が見られる．鳥類は唯一の現生の恐竜類である．

棘魚類　acanthodian　シルル紀からデボン紀に見られる古代の水生有顎脊椎動物．

極限環境生物　extremophile　他の生物がほとんど生きられない過酷な環境に生育する生物．極限環境生物の中には，高度好塩菌や超好熱菌などが含まれる．

局所調節因子　local regulator　ある細胞から分泌されて，近隣の別の細胞に効果を及ぼす分子．

極性　polarity　対称性がないこと．生物や構造物の両端での構造的な相違．たとえば，植物の根端と茎頂のような構造．

極性化活性帯（ZPA）　zone of polarizing activity　肢芽の後端と体が接合する外胚葉の直下に位置する中胚葉の区画．肢の前後軸に沿った適切なパターン形成に必要とされる．

極性共有結合　polar covalent bond　電気陰性度の異なる原子間の共有結合．共有電子は電気陰性度の強い原子に引きつけられ，少し負電荷を帯び，他方の原子は少し正電荷を帯びる．

極性分子　polar molecule　分子内で電荷が不均等に分布した分子．例として，水分子がある．

棘皮動物　echinoderm　定着性または動きの遅い海生の新口動物で，水管系をもち，幼生期の体制は左右相称である．ヒトデ類，クモヒトデ類，ウニ類，ウミシダ類，ナマコ類が含まれる．

キロカロリー（kcal）　kilocalorie　1000 cal のこと，水 1 kg の温度を 1℃上げるのに必要な熱エネルギー量．

キロミクロン　chylomicron　コレステロールを含む脂肪からなる脂質輸送小滴でタンパク質でコートされている．

近位細尿管　proximal tubule　脊椎動物腎臓において，ボーマン嚢のすぐ下位に存在する部位で，濾液を運搬し，精製する．

筋原繊維　myofibril　筋細胞の長軸方向に沿って走る繊維．アクチンから成る細い繊維，調節タンパク質，ミオシンからなる太い繊維で構成される．

菌根　mycorrhiza（複数形は mycorrhizae）　陸上植物の根と菌類による相利共生体．

菌糸　hypha（複数形は hyphae）　菌類において，菌糸体を構成する糸状体．

菌糸体　mycelium　菌類における菌糸の集合体．

筋小胞体　sarcoplasmic reticulum（SR）　筋細胞のサイトゾルのカルシウムイオ

ン濃度を制御する特殊化した小胞体．

筋節(サルコメア)　sarcomere　横縞筋に見られるZ線で仕切られた基本的繰り返し構造．

筋肉組織　muscle tissue　長い筋細胞からなる組織で，自律的に，あるいは神経インパルスによる刺激によって収縮することができる．

空間学習　spatial learning　環境の空間的構造を反映する記憶の確立．

クエン酸回路　citric acid cycle　グルコース分子の分解を完結させる代謝を行う，化学反応の回路で，8つの段階からなる．解糖で始まったグルコースの分解を，アセチルCoA(ピルビン酸に由来する分子)の酸化によって二酸化炭素にまで分解して完結させる．この回路は真核細胞のミトコンドリアと原核細胞のサイトゾルで行われる．ピルビン酸の酸化も合わせて，クエン酸回路は細胞呼吸の2番目の主要な段階である．

茎　stem　維管束植物の器官の1つで，節と節間が交互に繰り返す構造体．葉と生殖器官をつけて支える．

クチクラ　cuticle　(1) 陸上植物において乾燥を防ぐ茎や葉の表面を覆うロウ状物質．(2) 線虫の体を覆う丈夫な物質．

屈性　tropism　異なる細胞伸長に基づき，植物の器官全体が刺激に向かう，もしくは逃げる成長応答．

くびれ込み　cleavage　動物細胞の細胞質分裂の過程．細胞膜がくびれ込んで細胞質分裂が行われるのが特徴．

組換えDNA分子　recombinant DNA molecule　別々の遺伝子源に由来するDNA断片を試験管内で結合して作製されたDNA分子．

組換え型(組換え体)　recombinant type (recombinant)　純系の親世代(P世代)のいずれの表現型とも一致しない表現型を示す子，またはその表現型．

組換え染色体　recombinant chromosome　交差によって生じた，両方の親に由来する染色体DNAが結合して単一の染色体となったもの．

クモ形類　arachnid　節足動物門の主要なクレードである鋏角類の中の1つのサブグループ．クモ形類は6対の附属肢(その内の4対は歩脚)をもち，クモ，サソリ，ダニなどを含む．

クライモグラフ　climograph　ある地域の気温と降水量の関係をグラフ化したもの．

クラゲ　medusa(複数形はmedusae)　刺胞動物のボディープランの1型で，浮遊し，扁平で下向きの口をもつ．刺胞動物のボディープランのもう1つの型はポリプである．

グラナ　granum　葉緑体のチラコイドとよばれる膜胞の積み重なり構造．グラナは光合成の明反応において機能する．

グラム陰性細菌　Gram-negative bacteria　グラム染色の結果が陰性である細菌．グラム陽性細菌に比べてペプチドグリカンが少なく，より複雑な細胞壁をもつ．グラム陰性細菌は，グラム陽性細菌に比べてしばしば毒性が強い．

グラム染色　Gram stain　細菌を，細胞壁の構造に基づいた2つのグループに分ける染色法．医療現場で感染者の治療法を決定する一助となる場合もある．

グラム陽性細菌　Gram-positive bacteria　グラム染色の結果が陽性である細菌．グラム陰性細菌に比べてペプチドグリカンが多く，より単純な細胞壁をもつ．グラム陽性細菌は，ふつうグラム陰性細菌に比べて毒性が弱い．

グリア(グリア細胞)　glia (glial cell)　ニューロンの機能を支持，制御，増幅する神経系の細胞．

グリコーゲン　glycogen　動物の肝臓や筋肉に蓄えられるグルコースでできた多糖で，よく分枝している．植物のデンプンと同等の物質である．

グリコシド結合　glycosidic linkage　2個の単糖の間に，脱水反応で形成される共有結合．

クリステ　crista(複数形はcristae)　ミトコンドリア内膜のひだ構造．内膜には電子伝達鎖とATP合成を触媒する酵素(ATP合成酵素)の構成分子が組み込まれている．

グリセルアルデヒド3-リン酸(G3P)　glyceraldehyde 3-phosphate　カルビン回路の直接の産物である三炭糖．解糖の中間産物でもある．

グルカゴン　glucagon　膵臓から分泌されるホルモンで，血糖レベルを上げる．肝臓でのグリコーゲン分解を促進し，グルコースを放出する．

グルココルチコイド　glucocorticoid　副腎皮質から分泌されるステロイドホルモンのうち，グルコース代謝および免疫機能に作用するもの．糖質コルチコイドともいう．

クレード　clade　祖先種とそのすべての子孫種を含む種群．クレードは単系統群と同一である．

クローニングベクター　cloning vector　遺伝子工学で，外来DNAを連結して宿主に導入し，宿主の中で複製することのできるDNA分子．クローニングベクターにはプラスミドと細菌人工染色体(BAC)などがあり，組換えDNAを試験管から細胞に導入する．感染により組換えDNAを宿主に導入するウイルスもクローニングベクターとして用いられる．

クロマチン　chromatin　真核生物の染色体を構成するDNAとタンパク質の複合体．細胞が分裂していないときのクロマチンは，光学顕微鏡では見えない，非常に長く，細い繊維の集合体として，ほどけて分散した形で存在する．

グロムス類　glomeromycete　グロムス門に属する菌類であり，樹枝状体とよばれる分枝した菌糸を形成する菌根菌．

クロロフィル　chlorophyll　植物，藻類の葉緑体内の膜，そしてある種の原核生物の膜に局在する緑色の色素．クロロフィル*a*は，太陽エネルギーを化学エネルギーに変換する明反応に直接関与する．

クロロフィル*a*　chlorophyll *a*　光合成色素の1種．太陽エネルギーを化学エネルギーに変換する明反応に直接関与する．

クロロフィル*b*　chlorophyll *b*　光合成の補助色素の1種．クロロフィル*a*にエネルギーを伝達する．

クローン　clone　(1) 遺伝的に同一の個体または細胞の系譜．(2) 一般的な用法では，別の個体と遺伝的に同一な生物個体．(3) 動詞としては，遺伝的に同一な個体または細胞の複製を1つ以上作成すること．「遺伝子クローニング」を参照．

クローン選択　clonal selection　抗原に特異的な受容体をもつリンパ球に抗原が特異的に結合し，活性化を行う過程．選択されたリンパ球はその抗原にのみ反応して増殖・分化し，それぞれ1種類のエフェクター細胞クローンと記憶細胞クローンを生み出す．

群集　community　特定の地域に生育するすべての生物個体で，生物間相互作用の可能性がある異なる生物種の集団の集合体．

群集生態学　community ecology　種

間の相互作用が群集構造とその形成機構に及ぼす影響を研究する．

景観　landscape　いくつかの異なる生態系を含む空間で，エネルギーや物質および生物の移動で結びついている．

景観生態学　landscape ecology　生物の生育場所の空間的配置が，生物の分布や量，および，生態系の諸過程に及ぼす影響を研究する．

警告色　aposematic coloration　動物のもつ鮮やかな配色で，効果的な物理的・化学的防御を伴い，捕食者に対する警告として機能する．

軽鎖　light chain　抗体分子や B 細胞受容体を構成する 2 種のポリペプチド鎖の小さいほうで，抗原に結合する可変領域と，定常領域からなる．

形質　character　個体ごとに異なることのある，観察可能な遺伝する特徴．

形質　trait　2 つ以上の検出可能な遺伝的形質のうちの 1 つ（訳注：英語では trait，character も日本語では形質という同じ語を用いる．例として「花の色」は character，「白色」や「紫色」が trait．

形質置換　character displacement　ある 2 つの種が異所的に分布する場合に比べて，それら 2 種が同所的に分布する場合において，2 種の形質が互いに異なるようになる傾向．

形質転換　transformation　(1) 培養細胞ががん細胞の細胞分裂と同様に，永続的な細胞分裂の能力を獲得すること．(2) 細胞が外来 DNA を蓄積することによって遺伝子型と表現型が変化すること．その外来遺伝子が異なる種由来である場合，形質転換は遺伝子の水平伝播ということになる．

形質導入　transduction　ファージ（ウイルス）によって，ある細菌の細胞から別の細胞へ細菌 DNA が運ばれる過程．この 2 つの細胞が異なる種である場合，形質導入は遺伝子水平伝播となる．「シグナル変換」も参照．

形質膜　plasma membrane　「細胞膜」を参照．

茎状部　stipe　海藻における茎のような構造．

珪藻　diatom　ストラメノパイルに属する光合成原生生物であり，有機質基質と二酸化硅素からなるガラス質の特異な細胞壁をもつ．

形態学的種概念　morphological species concept　計測可能な解剖学的基準の観点で見る種の定義．

形態形成　morphogenesis　生物個体の構造が形成される発生過程．

系統　phylogeny　種や近縁種群の進化的歴史．

系統樹　phylogenetic tree　生物群の進化的歴史に関する仮説を描いた分岐図．

茎葉体　gametophore　蘚類の配偶体の配偶子を生産する器官をつける成熟した構造．

血液　blood　血漿とよばれる液体のマトリクスに赤血球，白血球，血小板とよばれる細胞片が懸濁している結合組織．

血縁選択　kin selection　近縁者の繁殖成功度を上げるような利他行動に有利に働く自然選択．

血縁度　coefficient of relatedness　2 個体間で共有する（利他行動にかかわる）遺伝子の平均的な割合．

血管拡張　vasodilation　血管壁の平滑筋を弛緩させることにより引き起こされる血管直径の増加．

血管収縮　vasoconstriction　血管壁の平滑筋を収縮させることにより引き起こされる血管直径の減少．

月経　menstruation　子宮周期（月経周期）において，子宮内膜が脱落する現象．

月経周期　menstrual cycle　ヒトや一部の霊長類に見られる生殖周期．妊娠しなかった場合，子宮内膜は成長と脱落を繰り返す．

結合組織　connective tissue　おもに他の組織を結合して支える機能をもつ動物の組織で，細胞外マトリクスにまばらに分散した細胞集団．

欠失　deletion　(1) 染色体の損傷により一部が失われた染色体異常 (2) ある遺伝子から 1 対以上の塩基対が突然変異により失われること．

血漿　plasma　血液細胞が浮遊する，血液の液状マトリクス．

血小板　platelet　特化した骨髄細胞の細胞質断片．血小板は血液とともに循環し，血液凝固に重要．

血栓　thrombus　血管内に形成されるフィブリンを含む血塊で，血液の流れを妨げる．

結腸　colon　脊椎動物の大腸の一番大きな部分で，水分の吸収と糞便形成機能がある．

決定　determination　細胞の発生可能性が段階的に制限されていくこと．胚発生の進行にともなって，各々の細胞が分化できる細胞の種類が限られていく．分化決定の最後には細胞は最終的に分化する運命が決定する．

決定性卵割　determinate cleavage　おもに旧口動物で見られる胚発生様式で，胚の細胞の発生運命が早期に振り分けられる．

血友病　hemophilia　伴性劣性対立遺伝子のためいくつかの血液凝固タンパク質の欠失が引き起こされるヒトの遺伝性疾患．負傷時に過剰に出血することを特徴とする．

血リンパ　hemolymph　開放血管系をもつ無脊椎動物において，組織を浸している体液．

ゲート型イオンチャネル　gated ion channel　特定のイオンを通すゲート型チャネル．チャネルの開閉により膜電位が変化する．

ゲートつきチャネル　gated channel　特定の刺激に応答して開閉する，膜に貫通するタンパク質からなるチャネル．

ゲノミクス（ゲノム科学）　genomics　ある生物種の遺伝子全体とその相互作用に関する研究，および生物種の間のゲノムの比較研究などを体系的に調べる研究．

ゲノム　genome　ある生物またはウイルスの遺伝物質．ある生物またはウイルスの遺伝子および非コード核酸配列を含むすべての遺伝情報．

ゲノムワイド関連解析（GWAS）　genome-wide association study　特定の表現型または病気をもつ多数の人のゲノムの大規模な研究．対象とする表現型や病気に関連する遺伝的マーカーを見出すことを目的とする．

ゲーム理論　game theory　ある戦略の成果が他個体の示す戦略に依存して変わる場合に，複数の代替戦略を評価する理論．

ケルコゾア　cercozoan　糸状仮足によって摂食するアメーバ状または鞭毛をもつ原生生物．

ゲル電気泳動　gel electrophoresis　核酸またはタンパク質をその電荷と分子量により分離する技術．アガロースなどのポリマーによりつくられたゲルの中を電場により移動する速さには電荷と分子量の両方が影響する．

腱　tendon　筋肉と骨を接合する，繊維状の結合組織．

原核細胞　prokaryotic cell　膜で包まれた核と膜で包まれた細胞小器官をも

たないというタイプの細胞・原核細胞をもつ生物は原核生物(細菌と古細菌)とよばれる.

嫌気呼吸　anaerobic respiration　電子伝達系において，酸素以外の無機分子を最終電子受容体とする呼吸反応.

原形質分離　plasmolysis　細胞壁をもった細胞において，細胞が高張の環境下で水を失ったとき，細胞質がしぼんで細胞膜が細胞壁から引き離される現象.

原形質流動　cytoplasmic streaming　ミオシンとアクチンフィラメントの相互作用が関与する細胞質の循環的な流れ．細胞内の物質の拡散を促進する.

原形質連絡　plasmodesma(複数形は plasmodesmata)　植物の細胞壁を貫通するチャネル．そのチャネルによって隣り合う植物細胞の細胞質がつながり，水と溶質，さらにある種の大きな分子が細胞間を通過することが可能になっている.

原口　blastopore　原腸胚の原腸の開口部で新口動物では肛門に，旧口動物では肛門に分化する.

原口背唇部　dorsal lip　両生類胚の背側表面にある原口の上の領域.

原子　atom　元素の特性をもつ物質の最小単位.

原子価　valence　原子の化学結合能．つまり，原子が形成できる共有結合の数で，最外電子殻(価電子殻)を満たすのに必要な不対電子数に通常は等しい.

原子核　atomic nucleus　原子の重い中心核，陽子と中性子を含む.

原始細胞　protocell　膜状の構造をもち，内部の化学環境を周囲とは異なる状態で維持する，生物細胞の非生物的前駆体.

原糸体　protonema(複数形は protonemata)　コケの胞子の発芽によりつくられる，緑色で分枝する1細胞層の糸状体.

原子番号　atomic number　原子核の陽子数で各元素に固有で，元素記号の左下に示す.

原子量　atomic mass　原子の総質量，原子1モルのグラム質量に相当する(複数の同位体がある場合は，その存在比で補正した平均値となる).

原腎管　protonephridium(複数形は protonephridia)　盲細管(体外にのみ開口する細い管)のネットワークからなる排出系で，扁形動物の炎球系などが知られる.

減数第一分裂　meiosis I　有性生殖する生物が行う，染色体組数がもとの細胞の半分になる2段階からなる細胞分裂過程の1回目の分裂.

減数第二分裂　meiosis II　有性生殖する生物が行う，染色体組数が元の細胞の半分になる2段階からなる細胞分裂過程の2回目の分裂.

減数分裂　meiosis　有性生殖する生物が行う特殊な細胞分裂の様式であり，1回のDNA複製に続いて2回の細胞分裂が起こる．その結果，生じた細胞の染色体組の数が，元の細胞の半分になる.

原生生物　protist　陸上植物，動物，菌類以外の真核生物を指す慣用名．多くの原生生物は単細胞性であるが，群体性や多細胞性のものもいる.

元素　element　化学反応で別のどんな物質にも分解できない物質.

現存量　biomass　「生物量」を参照.

懸濁物食者　suspension feeder　環境中の懸濁物を，捕獲したり濾過したりして摂餌する動物.

原腸　archenteron　原腸形成で生じる内胚葉の腔所，発生して動物の消化管になる.

原腸形成　gastrulation　動物の発生において，胞胚期の胚の一部が，細胞や組織の移動により内側に入り，3つの胚葉をもつ原腸胚へと発生する段階.

原腸胚　gastrula　内胚葉，中胚葉，外胚葉の3つの細胞層を形成する動物の発生段階.

検定交雑　testcross　遺伝子型が不明な個体の遺伝子型を決定するために行う，劣性のホモ接合体との交雑．得られた子の表現型の出現比率により，不明だった遺伝子型が決定できる.

綱　class　リンネの分類体系で，目より上位レベルの分類カテゴリー.

好塩菌　halophile　「高度好塩菌」を参照.

光化学系　photosystem　葉緑体のチラコイド膜またはある種の原核生物の膜に局在する光エネルギーを獲得するための単位構造．反応中心複合体とそれを取り囲む多数の光捕集系複合体から構成されている．2種類の光化学系，光化学系Iと光化学系IIがあり，それらは最もよく吸収する光の波長が異なる.

光化学系I(PS I)　photosystem I　葉緑体のチラコイド膜またはある種の原核生物の膜に存在する光エネルギーを獲得するための単位構造の1つ．P700のクロロフィル*a*2分子を反応中心にもつ.

光化学系II(PS II)　photosystem II　葉緑体のチラコイド膜またはある種の原核生物の膜に存在する光エネルギーを獲得するための単位構造の1つ．P680のクロロフィル*a*2分子を反応中心にもつ.

光学顕微鏡(LM)　light microscope　試料の像を拡大するためにレンズで可視光を屈折させる光学機器.

厚角細胞　collenchyma cell　植物の柔軟なタイプの細胞の1つで，束あるいは筒状をなし，自身の成長が制限されることなく，植物体の若い部分を支持する.

交換里子研究　cross-fostering study　ある種の子を他種の親に育てさせる行動研究.

交感神経　sympathetic division　自律神経系の1つ．エネルギー消費を増加させ体を活動状態に仕向ける.

後期　anaphase　有糸分裂の4番目の時期．各染色体の染色分体が分離し，娘染色体が細胞の両極に移動する時期.

好気呼吸　aerobic respiration　有機分子の異化経路の1つ．電子伝達鎖の最終的な電子受容体として酸素(O_2)を利用し，最終的にATPを生じる．これは最も効率のよい異化経路であり，ほとんどの真核細胞と多くの原核生物によって行われる.

高血圧　hypertension　血圧が慢性的に異常に高い疾患.

抗原　antigen　B細胞受容体，抗体，T細胞受容体に結合して，免疫反応を誘起する物質.

抗原決定基　epitope　「エピトープ」を参照.

抗原受容体　antigen receptor　B細胞とT細胞の表面に存在し，抗原に結合し，適応免疫反応を開始するタンパク質の総称．B細胞表面の抗原受容体はB細胞受容体，T細胞上の抗原受容体はT細胞受容体とよばれる.

抗原提示　antigen presentation　細胞内のタンパク質抗原断片をMHC分子に結合させ，細胞表面まで移送し，T細胞がそれら抗原を認識できるように細胞膜上に示す過程のこと.

抗原提示細胞　antigen-presenting cell　病原体や病原体タンパク質を細胞内に

取り込み，それらをペプチド断片にまで分解し，クラスII MHC分子に結合させ，細胞膜上に提示して，T細胞と反応させる細胞．マクロファージ，樹状細胞，B細胞は一次抗原提示細胞である．

口腔 oral cavity　動物の口．

光合成 photosynthesis　植物，藻類，ある種の原核生物で行われる，光エネルギーを化学エネルギーに変換して，糖や他の有機化合物に蓄える過程．

光合成従属栄養生物 photoheterotroph　ATPを生成するために光エネルギーを利用し，炭素源としては有機物を必要とする生物．

光合成独立栄養生物 photoautotroph　二酸化炭素から有機物を合成する際に光エネルギーを利用し，炭素源として二酸化炭素のみを必要とする生物．

硬骨魚類 osteichthyan　顎をもち，硬骨性の骨格をもつ脊椎動物．

交差（乗換え） crossing over　減数第一分裂の前期に非姉妹染色分体の間で起こる遺伝物質の相互交換．

虹彩 iris　脈絡膜の前方に形成された色のついた部位．

交雑 hybridization　遺伝学の用語で，2つの純系間の交配または交雑のこと．

交雑帯 hybrid zone　異なる種の構成員が出合い，交雑し，祖先の混合した子孫を少なくともいくらかをつくり出す地理的場所．

光子 photon　光エネルギーの量子または不連続量．1個の粒子のようにふるまう．

光周性 photoperiodism　昼夜の相対的長さである光周期への生理的応答．光周性の例は花形成．

恒常性 homeostasis　「ホメオスタシス」を参照．

甲状腺 thyroid gland　気管の腹側表面に存在する内分泌腺．トリヨードチロニン(T_3)，チロキシン(T_4)というヨウ素を含む2種のホルモン，およびカルシトニンを分泌する．

甲状腺ホルモン thyroid hormone　甲状腺から分泌される2種類のヨウ素含有ホルモン（トリヨードチロニンおよびチロキシン）のことで，脊椎動物の代謝，発達および成熟を調節する．

後腎管 metanephridium（複数形は metanephridia）　多くの無脊椎動物に存在する排出器官で，一般的に，繊毛をもつ体内開口部と外部開口部をつなぐ管からなる．

後成的遺伝 epigenetic inheritance　「エピジェネティック遺伝」を参照．

酵素 enzyme　触媒として働く高分子で，反応で消費されずに反応速度を促進する．酵素のほとんどはタンパク質である．

紅藻 red alga　光合成原生生物であり，クロロフィルの緑色を覆い隠す赤い色素（フィコエリスリン）に起因するその色にちなんで名づけられた．紅藻の多くは多細胞であり，海に生育する．

構造異性体 structural isomer　分子式は同じだが，原子間の共有結合の組み合わせが異なる化合物．

酵素–基質複合体 enzyme-substrate complex　酵素がその基質分子と結合するときに，一時的に形成される複合体．

抗体 antibody　プラズマ細胞（形質細胞，分化したB細胞）から分泌されるタンパク質で，特定の抗原に結合する．免疫グロブリンともよばれる．すべての抗体は同じY字型構造をとり，単量体は2つの重鎖と2つの軽鎖からなる．

好中球 neutrophil　最も一般的な白血球の型．好中球は貪食性で，外部からの侵入物を取り込むと自己破壊する傾向があり，寿命は数日．

高張 hypertonic　細胞がある溶液中にあるとき，その細胞が水を失う場合，その溶液は高張であるという．

後天性免疫不全症候群（AIDS） acquired immunodeficiency syndrome　「エイズ」を参照．

喉頭 larynx　声帯を含む気道の一部分．

行動 behavior　個体として，ある刺激に対して脳神経系の支配下にある筋肉や腺により実現される活動．ある外的または内的な刺激に対しての動物個体の総体的な反応．

行動生態学 behavioral ecology　動物行動を，進化と生態をもとに研究する分野．

高度好塩菌（超好塩菌） extreme halophile　グレートソルト湖や死海のような塩分濃度が非常に高い環境に生育する生物．

好熱菌 thermophile　「超好熱菌」を参照．

後脳 hindbrain　脊椎動物の脳の胚発生過程でできる3つの部位の1つ．延髄，橋，小脳になる．

高分子 macromolecule　小さな分子（単量体）が通常は脱水反応でつながってできた巨大な分子．多糖，タンパク質，核酸は高分子である．

興奮性シナプス後電位（EPSP） excitatory postsynaptic potential　興奮性神経伝達物質のシナプス後膜への結合によって引き起こされる脱分極性の膜電位変化．シナプス後細胞の活動電位の発生を促進する．

厚壁異形細胞 sclereid　堅果の果皮や種皮に存在する不規則な形の厚壁組織の細胞．厚壁異形細胞はいくつかのの植物の柔組織全体に散在している．

厚壁細胞 sclerenchyma cell　堅固で植物体を支持するタイプの細胞．通常，プロトプラストを欠き，成熟時にリグニンで強固になった厚い二次細胞壁をもつ．

孔辺細胞 guard cell　気孔の側面に位置する2つの細胞で，孔の開閉を調節する．

酵母 yeast　単細胞の菌類．酵母は二分裂または出芽によって無性生殖を行う．多くの菌類が酵母としても菌糸体としても生育できるが，酵母としてのみ生きる種は少ない．

後方 posterior　左右相称動物の尾のある方向．

高密度リポタンパク質（HDL） high-density lipoprotein　数千のコレステロール分子と他の脂質がタンパク質に結合してできた血中粒子．HDLは過剰なコレステロールを除去する．

硬葉樹灌木林（チャパラル） chaparral　高密度で棘状の常緑性低木材で，中緯度の寒流が流れる海岸地帯に分布するバイオーム．温暖多雨な冬と，長く暑い乾燥した夏で特徴づけられる．

抗利尿ホルモン（ADH） antidiuretic hormone　バソプレシンともよばれるペプチドホルモンで，腎臓での水保持を促進する．視床下部で産生され，脳下垂体後葉から放出される．脳でも機能する．

個眼 ommatidium（複数形，ommatidia）　節足動物とで見られる複眼の一部．

呼吸 breathing　吸気と呼気を交互に行うことにより肺を換気すること．

呼吸色素 respiratory pigment　血液や血リンパ中で酸素を運搬するタンパク質．

コケ植物 bryophyte　蘚類，苔類，ツノゴケ類の通称名．陸上に生育するが，維管束植物の陸上への適応のいくつかを欠く非維管束植物．

互恵的利他行動　reciprocal altruism　非血縁者間で利他者が受益者から将来返礼を受ける互助的な利他行動のこと．

古細菌　Archaea　2つの原核生物ドメインの1つ．他の1つは細菌である．アーキアともいう．

古色素体類　Archaeplastida　「アーケプラスチダ」を参照．

古人類学　paleoanthropology　ヒトの起源と進化に関する研究．

古生物学　paleontology　化石の科学的研究．

個体群　population　「集団」を参照．

個体群生態学　population ecology　環境に関係した個体群の研究で，環境条件が，個体密度，齢構造，個体数の変動に及ぼす影響に焦点を当てる．

個体群動態　population dynamics　個体群の変動に対する生物的・非生物的要因の複雑な相互作用を研究する．

個体生態学　organismal ecology　生物の形態，生理，行動に関連する生態学の一分野で，個々の生物が非生物的・生物的環境に対応する進化的適応を研究する．

骨格筋　skeletal muscle　体の随意運動に通常必要とされる横紋筋の1つ．

固定的動作パターン　fixed action pattern　動物の行動において，基本的に不変で学習不要な一連の動作パターンで，通常はいったん始まると完了するまで終わらない．

コード鎖　coding strand　非鋳型鎖DNA．ウラシル(U)の代わりにチミン(T)が使われることを除いてmRNAと同じ配列．

コドン　codon　DNAまたはmRNAのトリプレット(3塩基)で，特定のアミノ酸または終止シグナルを指定する遺伝暗号の基本単位．

コノドント類　conodont　初期の軟体性脊椎動物で発達した眼と歯が特徴である．

コホート(同時出生集団)　cohort　ある個体群における同齢の個体のグループ．

鼓膜　tympanic membrane　外耳と中耳の間にある膜．

コミュニケーション　communication　動物行動では，信号の伝達，受容，反応の過程のこと．他の個体との間や多細胞生物の細胞間の結びつきにも使われる．

固有な(種)　endemic　特定の地理的地域に限定される種を指す．

コラーゲン　collagen　動物細胞の細胞外マトリクスに存在する，丈夫な繊維を形成する糖タンパク質．結合組織や骨に大量に存在する．動物界で最も大量に存在するタンパク質．

コリプレッサー　corepressor　低分子量の分子で，細菌のリプレッサーと結合し，オペレーターに結合できるようにリプレッサータンパク質の形態を変化させて，オペロンの転写を抑制する．

コルク形成層　cork cambium　木本植物において，表皮をより厚く，強靱なコルク細胞に置き換える分裂組織．幹の周縁に存在するので筒状である．

ゴルジ装置　Golgi apparatus　真核細胞の細胞小器官の1つ．扁平な膜胞の積み重なりで構成されている．小胞体(ER)での産物を修飾，貯蔵したり，他の部位へ輸送する機能をもつ．また，いくつかの物質，特に非セルロース性の炭水化物を合成する．

コルチ器　organ of Corti　脊椎動物の聴覚器官．内耳の蝸牛管の床上にあり，受容細胞(有毛細胞)がある．

コレステロール　cholesterol　ステロイドの1種．動物細胞の膜の必須成分で，ステロイドホルモンなど生物学的に重要なステロイド合成の前駆体となる．

根圧　root pressure　浸透圧によって，植物の根で生じる圧力．切断した茎からの液体のしみ出しや葉からの排水などを起こす．

根冠　root cap　植物の根の先端にある円錐状の細胞群．根端分裂組織を保護する．

根系　root system　土壌に根を固定し，無機物と水を吸収し，輸送し，栄養物を蓄える植物の根の全体．

根圏　rhizosphere　植物の根を囲む土層で，高レベルの微生物活性で特徴的である．

根圏細菌　rhizobacterium　植物の根を囲む土層である根圏で，とくに大規模な集団をつくる土壌細菌．

混合栄養生物　mixotroph　光合成と従属栄養がともに可能な生物．

根鞘　coleorhiza　イネ科種子の胚における幼根の覆い．

痕跡器官　vestigial structure　祖先生物で機能を果たしていた歴史的残存構造である生物の特徴．

根毛　root hair　根の表皮細胞の微細な延長部分で，根端よりも上側で成長し，水や無機物の吸収のための表面積を増大する．

根粒　nodule　マメ科植物の根の膨らみ．根粒はリゾビウム属の窒素を固定する細菌を含む植物細胞でできている．

鰓蓋(さいがい)　operculum　水生の硬骨魚類のもつ鰓を覆い，保護する骨性の蓋．

細気管支　bronchiole　気管支が細かく分岐したもので，肺胞に空気を運ぶ．

再吸収　reabsorption　排出系において，濾液から水や溶質を回収すること．

細菌　Bacteria　2つの原核生物ドメインの1つ．他は古細菌である．バクテリア，真正細菌ともいう．

サイクリックAMP(cAMP)　cyclic AMP　環状アデノシン一リン酸．ATPからつくられる環状分子．真核細胞内の一般的なシグナル伝達分子(二次メッセンジャー)．細菌のいくつかのオペロンの制御因子としても機能する．

サイクリン　cyclin　その濃度が周期的に変動し，細胞周期の制御に重要な役割を果たすタンパク質．

サイクリン依存性キナーゼ(Cdk)　cyclin-dependent kinase　タンパク質キナーゼの1つで，特定のサイクリンが結合したときにのみ活性をもつ．

採餌　foraging　餌を探し獲得する行動．

最小存続可能個体数(MVP)　minimum viable population　ある種が個体数を維持し生存できる最小の個体数．

細静脈　venule　毛細血管床と静脈の間で血液を運ぶ血管．

最節約法　maximum parsimony　観察結果に対する複数の説明が可能なとき，事実と矛盾しない最も単純な説明を最初に試すべきであるという原理．

最適採餌モデル　optimal foraging model　採餌行動を採餌のコストと利益のバランスとして解析する基本モデル．

細動脈　arteriole　動脈と毛細血管床の間で血液を運ぶ血管．

サイトカイニン　cytokinin　一群の植物ホルモン．老化を抑え，オーキシンと協調して細胞分裂を促進し分化経路に影響を与え，頂芽優勢を支配する作用をもつ．

サイトゾル　cytosol　細胞質の準液体状の部分．

細胞　cell　生命の構造や機能の基本単位．生命が活動するのに必要な最小の単位．

細胞外マトリクス(ECM)　extracellular matrix　動物細胞を覆う網状構造．細胞自身が合成し，分泌した糖タンパク質，多糖，プロテオグリカンからなる．

細胞呼吸　cellular respiration　ATP生産のために有機分子を分解し，電子伝達鎖を使う好気呼吸または嫌気呼吸の異化経路．

細胞骨格　cytoskeleton　微小管，アクチンフィラメント(マイクロフィラメント)，中間径フィラメントのそれぞれの細胞全体にわたる網状構造．物理的支持，輸送，シグナル伝達などさまざまな機能を果たす．

細胞質　cytoplasm　細胞膜で包まれた細胞の内容物．真核生物では，核以外の細胞の部分．

細胞質決定因子　cytoplasmic determinant　卵の中に配置されるタンパク質やRNAなどの母親由来の物質．細胞の発生運命に関与する遺伝子の発現制御により，初期発生の過程の進行に関与する．

細胞質分裂　cytokinesis　有糸分裂と第一減数分裂および第二減数分裂の直後に起こる細胞質の分裂．その結果2つに分離した娘細胞を生じる．

細胞質融合　plasmogamy　菌類においては，2つの個体に由来する細胞質が融合すること．有性生殖の1ステージであり，続いて核融合が起こる．

細胞周期　cell cycle　細胞の一生，つまり，親細胞の分裂に始まって自身の細胞が分裂するまでの期間に行われる，一定の順序で起こる一連の事象．真核細胞の細胞周期は間期(G_1期，S期，G_2期に分かれる)とM期(有糸分裂と細胞質分裂からなる)からなる．

細胞周期制御系　cell cycle control system　真核細胞内で，細胞周期の中で周期的に機能する一群の分子．細胞周期の重要な過程の引き金を引いたり，細胞周期の各過程を調整したりする．

細胞傷害性T細胞　cytotoxic T cell　活性化時に，感染細胞やある種のがん細胞，移植細胞などを殺傷するリンパ球のこと．

細胞小器官(オルガネラ)　organelle　真核細胞のサイトゾルの溶液中に存在する，特化した機能をもつ膜で包まれた，さまざまな種類の構造．

細胞性免疫反応　cell-mediated immune response　適応免疫の1つで，感染細胞に対する防御を行う細胞傷害性T細胞の活性化にかかわる．

細胞体　cell body　核や細胞小器官を納めるニューロンの部域．

細胞特異的遺伝子発現　differential gene expression　同一のゲノムをもつ細胞が異なる組み合わせの遺伝子を発現すること．

細胞内共生　endosymbiosis　1つの生物が，別の生物の細胞内に共生する2つの種間の関係．「細胞内共生説」も参照．

細胞内共生説　endosymbiont theory　ミトコンドリアと葉緑体などの色素体が，宿主細胞によって取り込まれた原核細胞に起源をもつという説．取り込まれた細胞とその宿主細胞はその後，1つの生物に進化した．「細胞内共生」も参照．

細胞板　cell plate　分裂中の植物細胞の中央を仕切る扁平な膜胞．その膜胞の内部で，新しい細胞壁が細胞質分裂の過程で形成される．

細胞分画　cell fractionation　細胞を破砕した後，速度を段階的に変えて行う何回かの遠心分離によって，細胞成分を分離すること．

細胞分裂　cell division　細胞の増殖．

細胞壁　cell wall　植物，原核生物，菌類，ある種の原生生物の細胞の細胞膜の外側に存在して，細胞を保護している層状の構造．セルロース(植物とある種の原生生物)，キチン(菌類)，ペプチドグリカン(細菌)などの多糖は，細胞壁の重要な構造要素である．

細胞膜　cell membrane　すべての細胞で，その境界をなす膜．選択的な障壁となり，細胞の化学組成の制御を行う．形質膜ともよばれる．

最尤法　maximum likelihood　DNA塩基配列に適用される場合，複数の系統仮説が考えられるときには，時間経過におけるDNAの変化方法に関して与えられた法則下において，進化イベントの連続を最もよく反映した仮説を考慮するべきであるという原理．

サイレント変異　silent mutation　表現型への影響が観察できない1塩基置換．たとえば，遺伝子の突然変異により変異したコドンが元と同じアミノ酸をコードする場合．

蒴　capsule　コケ植物(蘚類，苔類，ツノゴケ類)の胞子嚢．

朔歯　peristome　朔(胞子嚢)の上部の歯状構造の連結したリングで，しばしば徐々に胞子を放出するのに特殊化している．

搾取　exploitation　「+/−」の生態学的相互作用で，ある種が他種を摂食することによって利益を受け，他種は害をうける関係．搾取的相互作用は捕食，植食，寄生をなどを含む．

朔柄　seta(複数はsetae)　コケ植物の胞子体の伸長した柄．

雑種　hybrid　2つの異なる種，あるいは2つの同種の純系品種個体間の交配によりできる子孫．

雑食類　omnivore　動物ならびに植物，藻類をふつうに食べる動物．

砂漠　desert　降水量が少なく，降雨の予測性が低いことで特徴づけられる陸域バイオーム．

サバンナ　savanna　熱帯の草原バイオームで，まばらな樹木と大型の草食動物で特徴づけられる．ときどきの火災や干ばつで維持される．

左右相称性　bilateral symmetry　体の長軸に沿った面で対称に分かれる体の相称性．

左右相称動物　bilaterian　左右相称で三胚葉をもつ動物のクレード．

作用スペクトル　action spectrum　ある特定の過程を駆動する光の相対的な効率を，波長ごとに求めて図に表したグラフ．

サリチル酸　salicylic acid　植物のシグナル分子で，病原菌に対する全身獲得抵抗性を一部活性化する．

サルコメア　sarcomere　「筋節」を参照．

酸　acid　溶液中の水素イオン濃度を上げる物質．

酸化　oxidation　酸化還元反応によってある物質から電子が完全に，または部分的に失われること．

酸化還元反応　redox reaction　1つまたはそれ以上の電子を，ある反応物から別の反応物に，完全にまたは部分的に伝達する過程を伴う化学反応のこと．Redox reactionはreduction(還元)とoxidation(酸化)の語を短縮してつなげた用語．

酸化剤　oxidizing agent　酸化還元反応における電子受容体．

酸化的リン酸化　oxidative phosphorylation　電子伝達鎖の酸化還元反応に由来するエネルギーを利用するATPの生産．細胞呼吸の3番目の段階．

サンゴ礁　coral reef　暖かい海洋における熱帯の生態系で，サンゴによって分泌された硬い外骨格構造で形成される．一部のサンゴは寒冷な深海にも分布する．

三次構造　tertiary structure　タンパク質の全体構造．疎水相互作用，イオン結合，水素結合，ジスルフィド結合などを含むアミノ酸側鎖の相互作用によって決定される．

三次消費者　tertiary consumer　肉食者を餌とする肉食者．

三胚葉性　triploblastic　内胚葉，中胚葉，外胚葉の3つの胚葉をもつ．左右相称動物はすべて三胚葉性である．

三半規管　semicircular canals　平衡の維持にかかわる内耳の3つに分かれた部屋．

散布図　scatter plot　データセットのデータを2次元グラフで点で表したグラフ．散布図は両方の変数が数字で連続しているときに適用できる．

残余量　residual volume　強制的に息を吐き出した後に肺に残っている空気量．

ジアシルグリセロール(DAG)　diacylglycerol　細胞膜のPIP_2というリン脂質の分解によってつくられる二次メッセンジャー．

萎れ　wilting　植物細胞がたるんだ状態になることで，葉や茎が萎れること．

自家不和合性　self-incompatibility　自分自身の花粉や，ときには近縁個体の花粉を拒絶する種子植物の能力．

師管液　phloem sap　植物の師管を通して運ばれる，糖を多く含む溶液．

師管要素　sieve-tube element　被子植物の師部に存在する，糖や他の有機栄養素を輸送する生細胞．師管要素同士が末端で互いに結合して師管を形成する．師管要素はsieve-tube element，またはseive-tube memberとよばれる．

色素体　plastid　葉緑体，クロモプラスト(有色体)，アミロプラストなどを含む互いに近い関係にある細胞小器官の総称．色素体は光合成を行う真核生物に存在する．

子宮　uterus　卵の受精と子の発生のいずれか，あるいは両方が起こる雌性器官．

子宮頸　cervix　子宮から膣へとつながる，子宮下部の細い部分．

子宮周期　uterine cycle　哺乳類の雌が妊娠していない場合に起こる，子宮内膜(子宮の裏打ち)の周期的な変化．ヒトを含む一部の霊長類では，子宮周期は月経周期である．

糸球体　glomerulus　ネフロンのボーマン嚢に囲まれた毛細血管の球状体で，脊椎動物の腎臓での濾過の場としての役割をもつ．

子宮内膜　endometrium　子宮の内層．血管が密に分布する．

子宮内膜症　endometriosis　子宮内膜の組織が子宮外に存在する状態．

軸索　axon　ニューロンから派生する長い突起．細胞体から標的細胞に向けて神経インパルスが伝わる．

シグナル(信号)　signal　動物行動では，1個体から他個体への刺激の伝達．この語は他種とのコミュニケーションにも，また多細胞生物の細胞間コミュニケーションにも用いられる．

シグナル認識粒子(SRP)　signal-recognition particle　シグナル配列がリボソームから現れたときにシグナル配列を認識するタンパク質とRNAの複合体であり，小胞体上の受容体タンパク質に結合することにより，リボソームを小胞体に誘導する．

シグナル配列　signal peptide　ポリペプチドのアミノ末端またはその付近に存在する約20アミノ酸の配列で，真核生物の細胞中でポリペプチドを小胞体などの細胞小器官に輸送する．

シグナル変換　signal transduction　機械的，化学的，または電磁気的刺激を特定の細胞応答に連結する過程．

シグナル変換経路　signal transduction pathway　機械的，化学的または電気的刺激を，ある特異的な細胞応答と結びつける一連の反応段階．

刺激　stimulus　ホメオスタシスのためのフィードバック調節における，応答の引き金となる変数の変動．

試験管内(*in vitro*)突然変異誘発　*in vitro* mutagenesis　遺伝子をクローニングしてその配列中に特異的な変化を導入し，変異した遺伝子を細胞に再導入することにより突然変異体を作製し，その表現型を解析することにより，遺伝子の機能を見出す技術．

資源分割　resource partitioning　群集における各種のニッチが互いに異なって多種の共存が成立し，種間で環境の資源が分割されること．

視交叉上核(SCN)　suprachiasmatic nucleus　哺乳類の視床下部にある神経組織．生物時計として機能する．

自己免疫疾患　autoimmune disease　免疫系が自己を攻撃する免疫疾患．

刺細胞　cnidocyte　刺胞動物に固有の特殊化した細胞．カプセル状の細胞小器官をもち，その小器官内にはコイル状に巻いた刺糸が収納されている．刺糸は外界に射出されると獲物の捕獲や外敵防御の機能がある．

脂質　lipid　脂肪，リン脂質，ステロイドなどを含む一群の大型の生体分子で，水とはほとんど混和しない．

視床　thalamus　脊椎動物の前脳の統合中枢の1つ．視床のニューロンは入力信号を大脳皮質の特定場所に送る．またどの信号を送るかを制御している．

視床下部　hypothalamus　脊椎動物の前脳の腹側部分にある．ホメオスタシス維持，とくに内分泌系と神経系の調和に働く．脳下垂体後葉のホルモンを分泌させ，脳下垂体前葉を制御する因子を放出する．

四肢類　tetrapod　脊椎動物の中の1つのクレードで，4本の肢と指をもつ哺乳類や，両生類，鳥類を含む爬虫類が属する．

雌ずい　pistil　単一の心皮(単雌ずい)か，合着した心皮群(複合雌ずい)．

指数関数的個体群成長　exponential population growth　理想的な，制限のない環境条件における個体群の成長を表すモデル．個体群サイズは，時間に伴いJ字型に増加する．

システム生物学　systems biology　システムの構成要素間の相互作用の研究に基づき，生物学的システム全体の動的ふるまいのモデル化を目的とした生物学の研究アプローチ．

シス-トランス異性体　cis-trans isomer　分子式と原子間の共有結合は同じだが，二重結合のまわりの原子団の配置が異なるもの．幾何異性体ともいう．

ジスルフィド結合　disulfide bridge　システイン残基の硫黄原子に別のシステイン残基の硫黄原子が結合して形成される強い共有結合．

歯舌　radula　餌を削り取るひも状の器官で，多くの軟体動物が摂食に用いる．

自然選択　natural selection　ある遺伝的特性をもつ個体が，それをもたない個体よりも，その特性のために高率で生き残り繁殖しやすくなるプロセス．

自然免疫(先天性免疫)　innate immunity　すべての動物にあらかじめ共通に備えられた防御系で，病原体の侵入後すぐに作動する．病原体がかつて感染したものかどうかにかかわらず活性化す

る．

持続可能な開発（持続可能な発展） sustainable development　将来の世代が彼らの需要を満たす能力を制限することなく，今日の私たちの需要を満たす発展．

持続可能な農業 sustainable agriculture　環境的に安全な，長期にわたる生産的な農業手法．

シダ植物 monilophyte　シダ類，トクサ類，マツバラン類を含むシダ植物門の構成員の通称名．

実験 experiment　科学的なテスト．1つの要因の効果をみるために，実験系においてその要因だけを変えた条件でしばしば行われる．

実験群 experimental group　対照群を含む実験において，特定の要因を変えた一群のもの．理想的には，その要因以外の要因はすべて，実験群と対照群で同じにすべきである．

湿地 wetland　一時的に水浸しになる生育地で，水で飽和した土壌に適応した植物が分布する．

質量数 mass number　原子核に含まれる陽子と中性子の数の総和．

質量保存の法則 law of conservation of mass　物質の形態は変わるが，新たにつくられたり壊されてたりしないという物理法則．閉鎖系では，その系の質量は一定である．

シトクロム cytochrome　鉄を含むタンパク質で，真核細胞のミトコンドリアと葉緑体および原核細胞の細胞膜に存在する電子伝達鎖の成分．

シナプス synapse　ニューロンが互いに情報連絡する接続部域．神経伝達物質や電気的結合によって情報が伝えられる．

シナプトネマ複合体 synaptonemal complex　減数第一分裂前期の一時期に形成される，相同染色体の間を全長にわたって強く結合させる，タンパク質でできたジッパー状の構造．

子嚢 ascus（複数形は asci）　子嚢菌類において，二核菌糸の先端に形成される袋状の胞子嚢．

子嚢果 ascocarp　子嚢菌類の子実体．

子嚢菌類 ascomycete　子嚢菌門に属する菌類．その中で胞子（子嚢胞子）を形成する袋状（saclike）の構造（子嚢）を形成するため，英名では sac fungi ともよばれる．

自発過程 spontaneous process　反応全体にわたってエネルギーの投入なしに起こる過程．エネルギー論的に見て有利な（起こり得る）過程．

師板 sieve plate　被子植物の師管要素の末端細胞壁．師管中の師管液の流れを促進する．

師部 phloem　維管束植物の組織で，生細胞がつながって長い管を形成し，糖や有機栄養物を植物体全体に輸送する．

ジベレリン gibberellin　一群の植物ホルモン．茎や葉の生長を促進し，種子発芽を引き起こし，芽の休眠を打破し，そしてオーキシンとともに果実の肥大を促進する．

脂肪 fat　1個のグリセロール分子に，3個の脂肪酸が結合した脂質で，トリアシルグリセロール，トリグリセリドともいう．

子房 ovary　花における，卵を含む胚珠が発生する心皮の部分．

脂肪酸 fatty acid　長い炭化水素鎖をもったカルボン酸．脂肪酸の種類としては，鎖の長さや二重結合の数や位置に違いがある．3個の脂肪酸がグリセロール分子に結合して脂肪分子（トリアシルグリセロール，トリグリセリドともいう）をつくる．

脂肪組織 adipose tissue　体を絶縁し，燃料貯蔵庫として働く結合組織．脂肪細胞とよばれる，脂肪を貯蓄した細胞を含む．

姉妹群 sister taxon（複数形は sister taxa）　直接の共通祖先を共有し，そのためた互いに近縁な生物群．

姉妹染色分体 sister chromatids　複製された染色体の1対はセントロメアでタンパク質によって互いに結合された状態にある．ある場合には，染色分体の腕の部分も結合していることがある．1対の染色分体が結合している間は1本の染色体である．2本の染色分体は，有糸分裂あるいは減数第二分裂で最終的に分離する．

社会学習 social learning　他個体を観察することで生じた行動の変化．

社会生物学 sociobiology　進化理論に基づく社会行動の研究分野．

ジャスモン酸 jasmonate　植物ホルモンの1種．植物の多様な生理過程を制御する．食植者に対する植物防御に鍵となる役割を果たす．

射精 ejaculation　精巣上体からでた精子が筋肉でできた輸精管，射精管および尿道を通って射出されること．

シャノン多様度 Shannon diversity　Hで表される群集の種多様度の指数である．次のような式で求められる．$H=-(p_A \ln p_A + p_B \ln p_B + p_C \ln p_C + \cdots\cdots)$．この式中の A，B，C は種，$p$ は各種の相対優占度を表す．なお，ln は自然対数で，各種の相対優占度は対数変換して計算される．

シャペロニン chaperonin　タンパク質の正しい構造形成（折りたたみ）を助けるタンパク質複合体．

種 species　自然の相互交配により生存可能で繁殖力のある子孫をつくることができるが，他の同様な群の構成員との間では生存可能で繁殖力のある子孫をつくることができない集団，あるいは集団群．

雌雄異株 dioecious　植物学において，雄と雌の生殖器官を同種の異なる個体がもつこと．

自由エネルギー free energy　ある生命系がもつエネルギーの中の，系全体が等温，等圧の下で仕事をすることのできる部分．ある系の自由エネルギー変化（ΔG）は，$\Delta G=\Delta H-T\Delta S$ の式から計算できる．ΔH はエンタルピー（生命系での全エネルギーに等しい）変化，T は絶対温度，ΔS はエントロピー変化．

周管毛細血管 peritubular capillary　腎臓の近位細尿管と遠位細尿管を取り巻く微細な血管網．

終期 telophase　有糸分裂の最後の，5番目の時期．娘核が形成され，通常細胞質分裂が開始する．

獣脚類 theropod　二足歩行の肉食性の恐竜のメンバー．

集合果 aggregate fruit　2個以上の心皮をもつ単一の花に由来する果実．

集合管 collecting duct　尿とよばれる処理された濾液が腎細尿管から集められる腎臓部位．

集光性複合体 light-harvesting complex　クロロフィル a，クロロフィル b，カロテノイドなどの色素分子と結合したタンパク質の複合体で，光化学系において光エネルギーを捕捉し，反応中心の色素にそのエネルギーを伝える．

重合体 polymer　多数のよく似た，もしくは同一の単量体が共有結合でつながってできた大型の分子．ポリマーともいう．

重鎖 heavy chain　抗体分子やB細胞受容体を構成する2種のポリペプチド鎖の大きい方で，抗原に結合する可変領域と，定常領域からなる．

柔細胞　parenchyma cell　植物の比較的機能が特化していない細胞で，ほとんどの代謝を行い，有機物の合成と貯蔵を行う．また，より分化したタイプの細胞に発達する．

収縮期　systole　心臓小室が収縮して血液を押し出す心臓周期のステージ．

収縮期血圧　systolic pressure　心室が収縮しているときの動脈内血圧．

収縮胞　contractile vacuole　ある種の原生生物がもつ膜胞で，過剰な水を排出するのを助ける．

従属栄養生物　heterotroph　有機栄養分子を，他の生物，または他の生物に由来する物質を摂取または吸収して得ている生物．

収束伸長　convergent extension　層状の細胞群が自身を再配置し，シート状の細胞群を細く(収束)長く(伸長)する過程．収斂伸長ともいう．

従属変数　dependent variable　実験などで，別の要因(独立変数)の変化によって影響を受けるかどうか調べる要因．

重相　dikaryotic　「二核性」を参照．

集団(個体群)　population　同じ地域に生息していて，交配して繁殖力のある子孫を産む同種の個体の集まり．

雌雄同体　hermaphrodite　1個体が精子と卵をつくることにより，有性生殖において同一個体が雄，雌の両方として機能すること．

雌雄同体性　hermaphroditism　1つの個体が雌雄の生殖腺を同時にもち，精子と卵の両方をつくることによって，有性生殖において雌雄のどちらとしても機能する状態．

十二指腸　duodenum　小腸の最初の部位で，胃からの糜汁が膵臓，肝臓，胆嚢，そして腸壁の腺細胞からの消化液と混ざるところ．

周皮　periderm　木本植物の二次成長の過程で表皮に置き換わる樹皮の一部で，保護の役割をもつ．コルクとコルク形成層から形成される．

絨毛　villus(複数形は villi)　(1) 小腸の内表面に出ている指状の突起(2) 哺乳類の胎盤絨毛膜にある指状突起．多数の絨毛がこれらの器官の表面積を増加させている．

絨毛膜採取(CVS)　chorionic villus sampling　胎児性胎盤の一部を採取して，胎児がもつある種の遺伝的および先天的異常を検出するための解析に用いる出生前診断技術．

重力屈性　gravitropism　植物もしくは動物の重力への応答．

収斂進化　convergent evolution　独立した進化系統における類似した特徴の進化．

種間競争　competition　異なる種の個体間で相互作用で，それぞれの生存や繁殖を制限する競争．

種間相互作用　interspecific interaction　群集における複数種の個体間の相互作用．

宿主　host　共生関係においてより大きなほうの生物であり，しばしばより小さな共生者に対してすみかと食料源を与える．

宿主域　host range　特定のウイルスが感染することができる限定された数の生物種．

珠孔　micropyle　胚珠の珠皮の開口部．

主根　taproot　胚の幼根から発生した垂直の主たる根．主根から側根が分岐する．

種子　seed　保護層の中に胚が栄養とともに包み込まれる，ある種の陸上植物のもつ適応．

樹枝状体　arbuscule　一部の相利共生菌類(アーバスキュラー菌根菌)に見られる特殊な分枝した菌糸であり，陸上植物の細胞と栄養を交換する．

樹状細胞　dendritic cell　主としてリンパ球組織や皮膚に存在する抗原提示細胞．特にヘルパーT細胞への抗原提示を効率的に行い，一次免疫反応を活性化する．

樹状突起　dendrite　短く多数に分岐したニューロンの突起部域．他のニューロンから信号を受け取る．

種数-面積曲線　species-area curve　面積が大きくなるほど群集中の種数が増加するという生物多様性のパターン．

受精　fertilization　一倍体の配偶子の融合により二倍体の接合子を生じる過程．

受精嚢　spermatheca(複数形は spermathecae)　多くの昆虫で，雌の生殖系に存在する精子貯蔵嚢．

受胎　conception　ヒトにおける，精子による卵の受精．

受胎調節ピル　birth control pill　ホルモンを利用した避妊方法．排卵抑制，卵胞発達遅延，あるいは子宮頸管粘液を変化させることによる精子の子宮への進入妨害，などを引き起こす．

種多様性　species diversity　群集を構成する種の数や種の相対優占度．

受動免疫　passive immunity　胎児や哺乳中の乳児などへの母胎抗体の移入など，抗体の移入によって獲得される短期間の免疫．

受動輸送　passive transport　エネルギーを消費することなく，生体膜を横切って起こる物質の拡散．

シュート系　shoot system　植物体の地上部で，茎と葉からなる．被子植物では花も含まれる．

種の豊かさ　species richness　群集における種の数．

珠皮　integument　種子植物の胚珠構造をつくる胞子体組織の層．

種皮　seed coat　胚珠の外皮からつくられる，種子の丈夫な外部の覆い．被子植物では，種皮は胚と胚乳を包み保護する．

樹皮　bark　樹木の維管束形成層の外側のすべての組織で，おもに二次師部と周皮の層からなる．

受粉　pollination　種子植物の胚珠を含む場所への花粉の移送．受精に必要なプロセス．

種分化　speciation　1つの種が2つ以上の種に分化する進化プロセス．

受容　reception　細胞間の情報連絡において，細胞膜または細胞内の受容体にシグナル分子が認識されるシグナル伝達経路の最初の段階．

主要栄養素　macronutrient　生物が比較的大量に摂取しなければならない必須元素．「微量栄養素」も参照．

受容器電位　receptor potential　刺激に対し受容器細胞で最初に起こる電気的反応．刺激の強さに応じて段階的に膜電位が変化する．

主要組織適合複合体(MHC)分子　major histocompatibility complex molecule　抗原提示を行うための宿主タンパク質．移植組織に存在する外来 MHC 分子は，T細胞を応答させ，移植拒絶反応を誘起する．

受容体仲介型エンドサイトーシス　receptor-mediated endocytosis　特定の分子を細胞内に取り込む作用．取り込まれるタンパク質に対して特異的な受容体をもった小胞が，そのタンパク質を取り込んだ状態で内向きに出芽して行われる．特定の物質を大量にまとめて得ることができる．

受容体チロシンキナーゼ(RTK)　receptor tyrosine kinase　細胞膜を

貫通する受容体タンパク質の1種. 細胞質側(細胞内)はATPのリン酸基を別のタンパク質のチロシンに転移する反応を触媒する. 受容体チロシンキナーゼは多くの場合, シグナル分子が結合すると二量体化し, 二量体の中の他方の受容体の細胞質側の部位のチロシンをリン酸化する.

主竜類 archosaur　ワニ類と恐竜, 鳥類を含む爬虫類のグループ.

ジュール(J) joule　エネルギーの単位. 1 J = 0.239 cal, 1 cal = 4.184 J.

シュワン細胞 Schwann cell　末梢神経系のニューロンの軸索のまわりをミエリン鞘で囲み電気的に絶縁するグリア細胞の1種.

純一次生産(NPP) net primary production　生態系における総一次生産から, 生産者の呼吸で使われるエネルギーを差し引いたもの.

順化 acclimatization　環境要因の変化への生理学的調節.

春化処理 vernalization　花形成を引き起こす低温処理のこと.

純系 true-breeding　自家受粉を何世代繰り返しても同一の形質を示す子孫だけを産生する個体.

純生態系生産(NEP) net ecosystem production　生態系における総一次生産から, すべての独立栄養生物と従属栄養生物による呼吸で使われるエネルギーを差し引いたもの.

順応体 conformer　内部状態を環境変動に(一致するように)適合させる動物.

子葉 cotyledon　被子植物の胚の種子葉. ある種は1枚であり, 他の種は2枚である.

上位性 epistasis　ある遺伝子の表現型の発現が別の独立に遺伝する遺伝子の表現型の発現により変化するタイプの遺伝子間の相互作用.

小陰唇 labia minora　膣および尿道の開口部を取り囲む薄い皮膚のひだの対.

消化 digestion　動物における食物処理の第二段階. 食物を小さく分解して体内に吸収されやすくすること.

消化管(完全消化管) alimentary canal　完全な消化管で, 口と肛門をつなぐ管.

松果体 pineal gland　脊椎動物の脳の背側表面にある小さな腺で, メラトニンというホルモンを分泌する.

条鰭類 ray-finned fish　水生の硬骨魚類で鰭が長く柔軟性のある鰭条で支えられている. マグロやバス, ニシンなど.

蒸散 transpiration　蒸発による植物体からの水の損失.

子葉鞘 coleoptile　イネ科種子の胚における幼芽の覆い.

小進化 microevolution　種より下位のレベルでの進化的変化. 世代間の遺伝的構造の変化.

常染色体 autosome　性決定に直接関与しない染色体. 性染色体以外の染色体.

小腸 small intestine　完全消化管の一番長い部分で, 大腸に比べてその直径が小さいことから名づけられた. ここは, 食物中の高分子を酵素的に加水分解する主要な部分である.

小脳 cerebellum　脊椎動物の背側にある後脳の一部. 運動やバランスの無意識的調節に関与する.

上胚軸 epicotyl　被子植物の胚において, 子葉がついている場所より上で第1葉より下の部分.

蒸発散 evapotranspiration　植物から蒸散される水と, 地表から蒸発する水を加えたもので, 生態系からの水の総蒸発量. 通常, 年あたりのミリメートルで測定, あるいは推定される.

上皮 epithelium　上皮の組織.

消費者 consumer　生産者, 他の消費者または生物以外の有機物を食べる生物.

上皮組織 epithelial tissue　器官や体腔を裏打ちし, 外表面を覆う, 密着した細胞の層.

小胞 vesicle　真核細胞の細胞質に存在する膜の袋.

小胞子 microspore　異型胞子性植物の, 雄性配偶体に成長する胞子.

小胞体(ER) endoplasmic reticulum　真核細胞全体に広がる膜の網状構造. 核の外膜と連続している. リボソームが表面に付着している領域(粗面小胞体)と付着していない領域(滑面小胞体)からなる.

乗法法則 multiplication rule　2つ以上の事象が同時に起こる確率は, 各々の事象が起こる可能性を乗算することにより算出できる, という確率の法則.

静脈 vein　動物の血液を心臓に輸送する血管.

小葉(しょうよう) microphyll　小さく, 通常棘状の葉で1本の分枝しない脈をもつ. ヒカゲノカズラ植物に見られる.「大葉」も参照.

食作用 phagocytosis　エンドサイトーシスの1種. 大きな粒状の物質, または小さな生物を細胞が取り込む作用. 原生生物の中のあるものや動物の免疫細胞によって行われる(哺乳類では, おもにマクロファージ, 好中球, 樹状細胞).

触手冠 lophophore　腕足動物などの冠輪動物に見られる, 摂餌のために口を取り囲んで伸びている冠状の触手.

植食 herbivory　動物による植物質あるいは藻類の摂食.

食道 esophagus　咽頭から胃に蠕動運動によって食物を送る筋肉でできた管.

触媒 catalyst　反応速度を上げるが, その反応で消費されることはない化学物質.

触媒作用 catalysis　触媒とよばれる化学物質によって反応速度が選択的に増加する過程. 触媒自身はその過程で消失しない.

植物極 vegetal pole　最も卵黄が多く存在する半球の, 卵の端の点. 動物極の対極.

植物による環境浄化 phytoremediation　ある植物種の, 重金属や他の汚染物質を土壌から抽出し, 簡単に収穫できる植物部分に集積する能力により, 汚染地域の回復を目指して開発された技術.

食胞 food vacuole　微生物や粒子を細胞の栄養物にするために行われる食作用によって形成される膜胞.

食物塊 bolus　かみ砕いて柔らかくなった食物の球状の塊.

食物網 food web　生態系における生物間の摂食関係(食う食われるの関係).

食物連鎖 food chain　生産者に始まり, 栄養段階の間で, 食物(エネルギー)が移行する過程.

書肺 book lung　クモ類のガス交換器官. 体内の小さな区画に板状の構造が積み重なった形をしている.

自律神経系 autonomic nervous system　脊椎動物の末梢神経系の遠心性分岐. 体内環境を維持している. 交感神経, 副交感神経, 腸管神経からなる.

人為選択 artificial selection　好ましい形質の存在を促進する栽培植物と家畜の選択的育種.

腎盂 renal pelvis　漏斗状の小室で,

脊椎動物腎臓の集合管から処理された濾液を受け取り，尿管に排出する．

真猿類　anthropoid　サル類と類人猿（テナガザル，オランウータン，チンパンジー，ボノボ，ヒト）からなる霊長類のグループ．

進化　evolution　変化を伴う継承．現生の種は今日とは異なる祖先種の子孫であるという考え．集団の世代間の遺伝的構成の変化としてもっと狭く定義もされる．

侵害受容器　nociceptor　侵害刺激，痛覚刺激に応答する感覚受容器．痛覚受容器ともいう．

深海底域　abyssal zone　海洋の2000～6000 m の深度の深海底域．

真核細胞　eukaryotic cell　膜で包まれた核と膜で包まれた細胞小器官をもつというタイプの細胞．真核細胞をもつ生物は真核生物（原生生物，植物，菌類，動物）とよばれる．

真核生物　Eukarya　すべての真核生物を含むドメイン．

進化系統樹　evolutionary tree　生物群の進化的歴史に関する仮説を描いた分岐図．

進化発生学（エボデボ）　evo-devo　進化論的な発生生物学．生物学の一分野であり，多細胞生物の発生過程を比較することにより，発生過程の進化と，現存する生物の改変による新たな生物種の誕生の過程について理解することを目的とする．

心筋　cardiac muscle　心臓の収縮壁を形成する横紋筋．心筋細胞は心拍を生み出す電気信号を中継する介在板によって連結されている．

真菌症　mycosis　菌類による（ヒトなどの動物に対する）病害の総称．

神経　nerve　ニューロンの軸索の束からできた繊維．

神経可塑性　neuronal plasticity　経験によって変容できる神経系の能力．

神経管　neural tube　脊椎動物の，脊索のすぐ背側を前後軸に沿って延びる，折り込まれた外胚葉細胞の管．将来，中枢神経系となる．

神経系　nervous system　感覚受容器，神経細胞ネットワーク，および神経シグナルに応答する筋肉や分泌腺を含む，動物における即効性の体内情報伝達系．内分泌系と協調して体内の調節およびホメオスタシスの維持に働く．

神経節　ganglia（単数形は ganglion）　神経細胞体が集合している部位．

神経組織　nervous tissue　ニューロンと支持細胞で構成される組織．

神経堤　neural crest　外胚葉から分離した神経管の側部の領域．神経堤細胞は胚のさまざまな部位に移動して，皮膚の色素細胞や頭蓋，歯，副腎，末梢神経に分化する．

神経伝達物質　neurotransmitter　化学シナプスの前ニューロン終末から放出され，シナプス間隙を拡散して後ニューロンに結合し，反応を引き起こす分子．

神経ペプチド　neuropeptide　比較的少数のアミノ酸がつながってできた神経伝達物質．

神経ホルモン（神経分泌ホルモン）　neurohormone　ニューロンによって分泌され，体液によって運ばれて特定の標的細胞に作用し，その機能を変化させる分子．

信号　signal　「シグナル」を参照．

人口学　demography　時間に伴う人口統計の変化に関する研究．とくに，出生率と死亡率に着目する．

信号刺激　sign stimulus　動物の固定的動作パターンを引き起こす外的感覚刺激．

人口転換　demographic transition　安定した個体群において，高い出生率と死亡率の状態から，低い出生率と死亡率へ推移すること．

新口動物　Deuterostomia　左右相称動物の3つの主要な系統の1つである．「脱皮動物」「冠輪動物」も参照．

新口動物型の発生　deuterostome development　動物で，原口が肛門に発生するタイプの発生様式．放射卵割や中胚葉性の膨らみから体腔形成を行うという特徴もある．

心雑音　heart murmur　ほとんどの場合，心臓の漏出弁から血液が後方に噴き出すときに生じる，シューという音．

心室　ventricle　心臓から血液を押し出す心臓の小室．

人獣共通病原体　zoonotic pathogen　他の動物からヒトへ感染する病原体．

真獣類　eutherian　有胎盤哺乳類で，胎盤で母親とつながり，子宮で胚発生が進行する．

腎髄質　renal medulla　脊椎動物の腎臓の内側部分で，腎皮質の下方に存在する．

親水性　hydrophilic　水に対して親和性をもつこと．

真正後生動物　eumetazoan　真の組織をもつ動物のクレード．カイメン類ほか少数のグループ以外の動物はこれに含まれる．

真正双子葉植物　eudicot　2枚の子葉をもつ被子植物の大部分を含むクレード．

心臓　heart　代謝エネルギーを用いて，循環液（血液や血リンパ）の静水圧を上げる筋肉性ポンプ．循環液は圧勾配の低いところに向かって体内を流れ，最終的に心臓に戻る．

腎臓　kidney　脊椎動物において，血液の濾液を生成して尿へと処理する1対の排出器官．

心臓血管系　cardiovascular system　心臓ならびに，動脈，毛細血管，静脈の分岐網をもつ閉鎖血管系．この系は脊椎動物の特徴である．

心臓周期　cardiac cycle　交互に起こる心臓の収縮と弛緩．

心臓発作　heart attack　1本あるいは複数の冠動脈が長期間閉塞することに起因する，心筋組織の損傷あるいは死．

靱帯　ligament　骨を関節でつなぎ止める，繊維に富んだ結合組織．

真体腔　coelom　中胚葉由来の組織で裏打ちされた体腔．

真体腔動物　coelomate　真体腔（中胚葉由来の組織で裏打ちされた体腔）をもつ動物．

腎単位　nephron　「ネフロン」を参照．

心電図　electrocardiogram（ECG または EKG）　心臓周期において心筋を移動する電気インパルスの記録．

浸透　osmosis　選択的透過性膜を透過する自由水の拡散．

浸透圧順応型動物　osmoconformer　環境と等浸透圧性である動物．

浸透圧調節型動物　osmoregulator　外環境と独立して体内浸透圧を調節する動物．

浸透調節（浸透圧調節）　osmoregulation　細胞または個体による溶質と水の濃度バランスの制御．

侵入種　invasive species　自生地の外から，人間によってもち込まれた生物種．

心拍出量　cardiac output　心臓の各々の心室から押し出される毎分の血液量．

心拍数　heart rate　心臓収縮の頻度（1分あたりの心拍）．

心皮　carpel　花の胚珠をつくる生殖

器官で，柱頭，花柱，子房で構成される．

腎皮質 renal cortex　脊椎動物の腎臓の外側部分．

シンプラスト symplast　植物の細胞間の原形質連絡によってつながった細胞質の連続体．

心房 atrium(複数形は atria)　血液を静脈から受け入れ心室へと送る，脊椎動物の心臓の小室．

心房性ナトリウム利尿ペプチド(ANP) atrial natriuretic peptide　高い血圧に反応して心房の細胞から分泌されるペプチドホルモン．腎臓では，水とイオンの移動を変化させて，血圧を低下させる働きをもつ．

髄 pith　茎の維管束組織の内部にある基本組織．多くの単子葉植物の根では，維管束柱の中心を形成する柔細胞群．

水管系 water vascular system　棘皮動物に特有な水圧管のネットワーク．その末端は枝分かれして，管足とよばれる小突起になり，移動や摂食の機能を担う．

水耕栽培 hydroponic culture　土壌ではなく，無機栄養素溶液で植物を育てる方法．

水酸化物イオン hydroxide ion　プロトン(陽子)を失った水分子，OH^-．

水素イオン hydrogen ion　+1の電荷をもつ1個の陽子．水分子(H_2O)の解離で水酸化物イオン(OH^-)と水素イオン(H^+)を生じる．水の中では，H^+は単独では存在せず，水分子と会合してヒドロニウムイオンとなる．

膵臓 pancreas　外分泌，および内分泌を行う腺．外分泌は消化に働き，導管を介して小腸に酵素とアルカリ溶液を分泌する．導管をもたない内分泌は恒常性にかかわり，ホルモンであるインスリンとグルカゴンを血液中に放出する．

水素結合 hydrogen bond　弱い化学結合の1種．分子内の極性共有結合して少し正に帯電している水素原子が，別の分子もしくは同じ分子内の極性共有結合した少し負に帯電している原子に引きつけられる結合．

錐体 cone　脊椎動物の眼の網膜にある円錐状の細胞．

水溶液 aqueous solution　水が溶媒となっている溶液のこと．

水和殻 hydration shell　溶解したイオンのまわりを取り囲む球状の水分子集団．

ステロイド steroid　4個の環が融合した炭素骨格に，多様な官能基がついた，特徴的な構造をもつ脂質．

ストラメノパイル Stramenopile　真核生物のスーパーグループの1つであるSARを構成する3つのサブグループのうちの1つ．珪藻や褐藻が含まれる．その起源には二次共生がかかわっていたかもしれない．

ストリゴラクトン strigolactone　一群の植物ホルモン．シュートの分枝を抑制，寄生植物種子の発芽を促進，根と菌根菌の相互作用を促進する．

ストロマ stroma　葉緑体のチラコイド膜の周囲の濃厚な液相であり，リボソームとDNAを含み，二酸化炭素と水から有機分子を合成する反応にかかわる．

ストロマトライト stromatolite　薄層の沈殿物を結合させる原核生物の活動により生じた層状岩石．

スプライソソーム spliceosome　RNA分子とタンパク質により構成される巨大な複合体．RNAのイントロンの末端と相互作用することによりイントロンを切り出して，隣接する2つのエキソンを連結する．

滑り説 sliding-filament model　細いフィラメントが太いフィラメントに沿って動くとする筋収縮に関する仮説．この動きによって筋肉の基本単位である筋節が短縮する．

スポロポレニン sporopollenin　露出したシャジクモ藻類の接合子を包み，植物の胞子壁を形成する，耐久性の高い重合体の層であり，乾燥を防ぐ．

刷り込み imprinting　動物行動では，生後ある時期に特定の個体や物体に対して長期維持される行動反応が形成されること．「遺伝的刷り込み」も参照．

精液 semen　オーガズム期の雄が射精する液体．精子および雄の生殖管のいくつかの腺からの分泌物を含む．

正円窓 round window　哺乳類で鐙骨の振動により発生した蝸牛内の進行波が伝わる最終地点．

生活環 life cycle　ある生物が世代から次の世代への生殖の過程でたどる一連の事象．

生活史 life history　生物の繁殖や生存のスケジュールに影響する特性．

性間選択 intersexual selection　一方の性別(通常は雌)が，異性の交配相手選択の際のえり好みをする自然選択の一型．配偶者選択ともよばれる．

制御遺伝子 regulatory gene　「調節遺伝子」を参照．

制御領域 control element　非コードDNA中で，転写因子が結合して遺伝子の転写制御に関与する部位．真核生物の遺伝子のエンハンサーには多数の制御領域が存在する．

制限栄養素 limiting nutrient　ある場所において生産を上昇させるのに必要な栄養素．

制限酵素 restriction enzyme　細菌にとって外来DNA分子(ファージのゲノムなど)を認識して切断するエンドヌクレアーゼ(酵素の1種)．制限酵素は，特異的な塩基配列(制限酵素部位)だけを切断する．

制限酵素断片 restriction fragment　制限酵素でDNAを切断することにより生じたDNA断片．

制限酵素部位 restriction site　ある制限酵素により認識され切断されるDNA鎖の特異的な塩基配列．

精原細胞 spermatogonium(複数形は spermatogonia)　有糸分裂によって精母細胞を形成する細胞．

精細管 seminiferous tubule　精巣内で密にらせん状に巻いている精子をつくる管．

生産効率 production efficiency　同化された食物に含まれるエネルギーのうち，呼吸で使われず排泄物として失われなかったエネルギーの割合．

生産者 producer　光エネルギー(光合成の場合)もしくは無機化合物の酸化(原核生物の一部が行う化学合成反応による場合)によって，CO_2から有機化合物を合成する生物．

精子 sperm　雄の配偶子．

精子形成 spermatogenesis　精巣における成熟精子の大量かつ継続的な生産．

静止電位 resting potential　伝導状態にない興奮性細胞に見られる膜電位．細胞の外側に対し内側がマイナスになっている．

青色光受容体 blue-light photoreceptor　植物の光受容体の1種で，光屈性や下胚軸の伸長抑制などさまざまな光応答を制御する．

生殖腺 gonad　雌雄の配偶子形成を行う器官．

生殖的隔離 reproductive isolation　2種間の生存可能な繁殖力のある雑種ができることを妨げる生物学的要因(障

壁)の存在.

生成物　product　化学反応で生じる物質.

性染色体　sex chromosome　個体の性決定に関与する染色体.

性選択　sexual selection　特定の遺伝的特徴をもつ個体が，同種の他の個体よりも配偶者を得る可能性が高いというプロセス.

性線毛　pilus(複数形は pili)　細菌において，接合開始時に2つの細胞をつなげる構造．pilus の語は本来は，線毛(運動や感染など接合以外の役割をもつ)と同義に扱われることも多い.

精巣　testis(複数形は testes)　雄の生殖腺．精子および性ホルモンがつくられる.

精巣上体　epididymis　哺乳類の精巣に隣接するらせん状の管．精子を貯蔵する.

生存曲線　survivorship curve　各齢の個体のグループ(コホート)で，生き残っている個体数をグラフにしたもの．齢に応じた死亡率を表す.

生体エネルギー変換　bioenergetics　生物におけるエネルギーの全体的な流れと変換過程.

生体エネルギー論　bioenergetics　生体でのエネルギーの流れを研究する学問分野.

生態学　ecology　生物間の相互作用，および生物とそれらが生育する環境の間の相互作用を研究する.

生態学的種概念　ecological species concept　種の構成員がその非生物学的環境と生物学的環境とどのように相互作用するかの総和である生態学的ニッチの観点で種を見る定義.

生態学的遷移　ecological succession　攪乱をきっかけとして，群集の種組成が推移すること．まったく生物のいない状態に生物が定着することからはじまる.

生態学的ニッチ　ecological niche　ある種が環境において利用可能な生物・非生物的な資源の総量.

生態系　ecosystem　ある空間における物理的因子および生物の集合体で，両者は相互に作用している．複数の群集とそれを取り囲む物理的環境.

生態系エンジニア　ecosystem engineer　環境を物理的に改変し，群集構造に影響を与える生物.

生態系サービス　ecosystem service　人間に直接・間接の利益を与える生態系の働き.

生態系生態学　ecosystem ecology　生態系の生物的要素と非生物的要素の間における，エネルギー流と化学物質の循環を研究する.

成長因子　growth factor　(1) ある特定の種類の細胞が増殖と正常な発生を行うために，細胞外の環境(培養液や動物の体内)中になければならないタンパク質．(2) 近隣の細胞の増殖と分化を促進する局所制御因子．増殖因子ともいう.

成長ホルモン(GH)　growth hormone　脳下垂体前葉で産生・分泌されるホルモンの1つ．多種の組織に対して非トロピックおよびトロピック効果を及ぼす.

性的二型　sexual dimorphism　第二次性徴における同種の雌雄間の差異.

生得的行動　innate behavior　発生中に固定化され強い遺伝的支配を受けている行動．生得的行動は，発生中および生涯にわたって内的・外的環境に違いがあっても，同じ個体群のすべての個体でほとんど同じになる.

性内選択　intrasexual selection　一方の性の個体間で，異性との交配をめぐり直接競合する自然選択の一型.

精嚢　seminal vesicle　雄の分泌線で，精液中の潤滑成分と精子のエネルギー源となる液体を分泌する.

正の相互作用　positive interaction　一方の種が利益を受けて，他方の種が害をうける生態学的相互作用である．相利共生や片利共生を含む.

正のフィードバック　positive feedback　最終産物がそのプロセスを加速する制御方式．生理学的には，環境変数の変化が，変化を強化したり増幅する反応の引き金となる.

生物　organism　1個もしくは複数の細胞から成り立ち，生きている個々の個体.

生物学　biology　生命を探究する科学.

生物学的種概念　biological species concept　種を，自然界で相互交配により生存可能で繁殖力のある子孫をつくることができるが，他の同様な集団の構成員との間では生存可能で繁殖力のある子孫をつくることができない集団のグループとする定義.

生物圏　biosphere　生物が生育する地球全体．地球上の生態系の総体.

生物操作　biomanipulation　群集構造の動態にトップダウンモデルを適用し，生態系の特性を改変する手法．たとえば，湖において，化学的処置を施すことよりも，群集における高次消費者の個体群を操作することで藻類の大発生や富栄養化を阻止することができる.

生物多様性ホットスポット　biodiversity hot spot　数多くの固有種と多数の絶滅危惧種や絶滅のおそれのある種が存在する比較的狭い地域.

生物地球化学循環　biogeochemical cycle　さまざまな化学物質の循環であり，生態系の生物的な要素と非生物的な要素がかかわっている.

生物地理学　biogeography　種の過去と現代の地理的分布の科学的研究.

生物的　biotic　環境における生物の因子に関係するもの.

生物時計　biological clock　生物のバイオリズムを制御する体内時計．生物時計は外界からの補正があってもなくても時を刻む．しかし外界の環境サイクルと同調させるため外界からの信号を必要とする．「概日リズム」を参照.

生物濃縮　biological magnification　食物連鎖のより高次の栄養段階になるほど残留物質の濃度が高くなる過程.

生物量(現存量)　biomass　ある生育空間における生物全体の有機物の総量．バイオマス.

生命表　life table　ある個体群における各齢の個体の生存率と繁殖率をまとめた表.

生理学　physiology　個体のプロセスと機能.

世界的大流行　pandemic　世界規模の伝染病の流行.

背側　dorsal　放射相称，左右相称動物の上方.

脊索　notochord　脊索動物の背側に，前後軸に沿ってできる中胚葉性の柔軟性のある棒状の構造.

脊索動物　chordate　発生のある段階で脊索，背側神経管，咽頭裂または咽頭溝，肛門より後方の尾部をもつ脊索動物門のメンバー.

脊椎動物　vertebrate　背骨を形成する一連の骨をもつ脊索動物.

世代交代　alternation of generations　複相(二倍体)の多細胞体である胞子体世代と単相(一倍体)の多細胞体である配偶子体の両方をもつ生活環．植物とある種の藻類に特徴的.

節　node　植物の茎の途中の葉がつ

いている部位.

節間 internode 植物の茎の，葉がついている部位間の区間.

赤血球 erythrocyte, red blood cell ヘモグロビンを含む血球で，酸素を運搬する.

接合 conjugation (1) 原核生物において，一時的につながった2個の細胞間でDNAが直接転送されること．もしこの2つの細胞が異なる種である場合，接合による遺伝子伝播は遺伝子水平伝播となる．(2) 繊毛虫において，2個の細胞がつながって単相の小核を交換する有性生殖過程であり，このときに細胞が増殖することはない.

接合菌類 zygomycete 接合菌門に属する菌類であり，有性生殖において接合胞子嚢とよばれる頑丈な構造を形成する.

接合後障壁 postzygotic barrier 雑種接合子が生存力と繁殖力のある成体に成長するのを妨げる生殖的隔離.

接合子 zygote 受精の過程で一倍体の配偶子の融合によって生じた二倍体細胞．受精卵.

接合前障壁 prezygotic barrier 種間の交配を妨げるか，異なる種が交配したとき卵の受精を妨げる生殖的障壁.

接合胞子嚢 zygosporangium（複数形は zygosporangia） 接合菌類において，内部で核融合と減数分裂が起こる厚壁で囲まれた多核構造.

摂取 ingestion 動物における食物処理の第一段階．食べる行為.

接触屈性 thigmotropism 接触に応答して，方向性をもった成長をすること.

接触形態形成 thigmomorphogenesis 継続的な機械刺激に対する植物の応答で，エチレンの増産によって引き起こされる．たとえば，強い風を受け続けると，茎が太くなること.

節足動物 arthropod 体節のある脱皮動物で，関節のある付属肢と固い外骨格をもつ．昆虫，クモ，ヤスデ，カニなどが含まれる.

絶対嫌気性生物 obligate anaerobe 発酵または嫌気呼吸のみを行う生物．このような生物は酸素を利用できず，酸素が有害でありさえする.

絶対好気性生物（偏性好気性生物） obligate aerobe 細胞呼吸に酸素を必要とし，酸素なしでは生きられない生物.

設定値 set point 動物の恒常性において，体温や塩濃度のような個々の変数に対して一定に維持される値.

絶滅の渦 extinction vortex 近交弱勢と遺伝的浮動が組み合わさることで，小さい個体群がさらに縮小するという渦巻き状に進行する過程．渦の進行が逆転することがない限り，個体群は絶滅する.

絶滅のおそれがある種（絶滅危惧種） threatened species 近い将来に絶滅危急になる可能性のある種.

絶滅の危機にある種（絶滅危急種） endangered species 生息範囲の全域または大部分で絶滅の危機にある種.

施肥 fertilization 土壌に無機栄養素を与えること.

セルロース cellulose 植物の細胞壁を形成する構造多糖で，β-グリコシド結合でグルコースがつながったもの.

繊維 fiber 細胞壁にリグニンが沈着した細胞で，機械的な支持によって被子植物の木部を強固にする．たとえば，細長く，先端が細くなった厚壁細胞が通常束になって存在する.

繊維芽細胞 fibroblast 細胞外の繊維の構成成分となるタンパク質を分泌する，疎性結合組織の細胞の1つ.

浅海帯 neritic zone 大陸棚を覆っている浅海域.

前期 prophase 有糸分裂の中の最初の時期．この時期では，クロマチンが凝縮して染色体の形が明瞭になり，紡錘体の形成が開始する．核膜はまだ完全な形で残っているが核小体は消失している.

全ゲノムショットガン法 whole-genome shotgun approach ゲノムDNAを無作為に切断して重複した短い断片を多数生成し，それぞれについて塩基配列を決定する．断片の配列をコンピュータのソフトウェアにより統合して完全な配列を得るという，ゲノム配列決定の手順.

センサー sensor ホメオスタシスにおける，刺激を感知する受容体.

線状電子伝達 linear electron flow 光合成の明反応の中の，光化学系ⅠとⅡの両方がかかわる電子伝達の経路．ATP，NADPH，O_2を生じる．正味の電子の流れはH_2Oから$NADP^+$まで.

染色体 chromosome 1本のDNA分子とそれに結合するタンパク質から構成される細胞内構造（ゲノムの塩基配列の解析のような場合には，DNAのみを指すことがある）．真核細胞は一般的に多数の線状の染色体を核内にもつ．原核細胞は単一の環状DNA分子とタンパク質からなる染色体をもつ場合が多い．その染色体は膜に包まれていない核様体中に見られる．「クロマチン」も参照.

染色体説 chromosome theory of inheritance 遺伝子は染色体の特定の位置（遺伝子座）に存在し，減数分裂中の染色体の挙動により遺伝様式を説明できるとする，生物学の基本原理.

染色体不分離 nondisjunction 減数分裂または有糸分裂時に発生する誤りで，相同染色体対または姉妹染色分体の対が適切に分離しないこと.

全身獲得抵抗性 systemic acquired resistance 感染を受けた植物の防御応答で，まだ感染を受けていない組織を感染から防御するしくみ.

先体 acrosome 精子の先端にある小胞で，中に精子が卵へ到達するのを助ける加水分解酵素や他のタンパク質を含む.

先体反応 acrosomal reaction 精子が卵に接近し接触する際，精子先端の小胞である先体から加水分解酵素が放出されること.

選択的RNAスプライシング alternative RNA splicing 真核生物のRNAプロセシング段階の遺伝子発現制御法．RNA分子のエキソンとする領域とイントロンとする領域の選択により，同一の一次転写産物RNAから異なるmRNA分子を生産する.

選択的透過性 selective permeability 生体膜の物質透過の制御を可能にする生体膜自身の性質.

前中期 prometaphase 有糸分裂の中の2番目の時期．この時期に核膜が断片化し，紡錘体の微小管が染色体の動原体に結合する.

先天性免疫 innate immunity 「自然免疫」を参照.

蠕動 peristalsis (1) 食物を完全消化管に沿って押し出す平滑筋に見られる収縮と弛緩の交互の波．(2) 前から後ろへと動く筋収縮のリズム感のある波によってつくられる表面の一種の動き.

セントロメア centromere 複製された染色体において，各々の姉妹染色分体は，それらのDNAのセントロメア領域と特異的に結合するタンパク質によって，互いに緊密に結合する．他の複数のタンパク質がその領域のクロマチンを凝縮して，倍加した染色体は細くくびれた形になる(凝縮していない，倍加していない染色体は，そこに結合したタンパク質によって同定される単一のセントロメアをもつ)．

前脳　forebrain　脊椎動物の脳の胚発生過程でできる3つの部位の1つ．視床，視床下部，大脳になる．

全能性　totipotent　胚および成体のすべての部位を生成することができる細胞．生物種によっては胚体外膜がこのような機能を有する．

前方　anterior　左右相称動物の前方，頭部のある側．

線毛　fimbria(複数形は fimbriae)　原核生物がもつ短い毛状の付属物であり，基質や他の細胞へ接着することを助ける．

繊毛　cilium　真核細胞の，微小管を有する短い突起物．運動性繊毛は移動や液体を細胞の背後に移動させるために機能が特化している．その構造は，外側の9組の二連微小管と内部の2本の単一微小管からなる芯(9+2構造)の部分が，細胞膜の延長によってできた鞘に包まれている．一次繊毛は通常運動性がなく，感知やシグナル伝達の役割をもつ．その構造は内側の2本の微小管を欠く(9+0構造)．

繊毛虫　ciliate　繊毛によって運動する原生生物(訳注：繊毛をもたないこともある．繊毛虫の最大の特徴は大核と小核の存在)．

前立腺　prostate gland　ヒト男性の分泌腺で，精液中の酸中和成分を分泌する．

蘚類　moss　蘚植物門に属する小さな非維管束植物の通称名．

総一次生産(GPP)　gross primary production　生態系における一次生産の総量．

双弓類　diapsid　羊膜類のうち，頭蓋に2対の側頭窓をもつクレードで，鱗竜類と主竜類が含まれる．

双極性障害　bipolar disorder　気分が高揚した状態から落ち込んだ状態へ変化する．躁うつ病ともよばれる．

走査型電子顕微鏡(SEM)　scanning electron microscope　試料表面の立体像を詳細に研究するために，金属原子で被覆した試料表面を電子線で走査する顕微鏡．

相似　analogy　同じ特徴の，共通祖先からの由来ではなく，収斂進化による2種間の類似．

相似的　analogous　相同ではなく，収斂進化による類似した特徴をもつこと．

創始者効果　founder effect　大きな集団から少数の個体が隔離されるようになったとき，元集団の遺伝子プールを反映しない新たな集団が確立される遺伝的浮動．

双子葉植物　dicot　2枚の子葉をもつ被子植物を指すのに使われる伝統的用語．最近の分子的証拠は双子葉植物は単一のクレードを形成しないことを示している．かつて双子葉植物として分類されていた種は，現在は真正双子葉植物，モクレン群といくつかの基部被子植物の系統に分類されている．

草食類　herbivore　おもに植物や藻類を食べる動物．

走性　taxis　刺激源に向かって，または遠ざかる方向性をもった運動．

造精器　antheridium(複数形は antheridia)　植物の雄性配偶子囊で，配偶子がつくられる湿った部屋．

双生児研究　twin study　離されて育てられた一卵性双生児と，同じ家庭で育った一卵性双生児を比較する行動研究．

相対的適応度　relative fitness　個体の，集団内の他の個体に比較した，次世代の遺伝子プールへの相対的貢献．

相対優占度　relative abundance　群集を構成する様々な種の相対的な割合．

相転換　phase change　(1) ある発達相から別の発達相に変わること．(2) 植物において，茎頂分裂組織の活性の変換によって生じる形態の変化．

相同　homology　祖先共有により生じた，特性の類似．

相同染色体　homologous chromosomes (homologs)　長さ，セントロメアの位置，染色パターンが同一で，対応する遺伝子座に同じ形質についての遺伝子をもつ，対となっている染色体．相同染色体の一方はその個体の父から，他方は母から受け継いでいる．相同染色体対ともよばれる．

相同染色体対　homologous pair　「相同染色体」を参照．

相同的構造　homologous structures　共通祖先をもつために似ている，異なる種の構造．

挿入　insertion　ある遺伝子に1塩基またはそれ以上の塩基対が付加される突然変異．

総排出腔　cloaca　哺乳類以外の脊椎動物の多くと少数の哺乳類に見られる消化管，尿管，生殖管のための共通の開口部．

創発特性　emergent properties　生命の階層を上位へ上がる各段階で，複雑性が増すにつれ，構成物の配置と相互作用により出現する新たな特性．

増幅　amplification　シグナル変換過程における刺激エネルギーの増強．

送粉　pollination　種子植物の胚珠を含む場所への花粉の移送．受精に必要なプロセス．

相補的DNA(cDNA)　complementary DNA　mRNAを鋳型とし，逆転写酵素とDNAポリメラーゼを用いて試験管内で作製された2本鎖DNA分子．cDNA分子は遺伝子のエキソンに対応している．

造卵器　archegonium(複数形は archegonia)　植物における雌性配偶体で，配偶子が発達する湿った室をもつ．

相利共生　mutualism　双方が利益を得る共生関係(+/+)．

藻類　alga(複数形は algae)　光合成原生生物を指す慣用語であり，単細胞のものから多細胞のものまである．藻類は真核生物の3つのスーパーグループ(エクスカバータ，SAR，アーケプラスチダ)に見られる(訳注：伝統的にはシアノバクテリアも藻類に含める)．

足(そく)　foot　輸送細胞を通じて，親の配偶体から，糖やアミノ酸，無機栄養素を集めるコケの胞子体の部分．

属　genus(複数形は genera)　種より上位の分類カテゴリーで，2名法による種の学名の最初の語により示される．

側系統　paraphyletic　共通祖先とそのすべてではない子孫で構成される分類群の集合を指す．

側根　lateral root　すでに形成された根の内鞘から発生する根．

促進拡散　facilitated diffusion　分子またはイオンが，膜を貫通する特異的な輸送タンパク質の助けによって，その電気化学的勾配に従って，エネルギーを消費することなく生体膜を透過すること．

側線系　lateral line system　魚類と両生類の体側に沿って並ぶ小孔と感覚器の列からなる機械受容器．動物自身と他の動く物体によって起こされる水の動きを検知する．

側爬虫類　parareptile　爬虫類の基部グループで，多くは大きくしっかりした四肢の草食動物．三畳紀後期に絶滅した．

側部分裂組織　lateral meristem　木本植物の根とシュートを太くする分裂組織．維管束形成層とコルク形成層は側部分裂組織である．

組織　tissue　構造や機能，もしくは両方を共有する一群の細胞が統合されたもの．

組織系　tissue system　植物の器官同士をつなぐ機能単位として組織化された１つまたはそれ以上の組織．

疎水性　hydrophobic　水に対して親和性がないこと．水の中では，凝集し，塊や液滴をつくりやすい．

疎水性相互作用　hydrophobic interaction　弱い化学的相互作用の１種．水と混ざらない分子同士が，水を排除して集まる力．

速筋　fast-twitch fiber　速く大きく収縮できる筋繊維．

ゾーニング型保護区　zoned reserve　人間による攪乱を比較的受けていない区域と，それを取り囲む，人間活動によって改変された区域や，経済的利益のために利用されている区域から構成される広大な地域．

粗面小胞体　rough ER　小胞体の，リボソームが表面に付着している領域．

ダイアフラム　diaphragm　ドーム型のゴムのキャップで，性交前に腟の奥に装着する．精子の子宮進入への物理的障壁となる．ペッサリー．

大陰唇　labia majora　陰門全体を包んで保護する厚い脂肪室の皮膚のひだの対．

体温調節　thermoregulation　許容範囲内での体内温度の維持．

体外受精（IVF）　*in vitro* fertilization　実験容器の中で起こる受精であり，その後初期胚を母親の子宮に人工的に着床させる．

体回路　systemic circuit　循環系の支脈．全身の器官や組織に酸素に富んだ血液を供給し，酸素が乏しい血液を心臓に戻す．

台木　stock　接ぎ木のときに根系を提供する植物．

体腔　body cavity　消化管と体壁に間の液体で満たされた腔所．

大孔　osculum　カイメン類に見られる体の大きな開口部で，海綿腔（胃腔）から外界へと通じる．

対向性拇指　opposable thumb　同じ手の他のすべての指の腹側（指紋のある側）を触れることができる親指．

対向流交換　countercurrent exchange　逆方向に流れる２つの液体間での物質や熱の交換．たとえば，魚の鰓の血液は，鰓を通過する水とは逆の方向に流れる．これにより，酸素の取り込みと二酸化炭素の放出を最大化する．

対向流増幅系　countercurrent multiplier system　エネルギーを費やす能動輸送によって物質交換を促進し，濃度勾配を生み出す対向流系．

体細胞　somatic cell　多細胞生物において，精子と卵，およびそれらの前駆細胞を除くすべての細胞．

胎児　fetus　成体の主要な構造をすべて備えている，発生中の哺乳類．ヒトでは胎児期は妊娠９週目から誕生までの期間．

代謝　metabolism　ある生物で行われる化学反応の総体．異化経路と同化経路からなる．それらの経路によって，その生物の物質とエネルギーのもととなる資源を管理する．

代謝経路　metabolic pathway　複雑な分子を合成する一連の化学反応（同化経路），または複雑な分子を単純な分子に分解する一連の化学反応（異化経路）．

代謝率　metabolic rate　単位時間あたり動物が使うエネルギーの総量．

対照群　control group　対照群を含む実験において，解析する特定の要因を変えなかったもの．その変えない因子１つ以外は，実験群と同じである．

対照を含む実験　controlled experiment　実験群を対照群と比較できるように計画された実験．理想的には，２つの群は解析しようとする１つの要因だけが異なる．

大進化　macroevolution　種レベル以上の進化的変化．大進化の例は，一連の種分化や生命の多様性の大量絶滅のインパクトとそれに続く回復を通じた新たな生物群の起源などがある．

胎生　viviparous　子宮で胎盤の血から栄養を得て子が発生する発生様式．

体積流　bulk flow　異なる部位の間の圧力差による液体の移動．

体節　somite　脊椎動物胚において脊索のすぐ側方で対となって存在する，中胚葉の一連の区画の１つ．

大腸　large intestine　小腸と肛門の間にある脊椎動物の完全消化管で，おもに水分の吸収と糞便生成機能がある．

多遺伝子遺伝　polygenic inheritance　２つ以上の遺伝子が，単一の形質に対して相加的な効果を与えること．

ダイニン　dynein　繊毛や鞭毛の１つの二連微小管から隣の二連微小管へ延びる大きなモータータンパク質．ATP加水分解によってダイニンの形の変化が起こり，繊毛と鞭毛の屈曲がもたらされる．

大脳　cerebrum　脊椎動物の前脳，背側部位にあり左右の大脳半球からなる．記憶，学習，情動など中枢神経系の高次機能に関与している．

大脳皮質　cerebral cortex　大脳の表面．哺乳類の中では最大で最も複雑な部位．大脳の神経細胞体を含む．脊椎動物の脳で進化過程で最も進化した部位．

胎盤　placenta　妊娠した哺乳類の子宮に発達する，母親の血液から胎児に栄養を与えるための構造．子宮の内張の組織と胚膜からなる．

大胞子　megaspore　異型胞子性植物の，雌性配偶体に成長する胞子．

大葉（たいよう）　megaphyll　高度に分枝した維管束系をもつ葉．ヒカゲノカズラ植物以外の大多数の維管束植物で特徴的である．「小葉」も参照．

対立遺伝子　allele　表現型に識別可能な影響を与える，遺伝子の多様な型のうちの１つ．アレルともいう．

大量絶滅　mass extinction　地球規模の環境変動の結果，地球上の多数の種の終焉．

苔類　liverwort　苔植物門に属する小さな非維管束植物の通称名．

多因子形質　multifactorial　複数の遺伝子および環境要因に影響される形質．

ダウン症候群　Down syndrome　21番染色体が１本余分に存在することにより引き起こされるヒトの遺伝疾患．発達遅延などの異常を伴うが，多くの場合治療可能，あるいは命に別条はない．

唾液腺　salivary gland　口腔内にある分泌腺で，食物を柔らかくし化学的消化過程を始める物質を分泌する．

多核菌類　coenocytic fungus　隔壁を欠き，多数の核を含むひとつながりの細胞質からなる体をもつ菌類．

他家受粉　cross-pollination　被子植物において，１つの植物体の花でつくられた花粉の，同種の他の植物体の柱頭への移送.

多系統　polyphyletic　類縁の遠い生物を含むが，それらの最新の共通祖先は含まない分類群の集合を指す.

多重遺伝子ファミリー　multigene family　同一または類似した塩基配列を持つ遺伝子の集合であり，共通の起源をもつと考えられる.

多数回繁殖型　iteroparity　親個体が数年にわたって繁殖すること．複数回繁殖ともよばれる.

多精　polyspermy　1つの卵に対する，2つ以上の精子による受精.

多足類　myriapod　陸生の節足動物で，多くの体節をもち，各体節に1対または2対の肢をもつ．ヤスデ類とムカデ類は現生の多足類の2大グループである.

脱黄化　de-etiolation　光を受けて植物のシュートが起こす変化，慣用的に緑化ともいう.

脱水反応　dehydration reaction　2つの分子から1個の水分子が除かれて，互いに共有結合する化学反応.

脱皮　molting　脱皮動物の成長過程で，外骨格を不連続に(間隔期間をあけて)脱ぎ捨てること．脱皮の度に大きな外骨格をつくることによって成長が可能となる.

脱皮動物　Ecdysozoa　左右相称動物の3つの主要な系統の1つである．脱皮動物の多くは脱皮を行う．「新口動物」「冠輪動物」も参照.

脱分極　depolarization　静止膜電位よりも細胞内が細胞外に対しよりプラスに転ずる電位変化．たとえばニューロンで刺激により静止電位 −70 mV から膜電位が 0 mV 方向に変化したとき脱分極されたという.

多糖　polysaccharide　多数の単糖が脱水反応でつながった重合体.

多能性　pluripotent　ある細胞が，生物体のすべてではないが多くの種類の細胞に分化できる能力.

多分岐　polytomy　系統樹において，3つ以上の子孫分類群が現れる分岐点．多分岐は子孫分類群間の進化的関係がはっきりしないことを表している.

ターミネーター　terminator　細菌の遺伝子の末端を指定するDNAの塩基配列．この配列に達するとRNAポリメラーゼから新たに合成されたRNA分子が遊離し，RNAポリメラーゼもDNA鎖から解離する.

多面発現性　pleiotropy　単一の遺伝子が複数の効果を発揮する能力.

多様性　variation　「変異」を参照.

たるんだ　flaccid　たるんだ張りのない状態．水が細胞から出ていく傾向にある環境に置かれた植物細胞のように，膨圧(しっかりした張りのある状態)を欠いていること.

単為生殖　parthenogenesis　両性生殖の1つの様式で，雌の未受精卵から子孫を生じる生殖様式.

単一循環　single circulation　1つのポンプと回路からなる循環系．ガス交換部位からの血液は，心臓に戻る前に他の全身部位に送られる.

ターンオーバー　turnover　湖において，季節的な水温の変化に伴って発生する水の攪拌(混合).

単果　simple fruit　単一の心皮か，合着した心皮に由来する果実(訳注：単一の雌ずいに由来する).

段階的電位　graded potential　ニューロンに見られる，刺激強度の変化に応じて変化する膜電位変化のこと．距離が離れると減衰する.

炭化水素　hydrocarbon　炭素と水素だけを含む有機分子.

短期記憶　short-term memory　情報や予想，目標などを一時的に保持し，不要になったら放棄する能力.

探究　inquiry　知識や説明の探究．しばしば特定の疑問に焦点を当てる.

単弓類　synapsid　羊膜類のうち，頭蓋に1対の側頭窓をもつクレードで，哺乳類が含まれる.

単系統　monophyletic　共通祖先とそのすべての子孫で構成される分類群の集合を指す．単系統はクレードと同等である.

単結合　single bond　1本の共有結合．原子間で1対の価電子を共有する.

単孔類　monotreme　カモノハシやハリモグラなど卵を産む哺乳類．他の哺乳類と同様，毛をもち，乳もつくるが，乳首はない.

単婚(一夫一妻)　monogamous　1個体の雄が1個体の雌とだけ配偶する関係をいう.

担子器　basidium(複数形は basidia)　担子菌類において，有性胞子(担子胞子)をつける生殖構造であり，キノコの傘のひだなどに見られる.

担子器果　basidiocarp　担子菌類における，二核菌糸からなる発達した子実体.

担子菌　basidiomycete　担子菌門に属する菌類．胞子を形成する担子器が棍棒状(club-like)の形をしているため英名では club fungi ともよばれる(訳注：その担子器果の形から担子菌の一群であるホウキタケ類を特に club fungi とよぶことも多い).

短日植物　short-day plant　日長が一定時間より短いときのみ花を咲かせる植物で，通常，夏の終わり，秋，冬に花をつける.

胆汁　bile　肝臓でつくられ胆嚢に貯蔵される物質の混合物．水の中で脂肪小滴を形成させ脂肪の消化や吸収を助けている.

単純反復DNA　simple sequence DNA　短い配列の多数の反復繰返し配列を含むDNA配列.

単子葉植物　monocot　1枚の子葉をもつ被子植物からなるクレード.

炭水化物　carbohydrate　糖質ともいう．単糖，二糖(2量体)，多糖(重合体)などがある.

断続平衡　punctuated equilibria　化石記録では，長い間本質的には変化しない状態を持続し，比較的短期間の突然の変化により分断される.

炭素固定　carbon fixation　独立栄養生物(植物を含む光合成生物，化学独立栄養原核生物)によって，CO_2 の炭素が有機化合物に最初に取り込まれること.

単糖　monosaccharide　最も単純な炭水化物．そのままでも役割をもち，また二糖や多糖をつくる単位(単量体)となる．単糖の分子式は一般に CH_2O の倍数で表される.

胆嚢　gallbladder　胆汁を貯蔵し，必要時に小腸に放出する器官.

タンパク質　protein　1個以上のポリペプチドが折りたたまれて特定の3次元構造をとり，生物学的な機能をもった分子.

タンパク質キナーゼ　protein kinase　リン酸基をATPからタンパク質へ転移して，そのタンパク質をリン酸化する酵素.

タンパク質ホスファターゼ　protein phosphatase　タンパク質からリン酸基をはずす(脱リン酸化)酵素．タンパク質キナーゼと逆の機能を果たすことが多い.

断片分離　fragmentation　親植物がいくつかの部分に切り離され，それぞれが1個体の植物が形成される，栄養生殖の方式.

単量体　monomer　重合体の構成単位となるサブユニット．モノマーともいう.

単レンズ眼　single-lens eye　クラゲ，ゴカイ，クモ，軟体動物などで見られるカメラ様の眼.

地衣類　lichen　菌類と光合成を行う藻類またはシアノバクテリアからなる相利共生体.

チェックポイント　checkpoint　細胞周期において，「停止」と「進行」のシグナルによって周期の進行が制御される時点.

チオール基　sulfhydryl group　1個の硫黄原子に水素原子が結合した官能基．スルフヒドリル基ともいう.

知覚　perception　脳による感覚系入力の解釈.

地球生態学　global ecology　エネルギーや物質の地域的な交換が，生物圏における生物の機能や分布に及ぼす影響を研究する.

遅筋　slow-twitch fiber　持続的に収縮できる筋繊維.

地質記録　geologic record　地球の歴史は，4つの累代，つまり冥王代，始生代，原生代，顕生代へ分割され，さらに累代は代と紀へ分割される.

地図単位　map unit　遺伝子間の距離を表す単位．1地図単位は1%の組換え頻度を示す距離.

地層　stratum（複数形は strata）　新たな堆積物の層が古い層を覆い，圧縮することによりつくられる岩石の層.

膣　vagina　雌の生殖系の一部で，子宮と体外への開口部の間の部分．哺乳類では産道になる.

窒素固定　nitrogen fixation　窒素ガス(N_2)をアンモニア(NH_3)に変換する反応．生物による窒素固定は一部の原核生物のみが可能であり，その一部は陸上植物や真核藻類と相利共生関係を結んでいる.

窒素循環　nitrogen cycle　気体あるいは腐食した有機物の形態の窒素が，土壌細菌により，植物が吸収可能な化合物に変えられるプロセス．この取り込まれた窒素は，その後，他の生物に食べられ，細菌の働きによりゆっくりと放出され，非生物環境に再び戻る.

着生植物　epiphyte　自分自身で栄養をつくるが，他の植物の表面，通常木の枝や幹で支持されて生育する植物.

チャパラル　chaparral　「硬葉樹灌木林」を参照.

中央液胞　central vacuole　植物の成熟した細胞内の大きな膜胞で，成長，貯蔵，有毒物質の隔離などさまざまな役割をもつ.

中間径フィラメント　intermediate filament　微小管とアクチンフィラメントの中間の太さをもつ繊維からなる細胞骨格の総称.

中期　metaphase　有糸分裂の中の3番目の時期．紡錘体が完成し，微小管が染色体の動原体に結合して，すべての染色体が赤道面に配置される.

中期赤道面　metaphase plate　細胞分裂中期の細胞の極と極の中間に位置する仮想的な平面．複製されたすべての染色体が分裂中期にこの面に配置される.

中規模攪乱仮説　intermediate disturbance hypothesis　低レベル，あるいは高レベルの攪乱よりも，中レベルの攪乱が種多様性を増加させる，という考え.

中膠（間充ゲル）　mesohyl　カイメン類の2つの細胞層の間に存在するゼラチン状の部位.

中耳　middle ear　脊椎動物の耳の一部域．哺乳類では3つの小さな骨，槌骨，砧骨，鐙骨を含む．鼓膜から卵円窓へ振動を伝える.

中心窩　fovea　眼の中心に焦点を結ぶ網膜内の場所．錐体細胞が密集している.

中心小体　centriole　動物細胞の中心体の中の，三連微小管が9+0構造で配置した円筒状の構造.

中心体　centrosome　動物細胞の細胞質に存在する構造で，微小管形成中心として機能し，細胞分裂において重要な役割をもつ．1個の中心体は2個の中心小体をもつ.

中心柱　stele　茎と根の維管束組織.

中性植物　day-neutral plant　花形成が光周性もしくは日長に依存しない植物.

虫垂　appendix　脊椎動物の盲腸にある指のような小突起．免疫に関与する多量の白血球細胞を含む.

中枢神経系（CNS）　central nervous system　シグナルの統合が行われる神経系の部位．脊椎動物では脳と脊髄.

中性子　neutron　原子核に存在する微粒子の1つ．電荷をもたず，電気的に中性．質量は約 1.7×10^{-24} g.

沖層　pelagic zone　水域バイオームにおける外洋の領域.

沖帯　limnetic zone　湖において，岸から離れて光環境が良好で開けた表層の領域.

柱頭　stigma（複数形は stigmata）　花の心皮の，花粉を受け取る粘着する部分.

中脳　midbrain　脊椎動物の脳の胚発生過程でできる3つの部位の1つ．感覚情報を大脳に伝える感覚の統合，中継センターになる.

中胚葉　mesoderm　三胚葉動物の中間の胚葉で，脊索や体腔の裏打ち，筋肉，骨格，生殖腺，腎臓，循環系などに発生する.

中葉　middle lamella　若い植物細胞の一次細胞壁と隣の細胞のそれとの間に存在する，おもにペクチンからなる粘着性の細胞外物質の薄層.

中立変異　neutral variation　自然選択上の利点や欠点を与えない遺伝的変異.

頂芽　apical bud　植物の茎の先端の芽．頂芽ともよばれる.

頂芽優勢　apical dominance　頂芽が腋芽の成長を部分的に抑制するために，植物のシュートの成長が先端に集中すること.

腸管神経系　enteric nervous system　消化管，膵臓，胆嚢を直接あるいは間接的に調節する独立したニューロンネットワーク.

潮間帯　intertidal zone　陸に近接した浅海域で，潮の干満によって環境が変化する水域.

長期記憶　long-term memory　生涯にわたり情報を保持し，関連づけ，読み出すことのできる能力.

長期増強（LTP）　long-term potentiation　神経信号としての活動電位の反応性が長期間にわたり増大すること.

超好塩菌　extreme halophile　「高度好塩菌」を参照.

超好熱菌　extreme thermophile　高温（ふつう 60〜80℃以上）環境下で生きる生物.

長鎖非コード RNA（lncRNA）　long noncoding RNA　200塩基から数十万塩基の長さ RNA．タンパク質をコードしないが，相当量が発現している.

長日植物　long-day plant　日長が一定時間より長いときのみ花を咲かせる植物で，通常，春か初夏に花をつける.

張性　tonicity　細胞外の溶液が，その細胞内に水を流入または流出させる能力.

調節遺伝子(制御遺伝子)　regulatory gene　他の遺伝子または遺伝子群の転写を制御するリプレッサーなどのタンパク質をコードする遺伝子.

調節体　regulator　外部環境の変動に直面した際，ホメオスタシスによって，ある変数の体内の変化を調節する動物.

頂端分裂組織　apical meristem　1つまたは複数の細胞が繰り返し分裂する，植物の成長する先端の局在化領域．頂端分裂組織の細胞分裂により，植物を高くすることを可能にする.

重複　duplication　相同染色体由来の染色体断の融合により，染色体の一部が重複した染色体の異常構造.

重複受精　double fertilization　2個の精細胞が，雌性配偶体(胚嚢)の2個の細胞と融合し，接合子と胚乳がつくられる被子植物の受精メカニズム.

跳躍伝導　saltatory conduction　神経インパルスの軸索上の速い伝導．活動電位がミエリン鞘を飛び越えて，ランビエ絞輪間を跳躍し伝導する.

直血管　vasa recta　ヘンレのループに対して働く腎臓毛細血管系.

直腸　rectum　大腸の終末部分で，糞便が排泄されるまで貯蔵されるところ.

貯蔵庫　reservoir　生物地球化学循環において，化学元素のある場所であり，有機物と無機物から構成され，生物に直接利用されるものと利用されないものがある.

チラコイド　thylakoid　葉緑体内の扁平な膜胞．チラコイドは互いに連結したグラナとよばれる積み重なり構造として存在する場合が多い．チラコイド膜には光エネルギーを化学エネルギーに変換する「分子機械」が含まれる.

チロキシン　thyroxine(T_4)　甲状腺から分泌される，ヨウ素を含む2種のホルモンの1つ．脊椎動物の代謝，発生，および成熟を助ける.

対合　synapsis　減数第一分裂前期に，複製後の相同染色体の間で起こる対形成と物理的な結合の形成.

痛覚受容器　pain receptor　侵害刺激，痛覚刺激に応答する感覚受容器．侵害受容器ともいう.

通性嫌気性生物　facultative anaerobe　酸素が存在するときは好気呼吸によってATPを合成し，酸素が存在しないときは，嫌気呼吸または発酵に切り替える生物.

接ぎ穂　scion　接ぎ木のときに台木の上に接ぐ小枝.

ツノゴケ類　hornwort　ツノゴケ植物門に属する小さな非維管束植物の通称名.

ツボカビ類　chytrid　ツボカビ門に属する菌類であり，多くは水生で鞭毛をもつ遊走子を形成する．菌類における初期分岐群である.

ツンドラ　tundra　植物の成長を制限する極限的な陸域バイオーム．高緯度の北限では北極ツンドラ，高い標高域では高山ツンドラとよばれ，矮生の低木，マット状の植生が分布する.

テイ・サックス病　Tay-Sachs disease　機能しない酵素をコードする劣性の対立遺伝子により引き起こされるヒトの遺伝性疾患.

底域　benthic zone　水域環境の底.

底生生物　benthos　水域バイオームの底域に生育する生物群集.

泥炭　peat　おもに湿地性の蘚類であるミズゴケ属からつくられる部分的にしか分解されていない有機物の膨大な埋蔵物.

低張　hypotonic　細胞がある溶液中にあるとき，その細胞が吸水を起こす場合，その溶液は低張であるという.

ディプロモナス類　diplomonad　特殊化したミトコンドリア(マイトソーム)，およびふつう2個の同型核と多数の鞭毛をもつ原生生物.

低密度リポタンパク質(LDL)　low-density lipoprotein　数千のコレステロール分子と他の脂質がタンパク質に結合してできた血中粒子．細胞膜に取り込むために，LDLはコレステロールを肝臓から運搬する.

デオキシリボ核酸(DNA)　deoxyribonucleic acid　通常，二重らせん構造をとる核酸分子．各ポリヌクレオチド鎖は，デオキシリボースと窒素含有塩基であるアデニン(A)，シトシン(C)，グアニン(G)，チミン(T)を含むヌクレオチド単量体で構成される．複製され，また細胞のタンパク質の構造を遺伝的に決定することができる.

デオキシリボース　deoxyribose　DNAのヌクレオチドの糖成分．デオキシリボースは，RNAヌクレオチドのリボースよりヒドロキシ基が1個少ない.

適応　adaptation　ある環境で生存と繁殖を促進する生物の遺伝的形質.

適応進化　adaptive evolution　生物とその生育環境とのよりよい一致をもたらす進化.

適応放散　adaptive radiation　一群の生物が，群集内で異なる生態的役割を満たすように適応した多数の新種を生み出す進化的変化の過程.

適応免疫　adaptive immunity　脊椎動物特有のBリンパ球(B細胞)とTリンパ球(T細胞)による生体防御系．特異性，記憶，自己と非自己の認識を特徴とする．獲得免疫ともよばれる.

テストステロン　testosterone　雄の生殖系，精子形成，および雄の二次性徴の発達に必要なステロイドホルモン．哺乳類の主要なアンドロゲン.

デスモソーム　desmosome　動物細胞における細胞間連絡構造の1種．細胞どうしのつなぎ留めや固定の機能をもつ.

データ　data　観察記録.

デトリタス(有機堆積物)　detritus　生物遺体や生物の排出物.

デュシェンヌ型筋ジストロフィー　Duchenne muscular dystrophy　伴性劣性対立遺伝子により引き起こされるヒトの遺伝性疾患．進行性の筋組織の弱体化と喪失を特徴とする.

テロメア　telomere　真核生物の染色体DNAの末端に存在する反復DNA配列．テロメアは複製を繰り返すうちに末端の遺伝子が侵食されるのを防いでいる．「反復DNA」も参照.

転移　metastasis　がん細胞が元の部位から離れた場所に広がること.

電位依存性チャネル　voltage-gated ion channel　膜電位の変化によってゲートの開閉が起こるイオンチャネル.

転移因子　transposable element　DNAまたはRNAの中間体を用いて細胞のゲノム中を移動することができるDNA領域．転移性遺伝因子ともよばれる.

電気陰性度　electronegativity　共有結合している電子をその原子が引きつける力.

電気化学的勾配　electrochemical gradient　イオンは，膜の両側での濃度差(化学的な力)と膜電位(電気的な力)の両方に従って拡散によって移動する．この場合の，イオンの拡散に影響を与える濃度差と膜電位の両方.

電気穿孔法　electroporation　「エレク

トロポレーション」を参照.

転座 translocation　染色体の断片が相同染色体以外の染色体に結合することにより生じる染色体構造異常.

電子 electron　原子を構成する微粒子の1つで，1個の負電荷をもち，質量は中性子や陽子の約2000分の1. 原子核のまわりを1個以上の電子が回っている.

電子殻 electron shell　原子核から一定の平均距離にある電子のエネルギー準位.

電子顕微鏡(EM) electron microscope　顕微鏡の1種. 試料表面に投射または内部に透過した電子線を磁石を用いて屈折させて結像する. 実際の解像力は，標準的な技術を用いた場合の光学顕微鏡の解像力の100倍以上にもなる. 透過型電子顕微鏡(TEM)は細胞切片の内部の構造を研究するために利用される. 走査型電子顕微鏡(SEM)は細胞表面を詳細に研究するために利用される.

電磁受容器 electromagnetic receptor　光，電気，磁気などの電磁エネルギーの受容器.

電磁スペクトル electromagnetic spectrum　ナノメートル以下からキロメートル以上の波長範囲にわたる電磁波の全放射のスペクトル.

電子伝達鎖 electron transport chain　酸化還元電位の勾配を下る一連の酸化還元反応で電子を順次受け渡す電子伝達体分子(膜タンパク質)の連鎖. この電子伝達反応でATP合成のためのエネルギーが放出される.

転写 transcription　DNAを鋳型に用いるRNAの合成.

転写因子 transcription factor　DNAに結合して特定の遺伝子の転写に影響を与える制御タンパク質.

転写開始点 start point　転写過程で，プロモーター中のRNAポリメラーゼがRNAの合成を開始する塩基の位置.

転写開始複合体 transcription initiation complex　転写因子とRNAポリメラーゼがプロモーターに結合することにより形成された複合体.

転写活性化因子(アクチベーター) activator　DNAに結合して遺伝子の転写を促進するタンパク質. 原核生物では，転写活性化因子はプロモーターの近傍に結合するが，真核生物では転写活性化因子はエンハンサーの制御領域に結合する.

転写単位 transcription unit　単一のRNA分子に転写されるDNA領域.

転送 translocation　タンパク質合成のペプチド伸長過程の第3段階. 伸長中のポリペプチドを保持するRNAがリボソームのA部位からP部位へと移動する段階.

点突然変異 point mutation　遺伝子の中の1塩基対の変化.

デンプン starch　植物の貯蔵多糖で，グリコシド結合でつながったグルコースだけでできている.

転流 translocation　維管束植物の師部における有機栄養物の輸送.

同位体 isotope　1つの元素のうち，陽子数が同じだが，中性子数が異なり，そのため原子量が異なる原子.

透過型電子顕微鏡(TEM) transmission electron microscope　主として細胞内部の微細構造を研究するために使われる顕微鏡. 金属原子で電子染色した超薄切片に電子線を透過して像を得る.

同化経路 anabolic pathway　エネルギーを消費して，単純な分子から複雑な分子を合成する代謝経路.

道管 vessel　ほとんどの被子植物と少数の隠花植物に見られる水を通道する連続した微細な管.

道管液 xylem sap　道管や仮道管を通して運ばれる水と塩類の希薄溶液.

道管要素 vessel element　ほとんどの被子植物と少数の隠花植物の木部に見られる短くて太い，水を通道する細胞. 道管要素は成熟時に死んだ細胞で，両端で互いにつながった道管とよばれる微細な管を形成する.

同形 isomorphic　陸上植物と一部の藻類に見られる生活環の一型であり，胞子体と配偶体が染色体数は異なるものの形態的にはよく似ている.

同形非相同 homoplasy　2種で独立に進化し，類似した(相似の)構造あるいは分子の配列.

同型胞子性 homosporous　典型的には両性配偶体になる1種類の胞子をつくる植物種を指す.

動原体 kinetochore　セントロメアに結合したタンパク質からなる構造. 姉妹染色分体の各々を紡錘体に結合させている.

瞳孔 pupil　虹彩の開口部. 脊椎動物の眼の内部に光を導く. 虹彩の筋肉がその大きさを調節する.

統合失調症 schizophrenia　重篤な精神障害. 患者は現実と幻想の区別がつかなくなる.

糖脂質 glycolipid　1個またはそれ以上の炭水化物と共有結合で結合した脂質.

同質倍数体 autopolyploid　3組以上の染色体セットのすべてが単一種に由来する個体.

同所的種分化 sympatric speciation　同じ地域で生活している集団で起きる新種形成.

糖シンク sugar sink　糖を消費するか，もしくは蓄える植物の器官. たとえば，根や成長しているシュートの先端，茎，果実などは，師部からの供給を受ける糖シンクの例である.

糖ソース sugar source　光合成もしくはデンプンの分解によって，糖が生産される植物の器官. 成熟した葉は植物の主要な糖ソースである.

糖タンパク質 glycoprotein　1個またはそれ以上の，共有結合で結合した炭水化物をもつタンパク質.

等張 isotonic　細胞がある溶液中にあるとき，その細胞への水の正味の出入りがない場合，その溶液は等張であるという.

糖尿病 diabetes mellitus　グルコースホメオスタシスが維持できなくなる内分泌性疾患. 1型はインスリン分泌細胞が自己免疫によって壊れるもので，治療には毎日のインスリン注射が欠かせない. 2型は標的細胞のインスリン応答性が低下して起こり，肥満や運動不足がリスクファクターとなっている.

動物極 animal pole　端黄卵において卵黄が最も少ない割球側の上端. 植物極の対極.

洞房結節 sinoatrial (SA) node　心臓の右心房に存在し，すべての心筋細胞が収縮する速度とタイミングを設定する領域. ペースメーカー.

動脈 artery　心臓から体中の器官へ血液を運ぶ血管.

冬眠 hibernation　代謝が減少し，心拍と呼吸がゆっくりとなり，体温が通常より低く維持される，長期的な生理状態.

透明帯 zona pellucida　哺乳類の卵を取り巻く細胞外マトリクス.

独立栄養生物 autotroph　他の生物や他の生物由来の物質を摂取することなしに，有機栄養分子を得ている生物. 独立栄養生物は太陽エネルギーまたは無機物の酸化によるエネルギーを利用して，無機物から有機分子をつくる．

独立の法則　law of independent assortment　メンデルの遺伝の第2法則．配偶子形成の過程で各々の対立遺伝子対は，他の遺伝子対とは独立に分離，分配されるというもの．2つの形質についての2つの遺伝子が異なる相同染色体に存在する，または同じ染色体上の十分離れた位置に存在しており，異なる染色体に存在するかのように挙動する場合に適用される．

独立変数　independent variable　実験においてある要因を操作して，その影響を別の要因（従属変数）から評価するとき，その操作または変えることができた要因．

都市生態学　urban ecology　都市とその周辺における生物と環境についての研究．

土壌層位　soil horizon　上下で異なる物理的特徴をもつ土壌の層群．

突然変異（変異）　mutation　生物のDNA，またはウイルスのDNAもしくはRNAのヌクレオチド配列の変化．

突然変異誘発物質（変異原）　mutagen　DNAと相互作用することにより突然変異を引き起こす化学物質または物理的要因．

トップダウンモデル　top-down model　捕食者が群集構造を制御する群集動態モデルで，捕食者が植食者を規定し，さらにはそれが植物や植物プランクトンの数，栄養塩のレベルを連鎖的に制御するというモデルである．栄養カスケードモデルともよばれる．

トポイソメラーゼ　topoisomerase　DNA鎖を切断し，巻き戻し，再結合するタンパク質．DNAの複製過程でトポイソメラーゼは複製フォークの進行方向の先に生じる強いねじれを緩和する．

ドメイン　domain　(1) 界より上位の分類カテゴリー．3つのドメインは古細菌，細菌と真核生物である．(2) タンパク質の構造的および機能的に分離した領域．

トランスジェニック　transgenic　異なる生物種，または同一生物種の別の個体に由来する遺伝子をゲノム中に含む植物または動物の個体の呼称．

トランス脂肪　trans fat　油脂の水素添加で人工的につくられる不飽和脂質で，1個以上のトランス型二重結合を含む．

トランスファーRNA（tRNA）　transfer RNA　核酸の言語とタンパク質の言語を通訳する機能をもつRNA分子．特定のアミノ酸を拾い上げてリボソームに運搬し，リボソームでtRNAがmRNA中の適切なコドンを認識する．

トランスポゾン　transposon　DNAの中間体を介してゲノム中を移動する転移性因子．

トリアシルグリセロール　triacylglycerol　3個の脂肪酸がグリセロールに結合した脂質で，脂肪，トリグリセリドともいう．

トリコーム　trichome　高度に特殊化した表皮細胞の1種．植物のシュートでは毛状の突起であることが多い．

トリソミー　trisomic　正常ならば2本存在する特定の染色体が3本存在する二倍体細胞．

トリプルレスポンス　triple response　物理ストレスに対する植物の成長応答の3点セット．茎の伸長の抑制，茎の肥大，屈曲して水平方向への成長である．

トリプレット（3文字暗号）　triplet code　3塩基セットの単語でポリペプチド鎖のアミノ酸を指定する，遺伝情報システム．

ドルトン　dalton　分子，原子と原子を構成する微粒子の質量の単位で，原子質量単位（amu）と同一．

トロコフォア幼生　trochophore larva　環形動物や軟体動物などの冠輪動物に見られる特徴的な幼生．

トロポニン複合体　troponin complex　細いフィラメント上のトロポミオシンの位置を制御する調節タンパク質．

トロポミオシン　tropomyosin　アクチン分子とミオシン分子の結合を抑制している調節タンパク質．

内温性　endothermy　自身の代謝によって産生される熱を使って体を温める生物．この熱により，外環境よりも高い体温を維持することができる．

内群　ingroup　その解析で検討しようとしている種あるいは種群．

内骨格　endoskeleton　動物の軟組織内にある硬い骨格．

内在性タンパク質　integral protein　膜貫通型タンパク質．その疎水性領域は膜内部に挿入されているものと，膜を完全に貫通するものがあるが，後者の例が多い．その親水性領域は膜の一方の側，または両側で水溶液に接している（ただし，チャネルタンパク質の場合は，その親水性領域はチャネルの内面を裏打ちしている）．

内耳　inner ear　脊椎動物の耳の一部域，コルチ器をもつ蝸牛，三半規管からなる．

内鞘　pericycle　根の維管束柱の最外層で，ここから側根が生まれてくる．

内生菌　endophyte　陸上植物または多細胞藻類に害を与えることなく共生している菌類などの生物．

内生胞子（芽胞）　endospore　厳しい環境にさらされた際に，一部の細菌が形成する厚い壁で囲まれた耐久細胞．

内臓塊　visceral mass　軟体動物の体を構成する3つの主要部分の1つで，内蔵のほとんどを含む部分．「足」「外套膜」も参照．

内的自然増加率（潜在的にもち得る最大の増加率）　intrinsic rate of increase（*r*）　個体群モデルにおける，指数関数的に個体群が増加する場合の1個体あたりの個体数の変化率．

内毒素（エンドトキシン）　endotoxin　一部のグラム陰性細菌の外膜を構成する毒素であり，細胞が崩壊したときにのみ遊離する．

内胚葉　endoderm　動物の胚の3つの胚葉のうち，最も内側の細胞層．原腸の一部で，肝臓や膵臓，肺消化管を形成する

内皮　(1) endothelium　血管の内腔を裏打ちする単層で扁平な細胞層．(2) endodermis　植物の根の皮層の最内層．維管束柱の外周をなす．

内部寄生者　endoparasite　宿主の体内に寄生している生物．

内部細胞塊　inner cell mass　哺乳類の胚盤胞の一端にある内部細胞群．その後，完全な胚に成長し，一部は胚体外膜となる．

内分泌系　endocrine system　ホルモン，ホルモンを分泌する導管のない分泌線，およびホルモンに応答する標的細胞の表面あるいは内部に存在する受容体を含む体内コミュニケーションの系．神経系と協調して体内の調節およびホメオスタシスの維持に働く．

内分泌腺　endocrine gland　導管のない分泌線で，ホルモンを直接細胞外液に分泌する．ホルモンはそこから拡散して血流に入る．

内膜系　endomembrane system　真核細胞の表面または内部に存在し，物理的に直接つながっているか，あるいは

膜小胞の輸送を介して互いに関連し合っている膜系の全体．細胞膜，核膜，滑面小胞体，粗面小胞体，ゴルジ装置，リソソーム，小胞，液胞が含まれる．

ナチュラルキラー細胞(NK 細胞) natural killer cell　一種の白血球細胞で，自然免疫の一部として，がん細胞やウイルスに感染した細胞を殺傷する．

ナトリウム-カリウムポンプ sodium-potassium pump　能動輸送によってナトリウムイオンを細胞の外に汲み出し，カリウムイオンを汲み入れる動物細胞の細胞膜に存在する輸送タンパク質．

ナメクジウオ類 lancelet　頭索動物のクレードに属し，小型のナイフ型の体で背骨をもたない．

縄張り性 territoriality　動物が，ある境界内の物理的空間を，他個体(通常は同種個体)の侵入に対して防御すること．

軟骨 cartilage　コンドロイチン硫酸にはめ込まれた，コラーゲン繊維に富む柔軟性のある結合組織．

軟骨魚類 chondrichthyan　軟骨魚綱，サメやエイなどおもに軟骨からなる骨格をもつ脊椎動物．

ナンセンス変異 nonsense mutation　アミノ酸のコドンが3種類の終止コドンのうちの1つに変化する突然変異．ペプチド鎖が短くなり，機能をもたないタンパク質が生成することが多い．

匂い物質 odorant　嗅覚系の感覚受容細胞によって検知される分子．

二核性(重相) dikaryotic　菌類において，両親に由来する2個の単相核をもつ状態．

肉鰭類 lobe-fin　硬骨魚類のうち棒状の筋肉性の鰭をもつクレードで，シーラカンス，肺魚，四肢類が含まれる．

肉食類 carnivore　おもに他の動物を食べる動物．

ニコチンアミドアデニンジヌクレオチドリン酸　「NADP$^+$」「NADPH」を参照．

二次共生 secondary endosymbiosis　従属栄養性の真核細胞に取り込まれた光合成真核細胞が共生者となり，これが葉緑体となる過程．

二次構造 secondary structure　側鎖ではなく骨格の原子間の規則的な水素結合によって形成されるタンパク質のポリペプチド骨格の周期的ならせん，もしくは折りたたみ構造．

二次細胞壁 secondary cell wall　植物細胞の細胞膜の周囲の強固で耐性の強い細胞壁の基質．いくつかの層に積層して沈着している場合が多い．植物細胞の保護と支持をもたらす．

二次消費者 secondary consumer　植食者を餌とする肉食者．

二次生産 secondary production　消費者が食べた餌に含まれる化学エネルギーのうち，一定時間内に消費者自身の新たな生物量に転換される化学エネルギーの量．

二次成長 secondary growth　側部分裂組織によってもたらされる成長で，木本植物の根とシュートを太くする．

二次遷移 secondary succession　何らかの攪乱が既存の群集を破壊し，土壌や基質が残った状態から始まる生態的遷移．

二次メッセンジャー second messenger　シグナル受容体タンパク質が受容したシグナル分子に応答して細胞内にシグナルを中継する，小さな非タンパク質性の水溶性分子またはイオン．カルシウムイオンやサイクリック AMP など．

二次免疫反応 secondary immune response　2回目もしくはそれ以降の抗原刺激に応じて生じる適応免疫反応．二次免疫反応は一次免疫反応に比べると，より急速に立ち上がり，強度や持続性も優れる．

二重結合 double bond　二重共有結合．2つの原子間で2対の価電子を共有する．

二重循環 double circulation　分離した肺回路と体回路からなる循環系で，各々の回路を通った後に血液は心臓を通過する．

二重らせん double helix　自然状態の DNA の形態．2本のポリヌクレオチド鎖が仮想の軸に対して逆平行にらせん状に互いに巻きついている．

二次卵母細胞 secondary oocyte　減数第一分裂を完了した卵母細胞．

二糖 disaccharide　2個の単糖が脱水反応でつくられるグリコシド結合でつながったもの．

二倍体細胞 diploid cell　2組の染色体セット($2n$)をもつ細胞．両親から1組ずつの染色体を受け継いでいる．

二胚葉性 diploblastic　2つの胚葉をもつ．

二分裂 binary fission　単細胞生物の無性生殖の方法の1つ．ほぼ2倍の大きさに成長した細胞が半分に分かれて増える．原核生物では，二分裂は有糸分裂がかかわらないが，二分裂を行う単細胞の真核生物では，有糸分裂がこの過程の一部になる．

二名法 binomial　属と種小名の2つからなる種の学名のラテン語化した形式の普通用語(binomen)．

乳酸発酵 lactic acid fermentation　解糖に続いて，ピルビン酸を還元して乳酸に変換する反応が加わった反応過程．その結果，NAD$^+$が再生されるが，二酸化炭素は放出されない．

乳腺 mammary gland　子を育てるための乳汁を分泌する外分泌腺．乳腺は哺乳類の特徴．

乳糜管 lacteal　小腸絨毛の中広がる微小リンパ管で，吸収されたキロミクロンはここに入る．

ニューロン neuron　神経細胞．神経系の基本単位で，細胞膜を横切る電荷を利用することにより，信号を伝達できるような構造と特性をもつ．

尿管 ureter　腎臓から膀胱に通じる管．

尿酸 uric acid　タンパク質とプリン代謝の生成物で，昆虫類，陸生巻貝類，多くの爬虫類の主要な含窒素老廃物．尿酸は比較的無害で，水にはほとんど不溶．

尿素 urea　肝臓において，アンモニアと二酸化炭素を結合させる代謝回路により生成される可溶性の含窒素老廃物．

尿道 urethra　哺乳類において，雌では膣の近くから，雄では陰茎を通って尿を排出する管で，雄では生殖器系の出口の管としての役割も果たす．

妊娠 pregnancy, gestation　子宮内に1つ以上の胚を宿している状態．

認知 cognition　注意，推論，想起，および判断などが含まれる，ものを知る過程．

認知地図 cognitive map　身のまわりの対象物間の抽象的な空間的位置関係の神経系での表示．

ヌクレアーゼ nuclease　DNA または RNA から1または数塩基を除去する，あるいは DNA や RNA を構成成分であるヌクレオチドにまで完全に加水分解する酵素．

ヌクレアリア類 nucleariid　単細胞のアメーバ状原生生物であり，他の原生生物よりも菌類に近縁．

ヌクレオソーム nucleosome　真核生

物のDNA収納における基本的なビーズ様のユニット．各2個ずつ4種類のヒストンからなるタンパク質コアと，そこに巻きついたDNAから構成される．

ヌクレオチド　nucleotide　核酸の構成単位．五炭糖に塩基と1個以上のリン酸基が共有結合している．

ヌクレオチド除去修復　nucleotide excision repair　損傷を受けたDNA領域を除去し，無傷のDNA鎖を見本として正確な塩基に置換する修復過程．

ヌタウナギ　hagfish　海洋生の無顎脊椎動物で，痕跡的な脊椎骨しか見られず，頭蓋は軟骨からなり，底生性の腐肉食者である．

根　root　植物を固定し，土壌から水分や無機栄養素の吸収を可能とする維管束植物の器官．

熱　heat　ある物体から別の物体へ移動できる熱エネルギー．

熱エネルギー　thermal energy　原子や分子のランダムな運動による運動エネルギー．方向性のないエネルギー．「熱」を参照．

熱ショックタンパク質　heat-shock protein　熱ストレスにおいて，他のタンパク質を防御するタンパク質．熱ショックタンパク質は，植物，動物，微生物に広く分布する．

熱水噴出孔　hydrothermal vent　地球の内部から熱水とミネラルが海水中に噴出し，暗く熱い酸素不足の環境を作り出す海底の領域．熱水噴出孔群集の生産者は化学合成独立栄養の原核生物である．

熱帯　tropics　北回帰線と南回帰線の間，つまり北緯23.4°と南緯23.4°の間の領域．

熱帯乾燥林　tropical dry forest　気温が高く降水量もある程度あるが，季節的な乾季によって特徴づけられる陸域バイオーム．

熱帯多雨林　tropical rain forest　降水量が多く，1年を通して温暖なことで特徴づけられる陸域バイオーム．

熱力学　thermodynamics　物質の集団で起こるエネルギー変換を研究する学問分野．「熱力学の第一法則」「熱力学の第二法則」も参照．

熱力学の第一法則　first law of thermodynamics　エネルギー保存の原理．エネルギーは移動または変換が可能であるが，つくり出したり，消滅させることはできない．

熱力学の第二法則　second law of thermodynamics　エネルギーの移動または変換が行われるとき，宇宙のエントロピーがかならず増大するという原理．仕事に利用できる形のエネルギーは少なくともその一部が熱に変換される．

ネフロン（腎単位）　nephron　脊椎動物の腎臓の管状の排出単位．

ネマトシスト　nematocyst　刺胞動物の刺細胞内に存在するカプセル状の小器官．その内部にはコイル状に巻いた刺糸があり，刺糸は射出されると獲物の体壁を貫通する．

粘液　mucus　外部に開口している体腔を覆う膜に湿り気を与えて防御している．糖タンパク質，細胞，塩類，水分が混合した粘稠性のあるなめらかな物質．

粘着末端　sticky end　2本鎖DNAの制限酵素断片の末端の1本鎖部分．

脳　brain　情報が処理，統合される中枢神経系組織．

脳下垂体　pituitary gland　視床下部の基底部にある内分泌腺で，視床下部で産生された2種類のホルモンを貯蔵・放出する後葉と，多様な体機能を調節する多種類のホルモンを産生・分泌する前葉からなる．

脳下垂体後葉　posterior pituitary　視床下部の伸長部であり，神経組織からなり，視床下部で産生されたオキシトシンと抗利尿ホルモンを一時的に貯蔵し，分泌する．

脳下垂体前葉　anterior pituitary　脳下垂体において非神経組織から発生する部位．数種のトロピックおよび非トロピックホルモンを産生・分泌する内分泌細胞を含む．

脳幹　brainstem　中脳，橋，延髄からなる脊椎動物の脳部位．ホメオスタシス，運動の協調，高次脳中枢への情報の伝達にかかわる．

脳室　ventricle　脊椎動物の脳内に存在する脳脊髄液でみたされた空間．

脳卒中　stroke　通常，脳内の動脈の破裂や閉塞により起こる，脳内の神経組織の死．

能動免疫　active immunity　B細胞とT細胞，およびこれらから派生したメモリーBおよびメモリーT細胞によって付与される長期間持続する免疫．能動免疫は自然発生的な感染や免疫感作によって生じる．

能動輸送　active transport　物質が，エネルギーの消費と特異的な輸送タンパク質の仲介によって，濃度勾配または電気化学的勾配に逆らって生体膜を横切る輸送．

濃度勾配　concentration gradient　化学物質の濃度がしだいに増加または減少している領域．

嚢胞性線維症　cystic fibrosis　塩素チャネルタンパク質をコードする遺伝子の劣性対立遺伝子により引き起こされる，ヒトの遺伝性疾患．粘液の過剰分泌とそれによる感染症に対する脆弱性が特徴で，治療しないと致死的．

脳梁　corpus callosum　哺乳類の脳で左右の半球をつなぐ太い神経繊維の束．情報を左右の半球に伝える役目をもつ．

ノルアドレナリン（ノルエピネフリン）　noradrenaline　カテコールアミンの1種で，化学的にも機能的にもアドレナリンに似ている．ホルモンまたは神経伝達物質として働く．

葉　leaf　維管束植物の茎につくおもな光合成器官．

肺　lung　陸生脊椎動物，陸生巻貝類，クモ類の陥入した呼吸界面で，細い管によって大気とつながっている．

バイオインフォマティクス（生命情報科学）　bioinformatics　大規模データセットから生物学的情報を解析し統合する生物学分野で，コンピュータ，ソフトウェア，数学的モデルを使用する．

バイオオーグメンテーション　biological augmentation　生物を用いて劣化した生態系に必要となる物質を供給する復元生態系のアプローチの1つ．

バイオテクノロジー　biotechnology　生物個体またはその成分を操作することにより，有用物質を生産する技術．

バイオ燃料　biofuel　バイオマスから生産される燃料．

バイオフィルム　biofilm　1種または複数種の微生物からなる，基質表面を覆うコロニーであり，その中で代謝的協調が行われている．

バイオマス，生物量（現存量）　biomass　ある育成空間における生物全体の有機物の総量．

バイオーム　biome　世界の主要な生態系の種類．陸域バイオームは優占した植生，水域バイオームは物理的環境で，それぞれ分類されることが多い．バイオームは各領域の特異な環境に対する生物の適応で特徴づけられる．

バイオレメディエーション bioremediation　生物を用いて，汚染・破壊された生態系を無毒化・回復させること．

肺活量 vital capacity　哺乳類が1回の呼吸において吸い込み，吐き出すことができる空気の最大量．

配偶子 gamete　卵や精子などの一倍体の生殖細胞．減数分裂によって生じるか，または減数分裂によって生じた細胞の子孫によってつくられる．有性生殖過程で配偶子が融合して二倍体の接合子を生じる．

配偶子形成 gametogenesis　配偶子が形成される過程．

配偶子嚢 gametangium（複数形は gametangia）　配偶子がつくられる植物の多細胞構造．雌性配偶子嚢は造卵器とよばれ，雄性配偶子嚢は造精器とよばれる．

配偶者選びの模倣 mate-choice copying　集団中の個体が社会学習によって他個体の配偶者選びを模倣する行動．

配偶体 gametophyte　世代交代を行う生物（植物とある種の藻類）では，単相の多細胞体が胞子の有糸分裂によりつくられる．単相配偶子は融合し，胞子体に発生する．

胚珠 ovule　種子植物の子房中に発達し，雌性配偶体を含む構造．

排出 excretion　含窒素代謝物や他の老廃物の除去．

排水 guttation　根圧によって葉からの水滴のしみ出しで，植物によってよく起こるものがある．

倍数性 polyploidy　ある生物個体が3組以上の完全な染色体組をもつこと．細胞分裂の失敗により発生することがある．

胚性致死 embryonic lethal　胚または幼虫期の死亡を引き起こす表現型を示す突然変異．

排泄 elimination　動物における食物処理の最終第四段階．消化されなかった物質が体外に出されること．

胚体外膜 extraembryonic membrane　胚の外側に位置する4つの膜（卵黄膜，羊膜，卵膜，尿膜）の1つで，胚の外側に位置し，爬虫類や哺乳類の発生途中の胚を支持する．

胚乳 endosperm　被子植物における，重複受精時の精細胞の核と2個の極核の融合により形成される栄養に富んだ組織．胚乳は種子植物の胚が成長する養分を供給する．

胚嚢 embryo sac　被子植物の雌性配偶体であり，大胞子の成長と分裂によりつくられる，典型的には8個の単相核をもつ多細胞構造．

胚盤胞 blastocyst　哺乳類の胚発生における胞胚期．内部細胞塊と胞胚腔，外側の栄養芽層からなる層で構成される．ヒトでは受精後1週間で胚盤胞となる．

肺胞 alveolus（複数形は alveoli）　哺乳類の肺における盲端となった気嚢の1つひとつで，ガス交換が起こる場所．

胚葉 germ layer　将来動物のさまざまな組織や器官をつくる，原腸胚における3つの層の1つ．

排卵 ovulation　卵巣からの卵の放出．ヒトでは子宮（月経）周期ごとに1つの卵胞が1つの卵を放出する．

パーキンソン病 Parkinson's disease　年齢依存的に進行する運動障害を伴う脳の病気．運動動作の開始の困難，動作緩慢，硬直を伴う．

白質 white matter　中枢神経系内で軸索が走行している部位．

バクテリオファージ bacteriophage　細菌に感染するウイルス．ファージともよばれる．

バクテロイド bacteroid　根粒の細胞に形成された小胞に含まれる根粒菌の形態．

バー小体 Barr body　雌の哺乳類の細胞の核膜内側に位置する高密度の構造体として観察される，不活性化されたX染色体．

バソプレシン vasopressin　「抗利尿ホルモン（ADH）」を参照．

パターン形成 pattern formation　多細胞生物の発生で，臓器と組織が3次元的に固有の位置を占めるように組織化され，配置される過程．

爬虫類 reptile　ムカシトカゲ，トカゲ，ヘビ，カメ，ワニ，鳥類を含む羊膜類の中の1つのクレード．

波長 wavelength　波（たとえば，電磁スペクトルの中の電磁波）の頂上と頂上の間の距離．

発エルゴン反応 exergonic reaction　自由エネルギーの正味の放出を伴う自発的な化学反応．

発がん遺伝子 oncogene　ウイルス中または細胞のゲノムから見出され，細胞ががんに変化する分子機構の始動に関与する遺伝子．

白血球 leukocyte, white blood cell　感染と闘う機能をもつ血球．

発現ベクター expression vector　真核生物の遺伝子を挿入する制限酵素サイトの上流に，強い活性をもつ細菌のプロモーターを有するクローニングベクターであり，細菌を用いて目的の遺伝子を発現させることができる．クローニングベクターは特定の種類の真核生物細胞を用いる遺伝子工学的使用にも用いられる．

発酵 fermentation　グルコース（または，他の有機分子）から，ある限られた量の ATP が生産される，電子伝達鎖が関与しない異化過程．エタノールや乳酸など，その最終生成物によって特徴づけられる．

発情周期 estrous cycle　ヒトや一部の霊長類を除く哺乳類の雌に特徴的な生殖周期．妊娠しなかった場合，子宮内膜は吸収される．性的反応はこの周期の中盤の発情期にのみ見られる．

発生 development　生物の構造が，単純な形から複雑で特殊化した形に段階的に変化していく過程．

ハーディ・ワインベルグ平衡 Hardy-Weinberg equilibrium　対立遺伝子の頻度と遺伝子型が，世代ごとに一定のままである集団の状態．メンデルの分離の法則と対立遺伝子の組換えのみが働いている状態のこと．

花 flower　被子植物における，4種類の変形葉をもつ特殊化したシュート，有性生殖の機能をもつ構造．

パネットスクエア Punnett square　遺伝の研究で用いられる図表．遺伝子型がわかっている個体間の交雑において，配偶子のランダムな受精の結果として予想される遺伝子型を示す．

ハミルトン則 Hamilton's rule　自然選択が利他行動に有利に働くには，受益者の利益に両者の血縁度をかけて減じる値が利他者のコストを上回る必要があるという原理．

腹側 ventral　放射相称，左右相称動物の下側．

パラクリン paracrine　分泌された分子が隣接した細胞に作用することをいう．傍分泌ともいう．

パラバサリア parabasalid　「副基体類」を参照．

パラログ遺伝子 paralogous genes　遺伝子重複により，同じゲノム内に生じた相同遺伝子．

パンゲア Pangaea　古生代の終わり近くに，プレートの移動により，地球上のすべての陸塊が一緒になって形成された超大陸.

半月弁 semilunar valve　心臓において,左心室から大動脈,右心室から肺動脈への出口に存在する弁.

半減期 half-life　放射性同位体試料の50%が減衰するのにかかる期間.

汎甲殻類 pancrustacean　節足動物門の中の1つのクレードで,エビ類,カニ類,フジツボ類やその他の甲殻類と,昆虫類およびそれに近縁な陸生の六脚類といった多様なグループを含む.

伴細胞 companion cell　多くの原形質連絡によって師管要素と連結しているタイプの植物細胞で,その核とリボソームは,1つまたはそれ以上の隣接する師管要素の活動を助けている.

反射 reflex　刺激に対する自動反応.脊髄や脳幹が関与する.

反芻動物 ruminant　草食類のために特化した多くの胃の区画をもつ牛や羊のような反芻しながら噛む動物.

伴性遺伝子 sex-linked gene　性染色体上に存在する遺伝子.伴性遺伝しの多くはX染色体に存在し,独特の遺伝様式を示す.Y染色体にはごく少数の遺伝子しか存在しない.

ハンチントン病 Huntington's disease　優性の対立遺伝子によって引き起こされるヒトの遺伝性疾患.制御不能な体の動きと神経系の変性が特徴.多くは発症から10～20年で死亡する.

反応中心複合体 reaction-center complex　特別なクロロフィル*a*分子の1対と一次電子受容体を結合したタンパク質複合体.光化学系の中心に位置し,光合成の明反応を開始する.光エネルギーで励起されると,クロロフィル*a*の1対は一次電子受容体に電子を与え,一次電子受容体は電子伝達鎖に電子を渡す.

反応物 reactant　化学反応の出発物質.

板皮類 placoderm　顎をもち,装甲の発達した魚のような絶滅脊椎動物.

反復DNA repetitive DNA　真核生物のゲノム中に多数のコピーが存在する非コード配列.短い繰り返し単位が直列に反復するものと,ゲノム中に散在する長い繰り返し単位がある.

半保存的モデル semiconservative model　DNAの複製様式で,複製後の二重らせんは,親分子に由来する古い鎖1本と新たに合成された鎖1本から構成されるというもの.

ヒカゲノカズラ植物 lycophyte　クラマゴケ類,ヒカゲノカズラ類,ミズニラ類を含む,ヒカゲノカズラ植物門の構成員の通称名.

光屈性 phototropism　植物のシュートの光に向かう,もしくは逃げる成長.

光形態形成 photomorphogenesis　光によって起こる植物の形態変化.

光呼吸 photorespiration　酸素とATPを消費して二酸化炭素を放出し,そのため光合成による生産を減少させる代謝経路.光呼吸は一般に,高温,乾燥かつ日照の強い日中に,気孔が閉じて葉内部のO_2/CO_2比が高くなって,ルビスコがCO_2よりもO_2に結合しやすくなったときに起こる.

光受容細胞 photoreceptor　可視光として知られる電磁波を受容する電磁受容器.

光受容体 photoreceptor　可視光として知られる電磁波を受容する電磁受容器で,通常は色素とタンパク質の複合体.

光リン酸化 photophosphorylation　光合成の明反応の過程で,葉緑体のチラコイド膜またはある種の原核生物の膜を介して蓄えられたプロトン駆動力を利用して,化学浸透の機構によってADPとリン酸からATPを合成する過程.

微気候 microclimate　微小スケールでの気候のパターン.たとえば,倒木下の特異な気象条件.

非競合阻害剤 noncompetitive inhibitor　酵素の活性部位から離れた部位に結合することによって酵素活性を低下させる物質.その結合による酵素の立体構造の変化によって,活性部位は基質を産物に変換するための触媒として機能できなくなる.

非極性共有結合 nonpolar covalent bond　共有結合の1種.似た電気陰性度をもった原子間で電子が均等に共有される.

非決定性卵割 indeterminate cleavage　おもに新口動物で見られる胚発生様式で,初期卵割で生じる胚細胞に完全な1個体を形成する能力が残っている.

ビコイド *bicoid*　ショウジョウバエ*Drosophila melanogaster*の前後軸を決定するタンパク質をコードする母性効果遺伝子.

被子植物 angiosperm　子房とよばれる保護室内に種子をつくる,花を咲かせる植物.

皮質ネフロン cortical nephron　哺乳類と鳥類において,ほぼ全体が腎臓皮質に位置するヘンレのループをもつネフロン.

糜汁 chyme　胃でつくられる部分的に消化された食物と消化液の混合物.

微絨毛 microvillus(複数形はmicrovilli)　小腸の内腔にある表皮の細かい指状突起のこと.これによって表面積を増やしている.

微小管 microtubule　すべての真核細胞に存在するチューブリンタンパク質からなる中空の棒状構造.繊毛や鞭毛に存在する.

ヒスタミン histamine　炎症反応やアレルギー反応において,マスト(肥満)細胞から分泌され,血管を拡張し,より透過性を高める作用をもつ物質.

ヒストグラム histogram　x軸上に均等な幅のそれぞれの範囲(区間,「ビン」ともいう)に含まれる変数の頻度の分布を示す棒グラフの1種.その範囲は整数もしくは数値の幅をもつ.各棒グラフの高さは,x軸上の各範囲に入る実験検体の頻度を,その数もしくは割合で示す.

ヒストン histone　正の電荷をもつアミノ酸を多く含み,負に荷電したDNAと結合してクロマチン構造の形成に重要な役割を果たす低分子量タンパク質.

ヒストンアセチル化 histone acetylation　ヒストンタンパク質の特定のアミノ酸へのアセチル基の付加.

微生物相 microbiome　ある生物の上部,もしくは体内に生息する微生物の集まりであり,その遺伝物質も含む.微生物叢.

非生物的 abiotic　環境の物理的もしくは化学的特性によるもの.

皮層 cortex　(1) 真核細胞の細胞膜直下の,細胞質の外側の層.多数のアクチンフィラメントの存在によって内側の領域に比べて,よりゲルに近い粘性をもつ.(2) 植物の根または真正双子葉植物の茎にある維管束組織と表皮組織の間にある基本組織.

ビタミン類 vitamin　食事中,ほんの微量必要な無機分子.多くのビタミンは補酵素として,または補酵素の一部として働く.

必須アミノ酸 essential amino acid　動物がそれ自身でつくることができず,食物から前もってつくり上げられた形で摂取しなければならないアミノ酸.

必須栄養素 essential nutrient 生物がどんな物質からも生合成できず，それゆえに合成された形で取り込まなければならない物質のこと.

必須元素 essential element 生物が生き，成長し，繁殖するために必要な化学元素.

必須脂肪酸 essential fatty acid 動物が必要とし自分ではつくることができない不飽和脂肪酸のこと.

ヒトゲノム計画 Human Genome Project ヒトのゲノム全体のDNAの地図と塩基配列の決定を目的とした国際共同研究.

ヒト免疫不全ウイルス(HIV) human immunodeficiency virus エイズ(後天性免疫不全症候群)を引き起こす感染性粒子. HIVはレトロウイルスである.

ヒト類 hominin チンパンジーよりもヒトに近い絶滅種とヒトを含むグループ.

ヒドロキシ基 hydroxyl group 酸素原子に水素原子が結合した官能基. この基をもつ分子は水に溶けやすい性質となり，アルコールという. ヒドロキシル基ともいう.

ヒドロニウムイオン hydronium ion 1個余分なプロトン(陽子)を結合した水分子. H_3O^+であるが，よくH^+と表記する.

避妊 contraception 意図的な妊娠防止.

比熱 specific heat ある物質1gの温度を1℃変えるのに必要な熱量.

非平衡モデル nonequilibrium model 群集は攪乱によって絶えず変化しながら維持されているという考え.

皮目 lenticel 茎と根の樹皮の，小さな盛り上がった部域. 生きた細胞と外気の間でのガス交換を可能にする.

表現型 phenotype 生物個体の遺伝的構成により決定される，観察可能な生理学的，構造的な形質.

病原体(病原菌，病原虫) pathogen 病気を引き起こす生物またはウイルス.

病原体関連分子パターン(PAMP) pathogen-associated molecular pattern ある病原菌の特異的な分子配列.

表在性タンパク質 peripheral protein 膜の表面または内在性タンパク質の一部にゆるく結合しているタンパク質. 脂質二重層に埋め込まれていない.

標識再捕獲法 mark-recapture method 動物個体群の数を推定するためのサンプリング手法.

標準代謝率(SMR) standard metabolic rate 個々の温度における，安息・絶食，非ストレス外温を維持する代謝率.

標準偏差 standard deviation データセット中のデータに見られるバラツキを規格化したもの.

表土 topsoil 岩石や生物，朽ちた有機物(腐食)から派生した粒子の混合.

表皮 epidermis (1) 草本植物の表皮組織系. 通常は，1層の密に詰まった細胞からなる. (2) 動物の最も外側の細胞層.

表皮組織系 dermal tissue system 植物の外部を覆って保護する構造.

表面張力 surface tension 液体の表面を引き延ばしたり引き裂いたりすることの困難さの指標. 表面分子の水素結合のため，水は高い表面張力をもつ.

ピリミジン pyrimidine ヌクレオチドに含まれる2種の塩基骨格の1つで，六員環構造をもつ. シトシン(C)，チミン(T)，ウラシル(U)はピリミジン塩基である.

微量元素 trace element 生命に不可欠であるが，その必要量はごく微量である元素.

微量栄養素 micronutrient 生物が非常に少量のみ必要とする必須元素. 「主要栄養素」も参照.

貧栄養湖 oligotrophic lake 栄養素が少なく，植物プランクトンが少ない透明度の高い湖.

頻度依存選択 frequency-dependent selection ある表現型の適応度が，集団中でどのくらい一般的であるかに依存する選択.

ビン首効果 bottleneck effect 自然災害や人間活動の影響により，集団のサイズが減少したときに起きる遺伝的浮動. 典型的には，生き残った集団はもはや元の集団とは遺伝的に異なったものになる.

ファゴサイトーシス phagocytosis 「食作用」を参照.

ファージ phage 細菌に感染するウイルス. バクテリオファージともよばれる.

ファンデルワールス力 van der Waals interactions 一時的で局所的な部分電荷から生じる分子間もしくは分子の一部の間の弱く引きつけ合う力.

フィトクロム phytochrome 植物の光受容体の1種で，おもに赤色光を吸収して，種子発芽や避陰など植物の多くの光応答を制御する.

フィードバック制御 feedback regulation あるプロセスの出力もしくは最終産物による，そのプロセス自身の調節.

フィードバック阻害 feedback inhibition 代謝調節の機構の1つ. 代謝経路の最終産物が経路の中のある酵素の阻害剤として作用する.

フィブロネクチン fibronectin 動物細胞膜が分泌する細胞外糖タンパク質で，細胞を細胞外マトリクスに結合させる働きをもつ.

富栄養化 eutrophication とくにリンや窒素の栄養素が水中に高濃度となり，藻類やシアノバクテリアなどの大増殖が引き起こされる過程.

富栄養湖 eutrophic lake 栄養素の循環率が高くなり，生物的な生産性が大きくなった湖.

フェロモン pheromone 動物や菌類において，環境中に放出され，同種間のコミュニケーションに働く低分子物質. 動物では，ホルモンのように生理や行動に影響する.

不応期 refractory period 活動電位の発生直後，次の刺激に対し再び活動電位を発生できない期間のこと. 電位依存性ナトリウムチャネルの不活性化が原因.

不完全花 incomplete flower 4つの基本的器官(がく片，花弁，雄ずい，心皮)の1つ以上を欠くか，その機能を失っている花.

不完全菌類 deuteromycete 有性世代が知られていない菌類に対する伝統的な呼称.

不完全変態 incomplete metamorphosis バッタなど，一部の昆虫に見られる成長様式. 幼虫(若虫とよばれる)は成体に似ているが，小さく，体の各部分の比率も異なる. 若虫は脱皮を繰り返すたびに成体に近似し，最後に完全な大きさに達する.

不完全優性 incomplete dominance ヘテロ接合体の表現型が，それぞれの対立遺伝子のホモ接合体の表現型の中間的なものとなる状況.

複眼 compound eye 昆虫や甲殻類では光検出する数千の個眼からなる.

副基体類(パラバサリア) parabasalid

特殊化したミトコンドリアをもつ原生生物であり，トリコモナスなどが含まれる．

複合果 multiple fruit 花序全体に由来する果実．

副交感神経 parasympathetic division 3つの自律神経系の1つ．体を休息させエネルギーを獲得し保存する．消化を促進し，心臓拍動数を減弱する．

副甲状腺 parathyroid gland 甲状腺の表面に埋まる4つの小さな内分泌腺．副甲状腺ホルモンを分泌する．

副甲状腺ホルモン（PTH） parathyroid hormone 副甲状腺から分泌されるホルモンで，骨からのカルシウム放出と腎臓でのカルシウム保持を促進して血中カルシウム濃度を上昇させる．

複婚 polygamous 一方の性の個体が何個体かの異性と配偶する関係をいう．一夫多妻または一妻多夫．

副腎 adrenal gland 哺乳類の腎臓に接して存在する1対の内分泌腺．外側（皮質）の内分泌細胞は副腎皮質刺激ホルモン（ACTH）に反応して，長期ストレスの間ホメオスタシスの維持を助けるステロイドホルモンを分泌する．中心部（髄質）の神経分泌細胞は短期ストレスに基づく神経シグナルに反応してアドレナリンおよびノルアドレナリンを分泌する．

複製起点 origin of replication DNA分子の複製が開始する部位で，ヌクレオチド（塩基）の特異的な配列からなる．

複製フォーク replication fork 複製中のDNA分子中のY字型の領域で，親DNA鎖が巻き戻され，新たなDNA鎖が合成されつつある領域．

膨らんで張り切った turgid 植物細胞のように，膨らんだ状態（細胞壁をもつ細胞は外囲よりも水ポテンシャルが低いと，水が流入することになるので，膨らんで張り切った状態になる）．

不耕起農業 no-till agriculture 土壌の攪乱を最小限にする農業技法で，土壌の損失を減らす．

腐食者 detritivore 生物遺骸，落ち葉，生物の排泄物などの生きていない有機物からエネルギーと栄養を得る消費者．分解者ともいう．

付着 adhesion 水が植物の細胞壁に水素結合で結合するように，ある物質が別の物質にぴったりと結合すること．

付着器 holdfast 海藻を基質に固定する根のような構造．

物質 matter 空間を占め，質量をもつもの．

太いフィラメント thick filament ミオシン分子がずれて配列してできるフィラメント．筋原繊維の成分．

負のフィードバック negative feedback 最終産物の蓄積により，プロセスが遅くなる制御方式．生理学的な恒常性のおもなメカニズムであり，環境変数の始まった変化を中和する反応の引き金となる．

不飽和脂肪酸 unsaturated fatty acid 脂肪酸の炭化水素に1個以上の炭素間二重結合があるもの．この結果，炭素骨格に結合する水素原子数は少なくなる．

腐植土 humus 表土の構成要素である有機物の残渣．

プライマー primer DNA複製過程で鋳型鎖に相補的な塩基対をつくって結合する短いポリヌクレオチド．フリーになっている3′末端にDNAヌクレオチドが結合していきDNA鎖が伸長する．

プライマーゼ primase DNA複製過程で親DNA鎖を鋳型とし，RNAヌクレオチドを結合してプライマーをつくる酵素．

ブラシノステロイド brassinosteroid 植物のステロイドホルモン．細胞伸長の誘導，落葉抑制，木部分化促進など幅広い効果をもつ．

プラスミド plasmid 細菌の染色体から分離し，生育に必須ではない付帯的な遺伝子を含む低分子量の環状2本鎖DNA．DNAクローニングでは約1万塩基対（10 kb）までのDNAを保持するベクターとして利用される．プラスミドは，酵母などの一部の真核生物からも見出されている．

プラナリア planarian 自由生活性の扁形動物で，池や河川に生息する．

プリオン prion 正常な細胞のタンパク質が異常な折りたたみ構造を取ることにより生じる感染性病原体．正常に折りたたまれたタンパク質も，プリオンが接触することにより異常な折りたたみ構造をもつプリオンに変換し，プリオンが増殖する．

プリン purine ヌクレオチドに含まれる2種の塩基骨格の1つで，六員環と五員環が融合したもの．アデニン（A）とグアニン（G）はプリン塩基である．

プレートテクトニクス plate tectonics 大陸は，熱い下部のマントルに浮かぶ，地球の地殻の大板の一部であるという理論．マントルの動きは，大陸を時間とともにゆっくりと移動させる．

フレームシフト変異 frameshift mutation 遺伝子の中に3の倍数ではない数のヌクレオチドの挿入または欠失が起こる突然変異．下流のヌクレオチドが誤ったトリプレット（3塩基）でコドンとして読み取られる．

プロウイルス provirus 宿主のゲノムに半永久的に組み込まれたウイルスのゲノム．

プロゲスチン progestin プロゲステロンと同様の作用をもつステロイドホルモンの総称．黄体ホルモンともいう．

プロゲステロン progesterone 子宮に作用して妊娠の準備を整えるステロイドホルモン．哺乳類の主要なプロゲスチン．

プロスタグランジン prostaglandin 化学的に修飾された脂肪酸の一群．ほとんどすべての組織によって分泌され，局所調節因子としてきわめて多様な働きをもつ．

プロテアーゼ protease タンパク質を加水分解し消化する酵素．

プロテオグリカン proteoglycan 動物細胞の細胞外マトリクスに存在する巨大分子．多数の炭水化物鎖が結合した小さなコアタンパク質からなる．プロテオグリカンは炭水化物の95%までをも占める場合がある．

プロテオミクス proteomics タンパク質およびその蓄積量，化学修飾，相互作用などの特性を体系的に調べる研究．

プロテオーム proteome 特定の細胞，組織または個体で発現しているタンパク質の全セット．

プロトプラスト protoplast 植物細胞の生きている部分で，細胞膜も含む．

プロトン駆動力 proton-motive force 化学浸透の過程で，生体膜を横切って水素イオンを汲み出すことによって形成される，プロトンの電気化学的な勾配の形で蓄えられるポテンシャルエネルギー．

プロトンポンプ proton pump 細胞の膜に存在する能動輸送を行う輸送タンパク質の1種．ATPを利用して水素イオンをその濃度勾配に逆らって細胞外に汲み出し，その過程で膜電位を形成する．

プロファージ prophage 細菌の染色体の特定の位置に挿入されたファージのゲノム．

プロモーター promoter 遺伝子中の特定のDNA配列で，RNAポリメラーゼが結合して適切な位置からRNA転写が開始するように場所を指定する．

プロラクチン prolactin 脳下垂体前葉で産生・分泌されるホルモンの1つで，脊椎動物の種の違いに応じてきわめて多様な働きをする．哺乳類では乳腺での乳汁産生を刺激する．

フロリゲン florigen 花形成のシグナルで，おそらくタンパク質．花形成の条件件の葉でつくられ，シュートの頂芽まで移動し，そこで栄養成長から生殖成長への切り替えを引き起こす．

分圧 partial pressure ガス混合体中の，特定のガスによって及ぼされる圧力(たとえば，空気中の酸素により及ぼされる圧力)．

文化 culture 集団中の個体の行動に影響する社会学習あるいは教育を通しての情報伝達システム．

分化 differentiation 細胞または細胞群の構造と機能が専門化していく過程．

粉芽 soredium(複数形は soredia) 地衣類において，藻類が埋め込まれた小さな菌糸塊．

分解者 decomposer 死骸や落葉，排泄物など生きていない有機物から栄養物を吸収し，これを無機物に変換する生物．腐食生物．

分岐学 cladistics 生物を，主として共通祖先に基づくクレードとよばれる群に配置する系統分類学の方法．

分子系統学 molecular systematics 異なる種間の進化的関係を解明するため，核酸などの分子を使う科学的分野(訳注：原語に忠実に訳すと分子体系学であるが，内容と日本における特殊事情から分子系統学とした)．

分岐点 branch point 系統樹における，共通祖先から2つ以上の分類群への分岐の表現．分岐点は，通常，祖先系統の枝が(分岐点で)，それぞれが2つの子孫系統の1つである2本の枝への分割を表す二叉分岐を示す．

分光光度計 spectrophotometer 色素溶液が吸収または透過した光の強さの比率を異なる波長について測定する機器．

分散 dispersal 個体や配偶子が親から離れて移動すること．これにより，個体群や種の地理的分布が拡大する．

分子 molecule 2個以上の原子が共有結合でつながったもの．

分子時計 molecular clock 一定の速度で進化するゲノム内のある領域の観察に基づき，その進化的変化の総量に必要な時間を推定する方法．

分子量 molecular mass ある分子を構成するすべての原子の質量の総和．分子質量ともいう．

分生子 conidium(複数形は conidia) おもに子嚢菌類の無性生殖において，特殊化した菌糸の先端に形成される単相の胞子．

分断化選択 disruptive selection 表現型変異の両極端型が中間型よりも生存や繁殖に有利な自然選択．

分泌 secretion (1) 細胞内で合成された分子の放出．(2) 排出系における体液から濾液への老廃物や他の溶質の能動輸送．

分布 dispersion ある個体群の，境界内における，個体の空間的な分布様式．

糞便 feces 消化管から出た排泄物．

分離の法則 law of segregation メンデルの遺伝の第1法則．配偶子形成の過程で，ある遺伝子の2つの対立遺伝子対は(分離して)別の配偶子へと分配されるというもの．

分類学 taxonomy 生命の多様な形態を命名し，分類する科学分野．

分類群 taxon(複数形は taxa) あらゆる分類のレベルの，命名された分類学的単位．

分裂 fission 1個の生物体が2個またはそれ以上のほぼ同じ大きさの個体に分かれること．

分裂期(M期) mitotic (M) phase 細胞周期の中の，有糸分裂と細胞質分裂が行われる時期．

分裂溝 cleavage furrow 動物細胞でのくびれ込みの最初の兆候．すでに経過した中期の赤道面近くの細胞表面を周回する浅い溝．

分裂組織 meristem 植物が生きている限り，未分化な状態に留まっている植物の組織で，無限成長を可能にする．

分裂組織決定遺伝子 meristem identity gene 植物の，栄養成長から生殖成長への転換を促進する遺伝子．

平滑筋 smooth muscle ミオシン繊維の均一な分布のため，骨格筋や心筋のような横紋が見られない筋肉で，不随意の身体運動に必要とされる．

平胸類 ratite 飛べない鳥類のグループ．

平均 mean データセット中のすべてのデータの合計をデータ数で割ったもの．

閉経 menopause ヒト女性の生殖期間が排卵と月経の終了によって終わること．

平衡石 statolith (1) 植物では，重いデンプン粒を含み，重力を感知する役割をもつと思われている特殊な色素体．(2) 無脊椎動物では，重力に応答して下に落ちる重い粒子で，平衡感覚器官に存在する．

平衡選択 balancing selection 集団中に2つ以上の表現型を維持する自然選択．

平衡電位 equilibrium potential (E_{ion}) ネルンスト式から算出される平衡状態における細胞の膜電位．

平衡胞 statocyst 無脊椎動物の平衡感覚に関与する機械受容器．重力場で感覚毛が平衡石により刺激される．

閉鎖血管系 closed circulatory system 血液が血管内だけに存在し，間質液から常に分離されている循環系．

ベイツ型擬態 Batesian mimicry 無毒の種が，有毒の種あるいは捕食者に対して害をもつ種に似る，擬態の1種．

ベクター vector ある宿主生物から別の生物へ病原体を媒介する生物．

ヘテロカリオン(異核共存体) heterokaryon 1細胞に遺伝的に異なる2個以上の核をもつ菌糸体．

ヘテロクロマチン heterochromatin 真核生物のクロマチンのうち，間期にも凝集度が高く一般的に転写が起こっていない領域．

ヘテロシスト heterocyst 「異質細胞」を参照．

ヘテロ接合 heterozygous 特定の遺伝子について，異なる2つの対立遺伝子を保有している状態．

ヘテロ接合強勢 heterozygote advantage ヘテロ接合の個体が，ホモ接合に比べてより高い繁殖成功をする．遺伝子プールの変異を維持する傾向をもつ．

ヘテロ接合体 heterozygote (ある形質についての)ある特定の遺伝子について異なる2つの対立遺伝子をもつ個体．

ペプシノーゲン pepsinogen　胃の主細胞が分泌するペプシンの不活性型.

ペプシン pepsin　胃腺から分泌される酵素で，タンパク質の加水分解を始める.

ペプチドグリカン peptidoglycan　細菌の細胞壁を構成する重合体であり，短いポリペプチドで架橋された修飾糖からなる.

ペプチド結合 peptide bond　1つのアミノ酸のカルボキシ基と別のアミノ酸のアミノ基の間の共有結合で，脱水反応でつくられる.

ヘモグロビン hemoglobin　赤血球に存在する鉄を含むタンパク質で，酸素と可逆的に結合する.

ヘリカーゼ helicase　複製フォークでDNAの二重らせんを巻き戻して2本のDNA鎖を分離し，鋳型として利用できるようにする酵素.

ペルオキシソーム peroxisome　さまざまな基質から水素原子を酸素(O_2)に転移して過酸化水素(H_2O_2)を生じ，その後過酸化水素を分解する酵素群をもつ細胞小器官.

ヘルパーT細胞 helper T cell　T細胞の1種で，活性化時に抗原に対するB細胞の反応(液性免疫反応)や，細胞傷害性T細胞(細胞性免疫反応)を促進するサイトカインを分泌する.

変異 mutation　「突然変異」を参照.

変異(多様性) variation　同一生物種の個体間の相違.

変異原 mutagen　「突然変異誘発物質」を参照.

変温層 thermocline　海洋や温帯の湖沼の水深傾度において，水温変化が急激に生じる狭い層のこと.

ベンケイソウ型有機酸代謝(CAM) crassulacean acid metabolism　乾燥条件への光合成の適応であり，ベンケイソウ属で最初に発見された．この過程では，植物は夜間にCO_2を取り込み，多様な有機酸に組み入れる．昼間にCO_2は有機酸から放出され，カルビン回路で使われる.

変数 variable　実験において，変化する要因.

変性 denaturation　弱い化学結合や相互作用の破壊による，タンパク質が本来の形を失うプロセス．これによって，生物学的に不活性となる．また，DNAでは二重らせんの2つの鎖が分離すること．変性は，pH，塩濃度や温度など生体内では起こらない極端な状態で起きる.

偏性好気性生物 obligate aerobe　「絶対好気性生物」を参照.

偏側性 lateralization　右脳と左脳の間に見られる機能の違い.

変態 metamorphosis　幼生から成体または未成熟であるが成体のような形態を示す段階へと転換する発生段階.

扁桃体 amygdala　脊椎動物脳の側頭葉にある構造．情動の伝達，処理にかかわる.

鞭毛 flagellum　細胞の運動に特化した長い細胞の突起物．運動性繊毛と同様に，真核生物の鞭毛は外側の9組の二連微小管と内部の2本の単一微小管からなる芯(9+2構造)部分が，細胞膜の延長によってできた鞘に包まれている．原核生物の鞭毛はこれとは異なる構造である.

片利共生 commensalism　一方が利益を得るが，もう一方は利益も害も受けない共生関係(+/0).

ヘンレのループ loop of Henle　脊椎動物の腎臓の近位細尿管と遠位細尿管の間に存在する，下行脚と上行脚をもつU字状に折り返す管で，水と塩の再吸収の役割をもつ.

ボーア効果 Bohr shift　pHの低下により引き起こされる，酸素に対するヘモグロビンの親和性の低下．活動的な組織の付近で，ヘモグロビンから酸素を解離することを促進する.

補因子 cofactor　酵素の正常な機能に必要な非タンパク質分子またはイオン．補因子には，活性部位に常に結合しているものと，触媒反応の過程で基質とともにゆるく可逆的に結合するものがある.

膨圧 turgor pressure　浸透圧による水の流入と細胞の膨張の結果，植物細胞の細胞壁を内側から押す力.

包括適応度 inclusive fitness　個体が自身の遺伝子を広めるのに，自身の産子と近縁者の産子の増加を助ける効果との合計の適応度.

棒グラフ bar graph　数字で示す代わりに一群の独立変数とその従属変数の値の関係を棒状の図形で表したグラフ.

膀胱 urinary bladder　排出前に尿を貯めておく小袋.

方向性選択 directional selection　表現型の範囲のいずれかの極端を示す個体が，他の個体よりも生存や繁殖に有利な自然選択.

放散虫 radiolarian　珪酸(または硫酸ストロンチウム)でできた骨格と放射状に伸びる仮足をもつおもに海産の原生生物.

胞子 spore　(1) 世代交代を行う植物や藻類において，胞子体が減数分裂によってつくる単相細胞．胞子は有糸分裂により多細胞の単相個体である配偶体に成長する．卵や精子のように他の細胞と融合しない．(2) 菌類では，有性的にまたは無性的につくられる単相の細胞であり，発芽して新たな菌糸体となる(訳注：さまざまな生物において，発芽して新たな個体となる細胞[複相のものを含む]は胞子と総称される).

傍糸球体装置(JGA) juxtaglomerular apparatus　血圧あるいは血液量の低下に反応して酵素であるレニンを放出する，ネフロンの特化した組織.

胞子体 sporophyte　世代交代を行う生物(植物とある種の藻類)では，複相の多細胞体は配偶子の融合によりつくられる．胞子体での減数分裂により，配偶体に発生する単相の胞子をつくる.

房室結節 atrioventricular (AV) node　左心房と右心房の間に存在する特殊化した心筋組織．両心室に電気インパルスが広がり収縮を引き起こす前に，約0.1秒の遅延を起こさせる領域.

房室弁 atrioventricular (AV) valve　各々の心房と心室の間に存在する心臓弁で，心室の収縮時に血液の逆流を防ぐ.

胞子嚢 sporangium (複数形は sporangia)　内部で減数分裂が起こり単相細胞が発達する，菌類や植物の多細胞器官.

胞子嚢群 sorus (複数形は sori)　シダ類の胞子葉上の胞子嚢の集合体．胞子嚢群は，平行な状や点状など多様なパターンで配列し，シダ類の同定に有用である.

胞子母細胞 sporocyte　胞子嚢内の複相細胞で，減数分裂を行って単相の胞子をつくる．胞原細胞ともよばれる.

放射性同位体 radioactive isotope　同位体(元素を構成する原子の種類)のうち，不安定で原子核が自然崩壊し，粒子線やエネルギー(ガンマ線)を放出するもの.

放射相称 radial symmetry　パイや樽のような相称性(左右がない)で，中心軸に沿ったどの面でも鏡像対称に分けられる.

放射年代測定法 radiometric dating　放射性同位体の半減期に基づき，岩石や化石の絶対年代を決定する方法.

放射卵割 radial cleavage　新口動物に見られる胚発生様式で，卵割によって細胞が軸に沿って平行か垂直に分けられ，一列の細胞がもう一列の細胞の真上の並ぶ.

胞子葉 sporophyll　胞子嚢をつけ，それゆえ生殖に特化した変形葉.

胞子葉穂 strobilus（複数形は strobili）　ほとんどの裸子植物や一部の無種子維管束植物に見られる，通常，球果として知られる胞子葉の集合体を表す専門用語.

傍髄質ネフロン juxtamedullary nephron　哺乳類と鳥類において，腎髄質深くに伸びるヘンレループをもつネフロン.

紡錘体 mitotic spindle　微小管と微小管に結合するタンパク質の集合体で，有糸分裂の際の染色体の移動にかかわる.

胞胚 blastula　動物の初期発生の卵割によってできるボール状に細胞が集まった胚.

胞胚腔 blastocoel　胞胚の中央部に形成される，液体で満たされた空間.

包皮 prepuce　陰核または陰茎の先端を覆うひだ状の皮膚.

飽和脂肪酸 saturated fatty acid　脂肪酸の炭化水素を構成するすべての炭素は単結合でつながっている．つまり，炭素骨格に結合する水素原子数は最大である.

歩行運動 locomotion　場所の移動を伴う能動的運動.

補酵素 coenzyme　補因子として機能する有機分子．ほとんどのビタミンは代謝反応の補酵素として機能している.

捕食 predation　捕食者である種が被食者である別の種を摂食する種間の相互作用.

ホスホエノールピルビン酸カルボキシラーゼ（PEP カルボキシラーゼ） PEP carboxylase　C_4 植物の葉肉細胞において，CO_2 をホスホエノールピルビン酸（PEP）に付加してオキサロ酢酸を生じる反応を触媒する酵素．光合成に先行して機能する.

母性効果遺伝子 maternal effect gene　母親が変異型の遺伝子をもつ場合，子の遺伝子型にかかわりなく子に変異型の表現型が現れる遺伝子．卵極性遺伝子ともよばれる母性効果遺伝子は，ショウジョウバエで最初に発見された.

保全生物学 conservation biology　生物多様性をすべての生物学的階層において維持するための，生態学，進化生物学，生理学，分子生物学，遺伝学を統合した学問.

細いフィラメント thin filament　アクチンの2本鎖と調節タンパク質の2本鎖が互いにらせん状に走行する.

補体系 complement system　炎症反応を増幅し，食作用を促進，もしくは細胞外の病原体を直接溶解する，30種程度の一群の血液タンパク質のこと.

北方針葉樹林 northern coniferous forest　長くて寒い冬で特徴づけられる陸域バイオームで，球果性樹木（針葉樹林）が優占している.

ボディープラン body plan　多細胞真核生物で，生物としての機能的な全体性をもたらす形態的，発生的な特徴のセット.

ポテンシャルエネルギー potential energy　物体がその位置や空間配置（構造）に応じてもつエネルギー.

ボトムアップモデル bottom-up model　無機栄養素が群集構造を制御する群集動態モデルで，栄養素が植物数や植物プランクトンの数を規定し，さらにはそれが植食者数，肉食者数を連鎖的に制御するというモデルである.

哺乳類 mammal　羊膜類のうち毛と乳腺をもつクレード.

骨 bone　カルシウム塩にぎっちりはめ込まれた，コラーゲン繊維の硬いマトリクスに保持された細胞からなる結合組織.

ボーマン嚢 Bowman's capsule　脊椎動物の腎臓のカップ状の受け皿で，濾液が血液から入るための，ネフロン冒頭の広がった部分.

ホメオスタシス（恒常性） homeostasis　体の定常的な生理状態.

ホメオティック遺伝子 homeotic gene　一群の細胞の発生運命を制御することにより，動物や植物や菌類の器官の位置と空間的な構成を制御するマスター制御遺伝子.

ホメオボックス homeobox　ホメオティック遺伝子などの発生関連遺伝子に含まれる180塩基の保存配列．動物に広く保存されているが，関連する配列が植物や酵母にも存在する.

ホモ接合 homozygous　特定の遺伝子について，同一の2つの対立遺伝子を保有している状態.

ホモ接合体 homozygote　（ある形質についての）ある特定の遺伝子について同一の2つの対立遺伝子をもつ個体.

ホヤ類 tunicate　固着性海洋生で背骨をもたない脊索動物，尾索動物のクレード.

ポリ A テール（ポリ A 鎖） poly-A tail　mRNA 前駆体分子の 3′ 末端に付加される 50〜250 個のアデノシンヌクレオチド配列.

ポリソーム polysome　「ポリリボソーム」を参照.

ポリヌクレオチド polynucleotide　多くのヌクレオチド単量体が重合して鎖を形成した重合体．ヌクレオチドは DNA や RNA をつくる.

ポリプ polyp　刺胞動物のボディープランの1型で，固着性のタイプ．刺胞動物ボディープランのもう1つの型はクラゲである.

ポリペプチド polypeptide　多数のアミノ酸がペプチド結合によってつながった重合体.

ポリメラーゼ連鎖反応（PCR） polymerase chain reaction　試験管内で特異的なプライマーと DNA ポリメラーゼ分子とヌクレオチドとともに反応させて DNA を増幅する技術.

ポリリボソーム（ポリソーム） polyribosome（polysome）　一群のリボソームが同一の mRNA 分子に結合して同時に翻訳を行っている状態.

ホルモン hormone　多細胞生物において，特定の細胞でつくられ，分泌され，体液中を伝わり，体の別の部位の特異的な標的細胞に作用し，その作用によって，標的細胞の機能が変化する多くの種類の化学物質の総称.

翻訳 translation　mRNA 分子にコードされた遺伝情報を用いたポリペプチドの合成．この過程で核酸の「言語」からアミノ酸の「言語」への翻訳が行われる.

マイクロ RNA（miRNA） microRNA　2本鎖の RNA 前駆体から生成する低分子量の1本鎖 RNA 分子．miRNA 分子は複数のタンパク質と複合体を形成し，相補的な塩基配列をもつ mRNA 分子を分解して翻訳を阻害する.

マイクロサテライト（STR） short tandem repeat　2〜5 塩基の単位の多数の反復繰り返しを含む単純な DNA 配列．STR は非常に多様なため，STR 分析を行うことにより遺伝マーカーとして機能し，DNA鑑定に用いられる．

膜電位　membrane potential　イオンの不均等な分布によって発生する細胞膜を介した電位差(電圧)．膜電位は興奮性の細胞の活動や，電荷をもったすべての物質の膜を横切る移動に影響を与える．

マクロファージ　macrophage　多くの組織の中に存在する食細胞で，自然免疫における病原菌の破壊，獲得免疫における抗原提示細胞として機能する．

末梢神経系(PNS)　peripheral nervous system　中枢神経系に接続する感覚ニューロンと運動ニューロン．

マルピーギ管　Malpighian tubule　昆虫類の独特な排出器官で，消化管に開口し，血リンパから含窒素老廃物を除去し，浸透圧調節にも機能する．

ミエリン鞘　myelin sheath　シュワン細胞やオリゴデンドロサイトの膜によってニューロン軸索の周囲が包まれ電気的に絶縁された被部分．ランビエ絞輪はその隙間にあり活動電位が発生する．

ミオグロビン　myoglobin　筋細胞中で酸素を貯蔵する色素タンパク質．

ミオシン　myosin　モータータンパク質の1種．会合して繊維を形成し，それがアクチンフィラメントと相互作用して細胞の収縮を起こさせる．

味覚　gustation　味の感覚．

ミスセンス変異　missense mutation　1塩基対の置換により生じたコドンがもとのコドンとは異なるアミノ酸をコードする突然変異．

水ポテンシャル(ψ)　water potential　水が流れる方向を決める物理的特性．溶質濃度と圧力に依存する．

ミスマッチ修復　mismatch repair　特異的な酵素を用いて不正確な塩基対を除去し置換する細胞内の反応過程．

密着結合　tight junction　動物細胞の細胞間結合の1種．細胞間に物質が漏れ出ることを防ぐ．

密度　density　面積あたり，体積あたりの個体の数．

密度依存性　density dependence　個体群密度に応じてさまざまな特性が変化すること．

密度依存性阻害　density-dependent inhibition　正常な動物細胞で見られる現象で，細胞が互いに接触するようになると，分裂の停止が起こること．

密度非依存性　density independency　個体群密度の変化によって特性が影響されないこと．

ミトコンドリア　mitochondria　真核細胞の細胞呼吸の場として働く細胞小器官．酸素を利用して有機分子を分解し，ATPを合成する．

ミトコンドリアマトリクス　mitochondrial matrix　ミトコンドリア内膜に包まれた区画で，クエン酸回路の酵素と基質や，リボソーム，DNAを含む．

ミネラルコルチコイド　mineralocorticoid　副腎皮質から分泌されるステロイドホルモンのうち，塩分や水分のホメオスタシスを調節するもの．

脈拍　pulse　各心臓拍動に伴う動脈壁の律動的な膨らみ．

ミュラー型擬態　Müllerian mimicry　毒をもつ(あるいは捕食者にとっては味のまずい)2種が相互に擬態すること．

味蕾　taste bud　哺乳類の舌や口内に存在する味覚に関する上皮細胞が集合した構造．

無機塩類　mineral　栄養学で，無機物質の単純な栄養素のことをこうよび，体内で合成できない．

無限成長　indeterminate growth　植物の器官の成長特性の1つの型で，生きている限り成長し続けること．

無光層　aphotic zone　海洋や湖における，有光層の下層で，光合成を行うための光量が十分でない領域．

無種子維管束植物　seedless vascular plant　維管束組織をもつが，種子を欠く植物の通称名．無種子維管束植物はヒカゲノカズラ植物(ヒカゲノカズラとその近縁群)とシダ植物(シダ類とその近縁群)を含む側系統群である(訳注：種子植物が除外されているため)．

無水生活様式　anhydrobiosis　体内のほとんどの水を失ってしまうような休眠状態．

無性生殖　asexual reproduction　配偶子の融合なしに単一の親から子孫を産生する様式．多くの場合，子孫は親と遺伝的に同一．

無脊椎動物　invertebrate　背骨を持たない動物で，動物の95%を占める．

無体腔動物　acoelomate　消化管と体壁の間に腔所をもたない中実な動物．

無配生殖　apomixis　ある植物種において，雄性配偶子の受精なしで，種子により無性的に繁殖する能力．

目　order　リンネの分類体系で，科より上位の分類カテゴリー．

明反応　light reactions　光合成の2つの主要な反応段階の最初の反応(カルビン回路に先行する反応)．葉緑体のチラコイド膜またはある種の原核生物の膜で行われる明反応によって，太陽エネルギーがATPとNADPHの化学エネルギーに変換され，その過程で酸素が発生する．

メガパスカル(MPa)　megapascal　大気圧の約10倍に相当する圧力単位．

メタゲノミクス(メタゲノム解析)　metagenomics　環境試料中の微生物などの一群の生物から抽出したDNAの収集と塩基配列の決定．コンピュータのソフトウェアにより部分的な塩基配列を選別し，統合して試料中に存在した個々の生物種のゲノム配列を再構成する．

メタ個体群　metapopulation　種の個体群は空間的に分割されており，複数の局所的な個体群の集合となっている．局所個体群は移入と移出で相互作用している，その総体をメタ個体群とよぶ．

メタン菌(メタン生成菌)　methanogen　エネルギーを得る反応の排出物としてメタンを生成する生物．知られている限り，すべてのメタン菌は古細菌ドメインに属する．

メチル基　methyl group　1個の炭素に3個の水素原子が結合した官能基．このメチル基は別の炭素や他の原子に結合することもある．

メッセンジャーRNA(mRNA)　messenger RNA　DNAを鋳型として合成されるRNAの1種．細胞質でリボソームに結合してタンパク質の一次構造を指定する(真核生物では，一次転写産物RNAがRNAプロセシングを経てmRNAになる)．

メモリー細胞　memory cell　「記憶細胞」を参照．

メラトニン　melatonin　松果体から分泌されるホルモンで，生物リズムや睡眠の調節に関係する．

メラニン細胞刺激ホルモン(MSH)　melanocyte-stimulating hormone　脳下垂体前葉で産生・分泌されるホルモンの1つで，一部の脊椎動物の表皮色素細胞の調節を含む多様な活性を示す．

免疫感作　immunization　人工的な手段で免疫状態を確立すること．予防接種ともよばれる能動免疫感作では，不活性あるいは弱毒化した病原体を接種し，B 細胞，T 細胞を刺激して免疫記憶を確立する．受動免疫感作では，特定の病原体に特異的な抗体を接種し，迅速だが一時的な防御を行う．

免疫グロブリン(Ig)　immunoglobulin　「抗体」を参照．

免疫系　immune system　動物が有する病原性要因に対する防御システムのこと．

毛細血管　capillary　組織内に広がる微細な血管．単層の内皮細胞からなり，血液と間質液の間の物質交換を可能にする．

毛細血管床　capillary bed　器官や組織内の毛細血管網．

盲腸　cecum(複数形は ceca)　大腸から突き出ている行き止まりの小袋．

網膜　retina　脊椎動物の眼の最内層で光受容細胞の桿体細胞と錐体細胞とその他のニューロンからなる．レンズでつくられた像を視神経を介して脳に伝える．

木部　xylem　おもに水や無機栄養素を根から他の植物の部分へ運ぶ，管状の死細胞で構成される維管束植物の組織．

モクレン類　magnoliid　真正双子葉植物と単子葉植物を合わせたクレードに最も近縁な被子植物のクレード．現生の例はモクレン，クスノキ，コショウの仲間である(訳注：基部被子植物が分化した後，単子葉植物が分叉する前に分化した群である)．

モータータンパク質　motor protein　細胞骨格要素や他の細胞成分と相互作用して，細胞全体や細胞の一部の運動を起こさせる．

モデル　model　ある自然現象を，物理的もしくは概念的に表現したもの．

モデル生物　model organism　広範な生物群の代表であり，通常実験室で簡単に育てられるので，広範な生物学的原理の研究のために選ばれた特定の種．

モノクローナル抗体　monoclonal antibody　単一の培養されたクローンから合成され，同一のエピトープを認識する抗体標品．

モノソミー　monosomic　正常ならば 2 本存在する特定の染色体が 1 本しか存在しない二倍体細胞．

モル(mol)　mole(mol)　ある物質のドルトン表記の分子量や原子量に等しいグラム量で，アボガドロ数の分子または原子に相当する．

モル浸透圧濃度　osmolarity　モル濃度で表された溶質の濃度．

モル濃度　molarity　よく使われる溶質の濃度の表記法．1 リットルの溶液中の溶質のモル数として表す．

モルフォゲン　morphogen　ショウジョウバエの Bicoid タンパク質などのように，胚の体軸に沿った濃度勾配により位置情報を提供する物質．

門　phylum(複数形は phyla)　リンネの分類体系で，綱より上位の分類カテゴリー．

問題解決　problem solving　現実あるいは外見上の障害に直面したとき，ある状態から次の状態へ進む方法をあみ出す認知活動．

葯　anther　被子植物における，雄ずいの先端の花粉嚢．精細胞を生産する雄性配偶体を含む花粉が葯内でつくられる．

野生型　wild type　自然の生物集団の中で最も普遍的に観察できる表現型，またはそのような表現型を示す個体．

ヤツメウナギ　lamprey　痕跡的な脊椎骨をもつ無顎脊椎動物で，淡水と海水の環境に生息する．半数の種は寄生性で円い無顎の口で生きた魚類に吸いつく．非寄生性のヤツメウナギは幼生のときだけ濾過摂餌をする．

有機化学　organic chemistry　炭素化合物(有機化合物)の科学．

有機堆積物　detritus　「デトリタス」を参照．

有限成長　determinate growth　大部分の動物といくつかの植物の器官の成長特性の型で，一定の大きさに達すると成長が止まること．

融合　fusion　進化生物学においては，雑種子孫をつくることができる 2 種間の遺伝子の流れが種間の生殖に対する障壁を弱めるプロセス．このプロセスにより，遺伝子プールがますます類似し，2 種が単一の種になる原因となる可能性がある．

有効集団サイズ　effective population size　繁殖に成功する雌と雄の個体数に基づいて推定される集団サイズ(個体数)．一般的に，総個体数より少ない．

有光層　photic zone　海洋や湖の表層で，光合成のための光が十分に透過する領域．

有孔虫　foram(foraminiferan)　炭酸カルシウムを含む殻と，その殻の小孔から伸びる仮足をもつ水生の原生生物．

有根　rooted　(しばしば最も左側に置かれる)すべての系統樹内の最近の共通祖先を表した分岐点を含む系統樹の描き方．

有糸分裂　mitosis　真核細胞の核分裂の過程．通常，次の 5 つの時期に分けられる．前期，前中期，中期，後期，終期．有糸分裂では，複製された染色体が 2 つの娘細胞にそれぞれ均等に配分されるので，染色体数は変わらない．

雄ずい　stamen　花粉を産生する花の生殖器官で，葯と花糸からなる．

有性生殖　sexual reproduction　2 つの配偶子の融合による生殖．

優性対立遺伝子　dominant allele　ヘテロ接合体において，完全な表現型を発現する対立遺伝子．

優占種　dominant species　群集における個体数や生物量が大きい種のこと．優占種は，他種の出現や分布に大きな影響を与える．

遊走細胞　amoebocyte　多くの動物に見られるアメーバ状の細胞で，偽足によって移動する．種によっては，食物の消化や運搬，老廃物の処理，骨格繊維の形成，感染防御，異なるタイプの細胞への分化などの機能をもつ．

遊走子　zoospore　ツボカビ類やいくつかの原生生物に見られる鞭毛をもつ胞子．

有袋類　marsupial　コアラやカンガルー，オポッサムなど子どもの発生が，育児嚢とよばれる母親の袋の中で進行する．

誘導　induction　一群の細胞または組織が近距離の相互作用を通じて他の細胞群の発生に影響を与える過程．

誘導適合　induced fit　酵素の活性部位の形が，活性部位に基質が入ることによって，基質をより緊密に結合するように変化すること．

誘導物質　inducer　「インデューサー」を参照．

有胚植物　embryophyte　共有派生形質である多細胞の従属した胚に言及した陸上植物の別名．

有毛細胞　hair cell　機械受容細胞の 1 つ．細胞表面から突出した毛が傾くと中枢神経系への出力を変えることができる．

ユーグレナ類　euglenid　細胞頂端の陥入部から生じる1または2本の鞭毛をもつ原生生物であり，ミドリムシなどが含まれる．

ユーグレノゾア　euglenozoan　鞭毛をもつ原生生物の一群に属する生物であり，捕食性の従属栄養生物，光合成を行う独立栄養生物，病原性を示す寄生生物を含む．

ユークロマチン　euchromatin　真核生物のクロマチンのうち，凝集度が低く転写が可能な状態となっている領域．

輸精管　vas deferens　哺乳類の雄の生殖系に存在する，精子を精巣上体から尿道まで運ぶ管．

輸精管切除　vasectomy　精子の尿道への進入を阻止するために両方の輸精管を切断，封鎖すること．

輸送上皮　transport epithelium　溶質の移動を行い，制御する，1層あるいは多層の特化した上皮細胞層．

輸送小胞　transport vesicle　真核細胞の細胞質に存在する膜の小さな袋．細胞がつくる分子を輸送する．

輸送タンパク質　transport protein　ある特定の物質とそれと類縁性の高い物質を膜を横切って通過させる膜貫通型タンパク質．

ユニコンタ　Unikonta　現在提唱されている真核生物の系統仮説に基づく4つのスーパーグループのうちの1つ．アメーボゾアとオピストコンタからなり，ミオシンタンパク質やDNAの特徴から支持されている．「エクスカバータ」「SAR」「アーケプラスチダ」も参照．

ゆらぎ　wobble　tRNAのアンチコドンの5′末端のヌクレオチドが，2種以上のコドンの3′末端の塩基と水素結合の形成が可能なことに起因する，塩基対合規則の柔軟性．

輸卵管　oviduct　卵巣から無脊椎動物では膣まで，脊椎動物では子宮まで通じている管．脊椎動物ではファロピーオ管ともよばれる．

輸卵管結紮　tubal ligation　女性の両方の輸卵管(ファロピーオ管)を縛り，一部を除去することによって卵の子宮への到達を阻止する不妊化法．

陽圧呼吸　positive pressure breathing　空気を肺に押し込む呼吸様式．

陽イオン交換　cation exchange　土壌中の水素イオンが粘土粒子からの無機イオンに置き換わり，植物が正に荷電した物質を利用可能にするプロセス．

溶液　solution　2種もしくはそれ以上の物質の均質な混合物となっている液体．

溶菌サイクル　lytic cycle　宿主細菌の細胞を溶解して殺す(溶菌)することにより，新たなファージを放出するタイプのファージの複製サイクル．

溶菌ファージ(溶菌性ファージ)　virulent phage　溶菌サイクルにより複製されるファージ．

幼形進化　paedomorphosis　成体での，進化的祖先種の幼体特徴の保持．

葉原基　leaf primordium　茎頂分裂組織の縁に沿って指のような突出した部分で，それが葉へと発生する．

溶原サイクル　lysogenic cycle　ファージのゲノムが宿主細菌の染色体にプロファージとして組み込まれ，宿主を殺すことなく宿主の染色体とともに複製されるタイプのファージの複製サイクル．

溶原ファージ(溶原性ファージ)　temperate phage　溶菌サイクルまたは溶原サイクルのいずれかの過程で複製できるファージ．

幼根　radicle　植物の胚性の根．

陽子　proton　原子を構成する微粒子の1つで，1個の正電荷をもち，質量は約 1.7×10^{-24} g．原子核に存在．

溶質　solute　溶液に溶解している物質．

溶質ポテンシャル(Ψs)　solute potential　水ポテンシャルのうち，水の流れに対する溶質効果に相当するもので，溶質のモル濃度に比例する．浸透圧ともいう．ゼロもしくは負の値をとる．

葉序　phyllotaxy　植物の茎につく葉のパターン．

葉状部　blade　海藻において，光合成を行う場となる葉のような構造．

葉身　blade　典型的な葉において，扁平な部分．

羊水穿刺　amniocentesis　子宮に挿入した針から吸い出した羊水を用いる出生前診断技術．羊水と羊水に含まれる胎児の細胞を分析して，胎児がもつある種の遺伝的および先天的異常を検出する．

幼生　larva(複数形はlarvae)　動物の生活史にみられる自由遊泳性の未成熟な段階で，成体とは形態や栄養摂取法，生息場所が異なる．

葉肉細胞　mesophyll　葉の中の光合成に特化した細胞．C_3 植物とCAM植物では，葉肉細胞は上下の表皮の間に位置する．C_4 植物では，葉肉細胞は維管束鞘細胞と表皮の間に位置する．

溶媒　solvent　物質を溶解する液体．水は，知られている限り最も多くの物質を溶解できる溶媒である．

葉柄　petiole　茎の節に葉をつなげている葉の柄の部分．

羊膜卵　amniotic egg　胚の保護，栄養補給，ガス交換の機能を有する特殊な膜をもつ卵．羊膜卵の獲得により，陸上でも液体に満ちた袋の中で発生することが可能になった．繁殖のための水環境から解放されることが可能になった大きな革新である．

羊膜類　amniote　四肢類の中の1つのクレードで，胚を保護するための液体で満ちた羊膜をもつ羊膜卵という重要な派生形質をもつことからその名がつけられた．哺乳類，鳥類を含む爬虫類が属する．

葉脈　vein　植物の葉の維管束．

葉緑体　chloroplast　植物と光合成を行う原生生物に見られる細胞小器官で，太陽光を吸収して，それを二酸化炭素と水から有機化合物を合成するために利用する．

抑制性シナプス後電位(IPSP)　inhibitory postsynaptic potential　抑制性神経伝達物質がシナプス後膜の受容体に結合し引き起こされる過分極性の膜電位変化．シナプス後細胞の活動電位の発生を抑制する．

翼竜　pterosaur　中生代に生きた翼をもつ爬虫類．

四次構造　quaternary structure　複雑なタンパク質集合体の特定の構造で，構成サブユニットである各ポリペプチドの特徴的な3次元構造によって決定されるもの．

予測　prediction　演繹的推論において，仮説から論理的に導き出される予測のこと．予測を検証する実験によって仮説を棄却することもできる．

読み枠　reading frame　ポリペプチドの合成過程で，mRNAを3塩基ずつ区切るリボヌクレオチドの区分であり，翻訳装置に利用される．

ラギング鎖　lagging strand　複製フォークから遠ざかる5′→′3′方向に岡崎フラグメントが伸長することにより，不連続的に合成されるDNA鎖．

裸子植物　gymnosperm　むき出しの種子をつける維管束植物．種子は保護室に包み込まれない．

らせん卵割 spiral cleavage 旧口動物に見られる胚発生様式で，卵割によって細胞が軸に沿って斜めに分裂する．そのため，一列の細胞がもう一列の細胞の間の溝にのるように配置する．

卵 egg 雌の配偶子．

卵円窓 oval window 脊椎動物の耳で，音波が中耳から内耳に伝わるときの膜状の骨孔部．

卵黄 yolk 卵に蓄えられる栄養．

卵割 cleavage 初期胚の発生において，細胞成長をほとんど伴わずに，連続的に急速に起こる細胞分裂．その結果，1個の受精卵から細胞の球状の集まりが形成される．

卵形成 oogenesis 卵巣で雌性配偶子がつくられる過程．

卵原細胞 oogonium（複数形は oogonia） 有糸分裂によって卵母細胞を形成する細胞．

卵生 oviparous 子が母親の体の外に生み出された卵から孵化する発生様式．

卵巣 ovary 動物における，雌性配偶子をつくり，生殖ホルモンを産生する構造．

卵巣周期 ovarian cycle 哺乳類の卵巣における卵胞期，排卵，黄体期の繰り返し周期．ホルモンによって調節される．

卵胎生 ovoviviparous 子が母親の子宮に残った卵から孵化する発生様式．

ランビエ絞輪 node of Ranvier ミエリン鞘の間の隙間．ここで活動電位が発生する．跳躍伝導においてはこの絞輪部分で活動電位が発生し軸索上を絞輪から絞輪へと伝わっていく．

卵胞 follicle 卵巣にある顕微鏡で観察する大きさの構造で，発達中の卵母細胞を含み，エストロゲンを分泌する．

卵胞刺激ホルモン（FSH） follicle-stimulating hormone 脳下垂体前葉で産生・分泌される刺激ホルモンで，卵巣での卵形成と精巣での精子形成を刺激する．

卵母細胞 oocyte 雌の生殖系にあって卵に分化する細胞．

リガンド ligand 別の分子（通常はリガンドよりも大きな分子）に特異的に結合する分子．

リガンド開閉型イオンチャネル受容体 ligand-gated ion channel シグナル分子（リガンド）に応答して形を変えることによって開閉する孔をもつ膜貫通型タンパク質．特異的なイオンの流れを可能にしたり，阻止したりする．イオンチャネル型受容体ともよばれる．

リグニン lignin 維管束植物の二次細胞壁のセルロース・マトリクスに埋め込まれた強い重合体で，陸生の種に構造的支持を提供する．

リザリア rhizarians 真核生物のスーパーグループの1つであるSARを構成する3つのサブグループのうちの1つ．これに属する生物は，糸状の仮足をもつものが多い．

リソソーム lysosome 動物細胞と原生生物ののあるものの細胞質に存在する膜胞で，加水分解酵素を含有する．

リゾチーム lysozyme 細菌の細胞壁を破壊する酵素で，哺乳類では汗，涙，唾液に含まれる．

利他行動 altruism 利己主義でないこと．自らの適応度を減らす代わりに他個体の適応度を高める行動．

リーディング鎖 leading strand 複製フォークが進む5′→3′方向に鋳型鎖に沿って連続的に合成される，新たな相補的DNA鎖．

リプレッサー repressor 遺伝子の転写を抑制するタンパク質．原核生物では，リプレッサーはプロモーターの近傍またはプロモーターの内部に結合する．真核生物ではリプレッサーはエンハンサーの制御配列や転写活性化因子などのタンパク質に結合し，転写活性化因子のDNAへの結合を阻害する．

リボ核酸（RNA） ribonucleic acid 核酸の1種．リボースと4種の塩基（アデニン（A），シトシン（C），グアニン（G），ウラシル（U））をもったヌクレオチドからできたポリヌクレオチド．通常は，1本鎖．タンパク質合成や遺伝子制御，またある種のウイルスのゲノムとしての働きをもつ．

リボザイム ribozyme 酵素として機能するRNA分子．RNAスプライシングの過程で，自らを除去する反応を触媒するイントロンなどが例．

リボース ribose RNAのヌクレオチドの糖成分．

リボソーム ribosome 細胞質でタンパク質合成の場となるrRNAとタンパク質の複合体．大サブユニットと小サブユニットからなる．真核細胞では，各サブユニットは核小体で組み立てられる．「核小体」も参照．

リボソームRNA（rRNA） ribosomal RNA タンパク質と結合してリボソームを構成するRNA．最も多量に存在するRNA．

流行 epidemic 広範囲にわたる病気の発生．

流産 abortion 進行中の妊娠が終止すること．

流体静力学的骨格 hydrostatic skeleton 体内の圧力下に置かれている体液による骨格系．刺胞動物，扁形動物，線虫，環形動物の主要な骨格となる．

流動モザイクモデル fluid mosaic model 現在受け入れられている細胞の膜構造に関するモデル．このモデルでは，リン脂質二重層の膜にタンパク質分子がモザイク状に存在し，そのタンパク質が流動する脂質二重層を側方拡散する．

両親媒性 amphipathic 親水性領域と疎水性領域の両方をもつこと．

良性腫瘍 benign tumor 遺伝子または細胞の特異的な変化を起こした異常な細胞の集塊．その細胞は別の新しい場所では生存できず，一般に腫瘍が発生した場所に留まる．

両生類 amphibian サンショウウオ，カエル，アシナシイモリを含む四肢類のクレード．

量的形質 quantitative character 二者択一ではなく，ある程度の幅をもって連続的な多様性を示す遺伝性の形質．

緑藻 green alga 光合成原生生物であり，構造および色素組成の点で陸上植物のそれによく似た緑色の葉緑体をもつことから名づけられた．緑藻は側系統群であり，一部の緑藻は他の緑藻よりも陸上植物に近縁である．

理論 theory 仮説よりも適用範囲の広い説明であり，新しい仮説を生む．理論は大量の証拠により支持されている．

臨界負荷量 critical load 生態系の状態が悪影響を受けることなく植物が吸収することのできる窒素やリンの栄養負荷の量．

林冠 canopy 陸域バイオームにおける植生の最上層．

輪作 crop rotation おもに土壌の生産的な能力を維持することを目的として，連続的に同じ土地に異なる作物を育てる具体的方法．

リン酸化カスケード phosphorylation cascade 細胞のシグナル伝達にお

いて複数のキナーゼという酵素によって順次行われる一連の化学反応．各キナーゼが別のキナーゼを次々に順次リン酸化し，最終的に多数のタンパク質のリン酸化を導く．

リン酸化中間体　phosphorylated intermediate　共有結合によってリン酸基が結合して，リン酸化されていない状態よりも反応性が高く(不安定に)なっている分子(多くの場合反応物)．

リン酸基　phosphate group　1個のリン原子に4個の酸素原子が結合した官能基で，エネルギー転移に重要な働きをする．

リン脂質　phospholipid　2個の脂肪酸とリン酸基がグリセロールに結合した脂質．脂肪酸の炭化水素鎖は非極性で疎水性の尾部，分子の残りは極性で親水性の頭部を形成する．リン脂質は生体膜の二重層をつくる．

リンパ　lymph　脊椎動物のリンパ系における，間質液に由来する無色の液体．

リンパ球　lymphocyte　免疫反応を行う白血球の型．B細胞とT細胞の2つの主要なタイプがある．

リンパ系　lymphatic system　循環系から分離された，リンパ管とリンパ節からなる系．体液やタンパク質，細胞を血液に戻す．

リンパ節　lymph node　リンパ管に沿って存在する器官．リンパ節はリンパ液を濾過し，ウイルスや細菌を攻撃する細胞を含んでいる．

鱗竜類　lepidosaur　トカゲやヘビ，ニュージーランドの2種のムカシトカゲを含む爬虫類のグループ．

ルビスコ　rubisco　リブロース1,5-ビスリン酸(RuBP)カルボキシラーゼ／オキシゲナーゼ．カルビン回路の最初の段階(CO_2 を RuBP に付加する反応)を触媒する酵素．酸素が過剰に存在したり，CO_2 のレベルが低いと，ルビスコは酸素を取り込み，光呼吸を引き起こす．

齢構造　age structure　個体群における各齢段階の相対個体数．

レチナール　retinal　脊椎動物の眼の桿体細胞と錐体細胞にある光吸収色素．

劣性対立遺伝子　recessive allele　ヘテロ接合体において，表現型を発現しない対立遺伝子．

レトロウイルス　retrovirus　RNAゲノムをDNAに転写して宿主細胞の染色体に挿入することにより複製するRNAウイルス．発がんウイルスとしても重要．

レトロトランスポゾン　retrotransposon　レトロトランスポゾンDNAの転写により生じるRNAを中間体としてゲノム中を移動する転移性因子．

レニン-アンギオテンシン-アルドステロン系(RAAS)　renin-angiotensin-aldosterone system　血圧と血液量の調節を行うホルモンカスケード経路．

連合学習　associative learning　1つの環境特性(色など)を別の特性(危険など)とを結びつける(生得的ではない)獲得的な能力．

連鎖遺伝子　linked genes　ある染色体上で近接した位置に存在するため，一緒に遺伝する傾向を示す複数の遺伝子．

連鎖地図　linkage map　相同染色体間の交差による遺伝マーカーの組換え頻度に基づいて作成される遺伝地図．

レンズ　lens　光を網膜上に結像させる眼球内の構造．

連続細胞内共生説　serial endosymbiosis　ミトコンドリアや葉緑体，およびおそらく他の細胞構造が，大きな細胞に捕食された小さな原核生物より生じるという，連続した細胞内共生により真核細胞が生じたという仮説．

老化　senescence　植物もしくはその一部(葉など)の成長が完全な成熟したものから死へ向かう段階．

濾液　filtrate　排出系によって体液から抽出される，細胞を含まない溶液．

濾過　filtration　排出系において，体液から水や代謝老廃物を含む小分子溶質を抽出すること．

濾過食者　filter feeder　濾過機能を用いて，水中の小さな生物や食物粒子を濾し取って食べる動物．

ロジスティック個体群成長　logistic population growth　個体群サイズが環境収容力に近づくにつれて個体群成長が減少することを表すモデル．

ロドプシン　rhodopsin　視細胞の色素．レチナールとオプシンからなる．光を吸収するとレチナールが構造変化を起こしオプシンから解離する．

ローム　loam　砂，シルト，泥がほぼ同じ量でできている，最も肥沃な土壌タイプ．

ワクチン　vaccine　病原体の病原性を欠いた変種または誘導体．宿主の免疫系を刺激して病原体に対する防御力を高める．

渡り(移住)　migration　(鳥類における)定期的な長距離移動．

腕足動物　brachiopod　海生の触手冠動物で，背側と腹側に分かれた殻をもつ．ホウズキガイ類ともよばれる．

索　引

・アルファベット順，五十音順に配列した．
・数字の太字体は詳しい説明があるところを示す．

■ B

■ い

■ お

■ か

■ く

■ け

■ こ

■ さ

■ し

■ す

■ そ

■ た

■ な

■ に

■ ひ

■ へ

■ ほ

■ ま

■ み

■ む

■ ろ

■ わ

キャンベル生物学　原書 11 版

平成 30 年 3 月 20 日　発　　行
令和 5 年 12 月 20 日　第 6 刷発行

監 訳 者　池　内　昌　彦
伊　藤　元　己
箸　本　春　樹
道　上　達　男

発 行 者　池　田　和　博

発 行 所　丸善出版株式会社
〒101-0051 東京都千代田区神田神保町二丁目 17 番
編集：電話(03)3512-3261／FAX(03)3512-3272
営業：電話(03)3512-3256／FAX(03)3512-3270
https://www.maruzen-publishing.co.jp

組版印刷・製本／大日本印刷株式会社

ISBN 978-4-621-30276-7　C3045　Printed in Japan